11e Année. — 2e Série. — N° 537. Dimanche 11 Mai 1890.

GAZETTE AGRICOLE

JOURNAL HEBDOMADAIRE, PARAISSANT LE DIMANCHE

Rédacteur en Chef : M. Ch. GOSSIN, Professeur d'Agriculture à l'Institut agricole de Beauvais

PRIX DE L'ABONNEMENT

UN AN, 5 fr. — SIX MOIS, 2 fr. 50. — TROIS MOIS, 1 fr. 50

Pour l'étranger les abonnements ne sont reçus que pour un an, au prix de 6 francs, et ne partent que du 1er janvier ou du 1er juillet de chaque année.

Le Numéro : CINQ Centimes

Il est indispensable de joindre à toute demande de changement d'adresse la dernière bande d'adresse du journal et 50 centimes pour frais de nouvelles bandes.

Adresser les *Abonnements* et *Annonces* à l'administrateur, 4, rue de Greffulhe, Paris *(près la Madeleine)*.

RÉDACTION ET ADMINISTRATION

Bureaux : 4, Rue de Greffulhe, Paris

Les abonnements partent du 1er de chaque mois et sont payables d'avance. Toute demande d'abonnement doit donc être accompagnée du prix de l'abonnement. (Le mode de payement le plus simple est l'envoi d'un mandat-poste.)

Donner *très lisiblement*, en s'abonnant, son nom et son adresse exacte, *avec l'indication du bureau de poste*; et, s'il s'agit d'une continuation d'abonnement, joindre au renouvellement la dernière bande d'adresse du journal.

La GAZETTE AGRICOLE insère gratuitement les Communications des Syndicats agricoles

SOMMAIRE :

PARIS, 9 MAI.

Le dernier entretien du Bonhomme Deschamps roulait sur la démonstration ouvrière du 1er mai et sur le second tour des élections municipales de Paris. Mais comme ces deux événements n'avaient pas encore eu lieu, alors il avait dû se borner à des prévisions. Il est très heureux de vous dire tout de suite que les choses, dans les deux cas, ont bien tourné. Les sujets de satisfaction, dans le temps où nous vivons, ne courent pas les rues. Il est agréable de les noter en passant.

⁂

Vous savez déjà que le Gouvernement avait pris des précautions aussi étendues que minutieuses pour prévenir le désordre et, si besoin était, pour le réprimer. Paris était bondé de troupes. Pas n'a été besoin d'en faire usage. Il n'y a eu aucune démonstration. La journée du 1er mai, du commencement à la fin, a ressemblé à un jour de fête, avec cette différence toutefois qu'un nombre considérable d'ateliers et d'usines sont restés ouverts. Décidément, la question des huit heures de travail n'est pas populaire dans toute la classe ouvrière de Paris. Il est même certaines administrations où les ouvriers se sont rendus à leur besogne de meilleure heure et en plus grand nombre qu'à l'ordinaire. Il semble résulter de tout cela que le Gouvernement a eu des craintes plus grandes que de raison. Mais, en pareille matière, l'excès, quand il a pour conséquence de multiplier les chances du maintien de l'ordre, ne saurait être condamnable.

⁂

Il y a bien eu cependant, dans la journée et sur divers points, quelques bousculades et quelques arrestations. C'était inévitable. On doit même dire, et cela en dehors de tout esprit de parti et d'opposition, que la police n'a pas toujours observé la mesure qui convient. Elle s'est montrée trop souvent violente, sinon provocatrice sans motifs suffisants. Rien en effet dans la foule, et le Bonhomme Deschamps l'a observé des heures entières, — ne laissait voir la moindre disposition au bruit. Il est juste aussi d'ajouter que la police ne se recrute pas parmi les membres de l'Institut, et que des gens qui sont sur pied toute une journée finissent par avoir des nerfs. Néanmoins, mieux eut valu que les chefs continssent un peu le zèle de leurs agents. Par là le Gouvernement se fut soustrait aux reproches, mal fondés sans doute, d'avoir cherché une affaire. En somme, tout est bien qui finit bien, et à Paris pas plus que dans les autres capitales de l'Europe, l'ordre n'a été un instant troublé.

⁂

Dans la nuit où un Français devient ministre, a dit un moraliste plein d'esprit, il lui naît beaucoup de cousins. Des ministres en fonction, beaucoup, par le même motif, ne manquent pas de thuriféraires, et si ces ministres font à peu près leur besogne, le parfum est versé avec abondance dans les encensoirs. Ainsi en est-il pour M. Contans, ministre de l'intérieur, depuis quelques jours. Les gens qui avaient pris peur, — et ils sont nombreux à Paris comme ailleurs, — ont été ravis du maintien de l'ordre. De cela ils ne sont pas blâmables. Les flatteurs du pouvoir ont renchéri à dessein et avec intérêt, si bien que ne tenant aucun compte des dispositions pacifiques de la foule, de l'abstention des ouvriers, et du maintien de la paix dans les autres capitales de l'Europe, on en vient à dire que sans M. Constans et ses dispositions la sécurité aurait été violemment troublée. Ce sont là des exagérations de commande que le bon goût et la vérité ne permettent pas d'accepter. Ce que M. Constans a fait, d'autres à sa place l'eussent fait. M. Constans n'était ni en Allemagne, ni en Autriche, et l'ordre n'a été troublé ni à Berlin ni à Vienne. Disons donc tout simplement que le Gouvernement a fait ce qu'il avait à faire, et qu'il n'y a pas lieu d'emboucher la trompette.

⁂

Si le second tour des élections municipales n'a pas donné des résultats de nature à modifier le vilain esprit et les méchantes pratiques de la précédente assemblée de l'Hôtel-de-Ville, les conservateurs n'ont cependant pas lieu de s'en plaindre. Ils ont gagné trois sièges et, avec un peu plus d'entente ou de prévoyance, ils eussent pu en emporter cinq. La minorité de l'ancien conseil, qui était de onze membres, est portée à quatorze. Il y a aussi quatre ou cinq républicains libéraux qui ont franchi le seuil de l'Hôtel-de-Ville, et d'autres républicains n'ont passé qu'en mettant un peu d'eau dans leur vin. Il n'en faut pas conclure, malheureusement, que les sœurs vont rentrer dans les hôpitaux et que l'esprit d'intolérance a fait son temps. Ce serait cependant quelque chose si le Gouvernement, qui n'a jamais eu le courage de réprimer les frasques de l'ancien conseil, faisait quelque effort pour maintenir le nouveau dans la voie de la légalité et dans les limites strictes de ses attributions. C'est justice de noter qu'il paraît avoir la velléité d'entrer dans cette voie, puisqu'il a profité de la journée du 1er mai pour installer le Préfet de la Seine à l'Hôtel-de-Ville. L'installation n'y est pas complète, car si M. Poubelle est à l'Hôtel-de-Ville le jour, il demeure la nuit au Pavillon de Flore. Il a donc deux domiciles; mieux vaudrait qu'il n'en eût qu'un, celui de l'Hôtel-de-Ville; mais puisqu'on ne peut faire les choses en une fois, contentons-nous pour le moment de la moitié des choses.

⁂

Pour être complet, et, à ce titre seulement, le Bonhomme Deschamps doit vous signaler la rentrée des Chambres. Elles ont repris, comme on dit par politesse, leurs travaux. Disons plus justement qu'elles vont continuer à mal gagner leur argent et à troubler le pays par leurs débats impuissants et par des querelles de tribune ou de personnes, qui n'ont rien à démêler avec l'honneur du pays et ses intérêts essentiels.

LE BONHOMME DESCHAMPS.

NOUVELLES DE LA SEMAINE.

Election législative. — Une élection législative a eu lieu dimanche dans la Dordogne, arrondissement de Périgueux (2e circonscription). Voici les résultats du scrutin :

Meilhodon, conservateur (invalidé)	6.040
Chavoix, républicain	7.257 ELU
E. Gay, boulangiste	68
Nuls	128

Il s'agissait de remplacer M. Meilhodon, invalidé par la Chambre.

M. Meilhodon avait été élu au premier tour de scrutin par 6,754 voix contre 6,678 voix à M. Chavoix, opportuniste.

Elections municipales de Paris. — **14** monarchistes au lieu de 10 sont actuellement membres du Conseil municipal de Paris. De plus les conservateurs ont fait passer **6** républicains tout à fait modérés, soit vingt membres résolus à barrer la route aux radicaux et communards qui siègent à l'Hôtel de Ville. Les boulangistes ont été écrasés. Un seul de leurs candidats a pu passer sans conteste.

Une infamie. — La veille des élections municipales de Paris et de la manifestation du 1er mai, le Gouvernement a fait arbitrairement arrêter le marquis de Morès. De plus les journaux officieux de M. Carnot, le *Siècle* entre autres, ont publié la note suivante :

Des pièces très compromettantes ont été trouvées dans les papiers saisis chez M. le marquis de Morès. On aurait découvert une correspondance du duc de Luynes avec M. de Morès.

Un commissaire de police se serait présenté au domicile de l'ami du duc d'Orléans, *mais celui-ci n'a pas paru chez lui de la soirée.* On le croit en fuite.

Or, jamais le duc de Luynes n'a été inquiété, par cette bonne raison qu'il n'avait rien écrit au marquis de Morès. Mais, pour les républicains, toutes les calomnies sont bonnes pour tromper le public.

Puis le lendemain des élections, le juge d'instruction a mis le marquis de Morès en liberté, n'ayant rien à lui reprocher.

Peut-on imaginer rien de plus odieux?

A la commission du budget. — Maintenant que la rente est à des cours très élevés, on parle de convertir tout ce qui reste de convertissable, afin d'user de toutes les ressources possibles. L'un des membres républicains a fait la semaine dernière une proposition qui est déjà escomptée par le ministre des finances.

On a à peu près décidé de reviser tous les emprunts d'Etat pour aboutir à des conversions qui diminueront considérablement les intérêts actuellement payés et qui sont excessifs. Ils s'élèvent à 4 fr. 60, alors qu'on pourrait emprunter à 3 fr. 50. On réaliserait de ce chef une économie de 150 millions.

— Le ministre des finances, M. Rouvier, après avoir tâté les sentiments de la commission du budget, a renoncé à demander à celle-ci de se prononcer immédiatement sur l'emprunt; toutefois, un certain nombre de membres de la commission se montrent partisans d'une combinaison qui consisterait à contracter un emprunt de 600 ou 900 millions, gagés avec les bénéfices éventuels de la conversion facultative du 4 1|2 0|0.

On éviterait ainsi l'aggravation d'impôts.

— Il paraît que l'emprunt est d'une extrême urgence. Cent millions d'obligations à court terme viennent à échéance cette année, et nul crédit n'a été ouvert pour leur amortissement. Vingt millions ont dû être remboursés en mars, et, faute de fonds, il paraît, d'après les journaux officieux, que M. le ministre des finances a dû soit renouveler ces obligations, soit les payer sur les fonds de la dette flottante. Les quatre-vingts autres millions sont payables à l'automne, et, d'ici là, il faudra bien aviser. Ou emprunt, ou impôts nouveaux, ou tous les deux : il n'y a plus à sortir de là,— du moins avec la République.

Un tour de M. Constans. — La manifestation du 1er mai, qui a raté dans les conditions que l'on sait, a servi à M. Constans à jouer un fameux tour aux radicaux du Conseil municipal de Paris. Profitant de la terreur qu'il avait lui-même organisée, le Gouvernement a donné l'ordre au Préfet de la Seine de prendre possession de l'Hôtel de Ville de Paris, jusqu'ici occupé exclusivement par le bureau du Conseil municipal. Cette bonne prise fait jeter les hauts cris aux radicaux révolutionnaires qui somment le Gouvernement de faire déloger le Préfet. Ce dernier a répondu spirituellement qu'il ne coucherait pas à l'Hôtel de Ville, mais qu'il entendait rester là où il était.

La guerre au Dahomey. — Les ministres se sont occupés, à la rentrée de M. Carnot, des incidents survenus à Kotonou et à Porto-Novo où des renforts seront expédiés. On se souviendra que la Chambre a donné carte blanche au gouvernement, et qu'au lieu d'une discussion du fond sur la question de savoir s'il convient, oui ou non, de faire une coûteuse expédition au Dahomey, est intervenu un ordre du jour « patriotique » auquel la Droite s'est associée, peut-être à tort.

Le patriotisme consiste à faire son devoir les armes à la main, sans subterfuge d'aucun genre, sans s'abriter derrière aucune exemption, quand la patrie est en danger, mais non pas à envoyer d'autres se faire tuer pour le plus grand profit de quelques trafiquants, fournisseurs de l'armée ou *mercantis* à sa suite. Le rôle actif que nous allons être entraînés à jouer sur cette côte, est d'autant plus absurde que nous ne ferons qu'ouvrir de plus large débouchés aux marchandises anglaises et allemandes, qui y ont déjà un marché de plusieurs millions de francs d'affaires par an.

En Alsace-Lorraine. — Depuis l'annexion, les maires nommés par le Gouvernement sont choisis parmi les fermes défenseurs de l'Allemagne.

Depuis quelques temps déjà M. Halm, qui habite la ville depuis l'annexion, remplissait ces importantes fonctions.

Ce matin on a appris avec stupeur que M. Halm avait disparu. Tout d'abord on a cru à un accident, les bruits les plus divers ont couru, on parlait même d'un guet-apens.

Renseignement pris, il s'agissait d'une simple fuite. — M. Halm a quitté en effet la ville laissant un déficit dans la caisse de plusieurs centaines de mille francs.

L'élément allemand est un peu consterné de ce départ assez inattendu.

CULTURE DE LA BETTERAVE A SUCRE

INSTRUMENTS QUI Y SONT EMPLOYÉS

(Suite).

ARRACHAGE DE LA BETTERAVE

Nous pensons que l'époque la plus avantageuse pour arracher la betterave, dans l'intérêt du cultivateur et du fabricant de sucre, est du 15 septembre à fin octobre, mais pas plus tard.

Les quelques betteraves que nous avons actuellement sous les yeux nous démontrent qu'il n'y a aucun inconvénient à opérer ainsi.

Les unes ont été arrachées le 20 septembre; elles n'ont poussé aucune feuille depuis ; les autres, arrachées fin novembre, et soumises à la même température, ont poussé des feuilles et des radicelles.

L'arbre qu'on abat, qu'on arrache et qu'on coupe en pleine sève, meurt et ne repousse pas, tandis qu'abattu en automne ou en hiver, il donne des rejetons quand arrive le printemps.

Le même fait s'est produit dans mes betteraves, et il me semble que si l'on arrivait à bien constater qu'il en est toujours ainsi, les cultivateurs et les fabricants de sucre trouveraient de grands avantages à l'arrachage précoce.

Les premiers pourraient débarrasser leur terre à une bonne époque; les seconds n'auraient pas à craindre la pousse qui se produit dans les silos et la déperdition du sucre qui en est la conséquence.

Doit-on couper le collet de la betterave?

Tout de suite, nous répondrons : NON.

Les betteraves étant endommagées laisseront échapper leurs eaux, leur sucre, la fermentation se produira dans les silos et entraînera la pousse et la pourriture.

Quand nous voulons conserver des fruits, pommes ou poires, nous avons la précaution de les traiter bien délicatement, de ne pas les blesser, de ne pas leur enlever la queue; autrement, au fur et à mesure que la maturité arrive, le sucre qui se forme s'échappe par les blessures et entraîne plus tard la pourriture.

La pomme à cidre mal récoltée et mise en tas fermente; sa valeur diminue considérablement, et elle pourrit.

Quand la pomme à cidre voyage et qu'il pleut, vous avez tous remarqué que ce qui découle du wagon, c'est du jus de pomme que l'eau a déplacé en passant par les blessures du fruit.

Il n'en est pas de même de la pomme bien cueillie et mise en tas lorsqu'elle est sèche. Si l'on a soin d'établir des courants d'air ou de la déposer sur de la paille et autres matières absorbant l'humidité, elle ne fait qu'augmenter de valeur jusqu'à sa complète maturité.

Ce sont là des soins qui peuvent être donnés à la betterave, et il est certain que les résultats seront favorables.

Comment faire pour conserver ainsi la betterave ?

Il faut l'arracher en pleine sève, et faire que le champ lui serve de fruitier.

Au lieu de lui couper le collet tout de suite et de l'envoyer à la fabrique, pourquoi, après l'avoir recueillie sans la blesser, ne la mettrait-on pas *avec sa fane* en petit tas ou meulons de 70 à 80 centimètres de diamètre sur autant de hauteur?

Ces tas devraient être très coniques, et les betteraves déposées à plat, les fanes en dehors. On recouvrirait très soigneusement le sommet, pour que l'eau et la gelée ne pussent pénétrer.

Au lieu de tas séparés, on peut établir des chaînes de la longueur du champ.

Ainsi disposée pendant une quinzaine, la betterave finira de mourir avec sa fane, elle ne perdra presque rien de son poids, elle gagnera en densité, peut-être même en sucre.

Pour la densité, l'expérience a démontré que des betteraves appartenant à MM. Toillier et Veret, de Rantigny, arrachées le 20 septembre, titrant alors 7 degrés 2 dixièmes et conservées avec leurs fanes, comme nous venons de l'indiquer, ont été livrées six jours après, à la fabrique de Saint-Leu-d'Esserent, titrant 7 degrés 8 dixièmes, accusés par le fabricant.

Nous avons expérimenté pendant un mois, de huit en huit jours, sur des betteraves de la même pièce, ayant les unes le collet coupé, et les autres conservées avec leur fane; nous avons partout constaté une augmentation de densité, sans que la progression soit constante, mais celles dont le collet était coupé avaient bien plus sensiblement diminué de poids.

Une partie de ces betteraves laissées une nuit à la pluie, vers le 20 novembre, a donné lieu à des observations curieuses et utiles.

Celles à collet coupé avaient perdu de deux à trois dixièmes de densité; celles restées avec leur fane n'avaient perdu que d'un dixième à un dixième et demi.

Dans le courant de septembre et une partie d'octobre, la betterave en tas mettra une quinzaine de jours au plus pour arriver à parfaite maturité.

Si le fabricant doit la travailler de suite, le cultivateur, avant de la charrier, lui coupera le collet; mais si, au contraire, elle doit être mise en silos, il se contentera de la débarrasser des feuilles sèches, *de la torcher*.

A la fabrique, si la betterave doit rester dehors, les silos devront être peu volumineux, mais cette précaution n'est pas nécessaire si on la place au sec, sous des hangars, en ayant soin d'établir des courants d'air.

Les collets seraient coupés au moment de passer la betterave au laveur et à la râpe.

Pour que toutes ces opérations puissent être avantageuses, comment doit-on arracher la betterave?

Nous avons dit que toute betterave blessée était sujette à de grandes déperditions. Or, toute betterave arrachée au croc, à la fourche ou au louchet, reçoit, selon le gré de sécheresse ou la nature du sol, une, deux, trois et même quatre piqûres ou blessures.

Toute piqûre ou blessure fait perdre instantanément à chaque betterave de 15 à 20 grammes de son poids, et comme dans un hectare de terre bien planté, il faut qu'il y ait 10 plants au mètre carré, soit 100,000 plants à l'hectare, la perte totale, par le seul fait d'avoir arraché à la main, est de 2,000 kilogrammes.

Si on prend pour base le prix de 30 francs aux mille kilos, on trouve une perte sèche à l'hectare de 60 francs. Les betteraves piquées ou blessées ne peuvent être mises en silos sans que le fabricant soit exposé à les voir pourrir ou du moins à subir une très grande diminution de poids dans un temps très restreint.

Avec l'arrachage mécanique, au contraire, — soit dit en passant, avec l'arracheur Bajac à un, deux ou trois rangs, — la betterave n'est ni piquée, ni blessée; elle peut rester en terre quelques jours, si l'état du ciel le permet, et commencer à se faner sans perdre de son poids. Dans ces conditions, quand on la ramasse pour la mettre en tas, elle se dégage facilement de la terre qui l'entoure, sans que ses racines se brisent.

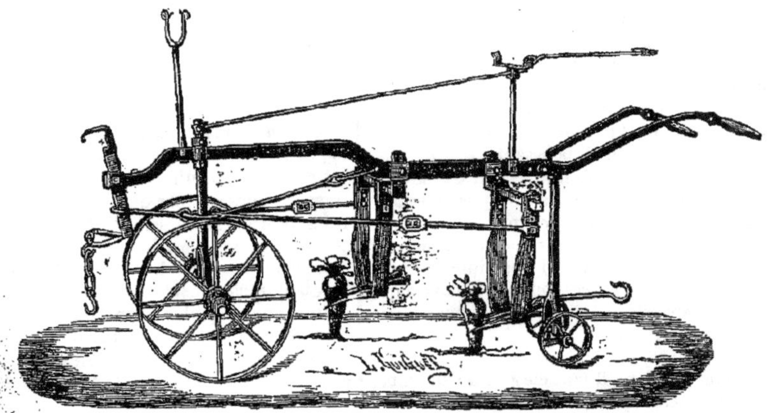

On estime que, par l'arrachage mécanique, on extrait à l'hectare, selon les saisons, deux, trois, quatre, cinq et même six mille kilogrammes de racines de plus qu'on en aurait extrait par l'arrachage à la main. C'est donc pour le cultivateur un bénéfice moyen d'au moins 90 francs.

La betterave arrachée mécaniquement, qui n'est ni blessée ni piquée, peut être mise en tas, en chaînes et en silos, comme nous l'avons indiqué précédemment, sans être exposée à la moindre déperdition.

Inutile de dire celui des modes d'arrachage à préférer. BAJAC.

(*A suivre.*)

LA QUALITÉ DES LAINES

Comment classe-t-on commercialement les laines de France? Telle est la question qu'on est en droit de se faire, surtout dans ce moment, où la tonte est commencée. Nous allons tâcher d'y répondre.

Il ne s'agit, bien entendu, que des laines vives, c'est-à-dire des laines prises sur les animaux vivants: ce sont les seules qui nous intéressent.

Il faut d'abord distinguer entre les laines en suint et les laines lavées à dos. Les laines en suint sont celles qui sont prises sur l'animal non nettoyé: les laines lavées sont celles prises sur le mouton soumis à un lavage préalable. La méthode usuelle, adoptée pour le lavage des moutons, est celle qui consiste à faire entrer les moutons dans des cours d'eau, et à les trotter énergiquement à plusieurs reprises.

Que la laine soit lavée ou en suint, une toison a d'autant plus de valeur qu'elle renferme plus de laine de première qualité et moins de jars.

Voici les différences que présente le plus souvent la laine, suivant la partie du corps où elle est prise: 1° laine de première qualité, sur le dos et le cou; 2° laine de deuxième qualité, sur les flancs et les épaules; 3° laine de troisième qualité, sur les membres.

Commercialement, on distingue les laines fines et les laines communes. Les laines fines sont les laines de mérinos, principalement de Rambouillet, de la Brie, de Bourgogne, de Champagne, du Soissonnais, de la Beauce, les laines d'Arles. Ensuite viennent les laines dites de Roussillon, du Berry, de Poitou qu'on pourrait appeler intermédiaires. Quant aux laines communes, les principales sortes sont celles du pays de Caux, les laines picardes, celles de Sologne et de Lorraine, du Médoc, les laines béarnaises et bayonnaises. Mais ces distinctions sont un peu arbitraires; partout où le mérinos a été introduit, il s'est produit une rapide amélioration dans la qualité de la laine. En général, les laines fines valent actuellement un tiers en plus que les laines communes; les laines extra fines valent presque le double.

Procréation des sexes chez les animaux.

POUVONS-NOUS CRÉER TEL OU TEL SEXE?

Quelques auteurs, et récemment encore des Américains, ont obtenu certains résultats qui sembleraient présenter quelque apparence de réalité à la solution de cette question.

Il est inutile de discuter sur l'avantage qu'il y aurait à créer tel ou tel sexe: c'est incontestable. Ainsi, l'industrie mulassière aurait intérêt à obtenir au lieu de mulets des mules qui ont une valeur double des premiers. De même les béliers ont un prix de beaucoup supérieur à celui des brebis.

M. Thury, de Genève, a prétendu que pour avoir des femelles il fallait faire saillir dès le commencement du rut, alors que les ovules n'étaient pas encore mûrs. Pour avoir des mâles, il n'y aurait qu'à attendre la fin du rut.

L'expérience a prouvé que cette théorie était dénuée de tout fondement.

Giron de Buzareingue avait observé que les brebis saillies au commencement de la monte donnaient surtout naissance à des mâles; au milieu il y avait égalité entre les mâles et les femelles; à la fin surtout naissaient des femelles.

Des béliers très jeunes accouplés avec des brebis vigoureuses donnent un nombre supérieur de femelles. Tandis que des béliers vigoureux avec des brebis faibles, ou vieilles, ou malades, donnent une prédominance de mâles.

M. Samson, médecin-vétérinaire, professeur à l'Institut agronomique, rapporte l'exemple d'un vieil âne étalon tellement fourbu qu'il ne pouvait se tenir debout que quelques instants : il ne se levait que pour la saillie et retombait épuisé sur la paille. Il ne produisait que des mules et était par ce fait fort recherché.

M. Colin, d'Alfort, a possédé une vieille chienne de chasse qui fut couverte par un chien de Terre-Neuve. Il eut six mâles ressemblant au père. J'ai obtenu le même cas avec mon chien, fort spécimen de la race de Saint-Bernard, qui s'est accouplé avec une petite chienne de Saint-Germain. Tous les produits sont des mâles absolument semblables au père.

C'est donc le procréateur le plus vigoureux au moment de l'accouplement qui donnerait son sexe.

Ces exemples sembleraient donner une certaine vraisemblance à la faculté de production de tel ou tel sexe. Mais toutes ces combinaisons sont renversées par ce seul fait : qu'il est impossible de savoir avec certitude lequel des producteurs est le plus vigoureux, et l'emportera sur l'autre, quand tous deux sont de même âge, de même taille, de même force! A l'appui de cette règle je citerai le cas suivant, que nous venons d'observer sur les chiens danois du Jardin des Plantes de Rennes. Le mâle semblait plus fort que la femelle et par là même aurait dû l'emporter. Eh bien! il est né onze femelles!

En Angleterre et en Amérique on a remarqué que si l'on fait saillir une jument à son premier rut elle donnera un mâle : si elle est encore saillie à la période suivante de chaleur on aura une femelle. Il peut arriver que l'on ne fasse pas couvrir la jument pendant plusieurs périodes de chaleur ; on retrouvera alors à la première naissance le sexe qui aurait été produit s'il n'y avait pas eu d'interruption dans la mise bas!

Voilà donc certains faits des mieux observés jusqu'à ce jour. Ils sont loin de donner une solution complète à notre question, qui reste hors de la portée de notre intelligence.

F. RIPERT.

Sulfate de fer et engrais chimiques aux arbres fruitiers.

Un membre du Syndicat agricole du Calvados a fait part à son Syndicat des résultats d'un essai qu'il avait tenté l'an dernier, résultats qui sont consignés dans l'excellent bulletin de l'association. Après avoir obtenu un vrai succès par l'emploi du sulfate de fer sur la mousse des prairies, il eut l'idée d'employer le sulfate de fer aux arbres au commencement de l'hiver. Pour les jeunes arbres au-dessous de 12 ans, il fit enlever le dessus de la terre, et de l'herbe avec une houe à doigts à 1^m50 tout autour de l'arbre, en évitant avec soin de blesser les petites racines. Il attendit ensuite qu'il vint de l'eau, puis il sema de 100 à 200 grammes de sulfate de fer, selon la force de l'arbre. Pour les gros arbres, il fit arracher au pied les mauvaises herbes et sema de 200 à 400 grammes de sulfate de fer, selon la force et la vigueur de l'arbre. Il a recommencé cette opération à trois reprises différentes et à six semaines d'intervalle, et a vu ses pommiers faire de belles pousses avec un feuillage vert foncé, et ils ont donné relativement plus de pommes que leurs voisins, qui n'avaient pas été traités de la même façon. Aux plus mauvais arbres, au mois de mai, il ajouta 200 grammes de nitrate de soude et 3 à 400 grammes de superphosphate. Il pense que ceux qui ont des tonneaux d'arrosage feraient bien de faire dissoudre du sulfate de fer et d'arroser l'été.

M. le marquis de Paris, auteur de plusieurs remarquables brochures sur les engrais chimiques dans la culture agricole et maraîchère, recommande également le sulfate de fer et les engrais chimiques au pied des arbres. Par l'emploi judicieux de ces substances, il a obtenu des résultats incroyables et refait de vieux arbres qu'il avait résolu de détruire et qui aujourd'hui sont vigoureux et couverts de fruits.

Presque partout, ainsi que le fait très justement remarquer M. le marquis de Paris, les arbres fruitiers souffrent et ne poussent pas; cela vient de ce que la terre est épuisée de certains éléments fertilisants qui ne se trouvent plus en assez grande quantité, ou que ces éléments ne sont pas assimilables. Il faut donc leur en fournir, afin qu'ils puissent trouver une nourriture abondante et facilement assimilable.

Le fumier ne peut suffire, car il ne contient pas tous les éléments de fertilité dans de bonnes proportions. L'analyse a démontré que le fumier contient beaucoup d'azote, mais trop peu d'acide phosphorique, de sulfate de potasse et de chaux. Or, comme ces quatre éléments sont indispensables pour que les plantes poussent si on met beaucoup de fumier, on donne à la plante trop d'azote et alors elle pousse trop et ne donne pas de fruits. Pour lui donner tout ce qui lui est nécessaire, il faut donc avoir recours aux engrais chimiques, dont on peut varier les proportions suivant ce que l'on veut obtenir et suivant les besoins des plantes.

Pour savoir dans quelles proportions on doit employer les matières premières, il faut bien se pénétrer de ce fait que l'azote fait pousser une plante, mais ne lui donne ni force ni consistance, car elle ne peut, poussant très vite, s'assimiler en quantité suffisante les autres éléments, et quand une plante pousse trop vigoureusement, elle ne donne pas de fruits.

L'acide phosphorique, au contraire, donne à la plante de la force et lui constitue une forte charpente, et on a reconnu par l'analyse que l'acide phosphorique se trouvait en grande quantité dans les fruits.

Pour arriver, par les engrais, à bien nourrir les arbres fruitiers, il faut mettre, à l'automne, en terre l'acide phosphorique, la potasse, la chaux, le fer et un peu d'azote, et au printemps remettre de l'azote si l'arbre en a besoin. L'azote se perd vite en terre, tandis que les autres éléments ne se perdent pas.

Si on a des arbres à racines pivotantes, on se servira de nitrate de soude; si, au contraire, on possède des arbres à racines traçantes, se sera le sulfate d'ammoniaque qu'il faudra employer. On peut, avec avantage, mettre de l'azote organique, car il devient assimilable au fur et à mesure des besoins des arbres, et son effet se fait sentir plus longtemps, puisqu'il ne devient azote nitrique que petit à petit et que ce n'est que sous cette forme que l'azote est absorbé par les plantes. Il y a donc moins de perte et on est obligé d'en mettre moins souvent.

L'acide phosphorique sera donné sous n'importe qu'elle forme, et il n'y a aucun inconvénient à en mettre de fortes doses, car il ne se perd pas, et les plantes n'en prendront que ce qui leur en faut, et le surplus restera et enrichira la terre.

Le fer est très utile à la végétation, il empêche les arbres de devenir anémiques et chlorotiques, et on peut en mettre sans crainte.

On devra bien mélanger les diverses matières après les avoir réduites en poudre aussi fine que possible et les répandre sur tout l'espace occupé par les racines, c'est-à-dire couvert par les branches. On sèmera l'engrais sur la terre à l'automne et on labourera pour mêler l'engrais au sol assez profondément sans cependant arriver jusqu'aux racines; la pluie, pendant l'hiver, dissoudra l'engrais et le fera pénétrer et le mettra à la portée des racines.

Voici les proportions de matières premières que l'on peut employer :

2 kilos de nitrate de soude ou 1 kilo 500 de sulfate d'ammoniaque.

5 kilos de superphosphate de chaux.

5 kilos de chlorure de potassium.

3 kilos de sulfate de chaux (plâtre).

2 kilos de sulfate de fer.

On sèmera 300 à 400 grammes de ce mélange par mètre carré.

On se trouvera bien d'enlever la vieille écorce pour détruire tous les insectes qui y trouvent un refuge pendant l'hiver et de badigeonner les arbres avec une bouillie composée de chaux et de sulfate de fer, 4 à 5 kilos de chaque pour un hectolitre d'eau.

Une mauvaise coutume, c'est de gauler les pommiers, car on détruit beaucoup d'yeux à fruit et la récolte des années suivantes s'en ressent.

Voilà certes des renseignements intéressants dont nous engageons les intéressés à tirer profit.

La dépense est bien peu considérable, mais le fût-elle, que nous ne devrions pas hésiter devant la perspective de donner à nos arbres jeunes et vieux une vigueur nouvelle.

M. le marquis de Paris, avec l'application des engrais chimiques aux légumes et aux arbres, est arrivé à obtenir des légumes et des fruits remarquables par leur qualité et leur grosseur. A l'Exposition universelle du Trocadéro, il a obtenu le premier prix pour les légumes et le deuxième prix pour les fruits. C'est un succès d'autant plus considérable que nulle part les cultures ne sont plus importantes qu'aux environs de Paris, et que l'Exposition comprenait des spécimens fort remarquables dans tous les genres.

DOCTEUR AGRICOLE.

LA VIGNE FRANÇAISE DEPUIS 1850.

Vers 1852, l'étendue du vignoble français était d'environ 1,100,000 hectares produisant, année moyenne, 35 millions d'hectolitres de vin.

L'invasion de l'oïdium fut foudroyante et la production tomba à 22 millions d'hectolitres, en 1853, et à 10 millions, en 1854. Quatre ans après le soufrage, qui venait d'être découvert, faisait merveille. La production remontait à 35 millions d'hectolitres en 1857 et à 54 millions en 1858.

A partir de ce moment, l'étendue plantée en vignes augmente d'année en année; le maximum, 2,447,000 hectares, est atteint en 1874.

La production s'élève parallèlement à 68 millions d'hectolitres en 1865, à 70 millions en 1869, et enfin à 83 millions en 1875. Ces chiffres sont ceux des grandes récoltes. La moyenne pour dix années de cette période était de 58 millions d'hectolitres environ.

Le phylloxera saisit la vigne l'année même où la production fut le plus élevée.

En 1876, nous perdons 50,000 hectares; en 1880, nous en avons perdu 200,000; en 1885, la perte dépasse un demi-million d'hectares.

En 1888, le vignoble français n'est plus que de 1,483,000 hectares, ne produisant d'ailleurs à l'hectare que la moitié des anciennes moyennes.

A cette époque, il y avait donc plus de 600,000 hectares de vignes détruites à reconstituer.

Les nouvelles plantations de cépages américains greffés auront bientôt réparé cette perte considérable; mais il ne faut pas se dissimuler que toutes ou presque toutes les anciennes vignes devront être renouvelées par le même procédé.

Le revenu brut à l'hectare était de 650 fr de 1860 à 1870. Pour les dix années suivantes, il a été de 640 fr. De 1880 à 1885, il est remonté à 660 fr. Pendant les quatre dernières années, il est tombé à une moyenne de 500 fr.

L'ensemble de la production, qui représentait une valeur de 2 milliards de francs en 1869 est aujourd'hui d'une valeur inférieur à 1 milliard.

C'est un capital de plus de vingt milliards que les maladies de la vigne ont enlevé à la fortune publique.

La reconstitution de la vigne s'opère partout par des méthodes nouvelles qui augmenteront infailliblement les anciens rendements à l'hectare et la qualité du produit. La science se substitue à la routine dans les cultures. Avant dix ans, nos récoltes vaudront beaucoup plus que celles de 1869 à 1875.

On dit que les viticulteurs, inquiétés par la concurrence des vins artificiels et des vins étrangers, et ne pouvant pas compter sur l'exportation avantageuse de nos excédents, seraient plutôt tentés de restreindre leur production.

Il faut considérer quo notre exportation n'a guère dépassé trois millions d'hectolitres dans les meilleures années et qu'elle s'est toujours maintenue dans les plus mauvaises au-dessus de deux millions d'hectolitres.

Actuellement, notre exportation annuelle est de 2 380,000 hectolitres.

Par conséquent c'est pour la consommation intérieure qu'il faut produire. Elle a été de 68 millions d'hectolitres en 1869, de 80 millions en 1875. Nos viticulteurs ont de la marge; car nous sommes toujours la nation qui consomme le plus de blé et le plus de vin.

Il a été établi que la ration normale de la population française, 38,000,000 d'habitants, devrait être :

En blé, 3 hectolitres par tête, 114 millions d'hectolitres.

En vin, 2 hectolitres 1/2 par tête, 95 millions d'hectolitres;

Nous avons un déficit annuel pour le blé.

Il faut tripler et au-delà la production actuelle de nos vignes pour que le Français puisse boire à sa soif sans avoir besoin d'acheter du vin à l'étranger.

Quand nous aurons rétabli notre vignoble de deux millions et demi d'hectares, produisant en moyenne 30 hectolitres à l'hectare, nous n'aurons pas besoin de recourir à la production étrangère.

P. Lavigne.

Un cépage pour les sols calcaires

M. le Dr Despetis signalait il y a quelque temps un cépage provenant d'un semis de Taylor obtenu en 1881 par M. Narbonne, comme un excellent porte greffe pour les terrains jurassiques et probablement même pour les terres crayeuses tout à fait réfractaires, comme les graies des Charentes.

M. Dugué, professeur départemental d'agriculture d'Indre-et-Loire, appelle à son tour l'attention des viticulteurs sur un riparia de semis qui se comporte de la manière la plus satisfaisante dans un terrain très calcaire. Nous lui laissons la parole :

« En 1883, un vigneron de ce pays, nommé Martineau, petit propriétaire à Sainte-Maure, voulut bien, sur mon conseil, semer quelques variétés de pépins américains, tant porte-greffes que producteurs directs, à l'effet de pouvoir reconstituer une vigne d'un demi-hectare qu'il possédait à une portée de fusil environ d'un foyer phylloxérique important que j'avais découvert l'année précédente.

« Je passe sur l'insuccès de cette initiative, relativement à la plupart des variétés expérimentées. Le Riparia seul donna une levée et une végétation satisfaisantes. L'année suivante une sélection rigoureuse fut faite parmi les jeunes plants qu'on avait repiqués, les sujets rabougris, à petit bois. furent détruits, et notre vigneron ne conserva que les plants dont le bois lui parut de nature vigoureuse. Il obtint ainsi un Riparia n° 2, qui correspond à peu près par ses dimensions à la Gloire de Montpellier, et une seconde variété, constituée par une souche unique, qui présentait, singulièrement exagérées, toutes les qualités que l'on se plait d'ordinaire à rechercher dans les Riparias porte-greffes, telles que vigueur, grosseur du bois, dimensions des feuilles, facilités de reprise au bouturage et à la greffe, indifférence complète vis-à-vis du terrain dans lequel il se développe. C'est partout et toujours le même cépage, doué d'une puissance de végétation comme je n'en ai jamais vue chez aucun cépage américain.

« En 1885, M. Martineau commença les premières plantations dans différents sols :

« 1° Terrain argilo-siliceux avec sous-sol argileux, le tout compact et imperméable;

« 2° Terrain siliceux avec mélange de cailloux provenant d'un défrichement récent de lande et par cela même acide;

« 3° Terrain calcaires très caillouteux, peu profond, reposant sur un fond d'argile;

« 4° Terrain formé par une roche calcaire tendre, d'aspect grisâtre, et renfermant une certaine proportion de silice.

« 5° Sol formé par les débris provenant du creusement d'une cave dans la craie blanche, une couche de 0m20 environ sur un sous-sol de craie tuffau.

« Aujourd'hui ces plants issus de la souche mère, Riparia n° 1, ont cinq ans d'existence et, je le répète, sont partout admirables. »

Ce riparia des terres calcaires, — autant qu'on en peut juger par une expérience de cinq ans a été nommé Riparia Martineau « Gloire de Touraine. »

Espérons qu'il tiendra à toutes ses promesses.

ABSORPTION DE L'AMMONIAQUE
de l'air par la terre nue.

Dans sa dernière séance, l'Académie des sciences a entendu une communicatiion importante de M. Schlœsing. Ce sont les conclusions d'un travail qui a pour but de confirmer les résultats d'anciennes expériences faites par lui vers 1876, et qui ont été l'objet, ces temps derniers, de diverses contestations.

On a non-seulement prétendu, a dit M. Schlœsing, que l'ammoniaque trouvée dans des terres exposées à l'air ne provenait pas de l'atmosphère, mais on a même affirmé que les terres calcaires ne pouvaient absorber l'ammoniaque de l'air, en raison de la présence du carbonate de chaux qu'elles contiennent.

Les nouvelles expériences qu'il a poursuivies pendant ces quatre dernières années lui permettent de conclure :

1° Les terres calcaires fixent l'ammoniaque au moins aussi bien que les autres.

2° Un hectare de terre *nue*, exposé à l'air, fixe au cours d'une année jusqu'à 60 kilog. d'azote ammoniacal, nonobstant la présence de 40 0/0 de calcaire.

3° Le pouvoir fixateur varie suivant les différents sols et dépend surtout de l'état d'humidité de la surface.

4° Une surface toujours *humide* fixe dans le même temps le double et le triple de la quantite que fixe la même surface *sèche*.

M. Schlœsing affirme encore que des terres calcaires abandonnées au contact de l'air et qu'on a remuées souvent pour renouveler les surfaces absorbantes, ont pris à l'air jusqu'à 120 millig. d'ammoniaque par kilog. malgré leur état permanent de siccité.

L'ensemble de ces faits démontrerait bien la puissance de fixation de l'ammoniaque constatée même dans les terres calcaires.

CONSEILS A LA FERMIÈRE

LA BASSE-COUR.

A la poule vivant dans la ferme, glanant et picorant dans les écuries, dans les étables, dans les bergeries, sur les fermiers (sans compter d'alentour), il ne faut guère plus de 40 grammes par jour; mais s'il s'agit de poules parquées, et si chacune jouit d'un espace de dix mètres carrés, ce qui est nécessaire à une bonne hygiène et à la fécondation des œufs, il faut compter sur une moyenne de 90 grammes pour les grandes races.

Le gouvernement d'une basse-cour est plus difficile qu'on ne le croit généralement, et tout n'est pas dit lorsqu'on a jeté au hasard quelques poignées de grains à ses habitants. En effet, avec trop peu de nourriture, les poules maigrissent et pondent à peine; avec trop, elles engraissent, et le résultat est le même.

Il existe encore dans presque toutes les fermes une mauvaise coutume qui consiste à laisser pêle-mêle dans la cour les poussins, les poules, les oies, les dindons, les canards; alors on jette la nourriture à vue d'œil, les gros et les forts absorbent tout, et les poussins se regardent.

Aussi a-t-on de jeunes poulets de six mois qu'on vend 3 francs la paire, et c'est bien là tout ce qu'ils valent. Ailleurs, on voit dans un coin une énorme chaudière constamment remplie de pâtée; toute la population emplumée est toujours repue, et les femelles acquièrent un tel embonpoint qu'elles sont à moitié ou tout à fait stériles.

La basse cour n'est pas une quantité négligeable. Voici les bénéfices qu'elle peut donner: soit une poule qui dépense 40 grammes de nourriture par jour, supposons en 60, si elle ne trouve pas dans la ferme le supplément; elle consommera donc 21 kilos 90 de grain par an, au prix de 18 francs les 100 kilos, soit 3 fr. 94

Ajoutons 10 p. 100 pour la nourriture du coq, et nous trouverons un total de 4 fr. 33.

Or, une poule de bonne race doit pondre environ 150 œufs par an, souvent plus; mais n'en mettons que 130. A 7 fr. 50 le 100, nous trouvons un produit de 9 fr. 75; d'où un bénéfice net de 5 fr. 42. Et ajoutons à cela le guano qui. s'il était ramassé tous les jours, produirait encore par an 2 fr. par tête; puis le bénéfice des oies, des canards et des dindons, et on pourra dire : « La basse-cour est une corne d'abondance qui ne tarit jamais. »

UNE MÉNAGÈRE.

CONSEILS DU MÉDECIN

VACCINATION.

Jeunes mères, si soucieuses de la santé de vos enfants, laissez-moi vous donner quelques conseils utiles au sujet de la vaccination.

Vos enfants peuvent être vaccinés à tout âge, même dès les premiers jours de la vie, s'il y a péril en la demeure. Les nouveaux-nés supportent très bien cette petite opération ; ils sont plus insensibles à cet âge que plus tard, et n'ont presque jamais la fièvre vaccinale. Seulement, pour réussir, il faut que votre médecin ait un vaccin très actif et beaucoup de soin dans l'inoculation. Si une première vaccination a échoué, il faut la faire répéter jusqu'à ce qu'un succès soit obtenu. Si, au bout de trois essais, la réussite n'a pas eu lieu, il faut faire renouveler la tentative au bout de quelques mois, l'immunité vaccinale pouvant avoir disparu dans ce laps de temps.

Pour la première revaccination, l'âge de douze à quinze ans est particulièrement favorable. Les revaccinations suivantes pourront être faites ensuite tous les huit à dix ans ; il vaut mieux, en pareil cas, pécher par excès que par défaut, surtout dans les grands centres de population, où la variole est endémique.

Le préjugé populaire a fixé, dans nos climats, le printemps et l'automne comme les seules saisons favorables à la vaccination. J'accorde volontiers qu'il faut s'abstenir de faire vacciner en été, les grandes chaleurs favorisant la décomposition du vaccin et précipitant parfois le cours de la vaccine. En hiver, les résultats de la vaccination sont excellents, et le danger d'exposer au froid un grand nombre d'enfants est la seule raison qui empêche de fixer les vaccinations officielles dans cette saison.

Il ne faut faire vacciner, autant que possible, que des enfants bien portants; ne faites pas vacciner un enfant atteint de la fièvre ou de convulsions, soit à cause de l'enfant, soit pour vous, chers parents, qui mettriez volontiers sur le compte de la vaccine les accidents dus à la maladie primitive.

UN VIEUX MÉDECIN.

JURISPRUDENCE RURALE.

ÉCOLES LIBRES — SUBVENTIONS MUNICIPALES PROHIBÉES

— Nous avons, dans notre commune, deux écoles, l'une tenue par un instituteur public, dont la conduite et les idées sont déplorables, l'autre tenue par un instituteur privé, qui mérite la confiance de tous les bons pères de famille; comme la commune est riche et, qu'après avoir pourvu à toutes les dépenses obligatoires, il lui reste de l'argent disponible, nous voudrions accorder une subvention à l'école libre, afin de l'encourager et de la soutenir dans le bien qu'elle fait à nos enfants.

— Cela serait possible en Angleterre, en Amérique, dans tous les pays où la liberté est respectée, où les consciences ne sont pas opprimées; mais c'est impossible en France, où le mot de liberté n'est qu'une formule hypocrite.

— Comment, les choses en sont là, une commune n'a pas le droit d'employer son argent disponible à une œuvre utile au bien de tous!

— Non, et je puis te citer une décision toute récente du conseil d'Etat qui, dans un cas tout à fait semblable, vient de déclarer que depuis la loi du 10 octobre 1886 sur la laïcisation des écoles, il est interdit aux communes de donner la moindre subvention aux écoles privées, peu importe le vœu des parents, peu importe l'intérêt des enfants, peu importe la moralité publique. Que tout périsse, pour le grand bien de la franc-maçonnerie!

— Mais c'est abominable, c'est un attentat à la liberté de conscience, à l'indépendance des communes!

— Je suis de ton avis : des lois pareilles déshonorent une nation. Malheur à elle si elle les supporte longtemps.

UN VIEUX JUGE DE PAIX.

AFFAIRES MILITAIRES.

TRAVAILLEURS POUR LES MOISSONS.

Nous appelons l'attention de nos lecteurs sur la circulaire suivante que le ministre de la guerre vient d'adresser aux généraux commandants de corps d'armée :

« Mon cher général,

« En raison des difficultés qu'éprouvent tous les ans les cultivateurs à trouver en nombre suffisant des ouvriers pour les travaux des diverses récoltes, j'ai décidé que des permissions seront accordées cette année, comme les années précédentes, aux hommes de toutes armes sous les drapeaux qui demanderont à aller prendre part à ces travaux, soit dans leur famille, soit chez les agriculteurs du département où ils se trouvent en garnison.

« Ces permissions, d'une durée de vingt à trente jours, seront délivrées aux époques des différentes récoltes dans les diverses régions de la France (fenaison, moisson, vendange), dans une proportion que vous déterminerez en tenant compte à la fois de la situation des effectifs sous vos ordres, des nécessités de service et des besoins de l'agriculture.

Elles porteront exclusivement sur les hommes de troupe indiqués sur leur état signalétique comme exerçant, avant leur entrée au service, des professions agricoles.

« J'ai, en outre, décidé que le concours de la main-d'œuvre militaire sera également prêté pour les travaux de reconstitution des vignobles détruits.

A cet effet, des permissions seront délivrées dans les mêmes conditions que ci-dessus à l'époque des greffages (avril et mai), aux militaires munis d'un diplôme de maître greffeur délivré par une société autorisée et subventionnée par l'Etat.

« J'ai l'honneur de vous prier de donner les ordres nécessaires pour l'exécution de ces dispositions, après vous être concerté avec MM. les préfets des départements intéressés.

De même que les années précédentes, afin que le concours des travailleurs militaires puisse être réellement efficace, les hommes à qui seront accordées les permissions dont il s'agit devront être mis en route de manière à arriver à destination aux dates indiquées par les personnes par qui ils auront été demandés.

« G. DE FREYCINET. »

Les demandes de travailleurs pour la moisson doivent être adressés aux préfets.

Nouvelles agricoles.

Les revendications agricoles. — Voici le programme des revendications de l'agriculture, tel qu'il a été formulé par l'assemblée générale de la Société des Agriculteurs de France. Ces revendications, on le voit, sont des plus légitimes.

I. — Protection de l'Agriculture contre la concurrence étrangère.

Suppression du régime des traités de commerce. — Dénonciation des traités de commerce expirant en 1892. — Revision du tarif général des douanes. — Taxes de 15 0|0 en moyenne imposée à tous les produits agricoles étrangers similiaires de produits français. — Maintien du droit sur les blés. — Droit de 10 francs par hectolitre sur les vins étrangers. — Droit à établir sur les raisins secs équivalant au droit sur les vins étrangers.

II. — Réduction des charges fiscales qui pèsent sur les agriculteurs.

Abaissement des charges fiscales au niveau de celles qui sont imposées aux autres catégories de contribuables.

III. — Tarifs de transport sur les chemins de fer.

Réductions concernant le transport des engrais, des machines, de l'outillage et des produits agricoles, poursuivies de concert avec les Compagnies de chemins de fer. — Revision des tarifs dits de *pénétration* par les représentants de l'agriculture introduits en nombre suffisant dans la commission supérieure des tarifs de chemins de fer.

IV. — Mesures diverses.

Exécution loyale de la loi du 22 mars 1884, concernant les syndicats agricoles. — Facilités concédées aux syndicats pour la création de Sociétés coopératives, de Caisses d'assurances, de retraites, de secours mutuels, etc. — Maintien de la législation fiscale sur les sucres. — Répression du vagabondage et de la mendicité par l'exécution des lois et règlements existants. — Organisation de l'Assistance publique dans les campagnes. — Réduction des cahiers des charges relatifs aux adjudications de l'Etat et des administrations publiques modifiée de manière à ce que la fourniture des produits agricole soit réservée aux cultivateurs français.

Fermeture des colombiers. — Les préfets viennent de recevoir l'ordre de prescrire la fermeture des colombiers dans le cours des mois de juin à août. Les propriétaires des terres envahies par les pigeons sont autorisés à les tuer, sur place seulement, mais sans se les approprier.

C'est la protection des colzas à la veille de mûrir qui motive cette mesure dès le mois de juin. La prohibition ne cessera qu'à la fin d'août, époque où toutes les céréales seront récoltées.

Une nouvelle poudre de chasse. — Les chasseurs, eux aussi, vont avoir, assure-t-on, leur poudre sans fumée. Cette poudre, découverte par un jeune chimiste de Dijon, serait fabriquée par l'Etat à la poudrerie nationale de Vouges. Elle ne fait presque pas de bruit, ne rouille pas les armes et se conserve sans altération aucune. Allons ! il y aura encore de beaux jours pour les braconniers, qui d'avance se frottent les mains.

Boucherie coopérative rurale. — Le petit syndicat du canton d'Astaffort (Lot-et-Garonne), qui ne compte que 340 associés, a fondé une boucherie coopérative dont les débuts modestes montrent bien l'utilité de ce genre d'association.

En six mois, leur boucherie a débité 64 veaux, 3 vaches et 20 porcs, ayant produit un poids mort de 6,000 kilog. qui ont coûté en frais d'achat et d'abattage 5,890 francs et dont le débit a rapporté 5,978 francs, au prix moyen de 1 fr. 3 le kilo, pendant que les bouchers vendent 1 fr. 50 à 1 fr. 70. Les éleveurs et les consommateurs se sont ainsi partagé près de 29,000 francs qui eussent été prélevés par les bouchers sans la boucherie coopérative.

Assurances sur le bétail. — Elles sont nombreuses, à Paris, ces prétendues sociétés dont le capital ne figure qu'en tête des circulaires destinées à faire miroiter aux yeux des naïfs des bénéfices imaginaires. Le sieur Oudin, désireux de faire rapidement fortune, et peu scrupuleux sur le choix des moyens, avait fondé une société d'assurances contre la mortalité des bestiaux. Les épizooties pouvaient bien détruire tous les moutons et toutes les vaches de France et de Navarre, cela était parfaitement indifférent au susdit Oudin, qui était assez habile pour se soustraire aux obligations contenues dans les polices d'assurances délivrées par la société dont il était le directeur. Un grand nombre de plaintes en escroqueries ayant été déposées contre lui, Oudin a été arrêté et envoyé à Mazas. Nous avons déjà dit bien des fois que tout était à faire du côté de l'assurance du bétail, attendu que la plupart des compagnies qui assurent contre la mortalité du bétail, ne peuvent être recommandées.

VARIÉTÉS.

L'ARMÉE DU CRIME.

M. Adolphe Guillot, juge d'instruction au tribunal de la Seine, nous offre sous ce titre : *les Prisons de Paris et les Prisonniers*, une volumineuse étude, où sont consignées les observations que ce magistrat a pu faire au cours de sa carrière, sur le monde des criminels ou des simples délinquants. L'intérêt d'un tel travail n'a pas besoin d'être souligné lorsqu'il s'appuie sur une compétence professionnelle aussi reconnue. Un regard jeté sur quelques statistiques préliminaires fait apparaître, d'ailleurs, en une cruelle évidence, avec quelle urgence et quelle attention pressante nous devons accueillir toute enquête sérieuse et documentée sur les résultats sociaux de notre législation pénale.

Le compte général de la justice criminelle pour l'année 1885 établissant une comparaison avec les deux dernières périodes quinquennales au point de vue criminel, constatait, pour la période de 1881 à 1885, « un accroissement moyen de 44,111 crimes ou délits dénoncés ». Les tableaux relatifs à la procédure ne sont pas moins significatifs : le nombre des récidivistes jugés par les cours d'assises ou les tribunaux correctionnels s'élevait, en 1882, au chiffre déjà considérable de 80,818; il est monté à 84,322 en 1883, à 89,160 en 1884, il était à 92,825 en 1886; nous ne devons pas être maintenant bien loin de cent mille.

Vainement voudrait-on attribuer l'élévation des chiffres constatés dans les statistiques du ministère de la justice à une application plus énergique de la loi pénale; à côté de quelques succès retentissants, avec lesquels s'entretient la confiance du public, que de crimes restent inconnus et impunis! Un symptôme bien inquiétant, dit M. Guillot, c'est le chiffre de plus en plus important des affaires laissées sans poursuite par le ministère public; il ne s'élève pas à moins de 227,276 affaires, sur lesquelles il y en a 70,068 dont les auteurs n'ont pas été découverts et 22,282 où la preuve n'a pu être établie, sans compter, bien entendu, les ordonnances de non-lieu rendues par les juges d'instruction.

Il faut donc s'inquiéter du nombre des méfaits restés impunis plus encore, peut-être, que du nombre des condamnations. Le mal n'est pas en décroissance, et s'il est vrai qu'en 1887 il y ait eu 3,164 accusations criminelles au lieu de 3,853 en 1875, il ne faut pas oublier, dit M. Guillot, que tous les jours, pour éviter des acquittements dont le jury semble avoir pris l'habitude, le ministère public, abandonnant les circonstances aggravantes, préfère s'adresser à la juridiction correctionnelle; aussi, le nombre des affaires qu'elle juge, après avoir été de 155,545 en 1885, s'est élevé à 187,720 en 1886 et à 191,108 en 1887.

Le chiffre total des crimes et délits jugés en 1887 est de 194,272. En 1827, il était de 65 226; en 1838, de 88 940 avec une population de près de 34 millions d'habitants, ce qui n'est pas bien loin du chiffre actuel; et M. Guillot rappelle à ce sujet que, dès 1840, M. de Tocqueville disait à la Chambre des députés saisie d'une proposition de réforme sur le régime des prisons : « Le nombre des délinquants s'accroît cinq fois plus vite que celui des citoyens ». Il attribuait une des causes de ce fléau au système pénitentiaire. « Les prisons, disait-il, ont cessé d'être intimidantes sans devenir réformatrices ». M. Guillot ajoute : « Plus que jamais ce langage se trouve justifié. L'homme que ces crimes amènent devant la justice est déjà perdu par son éducation première et l'influence du milieu; les tribunaux le condamnent et ils ont raison; l'administration le reçoit, de leurs mains, déjà mauvais et quelques temps après le leur rend détestable; il se fait ainsi un perpétuel échange entre la justice et les prisons jusqu'au jour où le criminelle arrive au sommet de sa route, c'est-à-dire à l'échafaud ou au bagne ».

Tel est le bilan du crime dressé par un homme que l'étude quotidienne des faits criminels rend particulièrement compétent.

PETITE POSTE.

M. G..., à B... (Ille et-Vilaine). — 1° *Frais de succession*. — Il sera répondu à cette question dans un prochain numéro.

2° La *Gazette agricole* vous aidera volontiers dans la recherche d'une place. C'est par de la publicité, par des insertions dans les journaux agricoles que vous arriverez le plus facilement à trouver quelque chose. — Ecrivez à M. Charles Gossin, à Beauvais.

M. D... à P... — *Stachis Tuberifera*. — C'est un excellent légume qui se mange en ragoût ou en friture.

Il faut planter le tubercule en terre meuble à 0m 05 de profondeur; sarclage et léger butage. Il se récolte en novembre; le tubercule doit être, comme celui de la pomme de terre, conservé à l'abri de la gelée.

M. D..., à L... (Aisne). — *Ronce artificielle*. — La plantation de ces clôtures peut se faire à l'extrême limite des propriétés. Aucune distance n'est prescrite.

M. G... à V... — *Vente. — Contenance.* — Si nous comprenons bien votre question, vous avez vendu une propriété indiquée dans un ancien titre remontant à plus de 60 ans, comme ayant une contenance de 1 hectare 80 ares 16 centiares, or, vous apercevant qu'elle contient en réalité 45 ares 04 centiares de plus, vous voudriez faire vérifier la vente, aux termes de l'art. 1618 du code; s'il se trouve une contenance plus grande que celle exprimée au contrat, l'acquéreur a le choix de fournir le supplément du prix ou de se désister du contrat, si l'excédant toutefois est d'un vingtième au-dessus de sa contenance déclarée, mais il faut que la demande soit faite dans l'année, à compter du jour du contrat, à peine de déchéance. Or, la vente remontant à six ans, d'après votre dire, elle est devenue inattaquable, et la résolution ne peut plus en être demandée ni par l'acheteur, ni par le vendeur.

MENUS PROPOS.

Un découragé disait à un ami qui essayait de le consoler :

— Non, j'ai assez de la vie... mon père, ma femme, ma mère, ma belle-mère, sont morts, je n'ai plus rien à espérer!

***

Réflexion sagace d'un garde forestier :

— Voyez-vous, monsieur, ce n'est pas tout de bien dresser un chien, il faudrait aussi pouvoir dresser le chasseur.

***

En police correctionnelle.

Le président, au prévenu :

— Vous n'avez jamais été condamné?

— Pas encore, monsieur le président.

— Eh bien! asseyez-vous et attendez.

***

En cour d'assises :

Une femme est accusée d'avoir voulu empoisonner son mari avec du phosphore. Celui-ci, soigné à temps, a échappé à la mort, et assiste à l'audience.

— Qu'avez-vous à dire pour votre défense? demande le président à l'accusée.

— Je demande qu'on fasse l'autopsie.

BULLETIN FINANCIER.

Les transactions ne sont pas très actives; mais c'est toujours une grande fermeté que nous avons à constater sur les fonds publics et les principales valeurs. On parle de nouveau de l'emprunt, et l'on dit qu'il pourrait bien avoir lieu le mois prochain. Si l'emprunt est indispensable, il serait assurément sage de profiter des dispositions actuelles de la Bourse. On ne peut répondre, en effet, du maintien des cours exceptionnellement élevés qui se pratiquent aujourd'hui pendant une période prolongée. D'ici à l'hiver prochain, il peut se produire des évènements de nature à affecter la Bourse : il ne faudrait pas s'exposer en ajournant l'emprunt, à faire dire de soi qu'on a manqué une occasion favorable. La nouvelle ardeur dont la spéculation à la hausse a fait preuve depuis huit jours semble motivée par la croyance où l'on est que la date de l'emprunt est prochaine.

La spéculation opère avec une assurance qu'elle a rarement possédée à un degré aussi élevé. A d'autres époques, l'agitation ouvrière et les risques qu'elle comportait eussent déterminé un certain mouvement de réaction pendant les journées qui ont précédé le 1er mai. Il n'en a rien été, cette fois. Au contraire, les acheteurs ont alors redoublé de zèle en prévision de l'avortement des manifestations annoncées.

D'autre part, on aurait pu croire que l'absence de troubles ne fournirait point un nouveau prétexte de hausse, après avoir été largement escomptée. Il n'en a rien été : les haussiers, prétendant qu'ils n'avaient prélevé qu'un acompte, ont ajouté aux résultats obtenus sur un fait prévu, des résultats motivés, à les entendre, par le fait acquis.

L'optimisme de la place est inaltérable. Grisés par une longue série de succès, les acheteurs ne veulent plus admettre qu'il puisse se trouver, désormais, de sérieux obstacles à la continuation de leur marche en avant dans les incidents journaliers de la politique courante. Ils développent cette thèse que l'avantage leur appartiendra tant que la paix ne sera pas troublée en Europe, et que la paix semble maintenant mieux affermie que jamais.

On raisonnerait peut-être avec plus de justesse si l'on regardait un peu en arrière et si l'on mesurait le chemin parcouru. On a franchi de telles distances depuis deux ans qu'on devrait finir par se demander si l'on n'a pas dépassé le but. Tout les mouvements ont une fin. Celui auquel nous avons assisté est un de ceux qui ont eu le plus de *durée* et le *plus d'étendue*. D'un moment à l'autre, il peut se rompre sans cause autre qu'un excès de tension.

Il est curieux de constater, en attendant, que les cours les plus élevés du siècle sur la rente 3 0/0 ont précisément coïncidé avec cette journée du 1er mai 1890 qui devait inaugurer, d'après certains prophètes, une ère nouvelle de révolutions.

Notre 3 0/0 reste très calme, de même que l'amortissable et le 4 1/2 0/0.

Les valeurs de crédit sont à l'émission de nos rentes et des principaux fonds étrangers.

La Banque de France est à 4.230.

Son bilan hebdomadaire fait ressortir les différences suivantes sur celui de la huitaine écoulée :

L'encaisse métallique s'est accrue de 6 millions, dont près de 5 millions pour l'encaisse argent.

Le Portefeuille accuse une moins-value de 41.304.000 fr., et la circulation de 32.168.000 fr.; de même que le compte courant du Trésor, qui est en recul de 36.373.000 fr.

Les Comptes courants particuliers sont en augmentation de 34.221.000 fr., et les avances en plus-value de 325.000 fr.

Les bénéfices de la huitaine se sont élevés à la somme de 590.907 fr. 90 c.

L'action du Crédit Foncier reste à 1.275 fr.

Dans sa séance hebdomadaire du 7 mai, le Conseil d'administration du Crédit Foncier a autorisé pour 3.433.780 f. de nouveaux prêts, dont 3.051.700 fr. en prêts fonciers et 379.080 fr. en prêts communaux.

Les Chemins français sont fermes. COUPON.

MM. les actionnaires de la Banque d'Escompte de Paris sont convoqués en assemblée générale ordinaire, au siège de la Société, place Ventadour, aux termes de l'article 33 des statuts, pour le samedi 31 mai 1890, à trois heures de relevée.

Ordre du jour :

- Lecture du rapport du conseil d'administration sur les comptes des exercices 1889.
- Lecture du rapport des commissaires.
- Approbation des comptes et fixation du dividende.
- Renouvellement partiel du conseil d'administration.
- Nomination des commissaires.

Les actionnaires porteurs de vingt-cinq actions au moins peuvent seuls faire partie de l'assemblée (*Art. 34 des statuts*).

Les propriétaires d'actions ou de certificats d'action au porteur doivent, pour avoir le droit d'assister à l'assemblée générale du 31 mai, déposer leurs titres avant le 21 mai, à Paris, à la Banque d'Escompte, de Paris, place Ventadour.

Banque d'Escompte de Paris.

HALLES ET MARCHÉS.

CÉRÉALES. — *Marchés français.*

Prix par 100 kilogr.

RÉGIONS	BLÉ Prix moyen	BLÉ Hausse	BLÉ Baisse	PRIX MOYEN Seigle	PRIX MOYEN Orge	PRIX MOYEN Avoine
Nord-Ouest	23 52	0 14	»	15 43	16 50	18 47
Nord	22 77	0 07	»	15 52	18 60	19 36
Nord-Est	23 27	0 05	»	15 47	20 15	19 05
Ouest	23 88	0 02	»	16 62	17 78	18 93
Centre	24 06	0 06	»	16 02	18 94	19 68
Est	23 69	»	0 02	16 03	18 91	19 51
Sud-Ouest	24 16	0 03	»	18 28	18 33	21 20
Sud	24 50	0 13	»	17 85	17 87	21 10
Sud-Est	23 97	0 12	»	17 65	17 29	20 78
Prix moyens	23 75	»	»	16 54	18 26	19 78
Sur la huitaine préc. Hausse	0 06	»	»	0 11	0 08	0 09
Sur la huitaine préc. Baisse	»	»	»	»	»	»

Farines de consommation.

Nous n'avons pas de changement à constater daus les prix.

	159 kil.	100 k.
MARQUE DE CORBEIL	57 fr.	(36 30 100 k.).
Marques de choix	57 à 58	36 30 à 36 94
Premières marques	56 57	35 66 36 20
Bonnes marques	54 55	34 39 35 03
Marques ordinaires	53 54	33 75 34 39

Le sac de 159 k., toile à rendre, franco au domicile des acheteurs à 30 jours sans escompte, ou au comptant avec escompte de 1 1/2 0/0.

Fourrages et pailles.

Paris, La Chapelle.

	1re qté.		2e qté.		3e qté.	
Foin	45	à 46	43	à 44	41	à 42
Luzerne	44	45	43	44	39	40
Paille de blé	34	35	32	33	29	30
Paille de seigle	35	39	34	35	33	34
Paille d'avoine	23	24	22	23	21	22

Le tout aux 104 bottes dans Paris.

COURS DE DIFFÉRENTS MARCHÉS (par 100 kil.).

	Paille.	Foin.
Beauvais	6 »	6 50
Bourges	4 50	5 50
Charleville	4 25	5 25
Douai	5 25	9 25
Toulouse	5 »	6 50
Angers	4 75	6 75
Orléans	3 »	6 50
Chalon-sur-Saône	3 25	7 25

Issues, les 100 kil.

Les prix restent sans variation avec peu d'affaires. Le disponible est d'une vente facile, mais le livrable est complètement délaissé.

Nous cotons par 100 kil. en gare d'arrivée à Paris :

Son écaille	13 50 à	13 25
— gros	12 75	12 50
— trois-cases	12 25	» »
— fin	11 50	11 »
Recoupettes	11 »	11 50
Remoulages blancs	15 »	18 »
— bâtards	13 50	14 50

MARCHANDISES DIVERSES.

Fécules.

La fécule est un peu moins délaissée. La demande devient un peu plus active pour les provisions d'été et les stocks sont assez faibles partout. La prochaine *loi* sur le maïs encourage les détenteurs qui sont moins empressés à la vente.

Les 100 kil.

Paris. — Fécule 1re, grains	26 » à	27 »
dito verte	» »	» »
Oise. — Fécule 1re, grains	25 »	» »
Vosges. — Fécule 1re, grains	26 50	» »
Loire. — Fécule 1re, grains	26 »	» »
Auvergne. — Fécule 1re, grains	26 »	» »
Fécules secondes selon qualité	20 »	23 »

Pommes de terre.

Les 1.000 kil.

Hollandaises	65 » à	80 »
Magnum bonum	65 »	70 »
Early roses	48 »	50 »
Saucisses	48 »	53 »
Rondes	50 »	55 »
Chardonnes	30 »	35 »

Tourteaux, les 100 kil.

	Colza	Œillette	Lin	Cam.
Lille	16 » à 16 75	17 » à » »	18 » à 19 »	15 »
Arras	16 50 » »	15 50 18 75	22 » » »	16 50
Gd Moulin Corbeil	15 50		19 75	
	Cephra	Arachide déc.	Sésame	Coton
Marseille	11 50 à 14 25	14 50	13 » à 12 75	12 50

GRAINES DIVERSES.

Maïs, les 100 kil.

Paris	10 50 à 12 »»		Agen	14 »	15 50
Alais	14 »	15 »»	Grenoble	14 »	14 75
Ruffec	13 50	14 »	Reims	14 »	15 »

Sarrazin, les 100 kil.

Paris	15 25 à	14 75	St-Pierre	14 25 à	14 75
Mayenne	14 »	15 »	Nantes	14 25	15 25
Rennes	14 »	15 25	Orléans	13 »	15 »

Légumes secs, les 100 kil.

	Haricots	Pois	Vesces	Lentilles
Paris	20 à 47	21 à 26	» »	45 à 70
Rouen	42 57	50 63	26 28	77 »
Marseille	18 30	23 32	25 34	19 24 50

Graines fourragères, les 100 kil.

Luz. de Prov.	155 à	180	Minette	40 à	45
— du Poitou	100	155	Sainfoin à 2 c.	28	30
— d'Italie	130	160	Sainfoin à 1 c.	25	28
Trèfle blanc	100	130	Pois jarras	18	21
— violet	65	105	Vesces	21	23

Huiles.

COLZA BRUT. — La tendance est lourde; les affaires sont toujours très délaissées.

On cote au début de la réunion :

Disponible	70 25 à	69 75
Livrable courant du mois	70 25	69 75
Juin	70 50	70 »
Juillet et août	70 50	70 »
4 derniers mois	69 25	» »

LIN. — Les prix restent bien tenus; il ne se fait rien à la cote.

On cote au début de la réunion :

Disponible	58 50 à	58 75
Livrable courant du mois	58 50	58 75
Juin	58 25	58 50
Juillet et août	58 25	58 50
4 derniers mois	56 50	57 »

Les 100 kil. net, logés, escompte 1 0/0.

Pétrole.

Les prix ne varient pas; nous cotons par wagon complet et pour marchandise disponible :

L'huile de pétrole raffinée vaut 49 fr. 50; l'essence rectifiée 60 fr. 50 les 100 kil.

On cote à l'hect. pour le détail :

PETROLE RAFFINE disponible	39 50 à	» »
ESSENCE RECTIFIEE disponible	42 25	» »

Laines.

LE HAVRE, 7 mai.

Laines à terme Buenos-Ayres en suint, soutenues. Ventes, 200 balles.

Mai 171 50, juin 172 »», juillet 173 »», août 174 »», septembre 174 »», octobre 174 »», novembre 174 »», décembre 174 »», janvier 1891, 172 »», février 173 »», mars »» »».

ANVERS, 6 mai.

Laines : soutenues. Prix moyens des Plata; on cote en suint : Contrat C. mai à août, 1 67.

Peignés allemands de La Plata : Contrat B, sur mai 5 60 »/», juin 5 62 1/2, juillet 5 60 »/», août, 5 55 »/», septembre, octobre, 5 55 »/», novembre, 5 55 »/», décembre, 5 55 »/». Ventes, 530,000 kil. Contrat M. mai 5 80 »/», juin 5 90 »/». Ventes, »,»»».

ROUBAIX-TOURCOING, 6 mai.

Laines à terme. Qualité peignée de fabrique, type n. 1 (clôture) : mai 5 57 1/2, juin 5 57 1/2, juillet, 5 60 »/», août 5 60 »/», septembre 5 57 1/2, octobre » »» »/».

Sucres.

Sucres raffinés. — La demande est peu activo; les prix restent sans variation.

Nous cotons, selon marques et époques de livraison, de 104 50 à 105 50 les 100 kil au comptant, sans escompte.

Sucres cristallisés n° 3, acquitté 94 » à 95 »; extra 95 » les 100 k.; en poudre, 94 50 à 95 50 les 100 kil.

Sucre cassé à la mécanique	112 50 à	113 50
Cassons	103 50	104 50
Menus déchets	103 »	104 »
Glace et semoule	105 »	108 50
Sucre en poudre	102 50	103 50

Alcools. — Prix de l'hectol. nu, au compt.

Paris, 3/6 fin, betteraves, 1re qualité, l'hectolitre.			Lille, disp	31 » à	34 50
			Cette	90 »	110 »
90e dispon.	35 50 à	34 25	Nîmes	80 »	100 »
Juin	37 »	36 75	Béziers	75 »	95 »
4 derniers.	38 »	» »	Pézenas	75 »	95 »

Raisins secs à boisson.

(Cours de la maison Audibert, 53, rue des Minimes, à Marseille).

Corinthe, **Roi de Grèce**, petits grains Extra 1er choix	100 kilos	49.00
Corinthe, **le Turban**, gros grains	» »	45.00

Corinthe petits grains, 1ᵉʳ choix. » » 45.00
Thyra. 1ᵉʳ choix. » » 39.00
Thyra, ordinaires. » » 35.00
Samos noirs, 1ᵉʳ choix. » » 40.00
— muscats, 1ᵉʳ choix. » » 40.00
Figues à distillerie. » » 27.00
Pachas, magnifiques, gros grains noirs, égrappés, mangeables, seul dépôt en France. » » 70 »
Royaux, délicieux pour familles, en caisses de kilo net. la caisse » 0.95

Engrais. — Prix des 100 kil.:

Matières diverses pour engrais. — Cours commercial sur la place de Paris, par 100 kil., pour des ventes en gros de 30.000 kil. au moins.

Sang desséché moulu.	11|13 0|0 azote	20 35	à	24 05
Viande desséchée.	9|11 0|0	— 15 30		18 70
Cornes broyées.	13|14 0|0	— 20 80		22 50
Cuir désagrégé.	8|9 0|0	— 9 20		10 35
Laine engrais.	3 à 4 0|0	— » »		» »
Nitrate de soude.	15|16 0|0	— 19 75		20 50
Nitrate de potasse.	95 0|0	— 46 »		46 25
—	90 0|0	— 41 »		» »
Muriate de potasse.	80 0|0	— » »		» »
Sulfate de potasse.	90 0|0	— 25 00		25 50
Sulfate d'ammoniaq.	20|21 0|0	— 31 25		31 50
Chlorure de potassium	90 0|0	— 22 »		22 75
— Stassfurt.	80 à 85 0|0	— 17 10		» »
Cornes, cornailles pour brûler.		» »		» »
Déchets fins de cornes, frisures.		» »		» »

Phosphates des Ardennes. — En gare des Ardennes et de la Meuse, en sacs (les 100 kil.).
Pulvérisés. 14\|16 0\|0, acide phosph.. 3 40 à » »
— 18\|20 0\|0, — 4 » » »
— 16\|18 0\|0, — 3 65 » »

Phosphates de Tavel.
50\|», la tonne. 60 » à » »

Phosphates de l'Yonne. — Les 1.000 kil.
Moulus en sacs, wag. gᵣᵉ Toucy. 32 à 35 0\|0 40 à 45

Phosphates de l'Auxois, Marigny Epoisses.
Pulvérisés 60 à 65 0\|0. 6 80 à » »

Sulfate de cuivre.
Les 100 kil. 66 à 66 50.

Phosphates du Boulonnais 40\|45. 4 60 à » »
— de Pernes. 6 25 » »
— du Cambresis 28\|35. 3 75 » »
— du Lot 30\|50. 3 » 4 50

Superphosphates, poudres d'os, etc.
Les 100 kilogr.
Phosph. préc. 35 à 40 % acide phosph. 17 » » »
— — 40 à 45 % — 19 » » »
Superphosphates fossiles, 10 % acide phosphorique soluble et assimil. (les 100 kilog.). 6 75 » »
Superphosphates fossiles, 16 à 18 %. 10 » »
— d'os, 16 à 18 %, acide phosph.. 13 95 » »
Poudres d'os bruts. » » » »

Engrais spéciaux. — Les 100 kilog.

Guano du Pérou.	10 à 16	Eng. chim.	
Guan. du Pér. diss.	32 à 20	de H. Joulie,	
Guan. az. fixe. 26	» à 27 »	Lag.	15 » à 23 »

BEURRE, ŒUFS, VOLAILLES.

Beurre en motte, *le kilo*:

Isigny : plus élevé	6 20 à	» »
— extra-fin	5 20	5 60
— demi-fin	3 60	4 40
— bon fermier	3 20	3 50
— fermier ordinaire	2 50	3 »
Beurres dits laitiers	2 50	3 40
Marchands	2 »	2 60
Livarot, Touraine, Bretagne	2 »	2 60
Jura, Suisse, Italie	2 »	2 60

Beurre en demi-kilo, *le kilo*:

Bourgogne.	2 90 à	2 10	Tours	2 20 à	2 60
Gâtinais	2 20	2 60	Le Mans	1 90	2 20
Vendôme	2 »	2 50	Touraine :		
Beaugency	2 »	2 50	fausse	2 20	2 40
Ferme	2 40	3 »	petite	2 »	2 30

Œufs, *le mille*:

Normandie (Extra)	76 à	80	Bourgogne	60 à	66
Picardie (Extra)	82	86	Champagne	66	70
Brie (Extra)	72	76	Nivernais	64	68
Chartres	70	74	Bourbonnais	60	64
Touraine	62	66	Bresse-Jura	56	62
Beauce	60	65	Bretagne	52	58
Orne	58	62	Vendée	58	62
Picardie	66	72	Auvergne	54	60
Châtellerault	62	66	Midi	58	62

Volailles et Gibiers.

Canards :				Pigeons :			
nantais (jeunes)	3 »	à	6 »	maconnais.	» 75	à	1 50
de ferme	2 75		3 50	italiens	» 75		1 40
Dindes	6 »		12 »	bizets	» 60		1 20
Oies (1ʳᵉ qté)	» »		» »	Poulets :			
— (2ᵉ qté).	» »		» »	nantais	3 50		7 50
Pintades	3 »		5 50	touraine	3 25		7 »
Lapins domestiques.	1 50		4 50	gâtinais	2 50		7 »
				du Midi	2 »		8 50
Chevreaux.	» »		» »	communs	1 75		3 50

Vente moins active. Marché ferme sur les poulets. Tendance à la baisse sur les canards. — Cours fournis par MM. de Bridiers, Jouslin et Scelle, facteurs assermentés, 2, rue de Valois, Paris.

BESTIAUX.

La Villette, 8 mai. — Bestiaux. — Vente lente et difficile sur le gros bétail et les veaux, passable sur les moutons et les porcs.

Cours officiels.	Amenés.	Vendus.	Poids moyen.	1ʳᵉ qualité.	2ᵉ qualité.	3ᵉ qualité.	Prix extrêmes.
Bœufs..	1.984	1.795	354	1 60	1 44	1 28	1 18 à 1 68
Vaches.	492	449	241	1 56	1 34	1 16	1 10 1 60
Taureau	165	160	397	1 45	1 32	1 18	1 12 1 50
Veaux..	1.285	1.140	80	2 10	1 90	1 76	1 56 2 30
Moutons	7.571	7.504	20	2 12	1 92	1 78	1 68 2 22
Porcs g.	4.002	4.000	80	1 48	1 42	1 38	1 32 1 54
Id. m.	»	»	»	» »	» »	» »	» » »

Marché du lundi 5 mai.

	Amenés	Vendus	Prix au poids net 1ʳᵉ qual.	2ᵉ qual.	3ᵉ qual.
Bœufs	2.223	2.071	1 60	1 44	1 25
Vaches	628	588	1 56	1 38	1 20
Taureaux	187	170	1 38	1 28	1 15
Veaux	1.078	1.042	2 10	1 90	1 50
Moutons	10.736	10.036	2 15	1 95	1 75
Porcs	2.610	2.529	1 45	1 40	1 30

	Prix au poids vif 1ʳᵉ qual.	2ᵉ qual.	3ᵉ qual.	Prix extrêmes.
Bœufs	0 96	» 79	» 62	» 58 à 1 02
Vaches	0 94	» 76	» 60	» 51 » 99
Taureaux	0 83	» 40	» 75	» 56 » 90
Veaux	1 26	1 04	» 75	» 78 1 38
Moutons	1 29	1 07	» 88	» 74 1 14
Porcs	1 05	1 »	» 90	» 84 1 06
Peaux de moutons en laine				1 75 2 50
Id. id. demi-laine				2 50 3 50

Viandes abattues. — Criée du 1ᵉʳ mai.

		1ʳᵉ qualité.	2ᵉ qualité	3ᵉ qualité.
Bœufs	le kil.	1 30 à 2 60	1 10 à 2 50	1 00 à 1 80
Veaux	—	1 60 1 96	1 60 1 70	1 44 1 56
Moutons	—	1 86 1 06	1 56 1 80	1 20 1 50
Porc entier	—	1 34 1 44	1 10 1 25	» 95 1 06

Cuirs et peaux, les 50 kil.

Taureaux	35 75 à	36 25	Vaches lourdes	38.75	40.50
Gros bœufs	43 50	45 50	— de bandes	33.50	36.50
Moy. bœufs	40 25	41 50	Gros veaux	57.50	60.50
Pet. bœufs	32 75	35 25	Petits veaux	61.50	64.25

guebelette, Le Vigan, Manosque, Montélimar, Montpellier, Montrond, Moulins, Pougues, Pringy-la-Caille, Riom, Rio-Chateldon, Roanne, Sail-sous-Couzan, Saint-Georges-de-Courmiers, Saint-Martin-d'Estréaux, Salins, Vals-les-Bains-Labégude, Vendenesse-Saint-Honoré-les-Bains, Vichy et Villefort.

Le prix de ces billets présentent une réduction de 50 0/0 sur ceux du tarif général pour chaque personne d'une même famille *en plus de trois*.

Leur durée de validité à compter du jour du départ, ce jour non compris, est de trente jours. Cette durée peut être prolongée une ou plusieurs fois d'une période de quinze jours, moyennant le paiement d'un supplément de 10 0/0 du prix total du billet pour chaque prolongation.

INDISPENSABLE

A Messieurs les

CULTIVATEURS

Eleveurs

et Possesseurs

DE

BÊTES à CORNES.

J'envoie *franco* contre mandat-poste de **5** fr. le moyen sûr et facile de faire retenir les vaches. De nombreux certificats et une gravure explicative seront joints à la recette, environ 0 fr. 60 c. de dépense par vache. J'ajoute gratuitement deux procédés dont je me sers : l'un pour faire venir les vaches en chaleur et l'autre pour constater au bout de deux mois si elles sont pleines. Résultats obtenus par 15 années de pratique.

VOXEUR

lauréat de l'Académie Nationale agricole

Cultivateur à la ferme de la Butte, par Bréval (Seine-et-Oise), Membre de la Société des Agriculteurs de France, de la Société française l'Industrie laitière, etc.

Villers lès-Luxeuil, 9 juillet 1888.

Monsieur Voxeur,

Permettez-moi de vous accuser réception de vos recettes; je vous en remercie. J'ai fait essayer votre moyen de faire retenir les vaches, par le sieur Rousse (Jean-Baptiste), de notre commune, le gardien des bêtes mâles ; ce procédé a réussi neuf fois sur dix. Celle qui n'a pas retenu était-elle disposée à la reproduction, ou le procédé a-t-il été bien employé, c'est ce que j'ignore. Dernièrement, j'avais une vache dont les connaisseurs malins du pays doutaient du veau, même disaient qu'elle ne portait pas. J'ai essayé vos deux moyens, le second m'a plus satisfait que le premier : le veau avait à peine quatre mois. Au moment que j'ai reçu vos dernières recettes, j'avais un veau ayant une forte diarrhée depuis quelques jours, j'ai employé ce que vous indiquez; en moins de douze heures, le veau était guéri.

Voilà les résultats que j'ai obtenus.

Recevez, je vous prie, mes salutations très affectueuses.

FRANÇOIS (Charles),
Propriétaire à Villers-lès-Luxeuil (Hte-Saône).

Envoi *franco et gratis* **sur demande des prospectus et des certificats.**

CIDRE DE NORMANDIE

Pur Jus de pommes

BOISSON EXQUISE

Prix très modérés

D. LOUVEAU, négociant en cidre, à Honfleur (Seine-Inférieure).

L'ENGRAIS AMIÉNOIS

FUMURE NORMALE et COMPLÈTE

A BASE DE MATIÈRES ORGANIQUES

Compositions spéciales pour les cultures de printemps et d'automne. — S'adresser à M. Elisée LEFEBVRE, route de Rouen, 121, à **Amiens** (Somme).

Exposition Universelle de Paris en 1889
MÉDAILLE D'ARGENT

SOCIÉTÉ ANONYME
DES

Phosphates de Pernes et Extensions

CAPITAL : **1,400,000** FRANCS.

EXPLOITATIONS DE PHOSPHATES FOSSILES
dans la Somme, le Pas-de-Calais et le Nord (Cambrésis).

USINES { à Pernes-en-Artois et à Violaines (Pas-de-Calais).

PHOSPHATES FOSSILES DE TOUS TITRES ET POUR TOUS EMPLOIS.

Direction commerciale à AMIENS, 44-46, rue des Trois-Cailloux.
Adresse télégraphique : « Phosphates » Amiens.

NOTA. — La Société est seule **propriétaire** du **Gisement de Pernes,** dont les produits sont particulièrement recherchés pour **l'emploi direct par l'Agriculture,** en raison de leur **prompte assimilation** et de leur **action fertilisante** qui est due à la **combinaison naturelle** de l'acide **phosphorique** avec des **matières organiques azotées,** de la **potasse** et de la **magnésie.**

Phosphate fossile de Quiévy

Le plus ASSIMILABLE de tous les PHOSPHATES CONNUS

Assimilabilité relative : 75/85 0/0. (Méthode Joulie, solubilité dans l'oxalate d'ammoniaque.)
Assimilabilité égale, ou supérieure à celle des guanos du Pérou et des produits d'os.
En outre de l'état si favorable dans lequel se trouve son acide phosphorique, le PHOSPHATE de QUIEVY contient, en bonne proportion, d'autres éléments fertilisants (matières organiques azotées, potasse, chaux, magnésie).

C. DELATTRE-BRABANT

LILLE. — 125, rue Jacquemars-Grelée, 125. — LILLE.

Etablissements de LIANCOURT (Oise).

N'ACHETEZ PAS DE CHARRUES

sans avoir consulté le CATALOGUE illustré de

A. BAJAC  

Ingénieur-Constructeur, Breveté S. G. D. G.

SEUL GRAND PRIX à l'Exposition de 1889 pour les Machines agricoles françaises

Médailles or, argent et bronze pour collaborateurs.

BRABANTS DOUBLES.
—
Herses scarificateurs à dents inusables.
—
DÉCHAUMEUSES
ROULEAUX, ETC.

NOUVEAU MATÉRIEL pour la culture de la betterave.
—
Charrues défonceuses simples et doubles *à vapeur et à manège.*

La plus grande et la plus importante USINE de FRANCE pour la Construction des Instruments aratoires

PLUS DE 5.000 CLIENTS ; 300.000 INSTRUMENTS LIVRÉS A L'AGRICULTURE

Médaille d'Or. * Exposition Universelle 1889. * Médaille d'Argent.

Plants américains PÉPINIÈRES des Cévennes
Albert GOURDIN, Saint-Hippolyte-du-Fort (Gard)
Fr des Cies, des écoles et champs d'expériences. Tarif n. 29 Fo

GRAINETERIE A CÉDER

Quartier riche. Clientèle bourgeoise. Grande habitation et grands magasins. Affaires, 150,000 francs par an. Bénéfice net de tous frais, par an, 12,000 francs.

On traitera avec 25.000 francs, compris les fonds de roulement.

Ecrire ou voir le matin
M. DAGORY, 149, rue Lafayette, Paris.

MALADIES DU BÉTAIL ET DE LA VOLAILLE

Leur traitement préventif et curatif

PAR L'ACIDE SALICYLIQUE

L'acide salicylique, employé dans la nourriture à la dose de 1/2 à 1 gramme par jour et par tête de bétail, est le meilleur préservatif des maladies qui procèdent par contagion : Sang de rate, Cocotte, Maladie aphtheuse, Erysipèle, Typhus, Morve, Variole et le Rouget des porcs, etc.

DES ATTESTATIONS NOMBREUSES DE GUÉRISONS obtenues pour la Cocotte et le Rouget des porcs ont été reproduites dans le *Journal l'Agriculture*.

La désinfection des étables, des écuries se fait instantanément au moyen d'un arrosage d'eau salicylée à 2 grammes par litre.

S'adresser à M. CERCKEL, administrateur de la *Compagnie de produits antiseptiques*, 26, rue Bergère, Paris.

Envoi sur demande de Prospectus et Brochures.

PRIX DU KIL. 25 fr. — BOITE DE MÉNAGE, 2 fr.

SELS POUR L'AGRICULTURE

Engrais du bétail, Amendement des terres.

Sel neuf dénaturé aux Tourteaux de colza, 55 fr. les 1,000 kilos.
Sel neuf dénaturé au Peroxyde de fer, 50 fr. les 1,000 kilos.
Sel de Morue pur, 45 fr. les 1,000 kil.
Expéditions de Fécamp, Bordeaux, Cette et Port-de-Bouc.

S'adresser à M. A. LE BORGNE, négociant à Fécamp (Seine-Inférieure).

L'Administrateur-Gérant : JOSEPH FREY.

Beauvais. — Imp. D. PERE. — A. CARTIER, Gérant.

PHARMACIE SAVARY

AMIENS, 33, Place Saint-Denis, 33, AMIENS
(EN FACE LE SQUARE).

PROVENDE AUX PHOSPHATES ASSIMILABLES

du Docteur DESCHAMPS.

Prix : 3 fr. le kilog.; 27 50 les 10 kilog. (Remises proportionnelles.)

Accroissement rapide des bestiaux, surtout chez les jeunes animaux, force nerveuse, fécondité, engraissement ; prévient surtout la diarrhée chez les jeunes veaux. Qualité exceptionnelle du lait.

M. Lefebvre, cultivateur à Marcelcave, a élevé un veau en lui administrant de la Provende phosphatée pendant 60 jours : tué à 70 jours, ce veau pesait 193 kilog., chiffre officiel constaté à l'abattoir. La viande était très blanche, ainsi qu'est prêt à l'attester M. Oheix, boucher à Amiens.

Les attestations émanant des sommités françaises et anglaises les plus accrédités ont été données à M. SAVARY.

25 PRIX D'HONNEUR ET GRANDS PRIX, 200 MÉDAILLES OR, VERMEIL, ETC.
GRANDES CULTURES DE GRAINES POTAGÈRES, FOURRAGÈRES ET DE FLEURS

E. FORGEOT & Cie

fournisseurs du ministère de l'Agriculture, des Ecoles nationales d'agriculture, des Syndicats agricoles, etc.

PARIS, quai de la Mégisserie, 6 et 8

Appareils spéciaux pour épurer et nettoyer les graines

SPÉCIALITÉ DE GRAINES DE GRANDE CULTURE

luzernes et trèfles garantis sans cuscute, minette, vesces, sainfoins trèfles incarnats betteraves, carottes, navets, choux-navets, pommes de terre

Blés à grand rendement, Avoines, Orges, Seigles. Graines d'arbres pour reboisement

Graines de graminées pour prairies

Notre Maison ne vend que des graines de provenances sûres, assurant les meilleurs résultats ; elle accepte le contrôle de la Station d'Essais des Semences, établie à l'Institut agronomique par le Ministère de l'Agriculture, contrôle auquel nous sommes soumis dès sa création. En conséquence, nos graines sont garanties de levée et d'une pureté irréprochable ; nos trèfles et nos luzernes sont garantis sans un seul grain de cuscute.

Grande et importante **Spécialité de Créations de Prairies.** Nous nous chargeons d'établir des compositions convenant à la nature de chaque sol, et d'avance nous en assurons la réussite.

Sur demande, nous adressons *franco* nos catalogues illustrés de graines potagères, fleurs, arbres, fourrages, ognons à fleurs, plantes, etc.

VINS DU BEAUJOLAIS ET DE MACON.

J. DAMIRON

propriétaire-viticulteur à Saint-Julien en Beaujolais (Rhône).

A la fois délicat et nourrissant, le vin du *Beaujolais* est sans contredit l'un des meilleurs vins de table.

Par leur finesse et leur bouquet, *nos grands crûs* rivalisent avec ceux du Bordelais et de la Bourgogne, tout en étant moins chers.

Notre Vignoble, presque entièrement reconstitué, est aujourd'hui en état de fournir à la consommation ses vins si appréciés. Voici un aperçu des prix :

Vin ordinaire 1888 et 1887	110 à 130 fr.
Bonnes Côtes id.	130 à 150
Saint-Julien id.	160 à 200
Morgon, Fleurie, Thorins (vins classés de 1886 à 1884)	250 à 500

Grands crûs de Bourgogne : Beaune, Pommard, Corton.

Vins en bouteilles par caisses de 12, 25 et 50.

Le tout logé et pris en gare du Vignoble.

La Maison accepterait des représentants sérieux munis de bonnes références.

La Propriété offre des vignes américaines, boutures et racines de choix, et des plants greffés soudés et racinés garantis. — *Prix modérés.*

Adresser les correspondances à Villefranche, 44, rue de Thizy.

CRÉDIT AGRICOLE

UNION DES SYNDICATS AGRICOLES DE FRANCE

9, rue Marsollier, PARIS

Agence à LYON, 234, cours Lafayette, S. PLISSONNIER, Directeur ✱ M. A.

MACHINES AGRICOLES DE TOUS SYSTÈMES

TOURTEAUX et FARINES pour la nourriture du bétail.
ENGRAIS CHIMIQUES et ORGANIQUES, MATIÈRES PREMIÈRES
SEMENCES DE PREMIER CHOIX.

11e Année. — 2e Série. — N° 538. Dimanche 18 Mai 1890.

GAZETTE AGRICOLE

JOURNAL HEBDOMADAIRE, PARAISSANT LE DIMANCHE

Rédacteur en Chef : M. Ch. GOSSIN, Professeur d'Agriculture à l'Institut agricole de Beauvais

PRIX DE L'ABONNEMENT

UN AN, 5 fr. — SIX MOIS, 2 fr. 50. — TROIS MOIS, 1 fr. 50

Pour l'étranger les abonnements ne sont reçus que pour un an, au prix de 6 francs, et ne partent que du 1er janvier ou du 1er juillet de chaque année.

Le Numéro : CINQ Centimes

Il est indispensable de joindre à toute demande de changement d'adresse la dernière bande d'adresse du journal et 50 centimes pour frais de nouvelles bandes.

Adresser les *Abonnements* et *Annonces* à l'administrateur, 4, rue de Greffulhe, Paris (*près la Madeleine*).

RÉDACTION ET ADMINISTRATION

Bureaux : 4, Rue de Greffulhe, Paris

Les abonnements partent du 1er de chaque mois et sont payables d'avance. Toute demande d'abonnement doit donc être accompagnée du prix de l'abonnement. (Le mode de payement le plus simple est l'envoi d'un mandat-poste.)

Donner *très lisiblement*, en s'abonnant, son nom et son adresse exacte, *avec l'indication du bureau de poste*; et, s'il s'agit d'une continuation d'abonnement, joindre au renouvellement la dernière bande d'adresse du journal.

La GAZETTE AGRICOLE insère gratuitement les Communications des Syndicats agricoles

SOMMAIRE :

PARIS, 16 MAI.

Depuis le jour où les électeurs des Vosges ont donné des loisirs à leur ancien député, universellement connu sous le nom de Jules Ferry, bien de braves gens se sont demandé si l'ancien ministre, auteur de l'article 7, l'entrepreneur de la guerre du Tonkin, avait pris définitivement sa retraite et s'était retiré dans quelque coin de montagne pour y méditer tout à l'aise. Il n'en est rien. M. Jules Ferry n'a pas renoncé à l'espoir de redevenir député et ministre, peut être même Président de la République, bien qu'il soit plus vieux que M. Sadi-Carnot. Au moment où tout le monde croyait M. Jules Ferry au repos, il travaillait à composer un livre de comptes qui, le Bonhomme Deschamps peut le lui prédire, n'aura pas le même succès que le livre des *Comptes fantastiques d'Haussmann* qu'il a publié il y a quelque vingt ans.

* *

Il y a un an, M. Jules Ferry consacrait à l'apologie de son œuvre scolaire le dernier discours qu'il lui a été donné de prononcer à la tribune de la Chambre. Aujourd'hui il publie un livre sur le Tonkin. De ce livre, nous ne connaissons que deux chapitres. Dans le premier, l'auteur s'y maintient dans le ton de la raillerie. Son sujet lui paraît gai. Au reste, les pointes sont émoussées, l'esprit est vieilli, la verve est presque tarie. C'est à la presse, même aux journaux de son parti, que s'en prend M. Jules Ferry. Il l'accuse de grossir les moindres incidents regrettables dont l'Indo-Chine est le théâtre, et de s'emparer des faits divers les moins dignes d'attention pour les inscrire « d'une main joyeusement indignée » au compte des « Désastres du Tonkin. » Il y a là, dit-il, un système de dénigrement systématique; en ce qui concerne les dépenses et les pertes d'hommes, il y a des exagérations M. Ferry ne veut plus qu'on présente au public des « comptes fantastiques ».

* *

Il ne faut pas demander à M. Jules Ferry de varier son procédé de polémique : ses détracteurs, dit-il avec un aplomb imperturbable, sont des mercenaires à la solde du « cléricalisme ». Parmi les journaux à un sou qui l'attaquent, il y a la *Lanterne* et bien d'autres feuilles analogues. Voyez pourtant ce qu'il ose écrire, en guise de conclusion à son réquisitoire contre les *feuilles de mensonge*: « La presse à un sou remplace le prêche et le double au besoin. Le parti clérical est en train de tirer, sans qu'on y prenne garde, de ce moderne instrument, un engin formidable de réaction. » Le fragment du volume de M. Jules Ferry inséré par son journal « à un sou », l'*Estafette*, a une autre allure, et nous ajouterons volontiers une autre portée : c'est la défense de ce qu'on appelle la « politique colonial » Le sujet est vaste. M. Ferry développe des points de vue dont plusieurs sont contestables, dont quelques-uns sont intéressants. Mais ce qui domine, c'est une erreur colossale : il s'imagine qu'on lui reproche d'avoir travaillé à la grande cause de l'expansion de la France dans le monde; on lui reproche, tout au contraire, de l'avoir compromise.

* *

Le Bonhomme Deschamps laissera de côté la question du choix de l'heure et du moment de publier une pareille justification de sa conduite. La direction qu'il a imprimée à l'affaire du Tonkin a failli vingt fois faire échouer l'entreprise; en tout cas, elle a eu pour résultat indiscutable d'imposer des sacrifices qui pouvaient et devaient être évités Le jugement de l'histoire sera celui qu'a porté, en termes justes et ineffaçables, la grande victime des agissements ferrystes, cet illustre amiral Courbet, qui, certes, n'était pas pour l'abandon des droits et des intérêts de la France, ni pour l'humiliation de son pavillon, mais qui a stigmatisé, avant d'en mourir, les incohérences, les fautes, les mensonges dont M. Jules Ferry demeure responsable.

* *

Quand on traîne derrière soi un tel passé; quand on a sacrifié à des combinaisons ministérielles et à des calculs de stratégie parlementaire les millions du pays et la vie de ses amiraux, de ses officiers, de ses soldats; quand on a erré à l'aventure, hésitant lorsqu'il convenait d'agir, dissimulant la vérité aux Chambres et les engageant à leur insu, énervant l'opinion au point de provoquer les paniques que l'on sait; quand on a tout cela à sa charge, on ne possède plus que le droit au silence. Il faut que M. Jules Ferry se fasse une triste idée de la France pour croire qu'il se réhabilitera en essayant de se justifier. M. Jules Ferry est un homme fini, et puissions-nous en dire autant bientôt de tous ses complices et de tous ses associés.

Le Bonhomme Deschamps.

NOUVELLES DE LA SEMAINE.

Elections législatives. — Voici les résultats des élections législatives qui ont eu lieu dimanche dernier :

CHARENTE. — Arrondissement de Ruffec.

MM. Duportal, républicain...... 7.042 ELU.
René Gautier, bonapartiste. 6.797

Au premier tour de scrutin, les voix s'étaient ainsi réparties. MM. Duportal, républicain, 6.060; M. René Gautier, bonapartiste, 4.894; M. de Lamette, royaliste, 2.198.

EURE. — 2e circonscription d'Evreux.

MM. Isambard, radical......... 7.776 ELU.
Ledoux, républicain......... 4.907

Le premier tour de scrutin avait donné 5.523 voix à M. Isambard; 4.547 à M. Ledoux, et 3.709 à M. Ducy, également républicain.

YONNE. — *Arrondissement d'Avallon.*

MM. Hervieu, radical........... 5.499 ELU.
Nageotte, républ. modéré... 5.277

Au premier tour de scrutin, M. Hervieu avait obtenu 4.700 voix, M. Nageotte, 2.309, M. Anceau, 2.303, et M. Picot, 41. Les conservateurs n'avaient pas présenté de candidat.

La Droite à la Chambre. — La Chambre des députés, depuis qu'elle a repris ses séances, a été appelée à se prononcer sur trois questions importantes : la rentrée du préfet de la Seine à l'Hôtel-de-Ville; les mesures à prendre à l'égard du Crédit Foncier ; les ordres donnés et les mesures prises par le ministère dans la journée du 1er mai.

Dans ces trois circonstances, la Droite a voté avec le Gouvernement. Nous sommes loin de l'en blâmer; nous croyons, au contraire, que le parti conservateur tout entier ratifiera ces trois votes. Mais peut-être a-t-il le droit de s'étonner qu'ils n'aient pas été précédés d'une déclaration les expliquant au pays.

Que la majorité s'en tînt à un vote silencieux, rien de plus naturel, puisque les ministres parlaient en son nom. Mais l'opposition avait, suivant nous, le devoir aussi bien que le droit de modifier son adhésion à la politique ministérielle. D'ailleurs, dans les trois circonstances auxquelles nous faisons allusion, ce n'était pas, à dire vrai, la Droite qui se ralliait au ministère; mais le ministère qui était revenu aux vrais principes de gouvernement que les conservateurs ont toujours professés et dont les républicains se sont trop souvent écartés.

Le fait avait son importance. Il méritait d'être signalé au public.

L'emprunt. — Malgré les nouvelles qui ont été données de divers côtés, nous pouvons assurer que la partie du budget concernant l'emprunt ne viendra pas avant quelques semaines. Il faut, au préalable, laisser la commission du budget achever son œuvre ; car c'est à cet achèvement que se trouve subordonné l'examen des ressources par voie d'emprunt.

Les grèves suscitées par les promoteurs de la manifestation allemande du 1er mai sont presque partout calmées. C'est en vain que quelques députés de l'extrême gauche parcourent les centres ouvriers pour y provoquer des désordres, leur pseudo-éloquence échoue partout devant le bon sens des travailleurs. Sur beaucoup de points on signale même une réaction salutaire. Les meneurs sont hués et bafoués, et, dans le Gard, à la Grand'Combe, les ouvriers ont pris l'initiative d'une manifestation en l'honneur du directeur de la Compagnie des mines, manifestation qu'ils ont faite à l'issue de la messe, comme pour lui donner un caractère plus prononcé.

La puissance d'association. — Quelques chiffres qui donneront une idée de la puissance d'association. Le total général des recettes, dans le monde entier, de la Société de Saint-Vincent-de-Paul, s'est élevé, en 1889, à la somme de 10,428,433 francs.

L'Europe figure dans ce chiffre pour la somme de 7,652,255 francs, sur lesquels la France a donné 2,537,447 francs.

Les diocèses dans lesquels on a recueilli les plus fortes sommes sont : celui de Paris, qui a donné 500,000 francs; puis ceux de Cambrai, Lyon et Bordeaux, dont les cotisations dépassent 100,000 francs.

Au Dahomey. — La seule raison pour laquelle on avait pu regretter l'absence des Chambres, il y a vingt jours, c'était le désir de voir un peu clair dans l'affaire du Dahomey. On était généralement curieux d'apprendre si la France va retrouver sur la côte de Guinée un petit Tonkin, si les millions qui manquent pour tant d'œuvres nécessaires seront gaspillés dans de nouvelles aventures, si nos soldats devront encore mourir à mille lieues de la patrie pour conquérir des solitudes brûlantes et des forêts pestilentielles. Une explication là-dessus était urgente.

L'interpellation d'un député devait avoir pour effet de la provoquer. Elle a été discutée samedi, sans apporter aucun renseignement. Le ministère était au complet.

L'interpellateur, un républicain opportuniste, par une précaution oratoire, fort explicable, a jugé bon tout d'abord d'assurer qu'il n'était point un « compère » ; et, s'étant égaré une heure à travers mille préambules ou circonlocutions sinueuses, il a exposé à la fin la question qui se résume ainsi. Il y a deux mois, le Gouvernement a déclaré qu'il voulait obtenir du roi de Dahomey satisfaction de ses agressions, ou lui infliger une leçon décisive. Depuis, le conflit s'est aggravé, les rencontres sanglantes se sont multipliées, le roi de Dahomey n'a pas donné satisfaction et n'a pas reçu de leçon.

Quel est le dessein du Gouvernement? Que sommes-nous allés faire au Dahomey? Qu'y faisons-nous encore? Songe-t-on à conserver Kotonou ou à l'évacuer? Si on y reste, procédera-t-on par « petits paquets » ou par une expédition sérieuse? Cette expédition est-elle possible?

M. Etienne, sous-ministre des colonies, a répondu que l'honneur de la France était engagé et qu'il était impossible de reculer. D'ailleurs, le roi de Dahomey vient à composition, puisqu'il vient de rendre les otages qu'il gardait depuis deux mois.

La Chambre a approuvé.

La Chambre a également approuvé ensuite M Constans d'avoir vigoureusement donné la chasse aux anarchistes, le 1er mai.

En Espagne. — On a fait courir le bruit qu'un attentat avait été commis contre la régente d'Espagne. Voici exactement ce qui est arrivé :

La reine revenait de la gare du Nord, accompagnée des infants Antoine et Eulalie, lorsqu'un coup de feu fut entendu.

La police se rendit aussitôt dans la direction d'où était partie la détonation et l'on s'aperçut qu'un employé d'octroi venait effectivement de tirer sur un pigeon ramier.

Le préfet a ordonné de soumettre le cas au tribunal afin de vérifier le fait.

Les faillites en Chine. — Les krachs, les débâcles financières et les procès qui s'ensuivent sont inconnus en Chine.

Il n'y a pas eu de faillites dans l'Empire Céleste depuis neuf siècles. Voici à quoi on attribue cet heureux état de choses :

Pendant le règne de l'empereur Hi-Flung, un édit fut rendu qui frappait de la peine capitale, en cas de faillite, le président, le caissier et les directeurs de l'établissement, les têtes de ces derniers devant être plantées au bout de piques dans les rues.

Bien qu'on n'ait pas eu l'occasion depuis longtemps de l'appliquer, cet édit n'a jamais été rapporté et son souvenir suffit à produire l'effet voulu.

LES SYNDICATS DE HANNETONNAGE (1)

M. Léopold Le Moult, président du Syndicat de hannetonnage de Gorron (Mayenne), chargé par le Ministre de l'agriculture de la mission spéciale d'organiser la destruction des hannetons partout où la nécessité pourra s'en faire sentir, a fait récemment à Nantes une conférence sur cette importante question devant le Comice agricole central de la Loire-Inférieure. Nous y puisons quelques données qu'il serait imprudent de négliger.

Est-il possible d'évaluer les dégâts causés à nos récoltes par le ver blanc ou larve du hanneton? D'une enquête sommaire faite dans tous les départements par M. Le Moult, il résulterait que la culture française perd chaque année plus de 250 millions de francs, du fait des vers blancs. C'est surtout dans vingt-cinq de nos départements que les ravages se reproduisent avec une désolante régularité. Le Midi, l'Est et le Centre jouissent jusqu'à présent d'une immunité relative. En 1866, les pertes occasionnées par le ver blanc dans la Seine-Inférieure étaient évaluées à 25 millions de francs; en 1885, la Mayenne a perdu plus de 8 millions; une seule commune de l'Orne, celle de Céaucé, a perdu 101,000 francs en 1884 et 104.000 francs en 1887.

M. Le Moult, agent-voyer dans la Mayenne, eut le premier l'idée de créer des syndicats destinés à poursuivre énergiquement la destruction des hannetons et des vers blancs :

« Etranger aux questions agricoles, dit-il, je ne me serais probablement jamais occupé de hannetonnage, si les nécessités de mon service ne m'avaient appelé à parcourir les campagnes du canton de Gorron et à entendre les doléances des malheureux qu'un misérable insecte avait réduits à la misère la plus complète.

« Lorsque je vis, en 1885 et 1886, ces immenses étendues de terrain ne portant plus qu'une végétation entièrement flétrie, desséchée, que des moissons réduites le plus souvent au dixième, lorsqu'elles n'étaient pas absolument nulles, lorsque j'appris enfin qu'un pareil désastre était l'œuvre de la larve du hanneton, je ne pus m'empêcher d'exprimer l'étonnement que provoquait chez moi la tranquillité complète dans laquelle on se résignait à laisser l'un des plus terribles ennemis de l'agriculture.

« C'est alors que j'eus l'idée de créer une association ayant pour unique objet la destruction du hanneton et de sa larve. »

Une souscription fut ouverte et atteignit, au bout de deux mois, le chiffre de 2,000 francs par an avec engagement pris par les souscripteurs pour trois années. Le Syndicat fut fondé et classé par arrêté préfectoral du 23 septembre 1886, au nombre des associations syndicales autorisées pouvant bénéficier de la loi du 21 juin 1865.

On se prépara à combattre, et quand les hannetons apparurent, au mois de mai 1887, le massacre s'organisa à l'aide des enfants des écoles et des cantonniers du service vicinal.

(1) *Moniteur des Syndicats agricoles.*

Les hannetons étaient payés 0 fr. 10 le kilogramme. Quand ils purent juger les premiers résultats obtenus, les cultivateurs s'associèrent au mouvement, qui se traduisit par une récolte de 76,700 kilogrammes de hannetons, pour une dépense de 8,000 francs. M. Le Moult estime que la perte épargnée au canton de Gorron par cette destruction est supérieure à 1,800,000 francs.

En présence d'un exemple aussi encourageant, l'action s'engagea de toutes parts, et beaucoup d'associations se constituèrent conformément au type imaginé par M. Le Moult. Le Syndicat communal de Céaucé (Orne), fondé sous la présidence de M. Albert Christophle, gouverneur du Crédit Foncier et député de l'Orne, a détruit près de 23,000 kilogrammes de hannetons en 1889. Le Syndicat de l'arrondissement de Bernay a payé 148,000 kilogrammes d'insectes. Le département de l'Aisne possède treize syndicats de hannetonnage qui, en 1889 également, en ont payé 447,000 kilogrammes. Dans le département de Seine-et-Marne, où le conseil général prit à sa charge les dépenses du hannetonnage, la Société d'agriculture de Meaux a fait détruire 150,000 kilogrammes de hannetons, et son président, M. Gatelier, a consigné, dans un rapport étendu, qui a été publié, les phases diverses de la lutte entreprise avec une grande énergie sous sa direction. Dans le canton de Brie-Comte-Robert, un syndicat spécial a payé 101,000 kilogrammes de hannetons. Bref, on estime que la campagne de hannetonnage, si bien menée l'année dernière, a abouti à la destruction de près de 2 millions de kilogrammes de hannetons qui auraient engendré des quantités presque incalculables de vers blancs, puisqu'il est reconnu que la femelle du hanneton pond 40 œufs environ.

Voilà ce qui a été fait : comme il est de toute évidence que le succès si brillamment acquis provoquera l'extension du hannetonnage dans des régions où il n'est pas encore pratiqué actuellement, il nous paraît intéressant de résumer les procédés employés et recommandés par M. Le Moult.

Les hannetons sortent de terre, à l'état d'insectes parfaits, dans les derniers jours d'avril ou les premiers jours de mai. Mais il y a ordinairement, suivant les différentes natures des terrains, plusieurs sorties inégalement espacées qui se produisent dans un délai de 15 ou 20 jours : il faut donc surveiller ces apparitions successives, sous peine de ne détruire que l'avant-garde et de ne laisser le gros de l'ennemi accomplir à son aise l'œuvre de dévastation. Aussitôt sortis de terre, les insectes s'empressent de rechercher les arbustes déjà pourvus de verdure où ils peuvent trouver leur subsistance; puis, se conformant aux lois de la nature, ils s'accouplent et préparent ainsi l'éclosion d'une nouvelle génération toujours plus nombreuse que la précédente. Il paraît d'ailleurs démontré que les hannetons ne montent généralement pas sur les arbres après la ponte et que ceux que l'on y trouve ne se sont pas encore accouplés.

M. Le Moult indique ainsi la manière de faire la chasse aux hannetons sur les arbres et arbrisseaux déjà couverts de feuilles :

« Le matin, de 4 à 9 heures, nous les trouverons toujours engourdis par la rosée ou la fraîcheur de la nuit : ils restent immobiles sur les branches et ne remuent pas davantage après leur chute sur le sol.

« Il suffit alors de tendre, sous les arbres, de grandes toiles ou bâches tenues par deux hommes, pendant qu'un troisième, armé d'une perche garnie d'un crochet, secoue les branches d'où les hannetons se détachent immédiatement pour tomber lourdement sur les toiles; et, dans les premières heures de la journée, l'opération peut ainsi se continuer pendant quelque temps sans que l'on soit obligé de ramasser fréquemment ces insectes.

« Lorsque les rayons du soleil commencent à se faire sentir, les hannetons sortent de leur engourdissement, et beaucoup d'entre eux, après leur chute sur les toiles, reprennent bien vite leur vol si l'on ne se hâte de les renfermer dans les sacs.

« Chaque équipe doit, à cet effet, se composer de quatre personnes, l'une d'elles ayant pour unique occupation le ramassage des hannetons sur les toiles et leur mise en sac.

« Le hannetonnage peut être pratiqué jusqu'au crépuscule; et, s'il est vrai que, pendant la chaleur, les hannetons s'envolent assez facilement, en s'y prenant comme il faut, on peut néanmoins en ramasser le plus grand nombre, et c'est autant de pris sur l'ennemi. »

Mais il ne suffit pas de ramasser les hannetons, il faut encore les faire périr, sans nuire à leurs propriétés fertilisantes. M. Le Moult les faisait jeter dans des cuves contenant un tiers environ de lait de chaux où on les remuait à la pelle. On les retirait des cuves au bout d'environ une demi-heure pour les enfouir dans des fosses qu'on recouvrait ensuite avec la terre qui en avait été extraite. Dans certaines contrées, on les détruit d'une façon rapide et économique en plongeant les sacs qui les contiennent pendant quelques minutes dans l'eau bouillante. A Bernay, on les brûle dans des fours grossiers construits en plein champ.

Les hannetons qui ont échappé à la destruction en 1889 se sont reproduits en laissant des larves qui, pendant l'hiver, se sont enfoncées dans la terre à une profondeur de 30 à 50 centimètres et qui, dès le mois de mars, ont commencé à remonter vers la surface du sol et à attaquer avec voracité les racines des céréales, des plantes fourragères et même des jeunes arbres. Ces ravages iront en augmentant en 1891. Vers la fin de juin de cette dernière année, les vers blancs s'enfonceront de nouveau dans le sol pour s'y transformer en chrysalides et reparaître enfin, à l'état de hannetons, au printemps de 1892 après une période de trois années révolue.

L'apparition des hannetons n'a lieu qu'en nombre très restreint dans les années intermédiaires et doit être imputée à un trouble apporté dans l'évolution de l'insecte par des conditions atmosphériques anormales.

On ne peut donc détruire les hannetons que lors de leur apparition tous les trois ans. Cette œuvre serait bien simplifiée si l'on pouvait attaquer sérieusement les vers blancs dès le moment où ces larves, ayant déjà pris un certain développement, commencent à exercer de sérieux ravages. Les labours de déchaumage, pratiqués à l'extirpateur après l'enlèvement des récoltes, ont pour effet d'amener à la surface un grand nombre de vers blancs qui y périssent brûlés par le soleil ou mangés par les oiseaux. On peut aussi les faire ramasser derrière le laboureur. M. Le Moult cite une famille de Gorron qui en ramassa ainsi 80 kilogrammes dans une seule journée et reçut du Syndicat pour ce fait un salaire de 8 francs. Mais il faut que ces labours soient exécutés de bonne heure avant que la température ait contraint la larve à pénétrer trop avant dans le sol.

Les labours ordinaires faits pour les céréales de printemps ne rencontrent pas encore les vers blancs, le plus généralement du moins; mais la préparation du sol pour la culture des racines et tubercules permet d'en détruire un grand nombre, à peu de frais, et de sauver ainsi ces récoltes des dommages auxquels elles seraient exposées. Toutefois, si la destruction des vers blancs est relativement facile dans les sols légers, il n'en est pas de même dans les terres fortes, et les procédés spéciaux qu'on a proposé d'y appliquer sont peu pratiques ou inefficaces. Les injections de benzine ou de sulfure de carbone faites à l'aide d'un pal introduit dans le sol ne peuvent convenir que dans les jardins ou les pépinières.

En résumé, le moyen le plus sûr de prévenir les dégâts du hanneton et de détruire peu à peu cet insecte si nuisible à l'agriculture, consiste à lui donner la chasse lors de son apparition triennale. D'après les observations faites par M. J. Reiset, membre de l'Académie des Sciences, « le hanneton, malgré ses puissants moyens de « locomotion dans l'air, est un insecte très sé- « dentaire qui se cantonne volontiers dans les « endroits où il trouve sa nourriture ». Sa vie ailée dure à peine six semaines; sauf dans le cas de troubles atmosphériques, il se transporte rarement loin des lieux où il a pris naissance et les femelles déposent presque toujours leurs œufs dans les mêmes terrains meubles et bien exposés. M. Reiset, dont le domaine était autrefois ravagé par les vers blancs, n'en a plus éprouvé aucun préjudice sérieux, depuis qu'il a poursuivi à outrance la destruction de l'insecte et de sa larve pendant une campagne qui a duré six années, antérieurement à l'année 1871.

Il importe donc de généraliser, autant que faire se peut, les mesures prises en ces derniers temps pour organiser le hannetonnage en France. Les préfets peuvent, comme le ministre de l'agriculture les y a invités, publier des circulaires pour rendre le hannetonnage obligatoire, par application de la loi du 24 décembre 1888. Les conseils généraux, de leur côté, ont le droit de créer des ressources pour couvrir les frais de l'opération. En 1889, le Conseil général de Seine-et-Marne a voté à cet effet deux centimes additionnels qui ont produit environ 100,000 francs. Les municipalités et les associations agricoles, ainsi que les grands propriétaires, ont intérêt à y ajouter des subventions à distribuer en primes.

La Suisse est parvenue, au moyen de mesures rigoureuses, à détruire absolument le hanneton dans plusieurs cantons. Une campagne entreprise avec ensemble et persévérance dans toute la France, malgré l'obstacle que présente l'existence des bois et forêts, où le hannetonnage est impossible, aurait pour effet de réduire considérablement le dommage que causent à la production agricole les hannetons et vers blancs. Voilà donc encore un champ d'action ouvert à la bienfaisante initiative des Associations agricoles et des Syndicats professionnels en particulier.

Comte de Rocquigny.

LE SUCRAGE DES VENDANGES

Le Conseil départemental d'agriculture de l'Isère vient d'émettre, au sujet de l'impôt sur les sucres destinés aux vendanges, le vœu suivant :

Le Conseil départemental d'agriculture de l'Isère, considérant que la loi du 29 juillet 1884, qui autorise la détaxe des sucres de cuve, avait principalement pour but de venir au secours des petits cultivateurs de nos campagnes, en leur permettant de fabriquer à bon marché une boisson hygiénique de consommation de ménage, destinée à remplacer le vin des vignobles détruits par divers fléaux ;

Considérant que les exigences actuelles de la Régie imposent des frais considérables pour papiers timbrés, lettres, acquits à caution, gratifications, transports de raisins frais, qui dépassent le bénéfice de la détaxe, lorsque ces demandes sont égales ou inférieures à 50 kilog., que ces demandes sont faites par les ouvriers des champs, par les petits propriétaires, représentant la grande majorité de nos populations rurales ; que, dans ces conditions, ils ne peuvent pas profiter du bénéfice de la loi qui, soi disant, a été faite pour eux ;

Considérant que l'emploi du sucre raffiné a été en grande partie la cause de fraude portant préjudice aux caisses de l'Etat et ont motivé les rigueurs excessives de la Régie ; que l'emploi du sucre raffiné dans les cuves peut être supprimé sans inconvénients puisqu'il coûte plus cher que l'autre, et qu'à poids égal il ne donne pas une boisson meilleure que celle obtenue avec le sucre cristalisé ;

Emet les vœux suivants :

1° A l'avenir, la détaxe accordée par la loi du 29 juillet 1884, aux sucres de cuves ne sera applicable qu'aux sucres cristalisés de cannes ou de betteraves à l'exclusion des sucres raffinés ;

2° Aux demandes de sucre cristallisé pour cuves, égales ou inférieures à 100 kilog., on délivrera du sucre cristallisé dénaturé au centième à l'acide tartrique et au tanin. Ces demandes ne seront plus assujetties aux droits de timbres, d'acquits, de gratifications, etc.

De l'alimentation des Vaches pleines

En voyant les nombreux accidents qui se produisent au moment du vélage, ainsi que les maladies inflammatoires qui le suivent, je me suis souvent demandé à quelles causes on devait les attribuer. Après avoir observé, il me semble avoir trouvé, et je suis persuadé de rendre service aux cultivateurs en leur communiquant le résultat de mes recherches.

Je ne crois pas trop m'avancer en disant que les mauvaises positions du veau qui s'opposent à sa sortie facile, ainsi que la plupart des maladies consécutives aux vélages, bons ou mauvais, sont presque toujours dues à la trop grande abondance de nourriture dans les derniers mois qui précèdent la mise-bas.

Pourtant, il reste bien entendu que les chutes, les contusions, les refroidissements, etc..., peuvent aussi produire des déplacements anormaux du fœtus, mais il n'en est pas moins vrai que neuf fois sur dix ces positions vicieuses, entraînant un vêlage difficile, sont dues à la façon peu rationnelle dont on nourrit les mères dans les derniers temps de leur gestation.

Voici sur quoi je m'appuie :

Sur 1100 à 1200 vaches que j'ai fait vêler dans une période de 25 années, c'est à peine si j'ai pu me convaincre que 8 à 10 d'entre elles avaient leur veau mal placé par suite d'une cause accidentelle. Certes, les chutes, les glissades, les poursuites, etc., peuvent occasionner un déplacement du veau dans le sein de sa mère, et je suis loin de contester ce fait indéniable, mais je puis affirmer que c'est la cause la moins fréquente. Je n'exagère pas en disant que sur 100 veaux mal placés, il ne s'en trouve peut-être pas 2 *qui doivent* cette mauvaise position à un accident arrivé à la mère. Que de fois j'ai vu des veaux mal placés dont les mères n'avaient pas bougé de l'étable ! Il m'était donc impossible d'admettre que les mères avaient été bousculées, heurtées ou contusionnées, surtout lorsque la personne chargée de les soigner était bien connue pour sa douceur. C'est alors qu'un pourquoi embarrassant se dressait devant moi. Après avoir, bien entendu, réfléchi, bien cherché et bien observé, je crois pouvoir répondre d'une façon satisfaisante à ce pourquoi.

Dans les derniers mois qui précèdent la mise-bas, le veau prend un certain développement et occupe une place assez considérable dans la cavité abdominale. C'est précisément à cette époque de sa vie fœtale qu'il ne doit pas être contrarié dans son accroissement, et qu'il a besoin, au contraire, d'être tout à fait à l'aise dans le milieu où il se trouve. Eh bien ! si vous voulez gêner ce petit être dans son expansion, vous y arriverez facilement en surchargeant l'estomac et les intestins de sa mère par une énorme quantité d'aliments. Toute cette masse intestinale, remplie outre mesure, exercera sur le fœtus une compression dont il souffrira forcément ; de plus, en sentant ce poids qui le gêne, rien de plus logique d'admettre qu'il fera des efforts incroyables pour s'y soustraire, et que dans ses mouvements désordonnés, un de ses membres, quelquefois plusieurs, peut très bien, une fois replié ou engagé sous lui, ne plus pouvoir s'étendre, de même que la tête renversée en arrière, ce qui se voit assez fréquemment, ne puisse plus revenir à la position normale. Toute cette masse intestinale, surchargée de matières alimentaires, oppresse le jeune être dont les faibles forces, comme il est facile de le prévoir, sont vite épuisées dans cette lutte contre un obstacle insurmontable pour lui.

Je place donc en première ligne la trop grande quantité des aliments donnés aux mères pleines, comme étant la cause principale des positions vicieuses du fœtus dans la cavité utérine.

La véritable indication à remplir pour obtenir un bon vêlage, sera de donner aux mères pleines, dans les 2 et 3 mois qui précèdent la mise-bas, des aliments choisis, d'excellente qualité, sous le plus petit volume possible. Quant aux mères à l'herbage, il n'y a rien à changer à leur régime ; les aliments verts qu'elles consomment sont de digestion facile, et surchargent moins les intestins que les fourrages secs. N'est-ce pas un fait connu de tout le monde que les mauvais vêlages sont beaucoup plus rares à la prairie qu'à l'étable ! La connaissance de ce fait indéniable indique clairement qu'il faut prendre de très grandes précautions pour la nourriture des mères pleines restant dans les étables.

Si étrange que cela puisse paraître aux lecteurs que cette question intéresse, je dirai ceci : dans les trois mois qui précèdent le vêlage, supprimez en partie le fourrage, donnez, pour le remplacer, de la paille de bonne qualité, du son, de l'eau blanche, de la graine de lin, etc. En un mot, donnez des aliments substantiels, mais tenant le moins de place possible dans le tube digestif. Et ce n'est pas tout : en suivant ce conseil, la fièvre de lait sera plus rare, car il est bien reconnu que la trop grande abondance de nourriture, dans les derniers mois de la gestation, prédispose les vaches à cet accident redoutable.

Doit-on saigner les vaches avant le vêlage ?

Non, non, mille fois non, et il n'est pas difficile de prouver que la saignée est plus nuisible qu'utile dans ces conditions, ainsi que de nombreuses observations me l'ont démontré.

Je ne puis avoir la prétention de convaincre tous les lecteurs de l'inutilité des saignées dans le cas qui nous occupe, car elle a de trop nombreux et de trop chauds partisans qui n'abdiqueront jamais leurs idées à ce sujet, quoi qu'il arrive.

Cela ne m'empêchera pas de donner les raisons parfaitement justifiées sur lesquelles je m'appuie, pour prescrire la saignée chez les vaches *fort pleines*.

Quelles sont les vaches qu'on saigne de préférence dans ces conditions ? — Toujours les plus grosses parce qu'on prétend *qu'elles ont plus de sang*, et c'est précisément le contraire qui est vrai. La vache maigre a plus de sang que la vache grasse, il n'y a pas de doute à ce sujet. Bien entendu, je comprends, dans cette catégorie, la vache *en viande*, et non pas celle qui est amaigrie du fait de la maladie.

Demandez à n'importe quel charcutier, et vous verrez s'il ne vous dit pas que le cochon gras n'a pas moins de sang que le maigre.

Si je choisis comme preuve de ce que j'avance, le cochon plutôt que tout autre animal, c'est précisément parce que cet être prétendu immonde, cet enfant bâtard de la nature, possède une très grande facilité d'engraissement, et que chez lui l'expérience est très concluante.

Si vous saignez la vache avant son vêlage, vous la mettez tout simplement dans des conditions à engraisser davantage : on produit un vide dans les vaisseaux, on facilite l'absorption des matériaux nutritifs et, par conséquent, l'engraissement.

Pour me résumer :

1° La trop grande quantité d'aliments dans les derniers mois de la gestation est la grande cause productrice des vêlages difficiles ;

2° Cette abondance de nourriture prédispose aux maladies inflammatoires après le vêlage ;

3° La saignée préventive n'empêche nullement la production de la fièvre vitulaire, ainsi que celle d'autres affections.

Moyens économiques de cultiver les Vignes

Beaucoup de personnes sont effrayées aujourd'hui des dépenses occasionnées par la culture de la vigne.

Il faut donc chercher les moyens de diminuer les frais, afin de produire à bon marché.

J'ai la conviction d'avoir employé dans la culture de mes vignes plusieurs procédés, qui, je crois, aideront à résoudre ce difficile problème.

Je ne traiterai ici que les questions de travaux à la charrue.

§ 1er. — PLANTATION. — J'ai employé deux modes de plantation :

Le premier à la barre pour crochet ou bouture.

Et le second à la charrue pour chevelu.

Je vais expliquer le premier :

On tire des lignes à environ deux mètres les unes des autres, ont fait avec un piquet en bois ou une barre de fer d'un diamètre de cinq centimètres environ des trous de 25 à 30 centimètres de profondeur dans lesquels on met le crochet. On remplit ces trous de charrée ou de cendre délayée dans l'eau, de manière à faire une bouillie épaisse. Cette bouillie conserve la fraicheur et de plus elle a l'avantage de fermer hermétiquement le trou.

Il est prudent de planter en double, c'est-à-dire de 50 centimètres en 50 centimètres, pour ne conserver plus tard que des plantes à distance d'un mètre les unes des autres.

Car quelque soin qu'on prenne, il y a toujours des manquants, c'est pour les remplacer qu'on fait bien de planter en double.

Je passe au second mode de plantation à la charrue pour le chevelu :

Pour tirer les lignes on tend une ficelle, un homme marche sur cette ficelle.

Ensuite il se met à la tête des deux chevaux, au milieu d'eux, il les prend par la bride et marche de front avec eux, en suivant la ligne tracée : de cette manière, le sillon est régulièrement tiré, il faut le faire aussi profond que possible, on pose ensuite le chevelu, et on l'enterre à la main, pour avoir des rangs bien droits; il sera prudent de tendre encore une fois la ficelle.

J'ai pratiqué ces deux modes de plantation depuis plus de trente ans, j'en ai obtenu les meilleurs résultats, mais ils ne sont pas applicables partout ; il faut des terrains plats, faciles à labourer et en bon guéret.

§ II. — LABOURS. — On doit, aussitôt après les vendanges, relever les vignes, c'est-à-dire mettre la terre au pied des souches.

Vers le mois de mars, on les déchausse, c'est-à-dire qu'on laboure dans un sens opposé, au labour d'automne.

Une fois ce labour fait, il ne reste plus dans les rangs des souches qu'un espace non remué d'environ trente-cinq centimètres, qui doit être fait à la main, mais cet espace de trente-cinq centimètres, peut être réduit à quinze ou vingt, au moyen d'un second labour qui se fait avec une sarcleuse dont j'indiquerai plus loin la forme.

Après ce second labour il ne reste donc plus que 15 à 20 centimètres de terre non remuée dans les rangs des souches. Un homme peut avec une briole ou autre outil faire 33 ares par jour, soit un hectare dans trois jours, et comme il faut répéter ce ravail trois ou quatre fois, c'est donc une affaire d'une dizaine de journées au plus.

Un autre labour, semblable au premier, mais dans un sens opposé, doit être fait avant la floraison.

Je ne parle point des hersages qu'il ne faut point ménager.

J'arrive à une période difficile, c'est-à-dire au moment où les vignes, par leurs sarments, empêchent tous labours et hersages.

Lorsque le grain est bien formé, il faut relever en cordon, et en les enlaçant les uns dans les autres, tous les sarments qui tombent de chaque côté, une femme peut faire 33 ares par jour ; une fois ce travail fait, la charrue et la herse peuvent circuler facilement, et on peut jusqu'au moment des vendanges faire tous les labours et hersages nécessaires de manière à tenir toujours la vigne en très bon état sans un brin d'herbe. Il va sans dire qu'à chaque hersage ou labour une femme sera encore tenue de repasser dans les rangs pour reformer ou réparer les cordons dans les endroits où ils auraient été défaits, mais ce travail est peu de chose, il pourra se répéter jusqu'aux vendanges, c'est une affaire, pour toute la saison, de huit à dix journées de femme.

Par mon système de relevage, on évite les échalas, une grosse dépense, qu'on ne doit pas évaluer à moins de cent francs par an par hectare, sans compter les frais de pose des échalas, de relevage et attache des sarments, qui s'élèvent à un chiffre bien plus élevé que mes huit à dix journées de femme.

En résumé, mon système de relevage procure une économie d'au moins 100 francs par an par hectare pour les échalas seulement. Je le pratique depuis fort longtemps, j'en ai obtenu les meilleurs résultats. Mon raisin mûrit aussi bien et aussi beau que celui des vignes où il y a des échalas. Et de plus, j'ajouterai que le traitement des vignes contre le mildew est plus facile sur un cordon continu que sur des brins épars de tous les côtés.

J'en reviens aux labours et hersages, qui, pour moi, sont une question capitale pour l'entretien en bon état des vignes.

A mesure que les vignes poussent, il faut, malgré le relevage, s'éloigner de plus en plus des souches pour ne pas casser les jeunes sarments; en conséquence la terre non remuée augmente à chaque labour. C'est ainsi qu'apparait l'utilité de la sarcleuse dont j'ai parlé.

Cette sarcleuse à roulette est formée par un couteau long de 70 centimètres environ qu'on porte à droite ou à gauche, à volonté, de dix jusqu'à vingt centimètres, au moyen de boulons Lorsqu'on porte le couteau à droite, l'homme et le cheval se retirent à gauche. De cette manière, ni l'homme, ni le cheval n'endommagent les jeunes sarments; la sarcleuse, en passant à cinq ou six centimètres sous terre, fait l'effet d'une taupe creusant ses galeries. Les raisins qui tombent à terre sont légèrement soulevés et ne souffrent nullement. Cette sarcleuse ne peut être utilisée que dans les terrains en très bons. guérets. Son grand avantage est de faire périr les herbes naissantes. Lorsque la sarcleuse a passé, il ne reste non remué dans les rangs que l'épaisseur des souches.

En résumé, voici ce que je dépense par hectare :

Environ dix journées d'homme pour bêcher les rangs, et à peu près autant de journées de femme pour relever.

Je ne compte point la taille, qui est la même partout, ni les labours et hersages, que je fais exécuter par mes chevaux et qui, partout, doivent être exécutés par le propriétaire, à moins de courir à des déboires et des ennuis de toute sorte.

Mon étude ne s'adresse donc qu'à ceux qui cultivent par eux-mêmes, c'est-à-dire qui ont personnel et chevaux sous la main pour les mettre en mouvement en temps et saison convenables.

SARCÉ.

Soins et nourriture à donner aux Abeilles
(Suite).

Nourriture lente.

Ainsi qu'il a été dit dans une précédente causerie, il est de la plus haute importance pour l'apiculteur de bien savoir quelles sont les plantes de sa contrée qui produisent sa principale récolte de miel. Tous ses efforts devront tendre ensuite à profiter le plus possible de cette miellée en faisant que ses ruches soient pleines d'abeilles adultes au moment où elle commencera.

Ce résultat s'obtient en nourrissant les colonies pendant quelque temps auparavant dans le but d'augmenter la production du couvain. La date à laquelle on devra commencer à nourrir se place à huit ou neuf semaines environ avant la date probable de la miellée.

La nourriture à employer sera du sirop de sucre avec addition d'acide salicylique; il sera préparé comme celui dont la recette a été donnée plus haut, seulement on le fera un peu plus liquide en augmentant la quantité d'eau d'un quart ou même d'un tiers, c'est-à-dire que pour 5 kilogrammes de sucre on prendra 2 kilogrammes 500 ou même 3 kilogrammes d'eau. En place de vinaigre, on ajoute une pincée de sel.

Le NOURRISSEMENT LENT exige un nourrisseur spécial permettant de mesurer la dose à donner. La gravure ci-dessous représente le système le plus généralement employé. On pose ce nourrisseur sur le trou pratiqué dans la première couverture, on place une boite bien fermée par-dessus et on recouvre le tout le plus chaudement possible.

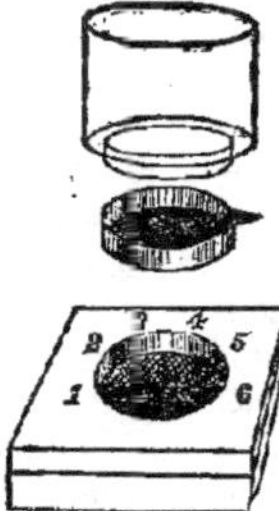

A l'aide des trous percés dans le couvercle du récipient, on règle à volonté la quantité de sirop distribuée aux abeilles; en moyenne il leur faut 100 grammes par jour et par ruche; 1 kilogramme durerait donc 10 jours et 6 kilogrammes de sirop, soit environ 4 kilogrammes de sucre, suffiraient ainsi par ruche pour les huit à neuf semaines de nourrissement.

La nourriture liquide excitant les abeilles à sortir, il ne faut la donner qu'autant que la température leur permet de voler à peu près tous les jours.

Il y a d'autres manières de NOURRIR LENTEMENT qu'il est quelquefois bon de connaitre pour y avoir recours au besoin. L'une est le nourrissement par côté et s'applique au nourrisseur lent à socle figuré plus haut; j'en parlerai plus loin; les autres exigent d'autres genres de nourrisseurs. Parmi celles-ci je ne citerai que le *nourrissement par l'entrée.*

Le NOURRISSEUR D'ENTRÉE (1) est très utile

(1) Nous rappelons que tous ces appareils sont vendus chez M. Gariel, 2 *ter*, quai de la Mégisserie, Paris.

quand, pour une raison ou pour une autre, on ne peut nourrir par en haut, ou lorsqu'on ne veut nourrir que pendant quelques nuits un essaim faible, par exemple, sans se donner la peine de déranger les couvertures. Il se place simplement le soir, plein, devant l'entrée, et on le retire le matin.

Pour le NOURRISSEMENT PAR COTÉ, on découpe le bas de la planche de séparation sur 0m08 de longueur et 0m01 de haut, et contre cette ouverture on place, en dehors de la séparation, le socle du nourrisseur, après avoir pratiqué sous ce socle une entrée de la largeur du rond intérieur pour donner accès aux abeilles par le côté.

Pour se servir ensuite de ce socle de la manière ordinaire, c'est-à-dire sur le haut de la ruche, il suffit de remplacer le morceau enlevé par une petite planchette de même épaisseur qu'on fixe à l'aide de deux pointes.

Ce nourrissement par le côté ne peut, bien entendu, s'appliquer qu'aux ruches remplies partiellement seulement de rayons, où lorsqu'on veut nourrir une ruche ayant reçu un premier étage, en plaçant alors le nourrisseur derrière la séparation du premier étage. Il a l'avantage de ne rien faire perdre de la chaleur de la ruche puisqu'on ne touche pas aux couvertures ; mais il ne convient pas pour les temps froids, les abeillss ne deseendant pas alors des rayons.

Le nourrissement lent est basé sur les observations suivantes qu'il est intéressant pour tout apiculteur de connaître.

LA MÈRE pond des œufs en raison directe de la quantité de nourriture que les abeilles lui font prendre ; elle n'est donc qu'une machine à faire des œufs qu'activent ou que ralentissent les abeilles ouvrières. Loin de régner, elle est l'esclave de la colonie, et le nom de *mère* lui convient ainsi beaucoup mieux que celui de reine.

En général, les abeilles ne poussent la mère à la ponte que lorsque la récolte de miel s'accentue, et il s'ensuit qu'à l'époque de la forte miellée, la mère est bourrée de nourriture au point qu'elle arrive à pondre jusqu'à 2,000 et même 3,000 œufs par jour, presque son propre poids d'œufs en vingt-quatre heures !

Mais dans les pays où la miellée est hâtive et de courte durée, si l'apiculteur n'intervient pas, les jeunes abeilles arrivent trop tard au monde pour la récolte, car ce n'est que cinq semaines après la ponte de l'œuf que l'abeille devient butineuse, d'où ressort la nécessité, dans ce cas, d'avancer la ponte des œufs en nourrissant les ruches, tous les jours, à partir d'une date déterminée.

Cet arrivage constant de provisions produit sur les abeilles l'effet d'un commencement de miellée et les engage par conséquent à stimuler la mère à la ponte en la nourrissant elle-même plus abondamment.

AU PRINTEMPS, dès que les abeilles commencent à sortir, on mettra de l'eau légèrement salée à leur portée, comme il a été dit plus haut.

Si le pays manque de pollen à cette époque, ou si le pollen est à une trop grande distance, on mettra également à leur disposition de la farine de pois ou de blé (voir plus haut).

On surveillera les planches de vol pour s'assurer que les abeilles rapportent de grosses pelotes de pollen, signe à peu près certain de la présence de la mère dans la ruche. Les colonies qui ne rapportent pas de pollen ou qui ne rapportent que de petites pelotes seront marquées comme suspectes d'être ORPHELINES, pour être examinées à l'effet d'en rechercher la mère, dès que le temps le permettra. Pour cela il faut que le thermomètre marque au moins 12° centigrades au-dessus de zéro et que le temps soit calme et sans pluie.

POUR RECHERCHER LA MÈRE d'une ruche, après avoir mis celle-ci en bruissement et découvert la moitié des cadres, on écarte d'abord la séparation, puis le premier cadre, puis le second et ainsi de suite jusqu'au milieu ; arrivé là, on retirera alors, doucement et sans à-coup, un des cadres du milieu, sur lesquels on a le plus de chances de trouver la mère ou au moins du couvain. Si ce cadre n'a pas de couvain et ne porte pas la mère, on le remet en place et on retire le cadre voisin pour l'examiner à son tour. Si les trois ou quatre rayons du milieu ne portent pas la mère et ne contiennent pas de couvain, on nourrira doucement, pendant huit ou dix jours, comme il a été dit plus haut, et au bout de ce temps on examine la ruche de nouveau. Dès qu'on découvre du couvain non operculé, œufs ou larves, on peut arrêter ses recherches et être sûr que la mère est présente.

Chaque fois qu'on ouvre une ruche on ne saurait trop recommander la DOUCEUR DANS LES MOUVEMENTS, comme s'il s'agissait de toucher au berceau d'un enfant endormi qu'il ne faut réveiller à aucun prix. Il faut du calme et de la décision, et pour avoir plus d'assurance et de liberté d'esprit, on fera bien de prendre pour règle constante de ne jamais tenter une opération, quelle qu'elle soit, sans avoir au moins le visage protégé d'un voile.

Ce VOILE est d'un prix très modique et se met sur un vieux chapeau qu'on réserve pour cet usage. Les personnes chez qui les piqûres

occasionnent beaucoup de douleur ou de l'enflure feront bien de se garantir également les mains. Il existe des doubles GANTS DE COTON, qui sont maintenant entrés presque partout dans la pratique, qui ont l'avantage de pouvoir être lavés de temps en temps et de ne pas donner trop chaud aux mains.

On profite de la première opération du printemps pour changer la première couverture, si elle est en tissu poreux, contre une toile cirée, le côté brillant en dessous. Celle-ci, comme toutes les premières couvertures, devra avoir un trou de nourrisseur. S'il n'y a pas lieu de faire d'opération, on choisit un beau jour, le plus tôt possible après le commencement du nourrissement, pour faire dans toutes les ruches ce CHANGEMENT DE COUVERTURE. Je dois ajouter que je me suis souvent contenté de simplement poser une toile cirée sur la première toile recouvrant les rayons, sans l'enlever, de façon à faire concorder les trous du nourrisseur, et que je n'ai pu remarquer aucune différence entre les ruches ainsi traitées et celles qui avaient la toile cirée immédiatement au-dessus des cadres. Ce serait donc un système à recommander.

Deux ou trois semaines après avoir commencé à nourrir, on examine la ruche par temps doux et calme, et si le couvain commence à occuper les avants-derniers cadres, on insère entre ceux-ci et le dernier rayon, un cadre garni de fondation ou un rayon vide.

On continuera à AJOUTER DES CADRES, tous les quatre ou cinq jours, entre le dernier et l'avant-dernier rayon jusqu'à ce que la ruche soit pleine.

Il vaut mieux n'ajouter qu'un cadre à la fois à moins que la ruche ne soit très forte et le temps très doux, dans quel cas on peut en donner deux, un de chaque coté.

Il faut éviter de diviser les rayons du milieu et d'y produire un vide en y insérant des cadres nouveaux, car lorsque le couvain reste compact, il court beaucoup moins de risques de périr pendant les nuits froides du printemps pendant lesquelles les abeilles resserrent leur pelote et remontent sur les rayons.

Quand on a l'habitude d'extraire le miel des grands rayons, on fera bien de les tendre de fil de fer étamé qu'on noie dans la fondation au moyen d'un tire-bouton dans lequel on aura fait une rainure à la lime, ou mieux encore avec l'éperon Woiblet.

Quand on a besoin de pousser une ruche au printemps, pour produire, par exemple, de bonne heure des mâles ou des alvéoles de mères, on peut procéder de la façon suivante. On donne de 100 à 125 grammes de sirop tiède tous les jours vers le soir, puis lorsqu'il y a DU COUVAIN dans trois cadres, on désopercule le miel de celui de ces trois rayons qui contient le moins de couvain, en ayant soin de ne pas refroidir ce dernier, et on place ce cadre entre les deux autres. On désopercule ainsi tous les 5 ou 6 jours le miel du rayon le moins chargé de couvain et on le place toujours au milieu des autres, en ajoutant, s'il y a lieu, des cadres nouveaux sur les côtés.

Le MEILLEUR MOYEN DE DÉSOPERCULER, c'est de se servir alternativement de deux couteaux chauffés dans de l'eau chaude.

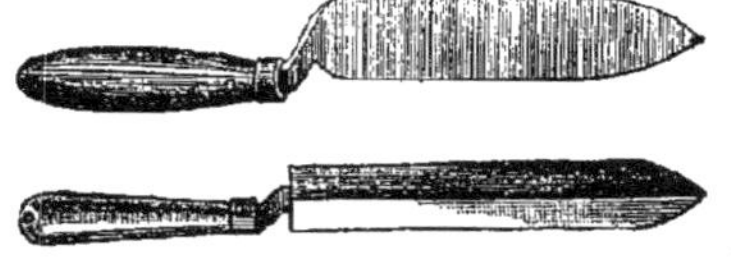

Pendant tout le temps que les nuits restent froides, il importe de laisser à L'ENTRÉE la même ouverture qu'en hiver ou même de la rétrécir, si elle est un peu grande. On ne l'agrandira que progressivement ou lorsque, dans la journée, les abeilles stationnent en dehors du guichet.

JEAN WEBER (1).

(1) Manuel pratique d'apiculture, chez GARIEL, éditeur, 2 *ter*, quai de la Mégisserie, Paris. — Prix, 1 fr.

Un peu de nitrate pour vos avoines.

Depuis dix ans, vous mettez au printemps cent kilogrammes de nitrate de soude par hectare sur vos blés peu fumés ; c'est bien. Et cent sous de nitrate vous donnent pour quinze francs de blé en plus ; c'est donc de l'argent placé à gros intérêts.

Mais si je vous disais que l'avoine paie encore mieux que le blé les sacrifices qu'on fait pour elle, cela vous étonnerait beaucoup, et pourtant c'est vrai, c est sûr : l'avoine utilise 55 0/0 de l'azote de l'engrais assimilable, de l'azote nitrique, par exemple, qu'on lui donne, alors que le blé n'en prend que 45 au plus.

Mettez donc cent kil. de nitrate de l'hectare, ou 45 k. du journal, et vous obtiendrez, en plus :

1° 550 kil. d'avoine (grains) à 16 fr.	59 50
2° 550 kil. de paille à 3 fr.	16 50
Valeur de l'excédent de rendement.	75 »

Et si la dépense est de 20 à 21 fr., vous voyez que là encore vous avez fait un meilleur placement que sur le Comptoir d'Escompte.

Quand au mode d'emploi, faire comme pour le blé, répandre en couverture le nitrate, et rouler forcément.

Tel est l'excellent conseil donné par notre savant collègue, M. Raquet.

Le fait signalé par M. Raquet est indiscutable. Si l'avoine présente l'avantage de la rusticité, si elle donne des récoltes (mais quelles récoltes !) sur des terres maigres, elle ne dédaigne pas la bonne et abondante nourriture; elle y fait grand honneur et la paie très généreusement.

Donc, de l'engrais aux avoines !

INFÉCONDITÉ DES ŒUFS

L'infécondité des œufs est due à une infinité de causes parmi lesquelles il faut ranger tout d'abord celles relatives à l'insuffisance ou au trop grand nombre de coqs dans la basse-cour.

Il faut au moins un coq par dix poules, car si celles-ci jouissent d'une liberté illimitée, elles se disséminent de tous les côtés et, naturellement, le coq ne peut être partout à la fois. Si, au contraire, ceux-ci sont en trop grand nombre, et que l'un d'eux approche d'une poule, il voit bientôt arriver un rival, il y a bataille et la poule est délaissée. Il faut donc un juste milieu.

On compte aussi une plus grande quantité d'œufs clairs dans les races pures ; cela tient, pensons-nous, à ce que les volailles sont presque toujours parquées dans un espace plus restreint de sorte qu'elles manquent de verdure, d'insectes, etc., en un mot, de tout ce qu'elles trouvent en dehors de leur nourriture habituelle quand elles sont en pleine liberté.

C'est ainsi qu'à Paris, avec un coq et six ou sept poules enfermés dans un enclos de quelques mètres carrés, nous n'avons pas obtenu un seul œuf fécondé pendant deux années; lorsque, rapportées dans une nouvelle installation, à Gambais, ses volailles se sont trouvées dans un grand espace planté de taillis et de verdure, l'effet contraire s'est produit, et, au bout de quelques jours, la presque totalité des œufs étaient bons avec le même coq et les mêmes poules.

Il faut aussi se méfier des fermes ou autres poulaillers situés dans des endroits humides et marécageux ; le plus souvent, les œufs y sont inféconds en toutes saisons.

L'infécondité des œufs règne pour ainsi dire partout à l'époque de la mue, qui a lieu de septembre à décembre. A ce moment, toutes les poules, à l'exception des poulettes, sont déplumées ; d'un autre côté, les coqs souffrant de la même maladie, perdent de leur vigueur et délaissent encore les poules. On n'ignore pas que les œufs inféconds se conservent plus longtemps que les œufs fécondés ; c'est ce qui a fait croire à nos fermières que, par la puissance de Notre-Dame d'Août, les œufs se conservaient mieux et on voit, en effet, toutes nos ménagères serrer des quantités d'œufs dans le linge de leur armoire quand arrive cette époque.

Les neiges et les brouillards viennent encore nuire à la fécondation des œufs pendant l'hiver. Par ces temps brumeux, toute la basse-cour se tient coite sous les hangars et dans les poulaillers ; mais vienne un rayon de soleil, tout est réparé.

Lorsque les mois de novembre et de décembre sont cléments, les jeunes poulettes de l'année se mettent à pondre et les coqs leur font une cour assidue.

Il se produit encore un fait que nous ne devons pas laisser ignorer ; c'est que les œufs provenant de certains pays, tout en étant fécondés, ne donnent pas ou presque pas d'éclosions. A quoi cela tient-il ? Nous l'ignorons. Mais le fait existe; nous croyons cependant que le terrain y est pour beaucoup.

Avant de terminer, nous dirons quelques mots sur les œufs qui ont voyagé. Trop souvent on leur attribue l'insuccès des couvées et c'est presque à tort, car des œufs très frais peuvent voyager sans danger pour la reproduction. Certes, si nous avions à choisir entre des œufs venant de notre basse-cour et d'autres ayant fait 50 ou 100 lieues, nous prendrions assurément les premiers, mais la perspective d'un voyage ne nous arrêtera jamais pour nous procurer des œufs de telle ou telle race.

D'après toutes ces données, nous conseillerons aux personnes qui voudront faire de grandes couvées et qui seront forcées d'acheter les œufs, de bien étudier les fermes et la position des basses-cours, afin d'éviter la trop grande quantité d'œufs clairs.

On ne saurait trop apporter de soins au choix des œufs que l'on veut mettre à couver. On les choisira d'abord le plus frais possible ; après huit jours de ponte, nous n'y avons plus grande confiance, à moins qu'ils n'aient été conservés soigneusement dans le grain et que la déperdition dans l'œuf ne soit pas trop sensible.

On écartera aussi les trop gros et les trop petits, une grosseur moyenne est préférable ; les difformes ou ondulés seront également rejetés.

Puis, au moment de mettre couver les œufs, nous recommandons une méthode qui nous a réussi parfaitement : elle consiste à les mouiller dans l'eau presque tiède, eau *dégourdie*, à les essuyer et à les mettre à couver immédiatement ; cette préparation enlève les parties sales et grasses de la coquille, et par ce fait aide la chaleur et l'humidité à pénétrer dans l'œuf.

ROULLIER,
Directeur de l'Ecole d'aviculture de Gambais.

CONSEILS DU JARDINIER

SOINS A DONNER AUX PLANTES D'APPARTEMENT

Les plantes d'appartement ont des exigences que l'on ne sait pas toujours bien apprécier ou que l'on ne connait pas, de là la source des déceptions. Ces exigences peuvent se classer ainsi, par rapport : *1° à la terre, 2° au vase qui les renferme, 3° à l'eau, 4° au drainage, 5° à l'air, 6° à la lumière* et *enfin à la chaleur*.

1° A la terre. — La terre qui doit servir généralement pour les plantes d'appartement est la terre de bruyère grasse ou un mélange de terre ordinaire, de terreau et d'un peu de sable. A part certaines plantes qui demandent une terre spéciale, ce que nous examinerons, ces deux terres sont les seules employées par les horticulteurs ; nous verrons qu'à l'aide de certains engrais chimiques, on peut les planter dans du sable et qu'elles y poussent à merveille ; mais n'anticipons pas.

2° Au vase. — On s'imagine à tort que plus le vase qui contient la plante est grand, mieux elle doit pousser ; oui, elle porrra pousser des feuilles, mais des fleurs, non. Pour faire fleurir une plante ou un arbuste en pot, il faut les faire souffrir, leur imposer des privations. La fleur naît de la souffrance. Donc, pour vos plantes, même pour vos géraniums et fuchscias, prenez des pots plutôt petits que grands.

D'ailleurs quand vous achetez une plante en fleur au jardinier, remarquez, je vous prie, la proportion qui existe entre la taille de la plante et celle du pot. — Ne jamais vernir ni peindre les pots à l'extérieur, encore moins à l'intérieur.

3° A l'eau. — Ici est la grande question, la question des arrosages; quand une plante meurt il y a à parier 90 fois sur 0/0 que cela provient de l'arrosage qui a été mal fait ou fait en temps inopportun. Ce n'est que par la pratique et l'observation que l'on apprend à connaître quand une plante a soif et ce qu'il faut lui donner d'eau. Il n'y a pas de régles pour cela ; agir pour elle comme pour nous. Quant a l'eau à employer, l'eau de pluie ou de rivière tient le premier rang, ensuite viennent les eaux de source ou de puits toujours trop froides, et qu'on devra tirer quelques heures d'avance. Nous parlerons bientôt des bouillons ou eaux dans lesquelles on met tremper certains ingrédients qui doivent activer la végétation et hâter la floraison.

4° Au drainage. — Avoir bien soin de drainer le fond des pots, de placer un tesson de pot ou une poignée de cailloux dans le vase avant de rempoter. Drainer plutôt plus que moins. Avoir bien soin que la plante ne baigne jamais dans l'eau qui a servi à l'arroser. C'est là un grand inconvénient des sous-tasses et des cache-pots, qui amène la chute des feuilles ou les fait jaunir, excepté pour les espèces semi-aquatiques.

5° A l'air et à la lumière. — Renouveler l'air le plus souvent possible, au moins une fois par jour, en évitant, quelle que soit la saison, les courants d'air aussi pernicieux aux plantes qu'aux personnes. Nettoyer souvent les feuilles lisses en les lavant et les feuilles poilues en les seringuant pour enlever la poussière. Par une belle journée, sortir les plantes de l'appartement et les mettre à mi-ombre, jamais en plein soleil. Bêcher de temps à autre avec la pointe d'un couteau ou avec une fourchette la surface de la terre. Pour la lumière, on se contente de celle qu'a l'appartement. Certaines plantes, telles que les araucarias, apidistras, se plaisent mieux dans un milieu sombre ; d'autres veulent être toujours placées aux fenêtres.

Quant à la chaleur, les plantes doivent encore se contenter de celle de la pièce, et nous répèterons ce que nous avons déjà dit : évitez pour elles les courants d'air et les changements brusques de température.

HORTUS.

CONSEILS DU VÉTERINAIRE

LA FIÈVRE APHTHEUSE.

C'est une épizootie de fièvre aphtheuse qui a provoqué l'arrêté d'interdiction absolument nécessaire pris par le ministre de l'agriculture à l'égard du bétail de l'Allemagne et de l'Autriche-Hongrie. La fièvre aphtheuse ou cocotte ne sévit pas uniquement sur l'espèce bovine: elle est contagieuse et peut se transmettre au mouton et au porc; voilà pourquoi tous les animaux de boucherie des pays contaminés sont compris dans la même proscription.

Le règlement d'administration publique rendu pour l'application de la loi du 21 juillet 1881 sur la police sanitaire des animaux, impose à nos éleveurs des mesures rigoureuses. Quand la fièvre aphteuse éclate dans une étable, les locaux, occupés par les malades, sont mis en quarantaine ainsi que les pâturages sur lesquels on les a conduits; les bêtes malades ou suspectes que l'on mène aux champs doivent suivre un chemin qui leur est assigné; ce chemin est marqué par des poteaux, et il est dès lors interdit d'y faire passer des animaux sains. Défense est faite au possesseur des animaux malades de faire sortir des locaux mis en quarantaine des objets pouvant servir de véhicule à la contagion, tels que paille, fourrages, litières, fumiers, harnais, etc. L'entrée des locaux infectés est interdite à toute personne non préposée aux soins à donner aux animaux. Il y a encore d'autres formalités gênantes auxquelles doivent se soumettre, dans l'intérêt général, nos malheureux agriculteurs.

Comment peut-on proposer de faire table rase de toutes ces mesures de précaution, quand il s'agit du bétail étranger, au risque d'introduire l'épizootie dans nos étables?

La fièvre aphtheuse est caractérisée par une éruption de vésicules qui ont leur siège sur diverses parties du corps, notamment dans la bouche et aux pieds. Les animaux ne peuvent plus manger et ont de la peine à se tenir debout; généralement, ils n'en meurent pas, mais leur développement est arrêté, en sorte que pour n'être pas meurtrière, cette épizootie ne cause pas moins à l'agriculture des pertes considérables.

Le traitement de la fièvre aphtheuse est facile: quand les vésicules se sont ouvertes, on lotionne les plaies de la bouche avec de l'eau miellée aiguisée d'acide chlorhydrique ou mieux encore d'acide salicylique. L'acide salicylique donne aussi de bons résultats pour le pansement des ulcérations des pieds. Avant tout, une hygiène sévère est indispensable; il faut renouveler fréquemment les litières et tenir les malades dans la plus grande propreté, autrement les vésicules des pieds peuvent devenir des plaies profondes qui entraînent la chute de l'ongle et parfois même la carie des os.

UN VIEUX VÉTÉRINAIRE.

Nouvelles agricoles.

Les charges de l'agriculture. — En 1885, M. Méline, ministre de l'agriculture, appréciait ainsi la part de l'agriculture dans les charges publiques:

Les charges qui pèsent directement sur l'agriculture pour un revenu de 2,645 millions, s'élèvent à 611,434,420 francs, soit 25 0/0, tandis que la propriété urbaine, dont le revenu est de 2 milliards, paie environ 340 millions, ou seulement 17 0/0.

La propriété mobilière qui, sur un revenu de 3,985 millions, paie 160 millions, n'est grevée que de 4 0/0.

Le commerce et l'industrie, sur un revenu de 2,740 millions, paient 358 millions, ce qui représente 13 0/0.

Enfin, les salaires des fonctionnaires, des ouvriers, de tous les travailleurs, sont grevés d'environ 7 0/0 pour les impôts de consommation.

Si aux 25 0/0 qui pèsent sur l'agriculture on ajoutait les impôts de consommation, on verrait que l'agriculteur paie 33 0/0 de revenu.

Et en regard de ce prélèvement de 33 0/0, le ministre rappelle que l'agriculteur anglais ne paie que 16 0/0.

M. Méline eût pu ajouter que les centimes additionnels, communaux et départementaux, qui augmentent tous les ans, pèsent, pour la majeure part, sur la propriété rurale et sur l'agriculture. Tel est le cas — entre autres — des nouveaux centimes qu'on lui réclame cette année pour les instituteurs, après avoir promis de les en exonérer.

Les ruraux en verront bien d'autres.

Nos importations de blé. — Le *Journal officiel* vient de publier le relevé des blés importés en France depuis le 1er avril 1889 jusqu'au 31 mars 1890 (commerce spécial, c'est-à-dire non exportés). Le total monte à 5,010,381 quintaux en grains et à 142,086 quintaux de farines. L'an dernier, les importations avaient dépassé 9 millions de quintaux. L'excès des importations, on le voit, ne menace pas nos cultivateurs d'une baisse anormale des cours.

Le bétail étranger et la fièvre aphtheuse. — Le comité consultatif des épizooties, présidé par M. Develle, ministre de l'agriculture, vient de se prononcer absolument contre la proposition d'installation, à la frontière, de parcs d'observation où serait interné le bétail étranger, parce que l'expérience a montré qu'en pareil cas les quarantaines sont inefficaces contre la propagation de l'épidémie.

Le comité a, d'autre part, émis l'avis qu'avant d'autoriser l'envoi d'animaux vivants aux abattoirs de la Villette, par wagons plombés, des locaux et des quais spéciaux fussent installés pour recevoir le bétail, en raison de l'extrême subtilité du virus de la fièvre aphtheuse et de la facilité de sa propagation.

BULLETIN FINANCIER.

L'émotion causée par la démission de M. Lévèque n'a pas eu une longue durée. Les rentes qui avaient quelque peu faibli ont repris leur fermeté ordinaire.

Le 3 % cote 89 52, le 3 % amortissable 93 25 et le 4 1/2 % 106 francs.

Le Crédit Foncier a varié de 1,270 fr. à 1,285 fr., et il clôture à 1,280 fr On voit qu'il ne reste plus grand chose de l'émotion momentanée de la semaine dernière.

Le Crédit Lyonnais finit à 730 francs.

La Banque Ottomane cote 583 75.

Cette grande institution de crédit ouvrira, le jeudi 22 courant, une souscription publique à un emprunt de conversion 4 0/0 privilégié ottoman. Cet emprunt, qui porte sur 391.363 obligations de 500 francs, et qui représente un capital nominal de 195.681.500 francs a pour but de convertir ou rembourser les obligations 5 0/0 ottomanes de priorité 1881.

Le privilège attaché à ces nouvelles obligations consiste dans l'engagement pris par le conseil d'administration de la dette publique ottomane d'appliquer à leur service, et en première ligne, les produits des six contributions indirectes de l'empire ottoman. Or, le service d'amortissement et d'intérêt du présent emprunt n'exigera que 9.800.000 fr., tandis que le produit des six contributions indirectes qui comprennent: les revenus des tabacs, sels, spiritueux, timbres, soies et pêcheries, atteint le chiffre de 36.400.000 fr. C'est la moyenne du produit net des trois dernières années. Il en résulte que l'on se trouvera en présence d'un excédent de 26.600.000 fr. qui pourront être appliqués au service des autres emprunts gagés.

Le prix d'émission est fixé à 411 fr. 50; libérée à la répartition, l'obligation ne sera payée que 410 francs. L'intérêt annuel est de 20 francs; le remboursement au pair s'effectuera en 44 ans.

Un privilège de souscription, sans réduction, est accordé aux porteurs d'obligations 5 0/0 de priorité qui seront acceptées pour 508 fr. 40, représentant le capital augmenté des intérêts courus. Il y a donc, pour ces porteurs, conversion sans amoindrissement de revenu. Les titres qui n'opteraient pas pour la conversion seront appelés au remboursement à une date qui sera fixée plus tard.

Le restant du marché est calme. COUPON.

HALLES ET MARCHÉS.

CÉRÉALES. — *Marchés français.*

Prix par 100 kilogr.

REGIONS	BLÉ Prix moyen	BLÉ Hausse	BLÉ Baisse	PRIX MOYEN. Seigle	PRIX MOYEN. Orge	PRIX MOYEN. Avoine
Nord-Ouest....	23 17	0 05	»	15 50	16 62	18 66
Nord..........	23 25	0 25	»	15 62	18 25	19 70
Nord-Est......	23 65	0 23	»	15 53	20 52	19 30
Ouest.........	24 15	0 11	»	16 78	17 70	18 80
Centre........	24 12	»	0 04	16 32	19 10	19 89
Est...........	23 94	0 07	»	16 21	18 85	19 44
Sud-Ouest	24 47	0 17	»	18 20	18 61	21 15
Sud...........	24 77	0 12	»	17 79	17 80	21 37
Sud-Est.......	24 02	0 12	»	17 40	17 16	20 82
Prix moyens..	24 01	»	»	16 59	18 29	19 90
Sur la huitaine préc. Hausse	0 12	»	»	»	»	0 07
Sur la huitaine préc. Baisse	»	»	»	»	0 01	»

Farines de consommation.

Les prix restent sans variation avec une vente ordinaire en boulangerie.

	159 kil.		100 k.	
MARQUE DE CORBEIL	57 fr.		(36 30 100 k.).	
Marques de choix	57 à 58		36 30 à 36 94	
Premières marques	56	57	35 66	36 30
Bonnes marques	54	55	34 39	35 03
Marques ordinaires	53	54	33 75	34 39

Le sac de 159 k., toile à rendre, franco au domicile des acheteurs à 30 jours sans escompte, ou au comptant avec escompte de 1 1[2 0[0.

Fourrages et pailles.

Paris, La Chapelle.

	1re qté.		2e qté.		3e qté.	
Foin	45 à 46		41 à 45		41 à 43	
Luzerne	44	45	43	44	39	41
Paille de blé	31	35	32	33	29	30
Paille de seigle	35	36	34	35	32	34
Paille d'avoine	23	24	22	23	21	22

Le tout aux 104 bottes dans Paris.

COURS DE DIFFÉRENTS MARCHÉS (par 100 kil.).

	Paille.	Foin.
Beauvais	6 »	6 75
Nevers	5 65	7 »
Blois	4 »	7 »
Douai	5 50	8 50
Toulouse	5 50	6 75
Angers	5 »	8 50
Orléans	4 75	8 »
Lyon	1 50	6 »

Issues, les 100 kil.

Le temps est toujours défavorable à la vente des sons ; le disponible donne encore lieu à quelques petites affaires, mais le livrable est presque invendable.

Nous cotons par 100 kil. en gare d'arrivée à Paris :

Son écaille	13 50 à	13 25
— gros	12 75	12 50
— trois-cases	12 25	» »
— fin	11 50	11 »
Recoupettes	11 »	11 50
Remoulages blancs	15 »	18 »
— bâtards	13 50	14 50

MARCHANDISES DIVERSES.

Fécules.

Les vendeurs ou détenteurs de fécule ne présentent rien sur les marchés; ils attendent avec impatience l'effet de la loi sur le maïs et les riz. Les cours sont fermes avec peu d'activité.

Les 100 kil.

Paris. — Fécule 1re, grains	27 » à	» »
dito verte	» »	» »
Oise. — Fécule 1re, grains	25 »	» »
Vosges. — Fécule 1re, grains	26 50	» »
Loire. — Fécule 1re, grains	26 »	» »
Auvergne. — Fécule 1re, grains	26 »	» »
Fécules secondes selon qualité	18 »	23 »

Pommes de terre.

Les 1.000 kil.

Hollandaises	60 » à	80 »
Magnum bonum	60 »	65 »
Early roses	48 »	50 »
Saucisses	40 »	50 »
Rondes	40 »	45 »
Chardonnes	30 »	35 »

Tourteaux, les 100 kil.

	Colza	Œuillette	Lin	Cam.
Lille	15 » à 16 »	16 » à 17 »	23 » à 19 »	15 »
Arras	16 » 16 50	15 75 17 50	22 85 » »	16 »
Gd Moulin Corbeil	15 50		19 75	
	Cophra	Arachide déc.	Sésame	Colza
Marseille	11 50 à 14 »	13 75	12 50 à 12 75	16 »

GRAINES DIVERSES.

Maïs, les 100 kil.

Paris	11 00 à 12 75		Agen	14 »	14 50
Alais	14 50	15 50	Grenoble	14 »	14 75
Ruffec	13 75	14 25	Reims	14 »	14 50

Sarrazin, les 100 kil.

Paris	15 50 à 15 75		St-Pierre	14 » à	14 50
Mayenne	14 25	15 »	Nantes	14 »	14 75
Rennes	14 »	15 50	Orléans	14 »	15 »

Légumes secs, les 100 kil.

	Haricots	Pois	Vesces	Lentilles
Paris	20 à 47	21 à 26	» »	45 à 70
Rouen	42 57	50 63	26 28	77 »
Marseille	18 30	23 32	25 34	19 24 50

Graines fourragères, les 100 kil.

Luz. de Prov.	155 à	180	Minette	40 à	45
— du Poitou	100	155	Sainfoin à 2 c.	28	30
— d'Italie	130	160	Sainfoin à 1 c.	25	28
Trèfle blanc	100	130	Pois jarras	18	21
— violet	65	105	Vesces	21	23

Huiles.

COLZA BRUT. — Les prix restent faiblement tenus avec peu d'affaires. On traite le courant du mois à 69 fr. et les 4 derniers mois à 67 75.

On cote au début de la réunion :

Disponible	69 » à	» »
Livrable courant du mois	69 »	» »
Juin	69 »	69 50
Juillet et août	69 »	69 50
4 derniers mois	67 75	» »

LIN. — La tendance reste lourde. On fait du courant du mois à 58 fr.

On cote au début de la réunion :

Disponible	58 » à	» »
Livrable courant du mois	58 »	» »
Juin	58 »	57 50
Juillet et août	58 »	57 50
4 derniers mois	56 »	55 50

Les 100 kil. net, logés, escompte 1 0/0.

Pétrole.

Les prix ne varient pas ; nous cotons par wagon complet et pour marchandise disponible :

L'huile de pétrole raffinée vaut 49 fr. 50 ; l'essence rectifiée 60 fr. 50 les 100 kil.

On cote à l'hect. pour le détail :

PETROLE RAFFINE disponible	39 50 à	» »
ESSENCE RECTIFIEE, disponible	42 25	» »

Laines.

LE HAVRE, 14 mai.

Laines à terme Buenos-Ayres en suint, calmes. Ventes, 200 balles.

Mai 170 »», juin 170 »», juillet 171 »», août 172 »», septembre 172 50, octobre 172 50, novembre 172 50, décembre 172 50, janvier 189·, 172 »», février 172 »», mars 172 »».

ANVERS, 6 mai.

Laines : soutenues. Prix moyens des Plata ; on cote en suint : Contrat C. mai à août, 1 67.

Peignés allemands de La Plata : Contrat B, sur mai 5 57 1/2, juin 5 57 1/2, juillet 5 55 »/», août. 5 55 »/», septembre, octobre, 5 55 »/», novembre, 5 55 »/», décembre, 5 55 »/», janvier, 5 50 »/», février, 5 45 »/». Ventes, 125,000 kil. Contrat M. mai 5 75 »/», juin 5 80 »/».

ROUBAIX-TOURCOING, 13 mai.

Laines à terme. Qualité peignée de fabrique, type n. 1 (clôture) : mai 5 70 »/», juin 5 65 »/», juillet, 5 62 1/2, août 5 62 1/2, septembre 5 60 »/», octobre » »» »/».

Qualité peignée cour., type n° 2 (clôture) : mai 5 55 »/», juin 5 50 »/», juillet » »» »/», août, » »» »/», sept. » »» »/».

Marché calme. Ventes, 85.000 kil.

Sucres.

Sucres raffinés. — La demande est peu active ; les prix restent sans variation.

Nous cotons, selon marques et époques de livraison, de 104 » à 105 » les 100 kil au comptant, sans escompte.

Sucres cristallisés n° 3, acquitté 94 » à 95 »; extra 95 » les 100 k.; en poudre, 94 50 à 95 50 les 100 kil.

Sucre cassé à la mécanique	111 » à	112 »
Cassons	102 50	103 50
Menus déchets	102 »	103 »
Glace et semoule	104 »	108 »
Sucre en poudre	102 »	103 »

Alcools. — Prix de l'hectol. nu, au compt.

Paris, 3/6 fin, betteraves, 1re qualité, l'hectolitre.			Lille, disp	36 50 à	37 »
90° dispon.	36 25 à	34 25	Cette	105 »	110 »
Juin	36 75	37 »	Nîmes	110 »	» »
4 derniers.	38 »	33 25	Béziers	75 »	100 »
			Pézenas	80 »	96 »

Raisins secs à boisson.

(Cours de la maison Audibert, 53, rue des Minimes, à Marseille).

Corinthe, **Roi de Grèce**, petits grains Extra 1er choix	100 kilos		49.00
Corinthe, **le Turban**, gros grains	»	»	45.00
Corinthe petits grains, 1er choix	»	»	45.00
Thyra. 1er choix	»	»	39.00
Thyra, ordinaires	»	»	35.00
Samos noirs, 1er choix	»	»	40.00
— muscats, 1er choix	»	»	40.00
Figues à distillerie	»	»	27.00
Pachas, magnifiques, gros grains noirs, égrappés, mangeables, seul dépôt en France	»	»	70 »
Royaux, délicieux pour familles, en caisses de kilo net.	la caisse	»	0.95

Engrais. — Prix des 100 kil.:

Matières diverses pour engrais. — Cours commercial sur la place de Paris, par 100 kil., pour des ventes en gros de 30.000 kil. au moins.

Sang desséché moulu.	11[13 0[0	azote	20 35 à	24 05
Viande desséchée	9[11 0[0	—	15 25	18 75
Cornes broyées	13[14 0[0	—	20 80	22 50
Cuir désagrégé	8[9 0[0	—	9 20	10 35
Laine engrais	3 à 4 0[0	—	» »	» »
Nitrate de soude	15[16 0[0	—	19 75	20 50
Nitrate de potasse	95 0[0	—	46 »	46 25
—	90 0[0	—	44 »	» »
Muriate de potasse	80 0[0	—	» »	» »
Sulfate de potasse	90 0[0	—	25 00	25 00
Sulfate d'ammoniaq.	20[21 0[0	—	31 25	31 50
Chlorure de potassium	90 0[0	—	22 »	22 75
— Stassfurt.	80 à 85 0[0	—	17 10	» »
Cornes, cornailles pour brûler			» »	» »
Déchets fins de cornes, frisures			» »	» »

Phosphates des Ardennes. — En gare des Ardennes et de la Meuse, en sacs (les 100 kil.).

Pulvérisés.	14[16 0[0,	acide phosph.	3 40 à	» »
—	18[20 0[0,	—	4 »	» »
—	16[18 0[0,	—	3 65	» »

Phosphates de Tavel.

50[»], la tonne........................ 60 » à » »

Phosphates de l'Yonne. — Les 1.000 kil.

Moulus en sacs, wag. g^re Toucy. 32 à 35 0[0 40 à 45

Phosphates de l'Auxois, Marigny Epoisses.

Pulvérisés 60 à 65 0[0............... 6 80 à » »

Sulfate de cuivre.

Les 100 kil.................. 66 à 66 50.

Phosphates du Boulonnais 40[45...	4 60 à	» »
— de Pernes.............	6 25	» »
— du Cambresis 28[35....	3 75	» »
— du Lot 30[50...........	3 »	4 50

Superphosphates, poudres d'os, etc.

Les 100 kilogr.

Phosph. préc. 35 à 40 % acide phosph.	17 »	» »
— — 40 à 45 % —	19 »	» »
Superphosphates fossiles, 10 % acide phosphorique soluble et assimil. (les 100 kilog.)........................	6 75	» »
Superphosphates fossiles, 16 à 18 %.	10	» »
— d'os, 16 à 18 %, acide phosph..	13 95	» »
Poudres d'os bruts....................	» »	» »

Engrais spéciaux. — Les 100 kilog.

Guano du Pérou. 10 à 16	Eng. chim.
Guan du Pér. diss. 32 à 20	de H. Jouiie,
Guan. az. fixe 26 » à 27 »	Lag........ 15 » à 23 »

BEURRE, ŒUFS, VOLAILLES.

Beurre en motte, *le kilo* :

Isigny : plus élevé	5 80 à »	»
— extra fin.	3 60	4 »
— demi-fin	3 60	4 »
— bon fermier	3 »	3 40
— fermier ordinaire.	2 50	2 80
Beurres dits laitiers.	2 50	3 20
Marchands	2 20	2 60
Livarot, Touraine, Bretagne. . . .	2 20	2 60
Jura, Suisse, Italie.	2 20	2 60

Beurre en demi-kilo, *le kilo :*

Bourgogne.	2 10 à	2 30	Tours	2 30 à	2 60
Gâtinais . .	2 40	2 70	Le Mans. . .	2 10	2 30
Vendôme. .	2 20	2 60	Touraine :		
Beaugency .	2 20	2 60	fausse. . .	2 20	2 50
Ferme . . .	2 60	3 20	petite . . .	2 »	2 20

Œufs, *le mille :*

Normandie . Extra	74 à	78	Bourgogne . .	62 à	66
Picardie . . Extra	84	86	Champagne . .	61	70
Brie. . . . Extra	72	76	Nivernais . . .	64	68
Chartres	68	74	Bourbonnais. .	60	66
Touraine. . . .	64	70	Bresse-Jura . .	58	62
Beauce	60	68	Bretagne . . .	52	58
Orne.	58	62	Vendée	54	60
Picardie	66	72	Auvergne . . .	54	58
Châtellerault. .	62	68	Midi.	56	69

Volailles et Gibiers.

Canards :			Pigeons :		
nantais (jeunes)	4 » à	6 »	maconnais.	» 80 à	1 75
de ferme...	2 75	4 »	italiens	» 75	1 50
Dindes.....	6 »	12 50	bizets......	» 70	1 30
Oies (1re qté)	» »	» »	Poulets :		
— (2e qté).	» »	» »	nantais	3 50	7 50
Pintades...	3 »	6 »	touraine	3 50	7 50
Lapins domestiques.	1 60	5 50	gâtinais....	3 50	7 50
			du Midi....	2 »	4 »
Chevreaux .	» »	» »	communs..	1 50	3 50

La vente est assez active. Cours fournis par MM. de Bridiers, Jouslin et Scelle, facteurs assermentés, 2, rue de Valois, Paris.

BESTIAUX.

La Villette, 15 mai. — Bestiaux. — Vente difficile sur le gros bétail et sur les veaux, bonne sur les moutons et les porcs.

Cours officiels.	Amenés.	Vendus.	Poids moyen.	1re qualité.	2e qualité.	3e qualité.	Prix extrêmes.
Bœufs..	1.745	1.664	350	1 58	1 42	1 28	1 16 à 1 64
Vaches.	421	354	243	1 54	1 32	1 14	1 10 1 60
Taureau	157	157	399	1 40	1 30	1 16	1 10 1 48
Veaux..	1.322	1.551	82	2 20	2 10	1 90	1 66 2 40
Moutons	6.073	5.8 3	19	2 16	1 96	1 82	» 74 2 26
Porcs g.	3.856	3.856	79	1 52	1 46	1 40	1 38 1 60
Id. m.	»	»	»	» »	» »	» »	» » » »

Marché du lundi 12 mai.

	Amenés	Vendus	Prix au poids net 1re qual.	2e qual.	3e qual.
Bœufs	2.611	2.611	1 58	1 42	1 21
Vaches.....	751	666	1 51	1 30	1 16
Taureaux ..	221	196	1 40	1 32	1 28
Veaux......	1.20»	1.159	2 14	2 02	1 86
Moutons....	11.270	10.586	2 18	1 94	1 82
Porcs	2.394	2.291	1 52	1 48	1 40

	Prix au poids vif 1re qual.	2e qual.	3e qual.	Prix extrêmes.
Bœufs..........	0 97	» 82	» 65	» 58 à 1 02
Vaches	0 94	» 75	» 57	» 53 » 98
Taureaux.......	0 88	» 80	» 62	» 56 » 90
Veaux..........	1 30	1 18	» 95	» 78 1 42
Moutons........	1 08	» 94	» 88	» 73 1 16
Porcs..........	1 04	» 98	» 94	» 88 1 08
Peaux de moutons en laine.........				1 20 » »
Id. id. demi-laine.......				2 30 » »

Viandes abattues. — Criée du 9 mai.

		1re qualité.	2e qualité	3e qualité.
Bœufs	le kil.	1 30 à 2 60	1 10 à 2 50	1 00 à 1 80
Veaux	—	1 91 2 10	1 74 1 90	1 56 1 70
Moutons ..	—	» 90 2 »	1 46 1 86	1 00 1 46
Porc entier	—	1 40 1 50	1 20 1 36	» » 1 16

Cuirs et peaux, les 50 kil.

Taureaux.	35 75 à	36 75	Vaches lourdes	37.50	40.25
Gros bœufs	43 25	47 50	— de bandes	31.50	37.25
Moy. bœufs	41 50	44 75	Gros veaux..	57.25	61.50
Pet. bœufs.	33 75	36 75	Petits veaux	63.25	66. »

CHEMINS DE FER DE L'OUEST

Voyages d'Excursion avec itinéraire établi au gré du voyageur

Cartes de circulation à demi-tarif

La Compagnie des Chemins de fer de l'Ouest fait délivrer, en commun avec les autres Compagnies françaises, par toutes ses gares, et pendant toute l'année, à condition que la demande en soit faite cinq jours au moins à l'avance :

1° Des billets d'excursion de 1re, 2e et 3e classes, individuels ou collectifs avec itinéraires tracés d'avance au gré du voyageur et comportant, suivant le parcours et le nombre de voyageurs, une réduction variant de 20 à 60 0/0.

La durée de validité de ces billets, fixée de 30 à 60 jours, peut être prolongée de 3 fois 10 jours, moyennant paiement pour chaque période d'un supplément de 10 0/0.

2° Des cartes de circulation nominatives et personnelles, valables 3, 6 ou 12 mois, donnant droit de circuler à demi-place sur toutes les lignes des grands réseaux.

Ces cartes courent du 1er au 16 de chaque mois.

Médaille d'Or. ✻ Exposition Universelle 1889. ✻ Médaille d'Argent.

Plants américains PÉPINIÈRES des Cévennes
Albert GOURDIN, Saint-Hippolyte-du-Fort (Gard)
Fr des Cces, des écoles et champs d'expériences. Tarif n. 29 Fo

GRAINETERIE A CÉDER

Quartier riche. Clientèle bourgeoise. Grande habitation et grands magasins. Affaires, 150,000 francs par an. Bénéfice net de tous frais, par an, 12,000 francs.

On traitera avec 25.000 francs, compris les fonds de roulement.

Ecrire ou voir le matin
M. DAGORY, 149, rue Lafayette, Paris.

MALADIES DU BÉTAIL
ET DE LA VOLAILLE
Leur traitement préventif et curatif
PAR L'ACIDE SALICYLIQUE

L'acide salicylique, employé dans la nourriture à la dose de 1/2 à 1 gramme par jour et par tête de bétail, est le meilleur préservatif des maladies qui procèdent par contagion : Sang de rate, Cocotte, Maladie aphtheuse, Erysipèle, Typhus, Morve, Variole et le Rouget des porcs, etc.

DES ATTESTATIONS NOMBREUSES DE GUÉRISONS obtenues pour la Cocotte et le Rouget des porcs ont été reproduites dans le *Journal l'Agriculture*.

La désinfection des étables, des écuries se fait instantanément au moyen d'un arrosage d'eau salicylée à 2 grammes par litre.

S'adresser à M. CERCKEL, administrateur de la *Compagnie de produits antiseptiques*, 26, rue Bergère, Paris.

Envoi sur demande de Prospectus et Brochures.

PRIX DU KIL. 25 fr. — BOITE DE MÉNAGE, 2 fr.

SELS POUR L'AGRICULTURE
Engrais du bétail, Amendement des terres.

Sel neuf dénaturé aux Tourteaux de colza, 55 fr. les 1,000 kilos.
Sel neuf dénaturé au Peroxyde de fer, 50 fr. les 1,000 kilos.
Sel de Morue pur, 45 fr. les 1,000 kil.

Expéditions de Fécamp, Bordeaux, Cette et Port-de-Bouc.

S'adresser à M. A. LE BORGNE, négociant à Fécamp (Seine-Inférieure).

L'Administrateur-Gérant : JOSEPH FREY.

Beauvais. — Imp. D. PERE. — A. CARTIER, Gérant.

PHARMACIE SAVARY
AMIENS, 33, Place Saint-Denis, 33, AMIENS
(EN FACE LE SQUARE).

PROVENDE AUX PHOSPHATES ASSIMILABLES
du Docteur DESCHAMPS.

Prix : 3 fr. le kilog.; 27 50 les 10 kilog. (Remises proportionnelles.)

Accroissement rapide des bestiaux, surtout chez les jeunes animaux, force nerveuse, fécondité, engraissement ; prévient surtout la diarrhée chez les jeunes veaux. Qualité exceptionnelle du lait.

M. Lefebvre, cultivateur à Marcelcave, a élevé un veau en lui administrant de la Provende phosphatée pendant 60 jours : tué à 70 jours, ce veau pesait 193 kilog., chiffre officiel constaté à l'abattoir. La viande était très blanche, ainsi qu'est prêt à l'attester M. Oheix, boucher à Amiens.

Les attestations émanant des sommités françaises et anglaises les plus accrédités ont été données à M. SAVARY.

25 PRIX D'HONNEUR ET GRANDS PRIX, 200 MÉDAILLES OR, VERMEIL, ETC.
GRANDES CULTURES DE GRAINES POTAGÈRES, FOURRAGÈRES ET DE FLEURS

E. FORGEOT & Cie

fournisseurs du ministère de l'Agriculture, des Ecoles nationales d'agriculture, des Syndicats agricoles, etc.
PARIS, quai de la Mégisserie, 6 et 8

Appareils spéciaux pour épurer et nettoyer les graines
SPÉCIALITÉ DE GRAINES DE GRANDE CULTURE

luzernes et trèfles garantis sans cuscute, minette, vesces, sainfoins trèfles incarnats betteraves, carottes, navets, choux-navets, pommes de terre

Blés à grand rendement, Avoines, Orges, Seigles. Graines d'arbres pour reboisement
Graines de graminées pour prairies

Notre Maison ne vend que des graines de provenances sûres, assurant les meilleurs résultats ; elle accepte le contrôle de la Station d'Essais des Semences, établie à l'Institut agronomique par le Ministère de l'Agriculture, contrôle auquel nous sommes soumis dès sa création. En conséquence, nos graines sont garanties de levée et d'une pureté irréprochable ; nos trèfles et nos luzernes sont garantis sans un seul grain de cuscute.

Grande et importante **Spécialité de Créations de Prairies.** Nous nous chargeons d'établir des compositions convenant à la nature de chaque sol, et d'avance nous en assurons la réussite.

Sur demande, nous adressons *franco* nos catalogues illustrés de graines potagères, fleurs, arbres, fourrages, ognons à fleurs, plantes, etc.

VINS DU BEAUJOLAIS ET DE MACON.

J. DAMIRON

propriétaire-viticulteur à Saint-Julien en Beaujolais (Rhône).

A la fois délicat et nourrissant, le vin du *Beaujolais* est sans contredit l'un des meilleurs vins de table.

Par leur finesse et leur bouquet, *nos grands crûs* rivalisent avec ceux du Bordelais et de la Bourgogne, tout en étant moins chers.

Notre Vignoble, presque entièrement reconstitué, est aujourd'hui en état de fournir à la consommation ses vins si appréciés. Voici un aperçu des prix :

Vin ordinaire 1888 et 1887	110 à 130 fr.
Bonnes Côtes id.	130 à 150
Saint-Julien id.	160 à 200
Morgon, Fleurie, Thorins (vins classés de 1886 à 1881)	250 à 500

Grands crûs de Bourgogne : Beaune, Pommard, Corton.
Vins en bouteilles par caisses de 12, 25 et 50.
Le tout logé et pris en gare du Vignoble.

La Maison accepterait des représentants sérieux munis de bonnes références.

La Propriété offre des vignes américaines, boutures et racines de choix, et des plants greffés soudés et racinés garantis. — *Prix modérés.*

Adresser les correspondances à Villefranche, 44, rue de Thizy.

CRÉDIT AGRICOLE
UNION DES SYNDICATS AGRICOLES DE FRANCE
9, rue Marsollier, PARIS
Agence à LYON, 234, cours Lafayette, S. PLISSONNIER, Directeur ✻ M. A.

MACHINES AGRICOLES DE TOUS SYSTÈMES
TOURTEAUX et FARINES pour la nourriture du bétail.
ENGRAIS CHIMIQUES et ORGANIQUES, MATIÈRES PREMIÈRES
SEMENCES DE PREMIER CHOIX.

11e Année. — 2e Série. — N° 539. Dimanche 25 Mai 1890.

GAZETTE AGRICOLE

JOURNAL HEBDOMADAIRE, PARAISSANT LE DIMANCHE

Rédacteur en Chef : M. Ch. GOSSIN, Professeur d'Agriculture à l'Institut agricole de Beauvais

PRIX DE L'ABONNEMENT

UN AN, 5 fr. — SIX MOIS, 2 fr. 50. — TROIS MOIS, 1 fr. 50

Pour l'étranger les abonnements ne sont reçus que pour un an, au prix de 6 francs, et ne partent que du 1er janvier ou du 1er juillet de chaque année.

Le Numéro : CINQ Centimes

Il est indispensable de joindre à toute demande de changement d'adresse la dernière bande d'adresse du journal et 50 centimes pour frais de nouvelles bandes.

Adresser les *Abonnements* et *Annonces* à l'administrateur, **4, rue de Greffulhe, Paris** *(près la Madeleine).*

RÉDACTION ET ADMINISTRATION

Bureaux : 4, Rue de Greffulhe, Paris

Les abonnements partent du 1er de chaque mois et sont payables d'avance. Toute demande d'abonnement doit donc être accompagnée du prix de l'abonnement. (Le mode de payement le plus simple est l'envoi d'un mandat-poste.)

Donner *très lisiblement*, en s'abonnant, son nom et son adresse exacte, *avec l'indication du bureau de poste*; et, s'il s'agit d'une continuation d'abonnement, joindre au renouvellement la dernière bande d'adresse du journal.

La GAZETTE AGRICOLE insère gratuitement les Communications des Syndicats agricoles

SOMMAIRE :

PARIS, 23 MAI.

Le gouvernement républicain a le goût des formules. Il paraît même l'avoir d'autant plus en paroles, qu'il en est moins gêné dans la pratique. C'est un régime qui connait la valeur des mots et mieux encore leur influence sur la nation française qui, en général, est assez gobeuse. Une de ses formules les plus anciennes et les plus connues, est celle de *liberté, égalité, fraternité*. Il vous souvient peut-être de la façon assez plaisante, mais au fond très sérieuse, dont un homme d'esprit, en 1848, lisait cette formule. Il disait : Liberté, point ! Egalité, point ! Fraternité, point ! Il n'entre pas dans le cadre de l'entretien de ce jour de démontrer que sous la troisième république la liberté est un mot comme la fraternité. Chacun de vous peut justifier par des exemples à lui, ce qu'avance à cet égard le Bonhomme Deschamps. On se bornera donc à faire voir comment cette passion de l'égalité, si chère à tous les Français, est pratiquée cent ans après la Révolution française, par les républicains français.

***

Que le Gouvernement, en tout ce qui le touche directement, ait deux poids et deux mesures. Suivant les personnes, la preuve n'en est plus à faire. Que la justice, représentée jusqu'ici avec un bandeau sur les deux yeux, ait son œil droit découvert, et que cette opération ait été faite par la politique, il est peu de justiciables qui, au fond du cœur, ne le reconnaissent. Mais en voici bien d'une autre. Vous connaissez, au moins de nom, l'institution du Crédit Foncier de France, et vous savez qu'elle prête sur des terres et sur des maisons. Vous n'ignorez pas non plus qu'elle n'est pas indépendante de l'Etat, puisque son gouverneur et ses sous-gouverneurs sont nommés par lui. Rien de mieux assurément que de venir en aide aux propriétaires momentanément embarrassés, à la condition, bien entendu, que les hypothèques soient sérieusement garanties, qu'on ne fasse pas d'acception de personnes, en un mot que la politique, qui gâte presque tout ce qu'elle touche, demeure absolument étrangère à ces opérations.

***

Depuis une dizaine de jours cette institution du Crédit Foncier est fort attaquée. Un de ses sous-gouverneurs, un député républicain, a donné sa démission, trouvant dans la conduite de son supérieur des obscurités auxquelles sa conscience ne s'accommodait pas. Il y a eu aussi dans la presse des accusations fort graves, et peut être les journaux auraient-ils fait plus de bruit, si le Crédit Foncier ne passait pour arroser largement les plumes. Evidemment il y a du feu sous toute cette fumée, et tout ne se passe passe pas au Crédit Foncier, depuis une dizaine d'années, le plus correctement du monde. Il faut espérer néanmoins, pour le crédit de la France, que le mal n'est ni incurable, ni profond, et que les abus ne vont pas jusqu'à affaiblir la solidité de cet établissement ; il n'en reste pas moins que de graves irrégularités ont été commises et que, plus d'une fois, au détriment des actionnaires, le Crédit Foncier a rendu au gouvernement républicain des services politiques. Il n'est pas douteux encore qu'indépendamment des subsides qu'il donne en particulier à la presse républicaine, il n'ait contribué beaucoup au succès du parti républicain lors des dernières élections.

***

Mais ce n'est pas sur ce point que le Bonhomme Deschamps voudrait jeter un peu de lumière. Il en sait assez pour laisser de côté ce qui est douteux et contestable, appuyant sur ce qui est de notoriété publique. Eh bien ! c'est un lieu commun que le Crédit Foncier a prêté sur des propriétés appartenant à des républicains beaucoup au-delà de ce que la prudence et une estimation réelle du fonds, commandait de faire. Un individu peut, par bonté de cœur ou par charité, consentir de pareils prêts. Les mêmes pratiques ne sauraient être admises lorsqu'il s'agit d'un établissement d'Etat ayant charge de l'argent d'autrui. Une enquête est ouverte. Il faut donc en attendre le résultat pour se faire une opinion exacte et faire à chacun la juste part des responsabilités. Mais ce n'est pas seulement au Crédit Foncier que l'égalité est blessée. On en est venu à un point tel que des fonctionnaires peuvent impunément refuser de payer leurs contributions. On cite depuis quelques jours dans les journaux le cas d'un préfet qui, depuis deux ans, s'obstine à ne tenir aucun compte des avertissements des percepteurs. Dire par excuse que ce préfet est un panier percé, qu'il est criblé de dettes, c'est à la fois donner une pauvre idée du personnel administratif et se moquer du monde. Ah ! si le Trésor, au lieu d'être en face d'un fonctionnaire de cet ordre, avait devant lui un pauvre diable de conservateur, il y a de beaux jours que l'on aurait saisi et vendu ses meubles.

***

Un républicain des amis du Bonhomme Deschamps, homme assez dépourvu de préjugés, disait à propos de ces violations de l'égalité : Sans doute ce sont là des abus ; mais pourquoi nous gênerions-nous ? Voici des années que nous nous passons toutes nos fantaisies. A chaque fois, vous autres conservateurs, vous nous dénoncez. Las de crier sans résultat, vous nous menacez du verdict populaire, annonçant que les élections tourneront contre nous. Le train que vous menez dure depuis dix ans, et à chaque élection générale les électeurs nous donnent raison. On disait jadis : Ne soyez pas plus royalistes que le roi, pourquoi diable voulez-vous, que sous la République, nous soyons plus difficiles que le suffrage universel? S'il y a beaucoup de cynisme en ce langage, il y a aussi une part de vérité. Les peuples n'ont, en effet, que le gouvernement qu'ils méritent. Et si la nation française était réellement aussi soucieuse de l'égalité qu'elle le dit, les moyens ne lui manqueraient pas pour faire rentrer dans le rang ceux qui ont le toupet d'en sortir.

LE BONHOMME DESCHAMPS.

NOUVELLES DE LA SEMAINE.

Au Sénat. — Le Sénat a adopté cette semaine l'ordre du jour pur et simple sur une interpellation visant les désordres politiques, administratifs et économiques de la Martinique, tiraillée entre l'insuffisance du gouverneur, le particularisme ignorant des conseils locaux et l'incompétence de l'administration centrale. M. Allègre, sénateur républicain, auteur de l'interpellation, a résumé la situation en ces termes : « L'administration coloniale, en ce qui concerne la Martinique, marche d'illégalites en illégalités, permises et tolérées par le sous-secrétaire d'Etat, quand elles ne sont pas ordonnées par lui. » Le sous-secrétaire d'Etat n'a pas désavoué ce tableau : « N'y a-t-il pas eu, a-t-il dit, quelques fautes commises dans les faits qui vous sont rappelés? Je n'essayerai pas de le nier ; assurément, on est allé quelquefois au-delà même de ce qui est le droit strict. » Le Sénat a trouvé que, pour une loi violée de plus ou de moins, ce n'était pas la peine de s'en occuper.

La loi sur les délégués mineurs. — La Chambre vient de voter la loi sur les délégués mineurs, qui revenait pour la seconde fois du Luxembourg, et qui devra y retourner, en raison des changements apportés au texte sénatorial. Cette loi délivre au corps des ingénieurs et des contrôleurs des mines un brevet d'incapacité, attendu qu'elle les déclare moins aptes que les ouvriers à juger des conditions que doit remplir une bonne exploitation. La France est le pays où l'industrie des mines a le moins d'importance : avec des lois comme celle des délégués mineurs, toutes les petites entreprises vont devenir impossibles. C'est une bonne affaire pour nos concurrents allemands, belges et anglais.

Le général Boulanger vient d'écrire à M. Laisant, député boulangiste, une lettre où il licencie le « Comité national ». C'est fini. Demain, les radicaux qui l'inventèrent et en firent un ministre de la guerre, les opportunistes qui l'acclamèrent quand il expulsa les Princes, vont prendre prétexte de cette lettre pour lancer à son auteur quelques dernières insultes. Puis on n'en parlera plus. Voici le passage le plus significatif de l'abdication du général Boulanger :

Je vous prie de faire connaître à nos collègues que ceux d'entre eux qui le désirent peuvent désormais consacrer un concours qui jusqu'ici m'avait été précieux, aux opinions qui leur sont personnellement chères.

Quiconque sait lire comprendra ce qu'il y a derrière cette formule : M. Boulanger rend à ses bons amis leur liberté d'action, parce qu'ils l'avaient tous reprise déjà, ou à peu près tous.

Les fraudes électorales. — Les fraudes dont M. Morin-Latour, député invalidé de l'Ardèche, a été la victime, lui ont inspiré la protestation suivante, à laquelle tous les honnêtes gens s'associeront :

Sans ambition personnelle, je n'aspire à l'honneur de vous représenter que pour être à même de vous rendre plus de services.

Nos adversaires. l'ont bien compris, aussi ont-ils usé des moyens les plus infâmes, les plus ignobles, pour m'enlever la majorité que vous m'aviez par trois fois donnée et qui a été sûrement confirmée par votre dernier vote.

S'il en était autrement, pourquoi m'aurait-on obstinément refusé, à la Préfecture, toute communication des procès-verbaux des opérations électorales du 27 avril ?

Pourquoi — et c'est de notoriété publique — mon adversaire a-t-il prié de faire cesser toute manifestation, son élection n'étant pas « certaine » le 28 ?

Pourquoi n'a-t-il pas été proclamé le 1er mai ?

Pourquoi rester une semaine entière pour faire connaître le résultat des élections ?

Electeurs : vous avez tous répondu : c'est qu'il y a eu fraude !

Devant le verdict du Peuple je me suis incliné.

Devant les injustices des invalideurs, je me redresse de toute la hauteur de ma dignité d'honnête homme.

J'en appelle à vous tous, Ardèchois !

J'en appelle à la France entière !

Nous nous refusons à croire que cet appel ne trouve pas un écho à la tribune du Palais-Bourbon.

Les caisses d'épargne. — La loi du 9 avril 1881, en modifiant la législation antérieure des caisses d'épargne nationales, a créé les caisses d'épargne postales. Voici des chiffres officiels sur la situation des réservoirs de l'épargne :

Du 1er janvier 1882 au 31 décembre 1888, il a été effectué comme versements à la caisse d'épargne nationale : 4,067,157,927 francs, ce qui forme une moyenne annuelle de 677,859,654 francs.

Si l'on défalque les remboursements effectués durant le même laps de temps les caisses d'épargne, au 1er janvier 1888, devaient à 5,207,354 déposants un total de 2,364,454,094 francs.

Du 1er janvier 1882 au 31 décembre 1888, la caisse d'épargne postale a reçu 7,071,406 versements, et les sommes versées ont atteint 791,627,639 francs.

On voit, par les chiffres qui précèdent, combien sont considérables dans leur ensemble les sommes déposées aux caisses d'épargne.

Or, comment le gouvernement ferait-il face à leur remboursement s'il survenait une panique ou une catastrophe, comme en 1848 par exemple où le gouvernement provisoire dut rendre un décret aux termes duquel les livrets seuls de 100 francs et au-dessous pouvaient être remboursés intégralement; les dépôts de 101 à 1,000 francs étaient remboursés par un dixième en espèces, quatre dixièmes en un ou plusieurs bons du Trésor payables à quatre mois, les cinq derniers dixièmes en un coupon de rente au pair.

En 1870, la guerre aurait provoqué une crise plus terrible peut-être que celle de 1848 si le gouvernement du 4 septembre n'avait décidé, dès le début, de ne rembourser aux déposants qu'un accompte de 50 francs par livret, qui fut renouvelé plusieurs fois, mais à Paris seulement.

Les bureaux de tabac. — La droite royaliste s'est réunie sous la présidence du duc de Doudeauville, député de la Sarthe.

Plusieurs membres signalent les abus auxquels donnent lieu, dans les départements, les répartitions des bureaux de tabac. La section des finances devra préparer un projet de loi substituant, au mode actuel de concession, la mise en adjudication des bureaux de tabac. Le revenu serait affecté à un service de pensions civiles et militaires, notamment en vue d'arriver à l'unification de ces dernières.

La Société contre l'abus du tabac. — Une députation de la Société contre l'abus du tabac s'est rendue auprès du ministre de la guerre pour lui demander d'interdire aux soldats — d'une façon absolue — de fumer dans les chambrées.

Ces délégués ont en outre prié le ministre de rappeler aux chefs de corps que les bons de tabac ne doivent être délivrés qu'aux soldats fumeurs et non à tous les soldats indistinctement comme cela a lieu dans certains régiments; il en résulte que les non-fumeurs sont excités par ce fait à contracter une habitude dont ils ne peuvent se débarrasser en rentrant dans leurs foyers.

Cette double démarche n'est pas de nature à rallier les sympathies de l'armée française à la Société contre l'abus du tabac.

Entrevue avec M. de Bismarck. — Un journaliste français, M. Henri Durand Morimbeau dit des Houx, est allé la semaine dernière relancer le prince de Bismarck au fond des bois de Friedrichruhe. M. de Bismarck l'a très bien reçu et a échangé avec lui une longue conversation, de laquelle il résulte que l'ancien chancelier de fer est animé des meilleures intentions pour la France, et que, tant qu'il a été au pouvoir, il a été l'ami de la paix. M. de Bismarck a insinué qu'il pourrait bien n'en être pas de même avec son successeur, et que la guerre est bien plus probable depuis qu'il a pris sa retraite.

Nécrologie. — Deux des gloires de notre armée viennent de mourir. L'amiral Bergasse du Petit-Thouars, qui commandait notre flotte dans la mer Méditerranée, est décédé subitement à Toulon. De magnifiques funérailles lui ont été faites.

D'autre part on annonce la mort du général de Beaufort d'Hautpoul, décédé à l'âge de 85 ans.

LE DÉGRÈVEMENT DE L'IMPOT FONCIER

Nous avons sous les yeux le remarquable rapport que M. le comte de Luçay, secrétaire général adjoint de la *Société des Agriculteurs de France*, a présenté au nom de sa section sur les dégrèvements d'impôt. L'étendue de cet important travail nous empêche de le donner en entier. Mais nous pouvons du moins en résumer la partie essentielle, celle qui a trait au dégrèvement de l'impôt foncier.

L'auteur commence par faire remarquer que, même après la guerre, on n'avait pas osé rétablir les centimes généraux supprimés en 1851, et qui grevaient la propriété foncière. Il montre les autres branches de l'activité nationale dégrevées d'exercice en exercice, tandis que l'agriculture, loin de bénéficier du moindre dégrèvement, se voit frappée en 1890 de huit centimes généraux nouveaux.

Il constate en passant que le mot de *dégrèvement*, devenu d'usage courant, n'est pas rigoureusement juste, car il suppose une sorte de faveur. une concession gracieuse de la part du Gouvernement. Or, en ce qui concerne l'agriculture, les taxes nouvelles n'ont été établies qu'*à titre temporaire et extraordinaire*, et les pouvoirs publics ont pris l'engagement formel de les faire disparaître dès que l'état des finances le permettrait. Il s'agit donc, dans les revendications agricoles, non d'un appel à la faveur, mais de l'exercice d'un droit.

M. le comte de Luçay rappelle que, en 1885, ces revendications ont reçu une sorte de consécration officielle. M Méline, alors ministre, recherchant la part que supportait l'agriculture dans les impôts comparativement aux autres branches de l'industrie nationale, s'exprimait ainsi :

« Les charges qui pèsent directement sur l'agriculture pour un revenu de 2.645 millions, s'élèvent à 611,434,420 francs, soit 25 pour 100, tandis que la propriété urbaine, dont le revenu est de deux milliards, paie environ 340 millions, ou seulement 17 pour cent. La propriété mobilière qui, sur un revenu de 3,985 millions, paie 160 millions, n'est grevée que de 4 pour cent. Le commerce et l'industrie, sur un revenu de 2,740 millions, paient 358 millions, ce qui représente 13 pour cent. Enfin, on estime que les salaires des fonctionnaires, des ouvriers, de tous les travailleurs, sont grevés d'environ 7 pour cent pour les impôts de consommation.

« Si aux 25 pour cent de charges qui pèsent sur l'agriculture on ajoutait les impôts de consommation, on verrait que l'agriculteur paie 33 pour cent de revenu. »

Et en regard de ce prélèvement de 33 pour cent, le ministre rappelle que l'agriculteur anglais ne paie que 16 pour cent.

L'auteur retrace ensuite le programme des allègements réclamés par la Société des Agriculteurs de France: dégrèvement général dans une large mesure. — Application aux terres arables et en friche du principe de remises et de modérations d'impôt admis pour les maisons vacantes. — Barrière contre l'accroissement continuel des centimes additionnels. — Réformes de l'enregistrement et du timbre. — Déduction du passif dans l'évaluation des droits de mutation par décès. — Revision du Code civil au point de vue des ventes judiciaires, partages, purges d'hypothèques, etc.

« A chacune des sessions des Agriculteurs de France, dit M. de Luçay, ce programme a été affirmé ; et au mois de juin dernier, la parole chaleureuse et convaincue de notre collègue *M. Kergall* a entraîné l'assemblée à en élargir le cadre à certains égards, et à demander la suppression du principal de l'impôt foncier. Dans cette question comme dans toutes celles qui intéressent le monde agricole, la *Société des Agriculteurs de France* a pris une initiative qu'il n'est pas inopportun, à l'heure actuelle, de rappeler. »

M. de Luçay constate que les tentatives des pouvoirs publics pour donner satisfaction à l'agriculture ont été jusqu'ici platoniques. En 1882, la loi de finances avait créé une *Caisse de dégrèvements en faveur de l'agriculture* dans laquelle devaient être versés les excédents de l'exercice. Cette caisse est toujours restée vide.

Toutes les promesses sont restées aussi illusoires. Bien plus, les projets de réformes aboutissent à des aggravations : c'est ainsi qu'une proposition tendant à obtenir, dans les droits de succession, la déduction de la partie afférante au passif, se complète par une élévation de tarifs pour toutes donations ou successions en lignes collatérales.

L'auteur conclut que le dégrèvement de l'agriculture peut être facilement obtenu dans les circonstances actuelles. L'écart entre le budget de 1876 et celui de 1890 est de près d'un milliard. Sur une telle somme, on peut nécessairement réaliser des économies susceptibles de faire face à une grande partie du dégrèvement demandé. On peut y ajouter le produit des surtaxes provenant de nouveaux tarifs sur les céréales et le bétail, naturellement désigné pour soulager l'agriculture.

On a donc en définitive, non seulement le droit, mais la possibilité de demander l'égalité de traitement pour toutes les branches de l'industrie nationale, et par suite le soulagement de ceux qui sont, aujourd'hui, les plus écrasés de tous, des agriculteurs.

« Le cultivateur, dit M. de Luçay, a su, par son indomptable énergie, faire face jusqu'à présent à une crise la plus effroyable qui fût jamais. Son labeur incessant a relevé la fortune de la patrie, comme le sang de ses enfants en assure la défense. Il a tout droit à bénéficier le premier d'une réparation qui, pour lui, hélas, s'est fait trop longtemps attendre. »

Combien sont justes et légitimes les revendications dont M. de Luçay se fait l'éloquent interprète. Puissent-elles être entendues !

CH. G.

LE SULFATE DE FER ET LA VIGNE.

Le sulfate de fer commence à entrer dans la consommation courante des engrais chimiques. On l'emploie avec succès pour l'amélioration des prairies naturelles mousseuses, la fumure des vignes et des pommiers en terre calcaire, la culture maraîchère et l'horticulture. On conseille de le faire entrer dans la fabrication des engrais composés destinés aux sols calcaires ; on le substitue avantageusement à la chaux comme base d'une solution utilisée pour nettoyer les écorces des arbres fruitiers ; on s'en sert pour combattre l'antrachnose de la vigne, etc.

On s'est demandé si le sulfate de fer dont l'action sur les maladies cryptogamiques des végétaux est analogue à celle du sulfate de cuivre, quoiqu'avec une moindre intensité, ne pourrait pas être employé efficacement contre le mildew. On ne pouvait penser à l'appliquer au traitement externe de la vigne ; car il aurait fallu des dissolutions trop concentrées qui auraient brûlé les feuilles ; mais il y avait lieu de songer à atteindre le mal par l'application du sulfate de fer aux racines, comme on l'a fait avec succès pour la maladie des pommes de terre et pour diverses maladies propres aux arbres fruitiers.

M. Marguerite-Delacharlonny, qui a beaucoup étudié l'utilisation agricole du sulfate de fer, a soumis récemment un mémoire sur ce sujet à la Société nationale d'Agriculture de France. Il y indique quelques expériences faites dans plusieurs départements d'où il semble résulter que l'emploi du sulfate de fer aux racines des vignes les a préservées plus ou moins complètement des atteintes du mildew, comme si les feuilles avaient été sulfatées à la bouillie bordelaise. Toutefois ces essais sont encore isolés et ont besoin d'être généralisés : ainsi il n'est pas démontré que, dans les terrains calcaires, le sulfate de fer puisse être, à doses modérées et économiques, efficace contre le mildew. D'autre part, l'action ne semble pas devoir être immédiate ; car l'un des expérimentateurs, M. E. Duret, viticulteur à Lignières (Indre-et-Loire), écrit à M. Marguerite-Delacharlonny dans les termes suivants :

« Pour arriver par l'emploi du sulfate de fer à préserver les vignes du mildew, ce n'est pas l'affaire d'une année. Il faut répéter le traitement plusieurs années de suite jusqu'à ce qu'enfin la sève soit en quelque sorte saturée de ce sel ferreux. »

Les doses de sulfate de fer employées ont varié de 300 kilos par hectare à 100 et 150 grammes par pied : l'application se fait en février ou mars, avant le départ de la végétation.

Il serait intéressant de voir se poursuivre ces expériences, d'autant plus qu'à l'action préventive du sulfate de fer contre les maladies cryptogamiques, si elle est justifiée, s'ajouterait l'augmentation probable de rendement résultant de son rôle comme engrais, ce qui constituerait un double avantage ; car l'opinion tend à s'accréditer qu'au moins dans certains sols, l'addition de sulfate de fer aux engrais donnés à la vigne exercerait une influence favorable sur la végétation et sa fructification. S'il en est ainsi, il n'y aurait pas à hésiter à faire entrer, comme le font déjà quelques associations agricoles, le sulfate de fer dans les formules spéciales d'engrais pour la vigne, Toutefois, si nous avons voulu signaler les travaux de M. Marguerite-Delacharlonny, nous devons conclure que le rôle agricole du sulfate de fer, sauf en certains cas spéciaux, est encore très mal connu, et que son action fertilisante, comme l'immunité relative que son application aux racines de la vigne peut lui donner contre les atteintes du mildew, doit être confirmée par de nombreuses et concordantes expériences. Il importe à l'agriculture de les faire afin de tirer parti, s'il y a lieu, d'un produit abondant et dont le prix est peu élevé.

CULTURE DE LA BETTERAVE A SUCRE

INSTRUMENTS QUI Y SONT EMPLOYÉS

(Suite).

L'ARRACHEUSE DE BETTERAVES.

Quand on a vu marcher une arracheuse de betteraves dans des conditions aussi difficiles qu'en 1889, et qu'on a pu juger de la perfection du travail, on est à se demander comment il se fait que le cultivateur arrache encore à la main.

Il ne faut pas en être surpris cependant, et voici pourquoi : bien des cultivateurs vous diront qu'avec l'arracheuse mécanique, en temps de sécheresse, on force la terre et qu'on compromet ainsi la récolte du blé ; d'autres objecteront qu'on défonce la terre trop profondément et que, par ce fait, les charrois sont très difficiles ; d'autres enfin recaleront devant la dépense de l'instrument, attendu qu'on est encore obligé de payer aux ouvriers le même prix pour les opérations complémentaires.

On remarque de suite que le cultivateur n'a pas fait l'examen sérieux de la marche de l'outil et des réels avantages que procure plus tard cette opération.

Lorsque nous avons mis à jour, en 1885, une nouvelle disposition de l'outil arracheur, bien des cultivateurs ne se sont pas dérangés pour en voir le fonctionnement ; ils connaissaient celui de 1874, ils pensaient que c'était le même instrument, et ils laissaient le constructeur seul pour mener à bonne fin son entreprise.

Si le principe d'arrachage était le même, lorsque ce dernier était transformé en arracheur à une ligne, les dispositions de certains organes, la forme des pointes ou socs, etc., en faisaient un instrument presque nouveau.

La nature pivotante des betteraves avait nécessité cette transformation.

Depuis cette époque, nous n'avons pas cessé d'apporter à cet outil des perfectionnements importants, et ce n'est que depuis le mois d'octobre 1889 que nous pouvons réellement dire que l'arracheur Bajac à 1, 2 et 3 lignes est la perfection même comme marche, solidité, légèreté, facilité de conduite. C'est celui qui demande le moins de traction.

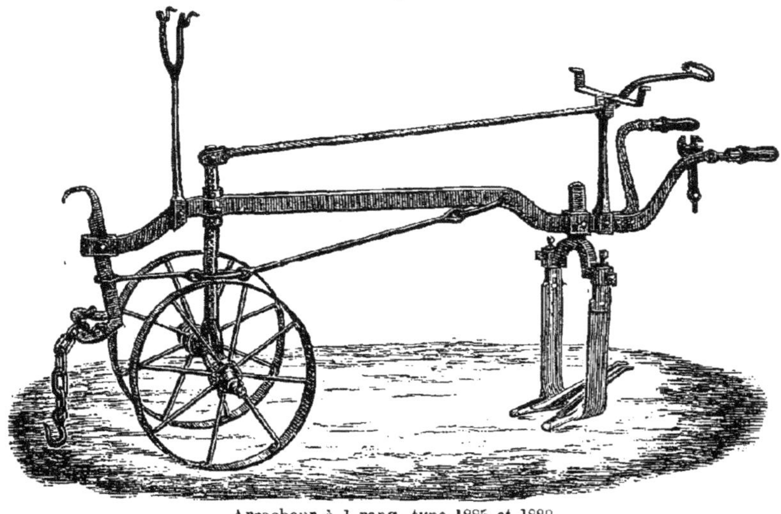

Arracheur à 1 rang, type 1885 et 1889.

Avec ce nouvel appareil on peut actuellement arracher de la betterave par n'importe quel temps, dans toutes les natures de terre et quel que soit le degré de sécheresse.

Quand la terre est sèche, les pointes de socs doivent pénétrer dans le sol à une profondeur moyenne de 8 à 10 centimètres, et lorsqu'elle est humide elles ne pénétreront qu'à peine en dessous du collet de la betterave le plus entassé dans le sol ; mais lorsque ce sol n'est détrempé qu'à une certaine profondeur, il est indispensable, pour ne pas casser de racines ni de pivots, que ces pointes marchent toujours dans la terre dure. En opérant autrement, c'est-à-dire en faisant marcher les socs dans la partie humide, on s'exposerait à casser les plantes à hauteur de la terre sèche, car la résistance à la poussée de la terre en avant de la betterave n'étant pas égale à l'effort de soulèvement, les racines se courberaient et fatalement se casseraient par le seul fait de l'avancement de l'outil.

En tenant compte de ces observations, on est certain d'obtenir de bons résultats.

L'arracheur à deux rangs est composé de deux derrières de corps d'arracheurs à 1 ligne variables d'écartement, selon que les routes de betteraves ont été semées plus ou moins rapprochées.

Voici enfin l'arracheur à trois rangs.

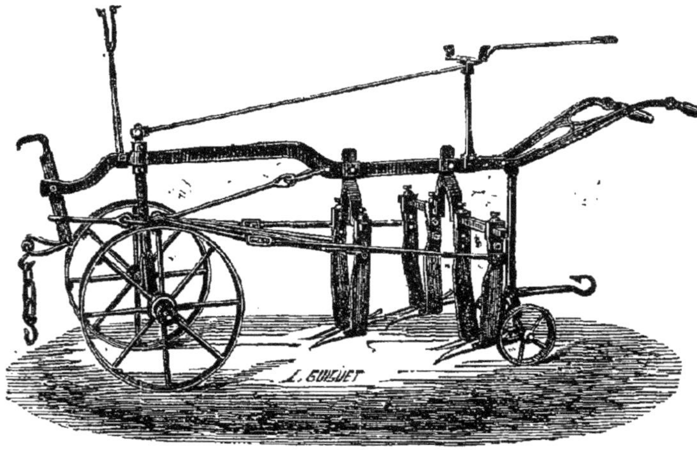

Arracheur de betteraves disposé pour 3 lignes, type 1886 et 1889.

C'est toujours le même principe d'arrachage et l'outil se compose de 3 corps d'arracheurs à 1 rang variables d'écartement. Il peut se transformer en 1 et 2 rangs à la volonté du conducteur.

On le transforme à 1 rang en supprimant les deux corps d'arracheur de derrière, et à 2 rangs en changeant les porte-socs par de spéciaux comme ci-dessus.

Il est indispensable, pour le bon fonctionnement, que l'arracheur soit en rapport avec le semoir qui a servi à semer les betteraves, car quelque bien qu'elles puissent avoir été semées, les entre-lignes ne seront jamais à écartements réguliers et l'arracheur multiple aura de la difficulté à arracher, bien que la houe à cheval y ait passé facilement.

Si le semoir a planté 6 rangées à la fois, les arracheurs à 2 et 3 rangs fonctionneront très bien puisqu'on extraira, en 3 fois avec l'arracheur à 2 rangs et en 2 fois avec l'arracheur à 3 rangs, tout le train du semoir.

Si ce semoir est à cinq rayons il est bon d'avoir les arracheurs à 2 et 3 rangs pour faire tout le train. Si l'on ne possède qu'un arracheur à 3 lignes, on commencera par arracher, dans chaque train de semoir, 3 routes et toujours 6 qui se suivent pour ne pas avoir de perte de temps. Arrivé au bout de la pièce, on transforme l'instrument en arracheur à 2 lignes pour les deux routes qui restent dans chaque train du semoir.

Si le semoir est à 3 rangs, l'arracheur à 3 lignes est tout indiqué.

Dans la grande culture il est bon d'avoir à sa disposition un arracheur à une ligne qui sert à faire les courts tours et surtout les tournières, où le pied du cheval, pendant les binages, a souvent déplacé les plants. Il est plus facile de les extraire de terre, sans les endommager, avec un arracheur à une ligne qu'avec un arracheur multiple.

On doit souvent vérifier les socs arracheurs et s'assurer que les vis de pression sont bien serrées.

Les pointes des socs doivent être écartées de façon à pouvoir extraire les plus petites betteraves de la pièce.

En temps de sécheresse, il faut avoir soin de remplacer les pointes dès qu'elles ont 3 à 4 centimètres d'usure et, surtout, de les faire rebattre assez souvent, tout en leur donnant de l'entrée.

(A suivre.) BAJAC.

LA MARGARINE.

La valeur vénale des beurres décroît d'année en année. Les cours des halles en sont la preuve pour le commerce intérieur. D'autre part les statistiques gouvernementales nous accusent une baisse dans le montant des chiffres d'exportation pour cette denrée : ainsi de 1882 à 1886 la différence est de vingt-huit millions, soit une perte moyenne de cinq millions et demi par an. Les falsifications multiples créent une trop grande abondance et entraînent la moins-value et la dépréciation de nos beurres. Voilà un des faits entre mille qui autorise ce cri de détresse unanime : l'agriculture est malheureuse ! Car c'est bien sa situation de productrice des matières premières et élémentaires pour la vie qui est mise toute entière en jeu et l'oblige à lutter sans cesse contre les accapareurs et les falsificateurs de ses produits. Ils la ruinent et pour empêcher l'abandon toujours croissant de la terre à laquelle il faudra revenir, on doit s'attacher aux causes déterminantes de cet état de choses et chercher les moyens de l'entraver.

La sophistication des beurres par l'addition de graisses animales est une de ces raisons.

Dans le principe la margarine est composée de graisse de bœuf et de veau fondue au bain-marie, elle constitue ainsi un saindoux dont l'utilité est indéniable et inattaquable. Mais les margariniers s'attachent par diverses manipulations à donner à leur produit la saveur et la couleur du beurre. Ils s'en facilitent ainsi la vente directe aux consommateurs ou aux détaillants qui mélangent cette graisse dans diverses proportions aux beurres qu'ils débitent. Ces derniers peuvent ainsi surprendre la bonne foi des connaisseurs et même des dégustateurs. C'est un des vices de cette industrie.

Les diverses opérations pour la fabrication de la margarine pure se réduisent à un premier nettoyage des graisses pour en séparer les vaisseaux et les muscles, puis on les pétrit. Elles sont ensuite fondues à une température d'environ 45 degrés dans un mélange d'eau d'estomacs de moutons et de carbonate de soude. Sous l'influence de la pepsine elles se débarrassent de leurs cellules et sont alors transvasées minutieusement pour être refondues à 45 degrés toujours avec du sel marin. Définitivement on les laisse refroidir et se coaguler à une température assez élevée pendant 24 heures; alors elles sont parvenues à leur consistance normale et mises sous les presses pour en extraire un peu plus d'une moitié d'oléomargarine. Après ces préparations les graisses ont la couleur blanche grisâtre du suif, elles sont d'une consistance ferme, cassante et résistent au couteau qui les brise sans les couper. Vendues ainsi soit en gros, soit en détail elles ne peuvent tromper personne. Et dans cet état le détaillant serait dans l'impossibilité de frauder et de les mélanger au beurre dont la pâte est malléable. Mais pour obtenir ce résultat et pouvoir substituer sa marchandise au beurre, l'usinier lui fait encore subir diverses opérations qui permettent de réunir ces deux corps gras par un simple malaxage. Pour obtenir les apparences et la souplesse nécessaire l'oléomargarine est barattée avec une quantité double d'eau et de lait et de la couleur. Les corps se combinent intimement et après un lavage comme pour le beurre on a la margarine. En sortant de chez le fabricant le mélange est donc déjà assez complet pour confondre une première fois l'odorat et la dégustation du public; mais après une addition de beurre la fraude est complète et encore plus méconnaissable. Ce mélange est très facile à faire à la main. Si la margarine n'entre que pour un quart dans le beurre les chimistes se déclarent impuissants à découvrir sa présence. Les fraudeurs trouvent une certaine sécurité de ce côté, mais il faut la leur enlever d'autre part en rendant ces mélanges impossibles. C'est une législation à refaire. Nous y reviendrons : mais il est nécessaire de s'arrêter d'abord à d'autres conséquences au moins aussi sérieuses que les pertes matérielles, ce sont les inconvénients de l'emploi des margarines au point de vue sanitaire. Ils proviennent des graisses employées dans leur fabrication et du mode de cuisson.

La température de 45 degrés n'est pas assez élevée pour détruire les germes infectieux absorbés par les animaux ou les œufs et les larves déposés dans leurs tissus, notamment ceux du tœnia ; elle devrait être portée au moins à 100 degrés, considérés comme le minimum nécessaire pour stériliser ces germes. Mais les graisses contracteraient une odeur qui leur ôteraient leur valeur marchande. Ce danger existe déjà lorsque les margariniers, par les procédés en usage, utilisent des suifs frais, mais ils sont bien plus à redouter lorsqu'ils emploient des graisses échauffées venant de province. Les graisses fraîches de bœuf et de veau sont employées à fabriquer des margarines de première qualité; mais celles de qualité inférieure, les plus nombreuses, proviennent de graisses « tout venant » et souvent même de celles des animaux saisis. En effet, les animaux abattus en province arrivent à Paris sans leurs viscères, etc., et sont divisés en quartier. Il est donc évident que la saisie opérée en cas d'insalubrité, n'atteint pas les graisses. Celles-ci envoyées en bloc et par expéditions spéciales aux margariniers, subissent sans inspection les manipulations de l'usine. C'est ainsi que beaucoup de margarines infestées sont répandues partout par suite de leurs mélanges avec les beurres et sont la source de nombreuses maladies épidémiques. Il y a donc un danger public dans le développement de cette consommation. En outre on ne peut assurer, ni s'assurer que les abattoirs de chevaux, ânes, mulets etc., ne fournissent pas aux fabriques de margarine, partie de leur contingent en graisses.

C'est à 1869 que remonte l'invention de la margarine par M. Mège-Mouriès, chimiste à Paris. En vingt années, cette industrie a pris une grande extension et le grand grief de la culture contre elle est de ne pas la voir se développer parallèlement à celle du beurre, mais ne vivre qu'en la tuant. Les falsifications sont sa seule raison d'être. L'agriculture est donc bien en droit de réclamer contre cette fabrication des mesures énergiques, radicales même pour obliger à vendre la margarine comme saindoux. Nulle part cependant elle n'est débitée sous le nom de graisse alimentaire, sauf toutefois chez M. Mège-Mouriès son inventeur, qui seul a la loyauté de le faire dans son établissement de la rue du Pont-Neuf. Ces contrefaçons mettent toute entière en cause la question de l'industrie laitière et pour ce fait doivent être énergiquement attaquées. De nombreuses pétitions signalant le manque d'application de la loi de 1887 sur la falsification des beurres et les abus qui règnent aux halles dans la vente de la margarine, ont été remises au groupe agricole de la Chambre ce 10 mai. Renvoyés à une commission spéciale, elles feront, espérons le, le sujet d'une étude attentive. Il s'agit d'un revenu annuel de *un milliard cent soixante-deux millions et demi* à protéger comme l'attestent les nombreux signataires de cette pétition.

Quelques exemples prouveront qu'une nouvelle élaboration de la loi du 16 mars s'impose pour empêcher la fraude. Dans son article 8 la loi enjoint bien aux expéditeurs de margarine de désigner sur les lettres de voitures ou déclarations au chemin de fer que les marchandises transportées, ont été achetées et sont livrées pour de la margarine. De plus, les voituriers ou les compagnies de transports sont obligés également de mentionner à nouveau sur leurs registres la nature de la denrée qu'ils voiturent, etc. L'article 9 de la même loi fait encourir des peines aux voituriers ou transporteurs dans le cas d'infraction à ces dispositions. Leur but est de permettre à la police de baser ses recherches sur les envois et réceptions de margarine par les personnes incriminées. On obtenait ainsi des renseignements certains et du reste quelques actions en justice, qui ont entraîné la condamnation des délinquants ont été fondées sur les renseignements puisés dans les registres des gares. Ce système, bon en principe, n'avaient pas laissé soupçonner les expédients auxquels ont recouru les commerçants peu scrupuleux pour tourner la loi. Ainsi, des voyageurs de métier, leurs employés, abonnés sur certains réseaux circulent avec des malles pleines de margarine. Les compagnies qui transportent leurs bagages n'ont pas à s'assurer de leur contenu et il ne reste aucune trace de ces transports. D'autre part, ces industriels poussent la duplicité jusqu'à envoyer de soit disant fermières, salariées par eux, pour écouler leurs produits sur les marchés normands. Et toujours producteurs et consommateurs ne sont pas soutenus. Cette ingéniosité des margariniers, si grande pour tuer la culture au centre même de sa production, n'est pas en retour non plus pour empoisonner les marchés de Paris et éviter la police. Pour cela ils n'ont pas de relations apparentes avec les détaillants. Vendeurs et recéleurs craignent la police, forte de la loi, et prennent leurs précautions pour cacher la provenance de leurs marchandises et leur trafic. Les halles sont le centre du marché des graisses alimentaires. Ce lieu où tout le monde a accès, ne donne pas prise sur eux et ils peuvent en toute quiétude y faire leurs offres de service. Ces courtiers qui peuvent paraître s'occuper de tout autre chose que de produits à mélanger aux beurres sont bien connus des facteurs, de la police même peut-être, mais rien n'autorise à les appréhender. Cet endroit leur est du reste fort propice, ils y rencontrent parmi les postes de vente des beurres et des œufs, les fraudeurs, leurs complices, occupés à leurs acquisitions. De là, les détaillants vont prendre la margarine dans les dépôts où elle leur est remise en mottes identiques à celles du beurre. Le linge qui les enveloppe, la grosseur, la forme, tout porte à une méprise facile. Les provisions sont alors transportées chez le marchand où se font les mélanges, et rien au déchargement des voitures ne peut faire supposer qu'il y a des mottes de saindoux avec celles de beurre. De plus, les comptabilités respectives ne conservent aucune trace de ces transactions, elles se font toujours au comptant. Pour leur part, les margariniers n'ont à mettre sur leurs registres ni noms, ni adresses d'acheteurs puisqu'il n'existe aucun compte courant. Ce système assure l'impunité.

N. Oudard,
ancien élève de l'Institut agricole de Beauvais.
(A suivre).

Les cidres d'Amérique et les cidres de Normandie.

A l'une des dernières séances de la Société nationale d'agriculture, M. Chatin a présenté un travail très intéressant de M. Truelle, pharmacien à Trouville, concernant les recherches comparatives entre quelques cidres d'Amérique et des cidres français purs du pays d'Auge.

C'est surtout pendant ces deux dernières années, si désastreuses au point de vue du rendement pour nos pays cidricoles, que l'industrie des pommes sèches destinées à la préparation des boissons a pris une réelle importance. Cette industrie est alimentée principalement par l'Allemagne et l'Amérique; la France ne vient que loin en arrière.

En Allemagne tous les fruits préparés sont réunis à Hambourg dont ils prennent le nom.

L'Amérique nous envoie trois sortes de pommes : les deux premières sortes pour la boisson et l'autre pour les compotes.

En France, le centre du commerce de ces fruits est la ville du Mans.

La production du cidre, variable avec les années, s'élève en moyenne à 11,900,000 hectolitres pour la totalité de la France.

Depuis 1830 la récolte la plus abondante est celle de 1883 qui a produit 23,492,268 hectolitres, celle de 1848 donna 21,900,000 hectolitres, celle de 1851 s'éleva à 16,181,000 hectolitres; enfin celle de 1851 fournit 18,428,000 hectolitres.

La récolte de 1885 s'est élevée au chiffre de 19,955,000 hectolitres dépassant de 8,648,000 hectolitres l'année 1884. La moyenne de quinze années, depuis 1871 jusqu'à 1885, a été de 11,894,333 hectolitres

Les conclusions principales des études de M. Truelle sont les suivantes :

1° Les pommes de Hambourg sont les moins sucrées et les plus riches en matières pectiques. Le saccharose s'y montre en quantité normale et il n'y a pas lieu de supposer l'addition du sucre dans la préparation.

2° Les pommes d'Amérique sont les plus sucrées de toutes; mais la grande quantité de sucre que l'analyse y décèle permet d'affirmer l'addition du sucre lors de la préparation de ces fruits ; ce qui d'ailleurs explique bien l'état poisseux que l'on constate sous le doigt.

3° Les pommes du Mans occupent une bonne moyenne entre les deux sortes précédentes.

M. Truelle classe pour la préparation des cidres factices les pommes sèches comme il suit par ordre de mérite :

1° Les pommes d'Amérique, 2° les pommes du Mans, 3° les pommes d'Allemagne.

Les désastreuses récoltes en pommes indigènes pendant les années 1888 et 1889 ont provoqué l'importation en France de pommes fraîches d'origine américaine, ainsi que des cidres de même provenance. Il y a quelques mois, la rumeur publique accusa les cidres américains d'être additionnés de salicylate de soude. M. Truelle a analysé trois échantillons de ces cidres exotiques et les a comparés à des cidres authentiques de la vallée d'Auge. Voici les conclusions de M. Truelle :

1° Les trois cidres d'Amérique sont salicylés plus ou moins ; comme tels, ils tombent sous le coup de l'ordonnance du 23 février 1881 et doivent être absolument bannis de l'alimentation publique.

2° Cette ordonnance appliquée, leur importation est fortement entravée, sinon arrêtée. Ils cessent de causer des préjudices à la production française, puisqu'ils ne peuvent supporter le voyage et conserver assez longtemps leur saveur sucrée, qui ne les fait rechercher des habitants qu'autant qu'ils ont été salicylés.

3° Au point de vue de leurs propriétés organoleptiques, ils se distinguent des cidres du pays d'Auge par une limpidité plus complète, par une coloration moindre, par un goût de cuit à tel point qu'on peut émettre l'hypothèse que certains d'entre eux pourraient avoir été préparés avec des pommes sèches de la variété Amiral Au point de vue chimique, ils s'en différencient par un titre alcoolique un peu plus faible, par une dose inférieure de tanin et de cendres totales. Sous l'influence du salicylage qu'ils ont subi, ils ont retenu plus de matières pectiques et une acidité plus élevée, notamment dans l'extrait sec. Comparés à la moyenne établie par le laboratoire municipal, ils y répondent absolument, et il faut une analyse minutieuse pour démontrer en quoi ils s'éloignent des cidres normaux et pourquoi ils sont nuisibles à la santé.

4° Les cidres du pays d'Auge, sauf pour la limpidité, ont une composition supérieure aux cidres américains. Ils sont souvent au-dessus de la moyenne fixée par le susdit laboratoire pour le titre alcoolique et les cendres totales, et au-dessous pour la teneur en extrait sec; mais cela provient de ce que cette moyenne a été, à tort, un peu surélevée.

Nouvelles agricoles.

La situation financière des communes. — Le Bulletin de statistique du ministère des finances vient de publier une analyse du relevé exécuté par le ministère de l'intérieur sur la situation financière des communes en 1889. Ce relevé fait ressortir une nouvelle augmentation dans les dépenses communales, qui peut se résumer comme il suit. Les revenus annuels des communes (Paris compris), qui s'élevaient, en 1887, à 473,329,952 francs, sont montés, en 1888, à 478,379,973 francs, et en 1889, à 486,553,939 francs, soit une augmentation de plus de 8 millions en faveur du dernier exercice, et de 13 millions par rapport à l'année 1887. Le nombre total des centimes de toute nature s'élève pour 1889, à 1,993,875, au lieu de 1,952,866 en 1888; c'est une différence en plus de 41,009. Cette augmentation provient, jusqu'à concurrence de 36,167, des centimes ordinaires, et pour le surplus, soit 4,842, des centimes extraordinaires. La moyenne des impositions communales se trouve portée à 55 centimes additionnels, au lieu de 54. chiffre constaté par les situations de 1887 et 1888. — Le groupement des communes en 1889, d'après la quotité de leurs impositions, a subi les modifications suivantes par rapport à l'année 1888 : 3,539 communes imposées au-dessous de 15 centimes, au lieu de 3,723, soit une diminution de 184; — 7,597 communes imposées de 15 à 30 centimes, au lieu de 7,679, soit une diminution de 82; — 9,652 communes imposées de 31 à 50 centimes, au lieu de 9,712, soit une diminution de 60; — 11,095 communes imposées de 51 à 100 centimes, au lieu de 10,969, soit une augmentation de 126; — 4,248 communes imposées au-dessus de 100 centimes, au lieu de 4,040, soit une augmentation de 208. Les revenus annuels des communes, qui s'élevaient, en 1878, pour l'ensemble du pays, à 222,621,000 fr. atteignent 253,463,000 fr. en 1889 (Paris est excepté de ces totaux). C'est un accroissement de 31 millions. La progression, sur laquelle nous avons appelé déjà l'attention, s'accroît d'année en année.

L'augmentation des bêtes à cornes aux Etats-Unis. — Les bêtes à cornes en 1889 aux Etats-Unis (sans compter les vaches à lait) sont de 75 0/0 plus nombreuses qu'en 1881.

En 1885, la race bovine atteignait déjà le nombre considérable de 29,866,573 têtes et la valeur de 694,382,913 dollars, tandis qu'en 1889, on a compté 35,032,417 têtes, valant 597,236,812 dollars.

En 1881 on avait vendu 12,027,000 têtes de vaches laitières et 20,937,702 bœufs et autres bêtes à cornes, en 1889 le nombre de vaches laitières vendues a atteint 15,291,625 et les bœufs et autres bêtes à cornes 35,032,417.

En 1860, la race bovine, sans compter les vaches se calculent par 55 0/0 de la population, en 1870 39 0/0, en 1880 42 0/0 et en 1889 53 0/0.

Le Crédit agricole. — Le groupe agricole de la Chambre s'est réuni, sous la présidence de M. Méline, qui lui a donné lecture d'un projet d'organisation du Crédit agricole et populaire.

Ce projet, que M. Méline a élaboré avec le concours d'une commission sortie du congrès international agricole de l'Exposition, repose en principe sur la transformation des syndicats professionnels au point de vue du crédit, il étend les attributions qu'ils tiennent de la loi de 1884 et crée un mécanisme pour leur permettre de se constituer en banques agricoles.

Les syndicats ne peuvent intervenir que pour procurer à leurs adhérents les matières premières, machines, outils, engrais, semences, bestiaux, et généralement tous objets nécessaires à leurs professions, soit agricoles, soit commerciales, soit industrielles.

Le projet interdit aux syndicats de leur verser de l'argent; ils devront se borner soit à prendre les billets que leurs membres auront signés à leurs fournisseurs, en donnant leur signature à ces derniers, soit à faire des avances directes en nature (en grains, semences, bétail, outils, matières premières, etc., etc.)

Il est interdit aux syndicats d'émettre des actions.

Leur capital est constitué par les cotisations et souscriptions des adhérents et par leurs versements en compte-courant. Ils ont d'ailleurs le droit de contracter des emprunts.

Le projet de loi vient d'être déposé aujourd'hui sur le bureau de la Chambre.

Le groupe a ensuite renvoyé à une commission spéciale l'examen de nombreuses pétitions signalant le défaut d'application de la loi sur la fraude relative aux beurres et les abus qui se commettent aux Halles de Paris dans la vente de la margarine.

La viande de cheval. — La viande de cheval, de mulet, et d'âne a tenu, cette année, une très grande place à la foire aux jambons.

Cette viande est présentée exclusivement sous la forme de saucissons, mais sa consommation n'en a pas moins pris depuis une quinzaine d'années, une certaine place dans l'alimentation de la population parisienne. Quelques chiffres à l'appui.

A la fin de l'année dernière, cette consommation comprenait déjà 16,940 chevaux, 241 ânes et 43 mulets, qui avaient fourni les quantités de viandes suivantes : chevaux, 3,726,800 kilogrammes : ânes, 12,050 kilogrammes et mulets, 9,460 kilogrammes.

Il existe actuellement dans le département de

la Seine deux abattoirs pour ces espèces d'animaux : un à Villejuif et l'autre à Pantin.

Le 31 décembre 1887, on comptait à Paris 127 bouchers vendant des viandes de cheval, d'âne et de mulet; ils sont 132 aujourd'hui.

CONSEILS DU VIGNERON

LE MILDEW

Nouveaux traitements

Dans l'Hérault, quelques viticulteurs ont imaginé de remplacer le sulfate de cuivre par le *verdet* dans le traitement du mildew.

Le verdet est un acétate à base de cuivre, extrait des lies des vins du Midi.

On l'emploie, comme le sulfate de cuivre en dissolution, en trois ou quatre applications au pulvérisateur, savoir :

1° Quinze jours après la sortie des premières feuilles, à raison d'un demi kilo par hectolitre d'eau.

2° Trois semaines plus tard, avec la même quantité de verdet dans 4 hectolitres d'eau.

3° A la fin d'août, à la dose de 1 kilog. de verdet par hectolitre d'eau.

On peut traiter de nouveau la vigne après la vendange pour prévenir l'invasion l'année suivante.

D'autre part, M. Michel Perret a proposé de substituer à la bouillie bordelaise et à l'eau céleste une nouvelle bouillie dont voici la formule :

Faire dissoudre 2 kilos de sulfate de cuivre dans 16 litres d'eau. Jeter dans cette solution 3 kilos de cristaux de soude. Quand le cuivre se précipite, ajouter de 200 à 500 grammes de mélasse et laisser reposer 12 heures. Puis ajouter 100 litres d'eau.

La bouillie ainsi préparée est de couleur verte, légère et collante. La partie dissoute par le sucre de la mélasse a une action immédiate sur la feuille. Cette action se prolonge ensuite par la dissolution du précipité.

LAVIGNE.

CONSEILS DU VÉTERINAIRE

LA GOURME CHEZ LE CHEVAL.

La gourme est une maladie des jeunes chevaux ; elles les atteint d'ordinaire vers l'âge de trois ou quatre ans : on appelle *fausse gourme* celle qui vient aux vieux chevaux qui n'ont pas bien jeté leur gourme. Il y a des chevaux qui la jettent par d'autres parties que par les naseaux, comme par une épaule, par les cuisses, par le côté des testicules, par les bourses, par un pied, enfin par l'endroit où le cheval aura été blessé. C'est un mauvais signe quand la gourme se décharge par ces endroits. C'est au contraire, un avantage pour les chevaux de jeter leur gourme par les naseaux, ou par les glandes de la ganache, lorsqu'ils sont poulains ou nourris dans la prairie, car, ayant toujours la tête basse pour paître l'herbe, cette humeur s'évacue plus aisément.

Lorsqu'un cheval jette sa gourme par les glandes qui sont situées entre les deux os de la ganache, il faut l'envelopper sur la gorge d'une peau d'agneau ou de mouton, la laine contre la peau du cheval.

Lorsque la matière est venue à maturité, ce qu'on reconnaît lorsqu'en appuyant le doigt sur la grosseur, le pus fait une espèce de fluctuation, ou lorsqu'on sent une petite pointe saillante, il faut ouvrir l'abcès sans attendre qu'il perce de lui-même, parce que le pus entretient l'engorgement et l'inflammation des parties voisines, et fait souvent du ravage. Il faut toujours l'ouvrir dans l'endroit où l'abcès fait une pointe, et dans la plus déclive, afin de donner issue à la matière.

Il faut presser un peu les bords de la plaie pour exprimer le pus qui y est enfermé ; mettre pour premier appareil des éponges sèches sans les tamponner. Le lendemain on y introduit deux ou trois plumasseaux chargés de digestifs faits avec la térébenthine et un jaune d'œuf. Il faut entretenir l'ouverture de la plaie jusqu'à ce que la matière se soit entièrement écoulée, ensuite la faire cicatriser en la bassinant avec du vin tiède, en y appliquant des étoupes sèches. De cette manière on parvient facilement à la guérison parfaite de la gourme bénigne, et on délivre le cheval d'un germe nuisible à sa santé.

Dans la gourme maligne, il faut saigner tout de suite et réitérer la saignée suivant le besoin : il n'y a pas de remède plus efficace pour résoudre ou diminuer l'inflammation. Faites des fomentations émollientes sous le cou et la ganache; faites respirer au cheval pendant longtemps la valeur des décoctions des plantes mucilagineuses et adoucissantes; enveloppez le gosier avec un cataplasme de lait et de mie de pain, un jaune d'œuf et un peu de safran, faites *boire tiède et retranchez tout aliment solide*, donnez des lavements émollients; enfin employez tout ce qui peut détendre, relâcher et diminuer l'inflammation.

Lorsque le dépôt a percé, et que le pus s'écoule par le nez, il faut faire dans le nez des injections détersives pour empêcher les parties âcres du pus de s'attacher à la membrane pituitaire.

UN VIEUX VÉTÉRINAIRE.

CONSEILS A LA FERMIÈRE

LE BON CAFÉ.

Une des conditions essentielles à la qualité du café, c'est qu'il soit vieux.

Lorsqu'il est nouveau, il est âcre et fort excitant: en vieillissant, il perd ces défauts, et, sous ce rapport, on peut le comparer au vin.

Ce n'est pas au café vert et bien rond qu'il faut donner la préférence; les bons cafés, au contraire, ont le grain jaune et souvent cassé. Le café Moka est le meilleur de tous. On en trouve rarement, même dans les grands magasins d'épiceries; mais on y trouve de bon café Bourbon vieux, qui a presque le même arôme que le café Moka.

Le café Martinique est beaucoup plus fort et plus excitant que les deux espèces que je viens de citer; plus qu'elles aussi, il a besoin de vieillir pour avoir tout son arôme.

Il faut donc acheter à la fois une ample provision de café, l'enfermer dans un lieu bien sec et le laisser vieillir. Il est bon de faire un mélange de moitié café Bourbon ou Moka et de moitié café Martinique ou Haïti.

Pour que le café soit agréable, il doit être un peu brûlé; il ne faut pas qu'il soit noir, mais roux. Lorsqu'il est brûlé, on l'enferme soigneusement dans un bocal de verre bien bouché, et il n'en faut moudre à la fois que la quantité nécessaire à la consommation du moment.

Il ne faut pas enfermer le café dans une boîte ayant la moindre odeur, ou à côté de tout autre objet dont l'odeur soit un peu forte; il contracterait assez promptement cette odeur, ce qui nuirait beaucoup à sa qualité.

UNE MÉNAGÈRE.

CONSEILS DU JARDINIER

LA TAILLE D'ÉTÉ DES ARBRES FRUITIERS

La taille d'été, sur les arbres fruitiers, consiste dans trois opérations principales :

L'ébourgement, le pincement et la torsion.

Cette taille est la plus importante de toutes. Elle a lieu afin de donner à la sève la direction voulue pour bien équilibrer l'arbre et le rendre fécond. C'est elle, par conséquent, qui prépare et assure la fructification et qui permet à l'artiste jardinier de donner à ses espaliers et à ses quenouilles, ces formes variées et élégantes, qui font naître l'admiration des vrais connaisseurs.

L'ébourgeonnement sur le poirier se pratique en vue d'enlever à l'arbre des rameaux inutiles qui lui imposent une dépense de sève perdue pour les autres ramifications de sa charpente.

Il consiste : 1° dans l'enlèvement d'un des rameaux terminant les prolongements. A cette extrémité, il ne doit y avoir qu'un seul rameau complémentaire, afin que plus tard on n'ait pas à rabattre une pousse aoûtée, qui, si elle était maintenue, constituerait une ramification qu'il faudrait faire disparaître dans des conditions mauvaises pour l'arbre ; 2° dans l'enlèvement des rameaux situés derrière les branches de prolongement. Il ne doit rester sur ces branches que des rameaux placés *dessus*, *dessous* ou *devant*, afin que la fructification soit toujours parfaitement éclairée. Ce dernier mode d'ébourgeonnement ne se pratique que sur les espaliers.

Le pincement se fait lorsque le rameau a atteint une longueur de 10 à 15 centimètres. L'opération est des plus simples : on coupe avec les ongles la sommité de la brindille et si, plus tard, un rameau herbacé se constituait en bourgeon anticipé, on pincerait de nouveau et l'on en resterait là jusqu'à la taille d'hiver.

La torsion est en quelque sorte une opération *in extremis*. On y a recours sur les rameaux qui, n'ayant pas été pincés à temps, on atteint un développement trop grand pour que le pincement soit efficace. Cette torsion est facile. Quand on a enlevé la sommité herbacée de la branche, on la tord à 10 centimètres de son point d'attache et l'on contourne sur sa base son extrémité supérieure, qu'il ne faut point séparer de l'autre extrémité.

Voilà pour les poiriers.

L'ébourgeonnement du pêcher doit avoir pour effet de faire disparaître des branches mères les rameaux excrus devant et derrière, afin qu'il n'en subsiste que *dessus* et *dessous*. Le pêcher, et généralement les arbres à noyaux, ont besoin d'air et de soleil, et de toute nécessité il faut leur enlever toutes les brindilles inutiles qui les ombragent.

Dans les pincements de ces arbres, il faut toujours avoir le soin d'opérer en vue de la fructification prochaine. On doit, par conséquent, après les avoir pincés convenablement, ne conserver que deux rameaux : le rameau à fruits et le rameau de remplacement. Sans ce dernier rameau, pas de récolte possible pour l'avenir.

On ne doit jamais tailler la vigne avant que les grappes ne soient apparues sur les pousses de l'année ; il faut rabattre alors sur le deuxième nœud au-dessus de la dernière grappe et avoir grand soin de conserver un rameau de remplacement pour l'année prochaine.

HORTUS.

JURISPRUDENCE RURALE.

LE MÉTAYAGE — DÉTOURNEMENTS DE FRUITS PAR LE MÉTAYER.

— Mon métayer, malgré ma volonté, a vendu un veau dépendant du croît de notre cheptel et il en a gardé le prix. Ce n'est pas la première fois qu'il me joue des tours pareils, et tout le monde me dit que je ne dois pas hésiter à le faire punir.

— On te donne un bon conseil.

— Mais comment m'y prendre. Les uns me disent, le métayage ou bail à colont partiaire est un contrat de société ; dès lors, le métayer qui dispose à son profit personnel d'une partie du cheptel ne fait que disposer d'une chose qui est sa propriété indivise; il peut, pour ce fait, être condamné des dommages-intérêts par le tribunal civil, mais il n'a pas commis d'abus de confiance aux yeux de la loi pénale; les autres, au contraire, me disent : le métayage est une véritable location; or, le locataire qui détourne ce qui appartient à la propriété dont il a l'usage se rend coupable d'un véritable abus de confiance. Qui a raison? J'aimerais mieux mener mon homme en police correctionnelle; il le mérite bien.

— Cette question a été longtemps discutée et

jugée de façon différente par les tribunaux ; mais la loi du code rural du 19 juillet 1889 ayant décidé que le métayage, ou contrat de culture à part de fruit, est un louage et non une société ; il faut en conclure que le métayer qui détourne les fruits de ce métayage s'expose à être poursuivi par application de l'article 408 du code pénal, qui punit le détournement par le locataire. UN VIEUX JUGE DE PAIX.

PETITE POSTE.

M. G..., à V... (Marne). — Votre dernière lettre vient seulement de nous être remise ; c'est ce qui explique le retard de la réponse.

1° *Haricots; engrais.* — Si la terre n'est pas trop riche, bon fumier de ferme, bien fait ; comme complément utile, des cendres, si vous pouvez vous en procurer ; 500 kil. à l'hectare, ou autres engrais potassiques, le kaïnit, par exemple, 600 kil. à l'hectare. Vous en trouveriez chez les marchands d'engrais.

2° *Abonnement réduit.* — Oui ; mais, en revanche, faites de la propagande et procurez-nous des abonnements.

M. V. L..., à C... (Vosges). — Nous donnons les cours moyens des céréales par contrée ; dans huit jours, notre tableau des céréales sera plus complet ; il donnera les cours précis des principaux marchés.

M. D..., à Ch... — *Oiseaux de volière.* — Il vous sera donné satisfaction : nous aussi, nous aimons beaucoup ces jolis petits oiseaux.

L'année a été mauvaise ; beaucoup de morts, sans cause apparente.

M. C..., à St-R... (Rhône). — N'hésitez pas à faire emploi, dans une très large mesure, des phosphates dans vos fumiers et sur vos cultures.

M. P..., à D... (Nièvre). — *Maladie de la vigne.* — C'est du *mildiou* dont votre vigne a été atteinte l'année dernière. Traitez-la cette année, pour en prévenir le retour, au moyen de la *bouillie bordelaise*, composée ainsi qu'il suit :

Sulfate de cuivre (couperose bleue), 3 kil. ; chaux grasse, 1 kil. ; eau pure, 100 litres.

On fait d'abord dissoudre le sulfate de cuivre, et c'est dans cette dissolution que l'on verse le lait de chaux.

Asperger de cette substance le feuillage des ceps soit au moyen d'un petit balai, soit mieux, avec un pulvérisateur.

Trois traitements sont nécessaires : l'un un peu avant la floraison ; l'autre au commencement des feuilles ; le troisième vers le 10 avril.

400 litres environ sont nécessaires pour un hectare.

BULLETIN FINANCIER.

Le mouvement prolongé de hausse auquel nous assistons depuis quelques années et qui ne fait que s'accentuer après chacune des interruptions qu'il subit est différemment interprété.

Les uns n'y voient que le résultat d'un effort de la spéculation, qui se serait engagée au-delà des limites de la prudence ; d'autres en cherchent l'explication dans un fait naturel et prétendent que l'abaissement graduel du taux de capitalisation des grandes valeurs vient de ce que l'épargne dispose chaque année d'excédents supérieurs à l'importance des remplois qu'elle peut faire. Partant de là, ils prétendent que la hausse n'aura pour ainsi dire pas de limites et que seul un gros événement, aboutissant à l'anéantissement d'un stock considérable de capitaux, pourrait ramener sérieusement les cours en arrière. Il y a peut-être quelque chose à emprunter à ces deux manières différentes pour se faire une opinion juste de la situation. La spéculation a beaucoup contribué à la hausse ; mais l'épargne y a contribué aussi. Pour être moins actif que par le passé, le capital de placement n'en continue pas moins à venir sur le marché ; il y vient sans enthousiasme, c'est vrai, mais comme il ne peut s'accommoder longtemps de l'oisiveté, il se résigne à accepter la faible rémunération qui lui est offerte.

La liquidation de quinzaine s'est effectuée paisiblement. Comme d'habitude, la spéculation a obtenu pour ses reports des conditions assez douces. Il est vrai qu'on ne saura jamais exactement par le taux officiel des reports quelles sont les conditions véritables que subissent certains syndicats, forcés, vu l'importance de leurs opérations, de s'adresser à des groupes financiers opérant en dehors du marché même.

Les marchés étrangers conservent, comme le nôtre, une bonne attitude. On prévoit que les transactions vont conserver une certaine activité pendant quelques semaines encore. Il y a, toutefois, un petit nuage à l'horizon. La situation n'est pas bien nette dans les Balkans. Il règne toujours en Serbie et en Bulgarie une certaine effervescence, et d'un moment à l'autre la crainte de complication austro-russe peut surgir.

En attendant, nos rentes ne s'arrêtent pas dans leur élan.

Le 3 0|0 a décroché pendant la semaine le cours de 90 francs. Il a même atteint 90 20 ; aujourd'hui il clôture à 90 05.

Le 3 0|0 amortissable vaut 93 72 et le 4 1|2 0|0 106 05.

La Banque de France s'inscrit à 4.265.

Le Foncier, malgré toutes les attaques dont il est l'objet, reprend vivement aux environs de 1,260 francs.

Dans sa séance hebdomadaire du 21 mai, le conseil d'administration du Crédit Foncier a autorisé pour 4 millions 170,632 fr. de nouveaux prêts, dont 1,892,500 fr. en prêts fonciers et 2 millions 278,132 en prêts communaux.

Le Lyonnais clôture à 736 25. Sur les fonds étrangers, la tenue est légèrement moins bonne.

L'Italien s'inscrit à 96 75.

Le Hongrois à 90 50.

Le Turc à 19 07.

Les Chemins sont fermes. COUPON.

HALLES ET MARCHÉS.

CÉRÉALES. — *Marchés français.*

Prix par 100 kilogr.

REGIONS	BLE Prix moyen	Hausse	Baisse	PRIX MOYEN. Seigle	Orge	Avoine
Nord-Ouest....	23 92	0 15	»	16 06	16 75	22 60
Nord........	23 31	0 06	»	15 38	18 84	20 25
Nord-Est......	23 87	0 22	»	15 63	20 46	19 60
Ouest	24 29	0 14	»	17 03	18 00	18 97
Centre........	24 35	0 23	»	16 52	19 15	20 00
Est..........	24 05	0 11	»	16 43	18 91	19 55
Sud-Ouest	24 52	0 22	»	18 45	18 62	21 50
Sud	24 87	0 10	»	17 83	17 80	21 13
Sud-Est.......	24 07	0 05	»	17 35	17 65	20 78
Prix moyens..	24 17	»	»	16 74	18 46	20 40
Sur la huitaine préc. Hausse	0 12	»	»	0 15	0 17	0 50
Sur la huitaine préc. Baisse	»	»	»	»	»	»

Farines de consommation.

Les prix restent sans variation ; les affaires sont calmes.

MARQUE DE CORBEIL 57 fr. (36 30 100 k.). 159 kil. 100 k.

Marques de choix	57 à 58		36 30 à 36 94	
Premières marques. . . .	56	57	35 66	36 30
Bonnes marques.	54	55	34 39	35 03
Marques ordinaires. . . .	53	54	33 75	34 39

Le sac de 159 k., toile à rendre, franco au domicile des acheteurs à 30 jours sans escompte, ou au comptant avec escompte de 1 1|2 0|0.

Fourrages et pailles.

Paris, La Chapelle.

	1re qté.		2e qté.		3e qté.	
Foin.	45 à 46		41 à 45		41 à 43	
Luzerne.	44	45	43	44	39	41
Paille de blé	34	35	32	33	29	30
Paille de seigle	35	36	34	35	32	34
Paille d'avoine	23	24	22	23	21	22

Le tout aux 104 bottes dans Paris.

COURS DE DIFFÉRENTS MARCHÉS (par 100 kil.).

	Paille.	Foin.
Beauvais.....................	5 »	6 »
Blois.........................	4 »	6 50
Douai.........................	5 50	9 50
Toulouse.....................	5 50	» »
Angers.......................	4 75	5 50

Orléans....................	5 50	6 50
Lyon........................	4 50	6 75

Issues, les 100 kil.

Les sons restent d'une vente difficile excepté pourtant pour le disponible.

Nous cotons par 100 kil. en gare d'arrivée à Paris :

Son écaille.	13 50 à 13 25	
— gros	12 75	12 50
— trois-cases	12 25	» »
— fin	11 50	11 »
Recoupettes.	11 »	11 50
Remoulages blancs.	15 »	18 »
— bâtards.	13 50	14 50

MARCHANDISES DIVERSES.

Fécules.

Les affaires sont à peu près nulles, les offres faisant défaut. On attend pour traiter le vote de la Chambre sur la question du maïs. Les prix ne présentent pas de changement.

Les 100 kil.

Paris. — Fécule 1re, grains	27 » à	» »
dito verte	» »	» »
Oise. — Fécule 1re, grains	25 »	» »
Vosges. — Fécule 1re, grains . . .	26 50	» »
Loire. — Fécule 1re, grains	26 »	» »
Auvergne. — Fécule 1re, grains. .	26 »	» »
Fécules secondes selon qualité. . . .	18 »	23 »

Pommes de terre.

Les 1.000 kil.

Hollandaises	60 » à	80 »
Magnum bonum	60 »	65 »
Early roses	48 »	50 »
Saucisses	40 »	50 »
Rondes.	40 »	45 »
Chardonnes	30 »	35 »

Tourteaux, les 100 kil.

	Colza	Œillette	Lin	Cam.
Lille	15 50 à 16 25	16 » à 17 25	21 » à 19 »	15 »
Arras	16 » 17 »	15 75 17 »	22 » 23 »	16 »
Gd Moulin Corbeil	15 50		19 75	
	Cophra	Arachide déc.	Sésame	Colza
Marseille	11 50 à 13 75	13 75	13 » à 12 75	16 »

GRAINES DIVERSES.

Maïs, les 100 kil.

Paris	11 00 à 13 »		Agen......	14 »	14 75
Alais	14 50	15 »	Grenoble..	14 25	14 75
Ruffec	13 75	14 25	Reims.....	14 »	14 50

Sarrazin, les 100 kil.

Paris......	15 50 à 16 »		St-Pierre..	14 » à 14 50	
Mayenne..	14 25	15 »	Nantes....	14 »	14 75
Rennes....	14 »	15 50	Orléans ...	14 25	15 »

Légumes secs, les 100 kil.

	Haricots	Pois	Vesces	Lentilles
Paris......	20 à 47	21 à 26	» »	45 à 70
Rouen.....	42 57	50 63	26 28	77 »
Marseille..	18 30	23 32	25 34	19 24 50

Graines fourragères, les 100 kil.

Luz. de Prov.	155 à 180		Minette.	23 à 24	
— du Poitou	100	155	Sainfoin à 2 c..	28	30
— d'Italie ..	130	160	Sainfoin à 1 c..	25	28
Trèfle blanc..	100	130	Pois jarras. . .	18	21
— violet..	65	105	Vesces.	21	23

Huiles.

COLZA BRUT. — La tendance reste ferme, notamment sur le livrable éloigné qui se relève de 25 à 50 c. On fait du courant du mois à 70 fr. et des 4 derniers mois à 68 25 et à 68 50.

On cote au début de la réunion :

Disponible	70 » à	» »
Livrable courant du mois. . . .	70 »	» »
Juin.	69 50	70 »
Juillet et août	69 50	70 »
4 derniers mois.	68 25	68 50

LIN. — Le courant du mois se paye 58 fr., le livrable est sans affaires et sans variation.

On cote au début de la réunion :

Disponible	58 » à	» »
Livrable courant du mois. . . .	58 »	» »
Juin.	57 75	58 25
Juillet et août.	57 50	58 »
4 derniers mois.	55 25	55 75

Les 100 kil. net, logés, escompte 1 0/0.

Pétrole.

Les prix ne varient pas ; nous cotons par wagon complet et pour marchandise disponible :

L'huile de pétrole raffinée vaut 49 fr. 50 ; l'essence rectifiée 60 fr. 50 les 100 kil.

On cote à l'hect. pour le détail :
PÉTROLE RAFFINÉ disponible . 39 50 à » »
ESSENCE RECTIFIÉE, disponible 42 25 » »

Laines.

Le Havre, 21 mai.
Laines à terme Buenos-Ayres en suint, fermes. Ventes, 100 balles.
Mai 170 »», juin 170 »», juillet 171 »», août 172 »», septembre 173 », octobre 173 », novembre 173 », décembre 172 50, janvier 189', 171 »», février 171 »», mars 171 »».
Anvers, 20 mai.
Laines : fermes. Prix moyens des Plata ; on cote en suint : Contrat C. mai à août, 1 67.
Peignés allemands de La Plata : Contrat B, sur mai 5 57 1/2, juin 5 57 1/2, juillet 5 55 »/», août, 5 55 »/», septembre, octobre, 5 55 »/», novembre, 5 55 »/», décembre, 5 55 »/», janvier, 5 47 »/», février, 5 47 »/». Ventes, 135,000 kil. Contrat M. mai 5 75 »/», juin 5 80 »/».
Roubaix-Tourcoing, 20 mai.
Laines à terme. Qualité peignée de fabrique, type n. 1 (clôture) : mai 5 75 »/», juin 5 60 »/», juillet, » »» »/», août 5 62 1/2, septembre » »» »/».
Qualité peignée cour., type n° 2 (clôture) : mai 5 55 »/», juin 5 52 1/2, juillet 5 52 1/2, août, 5 52 1/2, sept. 5 42 1/2.
Marché calme. Ventes, 50.000 kil.

Sucres.

Sucres raffinés. — Nous n'avons pas de changement à constater dans les prix ; la demande est toujours très calme.
Nous cotons, selon marques et époques de livraison, de 103 50 à 104 50 les 100 kil au comptant, sans escompte.
Sucres cristallisés n° 3, acquitté 94 » à 95 » ; extra 95 » les 100 k. ; en poudre, 94 50 à 95 50 les 100 kil.

Sucre cassé à la mécanique. . .	111 » à	112 »
Cassons.	102 50	103 50
Menus déchets	102 »	103 »
Glace et semoule	104 »	108 »
Sucre en poudre.	102 »	103 »

Alcools. — Prix de l'hectol. nu, au compt.

Paris, 3/6 fin, betteraves, 1re qualité, l'hectolitre.		Lille, disp	37 » à 37 »
		Cette	90 » 110 »
90° dispon.	36 » à 34 25	Nîmes . . .	80 » 100 »
Juin	36 50 36 75	Béziers . .	75 » 100 »
4 derniers.	37 75 38 »	Pézenas. .	80 » 96 »

Raisins secs à boisson.

(Cours de la maison Audibert, 53, rue des Minimes, à Marseille).

Corinthe, **Roi de Grèce**, petits grains Extra 1er choix	100	kilos	49.00
Corinthe, **le Turban**, gros grains	»	»	45.00
Corinthe petits grains, 1er choix.	»	»	45.00
Thyra. 1er choix	»	»	39 00
Thyra, ordinaires	»	»	35.00
Samos noirs, 1er choix	»	»	40.00
— muscats, 1er choix	»	»	40.00
Figues à distillerie	»	»	27.00
Pachas, magnifiques, gros grains noirs, égrappés, mangeables, seul dépôt en France.	»	»	70 »
Royaux, délicieux pour familles, en caisses de kilo net.		la caisse	» 0.95

Engrais. — Prix des 100 kil. :

Matières diverses pour engrais. — Cours commercial sur la place de Paris, par 100 kil., pour des ventes en gros de 30.000 kil. au moins.

Sang desséché moulu.	11/13 0/0 azote	20 35	à	24 05
Viande desséchée	9/11 0/0 —	15 25		18 70
Cornes broyées	13/14 0/0 —	20 80		22 50
Cuir désagrégé	8/9 0/0 —	9 20		10 35
Laine engrais	3 à 4 0/0 —	» »		» »
Nitrate de soude	15/16 0/0 —	19 75		20 50
Nitrate de potasse . . .	95 0/0 —	46 »		46 30
— . . .	90 0/0 —	44 »		» »
Muriate de potasse . . .	80 0/0 —	» »		» »
Sulfate de potasse . . .	90 0/0 —	25 00		25 00
Sulfate d'ammoniaq. .	20/21 0/0 —	31 25		31 50
Chlorure de potassium	90 0/0 —	22 »		22 75
— Stassfurt.	80 à 85 0/0 —	17 10		» »
Cornes, cornailles pour brûler		» »		» »
Déchets fins de cornes, frisures . . .		» »		» »

Phosphates des Ardennes. — En gare des Ardennes et de la Meuse, en sacs (les 100 kil.).

Pulvérisés. 14/16 0/0, acide phosph. .	3 40 à	» »
— 18/20 0/0, —	4 »	» »
— 16/18 0/0, —	3 65	» »

Phosphates de Tavel.

50/2, la tonne . . . . 60 » à » »

Phosphates de l'Yonne. — Les 1.000 kil.
Moulus en sacs, wag. g^re Toucy. 32 à 35 0/0 40 à 45

Phosphates de l'Auxois, Marigny Epoisses.

Pulvérisés 60 à 65 0/0 . . . . 6 80 à » »

Sulfate de cuivre.

Les 100 kil . . . . 66 à 66 50.

Phosphates du Boulonnais 40/45 . . .	4 60 à	» »
— de Pernes	6 25	» »
— du Cambresis 28/35	3 75	» »
— du Lot 30/50	3 »	4 50

Superphosphates, poudres d'os, etc.

Les 100 kilogr.

Phosph. préc. 35 à 40 % acide phosph.	17 »	» »
— — 40 à 45 % —	19 »	» »
Superphosphates fossiles, 10 % acide phosphorique soluble et assimil. (les 100 kilog.)	6 75	» »
Superphosphates fossiles, 16 à 18 %.	10	» »
— d'os, 16 à 18 %, acide phosph. .	13 95	» »
Poudres d'os bruts	» »	» »

Engrais spéciaux. — Les 100 kilog.

Guano du Pérou.	10 à 16	Eng. chim.	
Guan du Pér. diss.	32 à 20	de H. Joulie,	
Guan. az. fixe.	26 » à 27 »	Lag	15 » à 23 »

BEURRE, ŒUFS, VOLAILLES.

Beurre en motte, *le kilo* :

Isigny : plus élevé	6 10 à	» »
— *extra-fin*.	4 60	5 20
— demi-fin	3 50	4 »
— bon fermier	3 »	3 20
— fermier ordinaire.	2 20	2 60
Beurres dits laitiers.	2 20	3 »
Marchands	2 »	2 60
Livarot, Touraine, Bretagne. . . .	2 »	2 60
Jura, Suisse, Italie.	2 »	2 60

Beurre en demi-kilo, *le kilo* :

Bourgogne.	1 70 à	1 90	Tours	1 90 à	2 20
Gâtinais . .	2 20	2 60	Le Mans. . .	1 80	2 »
Vendôme. .	1 90	2 40	Touraine :		
Beaugency.	1 90	2 40	fausse. . .	1 80	2 10
Ferme . . .	2 30	2 90	petite . . .	1 80	2 »

Œufs, *le mille* :

Normandie . } Extra	72 à	78	Bourgogne . .	60 à	65
Picardie . . }	82	86	Champagne . .	64	70
Brie. . . . . }	70	76	Nivernais . . .	64	70
Chartres	68	74	Bourbonnais. .	60	64
Touraine. . . .	62	70	Bresse-Jura . .	56	62
Beauce	66	74	Bretagne . . .	52	56
Orne	58	62	Vendée	58	62
Picardie	66	72	Auvergne . . .	54	58
Châtellerault.	64	68	Midi	58	60

Volailles et Gibiers.

Canards :			Pigeons :		
nantais (jeunes)	2 50 à	6 »	maconnais.	» 75 à	1 75
de ferme . . .	2 50	3 75	italiens	» 75	1 45
Dindes	6 »	12 50	bizots	» 60	1 20
Oies nouvelles	5 »	8 »	Poulets :		
— (2e qté).	» »	» »	nantais	3 50	7 50
Pintades . . .	3 »	5 50	touraine . . .	4 »	8 »
Lapins domestiques.	1 50	5 50	gâtinais	4 »	8 »
			du Midi	2 25	3 50
Chevreaux .	» »	» »	communs . .	1 50	2 50

La vente est assez active. Cours fournis par MM. de Bridiers, Jouslin et Scelle, *facteurs assermentés*, 2, rue de Valois, Paris.

BESTIAUX.

La Villette, 22 mai. — Bestiaux. — Vente difficile sur le gros bétail, sur les moutons, mauvaise sur les veaux et calme sur les porcs.

Cours officiels.	Amenés.	Vendus.	Poids moyen.	1re qualité.	2e qualité.	3e qualité.	Prix extrêmes.
Bœufs . .	2.057	1.715	344	1 58	1 42	1 28	1 16 à 1 64
Vaches .	435	388	232	1 54	1 32	1 14	1 10 1 60
Taureau	162	142	394	1 38	1 28	1 14	1 06 1 40
Veaux . .	1.409	1.091	82	2 10	2 »	1 80	1 60 2 30
Moutons	9.730	8.910	19	2 12	1 92	1 68	1 70 2 22
Porcs g.	4.614	4.563	79	1 52	1 46	1 40	1 38 1 60
Id. m.	»	»	»	» »	» »	» »	» » » »

Marché du lundi 19 mai.

	Amenés	Vendus	Prix au poids net 1re qual.	2e qual.	3e qual.
Bœufs	1.959	1.728	1 58	1 44	1 24
Vaches	706	663	1 54	1 30	1 16
Taureaux . .	176	148	1 38	1 32	1 16
Veaux	1.148	1.078	2 20	2 08	1 92
Moutons	10.137	9.296	2 20	1 96	1 84
Porcs	1.984	1.982	1 56	1 48	1 42

	Prix au poids vif 1re qual.	2e qual.	3e qual.	Prix extrêmes.
Bœufs	0 97	» 82	» 65	» 60 à 1 02
Vaches	0 94	» 75	» 57	» 54 » 98
Taureaux	0 87	» 78	» 62	» 58 » 90
Veaux	1 34	1 21	» 94	» 82 1 46
Moutons	1 10	» 95	» 89	» 75 1 18
Porcs	1 08	1 04	1 04	» 94 1 12
Peaux de moutons en laine				2 20 » »
Id. id. demi-laine				2 30 » »

Viandes abattues. — Criée du 16 mai

		1re qualité.	2e qualité	3e qualité.
Bœufs	le kil.	1 50 à 2 90	1 20 à 2 60	1 00 à 1 90
Veaux	—	1 90 2 10	1 70 1 86	1 56 1 64
Moutons ..	—	1 93 2 06	1 50 1 90	1 40 1 46
Porc entier	—	1 41 1 54	1 26 1 40	1 10 1 20

Cuirs et peaux, les 50 kil.

Taureaux..	35 75 à 37 00	Vaches lourdes	37.75 40.75
Gros bœufs	43 75 47 75	— de bandes	34.50 37.75
Moy. bœufs	41 50 44 50	Gros veaux..	57.25 62.25
Pet. bœufs.	33 75 36 75	Petits veaux	63.25 66.25

CHEMIN DE FER DE L'OUEST

Fête de la Pentecôte.

La Compagnie des Chemins de fer de l'Ouest a l'honneur de porter à la connaissance du public qu'à l'occasion de la fête de la Pentecôte, les billets d'aller et retour individuels dits de bains de mer et d'excursion au Mont-Saint-Michel, qui seront délivrés du 23 mai au 1er juin, seront, exceptionnellement, valables, au retour, jusqu'au lundi 2 juin inclusivement.

En outre, les billets d'aller et retour ordinaires, avec 25 % de réduction (tarif spécial G. V. n° 4), délivrés aux mêmes dates, par toutes les gares (au-delà de Gisors, Mantes, Houdan et Rambouillet) sur Paris et *vice versa*, seront également valables, au retour, jusqu'au lundi 2 juin inclusivement.

Enfin, tous les autres billets d'aller et retour ordinaires du tarif spécial G. V. n° 4, délivrés les 24, 25 et 26 mai, seront acceptés, au retour, jusqu'au 27 mai inclusivement.

La Compagnie des Chemins de fer de l'Ouest organise, à l'occasion de la fête de la Pentecôte, des trains de plaisir de toutes ses lignes sur Paris.

Ces trains, qui partiront de: Alençon, Angers, Argentan, Brest, Caen, Chartres, Châteaubriant, Cherbourg, Dieppe, Dreux, Elbeuf, Evreux, Fécamp, Fougères, Granville, Le Havre, Laval, Lisieux, Louviers, Le Mans, Pont-l'Évêque, Rennes, Redon, Rouen, Saint-Lô, Saint-Malo, etc., les 22, 23, 24 ou 25 mai, desserviront toutes les localités situées sur leur parcours et permettront aux voyageurs de passer plusieurs jours à Paris.

Médaille d'Or. ✻ Exposition Universelle 1889. ✻ Médaille d'Argent.

Plants américains PÉPINIERES des Cévennes

Albert GOURDIN, Saint-Hippolyte-du-Fort (Gard)

Fr des Cces, des écoles et champs d'expériences. Tarif n. 29 Fo

---

GRAINETERIE A CÉDER

Quartier riche. Clientèle bourgeoise. Grande habitation et grands magasins. Affaires, 150,000 francs par an. *Bénéfice net de tous frais*, par an, 12,000 francs.

On traitera avec 25.000 francs, compris les fonds de roulement.

Ecrire ou voir le matin
M. DAGORY, 149, rue Lafayette, Paris.

MALADIES DU BÉTAIL

ET DE LA VOLAILLE

Leur traitement préventif et curatif

PAR L'ACIDE SALICYLIQUE

L'acide salicylique, employé dans la nourriture à la dose de 1/2 à 1 gramme par jour et par tête de bétail, est le meilleur préservatif des maladies qui procèdent par contagion : Sang de rate, Cocotte, Maladie aphtheuse, Erysipèle, Typhus, Morve, Variole et le Rouget des porcs, etc.

DES ATTESTATIONS NOMBREUSES DE GUÉRISONS obtenues pour la Cocotte et le Rouget des porcs ont été reproduites dans le *Journal l'Agriculture*.

La désinfection des étables, des écuries se fait instantanément au moyen d'un arrosage d'eau salicylée à 2 grammes par litre.

S'adresser à M. CERCKEL, administrateur de la *Compagnie de produits antiseptiques*, 26, rue Bergère, Paris.

Envoi sur demande de Prospectus et Brochures.

PRIX DU KIL. 25 fr. — BOITE DE MÉNAGE, 2 fr.

SELS POUR L'AGRICULTURE

Engrais du bétail, Amendement des terres.

Sel neuf dénaturé aux Tourteaux de colza, 55 fr. les 1,000 kilos.

Sel neuf dénaturé au Peroxyde de fer, 50 fr. les 1,000 kilos.

Sel de Morue pur, 45 fr. les 1,000 kil.

Expéditions de Fécamp, Bordeaux, Cette et Port-de-Bouc.

S'adresser à M. A. LE BORGNE, négociant à Fécamp (Seine-Inférieure).

L'Administrateur-Gérant : JOSEPH FREY.

Beauvais. — Imp. D. PERE. — A. CARTIER, Gérant.

PHARMACIE SAVARY

AMIENS, 33, Place Saint-Denis, 33, AMIENS

(EN FACE LE SQUARE).

PROVENDE AUX PHOSPHATES ASSIMILABLES

du Docteur DESCHAMPS.

Prix : 3 fr. le kilog.; 27 50 les 10 kilog. (Remises proportionnelles.)

Accroissement rapide des bestiaux, surtout chez les **jeunes animaux**, force nerveuse, fécondité, engraissement ; prévient surtout la diarrhée chez les jeunes veaux. Qualité exceptionnelle du lait.

M. Lefebvre, cultivateur à Marcelcave, a élevé un veau en lui administrant de la Provende phosphatée pendant 60 jours : tué à 70 jours, ce veau pesait 193 kilog., chiffre officiel constaté à l'abattoir. La viande était très blanche, ainsi qu'est prêt à l'attester M. Oheix, boucher à Amiens.

Les attestations émanant des sommités françaises et anglaises les plus accrédités ont été données à M. SAVARY.

---

25 PRIX D'HONNEUR ET GRANDS PRIX, 200 MÉDAILLES OR, VERMEIL, ETC.

GRANDES CULTURES DE GRAINES POTAGÈRES, FOURRAGÈRES ET DE FLEURS

E. FORGEOT & Cie

fournisseurs du ministère de l'Agriculture, des Ecoles nationales d'agriculture, des Syndicats agricoles, etc.

PARIS, quai de la Mégisserie, 6 et 8

Appareils spéciaux pour épurer et nettoyer les graines

SPÉCIALITÉ DE GRAINES DE GRANDE CULTURE

luzernes et trèfles garantis sans cuscute, minette, vesces, sainfoins trèfles incarnats betteraves, carottes, navets, choux-navets, pommes de terre

Blés à grand rendement, Avoines, Orges, Seigles, Graines d'arbres pour reboisement

Graines de graminées pour prairies

Notre Maison ne vend que des graines de provenances sûres, assurant les meilleurs résultats ; elle accepte le contrôle de la Station d'Essais des Semences, établie à l'Institut agronomique par le Ministère de l'Agriculture, contrôle auquel nous sommes soumis dès sa création. En conséquence, nos graines sont garanties de levée et d'une pureté irréprochable ; nos trèfles et nos luzernes sont garantis sans un seul grain de cuscute.

Grande et importante **Spécialité de Créations de Prairies.** Nous nous chargeons d'établir des compositions convenant à la nature de chaque sol, et d'avance nous en assurons la réussite.

Sur demande, nous adressons *franco* nos catalogues illustrés de graines potagères, fleurs, arbres, fourrages, ognons à fleurs, plantes, etc.

VINS DU BEAUJOLAIS ET DE MACON.

J. DAMIRON

propriétaire-viticulteur à Saint-Julien en Beaujolais (Rhône).

A la fois délicat et nourrissant, le vin du *Beaujolais* est sans contredit l'un des meilleurs vins de table.

Par leur finesse et leur bouquet, *nos grands crûs* rivalisent avec ceux du Bordelais et de la Bourgogne, tout en étant moins chers.

Notre Vignoble, presque entièrement reconstitué, est aujourd'hui en état de fournir à la consommation ses vins si appréciés. Voici un aperçu des prix :

Vin ordinaire 1888 et 1887	110 à 130 fr.
Bonnes Côtes id.	130 à 150
Saint-Julien id.	160 à 200
Morgon, Fleurie, Thorins (vins classés de 1886 à 1881)	250 à 500

Grands crûs de Bourgogne : Beaune, Pommard, Corton.

Vins en bouteilles par caisses de 12, 25 et 50.

Le tout logé et pris en gare du Vignoble.

La Maison accepterait des représentants sérieux munis de bonnes références.

La Propriété offre des vignes américaines, boutures et racines de choix, et des plants greffés soudés et racinés garantis. — *Prix modérés.*

Adresser les correspondances à Villefranche, 44, rue de Thizy.

CRÉDIT AGRICOLE

UNION DES SYNDICATS AGRICOLES DE FRANCE

9, rue Marsollier, PARIS

Agence à LYON, 234, cours Lafayette, S. PLISSONNIER, Directeur ✻ M. A.

MACHINES AGRICOLES DE TOUS SYSTÈMES

TOURTEAUX et FARINES pour la nourriture du bétail.

ENGRAIS CHIMIQUES et ORGANIQUES, MATIÈRES PREMIÈRES

SEMENCES DE PREMIER CHOIX.

11e Année. — 2e Série. — N° 540. Dimanche 1er Juin 1890.

GAZETTE AGRICOLE

JOURNAL HEBDOMADAIRE, PARAISSANT LE DIMANCHE

Rédacteur en Chef : M. Ch. GOSSIN, Professeur d'Agriculture à l'Institut agricole de Beauvais

PRIX DE L'ABONNEMENT

UN AN, 5 fr. — SIX MOIS, 2 fr. 50. — TROIS MOIS, 1 fr. 50

Pour l'étranger les abonnements ne sont reçus que pour un an, au prix de 6 francs, et ne partent que du 1er janvier ou du 1er juillet de chaque année.

Il est indispensable de joindre à toute demande de changement d'adresse la dernière bande d'adresse du journal et 50 centimes pour frais de nouvelles bandes.

Adresser les *Abonnements* et *Annonces* à l'administrateur, 13, quai Voltaire, Paris, ou à M. GOSSIN, rédacteur en chef, à BEAUVAIS.

BUREAUX

13, quai Voltaire, Paris.

Les abonnements partent du 1er de chaque mois et sont payables d'avance. Toute demande d'abonnement doit donc être accompagnée du prix de l'abonnement. (Le mode de payement le plus simple est l'envoi d'un mandat-poste.)

Donner *très lisiblement*, en s'abonnant, son nom et son adresse exacte, *avec l'indication du bureau de poste* ; et, s'il s'agit d'une continuation d'abonnement, joindre au renouvellement la dernière bande d'adresse du journal.

La GAZETTE AGRICOLE insère gratuitement les Communications des Syndicats agricoles

AVIS IMPORTANT.

Les bureaux de la GAZETTE AGRICOLE *sont actuellement transférés*

13, quai Voltaire, Paris.

C'est à cette adresse que devront être envoyés les communications et correspondances.

Elles pourront aussi être adressées directement à M. Charles GOSSIN, professeur d'agriculture, rédacteur en chef, BEAUVAIS (Oise).

SOMMAIRE :

PARIS, 30 MAI.

Il existe depuis plusieurs années déjà une association des journalistes monarchistes des départements. Son objet principal est de venir en aide, soit par des secours temporaires, soit par des situations, aux journalistes sans emploi et sans ressources. Les occasions de rendre ces services sont malheureusement beaucoup plus fréquentes qu'on ne le voudrait, le métier de journaliste, en province, étant particulièrement rude et peu lucratif. Le Bonhomme Deschamps sait bien que les rapports entre une association de la presse départementale et l'agriculture ne sont pas très directs. Aussi est-ce moins de cette association que du banquet qu'elle a donné récemment, et surtout du discours qui devait y être prononcé, qu'il a l'intention de vous entretenir aujourd'hui.

***

Beaucoup d'entre vous connaissent assurément de nom M. le duc de Broglie. Il a été député, sénateur, ministre, et, au grand détriment du parti conservateur, il est depuis huit ans en dehors de nos assemblées politiques. Sans la jalousie de quelques bourgeois à préjugés surannés, la France profiterait encore de ses lumières et de son expérience. Il est vrai que le public n'est pas tout à fait privé de ces avantages, puisque le duc de Broglie consacre ses loisirs à écrire d'une façon tout à fait supérieure et originale, les évènements du règne de Louis XV dans leurs rapports avec la Prusse et l'Autriche. Donc on avait offert à l'historien de Frédéric II et de Marie-Thérèse de présider le banquet annuel de la Presse monarchique et il avait accepté. Un deuil de famille, aussi cruel qu'inattendu, a privé, à la dernière heure, le banquet de son président, et le public eût été également sevré de l'éloquence du duc de Broglie si, cédant à de pressantes sollicitations et à l'intérêt monarchique, l'ancien ministre du maréchal de Mac-Mahon n'avait consenti à livrer son discours aux journaux.

***

Les monarchistes doivent-ils renoncer à leurs espérances et à leurs opinions? Quelle conduite les monarchistes doivent-ils tenir à l'égard de la République? Telles sont les deux questions que le duc de Broglie traite avec une élégance de style, une puissance de logique et une abondance de raisons auxquelles un esprit libre ne saurait refuser son adhésion. Tout d'abord les monarchistes ne doivent pas renoncer à leurs opinions, non seulement parce que la République est toujours à l'état de campement chez nous, mais aussi parce qu'on ne change pas d'opinions comme on change de vêtement, et, soit dit vulgairement, de chemise. Encore si l'on ne tenait à son opinion que par dignité personnelle ou par amour propre, ou même par admiration pour les gloires de l'ancienne monarchie, et par attachement à la famille qui la représente aujourd'hui, M. le duc de Broglie serait d'avis, devant l'intérêt public, d'y renoncer. Mais les monarchistes ne considèrent toutes ces raisons que comme l'ornement et la parure de leur foi monarchique. S'ils sont pour la monarchie contre la République, c'est par souci de l'honneur, du bonheur et de la sécurité de la France. Il y a à cet égard, dans le discours du duc de Broglie, des vues nous ne disons pas neuves, mais aussi fortes qu'ingénieuses.

***

Mais de ce que, par raison, par patriotisme, et dans l'intérêt de tous, des petits et des faibles surtout, on doit demeurer inébranlablement attaché à la monarchie, s'ensuit-il que les monarchistes doivent mettre à chaque instant des bâtons dans les roues, empêcher le bien, et pousser au mal? En aucune façon. A cet égard encore, le duc de Broglie donne les conseils les plus nets et les recommandations les moins équivoques. Si dans les réunions publiques, si dans la presse, les orateurs et les écrivains monarchistes doivent défendre ouvertement leurs opinions, justifier leurs préférences et plaider leur cause, tout en ne se refusant pas à approuver les bonnes mesures que le régime républicain pourrait prendre dans le Parlement, le devoir des députés de la minorité est un peu différent. Assurément ils ne doivent pas cacher leur drapeau sous leurs redingotes ni se dérober aux occasions opportunes d'indiquer que là où la République, par le vice ou l'insuffisance de son principe, échoue, la monarchie réussirait. Mais leur mandat étant législatif et non constitutionnel, c'est surtout à voter de bonnes lois, à écarter les mauvaises et à amender, si possible, les médiocres, qu'ils doivent s'appliquer. Il y a en effet, en dehors de la question de forme de gouvernement, des points communs sur lesquels monarchistes et républicains peuvent et doivent s'entendre pour le plus grand bien du pays.

***

Le Bonhomme Deschamps regrette que le format de la *Gazette agricole* n'ait pas permis la reproduction de cet admirable discours du duc de Broglie. Aussi a-t-il trouvé là une raison de plus pour ne pas laisser ignorer à ses amis de quels sentiments sont animés les monarchistes, sur quels fondements ils appuient leurs convictions et à quels motifs de patriotisme et d'intérêt général ils obéissent quand ils refusent de passer du camp monarchique dans le camp républicain. Conciliation avec les personnes, transactions sur les choses, rien de tout cela ne leur coûte, à la condition que cet esprit conciliant et transigeant n'aille pas jusqu'à l'abandon de leur foi monarchique et n'entraîne pas de concessions sur le principe. Bien que le Bonhomme Deschamps estime que les raisons que le duc de Broglie a données des convictions monarchiques soient assez fortes par elles-mêmes, et que le discours de l'éminent homme d'Etat n'ait besoin d'aucune autorité étrangère, il est cependant permis d'ajouter, qu'en cette dernière circonstance, l'orateur n'a été que l'interprète éloquent de la pensée du comte de Paris.

LE BONHOMME DESCHAMPS.

NOUVELLES DE LA SEMAINE.

Election sénatoriale. — Voici le résultat de l'élection sénatoriale qui a eu lieu dimanche dernier dans l'Yonne :

MM. Coste, conseiller général rép. 375 voix
Milliaux, maire d'Auxerre, rép. 210
Laubry, cons. gén. rép........ 205
(Ballottage).

DEUXIÈME TOUR.

MM. Coste............... 451 v. Elu
Milliaux.............. 401
Divers............... 35

Il s'agissait de remplacer M. Ed. Charton, décédé. Au renouvellement de janvier 1882, MM. Ribière et Charton, républicains, sénateurs sortants, avaient été élus au premier tour de scrutin par 348 et 341 voix contre MM. Bonnerot et Duguyot, radicaux, qui obtinrent 188 et 182 voix.

Election législative. — Une élection législative a eu lieu dimanche dans les Alpes-Maritimes. Voici le résultat du scrutin :

Nice (2e circonscription.)

Inscrits : 13,999. — Votants : 9,441.

M. Borriglione, opportuniste.... 9.082 ELU.

M. Borriglione n'avait pas de concurrent.

Le voyage de M. Carnot.— M. Carnot, président de la République, vient de faire un voyage dans le Midi et l'Est de la France, visitant Montpellier, Nîmes et Besançon. Nous ne trouverions rien à redire à ces déplacements, s'ils n'étaient l'occasion de scènes grotesques et ne prouvaient que le parti républicain, en fait de flagorneries et de platitudes, est sans rival. Qu'on en juge par la proclamation suivante, adressée par le maire de Nîmes à ses administrés :

Mes chers concitoyens,

Le chef de l'Etat veut bien nous honorer de sa présence dans la journée du 23 mai. Qu'il soit le bienvenu parmi nous !

M. Carnot personnifie la nation elle-même dans toutes les qualités qui en font la grandeur et constituent sa suprême espérance. Son nom signifie probité, concorde, patriotisme; et n'est-ce pas M. le Président de la République qui a dit, à l'occasion de sa visite dans notre beau Midi : « En voyage, je représente la France. »

C'est donc la France que nous saluerons en lui, et vers la France s'élèveront nos acclamations lorsque, dans un élan unanime, nous crierons tous : « Vive le Président de la République ! Vive le petit-fils de l'organisateur de la victoire ! »

Citoyens de l'antique Nemausa, à vous de recevoir dignement cet hôte illustre.

Vive la République !

Le maire,
Lucien PASCAL.

C'est à la fois bête et roublard, mais comme cette platitude sent bien le républicain qui veut happer un bout de ruban rouge !

Et voilà des gens qui blaguaient les chambellans avec *leurs clefs dans le dos*, et qui s'indignaient des hommages rendus aux souverains !

Les pensées du PETIT fils du GRAND Carnot. — A Belfort, où il s'est rendu en quittant Besançon, M. Carnot a prononcé trois discours, trois perles, trois maximes dignes de figurer dans le recueil que l'on ne peut manquer de former sur « les Pensées » de Carnot.

Au maire de Belfort, il a déclaré :

Je suis heureux, Monsieur le maire, de décorer, en votre personne, la ville de Belfort.

Il a répondu au curé doyen en ces termes :

Votre territoire est petit par la surface, mais il est grand par le cœur.

Et au recteur d'Académie :

Merci, Monsieur le recteur ; nous sommes fiers de constater combien sont profonds les sentiments de ce patriotisme muet dont vous parliez tout à l'heure.

Nous ne désespérons pas de voir, dans un avenir prochain, les *Pensées de Carnot* détrôner au programme universitaire les pensées et maximes des maîtres les plus illustres.

A la Chambre des députés. — C'est le cas de répéter : Ils sont 400 qui travaillent comme 4 ! En effet, on tourne dans un cercle vicieux au Palais-Bourbon. Lorsque la Chambre siège, les commissions ne siègent pas ou ne tiennent que de courtes réunions pour permettre à leurs membres d'assister à la séance publique; lorsque la Chambre prend un congé, messieurs les commissaires en profitent pour aller se promener à la campagne.

Dans l'un et l'autre cas, les commissions ne font rien ou presque rien. Or, la Chambre n'ayant qu'un ordre du jour peu chargé, attend leurs rapports pour se mettre à la besogne. Les rapports ne viennent pas, on se repose, et, lorsqu'on se repose, les rapports viennent encore moins.

Il faut être juste et faire une exception pour la commission du travail qui vient de prendre les décisions suivantes :

Les femmes ne pourront reprendre leur travail qu'un mois après leurs couches.

Le travail souterrain est interdit aux femmes et aux filles mineures.

Un règlement d'administration publique déterminera les cas dans lesquels les enfants de 13 à 18 ans seront autorisés à travailler dans les mines. Leur présence ne pourra être que de 10 heures, dont 8 de travail effectif. Ils auront 14 heures de repos.

Les maires devront délivrer des livrets aux enfants et aux filles âgés de moins de 18 ans.

Les patrons devront afficher dans leurs usines les règlements et lois en vigueur sur le travail, les noms des inspecteurs, les heures de la durée du repos et du travail.

Des règlements d'administration publique détermineront les travaux réputés dangereux, excédant les forces des femmes et des enfants, les professions insalubres.

Tous les établissements devront être tenus dans le plus grand état de propreté et être bien ventilés.

En cas d'accident, le maire de la localité devra, dans les quarante-huit heures, en aviser l'inspecteur régional.

Sages mesures, mais qui ne seront jamais appliquées !

Rejet de la loi contre la liberté de la presse. — La loi contre la presse, imaginée par M. Marcel Barthe et votée par les opportunistes qui constituent la majorité du Sénat, a été repoussée, comme nous le faisions pressentir.

Sur 536 votants, la majorité était de 269.

La loi a réuni 189 voix et en a eu 347 contre elle.

Anniversaire du 24 mai 1871. — Tous les survivants de la bande d'incendiaires et d'assassins qui, sous la Commune, ont terrorisé Paris, se sont réunis cette semaine au cimetière du Père La Chaise. Vingt mille socialistes possibilistes, collectivistes, anarchistes et blanquistes sont venus, drapeaux rouges déployés, sur la tombe des fédérés, crier : *Mort aux bourgeois ! Vive la Commune ! Vive la Révolution sociale !*

Comme de juste, la police a assisté impassible à cette excitation au pillage et à l'assassinat !

L'IMPOT SUR LES SUCCESSIONS

Il n'est personne qui ne reconnaisse que l'organisation fiscale actuelle, bien qu'elle ait la prétention de reposer sur le principe de la proportionnalité, est un tissus d'incohérences, d'iniquités et qu'elle lèse le principe de justice d'une manière si manifeste qu'elle semble un défi porté au bon sens et à l'honnêteté.

Parmi les impôts — ils violent tous le principe de la proportionnalité — il en est un surtout contre lequel l'opinion publique proteste avec plus d'énergie, parce qu'il est l'un des plus iniques, c'est l'impôt sur les successions.

Ici la taxe est exorbitante et frappe à tort et à travers, au mépris des liens sacrés de la famille et du droit successoral qui en est la conséquence.

Cet impôt est comme un débris du vieux droit féodal, en vertu duquel tout appartenait au souverain. Aujourd'hui, le souverain c'est l'Etat. Et c'est en vertu de ce prétendu droit de souveraineté qu'il intervient dans toutes les mutations de la propriété et dans les successions, et qu'il prélève sa quote part, comme un droit d'investiture.

Il se place entre le père et le fils et dit à celui-ci : — Tu veux hériter des biens de ton père. C'est bien, mais avant que tu en prennes possession, j'exige que tu me paies une redevance.

Le fils aura beau objecter que les biens en question appartenaient à son père défunt qui les avait acquis au prix de son travail, de ses sueurs, et qu'en outre il était libre d'en disposer comme bon lui semblait. Pour toute réponse, l'Etat lui appliquera le fameux principe : la force prime le droit.

C'est en vertu de ce droit arbitraire que le fisc s'immisce dans des affaires de famille et viole le foyer, cette chose sainte entre toutes, pour réclamer sa part de l'héritage.

Dans notre loi fiscale, l'enregistrement fait masse de toutes les valeurs mobilières ou immobilières pour les imposer au taux successoral, sans se préoccuper des dettes dont elles peuvent être grevées, qu'elles soient hypothécaires ou chirographaires. Le résultat de cette excessive rigueur est toujours fâcheux et quelquefois ruineux pour les intéressés.

En voici une preuve évidente:

Un petit cultivateur-propriétaire meurt en laissant à ses héritiers une terre d'une valeur établie par les actes d'achat de 40,000 francs, mais grevée de 20,000 francs d'hypothèques; ses héritiers doivent payer les droits de succession sur 40,000 francs, ce qui est déjà inique. Mais si, par la dépréciation plus ou moins momentanée des biens-fonds, la valeur actuelle de la terre est réduite à 20,000 francs, les héritiers sont obligés de payer les droits afférents à une valeur de 40,000 francs sur une valeur réellement réduite à zéro.

Citons encore l'exemple suivant:

Il y a quelques années, un cultivateur possesseur d'une ferme d'une valeur de 900 francs, mourut en laissant quatre enfants mineurs. Cette ferme fut vendue 725 fr.; savoir: mobilier, 225 fr.; immeubles, 500 francs.

Les frais de succession atteignirent le chiffre de 643 fr. 70. De sorte qu'il ne reste aux quatre enfants que la somme de 81 fr. 22 cent.; soit 20 fr. 30 pour chacun d'eux. N'est-ce pas révoltant?

Que devient avec un pareil système le principe d'hérédité, qui est à la fois le soutien de la famille et la condition de la perpétuité matérielle de la nation?

Il est urgent que nos législateurs s'occupent de mettre un terme à un état de choses qui légitime en quelque sorte la spoliation des citoyens au profit de l'Etat.

UTILITE DU SEL
pour l'amélioration et la conservation des fourrages.

Les anciens, nos maîtres en bien des choses, avaient l'habitude de préparer la paille pour la nourriture du bétail, en la conservant longtemps après l'avoir arrosée de saumure; on la faisait aussitôt sécher, on la liait en bottes et on la donnait aux bœufs en guise de foin.

Il est certain que, grâce au sel, nous pourrions faire manger à nos bestiaux beaucoup plus de paille que nous ne le faisons ordinairement.

Que de denrées perdues ou gaspillées par les animaux qui, si elles étaient salées, seraient entièrement utilisées.

Nous connaissons un herbage humide et marécageux qui donne naissance à des herbes de détestable nature. Le fermier, ne pouvant parvenir à améliorer la nature de ces herbes, s'est avisé de répandre de temps en temps, à l'époque du pâturage, du sel sur ledit herbage; et, depuis ce temps, ses vaches pâturent admirablement.

Les pommes de terre atteintes de maladies peuvent, lorsqu'elles sont salées, être données aux porcs.

Du reste, toute nourriture aqueuse, pommes de terre crues ou cuites, turneps, navets, betteraves, topinambours, pulpes de distillerie ou de sucrerie, etc., devront toujours être additionnées de sel. C'est une bonne précaution qui prévient bien des maladies.

En Flandre, on ne donne jamais aux chevaux d'avoine nouvelle, c'est-à-dire encore humide, sans y mêler un peu de sel en poudre.

Dans tous ces cas, les animaux mangent avec plus de plaisir et d'appétit et se maintiennent en meilleur état.

Mais c'est surtout pour la conservation des foins, des fourrages provenant de nos prairies artificielles, qu'il est utile de recourir à ce précieux condiment.

L'usage de saler le foin du moment où on le met en meules est pratiqué depuis longtemps déjà dans les comtés de l'Angleterre et de l'Ecosse. On répand le sel en poudre sur le foin au moyen d'un tamis, dans la proportion d'environ 1 kil. 25, pour 100 kil. de foin. Ce sel se dissout peu à peu dans l'eau, qui s'évapore dans les meulons, et il se trouve ainsi réparti très également dans la masse du fourrage. C'est là, sans contredit, une excellente manière d'administrer le sel aux bestiaux.

Cette méthode a encore l'avantage d'empêcher la moisissure et l'altération qu'éprouve le fourrage lorsqu'il est en gros meulons ou engrangé en gros tas. Lors même que le fourrage est trié ou après le fanage et la rentrée, il contient encore beaucoup d'humidité. Celle-ci ne tarde pas à se dégager lorsque la chaleur s'élève au milieu des tas. Nous savons bien, en effet, que lorsqu'on fourre la main dans un meulon de fourrage construit depuis plusieurs jours on sent une chaleur humide plus ou moins forte. La fermentation qui se produit alors marche d'autant plus vite que la masse de foin est plus grande et que l'humidité a plus de peine à sortir.

C'est dans ces circonstances que le fourrage noircit, moisit, prend une saveur peu agréable et court risque de s'avarier complètement. Cela arrive toujours lorsqu'un temps pluvieux n'a pas permis de rentrer bien sec.

Il y a dans le Bas-Rhin un habile propriétaire-cultivateur, M. Schatsemmam, qui suit cette bonne pratique depuis vingt-cinq ans; depuis cette époque, il n'a pas trouvé dans ses masses de fourrage la moindre trace d'altération, quoiqu'il n'emploie que 200 grammes de sel par 100 kil. de fourrage.

Il est donc vrai de dire que le sel neutralise les effets nuisibles de l'humidité.

A plus forte raison devons-nous recourir au même moyen lorsque nos foins ont été vasés, sablés, moisis par suite de ces pluies abondantes qui n'arrivent que trop souvent au moment de la récolte.

L'usage de ces mauvais fourrages engendre des maladies, souvent suivies des épizooties qui dépeuplent les étables.

Mieux vaudrait souvent porter ces détestables herbes au tas de fumier plutôt qu'au râtelier. Mais, comme en raison des faibles ressources fourragères de beaucoup d'entre nous, nous sommes presque toujours obligés de les faire consommer, cherchons au moins à en diminuer les inconvénients par la salaison.

Seulement, dans ce cas, nous n'hésiterons pas à augmenter la dose du sel et à la porter à 2 kil. par 100 kil. de fourrage, car il faut d'autant plus saler que la denrée est de mauvaise qualité.

Si, au moment de la récolte, nous n'avons pas eu la précaution de saler notre foin mal récolté, ayons soin, avant de le donner aux animaux, de le secouer fortement à l'air, hors des écuries et des étables, afin d'en faire tomber la poussière et les moisissures; puis, arrosons-le avec de l'eau salée. Pour y faire pénétrer partout la saumure, remuons le foin avec la fourche. Abandonnons-le ensuite en tas pendant une demi-heure et plus, afin que toutes les parties soient imprégnées d'eau salée.

« Voilà bien des soins et de la dépense! » direz-vous peut-être. Croyez-nous, amis cultivateurs, l'argent et le temps dépensés ainsi ne sont pas perdus; vous les regagnerez aisément en empêchant vos bêtes de perdre l'appétit, de manger avec dégoût, de se mal nourrir, et enfin, fort souvent, de tomber malades.

Est-ce que le prix d'un animal de vos étables, est-ce que les visites des vétérinaires et l'achat des remèdes ne vous occasionnent pas une dépense plus grande?

D'ailleurs, ne l'oubliez pas, le foin salé gagne en poids et en valeur. Mangé avec plus de plaisir, il concourt plus efficacement à la nutrition. On ne vit pas, n'est-il pas vrai, de ce qu'on mange, mais de ce qu'on digère.

L'expérience a prononcé sur ce point, et il est certain que 3 kil. de foin salé valent autant pour le bétail que 4 kil. de foin non salé.

Charles Gossin.

LES PHOSPHATES
dans l'alimentation du bétail.

Les tissus de tous les corps animaux renferment des principes inorganiques. On retrouve dans les graisses du soufre et du phosphore, dans le sang du chlorure de sodium, des alcalis libres et du fer, dans les muscles et les nerfs une forte proportion d'acide phosphorique etc., etc. Ce dernier principe, qui concourt à la formation des cellules et des tissus, combiné avec la chaux et la magnésie, coopère pour une large part à la constitution du squelette. Les os fournissent jusqu'à 55 ou 60 pour 0/0 de phosphates. Les cendres de tous ces corps nous donnent la preuve de leur constitution inorganique et le rapport dans lequel chaque élément y contribue.

De toutes ces substances, les phosphates sont les plus importants, en raison de leur présence dans les tissus protéiques, musculaires et nerveux, et de leur utilité pour les formations osseuses. Il y a donc un grand intérêt à employer les aliments phosphatés pour l'élevage des jeunes animaux. Le premier, le plus grand avantage sera le développement normal et rapide de l'ossature, base de toutes les autres formations. On assurera ainsi des proportions parfaites et tout à la fois fortes et légères. N'est-ce pas là l'idéal cherché de l'éleveur? Joindre la solidité à l'élégance et permettre toutes les capacités d'utilisation, L'apport du phosphore dans les rations est une certitude pour obtenir un squelette fin et compact, préférable aux os spongieux et grossiers. On y gagne la pureté des lignes si appréciables dans l'élevage pour la reproduction et la légèreté du système osseux qui amène la plus value des animaux de boucherie. Puisque ces qualités peuvent être la conséquence d'une combinaison rationelle des éléments nutritifs distribués aux jeunes sujets, le producteur devra s'attacher à augmenter judicieusement les quantités de phosphate assimilable. D'autant plus qu'en dehors de l'accroissement normale il assure une plus grande activité de développement.

La mère, en état de gestation, devra consommer des aliments phosphatés dans l'intérêt d'un meilleur développement du fœtus. Si le lait est utilisé pour la nourriture des jeunes animaux, les mêmes causes produiront les mêmes effets, ainsi qu'après le sevrage dans le rationnement direct des sujets. Pour faire parvenir ces principes dans l'organisme, on a souvent conseillé de phosphater les terres. Les récoltes, qui y végètent, absorbent les principes phosphorés pour les transmettre aux animaux; mais ainsi on ne peut déterminer d'une façon exacte si les quantités absorbées sont suffisantes. Ce qui dépend de la solubilité de l'engrais, de la température, de la nature des terres, des facultés absorptives des plantes, etc. Mille causes impossibles à fixer. Ce mode de distribution ne donne donc qu'exceptionnellement la juste mesure, et l'on n'obtient le plus souvent que le *trop ou le trop peu*. Dans cette alternative il est encore préférable de dépasser le but, car les principes non absorbés dans les rations, comme tous les autres en pareil cas, font retour à la culture par les fumiers.

Mais le doute, l'à peu près, doivent être évités *à tout prix* en matière de rationnement. Pour cela il est indispensable de distribuer directement les phosphates aux jeunes animaux. La *Gazette des Campagnes*, dans son résumé d'une étude de M. de Charnacé, reste dans l'indécis et se contente des phosphates fournis par les plantes : elle attend.... sur cette question. M. de Charnacé semble plus catégorique et approuve l'emploi des phosphates dans l'élevage. Il nous indique même à ce sujet la provende phosphatée de M. Savary, d'Amiens, dont le prix seul lui parait trop élevé, et alors conseille le bi-phosphate précipité, lavé ou le phosphate précipité. Cette solution fausse et inapplicable nous a amené à élucider la question et à nous renseigner sur la valeur des phosphates Savary. Jusqu'à ce jour nous n'avions utilisé que le phosphate de chaux finement pulvérisé ou la poudre d'os très fine et soumise à l'action de la vapeur. Les résultats d'une dose de 16.5 grammes sont satisfaisantes, mais les provendes phosphatées nous semblent devoir remplir plus complètement le but.

M. Savary livre son phosphate à raison de 3 francs le kilo et la quantité *totale* à distribuer journellement ne doit pas dépasser 30 grammes. Ce qui donne : $\frac{3 \times 30}{1000} = 0\ 09$ cent. La dépense quotidienne portée à 0 15 centimes par M. de Charnacé est donc exagérée. De plus, ces provendes achetées par l'intermédiaire des syndicats agricoles, qui en commandent au moins 100 kilos, sont livrées à un prix moindre, ce qui abaisse la dépense par tête et par jour à 0 06 centimes pour les veaux et les poulains. Les porcs ne doivent pas en absorber plus de 10 grammes par jour, soit 0 03 centimes et avec le secours des syndicats 0 02 centimes. La moitié de cette dernière quantité suffit aux agneaux. Outre passer ces indications, serait plutôt nuisible, et au lieu des *proportions* et de la solidité on risquerait de n'obtenir que la déformation. La dépense journalière peut donc se résumer depuis 0 02 centimes jusqu'à 0 10 centimes, suivant l'âge et l'espèce des animaux.

Quant à l'emploi du bi-phosphate précipité, lavé, nous ne saurions le recommander : nous l'ignorons et nous supposons qu'il s'agit du phosphate bi-calcique. Si c'est ce dernier que M. de Charnacé recommande, il ne vaut pas 60 ou 70 francs, mais bien 200 francs pour l'avoir pur, et cette question de pureté est essentielle, si on veut l'employer sans altérer la santé des animaux et éviter les diarrhées, surtout chez les veaux. Pour le phosphate précipité, son action serait nuisible, administré à la dose de 20 à 30 grammes, et provoquerait des entérites chez les jeunes sujets. De plus, il agit comme un absorbant et dessèche les muqueuses. Effets tous très éloignés des résultats à obtenir. La solidité et la régularité sont seules recherchées et surtout une plus grande activité de développement. La dépense quotidienne est encore diminuée puisque par l'emploi du phosphate Savary, on obtient en un temps moindre un plus haut point de production.

Quelques exemples confirmeront ces assertions. La chronique agricole de la Bretagne, par l'organe de M. de Goebriaut, approuve l'usage de ces phosphates et rapporte comme preuve le résultat de ces expériences. M. Boulanger, de Proyart, fit un essai sur deux lots de moutons, dont un seul consomma des phosphates. La précocité, la supériorité et par suite la plus grande valeur resta à la catégorie des jeunes sujets phosphatés. A la ferme d'expériences et d'enseignement pratique de l'Institut agricole de Beauvais, l'emploi de cet aliment est approuvé et utilisé avec avantages pour les poulains. M. Bélison, professeur à l'école supérieure d'Amiens, à la suite d'expériences personnelles, croit à un rapport de 30 francs pour une dépense de 6 francs. Toutes preuves irréfutables.

La formule de M. Savary semble donner la meilleure solution au problème de la distribution directe des phosphates alimentaires. Cet provende indispensable dans les rations et bien distribuée détermine la précocité chez les animaux et une parfaite aptitude d'utilisation postérieure. En résumé, on doit toujours mélanger des phosphates à la nourriture des jeunes sujets, de quelque manière que ce soit; mais sans omettre de le faire dans des proportions bien définies et sous une forme assimilable. A chacun de chercher et d'agir au mieux de ses intérêts; cependant il n'est jamais inutile de s'arrêter aux faits confirmé par l'expérience.

NATALIS OUDARD,
Ancien élève de l'Institut agricole de Beauvais.

LE SOIN DES ABEILLES

(Suite) (1).

Si quelques ruches se développent trop vite, au lieu de les rationner, je vous recommanderai de les pousser au contraire, et quand le corps de ruche sera plein de couvain, d'enlever la première couverture et de la replacer en arrière, de façon à laisser découverts environ, 0m 08 à 0m 10 des cadres du côté de l entrée. On posera sur cet espace une feuille de zinc per-

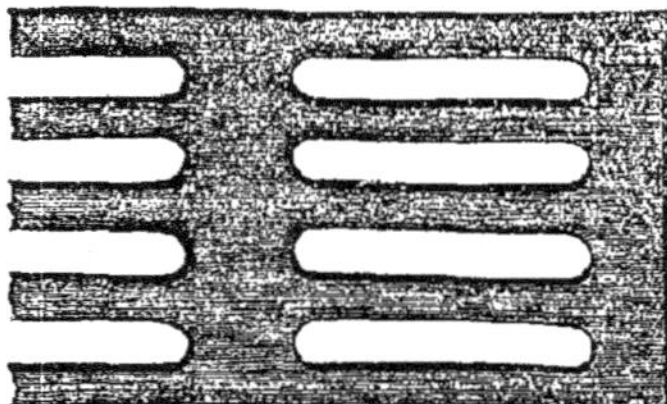

forée de trous assez grands pour laisser passer les ouvrières et trop petits pour livrer passage aux mâles ou à la mère. Au-dessus du corps de ruche ou CHAMBRE A COUVAIN, on posera alors un premier étage, composé d'une boite à simples parois, faite pour recevoir les cadres entiers et laissant un passage de 0m 009 sous les cadres. Seulement on placera ces cadres parallèlement à l'entrée, en petit nombre d'abord, au-dessus de la feuille de zinc; ces cadres seront garnis de fondation soutenue, s'il y a lieu, de fil de fer étamé. On en ajoutera d'autres au fur et à mesure que les cellules se complèteront.

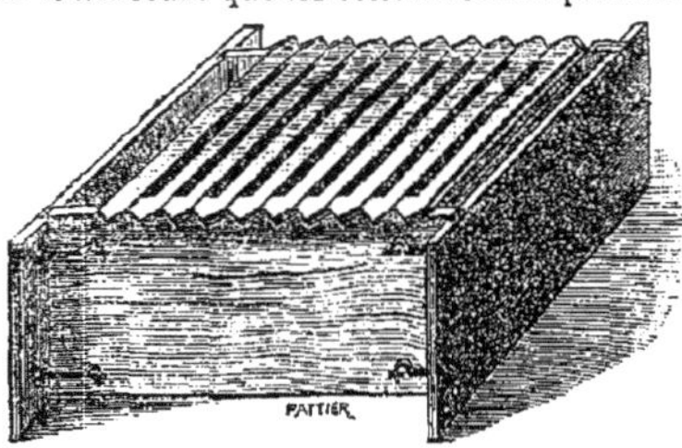

HAUSSE avec grands cadres pour miel.

Pendant ce temps on continue à nourrir à travers le trou de nourrisseur, qu'on a eu soin de placer en arrière, tout à fait au bout des cadres, ou de côté, derrière la séparation du premier étage, comme il a été dit plus haut.

Ce premier étage formera un magasin de réserve pour les abeilles quand les hausses à sections seront en place. Il se remplira de miel sans nuire beaucoup aux sections posées par-dessus, et il nous donnera de beaux rayons de miel avec lesquels nous pousserons à la fin de l'été les essaims ayant besoin de se fortifier avant l'entrée en hivernage.

Il est bien entendu que ce premier étage sera très chaudement couvert dès le principe, en même temps qu'on garantira du froid toutes les parties du corps de ruche non recouvertes par le premier étage, car la chaleur est indispensable aux colonies, surtout au printemps, où la production du couvain doit être favorisée par tous les moyens possibles.

Pendant que les ruches se remplissent de couvain, on s'assure du bon état des ruches vides en réserve, des hausses, des sections. On en complètera la provision nécessaire et on mettra le tout en état pour être prêt à servir.

La FONDATION DE CIRE, dont il a déjà été question, constitue certainement un des plus grands progrès accomplis en apiculture depuis cinquante ans. Grâce à elle, une ruche se remplit de rayons comme par enchantement. Si on a le soin de mettre chaque cadre garni de fondation entre deux rayons déjà bâtis et bien droits ; le nouveau rayon sera forcément droit. Il n'y a donc plus aucune nécessité à garder les rayons mal faits.

En se servant de fondation assez grande pour remplir le cadre, on est à peu près certain que le rayon sera exempt de cellules de mâles.

(1) Manuel pratique d'apiculture, par Jean Wéber. — Prix, 1 fr. — chez GARIEL, éditeur, 2 *ter*, quai de la Mégisserie, Paris.

La fondation ne doit pas tout à fait toucher le cadre, mais laisser environ 0m 004 à 0m 005 de chaque côté et environ 0m 01 en bas. Pour les sections on doit prendre de la fondation la plus légère possible.

La fondation se coupe et se rogne le mieux avec un couteau mince qu'on chauffe à l'eau chaude ou avec une roulette tranchante qu'on humecte d'eau amidonnée.

Quand on veut avoir des sections bien faites, on place une feuille de bois, UN SÉPARATEUR, entre chaque section et sa voisine ; pour les hausses à trois rangs de section il existe des séparateurs perforés de la longueur de trois sections.

(A suivre.) JEAN WÉBER.

LES MALADIES DE LA VIGNE

TRAITEMENT.

Mildiou.

C'est ce moment que nous choisissons d'ordinaire pour parler à nos lecteurs du mildiou et des moyens de le combattre.

La répétition des essais et les expériences nouvelles viennent chaque année confirmer ou modifier nos moyens de combat contre le mildiouet les ennemis de la vigne.

MILDIOU DES FEUILLES. — Tant pis si nous passons pour rabâcheur, mais nous sommes obligés de redire encore que les traitements doivent être préventifs. Tant qu'il y aura des enragés et des récalcitrants qui s'obstineront à traiter trop tard, nous répèterons qu'il faut faire le premier traitement dès que les pousses ont 10 à 20 centimètres de longueur. Pour ce premier traitement, il faut très peu de liquide, avec un hectolitre on peut presque traiter un hectare, en se servant du jet fin (à un cordon) que possède l'ECLAIR de 1890 et qui s'adapte à tous nos anciens pulvérisateurs (1).

Quatre ou cinq semaines après, on exécute le second traitement. Le troisième, facultatif, mais presque toujours utile, se fait un mois plus tard, soit vers la fin juillet.

D'une manière générale, on fera bien de commencer avec des doses faibles et de les augmenter progressivement à mesure que la vigne prend de la force.

200 à 600 litres par hectare, suivant les vignes et l'état de la végétation, suffisent pour chaque traitement.

MILDIOU DU RAISIN. — Un des premiers en France nous avons appelé l'attention des viticulteurs sur l'absolue nécessité de traiter le mildiou du raisin, celui qui fait pourrir et détacher les graines *aussitot après la fleur, avant que le raisin ait acquis la grosseur d'une chevrotine.*

Nous avons ainsi traité nos Othello, et ceux qui ont fait comme nous pour tous les cépages sujets à ce mal ont eu un résultat parfait.

LES PROCÉDÉS DE TRAITEMENT.

Quelle solution doit-on employer?

Chaque inventeur ainsi interrogé répondrait : la mienne. Pour faire exception, nous ne parlerons pas de la solution simple de sulfate de cuivre dans l'eau, que nous avons eu la bonne chance d'indiquer, alors qu'on cherchait les traitements ; nous avons reconnu depuis qu'elle brûlait trop souvent les feuilles.

BOUILLIE BORDELAISE. — Comme l'an dernier, nous plaçons au premier rang la *bouillie bordelaise.* Des traitements exécutés en tous pays, il semble résulter : 1° que l'efficacité du remède est proportionnelle à la quantité de cuivre qu'il renferme ; aussi ne conseillons-nous pas d'abaisser les doses au-dessous de 3 p. 100 de sulfate de cuivre, sauf dans quelques vignobles privilégiés et pour certains cépages peu exposés à l'invasion où l'on peut se contenter d'une bouillie moitié moins concentrée.

Nous conseillons de la préparer en grand de la façon suivante :

D'un côté, dans un vase en bois, un vieux tonneau, on fait dissoudre 1 kilog. de sulfate de cuivre pour chaque 4 litres d'eau chaude qu'il contient. Si le tonneau contient 100 litres, on met donc 25 kilog.

D'autre part, dans un récipient pareil, on fait un lait de chaux en mettant 1 kilog. de chaux grasse éteinte, telle qu'on l'emploie pour faire le mortier, par 4 litres d'eau froide ; c'est 25 kilog. de chaux grasse si le tonneau contient 100 litres.

On a ainsi deux solutions concentrées contenant l'une 1 kilog. de chaux grasse, l'autre 1 kilog. de sulfate de cuivre *par 4 litres,* qui peuvent servir à préparer des bouillies à tous les dosages, puisqu'en prenant 4 litres, on sait qu'on prend 1 kil. de chaux ou 1 kil. de sulfate.

Veut-on préparer la bouillie bordelaise à 3 0/0 de sulfate, recommandée par M. Millardet ? Il suffit de verser dans un autre récipient pouvant contenir 100 litres : 12 litres de la solution de sulfate de cuivre ; 12 litres du lait de chaux ; 76 litres d'eau pour parfaire les 100 litres et de brasser le tout pour avoir la bouillie bordelaise prête à employer.

Il va sans dire que, chaque fois, avant de puiser dans les solutions concentrées, il faut avoir soin de les remuer.

La formule à 1 1/2 p. 100 demanderait seulement 6 litres de solution, 6 litres de lait de chaux et 88 litres d'eau.

BOUILLIE AU CARBONATE DE SOUDE. — Un peu plus coûteuse que la bouillie bordelaise (le carbonate de soude étant plus cher que la chaux), la bouillie au carbonate paraît avoir les mêmes avantages que la bouillie bordelaise : comme elle, elle permet l'emploi de doses massives souvent utiles dans les fortes invasions.

On peut la préparer comme nous l'avons indiqué pour la bouillie bordelaise, en faisant deux solutions concentrées de cuivre et de carbonate de soude qu'on mêle ensuite de façon à obtenir une solution de : 3 kilog. de sulfate de cuivre et 6 kil. de carbonate de soude (cristaux de soude du commerce) dans 100 litres d'eau.

EAU CÉLESTE. — L'eau céleste s'obtient en faisant dissoudre dans un vase de grès ou de bois : sulfate de suivre, 1 kilog. dans eau chaude, 3 litres.

Après refroidissement, on ajoute : ammoniaque à 22 degrés, 1 litre 1/2.

On a ainsi 4 litres 1/2 d'eau céleste concentrée, qu'il suffit de verser dans 100 litres d'eau pour avoir le produit à employer.

On peut préparer d'une fois toute la quantité d'eau celeste concentrée dont on a besoin.

Ce mélange étant fait d'avance, on le porte dans la vigne ; il suffit de verser 4 litres 1/2 de cette solution par hectolitre d'eau et de mêler le tout pour obtenir le liquide d'aspersion.

VERDET. — A la suite des expériences faites à l'Ecole d'agriculture de Montpellier, et aussi dans le vignoble, essais qui ont donné d'excellents résultats, que nous avons constatés nous-même, on a beaucoup parlé du verdet (acétate de cuivre). D'après M. Bencker, qui s'est beaucoup occupé de ce produit, le verdet s'emploie à raison de 1 kil. 500 de verdet gris extra-sec, en grains, par hectolitre d'eau. L'époque du traitement et les quantités à employer sont celles que nous avons indiquées d'une façon générale. Il estime que trois traitements et 17 kilog. de verdet par hectare suffiront pour assurer la préservation, dans la plupart des cas ; il n'y aurait lieu de recourir à de plus nombreux traitements, comme pour les autres solutions, que si le mal dans les environs devenait très intense.

Black-Rot.

LE BLACK-ROT qui s'attaque au raisin ne doit pas être confondu avec le mildiou du raisin. S'il est dû egalement à un champignon microscopique, ce champignon est tout différent, et il semble nécessaire d'employer des doses un peu plus fortes dans les traitements préventifs à lui opposer. Ces traitements doivent être faits dès l'apparition des premières feuilles. C'est la bouillie à haute dose (6 kilog. de sulfate de cuivre et 6 kilog. de chaux grasse par hectolitre) qui a donné les meilleures résultats. Et là encore, pour défendre le raisin, il faut déposer la bouillie sur le dessus de la feuille.

Anthracnose.

Cette vilaine maladie, qui occasionne parfois la perte de la souche, est une des plus difficiles à combattre. De tous les procédés essayés, nous recommandons de préférence ceux qui ont donné les meilleurs résultats.

Solution au sulfate de fer acide.

On met 50 kilos de sulfate de fer dans un baquet de bois ; sur ce sulfate on verse un litre d'acide sulfurique à 53° Beaumé. On brasse bien pour imprégner tous les cristaux d'acide. Puis on ajoute doucement, pour éviter les projections d'acide sulfurique, 100 litres d'eau chaude. On ne prépare ainsi que ce qui peut être employé dans la journée.

Bouillie bordelaise très concentrée, 15 0/0 de sulfate de cuivre et 10 0/0 de chaux.

Sulfate de cuivre et de fer.

On fait encore une excellente solution en mettant 40 kil. de sulfate de fer et 10 kil. de sulfate de cuivre dans un hectolitre d'eau.

Ces diverses solutions servent à badigeonner une seule fois après la taille, en février ou mars, le bois de la taille et celui de l'année précédente ; il est mieux cependant de faire deux opérations à huit jours de distance.

A l'origine, on employait un pinceau fait avec des tampons de chiffons fixés sur un manche. Aujourd'hui on a reconnu qu'on faisait un meilleur et plus rapide travail avec le pulvérisateur Eclair, auquel on adapte un jet fin spécial, n'écartant pas le liquide, la lance remplace le pinceau. VERMOREL.

(1) Le pulvérisateur l'*Eclair* de M Vermorel, à Villefranche (Rhône, est, sans contredit, l'un des meilleurs instruments de ce genre. Nous ne saurions trop en recommander l'emploi, indispensable d'ailleurs pour le traitement efficace des maladies de la vigne. (Prix, de 30 à 40 fr.) CH. G.

Le rôle du sel dans la panification.

Les grains de froment, de seigle, etc., subissent en germant des changements, consistant surtout en ce que le gluten libre devient friable par suite de la formation de la diastase, laquelle transforme en sucre et en dextrine la partie du gluten devenue libre. Or, il a été établi que ce gluten désagrégé se réagrégeait par l'addition du sel de cuisine, et que, reprenant son élasticité, il redevenait petrissable.

Les premiers essais furent faits à la boulangerie de M. Ochernal, à Pechritz, lorsque, par suite des pluies persistantes pendant la récolte du seigle, une grande quantité de grains de celui-ci avaient germé. On avait choisi, à cet effet, du seigle qui avait complètement germé, lequel fut intentionnellement moulu avec ses germes : 160 livres de ce seigle donnèrent 119 livres de bonne farine, 15 livres 1/2 de farine noire, 16 livres 1/2 de son, ne laissant donc qu'une perte de 9 livres; 40 livres de cette farine, additionnées de 31 livres d'eau et de la quantité de levain nécessaire furent converties en pâte par le procédé ordinaire et on prit de cette pâte la quantité de pains devant servir à l'expérience.

Le pain fait de cette pâte s'étendit en farine de gâteau, la croûte s'était détachée et on voyait une crevasse bleuâtre : ce pain était impropre à la consommation.

L'addition d'un demi-décagramme de sel à 3 livres de farine donna un pain sensiblement meilleur; mais la croûte se détachait tout de même et on voyait encore une très petite crevasse. Il était encore impropre à la consommation.

L'addition de 2 décagrammes de sel par 3 livres de farine donna un résultat favorable sous tous les rapports; le pain était léger, sec et savoureux, sans aucune fente ni crevasse.

Une panification avec du froment germé, commencée en même temps, ne donna pas de résultats favorables; toutefois, elle sera reprise par le docteur Lehman, qui avait été chargé par le ministre de l'intérieur du royaume de Saxe de suivre ces expériences.

Par l'addition du sel de cuisine, le seigle germé peut donc être aussi bien employé que le non germé; le sel a encore d'autres propriétés remarquables : outre qu'il procure une digestion complète de toutes les substances protéiques qui se trouvent dans le pain, il empêche la moisissure. Dans les essais dont nous venons de parler, aucune moisissure ne se montra sur le pain salé, plusieurs mois après sa cuisson, tandis que sur celui cuit sans sel, on en trouvait au bout de quelques jours; enfin, l'addition de sel rend le pain plus blanc.

DOCTEUR AGRICOLE.

CONSEILS DU JARDINIER

DU TRAITEMENT DES GAZONS PENDANT LES GRANDES SÉCHERESSES.

Il en est des gazons comme de toutes les plantes : le traitement n'a rien d'absolu; en dehors des soins généraux, il y a les soins particuliers qui varient avec le but qu'on cherche à atteindre, les moyens dont on dispose et les conditions dans lesquelles on se trouve placé. C'est à ces différents points de vue que nous allons examiner la question. S'il s'agit de gazons envisagés au point de vue de l'ornement, qu'on ait de l'eau abondamment et qu'on dispose de moyens faciles pour la répandre, il faut, s'il s'agit de gazons d'ornement, les faucher et les arroser très fréquemment, surtout lorsqu'on a commencé à arroser, car alors les tissus se relâchent, bien qu'ils se tuméfient par l'eau qui rentre en abondance dans leur composition, de sorte qu'aussitôt que l'on cesse d'arroser, l'eau s'évapore, et les tissus, qui sont peu résistants, deviennent flasques et les plantes souffrent. Si l'on a de l'eau à discrétion et qu'il fassent chaud, il faut arroser d'autant plus souvent que l'atmosphère est plus sèche, parce qu'alors l'évaporation est plus considérable.

En général aussi, l'on devra couper souvent, de manière à ne pas produire de fortes réactions sur la partie souterraine, arroser et rouler aussitôt qu'on a coupé.

Il est bien clair que, dans cette circonstance, nous supposons une pelouse de luxe, placée dans des conditions favorables à son entretien. Mais si le contraire arrivait, que l'on soit placé dans de mauvaises conditions, c'est-à-dire où l'eau manque, que le terrain soit sec et que, néanmoins, l'on veuille avoir du gazon, dans ce cas il faut d'abord se rappeler ce principe de physiologie végétale, que rien *plus que les graines* n'épuise les plantes, non-seulement par ce qu'elles absorbent pour achever leur maturité, mais par le travail organique auquel toute la plante est soumise en vue de la fructification générale, c'est-à-dire du développement des tiges florales et de l'élaboration de tous les organes accessoires. D'une autre part, comme les deux parties aériennes et souterraines sont en grand rapport d'équilibre, il faut, autant que possible, les maintenir dans des proportions convenables; autrement on s'exposerait à les affaiblir ou même à les faire périr. Ainsi, si l'on manque d'eau et qu'il fasse très sec, l'on devra faucher très haut, de manière à supprimer toutes les parties susceptibles de fleurir, mais de façon qu'il reste néanmoins des parties aériennes en quantité suffisante pour alimenter la souche, tout en la garantissant un peu des rayons directs du soleil.

Dès le mois de mai ou de juin, suivant les conditions de climat où l'on se trouve, si l'on ne peut arroser, il faut, pour ne pas être pris au dépourvu, commencer à couper long avant l'arrivée des grandes sécheresses, afin d'enforcir la base des plantes et la faire ramifier. Pendant les très grandes sécheresses, on se borne à couper l'extrémité des quelques espèces qui, malgré l'état de souffrance, pourraient tenter de fleurir.

Après une sécheresse très prolongée et lorsqu'il commence à tomber un peu d'eau, il ne faut pas pour cela trop se hâter de faucher les gazons, surtout s'ils ont beaucoup souffert. On doit au contraire attendre que les parties aériennes donnent quelques signes de végétation qui annoncent que les racines, excitées de nouveau, ont recommencé leurs fonctions; alors on fauche un peu plus près, et, si l'on peut, on passe un rouleau pour appuyer le sol.

Tels sont les principaux soins qu'il convient de donner aux gazons pendant les grandes sécheresses, surtout si celles-ci se prolongent pendant longtemps. Nous allons les résumer en divisant les gazons en deux catégories : gazons de *luxe* et gazons d'*utilité*, et en nous plaçant aussi dans les diverses conditions susceptibles de se rencontrer :

Gazons de haut luxe. — Ils ne sont réellement possibles que là où l'eau est abondante et où l'on peut la répandre en quantité, facilement et fréquemment; faucher souvent (commencer même quand il est jeune), ne faire presque qu'épointer, arroser et rouler souvent, de manière que le sol soit toujours ferme et humide. Si, au contraire, bien qu'en cherchant à avoir de belles pelouses, on voulait tirer parti de l'herbe, il faudrait attendre qu'elle soit un peu plus développée, la couper et maintenir les plantes à l'eau, ne serait-ce que pendant quelques jours, jusqu'à ce que la réaction soit faite, que la végétation soit repartie.

Gazons d'utilité. — Quelle qu'en soit la destination, comme nous supposons qu'on voudra, avant tout, tirer parti de l'herbe comme fourrage, l'on devra d'abord, s'il est possible et que le besoin s'en fasse sentir, arroser, mais toujours *fortement* et quand l'herbe n'est pas encore très développée, de manière à n'être pas obligé d'y revenir de longtemps, et avant que les plantes soient arrivées en graines les couper, mais jamais très près du sol, puis arroser et soigner ainsi qu'il vient d'être dit. Mais, dans le cas où il ne serait pas possible d'arroser, il faudrait couper relativement un peu haut et avant que les plantes soient mûres, de manière qu'il y ait encore assez de vitalité pour que la végétation reparte de nouveau.

Lorsqu'on a affaire à des parties qu'on ne peut arroser, qui, bien que d'utilité, servent surtout à l'agrement, et sur lesquelles on ne compte pas comme produit et dont le fourrage n'est qu'accessoire, s'il fait sec et que ce temps menace de durer longtemps, il faut se borner à en couper la partie supérieure, de manière à concentrer la vie dans la partie souterraine, que la partie aérienne contribuera encore à nourrir, et laisser les choses dans cet état jusqu'à ce qu'il tombe de l'eau, moment où on agira ainsi qu'il a été dit ci-dessus.

Une chose très importante à la conservation des gazons et qu'on ne saurait trop recommander, c'est, *dans aucun cas*, de ne pas couper *trop près* du sol, de manière à ce que le collet ou même les racines placées à la superficie du sol ne soient pas exposés à l'action desséchante de l'air et du soleil. Il est bien entendu que cette distance est relative et pourra varier avec les conditions dans lesquelles on se trouve, la nature des gazons ainsi qu'avec les moyens dont on dispose pour les entretenir.

Si, malgré toutes ces précautions, des parties de gazon situées sur des pentes ou dans des endroits arides, se trouvaient détruites en tout ou en partie, il faudrait semer à l'automne, lorsque les nuits sont déjà longues et fraîches, et qu'on est à la veille où les pluies vont tomber, de manière que la levée s'effectue pendant l'hiver, que les plantes soient déjà bien constituées lorsqu'arrive le printemps, et qu'on puisse même les ébouqueter (faucher un peu haut), et qu'elles aient pu taller et repousser avant l'arrivée des chaleurs, contre lesquelles elles pourraient alors se défendre.

HORTUS.

CONSEILS A LA FERMIÈRE

LA BONNE FABRICATION DU BEURRE.

La première condition absolument indispensable, sans laquelle, si elle est négligée, il n'y a pas de beurre possible (comme qualité), c'est la propreté. Propreté dans la laiterie, propreté dans les vases qui contiennent le lait. Ceux-ci sont en terre commune, le lait y crème beaucoup mieux que dans ceux de faïence. Aussitôt vides, ils doivent être lavés à l'eau bouillante et fortement frottés avec de petites brosses en chiendent et des orties, puis séchés au four; la plus petite odeur se communiquerait au beurre.

La laiterie doit être, de son côté, d'une propreté rigoureuse, souvent arrosée en été pour y maintenir la fraîcheur; sans cette précaution, le lait *caille* trop vite et la crème a à peine le temps de monter; en hiver, elle doit être maintenue à une température douce, sans quoi le lait ne crèmerait pour ainsi dire pas du tout.

Il ne faut pas laisser trop longtemps la crème sur le petit lait, elle pourrait à la fin surir. Dès qu'on juge la croûte arrivée à l'épaisseur voulue, ce qui demande un, deux, trois jours, suivant la saison, on doit l'enlever au moyen d'une (écrémette), sorte de petite écumoire fabriquée à cet effet. La crème recueillie est mise dans des vases spéciaux où elle épaissit jusqu'au moment où le cultivateur juge à propos de la battre. Remarquez que je dis un, deux ou trois jours, c'est parce que jamais la crème ne montera aussi vite en hiver, quoique chauffée, qu'au printemps et en été quand le temps est doux. La chaleur qui fait pousser l'herbe des prairies aura un bien meilleur résultat pour votre laiterie que tous les poêles du monde.

Je ne parlerai pas ici des appareils, plus bizarres les uns que les autres : trayeurs, malaxeurs, écrémeuses, barattes, etc., etc., que chaque année l'on retrouve dans les concours, qui sont très curieux, très ingénieux, mais qui, en résumé, font souvent autant d'honneur à l'esprit inventif de leurs auteurs qu'ils sont pour la plupart peu pratiques dans la vie usuelle. Que la baratte dont vous vous servez soit ronde, en forme de tonneau, octogonale ou ou triangulaire, qu'elle adopte une forme plus ou moins bizarre, qu'elle soit en bois ou en métal, ceci vous regarde; c'est au propriétaire à choisir celle qu'il croit la plus commode, celle qui se nettoie le mieux, celle enfin qui doit arriver au meilleur résultat, étant le moins longtemps à transformer la crème.

Il faut avoir bien soin de ne pas brûler votre beurre. En hiver, lorsque le temps est froid, on échaude la baratte à l'eau bouillante; mais aussi, laissez-là refroidir avant d'y introduire la crème, sans quoi vous n'obtiendriez qu'un très mauvais résultat. Quand le beurre commence à se former, ce qui peut demander une heure ou deux, quelquefois plus, suivant que la crème employée est de vaches jeunes ou vieilles vêlées, vous le reconnaîtrez au clapotement qui se produit dans l'appareil. Il ne faut pas qu'il soit trop massé, autrement dit, qu'il soit en trop gros morceaux, car il se laverait moins bien, ni qu'il soit en grumeaux, car alors il serait trop difficile à recueillir. Quand vous le jugerez au point convenable, vous déboucherez l'ouverture qui se trouve opposée à l'orifice et laissez écouler le petit lait.

Il faut que votre beurre ait la pâte longue, qu'il ne s'enlève pas par écailles, c'est ce dernier cas que l'on désigne sous le nom de *brûlé*. En été, lorsqu'il est venu, que le petit lait est retiré, vous ne devez pas y introduire de l'eau froide sortant d'un puits, sans quoi, sous la brusque transition, votre produit serait encore mal réussi; l'eau doit être tirée d'avance pour qu'elle ait le temps d'acquérir la température extérieure. Ce sont de ces petits détails que tout cultivateur doit connaître s'il veut obtenir un bon résultat.

Le beurre étant seul resté dans la baratte doit être lavé à grande eau et fortement pétri à la main où à l'aide d'un malaxeur; il ne doit pas s'y trouver le plus petit lait de beurre, c'est ainsi que l'on appelle le liquide restant de la transformation de la crème. Ne me parlez pas de beurres non lavés; s'ils n'étaient pas salés, ils ne se conserveraient pas deux jours, et de plus c'est repugnant à manger.

Si votre beurre n'a pas assez de couleur, il faut lui en ajouter, car, trop blanc, ne payant pas de mine, il a moins de valeur. Le meilleur colorant est le jus de carottes rouges que l'on ajoute à la crème avant de la battre. Si votre beurre est un peu amer en hiver, quelques morceaux de sucre adouciront le produit.

Je reviens de nouveau sur ce point, car il est essentiel et bien souvent la pierre d'achoppement. C'est que le beurre médiocre que l'on obtient avec de bonnes vaches et de bons fonds vient toujours d'une laiterie mal tenue; car de même que le tonneau mal lavé fournit du cidre détestable, de même aussi une laiterie mal entretenue ne produit que de mauvais résultats.

UNE MÉNAGÈRE.

CONSEILS DU VÉTÉRINAIRE

LE VERTIGE DES MOUTONS.

Cette étrange maladie, toujours mortelle, qui fait tourner le mouton sur lui-même, est due à l'introduction dans la surface molle du cerveau de l'animal de la larve d'un ver ou hydatide, nommé cœnure cérébral, et qui n'est rien autre chose que le ténia ou ver solitaire du chien. Abandonnés par les excréments de ce dernier, les œufs du parasite sont absorbés par les moutons en même temps que les aliments sur lesquels ils sont disposés. Ils se transforment en embryons, à six crochets, qui perforent les parois de l'estomac et entraînés par le courant sanguin, s'introduisent dans la tête. Là, ils forment des vésicules, compriment les organes cérébraux et déterminent la maladie.

Les symptômes dominants de cette affection sont d'abord la tristesse et l'insensibilité de l'animal, la diminution de l'appétit, la marche hésitante, des baillements prolongés avec accompagnement de tremblements dans tout le corps. Bientôt l'œil devient hagard, bleuâtre, les contractions spasmodiques deviennent plus violentes, l'animal commence à pivoter sur lui-même et semble atteint de folie. C'est la dernière période. Le mieux est d'abattre immédiatement l'animal afin de profiter de sa peau, de sa toison et de sa chair qui est saine, sauf la tête cependant, que l'on devra enfouir profondément avec de la chaux pour que les animaux carnivores, le chien surtout, ne puissent s'en repaître et s'infester du ténia. Il serait même préférable de la soumettre à la crémation afin d'éviter tout péril.

On a essayé avec peu de succès de trépaner la tête des moutons pour en extraire la vésicule cœnure. Cette opération a rarement réussi. Le seul remède préventif est une surveillance constante du chien qui garde le troupeau. Au moindre indice d'infestation il y a lieu de l'éloigner, et de lui administrer le plus immédiatement possible un mélange de sucre et de graine de potiron pilée qui le débarrassera du ténia.

Comme la plupart des maladies qui atteignent les moutons, le tournis se fait sentir surtout sur les animaux faibles, jeunes, ou sur ceux qui sont mal soignés et mal nourris. Le berger ne doit jamais oublier que l'hygiène du troupeau est une garantie sérieuse de prospérité et un préservatif admirable contre les maladies dues aux parasites. Une alimentation saine, abondante, rend la vie plus active, augmente la force organique et met obstacle aux invasions parasitismes, tant intérieures qu'extérieures.

UN VIEUX VÉTÉRINAIRE.

Nouvelles agricoles.

Les raisins frais. — Culture sous verre. — Concurrence de la Belgique. — Il existe aux environs de Bruxelles quatre communes qui font la culture forcée des raisins de table. La vigne y est cultivée sous verre; les serres couvrent en ce moment plus de 100 hectares et elles ont coûté plus de 10 millions de francs. On estime à 1,500,000 francs par an le produit de ces cultures vitrées; il sort de là des quantités énormes de beau et bon franfkenthal ou noir de Hambourg, qui vont approvisionner les marchés de Paris, de Londres, de Berlin et de Saint-Pétersbourg. Paris, à lui seul, en reçoit pour 300,000 francs environ; les autres capitales ensemble pour 400,000 francs; la Belgique consomme le reste.

Nos viticulteurs de Thomery, qui n'avaient point prévu cette redoutable concurrence, s'en effrayent, perdent contenance et demandent au Gouvernement de les protéger. Quelques-uns ont d'abord hésité à donner leur signature, mais on a triomphé de leur indécision en leur disant: « Nos raisins français payent un droit élevé pour entrer en Belgique, tandis que les raisins belges ne payent rien pour entrer chez nous. C'est une injustice criante; nous ne demandons pas de protection, nous tenons seulement à ce que les raisins frais n'entrent pas en France à de meilleures conditions que les nôtres en Belgique ».

Il n'en faut pas davantage pour former les convictions, et les hésitants signent.

Maintenant les viticulteurs belges s'émeuvent à leur tour. Dans une conférence faite le 10 mars, M. Gillekens, directeur de l'Ecole de Vilvorde, prend plaisir à nous donner sur les doigts : « Je suis fier, dit-il, de constater que notre puissante voisine, la France, redoute notre concurrence, songe à empêcher nos raisins d'entrer dans ce pays si favorisé par le soleil. Nous qui sommes obligés d'emmagasiner ses rayons et qui subissons une atmosphère brumeuse et un climat froid, nous arrivons, par nos procédés de culture, basés sur la science et l'expérience, à vaincre les viticulteurs français sur leur propre marché. »

Si M. Gillekens a le droit de montrer de la fierté, nous avons le devoir, nous autres, de lutter contre cette concurrence. On s'en préoccupe d'ailleurs, et M. Cordonnier, à Roubaix, a commencé cette culture de la vigne sous verre; il a couvert un hectare et demi; son exemple a été suivi par un autre industriel de Tourcoing, M. Delmasure, et de nombreux horticulteurs n'attendent, pour marcher de l'avant, que la certitude de voir des droits de douane établis à la frontière sur les produits similaires de Belgique. Ils donnent à l'appui de cette prétention cette raison que les dépenses de premier établissement sont considérables et que les capitaux ne s'engageront dans cette voie que si le succès est au bout. Or, avec la concurrence libre et les salaires étant plus élevés en France qu'en Belgique, la lutte serait difficile.

Boucherie coopérative rurale. — Le petit syndicat du canton d'Astaffort (Lot-et-Garonne), qui ne compte que 340 associés, a fondé une boucherie coopérative dont les débuts modestes montrent bien l'utilité de ce genre d'association.

En six mois, leur boucherie a débité 64 veaux, 3 vaches et 20 porcs, ayant produit un poids mort de 6,000 kilos, qui ont coûté en frais d'achat et d'abatage, 5,890 francs, et dont le débit a rapporté 5,978 francs, au prix moyen de 1 f. 30 le kilo, pendant que les bouchers vendent 1 f. 50 à 1 fr. 70. Les éleveurs et les consommateurs se sont ainsi partagé près de 29,000 francs qui eussent été prévelés par les bouchers sans la boucherie coopérative.

Les pigeons voyageurs. — On s'occupe beaucoup — et pour cause — des pigeons voyageurs. Voici quelques renseignements sur ces intéressants volatiles.

La vitesse initiale d'un bon pigeon voyageur, est de 130 kilomètres à l'heure. S'il va contre le vent, elle tombe à 90 kilomètres. Parti le matin, à six heures, de Bayonne, un pigeon arrive le même jour, à neuf heures du soir, à Bruxelles.

Un pigeon peut emporter une quantité considérable de dépêches. Grâce à la réduction photographique, une pellicule de gélatino-bromure d'argent, impalpable comme feuille d'or, de 2 centimètres de largeur sur 5 de longueur, contient 16 pages d'un journal grand format. Chaque facteur ailé peut emporter cinquante dépêches.

A Paris, on compte 5,779 pigeons entraînés et 5,563 non entraînés, soit un total de 11,342, répartis en 673 colombiers. L'autorité militaire, surtout dans l'Est, a établi un certain nombre de colombiers.

La péripneumonie en Belgique. — Le ministre de l'agriculture, considérant que la péripneumonie contagieuse du gros bétail existe dans les provinces belges limitrophes de la France, vient de prendre un arrêté par lequel l'importation et le transit des animaux de l'espèce bovine sont interdits, jusqu'à ce qu'il en soit autrement ordonné, par tous les bureaux de douanes de la frontières du nord et du nord est, depuis et y compris Ghivelde jusqu'à et y compris Ecouviez.

Cette décision a eu son effet à partir du 28 mai 1890.

Association pomologique de l'Ouest. — L'Association pomologique de l'Ouest tiendra son septième congrès cette année à Caen. La date n'en est pas encore fixée, mais l'Association fait, dès aujourd'hui, appel à toutes les Sociétés d'agriculture et d'horticulture, aux agriculteurs, aux horticulteurs, aux brasseurs, aux praticiens et aux savants qui s'intéressent aux questions relatives à la culture des pommes et à la fabrication du cidre. Voici les questions qui seront proposées à l'étude du congrès :

1° Parasites du pommier ; recherche des moyens les plus pratiques pour les combattre ; indication des espèces de pommier qui, à cause de leur vigueur ou de l'époque de leur floraison, sont encore peu attaquées ; indication des localités qui ont eu spécialement à souffrir des ravages des parasites ;

2° De la fermentation du cidre ; moyens de l'obtenir d'une manière régulière et certaine ; des ferments du cidre ;

3° Divers procédés de clarification ; soutirage ; conservation des cidres ;

4° Maladies du cidre ;

5° Moyens d'empêcher la fraude dans le commerce des pommes ;

6° Du transport de pommes et des cidres ;

7° Indiquer les variétés de pommes qui s'adaptent le mieux aux diverses espèces de terrains ;

8° Du choix des porte-greffes ou intermédiaires dans l'élevage du pommier ; indiquer les intermédiaires employés dans chaque région ; signaler leurs avantages et leurs inconvénients ;

9° Recherche des influences produites par les terrains de nature différente sur les qualités des fruits d'une même espèce ;

10° Conventions à intervenir entre le propriétaire et le fermier lors d'une plantation d'arbres à fruit en terre affermée, afin de sauvegarder tous les intérêts ;

11° De la fabrication des eaux-de-vie de cidre et de poiré ;

12° Du bouturage du pommier.

Des médailles pourront être attribuées aux mémoires présentés.

En même temps que le congrès, on sait que l'Association pomologique tient un concours de fruits à cidre ; elle profite de la réunion d'un grand nombre d'échantillons pour fixer les caractères d'un certain nombre d'espèces, pour vérifier la synonymie et rechercher les meilleurs fruits produits par chaque département. A cet effet, elle demande qu'on veuille bien, cette année, envoyer au concours de Caen : 1° les variétés suivantes : Fréquin ou Gilet-Rouge, Amer-de-Berthecourt, Petit-Muscadet, Doux-Amer gris, Petite-Douce rousse, Saint-Laurent, Médaille-d'Or, Reine-des-Pommes ; 2° une collection de vingt variétés de pommes à cidre les plus estimées dans la région de l'exposant, choisies en nombre à peu près égal parmi les fruits doux et amers, et comprenant : un cinquième en variétés de première saison ; deux cinquièmes en variétés de deuxième saison ; deux cinquièmes en variétés de troisième saison. Outre les fruits, il est indispensable de fournir des renseignements complets sur leur emploi dans la pratique, et sur les qualités et défauts des arbres qui les portent, en particulier sur les époques de floraison et de maturité, la fertilité, la rusticité, la forme et la vigueur de l'arbre, la nature du sol, etc.

Nous ferons connaître ultérieurement la date du congrès et du concours, ainsi que le programme de ce dernier.

AFFAIRES MILITAIRES.

La défense des voies ferrées par les territoriaux de 40 ans.

Le ministre de la guerre a obtenu du Président de la République un décret autorisant le dépôt d'un projet de loi relatif à la défense des voies ferrées en temps de guerre.

Il y a quelques mois, à la suite des diverses modifications apportées aux attributions de la commission militaire supérieure des chemins de fer et à l'organisation des transports stratégiques, le ministre de la guerre avait mis à l'étude les moyens de défendre les gares et les voies ferrées, de concert avec les commissions de lignes et les commissions de gares.

C'est le résultat de cette étude qui vient d'être traduit en projet de loi.

Le but du projet, en dehors de certaines dispositions, est d'obtenir la convocation pendant neuf jours des hommes de la réserve territoriale qui seront désignés pour veiller à la protection des lignes d'opérations en arrière des armées.

Cette convocation se ferait pendant neuf années consécutives, à raison d'un jour par an, au chef-lieu du canton, et autant que possible un jour férié.

Elle aurait pour résultat de familiariser les réservistes territoriaux chargés de cette mission spéciale avec le fonctionnement de certaines parties du matériel fixe des chemins de fer.

Renvoi des classes 1885 et 1886.

Nous apprenons qu'une récente circulaire du ministre de la guerre prescrit le renvoi dans leurs foyers des hommes de la classe de 1885 lequel aura lieu pendant les manœuvres et avant le 1er novembre.

La classe de 1886 sera très probablement libérée en même temps que la précédente. Les brigadiers, caporaux et soldats de cette dernière classe peuvent, dès maintenant, comme les sous-officiers, contracter des rengagements.

Garde à vous !

La discussion des crédits militaires est commencée au Reichstag. Voici la partie de l'exposé des motifs dans laquelle il est question de l'augmentation des troupes des frontières :

« Dans les circonstances actuelles, les troupes de frontières perdent toute valeur si elles ne sont pas capables de partir, munies de tout le nécessaire, *trois heures* après la réception de l'ordre de départ. L'armée allemande a besoin d'une sécurité complète pour sa mobilisation. Ce sont les troupes de frontières qui doivent lui procurer cette sécurité. Plus l'effectif de ces troupes se rapproche de l'effectif de guerre, plus ces troupes seront à la hauteur de leur mission.

Il faut que les batteries et une partie du train soient en état de mobilisation, il faut que la cavalerie (hommes et chevaux), soit au complet et prête à partir sur 1 heure ; il faut que l'infanterie puisse veiller à la sécurité de la frontière. C'est là ce qu'on veut avec la nouvelle loi. L'expérience a démontré que chacune des deux divisions d'infanterie d'un corps d'armée doit avoir six batteries de campagne, chaque division de cavalerie deux batteries montées, et l'artillerie à la disposition du général commandant doit monter à six batteries ; de plus, chaque corps d'armée a besoin d'un bataillon de pionniers et d'un bataillon du train. La nouvelle loi remplit tous ces desiderata. »

Il résulte de ce document que *trois heures* après une déclaration de guerre, notre 6e corps aurait sur les bras les 100.000 soldats allemands cantonnés en Alsace-Lorraine.

Est-ce le cas de rappeler, suivant le vieil adage, que, qui veut la paix doit préparer la guerre.

PETITE POSTE.

M. J..., à M... — *Mur mitoyen.* — Le principe en matière de mitoyenneté c'est que chacun des co-propriétaires ne peut jouir de la chose commune qu'à la condition de ne pas gêner la jouissance du voisin ; or, dans le fait de déposer sans précaution un tas de fumier contre un mur commun, on peut voir un abus de jouissance ; le voisin aurait donc le droit de demander en justice l'enlèvement du fumier, après avoir fait constater toutefois par expert que le purin s'écoule vraiment sur son terrain et que la solidité du mur est compromise.

BULLETIN FINANCIER.

La campagne de hausse est conduite avec une vigueur sans exemple. Le 3 p. 100 finit à 90 72, après 90 80, au plus haut. Le 4 1/2 p. 100 cote 106 30.

L'action du Crédit Foncier monte de 1.245 à 1.260. Il est à prévoir que les rachats du découvert vont accentuer le mouvement d'ici la liquidation. De nombreux achats ont été effectués sur les obligations toutes en hausse importante.

La Banque de Paris passe à 837 50. La Banque Nationale du Brésil en reprise à 593 75.

Nous retrouvons la Société Générale à 472 50, la Banque d'Escompte à 525, la Société de Dépôts et Comptes courants à 600.

L'assemblée générale des Magasins Généraux de Paris, tenue le 12 mai, a décidé de porter le fonds social de 23.750.000 fr. à 30.000.000 de fr. au moyen de l'émission des 12.500 actions nouvelles. La souscription, ouverte depuis le 15 mai, sera close le 5 juin.

L'Alpine est en hausse à 228 75. Le coupon de 11 75, qui sera détaché sur l'action le 1er juin, est payable à Paris à la Société de Dépôts et Comptes courants, et à Lyon à la Société Lyonnaise de Dépôts.

L'action des Etablissements Eiffel se négocie à 570. Elle est libérée de 350 francs et, par conséquent, n'exige qu'un déboursé immédiat de 420 fr.

Les Pierreries de Ceylan sont tenues à 55, la Gold Trust à 75.

On demande à 289 francs l'obligation des Chemins de Porto-Rico, en prévision du coupon de 7 25 payable le 1er juillet.

L'obligation des Chemins Economiques reste à 405.

Informations financières. — L'assemblée générale des Chemins autrichiens, qui vient d'avoir lieu à Pesth, a voté sans enthousiasme le complément du dividende fixé à 1 franc, et a nommé M. de Pretis, président. L'effet produit n'est pas favorable, et on ne saurait trop recommander de vendre ces titres aux hauts cours actuels, avant qu'une baisse de 20 à 30 p. 100 ne se soit produite.

HALLES ET MARCHÉS.

CÉRÉALES. — *Marchés français.*

Prix par 100 kilogr.

REGIONS	BLE Prix moyen	Hausse	Baisse	PRIX MOYEN. Seigle	Orge	Avoine
Nord-Ouest	24 12	0 20	»	16 40	16 85	19 35
Nord	23 46	0 15	»	15 47	18 86	20 05
Nord-Est	24 19	0 33	»	15 55	20 18	19 55
Ouest	24 40	0 11	»	17 16	18 00	19 18
Centre	24 47	0 12	»	16 61	19 34	20 50
Est	24 19	0 14	»	16 52	18 90	19 62
Sud-Ouest	24 77	0 25	»	18 37	18 62	21 58
Sud	24 92	0 05	»	17 96	17 75	21 36
Sud-Est	23 97	0 05	»	17 55	17 70	20 82
Prix moyens	24 27	»	»	16 84	18 45	20 25
Sur la huitaine préc. Hausse	0 14	»	»	0 10	»	»
Sur la huitaine préc. Baisse	»	»	»	»	0 51	0 15

Farines de consommation.

La meunerie maintient ses prix.

MARQUE DE CORBEIL	57 fr.		(36 30 100 k.).	
	159 kil.		100 k.	
Marques de choix	57 à	58	36 30 à	36 94
Premières marques	56	57	35 66	36 30
Bonnes marques	54	56	34 39	35 03
Marques ordinaires	53	54	33 75	34 39

Le sac de 159 k., toile à rendre, franco au domicile des acheteurs à 30 jours sans escompte, ou au comptant avec escompte de 1 1/2 0/0.

Fourrages et pailles.

Paris, La Chapelle.

	1re qté.	2e qté.	3e qté.
Foin nouveau	50 à »	49 à »	47 à »
Luzerne nouvelle	49 »	47 »	45 »
Paille de blé	31 »	31 »	28 30
Paille de seigle	31 »	28 »	26 34
Paille d'avoine	27 »	24 »	22 22

Le tout aux 104 bottes dans Paris.

COURS DE DIFFÉRENTS MARCHÉS (par 100 kil.).

	Paille.	Foin.
Beauvais	5 25	6 »
Blois	4 50	6 75
Douai	5 75	9 50
Toulouse	5 »	6 50
Angers	4 50	5 50
Orléans	5 50	6 75
Lyon	4 75	6 75

Issues, les 100 kil.

Les acheteurs sont rares et les prix en baisse de 50 centimes.

Nous cotons par 100 kil. en gare d'arrivée à Paris :

Son écaille	13 » à	» »
— gros	12 25	12 »
— trois-cases	11 75	11 50
— fin	11 25	11 »
Recoupettes	11 25	11 »
Remoulages blancs	15 »	18 »
— bâtards	13 50	14 50

MARCHANDISES DIVERSES.

Fécules.

Les stocks en fécule diminuent partout; les offres paraissent moins nombreuses. La consommation parait un peu le comprendre et semble manifester le désir d'acheter. Les cours sont fermes.

Les 100 kil.

Paris. — Fécule 1re, grains	27 » à	» »
dito verte	» »	» »
Oise. — Fécule 1re, grains	25 »	26 »
Vosges. — Fécule 1re, grains	27 »	» »
Loire. — Fécule 1re, grains	27 »	» »
Auvergne. — Fécule 1re, grains	27 »	» »
Fécules secondes selon qualité	20 »	28 »

Pommes de terre.

Les 1.000 kil.

Hollandaises	60 » à	80 »
Magnum bonum	60 »	65 »
Early roses	48 »	50 »
Saucisses	40 »	50 »
Rondes	40 »	45 »
Chardonnes	30 »	40 »

Tourteaux, les 100 kil.

	Colza	Œillette	Lin	Cam.
Lille	15 50 à 16 25	16 » à 17 »	20 » à 21 »	15 »
Arras	16 » 17 »	14 50 » »	21 50 » »	16 »
Gd Moulin Corbeil	15 50		19 75	
	Coprah	Arachide déc.	Sésame	Colza
Marseille	11 » à 14 »	13 50	12 50 à 13 »	16 »

GRAINES DIVERSES.

Maïs, les 100 kil.

Paris	11 00 à 13	»	Agen	14 »	14 75
Alais	14 »	15 25	Grenoble	14 25	14 75
Ruffec	13 75	14 50	Reims	14 »	14 50

Sarrazin, les 100 kil.

Paris	15 50 à 16	»	St-Pierre	14 » à	14 50
Mayenne	14 25	15 »	Nantes	14 »	14 75
Rennes	14 »	15 50	Orléans	14 25	15 »

Légumes secs, les 100 kil.

	Haricots	Pois	Vesces	Lentilles
Paris	20 à 47	21 à 26	» »	45 à 70
Rouen	42 57	50 63	26 28	77 »
Marseille	18 30	23 32	25 34	19 24 50

Graines fourragères, les 100 kil.

Luz. de Prov.	155 à	180	Minette	40 à	45
— du Poitou	100	155	Sainfoin à 2 c.	28	30
— d'Italie	130	160	Sainfoin à 1 c.	25	28
Trèfle blanc	100	130	Pois jarras	18	21
— violet	70	105	Vesces	21	23

Huiles.

COLZA BRUT. — Les prix fléchissent de 50 à 75 cent. *Le courant du mois* se cède à 70 50 et les 4 derniers mois à 68 fr.

On cote au début de la réunion :

Disponible	70 50 à	» »
Livrable courant du mois	70 50	» »
Juin	70 »	70 50
Juillet et août	69 50	70 »
4 derniers mois	68 »	» »

LIN. — Nous n'avons pas de changement à constater dans les prix. les affaires restent calmes.

On cote au début de la réunion :

Disponible	57 50 à	58 »
Livrable courant du mois	57 50	58 »
Juin	57 50	58 »
Juillet et août	57 »	57 50
4 derniers mois	55 25	55 75

Les 100 kil. net, logés, escompte 1 0/0.

Pétrole.

Les prix ne varient pas ; nous cotons par wagon complet et pour marchandise disponible :

L'huile de pétrole raffinée vaut 49 fr. 50 ; l'essence rectifiée 60 fr. 50 les 100 kil.

On cote à l'hect. pour le détail :

PÉTROLE RAFFINÉ disponible	39 50 à	» »
ESSENCE RECTIFIÉE, disponible	42 25	» »

Laines.

LE HAVRE, 28 mai.

Laines à terme Buenos-Ayres en suint, calmes. Ventes, 200 balles.

Mai 169 »», juin 169 »», juillet 170 »», août 171 »», septembre 172 », octobre 172 50, novembre 172 50, décembre 172 », janvier 1891, 171 »», février 171 »», mars 171 »».

ANVERS, 27 mai.

Laines : fermes. *Prix moyens des Plata* ; on cote en suint : Contrat C. mai à août, 1 67.

Peignés allemands de La Plata : Contrat B, sur mai 5 58 1/2, juin 5 57 1/2, juillet 5 55 »/», août. 5 52 1/2, septembre, octobre, 5. 50 »/», novembre, 5 50 »/». décembre, 5 50 »/», janvier, 5 50 »/», février, 5 40 »/». Ventes, 285,000 kil. Contrat M. mai » »» »/», juin 5 80 »/».

ROUBAIX-TOURCOING, 27 mai.

Laines à terme. Qualité peignée de fabrique, type n. 1 (clôture) : *mai » »» »/», juin » »» »/»*, juillet, 5 65 »/», août 5 65 »/», septembre 5 62 1/2.

Sucres.

Sucres raffinés. — Les prix sont faiblement tenus, la demande étant toujours très calme pour la consommation et pour l'exportation.

Nous cotons, selon marques et époques de livraison, de 102 50 à 103 50 les 100 kil au comptant, sans escompte.

Sucres cristallisés n° 3, acquitté 94 » à 95 »; extra 95 » les 100 k.; en poudre, 94 50 à 95 50 les 100 kil.

Sucre cassé à la mécanique	109 50 à	110 50
Cassons	101 50	102 50
Menus déchets	101 »	102 »
Glace et semoule	103 50	108 »
Sucre en poudre	101 »	102 »

Alcools. — Prix de l'hectol. nu, au compt.

Paris. 3/6 fin, betteraves, 1re qualité, l'hectolitre.			Lille. disp	37 » à	37 »
			Cette	90 »	110 »
90° dispon.	36 » à	31 25	Nimes	80 »	100 »
Juin	36 50	36 75	Béziers	75 »	100 »
4 derniers.	37 75	33 »	Pézenas	80 »	96 »

Raisins secs à boisson.

(Cours de la maison Audibert, 53, rue des Minimes, à Marseille).

Corinthe, **Roi de Grèce**, petits grains Extra 1er choix	100 kilos		49.00
Corinthe, **le Turban**, gros grains	»	»	45.00
Corinthe petits grains, 1er choix	»	»	45.00
Thyra. 1er choix	»	»	39 00
Thyra, ordinaires	»	»	35.00
Samos noirs, 1er choix	»	»	40 00
— muscats, 1er choix	»	»	40.00
Figues à distillerie	»	»	27.00
Pachas, magnifiques, gros grains noirs, égrappés mangeables. seul dépôt en France.	»	»	70 »
Royaux, délicieux pour familles, en caisses de kilo net.	la caisse	»	0.95

Engrais. — Prix des 100 kil. :

Matières diverses pour engrais. — Cours

commercial sur la place de Paris, par 100 kil., pour des ventes en gros de 30.000 kil. au moins.

Sang desséché moulu.	11[13 0[0 azote	20 35	à	24 05
Viande desséchée....	9[11 0[0 —	15 25		18 70
Cornes broyées......	13[14 0[0 —	20 80		22 50
Cuir désagrégé......	8[9 0[0 —	9 20		10 35
Laine engrais........	3 à 4 0[0 —	» »		» »
Nitrate de soude.....	15[16 0[0 —	19 75		20 50
Nitrate de potasse...	95 0[0 —	46 »		40 30
— ...	90 0[0 —	44 »		» »
Muriate de potasse...	80 0[0 —	» »		» »
Sulfate de potasse...	90 0[0 —	25 00		25 00
Sulfate d'ammoniaq..	20[21 0[0 —	31 25		31 50
Chlorure de potassium	90 0[0 —	22 »		22 75
— Stassfurt.	80 à 85 0[0 —	17 10		» »
Cornes, cornailles pour brûler.....		» »		» »
Déchets fins de cornes, frisures...		» »		» »

Phosphates des Ardennes. — En gare des Ardennes et de la Meuse, en sacs (les 100 kil.).

Pulvérisés. 14[16 0[0,	acide phosph..	3 40	à	» »
— 18[20 0[0,	—	4 »		» »
— 16[18 0[0,	—	3 65		» »

Phosphates de Tavel.

50[», la tonne.................... 60 » à » »

Phosphates de l'Yonne. — Les 1.000 kil.

Moulus en sacs, wag. g^re Toucy. 32 à 35 0[0 40 à 45

Phosphates de l'Auxois, Marigny Epoisses.

Pulvérisés 60 à 65 0[0.............. 6 80 à » »

Sulfate de cuivre.

Les 100 kil.................. 66 à 66 50.

Phosphates du Boulonnais 40[45...	4 60	à	» »
— de Pernes..............	6 25		» »
— du Cambresis 28[35....	3 75		» »
— du Lot 30[50...........	3 »		4 50

Superphosphates, poudres d'os, etc.

Les 100 kilogr.

Phosph. préc. 35 à 40 % acide phosph.	17 »	» »
— — 40 à 45 % —	19 »	» »
Superphosphates fossiles, 10 % acide phosphorique soluble et assimil. (les 100 kilog.)........	6 75	» »
Superphosphates fossiles, 16 à 18 %.	10	» »
— d'os, 16 à 18 %, acide phosph..	13 95	» »
Poudres d'os bruts..............	» »	» »

Engrais spéciaux. — Les 100 kilog.

Guano du Pérou. 10 à 16	Eng. chim.
Guan du Pér. diss. 32 à 20	de H. Joulie,
Guan. az. fixe. 26 » à 27 »	Lag....... 15 » à 23 »

BEURRE, ŒUFS, VOLAILLES.

Beurre en motte, *le kilo* :

Isigny : plus élevé..........	6 » à	» »
— extra-fin..........	4 60	5 40
— demi-fin..........	3 60	4 20
— bon fermier........	3 20	3 50
— fermier ordinaire......	2 40	3 »
Beurres dits laitiers........	2 60	3 40
Marchands..............	2 20	2 80
Livarot, Touraine, Bretagne....	2 20	2 80
Jura, Suisse, Italie.........	2 20	2 80

Beurre en demi-kilo, *le kilo* :

Bourgogne.	1 90 à	2 10	Tours....	2 20 à	2 40
Gâtinais..	2 90	2 60	Le Mans...	1 90	2 10
Vendôme..	1 90	2 20	Touraine :		
Beaugency.	1 90	2 20	fausse...	2 »	2 30
Ferme...	2 30	2 90	petite...	2 »	2 20

Œufs, *le mille* :

Normandie. Extra	72 à	80	Bourgogne..	62 à	66
Picardie.. Extra	82	88	Champagne..	64	70
Brie..... Extra	70	76	Nivernais...	66	72
Chartres....	68	74	Bourbonnais..	60	66
Touraine....	62	70	Bresse-Jura..	58	62
Beauce.....	66	74	Bretagne...	52	58
Orne......	58	64	Vendée....	58	62
Picardie....	66	72	Auvergne....	52	58
Châtellerault..	64	68	Midi......	58	62

Volailles et Gibiers.

Canards :			Pigeons :		
nantais (jeunes)	2 50 à	6 »	maconnais.	» 90 à	1 80
de ferme...	2 »	4 »	italiens....	» 80	1 60
Dindes.....	6 »	12 50	bizets......	» 75	1 40
Oies nouvelles	6 »	8 50	Poulets :		
— (2e qté).	» »	» »	nantais....	3 »	6 »
Pintades...	2 50	5 »	touraine...	3 »	6 50
Lapins domestiques.	1 50	4 »	gâtinais....	3 50	7 50
			du Midi....	2 »	4 »
Chevreaux.	2 »	4 »	communs..	1 50	3 50

La vente est assez active. Cours fournis par MM. de Bridiers, Jouslin et Scelle, facteurs assermentés, 2, rue de Valois, Paris.

BESTIAUX.

La Villette, 29 mai. — Bestiaux. — Vente plus facile sur le gros bétail, mauvaise sur les veaux, sur les porcs, et lente sur les moutons.

Cours officiels.	Amenés.	Vendus.	Poids moyen.	1re qualité.	2e qualité.	3e qualité.	Prix extrêmes.
Bœufs..	1.575	1.526	317	1 58	1 42	1 28	1 20 à 1 61
Vaches.	445	440	232	1 54	1 32	1 14	1 10 1 60
Taureau	132	120	389	1 34	1 24	1 16	1 04 1 44
Veaux..	1.473	1.302	79	2 02	1 92	1 72	1 50 2 22
Moutons	11.435	10285	20	2 10	1 90	1 76	68 2 20
Porcs g.	4.434	4.399	79	1 52	1 46	1 40	1 38 1 60
Id. m.	»	»	»	» »	» »	» »	» » » »

Marché du lundi 27 mai.

	Amenés	Vendus	Prix au poids net 1re qual.	2e qual.	3e qual.
Bœufs.....	2.166	1.606	1 56	1 42	1 20
Vaches.....	528	480	1 52	1 28	1 14
Taureaux..	122	94	1 38	1 30	1 15
Veaux.....	1.292	1.113	2 04	1 92	1 78
Moutons....	11.573	10.727	2 14	1 90	1 80
Porcs......	2.290	2.189	1 54	1 46	1 40

	Prix au poids vif 1re qual.	2e qual.	3e qual.	Prix extrêmes.
Bœufs.........	0 97	» 82	» 66	» 60 à 1 02
Vaches.........	0 94	» 75	» 57	» 54 » 98
Taureaux.......	0 87	» 78	» 62	» 58 » 90
Veaux..........	1 34	1 21	» 98	» 82 1 46
Moutons........	1 10	» 95	» 89	» 75 1 18
Porcs..........	1 08	1 04	1 04	» 94 1 12
Peaux de moutons en laine.........				2 20 » »
Id. id. demi-laine.......				2 30 » »

Viandes abattues. — Criée du 23 mai

		1re qualité.	2e qualité	3e qualité.
Bœufs....	le kil.	1 50 à 2 90	1 20 à 2 60	1 00 à 1 90
Veaux....	—	1 90 2 10	1 70 1 85	1 56 1 64
Moutons..	—	1 93 2 06	1 50 1 90	1 40 1 46
Porc entier	—	1 44 1 51	1 26 1 40	1 10 1 20

Cuirs et peaux, les 50 kil.

Taureaux.	34 50 à 37 25	Vaches lourdes	37.50 40.50
Gros bœufs	44 25 47 25	— de bandes	34.75 37.50
Moy. bœufs	41 35 44 25	Gros veaux..	57.75 62.00
Pet. bœufs.	33 75 36 75	Petits veaux	63.50 66.25

Chemins de fer de Paris à Lyon et à la Méditerranée.

Billets d'aller et retour de villes d'eaux collectifs.

Du 1er juin au 15 septembre, les familles composées d'au moins quatre personnes, pourront se procurer à toutes les gares du réseau P.-L.-M., sous condition d'effectuer un parcours minimum de 300 kilomètres, aller et retour, des billets d'aller et retour pour les stations thermales désignées ci-après :

Aix, Aix-les-Bains, Alais, Albertville Bourbon-Lancy, Carpentras, Cette, Chambéry, Charbonnières, Clermont-Ferrand, Coudes, Digne, Euzet-les-Bains, Evian, Gières-Uriage, Goncelin-Allevard, La Bastide-Saint-Laurent-les-Bains, Lachamp-Condillac, La Roche-sur-Foron, Lépin lac d'Aiguebelette, Le Vigan, Manosque, Montélimar, Montpellier, Montrond, Moulins, Pougues, Pringy-la-Caille, Riom, Rio-Chateldon, Roanne, Sail-sous-Couzan, Saint-Georges-de-Couzmiers, Saint-Martin-d'Estréaux, Salins, Vals-les-Bains-Labégude, Vendenesse-Saint-Honoré-les-Bains, Vichy et Villefort.

Le prix de ces billets présentent une réduction de 50 0/0 sur ceux du tarif général pour chaque personne d'une même famille *en plus de trois*.

Leur durée de validité à compter du jour du départ, ce jour non compris, est de trente jours. Cette durée peut-être prolongée une ou plusieurs fois d'une période de quinze jours, moyennant le paiement d'un supplément de 10 0/0 du prix total du billet pour chaque prolongation.

Médaille d'Or. * Exposition Universelle 1889. * Médaille d'Argent.

Plants américains PÉPINIÈRES des Cévennes
Albert GOURDIN, Saint-Hippolyte-du-Fort (Gard)
Fr des Cces, des écoles et champs d'expériences. Tarif n. 29 Fo

GRAINETERIE A CÉDER

Quartier riche. Clientèle bourgeoise. Grande habitation et grands magasins. Affaires, 150,000 francs par an. Bénéfice net de tous frais, par an, 12,000 francs.

On traitera avec 25.000 francs, compris les fonds de roulement.

Écrire ou voir le matin
M. DAGORY, 149, rue Lafayette, Paris.

MALADIES DU BÉTAIL
ET DE LA VOLAILLE
Leur traitement préventif et curatif
PAR L'ACIDE SALICYLIQUE

L'acide salicylique, employé dans la nourriture à la dose de 1/2 à 1 gramme par jour et par tête de bétail, est le meilleur préservatif des maladies qui procèdent par contagion : Sang de rate, Cocotte, Maladie aphtheuse, Erysipèle, Typhus, Morve, Variole et le Rouget des porcs, etc.

DES ATTESTATIONS NOMBREUSES DE GUÉRISONS obtenues pour la Cocotte et le Rouget des porcs ont été reproduites dans le *Journal l'Agriculture*.

La désinfection des étables, des écuries se fait instantanément au moyen d'un arrosage d'eau salicylée à 2 grammes par litre.

S'adresser à M. CERCKEL, administrateur de la *Compagnie de produits antiseptiques*, 26, rue Bergère, Paris.

Envoi sur demande de Prospectus et Brochures.

PRIX DU KIL. 25 fr. — BOITE DE MÉNAGE, 2 fr.

SALAISON DES FOINS
Nourriture du bétail, et engrais des terres.

Sel neuf dénaturé au Tourteau de colza, 55 fr. les 1,000 kilos.
Sel neuf dénaturé au Peroxyde de fer, 50 fr. les 1,000 kilos.
Sel de Morue pur, 45 fr. les 1,000 kil.
Expéditions de Fécamp et de Bordeaux.
S'adresser à M. A. LE BORGNE, négociant à Fécamp (Seine-Inférieure).

PHARMACIE SAVARY
AMIENS, 33, Place Saint-Denis, 33, AMIENS
(EN FACE LE SQUARE).

PROVENDE AUX PHOSPHATES ASSIMILABLES
du Docteur DESCHAMPS.

Prix : 3 fr. le kilog.; 27 50 les 10 kilog. (Remises proportionnelles.)

Accroissement rapide des bestiaux, surtout chez les jeunes animaux, force nerveuse, fécondité, engraissement ; prévient surtout la diarrhée chez les jeunes veaux. Qualité exceptionnelle du lait.

M. Lefèbvre, cultivateur à Marcelcave, a élevé un veau en lui administrant de la Provende phosphatée pendant 60 jours : tué à 70 jours, ce veau pesait 193 kilog., chiffre officiel constaté à l'abattoir. La viande était très blanche, ainsi qu'est prêt à l'attester M. Oheix, boucher à Amiens.

Les attestations émanant des sommités françaises et anglaises les plus accrédités ont été données à M. SAVARY.

25 PRIX D'HONNEUR ET GRANDS PRIX, 200 MÉDAILLES OR, VERMEIL, ETC.
GRANDES CULTURES DE GRAINES POTAGÈRES, FOURRAGÈRES ET DE FLEURS

E. FORGEOT & Cie

fournisseurs du ministère de l'Agriculture, des Ecoles nationales d'agriculture, des Syndicats agricoles, etc.

PARIS, quai de la Mégisserie, 6 et 8

Appareils spéciaux pour épurer et nettoyer les graines

SPÉCIALITÉ DE GRAINES DE GRANDE CULTURE

Luzernes et trèfles garantis sans cuscute, minette, vesces, sainfoins, trèfles incarnats, betteraves, carottes, navets, choux-navets, pommes de terre.

Blés à grand rendement, Avoines, Orges, Seigles. Graines d'arbres pour reboisement
Graines de graminées pour prairies

Notre Maison ne vend que des graines de provenances sûres, assurant les meilleurs résultats ; elle accepte le contrôle de la Station d'Essais des Semences, établie à l'Institut agronomique par le Ministère de l'Agriculture, contrôle auquel nous sommes soumis dès sa création. En conséquence, nos graines sont garanties de levée et d'une pureté irréprochable ; nos trèfles et nos luzernes sont garantis sans un seul grain de cuscute.

Grande et importante **Spécialité de Créations de Prairies.** Nous nous chargeons d'établir des compositions convenant à la nature de chaque sol, et d'avance nous en assurons la réussite.

Sur demande, nous adressons *franco* nos catalogues illustrés de graines potagères, fleurs, arbres, fourrages, ognons à fleurs, plantes, etc.

VINS DU BEAUJOLAIS ET DE MACON.

J. DAMIRON

propriétaire-viticulteur à Saint-Julien en Beaujolais (Rhône).

A la fois délicat et nourrissant, le vin du *Beaujolais* est sans contredit l'un des meilleurs vins de table.

Par leur finesse et leur bouquet, *nos grands crûs* rivalisent avec ceux du Bordelais et de la Bourgogne, tout en étant moins chers.

Notre Vignoble, presque entièrement reconstitué, est aujourd'hui en état de fournir à la consommation ses vins si appréciés. Voici un aperçu des prix :

Vin ordinaire 1888 et 1887	110 à 130 fr.
Bonnes Côtes id.	130 à 150
Saint-Julien id.	160 à 200
Morgon, Fleurie, Thorins (vins classés de 1886 à 1881)	250 à 500

Grands crûs de Bourgogne : Beaune, Pommard, Corton.
Vins en bouteilles par caisses de 12, 25 et 50.
Le tout logé et pris en gare du Vignoble.

La Maison accepterait des représentants sérieux munis de bonnes références.

La Propriété offre des vignes américaines, boutures et racines de choix, et des plants greffés soudés et racinés garantis. — *Prix modérés.*

Adresser les correspondances à Villefranche, 44, rue de Thizy.

CRÉDIT AGRICOLE
UNION DES SYNDICATS AGRICOLES DE FRANCE
9, rue Marsollier, PARIS
Agence à LYON, 234, cours Lafayette, S. PLISSONNIER, Directeur ✱ M. A.

MACHINES AGRICOLES DE TOUS SYSTÈMES
TOURTEAUX et FARINES pour la nourriture du bétail.
ENGRAIS CHIMIQUES et ORGANIQUES, MATIÈRES PREMIÈRES
SEMENCES DE PREMIER CHOIX.

L'Administrateur-Gérant : JOSEPH FREY.

Beauvais. — Imp. D. PERE. — A. CARTIER, Gérant.

11e Année. — 2e Série. — N° 541. Dimanche 8 Juin 1890.

GAZETTE AGRICOLE

JOURNAL HEBDOMADAIRE, PARAISSANT LE DIMANCHE

Rédacteur en Chef : M. Ch. GOSSIN, Professeur d'Agriculture à l'Institut agricole de Beauvais

PRIX DE L'ABONNEMENT

UN AN, 5 fr. — SIX MOIS, 2 fr. 50. — TROIS MOIS, 1 fr. 50

Pour l'étranger les abonnements ne sont reçus que pour un an, au prix de 6 francs, et ne partent que du 1er janvier ou du 1er juillet de chaque année.

Il est indispensable de joindre à toute demande de changement d'adresse la dernière bande d'adresse du journal et 50 centimes pour frais de nouvelles bandes.

Adresser les *Abonnements* et *Annonces* à l'administrateur, 13, quai Voltaire, Paris, ou à M. GOSSIN, rédacteur en chef, à BEAUVAIS.

BUREAUX

13, quai Voltaire, Paris.

Les abonnements partent du 1er de chaque mois et sont payables d'avance. Toute demande d'abonnement doit donc être accompagnée du prix de l'abonnement. (Le mode de payement le plus simple est l'envoi d'un mandat-poste.)

Donner *très lisiblement*, en s'abonnant, son nom et son adresse exacte, *avec l'indication du bureau de poste*; et, s'il s'agit d'une continuation d'abonnement, joindre au renouvellement la dernière bande d'adresse du journal.

La GAZETTE AGRICOLE insère gratuitement les Communications des Syndicats agricoles

AVIS IMPORTANT.

Les bureaux de la GAZETTE AGRICOLE *sont actuellement transférés*

13, quai Voltaire, Paris.

C'est à cette adresse que devront être envoyés les communications et correspondances.

Elles pourront aussi être adressées directement à M. Charles GOSSIN, professeur d'agriculture, rédacteur en chef, BEAUVAIS (Oise).

SOMMAIRE :

PARIS, 6 JUIN.

C'était mardi dernier le 116e jour que le duc d'Orléans, fils aîné du Comte de Paris, était en France. Il n'y habitait aucun palais. Ce séjour il l'a passé d'un bout à l'autre, successivement à la conciergerie et dans la maison centrale de Clairvaux. Cette peine lui a été infligée, non pour avoir troublé l'ordre public, ou organisé une conspiration, ou fomenté une agitation politique. Tout son crime a consisté à se rappeler qu'il avait 21 ans, qu'il est Français, et à venir réclamer le droit de servir, avec les camarades de sa classe, sous le drapeau de la France. Alors que l'on incarcère ceux qui refusent de rejoindre le régiment, on l'a, lui, mis au bloc — selon l'expression énergique d'un ouvrier — pour avoir voulu servir son pays ou connaître du moins pourquoi, sous un régime d'égalité, on le privait de cet honneur.

***

Vous vous souvenez tous de l'émotion générale et profonde que ressentit le pays à la nouvelle de l'arrestation et de l'incarcération du duc d'Orléans. Aucun de nous n'a oublié non plus sa tenue correcte devant le tribunal, son langage irréprochable, et avec quelle netteté il s'est défendu de faire de la politique. « La politique a-t-il dit, regarde mon père, dont je suis le fils respectueux et le serviteur fidèle ». Jeunesse, générosité, dignité, rien n'a désarmé le Gouvernement, ou, pour être plus exact, ne lui a donné le courage de se montrer intelligent en dédaignant les criailleries de quelques journalistes et députés radicaux. Aussi, contrairement à ceux qui attribuaient quelque bon sens aux ministres, le duc d'Orléans a-t-il été transféré de Paris dans le département de l'Aube, et de la tour de la conciergerie à la maison centrale de Clairvaux. C'est là que mardi soir, à dix heures, le directeur, d'ailleurs fort courtois, de la prison, s'est rendu dans la cellule du jeune Prince et lui a annoncé son élargissement immédiat. Une heure plus tard le duc d'Orléans montait dans un wagon qui le transportait en Suisse.

***

Si le duc d'Orléans a charmé le pays par son initiative hardie, s'il l'a étonné au cours du procès, par des réponses d'une maturité bien au-dessus de son âge, il a provoqué chez tous ceux qui ont eu l'honneur de l'approcher dans sa cellule de Clairvaux les mêmes sentiments. Plein d'entrain et de belle humeur, et résolu, s'il le fallait, à subir sa peine dans toute son étendue, il n'a jamais montré la moindre défaillance. Tout au contraire il ragaillardissait ses visiteurs de son franc rire et de ses saillies spirituelles. Ce n'est pas cependant que le séjour de la prison de Clairvaux fut agréable. Ceux-là en conviendront volontiers qui ne peuvent rester, même souffrants, quelques jours dans leur chambre. Or, le duc d'Orléans n'a pas passé quelques jours seulement à Clairvaux, et heureusement il est d'une constitution robuste et d'une très bonne santé. Vigoureux, actif, habitué aux exercices du corps, au grand air, à la société, ce changement de régime était assez pénible. Notez en effet que les règlements ne lui permettaient pas de recevoir plus de trois personnes à la fois, que les visites ne pouvaient avoir lieu que de 2 heures à 5 heures, et qu'à l'exception d'une promenade dans le jardin du directeur il était, le reste du temps, seul avec lui-même. Ce serait d'ailleurs faire injure au duc d'Orléans et donner une idée inexacte de son caractère en insistant davantage sur les rigueurs de sa détention. En venant en France réclamer son droit d'être soldat, il savait à quoi il s'exposait, et du moment où il avait eu le courage de passer la frontière, il était bien évident qu'il avait mesuré et accepté toutes les conséquences probables ou certaines de sa généreuse témérité.

***

Il est en ce moment dans les bras de son père et de sa mère, dont on devine aisément la fierté d'avoir un tel fils et le bonheur de le retrouver. Comme bien vous pensez les journaux hostiles ne manqueront pas de prêter au père et au fils telle ou telle parole, tel ou tel projet dans l'intention, dissimulée ou ouverte, de troubler l'eau. Ils seraient si heureux lorsque le parti républicain est travaillé par des discussions intestines et incurables de faire croire à quelque froideur entre le duc d'Orléans et le Comte de Paris. Ils ont déjà commencé. Votre bon sens fera facilement justice de ces calomnies intéressées, encore qu'elles soient ridicules. Le duc d'Orléans n'a pas plus en sortant de France, qu'il ne l'avait en y venant, l'intention de faire de la politique. Comme il l'a dit, ce soin regarde son père, dont il est le fils soumis et dont il continuera à être le serviteur fidèle, en s'associant dans la mesure qui convient à un héritier, à l'action incessante de son père. Aujourd'hui le Comte de Paris et son fils sont tout entier à la joie de se revoir et d'échanger les sentiments que les murs de la prison de Clairvaux retenaient dans le cœur de l'un et de l'autre.

***

Mais si le duc d'Orléans a retrouvé, avec sa liberté, une famille aimée, c'est en Angleterre, terre hospitalière, il est vrai, mais dans l'exil, qu'il jouira de ces bienfaits. L'exil, vous savez avec quelle fermeté stoïque le Comte de Paris le supporte. Le duc d'Orléans, digne fils de son père, fera de même. Le fera-t-il sans souffrances? vous n'avez pas à le demander. Si vous avez encore présents à la mémoire les termes d'une lettre par laquelle il a coupé court à un pétitionnement public en faveur de sa mise en liberté. « Je préfère, a-t-il dit, la prison à l'exil, car la prison, c'est encore la terre de France ! » Tout commentaire affaiblirait cette parole du jeune Prince. Aussi, le Bonhomme Deschamps aime-t-il mieux remercier encore une fois le duc d'Orléans d'avoir par sa jeunesse, par son initiative, par son attitude, par son langage et par tout l'ensemble de sa conduite, déposé dans le cœur de tous les vrais Français une réconfortante espérance.

LE BONHOMME DESCHAMPS.

LE DUC D'ORLÉANS.

Avant de quitter la France dans les conditions qu'on vient de lire, le duc d'Orléans a fait publier le document suivant :

AUX CONSCRITS DE MA CLASSE

Mes chers camarades,

J'avais demandé à faire mes trois ans comme soldat.

Pour toute réponse, on m'a condamné à deux ans de prison.

Je ne me plaignais pas.

Avant l'expiration de ma peine, on me reconduit à la frontière.

La grâce me rend aux douleurs de l'exil, je change seulement de captivité.

Ma résolution reste entière, rien ne me fera renoncer à mon ardent espoir de servir la Patrie.

La place que je rêvais dans le rang, au milieu de vous, près du Drapeau, gardez-la-moi, je viendrai la reprendre.

A vous, pour Dieu et pour la France !

PHILIPPE, duc d'Orléans.

L'ŒUVRE DE M. CARNOT.

Les journaux républicains ont apprécié de différentes façons une phrase que M. Carnot aurait prononcée au cours de son dernier voyage, il y a quelques jours.

D'après une version, il aurait dit:

Je me suis donné une mission de réconciliation. Mon vœu le plus cher serait de réconcilier tous les Français.

Suivant une autre, il se serait exprimé ainsi:

Le gouvernement de la République n'a d'autre préoccupation que de faire l'union et la réconciliation entre tous les citoyens. La réconciliation des Français entre eux sera la force de notre pays.

Si cette parole du Président de la République était l'expression sincère de sa pensée, nous n'aurions qu'à la louer grandement, car elle serait la manifestation d'un patriotisme irréprochable.

Malheureusement, les faits sont là, qui donnent un démenti à M. le Président de la République.

Quelle fut donc sa conduite dès le début de sa magistrature?

Nous ne l'avons pas oublié, et nous nous rappelons encore son langage, lorsque, recevant les délégués du tribunal de commerce, il a parlé des conservateurs, en s'écriant : « C'EST L'ENNEMI COMMUN ».

Et depuis?

Depuis, il a consacré la Haute Cour de justice qui fut une ignominie judiciaire;

Il a encouragé et approuvé M. Constans, lorsque le ministre de l'intérieur faussait l'expression de la volonté nationale, en faisant des élections de grand chemin;

Il a toléré les invalidations à outrance;

Il a poursuivi la laïcisation jusqu'aux extrêmes limites de l'odieux ;

Il a supporté qu'on privât de leurs traitements trois cents prêtres accusés de crimes imaginaires et condamnés sans preuves, sans confrontation, sans débat contradictoire;

Il a jeté les séminaristes à la caserne;

Les sœurs de charité ont été chassées des hôpitaux.

Voilà, d'une manière générale et par un énoncé rapide, quelle fut l'œuvre de « RÉCONCILIATION » du Président de la République.

C'est-à-dire qu'il a entretenu l'état de guerre civile qui désole notre pays et le divise devant l'ennemi du dehors.

Que M. le Président de la République fasse donc un retour sur lui-même; qu'il comprenne la nécessité de faire véritablement œuvre de conciliation et de réconciliation; c'est le vœu de tous les bons Français !

Jean SIMONEAU.

NOUVELLES DE LA SEMAINE.

L'emprunt. — La commission du budget a adopté le principe d'un emprunt à émettre prochainement. La seule question agitée a été celle de savoir si l'emprunt serait de sept cents millions ou d'un milliard. La majorité a adopté le chiffre de sept cents millions, conformément aux propositions de M. Rouvier. La commission discutera au premier jour les augmentations ou créations d'impôts proposées par le même M. Rouvier. On peut tenir pour certain d'avance que, d'une manière ou d'une autre, les impôts seront augmentés. Et ainsi la République aura tenu les promesses de sa fameuse formule, si souvent répétée en temps d'élection : « Ni emprunt, ni impôts nouveaux ! »

L'élection de la Charente. — M. Edouard Martell a posé sa candidature à la prochaine élection sénatoriale de la Charente.

M. Boreau-Lajanadie, ancien député, dont la candidature avait été posée, s'est désisté en faveur de M. Martell, qui reste le seul candidat conservateur.

Les terroristes russes à Paris. — La police a arrêté, depuis une dizaine de jours, deux douzaines de nihilistes russes réfugiés à Paris. Ces aimables frères en anarchie de nos communards fabriquaient de la dynamite pour faire sauter les maisons.

Ils sont actuellement sous les verrous. Interrogés, ils se nomment des terroristes.

C'est sur les réquisitions du parquet et sur les instructions conformes du ministre de l'intérieur, et non sur la demande de l'ambassade de Russie, que les terroristes russes ont été arrêtés. Le gouvernement français s'est borné, comme d'usage, à en aviser l'ambassadeur de Russie.

Les individus arrêtés ne seront pas livrés à la police russe, comme le bruit en a couru à tort. Les délits qui leur sont reprochés relèvent de la loi française, et c'est la justice française qui sera appelée à les juger.

Une fois que les « terroristes » auront satisfait à la loi de notre pays, le Gouvernement les fera conduire à la frontière.

Les religieux français en Orient. Une discussion des plus instructives a eu lieu la semaine dernière au Sénat. Appelé à s'expliquer sur certaines dépenses du ministère des affaires étrangères en Orient, M. Boulanger, sénateur, rapporteur de la commission des finances, a rendu un légitime hommage aux prêtres, aux religieux et aux sœurs, qui sont les meilleurs agents de l'influence française dans le Levant. Il a dit :

« Les Frères des écoles chrétiennes, les Lazaristes, les Jésuites, les religieuses de tout ordre se partagent cet apostolat... Les laïques ne sont pas dans des conditions aussi favorables; et ce n'est pas par leur entremise que se propage aujourd'hui notre influence. Elle s'exerce à peu près exclusivement par les instituts religieux... Les religieuses accomplissent là-bas, au milieu des misères orientales, leur mission de dévouement avec la sérénité, la douceur, le courage que vous leur reconnaissez tous. »

Si ces paroles avaient été prononcées par un orateur de la droite, il se serait sans doute trouvé sur les bancs du Sénat des républicains pour interrompre. Mais M. Boulanger est lui-même un républicain; il relatait ce résultat des constatations qu'il vient de faire au cours d'un voyage en Orient. Les gauches ont dû s'incliner devant son témoignage. Beaucoup de leurs membres ont même applaudi.

C'est très bien; mais ces prêtres, ces religieux, ces religieuses, dont les services s'imposent ainsi à la reconnaissance, on ne se borne pas à les persécuter en France, on s'attache à rendre leur recrutement impossible.

LA VAINE PATURE

Dans sa séance du 22 mai, le Sénat a voté, après une longue discusssion, et par 154 voix contre 58, une proposition de loi tendant au maintien facultatif du droit de vaine pâture sur les prairies naturelles. La disposition essentielle et nouvelle de ce projet de loi est la suivante:

« Le rétablissement de la vaine pâture sur les prairies naturelles, supprimée de plein droit par la loi du 9 juillet 1889, pourra être réclamée dans les conditions où elle s'exerçait antérieurement à cette loi et en se conformant aux dispositions des articles précédents. »

De ce texte et de la discussion à laquelle il a donné lieu, il ressort que la vaine pâture pourra être maintenue sur les prairies naturelles d'une commune ou section de commune, lorsqu'elle sera fondée soit sur une ancienne loi ou coutume, soit sur un usage immémorial ou sur un titre. Ce maintien sera subordonné aux conditions suivantes: délibération du conseil municipal le demandant, confirmation de cette délibération par le Conseil général du département ou, en cas de désaccord, par décret rendu en Conseil d'Etat. Enfin, en aucun cas, la vaine pâture ne pourra s'exercer dans des limites plus étendues que par le passé.

Ce projet n'est pas encore définitif. Il diffère, en effet, non dans le fond, mais dans la forme, de celui qu'avait adopté la Chambre des députés. Il faudra donc que celle-ci soit, de nouveau, appelée à statuer ; mais son assentiment n'est pas douteux.

LA MARGARINE.

(Suite).

Les lacunes de la loi actuelle permettant aux fraudeurs de se jouer de la police, la transformation des graisses en beurres factices prend une extension de plus en plus ruineuse. Ainsi, pour Paris seulement, cinq ou six usines de ses environs déversent quotidiennement sur son marché de 8 à 10,000 kilos de margarine. Les huit dixièmes de cette totalité sont incorporés aux beurres par des malaxages, et les plus fines marques d'Isigny n'y échappent pas. Ces usiniers, par la trop grande quantité qu'ils créent, font baisser nos cours et tuent le commerce. Notre exportation en supporte également le contre-coup. L'incident soulevé entre plusieurs journaux normands et la maison Lovell et Christmas, de Londres, et relaté dans le cinquième fascicule de la Société des Agriculteurs de France, de la session 1890, en est la preuve. Nos bons beurres de Normandie perdent ainsi leur réputation à l'étranger, et l'Angleterre, qui en consommait beaucoup, ne veut plus en acheter. Les margariniers en effet envoient du Calvados des beurres étrangers à cette région et qu'ils ont préalablement frelatés. L'altération de tous nos beurres semble une chose acquise par ce fait et nos meilleurs beurres dépréciés. Cependant si une grande quantité de nos beurres sont margarinés, nous en trouvons encore de purs; car le cultivateur connaît le préjudice que lui cause ces manipulations et se garde de les faire.

En 1889, lors de l'Exposition universelle, un industriel, fabricant de margarine, fut décoré du mérite agricole pour sa « margarine ». Cela semble être un encouragement du Gouvernement et est fait pour accréditer encore davantage les mauvaises dispositions que ces fraudes font naître contre nos beurres. La dénomination de cet ordre indique pourtant son but de récompenser les agriculteurs méritants et non ceux qui tuent leurs efforts laborieux. Ce qui nous rappelle cet exemple, c'est le journal anglais « The Grocer » du 26 avril 1890. Il renferme, à la page 11 de son supplément, une réclame ainsi conçue :

La plus haute récompense
au dausk
Le jury de l'Exposition universelle de 1889, Paris
*a conféré à Monsieur****
pour son dausk
La médaille d'or.
Récompense unique de la classe 69
et spécialement créée pour les produits
de la laiterie.

Cette récompense n'a pas été obtenue par comparaison avec d'autres margarines, mais bien au concours contre le beurre le plus fin qui soit produit en France.

Tout commentaire affaiblirait le sens de cette réclame; elle prouve amplement la justesse des revendications de la culture.

Quant au dausk c'est un mélange de beurre et de margarine pompeusement désigné sous un nom danois. Le 7 décembre 1886, ce même industriel, qui fait si bien ressortir la valeur de ses produits dans les journaux anglais, ouvrait boulevard Montmartre un magasin de vente au détail. Déjà, à cette époque, la presse payée faisait mousser l'affaire pour acclimater le dausk. Mais le préfet de police, averti par les facteurs de la halle de la nature de ce produit, enjoignit à ce commerçant d'afficher dans son établissement qu'il ne vendait que de la graisse alimentaire. Les acquéreurs, avertis dès lors, abandonnèrent cet achalandeur et l'affaire fut coulée. Après la décision du Gouvernement, en 1889, et celle du jury de l'exposition, on est nécessairement amené à se demander si réellement une protection efficace sera accordée à l'agriculture. Pourquoi cette contradiction flagrante avec la conduite tenue en 1886. Espérons que ce n'est qu'une erreur : elle n'eût pas dû exister, et l'attention des Chambres, appelée de nouveau sur cette question, la réglementera avec justesse. Sans des mesures immédiates et énergiques, les margariniers accapareront tous nos beurres à des prix dérisoires et à l'exemple des grandes Sociétés de laiterie, qui alimentent Paris de lait qui n'en est plus ; ils seront maîtres de la position et, d'un unanime accord, ruineront notre industrie laitière. Laitiers et fabricants de graisses alimentaires s'entendent du reste fort bien, et le lait et le beurre nécessaires à la confection de la margarine sont fournis par les grandes Sociétés de laiterie.

Il faut donc se rallier aux vœux émis par la Société des Agriculteurs de France, dans sa séance du 12 février 1890 :

1° Que l'administration prenne les mesures nécessaires pour que la loi du 16 mars 1887 soit strictement appliquée;

2° Que les fabriques de margarine et d'oléo-margarine soient exercées et paient à l'avenir un droit de fabrication.

Nous appelons également l'attention sur les trois points suivants :

1° Les tribunaux fixeront le chiffre de l'amende à imposer aux fraudeurs, proportionnellement à l'importance de leur commerce;

2° Les margarines acquitteront un droit à la douane française;

3° Les graisses employées pour la fabrication de la margarine seront soumises à une inspection.

Une nouvelle loi réprimant les fraudes nous fera seulement croire à la protection de nos gouvernants.

Natalis OUDARD,
ancien élève de l'Institut Agricole de Beauvais.

CULTURE DE LA BETTERAVE A SUCRE

INSTRUMENTS QUI Y SONT EMPLOYÉS

(Suite).

ARRACHAGE MÉCANIQUE *(Suite).*

Certains cultivateurs disent qu'il est inutile d'arracher mécaniquement, puisque les dépenses sont les mêmes que pour l'arrachage à la main.

Examinons si ce dire a quelque valeur.

Pour un hectare de betteraves et suivant les années le cultivateur paye le travail à la main, pour arracher, couper les collets et charger dans les voitures, de 55 à 60 francs.

Si cette opération se fait mécaniquement il a à dépenser pour 12 heures de travail effectif et pour l'arrachage seulement, savoir :

Pour un conducteur	5	francs.
Pour deux chevaux à 6 fr. l'un	12	»
Pour usure et amortissement de l'outil	6	»
Total	23	»

Il faut encore faire ramasser les betteraves, les couper et les charger, travail qui peut être fait facilement par des femmes et des enfants. Dans les contrées où cette main-d'œuvre est facile à trouver on paie ces dernières façons de 20 à 25 fr. et ailleurs 30 fr.

L'hectare de betteraves, arrachées mécaniquement et prêtes à être conduites à la fabrique, reviendrait donc à 43 et 48 ou bien à 53 fr. soit 12 et 7 fr. en moins que pour l'arrachage à la main, sans compter les plus values que nous avons signalées plus haut.

Avec les arracheurs à 2 et 3 lignes, le prix de l'hectare reste à peu près le même : il y a surtout économie de temps.

La surface arrachée pendant 12 heures de travail dépend beaucoup de la marche des animaux et du rapprochement plus ou moins grand des lignes de betteraves.

Le fabricant qui a tout intérêt à recevoir dans son usine des betteraves arrachées mécaniquement devrait accorder aux cultivateurs une prime proportionnelle à la quantité qu'ils lui livrent, ainsi arrachées.

Nous connaissons des fabriques qui ont opéré ainsi, l'année dernière, et qui n'ont eu qu'à s'en féliciter.

Il est reconnu aujourd'hui que non seulement il faut bien arracher les betteraves, mais aussi qu'il faudrait les travailler dès qu'elles sont mûres.

Il serait donc très avantageux que le cultivateur pût traiter lui-même sa récolte, conserver ses pulpes et livrer ses jus à la fabrique en parfait état.

Cette idée, qui a été mise en avant il y a quelques années, a été abandonnée à cause des difficultés que présente sa mise en pratique et des dépenses qu'elle nécessiterait.

En agriculture, comme en toutes choses, les innovations coûtent souvent à leur auteur beaucoup plus qu'elles ne lui rapportent, heureux encore quand elles ne causent pas sa ruine.

Sans innovations, cependant, aucun progrès n'est possible, et, de nos jours, l'agriculture ne peut rester stationnaire.

Si les cultivateurs de France consentaient à verser chaque année *dans une caisse spéciale bien gérée*, une modique cotisation de un franc ou même de cinquante centimes, et à former ainsi un fonds destiné à encourager et à perfectionner les inventions agricoles qui seraient jugées susceptibles de donner des résultats avantageux, ils assureraient un progrès continu dans toutes les industries qui se rattachent à leurs intérêts : CE SERAIT LE SYNDICAT AGRICOLE PAR EXCELLENCE.

Nous ne désespérons pas qu'un jour quelque propagateur ardent et convaincu ne réalise cette idée. BAJAC.

LA MALADIE DU PIED DU BLÉ

Les agriculteurs ont, en divers points de la France, remarqué une maladie des blés qui consiste dans une altération de la paille au niveau du sol. L'entrenœud inférieur noircit et meurt : par suite, la tige se dessèche prématurément et l'épi ne peut arriver à achever son développement normal. Le grain est d'autant plus chétif et mal nourri que la maladie se déclare plus tôt.

Cette altération de la base des pailles est désignée autour de Paris sous le nom de *Maladie du pied* ou *Piétin du blé*. On n'en a pas, jusqu'ici, déterminé nettement ni la nature, ni la cause, et on s'est borné à l'attribuer seulement à certaines conditions de culture et de climat. Cette maladie a causé, l'an dernier, de graves perturbations dans les cultures expérimentales que poursuit M. Schribaux. à Joinville-le-Pont, sur le domaine de l'Institut agronomique. Elle s'est montrée aussi sur bien des points dans les grandes cultures de blé des départements de Seine-et-Oise, et de Seine-et-Marne. Notre confrère, M. Gilbert, a bien voulu m'en procurer des spécimens bien caractérisés.

Les entrenœuds inférieurs des pailles attaquées, quand on les a dépouillées des graines desséchées et grisâtres qui les couvrent, portent des plaques brunes plus ou moins étendues, et de plus on voit, même sur les parties dont la couleur naturelle n'est pas altérée, de nombreux petits points noirs très ténus.

L'examen microscopique montre que non seulement l'épiderme et les tissus sous-jacents correspondant aux plaques noires, mais encore les parties profondes, et particulièrement les faisceaux libériens et vasculaires sont altérés et brunis, et de plus que tous ces tissus sont envahis par le mycélium d'un champignon dont les filaments traversent les parois brunis des cellules et se ramifient à leur intérieur. Les vaisseaux en particulier en sont maintes fois en partie remplis.

L'envahissement de toutes les parties brunes, et en particulier des faisceaux vasculaires par un mycélium de champignon, ne laisse aucun doute sur la nature parasitaire de la maladie du pied du blé.

Le mycélium parasite ne se développe pas seulement à l'intérieur des tissus, mais aussi à l'extérieur, à la surface de l'épiderme sur lequel courent de nombreux filaments qui sont très fortement colorés en brun. En certains points ils produisent des sortes de pelottes formées par des rameaux courts divisés par de nombreuses cloisons transversales, qui s'entrecroisent et s'appliquent les uns contre les autres, de façon à former des petites masses d'apparence cellulaire et de couleur très foncée ; ce sont les points noirs que l'on voit à la surface des entrenœuds attaqués, même au delà des places brunes.

Les échantillons recoltés au moment de la moisson ne m'ont rien présenté de plus; le champignon parasite dont on appréciait bien les dégâts ne portait pas d'organes de production; il n'était pas déterminable. Il était permis de présumer qu'il pourrait fructifier dans le cours de l'hiver et que les pelottes noires n'étaient peut-être autre chose que des rudiments de *Périthèces*.

Des touffes du blé attaqué du mal du pied ont été plantées dans mon laboratoire et arrosées fréquemment.

Au mois de janvier, j'ai pu constater qu'il s'était développé sur un certain nombre d'échantillons des périthèces noirs contenant des spores complètement formées. J'ai pu dès lors rapporter le parasite qui produit la maladie du pied du blé au genre Ophiobolus. C'est l'*Ophiobolus graminis* de Saccardo.

Au point de vue agricole, la détermination de la nature véritable de la maladie du pied et du mode d'évolution du champignon qui le produit a un intérêt particulier. Le parasite qui envahit le bas des pailles étant encore à l'état stérile à l'époque de la moisson et ne produisant ses organes de reproduction que dans le courant de l'hiver, il y a tout avantage, pour mettre obstacle à la propagation du mal, à détruire les chaumes aussitôt après la récolte. Toutefois, il convient de rappeler que c'est sur le chiendent et d'autres mauvaises herbes de la famille des graminées que l'*Ophiobolus graminis* a été observé en Italie par Saccardo.

La destruction des mauvaises herbes doit donc être tout spécialement recommandée comme moyen de prévenir l'apparition dans les blés de la maladie du pied.

E. PRILLIEUX,
Membre de la Société nationale d'agriculture.

LA FUMURE DU SARRAZIN

M. P. Masseron donne, dans le *Bulletin agricole de l'Ouest*, les conseils suivants relativement à la meilleure fumure à donner au sarrazin ou blé noir dont la culture est si répandue dans la région de l'Ouest :

« Partout ou la culture du sarrazin a conservé une extension assez importante, la fumure le plus souvent employée est le noir animal, quelquefois aussi le guano.

« Le sarrazin, dans beaucoup de fermes, est la seule plante fumée avec des engrais commerciaux, car on sait que la durée de sa végétation est très courte et qu'il lui faut des éléments plus promptement assimilables qu'on ne les trouve dans le fumier, qui d'ailleurs est bien frais et peu abondant à cette époque de l'année.

« Dans la culture de cette céréale, la fumure qui, assurément, donnera les meilleurs résultats économiques est le *superphosphate* à la dose de 400 kilos à l'hectare, pour le titre de 14 0/0 d'acide phosphorique, avec du *nitrate de soude* à raison de 80 kilos à l'hectare seulement. Ce mélange constitue un engrais immédiatement assimilable, dosant 11 à 11 50 0/0 d'acide phosphorique et 3 0/0 d'azote, proportion qui convient très bien au sarrazin. Le prix de revient par petites quantités, en faisant le mélange soi-même, serait de *57 fr. à l'hectare*, soit 28 fr. 50 par journal.

« De semblables fumures ont donné d'excellents résultats dans toutes les conditions de culture, aussi sont-elles très recommandables.

« Malgré que le noir animal soit plus généralement employé, sans le critiquer outre mesure, nous ne pouvons lui accorder la même faveur, d'abord, parce qu'il est beaucoup moins actif, par conséquent moins convenable pour assurer un fort rendement ; en outre, il est généralement vendu trop cher. »

Quant au guano, M. Masseron estime aussi qu'on y paie cher les éléments fertilisants qu'il contient : de plus, il contient trop d'azote pour le besoin de la plante.

LA CHLOROSE DE LA VIGNE

La chlorose ou jaunisse de la vigne a, depuis quelques années, attaqué les vignobles. S'ajoutant au mildew, elle a augmenté encore les vicissitudes de nos vignerons, qui, dès à présent se demandent ce qu'il adviendra de leurs récoltes.

Dès l'année dernière, un grand nombre d'entre eux, sur les conseils venus de divers côtés, ont employé le sulfate de fer à forte dose (200 kil. par hectare). Ils se proposent de recommencer cette année, et les syndicats prennent leurs dispositions pour s'assurer à bon compte des approvisionnements importants.

Pourtant le sulfate de fer a ses adversaires. M. Joulie est de ceux-là. Ayant eu à s'occuper de la chlorose, il a analysé les feuilles de vignes malades et celles de vignes en bon état, et il a constaté que les feuilles jaunes des vignes chlorotiques contenaient autant de fer que les feuilles du plus beau vert. D'où il a tiré cette conclusion que le fer ne manquant pas dans les organes des vignes malades, il n'était peut-être pas nécessaire de s'adresser au sulfate de fer pour remédier à l'affaiblissement de la vigne.

Cette conclusion nous parait absolue et pris un peu trop promptement. Le sulfate de fer rajeunit tous les arbustes fatigués, la vigne comme les autres. C'est un fait qu'il faut d'abord admettre, sauf à en trouver l'explication ensuite si c'est possible. Mais devrait-on n'en jamais trouver l'explication scientifique, qu'il n'en faudrait pas moins reconnaître le fait.

D'ailleurs, M. Joulie a-t-il bien raisonné et n'a-t-il pas eu le tort de rechercher quelle a été l'influence du fer alors que cette influence peut n'être qu'indirecte? Bien des personnes, en effet pensent que le sulfate de fer n'agit pas directement et n'est pas par lui-même un fertilisant. D'aucuns expliquent — et M. Michel Perret est de ceux-là — qu'il contribue, s'il n'est pas enterré ou s'il l'est peu profondément, à fixer l'azote ammoniacal et à l'emmagasiner dans le sol. C'est à voir ; mais, en attendant, utilisons-le à cause des bons effets qu'il produit et qui ne sont pas niables. Les expériences faites dans la Gironde, par le comice agricole de Cadillac, sont à cet égard, tout à fait probantes.

D'autres produits sont susceptibles d'agir favorablement dans le cas de chlorose. Une expérience personnelle me conduit à préconiser en général tous les engrais qu'on peut donner, au cours de la saison, sous forme d'arrosages. J'emploie le sulfate de fer dissous dans l'eau à raison de deux grammes ou deux grammes et demi par litre d'eau et j'arrose avec le pulvérisateur, de manière que le traitement, n'exigeant que 650 grammes de sulfate de fer environ, re vient à un prix très bas. Cette manière d'opérer, suffisante, est beaucoup plus économique que l'épandage de 200 kilos de sulfate de fer par hectare. C'est le docteur Guyot qui avait donné ce conseil.

Le nitrate de soude, employé de la même manière, à raison de 20 grammes par litre d'eau, est encore plus efficace et surtout d'un effet plus prompt, sans doute parce qu'il agit directement. Le nitrate de potasse et le sulfate d'ammoniaque, j'en ai la conviction, auraient le même effet; mais les vignerons qui hésitent à faire des essais, ou qui n'ont plus le temps de se procurer l'un de ces produits, peuvent utiliser l'urine diluée dans beaucoup d'eau; car, il n'y a pas à en douter, des essais nombreux me l'ont démontré, les engrais que j'appellerai aériens, dans le cas de chlorose, agissent promptement et sûrement en rétablissant le cours normal de la sève.

Il va de soi qu'il faut agir dès que les feuilles se tachent de plaques jaunâtres. Quand le mal est développé, il n'y a plus rien à faire.

M. Joulie, puis M. Foëx, de Montpellier, ont recommandé un moyen sans doute efficace, mais d'une exécution peu facile. Ayant reconnu que la chlorose sévit plus volontiers dans les terrains blancs qui emmagasinent moins de chaleur solaire, ils ont eu l'idée de conseiller de répandre sur le sol de ces terrains du poussier de charbon susceptible de concentrer et de conserver dans le sol la chaleur nécessaire au mouvement de la sève.

Le procédé ne paraît pas applicable dans nos vignes en coteaux, où la première pluie entraînera le poussier de charbon au pied des vignes; mais dans le cas même des vignes cultivées à plat, je ne vois pas bien où nous pourrions nous procurer le poussier de charbon nécessaire. Sans contester l'action de la chaleur qui est évidente, ni l'effet du poussier de charbon qui peut élever la température du sol, j'inclinerais à penser que les engrais donnés sous forme d'arrosage ont une une action plus sûre.

Un fait curieux est venu, à cet égard, me montrer que la couleur n'avait pas une influence aussi grande que celle qu'on lui attribuait dans le cas dont il s'agit. Voici ce fait :

Il existe à Bouix, dans l'arrondissement de Châtillon-sur-Seine, une fabrique de chaux hydraulique qui répand autour d'elle de la poussière de chaux du plus beau blanc. Or, toutes les vignes qui se trouvent soumises aux effets de cette poudre blanche ont conservé leur belle couleur verte, tandis que les vignes qui sont hors de portée de la poussière de chaux sont très fortement atteintes par la chlorose. D'où je me permets de conclure que l'action chimique est ici plus puissante que l'action physique. La poussière de chaux agit comme stimulant direct de la végétation, malgré sa couleur blanche, qui n'emmagasine pas les rayons solaires.

Mais dans cette question difficile, personne ne peut dire qu'il est en possession de la vérité absolue. La chlorose peut avoir des causes diverses. Les remèdes à y apporter peuvent ne pas être les mêmes dans les différents climats et dans les différents sols.

L. HAUTEFEUILLE.

NOUVELLES DES VIGNOBLES

Bien que la dernière semaine dans la Gironde ait été meilleure que la précédente, les vignerons sont loin d'être satisfaits. On se plaint de l'irrégularité de la pousse et du retard marqué que subit la végétation.

Dans la Dordogne, les vignobles ont bonne apparence, quoique quelques parties aient été endommagées par les gelées. D'un autre côté, des ondées mêlées de grêle ont retardé la végétation. Les travaux de la vigne sont poussés avec autant d'activité que le permet une température incertaine et trop souvent pluvieuse.

On se plaint, dans l'Hérault, des fréquents changements des courants climatériques. Les propriétaires ont commencé à se mettre en garde contre l'invasion des cryptogames.

A part les quelques dommages réels dans les vignes de vieux ceps et insignifiants dans les jeunes plantations ou de greffage par suite des gelées, tout porte à croire que l'année 1890 aura une bonne récolte. Les cours sont toujours d'une grande fermeté, avec tendance à la hausse.

La vigne va très bien dans la Côte-d'Or, et tout, sauf l'imprévu dont il y a lieu de tenir un grand compte, laisse espérer une excellente récolte.

En Algérie, le soleil dont il y a un mois on s'empressait de saluer le retour, a fait une longue éclipse, pendant toute la dernière quinzaine. Pluies et bourrasques, tel a été, en somme, le lot de l'Algérie depuis près de trois mois. Aussi les bourgeons, déjà bien développés, commencent-ils à souffrir.

Déjà l'anthracnose a fait une foudroyante apparition sur quelques plants de carignan. Il ne faut guère compter que sur les chaleurs pour enrayer le mal. Cependant, plusieurs propriétaires se sont bien trouvés de l'application d'une poudre composée de 50 0[0 de chaux, 20 0[0 de fer, 30 0[0 de soufre.

INSTITUT AGRICOLE DE BEAUVAIS.

Les noces d'or du frère Eugène-Marie, directeur de l'Institut agricole de Beauvais, ont été célébrées le 26 mai; elles ont été l'occasion d'une grande et touchante manifestation à laquelle ont pris part non seulement un très grand nombre d'anciens élèves de l'établissement, mais toutes les associations agricoles et un très grand nombre de cultivateurs du département de l'Oise. Un banquet de 900 couverts a réuni les invités au domaine de Beauséjour. De beaux et touchants discours y ont été prononcés. Rappelons que le frère Eugène-Marie a été le principal collaborateur du frère Ménée pour la création de l'Institut agricole de Beauvais en 1854, et qu'il en devint directeur en 1864; il a consacré une activité infatigable à développer la prospérité de son établissement et à propager dans le département de l'Oise tous les progrès agricoles. Dans le discours qu'il a prononcé au nom des associations agricoles, M. le baron de Corberon a rappelé, dans les termes suivants, les derniers travaux du frère Eugène-Marie :

« Directeur de la station agronomique, attachée en 1875 à l'Institut agricole et subventionnée par le Conseil général, notre cher Directeur a fait, à la ferme qui dépend de l'Institut, les études les plus intéressantes sur les graminées fourragères, sur les pommes de terre, sur les betteraves à sucre et sur les blés. Il publie chaque année des Annales qui jouissent d'une juste réputation.

« Il doit être heureux aujourd'hui, le bon frère Eugène, cet homme si modeste, si loyal, si utile, en voyant cette foule sympathique qui se presse autour de lui pour l'acclamer; et tous ses vieux amis, qui lui sont toujours restés si fidèles, doivent être fiers de voir ici, à cette table, le président de la Société des agriculteurs de France, qui a voulu lui apporter en personne la plus haute récompense de la Société, ces généraux, représentants de notre belle armée, si brillante devant l'ennemi, et qui nous vient toujours si fraternellement en aide pendant les rudes travaux de la moisson, ces députés, ces conseillers généraux, ces anciens élèves dont quelques-uns viennent du bout de la France et enfin ces agriculteurs accourus des quatre coins du département pour lui serrer la main et pour fêter ses noces d'or.

« Je crois qu'il me sera permis en terminant de dire en votre nom à tous, que le frère Eugène a bien mérité de l'agriculture, du département et de la France. »

Notre ami, M. Paul Blanchemain, a lu une charmante pièce de vers composée en l'honneur de l'éminent Directeur. Nous la publierons dans le prochain numéro.

M. le marquis de Dampierre, président de la Société des agriculteurs de France, a remis au frère Eugène-Marie, un objet d'art, au nom de la Société, en témoignage des services éminents qu'il a rendus à l'agriculture. Ces services sont, en effet, au nombre de ceux qu'on ne saurait reconnaître trop hautement.

Nouvelles agricoles.

Les traités de commerce. — Le ministère du commerce a, on le sait, adressé il y a quelque temps déjà une circulaire aux chambres de commerce pour les consulter sur la question du renouvellement ou du non renouvellement des traités de commerce.

Un grand nombre de réponses sont déjà parvenues rue de Grenelle, et l'on commence dès maintenant à établir un tableau qui permettra de se rendre facilement un compte exact des sentiments du commerce et de l'industrie en France.

Les neuf dixièmes des compagnies commerciales des centres les plus importants : Lyon, Bordeaux, le Havre, Lille, Dunkerque, Nantes, etc., sont pour le renouvellement des traités. Elles demandent même que l'on se préoccupe des nouvelles conventions à intervenir avant que les conventions actuelles aient pris fin.

Si, en effet, il y avait interruption dans les affaires, disent-elles, les nations voisines en pourraient profiter pour créer entre elles une union dont la France serait soigneusement exclue.

Par contre, les chambres de commerce des petits centres commerciaux et industriels demandent que les traités de commerce ne soient pas renouvelés. Mais, par une contradiction à peu près générale, elles sont disposées à l'établissement d'un double tarif, soit même à la conclusion de conventions de courte durée portant sur des points spéciaux.

En somme, des avis reçus jusqu'à présent au

ministère du commerce, il résulte que les chambres de commerce des grandes villes, celles qui représentent respectivement les intérêts commerciaux et industriels les plus importants, sont pour la continuation des traités de commerce, mais que la majorité numérique des communes demande qu'ils ne soient pas renouvelés.

La culture de la betterave dans le midi de la France. — En 1888 et 1889, des essais de culture de betteraves ont été faits dans le midi, et notamment dans le département de la Haute-Garonne. Ces essais, entrepris dans des conditions défectueuses la première année, sans soins appropriés, ont toutefois démontré que les betteraves ainsi obtenues sur un sol argilo-calcaire ne le cédaient en rien comme richesse à celles du nord.

Des expériences très nombreuses, en même temps que rationnellement conduites, ont eu lieu l'année dernière : trente échantillons de variétés et de provenances diverses, soumis à l'analyse, ont donné une densité moyenne de 9° 26, et par litre de jus 20.7 gr. 201 de sucre. Le rendement moyen a été d'environ 77,000 kilog. à l'hectare, en terrain convenablement fumé avec de l'engrais phosphaté, et 44,000 kilog. en terrain sans engrais. Ces succès ont créé un tel mouvement en faveur de la betterave à sucre, qu'une distillerie est en voie de création à Montastruc, et que plusieurs sucreries se montent ou sont en projet.

La population agricole. — Le *Bulletin du ministère de l'agriculture* publie une intéressante statistique, celle de la proportion centésimale de la population agricole à celle de la population totale.

Cette proportion est de 48 0/0 pour l'ensemble de la France; mais elle varie naturellement beaucoup suivant les départements.

Dans la Seine (minimum) elle n'est que 2.3 0/0; elle s'élève à 75.8 0/0 (maximum) dans l'Ardèche, à 75.5 dans le Gers, à 73 dans la Haute-Loire, à 72.5 dans les Côtes-du-Nord.

Dans les départements de la région du Nord, elle est ainsi répartie : Nord, 21.9 0/0; Pas-de-Calais, 40.1; Somme, 40.9; Aisne, 41.4; Ardennes, 30.5.

C'est dans le Nord où, après la Seine, on trouve la population agricole proportionnellement la moindre.

La tuberculose. — Parmi les maladies contagieuses du bétail, la tuberculose est une de celles qui préoccupent le plus aujourd'hui les savants et les agriculteurs. Un décret du 28 juillet 1888 a placé cette maladie au rang de celles auxquelles s'applique la loi de 1881 sur la police sanitaire des animaux. L'abattage des bêtes atteintes peut être ordonné par mesure administrative; mais aucune indemnité n'est allouée aux propriétaires d'animaux abattus. Dans sa séance du 30 avril, la Société d'agriculture de l'Allier, présidée par M. de Garidel, a émis un vœu tendant à l'allocation d'indemnité en cas d'abattage ; voici le texte de ce vœu :

« Considérant que le décret du 28 juillet 1888 a ajouté aux maladies contagieuses énumérées dans la loi sur la police sanitaire des animaux la tuberculose, cette maladie pouvant se transmettre non seulement d'animal à animal, mais aussi d'animaux aux hommes;

« Considérant que la consommation de la viande des animaux tuberculeux est interdite du moment où les lésions de la maladie sont généralisées ;

« Considérant que les animaux vivants reconnus tuberculeux sont soumis aux mesures sanitaires édictées par la loi, c'est-à-dire doivent être déclarés par le propriétaire, visités par le vétérinaire et abattus sous sa surveillance ;

« Considérant qu'en ce qui concerne les animaux abattus pour cause de péripneumonie une indemnité est allouée au propriétaire, et qu'on ne sait pas pourquoi il n'en serait pas de même pour la tuberculose, puisque, comme la péripneumonie, elle est contagieuse;

« Considérant que si l'on veut obtenir, de la part du propriétaire d'animaux, la déclaration permettant d'appliquer efficacement les mesures légales, il est nécessaire de lui offrir un juste indemnité;

« Considérant que, d'autre part, il est du devoir de ce propriétaire de ne point attendre, pour faire sa déclaration, la derniere période de la maladie et par conséquent sa diffusion dans tout l'organisme de l'animal ;

« La Société d'agriculture de l'Allier émet le vœu qu'une juste indemnité soit allouée au propriétaire d'animaux vivants reconnus atteints de tuberculose, pourvu que ce propriétaire, par une déclaration faite à temps, présente ses animaux encore en bon état de viande, sans attendre que leur maigreur et la généralisation du mal leur aient permis de le propager autour d'eux avant d'être abattus, et les aient rendus eux-mêmes impropres à la consommation. »

La question soulevée dans cette délibération est de celles qui doivent s'imposer à l'attention

Les dépôts de remonte. — Les dépôts de remonte de Fontenay-le-Comte, Angers, Guingamp, Saint-Jean d'Angély, Tarbes, Agen, Mérignac, Guéret, Aurillac, Mâcon, Arles et Villers, seront supprimés à la fin de l'année.

Dans les trois circonscriptions dont ils dépendaient, les achats se feront par des commissions temporaires sous la présidence d'un officier supérieur, vivant dans la région, pour reconnaître les ressources. Des officiers détachés des régiments suffiraient à un service d'une durée de quatre mois, qui absorbait jusqu'ici un personnel coûtant près d'un million. L'économie réalisée permettra d'entretenir sept mille jeunes chevaux en plus de l'effectif budgétaire.

Les chevaux de selle de cavalerie seront tous achetés à trois ans et demi et confiés, jusqu'à cinq ans, à des fermes d'élevage. Les chevaux de trait de l'artillerie seront achetés entre quatre et cinq ans, de manière à participer de suite au service des batteries.

Les dépôts de Caen, Saint-Lô, Alençon Le Bec-Hellouin et Paris sont maintenus, au moins pour 1891. Ils continueront à acheter, toute l'année, avec leurs commissions permanentes parcourant les départements de la Normandie, si riches en chevaux.

CONSEILS DU VÉTÉRINAIRE

LE RÉGIME DU VERT

Le vert est un puissant moyen hygiénique et thérapeutique, on ne doit y avoir recours que lorsqu'il est réellement indiqué et qu'il peut être convenablement administré.

Le vert est donc bon, à la condition qu'il soit administré d'après certaines règles. Je vais les énumérer :

1° N'y soumettre que les chevaux jeunes ayant travaillé trop tôt et par suite fatigués, les chevaux convalescents de maladie du pied, les chevaux vieux ayant mauvaises dents. Doivent y être soumis les chevaux à tempérament sanguin, pléthoriques, échauffés, ceux qui ont toujours été bien nourris sans beaucoup travailler, ceux qui ont été pendant longtemps nourris exclusivement de fourrages secs, qui ont les organes digestifs plus ou moins irrités, qui ont des éruptions cutanées. Egalement les juments poulinières pleines ou suitées.

2° Ménager la transition du sec au vert en ne donnant d'abord qu'un quart, puis un tiers puis les trois quarts, enfin la totalité de la ration de fourrages frais, de telle sorte que le régime ne soit complet qu'après quelques jours.

3° Maintenir, sinon la totalité, du moins la plus grande partie de la ration d'avoine.

Cette alimentation ne doit être que passagère, durer 15 à 20 jours.

Sous son influence, la force vitale des organes est diminuée, les tissus se ramolissent, la digestion se ralentit, l'absorption languit; les excréments deviennent noirs et abondants; les urines augmentent; d'où nécessité de veiller à la bonne tenue des écuries, renouveler la litière tous les jours, la circulation est plus active, la transpiration plus abondante, d'où nécessité de plus longs pansages.

Tout ce que je viens de dire s'applique aussi bien aux chevaux qui subissent le régime du vert, soit en pleine liberté, soit au piquet, soit à l'écurie. Sans contredit, le premier mode est, sous tous les rapports, le meilleur, car la nourriture variée, air pur et vif, facilité de mouvement, tout y existe, le second mode tient du premier, mais incomplètement par le manque de liberté absolue; enfin le dernier mode est utilisé faute de mieux.

Afin d'éviter les inconvénients du météorisme ou de coliques, ne jamais donner de vert fermente, du vert ayant plus de 12 heures de coupe.

Ainsi observé, le régime du vert donne de bons résultats, tandis que, administré d'après les anciens errements diététiques, on préparait aux chevaux un avenir fâcheux.

UN VIEUX VÉTÉRINAIRE.

CONSEILS A LA FERMIÈRE

ENGRAISSEMENT DES PORCS.

On prend une poignée de levain ordinaire que l'on fait dissoudre dans un sceau contenant de l'eau chaude; on y ajoute quelques poignées de son ou de farine grossière, ainsi qu'une certaine quantité de pommes cuites et écrasées; le tout est soigneusement remué, le laisser pendant une nuit. Le lendemain, alors que la fermentation a eu lieu, on ajoute quelques poignées de ce mélange à chacune des rations ordinaires des porcs. Il faut avoir soin d'en laisser une petite quantité au fond du vase en guise de levain; on y ajoute de nouveau de l'eau chaude, un peu de farine et quelques pommes de terre. Le lendemain, on procède ainsi qu'il vient d'être dit, et ainsi de suite les jours suivants. Au bout de six ou même de trois mois, les porcs arrivent, avec une quantité de nourriture relativement petite, à un haut degré d'embonpoint.

UNE MÉNAGÈRE.

CONSEILS DU JARDINIER

TRAVAUX DE LA SAISON.

Jardin fruitier. — On pincera court les rameaux gourmands ou même on les supprimera complètement sur tous les arbres palissés, s'ils ne sont pas utiles pour remplir des vides comme branches de remplacement. On supprimera également les gourmands sur les arbres à haute tige; les branches gourmandes se mettent tardivement à fruit après avoir appauvri les arbres. Si des rameaux d'un arbre s'emporaient d'un côté, on les pincera pour rétablir 'équilibre.

On ébourgeonnera la vigne en pinçant à une euille tous les bourgeons qui ne portent pas e raisins, et qui ne sont pas destinés à la reroduction prochaine. On pincera les bourgeons roducteurs à deux feuilles au-dessus du raiin, cette opération doit se faire, à plusieurs ours d'intervalle, pendant tout le courant du ois; car si on pinçait tout à la fois on arrêerait court la sève, ce qui ferait un tort consiérable à la végétation et provoquerait l'*oïdium*, rincipalement par les temps pluvieux.

Quand les raisins seront en bon verjus, on era bien d'en supprimer les trop nombreux ou our le moins d'en couper un tiers environ avec e fins ciseaux. On fera bien aussi de supprier quelques grains pour les éclaircir; le ciseage, qu'on ne pratique pas assez (à part nos ons cultivateurs de thomery), a pour effet de aciliter la maturité, d'éviter la pourriture du aisin et de faire grossir les grains restant.

Un raisin ciselé, dont on aura supprimé un iers, pèsera autant, à la maturité, que si on 'avait laissé complet.

On fera la guerre aux chenilles, aux hanneons, aux escargots et aux limaces.

Jardin potager. — On coupera régulièrement es coulants des fraisiers pour maintenir la vieur des plantes, cela est indispensable, prinipalement pour la fraise *des quatre saisons*, ont la fructification diminuerait sensiblement ans cette précaution; cela évitera aussi le ouillis pour toutes les variétés en général.

On sèmera : Arroche (Belle-Dame), Bouillon lanc, toutes les variétés de choux, les Chicoées frisées et la Scarole, les variétés de Cereuils, Céleris, Carottes hâtives, Cardons, Conombres et Cornichons pour août et septembre, iboule, Crambé (chou marin), Cresson alénois, aricots flageolets, pour récolter en vert, Laiues et Romaines, Mâches, Melons hâtifs, seille, Oignons, Panais, Persil, Pissenlit amélioré, Poireaux, Réglisse, Rhubarbe, Raiponce, ois, etc.

Jardin d'agrément. — Si on tient à avoir des ensées fleuries pour l'hiver, on les sèmera aussitôt que les graines seront récoltées, vers la euxième quinzaine du mois; les semis se feront usqu'à la fin de juillet, plus tard on risquerait 'avoir une floraison tardive.

Serres, orangerie conservatoire. — On omrera et on donnera beaucoup d'air; on serinuera les plantes le soir après les plus chaudes ournées et on répandra de l'eau par terre le atin.

HORTUS.

PETITE POSTE.

M. G..., à B.. (Ille-et-Vilaine). — *Demande le régie.* — C'est par des annonces dans des ournaux agricoles que vous arriverez à trouver otre affaire. La *Gazette agricole* est à votre isposition. — 5 fr. trois insertions.

M. D..., à P.. -S... (Yonne).

1° *Pulvérisateurs de jardins.* — Chez M. Gaiel, 2 ter, quai de la Mégisserie, Paris.

2° *Recettes ménagères.* — La *Maison rustique es Dames*, par Mme Millet-Robinet. Paris, chez ourrault, éditeur, rue Saint-André-des-Arts.

3° *Conservation des asperges.* — Vous aurez atisfaction dans le prochain numéro.

M. Th... F... (Oise).

1° *Achat d'engrais.* — Si vous avez acheté du uperphosphate d'os, c'est du superphosphate d'os t pas autre chose que doit vous livrer votre endeur. La livraison n'est pas loyale, et vous vez droit à une indemnité. Si le vendeur n'acepte pas votre prix offert, portez plainte au Paruet. Pas de pitié pour les fraudeurs.

2° *Engrais potassique pour la betterave.* — hlorure de potassium : par hectare, 100 kil. à 5° de pureté, soit 45 p. 100 de potasse.

Le mieux, selon nous, est de semer l'engrais u semoir à engrais au rayon.

M. B... àB... (Charente-Inférieure). — *Presse fourrage.* — La meilleure presse à fourrage est ao presse Albaret, à Liancourt (Oise). — Deander prix et renseignements.

M. G.., à B... (Aveyron). — *Ladrerie.* — La ladrerie du porc est héréditaire; elle est occasionnée par la malpropreté, les mauvais soins, la nourriture gâtée et non cuite, et le manque d'exercice.

C'est à l'empêchement de l'action de ces causes que l'éleveur doit se borner pour préserver de la ladrerie. Une fois qu'elle existe, elle est incurable; si les vésicules qui caractérisent la ladrerie sont en grand nombre, la viande est malsaine.

M. Ch. C..., à P... P... — Adressez-vous au président du Cercle catholique des Etudiants, rue du Luxembourg, à Paris.

Nous nous occuperons aussi de chercher ce que vous désirez et serions très heureux de vous être utile.

Mme G..., à C.. — *Courtiers à La Villette.* — Nous ne sommes actuellement en rapport avec aucun courtier.

LE DOCTEUR CHOFFÉ

ex-médecin de la marine, vient de publier une 27e édition de ses causeries médicales. Les modifications qu'il y a apportées en font un livre nouveau, plein d'observations intéressantes. Les chapitres qui traitent de la hernie et des maladies de la femme ont été particulièrement l'objet d'une étude approfondie. D'autres causeries ont également bénéficié de développements importants. Elles ont pour titres: *hémorroïdes, goutte, phthisie, asthme, cancer, anémie, scrofule, varicocèle, varice, maladies du cœur, de la vessie, de l'estomac, du foie, de la peau, du cerveau, névralgies, obésité, etc.*

C'est donc un guide précieux que l'auteur offre aux personnes atteintes de maladies chroniques; et je suis heureux d'annoncer à mes lecteurs que ce volume de 350 pages sera envoyé gratuitement et sous enveloppe à toute personne qui joindra à sa demande 60 centimes en timbres-poste pour frais d'envoi. Adresser les lettres au *docteur Choffé*, rue du Louvre, 7, Paris.

Docteur MAUCLAIR.

BULLETIN FINANCIER.

La liquidation mensuelle qui vient d'avoir lieu n'a fourni que des indications assez vagues sur l'importance des engagements du marché. Il semble, toutefois, que la quantité de titres à reporter s'accroît de liquidation en liquidation et si le prix des reports n'en éprouve que de faibles modifications, cela tient à ce que les capitaux oisifs grossissent de jour en jour. Il ne faut pas, d'ailleurs, s'en rapporter aveuglément à la cote officielle des reports pour savoir à quel taux la spéculation emprunte réellement. Il entre de plus en plus dans les habitudes de certains gros spéculateurs d'aller chercher le report, pour certaines valeurs, ailleurs que sur le marché, de sorte que l'on ne sait jamais exactement quel est est le taux réel de l'argent.

Les développements que le mouvement de la hausse a pris depuis quelques années sont encore, pour quelques uns, un sujet d'étonnement. Il semble, cependant, qu'il soit assez facile d'en découvrir la véritable cause. A côté d'une spéculation qui peut puiser à pleines mains dans d'immenses réservoirs de capitaux et qui, depuis longtemps, accumule bénéfices sur bénéfices, ce qui la rend de plus en plus confiante et de plus en plus entreprenante, l'épargne populaire agit avec une force croissante, car elle grandit plus vite que ne se développent les débouchés nouveaux.

Il ne faut se réjouir outre mesure de ce grand enlèvement de la Bourse. Nous estimons qu'il faudrait, au contraire, considérer comme un indice favorable une lutte plus active des capitaux pour se soustraire à l'avilissement de plus en plus prononcé du taux des placements. Les capitaux, avec plus d'initiative, sauraient encore trouver un terrain plus propice à leur reproduction que celui dans lequel ils se renferment. On peut leur reprocher une certaine mollesse; ils ne se mettent pas avec assez de persévérance à la recherche de nouveaux emplois.

La hausse est générale sur tous les marchés européens. Ce n'est cependant point que l'on soit sans inquiétude sur les conséquences que peuvent avoir, un jour ou l'autre, la fièvre d'armements qui sévit dans tous les Etats et le redoublement d'activité que déploie l'Allemagne sur le terrain militaire. Mais la spéculation ne veut rien entendre et profite des dispositions où se trouve le marché pour redoubler sa marche en avant.

Le 3 % vaut 92 francs, ce qui fait près de 3 francs de hausse en un peu plus d'un mois.

Le 3 % amortissable s'inscrit à 95 francs et le 4 1/2 % à 106 75.

Peu d'affaires sur la Banque de France, qui clôture à 4,240 francs. Le Crédit Foncier cote 1,290 francs.

Dans ses deux séances hebdomadaires des 29 mai et 4 du juin, le conseil d'administration du Crédit Foncier a autorisé pour 4 millions 153,516 fr. de nouveaux prêts, dont 3 millions 410,310 fr. en prêts fonciers et 743,216 fr. en prêts communaux.

Les fonds étrangers sont fermes.

L'Italien a fait d'énormes progrès durant la semaine. Il s'échange en dernier lieu à 97 50. Le Hongrois est aussi bien tenu à 91 75, ainsi que le Turc à 19 62.

Sans changement appréciable, le Suez et le Panama continuent à osciller autour de leur cours précédemment acquis.

COUPON.

Société de Crédit Mobilier

anonyme au capital de trente millions de francs.

MM. les actionnaires sont convoqués en assemblée générale ordinaire, au siège social, 15, place Vendôme, Paris, pour le jeudi 19 juin, à 3 h. 1/2 de l'après-midi, à l'effet de délibérer sur les comptes de l'exercice 1889, fixer le dividende, etc., etc.

MM. les actionnaires, propriétaires de vingt actions, qui désirent prendre part à cette assemblée, doivent déposer leurs titres aux caisses du Crédit Mobilier ou aux agences de la Société Générale pour favoriser le développement du commerce et de l'industrie en France, au plus tard le 14 juin.

Seront considérés comme dépôts faits en vue de l'assemblée les certificats délivrés par les Sociétés de crédit et les officiers ministériels.

LE CONSEIL D'ADMINISTRATION.

HALLES ET MARCHÉS.

CÉRÉALES. — *Marchés français.*

Prix par 100 kilogr.

REGIONS	BLE Prix moyen	BLE Hausse	BLE Baisse	PRIX MOYEN. Seigle	PRIX MOYEN. Orge	PRIX MOYEN. Avoine
Nord-Ouest....	24 17	0 05	»	16 50	17 25	19 80
Nord	23 59	0 13	»	15 57	19 05	20 20
Nord-Est......	24 34	0 15	»	15 64	19 87	19 85
Ouest	24 40	» »	»	17 12	17 93	19 56
Centre........	24 54	0 07	»	17 »	19 18	20 58
Est...........	24 35	0 16	»	16 63	19 04	19 85
Sud-Ouest	25 05	0 28	»	18 75	17 62	21 70
Sud...........	25 05	0 13	»	17 91	17 65	21 33
Sud-Est.......	24 02	0 05	»	17 55	17 70	20 91
Prix moyens ..	24 39	»	»	16 96	18 36	20 42
Sur la huitaine préc. Hausse	0 12	»	»	0 12	»	0 17
Sur la huitaine préc. Baisse	»	»	»	»	0 09	»

1re région. NORD-OUEST.	BLÉ 1re qualité	BLÉ Prix moyen	Seigle Prix.	Orge. Prix.	Avoine. Prix.
Calvados. — Caen..	25 50	24 75	15 50	18 25	23 »
C.-d.-N. — Lannion..	24 »	23 25	»	»	18 50
Finistère. — Morlaix	21 25	23 50	17 50	16 50	18 »
I.-et-V. — Rennes..	25 25	24 50	»	16 75	20 »
Manch. — Cherbourg	25 25	24 50	»	16 50	21 »
Mayenne. — Laval..	25 75	25 »	»	17 50	20 »
Morb. — Hennebont.	22 50	21 75	16 »	»	19 »
Orne. — Sées......	25 »	24 25	16 »	17 »	20 25
Sarthe. — Le Mans.	25 75	25 »	17 50	»	20 »
— Beaumont	26 50	25 75	»	18 2[illegible]	18 75
Prix moyens.......	24 92	24 17	16 50	17 25	19 80
Sur la semaine précédente.. Hausse...	0 05	0 02	0 10	0 10	0 45
Sur la semaine précédente.. Baisse...	»	»	»	»	»

2e région. — NORD.

Aisne. — La Fère..	24 75	24 »	»	»	19 50
— Chauny..	24 »	23 25	11 25	»	20 50
Eure. — Bernay....	23 75	23 »	14 7	18 75	21 50
E.-et-L. — Chartres..	25 »	24 25	15 50	19 »	19 25
— Janville..	25 »	24 25	16 »	»	19 50
Nord. — Lille	23 50	24 25	16 25	»	19 »
— Douai.....	24 75	22 75	16 25	19 75	21 75
Oise. — Compiègne.	24 75	24 »	15 »	17 »	19 50
— Beauvais...	23 75	23 »	17 »	19 50	21 »
Pas-de-Cal.—Arras.	23 50	22 75	14 50	19 25	19 25
— Bapaume.	23 »	22 25	15 »	19 »	17 50
Seine. — Paris	25 »	24 25	16 »	20 »	20 »
Seine-et-M. — Meaux	24 75	24 »	16 »	18 »	20 »
— Montereau	25 »	24 25	15 50	»	21 »
S.-et-O.—Angerville.	24 75	24 »	15 75	18 »	20 »
— Versailles.	25 75	25 »	15 25	21 »	23 »
Seine-Inf. — Rouen.	24 50	23 75	15 50	21 »	22 25
Somme. — Amiens.	24 »	23 25	»	»	21 »
— Nesle..	23 »	22 25	16 25	17 50	19 50
Prix moyens	24 34	23 59	15 57	19 05	20 90
Sur la semaine précédente. Hausse...	0 13	0 13	0 10	0 19	0 15
Baisse...	»	»	»	»	»

3e région. — NORD-EST.

Ardennes. Charleville	25 »	24 25	16 »	21 25	19 50
— Vouziers.	21 50	23 75	14 25	19 25	19 75
Aube.—Bar-s^r-Aube.	25 25	24 50	15 50	20 50	20 75
— Bar-s^r-Seine.	25 25	24 50	»	21 »	21 »
Marne.-Châlons-s^r-M	25 »	24 25	15 50	19 »	20 50
— Ste-Menehould	24 75	24 »	14 75	19 50	20 25
H^te-Marne.-Langres.	25 »	24 25	16 »	»	18 50
Meurthe. — Nancy.	25 25	24 50	17 50	19 50	20 75
Meuse.—Bar-le-Duc.	25 »	24 25	15 »	18 »	20 »
Vosges. — Epinal...	26 »	25 25	17 »	»	18 50
Prix moyens.......	95 09	24 34	15 66	20 16	19 85
Sur la semaine précédente. Hausse...	0 15	0 15	0 11	»	0 30
Baisse...	»	»	»	0 06	»

4e région. — OUEST.

Charente. Angoulême	26 »	25 2	18 25	»	19 50
Char.-Infér. Marans.	24 50	23 75	»	»	18 »
Deux-Sèvres. Niort.	24 50	23 75	»	»	19 50
Indre-et-Loire. Bléré.	24 25	23 50	17 25	18 50	18 25
— Châteaurenault.	26 »	25 25	16 »	18 50	19 50
Loire-Infér. Nantes.	25 »	24 25	»	»	19 »
Maine-et-L. Saumur.	26 »	25 25	»	»	20 »
— Angers.	25 50	24 75	16 50	»	19 »
Vendée. — Luçon...	25 »	24 25	17 25	16 50	19 »
Vienne. — Poitiers.	26 »	25 25	»	18 25	20 »
H^te-Vienne. Limoges.	24 »	23 25	17 50	»	22 25
Prix moyens.......	25 15	24 40	17 12	17 93	19 56
Sur la semaine précédente. Hausse...	»	»	»	»	0 38
Baisse...	»	»	0 04	0 07	»

5e région. — CENTRE.

Allier. St-Pourçain.	24 75	24 »	15 50	21 »	20 50
Cher. — Bourges...	24 75	24 »	16 75	18 »	19 50
— Vierzon...	25 25	24 50	16 75	»	22 50
Creuse.—Aubusson.	25 »	24 25	»	19 25	19 »
Indre. — Issoudun.	25 »	25 25	17 50	19 »	20 »
— Châteauroux.	25 25	24 50	17 50	19 50	20 50
Loiret. — Orléans..	25 50	24 75	16 »	18 75	20 50
Loir-et-Cher. Blois.	26 »	25 25	17 »	19 »	20 »
Nièvre. — Nevers..	25 25	24 50	17 »	»	21 25
Puy-de-Dôme. Riom.	24 »	23 25	15 »	19 »	21 »
Yonne. St-Florentin.	25 50	24 75	»	»	21 25
— Sens.......	26 25	25 50	»	»	21 »
Prix moyens	25 29	24 54	17 »	19 18	20 58
Sur la semaine précédente. Hausse...	0 07	0 07	0 39	»	0 08
Baisse...	»	»	»	0 16	»

6e région. — EST.

Ain. — Bourg......	25 »	24 25	17 »	»	18 75
Côte-d'Or. — Dijon.	25 25	24 50	15 50	22 »	19 50
— Beaune.	24 50	23 75	»	»	19 50
Doubs. — Besançon.	25 25	24 50	»	»	19 75
Isère. — Voiron	25 »	24 25	16 50	16 50	21 »
— Bourgoin..	25 50	24 75	16 50	16 50	19 25
Jura. — Lons-le-S..	25 50	24 75	17 »	19 50	21 »
Loire.—Montbrison.	25 »	24 50	17 25	»	20 50
Rhône. — Lyon	25 25	25 »	17 »	22 25	21 »
Saône-et L. Chalon.	25 75	25 »	16 75	»	20 »
Haute-Saône.—Gray	25 »	24 25	15 50	»	19 25
— Vesoul.	24 75	24 »	16 »	17 50	18 »
Savoie.—Chambéry.	26 »	25 25	18 »	»	21 25
H^te-Savoie. La Roche	23 »	22 25	»	»	19 25
Prix moyens.......	25 10	24 35	16 63	19 04	19 85
Sur la semaine précédente. Hausse...	0 16	0 16	0 11	0 13	0 23
Baisse...	»	»	»	»	»

7e région. — SUD-OUEST.

Ariège. — Pamiers.	26 50	20 75	20 »	»	23 »
Dordogne.—Piégut.	25 75	25 »	18 75	»	»
H^te-Garonne. Toulouse	26 75	26 »	18 50	17 75	21 50
Gers — Mirande...	26 25	25 50	»	»	22 50
Gironde.—Bordeaux	26 2	25 50	»	»	20 50
Landes — Dax.....	25 »	24 25	17 50	»	»
Lot-et-Garonne. Agen	27 »	26 25	19 »	18 50	20 75
B.Pyrénées. Bayonne	24 25	23 50	»	»	22 »
H.Pyrénées. Tarbes.	24 50	23 75	»	»	»
Prix moyens.......	25 80	25 05	18 77	17 62	21 70
Sur la semaine précédente. Hausse...	0 28	0 28	0 38	»	0 12
Baisse...	»	»	»	1 »	»

8e région. — SUD.

Aude. Carcassonne.	26 50	25 75	»	»	22 »
Aveyron. Villefranche	26 50	25 25	»	»	20 50
Cantal. — Mauriac.	25 50	24 75	20 50	»	»
Corrèze. — Tulle...	25 »	24 25	18 »	5 »	21 25
Hérault. — Béziers.	27 50	26 75	»	19 »	21 25
Lot. — Figeac....	24 75	24 »	15 »	»	19 25
Lozère. — Mende...	24 »	23 25	20 »	19 50	20 75
Pyrén.Or. Perpignan	24 50	24 75	17 75	18 25	23 50
Tarn. — Gaillac....	26 75	26 »	»	»	22 »
Tarn-et-G. Montauban	27 »	26 25	16 25	16 50	21 50
Prix moyens.......	25 80	25 05	17 91	17 65	21 33
Sur la semaine précédente. Hausse...	0 13	0 13	»	»	»
Baisse...	»	»	0 05	0 10	0 33

9e région. — SUD-EST.

H.-Alpes. St-Bonnet.	23 50	22 75	16 75	18 »	»
B.-Alpes. Manosque.	23 50	22 75	»	»	20 50
Alpes-Marit. Nice..	25 »	21 25	18 50	»	»
Ardèche. — Privas.	26 25	25 50	18 25	15 50	20 »
B-du-Rhône. Arles.	25 »	24 25	»	18 »	21 50
Drôme. — Valence.	24 75	24 »	16 »	»	22 »
Gard — Nîmes...	25 »	24 25	»	16 50	21 »
H^te-Loire. — Le Puy.	25 75	25 »	18 25	20 50	20 50
Var. — Draguignan.	25 »	24 25	»	»	»
Vaucluse. Orange..	24 »	23 25	»	16 »	»
Prix moyens.......	24 77	24 02	17 55	17 70	20 91
Sur la semaine précédente. Hausse...	0 05	0 05	»	»	0 09
Baisse...	»	»	»	»	»

ALGÉRIE.	Blé tendre	Blé dur.	Seigle	Orge.	Av.
Constantine.......	»	»	»	»	»
Alger.............	»	»	»	»	»
Oran..............	25 25	20 50	»	14 10	17 50

Farines de consommation.

La meunerie maintient ses prix; les affaires sont toujours aussi calmes en boulangerie.

MARQUE DE CORBEIL	57 fr. (36 30 100 k.). 159 kil.		100 k.	
Marques de choix	57 à	58	36 30 à	36 94
Premières marques....	56	57	35 66	36 30
Bonnes marques.....	54	55	34 39	35 03
Marques ordinaires....	53	54	33 75	34 39

Le sac de 159 k., toile à rendre, franco au domicile des acheteurs à 30 jours sans escompte, ou au comptant avec escompte de 1 1/2 0/0.

Fourrages et pailles.

Paris, La Chapelle.

	1re qté.		2e qté.		3e qté.	
Foin nouveau	45 à	46	43 à	44	41 à	42
Luzerne nouvelle ...	41	42	40	41	38	40
Paille de blé	31	35	31	32	29	30
Paille de seigle ...	29	30	27	28	25	26
Paille d'avoine	24	25	23	24	22	23

Le tout aux 104 bottes dans Paris.

COURS DE DIFFÉRENTS MARCHÉS (par 100 kil.).

	Paille.	Foin.
Beauvais..................	5 25	6 »
Blois.....................	4 50	6 75
Douai.....................	5 75	9 50
Toulouse..................	5 »	6 50
Angers....................	4 50	5 50
Orléans	5 50	6 75
Lyon......................	4 75	6 75

Issues, les 100 kil.

Les offres sont moins nombreuses que la semaine dernière et nous constatons une amélioration de 25 centimes dans les prix.

Nous cotons par 100 kil. en gare d'arrivée à Paris :

Son écaille..	13 25 à	» »
— gros	12 25	12 50
— trois-cases	11 75	12 »
— fin	11 25	11 50
Recoupettes........	11 25	11 50
Remoulages blancs......	15 »	18 »
— bâtards.......	13 50	14 50

MARCHANDISES DIVERSES.

Fécules.

Les stocks en fécule diminuent partout; les offres paraissent moins nombreuses. La consommation parait un peu le comprendre et semble manifester le désir d'acheter. Les cours sont fermes.

Les 100 kil.

Paris. — Fécule 1re, grains	27 » à	» »
dito verte	» »	» »
Oise. — Fécule 1re, grains	25 »	26 »
Vosges. — Fécule 1re, grains ...	27 »	» »
Loire. — Fécule 1re, grains	27 »	» »
Auvergne — Fécule 1re, grains..	27 »	» »
Fécules secondes selon qualité ...	20 »	23 »

Pommes de terre.

Les 1.000 kil.

Hollandaises..........	60 » à	80 »
Magnum bonum.........	60 »	65 »
Early roses	48 »	50 »
Saucisses	40 »	50 »
Rondes...............	40 »	45 »
Chardonnes	30 »	45 »

Tourteaux, les 100 kil.

	Colza	Œillette	Lin	Cam.
Lille	15 50 à 16 25	16 » à 17 »	20 » à 21 »	15 »
Arras	16 » 16 »	13 50 » »	21 » » »	16 »
G^d Moulin Corbeil	15 50		19 75	
	Cophra	Arachide déc.	Sésame	Colza
Marseille	11 25 à 12 75	14 »	12 50 à 13 »	16 »

GRAINES DIVERSES.

Maïs, les 100 kil.

Paris	10 00 à 12 75		Agen......	14 »	15 25
Alais	14 »	15 »	Grenoble..	14 25	14 75
Ruffec	13 50	14 50	Reims.....	14 »	14 50

Sarrazin, les 100 kil.

Paris......	16 75 à	18 »	St-Pierre..	14 » à	14 75
Mayenne..	15 »	15 75	Nantes....	14 50	15 25
Rennes....	14 50	15 25	Orléans ...	14 75	15 50

Légumes secs, les 100 kil.

	Haricots	Pois	Vesces	Lentilles
Paris......	20 à 47	21 à 26	» »	45 à 70
Rouen.....	42 57	50 63	26 28	77 »
Marseille..	18 30	23 32	25 34	19 24 50

Graines fourragères, les 100 kil.

Luz. de Prov.	155 à	180	Minette.....	40 à	45
— du Poitou	145	155	Sainfoin à 2 c..	28	30
— d'Italie..	130	160	Sainfoin à 1 c..	25	28
Trèfle blanc..	100	130	Pois jarras....	20	21
— violet..	65	105	Vesces.....	21	23

Huiles.

COLZA BRUT. — Nous n'avons pas de changement à constater dans les prix; les affaires sont nulles au début de la réunion.

On cote au début de la réunion :

Disponible	69 50 à	70 »
Livrable courant du mois.....	69 50	70 »
Juillet...............	69 »	69 50
Juillet et août	68 »	68 50
4 derniers mois..........	66 75	67 »
4 premiers mois	65 50	66 »

LIN. — Il ne se fait rien à la cote; les prix sont nominaux et sans changement sur la veille.

On cote au début de la réunion :

Disponible	57 » à	57 50
Livrable courant du mois.....	57 »	57 50
Juillet...............	57 »	57 50
Juillet et août...........	56 50	57 »
4 derniers mois..........	55 50	55 75
4 premiers mois	55 »	55 50

Les 100 kil. net, logés, escompte 1 0/0.

Pétrole.

Les prix ne varient pas; nous cotons par wagon complet et pour marchandise disponible :

L'huile de pétrole raffinée vaut 49 fr. 50; l'essence rectifiée 60 fr. 50 les 100 kil.

On cote à l'hect. pour le détail :

PETROLE RAFFINE disponible .	39 50 à	» »
ESSENCE RECTIFIEE, disponible	42 25	» »

Laines.

LE HAVRE, 4 juin.

Laines à terme Buenos-Ayres en suint, calmes. Ventes, 200 balles.

Juin 169 50, juillet 166 »», août 167 »», septembre 168 »», octobre 168 »», novembre 168 »», décembre

167 50, janvier 1891, 166 50, février 166 50, mars 166 50, avril »»» »», mai » » »».

Anvers, 3 juin.

Laines : calmes. Prix moyens des Plata ; on cote en suint : Contrat C. mai à août, 1 67.

Peignés allemands de La Plata : Contrat B, sur juin 5 52 1/2, juillet 5 50 »/», août. 5 47 1/2, septembre, octobre, 5 45 »/», novembre, 5 45 »/». décembre, 5 40 »/», janvier, 5 40 »/», février, 5 35 »/». Ventes, 230,000 kil. Contrat M. juin 5 70 »/».

Roubaix-Tourcoing, 3 juin.

Laines à terme. Qualité peignée de fabrique, type n. 1 (clôture) : juin 5 06 »/», juillet, 5 62 1/2. août 5 62 1/2, septembre 5 62 1/2, octob. 5 62 1/2, novembre 5 62 1/2.

Qualité peignée cour., type n° 2 (clôture) : juin » »» »/», juillet 5 47 1/2, août, » »» »/», sept. » »» 1/2. Marché faible. Ventes, 150.000 kil.

Sucres.

Sucres raffinés. — La demande est limitée aux besoins courants de la consommation ; les prix ne varient pas.

Nous cotons, selon marques et époques de livraison, de 102 50 à 103 50 les 100 kil au comptant, sans escompte.

Sucres cristallisés n° 3, acquitté 94 » à 95 »; extra 95 » les 100 k.; en poudre, 94 50 à 95 50 les 100 kil.

Sucre cassé à la mécanique. . .	109 50 à	110 »
Cassons.	101 50	102 »
Menus déchets	101 »	101 50
Semoule	104 »	105 »
Glace.	99 »	100 »
Sucre en poudre.	100 50	101 »

Alcools. — Prix de l'hectol. nu, au compt.

Paris, 3/6 fin, betteraves, 1re qualité, l'hectolitre.		Lille, disp	37 » à 37 »
90° dispon.	36 » à 34 25	Cette	90 » 110 »
Juillet	37 » 36 75	Nimes ...	80 » 100 »
4 derniers.	37 50 33 »	Béziers ..	75 » 100 »
		Pézenas .	80 » 96 »

Raisins secs à boisson.

(Cours de la maison Audibert, 53, rue des Minimes, à Marseille).

Corinthe, **Roi de Grèce**, petits grains Extra 1er choix.......	100 kilos		49.00
Corinthe, **le Turban**, gros grains..................	»	»	45.00
Corinthe petits grains, 1er choix.	»	»	45.00
Thyra. 1er choix...............	»	»	39 00
Thyra, ordinaires............	»	»	35.00
Samos noirs, 1er choix.........	»	»	40 00
— muscats, 1er choix ...	»	»	40.00
Figues à distillerie..........	»	»	27.00
Pachas, magnifiques, gros grains noirs, égrappés, mangeables, seul dépôt en France.	»	»	70 »
Royaux, délicieux pour familles, en caisses de kilo net.	la caisse	»	0.95

Engrais. — Prix des 100 kil.:

Matières diverses pour engrais. — Cours commercial sur la place de Paris, par 100 kil., pour des ventes en gros de 30.000 kil. au moins.

Sang desséché moulu.	11/13 0/0	azote	20 35 à	24 05
Viande desséchée....	9/11 0/0	—	15 25	18 70
Cornes broyées......	13/14 0/0	—	20 80	22 50
Cuir désagrégé......	8/9 0/0	—	9 20	10 35
Laine engrais........	3 à 4 0/0	—	» »	» »
Nitrate de soude.....	15/16 0/0	—	19 75	20 50
Nitrate de potasse...	95 0/0	—	46 »	46 30
— ...	90 0/0	—	44 »	» »
Muriate de potasse...	80 0/0	—	» »	» »
Sulfate de potasse...	90 0/0	—	25 00	25 00
Sulfate d'ammoniaq..	20/21 0/0	—	31 25	31 50
Chlorure de potassium	90 0/0	—	22 »	22 75
— Stassfurt.	80 à 85 0/0	—	17 10	» »
Cornes, cornailles pour brûler.....			» »	» »
Déchets fins de cornes, frisures...			» »	» »

Phosphates des Ardennes. — En gare des Ardennes et de la Meuse, en sacs (les 100 kil.).

Pulvérisés. 14/16 0/0,	acide phosph..	3 40 à	» »
— 18/20 0/0,	—	4 »	» »
— 16/18 0/0,	—	3 65	» »

Phosphates de Tavel.

50/», la tonne...................... 60 » à » »

Phosphates de l'Yonne. — Les 1.000 kil.

Moulus en sacs, wag. gre Toucy. 32 à 35 0/0 40 à 45

Phosphates de l'Auxois, Marigny Epoisses.

Pulvérisés 60 à 65 0/0.............. 6 80 à » »

Sulfate de cuivre.

Les 100 kil..................... 66 à 66 50.

Phosphates du Boulonnais 40/15...	4 60 à	» »
— de Pernes.............	6 25	» »
— du Cambresis 28/35....	3 75	» »
— du Lot 30/50..........	3 »	4 50

Superphosphates, poudres d'os, etc.

Les 100 kilogr.

Phosph. préc. 35 à 40 % acide phosph.	17 »	» »
— — 40 à 45 % —	19 »	» »
Superphosphates fossiles, 10 % acide phosphorique soluble et assimil. (les 100 kilog.)......................	6 75	» »
Superphosphates fossiles, 16 à 18 %.	10	» »
— d'os, 16 à 18 %, acide phosph..	13 95	» »
Poudres d'os bruts..................	» »	» »

Engrais spéciaux. — Les 100 kilog.

Guano du Pérou. 10 à 16	Eng. chim.	
Guan du Pér. diss. 32 à 20	de H. Joulie,	
Guan. az. fixe. 26 » à 27 »	Lag.........	15 » à 23 »

BEURRE, ŒUFS, VOLAILLES.

Beurre en motte, *le kilo* :

Isigny : plus élevé	6 » à	» »
— extra-fin.	4 60	5 40
— demi-fin.	3 60	4 20
— bon fermier	3 10	3 50
— fermier ordinaire.	2 40	3 »
Beurres dits laitiers.	2 60	3 40
Marchands	2 20	2 80
Livarot, Touraine, Bretagne. . . .	2 20	2 80
Jura, Suisse, Italie.	2 20	2 60

Beurre en demi-kilo, *le kilo* :

Bourgogne.	1 90 à	2 10	Tours	2 20 à	2 40
Gâtinais . .	2 90	2 60	Le Mans. . .	1 90	2 10
Vendôme. .	1 90	2 20	Touraine :		
Beaugency .	1 90	2 20	fausse. . .	2 »	2 30
Ferme . . .	2 30	2 90	petite . . .	2 »	2 20

Œufs, *le mille* :

Normandie . Extra	80 à	96	Bourgogne . .	74 à	78
Picardie . . Extra	85	110	Champagne. .	78	80
Brie. . . . . Extra	80	92	Nivernais . .	72	74
Chartres	76	81	Bourbonnais. .	68	72
Touraine. . . .	68	74	Bresse-Jura. .	58	62
Beauce	78	85	Bretagne . . .	62	70
Orne.	68	78	Vendée	66	70
Picardie	70	80	Auvergne. . .	65	68
Châtellerault. .	73	75	Midi.	70	76

Volailles et Gibiers.

Canards :			Pigeons :		
nantais (jeunes)	2 50 à	6 »	maconnais.	» 90 à	1 80
de ferme ...	2 »	4 »	italiens	» 80	1 60
Dindes.....	6 »	12 50	bizets	» 75	1 40
Oies nouvelles	6 »	8 50	Poulets :		
— (2e qté).	» »	» »	nantais	3 »	6 »
Pintades...	2 50	5 »	touraine ...	3 »	6 50
Lapins domestiques.	1 50	4 »	gâtinais.....	3 50	7 50
			du Midi....	2 »	4 »
Chevreaux .	2 »	4 »	communs..	1 50	3 50

La vente est assez active. Cours fournis par MM. de Bridiers, Jouslin et Scelle, facteurs assermentés, 2, rue de Valois, Paris.

BESTIAUX.

La Villette, 6 juin. — Bestiaux. — Vente bonne sur le gros bétail, très mauvaise sur les veaux, lente sur les moutons, et mauvaise sur les porcs.

Cours officiels.	Amenés.	Vendus.	Poids moyen.	1re qualité.	2e qualité.	3e qualité.	Prix extrêmes.
Bœufs..	1.551	1.531	346	1 62	1 46	1 32	1 24 à 1 68
Vaches.	487	473	233	1 58	1 36	1 18	1 14 1 64
Taureau	156	156	395	1 36	1 26	1 18	1 06 1 46
Veaux..	1.449	1.064	79	2 »	1 90	1 70	1 50 2 20
Moutons	11.654	9.854	19	2 06	1 80	1 68	1 46 2 18
Porcs g.	4.674	4.566	78	1 50	1 44	1 40	1 34 1 56
Id. m.	»	»	»	» »	» »	» »	» » » »

Marché du lundi 2 juin.

	Amenés	Vendus	Prix au poids net 1re qual.	2e qual.	3e qual.
Bœufs	1.929	1.877	1 64	1 50	1 28
Vaches.....	642	613	1 60	1 36	1 22
Taureaux ..	180	180	1 46	1 38	1 22
Veaux......	1.323	1.276	2 04	1 92	1 76
Moutons....	14.364	12.065	2 12	1 88	1 76
Porcs	2.150	1.154	1 55	1 46	1 38

	Prix au poids vif 1re qual.	2e qual.	3e qual.	Prix extrêmes.
Bœufs	1 »	» 85	» 67	» 62 à 1 06
Vaches	0 97	» 78	» 60	» 57 1 01
Taureaux.......	0 90	» 81	» 63	» 60 » 93
Veaux	1 24	1 12	» 89	» 78 1 36
Moutons........	1 05	» 94	» 85	» 66 1 10
Porcs...........	1 04	1 »	1 94	» 86 1 »
Peaux de moutons en laine.........				2 20 » »
Id. id. demi-laine.........				2 30 » »

Viandes abattues. — Criée du 30 mai

		1re qualité.	2e qualité	3e qualité.
Bœufs	le kil.	1 80 à 3 30	1 60 à 3 10	1 20 à 1 96
Veaux....	—	1 76 1 96	1 56 1 70	1 30 1 50
Moutons ..	—	1 90 2 06	1 50 1 86	1 10 1 46
Porc entier	—	1 40 1 56	1 20 1 30	1 10 1 16

Cuirs et peaux, les 50 kil.

Taureaux.	34 50 à	36 75	Vaches lourdes	37.50	40.50
Gros bœufs	43 50	47 50	— de bandes	34.50	37.25
Moy. bœufs	41 25	43 75	Gros veaux..	57.25	62.50
Pet. bœufs.	33 25	36 50	Petits veaux	63.50	66.25

CHEMIN DE FER D'ORLÉANS.

SAISON THERMALE.

Le Mont-Dore, La Bourboule, Royat, Néris-les-Bains, Evraux-les-Bains.

A l'occasion de la saison thermale de 1890, la Compagnie du chemin de fer d'Orléans a organisé un double service direct de jour et de nuit, qui fonctionnera du 16 juin au 20 septembre, entre Paris et la gare de Laqueuille, par Vierzon, Montluçon et Eygurande, pour desservir par la voie la plus directe et le trajet le plus rapide les stations thermales du Mont-Dore et de La Bourboule.

Ces trains comprennent des voitures de toutes classes et, habituellement, des wagons à lits-toilette, au départ de Paris et de Laqueuille.

Départ de Paris : 8 h. 40 du matin ; 8 heures du soir.

Départ de Laqueuille : midi 12 ; 8 h. 10 du soir.

Départ de Royat : 9 h. 31 du matin ; 6 h. 16 du soir.

La durée totale du trajet, y compris le parcours de terre entre la gare de Laqueuille et les stations thermales du Mont-Dore et de La Bourboule, est de onze heures à l'aller et au retour.

Prix des places, y compris le trajet dans le service de correspondance de Laqueuille au Mont-Dore et à La Bourboule, et *vice versâ*.

1re classe, 58 fr. 15 ; 2e classe, 43 fr. 75 ; 3e, 31 fr. 60.

Exposition universelle de 1889. — Médaille d'or

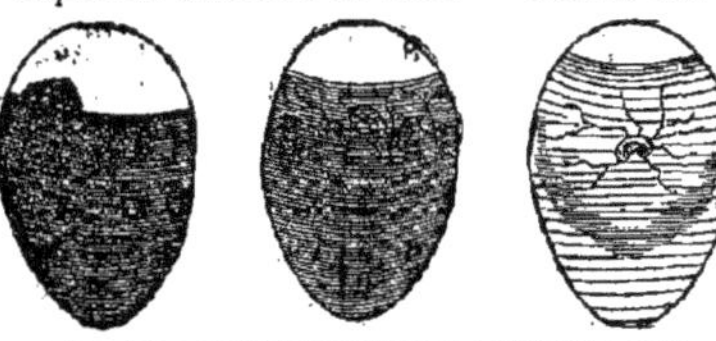

COUVEUSES

ARTIFICIELLES Brev. S. G. D. G. Nouv. Perfectionnements
Volailles de toutes races pour la reproduction

ŒUFS A COUVER

Poussins, race de Houdan, 14 fr. franco. Emb. compris
Poulaillers, Faisanderies, Volières

Envoi franco du Catalogue illustré

ECOLE PRATIQUE D'AVICULTURE
ROULLIER ** ET ARNOULT
à Gambais (S.-et-O.), et 7, galerie Vivienne
PARIS
Ecrire à Gambais

La Maison **R. GARIEL**, *2, Quai de la Mégisserie, à Paris, a obtenu à l'Exposition Universelle de 1889.*

Une Médaille d'Argent, Classe 76
et Une Médaille de Bronze, Classe 78.

GRILLAGES, SUPPORTS [illegible]
Ruches et Articles d'Apiculture, etc.

Plants américains PÉPINIÈRES des Cévennes
Albert GOURDIN, Saint-Hippolyte-du-Fort (Gard)
Pr. des Cees, des écoles et champs d'expériences. Tarif n. 29 Fo

RUCHE
à Cadres mobiles
Prix : **20f**
Gariel
2ter, Quai de la Mégisserie, PARIS
GRILLAGES POUR CHASSES, de 1 mètre, à... 0f 35

ŒUFS A COUVER de poules de Houdan et Faverolles, 5 fr. la douzaine, 10 fr. les 25, *franco*; les clairs seront remplacés. — **Petits Poussins** Houdan et Faverolles, 15 fr. la douzaine, 28 fr. les 25, *franco*.

Couveuses artificielles depuis 25 fr. **Eleveuses** depuis 20 fr., et nouveau système à régulateur automatique de chaleur. — Envoi *franco* du catalogue général.

J. PHILIPPE, éleveur, à Houdan (S.-et-Oise).

ENGRAIS CHIMIQUES
DES MANUFACTURES DE SAINT-GOBAIN

Usines à PARIS-AUBERVILLIERS, CHAUNY (Aisne), MONTLUÇON (Allier), MARENNES (Charente-Inférieure), LE PONTET (Vaucluse).
DOSAGE GARANTI. — EMBALLAGES : MARQUÉS ET PLOMBÉS.

Tout acheteur d'engrais qui n'exige pas, au sujet des dosages en éléments assimilables la garantie formelle, et qui ne la fait pas contrôler par l'analyse, ne nuit pas seulement à ses propres intérêts, il encourage la fraude et, la laissant impunie, compromet les intérêts généraux de l'agriculture.

ENGRAIS COMPLET DE SAINT-GOBAIN

Efficacité éprouvée dans tous les Sols et dans toutes les Cultures. — Superphosphates de chaux. — Sulfate de cuivre. — Sulfate d'ammoniaque
Sulfate de potasse. Sulfate de fer.

Engrais composés suivant les convenances des acheteurs
ADRESSER LES ORDRES ET DEMANDES DE RENSEIGNEMENTS
à la Direction commerciale
des Produits chimiques de Saint-Gobain
PARIS | 9, rue Sainte-Cécile, 9 | PARIS
ou aux dépositaires de la Compagnie de SAINT-GOBAIN dans les principales villes du Centre et du Midi.

VINS DE BORDEAUX.

PAUL LAFARGUE Propriétaire au Château-Daguey, *Négociant à Libourne (Gironde).*

Vins en barriques de 228 litres (Logement compris, franco de port).

VINS ROUGES			VINS BLANCS		
1888	Ordinaire	110	1888	Ordinaire	90
1888	Ordinaire supérieur	125	1888	Ordinaire supérieur	110
1887	Côtes Sainte-Eulalie	150	1887	Premiers Graves	130
1887	Château-Daguey	200	1886	Cérons	200
1886	Côtes Fronsac	260	1884	Preignac	250
1884	Pomerol	325	1881	Barsac	300
1881	Saint-Emilion	400	1881	Sauternes	400
1881	Médoc-Margaux	500			

VINS FINS EN BOUTEILLES.

Eaux-de-vie et Rhums à 50° par fût depuis 20 litres et au-dessus.

EAUX-DE-VIE		RHUMS	
Ordinaire	1f 25	Guadeloupe	1f 25
Rassise	1 60	Guadeloupe supérieur	2 »
Marmande	2 »	Martinique	1 50
Armagnac	2 60	Martinique supérieur	2 »
Cognac	3 50	Jamaïque vieux	2 50
Fine Champagne	5 »	Jamaïque vieux supérieur	3 »

Les produits de la Maison LAFARGUE sont absolument naturels.

Phosphate fossile de Quiévy

Le plus ASSIMILABLE de tous les PHOSPHATES CONNUS

Assimilabilité relative : 75/85 0/0. (Méthode Joulie, solubilité dans l'oxalate d'ammoniaque.)
Assimilabilité égale, ou supérieure à celle des guanos du Pérou et des produits d'os.
En outre de l'état si favorable dans lequel se trouve son acide phosphorique, le PHOSPHATE de QUIÉVY contient, en bonne proportion, d'autres éléments fertilisants (matières organiques azotées, potasse, chaux, magnésie).

C. DELATTRE-BRABANT
LILLE. — 123, rue Jacquemars-Grelée, 123. — LILLE.

Médaille d'Or. * Exposition Universelle 1889. * Médaille d'Argent.

GRAINETERIE A CÉDER

Quartier riche. Clientèle bourgeoise. Grande habitation et grands magasins. Affaires, 150,000 francs par an. Bénéfice net de tous frais, par an, 12,000 francs.

On traitera avec 25,000 francs, compris les fonds de roulement.

Ecrire ou voir le matin
M. DAGORY, 149, rue Lafayette, Paris.

MALADIES DU BÉTAIL
ET DE LA VOLAILLE

Leur traitement préventif et curatif

PAR L'ACIDE SALICYLIQUE

L'acide salicylique, employé dans la nourriture à la dose de 1/2 à 1 gramme par jour et par tête de bétail, est le meilleur préservatif des maladies qui procèdent par contagion : Sang de rate, Cocotte, Maladie aphtheuse, Erysipèle, Typhus, Morve, Variole et le Rouget des porcs, etc.

DES ATTESTATIONS NOMBREUSES DE GUÉRISONS obtenues pour la Cocotte et le Rouget des porcs ont été reproduites dans le *Journal l'Agriculture*.

La désinfection des étables, des écuries se fait instantanément au moyen d'un arrosage d'eau salicylée à 2 grammes par litre.

S'adresser à M. CERCKEL, administrateur de la *Compagnie de produits antiseptiques*, 26, rue Bergère, Paris.

Envoi sur demande de Prospectus et Brochures.

PRIX DU KIL. 25 fr. — BOITE DE MÉNAGE, 2 fr.

SALAISON DES FOINS

Nourriture du bétail

et Engrais des terres

Sel neuf dénaturé au Tourteau de colza, 55 fr. les 1,000 kilos.

Sel neuf dénaturé au Peroxyde de fer, 50 fr. les 1,000 kilos.

Sel de Morue pur, 45 fr. les 1,000 kilos.

Expéditions de Fécamp et de Bordeaux.

S'adresser à M. A. LE BORGNE, négociant à Fécamp (Seine-Inférieure).

PHARMACIE SAVARY

AMIENS, 33, Place Saint-Denis, 33, AMIENS

(EN FACE LE SQUARE).

PROVENDE AUX PHOSPHATES ASSIMILABLES
du Docteur DESCHAMPS.

Prix : 3 fr. le kilog.; 27 50 les 10 kilog. (Remises proportionnelles.)

Accroissement rapide des bestiaux, surtout chez les jeunes animaux, force nerveuse, fécondité, engraissement; prévient surtout la diarrhée chez les jeunes veaux. Qualité exceptionnelle du lait.

M. Lefebvre, cultivateur à Marcelcave, a élevé un veau en lui administrant de la Provende phosphatée pendant 60 jours : tué à 70 jours, ce veau pesait 193 kilog., chiffre officiel constaté à l'abattoir. La viande était très blanche, ainsi qu'est prêt à l'attester M. Oheix, boucher à Amiens.

Les attestations émanant des sommités françaises et anglaises les plus accrédités ont été données à M. SAVARY.

25 PRIX D'HONNEUR ET GRANDS PRIX, 200 MÉDAILLES OR, VERMEIL, ETC.

GRANDES CULTURES DE GRAINES POTAGÈRES, FOURRAGÈRES ET DE FLEURS

E. FORGEOT & Cie

fournisseurs du ministère de l'Agriculture, des Ecoles nationales d'agriculture, des Syndicats agricoles, etc.

PARIS, quai de la Mégisserie, 6 et 8

Appareils spéciaux pour épurer et nettoyer les graines

SPÉCIALITÉ DE GRAINES DE GRANDE CULTURE

luzernes et trèfles garantis sans cuscute, minette, vesces, sainfoins, trèfles incarnats, betteraves, carottes, navets, choux-navets, pommes de terre

Blés à grand rendement, Avoines, Orges, Seigles. Graines d'arbres pour reboisement

Graines de graminées pour prairies

Notre Maison ne vend que des graines de provenances sûres, assurant les meilleurs résultats; elle accepte le contrôle de la Station d'Essais des Semences, établie à l'Institut agronomique par le Ministère de l'Agriculture, contrôle auquel nous sommes soumis dès sa création. En conséquence, nos graines sont garanties de levée et d'une pureté irréprochable; nos trèfles et nos luzernes sont garantis sans un seul grain de cuscute.

Grande et importante **Spécialité de Créations de Prairies.** Nous nous chargeons d'établir des compositions convenant à la nature de chaque sol, et d'avance nous en assurons la réussite.

Sur demande, nous adressons *franco* nos catalogues illustrés de graines potagères, fleurs, arbres, fourrages, ognons à fleurs, plantes, etc.

VINS DU BEAUJOLAIS ET DE MACON.

J. DAMIRON

propriétaire-viticulteur à Saint-Julien en Beaujolais (Rhône).

A la fois délicat et nourrissant, le vin du *Beaujolais* est sans contredit l'un des meilleurs vins de table.

Par leur finesse et leur bouquet, *nos grands crûs* rivalisent avec ceux du Bordelais et de la Bourgogne, tout en étant moins chers.

Notre Vignoble, presque entièrement reconstitué, est aujourd'hui en état de fournir à la consommation ses vins si appréciés. Voici un aperçu des prix :

Vin ordinaire 1888 et 1887	110 à 130 fr.
Bonnes Côtes id.	130 à 150
Saint-Julien id.	160 à 200
Morgon, Fleurie, Thorins (vins classés de 1886 à 1881)	250 à 300

Grands crûs de Bourgogne : Beaune, Pommard, Corton.

Vins en bouteilles par caisses de 12, 25 et 50.

Le tout logé et pris en gare du Vignoble.

La Maison accepterait des représentants sérieux munis de bonnes références.

La Propriété offre des vignes américaines, boutures et racines de choix, et des plants greffés soudés et racinés garantis. — *Prix modérés.*

Adresser les correspondances à Villefranche, 44, rue de Thizy.

CRÉDIT AGRICOLE

UNION DES SYNDICATS AGRICOLES DE FRANCE

9, rue Marsollier, PARIS

Agence à LYON, 234, cours Lafayette, S. PLISSONNIER, Directeur * M. A.

MACHINES AGRICOLES DE TOUS SYSTÈMES

TOURTEAUX et FARINES pour la nourriture du bétail.

ENGRAIS CHIMIQUES et ORGANIQUES, MATIÈRES PREMIÈRES

SEMENCES DE PREMIER CHOIX.

L'Administrateur-Gérant : JOSEPH FREY.

Beauvais. — Imp. D. PERE. — A. CARTIER, Gérant.

11e Année. — 2e Série. — N° 542. Dimanche 15 Juin 1890.

GAZETTE AGRICOLE

JOURNAL HEBDOMADAIRE, PARAISSANT LE DIMANCHE

Rédacteur en Chef : M. Ch. GOSSIN, Professeur d'Agriculture à l'Institut agricole de Beauvais

PRIX DE L'ABONNEMENT

UN AN, 5 fr. — SIX MOIS, 3 fr. 50. — TROIS MOIS, 1 fr. 50

Pour l'étranger les abonnements ne sont reçus que pour un an, au prix de 6 francs, et ne partent que du 1er janvier ou du 1er juillet de chaque année.

Il est indispensable de joindre à toute demande de changement d'adresse la dernière bande d'adresse du journal et 50 centimes pour frais de nouvelles bandes.

Adresser les *Abonnements* et *Annonces* à l'administrateur, 13, quai Voltaire, Paris, ou à M. GOSSIN, rédacteur en chef, à BEAUVAIS.

BUREAUX

13, quai Voltaire, Paris.

Les abonnements partent du 1er de chaque mois et sont payables d'avance. Toute demande d'abonnement doit donc être accompagnée du prix de l'abonnement. (Le mode de payement le plus simple est l'envoi d'un mandat-poste.)

Donner *très lisiblement*, en s'abonnant, son nom et son adresse exacte, *avec l'indication du bureau de poste* ; et, s'il s'agit d'une continuation d'abonnement, joindre au renouvellement la dernière bande d'adresse du journal.

La GAZETTE AGRICOLE insère gratuitement les Communications des Syndicats agricoles

AVIS IMPORTANT.

Les bureaux de la GAZETTE AGRICOLE *sont actuellement transférés* **13, quai Voltaire, Paris.**

C'est à cette adresse que devront être envoyés les communications et correspondances.

Elles pourront aussi être adressées directement à M. Charles GOSSIN, professeur d'agriculture, rédacteur en chef, BEAUVAIS (Oise).

SOMMAIRE :

PARIS, 13 JUIN.

Le Bonhomme Deschamps appelait, il y a quelque temps, l'attention de ses lecteurs et de ses amis sur les moyens employés par le Gouvernement pour faire hausser la rente et laisser croire à une prospérité générale. On se rappelle que cette hausse extraordinaire des fonds publics a pour cause l'emploi des fonds déposés par le public dans les caisses d'épargne en achat de rente française. Aujourd'hui que le 3 0/0 est à 92 francs, le Gouvernement pense à tirer parti de cette situation pour diminuer le revenu des gens économes qui déposent à la caisse d'épargne. C'est ainsi que la commission du budget a décidé dernièrement : 1° que l'intérêt de l'argent déposé dans les caisses d'épargne, qui est actuellement de 4 pour cent, serait réduit à 3 25 pour cent; 2° que les bénéfices résultant de cette réduction, au lieu d'être attribués au fonds de réserve des caisses d'épargne, devront profiter au budget et ajoutés aux ressources générales du Trésor. Cette double décision, comme on le devine bien, ne manquera pas de jeter une vive émotion parmi les déposants des caisses d'épargne, qui ne constituent pas une quantité négligeable, puisqu'ils sont au nombre de six millions.

***

On sait que le taux de l'intérêt pour les dépôts des caisses d'épargne a été fixé à 4 pour cent par la loi du 7 mai 1853. Il n'a pas varié depuis. Convient-il de le réduire et dans quelles limites? Le taux de 4 pour cent peut sembler exagéré, maintenant que les valeurs de tout repos ne donnent guère plus de 3 1/2 pour cent. Mais jusqu'à présent le Trésor n'a éprouvé, de ce fait, aucun dommage, il n'a subi aucune perte. En effet, les fonds des caisses d'épargne sont versés à la Caisse des Dépôts et Consignations, laquelle en fait emploi en rentes sur l'Etat et autres valeurs de tout repos, sauf une réserve disponible qui ne doit pas excéder cent millions. Or, les valeurs que détient de ce chef la Caisse des Consignations lui ont produit pour 1889, si nous ne nous trompons, au moins 3 75 d'intérêts. Donc la différence de l'intérêt servi par la Caisse des Dépôts aux caisses d'épargne s'est traduite en 1889 par une perte de 25 centimes par cent francs. Mais cette perte n'a pas été supportée par le Trésor, puisque la Caisse des Consignations possède un fonds de réserve de plus de 40 millions, provenant des bénéfices qu'elle a réalisés sur les opérations des caisses d'épargne.

***

C'est même au moyen d'un prélèvement sur ce fonds de réserve de 40 millions que l'on a comblé la perte résultant de la différence entre l'intérêt de 4 pour cent servi aux caisses d'épargne et l'intérêt de 3 75 que rapportent les valeurs que contient le portefeuille des caisses d'épargne. Mais comme il ne faut pas épuiser le fonds de réserve, qui est pour les clients des caisses d'épargne une garantie précieuse, nous admettons très volontiers que l'on réduise de 25 centimes par cent francs le taux de l'intérêt et qu'on l'abaisse à 3 75 pour cent. Cette réduction est sensible, car il faut bien se rendre compte que le déposant ne touche pas intégralement l'intérêt servi par la Caisse des Dépôts et Consignations. Les caisses d'épargne conservent, comme il est juste, une partie de cet intérêt pour couvrir leurs frais d'administration. Il en est qui retiennent 50 c. pour cent, d'autres un peu plus, d'autres un peu moins. En réalité, les clients des caisses d'épargne ne reçoivent pas plus de 3 1/2 pour cent. Si le taux de l'intérêt est abaissé à 3 25 pour cent, comme l'a décidé la commission du budget, ils ne recevront que 2 75 pour cent. Si on ne fait, au contraire, qu'une réduction de 25 c. pour cent, les clients des caisses d'épargne privées recevront de 3 fr. 25 à 3 fr. 50 pour cent francs, et ceux de la caisse d'épargne postale continueront à recevoir 3 pour cent. Ils n'auront pas trop à se plaindre et l'équilibre sera rétabli entre le taux de l'intérêt versé par la Caisse des Dépôts et Consignations et le taux de l'intérêt produit par les valeurs constituant le portefeuille des caisses d'épargne.

***

On ne saurait donc trop protester, au nom des six millions de déposants des caisses d'épargne, contre la décision prise par la commission du budget. Nous repoussons la réduction de l'intérêt à 3 25 pour cent. Nous demandons la réduction à 3 75 pour cent, qui est suffisante pour garantir le Trésor contre toute éventualité de perte du fait des caisses d'épargne. Il nous reste maintenant à parler de la seconde résolution de la commission du budget. Celle-ci n'est pas seulement maladroite. Elle est inique. On a le droit de réduire l'intérêt alloué aux caisses d'épargne. Mais on n'a pas le droit de confisquer des fonds qui sont leur propriété, qui leur appartiennent, ou plutôt qui appartiennent à leurs clients. Or, c'est exactement ce que fait la commission du budget, quand elle établit que le Trésor bénéficiera des sommes provenant de la réduction des intérêts et que ces sommes seront portées en recettes au budget.

* * *

La commission du budget, en adoptant cette mesure, n'a fait que reprendre une idée de M. Wilson, qui, lorsqu'il était à l'apogée de sa gloire et tenait boutique à l'Elysée pour vente de croix de la Légion d'honneur, avait trouvé ingénieux de faire main basse sur les fonds des caisses d'épargne. La commission du budget aurait pu se dispenser de s'inspirer des idées du gendre de M. Grévy. Il est des modèles meilleurs à copier. Réduire l'intérêt des caisses d'épargne de 75 c. pour cent, afin de faire bénéficier le Trésor de cette différence, qui représenterait, sur les 3 milliards de francs de dépôt, 22 millions 500,000 francs par an, ce serait porter atteinte à la propriété des déposants. Ce serait établir sur la petite épargne un impôt du quart, c'est-à-dire de 25 pour cent, tandis que les gros capitaux ne payent que 3 pour cent et même *ne payent rien du tout quand ils sont placés* en rentes. Ce serait une véritable spoliation.

LE BONHOMME DESCHAMPS.

NOUVELLES DE LA SEMAINE.

Nominations d'évêques. — Par décret présidentiel :

Mgr Lecot, évêque de Dijon, est promu à l'archevêché de Bordeaux ;

Mgr Oury, évêque de Fréjus, est transféré à l'évêché de Dijon ;

M. Mignot, vicaire général du diocèse de Soissons, est nommé à l'évêché de Fréjus ;

M. Hautin, vicaire général du diocèse d'Orléans, est nommé à l'évêché d'Evreux.

Election sénatoriale. — M. Fallières, ministre de la justice, vient de se faire élire sénateur de Lot-et-Garonne, jugeant qu'il vaut mieux, par les temps qui courent, avoir affaire au suffrage restreint qu'au suffrage universel. M. Constans avait fait de même il y a quelques semaines. Comme on le voit, la crainte du suffrage universel est le commencement de la sagesse chez les républicains.

Le duc d'Orléans est rentré dans sa famille à Sheen-House, en Angleterre. Comme on le pense bien, son père et sa mère, le Comte et la Comtesse de Paris, l'ont reçu à bras ouverts. Un grand nombre de Français ont passé la Manche cette semaine et ont été reçus par les exilés mardi et mercredi dernier. L'entente, entre le Comte de Paris et son fils est complète, quoi qu'en disent les journaux républicains payés pour raconter toutes sortes de fables ridicules sur « l'abdication du Comte de Paris » et autres fausses nouvelles.

Elections en Belgique. — Une grosse partie électorale vient d'être jouée en Belgique, entre les « catholiques » et les « libéraux ». On sait que le parti dit catholique est au pouvoir depuis 1884 et que les libéraux, c'est-à-dire des républicains, avaient annoncé bruyamment leur triomphe. Aux élections pour le renouvellement de la moitié de la Chambre. Les libéraux viennent d'être complètement battus. Les catholiques sont restés sur leurs positions, et conservent le gouvernement de la Belgique pour quatre ans au moins.

L'IMPOT FONCIER

Une grosse question va être soumise aux Chambres. Un très vif mouvement d'opinion s'est produit dans les campagnes en faveur du dégrèvement de l'impôt foncier. Un des hommes les plus distingués de la Droite dans la Chambre des députés, M. de La Martinière, de concert avec plusieurs de ses collègues, a déposé une proposition tendant à la suppression du principal de la propriété non bâtie. Ce serait un dégrèvement de 118 millions en faveur de l'agriculture. La Droite, dans une réunion plénière qu'elle a tenue, s'est prononcée *unanimement en faveur de la proposition La Martinière*, à laquelle se rallieront très probablement un certain nombre de députés de gauche, sous la pression de leurs électeurs.

La Droite prend donc l'initiative d'une grande réforme et met à l'étude une question du plus haut intérêt. Quelque doive être le résultat de sa tentative, il faut lui en savoir gré. La terre supporte relativement plus d'impôts que toute autre valeur. La propriété mobilière n'est frappée que d'un impôt de 3 0/0 sur le revenu. La propriété immobilière paie bien davantage. Elle supporte en effet, sans parler de beaucoup d'autres charges, le principal de l'impôt foncier, dont bénéficie le budget de l'Etat, les centimes additionnels, qui dépassent, dans bien des cas, le principal, et qui alimentent le budget des départements et des communes, et enfin les droits de mutation, qui sont énormes et qui, lorsqu'une propriété change plusieurs fois de mains, équivalent à une confiscation totale ou partielle de cette propriété.

Il ne s'agit que de supprimer le principal de l'impôt foncier. *On ne toucherait pas aux droits* de mutations, qui sont au moins aussi lourds, mais que les intéressés sentent moins, parce qu'ils n'ont pas à les payer chaque année. On ne toucherait pas non plus aux centimes additionnels, qui forment la principale ressource du budget de nos départements et de nos communes rurales et qui s'accroissent chaque année.

L'agriculture, même après ce dégrèvement de 118 millions, resterait encore très lourdement taxée. Ce qu'elle demande n'est donc pas excessif. Seulement il n'est pas possible de songer à supprimer, dans le budget de l'Etat, une ressource annuelle de 118 millions, sans boucher ce trou, soit par des économies, soit par des impôts.

La Droite estime que les augmentations votées ou à voter sur les droits de douane suffiront à procurer une ressource annuelle de 118 millions pour remplacer le principal de l'impôt foncier. C'est une question à examiner. Si les ressources nouvelles à provenir des douanes étaient insuffisantes, il faudrait en créer d'autres, car, avec la politique gaspilleuse du Gouvernement et des Chambres, il n'y a malheureusement pas à compter sur de sérieuses économies. Sous réserve de cette observation, qui a son importance, nous ne pouvons qu'approuver l'initiative de la Droite et souhaiter à sa généreuse tentative un plein succès.

Ch. G.

UNE BIEN VILAINE ENGEANCE

Je me souviens d'une petite complainte, que l'on chantait jadis, qui disait :

S'il n'y avait ni chien, ni chat,
Ni procureur, ni avocat,
Ni pou, ni puce et ni punaise,
Chacun dormirait à son aise.

L'auteur de cette satire ne devait pas être un cultivateur, car, dans la nomenclature qu'il nous donne des suppressions que le Créateur devrait faire à son ouvrage, il a oublié le *hanneton*, qui est pourtant, on peut le dire en toute vérité, *une bien vilaine engeance*.

Cet affreux coléoptère, que la science appelle *Melolontha vulgaris*, nom aussi désagréable à prononcer que l'action de cet insecte est désastreuse pour nos campagnes, est, et sera toujours un amusement pour les enfants; mais l'agriculteur, qui a maintes fois gémi à la vue de ses récoltes perdues par le ver blanc, lui a voué une haine mortelle. Le hannetonage s'est organisé; et, à l'indifférence malheureuse qui existait il y a encore quelques années, a succédé une guerre acharnée qui aurait toujours dû avoir lieu.

Nous ne sommes plus heureusement au temps où un spirituel préfet de Louis-Philippe, M. *Romieu*, rendant, pour la Sarthe, un arrêté de destruction, se vit bafoué et chansonné par les folliculaires de l'époque et représenté en hanneton dans le *Charivari*.

Aujourd'hui, au contraire, les conseils généraux et les municipalités ont compris l'importance de la mesure prise jadis par ce magistrat éclairé; et, en votant des fonds pour encourager le hannetonage, ils méritent la reconnaissance des campagnes; car, en anéantissant l'insecte parfait, on détruit la reproduction qu'il allait confier à la terre et on évite ainsi bien des pertes.

Personne n'ignore que le hanneton craint le froid matinal; aussi, de 4 à 9 heures on les trouve toujours engourdis par la rosée; ils restent alors immobiles sur les branches et, en les secouant légèrement, ils tombent aussitôt et vous pouvez facilement les ramasser sur les toiles tendues préalablement au pied de l'arbre.

La grande chaleur lui est également antipathique, il s'abrite toujours des rayons solaires sous les feuilles; ce n'est que le soir venu que les hannetons essaiment comme de véritables abeilles, et que, prenant leur essort, ils vous balaient agréablement la figure quand le temps beau et doux, vous invite à aller respirer les premières senteurs printanières.

La durée totale de la vie du hanneton est de trois ans.

En mai généralement, la femelle, avec ses fortes pattes de devant, creuse le sol pendant la nuit, à dix ou vingt centimètres de profondeur, et y dépose de vingt à trente œufs d'un blanc jaunâtre, de la grosseur d'un grain de chènevis. Elle choisit de préférence les terres légères et les mieux fumées et ne confiera jamais sa progéniture aux terrains incultes qui ne pourraient la nourrir, ni à ceux d'une forte consistance que les jeunes larves ne pourraient percer.

Comme dans tout ce qui touche à la création l'instinct de cette mère est admirable; elle sait que jamais elle ne verra grandir ce qu'elle engendre, aussi est-ce avec un soin minutieux qu'elle évitera les lieux marécageux et les terrains à fonds de glaise qui pourraient inonder sa progéniture.

L'œuvre de vie terminée, elle aura accompli la tâche qui lui était imposée; et, insecte éphémère, après trois années d'existence, elle retournera au néant, d'où elle n'aurait jamais dû sortir.

On a toujours prétendu que tout être créé avait son utilité; trop ignorant sans doute pour discuter ces choses, je suis encore à me demander quelle peut être celle du hanneton qui, en larve, ravage les racines de nos récoltes et, à l'état parfait, en fait tout autant du feuillage de nos arbres; à moins que le Souverain Maître n'ait eu l'intention d'en gratifier les enfants pour procurer, pendant six semaines, un peu de tranquillité à leurs parents; ce n'est sans doute pas cela, mais je n'ai rien trouvé de mieux!...

J'ai dit plus haut que la vie du hanneton est de trois ans; en effet, un mois après la ponte, on voit apparaître, sortant des œufs, ces larves recourbées, à têtes dures et cornées : c'est le jeune ver blanc. Cet hideux insecte au corps graisseux mange peu, la *première année*, et, l'hiver venu, s'enfonce profondément pour éviter les atteintes de la gelée.

L'année suivante, poussé par la faim, le ver blanc remonte; le cultivateur peut alors trembler, car tout est bon pour ce ver. Céréales, herbages, plantes fourragères sont dévorés par les racines; on voit les récoltes et les prairies jaunir, le travail et les sueurs d'une année sont perdus.

Ces larves s'engloutissent de nouveau pour passer le second hiver; et, le printemps revenu, elles recommencent pendant deux mois et demi les terribles ravages de l'année précédente.

Vers le milieu de l'été de cette seconde année, le ver blanc, parvenu à toute sa croissance, s'enfonce profondément à plus d'un demi-mètre en terre; il se façonne alors une coque enduite d'une boue glutineuse et, prenant une nouvelle métamorphose, il devient *nymphe*, c'est-à-dire la transition de l'état de larve, ou ver blanc, à l'état parfait.

Il passe ainsi l'hiver, et, petit à petit, étant devenu hanneton, vers février, il recommence à remonter à la surface pour s'envoler définitivement la troisième année, en avril.

Décrire les ravages de ce terrible insecte est impossible. M. Maurice Girard raconte qu'en 1688 les hannetons détruisirent toute la végétation du comté de Galway, en Irlande, de sorte que le paysage prit l'aspect désolé de l'hiver. Le bruit de leur multitude dévorant les feuilles était comparable au sciage d'une grosse pièce de bois; et, le soir, le bruit de leurs ailes résonnait comme des roulements éloignés de tambour.

Les habitants avaient de la peine à retrouver leur chemin, aveuglés par cette grêle vivante. Les malheureux Irlandais en furent réduits à cuire les hannetons et à les manger. Triste régal, s'il en fut, et qui aurait bien du mal à figurer avec honneur sur le menu de nos grands restaurants.

En 1804, des nuées immenses de hannetons furent précipitées dans le lac de Zurich, et leurs cadavres, amoncelés sur le rivage, ne tardèrent pas à empester l'atmosphère.

Le 18 mai 1832, à neuf heures du soir, la route de Gournay à Gisors, dans la Seine-Inférieure, fut envahie par de telles myriades de hannetons, qu'à la sortie du village de Talmontiers, les chevaux de la diligence, aveuglés et épouvantés, refusèrent opiniâtrement d'avancer et forcèrent le conducteur à revenir sur ses pas.

En 1841, ils ravagèrent les vignobles du Mâconnais, et certaines de leurs nuées s'abattirent sur Mâcon, au point qu'on avait grand peine à s'en garantir par les moulinets de canne les plus rapides, et qu'on les ramassa à la pelle dans certaines rues.

Si j'ai cité ces exemples, c'est pour démontrer qu'un *hannetonage* de ces insectes adultes s'impose et qu'il est du devoir de tous de s'y employer.

Une vieille légende rapporte qu'en 1479 les vers blancs furent cités devant le tribunal ecclésiastique de Lausanne et se virent défendus par un avocat de Fribourg. Soit que le défenseur fût novice, soit qu'il fût effrayé lui-même des ravages causés par ses clients, quoi qu'il en soit, les vers blancs furent, à l'unanimité, bannis du territoire de Lausanne.

Il est certain que le libre-penseur actuel va se moquer de cette naïveté et entonner aussitôt un thème foudroyant sur l'ignorance dans laquelle croupissaient nos ancêtres qui n'avaient pas, comme nous, le flambeau de la science moderne pour les éclairer, cela est fort probable; mais, j'avoue que, pour ma part, cette lecture, tout en m'égayant, m'a également ému. C'est qu'elle prouve qu'en tout temps, puisque aujourd'hui encore bien des campagnes se rendent en procession pour implorer, dans un sanctuaire privilégié, la destruction de ces larves; en tout temps, dis-je, l'homme a toujours eu recours, dans ses moments de souffrance, à Celui qui lui avait promis assistance. Cependant, il y a ici un point essentiel, c'est que vous devez à la confiance ajouter l'activité, et ne pas être comme l'Arabe fataliste qui, se croisant les bras, dit gravement : Allah est grand, cela devait arriver!... La Sagesse des Nations a dit : Aide-toi, le ciel t'aidera; donc, comme première condition, vous devez, laissant au Pouvoir Souverain le soin de détruire, par le froid et la pluie, une immense quantité de ces larves maudites, l'aider de votre côté en faisant aux hannetons une chasse impitoyable; vous anéantissez la génération future et évitez ainsi le retour de ravages qui vous ont causé tant de pertes.

SAINT-PAUL D'ARLOI.
Ancien élève de l'Institut agricole de Beauvais, directeur du Syndicat agricole de Brûlon.

La maladie de la pomme de terre et le sulfate de cuivre.

Quelques mesures préventives sur cette maladie ont été soumises dernièrement à l'Académie des sciences.

On sait que, depuis nombre d'années déjà, la pomme de terre est envahie par un parasite qui, après s'être attaqué à la feuille, finit par tuer le végétal avant que le tubercule soit arrivé à son complet développement ou à sa maturité.

Certaines contrées de la France, de la Suisse, de l'Allemagne du Sud, et surtout du pays de Bade et du Palatinat, ont vu par ce fait, chaque année, leur récolte compromise et même quelquefois totalement manquée.

M. Schlœsing a donné, à ce sujet, lecture à la Société d'une notice de M. Aimé Girard sur le traitement de la pomme de terre par les sels de cuivre. Il résulterait des essais entrepris par ce dernier, en 1888 et 1889, qu'il est impossible de guérir radicalement, au moyen de bouillie cuivreuse, les champs contaminés et de les mettre à l'abri de l'attaque du parasite. Deux kilogrammes de sulfate de cuivre par hectare et un kilogramme de chaux suffiraient, au dire de M. Girard.

En ce qui touche la dépense du traitement, M. Girard affirme encore qu'elle ne dépasse pas 37 à 40 francs par hectare et que le bénéfice qui en ressort, quand on compare les champs traités avec ceux qui ne le sont pas, atteint 150 à 300 francs. M. Girard a contrôlé ce moyen de traitement sur une vaste échelle et à diverses reprises. Les résultats ont toujours été constants et, à chaque fois, l'emploi de la bouillie a fait non-seulement baisser la proportion des tubercules malades, mais a augmenté la récolte de 20 à 22 0/0. M. Girard recommande encore, par mesure de précaution, de soumettre au *traitement, dans les régions contaminées*, les champs indemnes jusqu'ici, parce que la maladie, faisant des progrès incessants, il est plus sage de prévenir le mal, de l'enrayer et de prévenir son extension. Ce système de traitement serait appelé, aux yeux de son auteur, à rendre d'immenses services aux populations rurales.

LE MESURAGE DU BÉTAIL

Jusqu'ici, pour apprécier la valeur d'une bête de rente quelconque, le cultivateur ou le boucher, dont « l'œil » n'était pas suffisamment exercé, avaient recours à la bascule. Mais l'opération du pesage, commode et pratique pour les porcs, les moutons ou les veaux, ne l'est guère lorsqu'il s'agit de gros bétail. Ce n'est pas, en effet, une petite affaire que le pesage périodique de quinze ou de vingt bêtes et souvent plus, qui sont à la fois entretenues dans une étable. Il faut avoir vu les pauvres vachers secoués, entraînés, renversés par les bouvillons violents et les génisses gambadeuses pour s'en faire une idée. Et c'est précisément cette difficulté que l'on rencontre dans l'évaluation du poids des animaux qui fait que, dans beaucoup de fermes, pourvues cependant de bascules, les règles d'un bon rationnement alimentaire ne peuvent être suivies et observées.

Un agriculteur de grand talent, lauréat de la Société des Agriculteurs de France, M. Jules Crevat, qui a eu longtemps, lui aussi, « maille à partir avec la bascule » — car faisant de l'engraissement rationnel, il pèse fréquemment ses bœufs — s'est ingénié à trouver une méthode pour déterminer, par le simple mesurage, le poids de ses animaux avec une exactitude suffisante.

Nous avions déjà les méthodes de Quetelet, d'Ewart, de Mathieu de Dombasle, de Pressler, de Matiévitch; mais toutes présentent, dans la pratique, des écarts considérables et qui peuvent aller jusqu'à 20 et 25 0/0.

C'est cette cause d'erreur que M. Jules Crevat vient d'expliquer et de déterminer.

Mathieu de Dombasle, pour mesurer ses bœufs gras et ses moutons, multipliait le cube du périmètre oblique de la poitrine (mesuré en passant le ruban sur le garot et entre les jambes de devant) par le coefficient fixe : 29.5.

Quetelet calculait le poids des bœufs en multipliant le carré du périmètre minimum de poitrine (mesuré derrière les jambes de devant), d'abord par la longueur latérale du tronc, du milieu de l'épaule au milieu des fesses, puis par le coefficient fixe : 87.5.

Matiévitch faisait à peu près comme Quetelet : il multipliait le carré du périmètre *maximum* du ventre (c'est-à-dire pris au milieu), d'abord par la longueur oblique du tronc, du garrot à une pointe des fesses, puis par le coefficient fixe : 69.

Or, c'est précisément cette fixité du coefficient que l'on remarque dans toutes les méthodes employées jusqu'ici, qui produisait les écarts considérables que tous les expérimentateurs ont constatés.

Et puis, il faut bien le dire, si le cordon de Dombasle, portant d'un côté les mesures métriques et de l'autre côté les poids correspondants qu'on peut lire tout de suite, est à peu près pratique, les méthodes de Quetelet et de *Matiévitch, qui exigent deux opérations compliquées*, ne seraient guère applicables sur un champ de foire — même par des mathématiciens.

M. Jules Crevat, plus heureux que ses devanciers, est parvenu, après vingt-cinq ans d'expériences, à trouver un moyen rapide de mesurage et qui n'oblige à faire de tête que deux petites additions seulement.

Ce nouveau procédé est basé sur l'emploi des *logarithmes :* ne vous effrayez pas du mot, amis lecteurs, et essayez la chose, qui est extrêmement simple.

Prenez un décamètre ordinaire, dont le ruban ne soit gradué que d'un seul côté, et sur le côté blanc marquez et numérotez de cinq en cinq, des divisions à des distances augmentant progressivement, de telle sorte qu'elles correspondent aux divisions métriques, comme dans le tableau ci-dessous :

Longueurs métriques.	Numéros correspondants.	Longueurs métriques.	Numéros correspondants.
0,100.....	0	0,708.....	85
0,112.....	5	0,794.....	90
0,126.....	10	0,891.....	95
0,141.....	15	1,000.....	100
0,159.....	20	1,122.....	105
0,178.....	25	1,259.....	110
0,200.....	30	1,413.....	115
0,224.....	35	1,585.....	120
0,251.....	40	1,778.....	125
0,282.....	45	1,995.....	130
0,316.....	50	2,239.....	135
0,355.....	55	2,512.....	140
0,398.....	60	2,813.....	145
0,447.....	65	3,162.....	150
0,501.....	70	3,548.....	155
0,562.....	75	3,981.....	160
0,634.....	80		

Voulez-vous, maintenant, vous servir du ruban pour calculer le poids net d'un bœuf gras, d'après la méthode de M. Crevat? Prenez le ruban, mesurez d'abord le périmètre *droit* de la poitrine, comme si vous vouliez savoir combien il a de centimètres ; vous trouvez, par exemple, 2 m. 40 qui correspond sensiblement au n° 138; mesurez, de même, la longueur latérale du corps de la pointe de l'épaule aux fesses, puis le contour de la croupe; vous avez trouvé, je suppose, les n°s 128 et 137; ajoutez seulement les deux derniers chiffres de ces trois numéros :

38 + 28 + 37 = 103;

cherchez maintenant le n° 103 sur le ruban, et vous verrez qu'il correspond, de l'autre côté, à 1.070 millimètres ; ce nombre est le poids net du bœuf, en livres de demi-kilogrammes.

Voulez-vous, au contraire, calculer le poids *vif* de votre bœuf? Prenez le ruban, mesurez le périmètre droit de poitrine (derrière les jambes de devant), puis le périmètre maximum du ventre et la longueur latérale du corps comme ci-dessous. Additionnez les deux derniers chiffres des numéros trouvés, par exemple :

38 + 28 + 43 = 109;

mais de la somme, retranchez toujours 10 ; vous aurez le n° 99, correspondant à 976 millimètres. C'est le poids vif du bœuf en kilogrammes.

« Ne me demandez pas pourquoi », ajoute M. Crevat ; ce serait un peu long à expliquer. Ce serait peut-être aussi un peu ardu que d'établir le principe scientifique de ce singulier cubage ! Mais l'essentiel, pour nous, c'est que « le cubage » soit exact, et il doit l'être, puisque l'inventeur nous dit : Aujourd'hui, je ne pèse plus mes bœufs ; je les mesure.

JEHAN DE BRIE.

LA TEMPÉRATURE ET LES RÉCOLTES

La préparation de notre récolte est toujours satisfaisante : les blés épient et fleurissent dans de bonnes conditions; les seigles se présentent bien. Il en est de même pour les différentes autres céréales. Le temps s'est, dans l'ensemble, maintenu favorable à tout, et les quelques petites gelées nocturnes signalées de divers points, au début du mois, ont été inoffensives, en somme.

D'ailleurs, cet abaissement passager de la température n'a pu qu'être favorable aux blés en arrêtant quelque peu les progrès de la végétation ; les plus drus se sont fortifiés en terre et n'en résisteront que mieux à la verse dont ils étaient menacés. L'épiage s'opérant facilement, il va falloir voir maintenant quelle sera la température, chaude ou froide, pendant la durée de la floraison ; on pourra, ensuite, parler du rendement probable ; un temps calme et une température constante, pendant le jour, de 22 à 25 degrés centésimaux, sont ce qu'il y a de plus rassurant quant à l'obtention d'une grosse récolte en grains.

Les sarrazins déjà semés lèvent favorablement.

Quant aux pommes de terre, elles sont partout très belles.

La coupe des trèfles incarnat est commencée ; pour aider à leur séchage — opération toujours difficile — on se sert, dans certaines contrées, du « siccateur », ou arbre artificiel à chevilles ; on peut ainsi faucher, même par temps de pluie, jusqu'à ce que tous ces arbres soient chargés.

Les pommiers à cidre, qui paraissaient pleins de sève, ont bien fleuri, puis la majeure partie des boutons s'est changée en « clous de girofle » qui contiennent, on le voit en les ouvrant, la larve de l'Anthonome. On ne peut donc compter déjà, pour cette année encore, que sur un rendement en pommes déficitaire.

Les apparences des récoltes continuent à donner satisfaction dans l'ensemble de l'Europe.

La température de la dernière huitaine a été favorable à la végétation en Angleterre.

Les récoltes en Belgique se présentent toujours dans de bonnes conditions.

En Hollande, on prétend que le seigle et les pommes de terre auraient sérieusement souffert des gelées de ces dernières nuits ; les autres grains et tubercules n'auraient pas été atteints.

En Allemagne et en Autriche-Hongrie, les perspectives sont toujours des plus favorables. En Hongrie cependant on se plaint plus ou moins de la rouille des blés.

En Russie, on s'attend à une bonne récolte moyenne, si d'ici la moisson il ne survient rien d'anormal. Il en est de même en Roumanie.

On le voit, il est rare que l'Europe toute entière donne d'aussi belles espérances.

LA VIGNE.

Les avis du Midi sont un peu moins satisfaisants, dans leur ensemble, au point de vue du rendement de la future récolte qui ne serait pas aussi grand que celui tout d'abord entrevu. En faisant la part des exagérations des pertes occasionnées par les gelées, il n'en résulte pas moins de ces avis contradictoires que suivant telle ou telle région les apparences sont plus ou moins belles.

On signale qu'il s'est déjà opéré dans le Midi des achats sur souches, ce qui est une opération très aléatoire en raison surtout de l'inconnu au sujet de la qualité qui sera récoltée.

En Hongrie, il a dû y avoir de sérieux dégâts à la vigne, à en juger par une dépêche annonçant qu'il a gelé le 4 juin.

Les savants Hongrois ont annoncés que *cette zone de froid s'étendrait dans toute l'Europe.* Cette prédiction ne s'est pas réalisée ; espérons maintenant que rien ne viendra compromettre les belles espérances que donnent nos vignobles.

La floraison commence à s'opérer et va se généraliser dans la huitaine : il faudrait donc la continuation du temps favorable actuel sans trop de pluie et avec assez de chaleur pour traverser cette période critique.

Si la satisfaction est généralement grande pour la plupart des jeunes vignes, surtout celles greffées sur plants américains, on ne peut en dire autant de la vieille vigne qui dépérit et s'en va sur bien des points depuis une quinzaine. C'est surtout dans les terrains forts où le sulfure a beaucoup moins d'effet que ce dépérissement de la vigne, attribué au phylloxéra, se constate dans diverses communes du Beaujolais.

Les Noces d'or du Frère Eugène-Marie,

directeur de l'Institut agricole de Beauvais.

POÉSIE DE M. PAUL BLANCHEMAIN,
ancien élève de l'Institut,

LUE AU BANQUET DES NOCES D'OR.

Messieurs, dans ce voyage où le temps nous échappe,
Cinquante ans révolus, c'est une rude étape !
Et tel qui s'en approche avance en hésitant.
Bruns ou blonds, nos cheveux d'un gris inquiétant
Sur nos fronts dénudés déjà se raréfient.
Les poètes surpris, eux-mêmes, se défient
De leurs beaux rêves d'or. L'austère vision
De nos bonheurs détruits presqu'à l'éclosion,
Vient troubler le travail, l'espérance ou la fête.
On commençait à vivre… et sonne la retraite.
Mais il en est pourtant que l'âge n'émeut pas,
Qui se sentent trempés pour d'immortels combats
Qui, vaillants à toute heure avec leur cœur d'apôtres,

Ont su toujours si bien s'oublier pour les autres,
Que dans leur grand labeur, il importe peu
Si les ans ont coulé : c'est l'affaire de Dieu!
Ils vont, l'âme sereine avec leur lourde charge;
Ils creusent ton vieux sol, ô France, et leur main large
Sème pour l'avenir l'élite des bons grains.
Ne leur demandez pas, si, pour ceindre leurs reins,
Ils ont dû, chaque jour, devancer chaque aurore;
Si les hivers glacés, le soleil qui dévore
Les a blanchis ; courbés sur leur âpre chemin :
Si, sur les rocs heurtés, le soc brisa leur main.
Ils ont leur mission, qu'importe la souffrance.
Dieu fera la moisson, voilà leur espérance!

O maître bien-aimé, vous êtes de ceux-là!
A vos joyeux seize ans, le Ciel vous appela.
De l'humble de La Salle on vous narra l'histoire,
Et vous avez voulu prendre sa robe noire,
Vêtir son dévoûment et sa simplicité;
Vous cherchiez l'ombre... Et c'est comme une [majesté
Qui vient vous entourer sous cette pauvre bure
Et rajeunir pour nous, tel qu'on se le figure,
L'homme d'enseignement que rien n'a rebuté!

Si nos chers souvenirs ont leur témérité,
Si l'amour louangeur, Maitre, vous épouvante,
Evoquons le passé. Sa page est émouvante.

Mais en avare, avant, comptons notre trésor,
Ce n'est pas cinquante ans d'âge, les noces d'or!
C'est cinquante ans remplis par la lutte et l'épreuve.
Cinquante ans d'énergie où l'amertune abreuve
Le cœur jaloux d'atteindre au bien qu'il a rêvé,
Et de monter plus haut, plus il est entravé;
Cinquante ans, sans compter les jours d'adolescence
Où fermente et jaillit en nous l'efflorescence
Des puissantes vertus, l'honneur de l'âge mûr.

Anciens, nous savons combien le sort en est dur
Parfois, combien la vie a de tristesses mornes,
Comme l'espoir se brise à d'inflexibles bornes,
Nous pouvons applaudir, après tant de travaux,
Celui qui, sans faiblir, en ose de nouveaux!
Pour moi, je n'oublierai jamais l'heure troublante
Où le Frère Menée a, de sa voix mourante,
Nommé le Frère Eugène, et puis dit : « Je suis [prêt ! »
Il savait en tombant que son œuvre vivrait!
Il savait que ce cher Institut agricole
Qu'il avait, novateur, adjoint à son école,
Où trente jeunes gens déjà rêvaient l'honneur
De transformer, ô France, et ta terre et ton cœur,
Trouverait un appui dans cet autre lui-même.
Il savait que son œuvre était tout un problème,
Et choisit cet esprit mathématicien
Qui calculerait tout, sauf un labeur : le sien!

Dans ce triumvirat de si douce mémoire,
Où Gossin, Tocqueville et Menée avec gloire
S'unissaient pour venger l'esprit stérilisant
Qui laissait sur la brèche et, seul, le paysan,
Et conquérant au sol les enfants de famille
Leur montraient quel trésor jaillit du soc qui brille;
Dans ce triumvirat qu'avait brisé la mort,
Du premier fondateur ressuscitant l'effort,
Maitre, vous repreniez la plus illustre place!
Et depuis, rien n'a pu troubler en vous l'audace,
La science hardie et le zèle de feu
Consacrés à servir l'Agriculture et Dieu!

Vous êtes comme l'arbre aux débordantes sèves,
Votre âme s'est mêlée à tous nos meilleurs rêves
Et nous en gardons tous l'élan comme autrefois,
Provocateur du bien, nous aimions votre voix,
Vos conseils paternels,... votre gaieté piquante,
De nos jeunes amis le sort heureux nous tente.
Nous voudrions encor ressaisir nos vingt ans
Pour venir écouter, ainsi qu'eux, sur les bancs,
La leçon de chimie ou l'histoire des plantes,
Car si vous exercez vos forces dirigeantes,
Prodiguant les secrets d'une haute raison,
Pour mener au succès une immense maison;
C'est pour vous un repos dans votre expérience
De parcourir le champ connu de la science,
D'y fouiller, d'y glaner comme le moissonneur.
La pratique elle-même, oh! ne vous fait pas peur
Vous jugez d'un coup-d'œil l'élite des étables
Et l'on sait des verdicts de jurys mémorables
Qui soulevaient parfois d'homériques débats :
Les plus fins éleveurs ne s'y méprenaient pas;
Ils devinaient leur juge à quelques traits sans haine,
Et tous, ils s'inclinaient devant le Frère Eugène!

Savant et professeur, connaisseur délicat,
Vous souriez, ô maitre, et je parais ingrat!
Ce n'est pas pour juger d'un bœuf à la côte ronde,
Ce n'est pas pour chercher dans la terre profonde
Une énigme de vie et de fertilité
Que le long manteau noir fut par vous accepté
Il y a cinquante ans !
Non, votre œuvre est plus haute!

Sans doute, vous savez que c'est la grande faute
D'abandonner le sol, trésor inépuisé,
Que l'arme d'un grand peuple est le soc aiguisé,
Que les maux de la guerre ont dans l'agriculture
Une vengeance heureuse, une revanche sûre!
Mais pour que le pays tressaille aux jours vain- [queurs,
Il lui faut avant tout des hommes, des grands cœurs!
Des héros ignorés que rien ne décourage,
Traçant dans leur chemin comme l'humble attelage
Le sillon toujours droit où germe l'avenir!
Aussi vous avez dit à Dieu :
« Daigne bénir
« L'Institut de Beauvais, ma pépinière d'hommes.
« Sans toi, je sais trop bien tout le peu que nous [sommes.
« Je les ferai chrétiens, mes chers agriculteurs;
« J'élèverai leurs âmes aux sublimes hauteurs:
« Et si par leurs travaux ta fortune est accrue,
« Sur chaque territoire où plonge leur charrue,
« France, tu cueilleras une belle moisson.
« Et tu redeviendras la grande nation! »

Cette promesse ardente et ce cri d'espérance
Devaient vous émouvoir, agriculteurs de France,
Noble société faite du dévouement
De tous ceux qu'épouvante un avenir qui ment.

Esprits loyaux mêlés à cette lutte immense,
Où le pays s'énerve, où son zèle commence
A supputer la honte et la stérilité.
Du cercle d'anarchie où son front s'est heurté,
Vous sentez, pour qu'enfin la France se relève
Glorieuse à jamais, comme le cœur la rêve,
Qu'il faut qu'elle s'acharne à refouiller son sol;
Mais que son âme aussi s'élance d'un haut vol;
Qu'on ne tarisse pas la sève d'énergie,
Les sources de vertu, la tendresse élargie,
Que met au cœur d'un peuple écrasé de malheurs
La foi dans un Dieu juste et des printemps meilleurs.

Aussi, c'est en vos noms, qu'en ce jour un Dam- [pierre
A remis votre croix d'honneur à l'humble Frère.
Oh! ne semble-t-il pas qu'en cet embrassement,
Où la loyauté vient bénir le dévouement,
L'on puisse pressentir une plus douce aurore?
Ma France, tu voudras te réserver encore
Le zèle et les travaux de ces religieux
Qui n'ont, tu le sais bien, été qu'ambitieux
De vouer, au succès sacré de l'édifice
De ta gloire, le prix de leur pur sacrifice;
Qui toujours, à toute heure, enseignent tes enfants,
La force aux éprouvés, le calme aux triomphants;
Qui soignent tes blessés, tes vieillards, tes malades,
Et t'aiment, même après les sombres fusillades!

Voilà pourquoi j'acclame un vaillant des vaillants,
Vétéran, d'un labeur de plus de cinquante ans.
Ce service ignoré des lois obligatoires...
France, bénis son nom, c'est une de tes gloires;
Il n'aspire qu'au droit de mieux t'instruire au bien.
— Que t'a-t-il donné?
— Tout!
— Que veut-il pour lui?
— Rien!

Inutile de dire que cette superbe pièce de vers a été acclamée par de chaleureux et d'unanimes applaudissements.

Nouvelles agricoles.

Les Conférences agricoles dans les casernes. — Le ministre de la guerre a donné l'autorisation d'organiser des conférences agricoles dans les casernes. Cette mesure prise dans le but de donner quelques distractions aux soldats en parlant de choses qui les intéressent, aura, en outre, l'avantage de leur donner, sans peine et sans perte de temps, un commencement d'instruction agricole qui leur servira une fois rentrés dans leurs foyers.

Les assurances contre la mortalité du bétail. — Le ministre de l'agriculture vient de charger un inspecteur d'aller étudier en Allemagne le fonctionnement de l'assurance contre la mortalité du bétail, que l'Etat a créée dans certaines provinces.

Les droits sur le maïs. — Ainsi que cela était à prévoir depuis longtemps, la Chambre a voté le droit sur le maïs, en ce qui concerne du moins le paragraphe 1 de l'article premier, le plus important de tous d'ailleurs.

Ce premier paragraphe de l'article premier de la *loi applique au maïs en grains un droit* de 3 francs par quintal, s'il est importé directement du pays producteur, ou de 6 fr. 60, s'il est importé des entrepôts d'Europe, étant d'origine extra européenne ; — au maïs en farines, *un droit de 5 francs ou de 8 fr. 60,* sous la même distinction.

Un amendement réduisant ce droit de moitié, afin de procéder par progression, a été soutenu vainement par MM. Raynal et Jolibois. M. Méline a déclaré que le taux de 3 francs est à peine suffisant : qu'un chiffre inférieur constituerait une taxe fiscale, mais point une protection. Or, c'est une protection efficace qu'attend l'agriculture.

Le droit de 3 francs a été voté par 338 voix contre 166, scrutin rectifié; les chiffres annoncés en séance étaient 311 voix pour 170 contre.

La majorité protectionniste est écrasante, ces chiffres le démontrent.

La Société des Agriculteurs du Nord et le tarif général des douanes. — Dans sa dernière séance, tenue sous la présidence de M. G. Dubar, la Société des agriculteurs du Nord a adopté une importante résolution sur laquelle l'attention doit être appelée.

Après avoir réclamé la dénonciation des traités de commerce, la Société propose l'adoption d'un double tarif, dans lequel la France fixera elle-même le taux maximum et le taux minimum des droits à exiger sur tous les produits agricoles ou se rattachant à l'agriculture. Il importe que le tarif général soit considérablement plus élevé que le tarif maximum, de façon à ce que les *nations voisines aient intérêt* à accepter ce dernier.

Elle demande en outre que, dans deux ans, quand les traités de commerce auront été dénoncés et que le système du double tarif aura été appliqué, tous les tarifs afférents à l'agriculture ne puissent être diminués qu'à la condition que cette diminution réunira la majorité des deux tiers de la Chambre des députés et du Sénat.

Loi pour la répression de la fraude sur les engrais. — On annonce la prochaine mise en vigueur de la nouvelle loi pour la répression de la fraude sur les engrais. Cette loi, votée en février 1888, portait que tout individu reconnu coupable d'avoir vendu des engrais falsifiés serait puni d'un emprisonnement de six jours à un mois et d'une amende de 50 à 2,000 francs. Elle n'était pas encore entrée en vigueur. On attendait que le ministre de l'agriculture eût nommé des chimistes officiels dans tous les départements, fixé des modes d'analyse qui dussent être uniformément suivis pour la détermination des éléments constitutifs des différents engrais et rédigé un code d'instructions pour les magistrats. D'ici à peu de jours ces instructions seront publiées ; elles forment un guide officiel complet sur la matière.

Congrès des propriétaires chrétiens. — Il a été tenu à Paris, dans le courant du mois d'avril, un congrès des propriétaires chrétiens, où divers vœux ont été émis en ce qui concerne l'acquisition et l'emploi de la richesse. Nous en détachons le vœu suivant relatif à la propriété rurale :

« Le congrès recommande aux propriétaires fonciers à la campagne de résider le plus possible sur leurs terres, pour dépenser et mettre en valeur sur place les capitaux produits par la culture, de maintenir aux champs, par leur exemple, les populations agricoles et exercer, à leur égard, l'autorité et l'influence, conformément à l'ordre chrétien.

« Reconnaissant les avantages sociaux incontestables du métayage, le congrès croit cependant qu'avec le fermage à prix d'argent, le propriétaire peut encore remplir son devoir de patronage par le choix judicieux des fermiers, l'introduction dans les baux et les contrats d'exploitation de la clause du repos dominical, l'entretien de relations suivies entre propriétaires et fermiers.

« Lorsqu'il est obligé d'avoir recours à des intermédiaires, gérants et autres, le propriétaire doit choisir avec grand soin ce représentant de son autorité et surveiller de très près ses agissements. »

Société départementale d'Agriculture de la Nièvre.

SYNDICAT AGRICOLE.

L'adjudication de la fourniture des engrais chimiques pour la saison d'automne à faire au Syndicat formé entre les membres de la Société départementale d'agriculture de la Nièvre aura lieu le samedi 21 juin courant, à une heure du soir, à Nevers, dans une des salles de ladite Société.

Pour avoir connaissance des conditions de l'adjudication, s'adresser à M. Saglio, vice-président du Syndicat agricole, à Fourchambault (Nièvre), ou à M. G. Vallière, secrétaire de la Société d'agriculture de la Nièvre, à Nevers.

JURISPRUDENCE RURALE.

BAL PUBLIC.

— Croyez-vous qu'un maire remplisse son devoir en tracassant par tous les moyens possibles ceux qui ne sont pas de son avis et en réservant toutes ses faveurs pour ses protégés?

— C'est une mauvaise action dont le Gouvernement lui donne trop souvent l'exemple; mais à quel propos cette question?

— Vous savez que tous les ans, à l'occasion de la fête patronale, je me fais un plaisir de faire danser la jeunesse sur mon pré; or voici que le maire vient de prendre un arrêté prescrivant qu'il n'y aura qu'un seul bal public et qu'il ne pourra être organisé que par le chef de la Fanfare municipale, et il me menace d'un procès-verbal de contravention si je continue, comme par le passé, à donner un autre bal; je voudrais savoir s'il est possible de tyranniser ainsi les gens.

— Je te répondrai tout à la fois oui et non, ou si tu aimes mieux je te dirai qu'il faut faire une distinction; l'arrêté prescrivant qu'il n'y aura qu'un bal est légal, mais l'arrêté prescrivant qu'il ne pourra être tenu que par une personne déterminée est illégal; je m'explique, ou plutôt je laisse parler la Cour de cassation qui vient de trancher la question; si les maires chargés de maintenir l'ordre dans les réunions et lieux publics trouvent dans leur pouvoir de police le droit de prendre un arrêté destiné à limiter le nombre des bals publics et à fixer les lieux où ils pourront être établis, ils sortiraient de leurs attributions et porteraient atteinte à la liberté du commerce et de l'industrie en créant arbitrairement des situations privilégiées au profit de tel ou tel habitant de la commune; or dire que le bal ne pourra être tenu que par le chef de la fanfare, c'est établir en sa faveur une situation privilégiée, qu'un arrêté de police ne peut, sans violer la loi, accorder et protéger; cette partie de l'arrêté le voici tout entier, et tu peux donner ton bal sans crainte de procès.

— Je vous assure qu'on va danser de bon cœur et faire danser l'arrêté.

UN VIEUX JUGE DE PAIX.

CONSEILS A LA FERMIÈRE

CONSERVATION DES ASPERGES

En ce moment, où les asperges, quoique produisant encore en abondance, sont moins appréciées qu'au début de la production, à cause des autres légumes verts qui viennent leur faire concurrence, je vous conseille fort d'en faire des conserves. Vous les retrouverez plus tard avec bien du plaisir. Le procédé Appert m'a toujours réussi.

Il consiste, vous le savez, à mettre les légumes dans des bouteilles et à les faire cuire au bain-marie.

Il faut choisir des bouteilles à très large goulot et de gros bouchons qui puissent les fermer hermétiquement.

Après avoir essayé le bouchon et s'être assuré qu'il n'y entrera que difficilement, il faut le battre un peu avec une tapette de bois, puis le mouiller et l'introduire de suite, au moins aux trois quarts de la longueur, en le frappant avec la tapette; après quoi on l'attache soit avec de la ficelle, soit avec des fils de fer faits exprès, qui se vendent chez les quincailliers.

On place ensuite les bouteilles debout, dans un chaudron assez creux pour qu'elles baignent jusque près du bouchon, en les enveloppant une à une avec du foin, de façon qu'elles n'aient aucun contact soit avec le chaudron, soit entre elles.

On remplit le chaudron d'eau, on met au feu et on amène à l'ébullition, et on laisse bouillir pendant cinq minutes. On ôte le chaudron du feu et on laisse refroidir ou tiédir l'eau avant de retirer les bouteilles. C'est à la cave que celles-ci, après avoir été cachetées, sont rangées et couchées.

Voilà, Mesdames, une recette bien simple de conserver les asperges et de pouvoir offrir à ses invités d'excellentes asperges en branches dans les dîners fins du carnaval.

Pour ces conserves, choisissez les plus belles asperges.

UNE MÉNAGÈRE.

BIBLIOGRAPHIE.

L'Exposition Universelle, par HENRI DE PARVILLE; précédée d'une Lettre-Préface par A. ALPHAND *(Directeur général des Travaux de l'Exposition* (1).

S'il est un livre qui soit destiné à avoir un grand et légitime retentissement, c'est bien l'« Exposition Universelle », cette jolie publication illustrée, que vient de nous donner HENRI DE PARVILLE. Il est incomparable par le charme des souvenirs qu'il évoque, par l'intérêt des descriptions et des documents qui s'y trouvent réunis, par l'attrait de ses innombrables illustrations.

C'est bien l'Exposition de 1889 avec ses splendeurs, ses étonnements, ses surprises, ses perspectives indéfinies, ses plaisirs, ses curiosités, ses fêtes. C'est bien la multitude bruyante, la foule cosmopolite, les grands jours, les dimanches, l'assaut des restaurants, des promenoirs, les fontaines, la lutte pour le dîner, l'envahissement des pelouses; c'est bien aussi la ville d'azur conquise par le peuple des faubourgs, puis les étincellements du Trocadéro, les cascades rouges de feu, les illuminations féeriques, les embrasements de la Tour.

On se croit dans les allées du parc, autour des pavillons, il semble que l'on entend encore les petits vendeurs galonnés crier : « Programme de la fête du soir, dix centimes! » « Le secret des fontaines lumineuses, dix centimes! »

On est en pleine exposition; on court au Decauville, on brûle la station du restaurant Hongrois et des Tziganes. Nous voilà aux Invalides, aux colonies, en Algérie! Quelles promenades! Quels flots de visiteurs; quelle affluence!

M. de Parville est un vrai magicien. Qui disait donc que l'Exposition était fermée? Elle est ouverte, elle est ouverte toute l'année, toujours. Elle est dans tout son éclat, dans toute sa magnificence.

Partout les pavillons sont remplis de monde, les oriflammes et les drapeaux flottent gaiement dans l'air; les palais sont encombrés de curiosités, les dômes brillent sous leurs parures d'or et de saphyr. L'atmosphère est douce et bleue; les fleurs embaument. Nous voilà rajeunis de six mois.

Certes on a un peu de tous côtés retracé au jour le jour, par la plume et le crayon, les merveilles de l'Exposition. Pendant des mois, les journaux, les revues ont consacré de longues colonnes à l'Exposition du Centenaire. On a fait quelques albums, collectionné des photographies. Mais ce sont là toutes feuilles volantes groupées au hasard des circonstances, réunies sans lien et sans méthode.

Il fallait mieux.

On a attendu la fin de l'Exposition pour avoir en mains des documents certains, pour mieux donner un coup d'œil d'ensemble, pour présenter une synthèse exacte et générale de cet événement mémorable. M. de Parville aura été l'heureux historien de cette fête perpétuelle de 1889, qui a séduit tout le monde, même ceux qui avait douté du succès jusqu'à ce que l'évidence leur dessilât les yeux.

C'est en historien impartial, en effet, en artiste, en savant, en ingénieur et en observateur sagace que M. de Parville nous décrit la grande Exposition. On retourne positivement au Champ de Mars avec lui; il faut passer de nouveau par où l'on a été. On y est, on voit tout, depuis les arbres du parc, les fleurs des jardins, les lampes électriques, les fontaines lumineuses,

(1) L'« Exposition Universelle de Paris », par Henri de Parville (rédacteur scientifique du JOURNAL OFFICIEL et du JOURNAL DES DÉBATS). — Préface par A. Alphand (Directeur général des Travaux, Inspecteur des Ponts et Chaussées). — Ouvrage de 710 pages sur beau papier, orné de 700 gravures, sous couverture de luxe imitation de cuir, à gros grains; Prix : 7 fr. 50. — Relié en toile, 10 francs. — Paris, J. Rothschild, éditeur, 13, rue des Saints-Pères. — Envoi franco contre mandat-poste.

jusqu'aux Palais. On perçoit le bruit des machines, le grincement métallique des ascenceurs de la Tour Eiffel s'élevant dans leur cage de fer.

Et pas une page sans une gravure, sans un souvenir. 700 pages, 700 illustrations! Tous les pavillons étrangers, tous les bords de la Seine avec leurs expositions, les galeries d'agriculture, toutes les curiosités, tout jusqu'aux villages Sénégalais, jusqu'au théâtre Annamite, jusqu'aux danseuses Javanaises, tout défile devant les yeux dans un panorama d'ensemble.

L'auteur a donné également le portrait des principales personnalités qui ont joué un rôle à l'Exposition, y compris une bonne reproduction d'une excellente photographie de M. Carnot. Nous reconnaissons au passage MM. Tirard, Teisserenc de Bort, Alphand, Berger, Grison, Léon Say, etc.

Les fêtes de Paris en 1889 ont aussi leur chapitre spécial. Les bals de l'Hôtel-de-Ville, du Palais de l'Industrie, le fameux banquet des maires du 14 juillet, sont représentés par des gravures curieuses qui s'en iront à la postérité.

L'éminent critique du *Journal officiel* et du *Journal des Débats* a écrit un livre qui restera qui montrera à nos petits neveux l'Exposition du Centenaire réellement telle qu'elle était, qui donnera aux étrangers n'ayant pu la voir une idee exacte de son prodigieux développement. C'est bien là le véritable *livre d'or* de l'Exposition, réduit à un petit format commode et facile à feuilleter.

La publication de M. de Parville a, du reste, reçu une consécration de grande valeur qui le met du premier coup hors pair et lui donne une importance exceptionnelle. Ce beau livre est, en effet, précédé d'une Lettre-Préface de M. Alphand, directeur général des travaux de l'Exposition. Aussi, est-ce presque une œuvre officielle; c'est en tout cas une recommadation près du grand public que l'on ne pouvait souhaiter plus complète et plus sérieuse.

Le directeur général des Travaux dit nettement : « Le talent de M. de Parville s'affirme une fois de plus dans cette œuvre, à laquelle il a su donner une forme attrayante, et je pense que son livre fournira des informations utiles à tous ceux qui se sont intéressés à notre grande Exposition du Centenaire, véritable revanche pacifique des malheurs immérités de la France. »

Déjà, en 1867, M. de Parville avait eu un premier livre honoré d'une préface de M. Le Play, commissaire général de l'Exposition. Cette fois, c'est M. Alphand, l'incomparable organisateur de la féerie de 1889, qui écrit les premières pages du livre de l'*Exposition Universelle*. C'est un nouvel et bien précieux hommage rendu au savant auteur des *Causeries scientifiques*, couronnées déjà par l'Institut de France.

Nous avons insisté sur le côté pittoresque, amusant de l'ouvrage, mais il faudrait louer aussi sans réserve le fond et la forme. M. Henri de Parville s'est acquis une grande autorité dans le monde entier. Un livre de lui a une portée spéciale que nous apprécions à sa valeur.

Les savants et les ingénieurs trouveront dans ce volume des documents qu'ils chercheraient vainement ailleurs sur les constructions métalliques, sur l'édification de la tour de 300 mètres, sur le montage des palais, et notamment de la galerie des machines, sur les ponts, les viaducs, les phares, sur l'éclairage à la lumière électrique, sur les grands travaux de la ville de Paris, sur les eaux, les égouts, les écoles, les monuments nouveaux, etc.

Le livre débute par un bon chapitre d'historique sur les expositions internationales. Expositions de Londres, de Paris, de Vienne, de Philadelphie, etc., avec plans et vues. Les amateurs de statistiques trouveront également un grand nombre de document d'un vif intérêt.

L'*Exposition Universelle* de M. Henri de Parville est en somme un petit monument élevé en l'honneur du Travail des peuples et à la gloire de la Civilisation.

C'est un livre qu'il faut posséder chez soi, un souvenir du Paris de 1889. Il aura pour lecteurs les innombrables visiteurs du Champ de Mars. Il fera son tour du monde.

Grosse Fortune.

Conserver, augmenter sans jamais compromettre; tel est le titre d'une brochure que vient de publier M. Benjamin Lunel, directeur de *La Science pour tous.*

La première partie de cette étude est consacrée l'exposé des procédés des agences financières à pour s'emparer de l'épargne.

La deuxième partie indique le seul moyen pratique de faire entrer le hasard dans son jeu pour faire fortune sans spéculation comme sans risque.

A l'inverse de ce que nous voyons chaque jour, le travail de M. Lunel n'est pas publié dans le but d'attirer une clientèle, car il ne fait aucune opération pour le compte d'autrui.

Cette brochure est en vente au prix de 0 f. 60 centimes, dans les bureaux de *La Science pour tous*, 23, passage Saulnier, Paris.

MENUS PROPOS.

On parle des prochains mariages de la saison :

— On se marie beaucoup cette année, remarque une dame.

— Oui, fait Taupin négligemment, les hommes surtout!

***

Réflexion d'un monsieur hargneux à la sortie d'une réunion où toutes les femmes étaient maquillées :

— La beauté et la fraicheur étaient peintes sur tous les visages!

***

Un consommateur rentre précipitamment dans un café proche du Jardin des Plantes :

— N'ai-je pas oublié, tantôt, un petit paquet ficelé?

— Non, monsieur, répond le garçon.

— Diable! c'est qu'il y avait dedans une collection de scorpions vivants auxquels je tenais beaucoup.

Le garçon indique du doigt la poche de sa veste, et, blême d'épouvante :

— Ils sont là!

BULLETIN FINANCIER.

La Bourse reste ce qu'elle était il y a huit jours : animée des meilleures dispositions.

Grisés par de longs succès, les haussiers conservent toute leur ardeur; ils n'ont plus à lutter, d'ailleurs, que contre quelques rares adversaires trop faibles et trop épuisés pour opposer une sérieuse résistance. Toutefois, si les ventes du portefeuille venaient à prendre plus d'importance il deviendrait difficile de conserver les cours actuels, car la spéculation commence à porter un poids un peu lourd et elle se soucierait peut-être peu de l'accroître encore. Mais que l'on conserve le terrain conquis, ce sera déjà bien beau. Il serait peut-être préférable de revenir un peu en arrière, ne fût-ce que pour ne pas décourager le comptant, qui s'habitue difficilement au nouveau taux de capitalisation auquel on veut le contraindre. La spéculation disait, il y a quelques mois, qu'elle se tiendrait pour satisfaite avec la conquête du cours de 90 francs pour le 3 0/0. On a dépassé le cours de 92. On est donc allé bien au-delà de la limite que l'on s'était assignée. A vouloir partir de là pour entreprendre une nouvelle campagne, on risquerait de tomber dans une exagération périlleuse.

Les fonds étrangers surtout nous semblent, pour le plus grand nombre, parvenus à des hauteurs où il serait bon de les fixer avant de songer à leur faire gravir un nouvel échelon.

Pendant la période d'entrainement que nous venons de traverser, on a perdu la notion de la mesure; il faut se rappeler que tels résultats obtenus eussent paru, il y a quelques mois, tout à fait extravagants et que personne n'eût osé les annoncer de peur de tomber dans le ridicule et de provoquer des dénégations générales. Il faut, par suite, conclure de ce que les résultats ont été obtenus malgré leur invraisemblance qu'ils ne peuvent être considérés comme solidement acquis et que ceux qui voudraient renchérir encore aujourd'hui sur les exagérations actuelles s'exposeraient à payer les frais de la campagne.

Le moment est venu pour les acheteurs de se modérer; il y a une limite à tous les mouvements. Croire que l'on peut impunément s'avancer toujours, que l'obstacle ne surgira jamais, c'est oublier qu'on est dans le monde des réalités et vivre dans un rêve.

Les places étrangères ont une attitude un peu plus hésitante. Le renchérissement du taux des reports a refroidi un certain nombre de spéculateurs qui s'effacent volontiers derrière les nouvelles couches qui viennent d'entrer en ligne.

La rente 3 0/0 vaut en dernier lieu 92 55, le 3 0/0 amortissable 94 90 et le 4 1/2 0/0 à 106 55.

La Banque de France s'inscrit à 4.255 francs.

Quant au Foncier, malgré les attaques multiples dont il est l'objet, il finit en hausse à 1.235 francs.

La Bande noire ne tardera certainement pas à être débordée.

Dans sa séance hebdomadaire du 11 juin, le conseil d'administration de cet important établissement de crédit a autorisé pour 2 millions 379.499 francs de nouveaux prêts.

Le Crédit Lyonnais cote 752 50.

L'Italien se négocie aux environs de 97 10.

Le Hongrois à 90 90, le Turc à 19 60.

Les valeurs industrielles, à part le Panama qui a fait de sérieux progrès, restent stationnaires.

On annonce pour le 28 courant l'émission de la *Compagnie Nationale des chemins de fer à voie étroite* au capital de 40 millions de francs. Cette affaire sera offerte à l'épargne par la *Banque d'Escompte* avec le concours de la haute banque de Paris. Nous tiendrons nos lecteurs au courant de cette intéressante opération.

Coupon.

BANQUE D'ESCOMPTE DE PARIS

Assemblée générale annuelle du 31 mai 1890.

Les Actionnaires de la *Banque d'Escompte de Paris* se sont réunis, le 31 mai 1890, en Assemblée générale ordinaire, dans l'une des salles de l'hôtel Ventadour.

Les rapports du Conseil d'Administration et des Commissaires ont fait ressortir les excellents résultats de l'exercice 1889. Grâce à l'amélioration de l'état général de l'Europe et à l'impulsion imprimée par le succès de l'Exposition Universelle, le mouvement de reprise inauguré par l'exercice précédent s'est continué.

La Banque s'est attachée à donner son concours aux affaires représentant des intérêts français. Elle l'a prêté notamment à l'émission des 40,000 actions formant le capital de la *Société des Établissements Decauville aîné*, qui ont eu un véritable succès. Elle a concouru aussi aux émissions de divers emprunts d'Etats et de Chemins de fer, Emprunt Russe de 1889, Emprunt Portugais, 4 1/2 0/0, Emprunt du Gouvernement Tunisien, Obligations de la Compagnie du Chemin de fer et des Travaux publics de Guayaquil, Obligations de la Compagnie des chemins de fer de Saragosse à la Méditerranée. Un procès a été engagé à propos de cette dernière émission, et il oblige la Société à une grande réserve; mais elle a le droit de dire que les mesures prises par elle ont eu pour objet et doivent avoir pour conséquence la sauvegarde des intérêts de ses souscripteurs.

En dehors des emprunts d'Etat ou des obligations de Chemins de fer, la Société a pris part à d'importantes opérations, à l'émission des Bons de l'Exposition Universelle et à celle des Obligations du Gaz de Lisbonne, qui est près d'entrer dans une ère de fonctionnement régulier et rémunérateur.

Le rapport du Conseil a constaté l'excellente situation et les progrès des diverses affaires auxquelles la Société s'est intéressée : les trois *Foncière, Société des Immeubles de France, Crédit agricole. — Union des Syndicats agricoles, Phosphates de Beauval, Houillières de Dombrowa.*

Le compte de Profits et Pertes se solde par un bénéfice net de 2.984.749 fr. 59 c., sur lesquels il a été déduit 5 0[0 pour la réserve légale.

L'Assemblée a approuvé dans toutes leurs parties les rapports et les comptes de 1889, tels qu'ils étaient présentés par le Conseil d'administration, — fixé à 15 francs par action libérée de 250 francs et à 27 fr. 50 c. par action entièrement libérée le dividende pour l'exercice 1889, sur lequel il a déjà été distribué, le 1er janvier 1890, 6 fr. 25 c. par action de 250 francs et 12 f. 50 c. par action entièrement libérée, — et reporté à l'exercice courant le solde s'élevant à 463.579 fr. 84 c.

L'Assemblée a nommé ensuite MM. O. DE SAINT-QUENTIN et C. DE MARCHEVILLE commissaires pour l'exercice 1890.

HALLES ET MARCHÉS.

CÉRÉALES. — *Marchés français.*

Prix par 100 kilogr.

REGIONS	BLÉ Prix moyen	BLÉ Hausse	BLÉ Baisse	PRIX MOYEN. Seigle	PRIX MOYEN. Orge	PRIX MOYEN. Avoine
Nord-Ouest	24 22	» 05	»	16 25	17 25	19 95
Nord	23 68	» 09	»	15 56	19 09	20 81
Nord-Est	24 57	» 23	»	15 87	20 06	20 12
Ouest	24 65	» 25	»	16 95	18 »	19 97
Centre	24 64	» 14	»	16 82	19 67	20 70
Est	24 60	» 25	»	16 72	19 17	20 12
Sud-Ouest	25 25	» 20	»	18 85	17 75	21 91
Sud	25 07	» 02	»	17 96	17 50	21 48
Sud-Est	24 25	» 23	»	17 60	17 68	20 75
Prix moyens	24 55	»	»	16 95	18 46	20 64
Sur la huitaine préc. Hausse	» 16	»	»	» 01	» 10	» 22
Sur la huitaine préc. Baisse	»	»	»	»	»	»

1re région. NORD-OUEST.	BLÉ 1re qualité	BLÉ Prix moyen	Seigle Prix.	Orge. Prix.	Avoine Prix.
Calcados. — Caen	25 50	24 75	15 50	18 25	23 »
C.-d.-N. — St-Brieuc	24 »	23 25	»	»	18 50
Finistère. — Morlaix	24 25	23 50	»	16 50	19 »
I.-et-V. — Rennes	25 25	24 50	»	17 »	19 25
Manch. — Cherbourg	25 2	24 50	»	16 50	21 »
Mayenne. — Laval	25 25	24 50	»	»	20 50
Morb. — Hennebont	23 »	22 25	16 »	»	19 »
Orne. — Sées	24 75	24 »	16 »	17 »	20 50
Sarthe. — Le Mans	26 »	25 25	17 50	»	20 »
— Beaumont	2? 50	25 75	»	18 2	18 75
Prix moyens	24 97	24 22	16 25	17 25	19 95
Sur la semaine précédente. Hausse	» 05	» 05	»	»	» 15
Sur la semaine précédente. Baisse	»	»	» 25	»	»

2e région. — NORD.

	Blé 1re qualité	Blé Prix moyen	Seigle	Orge	Avoine
Aisne. — Laon	25 »	24 25	15 50	19 50	20 25
— Chauny	24 »	23 25	14 50	»	20 50
Eure. — Bernay	24 »	23 25	14 2	19 20	22 »
E.-et-L. — Chartres	25 50	24 75	15 50	19 »	20 »
— Janville	25 »	21 25	16 »	»	19 50
Nord. — Lille	23 50	22 75	16 25	19 75	21 75
— Douai	24 75	24 »	»	»	23 »
Oise. — Compiègne	24 75	24 »	15 »	17 »	19 50
— Beauvais	23 75	23 »	16 75	20 »	21 75
Pas-de-Cal. — Arras	23 25	22 50	14 75	9 25	19 »
— Bapaume	23 »	22 25	16 »	19 »	17 50
Seine. — Paris	25 »	24 25	16 25	20 »	21 »
Seine-et-M. — Meaux	24 75	24 »	16 »	18 »	20 »
— Montereau	25 »	24 75	15 50	»	21 »
S.-et-O. — Houdan	24 50	23 75	15 »	18 50	21 »
— Versailles	25 75	25 »	15 50	21 25	23 75
Seine-Inf. — Rouen	24 50	23 75	15 75	20 »	22 50
Somme. — Amiens	24 50	23 25	15 50	18 50	22 »
— Nesle	23 25	22 50	16 25	17 50	9 50
Prix moyens	24 13	23 68	15 56	9 09	20 81
Sur la semaine précédente. Hausse	0 09	0 09	»	0 04	0 61
Sur la semaine précédente. Baisse	»	»	0 01	»	»

3e région. — NORD-EST.

	Blé 1re qualité	Blé Prix moyen	Seigle	Orge	Avoine
Ardennes. Charleville	25 50	24 75	16 »	21 25	20 25
— Vouziers	25 »	24 25	14 25	19 25	19 75
Aube. — Bar-sr-Aube	25 25	24 50	15 50	20 50	21 25
— Bar-sr-Seine	25 50	24 75	»	21 »	21 »
Marne. - Châlons-sr-M	25 50	24 75	15 50	19 »	21 »
— Reims	24 75	24 »	15 15	20 »	19 75
Hte-Marne. - Langres	25 »	24 25	15 50	»	8 50
Meurthe. — Nancy	25 25	24 50	17 50	19 50	20 »
Meuse. — Bar-le-Duc	25 25	24 50	16 »	20 »	20 75
Vosges. — Epinal	26 25	25 50	17 50	»	19 »
Prix moyens	25 32	24 57	15 87	20 06	20 12
Sur la semaine précédente. Hausse	0 23	0 23	0 21	»	0 27
Sur la semaine précédente. Baisse	»	»	»	0 19	»

4e région. — OUEST.

	Blé 1re qualité	Blé Prix moyen	Seigle	Orge	Avoine
Charente. Angoulême	26 »	25 25	18 25	»	19 75
Char.-Infér. Marans	24 50	23 75	»	»	19 »
Deux-Sèvres. Niort	25 »	24 25	»	»	20 »
Indre-et-Loire. Bléré	25 »	24 25	17 25	18 50	19 »
— Châteaurenault	26 25	25 50	16 »	18 50	20 »
Loire-Infér. Nantes	25 25	24 50	»	»	19 50
Maine-et-L. Saumur	26 »	25 25	»	»	20 50
— Angers	25 50	24 75	16 50	»	19 50
Vendée. — Luçon	26 »	25 »	»	16 75	19 25
Vienne. — Poitiers	26 »	25 25	»	18 25	20 25
Hte-Vienne. Limoges	24 »	23 25	16 75	»	23 »
Prix moyens	25 40	24 65	16 95	18 »	19 97
Sur la semaine précédente. Hausse	0 25	0 25	»	0 07	0 41
Sur la semaine précédente. Baisse	»	»	0 17	»	»

5e région. — CENTRE.

	Blé 1re qualité	Blé Prix moyen	Seigle	Orge	Avoine
Allier. — Moulins	25 »	24 25	16 »	20 50	19 75
Cher. — Bourges	24 75	24 »	6 »	»	19 »
— Vierzon	25 75	25 »	17 50	19 50	22 50
Creuse. — Aubusson	25 50	24 75	17 »	»	20 »
Indre. — Issoudun	25 25	24 50	17 50	19 »	20 »
— Châteauroux	25 25	24 50	17 50	19 50	20 50
Loiret. — Orléans	25 75	25 »	16 50	19 25	20 75
Loir-et-Cher. Blois	26 »	25 25	17 50	20 »	21 »
Nièvre. — Nevers	25 25	24 50	»	»	21 »
Puy-de-Dôme. Riom	25 »	24 25	17 »	20 »	21 75
Yonne. St-Florentin	25 50	24 75	»	»	21 25
— Sens	26 25	25 50	15 75	»	21 »
Prix moyens	25 43	24 68	16 82	19 67	20 70
Sur la semaine précédente. Hausse	0 14	0 14	»	0 19	0 12
Sur la semaine précédente. Baisse	»	»	0 18	»	»

6e région. — EST.

	Blé 1re qualité	Blé Prix moyen	Seigle	Orge	Avoine
Ain. — Bourg	25 75	25 »	17 25	»	19 50
Côte-d'Or. — Dijon	25 50	24 75	15 50	21 20	20 »
— Semur	24 75	24 »	»	»	19 50
Doubs. — Besançon	25 »	24 25	»	»	19 75
Isère. — Voiron	25 50	24 75	17 »	16 »	21 75
— Bourgoin	25 50	24 75	16 50	16 50	19 25
Jura. — Lons-le-S.	26 »	24 25	17 »	20 »	21 50
Loire. — St-Etienne	25 75	25 »	17 25	»	20 50
Rhône. — Lyon	25 75	25 »	17 »	22 75	21 25
Saône-et L. Chalon	25 75	25 »	16 »	20 »	21 »
Haute-Saône. — Gray	5 25	24 50	15 50	»	19 25
— Vesoul	24 75	24 »	16 »	17 50	18 »
Savoie. — Chambéry	26 50	25 75	18 »	»	21 25
Hte-Savoie. La Roche	23 25	22 50	»	»	19 25
Prix moyens	25 35	24 60	16 72	19 17	20 12
Sur la semaine précédente. Hausse	0 25	0 25	0 09	0 13	0 27
Sur la semaine précédente. Baisse	»	»	»	»	»

7e région. — SUD-OUEST.

	Blé 1re qualité	Blé Prix moyen	Seigle	Orge	Avoine
Ariège. — Pamiers	27 »	26 25	20 50	»	23 50
Dordogne. — Piégut	25 75	25 »	8 75	»	»
Hte-Garonne. Toulouse	27 »	26 25	18 50	18 »	21 75
Gers — Mirande	26 5	26 75	»	»	22 25
Gironde. — Bordeaux	26 50	25 75	»	»	21 »
Landes — Dax	25 »	24 25	17 50	»	»
Lot-et-Garonne. Agen	27 »	26 50	19 »	17 50	21 »
B.Pyrénées. Bayonne	24 25	23 75	»	»	22 »
H.Pyrénées. Tarbes	24 5	23 75	»	»	»
Prix moyens	26 »	25 25	18 8	17 75	21 91
Sur la semaine précédente. Hausse	0 20	0 20	0 08	0 13	0 21
Sur la semaine précédente. Baisse	»	»	»	»	»

8e région. — SUD.

	Blé 1re qualité	Blé Prix moyen	Seigle	Orge	Avoine
Aude. Carcassonne	26 75	26 »	»	»	22 »
Aveyron. — Rodez	26 75	25 »	20 25	»	21 »
Cantal. — Mauriac	25 25	24 50	20 50	»	»
Corrèze. — Tulle	25 »	24 25	18 »	5 »	21 25
Hérault. — Béziers	27 50	26 75	»	18 50	21 50
Lot. — Figeac	25 25	24 50	15 »	»	19 75
Lozère. — Mende	24 25	23 50	20 50	19 25	20 75
Pyrén.Or. Perpignan	24 50	24 75	17 75	18 25	23 50
Tarn. — Gaillac	27 »	26 25	15 50	»	22 »
Tarn-et-G. Montauban	27 »	26 25	16 25	16 50	21 75
Prix moyens	25 82	25 07	17 96	17 65	21 48
Sur la semaine précédente. Hausse	0 02	0 02	0 05	»	0 15
Sur la semaine précédente. Baisse	»	»	»	0 15	»

9e région. — SUD-EST.

	Blé 1re qualité	Blé Prix moyen	Seigle	Orge	Avoine
H.-Alpes. St-Bonnet	23 75	23 »	16 75	»	20 »
B.-Alpes. Manosque	24 »	23 25	»	»	20 »
Alpes-Marit. Nice	25 »	24 25	18 50	»	»
Ardèche. — Privas	26 25	25 50	18 25	15 75	20 »
B.-du-Rhône. Arles	25 »	24 25	»	18 »	21 50
Drôme. — Valence	25 »	24 25	16 »	»	22 »
Gard — Nimes	25 25	24 50	»	16 50	21 »
Hte-Loire. — Le Puy	26 »	25 25	18 25	20 50	20 75
Var. — Draguignan	25 »	24 25	»	»	»
Vaucluse. Orange	24 75	24 »	»	»	»
Prix moyens	25 »	24 25	17 60	17 68	20 75
Sur la semaine précédente. Hausse	0 23	0 23	0 05	»	»
Sur la semaine précédente. Baisse	»	»	»	0 02	0 10

ALGÉRIE.	Blé. tendre	Blé. dur.	Seigle	Orge.	Av.
Constantine	»	»	»	»	»
Alger	»	»	»	»	»
Oran	25 25	21 50	»	14 10	17 50

Farines de consommation.

La meunerie maintient ses prix ; les affaires restent calmes.

MARQUE DE CORBEIL	57 fr. (36 30 100 k.).	
	159 kil.	100 k.
Marques de choix	57 à 58	36 30 à 36 94
Premières marques	56 57	35 66 36 30
Bonnes marques	54 55	34 39 35 03
Marques ordinaires	53 54	33 75 34 39

Le sac de 159 k., toile à rendre, franco au domicile des acheteurs à 30 jours sans escompte, ou au comptant avec escompte de 1 1[2 0[0.

Fourrages et pailles.

Paris, La Chapelle.

	1re qté.	2e qté.	3e qté.
Foin nouveau	47 à 48	44 à 46	42 à 43
Luzerne nouvelle	42 44	40 41	38 39
Paille de blé	35 36	33 34	30 31
Paille de seigle	29 30	27 28	25 26
Paille d'avoine	25 25	23 24	21 22

Le tout aux 104 bottes dans Paris.

COURS DE DIFFÉRENTS MARCHÉS (par 100 kil.).

	Paille.	Foin.
Beauvais	5 »	6 »
Blois	4 50	6 75
Douai	5 50	9 50
Toulouse	5 50	8 »
Angers	4 75	5 50
Orléans	5 50	6 50
Lyon	4 75	6 75

Issues, les 100 kil.

La vente est difficile et les prix sont faiblement tenus.

Nous cotons par 100 kil. en gare d'arrivée à Paris :

Son écaille	13 » à	» »
— gros	12 25	» »
— trois-cases	11 50	12 »
— fin	11 25	» »

Recoupettes. 11 25 11 50
Remoulages blancs. . . . . 15 » 18 »
— bâtards. 13 50 14 50

MARCHANDISES DIVERSES.

Fécules.

Les cours de la fécule sont fermement tenus ; la loi votée sur le maïs et le riz donne l'espoir aux quelques détenteurs d'obtenir des conditions plus avantageuses.

Les 100 kil.

Paris. — Fécule 1re, grains . . . . 27 » à 26 »
dito verte . . . . » » » »
Oise. — Fécule 1re, grains . . . . 26 » » »
Vosges. — Fécule 1re, grains . . . 27 50 28 »
Loire. — Fécule 1re, grains . . . . 27 » » »
Auvergne — Fécule 1re, grains. . 27 » » »
Fécules secondes selon qualité.... 20 » 23 »

Pommes de terre.

Les 1 000 kil.

Hollandaises . . . . 60 » à 80 »
Magnum bonum . . . . 60 » 65 »
Early roses . . . . 50 » 52 »
Saucisses . . . . 62 » 72 »
Rondes. . . . . 45 » 50 »
Chardonnes . . . . 35 » 40 »

Tourteaux, les 100 kil.

	Colza	Œillette	Lin	Cam.
Lille	15 » à 16 »	16 » à 17 »	20 » à 21 »	15 »
Arras	15 50 16 50	13 50 » »	21 » » »	16 »
Gd Moulin				
Corbeil	15 50		19 75	
	Coprah	Arachide déc.	Sésame	Colza
Marseille	11 50 à 12 50	14 »	12 50 à 13 »	16 »

GRAINES DIVERSES.

Maïs, les 100 kil.

Paris	10 00 à 12 75		Agen......	14 »	15 »
Alais	14 »	15 »	Grenoble..	14 25	14 75
Ruffec	13 50	14 75	Reims	14 »	14 50

Sarrazin, les 100 kil.

Paris......	16 75 à 18 »		St-Pierre .	14 » à 14 75	
Mayenne..	15 »	15 75	Nantes....	14 50	15 25
Rennes....	14 50	15 25	Orléans ...	14 75	15 50

Légumes secs, les 100 kil.

	Haricots	Pois	Vesces	Lentilles
Paris......	20 à 47	21 à 26	» »	45 à 70
Rouen.....	42 57	50 63	26 28	77 »
Marseille..	18 30	23 32	25 34	19 24 50

Graines fourragères, les 100 kil.

Luz. de Prov.	155 à 180		Minette.	40 à 45	
— du Poitou	100	155	Sainfoin à 2 c..	28	30
— d'Italie ..	130	160	Sainfoin à 1 c..	25	28
Trèfle blanc..	100	130	Pois jarras. . .	20	21
— violet..	65	105	Vesces.	21	23

Huiles.

COLZA BRUT. — Le rapproché reste calme, le livrable éloigné est mieux tenu. On fait du courant du mois à 69 25, des quatre derniers mois à 67 25 et des quatre premiers mois à 66 50.

On cote au début de la réunion :

Disponible . . . . 69 25 à » »
Livrable courant du mois. . . . . 69 25 » »
Juillet. . . . . 68 50 69 »
Juillet et août . . . . 68 » 68 50
4 derniers mois. . . . . 67 25 » »
4 premiers mois . . . . 66 50 » »

LIN. — Le rapproché fléchit légèrement, le livrable éloigné est plus ferme. On fait du juillet et août à 56 fr. et des quatre derniers mois à 55 50.

On cote au début de la réunion :

Disponible . . . . 56 25 à 55 75
Livrable courant du mois. 56 25 55 75
Juillet. . . . . 56 » 56 50
Juillet et août. . . . . 56 » » »
4 derniers mois. . . . . 55 50 » »
4 premiers mois . . . . 55 50 55 »

Les 100 kil. net, logés, escompte 1 0/0.

Pétrole.

Les prix ne varient pas ; nous cotons par wagon complet et pour marchandise disponible :

L'huile de pétrole raffinée vaut 49 fr. 50 ; l'essence rectifiée 60 fr. 50 les 100 kil.

On cote à l'hect. pour le détail :

PÉTROLE RAFFINÉ disponible . 39 50 à » »
ESSENCE RECTIFIÉE, disponible 42 25 » »

Laines.

LE HAVRE, 11 juin.

Laines à terme Buenos-Ayres en suint, calmes. Ventes, 200 balles.

Juin 162 »», juillet 162 »», août 163 »», septembre 163 50, octobre 164 50, novembre 164 50, décembre 163 50, janvier 1891, 162 »», février 161 50, mars 161 50, avril 161 50, mai »» »».

ANVERS, 10 juin.

Laines : calmes. Prix moyens des Plata ; on cote en suint : Contrat C. juin à août, 1 55.

Peignés allemands de La Plata : Contrat B, sur juin 5 42 1/2, juillet 5 40 »/», août, 5 37 1/2, septembre, octobre, 5 32 1/2, novembre, 5 30 »/», décembre, 5 30 »/», janvier, 5 30 »/», février, 5 30 »/». Ventes, 175,000 kil. Contrat M. juin 5 65 »/».

ROUBAIX-TOURCOING, 10 juin.

Marché nul. Ventes, 5.000 kil.

Sucres.

Sucres raffinés. — Les prix se maintiennent bien avec une bonne demande psur la consommation.

Nous cotons, selon marques et époques de livraison, de 103 50 à 104 50 les 100 kil au comptant, sans escompte.

Sucres cristallisés n° 3, acquitté 94 » à 94 50 ; extra 95 » les 100 k. ; en poudre, 95 » à 95 50 les 100 kil.

Sucre cassé à la mécanique. . . 109 50 à 110 »
Cassons. . . . . 101 50 102 »
Menus déchets . . . . 101 » 101 50
Semoule . . . . 101 » 105 »
Glace. . . . . 99 » 100 »
Sucre en poudre. . . . . 100 50 101 »

Alcools. — Prix de l'hectol. nu, au compt.

Paris. 3/6 fin, betteraves, 1re qualité, l'hectolitre.			Lille, disp	37 » à	37 »
			Cette	90 »	110 »
90° dispon.	36 50 à	34 25	Nîmes ...	89 »	100 »
Juillet	37 »	36 75	Béziers ..	75 »	100 »
4 derniers.	37 50	33 »	Pézenas .	80 »	96 »

Raisins secs à boisson.

(Cours de la maison Audibert, 53, rue des Minimes, à Marseille).

Corinthe, **Roi de Grèce**, petits grains Extra 1er choix. . . . . . 100 kilos 49.00
Corinthe, **le Turban**, gros grains . . . . » » 45.00
Corinthe petits grains, 1er choix. » » 45.00
Thyra 1er choix . . . . » » 39 00
Thyra, ordinaires . . . . » » 35.00
Samos noirs, 1er choix . . . . . . » » 40 00
— muscats, 1er choix . . . . » » 40.00
Figues à distillerie . . . . » » 27.00
Pachas, magnifiques, gros grains noirs, égrappés mangeables, seul dépôt en France. » » 70 »
Royaux, délicieux pour familles, en caisses de kilo net, la caisse » 0.95

Engrais. — Prix des 100 kil. :

Matières diverses pour engrais. — Cours commercial sur la place de Paris, par 100 kil., pour des ventes en gros de 30.000 kil. au moins.

Sang desséché moulu. 11/13 0/0 azote 20 35 à 24 05
Viande desséchée.... 9/11 0/0 — 15 25 18 70
Cornes broyées..... 13/14 0/0 — 20 80 22 50
Cuir désagrégé...... 8/9 0/0 — 9 20 10 35
Laine engrais........ 3 à 4 0/0 — » » » »
Nitrate de soude..... 15/16 0/0 — 19 75 20 50
Nitrate de potasse... 95 0/0 — 46 » 46 30
— ... 90 0/0 — 44 » » »
Muriate de potasse... 80 0/0 — » » » »
Sulfate de potasse... 90 0/0 — 25 00 » »
Sulfate d'ammoniaq.. 20/21 0/0 — 31 25 31 50
Chlorure de potassium 90 0/0 — 22 » 22 75
— Stassfurt. 80 à 85 0/0 — 17 10 » »
Cornes, cornailles pour brûler.... » » » »
Déchets fins de cornes, frisures... » » » »

Phosphates des Ardennes. — En gare des Ardennes et de la Meuse, *en sacs* (les 100 kil.).

Pulvérisés. 14/16 0/0, acide phosph.. 3 40 à » »
— 18/20 0/0, — 4 » » »
— 16/18 0/0, — 3 60 » »

Phosphates de Tavel.

50/», la tonne........................ 60 » à » »

Phosphates de l'Yonne. — Les 1.000 kil.

Moulus en sacs, wag. gre Toucy. 40 à 35 0/0 40 à 45

Phosphates de l'Auxois, Marigny Epoisses.

Pulvérisés 60 à 65 0/0.................. 6 » à 7 »

Sulfate de cuivre.

Les 100 kil .... 66 à 66 50.

Phosphates du Boulonnais 40/45... 4 60 à » »
— de Pernes............. 6 25 » »
— du Cambresis 28/35.... 3 75 » »
— du Lot 30/40.......... 3 » 4 50

Superphosphates, poudres d'os, etc.

Les 100 kilogr.

Phosph. préc. 35 à 40 % acide phosph. 17 » » »
— — 40 à 45 % — 19 » » »
Superphosphates fossiles, 10 % acide phosphorique soluble et assimil. (les 100 kilog.)........................ 6 75 » »
Superphosphates fossiles, 16 à 18 %. 10 » »
— d'os, 16 à 18 %, acide phosph.. 13 95 » »
Poudres d'os bruts..................... » » » »

Engrais spéciaux. — Les 100 kilog.

Guano du Pérou. 10 à 16	Eng. chim. de H. Joulie,	
Guan du Pér. diss. 32 à 20		
Guan.-az. fixe. 26 » à 27 »	Lag.......	15 » à 23 »

BEURRE, ŒUFS, VOLAILLES.

Paris, 11 juin.

Beurres en mottes.

L'arrivage d'hier a été de 12,380 kil.
L'arrivage approximmatif a été de 60,000 kil.

Beurres en livres.

L'arrivage d'hier a été de 10,846 kil.

Fermiers	au kilo	Touraine	au kilo
Extra	2 50 à 2 60	Extra	2 20 à 2 30
1er choix	2 40 2 50	1er choix	2 10 2 20
2e choix	2 30 2 40	2e choix	2 » 2 40
Ordinaire	2 20 2 30	Ordinaire	1 90 2 »
Bourgogne		**Vendôme**	
Choix	1 90 2 »	1er choix	2 10 2 20
Ordinaire	1 70 1 80	2e choix	1 90 2 »
		Ordinaire	1 80 1 90
Gâtinais		**Beaugency**	
1er choix	2 20 2 30	1er choix	2 10 2 20
2e choix	2 10 2 20	2e choix	1 90 2 »
Ordinaire	1 90 2 »	Ordinaire	1 80 1 90
Le Mans		**Fausse Touraine**	
Choix	1 90 2 »	Choix	2 » 2 10
Ordinaire	1 80 1 90	Ordinaire	1 80 1 90

Œufs, *le mille :*

Normandie (Extra)	78 à 96	Bourgogne	68 à 74
Picardie (Extra)	82 108	Champagne	72 74
Brie (Extra)	76 90	Nivernais	64 68
Chartres	76 85	Cosne	72 75
Touraine	64 72	Bourbonnais	62 68
Beauce	76 85	Bretagne	56 62
Orne	64 74	Vendée	62 65
Picardie	68 78	Auvergne	58 60
Châtellerault	68 70	Midi	60 66

Volailles et Gibiers.

Canards :		*Pigeons :*	
nantais (jeunes)	3 » à 6 »	maconnais	» 80 à 1 60
de ferme	2 50 3 50	italiens	» 75 1 50
Dindes nouv.	7 » 15 »	bizets	» 70 1 30
Oies nouvelles	5 » 7 50	Poulets :	
— (2e qté)	3 » 4 »	nantais	3 » 6 »
Pintades	3 » 5 »	touraine	3 » 7 »
Lapins domestiques	1 50 4 »	gâtinais	3 » 7 »
		du Midi	2 » 3 »
Chevreaux	» » » »	communs	1 50 2 50

Marché assez ferme. Cours fournis par MM. de Bridiers, Jouslin et Scelle, facteurs assermentés, 2, rue de Valois, Paris.

BESTIAUX.

La Villette, 12 juin. — Bestiaux. — Vente plus difficile sur le gros bétail, très mauvaise sur les veaux, meilleure sur les moutons, et bonne sur les porcs.

Cours officiels.	Amenés.	Vendus.	Poids moyen.	1re qualité.	2e qualité.	3e qualité.	Prix extrêmes.
Bœufs	1.982	1.716	343	1 62	1 46	1 32	1 34 à 1 70
Vaches	506	463	226	1 58	1 36	1 18	1 14 1 64
Taureau	175	162	407	1 36	1 26	1 18	1 06 1 46
Veaux	1.596	1.298	83	1 90	1 80	1 60	1 40 2 12
Moutons	8.692	8.042	20	2 08	1 80	1 66	1 46 2 20
Porcs g.	3.530	3.530	80	1 57	1 50	1 44	1 40 1 64
Id. m.	»	»	»	» »	» »	» »	» » » »

Marché du lundi 9 juin.

	Amenés	Vendus	Prix au poids net 1re qual.	2e qual.	3e qual.
Bœufs	2.099	1.051	1 66	1 52	1 30
Vaches	712	689	1 62	1 38	1 24
Taureaux	203	171	1 42	1 34	1 20
Veaux	1.255	1.176	2 04	1 90	1 78
Moutons	13.694	11.860	2 08	1 82	1 70
Porcs	2.600	2.517	1 46	1 42	1 34

	Prix au poids vif 1re qual.	2e qual.	3e qual.	Prix extrêmes.
Bœufs	1 02	» 86	» 08	» 62 à 1 00
Vaches	0 68	» 79	» 61	» 58 1 02
Taureaux	0 88	» 79	» 62	» 58 » 90
Veaux	1 22	1 11	» 88	» 76 1 36
Moutons	1 02	» 91	» 81	» 61 1 09
Porcs	1 »	» 94	» 92	» 86 1 04
Peaux de moutons en laine				2 20 » »
Id. id. demi-laine				2 30 » »

Viandes abattues. — Criée du 6 juin.

		1re qualité.	2e qualité.	3e qualité.
Bœufs	le kil.	1 50 à 2 90	1 30 à 2 70	1 06 à 1 80
Veaux	—	1 76 2 »	1 50 1 70	1 26 1 46
Moutons	—	1 86 1 96	1 46 1 80	1 10 1 40
Porc entier	—	1 40 1 56	1 20 1 30	1 10 1 16

Cuirs et peaux, les 50 kil.

Taureaux	34 25 à 38 75	Vaches lourdes	35.25 39.50
Gros bœufs	43 50 49 25	— de bandes	35.75 38.50
Moy. bœufs	42 50 43 50	Gros veaux	56.25 62.25
Pet. bœufs	34 25 34 50	Petits veaux	64.50 65.50

CHEMINS DE FER D'ORLÉANS.

Juin-Septembre 1890.

Excursions en Auvergne et dans le Limousin, permettant de visiter le Mont-Dore, La Bourboule, Royat, Clermont-Ferrand, Néris et Evaux, avec arrêt facultatif à toutes les gares du parcours.

La Compagnie d'Orléans délivre du 15 juin au 30 septembre des billets d'excursion en Auvergne et dans le Limousin valables pendant 30 jours, au départ de Paris, Orléans, Blois, Tours, Le Mans, Angers et Nantes, ainsi qu'aux gares et stations intermédiaires, aux prix réduits ci-après :

	1re classe	2e classe
Paris	108 fr.	81 fr.
Nantes	— 125	— 96
Angers	— 116	— 87
Le Mans	— 111	— 85
Tours	— 100	— 75
Blois	— 95	— 71
Orléans	— 95	— 71

Itinéraire :

1° Le parcours entre le point de départ et Vierzon et *vice versâ ;*

2° Vierzon, Bourges, Montluçon, Chamblet-Néris (Bains de Néris), Evaux (Bains d'Evaux), Eygurande, Laqueuille (Bains du Mont-Dore et de la Bourboule); Royat (Bains de Royat), Clermont-Ferrand, Largnac, Ussel, Limoges (par Tulle, Brive et Saint-Yrieix, ou par Eymoutiers), Vierzon.

La durée de validité de ces billets (30 jours) peut être prolongée d'une, deux ou trois périodes successives de 10 jours, moyennant le paiement, pour chaque période, d'un supplément égal à 10 0/0 du prix du billet.

Il est délivré à toute station du réseau d'Orléans, pour une autre station du réseau située sur l'itinéraire des billets de voyages circulaires ci-dessus, ou inversement, des billets d'aller et retour de 1re et 2e classes, avec réduction de 25 0/0 sur le prix ordinaire des places.

Ces billets sont délivrés, soit au commencement du voyage, pour aller rejoindre l'itinéraire du billet d'excursion dont ils forment le complément, et dont la demande doit être faite en même temps, soit au cours du voyage, pour atteindre des points du réseau situés en dehors de l'itinéraire du billet d'excursion.

On délivre des billets à toutes les gares du réseau d'Orléans, pourvu que la demande en soit faite au moins trois jours à l'avance.

Avis essentiel. — Les prix ci-dessus ne comprennent pas le parcours de terre dans les services de correspondance de Chamblet-Néris à Néris ; — de la gare à la localité d'Evaux et de Laqueuille ou Mont-Dore et à La Bourboule.

Médaille d'Or. * Exposition Universelle 1889. * Médaille d'Argent.

GRAINETERIE A CÉDER

Quartier riche. Clientèle bourgeoise. Grande habitation et grands magasins. Affaires, 150,000 francs par an. Bénéfice net de tous frais, par an, 12,000 francs.

On traitera avec 25.000 francs, compris les fonds de roulement.

Ecrire ou voir le matin
M. DAGORY, 149, rue Lafayette, Paris.

MALADIES DU BÉTAIL
ET DE LA VOLAILLE

Leur traitement préventif et curatif

PAR L'ACIDE SALICYLIQUE

L'acide salicylique, employé dans la nourriture à la dose de 1/2 à 1 gramme par jour et par tête de bétail, est le meilleur préservatif des maladies qui procèdent par contagion : Sang de rate, Cocotte, Maladie aphtheuse, Erysipèle, Typhus, Morve, Variole et le Rouget des porcs, etc.

DES ATTESTATIONS NOMBREUSES DE GUÉRISONS obtenues pour la Cocotte et le Rouget des porcs ont été reproduites dans le *Journal l'Agriculture*.

La désinfection des étables, des écuries se fait instantanément au moyen d'un arrosage d'eau salicylée à 2 grammes par litre.

S'adresser à M. CERCKEL, administrateur de la *Compagnie de produits antiseptiques*, 26, rue Bergère, Paris.

Envoi sur demande de Prospectus et Brochures.

PRIX DU KIL. 25 fr. — BOITE DE MÉNAGE, 2 fr.

SALAISON DES FOINS

Nourriture du bétail

et Engrais des terres.

Sel neuf dénaturé au Tourteau de colza, 55 fr. les 1,000 kilos.

Sel neuf dénaturé au Peroxyde de fer, 50 fr. les 1,000 kilos.

Sel de Morue pur, 45 fr. les 1,000 kilos.

Expéditions de Fécamp et de Bordeaux.

S'adresser à M. A. LE BORGNE, négociant à Fécamp (Seine-Inférieure).

L'Administrateur-Gérant : JOSEPH FREY.

Beauvais. — Imp. D. PERE. — A. CARTIER, Gérant.

PHARMACIE SAVARY

AMIENS, 33, Place Saint-Denis, 33, AMIENS
(EN FACE LE SQUARE).

PROVENDE AUX PHOSPHATES ASSIMILABLES
du Docteur DESCHAMPS.

Prix : 3 fr. le kilog.; 27 50 les 10 kilog. (Remises proportionnelles.)

Accroissement rapide des bestiaux, surtout chez les jeunes animaux, force nerveuse, fécondité, engraissement ; prévient surtout la diarrhée chez les jeunes veaux. Qualité exceptionnelle du lait.

M. Lefebvre, cultivateur à Marcelcave, a élevé un veau en lui administrant de la Provende phosphatée pendant 60 jours : tué à 70 jours, ce veau pesait 193 kilog., chiffre officiel constaté à l'abattoir. La viande était très blanche, ainsi qu'est prêt à l'attester M. Oheix, boucher à Amiens.

Les attestations émanant des sommités françaises et anglaises les plus accrédités ont été données à M. SAVARY.

25 PRIX D'HONNEUR ET GRANDS PRIX, 200 MÉDAILLES OR, VERMEIL, ETC.
GRANDES CULTURES DE GRAINES POTAGÈRES, FOURRAGÈRES ET DE FLEURS

E. FORGEOT & Cie

fournisseurs du ministère de l'Agriculture, des Ecoles nationales d'agriculture, des Syndicats agricoles, etc.

PARIS, quai de la Mégisserie, 6 et 8

Appareils spéciaux pour épurer et nettoyer les graines

SPÉCIALITÉ DE GRAINES DE GRANDE CULTURE

luzernes et trèfles garantis sans cuscute, minette, vesces, sainfoins trèfles incarnats, betteraves, carottes, navets, choux-navets, pommes de terre

Blés à grand rendement, Avoines, Orges, Seigles. Graines d'arbres pour reboisement

Graines de graminées pour prairies

Notre Maison ne vend que des graines de provenances sûres, assurant les meilleurs résultats ; elle accepte le contrôle de la Station d'Essais des Semences, établie à l'Institut agronomique par le Ministère de l'Agriculture, contrôle auquel nous sommes soumis dès sa création. En conséquence, nos graines sont garanties de levée et d'une pureté irréprochable ; nos trèfles et nos luzernes sont garantis sans un seul grain de cuscute.

Grande et importante **Spécialité de Créations de Prairies.** Nous nous chargeons d'établir des compositions convenant à la nature de chaque sol, et d'avance nous en assurons la réussite.

Sur demande, nous adressons *franco* nos catalogues illustrés de graines potagères, fleurs, arbres, fourrages, ognons à fleurs, plantes, etc.

VINS DU BEAUJOLAIS ET DE MACON.

J. DAMIRON

propriétaire-viticulteur à Saint-Julien en Beaujolais (Rhône).

A la fois délicat et nourrissant, le vin du *Beaujolais* est sans contredit l'un des meilleurs vins de table.

Par leur finesse et leur bouquet, *nos grands crûs* rivalisent avec ceux du Bordelais et de la Bourgogne, tout en étant moins chers.

Notre Vignoble, presque entièrement reconstitué, est aujourd'hui en état de fournir à la consommation ses vins si appréciés. Voici un aperçu des prix :

Vin ordinaire 1888 et 1887	110 à 130 fr.
Bonnes Côtes id.	130 à 150
Saint-Julien id.	160 à 200
Morgon, Fleurie, Thorins (vins classés de 1886 à 1884)	250 à 500

Grands crûs de Bourgogne : Beaune, Pommard, Corton.

Vins en bouteilles par caisses de 12, 25 et 50.

Le tout logé et pris en gare du Vignoble.

La Maison accepterait des représentants sérieux munis de bonnes références.

La Propriété offre des vignes américaines, boutures et racines de choix, et des plants greffés soudés et racinés garantis. — *Prix modérés.*

Adresser les correspondances à Villefranche, 44, rue de Thizy.

CRÉDIT AGRICOLE

UNION DES SYNDICATS AGRICOLES DE FRANCE

9, rue Marsollier, PARIS

Agence à LYON, 234, cours Lafayette, S. PLISSONNIER, Directeur * M. A.

MACHINES AGRICOLES DE TOUS SYSTÈMES

TOURTEAUX et FARINES pour la nourriture du bétail.

ENGRAIS CHIMIQUES et ORGANIQUES, MATIÈRES PREMIÈRES

SEMENCES DE PREMIER CHOIX.

11e Année. — 2e Série. — N° 543. Dimanche 22 Juin 1896.

GAZETTE  AGRICOLE

JOURNAL HEBDOMADAIRE, PARAISSANT LE DIMANCHE

Rédacteur en Chef : M. Ch. GOSSIN, Professeur d'Agriculture à l'Institut agricole de Beauvais

PRIX DE L'ABONNEMENT

UN AN, 5 fr. — SIX MOIS, 2 fr. 50. — TROIS MOIS, 1 fr. 50

Pour l'étranger les abonnements ne sont reçus que pour un an, au prix de 6 francs, et ne partent que du 1er janvier ou du 1er juillet de chaque année.

Il est indispensable de joindre à toute demande de changement d'adresse la dernière bande d'adresse du journal et 50 centimes pour frais de nouvelles bandes.

Adresser les *Abonnements* et *Annonces* à l'administrateur, 13, quai Voltaire, Paris, ou à M. GOSSIN, rédacteur en chef, à BEAUVAIS.

BUREAUX

13, quai Voltaire, Paris.

Les abonnements partent du 1er de chaque mois et sont payables d'avance. Toute demande d'abonnement doit donc être accompagnée du prix de l'abonnement. (Le mode de payement le plus simple est l'envoi d'un mandat-poste.)

Donner *très lisiblement*, en s'abonnant, son nom et son adresse exacte, *avec l'indication du bureau de poste*; et, s'il s'agit d'une continuation d'abonnement, joindre au renouvellement la dernière bande d'adresse du journal.

La GAZETTE AGRICOLE insère gratuitement les Communications des Syndicats agricoles

AVIS IMPORTANT.

Les bureaux de la GAZETTE AGRICOLE *sont actuellement transférés*

13, quai Voltaire, Paris.

C'est à cette adresse que devront être envoyés les communications et correspondances.

Elles pourront aussi être adressées directement à M. Charles GOSSIN, professeur d'agriculture, rédacteur en chef, BEAUVAIS (Oise).

SOMMAIRE :

PARIS, 20 JUIN.

Il y a dans notre si laborieux pays un tel besoin de paix et un désir si impatient de repos, qu'en dépit de toutes les déceptions passées il donne en plein aux plus légers indices et aux promesses les moins sérieuses de pacification. Un ministre annonce-t-il qu'il faut mettre un terme aux persécutions, aux tracasseries religieuses et faire enfin une République tolérable, que sans examen et sans réflexion on prend ce qu'il dit au pied de la lettre. Ces dispositions qui abondent dans le parti conservateur, et que la République de M. Carnot ne peut ignorer, enlève toute excuse aux perturbateurs officiels de la paix sociale et religieuse. Il est bon de le noter, afin que le jour du réglement définitif des comptes, chacun ait bien sa part de responsabilité. Ces réflexions sont inspirées au Bonhomme Deschamps par le discours relativement modéré que M. Constans prononçait récemment à Périgueux, et que des faits d'une violence inique ont presque aussitôt démenti. Malgré les engagements électoraux et la sourdine mise, l'automne dernier, par les plus forcenés laïcisateurs à leurs sentiments « anticléricaux », la guerre à la liberté de conscience et aux droits des pères de famille est de nouveau rouverte avec éclat.

* *

Le Bonhomme Deschamps pourrait citer à l'appui de cette opinion plusieurs faits irrécusables. Il en est un entre autres dont le caractère de violence, de brutalité et d'inutilité se recommande à l'attention et à la réprobation de tous les honnêtes gens. Le village de Vicq, près Chaumont, dans la Haute-Marne, possédait une école congréganiste, et elle était congréganiste par la volonté formelle et expresse d'un donateur. En 1819, l'abbé d'Auberive, curé de cette paroisse, établissait par son testament une école de jeunes filles que des religieuses reconnues par l'Etat administreraient, en même temps que dans la mesure de leurs ressources elles soulageraient et soigneraient les malades. Au cas où l'école cesserait de donner un enseignement religieux, le testament devait être annulé. Les héritiers de l'abbé d'Auberive ratifièrent les dernières volontés de leur parent et, jusqu'à ces derniers jours, quoique le conseil municipal fût républicain, l'école de jeunes filles de Vicq avait été dirigée par des religieuses. Comme l'enseignement congréganiste est moins coûteux que l'autre, la commune, ou pour mieux dire la fabrique, qui avait été substituée à la commune, faisait annuellement encore des économies sur le legs de l'abbé d'Auberive.

* *

Cet état de chose se serait évidemment prolongé encore si la mort, qui atteint tout le monde, n'avait enlevé la sœur supérieure de l'école. On se rappela aussitôt à la préfecture de la Haute-Marne et aussi à Paris qu'une loi malfaisante ordonnait la laïcisation de toutes les écoles. Une institutrice laïque fut donc aussitôt désignée et nommée à l'école de Vicq. Ce n'était pas assez, car il a fallu l'imposer par la force de la gendarmerie et de ses sabres. La commune, qui est en effet républicaine, tenait au maintien des sœurs, d'abord parce que l'enseignement des sœurs lui plaisait et qu'elle se rendait bien compte qu'en perdant les religieuses, on violait un testament et privait les habitants de ressources utiles. Aussi, quand le maire et l'inspecteur d'académie sont venus présider à l'installation de l'institutrice laïque, la population, hommes et femmes, sortit de chez elle et s'opposa à la mesure. C'est alors que les gendarmes, qu'on avait eu le soin, par suite des sentiments bien connus de la population, de faire venir, dégainèrent, dispersèrent la foule, renversant les uns et blessant les autres.

* *

Encore que l'opinion publique, en France, soit devenue d'une insensibilité effrayante, ce fait, et les circonstances au milieu desquelles il s'était produit, l'ont quelque peu émue. Les détails en remplissent depuis quelques jours les colonnes des journaux, et on annonce que le Gouvernement sera mis en demeure de s'expliquer à la tribune. S'il est interpellé, il ne manquera pas de répondre qu'il a voulu faire exécuter la loi, comme si vraiment il y avait une loi autorisant la violation d'un domicile privé et le droit de propriété. Le Bonhomme Deschamps imagine difficilement qu'il puisse se disculper davantage de son recours à la violence et d'établir que cette laïcisation d'une école de jeunes filles dans une commune de quelques centaines d'habitants, importait au salut de la République, et qu'on ne se moquait pas du pays, récemment à Périgueux, quand le ministre de l'intérieur promettait d'ouvrir les portes de la République et de travailler à l'union, sous M. Carnot, de tous les bons Français. Bien que le Bonhomme Deschamps connaisse son monde, il ne s'attendait cependant pas à ce que M. Constans se donnât à lui-même, à une quinzaine de jours d'intervalle, un démenti aussi éclatant.

***

Les sujets de tristesse ne manquent certainement pas depuis dix ans à tous ceux qui ont au cœur le sentiment de l'honneur national et la révolte contre l'injustice. Mais rien n'est peut-être plus décourageant que le spectacle d'un peuple qui, après avoir dressé des barricades, versé tant de sang, accumulé tant de ruines et ajouté des révolutions aux révolutions pour obtenir un gouvernement libre et respectueux des droits d'un chacun, n'est aujourd'hui encore à l'abri d'aucune violence sur sa personne, sur son domicile et sur sa propriété. Des phrases, des mots, nous en avons à revendre, et c'est même le produit que nous exportons en plus grande abondance. Mais il nous semble que si nous avons beaucoup crié, pas mal cassé, mis sur les murs des édifices publics, à la place d'anciennes formules, des nouvelles, et changé les noms des rues, nous avons assez fait pour être *libres ! Eh bien !* le Bonhomme Deschamps ne craint pas de le dire, la France, cent ans après la Révolution française, est encore le pays, — hormis peut-être la Russie et la Turquie, — où le gouvernement quel qu'il soit, le républicain surtout, peut se faire le plus impunément un jeu du droit de propriété, de l'inviolabilité du domicile, de la liberté de conscience et de la liberté individuelle.

LE BONHOMME DESCHAMPS.

NOUVELLES DE LA SEMAINE.

Election Sénatoriale. — M. Jametel, ancien député opportuniste de la Somme, pour l'arrondissement de Montdidier, a été élu dimanche sénateur de la Somme, en concurrence avec M. Cadot, également ancien député républicain du même département.

La Chambre impuissante. — L'ordre du jour de la Chambre touche à sa fin ; c'est un journal républicain qui le constate, et il se demande avec anxiété comment on va tourner la meule ?

Ce n'est pas que la besogne manque à la Chambre ; mais la Chambre manque à la besogne. L'an passé, si les affaires restaient en souffrance il fallait, d'après les républicains, en accuser soit la droite, soit les boulangistes, en *un mot l'opposition : c'était elle qui empêchait* le travail utile d'aboutir.

Actuellement, les boulangistes ne font guère parler d'eux ; il serait excessif de reprocher à la droite d'abuser de la tribune. Nos adversaires n'ont plus la ressource de prétendre que la minorité fait de l'obstruction.

Et cependant les affaires n'avancent pas. Cette fois l'impuissance des républicains est bien avérée.

L'affaire Boras. — La Chambre s'est occupée jeudi de l'affaire Boras, un malheureux innocent condamné à mort et laissé trois ans au bagne.

Si l'on en croit M. Marcou, le sénateur républicain de l'Aude, M. Thévenet, quand il était ministre de la justice, avait eu entre les mains le dossier établissant l'innocence du condamné, mais il n'avait pas eu le temps de le lire.

Evidemment le dossier de son ami l'escroc Jacques Meyer intéressait bien autrement « le ministre de la justice. »

La nouvelle magistrature républicaine. — Voici ce qu'écrit le *Petit Journal*, peu suspect lorsqu'il s'agit de passer l'éponge ou de faire le silence sur tous les abus du régime sous lequel nous vivons. Il s'agit d'un conseiller à la Cour, M. Raisin, et du procureur de la République, M. Mignucci, considérés jusqu'ici comme responsables du martyre subi par le malheureux Borras, condamné à mort, bien qu'innocent, et laissé au bagne pendant trois ans, à Avignon.

Ce que M. Fallières aura sûrement appris d'ici au jour de l'interpellation, c'est :

1° Que M. Mignucci a adressé rapport sur rapport à la Cour pour détruire l'effet des déclarations des criminels Guillaumet et Villarubia, des démarches de M. Marcou, sénateur, des conclusions de M. de Crozals ;

2° Que lorsqu'un conseiller délégué par la Cour de Montpellier vint à Carcassonne pour procéder à une enquête, il fut circonvenu par le procureur Mignucci et le conseiller Raisin ; on ne lui laissa voir que pendant cinq minutes, au moment de son départ, le substitut qui avait interrogé les deux condamnés et jeté les bases de la seconde instruction ;

3° Que, six mois après le commencement de la nouvelle enquête, lorsque le parquet de Carcassonne fut consulté sur l'opportunité d'une commutation de peine, le procureur Mignucci, qui devait pourtant savoir à quoi s'en tenir sur la culpabilité de Borras, eut le courage de conclure à l'exécution.

Tels sont les états de services des deux magistrats qui feront le fond de l'interpellation adressée au ministre de la justice.

Une souscription a été ouverte en faveur de l'infortuné Borras. Le comte de Paris et son fils, le duc d'Orléans, ont adressé chacun 1,000 fr. au journal qui a ouvert la souscription.

Encore deux de casés ! — La série continue.

Encore un blackboulé du suffrage universel casé dans les finances.

Hier, c'était M. Thomas-Derevoge, ancien député opportuniste, non réélu, qui se faisait nommer à la recette particulière de Reims, première classe.

Aujourd'hui, il s'agit d'un autre inconnu, du nom de Kanappe, également candidat opportuniste aux dernières élections dans l'arrondissement d'Etampes, où il se faisait battre par l'honorable M. Amédée Dufaure.

M. Kanappe touche depuis plusieurs années une belle retraite, en qualité d'ancien chef de bataillon d'infanterie de marine, et un traitement d'officier de la Légion d'honneur.

Ses services militaires n'ayant pas réussi à lui faire obtenir un emploi public, il se créa des titres par la politique. Nommé conseiller général du canton de la Ferté-Alais (Seine-et-Oise), et conseiller municipal à Etampes, il lui manquait une condition pour entrer dans les finances : il n'avait pas été battu au suffrage universel. Les électeurs de l'arrondissement d'Etampes ont comblé cette lacune, et voilà M. Kanappe percepteur de 2e classe à la Ferté-Loupière (Yonne).

Comme toujours, le *Journal officiel* dissimule les véritables titres du nouveau percepteur et n'indique que la qualité d'ancien chef de bataillon.

Il y a là, également, une lacune.

Le grand prix de Paris a été couru dimanche dernier, par un temps superbe, en présence de 400,000 personnes réunies sur le champ de courses du Bois de Boulogne.

Les Anglais et les Italiens avaient envoyé leurs champions, et il faut avouer qu'ils ont été bien près de gagner le prix de 100,000 francs.

Après une course très bien menée, puisque les chevaux engagés ont parcouru 3 kilomètres en 3 minutes, le cheval français FITZ ROYA, appartenant au baron de Schickler, est arrivé premier au poteau.

Le grand prix, cette année, a donc encore été gagné par une écurie française. Depuis 27 ans, que cette course célèbre a lieu, les champions français ont gagné 15 fois, et les champions étrangers, 11 fois.

Le gagnant a touché cette année 170,000 fr. sans compter les paris.

La victoire de *Fitz-Roya*, est célébrée par certaines gens comme une victoire nationale, on peut s'y attendre.

Au lendemain du succès de *Gladiateur*, il semblait que l'on avait pris la revanche de Waterloo. Hélas ! ce n'est point sur le turf que nous aimerions voir battre les Anglais, mais sur le terrain économique. Nous leur avons pris leurs modes ridicules, nous leur avons emprunté des termes barbares, nous les imitons dans leurs allures égoïstes, dans leur tendance à faire prévaloir leur propre personnalité, nous les avons suivis dans leur goût pour les exercices violents, nous les avons imités, en un mot, dans tout ce qui ne gênait en rien nos défauts, mais nous leur avons laissé ce qui constitue leur grandeur et leur force : la tenacité, l'amour de leurs institutions, le respect de leur souveraine.

Qu'ils se consolent donc de la défaite de leur champion, leur part est encore fort belle, et nous leur recéderions volontiers celle que nous valent les jambes de *Fitz-Roya* pour les avantages qu'ils ont encore sur nous.

LE FOIN BRUN.

Il y a un vieux proverbe qui dit : *Année de foin, année de rien.* Le fait est que souvent les années d'abondance de foin, sont des années trop humides et dans lesquelles les céréales souffrent.

Cette année, le proverbe mentira, car si Dieu nous permet de bien faire nos récoltes, elles s'annoncent très belles, dans tous les genres et partout.

Les foins seront abondants, et beaucoup de cultivateurs se trouveront fort embarrassés de les loger, car les greniers sont encore pleins. Quelques-uns seront forcés de faire des mulons en plein champ, ce qui n'en sera peut-être pas plus mauvais pour leurs foins, car dans les meules bien faites, ils se conservent mieux que dans les greniers.

Il nous faudra bientôt commencer la récolte, car l'année est avancée.

Si le temps est beau, la récolte sera facile à faire, et nous n'aurons rien à changer à notre façon de faire habituelle, c'est-à-dire *faner à mesure, encabotter ou mettre en cordes puis en mulon,* mais si le temps se met à l'eau pendant tout un mois, comme cela arrive souvent, il nous faudra aviser à sauver nos foins.

Outre le système des *moyettes* ou *binots* pour les luzernes et les sainfoins, de l'*ensilage* pour toute espèce de fourrages, il y a encore le procédé des *foins bruns* et celui des *siccateurs* qui peuvent rendre de grands services dans les années pluvieuses.

Le *Syndicat agricole du Calvados* appelle avec raison sur ces procédés l'attention des cultivateurs normands dont les travaux de fenaison sont si souvent rendus difficiles et coûteux par une température pluvieuse.

Le foin brun est connu depuis bien longtemps en Normandie, nos pères en fanaient beaucoup au commencement du siècle et s'en trouvaient bien. En Allemagne, presque toute la récolte de foin est séchée par ce système.

Voici comment on opère en Allemagne.

Le jour ou le lendemain du jour où le foin est coupé, on le met en gros tas pouvant produire de 1,500 à 2,000 kilos de foin sec et on le laisse s'échauffer : deux ou trois jours après, suivant l'état de la température, la fermentation s'est si fortement établie dans la masse qu'il est à peu près impossible d'y tenir la main.

Alors le foin exhale une odeur de miel et les tiges ressemblent à des végétaux passés à l'eau bouillante.

A ce moment, si le temps le permet, on défait le tas, on détend le foin et en une journée il est complètement sec et on le rentre, ou si on préfère on en fait de petites meules.

Lorsque le temps est pluvieux, on retarde l'ouverture de la meule et on profite d'un intervalle entre une ou deux ondées pour refaire le tas, le laisser refroidir et le reconstruire de nouveau.

Tel est le système suivi en Allemagne ; nous l'avons vu pratiquer aussi dans les Ardennes : M. Hérissant, agronome distingué, a fait des essais qui lui ont pleinement réussi. Voici ce qu'il en disait l'année dernière dans le journal d'agriculture d'Ille-et-Vilaine :

La dessication des fourrages par la méthode dite *du foin brun* est connue depuis bien plus longtemps que la pratique de l'ensilage.

Tous les agronomes l'ont citée et conseillée dans leurs ouvrages, peu l'ont pratiquée et encore ne l'ont fait qu'avec réserve.

Comme ces derniers, je dois avouer que je ne m'y livre qu'à mon corps défendant, et cependant j'ai d'excellents motifs pour y avoir recours, soit dans les années humides, comme l'année dernière, soit pour la dessication des trèfles et fourrages analogues à peu près tous les ans.

Je l'ai pratiquée cette année pour le trèfle incarnat. Je m'en suis bien trouvé. Je ne l'ai pas pratiquée pour le trèfle violet, coupé ensuite, me fiant aux quelques jours de beau temps qui ont trop peu duré. Les pluies actuelles me le font bien regretter.

Voici en quoi elle consiste :

Aussitôt après la fauchaison, l'herbe est mise en gros tas pouvant contenir au moins 2 à 3,000 kil. de fourrage vert, tant plus, tant mieux.

On a soin de bien la fouler, de monter les bords régulièrement et assez droits et quelques fois de replier l'herbe en deux pour border ces bords. On *affaite* un peu court en arrondissant en dôme et non pas en cône pointu.

La meule est ainsi abandonnée à elle-même. Au bout de 24 heures, la température s'est tellement élevée dans la masse que l'on ne peut y tenir la main et que le fourrage à l'intérieur est dans le même état que s'il avait été bouilli. Parfois, à ce moment l'opération est à point, mais le plus souvent il faut attendre au lendemain.

Si alors la presque totalité de la masse est cuite, s'il n'y a plus de fourrage encore vert qu'en petite quantité et sur les bords, s'il fait beau, on peut défaire la meule, étendre le fourrage et le tourner une fois. Le soir, il est absolument sec, sauf les parties vertes que l'on peut en séparer pour réunir celle des diverses meules en un nouveau tas ou faner à la méthode ordinaire.

Si le fourrage n'est pas assez fermenté près des bords, si la fermentation n'est pas régulière ou si le temps n'est pas beau, on défait la meule et on la refait à côté en mettant au centre les parties vertes, à l'extérieur les parties cuites. 24 à 36 heures après il est temps d'étendre. La dessication s'opérera alors plus complètement et plus rapidement que dans le premier cas.

Les avantages de ce mode de procéder sont qu'en une journée de temps passable on peut dessécher complètement l'herbe de prairies artificielles, telles que le trèfle, chez lesquelles la dessication de la tige est toujours très lente. On a l'avantage, quand on opère bien, de ne pas perdre les feuilles comme par une fenaison prolongée et d'obtenir un fourrage que les animaux préfèrent à tout autre.

C'est en réalité de l'*ensilage doux desséché*.

Les inconvénients sont les suivants :

Sous l'influence de vents violents, la fermentation est parfois irrégulière, elle se fait très bien du côté opposé au vent, elle ne se fait pas du côté du vent. Il en résulte que le tassement se fait seulement d'un côté, la meule se penche, s'entr'ouvre de plus en plus du côté du vent et finit par tomber.

Dans ce cas, il faut d'abord prendre la précaution de border les meules en les faisant, surtout du côté du vent, et, si cela ne suffit pas, de les défaire et de les refaire comme je l'ai indiqué plus haut. Il est bon aussi qu'elles soient alors plus grosses.

Cette difficulté n'est pas grave. Ce qui est grave, c'est que, quand la fermentation est achevée, il n'est guère possible de retarder l'épandage plus d'un ou deux jours. S'il pleut, on est presque forcé de le faire quand même, sous peine de voir, quand la meule se refroidit, les champignons envahir le fourrage.

Cependant, le mal est dans ce cas bien moindre qu'on ne le suppose, voici pourquoi :

« L'année dernière, au moment où les pluies sont survenues, écrit M. Hérissant, j'avais justement en train des meules de foin brun, et en même temps, hélas! beaucoup d'herbe de prairie fanée suivant la méthode ordinaire.

Ce malheureux foin brun eut à subir les conditions les plus défavorables. Je fus obligé de le laisser en tas, en veillotes, pendant d'assez longues périodes; étant très humide, les cryptogames s'y développaient, il noircissait; il fut surpris étendu par les pluies et je fus obligé de le laisser plusieurs jours en cet état. Il fut remis en veillottes encore humide, enfin, il eut pendant un mois à subir toutes les misères que peuvent s'imaginer les cultivateurs qui en ont souffert l'année dernière et à mon avis beaucoup plus que les foins ordinaires.

Quand le beau temps survint, ou plutôt quand il fut possible de rentrer, les foins ordinaires avaient blanchi, avaient perdu en partie leur odeur, mais avaient encore assez bon aspec tandis que les foins bruns, noirs et cassants semblaient absolument du fumier desséché.

J'eus une forte velléité de les envoyer à la fosse à fumier. Je ne le fis pas et fis bien. C'est le foin que les animaux ont le mieux mangé cette année. »

Nous ne saurions trop engager les cultivateurs à faire un essai. Ils le pourront sans faire grand sacrifice, puisque le foin est abondant.

(A suivre). DOCTEUR AGRICOLA.

DES TAXES DOUANIÈRES d'importation relative au bétail étranger.

Evaluation des charges fiscales qui grèvent une tête de gros bétail français (1).

Les taxes douanières d'importation, relatives au bétail vivant et à la viande abattue, peuvent avoir deux caractères distincts, suivant qu'elles se traduisent en droits *protecteurs* ou en droits *compensateurs*. Elles émanent de principes différents, et les voies et moyens à employer, dans l'un ou l'autre cas, pour déterminer leur montant ne se ressemblent pas.

Les droits *protecteurs* s'inspirent de cette idée que, pour sauvegarder des intérêts respectables, nés et développés sous sa tutelle, l'Etat a le devoir de défendre une industrie vraiment nationale à laquelle sont liées la fortune et l'existence de la majorité des Français. Pour atteindre ce but, on cherche à enrayer le plus possible les importations de bétail vivant et de viandes mortes par des droits relativement élevés, lesquels, par leur nature, tendent toujours à devenir plus ou moins prohibitifs. Au point de vue de leur justification, ces droits peuvent se soutenir par des raisons d'économie politique ou sociale, par l'examen de la situation actuelle de l'élevage français et par la constatation de la crise agricole. Comme ils répondent à des considérations d'ordre général, leur fixation est toujours délicate, quelquefois même un peu arbitraire. Nous ne nous proposons pas d'étudier ici la valeur de ce système en discutant ses avantages et ses inconvénients; il compte aujourd'hui de nombreux partisans, et nous ajouterons que, logiquement parlant, c'est en France qu'il devrait avoir le plus grand nombre d'adeptes, puisque de tous les pays la France est celui où le contribuable paie le plus d'impôts, et où, par suite des charges pesant sur la production, le prix de revient de la plupart des produits est le plus élevé.

Les droits *compensateurs* tirent leur origine d'une autre idée et s'exercent suivant des procédés d'application bien différents. Comme leur nom l'indique, ils s'appuient sur ce principe d'égalité, clair et formel, en vertu duquel on réclame à l'importateur étranger le montant, aussi exact que possible, des charges fiscales grevant l'élevage national ainsi que de l'écart entre le prix de revient du produit indigène et du produit étranger. La première partie de ces revendications se résume dans cette formule : *l'égalité devant l'impôt français*. On ne demande pas à doter le bétail indigène d'une situation

(1) Rapport présenté au Conseil de la Société des Agriculteurs de France.

privilégiée; mais on met l'élevage étranger en parallèle avec lui; et, quand celui-là vient approvisionner nos marchés, ont lui fait subir, pour entrer en concurrence avec nos produits, les mêmes charges que celles qui ont porté sur la production française. Ce système offre un terrain de défense solide et pour ainsi dire inattaquable. La fixation des taxes repose sur des bases certaines et des calculs précis. Pour en déterminer le montant, il s'agit d'abord d'estimer les charges publiques afférentes au bétail français, puis d'établir les prix de revient de l'élevage pour les comparer à ceux de l'étranger.

Ce double problème est compliqué. Nous allons toutefois essayer d'en résoudre la première partie. Les éléments sur lesquels nous allons nous appuyer sont empruntés aux documents officiels; est-ce à dire que les réponses formulées soient d'une exactitude absolue? Nous n'osons l'espérer, et nous faisons à cet égard les réserves les plus formelles: toutefois, comme elles reposent sur les bases les meilleures et les plus générales qui existent, nous les présentons comme devant se rapprocher autant que possible de la vérité; mais on sait que quels que soient les soins et la sincérité apportés aux statistiques et aux enquêtes administratives, ces opérations ne peuvent jamais présenter un caractère de certitude absolue; elles se ressentent forcément de l'incertitude inhérente au dénombrement des quantités et à l'évaluation des choses et des faits à recenser. Ces quantités et ces valeurs sont elles-mêmes essentiellement variables, et la dernière statistique agricole, dont les résultats sont à compulser, date déjà de 1882. Cette réserve bien établie, nous abordons la question :

Les charges fiscales qui grèvent le bétail français, et qu'il y a lieu d'évaluer pour en réclamer le montant à l'importation étrangère, dérivent, selon nous, des trois chefs suivants :

1° De l'impôt; 2° d'un autre impôt spécialement acquitté chaque année par les animaux morts et dépréciés; 3° du budget extraordinaire.

(A suivre). JULES LE CONTE.

LE SOIN DES ABEILLES

(Suite) (1).

Essaimage.

La préparation des hausses et des sections et leur placement en temps opportun sur les ruches ne constituent pas la seule occupation de l'apiculteur, au printemps. Il y a aussi LES ESSAIMS *dont le nombre varie considérablement avec* la race des abeilles, la saison, la grandeur des ruches, etc.

Ainsi qu'il a été dit au chapitre traitant du nourrissement lent, une des choses les plus importantes à connaître, c'est l'époque des miellées principales dans le district où se trouvent placées les abeilles, afin de pouvoir stimuler, en temps utile, la ponte de la mère et obtenir ainsi des populations fortes pour l'époque des miellées. Pour atteindre ce but on devra abandonner à la mère le corps de ruche tout entier, soit douze ou treize cadres, car c'est là un des meilleurs moyens d'éviter un essaimage excessif.

En effet, pour l'amateur qui n'a pas la vente des essaims et qui veut s'en tenir à un nombre limité de ruches, l'essaimage est positivement un mal qu'il est toutefois dans son pouvoir d'éviter en grande partie. Pour cela il mettra à la tête de ses ruches des mères tirées d'une souche peu portée à l'essaimage, et il donnera aux colonies, en temps opportun, tout l'espace nécessaire au fur et à mesure qu'elles en ont besoin.

Le plus sage cependant est de s'attendre à quelques essaims et de se préparer à les recevoir.

Une excellente manière d'ÉVITER L'AUGMENTATION du nombre des ruches, malgré l'essaimage, est la suivante, très en usage en Amérique. C'est d'établir l'essaim à la place de la souche dont il est sorti et de mettre celle-ci au-dessus de l'essaim avec une séparation de zinc perforé, après toutefois avoir enlevé de la souche toutes les alvéoles de mère qu'elle contenait.

Une chose qu'il ne faut jamais oublier, c'est que les essaims ont, au moment où on les prend, un grand BESOIN D'AIR et de fraîcheur; si on n'y pourvoit pas ils désertent la ruche et se remettent de nouveau en quête d'un autre domicile. Il est donc important de donner le plus de ventilation possible et d'ombrager ou de couvrir la ruche *si elle est exposée au soleil.*

Ce besoin d'air et de fraîcheur est ressenti par toute colonie excitée, sortie de ses habitudes, lorsqu'on fait des réunions, lorsqu'il y a pillage, et surtout EN VOYAGE.

Supposant maintenant, au contraire, qu'on cherche à AUGMENTER LE NOMBRE DE SES RUCHES, voici comment on opère. On prépare une ou plusieurs ruches vides; si elles ont déjà servi, on les lave à l'eau phéniquée ou avec la solution d'acide salicylique indiquée plus haut. On les laisse sécher, puis on brûle, dans la ruche bien fermée, un peu de soufre en poudre placé sur une tuile. On les met ensuite en place et on y met, entre deux séparations, six ou sept rayons construits vides, si on les a, ou partie rayons vides et partie cadres avec fondation, ou même au besoin rien que des cadres avec fondation. On couvre d'une toile, on met en place le socle du nourrisseur et on ferme l'entrée hermétiquement.

On paraît avoir observé que des essaims recevant des cadres avec fondation, et par conséquent obligés de construire leurs rayons eux-mêmes, récoltaient généralement plus de miel et prospéraient mieux que ceux logés sur des rayons vides tout faits. Le travail de la construction des rayons leur donne, dit-on, un ENTRAIN qu'ils n'acquièrent pas s'ils n'ont pas de rayons à construire.

Pour recevoir les essaims, il faut avoir sous la main, en plus des ruches vides, une caisse de 0^m 30 à 0^m 40 de côté, munie de poignées, un couvercle pour ladite caisse et deux planches de 1 mètre à 1^m 20 de longueur pour former un pont entre la terre et la planche de vol.

Les premiers essaims, dits ESSAIMS PRIMAIRES, sont généralement accompagnés de la vieille mère. La ruche contient à ce moment plusieurs alvéoles de mères qu'on doit rechercher et éloigner, sauf une, si on ne veut pas avoir d'ESSAIMS SECONDAIRES généralement faibles et de peu de valeur.

Quand un essaim sort, on marque la ruche dont il part, et pour hâter la formation de la grappe on lui lance de l'eau, à l'aide d'une seringue de jardin, dans le but de lui faire croire qu'il pleut, ce qui lui ôte toute velléité voyageuse. Quand l'essaim est posé, on le laisse se former et, s'il est au soleil, on l'ombrage.

Quand la plupart des abeilles ont rejoint la grappe, *on la fait tomber* dans la caisse qu'on présente renversée au-dessous, en donnant un coup sec et fort sur la branche qui la porte. On couvre la caisse avec le couvercle, et, la renversant le couvercle en bas, on la pose de suite à terre, le plus près possible de l'endroit où l'essaim s'était posé; on donne ensuite de l'air à l'aide de cales, en même temps qu'on garantit la caisse contre les rayons du soleil.

Aussitôt que les abeilles qui, pendant cette opération, ont pris le vol, ont rejoint l'essaim, on le porte sans perdre de temps devant la ruche qu'il doit occuper, et dont on ouvre alors l'entrée toute grande. On installe le pont de planches, on retire le couvercle de la caisse contenant l'essaim, et par un coup sec donné à la caisse sans toucher les planches, on fait tomber l'essaim sur le pont, le plus près possible de l'entrée. On pose la caisse sur un de ses côtés, un peu plus bas sur le pont, l'ouverture dirigée vers la ruche, pour que les abeilles qui y sont restées puissent rejoindre les autres. Quand l'essaim a pris possession de sa nouvelle demeure on secoue ou l'on brosse devant l'entrée, avec une plume d'oie mouillée, les quelques abeilles qui ont pu s'attarder dans la caisse, et on enlève le pont.

Le soir venu, s'il n'y a pas de miellée, on nourrit l'essaim avec du miel ou à défaut avec du sirop épais, et on continue à le nourrir jusqu'à ce qu'il ait construit ses rayons et puisse se suffire lui-même. C'est le cas de ne pas lésiner, car la nourriture qu'on lui donne est un excellent placement.

Quand il s'agit d'ESSAIMS SECONDAIRES ou tertiaires ayant par conséquent à leur tête une mère non fécondée, il est nécessaire de mettre un rayon de couvain non operculé au milieu de la ruche avant d'y porter l'essaim, car il arrive fréquemment que, sans cette précaution, les abeilles quittent la ruche à la suite de la mère, quand celle-ci part à la recherche d'un époux.

Quatre ou cinq jours après la sortie d'un essaim primaire, si on veut éviter la sortie d'un essaim secondaire, on enlève de la souche toutes les ALVÉOLES DE MÈRES, sauf une, la plus belle. Ces alvéoles peuvent être données à d'autres ruches dont on veut remplacer la mère ou qui en manquent. On peut aussi les donner à des nucleus formés de la veille, c'est-à-dire à des petits essaims sur deux ou trois cadres, afin de les utiliser plus tard.

Un bon essaim arrivant au commencement de la miellée peut produire autant de miel, sinon plus, qu'une bonne ruche moyenne. Aussi doit-on, dans ce cas, lui donner des hausses dès le lendemain. D'habitude, si la souche avait des hausses au moment de l'essaimage, on les donne de suite à l'essaim.

Les ESSAIMS SECONDAIRES, c'est-à-dire les seconds essaims, sont utiles quand on cherche à augmenter le nombre de ses ruches, fût-ce au détriment de la récolte, mais autrement il vaut mieux les éviter.

Un moyen assez efficace de les empêcher, sans avoir à détruire les alvéoles de mères, c'est celui qui consiste à installer l'essaim à la place de la souche et à mettre celle-ci tout à côté en lui tournant le dos, c'est-à-dire que si la ruche contenant l'essaim regarde l'est, celle de la souche devra regarder le sud ou le nord. Dès le second jour la souche est placée sur la même ligne que l'essaim et tout contre celui-ci,

(1) Manuel pratique d'apiculture, par Jean Wéber. — Prix, franco, 1 fr. — Chez GARIEL, éditeur, 2 *ter*, quai de la Mégisserie, Paris.

et le cinquième ou sixième jour au milieu de la journée, alors que les butineuses sont dehors, on enlève la souche et on la place ailleurs.

La souche perd ainsi presque toutes ses abeilles adultes, et le besoin de refaire ses forces lui fait passer toute envie d'essaimer à nouveau.

(A suivre.) JEAN WÉBER.

DU ROLE DES ENGRAIS VERTS

Comme fumure azotée (1).

L'emploi des engrais verts, c'est-à-dire des plantes fraîches enfouies dans le sol, est très répandu dans certaines régions et donne généralement de bons résultats.

Le plus souvent, cette pratique s'opère en ensemençant le terrain de plantes dites *améliorantes*, principalement de légumineuses, qui ont la réputation de prélever dans le milieu ambiant, et surtout dans l'atmosphère, de grandes quantités d'azote. On coupe la récolte et on l'enterre sur place par un labour, donnant ainsi à la terre une fumure azotée.

Malgré les résultats avantageux qu'on obtient par les engrais verts, on n'a intérêt à les appliquer que dans des conditions économiques particulières, et à sacrifier ainsi une récolte pour nourrir la récolte suivante. Mais lorsque le sol s'est appauvri en humus, lorsque le transport des fumiers est difficile ou coûteux, lorsque les ressources pour l'achat des autres engrais manquent, l'emploi des engrais verts rend les plus grands services.

Quoique l'amélioration du sol par l'apport de la matière organique susceptible de former de l'humus, ait une importance très grande, c'est surtout à leur action comme fumure azotée qu'on attribue l'effet des plantes enfouies en vert. J'ai cherché à me rendre compte du rôle des engrais verts à ce point de vue, et je les ai comparés à d'autres engrais azotés.

On sait que c'est sous la forme de nitrates que les plantes prennent généralement l'azote dans le sol, et que les engrais organiques ont besoin de nitrifier pour produire leur effet sur les récoltes. La rapidité de la nitrification des engrais azotés peut donc donner la mesure de leur aptitude à servir d'aliment aux plantes.

Me basant sur ces considérations, j'ai étudié la formation des nitrates dans des sols ayant reçu soit des engrais verts, soit d'autres fumures azotées, en quantités telles que la proportion d'azote fût la même pour chaque lot de terre, soit 1 gramme par kilogramme. J'ai opéré comparativement avec le sulfate d'ammoniaque, dont M. Schloesing a montré la rapide nitrification et avec le sang desséché qui est un des engrais organiques les plus actifs.

Dans une terre légère, contenant 2 pour 100 de calcaire, on a trouvé au bout de trois mois :

	Acide azotique par kilog. de terre.
Terre avec engrais vert (lupin)...	183 m. gr.
» sang desséché........	161 »
» sulfate d'ammoniaque.	268 »

Dans ce sol, l'engrais vert a donc nitrifié plus rapidement que le sang desséché.

Dans une autre terre très forte, peu calcaire, on a obtenu dans le même temps :

	Acide azotique par kilog. de terre.
Terre avec engrais vert (lupin)....	88 m. gr.
» sang desséché.........	3 6
» sulfate d'ammoniaque..	5 1

Ici l'engrais vert a nitrifié bien plus abondamment que le sang desséché et même que le sulfate d'ammoniaque.

Les terres argileuses peu perméables à l'air constituent un milieu qui n'est pas propice à la nitrification ; aussi le sulfate d'ammoniaque lui-même a-t-il résisté. Mais l'engrais vert, par son volume, par l'apport de matière organique, modifie de pareils sols et détruit leur compacité. L'air peut alors circuler et les organismes nitrifiants remplissent leurs fonctions.

Dans le cas des terres fortes, la fumure verte a donc une supériorité marquée sur les autres engrais azotés.

Dans des expériences culturales faites à la ferme de Vincennes, en terre légère, on a employé divers engrais azotés, en quantité telle qu'il y eût pour chaque lot les 100 kilog. d'azote par hectare, les autres matières fertilisantes existant d'ailleurs en abondance. On a semé une plante très épuisante, le maïs géant cultivé comme fourrage.

Dix-huit jours après avoir répandu l'engrais, on a examiné la terre et on y a trouvé :

	Acide nitrique par kilog. de terre.
Parcelle avec engrais vert (luzerne).	86 m. gr. 0
» sang desséché........	72 » 2
» sulfate d'ammonique.	121 » 4
» sans engrais azoté....	14 » 5

Ici encore, l'engrais vert a nitrifié plus rapidement que le sang desséché.

Les coupes de maïs, faites fin septembre, ont donné les récoltes suivantes, rapportées à un hectare :

Parcelle avec engrais vert (luzerne).	78,000 kil.
» avec sang desséché........	71,500
» avec sulfate d'ammoniaque	66,000
» avec nitrate de soude.....	78,500
» sans engrais.............	39,500

De l'ensemble de ces résultats, on peut conclure que l'efficacité des engrais verts, comme fumure azotée, tient surtout à la facilité avec laquelle les matières végétales fraîches laissent nitrifier l'azote des matières protéiques qu'elles renferment et à l'influence favorable qu'elles exercent sur les propriétés physiques des terres.

A. MUNTZ.

(1) Note présentée à l'Académie des Sciences de Paris.

La fumure de la vigne en Champagne.

Les engrais chimiques rendent les plus grands services à la viticulture. Ils remédient au manque de fumier. Ils sont très riches en éléments fertilisants sous un petit volume, ce qui rend leur transport très facile. Ce n'est pas tout. Les engrais chimiques agissent rapidement sur la végétation, à raison de la prompte solubilité de leurs principes actifs. Enfin, ils permettent au vigneron d'employer séparément l'azote, l'acide phosphorique ou la potasse, selon que l'un ou l'autre de ces éléments fait défaut.

Le mode de fumure presque universellement pratiqué en Champagne est la fumure par les composts. En moyenne, on applique 50 000 kilogrammes de composts par hectare. Les matières fertilisantes de ces 50.000 kilogrammes de composts se réduisent à 39 kilogr. d'azote, 20 kilogr. d'acide phosphorique et 50 kilogr. de potasse. On peut fournir ces matières de la façon suivante :

Sang desséché à 12 p. 100.......	350 kil.
Superph. minéral, de 12 à 14 p.100	150 —
Chlorure de potassium à 50 p. 100	100 —

Une formule plus intensive est la suivante :

Sang desséché..................	400 kil.
Superphosphate minéral........	250 —
Chlorure de potassium..........	200 —

Le mode de fumure par les engrais chimiques rendra d'immenses services dans les vignobles. Le prix de revient de cette fumure n'est pas comparable à celui des fumures par le fumier seul ou les composts. Toutefois, nous ne conseillons pas l'emploi exclusif des engrais chimiques. Il ne faut pas que la terre s'appauvrisse en humus. C'est pourquoi on fera bien de recourir de temps en temps au fumier de ferme; ou le complétera par des engrais chimiques.

Comment employer ces engrais ? C'est chose fort simple. Vers l'automne, on les épandra à la volée ; les pluies d'hiver aideront à la dissémination. Au printemps, on peut encore opérer. Dans les vignobles où l'on pratique le provignage, on procédera comme il va être dit. Introduisez 100 à 150 grammes de l'engrais approprié dans chaque augette à provin : l'engrais sera mélangé avec une couche de terre de 50 centimètres environ au fond ; on recouvrira de 5 centimètres de terre non engraissée sur laquelle le sarment sera étendu ; puis on achèvera de remplir avec une épaisseur de 20 centimètres de terre. M. DOUTTÉ.

Le rendement de la Pomme de terre

M. Léon Martin, ancien député de l'Oise, a fait à la Société nationale d'Agriculture de France une communication ayant pour objet de réfuter une assertion de M. Aimé Girard sur les rendements comparatifs de la pomme de terre en France et en Allemagne. M. Girard avait indiqué comme moyenne générale du rendement en France le poids de 7,500 kil. à l'hectare, les rendements de 15,000 et 18,000 kil., étant, disait-il, considérés comme tout à fait exceptionnels, d'après la statistique officielle. En Allemagne, au contraire, ou du moins dans quelques parties de l'Allemagne, M. Girard présentait comme normaux des rendements de 20,000 à 23,000 kil. et même de 30,000 à 32,000 kil. pour certaines variétés.

Voici comment M. Léon Martin discute cette affirmation, d'après le *Bulletin* de la Société nationale d'Agriculture :

« Le cultivateur français, — et il y a un intérêt général à ne pas le détourner de cette voie, — poursuit deux buts : vendre sa récolte à l'industrie quand elle est abondante et la pomme de terre à bon marché ; la vendre au contraire à la consommation quand la récolte est mauvaise et la pomme de terre chère, et il est obligé de choisir ses plants en conséquence. Les pommes de terre de bouche ou comestibles ne fournissent pas à l'hectare un poids aussi considérable que la pomme de terre industrielle ; il y a de ce fait une *réduction* qui peut également influencer la statistique. »

Mais il y a plus. M. Léon Martin soutient que les rendements sont à peu près les mêmes dans les bonnes parties de la France que dans les bonnes parties de l'Allemagne, et il le prouve en citant des chiffres extraits de la comptabilité de M. Dailly, agriculteur dans le département de Seine-et-Oise :

« Ces rendements se sont élevés en moyenne :

Dè 1843 à 1853 à 15,434 kilog. par hectare.
1853 à 1863 à 13,186 — —
1863 à 1873 à 24,053 — —
1873 à 1883 à 17,487 — —

« D'un autre côté, les rendements maxima ont été :

En 1845..... 31,561 kilog. par hectare.
1863..... 34,251 — —
1869..... 34,000 — —
1871..... 32,160 — —
1875..... 31,217 — —

M. Martin conclue, à l'avantage des cultivateurs de l'Oise, que ceux-ci cultivent dans de grandes proportions la pomme de terre comestible et qu'ils en exportent en Angleterre et en Belgique plus de 100 millions de kilos par an ; enfin, ils connaissent et cultivent depuis cinq ans la pomme de terre Imperator, et l'un d'eux, dans l'Oise, a obtenu cette année, sur plus de 20 hectares, 30,000 kilos de ce tubercule avec 22 p. 100 de *fécule*; c'est un rendement extraordinaire qui se rapproche beaucoup des rendements extraordinaires de l'Allemagne.

Nouvelles agricoles.

Le parfum des vins. — A la dernière séance de l'Académie des sciences, M. Romier, dont tous les viticulteurs connaissent les beaux travaux sur les levures ellipsoïdales, a présenté un mémoire intéressant sur le bouquet des vins et des eaux-de-vie. Selon lui, ce parfum particulier, cet arôme délicat et recherché, ce bouquet qui caractérise nos grands vins de la Bourgogne et du Bordelais est simplement dû à la nature, à l'espèce de la levure ellipsoïdale qui a présidé à la fermentation du vin. On pourrait donc, en tout pays et dans n'importe quel vignoble, obtenir à volonté le bouquet du Bourgogne, le bouquet du Bordeaux, ce ne serait qu'une question de levure et aussi certainement de conduite de la fermentation. Celle-ci, il ne faut pas l'oublier, doit être aussi lente que possible. Pour certains grands vins du Bordelais elle se prolonge au-delà de vingt jours et dure quelquefois vingt-trois et vingt-cinq jours.

Les travaux de M. Romier sont de la plus haute importance. Nos grands viticulteurs, nous le savons, les suivent avec attention. Ils en profitent pour améliorer les vins qu'ils produisent et les amener à la perfection. Mais les petits, eux aussi, devraient s'efforcer de choisir leurs levures et d'obtenir ainsi des vins de qualité supérieure. Les consommateurs ne s'en plaindront pas, et les producteurs y trouveront leur profit.

L'apiculture en France. — La statistique officielle de la production apicole en France nous donne les chiffres suivants pour l'année 1889.

Nombre de ruches, 1,654 mille qui ont produit : miel, 6,625,391 kilos, d'une valeur de 9,252,995 francs (prix moyen du kilo 1 fr. 39).

Cire, 2,037,856 kil., valeur, 4,649,689 francs, prix moyen du kilo 2 fr. 28. Soit une valeur de 14 millions de francs.

Nos importations ont été de 878 mille kilos de cire et de 429,000 kilos de miel. Nos exportations : miel, 847,000 kil.; cire, 337,500 kil. — Nous sommes tributaires de l'étranger pour les cires et nous lui envoyons plus de miel que nous en recevons; nos exportations portent sur les miels fins du Gâtinais et de Narbonne.

Production du sucre. — D'après le tableau officiel arrêté au 30 avril, la production de la campagne sucrière s'élèverait à cette date, y compris les excédents de fabrication, à 680,417 tonnes de sucre raffiné, ou 789,283 tonnes de sucre brut, contre 399,466 tonnes de sucre raffiné, et 463,380 tonnes de sucre brut pour la période correspondante de 1888-89.

La margarine. — La 2e commission du groupe agricole, dans sa deuxième séance, a adopté un projet relatif à la margarine, qui repose sur les principes suivants :

1° Distinction absolue entre le vendeur de beurre et le vendeur de margarine ;

2° Coloration de la margarine par un produit indélébile et inoffensif ;

3° Interdiction aux fabricants de margarine de fabriquer d'autres graisses ;

4° Les fabriques de margarine devront être soumises à l'exercice.

Cette sous-commission, qui se compose de MM. Cluseret, de Villebois-Mareuil, Cafarelli, Bourelier, Cornulier, a de plus décidé de se rendre à l'Institut agronomique pour s'enquérir d'un colorant pour la margarine réunissant les conditions prévues par le projet.

Congrès de la meunerie. — La quatrième session du Congrès annuel de la meunerie se tiendra au Pavillon de la Ville de Paris (Champs-Elysées), les 16, 17 et 18 septembre prochain. Comme pour les réunions précédentes, il y aura pendant sa durée une exposition de céréales et de matériel de meunerie, boulangerie et agriculture avec conférences et réunions industrielles et agricoles.

Le programme détaillé est envoyé sur demande adressée à M. le secrétaire général de l'Association nationale de la meunerie française, place du Louvre, 6, à Paris.

Une assurance contre la mortalité du bétail. — Les agriculteurs du canton de la Mothe-Achard (Vendée) ont fondé il y a dix ans une Société de secours mutuels contre la mortalité du bétail, qui vient de prouver sa vitalité dans sa dernière réunion, le 4 mai.

Cette Société, nommée la *Fraternelle*, a éprouvé dans le dernier semestre pour 1,379 francs de pertes qui, divisées par son capital assuré montant à 281,150 francs, ont été réparées par une cotisation de 4 fr. 90 par 1,000 fr. prélevée sur chaque sociétaire. Tous ont payé leur cotisation.

C'est ainsi que, tous les six mois, les sinistres sont réparés. La Société a débuté par 29 sociétaires, elle en compte aujourd'hui près de 200.

Le Syndicat de la Vendée, sous le patronage duquel elle s'est placée, essayera sans doute de la transformer en une Société départementale.

M. Lansier, secrétaire de la Société, donne tous les renseignements désirables aux Syndicats qui ont le bon esprit de chercher à doter leur contrée d'une association semblable.

Concours pour la publication d'un almanach agricole. — M. Stanislas de La Rochefoucauld, duc de Doudeauville, a légué à la Société des Agriculteurs de France une somme de 100,000 francs dont les revenus doivent être employés, tous les ans, à publier un almanach agricole à bas prix.

Conformément aux intentions du généreux donateur, la Société a ouvert un concours à la suite duquel elle a reçu de nombreux manuscrits.

Le 1er prix (3,000 francs) a été décerné à MM. J. Le Conte et de Senneville, conseillers référendaires à la Cour des Comptes.

Le 2e prix (1,500 francs) a été donné à M. Alfred Grimbert, instituteur primaire à Divion (Pas-de-Calais).

Le 3e prix (500 francs) a été enfin attribué à M. Eloire, vétérinaire (Nord).

Nos félicitations sincères aux lauréats.

CONSEILS DU JARDINIER

LES GLAÏEULS.

Choix de belles variétés et quelques mots de culture.

Le genre glaïeul est sans contredit l'un des plus beaux parmi les plantes ornementales, de culture facile, ne nécessitant ni serre, ni châssis, en un mot, culture à la portée de tous.

Bien que composé d'un certain nombre d'espèces, ceux dont nous allons nous occuper, et à peu près les seuls cultivés, paraissent issus du Gladiolus psittacinus, et obtenus par un horticulteur de Gand. De là, le nom de G. gandavensis donné à cette race ainsi qu'à ses nombreux hybrides, dont la plus grande partie a été obtenue par des horticulteurs français, entre autres par M. Souchet, puis MM. Souillard et Brunelet, de Fontainebleau. C'est du reste dans le lot de ces derniers que nous avons remarqué les variétés que nous indiquons à la fin de cette note. Les variétés aujourd'hui connues s'élèvent à des centaines, sinon des milliers; les plus jolis coloris s'y rencontrent, en allant du blanc pur au cramoisi le plus foncé et passant par tous les intermédiaires, rose, carmin, vermillon, rouge pourpre et écarlate, saumoné, violet, lilas et enfin le jaune; les uns à coloris unis, et d'autres striés, bariolés, flammés, etc. Comme hauteur, des plantes élevées et d'autres relativement naines, variant de 0m 80 à 1m 50 et plus.

Comme culture, les glaïeuls aiment une terre substantielle, mais non récemment fumée (comme toutes les plantes bulbeuses en général), et viennent bien dans tous les sols, mais de préférence dans ceux qui sont perméables, légers et frais. Nous recommandons de bons arrosages pendant les fortes chaleurs, surtout si l'on a affaire à un sol léger et sec.

La plantation a lieu depuis mars jusqu'en mai, afin d'avoir une succession de fleurs, car le seul inconvénient de ce magnifique genre est d'avoir une floraison un peu éphémère. Mais combien de plantes moins jolies, dont la floraison est plus abrégée encore et qui cependant sont cultivées à grands frais, exemple, beaucoup d'orchidées, la famille des cactées.

A ce sujet nous conseillerons, si l'on ne fait qu'une plantation, de ne la faire que dans les premiers jours de mai ; en voici la raison : la durée de la floraison étant en rapport avec la chaleur ou l'état de l'atmosphère à l'époque où ils s'épanouissent, elle est d'autant plus abrégée qu'il fait plus chaud; donc, en plantant un peu tard, la floraison n'a lieu qu'en septembre, époque où la température plus douce permet de jouir d'une plus longue floraison.

Lors de la plantation, l'on enterre les bulbes de 8 à 10 centimètres en mettant deux à trois bulbes par touffe, en les écartant de 12 à 15 centimètres. Mettre les touffes de 35 à 50 centimètres d'écartement. L'on en forme de très jolis massifs, mais ces plantes occupant le sol toute la belle saison, mieux vaut les isoler par touffes sur les plates-bandes, ou bien les disposer autour des rosiers à tiges, etc.

Etant très propres à la confection des bouquets, l'on peut, si l'on possède suffisamment de bulbes, en faire une planche dans le potager, où l'on pourra couper les fleurs. Se prêtant très bien à la culture en pots, on pourrait les planter dans de grands pots que l'on enterre dans un coin du potager.

Quelque temps avant la floraison, enlever les pots et en former des corbeilles et, sitôt après la floraison, les reporter dans la première place, où les feuilles continueront de végéter et enfin jauniront, car elles ne doivent être coupées qu'au moment de l'arrachage, vers la fin ou le courant d'octobre, afin de conserver les bulbes dans un endroit sec et à l'abri de la gelée. Par le moyen de cette culture en pots, les massifs ne se trouvent pas occupés tout l'été. Afin de ne pas épuiser les bulbes inutilement, il sera prudent de supprimer les tiges florales après la floraison, excepté dans le cas où l'on désirerait récolter les graines qui, semées, ne fleurissent guère que de la troisième à la cinquième année.

Pour terminer, ajoutons que les glaïeuls se prêtent très bien à la culture forcée et en appartements.

Voici maintenant les variétés que nous avons notées comme étant à la fois les plus belles et de coloris les plus tranchés, parmi les nombreuses variétés exhibées dans divers concours à l'Exposition universelle de Paris.

Voici d'abord un premier choix en mélange de couleur :

1° *Horace-Vernet*, rouge feu;
2° *Célimène*, rose vif;
3° *Virginalis*, fond blanc lavé rose pourpre;
4° *Vénus*, rose éblouissant extra beau;
5° *Scribe*, fond blanc rosé et marbré de groseille intense;
6° *Octavie*, pourpre des plus éclatants extra-superbe;
7° *Reine-Blanche*, gorge purpurine et le reste d'un blanc très pur, de toute beauté;
8° *Psyché*, rose tendre d'une beauté hors ligne.

Voici maintenant un plus grand choix classé par catégorie de couleurs :

1° A fond blanc, *Norma, Belladona, La Fiancée, Reine-Blanche, Madame Desportes;*
2° Blanc rosé, *Léda, Carnation, Chloris, Zampa, Albion;*
3° A fond rose, *Ambroise, Verschaffelt, Orphée, Murillo, Eugène Scribe, de Mirbel, Octavie, Merveille;*
4° A fond clair saumoné, *Madame Brongniart, Princesse Clotilde, Titania, Séduction;*
5° A fond violet, *l'Unique Violet, Léandre, La Perle.*
6° A fond lilacé, *Psyché, Primatice, Panorama, Grand Lilas;*
7° A fond jaune, *Pactole* et *Ophir;*
8° A fond rouge, *Jupiter, Horace Vernet, Michel-Ange, Rossini, Robert Fortuni;*
9° A fond vermillon, *Phébus, Fulton, Le Vésuve, Montaigne, Lulli.*

Nous ne prétendons pas avoir indiqué ici tout ce qu'il y a de beau, mais bien avoir fait un choix à la fois de belles variétés et surtout aussi tranchées que possible. HORTUS.

CONSEILS DU MÉDECIN

CONVULSIONS DES ENFANTS.

Les convulsions sont généralement un danger pour l'existence des enfants. Je conseillerais dans cette circonstance et aussitôt que faire se peut, d'appeler le médecin. Mais elles arrivent généralement à l'improviste et le médecin est souvent éloigné. L'usage a consacré un remède, le tilleul, en infusion et en bain.

Voici aussi un remède qui produit de vraies merveilles depuis plus de cent ans, dans le centre de la France. Je le livre aujourd'hui dans l'intérêt des enfants et des familles : Brou de noix vrai, trois cuillerées à bouche; thé fort et bien sucré, une cuillerée à bouche; eau de fleur d'oranger, une cuillerée à bouche; bien mêler les trois ingrédients. Une cuillerée à café toutes les vingt minutes pour les enfants au-dessous d'un an et deux pour les enfants d'un an à deux. Au-dessus, même progression jusqu'à la cuillerée à bouche. Ce remède a fait ses preuves et, de fait, il remplit bien les conditions demandées dans le plus grand nombre de convulsions. Je le considère comme le meilleur remède connu contre cette affection. Dans toute famille où il y a des enfants, on devrait toujours avoir prêts ou sous la main les trois éléments qui composent cette préparation, afin de pouvoir s'en servir au besoin.

Quelques personnes mettent une pincée de sel sur la langue; ce moyen assez répandu est sans efficacité. UN VIEUX MÉDECIN.

JURISPRUDENCE RURALE.

ARBRES — PLANTATION — DISTANCES A OBSERVER

« Peut-on obliger à arracher des arbres qui, plantés à deux mètres de la propriété voisine, ne se trouvent plus qu'à une distance moindre, par suite de leur croissance? »

La question se trouve résolue par la loi du 20 août 1881 modifiant certains articles du code civil et notamment l'article 671. « Y a-t-il lieu à difficulté, a dit le rapporteur, lorsque l'arbre planté originairement à la distance légale aura, par l'effet de la croissance, empiété sur cette limite? Nous ne le pensons pas, parce que la mesure de la distance devra naturellement avoir pour point de départ le centre du tronc ou de la tige : il faut se reporter à l'époque de la plantation pour vérifier si la distance prescrite a été respectée, et il nous paraît, en outre, évident que le propriétaire qui a le droit d'avoir a, par cela même, le droit de conserver. Comment comprendrait-on que si la plantation se trouve, à l'origine, irréprochable, elle devienne, par la croissance de l'arbre, un fait illégal? On a donc le droit de conserver les arbres où ils se trouvent plantés et l'on n'a pas besoin d'invoquer la prescription. »

« A quelle distance un bois taillis doit il être d'un champ cultivé? Le bois doit-il être rasé sur la limite des bornes ou à 50 centimètres de ces bornes? Ce travail doit-il être fait tous les deux ou trois ans? Est-ce par le propriétaire du bois ou par celui du champ en culture? »

Les règles établies pour la distance à laquelle les plantations doivent se trouver des propriétés voisines s'appliquent à celles plantées en bois comme à toutes les autres. L'article 671 nouveau du code civil ne défend pas seulement de planter des arbres ou arbrisseaux à une distance légale; il défend également de les conserver; le propriétaire du bois est donc obligé de maintenir à ses frais la distance légale; c'est à lui à faire, chaque fois que cela est nécessaire, les travaux de nature à maintenir cette distance.

L'article 671 est ainsi conçu: « Il n'est permis d'avoir des arbres arbrisseaux et arbustes, près de la limite de la propriété voisine, qu'à la distance prescrite par les règlements particuliers actuellement existants ou par des usages constants et reconnus, et, à défaut de règlement et d'usage, qu'à la distance de 2 mètres de la ligne séparative des héritages pour les plantations dont la hauteur dépasse 2 mètres, et à la distance d'un demi-mètre pour les autres plantations.

« A quelle distance doit-on planter les arbres à haute tige le long des routes et des lignes de chemins de fer? »

Les plantations le long des chemins de grande communication doivent être placées à 6 mètres au moins des bords de la route (loi du 9 ventôse an XIII), mais le préfet peut, par un arrêté, resteindre cette distance à 2 mètres.

Les règles sont identiquement les mêmes pour les plantations à faire le long d'un chemin de fer (art. 3 de la loi du 15 juillet 1845).

« 1° Les arbres plantés par un propriétaire, il y a plus de trente ans, sur un chemin communal appartiennent-ils à la commune ou à ce propriétaire?

2° Les arbres qui ont plus de trente ans et qui ont poussé sur un chemin communal, sans y avoir été plantés, appartiennent-ils à la commune ou au riverain? »

1° La propriété des arbres appartient à celui qui les a plantés (C. Amiens, 26 juillet 1872. — C., 9 ventôse an XIII).

2° La propriété des arbres qui ont poussé sur un chemin communal peut être prescrite (Cass., 21 novembre 1877). Si donc depuis trente ans les riverains ont taillé ces arbres, ils leur appartiennent; sinon, c'est la commune qui en est propriétaire. UN VIEUX JUGE DE PAIX.

PETITE POSTE.

M. L.-R. de L..., à V. (Puy-de-Dôme). — *Métayage.* — *Manuel du propriétaire de métairies,* par Rieffel. — Librairie Fourrault, rue Saint-André-des-Arts, Paris.

Le *colonage partiaire*, par Lucien Rerolle (chez l'auteur, 22, quai de la Charité, Lyon).

M. J. B..., à C... (Haute-Saône). — *Machine à battre les faux.* — La Société française des Machines à battre les faux, 12, rue d'Orléans-Saint-Honoré, Paris. — Prix, 20 fr.

M. X..., n° 27 (Oise). — *Loterie de Bessèges.* Vos numéros ne sont pas sortis.

M. R..., à St-H... (Seine-Inférieure). — *Jus de carottes pour la coloration du beurre.* — Le jus de carottes conservé ne vaut rien. Il vaut beaucoup mieux extraire le jus de la carotte au moment même de s'en servir. On peut toujours avoir des carottes.

M. G..., à B..., par C... — *Droits de succession.* — La succession revenant à une sœur et à un neveu, chacun d'eux aura à payer le droit afférent à son degré de parenté; l'enregistrement ne saurait, sans abus, réclamer pour l'immeuble de la succession le droit imposable au parent le plus éloigné.

M. L. V..., à L... (Aisne). — *Fermier.* — *Chasse.* — *Fumiers.* — Le propriétaire qui s'est réservé le droit de chasse peut louer ce droit à une ou plusieurs personnes. Le droit de chasse entraîne forcément le droit de passer sur les terres, sauf au fermier à faire constater, ce qui est toujours très difficile et matière à difficulté, le dommage causé par les pas des chasseurs et à en demander réparation en argent.

Le fermier qui a le droit de chasse peut en user par tous les moyens permis, notamment par des battues, à la condition qu'elles n'aient pas un caractère de destruction; il doit jouir de la chasse, comme de tout le reste, en bon père de famille.

Le curage des fosses d'aisances est, à moins de stipulation contraire, une charge de la propriété.

Pour calculer les trois dernières années du bail pendant lesquelles le fermier ne peut vendre aucune partie des fumiers, il faut prendre la date même du bail et non la première récolte; ainsi pour un bail de vingt et une années commençant le 11 novembre 1872, les trois dernières années auxquelles la défense de vendre est applicable partiront du 11 novembre 1890.

M. D. T... — *Fermier.* — *Expulsion.* — Il n'existe que deux moyens de faire sortir un locataire qui ne paie pas et s'obstine à rester: c'est ou la persuasion ou la force. Si votre locataire se refuse à écouter la raison, il faut faire procéder à son expulsion par les voies judiciaires, après commandement de payer les termes échus. Le ministère d'un huissier vous sera nécessaire.

M. R..., à C... (Oise). — *Arbres.* — Vous recevrez incessamment la solution des diverses questions que vous nous posez.

M. Ch..., à St-S... (Haute-Vienne).

1° *Gale du mouton.* — Si les boutons de gale sont peu nombreux, il faut verser sur chacun, après les avoir grattés, quelques gouttes de décoction de feuilles de tabac dans de l'urine. Frictionner le corps avec de l'huile de cade, à trois ou quatre reprises; chaque fois ne traiter qu'une partie du corps.

2° *Age des animaux.* — *Comptabilité agricole.* — Ces sujets sont traités dans l'ouvrage de M. Louis Gossin : *Principes d'agriculture*, chez Delagrave, éditeur, 58, rue des Écoles, Paris.

M. J. Ch... (Loiret). — *Mur mitoyen.* — Votre question est soumise au jurisconsulte chargé de la rédaction juridique du journal.

M. R. M... (Pas-de-Calais). — La provende phosphate-Savary ne peut vous donner de mécomptes. Au concours régional d'Amiens, plusieurs des animaux primés avaient reçu de cette excellente nourriture.

BULLETIN FINANCIER.

Le marché est un peu lourd. Le 3 °/₀ finit à 91 80, le 4 1/2 °/₀ à 106 45.

Le Crédit Foncier regagne 5 fr. 50 à 1,242 50. C'est demain que le rapport des emquêteurs se termine. On le connaîtra probablement samedi; on en escompte la teneur. On cote: la Banque de Paris 833; la Banque d'Escompte 522 50. Le Crédit Lyonnais 745. La Société Générale 480. Les Dépôts et Comptes courants 600. La Banque National du Brésil oscille de 603 à 600. La Société Franco-Américaine (Société de Parfumerie Delettrez) émet, le 25 courant, 7,200 actions de 500 fr. Elle veut par ce moyen créer à New-York une usine modèle. L'Amérique recherche en parfumerie la marque française. Fabriquant et vendant sur place, elle économisera ainsi les droits de 50 °/₀ qui frappent aux Etats-Unis les objets manufacturés à leur entrée. Des calculs probants *font ressortir, dès le début, un chiffre* d'affaires de 3 millions.

Le 26 courant on émet 11.000 actions nouvelles de la Société française des Télégraphes sous-marins, au pair de 500 fr. Intérêt 5 0/0 garanti par la Société générale des Téléphones. Le réseau complet en exploitation fait estimer les recettes annuelles à 2.305.000 fr., et le bénéfice net à 1.420.000 fr.

C'est le 30 et non le 28 qu'aura lieu l'émission des 50.000 obligations des Chemins de fer Andalous.

L'assemblée générale des actionnaires du Crédit Mobilier a approuvé les comptes de l'exercice et voté toutes les résolutions présentées par le conseil. — Informations financières. — Le marché des valeurs minières est particulièrement bien tenu: la Perla est très demandée à 105; l'action Champ-d'Or à 25.50; la Transwalier et le Cappe-Copper à 132.50, sont l'objet de nombreuses négociations.

HALLES ET MARCHÉS.

CÉRÉALES. — *Marchés français.*

Prix par 100 kilogr.

REGIONS	BLÉ Prix moyen	BLÉ Hausse	BLÉ Baisse	PRIX MOYEN Seigle	PRIX MOYEN Orge	PRIX MOYEN Avoine
Nord-Ouest	24 45	» 23	»	16 43	17 33	20 40
Nord	23 85	» 17	»	15 57	19 26	21 03
Nord-Est	24 77	» 20	»	15 67	19 83	20 42
Ouest	24 84	» 19	»	17 06	18 »	20 39
Centre	24 77	» 90	»	17 16	19 16	21 02
Est	24 78	» 18	»	16 95	19 12	20 01
Sud-Ouest	25 27	» 02	»	19 10	18 »	22 12
Sud	25 15	» 08	»	18 03	17 65	21 57
Sud-Est	24 47	» 22	»	17 87	17 30	20 75
Prix moyens	24 70	»	»	17 09	18 40	20 85
Sur la huitaine préc. Hausse	» 15	»	»	» 14	»	» 21
Sur la huitaine préc. Baisse	»	»	»	»	» 06	»

1re région. NORD-OUEST.	BLÉ 1re qualité	BLÉ Prix moyen	Seigle Prix.	Orge Prix.	Avoine Prix.
Calvados. — Caen	26 »	25 25	16 »	18 »	22 »
C.-d.-N. — Lannion	24 25	23 50	»	»	18 50
Finistère. — Morlaix	24 25	23 50	»	16 50	19 50
I.-et-V. — Rennes	25 75	25 »	»	17 50	20 »
Manch. — Cherbourg	25 25	24 50	»	16 50	22 »
Mayenne. — Laval	25 75	25 »	»	»	21 »
Morb. — Hennebont	23 25	22 50	16 25	»	19 50
Orne. — Sées	24 75	24 »	16 »	17 »	21 »
Sarthe. — Le Mans	26 »	25 25	17 50	»	21 »
— Beaumont	25 75	26 »	»	18 50	19 50
Prix moyens	25 20	24 45	16 43	17 33	20 40
Sur la semaine précédente. Hausse	» 23	» 23	» 18	0 08	» 45
Sur la semaine précédente. Baisse	»	»	»	»	»

2e région. — NORD.	BLÉ 1re qualité	BLÉ Prix moyen	Seigle	Orge	Avoine
Aisne. — Laon	25 »	24 25	15 50	19 50	20 25
— Chauny	24 50	23 75	14 50	»	20 75
Eure. — Bernay	24 75	24 »	14 50	19 50	22 50
E.-et-L. — Chartres	25 50	24 75	14 50	19 »	21 »
— Janville	25 25	24 50	»	»	20 »
Nord. — Lille	23 75	23 »	16 25	19 75	21 75
— Douai	25 »	24 25	16 25	20 25	22 75
Oise. — Compiègne	24 75	24 »	15 »	17 »	19 75
— Beauvais	23 75	23 »	16 75	20 50	21 75
Pas-de-Cal. — Arras	23 50	22 75	15 35	19 50	19 50
— Bapaume	23 25	22 50	16 »	18 »	17 50
Seine. — Paris	25 »	24 25	16 25	20 50	21 50
Seine-et-M. — Meaux	25 »	24 25	15 75	18 »	20 50
— Montereau	25 50	24 75	15 50	»	21 »
S.-et-O. — Houdan	25 »	24 25	15 50	19 »	21 25
— Versailles	25 75	25 »	15 50	21 75	24 »
Seine-Inf. — Rouen	24 75	24 »	15 75	»	22 75
Somme. — Amiens	24 75	24 »	15 50	19 20	22 50
— Nesle	22 75	22 »	16 »	17 50	18 75
Prix moyens	24 60	23 85	15 57	19 26	21 03
Sur la semaine précédente. Hausse	0 17	0 17	0 01	0 17	0 22
Sur la semaine précédente. Baisse	»	»	»	»	»

3e région. — NORD-EST.	BLÉ 1re qualité	BLÉ Prix moyen	Seigle	Orge	Avoine
Ardennes. Charleville	25 50	24 75	16 50	21 »	20 75
— Vouziers	25 25	24 50	15 »	19 50	20 25
Aube. — Bar-s-Aube	25 50	24 75	»	»	20 75
— Bar-s-Seine	25 75	25 »	15 50	20 25	21 50
Marne. — Châlons-s-M	25 75	25 »	15 75	»	21 75
— Reims	24 75	24 »	15 40	20 »	20 »
Hte-Marne. — Langres	25 25	24 50	15 50	»	18 50
Meurthe. — Nancy	25 50	24 75	»	19 25	20 25
Meuse. — Bar-le-Duc	25 50	24 75	15 »	19 »	20 50
Vosges. — Epinal	26 50	25 75	16 75	»	20 »
Prix moyens	25 52	24 77	15 67	19 83	20 42
Sur la semaine précédente. Hausse	» 20	» 20	»	»	»
Sur la semaine précédente. Baisse	»	»	» 20	» 23	» 30

4e région. — OUEST.	BLÉ 1re qualité	BLÉ Prix moyen	Seigle	Orge	Avoine
Charente. Angoulême	26 »	25 25	18 25	»	19 75
Char.-Infér. Marans	24 75	24 »	»	»	20 »
Deux-Sèvres. Niort	25 50	24 75	»	»	20 50
Indre-et-Loire. Bléré	25 »	24 25	17 25	18 75	19 »
— Châteaurenault	26 75	26 »	16 »	18 50	20 »
Loire-Infér. Nantes	25 50	24 75	»	»	20 25
Maine-et-L. Saumur	26 »	25 25	»	»	21 »
— Angers	26 »	25 25	16 50	»	20 »
Vendée. — Luçon	26 »	25 25	»	16 50	19 25
Vienne. — Poitiers	26 »	25 25	»	18 25	20 50
Hte-Vienne. Limoges	24 »	23 25	16 75	»	23 »
Prix moyens	25 5[illegible]	24 85	16 95	18 »	20 29
Sur la semaine précédente. Hausse	0 19	0 19	»	»	0 32
Sur la semaine précédente. Baisse	»	»	0 17	»	»

5e région. — CENTRE.	BLÉ 1re qualité	BLÉ Prix moyen	Seigle	Orge	Avoine
Allier. — Moulins	25 75	24 50	15 75	19 25	19 25
Cher. — Bourges	25 »	24 25	17 »	»	20 75
— Vierzon	25 75	25 »	19 »	20 »	19 50
Creuse. — Aubusson	25 50	24 75	17 »	»	22 50
Indre. — Issoudun	25 25	24 50	17 50	19 »	20 »
— Châteauroux	26 »	25 25	»	»	21 »
Loiret. — Orléans	25 »	24 25	16 50	18 50	21 25
Loir-et-Cher. Blois	26 50	25 75	17 75	19 25	20 50
Nièvre. — Nevers	25 50	24 75	»	»	22 »
Puy-de-Dôme. R'om.	25 »	24 25	18 »	19 »	22 25
Yonne. St-Florentin	25 75	25 »	»	»	21 75
— Sens	25 75	25 »	15 95	»	21 50
Prix moyens	25 52	24 77	17 16	19 16	21 02
Sur la semaine précédente. Hausse	0 09	0 09	0 34	0 51	0 32
Sur la semaine précédente. Baisse	»	»	»	»	»

6e région. — EST.	BLÉ 1re qualité	BLÉ Prix moyen	Seigle	Orge	Avoine
Ain. — Bourg	26 25	25 50	18 00	»	19 00
Côte-d'Or. — Dijon	25 50	24 75	15 50	21 50	20 50
— Semur	25 00	24 25	»	»	19 00
Doubs. — Besançon	25 00	24 25	»	»	19 75
Isère. — Voiron	25 50	24 75	16 50	16 50	19 25
— Bourgoin	26 00	25 25	17 00	17 00	19 75
Jura. — Lons-le-S.	26 50	25 75	17 25	20 00	21 75
Loire. — Montbrison	25 75	25 00	17 50	»	20 50
Rhône. — Lyon	25 75	25 00	17 50	22 75	21 50
Saône-et L. Chalon	25 75	25 00	17 25	20 00	20 00
Haute-Saône. — Gray	25 25	24 50	15 50	»	19 25
— Vesoul	25 25	24 50	16 50	17 50	19 00
Savoie. — Chambéry	26 20	25 75	18 00	»	21 25
Hte-Savoie. La Roche	23 50	22 75	»	»	19 25
Prix moyens	25 53	24 78	16 95	19 12	20 01
Sur la semaine précédente. Hausse	0 16	0 18	0 23	»	»
Sur la semaine précédente. Baisse	»	»	»	0 05	0 11

7e région. — SUD-OUEST.	BLÉ 1re qualité	BLÉ Prix moyen	Seigle	Orge	Avoine
Ariège. — Pamiers	27 »	26 25	21 »	»	23 25
Dordogne. — Piégut	26 »	25 25	19 »	»	»
Hte-Garonne. Toulouse	27 50	26 75	18 »	18 25	22 25
Gers — Mirande	27 »	26 25	»	»	22 25
Gironde. — Bordeaux	25 50	24 75	»	»	21 50
Landes — Dax	25 »	24 25	17 50	»	»
Lot-et-Garonne. Agen	27 25	26 50	20 »	17 75	21 50
B.Pyrénées. Bayonne	24 50	23 75	»	»	22 »
H.Pyrénées. Tarbes	24 50	23 75	»	»	»
Prix moyens	25 02	25 27	19 10	18 »	22 12
Sur la semaine précédente. Hausse	0 02	0 02	0 25	0 25	0 21
Sur la semaine précédente. Baisse	»	»	»	»	»

8e région. — SUD.	BLÉ 1re qualité	BLÉ Prix moyen	Seigle	Orge	Avoine
Aude. Carcassonne	26 75	26 »	»	»	22 25
Aveyron. — Rodez	26 »	25 25	20 25	»	21 50
Cantal. — Mauriac	25 50	24 75	20 50	»	»
Corrèze. — Tulle	25 »	24 25	18 »	15 »	21 25
Hérault. — Béziers	27 50	26 75	»	18 50	21 75
Lot. — Figeac	24 »	23 25	14 75	»	19 50
Lozère. — Mende	24 50	23 75	20 50	19 »	20 75
Pyrén. Or. Perpignan	24 75	24 »	17 75	18 25	23 50
Tarn. — Gaillac	27 75	27 »	16 »	»	22 »
Tarn-et-G. Montauban	27 25	26 50	16 50	16 50	21 75
Prix moyens	25 90	25 15	18 03	17 65	21 57
Sur la semaine précédente. Hausse	0 08	0 08	0 07	»	0 09
Sur la semaine précédente. Baisse	»	»	»	0 15	»

9e région. — SUD-EST.	BLÉ 1re qualité	BLÉ Prix moyen	Seigle	Orge	Avoine
H.-Alpes. St-Bonnet	24 52	23 50	16 75	15 50	20 »
B.-Alpes. Manosque	24 50	23 75	»	»	20 »
Alpes-Marit. Nice	25 »	24 25	18 50	»	»
Ardèche. — Privas	26 25	25 50	18 25	16 »	20 »
B-du-Rhône. Arles	25 25	24 50	»	18 »	21 50
Drôme. — Valence	25 75	25 »	16 »	»	22 »
Gard — Nîmes	25 25	24 50	»	16 50	21 »
Hte-Loire. — Le Puy	26 25	25 50	18 75	20 50	20 75
Var. — Draguignan	25 »	24 25	»	»	»
Vaucluse. Orange	24 75	24 »	»	»	»
Prix moyens	25 22	24 47	17 87	17 30	20 75
Sur la semaine précédente. Hausse	0 22	0 22	0 27	»	»
Sur la semaine précédente. Baisse	»	»	»	0 38	»

ALGÉRIE.	Blé tendre	Blé dur	Seigle	Orge	Av.
Constantine	»	»	»	»	»
Alger	»	»	»	»	»
Oran	25 25	21 50	»	14 10	17 50

Farines de consommation.

La meunerie maintient ses prix; la vente reste calme en boulangerie.

MARQUE DE CORBEIL	57 fr. 159 kil.	(36 30 100 k.). 100 k.
Marques de choix	57 à 58	36 30 à 36 94
Premières marques	56 57	35 66 36 30
Bonnes marques	54 55	34 39 35 03
Marques ordinaires	53 54	33 75 34 39

Le sac de 159 k., toile à rendre, franco au domicile des acheteurs à 30 jours sans escompte, ou au comptant avec escompte de 1 1/2 0/0.

Fourrages et pailles.

Paris, La Chapelle.

	1re qté.	2e qté.	3e qté.
Foin nouveau	49 à »	47 à »	45 à »
Luzerne nouvelle	48 »	46 »	43 »
Paille de blé	37 »	34 »	30 »

Paille de seigle	34 »	32 »	29 »
Paille d'avoine	28 »	25 »	22 »

Le tout aux 104 bottes dans Paris.

COURS DE DIFFÉRENTS MARCHÉS (par 100 kil.).

	Paille.	Foin.
Beauvais	5 »	6 »
Nevers	5 »	6 50
Blois	4 25	6 50
Douai	5 25	9 »
Toulouse	5 50	6 50
Angers	4 25	5 25
Bourges	4 »	6 »
Lyon	4 75	6 50

Issues, les 100 kil.

La vente est fort difficile, malgré une concession de 50 cent. sur les prix d'il y a huit jours.

Nous cotons par 100 kil. en gare d'arrivée à Paris :

Son écaille	12 50 à	» »
— gros	11 75	12 »
— trois-cases	11 »	11 50
— fin	10 50	» »
Recoupettes	10 50	10 »
Remoulages blancs	15 »	18 »
— bâtards	13 50	14 50

MARCHANDISES DIVERSES.

Fécules.

Les cours de la fécule sont en hausse.

Les 100 kil.

Paris. — Fécule 1re, grains	28 » à	» »
dito verte	» »	» »
Oise. — Fécule 1re, grains	26 »	» »
Vosges. — Fécule 1re, grains	27 50	28 »
Loire. — Fécule 1re, grains	27 »	» »
Auvergne. — Fécule 1re, grains	27 »	» »
Fécules secondes selon qualité	» »	» »

Pommes de terre.

Les 1.000 kil.

Hollandaises	60 » à	80 »
Magnum bonum	60 »	65 »
Early roses	50 »	52 »
Saucisses	62 »	72 »
Rondes	45 »	50 »
Chardonnes	35 »	40 »

Tourteaux, les 100 kil.

	Colza	Œuillette	Lin	Cam.
Lille	16 » à 16 »	16 » à 17 50	20 » à 21 »	15 »
Arras	16 50 16 50	14 » 15 50	21 » » »	16 »
Gd Moulin Corbeil	15 50		19 75	
	Cophra	Arachide déc.	Sésame	Colza
Marseille	11 50 à 12 75	14 »	12 50 à 13 50	16 »

GRAINES DIVERSES.

Maïs, les 100 kil.

Paris	10 75 à	12 75	Agen	14 50	15 25
Alais	14 25	15 »	Grenoble	14 50	15 »
Ruffec	13 75	14 75	Reims	14 25	14 75

Sarrazin, les 100 kil.

Paris	17 25 à	18 25	St-Pierre	14 50 à	15 75
Mayenne	15 »	16 »	Nantes	14 50	15 50
Rennes	14 75	15 25	Orléans	14 75	15 50

Légumes secs, les 100 kil.

	Haricots	Pois	Vesces	Lentilles
Paris	20 à 47	21 à 26	» »	45 à 70
Rouen	42 57	50 63	26 28	77 »
Marseille	18 30	23 32	25 34	19 24 50

Graines fourragères, les 100 kil.

Luz. de Prov.	155 à	180	Minette	40 à	45
— du Poitou	100	155	Sainfoin à 2 c.	28	30
— d'Italie	130	160	Sainfoin à 1 c.	25	28
Trèfle blanc	100	130	Pois jarras	20	21
— violet	65	105	Vesces	21	23

Huiles.

COLZA BRUT. — Le rapproché est un peu mieux tenu qu'hier en clôture, mais le livrable éloigné reste lourd. On fait du juillet et août à 67 75.

On cote au début de la réunion :

Disponible	69 50 à	69 75
Livrable courant du mois	69 50	69 75
Juillet	69 »	69 25
Juillet et août	68 25	68 57
4 derniers mois	67 75	» »
4 premiers mois	66 25	66 75

LIN. — Les affaires sont nulles et les prix restent sans changement appréciable.

On cote au début de la réunion :

Disponible	56 50 à	57 »
Livrable courant du mois	56 50	57 »
Juillet	56 50	56 75
Juillet et août	56 50	56 75
4 derniers mois	55 75	56 »
4 premiers mois	55 »	55 25

Les 100 kil. net, logés, escompte 1 0/0.

Pétrole.

Les prix ne varient pas ; nous cotons par wagon complet et pour marchandise disponible :

L'huile de pétrole raffinée vaut 49 fr. 50 ; l'essence rectifiée 60 fr. 50 les 100 kil.

On cote à l'hect. pour le détail :

PETROLE RAFFINE disponible . 39 50 à » »
ESSENCE RECTIFIEE, disponible 42 25 » »

Laines.

LE HAVRE, 18 juin.

Laines à terme Buenos-Ayres en suint, calmes. Ventes, 300 balles.

Juin 154 »», juillet 154 50, août 155 50, septembre 156 50, octobre 157 »», novembre 157 »», décembre 157 »», janvier 1891, 156 »», février 156 »», mars 156 »», avril 156 »», mai »» »».

ANVERS, 17 juin.

Laines : calmes. Prix moyens des Plata ; on cote en suint : Contrat C. juin à août, 1 54.

Peignés allemands de La Plata : Contrat B, sur juin 5 17 1/2, juillet 5 17 1/2, août, 5 12 1/2, septembre, octobre, 5 12 1/2, novembre, 5 12 1/2, décembre, 5 10 »/», janvier, 5 10 »/», février, 5 10 »/». Ventes, 460,000 kil. Contrat M. juin 5 30 »/».

ROUBAIX-TOURCOING, 17 juin.

Laines à terme. Qualité peignée de fabrique, type n. 1 (clôture) : juin 5 50 »/», juillet, 5 35 »/», août 5 30 »/», septembre 5 27 1/2, octob. 5 27 1/2, novembre » »» »/».

Marché faible. Ventes, 280,000 kil.

Sucres.

Sucres raffinés. — Nous n'avons pas de changement à constater dans les prix ; la demande conserve son activité.

Nous cotons, selon marques et époques de livraison, de 103 50 à 104 50 les 100 kil au comptant, sans escompte.

Sucres cristallisés n° 3, acquitté 94 » à 94 50; extra 95 » les 100 k.; en poudre, 95 » à 95 50 les 100 kil.

Sucre cassé à la mécanique	109 50 à	110 »
Cassons	101 50	102 »
Menus déchets	101 »	101 50
Semoule	104 »	105 »
Glace	99 »	100 »
Sucre en poudre	101 50	103 50

Alcools. — Prix de l'hectol. nu, au compt.

Paris. 3/6 fin, betteraves, 1re qualité, l'hectolitre.		Lille, disp	37 » à	» »
		Cette	90 »	110 »
90° dispon.	36 50 à » »	Nîmes	80 »	100 »
Juillet	37 » » »	Béziers	75 »	100 »
4 derniers.	38 50 » »	Pézenas	80 »	96 »

Raisins secs à boisson.

(Cours de la maison Audibert, 53, rue des Minimes, à Marseille).

Corinthe, **Roi de Grèce**, petits grains Extra 1er choix	100 kilos		49.00
Corinthe, le **Turban**, gros grains	»	»	45.00
Corinthe petits grains, 1er choix	»	»	45.00
Thyra. 1er choix	»	»	39.00
Thyra, ordinaires	»	»	35.00
Samos noirs, 1er choix	»	»	40.00
— muscats, 1er choix	»	»	40.00
Figues à distillerie	»	»	27.00
Pachas, magnifiques, gros grains noirs, égrappés, mangeables, seul dépôt en France	»	»	70 »
Royaux, délicieux pour familles, en caisses de kilo net.	la caisse	»	0.95

Engrais. — Prix des 100 kil.:

Matières diverses pour engrais. — Cours commercial sur la place de Paris, par 100 kil., pour des ventes en gros de 30.000 kil. au moins.

Sang desséché moulu.	11/13 0/0	azote	20 90 à	24 70
Viande desséchée	9/11 0/0	—	15 50	19 »
Cornes broyées	13/14 0/0	—	21 »	22 25
Cuir désagrégé	8/9 0/0	—	9 25	10 50
Laine engrais	3 à 4 0/0	—	» »	» »
Nitrate de soude	15/16 0/0	—	19 75	20 75
Nitrate de potasse	95 0/0	—	46 »	46 25
—	90 0/0	—	44 »	» »
Muriate de potasse	80 0/0	—	» »	» »
Sulfate de potasse	90 0/0	—	25 25	25 50
Sulfate d'ammoniaq.	20/21 0/0	—	31 25	31 50
Chlorure de potassium	90 0/0	—	22 50	23 25
— Stassfurt.	80 à 85 0/0	—	17 50	» »
Cornes, cornailles pour brûler			» »	» »
Déchets fins de cornes, frisures			» »	» »

Phosphates des Ardennes. — En gare des Ardennes et de la Meuse, en sacs (les 100 kil.).

Pulvérisés. 14/16 0/0,	acide phosph..	3 40 à	» »
— 18/20 0/0,	—	4 »	» »
— 16/18 0/0,	—	3 60	» »

Phosphates de Tavel.

50/», la tonne . . . . 60 » à » »

Phosphates de l'Yonne. — Les 1.000 kil.

Moulus en sacs, wag. gre Toucy. 40 à 35 0/0 40 à 45

Phosphates de l'Auxois, Marigny Epoisses.

Pulvérisés 60 à 65 0/0 . . . . 6 80 à 7 »

Sulfate de cuivre.

Les 100 kil . . . . 66 à 66 50.

Phosphates du Boulonnais 40/45	4 60 à	» »
— de Pernes	6 25	» »
— du Cambresis 25/35	3 75	4 »
— du Lot 30/50	3 »	4 50

Superphosphates, poudres d'os, etc.

Les 100 kilogr.

Phosph. préc. 35 à 40 % acide phosph.	17	»	»	»
— — 40 à 45 % —	19	»	»	»
Superphosphates fossiles, 10 % acide phosphorique soluble et assimil. (les 100 kilog.)	6	30	»	»
Superphosphates fossiles, 16 à 18 %.	9	15	»	»
— d'os, 16 à 18 %, acide phosph.	12		10	»
Poudres d'os bruts	»	»	13	50

Engrais spéciaux. — Les 100 kilog.

Guano du Pérou. 10 à 16	Eng. chim. de H. Joulie,	
Guan. du Pér. diss. 32 à 20		
Guan. az. fixe. 26 » à 27 »	Lag.	15 » à 23 »

BEURRE, ŒUFS, VOLAILLES.

Paris, 18 juin.

Beurres en mottes.

L'arrivage d'hier a été de 12,405 kil.
L'arrivage approximmatif a été de 57,000 kil.

Beurres en livres.

L'arrivage d'hier a été de 10,105 kil.

Fermiers	au kilo		Touraine	au kilo	
Extra	2 40 à	2 50	Extra	2 10 à	2 20
1er choix	2 30	2 40	1er choix	» »	» »
2e choix	2 20	2 30	2e choix	2 »	2 10
Ordinaire	2 10	2 20	Ordinaire	1 90	2 »
Bourgogne			Vendôme		
Choix	1 90	2 »	1er choix	2 10	2 20
Ordinaire	1 80	1 90	2e choix	1 90	2 »
			Ordinaire	1 80	1 90
Gâtinais			Beaugency		
1er choix	2 20	2 30	1er choix	2 10	2 20
2e choix	2 »	2 10	2e choix	1 90	2 »
Ordinaire	1 90	2 »	Ordinaire	1 80	1 90
Le Mans			Fausse Touraine		
Choix	1 90	2 »	Choix	2 »	2 10
Ordinaire	1 80	1 90	Ordinaire	1 80	1 90

Œufs, *le mille :*

Normandie (Extra)	80 à	97	Bourgogne	70 à	75
Picardie (Extra)	85	110	Champagne	73	76
Brie (Extra)	80	92	Nivernais	68	72
Touraine gr.	78	90	Cosne	74	76
Touraine ord.	68	76	Bourbonnais	66	70
Beauce	78	88	Bretagne	62	68
Orne	68	78	Vendée	66	70
Picardie ord.	70	80	Auvergne	62	65
Châtellerault	70	72	Midi	65	70

Volailles et Gibiers.

Canards :			Pigeons :		
nantais (jeunes)	3 » à	5 »	maconnais.	» 80 à	1 60
de ferme	2 50	3 50	italiens	» 75	1 50
Dindes nouv.	6 »	12 »	bizets	» 70	1 30
Oies nouvelles	4 »	6 »	Poulets :		
— (2e qté).	2 50	4 »	nantais	2 50	5 50
Pintades	3 »	5 »	touraine	3 »	6 »
Lapins domestiques.	1 25	3 50	gâtinais	3 »	6 »
			du Midi	2 »	3 »
Chevreaux	» »	» »	communs	1 50	2 50

Marché faible. Cours fournis par MM. de Bridiers, Jouslin et Scelle, facteurs assermentés, 2, rue de Valois, Paris.

BESTIAUX.

LA VILLETTE, 19 juin. — Bestiaux. — Vente difficile sur le gros bétail, très mauvaise sur les veaux, moyenne sur les moutons, et plus difficile sur les porcs.

Cours officiels.	Amenés.	Vendus.	Poids moyen.	1re qualité.	2e qualité.	3e qualité.	Prix extrêmes.
Bœufs	1.841	1.651	352	1 62	1 44	1 26	1 20 à 1 66
Vaches	564	511	245	1 56	1 36	1 16	1 12 1 60
Taureau	137	113	396	1 40	1 30	1 18	1 14 1 44
Veaux	1.507	1.234	82	1 86	1 70	1 50	1 40 2 »
Moutons	10.500	9.250	19	2 12	1 82	1 68	1 40 2 18
Porcs g.	4.111	4.068	78	1 60	1 54	1 48	1 44 1 68
Id. m.	»	»	»	» »	» »	» »	» » » »

Marché du lundi 16 juin.

	Amenés	Vendus	Prix au poids net 1re qual.	2e qual.	3e qual.
Bœufs	2.737	2.125	1 62	1 48	1 26
Vaches	586	770	1 58	1 34	1 20
Taureaux	189	168	1 40	1 32	1 20
Veaux	1.324	1.160	1 92	1 80	1 68
Moutons	13.125	11.761	2 12	1 84	1 70
Porcs	2.380	2.380	1 52	1 48	1 42

	Prix au poids vif 1re qual.	2e qual.	3e qual.	Prix extrêmes.
Bœufs	1 97	» 82	» 65	» 58 à 1 02
Vaches	0 93	» 71	» 58	» 51 » 97
Taureaux	0 86	» 76	» 62	» 58 » 89
Veaux	1 14	1 05	» 86	» 74 1 28
Moutons	1 06	» 92	» 93	» 62 1 02
Porcs	1 06	1 »	» 94	» 88 1 10
Peaux de moutons en laine				2 20 » »
Id. id. demi-laine				2 30 » »

Viandes abattues. — Criée du 13 juin

		1re qualité.	2e qualité	3e qualité.
Bœufs	le kil.	1 40 à 2 80	1 20 à 2 60	1 06 à 1 90
Veaux	—	1 66 1 83	1 50 1 60	1 26 1 46
Moutons	—	1 80 1 90	1 40 1 76	1 » 1 26
Porc entier	—	1 40 1 56	1 20 1 30	1 10 1 16

Cuirs et peaux, les 50 kil.

Taureaux	35 25 à	38 50	Vaches lourdes	35.50	39.75
Gros bœufs	43 75	49 25	— de bandes	35.25	38.25
Moy. bœufs	42 75	43 25	Gros veaux	56.50	62.25
Pet. bœufs.	31 50	35 75	Petits veaux	64.50	65.75

ŒUFS A COUVER de poules de Houdan et Faverolles, 5 fr. la douzaine, 10 fr. les 25, *franco*; les clairs seront remplacés. — **Petits Poussins** Houdan et Faverolles, 15 fr. la douzaine, 28 fr. les 25, *franco*.

Couveuses artificielles depuis 25 fr. **Eleveuses** depuis 20 fr., et nouveau système à régulateur automatique de chaleur. — Envoi *franco* du catalogue général.

J. PHILIPPE, éleveur, à Houdan (S.-et-Oise).

Exposition universelle de 1889. — Médaille d'or

COUVEUSES

ARTIFICIELLES Brev. S. G. D. G. Nouv. Perfectionnements

Volailles de toutes races pour la reproduction

ŒUFS A COUVER

Poussins, race de Houdan, 14 fr. franco. Emb. compris

Poulaillers, Faisanderies, Volières

Envoi franco du Catalogue illustré

ECOLE PRATIQUE D'AVICULTURE

ROULLIER ✻✻ ET ARNOULT

à Gambais (S.-et-O.), et 7, galerie Vivienne

PARIS

Ecrire à Gambais

GRILLAGES

GARIEL 2 ter, quai de la Mégisserie PARIS

CLOTURES de CHASSES

1 mètre de haut : Le mètre 0 f. 30

Châssis de Couche depuis..... **7** francs

Ronce Artificielle les 100 mètres **5f 50**

Porte - Bouteilles 200 Places. **7** francs

ENVOI FRANCO DE L'ALBUM SUR DEMANDE

Plants américains PÉPINIERES des Cévennes

Albert GOURDIN, Saint-Hippolyte-du-Fort (Gard)

Pr des Cces, des écoles et champs d'expériences, Tarif n. 29 Fo

CIDRE DE NORMANDIE

Pur Jus de pommes

BOISSON EXQUISE

Prix très modérés

D. LOUVEAU, négociant en cidre, à Honfleur (Seine-Inférieure).

L'ENGRAIS AMIÉNOIS

FUMURE NORMALE et COMPLÈTE

A BASE DE MATIÈRES ORGANIQUES

Compositions spéciales pour les cultures de printemps et d'automne. — S'adresser à M. Elisée LEFEBVRE, route de Rouen, 121, à **Amiens** (Somme).

Exposition Universelle de Paris en 1889

MÉDAILLE D'ARGENT

SOCIÉTÉ ANONYME DES

Phosphates de Pernes et Extensions

CAPITAL : **1,400,000** FRANCS.

EXPLOITATIONS DE PHOSPHATES FOSSILES

dans la Somme, le Pas-de-Calais et le Nord (Cambrésis).

USINES { à Pernes-en-Artois et à Violaines (Pas-de-Calais).

PHOSPHATES FOSSILES DE TOUS TITRES ET POUR TOUS EMPLOIS.

Direction commerciale à AMIENS, 44-46, rue des Trois-Cailloux.
Adresse télégraphique : « PHOSPHATES » AMIENS.

NOTA. — La Société est seule **propriétaire** du **Gisement de Pernes,** dont les produits sont particulièrement recherchés pour **l'emploi direct par l'Agriculture,** en raison de leur **prompte assimilation** et de leur **action fertilisante** qui est due à la **combinaison naturelle** de l'**acide phosphorique** avec des **matières organiques azotées,** de la **potasse** et de la **magnésie.**

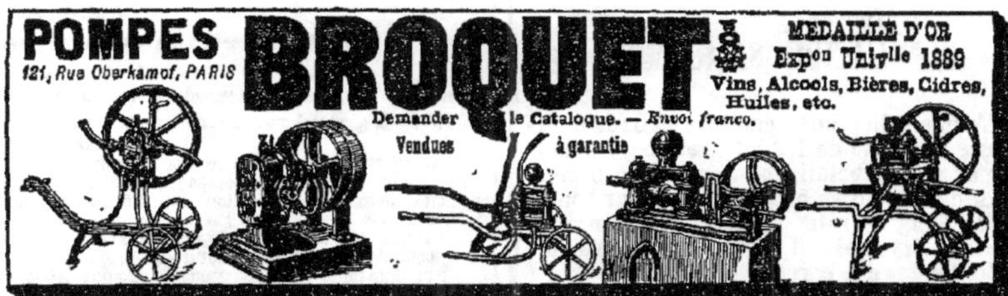

RAISINS SECS A BOISSONS

PREMIÈRE MAISON DE FRANCE (10 croix ou méd., fondée en 1876), **J.-F. Audibert,** créateur des vins de raisins secs et importateur direct. Auteur de : *L'Art de faire les Vins de raisins secs* (fco 3 90); *les Vins d'imitation*, sirops, liqueurs, etc. (fco 5 25). Inventeur de l'appareil (B. S. G. D. G.). **LE SEUL ADOPTE PAR L'ARMEE** pour la fabrication mathématique des vins de raisins secs, en 10 jours, pour faire depuis 1 litre jusqu'à 20,000 litres par jour **AVEC UN HOMME. Renseignements gratuits pour tripler les vendanges, vins de seconde cuvée,** etc., 53, r. des Minimes, Marseille.

Etablissements de LIANCOURT (Oise).

N'ACHETEZ PAS DE CHARRUES

sans avoir consulté le CATALOGUE illustré de

A. BAJAC ✻✻

Ingénieur-Constructeur, Breveté S. G. D. G.

SEUL GRAND PRIX à l'Exposition de 1889 pour les Machines agricoles françaises

Médailles or, argent et bronze pour collaborateurs.

BRABANTS DOUBLES.

Herses scarificateurs à dents inusables.

—

DÉCHAUMEUSES

ROULEAUX, ETC.

NOUVEAU MATÉRIEL pour la culture de la betterave.

—

Charrues défonceuses simples et doubles *à vapeur et à manège.*

La plus grande et la plus importante USINE de FRANCE pour la Construction des Instruments aratoires

PLUS DE 5.000 CLIENTS ; 300.000 INSTRUMENTS LIVRÉS A L'AGRICULTURE

L'Administrateur-Gérant : JOSEPH FREY.

Beauvais. — Imp. D. Père. — A. Cartier, Gérant.

11e Année. — 2e Série. — N° 544. Dimanche 29 Juin 1890.

GAZETTE  AGRICOLE

JOURNAL HEBDOMADAIRE, PARAISSANT LE DIMANCHE

Rédacteur en Chef : M. Ch. GOSSIN, Professeur d'Agriculture à l'Institut agricole de Beauvais

PRIX DE L'ABONNEMENT

UN AN, 5 fr. — SIX MOIS, 2 fr. 50. — TROIS MOIS, 1 fr. 50

Pour l'étranger les abonnements ne sont reçus que pour un an, au prix de 6 francs, et ne partent que du 1er janvier ou du 1er juillet de chaque année.

Il est indispensable de joindre à toute demande de changement d'adresse la dernière bande d'adresse du journal et 50 centimes pour frais de nouvelles bandes.

Adresser les *Abonnements* et *Annonces* à l'administrateur, 13, quai Voltaire, Paris, ou à M. GOSSIN, rédacteur en chef, à BEAUVAIS.

BUREAUX

13, quai Voltaire, Paris.

Les abonnements partent du 1er de chaque mois et sont payables d'avance. Toute demande d'abonnement doit donc être accompagnée du prix de l'abonnement. (Le mode de payement le plus simple est l'envoi d'un mandat-poste.)

Donner *très lisiblement*, en s'abonnant, son nom et son adresse exacte, *avec l'indication du bureau de poste* ; et, s'il s'agit d'une continuation d'abonnement, joindre au renouvellement la dernière bande d'adresse du journal.

La GAZETTE AGRICOLE insère gratuitement les Communications des Syndicats agricoles

AVIS IMPORTANT.

Les bureaux de la GAZETTE AGRICOLE *sont actuellement transférés*

13, quai Voltaire, Paris.

C'est à cette adresse que devront être envoyés les communications et correspondances.

Elles pourront aussi être adressées directement à M. Charles GOSSIN, professeur d'agriculture, rédacteur en chef, BEAUVAIS (Oise).

SOMMAIRE :

PARIS, 27 JUIN.

L'interpellation relative aux violences dont la commune de Vicq a été le théâtre et la victime, que le Bonhomme Deschamps nous annonçait dans sa dernière causerie, a eu lieu. Elle a tourné, comme on s'y attendait, à une victoire du ministère. Il y a en effet au Palais Bourbon 300 députés républicains pour lesquels il n'y a ni liberté individuelle, ni inviolabilité du domicile, ni liberté de conscience, ni justice, lorsqu'il s'agit d'assurer la jouissance de ces biens à des catholiques. La vue d'une cornette trouble toutes ces cervelles et fait sur leurs yeux l'effet d'une loque rouge sur ceux d'un taureau. Bien que le résultat fût prévu et que le Bonhomme Deschamps l'eût annoncé, il importe néanmoins de dégager de cet évènement les divers enseignements qu'il renferme.

***

Que la paix religieuse soit le premier de tous les biens pour un pays, et que tout gouvernement, fidèle à sa mission, se fasse un honneur et un devoir de l'établir si elle n'existe pas, et si heureusement elle règne, de la maintenir, aucun doute à cet égard. Ainsi en est-il dans la républicaine Amérique comme dans la monarchique Angleterre. Que de plus, nombre de candidats républicains se soient engagés, au cours de la dernière lutte électorale, à respecter la liberté de conscience, et à faire au moins trêve aux querelles religieuses et scolaires; c'est un fait que chacun de vous peut connaître. Il suffit pour cela de se rappeler les professions de foi et les déclarations d'un grand nombre de députés actuels de la gauche. Qu'enfin, la concession légitime pour les pères de famille d'élever leurs enfants comme ils le veulent, soit un terrain particulièrement bien choisi pour opérer un rapprochement nécessaire entre des citoyens français, que la politique proprement dite divise, rien de moins contestable. Même avec la meilleure bonne volonté du monde et le plus grand désir d'entrer dans les vues du parti républicain, on ne parvient pas à découvrir l'intérêt de la République à violenter les consciences religieuses des populations. Tout au contraire. Ces tracasseries — ou pour dire le vrai mot — ces persécutions, ont en effet pour première conséquence de grossir l'armée de l'opposition, de donner de nouvelles recrues à la monarchie et de confirmer les contingents anciens dans leurs convictions royalistes. Il est vrai que le propre des sectaires est de se tromper sur leur intérêt le plus évident.

***

De cette vérité, la laïcisation de l'école de Vicq fournit la preuve la plus manifeste. Outre que le Gouvernement, n'étant pas propriétaire de la maison d'école, n'avait pas le droit de procéder comme il l'a fait, et que nos institutions n'eussent pas été mises en péril par ce respect du droit de propriété, la violence des autorités départementales, approuvée par le ministère, a dissipé toutes les illusions et brisé toutes les espérances. Sa défaite électorale, beaucoup moins grande que ne le proclament les partis intéressés, la lassitude qui suit tout effort, et le besoin si naturel de repos inclinait non seulement au Palais Bourbon, mais aussi dans le pays, des conservateurs à accepter le régime actuel. Il y avait là des bonnes volontés plus ou moins éclairées qu'il était politique d'entretenir et même d'encourager. Après la discussion de l'interpellation, les déclarations du Gouvernement et le vote qui les a suivies, qui donc dans le pays et dans le Parlement pourra continuer à croire à une République convertissable? Comme l'a très bien fait remarquer M. de Cassagnac : ceux là seuls ne verront pas clair qui ne veulent pas être éclairés.

***

Voilà un premier point acquis. Il ne peut être mis au profit de la République. Il en est un autre qui ne l'est pas moins, et le Bonhomme Deschamps doit également le noter. Si la majorité du Parlement est républicaine, tous ses membres ne sont pas républicains de la même façon. Il y a des radicaux, des opportunistes et des députés qui se disent républicains modérés. Eh bien! ces modérés, qu'ont-ils dit au cours des débats? L'un d'eux a-t-il pris la parole pour protester contre la conduite du Gouvernement à Vicq? Ont-ils au moins racheté leur silence par des votes désapprobateurs? A quelques rares exceptions près, ils ont mêlé leurs bulletins à ceux des opportunistes et des radicaux, encourageant le pouvoir à persévérer dans la voie illégale et violente où il est entré. Vous n'aviez certes pas besoin de ce nouveau fait pour savoir que les républicains modérés démentent par leurs actes leur dénomination, et qu'au moment du vote, modérés et radicaux font balle ; mais il n'en est pas moins utile de noter que, sur une question où tout commandait aux modérés de se séparer des violents, ils ont fléchi et que la pire des illusions serait de faire un fond quelconque sur la résistance de ces gens-là.

***

L'Administrateur-Gérant : JOSEPH FREY.

Beauvais. — Imp. D. PERE. — A. CARTIER, Gérant.

Nous savons, par les travaux des économistes, tels que MM. Leroy-Beaulieu, de Luçay, Le Trésor de la Rocque et Kergall, travaux assez concordants, que les charges budgétaires supportées par l'agriculture sont de 700 et quelques millions, sans compter le prorata afférent aux impôts indirects de consommation, et qu'en tenant compte de ces derniers impôts, on peut finalement évaluer à 30 0/0 de son revenu imposable la part d'impôts qui frappe la terre. L'application de ces 30 0/0 au revenu imposable de 563 millions 562,000 francs donne 169,068,600 francs (563,562,000 × 0,30 = 169,068,600 fr.).

Le bétail français paierait donc annuellement 169 millions d'impôts.

Ce chiffre obtenu, il ne reste plus qu'à répartir cette somme entre le bétail, proportionnellement au nombre de têtes et à la valeur de chaque tête.

Or, d'après les tableaux insérés dans la statistique agricole, le bétail a été recensé et évalué comme il suit :

Race bovine.	8.782.803 bêtes adultes	valant	2.570.792 831
	4.214.251 jeunes bêtes	—	615.650.564
Total.	12.997.054 bêtes	—	3.086.443.395
Race ovine.	15.410.090 bêtes adultes	—	427.680.744
	8.399.343 jeunes bêtes	—	144.243.468
Total.	23.809.433 bêtes	—	571.984.212
Race porcine	4.195.640 verrats, truies porcs à l'engraissement	—	467.417.740
	2.954.350 porcs âgés de moins d'un an	—	104.597.792
Total.	7.146.996 bêtes	—	572.015.532
Total en argent :	Race bovine ...		3.086.443.395f
—	Race ovine.....		571.984.212
—	Race porcine...		572.015.532
	Total général en argent ...		4.230.383.139

Mais si un capital de 4 milliards 230 millions 383,139 francs paie 169 millions 68,600 francs d'impôts, 1 franc paiera 0 fr. 0399 (169,068,600 : 4,230,383,139 = 0 fr. 0399).

Des tableaux ci-dessus il ressort encore qu'un sujet de la race bovine vaut en moyenne (adultes et jeunes) 237 fr. 47 (3,086,443,395 : 12,997,054 = 237 fr. 47). En appliquant à cette valeur de 237 fr. 47 le coefficient de 0 fr. 0399, on trouve qu'un bovidé acquitte annuellement un impôt de 9 fr. 47.

Un bœuf ou une vache d'un an a donc payé 9 fr. 47, une bête de cinq ans 47 fr. 35, et une bête de dix ans 94 fr. 70. Pour mettre sur le pied d'égalité, par rapport à l'animal français, un bœuf importé, il conviendrait de le taxer à 9 fr. 47 s'il a un an, à 47 fr. 35 s'il a cinq ans, et à 94 fr. 70 s'il a dix ans. Quel est donc l'âge moyen des bœufs et vaches de provenance étrangère? Il résulte des renseignements puisés aux sources les plus autorisées que les bœufs étrangers vendus à La Villette ont en moyenne huit ans et les vaches dix ans. Nous abaissons l'âge moyen des vaches à huit ans, soit donc huit ans pour l'âge moyen des bœufs et des vaches importés. Le produit de 9 fr. 47 par 8 est de 75 fr. 76 (9,47 × 8 = 75 fr. 76).

Objectera-t-on qu'au lieu de s'appuyer sur l'âge des animaux importés, il serait plus rationnel et plus équitable de se baser sur l'âge moyen des bêtes indigènes, c'est-à-dire sur l'âge où, en moyenne, elles sont tuées et livrées à la consommation, époque jusqu'à laquelle elles paient l'impôt? Le résultat serait identique, et la réponse se traduirait par le même âge de huit ans. En effet, sauf quelques exceptions relatives aux races les plus précoces, on peut admettre que les plus jeunes des animaux conduits à l'abattoir ont trois ans et que les plus âgés ont treize ans, ce qui donnerait une moyenne de huit ans. Les sujets de sang Durham tués avant trois ans sont facilement compensés par toutes les vieilles vaches de quatorze à quinze ans qu'on rencontre encore si nombreuses chez les petits cultivateurs. Il est à noter que dans toutes les régions où on utilise les bœufs et les vaches pour le travail, on ne s'en défait que lorsque leurs forces dépérissent sensiblement, c'est-à-dire à un âge assez avancé, et ces régions sont très étendues.

2° *Autre impôt spécialement acquitté chaque année par les animaux morts et dépréciés.*

Les éleveurs et vétérinaires se sont accordés à reconnaître qu'*au minimum* on perd par an, par la mort, un animal sur cent, et qu'en outre on liquide, à moitié de leur valeur, par suite de dépréciations résultant des maladies ou des accidents, deux animaux sur cent; soit, en définitive, une perte de 2 0/0. Or, les chiffres sur lesquels nous nous sommes appuyés pour rechercher le montant de l'impôt afférent à une tête de gros bétail correspondaient à des produits constatés ainsi qu'à des quantités et valeurs trouvées. Mais les quantités et valeurs perdues par la mort et les accidents n'ont pas été recensées puisqu'elles n'existaient plus au moment des opérations de statistique. Elles sont donc restées en dehors de nos calculs. Chaque année l'agriculture perd ainsi un capital avant l'époque de sa réalisation, capital sur lequel elle n'en a pas moins payé l'impôt. Tel serait un effet de commerce détruit par un sinistre quelconque; il ne sera jamais présenté à échéance, et pourtant il a payé l'impôt du timbre. Mais ce qui pour l'effet de commerce est un cas fortuit, est malheureusement pour l'élevage un dommage fixe et annuel. La charge de l'impôt correspondant à ce capital anéanti doit donc en toute justice être réparti sur les bêtes survivantes, à raison de 2 0/0 de l'impôt déjà payé par elles; en d'autres termes, l'impôt individuel doit être abondé de 2 0/0 ou de 0 fr. 19 (9 fr. 47 × 0 fr. 02 = 0,19). En multipliant ce coefficient 0 fr. 19 par l'âge moyen des animaux importés ou des animaux français (huit ans), on trouve que le chiffre indiqué plus haut de 75 fr. 76 doit être porté à 77 fr. 28 (0 fr. 19 × 8 = 1 fr. 52; 75 fr. 76 + 1.52 = 77 fr. 28).

(A suivre). JULES LE CONTE (1).

Remise d'impots et secours en cas de grêle

Voici les indications nécessaires pour formuler les demandes de remise d'impôt et de secours en cas de grêle :

1° Les remises d'impôts sont accordées à tous les perdants, nécessiteux ou non.

Produire dans les quinze jours du sinistre, à peine de déchéance, une demane collective formée par le maire sur papier libre, au nom de ses administrés, mentionnant les noms des perdants et l'évaluation provisoire des pertes.

2° Demander des secours pour les nécessiteux seulement.

Produire également dans les quinze jours du sinistre, à peine de déchéance, une demande collective en faveur des cultivateurs nécessiteux atteints par la grêle ; à cette demande est jointe la liste des perdants, avec indication du montant approximatif des pertes.

Le maire doit certifier, au bas de l'état que les cultivateurs qui sont portés sont nécessiteux, hors d'état de se relever de leurs pertes sans un secours du Gouvernement, et que les pertes ne sont couvertes par aucune assurance.

En envoyant ces pièces à la préfecture ou à la sous-préfecture, y joindre des propositions pour la nomination de deux esperts qui devront procéder avec le contrôleur à la vérification des dommages.

(1) Rapport présenté au Conseil de la Société des Agriculteurs de France.

LA FENAISON

(suite).

Les Siccateurs.

Ce procédé nous a été apporté par un agriculteur de Finlande, M. Adolphe Tornghen, comme étant en usage depuis un temps immémorial dans son pays; il se pratique au moyen d'une sorte d'appareil qu'on appelle le *Siccateur.*

Les *Siccateurs* s'étaient d'abord les arbres des forêts ou des bordures des étangs sur lesquels les habitants abandonnaient pendant plusieurs mois les foins et les herbes coupés dans les bois ou au bord des étangs. Ils attendaient ainsi que la terre fut couverte de neige pour emporter ces récoltes sur leurs traîneaux. Quelques cultivateurs de cette contrée ayant observé que le foin séché de cette manière, quoique provenant d'herbes de qualité inférieure, était meilleur que leurs propres foins, eurent l'idee de faire des *Siccateurs* ou arbres artificiels.

L'appareils décrit par M. Tornghen parut si ingénieux à M. Rousseau qu'il n'hésita pas à l'employer immédiatement sur une grande échelle dans la propriété de la Rebutinière, commune de Souesmes (Loir-et-Cher).

C'est à l'aide des Siccateurs qu'il a fait sécher sa récolte des foins de l'année 1889, et il nous a dit que les résultats ont été excellents sous tous les rapports : les foins séchés par ce procédé ont été d'une qualité supérieure et il a fait une économie de main d'œuvre évaluée de 20 ou 26 0/0.

Il a fait aussi faner sur les siccateurs ses regains de pré, qu'on est souvent obligé de donner en vert aux bestiaux à cause de la difficulté à les faire sécher; il a obtenu un produit de qualité égale à la première coupe.

M. Rousseau a fait fabriquer dès l'année dernière 350 siccateurs, ce qui lui était facile en Sologne où le bois est abondant; négligeant la valeur du bois, la main d'œuvre lui a coûté 70 centimes par appareil.

Le siccateur est fabriqué avec un jeune sapin d'une longueur de 2 m. 50 et de 10 centimètres de diamètre environ; il est appointi à chaque bout. A 80 centimètres du gros bout, qui doit être fiché en terre, on perce un trou de 2 centimètres de diamètre. On perce encore 9 trous en laissant 15 centimètres entre chacun et de façon qu'une ligne réunissant ces trous forme une spirale régulière d'un bout à l'autre du poteau. Dans chaque trou on introduit une cheville de sapin ou de genevrier, de 50 centimètres de longueur sur 2 centimètres 1/2 de diamètre, et le siccateur est terminé.

Tel est l'appareil dans toute sa simplicité; mais, construit comme nous venons de le dire, il est difficilement transportable, difficile à placer l'hiver, M. Tornghen a eu l'idée de faire des siccateurs à cheville articulées, et M. Rousseau y a apporté à son tour quelques modifications.

Au lieu d'introduire les chevilles dans des trous à l'intérieur du poteau on les fixe sur le poteau à l'aide d'un clou de fer autour duquel elles peuvent osciller. A droite du clou on fixe une sorte de taquet de l'épaisseur de la cheville, on en fixe un autre à gauche, mais un peu au-dessus, de façon à ce que cette cheville puisse se rabattre de bas en haut sur le poteau et qu'aussi elle ne puisse descendre au-dessous de la ligne horizontale et ne cède pas par conséquent sous le poids de l'herbe qu'elle supporte.

Pour éviter que le foin soit jamais en contact avec la terre et ne prenne son humidité, il faut établir trois chevilles sur le même plan, à 80 centimètres de la pointe fichée en terre.

Il nous reste à dire de quelle manière on se sert du siccateur.

Pendant l'opération du fauchage, on ramasse l'herbe avec des rateaux pour former ce qu'on appelle des *roues*; il est bon de donner de temps en temps un coup de fourche à ces roues pour mêler l'herbe afin que tous les foins ne soient pas parallèles, ce qui empêcherait la circulation de l'air sur l'appareil.

Durant ce travail du ramassage, deux ouvriers posent les siccateurs, l'un fait un trou en terre à l'aide d'une barre de fer ronde et pointue, et l'autre place un siccateur dans le trou. Aussitôt après, on commence à entasser l'herbe mouillée ou non sur les chevilles de l'appareil, il importe seulement, comme nous l'avons dit, que cette herbe soit brouillée complètement.

Si le foin est mouillé on ne doit pas dépasser la charge nécessaire pour faire 40 kilos de foin sec; si le temps est beau, s'il fait sec, on peut aller jusqu'à 56 kilos. C'est là une question de coup-d'œil, les cultivateurs acquièrent vite l'expérience de la charge. Ainsi placés, les foins sècheront sans se détériorer; malgré les pluies les plus abondantes, la couche extérieure épaisse de 2 à 3 milimètres sera seule brunie et tout l'intérieur restera vert. Lorsqu'on jugera la récolte suffisamment sèche, on pourra encore attendre pour la rentrer, autant qu'on le voudra; l'important sera seulement de profiter d'une belle journée pour le faire.

La récolte, une fois placée sur le siccateur, ne craint plus ni le vent ni la pluie, pourvu qu'on n'ait pas recouvert l'extrémité pointue de l'appareil, la charge, en effet, protège toute la masse contre l'action du vent qui ne peut avoir de prise puisque l'herbe est retenue par la pointe du poteau. Les branches du siccateur empêchent le foin de s'affaisser et facilitent l'accès de l'air qui circule de bas en haut au long du poteau comme dans une cheminée.

En résumé les siccateurs présentent les avantages suivants :

Plus de fanage et de mise en mulons, d'où économie notable de temps et de main d'œuvre.

Plus de perte de récoltes par suite de pluies continués.

Malgré le mauvais temps on peut faucher sans jamais s'arrêter.

La confection des siccateurs est des plus simple, chaque cultivateur peut faire lui-même ceux dont il a besoin.

Docteur Agricola.

CULTURE DU PEUPLIER SUISSE BLANC dit « Eucalyptus ».

Le peuplier suisse blanc dit *Eucalyptus*, ainsi nommé à cause de sa vigueur extraordinaire et son port majestueux, se reconnait facilement parmi les autres variétés de peuplier suisse à son écorce lisse et blanche et à ses feuilles d'un vert foncé et d'un diamètre de 15 à 18 centimètres.

A l'âge de 25 à 30 ans, il peut atteindre facilement, dans les terrains qui lui conviennent, une circonférence de deux mètres et une hauteur de 25 à 30 mètres.

Le bois de peuplier suisse blanc s'emploie pour la menuiserie, la charpente et pour faire des caisses d'emballage; enfin on l'emploie presque à tous les usages aujourd'hui.

Pour l'empêcher de travailler, on le laisse sous l'écorce jusqu'au mois de novembre; à cette époque il a fait tous ses efforts.

On plante du 15 novembre au 1er avril, en ayant soin, avant de planter, de couper rez l'arbre *toutes* les branches de côté, afin de ne pas donner de prise au vent.

Le peuplier suisse blanc vient partout, mais les terres argileuses et surtout les remblais et les terres remuées lui conviennent très bien.

On obtient des résultats merveilleux dans les terrains tourbeux, mais à la condition d'être préalablement assainis.

L'assainissement est facile au moyen de fossés d'un mètre de largeur sur un mètre de profondeur et distants les uns des autres, d'après la nature et la disposition des terrains, 20 à 30 mètres.

Ces fossés doivent toujours être à sec, le peuplier aime les terrains humides, mais non les terrains où l'eau est stagnante. Le meilleur moyen d'assainissement est l'eau courante dans les fossés. Cette eau courante aspire l'eau des terres.

Le peuplier suisse blanc dit l'Eucalyptus assainit les terrains marécageux, et ses nombreuses racines font l'effet de drains. Ainsi donc, ce peuplier a le double avantage, d'abord, d'assainir des terrains qui, la plupart du temps, n'étaient que des marais pestilentiels et ensuite de donner des revenus de 100 à 150 francs à l'hectare pour le bois seulement.

Les peupliers doivent être émondés à l'âge de 4 à 5 ans, mais légèrement la première fois; les branches doivent être coupées rez l'arbre; cependant, il y a une exception. Quelquefois, avant le premier émondage, les peupliers poussent en pommier, c'est-à-dire en boule sans apparence de vouloir monter; dans ce cas, on cherche la meilleure branche et on coupe toutes les autres branches latérales à des distances variant de 20 à 40 centimètres du tronc, et alors il ne reste plus que la branche choisie pour former la tige; il est rare qu'elle ne se développe pas immédiatement d'une manière extraordinaire.

Lorsqu'un peuplier est cassé à fleur de terre et n'est pas tout à fait séparé, il faut le redresser et faire une bonne butée de terre au pied : les racines se développent au-dessus de la cassure et le peuplier ne s'aperçoit plus de rien. Egalement lorsque des peupliers sont rachitiques et ont du mal à partir, on peut faire des butées de terre au pied, mais ces butées, qui doivent avoir environ un mètre cinquante centimètres de diamètre sur cinquante de hauteur, doivent toujours former la cuvette pour recevoir les eaux; de nouvelles racines se développent dans ces terres remuées, et presque toujours le peuplier reprend sa vigueur.

Le peuplier suisse blanc dit l'Eucalyptus est appelé à remplacer l'italien qui, depuis plusieurs années, surtout depuis la gelée de 1880, est languissant et finit presque partout par sécher debout; plus on attendra à le remplacer, et plus on perdra; non seulement il ne pousse plus, mais il pourrit dans le pied, et quand on l'abat on est tout surpris de trouver deux ou trois mètres complètement creux et sans aucune valeur.

On attribue généralement la mortalité du peuplier italien à la gelée de 1880.

Le grand avantage du peuplier suisse blanc dit l'Eucalyptus, est de résister au froid; ainsi la gelée de 1880 ne lui a fait aucun mal.

Le bois blanc subit depuis plusieurs années une dépréciation assez forte qui tient à deux causes principales.

La première est l'introduction sur une vaste échelle du bois de sapin du Nord.

Et la seconde est la gelée de 1880 suivie de la mortalité presque générale par toute la France du peuplier italien.

En étudiant ces deux causes, on arrive facilement à conclure qu'elles ne sont que momentanées.

Le sapin du Nord est incontestablement supérieur à nos bois blancs. Il ne faut donc pas s'étonner de le trouver partout, dans la boutique du plus simple menuisier de village, comme dans l'habitation la plus luxueuse; son prix de revient n'est pas sensiblement supérieur à celui de nos bois blancs; tant qu'il nous viendra à des prix aussi bas, notre bois de peuplier ne se relèvera pas, mais chaque chose a une fin, dans ce bas monde; les forêts de la Suède et de la Norvège s'épuiseront comme se sont épuisés les gisements de guano du Pérou, et une fois épuisées, nous n'aurons plus à craindre la concurrence du sapin du Nord. Déjà les forêts du littoral sont épuisées. Il faut chaque jour s'avancer plus avant dans les terres, chaque pas augmente le prix de revient. Les forêts ne s'improvisent pas, il faut des siècles pour les créer.

La gelée de 1880 a été un véritable désastre pour notre pays; elle a jeté sur le marché une énorme quantité de sapin et autres bois, mais ce stock est épuisé.

Quant à la mortalité actuelle du peuplier d'Italie, c'est l'affaire de trois ou quatre années. Au bout de ce temps, il n'y en aura plus.

Le peuplier suisse blanc dit l'Eucalyptus même planté aujourd'hui, par sa croissance rapide, arrivera donc à temps pour profiter de la hausse probable.

Il y a tout lieu d'espérer que le produit sera rémunérateur pour les propriétaires et ne fera pas mentir le proverbe qui dit : qu'un peuplier rapportera un franc par an.

Je parle du peuplier suisse blanc dit l'Eucalyptus, en connaissance de cause.

J'ai amélioré cette variété par des sélections continuées pendant de nombreuses années.

J'en ai planté une dizaine de mille sur une propriété que je possède à Pontvallain (Sarthe).

J'ai pratiqué, par moi-même, tout ce que je préconise, j'ai obtenu des résultats qui sont visibles et que tout le monde peut contrôler.

Je suis convaincu que si les propriétaires de

biens ruraux faisaient des plantations dans les parties propices et souvent incultes de leur propriété, ils compenseraient dans une large mesure la perte des revenus que la crise agricole leur fait subir depuis quelques années.

C. SARCÉ,
propriétaire, ancien notaire à Pontvallain (Sarthe).

LE SOIN DES ABEILLES.

(Suite) (1).

Essaimage artificiel.

L'ESSAIMAGE ARTIFICIEL ne peut se faire qu'à l'époque où il y a de la miellée et où il y a des mâles dans les ruches. On peut toutefois suppléer à la première en nourrissant l'essaim pendant quelque temps, et on peut également suppléer au manque de mâles en se procurant des mères fécondées ou en en élevant à l'avance, dans des nucleus, comme il a été dit plus haut.

Il y a beaucoup de manières de faire des essaims artificiels, mais je n'en donnerai que trois, celles qui m'ont paru être les plus simples et les plus sûres.

1° On choisit une population forte et on en recherche la mère; l'ayant trouvée, on place le rayon qui la porte, avec toutes les abeilles qui s'y trouvent, dans une ruche vide. On y ajoute la moitié du couvain que contient la ruche, mais sans les abeilles qu'on en brosse avec une plume d'oie mouillée.

On installe cet essaim à la place de la souche qu'on porte ailleurs, non sans s'assurer toutefois qu'elle contient du miel et des œufs, si elle doit élever elle-même une jeune mère en remplacement de celle qu'on a donnée à l'essaim. S'il n'y a pas de miellée à ce moment, on lui donnera tous les soirs, pendant huit à dix jours, un peu de miel dans le nourrisseur, pour que les abeilles construisent de grandes alvéoles de mères et les approvisionnent largement de gelée, et aussi pour les mettre dans de bonnes dispositions si on a l'intention de leur donner une alvéole de mère operculée ou une mère fécondée.

2° Une forte ruche étant choisie on en retire quatre ou cinq rayons de couvain dont on brosse les abeilles et qu'on met dans une ruche vide en même temps qu'un rayon de miel. On place cette nouvelle ruche à la place de la souche et on porte celle-ci ailleurs. De cette façon, les butineuses de la souche viennent peupler la nouvelle ruche, et la souche gardera la mère et toutes les jeunes abeilles.

Si on veut qu'un essaim élève sa mère lui-même, l'époque le permettant, on a soin de lui donner un rayon contenant des œufs ou le lendemain une alvéole de mère operculée. Si au contraire on a une mère fécondée à lui donner, on la place tout de suite entre deux rayons, dans une cage.

3° La troisième méthode n'est qu'un perfectionnement des deux précédentes, mais elle exige l'emploi d'au moins deux bonnes ruches. Elle consiste en ceci : on établit l'essaim à la place de la souche et on installe celle-ci à la place de la seconde ruche qu'on déplace. L'essaim gardera les butineuses de la souche; celle-ci recevra les butineuses de la seconde ruche dont elle a pris la place, et la seconde ruche gardant ainsi tout son couvain ne tardera pas à se remplir de nouveau d'abeilles adultes.

Les petits essaims ou nucleus se forment en prenant un rayon de couvain operculé avec ses abeilles, dans deux ou trois ruches, en ayant soin, bien entendu, de ne pas prendre la mère. On les met dans une ruche dont on ferme l'entrée avec de la toile métallique jusqu'au lendemain soir.

N. B. Pendant et après toutes ces opérations, il est nécessaire de rétrécir les entrées des ruches pour éviter le pillage et, s'il y a lieu, on met la mère en sûreté dans une cage pendant vingt-quatre heures sur du miel operculé.

(A suivre.) JEAN WÉBER.

(1) Manuel pratique d'apiculture, par Jean Wéber. — Prix, franco, 1 fr. — Chez GARIEL, éditeur, 2 *ter*, quai de la Mégisserie, Paris.

FALSIFICATION DU NITRATE DE SOUDE

Un agronome, bien connu dans l'Est, M. Ponsart, vient de communiquer à la presse agricole un moyen pratique de découvrir très facilement les fraudes commises par l'addition au nitrate de soude de sel marin (chlorure de sodium) ou de sable.

Voici le résumé sommaire de ces procédés, qui n'en laissent pas moins de recourir à l'analyse chimique, chaque fois que l'on veut déterminer la quantité exacte d'*azote* contenue dans le nitrate.

Le nitrate de soude, projeté sur des charbons ardents, s'allume, *fuse* et se consume avec une grande rapidité, *sans bruit*.

Le chlorure de sodium, au contact du charbon allumé, ne flambe pas, ne brûle pas, mais *crépite*, avec un bruit bien connu.

La conclusion est facile à en tirer.

Toutes les fois qu'un acheteur de nitrate de soude voudra s'assurer de la pureté de ce produit, il devra en jeter une pincée, prise dans un mélange de divers échantillons en sa possession, sur des charbons bien allumés.

Et alors, s'il ne se produit qu'une flamme blanche claire, sans bruit, le nitrate n'est pas mélangé de chlorure de sodium.

S'il y a crépitation, plus ou moins forte, le chlorure de sodium s'y trouve en plus ou moins grande proportion.

Quant à la falsification par le quartz du sable blanc, elle est encore plus facile à reconnaître.

Le nitrate est soluble dans l'eau.

Le sable est insoluble.

Qu'on mette le mélange dans un verre rempli d'eau et au bout de quelques instants, le nitrate de soude étant dissous, le sable se déposera seul au fond du verre.

Si, en remplacement d'un verre, on se sert d'une éprouvette graduée, les proportions du mélange seront faciles à apprécier, en ayant soin de verser le produit à examiner et de le tasser sur une division bien définie avant de verser l'eau.

L'opération se fera toute seule.

Nouvelles agricoles.

Le black-rot. — Les maladies cryptogamiques de la vigne se sont montrées cette année beaucoup plus rapidement que les années précédentes. Le mildew s'est manifesté dès la fin de mai dans un assez grand nombre de vignobles de plusieurs régions, même dans la région septentrionale. Ainsi que nous l'avons déjà signalé, les premières atteintes du black-rot ont été constatées dans le département de Lot-et-Garonne dès le 30 mai. M. d'André, professeur d'agriculture de l'Aveyron, annonce que le black-rot sévit depuis le 25 mai dans les vignes de ce département, surtout dans celles des vallées où les rosées sont abondantes. Les viticulteurs ne doivent donc pas se relâcher d'une surveillance attentive; ils doivent surtout ne pas hésiter à achever rapidement les premiers traitements préventifs.

Police sanitaire du bétail. — On annonce que la fièvre aphteuse régnant dans la Haute-Italie, le gouvernement fédéral a interdit l'entrée de la Suisse au bétail venant d'Italie. — D'autre part, le gouvernement hongrois vient d'interdire l'entrée en Hongrie des porcs provenant de Serbie.

Concours de moissonneuses-lieuses. — Le Comice agricole de Châlons-sur-Marne organise un concours spécial de moissonneuses-lieuses, qui aura lieu à Châlons le dimanche 6 juillet.

Il y aura deux séries d'expériences : 1° entre les *constructeurs français ou étrangers*: 2° entre les cultivateurs possédant leurs machines depuis une année au moins.

Les concurrents devront se procurer des attelages. Il sera remboursé aux constructeurs le prix du transport par petite vitesse, de celles de leurs machines ayant pris part au concours, depuis la gare de départ jusqu'à la gare de Châlons.

Les déclarations doivent être adressées à M. Alfred Lequeux, président du Comice, à Châlons-sur-Marne.

Les vers à soie. — Les éducations de vers à soie sont à peu près complètement achevées; elles se sont poursuivies au milieu de circonstances assez variées, et les résultats en sont très variables, suivant les régions. D'une manière générale, c'est en Provence, surtout dans le département du Var, que l'on compte le plus grand nombre de succès. Dans le Gard, les maladies paraissent avoir fait éprouver des pertes assez sensibles; mais là, comme sur la rive gauche du Rhône, l'amélioration qui s'est produite dans les conditions météorologiques a fait cesser beaucoup de plaintes. Pour la plupart des régions, quoique les quantités de graines mises en incubation aient été notablement plus élevées, le rendement total ne paraît pas devoir être de beaucoup supérieur à celui de la campagne précédente.

Les viandes malsaines. — Les scandales du camp d'Avor, si les renseignements sont exacts, viennent de se renouveler à Rennes.

Voici ce que nous lisons dans l'*Armorique :*

« L'enquête qui se poursuit à Rennes à l'occasion de la livraison à l'armée de viandes malsaines, a fait découvrir des choses d'une gravité extrême :

« Des garçons bouchers sans emploi parcourent les campagnes où ils achètent à vil prix des animaux malades et mêmes crevés.

« Ils les transportent dans des granges ou sous des hangars où ils les dépècent, et la viande, une fois préparée, entre souvent en fraude dans notre ville et arrive jusqu'à la halle de la place Sainte-Anne où elle est vendue aux petits ménages.

« Des médecins croient que les cas de phthisie si fréquents dans cette ville, sont dus à la mauvaise alimentation de la population rennaise. »

Nous attendons les renseignements complémentaires qui ne peuvent manquer d'être fournis sur cette grave affaire.

Les fraudes dans le commerce des beurres et dans celui des engrais. — M. Develle, ministre de l'agriculture, a adressé aux préfets, à la date du 14 mai, la circulaire suivante :

« Monsieur le préfet, depuis quelque temps mon administration est saisie de réclamations qui tendraient à me laisser supposer que les lois et règlements concernant la répression des fraudes dans le commerce des beurres et dans celui des engrais, ne sont pas appliqués dans dans tous les départements avec la même régularité et la même sévérité.

« Mon administration, qui a pris, ainsi que vous le savez, l'initiative de l'élaboration des lois votées par le Parlement, ainsi que des règlements destinés à en assurer l'exécution, ne saurait rester indifférente en présence des plaintes dont il s'agit, et, en ce qui me concerne, *je suis résolu à prendre les mesures nécessaires* pour que l'œuvre du législateur, sur laquelle nos agriculteurs avaient fondé de légitimes espérances, ne demeure pas stérile par la faute des agents dont le zèle et la vigilance sont les auxiliaires indispensables de toute action répressive.

« C'est pourquoi, désirant me rendre un compte exact des effets produits par l'application des lois du 14 mars 1887 et du 8 février 1888, je vous serai obligé, monsieur le préfet, de me fournir dorénavant, et à partir du 1er avril, un état trimestriel sur lequel vous relèverez, s'il y a lieu, les diverses contraventions constatées dans votre département par les agents chargés de l'exécution des lois précitées, ainsi que des règlements d'administration publique des 8 mai 1888 et 10 mai 1889; vous devrez également mentionner sur cet état les prises d'échantillons effectuées d'office sur la réquisition des autorités compétentes.

« Recevez, etc.

« *Le ministre de l'agriculture,*
« Jules DEVELLE. »

Il serait inutile que des lois fussent votées, si la négligence des agents de l'administration devait toujours mettre obstacle à leur application.

CONSEILS A LA FERMIÈRE

LES CONSERVES DE PETITS POIS.

Il y a deux méthodes : la savante, qui réussit parfois, et l'autre, qui réussit toujours!

Soit la première : écossez, puis jetez les pois à l'eau bouillante et ne laissez bouillir qu'un instant; retirez-les et laissez égoutter sur un tamis; — pendant qu'il égouttent, broyez les cosses vides dans un peu d'eau (celle qui a servi à faire bouillir les pois) et tamisez le jus obtenu; — faites bouillir ce jus pendant dix minutes, avec un peu de sel et assez d'eau pour couvrir les pois, pendant qu'il bout. Mettez les pois dans des bocaux ou bouteilles, et enfin versez dessus ledit jus vert et bouillant; laissez refroidir, puis, *sans tarder*, fermez hermétiquement les bocaux que vous placerez dans un endroit sec et aéré.

L'autre, maintenant : prenez de solides bouteilles champenoises (car les autres éclateraient) très propres et bien séchées à l'intérieur; — écossez les pois et les entonnez, nature, dans lesdites bouteilles que vous remplirez jusqu'à moitié du goulot; bouchez vite et très hermétiquement, puis ficelez en mettant une petite rondelle de bois entre la ficelle et le bouchon; — mettez les bouteilles dans un chaudron d'eau froide et faites bouillir pendant trois heures, en ayant soin que le bouchon ne soit jamais couvert par l'eau, même pendant l'ébulition (essentiel); — enfin, laissez refroidir dans l'eau et placez comme il est dit ci-dessus.

UNE MÉNAGÈRE.

CONSEILS DU MÉDECIN

PRÉCAUTIONS CONTRE LA CHALEUR.

Le meilleur moyen de ne pas souffrir de la chaleur est de manger avec modération, d'éviter une nourriture substantielle et choisir de préférence les légumes et les fruits.

Pendant les chaleurs excessives, l'hygiène commande de ne manger que la moitié de la nourriture que l'on a l'habitude de prendre en temps ordinaire. Du reste, à ce point de vue, la nature est d'accord avec l'hygiène. Il est rare quand il fait très chaud, que l'on ait grand'faim.

On sait que notre estomac remplit les fonctions d'un veritable poêle ; les aliments qui s'y réunissent sont des combustibles. Ils s'y brûlent pour servir à *l'entretien de notre vie*. Or, autant l'hiver il est nécessaire de bien manger pour suffire à la combustion qui se fait dans notre organisme, autant l'été les aliments doivent être restreints, parce que cette combustion étant moins vive, il a excès de combustible dans notre corps.

Si on mangeait beaucoup lorsqu'il fait chaud, le trop plein qui ne brûlerait pas à notre profit s'accumulerait dans le sang, y produirait une désorganisation et provoquerait des maladies.

Les précautions hygiéniques à prendre en cette saison sont des plus simples.

Pour éviter les maux de têtes, les transports au cerveau, les insolations, il est prudent de se soustraire à l'ardeur du soleil en portant de larges chapeaux de paille et des ombrelles. Pour ne pas exciter la transpiration, on doit également éviter les exercices prolongés et les marches en plein soleil.

On a également tort de ne pas se garantir les yeux au moyen de lunettes ou de lorgnons garnis de verres bleus ou noir. Rien n'altère la vue, non seulement comme l'action directe du soleil, mais aussi comme le reflet du soleil sur le sol, les murailles, les cailloux, etc.

Le meilleur moyen de ne pas avoir soif, c'est de ne jamais se désaltérer entre les repas. Plus on boit plus on a soif et chaud.

Surtout pas d'eau glacée, lorsqu'on est en transpiration! UN VIEUX MÉDECIN.

CONSEILS DU VÉTERINAIRE

DES MARES POUR BESTIAUX.

La santé du bétail est tellement précieuse que le cultivateur ne peut prendre trop de soins pour veiller à sa conservation. Beaucoup de villages agricoles sont privés d'un cours d'eau et n'ont pour abreuver leurs animaux que l'eau des puits ou l'eau des mares.

Les puits sont généralement profonds, ce qui est un grand inconvénient, et l'eau en est très froide, ce qui en est un plus grand encore, surtout au point de vue hygiénique du bétail.

Reste l'eau des mares comme seule ressource; malheureusement, le plus souvent, ces mares sont boueuses, mal situées, mal entretenues, et les grandes chaleurs de l'été corrompent le peu d'eau qu'elles contiennent.

Un cultivateur intelligent qui se trouve dans un pays privé d'eau, doit, si la commune ne possède pas une mare remplissant les conditions hygiéniques désirables, avoir une mare particulière lui donnant à la fois une eau abondante et salubre.

L'emplacement choisi, le fonds de la mare doit être pavé en ciment ou en argile battue, ainsi que les bords pour empêcher les fuites et l'arrivée des eaux de cour ou du purin par infiltration. Un système de gouttières recueillant toutes les eaux de pluie tombant sur les bâtiments, les amènera à la mare. Si on a des terres drainées, placées à un niveau supérieur, rien n'est plus facile que d'amener les tuyaux jusqu'à la mare, ce qui permet alors de lui donner un courant continu.

Dans le fonds en répandra du gravier, des petits cailloux, quelques pierres, etc.; autour un léger rideau d'arbres empêchera l'eau de trop s'échauffer par les grandes chaleurs, sans toutefois en empêcher l'aération. Pour éviter la corruption de l'eau, on peut nourrir dans la mare du poisson ou bien faire vivre à sa surface des oies, des canards qui absorberont continuellement les animacules invisibles de l'eau et qui en cause la corruption; de plus, pendant l'été on pourra y jeter quelques fragments de charbon de bois ainsi que plusieurs kilos de noir animal grossièrement moulu.

Avec ces quelques précautions, il est facile d'avoir une eau aussi saine qu'on peut le désirer et conserver en bon état de santé les animaux de la ferme. UN VIEUX VÉTERINAIRE.

JURISPRUDENCE RURALE.

NOUVELLE LOI SUR LA VAINE PATURE.

Le projet de loi sur la vaine pâture, d'abord voté par la Chambre, puis adopté avec modifications par le Sénat, a été définitivement adopté par la Chambre, sans discussion. Voici le texte de la loi qui vient d'être promulguée :

Article unique. — Les articles 2, 5 et 12 de la loi du 9 juillet 1890, sur le Code rural sont abrogés et demeurent remplacés par les dispositions suivantes :

Art. 2. — Le droit de vaine pâture, appartenant à la généralité des habitants, et s'appliquant en même temps à la généralité du territoire d'une commune ou d'une section de commune cessera de plein droit un an après la promulgation de la présente loi.

Toutefois, dans l'année de cette promulgation, le maintient du droit de vaine pâture, fondé sur une ancienne loi ou coutume, sur un usage immémorial ou sur un titre, pourra être réclamé au profit d'une commune ou d'une section de commune, soit par délibération du conseil municipal, *soit par requête d'un ou plusieurs ayants droit* adressée au préfet.

En cas de réclamation particulière, le conseil municipal sera mis en demeure de donner son avis dans les six mois, à défaut de quoi il sera passé outre.

Si la réclamation, de quelque façon qu'elle se soit produite, n'a pas été, dans l'année de la promulgation, l'objet d'une décision, conformément aux dispositions du paragraphe 1er de l'article 3 de la loi du 9 juillet 1889, la vaine pâture continuera à être exercée jusqu'à ce que cette décision soit intervenue.

Art. 5. — Dans aucun cas, et dans aucun temps, la vaine pâture ne peut s'exercer sur les prairies artificielles.

Le rétablissement de la vaine pâture sur les prairies artificielles, supprimée de plein droit par la loi du 9 juillet 1889, pourra être réclamé dans les conditions où elle s'exerçait antérieurement à cette loi et en se conformant aux dispositions édictées par les articles précédents.

Elle ne peut avoir lieu sur aucune terre ensemencée ou couverte d'une production quelconque faisant l'objet d'une récolte, tant que la récolte n'est pas enlevée.

Art. 12. — Néanmoins, la vaine pâture fondée sur un titre et établie sur un héritage déterminé, soit au profit d'un ou plusieurs particuliers, soit au profit de la généralité des habitants d'une commune, est maintenue et continuera à s'exercer conformément aux droits acquis. Mais le propriétaire de l'héritage grevé pourra toujours l'affranchir, soit moyennant une indemnité fixée à dire d'experts, soit par voie de cantonnement.

LE MILDEW
La maladie des Pommes de Terre et des Tomates

LE CUIVRO-PHOSPHATE

Nous recevons la lettre suivante :

« *Monsieur le Rédacteur en chef,*

« J'ai lu avec grand intérêt l'article de votre numéro du 15 juin, qui relate les résultats obtenus contre le peronospora-infestans, maladie de la pomme de terre et des tomates.

« Vous avez prouvé, par les expériences de MM. Schlvesing et Gérard, que la pomme de terre traitée par les sels de cuivre peut être garantie de la maladie. Le même résultat est obtenu pour la tomate.

« Permettez-moi d'appeler votre attention sur un nouveau produit breveté par M. Ch. Eymar, de notre ville, qui parait appelé à rendre de grands services.

« Ces Messieurs produisent une poudre contre le Mildew et la maladie des pommes de terre, qui évite l'emploi des pulvérisateurs.

« Elle se compose de 10 p. 100 de sulfate de cuivre et de 90 p. 100 de phosphate en poudre impalpable, qui neutralise l'acidité du sel de cuivre et s'attache à la feuille sous l'influence de l'humidité de l'atmosphère, et permet en même temps de donner à la terre un engrais dont profitera la récolte suivante, car l'action de l'eau, de l'acide carbonique, de l'air, rend le phosphate assimilable et le cryptogame est détruit.

« Contre le Mildiou, cette poudre combat les attaques foudroyantes. Pour les propriétaires qui veulent en même temps combattre l'oïdum, cette maison combine le soufre au sulfate de cuivre et au phosphate, de manière à défendre la vigne par l'emploi de la poudre, seulement sans pulvérisateur. Je crois que ce procédé est appelé à un grand succès et doit rendre service, en le signalant, à vos nombreux lecteurs.

« Veuillez, etc.

B...

viticulteur à Montpellier.

BIBLIOGRAPHIE.

L'emploi des engrais.

La petite bibliothèque du *Progrès agricole* vient encore de s'enrichir d'un nouveau volume sur l'emploi des engrais, par M. C. V. Garola, professeur départemental d'agriculture, directeur de la station agronomique d'Eure-et-Loir. — Ecrit sur un nouveau plan, aussi pratique que simple, cet ouvrage est appelé à un grand succès auprès des cultivateurs.

Après avoir étudié les engrais au point de vue de leur emploi sur les diverses cultures, M. C. V. Garola les étudie au point de vue de leur valeur relative.

L'ouvrage a 112 pages, ce qui n'empêche pas l'administration du *Progrès agricole* de l'envoyer franco contre seulement *cinquante* centimes en timbres-poste adressés à M. Raquet, directeur du *Progrès agricole*, 1, rue Le Mattre, à Amiens.

En lançant cette nouvelle brochure, que son bas prix met à la portée de tous, notre confrère rend un nouveau service à l'agriculture, et nous le félicitons bien sincèrement de poursuivre aussi heureusement l'œuvre de vulgarisation agricole qu'il a entreprise.

Nous estimons en effet que ces publications modestes, mais pratiques, rendent au moins autant de services, sinon plus, que les gros volumes, qui, trop souvent, n'ont qu'un défaut : celui de n'être pas compris... quand encore ils sont lus.

Nous engageons donc tous nos lecteurs à se procurer l'ouvrage de M. Garola.

En même temps que l'*Emploi des Engrais*, le *Progrès Agricole* met également en vente un opuscule des plus intéressants sur « les Falsifications des denrées alimentaires » par M. Belison.

Pour recevoir les deux volumes *franco*, adresser 75 cent. en timbres-poste, à M. Georges Raquet, à Amiens.

PETITE POSTE.

M. Ch. D..., à A... (Orne). — *Emploi*. — Nous ne connaissons pas d'agence sérieuse pour ce genre d'emploi. C'est par des insertions dans les journaux à fort tirage et lus par les classes aisées que vous arriveriez à trouver cela. La publicité du *Soleil* est excellente.

M. R. H..., à C... (Oise). — *Arbres riverains*. — Les arbres de haute tige ne peuvent être plantés qu'à deux mètres de la ligne séparative des deux héritages ; mais si, depuis leur plantation, il s'est passé trente ans, sans réclamation du voisin, celui-ci ne peut plus demander leur arrachement, mais il peut toujours faire couper les branches qui avancent sur sa propriété. Le droit de faire couper les branches est imprescriptible (art. 671 et 672 du code modifiés par la loi du 20 avril 1881.)

Le fossé mitoyen doit être entretenu à frais communs (art. 667). Vous devez donc vous mettre d'accord avec votre voisin pour le curage, et l'y contraindre au besoin.

M. C..., à M... — *Mur mitoyen*. — Toutes les fois qu'on veut prendre un appui sur un mur construit à la ligne séparative des deux propriétés, il faut payer la mitoyenneté.

MENUS PROPOS.

Dernièrement est mort, sur les bords de la Marne, un des doyens des pêcheurs à la ligne.

Un de ses amis, chargé de l'oraison funèbre, termina ainsi son petit discours :

« Je vois avec une véritable joie que tous ceux qui ont touché une ligne, tous ceux qui ont amorcé un hameçon, ont tenu à accompagner notre ami à sa dernière demeure ! »

***

En police correctionnelle :

Le prévenu a été arrêté fouillant dans la poche d'un spectateur.

— On vous a pris au moment où vous retiriez le porte-monnaie, dit le président ; vous ne pouvez nier : qu'avez-vous à répondre ?

— Rien, mon président... il y a des jours où l'on n'a pas la main heureuse.

***

M. Prud'homme est très en colère contre les journalistes.

— Les journalistes, môssieu, de véritables malfaiteurs. .

— Oh ! oh !

— Oui, môssieu, et d'abord, la meilleure preuve, c'est quel'on dit toujours : la bande du journal !

***

En police correctionnelle.

Le président à un témoin :

— Quelle est la distance entre votre demeure et le marchand de vins chez lequel s'est perpétré le délit ? En combien de temps faites-vous le chemin ?

Le témoin, après un instant de silence :

— Est-ce pour y aller ou pour en revenir ?

BULLETIN FINANCIER.

Les débuts de la Bourse, sans être mauvais, n'ont pourtant pas été satisfaisants. Il est vrai de dire que peu à peu la contrainte qui semblait régner, au commencement de la séance, s'est apaisée, et que *la rente 3 0/0* a passé peu de temps après l'ouverture à 92 francs, après avoir fait 91 75. La clôture s'est effectuée à 91 82 1/2.

Le *3 0/0 Amortissable* a valu 91 70 et 91.90.

Sur le *4 1/2 0/0* on s'est montré moins empressé. Il finit à 106 37 1/2.

L'action du Crédit Foncier est ferme à 1235.

Dans sa séance hebdomaire du 25 juin, le conseil d'administration du Crédit Foncier a autorisé pour 3,311,198 fr. de nouveaux prêts ; dont 2,719,000 fr. en prêts fonciers et 592,198 francs en prêts communaux.

Les cours des obligations foncières et communales, dont la tendance s'est déjà sensiblement raffermie, vont désormais se trouver complètement soustraites à la pression à laquelle on les soumettait pour appuyer la campagne organisée contre le Crédit Foncier. Comment pourrait-on encore, après l'enquête officielle qui vient d'avoir lieu, essayer de faire naître un doute sur la solidité de ces valeurs ? Le public, qui les assimilait, au point de vue des garanties, à nos Rentes elles-mêmes, va trouver un motif de plus de persévérer dans son ancienne opinion.

Il est à prévoir qu'un vif courant d'arbitrages va prochainement s'établir en faveur des obligations à lots et des obligations sans lots.

Les Sociétés de Crédit demeurent calmes.

La Banque de France (ex-coupon de 79 38 1/2, soit net d'impôts 77 fr.) est à 4,175.

Le bilan hebdomadaire de la Banque de France arrête au 26 juin 1890, fait ressortir les différences suivantes sur celui de la précédente huitaine : Le chapitre de l'Encaisse métallique se décompose ainsi qu'il suit : L'Encaisse or est en plus-value de 2 millions. L'Encaisse argent a reculé d'un million environ.

Il y a une augmentation de 50 1/2 millions sur le Portefeuille et 11 millions sur le Compte Courant du Trésor. Les Comptes Courants Particuliers accusent une plus-value de 14,400,000 francs.

Les diminutions portent sur les billets en circulation pour une somme de 13,800,000 fr., et sur les avances pour 4 millions environ.

Les bénéfices réalisés pendant la huitaine se sont élevés à la somme de 387,007 francs.

On annonce pour le 30 juin courant et pour le 5 juillet deux émissions différentes :

La première, celle du 30 juin, est une émission de 50,000 obligations de la Compagnie des Chemins de fer Andalous.

Ces obligations font partie d'une émission de cent mille obligations dont la création a été autorisée par l'assemblée générale extraordinaire du 8 mai 1888.

On annonce, en outre, pour le 5 juillet, par les soins du Comptoir d'Escompte et de la Société Générale, de 16,667 obligations de première hypothèque de la Société hellénique du canal de Corinthe.

COUPON.

HALLES ET MARCHÉS.

CÉRÉALES. — *Marchés français.*

Prix par 100 kilogr.

REGIONS	BLÉ Prix moyen	BLÉ Hausse	BLÉ Baisse	PRIX MOYEN. Seigle	PRIX MOYEN. Orge	PRIX MOYEN. Avoine
Nord-Ouest....	24 42	» 23	0 03	16 62	17 45	20 55
Nord..........	23 92	» 07	»	15 52	19 37	20 90
Nord-Est......	24 82	» 05	»	15 67	20 04	20 60
Ouest.........	24 97	» 13	»	17 25	18 15	20 54
Centre........	24 83	» 06	»	17 »	19 29	21 06
Est...........	24 85	» 07	»	17 »	19 58	20 98
Sud-Ouest	25 44	» 17	»	8 83	18 37	22 25
Sud...........	25 10	» »	0 05	18 03	17 60	21 61
Sud-Est......	24 47	» »	»	17 95	17 15	20 75
Prix moyens..	24 75	»	»	7 15	18 55	20 97
Sur la huitaine préc. Hausse	» 05	»	»	» 06	» 15	» 12
Sur la huitaine préc. Baisse	»	»	»	»	»	»

1re région. NORD-OUEST.	BLÉ 1re qualité	BLÉ Prix moyen	Seigle Prix.	Orge. Prix.	Avoine Prix.
Calvados. — Caen..	26 »	25 25	16 »	19 »	22 »
C.-d.-N. — Lannion..	24 25	23 50	»	16 50	18 50
Finistère. — Morlaix	24 25	23 50	»	17 »	19 50
I.-et-V. — Rennes..	25 75	25 »	»	16 75	20 50
Manch. — Cherbourg	25 25	24 50	»	»	22 50
Mayenne. — Laval..	26 50	25 25	»	»	19 »
Morb. — Hennebont	23 50	22 75	16 50	»	20 50
Orne. — Sées.......	24 75	24 »	16 50	»	20 50
Sarthe. — Le Mans.	26 »	25 25	17 50	»	22 »
— Sablé.....	26 »	25 25	»	18 »	»
Prix moyens........	25 17	24 42	16 62	17 45	20 55
Sur la semaine précédente.. Hausse...	» »	» »	» 19	0 12	» 15
Sur la semaine précédente.. Baisse...	0 03	0 03	»	»	»

2e région. — NORD.

Place	Blé 1re qualité	Blé Prix moyen	Seigle	Orge	Avoine
Aisne. — Soisson..	25 25	24 50	15 25	»	20 50
— Chauny..	24 50	23 75	14 75	»	21 »
Eure. — Evreux....	25 »	24 25	15 25	18 50	21 75
E.-et-L. — Chartres..	25 25	24 50	»	»	20 50
— Nogent-le-Roi	25 25	24 50	14 25	19 50	20 50
Nord. — Lille	23 50	22 75	16 25	19 75	21 75
— Douai.....	25 50	24 75	»	»	22 »
Oise. — Compiègne.	24 75	24 »	15 »	18 »	20 »
— Beauvais...	23 75	23 »	16 50	20 75	21 75
Pas-de-Cal. — Arras.	23 75	23 »	15 25	19 75	19 50
— Bapaume.	23 25	22 50	16 »	18 »	17 50
Seine. — Paris	25 »	24 25	16 35	20 75	21 50
Seine-et-M. — Meaux	25 »	24 25	15 »	19 »	20 75
— Montereau	26 »	25 25	16 »	»	21 »
S.-et-O. — Mantes..	25 25	21 50	16 »	19 25	21 25
— Versailles.	25 75	25 »	15 50	22 »	24 »
Seine-Inf. — Rouen.	24 75	24 »	15 50	19 50	22 75
Somme. — Amiens.	24 50	23 75	15 »	19 25	21 »
— Abbeville	22 75	22 »	16 »	17 25	19 25
Prix moyens	24 67	23 92	15 82	19 37	20 90
Sur la semaine précédente. Hausse...	0 07	0 07	»	0 11	»
Sur la semaine précédente. Baisse ...	»	»	0 05	»	0 13

3e région. — NORD-EST.

Place	Blé 1re qualité	Blé Prix moyen	Seigle	Orge	Avoine
Ardennes. Charleville	25 50	24 75	16 50	21 »	21 »
— Vouziers.	24 75	24 50	14 75	19 25	20 25
Aube. — Bar-sr-Aube.	25 50	24 75	»	»	20 75
— Bar-sr-Seine.	25 25	24 »	»	20 50	21 75
Marne. - Châlons-sr-M	25 75	25 »	15 75	»	22 »
— Reims.	24 75	24 »	15 25	20 50	20 50
Hte-Marne. - Langres.	25 25	24 50	15 7	»	9 »
Meurthe. — Nancy.	25 25	24 75	»	19 50	20 25
Meuse. — Bar-le-Duc.	25 25	24 75	15 25	19 50	20 50
Vosges. — Epinal...	26 50	25 75	16 50	»	20 »
Prix moyens........	25 37	24 82	15 67	20 04	20 60
Sur la semaine précédente. Hausse...	» 05	» 05	»	» 21	» 18
Sur la semaine précédente. Baisse ...	»	»	»	»	»

4e région. — OUEST.

Place	Blé 1re qualité	Blé Prix moyen	Seigle	Orge	Avoine
Charente. Angoulême	26 »	25 25	18 75	19 »	20 75
Char.-Infér. Marans.	25 »	24 2	»	»	20 »
Deux-Sèvres. Niort.	25 75	25 »	»	»	20 75
Indre-et-Loire. Bléré.	25 »	24 25	17 25	19 »	19 »
— Châteaurenault.	27 »	26 25	16 »	18 »	20 »
Loire-Infér. Nantes.	25 75	25 »	»	»	20 50
Maine-et-L. Saumur.	26 25	25 50	»	»	21 50
— Angers.	26 25	25 50	16 50	»	20 50
Vendée. — Luçon..	26 »	26 25	»	14 50	19 75
Vienne. — Poitiers.	26 »	25 25	»	18 25	20 25
Hte-Vienne. Limoges.	24 »	23 25	16 75	»	23 »
Prix moyens.......	25 72	24 97	17 05	18 15	20 51
Sur la semaine précédente. Hausse...	0 13	0 13	0 19	0 15	0 25
Sur la semaine précédente. Baisse ...	»	»	»	»	»

5e région. — CENTRE.

Place	Blé 1re qualité	Blé Prix moyen	Seigle	Orge	Avoine
Allier. — Moulins..	25 75	25 »	16 25	18 75	19 50
Cher. — Bourges...	25 »	24 25	17 »	»	20 75
— Vierzon...	25 25	24 50	»	20 »	19 75
Creuse. — Aubusson.	25 50	24 75	17 »	»	22 50
Indre. — Issoudun.	25 02	24 25	17 50	19 »	20 »
— Châteauroux.	26 »	25 25	»	»	21 50
Loiret. — Orléans..	25 50	24 75	17 »	18 75	21 25
Loir-et-Cher. Blois.	26 50	24 75	17 25	20 »	20 50
Nièvre. — Nevers..	25 50	24 75	»	»	21 50
Puy-de-Dôme. Riom.	25 »	24 25	18 »	19 75	21 50
Yonne. St-Florentin.	25 75	25 »	»	»	22 25
— Sens.......	25 25	25 5	16 »	»	21 75
Prix moyens	25 58	24 83	17 »	19 29	21 06
Sur la semaine précédente. Hausse...	0 06	0 06	»	0 12	0 04
Sur la semaine précédente. Baisse...	»	»	0 16	»	»

6e région. — EST.

Place	Blé 1re qualité	Blé Prix moyen	Seigle	Orge	Avoine
Ain. — Bourg......	26 50	25 75	17 50	»	18 »
Côte-d'Or. — Dijon.	25 75	25 »	15 50	21 50	20 50
— Semur..	25 »	24 25	»	»	19 »
Doubs. — Besançon.	25 25	24 50	17 »	»	20 »
Isère. — Voiron..	25 25	24 50	16 50	16 50	19 »
— Bourgoin..	25 50	24 75	17 25	17 50	20 »
Jura. — Lons-le-S..	26 50	25 75	17 25	20 »	22 »
Loire. — Montbrison.	26 »	25 25	18 »	»	21 »
Rhône. — Lyon	25 75	25 »	17 75	22 50	21 50
Saône-et L. Chalon.	25 75	25 »	17 »	19 50	22 »
Haute-Saône. — Gray	25 50	24 75	16 25	»	20 25
— Vesoul.	25 25	24 50	16 50	17 50	19 25
Savoie. — Chambéry.	26 75	26 »	17 50	»	22 »
Hte-Savoie. La Roche	23 75	23 »	»	»	19 50
Prix moyens	25 60	24 85	17 »	19 58	20 28
Sur la semaine précédente. Hausse...	0 07	0 07	0 05	0 46	0 27
Sur la semaine précédente. Baisse...	»	»	»	»	»

7e région. — SUD-OUEST.

Place	Blé 1re qualité	Blé Prix moyen	Seigle	Orge	Avoine
Ariège. — Pamiers.	27 »	26 25	»	»	23 50
Dordogne. — Piégut.	26 25	25 50	19 »	»	»
Hte-Garonne. Toulouse	27 5	26 75	18 »	18 75	22 50
Gers. — Mirande...	27 50	26 75	»	»	21 75
Gironde. — Bordeaux	25 75	25 »	»	»	21 75
Landes. — Dax....	25 »	24 25	17 50	»	»
Lot-et-Garonne. Agen	27 50	26 75	20 »	18 »	22 »
B.Pyrénées. Bayonne	24 75	24 »	»	»	22 »
H.Pyrénées. Tarbes.	24 50	23 75	»	»	»
Prix moyens.......	26 19	25 44	18 83	18 37	22 25
Sur la semaine précédente. Hausse...	0 17	0 17	»	0 37	0 13
Sur la semaine précédente. Baisse...	»	»	0 27	»	»

8e région. — SUD.

Place	Blé 1re qualité	Blé Prix moyen	Seigle	Orge	Avoine
Aude. Carcassonne.	27 »	26 25	»	»	22 25
Aveyron. — Rodez..	26 »	25 25	20 25	»	21 50
Cantal. — Mauriac.	25 25	24 50	20 50	»	»
Corrèze. — Tulle...	25 »	24 25	18 »	15 »	21 25
Hérault. — Béziers.	27 50	26 75	»	18 50	21 75
Lot. — Figeac......	24 »	23 25	14 75	»	19 50
Lozère. — Mende...	24 50	23 75	20 50	19 75	20 75
Pyrén.Or. Perpignan	24 50	23 75	17 75	18 25	23 50
Tarn. — Gaillac....	27 50	26 75	16 »	»	22 »
Tarn-et-G. Montauban	27 25	26 50	16 50	16 50	21 75
Prix moyens.......	25 85	25 10	18 03	17 60	21 61
Sur la semaine précédente. Hausse...	»	»	0 07	»	0 04
Sur la semaine précédente. Baisse...	0 05	0 05	»	0 05	»

9e région. — SUD-EST.

Place	Blé 1re qualité	Blé Prix moyen	Seigle	Orge	Avoine
H.-Alpes. St-Bonnet.	24 25	23 50	16 75	15 50	20 »
B.-Alpes. Manosque.	25 »	24 25	»	»	20 »
Alpes-Marit. Nice..	25 »	25 25	18 50	»	»
Ardèche. — Privas.	26 25	25 50	18 75	15 75	20 25
B.-du-Rhône. Arles.	25 50	24 75	»	17 50	20 75
Drôme. — Valence.	25 25	24 50	17 »	»	22 »
Gard — Nîmes....	25 25	24 50	»	16 50	21 25
Hte-Loire. — Le Puy.	26 25	25 50	18 75	20 50	21 »
Var. — Draguignan.	25 »	24 25	»	»	»
Vaucluse. Orange..	24 50	23 75	»	»	»
Prix moyens.......	25 22	24 47	17 95	17 15	20 75
Sur la semaine précédente. Hausse...	»	»	0 08	»	»
Sur la semaine précédente. Baisse...	»	»	»	0 15	20 75

ALGÉRIE.	Blé. tendre	Blé. dur.	Seigle	Orge.	Av.
Constantine.......	»	»	»	»	»
Alger..............	»	»	»	»	»
Oran	25 25	21 50	»	12 75	16 75

Farines de consommation.

La tendance reste ferme avec une vente régulière en boulangerie.

MARQUE DE CORBEIL	58 fr. (36 94 100 k.). 159 kil.	100 k.
Marques de choix	58 à 59	36 94 à 37 58
Premières marques....	57 58	36 30 36 94
Bonnes marques.....	55 56	35 03 35 66
Marques ordinaires....	54 55	34 39 35 03

Le sac de 159 k., toile à rendre, franco au domicile des acheteurs à 30 jours sans escompte, ou au comptant avec escompte de 1 1/2 0/0.

Fourrages et pailles.

Paris, La Chapelle.

	1re qté.	2e qté.	3e qté.
Foin nouveau	48 à 50	45 à 47	42 à 44
Luzerne nouvelle ...	47 48	44 46	40 43
Paille de blé	36 38	34 35	31 33
Paille de seigle	34 36	31 33	27 30
Paille d'avoine	27 28	24 26	20 23

Le tout aux 104 bottes dans Paris.

COURS DE DIFFÉRENTS MARCHÉS (par 100 kil.).

	Paille.	Foin.
Beauvais........	5 »	6 »
Nevers	4 50	6 50
Blois...........	4 »	6 75
Douai...........	4 75	9 »
Toulouse........	4 75	6 »
Angers..........	4 50	5 25
Orléans.........	5 50	6 »
Lyon............	4 25	6 25

Issues, les 100 kil.

Les prix sont bien tenus en raison de la rareté des offres.

Nous cotons par 100 kil. en gare d'arrivée à Paris :

Son écaille..........	12 50 à	12 75
— gros	12 »	12 25
— trois-cases.......	11 50	11 75
— fin	10 75	11 »
Recoupettes.........	11 50	» »
Remoulages blancs......	18 »	» »
— bâtards.......	14 50	15 50

MARCHANDISES DIVERSES.

Fécules.

La fécule continue son mouvement de hausse ; la demande devient plus active avec le beau temps.

Les 100 kil.

Paris. — Fécule 1re, grains	28 » à	29 »
dito verte	» »	» »
Oise. — Fécule 1re, grains	26 »	27 »
Vosges. — Fécule 1re, grains ...	28 »	29 »
Loire. — Fécule 1re, grains	27 »	» »
Auvergne. — Fécule 1re, grains. .	27 »	» »
Fécules secondes selon qualité....	20 »	22 »

Pommes de terre.

Les 1.000 kil.

Hollandaises	60 » à	80 »
Magnum bonum	60 »	65 »
Early roses	50 »	52 »
Saucisses	62 »	72 »
Rondes..............	45 »	50 »
Chardonnes	35 »	40 »

Tourteaux, les 100 kil.

	Colza	Œillette	Lin	Cam.
Lille	16 » à » »	16 » à 17 50	20 » à 21 »	15 50
Arras	16 » 16 50	13 » 15 50	17 75 » »	16 »
Gd Moulin Corbeil	15 50		9 75	
	Cephra	Arachide déc.	Sésame	Colza
Marseille	12 25 à 12 75	14 »	13 » à 13 50	1 75

GRAINES DIVERSES.

Maïs, les 100 kil.

Paris ..... 10 75 à 12 75	Agen...... 14 50 15 25
Alais ..... 14 25 15 »	Grenoble.. 14 50 15 »
Ruffec 13 75 14 75	Reims..... 14 25 14 75

Sarrazin, les 100 kil.

Paris...... 17 25 à 18 25	St-Pierre.. 14 50 à 15 75
Mayenne.. 15 » 16 »	Nantes.... 14 50 15 50
Rennes.... 14 75 15 25	Orléans ... 14 75 15 50

Légumes secs, les 100 kil.

	Haricots	Pois	Vesces	Lentilles
Paris......	20 à 47	21 à 26	» »	45 à 70
Rouen.....	42 57	50 68	26 28	77 »
Marseille..	18 30	23 32	25 34	19 24 50

Graines fourragères, les 100 kil.

Luz. de Prov.	155 à	180	Minette.	40 à	45
— du Poitou	100	155	Sainfoin à 2 c..	28	30
— d'Italie..	130	160	Sainfoin à 1 c..	25	28
Trèfle blanc..	100	130	Pois jarras. . .	20	21
— violet..	65	105	Vesces.	21	23

Huiles.

COLZA BRUT. — Les acheteurs sont rares et les prix sont en baisse de 25 c. On fait du courant du mois à 69 75, du juillet et août à 68 fr. et des quatre premiers mois à 64 75.

On cote au début de la réunion :

Disponible	69 75 à	» »
Livrable courant du mois.	69 75	» »
Juillet.	69 »	68 50
Juillet et août	68 »	» »
4 derniers mois.	66 50	66 25
4 premiers mois	64 75	» »

LIN. — Les affaires sont nulles et les prix sont nominaux.

On cote au début de la réunion :

Disponible	56 50 à	56 75
Livrable courant du mois.	56 50	56 75
Juillet.	56 50	56 75
Juillet et août.	56 50	57 »
4 derniers mois.	55 50	55 75
4 premiers mois	55 25	» »

Les 100 kil. net, logés, escompte 1 0/0.

Pétrole.

Les prix ne varient pas ; nous cotons par wagon complet et pour marchandise disponible :

L'huile de pétrole raffinée vaut 49 fr. 50 ; l'essence rectifiée 60 fr. 50 les 100 kil.

On cote à l'hect. pour le détail :

PETROLE RAFFINE disponible .	39 50 à	» »
ESSENCE RECTIFIEE, disponible	42 25	» »

Laines.

LE HAVRE, 25 juin.

Laines à terme Buenos-Ayres en suint, calmes. Ventes, 400 balles.

Juin 158 »», juillet 158 »», août 159 »», septembre 160 »», octobre 160 »», novembre 160 »», décembre 160 »», janvier 1891, 160 »», février 160 »», mars 160 »», avril 160 »», mai »» »».

ANVERS, 24 juin.

Laines : calmes. Prix moyens des Plata ; on cote en suint : Contrat C. juin à août, 1 52.

Peignés allemands de La Plata : Contrat B, sur juin 5 30 »/», juillet 5 32 1/2, août 5 32 1/2, septembre, octobre, 5 30 »/», novembre, 5 30 »/». décembre, 5 30 »/», janvier, 5 27 1/2, février, 5 27 1/2. Ventes, 195,000 kil. Contrat M. juin 5 40 »/».

ROUBAIX-TOURCOING, 24 juin.

Laines à terme. Qualité peignée de fabrique, type n. 1 (clôture) : juin 5 45 »/», juillet, » »» »/», août 5 45 »/», septembre 5 47 1/2, octob. 5 50 »/», novembre » »» »/».

Marché ferme. Ventes, 130,000 kil.

Sucres.

Sucres raffinés. — La demande est plus active et les prix sont fermement tenus.

Nous cotons, selon marques et époques de livraison, de 103 50 à 104 50 les 100 kil au comptant, sans escompte.

Sucres cristallisés n° 3, acquitté 94 » à 94 50; extra 95 » les 100 k., en poudre, 95 » à 95 50 les 100 kil.

Sucre cassé à la mécanique. . .	109 50 à	110 »
Cassons.	101 50	102 »
Menus déchets	101 »	101 50
Semoule	104 »	105 »
Glace.	99 »	100 »
Sucre en poudre.	101 50	103 50

Alcools. — Prix de l'hectol. nu, au compt.

Paris. 3/6 fin, betteraves, 1re qualité, l'hectolitre.			Lille, disp	37 » à	» »
			Cette	90 »	110 »
90° dispon.	36 50 à	» »	Nimes...	81 »	100 »
Juillet....	37 »	» »	Béziers..	75 »	100 »
4 derniers.	38 50	» »	Pézenas.	80 »	96 »

Raisins secs à boisson.

(Cours de la maison Audibert, 53, rue des Minimes, à Marseille).

Corinthe, **Roi de Grèce**, petits grains Extra 1er choix.......	100 kilos		49.00
Corinthe, **le Turban**, gros grains....................	»	»	45.00
Corinthe petits grains, 1er choix.	»	»	45.00
Thyra, 1er choix.............	»	»	39 00
Thyra, ordinaires.............	»	»	35.00
Samos noirs, 1er choix.........	»	»	40 00
— muscasts, 1er choix.......	»	»	40.00
Figues à distillerie...........	»	»	27.00
Pachas, magnifiques, gros grains noirs, égrappés, mangeables, seul dépôt en France.	»	»	70 »
Royaux, délicieux pour familles, en caisses de kilo net. la caisse		»	0.95

Engrais. — Prix des 100 kil. :

Matières diverses pour engrais. — Cours commercial sur la place de Paris, par 100 kil., pour des ventes en gros de 30.000 kil. au moins.

Sang desséché moulu.	11/13 0/0 azote	20 90 à	24 70
Viande desséchée....	9/11 0/0	—	15 50	19 »
Cornes broyées......	13/14 0/0	—	21 »	22 25
Cuir désagrégé......	8/9 0/0	—	9 25	10 50
Laine engrais........	3 à 4 0/0	—	» »	» »
Nitrate de soude.....	15/16 0/0	—	19 75	20 75
Nitrate de potasse...	95 0/0	—	46 »	46 25
— ...	90 0/0	—	44 »	» »
Muriate de potasse...	80 0/0	—	» »	» »
Sulfate de potasse...	90 0/0	—	25 25	25 60
Sulfate d'ammoniaq..	20/21 0/0	—	31 25	31 50
Chlorure de potassium	90 0/0	—	22 50	23 25
— Stassfurt.	80 à 85 0/0	—	17 50	» »
Cornes, cornailles pour brûler.....			» »	» »
Déchets fins de cornes, frisures...			» »	» 05

Phosphates des Ardennes. — En gare des Ardennes et de la Meuse, en sacs (les 100 kil.).

Pulvérisés. 14/16 0/0, acide phosph..	3 40 à	» »
— 18/20 0/0, —	4 »	» »
— 16/18 0/0, —	3 60	» »

Phosphates de Tavel.

50/», la tonne........................ 60 » à » »

Phosphates de l'Yonne. — Les 1.000 kil.

Moulus en sacs, wag. gre Toucy. 40 à 35 0/0 40 à 45

Phosphates de l'Auxois, Marigny Epoisses.

Pulvérisés 60 à 65 0/0............... 6 80 à 7 »

Sulfate de cuivre.

Les 100 kil .... 66 à 66 50.

Phosphates du Boulonnais 40/45...	4 60 à	» »
— de Pernes.............	6 25	» »
— du Cambresis 28/35....	3 75	4 »
— du Lot 30/50..........	3 »	4 50

Superphosphates, poudres d'os, etc.

Les 100 kilogr.

Phosph. préc. 35 à 40 °/₀ acide phosph.	17 »	» »
— — 40 à 45 °/₀ —	19 »	» »
Superphosphates fossiles, 10 °/₀ acide phosphorique soluble et assimil. (les 100 kilog.)..................	6 30	» »
Superphosphates fossiles, 16 à 18 °/₀.	9 15	» »
— d'os, 16 à 18 °/₀, acide phosph..	12	10 »
Poudres d'os bruts.................	» »	13 50

Engrais spéciaux. — Les 100 kilog.

Guano du Pérou. 10 à 16	Eng. chim.	
Guan du Pér. diss. 32 à 20	de H. Joulie,	
Guan. az. fixe. 26 » à 27 »	Lag	15 » à 23 »

BEURRE, ŒUFS, VOLAILLES.

Paris, 25 juin.

Beurres en mottes.

L'arrivage d'hier a été de 10,238 kil.

L'arrivage approximmatif a été de 53,000 kil.

Beurres en livres.

L'arrivage d'hier a été de 10,195 kil.

Fermiers	au kilo		Touraine	au kilo	
Extra.......	2 50 à	2 60	Extra.......	2 20 à	2 30
1er choix.....	2 40	2 50	1er choix...	2 10	2 20
2e choix.....	2 20	2 30	2e choix....	2 »	2 10
Ordinaire...	2 »	2 10	Ordinaire ...	1 80	1 90
Bourgogne			Vendôme		
Choix.......	1 90	2 »	1er choix.....	2 10	2 20
Ordinaire ...	1 70	1 80	2e choix.....	2 »	2 10
			Ordinaire ...	1 80	1 90
Gâtinais			Beaugency		
1er choix.....	2 20	2 30	1er choix.....	2 10	2 20
2e choix.....	2 10	2 20	2e choix.....	2 »	2 10
Ordinaire ...	1 90	2 »	Ordinaire ...	1 80	1 90
Le Mans			Fausse Touraine		
Choix.....	1 80	1 90	Choix.......	2 »	2 10
Ordinaire ...	1 70	1 80	Ordinaire ...	1 80	1 90

Œufs, *le mille :*

Normandie. (Extra)	80 à	59	Bourgogne . .	70 à	75
Picardie . . (Extra)	84	108	Champagne. .	72	75
Brie. . . . (Extra)	80	88	Nivernais . . .	67	70
Touraine gr. .	78	86	Cosne.	72	74
Touraine ord. .	68	75	Bourbonnais. .	65	68
Beauce.	78	85	Bretagne . . .	60	65
Orne.	65	75	Vendée	62	68
Picardie ord. .	70	80	Auvergne. . .	60	64
Châtellerault. .	70	72	Midi.	66	70

Volailles et Gibiers.

Canards :			Pigeons :		
nantais (jeunes)	3 » à	6 »	maconnais.	» 80 à	1 60
de ferme...	2 75	4 50	italiens	» 75	1 50
Dindes nouv.	4 »	10 »	bizets......	» 70	1 30
Oies nouvelles	4 »	6 »	Poulets :		
— (2e qté).	2 50	4 »	nantais	3 »	6 »
Pintades...	3 »	5 »	touraine...	3 »	6 »
Lapins domestiques.	1 50	4 »	gâtinais....	3 »	6 »
			du Midi....	2 50	3 50
Chevreaux.	» »	» »	communs..	1 50	2 50

Marché plus ferme. Cours fournis par MM. de Bridiers, Jouslin et Scelle, facteurs assermentés, 2, rue de Valois, Paris.

BESTIAUX.

LA VILLETTE, 26 juin. — Bestiaux. — Vente très difficile sur le gros bétail, sur les moutons, très mauvaise sur les veaux, et difficile sur les porcs.

Cours officiels.	Amenés.	Vendus.	Poids moyen.	1re qualité.	2e qualité.	3e qualité.	Prix extrêmes.
Bœufs..	1.438	1.241	348	1 62	1 44	1 26	1 18 à 1 66
Vaches.	458	430	238	1 56	1 36	1 16	1 12 1 60
Taureau	145	132	389	1 40	1 30	1 18	1 14 1 44
Veaux..	1.618	1.065	77	1 70	1 60	1 50	1 30 1 90
Moutons	9.127	7.327	20	2 06	1 80	1 64	1 30 2 14
Porcs g.	4.177	3.969	77	1 60	1 54	1 48	1 42 1 68
Id. m.	»	»	»	» »	» »	» »	» » » »

Marché du lundi 23 juin.

	Amenés	Vendus	PRIX AU POIDS NET 1re qual.	2e qual.	3e qual.
Bœufs	2.237	1.938	1 64	1 48	1 28
Vaches.....	678	615	1 58	1 34	1 20
Taureaux ..	185	164	1 40	1 32	1 20
Veaux......	1.224	1.121	1 84	1 72	1 58
Moutons....	13.360	11.715	2 08	1 80	1 66
Porcs	2.129	2.102	1 62	1 56	1 50

	PRIX AU POIDS VIF 1re qual.	2e qual.	3e qual.	Prix extrêmes.
Bœufs	» 98	» 82	» 66	» 60 à 1 02
Vaches	» 93	» 74	» 58	» 54 » 98
Taureaux........	» 86	» 76	» 62	» 56 » 90
Veaux	1 10	» 91	» 82	» 68 1 24
Moutons.........	1 05	» 90	» 80	» 60 1 10
Porcs...........	1 10	1 06	1 02	» 96 1 14
Peaux de moutons en laine..........				2 20 » »
Id. id. demi-laine........				2 30 » »

Viandes abattues. — Criée du 20 juin.

		1re qualité.	2e qualité	3e qualité.
Bœufs	le kil.	1 20 à 2 50	1 » à 2 30	1 » à 1 76
Veaux....	—	1 60 1 76	1 40 1 56	1 20 1 36
Moutons ..	—	1 80 1 90	1 30 1 76	» 80 1 26
Porc entier	—	1 44 1 56	1 24 1 40	1 06 1 20

Cuirs et peaux, les 50 kil.

Taureaux.	35 50 à	38 50	Vaches lourdes	35.75	39.75
Gros bœufs	43 75	49 50	— de bandes	33.75	37.50
Moy. bœufs	42 50	43 25	Gros veaux..	56.25	62.25
Pet. bœufs.	34 75	36 25	Petits veaux	64.75	65.50

Chemins de fer de Paris à Lyon et à la Méditerranée.

La Compagnie met à la disposition des voyageurs, dans chacun des compartiments de ses voitures de 1re et 2e classes, un *Guide-Album*.

Ce volume, suspendu sous le filet par de légères courroies faciles à décrocher, donne la description de toutes les villes du réseau et contient, en outre, une partie historique et anecdotique largement développée, qui rend aussi attrayante qu'instructive la lecture du *Guide-Album*.

CHEMINS DE FER DE L'OUEST

A l'occasion des courses de chevaux.

Train de plaisir à marche rapide de Paris à Rouen.

Aller et retour : 3e classe, 6 francs ; 2e classe, 8 francs.

Aller : Départ de Paris (Saint-Lazare), dimanche 29 juin 1890, à 6 h. 50 matin.

Retour : Départ de Rouen (R. G.), dimanche 29 juin 1890, à 8 h. 25 soir.

CHEMINS DE FER DU NORD.

Courses de Compiègne.

Dimanche 29 juin 1890, train de plaisir.

Départ de Paris à 9 h. 5 matin, arrivée à Compiègne à 10 h. 34 matin.

Départ de Compiègne à 9 h. 5 du soir, arrivée à Paris à 10 h. 30 du soir.

Prix des places (aller et retour) : 2e classe, 6 fr. 75 ; 3e classe, 5 francs.

Médaille d'Or. * Exposition Universelle 1889. * Médaille d'Argent.

GRAINETERIE A CÉDER

Quartier riche. Clientèle bourgeoise. Grande habitation et grands magasins. Affaires, 150,000 francs par an. Bénéfice net de tous frais, par an, 12,000 francs.

On traitera avec 25.000 francs, compris les fonds de roulement.

Ecrire ou voir le matin
M. DAGORY, 149, rue Lafayette, Paris.

MALADIES DU BÉTAIL
ET DE LA VOLAILLE

Leur traitement préventif et curatif

PAR L'ACIDE SALICYLIQUE

L'acide salicylique, employé dans la nourriture à la dose de 1/2 à 1 gramme par jour et par tête de bétail, est le meilleur préservatif des maladies qui procèdent par contagion : Sang de rate, Cocotte, Maladie aphtheuse, Erysipèle, Typhus, Morve, Variole et le Rouget des porcs, etc.

Des attestations nombreuses de guérisons obtenues pour la Cocotte et le Rouget des porcs ont été reproduites dans le *Journal l'Agriculture*.

La désinfection des étables, des écuries se fait instantanément au moyen d'un arrosage d'eau salicylée à 2 grammes par litre.

S'adresser à M. CERCKEL, administrateur de la *Compagnie de produits antiseptiques*, 26, rue Bergère, Paris.

Envoi sur demande de Prospectus et Brochures.

Prix du kil. 25 fr. — Boite de ménage, 2 fr.

SALAISON DES FOINS

Nourriture du bétail

et Engrais des terres.

Sel neuf dénaturé au Tourteau de colza, 55 fr. les 1,000 kilos.

Sel neuf dénaturé au Peroxyde de fer, 50 fr. les 1,000 kilos.

Sel de Morue pur, 45 fr. les 1,000 kilos.

Expéditions de Fécamp et de Bordeaux.

S'adresser à M. A. LE BORGNE, négociant à Fécamp (Seine-Inférieure).

L'Administrateur-Gérant : Joseph FREY.

Beauvais. — Imp. D. Pere. — A. Cartier, Gérant.

PHARMACIE SAVARY

AMIENS, 33, Place Saint-Denis, 33, AMIENS
(EN FACE LE SQUARE).

PROVENDE AUX PHOSPHATES ASSIMILABLES
du Docteur DESCHAMPS.

Prix : 3 fr. le kilog.; 27 50 les 10 kilog. (Remises proportionnelles.)

Accroissement rapide des bestiaux, surtout chez les jeunes animaux, force nerveuse, fécondité, engraissement; prévient surtout la diarrhée chez les jeunes veaux. Qualité exceptionnelle du lait.

M. Lefebvre, cultivateur à Marcelcave, a élevé un veau en lui administrant de la Provende phosphatée pendant 60 jours : tué à 70 jours, ce veau pesait 193 kilog., chiffre officiel constaté à l'abattoir. La viande était très blanche, ainsi qu'est prêt à l'attester M. Oheix, boucher à Amiens.

Les attestations émanant des sommités françaises et anglaises les plus accrédités ont été données à M. SAVARY.

25 PRIX D'HONNEUR ET GRANDS PRIX, 200 MÉDAILLES OR, VERMEIL, ETC.

GRANDES CULTURES DE GRAINES POTAGÈRES, FOURRAGÈRES ET DE FLEURS

E. FORGEOT & Cie

fournisseurs du ministère de l'Agriculture, des Ecoles nationales d'agriculture, des Syndicats agricoles, etc.

PARIS, quai de la Mégisserie, 6 et 8

Appareils spéciaux pour épurer et nettoyer les graines

SPÉCIALITÉ DE GRAINES DE GRANDE CULTURE

luzernes et trèfles garantis sans cuscute, minette, vesces, sainfoins trèfles incarnats betteraves carottes, navets, choux-navets, pommes de terre

Blés à grand rendement, Avoines, Orges, Seigles. Graines d'arbres pour reboisement

Graines de graminées pour prairies

Notre Maison ne vend que des graines de provenances sûres, assurant les meilleurs résultats ; elle accepte le contrôle de la Station d'Essais des Semences, établie à l'Institut agronomique par le Ministère de l'Agriculture, contrôle auquel nous sommes soumis dès sa création. En conséquence, nos graines sont garanties de levée et d'une pureté irréprochable ; nos trèfles et nos luzernes sont garantis sans un seul grain de cuscute.

Grande et importante **Spécialité de Créations de Prairies.** Nous nous chargeons d'établir des compositions convenant à la nature de chaque sol, et d'avance nous en assurons la réussite.

Sur demande, nous adressons *franco* nos catalogues illustrés de graines potagères, fleurs, arbres, fourrages, ognons à fleurs, plantes, etc.

VINS DU BEAUJOLAIS ET DE MACON.

J. DAMIRON

propriétaire-viticulteur à Saint-Julien en Beaujolais (Rhône).

A la fois délicat et nourrissant, le vin du *Beaujolais* est sans contredit l'un des meilleurs vins de table.

Par leur finesse et leur bouquet, *nos grands crûs* rivalisent avec ceux du Bordelais et de la Bourgogne, tout en étant moins chers.

Notre Vignoble, presque entièrement reconstitué, est aujourd'hui en état de fournir à la consommation ses vins si appréciés. Voici un aperçu des prix :

Vin ordinaire 1888 et 1887	110 à 130 fr.
Bonnes Côtes id.	130 à 150
Saint-Julien id.	160 à 200
Morgon, Fleurie, Thorins (vins classes de 1880 à 1881)	250 à 500

Grands crûs de Bourgogne : Beaune, Pommard, Corton.

Vins en bouteilles par caisses de 12, 25 et 50.

Le tout logé et pris en gare du Vignoble.

La Maison accepterait des représentants sérieux munis de bonnes références.

La Propriété offre des vignes américaines, boutures et racines de choix, et des plants greffés soudés et racinés garantis. — *Prix modérés.*

Adresser les correspondances à Villefranche, 44, rue de Thizy.

CRÉDIT AGRICOLE
UNION DES SYNDICATS AGRICOLES DE FRANCE

9, rue Marsollier, PARIS

Agence à LYON, 234, cours Lafayette, S. PLISSONNIER, Directeur * M. A.

MACHINES AGRICOLES DE TOUS SYSTÈMES

TOURTEAUX et FARINES pour la nourriture du bétail.

ENGRAIS CHIMIQUES et ORGANIQUES, MATIÈRES PREMIÈRES

SEMENCES DE PREMIER CHOIX.

11e Année. — 2e Série. — No 545. Dimanche 6 Juillet 1890.

GAZETTE  AGRICOLE

JOURNAL HEBDOMADAIRE, PARAISSANT LE DIMANCHE

Rédacteur en Chef : M. Ch. GOSSIN, Professeur d'Agriculture à l'Institut agricole de Beauvais

PRIX DE L'ABONNEMENT

UN AN, 5 fr. — SIX MOIS, 2 fr. 50. — TROIS MOIS, 1 fr. 50

Pour l'étranger les abonnements ne sont reçus que pour un an, au prix de 6 francs, et ne partent que du 1er janvier ou du 1er juillet de chaque année.

Il est indispensable de joindre à toute demande de changement d'adresse la dernière bande d'adresse du journal et 50 centimes pour frais de nouvelles bandes.

Adresser les *Abonnements* et *Annonces* à l'administrateur, 13, quai Voltaire, Paris, ou à M. GOSSIN, rédacteur en chef, à BEAUVAIS.

BUREAUX

13, quai Voltaire, Paris.

Les abonnements partent du 1er de chaque mois et sont payables d'avance. Toute demande d'abonnement doit donc être accompagnée du prix de l'abonnement. (Le mode de payement le plus simple est l'envoi d'un mandat-poste.)

Donner *très lisiblement*, en s'abonnant, son nom et son adresse exacte, *avec l'indication du bureau de poste*; et, s'il s'agit d'une continuation d'abonnement, joindre au renouvellement la dernière bande d'adresse du journal.

La GAZETTE AGRICOLE insère gratuitement les Communications des Syndicats agricoles

AVIS IMPORTANT.

Les bureaux de la GAZETTE AGRICOLE *sont actuellement transférés*

13, quai Voltaire, Paris.

C'est à cette adresse que devront être envoyés les communications et correspondances.

Elles pourront aussi être adressées directement à M. Charles GOSSIN, professeur d'agriculture, rédacteur en chef, BEAUVAIS (Oise).

SOMMAIRE :

PARIS, 4 JUILLET.

C'est une disposition générale des vieillards dans tous les temps, de médire des mœurs de leur époque, trouvant que tout était beaucoup mieux dans leur jeune âge. Il est certain que le soir même d'un beau jour est inférieur au matin même d'un beau jour. Il ne l'est pas moins que si, depuis que les vieillards disent du mal de leur temps, l'événement leur avait donné raison, nous serions aujourd'hui au-dessous des brutes. Par contre, lorsqu'il s'agit de politique, cet esprit de médisance générale est fort contesté. Il en est, au contraire, qui, prenant tout changement pour un progrès, et tout progrès pour une amélioration, ne trouvent rien de bon dans le passé, par comparaison avec le présent, et surtout avec l'avenir qu'ils rêvent. Sans chercher à établir qu'il en est des peuples comme des individus, ayant leur enfance, leur jeunesse, leur âge mûr et leur vieillesse, il n'est pas contestable qu'il y a des périodes où les mœurs fléchissent, et où le mot de décadence relative est parfaitement applicable.

***

Sommes-nous réellement en décadence? C'est là un problème que le Bonhomme Deschamps ne se propose ni d'étudier, ni de résoudre ici; mais il est certain que, depuis quinze ans, sous le rapport des mœurs publiques et des habitudes d'esprit, la France n'a pas gagné. On ne veut pas parler, bien entendu, de la Commune et de ses horreurs, qui peuvent être considérées commes des hontes et des malheurs accidentels. Mais que la probité dans la vie publique, politique, administrative, soit en baisse, que le goût des plaisirs de tout ordre ait pris le pas sur l'accomplissement des devoirs sérieux, que la soif de l'argent, née de l'amour des jouissances, se soit accrue, et qu'enfin une déplorable curiosité pour les lectures et les spectacles malsains gagne de jour en jour toutes les classes de la société, ce sont là autant de faits que les moralistes les plus complaisants ne sauraient sérieusement mettre en doute. Il y a évidemment, depuis quinze ans, en France, — les exceptions hors de cause, bien entendu, — une dépression de sens moral, une déperdition de l'honnêteté publique, et un penchant plus prononcé à goûter au fruit défendu. Ces réflexions sont suggérées au Bonhomme Deschamps, bien qu'il ait eu déjà maintes fois l'occasion de les faire, par l'attention scandaleuse et la curiosité indigne que l'on accorde au retour de l'assassin de l'huissier Gouffé.

***

Sans doute, le reportage des journaux a sa part principale dans tout ce scandale, et il serait injuste de confondre la nation française avec sa presse. Mais l'offre est, en général, en rapport avec la demande, et les journaux seraient moins empressés à nous raconter les moindres actes du sieur Eyraud, s'ils n'avaient le sentiment de répondre par là aux besoins de leurs lecteurs. Il n'en est pas moins vrai que le spectacle est attristant. Il semble, en effet, qu'un pays qui a souffert de l'invasion, perdu deux de ses plus belles provinces, et qui est entouré de la malveillance, sinon de l'hostilité générale, à telles enseignes que sa sécurité peut être mise en question du jour au lendemain, a mieux à faire de ses loisirs qu'à lire les détails d'un misérable assassinat. Eh bien, depuis qu'Eyraud a quitté la Havane, où il a été arrêté, les journaux ne nous ont pas laissé ignorer un seul des incidents de son voyage pour la France. On est même allé jusqu'à nous donner des détails sur sa « rétention ». Ce n'est qu'un commencement, et besoin sera de s'armer de patience et de résignation pour supporter tout ce que l'on débitera jusqu'au dénouement de cette abominable affaire.

***

Mais il y a eu mieux encore que le reportage des journaux. Après tout la presse a renoncé depuis longtemps à la prétention mal fondée d'exercer un sacerdoce. Elle ne se donne plus comme une maîtresse de morale. Devenue industrielle et mercantile, elle se préoccupe avant tout de satisfaire à la clientèle. Ce n'est pas que nous entendions par là excuser les journaux ni leur donner raison; mais ils peuvent, à l'extrême rigueur, invoquer des circonstances atténuantes et mettre sur le dos de leurs lecteurs une partie du mal qu'il font. Ce qui est inconcevable et inqualifiable, c'est le rôle que la police aurait joué dans cette affaire. On a rapporté, et le fait n'a point été démenti, qu'à Saint Nazaire on avait fait traverser la ville à Eyraud dans une voiture découverte. La police, ou pour mieux dire le Gouvernement, n'ont pas, eux, les excuses ou si vous aimez mieux, les circonstances atténuantes du reportage. Leur devoir n'est pas de fournir à une curiosité malsaine de telles exhibitions et de se faire ainsi, au détriment des plus vulgaires convenances et au grand dommage des mœurs publiques, les amuseurs d'une population urbaine. Il faut vraiment que nous soyons tombés bien bas pour qu'une société avale comme de l'eau claire de pareilles monstruosités !

*
* *

C'est obéir à un esprit d'opposition aussi étroite que puérile, que de s'en prendre à propos de tout aux gouvernements. Ils ont bien assez de leurs responsabilités propres, pour ne pas leur en imputer qui ne leur reviennent pas. Mais ce serait mal connaître les peuples, et en particulier la nation française, qu'ils peuvent supporter impunément les mauvais exemples quand ils viennent de haut. Or, les bonnes mœurs d'un peuple sont un trésor précieux entre tous, et les gouvernements vraiment dignes de ce nom ont le devoir de les protéger et de les maintenir, bien loin de les corrompre. Le Bonhomme Deschamps laisse à ses amis le soin de décider jusqu'à quel point la République fait faillite à cette mission. Quant à lui, s'il sait et s'il apprécie à sa juste mesure le tort que nos maîtres ont fait aux intérêts matériels du pays, les poids et les balances lui manquent pour peser le mal causé aux bonnes mœurs par la « vraie *République* ». *Aujourd'hui il n'y a plus rien* de respectable, et les maximes élémentaires indispensables au maintien d'une société sont traitées comme des contes à dormir debout et bafouées comme des sornettes de portière. Ainsi le veut le régime plus encore que les hommes qui l'exploitent.

LE BONHOMME DESCHAMPS.

NOUVELLES DE LA SEMAINE.

L'emprunt. — Il paraît certain aujourd'hui que l'emprunt ne sera pas discuté avant la session d'automne. Le Gouvernement aime mieux attendre et ne pas provoquer une discussion générale du budget qui se prolongerait pendant cinq ou six semaines.

La session ordinaire serait close le 12 juillet prochain, après le vote des contributions directes.

Convocation d'électeurs. — Les électeurs de l'arrondissement de Nérac (Lot-et-Garonne) sont convoqués pour le 27 juillet prochain à l'effet d'élire un député, en remplacement de M. Fallière, nommé sénateur.

L'élection de Saint-Dié. — Nous voici à la veille de l'élection législative de Saint-Dié, fixée comme on sait au dimanche 6 juillet. Il s'agit de savoir si M. Jules Ferry, battu par le commandant Picot, mais ayant obtenu l'invalidation de l'élu, bien que n'osant plus se représenter, parviendra à mettre à sa place un homme de paille du nom ronflant de Tricoche (et Cacolet).

Le candidat ferryste mène sa campagne avec une désinvolture qui dépasse tout ce que le boulangisme avait inventé. Les éloges que le général Tricoche s'accorde libéralement font paraître le général Boulanger presque modeste.

Une brochure qui vient d'être mise en circulation dans l'arrondissement de Saint-Dié énumère tous les titres militaires de ce candidat incomparable. On y voit, entre autres choses, qu'étant simple lieutenant d'artillerie, il partit, de son autorité privée, pour aller combattre en 1849 la République romaine : « C'est la seule fois, dit un journal républicain, qu'il désobéit à ses chefs. » On apprend également aux électeurs que cet homme étonnant a réorganisé l'armée française après nos désastres de 1870. Vérification faite, il paraît qu'il fut chargé de diriger l'administration de l'armée de l'Est *lorsqu'elle fut entrée en Suisse.*

En rapprochant le fait de la version que le général en donne, on voit avec quelle simplicité ce soldat parle de lui.

C'est sans nul doute cette simplicité qui a séduit M. Jules Ferry. L'homme qui appelait un jour le général Boulanger « un Saint-Arnaud de café-concert » n'aurait pas donné son appui à un candidat qui ne serait pas modeste.

Des menaces. — Un ancien petit député rageur, connu sous le nom de « Petit Goblet », et qui a été ministre et même président du Conseil, a prononcé dimanche dernier, à Versailles, un discours rempli de menaces à l'adresse des opportunistes. M. Goblet, qui se dit « radical libéral », quelque chose comme « huile et vinaigre », a annoncé que le parti radical avait bien pu faire le mort pendant que le boulangisme était devenu un danger pour la République, mais que maintenant, que le boulangisme est mort et enterré, le parti radical reprenait ses droits.

Les opportunistes ont accueilli cette déclaration par des cris de malédiction, et voilà la guerre allumée au camp d'Aframant. D'ici peu le ministère en aura des nouvelles.

Les ouvriers et les accidents. — Le Gouvernement vient de saisir la Chambre d'un projet de loi relatif à la responsabilité des accidents dont les ouvriers sont victimes.

Ce projet organise l'assurance mutuelle obligatoire pour les accidents ayant occasionné la mort ou l'incapacité permanente absolue ou partielle du travail ou l'incapacité temporaire absolue d'une durée de trois mois au moins.

La contribution des patrons sera obligatoire. Elle sera perçue comme en matière de contributions directes et comportera les mêmes sanctions pénales pour le cas de non-exécution de la loi.

Un fonds de réserve sera constitué à l'origine pour le cas d'insolvabilité de tel ou tel patron.

La caisse des accidents administrera ce registre d'assurances. Elle fera les avances pour les indemnités et encaissera les contributions des patrons.

Des commissions locales dresseront dans chaque arrondissement la liste des accidents, qui sera formée pour toute la France par la caisse centrale des accidents.

Un règlement d'administration publique déterminera la liste des industries dont les chefs seront soumis à l'obligation de cette assurance mutuelle, ainsi que le coefficient de responsabilité attribué à chaque nature d'industrie.

A ce sujet, une remarque préalable se présente aux réflexions des gens sensés. Pourquoi le cabinet a-t-il laissé le Sénat consacrer d'interminables séances à la discussion et au vote d'un autre système que le projet actuel a pour but de supplanter ? C'est seulement au dernier jour de ces longs débats, quand le Sénat croyait avoir terminé son œuvre, que M. Jules Roche est monté à la tribune pour dire, en substance :

« Tout ce que vous avez fait ou rien, c'est la même chose. Je me réserve de saisir la Chambre d'une loi toute différente. »

On n'a jamais traité une Assemblée avec plus de sans-gêne.

Nécrologie. — M. Jules Hiroux, député d'Avesne, vient de mourir à l'âge de 63 ans.

Elu député, pour la première fois, en 1889, M. Jules Hiroux avait siégé, sans doute, voté, peut-être, mais il n'avait jamais parlé.

DES TAXES DOUANIÈRES d'importation relative au bétail étranger.

(SUITE) (1).

3° *Budget extraordinaire.*

On sait que, par suite des dépenses ressortissant au budget extraordinaire, les résultats de nos exercices financiers, depuis une dizaine d'années, se sont traduits par des déficits variant environ de 450 à 600 millions. Une partie des dépenses appartenant à ce budget extraordinaire ont eu pour objet de grands travaux publics. On a créé de nouvelles lignes de chemins de fer qui ont été construites soit directement par l'Etat, soit par les Compagnies elles-mêmes en vertu des conventions de 1883; on a creusé des ports en eau profonde, on a établi des digues et des quais de débarquement, on a augmenté et complété les voies de communication. Ces travaux, il est vrai, n'ont pas été soldés par les produits de l'impôt, à peine suffisants pour faire face aux charges du budget ordinaire; mais ils ont été alimentés par les emprunts proprement dits, et par ce qu'on est convenu d'appeler les ressources de la dette flottante, c'est-à-dire encore par l'appel au crédit, car la dette flottante n'est autre chose qu'une série d'emprunts à courts termes réalisés sous différentes formes. Ce budget extraordinaire vient donc chaque année augmenter le passif de l'Etat, dont elle aggrave les charges. Tôt ou tard, ces charges devront se traduire par de nouveaux impôts ou par l'émission de rentes consolidées. Or, si notre commerce intérieur jouit de ces grands travaux, n'est-il pas vrai que le commerce extérieur d'importation profite également dans une large mesure de nos chemins de fer, de nos ports et de nos quais de débarquement?

Il paraît donc absolument juste de réclamer aux importateurs étrangers au moins une partie quelconque de l'intérêt du capital dépensé. Par quelle augmentation de droits de douane cette revendication devra-t-elle s'exercer? C'est ce qu'il est impossible de préciser, et cette évaluation semble échapper à tout calcul. En avançant des chiffres, nous nous exposerions à ce reproche que *qui veut trop prouver ne prouve plus rien*. Toutefois cette considération générale doit entrer en ligne de compte pour augmenter ou au moins pour arrondir les chiffres.

En résumé, on voit combien sont lourdes les charges publiques et fiscales grevant une tête de gros bétail français, et dont il y aura lieu de tenir compte dans la détermination des taxes douanières. Elles s'élèveraient en ce qui concerne celles d'entre elles qui sont susceptibles d'être calculées, à 77 francs au minimum : nous disons *au minimum*, parce que nous avons pris pour bases de nos calculs les chiffres les plus faibles et les plus modérés. En conséquence, et eu égard à la considération d'ordre général tirée du budget extraordinaire, on doit quelque peu majorer cette évaluation, et on peut la porter hardiment au chiffre rond de 80 fr.

(1) Rapport présenté au Conseil de la Société des Agriculteurs de France.

Cette étude terminée, il serait intéressant maintenant d'opposer des faits aux calculs théoriques, et des faits s'appuyant alors sur la pratique et sur des situations agricoles existantes. Nous avons à citer deux monographies dans lesquelles l'impôt à la charge d'une tête de bétail a été évalué, d'une part, par des procédés analogues à ceux que nous avons employés, et, d'autre part, par une méthode toute différente.

Dans la Mayenne, les fermes, d'une étendue assez uniforme, ont approximativement de 25 à 30 hectares. D'après des relevés, soigneusement établis, elles rapporteraient en moyenne 8.360 francs de revenu brut et 3.800 fr. de revenu net; d'où on conclut que le revenu net est au revenu brut dans le rapport de 454 à 1.000, ou 45 0/0. Le revenu brut se décomposerait ainsi :

1° Blé .... Fr.	3.240
2° Orge ou avoine	1.120
3° Six bœufs vendus à l'âge de trois à quatre ans	2.950
4° Une vache vendue	300
5° Porcs vendus	350
6° Un poulain ou une vieille jument vendu	400
Total	8.360 fr.

Ce tableau présente pour le bétail un revenu brut de 3.250 francs (total des articles 3 et 4). Pour trouver le revenu net du bétail d'une ferme, on multiplie 3.250 des 0.454, et on obtient 1.475 fr. 50.

D'autre part, on a constaté par des études et recherches minutieusement faites, que dans la même région les impôts directs (principal et centimes additionnels), les prestations et l'enregistrement prélevaient sur la production nette un tribut de 26.50 0/0. En majorant ce chiffre de 6,50 0/0 pour le prorata des impôts indirects de toute nature, y compris l'impôt sur les transports et sur les voitures, la taxe sur les chiens, etc., on n'arrive à 33 0/0, montant des impôts de toute sorte grevant le revenu net agricole. En faisant alors l'application de ces 33 0/0 à la somme de 1,475 fr. 50 qui représente le revenu net annuel du bétail d'une ferme, on trouve que l'impôt supporté par les six bœufs et la vache vendus est de 486 fr. 91, ou, pour chacun des sept animaux, de 69 fr. 55, et finalement pour chacun d'eux annuellement, en admettant qu'ils aient quatre ans, 17 fr. 38.

Un propriétaire du département de l'Yonne, M. Houdaille de Railly, est arrivé par une autre voie à la solution du problème. Il a calculé le montant des impôts grevant un hectare de sa propriété et a réparti cette somme sur la production fourragère d'un hectare, afin de déterminer ainsi quelle quotité d'impôt supportait un kilogramme de foin, de maïs ensilé et de betteraves. Puis, comptant avec soin la nourriture absorbée par un bœuf depuis l'âge de six mois, époque de son sevrage, jusqu'à celui de six ans. Il a ainsi constaté qu'un animal de cinq ans et neuf mois avait payé par sa consommation un impôt de 85 fr. 38 ou de 14 fr. 84 par an.

Ces chiffres sont sensiblement plus élevés que celui qui ressort de l'étude théorique qui précède. Quoi qu'il en soit, une conviction s'impose : c'est que les charges fiscales supportées par l'élevage français sont extrêmement lourdes et certainement hors de proportion avec les profits, trop souvent aléatoires, à tirer de cette branche capitale de l'agriculture nationale.

JULES LE CONTE.

LES PRESTATIONS.

Un projet de loi, tendant à la suppression de *l'impôt des prestations*, a été déposé à la Chambre, ces jours derniers, par un député de la droite.

Ce projet intéresse trop vivement et trop directement les populations rurales pour que nous le passions sous silence.

Disons d'abord que ce qui a déterminé M. Peyrusse, l'auteur du projet, à prendre cette initiative, c'est l'injustice consacrée par la loi sur la matière qui dit dans son article 2 :

« En cas d'insuffisance de ressources ordinaires, il sera pourvu à l'entretien des chemins vicinaux à l'aide de prestations et de centimes spéciaux. »

D'où il résulte que les communes qui ont des ressources suffisantes peuvent dispenser leurs habitants de l'impôt des prestations, tandis que celles qui n'en ont pas sont obligées de le leur faire payer.

En d'autres termes, les communes riches se dispensent de cet impôt, les communes pauvres au contraire sont obligées de le subir.

Voilà ce qui se passe aujourd'hui, et il y a 1,658 communes, qui représentent plus du cinquième de la population totale de la France, qui profitent de cet avantage, c'est-à-dire qui ne payent pas cet impôt, que les populations rurales paient seules. Pourquoi? Tout le monde n'est-il pas intéressé aux chemins vicinaux comme aux chemins de fer?

Or, ce qui profite à tous ne doit-il pas être supporté par tous?

Tel est le juste mobile du projet de suppression.

Comment arriver à l'exécution?

L'auteur du projet croit pouvoir remplacer les ressources que donne l'impôt sur les prestations, par un impôt sur les quatre contributions directes, qui sera supporté par chacun, selon ses facultés et ses moyens.

C'est ici, pensons-nous, que les difficultés commencent.

Nous pensons bien qu'il sera un jour possible de réaliser cette réforme équitable, utile entre toutes, mais nous doutons fort que ce soit jamais avec un gouvernement écervelé et dissipateur, dont les Parlements et les gouvernants s'entendent pour faire sauter les millions comme muscade et fausser ou rendre illusoire, par toutes sortes de supercheries, le contrôle de la Cour des comptes,

Néanmoins il faut savoir gré à la Droite d'étudier mûrement et de préparer ainsi des réformes qu'un prochain avenir, nous en sommes convaincus, rendra aisément réalisables.

Ensilage des fourrages verts
Les fosses. — L'ensilage en plein air.
Les petits silos circulaires.

La question de l'ensilage des fourrages verts est maintenant complètement résolue. Cet ensilage est entré dans la pratique de beaucoup d'exploitations, et quand il est bien fait il réussit toujours.

Il est tout aussi facile de conserver en fosse des fourrages verts que des betteraves et des racines, et plus la matière est molle et humide, plus la conservation est assurée.

Quant aux avantages de l'ensilage, qui ne les connaît? ils sautent aux yeux.

Veut-on des exemples?

La saison a été favorable, la végétation des trèfles a marché avec vigueur, c'est à peine si la faulx peut entamer la récolte touffue et herbue.

Comment faire sécher tout cela?

Quelle masse de trèfle incarnat! Jamais le bétail ne pourra tout consommer, il y en aura de perdu. Et pourquoi? Gardez-vous de laisser durcir la tige et hâtez-vous d'ensiler ce que vous supposez ne pouvoir être consommé en vert par le bétail. Comme vous serez content de trouver cela en hiver.

Voilà le moment des troisièmes coupes et des regains, la saison est tardive, les travaux du *voyen* sont pressants; de plus, il pleut sans cesse.

Dans ces conditions, n'entreprenez pas la fenaison des regains. Elle vous demanderait trop de peine, vous coûterait trop d'argent, et peut-être pour pas grand'chose.

Hardi les faucheurs, coupez-moi tout cela à pleine faulx. Il pleut. Vous boirez un coup de plus, et vous toucherez de bonnes journées.

Maintenant, que les grands chariots accourent. Qu'on se hâte de les charger, de les remplir. Mettez encore, encore, et en route pour le silo!

Comme cela coule le long du chemin! Quelle rivière!

— « Bon, il en restera encore. » — « Trop, peut-être. » — « Non, je n'ai pas peur de l'eau dans le silo, non plus que dans le pot à choucroute. Plus le fourrage sera mouillé, plus l'air sera chassé et mieux il se tassera. »

Tout va bien. Mes quarante chariots sont dans la fosse, au-dessus même, et à une grande hauteur. Mais voilà que la masse s'affaise sensiblement, la voilà, au bout de trois ou quatre jours, presque descendue jusqu'à la surface de la fosse.

Allons, amis, tous sur le silo, sautez, gambadez là-dessus, foulez-moi surtout les bords, faites en sorte qu'il ne reste ni vide ni creux intérieurs. Maintenant, prenez ces madriers, disposés en réserve. Étendez-les sur le tas et couvrez-les de ces grosses pierres qui sont là aussi en réserve.

— « Patron, je ne voudrais pas être dessous.

— « Je crois bien, avec une pression de 800 k. par mètre carré. C'est pour le coup que ton ventre se raplatirait, hein Gros-Pierre?

« — Eh bien! voilà, c'est fini. Vous voyez que ce n'est ni bien malin, ni bien long. Regardez-donc le voisin qui part avec ses gens pour faire ses machets de regains pour la huitième fois. Parviendra-t-il enfin à sécher convenablement sa récolte, je le souhaite; en tous cas, pour mon compte, je suis tranquille, rien n'est perdu, et j'ai là-dedans quelque chose de bon. »

Et maintenant au *voyen*, à la charrue, semons nos blés!

*
* *

Quelle objection à ce procédé? Aucun.

Sans doute, en cela comme ailleurs, il faut se garder de toute exagération, de tout excès et ériger l'ensilage en système absolu,

L'ensilage toujours et quand même, il n'y a que cela.

Non, pas toujours, mais toutes les fois que

l'abondance des récoltes fourragères, la pénurie de main-d'œuvre, la saison pluvieuse ou d'autres circonstances encore rendent la fenaison difficile et onéreuse.

Pas toujours, car si le fourrage ensilé est une bonne nourriture, il n'en est pas moins vrai que le foin sec est bon aussi, que les chevaux ne peuvent s'en passer; et, même pour les bêtes bovines le mélange des deux est excellent.

Donc pas d'exagération, mais aussi pas de dénigrement non raisonné.

« Ne me parlez pas de votre ensilage, me disait l'autre jour un énorme cultivateur. C'est bon dans les livres; c'est bon pour les *agronomes*, ajoutait-il avec un air moqueur. »

— « En avez-vous essayé ? » — « Non, et je n'ai même pas envie d'en essayer. » — A la bonne heure, M. Rondibilis, voilà le vrai moyen de trancher la question et de faire avancer la science agricole, et vous n'êtes pas encore décoré de l'ordre du poireau !

∴

La seule objection qu'on puisse faire contre le système, c'est la dépense. Je ne parle pas de ces silos immenses, pouvant contenir par ce moyen la récolte de 80 hectares de trèfle incarnat, tels que celui de M. de Chézelles, aux Bouleaumiers, le lauréat de la prime d'honneur de l'Oise; il est évident qu'un silo même de plus modeste dimension, comme celui de ma ferme de la Fonderie (Meuse), pouvant contenir seulement de 40 à 50 gros chariots de fourrage vert, coute cher à établir, quand il est fait selon les règles, c'est-à-dire muré, maçonné, cimenté et couvert.

Mais la dépense est de beaucoup compensée par les avantages et par la tranquilité qu'elle vous procure.

Ne voulez-vous pas risquer les frais de ce premier établissement, faites alors de l'ensilage en plein air, sans fosse cimentée, ni même sans fosse nue.

L'ensilage en plein air est des plus simples ; mis en pratique par plusieurs agriculteurs distingués, et notamment par M. Jules Cormouls Houlès, à Mazamet (Tarn), il a toujours donné d'excellents résultats.

On peut être assuré du succès :

A la condition d'établir le tas sur un sol sain (cour de ferme, aire, chaume, prairie sèche, etc.);

A la condition d'élever régulièrement la masse et de la charger d'un poids suffisant (1,000 à 1,500 kil. par mètre carré). Pour la compression de ces silos, il existe des systèmes mécaniques très simples. Parmi les meilleurs, signalons le système Reynolds, que nous avons vu à l'Exposition universelle de l'année dernière, où il a été récompensé (1);

A la condition, enfin, de n'ensiler que des fourrages entièrement verts, c'est-à-dire n'ayant pas déjà subi un commencement de dessication.

Et qu'on ne se croie pas obligé de recouvrir la masse ensilée de terre, de chaume ou de genêts, afin de la mettre à l'abri des infiltrations pluviales. La couche de pierres, et surtout la compression des fourrages s'opposent à l'entrée de l'eau.

S'il convient de reconnaître que le déchet est un peu plus considérable dans les silos en plein air que dans les silos maçonnés (10 à 15 centimètres) au lieu de 3 à 7, il est juste aussi de tenir compte d'une économie d'installation considérable.

Pour la petite culture, on recommande aussi les silos circulaires établis en forme de charbonnières, c'est-à-dire à cône dont la pointe représente le sommet.

La hauteur de ces silos partie en fouille, partie au-dessus de terre, ou encore complètement au-dessus de terre, en cas de sous-sol imperméables, peut atteindre un mètre cinquante leur diamètre étant du double de la hauteur pour que l'inclinaison du talus soit de 45 degrés avec l'horizontale.

Bien battus à la pelle sur leur surface exposée à l'air et à la pluie, ces silos coniques sont d'excellents conservateurs de fourrages verts. On doit les entourer d'une rigole d'égouttement.

Vous le voyez, il y en a pour tous les goûts, pour toutes les bourses.

Faisons de l'ensilage, faisons-le bien, et nous ne nous en repentirons pas.

Charles Gossin.

(1) Demander brochure explicative à Duneau, 34, avenue Daumesnil, Paris.

Expériences sur la traite des vaches.

Quelle influence le nombre de traites exerce-t-il sur le rendement et sur les qualités du lait? Voilà certes une question très importante dont beaucoup de cultivateurs ne se rendent pas suffisamment compte.

A ce propos, Wolff a fait de curieuses expériences que je vais relater ici simplement à titre de renseignement. Il a mesuré pendant onze jours le lait produit par une vache que l'on trayait trois fois par jour, puis pendant les onze jours suivants, le même lait de cette même vache, traite deux fois seulement. Dans le premier cas, les trente-trois traites ont fourni une quantité totale de 161 litres; dans le second cas, on n'a obtenu que 139 litres en vingt-deux traites. Il y a donc eu une différence de 22 litres ou de 2 litres en moyenne par jour en faveur des trois traites journalières.

L'avantage est donc évident sous le rapport de la quantité : est-il obtenu aux dépens de la qualité? C'est ce que l'analyse comparative a permis de juger, en fournissant les données suivantes :

	Lait de 3 traites.	Lait de 2 traites.
Eau.......	87.6 pour 100	87.9 pour 100
Beurre ...	4.1 —	3.5 —
Caséine ..	4 5 —	4.4 —
Sucre.....	3.8 —	4.2 —

Cette analyse montre clairement que le lait extrait des mamelles trois fois par jour est plus riche en beurre pour la même vache. La différence a été de 4.1 à 3.5 c'est-à-dire de 0.6 0/0.

En second lieu, voici les résultats de semblables expériences opérées à la ferme de Grand-Gallet, à Pont-de-Claix (Isère), non pas sur une, mais sur sept vaches soumises au même régime.

D'une part, pendant dix jours consécutifs, du 24 février au 5 mars, on a trait les vaches trois fois par jour; d'autre part, pendant les dix jours suivants, du 6 au 15 mars, on a seulement pratiqué deux mulsions par jour.

Dans le premier cas, les deux cent dix traites ont fourni un total de 756 kil. 300; dans le deuxième cas, 704 kil. 900. Il y a donc eu une différence de 51 kil. 400 en faveur des trois traites journalières, soit 5 kil. 140 par jour pour les sept vaches, soit 734 grammes par vache et par jour.

Quant à la qualité du lait dans les deux cas, voici les résultats qu'on a obtenus au lactodensimètre et au crémomètre :

	Lait de 3 traites.	Lait de 2 traites.
Au lactodensimètre.	1,033.9	1,033
Au crémomètre......	11	10.85

De ces expériences, il résulte que la production du lait et la richesse en beurre augmentent avec le nombre de traites effectuées par jour, car il semble que l'excitation occasionnée par ces manipulations favorise la formation des globules butyreux et active les organes de la lactation sans nuire à leur bon fonctionnement.

On ne peut donc recommander, d'une manière générale, et en tenant compte toutefois des considérations locales, de faire exécuter moins de trois traites par vingt-quatre heures. Quatre vaudraient encore mieux, si elles ne devaient, d'un autre côté, mettre un certain trouble dans le régime des vaches. Les heures les plus favorables pour ces traites sont de 4 à 5 heures du matin, à midi et de 7 à 8 heures du soir.

Ce qui est essentiel, c'est que cette opération se fasse avec une grande régularité et que les traites soient espacées par un temps égal, car les traites trop rapprochées ou trop distantes nuisent à la santé de l'animal; lorsque le pis est entièrement rempli de lait, d'une part, aucun lait nouveau ne se forme avant qu'il n'ait été vidé; d'autre part, les veines se congestionnent et peuvent occasionner des accidents souvent fort graves.

De plus, il est absolument nécessaire que la mulsion soit toujours opérée à fond, car le lait ne se forme dans le pis qu'en raison du vide que celui-ci présente; d'un autre côté, le lait le plus riche en beurre est toujours celui qui sort le dernier du pis. En effet, les globules butyreux tendent sans cesse à s'agglomérer dans les couches supérieures du lait, autrement dit, dans celles qui sont appelées les dernières par l'opération de la traite; il découle de là, que, en effectuant incomplètement la traite, on perd la partie la plus avantageuse du lait.

Valot.

Expériences sur la pulpe sèche de diffusion comme fourrage.

Grâce aux nouveaux fours à sécher, on peut maintenant opérer la dessiccation de la pulpe de diffusion à raison de un peu moins de 16 centimes par 100 kilos, et plusieurs fabriques de sucre ont installé ces fours. Des expériences ont été faites en Allemagne sur la valeur nutritive de la pulpe sèche. Il a été distribué de ce fourrage dans huit fermes.

Les expériences appliquées, tant aux vaches laitières qu'aux bœufs et aux moutons à l'engrais, ont donné des résultats partout très favorables à la pulpe sèche.

Le dernier lot de moutons a été mis en expérience du 15 avril au 20 mai. On a constaté, pendant cette période, que l'excédent de l'effet de la pulpe sèche est plus sensible encore pendant le temps chaud que pendant l'hiver.

L'auteur tire du tableau général des résultats les conclusions suivantes :

Les expériences ont abouti à des constatations très favorables à la pulpe sèche.

La supériorité de la pulpe sèche augmente pendant le temps chaud.

La question de la dessiccation de la pulpe est résolue : on a un appareil qui sèche la pulpe sans entraîner des frais considérables; ce fourrage possède une valeur nutritive de premier ordre.

A la suite de ce qui précède, on a même essayé de donner des pulpes sèches aux chevaux, aux veaux et aux agneaux.

Si dans la pratique en grand, ces résultats se vérifient et se maintiennent constants, la pulpe sèche sera une ressource d'autant plus précieuse qu'elle est économiquement transportable à de grandes distances et qu'elle sera ainsi susceptible d'être l'objet d'un marché régulier, comme les autres fourrages secs. Une pareille éventualité, comme on l'a fait ressortir à différentes reprises, serait un bien pour le fabricant de sucre, pour le cultivateur et pour les vacheries des villes; la pulpe sèche serait précieuse aussi par sa faculté de se conserver longtemps et par les services qu'elles rendrait pendant les printemps relativement froids, alors que les approvisionnements en fourrages secs s'épuisent avant l'arrivée des fourrages verts.

Du Fourrage vert pendant toute l'année.

On obtiendra du fourrage vert toute l'année en cultivant les plantes qui suivent, à semer à l'époque désignée qui pourra être avancée ou reculée, selon le temps qu'il fera :

Seigle	Fourrage vert en	Avril semé en	Septembre
Trèfle incarnat	—	Mai	Août
Trèfle violet	—	Juin	Mars
Vesce d'hiver	—	Juillet	Septembre
Vesce de printemps	—	Juillet	Mars Avril
Trèfle violet 2e coupe	—	Juillet	Mars
Pois gris	—	Août	Avril
Maïs	—	Août	Mai
Chou à vaches	—	Septembre	Avril
Maïs 2e semis	—	Septembre	Mai
Feuiles de carottes	—	Octobre	Mars
— de betteraves	—	Octobre	Avril
Chou à vaches	—	Novembre	Avril
Betteraves, Carottes	—	Novembre	Mars
Navets	—	Décembre	Juillet
Navette d'hiver	—	Mars	Septembre
Chou à vaches	—	Mars	Octobre

Nouvelles agricoles.

Institution d'une médaille d'honneur pour les ouvriers ruraux. — Le ministre de l'agriculture vient de prendre une initiative qui sera approuvée unanimement : c'est celle de la création d'une médaille d'honneur pour les ouvriers ruraux. Désormais les ouvriers agricoles pourront trouver, dans la médaille d'honneur, une légitime marque de distinction qu'ils pourront porter avec fierté, et qui rappellera, au sein de leur famille, les qualités de travail et d'énergie dont cette médaille sera le signe perpétuel. C'est toujours avec émotion qu'on voit décerner, dans les concours des Sociétés d'agricultures et des Comices, les récompenses attribuées aux vieux serviteurs agricoles ; c'est toujours au milieu des applaudissements les plus chaleureux que ces braves gens viennent cueillir ces modestes lauriers. Les prix d'agriculture, depuis leur création en Anjou, par le marquis de Turbilly, dans l'année 1755, ont certes pris un grand développement; l'émulation qu'ils ont suscitée a puissamment contribué au développement des progrès agricoles. Depuis quelques années, les récompenses officielles des concours régionaux ont été étendues aux journaliers et aux serviteurs; mais ce n'est que par intermittences que ces récompenses sont décernées dans un département. La nouvelle institution, qui fonctionnera partout, comble donc une lacune. Les ouvriers agricoles seront, d'ailleurs, placés sur le même pied que les ouvriers de l'industrie, pour lesquels des médailles d'honneur sont instituées depuis longtemps. Sous ce rapport, la nouvelle institution ne peut que contribuer à relever à leurs propres yeux la situation des ouvriers agricoles; si elle contribue ainsi à enrayer la dépopulation des campagnes, elle rendra un service signalé.

Les criquets en Algérie. — Les journaux algériens rapportent que la partie méridionale du département d'Alger et la partie sud-est de celui d'Oran sont menacés d'une formidable invasion de criquets. C'est dans les immenses solitudes du Sersou que les sauterelles ont déposé leurs œufs, et il était humainement impossible de prévenir l'éclosion des criquets, les lieux de ponte étant disséminés dans une contrée déserte, accidentée, sans eau, où les difficultés de ravitaillement sont énormes.

Néanmoins, la lutte a été entreprise avec énergie :

« Actuellement, dit la *Vigne algérienne*, les appareils cypriotes sont installés, dans le territoire de la commune de Téniet-el-Haâd, sur une longueur de 75 kilomètres; dans la commune de Boghari, ils s'étendent sur une longueur de plus de 50 kilomètres. Huit mille hommes sont employés à la destruction : 5.000 dans la commune de Téniet-el-Haâd et 3.000 dans celle de Boghari. Le préfet d'Alger est de retour depuis trois jours d'une tournée de près d'un mois dans les territoires contaminés. Il a vu tout le monde à l'œuvre, tout le monde dévoué au bien public, tous, Européens et indigènes, sacrifiant leur temps et leurs peines à conjurer le terrible fléau qui menace l'Algérie. »

On aura une idée de la masse des criquets, quand on saura que des fosses de 25 mètres de longueur sur 2 mètres de largeur et 1 m. 50 de profondeur, en ont été remplies en moins d'une heure.

La fraude dans la vente des vins. — La commission saisie des propositions relatives à la fraude dans la vente des vins a entendu M. Catusse, directeur général des contributions indirectes, qui a fait connaître les nouvelles propositions du Gouvernement pour l'établissement d'un droit sur la fabrication des vins de raisins secs.

Ces propositions consistent à frapper d'un droit de 40 centimes par degré les vins à dix degrés et de 60 centimes par degré les vins à quinze degrés.

Au-dessus de quinze degrés, les vins de raisins secs seraient taxés comme les vins alcoolisés.

On sait que le Gouvernement demandait primitivement un droit de trois francs par hectolitre et la commission un droit de cinq francs.

La nouvelle taxe que propose le Gouvernement équivaut à un droit de quatre francs par hectolitre de vin de raisins secs à dix degrés.

On croit que la commission s'y ralliera.

Dénombrement du bétail en Amérique. — Un rapport du département de l'agriculture à Washington vient de faire connaître, comme chaque année, les documents statistiques relatifs au bétail dans les fermes des Etats-Unis d'Amérique.

Voci le relevé de ces documents, comparés à ceux de l'année 1889 :

	1889	1890
Chevaux	13.663.294	14.212.837
Mules et mulets	2.257.574	2.331.027
Vaches laitières	15.298.625	15.952.883
Autres bêtes bovines	35.032.417	36 849.024
Moutons	42.599.079	44.336.072
Porcs	50.401.002	51.662.780

Il y a eu augmentation pour toutes les races animales; la population porcine, qui avait été réduite en 1888 à 44 millions de têtes par suite des épizooties, s'est rapidement accrue depuis deux ans.

Mais le rapport ajoute que si les quantités se sont accrues, l'évaluation de la valeur totale du bétail a diminué de 140 millions de francs environ, par suite la baisse survenue sur toutes les sortes de bétail, excepté sur les moutons.

Champ d'expériences de Vincennes. — *Conférences agricoles du dimanche.* — M. Georges Ville, professeur-administrateur au Muséum d'histoire naturelle, consacrera six conférences à l'exposition des applications les plus récentes de la sciences aux intérêts agricoles.

Les premières ont eu lieu les dimanche 22 juin, les autres auront lieu les dimanches 6 juillet, 13 juillet, 20 juillet, 27 juillet, à deux heures très précises.

Le champ d'expériences de Vincennes est situé à côté des tribunes des courses.

CONSEILS DU VÉTERINAIRE

EXAMEN ET APPRÉCIATION DU CHEVAL.

Savoir bien apprécier un cheval n'est pas si facile que d'aucuns croient, et souvent la dégénérescence provient du mauvais choix que l'on en fait dans les croisements et l'élevage.

Beaucoup de connaisseurs émérites indiquent la couleur de la robe comme premier indice à consulter en ce qui concerne la valeur d'un cheval. Nous ne croyons pas qu'il faille y attacher une aussi grande importance, car s'il est vrai que les chevaux bruns sont généralement bons, il n'est pas toujours vrai de dire que les chevaux noirs et les chevaux blancs sont mous et lymphatiques.

Après la couleur, la première chose à considérer est l'allure de la bête. Au premier pas que fait un cheval, on doit en bien augurer si la jambe se lève avec hardiesse, paraît suspendue en l'air pendant une demi seconde, et si le pied retombe sur le sol bien à plat, ferme, en produisant un bruit sec. Dans ce mouvement, le genou doit se plier avec facilité. Si le genou ne plie pas, si la jambe reste à peu près droite, si le pied retombe brusquement sur le sol, c'est un indice de faiblesse; la chose devient certaine si la tête se baisse en même temps que le pied retombe, c'est signe que l'autre jambe n'est pas assez forte pour supporter le poids du corps.

Dans le mouvement que fait la jambe, au premier pas, elle doit aller en ligne droite et le pied ne doit pas dévier de cette ligne. Si le pied se porte en dedans ou en dehors, c'est le signe d'une constitution défectueuse dans les organes de la jambe ou du poitrail. Si le pied, en retombant, frappe d'abord le sol du côté du talon, il faut en conclure que l'animal est faible; on peut s'assurer plus facilement de ce défaut en examinant les fers; s'ils sont usés du côté du talon plus que sur le devant, la faiblesse de la jambe ne saurait être mise en doute.

La tête haute et ferme dénote de la vigueur et de la légèreté. Les épaules larges dénotent de la force et de la résistance; les épaules resserrées sont l'indice de la faiblesse, surtout si le mouvement des jambes ne se marie pas avec celui des épaules, et en paraît indépendant. Si la croupe balance à chaque mouvement des épaules, le cheval fatigue vite; les mouvements du train de devant et du train de derrière doivent être simultanés, égaux, mais sans ce balancement qui se produit lorsque le pied de derrière porte plus en avant que l'endroit où le pied de devant s'est posé.

La crinière chez un bon cheval s'élève d'abord en ligne droite en sortant du garot et forme ensuite, en s'approchant de la tête, une courbe à peu près semblable à celle du cou d'un cygne; elle retombe sur le côté en formant une courbe brusque à quelques centimètres au-dessus de la racine des crins, qui sont droits et courts à la sortie de la peau.

La courbe de l'encolure ne doit se prononcer que dans le voisinage de la tête, le reste doit avoir une direction droite, légèrement arquée jusqu'au poitrail; la direction perpendiculaire ou trop courbe indiquerait que la bête a la respiration courte.

Les oreilles rapprochées, petites, droites, déliées et bien placées au sommet de la tête; le front large et plat; les salières remplies; les paupières minces; les yeux clairs, vifs, assez gros et avancés à fleur de tête; la prunelle grande; la ganache mince et décharnée; les naseaux bien ouverts et fendus; la bouche peu fendue; le rein droit, les flancs pleins et courts; la queue mince à sa naissance; les cuisses charnues; le genou plat au devant, le jarret ample et évidé, le boulet menu, la corne du pied noire et unie; le sabot haut; la sole épaisse et concave, tels sont les autres signes généraux auxquels on peu reconnaître un bon cheval.

Les yeux sont sujets à plusieurs défauts qu'il est assez difficile de reconnaître. Quand l'œil est bien sain, on doit voir à travers la cornée deux ou trois taches couleur de suie au-dessus de la prunelle.

Quand un cheval, en marchant, porte la pointe des oreilles en avant, c'est un signe de vigueur et de résistance; s'il les a rejetées en arrière et pendantes; il est faible; s'il porte l'une en avant et l'autre en arrière, il est capricieux et méchant. UN VIEUX VÉTÉRINAIRE.

CONSEILS A LA FERMIÈRE

L'ARÔME DU BEURRE.

Rien n'est plus insaisissable et moins défini que l'arôme du beurre; il est certain cependant que la nourriture de l'animal, le régime auquel il est soumis, les diverses herbes dont sa nourriture est composée, et même le sol sur lequel il habite, ont une influence directe sur la qualité du beurre. Mais dans quelles proportions ces divers facteurs agissent-ils? et comment contribuent-ils à développer le parfum? C'est ce que nous ne pouvons dire.

Aujourd'hui, on incline à croire que l'arôme du beurre résulte de la transformation et de la modification de certains principes du lait; cette réaction agissant sur les acides gras provoquerait la transformation de quelques éthers, qui donneraient au beurre ses qualités essentielles. En un mot, l'arôme du beurre ne serait qu'un commencement de décomposition.

C'est à cette cause qu'on doit le peu de parfum du beurre provenant de crême fraîche; tels sont ceux de Danemark, qui sont barattés sitôt que la crême est extraite du lait, et ceux obtenus avec la crême sortant des écrémeuses centrifuges.

Si on veut donner au beurre un arôme suffisant, il faut laisser la crême reposer de 12 à 24 heures, avant de baratter, dans des conditions de température qui favorisent cet imperceptible commencement de décomposition. C'est ce que les Danois appellent crême acide à point.

On peut aussi suppléer à l'insuffisance de l'arôme en introduisant dans la baratte quelques parfums végétaux, du thym, de l'anis, etc. Dans certains pays, on suspend dans la baratte un bouquet de fleurs odorantes. Dans le Bessin, les fermières rincent les vases à lait avec de l'eau contenant une pincée de canelle. Par ce procédé inoffensif, elles procurent, parait-il, à leur beurre le goût et l'arôme des bons beurres de Normandie.

Ce procédé est facile à essayer, et les légistes les plus rigoureux n'y trouveront rien de répréhensible. UNE MÉNAGÈRE.

CONSEILS DU JARDINIER

PUCERON LANIGÈRE DU POMMIER

On a indiqué un assez grand nombre de procédés curatifs de cette maladie, dont les plus efficaces paraissent être ceux qui ont pour objet d'empêcher les migrations des insectes des branches où ils passent leur vie estivale jusqu'aux racines où ils passent leur vie hivernale. C'est ainsi qu'on a recommandé d'étendre sur le tronc et sur les branches un corps gras liquide quelconque, huile ou glycérine, deux fois par année, en octobre ou novembre après la chute des feuilles, et au début de la végétation, dès que les boutons commencent à grossir. Pour le même objet on s'est bien trouvé d'entourer le tronc d'un cordon de coton cardé ou ouate qu'on y fixe par une ficelle; les filaments cotonneux opposent une barrière infranchissable aux pucerons. On peut aussi découvrir à l'automne le collet de l'arbre et l'entourer d'une couche de chaux éteinte, dans laquelle les pucerons meurent avant d'atteindre les racines. Quant à la destruction des insectes sur les branches, on peut l'obtenir en appliquant sur les rameaux où ils forment des nodosités, de l'eau presque bouillante, de l'alcool dénaturé ou du vinaigre de bois; ces deux dernières substances dissolvent la matière cireuse qui enveloppe l'insecte; on fait l'application de ces liquides avec un pinceau bien imbibé. HORTUS.

JURISPRUDENCE RURALE.

EAUX DE SOURCE. — DROITS DE PROPRIÉTÉ.

— J'ai chez moi une source, qui m'est fort utile pour cultiver mon jardin; au moyen d'une rigole j'amène l'eau depuis longtemps dans une prairie, d'où elle s'en va ensuite chez mon voisin; je songeais à la diriger d'un autre côté, quand voici mon voisin qui vient me signifier que je n'en ai pas le droit et que je suis obligé à continuer, comme par le passé, à laisser les eaux arriver chez lui; est-ce vrai?

— Ton voisin se trompe, il ne connaît pas son droit; la loi dit d'une façon positive que celui qui a une source peut en user à sa volonté; les eaux qui jaillissent sur le domaine d'un propriétaire, sont sa chose dans le sens le plus absolu du mot; son droit est de détruire la source, d'absorber tout entier ses produits, de les déplacer, d'en user à son absolue fantaisie, même pour le mauvais plaisir d'être désagréable au voisin.

— Je ne suis pas homme à faire cela, et si je songe à détourner le cours de l'eau, c'est que j'y trouve une réelle utilité; mais n'y a-t-il pas des cas où le voisin peut acquérir un droit sur les eaux?

— Oui, assurément, c'est lorsque depuis plus de trente ans il a usé de ces eaux, au moyen de travaux établis par lui-même sur le terrain où est la source, sans protestation du propriétaire; sa possession, ainsi accompagnée de signes extérieurs, manifestant d'une manière apparente qu'il a eu l'intention de s'approprier les eaux, a créé à son profit un droit de servitude.

— Tel n'est pas mon cas, la rigole a été construite par moi, et non par le voisin; je suis donc bien tranquille. UN VIEUX JUGE DE PAIX.

AVIS D'ADJUDICATION.

Syndicat agricole de l'arrondissement de Chartres.

Le conseil d'administration du Syndicat agricole de l'arrondissement de Chartres a décidé que l'adjudication des fournitures à faire aux membres de l'Association, pendant la saison d'automne 1890, aurait lieu à Chartres, au siège du Syndicat, rue Regnier, 4, le 19 juillet prochain, à 4 heures du soir.

Les personnes qui auraient l'intention de prendre part à cette adjudication peuvent s'adresser, pour avoir des renseignements, à M. Mercier, comptable du Syndicat, 4, place Saint-Michel, à Chartres.

Cette Association compte actuellement plus de 1,250 membres, et le montant des fournitures d'automne 1889 s'est élevé à plus de 2,600,000 kil., représentant une valeur de près de 273,000 fr.

PETITE POSTE.

M. S. B... à Ab... (Oise). — *Mesurage des bestiaux* — Vous pouvez vous adresser directement à l'inventeur du système, qui vous donnera très volontiers des explications très complètes.

C'est M. Jules Crevat, à Loyettes, par Pont-de-Chéruy (Isère).

M. A. M... (Charente-Inférieure). — 1° *Battements irréguliers du cœur.* — Il est impossible de donner une consultation sérieuse sans voir le malade. Nous ne pouvons que vous dire que dans les affections du cœur on conseille généralement de supprimer toutes les boissons fermentées et alcooliques, et de s'astreindre à un régime alimentaire très sobre, de recourir à l'iodure de potassium. Les affections du cœur doivent être suivies de près par le médecin.

2° *Puces des chiens.* — Prendre gros comme une noisette d'*onguent gris*, en frictionner le dos du chien, en ayant soin que le corps gras pénètre jusqu'à la peau. Après une couple d'heures, temps nécessaire pour tuer les puces, enlever l'onguent par un lavage à l'eau de savon.

Q. L. L... (Ardennes). — *Chiens.* — L'élevage d'un tout jeune chien, sans mère, demande, en effet, beaucoup de soins. Jusqu'à l'âge de six semaines, il ne devra boire que du lait de vache tiède. Après, vous pourrez lui donner du pain trempé dans du lait; à deux mois, nourriture abondante, mais très peu de viande. — En ce moment, éviter surtout le froid et l'humidité.

M. D. S... à B... (Pas-de-Calais). — *Peuplier Suisse blanc.* — S'adresser à M. Sarcé, à Pontvallain (Sarthe).

M. G... à M... — *Opposition.* — Le fait d'avoir touché un à-compte n'empêche pas le créancier de maintenir son opposition pour le surplus et de la faire régulariser.

DEMANDES D'EMPLOI.

Chef de culture expérimenté, bon moutonnier, éleveur, engraisseur, désire s'entendre avec propriétaire d'une ferme, favorable aux moutons de préférence.

Gérerait à tant pour cent.

Ecrire à M. l'abbé Joubard, à Neuilly-en-Vexin, par Marines (Seine-et-Oise).

Même adresse.

Berger marié, désire place, chez amateur, pour conduire troupeau d'élevage, d'engrais, ou faire le commerce.

Sérieuses références.

Un Alsacien-Lorrain, fils de cultivateurs, demande place de régisseur d'une exploitation agricole. — Au courant de la comptabilité agricole.

S'adresser à M. Leroy, cultivateur à Alaincourt, par Delme (Lorraine).

Raisins secs à boisson.

(Cours de la maison Audibert, 53, rue des Minimes, à Marseille).

Corinthe, **Roi de Grèce**, petits grains Extra 1er choix	100 kilos		49.00
Corinthe, **le Turban**, gros grains	»	»	45.00
Corinthe petits grains, 1er choix.	»	»	45.00
Thyra. 1er choix	»	»	39.00
Thyra, ordinaires	»	»	35.00
Samos noirs, 1er choix	»	»	40.00
— muscasts, 1er choix	»	»	40.00
Figues à distillerie	»	»	27.00
Pachas, magnifiques, gros grains noirs, égrappés, mangeables, seul dépôt en France.	»	»	70 »
Royaux, délicieux pour familles, en caisses de kilo net.	la caisse	»	0.95

Engrais. — Prix des 100 kil.:

Matières diverses pour engrais. — Cours commercial sur la place de Paris, par 100 kil., pour des ventes en gros de 30.000 kil. au moins.

Sang desséché moulu.	11[13 0[0 azote	20 90	à	24 70
Viande desséchée	9[11 0[0	— 15 50		19 »
Cornes broyées	13[14 0[0	— 21 »		22 25
Cuir désagrégé	8[9 0[0	— 9 25		10 50
Laine engrais	3 à 4 0[0	— » »		» »
Nitrate de soude	15[16 0[0	— 23 »		23 »
Nitrate de potasse	95 0[0	— 47 »		47 »
— ...	90 0[0	— 45 »		» »
Muriate de potasse	80 0[0	— » »		» »
Sulfate de potasse	90 0[0	— 25 25		25 50
Sulfate d'ammoniaq.	20[21 0[0	— 30 »		31 50
Chlorure de potassium	90 0[0	— 22 50		23 »
— Stassfurt.	80 à 85 0[0	— 17 50		» »
Cornes, cornailles pour brûler		» »		» »
Déchets fins de cornes, frisures		» »		» 05

Phosphates des Ardennes. — En gare des Ardennes et de la Meuse, en sacs (les 100 kil.).

Pulvérisés. 14[16 0[0, acide phosph.	3 40	à	» »
— 18[20 0[0, —	4 »		» »
— 16[18 0[0, —	3 60		» »

Phosphates de Tavel.

50[», la tonne .... 60 » à » »

Phosphates de l'Yonne. — Les 1.000 kil.

Moulus en sacs, wag. g[re] Toucy. 40 à 35 0[0 40 à 45

Phosphates de l'Auxois, Marigny Epoisses.

Pulvérisés 60 à 65 0[0 .... 6 80 à 7 »

Sulfate de cuivre.

Les 100 kil .... 66 à 66 50.

Phosphates du Boulonnais 40[15	4 60	à	» »
— de Pernes	6 25		» »
— du Cambresis 28[35	3 75		4 »
— du Lot 30[50	3 »		4 50

Superphosphates, poudres d'os, etc.

Les 100 kilogr.

Phosph. préc. 35 à 40 % acide phosph.	17 »	» »
— — 40 à 45 % —	19 »	» »
Superphosphates fossiles, 10 % acide phosphorique soluble et assimil. (les 100 kilog.)	6 30	» »
Superphosphates fossiles, 16 à 18 %.	9 15	» »
— d'os, 16 à 18 %, acide phosph.	10	12 »
Poudres d'os bruts	» »	13 50

Engrais spéciaux. — Les 100 kilog.

Guano du Pérou.	10 à 16	Eng. chim. de H. Joulie,	
Guan du Pér. diss.	32 à 20		
Guan. az. fixe.	26 » à 27 »	Lag.	15 » à 23 »

BEURRE, ŒUFS, VOLAILLES.

Paris, 2 juillet.

Beurres en mottes.

L'arrivage d'hier a été de 18,874 kil.
L'arrivage approximmatif a été de 10,000 kil.

Beurres en livres.

L'arrivage d'hier a été de 11,265 kil.

Fermiers	au kilo		Touraine	au kilo	
Extra	2 60 à	2 70	Extra	2 20 à	2 30
1er choix	2 50	2 60	1er choix	2 20	2 30
2e choix	2 40	2 50	2e choix	2 10	2 20
Ordinaire	2 30	2 40	Ordinaire	2 »	2 10
Bourgogne			**Vendôme**		
Choix	2 »	2 10	1er choix	2 20	2 30
Ordinaire	1 80	1 90	2e choix	2 10	2 20
Gâtinais			Ordinaire	1 90	2 »
			Beaugency		
1er choix	2 30	2 40	1er choix	2 20	2 30
2e choix	2 10	2 20	2e choix	2 10	2 20
Ordinaire	2 »	2 10	Ordinaire	1 90	2 »
Le Mans			**Fausse Touraine**		
Choix	2 »	2 10	Choix	2 10	2 20
Ordinaire	1 80	1 90	Ordinaire	2 »	2 10

Œufs, *le mille :*

Normandie . Extra	80 à	95	Bourgogne	74 à	78
Picardie . Extra	85	110	Champagne	75	78
Brie . Extra	82	92	Nivernais	68	72
Touraine gr.	78	90	Cosne	75	78
Touraine ord.	70	76	Bourbonnais	68	70
Beauce	80	90	Bretagne	60	68
Orne	68	78	Vendée	66	72
Picardie ord.	74	82	Auvergne	64	68
Châtellerault.	78	75	Midi	68	72

Volailles et Gibiers.

Canards :			**Pigeons :**		
nantais (jeunes)	3 » à	6 »	maconnais.	» 80 à	1 60
de ferme	2 75	4 50	italiens	» 75	1 50
Dindes nouv.	4 »	10 »	bizets	» 70	1 30
Oies nouvelles	4 »	6 »	**Poulets :**		
— (2e qté).	2 50	4 »	nantais	3 »	6 »
Pintades	3 »	5 »	touraine	3 »	6 »
Lapins domestiques.	1 50	4 »	gâtinais	3 »	6 »
			du Midi	2 50	3 50
Chevreaux	» »	» »	communs	1 50	2 50

Marché plus ferme. Cours fournis par MM. de Bridiers, Jouslin et Scelle, facteurs assermentés, 2, rue de Valois, Paris.

BESTIAUX.

LA VILLETTE, 3 juillet. — Bestiaux. — Vente moyenne sur le gros bétail, sur les moutons, très mauvaise sur les veaux, et bonne sur les porcs.

Cours officiels.	Amenés.	Vendus.	Poids moyen.	1re qualité.	2e qualité.	3e qualité.	Prix extrêmes.
Bœufs..	1.950	1.841	348	1 64	1 48	1 28	1 18 à 1 70
Vaches.	476	464	240	1 58	1 38	1 24	1 16 1 62
Taureau	148	148	385	1 42	1 34	1 24	1 16 1 50
Veaux..	1.742	1.298	79	1 60	1 50	1 40	1 20 1 80
Moutons	9.261	8.761	19	2 12	1 86	1 68	1 38 2 20
Porcs g.	3.324	3.324	80	1 58	1 52	1 46	1 40 1 66
Id. m.	»	»	»	» »	» »	» »	» » » »

Marché du lundi 30 juin.

	Amenés	Vendus	PRIX AU POIDS NET 1re qual.	2e qual.	3e qual.
Bœufs	2.370	1.138	1 66	1 50	1 32
Vaches	608	581	1 60	1 36	1 26
Taureaux	222	222	1 42	1 36	1 28
Veaux	1.354	1.288	1 82	1 70	1 56
Moutons	13.778	12.705	2 10	1 82	1 80
Porcs	3.051	2.750	1 50	1 46	1 64

	PRIX AU POIDS VIF			
	1re qual.	2e qual.	3e qual.	Prix extrêmes.
Bœufs	» 98	» 82	» 67	» 60 à 1 04
Vaches	» 94	» 75	» 58	» 56 » 98
Taureaux	» 88	» 79	» 65	» 60 » 92
Veaux	1 09	» 96	» 80	» 72 1 24
Moutons	1 06	» 91	» 81	» 60 1 12
Porcs	1 02	1 98	» 95	» 90 1 06
Peaux de moutons en laine				2 20 » »
Id. id. demi-laine				2 30 » »

Viandes abattues. — Criée du 27 juin.

		1re qualité.	2e qualité	3e qualité.
Bœufs	le kil.	1 30 à 2 60	1 » à 2 40	1 » à 1 80
Veaux	—	1 60 1 76	1 40 1 56	1 16 1 36
Moutons	—	1 60 1 70	1 16 1 56	» 60 1 10
Porc entier	—	1 46 1 56	1 24 1 40	1 06 1 20

Cuirs et peaux, les 50 kil.

Taureaux.	35 75 à	36 75	Vaches lourdes	36.25	39.50
Gros bœufs	43 75	49 25	— de bandes	33.75	36.75
Moy. bœufs	42 25	43 25	Gros veaux..	56.50	62.25
Pet. bœufs.	34 50	36 50	Petits veaux	64.50	65.75

CHEMINS DE FER DE L'OUEST

Dimanche 6 Juillet 1890

Grande Cavalcade historique

à Dieppe.

Défilé d'un cortège de 500 personnages rappelant une entrée triomphale du Dauphin, en 1413, après la guerre de 100 ans.

Train de plaisir, à marche rapide, de Paris à Dieppe.

Aller et retour dans la même journée.

Aller. — Départ de Paris (Saint-Lazare), à *6* h. *10* matin ;

Arrivée à Dieppe, à *10* h. *17* matin.

Retour. — Départ de Dieppe à *8* h. *17* soir ;

Arrivée à Paris Saint-Lazare à *minuit 35.*

Prix du voyage, aller et retour : 2e classe, *11* fr.; 3e classe, *8* fr.

La Compagnie des Chemins de fer de l'Ouest vient d'installer, à la gare de Paris-Saint-Lazare, dans la grande galerie (partie supérieure), à proximité de l'escalier de la Cour de Rome, un nouveau bureau de renseignements spécialement chargé de la délivrance des Cartes d'abonnement, des Billets d'excursions (à itinéraires fixes ou facultatifs) et des Billets de Bains de Mer (individuels ou collectifs).

En conséquence, le bureau de la galerie du rez-de-chaussée, tout en continuant à fonctionner comme bureau auxiliaire de renseignements, ne distribuera plus, à l'avenir, que : 1° Les billets du service anglais ; 2° les billets de correspondance par terre (*grandes lignes*); 3° les billets de perceptions supplémentaires (abonnés) ; 4° les billets d'excursions à itinéraires fixes.

CHEMIN DE FER D'ORLÉANS.

A l'occasion de la Fête nationale du 14 Juillet, un train de plaisir sera mis à la disposition des populations des départements de la Creuse et de la Haute-Vienne pour leur permettre de se rendre à Paris.

Ce train partira de Limoges le mardi 8 juillet, à 4 h. 7 du soir.

Il desservira les stations comprises entre : Coussac-Bonneval, Rochechouart, Bussière-Galant, Saillat-Chassenon, Saint-Ouen, Bellac, Eymoutiers, Limoges, Lathus, Felletin, Bourganeuf, St-Sulpice-Laurière, La Clavière et St-Sébastien.

Au retour, le départ de Paris aura lieu le mercredi 16 juillet, à minuit 45 (nuit du mardi 15 au mercredi 16).

Prix des places, aller et retour : 2e classe, 30 fr.; 3e classe, 20 fr.

La Compagnie ne pouvant disposer pour ce train que d'un nombre limité de billets, la distribution cessera dès que ce nombre sera délivré, et au plus tard le 7 juillet, à 6 heures du soir.

L'Administrateur-Gérant : JOSEPH FREY.

Beauvais. — Imp. D. PERE. — A. CARTIER, Gérant.

11e Année. — 2e Série. — N° 546. Dimanche 13 Juillet 1890.

GAZETTE  AGRICOLE

JOURNAL HEBDOMADAIRE, PARAISSANT LE DIMANCHE

Rédacteur en Chef : M. Ch. GOSSIN, Professeur d'Agriculture à l'Institut agricole de Beauvais

PRIX DE L'ABONNEMENT

UN AN, 5 fr. — SIX MOIS, 2 fr. 50. - TROIS MOIS, 1 fr. 50

Pour l'étranger les abonnements ne sont reçus que pour un an, au prix de 6 francs, et ne partent que du 1er janvier ou du 1er juillet de chaque année.

Il est indispensable de joindre à toute demande de changement d'adresse la dernière bande d'adresse du journal et 50 centimes pour frais de nouvelles bandes.

Adresser les *Abonnements* et *Annonces* à l'administrateur, 13, quai Voltaire, Paris, ou à M. GOSSIN, rédacteur en chef, à BEAUVAIS.

BUREAUX

13, quai Voltaire, Paris.

Les abonnements partent du 1er de chaque mois et sont payables d'avance. Toute demande d'abonnement doit donc être accompagnée du prix de l'abonnement. (Le mode de payement le plus simple est l'envoi d'un mandat-poste.)

Donner *très lisiblement*, en s'abonnant, son nom et son adresse exacte, *avec l'indication du bureau de poste* ; et, s'il s'agit d'une continuation d'abonnement, joindre au renouvellement la dernière bande d'adresse du journal.

La GAZETTE AGRICOLE insère gratuitement les Communications des Syndicats agricoles

AVIS.

MM. les abonnés qui ne reçoivent pas le journal régulièrement sont instamment priés de nous en aviser immédiatement, afin que nous puissions adresser de suite nos réclamations à l'administration des postes.

SOMMAIRE :

PARIS, 11 JUILLET.

Ce n'est pas une fois, mais dix déjà, que le Bonhomme Deschamps a eu l'occasion d'insister sur la facilité avec laquelle le suffrage universel se laisse prendre aux mots de « démocratie » et d' « égalité ». Depuis une douzaine d'années, rien de plus commun sous la plume des écrivains et sur les lèvres des orateurs républicains, que ces mots ; mais rien aussi de plus rare que ces choses. Nos maîtres savent si bien notre empressement à les gober sans les examiner, qu'ils les prodiguent surtout lorsqu'ils ont à proposer et à faire voter des mesures contraires à la démocratie et à l'égalité. Si donc le Bonhomme Deschamps revient sur ce thème un peu usé, c'est que la tromperie continue et qu'il faut continuer aussi à la démasquer.

⁂

Nous n'avons pas à revenir sur les illégalités et sur les violences dont la laïcisation de l'école communale de Vicq a été l'occasion. Les faits ont ici été très impartialement et très complètement exposés, et l'on veut bien croire qu'ils n'ont pas été oubliés. Toutefois, nos amis du Sénat ayant cru devoir, et avec grande raison, rouvrir mardi dernier le débat, il est échappé au ministre de l'instruction publique que la laïcisation de l'enseignement était une « acquisition démocratique ». Le Bonhomme Deschamps ignore si M. Buffet s'attendait à ce mot ; mais il en a, avec sa dialectique puissante et irrésistible, montré tout le creux. Evidemment, on entend par mesure, par loi démocratique, des actes et une législation favorables aux intérêts, aux droits, aux libertés du plus grand nombre, c'est-à-dire, en bon français, des faibles, des petits et des pauvres. Eh bien, rien de moins démocratique dans ce sens que les lois scolaires et l'application qui en est faite. Prenons, par exemple, la petite commune de Vicq, puisqu'elle est l'objet de notre entretien. En privant cette population de l'enseignement congréganiste, c'est-à-dire religieux, à qui fait-on tort ? De quelles familles lèse-t-on les consciences? Des familles riches ou des familles pauvres? Les parents qui ont quelque aisance sauront retrouver leur compte. Ils enverront leurs enfants au bourg ou à la ville voisine, et les feront instruire dans les principes qui leur sont chers. Au contraire, les parents pauvres, dépourvus de ressources suffisantes, seront contraints, puisque l'école est obligatoire, de faire élever leurs enfants par des maîtres et dans des idées qui leur déplaisent. Voilà comment on se moque en fait de cette démocratie que l'on exalte en paroles.

⁂

Il en est de même aussi dans les hôpitaux, d'où l'on a chassé les religieuses. Qui en souffre ? Sont-ce les petits, les déshérités de la fortune ou les riches? Tout le monde sait que le riche peut, avec son argent, se faire soigner à domicile par des religieuses et qu'il en use. En est-il ainsi dans la chambre du pauvre, de l'ouvrier qui vit au jour le jour? En aucune sorte. Celui-là, force lui est d'aller à l'hôpital et de recevoir, à moins qu'il ne préfère mourir chez lui, les soins d'une infirmière laïque. Cette laïcisation des hôpitaux, taillée, sur le patron de la laïcisation des maisons d'école, est elle, pour nous servir des expressions des ministres républicains, une « acquisition démocratique » ? On le dit et on l'imprime, car les bouches disent tout comme le papier souffre tout ; mais, en réalité, l'intérêt démocratique est absolument absent de ces mesures qui, toutes, sont pénétrées d'un esprit de secte imbécile. Il est vraiment déjà assez odieux de faire ainsi fi des intérêts, des droits et des libertés des pauvres. On devrait au moins avoir la pudeur de n'y pas ajouter l'hypocrisie en donnant, comme des acquisitions démocratiques, des actes et des lois dont l'exécution n'est douloureuse et préjudiciable qu'aux faibles et aux petits.

⁂

Le principe d'égalité, dont les républicains font le même étalage dans leurs discours, n'est pas mieux respecté. Si leur législation scolaire lèse la démocratie, leur conduite n'est pas moins contraire à l'égalité. Il n'y a en somme aucune égalité pour les conservateurs, si ce n'est qu'ils sont tous à peu près violentés ou lésés, même en ce qui concerne les groupes républicains : le Gouvernement a deux poids et deux mesures. Ainsi, pendant qu'il fait exécuter contre tout droit la loi scolaire dans la commune républicaine de Vicq, il laisse dormir, dans la commune de Paris, d'autres lois que son devoir serait de faire obéir et respecter. L'hôtel-de-ville de Paris est bien la maison du préfet de la Seine. Pourquoi n'y installe-t-il pas M. Poubelle? Les conseillers municipaux de Paris touchent indûment une indemnité. D'où vient que le Gouvernement a accepté cette illégalité en approuvant le budget? Si, comme le disent nos maîtres, la loi, quelle qu'elle soit, doit être partout exécutée sans réserve et sans retard; pourquoi traiter Paris autrement que Vicq et faire ces acceptions de communes? M. Buffet l'a dit énergiquement, parce que Vicq est une petite commune dont on n'a pas peur, et que le conseil municipal de Paris est une puissance que l'on redoute.

La Fontaine, qu'on ne saurait trop relire, disait, de son temps, dans sa moralité de la fable sur les « animaux malades de la peste » :

Selon que vous serez puissant ou misérable,
Les jugements de cour vous rendront blanc ou [noir.

Les républicains ont supprimé les cours, sous prétexte, on l'imagine du moins, que les jugements seraient égaux pour tous ; qu'il n'y aurait pas deux lois, deux poids et deux mesures. On laisse à décider les changements heureux qu'a amenés à cet égard le nouveau régime.

* * *

De tout cela que conclure, puisque cette causerie comporte un enseignement pratique? Eh bien, ce ne serait pas assez d'en inférer que les mots de « conquêtes démo-cratiques », d' « acquisitions égalitaires », ne sont, dans la bouche des républicains, que des trompe-oreilles et esprit. Il faut aller plus loin et se dire que chaque fois qu'un orateur républicain, ministre ou député, fait sonner à nos oreilles les mots de « démocratie » et d' « égalité », il est entrain de se moquer de nous et de jouer quelque mauvais tour à la démocratie et à l'égalité. Il se fait cette réflexion, trop justifiée par l'événement, que si la fiole porte une de ces étiquettes, nous ne regarderons guère au breuvage, et que, neuf fois sur dix, nous aurons la sottise, comme on dit vulgairement, de prendre des vessies pour des lanternes.

LE BONHOMME DESCHAMPS.

NOUVELLES DE LA SEMAINE.

Election sénatoriale. — Voici le résultat de l'élection qui a eu lieu dimanche dernier :

MM. Charles Forest, conseiller général, républicain	358	ELU.
Jean Millot, président de la commission départementale, républicain	267	
Divers	25	

Il s'agissait de remplacer M. Parent, républicain, décédé, qui avait été réélu au renouvellement sénatorial de 1882 par 310 voix sur 595 voix.

Elections législatives. — Il y a eu également dimanche dernier deux élections législatives qui ont donné les résultats suivants :

HÉRAULT.

Arrondissement de Béziers.

Inscrits : 23.561. — Votants 12.673

MM Mas, gouvernemental	4.460
Bernard, républicain	3.126
Bisset, répblicain	2.133
Fournier, revisionniste	2.854

(Ballotage)

VOSGES

Arrondissement de Saint-Dié

Inscrits : 14.497. — Votants : 13.056

MM. le général Tricoche, rép	7.078	ELU.
le commandant Picot, cons.	5.757	

A la Chambre des députés. — La Chambre vient d'être saisie du rapport général sur le budget et des rapports spéciaux sur les contributions directes et l'emprunt.

Des députés ont également déposé leurs rapports sur la réforme de l'impôt foncier et sur le régime des sucres.

Maintenant que va faire la Chambre ? Partira-t-elle?

Ne partira-t-elle pas le 12 juillet ?

Elle partira, disent les ministres et la majorité qui désirent de promptes et bonnes vacances.

Elle ne partira pas, elle ne peut pas partir, répliquent MM. Floquet, Brisson et Clémenceau, qui voudraient profiter des animosités réveillées par l'incident de Vicq pour essayer de jeter bas le ministère Constans.

C'est qu'en effet, l'affaire de Vicq a été une grande victoire pour les radicaux.

On a vu le ministère apporter à la tribune, sans la moindre nécessité, un programme politique qui n'est autre que « l'application inflexible et intransigeante des lois scolaires. »

Ce que la gauche applaudissait, c'était le retour à la politique dont est né le boulangisme.

Et vraiment on comprend qu'il lui coûte en prenant des vacances de s'arrêter en si beau chemin.

Le catholicisme en Angleterre. — Les chiffres suivants donneront une idée du progrès accompli en Angleterre par le catholicisme depuis le commencement de ce siècle.

En 1800, il n y avait ni archevêque ni évêque en Angleterre et en Ecosse. On comptait seulement, dans le premier de ces pays, quatre vicaires apostoliques et trente-deux prêtres ; dans le second, deux vicaires et douze prêtres.

En 1840, le nombre des vicaires était doublé pour l'Angleterre, et celui des prêtres était de six cent huit. A la même époque, l'Ecosse possédait trois vicaires et soixante prêtres.

En 1890, l'Angleterre compte un archevêque, quatorze évêques, deux mille trois cent quarante prêtres, et l'Ecosse deux archevêques, quatre évêques et trois cent vingt-neuf prêtres.

Nécrologie. — Un député républicain libéral, loyal, courageux et honnête, M. Amagat, député du Cantal, vient de mourir subitement d'une maladie de cœur. M. Amagat a forcé même l'admiration des politiciens républicains au pouvoir, et M. Floquet, président de la Chambre, a dû, du haut de la tribune, avouer que la France venait de faire une grande perte. M. Amagat avait pris pour spécialité de traiter les questions des finances et il excellait à dévoiler les gaspillages, les vols qui ruinent notre pays.

LE SOIN DES ABEILLES.

(*Suite*) (1).

Changement de mère, introduction

Beaucoup de méthodes ont été recommandées pour introduire une mère étrangère dans une colonie; il n'y en a cependant aucune qui soit infaillible dans tous les cas. Je vais décrire celles qui me paraissent réussir le plus sûrement, mais auparavant je crois devoir faire quelques remarques dont on se trouvera toujours bien de tenir compte.

Quand on SUPPRIME UNE MÈRE pour la remplacer par une autre, il faut introduire la nouvelle mère immédiatement après l'éloignement de la première, afin d'empêcher la construction d'alvéoles de mères. Le mieux est d'emprisonner la mère dans une cage sur un cadre, pendant 24 heures, et de mettre ensuite à sa place, dans la même cage, la nouvelle mère.

L'existence d'alvéoles de mères dans une ruche est un obstacle à l'acceptation de la nouvelle mère. Avant d'introduire celle-ci, il faut donc s'assurer que la ruche ne contient aucune alvéole de mère, et elle en contient toujours si la ruche a été ORPHELINE, ne serait-ce que pendant quelques heures. Elles sont à détruire toutes, même celles qui ne seraient qu'ébauchées.

Cependant, si les alvéoles sont operculées les abeilles accepteront alors presque sûrement une mère fécondée simplement roulée dans du miel ou même une mère non fécondée, préparée de même. Dans ce cas il est même inutile de détruire les alvéoles existantes, on se contente de laisser tomber la mère entre deux cadres en se servant d'une cuiller à moitié pleine de miel dans lequel on a préalablement bien roulé la mère.

Il faut éviter d'ouvrir la ruche à un moment où les abeilles volent en nombre, surtout quand il n'y a pas de mieillée, car la présence de pillardes indispose les abeilles contre toute étrangère. Pour cette raison on fera bien de rétrécir l'entrée avant de tenter l'opération, afin de laisser le moins de prise possible aux pillardes.

Quand une colonie a été ORPHELINE assez longtemps pour ne plus contenir de couvain, il est nécessaire de lui donner, quelques jours à l'avance, deux ou trois rayons de couvain operculé prêt à sortir, car les jeunes abeilles sont plus disposées que les vieilles à accepter une mère étrangère.

Pour vous en assurer, prenez deux ou trois rayons de couvain prêt à sortir, brossez-en les abeilles, et mettez-les au-dessus d'une colonie dont vous les séparez à l'aide d'une feuille de toile métallique. Introduisez-y une mère fécondée, une mère non fécondée ou une alvéole mûre, vous serez toujours absolument sûr de voir cette mère adoptée par les jeunes abeilles qui vont éclore. La fécondation de la jeune mère, si celle-ci en a besoin, se fera ensuite sans difficultés. (Voyez plus loin.)

Souvent aussi, en l'absence d'une mère, des abeilles ouvrières se mettent à pondre des œufs ; mais ces œufs ne peuvent produire que des mâles, ainsi que je l'ai expliqué plus haut.

On s'aperçoit de la présence d'OUVRIÈRES PONDEUSES dans une ruche par l'irrégularité de la répartition des œufs, certaines cellules restant vides, d'autres en possédant quelquefois plusieurs. Plus tard les couvercles des cellules contenant les nymphes, au lieu d'être plats, deviennent bombés, saillants, parce que les cellules ouvrières sont trop petites pour des mâles.

Il y a plusieurs moyens de se débarrasser des OUVRIÈRES PONDEUSES. Si on veut sacrifier la ruche, on met à sa place vers le milieu du jour et par beau temps, une bonne ruche normale dont on encage la mère pendant 24 heures. On porte alors la ruche contenant les ouvrières pondeuses à quelques mètres de sa place habituelle, et on en brosse toutes les abeilles, par terre sur une toile. Les ouvrières retournent à la ruche qu'on aura posée à l'ancienne place, et les pondeuses, trouvant les alvéoles remplies d'œufs et une mère en fonction, redeviennent simples ouvrières ou sont détruites par les abeilles.

Pour ne pas diminuer le nombre de ses ru-

(1) Manuel pratique d'apiculture, par Jean Wéber. — Prix, franco, 1 fr. — Chez GARIEL, éditeur, 2 *ter*, quai de la Mégisserie, Paris.

ches, si la colonie contenant les ouvrières pondeuses est encore bien peuplée, on peut mettre à la place de la ruche normale qu'on a déplacée une ruche vide dans laquelle on met un rayon de couvain de tout âge, y compris des œufs qu'on prend dans la ruche normale, en ayant soin qu'il ne porte pas la mère, et on y ajoute les meilleurs rayons de la ruche bourdonneuse, surtout ceux contenant du miel. Si on veut que cette nouvelle colonie élève une mère, on s'assure qu'il y a encore des mâles dans le rucher et on la nourrit lentement pendant huit à dix jours. Si au contraire on veut y introduire une mère fécondée ou une alvéole de mère, on donne la mère de suite, dans une cage, ou on donne l'alvéole le lendemain également dans une cage.

Il serait donc, comme on voit, fort imprudent de risquer une mère de valeur en l'introduisant dans une colonie étrangère sans la mettre dans une cage, quand surtout il n'y a pas de miellée et que les vieilles abeilles rentrent vides.

Tout le monde peut faire soi-même avec un carré de fine toile métallique de 0^m 10 sur 0^m 10 qu'on roule en cylindre de manière à faire chevaucher les bords de 0^m 006 à 0^m 007 l'un sur l'autre. On attache ces bords à l'aide de fil de fer, et on bouche chaque bout à l'aide d'un bouchon de la grosseur voulue. La toile métallique doit être faite de fil de fer très fin avec un espacement de maille de 0^m 001 environ.

La cage à employer pour l'INTRODUCTION DES ALVÉOLES DE MÈRES doit être conique, avec une ouverture de 0^m 007 à 0^m 008 à la pointe pour permettre à la jeune mère de sortir quand elle sera close. L'alvéole s'y met la pointe en bas : elle y est en parfaite sécurité, car les abeilles ne l'attaquent jamais que par les côtés. En enlevant ces alvéoles des rayons qui les portent, on détache avec elles environ 0^m 01 ou 0^m 02 de brèches, c'est-à-dire de rayon, tout autour, en ayant soin de ne pas presser ou même toucher l'alvéole elle-même.

Il faut avoir soin, quand la température est froide, de mettre ces alvéoles dans une boîte contenant un caillou chaud enveloppé de ouate.

Les alvéoles de mère ne se donnent que lorsqu'on a laissé la colonie orpheline pendant vingt-quatre heures, et alors que la mère a encore deux ou trois jours à y rester. Quand la jeune mère est éclose, il est prudent d'ajouter un rayon de couvain non operculé, pour empêcher les abeilles de partir avec elle, quand elle va se faire féconder.

L'introduction des MÈRES NON FÉCONDÉES doit avoir lieu le plus tôt possible après leur éclosion. La manière qui paraît réussir le mieux est de brosser les abeilles sur une planche, devant une ruche neuve, et de poser la jeune mère au milieu des abeilles en train d'entrer dans la ruche. On leur donne un rayon de couvain en même temps que leurs propres rayons débarrassés des cellules de mère qui pourraient s'y trouver.

Il ne faut pas craindre de PRENDRE LA MÈRE par les ailes, c'est même la meilleure manière de la prendre, car elle ne pique jamais l'homme, mais il faut éviter de la presser. Un moyen très simple de mettre en cage une mère arrivée par la poste, est de fabriquer un petit cône ou entonnoir en papier fort et rugueux, avec une ouverture de 0^m 01 à la pointe. On fait tomber la mère au moyen d'un coup sec de la cage qui la contient sur une planche ou un journal déplié, et on pose vivement ce cône sur la mère seule. On place alors la cage *sur l'ouverture du cône*, et la mère, cherchant à sortir de sa prison, ne tardera pas à monter dans la cage. Opération à faire les fenêtres fermées.

Avant d'INTRODUIRE UNE MÈRE dans une colonie on a beaucoup recommandé de la laisser seule dans sa cage, sans nourriture, pendant trente minutes.

S'il s'agit de remplacer une mère qu'on n'a pas eu soin d'emprisonner préalablement pendant six ou huit heures, on met la ruche en bruissement, on recherche la mère et on l'éloigne.

La cage renfermant la nouvelle mère se place entre deux rayons qu'on écarte et qu'on rapproche ensuite. Pour cela on choisit deux rayons contenant du couvain et du miel operculé. On écorche un peu ce dernier et on presse la cage sur la partie ainsi mise à nu pour que la mère puisse se nourrir ; on rapproche les rayons et on ferme la ruche.

On laisse la ruche bien tranquille pendant quarante-huit heures, puis, on regarde si les abeilles sont bien calmes et peu nombreuses autour de la cage ; s'il en est ainsi, on relève un des bouts de la cage et, au moment où la mère est à l'autre bout, on remplace l'un des bouchons par un tampon de cire et de miel pris avec un couteau sur un rayon de miel operculé ; on remet la cage en place et on referme la ruche. Lorsqu'il n'y a pas de miellée, on recommande de remplacer ce tampon de miel par de la brèche trempée dans du sirop bien épais.

Les abeilles se mettront à absorber le miel ou le sirop et à ronger la cire de ce tampon. Elles auront ainsi le temps de se remettre de la visite qu'on vient de leur faire, et quand l'ouverture de la cage sera libre la mère se trouvera d'une façon naturelle en présence des abeilles à l'endroit même où elle a l'habitude de se tenir, c'est-à-dire sur le couvain.

On peut dès ce moment considérer l'opération comme réussie. Il ne faudrait pas cependant, pour s'en assurer, ouvrir la ruche trop tôt ; mieux vaut laisser les abeilles s'habituer à leur nouvelle mère sans leur infliger une nouvelle alerte et attendre au moins trois jours pleins avant de regarder s'il y a des œufs dans l'un des rayons du milieu.

Si, après quarante-huit heures de présence de la mère en cage dans la ruche, les abeilles paraissent agitées ; si elles entourent la cage comme irritées en faisant des efforts pour y pénétrer, il faut de rechef voir ci entre temps de nouvelles alvéoles de mères n'auraient pas été construites et, dans ce cas, les enlever avec le plus grand soin avec la larve qu'elles contiennent.

On s'assure ensuite que la cage contenant la mère est toujours en contact avec du miel à nu, pour que la mère puisse se nourrir et on attend encore vingt-quatre heures avant de tenter de nouveau de la libérer.

Si les abeilles continuent à la refuser sans cause visible, le plus sage est de les réunir sans plus tarder à une autre colonie pourvue d'une mère (voir réunion) et de faire un autre essaim. En attendant, on peut mettre la mère en cage en pension dans une ruche quelconque, entre deux rayons, sur du miel à nu.

On peut aussi garder la mère dans une chambre chaude, en la nourrissant de quelques gouttes de bon miel versées sur un carré de papier blanc qu'on enroule ensuite autour de la cage. Cette provision sera renouvelée tous les soirs si on doit garder la mère plusieurs jours.

Comme on ne saurait prendre trop de précautions quand on a une mère de valeur à introduire, je recommanderai d'abord d'encager pendant six ou huit heures la mère à supprimer, pendant ce temps on met la cage avec la mère à introduire au-dessus du trou du nourrisseur de cette même ruche, qu'on a eu soin d'ouvrir et de recouvrir d'une toile métallique ; la mère prend ainsi l'odeur de la ruche. Au bout de ce temps, on met la nouvelle mère à la place de l'ancienne qu'on retire et dans la cage même qu'occupait celle-ci.

Depuis quelque temps j'ai étudié certains changements à apporter à la méthode décrite plus haut, et comme je trouve qu'ils la simplifient et la rendent plus sûre, je crois devoir les mentionner.

Au lieu de me servir de deux bouchons tels quels pour fermer la cage, j'en creuse un des bouts de chaque, à l'aide d'une fraise montée sur un vilebrequin, jusqu'à ce que j'obtienne une cavité du volume d'une bille d'enfant. Je prépare ensuite un troisième bouchon que je creuse des deux côtés, jusqu'à le percer de part en part, et avec une petite râpe ronde je rends les parois de ce passage aussi lisses et droites que possible.

Je remplis les cavités de mes bouchons d'une pâte faite de bon miel liquide chauffé et de sucre en poudre pur ; mieux vaut écraser quelques morceaux de sucre que de se servir du sucre en poudre du commerce. On fait cette pâte un peu consistante pour l'empêcher de couler ; c'est en somme la pâte dont on munit pour la route les boites ou cages dans lesquelles on expédie les mères avec leur petite escorte.

Quand la mère a jeuné pendant trente minutes dans la cage fermée de deux bouchons ordinaires, le moment de l'introduire dans la ruche étant arrivé, je prépare la place de la cage entre deux cadres et ceci fait, je remplace les bouchons de la cage par mes BOUCHONS A PROVISIONS, j'arrose la cage de sirop aromatisé, et je la mets le plus près possible du couvain sans m'inquiéter si elle touche du miel ou non, me contentant d'arroser de sirop aromatisé les rayons voisins, car la subsistance de la mère est assurée pour plusieurs jours.

Comme il est assez long et quelquefois même difficile de placer la cage à la fois et sur du couvain et sur du miel operculé, l'emploi de ces bouchons à provisions rendent l'opération aussi facile que rapide.

Il sera plus facile encore de mettre la cage en bonne place comme aussi de la retirer, si on a eu soin d'attacher les deux bouts d'un fil de fer de 0 m. 15 à 0 m. 20 de long à chacun des bouts de la cage même, non aux bouchons.

Pendant quarante-huit heures avant et après l'introduction, je nourris la ruche lentement, et lorsqu'il s'agit de LIBÉRER LA MÈRE ce que je fais de préférence le soir, je remplace l'un des deux bouchons à provision par le bouchon perforé que j'ai préalablement rempli du tampon dont il a été question plus haut. Ce bouchon est facile à rouler dans un bout de papier et à le mettre dans sa poche jusqu'au moment de l'employer ; on évite ainsi tout le danger de pillage qu'entraîne la confection du tampon au-dessus d'une ruche ouverte.

(A suivre.) Jean WÉBER.

Moyen pratique d'analyser les Terres

Il n'y a pas d'opération plus délicate et plus difficile que celle qui a pour objet d'analyser la terre, vous diront les chimistes. Cela est parfaitement vrai, si on veut trouver, définir et doser dans la terre une foule d'éléments qu'elle contient; mais rien n'est plus facile que d'analyser une terre, si on se contente de vouloir connaître les choses qu'un agriculteur a un intérêt réel et immédiat à savoir.

Comme j'écris pour les agriculteurs et non pour les chimistes, je crois rendre service à mes lecteurs en leur décrivant le procédé de M. Masure.

Les sols arables, se composent de trois éléments principaux : la chaux (ordinairement à l'état de carbonate ou de phosphate), la silice et l'argile. C'est sur ces éléments qu'est fondée la classification des sols la plus généralement adoptée par les agronomes.

Mathieu de Dombasle, qui sans être chimiste, était un grand agriculteur, a donné, dans son calendrier, un *procédé pour rechercher la richesse calcaire de la marne*. C'est en partant de ce procédé que M. Masure a inventé l'appareil à l'aide duquel on peut trouver facilement la quantité proportionnelle de chaux, d'argile et de silice que contient un sol. Voici de quoi se compose l'appareil et comment on procède :

Vous placez sur une table un support, une chaise, si vous voulez. Sur cette chaise vous posez un bocal plein d'eau ; ce bocal a un petit robinet à sa base. Le robinet est tourné vers le bord de la chaise, et on adapte à son orifice un tube en verre de cinquante centimètres de longueur environ. A la partie inférieure de ce tube, vous reliez par un tube de caoutchouc de 15 à 20 centimètres de longueur et qui formera le coude, un tube oblond, c'est-à-dire renflé par un bout, et qu'on appelle dans les laboratoires une *allonge de cornue*. La partie élevée et renflée de ce tube, qui forme, avec l'autre tube, la figure d'un U, est bouchée par un bouchon de liège, au centre duquel on ajuste un petit tube recourbé servant à faire passer l'eau dans un bocal placé sous son orifice et sur la table.

Vous prenez un échantillon de terre, vous le faites sécher dans un four après l'enlèvement du pain, et vous en pesez cent grammes, par exemple. Vous broyez ces cent grammes de terre, vous les introduisez dans l'*allonge*, et vous ouvrez le robinet du vase plein d'eau qui est sur la chaise. L'eau, courant sans interruption dans l'espèce de grand syphon formé par le tube de verre et l'allonge réunie par le tube de caoutchouc, délaie sans cesse la terre qui s'agite dans le renflement de l'allonge.

La silice, qui est beaucoup plus lourde que les autres parties, reste dans l'allonge ; les autres parties sont entraînées par le courant dans le deuxième bocal placé sur la table.

Au bout de quelque temps, l'eau qui vient du premier vase arrive complètement claire dans le second, et cependant des petits grains bruns s'agitent dans la partie renflée de l'allonge, C'est la silice qui n'a pu franchir le petit syphon.

Alors, on déploie le syphon et, dégageant d'un côté le tube en caoutchouc, on verse le liquide de l'allonge sur un filtre en papier, afin que la silice, ou le sable, soit séparée de l'eau, séchée et pesée.

On sait alors combien il entre de silice dans les cent grammes de terre examinés.

L'argile et les sels de chaux ont été entraînés par l'eau dans le deuxième vase. Vous opérez alors comme pour la marne d'après le procédé Dombasle ; vous jetez dans le vase quelques gouttes d'acide chlorhydrique : une vapeur s'élève, vous ajoutez de l'acide jusqu'à ce qu'il ne s'élève plus de vapeur. L'acide chlorhydrique a la propriété de volatiliser tous les sels de chaux. Il ne reste donc plus dans le vase que l'argile proprement dite. Vous versez sur un filtre, après avoir décanté, c'est-à-dire enlevé l'eau claire, vous faites sécher le résidu et vous pesez.

En ajoutant le poids de l'argile au poids de la silice, en soustrayant la somme de ces deux poids des 100 grammes, poids de l'échantillon, vous obtenez le poids des sels de chaux qui complète la composition de cette terre.

Vous voyez que, sans être fort chimiste, tout agriculteur sachant faire une addition et une soustraction peut connaître exactement par lui-même la composition de sa terre.

Quelques personnes trouveront peut être singulier que nous attachions autant d'importance à pouvoir séparer l'argile, la silice et la chaux qui composent une pincée de terre. La constitution chimique d'un champ détermine la nature des amendements et des engrais que l'on doit y apporter. Si on apportait de la marne dans un terre calcaire, on perdrait son temps et son argent ; si on semait du blé dans un sol purement argileux ou silicieux, on perdrait sa semence en tout temps.

Donc il est bon, avant de travailler un sol, de connaître ce sol, et on ne le connaît bien qu'après l'avoir analysé.

Docteur Agricola.

DESTRUCTION DE LA COCHYLIS (1)

La Cochylis de la grappe, ou ver rouge, a, chaque année, deux générations, l'une qui apparaît en avril et l'autre en août.

La première dévore les fleurs au moment de leur formation, la seconde perce les grains du raisin pour se nourrir de la pulpe. Tout grain de raisin attaqué est perdu pour la vendange.

C'est donc la génération du printemps qu'il est, avant tout, important de combattre et de détruire, pour en préserver les fleurs : moins elle sera nombreuse, plus de fleurs seront sauvegardées et, par suite, de raisins.

Les larves qui apparaissent au printemps pour envelopper les fleurs d'un fin réseau, à l'abri duquel elles exercent leurs ravages, passent l'hiver soit dans le bois même des échalas, soit sous les écorces du tronc des ceps, ou bien encore dans les liens qui fixent les rameaux des vignes palissées sur fil de fer.

Il est tout d'abord nécessaire de réunir dans un baquet en bois, au moment de la taille, les vieux liens, puis d'écorcer le tronc des ceps et de réunir tous ces débris ensemble pour les brûler.

Lorsque ce premier travail de nettoyage des ceps est terminé, il convient alors de procéder au lavage du tronc et des échalas, au moyen de la solution suivante :

(1) Instruction officielle pour la destruction des larves de printemps de la Cochylis de la vigne dans le Maine-et-Loire.

Acide sulfurique (huile de vitriol)	10 kilos.
Hyposulfite de soude	1 —
Eau ordinaire	100 litres.

On verse : 1° l'acide sulfurique dans l'eau et, pour opérer le mélange, on agite le liquide avec un ringard en bois, puis on ajoute l'hyposulfite de soude; 2° dès que la solution est achevée, on procède au lavage du tronc des ceps et des échalas.

Quatre cents kilos de cette solution suffisent pour un hectare de vigne planté à six mille ceps par hectare. Le lavage se fait au moyen d'un pinceau ou brosse de peintre.

Il est de toute nécessité de *verser* l'acide sulfurique dans l'eau et non de projeter l'acide dans l'eau, parce qu'alors il se produirait une déflagration violente qui pourrait amener des accidents.

Quand le travail se fait au mois de mars ou en avril, l'ouvrier doit avoir la précaution de *ne laver que le tronc des ceps* pour éviter de brûler les bourgeons.

Ce procédé, essentiellement pratique et peu coûteux, déjà employé depuis longtemps, a l'avantage de nettoyer les ceps de vigne de leurs vieilles écorces, qui servent de réceptacle aux œufs des insectes et aux spores des champignons parasites de la vigne.

L'ébouillantage des ceps au moyen de l'eau chauffée à 80°, le flambage des échalas, l'émulsion de pétrole dans l'eau de savon, le jus de tabac, n'ont pas donné de résultats suffisamment appréciables en Maine-et-Loire et ailleurs pour que ces procédés puissent être recommandés.

LES ENGRAIS ORGANIQUES
et les tourteaux de Bondy.

La faveur de plus en plus grande qui s'attache à l'emploi des engrais minéraux, comme moyens d'exciter ou d'exalter la production du sol, ne doit pas détourner l'attention des agriculteurs de l'emploi des engrais organiques, qui exercent parallèlement une action si efficace sur les résultats de la culture, et dont la présence même est souvent indispensable à l'activité des premiers engrais.

Tout le monde reconnaît aujourd'hui que les engrais minéraux seuls sont impuissants à maintenir la fertilité du sol; bien plus, sans les matières organiques, le nitrate de soude et le sulfate d'ammoniaque, par exemple, qui sont cependant si actifs associés à des engrais complémentaires, finiraient par appauvrir rapidement la terre et même par la stériliser. Plus on a employé de nitrate de soude ou de sulfate d'ammoniaque, plus donc il convient de faire un large emploi des engrais organiques, pour réparer les pertes du sol en humus et exalter sa productivité.

Sous ce rapport, le fumier de ferme, bien préparé, bien fait, reste toujours le premier de tous les engrais, et nous ne saurions trop conseiller d'en produire beaucoup et avec les meilleurs soins possibles. Mais, outre que le fumier contient beaucoup d'eau et de substances qui n'ont que peu ou point de valeur pour la fertilisation du sol, il n'est pas toujours facile d'en produire à suffisance. Il est presque aussi difficile d'en acheter. Force est donc de suppléer au manque de fumier par l'apport d'engrais organiques empruntés aux arts industriels ou au commerce.

Le *sang* desséché, les *os* broyés ou réduits en poudre, les *viandes* pulvérisées, les *cornes* râpées, les *déchets de laine* torréfiés ou traités à haute pression, les *tourteaux de poisson* ou de *graines oléagineuses*, sont d'excellents engrais pour remplacer le fumier.

Mais les substances qui, peut-être, s'en rapprochent le plus par leur composition, et dont l'emploi offre le plus d'avantage par leur bon marché, sont les produits bien préparés de la voirie municipale de Bondy.

Soumises à des traitements qui ont pour objet d'en séparer les principes volatiles, les matières fécales sont transformées en un tourteau brun, pulvérulent et inodore, facile à répartir à la main comme au semoir, et susceptible de former un très bon engrais de fond.

Le tourteau de Bondy moulu, de qualité courante, renferme 1 à 2 0/0 d'azote, 3 à 4 d'acide phosphorique, avec de notables proportions de matières organiques, de potasse de soude, de chaux, de magnésie, d'oxyde de fer, etc.

Ces engrais ne coûtent pas cher : selon la quantité, le prix est de 2 fr. 50 à 3 francs les 100 kilog. en *vrac* par quantité de 5,000 kilog., — 2 fr. 80 par quantité de 10,000 kilog., — et même 2 fr. 50 par quantités de 100,000 kilog. et au-dessus.

Le tourteau de Bondy s'emploie à l'automne, de préférence, comme d'ailleurs tous les engrais organiques. Il se décompose plus rapidement que le fumier et pourrait perdre de sa valeur à la surface du sol. Il faut donc, par un ou deux traits de herse donnés en sens contraire, le mélanger intimement à la terre, puis l'enfouir par un labour léger.

On emploie au minimum 2,000 kilog. à l'hectare comme demi-fumure pour le blé; mieux vaudrait pourtant forcer la dose et la porter à 3 ou 4,000 kilog. En matière d'engrais, la parcimonie est rarement une bonne chose.

Le tourteau de Bondy est pour les plantes un aliment complet ; il en active le développement et supplée suffisamment à leurs besoins, pour dispenser d'engrais minéraux azotés avant l'hiver.

Les betteraves, comme les céréales, s'en trouvent très bien et c'est une bonne ressource quand le fumier manque ou ne peut pas être répandu assez tôt sur les champs.

Certains cultivateurs hésitent quelquefois à recourir à ces engrais, sous le prétexte qu'ils sont encombrants et nécessitent des frais de transport et d'épandage hors de proportion avec leur valeur. C'est là une considération sans fondement, si l'on tient compte de l'apport fait au sol de tous les principes utiles contenus dans ces engrais et surtout de la matière organique, habituellement estimée pour rien et dont la valeur est devenue si précieuse depuis que l'on fait grand usage du sulfate d'ammoniaque et du nitrate.

C. Leluy,
administrateur du Syndicat agricole de Beauvais.

VIEILLISSEMENT DES EAUX-DE-VIE

En cinq heures!

Lorsque vous dégustez un verre de vieille fine champagne, vous croyez peut-être que cette excellente eau-de-vie a vieilli dans un fût de chêne pendant de nombreuses années. Grande est votre erreur ! Par ce temps de phylloxéra où l'on ne peut produire annuellement assez l'alcool de vin pour la consommation courante, il serait trop long et trop coûteux de laisser le cognac vieillir naturellement dans les tonneaux.

On sait que l'eau-de-vie, au sortir de l'alambic, contient certains produits essentiels qui lui communiquent un goût désagréable.

En laissant séjourner l'alcool nouveau dans des fûts pendant cinq ou six ans, les produits essentiels s'oxydent au contact de l'oxygène de l'air, et se déposent au fond des tonneaux. L'eau-de-vie, débarrassée de ces matières, acquiert un goût très fin et une odeur agréable ; on dit alors que l'eau-de-vie est vieille.

Mais, si l'amélioration des alcools est due à une oxydation lente, n'était-il pas plus simple d'oxygéner directement et rapidement l'alcool au moyen de l'oxygène ozonisé ? C'est ce que les chimistes ont tenté avec succès. Et aujourd'hui, il existe en France des usines où l'on fabrique de très vieilles eaux-de-vie qui n'ont que quelques mois d'existence.

Voici comment l'on procède industriellement. L'ozone se prépare en soumettant l'oxygène à des décharges électriques. On fait pénétrer l'ozone dans des cuves contenant l'alcool.

L'opération dure cinq heures ; après quoi, le vieillissement est complet. L'alcool ainsi traité est laissé en repos pendant quatre à cinq mois ; au bout de ce temps, il est prêt à être livré à la consommation.

Effet du sulfate de fer sur les rosiers

Nous avons déjà eu souvent l'occasion de signaler les excellents résultats que l'on pouvait obtenir dans certaines circonstances par l'emploi judicieux du sulfate de fer. La lettre suivante, qui a été adressée par M. Desbois, d'Orléans, au *Progrès agricole du Nord*, confirme pleinement nos appréciations :

« Je possède un pied de rosier *Maréchal Niel*, mesurant 3 mètres de hauteur et 6 de largeur.

« Au mois d'avril 1888, la terre était couverte d'un pied de neige, et, pendant huit jours, le thermomètre marqua 8 degrés au-dessous de zéro.

« Mon rosier fut atteint d'une chlorose si forte qu'il semblait ne pouvoir s'en remettre ; quoiqu'il fut condamné à mort par mon jardinier, j'essayai néanmoins de le sauver.

« J'eus recours au sulfate de fer ; j'en fis dissoudre 100 grammes dans 10 litres d'eau que je versai au pied du rosier ; trois fois je renouvelai cette opération à huit jours d'intervalle. A la fin de juin, mon rosier était sauvé.

« La floraison, ainsi que je m'y attendais, fut nulle : à peine 5 à 6 roses de couleur ocre sale.

« Mais, en revanche, pendant toute l'année, la végétation fut tellement vigoureuse que, pour éviter la confusion, je dus faire couper le tiers des branches qui s'étaient développées.

« En mai 1889, je fus bien récompensé de mes soins : mon *Maréchal Niel* se couvrit de plus de 300 belles roses, qui avaient repris leur coloris ordinaire. »

Les résultats obtenus par M. Desbois sont très remarquables, et ils méritent d'autant plus d'être enregistrés qu'ils sont en opposition avec ceux qui nous avaient été communiqués autrefois à la suite d'expériences de même nature.

Il y a donc intérêt à étudier attentivement la question et à déterminer d'une façon aussi précise que possible les différents cas dans lesquels on peut employer avec avantage le sulfate de fer.

Nouvelles agricoles.

La température et les récoltes. — La semaine qui vient de s'achever a été véritablement calamiteuse dans une grande partie de la France. La saison est détraquée. Des pluies violentes et discontinues se sont succédées pendant toute la semaine. Pendant quelques jours, elles ont été accompagnées de vents très violents ; la tempête a fait rage dans toute la région maritime. Du 1er au 6 juillet, la quantité de pluie tombée à Paris a atteint une hauteur de 49mm6 ; elle a ainsi presque atteint la moyenne normale de tout le mois, qui est égale à 51mm4, d'après les observations météorologiques faites depuis longtemps. Si l'on traverse la France de l'est à l'ouest ou bien du nord au sud-ouest, on a le même spectacle sous les yeux ; les céréales sont presque partout couchées. Le mal n'a pas été très considérable pour les seigles dont la maturité était avancée dans la plupart des régions ; mais il est très sensible pour les blés, les avoines et les orges. Presque partout les récoltes avaient bonne apparence, et l'on pouvait compter faire la moisson de bonne heure, ce qui est une condition de succès. Non seulement l'époque de la moisson est retardée au moins d'une quinzaine, mais on ne sait plus ce qu'il adviendra de cultures ainsi bouleversées. Si le soleil reprend tout d'un coup l'intensité de la saison, on a tout à craindre de l'échaudage sur des plantes chargées d'humidité. Il est certain que la récolte sera réduite, mais il est impossible de prévoir dans quelles proportions les effets se feront sentir ; tout ce que l'on peut dire actuellement, c'est que les bonnes cultures, celles sur lesquelles on pouvait légitimement le plus compter, sont les plus atteintes et qu'elles auront le plus à souffrir d'un fléau dont la persistance ne pouvait être prévue. La rouille et toutes les maladies cryptogamiques vont se développer dans d'énormes proportions. Le mal est beaucoup moins grave pour les plantes sarclées, notamment pour les betteraves et les pommes de terre ; mais ces plantes auraient désormais besoin de chaleur. Quant à la vigne, il est probable qu'il y aura du mal dans les régions où la floraison est tardive ; en tout cas, il est certain que ces lavages persistants des feuilles auront annulé l'effet du premier traitement cuprique contre le mildew, et qu'il faudra procéder sans retard à un nouveau traitement, dès que le temps se sera remis.

L'Académie des sciences et la Saint-Médard. — A l'Académie des sciences on s'est beaucoup occupé, de la Saint-Médard et de la température déplorable que nous subissons. La Saint-Médard a été, cette année, suivie d'un ciel brumeux et pluvieux qui a mis obstacle à l'observation de l'éclipse du 17 juin, et qui continue à être fort désagréable. Mais l'observation et la statistique nous apportent quelque espoir.

L'observation, portant sur cinquante trois années consécutives, a donné les résultats suivants :

Trente années présentent une Saint-Médard pluvieuse, suivie de 493 jours de pluie ; — et 23 années ont eu une Saint-Médard sèche, suivie de 382 jours de pluie.

Ces 382 jours de pluie pour 23 ans fournissent 16 jours 6 de pluie continue par an, et 498 jours de pluie pour 30 ans, soit 6 jours de pluie en plus à la charge de la Saint-Médard sèche.

L'observation a porté sur les 53 années consécutives depuis 1835 jusqu'à la fin de 1888. On ne peut admettre que les deux années 1889 et 1890 modifient profondément cet état de choses.

Il faut donc attendre le retour prochain du soleil.

Le gibier en 1890. — Il serait sans doute prématuré de crier aux chasseurs : l'année sera bonne ; cependant il paraît résulter des correspondances reçues de différents points du nord et du centre de la France que le printemps de 1890 a été favorable à la propagation du gibier à poil et à plume. Partout les céréales bien garnies ont fourni un couvert assuré aux perdrix qui n'ont pas été obligées de nicher dans les luzernes, où, dans certaines années, les couvées et même les père et mère sont détruits au moment du fauchage des premières coupes.

La production séricicole en 1889 — La production totale de cocons frais s'est élevée en 1889 à 7,409,000 kilogr.

Les principaux départements producteurs de soie sont, par ordre d'importance, le Gard, qui a produit 2,162,000 kilogr. de cocons; Vaucluse 1,913,000, l'Ardèche 1,414,000, la Drôme un million 215,000, le Var 468,000, l'Isère 295,000, les Basses-Alpes 163,000, etc.

Le rendement moyen d'une once de graines (ou 25 grammes) a varié de 23 à 53 kilogr. ; l'once de graines françaises a produit en moyenne 29 kilog. 5, et l'once de graines de races japonaises, mais de reproduction française, a produit 53 kilogr. de cocons, tandis que l'once de graines provenant directement du Japon n'a produit que 24 kilog. de cocons.

Les prix du kilogramme de concons frais ont varié de 3 fr. 55 à 3 fr. 79.

CONSEILS DU JARDINIER

LES CORBEILLES DE FLEURS

Ce n'est pas sans une certaine satisfaction que nous voyons peu à peu délaissé ce genre d'ornementation que l'on a si pompeusement décoré du nom de *mosaïculture*. L'amour du changement avait, depuis quelques années, fait préférer au goût délicat de l'amateur français cette bizarre originalité de réunir, d'entasser en des formes régulières, en des dessins mathématiques et rigides, auxquels notre vue n'avait pas été habituée, un certain nombre de plantes, grasses ou autres, qui servaient à composer des corbeilles et des bordures. Les *Sedum*, les *Echeveria*, les *Sempervivum*, les *Alternanthera*, etc., étaient les plus généralement adoptés pour cette destination. Quelquefois, on imitait des papillons; d'autres, c'étaient les initiales du nom du propriétaire que reproduisait le jardinier prévenant et soucieux de plaire à son châtelain... Mais à combien de critiques ce système d'ornementation n'a-t-il pas donné lieu! Combien de personnes, arrêtées devant un massif enguirlandé, entortillé de plantes microscopiques, dénaturées, torturées ou réduites, à force de pincements et de tailles, à leur plus simple expression, ne se sont elles pas écriées : « Mais ce sont des plantes en zinc ou en pierre ! »

C'est que, pour ces promeneurs, rien ne vivait, dans cet amas de plantes lilliputiennes, qu'on aurait plutôt pris pour un tapis de l'appartement que pour des végétaux. Les yeux, un instant égarés sur cette originalité, étaient bientôt las de sa monotonie symétrique, de cette rigidité d'aspect qui lui ôtait jusqu'à la moindre apparence de végétation.

On est même à se demander comment ce genre de fabrication de corbeilles a pu si longtemps prévaloir sur l'emploi des véritables hôtes de nos jardins, comme si ces derniers avaient été définitivement oubliés, bannis ou reniés. Qu'y a-t-il cependant de plus gracieux et de plus vivant que ces massifs printaniers, où se jouent les nombreuses variétés de tulipes aux multiples couleurs, se balançant à la plus légère brise, et qu'accompagnent si bien les brillantes renoncules semi-doubles et les belles et larges pensées qui tapissent très heureusement le fond? Quoi de plus gai que ces charmantes pâquerettes doubles, à fleurs tuyautées, disposées en bordure et dont les myriades de petits pompons couronnent si coquettement ce joli assemblage d'espèces?

Quel parti ne tire-t-on pas des giroflées quarantaines et particulièrement de la giroflée quarantaine remontante à grande fleur (*Cheirantus annuus grandiflorus plenus*) dont il existe trois nuances : *blanc, blanc carné* et *rouge-carmin*. Une corbeille composée de ces trois variétés disposées sur trois rangs, est d'un effet admirable, surtout si on les rehausse d'une bordure de couleur jaune, par exemple de *Tajetes signata* très nain, orange, jolie nouveauté extrêmement florifère, ou d'*Escholtzia* de Californie orange, ou de *Pyrethrum aureum discoideum*, etc.

Et, pour l'été, tout un catalogue de graines vient embarrasser le semeur dans le choix des espèces, depuis les *Ageratum* jusqu'aux *Zinnia*. Au hasard, prenons les *Perilla nankinensis*, *Centaurea candidissima*, *Lobelia Erinus Crystal Palace*. Ce sont là encore trois plantes dignes de former une corbeille d'une durée indéfinie, soit qu'on les mélange, soit qu'on les plae sur trois rangs. Un beau *Musa ensete* placé au centre d'une corbeille de *Nierembergia frutescens* bordé de *Cuphea platycentra*, un *Yucca gloriosa* sur un massif légèrement bombé et entouré de Cinéraires maritimes, d'Heliotropes du Pérou, bordé de Pétunias hybrides, nains, compacts, panachés, un beau *Chamærops excelsa* au milieu d'un massif de réséda pyramidal, entouré d'*Ageratum impérial nain*, voilà de quoi bien décorer nos jardins.

Mais veut-on ne pas avoir à remplacer chaque année les garnitures de corbeilles, de plates bandes ou de bordure, on n'a encore ici que l'embarras du choix, et pour ne citer que quelques espèces vivaces rustiques, la potentille hybryde (*Poten[illegible]la hybrida flore pleno*), à grande fleur d[illegible]ble, qui imite de petites roses de couleurs variant du jaune pâle au brun foncé, en passant par le jaune d'or, l'orangé, le rouge-écarlate, le rouge-foncé et le rouge-brun, la Benotte écarlate semi double à grande fleur (*Geum coccineum duplex*), couleur rouge-orange et rouge écarlate, sont deux belles plantes très rustiques et vivaces, qui se trouvent bien d'être entremêlées dans un même massif, leur port et leur mode de floraison étant à peu près les mêmes. On pourra les entourer d'une bordure de Campanules à grande fleur naine bleue ou *Platycodon Mariesii*, variété trapue, très ramifiée, d'un port dressé et se couvrant de belles fleurs d'un bleu violacé, très grandes, largement ouvertes et du plus bel effet.

On emploiera aussi, avec grand avantage, la Gaillarde vivace, espèce rustique à fleurs larges de près de 5 centimètres, d'un beau jaune safrané, entourant un disque pur purin, et, pour bordure, le pied-d'alouette vivace du Kashmir (*Delphinium cahsmirianum*), plante basse, tout à fait distincte des autres espèces du même genre. Ses fleurs sont réunies, au sommet des rameaux, en grappes courtes, étalées en corymbe. Les pièces du calice, dont l'une se prolonge en un éperon obtus, sont réunies en forme de casque et tiennent lieu de la véritable fleur, qui, elle, se réduit à quatre pétales peu développés, complètement cachés par le calice. Celui-ci est d'une couleur violet bleuâtre lavé de vert.

Du reste, il faudrait emplir bien des colonnes si l'on avait à énumérer toutes les espèces se reproduisant par le semis et pouvant être employées à la composition des corbeilles. Nous préférons en rester là de cette petite causerie, quitte à y revenir plus tard.

HORTUS.

CONSEILS A LA FERMIÈRE

NOURRITURE DES VOLAILLES. — FABRICATION DES PATÉES.

Dans les pays où l'on fait en grand l'élevage de la volaille, les pâtées de farine sont seules employées, parce qu'elles donnent plus de finesse et plus de blancheur à la chair. Ici on emploie la farine de maïs, là, la farine d'orge, ailleurs, la farine de sarrazin, selon les ressources de la contrée.

A l'école d'aviculture de Gambais, on se procure celle qui paraît le mieux convenir à l'élevage ; on donne la préférence à la farine d'orge, *finement moulue, non blutée*, et la nourriture des volailles destinées à être engraissées se compose exclusivement de pâtées dont la fabrication et la consistance diffèrent un peu selon les phases de l'élevage.

Voici la composition de celle destinée aux poussins jusqu'à l'âge de six semaines.

Un litre de liquide pour un kilog. de farine fera une pâtée d'une épaisseur telle que les petits poulets la becquèteront facilement ; plus dure, ils ne le pourraient pas, plus molle, ils saliraient leur duvet et en quelques jours ne seraient plus que grelots de pâtée sèche, ce qui leur donnerait un aspect malpropre et maladif.

On fait cependant une exception pour les oies et les canards, auxquels il faut, quelque soit leur âge, une pâtée plus molle, la conformation de leur bec ne leur permettant pas d'attaquer une pâtée dure ; aussi réduisons-nous à 800 grammes la quantité de farine.

Les proportions de 1 litre de liquide pour 1 kilogramme de farine adoptées, il reste à rendre le gâteau plus ou moins succulent et nutritif, aussi n'épargne-t-on rien de ce côté, certain de toujours y trouver son compte, car l'éleveur doit considérer ses poulets comme autant de machines à transformer les aliments en chair, et son intérêt est de tirer beaucoup de travail de ces petites machines en leur donnant à satiété la meilleure nourriture. Tel éleveur fera en quatre mois un poulet qu'il vendra 5 fr. et qui lui aura dépensé 2 fr. 50 à 2 fr. 75 ; tel autre mettra six mois pour arriver à même dépense ; mais son poulet n'aura plus la même valeur de précocité et de finesse, la nourriture ayant été donnée parcimonieusement ou de moindre qualité. Ce dernier aura donc eu plus de peine et moins de bénéfices.

Le petit lait pour la partie liquide, le lait caillé et le lait écrémé coupé de 50 ou de 25 % d'eau forment un excellent aliment. Du reste, plus on se rapprochera du lait naturel, mieux on fera et ceci dépendra surtout des ressources dont on disposera ; on est quelquefois forcé de se contenter d'eau pure.

On ajoutera à la farine avant de la pétrir et sans rien changer à sa préparation, environ 100 grammes de brisures de riz ou riz à veaux, 50 grammes de millet, puis enfin 70 grammes de lait cuit.

On aura ainsi une pâtée fine et délicate que l'on déposera sur des billots ou dans des augettes, on en fera peu à la fois et on la renouvellera souvent ; plus elle sera fraîche plus elle excitera l'appétit des poussins.

En la déposant sur les billots ou dans les augettes, on évitera de l'*unir et de la lisser* comme un gâteau, parcequ'elle se sècherait immédiatement, mais au contraire on lui laissera le plus possible d'aspérités, ce sera tantôt un peu de lait cuit, tantôt un grain de riz ou de millet qui apparaîtra et réveillera la gourmandise des poulets.

Pour résumer, nous dirons que : 1 litre de liquide pour 1 kilogramme de farine formera la patée; comme friandise 100 grammes de riz, 50 de millet et 50 de lait cuit; mais il reste entendu que ces proportions de liquide et de farine pourront varier un peu selon la nature et la densité de l'un et de l'autre.

UNE MÉNAGÈRE.

PETITE POSTE.

M. A. R..., à N... (Marne). — *Distillation de marcs de raisins secs*. — Les employés de la régie ont le droit d'intervenir.

M. L..., à A.. (Pas-de-Calais). — *Gluten.* — Le gluten vendu par M. Boudoux, à Nesles (Somme), constitue une nourriture d'engraissement de premier ordre.

DEMANDES D'EMPLOI.

Chef de culture expérimenté, bon moutonnier, éleveur, engraisseur, désire s'entendre avec propriétaire d'une ferme, favorable aux moutons de préférence.

Gérerait à tant pour cent.

Ecrire à M. l'abbé Joubard, à Neuilly-en-Vexin, par Marines (Seine-et-Oise).

Même adresse.

Berger marié, désire place, chez amateur, pour conduire troupeau d'élevage, d'engrais, ou faire le commerce.

Sérieuses références.

Un Alsacien-Lorrain, fils de cultivateurs, demande place de régisseur d'une exploitation agricole. — Au courant de la comptabilité agricole.

S'adresser à M. Leroy, cultivateur à Alaincourt, par Delme (Lorraine).

BULLETIN FINANCIER.

La tendance est indécise; mais si l'on n'a pas conservé les hauts cours cotés au commencement de juin on est encore à des prix très élevés qui dépassent même ceux que l'on considérait, au début de la dernière campagne de hausse, comme inaccessibles. Ainsi, en ce qui concerne notre rente 3 0/0, les plus ambitieux n'entrevoyaient, il y a quelques mois, que le cours de 90 francs. On s'est élevé un moment aux environs de 93 ; mais si le but primitivement varié a été si largement dépassé ce n'était que mieux affermir ce cours de 90 francs et habituer la spéculation à le considérer désormais non plus comme le point culminant de la hausse, mais comme la limite extrême des réactions en baisse.

Tous les arguments que l'on invoquait dernièrement à l'appui de la continuation du mouvement qui porte nos fonds publics et nos principales valeurs à des cours de plus en plus élevés conservent leur force ; mais la spéculation ne peut pas rester constamment orientée dans la même direction. A certains moments elle marche beaucoup trop vite et elle comprend ensuite la nécessité de revenir un peu en arrière. Jamais elle n'a marché d'un pas uniforme ; il y a toujours eu des alternatives de hausse et de baisse : malgré la baisse, c'est toujours la hausse quand les mouvements de réaction ont moins d'étendue et de durée que les mouvements de progression. Avant de prendre résolument sa marche en avant, la spéculation voudra sans doute attendre que le taux des reports, qui tend toujours à renchérir s'adoucisse de nouveau.

Si les évènements politiques ne viennent point compliquer la situation, nous n'aurons pas de baisse sérieuse à enregistrer ; on doit s'attendre, au contraire, à voir la cote se raffermir rapidement ; mais on agira avec plus de modération que par le passé.

Le 3 0/0 est à 91 10.

Le 3 0/0 amortissable vaut 93 60.

Le 4 1/2 0/0 cote 106 80.

La Banque de France s'inscrit à 4,150.

Le bilan hebdomadaire de cet établissement de crédit présente les différences suivantes sur celui de la huitaine précédente :

L'encaisse métallique est en diminution de 9 millions environ, dont 6 millions pour l'encaisse or.

Le Portefeuille, avec 82 millions ; la Circulation avec 13 millions; le Compte Courant du Trésor, avec 55 millions environ, se trouvent être en diminution.

Les avances sur titres accusent une plus-value de 11 millions. Les Comptes Courants particuliers se sont accrus de 29 millions.

L'action du Crédit Foncier se traite entre 1,220 et 1,225 francs.

Dans sa séance hebdomadaire du 9 juillet 1890, le Conseil d'administration du Crédit Foncier a autorisé pour 3,616,675 francs de nouveaux prêts; dont 1,635,000 francs en prêts fonciers et 1,981,675 en prêts communaux.

Le Crédit Lyonnais vaut 742 50.

On annonce pour le vendredi 18 juillet, l'emprunt de la Daïra Sanieh 4 0/0, au capital de l. st. 7,299,360 ou frs 182,484,000, créé en vertu des décrets de S. A. le kédive, en date des 6 juin et 5 juillet 1890.

Le présent emprunt a exclusivement pour but la conversion ou le remboursement des titres actuellement en circulation de la dette générale de la Daïra Sanieh.

Il est divisé en titres de fr. 500 ou l. 20 ; fr. 2,500 ou l. 100 ; fr. 12,500 ou l. 500 ; fr. 25,000 ou l. 1,000.

L'intérêt de 4 0/0 sera payé par semestre le 15 avril et le 15 octobre de chaque année.

Le prix d'émission est fixé à 500 fr., avec jouissance du 15 octobre 1890, payables comme suit : en souscrivant, 50 fr.; à la répartion (du 29 juillet au 2 août 1890), 200 fr.; et le 14 août 1890, 250 fr.

Les souscripteurs auront, au moment de la répartition, la faculté de libérer entièrement leurs obligations, moyennant une bonification de 0 fr. 25.

La souscription sera ouverte, avons-nous dit, le vendredi 18 juillet 1890, à Paris, à la Banque de Paris et des Pays-Bas, 3, rue d'Antin, ainsi que dans ses succursales de Bruxelles et de Genève.

Les fonds étrangers sont beaucoup plus faibles qu'il y a huit jours.

L'Italien cote 92 72, le Hongrois 88 10 et le Turc 17 90.

Les chemins restent fermes.

Quant aux valeurs industrielles, elles ne varient pas beaucoup.

COUPON.

HALLES ET MARCHÉS.

CÉRÉALES. — *Marchés français.*

Prix par 100 kilogr.

REGIONS	BLÉ Prix moyen	Hausse	Baisse	PRIX MOYEN. Seigle	Orge	Avoine
Nord-Ouest	24 85	» 25	»	16 43	17 25	20 58
Nord	24 3·	» 23	»	15 80	19 44	21 10
Nord-Est	24 75	» 17	»	15 90	19 86	21 07
Ouest	25 13	»	0 07	16 93	18 31	20 90
Centre	25 18	» 15	»	17 »	19 16	21 14
Est	24 98	» 06	»	16 96	19 10	20 46
Sud-Ouest	25 55	» 02	»	18 40	8 2	22 10
Sud	25 37	» 02	»	18 31	17 90	21 61
Sud-Est	24 67	» 05	»	18 12	16 9.	20 87
Prix moyens	24 97	»	»	7 09	18 46	21 09
Sur la huitaine préc. Hausse	0 07	»	»	» 05	»	» 02
Sur la huitaine préc. Baisse	»	»	»	»	» 07	»

1re région. NORD-OUEST.	BLÉ 1re qualité	BLÉ Prix moyen	Seigle Prix.	Orge Prix.	Avoine Prix.
Calvados. — Caen	26 »	25 25	16 »	19 25	22 »
C.-d.-N. — Lannion	24 50	23 75	16 25	16 »	18 75
Finistère. — Morlaix	25 »	24 2	»	17 50	18 50
I.-et-V. — Rennes	26 »	25 25	»	16 50	20 25
Manch. — Avranches	26 »	25 25	»	»	20 50
Mayenne. — Laval	26 »	25 25	»	»	19 »
Morb. — Hennebont	24 25	23 50	16 »	»	20 75
Orne. — Alençon	26 »	25 25	»	»	22 50
Sarthe. — Le Mans	26 »	25 25	17 50	»	23 »
— Sablé	26 25	25 »	»	18 »	»
Prix moyens	25 60	24 85	16 43	17 25	20 58
Sur la semaine précédente. Hausse	» 25	0 25	»	0 25	»
Sur la semaine précédente. Baisse	»	»	»	» 07	»

2e région. — NORD.					
Aisne. — Soissons	25 50	24 75	15 25	»	20 50
— Chauny	25 25	24 50	14 50	»	20 50
Eure. — Evreux	25 25	24 50	15 50	17 50	21 »
E.-et-L. — Chartres	25 25	24 50	15 50	19 »	21 »
— Nogent-le-Roi	25 25	24 50	14 25	19 50	21 25
Nord. — Lille	24 25	23 50	16 25	19 50	22 »
— Douai	26 75	26 »	16 7	20 25	22 50
Oise. — Compiègne	25 25	24 50	15 »	18 »	20 »
— Beauvais	23 25	22 50	17 »	20 50	22 »
Pas-de-Cal. — Arras	24 25	23 50	15 25	20 »	19 50
— Bapaume	23 50	22 75	16 »	18 »	17 50
Seine. — Paris	25 »	24 25	16 50	20 »	21 50
Seine-et-M. — Meaux	25 25	24 50	16 »	»	20 25
— Montereau	26 75	26 »	16 50	»	21 »
S.-et-O. Rambouillet	25 75	25 »	16 »	18 50	20 75
— Versailles	26 25	25 50	16 50	23 50	25 »
Seine-Inf. — Rouen	25 »	24 25	»	18 75	23 »
Somme. — Amiens	25 »	21 25	16 50	19 2	22 75
— Abbeville	23 50	22 75	6 »	»	9 »
Prix moyens	25 05	24 30	15 80	19 44	21 10
Sur la semaine précédente. Hausse	0 22	0 23	0 14	»	0 08
Sur la semaine précédente. Baisse	»	»	»	0 06	»

3e région. — NORD-EST.					
Ardennes. Sedan	25 25	24 50	16 75	22 25	22 25
— Vouziers	24 75	24 »	14 50	17 75	20 50
Aube. — Bar-s-Aube	25 75	25 »	16 50	20 50	21 50
— Bar-s-Seine	25 50	24 75	»	19 »	22 50
Marne. - Châlons-s-M	25 50	24 75	16 »	»	22 75
— Reims	24 75	24 »	15 50	20 50	20 75
Hte-Marne. - Langres	25 25	24 75	15 50	»	19 50
Meurthe. — Toul	25 75	25 »	»	19 »	20 »
Meuse. — Bar-le-Duc	24 75	25 »	16 »	20 »	21 »
Vosges. — Epinal	26 50	25 75	16 50	»	20 »
Prix moyens	25 50	24 75	15 90	19 86	21 07
Sur la semaine précédente. Hausse	0 17	0 17	0 15	»	0 17
Sur la semaine précédente. Baisse	»	»	»	0 18	»

4e région. — OUEST.					
Charente. Angoulême	27 »	26 25	19 »	19 »	21 75
Char.-Infér. Marans	25 »	24 2	»	»	20 50
Deux-Sèvres. Niort	26 50	25 75	»	»	21 »
Indre-et-Loire. Bléré	24 75	24 »	16 »	18 50	19 50
— Châteaurenault	27 50	26 75	16 »	20 »	20 »
Loire-Infér. Nantes	26 »	25 25	»	»	21 »
Maine-et-L. Saumur	26 »	25 25	»	»	21 75
— Angers	26 25	25 50	»	»	21 »
Vendée. — Luçon	25 25	24 50	»	15 75	20 »
Vienne. — Poitiers	26 50	25 75	»	»	20 75
Hte-Vienne. Limoges	24 »	23 25	16 7	»	23 »
Prix moyens	25 88	25 13	16 93	18 31	20 90
Sur la semaine précédente. Hausse	»	»	»	»	0 09
Sur la semaine précédente. Baisse	0 07	0 07	0 19	0 09	»

5e région. — CENTRE.					
Allier. — St-Pourçain	25 50	24 75	17 »	»	21 »
Cher. — Bourges	26 25	25 50	»	16 2	21 50
— Sancerre	25 75	25 »	»	»	20 »
Creuse. — Aubusson	25 50	24 75	17 »	»	22 50
Indre. — Issoudun	26 »	25 25	»	»	21 »
— Châteauroux	26 »	25 25	»	»	20 75
Loiret. — Orléans	26 25	25 50	16 »	18 50	20 75
Loir-et-Cher. Blois	26 75	26 »	17 »	19 25	21 75
Nièvre. — Nevers	26 »	25 25	»	21 »	21 »
Puy-de-Dôme. R'om.	25 25	24 50	19 »	19 50	21 »
Yonne. St-Florentin	26 »	25 25	»	20 50	21 »
— Sens	26 »	25 55	16 »	»	22 50
Prix moyens	25 93	25 18	17 »	19 16	21 14
Sur la semaine précédente. Hausse	0 15	0 15	»	»	»
Sur la semaine précédente. Baisse	»	»	»	0 13	0 06

6e région. — EST.					
Ain. — Bourg	25 50	24 75	16 75	»	19 »
Côte-d'Or. — Dijon	26 50	25 75	15 75	21 »	20 50
— Semur	25 25	24 50	»	20 50	20 »
Doubs. — Besançon	25 75	25 »	17 10	»	20 75
Isère. — Voiron	25 50	24 75	16 50	16 50	19 25
— Bourgoin	25 50	24 75	17 75	16 50	20 25
Jura. — Dôle	26 75	26 »	16 50	»	21 50
Loire. — Montbrison	25 50	24 75	17 »	»	21 25
Rhône. — Lyon	25 75	25 »	18 »	22 75	22 »
Saône-et L. Chalon	26 »	25 25	17 »	18 »	21 »
Haute-Saône. — Gray	25 50	24 75	16 25	18 50	20 »
— Vesoul	25 75	25 »	»	»	19 75
Savoie. — Chambéry	26 75	26 »	18 »	»	21 50
Hte-Savoie. La Roche	24 25	23 50	»	»	19 75
Prix moyens	25 73	24 98	16 96	19 10	20 46
Sur la semaine précédente. Hausse	0 06	0 06	0 15	»	0 13
Sur la semaine précédente. Baisse	»	»	»	»	»

7e région. — SUD-OUEST.					
Ariège. — Pamiers	27 75	27 »	20 »	»	23 75
Dordogne. — Piégut	27 »	26 2	19 »	»	»
Hte-Garonne. Toulouse	26 5	25 75	»	18 75	22 »
Gers — Mirande	28 »	27 25	17 »	»	21 50
Gironde. — Bordeaux	26 7.	26 »	»	»	21 75
Landes — Dax	25 »	24 25	17 50	»	»
Lot-et-Garonne. Agen	6 50	25 75	18 50	17 75	22 »
B.Pyrénées. Bayonne	24 75	24 »	»	»	»
H.Pyrénées. Tarbes	24 50	23 75	»	»	»
Prix moyens	26 30	25 55	18 40	18 25	22 10
Sur la semaine précédente. Hausse	0 02	0 12	»	»	»
Sur la semaine précédente. Baisse	»	»	0 07	0 12	0 27

8e région. — SUD.					
Aude. Castelnaudary	26 »	25 25	18 »	»	22 »
Aveyron. — Rodez	26 50	25 75	20 25	»	21 50
Cantal. — Mauriac	26 »	25 25	22 »	»	»
Corrèze. — Tulle	25 »	24 25	18 »	15 »	21 25
Hérault. — Béziers	28 25	27 50	»	18 50	21 75
Lot. — Figeac	25 »	24 25	15 50	»	20 »
Lozère. — Mende	24 50	23 75	20 50	20 50	20 75
Pyrén.Or. Perpignan	25 50	24 75	»	19 »	23 50
Tarn. — Gaillac	27 »	26 25	15 75	»	22 »
Tarn-et-G. Montauban	27 50	27 75	16 50	16 50	1 75
Prix moyens	26 12	25 37	18 31	17 90	21 61
Sur la semaine précédente. Hausse	0 2	0 02	0 10	0 10	»
Sur la semaine précédente. Baisse	»	»	»	»	0 02

9e région. — SUD-EST.					
H.-Alpes. — Gap	24 25	23 50	»	»	20 »
B.-Alpes. Manosque	25 25	24 50	»	»	20 »
Alpes-Marit. Nice	25 »	24 25	18 50	»	»
Ardèche. — Privas	26 50	25 75	18 2	15 25	20 »
B.-Rhône. Tarascon	26 »	25 25	»	17 »	20 75
Drôme. — Valence	25 25	24 50	16 50	»	22 »
Gard — Nîmes	26 »	25 25	»	16 50	21 50
Hte-Loire. — Le Puy	25 57	24 75	19 25	»	21 »
Var. — Draguignan	25 »	24 25	»	»	»
Vaucl. Carpentras	25 50	24 75	»	19 »	21 75
Prix moyens	25 42	24 67	18 12	16 93	20 87
Sur la semaine précédente. Hausse	0 0	0 05	0 12	»	0 09
Sur la semaine précédente. Baisse	»	»	»	0 02	»

ALGÉRIE.	Blé tendre	Blé dur	Seigle	Orge	Av.
Constantine	»	»	»	»	»
Alger	22 75	18 75	»	12 »	16 50
Oran	»	»	»	»	»

Farines de consommation.

Les prix se maintiennent bien ; les affaires sont plus faciles en boulangerie.

MARQUE DE CORBEIL	59 fr. (36 94 100 k.). 159 kil.		100 k.	
Marques de choix	59 à	60	37 58 à	38 02
Premières marques	58	59	36 91	37 58
Bonnes marques	56	57	35 66	36 30
Marques ordinaires	55	56	35 03	35 66

Le sac de 159 k., toile à rendre, franco au domicile des acheteurs à 30 jours sans escompte, ou au comptant avec escompte de 1 1/2 0/0.

Fourrages et pailles.

Paris, La Chapelle.

	1re qté.		2e qté.		3e qté.	
Foin nouveau	46 à	48	44 à	45	42 à	43
Luzerne nouvelle	45	47	43	44	41	42
Paille de blé	35	37	32	31	30	31
Paille de seigle	32	34	31	32	27	29
Paille d'avoine	25	27	23	25	20	22

Le tout aux 104 bottes dans Paris.

COURS DE DIFFÉRENTS MARCHÉS (par 100 kil.).

	Paille.	Foin.
Beauvais	5 »	6 25
Nevers	5	7 60
Blois	3 75	6 75
Douai	4 50	8 25
Toulouse	4 »	5 50
Angers	4 50	5 50
Orléans	5 25	6 50
Lyon	4 »	5 50

Issues, les 100 kil.

Le ralentissement du travail dans les usines de la meunerie restreint sensiblement les offres et la tendance reste ferme.

Nous cotons par 100 kil. en gare d'arrivée à Paris :

Son écaille	12 50 à	12 75
— gros	12 »	12 25
— trois-cases	11 50	11 75
— fin	10 75	11 »
Recoupettes	11 50	» »
Remoulages blancs	18 »	» »
— bâtards	14 50	15 50

MARCHANDISES DIVERSES.

Fécules.

La fécule suit son mouvement de fermeté. Les pluies générales que nous avons actuellement compromettent toutes les récoltes et font tenir les prix aux détenteurs qui demandent 1 fr. de plus par sac de 100 kil.

Les 100 kil.

Paris. — Fécule 1re, grains	28 » à	29 »
dito verte	» »	» »
Oise. — Fécule 1re, grains	26 »	27 »
Vosges. — Fécule 1re, grains	28 »	» »
Loire. — Fécule 1re, grains	27 »	28 »
Auvergne. — Fécule 1re, grains	27 »	28 »
Fécules secondes selon qualité	» »	» »

Pommes de terre.

Les 1 000 kil.

Hollandaises	60 » à	80 »
Magnum bonum	60 »	65 »
Early roses	50 »	52 »
Saucisses	62 »	72 »
Rondes	45 »	50 »
Chardonnes	35 »	40 »

Tourteaux, les 100 kil.

	Colza	Œillette	Lin	Cam.
Lille	15 50 à 16 »	16 » à 17 »	24 » à 25 »	16 »
Arras	16 » 17 »	13 » 15 50	17 » 18 50	16 25
Gd Moulin Corbeil	15 50		19 75	
	Cophra	Arachide déc.	Sésame	Colza
Marseille	12 50 à 13 50	14 »	13 » à 14 »	12 »

GRAINES DIVERSES.

Maïs, les 100 kil.

Paris	11 75 à 13 50		Agen	14 50	15 25
Alais	14 50	15 25	Grenoble	14 50	15 »
Ruffec	14 »	15 »	Reims	14 50	15 »

Sarrazin, les 100 kil.

Paris	17 25 à	18 »	St-Pierre	15 25 à	16 »
Mayenne	15 »	16 50	Nantes	14 75	16 25
Rennes	15 »	16 »	Orléans	15 75	16 »

Légumes secs, les 100 kil.

	Haricots	Pois	Vesces	Lentilles
Paris......	20 à 47	21 à 26	» »	45 à 70
Rouen.....	42 57	50 63	26 28	77 »
Marseille..	18 30	23 32	25 34	19 24 50

Graines fourragères, les 100 kil.

Luz. de Prov.	» à	»	Minette.	» à	»
— du Poitou	»	»	Sainfoin à 2 c..	»	»
— d'Italie..	»	»	Sainfoin à 1 c..	»	»
Trèfle blanc..	»	»	Pois jarras. . .	»	»
— incarnat	65	45	Vesces.	»	»

Huiles.

COLZA BRUT. — Les prix ne présentent que peu de changement à la reprise des affaires ; il ne se fait rien sur le rapproché. Les quatre derniers mois se traitent à 65 fr. et les quatre premiers mois à 63 25.

On cote au début de la réunion :

Disponible	68 50	à 69 »
Livrable courant du mois.	68 50	69 »
Août	66 50	67 »
4 derniers mois.	65 »	» »
4 premiers mois	63 25	» »

LIN — Le courant du mois se traite à 57 fr.; le livrable reste sans affaires aux cours de la veille.

On cote au début de la réunion :

Disponible	57 »	à » »
Livrable courant du mois.	57 »	» »
Août	56 50	57 75
4 derniers mois.	54 50	55 »
4 premiers mois	53 50	51 »

Les 100 kil. net, logés, escompte 1 0/0.

Pétrole.

Les prix ne varient pas ; nous cotons par wagon complet et pour marchandise disponible :

L'huile de pétrole raffinée vaut 49 fr. 50 ; l'essence rectifiée 60 fr 50 les 100 kil.

On cote à l'hect. pour le détail :

PETROLE RAFFINE disponible .	39 50 à	» »
ESSENCE RECTIFIEE, disponible	42 25	» »

Laines.

LE HAVRE, 9 juillet.

Laines à terme Buenos-Ayres en suint, fermes. Ventes, 300 balles.

Juillet 170 »», août 171 »», septembre 172 »», octobre 172 »», novembre 172 »», décembre 172 »», janvier 1891, 167 »». février 167 »», mars 167 »», avril 167 »», mai 167 »», juin 167 »».

ANVERS, 8 juillet.

Laines : fermes. Prix moyens des Plata.

Peignés allemands de La Plata : Contrat B, sur juillet 5 70 »/», août, 5 70 »/», septembre. 5 70 »/», octobre, 5 67 1/2, novembre, 5 62 1/2. décembre, 5 60 »/», janvier, 5 52 1/2, février, 5 47 1/2. Ventes, 490,000 k. Contrat M. juillet à septembre 5 75 »/». Ventes, 1 145,000 kil.

ROUBAIX-TOURCOING, 8 juillet.

Laines à terme. Qualité peignée de fabrique, type n. 1 (clôture) : juillet, 5 85 »/». août 5 87 1/2, septembre 5 87 1/2, octobre 5 87 1/2, novembre 5 80 »/».

Qualité peignée cour., type n° 2 (clôture) : juillet » »» »/», août, » »» »/», sept. » »» »/», octobre » »» »/», novembre » »» »/».

Marché calme. Ventes, 375,000 kil.

Sucres.

Sucres raffinés. — La demande reste calme, aussi bien pour la consommation de l'intérieur que pour l'exportation ; les prix ne présentent pas de changement.

Nous cotons, selon marques et époques de livraison, de 103 50 à 104 50 les 100 kil au comptant, sans escompte.

Sucres cristallisés n° 3, acquitté 94 » à 94 50 ; extra 95 » les 100 k.; en poudre, 95 » à 95 50 les 100 kil.

Sucre cassé à la mécanique. . .	110 50 à	111 »
Cassons.	102 50	103 »
Menus déchets	102 »	102 50
Semoule	104 50	105 60
Glace	100 »	101 50
Sucre en poudre.	101 50	103 50

Alcools. — Prix de l'hectol. nu, au compt.

Paris. 3/6 fin, betteraves, 1re qualité, l'hectolitre.			Lille, disp	37 » à	» »
			Cette	90 »	110 »
90° dispon.	36 50 à	» »	Nîmes ...	89 »	100 »
Juillet	36 75	37 50	Béziers ..	75 »	110 »
4 derniers.	37 25	37 50	Pézenas .	80 »	95 »

Raisins secs à boisson.

(Cours de la maison Audibert, 53, rue des Minimes, à Marseille).

Corinthe, Roi de Grèce, petits grains Extra 1er choix.......		100 kilos	49.00
Corinthe, le Turban, gros grains.......................	»	»	45.00
Corinthe petits grains, 1er choix.	»	»	45.00
Thyra. 1er choix...............	»	»	39 00
Thyra, ordinaires.............	»	»	35.00
Samos noirs, 1er choix.........	»	»	40 00
— muscats, 1er choix....	»	»	40.00
Figues à distillerie............	»	»	27.00
Pachas, magnifiques, gros grains noirs, égrappés mangeables. seul dépôt en France.	»	»	70 »
Royaux, délicieux pour familles, en caisses de kilo net.		la caisse	» 0.95

Engrais. — Prix des 100 kil. :

Matières diverses pour engrais. — Cours commercial sur la place de Paris, par 100 kil., pour des ventes en gros de 30.000 kil. au moins.

Sang desséché moulu.	11/13 0/0 azote	23 75 à	» »
Viande desséchée....	9/11 0/0 —	» »	» »
Cornes broyées......	13/14 0/0 —	22 25	» »
Cuir désagrégé	8/9 0/0 —	9 25	10 50
Laine engrais........	3 à 4 0/0 —	» »	» »
Nitrate de soude.....	15/16 0/0 —	22 50	» »
Nitrate de potasse...	95 0/0 —	49 »	» »
— ...	90 0/0 —	46 75	» »
Muriate de potasse...	80 0/0 —	» »	» »
Sulfate de potasse...	90 0/0 —	26 »	» »
Sulfate d'ammoniaq..	20/21 0/0 —	32 »	» »
Chlorure de potassium	90 0/0 —	22 »	24 »
— Stassfurt.	80 à 85 0/0 —	17 50	» »
Cornes, cornailles pour brûler.....		» »	» »
Déchets fins de cornes, frisures...		» »	» 05

Phosphates des Ardennes. — En gare des Ardennes et de la Meuse, en sacs (les 100 kil.).

Pulvérisés. 14/16 0/0, acide phosph..	3 40 à	» »
— 18/20 0/0, —	4 »	» »
— 16/18 0/0, —	3 60	» »

Phosphates de Tavel.

50/», la tonne....................... 60 » à » »

Phosphates de l'Yonne. — Les 1.000 kil.

Moulus en sacs, wag. gre Toucy. 40 à 35 0/0 40 à 45

Phosphates de l'Auxois, Marigny Epoisses.

Pulvérisés 60 à 65 0/0.................. 6 80 à 7 »

Sulfate de cuivre.

Les 100 kil .... 57 à 66 50.

Phosphates du Boulonnais 40/45...	4 60 à	» »
— de Pernes............	6 75	7 25
— du Cambresis 28/35....	3 75	4 »
— du Lot 30/50..........	3 »	4 50

Superphosphates, poudrés d'os, etc.

Les 100 kilogr.

Phosph. préc. 35 à 40 % acide phosph.	17 »	» »
— — 40 à 45 % —	19 »	» »
Superphosphates fossiles, 10 % acide phosphorique soluble et assimil. (les 100 kilog.)...............	6 30	» »
Superphosphates fossiles, 16 à 18 %.	9 15	» »
— d'os, 16 à 18 %, acide phosph..	12 50	12 »
Poudres d'os bruts.....................	14 »	13 50

Engrais spéciaux. — Les 100 kilog.

Guano du Pérou. 10 à 16	Eng. chim.
Guan du Pér. diss. 32 à 20	de H. Joulie,
Guan. az. fixe. 26 » à 27 »	Lag........ 15 » à 23 »

BEURRE, ŒUFS, VOLAILLES.

Paris, 7 juillet.

Beurres en mottes.

L'arrivage d'hier a été de 12,000 kil.
L'arrivage approximmatif a été de 54,000 kil.

Beurres en livres.

L'arrivage d'hier a été de 11,000 kil.

Fermiers	au kilo		Touraine	au kilo	
Extra.......	2 40 à	2 50	Extra.......	2 10 à	2 »
1er choix.....	2 30	2 40	1er choix....	2 »	» »
2e choix.....	2 10	2 20	2e choix.....	1 90	» »
Ordinaire...	2 »	2 10	Ordinaire...	1 80	1 90
Bourgogne			Vendôme		
Choix.......	1 80	1 90	1er choix.....	1 90	2 »
Ordinaire...	1 70	1 80	2e choix.....	1 80	1 90
			Ordinaire...	1 70	1 80
Gâtinais			Beaugency		
1er choix.....	2 »	2 10	1er choix.....	1 90	2 »
2e choix.....	1 90	2 »	2e choix.....	1 80	1 90
Ordinaire...	1 80	1 90	Ordinaire...	1 70	1 80
Le Mans			Fausse Touraine		
Choix......	1 80	» »	Choix.......	1 90	2 »
Ordinaire...	1 70	» »	Ordinaire...	1 70	1 80

Œufs, *le mille :*

Normandie . (Extra)	82 à	98	Bourgogne . .	75 à	80
Picardie . . (Extra)	85	110	Champagne . .	78	82
Brie. . . . . (Extra)	81	90	Nivernais . . .	70	75
Touraine gr. .	80	90	Cosne.	76	80
Touraine ord. .	72	78	Bourbonnais. .	69	72
Beauce	80	92	Bretagne . . .	66	72
Orne.	70	80	Vendée	70	72
Picardie ord. .	74	82	Auvergne . . .	67	70
Châtellerault. .	74	76	Midi.	70	74

Volailles et Gibiers.

Canards :			Pigeons :		
nantais (jeunes)	2 50 à	5 »	macounais.	» 75 à	1 50
de ferme...	2 »	3 »	italiens	» 70	1 40
Dindes nouv.	4 »	10 »	bizets......	» 60	1 20
Oies nouvelles	4 »	7 »	Poulets :		
— (2e qté).	2 50	4 »	nantais	2 50	5 50
Pintades...	2 50	4 »	touraine ...	2 50	5 75
Lapins domestiques.	1 50	4 »	gâtinais....	2 50	5 75
			du Midi....	2 »	3 »
Chevreaux .	» »	» »	communs..	1 25	2 50

Marché faible. Cours fournis par MM. de Bridiers, Jouslin et Scelle, facteurs assermentés, 2, rue de Valois, Paris.

BESTIAUX.

La Villette, 10 juillet. — Bestiaux. — Vente ordinaire et sans changement sur le gros bétail, mauvaise sur les veaux et les moutons, et très active sur les porcs.

Cours officiels.	Amenés.	Vendus.	Poids moyen.	1re qualité.	2e qualité.	3e qualité.	Prix extrêmes.
Bœufs..	1.743	1.631	350	1 62	1 44	1 24	1 14 à 1 56
Vaches.	623	575	246	1 56	1 34	1 18	1 08 1 60
Taureau	131	131	403	1 42	1 30	1 20	1 10 1 48
Veaux..	1.600	955	70	1 55	1 45	1 35	1 15 1 75
Moutons	10.539	9.339	18	2 08	1 82	1 60	1 34 2 16
Porcs g.	3.750	3.726	79	1 60	1 54	1 48	1 42 1 68
Id. m.	»	»	»	» »	» »	» »	» » » »

Marché du lundi 7 juillet.

	Amenés	Vendus	Prix au poids net 1re qual.	2e qual.	3e qual.
Bœufs	2.774	2.380	1 62	1 48	1 32
Vaches.....	896	842	1 55	1 34	1 26
Taureaux ..	230	209	1 40	1 34	1 28
Veaux......	1.495	1.138	1 62	1 50	1 40
Moutons....	12.584	11.449	2 12	1 82	1 68
Porcs	2.661	2.626	1 60	1 36	1 52

	Prix au poids vif 1re qual.	2e qual.	3e qual.	Prix extrêmes.
Bœufs..........	» 96	» 80	» 67	» 60 à 1 02
Vaches..........	» 92	» 75	» 57	» 54 » 96
Taureaux.......	» 88	» 78	» 65	» 58 » 90
Veaux..........	1 98	» 87	» 74	» 62 1 12
Moutons........	1 »	» 93	» 82	» 62 1 16
Porcs...........	1 10	1 06	» 02	» 98 1 12
Peaux de moutons en laine..........				2 20 » »
Id. id. demi-laine........				2 30 » »

Viandes abattues. — Criée du 7 juillet.

		1re qualité.	2e qualité	3e qualité.
Bœufs	le kil.	1 60 à 3 »	1 40 à 2 80	1 » à 1 90
Veaux....	—	1 54 1 65	1 30 1 50	1 16 1 30
Moutons ..	—	1 90 2 »	1 50 1 06	1 10 1 46
Porc entier	—	1 36 1 55	1 16 1 30	1 10 1 60

Cuirs et peaux, les 50 kil.

Taureaux.	36 75 à	39 75	Vaches lourdes	36.75	39.25
Gros bœufs	46 25	49 75	— de bandes	33.70	34.75
Moy. bœufs	42 25	45 50	Gros veaux..	57.50	61.25
Pet. bœufs.	34 75	37 25	Petits veaux	64.25	65.50

CHEMIN DE FER DU NORD

A l'occasion des fêtes du 14 juillet, les billets d'aller et retour délivrés *de* ou *pour Paris*, pendant la période du vendredi 11 au mercredi 16 juillet, seront exceptionnellement valables pour le retour jusqu'au dernier train du jeudi 17 juillet.

Cette mesure s'étend aux billets d'aller et retour « *bains de mer* », mais elle ne s'applique pas aux billets d'aller et retour *internationaux*.

En ce qui concerne les billets d'aller et retour, délivrés *par les gares des Ardennes, pour* Paris, dans les journées des samedi 12, dimanche 13 et lundi 14, leur validité sera prorogée *de 48 heures*.

Des trains de plaisir contenant des voitures de 2e et de 3e classes, avec réduction de 50 0/0, seront organisés, en destination de Paris, au départ de toutes les stations du Nord, situées au-delà d'un rayon minimum de 80 kilomètres.

Les arrivées à Paris auront lieu le samedi 12 juillet ou le dimanche 13, suivant les distances.

Le retour aura lieu à volonté du lundi 14 au vendredi 18, par trains désignés (suivant les provenances).

Des trains de plaisir à marche rapide (3e classe) seront également organisés sur Paris, le lundi 14 juillet, au départ des grands centres industriels, avec retour dans la même journée.

Les prix des billets d'aller et retour varient de 6 fr. à 12 fr. pour les adultes et de 4 fr. 50 à 7 fr. 50 pour les enfants jusqu'à douze ans.

COMPAGNIE D'ORLÉANS

Depuis le 9 juillet prochain, un train rapide de luxe pour Bordeaux et les Pyrénées, comprenant des voitures directes pour Pierrefitte, Cauterets et Luchon, est mis en marche deux fois par semaine.

A l'aller, ce train part de Paris les lundi et mercredi. Il quitte Paris (gare du Nord) à 6 h. 53 du soir, passe à Orléans à 8 h. 55 soir, à Tours à 10 h. 21 soir à Poitiers à minuit 6, à Angoulême à 1 h. 39 matin, et arrive à Bordeaux-Saint Jean à 3 h. 34 matin.

Au retour, ce train part de Bagnères-de-Luchon et de Pierrefite les mardi soir et jeudi soir de chaque semaine ; il est réuni entre Bordeaux et Paris au train Sud-Express qui partira de Bordeaux-Saint-Jean à 3 h. 35 matin, passe à Angoulême à 5 h. 40, à Poitiers à 7 h. 21, à Tours à 8 h. 38, à Orléans à 10 h. 15, arrive à Paris (gare d'Orléans) à midi 9, et à Paris (gare du Nord) à 1 h. . Il arrive ainsi à Paris, deux fois par semaine, les mercredi et vendredi.

L'Administrateur-Gérant : ALBERT RENOT.

Beauvais. — Imp. D. PERE. — A. CARTIER, Gérant.

11e Année. — 2e Série. — N° 547. Dimanche 20 Juillet 1890.

GAZETTE  AGRICOLE

JOURNAL HEBDOMADAIRE, PARAISSANT LE DIMANCHE

Rédacteur en Chef : M. Ch. GOSSIN, Professeur d'Agriculture à l'Institut agricole de Beauvais

PRIX DE L'ABONNEMENT

UN AN, 5 fr. — SIX MOIS, 2 fr. 50. — TROIS MOIS, 1 fr. 50

Pour l'étranger les abonnements ne sont reçus que pour un an, au prix de 6 francs, et ne partent que du 1er janvier ou du 1er juillet de chaque année.

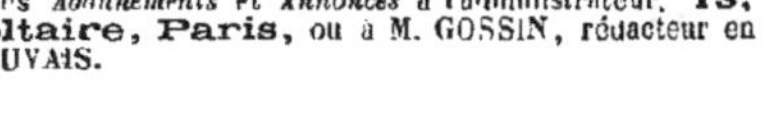

Il est indispensable de joindre à toute demande de changement d'adresse la dernière bande d'adresse du journal et 50 centimes pour frais de nouvelles bandes.

Adresser les *Abonnements et Annonces* à l'administrateur, 13, quai Voltaire, Paris, ou à M. GOSSIN, rédacteur en chef, à BEAUVAIS.

BUREAUX

13, quai Voltaire, Paris.

Les abonnements partent du 1er de chaque mois et sont payables d'avance. Toute demande d'abonnement doit donc être accompagnée du prix de l'abonnement. (Le mode de payement le plus simple est l'envoi d'un mandat-poste.)

Donner *très lisiblement*, en s'abonnant, son nom et son adresse exacte, *avec l'indication du bureau de poste*; et, s'il s'agit d'une continuation d'abonnement, joindre au renouvellement la dernière bande d'adresse du journal.

La GAZETTE AGRICOLE insère gratuitement les Communications des Syndicats agricoles

SOMMAIRE :

PARIS, 18 JUILLET.

La fameuse équipée de Vicq, où les gendarmes sont venus installer de force une institutrice laïque dans une maison appartenant aux Sœurs, est revenue en discussion devant le Sénat. M. Chesnelong et M. Buffet, sénateurs, ont demandé au Gouvernement la raison de ces brutalités et de cette violation flagrante de la loi scolaire, déjà si dure pour la liberté de ceux qui n'adorent pas Marianne. Eh bien ! les gens qui comptaient sur la majorité du Sénat pour protester contre les férocités de nos gouvernants avaient compté sans leur hôte. Le Sénat a dit *Amen!* à toutes les violences des agents de M. Constans, et les journaux radicaux couvrent de fleurs l'ancien marchand de pompes à vidanges. « Les députés, on s'en souvient, s'écrient-ils avec une joie féroce, avaient adopté, sur la demande de M. le président du conseil lui-même, un ordre du jour motivé » où « la sagesse » et « la fermeté » étaient recommandées à doses égales. Le Sénat, lui, a été plus net. Il a dit tout simplement : « Le Gouvernement a exécuté la loi, nous comptons bien qu'il l'exécutera encore à l'avenir. » Le Bonhomme Deschamps se voit donc obligé de revenir sur cette affaire. Elle en vaut la peine.

***

En effet, devant cet ordre du jour, il ne s'est trouvé sur les bancs de la majorité républicaine du Sénat personne pour le repousser, absolument personne. A la Chambre, quelques républicains centre gauche, en bien petit nombre, s'étaient détachés de leurs collègues; aucun sénateur n'a eu ce courage. Les plus braves se sont abstenus. Quand on nous parle d'une entente avec les républicains modérés et que nous demandons : « Où sont les modérés de la Chambre? » on nous répond : « Regardez le Sénat ». Nous regardons et nous constatons que dans une question essentielle, — oui, essentielle, car l'affaire de Vicq a pris, de par l'attitude du Gouvernement, la portée d'un acte qui engage la politique générale, — les modérés du Sénat poussent la résistance jusqu'à n'avoir pas d'opinion; ou, s'ils en ont une, s'ils la formulent dans des ordres du jour dont la destinée est de n'être pas mis aux voix, ils la gardent pour eux quand il s'agit de voter. En revanche, des hommes soit-disant intègres tels que M. Challemel-Lacour, ont une opinion et l'exprime hautement. M. Challemel-Lacour, le 19 décembre 1888, reprochait à la République d'avoir, en matière scolaire, « trop docilement obéi à des idées absolues qui devaient conduire à des conséquences extrêmes et non sans péril. » L'autre jour, il a donné sa complète approbation aux violences de Vicq et aux déclarations des ministres promettant de multiplier autant qu'ils le pourront les actes de cette nature.

***

Cependant la discussion engagée à la tribune du Sénat avait déchiré tout les voiles. MM. Chesnelong, Lucien Brun, Buffet, dans des discours d'une loyauté et d'une logique irréfutable avaient fait justice des prétentions du Gouvernement, affirmées à Vicq de la façon et par les procédés que l'on sait. M. Bourgeois, ministre radical de l'instruction publique, n'avait pas été moins instructif peut-être. Il avait dit qu'il était toujours l'homme de ce discours du 3 mars dernier dans lequel il avait assigné comme but à la République la continuation et l'aggravation de la guerre contre les consciences. Il a révélé qu'on ne lui avait pas demandé, lors de son entrée dans le cabinet actuel, de rien retirer de ce discours. Il reste conséquent avec lui-même en pratiquant la politique qui s'est manifestée à Vicq dans toute sa barbare violence.

***

A quels résultats aboutit cette politique? A imposer aux communes des actes malhonnêtes, dont un simple particulier ne saurait se rendre coupable sans se déshonorer. Est-il un seul sénateur, voir un ministre, s'est écrié M. Buffet, qui oserait conserver le bénéfice d'un legs dont il ne remplirait plus les conditions? On force néanmoins, comme s'il y avait deux morales, les communes à donner l'exemple de la violation des testaments. Est-ce dans leur intérêt? Mais que le Gouvernement, a dit encore M. Buffet, envoie donc à Vicq un professeur de droit public démocratique pour démontrer aux habitants que la perte des avantages financiers dont ils jouissaient jusqu'ici et les dépenses auxquelles ils vont avoir à faire face pour la construction d'une école laïque constituent une « conquête », M. de Freycinet a même dit une « acquisition démocratique! » La tâche du professeur sera ardue. La liberté de ces pauvres gens est-elle plus respectée que leur bourse? Mais ils voulaient les Sœurs; ils l'ont témoigné d'une façon non équivoque. Leur volonté est tenue pour nulle et non avenue. Et voilà comment le suffrage universel est souverain.

***

Malheur aux pauvres! Telle est la morale de la loi scolaire qui ne laisse de liberté qu'aux riches. C'est le dernier mot des lois républicaines et qualifiées de lois démocratiques. Eh bien! soit : cette iniquité, cette malhonnêteté, cet attentat contre la liberté, cette ruine d'une commune, tout cela est l'application de la loi scolaire de 1886. Le Bonhomme Deschamps se demande alors ce qu'il faut penser de cette loi? Il se demande aussi ce qu'il faut penser du parti qui l'a voulue et qui l'a votée, du Gouvernement qui inscrit son maintien en tête de ses programmes, du régime enfin qui s'en glorifie et la considère comme sa pierre d'angle? On le voit, il est bon de rappeler aux conservateurs qu'ils ne doivent compter que sur eux-mêmes, pour la défense des principes de liberté, qu'on foule aux pieds d'une façon si audacieuse, cent un ans après la Révolution française.

LE BONHOMME DESCHAMPS.

L'Impôt Foncier.

Il ne faut pas se faire d'illusion sur la réforme que propose le Gouvernement en ce qui touche la répartition de l'impôt foncier.

Il ne s'agit pas à proprement parler de la péréquation de cet impôt, mais simplement d'alléger la charge supportée par un certain nombre de départements, de façon à ce que tous contribuent également à former un total qui ne sera pas modifié.

Mais ce ne sont pas les inégalités entre contingents départementaux qui sont les plus criantes, ce sont surtout les inégalités entre contribuables.

Or, la réforme que propose le Gouvernement ne fait pas le moins du monde disparaître ces inégalités.

On pourrait même soutenir qu'elle les consacre.

Il est d'autre part rien moins que certain que la réforme ait pour résultat, quoiqu'on en dise d'alléger les charges d'aucun contribuable.

La majoration d'impôt que le contribuable supportera sur sa propriété bâtie annulera, dans la plupart des cas, le dégrèvement dont il bénéficiera pour sa propriété non bâtie.

On dit bien, il est vrai, que sur les 18 millions d'augmentation d'impôt que la propriété bâtie subira, d'après le projet, la plus grosse part de cette somme retombera sur les communes de plus de 2,000 âmes.

Mais il n'en est pas moins vrai que sur 36,000 communes, 21,000 environ seront rehaussées de ce chef.

C'est là une proportion considérable.

Et nous craignons bien que la plupart de nos petits cultivateurs n'éprouvent quelque déception, en comparant la feuille d'impôt qu'ils recevront l'année prochaine à celle qu'ils ont reçue cette année.

Comme la plupart des prétendues réformes auxquelles s'essaie de temps à autre le gouvernement républicain, celle-ci a donc un caractère illusoire.

Ce qui importe au contribuable, c'est bien moins la *façon* dont on lui prend une partie des fruits de son travail, que le chiffre de la perception.

Or, à cet égard, il ne paraît pas que rien soit changé.

On peut même appréhender que pour certains, il y ait simplement aggravation.

JEAN RAGE.

NOUVELLES DE LA SEMAINE.

A la Chambre. — Bien que l'on soit arrivé à l'époque de l'année où les Chambres partent en vacances, il est impossible de prévoir encore, à l'heure actuelle, à quel moment sera close la session ordinaire du Parlement.

La discussion des contributions directes et de la réforme de l'impôt foncier est terminée, la Chambre ayant décidé de siéger exceptionnellement mercredi. Cette loi achèvera la série des lois dont le vote parait nécessaire avant la prorogation. On annonce en effet que le Gouvernement renoncerait à demander au Parlement de statuer, avant la clôture de la session, sur la question du régime des sucres.

Le Sénat sera saisi jeudi ou vendredi, des quatres contributions. Tout dépend donc, à l'heure actuelle, des conditions dans lesquelles le Sénat abordera l'examen du projet de la Chambre, et notamment du temps que mettra sa commission des finances à étudier la réforme de l'impôt foncier.

On estime néanmoins que la session des Chambres pourra être close le 25 juillet.

M. Carnot en voyage. — La date du voyage de M. Carnot à La Rochelle est définivement fixée. C'est le 19 août que le Président de la République se rendra dans cette ville pour assister à l'inauguration du nouveau port de la Palice.

Le favoritisme sous la République. — Le grand dada des républicains est de crier partout que la monarchie est le règne du favoritisme et que la République a changé tout cela. Qu'on en juge.

Le général Brugère, secrétaire de la présidence de la République, autrement dit secrétaire de M. Sadi Carnot, promu général de brigade le 11 janvier 1887, il y a trois ans et demi, vient de recevoir les trois étoiles.

Cette nomination extraordinaire a causé dans l'armée une profonde stupeur. M. Brugère passe tout simplement sur le dos de *soixante et un* généraux de brigade qui tous ou presque tous ont des états de service autrement fournis que les siens, et dont quelques-uns ont fait de très pénibles et très honorables campagnes au Tonkin.

Il est inutile d'insister. L'armée, qui est bon juge en la matière, jugera sévèrement cette nomination. « Il est très regrettable, avoue un journal républicain subventionné par M. Carnot, que le Président de la République et le ministre de la Guerre n'aient pas rencontré un ami assez sincère pour les détourner d'une pareille maladresse. »

Ainsi vienne la guerre, et l'on donnera à nos soldats pour chef un général qui a conquis des épaulettes dans les antichambres de M. Jules Grévy et de M. Carnot.

Et il se trouvera encore de bonnes gens pour crier sincèrement : *Vive Carnot! Vive la République!*

Triste! Triste!

La justice en France. — Il n'y a plus de justice en France. C'est triste à dire, mais cela est. Lisez plutôt cette histoire entre cent du même genre qui remplissent chaque semaine des colonnes des journaux :

M. Le Boterf, minotier au Rodoir, près de La Roche-Bernard (Morbihan), jouit de l'estime publique. Il est à la fois maire de sa commune et conseiller d'arrondissement de son canton. Il y a quelques jours, M. Le Bortef voyait arriver chez lui le juge de paix, accompagné de plusieurs gendarmes.

Nous venons, lui dit le juge de paix, en vertu d'un ordre du parquet de Vannes, faire une perquisition chez vous. Vous êtes signalé comme ayant des sacs ne contenant pas le poids indiqué, des balances et des poids faux.

Et aussitôt la perquisition commença. On jaugea les sacs, on vérifia les poids et les balances, mais on ne trouva rien de répréhensible. Poids, balances et sacs furent reconnus de la plus scrupuleuse exactitude. Le juge de paix se retira en faisant des excuses, mais on peut se figurer le scandale que causa cette descente de justice chez le maire et conseiller d'arrondissement de l'endroit.

M. Le Boterf, justement ému d'une pareille mesure, se rendit immédiatement au parquet de Vannes, où on lui répondit, avec une désinvolture sans pareille, qu'il avait été victime d'une fausse dénonciation.

N'est-ce pas révoltant?

LÉGION D'HONNEUR.

C'est avec le plus grand plaisir que nous avons appris la nomination au grade de chevalier de la légion d'honneur de notre collaborateur et ami, M. Forgeot, l'honorable horticulteur-grainetier si connu. Par ses travaux, par sa parfaite loyauté commerciale, M. Forgeot a rendu de très grands services à l'horticulture et à l'agriculture. Depuis longtemps, ses expositions à Paris et à nos concours régionaux étaient absolument remarquables; on n'a pas oublié notamment ses splendides collections du Trocadéro, qui attiraient l'attention de tous. On s'étonnait qu'à la suite de l'Exposition universelle la croix de la légion d'honneur n'eût pas été décernée à M. Forgeot. Justice ne s'est pas fait longtemps attendre.

Nous offrons au nouveau légionnaire nos sincères félicitations.

Ch. GOSSIN.

MELANGES FERTILISANTS

LES PLUS ÉCONOMIQUES ET LES PLUS EFFICACES.

Toute terre végétale renferme à l'état insoluble et par conséquent peu assimilable :

1° De la potasse, sous forme de silicates doubles mal définis;

2° De l'azote, sous forme d'azote organique contenu dans l'humus.

Tous deux dans des proportions dépassant de 10 à 50 fois la dose nécessaire à la récolte de chaque année.

3° Et de l'acide phosphorique à l'état de phosphate insoluble dans les proportions extrêmement variables que seule l'analyse de la terre peut déterminer.

Les deux premiers éléments sont d'un prix élevé; au lieu de les importer en les faisant souvent venir de très loin et au lieu de faire une opération onéreuse en les employant en quantité surabondante, ne serait-il pas plus naturel, non pas de supprimer les apports de ces deux produits, mais, en les réduisant au strict nécessaire, de pratiquer le moyen de mobiliser, c'est-à-dire de rendre soluble et assimilable la proportion de ces deux substances (renfermées dans le sol), indispensable à la récolte de l'année?

Ce desideratum ne peut-il pas être également formulé pour l'acide phosphorique insoluble qui peut s'y trouver?

Est-ce donc une opération qui puisse se faire d'une manière économique?

Peut elle être pratiquée sans difficulté et procurer un avantage au cultivateur?

D'après les expériences pratiques faites depuis trois années et se confirmant toutes l'une par l'autre, d'après les rendements comparés et les dosages analytiques, d'après l'étude des réactions observées à la station agronomique de Laon et confirmées par l'examen qui en a été fait à notre laboratoire, nous venons, de la matière la plus affirmative, répondre : oui ! L'opération est pratique, facile à exécuter et pardessus tout avantageuse.

Les sulfates de protoxyde de fer, de peroxyde de fer et d'alumine produisent cette utile réaction et mobilisent, c'est-à-dire rendent solubles les trois éléments classiques de fertilisation : Azote, Potasse, Acide phosphorique. Le fait est incontestable maintenant et ne peut plus être nié en présence des résultats acquis. On peut même ajouter que tous trois mobilisent également le carbonate de chaux contenu dans ces sols et facilitent l'assimilation de la chaux et de la magnésie que doit toujours renfermer toute bonne terre végétale.

Ces trois sulfates sont contenus dans la cendre pyriteuse, laquelle contient en outre 5 à 6 millièmes d'azote organique (autant que dans les fumiers de ferme) lorsque l'opération de l'oxydation ou de l'efflorescence en plein air a été conduite avec précaution, de manière à éviter de laisser brûler les matières organiques et à provoquer la formation du maximum de sels solubles.

A un autre point de vue il est bon de rappeler que le sulfate de fer produit sur la végétation un effet qui lui est propre et qui est bien démontré par les analyses comparatives publiées par nous et portant sur diverses récoltes cultivées *avec* et *sans* sulfate de fer.

Dans le premier cas, si on le compare aux résultats donnés par le deuxième, on peut constater que l'augmentation des récoltes peut varier entre 10 et 90 pour cent, que l'assimilation de l'ozyde de fer, de la chaux, de l'azote y a été plus considérable, et que la quantité d'eau de composition y est réduite de 1 à 3 pour cent, ce qui constitue un fait d'une réelle importance pour les blés et les céréales, dont le poids spécifique se trouve ainsi notablement amélioré, de même que pour les betteraves pour lesquelles les expériences départementales de Montreuil, en 1889, ont accusé des accroissements de rendement, de sucre, de densité et de pureté.

Pour revenir au but de cette note, c'est-à-dire de donner aux cultivateurs un moyen de faire une économie notable sur les apports toujours coûteux de potasse et d'azote, dont, nous devons le répéter, la couche arable contient des quantités surabondantes pouvant être mobilisées par l'action des trois sels contenus dans les cendres pyriteuses, nous posons, comme point de départ, que cette substance, sur laquelle nous avons plus d'une fois attiré l'attention des praticiens, doit être appliquée dans une large mesure sur toute terre à fertiliser.

Lorsqu'elle a été préparée dans de bonnes conditions, elle doit contenir :

10 à 15 p. 100	d'eau ;
12 à 15 »	de sulfate de protoxyde de fer ;
1 à 2 »	de sulfate de peroxyde de fer ;
10 à 12 »	de sulfate d'alumine ;
15 à 20 »	de matières organiques ;
0.5 à 0.6 »	d'azote organique (autant que dans les meilleurs fumiers de ferme).

Pour compléter son action et donner à la terre tous les éléments qui peuvent lui faire défaut et dont toutes les plantes ont absolument besoin pour donner leur maximum de rendement, il paraît indispensable de l'additionner en mélange de :

1° Phosphate fossile pulvérisé, qui, le plus souvent, peut faire défaut dans la couche arable et dont les trois sels de la cendre peuvent superphosphater une quantité notable ;

2° Plâtre (ou sulfate de chaux), qui apporte de la chaux soluble et sous une forme nouvelle ;

3° Kaïnit qui, par la magnésie, la soude et en plus la potasse qu'elle contient à l'état de chlorure et de sulfate, procure à la terre des éléments nombreux et sous des formes nouvelles.

Comme on le voit, nous ne nous sommes arrêté qu'aux substances d'un extrême bon marché, avec la prétention maintenant justifiée d'obtenir le maximum d'effet avec le minimum de dépense.

FISCHER,
Conseiller général de l'Aisne.

(A suivre.)

LES PEUPLIERS

Nous recevons de l'honorable M. de Kirwan, la très intéressante lettre suivante :

« Monsieur le Rédacteur en chef,

« Je lis, dans la *Gazette agricole* du 29 juin dernier, une intéressante notice de M. Sarcé ancien notaire et propriétaire à Pontvallain (Sarthe), sur la culture d'un soi-disant « Peuplier Suisse *Blanc* », soi-disant « dit Eucalyptus. »

« J'ai répété deux fois les mots « soi-disant, » parce qu'il me paraît y avoir, dans ces appellations, des erreurs de spécification pouvant amener des confusions nuisibles, comme on le verra par la suite de ces observatons.

« Nous avons, en France, comme arbres indigènes ou depuis longtemps naturalisés, plusieurs espèces de peuplier.

« Il y a d'abord l'*Ypréau* ou *Blanc de Hollande* POPULUS ALBA de Linné, le seul à qui puisse être légitimement appliqué la qualification de peuplier *blanc*. Il se reconnaît à ses feuilles blanchâtres, quelquefois d'un blanc éclatant et duvéteuses, mais en dessous seulement, les unes, celles des jeunes rejets ou de l'extrémité des rameaux, grandes, fortement découpées en trois ou cinq lobes aigus et dentés ; les autres, celles qui ont crû sur des rameaux déjà vieux, plus petites, ovales et simplement dentées ou sinueuses sur leur pourtour. Ces dernières perdent de bonne heure le duvet de leur face inférieure et finissent par être glabres et unies sur les deux faces. L'écorce du Blanc de Hollande, d'un gris verdâtre, est d'abord lisse ; plus tard elle se crevasse, non pas en stries verticales comme le peuplier Suisse dont nous parlerons plus loin, mais en pustules affectant la forme du losange.

« Le *Grisard* ou peuplier grisaille, P. CANESCENS, Smith., appelé aussi Peuplier Hybride ou *Blanc-Tremble*, (*P. Albo Tremula*, Krause), paraît être un métis du précédent avec le vulgaire *Tremble* (P. TREMULA, Lin.) de nos forêts et de nos taillis. Il tient de tous deux, mais paraît plus rapproché du second que du premier.

« Rien à dire du peuplier Tremble : médiocre comme qualité de bois, médiocre comme dimension, médiocre même comme croissance ; s'il peut être utilisé là où il croît spontanément, il n'est pas de ces essences qu'il y ait intérêt à propager.

« Le *Peuplier noir* ou *franc* (P. NIGRA, Lin.) appelé originaire du centre de la France, aussi Brouillard ou Liardier, est l'espèce dont l'élégant *Peuplier d'Italie* ou *pyramidal*, à la cime allongée et svelte, au tronc fortement cannelé à la base, est une simple variété. L'un et l'aure ont peu d'intérêt, au point de vue de la production du bois. L'espèce proprement dite donne un bois qui ne vient guère mieux que celui du tremble, bien que sa croissance soit un peu plus rapide et ses dimensions plus fortes. Quand à la variété pyramydale ou d'Italie, elle n'a d'importance que comme arbre d'ornement ; son bois est inférieure même à celui du tremble et la quantité en est fortement diminuée, à l'équarissage, par les grosses cannelures du pied qui ne fournissent que du déchet.

« Reste le *Peuplier du Canada*, P. CANADENSIS (Desfont.), qui n'est autre que le *Peuplier Suisse*, mais non pas « peuplier Suisse blanc, » car de tous nos peupliers indigènes, il est celui qui s'éloigne le plus, botaniquement, du peuplier blanc, bien qu'il s'en rapproche et le dépasse même comme rapidité de croissance et qualité du bois. Il en diffère d'abord par ses feuilles qui sont pareilles à celles du peuplier noir, vertes, unies, luisantes, de même teinte ou à peu près sur les deux faces, presqu'aussi larges que longues et affectant la forme d'un losange écrasé, avec une dentelure légère et régulière sur les bords. L'écorce se gerce de bonne heure en fentes longitudinales, mais sans pustules comme le Peuplier blanc et le Tremble : en sorte que la tige d'un Peuplier Suisse d'un certain âge rappelle celle des tilleuls.

« Cet arbre, originaire, comme l'indique son nom de *Canadien*, du nord de l'Amérique boréale, est, de tout nos peupliers indigènes ou anciennement naturalisés, le plus avantageux par sa croissance vigoureuse et prompte, son tempérament robuste et les qualités de son bois qui peut être considéré comme le meilleur de nos bois tendres.

« C'est très probablement de ce peuplier, ou peut-être d'une de ses variétés plus avantageuses encore, qu'il est question dans l'intéressante notice de M. Sarcé. Mais pourquoi à la suite de la qualification déjà inexacte de *blanc*, ajoutée au nom spécifique, avoir surajouté le surnom bien plus inexact encore d'*Eucalyptus*?

« Est-ce en raison d'une analogie entre la rapidité de croissance du Peuplier Suisse ou de la variété de ce peuplier que considère mon honorable contradicteur, et celle des nombreuses espèces du genre Eucalyptus ? On ne saurait en découvrir d'autre motif. Mais cette seule analogie ne suffit pas pour donner à un arbre le nom d'un genre qui en est fort éloigné. Les peupliers, en effet, sont des *Solicénés*, par conséquent, cousins germains des saules nos nationaux, les Eucalyptes, Australiens de la famille des *Myrtacés*, très récemment introduits en Europe, n'ont aucun lien de parenté avec les végétaux amentacés. De plus, et au point de vue pratique, cette considération est plus importante encore, les arbres du genre eucalyptus sont des essences essentiellement méridionales qui croissent difficilement en France, en dehors de la région des oliviers, tandis que les peupliers sont de tous nos climats. La qualification d'*Eucalyptus*, appliquée à l'un de ceux-ci, même à titre de surnom spécifique, peut donc entraîner à des confusions fâcheuses et par suite à des mécomptes.

« Mais ne s'agirait-il pas ici, sous l'appellation sujette à erreur de « Peuplier suisse *blanc* dit Eucalyptus, » d'une importante variété, cultivée depuis peu d'années sous le nom significatif de *Peuplier régénéré ?*

« L'an dernier, au Trocadéro, plusieurs horticulteurs avaient exposé, sous cette appellation, de magnifiques spécimens de peupliers, des âges de un, de deux et de trois ans, auxquels semble très bien correspondre la description que donne M. Sarcé. La feuille en est de même forme que celle du Suisse ou Canadien, la croissance étonamment rapide et comparable, en effet, à celle de l'Eucalyptus globulus. Si je n'ai pas eu encore l'occasion d'étudier ce nouveau peuplier par moi-même, je tiens de forestiers qui l'ont planté depuis plusieurs années qu'il réunit un ensemble de conditions de vigueur, de rusticité et de promptitude de croissance, *qui répondent parfaitement* aux données contenues dans la notice précitée.

« Il est donc probable que c'est le *Peuplier régénéré* que préconise, M. le Rédacteur en chef, votre honorable correspondant ; cette appellation me paraît infiniment préférable à celles que ce dernier a adoptées. Premièrement, elle ne préjuge rien sur l'espèce réelle à laquelle cette nouvelle variété ou race appartient : il se peut (cela parait même probable) que ce soit au peuplier suisse, mais il ne serait pas impossible non plus que ce futau peuplier noir. En second lieu, elle ne prête à aucune confusion, à aucune équivoque, et ne risque pas d'exposer les propriétaires peu versés dans la géographie botanique, à confondre les peupliers de l'Italie, du Canada ou de la France centrale, avec les Eucalyptus du continent australien.

« C. DE KIRWAN. »

Rapport entre le poids vif et le poids net des bêtes de boucherie.

Les Annales du Cercle agricole du Grand-Duché de Luxembourg ont dernièrement public sur ce sujet les chiffres suivants :

100 kilog. de poids vif de l'animal à jeun rendent en kilogrammes :

	ANIMAL		
	en chair	demi-gras	fin gras.
1. Les quatre parties plus le suif des reins	50 à 54	51 à 56	57 à 60
a) chez le bœuf	50 à 51	54 à 56	57 à 60
b) chez la vache	48 à 52	52 à 54	51 à 53
2. Peau	8	8	6
3. Tête et langue.	3.5	3.2	3.0
4. Graisse de l'epiploon et des intestins	2.5	3.3	4.5
5. Foie, poumons, cœur, pieds, sang, estomac et intestins avec leur contenu, perte à l'abattoir	3.5	32.5	29.5
	100	100	100

L'exemple suivant montre l'emploi utile qui peut être fait de cette table.

Supposons qu'il s'agisse de l'achat d'une tête de bétail du poids de 600 kilog., et se trouvant à l'état demi-gras. Le rendement des quatre parties et des rognons est estimé à 54 0/0; soit le prix de la viande de cette qualité à 1 fr. 20 le kilog. On fait alors le calcul suivant :

600 kilog. de poids vif rendront, à raison de 54 0/0, 324 kilog. de poids abattu (4 quartiers), soit, à 1 fr. 20 le kilog., 388 francs pour la valeur de l'animal abattu ; ou bien si le prix de la viande est 1 fr. 20, le kilog., le prix du kilog. de poids vif sera 1.20 × 0.54 = 64 c. 8, et par conséquent la valeur de l'animal abattu sera 600 × 63 c. 8 = 388 fr. 80.

Si l'on veut faire entrer en ligne de compte les différentes parties de la bête, on calculera comme suit :

Le boucher obtient par 100 kilog. de poids vif :

54 kil. » viande et rognons à 1 fr. 20..	64f 80
7 kil. » peau à 1 fr. 10	7 78
3 kil. 2 tête à 30 centimes	» 96
3 kil. 3 graisse à 60 centimes	1 98
	75f 44
A déduire pour bénéfices et risques du boucher	9f »
Reste	66f 11

On suppose que la valeur des déchets non comptés représente les débours du boucher en pourboires, frais de transport, etc. D'après ce calcul, la valeur de l'animal s'élèverait à 6 × 63.44 = 398 fr. 94.

Nouvelles agricoles.

Le régime des sucres. — La commission du budget a presenté à la Chambre des députés son rapport spécial, dû à M. Francis Charmes, sur les propositions du ministère des finances relatives aux modifications du régime des sucres. Comme ces délibérations l'avaient fait prévoir, la commission accepte la surtaxe de 10 fr. sur les sucres dits indemnes, et celle de 6 fr. sur les sucres employés au sucrage des vendanges; elle décide que la surtaxe dont sont frappés les sucres étrangers européens sera appliquée aux sucres étrangers coloniaux ; elle décide enfin que les raffineries seront soumises à la surveillance permanente des contributions indirectes, mais que cette surveillance ne s'exercera qu'à l'entrée et à la sortie des produits reçus ou expédiés par les raffineurs ; les excédents en sucres raffinés qui dépasseront les coefficients légaux seront constatés à la sortie et paieront le tarif plein de 60 fr. Telles sont les principales dispositions présentées à la Chambre. Rien des innombrables protestations qui se sont produites contre la surtaxe des sucres n'a ému la commission du budget ; elle a adopté, sans y apporter le moindre correctif, la mesure draconienne qui portera exclusivement sur les cultivateurs. La Chambre, plus éclairée, ne se laissera pas entraîner dans cette voie néfaste. Déjà, dans une réunion tenue le 4 juillet, les sénateurs et députés représentant les départements intéressés à la culture de la betterave avaient décidé de se rendre auprès du ministre des finances pour lui demander l'ajournement de toutes les questions relatives à la législation des sucres. M. Georges Graux et M. de Mahy, parlant au nom de la délégation, avaient fait ressortir combien l'aggravation de la surtaxe est dangereuse. Le ministre des finances a répondu que les relèvements de droits lui paraissent nécessaire et que l'ajournement de la discussion au mois d'octobre aurait pour effet d'ajourner ces mesures à un an. C'est précisément ce que désirent les défenseurs de l'agriculture ; si le Parlement ne trouve pas d'autre moyen d'assurer les ressources financières qui sont nécessaires, les intérêts agricoles exigent que la situation fiscale ne soit pas profondément modifiée au cours d'une campagne, ainsi que le propose le projet du Gouvernement, surtout au cours d'une campagne où les premières phases traversées par la végétation sont loin de faire prévoir une récolte abondante. C'est ce que la Chambre des députés paraît avoir compris : dans la séance du 8 juillet, elle a décidé qu'elle discuterait immédiatement le projet de loi sur les contributions directes, elle a prononcé, mais à une faible majorité, par 274 voix contre 242, l'ajournement du projet sur le régime des sucres. Il sera néanmoins nécessaire que la prorogation sur la surtaxe des sucres étrangers soit votée avant les vacances parlementaires.

Les droits sur les maïs. — Voici le texte de la loi qui vient d'être promulguée :

Art. 1er. — A partir de la promulgation de la présente loi, le tableau A, tarif d'entrée du tarif général des douanes établi par les lois des 7 mai 1881 et 28 mars 1885, est ainsi modifié pour les maïs, riz, daris et millet.

Le tout par 100 kilos.

Maïs — En grains, 3 fr.; en farines, 5 fr. pour les produits d'origine européenne ou importés d'un pays hors d'Europe.

En grains, 6,60 ; en farines, 8,60, pour les produits d'origine extra-européenne importés des entrepôts d'Europe.

Riz. — En paille, 3 fr.; brisures, 6 fr.; entier, farine ou semoule, 8 fr. : pour les produits d'origine européenne ou importés d'un pays hors d'Europe.

En paille, 6,60 ; brisures, 9,60 ; entier, farine ou semoule, 11,60, pour les produits d'origine extra européenne importés des entrepôts d'Europe.

Daris et millet. — En grains, 3 fr.; farine, 4,50, pour les produits d'origine européenne ou importés d'un pays hors d'Europe.

En grains, 6,60 ; farine, 8,10, pour les produits d'origine extra-européenne importés des entrepôts d'Europe.

Art. 2. — Les maïs, les riz et les blés durs employés à la fabrication de l'amidon sec en aiguilles et en marrons destinés au blanchissage, sont exempts de droits.

Les vins de raisin secs. — La bataille entre les raisins secs et les raisins frais du midi est finie.

Le résultat est la loi qui porte que les vins de raisins secs payeront un droit de 40 centimes par degré alcoolique de 10 à 15 degrés et que la quantité d'alcool imposée ne pourra être inférieure à 25 degrés par 100 kilos de raisins secs.

Au-dessus de 15 degrés le vin payera la surtaxe des vins alcoolisés. La régie pourra accorder aux entrepositaires un boni de 3 0/0 pour les déchets, sur les quantités prises en charges. Le minimum de l'impôt sera de 3 hectolitres de vin par 100 kilos.

Tous les liquides alcooliques provenant d'autres fruits ou de matières sucrées seront soumis au même régime de droit et de prise en charge.

Les raisins secs destinés aux familles circuleront librement, mais à la condition d'un laisser-passer.

Les droits de douanes sur les bestiaux. — Le conseil supérieur de l'agriculture, consulté sur le régime douanier pour l'agriculture, a adopté les dispositions suivantes :

Pour les animaux de boucherie il propose de remplacer le droit par tête par le droit au poids.

Le bœuf payerait par 100 kilos 8 fr., le taureau, 8 fr., la vache, 6 fr., le porc, 6 fr. Viandes abattues de bœuf, 16 fr., viande de porc, 12 fr.

Droit par tête : chevaux et juments, 30 fr., poulains, 18 fr., mules et mulets, 5 fr., ânes et ânesses, 3 fr., porcelets, 1 fr. 50.

Pour les moutons le conseil a réservé sa décision jusqu'à ce qu'on ait résolu celle des laines. — Agneau et agnelles, 1 fr. 50 par tête.

Produits animaux : par 100 kilos, extraits de viande, 8 fr., œufs, 10 fr., volailles, 10 fr., lait exempt, beurres frais et fondus, 13 fr., salé, 15 fr., fromages à pâte molle, 6 fr., à pâte dure 12 fr., margarine, 15 fr., miel, 15 fr., cire, 8 fr.

La Société centrale d'horticulture de la Seine-Inférieure nous prie de rappeler qu'une délégation parcourra, dans les premiers jours d'août, l'arrondissement du Havre pour visiter les cultures horticoles.

Les jardiniers et amateurs qui désireraient recevoir la visite de la commission sont priés d'adresser leur demande au président de la Société, rue Saint-Lô, 40, avant le 25 juillet, terme de rigueur.

Un prix de 100 francs sera attribué à l'instituteur public et primaire qui aura enseigné avec le plus de succès les éléments de l'horticulture. Les ouvriers qui consacrent leurs loisirs à la culture d'un jardin pour l'alimentation de leur famille peuvent également demander la visite de la commission.

Exposition nationale et coloniale de 1892

Nous apprenons qu'une grande Exposition nationale et coloniale sera ouverte à Lyon, au mois de mai 1892 Le conseil municipal de Lyon en a adopté le principe à l'unanimité, dans sa séance du 24 juin dernier.

Cette Exposition, pour laquelle on sollicite le concours de toutes les Chambres de commerce françaises, de tous les syndicats, de toutes les industries, sera une grande manifestation du travail, et complétera d'une façon très utile pour le pays l'œuvre commencée par l'Exposition internationale de 1889. En effet, dans une Exposition nationale, les produits du pays sont mis en pleine lumière, au lieu d'être étouffés par l'énorme affluence des exposants étrangers.

Le splendide parc de la Tête-d'Or est tout naturellement désigné pour cette Exposition, dont nous aurons du reste à parler prochainement.

Pour tous les renseignements, écrire à Lyon, au Comité de l'Exposition, 26, rue de la République.

CONSEILS DU VIGNERON

LA COULURE DE LA VIGNE.

La coulure de la vigne, c'est-à-dire l'infécondation des fleurs, est causée le plus souvent par les pluies qui surviennent au moment de la floraison; elle se produit aussi quelques fois dans les vignes dont la végétation est exubérante par suite de l'abus des engrais ou dans celles qui, ayant été atteintes par les gelées, sont dans un état d'affaiblissement tel que les fleurs avortent même quand la floraison n'est pas contrariée par le temps. Mais, nous le répétons, c'est le plus souvent la pluie prolongée qui détermine la coulure; elle a pour effet de laver les fleurs, d'entraîner leur pollen, et de rendre ainsi la fécondité impossible.

Il n'y a pas de moyen pratique d'empêcher la coulure quand elle provient des intempéries de la saison; à moins de placer des abris au-dessus de la vigne, nous ne voyons pas comment on pourrait soustraire les grappes à l'action mécanique de la pluie.

Quand la coulure résulte de l'état organique de la vigne, il est possible de l'arrêter par des pinçages et des rognages.

Dès que la floraison aura commencé dans le vignoble, qu'elle sera sur le point d'arriver à son complet épanouissement, le vigneron, muni de sa serpette ou de son sécateur, devra couper l'extrémité de tous les sarments vigoureux à deux, trois ou quatre bourgeons au-dessus de la dernière grappe, selon la longueur de la pousse et l'éloignement des yeux ; car il suffit de tailler au-dessus de deux bourgeons les espèces qui ont les yeux très espacés.

Quant aux sarments grêles, faibles, peu vigoureux, il se contentera d'en pincer les extrémités.

Cette taille a pour but d'arrêter immédiatement la sève qui, de l'extrémité, est momentanément refoulée à son point de départ ; elle reste quelques jours stationnaire dans les parties inférieures dont les sarments sont chargés de grappes, et leur donne une force particulière qui aide puissamment à la formation du fruit. La sève remonte avec force au bout de peu de jours, attirée par les yeux lattents conservés au-dessus des raisins; ces yeux se développent bientôt, mais ces nouvelles pousses, n'ont plus la fougue des premières; la sève a été dépensée par les grappes qu'elle a favorisées et fait grossir; les nouveaux sarments n'acquièrent que le développement suffisant pour ombrer les raisins de leur feuillage et les protéger contre les rayons ardents du soleil d'été.

LE PÈRE LAVIGNE.

CONSEILS DU JARDINIER

ENGRAIS POUR PLANTES D'APPARTEMENT.

Plusieurs causes contribuent à éloigner un grand nombre d'horticulteurs ou d'amateurs, de l'emploi des engrais chimiques. La plus générale tient au grand usage qu'on fait dans les jardins, du fumier, des terreaux, purin, matière des fosses, qui peuvent être considérés comme des engrais de premier ordre; la seconde repose sur les résultats négatifs obtenus par ceux qui, ayant été trompés dans leurs achats d'engrais, n'ont pas obtenu des résultats en rapport avec les dépenses qu'ils avaient faites, ou bien encore, pour un certain nombre, parce qu'ayant trop forcé les doses de quelques engrais énergiques, ils ont brûlé leurs plantes, stérilisé le sol ou atrophié l'énergie végétative des racines.

Les premiers essais ayant souvent donné de mauvais résultats ont refroidi le zèle de ceux qui avaient les meilleurs dispositions pour expérimenter les nouvelles formules et on peut dire que, pour un grand nombre d'horticulteurs, les engrais chimiques constituent ce bloc enfariné qui ne dit rien qui vaille, dont parle le fabuliste.

Il est certain qu'en horticulture la question des engrais chimiques ne se présente pas avec autant de simplicité qu'en agriculture. D'abord, parce que, comme nous l'avons dit en commençant, les terreaux et fumiers abondent dans les jardins, ensuite parce que le nombre des espèces cultivées est trop considérable pour que les chimistes aient pu les analyser avec soin et trouver les *dominantes* à la plupart d'entre eux.

En attendant que l'analyse chimique de la plupart des espèces horticoles puisse se faire, M. Grandeau, un des plus savants agronomes de notre temps, vient de se livrer à plusieurs études qui ont pour but l'étude des engrais des plantes d'appartement. Il donne la formule suivante avec laquelle on peut fumer les plantes d'appartement et de serre :

100 grammes nitrate de chaux.
25 — nitrate de potasse.
25 — phosphate de potasse.
25 — sulfate de magnésie.

Le kilogramme de nitrate de chaux coûte 4 fr.; celui du nitrate de potasse, 1 fr.; celui du phosphate de potasse, 8 fr., et le sulfate de magnésie, 60 centimes.

Quand la terre du pot est fortement épuisée, on délaie 10 grammes de ce mélange par litre d'eau ; dans les autres cas on se contente de 5 grammes de mélange par litre d'eau.

On doit éviter d'arroser les feuilles avec la solution de crainte de les brûler.

Un arrosage par mois avec la solution nutritive est suffisant dans la plupart des cas pour assurer l'alimentation de la plante.

On doit arroser très lentement avec cette solution, de façon qu'elle imbibe bien toute la terre, et qu'elle ne soit pas entraînée dehors en pure perte, comme cela arrive souvent dans les arrosements.

Il importe que celui qui fait usage des engrais chimiques sache bien que les solutions nutritives qu'on destine à l'usage des plantes en pots, doivent toujours être très étendues d'eau.

HORTUS.

CONSEILS A LA FERMIÈRE

LE PLUMAGE DES OIES.

Le bénéfice que l'on peut retirer de l'élevage des oies ne consiste pas uniquement en la vente de la viande; le duvet, récolté deux fois par an, constitue un des revenus de cet élevage.

Les femmes qui enlèvent le duvet doivent éviter, ce qui arrive trop souvent, hélas! de faire souffrir et d'écorcher les oies. La santé des oiseaux peut être altérée par un plumage brutal et l'opération cesse, dès lors, d'être rémunératrice.

Une des conditions pour que les oies ne souffrent pas de l'ablation de leurs plumes, c'est que le duvet soit à point, ce qu'on reconnaît lorsqu'il n'y a plus de sang dans les tuyaux ; la plume est alors molle, et la récolte se fait sans écorcher les bêtes.

Pour bien opérer, il faut être convenablement installé, commodément assis sur un siège bas; on maintient l'oie renversée devant soi, après lui avoir croisé les ailes sur le dos. Dans cette position, elle présente sa partie inférieure, son cou, son plastron, son abdomen, c'est-à-dire les parties à plumer. On commence par enlever le grand duvet, puis le duvet fin caché sous le premier, qu'on met à part, car le duvet fin est d'une valeur marchande bien supérieur au grand duvet.

Il faut avoir soin, en plumant, de tirer les plumes dans le sens de leur inclinaison et non au rebours; par cette précaution, on n'écorchera jamais les oies.

La nourriture a une influence considérable sur la croissance et sur la qualité du duvet. Des oies bien nourries peuvent donner quatre récoltes au lieu de deux, sans que leur développement en souffre. Le duvet est plus fin, plus soyeux, et sa valeur plus grande suffit à indemniser des frais plus grands de nourriture.

UNE MÉNAGÈRE.

CONSEILS DU VÉTÉRINAIRE

TRAITEMENT DES JEUNES VEAUX PENDANT L'ÉTÉ.

Les personnes auxquelles une expérience de quelque durée fait défaut, croient toutes bien faire, dans cette saison, en mettant leurs jeunes veaux à l'herbage.

Tel n'est pas l'avis d'un habile fermier qui considère cette pratique comme très mauvaise et dont nous partageons entièrement les idées sur ce point.

En mai et juin, comme cela se fait généralement, il avait l'habitude de mettre une vingtaine de jeunes veaux dans un bon herbage ; mais il s'aperçut, à la longue, que ses animaux ne faisaient pas les progrès qu'ils auraient dû faire, selon lui ; après avoir cherché longtemps à quels motifs attribuer ce mécompte, il finit par connaître que cela tenait uniquement à sa méthode qui devait être mauvaise.

Pour s'en assurer, il fit choix de quelques jeunes bêtes et les mit dans une cour fermée et munie d'un hangar.

Comme nourriture, il leur distribua du foin sec avec un peu de farine et de vesces en mélangeant toujours à la ration de l'herbe fraîchement coupée.

A la fin de l'été, les animaux ainsi traités avaient atteint le double de la valeur de ceux qui avaient passé la saison dans les herbages.

De plus, l'hiver suivant, ils firent beaucoup plus de progrès.

Maintenant, le cultivateur en question ne soigne pas ses veaux autrement et il a bien soin de les laisser tous dans la cour pendant l'été.

UN VIEUX VÉTÉRINAIRE.

CONSEILS DU MÉDECIN

Un médecin anglais a imaginé un moyen bien simple pour fortifier la poitrine et les poumons.

Ce médecin s'est rendu compte que lorsqu'une personne, enfant ou adulte, absorbe l'air extérieur *à travers* le tube d'une plume d'oie, une plus grande dose d'oxygène se trouvant absorbée par ce système, non seulement les organes respiratoires sont fortifiés et maintenus en bon état, mais la digestion est facilitée et la force normale du corps augmentée.

L'expérience a été faite sur des enfants affligés d'une toux opiniâtre, qui ont été débarrassés peu à peu par ce système.

Le docteur anglais recommande autant que possible de faire les aspirations en plein air ; l'effet n'en sera que meilleur.

UN VIEUX MÉDECIN.

JURISPRUDENCE RURALE.

FABRIQUE D'ÉGLISE. — EMPRUNT. — RESPONSABILITÉ

— Un brave habitant de notre commune avait prêté à la fabrique, dont je suis membre, une somme de dix mille francs pour reconstruire notre vieux clocher ; comme on était d'accord, la chose a été faite sans autre formalité et sans demander l'autorisation régulière de l'administration supérieure.

— Il vaut toujours mieux se mettre en règle.

— Vous avez raison, mais ne pouvait-on prévoir ce qui arrive. notre généreux prêteur vient de mourir, laissant pour héritier un mauvais drôle, enragé franc-maçon, qui ne songe plus qu'à nous tracasser.

— Et alors?

— Il demande le remboursement des dix mille francs, et il prétend que l'emprunt ayant été fait irrégulièrement, chacun des fabriciens en est personnellement responsable; il se fonde pour cela sur une vieille ordonnance du 31 janvier 1690.

— Ils sont bien tous comme cela ces radicaux; quand ils trouvent dans les lois antiques quelque chose de mauvais, ils le prennent; mais quand ils y trouvent quelque chose de bon et de libéral, ils le laissent ; mais rassure-toi, je connais bien cette ancienne ordonnance aux termes de laquelle les fabriciens doivent répondre « en leurs propres et privés noms » des emprunts irréguliers; mais votre homme a oublié que ce règlement avait été bel et bien abrogé par le fait de la suppression des anciennes fabriques en 1792.

— En êtes-vous bien sûr?

— Parfaitement, si tu en veux la preuve, écoute ce que vient de décider sur cette question même la Cour de cassation : « l'ordonnance « de 1690 a été abrogée par la suppression des « anciennes fabriques, aux termes des décrets « des 19 août, 3 septembre 1792, 13 et 14 brumaire an II, 7 vendémiaire an IV, elle n'a pas « été remise en vigueur par le décret du 10 décembre 1809 relatif aux nouvelles fabriques. »

— Tu peux donc être parfaitement tranquille ; on ne peut exercer contre toi aucune réclamation personnelle.

UN VIEUX JUGE DE PAIX.

VARIÉTÉS.

LA PLUIE.

Depuis quinze jours, la pluie est en butte aux propos les plus désobligeants. On l'accable d'injures. On la traite de « sale pluie », de « fichue pluie ». Certains affectent de croire qu'elle fait exprès de tomber. Enfin quelques-uns poussent l'insulte jusqu'au dicton ; et, arguant de la pluie qui est tombée le jour de la Saint-Martin, citent, afin de surexciter les esprits et les rancunes, ces deux vers terribles:

S'il pleut le jour de la Saint Martin bouillant,
Il pleut six semaines durant.

Il y a pourtant dans ces insinuations une malveillance qui en atténue la portée.

En outre, il n'est pas un des adversaires de la pluie qui n'ait sur son origine et sur sa fin une opinion aussi arrêtée que mal fondée.

Vous rencontrerez une foule de personnes qui vous affirmeront avec autorité que « nous en avons pour un mois », et une autre foule de personnes qui proclameront en souriant que « dans deux jours ce sera fini ».

On retrouve là évidemment la trace de la fâcheuse tendance qu'ont les gens à parler des choses qu'ils ignorent.

On cause météorologie comme on cause politique, avec outrecuidance et passion, sans savoir.

Le *Gaulois* est plus prudent. Il a dépêché vers les sommités de « l'art de dire le temps qu'il fera demain » plusieurs émissaires ; et ce sont les réponses de ces sommités que nous allons vous transcrire.

Nous vous prévenons d'ailleurs que nous serons assommant comme la pluie.

Nous aimons toujours rester dans la note.

* *

D'abord, l'amiral Mouchez, directeur de l'Observatoire, a dit que la température que nous subissons actuellement provenait surtout des cyclones et des grands froids qui sévissent au large des bancs de Terre-Neuve.

Le baromètre a atteint, cette année, un degré auquel il n'était jamais descendu, même durant les étés les plus humides. Cet état de choses doit être attribué à des dépressions qui se manifestent généralement après un temps déterminé. Cependant, les rapports transmis à l'Observatoire font espérer que la période des pluies touche à sa fin.

Nous n'insisterons pas sur le charme de cet espoir, qui fait honneur à notre Observatoire national.

Ensuite, un des collaborateurs de M. E. Renou, le directeur de l'Observatoire du parc Saint-Maur, a donné à son tour communication des notes qu'il a prises.

Les observations météorologiques faites durant le mois de juin constataient déjà une sérieuse dépression, qui faisaient prévoir une série presque continuelle de jours pluvieux.

Ainsi, tandis que, naïfs et inconsciants de notre bonheur, nous commencions à nous plaindre de la canicule, les météorologistes savaient déjà que, là-haut, la grande douche se préparait.

Et ils n'ont rien dit...

Mais nous ne voulons pas récriminer, et sans commentaires, nous recopions les notes du savant oracle qui nous donne sur la température présente des détails dont nous ne soupçonnions guère l'existence :

« Quant à la température, les dix derniers jours accusent 4° de moins que la moyenne des autres années. La température la plus basse est celle du 6, où il n'y a eu que 11°41.

« D'ailleurs, l'Europe entière subit cette dépression. En ce qui concerne la distribution de la température européenne, nous sommes encore dans la région d'hiver. Aujourd'hui, la région d'été devrait se remarquer nettement.

« Mais, un fait curieux à signaler, c'est la chaleur excessive qui règne en Russie.

« En Algérie, il n'y a que 20°, alors qu'il devrait y en avoir plus de 30. On retrouve cette même température au nord de Moscou.

« Tout le versant de l'Océan Atlantique et de la Manche est sous la pluie, et ce, depuis plus de quinze jours sans discontinuer.

« Une dépêche de l'Observatoire de Bruxelles nous signalait, il y a quelques jours, de la neige dans les Ardennes belges, où la température s'était abaissée à — 2°. Il faut ajouter que la hausse s'est manifestée immédiatement avec les premiers rayons du soleil ; mais il n'en reste pas moins ce fait : de la gelée et de la neige au commencement du mois de juillet.

« M. Fron, dans le *Bulletin météorologique* nous a donné la raison de ces perturbations atmosphériques qui déplacent les saisons.

« On rencontre des brouillards très épais au large des grands bancs, ainsi qu'à l'ouest, écrit-il. Les glaces continuent à descendre en grande quantité et leur mouvement d'extension vers l'est, signalé déjà en avril, est un fait digne de remarque.

« Notre température est subordonnée à ces variations ; il ne faut pas chercher ailleurs la cause des pluies actuelles.

« Ce matin, le baromètre marque 52 ; il monte lentement, il faudrait qu'il fût à 55 et que, du même coup, le vent tournât vers le nord. Alors, on aurait bon espoir.

« Pourtant, depuis le 30 juin, nous avons déjà subi trois dépressions du vent ; ce signe est plutôt favorable, car les vents arrivent par « groupes ».

« *A présent, il y a de grandes chances pour que le temps se rétablisse.*

Ainsi-soit-il, et gare aux orages!

MAITRE BARO.

PETITE POSTE.

E. L.-F. — *Bateau*. — Le préfet n'avait pas le droit de faire vendre ce bateau trouvé dans un délai aussi court et sans publicité suffisante. L'acheteur ayant été de bonne foi, est définitivement propriétaire de l'objet, mais vous pouvez réclamer au préfet le prix de la vente.

M. S..., à M. (Oise). — *Sotsie*. — Oui, les ouvriers qui ont travaillé la terre, qui l'ont ensemencée, qui l'ont mise, en un mot, en état de produire la récolte, ont, sur cette récolte, un privilège qui passe avant celui du propriétaire.

M. B..., à Montpellier (Hérault). — *Pomme de terre*. — La pomme de terre est sujette à la chlorose et nous sommes convaincus de l'efficacité du sulfate de fer pour combattre ce mal; la poudre cuivo-phosphate devrait aussi certainement être très efficace.

M. R..., à Paris. — Vous trouverez à la maison Gariel, 2 ter, quai de la Mégisserie, le matériel complet et tous les accessoires de l'apiculture

BIBLIOGRAPHIE.

H. Vinbert. — **Annuaire de la jeunesse** pour l'année 189.. — 1 vol. in-12. Paris, librairie Nony, 17, rue des Ecoles.

Les jeunes gens et les familles se heurtent à mille complications, quand arrive l'heure de choisir une carrière.

L'auteur s'est proposé de leur venir en aide et de les guider au milieu des difficultés qui se présentent.

Il fournit tous les renseignements nécessaires pour l'admission dans tous les établissements d'instruction, depuis les écoles primaires jusqu'aux facultés, aux écoles spéciales et aux grands établissements scientifiques.

L'*Annuaire de la jeunesse*, tenu constamment au courant des changements qui peuvent se produire, est complété par un appendice qui comprend les lois et les règlements relatifs à l'enseignement et à l'armée.

BULLETIN FINANCIER.

Les rentes françaises sont très fermes; les fonds étrangers sont encore lourds.

La spéculation a continué le travail d'allégement auquel elle s'est résignée dès qu'elle a eu à constater que les conditions du report devenaient onéreuses.

D'importantes réalisations se sont encore produites depuis huit jours, sur plusieurs fonds étrangers. Depuis longtemps, d'ailleurs, aux promoteurs de la dernière et brillante campagne de hausse avaient succédé des acheteurs de qualité médiocre, incapables de tenir longtemps sur leurs positions.

La situation politique reste, à l'intérieur et à l'extérieur, ce qu'elle était il y a quelques semaines, au moment où la hausse battait son plein; cette situation n'est pas absolument limpide, c'est vrai: il y a toujours beaucoup de points noirs du côté des Balkans, et les intrigues de la Triple-Alliance ne sont pas ce qu'il y a de plus insignifiant; mais les dangers que l'on aperçoit ne sont pas nouveaux; on s'y est habitué. La spéculation les dédaignerait tout aussi bien aujourd'hui qu'hier, si elle n'avait d'autres motifs de se recueillir. Il est assez probable qu'elle a été mal impressionnée par la situation très chancelante de certains fonds étrangers, tels que les fonds Portugais, Bresiliens, *Argentins Italiens*, et que, craignant de voir un de ces jours quelques-uns de ces fonds légitimer les inquiétudes qui commencent à l'envahir, elle se rappelle qu'une catastrophe financière reste rarement isolée et que les accidents se produisent par séries. En 1875 n'avons-nous pas assisté dans l'espace de quelques mois, à trois ou quatre faillites gouvernementales?

La raison reprend ses droits. On avait poussé à des cours invraisemblables des valeurs de troisième et quatrième ordre. On se rend compte aujourd'hui de l'étendue de la faute qui avait été commise.

Le 3 0/0 cote 91 75, le 3 0/0 amortissable 93 95, et le 4 1/2 0/0 106 92.

La Banque de France est à 4.150; le Crédit Foncier en progrès important à 1.236 25. Il en est de même pour le Crédit Lyonnais qui clôture à 752 50.

C'est le mercredi 23 juillet qu'aura lieu la souscription aux 100.000 obligations de la Compagnie royale des Chemins de fer Portugais. Les demandes par correspondance sont reçues dès à présent, au Crédit Lyonnais et au Credit Industriel.

Cette émission est faite à des conditions très avantageuses pour l'épargne, qui trouve difficilement un placement à 4 1/4 0/0 garanti par une grande Compagnie de chemin de fer existant depuis trente ans, et ayant en exploitation un réseau de près de 1.500 kilomètres.

Sur la somme de 35 millions demandée au public, 12 millions sont destinés au remboursement ou à la conversion d'anciennes obligations 4 1/2 0/0, le solde de l'emprunt doit être consacré à des constructions de lignes nouvelles et à l'établissement d'une seconde voie sur certaines parties du réseau où le développement rapide du trafic nécessite cette amélioration.

La Compagnie royale des Chemins de fer Portugais est dans une situation très prospères, puisqu'elle distribue à ses actionnaires des dividendes annuels de 6 0/0, ses obligations sont donc largement garanties, et les capitalistes ne peuvent trouver un placement à la fois plus rémunérateur et plus solidement gagé.

Les fonds étrangers sont un peu lourds.

Les valeurs industrielles restent calmes.

Coupon.

HALLES ET MARCHÉS.

CÉRÉALES. — *Marchés français.*

Prix par 100 kilogr.

REGIONS	BLÉ Prix moyen	BLÉ Hausse	BLÉ Baisse	PRIX MOYEN. Seigle	PRIX MOYEN. Orge	PRIX MOYEN. Avoine
Nord-Ouest....	25 17	» 25	»	16 68	17 57	20 52
Nord..........	24 6.	» 23	»	15 91	19 6.	21 25
Nord-Est......	25 12	» 17	»	16 17	19 78	21 10
Ouest.........	25 20	»	»	16 93	18 3	21 17
Centre........	25 30	» 15	»	17 25	19 37	21 25
Est...........	24 23	» 06	»	16 16	19 2	20 66
Sud-Ouest	25 63	» 02	»	18 81	8 :0	22 25
Sud...........	25 67	» 02	»	18 35	18 »	21 61
Sud-Est.......	24 8.	» 0.	»	17 85	16 87	21 08
Prix moyens..	25 20	»	»	7 23	18 58	21 2.
Sur la huitaine préc. Hausse	» 23	»	»	» 14	» 12	» 11
Sur la huitaine préc. Baisse	»	»	»	»	»	»

1re région. NORD-OUEST.	BLÉ 1re qualité	BLÉ Prix moyen	Seigle Prix.	Orge. Prix.	Avoine Prix.
Calvados. — Caen..	26 60	25 75	16 25	19 25	22 »
C.-d.-N — Lannion..	25 »	4 2	»	16 75	9 25
Finistère. — Morlaix	25 »	24 2	»	17 50	8 50
I.-et-V. — Rennes..	26 »	2. 25	»	16 50	20 25
Manch. — Avranches	26 50	25 75	»	17 »	21 »
Mayenne. — Laval..	26 50	25 75	»	»	19 »
Morb. — Hennebont	24 50	23 75	16 50	»	20 »
Orne. — Alençon...	26 25	25 50	16 50	18 »	22 50
Sarthe. — Le Mans	26 50	25 7.	17 50	»	22 25
— Sablé.....	2. 50	25 75	»	18 »	»
Prix moyens........	25 92	25 17	16 6.	17 37	20 52
Sur la semaine précédente.. Hausse...	» 32	0 32	» 26	0 32	»
Sur la semaine précédente.. Baisse...	» »	» »	» »	»	» 06

2e région. — NORD.	BLÉ 1re qualité	BLÉ Prix moyen	Seigle	Orge	Avoine
Aisne. — Soissons.	25 75	23 »	15 50	»	20 75
— Chauny..	25 50	24 75	15 »	»	20 50
Eure. — Evreux....	25 25	24 50	15 50	17 50	21 »
E.-et-L. — Chartres..	25 7.	23 »	16 50	19 »	21 25
— Nogent-le-Roi	25 :0	24 75	4 25	19 50	21 25
Nord. — Lille	24 50	23 75	15 25	19 50	23 »
— Douai.....	26 75	26 »	16 7	21 25	22 50
Oise. — Compiègne.	25 50	24 75	15 75	18 »	20 75
— Beauvais...	24 »	23 25	17 »	21 »	22 »
Pas-de-Cal. — Arras.	2. »	24 25	5 50	20 »	19 50
— Bapaume.	23 75	23 »	16 »	18 »	17 50
Seine. — Paris....	25 7	25 »	16 50	21 »	21 50
Seine-et-M. — Meaux	26 »	25 25	6 »	17 50	21 »
— Montereau	2. 75	26 »	16 50	»	21 »
S.-et-O. Angerville..	26 2	25 50	18 »	»	21 »
— Versailles.	6 25	25 7.	6 50	23 :0	25 »
Seine-Inf. — Rouen	25 »	24 25	15 »	19 25	23 »
Somme. — Amiens.	25 50	21 75	»	19 2	22 25
— Abbeville	23 »	22 25	»	20 75	9 50
Prix moyens.......	25 35	21 6.	5 9	9 60	21 25
Sur la semaine précédente. Hausse...	0 30	0 30	0 11	0 16	0 15
Sur la semaine précédente. Baisse...	»	»	»	»	»

3e région. — NORD-EST.	BLÉ 1re qualité	BLÉ Prix moyen	Seigle	Orge	Avoine
Ardennes. Sedan...	25 75	25 »	16 75	22 25	22 50
— Vouziers.	25 25	24 5.	1. 7	18 »	20 75
Aube. — Bar-sr-Aube.	26 2.	25 50	16 50	2. 5	20 50
— Bar-sr Seine	25 50	24 75	»	19 »	22 50
Marne. — Châlons-sr-M	26 »	25 2.	16 »	»	22 75
— Reims	25 :5	4 75	16 »	20 »	20 »
Hte-Marne. — Langres	26 »	25 5	»	»	20 »
Meurthe. — Toul...	25 50	24 75	»	18 2.	20 50
Meuse. — Bar-le-Duc	6 25	25 50	16 25	20 50	21 50
Vosges. — Epinal...	27 »	26 2.	16 50	»	20 »
Prix moyens.......	25 87	2. 12	16 17	19 73	21 10
Sur la semaine précédente. Hausse...	0 37	0 37	0 .7	»	0 08
Sur la semaine précédente. Baisse ..	»	»	»	0 08	»

4e région. — OUEST.	BLÉ 1re qualité	BLÉ Prix moyen	Seigle	Orge	Avoine
Charente. Angoulême	27 »	26 25	19 »	19 »	22 »
Char.-Infér. Marans.	25 »	21 2	»	»	20 50
Deux-Sèvres. Niort.	25 50	25 75	»	»	21 »
Indre-et-Loire. Bléré.	4 75	24 »	16 »	18 50	20 »
— Châteaurenault.	27 50	26 7	16 »	20 »	20 »
Loire-Infér. Nantes	26 »	25 25	»	»	21 »
Maine-et-L. Saumur.	27 »	26 25	»	»	21 50
— Angers.	25 50	25 75	»	»	21 50
Vendée. — Luçon...	24 5	23 25	»	15 75	»
Vienne. — Poitiers.	26 75	26 »	»	»	21 25
Hte-Vienne. Limoges.	24 »	23 25	16 7	»	23 »
Prix moyens.......	25 95	25 20	16 93	18 51	21 17
Sur la semaine précédente. Hausse...	»	0 07	»	»	0 27
Sur la semaine précédente. Baisse...	0 07	»	»	»	»

5e région. — CENTRE.	BLÉ 1re qualité	BLÉ Prix moyen	Seigle	Orge	Avoine
Allier. — St-Pourçain	26 »	25 25	17 25	»	21 25
Cher. — Bourges...	26 75	26 »	18 »	18 7	21 »
— Sancerre..	25 50	24 75	»	»	20 »
Creuse. — Aubusson.	25 50	24 75	17 »	»	22 50
Indre. — Issoudun.	25 25	25 50	»	»	21 25
— Châteauroux.	25 75	25 »	»	»	20 »
Loiret. — Orléans..	26 25	26 25	16 »	18 50	20 50
Loir-et-Cher. Blois.	27 »	26 25	17 75	18 75	21 »
Nièvre. — Nevers..	26 50	25 7	»	21 50	21 55
Puy-de-Dôme. Riom.	25 »	24 25	19 50	»	21 75
Yonne. St-Florentin.	26 »	25 25	»	»	21 50
— Sens.......	26 50	25 75	16 »	»	2 75
Prix moyens.......	26 .4	25 39	17 25	19 3	21 25
Sur la semaine précédente. Hausse...	» 21	» 21	» 25	»	» 11
Sur la semaine précédente. Baisse...	»	»	»	» 21	»

6e région. — EST.	BLÉ 1re qualité	BLÉ Prix moyen	Seigle	Orge	Avoine
Ain. — Bourg......	26 »	25 25	16 75	»	19 »
Côte-d'Or. — Dijon	27 »	25 25	15 75	»	21 »
— Semur..	25 25	24 50	»	20 50	20 »
Doubs. — Besançon.	25 75	25 »	1. 24	»	21 »
Isère. — Voiron...	25 75	25 50	16 75	16 75	19 50
— Bourgoin..	25 75	25 25	8 »	17 »	20 50
Jura. — Dôle.......	26 »	26 25	16 75	»	21 75
Loire. — Montbrison.	27 »	25 »	7 .[illegible]	»	21 75
Rhône. — Lyon....	25 75	25 25	18 »	22 75	21 75
Saône-et L. Chalon.	26 »	25 50	»	»	2 »
Haute-Saône. — Gray	26 »	25 25	»	»	20 25
— Vesoul.	25 75	25 »	»	»	19 50
Savoie. — Chambéry.	26 7.	26 »	18 »	»	21 25
Hte-Savoie. La Roche	24 50	23 75	»	»	20 »
Prix moyens.......	2. 90	24 98	17 6	19 25	20 66
Sur la semaine précédente. Hausse...	0 25	0 06	0 20	0 15	0 20
Sur la semaine précédente. Baisse...	»	»	»	»	»

7e région. — SUD-OUEST.

Ariège. — Pamiers.	27 »	26 25	19 50	»	23 50
Dordogne. — Piégut.	27 »	26 2	9 »	»	»
Hte-Garonne. Toulouse	26 75	28 »	»	18 75	21 75
Gers — Mirande...	27 »	28 25	»	»	21 75
Gironde. — Bordeaux	27 »	26 25	»	»	21 75
Landes — Dax.....	25 »	24 25	17 50	»	»
Lot-et-Garonne. Agen	6 50	25 75	19 15	18 25	22 75
B.Pyrénées. Bayonne	24 75	24 »	»	»	22 »
H.Pyrénées. Tarbes.	24 50	23 75	»	»	»
Prix moyens........	26 38	25 63	18 81	18 50	22 25
Sur la semaine précédente. Hausse...	0 08	0 18	0 41	0 25	0 15
Baisse...	»	»	»	»	»

8e région. — SUD.

Aude. Castelnaudary	26 »	25 25	»	»	22 »
Aveyron. — Villefranche	27 25	26 50	»	»	21 »
Cantal. — Mauriac.	26 75	26 »	23 »	»	»
Corrèze. — Tulle...	26 »	25 25	18 »	16 »	21 25
Hérault. — Béziers.	29 »	28 25	»	»	22 25
Lot. — Figeac......	25 »	24 25	15 75	»	20 »
Lozère. — Mende...	24 50	23 75	20 50	0 75	20 75
Pyrén.Or. Perpignan	25 25	21 50	19 »	18 75	23 50
Tarn. — Gastres....	27 »	26 25	15 75	»	22 »
Tarn-et-G. Montauban	27 50	27 75	16 50	16 50	21 75
Prix moyens........	26 42	26 67	18 35	18 »	21 61
Sur la semaine précédente. Hausse...	0 30	0 30	0 4	0 10	»
Baisse...	»	»	»	»	»

9e région. — SUD-EST.

H-Alpes. — St-Bonnet	21 50	23 75	17 »	16 75	»
B.-Alpes. Manosque.	25 50	24 75	»	»	20 »
Alpes-Marit. Nice..	25 »	24 25	18 50	»	»
Ardèche. — Privas.	26 50	25 75	18 2	15 25	20 »
B-Rhône. Tarascon	26 75	26 »	»	»	»
Drôme. — Valence.	5 »	24 25	16 25	»	22 »
Gard — Nimes....	26 »	25 75	»	16 50	21 50
Hte-Loire. — Le Puy.	25 »	24 25	19 25	»	21 »
Var. — Draguignan.	25 »	24 25	»	»	»
Vaucl. Carpentras.	25 75	25 »	»	19 »	22 »
Prix moyens........	25 55	24 67	17 85	16 87	21 08
Sur la semaine précédente. Hausse...	0 13	0 05	»	»	0 21
Baisse...	»	»	0 27	0 05	»

ALGÉRIE.	Blé. tendre	Blé. dur.	Seigle	Orge.	Av.
Constantine.......	»	»	»	»	»
Alger...........	22 75	19 75	»	12 75	16 75
Oran...........	»	»	»	»	»

Farines de consommation.

Les prix se maintiennent bien ; les affaires sont calmes.

MARQUE DE CORBEIL	59 fr.	(37 58	100 k.).	
	159 kil.		100 k.	
Marques de choix....	59 à 60		37 58 à 38 22	
Premières marques....	58	59	36 94	37 58
Bonnes marques.....	56	57	35 66	36 30
Marques ordinaires.....	55	56	35 03	35 66

Le sac de 159 k., toile à rendre, franco au domicile des acheteurs à 30 jours sans escompte, eu au comptant avec escompte de 1/2 0/0.

Fourrages et pailles.

Paris, La Chapelle.

	1re qté.		2e qté.		3e qté.	
Foin nouveau.....	47 à	48	45 à	46	43 à	44
Luzerne nouvelle...	45	46	43	44	41	42
Paille de blé.....	36	37	33	35	31	32
Paille de seigle....	35	36	33	34	30	32
Paille d'avoine....	25	27	23	25	20	22

Le tout aux 104 bottes dans Paris.

COURS DE DIFFÉRENTS MARCHÉS (par 100 kil.).

	Paille.	Foin.
Beauvais........................	5 50	6 50
Nevers........................	5 50	8
Blois........................	4 »	7 »
Douai........................	5 »	8 75
Toulouse........................	4 50	6 25
Angers........................	4 75	5 75
Orléans........................	5 75	7 »
Lyon........................	4 50	6 »

Issues, les 100 kil.

La meunerie restreignant de plus en plus sa fabrication, les issues sont rares et les prix en hausse de 25 à 50 centimes.

Nous cotons par 100 kil. en gare d'arrivée à Paris :

Son écaille..............	13 » à	» »
— gros..............	12 25	12 50
— trois-cases..........	11 75	12 »
— fin..........	11 »	11 25
Recoupettes..........	11 75	» »
Remoulages blancs..........	10 »	20 »
— bâtards..........	14 »	18 »

MARCHANDISES DIVERSES.

Fécules.

Les prix restent bien tenus avec une vente un peu plus calme.

Les 100 kil.

Paris. — Fécule 1re, grains....	28 » à	29 »
dito verte........	» »	» »
Oise. — Fécule 1re, grains....	26 »	27 »
Vosges. — Fécule 1re, grains...	28 »	» »
Loire. — Fécule 1re, grains....	27 »	28 »
Auvergne — Fécule 1re, grains..	27 »	28 »
Fécules secondes selon qualité....	» »	» »

Pommes de terre.

Les 1.000 kil.

Hollandaises..............	60 » à	80 »
Magnum bonum..............	60 »	65 »
Early roses..............	50 »	52 »
Saucisses..............	62 »	72 »
Rondes..............	45 »	50 »
Chardonnes..............	35 »	40 »

Tourteaux, les 100 kil.

	Colza	Œillette	Lin	Cam.
Lille	15 50 à 16 50	16 25 à 17 »	24 » à 25 50	16 »
Arras	16 » 17 50	14 50 16 »	17 » 18 50	16 »
Gd Moulin Corbeil	15 50		19 75	
	Coprah	Arachide déc.	Sésame	Colza
Marseille	12 » à 13 50	14 25	13 » à 14 25	12 50

GRAINES DIVERSES.

Maïs, les 100 kil.

Paris..... 12 50 à 14 50	Agen......	14 75	15 75
Alais..... 13 » 15 50	Grenoble..	15 »	15 50
Ruffec.... 13 » 16 »	Reims.....	15 »	15 75

Sarrazin, les 100 kil.

Paris..... 16 » à 17 »	St-Pierre..	15 » à 17 »
Mayenne.. 15 » 16 50	Nantes....	15 » 16 50
Rennes.... 15 50 16 25	Orléans...	15 75 16 25

Légumes secs, les 100 kil.

	Haricots	Pois	Vesces	Lentilles
Paris......	20 à 47	21 à 26	» »	45 à 70
Rouen......	42 57	50 68	26 28	77 »
Marseille..	18 30	23 32	25 34	19 24 50

Graines fourragères, les 100 kil.

Luz. de Prov.	» à »	Minette.....	» à »
— du Poitou	» »	Sainfoin à 2 c..	» »
— d'Italie..	» »	Sainfoin à 1 c..	» »
Trèfle blanc..	» »	Pois jarras....	» »
— incarnat	55 45	Vesces.....	» »

Huiles.

COLZA BRUT. — Les acheteurs sont rares à la reprise des affaires ; les prix fléchissent de 75 c. à 1 fr. On fait des quatre derniers mois à 63 25 et à 63 fr. et des quatre premiers mois à 63 25.

On cote au début de la réunion :

Disponible..............	66 25 à	66 75
Livrable courant du mois.....	66 25	66 75
Août..............	64 50	64 »
4 derniers mois..........	63 25	63 »
4 premiers mois..........	62 25	» »

LIN — Les prix restent exactement les mêmes qu'hier ; il ne se fait rien à la cote.

On cote au début de la réunion :

Disponible..............	56 75 à	» »
Livrable courant du mois.....	56 75	» »
Août..............	56 50	56 25
4 derniers mois..........	55 »	54 50
4 premiers mois..........	54 »	53 50

Les 100 kil. net, logés, escompte 1 0/0.

Pétrole.

Les prix ne varient pas ; nous cotons par wagon complet et pour marchandise disponible :

L'huile de pétrole raffinée vaut 49 fr. 50 ; l'essence rectifiée 60 fr. 50 les 100 kil.

On cote à l'hect. pour le détail :
PETROLE RAFFINE disponible . 39 50 à » »
ESSENCE RECTIFIEE, disponible 42 25 » »

Laines.

Le Havre, 16 juillet.

Laines à terme Buenos-Ayres en suint, calmes. Ventes, 100 balles.

Juillet 169 »», août 170 »», septembre 171 »», octobre 171 »», novembre 171 »», décembre 171 »», janvier 1891, 167 »». février 167 »». mars 167 »», avril 167 »», mai 167 »», juin 167 »».

Anvers, 15 juillet.

Laines : fermes. Prix moyens des Plata.

Peignés allemands de La Plata : Contrat B. sur juillet 5 77 1/2. août, 5 80 »/», septembre 5 80 »/», octobre, 5 75 »/», novembre, 5 70 »/». décembre, 5 67 »/», janvier, 5 62 1/2, février, 5 60 »/». Ventes, 350,000 k. Contrat M. juillet à septembre 5 45 »/». Ventes, » »»,»»» kil.

Roubaix-Tourcoing. 15 juillet.

Laines à terme. Qualité peignée de fabrique, type n. 1 (clôture) : juillet, » »» »/» août 6 02 1/2, septembre 6 »» »/», octobre 6 02 1/4, novembre » »» »/».

Qualité peignée cour., type n° 2 (clôture) : juillet 5 80 »/», août, 6 77 1/2, sept. » »» »/», octobre » »» »/», novembre » »» »/».

Marché faible. Ventes, 170,000 kil.

Sucres.

Sucres raffinés. — Les prix ne présentent pas de changement; la demande est peu active.

Nous cotons, selon marques et époques de livraison, de 103 50 à 104 50 les 100 kil au comptant, sans escompte.

Sucres cristallisés n° 3, acquitté 95 » à 95 50; extra 95 50 les 100 k.; en poudre, 96 » à 96 50 les 100 kil.

Sucre cassé à la mécanique. . .	110 50 à	111 »
Cassons.	102 50	103 »
Menus déchets	102 »	102 50
Semoule	101 50	105 50
Glace	100 »	101 50
Sucre en poudre.	101 50	103 50

Alcools. — Prix de l'hectol. nu, au compt.

Paris. 3/6 fin, betteraves, 1re qualité, l'hectolitre.		Lille, disp	87 » à » »
90° dispon.	36 » à 36 25	Cette	90 » 110 »
Août	36 25 36 50	Nîmes ...	80 » 102 »
4 derniers.	37 » 37 50	Béziers ..	75 » 110 »
		Pézenas .	80 » 95 »

Raisins secs à boisson.

(Cours de la maison Audibert, 53, rue des Minimes, à Marseille).

Corinthe, **Roi de Grèce**, petits grains Extra 1er choix	100	kilos	49.00
Corinthe, **le Turban**, gros grains....................	»	»	45.00
Corinthe petits grains, 1er choix.	»	»	45.00
Thyra. 1er choix..............	»	»	39 00
Thyra, ordinaires.............	»	»	35.00
Samos noirs, 1er choix.........	»	»	40 00
— muscats, 1er choix....	»	»	40.00
Figues à distillerie...........	»	»	27.00
Pachas, magnifiques, gros grains noirs, égrappés mangeables. seul dépôt en France.	»	»	70 »
Royaux, délicieux pour familles, en caisses de kilo net. la caisse		»	0.95

Engrais. — Prix des 100 kil.:

Matières diverses pour engrais. — Cours commercial sur la place de Paris, par 100 kil., pour des ventes en gros de 30 000 kil. au moins.

Sang desséché moulu.	11/13 0/0 azote	23 75 à	» »
Viande desséchée....	9/11 0/0 —	» »	» »
Cornes broyées......	13/14 0/0 —	22 25	» »
Cuir désagrégé	8/9 0/0 —	9 25	10 50
Laine engrais........	3 à 4 0/0 —	» »	» »
Nitrate de soude.....	15/16 0/0 —	22 50	» »
Nitrate de potasse...	95 0/0 —	49 »	» »
— ...	90 0/0 —	46 75	» »
Muriate de potasse...	80 0/0 —	» »	» »
Sulfate de potasse...	90 0/0 —	26 »	» »
Sulfate d'ammoniaq..	20/21 0/0 —	32 »	» »
Chlorure de potassium	90 0/0 —	22 »	24 »
— Stassfurt.	80 à 85 0/0 —	17 50	» »
Cornes, cornailles pour brûler.....		» »	» »
Déchets fins de cornes, frisures...		» »	» 05

Phosphates des Ardennes. — En gare des Ardennes et de la Meuse, en sacs (les 100 kil.).

Pulvérisés. 14/16 0/0, acide phosph..	3 40 à	» »
— 18/20 0/0, —	4 » »	» »
— 16/18 0/0, —	3 60	» »

Phosphates de Tavel.

50/», la tonne.................... 60 » à » »

Phosphates de l'Yonne. — Les 1.000 kil.

Moulus en sacs, wag. gre Toucy. 40 à 35 0/0 40 à 45

Phosphates de l'Auxois, Marigny Epoisses.

Pulvérisés 60 à 65 0/0............... 6 80 à 7 »

Sulfate de cuivre.

Les 100 kil .... 57 à 66 50.

Phosphates du Boulonnais 40/45...	4 60 à	» »
— de Pernes.	6 75	7 25
— du Cambresis 28/35....	3 75	4 »
— du Lot 30/40..........	3 »	4 50

Superphosphates, poudres d'os, etc.

Les 100 kilogr.

Phosph. préc. 35 à 40 % acide phosph.	17 »	»	»
— — 40 à 45 % —	19 »	»	»
Superphosphates fossiles, 10 % acide phosphorique soluble et assimil. (les 100 kilog.)................	6 30	»	»
Superphosphates fossiles, 16 à 18 %.	9 15	»	»
— d'os, 16 à 18 %, acide phosph..	12 50	12	»
Poudres d'os bruts..................	14 »	»	»

Engrais spéciaux. — Les 100 kilog.

Guano du Pérou. 10 à 16	Eng. chim.	
Guan du Pér. diss. 32 à 20	de H. Joulie,	
Guan. az. fixe. 26 » à 27 »	Lag.......	15 » à 23 »

BEURRE, ŒUFS, VOLAILLES.

Paris, 16 juillet.

Beurres en mottes.

L'arrivage d'hier a été de 13,686 kil.
L'arrivage approximmatif a été de 48,000 kil.

Beurres en livres.

L'arrivage d'hier a été de 9,720 kil.

Fermiers	au kilo	Touraine	au kilo
Extra.......	2 30 à 2 40	Extra	1 80 à 1 90
1er choix	2 25 2 30	1er choix....	1 80 1 90
2e choix	2 » 2 10	2e choix.....	1 70 1 80
Ordinaire ...	1 80 1 90	Ordinaire ...	1 60 1 70

Bourgogne		**Vendôme**	
Choix	1 70 2 80	1er choix.....	1 60 1 70
Ordinaire ...	1 50 1 60	2e choix.....	1 60 1 70
Gâtinais		Ordinaire ...	1 50 1 60
1er choix	1 70 1 87	**Beaugency**	
2e choix.....	1 70 1 80	1er choix.....	1 60 1 70
Ordinaire ...	1 60 1 70	2e choix.....	1 60 1 70
Le Mans		Ordinaire ...	1 50 1 60
		Fausse Touraine	
Choix	1 60 1 70	Choix.......	1 60 1 70
Ordinaire ...	1 50 1 60	Ordinaire ...	1 60 1 70

Œufs, *le mille :*

Normandie . (Extra)	80 à 95	Bourgogne . .	72 à 75
Picardie . . (Extra)	84 105	Champagne . .	75 78
Brie. . . . . (Extra)	80 86	Nivernais . . .	70 72
Touraine gr. .	80 88	Cosne.	74 76
Touraine ord. .	70 75	Bourbonnais. .	69 72
Beauce	78 88	Bretagne . . .	64 70
Orne.	70 76	Vendée	66 70
Picardie ord. .	72 82	Auvergne . . .	67 69
Châtellerault. .	70 73	Midi.	68 72

Volailles et Gibiers.

Canards :		**Pigeons :**	
nantais (jeunes)	2 » à 4 »	maconnais.	» 70 à 1 40
de ferme...	1 50 3 »	italiens	» 55 1 30
Dindes nouv.	3 » 8 »	bizets......	» 40 1 20
Oies nouvelles	4 » 7 50	**Poulets :**	
— (2e qté).	2 50 4 »	nantais	2 50 5 »
Pintades...	2 50 4 »	touraine ...	2 50 5 »
Lapins domestiques.	1 50 4 »	gâtinais....	2 50 5 »
		du Midi....	1 50 3 »
Chevreaux .	» » » »	communs..	1 » 2 »

Marché en baisse très sensible.

Cours fournis par MM. de Bridiers, Jouslin et Seelle, facteurs assermentés, 2, r. de Valois, Paris.

BESTIAUX.

La Villette, 17 juillet. — Bestiaux. — Vente

calme sur le gros bétail et les veaux, mauvaise sur les moutons et les porcs.

Cours officiels.	Amenés.	Vendus.	Poids moyen.	1re qualité.	2e qualité.	3e qualité.	Prix extrêmes.
Bœufs..	1.713	1.6??	345	1 62	1 48	1 30	1 20 à 1 68
Vaches.	604	584	233	1 58	1 34	1 24	1 16 1 62
Taureau	151	139	395	1 40	1 32	1 24	1 18 1 46
Veaux..	1.5 0	1.326	80	1 60	1 46	1 38	1 10 1 80
Moutons	8.382	7.1 2	19	2 10	1 80	1 60	1 30 2 16
Porcs g.	4.165	4.083	77	1 40	1 54	1 48	1 42 1 68
Id. m.	»	»	»	» »	» »	» »	» » » »

Marché du lundi 14 juillet.

	Amenés	Vendus	PRIX AU POIDS NET 1re qual.	2e qual.	3e qual
Bœufs	2.774	2.380	1 62	1 48	1 32
Vaches.....	896	8.2	1 56	1 34	1 26
Taureaux ..	231	209	1 40	1 34	1 28
Veaux.....	1.495	1.138	1 62	1 50	1 40
Moutons....	12. 81	11.149	2 12	1 82	1 68
Porcs	2.661	2.626	1 60	1 36	1 52

	PRIX AU POIDS VIF 1re qual.	2e qual.	3e qual.	Prix extrêmes.
Bœufs	» 96	» 80	» 67	» 60 à 1 02
Vaches	» 92	» 75	» 57	» 54 » 96
Taureaux.......	» 88	» 78	» 65	» 58 » 90
Veaux..........	1 98	» 87	» 74	» 62 1 12
Moutons.........	1 »	» 91	» 82	» 62 1 16
Porcs..........	1 10	1 06	» 02	» 98 1 12
Peaux de moutons en laine.........				2 20 » »
Id. id. demi-laine........				2 00 » »

Viandes abattues. — Criée du 14 juillet

		1re qualité.	2e qualité	3e qualité.
Bœufs	le kil.	1 60 à 2 60	1 10 à 2 40	1 » à 1 70
Veaux	—	1 44 1 56	1 26 1 40	1 06 1 20
Moutons ..	—	1 70 1 80	1 30 1 66	0 80 1 26
Porc entier	—	1 40 1 50	1 20 1 36	1 » 1 16

Cuirs et peaux, les 50 kil.

Taureaux.	36 75 à 39 75		Vaches lourdes	36.75	39.25
Gros bœufs	46 25	49 75	— de bandes	33.70	34.75
Moy. bœufs	42 25	45 50	Gros veaux..	57.50	61.75
Pet. bœufs.	34 75	37 25	Petits veaux	64.25	65.50

CHEMIN DE FER DE PARIS A ORLÉANS.

TRANSPORT A DEMI-TARIF
DES
OUVRIERS AGRICOLES
allant faire la moisson
en BEAUCE, dans l'ORLÉANAIS, le BERRY, la TOURAINE, etc.

A partir du 1er juillet 1890, une réduction de 50 % sur les prix des places de 3e classe au tarif général sera accordée aux ouvriers agricoles se rendant, pour les travaux de la moisson, d'une gare quelconque de son réseau à une gare quelconque des sections ci-après :

Juvisy à Orléans.
Brétigny à Tours.
Orléans à Tours.
Orléans à Châteauroux.
Orléans à Malesherbes.
Orléans à Montargis.
Orléans à Gien.
Tours à Vierzon.
Tours à Châteauroux.
Vierzon à Saincaise.

Cette réduction est subordonnée à la condition que les ouvriers agricoles effectueront sur le réseau de la Compagnie un parcours de 150 kilomètres au minimum (soit 300 kilomètres aller et retour compris), ou paieront pour cette distance. Elle sera appliquée pour l'aller du 1er juillet au 1er septembre ; le retour devra s'effectuer dans un délai minimum de quinze jours et maximum de deux mois.

L'Administrateur-Gérant : ALBERT RENOT.

Beauvais. — Imp. D. PERE. — A. CARTIER, Gérant.

11e Année. — 2e Série. — No 548. Dimanche 27 Juillet 1890.

GAZETTE AGRICOLE

JOURNAL HEBDOMADAIRE, PARAISSANT LE DIMANCHE

Rédacteur en Chef : M. Ch. GOSSIN, Professeur d'Agriculture à l'Institut agricole de Beauvais

PRIX DE L'ABONNEMENT

UN AN, 5 fr. — SIX MOIS, 2 fr. 50. — TROIS MOIS, 1 fr. 50

Pour l'étranger les abonnements ne sont reçus que pour un an, au prix de 6 francs, et ne partent que du 1er janvier ou du 1er juillet de chaque année.

Il est indispensable de joindre à toute demande de changement d'adresse la dernière bande d'adresse du journal et 50 centimes pour frais de nouvelles bandes.

Adresser les *Abonnements* et *Annonces* à l'administrateur, 13, quai Voltaire, Paris, ou à M. GOSSIN, rédacteur en chef, à BEAUVAIS.

BUREAUX

13, quai Voltaire, Paris.

Les abonnements partent du 1er de chaque mois et sont payables d'avance. Toute demande d'abonnement doit donc être accompagnée du prix de l'abonnement. (Le mode de payement le plus simple est l'envoi d'un mandat-poste.)

Donner *très lisiblement*, en s'abonnant, son nom et son adresse exacte, *avec l'indication du bureau de poste*; et, s'il s'agit d'une continuation d'abonnement, joindre au renouvellement la dernière bande d'adresse du journal.

La GAZETTE AGRICOLE insère gratuitement les Communications des Syndicats agricoles

SOMMAIRE :

PARIS, 25 JUILLET.

C'est une conviction, non d'homme de parti, mais de juge bien informé, chez le Bonhomme Deschamps, que la majorité républicaine élue en septembre et en octobre 1889 est en grande partie fille de la corruption, de la violence et de la fraude. Si le Gouvernement n'avait pas triché dans ce jeu, il aurait eu le dessous, et c'est un juste grief dans le pays conservateur qu'un grand débat au Palais-Bourbon n'ait pas mis ce fait en pleine lumière. Il était assez logique qu'une majorité de députés républicains élus dans de pareilles conditions poursuivît l'œuvre de violences commencée par MM. Constans et consorts et invalidât scandaleusement des mandats législatifs réguliers. Ainsi, plus de vingt élections de droite ont été cassées par un tribunal passionné et vicié dans ses origines. Pourtant force fut aux juges républicains de confesser l'irrégularité de l'élection d'un des leurs et de renvoyer devant les électeurs de Lodève M. Ménard-Dorian, candidat indûment proclamé.

***

Convoqués dans les délais réguliers, les électeurs de cet arrondissement n'auraient certainement pas réélu M. Ménard-Dorian. Les ministres et députés, naturellement désireux de se soustraire à ce démenti prévu, agirent en conséquence. On fit traîner dans les bureaux du Palais-Bourbon l'examen des dossiers de l'élection de Lodève à double fin d'arracher les faussaires grâce à la prescription, à des condamnations inévitables et de recommencer la lutte avec des listes électorales nouvelles. Forts de ce double résultat, les ministres convoquèrent les électeurs et une nouvelle bataille s'engagea entre le candidat républicain invalidé, M. Ménard Doran, et son concurrent, M. Paul Leroy Beaulieu, économiste très distingué et républicain modéré. Le scrutin fut ouvert le 27 avril 1890 et donna comme on devait s'y attendre, la majorité à M. Ménard Dorian. Au courant, comme tout le monde, des mauvais dessins de l'administration et instruit par l'expérience, M. Leroy Beaulieu avait pris ses précautions. Il avait relevé au jour le jour les actes d'intimidation, de corruption et de fraude.

***

De ces notes, il fit une brochure qui jette un bien triste jour sur nos mœurs électorales sous la République. Les conclusions de ce travail établissaient déjà clair comme la lumière du jour que ce second succès de M. Ménard-Dorian était de même acabit que le premier, et que la plus vulgaire justice commandait aux députés de fermer la porte du Palais-Bourbon au représentant de l'arrondissement de Lodève. Les débats publics, auxquels a donné lieu, cette semaine, la vérification de cette élection, et qui ont été soutenus par MM. le Provost de Launay et de la Martinière, ont confirmé les conclusions du mémoire de M. Leroy-Beaulieu. M. Ménard-Dorian, en cela du reste semblable à une soixantaine au moins de ses collègues, n'a aucune qualité pour faire des lois, voté des impôts ; bref, pour siéger au Palais-Bourbon. Il a été établi clairement que les règles élémentaires édictées par la loi pour la confection et le contrôle des listes électorales, ont été violées et que ces listes mêmes ont été scandaleusement falsifiées. D'une part on ajoutait illégalement des électeurs pendant que d'autre part on en supprimait : double opération dont l'unique mobile et le seul but était d'imposer à l'arrondissement de Lodève un député républicain.

***

C'est ainsi qu'il s'est rencontré sur les bancs du Palais-Bourbon une majorité républicaine pour déclarer M. Ménard-Dorian investi d'un mandat régulier, alors qu'élu à une majorité absolue de 150 voix, on relève dans son élection 800 inscriptions ou additions illicites, subreptices et clandestines. Faut-il s'indigner et s'étonner à la fois de cette décision outrageante pour le suffrage universel ? S'en indigner ? oui, assurément. S'en étonner ? en aucune sorte. Il y aurait eu lieu d'être surpris, en effet, comme la presse républicaine l'a d'ailleurs ingénument avoué, si l'élection de Lodève avait été cassée une seconde fois. Cette équité n'est ni dans le caractère ni dans les habitudes de nos maîtres. Il allait en outre de soi qu'une administration sans pudeur et sans foi, ayant tout fait dans l'arrondissement de Lodève pour assurer le succès du candidat républicain, rencontrât dans la majorité républicaine une approbation sans réserve. Les deux ne font-elles pas la paire ? Et comment auriez-vous voulu que les députés de la gauche — dont un quart au moins a dû son élection à des procédés analogues, — condamnassent chez M. Ménard-Dorian ce qu'on avait fait pour eux et dont ils profitent ?

***

Le Bonhomme Deschamps ne s'attardera pas aux belles déclarations d'antan du parti républicain touchant le respect dû à l'indépendance du suffrage universel. Ces messieurs étaient alors au parterre, c'est-à-dire dans l'opposition. Or, pour eux, les principes changent avec les points de vue et les situations. Mais peut-on s'empêcher de demander où conduisent cette impunité pour les faussaires électoraux, cette tolérance pour tout un système de falsification électorale ? Quand une minorité est privée des moyens légaux de défendre son opinion et de la faire prévaloir, que lui reste-il ? Ou se soumettre, ou recourir à la violence ! Il est bon, excellent même, de s'élever avec indignation contre les *prononciamentos* militaires, contre les recours à la violence et contre les appels à la force. Mais ces extrémités ne sont pas des effets sans cause. Et si réellement il n'entrait pas tant d'hypocrisie dans les déclamations de nos maîtres sur la paix sociale, ils commenceraient par renoncer aux procédés qui la menaçent le plus. Si même ils ne laissaient pas aux électeurs toute l'indépendance et la liberté nécessaire à l'exercice de leurs droits, ils seraient les premiers à condamner les procédés électoraux de l'espèce de ceux de Lodève par l'invalidation de M. Ménard-Dorian et par des poursuites contre ses complices.

***

Mais l'oligarchie qui nous gouverne et qui nous exploite depuis dix ans ne se chauffe pas de ce bois-là. Il lui semble qu'elle serait moins la maîtresse du pays, si elle le dépouillait moins de ses garanties et de ses droits. Grossière erreur! le règne de la force n'a que son temps et, sans se donner des airs de prophète, on peut prédire aux républicains qu'ils l'apprendront un jour ou l'autre à leurs dépens. Puisse cette démonstration qui est inévitable se faire du moins au moindre préjudice du pays.

LE BONHOMME DESCHAMPS.

NOUVELLES DE LA SEMAINE.

La loi contre les patrons. — Le Sénat est saisi en ce moment de la loi dite Bovier-Lapierre, loi votée par la Chambre des députés qui met tous les patrons à la discrétion absolue de leurs ouvriers et contre laquelle plusieurs chambres syndicales ont déjà énergiquement protesté. La commission du Sénat est unanime pour repousser le projet de loi, mais devant la Chambre le Gouvernement l'a accepté et M. le ministre de la justice l'a défendu. Entendu par la commission, M. le ministre a persisté de plus fort. De l'émotion produite dans le monde industriel par ce détestable projet, il ne sait rien ou ne veut rien savoir. L'hostilité qui s'est manifestée dans tous les bureaux du Sénat, et qui se retrouve unanime dans la commission qu'ils ont nommée, permet d'espérer que cette fois la résistance ira jusqu'au bout. Cependant on sait qu'avec la majorité du Sénat il ne faut jamais jurer de rien, même pour les lois les plus mauvaises.

Le scandale Brugère. — La nomination, par M. Carnot, du général Brugère au grade de général de division est très vivement commentée dans la presse. Il y deux ans, le nouveau divisionnaire fut blessé dans une partie de chasse (il reçut 72 grains de plomb dans... le bas des reins!) où il accompagnait M. Carnot; et vous jugez si les malins omettent de mentionner cette blessure dans ses états de service... à l'Elysée. Les journaux officieux gardent presque tous le silence sur les critiques dont cette promotion est l'objet.

Ainsi, pour avoir reçu 72 grains de plomb quelque part, le général de brigade Brugère est nommée au plus haut grade de l'armée.

Comme le voit, la République est le règne de l'égalité.

Le scandale Quesnay de Beaurepaire. — La nomination de M. Quesnay de Beaurepaire au grade de commandeur de la Légion d'honneur provoque dans la presse de très vifs commentaires. C'est comme procureur général près la Haute Cour de justice — le décret le mentionne expressément — que M. de Beaurepaire est promu du grade d'officier au grade de commandeur, avec la mention « titres exceptionnels ». M. de Beaurepaire était officier depuis le 13 juillet 1889, c'est-à-dire depuis un an et quatre jours; or, d'après la loi sur la Légion d'honneur, l'officier ne peut devenir commandeur qu'après deux ans de grade. Même parmi les journaux républicains qui ont fait la plus rude guerre au boulangisme et qui admiraient fort les réquisitoires de M. le procureur général, il en est qui trouve la chose mauvaise et qui le disent. Nous reconnaissons que M. le procureur général a rendu a son gouvernement des services « extraordinaires ». Nous ne les contestons pas plus que les services rendus à l'Elysée par le général Brugère. L'armée et la Légion d'honneur ne peuvent que remercier M. Carnot de promotions aussi bien justifiées!

Voilà, coup sur coup, deux scandales qui ne font pas beaucoup d'honneur à M. Carnot, qui les a contresignés.

Les pères de sept enfants. — Les Chambres ont voté l'année dernière une loi portant que les pères de sept enfants *légitimes* ou *reconnus* ne seront pas portés au rôle de la contribution mobilière. Il paraît que cette mesure devait favoriser « le développement de la population ». Elle devait en même temps constituer une mesure démocratique, les philosophes ayant démontré par A plus B que les pauvres seuls obéissent à la loi divine: « Croissez et multipliez, », tandis que les riches, par égoïsme, se contentent d'une lignée réduite au minimum. Il s'est trouvé que les philosophes avaient tort. La direction des contributions directes en a fait l'épreuve aux dépens du Trésor. Il résulte des statistiques officielles que le dégrèvement a été de 1,273.870 francs pour les familles très aisées et de 1,027,815 francs seulement pour les familles necessiteuses. La Chambre des députés, étonnée de ce résultat, vient de décider qu'à l'avenir, pour être dégrevé de la contribution mobilière, il faudra tout à la fois être père de sept enfants et n'être porté ou rôle que pour dix francs au maximum. Restreinte à ces proportions, la générosité de la France est modeste, et la prime offerte à titre d'encouragement aux familles nombreuses ne produira pas grand effet. Le développement de la population s'en tirera comme il pourra.

Le comte de Paris en Amérique. — Le 24 septembre, le comte de Paris partira pour New-York avec le duc d'Orléans. Les princes iront de là à Washington et visiteront les champs de bataille de la guerre de Sécession, à laquelle le comte de Paris a pris la part que l'on connaît.

Le comte de Paris se proposait, au début de cette année, on se le rappelle, de passer quelques semaines aux Etats-Unis. Il avait commencé son voyage en compagnie du duc de Chartres. En arrivant à Porto-Rico, les princes apprenaient, par deux télégrammes qui leur furent apportés à bord du paquebot, la mort du duc de Montpensier et l'arrestation du duc d'Orléans, qui était venu réclamer le droit de servir son pays comme simple soldat.

En recevant ces deux nouvelles, le comte de Paris modifia ses projets et prit aussitôt ses dispositions pour rentrer en Europe par les voies les plus rapides. Le voyage aux Etats-Unis n'était qu'ajourné.

Le comte de Paris va le reprendre, accompagné par le duc d'Orléans, et nous savons qu'une brillante réception attend les princes aux Etats-Unis, où le nom des deux fils du duc d'Orléans est resté si populaire, aussi bien chez les partisans du Nord que parmi les défenseurs du Sud.

Nécrologie. — Sir Richard Wallace, le richissime anglais si connu par ses libéralités envers les pauvres, connu surtout pour les fontaines publiques dont il a doté Paris, vient de mourir en France.

LA SITUATION DE NOTRE AGRICULTURE

Au moment où l'expiration de nos traités avec diverses puissances préoccupe à un si haut point le pays, au moment où elle provoque tant d'opinions différentes, il nous a paru intéressant d'exposer sommairement l'état de notre commerce extérieur.

Nous achetons à l'étranger plus que nous ne lui vendons. En 1888, nous lui avons acheté pour 4,026.0 0,000, et nous lui avons vendu seulement pour 3.216,000,000.

En a-t-il toujours été ainsi? Point. Notre exportation était depuis bien longtemps supérieure à notre importation, même depuis le régime des traités de commerce établi par l'empire, en 1860, et jusqu'en 1875 inclusivement. C'est l'année 1876 qui a vu se produire le renversement de la balance du commerce, et, depuis cette année, tous les ans, nous achetons à l'étranger plus que nous ne lui vendons.

Est-ce à dire que le commerce extérieur de la France périclite? Assurément, non. Un peuple peut acheter à l'étranger plus qu'il ne lui vend et s'enrichir sans cesse. L'Angleterre, qui est colossalement riche, achète à l'étranger beaucoup plus qu'elle ne lui vend, et cela depuis un demi-siècle, c'est à dire depuis qu'elle a développé si prodigieusement son commerce extérieur, ses affaires et sa fortune.

Chaque année, ses importations dépassent ses exportations de 132 millions de livres sterling (3 milliards de francs environ).

En France, notre période la plus prospère a été celle de 1875 à 1881; or, pendant ces six annees, la balance du commerce a été contre nous, dans des proportions énormes.

Par contre, durant les années de crise, de 1882 à 1887, le numéraire or et argent entré en France est supérieur à celui qui en est sorti.

Donc, ce n'est point parce que la balance du commerce nous est défavorable que nous devons nous inquiéter et aviser. Ce qui doit nous inquieter, ce sont les causes qui ont amené en France la prépondérance des importations sur les exportations. Ces causes ne sont point normales, elles tiennent à un affaiblissement d'énergie économique.

Une des causes les plus sérieuses, c'est la crise agricole résultant à la fois de la maladie de la vigne, des mauvaises récoltes et de l'avilissement des prix par suite de la concurrence étrangère.

Si nous achetons à l'étranger plus que nous ne lui vendons, ce n'est pas parce qu'il y a chez nous un développement de prospérité, et, par suite, de consommation auquel la production intérieure ne peut suffire; c'est parce que d'un côté notre exportation baisse et, de l'autre, notre production agricole a diminué.

C'est ici qu'intervient la question des tarifs de douanes.

Il faut, en pareil sujet, se garder de toute exagération, de toute prévention et voir les faits.

Mais si l'on veut se rendre compte des choses, il faut distinguer la situation de l'industrie et celle de l'agriculture. La situation de la première, sous le régime actuel, est tolérable tandis que la situation de la seconde est fort mauvaise.

Au point de vue industriel, nous vendons à l'étranger beaucoup plus que nous ne lui achetons; en 1887, par exemple, nous avons vendu à l'étranger pour 1,739 millions d'objets fabriqués et l'étranger a vendu chez nous 580 millions, c'est-à-dire que l'industrie française vend sur le marché étranger trois fois plus que l'industrie étrangère ne vend sur le marché français.

Les pays agricoles, au contraire, nous vendent beaucoup et nous achètent peu.

L'Espagne nous vend 356 millions et ne nous en achète que 149; l'Italie nous vend 317 millions et nous achète 197 millions; la Russie nous vend 178 millions et nous achète seulement 15 millions.

Dans nos relations avec les pays agricoles, nous sommes surtout un peuple d'importation; dans nos relations avec les pays industriels, nous sommes surtout un pays d'exportation.

Marseille, qui est ouverte, sur les pays agricoles, est principalement un port d'importation; le Hâvre, ouvert sur les pays manufacturiers, est avant tout un port d'exportation.

Par cet exposé succint, nous connaissons la situation de notre agriculture. Elle n'est pas brillante. Cette situation réclame de sérieuses réformes — dont nous parlerons ultérieurement — et nécessite le remaniement profond de nos conditions douanières.

Nous espérons que la sagesse, la prudence du Parlement feront disparaître ce dernier côté défectueux quand viendra la question des tarifs, la revision des traités de commerce.

Charles Gossin.

L'impôt foncier

IMPOTS DE RÉPARTITION ET DE QUOTITÉ

La Chambre a voté la substitution, pour l'impôt sur la propriété bâtie, du système de la quotité au système de la répartition. Par conséquent, si le Sénat ratifie la décision prise par la Chambre, cet impôt qui, depuis son établissement par l'Assemblée constituante, a pour base la répartition, deviendra un impôt de quotité.

Dans le système de la répartition, les représentants de la nation, chargés du vote de l'impôt, établissent que l'impôt rendra une somme déterminée par la loi de finances. Cette somme est *répartie* (d'où le mot de répartition), par la même loi, entre tous les départements. La répartition est complétée par une série de sous-répartitions; dans chaque département, le conseil général fixe la part d'impôts qui sera payée dans chaque arrondisssement; dans chaque arrondissement, le conseil d'arrondissement fixe la part de chaque commune; enfin, dans chaque commune, une commission, composée de commissaires répartiteurs et assistée du contrôleur des contributions directes, répartit entre les contribuables le contingent assigné à la commune. Le rendement des impôts de répartition doit être exactement celui qui a été fixé par la loi de finances, tandis que le rendement des impôts de quotité est essentiellement variable : le produit de l'impôt, dans ce cas, n'étant pas fixé d'avance, le Trésor doit recevoir plus ou moins qu'on ne s'y attendait dans les prévisions budgétaires. Un impôt de répartition ne peut jamais laisser de mécompte.

Si l'on a voté, par exemple, une contribution d'un million à faire payer à un département, le million est dû et les non-valeurs, s'il y en a, sont réparties de nouveau. L'un des principaux avantages de l'impôt de répartition est qu'on sait d'avance, d'une manière précise, sur quelle somme on peut compter. C'est pour cela que l'Assemblée nationale, en établissant, en 1791, l'impôt foncier pour prendre la place des tailles et des gabelles, préféra le système de la répartition au système de la quotité. Les divers gouvernements qui se sont succédé en France depuis cent ans avaient, sous ce rapport, respecté son œuvre.

MÉLANGES FERTILISANTS

LES PLUS ÉCONOMIQUES ET LES PLUS EFFICACES (*suite*).

Ce mélange, que les praticiens pourront faire varier suivant leurs convenances et suivant la connaissance qu'ils ont des matières contenues dans leurs terres, constitut un ensemble réunissant tous les éléments nécessaires à la végétation ou faisant agir ceux qui, sans lui, resteraient inertes dans la couche arable. Déjà il a fait ses preuves; en permettant de réduire les apports de sels azotés et potassiques au strict nécessaire, il peut, pour obtenir un résultat donné, faire réaliser une économie notable. Si on l'emploie comme engrais complémentaire, en l'ajoutant en plus des engrais ordinaires et classiques, toutes les expériences faites avec précision ont fait constater accroissement et amélioration de récoltes en même temps que réduction de prix de revient.

Après tant de preuves s'accumulant chaque année en plus grand nombre et complétées depuis quelques mois par la possibilité aujourd'hui bien démontrée de mobiliser dans la couche arable les trois éléments classiques de fertilisation, nous nous croyons en situation d'insister près de MM. les agriculteurs, pour que, *dans leur intérêt même*, ils fassent, ne serait-ce qu'à titre d'essai sur une superficie limitée et *toujours avec témoin*, l'application de ces vérités incontestables et pratiques, que nous cherchons à vulgariser dans la mesure de nos moyens d'action.

Depuis que nous travaillons à cette œuvre de propagande, appuyée aujourd'hui sur des faits pratiques incontestables, si, nous avons rencontré de nombreuses personnes qui nous ont suivi avec intérêt, si, entre autres, nous avons reçu la visite d'agriculteurs notables du Comice de Marle, par contre, et nous regrettons d'avoir à le dire, lorsqu'en mai 1889 nous présentâmes un travail sur nos expériences des années précédentes et sur celles en préparation à l'Asile départemental de Montreuil au bureau du Comice agricole de Laon, il ne voulut pas s'en occuper.

Nous dûmes alors faire l'exposé de la question au Congrès international d'agriculture réuni au Trocadéro, dans une section présidée par M. Develle, aujourd hui ministre de l'agriculture, qui fit le meilleur accueil à notre communication.

Depuis cette époque, les expériences de Montreuil, ainsi que celles faites à Chailvet et Chaillevois, firent faire au problème un pas considérable en avant, et il appartenait à M. Gaillot, le laborieux directeur de la Station agronomique de l'Aisne, de fournir, au moyen de réactions chimiques et de dosages nettement établis, des explications précises sur des faits rigoureusement exacts, mais malheureusement considérés trop longtemps comme douteux.

La vérité pour percer a souvent besoin d'être appliquée au loin avant de revenir à son point de départ pour y être reconnue et acceptée.

Tel est précisément le cas de la cendre pyriteuse dont les vallées de l'Oise, de l'Aisne et de l'Ailette possèdent de si nombreux gisements. Après avoir été largement employée pour ses bons effets (il y a 30 ans l'agriculture en consommait annuellement 250 à 300 bateaux, puis délaissée sans qu'on se soit rendu compte du motif (la véritable cause provient d'une préparation faite alors d'une manière défectueuse); elle est en ce moment dans les vignobles l'objet de nombreux essais pratiques sur lesquels nous possédons les renseignements les plus concluants.

Certaines localités, qui en possèdent aux environs de Reims des gisements importants, les conservent avec un soin jaloux pour leurs vignobles et vont même, en vue d'en tirer parti sur place, jusqu'à en refuser l'exportation pour les pays environnants.

Les sels de fer et d'alumine, en mobilisant la potasse, l'azote et l'acide phosphorique des terrains plantés en vignes, donnent à celles-ci une vigueur inconnue jusque là et procurent au vin une qualité exceptionnelle qui nous a été affirmée, pour la récolte de 1889, par des viticulteurs en ayant fait l'essai.

Ces faits bien constatés pour les vignobles ne peuvent pas être faux pour les autres cultures, puisque déjà celles-ci en ont fait la preuve. Il serait extrêmement regrettable que la plupart des agriculteurs de l'Aisne laissent exporter au loin ce qu'ils ont sous la main et utiliser avec un sérieux avantage par d'autres départements mieux éclairés ce qu'ils auraient tant d'intérêt à employer dans le pays même.

Peut-être nous sommes-nous hâté de parler. Nous avons cependant estimé qu'il était utile, dans l'intérêt de tous ceux qui travaillent la terre, de formuler le problème d'une manière précise, de tenir le monde agricole en éveil sur une question qui ne tardera pas à être discutée au grand jour et d'une manière scientifique au moyen de réactions, de dosages, et de nombreuses expériences de laboratoire, et, pour les praticiens les plus amis du progrès, fournir à l'avance des indications qui pourront être examinées et que, de notre côté, nous avons eu à étudier, de concert avec le Directeur de la Station agronomique, au point de vue de la pratique agricole, dans nos carrés d'expérimentation et aussi à notre laboratoire.

Chaillevois, le 15 juin 1890.

E. Fischer,
Conseiller général.

La coupe des céréales sur le vert

Des expériences nombreuses ont été faites par les hommes les plus compétents, et toutes ces expériences ont démontré que les blés coupés avant leur complète maturité donnent les résultats les plus satisfaisants, sous le double rapport de la quantité et de la qualité.

Un cultivateur avait tracé un chemin dans une pièce de blé, avant la maturité des grains ; il se disposait à distribuer les tiges coupées aux animaux de la ferme, lorsqu'un de ses voisins lui conseilla de les mettre en moyettes. Le cultivateur était incrédule — beaucoup le sont, — ce qui ne devrait jamais avoir lieu, quand il s'agit de se livrer à une expérience utile ; il n'avait donc pas confiance dans le procédé. Cependant, il finit par suivre les conseils donnés et, à son grand étonnement, les grains qui se trouvaient à l'état tout à fait laiteux, arrivèrent à une maturité complète ; ils étaient même de bonne qualité.

Un cultivateur belge s'est livré aux expériences suivantes : il a divisé des champs en deux parties. La première, portant un blé égal à celui de l'autre, a été moissonnée le 14 août et la seconde le 18 du même mois. Le blé coupé le 14 août a fourni 2,977 kil 88 de grains et 6,442 kil. 68 de paille, plus 636 kil. 48 de menue paille ou balle. Le deuxième lot a produit 2,620 kil. de grains et 5,728 kil. de paille, plus 212 kil. de menue paille ou balle. La différence, en grains, a donc été de 377 kil. celle en paille de 822 kil., celle en menue paille ou balle de 221 kil. en plus. Le grain de blé provenant du blé le premier coupé était de meilleure qualité.

Il est surtout important d'avoir recours au coupage anticipé, lorsque les blés sont versés ou rouillés.

Nous ne saurions donc trop engager les cultivateurs à faire les moissons six à huit jours avant la complète maturité des grains, excepté cependant our les blés destinés aux semences qu'il faut laisser mûrir.

DU KIRSCH FABRIQUÉ CHEZ SOI

Pendant l'année 1887 on fit, dans le centre de la France, dans la Nièvre notamment, une prodigieuse récolte de cerises, hâtives ou tardives, de l'espèce dite acide, vulgairement appelées cerises aigres. En raison de cette grande production. et malgré le dicton « abondance de bien ne nuit jamais, » beaucoup d'arbres ne furent pas récoltés : à quoi bon, disait-on, cueillir avec peine et longueur de temps, porter au marché voisin des fruits dont le prix s'était abaissé à un demi-sou, un sou au plus, le demi-kilogr.? J'eus, à cette occasion, l'heureuse idée d utiliser ce produit délaissé et de débarrasser tous les villages environnants. J'en fis une ample récolte s'élevant à six mille livres. Cette quantité, minime pour un négociant, était déjà de conséquence pour un propriétaire, décidé à faire un simple essai. Je dirai même que le désir de débarrasser de braves vignerons (les cerisiers dans la Nièvre sont, en grande partie, élevés dans les vignes, en surétage des échalas ; ce qui en rend la cueillette difficile et même dangereuse), m'avait entraîné un peu loin, et je ne m'attendais pas à une récolte si abondante et sitôt opérée. Il me fallut, en effet, à peine quelques jours pour compléter ma provision, et j'ai appris que beaucoup d'autres l'auraient encore augmentée, s'ils en avaient eu connaissance. J'acceptai tout ce qui se présenta et n'eus pas à m'en repentir.

Des barriques défoncées par un bout avaient été déposées dans les villages et recevaient les paniers pleins de fruits et pesés ; une voiture les emmenait le soir à la cuve. Aussitôt arrivées, les cerises, sans attendre la moindre fermentation dans la masse, pas même les moisissures provenant de l'entassement, étaient projetées dans la caisse d'un fouloir et broyées entre deux cylindres en fonte à cannelure. La pulpe, les noyaux ainsi divisés et broyés tombaient dans la cuve préparée comme pour la vinée.

La fermentation commençait de suite, mais une fermentation active, bruyante, répandant un parfum plus odorant que le vin et très caractéristique. Sous peine de voir rapidement aigrir les jus, celle-ci ne doit pas dépasser une huitaine de jours, et l'on reconnaît qu'elle est terminée alors qu'on ne perçoit plus aucun bruit d'ébullition dans le liquide refroidi. — Il est nécessaire, comme pour le vin, de faire rentrer par pression et plonger deux fois au moins en vingt quatre heures et pendant deux jours la grappe dans le moût qui tend à la soulever. — Lorsque la fermentation se fait trop attendre, on peut la provoquer au moyen d'un ferment, de la levûre de bière par exemple ; ce cas pourrait se présenter. si au lieu d'un fouloir mécanique broyeur, on employait un simple fouloir à main; mais pour arriver à la qualité au parfum caractéristique de la liqueur, on doit concasser les noyaux, au moins en grande partie.

La fermentation terminée, on tire séparément et on isole les jus, qui se présentent sous l'apparence d'un liquide couleur de rubis, d'un goût et d'une odeur vraiment agréables et qui pourraient donner une boisson de qualité égale aux très bons vins.

Il reste à procéder à la distillation. Usant du privilège si controversé des bouilleurs de cru, c'est à un fabricant d'alcools, alambiqueur d'occasion, que j'ai confié le soin d'opérer au prix de 0 fr 30 le litre. Il m'a produit, sans repasse, un kirsch de premier choix, titrant 50 degrés, réglé à l'alcoomètre centésimal de Gay-Lussac. Les qualités de ce produit sont un parfum exquis, où se décèle un très léger goût de noyau et une saveur délicieuse, sèche, qui éclate dans la bouche un peu à l'instar du kummel. La liqueur est limpide, incolore, alcoolique et d'une finesse exceptionnelle. Cette finesse a été obtenue supérieure en prenant le jus seul des cerises acaules, ramassées sans queues et payées un peu plus cher, je n'ai fait de cette catégorie que 60 litres d'alcool, et c'est pour moi un regret. Après la distillation des jus tirés au clair, venait celle des jus provenant des marcs serrés au pressoir, donnant une seconde qualité d'alcool. Puis enfin, opérant comme pour les vins de deuxième cuvée par addition de sucre, une seconde fermentation s'est produite, plus rapide et plus brève que la première, et il est résulté une troisième qualité d'alcool, un peu inférieure, sans doute, mais encore très acceptable.

En somme, les résultats de cet essai, tout impromptu, ont été fort satisfaisants, et les prix de revient, comparés au rendement et à sa valeur, ne sont nullement à dédaigner; bien que, je le répète, cette considération ait été imprévue et écartée dès le debut.

Comme valeur d'abord, on peut dire que le kirsch ainsi obtenu est susceptible de soutenir la comparaison avec les bonnes qualités fabriquées dans les Vosges. Le rendement a été de 4 litres 6 dizièmes, pour 100 livres de cerises, soit 276 litres pour 6.000 livres. Un connaisseur a estimé le litre 2 fr. 50 par moyenne des trois catégories, soit un total de 690 francs, prix de commerce bien entendu, et non d'amateur.

Les frais sont : achat de 6.000 livres de cerises à 0 fr. 05, 300 fr. ; distillation de 276 litres à 0 fr. 30, 82 fr. ; bois consommé au foyer d'alambic, 15 fr. ; total, 397 fr.

Le bénéfice net est donc de 293 francs, soit environ 40 pour 100.

Pour conserver ce produit on peut le mettre dans des fûts en frêne; on sait, en effet, que cette essence conserve la couleur des eaux-de-vie blanches. Le kirsch n'est pas blanc, mais incolore; cette qualité est recherchée et on ne se figure pas cet alcool teinté en jaune, comme l'eau-de-vie. Cependant, je n'ai pas cru devoir le conserver en fûts, dans lesquels l'evaporation trop rapide constitue une perte sensible. Désirant le laisser vieillir longtemps, par l'action seule du temps et sans artifices, je l'ai placé par catégorie, dans des bonbonnes, à l'orifice fermé par un linge de toile très lâche, laissant passer l'air, mais non les poussières organiques. L'évaporation se fait ainsi lentement, l'usure est insignifiante, la qualité augmente et la couleur ne se modifie pas.

Les meilleurs kirschs se font ordinairement avec les cerises noires, les griottes, les merises. Si j'ai dérogé à cet usage, c'est à titre d'essai et parce que je ne possédais pas ces espèces spéciales et recherchées dont la renommée et la rareté contribuent peut-être seules à la vogue de la qualité.

ALEXANDRE ROY.

L'ANTHONOME.

La longueur de l'anthonome est de 5 à 6 millimètres, sa tête est très allongée, sa couleur est brune; ses élytres sont marqués d'une tache bordée de noir; l'écusson est entièrement blanc; le rostre est grêle; les pattes, peu arquées, sont assez longues et les cuisses sont renflées.

Il passe l'automne et l'hiver caché sous la mousse, sous les feuilles mortes et sous l'écorce crevacée des arbres.

D'après le Frère Abel, directeur de l'Ecole d'agriculture de Saint-Joseph, le meilleur moyen de combattre cet insecte est le badigeonnage du tronc et des principales branches.

Il s'opère pendant la morte-saison : fin novembre et au commencement de décembre; il a l'avantage de détruire, outre l'anthonome, un grand nombre d'œufs, de larves et d'insectes nuisibles au pommier.

Il se fait avec un mélange composé dans la proportion suivante :

Eau............	1 hectolitre.
Sulfate de cuivre..	3 kilogrammes.
Chaux	2 kilogrammes.

Après le badigeonnage vient le grattage avec la raclette ou le grattoir du plâtrier: ce travail se fait fin de janvier et courant de février; puis, par un temps humide, on procède au nettoyage avec une brosse de chiendent ou un tampon de paille; on emploie pour ce lavage du jus de tabac pur ou du savon vert.

LE SOIN DES ABEILLES.

(Suite) (1).

Je vais citer maintenant un moyen fort simple de REMPLACER UNE MÈRE DÉFECTUEUSE ou vieille, par une jeune mère : cette méthode a l'avantage de dispenser même de rechercher la mère à supprimer, recherche souvent très longue et difficile.

Lorsqu'il y a des mâles, on dispose sur la ruche un premier étage, comme il a été dit ailleurs, seulement au lieu de n'y mettre que des cadres avec fondation on y met deux ou trois rayons de couvain qu'on tire au besoin d'autres colonies, mais alors sans abeilles, et on a soin de pratiquer une entrée spéciale pour ce premier étage du côté opposé à l'entrée, mais on la tient provisoirement fermée.

Le lendemain on recouvre le zinc perforé qui sépare le corps de ruche du premier étage d'une couverture de toile mince, de façon à ne laisser que quelques ouvertures au-dessus des derniers cadres de côté, et le long de la paroi de devant au-dessus de l'entrée; vingt-quatre heures après on leur donne une alvéole de mère en cage ou même un rayon contenant de jeunes larves provenant d'une mère de choix. Deux ou trois jours après l'éclosion de la jeune mère on ouvre l'entrée de 0m01, et huit ou dix jours après, cette jeune mère aura été fécondée. Lorsqu'elle aura commencé la ponte, on retirera la toile ainsi que le zinc, et la jeune mère plus vigoureuse que l'autre aura vite supprimé celle-ci.

Pour ÉLEVER LES MÈRES soi-même, ce qui est souvent utile, il existe une méthode en usage en Amérique, qui est à la portée de tout le monde.

Quand on a une mère ayant toutes les qualités requises pour faire souche, c'est-à-dire si la colonie où elle se trouve est douce, laborieuse, produit beaucoup et essaime peu, on attend l'époque de l'essaimage et alors on en retire un cadre ou deux ayant des œufs de deux ou trois jours. Avec un couteau chauffé, à lame mince, on en enlève la partie inférieure en rond, de façon à ce que le milieu de ce qui reste du rayon soit plus long que les bords. On a soin de faire cette coupure de manière que des œufs de trois jours se trouvent occuper les alvéoles du bord. On recherche alors la mère et on enlève le rayon qui la porte ainsi qu'un ou deux rayons de couvain pour en faire un essaim artificiel.

Dix jours après, on compte les alvéoles de mères construites dans cette ruche, et on fait autant de nucleus, c'est-à-dire de petits ESSAIMS SANS MÈRE qu'on a de bonnes alvéoles moins une qui doit rester dans la souche.

Je répéterai que ces nucleus ou essaims sans mère se font en prenant pour chaque essaim deux rayons de couvain naissant dans les ruches qui peuvent en fournir, avec les abeilles qu'ils portent. On met ces deux rayons dans une ruche, entre deux planches de séparation, et on ferme l'entrée avec de la toile métallique.

On nourrit lentement, et deux jours après, l'essaim sera prêt à recevoir une alvéole operculée, qu'on ne lui donne toutefois qu'en cage et après avoir enlevé toutes les alvéoles qu'il aurait pu construire lui-même.

Si on a besoin de beaucoup de mères on prend des rayons vides qu'on rase à mi-hauteur et on attache au bas de ces rayons des cupules d'anciennes alvéoles de mère qu'on trouve fréquemment sur les rayons et qu'on fera bien de récolter dans ce but. On les trempe dans de la cire fondue et on les presse vivement contre le bas du rayon rasé, renversé. On donne ces rayons l'un après l'autre à la ruche dont on veut faire souche pour les retirer trois jours après garnis d'œufs et les donner à n'importe quelle autre ruche bien forte qu'on a faite orpheline vingt-quatre heures auparavant. On se met alors de suite à nourrir lentement cette ruche pour encourager les abeilles à bien allonger les alvéoles et à les pourvoir abondamment de gelée, afin d'obtenir des mères grandes et belles. Une ruche orpheline peut ainsi élever jusqu'à trois séries d'alvéoles après quoi il est bon toutefois de lui en laisser une pour en devenir la mère afin de ne pas la démoraliser.

Devant les colonies de race inférieure on place des pièges à mâles à l'époque de la fécondation des jeunes mères pour diminuer les risques de mésalliances.

Transvasement des colonies des ruches en paille.

Pour les apiculteurs ne possédant que des ruches en paille qu'ils voudraient remplacer par des ruches à cadres mobiles, je vais donner ici en quelques mots le moyen le plus simple de faire ce changement. Ce travail se fait le mieux en été, lorsqu'il n'y a que peu de couvain dans les ruches.

Ayez une ruche à cadres mobiles prête et installée, comme il est dit plus haut pour l'essaimage. Mettez votre ruche en paille en bruissement, renversez-la dans un seau pour qu'elle se tienne dans la position renversée. Placez un panier vide frotté de miel au-dessus, bord à bord, et avec trois ou quatre bouts de gros fil de fer recourbés à chaque extrémité, attachez les deux paniers en laissant 0 m. 02 d'ouverture d'un côté. Tapotez avec les deux mains ou deux bâtonnets, en commençant par en bas, pour faire passer les abeilles dans la calotte vide. Ceci fait, détachez celle-ci et faites entrer l'essaim dans la ruche à cadres mobiles. (Voir à essaimage, plus haut.)

Débarrassez le panier des quelques abeilles qui peuvent y rester, sciez en les parois en faisant passer la lame de la scie ou celle d'un bon couteau dans une des ruelles ; détachez un rayon et posez un cadre vide dessus afin de couper le rayon de la grandeur nécessaire pour entrer dans le cadre. On retient le rayon dans le cadre à l'aide de règles minces, et de quelques liens on remplit les vides qu'il peut y avoir avec des morceaux de rayon et on soutient le tout à l'aide de clous passés à travers de trous faits à l'avance dans les parois latérales du rayon.

On prend de préférence les rayons ayant du couvain.

Les cadres ainsi garnis sont placés au milieu de la ruche et l'on enlève les cadres superflus.

(A suivre.) Jean WÉBER.

(1) Manuel pratique d'apiculture, par Jean Wéber. — Prix, franco, 1 fr. — Chez GARIEL, éditeur, 2 *ter*, quai de la Mégisserie, Paris.

CIDRE ET POMMES A CIDRE.

Dans nos départements producteurs, les prix des cidres sont toujours très fermement tenus.

Dans l'Orne, on cote généralement 30 fr. l'hectolitre et de 18 à 22 fr. le poiré.

Les cidres du Calvados se vendent à 25 fr. et les poirés 20 fr.

Dans l'Eure, on trouve encore des cidres ordinaires de 13 à 15 fr., des cidres de choix de 18 à 20 fr. et des cidres supérieurs de 25 à 30 fr. Les poirés font de 14 à 20 fr., suivant qualité.

Il faut voir dans la Manche, de 170 à 180 fr. le tonneau de 1,500 litres.

Les bons cidres dans la Seine-Inférieure se paient 26 à 40 fr. l'hectolitre, suivant les localités. On trouve dans le département des cidres mitoyens à 12 et 15 fr.

Dans les Côtes-du-Nord, on raisonne les cours de 18 à 20 fr. l'hectolitre.

Dans la Mayenne, les prix sont cotés à 22, 24 et 25 fr.

Il y a vendeurs, à Rennes ou à Rouen, à 90 f. les 1,000 kilog. de pommes, livraison sur novembre et dans nos gares d'arrivée, Argenteuil ou Paris, à 100 fr. Il y aurait acheteurs à 2 fr. de moins.

Les apparences de la future récolte sont assez bonnes. Mais d'ici à ce moment, bien des accidents peuvent encore survenir. En tous cas, on avait rarement vu une année dans laquelle les pommiers soient autant attaqués par des insectes de toute sorte, et notamment par l'anthonome, dont nous avons déjà parlé.

Nouvelles agricoles.

La température et les récoltes. — Quoique nous soyons toujours sous l'empire de variations orageuses assez grandes, les conditions climatériques sont devenues meilleures. La chaleur est revenue, et le soleil exerce sur les cultures son action bienfaisante. L'avenir de la moisson est devenu moins sombre. On ne peut pas, sans doute, évaluer d'une manière certaine l'effet définitif des intempéries de la première quinzaine de juillet sur les céréales ; la verse est générale, mais plus ou moins considérable suivant les localités : dans l'ensemble des cultures les plus éprouvées, elle pourra provoquer une diminution d'un sixième ou d'un cinquième dans le rendement. C'est beaucoup trop; mais comme la récolte présentait les plus belles apparences, sauf dans des régions limitées, l'ensemble de la moisson, surtout pour le blé, peut être considéré encore comme devant être au moins celui d'une année moyenne. En ce qui concerne la moisson des blés versés, on ne saurait trop rappeler que la coupe avant complète maturité du grain, la coupe sur le vert, suivant l'expression consacrée, suivie immédiatement de la mise en moyettes, est le meilleur procédé pour assurer la qualité du grain, qui mûrit plus régulièrement en moyettes que lorsqu'il est laissé sur pied dans de semblables conditions. — Les intempéries n'ont d'ailleurs pas été limitées à la France ; elles se sont étendues sur une grande partie de l'Europe ; elles ont même atteint dans quelques contrées, un caractère exceptionnel de gravité; c'est ainsi que, dans le Tyrol et dans les régions montagneuses de l'Autriche, la neige serait tombée avec abondance, au point d'entraver la circulation des trains de chemins de fer. — Dans le sud-est, un violent ouragan s'est déchainé les 11 et 12 juillet, et il a provoqué la chute de quantités énormes de fruits ; la récolte des abricots, des prunes, des poires, des pommes, etc., qui promettait d'être abondante, sera, de ce chef, considérablement diminuée.

La cuscute et les graines fourragères. — M. Develle, ministre de l'agriculture, a adressé la lettre suivante aux professeurs départementaux d'agriculture, à la date du 15 juin :

« Plusieurs réclamations dont mon administration a été saisie depuis quelque temps et qui proviennent du commerce étranger, notamment du commerce anglais, ont appelé mon attention sur la quantité considérable de graines de cuscute que contiennent les semences de trèfle violet de provenance française. C'est ainsi qu'un honorable correspondant étranger m'a avisé tout récemment que, sur cent échantillons de trèfle et de luzerne, il n'en avait pas trouvé moins de 90 infestés du cuscute.

« Il importe, monsieur, de signaler ces plaintes aux agriculteurs de votre département et de les engager à apporter désormais plus de soin dans le nettoyage des graines de trèfle et surtout de trèfle violet provenant de leurs exploitations. Je compte sur tout votre zèle et tout votre dévouement pour faire comprendre à nos cultivateurs que l'insuffisance de leurs procédés de nettoyage est de nature à porter atteinte au bon renom des produits français, et qu'ils ont le plus grand intérêt, s'ils veulent conserver les débouchés que leur offrent les marchés étrangers et particulièrement le marché anglais, à ne livrer au commerce que des semences de choix bien nettoyées et complètement débarrassées de toutes graines parasites.»

La pureté des graines de légumineuses, on ne saurait trop le répéter, est la première condition pour ne pas semer la cuscute dans les prairies artificielles.

Les sériciculteurs. — Le bureau du Syndicat général des sériciculteurs de France, auquel s'étaient joints vingt-deux sénateurs ou députés des régions intéressées, a été reçu par le Ministre de l'agriculture.

MM. Bérenger et Loubet, au nom des éducateurs de vers à soie, M. Fougeirol, pour la filature de la soie, ont exposé l'état de dépérissement dans lequel sont tombés, par suite de la concurrence des produits étrangers, les vingt-cinq départements du Midi qui produisent la soie, et la nécessité de leur accorder la protection qui leur a été injustement refusée en 1881.

Sans repousser de parti pris aucun des moyens qui pourraient être jugés propres à ramener la prospérité ancienne, ils ont exprimé la conviction que les droits de douane sur le cocon et la soie qu'ils réclament étaient, quant à présent, la seule mesure qui pût avoir ce résultat. Le Parlement, en les accordant, ne ferait qu'appliquer à la sériciculture ce qui est aujourd'hui le droit commun de tous les autres produits du sol et des industries similaires.

Le Ministre a répondu qu'il reconnaissait que la sériciculture et la filature de la soie avaient droit à la même protection que les autres branches de l'agriculture et de l'industrie nationales, mais qu'il pensait qu'avant de leur accorder les droits de douane sur le cocon et la grège, contre lesquels protestent la fabrique des tissus et le moulinage, il convenait d'étudier si les mêmes avantages ne pourraient pas leur être attribués par des mesures d'une nature différente.

Le ministre d'agriculture du Canada. — Mgr Labelle, ministre de l'agriculture du Canada, est de retour à Paris, venant de Rome où il a eu l'honneur d'être reçu par le pape Léon XIII ; il poursuit ses études sur l'agriculture et l'industrie françaises.

Il vient de visiter successivement l'établissement des Trappistes de Bellefontaine, près Cholet ; la maison des Frères du Saint-Esprit, à Saint-Laurent-sur-Sèvre (Vendée) et l'Ecole de Beauvais, qu'il n'hésite pas, dit le *Figaro*, à qualifier de *première Ecole agricole du monde*.

L'infatigable ministre canadien se rendra ces jours-ci en Belgique, à Tourcoing, à Roubaix, à Lille.

Il a fixé son départ aussitôt après le 15 août. Vingt-cinq membres du Club Alpin et des industriels du Nord de la France doivent l'accompagner au Canada.

CONSEILS DU VIGNERON

LA VIGNE GRÊLÉE.

Les désastres causés par la grêle sont malheureusement nombreux cette année. A une perte irrémédiable de la présente récolte, on doit opposer, en ce qui concerne la vigne, les opérations nécessaires à sa bonne constitution pour la récolte de l'année prochaine.

Les rameaux mutilés par la grêle sont meurtris, et, malgré les efforts de la végétation pour cicatriser ces plaies, le bois mort que nous conservons dans la coursonne à la prochaine taille tiendra encore une très large place. Ce bois décomposé est non seulement une obstruction au fonctionnement de la sève, mais il est encore un élément de maladie qui compromet l'avenir de la plante.

Lorsque les stigmates laissés par le choc des grêlons sont nombreux, que plusieurs se touchent, que la base des rameaux est endommagée à ne pouvoir former la coursonne de deux ou trois bourgeons sans meurtrissures, à la prochaine taille, que la perte de la récolte atteint la moitié ou les deux tiers (et il faut être assez large dans cette appréciation, car tout grain meurtri est condamné à la pourriture), il ne faut pas hésiter à retailler sur coursonne, c'est-à-dire sur le bourgeon de la base, celui que nos vignerons appellent *des horgnes*, et cela dans le plus bref délai.

La taille faite au 15 juillet nous a encore procuré des sarments suffisamment ligneux pour ne pas avoir à redouter l'action du froid de l'hiver suivant.

Quinze jours ou trois semaines plus tard, lorsque les jeunes rameaux ont atteint de 0.10 à 0.15 centimètres de longueur, il faut pratiquer l'ébourgeonnement, en procédant à la suppression de ce qui est inutile, tout en conservant cependant le double de ce qu'il faut pour la reconstitution de la branche à fruits sur la souche. Ce serait une erreur de croire qu'il faut se borner au nombre strictement nécessaire à la branche à fruits prochaine ; il faut faire la part des accidents, du vent, et ne pas oublier que l'abondance de sève a besoin d'issue. Les grappes résultant de cette taille, n'ayant pas chance d'arriver à maturité, seront supprimées, car leur présence enlève de la sève élaborée à la plante, qui a besoin de toute sa force pour se reconstituer.

Des labours légers ou binages seront donnés au sol aussitôt que l'humidité surabondante aura disparu. On ne saurait trop multiplier ces opérations, qui donneront au terrain les éléments propres à une végétation vigoureuse dont nous avons besoin en cette circonstance. La grêle laisse au sol des principes délétères dont il est urgent de la purger le plus vite possible.

Déjà, en plusieurs circonstances, nous avons donné les conseils précités et le succès a toujours couronné l'opération.

LE PÈRE LAVIGNE.

CONSEILS A LA FERMIÈRE

LES MALADIES DU CIDRE.

Quant arrivent les chaleurs, les cidres dont la fabrication a laissé à désirer sont sujets à diverses altérations. Voici comment on peut y remédier :

1° *Cidre trouble*. — Lorsque le cidre ne se clarifie pas, il doit ce défaut à des pommes trop peu mûres ou à des pommes mal conservées, ou à un arrêt de fermentation causé par un brusque refroidissement de température, comme cela s'est vu en mars dernier.

Pour y remédier, on ajoutera 250 grammes de sucre, dissous dans du cidre tiède ou chaud, pour un hectolitre. La fermentation reprendra, et le cidre deviendra limpide ; ne pas attendre que le cidre soit aigri. On soutirera ensuite.

2° *Cidre acide ; pousse*. — Cet accident est dû à un ferment vicieux. Il faut coller le cidre avec du cachou, 60 grammes par hectolitre ; puis le transvaser dans un fût préalablement soufré.

3° *Cidre gras* de consistance visqueuse. — C'est encore l'effet d'un ferment vicieux, qui s'observe aussi dans le vin blanc. On y remédie en ajoutant 300 grammes d'alcool avec 5 à 6 grammes de tanin par hectolitre. La matière visqueuse se dépose au fond. Alors, il faut soutirer.

4° *Cidre qui noircit* ou *qui se tue*, et devient plat. — On attribue cette maladie aux eaux malpropres des mares ou aux eaux calcaires et séléniteuses mêlées au cidre. On y remédie en introduisant vingt grammes d'acide tartrique ou vingt grammes de tanin par hectolitre ; on peut remplacer le tanin par de l'écorce de chêne râpée ou des fruits du sorbier, qui sont riches en acide tanique.

5° *Cidre moisi*, qui se couvre de petites moisissures branchâtres, nommées fleurs ; il perd son alcool et devient plat. — Il faut soutirer en laissant la surface chargée de moisissures, puis faire le plein dans le nouveau fût préalablement soufré.

6° *Cidre aigre* dont l'alcool se transforme en vinaigre. — C'est la maladie la plus commune, et celle qui empêche la propagation du cidre ; elle est due à l'introduction de l'air dans le tonneau en vidange. On y obvie en couvrant la masse liquide d'une couche d'huile d'olive ou d'œillette.

Les cidres ayant subi un commencement d'altération doivent être livrés au plus tôt à la consommation, après avoir eté traités comme il vient d'être dit.

UNE MÉNAGÈRE.

CONSEILS DU MEDECIN

POISONS ET CONTREPOISONS.

Il arrive souvent dans les ateliers, les usines, les fermes et même dans les ménages, qu'on absorbe quelque substance corrosive ou vénéneuse. Ce genre d'accident est malheureusement assez fréquent et, dans le moment d'affollement qui suit, on se trouve fort embarrassé, d'abord parce que le plus souvent on ignore quel contrepoison doit être administré.

Voici donc la liste alphabétique des poisons, avec — en regard — l'indication des contrepoisons dont l'action est rationnellement efficace.

Acides. — Eau magnésienne ou eau de savon en abondance.

Acide prussique. — Faire respirer des compresses d'eau chlorée.

Antimoniaux. — Tannin, décoction concentrée de noix de galle, de quinquina, d'écorce de chêne.
Arsenicaux. — Faire vomir ; hydrate de peroxyde de fer délayé dans l'eau sucrée, puis magnésie.
Belladone. — Faire vomir ; café, vin.
Brome. — Légère décoction d'amidon.
Cantharides. — Eau de graine de lin en quantité ; bains prolongés, potion camphrée, injections mucilagineuses dans la vessie.
Champignons. — Faire vomir, décoction de noix de galle, eau vinaigrée.
Chlore. — Blancs d'œufs dissous dans l'eau (une douzaine).
Ciguë. — Faire vomir, café, vin.
Digitale. — id. id.
Eau de Javelle. — Blancs d'œuf dissous dans l'eau (une douzaine).
Iode. — Légère décoction d'amidon.
Mercuriaux. — Faire vomir ; eau albumineuse ou mieux persulfure de fer hydraté, qui est un antidote de la plupart des poisons métalliques.
Nitrate d'argent. — Eau salée en abondance (sel marin).
Opium et ses composés : laudanum, etc. — Décoction concentrée de noix de galle, puis forte infusion de café et exercice le plus possible.
Phosphore. — Faire vomir ; puis magnésie calcinée en quantité.
Sels de plomb. — Sulfate de potasse, de soude, de magnésie.
Sulfate de quinine. — Vins généreux, café.
Sulfate de zinc. — Lait en abondance.
Stramoine — Faire vomir, café, vin.
Strychnine. — Insuflation d'air dans les poumons pour éviter l'asphyxie ; décoction de quinquina.
Vert de gris. — Faire vomir ; eau albumineuse ou mieux persulfure de fer hydraté.

UN VIEUX MÉDECIN.

PETITE POSTE.

M. G... à P... — *Société chorale. — Droits d'auteurs.* — La Société des auteurs de musique peut, en effet, aux termes de la loi sur la propriété artistique, vous réclamer des droits d'auteurs sur les morceaux que vous jouez en public, mais vous pouvez, sans avoir à payer les redevances qui vous sont légalement réclamée, jouer dans des lieux clos, à la condition que vos réunions aient un caractère absolument privé et qu'aucune personne étrangère n'y soit admise, même gratuitement.

MENUS PROPOS.

En wagon.

Une vieille dame, contemplant avec tendresse l'affreux petit chien qui se prélasse sur ses genoux et qu'un de ses voisins caresse complaisamment :

— Vous aimez les chiens, monsieur?

— Beaucoup, madame. Je ne mange pas autre chose depuis le siège!

*
* *

A la dernière séance du conseil municipal de Saint-Denis, assemblée radicale s'il en fut :

M. Adam, conseiller municipal, lisait un long rapport sur la question des eaux quand tout à coup son collègue M. Gambier l'interrompit en ces termes :

— Vous en avez menti!

M. Adam s'approcha.

— Répétez-le donc?

Et M. Gambier de répéter :

— Vous en avez menti!

Il n'avait pas fini que la main de M. Adam retombait sur son visage.

Le maire jugea prudent de clore la séance et de... filer rapidement.

BULLETIN FINANCIER.

Nous assistons à un retour offensif des haussiers. Les plus hauts cours font leur apparition. Cependant, on ne se dissimule pas que si l'on voulait aller beaucoup plus loin, on risquerait de ne point être suivi, car la foule des spéculateurs qui font cortège est un peu fatiguée ; elle ne demande qu'à jouir du repos ; d'autre part, on ne tenterait de revenir en arrière qu'en s'exposant aux coups des syndicats qui veillent sur la cote pour l'empêcher de prendre des teintes noires qui dérangeraient leurs combinaisons. On sait, en effet, que les syndicats, à la suite des nombreuses émissions qui ont eu lieu, ont eu à remiser une certaine qantité de laissés pour compte et que pour écouler ces soldes encombrants il ont besoin d'une certaine fermeté.

Il est à prévoir que les transactions vont rester peu actives pendant quelque temps. A cette époque de l'année, on traverse presque toujours une période de chômage qui exclut toute probabilité de grands mouvements.

On aurait, d'ailleurs, quelque volonté d'agir que l'on se sentirait, aujourd'hui, un peu retenu par les appréhensions que font naître les menaces de la Bulgarie. Le gouvernement bulgare menace la Turquie de lui faire un mauvais parti si elle hésite plus longtemps à reconnaître le prince Ferdinand.

Quoiqu'il en soit, voici les derniers cours cotés :

Le 3 0/0 vaut 97 72.

Le 3 0/0 Amortissable. 91 77 et le 4 1/2 0/0, 107 30.

La Banque de France est à 4130 francs.

Le bilan de la Banque de France, publié cette semaine, présente les différences suivantes sur celui de la précédente huitaine : L'encaisse métallique est en augmentation de 5,580,000 francs, dont 5 millions pour l'or. Le compte courant du Trésor, 60 millions. Les diminutions portent sur le Portefeuille, 38 millions. Avances sur titres, 17 millions. Billets en circulation, 67 millions. Comptes courants particuliers, 31 millions. Bénéfices, 261,000 francs.

Le Crédit Foncier est toujours l'objet de nombreuses demandes à 1,245 francs.

Dans ses deux dernières séances hebdomadaires des 18 et 23 juillet, le conseil d'administration du Crédit Foncier a autorisé pour 8 millions 191,241 fr. de nouveaux prêts, dont 4 millions 119,847 fr. en prêts fonciers et 4 millions 71.394 fr. en prêts communaux.

Quant au Lyonnais, il continue sa marche ascendante. Le voici à 756 25.

Malgré les attaques violentes et les manœuvres de la dernière heure du groupe Migueliste, les résultats déjà connus permettent d'affirmer que l'émission des obligations des chemins de fer Portugais a réussi.

Peu de variations sur les fonds étrangers. Ils sont pourtant plus fermes qu'il y a huit jours.

L'Italien cote 91 22, le Hongrois 89 10 et le Turc 18 25.

Les valeurs industrielles sont également mieux tenues. Le Panama à 43 75 et le Suez à 2,323 fr. On annonce pour le 29 courant l'émission de 29,200 obligations 5 % de la Compagnie Nationale l'Electricité. Ces obligations sont émises à 257 50 et rapportent 15 francs d'intérêt.

On souscrit à la Banque Commerciale et Industrielle, dont le siège est à Paris, 24, rue du Quatre-Septembre.

COUPON.

HALLES ET MARCHÉS.

CÉRÉALES. — *Marchés français.*

Prix par 100 kilogr.

REGIONS	BLÉ Prix moyen	BLÉ Hausse	BLÉ Baisse	PRIX MOYEN. Seigle	PRIX MOYEN. Orge	PRIX MOYEN. Avoine
Nord-Ouest....	25 17	» 25	»	16 68	17 57	20 52
Nord.........	24 6»	» 23	»	15 91	19 60	21 25
Nord-Est......	25 12	» 17	»	16 17	19 78	21 10
Ouest.........	25 20	»	»	16 93	18 81	21 17
Centre.........	25 39	» 15	»	17 25	19 37	21 25
Est............	24 23	» 06	»	16 16	19 25	20 66
Sud-Ouest	25 63	» 02	»	18 81	18 20	22 25
Sud...........	25 67	» 02	»	18 35	18 »	21 61
Sud-Est.......	24 80	» 05	»	17 85	16 87	21 08
Prix moyens..	25 20	»	»	17 23	18 58	21 20
Sur la huitaine préc. Hausse	» 23	»	»	» 14	» 12	» 11
Sur la huitaine préc. Baisse	»	»	»	»	»	»

	BLÉ 1re qualité	BLÉ Prix moyen	Seigle Prix.	Orge. Prix.	Avoine. Prix.
1re région. NORD-OUEST.					
Calcados. — Caen..	26 50	25 75	16 25	19 25	22 »
C.-d.-N. — Lannion..	25 »	24 25	»	16 75	19 25
Finistère. — Morlaix	25 »	24 2	»	17 50	18 50
I.-et-V. — Rennes..	26 »	25 25	»	16 50	20 25
Manch. — Avranches	26 50	25 75	»	17 »	21 »
Mayenne. — Laval..	26 50	25 75	»	»	19 »
Morb. — Hennebont	24 50	23 75	16 50	»	20 »
Orne. — Alençon...	26 25	25 50	18 50	18 »	22 50
Sarthe. — Le Mans	26 50	25 75	17 50	»	22 25
— Sablé.....	25 50	25 75	»	18 »	»
Prix moyens.......	25 92	25 17	16 68	17 37	20 52
Sur la semaine précédente.. Hausse...	» 32	0 32	» 26	0 32	»
Sur la semaine précédente.. Baisse...	» »	» »	» »	»	» 06
2e région. — NORD.					
Aisne. — Soissons.	25 75	25 »	15 50	»	20 75
— Chauny..	25 50	24 75	15 »	»	20 50
Eure. — Evreux....	25 25	24 50	15 50	17 50	21 »
E.-et-L. — Chartres..	25 75	25 »	16 50	19 »	21 25
— Nogent-le-Roi	25 50	24 75	4 25	19 50	21 25
Nord. — Lille	24 50	23 75	16 25	19 50	22 »
— Douai.....	26 75	26 »	16 7	20 25	22 50
Oise. — Compiègne.	25 50	24 75	15 75	18 »	20 75
— Beauvais...	24 »	23 25	17 »	21 »	22 »
Pas-de-Cal. — Arras.	25 »	24 25	15 50	20 »	19 50
— Bapaume.	23 75	23 »	16 »	18 »	17 50
Seine. — Paris	25 75	25 »	16 50	21 »	21 50
Seine-et-M. — Meaux	26 »	25 25	16 »	17 50	21 »
— Montereau	26 75	26 »	16 50	»	21 »
S.-et-O. Angerville..	26 25	25 50	16 »	»	21 »
— Versailles.	26 25	25 75	16 50	23 50	25 »
Seine-Inf. — Rouen.	25 »	24 25	15 »	19 25	23 »
Somme. — Amiens.	25 50	21 75	»	19 2	22 25
— Abbeville	23 »	22 25	»	20 75	9 50
Prix moyens	25 35	24 60	15 91	19 60	21 25
Sur la semaine précédente. Hausse...	0 30	0 30	0 11	0 16	0 15
Sur la semaine précédente. Baisse...	»	»	»	»	»

3e région. — NORD-EST.

Ardennes. Sedan...	25 75	25 »	16 75	22 25	22 50
— Vouziers.	25 25	24 50	14 7	18 »	20 75
Aube.—Bar-s-Aube.	26 2	25 50	16 50	2 5	0 50
— Bar-s-Seine	25 50	24 75	»	19 »	22 50
Marne.-Châlons-s-M	26 »	25 2	16 »	»	22 75
— Reims	25 5	4 75	16 »	0 »	20 »
Hte-Marne.-Langres.	26 »	25 5	»	»	20 »
Meurthe. — Toul...	25 50	24 75	»	18 2	20 50
Meuse.—Bar-le-Duc.	26 25	25 50	16 5	20 50	21 0
Vosges. — Epinal...	27 »	26 25	16 50	»	21 »
Prix moyens.......	25 87	25 12	16 17	18 78	21 0
Sur la semaine précédente. Hausse..	0 37	0 37	0 2	»	0 08
Baisse..	»	»	»	0 08	»

4e région. — OUEST.

Charente. Angoulême	27 »	26 25	19 »	19 »	22 »
Char.-Infér. Marans.	26 »	21 2	»	»	20 50
Deux-Sèvres. Niort.	24 50	25 75	»	»	21 »
Indre-et-Loire. Bléré.	4 75	24 »	16 »	18 50	20 »
— Châteaurenault.	27 50	26 7	16 »	20 »	20 »
Loire-Infér. Nantes	26 »	25 25	»	»	21 »
Maine-et-L. Saumur.	27 »	26 2	»	»	21 50
— Angers.	26 50	25 75	»	»	21 50
Vendée. — Luçon..	24 5	23 25	»	15 75	»
Vienne. — Poitiers.	26 75	26 »	»	»	21 25
Hte-Vienne. Limoges.	1 »	28 25	16 7	»	23 »
Prix moyens........	25 95	25 2	16 83	18 51	21 17
Sur la semaine précédente. Hausse...	»	0 07	»	»	0 27
Baisse...	0 07	»	»	»	»

5e région. — CENTRE.

Allier.—St-Pourçain	26 »	25 25	17 25	»	21 25
Cher. — Bourges...	26 75	26 »	18 »	18 75	21 »
— Sancerre..	25 50	24 75	»	»	20 »
Creuse.—Aubusson	5 50	24 75	17 »	»	22 50
Indre. — Issoudun.	24 25	25 50	»	»	21 25
— Châteauroux.	25 75	5 »	»	»	20 »
Loiret. — Orléans..	6 25	26 25	16 »	18 50	20 50
Loir-et-Cher. Blois.	27 »	26 2	17 75	18 75	21 »
Nièvre. — Nevers..	26 50	25 7	»	21 50	21 55
Puy-de-Dôme. R om.	25 »	24 25	19 50	»	21 75
Yonne. St-Florentin.	26 »	25 25	»	»	21 50
— Sens.......	6 50	25 75	16 »	»	22 75
Prix moyens.......	26 14	25 59	17 25	19 3	21 25
Sur la semaine précédente. Hausse...	» 21	» 21	» 25	»	» 11
Baisse...	»	»	»	» 21	»

6e région. — EST.

Ain. — Bourg......	26 »	25 25	16 75	»	19 »
Côte-d'Or. — Dijon	27 »	25 25	15 75	»	21 »
— Semur..	25 25	24 50	»	20 50	20 »
Doubs. — Besançon.	25 75	25 »	17 24	»	21 »
Isère. — Voiron..	5 75	25 5	16 75	16 75	19 50
— Bourgoin.	25 75	25 25	8 »	17 »	20 50
Jura. — Dôle.....	26 »	26 25	16 75	»	21 75
Loire. — Montbrison.	27 »	25 »	7 25	»	21 75
Rhône. — Lyon....	25 75	25 25	8 »	22 75	21 75
Saône-et-L. Chalon.	26 »	25 50	»	»	2 »
Haute-Saône.—Gray	26 »	25 25	»	»	20 25
— Vesoul.	25 75	25 25	»	»	19 50
Savoie.—Chambéry.	26 7	26 »	18 »	»	1 2
Hte-Savoie. La Roche	24 50	23 75	»	»	20 »
Prix moyens......	2 90	24 98	17 6	19 25	20 66
Sur la semaine précédente. Hausse	0 25	0 06	0 20	0 15	0 20
Baisse...	»	»	»	»	»

7e région. — SUD-OUEST.

Ariège. — Pamiers.	27 »	26 25	19 50	»	23 50
Dordogne — Piégut.	27 »	26 2	9 »	»	»
Hte-Garonne. Toulouse	26 75	26 »	»	18 75	21 75
Gers — Mirande..	27 »	8 25	»	»	21 75
Gironde.—Bordeaux	27 »	26 25	»	»	21 75
Landes — Dax....	5 »	24 25	7 50	»	»
Lot-et-Garonne. Agen	6 50	25 75	19 15	18 25	22 7
B.Pyréné. s.Bayonne	24 7	21 »	»	»	22 »
H.Pyréné. s. Tarbes.	4 5	23 75	»	»	»
Prix moyens........	26 3	25 63	18 81	8 50	22 25
Sur la semaine précédente. Hausse...	0 08	0 8	0 41	0 25	0 15
Baisse...	»	»	»	»	»

8e région. — SUD.

Aude Castelnaudary	26 »	25 25	»	»	22 »
Aveyron. — Villefranche	7 25	26 50	»	»	21 »
Cantal. — Mauriac.	26 75	26 «	23 »	»	»
Corrèze. — Tulle...	26 »	5 25	18 »	6 »	21 25
Hérault. — Béziers	29 »	28 25	»	»	22 25
Lot. — Figeac....	25 »	24 25	5 7	»	20 »
Lozère. — Mende..	24 50	23 75	20 50	0 75	20 75
Py.-Or. Perpignan	25 25	24 50	19 »	18 75	23 50
Tarn. — Gastres....	27 »	26 25	15 7	»	22 »
Tarn-et-G. Montauban	27 50	27 75	16 5	16 50	1 75
Prix moyens.......	26 42	26 67	8 55	18 »	21 61
Sur la semaine précédente. Hausse....	0 30	0 30	0 4	0 1	»
Baisse....	»	»	»	»	»

9e région. — SUD-EST.

H.-Alpes.—St-Bonnet	21 50	23 75	17 »	6 7	»
B.-Alpes. Manosque.	25 50	24 75	»	»	20 »
Alpes-Marit. Nice..	25 »	24 25	8 5	»	»
Ardèche. — Privas.	26 50	25 75	18 2	5 25	20 »
B.-Rhône. Tarascon	26 75	6 »	»	»	»
Drôme. — Valence.	5 »	24 25	16 25	»	22 »
Gard — Nimes....	26 »	5 75	»	6 50	21 50
Hte-Loire. — Le Puy.	25 »	21 25	19 25	»	21 »
Var. — Draguignan.	25 »	21 2	»	»	»
Vaucl. Carpentras.	25 75	2 »	»	19 »	22 »
Prix moyens......	25 5	24 67	17 85	16 87	21 08
Sur la semaine précédente. Hausse...	0 13	0 05	»	»	0 21
Baisse...	»	»	0 27	0 05	»

ALGÉRIE.	Blé. tendr.	Blé. dur.	Seigle	Orge	Av.
Constantine	»	»	»	»	»
Alger	22 75	9 77	»	12 75	16 75
Oran	»	»	»	»	»

Farines de consommation.

Les affaires restent calmes ; la meunerie maintient ses prix.

MARQUE DE CORBEIL	59 fr. (37 58 100 k.). 159 kil.		100 k.	
Marques de choix	60 à	61	38 22 à	38 85
Premières marques....	59	60	37 58	38 22
Bonnes marques.....	57	58	36 30	36 91
Marques ordinaires....	56	57	35 66	36 30

Le sac de 159 k., toile à rendre, franco au domicile des acheteurs à 30 jours sans escompte, ou au comptant avec escompte de 1/2 0/0.

Fourrages et pailles.

Paris, La Chapelle.

	1re qté.		2e qté.		3e qté.	
Foin nouveau	47 à	48	45 à	46	43 à	41
Luzerne nouvelle ...	45	46	43	41	41	42
Paille de blé	36	37	38	35	31	32
Paille de seigle	35	36	33	34	30	32
Paille d'avoine	25	27	23	25	20	22

Le tout aux 104 bottes dans Paris.

COURS DE DIFFÉRENTS MARCHÉS (par 100 kil.).

	Paille.	Foin.
Beauvais..................	5 50	6 50
Nevers	5 50	8
Blois....................	4 »	7 »
Douai....................	5 »	8 75
Toulouse.................	4 50	6 25
Angers...................	4 75	5 75
Orléans	5 75	7 »
Lyon.....................	4 50	6 »

Issues, les 100 kil.

La meunerie fabriquant peu, les offres ont encore perdu depuis huit jours de leur importande, et les prix restent fermement tenus.

Nous cotons par 100 kil. en gare d'arrivée à Paris :

Son écaille..............	13 » à	13 50
— gros	12 50	12 75
— trois-cases.........	11 50	12 »
— fin	11 »	11 50
Recoupettes..............	11 »	11 50
Remoulages blancs........	19 »	20 »
— bâtards..........	15 »	18 »

MARCHANDISES DIVERSES.

Fécules.

Les affaires en fécules sont peu actives avec cours soutenus.

Les 100 kil.

Paris. — Fécule 1re, grains	28 » à	29 »
dito verte........	» »	» »
Oise. — Fécule 1re, grains	26 »	27 »
Vosges. — Fécule 1re, grains ...	28 »	» »
Loire. — Fécule 1re, grains	27 »	28 »
Auvergne — Fécule 1re, grains..	27 »	28 »
Fécules secondes selon qualité ...	» »	» »

Pommes de terre.

Les 1 000 kil.

Hollandaises.............	60 » à	80 »
Magnum bonum...........	60 »	65 »
Early roses	50 »	52 »
Saucisses	62 »	72 »
Rondes...................	45 »	50 »
Chardonnes	35 »	40 »

Tourteaux, les 100 kil.

	Colza	Œillette	Lin	Cam.
Lille	15 50 à 16 50	16 25 à 17 »	21 » à 25 50	16 »
Arras	16 » 17 50	14 50 16 »	17 » 18 50	16 »
Gd Moulin Corbeil	15 50		19 75	
	Coprah	Arachide déc.	Sésame	Colza
Marseille	12 » à 13 50	14 25	13 » à 14 25	12 50

GRAINES DIVERSES.

Maïs, les 100 kil.

Paris	12 50 à 14 50	Agen......	14 75	15 75
Alais	13 » 15 50	Grenoble..	15 »	15 50
Ruffec	13 » 16 »	Reims	15 »	15 75

Sarrazin, les 100 kil.

Paris	16 » à 17 »	St-Pierre .	15 » à	17 »
Mayenne..	15 » 16 50	Nantes....	15 »	16 50
Rennes....	15 50 16 25	Orléans...	15 75	16 25

Légumes secs, les 100 kil.

	Haricots	Pois	Vesces	Lentilles
Paris......	20 à 47	21 à 26	» »	45 à 70
Rouen.....	42 57	50 63	26 28	77 »
Marseille..	18 30	23 32	25 34	19 24 50

Graines fourragères, les 100 kil.

Luz. de Prov.	» à »	Minette.....	» à	»
— du Poitou	» »	Sainfoin à 2 c..	»	»
— d'Italie..	» »	Sainfoin à 1 c..	»	»
Trèfle blanc..	» »	Pois jarras...	»	»
— incarnat	55 45	Vesces.....	»	»

Huiles.

COLZA BRUT. — Le rapproché est faiblement tenu, mais le livrable éloigné se maintient bien. On fait du courant du mois à 66 50, des quatre derniers mois à 64 25 et des quatre premiers mois à 63 75.

On cote au début de la réunion :

Disponible	66 50 à	» »
Livrable courant du mois.....	66 50	» »
Août	61 50	65 »
4 derniers mois...........	64 25	» »
4 premiers mois	63 75	» »

LIN. — Les prix restent sans variation. On fait du livrable en août à 55 50.

On cote au début de la réunion :

Disponible	55 75 à	56 »
Livrable courant du mois.....	55 75	56 »
Août	55 50	» »
4 derniers mois...........	53 75	54 »
4 premiers mois	53 »	53 25

Les 100 kil. net, logés, escompte 1 0/0.

Pétrole.

Les prix ne varient pas ; nous cotons par wagon complet et pour marchandise disponible :

L'huile de pétrole raffinée vaut 49 fr. 50 ; l'essence rectifiée 60 fr 50 les 100 kil.

On cote à l'hect. pour le détail :

PÉTROLE RAFFINÉ disponible .	39 50 à	» »
ESSENCE RECTIFIÉE, disponible	42 25	» »

Laines.

LE HAVRE, 23 juillet.

Laines à terme Buenos-Ayres en suint, calmes. Ventes, 100 balles.

Juillet 170 »», août 171 »», septembre 172 »», octobre 172 50, novembre 172 50, décembre 172 »», janvier 16 1, 168 »», février 168 »», mars 168 »», avril 68 »», mai 168 »», juin 168 »».

ANVERS, 22 juillet.

Laines : fermes. Prix moyens des Plata.

Peignés allemands de La Plata : Contrat B, sur juillet 5 85 1/2, août, 5 8 »/», septembre 5 85 »/», octobre, 5 85 »/», novembre, 5 77 1/2 décembre, 5 72 1/2, janvier, 5 70 1/2, février, 5 65 »/». Ventes, 130,000 k. Contrat M. juillet à septembre 5 90 »/». Ventes » 25,000 kil.

En disponible, il a été traité hier 571 balles La Plata suint.

ROUBAIX-TOURCOING. 22 juillet.

Laines à terme. Qualité peignée de fabrique, type n. 1 (clôture) : juillet, » »» »/», août 5 90 »/», septembre » »» »/», octobre 5 85 »/», novembre » »» »/».

Qualité peignée cour., type n° 2 (clôture) : juillet 5 70 »/», août, » »» »/», sept. » »» »/», octobre » »» »/», novembre » » »/.

Marché calme. Ventes, 60,000 kil.

Sucres.

Sucres raffinés. — La demande est assez active pour la consommation ; les prix sont fermement tenus

Nous cotons, selon marques et époques de livraison, de 104 »» à 105 »» les 100 kil au comptant, sans escompte.

Sucres cristallisés n° 3, acquitté 96 » à 96 50 ; extra 96 50 les 100 k. ; en poudre, 97 » à 97 50 les 100 kil.

Sucre cassé à la mécanique...	110 50 à	111 »
Cassons..................	102 50	103 »
Menus déchets	102 »	102 50
Semoule	104 50	105 50
Glace....................	100 »	100 50
Sucre en poudre...........	102 50	» »

Alcools. — Prix de l'hectol. nu, au compt.

Paris 3/6 fin, betteraves, 1re qualité, l'hectolitre.						
90° dispon. 36 » à 36 25	Lille, disp	37	» à	»	»
Août 36 25 38 50	Cette	90	»	110	»
4 derniers. 37 » 37 50	Nîmes ...	80	»	102	»
	Béziers ..	75	»	110	»
	Pézenas .	80	»	95	»

Raisins secs à boisson.

(Cours de la maison Audibert, 53, rue des Minimes, à Marseille).

Corinthe, **Roi de Grèce**, petits grains Extra 1er choix	100	kilos	49.00
Corinthe, **le Turban**, gros grains..................	»	»	45.00
Corinthe petits grains, 1er choix.	»	»	45.00
Thyra. 1er choix..............	»	»	39 00
Thyra, ordinaires.............	»	»	35 00
Samos noirs, 1er choix.........	»	»	40 00
— muscats, 1er choix ...	»	»	40.00
Figues à distillerie...........	»	»	27.00
Pachas, magnifiques, gros grains noirs, égrappés mangeables seul dépôt en France.	»	»	70 »
Royaux, délicieux pour familles, en caisses de kilo net.	la caisse	»	0.95

Engrais. — Prix des 100 kil.:

Matières diverses pour engrais. — Cours commercial sur la place de Paris, par 100 kil., pour des ventes en gros de 30 000 kil. au moins.

Sang desséché moulu.	12/13 0/0 azote	23	75 à	»	»
Viande desséchée....	9/11 0/0	—	» »	»	»
Cornes broyées......	13/14 0/0	—	22 25	»	»
Cuir désagrégé	8/9 0/0	—	9 25	10	50
Laine engrais	3 à 4 0/0	—	» »	»	»
Nitrate de soude.....	15/16 0/0	—	22 50	»	»
Nitrate de potasse...	95 0/0	—	49 »	»	»
— ...	90 0/0	—	46 75	»	»
Muriate de potasse...	80 0/0	—	» »	»	»
Sulfate de potasse...	90 0/0	—	26 »	»	»
Sulfate d'ammoniaq..	20/21 0/0	—	32 »	»	»
Chlorure de potassium	9? 0/0	—	22 »	21	»
— Stassfurt,	80 à 85 0/0	—	17 50	»	»
Cornes, cornailles pour brûler.....			» »	»	»
Déchets fins de cornes, frisures...			» »	»	05

Phosphates des Ardennes — En gare des Ardennes et de la Meuse, en sacs (les 100 kil.).

Pulvérisés. 14/16 0/0, acide phosph..	3 40 à	»	»
— 18/20 0/0, —	4 »	»	»
— 16/18 0/0, —	3 60	»	»

Phosphates de Tavel.

50/», la tonne..................... 60 » à » »

Phosphates de l'Yonne. — Les 1.000 kil.

Moulus en sacs, wag. gre Toucy. 40 à 35 0/0 40 à 45

Phosphates de l'Auxois, Marigny Epoisses.

Pulvérisés 60 à 65 0/0............... 6 80 à 7 »

Sulfate de cuivre.

Les 100 kil .... 57 à 66 50.

Phosphates du Boulonnais 40/45...	4 60 à	» »
— de Pernes.	6 75	7 25
— du Cambrésis 28/35....	3 75	4 »
— du Lot 30/[illegible]0..........	3 »	4 50

Superphosphates, poudres d'os, etc.

Les 100 kilogr.

Phosph. préc. 35 à 40 % acide phosph.	17 »	»	»
— — 40 à 45 % —	19 »	»	»
Superphosphates fossiles, 10 % acide phosphorique soluble et assimil. (les 100 kilogr.).....	6 30	»	»
Superphosphates fossiles, 16 à 18 %.	9 15	»	»
— d'os, 16 à 18 %, acide phosph..	12 50	12	»
Poudres d'os bruts.............	14 »	»	»

Engrais spéciaux. — Les 100 kilog.

Guano du Pérou. 10 à 6	Eng. chim.		
Guan du Pér. diss. 32 à 20	de H. Joulie,		
Guan. az. fixe. 26 » à 27 »	Lag	15 »	à 23 »

BEURRE, ŒUFS, VOLAILLES.

Paris, 23 juillet.

Beurres en mottes.

L'arrivage d'hier a été de 11,177 kil.
L'arrivage approximatif a été de 51,000 kil.

Beurres en livres.

L'arrivage d'hier a été de 11,?99 kil.

Fermiers	au kilo		Touraine	au kilo	
Extra.	2 40 à	2 50	Extra... ...	2 20 à	2 30
1er choix	2 40	2 50	1er choix...	2 10	2 20
2e choix.....	2 30	2 40	2e choix....	2 »	2 10
Ordinaire ...	2 20	2 30	Ordinaire ...	1 90	2 »
Bourgogne			Vendôme		
Choix	1 90	2 »	1er choix....	2 20	2 30
Ordinaire ...	1 80	1 90	2e choix....	2 »	2 10

Gâtinais			Ordinaire ...	1 80	1 90
1er choix	2 20	2 30	Beaugency		
2e choix.....	2 10	2 20	1er choix.....	2 20	2 30
Ordinaire ...	2 »	2 »	2e choix.....	2 »	2 10
Le Mans			Ordinaire ...	1 50	1 60
			Fausse Touraine		
Choix..... ..	1 90	2 »	Choix......	2 »	2 10
Ordinaire ...	1 70	1 80	Ordinaire ...	1 80	1 90

Œufs, *le mille :*

Normandie . Extra	8? à	96	Bourgogne . .	72 à	76
Picardie . . Extra	85	110	Champagne . .	76	78
Brie. . . . . Extra	82	92	Nivernais . . .	70	74
Touraine gr. .	80	90	Cosne.	76	79
Touraine ord. .	70	76	Bourbonnais. .	68	70
Beauce	80	92	Bretagne . . .	61	74
Orne.	70	80	Vendée	66	70
Picardie ord. .	72	82	Auvergne . . .	65	68
Châtellerault. .	70	72	Midi.	68	72

Volailles et Gibiers.

Canards :			Pigeons :		
nantais jeunes	2 50 à	4 50	maçonnais.	» 70 à	1 40
de ferme...	1 75	3 50	italiens	» 60	1 30
Dindes nouv	3 50	8 50	bizets......	» 40	1 20
Oies nouvelles	4 »	8 50	Poulets :		
— 2e qté.	2 75	4 50	nantais	2 75	6 50
Pintades..	» »	» »	touraine ...	2 75	6 50
Lapins domestiques.	1 50	4 »	gâtinais....	2 75	6 50
			du Midi. .	1 75	3 50
Chevreaux .	» »	» »	communs..	1 50	2 50

Marché plus actif.

Cours fournis par MM. de Bridiers, Jouslin et Scelle, facteurs assermentés, 2, r. de Valois, Paris.

BESTIAUX.

LA VILLETTE, 24 juillet. — **Bestiaux.** — Vente facile sur le gros bétail, sur les moutons, très mauvaise sur les veaux et calme sur les porcs.

Cours officiels.	Amenés	Vendus.	Poids moyen.	1re qualité.	2e qualité.	3e qualité.	Prix extrêmes.
Bœufs..	1.64?	1.569	318	1 68	1 52	1 36	1 26 à 1 72
Vaches.	481	477	240	1 6?	1 40	1 28	1 20 1 64
Taureau	140	140	4??	1 44	1 34	1 21	1 20 1 59
Veaux..	1.813	1.1??	8?	1 50	1 30	1 20	1 10 1 80
Moutons	9.176	8 326	19	2 1?	1 8?	1 66	1 » 1 70
Porcs g.	4 18?	4.119	78	1 58	1 52	1 4	1 40 1 66
Id. m.	»	»	»	» »	» »	» »	» » » »

Marché du lundi 21 juillet.

	Amenés	Vendus	PRIX AU POIDS NET 1re qual.	2e qual	3e qual
Bœufs	2.?74	2 380	1 62	1 48	1 32
Vaches.. ..	896	8?2	1 5?	1 34	1 26
Taureaux.	23?	20?	1 40	1 3?	1 28
Veaux ...	1. 95	1 138	1 62	1 5?	1 40
Moutons....	12. 81	1 .?49	2 1?	1 82	1 68
Porcs	2.661	2.626	1 60	1 36	1 52

	PRIX AU POIDS VIF			
	1re qual.	2e qual.	3e qual.	Prix extrêmes.
Bœufs	» 96	» 80	» 67	» 60 à 1 02
Vaches	» 93	» 75	» 57	» 54 » 96
Taureaux	» 88	» 78	» 65	» 58 » 90
Veaux	1 98	» 87	» 74	» 62 1 12
Moutons	1 »	» 91	» 82	» 62 1 16
Porcs	1 10	1 06	» 02	» 98 1 12
Peaux de moutons en laine				2 20 » »
Id. id. demi-laine				2 30 » »

Viandes abattues. — Criée du 21 juillet

		1re qualité.	2e qualité	3e qualité.
Bœufs	le kil.	1 60 à 2 60	1 10 à 2 40	1 » à 1 70
Veaux	—	1 41 1 57	1 26 1 40	1 06 1 20
Moutons	—	1 70 1 80	1 30 1 66	0 80 1 26
Porc entier	—	1 40 1 5.	1 20 1 36	1 » 1 16

Cuirs et peaux, les 50 kil.

Taureaux	36 75 à 39 75		Vaches lourdes	36.75 39.25
Gros bœufs	46 25	49 75	— de bandes	33.70 34.75
Moy. bœufs	42 25	45 50	Gros veaux	57.50 61.75
Pet. bœufs	34 75	37 25	Petits veaux	64.25 65.50

CHEMINS DE FER DE L'OUEST

Réunion à Cherbourg des Escadres de l'Océan et de la Méditerrannée

Du 25 au 29 juillet 1890.

EXPOSITION D'HORTICULTURE. — COURSES DE CHEVAUX. — FÊTES NAUTIQUES.

A l'occasion des fêtes ci-dessus désignées, la Compagnie des chemins de fer de l'Ouest délivre, depuis le 24 juillet des billets dits de « Bains de mer » de Paris à Cherbourg, aux prix très réduits de :

55 fr. en première classe; — 42 fr. en deuxième classe.

Les billets de retour seront valables jusqu'au 30 juillet inclusivement.

Excursion à la mer.

Train de plaisir à marche rapide de Paris au Havre, le dimanche 27 juillet 1890. Aller et retour dans la même journée.

Aller : Départ de Paris (Saint Lazare), à 6. 10 matin. — Arrivée au Havre, vers 10 h. 50 matin.

Retour : Départ du Havre à 8 h. 20 soir. — Arrivée à Paris (Saint-Lazare), vers 1 h. matin.

Aller et retour : 2e classe, 18 fr.; 3e classe, 10 fr.

Le nombre des places est limité.

Chemin de fer de Paris à Orléans.

Juillet 1890.

La Compagnie du chemin de fer d'Orléans vient d'être autorisée à transporter aux conditions suivantes, de toute gare du réseau à Paris (Ivry), sous réserve d'un parcours de 500 kilomètres ou payant pour 500 kilomètres les artichauts, choux-fleurs, fraises en paniers, haricots verts, navets, oignons, petits pois, pommes de terre, salades, tomates par expédition de 50 kilog. au minimum ou payant pour ce poids.

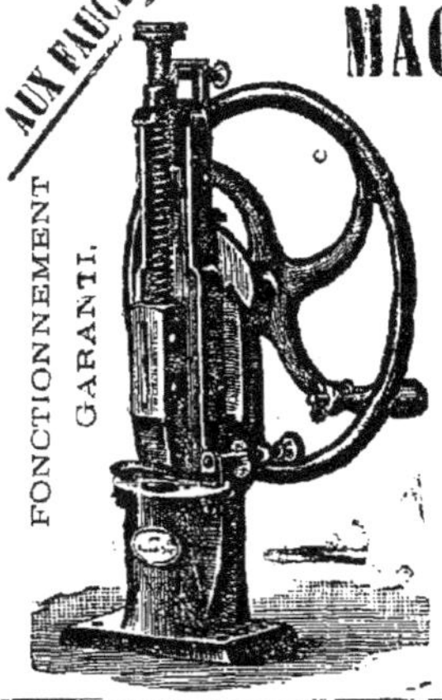

Le prix de transport est fixé à 0 fr. 16 par tonne et par kilomètre, plus 1 fr. 50 pour frais de manutention.

Le transport des marchandises a lieu par des trains spécialement désignés à cet effet, sans que le délai de transport puisse excéder deux jours non compris les délais afférents aux opérations des gares de départ et d'arrivée.

La remise doit avoir lieu aux gares, trois heures au moins avant le départ des trains.

A l'arrivée, les marchandises dont il s'agit sont mises à la disposition des destinataires dans les trois heures qui suivent l'arrivée de ces trains.

Les expéditions adressées aux halles ou à domicile, aux conditions de ce tarif, seront livrées par le service du factage dans les mêmes conditions de prix et de délais que les marchandises expédiées en grande vitesse.

Pour les points principaux ci-après, les prix par tonne de 1,000 kilog. seront les suivants, frais de manutention compris.

Bordeaux-Bastide	577 kil.	93f 80
Libourne	542 kil.	88 20
Marmande	637 kil.	103 40
Agen	650 kil.	105 50
Villeneuve-sur-Lot	632 kil.	102 60
Montauban	720 kil.	116 70
Toulouse	750 kil.	121 50
Saint-Sulpice (Tarn)	719 kil.	116 55
Brive	501 kil.	81 65

ŒUFS A COUVER de poules de Houdan et Faverolles, 5 fr. la douzaine, 10 fr. les 25, *franco;* les clairs seront remplacés. — **Petits Poussins** Houdan et Faverolles, 15 fr. la douzaine, 28 fr. les 25, *franco.*

Couveuses artificielles depuis 25 fr. **Eleveuses** depuis 20 fr., et nouveau système à régulateur automatique de chaleur. — Envoi *franco* du catalogue général.

J. PHILIPPE, éleveur, à Houdan (S.-et-Oise).

PONDOIR
DÉPOSÉ
Prix.......6 fr. 50
R. GARIEL
2 ter, quai de la Mégisserie, PARIS
Abreuvoirs pour Poules et Faisans
RATELIERS A LAPINS
Envoi franco de l'Album sur demande

CIDRE DE NORMANDIE

Pur Jus de pommes

BOISSON EXQUISE

Prix très modérés

D. LOUVEAU, négociant en cidre, à Honfleur (Seine-Inférieure).

Exposition universelle de 1889. — Médaille d'or

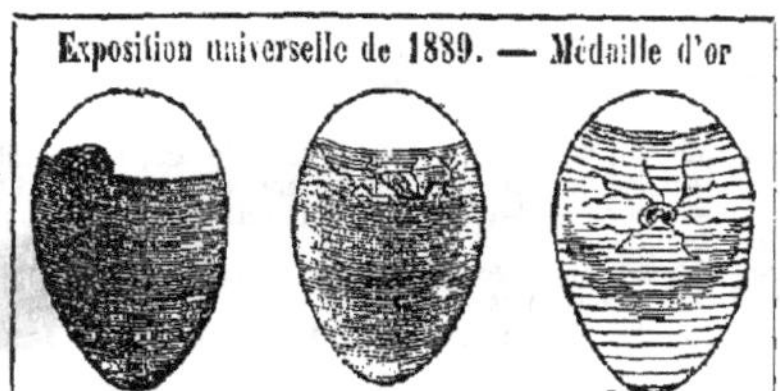

COUVEUSES

ARTIFICIELLES Brev. S. G. D. G. Nouv. Perfectionnements

Volailles de toutes races pour la reproduction

ŒUFS A COUVER

Poussins, race de Houdan, 14 fr franco Emb. compris

Poulaillers, Faisanderies, Volières

Envoi franco du catalogue illustré

ECOLE PRATIQUE D'AVICULTURE
ROULLIER ✻✻ ET ARNOULT
à Gambais (S.-et-O.), et 7, galerie Vivienne
PARIS
Ecrire à Gambais

ABREUVOIRS

POUR
Pigeons, Poules et Faisans

N° 4	5	6	7
3f	4f	5f	5f50

Gariel, 2 ter, quai de la Mégisserie
PARIS
Envoi de l'Album sur demande.

Plants américains PÉPINIÈRES des Cévennes
Albert GOURDIN, Saint-Hippolyte-du-Fort (Gard)
Pr des Cces, des écoles et champs d'expériences. Tarif n. 29 Fo

Exposition Universelle de Paris en 1889
MÉDAILLE D'ARGENT

SOCIÉTÉ ANONYME
DES

Phosphates de Pernes et Extensions

CAPITAL : **1,400,000** FRANCS.

EXPLOITATIONS DE PHOSPHATES FOSSILES
dans la Somme, le Pas-de-Calais et le Nord (Cambrésis).

USINES { à Pernes-en-Artois et à Violaines (Pas-de-Calais).

PHOSPHATES FOSSILES DE TOUS TITRES ET POUR TOUS EMPLOIS.

Direction commerciale à AMIENS, 44-46, rue des Trois-Cailloux.
Adresse télégraphique : « PHOSPHATES » AMIENS.

NOTA. — La Société est seule **propriétaire** du **Gisement de Pernes**, dont les produits sont particulièrement recherchés pour **l'emploi direct par l'Agriculture**, en raison de leur **prompte assimilation** et de leur **action fertilisante** qui est due à la **combinaison naturelle** de **l'acide phosphorique** avec des **matières organiques azotées**, de la **potasse** et de la **magnésie.**

POMPES BROQUET
121, Rue Oberkampf, PARIS
MÉDAILLE D'OR
Expon Univlle 1889
Vins, Alcools, Bières, Cidres, Huiles, etc.
Demander le Catalogue. — *Envoi franco.*

RAISINS SECS A BOISSONS

PREMIÈRE MAISON DE FRANCE (10 croix ou méd., fondée en 1876), **J.-F. Audibert,** créateur des vins de raisins secs et importateur direct. Auteur de : *L'Art de faire les Vins de raisins secs* (fco 3 90); *les Vins d'imitation,* sirops, liqueurs, etc. (fco 5 25). Inventeur de l'appareil (B. S. G. D. G.). **LE SEUL ADOPTÉ PAR L'ARMÉE** pour la fabrication mathématique des vins de raisins secs, en 10 jours, pour faire depuis 1 litre jusqu'à 20.000 litres par jour **AVEC UN HOMME. Renseignements gratuits pour tripler les vendanges, vins de seconde cuvée,** etc., 53, r. des Minimes, Marseille.

Etablissements de LIANCOURT (Oise).

N'ACHETEZ PAS DE CHARRUES
sans avoir consulté le CATALOGUE illustré de

 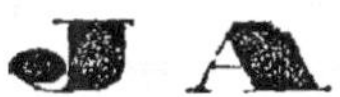 

A. BAJAC ✻✻

Ingénieur-Constructeur, Breveté S. G. D. G.

SEUL GRAND PRIX à l'Exposition de 1889 pour les Machines agricoles françaises

Médailles or, argent et bronze pour collaborateurs.

BRABANTS DOUBLES. — Herses scarificateurs à dents inusables. — DÉCHAUMEUSES — ROULEAUX, ETC.

NOUVEAU MATÉRIEL pour la culture de la betterave. — Charrues défonceuses simples et doubles *à vapeur et à manège.*

La plus grande et la plus importante USINE de FRANCE pour la Construction des Instruments aratoires

PLUS DE 5.000 CLIENTS ; 300.000 INSTRUMENTS LIVRÉS A L'AGRICULTURE

L'Administrateur-Gérant : ALBERT RENOT.

Beauvais. — Imp. D. PERE. — A. CARTIER, Gérant.

11e Année. — 2e Série. — N° 549. Dimanche 3 Août 1890.

GAZETTE  AGRICOLE

JOURNAL HEBDOMADAIRE, PARAISSANT LE DIMANCHE

Rédacteur en Chef : M. Ch. GOSSIN, Professeur d'Agriculture à l'Institut agricole de Beauvais

PRIX DE L'ABONNEMENT

UN AN, 5 fr. — SIX MOIS, 2 fr. 50. — TROIS MOIS, 1 fr. 50

Pour l'étranger les abonnements ne sont reçus que pour un an, au prix de 6 francs, et ne partent que du 1er janvier ou du 1er juillet de chaque année.

Il est indispensable de joindre à toute demande de changement d'adresse la dernière bande d'adresse du journal et 50 centimes pour frais de nouvelles bandes.

Adresser les *Abonnements* et *Annonces* à l'administrateur, **13, quai Voltaire, Paris,** ou à M. GOSSIN, rédacteur en chef, à BEAUVAIS.

BUREAUX

13, quai Voltaire, Paris.

Les abonnements partent du 1er de chaque mois et sont payables d'avance. Toute demande d'abonnement doit donc être accompagnée du prix de l'abonnement. (Le mode de payement le plus simple est l'envoi d'un mandat-poste.)

Donner *très lisiblement*, en s'abonnant, son nom et son adresse exacte, *avec l'indication du bureau de poste ;* et, s'il s'agit d'une continuation d'abonnement, joindre au renouvellement la dernière bande d'adresse du journal.

La GAZETTE AGRICOLE insère gratuitement les Communications des Syndicats agricoles

SOMMAIRE :

PARIS, 1er AOUT.

Quatre ou cinq républiques de l'Amérique sont en ce moment à feu et à sang. Les dépêches qui nous arrivent du Mexique, de la Guatemala, du Salvador, du Honduras, du Nicaragua, du Chili, du Costa-Rica et enfin de la Plata, annoncent que ces gouvernements sont ou en pleine guerre civile ou en hostilités engagées ou bien près de l'être. Il est vrai que les dépêches sont contradictoires. Ainsi, pendant que le gouvernement de Buenos-Ayres fait télégraphier à la date du 28 juillet au soir que l'insurrection est complètement réprimée, l'*Agence Havas*, qui a des correspondants un peu partout, nous apprend que le 29 juillet la révolution triomphe sur toute la ligne, et que la maison du président Juarez Celman a été prise par la foule comme autrefois, chez nous, la Bastille. Il appert néanmoins de ces dépêches peu concordantes qu'on se bat entre républiques sœurs et que les républicains américains disent aux Américains : « Soyons frères ou je t'assomme ! » C'est le langage que tenaient il y a cent ans des républicains français comme Robespierre, Danton et autres « grands citoyens » à qui on va élever des statues.

***

Tous les jours nous lisons dans les journaux républicains que la République est le gouvernement par excellence, l'idéal des constitutions politiques, l'organisation définitive des sociétés humaines. On dit que les autres formes de gouvernement, royauté ou empire, monarchie autocratique ou monarchie constitutionnelle, sont des Etats inférieurs, participant plus ou moins de la barbarie ancienne et qui ne peuvent plus apparaître, aux yeux d'un homme intelligent, que comme des phases, des espèces d'étapes sur la route du progrès. On dit que le régime républicain est la seule forme de gouvernement qui mette les peuples à l'abri des guerres et des révolutions, qui leur assure la paix intérieure et la paix extérieure. On dit que la vieille Europe jouira du bonheur parfait quand, à l'exemple de la jeune Amérique, elle se sera débarrassée de tous les rois et empereurs qui l'oppriment et la ruinent, quand elle sera universellement en République.

***

Reste à savoir si ces assertions sont corroborées par les faits et si l'étude de l'histoire démontre véritablement la supériorité de la forme républicaine. On n'a pas besoin pour se former à ce sujet une opinion raisonnée de remonter au déluge. On n'a qu'à noter les événements qui se sont accomplis cette semaine. A Valparaiso, il y a quelques jours, cinq mille grévistes menacaient de mettre tout à feu et à sang, et il fallait rétablir l'osdre par les moyens les plus énergiques dans des quartiers de la ville déjà assaillis et incendiés par un bombardement qui atteignait indistinctement insurgés et citoyens paisibles. Or, Valparaiso est la principale ville du Chili, et voilà trois quarts de siècle que le Chili est en République. Il est vrai qu'à Valparaiso il ne s'agissait que d'une émeute locale suscitée par une question de salaires et qui ne menaçait pas de s'étendre dans le pays et qui ne mettait pas en cause l'existence du gouvernement.

***

Plus graves sont les nouvelles reçues de Buenos-Ayres. Là, il ne s'agit plus d'une émeute, mais d'une révolution. L'affaire a commencé par une conspiration militaire. On a arrêté et mis en prison plusieurs officiers compromis dans le complot. Plusieurs bataillons se sont alors mutinés. Les insurgés ont mis à leur tête un général de brigade du nom de Campos. La guerre civile a ensanglanté les rues de Buenos-Ayres. Les insurgés ont eu le dessus. Le gouverneur de la ville de Buenos-Ayres a été blessé et le président de la République, M. Miguel-Juarez Celman, obligé de se réfugier dans une ville de la province, où il organise, paraît-il, la résistance. Voilà comment la République assure l'ordre, le calme, la tranquillité! Et le contre-coup de la révolution de Buenos-Ayres se fera, malheureusement, ressentir au loin. Un journal républicain l'avoue en ces termes : « La crise se complique d'une liquidation de Bourse que rien n'empêchera désormais : une vigueur sans pareille dans le contrôle des banques garanties peut seule en limiter les épouvantables effets. Déjà la place de Montevideo est atteinte par ce cataclysme, qui sévira jusqu'à Rio-de-Janeiro, et peut avoir en France, en Angleterre, en Allemagne, un retentissement douloureux. »

***

Les républiques de l'Amérique centrale ne sont pas plus paisibles que celles de l'*Amérique du Sud*. *La république du* Guatemala est en guerre avec sa voisine, la république de Salvador. On dit que la république de Honduras penche du côté du Guatemala, tandis que les Républiques de Nicaragua et de Costa-Rica auraient fait alliance avec le Salvador. Une autre République, celle du Mexique, menace d'intervenir à son tour dans la lutte. Une armée mexicaine se concentre sur les frontières du Guatemala. Toute la population valide de la république du Guatemala et de la république du Salvador est sur pied. On se livre des batailles sanglantes. D'autre part les généraux guatemaltèques se disputent le pouvoir à main armée. La populace s'en mêle pour pouvoir piller les maisons des riches. De sorte que les républiques de l'Amérique centrale sont en proie à la fois a la guerre étrangère et à la guerre civile. Voilà comment le régime républicain préserve les peuples qui en jouissent, des guerres civiles et des révolutions !

LE BONHOMME DESCHAMPS.

NOUVELLES DE LA SEMAINE.

Election sénatoriale

CHARENTE

MM. Martel, monarchiste........ 472 v. ELU.
Marrot, républicain........ 379

Il s'agissait de pourvoir au siège laissé vacant par la mort du général Gresley, sénateur inamovible.

Election législative

LOT-ET-GARONNE

Arrondissement de Nérac.

Inscrits : 18.399. — Votants : 9.723.
Suffrages exprimés : 9.177.

MM. Darlan, républicain........ 8.731 ELU.
Merley.................... 8
Vigier.................... 6

Il s'agissait de remplacer M. Fallières, élu sénateur.

Le dieu Voltaire. — On a inauguré dimanche à Ferney une statue à Voltaire, ce qui a donné lieu, comme bien on pense, à une série de discours.

Il y avait là le président du Sénat, un sénateur du nom de Goujon et toutes les autorités républicaines.

On nous communique des fragments de ces discours. Celui du Goujon est d'un comique achevé.

Du bagage de l'insulteur de Jeanne d'Arc et du plat courtisan du roi de Prusse, Frédéric II, le Goujon n'a rien trouvé de mieux à relever que ce passage d'une lettre du patriarche de Ferney.

Je n'ai point, nous dit il gaiement, cette raideur d'esprit des vieillards. Je suis flexible comme une anguille et vif comme un lézard et travaillant toujours comme un écureuil.

Voltaire à lui tout seul n'était pas alors une encyclopédie : c'était une ménagerie. Il est à la fois anguille, lézard et écureuil.

Il est heureux qu'il n'ait point été goujon.

Décidément le véritable châtiment de Voltaire, qui ne croyait pas aux religions, c'est d'être devenu le dieu des imbéciles.

La réforme de l'impôt foncier. — A la suite du vote de la Chambre des députés (séance du 12 juillet), adoptant le projet de réforme de l'impôt foncier qui lui avait été soumis par le Gouvernement, un travail vient d'être fait, au ministère des finances, sur les résultats de cette réforme. Voici les détails fournis et que nous ne garantissons nullement :

Au taux de 3 20 0/0 adopté par la Chambre des députés pour la propriété bâtie, 50 départements et, dans l'ensemble des départements, 21,574 communes verront leur somme d'impôt diminuée.

A ne considérer que les maisons, si l'on prend en bloc les 27,677 communes de 1,000 habitants et au-dessous, on constate que la contribution foncière actuellement réclamée à ces communes sera réduite de 10 0/0; pour l'ensemble des maisons d'un loyer ne dépassant pas 200 francs, la diminution sera d'environ 1 1/2 0/0, représentant 25 0/0 pour les maisons de 50 fr. de loyer et au-dessous, 12 0/0 pour les maisons de 51 à 100 francs de loyer et 1 0/0 pour les maisons d'un loyer de 101 francs à 200 francs.

En ce qui concerne les usines, les effets de la réforme proposée par le Gouvernement et adoptée par la Chambre sont particulièrement remarquables; 97 0/0 de ces établissements, ceux qui ne comportent pas une valeur locative supérieure à 10,000 francs, seront dégrevés, dans l'ensemble, d'une somme de 1,317,708 francs. Le dégrèvement atteindra :

43 0/0 pour les usines de 200 francs de loyer et au-dessous;

42 0/0 pour les usines de 201 francs à 500 francs de loyer;

39 0/0 pour les usines de 501 francs à 1,000 francs de loyer;

33 0/0 pour les usines de 1,001 francs à 2,000 fr. de loyer;

18 0/0 pour les usines de 2,001 francs à 5,000 fr. de loyer;

7 0/0 pour les usines de 5,001 francs à 10,000 fr. de loyer.

Lycées et collèges d'Etat. — La population des lycées et des collèges de l'Etat diminue : c'est le rapport sur le budget de l'instruction publique qui nous en informe. Le chiffre total des élèves, internes ou externes, était en 1888 de 52 388 ; il est tombé en 1890 à 51,102. Quelles sont les causes de ce phénomène ? On les cherche avec anxiété. Est-ce la faute de la nourriture ? Mais les dépenses de nourriture ont fortement augmenté depuis deux ans ; ce qui, entre parenthèses, contribue à grossir le déficit. Est-ce parce qu'on aurait relevé les tarifs des frais d'études ? Mais c'est surtout à Paris que ce relèvement a été sensible : or, les lycées de Paris comptent plus d'élèves qu'ils n'en ont jamais compté ; le déchet se constate dans les départements. Serait-ce que les écoles primaires supérieures auraient attiré à elles une partie de la clientèle des lycées ? Mais on nous apprend que la population des écoles primaires supérieures baisse également. L'explication est ailleurs, croyons-nous ; on la trouve dans ce fait que la confiance des familles s'éloigne de plus en plus des établissements de l'Etat, parce que ces établissements donnent de moins en moins des garanties morales. Il y a beaucoup trop de professeurs qui font beaucoup trop parler d'eux. On les voit, dans nos petites villes, aspirer à jouer un rôle politique. Les parents désireraient moins de politique et plus de surveillance. Ont-ils tort ?

Le duc d'Orléans. — Les membres du comité qui a offert, par souscription, le bronze de l'*Armée de la Loire* au duc d'Orléans, étaient invités par le jeune Prince à un banquet qui a eu lieu dimanche dernier à Paris. L'amphytrion était naturellement absent.

Au dessert, M. de La Rochefoucauld a donné lecture du télégramme suivant que venait de lui adresser Mgr le duc d'Orléans :

« Je suis toujours au milieu de vous ; mon cœur n'a pas quitté le sol de la Patrie.

« Profondément touché de vos marques de sympathie, c'est avec bonheur que je m'associe à vous et que, du fond de l'exil, je crie avec vous : Vive la France !

« PHILIPPE, DUC D'ORLÉANS. »

L'Impôt foncier

La Chambre des députés a achevé la discussion du projet de loi sur les contributions directes pour l'année 1891.

La réforme de l'impôt foncier est un des principaux points de ce projet de loi. Le Gouvernement et la commission proposaient à la Chambre d'atténuer l'inégalité qui existe entre l'impôt foncier sur la propriété bâtie et celui qui pèse sur la propriété non bâtie, en dégrevant celle-ci d'une somme d'environ 15 millions de francs, et en transférant cette charge sur la propriété bâtie. La Chambre des députés, qui paraissait d'abord disposée à suivre cette marche, a changé d'allure ; elle a décidé de transformer l'impôt foncier sur la propriété bâtie en impôt de quotité, c'est-à-dire en impôt direct sur le revenu, et elle a fixé le taux de la contribution à 3.20 pour 100 de la valeur locative, telle qu'elle résulte de l'évaluation récente faite par l'administration des finances, au lieu du taux de 4 pour 100 proposé par le Gouvernement. Entre temps, elle a voté un amendement de M. Léon Say tendant à n'imposer que comme propriété non bâtie tous les bâtiments agricoles d'une manière générale, ainsi que les maisons d'habitation des propriétaires-cultivateurs dont la valeur locative est au-dessous de 50 francs. L'ensemble de ces dispositions a fait disparaître l'aggravation de charges de la propriété bâtie qui résultait du projet du Gouvernement. Après avoir adopté cette série de mesures, la Chambre a voté, à une très forte majorité, le dégrèvement de 15,267,000 francs proposé en faveur de la propriété non bâtie, en écartant les dispositions qui lui ont été présentées par plusieurs députés pour ne répartir ce dégrèvement qu'entre les petites cotes foncières. Le fait du commencement de dégrèvement de l'impôt foncier sur la propriété non bâtie est donc acquis désormais ; on doit en remercier la Chambre des députés. Toutefois, il faut ajouter qu'en même temps l'équilibre que la commission du budget avait cherché à établir est rompu et qu'elle devra trouver d'autres ressources pour parer au déficit créé par ce dégrèvement ; elle pourra les trouver soit dans des économies sur les dépenses, soit, comme proposent quelques députés, dans l'affectation des ressources que procurera l'application des lois récemment votées sur le régime douanier des maïs et sur le régime des raisins secs. Cette dernière méthode pourrait présenter des inconvénients ; l'hypothèque d'une ressource spéciale à un objet déterminé n'a jamais été considérée comme un procédé financier correct.

Le dégrèvement de l'impôt foncier est une excellente mesure après laquelle les agriculteurs aspirent. Le premier résultat acquis vaut surtout parce qu'il pose le principe du dégrèvement, et non par les résultats tangibles qu'il donnera. D'une part, les centimes additionnels, qui constituent la grosse part de l'impôt foncier, seront encore perçus sur les anciennes bases ; d'autre part, l'inégalité est si grande entre les départements et les communes que le dégrèvement se manifestera d'une manière très diverse entre les parties du pays. Sans doute, il est de toute justice que ceux qui ont jusqu'ici été astreints à payer au-delà du contingent normal soient appelées à bénéficier davantage du dégrèvement ; mais il sera toujours bizarre que des propriétés d'une valeur inégale et produisant un revenu différent, jouissent d'un même dégrèvement parce qu'elles sont situées dans des communes différentes ; il restera non moins bizarre que de deux propriétés donnant un même revenu, l'une soit dégrevée, l'autre ne le soit pas, quoiqu'elles soient contiguës peut-être, mais parce qu'elles sont situées dans des départements différents. Le dégrèvement voté aura, parmi ses conséquences, celle de faire ressortir davantage ces inégalités choquantes. On ne devra donc pas s'étonner, disons-nous avec le *Journal de l'agriculture*, si les cultivateurs continuent à réclamer contre elles, et demandent de plus en plus la suppression du principal de l'impôt foncier, comme le seul moyen pratique de rétablir l'égalité devant le fisc.

LE NOUVEL IMPOT SUR LES SUCRES

C'est fait. Une fois de plus, la République a menti à son programme, elle a violé ses promesses.

Pas d'impôts nouveaux ! criait-elle sur tous les tons, à l'époque des élections ; et voilà que le Gouvernement, au moyen de manœuvres déloyales et malhonnêtes, vient d'arracher à une majorité servile le vote d'une aggravation de l'impôt sur les sucres.

« Vous n'auriez certes pas osé proposer votre loi à la veille des élections de 1889, » s'écriait jeudi M. André Déprez, député républicain du Nord, combattant la loi sur les sucres ! Et le Gouvernement, comme aussi la commission du budget, ont gardé le silence. Certes non, ils n'auraient pas osé la proposer ! Ils avaient alors trop peur des électeurs ; si peur, qu'à force de promesses, ils ont réussi à en détourner un certain nombre et que certains départements, foncièrement conservateurs, ont cru devoir faire un nouvel essai de cette République qui se présentait à eux sous des apparences si doucereuses, si honnêtes !

En échange de ce service, ils devaient trouver dans le Gouvernement un allié toujours prêt à le défendre, quelque chose comme un tendre père, en toute occasion soucieux des intérêts de ses enfants, qui venaient de grossir la majorité des députés selon le cœur de M. Constans.

Vous aviez compté, Messieurs les cultivateurs, qu'en échange de vos voix, la République vous laisserait votre argent ? N'avez-vous donc pas compris qu'elle ne vous demandait vos voix que pour prendre ensuite votre argent avec plus de facilité? Et ce n'est pas fini. La tonte rase de cette année n'empêchera pas la tonte de l'année prochaine et des années suivantes. Qui donc le Gouvernement dépouillerait-il, si ce n'est ces bons cultivateurs républicains, — les autres paient aussi malheureusement, — qui paient si bien, dont les écus ont si bonne mine, sont de si bon poids, et qu'on peut écorcher jusqu'au vif sans les faire jamais crier ?

Et de fait il n'y va pas de main morte, le gouvernement républicain ! Soixante à quatre-vingts francs d'impôt sur les terres portant la betterave, et cela tout de suite, au cours d'une campagne, sans que la répercussion de cette charge énorme puisse atteindre le consommateur, tel est le cadeau de la République à la culture de la région du Nord.

Par quel prodige de docilité moutonnière a-t-on pu tromper si longtemps tant de braves gens? Comment les contribuables, toujours tondus par les républicains, ne se sont-ils pas levés partout en masse pour protester de leur ferme volonté de n'être pas exploités davantage?

Tel est le phénomène dont les observateurs les plus sagaces ne se rendent encore qu'imparfaitement compte. Toujours est-il que l'habitude du Gouvernement de prendre beaucoup, vient de l'amener à prendre trop.

Il demande aux cultivateurs 2 fr. 50 par mille kilogr. de betteraves, ou 75 à 80 fr. par hectare. La majorité républicaine lui accordera cet impôt exorbitant.

Une majorité conservatrice le lui eût refusé, personne n'en doute, en l'engageant à se pourvoir ailleurs.

Cette aggravation d'impôt, sur qui pesera-t-elle? Sur les fabricants de sucre? Certainement oui ; mais elle pèsera aussi et surtout, et voilà pourquoi on ne saurait trop la déplorer, sur l'agriculture.

Ne voit-on pas, en effet, que les traités conclus entre les cultivateurs et les fabricants de sucre prévoient des prix différents suivant que l'aggravation de l'impôt aura été votée ou non.

Voici ce qu'ont dit avec raison au Parlement les véritables défenseurs de l'agriculture.

Ils ont rappelé que la campagne sucrière débute, *non pas à la mise en marche des usines*, mais aux ensemencements des betteraves et qu'il est impossible de changer la fiscalité au cours de la campagne. Ils ont montré combien on est téméraire en se basant, pour demander l'aggravation d'impôts, sur les résultats exceptionnels de la campagne de 1889, résultats qui ne se retrouveront pas malheureusement cette année, où la végétation normale de la betterave a été entravée par les circonstances climatériques.

Ces excellents arguments n'ont pas entravé la Chambre. Le vote, que nous déplorons, a pour effet de détruire *complètement* les conséquences du dégrèvement de l'impôt foncier. Et, comme le fait remarquer le *Journal de l'Agriculture*, il charge l'agriculture française d'un impôt supérieur à 20 millions, alors qu'on vient d'alléger son fardeau de 15 millions.

On nous avait promis la *République des paysans*.

Elle est propre ! Charles GOSSIN.

LA LOI SUR LES VINS DE RAISINS SECS

La loi concernant la fabrication et l'imposition des vins de raisins secs est promulguée, sous la date du 26 juillet. En voici le texte :

Art. 1er. Les raisins secs destinés aux fabricants et entrepositaires ne peuvent circuler que munis d'acquits à caution garantissant le droit de fabrication.

Les raisins secs destinés à la consommation personnelle et de famille sont admis à circuler gratuitement en vertu de laissez-passer.

Art. 2. Quiconque veut fabriquer des vins de raisins secs pour en faire commerce est tenu d'en faire préalablement la déclaration et de se munir d'une licence annuelle de 125 francs en principal et décimes, payables par trimestre et d'avance.

Les fabricants établis actuellement sur le territoire de la République devront faire cette déclaration dans les trois jours qui suivront la promulgation de la présente loi.

Art. 3. Les fabriques de vins de raisins secs sont soumises aux visites des employés de l'administration des contributions indirectes, et placées sous le régime de la permanence.

Art. 4. Il est ouvert à chaque fabricant :

1° Un compte de matières premières ;

2° Un compte général et un compte auxiliaire de fabrication :

3° Un compte de produits achevés.

Art. 5. Dans le délai de trois mois, à dater de la promulgation de la présente loi, un décret déterminera les conditions d'après lesquelles les comptes seront établis et réglés, ainsi que les diverses obligations imposées aux fabricants.

Art. 6. Le compte général sera chargé du produit effectif de la fabrication, sans que la prise en charge puisse être inférieure à trois hectolitres de vin par 100 kilogrammes des raisins secs.

Art. 7. Ce produit sera frappé d'un droit de 40 centimes par degré de richesse alcoolique jusqu'à 10 degrés, et de 60 centimes par degré, de 10 à 15 degrés, sans que la quantité d'alcool imposée puisse être inférieure à 25 degrés par 100 kilogrammes de raisins secs.

Au dessus de 15 degrés, le produit de la fabrication est soumis à la surtaxe des vins alcoolisés.

Art. 8. L'administration pourra, chez les entrepositaires de raisins secs en nature, et sur la justification au service, allouer des déchets de magasins jusqu'à concurrence de 3 0/0 des quantités prises en charge.

Art. 9. Tous les liquides alcooliques provenant de la fermentation des raisins secs avec des figues, caroubes, dattes, orges, glucoses, mélasses et autres matières saccharifères ou similaires, seront assimilés à l'alcool pour le régime et les droits qui devront leur être appliqués.

Ces substances seront suivies par la régie et prises en charge au compte des matières premières prévu par l'article 4.

Art. 10. Les contraventions aux dispositions de la présente loi sont punies des peines édictées par l'article 7 de la loi du 21 juin 1873, sans préjudice de la confiscation des appareils saisis et du payement des droits fraudés.

Art. 11. La présente loi est applicable à l'Algérie et aux colonies.

Art. 12. Les droits de fabrication, etablis par la loi, ne seront applicables qu'à partir du 15 août 1890.

LA MOISSON DES CÉRÉALES

Les moyettes.

Il ne suffit pas de bien labourer la terre, de bien l'ensemencer, de bien l'engraisser, il faut encore bien récolter ses produits. La négligence sur ce point peut compromettre le résultat de toute une année de travail. A la veille de la moisson et par le temps pluvieux que nous subissons depuis six semaines, cette question est particulièrement intéressante. De tous côtés on nous écrit pour nous demander la manière de sauver la récolte de blé en dépit de la pluie. L'an dernier, il y a deux ans, à pareille époque, nous avons pris soin de conseiller à nos collègues du *Syndicat* de faire des moyettes, les assurant que c'était là le meilleur moyen de bien récolter les céréales; nous reproduisons aujourd'hui ces conseils :

Dans notre plaine on a coutume de mettre en javelles les céréales et de les laisser, ainsi disposées, compléter leur maturité ; puis de former avec les javelles des gerbes, et avec les gerbes des tas appelés dizeaux ou terzeaux en attendant que dizeaux et terzeaux soient eux-mêmes emmulonés ou engrangés. Lorsque le temps est beau, le système est bon, parce qu'il est simple ; vienne la pluie, il faudra tourner les javelles pour empêcher l'épi, qui est contre terre, de germer ; quelquefois même, si l'intempérie persiste, les dizeaux devront être défaits et les gerbes déliées. Il en résulte, indépendamment de la perte de temps, une dépréciation considérable de la valeur de la paille et du grain.

Pour remédier à ces inconvénients, on fabrique des moyettes.

La moyette est une petite meule, composée de plusieurs javelles, posées debout, les unes contre les autres, reliées par les épis à l'aide d'un lien de paille et recouvertes d'une gerbe renversée formant chapeau. Quatre javelles réunies forment d'ordinaire le centre de la meule. Autour d'elles on intercale d'autres javelles en nombre variable, 4, 6, 8, 10, suivant la force de la récolte.

Au point de vue de la conservation du grain et de la paille, le procédé est excellent. La maturité s'opère plus régulièrement qu'en javelle. Ni le hâle du soleil, ni l'humidité du sol ne sont à craindre : et cette double considération permet d'avancer de plusieurs jours le fauchage.

Le surcroit de main-d'œuvre est le seul inconvénient ; la confection des moyettes exigeant un travail supplémentaire, après lequel le liage des gerbes est moins aisé. Bref, il en résulte une augmentation de dépense, qui varie de 5 à 8 francs par hectare, suivant les années.

Il est un autre système qui réunit les avantages du précédent sans en avoir les inconvénients et que nous recommandons aux cultivateurs : il consiste à lier les céréales, blés et seigles (nous ferons des réserves pour les avoines et les orges) au fur et à mesure de leur fauchaison, *derrière la faulx*, selon l'expression du pays, et à former des moyettes avec les gerbes, de la même façon qu'on les eût formées avec les javelles. La paille sèche et le grain mûrit aussi bien.

L'accroissement de dépense n'excède pas 1 à 2 francs par hectare.

Trois ou quatre gerbes, mises debout, sont réunies par les épis et liées avec un lien. Afin de les rendre plus solides, il est utile de leur *donner du pied*, c'est-à-dire de les écarter, à la base, les unes des autres. Dans les interstices, trois ou quatre gerbes sont intercalées. Une gerbe renversée recouvre le tout. L'air circule entre les gerbe. S'il tombe de l'eau, elle ne peut pénétrer, et lorsque la moyette est soigneusement faite, quelque temps qu'il fasse, quelqu'herbe que contienne le pied de la gerbe, la dessication de la paille et la maturité du grain s'opèrent à souhait.

Nous connaissons des agriculteurs, qui chaque année, récoltent de la sorte de 30,000 à 40,000 gerbes de blé; en une semaine, leur moisson est faite. Pour l'emmulonner ou l'engranger, ils prennent leur temps.

S'il pleut, ils sont tranquilles, pendant que leurs voisins moins prévoyants se lamentent.

La seule précaution à prendre — précaution indispensable, mais fort simple — est d'éviter de lier et de mettre en moyettes des javelles mouillées par la pluie. Et cela est tout naturel. L'eau extérieure détermine une fermentation immédiate, tandis que la sève de la plante, si abondante qu'elle soit, se résout d'elle-même naturellement.

A cause du peu de longeur et de la nature de leur paille, l'avoine et l'orge se prêtent moins facilement à la mise en moyette.

Nous engageons vivement les cultivateurs à user du dernier procédé, c'est-à-dire à faire lier leurs blés derrière la faulx et à mettre les gerbes en moyettes. A tous points de vue, ils y trouveront leur avantage. Le blé ainsi récolté est supérieur comme paille et comme grain au blé mis en javelle, même par beau temps. La paille conserve sa couleur ; le grain, abrité du soleil aussi bien que de la pluie, mûrit plus régulièrement et mieux. Il a plus de poids, meilleure couleur, plus d'apparence et de qualité.

Autre avantage : l'emploi de moyettes permet de couper le blé avant complète maturité, et voici comment. Le blé mûrit du pied avant de mûrir de la tête, c'est-à dire que le pied sêche avant l'épi ; le pied une fois sec, le blé n'emprunte plus au sol aucun suc nutritif : on pourrait lui donner à ce moment engrais sur engrais, il n'en profiterait pas. Il s'opère alors de la tige dans le grain un transport de la sève, et c'est ainsi que la maturité s'achève ; mais puisque, le pied étant sec, toute communication a cessé entre le blé et la terre, le transport de sève de la tige dans l'épi s'opérera tout aussi régulièrement, le blé étant coupé que si le blé était debout. On peut donc couper le blé dés que, le grain ayant acquis une certaine consistance, on aura constaté, en tordant quelques tiges, que le pied ne contient plus de sève.

Dans tous les cas, il est alors préférable de le mettre en moyettes. Quand il pleut, cela va de soi : inutile d'insister. Quand le soleil est ardent, la précaution n'est pas moins utile. Et voici pourquoi : avec la javelle, l'épi repose à terre, exposé aux rayons du soleil. Il peut alors arriver que le grain, peu mûr, ne soit desséché avant d'avoir atteint son complet développement, ou bien encore que la sève de la tige ne s'évapore au lieu de monter dans l'épi, et qu'on ait par suite des grains maigres. Avec la moyette, pareille mésaventure n'est pas à craindre. Les épis sont à l'abri ; le transport de la sève s'opère lentement, mais sûrement; la maturation se fait régulièrement.

Encore une fois, nous recommandons à nos lecteurs de faire des moyettes de blé.

Pour l'avoine, dont la dessication est plus lente, nous croyons qu'il vaut mieux faire les moyettes avec des javelles qu'avec des gerbes.

Pour l'orge, dont la paille courte se prête mal à la confection des moyettes, nous ne pouvons donner aucun renseignement.

Il serait intéressant que des cultivateurs soigneux, fissent, sur une petite échelle, des essais de moyettes avec de l'avoine et de l'orge, et voulussent bien nous en faire connaitre les résultats. S. Q.

SITUATION VINICOLE

Les vignobles sont en général très beaux, et si, comme il y a lieu de l'espérer, le beau temps est définitivement revenu, on peut compter sur une bonne récolte. Jusqu'à présent, les maladies cryptogamiques n'ont causé que peu de dégâts. Le mildiou ne fait pas de progrès, et, seul, le blackrot donne quelques inquiétudes dans certains vignobles du Midi, entre autres dans le célèbre vignoble de Château-Yquem.

On se plaint sur quelques points du Centre et du Nord de la coulure, mais dans les autres régions on s'attend à une bonne récolte.

Quelques orages d'une extrême violence ont éclaté dans plusieurs départements, notamment dans la Marne. La plaine de Beaucaire a été inondée par le Rhône.

En Algérie, on a découvert quelques nouvelles taches phylloxériques du côté de Philippeville.

Ceci nous amène à parler d'une communication très intéressante sur la présence du phylloxéra en France au quinzième siècle, communication faite par M. Durandrie à la Société des Agriculteurs.

Au milieu du quinzième siècle, une myriade d'insectes s'abattit sur les vignes des coteaux bourguignons.

Le mal fut si grand qu'en 1460 les vignerons, d'accord avec les gens d'Eglise de Dijon, décidèrent, « pour remédier aux urbères, escrivains et autres vermines qui gastaient la vigne », on ferait une grande procession pour le 13 mars, que chacun se confesserait et que défense serait faite de ne plus jurer.

Cette peste, qui fit son apparition quelques années avant 1160, ne finit qu'après 1500, et, suivant quesques-uns, se prolongea beaucoup plus tard.

De la Bourgogne, le fléau se répandit dans les contrées voisines. En 1555, nous le trouvons à Langres (Haute-Marne).

Tout porte à croire que l'on était alors en présence d'un invasion phylloxérique. On donnait à cette maladie le nom de peste noire, à cause de l'aspect désolé qu'elle donnait aux vignes.

Tout le vignoble bourguignon fut détruit. Il ne resta dans la contrée beaunoise qu'un petit bouquet de vignes sur le haut du coteau de Pomard, qui fut appelé pour cette raison le Petit-Vignot, nom qu'il porte encore aujourd hui.

Dom Manrique, dans les *Annales de Citeaux*, rapporte qu'il a vu sur un manuscrit de la bibliothèque de l'abbaye qu'au Clos-Vougeot le fléau consistait en un nombre infini « de petits insectes qui s'attachent aux racines » qu'ils détruisent en les faisant pourir. Ils étaient comme des « grappes de poux adhérents aux racines » et vivant souterrainement. Les feuilles commençaient à jaunir et à se flétrir. Le bois séchait sur pied et dépérissait promptement.

N'est-ce pas là le portrait exact du phylloxéra tel que nous l'avons vu de nos jours ? N'est-ce pas le cas de reconnaitre que cette invasion du quinzième siècle à une analogie frappante avec celle du dix-neuvième siècle ? La marche de l'invasion, la nature de ravages, l'aspect du mal, ne sont-ils pas les mêmes ? Les vignerons de Bourgogne, les moines eux-mêmes, furent obligés de laisser leurs vignes en friche, puis de chercher les moyens de les reconstituer. Ces moyens furent de deux sortes : des semis d'espèces sélectionnées et résistantes, et l'introduction en France des cépages étrangers. On n'alla pas les chercher en Amérique, mais on les fit venir de Crimée. La Bourgogne reconstitua ainsi ses vignes vers l'année 1500, après cinquante ans de luttes et de souffrances.

Pour en revenir au présent, on signale dans certains vignobles du Midi l'apparition de l'*antrachnose*. Sans être aussi dangereuse que le mildiou, cette maladie n'en est pas moins très grave, car elle peut entraîner la perte de la récolte On recommande comme moyen curatif des traitements réitérés à la chaux vive, suivi d'un soufrage au soufre sublimé.

Cette invasion confirme la nécessité de traiter, l'hiver, les vignes sujettes à cette maladie avec le sulfate de fer, comme nous n'avons cessé de recommander en saison. De plus en plus, le sulfate de fer s'emploie pour atténuer les effets de la chlorose comme pour améliorer les prairies naturelles.

On signale aussi officiellement l'apparition du blackrot dans la Gironde, qui y fera de rapides progrès s'il n'est arrêté dès son début.

Le traitement conseillé contre ce terrible cryptogame consiste en une bouillie composée de 3 kilos de sulfate de cuivre pour 2 kilos de chaux dans 100 litres d'eau.

Pour terminer, voici un écho qui nous arrive de la Suisse : on vient de trouver à Lausanne, dans les fondations d'un ancien manège, du vin qui a été analysé à la station viticole.

Ce vin est en parfait état de conservation ; il ne présente aucune trace d'altération autre qu'un léger dépôt, constitué en partie par des cristaux de tartre.

Si l'on considère sa teneur en alcool, encore très forte (9.86 0|0), la proportion d'extrait et matières minérales, normales, on ne peut guère attribuer à ce vin plus d'un demi-siècle d'existence.

Comme il a nécessairement perdu de l'alcool, au moins un à deux pour cent, à en juger par l'état de conservation, il doit appartenir à une année de très bonne récolte exceptionnelle. On pense qu'il pourrait être de 1834, une année de comète. Quant aux affaires, tant sur les marchés qu'aux vignobles, elles continuent à dénoter du calme avec des cours sans variation. Toutefois, la tendance reste ferme et l'on s'attend à une reprise des transactions par suite du retour de la chaleur. Les vins de 1889 assez rares sont bien tenus. On ne signale qu'un petit courant d'affaires dans nos vignobles du Bordelais, de la Bourgogne et du Beaujolais : il s'est pratiqué quelques ventes sur souche dans le Midi et dans la Provence. Ces ventes sont même assez nombreuses, quoique moins actives que précédemment. LÉON LEGRAND.

Nouvelles agricoles.

Concours d'arracheuses de betteraves. — Un concours international est ouvert pour la construction d'appareils propres à l'arrachage des betteraves. Une somme de six mille francs est affectée à ce concours :

1er prix	4.000 francs.
2e —	1.200 —
3e —	800 —

CONDITION DU CONCOURS. — 1° Les appareils pourront être à un ou plusieurs rangs ; mais, à *fonctionnement égal*, la préférence sera accordée aux arracheurs à rangs multiples.

2° Les appareils devront fonctionner pour des semis variant de 35 à 45 centimètres d'écartement.

3° La profondeur à atteindre devra pouvoir varier suivant la longueur des betteraves.

4° Les arracheurs devront, sans retourner le sol, soulever assez la betterave pour qu'elle puisse être enlevée facilement à la main par des femmes ou des enfants.

5° Les appareils seront construits de manière à éviter le plus possible les mouvements de terre qui pourraient nuire à l'enlèvement des betteraves.

6° Les arracheurs ne devront *ni mutiler, ni* blesser les betteraves ; ces conditions sont essentielles et absolues.

7° Les appareils doivent pouvoir fonctionner en tout temps : par la sécheresse, l'humidité ou la gelée.

8° L'abondance des feuilles ne devra pas être un obstacle à la bonne marche des appareils.

9° Les arracheurs ne doivent exiger pour leur marche et leur bon fonctionnement qu'une force de traction aussi légère que possible.

10° Le maniement des appareils doit être simple et facile.

11° Leur construction sera telle qu'ils puissent fonctionner dans tous les terrains.

12° Les instruments présentés seront soumis aux essais, chaque fois que la commission le jugera utile pendant toute la durée des arrachages, et ce à partir du 10 septembre au plus tard.

13° Chaque constructeur devra fournir trois machines de chaque système, savoir :

Une chez M. Landrin, sucrerie de Montrouge, près La Fère (Aisne).

Une chez M. X. (le nom sera ultérieurement désigné).

Une chez M. Bouchon, à Nassandres (Eure).

14° Le jury désigné par la Chambre syndicale sera seul juge pour apprécier le mérite et la valeur des instruments.

Il décidera si toutes les conditions du programme sont suffisamment remplies pour permettre l'attribution des prix.

Pour renseignements, s'adresser à M. l'Administrateur du Syndicat, 42, rue du Louvre.

La température et les récoltes. — Durant cette quinzaine encore, de violents orages, alternant avec d'assez longues embellies, ont encore traversé la plupart de nos régions ; notre récolte continue à souffrir de ces diverses intempéries.

Aucune illusion n'est possible aujourd'hui ; notre rendement en blé sera sensiblement déficitaire tant sous le rapport de la quantité que sous celui de la qualité.

Nos besoins en blé pour une campagne agricole — douze mois du 1er août au 31 juillet suivant — se décomposent comme suit, nous le rappelons :

Alimentation	hectol.	103 300.000
Semences	—	15.000.000
Industrie	—	4 200.000
Total de nos besoins annuels :		122.500.000

Et nous sommes certainement dans la vérité en disant que nous devrons importer en 1890-1891, de 18 à 20 millions d'hectolitres de blés étrangers.

Prenons la moyenne, 19 millions ; à 18 fr. l'hectolitre, chiffre rond, nous serons donc tributaires de l'étranger, rien que pour le froment, de 342 millions de francs pour les douze mois de la campagne qui va commencer le 1er août prochain.

Tels sont les termes exacts par lesquels nous devons, pour le moment, envisager notre situation agricole au point de vue de nos besoins en blé ; souhaitons, maintenant, que nous n'ayons pas, une fois connu le rendement définitif de notre récolte, à augmenter nos évaluations à l'importation.

Ajoutons que les prix des blés étrangers dépendront beaucoup des besoins d'importation de l'Angleterre ; le prix de 18 fr. que nous donnons, à l'hectolitre et sans droit douanier, ne saurait donc avoir rien d'immuable.

Les seigles et les escourgeons laissent également beaucoup à désirer par suite de la persistance du mauvais temps. Les fourrages se rentrent difficilement, la qualité d'ensemble ne sera que très médiocre.

La vigne est généralement en bon état dans le midi ; le produit en pommes à cidre sera meilleur qu'on ne l'avait cru tout d'abord.

Les avis concernant les pommes de terre sont satisfaisants jusqu'à ce jour.

Les offres en blé sont presque nulles sur tous nos marchés ; la hausse fait d'incessants progrès quoique les cours ne puissent être envisagés que comme nominaux ; comme moyenne des prix, nous arrivons, cette huitaine, à 27.75 contre 26.75 il y a huit jours.

La meunerie est obligée d'acheter des blés exotiques qui, eux aussi, se retrouvent avec 1 franc de hausse environ. Partout, chez nous, les farines sont en hausse de 1 fr. à 1 fr. 50 par 157 kil. Les issues sont à cours fermes, la meunerie ne tournant que peu aux prix où sont les froments.

Les avoines sont à tendance plus calme. On ne s'occupe pas encore assez de seigle et d'escourgeon nouveaux pour qu'il soit possible de déterminer des cours de début.

Concours de moissonneuses-lieuses. — Le concours de moissonneuses-lieuses, organisé par le Comice de Châlons, a eu lieu le 13 juillet, sous la direction de M. Ponsard, en présence d'une très nombreuse affluence de cultivateurs. Ce concours était divisé en deux parties, pour lesquels les résultats ont été :

Constructeurs. — 1er prix, moissonneuse-lieuse Hornsby ; — 2e moissonneuse-lieuse Triumph ; — 3e, moissonneuse-lieuse Marc-Cormick ; — 4e, moissonneuse-lieuse Massey ; — 5e, moissonneuse-lieuse Johnston ; 6e, lieuse Adrianc.

Cultivateurs. — 1er prix, M. Charles Remiet, travaillant avec la lieuse Johnston ; — 2e, M. H. Courtin, travaillant avec la lieuse Marc-Cormick ; — 3e, M. B. Lacoisne, travaillant avec la lieuse Wood.

« LE GERMINATEUR »

MM. Georges Bossière et Cie nous prient d'informer nos lecteurs que, par suite de la perte douloureuse qu'ils ont faite en la personne de leur associé M. Gustave Durand, ils continuent les affaires sous la raison sociale

Georges BOSSIÈRE et Cie.

Ils espèrent que ceux qui ne se sont pas encore servis « du Germinateur » voudront bien en faire l'essai, et ils se mettent à la disposition de leurs nouveaux clients pour leur adresser la quantité de boîtes dont ils auraient besoin pour les semences d'automne. Ils se permettent de rappeler que tous ceux qui ont usé de leur produit pour le chaulage des grains et le traitement des maladies de la vigne, ont été entièrement satisfaits.

GEORGES BOSSIÈRE et Cie.

CONSEILS DU JARDINIER

TRAVAUX HORTICOLES DU MOIS D'AOUT.

Potager. — Semer l'épinard pour la consommation d'automne, semer la mâche. Après le 15 août, semer l'oignon blanc hâtif de Paris ou le blanc hâtif de la Reine, la carotte courte de Hollande ; en pépinière, les choux d'York, Express, Cœur de Bœuf, les laitues Marine et de la Passion. Continuer la récolte des graines.

Jardin fruitier. — Poursuivre l'application des opérations de la taille d'été, greffe en approche, greffe en écusson, greffe des boutons à fruits.

Jardin d'agrément. — Hâter l'écussonnage du rosier, planter les tagètes, reines-marguerites, zinnias, etc., semer les pensées, myosotis, giroflées silènes, bouturage du géranium.

HORTUS.

CONSEILS A LA FERMIÈRE

NOURRITURE DES POULES PONDEUSES

S'il est, en ce moment, un sujet d'actualité, c'est bien celui des poules pondeuses. Partout la ponte est en pleine activité, partout on s'occupe d'aménager et de peupler les parquets pour la reproduction, et si, par hasard, dans quelques localités humides et froides, les poules n'ont pas encore arboré leur belle crête rouge et développée, signe de vigueur et de production, les amateurs qui les possèdent s'efforcent par tous les moyens, de provoquer ces heureuses dispositions.

C'est surtout par la nourriture qu'il convient d'agir, à moins que l'on puise offrir aux poules la liberté absolue aux champs ou aux bois, auquel cas la question de nourriture devient tout à fait secondaire.

Beaucoup de personnes s'imaginent qu'avec de bonnes pâtées on stimule la ponte et, partant de ce principe, bourrent leurs volailles de son mouillé, gros ou fin, de recoupes, de pommes de terre mêlées à du son; d'autres attribuent toutes les vertus à la farine d'orge et en font une pâtée gluante qui, en s'attachant aux plumes de la gorge ou de la huppe, donne aux poules l'aspect le plus pitoyable; on voit aussi distribuer du biscuit de troupe trempé dans de l'eau pure. Tout cela constitue le plus déplorable aliment qu'on puisse donner à des bêtes faisant presque quotidiennement une dépense aussi considérable que celle de la production d'un œuf. Car il est un fait dont on ne se rend pas suffisamment compte, c'est qu'une poule qui a donné 25 à 30 œufs, c'est-à-dire qui a pondu pendant deux mois à peine, a dû trouver en elle-même et prélever sur son économie pendant ce court laps de temps, une somme de matières des plus riches en éléments de toute nature, au moins égale à son propre poids.

Ce n'est donc uniquement qu'une nourriture très riche en azote et en phosphate qui peut compenser une production aussi intense. Ce n'est pas dans les pâtées que ces éléments abondent. Celles-ci ne sont bonne que pour développer un tempérament lymphatique, parfait chez les bêtes destinées à la consommation, mais détestable au point de vue de la production, et aussi de la reproduction.

Les grains riches en principes nutritif et excitants, tels que: l'avoine, le maïs, le sarrazin, sont ceux qui conviennent le mieux aux poules pondeuses. UNE MÉNAGÈRE.

JURISPRUDENCE RURALE.

SENTIER TOLÉRÉ. — CLASSEMENT ABUSIF COMME CHEMIN RURAL

— Un petit sentier traverse ma propriété; par complaisance j'en ai permis l'usage; or voici que j'apprends que, pour me récompenser, le maire se propose de demander au préfet de le faire classer comme chemin rural.

— Où mène ce sentier?

— Dans les champs, à des pièces de terre possédées par divers habitants.

— S'il en est ainsi, il n'est même pas susceptible de classement; en effet, aux termes de la loi du 16 août 1881, sur les chemins et sentiers d'exploitation, un chemin rural public est seulement celui qui est destiné à relier le centre de la commune à un hameau, à une route, à un chemin de fer, à un canal, à l'église, au cimetière, à la mairie, à l'école, à une fontaine publique, à un abreuvoir, un chemin vicinal à un autre.

— Je ne suis pas du tout dans ce cas.

— En outre, dis-moi, si on passe souvent par le sentier et si la commune s'est jamais occupée de l'entretenir?

— En aucune façon, et quelques personnes seulement y passent de temps en temps pour aller plus vite à leur champs.

— Voilà qui va bien, en effet; pour qu'il puisse y avoir arrêté de classement, il ne suffit pas qu'il y ait destination à un usage public, comme je viens de te l'expliquer, il faut encore qu'il y ait circulation générale et continue et actes réitérés de surveillance et de voirie, émanant de l'autorité municipale.

— Il n'y a jamais rien eu de pareil.

— Alors c'est parfait, tu peux attendre sans crainte l'arrêté de classement dont tu es menacé; il est peu probable que le préfet donne raison au maire; mais s'il le faisait, par ignorance de la loi ou par abus de son pouvoir, comme cela aujourd'hui se voit plus d'une fois, son arrêté n'aurait aucune valeur et il te serait facile de faire reconnaître ton droit par les tribunaux; d'ailleurs si les arrêtés de classement des chemins ruraux établissent au profit des communes une présomption de publicité et de propriété, ils sont toujours rendus sous la réserve des droits de tiers; c'est pour cela que la loi veut qu'ils soient affichés et notifiés aux riverains afin que chacun puisse, devant la justice, qui doit avoir le dernier mot sur l'administration dans les affaires de ce genre, faire reconnaître son droit de possession et de propriété. UN VIEUX JUGE DE PAIX.

PETITE POSTE.

M. H. R..., à A... (Eure-et Loire). — 1° *Eau-de-vie de miel.* — Dans le sens strict de la loi, il faudrait une déclaration. Mais nous pensons, que pour une fabrication si minime, il serait ridicule de l'exiger.

En tout cas, nous vous conseillons la prudence et de la discrétion;

2° *Bière de ménage.* — Plusieurs recettes ont déjà été données l'année dernière. Dans trois semaines, dès le retour de notre collaborateur spécial, il vous sera de nouveau donné satisfaction.

M. D. L. C... (Sarthe). — *Blanc des pommiers.* — Frottez les branches atteintes avec une petite brosse imbibée d'eau pétrolée (trois verres de pétrole dans un litre d'eau).

M. V. T..., à L...-G... (Indre). — *Diarrhée des vaches.* — Provende phosphatée Savary, suivant les doses que vous pouvez demander directement à M. Savary, pharmacien à Amiens (Somme).

MENUS PROPOS.

Monsieur et son domestique:

— Comment! Baptiste, je vous envoie chercher le médecin et c'est un vétérinaire que vous m'amenez?

— Monsieur se plaignait d'avoir une fièvre de cheval!

* * *

Examen de pharmacie:

— Quel est le meilleur isolateur connu?

Le candidat, un jeune étudiant maigre et pâle, au teint bilieux, à l'air féroce:

— La pauvreté, monsieur!

BULLETIN FINANCIER.

Une légère détente se produit sur le marché. Le 3 0/0 finit à 92 55; le 4 1/2 0/0 à 106 82.

Les grands établissements de crédit subissent l'influence de la réaction qui opère sur les rentes; le Crédit Foncier clôture à 1,242. Notre grand établissement hypothécaire est à un cours qui doit encourager les acheteurs. La solidité incontestable et incontestée donne aux capitaux de placement une sécurité parfaite. La Banque de Paris à 805, la Banque d'Escompte à 507, le Crédit Lyonnais à 753 sont très calmes. La Société Générale affirme ses tendances à gagner le pair en demeurant très ferme à 490. La Société de dépôts et comptes courants est également en bonne position à 600.

D'assez nombreuses transactions ont eu lieu sur la Banque Nationale du Brésil, dont les cours ont oscillé de 607 à 609.

D'après les renseignements qui nous sont communiqués, le résultat définitif de l'émission des obligations de la Compagnie Nationale d'Électricité n'est pas encore connu, mais on a les meilleures nouvelles; il y a beaucoup de petites souscriptions. Le classement du titre est particulièrement bon, car les obligations vont se trouver réparties dans un très grand nombre de mains, ce qui est toujours un élément de hausse.

Il est incontestable que les affaires immobilières offrent aux actionnaires des garanties de premier ordre. C'est à cause de cela que les actions de la Société des Immeubles de Saint-Pétersbourg jouissent de l'attention du public. Complètement libérées au porteur, ces titres se négocient au pair de 500 francs.

On sait que la Société possède à Saint-Pétersbourg des maisons de rapport, des halles, des marchés qu'elle a fait construire sur des terrains lui appartenant. Une fois la dette hypothécaire amortie, les actions auront un revenu de plus de 10 0/0 et l'amortissement complet du titre se fera certainement à un taux qui doublera le capital.

Les actions des Établissements Eiffel sont négociées de 508 à 570; les Alpines sont à 215; les Chemins économiques à 412.

HALLES ET MARCHÉS.

CÉRÉALES. — *Marchés français.*

Prix par 100 kilogr.

REGIONS	BLÉ Prix moyen	BLÉ Hausse	BLÉ Baisse	PRIX MOYEN. Seigle	PRIX MOYEN. Orge	PRIX MOYEN. Avoine
Nord-Ouest....	25 87	» 57	»	16 87	17 62	21 13
Nord..........	25 65	» 60	»	16 15	19 6	21 46
Nord-Est......	25 92	» 30	»	16 54	19 43	21 35
Ouest.........	25 97	» 40	»	17 15	18 25	21 »
Centre........	26 04	» 36	»	17 70	19 60	21 55
Est...........	25 58	» 19	»	17 21	18 58	20 88
Sud-Ouest	25 41	»	»	18 50	18 »	21 55
Sud...........	25 65	»	»	18 61	17 95	21 62
Sud-Est.......	24 75	»	» 15	17 95	16 90	20 95
Prix moyens..	25 64	»	»	17 38	18 41	21 27
Sur la huitaine préc. Hausse	» 23	»	»	» 35	»	» »3
Sur la huitaine préc. Baisse	»	»	»	»	» 18	x

1re région. NORD-OUEST.	BLÉ 1re qualité	BLÉ Prix moyen	Seigle Prix.	Orge. Prix.	Avoine Prix.
Calvados. — Caen..	27 50	26 75	16 »	19 25	23 »
C.-d.-N. — Lannion..	26 »	25 25	»	17 75	»
Finistère. — Morlaix	25 50	24 7	»	17 50	18 50
I.-et-V. — Rennes..	27 50	26 75	»	16 25	20 25
Manch. — Avranches	27 25	26 50	»	16 59	21 50
Mayenne. — Laval..	27 75	27 »	»	»	20 50
Morb. — Hennebont	24 2.	23 5	17 50	»	20 50
Orne. — Alençon...	26 25	25 50	16 50	18 50	22 »
Sarthe. — Le Mans.	26 50	25 75	17 50	»	22 50
— Sablé.....	2[illegible] 75	26 »	»	»	21 50
Prix moyens........	26 62	25 87	16 87	17 62	21 13
Sur la semaine précédente.. Hausse...	» 37	0 37	» 02	»	» 47
Sur la semaine précédente.. Baisse...	»	»	»	» 21	»

2e région. — NORD.

Aisne. — Soissons	27 »	26 25	16 »	»	21 »
— Chauny	26 75	26 »	15 »	»	20 »
Eure. — Evreux	27 »	26 25	15 50	18 »	21 »
E.-et-L. — Chartres	28 »	27 25	18 »	19 »	21 »
— Nogent-le-Roi	26 50	25 75	14 75	19 50	21 »
Nord. — Lille	25 50	24 75	16 50	19 »	22 »
— Douai	27 50	26 75	16 25	20 50	22 25
Oise. — Compiègne	27 »	26 25	16 »	19 »	21 50
— Beauvais	25 »	24 25	17 50	21 »	23 75
Pas-de-Cal.—Arras	25 25	24 50	16 »	20 »	19 »
— Bapaume	24 50	23 75	15 75	18 »	17 25
Seine. — Paris	27 50	26 75	17 75	22 »	21 50
Seine-et-M. — Meaux	27 »	26 25	15 50	18 75	21 »
— Melun	26 50	25 75	16 »	18 75	21 »
S.-et-O. Angerville	26 50	25 75	18 »	»	21 »
— Versailles	26 50	25 75	16 50	23 50	25 »
Seine-Inf. — Rouen	27 »	26 25	15 75	18 50	24 »
Somme. — Amiens	26 »	25 75	»	20 25	21 »
— Doullens	25 »	24 25	16 »	19 »	20 25
Prix moyens	26 40	25 65	16 15	19 67	21 46
Sur la semaine précédente. Hausse	0 69	0 60	0 22	»	0 11
Baisse	»	»	»	0 17	»

3e région. — NORD-EST.

Ardennes. Sedan	25 50	24 75	16 50	22 25	22 75
— Vouziers	26 »	25 25	15 »	17 75	20 75
Aube.—Bar-s-Aube	26 75	26 »	16 50	19 »	21 50
— Bar-s-Seine	26 50	25 75	»	20 »	22 »
Marne.-Châlons-s-M	27 »	26 75	17 »	»	21 25
— Reims	27 50	25 »	16 25	18 50	21 50
Hte-Marne.-Langres	26 »	25 25	16 50	»	20 50
Meurthe. — Toul	26 50	25 75	16 50	18 »	20 75
Meuse.—Bar-le-Duc	27 25	26 75	16 50	20 50	22 »
Vosges.— Neufchât.	27 50	26 75	»	»	20 50
Prix moyens	26 67	25 92	16 34	19 41	21 35
Sur la semaine précédente. Hausse	0 30	0 30	0 02	»	»
Baisse	»	»	»	0 32	0 05

4e région. — OUEST.

Charente. Angoulême	27 »	26 25	19 »	19 »	22 25
Char.-Infér. Marans	25 50	24 75	»	»	20 »
Deux-Sèvres. St-Maixent	25 75	25 »	»	17 »	21 »
Indre-et-Loire. Bléré	26 75	26 »	»	18 50	20 »
— Châteaurenault	27 50	26 75	17 »	20 »	21 »
Loire-Infér. Nantes	27 50	26 75	17 50	»	20 50
Maine-et-L. Saumur	27 50	26 75	16 25	»	21 50
— Angers	28 »	27 25	»	»	20 75
Vendée. — Luçon	25 50	24 75	»	16 75	21 50
Vienne. — Poitiers	»	»	»	»	»
Hte-Vienne. Limoges	26 25	24 50	»	»	21 50
Prix moyens	26 75	25 96	17 1.	18 25	21 »
Sur la semaine précédente. Hausse	0 40	0 40	0 26	»	0 03
Baisse	»	»	»	0 35	»

5e région. — CENTRE.

Allier.—St-Pourçain	26 75	26 »	18 »	21 50	21 50
Cher. — Bourges	26 50	27 75	18 »	19 50	20 25
— Sancerre	26 50	25 75	»	»	21 »
Creuse.—Aubusson	25 50	24 75	17 25	»	23 »
Indre. — Issoudun	27 »	26 25	»	»	21 25
— Châteauroux	27 50	26 75	»	19 50	»
Loiret. — Orléans	27 »	26 25	»	»	»
Loir-et-Cher. Blois	28 50	27 75	17 »	17 »	20 50
Nièvre. — Nevers	26 »	25 20	»	21 75	22 »
Puy-de-Dôme. Riom	24 »	23 25	20 »	18 50	21 75
Yonne. St-Florentin	26 »	26 »	»	19 50	21 50
— Sens	27 50	26 75	16 »	»	22 75
Prix moyens	26 79	26 04	17 70	19 60	21 55
Sur la semaine précédente. Hausse	» 36	» 36	» 08	»	» 22
Baisse	»	»	»	» 05	»

6e région. — EST.

Ain. — Bourg	27 »	26 25	17 »	»	»
Côte-d'Or. — Dijon	27 »	26 25	15 50	»	21 50
— Semur	26 »	25 25	»	20 50	20 50
Doubs. — Besançon	27 »	26 25	»	»	19 50
Isère. — Voiron	25 75	25 »	17 »	17 75	20 »
— Bourgoin	25 75	25 »	17 75	17 50	20 25
Jura. — Dôle	27 »	27 25	»	»	20 75
Loire.— Montbrison	26 »	25 »	18 »	»	23 »
Rhône. — Lyon	26 25	26 »	18 25	»	22 »
Saône-et L. Chalon	25 50	25 75	16 75	»	22 »
Haute-Saône.—Gray	26 »	25 »	»	»	20 25
— Vesoul	25 75	24 75	»	»	19 50
Savoie.—Chambéry	26 75	26 »	»	»	22 »
Hte-Savoie. La Roche	25 »	24 75	17 50	»	20 25
Prix moyens	26 14	25 58	17 21	18 58	20 88
Sur la semaine précédente. Hausse	0 24	0 19	0 15	»	»
Baisse	»	»	»	0 23	0 10

7e région. — SUD-OUEST.

Ariège. — Pamiers	25 75	25 »	»	»	»
Dordogne.— Piégut	27 »	26 25	19 »	»	»
Hte-Garonne. Toulouse	26 75	26 »	»	»	19 75
Gers. — Mirande	27 25	26 50	»	»	21 »
Gironde.—Bordeaux	27 50	26 75	»	»	21 50
Landes — Dax	25 »	24 25	17 50	»	»
Lot-et-Garonne. Agen	27 »	26 25	19 »	18 »	23 »
B.Pyrénées. Bayonne	24 75	24 »	»	»	22 50
H.Pyrénées. Tarbes	24 50	23 75	»	»	»
Prix moyens	26 16	25 41	18 81	18 50	21 55
Sur la semaine précédente. Hausse	»	»	0 41	0 25	»
Baisse	»	»	»	»	0 36

8e région. — SUD.

Aude. Castelnaudary	26 »	25 25	18 »	»	22 »
Aveyron.— Villefranche	27 75	27 »	»	»	21 »
Cantal. — Mauriac	26 75	27 »	23 »	»	24 »
Corrèze. — Tulle	26 »	25 25	18 »	16 »	21 20
Hérault. — Béziers	27 75	27 »	20 »	17 50	21 55
Lot. — Figeac	24 75	24 »	15 50	»	19 »
Lozère. — Mende	24 75	24 »	21 »	21 »	20 50
Pyrén.Or. Perpignan	24 75	21 »	19 25	18 50	23 50
Tarn. — Castres	27 »	26 25	15 7.	»	22 »
Tarn-et-G. Montauban	27 50	26 75	16 50	16 75	21 50
Prix moyens	26 40	25 65	18 61	17 95	21 62
Sur la semaine précédente. Hausse	»	»	0 09	»	0 01
Baisse	»	»	»	0 05	»

9e région. — SUD-EST.

H-Alpes.—St-Bonnet	24 »	23 25	16 75	16 »	»
B.-Alpes. Manosque	25 50	24 75	»	»	20 50
Alpes-Marit. Nice	25 »	24 25	18 50	19 »	»
Ardèche. — Privas	26 »	25 25	18 50	15 50	20 »
B-Rhône. Tarascon	27 »	26 25	»	»	»
Drôme. — Valence	25 »	24 25	16 50	»	22 »
Gard — Nîmes	25 50	24 75	»	15 »	20 »
Hte-Loire. — Le Puy	26 25	25 50	20 »	»	21 25
Var. — Draguignan	25 »	24 25	»	»	»
Vaucl. Carpentras	25 75	25 »	»	19 »	22 »
Prix moyens	25 50	24 75	17 95	16 90	20 95
Sur la semaine précédente. Hausse	»	0 15	0 20	0 25	»
Baisse	0 15	»	»	»	0 05

ALGÉRIE.	Blé. tendre	Blé. dur.	Seigle	Orge.	Av.
Constantine	»	»	»	»	»
Alger	22 50	19 25	»	12 75	16 75
Oran	»	»	»	»	»

Farines de consommation.

La vente est ordinaire en boulangerie; les prix restent sans variation.

	159 kil.		100 k.	
MARQUE DE CORBEIL	59 fr. (37 58 100 k.).			
Marques de choix	60 à	61	38 22 à	38 85
Premières marques	59	60	37 58	38 22
Bonnes marques	57	58	36 30	36 94
Marques ordinaires	56	57	35 66	36 30

Le sac de 159 k., toile à rendre, franco au domicile des acheteurs à 30 jours sans escompte, ou au comptant avec escompte de 1/2 0/0.

Fourrages et pailles.

Paris, La Chapelle.

	1re qté.		2e qté.		3e qté.	
Foin nouveau	48 à	50	45 à	46	43 à	44
Luzerne nouvelle	45	46	43	44	41	42
Paille de blé	39	40	35	37	30	33
Paille de seigle	37	33	34	36	32	33
Paille d'avoine	27	29	25	26	22	24

Le tout aux 104 bottes dans Paris.

COURS DE DIFFÉRENTS MARCHÉS (par 100 kil.).

	Paille.	Foin.
Beauvais	5 »	6 »
Sens	4 »	6 25
Blois	4 »	6 »
Douai	4 75	8 25
Toulouse	3 25	6 »
Angers	3 25	4 50
Orléans	5 50	6 50
Châlons-sur-Saône	2 80	7 75

Issues, les 100 kil.

Il n'y a, par continuation, que très peu d'offres, en raison du ralentissement de plus en plus général de la marche des usines, et la tendance est toujours très ferme.

Nous cotons par 100 kil. en gare d'arrivée à Paris :

Son écaille	13 75 à	14 »
— gros	13 25	13 50
— trois-cases	12 75	13 »
— fin	12 25	12 50
Recoupettes	12 25	12 50
Remoulages blancs	19 »	21 »
— bâtards	16 »	18 »

MARCHANDISES DIVERSES.

Fécules.

Les prix sont fermes; la cessation des pluies fait le plus grand bien aux pommes de terre tardives. La Hollande et l'Allemagne sont très réservées dans leurs offres et croient à des cours plus élevés.

Les 100 kil.

Paris. — Fécule 1re, grains	27 50 à	28 50
dito verte	» »	» »
Oise. — Fécule 1re, grains	26 50	27 50
Vosges. — Fécule 1re, grains	28 »	29 »
Loire. — Fécule 1re, grains	28 »	29 »
Auvergne. — Fécule 1re, grains	28 »	29 »
Fécules secondes selon qualité	20 »	25 »

Pommes de terre.

Les 1.000 kil.

Hollandaises	60 » à	80 »
Magnum bonum	60 »	65 »
Early roses	50 »	52 »
Saucisses	62 »	72 »
Rondes	45 »	50 »
Chardonnes	35 »	40 »

Tourteaux, les 100 kil.

	Colza	Œillette	Lin	Cam.
Lille	15 50 à 16 50	16 25 à 17 »	24 » à 25 50	16 »
Arras	16 » 17 50	14 50 16 »	17 » 18 50	16 »
Gd Moulin Corbeil	15 50		19 75	
	Cophra	Arachide déc.	Sésame	Colza
Marseille	12 » à 13 50	14 25	13 » à 14 25	12 50

GRAINES DIVERSES.

Maïs, les 100 kil.

Paris	13 25 à 14 75		Agen	15 »	16 »
Alais	13 50	15 75	Grenoble	15 »	15 75
Ruffec	13 50	16 »	Reims	15 25	16 »

Sarrazin, les 100 kil.

Paris	16 25 à 17 »		St-Pierre	15 50 à	17 25
Mayenne	15 »	16 50	Nantes	15 25	16 50
Rennes	15 75	16 50	Orléans	16 »	16 50

Légumes secs, les 100 kil.

	Haricots	Pois	Vesces	Lentilles
Paris	20 à 47	21 à 26	» »	45 à 70
Rouen	42 57	50 63	26 28	77 »
Marseille	18 30	23 32	25 34	19 24 50

Graines fourragères, les 100 kil.

Luz. de Prov.	» à	»	Minette	» à	»
— du Poitou	»	»	Sainfoin à 2 c.	»	»
— d'Italie	»	»	Sainfoin à 1 c.	»	»
Trèfle blanc	»	»	Pois jarras	»	»
— incarnat	35	55	Vesces	»	»

Huiles.

COLZA BRUT. — La baisse est assez importante à la reprise des affaires : elle se chiffre par 1 fr. sur le rapproché et 50 c. sur le livrable éloigné. Les acheteurs se montrent très réservés.

Le disponible est coté nominalement à 66 fr.

Le courant du mois, après avoir été fait à 67 fr., tombe sans transition à 66 fr. Les quatre derniers mois se cèdent à 63 75 et les quatre premiers mois à 62 50.

On cote au début de la réunion :

Disponible	66 » à	» »
Livrable courant du mois	67 »	66 »
Août	65 »	64 50
4 derniers mois	63 75	» »
4 premiers mois	63 75	» »

LIN — Prix en baisse de 25 cent. sur hier; affaires nulles.

On cote au début de la réunion :

Disponible	55 75 à	55 50
Livrable courant du mois	55 75	55 50
Août	55 75	55 50
4 derniers mois	54 75	54 25
4 premiers mois	53 75	53 25

Les 100 kil. net, logés, escompte 1 0/0.

Pétrole.

Les prix ne varient pas; nous cotons par wagon complet et pour marchandise disponible :

L'huile de pétrole raffinée vaut 49 fr. 50; l'essence rectifiée 60 fr. 50 les 100 kil.

On cote à l'hect. pour le détail :

PETROLE RAFFINE disponible .	39 50 à	»	»
ESSENCE RECTIFIEE, disponible	42 25	»	»

Laines.

ROUBAIX-TOURCOING, 29 juillet.

Laines à terme

Qualité peignée de fab.	Cours du jour.	Cours préc	*Qualité peignée courant*	Cours du jour.	Cours préc.
Courant...	5 9«	5 90	Courant...	» »	5 67
1 mois après	5 92	5 90	1 mois après	» »	5 65
2 —	5 92	5 90	2 —	» »	5 65
3 —	5 92	5 90	3 —	» »	5 65
4 —	5 92	5 90	4 —	» »	5 65

Marché soutenu. Ventes, 80,000 kil.

ANVERS, 29 juillet.

Peignés allemands de La Plata : Contrat B. sur août, 5 81 »/», septemb., 5 87 1/2, octobre, 5 87 1/2, novembre, 5 82 1/2 décembre, 5 80 »/», janvier, 5 72 1/2, février, 5 65 »/», mars, 5 62 1/2, avril, 5 60. Ventes, 140,000 kil.

Sucres.

Sucres raffinés. — Les prix restent bien tenus, mais sans variation.

Nous cotons, selon marques et époques de livraison, de 104 »» à 105 »» les 100 kil au comptant, sans escompte.

Sucres cristallisés n° 3, acquitté 95 » à 95 50; extra 95 50 les 100 k.; en poudre, 96 » à 96 50 les 100 kil.

Sucre cassé à la mécanique. . .	110 50 à	111 »
Cassons.	102 50	103 »
Menus déchets	102 »	102 50
Semoule	104 50	105 50
Glace	100 »	100 50
Sucre en poudre.	102 50	» »

Alcools. — Prix de l'hectol. nu, au compt.

Paris. 8/6 fin, betteraves, 1re qualité, l'hectolitre.			Lille disp	35 » à 37 75
90° dispon.	36 25 à	36 25	Cette	90 » 105 »
Août	36 50	36 75	Nîmes...	80 » 100 »
4 derniers.	37 50	37 50	Béziers..	75 » 100 »
			Pézenas .	75 » 100 »

Raisins secs à boisson.

(Cours de la maison Audibert, 53, rue des Minimes, à Marseille).

Corinthe, **Roi de Grèce**, petits grains Extra 1er choix	100 kilos		49.00
Corinthe, **le Turban**, gros grains......................	»	»	45.00
Corinthe petits grains, 1er choix.	»	»	45.00
Thyra 1er choix..............	»	»	39 00
Thyra, ordinaires............	»	»	35.00
Samos noirs, 1er choix.........	»	»	40 00
— muscasts, 1er choix....	»	»	40.00
Figues à distillerie............	»	»	27.00
Pachas, magnifiques, gros grains noirs, égrappés mangeables, seul dépôt en France.	»	»	70 »
Royaux, délicieux pour familles, en caisses de kilo net.	la caisse	»	0.95

Engrais. — Prix des 100 kil.:

Matières diverses pour engrais. — Cours commercial sur la place de Paris, par 100 kil., pour des ventes en gros de 30 000 kil. au moins.

Sang desséché moulu.	11/13 0/0 azote	23 » à	24 »
Viande desséchée....	9/11 0/0 —	» »	18 50
Cornes broyées......	13/14 0/0 —	21 60	» »
Cuir désagrégé	8/9 0/0 —	9 25	10 50
Laine engrais........	3 à 4 0/0 —	» »	» »
Nitrate de soude.....	15/16 0/0 —	19 75	20 75
Nitrate de potasse...	95 0/0 —	46 »	46 25
— ...	90 0/0 —	44 »	45 »
Muriate de potasse...	80 0/0 —	» »	» »
Sulfate de potasse...	90 0/0 —	25 »	25 50
Sulfate d'ammoniaq..	20/21 0/0 —	31 25	31 50
Chlorure de potassium	90 0/0 —	20 50	20 50
— Stassfurt.	80 à 85 0/0 —	17 10	» »
Cornes, cornailles pour brûler......		» »	» »
Déchets fins de cornes, frisures...		» »	» »

Phosphates des Ardennes. — En gare des Ardennes et de la Meuse, en sacs (les 100 kil.).

Pulvérisés. 14/16 0/0, acide phosph..	3 40 à	» »
— 18/20 0/0, —	4. »	» »
— 16/18 0/0, —	3 60	» »

Phosphates de Tavel.

50/», la tonne......................... 60 » à 110

Phosphates de l'Yonne. — Les 1.000 kil.

Moulus en sacs, wag. gre Toucy. 40 à 35 0/0 40 à 45

Phosphates de l'Auxois, Marigny Epoisses.

Pulvérisés 60 à 65 0/0................. 6 25 à 6 80

Sulfate de cuivre.

Les 100 kil........................ 58 50 à 59 »

Phosphates du Boulonnais 40/45...	4 60 à	» »
— de Pernes............	3 75	6 25
— du Cambresis 28/35....	3 75	4 »
— du Lot 30/40...........	3 »	4 50

Superphosphates, poudres d'os, etc.

Les 100 kilogr.

Phosph. préc. 35 à 40 %, acide phosph.	22 »	» »
— — 40 à 45 % —	24 50	» »
Superphosphates fossiles, 10 % acide phosphorique soluble et assimil. (les 100 kilog.)..................	6 75	» »
Superphosphates fossiles, 16 à 18 %.	10 25	» »
— d'os, 16 à 18 %, acide phosph..	13 »	12 »
Poudres d'os bruts................	14 »	» »

Engrais spéciaux. — Les 100 kilog.

Guano du Pérou.	10 à 16	Eng. chim. de H. Joulie,	
Guan du Pér. diss.	32 à 20		
Guan. az. fixe.	26 » à 27 »	Lag.......	15 » à 23 »

BEURRE, ŒUFS, VOLAILLES.

Paris, 30 juillet.

Beurres en mottes.

L'arrivage d'hier a été de 11,000 kil.
L'arrivage approximmatif a été de 47,000 kil.

Beurres en livres.

L'arrivage d'hier a été de 9,125 kil.

Fermiers	au kilo		Touraine	au kilo	
Extra	2 40 à	2 50	Extra	2 » à	2 10
1er choix.....	2 30	2 40	1er choix...	1 90	2 »
2e choix.....	2 20	2 30	2e choix.....	1 80	1 90
Ordinaire ...	2 »	2 10	Ordinaire ...	1 70	1 80
Bourgogne			Vendôme		
Choix	1 70	2 80	1er choix.....	2 »	2 10
Ordinaire ...	1 60	1 70	2e choix.....	1 90	2 »

Gâtinais			Ordinaire ...	1 0	1 780
1er choix.....	2 10	2 20	Beaugency		
2e choix.....	2 »	2 10	1er choix.....	2 »	2 10
Ordinaire ...	1 80	1 90	2e choix.....	1 90	2 »
Le Mans			Ordinaire ...	1 70	1 80
			Fausse Touraine		
Choix	1 70	2 80	Choix.......	1 80	1 90
Ordinaire ...	1 60	1 70	Ordinaire ...	1 70	1 80

Œufs, *le mille :*

Normandie (Extra)	78 à	90	Bourgogne . .	66 à	70
Picardie . . (Extra)	80	106	Champagne . .	73	75
Brie. . . . (Extra)	76	85	Nivernais . . .	65	68
Touraine gr. .	75	90	Cosne.	70	74
Touraine ord. .	66	72	Bourbonnais. .	61	68
Beauce	78	85	Bretagne . . .	56	62
Orne.	66	71	Vendée	58	61
Picardie ord. .	68	78	Auvergne . . .	60	62
Châtellerault. .	67	69	Midi.	65	68

Volailles et Gibiers.

Canards :			Pigeons :		
nantais (jeunes)	2 50 à	3 50	maconnais.	» 70 à	1 50
de ferme ...	1 75	3 »	italiens	» 55	1 40
Dindes nouv.	3 50	8 50	bizets......	» 45	1 20
Oies nouvelles	4 »	8 »	Poulets :		
— (2e qté).	2 50	4 »	nantais	2 75	5 50
Pintades...	2 50	4 »	touraine ...	2 75	5 50
Lapins domestiques.	1 50	4 »	gâtinais....	7 55	5 50
			du Midi....	1 75	3 »
Chevreaux .	» »	» »	communs. .	1 25	2 50

Marché : Peu de changements dans les cours.

Cours fournis par MM. de Bridiers, Jouslin et Scelle, facteurs assermentés, 2, r. de Valois, Paris.

BESTIAUX.

La Villette, 31 juillet. — Bestiaux. — Vente mauvaise sur le gros bétail, sur les moutons, sur les porcs, et très calme sur les veaux.

Cours officiels.	Amenés.	Vendus.	Poids moyen.	1re qualité.	2e qualité.	3e qualité.	Prix extrêmes.
Bœufs..	2.037	1.682	318	1 62	1 46	1 30	1 18 à 1 69
Vaches.	518	459	230	1 56	1 36	1 22	1 11 1 60
Taureau	151	132	398	1 40	1 30	1 20	1 16 1 41
Veaux..	1.557	1.407	74	1 50	1 30	1 20	1 1 70
Moutons	11.542	8.942	20	2 0	1 80	1 60	1 36 2 14
Porcs g.	4 307	4.167	77	1 58	1 52	1 46	1 40 1 66
Id. m.	»	»	»	» »	» »	» »	» » » »

Marché du lundi 28 juillet.

	Amenés	Vendus	PRIX AU POIDS NET 1re qual.	2e qual.	3e qual
Bœufs	3.141	2.301	1 64	1 18	1 30
Vaches.....	1.034	870	1 58	1 34	1 24
Taureaux ..	215	182	1 40	1 32	1 26
Veaux......	1.313	1.082	1 52	1 36	1 28
Moutons....	14.59	12 482	2 10	1 82	1 61
Porcs	2.137	2.107	1 68	1 61	1 58

	PRIX AU POIDS VIF 1re qual.	2e qual.	3e qual.	Prix extrêmes.
Bœufs..........	» 98	» 80	» 67	» 62 à 1 04
Vaches	» 94	» 75	» 58	» 52 » 97
Taureaux.......	» 87	» 76	» 67	» 68 » 92
Veaux..........	1 92	» 79	» 68	» 51 1 »
Moutons.........	1 10	» 91	» 79	» 61 1 12
Porcs...........	1 12	1 08	» 04	» 96 1 16
Peaux de moutons en laine.........				2 20 » »
Id. id. demi-laine.......				2 30 » »

Viandes abattues. — Criée du 25 juillet

		1r qualité.	2e qualité	3e qualité.
Bœufs	le kil.	1 50 à 3 »	1 70 à 2 80	1 » à 1 90
Veaux....	—	1 44 1 51	1 30 1 40	1 16 1 26
Moutons ..	—	1 80 1 90	1 30 1 76	1 » 1 30
Porc entier	—	1 46 1 5	1 20 1 46	1 » 1 10

Cuirs et peaux, les 50 kil.

Taureaux .	36 75 à	39 75	Vaches lourdes	36.75	39.25
Gros bœufs	46 25	49 75	— de bandes	33.70	34.75
Moy. bœufs	42 25	45 50	Gros veaux..	57.50	61.75
Pet. bœufs.	34 75	37 25	Petits veaux	64.25	65.50

Médaille d'Or. ✻ Exposition Universelle 1889. ✻ Médaille d'Argent.

VACHERIE A CÉDER

Paris, quartier riche, cause de décès, 15 vaches 1re qualité, 200 litres vendus 0.40 et 0.50 cent. Maison ancienne, boutique glaces et marbre, occasion exceptionnelle, 8.000 fr. bénéfices à placer par an. On traitera avec 10.000 fr. argent ou sans argent avec garanties sérieuses.

S'adresser à MM. Laporte et Lefranc, 93, boulevard Sébastopol, Paris.

MALADIES DU BÉTAIL
ET DE LA VOLAILLE

Leur traitement préventif et curatif

PAR L'ACIDE SALICYLIQUE

L'acide salicylique, employé dans la nourriture à la dose de 1/2 à 1 gramme par jour et par tête de bétail, est le meilleur préservatif des maladies qui procèdent par contagion : Sang de rate, Cocotte, Maladie aphtheuse, Erysipèle, Typhus, Morve, Variole et le Rouget des porcs, etc.

Des attestations nombreuses de guérisons obtenues pour la Cocotte et le Rouget des porcs ont été reproduites dans le *Journal l'Agriculture.*

La désinfection des étables, des écuries se fait instantanément au moyen d'un arrosage d'eau salicylée à 2 grammes par litre.

S'adresser à M. CERCKEL, administrateur de la *Compagnie de produits antiseptiques*, 28, rue Bergère, Paris.

Envoi sur demande de Prospectus et Brochures.

Prix du kil. 25 fr. — Boite de ménage, 2 fr.

SALAISON DES FOINS

Nourriture du bétail

et Engrais des terres.

Sel neuf dénaturé au Tourteau de colza, 55 fr. les 1,000 kilos.

Sel neuf dénaturé au Peroxyde de fer, 50 fr. les 1,000 kilos.

Sel de Morue pur, 45 fr. les 1,000 kilos.

Expéditions de Fécamp et de Bordeaux.

S'adresser à M. A. LE BORGNE, négociant à Fécamp (Seine-Inférieure).

PHARMACIE SAVARY

AMIENS, 33, Place Saint-Denis, 33, AMIENS

(EN FACE LE SQUARE).

PROVENDE AUX PHOSPHATES ASSIMILABLES

du Docteur DESCHAMPS.

Prix : 3 fr. le kilog.; 27 50 les 10 kilog. (Remises proportionnelles.)

Accroissement rapide des bestiaux, surtout chez les jeunes animaux, force nerveuse, fécondité, engraissement ; prévient surtout la diarrhée chez les jeunes veaux. Qualité exceptionnelle du lait.

M. Lefebvre, cultivateur à Marcelcave, a élevé un veau en lui administrant de la Provende phosphatée pendant 60 jours : tué à 70 jours, ce veau pesait 193 kilog., chiffre officiel constaté à l'abattoir. La viande était très blanche, ainsi qu'est prêt à l'attester M. Oheix, boucher à Amiens.

Les attestations émanant des sommités françaises et anglaises les plus accrédités ont été données à M. SAVARY.

25 PRIX D'HONNEUR ET GRANDS PRIX, 200 MÉDAILLES OR, VERMEIL, ETC.

GRANDES CULTURES DE GRAINES POTAGÈRES, FOURRAGÈRES ET DE FLEURS

E. FORGEOT & Cie

fournisseurs du ministère de l'Agriculture, des Ecoles nationales d'agriculture, des Syndicats agricoles, etc.

PARIS, quai de la Mégisserie, 6 et 8

Appareils spéciaux pour épurer et nettoyer les graines

SPÉCIALITÉ DE GRAINES DE GRANDE CULTURE

Luzernes et trèfles garantis sans cuscute, minette, vesces, sainfoins trèfles incarnats betteraves carottes, navets choux-navets, pommes de terre

Blés à grand rendement, Avoines, Orges, Seigles, Graines d'arbres pour reboisement

Graines de graminées pour prairies

Notre Maison ne vend que des graines de provenances sûres, assurant les meilleurs résultats ; elle accepte le contrôle de la Station d'Essais des Semences, établie à l'Institut agronomique par le Ministère de l'Agriculture, contrôle auquel nous sommes soumis dès sa création. En conséquence, nos graines sont garanties de levée et d'une pureté irréprochable ; nos trèfles et nos luzernes sont garantis sans un seul grain de cuscute.

Grande et importante **Spécialité de Créations de Prairies.** Nous nous chargeons d'établir des compositions convenant à la nature de chaque sol, et d'avance nous en assurons la réussite.

Sur demande, nous adressons *franco* nos catalogues illustrés de graines potagères, fleurs, arbres, fourrages, ognons à fleurs, plantes, etc.

VINS DU BEAUJOLAIS ET DE MACON.

J. DAMIRON

propriétaire-viticulteur à Saint-Julien en Beaujolais (Rhône).

A la fois délicat et nourrissant, le vin du *Beaujolais* est sans contredit l'un des meilleurs vins de table.

Par leur finesse et leur bouquet, *nos grands crûs* rivalisent avec ceux du Bordelais et de la Bourgogne, tout en étant moins chers.

Notre Vignoble, presque entièrement reconstitué, est aujourd'hui en état de fournir à la consommation ses vins si appréciés. Voici un aperçu des prix :

Vin ordinaire 1888 et 1887	....	110 à 130 fr.
Bonnes Côtes	id.	130 à 150
Saint-Julien	id.	160 à 200
Morgon, Fleurie, Thorins (vins classés de 1886 à 1884)	....	250 à 500

Grands crûs de Bourgogne : Beaune, Pommard, Corton.

Vins en bouteilles par caisses de 12, 25 et 50.

Le tout logé et pris en gare du Vignoble.

La Maison accepterait des représentants sérieux munis de bonnes références.

La Propriété offre des vignes américaines, boutures et racines de choix, et des plants greffés soudés et racinés garantis. — *Prix modérés.*

Adresser les correspondances à Villefranche, 44, rue de Thizy.

CRÉDIT AGRICOLE

UNION DES SYNDICATS AGRICOLES DE FRANCE

9, rue Marsollier, PARIS

Agence à LYON, 234, cours Lafayette, S. PLISSONNIER, Directeur ✻ M. A.

MACHINES AGRICOLES DE TOUS SYSTÈMES

TOURTEAUX et FARINES pour la nourriture du bétail.

ENGRAIS CHIMIQUES et ORGANIQUES, MATIÈRES PREMIÈRES

SEMENCES DE PREMIER CHOIX.

L'Administrateur-Gérant : Albert Renot.

Beauvais. — Imp. D. Père. — A. Cartier, Gérant.

11e Année. — 2e Série. — N° 550. Dimanche 10 Août 1890.

GAZETTE AGRICOLE

JOURNAL HEBDOMADAIRE, PARAISSANT LE DIMANCHE

Rédacteur en Chef : M. Ch. GOSSIN, Professeur d'Agriculture à l'Institut agricole de Beauvais

PRIX DE L'ABONNEMENT

UN AN, 5 fr. — SIX MOIS, 3 fr. 50. — TROIS MOIS, 1 fr. 50

Pour l'étranger les abonnements ne sont reçus que pour un an, au prix de 6 francs, et ne partent que du 1er janvier ou du 1er juillet de chaque année.

Il est indispensable de joindre à toute demande de changement d'adresse la dernière bande d'adresse du journal et 50 centimes pour frais de nouvelles bandes.

Adresser les *Abonnements* et *Annonces* à l'administrateur, 13, quai Voltaire, Paris, ou à M. GOSSIN, rédacteur en chef, à BEAUVAIS.

BUREAUX

13, quai Voltaire, Paris.

Les abonnements partent du 1er de chaque mois et sont payables d'avance. Toute demande d'abonnement doit donc être accompagnée du prix de l'abonnement. (Le mode de payement le plus simple est l'envoi d'un mandat-poste.)

Donner *très lisiblement*, en s'abonnant, son nom et son adresse exacte, *avec l'indication du bureau de poste* ; et, s'il s'agit d'une continuation d'abonnement, joindre au renouvellement la dernière bande d'adresse du journal.

La GAZETTE AGRICOLE insère gratuitement les Communications des Syndicats agricoles

SOMMAIRE :

PARIS, 8 AOUT.

Malgré la confiance que vous lui accordez et dont il cherche à se rendre digne, le Bonhomme Deschamps ne voudrait pas jurer cependant que vous êtes toujours de son avis. Il doit vous arriver de temps à autre de le trouver injuste ou trop sévère dans ses jugements sur le personnel ministériel et administratif de la République. Vous avez une si haute idée des devoirs d'un gouvernement, que vous avez peine à admettre chez ses représentants un mépris cynique des droits acquis et une absence de toute pudeur dans la distribution des emplois et des faveurs. Aussi bien que la chose soit pénible pour la dignité nationale, le Bonhomme Deschamps n'est pas autrement fâché de pouvoir vous administrer une preuve indéniable de l'équité de ses appréciations. Quand vous la connaîtrez, vous déciderez, en votre âme et conscience, si vraiment elle n'autorise pas à dire de nos maîtres plus de mal encore que n'en pense le Bonhomme Deschamps.

***

Le journal l'*Autorité*, que dirige et rédige M. Paul de Cassagnac, député, a publié, dans son numéro de samedi 2 août 1890, le document suivant :

Ministère des Finances. *Paris, le 8 mai 1890.*

CABINET DU MINISTRE.

Débits de tabacs.
Recettes buralistes.

Monsieur le Sénateur,

Vous avez bien voulu recommander M. Dubedat, demeurant à Bourdalat (Gers), qui sollicite une recette buraliste.

M. Dubedat, DONT LE CASIER JUDICIAIRE MENTIONNE TROIS CONDAMNATIONS, NE PEUT JUSTIFIER DE SERVICES CIVILS OU MILITAIRES ; DANS CES CONDITIONS, *il n'a pas été possible de prendre note de sa demande* POUR UNE RECETTE BURALISTE DE 1re CLASSE. *Le directeur des contributions indirectes du Gers* L'A TOUTEFOIS INSCRIT POUR UN BUREAU DE 2e CATÉGORIE, A SA NOMINATION.

Agréez, Monsieur le Sénateur, l'assurance de ma haute considération.

Le ministre des finances,
ROUVIER.

Transmis à M. Dubedat sentiments dévoués.
Dr LOURTIES,
sénateur.

Monsieur Lourties, sénateur.

Ce document, vraiment admirable en son genre, a été reproduit par tous les journaux conservateurs et par cette partie de la presse républicaine qui a encore quelque respect d'elle-même. Il n'a été démenti ni par le ministre des finances M. Rouvier, ni par le sénateur républicain M. Lourties. Force est donc de le considérer comme authentique, et il est probable que si M. de Cassagnac n'en avait l'original dans son tiroir, les républicains n'auraient pas manqué de crier à la calomnie et à la pièce fausse.

***

Ainsi voilà comment sous la troisième République, sous ce régime dont la prétention est de supprimer tous les abus, les faveurs gouvernementales sont accordées. On ne va pas, il est vrai, jusqu'à donner un bureau de 1re classe à un homme dépourvu de services civils ou militaires, mais muni par contre de trois condamnations, non : on n'ose pas jusque-là. Mais le sieur Dubedat étant républicain, et son protecteur, M. Lourties, étant sénateur républicain, on se rabat sur un bureau de 2e classe. Et pendant ce temps-là les fonctionnaires civils âgés et sans ressources, les soldats mutilés sur les champs de bataille, les veuves d'officiers chargées de famille, attendent avec impatience et sollicitent sans succès ce que M. Rouvier et M. Lourties réunis promettent et accordent sans hésiter à un homme qui, au lieu de services militaires ou civils, a sur le corps trois condamnations. Voilà, n'est il pas vrai, un bel encouragement pour donner son temps et sa santé à l'Etat et pour verser son sang dans les combats ! Mieux vaudrait se faire courtier électoral républicain ! falsifier les listes d'émargement, inventer des urnes à double fond, eût-on mené d'autre part la vie d'un sacripant. Et l'on nous parle tous les jours d'égalité, de justice, et de progrès !

***

Ce qui est encore plus affligeant, et — pourquoi ne pas le dire ? — plus honteux que ce document, c'est que sa publication ne paraît avoir porté aucun dommage ni au ministre des finances ni au sénateur républicain M. Lourties. Les journaux conservateurs ont crié, et avec raison. Leurs cris ont même trouvé un certain écho dans deux ou trois feuilles républicaines, et puis le silence s'est fait. Le scandale demeure impuni et M. Rouvier peut, avec la complicité de quelque autre sénateur ou député républicain, recommencer tranquillement le coup. Il fut un temps où la fibre nationale était plus sensible. A cette époque-là, un ministre des finances n'aurait jamais eu cette audace. S'il l'avait eue, il l'eût payé de la perte immédiate de son pouvoir, à moins qu'il n'eût expliqué ou démenti le fait. Avant même que le Parlement ne l'eût interpellé, ses collègues lui eussent fait honte de sa conduite et se fussent séparés ouvertement de lui. Ici, rien de pareil. M. Rouvier garde le silence et son portefeuille, la Chambre ne lui demande aucune explication, et les ministres ses collègues ne semblent pas souffrir de son voisinage. Il est vrai que ces derniers ne sont sans doute guère en mesure de se montrer difficiles, qu'ils ont à leur actif des scandales du même genre et que s'ils s'étaient avisés, comme on dit vulgairement, de lui chercher des puces, il les aurait payés de retour. Les loups ne se mangent pas entre eux et s'ils se querellent, ils font la paix sur le dos des moutons !

***

Ce n'est là qu'un fait, dira-t-on peut être, et bien qu'il soit énorme, l'exception ne fait pas la règle. Assurément sous tous les gouvernements il y a eu des méprises, du genre de celles-ci elles ont été bien rares, si même on peut appeler méprise le fait d'une promesse de bureau de tabac à un homme dont on sait assez les antécédents pour mentionner qu'il n'a ni services civils ni militaires, et qu'il a encouru trois condamnations ! Malheureusement ce scandale est comme la monnaie courante de la République. C'est ainsi qu'elle paie les services électoraux et qu'elle se maintient. Sans le concours des gens tarés dans chaque bourg et dans chaque village, qui ose tout pour faire élire le candidat officiel à la condition qu'une fois élu ce même candidat officiel se permette tout pour ses électeurs, jamais les Rouvier n'auraient été ministres, ni les Lourties sénateurs. Les uns commencent par passer la casse et les autres, en échange, distribuent le sené. Il en est ainsi depuis une dizaine d'années ou à peu près, dans la plupart des administrations, avec cette aggravaiton que plus les ministres changent plus le mal empire. Aussi la prudence conseille de ne pas épuiser dès maintenant son indignation, l'avenir, si la République actuelle dure, nous réservant d'autres sujets de révolte.

LE BONHOMME DESCHAMPS.

NOUVELLES DE LA SEMAINE.

M. Carnot en voyage. — Le départ du président de la République pour son voyage à La Rochelle est définitivement fixé. M. Carnot partira le 18 août de Fontainebleau, à 9 h. 10 du matin.

L'impôt foncier. — Le Sénat, après un semblant de résistance, a, par 35 voix de majorité, adopté le projet de loi de la Chambre sur la réforme de l'impôt foncier.

L'impôt de répartition a vécu et nous entrons dans l'inconnu et probablement dans l'arbitraire, grâce aux fonctionnaires républicains, de l'impôt de quotité.

La Légion d'honneur. — A l'occasion du 14 juillet on a fait une distribution de décorations de toutes les espèces. La Légion d'honneur a sévi avec une intensité foudroyante, les palmes académiques se sont répandues d'une façon torrentielle.

C'est à se demander : qui reste-t-il donc à décorer ?

Le *National*, journal républicain, qui s'étonne de cette diluvienne inondation de rubans rouges, violents ou verts, hasarde cette requête naïve, mais honnête :

Il faudrait, cependant, qu'on nous la rende enfin cette Légion d'honneur, telle qu'elle a été conçue et telle qu'elle devait être ; il faudrait que nous en arrivions, une bonne fois, à ne donner de ruban rouge qu'à ceux qui le méritent, qu'à ceux qui ne vivent ni des services rendus dans les couloirs parlementaires, ni des platitudes quasi-littéraires.

Le *National* attendra longtemps.

On sait que les républicains — sous la monarchie réclamaient la suppression de la Légion d'honneur. Ils avaient là-dessus tout un stock de théories superbes, sociales, philosophiques et démocratiques.

Seulement, une fois au pouvoir, ils se sont bien gardés de supprimer « ce hochet de la vanité ».

On a fait le calcul que, pendant et après la guerre, c'est-à-dire du 5 septembre 1870 au mois de mai 1871, ils avaient distribué plus de décorations que durant tout le règne de Napoléon III, et la monarchie de juillet, malgré les guerres d'Afrique, de Crimée, de Syrie, d'Italie et du Mexique !

La République avait donné presque autant de médailles qu'elle avait subi de revers !

Et depuis vingt ans, l'orgie ne s'est point arrêtée.

La France s'en va. — Un problème douloureux vient de se poser, à la suite des constatations du savant docteur Lagneau, devant l'Académie de médecine. C'est le problème de la dépopulation de la France.

Pendant longtemps, le chiffre de l'accroissement de la population est demeuré stationnaire. Le nombre des naissances égalait, à peu de chose près, le nombre des morts. Peut-être même les naissances étaient-elles légèrement supérieures aux morts.

Aujourd'hui, ce n'est plus cela : le nombre des morts l'emporte. Et pendant que chez les autres peuples, notamment chez les Russes et chez les Allemands, l'accroissement de la population suit une marche progressive et ascendante, chez nous le vide se fait, et cette marche en sens inverse du nombre des habitants, nous met en une situation de navrante infériorité !

Avec les conditions de la guerre nouvelle, avec les énormes contingents nécessaires, l'avenir est aux nations populeuses, car les nations populeuses fournissent les gros bataillons. De plus, il est à remarquer que, plus une population est dense, plus elle se montre industrieuse et plus elle travaille.

Il semblerait, en effet, que la difficulté de subvenir à ses besoins, crée une nouvelle énergie et encourage plus fortement au labeur.

Quoi qu'il en soit, le résultat est là, qu'on ne peut plus nier, qui crève les yeux, qui nous émeut, nous inquiète, nous épouvante : la France s'en va !

Distribution des prix laïque. — Nous sommes en pleine saison de distribution de prix. Aussi, nos bons républicains sont en liesse, le Gouvernement et les autorités universitaires ne désignant pour présider ces cérémonies, où la politique et les questions de personnes devraient être rigoureusement bannies, que des purs, des citoyens bien... embouchés, comme on va voir.

La scène se passe à l'école municipale Arago, à Paris, école archilaïque, fondée à grands frais par le Conseil municipal de Paris. Pour ne pas être suspect d'exagération, nous rapportons les faits tels que nous les trouvons racontés par un journal dévoué au Gouvernement, à M. Constans, à ses pompes et à ses œuvres.

Le citoyen libre penseur Caumeau, conseiller municipal de la Ville Lumière, préside, félicite les lauréats de leurs succès et ordonne la proclamation des prix.

Tout à coup, un deuxième conseiller municipal, tout aussi pur et aussi libre-penseur, le citoyen Marsoulan, qui représente le quartier de Bel-Air, s'avance sur le devant de l'estrade et s'écrie :

— J'ai beaucoup de choses à dire.

Le président le prie de bien vouloir attendre pour dire toutes ces choses que la lecture du palmarès soit terminée. La distribution s'achève.

Alors le citoyen Marsoulan s'avance de nouveau et tient ce langage :

— L'administration m'a chargé de venir déclarer que votre école est inférieure aux autres écoles similaires : Turgot, Lavoisier, Colbert, J.-B. Say. Chez vous, on ne se conforme pas aux programmes imposés ; votre discipline laisse à désirer. Mais nous arrangerons tout cela. Je viendrai vous voir souvent et je veillerai à ce que vous ne vous conduisiez plus COMME DES VOYOUS !... Je vous mettrai à la porte.

On comprend de quelle façon est accueilli ce langage extraordinaire.

Tout le monde est debout. Les sifflets, les huées couvrent la voix de l'orateur : A bas Marsoulan ! A la porte ! A l'eau ! crie-t-on de toutes parts. La femme du directeur de l'école s'évanouit. Le tumulte est à son comble. On se croirait dans un club révolutionnaire.

Enfin, le citoyen président Caumeau lève la séance au bruit des pleurs des enfants, des sifflets et des menaces des parents.

Tandis que le citoyen Marsoulan s'en va, il est violemment pris à partie par les assistants : « Vous en avez menti ! Vous êtes un misérable ! Vous déshonorez votre écharpe. Vous venez de vous conduire comme un malhonnête homme ! etc. ». Il essaie de tenir tête, mais cela va se gâter, des hommes lui mettent le poing sous le nez, des femmes l'empoignent. Le personnel de l'école parvient cependant à le préserver en le faisant entrer dans les bâtiments.

. . . .

Mais longtemps après, quand il sort, il y a encore un gros attroupement sur la place, et le conseiller municipal doit requérir des agents de police, de ces mêmes agents dont il demande la suppression.

Voilà les nouvelles mœurs laïques.

Sont-elles assez jolies ?

Une commune qui fond. — L'autorité départementale de la Côte-d'Or vient d'être informée du cas particulier de décroissance qui ne fait que s'accentuer dans la population de la commune de Semezanges.

En 1855, Semezanges comptait 337 habitants ; aujourd'hui, il n'y en a que 184 qui se divisent ainsi : 12 de 70 à 75 ans, 12 de 75 à 80 et 16 de 80 ans et au-dessus. En tout, 40 vieillards, soit un quart de la population.

On ne compte actuellement que 7 ménages au-dessous de 40 ans. Sur 72 affouagistes, il y a 24 veufs ou veuves âgés, et sur ces 24 il y en a 22 sans enfants. D'autre part, on compte 14 enfants de 6 à 13 ans.

L'OUVERTURE DE LA CHASSE

L'ouverture de la chasse est fixée dans les départements ci-après, aux dates suivantes :

15 août. — Alpes-Maritimes, Bouches-du-Rhône, Corse, Haute-Garonne, Landes, Lot-et-Garonne, Basses-Pyrénées, Hautes-Pyrénées, Pyrénées-Orientales, Tarn-et-Garonne et Var.
17 août. — Gard, Gironde, Hérault, Vaucluse.
17 août. — 1re zone des Basses-Alpes.
24 août. — 2e zone des Basses Alpes.

Pour les autres départements aucune date n'est encore arrêtée.

PROJET DE LOI

Relatif à l'indemnité due au fermier à fin de bail.

Article premier. — Le locataire ou fermier d'un domaine ou d'une terre qui y aura fait des améliorations de nature à produire une plus-value est autorisé à se faire rembourser par le bailleur, à sa sortie, les 4/5 de la plus-value non épuisée reconnue à cet époque; 1/5 restera acquis au bailleur.

Art. 2. — Sont considérés comme améliorations de nature à produire plus-value, mais ne peuvent êtres exécutées sans le consentement du propriétaire, ou si celui-ci refuse, sans l'avis favorable d'une commission d'expertise constituée à cet effet :

1° Création de pâtures ou prairies permanentes;

2° Création de prairies irriguées ou de travaux d'irrigation.

Les créations visées par les deux premiers paragraphes ne pourront jamais dépasser 15 0/0 de la totalité de l'exploitation.

3° Création ou amélioration de chemins d'exploitation;

4° Etablissement de puits ou réservoirs pour les usages domestiques, création de fossés servant à l'écoulement des eaux;

5° Plantations d'oseries, de vignes, d'arbres fruitiers, etc., ceux du jardin d'agrément exceptés;

6° Mise en culture de terrains vagues:

7° Drainage, nivellement.

Art. 3. — Le fermier-locataire qui voudra faire les travaux ci-dessus devra prévenir le propriétaire; si celui-ci refuse son consentement ou n'a pas donné réponse dans les dix jours, le juge de paix procédera, à la requête du preneur et à bref délai, à la constitution d'une commission d'expertise, qui aura pour mission de dire, après s'être entourée de tous les renseignements nécessaires, si ces travaux sont utiles et peuvent être exécutés.

Art. 4. — Cette commission sera composée de cinq membres, un choisi par le preneur, un choisi par le bailleur, et trois par le juge de paix.

Art. 5. — Si le bailleur refusait de désigner son expert, le juge de paix le nommerait en ses lieu et place.

Art. 6. — La commission dressera un procès-verbal de ses décisions. Le juge de paix le légalisera. Un exemplaire sera remis à chaque intéressé et un troisième restera à la justice de paix.

Art. 7. — N'ont pas besoin de l'approbation du bailleur les améliorations ci-dessous considérées comme produisant plus-value:

1° Approfondissement de la couche cultivée au moyen de profonds labours et feuillages;

2° Terrage, marnage, chaulage, etc.;

3° Emploi d'engrais commerciaux, nitrate et sulfate exceptés;

4° Fumiers, purins et engrais analogues.

Art. 8. — La constatation de la plus value se fera au moyen d'une expertise contradictoire, qui devra être faite avant l'enlèvement de la dernière récolte.

Art. 9. — L'initiative de ces formalités appartient au preneur, qui perdra tous ses droits s'il néglige de les faire en temps utile.

Art. 10. — La commission d'expertise sera composée de trois experts; l'un choisi par le fermier sortant, le second par le bailleur et le troisième par le juge de paix. Les décisions se prendront à la majorité des voix.

Art. 11. — Si le bailleur refuse de désigner son expert, le preneur présentera une requête au juge de paix qui le nommera dans les quarante-huit heures.

Art. 12. — Les juges de paix des cantons où est située la plus grande partie des biens jugeront en dernier ressort, et à bref délai, tous les différents qui pourraient surgir.

Art. 13. — Les frais seront partagés entre les parties.

Art. 14. — Toutes clauses de bail contraires à la présente loi seront nulles et non avenues.

RÉCOLTES DÉROBÉES

Dès qu'on enlève une récolte, il faut penser aux moissons suivantes.

Or, l'été est le temps de l'ameublissement du sol, de la fécondation par les agents atmosphériques; c'est aussi le temps de la destruction des chiendents, des insectes nuisibles, des vers blancs, des limaces.

A peine le blé est-il lié et mis en tas réguliers, profitons du peu de fraîcheur qui tient encore la terre tendre pour en attaquer la surface, soit par le scarificateur, soit par la charrue. Plus tard, cette même terre nous la labourerons à l'automne plus profondément. Ces deux cultures réunies, l'une travail d'été, l'autre travail d'automne, vaudront presque l'ancienne jachère complète, pour laquelle on donnait quatre labours en laissant le sol improductif pendant toute une année.

Au printemps, un simple trait de scarificateur et même de forte herse suffira pour mettre le champ en état de recevoir toute espèce de semence.

La terre que l'on a ainsi préparée d'avance pour les semailles printanières se trouve heureusement raffermie lors de ces semailles. Elle se dessèche ensuite beaucoup moins en été. Quant aux plantes nuisibles provenant de graines amenées à la surface par le dernier labour, elles sont toutes détruites par la culture du printemps.

A tous égards, la préparation du sol est donc beaucoup meilleure qu'elle ne sera si les chaumes restaient sans être entamés.

Pour peu que le temps ait de qualité, on peut, si on le travaille ainsi, y semer avec succès diverses plantes, soit pour pâturage des moutons, soit pour fourrage à faucher, soit pour engrais végétal à enfouir.

Ces plantes les voici :

1° *Seigle*, pour pâturage des moutons à l'automne, en hiver, au premier printemps; excellente ressource;

2° *Orge d'automne* et *seigle* pour fourrage à couper dès la fin d'avril. Il n'en faut pas de grandes étendues; ce fourrage durcit vite;

3° *Trèfle incarnat*, à faucher en mai, récolte à laquelle peut succéder en bonnes conditions un semi de cameline, de maïs-fourrage ou de haricots;

4° *Navette d'été*, à pâturer *l'année même*; plante cultivés sur une grande échelle en Lorraine et qui convient merveilleusement aux terrains calcaires : 10 litres de semence par hectare;

5° *Navette d'hiver*, à faucher au mois d'avril suivant; fourrage très apprécié en Champagne; 12 litres de semence par hectare; terrain calcaire;

6° *Moutardon* ou *moutarde blanche*, à faucher en novembre et décembre; fourrage excellent pour les vaches; 15 litres de semences par hectare;

7° *Sarrasin* ou *blé noir*, pour engrais végétal; l'une des meilleures plantes à enfouir; 60 à 75 litres *au plus* de semence par hectare;

8° *Navet* à arracher en novembre pour les moutons et les vaches; 12 litres de semence par hectare.

Aucune de ces graines ne veut être enfouie profondément. En revanche, la surface du sol doit être parfaitement pulvérisée.

S'il tombe de temps en temps des pluies bienfaisantes, la réussite est assurée.

Supposé que par l'effet de la sécheresse ces récoltes dérobées soient compromises, du moins le sol se trouve cultivé et bien préparé pour l'année suivante.

Sous l'ardeur de la canicule, c'est le travail aratoire rapide et vigoureux qui doit surtout nous préoccuper.

Herse, rouleau, encore la herse!
Brisons le sol sans rechigner.
En tous sens qu'on le bouleverse;
Ici, diviser c'est régner.

Ch. Gossin.

QUALITÉS QUE DOIT AVOIR LE SOUFRE

pour être propre au traitement de l'oïdium.

Afin d'obtenir économiquement du soufre le maximum digne des services qu'il peut rendre dans le traitement de l'oïdium malade, dit M. de la Vergne, il faut qu'il s'applique facilement à tous les points des surfaces vertes que l'oïdium envahit; qu'il y adhère assez longtemps pour les protéger efficacement; qu'il ne puisse être ni la cause ni l'occasion d'aucune altération soit de la plante, soit de ses produits.

Le soufre sera donc d'autant plus propre au traitement de la vigne qu'il sera plus pulvérulent, plus fin, plus adhésif et plus pur.

Les soufres du commerce n'ont ni toutes ces qualités à la fois ni aucune d'elles au même degré.

Les poussières livrées à la viticulture proviennent ou du raffinage qui donne les « fleurs » et le « grésil » ou du « triturage », qui pulvérise le soufre brut, les canons de soufre raffiné et le soufre candi.

Que les poussières de soufre soient le produit du raffinage ou de la trituration; qu'elles soient fleurs pures ou mêlées de grésil, poudres de soufre brut, de soufre en canons ou de soufre candi, elles empêcheront l'oïdium de rendre la vigne malade, si elles sont appliquées dans des conditions convenables.

Existe-t-il cependant entre les diverses poussières de souffre, sous le rapport de leurs propriétés antiodiques des différences pouvant motiver une préférence de la part du cultivateur? Nous croyons, nous, qu'il en existe en faveur de la bonne fleur de soufre. Il en existe une très grande, sous le rapport de la pureté, de la finesse et de l'adhésivité.

Plus une poussière de soufre est pure, moins il en faut pour obtenir le résultat qu'elle doit donner, et moins elle fait courir au vin le risque d'avoir un mauvais goût.

Plus elle est fine, plus de surface elle peut couvrir sous le même poids.

Plus elle est adhésive, plus sûre et durable est son action sur les points qu'elle doit protéger, et moindre est la quantité qu'il est nécessaire d'en employer.

Tous les soufres, quels que soient d'ailleurs leur état, leur structure et leur forme, sont naturellement impurs quand ils sortent des usines à triturer ou des raffineries.

Nous ne parlons pas de matières étrangères que les soufres sublimés et triturés peuvent recevoir de la fraude, ou que l'incurie des raffineurs peut y laisser subsister. Il n'est ici question que de celle qu'une ou deux épurations normales ne suffisent pas à éliminer.

La « fleur de soufre » peut avoir plus de finesse qu'aucune poudre obtenue par la trituration la plus active et la plus prolongée. Il n'est pas rare, cependant, de rencontrer dans le commerce des fleurs plus grossières que certains soufres triturés.

La fleur de soufre se compose de grains sphériques (ronds) dont la surface paraît hérissée d'aspérités. Ces globules s'accolent les uns aux autres et forment des groupes ou des séries. Ils s'appliquent aux corps sur lesquels on les projettent et peuvent y adhérer facilement.

Le grésil n'a pas la même force adhérente; il est mobile, dur et grossier.

Les poudres de soufre brut ou de canon triturées sont composées de fragments plats et anguleux. Ces particules sont ordinairement rudes au toucher; elles glissent les unes sur les autres et n'adhèrent pas très bien; elles rejaillissent quand on les projette vivement sur des surfaces lisses et résistantes. Insufflées fortement sur le dessus de certaines feuilles, elles rebondissent en rendant un léger bruit.

La fleur de soufre se reconnaît, sous le *microscope, à la forme* de ses molécules, qui est celle de globules qu'on voit ou isolés sur le support, ou accolés à la suite les uns des autres, ou groupés comme les grains d'un chapelet ramassé en pelote. Vus à l'aide du même instrument, les triturés sont en partie anguleuses et plates, disséminées çà et là, où se touchant, sans adhérence marquée.

A l'œil nu, la belle fleur de soufre est d'un jaune serin, sans état cristallin. Roulée entre le pouce et l'index, elle ne paraît ni rude, ni dure, ni résistante; elle est douce et onctueuse presque au toucher.

Les triturés, au contraire, sont d'un jaune d'autant plus faible qu'ils ont été plus divisés; les bruts sont plus pâles que les raffinés, et moins doux, moins bien liés, moins onctueux que les fleurs.

Plus les grains d'une poudre sont tenus, plus grand est leur nombre sous le même poids.

Le degré de finesse d'une poussière se mesure donc au volume qu'elle a sous un poids donné. Comme c'est au poids que le soufre se vend, il importe beaucoup au vigneron que la poudre qu'il achète occupe une grande place et ne pèse que fort peu, car il pourra ainsi soufrer plus de vigne pour le même prix.

La finesse des fleurs de soufre ne pouvant être appréciée que par la comparaison de leur volume sous le même poids, on a dû chercher des procédés pour bien faire cette comparaison.

Le plus usuel consiste à verser dans un décilitre de fer blanc, *sans la tasser*, la poudre qu'on essaie après l'avoir désagrégée au moyen d'une lame de couteau sur une feuille de papier. Un décilitre ras de bonne fleur pèse de 35 à 40 grammes.

Quant à la pureté des soufres on s'en assure par plusieurs moyens : 1° en les brûlant, sous un poids déterminé, sur une lame de verre ou dans une capsule de porcelaine. Les soufres bien purs ne laissent pas de résidu. Tous ceux du commerce en laissent un plus ou moins grand dont on peut apprécier l'importance en le pesant. Il faut, pour cela, connaître d'avance le poids du verre ou de la porcelaine sur lesquels le soufre a été brûlé.

Tous les procédés chimiques pour essayer les soufres sont bons à citer, à la gloire de la science en général, et à l'honneur des savants qui les ont proposés en particulier; mais dans la pratique universelle, ils n'auront pas d'utilité.

La plupart des praticiens devront se contenter de l'application directe de la vue, du toucher et de quelques opérations de mesurage simples et faciles à exécuter.

Quand on applique le toucher à l'examen des poudres de soufre pour en connaître la nature et la finesse, il ne faut pas confondre la rudesse uniforme des triturés avec la dureté des grains de grésil qu'on peut trouver accidentellement dans les sublimés. Il existe peu de fleurs qui n'en contiennent pas. C'est même un moyen d'essai.

Lorsqu'après avoir roulé entre le pouce et l'index une pincée de poudre douce, souple et onctueuse d'ailleurs, on rencontre un grain aigre et dur, il ne faut pas s'étonner ni se croire en présence d'un trituré ou d'une mauvaise fleur.

Il faut seulement s'assurer à plusieurs reprises que ces sablons ne sont pas nombreux. Il est bon d'avoir pour terme de comparaison des échantillons de fines fleurs et de soufres triturés, soit bruts, soit raffinés. En rapprochant fréquemment de ces types les soufres qu'on examine, on devient essayeur très habile en peu de temps.

LES TOURTEAUX AU PATURAGE

Au moment où les bestiaux reprennent le régime du vert, il est important pour les éleveurs de bien comprendre un moyen de tirer le meilleur parti de ce régime, moyen très ignoré de la plupart d'entre eux jusqu'à ce jour.

Les herbes vertes varient beaucoup de valeur alimentaire, suivant le sol qui les a produites, le plus ou moins d'humidité de la saison pendant laquelle elles ont végété. Mais, en général, la meilleure des herbes ne constitue pas une alimentation bien équilibrée, c'est-à-dire contenant les éléments azoté, sucré, hydrocarboné, dans les proportions correspondant à la restitution de la matière animale. De même que dans le fumier engrais, il y a des éléments en excès, et d'autres en déficit, qui ne sont acquis qu'au prix d'une consommation exagérée.

Dans les herbes vertes, c'est l'élément azoté qui est principalement insuffisant. Le moyen de corriger ce défaut est bien simple. Il consiste à donner aux animaux cet élément au moyen de tourteaux délayés dans l'eau qu'on leur donne à boire.

Les tourteaux en effet qui contiennent de 5 à 8 0|0 d'azote peuvent fournir ce complément de nourriture, grâce auquel les animaux élevés et engraissés à l'herbe verte tireront un bien meilleur parti de ce régime, comme embonpoint et comme engraissement.

On peut leur donner le tourteau de plusieurs manières, soit en barbotage dans l'auge contenant l'eau destinée à les abreuver, soit dans une auge à côté de celle-ci. On divise le tourteau en grumeaux ou mieux en poudre.

Tous les tourteaux comestibles conviennent pour cet emploi. Il suffit d'en donner de 1 à 2 kilos par jour à chaque bête bovine du poids de 600 kilos; il serait plus nuisible qu'utile d'excéder cette ration. Au premier rang nous notons le tourteau de coton décortiqué, contenant de 7 à 8 0|0 d'azote, ceux d'arachides 6 1|2 à 7 1|2, recommandés surtout pour les vaches laitières, ceux de sesame 7, ceux de colza de noix, de chanvre de lin, 5 1|2 à 6, etc.

Par ce régime rationnel, l'élevage et l'engraissement au pâturage ou à l'herbe verte ou à l'étable, donnent des résultats plus prompts et plus complets que par l'herbe verte seule. — Nous recommandons vivement l'essai de ce régime amélioré à tous les éleveurs et engraisseurs de bestiaux de toute espèce.

Docteur AGRICOLA.

LES VICES RÉDHIBITOIRES

Nous avons eu déjà plusieurs fois l'occasion de faire remarquer que la loi du 2 avril 1888 sur les vices rédhibitoires ne s'applique pas à l'espèce bovine; que, par suite, dans les ventes d'animaux de cette espèce, il faut suivre les règles de droit commun.

C'est ce que le tribunal civil de Nogent-le-Rotrou, jugeant commercialement, vient de décider par un jugement rendu le 9 mai dans les circonstances suivantes :

Le 4 février, un sieur Massot, agissant pour le compte de son père, vendait à un sieur Menant, sur le marché de La Loupe, une vache, moyennant le prix de 200 fr. Menant revendait le même jour la vache à un sieur Grard, boucher. La vache fut reconnue atteinte de phthisie tuberculeuse et abattue sur le champ, d'après les ordres du vétérinaire du service sanitaire.

A la suite de ces faits, Menant assigna Massot père en restitution des 200 francs, prix de la vache, et en paiement : 1° de 35 fr. pour frais occasionnés par le marché ; 2° de 10 fr. de dommages-intérêts.

Pour résister à cette demande, Massot soutint d'abord que l'article 1er de la loi du 2 août 1884 relatif à l'action en garantie dans les ventes ou échanges d'animaux domestiques ne faisait pas exception en ce qui concerne ceux de l'espèce bovine; que, dès lors, les dispositions subséquentes visaient tous les animaux domestiques quels qu'ils fussent; qu'elles énuméraient les vices rédhibitoires qui pouvaient affecter certaines espèces d'animaux, et que les autres espèces étaient, à moins de vol manifeste de la part du vendeur, réputées exemptes de tout vice rédhibitoire caché ou apparent; que, d'ailleurs, l'art. 12 abrogeait, dans son paragraphe premier, les règlements imposant une garantie exceptionnelle aux vendeurs d'animaux destinés à la boucherie et, dans son paragraphe deuxième, la loi du 20 mai 1838 visant les animaux de l'espèce bovine; enfin, que la vache en question n'avait pas été vendue par lui comme marchandise destinée à l'alimentation publique, mais comme vache d'herbe, puisqu'elle était, ainsi que l'a qualifiée le vétérinaire expert, « d'une maigreur qui ne laissait rien à désirer. »

Le tribunal a statué ainsi :

« En droit,

« Attendu qu'il est de principe que l'obligation de garantie est si expressément imposée au vendeur qu'elle existe sans qu'elle ait été stipulée, alors même qu'il n'aurait pas connu les vices cachés et aurait été par suite de bonne foi ;

« Qu'il n'en est affranchi que s'il a stipulé qu'il ne serait obligé à aucune garantie ;

« Qu'une convention formelle ou une disposition spéciale et exceptionnelle peut seule y porter atteinte ;

« Attendu que cette exception se présente pour les espèces chevaline, ovine et porcine dans la loi du 2 août 1884 qui limite, pour ces trois espèces d'animaux, les vices rédhibitoires;

«Qu'il est inexact que cette exception s'applique à l'espèce bovine, la loi de 1884 ne pouvant, comme d'ailleurs toute loi d'exception, être étendue ;

« Que pour interpréter l'article premier de ladite loi, on doit se reporter aux articles subséquents, lesquels ne parlent pas des animaux de cette dernière catégorie ;

« Que, quant à l'art. 12, il ne s'occupe dans son paragraphe premier de l'espèce bovine que pour abroger les arrêts de règlements émanant du Parlement de Paris, qui avaient conféré aux marchands bouchers de la capitale une garantie exceptionnelle ;

« Que cette abrogation a eu pour résultat de placer ces marchands bouchers, pour leurs achats, sous le régime de droit commun, mais que quant aux marchands bouchers de la province, pour lesquels rien n'a été modifié, ils continuent comme sous la loi de 1838, à être régis par ce même droit commun ;

« Que, de même, on ne saurait tirer argument du paragraphe 2 de l'article 12 ; qu'il reproduit la disposition transitoire, pour ainsi dire, de style que l'on trouve à la fin de toutes les lois spéciales, et que, d'ailleurs, cette proposition, aussi bien que toutes les autres de la loi de 1884, ne peut concerner, que les trois espèces d'animaux dont elle s'occupe :

« En fait :

« Attendu qu'il n'est contesté ni par Massot père, ni par Quentin que la vache litigieuse fût atteinte d'un vice tel que le prévoit l'article 1641 du Code civil ;

« Attendu, de plus, qu'il n'est ni établi ni même articulé par Massot père qu'au moment de la vente faite par son fils celui-ci ait formellement déclaré à Menant ne pas prendre à sa charge les vices cachés ;

« Par ces motifs,

« Condamne Massot père à payer à Menant la somme de 200 fr. prix de la vache par lui vendue le 4 février 1890 ; celle de 35 fr. pour divers frais et celle de 50 fr. à titre de dommages-intérêts ;

« Le condamne également à tous les dépens. »

Cette décision, dont le bien fondé nous paraît incontestable, est conforme à l'opinion émise par M. Lepelletier dans son *Manuel des vices rédhibitoires* et à un jugement du tribunal de commerce de la Seine en date du 10 juillet 1887. Mais nous devons reconnaître que cette appréciation contredite par MM. Watrin et Boutet dans leur *Traité des vices rédhibitoires*, est repoussée par un jugement de la justice de paix de Navarreux du 20 septembre 1888, par un arrêt de la Cour d'Orléans du 2 janvier 1889 (*Pandectes françaises*, année 1889, 2, 22) et par deux arrêts de la Cour de cassation des 10 novembre 1885 et 27 mars 1890.

Nouvelles agricoles.

Importation des engrais chimiques en franchise. — Le conseil supérieur de l'agriculture s'est réuni sous la présidence de M. Develle.

M. L. Grandeau, au nom de la première sous-commission, a donné lecture de son rapport sur la question des engrais chimiques.

Les questions, renvoyées à cette sous-commission par le conseil supérieur, étaient les suivantes ;

1° Y a-t-il lieu d'établir un droit à l'entrée en France des engrais chimiques et des matières premières qui servent à leur fabrication ? Dans le cas de l'affirmative, quelle doit être la quotité du droit ?

2° Y a-t-il lieu d'établir un droit de sortie à l'exportation sur les phosphates naturels ?

Après avoir montré que la production du fumier de ferme est absolument insuffisante pour restituer au sol les matériaux que lui empruntent annuellement les récoltes des 24 millions d'hectares de terres consacrés à la culture des céréales, des plantes fourragères et industrielles, des prairies naturelles et artificielles et la nécessité pour l'agriculture française de combler ce déficit par les engrais dits chimiques, le rapport examine successivement les sources principales auxquelles le cultivateur peut s'adresser.

Le nitrate de soude, le sulfate d'ammoniaque, les phosphates naturels, les scories de déphosphoration et les sels de potasse sont les matières fertilisantes dont l'introduction dans le sol peut compenser l'insuffisance du fumier de ferme. Si l'on en excepte les phosphates naturels dont la France possède de nombreux gisements, l'agriculture ne peut se procurer les autres engrais, azotés et potassiques, qu'en recourant à l'étranger, la production indigène étant tout à fait insuffisante.

La sous-commission a voté, à l'unanimité, l'entrée et la sortie en franchise des engrais minéraux et des matières premières servant à leur fabrication.

Le nouveau régime des sucres. — La loi votée par les Chambres, introduit dans le régime des sucres les modifications suivantes : réduction à 30 francs au lieu de 40 francs par 100 kilog. de sucre exprimé en raffiné et dès la prochaine campagne, de la valeur des bonis tant pour la sucrerie métropolitaine que pour la sucrerie coloniale; augmentation de 1 fr. 50 des droits sur les glucoses; surveillance permanente des raffineries et perception au profit du Trésor des excédents de rendement de la raffinerie; prorogation de la surtaxe de 7 francs sur les sucres de betterave étrangers.

Une nouvelle maladie de la vigne. Il est dit que nos viticulteurs devront être sans cesse assaillis par des inquiétudes nouvelles. M. Viala a observé en Californie une maladie de la vigne qui y exerce depuis peu d'années des ravages déjà considérables. La nature du nouveau fléau n'est pas encore connue, malgré des recherches minutieuses et M. Viala, lui-même, n'a pu la déterminer.

M. Millardet a entretenu de la maladie de Californie un délégué du ministère de l'agriculture des Etats-Unis, chargé de l'étude du fléau et qui avait traversé l'Atlantique dans le but de se renseigner sur son existence en Europe. Il semble, en effet, qu'il puisse offrir quelque analogie avec le *malnero* des vignobles italiens.

La maladie de Californie semble débuter par la racine et l'organisme qui la cause, entrevu déjà, mais non encore reconnu d'une façon certaine, en tout cas d'une extrême petitesse, peut-être un microbe, selon M. Millardet, vivrait dans le sol. La maladie procède par grandes taches et n'épargne aucun cépage. En général, deux ou trois ans après l'apparition des premiers symptômes, la plante meurt. Des hectares entiers sont comme foudroyés dans la même saison.

En cinq ans, quinze mille hectares de vignes européennes ont succombé au fléau.

Les sarments coupés sur une souche qui montre déjà les premiers signes de l'affection héritent de la maladie et peuvent être, par conséquent, la cause de sa propagation.

L'Amérique nous a donné depuis cinquante ans l'oïdium, le phylloxera, le mildew et les rots ; la maladie de Californie ferait déborder la coupe...

Des mesures rigoureuses doivent être prises sans retard à la douane pour arrêter les plants, sarments et fruits, même desséchés de Californie, et même, comme la maladie a son siège dans le sol, tout végétal vivant, toute racine qui pourrait en transporter le germe.

Le bétail suisse. — En Suisse, le Conseil fédéral a été informé que le gouvernement français avait décidé de lever le décret interdisant l'entrée du bétail suisse en France.

En présence de l'amélioration de l'état sanitaire du bétail en Italie, on a décidé de lever le décret interdisant l'entrée du bétail italien. Le gouvernement italien reviendra également sur les mesures qu'il a prises.

Le marché américain fermé à l'Europe. — Les Etats-Unis viennent d'adopter une loi présentée par le sénateur Mac-Kinley qui met des droits énormes sur les marchandises venant de France et d'Europe ; de plus les marchands étrangers, français ou autres, doivent déclarer quelle est la valeur exacte de leurs marchandises ; si les douaniers américains estiment ces marchandises à une autre valeur, le cas sera déféré à un tribunal composé de fonctionnaires américains, devant lequel les marchands européens *n'auront pas le droit de se défendre*.

Le tribunal pourra ordonner la confiscation de la marchandise, une amende de 25,000 fr. et un emprisonnement de deux ans.

Les Américains ne veulent pas de nos marchandises et les empêchent d'entrer. Espérons que notre Gouvernement saura défendre les négociants français et frapper de droits rigoureux les marchandises américaines.

Les Pères de sept enfants. — M. de La Ferronnays, député de la Droite, a réclamé, au cours de la séance de jeudi, une dispense d'impôts pour les pères de famille ayant au moins sept enfants vivants.

Malgré une opposition de M. Burdeau, l'amendement de M. de La Ferronnays a été pris en considération et renvoyé à la commission.

Cette proposition n'est pas encore adoptée; mais c'est déjà quelque chose de l'avoir prise en considération.

Nous ferons remarquer que, si elle est votée, ce sera une des rares réformes démocratiques accomplies par la République.

Encore émane-t-elle d'un député de la Droite.

AFFAIRES MILITAIRES.

Les congés pendant la moisson.

Le *Journal officiel* publie la circulaire suivante, adressée par le ministre de la guerre aux gouverneurs de Paris et de Lyon, et aux commandants de corps d'armée.

Général,

Comme complément de la décision ministérielle du 16 mars dernier, reproduisant les circulaires qui, depuis la décision de principe, en date du 5 juillet 1877 (*Journal militaire officiel*, 2e semestre, page 25, réglementent, chaque année, la mise à la disposition des agriculteurs de militaires pour les travaux de la moisson, de mai à octobre, le président du conseil, ministre de la guerre, sur la demande instante des ministres de l'intérieur et de l'agriculture, ainsi que des conseils généraux et des comices agricoles, demandes basées sur la difficulté que les cultivateurs rencontrent à se procurer, en nombre suffisant, des ouvriers *français* pour la moisson, décide :

1° Le nombre des militaires employés, sur leur demande, aux travaux des diverses moissons, ou envoyés en permission chez leurs parents dans le même but, est fixé ainsi qu'il suit, savoir : à 10 p. 100 de l'effectif des hommes présents dans les corps d'infanterie, du génie et du train des équipages; à 5 p. 100 dans les régiments de cavalerie et d'artillerie.

2° L'absence de ces travailleurs et permissionnaires ne devra pas dépasser trente jours et pourra, si les besoins du service militaire le rendent nécessaire, être réduite à vingt jours francs.

3° Les militaires dont il s'agit ne devront pas être absents tous à la fois. A cet effet, les cultivateurs qui auront l'intention de solliciter le concours de la main-d'œuvre militaire (travailleurs ou permissionnaire), devront faire parvenir leurs demandes motivées aux chefs de corps intéressés, par l'intermédiaire du préfet de leur département, qui a la franchise postale avec les chefs de corps, avant le 15 avril de chaque année. Ils indiqueront la nature de la moisson à faire et la date à laquelle ils désirent l'arrivée des travailleurs ou permissionnaires.

4° Les permissions de trente jours seront réservées de préférence aux militaires qui auront pour se rendre dans la commune où ils doivent travailler, le plus long trajet à effectuer.

5° Ces autorisations ou permissions ne seront accordées qu'aux militaires cultivateurs ou viticulteurs de profession dont la conduite au corps aura été ordinairement bonne.

6° Les travailleurs et les permissionnaires dont il s'agit devront toujours être présents au corps pendant la période des manœuvres.

7° Il sera rendu compte au ministre, annuellement, à la date du 1er novembre, par chacun des généraux gouverneurs militaires ou commandants de corps d'armée, du nombre des hommes qui auront été ainsi mis à la disposition de l'agriculture et de la viticulture, avec mention du département où ils auront travaillé.

CONSEILS A LA FERMIÈRE

CONSERVATION DES HARICOTS VERTS

Voici différents moyens de conserver une bonne provision de haricots verts pour la consommation de l'hiver et du printemps :

Choisissez-les tendres et fraîchement cueillis; épluchez-les, en supprimant les deux extrémités et en rejetant ceux qui sont durs; jetez-les au fur et à mesure dans de l'eau fraîche, puis dans de l'eau bouillante et salée : au troisième bouillon, retirez-les pour les plonger de nouveau dans de l'eau fraîche où ils doivent refroidir. Egoutez-les, arrangez-les dans des pots de grès bien propres, en mettant alternativement un lit de haricots et un lit de sel, le sel formera la couche supérieure. Laissez au sel le temps de se convertir en eau; couvrez alors avec du beurre fondu; quand le beurre est froid versez dessus une petite couche d'huile, fermez chaque pot avec bouchon et parchemin : conservez en lieu sec.

Autre procédé. — Emplissez les pots avec les haricots préparés comme ci-dessus; ajoutez une forte saumure avec de l'huile sur le tout. Fermez comme il a été dit : conservez en lieu frais, mais non humide.

Emploi. — Avant d'employer ces haricots, mettez-les dans l'eau fraîche pour les dessaler; blanchissez-les et faites-les cuire dans un vase non étamé.

Autre. — On épluche les haricots verts, on les fait blanchir en les jetant dans de l'eau bouillante un peu salée; on les laisse quelques minutes dans l'eau retirée de dessus le feu; on les égoutte.

On les assèche dans des torchons; on les étend sur des claies, comme on fait pour les pruneaux et, enfin, on les met au four après que le pain en a été retiré.

Quand on veut employer des haricots verts conservés par ce procédé, il faut les faire tremper pendant plusieurs heures dans de l'eau tiède. UNE MÉNAGÈRE.

CONSEILS DU VIGNERON

MALADIES DU VIN

On sait que l'élévation de la température extérieure produit la fermentation dans le vin, comme elle produit la végétation dans la vigne. Ce qui a fait dire qu'il y a une certaine analogie entre la vie du vin et celle de la vigne, puisque le vin travaille juste aux époques où la vigne *pleure, fleurit* ou *mûrit ses fruits*. C'est surtout à ce moment que les vins faits dans de mauvaises conditions ou mal entretenus laissent apparaître leurs défauts ou maladies, qui en altèrent le goût en leur enlevant une partie de leurs qualités hygiéniques; il faut alors, sans plus tarder, leur appliquer les remèdes qui conviennent à leur état. Ces remèdes ne les ramèneront jamais à l'état bon, mais ils leur donneront une amélioration qui permettra de pouvoir en tirer parti dans la consommation domestique.

Acétification ou vins aigres, acides ou piqués. — L'acétification se produit lorsque le vin reste longtemps au contact de l'air, ce qui arrive pour les tonneaux en vidange qu'on laisse débouchés.

On peut y remédier : 1° en le soutirant sans retard dans un fût soufré; 2° en le collant énergiment; 3° en y ajoutant de l'alcool.

Malgré ces moyens curatifs, le vin piqué conserve toujours un goût acide; il faut, pour en tirer parti, le consommer promptement.

Vin bleu ou louche. — Ce sont les vins blancs plutôt que les vins rouges qui sont atteints de cette maladie. Au repos, ils ne perdent pas leur limpidité; mais si on les soutire, le contact de l'air les rend louches.

Remède : Un transvasage en fût soufré, avec une addition d'alcool, suffit souvent pour guérir cette maladie. Le vin sera ensuite collé, et, après quelques jours de repos, on fera dissoudre et l'on versera dans le tonneau 25 à 30 grammes d'acide tartrique par hectolitre. On fait la même opération pour les vins rouges; seulement, on colle le vin avec les blancs d'œufs, au lieu d'employer la colle de poisson.

Vin poussé ou tourné. — La pousse est due à une décomposition qui engendre la fermentation putride. Cette maladie provient de raisins mal venus ou pourris, récoltés par un temps pluvieux ou humide.

Remède : Un transvasage en fût soufré, avec addition de 25 à 35 grammes d'acide tartrique dissous dans un litre d'alcool par hectolitre de vin. On collera ensuite ce vin aux blancs d'œufs.

Vin graisseux ou tourné au gras. — La maladie de la graisse attaque surtout les vins blancs. Les vins rouges graisseux sont ceux qui ont le moins fermenté, et en général les vins faibles.

On prévient la maladie en y mettant de l'acide tannique. Lorsqu'elle est déclarée, on la guérit en soutirant le vin et en le collant avec de la colle de poisson et des blancs d'œufs battus ensemble; après un repos de huit jours, on le soutire de nouveau et on l'additionne de 7 à 10 grammes de tannin par hectolitre.

Vins à goût de fût et de moisi. — Dès qu'on s'aperçoit qu'une pièce de vin prend le goût de fût ou de moisi, on transvase le vin dans un tonneau qu'on ne remplit pas complètement, et on y verse, par hectolitre, 350 grammes de bonne huile d'olive.

On bouche ensuite le tonneau, on l'agite vivement et on le remet en place, après l'avoir rempli complètement. LE PÈRE LAVIGNE.

CONSEILS DU MÉDECIN

LES BAINS FROIDS

Le bain de rivière, si salutaire lorsqu'il est pris selon les lois de l'hygiène, peut devenir, pour un imprudent, la cause de désordres graves. Voici les principales règles qui vous guideront dans son usage : 1° La digestion doit être terminée, non seulement celle du repas, mais aussi celle des boissons copieuses qui auraient été prises depuis; 2° il est bon de se préparer au bain par un exercice modéré, n'allant pas jusqu'à la transpiration, auquel cas il faudrait se reposer pendant quelques instants; 3° le bain doit être court et employé à l'exercice de la natation, 4° enfin une marche d'un quart d'heure facilite ensuite la réaction et rétablit la circulation du sang.

UN VIEUX MÉDECIN.

MENUS PROPOS.

Leçons de géographie fantaisiste.

— Qu'elle est la situation physique de Paris?

— Paris est borné au nord et au nord-est par les buttes Montmartre et les buttes Chaumont, à l'ouest par le Mont-Valérien, au sud par le Montsouris, et au centre... par le Mont-de-Piété.

*
* *

Un enfant terrible à un monsieur en visite :

— Monsieur, dites-moi donc qui a inventé la poudre?

— Et pourquoi cela, mon enfant?

— Parce que papa dit comme ça, que ce n'est pas vous!

BULLETIN FINANCIER.

Nous sommes en pleines vacances; il se produit de très nombreux vides sur le marché, et les transactions naturellement s'en ressentent. Dans son ensemble, toutefois, le marché conserve encore une grande fermeté. A d'autres époques, la spéculation ne prenait ses vacances qu'après avoir à peu près liquidé tous ses comptes.

L'agitation est son élément favori : les soucis sont indispensables à son existence. En fuyant Paris, elle emporte dans sa valise carnet et crayon. Elle a bien soin de laisser des ordres à ses courtiers qui doivent la tenir heure par heure au courant des cours.

Si la Bourse devient moins bruyante, le télégraphe est un peu plus occupé. Nous ne connaissons plus les bonnes vacances d'autrefois ; l'oubli des affaires est d'une autre époque. Et puis, les acheteurs courront-ils un réel danger à dormir sur leurs positions avec des reports dont la moyenne atteint à peine 3 % l'an ?

Il est vrai que de gros orages peuvent éclater d'un moment à l'autre dans le ciel de la politique, avec les intrigues diplomatiques de la Triple-Alliance et les menées bulgares ; mais si la menace d'un coup de tonnerre venait à prendre subitement un caractère aigu, ne disposerait-on pas des mêmes facilités loin de la Bourse qu'à la Bourse même, pour prendre les dispositions reconnues nécessaires ?

Les vacances ne suspendent donc pas totalement les affaires ; elles font tout simplement partir les ordres de la plage ou de la montagne, au lieu de leur laisser, comme point d'origine, le cabinet où, d'ordinaire, ils se transmettent verbalement.

La liquidation de juillet s'est effectuée très paisiblement. On a obtenu le report à des conditions modérées. Si l'on ne prend, actuellement, que fort peu d'engagements nouveaux à la hausse, on ne songe pas encore à liquider les engagements anciens.

Quant aux opérations à la baisse, elles sont depuis longtemps abandonnées. Après une longue série de revers, les baissiers se trouvent trop découragés et trop épuisés pour rentrer en scène ; s'ils tentent plus tard d'obtenir une revanche, ils attendront que les circonstances s'y prêtent d'une manière certaine.

Londres n'inspire plus d'inquiétude au point de vue monétaire. Les places allemandes semblent, d'autre part, suffisamment allégées pour résister à une forte pression. On va très probablement continuer à n'enregistrer, pendant quelques semaines, que de faibles variations de cours, c'est la fermeté qui semble devoir rester à l'ordre du jour.

La rente 3 0/0 vaut 93 80 et 93 90.

L'Amortissable 3 0/0 fait 95 85 et le 4 1/2 0/0 à 106 30 et 106 35.

On inscrit la Banque de France à 4,175 francs.

Son bilan hebdomadaire publié cette semaine fait ressortir les différences suivantes sur celui de la huitaine écoulée.

Au chapitre des augmentations figurent :

L'encaisse métallique pour 1 millions, dont 2 milllions pour l'encaisse or. Les avances sur titres sont en plus-value de 5 millions. Les comptes courants du Trésor se sont avancés de 2 millions.

Nous relevons au chapitre des diminutions : le portefeuille avec 150 millions ; les billets en circulation avec 116 millions, et les comptes courants particuliers avec 15 millions.

Les bénéfices de la huitaine se sont élevés à la somme de 423.000 francs.

Le Crédit Foncier se traite à 1,250 fr.

Dans sa séance hebdomadaire du 6 août, le conseil d'administration a autorisé pour 5 millions 607.549 francs de nouveaux prêts, dont 3 millions 728,750 francs en prêts fonciers et 1.873.799 en prêts communaux.

COUPON.

HALLES ET MARCHÉS.

CÉRÉALES. — *Marchés français.*

Prix par 100 kilogr.

REGIONS	BLÉ Prix moyen	BLÉ Hausse	BLÉ Baisse	PRIX MOYEN. Seigle	PRIX MOYEN. Orge	PRIX MOYEN. Avoine
Nord-Ouest....	26 30	» 45	»	17 »	17 45	21 15
Nord..........	25 95	» 80	»	16 01	19 53	21 34
Nord-Est......	26 30	» 38	»	16 32	19 10	21 25
Ouest.........	26 17	» 20	»	16 87	18 »	20 72
Centre........	26 16	» 12	»	17 45	19 28	21 67
Est...........	25 63	» 05	»	17 80	18 68	20 75
Sud-Ouest	25 38	»	» 03	18 25	18 »	21 25
Sud...........	25 50	»	» 15	19 17	17 90	21 50
Sud-Est.......	24 81	» 06	»	18 10	16 62	20 50
Prix moyens..	25 80	»	»	17 35	18 28	21 13
Sur la huitaine préc. Hausse	» 16	»	»	»	»	»
Sur la huitaine préc. Baisse	»	»	»	» 03	» 16	» 14

	BLÉ 1re qualité	BLÉ Prix moyen	Seigle Prix.	Orge. Prix.	Avoine Prix.
1re région. NORD-OUEST.					
Calvados. — Caen..	28 »	27 25	16 »	19 25	23 50
C.-d.-N. — Lannion..	26 25	25 50	»	17 50	»
Finistère. — Morlaix	25 50	24 75	»	17 50	18 50
I.-et-V. — Rennes..	28 »	27 25	»	16 »	19 50
Manch. — Avranches	28 »	27 25	»	16 50	22 50
Mayenne. — Laval..	28 25	27 50	»	»	20 50
Morb. — Hennebont	24 50	23 75	17 50	»	21 50
Orne. — Alençon...	27 »	26 25	»	»	»
Sarthe. — Le Mans.	28 »	27 25	17 50	»	22 25
— Sablé.....	27 »	26 25	»	18 »	21 50
Prix moyens........	27 0	26 30	17 »	17 45	21 15
Sur la semaine précédente.. Hausse...	» 43	0 43	» 13	»	» 02
Sur la semaine précédente.. Baisse...	»	»	»	» 17	»
2e région. — NORD.					
Aisne. — Soissons.	27 50	26 75	16 »	»	20 50
— Chauny..	26 75	26 »	15 »	»	20 50
Eure. — Evreux....	27 50	26 75	15 »	»	»
E.-et-L. — Chartres..	28 25	27 50	»	17 75	20 85
— Nogent-le-Roi	26 10	25 75	14 75	19 »	21 25
Nord. — Lille	25 75	25 »	16 50	19 »	21 50
— Douai.....	27 75	27 »	16 2[illegible]	20 25	22 50
Oise. — Compiègne.	27 50	26 75	16 »	20 »	21 »
— Beauvais...	25 75	25 »	18 »	21 »	23 »
Pas-de-Cal. — Arras.	25 25	24 5	16 »	19 »	19 »
— Bapaume.	25 »	24 25	15 75	18 »	17 25
Seine. — Paris.....	27 7	27 »	18 »	22 »	21 50
Seine-et-M. — Meaux	27 50	26 75	15 50	18 »	21 »
— Melun....	27 »	26 25	15 50	18 »	21 25
S.-et-O. Angerville..	26 50	25 75	16 »	»	21 »
— Versailles.	26 75	26 »	16 50	23 50	25 »
Seine-Inf. — Rouen	26 »	25 25	16 »	18 75	24 50
Somme. — Amiens.	27 »	26 25	»	19 50	24 25
— Abbeville	25 50	24 75	15 50	18 25	19 50
Prix moyens.......	26 70	25 95	16 01	19 53	21 37
Sur la semaine précédente. Hausse...	0 30	0 30	»	»	»
Sur la semaine précédente. Baisse...	»	»	0 14	0 14	0 09
3e région. — NORD-EST.					
Ardennes. Sedan...	26 »	25 25	16 75	»	22 »
— Vouziers.	26 25	25 50	15 »	17 50	20 50
Aube. — Bar-sr-Aube.	26 50	26 75	16 50	19 50	21 »
— Troyes....	27 »	26 25	»	20 25	21 75
Marne. — Châlons-sr-M	27 50	26 75	17 »	»	22 »
— Reims.	27 75	27 »	16 »	17 75	21 25
Hte-Marne. — Langres.	26 50	25 75	16 50	»	20 50
Meurthe. — Nancy.	26 75	26 »	»	»	21 »
Meuse. — Bar-le-Duc.	27 50	26 75	16 50	20 50	22 »
Vosges. — Neufchât.	27 75	27 »	»	»	20 50
Prix moyens........	26 05	26 30	16 32	19 10	21 25
Sur la semaine précédente. Hausse...	0 38	0 38	»	»	»
Sur la semaine précédente. Baisse...	»	»	0 02	0 33	0 10
4e région. — OUEST.					
Charente. Angoulême	27 »	26 25	19 »	19 »	22 25
Char.-Infér. Marans.	25 75	25 »	»	»	20 »
Deux-Sèvres. St-Maixent	25 50	21 7	»	16 75	21 »
Indre-et-Loire. Bléré.	26 25	25 50	14 »	17 75	20 50
— Châteaurenault.	28 »	27 25	16 50	20 »	21 »
Loire-Infér. Nantes	27 75	27 »	18 »	18 50	19 »
Maine-et-L. Saumur.	28 »	27 25	»	»	20 75
— Angers.	28 5	27 75	»	»	20 50
Vendée. — Luçon...	26 »	25 25	»	16 75	22 »
Vienne. — Poitiers.	»	»	»	17 25	19 50
Hte-Vienne. Limoges.	26 50	25 75	»	»	21 50
Prix moyens........	26 9[illegible]	26 17	16 87	18 »	20 72
Sur la semaine précédente. Hausse...	0 20	0 20	»	»	»
Sur la semaine précédente. Baisse...	»	»	0 28	0 25	0 28
5e région. — CENTRE.					
Allier. — St-Pourçain	27 »	26 26	17 »	20 »	20 50
Cher. — Bourges...	28 50	27 75	»	»	21 »
— Sancerre..	27 »	25 75	»	»	22 »
Creuse. — Aubusson.	25 50	24 75	17 50	»	23 »
Indre. — Issoudun.	27 2[illegible]	26 50	»	22 »	21 25
— Châteauroux.	27 75	27 »	»	19 25	»
Loiret. — Orléans..	27 »	26 25	17 50	19 2[illegible]	»
Loir-et-Cher. Blois.	28 50	27 75	16 »	17 »	20 25
Nièvre. — Nevers..	26 »	25 25	»	»	22 »
Puy-de-Dôme. Riom.	21 25	23 50	29 50	18 50	22 »
Yonne. St-Florentin.	26 75	26 »	»	19 50	21 50
— Sens.......	27 50	26 75	16 25	»	22 75
Prix moyens	26 91	26 16	17 45	19 28	21 67
Sur la semaine précédente. Hausse...	» 12	» 12	»	»	» 12
Sur la semaine précédente. Baisse...	»	»	» 25	» 32	»
6e région. — EST.					
Ain. — Bourg......	26 50	25 75	»	»	»
Côte-d'Or. — Dijon.	26 50	25 75	15 50	»	19 75
— Semur..	26 »	25 25	»	20 50	21 50
Doubs. — Besançon.	27 50	26 75	»	»	20 50
Isère. — Voiron....	25 75	25 »	17 »	17 75	10 50
— Bourgoin..	25 25	24 »	17 50	17 50	20 »
Jura. — Dôle......	27 »	26 25	17 »	19 »	20 25
Loire. — Montbrison.	25 75	25 »	17 75	»	20 50
Rhône. — Lyon....	26 75	26 »	»	»	21 50
Saône-et L. Chalon.	25 75	25 »	16 75	»	22 »
Haute-Saône. — Gray	26 »	25 25	»	»	20 25
— Vesoul.	25 75	25 »	»	»	19 25
Savoie. — Chambéry.	26 75	26 »	»	»	22 50
Hte-Savoie. La Roche	25 50	24 75	17 50	»	20 25
Prix moyens	26 10	23 03	17 »	18 68	20 75
Sur la semaine précédente. Hausse...	0 05	0 05	»	0 10	»
Sur la semaine précédente. Baisse...	»	»	0 21	»	0 13
7e région. — SUD-OUEST.					
Ariège. — Pamiers.	25 75	24 75	»	»	»
Dordogne. — Piégut.	27 »	26 2	19 »	»	»
Hte-Garonne. Toulouse	26 25	25 50	»	»	19 25
Gers — Mirande...	27 50	26 75	»	»	21 »
Gironde. — Bordeaux	27 25	26 50	»	»	21 25
Landes — Dax.....	25 »	24 25	17 50	»	»
Lot-et-Garonne. Agen	27 75	27 »	»	18 »	»
B.Pyrénées. Bayonne	24 75	24 »	»	»	23 50
H.Pyrénées. Tarbes.	24 50	23 75	»	»	»
Prix moyens........	26 13	25 38	18 25	18 »	21 25
Sur la semaine précédente. Hausse...	»	»	»	»	»
Sur la semaine précédente. Baisse...	0 02	0 03	0 25	»	0 30
8e région. — SUD.					
Aude. Castelnaudary	26 »	25 25	»	17 50	20 »
Aveyron. — Villefranche	27 75	27 »	»	»	21 »
Cantal. — Mauriac.	27 75	27 »	23 »	»	26 »
Corrèze. — Tulle...	26 »	25 25	18 »	16 »	21 25
Hérault. — Béziers.	»	»	20 50	»	21 50
Lot. — Figeac......	24 75	24 »	15 50	»	19 »
Lozère. — Mende...	24 75	24 »	21 75	21 »	20 50
Pyrén.Or. Perpignan	24 75	24 »	19 »	18 25	23 25
Tarn. — Castres....	27 »	26 25	»	»	22 »
Tarn-et-G. Montauban	27 50	26 75	16 50	16 75	21 50
Prix moyens........	26 25	25 5[illegible]	19 1[illegible]	17 9[illegible]	21 50
Sur la semaine précédente. Hausse...	»	»	0 56	»	»
Sur la semaine précédente. Baisse...	0 15	0 15	»	0 05	0 12

9e région. — SUD-EST.

H-Alpes.—St-Bonnet	23 75	23 »	16 75	»	»
B.-Alpes. Manosque.	25 50	24 75	»	»	20 50
Alpes-Marit. Nice..	25 »	24 25	18 50	»	»
Ardèche. — Privas.	26 »	25 25	18 10	15 25	20 »
B-Rhône. Tarascon	28 »	27 25	»	»	»
Drôme. — Valence.	25 »	24 25	17 »	»	20 »
Gard — Nimes....	25 25	24 50	19 75	18 »	20 »
Hte-Loire. — Le Puy.	26 25	25 50	»	»	21 »
Var. — Draguignan.	25 »	24 25	»	»	»
Vaucl. Carpentras.	25 90	25 [illegible]5	»	»	22 »
Prix moyens........	25 60	24 81	18 18	16 62	20 50
Sur la semaine précédente. Hausse...	»	0 06	0 15	»	»
Sur la semaine précédente. Baisse...	0 06	»	»	0 28	0 45

ALGÉRIE.	Blé. tendre	Blé. dur.	Seigle	Orge.	Av.
Constantine.......	»	»	»	»	»
Alger..............	»	»	»	»	»
Oran..............	23 50	19 25	»	12 75	16 75

Farines de consommation.

La vente est calme en boulangerie; les prix restent sans variation.

MARQUE DE CORBEIL	59 fr.		(37 58	100 k.).
	159 kil.		100 k.	
Marques de choix	60 à	61	38 22 à	38 85
Premières marques....	59	60	37 58	38 22
Bonnes marques.......	57	58	36 30	36 94
Marques ordinaires....	56	57	35 66	36 30

Le sac de 159 k., toile à rendre, franco au domicile des acheteurs à 30 jours sans escompte, ou au comptant avec escompte de 1/2 0/0.

Fourrages et pailles.

Paris, La Chapelle.

	1re qté.		2e qté.		3e qté.	
Foin nouveau	49 à	50	47 à	48	43 à	45
Luzerne nouvelle ...	47	49	45	46	43	44
Paille de blé	40	41	37	38	31	34
Paille de seigle	40	41	37	39	34	36
Paille d'avoine	28	29	26	27	22	25

Le tout aux 104 bottes dans Paris.

COURS DE DIFFÉRENTS MARCHÉS (par 100 kil.).

	Paille.	Foin.
Beauvais..........	5 25	6 50
Sens..........	4 50	6 50
Blois..........	4 »	6 »
Douai..........	5 »	8 25
Toulouse..........	3 50	6 75
Angers..........	3 25	5 »
Orléans..........	5 50	6 50
Châlons-sur-Saône..........	4 »	7 75

Issues, les 100 kil.

La meunerie travaillant peu, les issues sont rares et tendent encore à la hausse.

Nous cotons par 100 kil. en gare d'arrivée à Paris :

Son écaille..........	13 75 à	14 »
— gros	13 25	13 50
— trois-cases..........	12 75	13 »
— fin	12 25	12 50
Recoupettes..........	12 25	12 50
Remoulages blancs..........	19 »	21 »
— bâtards..........	16 »	18 »

MARCHANDISES DIVERSES.

Fécules.

Les prix dénotent de la fermeté; on signale des cas de maladie sur la pomme de terre.

Les 100 kil.

Paris. — Fécule 1re, grains	29 » à	» »
— dito verte..........	» »	» »
Oise. — Fécule 1re, grains.....	27 »	28 »
Vosges. — Fécule 1re, grains	28 »	29 »
Saône-et-Loire	28 »	29 »
Loire. — Fécule 1re, grains	28 »	29 »
Auvergne. — Fécule 1re, grains..	28 »	29 »
Fécules secondes selon qualité....	20 »	25 »

Pommes de terre.

Les 1.000 kil.

Hollandaises..........	60 » à	80 »
Magnum bonum..........	60 »	65 »
Early roses..........	50 »	52 »
Saucisses..........	62 »	70 »
Rondes..........	45 »	50 »
Chardonnes..........	35 »	42 »

Tourteaux, les 100 kil.

	Colza	Œuillette	Lin	Cam.
Lille	15 75 à 17 »	16 » à 17 50	21 » à 26 50	16 »
Arras	15 » 17 »	12 50 15 50	21 » 18 50	16 25
Gd Moulin Corbeil	15 50		19 75	
	Coprha	Arachide déc.	Sésame	Colza
Marseille	12 » à 13 50	14 25	13 50 à 14 50	12 75

GRAINES DIVERSES.

Maïs, les 100 kil.

Paris	13 25 à 14 75	Agen......	15 »	16 25
Alais	13 50	13 75	Grenoble..	15 »	15 75
Ruffec	13 50	15 50	Reims.....	15 25	16 »

Sarrazin, les 100 kil.

Paris	16 50 à	17 50	St-Pierre..	15 50 à	17 25
Mayenne..	15 25	16 50	Nantes.....	15 50	16 50
Rennes....	15 50	16 50	Orléans ...	16 »	16 50

Légumes secs, les 100 kil.

	Haricots	Pois	Vesces	Lentilles
Paris......	20 à 47	21 à 26	» »	45 à 70
Rouen.....	42 57	50 63	26 28	77 »
Marseille..	18 30	23 32	25 34	19 24 50

Graines fourragères, les 100 kil.

Luz. de Prov.	» à	»	Minette.	» à	»
— du Poitou	»	»	Sainfoin à 2 c..	»	»
— d'Italie..	»	»	Sainfoin à 1 c..	»	»
Trèfle blanc..	»	»	Pois jarras. ..	»	»
— incarnat	35	55	Vesces.	»	»

Huiles.

COLZA BRUT. — Les acheteurs sont très réservés et la tendance est lourde à la reprise des affaires.

Le courant du mois est coté nominalement 63 75. Septembre offert à 64 25, n'a d'acheteurs qu'à 64. On fait des quatre derniers mois à 63 75, et les quatre premiers mois valent sans affaires de 62 50 à 62 75.

On cote au début de la réunion :

Disponible	63 75 à	» »
Livrable août..........	63 75	» »
Septembre	64 25	64 »
4 derniers mois..........	63 75	» »
4 premiers mois	62 50	62 25

LIN — Mêmes prix, sans affair. s.

On cote au début de la réunion :

Disponible	55 50 à	56 »
Livrable août..........	55 50	56 »
Septembre	55 50	56 »
4 derniers mois..........	54 »	54 50
4 premiers mois	53 25	53 50

Les 100 kil. net, logés, escompte 1 0/0.

Pétrole.

Les prix ne varient pas; nous cotons par wagon complet et pour marchandise disponible :

L'huile de pétrole raffinée vaut 49 fr. 50; l'essence rectifiée 60 fr. 50 les 100 kil.

On cote à l'hect. pour le détail :

PETROLE RAFFINÉ disponible .	39 50 à	» »
ESSENCE RECTIFIÉE, disponible	42 25	» »

Laines.

ROUBAIX-TOURCOING, 5 août.

Laines à terme.

Qualité peignée de fab.	Cours du jour.	Cours préc.	*Qualité peignée courant*	Cours du jour.	Cours préc.
Courant...	6 05	6 05	Courant...	» »	5 80
1 mois après	6 05	6 05	1 mois après	» »	5 80
2 —	6 07	6 07	2 —	» »	5 80
3 —	» »	6 02	3 —	» »	5 80
4 —	» »	6 »	4 —	» »	5 80

Marché soutenu. Ventes, 20,000 kil.

ANVERS, 5 août.

Peignés allemands de La Plata : Contrat B, sur août, 5 92 1/2, septemb., 5 95 »/», octobre, 5 95 »/», novembre, 5 90 »/», décembre, 5 85 »/», janvier, 5 77 1/2, février, 5 72 1/2, mars à juillet 5 07 1/2. Ventes, 29,000 kil. Contrat M : août et septembre 5 90. En disponible, il a traité 65 ballots d'Espagne. Marché calme.

Sucres.

Sucres raffinés. — Les prix se maintiennent bien; les affaires sont régulières.

Nous cotons, selon marques et époques de livraison, de 107 »» à 107 50 les 100 kil au comptant, sans escompte.

Sucres cristallisés n° 3, acquitté 96 » à 96 50; extra 96 50 les 100 k.; en poudre, 97 50 à 98 » les 100 kil.

Sucre cassé à la mécanique. . .	111 50 à	112 »
Cassons..........	103 »	103 50
Menus déchets	102 50	103 »
Semoule	105 »	106 »
Glace..........	101 »	101 50
Sucre en poudre..........	103 »	» »

Alcools. — Prix de l'hectol. nu, au compt.

Paris, 3/6 fin, betteraves, 1re qualité, l'hectolitre.			Lille, disp	35 » à 36 »	
90° dispon.	36 » à 36 25		Cette	90 »	1·5 »
Août	36 50	36 75	Nîmes ...	80 »	100 »
4 derniers.	36 75	37 »	Béziers ..	75 »	100 »
			Pézenas .	75 »	100 »

Raisins secs à boisson.

(Cours de la maison Audibert, 53, rue des Minimes, à Marseille).

Corinthe, **Roi de Grèce**, petits grains Extra 1er choix	100 kilos		49.00
Corinthe, le **Turban**, gros grains	»	»	45.00
Corinthe petits grains, 1er choix.	»	»	45.00
Thyra, 1er choix	»	»	39 00
Thyra, ordinaires	»	»	35.00
Samos noirs, 1er choix	»	»	40 00
— muscasts, 1er choix	»	»	40.00
Figues à distillerie	»	»	27.00
Pachas, magnifiques, gros grains noirs, égrappés mangeables. seul dépôt en France.	»	»	70 »
Royaux, délicieux pour familles, en caisses de kilo net. la caisse		»	0.95

Engrais. — Prix des 100 kil.:

Matières diverses pour engrais. — Cours commercial sur la place de Paris, par 100 kil., pour des ventes en gros de 30.000 kil. au moins.

Sang desséché moulu.	11/13 0/0 azote	23 » à	24 »
Viande desséchée....	9/11 0/0 —	18 50	18 50
Cornes broyées	13/14 0/0 —	21 50	» »
Cuir désagrégé	8/9 0/0 —	9 25	10 50
Laine engrais	3 à 4 0/0 —	» »	» »
Nitrate de soude	15/16 0/0 —	19 75	20 75
Nitrate de potasse...	95 0/0 —	46 »	46 50
— ...	90 0/0 —	44 »	45 »
Muriate de potasse...	80 0/0 —	» »	» »
Sulfate de potasse...	90 0/0 —	25 »	25 50
Sulfate d'ammoniaq..	20/21 0/0 —	31 »	31 50
Chlorure de potassium	90 0/0 —	20 50	20 50
— Stassfurt.	80 à 85 0/0 —	17 10	» »
Cornes, cornailles pour brûler		» »	» »
Déchets fins de cornes, frisures ...		» »	» »

Phosphates des Ardennes. — En gare des Ardennes et de la Meuse, en sacs (les 100 kil.).

Pulvérisés. 14/16 0/0, acide phosph..	3 40 à	»	»
— 18/20 0/0, —	4 »	»	»
— 16/18 0/0, —	3 60	»	»

Phosphates de Tavel.

50/0, la tonne .... 60 » à 100

Phosphates de l'Yonne. — Les 1.000 kil.

Moulus en sacs, wag. gre Toucy. 40 à 35 0/0 40 à 50

Phosphates de l'Auxois, Marigny Epoisses.

Pulvérisés 60 à 65 0/0 .... 6 25 à 6 80

Sulfate de cuivre.

Les 100 kil .... 58 » à 68 »

Phosphates du Boulonnais 40/45...	4 60 à	» »
— de Pernes	3 75	6 25
— du Cambresis 28/35....	3 75	4 »
— du Lot 30/50	3 »	4 50

Superphosphates, poudres d'os, etc.

Les 100 kilogr.

Phosph. préc. 35 à 40 % acide phosph.	22 »	»	»
— — 40 à 45 %	21 50	»	»
Superphosphates fossiles, 10 % acide phosphorique soluble et assimil. (les 100 kilog.)	6 75	»	»
Superphosphates fossiles, 16 à 18 %.	10 25	»	»
— d'os, 16 à 18 %, acide phosph..	13 »	12	»
Poudres d'os bruts	14 »	»	»

Engrais spéciaux. — Les 100 kilog.

Guano du Pérou.	10 à 16	Eng. chim. de H. Joulie,	
Guan du Pér. diss.	32 à 20		
Guan. az. fixe. 26 » à 27 »		Lag	15 » à 23 »

BEURRE, ŒUFS, VOLAILLES.

Paris, 6 août.

Beurres en mottes.

L'arrivage d'hier a été de 10,000 kil.
L'arrivage approximmatif a été de 50,000 kil.

Beurres en livres.

L'arrivage d'hier a été de 9,000 kil.

Fermiers	au kilo		Touraine	au kilo	
Extra	2 60 à	2 70	Extra	2 20 à	2 30
1er choix	2 50	2 60	1er choix ...	2 10	2 20
2e choix	2 40	2 50	2e choix	2 »	2 10
Ordinaire ...	2 30	2 40	Ordinaire ...	1 90	2 »
Bourgogne			Vendôme		
Choix	1 90	2 »	1er choix	2 10	2 29
Ordinaire ...	1 80	1 90	2e choix	2 »	2 10

Gâtinais			Ordinaire ...	1 80	1 90
1er choix	2 20	2 30	Beaugency		
2e choix	2 10	2 20	1er choix	2 10	2 20
Ordinaire ...	1 90	2 »	2e choix	2 »	2 10
Le Mans			Ordinaire ...	1 80	1 90
Choix	1 90	2 »	Fausse Touraine		
Ordinaire ...	1 70	1 80	Choix	2 10	2 20
			Ordinaire ...	1 80	1 90

Œufs, *le mille :*

Normandie . Extra	82 à	100	Bourgogne . .	70 à	76
Picardie . . Extra	84	108	Champagne . .	76	78
Brie . . . . Extra	82	92	Nivernais . . .	68	72
Touraine gr. .	80	92	Cosne	74	76
Touraine ord. .	70	75	Bourbonnais . .	65	68
Beauce	80	90	Bretagne . . .	56	65
Orne	65	75	Vendée	62	65
Picardie ord. .	68	78	Auvergne . . .	60	63
Châtellerault. .	70	73	Midi	65	70

Volailles et Gibiers.

Canards :			Pigeons :		
nantais (jeunes)	2 50 à	4 »	maconnais.	» » à	» »
de ferme ...	1 50	2 50	italiens	» »	» »
Dindes nouv.	5 »	7 »	bizets	» »	» »
Oies nouvelles	5 »	6 »	Poulets :		
— (2e qté).	3 »	5 »	nantais	3 »	5 »
Pintades ...	» »	» »	touraine	» »	» »
Lapins domestiques.	1 50	3 »	gâtinais	3 »	5 »
Chevreaux .	» »	» »	du Midi	1 50	2 50
			communs .	1 50	2 »

Marché un peu plus actif.

Cours fournis par MM. de Bridiers, Jouslin et Scelle, facteurs assermentés, 2, r. de Valois, Paris.

BESTIAUX.

La Villette, 7 août. — Bestiaux. — Vente calme sur les moutons et les porcs, lente et difficile sur les veaux et mauvaise sur le gros bétail.

Cours officiels.	Amenés.	Vendus.	Poids moyen.	1re qualité.	2e qualité.	3e qualité.	Prix extrêmes.
Bœufs..	2.067	1.854	352	1 62	1 44	1 28	1 18 à 1 63
Vaches.	634	573	244	1 56	1 34	1 20	1 10 1 62
Taureau	189	176	404	1 42	1 32	1 20	1 12 1 46
Veaux..	1.430	1.196	82	1 50	1 30	1 20	1 10 1 70
Moutons	10.672	9.172	18	2 10	1 82	1 62	1 40 2 18
Porcs g.	4.237	4.179	72	1 52	1 46	1 40	1 36 1 58
Id. m.	»	»	»	» »	» »	» »	» » » »

Marché du lundi 4 août.

	Amenés	Vendus	Prix au poids net 1re qual.	2e qual.	3e qual
Bœufs	2.374	2.139	1 66	1 50	1 32
Vaches.....	691	605	1 60	1 38	1 26
Taureaux ..	178	168	1 44	1 36	1 28
Veaux......	1.669	1.567	1 58	1 42	1 32
Moutons....	13.918	11.914	2 10	1 80	1 60
Porcs	2.516	2.469	1 56	1 52	1 46

	PRIX AU POIDS VIF			
	1re qual.	2e qual.	3e qual.	Prix extrêmes.
Bœufs	» 99	» 81	» 68	» 62 à 1 04
Vaches	» 95	» 76	» 59	» 56 » 99
Taureaux	» 89	» 77	» 66	» 59 » 92
Veaux	1 95	» 81	» 69	» 56 1 02
Moutons	1 09	» 89	» 76	» 58 1 12
Porcs	1 07	1 04	» 98	» 92 1 10
Peaux de moutons en laine				2 20 » »
Id. id. demi-laine				2 30 » »

Viandes abattues. — Criée du 1er août.

		1re qualité.	2e qualité	3e qualité.
Bœufs	le kil.	1 60 à 2 70	1 20 à 2 50	1 » à 1 76
Veaux	—	1 44 1 56	1 30 1 40	1 16 1 20
Moutons	—	1 80 1 90	1 30 1 70	» 96 1 20
Porc entier	—	1 46 1 56	1 20 1 46	1 » 1 10

Cuirs et peaux, les 50 kil.

Taureaux	36 75 à 39 75		Vaches lourdes	36.75	39.25
Gros bœufs	46 25	49 75	— de bandes	33.70	34.75
Moy. bœufs	42 25	45 50	Gros veaux	57.50	61.75
Pet. bœufs	34 75	37 25	Petits veaux	64.25	65.50

CHEMIN DE FER DE L'OUEST

La Compagnie de l'Ouest vient d'organiser une série de trains de plaisir *hebdomadaires* à marche rapide, qui partiront chaque dimanche de la gare Saint-Lazare et se rendront les uns à Trouville, les autres au Havre et à Dieppe, tous revenant à Paris dans la nuit. Les départs de Paris auront lieu vers six heures du matin; les retours vers minuit. Le prix du voyage sera de 13 fr. et 10 fr. (2e et 3e) pour le Havre, de 11 fr. et 8 fr. pour Dieppe.

La Compagnie fera le même essai prochainement sur les lignes de Granville et de Cherbourg, avec un délai plus long pour le retour. C'est dire que lorsqu'elle aura pris, en 1891, possession de sa nouvelle ligne entre Argenteuil et Mantes, elle donnera au petit public, comme on l'appelle par un singulier oubli de son grand nombre, les commodités de circulation qui lui sont dues, en notre temps de grande vitesse et de bon marché.

Chemins de fer de Paris à Lyon et à la Méditerranée.

VACANCES DE 1890.

TRAIN DE PLAISIR

PARIS-GENÈVE

ALLER.

Départ de Paris, le 13 août, à 2 h. 20 soir.
Arrivée à Genève, le 14 août, à 6 h. 53 matin.

RETOUR.

Départ de Genève, le 21 août, à 10 h. 45 soir.
Arrivée à Paris, le 22 août, à 3 h. 40 soir.

PRIX (aller et retour):

Paris à Genève : 2e classe, 50 fr.; 3e classe, 35 fr.

On pourra se procurer des billets pour ce train de plaisir, à partir du 1er août, à la gare de Paris, P.-L.-M., et dans les bureaux-succursales : rue Saint-Lazare, 88; rue des Petites-Ecuries, 11; rue de Rambuteau, 6; rue du Louvre, 44; rue de Rennes, 45; rue Saint-Martin, 252; place de la République, 8; rue Sainte-Anne, 6; rue Molière, 7; rue Etienne-Marcel, 18; au bureau général des billets de chemins de fer de l'Hôtel Terminus de la gare de Paris Saint-Lazare (Général Ticket Office), et aux agences Lubin, Cook et fils, Wagons-Lits, H. Gaze et fils, Voyages Economiques, Indicateurs Duchemin.

Médaille d'Or. * Exposition Universelle 1889. * Médaille d'Argent.

VACHERIE à céder, après fortune, portes de Paris, 35 vaches 1er choix, 420 litres vendus 0.40 cent., belle habitation avec jardin et petit bois, pâturages, affaire susceptible d'augmentation. On justifiera de 20.000 fr. de bénéfices annuels à placer. 30.000 fr. argent sont demandés pour traiter cette affaire ou des garanties sérieuses.

S'adresser à MM. LAPORTE et LEFRANC, 93, boulevard Sébastopol, Paris.

MALADIES DU BÉTAIL
ET DE LA VOLAILLE

Leur traitement préventif et curatif

PAR L'ACIDE SALICYLIQUE

L'acide salicylique, employé dans la nourriture à la dose de 1/2 à 1 gramme par jour et par tête de bétail, est le meilleur préservatif des maladies qui procèdent par contagion : Sang de rate, Cocotte, Maladie aphtheuse, Erysipèle, Typhus, Morve, Variole et le Rouget des porcs, etc.

DES ATTESTATIONS NOMBREUSES DE GUÉRISONS obtenues pour la Cocotte et le Rouget des porcs ont été reproduites dans le *Journal l'Agriculture*.

La désinfection des étables, des écuries se fait instantanément au moyen d'un arrosage d'eau salicylée à 2 grammes par litre.

S'adresser à M. CERCKEL, administrateur de la *Compagnie de produits antiseptiques*, 26, rue Bergère, Paris.

Envoi sur demande de Prospectus et Brochures.

PRIX DU KIL. 25 fr. — BOITE DE MÉNAGE, 2 fr.

SALAISON DES FOINS

Nourriture du bétail

et Engrais des terres.

Sel neuf dénaturé au Tourteau de colza, 55 fr. les 1,000 kilos.

Sel neuf dénaturé au Peroxyde de fer, 50 fr. les 1,000 kilos.

Sel de Morue pur, 45 fr. les 1,000 kilos.

Expéditions de Fécamp et de Bordeaux.

S'adresser à M. A. LE BORGNE, négociant à Fécamp (Seine-Inférieure).

PHARMACIE SAVARY

AMIENS, 33, Place Saint-Denis, 33, AMIENS

(EN FACE LE SQUARE).

PROVENDE AUX PHOSPHATES ASSIMILABLES

du Docteur DESCHAMPS.

Prix : 3 fr. le kilog.; 27 50 les 10 kilog. (Remises proportionnelles.)

Accroissement rapide des bestiaux, surtout chez les jeunes animaux, force nerveuse, fécondité, engraissement; prévient surtout la diarrhee chez les jeunes veaux. Qualité exceptionnelle du lait.

M. Lefebvre, cultivateur à Marcelcave, a élevé un veau en lui administrant de la Provende phosphatée pendant 60 jours : tué à 70 jours, ce veau pesait 193 kilog., chiffre officiel constaté à l'abattoir. La viande était très blanche, ainsi qu'est prêt à l'attester M. Oheix, boucher à Amiens.

Les attestations émanant des sommités françaises et anglaises les plus accrédités ont été données à M. SAVARY.

25 PRIX D'HONNEUR ET GRANDS PRIX, 200 MÉDAILLES OR, VERMEIL, ETC.

GRANDES CULTURES DE GRAINES POTAGÈRES, FOURRAGÈRES ET DE FLEURS

E. FORGEOT & Cie

fournisseurs du ministère de l'Agriculture, des Ecoles nationales d'agriculture, des Syndicats agricoles, etc.

PARIS, quai de la Mégisserie, 6 et 8

Appareils spéciaux pour épurer et nettoyer les graines

SPÉCIALITÉ DE GRAINES DE GRANDE CULTURE

luzernes et trèfles garantis sans cuscute, minette, vesces, sainfoins trèfles incarnats betteraves carottes, navets, choux-navets, pommes de terre

Blés à grand rendement, Avoines, Orges, Seigles. Graines d'arbres pour reboisement

Graines de graminées pour prairies

Notre Maison ne vend que des graines de provenances sûres, assurant les meilleurs résultats; elle accepte le contrôle de la Station d'Essais des Semences, établie à l'Institut agronomique par le Ministère de l'Agriculture, contrôle auquel nous sommes soumis dès sa création. En conséquence, nos graines sont garanties de levée et d'une pureté irréprochable; nos trèfles et nos luzernes sont garantis sans un seul grain de cuscute.

Grande et importante **Spécialité de Créations de Prairies.** Nous nous chargeons d'établir des compositions convenant à la nature de chaque sol, et d'avance nous en assurons la réussite.

Sur demande, nous adressons *franco* nos catalogues illustrés de graines potagères, fleurs, arbres, fourrages, ognons à fleurs, plantes, etc.

VINS DU BEAUJOLAIS ET DE MACON.

J. DAMIRON

propriétaire-viticulteur à Saint-Julien en Beaujolais (Rhône).

A la fois délicat et nourrissant, le vin du *Beaujolais* est sans contredit l'un des meilleurs vins de table.

Par leur finesse et leur bouquet, *nos grands crûs* rivalisent avec ceux du Bordelais et de la Bourgogne, tout en étant moins chers.

Notre Vignoble, presque entièrement reconstitué, est aujourd'hui en état de fournir à la consommation ses vins si appréciés. Voici un aperçu des prix :

Vin ordinaire 1888 et 1887	110 à 130 fr.
Bonnes Côtes id.	130 à 150
Saint-Julien id.	160 à 200
Morgon, Fleurie, Thorins (vins classés de 1886 à 1884)	250 à 500

Grands crûs de Bourgogne : Beaune, Pommard, Corton.

Vins en bouteilles par caisses de 12, 25 et 50.

Le tout logé et pris en gare du Vignoble.

La Maison accepterait des représentants sérieux munis de bonnes références.

La Propriété offre des vignes américaines, boutures et racines de choix, et des plants greffés soudés et racinés garantis. — *Prix modérés.*

Adresser les correspondances à Villefranche, 44, rue de Thizy.

CRÉDIT AGRICOLE

UNION DES SYNDICATS AGRICOLES DE FRANCE

9, rue Marsollier, PARIS

Agence à LYON, 234, cours Lafayette, S. PLISSONNIER, Directeur ✻ M. A.

MACHINES AGRICOLES DE TOUS SYSTÈMES

TOURTEAUX et FARINES pour la nourriture du bétail.

ENGRAIS CHIMIQUES et ORGANIQUES, MATIÈRES PREMIÈRES

SEMENCES DE PREMIER CHOIX.

L'Administrateur-Gérant : ALBERT RENOT.

Beauvais. — Imp. D. Père. — A. Cartier, Gérant.

11e Année. — 2e Série. — N° 551. Dimanche 17 Août 1890.

GAZETTE  AGRICOLE

JOURNAL HEBDOMADAIRE, PARAISSANT LE DIMANCHE

Rédacteur en Chef : M. Ch. GOSSIN, Professeur d'Agriculture à l'Institut agricole de Beauvais

PRIX DE L'ABONNEMENT

UN AN, 5 fr. — SIX MOIS, 2 fr. 50. — TROIS MOIS, 1 fr. 50

Pour l'étranger les abonnements ne sont reçus que pour un an, au prix de 6 francs, et ne partent que du 1er janvier ou du 1er juillet de chaque année.

Il est indispensable de joindre à toute demande de changement d'adresse la dernière bande d'adresse du journal et 50 centimes pour frais de nouvelles bandes.

Adresser les *Abonnements* et *Annonces* à l'administrateur, 13, quai Voltaire, Paris, ou à M. GOSSIN, rédacteur en chef, à BEAUVAIS.

BUREAUX

13, quai Voltaire, Paris.

Les abonnements partent du 1er de chaque mois et sont payables d'avance. Toute demande d'abonnement doit donc être accompagnée du prix de l'abonnement. (Le mode de payement le plus simple est l'envoi d'un mandat-poste.)

Donner *très lisiblement*, en s'abonnant, son nom et son adresse exacte, *avec l'indication du bureau de poste*; et, s'il s'agit d'une continuation d'abonnement, joindre au renouvellement la dernière bande d'adresse du journal.

La GAZETTE AGRICOLE insère gratuitement les Communications des Syndicats agricoles

SOMMAIRE :

PARIS, 14 AOUT.

Les Chambres étant fermées, et nos députés et sénateurs partis en vacances, quelques jours avant les écoliers, la politique chôme. Aussi les journaux ne se sont-ils occupés ces jours-ci que de la distribution des prix aux écoles, collèges et lycées, et de la situation de l'enseignement en France. Les journaux républicains ne sont pas contents, tant s'en faut. La situation des écoles du gouvernement est mauvaise, tant au point de vue du niveau des études, qu'au point de vue financier, et la constatation de ce fait sur tous les points du pays a mis nos gouvernants en mauvaise humeur. Pour que les rapports officiels avouent le mal, il faut qu'il soit bien grand et bien ancien. Voici, du reste, ce que disent ces rapports pour ce qui est relatif à la déconfiture des établissements de l'Etat : « Les recettes réalisées en 1889, comprenant les frais scolaires acquittés par les familles et les subventions de l'Etat, ont été de 34 millions 422,392 francs, alors que les dépenses s'élevaient à 35,592,592 francs, soit un déficit de 1,170,200 francs. Deux causes principales ont contribué à ce résultat : la diminution du nombre des élèves, l'augmentation des dépenses de nourriture. Le premier point mérite surtout de fixer l'attention. En 1887, la population des lycées était de 51,709 élèves, dont 25,609 internes; en 1888, elle est de 52,388 élèves, dont 25,135 internes; en 1889, elle est de 51,962 élèves, dont 24,258 internes; en 1890, elle n'est plus que de 51,102 élèves, dont 23,219 internes. » Rien n'est plus éloquent que les chiffres, sans en excepter le discours que le ministre de l'instruction publique a prononcé la semaine dernière à la Sorbonne, dont on lira plus loin le plus beau passage. Voilà pour le côté financier.

***

Voyons maintenant l'autre côté, c'est-à-dire le niveau des études, beaucoup plus intéressant pour nous. Il est aujourd'hui notoire que les maisons religieuses d'enseignement dament partout le pion aux établissements du gouvernement. A Paris même l'Université est battue, haut la main, par le collège Stanislas, dirigé par des ecclésiastiques. Le fait datant de loin, on ne peut dire que c'est là le résultat d'un heureux concours de circonstances. L'an dernier, le collège Stanislas tenait la tête et encore l'année précédente. Quel scandale! Aussi les journaux républicains réclament-ils la fermeture de cet établissement. L'un d'eux, après avoir demandé que l'on prenne des « mesures énergiques », ajoute : « Le *magnifique langage* du ministre ne saurait effacer la douloureuse appréhension que fait naître l'accaparement des places par les lauréats des Jésuites, *l'infériorité patente de l'Université et la supériorité des établissements d'enseignement dirigés par des prêtres. Tant que l'Etat, pour se défendre, n'aura pas refusé l'accès de ses écoles supérieures aux candidats qui n'auront point passé par ses écoles secondaires*, on pourra faire et entendre de très beaux discours à la Sorbonne, mais le soir du grand concours, *comme Stanislas rira sous cape !* » Evidemment, il n'y a qu'un moyen d'en finir. Quand on a des adversaires dont on ne peut avoir raison, on ne discute plus avec eux, on les supprime! Rien, on le voit, de plus simple.

***

Maintenant veut-on avoir une idée du « magnifique langage » dont il est question plus haut, du « discours magistral », comme disent les encenseurs du ministre de l'instruction publique, qui a été prononcé à la Sorbonne, devant l'élite des élèves des lycées de Paris? Nous allons en donner un morceau, et ceux de nos lecteurs, qui auront la patience de le lire jusqu'au bout, comprendront sans peine que l'Université de France soit battue par les établissements libres, lorsqu'elle a un pareil « grand maître » à sa tête. Nous citons textuellement le langage de M. Bourgeois, ministre et député de la Marne, en prévenant que ce ministre qui *voit* tant de choses, est très myope :

. . . .

— Je vois très nettement, — dit le grand maître de l'Université de France, — se dessiner à mes yeux ce que devra être, ce que sera, j'espère, le jeune Français de demain, le citoyen de notre République aux premiers jours du siècle qui va s'ouvrir. Il est agile et vigoureux; il est habitué aux règles d'une simple et saine hygiène, il a subi les entraînements qui donnent la souplesse et la force; il a le corps droit, le front haut, le regard franc; il entre dans la vie avec modestie et avec confiance, comme il sied aux jeunes athlètes, bien préparé à tous les combats. Il a les yeux ouverts sur l'espace qui entoure le point du monde où l'a placé sa naissance, et sur le temps qui l'a précédé; il sait les lois générales des nombres et des figures; il sait ce que sont les forces physiques, la pesanteur, la lumière, le son, l'électricité, la chaleur, et il sait qu'elles ne sont peut-être que les diverses apparences d'un mouvement unique et qu'elles obéissent toutes à des lois semblables dont un certain nombre d'exemples ont suffi à lui montrer l'éternelle fixité; il connaît aussi par quelques exemples ce que connaît son temps sur la constitution de la matière, sur les affinités des corps, *sur les combinaisons multiples et cependant déterminées des éléments simples de ces innombrables corps composés dont la trame continue forme tout ce que découvrent ses yeux comme il en est formé lui-même*; on a soulevé pour lui un coin du voile de la nature vivante; il sait les conditions générales de l'échange incessant par lequel les corps vivants, et le sien même, se forment, s'accroissent et se dissolvent; il sait enfin comment dans cette race supérieure à laquelle il appartient s'est développée et règne souverainement la pensée, *terme dernier et point de conscience de cette longue évolution*; il a appris ce qu'avait fait sur cette terre, depuis les quelques milliers d'années qu'elle y a pris notion de sa grandeur, cette race humaine dont il est le tardif représentant.

Il sait tout cela, et il éprouve un sentiment profond de fierté et de reconnaissance en pensant que cet homme nouveau dont il a fallu tant de siècles et tant d'épreuves pour préparer l'avènement, c'est lui-même ; il comprend la grandeur du dépôt sacré qui lui est confié; il jure de n'en rien laisser perdre et de n'en rien renier, de le livrer intact à ses enfants et de faire qu'à leur tour ceux-ci puissent, comme lui, se dire : fils respectueux et reconnaissants de la philosophie et de la science modernes et libres citoyens de la France républicaine.

* * *

Eh bien ! Etonnez-vous, après avoir lu ce morceau, « ce magnifique langage », que notre Université soit en baisse. Peut-on imaginer phrases plus creuses, charabias plus incompréhensible, français plus inintelligible? Le jour même où notre ministre de l'instruction publique, pédant et grotesque, tenait ce langage, un vieux patriarche, homme d'esprit, de bon sens et de cœur, Alphonse Karr, présidait la *distribution de prix d'une école de Sœurs*, dans le Midi, et parlait en ces termes aux jeunes filles qui l'écoutaient :

Les vieux, mes enfants, ont un rôle utile et un devoir à remplir. Vous entrez dans la vie, vous faites les premiers pas sur un chemin inconnu; Or, eux, les vieux, reviennent de là où vous allez. Ils peuvent, ils doivent vous donner des renseignements : là il y a des ornières, là des ronces et des épines, là un précipice, là un carrefour où vous serez bien embarrassées, car vous y êtes en grand danger de vous égarer, peut-être de vous perdre, si vous ne savez pas choisir la meilleure des routes qu'il vous présente.

Aujourd'hui, tout le monde veut sortir de sa sphère, et de la situation où la Providence l'a placé; personne surtout ne veut plus être... paysan — le plus beau des noms cependant, le plus beau et le plus libre de tous les métiers. C'est le paysan qui fait et qui est le pays, qui défend le pays : il n'a besoin de personne et tout le monde a besoin de lui — il traite directement avec Dieu.

Aucun garçon ne veut plus être semblable à son père et ne veut exercer le métier de son père! aucune fille ne veut être semblable à sa mère, et surtout ne veut s'habiller comme sa mère; les parents, aveuglés, les laissent s'engager dans des voies où ils ne pourront ni les suivre ni les guider.

Tous les garçons veulent se jeter dans trois ou quatre professions dites libérales — je ne sais pourquoi — mais très certainement et depuis longtemps encombrées, n'ayant plus de place pour les nouveaux venus. Ils veulent tous être avocats, médecins, ingénieurs, etc., — puis députés, ministres, président de la République, etc.

Les filles veulent être... dames — savantes, riches, institutrices; les plus modestes, couturières et modistes, et surtout s'habiller *en dames et à la mode!*

. . . .

Restez au village, mes enfants, et continuez-y les traditions parternelles.

Le garçon qui embrasse le métier de son père dès son enfance et presque en se jouant, a appris les principes et la pratique de ce métier. Plus tard, naturellement, héritier de l'expérience, du talent, de la clientèle, comme des outils de son père, il commence par l'aider, puis, commençant là où son père a fini, il perfectionnera ce métier, et l'élèvera en s'élevant lui-même. La fille qui est restée auprès de sa mère, l'aidant dans les soins et les travaux du ménage, apprend d'elle, par l'exemple, le beau, le grand métier de vraie femme, de la femme qui seule est légale de l'homme parce qu'elle fait sa part des besognes de la vie. Elle s'essaie déjà à être la petite mère de ses frères et de ses sœurs plus jeunes qu'elle. Elle sait qu'avant de broder et de faire de la tapisserie, il faut savoir tailler, coudre, racommoder les hardes de la famille, et *ramender* les filets de son père, s'il est pêcheur.

Et c'est là que le garçon de bon sens ira chercher sa femme, et non dans les Académies et sur les trottoirs des villes qui s'élargissent tous les jours.

Pendant ce temps, la fille savante, munie de brevets, suit le cours des astres et prédit les éclipses, mais laisse éteindre le feu de la cheminée; et la soupe ne sera pas prête, lorsque son père, ses frères, son mari, ses enfants reviendront du travail ayant bon appétit.

Néanmoins, ne disons pas trop de mal des sciences; il en est une, mes chères fillettes, que je vous recommande particulièrement, c'est..... la *chimie*, mais seulement une branche de la chimie. C'est la chimie appliquée à la cuisine, et la cuisine est l'art d'accommoder, d'apprêter, d'assaisonner les mets les plus vulgaires et les moins coûteux, de façon à en faire une nourriture saine, abondante et même savoureuse, qui répare les forces de la famille, et fait de chaque repas comme une petite fête.

. . . .

* * *

Par ce temps d'affichage de discours, nous demandons que les discours du ministre de l'instruction publique Bourgeois et le discours du vénérable Alphonse Karr soient affichés à la porte des écoles, collèges et lycées de toute la France. Les Français et les Françaises de bon sens verraient dans quelles mains l'enfance est remise et ce que sera la France dans dix ans, « aux premiers jours du siècle qui va s'ouvrir », — selon l'expression du ministre Bourgeois, avec l'enseignement donné aujourd'hui à si grands frais dans les écoles, collèges et lycées de filles et de garçons de la République !

LE BONHOMME DESCHAMPS.

NOUVELLES DE LA SEMAINE.

Election législative.

NORD.

1re circonscription : Avesnes.

Inscrits : 16.667. — Votants : 11.914.

MM. Guillemin, opportuniste.... 4.272 voix.
Carnage, républicain....... 3.272 —
Gevelle, modéré......... 3.348 —
(Ballottage.)

Il s'agissait de remplacer M. Hiroux, républicain, décédé, qui avait été élu par 7,110 voix contre 6,530 à M. Lefèvre Pontalis, conservateur sortant.

M. Carnot à Fontainebleau. — M. le président Carnot est parti pour Fontainebleau. Extraits du compte-rendu officieux. A Paris : « En arrivant dans la gare de Lyon, « M. Carnot a été acclamé *par la foule.* » A Fontainebleau : « Les cris de Vive Carnot ! Vive « la République ! ont été poussés *par la foule* « qui se pressait dans la gare... Sur tout le « parcours de la gare au palais, M. Carnot a « été acclamé *par la foule.* » Jamais on n'avait vu autant de *foules*... sur le papier.

M. Carnot ira à La Rochelle le 18 août, et nul doute que les deux journalistes qu'il vient de décorer n'annoncent de nouvelles acclamations de nouvelles *foules*.

La contribution foncière sur les propriétés bâties, qui s'élève à 65 millions de francs environ, a cessé d'être un impôt de *répartition* pour devenir un impôt de *quotité*.

Il importe que les contribuables se rendent bien compte du caractère de la mesure que la Chambre des députés et le Sénat viennent de prendre.

On voit beaucoup de gens que la chose laisse tout à fait indifférents : « Qu'est-ce que cela me fait, vous disent-ils, que l'impôt soit de quotité ou de répartition, puisque, d'une manière ou d'une autre, je suis obligé de payer; puisque, d'une manière ou d'une autre, l'argent sort toujours de ma poche pour entrer dans celle de l'Etat. Pour moi, contribuable, quotité et répartition, c'est blanc bonnet et bonnet blanc. »

Nous craignons fort que ces contribuables ne s'aperçoivent bientôt à leurs dépens qu'un impôt de quotité n'est pas la même chose qu'un impôt de répartition, et que le changement qui vient de s'accomplir est pour eux gros de dangers. Ces dangers ont d'ailleurs été indiqués discrètement au Sénat par M. Boulanger, qui est un des hommes qui connaissent le mieux la question sous tous ses aspects.

Quelle est la différence essentielle entre un impôt de quotité et un impôt de répartition? Il n'est pas inutile de préciser la chose.

L'impôt est de répartition quand la somme à demander à un département étant fixée par la loi, la division en est opérée entre les contribuables de ce département par les soins de leurs mandataires, les conseils d'arrondissement et les conseils généraux.

L'impôt est de quotité, au contraire, quand le fisc le perçoit directement sur chaque contribuable et en fixant lui-même la matière imposable.

La contribution foncière sur les propriétés bâties étant maintenant un impôt de quotité, les conseils généraux et les conseils d'arrondissement ne seront plus chargés de distribuer entre les communes la part qui leur revient dans ce que l'on nomme le contingent départemental; c'est le contrôleur des contributions directes et le percepteur qui taxeront directement le propriétaire foncier.

On dit que le système de la quotité est plus avantageux pour l'Etat, que le fisc saisira mieux et plus facilement le contribuable qu'il ne saisissait le contingent, que ses agents feront produire plus à la taxe.

Mais c'est précisément pour cela qu'il sera plus désavantageux pour le contribuable. On fera produire plus à la taxe Donc on fera payer plus au contribuable. L'Etat augmentera ses recettes. Par conséquent les charges du pays seront accrues.

Sous le régime de la répartition, il y avait un maximum que l'on ne pouvait pas dépasser, et les conseils généraux placés entre le Trésor et le contribuable, arrêtaient toute tentative d'augmentation d'impôt sur la propriété bâtie. On vient de les destituer de leur droit de surveillance. Désormais le propriétaire d'une maison sera taxé d'après les rôles établis sans aucune contradiction par les agents du fisc.

En présence d'un gouvernement qui a de gros besoins d'argent et qui n'est pas gêné par l'excès des scrupules, tout propriétaire peut s'attendre à voir le chiffre de ses impôts s'accroître lentement, mais sûrement. Il est vrai que lorsqu'on recevra sa feuille d'avertissement le 1er janvier, on aura un délai de six mois pour demander au contrôleur la communication des bases sur lesquelles il aura établi sa taxe et pour la contester. Mais, en somme, le contribuable, au lieu d'être défendu contre l'avidité du fisc par ses protecteurs, les conseils généraux, les conseils d'arrondissement, les conseils municipaux, sera réduit à se défendre lui-même.

Et en France, le contribuable ne sait pas se défendre.

Le petit-fils d'un dieu républicain. — A la requête de M. Edouard Lockroy, député radical, la 1re chambre du tribunal civil de la Seine, présidée par M. Aubépin, vient de nommer un conseil judiciaire à M. Georges Hugo, à la suite de faits de prodigalités dont il a été question en ces derniers temps. Le conseil judiciaire nommé est Me Manseau, avoué.

M. Georges Hugo, dont il est ici question, est le petit-fils de Victor Hugo. Les flagorneries des républicains ont fait perdre la tête à ce jeune homme qui se croyait tout permis, depuis que son grand-père a été proclamé par nos bons radicaux le grand génie du XIXe siècle!

DES DROITS D'ENREGISTREMENT

Pour plus de clarté, nous allons résumer en trois tableaux les droits d'enregistrement à payer sur les successions et les donations entre vifs.

SUCCESSIONS OU MUTATIONS PAR DÉCÈS.

Par 100 francs.

En ligne directe (ascendants et descendants)	1 »
Entre époux	3 »
Entre frères, sœurs, oncles, tantes, neveux et nièces	6 50
Entre grands-oncles, grand'tantes, petits-neveux, petites-nièces, cousins-germains	7 »
Entre parents au delà du quatrième degré jusqu'au douzième	8 »
Entre personnes non parentes	9 »

Les droits sont les mêmes pour les meubles et les immeubles.

DONATIONS ENTRE VIFS ORDINAIRES.

Par 100 francs.

	Meubles.	Immeubles.
En ligne directe, donation contenant partage	1 »	1 »
En ligne directe, donation sans partage	2 50	4 »
Entre frères, sœurs, oncles, tantes, neveux, nièces	6 50	6 50
Entre grands-oncles, grand'tantes, petits-neveux, petites-nièces, cousins-germains	7 »	7 »
Entre parents au delà du quatrième degré jusqu'au douzième	8 »	8 »
Entre personnes non parentes	9 »	9 »

MÊMES DONATIONS FAITES AUX FUTURS PAR CONTRAT DE MARIAGE.

En ligne directe	1 25	2 75
Entre futurs	1 50	3 »
Entre frères, sœurs, oncles tantes, neveux, nièces	4 50	4 50
Entre grands-oncles, grand'tantes, petits-neveux, petites-nièces, cousins-germains	5 »	5 »
Entre parents au delà du quatrième degré jusqu'au douzième	5 50	5 50
Entre personnes non parentes	6 »	6 »

Toujours les deux décimes et demi en sus, soit 1 fr. 25 pour 1 franc, et ainsi de suite.

UNE PLANTE FOURRAGÈRE RUSTIQUE.

L'Anthillis vulnéraire.

Rien n'est plus désastreux dans la ferme que la disette fourragère; malheur au cultivateur qui n'a plus de quoi nourrir convenablement son bétail et qui est obligé d'acheter du fourrage!

Ce n'est pas dans les années humides que se produisent ces disettes, d'une façon générale du moins; alors l'herbe pousse et les granges s'emplissent.

Mais quand l'été est sec, quand les pluies sont rares, l'herbe est courte et les provisions sont vite épuisées.

C'est alors que le cultivateur prévoyant se félicitera d'avoir semé certaines plantes rustiques qui ne redoutent pas la sécheresse de la température ni l'aridité du sol et qui, même dans les mauvaises années, lui donneront un produit fourrager bien précieux.

Une plante fourragère précieuse par sa rusticité, c'est l'*Anthillis vulnéraire*, désigné communément sous le nom de *Trèfle jaune des sables*.

L'Anthillis vulnéraire est spontané dans les terres crayeuses et sablonneuses du nord aussi bien que du midi de la France, dans les plaines aussi bien qu'en montagnes; son habitat se trouve par conséquent des plus étendus. Recherchée par les bêtes à cornes ou à laine ainsi que par les chevaux, cette plante est depuis longtemps classée parmi les meilleures espèces de nos pâturages secs; mais ce n'est que depuis quelques années que l'on en a essayé la culture en France. Elle constitue une précieuse ressource pour les sables de la Silésie prussienne, sur lesquels elle végète convenablement, à l'exclusion de la plupart des autres herbes fourragères.

C'est surtout pour les terrains secs, à base calcaire ou siliceuse, que la culture de l'Anthillis peut devenir lucrative. Il ne donne, cela est trop naturel, son maximum de rendement que dans les bonnes terres; mais dans ces situations avantageuses, ce serait une erreur de songer à le substituer au trèfle où à la luzerne. Telle est la manière de voir des expérimentateurs qui savent ne pas obéir à un engouement exagéré en faveur d'un nouveau venu.

L'Anthillis peut se semer de la même manière et à la même époque que le trèfle incarnat, c'est-à-dire en août ou en septembre, et à raison par hectare de 15 à 20 kil. de graine que l'on enterre très légèrement par un simple hersage; dans ce cas il monte à fleur l'année suivante. Mais il vaut mieux n'exécuter l'ensemencement qu'à la sortie de l'hiver et dans une céréale, ainsi que l'on procède d'ordinaire pour le trèfle violet ou la luzerne. Il convient de ne pas faire pâturer la jeune plante après l'enlèvement de la moisson. Au printemps de la seconde année, on obtient une coupe de fourrage supérieure à celle qu'aurait pu fournir toute autre espèce sur le terrain où l'on a établi l'Anthillis: les rendements de 12, 15 et même 18,000 kil. d'herbe verte ne sont nullement exceptionnels.

Fauchable quelque temps après la première coupe des luzernes, la prairie est dès cette époque livrée à la charrue; il n'y a pas intérêt à attendre une seconde coupe, dont le produit serait faible d'ordinaire.

L'herbe peut être consommée en vert; elle ne provoque pas de météorisation, elle ne communique pas de mauvais goût au lait. Au début, les animaux éprouvent parfois une répugnance à l'égard de cette nourriture, ils semblent redouter l'odeur forte de la fleur; mais cette hésitation ne dure pas longtemps.

Fané, l'Anthillis donne un fourrage de bonne qualité tout à fait du goût du bétail.

En 1870, M. Lebreton, sur une mauvaise terre calcaire, a obtenu un rendement en foin sec de 7 à 8,000 kil. par hectare. Ces chiffres très élevés ne sauraient évidemment être pris comme une moyenne. Ce n'est qu'une rare exception, qu'il faut attribuer à la température douce et humide du printemps de l'année dont il est question. Les chiffres de M. Lebreton représentent le double d'une récolte ordinaire.

Pour sa valeur nutritive, l'Anthillis, d'après les analyses de Brocker, ne le cède pas aux autres fourrages.

Ajoutons encore que la plante qui nous occupe peut entrer avantageusement dans la composition des mélanges pour prairies — pâturages : elle s'associe très bien au ray-grass, à la minette, au trèfle blanc, etc.

En résumé, nous croyons que la culture du trèfle jaune des sables doit être entreprise dans les conditions qui ont été définies ci-dessus. Cette plante peut rendre de réels services en Champagne, en Sologne et sur bien d'autres points de notre pays. « L'Anthillis vulnéraire me paraît propre à utiliser les sols les plus ingrats », disait Yvart, il y a plus d'un demi-siècle; les faits déjà connus confirment pleinement les paroles du célèbre agronome.

CH. GOSSIN.

LA VENTE DES BŒUFS

Les envois de bœufs américains prennent de l'importance. A La Villette, on peut voir pendant chaque marché des animaux ayant fait la traversée de l'Atlantique et cependant en parfait état. Le 26 mai, nous avons compté 220 de ces animaux, lesquels ont été vendus à raison de 70 à 72 centimes, ce qui est une bonne moyenne. L'invasion des bœufs américains est désormais un fait acquis avec lequel les éleveurs devront compter dans leurs spéculations futures.

Si les agriculteurs doivent prévoir le danger de cette concurrence nouvelle, il est du ressort du Gouvernement d'aviser, en cette occurrence, à la sauvegarde des intérêts généraux du pays. Au moment où, par vingt ans de courageux efforts et de patience continus, l'agriculture française entrevoit des jours meilleurs, il serait désastreux de lui demander ou de lui imposer de nouveaux sacrifices.

Les moyens de défense ne sauraient manquer au Gouvernement. Le bill Mac-Kinley, dont nous avons entretenu nos lecteurs, établit des conditions quasi-prohibitives pour tous les produits européens : ce serait dépasser les limites de la naïveté que de ne pas user de représailles.

Nous avons pour agir énergiquement une

bonne raison : protéger notre agriculture et favoriser le développement de nos colonies.

Les agriculteurs français n'ont élevé aucune réclamation au sujet du bétail algérien, qui leur fait cependant une vive et rude concurrence, parce qu'ils comprennent que le développement agricole de l'Algérie est intimement lié au progrès de la colonie, par suite à la grandeur de la France; mais le sacrifice de leurs intérêts doit s'arrêter devant l'invasion du bétail américain, dont la conséquence serait l'appauvrissement du pays.

Il faut que les Sociétés agricoles fassent entendre les plus énergiques protestations aux Chambres que leurs membres ont élus. Les habitants des campagnes ont la mauvaise habitude et le grand tort d'attendre le dernier moment pour agir. Nous les engageons vivement à secouer leur apathie coutumière. Il est plus facile de prévenir le mal que de guérir les plaies ouvertes. Notre rôle est de prévenir les intéressés, à eux d'agir; nous les soutiendrons de toute notre énergie dans la défense de leurs intérêts.

Tant que nous sommes sur cette question du bétail, signalons à nos lecteurs une évolution dans le commerce des animaux de boucherie.

Les bouchers achètent de moins en moins au marché de La Villette. Un grand nombre vont faire leurs acquisitions en foire, et certainement ils y trouvent avantage. Ainsi s'explique ce fait déjà signalé qu'on vend souvent mieux en province qu'à Paris.

Cette manœuvre aurait pour but d'avilir les prix si les éleveurs n'y prennent garde. Qu'ils résistent aux tentatives des bouchers.

L. T.

LA DESTRUCTION DES RATS

Les rats causent souvent de sérieux ravages et les basses-cours ont surtout à souffrir de leurs attaques.

Voici deux moyens de les détruire. Le moins dispendieux, d'abord ; il consiste à couper du liège en morceaux du volume d'une grosse noisette, qu'on fait frire ensuite dans de bonne friture, et qu'on place dans les lieux infestés par les rongeurs. L'odeur de la graisse attire ces derniers, leur fait incorporer ce liège qui, introduit dans l'estomac, ne peut être digéré et détermine la mort. Au lieu de liège, on peut employer l'éponge, à laquelle on fait subir une préparation identique.

L'autre moyen consiste à asphyxier les rats par le sulfure de carbone, en procédant ainsi qu'il suit :

On bouche les entrées des trous, soit avec des tampons de foin, soit avec de la terre, puis on prend un petit tuyau en plomb dont l'entrée supérieure est évasée en forme d'entonnoir ; on l'introduit dans l'un des trous tamponnés de manière que l'air ne pénètre pas ; cela fait, on verse dans le tuyau un peu de sulfure de carbone. Cette substance, qui est liquide, descend dans le trou et ne tarde pas à se volatiliser ; de sorte que la vapeur qui se produit pénètre jusque dans les moindres interstices et détermine sur tous les rats qui s'y trouvent un engourdissement assez semblable à celui que produit le chloroforme et qui toujours, et même en très peu de temps, est suivi de la mort.

A l'aide de ce procédé si simple, on a pu détruire au muséum des quantités considérables de rats. Cette expérience a été faite récemment à la ménagerie du muséum. Une cabane occupée par des animaux était envahie par les rats qui avaient creusé dans le sol de nombreuses galeries. Après avoir introduit dans ces galeries un peu de sulfure de carbone, on déblaya le sol et on trouva *cent huit rats* asphyxiés.

Ce moyen est d'autant plus précieux : 1° que le sulfure de carbone n'a aucun inconvénient pour l'homme, qui peut impunément le respirer; 2° que cette substance, qui se trouve communément, est à bas prix. En l'achetant en gros, on la paie 85 c. le kil. ; comme il en faut environ 50 grammes ou 60 grammes si les galeries sont nombreuses et profondes, c'est donc une dépense d'environ 4 à 6 centimes par opération, c'est-à-dire une dépense à peu près nulle. Le sulfure de carbone est inflammable. Il faut le manier comme l'essence de pétrole.

Ce n'est pas seulement les rats qu'on fait mourir par ce procédé, mais encore tous les animaux qui *se terrent*, tels que taupes, renards.

CONSEILS PRATIQUES AUX ÉLEVEURS

De la suppression des râteliers.

Il est des absurdités que l'on rencontre tous les jours et que la seule force de l'habitude « cette seconde nature » fait entrer dans nos mœurs et semble à la longue rendre indispensables. Je n'en veux pour preuves que ces espèces d'échelles horizontales qui garnissent les écuries et les étables de nos grands animaux domestiques au-dessus des auges, des crèches ou des mangeoires, et sur lesquelles on jette la paille et le fourrage. J'ignore d'où vient cette pratique. Nos agronomes et nos zootechniciens les plus en renom sont muets sur cette question historique du râtelier.

En ce qui concerne l'installation des habitations des animaux domestiques, tous ces graves savants nous prodiguent des conseils sur la hauteur la plus convenable à donner à l'appareil, sur son inclinaison, l'écartement à donner à ses barres transversales, la matière qui doit entrer dans leur confection, etc., etc.; mais aucun d'eux, que je sache, ne nous a encore démontré.... l'utilité des râteliers. Ce qui me porte à croire que ces trop savants amis des bêtes le reconnaissent indispensable. A-t-on consulté les animaux pour les installer d'une façon aussi sotte sur un plan incliné d'avant en arrière, et pour les forcer à manger en l'air, comme si ces herbivores avaient été créés et mis au monde pour abattre des noix ou cueillir des cerises? La question du sol incliné des étables et écuries est jugée depuis trop longtemps pour qu'il soit ici utile d'y revenir. (Pour ceux de nos lecteurs qui ne sont point au courant de la question, nous les prierons de s'adresser à l'auteur, le colonel Basserie, 26, boulevard Négrier, au Mans). Quant à celle du râtelier, à part quelques personnalités de marque qui l'ont supprimé, et qui ne manquent point de s'élever dans la conversation contre cette pratique barbare autant qu'absurde, tous les éleveurs continuent à la garder et à s'en servir. Ils l'ont toujours vu dans leurs écuries comme dans celle du voisin; il manquerait s'il n'était plus là devant le nez de leurs bœufs ou de leurs chevaux.

Certains propriétaires donnent comme raison que le râtelier empêche les animaux de gaspiller leurs rations de fourrages; pour beaucoup c'est là tout son rôle. En augmentant de quelques centimètres la largeur des mangeoires, on pourrait très facilement y déposer la ration de foin sans avoir besoin de la loger dans le râtelier. Pour d'autres, le râtelier, comme la ferrure, serait un mal nécessaire, inhérent, à nos besoins, au raffinement d'une civilisation dont nos malheureux animaux domestiques sont les premières victimes.

Quand j'entre dans une écurie, c'est toujours avec peine que je vois ces pauvres bêtes, le nez dans le râtelier, la tête renversée, tirant entre les barreaux un fourrage poussiéreux, dont toutes les fines particules viennent se loger sur le front, le toupet, dans les yeux ou les cavités nasales. Après quelques bouchées, il en est qui secouent la tête, tous s'ébrouent ou se mettent à tousser. Pas un cheval ne mange en l'air; après avoir cueilli le foin dans le râtelier, il l'apporte dans la mangeoire pour s'en repaître, semblant protester par cet acte contre la pratique absurde à laquelle on l'a condamné. Le repas du cheval, tel que nous le comprenons, est pour le pauvre animal une fatigue nouvelle qui vient s'ajouter à celle du travail laborieux auquel il est souvent astreint. A l'état de nature, c'est par terre que paissent nos herbivores. Dans cette attitude, les mâchoires seules fonctionnent : tout le reste est au repos. Des membres antérieurs, l'un est fléchi, l'autre est porté en avant, la colonne vertébrale se relève, le garrot fait saillie au-dessus des épaules, l'encolure s'allonge, la poitrine s'élargit, tout semble disposé à une mastication parfaite, à une déglutition plus facile, à une digestion plus complète. Il semble que dans cette attitude, le ventre se dispose, fait, en quelque sorte, appel aux aliments. Au râtelier, tout est renversé, au contraire : la tête et l'encolure pèsent fortement sur l'arrière-main, le garrot s'enfonce dans les épaules, le dos se plonge, les membres antérieurs se rapprochent, la poitrine s'étrangle, l'animal cherche à se grandir sur l'avant-train, la mastication est imparfaite, la déglutition difficile, surtout chez les chevaux qui mangent vite. J'ai assisté un soir à un véritable étranglement d'un jeune cheval par un bol de luzerne verte dégluté dans ces conditions. Chez les chevaux adultes, ce supplice du râtelier peut n'avoir pour effet qu'une usure prématurée des membres. Dans une écurie on rencontre certains chevaux qui, lorsqu'ils prennent leur repas en commun, se contentent de ramasser dans l'auge le foin tiré au râtelier par le camarade. Ce sont ordinairement ceux-là dont l'état général est le plus satisfaisant.

C'est surtout chez le jeune poulain que se remarquent les effets désastreux du râtelier. Si après le sevrage, le jeune animal est placé en stabulation permanente, c'est ordinairement dans une écurie dont le râtelier est trop haut placé pour lui; obligé de se grandir pour y atteindre, et la charpente osseuse encore trop faible pour résister à cette influence néfaste, qu'arrive-t-il du meilleur produit? un cheval à tête énorme, sans encolure, le garrot noyé dans les épaules, le dos ensellé, la croupe surplombe tout le tronc, le ventre s'élargit à la base, la poitrine est étriquée; droit sur ses boulets de devant, sous lui du derrière, voilà le triste rossart qu'a donné le râtelier.

J'ai été appelé, il y a quelques années, à trailer une vache atteinte de la maladie « DU RATELIER » ; voici le fait : l'animal en question vivait huit mois sur douze au pâturage en liberté ; rentré à l'étable pour l'hiver, il mangeait au râtelier. Chaque année, après deux ou trois mois de stabulation, il survenait des météorisations intermittentes peu graves qui disparaissent après un effort de toux de la part de l'animal. En février 1885, l'affection avait acquis plus d'acuité, à tel point que le météorisme se produisait après chaque déglutition. Je ne pouvais croire à ce que me racontait le propriétaire ; je me rendis près de l'animal, on jeta en ma présence une poignée de foin dans le râtelier, la vache se mit à manger avidement, puis, en pleine mastication, la bête s'arrête, anxieuse, salive, fait des efforts expulsifs, le rumen se ballonne, elle va étouffer ! Je me précipite sur l'encolure, je comprime la gorge des deux mains en agissant de bas en haut, et je refoule dans la bouche un mâchon de foin que j'extrais avec la main, et tous ces phénomènes alarmants rentrent dans l'ordre. Je fis supprimer le râtelier et plus un seul des symptômes anormaux cités plus haut ne se reproduisit.

En résumé, pas plus chez le bœuf que chez le cheval, le râtelier n'a sa raison d'être, et j'approuve de grand cœur le général Thornton, inspecteur des remontes, d'avoir condamné cette pratique barbare autant qu'absurde, et que tout éleveur intelligent ne saurait trop s'attacher à faire disparaître.

Auguste ELOIRE,
Médecin-Vétérinaire.

LES FRAISES.

Je voyais au mois de juillet, aux halles de Paris, des fraises admirables, par leur grosseur, leur parfum et leur fraicheur. Je ne pouvais m'empêcher d'établir une comparaison avec les fraises que nous voyons dans la plupart de nos jardins, lesquelles sont, la plupart du temps, rabougries, petites, sans saveur et peu abondantes.

Je demandai à un des jardiniers qui apportait aux halles des corbeilles énormes de fraises toutes bien pareilles, à peu près de même grosseur (c'était de l'espèce Marguerite le Breton), comment il la cultivait?

C'est bien simple, répondit-il : de l'engrais et des soins; beaucoup d'engrais et beaucoup de soins.

La fraise est très gourmande de bonne terre grasse, et cependant si on lui donne par trop de fumier, on obtient une végétation trop considérable, et qui nuit aux fruits. Les engrais ne doivent pas être trop azotés, il faut à la fraise de l'acide phosphorique et de la potasse. Avant que les engrais chimiques ne fussent bien connus, j'employais du fumier que je mettais en abondance en plantant, et j'ajoutais sur mes plate-bandes du terreau au printemps. Aujourd'hui je mets peu de fumier, environ la moitié de ce que je mettais autrefois, et je mets un peu d'engrais chimique chaque année, en nettoyant mes fraisiers au printemps. J'ai trouvé la quantité à mettre dans un ouvrage de M. le marquis de Paris, sur les engrais chimiques au jardin.

Je mets donc, me conformant à ce qu'il conseille :

2 à 300 grammes par mètre carré du mélange suivant :
500 grammes de soude.
500 grammes de sulfate d'ammoniaque.
3 kil. de superphosphate de chaux.
2 kil. de plâtre.
2 kil. de sulfate de fer.

Cela fait une dépense d'environ 2 fr. 50 par are, mais je la retrouve grandement. J'ai des fraises admirables et en grande abondance.

Suivons donc le conseil de cet homme, et nous aurons de beaux fruits.

La fraise, s'il faut en croire certains savants et entre autres Linné, est un remède dans certaines maladies. Elle prévient les accès de goutte, est salutaire aussi contre les rhumatismes et est même un spécifique contre la phthisie. On la conseille aux tempéraments bilieux. Elle est peu nourrissante, mais rafraîchissante et adoucissante, et elle est très vantée dans beaucoup d'ouvrages de médecine comme un mets d'une digestion facile et comme un des fruits les plus sains et les plus agréables.

DOCTEUR AGRICOLA.

Le pâturage dans les marais

Le pâturage dans les marais est le genre d'alimentation le plus défectueux. Les vapeurs qui s'échappent de la terre sont très préjudiciables à la santé des bestiaux ; c'est de là que sortent les maladies qui finissent par gagner les pays sains, par le contact des animaux empestés. Ce n'est pas seulement le sol ni l'air respiré qui sont mauvais, l'herbe elle-même n'est pas saine ; la nourriture est trop aqueuse ; il faut y remédier. On ne doit envoyer les bestiaux dans les marais que lorsque les brouillards du matin sont dissipés et que le soleil a fait sécher la rosée ; on les retire dès que la brume arrive. Les envoyer à jeun, c'est s'exposer à ce qu'ils se gorgent de ces herbes marécageuses ; il est important de leur donner, avant leur départ, une nourriture sèche, comme foin, paille, etc. Ces matières sèches pompent les sucs trop abondants qui se trouvent dans ces plantes, qui poussent le pied dans l'eau. Le foin qu'on récolte dans les marais est dangereux : il remplit l'animal sans le rassasier, le poil devient long et rude ; souvent même les bestiaux se couvrent d'insectes parasites. S'il pleut pendant la fenaison, ce foin, en séchant, est rempli de poussière et peut occasionner des troubles dans l'organisme. Il n'est bon qu'à faire de la litière.

Nouvelles agricoles.

L'évaluation des propriétés bâties. — M. de Luçay a présenté à la Société nationale d'agriculture, un exposé résumé du rapport publié au *Journal officiel* du 7 juillet, sur l'évaluation des propriétés bâties établie en exécution de la loi du 8 août 1885. Cet exposé constate l'existence de 9,146,181 propriétés dont 9,051.542 sont imposables, *savoir* :

Maisons : 8,914,523, d'une valeur locative de 2,597.686,466 francs.

Usines : 136,019, d'une valeur locative de 112,725,919 francs.

C'est sûr le dernier recensement, qui date de 1851, une augmentation de 21 pour 100 en nombre et de 190 pour 100 en valeur. M. de Luçay estime que ces résultats, quels que soient les soins apportés par l'administration, doivent être contestés.

Il y a quelques années, l'administration évaluait à 1,700 millons seulement le revenu brut de la propriété bâtie en France et M. de Luçay conteste le chiffre de 2,500 millions donné par M. Ballue en 1880. Or, depuis cette époque, au dire même du rapport, il y a eu un temps de recul dans les constructions, surtout dans les communes rurales.

Il est à regretter, dit M. de Luçay, qu'au lieu de se borner à l'intervention des répartiteurs qui a fait défaut dans un tiers des communes, l'administration n'ait pas estimé qu'il y avait lieu de consulter les Conseils généraux et municipaux, car il ne faut pas se dissimuler que cette réforme aura pour résultat de rehausser le contingent de 21,000 communes.

Le bétail américain en Europe. — Il paraît qu'un grand nombre d'exportateurs de bétail américain sont menacés d'une ruine complète à cause des contrats qu'ils ont passés pour le transport de leurs animaux sur les steamers transatlantiques.

L'an dernier, dit le *Farmer's Review* de Chicago, la viande sur pied était à bon marché en Amérique, mais elle se vendait avantageusement en Angleterre. Les exportateurs n'envoyaient jamais assez de bestiaux au gré de la demande, aussi ont-ils traité pour toute la place disponible sur les navires jusqu'au 1er août prochain sur le pied de 4 livres ou de 100 fr. par tête d'animal transporté.

Mais, depuis la signature du traité, il s'est produit une forte baisse sur les marchés de Londres, de Glasgow et de Liverpool, en même temps qu'une hausse correspondante se déclarait en Amérique.

Par comparaison aux cours d'il y a un an, la viande de boucherie a baissé de 8 fr. 75 au quintal en Angleterre, pendant qu'elle gagnait 5 à 7 centimes la livre aux Etats-Unis. Le samedi 7 juin, elle était cotée 30 centimes à Liverpool et 37 centimes 1/2 à Chicago.

Malgré cette différence, les marchands de bétail à l'exportation se trouvent forcés d'exporter quand même. S'ils n'exportent pas, ils perdent les 100 fr. qu'ils sont obligés de payer pour le fret de chaque tête d'animal, et s'ils exportent ils perdent à peu près autant à cause de la réduction de prix qu'il leur faut subir en Angleterre.

Au dire du *Live Stock Journal*, les chargements de la première semaine de juin représentaient une perte de 50,000 liv. ou 1,250,000 fr.

Le pain étranger. — Cent trente mille sept cent quatre-vingt-dix quintaux de pain, venant de l'étranger, sont entrés pendant ces six derniers mois, représentant l'équivalent de 100,607 quintaux de farine qui sont entrés en France au droit de 1 fr. 20 par 100 kil., au lieu de celui de 8 fr. qu'ils devraient payer.

On voit par quels moyens les étrangers parviennent — grâce à la complaisance de nos gouvernants — à éluder les taxes votées par les Chambres, et cela au grand détriment des agriculteurs français.

UN NOUVEAU FUSIL

Un inventeur vient de présenter à la chambre de commerce de Saint-Etienne un fusil de chasse dans lequel la poudre et l'amorce sont supprimées et remplacées par une goutte d'un liquide volatil qui, tombant dans une chambre close, derrière le projectile ou la charge de plomb, développe, en se volatilisant, la force de projection.

Le liquide est un gaz liquéfié. Il est renfermé dans une cartouche munie d'une soupape d'échappement. En pressant sur une détente, la soupape s'ouvre et le coup part. La cartouche contient cent grammes de liquide. Un tiers de gramme suffit à développer la force de projection dans une arme de chasse ou de tir réduit. La même cartouche peut donc servir à tirer trois cents coups, Après chaque coup, on introduit, sur le côté de l'arme, la charge de plomb ou la balle. Avec un mécanisme à répétition on pourrait amener successivement devant la chambre de volatilisation une série interrompue de charges ou de projectiles. L'échauffement dans une pareille arme n'est plus à craindre. Le tir, loin d'échauffer le canon, le refroidit.

Le projectile est chassé doucement, au début, dans l'âme du canon, et n'acquiert sa vitesse, totale qu'au moment de sa sortie. De la sorte, la force de projection est utilisée au maximum, et il n'y a aucun danger à redouter des pressions violentes sur les parois de l'arme.

La détonation est comparable à celle d'un léger claquement de main. Bien entendu, elle ne produit ni flamme ni fumée.

Il n'y a aucun encrassement de l'arme.

Le liquide, en se volatilisant, répend une odeur agréable.

La composition du gaz liquéfié n'est pas révélée par l'analyse. Ce qui peut faire croire à son application prochaine à nos armes de guerre c'est que la force de projection peut être accrue dans de très grandes proportions par l'addition d'éléments nouveaux déjà connus dans leurs effets et que le prix de revient du gaz liquéfié est insignifiant.

Des expériences vont être faites prochainement à Paris, devant un public compétent avec diverses armes de chasse et de tir construites d'après les données nouvelles.

AFFAIRES MILITAIRES.

Les dispensés de l'article 21.

M. le vicomte de Montfort, qui s'occupe, avec autant de compétence que d'ardeur, de toutes les questions intéressant l'armée, vient de déposer sur le bureau de la Chambre des députés une proposition de loi ayant pour objet de modifier le paragraphe 5 de l'article 21 de la nouvelle loi militaire. Il s'agit de la question des dispenses entre frères concourant au même tirage, ou dont l'un est déjà sous les drapeaux.

L'esprit de la loi est évidemment que les deux frères doivent, *à eux deux*, quatre ans de service au pays : trois pour l'un, un pour l'autre, comme dispensé.

Mais il peut arriver que l'aîné soit ajourné et reconnu bon l'année suivante; il peut arriver aussi que le frère aîné soit renvoyé par anticipation dans ses foyers avant l'appel de la classe de son puîné Or, le texte de la loi est tel, que le second frère aurait à faire deux ans de service dans le premier cas, et trois dans le second, au lieu de la seule année que le législateur a entendu simplement imposer.

C'est pour faire disparaître cette contradiction entre la lettre et l'esprit de la loi, que M. de Montfort propose d'ajouter, au premier alinéa du paragraphe 5 de l'article 21, les deux alinéas suivants :

« Dans aucun cas, deux frères qui se suivent « ne peuvent être retenus plus de quatre ans, *à* « *eux deux*, sous les drapeaux ; le temps pendant « lequel un homme aura été ajourné devant lui « compter pour le droit à procurer la dispense, « comme s'il avait été réellement présent sous les « drapeaux.

« L'expression « appel de la classe », devant « s'entendre des diverses opérations du recrutement comprises dans le titre II de la présente « loi, intitulé « des appels ; » la dispense sera procurée de même par les hommes dont la classe « aura été renvoyée par anticipation ; jusqu'à la « date de la libération définitive de sa classe, « l'homme, renvoyé par anticipation, comptera « comme présent sous les drapeaux, au point de « vue de la dispense à procurer au frère suivant, « sous cette réserve que chacun des des deux « frères devra accomplir un minimum de deux « années de service effectif. »

Classe 1885.

Le président du conseil, ministre de la guerre, décide que les hommes appartenant à la classe de 1885 qui sera prochainement renvoyée dans ses foyers, actuellement en congé ou en permission de trente jours, à titre de soutien de famille ou de convalescence, ou pour affaires personnelles, n'auront pas à revenir à leurs corps et seront maintenus dans la position de congé jusqu'au renvoi de leur classe.

Les hommes gradés seront remplacés dans leur emploi.

CONSEILS DU VIGNERON

GREFFES AMÉRICAINES

Une discussion très intéressante a eu lieu récemment à la Société d'agriculture de l'arrondissement de Chalon-sur-Saône sur cette importante question : Faut-il mettre les greffes en pépinière immédiatement après le greffage ou après les avoir fait séjourner un certain temps dans le sable?

D'après l'avis de la majorité des membres il vaut mieux faire stratifier les greffes quelque temps dans le sable. Plusieurs viticulteurs préfèrent remplacer le sable par de la mousse. Mais sur ce point M. Chevrier dit qu'il ne faut pas employer indifféremment toute espèce de mousse. Celle de bois étant réfractaire à l'humidité, il vaut mieux faire usage de celle des marais.

La stratification dans la mousse est une opération très délicate : il s'établit promptement une assez *forte fermentation* qui échauffe les bois, les fait noircir et les place dans des *conditions très défectueuses* pour la reprise. Il faut surveiller de près les greffes dans la mousse et les mettre en pépinière dès qu'on s'aperçoit que la fermentation peut devenir nuisible.

LE PÈRE LAVIGNE.

CONSEILS DU JARDINIER

LA TAILLE DU ROSIER

Le rosier fleurit sur les rameaux de l'année courante. Plus il est taillé long, plus sa première floraison est précoce et abondante. Plus il est taillé court, mieux il fleurit à l'arrière saison, plus belles seront ses fleurs, et plus nombreux se présenteront ses rameaux de taille pour l'année suivante.

Mais un rosier taillé long constamment se déforme et donne de petites fleurs ; constamment taillé court, il présente une tête de saule et s'épuise promptement par l'effet du refoulage de la sève, qui provoque le développement des bourgeons, souterrains ou *gourmands*. En combinant la taille longue avec la taille courte, on profite de leurs avantages en évitant leurs inconvénients. Voici alors comment il faut opérer :

Les plus beaux rameaux qui se trouvent dans le branchage, à peu près disposés en boule ou en entonnoir seront taillés long, soit à 0m 20 au 0m 30, tandis que les autres seront supprimés on rabattus à deux yeux. La suppression d'un rameau se fait sur l'empâtement, de façon qu'un œil adventif puisse s'y développer au besoin.

Les longs bois ainsi taillés fleuriront de bonne heure, alors que les coursons ou rameaux taillés courts pousseront des jets vigoureux qui se couvriront de belles fleurs à la seconde saison.

L'année suivante on fera l'inverse. Ce sont les longs bois que l'on taillera court, tandis que les jets des coursons seront maintenus longs *suivant leur force* ; chaque année on intervertira cette taille combinée.

Nous condamnons toute taille d'été ; il faut se borner, en cette saison, à enlever les roses défleuries et cela sans entamer le rameau. La meilleure époque pour la taille est le mois d'avril. La taille d'automne, dans les pays froids, expose les tissus ligneux à l'action du froid et sous les climats tempérés ; elle provoque la pousse trop hâtive des bourgeons qui peuvent alors être détruits par les gelées du printemps.

HORTUS.

CONSEILS A LA FERMIÈRE

BEURRE RANCE.

Voilà un pot de beurre rance. Qu'allez-vous faire? Vous désoler? A quoi bon, cela ne servirait à rien. Suivez plutôt mon conseil et je vous promets que votre beurre s'en trouvera parfaitement. — Commencez par préparer de l'eau de chaux, en quantité convenable. A cet effet, prenez 2 grammes de chaux vive par litre d'eau, agitez ensemble, laissez reposer, puis filtrez; ça n'est pas plus difficile que cela. — Cela fait, pétrissez bien votre beurre dans l'eau de chaux clarifiée. Les acides, à la présence desquels le beurre rance doit la saveur désagréable qui le caractérise, se dissoudront dans l'eau de chaux et il ne vous restera plus qu'à rincer le beurre redevenu mangeable, dans de l'eau ordinaire.

Encore un mot : N'ayez pas peur de l'eau de chaux, vous la boiriez à plein verre qu'elle ne vous causerait aucun dérangement.

UNE MÉNAGÈRE.

JURISPRUDENCE RURALE.

LA PLAQUE DE VOITURE ET LES VOITURES AGRICOLES.

On nous demande si les voitures agricoles, chars et tombereaux sont assujettis à la formalité de la plaque de voiture.

A cela nous répondons comme les Normands, oui et non.

La loi du 30 mai 1851 et le règlement d'administration publique du 10 août 1852 qui régissent la matière disposent :

« Toute voiture circulant sur les routes nationales ou départementales ou sur les chemins vicinaux de grande communication doit être munie d'une plaque.

« Cette plaque doit être en métal, placée en avant des roues à gauche de la voiture, portant en caractères lisibles, ayant au moins cinq millimètres de hauteur, les nom, prénoms et profession du propriétaire, le nom de la commune, du canton et du département de son domicile. »

Voilà le principe.

Mais la loi admet un tempérament pour les voitures agricoles; elle ajoute :

« Sont exceptées : 1° les voitures particulières destinées au transport des personnes, mais étrangères au service public des messageries ; 2° les malle-postes et autres voitures appartenant à l'administration des postes ; 3° les voitures appartenant à l'administration de la guerre et de la marine ; 4° *les voitures employées à la culture des terres, au transport des céréales qui se rendent de la ferme aux champs ou des champs à la ferme, qui servent au transport des objets récoltés du lieu où ils ont été recueillis jusqu'à celui où pour les conserver et les manipuler, le cultivateur les dépose ou les rassemble.* »

Il résulte de ces dispositions que les voitures agricoles, chars et tombereaux n'ont pas besoin de plaques lorsqu'elles sont employées *dans la ferme*, mais lorsqu'elles vont *en dehors de la ferme* chercher des matières quelconques ou en conduire l'immunité n'est plus assurée.

En tous cas, comme les termes de la loi prêtent singulièrement à l'interprétation, nous conseillons aux cultivateurs de ne pas se fier à cette immunité discutable, admise ici et contestée là-bas, et à garnir leurs voitures de plaques, quand les voitures seront exposées à faire en dehors de la ferme des voyages pour aller chercher ou pour conduire des denrées quelconques, ce sera prudent.

UN VIEUX JUGE DE PAIX.

HISTOIRE NORMANDE

Voici une bonne petite histoire démontrant que les cultivateurs normandsne sont pas trop bêtes et qu'ils finissent toujours par trouver le bon côté des choses. Malin, va !

« On dit souvent que les Normands sont *rendrés*. Voici un fait qui peut prouver que le dicton n'est pas absolument dénué de vraisemblance.

« Un cultivateur des environs de Coutances vient de mourir laissant une femme, un cheval et un chien. Quelques instants avant sa mort, il avait fait venir sa femme et lui avait dit : « Tu vendras le cheval et tu donneras le montant de la vente à mes parents ; tu vendras le chien et tu garderas l'argent pour toi ». Huit jours après, la veuve conduisit au marché le chien. Tous les paysans s'arrêtaient devant les écriteaux où on lisait : le chien cinq cents francs, le cheval cent sous ! — Cette femme est folle, disait-on. Mais à tous les acheteurs elle posait les mêmes conditions : Pour avoir le cheval, il faut acheter le chien d'abord. Cinq cents francs le chien et le cheval cent sous. C'est à prendre ou à laisser. Un amateur a conclu le marché sans y rien comprendre. Quant à la rusée paysanne, elle a obéi aux ordres de son mari ; elle a gardé pour elle le prix du chien, 500 francs, et elle a donné cent sous à la famille du défunt. Voilà certes une interprétation des dernières volontés d'un mourant bien appliquée, sans le secours de dame Justice ; si le mari revenait sur la terre, je crois cependant qu'il ferait comprendre à son épouse, par des arguments *touchants* qu'elle a trop tiré la couverture de son côté ; mais elle dort tranquille. »

PETITE POSTE.

M. V... M..., à Rives. — *Chlorose de la vigne.* — Reportez-vous à l'article du n° du 8 juin dernier. — Sulfate de fer, 200 kilog. à l'hectare.

M. V... J... (Vosges). — *Loterie de Bessèges.* — Vos numéros ne sont pas sortis.

Mme de V... (Meuse). — *Droits de succession.* — Nous vous envoyons les nos du 29 décembre 1889 et du 1er juin 1890, dans lesquels des articles ont été publiés sur cette question.

M. L... V..., à G... (Meuse). — *Eau-de-vie de prunelles.* — Le droit des bouilleurs de crû est restreint à 10 litres d'alcool exempts de droits.

Bière de ménage. — La régie n'a pas à intervenir.

MENUS PROPOS.

Un médecin, très affairé, à son malade :
— Comment allez-vous ce matin ?
— Beaucoup mieux, docteur.
— Montrez-moi votre langue. Elle est très bonne. Et votre mal de tête ?
— Il a disparu.
— Et l'appétit ?
— Un appétit d'ogre.
— C'est bien.

Et après un silence, le docteur ajoute distrait : Je vais vous faire une ordonnance pour vous enlever tout cela.

*
* *

Pensée d'un vieux garçon :

« Quand on est jeune, il n'est pas temps de se marier ; quand on est vieux, il n'est plus temps. Dans l'intervalle... on réfléchit. »

*
* *

On discutait, devant Calino, les dates de quelques inventions célèbres.

— Il est certain, dit quelqu'un, que les fenêtres garnies de vitres ne datent guère que du quinzième siècle.

— Vous devez faire erreur, répond vivement Calino, car il me semble bien que, dans les siècles précédents, il est déjà question des... croisés !

BULLETIN FINANCIER.

La hausse se poursuit sur nos rentes malgré les vacances, les achats du comptant ayant repris une certaine activité, le 3 0/0 clôture à 94 25 ; le 4 1/2 0/0 à 106 45.

Nous continuons à enregistrer la fermeté des actions de nos grands établissements de crédit. L'action du Crédit Foncier se retrouve à 1.252, ses obligations sont l'objet de demandes nombreuses, aussi le groupe tout entier s'est-il très bien tenu. La Banque de Paris et des Pays-Bas ne se départit pas de sa fermeté et s'inscrit à 808. Il en est de même de la Banque d'Escompte qui finit à 507. Le Crédit Lyonnais garde la bonne allure dont il fait preuve et clôture à 775. La Société Générale s'échange à 500, atteignant le pair comme nous l'avions prévu.

La Société de Dépôts et Comptes Courants est à 600 sans modification.

La Banque Nationale du Brésil fait 605. Il est question de la création d'une banque hypothécaire émanant de ce grand établissement de crédit.

La Société des Immeubles de France voit ses obligations remboursables à 1,000 francs, cotées 387 50, coupon détaché. Tout fait prévoir une prochaine hausse de cette valeur qui rapporte 15 francs par an. C'est un placement de plus de 3 87 °/o sans compter la prime de remboursement considérable comme nous le disons plus haut.

Les établissements Eiffel à 560 sont l'objet de nombreuses transactions. On sait que le mois dernier ils ont reçu de fortes commandes pour le Portugal et que le Métropolitain de Paris leur sera certainement confié.

Les Alpines sont de plus en recherchées à 221 38.

L'obligation Porto-Rico est sans changement à 282 50.

Celle des Chemins Economiques en nouvelle hausse à 415.

HALLES ET MARCHÉS.

CÉRÉALES. — *Marchés français.*

Prix par 100 kilogr.

REGIONS	BLÉ			PRIX MOYEN.		
	Prix moyen	Hausse	Baisse	Seigle	Orge	Avoine
Nord-Ouest....	26 30	» 45	»	17 »	17 45	21 15
Nord..........	25 95	» 30	»	16 01	19 53	21 37
Nord-Est......	26 30	» 38	»	16 52	19 10	21 25
Ouest.........	26 17	» 20	»	16 87	18 »	20 72
Centre........	26 16	» 12	»	17 45	19 28	21 67
Est...........	25 63	» 05	»	17 80	18 68	20 75
Sud-Ouest	25 38	»	» 03	18 25	18 »	21 25
Sud...........	25 50	»	» 15	19 17	17 90	21 50
Sud-Est.......	24 81	» 06	»	18 10	16 62	20 50
Prix moyens..	25 80	»	»	17 35	18 28	21 13
Sur la huitaine préc. Hausse	» 16	»	»	»	»	»
Sur la huitaine préc. Baisse	»	»	»	» 03	» 16	» 14

1re région. NORD-OUEST.	BLÉ		Seigle	Orge.	Avoine
	1re qualité	Prix moyen	Prix.	Prix.	Prix.
Calvados. — Caen..	28 »	27 25	16 »	19 25	23 50
C.-d.-N. — Lannion..	26 25	25 50	»	17 50	»
Finistère. — Morlaix	25 50	24 75	»	17 50	18 50
I.-et-V. — Rennes..	28 »	27 25	»	16 »	19 50
Manch. — Avranches	28 »	27 25	»	16 50	22 50
Mayenne. — Laval..	28 25	27 50	»	»	20 50
Morb. — Hennebont	24 50	23 75	17 50	»	21 50
Orne. — Alençon...	27 »	26 25	»	»	»
Sarthe. — Le Mans.	28 »	27 25	17 50	»	22 25
— Sablé....	27 »	26 25	»	18 »	21 50
Prix moyens.......	27 05	26 30	17 »	17 45	21 15
Sur la semaine précédente.. Hausse...	» 13	0 43	» 18	»	» 02
Sur la semaine précédente.. Baisse...	»	»	»	» 17	»

2e région. — NORD.

Aisne. — Soissons	27 50	26 75	16 »	»	20 50
— Chauny	26 75	26 »	15 »	»	20 50
Eure. — Evreux	27 50	26 75	15 »	»	»
E.-et-L. — Chartres	28 25	27 50	»	17 75	20 85
— Nogent-le-Roi	26 50	25 75	14 75	19 »	21 25
Nord. — Lille	25 75	25 »	16 50	19 »	21 50
— Douai	27 75	27 »	16 25	20 25	22 50
Oise. — Compiègne	27 50	26 75	16 »	20 »	21 »
— Beauvais	25 75	25 »	18 »	21 »	28 »
Pas-de-Cal. — Arras	25 25	24 50	16 »	9 »	19 »
— Bapaume	25 »	24 25	15 75	18 »	17 25
Seine. — Paris	27 75	27 »	18 »	22 »	21 50
Seine-et-M. — Meaux	27 50	26 75	15 50	18 »	21 »
— Melun	27 »	26 25	15 50	18 »	21 25
S.-et-O. Angerville	26 50	25 75	16 »	»	21 »
— Versailles	26 75	26 »	16 50	23 50	25 »
Seine-Inf. — Rouen	26 »	25 25	16 »	18 75	24 50
Somme. — Amiens	27 »	26 25	»	19 50	24 25
— Abbeville	25 50	24 75	15 50	18 25	19 50
Prix moyens	26 70	25 95	16 01	19 53	21 37
Sur la semaine précédente. Hausse	0 30	0 30	»	»	»
Baisse	»	»	0 14	0 14	0 09

3e région. — NORD-EST.

Ardennes. Sedan	26 »	25 25	16 75	»	22 »
— Vouziers	26 25	25 50	15 »	17 50	20 50
Aube. — Bar-s-Aube	26 50	26 75	16 50	19 50	21 »
— Troyes	27 »	26 25	»	20 25	21 75
Marne. — Châlons-s-M	27 50	26 75	17 »	»	22 »
— Reims	27 75	27 »	16 »	17 75	21 25
Hte-Marne. — Langres	26 50	25 75	16 50	»	20 50
Meurthe. — Nancy	26 75	26 »	»	»	21 »
Meuse. — Bar-le-Duc	27 50	26 75	16 50	20 50	22 »
Vosges. — Neufchât.	27 75	27 »	»	»	20 50
Prix moyens	26 05	26 30	16 32	19 10	21 25
Sur la semaine précédente. Hausse	0 38	0 38	»	»	»
Baisse	»	»	0 02	0 33	0 10

4e région. — OUEST.

Charente. Angoulême	27 »	26 25	19 »	19 »	22 25
Char.-Infér. Marans	25 75	25 »	»	»	20 »
Deux-Sèvres. St-Maixent	25 50	24 75	»	16 75	21 »
Indre-et-Loire. Bléré	26 25	25 50	14 »	17 75	20 50
— Châteaurenault	28 »	27 25	16 50	20 »	21 »
Loire-Infér. Nantes	27 75	27 »	18 »	18 50	19 »
Maine-et-L. Saumur	28 »	27 25	»	»	20 75
— Angers	28 50	27 75	»	»	20 50
Vendée. — Luçon	26 »	25 25	»	16 75	22 »
Vienne. — Poitiers	»	»	»	17 25	19 50
Hte-Vienne. Limoges	26 50	25 75	»	»	21 50
Prix moyens	26 92	26 17	16 87	18 »	20 72
Sur la semaine précédente. Hausse	0 20	0 20	»	»	»
Baisse	»	»	0 28	0 25	0 28

5e région. — CENTRE.

Allier. — St-Pourçain	27 »	26 26	17 »	20 »	20 50
Cher. — Bourges	28 50	27 75	»	»	21 »
— Sancerre	27 »	25 75	»	»	22 »
Creuse. — Aubusson	25 50	24 75	17 50	»	28 »
Indre. — Issoudun	27 25	26 50	»	22 »	21 25
— Châteauroux	27 75	27 »	»	19 25	»
Loiret. — Orléans	27 »	26 25	17 50	19 25	»
Loir-et-Cher. Blois	28 50	27 75	16 »	17 »	20 25
Nièvre. — Nevers	26 »	25 25	»	»	22 »
Puy-de-Dôme. Riom	24 25	23 50	20 50	18 50	22 »
Yonne. St-Florentin	26 75	26 »	»	19 50	21 50
— Sens	27 50	26 75	16 25	»	22 75
Prix moyens	26 91	26 16	17 45	19 28	21 67
Sur la semaine précédente. Hausse	» 12	» 12	»	»	» 12
Baisse	»	»	» 25	» 32	»

6e région. — EST.

Ain. — Bourg	26 50	25 75	»	»	»
Côte-d'Or. — Dijon	26 50	25 75	15 50	»	19 75
— Semur	26 »	25 25	»	20 50	21 50
Doubs. — Besançon	27 50	26 75	»	»	20 50
Isère. — Voiron	25 75	25 »	17 »	17 75	10 50
— Bourgoin	25 25	24 »	17 50	17 50	20 »
Jura. — Dôle	27 »	26 25	17 »	19 »	20 25
Loire. — Montbrison	25 75	25 »	17 75	»	20 50
Rhône. — Lyon	26 75	26 »	»	»	21 50
Saône-et-L. Chalon	25 75	25 »	16 75	»	22 »
Haute-Saône. — Gray	26 »	25 25	»	»	20 25
— Vesoul	25 75	25 »	»	»	19 25
Savoie. — Chambéry	26 75	26 »	»	»	22 50
Hte-Savoie. La Roche	25 50	24 75	17 50	»	20 25
Prix moyens	26 10	23 63	17 »	18 68	20 75
Sur la semaine précédente. Hausse	0 05	0 05	»	0 10	»
Baisse	»	»	0 21	»	0 13

7e région. — SUD-OUEST.

Ariège. — Pamiers	25 75	24 75	»	»	»
Dordogne. — Piégut	27 »	26 25	19 »	»	»
Hte-Garonne. Toulouse	26 25	25 50	»	»	19 25
Gers — Mirande	27 50	26 75	»	»	21 »
Gironde. — Bordeaux	27 25	26 50	»	»	21 25
Landes — Dax	25 »	24 25	17 50	»	»
Lot-et-Garonne. Agen	27 75	27 »	»	18 »	»
B.Pyrénées. Bayonne	24 75	24 »	»	»	23 50
H.Pyrénées. Tarbes	24 50	23 75	»	»	»
Prix moyens	26 18	25 38	18 25	18 »	21 25
Sur la semaine précédente. Hausse	»	»	»	»	»
Baisse	0 02	0 03	0 25	»	0 30

8e région. — SUD.

Aude. Castelnaudary	26 »	25 25	»	17 50	20 »
Aveyron. — Villefranche	27 75	27 »	»	»	21 »
Cantal. — Mauriac	27 75	27 »	23 »	»	26 »
Corrèze. — Tulle	26 »	25 25	18 »	16 »	21 25
Hérault. — Béziers	»	»	20 50	»	21 50
Lot. — Figeac	24 75	24 »	15 50	»	19 »
Lozère. — Mende	24 75	24 »	21 75	21 »	20 50
Pyrén. Or. Perpignan	24 75	24 »	19 »	18 25	23 25
Tarn. — Castres	27 »	26 25	»	»	22 »
Tarn-et-G. Montauban	27 50	26 75	16 50	16 75	21 50
Prix moyens	26 25	25 50	19 17	17 90	21 50
Sur la semaine précédente. Hausse	»	»	0 50	»	»
Baisse	0 15	0 15	»	0 05	0 12

9e région. — SUD-EST.

H-Alpes. — St-Bonnet	23 75	23 »	16 75	»	»
B.-Alpes. Manosque	25 50	24 75	»	»	»
Alpes-Marit. Nice	25 »	24 25	18 50	»	20 50
Ardèche. — Privas	26 »	25 25	18 50	15 25	20 »
B-Rhône. Tarascon	28 »	27 25	»	»	»
Drôme. — Valence	25 »	24 25	17 »	»	20 »
Gard — Nimes	25 25	24 50	19 75	18 »	20 »
Hte-Loire. — Le Puy	26 25	25 50	»	»	21 »
Var. — Draguignan	25 »	24 25	»	»	»
Vaucl. Carpentras	25 90	25 15	»	»	22 »
Prix moyens	25 50	24 81	18 18	16 62	20 50
Sur la semaine précédente. Hausse	»	0 06	0 15	»	»
Baisse	0 06	»	»	0 28	0 45

ALGÉRIE.	Blé. tendre	Blé. dur.	Seigle	Orge.	Av.
Constantine	»	»	»	»	»
Alger	»	»	»	»	»
Oran	23 50	19 25	»	12 75	16 75

Farines de consommation.

Les prix ne présentent pas de changement. La vente est calme en boulangerie.

MARQUE DE CORBEIL	59 fr.		(37 58 100 k.).	
	159 kil.		100 k.	
Marques de choix	60 à 61		38 22 à 38 85	
Premières marques	59	60	37 58	38 22
Bonnes marques	57	58	36 30	36 94
Marques ordinaires	56	57	35 66	36 30

Le sac de 159 k., toile à rendre, franco au domicile des acheteurs à 30 jours sans escompte, ou au comptant avec escompte de 1 1/2 0/0.

Fourrages et pailles.

Paris, La Chapelle.

	1re qté.	2e qté.	3e qté.
Foin nouveau	49 à 50	47 à 48	43 à 45
Luzerne nouvelle	47 49	45 46	43 44
Paille de blé	40 41	37 38	31 34
Paille de seigle	40 41	37 39	31 36
Paille d'avoine	28 29	26 27	22 25

Le tout aux 104 bottes dans Paris.

COURS DE DIFFÉRENTS MARCHÉS (par 100 kil.).

	Paille.	Foin.
Beauvais	5 25	6 50
Sens	4 50	6 50
Blois	4 »	6 »
Douai	5 »	8 25
Toulouse	3 50	6 75
Angers	3 25	5 »
Orléans	5 50	6 50
Châlons-sur-Saône	4 »	7 75

Issues, les 100 kil.

La fabrication reste peu active ; les offres sont conséquemment restreintes et les prix sont encore en hausse.

Nous cotons par 100 kil. en gare d'arrivée à Paris :

Son écaille	14 50 à	15 »
— gros	13 75	14 »
— trois-cases	13 25	13 50
— fin	12 »	13 »
Recoupettes	12 »	13 »
Remoulages blancs	20 »	21 »
— bâtards	15 »	18 »

MARCHANDISES DIVERSES.

Fécules.

Les prix des fécules dénotent de la fermeté sur tous les principaux marchés ; les stocks sont des plus restreints.

Les 100 kil.

Paris. — Fécule 1re, grains	28 » à	30 »
dito verte	» »	» »
Oise. — Fécule 1re, grains	27 »	29 »
Vosges. — Fécule 1re, grains	28 »	30 »
Saône-et-Loire	28 »	30 »
Loire. — Fécule 1re, grains	27 »	29 »
Auvergne. — Fécule 1re, grains	28 »	29 »
Fécules secondes selon qualité	20 »	24 »

Pommes de terre.

Les 1.000 kil.

Hollandaises	60 » à	80 »
Magnum bonum	60 »	65 »
Early roses	50 »	52 »
Saucisses	62 »	70 »
Rondes	45 »	50 »
Chardonnes	35 »	42 »

Tourteaux, les 100 kil.

	Colza	Œillette	Lin	Cam.
Lille	15 75 à 17 »	16 » à 17 50	24 » à 26 50	16 »
Arras	15 » 17 »	12 50 15 50	21 » 18 50	16 25
Gd Moulin Corbeil	15 50		19 75	
	Cophra	Arachide déc.	Sésame	Colza
Marseille	12 » à 13 50	14 25	13 50 à 14 50	12 75

GRAINES DIVERSES.

Maïs, les 100 kil.

Paris	13 25 à 14 75		Agen	15 »	16 25
Alais	13 50	13 75	Grenoble	15 »	15 75
Ruffec	13 50	15 50	Reims	15 25	16 »

Sarrazin, les 100 kil.

Paris	16 50 à 17 50		St-Pierre	15 50 à 17 25	
Mayenne	15 25	16 50	Nantes	15 50	16 50
Rennes	15 50	16 50	Orléans	16 »	16 50

Légumes secs, les 100 kil.

	Haricots	Pois	Vesces	Lentilles
Paris	20 à 47	21 à 26	» »	45 à 70
Rouen	42 57	50 63	26 28	77 »
Marseille	18 30	23 32	25 34	19 24 50

Graines fourragères, les 100 kil.

Luz. de Prov.	» à	»	Minette	» à	»
— du Poitou	»	»	Sainfoin à 2 c.	»	»
— d'Italie	»	»	Sainfoin à 1 c.	»	»
Trèfle blanc	»	»	Pois jarras	»	»
— incarnat	35	55	Vesces	»	»

Huiles.

COLZA BRUT. — Les prix sont en nouvelle hausse de 1 fr. à 1 fr. 50. Le courant du mois se traite à 66 25 et les quatre derniers mois à 67 fr Les quatre premiers mois trouvent acheteurs à 64 fr.

On cote au début de la réunion :

Disponible	60 25 à	» »
Livrable août	66 25	» »
Septembre	66 »	66 50
4 derniers mois	67 »	» »
4 premiers mois	64 »	»

LIN — Les prix ne présentent que peu de changement sur hier. Les affaires sont nulles à la cote.

On cote au début de la réunion :

Disponible	55 75 à	56 »
Livrable août	55 75	56 »
Septembre	55 50	55 75
4 derniers mois	55 50	56 »
4 premiers mois	54 75	55 25

Les 100 kil. net, logés, escompte 1 0/0.

Pétrole.

Les prix ne varient pas ; nous cotons par wagon complet et pour marchandise disponible :

L'huile de pétrole raffinée vaut 49 fr. 50 ; l'essence rectifiée 60 fr. 50 les 100 kil.

On cote à l'hect. pour le détail :

PETROLE RAFFINE disponible	39 50 à	» »
ESSENCE RECTIFIEE, disponible	42 25	» »

Laines.

ROUBAIX-TOURCOING, 12 août.

Laines à terme.

Qualité peignée de fab.	Cours du jour.	Cours préc	*Qualité peignée courant*	Cours du jour.	Cours préc.
Courant...	6 52	6 20	Courant. .	5 85	5 90
1 mois après	6 55	6 50	1 mois après	5 85	5 90
2 —	6 55	6 52	2 —	5 82	5 90
3 —	6 50	6 47	3 —	5 82	5 90
4 —	6 40	6 35	4 —	5 82	5 90

Marché soutenu. Ventes, 20,000 kil.

ANVERS, 12 août.

Peignés allemands de La Plata : Contrat B, sur août, 5 92 1/2, septemb.. 5 95 »/», octobre, 5 95 »/», novembre, 5 90 »/». décembre, 5 85 »/», janvier, 5 77 1/2, février, 5 72 1/2, mars à juillet 5 67 1/2. Ventes. 290,000 kil. Contrat M : août et septembre 5 9». En disponible, il a traité 65 ballots d'Espagne. Marché calme.

Sucres.

Sucres raffinés. — Les prix se maintiennent bien ; les affaires sont régulières.

Nous cotons, selon marques et époques de livraison, de 107 »» à 108 » les 100 kil au comptant, sans escompte.

Sucres cristallisés n° 3, acquitté 96 50 à 97 »; extra 96 50 les 100 k.; en poudre, 97 50 à 98 » les 100 kil.

Sucre cassé à la mécanique. . .	111 50 à	112 »
Cassons.	103 »	103 50
Menus déchets	102 50	103 »
Semoule	105 »	106 »
Glace.	101 50	102 »
Sucre en poudre.	103 »	103 50

Alcools. — Prix de l'hectol. nu, au compt.

Paris. 3/6 fin, betteraves, 1re qualité, l'hectolitre.			Lille, disp	35 » à	36 »
			Cette	90 »	105 »
90° dispon.	36 » à	36 25	Nimes...	89 »	100 »
Août.....	36 50	36 75	Béziers..	75 »	100 »
4 derniers.	36 75	37 »	Pézenas.	75 »	100 »

Raisins secs à boisson.

(Cours de la maison Audibert, 53, rue des Minimes, à Marseille).

Corinthe, **Roi de Grèce**, petits grains Extra 1er choix.......	100	kilos	49.00
Corinthe, **le Turban**, gros grains....................	»	»	45.00
Corinthe petits grains, 1er choix.	»	»	45.00
Thyra. 1er choix...............	»	»	39 00
Thyra, ordinaires..............	»	»	35.00
Samos noirs, 1er choix.........	»	»	40 00
— muscats, 1er choix....	»	»	40.00
Figues à distillerie............	»	»	27.00
Pachas, magnifiques, gros grains noirs, égrappés. mangeables, seul dépôt en France.	»	»	70 »
Royaux, délicieux pour familles, en caisses de kilo net.	la caisse	»	0.95

Engrais. — Prix des 100 kil.:

Matières diverses pour engrais. — Cours commercial sur la place de Paris, par 100 kil., pour des ventes en gros de 30.000 kil. au moins.

Sang desséché moulu.	11/13 0/0	azote	23 » à	24 »
Viande desséchée....	9/11 0/0	—	18 50	18 50
Cornes broyées......	13/14 0/0	—	21 50	» »
Cuir désagrégé......	8/9 0/0	—	9 25	10 50
Laine engrais........	3 à 4 0/0	—	» »	» »
Nitrate de soude.....	15/16 0/0	—	19 75	20 75
Nitrate de potasse...	95 0/0	—	46 »	46 50
— ...	90 0/0	—	44 »	45 »
Muriate de potasse...	80 0/0	—	» »	» »
Sulfate de potasse...	90 0/0	—	25 »	25 50
Sulfate d'ammoniaq..	20/21 0/0	—	31 »	31 50
Chlorure de potassium	90 0/0	—	20 50	20 50
— Stassfurt.	80 à 85 0/0	—	17 10	» »
Cornes, cornailles pour brûler.....			» »	» »
Déchets fins de cornes, frisures...			» »	» »

Phosphates des Ardennes. — En gare des Ardennes et de la Meuse, en sacs (les 100 kil.).

Pulvérisés. 14/16 0/0,	acide phosph..	3 40 à	» »
— 18/20 0/0,	—	4 »	» »
— 16/18 0/0,	—	3 60	» »

Phosphates de Tavel.

50p», la tonne........................ 60 » à 100

Phosphates de l'Yonne. — Les 1.000 kil.

Moulus en sacs, wag. gre Toucy. 40 à 35 0/0 40 à 50

Phosphates de l'Auxois, Marigny Epoisses.

Pulvérisés 60 à 65 0/0................ 6 25 à 6 80

Sulfate de cuivre.

Les 100 kil..................... 58 » à 68 »

Phosphates du Boulonnais 40/45... 4 60 à » »

— de Pernes..............	3 75	6 25
— du Cambresis 28/35....	3 75	4 »
— du Lot 30/50...........	3 »	4 50

Superphosphates, poudres d'os, etc.

Les 100 kilogr.

Phosph. préc. 35 à 40 % acide phosph.	22 »	» »
— — 40 à 45 % —	24 50	» »
Superphosphates fossiles, 10 % acide phosphorique soluble et assimil. (les 100 kilog.)................	6 75	» »
Superphosphates fossiles, 16 à 18 %.	10 25	» »
— d'os, 16 à 18 %, acide phosph..	13 »	12 »
Poudres d'os bruts..................	14 »	» »

Engrais spéciaux. — Les 100 kilog.

Guano du Pérou.	10 à 16	Eng. chim. de H. Joulie,	
Guan du Pér. diss.	32 à 20		
Guan. az. fixe.	26 » à 27 »	Lag.......	15 » à 23 »

BEURRE, ŒUFS, VOLAILLES.

Paris, 13 août.

Beurres en mottes.

L'arrivage d'hier a été de 10,366 kil.

L'arrivage approximmatif a été de 45,000 kil.

Beurres en livres.

L'arrivage d'hier a été de 10,019 kil.

Fermiers	au kilo		Touraine	au kilo	
Extra.......	2 80 à	2 90	Extra.......	2 40 à	2 50
1er choix.....	2 70	2 80	1er choix....	2 30	2 40
2e choix.....	2 50	2 60	2e choix.....	2 20	2 30
Ordinaire...	2 30	2 40	Ordinaire...	2 10	2 20
Bourgogne			Vendôme		
Choix.......	2 »	2 10	1er choix.....	2 30	2 40
Ordinaire...	1 90	2 »	2e choix.....	2 20	2 30
Gâtinais			Ordinaire...	2 »	2 10
1er choix.....	2 40	2 50	Beaugency		
2e choix.....	2 30	2 40	1er choix.....	2 30	2 40
Ordinaire...	2 10	2 20	2e choix.....	2 20	2 30
Le Mans			Ordinaire...	2 »	2 10
			Fausse Touraine		
Choix......	2 »	2 10	Choix.......	2 20	2 30
Ordinaire...	1 90	2 »	Ordinaire...	2 »	2 10

Œufs, *le mille :*

Normandie. Extra	85 à	108	Bourgogne . .	76 à	80
Picardie . . Extra	88	114	Champagne . .	80	83
Brie. . . . Extra	85	95	Nivernais . . .	70	74
Touraine gr. .	84	100	Cosne.	78	82
Touraine ord. .	74	80	Bourbonnais. .	68	72
Beauce.	86	94	Bretagne . . .	64	74
Orne.	74	82	Vendée	68	72
Picardie ord. .	74	84	Auvergne. . .	65	68
Châtellerault. .	75	78	Midi.	68	74

Volailles et Gibiers.

Canards :			Pigeons :		
nantais (jeunes)	2 75 à	4 25	maconnais.	» 70 à	1 40
de ferme...	1 75	2 75	italiens....	» 60	1 30
Dindes nouv.	4 »	8 50	bisets......	» 50	1 20
Oies nouvelles	4 »	6 »	Poulets :		
— (2e qté).	3 »	5 »	nantais....	3 »	5 50
Pintades...	2 »	4 »	touraine...	2 50	5 »
Lapins domestiques.	1 50	3 »	gâtinais....	3 »	5 50
			du Midi....	1 75	3 »
Chevreaux.	» »	» »	communs..	1 25	2 »

Marché sans changement.

Cours fournis par MM. de Bridiers, Jouslin et Scellc, facteurs assermentés, 2, r. de Valois, Paris.

BESTIAUX.

LA VILLETTE, 7 août. — Bestiaux. — Vente calme sur les moutons et les porcs, lente et difficile sur les veaux et mauvaise sur le gros bétail.

Cours officiels.	Amenés.	Vendus.	Poids moyen.	1re qualité.	2e qualité.	3e qualité.	Prix extrêmes.
Bœufs..	2.067	1.851	352	1 62	1 44	1 28	1 18 à 1 63
Vaches.	634	573	244	1 56	1 34	1 20	1 10 1 62
Taureau	189	176	404	1 42	1 32	1 20	1 12 1 46
Veaux..	1.430	1.196	82	1 50	1 30	1 20	1 10 1 70
Moutons	10.672	9.172	18	2 10	1 82	1 62	1 40 2 18
Porcs g.	4.237	4.179	72	1 52	1 46	1 40	1 36 1 58
Id. m.	»	»	»	» »	» »	» »	» » » »

Marché du lundi 4 août.

	Amenés	Vendus	PRIX AU POIDS NET 1re qual.	2e qual.	3e qual
Bœufs	2.374	2.139	1 66	1 50	1 32
Vaches.....	691	605	1 60	1 38	1 26
Taureaux ..	178	168	1 44	1 36	1 28
Veaux......	1.669	1.367	1 58	1 42	1 32
Moutons....	13.918	11.214	2 10	1 80	1 60
Porcs	2.516	2.469	1 56	1 52	1 46

	PRIX AU POIDS VIF 1re qual.	2e qual.	3e qual.	Prix extrêmes.
Bœufs	» 99	» 81	» 68	» 62 à 1 04
Vaches	» 95	» 76	» 59	» 56 » 99
Taureaux.......	» 89	» 77	» 66	» 59 » 92
Veaux	1 95	» 81	» 69	» 56 1 02
Moutons........	1 09	» 89	» 76	» 58 1 12
Porcs...........	1 07	1 04	» 98	» 92 1 10
Peaux de moutons en laine..........				2 20 » »
Id. id. demi-laine........				2 30 » »

Viandes abattues. — Criée du 1er août.

		1re qualité.	2e qualité	3e qualité.
Bœufs	le kil.	1 60 à 2 70	1 20 à 2 50	1 » à 1 76
Veaux....	—	1 44 1 56	1 30 1 40	1 16 1 20
Moutons..	—	1 80 1 90	1 30 1 70	» 96 1 20
Porc entier	—	1 46 1 56	1 20 1 46	1 » 1 10

Cuirs et peaux, les 50 kil.

Taureaux.	36 75 à 39 75		Vaches lourdes	36.75	39.25
Gros bœufs	46 25	49 75	— de bandes	33.70	34.75
Moy. bœufs	42 25	45 50	Gros veaux..	57.50	61.75
Pet. bœufs.	34 75	37 25	Petits veaux	64.25	65.50

Chemins de fer de Paris à Lyon et à la Méditerranée.

FÊTE DE L'ASSOMPTION

BILLETS D'ALLER ET RETOUR

à prix réduits.

Les billets d'aller et retour réduits de 25 p. 100, délivrés les 14 et 15 août prochain, seront tous indistinctement valables, au retour, jusqu'aux derniers trains de la journée du 18 août.

Cette validité pourra encore être prolongée à deux reprises et de moitié (les fractions de jour comptant pour un jour), moyennant le paiement, pour chaque prolongation, d'un supplément égal à 10 p. 100 du prix des billets.

Les billets d'aller et retour délivrés de ou pour Paris, Lyon et Marseille conserveront leur durée normale de validité lorsqu'elle sera supérieure à celle indiquée ci-dessus.

ŒUFS A COUVER de poules de Houdan et Faverolles, 5 fr. la douzaine, 10 fr. les 25, *franco;* les clairs seront remplacés. — **Petits Poussins** Houdan et Faverolles, 15 fr. la douzaine, 28 fr. les 25, *franco.*
Couveuses artificielles depuis 25 fr. **Eleveuses** depuis 20 fr., et nouveau système à régulateur automatique de chaleur. — Envoi *franco* du catalogue général.
J. PHILIPPE, éleveur, à Houdan (S.-et-Oise).

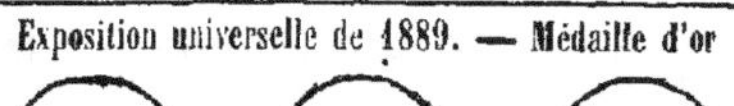

Exposition universelle de 1889. — Médaille d'or

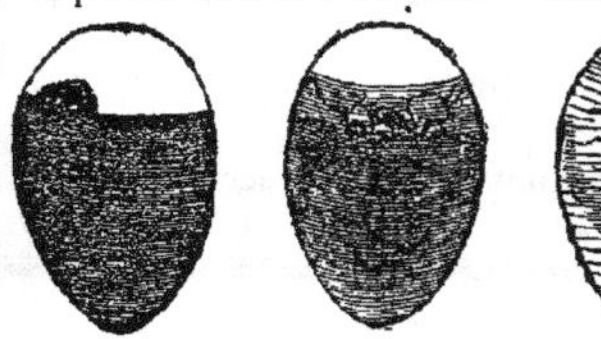

COUVEUSES

ARTIFICIELLES Brev. S. G. D. G. Nouv. Perfectionnements
Volailles de toutes races pour la reproduction
ŒUFS A COUVER
Poussins, race de Houdan, 14 fr franco. Emb. compris
Poulaillers, Faisanderies, Volières
Envoi franco du Catalogue illustré
ECOLE PRATIQUE D'AVICULTURE
ROULLIER ✻✻ ET ARNOULT
à Gambais (S.-et-O.), et 7, galerie Vivienne
PARIS
Ecrire à Gambais

ABREUVOIRS
POUR
Pigeons, Poules et Faisans

N° 4	5	6	7
3f	4f	5f	5f50

Gariel, 2ter, quai de la Mégisserie
PARIS
Envoi de l'Album sur demande.

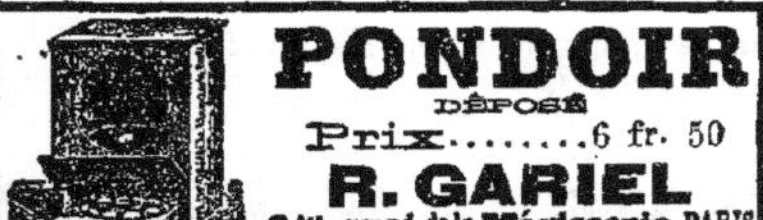

PONDOIR
DÉPOSÉ
Prix........6 fr. 50
R. GARIEL
2ter, quai de la Mégisserie, PARIS
Abreuvoirs pour Poules et Faisans
RATELIERS A LAPINS
Envoi franco de l'Album sur demande

PETIT MANUEL DE DISTILLATION
du COGNAC et des EAUX-de-VIE
de Vins, Cidres, Piquettes, Lies, Marcs, Fruits, etc.
ET TARIF ILLUSTRÉ
d'APPAREILS de DISTILLERIES
Envoyés gratis
par **DEROY FILS AINÉ**, Constructeur,
73,75,77, rue du Théâtre (Grenelle) Paris
MÉDAILLE OR, EXPOSON UNIVLLE, PARIS 1889.

L'ENGRAIS AMIÉNOIS
FUMURE NORMALE et COMPLÈTE
A BASE DE MATIÈRES ORGANIQUES

Compositions spéciales pour les cultures de printemps et d'automne. — S'adresser à M. Elisée LEFEBVRE route de Rouen, 121, à **Amiens** (Somme).

Exposition Universelle de Paris en 1889
MÉDAILLE D'ARGENT
SOCIÉTÉ ANONYME
DES
Phosphates de Pernes et Extensions
CAPITAL : **1,400,000** FRANCS.

EXPLOITATIONS DE PHOSPHATES FOSSILES
dans la Somme, le Pas-de-Calais et le Nord (Cambrésis).

USINES { à Pernes-en-Artois et à Violaines (Pas-de-Calais).

PHOSPHATES FOSSILES DE TOUS TITRES ET POUR TOUS EMPLOIS.

Direction commerciale à AMIENS, 44-46, rue des Trois-Cailloux.
Adresse télégraphique : « PHOSPHATES » AMIENS.

NOTA. — La Société est seule **propriétaire** du **Gisement de Pernes**, dont les produits sont particulièrement recherchés pour **l'emploi direct par l'Agriculture**, en raison de leur **prompte assimilation** et de leur **action fertilisante** qui est due à la **combinaison naturelle** de **l'acide phosphorique** avec des **matières organiques azotées**, de la **potasse** et de la **magnésie.**

RAISINS SECS A BOISSONS

PREMIÈRE MAISON DE FRANCE (10 croix ou méd., fondée en 1876), **J.-F. Audibert,** créateur des vins de raisins secs et importateur direct. Auteur de : *L'Art de faire les Vins de raisins secs* (fco 3 90); *les Vins d'imitation*, sirops, liqueurs, etc. (fco 5 25). Inventeur de l'appareil (B. S. G. D. G.). **LE SEUL ADOPTE PAR L'ARMEE** pour la fabrication mathématique des vins de raisins secs, en 10 jours, pour faire depuis 1 litre jusqu'à 20,000 litres par jour **AVEC UN HOMME. Renseignements gratuits pour tripler les vendanges, vins de seconde cuvée,** etc., 53, r. des Minimes, Marseille.

Etablissements de LIANCOURT (Oise).
N'ACHETEZ PAS DE CHARRUES
sans avoir consulté le CATALOGUE illustré de

A. BAJAC ✻✻

Ingénieur-Constructeur, Breveté S. G. D. G.
SEUL GRAND PRIX à l'Exposition de 1889 pour les Machines agricoles françaises
Médailles or, argent et bronze pour collaborateurs.

BRABANTS DOUBLES. — Herses scarificateurs à dents inusables. — DÉCHAUMEUSES ROULEAUX, ETC.

NOUVEAU MATÉRIEL pour la culture de la betterave. — Charrues défonceuses simples et doubles *à vapeur et à manège.*

La plus grande et la plus importante USINE de FRANCE pour la Construction des Instruments aratoires

PLUS DE 5.000 CLIENTS ; 300.000 INSTRUMENTS LIVRÉS A L'AGRICULTURE

L'Administrateur-Gérant : ALBERT RENOT.

Beauvais. — Imp. D. PERE. — A. CARTIER, Gérant.

11e Année. — 2e Série. — N° 552. Dimanche 24 Août 1890.

GAZETTE  AGRICOLE

JOURNAL HEBDOMADAIRE, PARAISSANT LE DIMANCHE

Rédacteur en Chef : M. Ch. GOSSIN, Professeur d'Agriculture à l'Institut agricole de Beauvais

PRIX DE L'ABONNEMENT

UN AN, 5 fr. — SIX MOIS, 2 fr. 50. — TROIS MOIS, 1 fr. 50

Pour l'étranger les abonnements ne sont reçus que pour un an, au prix de 6 francs, et ne partent que du 1er janvier ou du 1er juillet de chaque année.

Il est indispensable de joindre à toute demande de changement d'adresse la dernière bande d'adresse du journal et 50 centimes pour frais de nouvelles bandes.

Adresser les *Abonnements* et *Annonces* à l'administrateur, 13, quai Voltaire, Paris, ou à M. GOSSIN, rédacteur en chef, à BEAUVAIS.

BUREAUX

13, quai Voltaire, Paris.

Les abonnements partent du 1er de chaque mois et sont payables d'avance. Toute demande d'abonnement doit donc être accompagnée du prix de l'abonnement. (Le mode de payement le plus simple est l'envoi d'un mandat-poste.)

Donner *très lisiblement*, en s'abonnant, son nom et son adresse, exacte, *avec l'indication du bureau de poste*; et, s'il s'agit d'une continuation d'abonnement, joindre au renouvellement la dernière bande d'adresse du journal.

La GAZETTE AGRICOLE insère gratuitement les Communications des Syndicats agricoles

SOMMAIRE :

PARIS, 22 AOUT.

Le Parlement (Chambre et Sénat) est enfin en vacances ! Ce n'est pas sans peine que nos sénateurs et nos députés ont pu se disperser aux quatre coins du pays, et, comme il arrive chaque année, quand vient l'époque des moissons, il a fallu, au dernier moment, mettre les bouchées doubles et même triples, au risque d'une indigestion. Chaque année, en effet, il arrive qu'après avoir, au cours de la session, perdu un temps précieux en interpellations oiseuses, en discussions bysantines, on se trouve dans la nécessité de bâcler hâtivement quelque loi indispensable ou présentée comme telle, de défaire en quelques minutes ce qu'on avait mis plusieurs mois à édifier, au risque de donner au pays une loi mal équilibrée, plus propre à jeter la perturbation dans les affaires qu'à les faciliter. C'est le spectacle qui nous a été donné cette année encore, par le projet de loi sur les quatre contributions qui, après avoir occupé de nombreuses séances, tant à la Chambre qu'au Sénat, a enfin été bouclé, après onze heures du soir, et après que nous avons eu le spectacle d'un ministre courant de l'une à l'autre Chambre, demandant l'adoption dans l'une de ce qu'il avait repoussé dans l'autre.

***

Ce n'est pas ce spectacle qui donnera aux commettants une très haute idée de l'esprit politique de ceux qui nous gouvernent, et nous sommes convaincus que plus d'un député, pendant ses mois de vacances, recevra à cet égard des objurgations de ses électeurs. La Chambre qui s'en va en vacances a-t-elle montré pendant la première année de sa législature un esprit politique supérieur à celle qui l'a précédée? Nous n'oserions l'affirmer. Cependant, une certaine détente s'est produite. Malheureusement il y a encore dans la majorité un vieux levain d'esprit révolutionnaire qui se fait jour à certains moments, comme nous l'avons vu dans l'affaire de Vicq, et compromet la bonne harmonie que les esprits sages et pondérés cherchent à mettre entre tous les représentants de bonne foi qui ne recherchent que le bien du pays. Espérons que nos députés, pendant les quelques mois de vacances qu'ils vont passer près de leurs électeurs, se pénétreront profondément de leur esprit qui est tout à la paix et à la conciliation, et qu'à leur retour au Palais-Bourbon ils nous prouveront qu'ils se sont imprégnés de l'esprit nouveau qui souffle sur le pays.

***

Les journaux républicains nous annoncent que M. de Freycinet, ministre civil de la guerre, profite de l'absence simultanée du Parlement et de la plupart des ministres ses collègues, pour faire des « réformes populaires » dans l'armée. On n'a pas oublié encore le temps où le général Boulanger, préoccupé de se créer dans l'armée une popularité plus rapide que celle qui naît des services rendus à la patrie par de hautes qualités d'organisation et de commandement, s'efforçait d'être agréable aux soldats par tous les petits moyens en son pouvoir. Il leur flatta l'œil en bariolant de tricolore les guérites des sentinelles et dispensa leur épiderme des caresses trop brutales du barbier de la caserne. C'était quelque chose. Mais il réservait mieux encore à leurs plaisirs. Il favorisa les distractions du soir, en accordant des rentrées de plus en plus tardives aux sous-officiers et aux soldats. Les officiers purent regretter ces complaisances. Les simples civils eux-mêmes purent en gémir, lorsqu'il leur arriva de rencontrer dans les rues, aux environs de minuit ou plus tard encore, des fantassins ou des cavaliers qui risquaient de tacher leur uniforme dans la boue du ruisseau. Mais ces considérations n'étaient pas faites pour arrêter M. de Freycinet dans ses « améliorations » de la vie de l'homme de troupe à la caserne. La presse, qui ne tarit pas d'éloges sur l'ancien aide de camp de Gambetta, nous apprend que les permissions de nuit, loin d'être restreintes, vont être largement étendues. Déjà les sous-officiers non rengagés ne rentrent qu'à onze heures ; les rengagés à une heure du matin. Tous les caporaux et brigadiers auraient à leur tour la permission permanente de dix heures. D'autre part, l'appel du soir n'aurait lieu que pour les simples soldats et, été comme hiver, à neuf heures seulement.

***

Prendre souci des distractions du soldat, lui rendre aussi agréable que possible, en dehors des heures d'exercice et de service, son séjour au régiment, est un des devoirs de tout bon ministre de la guerre. Il importe, en effet, à une armée qui a besoin de conserver de bons cadres, de ne pas rebuter par un rigorisme trop sévère les bonnes volontés et les vocations latentes. Mais ne semble-t-il pas que le procédé employé aille précisément contre ce but? Est-ce bien en lâchant tous ces jeunes hommes, à peine échappés à la famille, à l'atelier ou à la surveillance mutuelle des petites villes, sur le pavé des grandes cités, aux heures où s'allument tous les plaisirs faciles et nocturnes, qu'on leur rendra plus léger le joug de l'exactitude et de la discipline? Les rentrées tardives, après les fatigues qui suivent forcément ces veillées bruyantes, multiplieront naturellement le lendemain les punitions qui frapperont des fautes ou des lenteurs, ou des oublis plus nombreux. N'est-ce pas, au contraire, en protégeant le sous-officier et le soldat contre lui-même, protection où il faut quelque habileté et quelque légèreté de main, nous le reconnaissons, que le régiment se l'attachera ? Le Bonhomme Deschamps le demande aux pères de famille qui ont leurs enfants sous les drapeaux. N'est-ce pas une véritable excitation à la démoralisation? Et le ministre qui la commet avait-il le droit strict de bouleverser de fond en comble ce que nos soldats et sous-officiers avaient pris l'habitude d'appeler « le 2 novembre 1833 » ?

LE BONHOMME DESCHAMPS.

NOUVELLES DE LA SEMAINE.

Où est le Gouvernement ? — Nos gouvernants sont éparpillés un peu partout. Les gazettes officieuses publient le bulletin suivant qui apprend aux Français qu'ils peuvent dormir tranquilles, le Gouvernement veillant au grain :

M. Rouvier, ministre des finances, est parti pour Nice.

M. Jules Roche, ministre du commerce, a également quitté Paris pour Privas.

M. Yves Guyot, ministre des travaux publics est à Compiègne.

M. Constans, ministre de l'intérieur, a quitté Paris pour se rendre dans *ses propriétés* de l'Aveyron.

M. Barbey, ministre de la marine, est à Abbeville.

M. Etienne, sous-secrétaire d'Etat aux colonies, est à Abbeville également.

Enfin M. Ribot, ministre des affaires étrangères, a quitté Paris lundi soir pour se rendre dans le Pas-de-Calais.

La session des Conseils généraux. — Au moment où nous écrivons ces lignes, les conseils généraux sont réunis en session. Nous ne doutons pas que leur attention soit appelée sur les questions agricoles, notamment sur celle du tarif douanier applicable aux produits étrangers à leur entrée en France. Cette question, d'un intérêt capital pour notre agriculture et pour le pays tout entier, est, en effet, entrée dans sa phase décisive. Un projet de tarif sur les produits agricoles a été préparé par la Société des Agriculteurs de France et remis aux pouvoirs publics ; un autre vient d'être élaboré par le conseil supérieur de l'agriculture, et c'est d'après cette double indication, et s'inspirant des chiffres formulés de part et d'autre, que le Gouvernement doit arrêter à son tour ses propres propositions, dont il compte saisir les Chambres à la rentrée.

Le comte de Paris en Amérique. — C'est le 24 septembre prochain que Monsieur le comte de Paris s'embarquera avec son fils aîné, le duc d'Orléans, pour New-York.

Parmi ceux qui accompagneront M. le comte de Paris se trouvent le comte d'Haussonville, le colonel de Parseval, le capitaine Mohrain, qui est depuis trente-quatre ans le contrôleur de la maison du comte de Paris, le duc d'Uzès, le marquis de Lasteyrie et le docteur Récamier.

Le comte de Paris ne restera pas longtemps en Amérique. Un des premiers endroits qu'il visitera sera le champ de bataille de Virginie.

Elections législatives. — Une élection législative aura lieu le 31 août prochain pour le remplacement de M. Amagat, député de Saint-Flour, décédé : quatre candidats sont sur les rangs : *M. Andrieux*, ancien préfet de police, soutenu par les conservateurs, *M. Lintilhac*, candidat officiel ; *M. Chanson*, ancien député, et *M. Mary Raynaud*, directeur d'une agence d'affaires.

Ce qu'est l'ENNEMI pour les républicains. — Un conseiller municipal du Havre a demandé au maire de cette ville s'il est vrai que les dominicains expulsés en 1880, en vertu des décrets soient rentrés dans leurs immeubles. Le maire a reconnu que le fait est vrai et que les dominicains ont repris possession de leur chapelle, malgré les scellés apposés sur la porte par le préfet et ont recommencé à y dire la messe. Il paraît même que le préfet, informé par la municipalité havraise, s'est borné à répondre que le Gouvernement connaissait les faits et qu'il n'y avait rien à faire. Certains journaux radicaux qualifient de « retour offensif de l'ennemi » le fait de ces religieux qui rentrent dans leur maison. D'autres demandent qu'ils soient immédiatement poursuivis pour bris de scellés. Il n'y a qu'un malheur, c'est que les « scellés administratifs » n'ont aucune valeur légale et que le préfet n'a, pas plus que le premier citoyen venu, le droit d'appliquer son cachet sur une porte. En outre, en procédant par décrets et non en vertu d'une loi, le Gouvernement a commis un acte purement arbitraire, dépourvu de toute sanction légale. Nous comprenons qu'il ne se soucie pas de recourir de nouveau à la force pour expulser de leur maison les religieux qui y sont rentrés ; mais s'il a pu leur faire refuser des juges qu'and ils réclamaient contre la violence dont ils étaient victimes, il ne saurait en trouver pour les punir d'avoir repris paisiblement possession de leur bien.

La santé de M. Grévy. — Le bruit a couru à Paris que M. Grévy, en ce moment à Mont-sous-Vaudrey, aurait été pris d'un étourdissement, et qu'étant tombé il se serait blessé au visage.

Relevé aussitôt et transporté dans sa chambre, il serait resté longtemps évanoui. Une fièvre intense se serait ensuite déclarée.

Toutefois l'accès a été de courte durée, car l'honnête gendre de l'ancien président de la République honnête, a télégraphié la dépêche suivante :

> Mont-sous-Vaudrey, mercredi.
> 10 h. 30, matin.
>
> Santé président excellente.
>
> WILSON.

On voit bien que M. Wilson n'a plus à sa disposition les postes et télégraphes. Quoi qu'il en soit, si la dépêche est courte elle est en même temps bonne, et c'est l'essentiel.

Le choléra. — Les statistiques officielles établissent que du 13 mai, date de l'apparition du choléra en Espagne, au 11 août, il y a eu 1.672 cas et 834 décès, dont 80 0/0 dans la province de Valence.

En Egypte, où le choléra règne à la Mecque, on compte déjà plus de 1.000 décès.

Fixation de l'azote atmosphérique dans le sol Récoltes enfouies.

Sous le titre : *Une importante découverte*, tous les journaux agricoles et autres annoncent que M. Dehérain vient d'exposer à ses collègues de l'Académie des sciences le résultat de longues expériences faites sous sa direction à la ferme nationale de Grignon.

Il a reconnu qu'après la récolte, la terre arable se charge de nitrate venant de l'atmosphère, la quantité ainsi déposée par le jeu des agents naturels était équivalente à 400 kilos de nitrate de soude, valant 88 francs l'an dernier.

Mais les pluies d'automne entraînent tout cela, si on ne prend la peine de fixer cette véritable manne céleste. On peut y parvenir de la façon la plus simple, en donnant un labour de déchaumage et en semant du colza ou de la navette.

Ces plantes vigoureuses fixent tous ces nitrates dans leurs substances et les rendent aux céréales à l'époque des grands labours.

La théorie exposée par le savant M. Dehérain n'est pas nouvelle. Il y a longtemps que les praticiens connaissent l'excellent effet des engrais verts, des récoltes enfouies.

Le système de la *sidération*, préconisé par M. Georges Ville, *après Virgile* (rien n'est nouveau sous le soleil), n'est que l'application de cette théorie.

Les effets des récoltes enfouies sont tels qu'il y a lieu de s'étonner que les cultivateurs n'y aient pas plus souvent recours. Déchaumage immédiatement après la moisson, ensemencement d'une plante à végétation rapide et à feuillage abondant, enfouissement de la récolte, tout cela est simple, facile, à la portée de tous et donne des résultats certains au double point de vue de l'enrichissement du sol en azote (pris à l'air et non chez le marchand) et en humus résultant des matières organiques enfouies. Cette accumulation de l'humus a encore pour effet de faciliter la solubilité des éléments fertilisants du sol, de sorte que, après une bonne récolte enfouie, la terre se comporte presque comme si elle avait été fumée.

Nous disons *presque*, car il serait dangereux de croire que la récolte enfouie dispense d'apporter au sol aucun engrais.

Ce qu'elle apporte surtout, ne l'oublions pas, c'est de l'azote, c'est l'azote de l'air qu'elle fixe dans la terre ; mais elle n'enrichit pas celle-ci des autres éléments de la végétation, de phosphore notamment, dont les récoltes ont un si impérieux besoin.

Donc, pour rendre l'opération véritablement avantageuse et complète, nous conseillons d'enterrer, en même temps que la plante versée, des engrais phosphatés, tels que phosphate de chaux, poudre d'os, noir animal, etc. ; dans ce cas, les phosphates de chaux ordinaires devront être préférés aux superphosphates qui, comme on le sait, sont d'un prix beaucoup plus élevé. Sous l'action de l'humus, résultant de la décomposition de la récolte enfouie, ces phosphates, pourvu qu'ils soient finement moulus, deviendront suffisamment et rapidement solubles.

Enfouissez un trèfle vigoureux, en même temps que 800 kilos de phosphate, et vous verrez !

Une bonne plante à semer en ce moment, pour enfouir avant l'hiver, c'est la moutardon ou moutarde blanche. C'est une plante à végétation très rapide et vigoureuse, qui exige peu de semence (10 kilos par hectare). Pas ou presque pas de frais pour obtenir un enrichissement du sol certain. Il n'y a pas à hésiter.

CHARLES GOSSIN.

LE SOIN DES ABEILLES.

(Suite) (1).

Récolte du miel.

Pour un amateur comme aussi pour l'apiculteur de profession n'ayant qu'un nombre limité de ruches, il est certain que la manière

(1) Manuel pratique d'apiculture, par Jean Weber. — Prix, franco, 1 fr. — Chez GARIEL, éditeur, 2 *bis*, quai de la Mégisserie, Paris.

de tirer le meilleur parti de son miel, c'est de le vendre en sections, si cela est possible, c'est-à-dire en petits cadres d'environ une livre. Sous cette forme, la récolte n'exige, pour être emmagasinée, qu'une provision de vieux journaux. On peut se dispenser de balances puisque les sections peuvent se vendre à la douzaine ou au cent, et on a un article qui, tout en étant le mieux payé, occasionne le moins possible de travail et de frais. Mais si de cette façon on peut se passer de ces grands extracteurs qui sont nécessaires à ceux qui vendent le miel liquide, je crois qu'un petit EXTRACTEUR à sections est presque indispensable, si l'on veut mettre à profit tous les avantages offerts.

En effet, il est bien rare qu'au triage il n'y ait pas un assez grand nombre de SECTIONS NON FINIES ou mal faites qu'on est obligé de mettre de côté. Celles non finies, on peut les rendre aux ruches, dans le but de les faire compléter. Mais cela ne se fait souvent, surtout à la fin de la miellée, qu'en risquant de les voir complétées avec du miel foncé ou de goût inférieur. Il vaut donc beaucoup mieux extraire le miel de toutes celles qui ne sont pas présentables et, une fois vides, conserver celles qui sont bien faites pour servir l'année suivante.

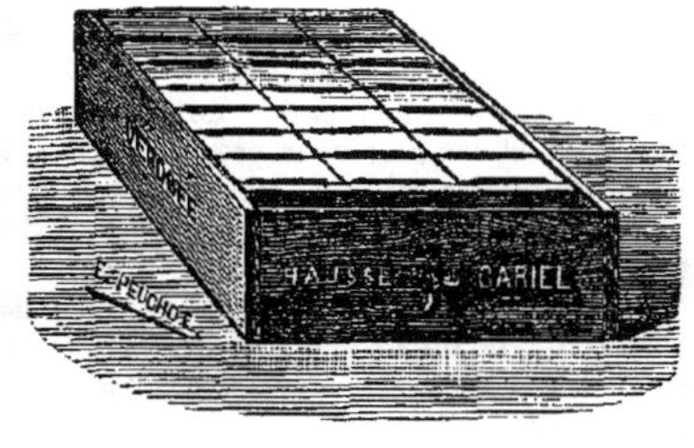

Aussitôt vidées on rend les sections aux ruches pendant une nuit pour les nettoyer. On enveloppe ensuite de papier les hausses qui contiennent celles qu'on veut conserver et on les range dans un endroit sec.

Ces sections construites rendent de grands services au printemps; on les emploie alors soit par hausses entières, pour recevoir plus vivement une miellée très abondante, soit en petit nombre, au milieu des premières hausses données aux ruches, pour y attirer les abeilles et leur faire commencer de bonne heure l'étirage de la fondation que contiennent les sections voisines.

Il existe des sections dans lesquelles la fondation est fixée au moyen de rainures ou encore à l'aide de fentes qui se ferment en pinçant la cire. Avec ce dernier système, le dessus des sections perd quelque peu de sa propreté, et c'est à considérer quand les sections sont destinées à être vendues. Les rainures sont généralement faites dans les quatre côtés de la section pour y insérer une feuille de fondation garnissant tout l'intérieur. Des sections ainsi préparées sont superbes, mais elles ont le défaut de se déformer considérablement sous l'influence de la chaleur de la ruche.

La meilleure manière d'attacher la fondation serait donc certainement celle qui permettrait d'employer des feuilles de fondation un peu plus petites que les cadres, de façon à laisser, surtout en bas, l'espace nécessaire pour permettre à la cire de s'allonger par la chaleur sans se gondoler, ce qui est indispensable si l'on veut avoir des sections bien faites et régulières.

De tous les systèmes que j'ai essayés, c'est encore le suivant qui me paraît le plus recommandable.

Je prends des sections bien blanches, sans fentes ni rainures, et avant de les plier je les pose de champ et à l'aide d'une burette je verse de l'eau chaude dans les sillons en V destinés à former les coins; ceci pour empêcher la casse. Je les pose ensuite l'une après l'autre sur une planche inclinée sur laquelle j'ai cloué un bloc de bois un peu moins haut que la moitié de la largeur ou épaisseur du cadre et un peu plus petit que celui-ci. Ce bloc, je le tiens constamment légèrement mouillé pour empêcher l'adhésion de la cire. La section posée autour du bloc, je mets une feuille de fondation sur celui-ci, et en même temps que je rapproche le bord de la fondation contre le côté de la section placé en bas de la pente, je passe rapidement le long de ce bord un pinceau chargé de cire fondue.

La fondation se trouve ainsi suffisamment fixée; mais, pour plus de sûreté on en peut faire autant de l'autre côté en retournant la section. On évitera ensuite de poser les sections autrement que debout.

LES HAUSSES se mettent sur les ruches dès l'ouverture de la miellée. On s'aperçoit que le miel nouveau commence à arriver lorsque les abeilles se mettent à ajouter des cellules de cire blanche, c'est-à-dire nouvelle, vers le haut des cadres et partout où il reste un peu de place à utiliser.

Il faut bien se garder de suivre l'exemple de certains apiculteurs qui, pour obliger les abeilles à monter dans les hausses, quand surtout ils se servent de grands cadres, ont recours à la CONTRACTION DE LA CHAMBRE A COUVAIN aussitôt la miellée commencée, pour arriver à ce que les abeilles, ne pouvant plus toutes s'y loger et ne pouvant rester dehors, se voient contraintes à monter dans les hausses.

Ce système, s'il a ses avantages, occasionne d'un autre côté un essaimage effréné et a en plus très souvent le grand inconvénient de faire transporter dans les sections une partie des provisions déjà emmagasinées en bas et composées en grande partie de sirop salicylaté ou de miels foncés récoltés sur une grande variété de fleurs et de goût généralement fort peu agréable.

Pour engager les abeilles à travailler dans la première hausse qu'on leur donne, on y place, au milieu, comme il a été dit plus haut, une ou plusieurs sections avec cellules complètes contenant, si possible, un peu de miel, et on a surtout soin de couvrir le plus chaudement possible la hausse aussi bien que le reste des cadres inférieurs.

Au lieu de *placer la première hausse* à même les cadres, je me trouve très bien de procéder comme suit: j'étends quatre bandes doubles de toile de 0m10 à 0m12 de largeur sur le pourtour des cadres, laissant le milieu de la chambre à couvain à découvert. Il arrivera ainsi que les bords de la hausse seront propolisés sur les bandes supérieures, tandis que les bandes inférieures seront propolisées contre les cadres, et l'enlèvement de la hausse se fera de la sorte fort aisément, ce qui ne serait pas le cas sans cette précaution.

Par ce moyen on dérange aussi beaucoup moins les abeilles, lorsqu'on enlève les hausses une partie des rayons restant constamment couverte.

Quand cette première hausse est remplie de miel et que les abeilles commencent à rétrécir l'ouverture des cellules, ce qui est un commencement d'operculation, on enlève cette hausse et on la remplace par une autre contenant des sections munies de fondation. Sur cette nouvelle hausse on replace la première; la troisième sera de même, quand elle deviendra nécessaire, placée sous la seconde et ainsi de suite.

La hausse supérieure est donc celle qui sera la première prête à être enlevée, ce qu'on doit faire aussitôt que toutes les sections sont complètement operculées, car elles ne peuvent que perdre de leur belle couleur claire à subir le passage incessant des abeilles.

Les SECTIONS NON FINIES sont mises à part, et quand on en a de quoi remplir une hausse, on met celle-ci sur une ruche à la place d'une hausse de sections operculées, immédiatement après son enlèvement, à moins qu'on ne préfère les garder pour en extraire le miel plus tard.

Souvent les abeilles manquent de place même avec trois hausses. Cela peut arriver à l'époque de la forte miellée, quand la première hausse est déjà pleine de miel que les abeilles tardent à operculer, alors que la seconde et peut-être même la troisième sont remplies de miel encore trop liquide, que les abeilles y étalent pour le laisser s'épaissir.

A ce moment les abeilles sont incapables de profiter de la miellée, faute de place. On s'aperçoit qu'il en est ainsi quand le va-et-vient des butineuses cesse dans une ruche pendant que dans les autres elles sont très actives. On essaiera d'abord de donner à cette ruche le plus d'air possible en ouvrant le ventilateur en plein pour baisser la chaleur intérieure; mais si l'on voit que malgré cela les abeilles restent INACTIVES, on soulève les trois hausses déjà en place, et si elles sont bien lourdes il n'y a plus de doute possible et on s'empresse d'ajouter une quatrième hausse sous les trois qui s'y trouvent déjà.

On voit par là combien il est important de ne pas laisser un jour de plus qu'il n'est nécessaire, les sections operculées sur les ruches, afin de ne pas arrêter la rentrée de la récolte, faute de place.

Un moyen très rapide et surtout très recommandé de DÉBARRASSER LES HAUSSES pleines des abeilles qu'elles contiennent au moment de les enlever consiste à remplacer la toile sur la hausse par une TOILE PHÉNIQUÉE, au lieu de se servir de fumée pour faire descendre les abeilles. L'odeur de l'acide phénique, en chassant plus vivement les abeilles, les empêche plus sûrement que la fumée de désoperculer les sections finies, ce qui est un grand point. Aussitôt la toile posée, on détache de suite la hausse à l'aide d'un tournevis ou d'un ciseau et on l'enlève en lui faisant faire un léger mouvement tournant, précaution très recommandable d'ailleurs chaque fois qu'il s'agit de dégager un objet attaché avec de la propolis. On recouvre vivement d'une toile la hausse restante ou les rayons de la ruche selon le cas, et on porte la hausse pleine dans un lieu sombre dont les ouvertures sont garnies, extérieurement, d'une toile métallique dépassant de 0m15 à 0m20 le bord supérieur de ces ouvertures et laissant en haut un passage de 0m007 à 0m008 entre le mur et la toile. Les abeilles sortiront par là et ne pourront rentrer.

A défaut d'une pièce de ce genre, une ruche vide ou une caisse quelconque, se fermant hermétiquement, peuvent en tenir lieu. Il suffit de percer, dans le toit ou dans le couvercle, un trou rond qu'on garnit d'un cône de toile métallique saillant en dehors de 0m15 et ne laissant passer qu'une seule abeille à la pointe. On place au fond une toile phéniquée et on pose les hausses sur des cales pour faciliter la sortie des abeilles.

J'ai depuis peu construit une boîte à purger les hausses des abeilles qu'elles contiennent et qui fonctionne à merveille. Elle est garnie de cônes rentrants par lesquels les abeilles passent pour sortir et qui les empêchent de revenir dans la hausse. Elle se place de préférence sous la hausse à purger, sur la ruche même, mais il faut quelquefois plusieurs heures pour soustraire toutes les abeilles de la hausse, à moins d'employer la toile phéniquée, une fois la boîte en position. Dans tous les cas ce moyen est la simplicité même ; on soulève la hausse, après y avoir envoyé un peu de fumée, on étend une toile au-dessous, on place la boîte à cônes sur cette toile, puis la hausse sur la boîte et il ne reste plus qu'à reprendre boîte et hausse quelques heures après.

La TOILE PHÉNIQUÉE se prépare en plongeant un carré de toile dans la solution suivante : 20 grammes d'acide phénique en cristaux, dissous dans de l'alcool, 20 grammes de glycérine, bien mélanger, puis verser un litre d'eau chaude dessus. On tord fortement la toile avant de s'en servir. J'ai soin d'y attacher des boucles qui s'accrochent à deux règles, ce qui permet de la manier d'une seule main sans faire de plis.

(A suivre.) Jean WÉBER.

Éclaircissage et cisellement des raisins

Ces deux opérations, dont l'une peut être considérée comme le complément indispensable de l'autre, sont cependant des plus distinctes et ne peuvent ni ne doivent être confondues.

L'*Eclaircissage* comporte la suppression d'un certain nombre de grappes. Sur un cep bien portant et fertile, il y en aura presque toujours trop, la plupart des jeunes bourgeons, en portant souvent deux et même trois.

S'il y a véritablement excès, il faudra enlever un peu avant la floraison, les plus petites grappes, et celles qui sont sur le bourgeon de remplacement, qui, logiquement ne doit devenir fructifère que l'année suivante. Dans le haut des ceps ou vers leur extrémité, qu'ils soient verticaux ou horizontaux, on pourra laisser sur le bourgeon fructifère les plus vigoureux les deux plus belles grappes, s'il s'agit de chasselas ou de raisins analogues; dans la plupart des cas, et au moins vers la base du cep, une seule par bourgeon fructifère sera suffisante pour pouvoir en obtenir des raisins de choix, le *Cisellement* viendra faire le reste.

N'ayant conservé que le nombre de grappes strictement nécessaires, on procède à leur cisellement aussitôt que les plus gros grains atteignent la grosseur d'un petit pois. Pour l'opérer, on se sert de ciseaux à lames minces et effilées faciles à introduire dans l'intérieur des grappes, leur extrémité légèrement émoussée permettra d'éviter de blesser la rafle ou les grains conservés.

Le cisellement par lui-même comprend deux opérations fort distinctes, l'*Ecimage* et le *Giselage* proprement dit : écimer une grappe, c'est lui enlever, selon sa longueur, 2, 3 ou 4 centimètres à son extrémité, cette partie n'atteignant jamais une maturité aussi complète, et se desséchant même parfois avant.

Lorsqu'on cisèle une grappe, on lui supprime d'abord tous les grains avortés et petits, ensuite tous ceux qui, situés à l'intérieur de la grappe, ne peuvent recevoir suffisamment d'air et de lumière pour pouvoir acquérir tout leur développement, et dont la maturité même serait aussi le plus souvent incomplète.

Tous ces grains sont enlevés en ayant soin de laisser adhérente à la grappe une très petite partie du pédicelle (queue du grain), pour que la plaie en se cicatrisant ne l'altère pas. On doit chercher à conserver à la grappe toute son ampleur et n'enlever à son pourtour que les grains qui, trop rapprochés, seraient susceptibles de se toucher, lorsqu'ils auraient acquis tout leur développement.

Dix ou douze jours après le premier ciselage on repassera pour s'assurer qu'il n'est pas resté quelques grains inférieurs ou trop serrés; c'est avec des soins de ce genre que nos viticulteurs de Thomery et de Conflans-Sainte-Honorine produisent ces incomparables chasselas dorés que les *forceries belges* ne produiront sans doute pas encore de sitôt, car c'est bien plus encore aux soins assidus et intelligents qu'ils donnent à leurs treilles, qu'à la qualité de leur sol, qu'ils doivent leurs succès dans ces cultures spéciales. On saisira mieux l'importance de ces opérations, lorsqu'on cessera de considérer la culture des fruits en général et de la vigne en particulier comme un accessoire ne demandant aucuns soins, que celui de récolter en temps opportun. On se convaincra facilement alors qu'un peu de temps et de main d'œuvre intelligemment employés auront souvent décuplé la valeur d'une récolte, et que la facilité actuelle des transports en assureront toujours en même temps qu'un facile écoulement un placement rémunérateur. V. ENFER.

LA VAINE PATURE

Le ministre de l'agriculture vient d'adresser aux préfets une circulaire explicative pour leur faire connaître la portée exacte des modifications apportées par la loi du 22 juin 1890 à la loi du 9 juillet 1889 sur la vaine pâture. On sait que la loi du 9 juillet 1889 reposait sur une distinction entre les terres arables et les prairies naturelles ou artificielles ; pour les premières, le droit de vaine pâture était aboli, en principe, mais avec ce tempérament que le maintien du droit pouvait être demandé par les intéressés pendant une année à partir de la promulgation de la loi ; ce n'était donc qu'à l'expiration de ce délai et dans le cas seulement où aucune demande de maintien n'avait été formulée que la vaine pâture devait être supprimée sur les terres arables.

Au contraire, pour les prairies naturelles ou artificielles, la vaine pâture était supprimée de plein droit et sans recours possible par le fait même de la promulgation de la loi.

La nouvelle loi contient à cet égard quatre innovations importantes, et la circulaire du ministre a pour objet de les mettre en évidence.

1° La vaine pâture sur les prairies naturelles pourra désormais être rétablie dans les communes où elle existait avant cette loi et dans les conditions où elle était exercée à cette époque. Les demandes de rétablissement devront être présentées et instruites dans les mêmes formes que les demandes tendant au maintien de la vaine pâture sur les terres arables, c'est-à dire que les délibérations des conseils municipaux devront être ratifiées par le conseil général du département. En cas de divergence entre les conseils municipaux et le conseil général, la question sera tranchée par un décret du président de la République, rendu en conseil d'Etat. Quant à la vaine pâture sur les prairies artificielles, elle continue à être interdite comme sous l'empire de la loi du 9 juillet 1889.

2° C'est de la promulgation de la loi du 22 juin 1890, et non plus de la promulgation de la loi du 9 juillet 1889, que courra désormais le délai d'un an à l'expiration duquel la vaine pâture cessera de plein droit si, pendant ce laps de temps, il ne s'est produit aucune demande de maintien ou de rétablissement, suivant qu'il s'agira des terres arables ou des prairies naturelles. Les délais primitifs qui devaient expirer le 9 juillet 1890 sont donc prorogés jusqu'au 23 juin 1891, et il en résulte que dans toutes les communes ou la vaine pâture n'a pas été régulièrement supprimée depuis la promulgation de la loi du 9 juillet 1889, les intéressés ont devant eux une année entière pour prendre parti sur la question du maintien ou du rétablissement de la vaine pâture ; mais il est bien entendu qu'à l'expiration du nouveau délai imparti par le législateur, la loi produira tous ses effets, c'est-à-dire que dans toutes les communes où aucune démarche n'aura été faite pour demander le maintien de la vaine pâture sur les prairies naturelles, il sera désormais impossible de réclamer le maintien ou le rétablissement du droit qui cessera de plein droit sans pouvoir jamais être rétabli ultérieurement.

3° Si une déclaration tendant au maintien ou au rétablissement de la vaine pâture n'a pas été, dans l'année de la promulgation, l'objet d'une décision de la part des pouvoirs compétents, la vaine pâture continuera à être exercée sur les terres arables jusqu'à ce que cette décision soit intervenue. Par analogie, le droit éventuel au rétablissement de la vaine pâture sur les prairies naturelles subsistera tout entier jusqu'au moment où la demande de rétablissement aura fait l'objet d'une décision définitive.

4° La faculté de rétablir la vaine pâture sur les prairies naturelles n'implique nullement le droit de mener les bestiaux dans toutes les prairies et à toutes les époques. Les autorités locales, qui sont les meilleurs juges du moment où la vaine pâture ne présente aucun inconvénient sérieux, ne devront autoriser l'exercice du droit qu'autant qu'il ne pourra porter aucun préjudice aux propriétaires; elles ne doivent pas perdre de vue que le 3e paragraphe de l'article 5 de la nouvelle loi, aux termes duquel « la vaine pâture ne peut avoir lieu sur aucune terre ensemencée ou couverte d'une production quelconque faisant l'objet d'une récolte tant que la récolte n'est pas enlevée », fixe d'une manière très nette la limite dans laquelle peut s'exercer le droit de vaine pâture; ces autorités restent d'ailleurs investies, en vertu de l'article 11 de la loi du 9 juillet 1889 et conformément aux articles 68 et 69 de la loi du 5 avril 1884, du droit de prendre les arrêtés pour réglementer la vaine pâture, notamment pour en suspendre l'exercice en cas d'épizootie, de dégel ou de pluies torrentielles.

Nouvelles agricoles.

Militaires pour la moisson. — Nous avons publié dans notre dernier numéro la nouvelle circulaire du ministre de la guerre réglant les mesures à prendre pour envoyer aux cultivateurs et aux vignerons les soldats dont ils peuvent avoir besoin pendant les travaux de la moisson et des vendanges.

A propos de cette circulaire, qu'il nous soit permis de nous extasier devant cette admirable machine qu'on appelle l'administration. Voici ce que le porte-plume qui a rédigé cette circulaire a trouvé: « Les cultivateurs qui réclament des militaires devront adresser aux chefs de corps leurs demandes motivées, par l'intermédiaire du préfet, *avant le 15 avril*, en indiquant la nature et la *date* de la moisson.

Ce passage de la circulaire du ministre de la guerre a été accueilli par un éclat de rire homérique depuis la pointe de Cherbourg jusqu'à la frontière italienne et depuis les Pyrénées jusqu'à Dunkerque.

Voilà qu'on veut maintenant que les cultivateurs sachent dès le 15 avril à quelle date fixe seront mûrs leurs blés et leurs raisins. Pourquoi n'avoir pas décrété que la moisson aurait lieu dans toute la France le même jour?

Ajoutons qu'il est nécessaire que le maire de la commune atteste le 15 avril qu'il y a pénurie de moissonneurs dans sa commune.

La viticulture française et le phylloxera. — Nous extrayons du rapport de M. Tisserand, directeur de l'agriculture, les renseignements suivants sur la situation du vignoble français:

En 1881, le total des vignes américaines plantées était de 8.904 hectares dans 17 départements.

En 1882, il y avait 17.096 hectares pour 22 départements.

En 1883, 28.012 hectares pour 28 départements.

En 1884, 52,777 hectares pour 34 départements.

En 1885, 75,292 hectares pour 34 départements.

En 1886, 110,687 hectares pour 37 départements.

En 1887, 165.517 hectares pour 38 départements.

En 1888, 214.787 hectares pour 43 départements.

En 1889, le chiffre s'élève à 299.801 hectares pour 44 départements.

C'est donc une augmentation de près de 100,000 hectares pendant la dernière campagne.

On constate avec satisfaction que, si la reconstitution se poursuit dans la même progression, la France, dans quatre ans, possédera un vignoble de 2 600.000 hectares, c'est-à-dire la superficie la plus considérable qu'elle ait jamais eue. Les départements qui tiennent le premier rang dans l'œuvre de reconstitution sont: l'Hérault avec 110.000 hectares; l'Aude avec 27.000; le Gard avec 21.000; la Gironde avec 19.000; les Pyrénées-Orientales avec 30.000 et le Var avec 19.000.

Le phylloxera en Champagne. — On a constaté dans les vignobles champenois des traces du terrible phylloxera. Le redoutable insecte est signalé dans toutes les vignes qui s'étendent entre Vincelles et Tréloup.

Les nodosités sur les radicelles ne permettent pas d'hésiter sur la présence du phylloxera; et le dépérissement des ceps fait croire qu'il existe déjà depuis plusieurs années dans les localités ci-dessus énumérées. Seulement, il ne s'était pas développé et n'avait pas pris les proportions menaçantes que l'on signale aujourd'hui.

Le préfet a informé le ministre de l'agriculture de la désastreuse nouvelle.

M. Douté, professeur départemental d'agriculture, est parti pour les localités contaminées et va prendre les premières mesures.

On attend un inspecteur des services du phylloxera.

Le traitement administratif va être appliqué avec la plus grande rigueur aux vignes phylloxérées. Espérons que la rapidité des secours pourra conjurer le désastre et tirer les vignerons de la consternation où les a plongés la constatation du fléau.

Les lapins de l'Australie. — L'an dernier, le gouvernement australien avait promis une prime de 500.000 francs à celui qui trouverait le moyen de détruire les lapins qui dévastent actuellement l'Australie.

A cet effet, M. Pasteur avait proposé de donner aux lapins le choléra des poules.

Deux expériences ont été tentées; mais elles n'ont pas donné de résultat pratique, à cause du mauvais vouloir de la commission australienne.

En désespoir de cause et pour se protéger contre les maudits lapins, les gouvernements de la Nouvelle-Galles du Sud et du Queensland viennent d'établir un grillage de 1.427 kilomètres de longueur, qui interdit au trop prolifique rongeur l'accès de la partie orientale du continent australien.

Nos importations et nos exportations en 1889. — Le commerce des vins ordinaires en fûts a présenté de meilleurs éléments en 1889 qu'en 1888. Les importations ont diminué de 1.600.000 hectolitres; les exportations ont augmenté de 55.000. A l'importation nous signalerons surtout la faiblesse des entrées de vins italiens, qui, de 2.700.000 hectolitres en 1887 et 1.040.000 en 1888, ont été réduites en 1889, à 101.000 hectolitres, c'est, comme on le sait, la conséquence de la dénonciation du traité de commerce. Le Portugal et l'Espagne, bien que dans une proportion moindre, ont aussi diminué leurs envois.

Les vins d'Algérie, au contraire, prennent une part de plus en plus considérable à la consommation; les envois qui n'étaient que de 1.224.000 hectolitres en 1888, se sont élevés en 1889 à 1.580.000.

En résumé, les importations totales des vins ordinaires ont été de 10.245.437 hectolitres pour 1889. L'importation des vins en bouteilles, en diminution constante, n'a pas dépassé 2.940 hectolitres.

A l'exportation, l'augmentation que nous avons signalée plus haut pour les vins ordinaires a eu surtout pour destination l'Angleterre, l'Allemagne et surtout la République Argentine, qui nous a demandé 367.000 hectolitres contre 328.000 en 1888. Cette augmentation porte tout entière sur les vins de la Gironde; les vins des autres provenances ont été moins demandés, excepté pour l'Algérie, qui en a importé 71.000 hectolitres au lieu de 49.000.

Le total des quantités de vins ordinaires exportées de France, en 1889, est de 1.101.817 hectolitres, pour les vins de la Gironde, et de 728.133 pour les autres.

Pour les eaux-de-vie comme pour les vins, la situation commerciale s'est un peu améliorée.

Quant aux exportations, nous les trouvons pour les eaux-de-vie de vin de 193.600 hectolitres en 1889, contre 185.800 en 1888.

Les fruits écrasés pour la fabrication des boissons commencent à prendre une certaine importance commerciale. On a importé en 1889 13,350 hectolitres de raisins et 53.944 quintaux de pommes et poires; pour les pommes et poires, l'augmentation sur 1888 est de 15.000 quintaux. Quant aux raisins secs, les importations ont été, en 1889, de 966 quintaux métriques, au lieu de 855.000 en 1888.

La diminution des importations de bières en France ne s'est pas continuée: de 188.000 hectolitres en 1888, les entrées sont remontées à 224.000 en 1889. A l'exportation, nous restons comme en 1888, à près de 39.000 hectolitres.

L'exportation des vinaigres a augmenté de 2.400 hectolitres, avec un total de 24.400 hectolitres.

Exposition nationale et coloniale à Lyon de 1892. — *Appel aux artistes.* — L'administration de l'Exposition met au concours les plans et devis de l'Exposition Nationale et Coloniale, qui aura lieu à Lyon en 1892.

Tous les architectes, ingénieurs, etc., sont appelés à prendre part à ce concours qui sera clos le 30 septembre prochain.

Les projets envoyés seront examinés et classés par un jury spécial. Différents prix, de 2.500, 1.500 et 1.000 francs leur seront attribués suivant l'ordre de classement.

Pour les renseignements complémentaires, s'adresser au bureau du comité, rue de la République, 26.

Exposition de laiterie à Quimperlé. — On sait quelle importance l'industrie laitière a prise en Bretagne depuis quelques années. Cette industrie est certainement appelée à un grand avenir. Déjà plusieurs laiteries industrielles fonctionnent en Bretagne; un grand nombre d'autres sont à l'état de projet et il est à prévoir que, dans quelques années, il en existera dans chaque contrée.

Afin de réunir les divers éléments qui constituent l'industrie laitière : production du lait, fabrication du beurre et du fromage, fourniture d'instruments et appareils, etc., la ville de Quimperlé, d'accord avec la Société d'agriculture de l'arrondissement, a organisé une exposition de laiterie, qui aura lieu dans cette ville les 28, 29 et 30 septembre prochain.

Elle comprendra une exposition d'ustensiles et appareils pour petites et grandes laiteries et un concours de produits de laiterie. Les récompenses consisteront en médailles d'or, de vermeil, d'argent et de bronze.

Indépendamment des concours d'ustensiles et appareils pour beurreries, fromageries, produits de laiterie : lait, crème, beurre, fromages, il y aura un concours pour les appareils de vérification du lait, pour le matériel servant à l'emballage et au transport du beurre, pour le plus bel ensemble de matériel pouvant servir à la fabrication des fromages. Des médailles d'or, d'argent et de bronze seront décernées aux plus méritants.

Enfin, un prix d'ensemble consistant en une médaille d'or grand module sera décerné à l'exposant qui aura obtenu le plus de succès pour les produits de laiterie.

Les personnes qui désireraient participer à ces concours pourront adresser leur demande d'admission ou de renseignements à M. Viaud, secrétaire de la Société d'Agriculture de Quimperlé (Finistère). Les demandes d'admission devront être parvenues à Quimperlé avant le 30 août au plus tard.

Nous ne saurions trop recommander aux industriels de notre région l'exposition de laiterie de Quimperlé, qui s'annonce comme devant être très brillante et à la tête de laquelle sont placées les personnes les plus compétentes.

CONSEILS A LA FERMIÈRE

LES FROMAGES « PETITS SUISSES »

On appelle ainsi les fromages fabriqués en mettant en *présure* du lait préalablement additionné d'une certaine quantité de crème.

Pour obtenir la pâte propre à la confection de cette variété de fromages, il convient d'opérer comme il suit :

Mise en présure. — Dans un baquet en bois, ou mieux, en fer étamé (d'une capacité de 40 litres, par exemple), on introduit d'abord 5 litres de crème fraîche et ensuite 32 litres de lait pur ; on mélange intimement les deux liquides et on attend que le mélange ait pris la température ambiante, celle-ci ne devant pas dépasser 12 à 14 degrés. On met alors en *présure*, en ajoutant dans le mélange au plus *un tiers* de centimètre cube de présure concentrée (force 10,000), ce faible volume de présure ayant été préalablement dilué dans huit ou dix fois son volume d'eau.

Dans ces conditions, le temps nécessaire à la coagulation est considérable, vingt à vingt-quatre heures, suivant la saison ; mais cette lenteur dans la coagulation est indispensable pour obtenir un caillé onctueux et propre à faire la pâte des petits suisses.

Egouttage. — La coagulation terminée, on enlève le caillé avec de grandes cuillères rondes et on le dépose sur des toiles que l'on emplit ensuite de façon à l'emprisonner et à en faire une série de matelas, que l'on introduit dans une caisse à claire-voie et dont le fond, percé de trous, repose sur un égouttoir en bois ou garni d'une feuille de plomb.

Chaque matelas de caillé est séparé du suivant par une planche pleine, et on laisse l'égouttage du petit lait s'effectuer, d'abord sous la seule pression des sacs et des planches qui les séparent. Un peu plus tard, on ajoute des poids sur la planche supérieure ; ordinairement, au bout de quinze à dix-huit heures, l'égouttage est terminé.

On enlève alors chaque sac, on le pose sur une grande table, on le déplie et on râcle la pâte que l'on dépose sur le côté. Un ouvrier procède alors au malaxage à la main de cette pâte, comme on fait pour le pain, en y ajoutant une certaine quantité de crème plus ou moins épaisse, suivant la fluidité de la pâte retirée du sac, et, quand le mélange est arrivé au degré convenable de consistance, on le laisse se ressuyer pendant environ une heure sur la table avant de procéder au moulage des fromages.

Ce moulage s'effectue de deux manières à la main, à l'aide de la machine.

Moulage à la main. — Ce moulage consiste à prendre avec la main droite juste la quantité de pâte nécessaire pour faire un fromage, à la déposer sur une bandelette de papier non collé, que l'on replie sur elle-même, de la même main, de façon à donner à la pâte la forme cylindrique ; puis à saisir ce cylindre de la main gauche, pour le déposer sur la table, où il est repris par un autre ouvrier chargé de remettre les fromages en boites.

Le moulage à la machine ne s'effectue que dans les grandes exploitations.

UNE MÉNAGÈRE.

JURISPRUDENCE RURALE.

CONSTRUCTIONS. — RESPONSABILITÉ DU VENDEUR.

— Vous n'ignorez pas que l'an dernier j'ai acheté une petite propriété sur laquelle j'ai fait bâtir.

— Certainement, ta maison est même fort gentille et tu es un des mieux logés du village ; mais tu ne parais pas content.

— En effet, je ne suis pas satisfait ; figurez-vous que ma maison fait mine de descendre dans la cave.

— Que me dis-tu?

— Je vous dis la vérité. Il paraît que mon vendeur avait autrefois extrait du moellon dans le terrain, puis il s'était contenté de remplir les excavations par une simple décharge de terres meubles, sans bourrages et sans maçonnerie ; moi, qui ne savais pas cela, je m'imagine, sur les apparences, que je bâtis sur un terrain solide, mais voilà qu'aujourd'hui des affaissements se produisent et je me trouve avec une maison qui menace ruine et un terrain qui ne peut plus me servir.

— Je t'engage à demander la résiliation de la vente, la restitution du prix et des dommages-intérêts.

— Serait-ce possible ? Vous me rendez l'espoir.

— Les puits et cavités creusés par un propriétaire, dans son terrain, constituent des vices cachés entraînant la résolution de la vente, alors que pour les combler il s'est borné à y jeter de la terre, sans exécuter des travaux, maçonnerie ou bourrages, pour maintenir les parois ou tasser les terres.

— Mais, hélas! mon vendeur a été un malin ; il a mis dans l'acte qu'il ne serait pas garant de la solidité du sous-sol.

— Rassures-toi ; il a été malin, mais ignorant. La clause de non-garantie est sans valeur quand il s'agit de faits personnels au vendeur ; la loi ne saurait se prêter à une véritable tromperie. Ton vendeur n'avait qu'un moyen d'éviter la garantie, c'était de te déclarer formellement le vice du terrain au lieu de te le cacher ; si tu l'avais accepté, tu n'avais plus rien à dire.

— Comme je ne l'aurais pas accepté, puisqu'il rend le terrain impropre à l'usage auquel je le destinais, je vais, de ce pas, suivant vos conseils, faire résilier la vente.

UN VIEUX JUGE DE PAIX.

CONSEILS DU VÉTÉRINAIRE

L'EAU DANS L'ENGRAISSEMENT DES ANIMAUX

Un grand nombre d'expériences ont été faites, en Allemagne, dans les stations agronomiques, à l'effet de reconnaître si l'eau pure, bue en grande quantité par les animaux à l'engrais, est favorable ou nuisible à leur engraissement.

La conclusion des savants allemands, notamment M. Henneberg, a été que l'eau introduite dans les organes digestifs en très grande quantité augmentant l'élimination de l'acide carbonique par l'animal, nuit à la formation de la graisse.

Il y a donc lieu de déduire de cette observation que dans l'engraissement des animaux de boucherie, il faut limiter la ration d'eau à la quantité strictement nécessaire pour délayer les aliments et satisfaire à la soif des animaux. Il est toujours avantageux de ne servir l'eau aux animaux d'engrais qu'après l'avoir additionnée d'une certaine quantité de tourteaux, de son, de farine de seigle ou d'orge, de manière à former un *barbottage* ou *breuvée*, — suivant le terme employé par les ménagères, — et à augmenter la puissance nutritive de la ration.

Les vaches laitières se trouvent tres bien également de ce régime d'édulcoration de l'eau, mais à celles-ci l'eau doit être servie sans restriction. L'ingestion d'une grande quantité de liquide est la première et l'indispensable condition d'une grande production de lait.

UN VIEUX VÉTÉRINAIRE.

AFFAIRES MILITAIRES.

Les emplois civils pour les sous-officiers

Le ministre de la guerre vient de faire signer un décret qui détermine les matières et le mode d'examen destinés à constater l'aptitude professionnelle des anciens sous-officiers à divers emplois civils.

Les emplois réservés aux anciens sous-officiers par la loi du 18 mars 1889 sont divisés en quatre catégories.

La première comprend les emplois qui exigent des connaissances spéciales. Ce sont : commissaires spéciaux de la police des chemins de fer ; inspecteurs spéciaux de la police des chemins de fer ; commis à l'Imprimerie nationale ; commis-greffiers des prisons de la Seine ; gardes-mines ; commis de 5e classe à la trésorerie d'Afrique ; percepteurs de 4e et 5e classe ; inspecteurs de la navigation et des ports, etc.

La seconde catégorie comprend les emplois qui demandent une instruction supérieure à l'instruction primaire. Ce sont : commis aux écritures des prisons ; commissaires de police dans les départements ; capitaines de santé ; répartiteurs des contributions directes ; vérificateurs des poids et mesures, etc.

La troisième catégorie comprend les emplois pour lesquels l'instruction primaire est suffisante. Ce sont : expéditionnaires et commis expéditionnaires des différents ministères ; gardiens, commis-greffiers dans les établissements pénitentiaires ; gardes maritimes en Algérie ; receveurs de bureaux de poste, etc.

Enfin la quatrième catégorie comprend les emplois accessibles sans examen à tous les sous-officiers réunissant les conditions fixées par la loi. Ce sont : gardiens de bureau ; courriers-facteurs ; gardes sanitaires ; agents de police de l'agglomération lyonnaise, gardiens de phares et de fanaux.

Une moralité irréprochable, quand on n'a pas la protection d'un député républicain qui en tient lieu, est exigée de tous les candidats.

MENUS PROPOS.

Nos domestiques.

— Qu'avez-vous donc, Françoise? Vous semblez furieuse.

— Mais, madame, il y a bien de quoi ! Voilà que madame sort encore aujourd'hui avec la robe qu'elle a promis de me donner quand elle ne la mettrait plus !

***

Un suicide a eu lieu dans une chambre de garni.

La gérante de l'établissement envoie, quelque temps après, à la famille du défunt, une note sur laquelle figurent des articles dans le goût de celui-ci :

« Terreur causée au garçon qui a découvert le cadavre : 19 fr. 95. »

***

Le colonel Ramollot mérite d'être cité à l'ordre de l'armée pour ses hauts faits de sage économie.

En prenant possession de son commandement, il est obligé de recevoir son corps d'officiers à dîner.

Après le dessert, en se levant de table :

— Messieurs, dit-il à ses convives, vous avez sans doute l'habitude de déguster un fin moka ?...

— Certainement, mon colonel.

— Eh bien, nom d'un tonnerre! je ne suis pas un tyran. Je ne vous retiens pas mes enfants. Allez le prendre... au café du Commerce!

BULLETIN FINANCIER.

Paris, le 22 août 1890.

La faiblesse s'est de nouveau accentuée sur nos Rentes.

Dans l'espace de vingt jours le 3 0/0 français avait progressé de deux points; qu'y a-t-il donc de surprenant à ce que l'on vienne abaisser, à la suite d'un pareil progrès, de 30 à 40 centimes, d'autant que lorsque la hausse est conduite aussi rapidement il arrive fréquemment que l'épargne ne peut plus suivre l'allure de la spéculation, ou ne la suit qu'à une assez grande distance ? Voilà la véritable cause du recul peu inquiétant de nos fonds publics ; nous avons donc bien fait de pas accorder confiance aux bruits que l'on avait fait courir hier en Bourse pour expliquer ce changement de front ; aucun de ces bruits n'était fondé.

Quant aux transactions, elles ont certainement acquis quelque importance. Il en est toujours ainsi lorsqu'un mouvement succède brusquement à un autre.

Voici dans quelles proportions ont varié nos Rentes au cours de cette séance : le 3 0/0 a débuté à 94 40, après avoir coté 94 45, avant bourse; il a fléchi à 94 30 pour revenir à 94 37 et redescendre à 94 27, cours de clôture.

Au comptant, le 3 0/0 s'est inscrit à 94 25 à l'ouverture, puis à 94 15 et à 94 25 en clôture.

Le 3 0/0 amortissable a fait 96 20 à terme ; il reste au comptant à 95 90.

Le 4 1/2 0/0 s'est négocié à 106 22 et 106 27 à terme, et à 106 25, puis à 106 au comptant.

Les écarts sur les primes pour la fin du mois sont assez tendus, eu égard à la proximité de leur échéance ; mais on peut les considérer comme raisonnables si on tient compte des fluctuations actuelles dans les cours. On paie 40 c. les primes dont 25.

Avec nos rentes se sont les fonds étrangers qui ont payé le tribut plus appréciable à la baisse, et cependant les différences d'un jour à l'autre ne sont pas considérables.

La rente italienne a de nouveau fléchi aujourd'hui et s'est inscrite à 95 27.

Le Turc a perdu le cours de 19 fr. à 18 90, mais reste ensuite à 19 fr.

Le 4 0/0 Hongrois revient à 90 45; l'Extérieure espagnole fait 76 15; le 3 0/0 Portugais reste à 62 75; l'Egypte unifiée cote 492 50.

Les fonds russes conservent leur bonne tenue. Le 4 0/0 1889 cote 99 30.

Les Consolidés anglais sont venus aux deux cotes de la journée à 96 7/16, sans changement sur hier.

Le marché des valeurs de crédit peu mouvementé est toutefois un peu plus faible également.

La Banque de France est à 4.170; on négocie le Crédit Foncier à 1.268 75; on inscrit la Banque ottomane à 595 et la Banque d'Escompte à 520.

Sur le marché des valeurs en banque, signalons la nouvelle chute de la Dynamite qui, à 500, perd 140 francs en deux jours.

Le Suez cote 2.345.

Les Chemins de fer reviennent à leurs cours d'avant-hier: Nord 1.835; Midi 1.272 50; Lyon 1.466 25; Orléans 1.483 75.

COUPON.

HALLES ET MARCHÉS.

CÉRÉALES. — *Marchés français.*

Prix par 100 kilogr.

REGIONS	BLÉ Prix moyen	BLÉ Hausse	BLÉ Baisse	PRIX MOYEN. Seigle	PRIX MOYEN. Orge	PRIX MOYEN. Avoine
Nord-Ouest....	25 52	»	» 55	16 50	17 42	20 39
Nord	25 72	»	» 25	15 24	19 13	20 95
Nord-Est........	26 05	»	» 02	15 79	18 75	21 15
Ouest	24 97	»	» 87	17 50	18 05	19 75
Centre..........	25 05	»	» 80	17 57	18 35	20 97
Est............	24 51	»	» 57	16 50	18 56	20 25
Sud-Ouest	24 58	»	» 42	17 56	17 25	20 62
Sud	24 87	»	» 13	19 12	17 37	20 61
Sud-Est........	24 22	»	» 23	17 52	16 58	19 79
Prix moyens ..	25 02	»	»	17 01	17 94	20 49
Sur la huitaine préc. { Hausse	»	»	»	»	»	»
Sur la huitaine préc. { Baisse	» 46	»	»	» 34	» 34	» 64

1re région. NORD-OUEST.	BLÉ 1re qualité	BLÉ Prix moyen	Seigle Prix.	Orge. Prix.	Avoine Prix.
Calvados. — Caen..	27 25	26 50	16 »	19 »	25 »
C.-d.-N. — Tréguier.	26 50	25 75	»	17 50	»
Finistère. — Morlaix	25 50	24 75	»	17 50	19 »
I.-et-V. — Rennes..	26 »	25 25	»	16 »	15 75
Manch. — Avranches	27 »	26 25	»	16 50	20 50
Mayenne. — Laval..	26 »	25 25	»	»	18 »
Morb. — Hennebont	24 50	23 75	17 »	»	19 50
Orne. — Alençon..	28 »	27 25	16 50	»	23 »
Sarthe. — Le Mans.	26 »	25 25	16 50	»	20 50
— Sablé.....	26 »	25 25	»	18 »	22 25
Prix moyens........	26 27	25 52	16 50	17 45	20 39
Sur la semaine précédente.. { Hausse...	»	»	»	»	»
Sur la semaine précédente.. { Baisse...	» 55	0 55	» 50	» 11	» 41

2e région. — NORD.	BLÉ 1re qualité	BLÉ Prix moyen	Seigle	Orge	Avoine
Aisne. — Soissons.	26 75	26 »	15 25	»	20 50
— La Fère...	26 25	25 50	14 50	»	20 »
Eure. — Bernay....	27 75	27 »	14 75	»	20 «
E.-et-L. — Chartres..	27 »	26 25	15 »	18 »	20 »
— Nogent-le-Roi	25 »	24 25	14 60	19 »	19 50
Nord. — Lille	25 50	24 75	16 75	19 »	21 50
— Douai.....	27 »	26 25	15 25	»	22 25
Oise. — Compiègne.	27 »	26 25	»	»	20 »
— Beauvais...	25 50	24 75	14 »	21 50	22 25
Pas-de-Cal. — Arras.	26 75	26 »	14 50	»	19 50
— Bapaume.	25 »	24 25	15 90	18 25	17 50
Seine. — Paris	26 75	26 »	15 75	»	21 50
Seine-et-M. — Meaux	26 »	25 25	14 75	18 »	20 »
— Melun....	26 »	25 25	15 »	19 »	20 75
S.-et-O. Rambouillet	27 »	26 25	»	»	20 50
— Versailles.	28 »	27 25	17 »	22 50	25 »
Seine-Inf. — Rouen.	27 25	26 50	»	17 75	23 75
Somme. — Amiens.	27 »	26 25	»	19 25	24 »
— Abbeville	26 »	25 25	15 75	18 25	20 95
Prix moyens	26 47	25 72	15 24	19 13	20 95
Sur la semaine précédente. { Hausse...	»	»	»	»	»
Sur la semaine précédente. { Baisse...	0.25	0.25	»	0 17	0 37

3e région. — NORD-EST.	BLÉ 1re qualité	BLÉ Prix moyen	Seigle	Orge	Avoine
Ardennes. Sedan...	27 25	26 50	16 50	»	22 50
— Vouziers.	26 50	25 75	14 75	17 50	21 »
Aube. — Bar-s-Aube.	27 25	26 50	»	20 »	20 50
— Troyes	25 50	24 75	»	20 »	21 75
Marne. - Châlons-s-M	25 75	25 »	16 »	»	20 »
— Reims.	27 »	26 25	15 50	19 »	21 25
Hte-Marne. - Chaumont	26 50	25 75	»	»	21 »
Meurthe. — Toul...	27 50	26 75	16 50	18 »	20 75
Meuse. — Bar-le-Duc.	27 »	26 25	15 50	18 »	22 25
Vosges. — Neufchât.	27 75	27 »	»	»	20 50
Prix moyens........	26 80	26 05	15 79	18 75	21 15
Sur la semaine précédente. { Hausse...	»	»	»	0 19	»
Sur la semaine précédente. { Baisse...	0 02	0 02	0 12	»	0 02

4e région. — OUEST.	BLÉ 1re qualité	BLÉ Prix moyen	Seigle	Orge	Avoine
Charente. Angoulême	27 »	26 25	19 »	19 »	22 »
Char.-Infér. Marans.	26 »	25 25	»	»	»
Deux-Sèvres. Parthenay	25 »	24 25	16 75	17 »	21 »
Indre-et-Loire. Bléré.	25 25	24 50	»	17 75	19 50
— Châteaurenault.	25 »	24 25	»	19 »	19 50
Loire-Infér. Nantes.	25 25	24 50	»	»	17 »
Maine-et-L. Saumur.	26 »	25 25	»	17 50	»
— Angers.	27 »	26 25	»	»	18 75
Vendée. — Luçon...	25 »	24 25	»	»	»
Vienne. — Poitiers.	24 »	23 25	16 25	»	»
Hte-Vienne. Limoges.	27 50	26 75	18 »	»	20 50
Prix moyens........	25 72	24 97	17 50	18 05	19 72
Sur la semaine précédente. { Hausse...	»	»	0 50	»	»
Sur la semaine précédente. { Baisse...	0 87	0 87	»	0 10	0 96

5e région. — CENTRE.	BLÉ 1re qualité	BLÉ Prix moyen	Seigle	Orge	Avoine
Allier. — Moulins. .	25 »	24 25	15 75	»	»
Cher. — Aubigny...	26 »	25 25	»	18 »	»
— Sancerre ..	26 25	25 50	»	»	»
Creuse. — Aubusson.	25 50	24 75	17 50	»	23 »
Indre. — Issoudun.	26	25 25	»	20 »	20 »
— Vatan....	26 50	25 75	»	18 75	»
Loiret. — Gien....	26 50	25 75	»	17 75	18 50
Loir-et-Cher. Blois.	26 50	27 75	»	16 »	21 25
Nièvre. — Nevers..	25 25	24 50	16 75	21 »	19 75
Puy-de-Dôme. Riom.	24 75	24	19 50	17	21 75
Yonne. Brienon.....	25 50	24 75	»	»	22 »
— Sens........	25 75	25 05	»	»	21 50
Prix moyens	25 80	25 05	17 35	18 35	20 97
Sur la semaine précédente. { Hausse...	»	»	0.21	»	»
Sur la semaine précédente. { Baisse...	»	»	» 25	» 32	»

6e région. — EST.

Ain. — Bourg	25 50	24 75	»	»	20 »
Côte-d'Or. — Dijon.	25 »	24 25	16 25	16 25	19 50
— Semur.	25 50	24 75	20 50	20 50	21 »
Doubs. — Besançon.	27 »	26 25	»	»	19 50
Isère. — Voiron	25 »	24 25	17 50	17 50	»
— Bourgoin.	24 50	23 75	»	»	18 »
Jura. — Lons-le-Sau.	26 »	25 25	20 »	20 »	22 50
Loire. — Montbrison.	25 25	24 50	»	»	21 »
Rhône. — Lyon	25 »	24 25	»	»	19 »
Saône-et L. Chalon.	24 »	23 25	»	»	20 25
Haute-Saône.—Gray	25 25	24 50	»	»	20 »
— Vesoul.	25 50	24 75	»	»	21 »
Savoie.—Chambéry.	27 »	26 25	»	»	22 50
Hte-Savoie. La Roche	23 25	22 50	»	»	20 »
Prix moyens	25 26	24 51	16 50	18 56	20 25
Sur la semaine précédente. Hausse	»	»	»	»	»
Baisse	0.57	0.57	0.16	0.12	0 17

7e région. — SUD-OUEST.

Ariège. — Pamiers.	24 »	23 25	»	»	»
Dordogne.—Piégut.	27 »	26 25	19 »	»	»
Hte-Garonne. Toulouse	24 50	23 75	16 25	16 »	18 »
Gers — Mirande	26 75	26 »	»	»	21 »
Gironde.—Bordeaux	26 »	25 25	17 50	»	20 50
Landes. — Dax	25 »	24 25	17 50	»	»
Lot-et-Garonne. Agen	25 50	24 75	17 50	18 50	»
B.Pyrénées. Bayonne	24 75	24 »	»	»	22 50
H.Pyrénées. Tarbes.	24 50	23 75	»	»	»
Prix moyens	25 33	24 58	17 56	17 25	20 62
Sur la semaine précédente. Hausse	»	»	»	»	»
Baisse	0 42	0 42	0 25	0 25	0 48

8e région. — SUD.

Aude.—Carcassonne	24 50	23 75	»	16 75	17 50
Aveyron.— Villefranche	26 »	25 25	»	»	»
Cantal. — Mauriac.	27 75	27 »	22 75	»	24 75
Corrèze. — Tulle	26 »	25 25	18 »	16 »	21 25
Hérault. — Béziers.	25 50	24 75	»	17 75	21 25
Lot. — Figeac	26 »	25 25	16 75	»	20 »
Lozère. — Mende	24 75	24 »	21 75	20 75	20 25
Pyrén.Or. Perpignan	24 »	23 25	19 »	16 75	23 »
Tarn. — Castres	26 »	25 25	»	»	20 50
Tarn-et-G. Montauban	25 75	25 »	16 50	16 25	19 »
Prix moyens	25 62	24 87	19 12	17 37	20 61
Sur la semaine précédente. Hausse	»	»	»	»	»
Baisse	0 13	0 13	0 02	0 38	0 11

9e région. — SUD-EST.

H-Alpes.—St-Bonnet	24 50	23 75	17 50	»	»
B.-Alpes. Manosque.	25 »	24 25	»	»	19 50
Alpes-Marit. Nice	25 »	24 25	18 50	»	»
Ardèche. — Privas.	26 »	25 25	18 50	15 25	20 75
B.-Rhône. — Arles.	25 25	24 50	»	16 50	»
Drôme. — Valence.	24 25	23 50	16 »	»	17 75
Gard — Nîmes	24 75	24 »	»	17 »	19 »
Hte-Loire. — Le Puy.	26 »	25 25	»	»	21 25
Var. — Draguignan.	25 »	24 25	»	»	»
Vaucl. Carpentras.	24 »	23 25	»	17 »	20 50
Prix moyens	24 97	24 22	17 52	16 58	19 79
Sur la semaine précédente. Hausse	»	»	»	0 15	»
Baisse	0 23	0 22	0 63	»	0 24

ALGÉRIE.	Blé.		Seigle	Orge.	Av.
	tendre	dur.			
Constantine	»	»	»	»	»
Alger	»	»	»	»	»
Oran	23 75	19 50	»	11 75	13 25

Farines de consommation.

Les prix sont fermement tenus; la vente est régulière en boulangerie.

MARQUE DE CORBEIL	59 fr. (37 58 100 k.).	
	159 kil.	100 k.
Marques de choix	60 à 61	38 22 à 38 85
Premières marques	59 60	37 58 38 22
Bonnes marques	57 58	36 30 36 94
Marques ordinaires	56 57	35 66 36 30

Le sac de 159 k., toile à rendre, franco au domicile des acheteurs à 30 jours sans escompte, ou au comptant avec escompte de 1/2 0/0.

Fourrages et pailles.

Paris, La Chapelle.

	1re qté.	2e qté.	3e qté.
Foin nouveau	49 à 50	47 à 48	43 à 45
Luzerne nouvelle	47 49	45 46	43 44
Paille de blé	40 41	37 39	33 35
Paille de seigle	39 38	35 37	34 32
Paille d'avoine	29 30	25 27	21 21

Le tout aux 104 bottes dans Paris.

COURS DE DIFFÉRENTS MARCHÉS (par 100 kil.).

	Paille.	Foin.
Beauvais	4 »	6 »
Lyon	3 50	5 75
Blois	3 50	5 50
Toulouse	3 50	6 50
Bourges	4 50	5 50
Angers	3 50	4 50
Orléans	5 50	6 50
Douai	4 50	8 25

Issues, les 100 kil.

La fabrication étant un peu plus active, les offres sont plus nombreuses et la tendance est plus faible.

Nous cotons par 100 kil. en gare d'arrivée à Paris :

Son écaille	14 50 à	11 75
— gros	13 75	13 50
— trois-cases	13 25	13 »
— fin	12 »	11 75
Recoupettes	12 »	11 75
Remoulages blancs	20 »	21 »
— bâtards	15 »	18 »

MARCHANDISES DIVERSES.

Fécules.

Les prix sont bien tenus. Les bruits de maladie sur la pomme de terre se généralisent un peu partout, en France, en Allemagne et en Hollande.

Les 100 kil.

Paris. — Fécule 1re, grains	28 » à	30 »
dito verte	» »	» »
Oise. — Fécule 1re, grains	27 »	29 »
Vosges. — Fécule 1re, grains	28 50	30 »
Saône-et-Loire	29 »	30 »
Loire. — Fécule 1re, grains	27 »	29 »
Auvergne. — Fécule 1re, grains	27 »	29 »
Fécules secondes selon qualité	20 »	24 »

Pommes de terre.

Les 1.000 kil.

Hollandaises	60 » à	80 »
Magnum bonum	60 »	65 »
Early roses	50 »	52 »
Saucisses	62 »	70 »
Rondes	45 »	50 »
Chardonnes	35 »	42 »

Tourteaux, les 100 kil.

	Colza	Œuillette	Lin	Cam.
Lille	15 75 à 17 »	16 » à 17 50	24 » à 26 50	16 »
Arras	15 » 17 »	12 50 15 50	21 » 18 50	16 25
Gd Moulin Corbeil	15 50		19 75	
	Cophra	Arachide déc.	Sésame	Colza
Marseille	12 » à 13 50	14 25	13 50 à 14 50	12 75

GRAINES DIVERSES.

Maïs, les 100 kil.

Paris	13 » à	15 »	Agen	14 50	16 »
Alais	14 »	15 »	Grenoble	15 »	15 75
Ruffec	14 »	15 25	Reims	14 75	16 »

Sarrazin, les 100 kil.

Paris	16 50 à	17 25	St-Pierre	15 50 à	17 25
Mayenne	15 »	17 »	Nantes	15 50	17 »
Rennes	15 75	17 »	Orléans	16 »	17 50

Légumes secs, les 100 kil.

	Haricots	Pois	Vesces	Lentilles
Paris	20 à 47	21 à 26	» »	45 à 70
Rouen	42 57	50 63	26 28	77 »
Marseille	18 30	23 32	25 34	19 24 50

Graines fourragères, les 100 kil.

Luz. de Prov.	» à	»	Minette	» à	»
— du Poitou	»	»	Sainfoin à 2 c.	»	»
— d'Italie	»	»	Sainfoin à 1 c.	»	»
Trèfle blanc	50	55	Pois jarras	20	21
— incarnat	50	60	Vesces	20	22

Huiles.

COLZA BRUT. — Le marché débute avec beaucoup de fermeté. Les quatre derniers mois se payent 67 fr et les quatre premiers mois trouvent acheteurs à 65 fr.

On cote au début de la réunion :

Disponible	67 » à	67 25
Livrable août	67 »	67 25
Septembre	67 50	67 75
4 derniers mois	67 »	» »
4 premiers mois	65 »	»

LIN. — La tendance est très ferme. On fait du courant du mois et du livrable en septembre à 56 25.

On cote au début de la réunion :

Disponible	56 25 à	» »
Livrable août	55 25	» »
Septembre	56 25	» »
4 derniers mois	56 25	56 75
4 premiers mois	55 25	55 75

Les 100 kil. net, logés, escompte 1 0/0.

Pétrole.

Les prix ne varient pas ; nous cotons par wagon complet et pour marchandise disponible :

L'huile de pétrole raffinée vaut 49 fr. 50 ; l'essence rectifiée 60 fr 50 les 100 kil.

On cote à l'hect. pour le détail :

PETROLE RAFFINE disponible	39 50 à	» »
ESSENCE RECTIFIEE, disponible	42 25	» »

Laines.

ROUBAIX-TOURCOING, 19 août.

Laines à terme.

Qualité peignée de fab.	Cours du jour.	Cours préc.	*Qualité peignée courant*	Cours du jour.	Cours préc.
Courant	» »	6 52	Courant	» »	5 85
1 mois après	6 42	6 57	1 mois après	» »	5 85
2 —	6 42	6 60	2 —	» »	5 82
3 —	6 40	6 52	3 —	» »	5 82
4 —	6 25	6 57	4 —	» »	5 82

Marché soutenu. Ventes, 175,000 kil.

Sucres.

Sucres raffinés. — La tendance reste ferme ; les affaires sont assez suivies.

Nous cotons, selon marques et époques de livraison, de 108 50 à 109 » les 100 kil au comptant, sans escompte.

Sucres cristallisés n° 3, acquitté 96 50 à 97 » ; extra 96 50 les 100 k. ; en poudre, 97 50 à 98 » les 100 kil.

Sucre cassé à la mécanique	111 50 à	112 »
Cassons	103 »	103 50
Menus déchets	102 50	103 »
Semoule	105 »	106 »
Glace	101 50	102 »
Sucre en poudre	103 »	103 50

Alcools. — Prix de l'hectol. nu, au compt.

Paris, 3/6 fin, betteraves, 1re qualité, l'hectolitre.		Lille, disp	35 » à	36 »
90° dispon.	35 25 à 36 25	Cette	90 »	105 »
Septembre	35 75 35 50	Nîmes	90 »	100 »
4 derniers.	36 50 36 25	Béziers	75 »	100 »
		Pézenas	75 »	105 »

Raisins secs à boisson.

(Cours de la maison Audibert, 53, rue des Minimes, à Marseille).

Corinthe, **Roi de Grèce**, petits grains Extra 1er choix	100 kilos		59.00
Corinthe, **le Turban**, gros grains	»	»	58.00
Corinthe petits grains, 1er choix.	»	»	56.50
Thyra 1er choix	»	»	54 00
Thyra, ordinaires	»	»	M.
Samos noirs, 1er choix	»	»	58.00

Engrais. — Prix des 100 kil. :

Matières diverses pour engrais. — Cours commercial sur la place de Paris, par 100 kil., pour des ventes en gros de 30.000 kil. au moins.

Sang desséché moulu.	11/13 0/0 azote	20 90 à	24 70
Viande desséchée	9/11 0/0	—	17 25	19 25
Cornes broyées	13/14 0/0	—	20 75	22 50
Cuir désagrégé	8/9 0/0	—	10 40	11 70
Laine engrais	3 à 4 0/0	—	» »	» »
Nitrate de soude	15/16 0/0	—	19 75	20 50
Nitrate de potasse	95 0/0	—	44 »	46 50
—	90 0/0	—	42 »	45 »
Muriate de potasse	80 0/0	—	» »	» »
Sulfate de potasse	90 0/0	—	22 75	25 50
Sulfate d'ammoniaq.	20/21 0/0	—	29 25	30 »
Chlorure de potassium	90 0/0	—	20 50	20 50
— Stassfurt.	80 à 85 0/0	—	17 10	» »

Cornes, cornailles pour brûler..... » » » »
Déchets fins de cornes, frisures... » » » »

Phosphates des Ardennes. — En gare des Ardennes et de la Meuse, en sacs (les 100 kil.).

Pulvérisés. 14|16 0/0, acide phosph..	3 40 à	» »
— 18|20 0/0, —	4 »	» »
— 16|18 0/0, —	3 60	» »

Phosphates de Tavel.

50\|», la tonne .... 60 » à 100

Phosphates de l'Yonne. — Les 1.000 kil.

Moulus en sacs, wag. gre Toucy. 40 à 35 0/0 40 à 50

Phosphates de l'Auxois, Marigny Epoisses.

Pulvérisés 60 à 65 0/0 .... 6 » à 6 75

Sulfate de cuivre.

Les 100 kil.	56 » à	58 »
Phosphates du Boulonnais 40|45...	4 60 à	» »
— de Pernes	3 25	6 75
— du Cambresis 28|35....	3 75	4 »
— du Lot 30|50	3 »	4 50

Superphosphates, poudres d'os, etc.

Les 100 kilogr.

Phosph. préc. 35 à 40 % acide phosph.	22 »	23 »
— — 40 à 45 % —	23 »	24 »
Superphosphates fossiles, 10 % acide phosphorique soluble et assimil. (les 100 kilog.)	6 75	» »
Superphosphates fossiles, 16 à 18 %.	10 »	11 25
— d'os, 16 à 18 %, acide phosph..	12 »	13 50
Poudres d'os bruts	13 50	» »

Engrais spéciaux. — Les 100 kilog.

Guano du Pérou. 10 à 16	Eng. chim.
Guan du Pér. diss. 32 à 20	de H. Joulie,
Guan. az. fixe. 26 » à 27 »	Lag....... 15 » à 23 »

BEURRE, ŒUFS, VOLAILLES.

Paris, 20 août.

Beurres en mottes.

L'arrivage d'hier a été de 10,007 kil.
L'arrivage approximmatif a été de 49,000 kil.

Beurres en livres.

L'arrivage d'hier a été de 10,019 kil.

Fermiers	au kilo		Touraine	au kilo	
Extra	2 80 à	3 »	Extra	2 30 à	2 40
1er choix.....	2 40	2 60	1er choix.....	2 20	2 30
2e choix.....	2 20	2 30	2e choix.....	2 »	2 10
Ordinaire ...	2 »	2 10	Ordinaire ...	1 80	1 90
Bourgogne			Vendôme		
Choix	1 90	2 »	1er choix.....	2 10	2 20
Ordinaire ...	1 70	1 80	2e choix.....	2 »	2 10
			Ordinaire ...	1 80	1 90
Gâtinais			Beaugency		
1er choix.....	2 20	2 30	1er choix.....	2 10	2 30
2e choix.....	2 10	2 20	2e choix.....	2 »	2 10
Ordinaire ...	2 »	2 10	Ordinaire ...	1 80	1 90
Le Mans			Fausse Touraine		
Choix	2 »	2 10	Choix.......	2 »	2 10
Ordinaire ...	1 70	1 80	Ordinaire ...	1 80	1 90

Œufs, *le mille :*

Normandie (Extra)	85 à	106	Bourgogne . .	74 à	80
Picardie (Extra)	88	115	Champagne . .	80	83
Brie (Extra)	85	96	Nivernais . . .	72	76
Touraine gr. .	85	98	Cosne.	78	82
Touraine ord. .	75	82	Bourbonnais. .	70	74
Beauce	82	96	Bretagne . . .	65	72
Orne.	72	82	Vendée	65	70
Picardie ord. .	75	82	Auvergne . . .	65	68
Châtellerault. .	76	79	Midi.	68	75

Volailles et Gibiers.

Canards :			Pigeons :		
nantais (jeunes)	3 » à	4 »	maconnais.	1 » à	1 50
de ferme ...	2 »	2 50	italiens	» 75	1 25
Dindes nouv.	5 »	7 »	bizets......	» 50	1 »
Oies nouvelles	5 »	6 »	Poulets :		
— (2e qté).	3 50	4 50	nantais	3 »	4 »
Pintades...	3 50	4 »	touraine ...	2 50	3 50
Lapins domestiques.	1 50	2 50	gâtinais....	3 »	4 »
			du Midi....	2 »	2 50
Chevreaux .	» »	» »	communs..	1 50	2 »

Marché sans changement.

Cours fournis par MM. de Bridiers, Jouslin et Scelle, facteurs assermentés, 2, r. de Valois, Paris.

BESTIAUX.

LA VILLETTE, 21 août. — Bestiaux. — Vente calme et prix sans changement sur les bœufs et les porcs, difficile et prix en baisse sur les veaux et les moutons.

Cours officiels.	Amenés.	Vendus.	Poids moyen.	1re qualité.	2e qualité.	3e qualité.	Prix extrêmes.
Bœufs..	1.734	1.610	345	1 64	1 48	1 32	1 20 à 1 70
Vaches.	528	458	242	1 60	1 38	1 22	1 18 1 64
Taureau	135	121	394	1 40	1 32	1 22	1 16 1 44
Veaux..	1.503	1.332	84	1 60	1 40	1 20	1 » 1 80
Moutons	11.565	9.500	18	2 12	1 90	1 70	1 65 2 15
Porcs g.	4 276	4.148	78	1 52	1 46	1 40	1 36 1 60
Id. m.	»	»	»	» »	» »	» »	» » » »

Marché du lundi 18 août.

	Amenés	Vendus	Prix au poids net 1re qual.	2e qual.	3e qual
Bœufs	2.296	2.126	1 66	1 50	1 34
Vaches.....	806	715	1 60	1 38	1 24
Taureaux ..	171	163	1 40	1 34	1 22
Veaux......	1.302	1.227	1 68	1 50	1 38
Moutons....	10.894	9.079	2 16	1 84	1 66
Porcs	2.238	2.238	1 56	1 50	1 46

	Prix au poids vif 1re qual.	2e qual.	3e qual.	Prix extrêmes.
Bœufs	1 »	» 81	» 67	» 62 à 1 04
Vaches	» 95	» 75	» 62	» 56 » 99
Taureaux.......	» 87	» 75	» 63	» 57 » 91
Veaux...........	1 »	» 85	» 71	» 60 1 12
Moutons.........	1 10	» 91	» 77	» 62 1 18
Porcs............	1 08	1 04	1 »	» 96 1 18
Peaux de moutons en laine..........				2 20 » »
Id. id. demi-laine.........				2 30 » »

Viandes abattues. — Criée du 14 août.

		1re qualité.	2e qualité	3e qualité.
Bœufs	le kil.	1 30 à 2 70	1 10 à 2 60	» 80 à 1 80
Veaux....	—	1 56 1 66	1 44 1 54	1 30 1 40
Moutons ..	—	1 70 1 80	1 26 1 60	» 80 1 20
Porc entier	—	1 36 1 46	1 26 1 30	1 06 1 20

Cuirs et peaux, les 50 kil.

Taureaux.	36 25 à	39 75	Vaches lourdes	38.50	41.50
Gros bœufs	46 75	51 25	— de bandes	33.75	35.25
Moy. bœufs	43 50	45 75	Gros veaux..	57.50	60.25
Pet. bœufs.	34 25	36 50	Petits veaux	62.75	64 50

Chemins de fer de Paris à Lyon et à la Méditerranée.

Billets d'aller et retour de villes d'eaux collectifs.

Du 1er juin au 15 septembre, les familles composées d'au moins quatre personnes, pourront se procurer à toutes les gares du réseau P.-L.-M., sous condition d'effectuer un parcours minimum de 300 kilomètres, aller et retour, des billets d'aller et retour pour les stations thermales désignées ci-après :

Aix, Aix-les-Bains, Alais, Albertville Bourbon-Lancy, Carpentras, Cette, Chambéry, Charbonnières, Clermont-Ferrand, Coudes, Digne, Euzet-les-Bains, Evian, Gières-Uriage, Goncelin-Allevard, La Bastid-Saint-Laurent-les-Bains, Lachamp-Condillac, La Roche-sur-Foron, Lépin-lac d'Aiguebelette, Le Vigan, Manosque, Montélimar, Montpellier, Montrond, Moulins, Pougues, Pringy-la-Caille, Riom, Rio-Chateldon, Roanne, Sail-sous-Couzan, Saint-Georges-de-Courmiers, Saint-Martin-d'Estréaux, Salins, Vals-les-Bains-Labégude, Vendenesse-Saint-Honoré-les-Bains, Vichy et Villefort.

Le prix de ces billets présentent une réduction de 50 0/0 sur ceux du tarif général pour chaque personne d'une même famille *en plus de trois*.

Leur duré de validité à compter du jour du départ, ce jour non compris, est de trente jours. Cette durée peut-être prolongée une ou plusieurs fois d'une période de quinze jours, moyennant le paiement d'un supplément de 10 0/0 du prix total du billet pour chaque prolongation.

Etudes de **Me MERCIER**, avoué à Beauvais; de **Me DELORME**, notaire au même lieu; de **Me MATTE**, notaire à Gournay-en-Bray (Seine-Inférieure); de **Me BEUNETOT**, notaire à La Feuillie (Seine-Inférieure), et de **Me COLOMBEL**, notaire à Lyons-la-Forêt (Eure).

VENTE SUR LICITATION

1ent : **le Dimanche 14 Septembre 1890,** à deux heures de relevée, en la mairie de Glatigny, et par le ministère de Me Delorme, notaire à Beauvais,

D'UN BOIS

de 28 hectares 17 ares 83 centiares, appelé le Bois de Cresnes, sis aux terroirs de Glatigny et Hodenc-en-Bray;

2ent : **le Lundi 15 Septembre 1890,** à deux heures de relevée, en l'étude et par le ministère de Me Delorme, notaire à Beauvais,

D'UNE MAISON BOURGEOISE

sise à Beauvais, rue de Rouen, n° 3,

ET D'UNE AUTRE MAISON

sise au même lieu, rue Louis-Graves, n° 33;

3ent : **le Mardi 16 Septembre 1890,** à une heure de relevée, en l'étude et par le ministère de Me Matte, notaire à Gournay-en-Bray, en présence de Me Delorme, notaire à Beauvais,

DE LA FERME DE COTTENTRAY

sise à Cottentray, commune d'Avesne, canton de Gournay-en-Bray, et par extension sur la commune d'Elbeuf-en-Bray, d'une contenance totale de 26 hectares 15 ares 10 centiares d'un seul tenant,

ET D'UNE PIÈCE DE TERRE

de 2 hectares 40 ares, sise au terroir d'Elbeuf-en-Bray;

4ent : **le Mercredi 17 Septembre 1890,** à deux heures de relevée, en l'étude et par le ministère de Me Beunetot, notaire à La Feuillie, en présence de Me Delorme, notaire à Beauvais,

De la FERME de la MÈRE-HERBE

sise à La Feuillie, d'une contenance totale de 60 hectares 35 hectares 91 centiares d'un seul tenant,

ET D'UN BOIS TAILLIS

de 6 hectares, sis en la même commune;

5ent : **et le Jeudi 18 Septembre 1890,** à trois heures de relevée, en l'étude et par le ministère de Me Colombel, notaire à Lyons-la-Forêt, en présence de Me Delorme, notaire à Beauvais,

De LA FERME DE BÉZEGUAY

sise au terroir de Lyons-la-Forêt, et par extension sur Beauficel, arrondissement des Andelys (Eure), d'une contenance totale de 68 hectares 79 ares 51 centiares.

Pour extrait :
Signé : **MERCIER**.

Médaille d'Or. ✻ Exposition Universelle 1889. ✻ Médaille d'Argent.

VACHERIE à céder, après fortune, portes de Paris, 35 vaches 1er choix, 420 litres vendus 0.40 cent., belle habitation avec jardin et petit bois, pâturages, affaire susceptible d'augmentation. On justifiera de 20.000 fr. de bénéfices annuels à placer. 30.000 fr. argent sont demandés pour traiter cette affaire ou des garanties sérieuses.

S'adresser à MM. LAPORTE et LEFRANC, 93, boulevard Sébastopol, Paris.

MALADIES DU BÉTAIL
ET DE LA VOLAILLE

Leur traitement préventif et curatif

PAR L'ACIDE SALICYLIQUE

L'acide salicylique, employé dans la nourriture à la dose de 1/2 à 1 gramme par jour et par tête de bétail, est le meilleur préservatif des maladies qui procèdent par contagion : Sang de rate, Cocotte, Maladie aphteuse, Erysipèle, Typhus, Morve, Variole et le Rouget des porcs, etc.

DES ATTESTATIONS NOMBREUSES DE GUÉRISONS obtenues pour la Cocotte et le Rouget des porcs ont été reproduites dans le *Journal l'Agriculture*.

La désinfection des étables, des écuries se fait instantanément au moyen d'un arrosage d'eau salicylée à 2 grammes par litre.

S'adresser à M. CERCKEL, administrateur de la *Compagnie de produits antiseptiques*, 26, rue Bergère, Paris.

Envoi sur demande de Prospectus et Brochures.

PRIX DU KIL. 25 fr. — BOITE DE MÉNAGE, 2 fr.

SALAISON DES FOINS

Nourriture du bétail

et Engrais des terres.

Sel neuf dénaturé au Tourteau de colza, 55 fr, les 1,000 kilos.

Sel neuf dénaturé au Peroxyde de fer, 50 fr. les 1,000 kilos.

Sel de Morue pur, 45 fr. les 1,000 kilos.

Expéditions de Fécamp et de Bordeaux.

S'adresser à M. A. LE BORGNE, négociant à Fécamp (Seine-Inférieure).

PHARMACIE SAVARY

AMIENS, 33, Place Saint-Denis, 33, AMIENS

(EN FACE LE SQUARE).

PROVENDE AUX PHOSPHATES ASSIMILABLES
du Docteur DESCHAMPS.

Prix : 3 fr. le kilog.; 27 50 les 10 kilog. (Remises proportionnelles.)

Accroissement rapide des bestiaux, surtout chez les jeunes animaux, force nerveuse, fécondité, engraissement ; prévient surtout la diarrhée chez les jeunes veaux. Qualité exceptionnelle du lait.

M. Lefebvre, cultivateur à Marcelcave, a élevé un veau en lui administrant de la Provende phosphatée pendant 60 jours : tué à 70 jours, ce veau pesait 193 kilog., chiffre officiel constaté à l'abattoir. La viande était très blanche, ainsi qu'est prêt à l'attester M. Oheix, boucher à Amiens.

Les attestations émanant des sommités françaises et anglaises les plus accrédités ont été données à M. SAVARY.

---

25 PRIX D'HONNEUR ET GRANDS PRIX, 200 MÉDAILLES OR, VERMEIL, ETC.

GRANDES CULTURES DE GRAINES POTAGÈRES, FOURRAGÈRES ET DE FLEURS

E. FORGEOT & Cie

fournisseurs du ministère de l'Agriculture, des Ecoles nationales d'agriculture, des Syndicats agricoles, etc.

PARIS, quai de la Mégisserie, 6 et 8

Appareils spéciaux pour épurer et nettoyer les graines

SPÉCIALITÉ DE GRAINES DE GRANDE CULTURE

luzernes et trèfles garantis sans cuscute, minette, vesces, sainfoins trèfles incarnats betteraves, carottes, navets, choux-navets, pommes de terre

Blés à grand rendement, Avoines, Orges, Seigles. Graines d'arbres pour reboisement

Graines de graminées pour prairies

Notre Maison ne vend que des graines de provenances sûres, assurant les meilleurs résultats ; elle accepte le contrôle de la Station d'Essais des Semences, établie à l'Institut agronomique par le Ministère de l'Agriculture, contrôle auquel nous sommes soumis dès sa création. En conséquence, nos graines sont garanties de levée et d'une pureté irréprochable ; nos trèfles et nos luzernes sont garantis sans un seul grain de cuscute.

Grande et importante **Spécialité de Créations de Prairies.** Nous nous chargeons d'établir des compositions convenant à la nature de chaque sol, et d'avance nous en assurons la réussite.

Sur demande, nous adressons *franco* nos catalogues illustrés de graines potagères, fleurs, arbres, fourrages, ognons à fleurs, plantes, etc.

VINS DU BEAUJOLAIS ET DE MACON.

J. DAMIRON

propriétaire-viticulteur à Saint-Julien en Beaujolais (Rhône).

A la fois délicat et nourrissant, le vin du *Beaujolais* est sans contredit l'un des meilleurs vins de table.

Par leur finesse et leur bouquet, *nos grands crûs* rivalisent avec ceux du Bordelais et de la Bourgogne, tout en étant moins chers.

Notre Vignoble, presque entièrement reconstitué, est aujourd'hui en état de fournir à la consommation ses vins si appréciés. Voici un aperçu des prix :

Vin ordinaire 1888 et 1887		110 à 130 fr.
Bonnes Côtes	id.	130 à 150
Saint-Julien	id.	160 à 200
Morgon, Fleurie, Thorins (vins classés de 1886 à 1884)		250 à 500

Grands crûs de Bourgogne : Beaune, Pommard, Corton.

Vins en bouteilles par caisses de 12, 25 et 50.

Le tout logé et pris en gare du Vignoble.

La Maison accepterait des représentants sérieux munis de bonnes références.

La Propriété offre des vignes américaines, boutures et racines de choix, et des plants greffés soudés et racinés garantis. — *Prix modérés.*

Adresser les correspondances à Villefranche, 44, rue de Thizy.

CRÉDIT AGRICOLE
UNION DES SYNDICATS AGRICOLES DE FRANCE

9, rue Marsollier, PARIS

Agence à LYON, 234, cours Lafayette, S. PLISSONNIER, Directeur ✻ M. A.

MACHINES AGRICOLES DE TOUS SYSTÈMES

TOURTEAUX et FARINES pour la nourriture du bétail.

ENGRAIS CHIMIQUES et ORGANIQUES, MATIÈRES PREMIÈRES

SEMENCES DE PREMIER CHOIX.

L'Administrateur-Gérant : ALBERT RENOT.

Beauvais. — Imp. D. PÈRE. — A. CARTIER, Gérant.

11e Année. — 2e Série. — N° 553. Dimanche 31 Août 1890.

GAZETTE  AGRICOLE

JOURNAL HEBDOMADAIRE, PARAISSANT LE DIMANCHE

Rédacteur en Chef : M. Ch. GOSSIN, Professeur d'Agriculture à l'Institut agricole de Beauvais

PRIX DE L'ABONNEMENT

UN AN, 5 fr. — SIX MOIS, 2 fr. 50. — TROIS MOIS, 1 fr. 50

Pour l'étranger les abonnements ne sont reçus que pour un an, au prix de 6 francs, et ne partent que du 1er janvier ou du 1er juillet de chaque année.

Il est indispensable de joindre à toute demande de changement d'adresse la dernière bande d'adresse du journal et 50 centimes pour frais de nouvelles bandes.

Adresser les *Abonnements* et *Annonces* à l'administrateur, 13, quai Voltaire, Paris, ou à M. GOSSIN, rédacteur en chef, à BEAUVAIS.

BUREAUX

13, quai Voltaire, Paris.

Les abonnements partent du 1er de chaque mois et sont payables d'avance. Toute demande d'abonnement doit donc être accompagnée du prix de l'abonnement. (Le mode de payement le plus simple est l'envoi d'un mandat-poste.)

Donner *très lisiblement*, en s'abonnant, son nom et son adresse exacte, *avec l'indication du bureau de poste;* et, s'il s'agit d'une continuation d'abonnement, joindre au renouvellement la dernière bande d'adresse du journal.

La GAZETTE AGRICOLE insère gratuitement les Communications des Syndicats agricoles

SOMMAIRE :

PARIS, 29 AOUT.

L'apaisement est un besoin si général et si vif dans tout le pays, que le Gouvernement lui-même croit devoir, de temps à autre, lui donner quelque satisfaction. C'est ainsi que M. le président de la République, à La Rochelle, et M. Constans, ministre de l'intérieur, à Toulouse, ont laissé échapper de leurs lèvres quelques bonnes paroles et donné quelques espérances, satisfactions, il est vrai, toutes platoniques et qu'on aimerait à voir réelles. Mais il n'en faut pas plus pour les observateurs superficiels, pour les Parisiens surtout, qui n'ont aucune idée de l'écart que l'on constate chaque jour en province entre le langage du Gouvernement et ses actes. Aussi, le Bonhomme Deschamps croit-il, ne serait-ce que pour prouver à ses amis qu'il sait ce qui se passe, opposer au langage de MM. Carnot et Constans un tableau incomplet, mais fidèle, de la façon dont se pratique jusque dans le dernier village de France la politique d'apaisement.

***

Où voit-on, par exemple, que le Gouvernement ait désarmé dans sa guerre faite à la religion et au clergé? Laïcise-t-il moins d'écoles? On ne parle pas, bien entendu, des communes où les municipalités réclament ou acceptent sans mot dire la substitution d'institutrices laïques à des religieuses. Non. Mais sans que l'incident de Vicq soit une monnaie courante, n'est-il pas nombre de communes où les préférences marquées pour l'enseignement congréganiste sont considérées par l'administration comme nulles et non avenues? Est-ce là de l'apaisement? Est-ce même là de l'intérêt républicain bien entendu? Est-ce enfin de la logique sous un régime qui se réclame de la souveraineté nationale, qui a pour maître le suffrage universel et qui se targue de tenir compte, plus que les Gouvernements ses prédécesseurs, du vœu des populations? Le bruit a couru, l'autre jour, que quelques dominicains étaient rentrés dans leurs maisons. A quel tintamarre de plume n'avons-nous pas assisté à ce propos? Il semblait que le feu fut aux quatre coins de la France et que la République était en danger de mort.

***

L'administration préfectorale dans les départements tient-elle plus de compte des paroles d'apaisement que M. Carnot et les ministres jettent de temps en temps dans les oreilles d'un public inattentif? Dieu sait si après les épurations successives de fonctionnaires auxquelles nous avons assisté depuis dix ans, le personnel des administrations publiques doit être républicain! Eh bien! il n'est pas de jour où l'on ne dénonce dans telle ou telle feuille de chou, toute une catégorie d'employés comme ayant des idées ou nourrissant des desseins « réactionnaires ». Le meilleur serviteur de l'Etat, du haut en bas de l'échelle, n'est-il pas suspect s'il n'a pas la faveur des loges maçonniques, si sa femme fréquente les églises et si ses enfants ne vont pas à l'école laïque? Les maires des villages, là où ils sont conservateurs, ne rencontrent-ils pas toutes les difficultés à la sous-préfecture et à la préfecture par cela seul qu'ils ne récitent pas tous les jours le *Credo* républicain? Les électeurs qui passent pour n'avoir pas soutenu le candidat officiel, ne sont-ils pas aujourd'hui encore, molesté comme au lendemain de la bataille électorale? S'ils ont une industrie ou une occupation, ou un gagne-pain dépendant, à un titre quelconque, de l'administration, ne sont-ils pas lésés dans leurs intérêts matériels? Jurerait-on que dans nombre de tribunaux on ne s'inquiète jamais, avant la décision, de l'opinion politique du plaignant? Ils n'est pas jusqu'aux gardes-chasse ou de propriétés privées qui ne soient écartés, s'ils passent pour conservateurs ou s'ils sont présentés par des propriétaires de cette opinion!

***

A Paris où l'on se sent les coudes et où, en somme, l'on n'a pas affaire à l'administration, on se fait à ce régime d'arbitraire et d'injustice. Et pourtant, même à Paris, comment se fait la distribution des secours des bureaux de bienfaisance? Il est vrai que les petits seuls pâtissent et les petits n'osent se plaindre, et comme la société n'entend pas ces plaintes et ne va pas les recueillir, elle est tentée de croire que les actes du Gouvernement sont conformes à ses déclarations et que les gens de parti seuls nient les heureux effets de la politique d'apaisement. A ces gens crédules le Bonhomme Deschamps conseille d'aller passer quelques jours dans un village de France. C'est là qu'ils saisiront sur le vif cette prétendue politique d'apaisement. Ils y verront la commune coupée à peu près en deux parties égales : d'un côté les vainqueurs, et de l'autre les vaincus! Ils se rendront compte que tout est faveur pour les uns et tout défaveur pour les autres, que les mauvais garnements y font la loi, qu'ils y tiennent le haut du pavé, qu'ils sont en relation avec la sous-préfecture; bref, que soutenus par celle-ci, ils font la pluie et le beau temps, le beau temps pour eux et leurs compères, la pluie pour les autres. Assurément les violences s'arrêtent aux personnes, le jacobinisme de ce temps ci est au niveau des caractères. On n'emprisonne plus et on ne guillotine plus, mais partout les droits et les intérêts de la minorité vaincue sont mis en coupe réglée, et le jacobinisme de notre époque ne s'en prend qu'aux places et aux bourses.

***

Donc M. Carnot et M. Constans pourront multiplier à l'infini leurs déclarations paciliques, autant en emportera le vent tant que les actes ne suivront pas les paroles. Or, les actes, le Bonhomme Deschamps ne les voit nulle part. Ce qu'il voit c'est que les gens tranquilles, paisibles, laborieux conservateurs sont molestés de cent et une façons. Il voit la délation à l'ordre du jour, l'administration lui prêtant l'oreille, — et une oreille complaisante — et un gouvernement dont le premier devoir, s'il ne mentait effrontément à sa mission, serait de combattre les mauvaises passions au lieu de les provoquer, de les soutenir et de leur assurer le succès par son patronage. Si c'est là de l'apaisement, il faut changer le sens des mots et soumettre la langue française à une véritable épuration. Passe encore qu'un gouvernement fasse la politique détestable du nôtre, ce n'est pas la première fois qu'on a vu dans le monde de l'injustice, de l'arbitraire et de la violence. Mais au moins qu'il ait la dignité de son mauvais rôle et de sa mauvaise conduite, et qu'il n'ajoute pas au mal qu'il vous fait et qu'il se fait, le surcroît honteux de l'hypocrisie. L'honnêteté n'a que faire de ce genre d'hommage.

LE BONHOMME DESCHAMPS.

NOUVELLES DE LA SEMAINE.

Election législative du dimanche 24 août 1890.

NORD. — *1re circonscription d'Avesnes.*
(Scrutin de ballottage.)
Inscrits : 16,703. — Votants : 9,484.
Suffrages exprimés : 9,125.

MM. Guillemin, républic. opport. 6,408 ELU.
Trognon, candidat ouvrier... 2,428

Il s'agissait de pourvoir au remplacement de M. Jean Hiroux, décédé.

Au premier tour de scrutin, les voix s'étaient ainsi réparties : MM. Guillemin, 4,272 ; Gevelle, 3,348 ; Carnoye, 3,272 ; Merley, 5. M. Trognon (Sérenus) n'était pas encore candidat.

Le comte de Paris. — Mgr le comte de Paris a fait parvenir, au nom de la famille royale, à M. Batardon, conseiller municipal et ancien maire de Dreux, la somme de *cinq mille francs*, pour venir en aide aux personnes atteintes par le cyclone qui a ravagé Dreux le 18 août dernier.

Une nouvelle épuration en perspective. — La République sera-t-elle ouverte ou fermée ? On a écrit, dans la presse de gauche, un nombre incommensurable d'articles sur la question. Mais un journal vient de la rajeunir en inventant une formule nouvelle : il admet que les républicains « ouvrent la porte », mais à la condition qu'ils gardent « les clefs dans leur poche ». La métaphore est extraordinaire ; elle signifie, paraît-il, que le besoin d'une nouvelle épuration des fonctionnaires se fait impérieusement sentir.

Les hauts fonctionnaires de la République. — Un décavé que le suffrage universel a renvoyé aux brasseries d'où il était allé le tirer, M. Germain Casse, passe du gouvernement de la Martinique à la recette générale de la Guadeloupe. M. Germain Casse est devenu député de Paris parce qu'il était un journaliste sans talent. Il est devenu gouverneur d'une de nos colonies les plus importantes et les plus difficiles à administrer parce qu'il avait cessé de plaire à ses électeurs. Gouverneur de la Martinique, il a fait preuve d'une incapacité sans égale, et il a été impossible de le maintenir à son poste. Il est récompensé de son insuffisance, des fautes qu'il a commises, de la désorganisation qu'il a apportée dans la colonie, des désordres de toute espèce qu'il a laissés s'y introduire, par une recette générale. Puis il se charge de démontrer que son élévation à un grand poste administratif est injustifiable, et plus il monte. C'est ainsi que le gouvernement républicain montre tous les jours que depuis la première fonction de l'Etat jusqu'aux plus modestes situations, tous les emplois vont toujours au plus capable et au plus digne !

La famille de M. Grévy. — Les journaux qui font les publications légales nous apprennent que MM. les créanciers vérifiés et affirmés de la dame veuve Pelouze (Marguerite Wilson, veuve de Eugène Pelouze), négociante en vins mousseux, demeurant à Paris, rue de l'Université, 17, ayant magasins à Chenonceaux, canton de Bléré (Indre-et-Loire), peuvent se présenter de trois à cinq heures chez M. Baugé, syndic, rue de Seine, pour toucher un dividende de 10 0/0, première répartition.

La dame veuve Pelouze, dont il est ici question, est la sœur de M. Wilson, gendre de l'ancien président de la République Grévy, lequel a fait plus de 8 millions d'économies pendant son passage aux affaires.

Le Choléra. On avait fait courir le bruit que le choléra venait d'entrer en France, par le midi. Jusqu'ici cette nouvelle est fausse de tous points.

Il est tout aussi faux que le choléra ait fait son apparition à Marseille. C'est la quatrième fois, depuis moins de quinze jours, que ce bruit est mis en circulation à la Bourse.

Tout au contraire, les rapports des préfets des Bouches-du-Rhône et du Var, de même que les directeurs de la Santé de Marseille et de Toulon, constatent que l'état sanitaire dans ces deux villes est *très satisfaisant.*

Les Sociétés coopératives de battage

Dans l'état actuel où se trouve notre agriculture, la nécessité de l'union, de l'association, s'impose plus que jamais.

Toutes les fois que cette association est possible, et elle l'est dans beaucoup plus de cas qu'on ne le suppose, elle rend d'immenses services en groupant, en centuplant, par conséquent, les forces et les ressources des membres qui la composent.

Qui oserait maintenant contester les services des Syndicats? On les a vus, on les voit à l'œuvre; on sait combien ils facilitent à leurs membres les achats et les ventes.

Pour l'exécution de certains travaux, des travaux de battage notamment, l'association est encore plus utile.

A cet égard, nous trouvons dans le Bulletin des Syndicats des agriculteurs du Loiret d'intéressants détails sur une *Société coopérative de battage*, l' « Union de Saint-Claude », fondée, il y a sept ans, à Saint-Marc, près de Blois.

Voici comment cette Société s'est formée et comment elle fonctionne :

Aussitôt après la moisson, la culture, pressée comme partout, généralement, de faire battre ces grains, éprouvait les plus grandes difficultés à s'entendre avec les entrepreneurs qui, sollicités de tous les côtés à la fois, surmenaient hommes et machines pour produire un travail souvent défectueux et à un prix élevé. Plusieurs cultivateurs se demandèrent alors si en s'associant, ils ne pourraient pas acheter et faire fonctionner eux-mêmes une machine à battre. Pour réaliser ce projet il fallait réunir une société anonyme et constituer un capital de 8,000 francs. Dans plusieurs réunions successives, on discuta la question et, à la majorité, on décida la création de la Société.

On dressa ensuite des statuts et on nomma un conseil d'administration de douze membres.

Les actions étaient de 100 fr. et devaient rapporter 5 0/0 d'intérêt annuel à leurs souscripteurs. Sur les 80 actions émises, il n'y en eut au début que 60 souscrites, mais on aida la Société à sortir d'embarras en lui offrant spontanément à 5 0/0 les 2,000 fr. qui lui étaient nécessaires pour son fonctionnement. On ne trouve pas en effet tous les jours des placements à un pareil taux. L'année suivante le prêteur était remboursé et toutes les actions étaient souscrites sans exception. Chaque année deux assemblées générales ont lieu au commencement et à la fin des travaux. Deux hommes sont attachés à la machine comme chauffeurs, deux autres comme engréneurs, ils travaillent généralement en deux équipes, chacune trois jours par semaine. Tous les quatre autant que possible doivent être titulaires d'une action, excellente mesure qu'on ne saurait trop recommander, car elle a pour effet de les intéresser au bon entretien des machines sur lesquelles ils ont une part de propriété.

A Saint-Claude, une action de 100 francs fait battre en moyenne 35 hectolitres de blé par an. La durée du battage est environ de quarante jours, sans compter le temps nécessaire pour le nettoyage des machines au commencement et à la fin de la campagne.

Tous les ans, après la campagne, le conseil d'administration se réunit pour constater l'état des frais présenté par le président, fixer la somme destinée au fonds de réserve et arrêter le compte dû par chaque associé pour son battage. Ces différents relevés sont ensuite soumis à l'assemblée générale qui les approuve, s'il y a lieu. Il ne reste plus alors qu'à mettre le budget à exécution, recouvrer les sommes dues et régler les dépenses. Les associés sont alors invités par lettres individuelles à se présenter à un jour fixé, dans un local déterminé, pour acquitter le montant de leurs cotisations, déduction faite d'une somme de 5 francs pour intérêt du capital de chaque action. On répond très exactement à cette invitation et jamais on n'entend parler de cotes arriérées ou irrécouvrables.

Le président règle les dernières dépenses et joint à l'appui de son compte comme pièces justificatives les factures acquittées qui sont ensuite déposées aux archives de la Société.

Les dépenses ordinaires sont approximativement, chaque année, les suivantes :

Salaire des chauffeurs, 5 fr. par jour.	460f »
Intérêts du capital souscrit.......	400 »
Loyer du hangar pour remiser les machines..........................	30 »
Assurance contre l'incendie........	4 05
Charbon............	160 »
Huile à graisser...................	60 »
Serrurerie..........................	2 »

Charronnage.................... 5 »
Fournitures de divers accessoires. 10 »
Papier à lettres et fournitures de bureau.......................... 5 »
Impôt de transmission........... 5 »

Total.......... 1.151 05

Nous pensons qu'il serait prudent d'ajouter à ces prévisions une prime d'assurance contre les accidents du travail.

La base de répartition des dépenses est l'hectolitre de grain battu. L'état des frais arrêté, il suffit d'en diviser le total par le nombre d'hectolitres battus pour avoir le prix de revient.

Ainsi, en 1883, les dépenses s'étaient élevées à 1,055 fr.; on a divisé ce chiffre par 1685, nombre d'hectolitres qui avaient été battus, ce qui a donné 0 fr. 62 pour prix de revient de l'hectolitre. Mais comme il était prudent de constituer un fonds de réserve, on a demandé 0 fr. 70. On a réuni, avec ces 8 centimes par hectolitre, une somme de 124 francs qui, avec les 606 francs disponibles sur le capital employé et la provision de charbon et huile restant en magasin, d'une valeur de 220 francs, forment à la fin de la première année un fonds de réserve de 950 francs, s'élevant ensuite progressivement pour atteindre 2,500 francs à la fin de 1889.

Les opérations de la Société comprennent déjà sept années, qui ont été réglées de la manière suivante :

Années.	Hectolitres battus.	Total de la dépense.	Somme payée par hectolitre.	Montant des fonds de réserve.
1883	1.685	1.055f	0f 70	950f
1884	2.339	1.165	0 55	1.590
1885	2.7[illegible]8	1.201	0 50	1.600
1886	2.412	1.633	0 65	1.5[illegible]0
1887	2.531	1.19[illegible]	0 55	1.700
1888	2.561	1.318	0 55	1.800
1889	2.954	1.008	0 50	2.500

De pareils résultats pendant sept années méritent de fixer l'attention des cultivateurs.

Avant de finir ce résumé, nous tenons à faire remarquer que cette Société de battage a été fondée dans un pays de très petite culture, pour l'usage de quatre-vingts associés seulement, ce qui explique le chiffre relativement restreint d'hectolitres battus chaque année. Il est certain que la base de ces Sociétés coopératives doit varier suivant les besoins des différentes régions agricoles. Dans une localité où il serait facile de prolonger les opérations du battage par suite de l'affluence des souscripteurs et la quantité plus considérable de grains à battre on n'aurait, sans augmenter le capital social, qu'à doubler le nombre des actionnaires en diminuant de moitié la valeur de chaque action. ans d'autres communes, les modifications doivent porter sur d'autres points pour répondre ux usages du pays.

Le département de l'Oise, avant le Loir-et-her, a fait du battage par association. On emarquait, à l'Exposition universelle, l'expoition faite par deux Sociétés coopératives de attage fondées dans l'Oise, l'une à Montreuil-ur-Brèche, l'autre à Haudivillers; toutes deux nt remporté une médaille d'argent.

Le résultat de la Société d'Haudivillers est ne réduction des deux tiers sur le prix des attages dans la contrée où elle bat 170,000 erbes en moyenne chaque année. La Société e Montreuil a battu en dix ans 1.663,000 gerbes, dont deux tiers pour des clients étrangers. eux-ci ont payé pour les 100 gerbes de blé fr..80 et pour l'avoine 2 fr. 50. Les sociétaires ne payent que 1 fr. 70 et 1 fr. 40. Les bénéfices ont été de 1,700 fr. par an. Le capital de la Société n'est que de 4,100 fr.; chaque associé a payé 9 fr. par hectare et le capital a été amorti en dix ans par dixièmes. La Société est administrée par un conseil élu pour trois ans, composé de douze membres cultivant au moins 12 hectares, chacun ayant une voix par 12 hectares cultivés par lui.

Les Syndicats agricoles devraient propager ce genre d'association qui répond si bien aux besoins et aux intérêts de l'agriculture.

Ch. Gossin.

LA MOISSON EN FRANCE

La moisson est presque complètement achevée dans la plus grande partie de la France. Les appréciations sur les résultats qu'elle donne se multiplie de plus en plus.

La récolte du blé promettait, comme chacun le sait sans qu'il soit besoin d'insister, une moisson abondante dans beaucoup de départements, au moins moyenne dans ceux qui étaient moins favorisés; les accidents météorologiques du mois de juillet ont causé des dégâts dont on était d'abord porté à exagérer l'importance; les faits ont démontré heureusement que ces pertes seraient limitées sous le rapport de la quantité du grain récolté. Il n'en est pas ainsi pour la qualité; celle ci est généralement médiocre. Certes, il existe des exceptions, mais ce sont des exceptions; le blé nouveau, sans être de mauvaise qualité, n'est pas de qualité excellente, parce que les dernières phases de la végétation, si importantes pour son développement normal, n'ont pas été favorables. Il y aura donc, dans la réalisation de la moisson, un déficit sensible sur les espérances légitimes qu'on concevait; le rendement général sera un peu inférieur à celui de 1889, mais il ne s'abaissera certainement pas aux proportions évaluées récemment par l'Association des meuniers de la Grande-Bretagne; pour ceux-ci, le rendement de la récolte en France serait inférieur de 10 millions d'hectolitres à celui de 1889; il y a, dans cette évaluation, une exagération pessimiste manifeste. Il ne suffit pas d'ailleurs aujourd'hui de constater ce qui se passe en France; on doit porter ses regards au-delà des frontières, pour se rendre compte des probabilités des mouvements du commerce. Autant qu'on peut en juger, la moisson est abondante dans l'Europe orientale, et la Russie paraît devoir prendre une part très importante dans le commerce d'exportation; le reste de l'Europe donnera à peu près les mêmes résultats qu'en 1889. Quant à l'Amérique du Nord, elle aura probablement une récolte moindre, et comme les besoins de sa consommation intérieure augmentent sans relâche, elle ne paraît pas devoir accroître son exportation dans des proportions notables. Il en est de même en ce qui concerne les Indes britanniques. La république Argentine paraît avoir donné sa grande poussée pour cette année; mais les emblavures de blé y augmentent sans répit, et dans les premiers mois de 1891, ce pays aura probablement de grands excédents à exporter.

Pous les autres céréales, c'est l'avoine qui donne, en France, les meilleurs résultats. Dans la plupart des régions, la récolte est au moins bonne : dans quelques-unes, comme la région septentrionale, on peut la considérer comme exceptionnelle.

Dans la région méridionale, la vigne a eu presque partout une végétation très régulière; les vendanges vont commencer dans quelques semaines. Malheureusement dans les derniers jours, des orages très violents, accompagnés de grêle, ont fait beaucoup de mal dans un assez grand nombre de localités; les départements de l'Aude, des Basses-Alpes, du Jura, d'Eure-et-Loir, etc., paraissent avoir été les plus éprouvés dans plusieurs de leurs cantons. Pour être localisés, ces dommages n'en sont pas moins considérables; on nous affirme que, dans certaines communes de l'arrondissement de Narbonne, les vendanges seraient à peu près détruites. Le nord de l'Italie vient d'être aussi fortement éprouvé par les orages.

LE PARTAGE DE LA PLUS-VALUE

Pontvallain (Sarthe), 7 juillet.

La Chambre des députés a été saisie d'une proposition de loi en vue d'assurer aux preneurs de baux à ferme le partage de la plue-value.

Des assemblées départementales ont émis des vœux dans le même sens.

La Société des Agriculteurs de France a chargé quelques-uns de ses membres de lui faire un rapport sur le même sujet.

Ainsi donc la question est posée de tous les côtés.

Il n'est pas besoin de légiférer à nouveau pour assurer aux preneurs de baux à ferme des droits sur la plus-value.

Le Code civil renferme des dispositions à l'abri desquelles on peut facilement réglementer tout ce qui a rapport à ce partage.

Je regarde comme impossible de renfermer dans des formules étroites et abstraites des cas qui varient à l'infini d'après les usages et la nature des lieux.

La routine, l'ignorance et la nonchalance ont été jusqu'à ce jour le plus grand obstacle à la mise en pratique du partage de la plus-value.

La première chose à faire, c'est donc de combattre ces trois fléaux et, une fois qu'ils seront vaincus, la question aura fait un grand pas.

Mais, jusque-là, toutes les lois qu'on fera seront lettres mortes.

De tout temps, les droits des preneurs au partage de la plus-value ont existé et ont quelquefois été mis en pratique.

Je peux parler de cette question en connaissance de cause.

J'ai été directement intéressé dans une affaire de ce genre, et ce que j'en dirai pourra servir d'exemple.

Il y a une vingtaine d'années; il s'agissait du bail d'une propriété de cent hectares pour une période de neuf années; propriétaire et preneur sont tombés d'accord, et ont stipulé dans le bail :

1° Que le preneur aurait le droit de faire des travaux d'assainissement et de terrassement sur des prés et pâtures spécialement désignés ;

2° Que l'état des prés et pâtures destinés à recevoir ces travaux serait minutieusement dressé au commencement du bail par M. X..., auquel les pouvoirs les plus étendus étaient donnés pour prononcer en dernier ressort ;

3° Que le revenu de ces prés et pâtures serait

fixé également au commencement du bail, par le même M. X... ;

4° Que toute augmentation de revenu serait, à la fin du bail, capitalisée au denier vingt ; que la somme capitalisée serait partagée par moitié entre le propriétaire et le preneur ; que si, par exemple, le revenu augmentait de 50 fr., capital 1,000, cette somme de 1,000 appartiendrait pour moitié, soit 500 fr., au propriétaire et pour moitié, soit 500 au preneur ;

5° Et qu'à l'expiration du bail un nouvel état des lieux ayant reçu les travaux d'assainissement et de terrassement serait dressé, toujours par M. X..., auquel étaient donné les pouvoirs les plus étendus pour prononcer en dernier ressort, et que ce dernier état des lieux établirait le chiffre du revenu procuré par les travaux.

Le bail a été exécuté, et, à son expiration, la personne qui avait fait le premier état des lieux fit le second et constata que les travaux d'assainissement et de terrassement exécutés par le preneur avaient donné une plus value de revenu de 300, capital 6,000, à partager, soit 3,000 pour le propriétaire e 3,000 pour le preneur.

En résumé, le propriétaire et le preneur ont fait une bonne opération.

Le preneur a été largement rémunéré de ses travaux. D'abord par l'indemnité de 3,000 fr. et ensuite par les 300 fr. de plus-value de revenu, dont il a profité pendant les cinq ou six dernières années de son bail, les travaux d'amélioration ayant été exécutés pendant les premières années.

Et le propriétaire a fait un excellent placement à 10 0/0, puisque son capital déboursé de 3,000 francs lui a procuré un accroissement de revenu de 300 francs.

Voilà un exemple très simple, très clair, du partage de la plus-value.

Mais, pour que cette question de plus-value ne soit pas un nid à procès, il faut avant tout que la base sur laquelle sera calculée la plus-value et la proportion dans laquelle elle sera partagée soient nettement fixées dans le bail, qui doit toujours être fait par écrit. C'est un marché à débattre entre propriétaire et preneur, comme le prix de ferme. Une fois ces base et proportion arrêtées, la question a fait un grand pas; mais, pour en rendre la solution à l'abri de toute difficulté, il faut encore que le bail spécifie clairement les travaux d'amélioration et sur quelles parties des biens affermés ils seront exécutés ;

Et qu'il soit stipulé dans le bail qu'à l'entrée du preneur un état des lieux affermés sera constaté, d'un commun accord, par le propriétaire et le preneur, ou bien par un tiers nommé par eux et auquel seront donnés les pouvoirs les plus étendus pour prononcer en dernier ressort ;

Et qu'à l'expiration du bail un nouvel état des lieux sera dressé, soit par le propriétaire et le preneur, soit par un tiers qui prononcera en dernier ressort et qui sera toujours désigné dans le bail.

Voilà, je crois, ce qu'il y a de pratique pour arriver à résoudre à l'amiable, sans frais, cette importante question du partage de la plus-value.

SARCÉ.

Recoupage des cidres par le sucrage

A l'heure actuelle où les provisions de cidre diminuent d'une façon très sensible, nous croyons bon de recommander le procédé suivant extrait d'une circulaire adressée par M. de Beaucoudray aux membres de plusieurs Comices agricoles :

On peut tirer grand profit du sucrage quand on recoupe de vieux cidres. Mais alors, la fermentation ayant cessé, on doit ajouter au sucre un peu de levûre de bière, qui provoque une nouvelle fermentation, par laquelle le sucre est transformé en alcool.

Un tonneau de cidre coûtant 300 francs, divisé en deux, donne une boisson plate et désagréable qui revient à 150 francs le tonneau.

En le divisant en trois et en ajoutant 25 à 30 kilos de sucre, on aura une boisson plus forte, qu'une nouvelle fermentation aura rendue agréable et qui ne coutera que 120 francs le tonneau. Il faut attendre, pour mettre ce cidre en consommation, que la fermentation soit terminée et tout le sucre transformé en alcool.

Nous croyons utile d'ajouter les formalités à remplir pour obtenir une réduction des droits sur le sucre :

1° Adresser sur papier timbré une demande d'autorisation de sucrage de cidre au directeur des contributions indirectes du département, par l'entremise du receveur des contributions indirectes de son canton ;

2° Joindre à cette demande un certificat du maire (également sur papier timbré), attestant qu'on a récolté ou acheté la quantité de pommes indiquée.

Vous recevrez en retour une autorisation de sucrage de cidre, moyennant laquelle les fabricants vous livreront le sucre à prix réduit, en sacs plombés, voyageant avec un permis de circulation, comme un fût d'alcool ou de vin. Les employés de la régie devront constater et certifier la dénaturation de ce sucre, qui sera effectuée par son mélange avec le cidre.

L'ÉCURIE BOURGEOISE

La mâche (en anglais Mash.)

La *mâche* est une sorte de soupe, préparée par la cuisson et servie chaude.

Dans presque toutes les écuries bourgeoises, on donne une mâche par semaine au repas du soir, en remplacement de l'avoine et généralement le samedi, parce que les chevaux ne travaillent pas le dimanche matin.

La mâche a pour but de rafraîchir les chevaux, de les faire uriner, de ramollir les crottins et même de purger légèrement.

Sa composition varie beaucoup, suivant les écuries. Elle contient habituellement de l'avoine, de l'orge, du son, de la graine de lin, du sel de nitre, du sulfate de soude, parfois même de la fleur de soufre.

Dans beaucoup d'écuries, la mâche se compose, pour chaque cheval, de :

Orge............ 2 litres
Graine de lin.... 1/2 litre
Son............. 4 litres
Eau... 3 à 4 litres environ.

Elle se prépare ordinairement le samedi, vers onze heures du matin, et de la manière suivante :

« Mettez l'orge dans l'eau bouillante; quand, « après vingt minutes environ, l'orge est cre« vée, ajoutez la graine de lin ; au bout de dix « minutes d'ébullition, retirez le tout du feu et « versez dans un baquet. »

Si la mâche est faite pour un certain nombre de chevaux, elle se conserve chaude jusqu'au soir; parce que le mucilage de lin forme une couche, qui empêche l'évaporation et le refroidissement.

Si la mâche est faite pour 1 ou 2 chevaux, il faut la recouvrir d'une légère couche de son ou boucher l'orifice du seau avec une couverture.

La mâche est donnée aux chevaux au repas de six heures.

« A cet effet, mettez 3 à 4 litres de son au « fond de chaque seau ; mêlez à ce son et à « sec 10 grammes de sel de nitre et une bonne « poignée de sulfate de soude. Puis, à l'aide « d'une casserole, versez sur ce son la quan« tité de mâche indiquée, 2 ou 3 litres environ « par cheval ; mêlez le tout et servez chaud. »

Si la mâche est trop chaude, attendez un instant avant de servir.

Les chevaux sont en général très avides, très gourmands de cette préparation et la mangent souvent trop vite.

Or, il est d'observation que de temps à autre des coliques et parfois des coliques graves se déclarent le soir ou le lendemain matin à la suite de l'administration de la mâche. Est-ce tout simplement parce que la mâche est avalée trop vite, sans être mâchée, par certains chevaux gourmands?

Est-il vrai que la mâche qui contient de la paille hachée est plus susceptible de donner des coliques?

Est-ce, comme on l'a dit, parce que le foin étant donné à cinq heures et la mâche à six, cette dernière arrive dans l'estomac alors que le foin n'est pas encore digéré et forme une masse lourde, indigeste, encombrante, qui ne peut pas passer, fermente, dilate et parfois rupture l'estomac. Il serait indiqué alors de donner le foin après la mâche.

Est-ce parce qu'on met parfois trop de graine de lin dans la mâche (1 litre par cheval) et que la graine de lin est lourde et indigeste ?

Nous n'avons pas la prétention de faire la leçon aux praticiens ; nous leur exposons la question ; à eux de la raisonner et de la résoudre.

L'ENGRAIS BOUTIN

Produire beaucoup à peu de frais : voilà l'éternel désidératum du cultivateur.

Malheureusement, l'épuisement des terres, la concurrence étrangère, la cherté toujours croissante de la vie et la surélévation du prix des loyers rendent chaque jour ce rêve plus difficile à réaliser.

Aussi, voyons-nous chaque année un plus grand nombre d'agriculteurs, hommes éclairés comprenant que les progrès de la science peuvent seuls désormais leur permettre de travailler au relèvement de notre agriculture nationale: employer l'*Engrais liquide Boutin*.

Connu depuis une trentaine d'années tant par les innombrables expériences comparatives officielles et privées dont il a été l'objet, que par les nombreuses récompenses qui lui ont été décernées, l'*Engrais liquide Boutin* est maintenant, aux yeux de tous, un puissant fertilisateur qui assure à peu de frais une récolte saine et abondante, sans épuiser les terres.

L'engrais Boutin dispense de toute préparation de *chaulage, sulfatage, ou vitriolage* des grains et s'adressant directement à la semence en la pralinant, économise la main-d'œuvre, si onéreuse avec les engrais solides.

Cet intéressant produit a de plus l'immense avantage de préserver les céréales de toutes maladies. Jamais le *noir du blé*, le *charbon de l'orge, l'ergot du seigle*, n'ont attaqué les champs traités à l'engrais Boutin.

On se préoccupe beaucoup depuis quelque temps d'un nouveau parasite, sorte de puceron microscopique, qui fait de sérieux ravages en attaquant les céréales dans certaines régions de la France, notamment dans les départements de Vaucluse, de la Nièvre et du Cher.

Des nombreux rapports que les savants et les professeurs d'agriculture ont déjà élaborés sur les mœurs et coutumes de l'envahisseur, il ressort que s'il est de toute impossibilité de débarrasser les tiges de l'insecte qui les ronge, en peut en préserver les céréales par le pralinage de la semence.

Aussi croyons-nous devoir recommander tout spécialement l'emploi de l'*engrais Boutin* aux agriculteurs qui, par la proximité de champs contaminés, pourraient craindre l'invasion de ce terrible fléau qu'on a déjà comparé au phylloxéra et que s'il n'est enrayé dès le début serait la perte de notre agriculture nationale.

JEAN LA HITÈRE.

Nouvelles agricoles.

Les Orages. — L'orage des 20 et 21 août a été terrible sur beaucoup de points. Dans le Nord, on signale des dégâts considérables à Attiches, où presque toutes les vitres ont été brisées. A la scierie mécanique, tous les vasistas ont été mis en pièces.

L'orage venait de Courrières, où il a causé de grands dégâts, notamment à la fabrique de sucre. De là, il s'est étendu sur Phalempin, Seclin et Attiches. La zone atteinte semble heureusement avoir été limitée.

A Faumont, il a pris les proportions d'une véritable tempête. Les récoltes détachées du sol et mises en tas ont été balayées. Les cultivateurs ne savent comment reconnaître leur grain dans le mélange qui s'est produit.

Au hameau de Bougeon, une grange bâtie et couverte en dur, appartenant à M. Lemaire-Piquet, a été renversée et détruite de fond en comble par le passage du cyclone.

A Tournai (Belgique), c'est un véritable désastre. Il est tombé sur la ville une pluie de grêlons d'une dimension extraordinaire. Les serres, toitures vitrées, etc., sont absolument pulvérisées. Il ne reste plus rien du superbe hall vitré de la gare ; la rotonde de la grande halle aux draps est entièrement brisée. Des établissements ont jusqu'à 3.000 francs de dégâts ; il n'y a pas d'accidents graves à déplorer. A la campagne, fruits et moissons sont irrémédiablement perdus.

Le désastre de Dreux. — A Dreux, dans l'Eure-et-Loir, cinq cents maisons sont plus ou moins endommagées, une vingtaine même sont complètement détruites. Les rues les plus éprouvées sont les rues Saint-Thibault, d'Orisson, des Ecoles, Parisis, Saint-Jean et les rues adjacentes.

Le tribunal civil est àpeu près démoli. Les écoles primaires et le collège ont aussi souffert. Rue Saint-Jean, les arbres séculaires qui formaient l'ornementation des maisons bourgeoises de ce quartier sont arrachés et encombrent la voie publique. Les dégâts sont évalués à plus d'un million.

La consternation est générale et chacun est navré du spectacle que présente le quartier Saint-Thibault, où quelques minutes d'un cyclone épouvantable ont suffi à occasionner de terribles ravages. On dirait que cette partie de la ville,vient d'être bombardée : toitures enlevées, murs démolis, crevassés, carreaux et devantures brisés, arbres déracinés, abattus.

Les habitants ne sont pas encore revenus de leur frayeur ; beaucoup ont cru à un tremblement de terre. Il y a des personnes contusionnées.

Une dame Gillet, qui se trouvait en cabriolet avec son mari, a été projetée sur la route et tuée raide ; M. Gillet a été blessé. La supérieure de la Visitation est également blessée ; aussi M. Moulin, etc.

A Brissard, à 6 kilomètres de là, commune d'Abondant, vingt-deux maisons sont détruites. Les habitants campent en plein air.

Les récoltes sont perdues.

Le total des dégâts atteint 1,500,000 fr.

Le conseil général a voté d'urgence 1,000 fr. pour les premiers secours.

Effroyable cyclone à Saint-Claude. — Lons-le-Saunier, 10 août. — Un véritable cyclone s'est déchaîné jeudi soir dans le haut Jura, suivant la vallée de la Bienne et causant sur tout son passage les plus terribles dégâts.

Le préfet a fait aujourd'hui, à l'ouverture de la séance du conseil général, les communications suivantes : « Un cyclone s'est abattu à 7 h. 1/2 sur Saint-Claude et a bouleversé la ville dans tous les sens : le pont suspendu n'est plus praticable, les toits des maisons sont enlevés, celui de la sous-préfecture encombre la cour et le jardin, les dégâts sont incalculables. Toute la population est debout pour secourir les sinistrés. On redoute des morts. Le télégraphe est interrompu ainsi que la circulation dans toutes les rues : le plâtelage supérieur du pont suspendu a été enlevé et projeté à une grande distance ; au viaduc de la route n° 10, le garde-corps a été enlevé et brisé et une des piles emportées. »

Le préfet a informé le conseil qu'il avait télégraphié au ministère de l'intérieur pour demander des secours et au sous-préfet de Saint-Claude, lui donnant pleins pouvoirs afin de parer aux premiers besoins, il envoie dès ce soir l'architecte départemental et l'agent-voyer en chef qui prendront les mesures nécessaires.

Voici le récit d'un témoin oculaire : « Quel spectacle offre cette gare ! Plus de toitures, les wagons sont renversés, broyés par le cyclone ; un wagon avec une grue de 4,000 kilos a été enlevé à vingt mètres de distance, des chariots emportés au loin ; toutes les maisons voisines sont sans toitures, sans portes, sans fenêtres, les tables, les chaises enlevées, emportées à trois ou quatre cents mètres de distance ; des maisons toutes effondrées, les habitants sous les décombres, les pleurs, les hurlements des femmes réclamant qui, leur mari, leurs enfants, tout cela vous prenait au cœur.

Une balustrade du pont en fonte de dix centimètres d'épaisseur a été emportée comme un fétu de paille ; des arbres centenaires sont renversés et portés à cent mètres. Le perron du tribunal, tout en pierre de taille, a été enlevé ; les cheminées, les devantures de magasins, les volets, les fenêtres et les trois quarts des toitures gisent au milieu de la rue. Nous marchons dans vingt centimètres de décombres pour arriver à la rue. A chaque pas, des chevaux éventrés ou saignés, des voitures renversées, tous les arbres d'une magnifique promenade abattus, les clochers de la cathédrale enlevés.

« En un mot, de vie humaine jamais, jamais on n'a vu pareil cyclone dans le pays.

« Un seul exemple de la violence du vent : une pauvre femme, saisie par le tourbillon, a été lancée par-dessus le pont dans un ravin à cinquante mètres. »

D'autres voyageurs nous parlent de l'effondrement du magnifique pont en pierre qui relie, sur la Bienne, la gare à la ville de Saint-Claude ; mais, paraît-il, il s'agit d'un pont suspendu.

La buvette de la gare a été jetée dans la rivière.

Le maire de Saint-Claude a fait demander à Bourg des ouvriers charpentiers ; il en est déjà parti ce matin.

A minuit, on avait déjà découvert six morts.

CONSEILS DU JARDINIER

LE CHANCRE DU POMMIER

Pour empêcher les chancres de se produire sur les arbres fruitiers, ainsi que les rejetons qui poussent au pied des arbres il faut, autant que possible, étudier dès la pépinière, le tempérament des sujets et leur adapter une greffe analogue, c'est-à-dire si la sève est hâtive, choisir une greffe hâtive, si elle est tardive, une greffe tardive. Par ce moyen on prévient les bourrelets ou engorgements qui se forment au collet et qui donnent presque toujours naissance à des gourmands, à des pousses sauvages, et se terminent souvent par des chancres. Lorsque les deux sèves sont analogues, c'est-à-dire toutes hâtives ou toutes deux tardives, leur marche est uniforme, leur circulation s'établit parfaitement et du même pas ; elles n'éprouvent point dans certaines parties du végétal de ces retards qui, en détruisant la régularité de leur marche, sont la cause de la formation de ces bosses, de ces nœuds qu'on remarque souvent le long du tronc des arbres, et qui plus tard deviennent le siège des chancres.

HORTUS.

CONSEILS DE L'APICULTEUR

EAU-DE-VIE DE LAVURE DE CIRE

Quand vous avez fait votre premier et votre second miel, et que votre cire, chauffée par le soleil ou par le four, ne vous donne plus rien, vous la mettez dans un tonneau debout. Vous faites chauffer de l'eau jusqu'à l'ébullition ; vous la répandez dessus, et quand elle baigne, vous avez soin de la fouler et de l'émietter avec un pilon. Vous laissez macérer pendant vingt-quatre heures, temps nécessaire pour la dissolution des parties saccharines et le dépôt de pollen au fond du tonneau. Vous soutirez et enfûtez. Il serait bon, pour activer la fermentation, de déposer le fût dans un endroit sec et chaud. Si vous avez un pèse-sirop, vous mettez votre eau à 8 degrés. Si vous n'en avez pas, vous tâcherez de la faire ni trop grasse, ni trop maigre. Trop grasse, il y aurait pour vous perte considérable, la fermentation ne se ferait pas ou se ferait mal : grand nombre de parties saccharines ne trouvant pas assez d'eau pour se dissoudre, resteraient à l'état de sirop et, partant, ne donneraient aucun rendement. Trop maigre, votre eau resterait paralysée, ne donnerait aucun signe de fermentation et tournerait à l'aigre. Si vous n'avez pas de densimètre, c'est donc toute une surveillance à faire. Si, dès le lendemain de votre soutirage, vos eaux ne donnent aucun signe de fermentation, votre opération n'est pas réussie. Alors dédoublez vos eaux, qui sont trop grasses, et aidez à la fermentation de celles qui sont maigres en mettant dans votre fût de 500 à 600 grammes de levure de bière.

Je connais des apiculteurs qui conservent leurs eaux miellées à l'état de sirop jusqu'à la vendange et qui les jettent sur leur marc après le soutirage des vins, ayant soin d'y ajouter une certaine quantité d'eau. Cette méthode me paraît excellente. Elle bonifie le marc et assure une complète fermentation. La fermentation finie soutirez vos eaux. Soutirez à clair. Ayez soin de les purger complètement de cette farine de pollen qui se dépose en abondance au fond du fût. Cette lie est toujours préjudiciable : c'est elle en partie qui donne à l'eau-de-vie le goût désagréable qu'il est si difficile de dissimuler. Et puis encore autre inconvénient : cette *bouillie, qui a toujours une tendance* à descendre, s'attache au fond de l'alambique et forme, style de bouilleur, un raclon qui vicie l'eau-de-vie et qui est difficile à enlever. Je connais un apiculteur qui a distillé ses eaux de cire sans les soutirer, son eau-de-vie n'était pas potable.

Voilà donc vos eaux bien soutirées, bien propres. Mettons-nous maintenant à les distiller. Si vous avez du marc de raisin, vous pouvez mélanger et distiller le tout ensemble. N'oubliez pas que le marc doit baigner. Au lieu d'aller prendre de l'eau à votre pompe, prenez votre eau de cire, vous aurez un double avantage ; d'abord, vous ne serez pas obligé de la distiller à part ; puis le marc, en bouillant avec elle, lui fera perdre son goût originel et lui communiquera le sien.

Je ne vous conseillerai pas de mêler vos eaux de fonte de cire avec vos eaux de lavure de cire, car les eaux de fonte où le pollen et la propolis ont bouillotté toute une journée, ont contracté un goût âcre, fétide, mordant, qui se fera sentir quand même dans l'eau-de-vie la mieux rectifiée. Si vous tenez à les utiliser, vous pouvez les distiller à part.

On indique plusieurs moyens pour enlever à l'eau-de-vie de cire son goût originel. Les uns mettent de la poussière de charbon dans l'alambic, d'autres y mettent des cendres. Plusieurs conseillent certaines plantes, par exemple, le fenouil, l'anis, le genièvre. Pour moi, je ne connais qu'un moyen de la rendre droite, c'est de la distiller plusieurs fois et de la réduire à son degré potable avec de l'eau pure et limpide.

Abbé BOYER.

CONSEILS A LA FERMIÈRE

Revenons aux conserves de légumes.

Chicorée au sel. — Après l'avoir épluchée et lavée avec soin, on la jette dans de l'eau bouillante ; dès qu'elle est, non pas cuite, mais simplement attendrie, on la plonge dans de l'eau froide, puis on l'égoutte aussi complètement que possible ; on la met alors dans un pot de grès et l'on verse dessus une saumure légère ; après qu'elle y a baigné pendant vingt-quatre heures, on remplace cette saumure par une autre plus chargée de sel ; enfin, on masque la conserve avec une couche épaisse de beurre fondu et l'on couvre le pot. Inutile d'ajouter que, lorsqu'on veut employer la chicorée ainsi conservée, il faut la faire dessaler.

Conserves d'artichauts. — Quant vous pouvez vous procurer des artichauts à bon marché, choisissez les plus frais, les plus tendres, et dépouillez-les de leurs plus grosses feuilles vertes ; divisez-les ensuite en quatre parties, que vous jetterez dans de l'eau froide.

L'épluchage terminé, faites bouillir, dans un chaudron ou une bassine, de l'eau où vous aurez versé 4 0/0 de gros sel de cuisine ; plongez-y vos quartiers d'artichauts pendant 5 ou 6 minutes ; retirez-les avec une passoire, et mettez-les à égoutter et à sécher au soleil dans des corbeilles ou des nattes bien propres.

Les artichauts, entièrement secs, se conserveront parfaitement d'une année à l'autre dans des boîtes placées hors de toute humidité.

Avant de les accommoder pour la table, avoir la précaution de les faire tremper à l'eau tiède pendant une demi-heure. Ils seront aussi bons que s'ils étaient frais.

UNE MÉNAGÈRE.

JURISPRUDENCE.

QUAND DOIT-ON PAYER UNE TRAITE ?

Telle est la question que se pose le *Bulletin du Syndicat du Calvados*, toujours si rempli de renseignements précieux.

Elle se présente souvent, en effet, pour le paiement de nos fournitures ; il importe donc que la réponse soit bien comprise de tous.

Généralement, à la ville surtout, MM. les huissiers se montrent conciliants et accommodants, mais il en est quelquefois de fort exigeants, les explications suivantes permettront à chacun de connaître la législation sur cette question.

La règle positive est fixée par les articles 161 et 162 du Code de commerce.

Art. 161. Le porteur d'une lettre de change (lisez traite), doit en exiger le paiement le jour de son échéance.

Art. 162. Le refus de paiement doit être constaté *le lendemain* du jour de l'échéance par un acte que l'on nomme protêt. Si le jour est un jour férié, le protêt est fait le jour suivant.

Donc la personne qui opère le recouvrement d'une traite doit se présenter le jour même de l'échéance, mais il ne peut être fait protêt que le lendemain, le débiteur a donc jusqu'au lendemain pour porter le montant de sa dette chez le détenteur de la traite.

Le Bulletin du Calvados cite l'exemple suivant :

J'ai acheté un instrument agricole, le vendeur me prévient qu'il fera traite le 1er mai ; je dois tenir mon argent prêt le 1er mai, et avoir quelqu'un chez moi qui le verse lorsqu'on se présentera.

Si le porteur ne trouve personne, il est en droit de faire un protêt, mais seulement le lendemain 2 mai, à moins que le 2 mai ne soit un jour férié, auquel cas il ne pourra faire le protêt que le 3 mai. C'est à moi, qui suis en défaut, de porter mon argent chez lui le 2 mai, ou si c'est un jour férié le 3, ou je devrai payer le déplacement de l'huissier qui viendra porter le protêt.

Mais il arrive quelquefois que le porteur ne se présente pas le jour de l'échéance, dans l'espèce le 1er mai. Passé le 1er mai, je ne suis pas obligé de l'attendre, s'il vient seulement le 3, par exemple, et qu'il ne trouve personne chez moi, c'est lui qui est en défaut ; il devait alors me prévenir. S'il fait faire un protêt, et que je prouve que le 1er, il ne s'est pas présenté pour toucher la traite, dont le montant était à sa disposition, c'est lui qui supportera les frais de ce protêt.

PETITE POSTE.

M. R..., à V... (Dordogne). — *Lapins.* — La maladie que vous nous signalez est fort singulière, et nous n'avons pas assez de renseignements pour en préciser la nature d'une façon certaine. Il nous semble qu'il s'agit ici de l'*hydropisie* ou *gros ventre*, maladie qui fait souvent de grands ravages dans les clapiers.

Traitement. — *Pour les lapereaux*, prenez *mine de cobalt* en poudre, un gramme ; eau, un demi-verre. Imbibez avec cette eau quatre kilos d'herbes fraîches ou un kilo d'herbes sèches, et distribuez-le en vingt portions.

Pour les lapins plus âgés, donnez-leur à manger des pépins de raisins, des croûtes de pain, des plantes fortes, amères, astringentes, telles que : millefeuilles, centaurée, angélique, persil, chardons, ronces, chien, sapin, et une des portions mentionnées ci-dessus.

Aérez le clapier le plus possible. Propreté parfaite. Renouvelez le sang ; pas de consanguinité trop prolongée. Sel dans l'alimentation.

BULLETIN FINANCIER.

Nous n'avons aucune modification à signaler dans l'attitude du marché. Les hauts cours provoquent bien quelques réalisations ; mais il s'est constitué une clientèle nouvelle qui n'hésite pas à reprendre la succession de celle qui rentre sous la tente, clientèle d'antant plus entreprenante qu'elle ne possède point cette notion de la mesure que l'on acquiert par la pratique assidue des affaires et qu'elle ne vient donner qu'attirée par la hausse elle-même. Chaque fois qu'il se produit un très grand mouvement, on voit s'improviser spéculateurs une foule de gens ne connaissant rien de la Bourse et qui ne sauraient dire par exemple, si le 3 0/0 à 94 francs est plus cher aujourd'hui qu'il y a un ou deux ans, qui ne sauraient indiquer le point d'où le mouvement est parti et la distance qui a déjà été franchie.

On a entendu dire au cercle ou ailleurs qu'il se faisait des fortunes à la Bourse, et que tout acheteur y rencontrait une veine d'une grande richesse et l'on vient à la Bourse donner des ordres d'achat, sans se demander si la valeur sur laquelle on opère n'est pas déjà beaucoup trop chère.

Il y a donc en ce moment à la Bourse un élément étranger aux affaires élément douteux qui peut, à un moment donné, après avoir faussé l'équilibre de la place, provoquer des chocs assez violents. Les spéculateurs de profession n'envisagent pas, sans éprouver quelques appréhensions, cette invasion du marché par une clientèle aussi inexpérimentée qu'audacieuse. Toutefois, il faut convenir que les opérations à la hausse sont facilitées en ce moment par la grande abondance des capitaux et l'apaisement politique qui s'est produit dans toute l'Europe.

La Banque de France s'inscrit à 4.170.

Son bilan hebdomadaire arrêté au 28 août 1890 fait ressortir les différences suivantes sur celui de la huitaine précédente

L'encaisse métallique se décompose ainsi qu'il suit : le chapitre argent est en augmentation de 2 millions et l'encaisse or se trouve être en recul de 3 millions.

Le portefeuille s'est accru de 51 millions ; le compte courant du Trésor est en plus-value de 1 millions, et les comptes courants particuliers le sont de 2 millions.

Les chapitres avances sur titres et billets en circulation ont reculé, le premier de 3 millions et le second de 14 millions.

Les bénéfices réalisés pendant la huitaine se sont élevés à la somme de 218.000 francs.

L'action du Crédit Foncier se traite à 1.305 fr.

Dans sa séance hebdomadaire du 27 août, le conseil d'administration du Crédit Foncier a autorisé pour 6 millions 367.841 fr. de prêts nouveaux, dont 4 millions 851.500 en prêts fonciers et 1 million 516 341 francs en prêts communaux.

COUPON.

HALLES ET MARCHÉS.

Farines de consommation.

Les prix sont bien tenus ; la vente reste calme en boulangerie.

MARQUE DE CORBEIL	60 fr.	(37 58	100 k.).	
	159 kil.		100 k.	
Marques de choix	60 à 61		38 22 à 38 85	
Premières marques. . . .	59	60	37 58	38 22
Bonnes marques.	57	58	36 30	36 94
Marques ordinaires. . . .	56	57	35 66	36 30

Le sac de 159 k., toile à rendre, franco au domicile des acheteurs à 30 jours sans escompte, ou au comptant avec escompte de 1/2 0/0.

Fourrages et pailles.

Paris, La Chapelle.

	1re qté.		2e qté.		3e qté.	
Foin nouveau	49 à 50		47 à 48		43 à 45	
Luzerne nouvelle . . .	47	49	45	46	43	44
Paille de blé	40	41	37	39	33	35
Paille de seigle	38	39	35	37	34	32
Paille d'avoine	27	29	25	26	23	21

Le tout aux 104 bottes dans Paris.

COURS DE DIFFÉRENTS MARCHÉS (par 100 kil.).

	Paille.	Foin.
Beauvais	4 25	6 25
Lyon	3 50	5 50
Blois	3 75	5 60
Toulouse	3 50	6 25
Bourges	4 50	5 75
Angers	3 75	4 75
Orléans	5 50	7 »
Douai	4 75	8 »

Issues, les 100 kil.

La vente reste assez courante pour la marchandise disponible, mais très difficile pour le livrable.

Nous cotons par 100 kil. en gare d'arrivée à Paris :

Son écaille.	14 50 à	14 75
— gros	13 75	13 50
— trois-cases	13 25	13 »
— fin	12 »	11 75
Recoupettes.	12 »	11 75
Remoulages blancs.	20 »	21 »
— bâtards.	15 »	18 »

MARCHANDISES DIVERSES.

Fécules.

Les prix restent bien tenus : peu de marchandises en stock ; de plus, les nouvelles de la récolte des pommes de terre ne sont pas très rassurantes de certains côtés. Les affaires sont difficiles à engager.

Les 100 kil.

Paris. — Fécule 1re, grains	29 » à	30 »
dito verte	» »	» »
Oise. — Fécule 1re, grains	27 »	29 »
Vosges. — Fécule 1re, grains . . .	29 »	30 »
Saône-et-Loire	29 »	30 »
Loire. — Fécule 1re, grains	28 »	29 »
Auvergne. — Fécule 1re, grains. .	28 »	29 »
Fécules secondes selon qualité. . . .	20 »	25 »

Pommes de terre.

Les 1.000 kil.

Hollandaises	60 » à	80 »
Magnum bonum	60 »	65 »
Early roses	50 »	52 »
Saucisses	60 »	70 »
Rondes.	45 »	50 »
Chardonnes	35 »	40 »

Tourteaux, les 100 kil.

	Colza	Œuillette	Lin	Cam.
Lille	16 » à 17 »	16 25 à 17 50	24 » à 26 50	16 »
Arras	15 50 16 »	14 » 15 50	21 » » »	16 25
Gd Moulin				
Corbeil	15 50		19 75	
	Cophra	Arachide déc.	Sésame	Colza
Marseille	11 50 à 13 25	14 25	13 75 à 14 »	13 »

GRAINES DIVERSES.

Maïs, les 100 kil.

Paris	13 50 à 14 50		Agen	14 50	15 50
Alais	14 »	15 »	Grenoble . .	15 »	15 75
Ruffec	14 »	14 75	Reims	14 50	15 50

Sarrazin, les 100 kil.

Paris	16 80 à 16 75		St-Pierre. .	15 25 à 17 »	
Mayenne . .	15 »	16 50	Nantes . . .	15 »	16 75
Rennes . . .	15 50	16 75	Orléans . . .	16 »	17 25

Légumes secs, les 100 kil.

	Haricots	Pois	Vesces	Lentilles
Paris	20 à 47	21 à 26	» »	45 à 70
Rouen	42 57	50 63	26 28	77 »
Marseille. .	18 30	23 32	25 34	19 24 50

Graines fourragères, les 100 kil.

Luz. de Prov.	» à	»	Minette.	» à	»
— du Poitou	»	»	Sainfoin à 2 c. .	»	»
— d'Italie . .	»	»	Sainfoin à 1 c. .	»	»
Trèfle blanc. .	50	55	Pois jarras. . .	23	33
— incarnat	50	60	Vesces	20	21

Huiles.

COLZA BRUT. — La tendance assez ferme sur le rapproché est plus faible sur le livrable éloigné. Le courant du mois se paie 70 75 et le livrable en septembre 71 fr. On fait des quatre derniers mois à 70 fr.

On cote au début de la réunion :

Disponible	70 75 à	» »
Livrable août	70 75	» »
Septembre	71 »	» »
4 derniers mois.	70 »	» »
4 premiers mois	67 »	67 25

LIN. — Les prix se maintiennent bien ; les affaires sont nulles.

On cote au début de la réunion :

Disponible	58 75 à	59 25
Livrable août	58 75	59 25
Septembre	58 50	59 »
4 derniers mois.	58 »	58 50
4 premiers mois	56 25	56 75

Les 100 kil. net, logés, escompte 1 0/0.

Pétrole.

Les prix ne varient pas ; nous cotons par wagon complet et pour marchandise disponible :

L'huile de pétrole raffinée vaut 49 fr. 50 ; l'essence rectifiée 60 fr. 50 les 100 kil.

On cote à l'hect. pour le détail :

PÉTROLE RAFFINÉ disponible .	39 50 à	» »
ESSENCE RECTIFIÉE, disponible	42 25	» »

Laines.

ROUBAIX-TOURCOING, 26 août.

Laines à terme.

Qualité peignée de fab.	Cours du jour.	Cours préc.	*Qualité peignée courant*	Cours du jour.	Cours préc.
Courant . . .	» »	6 52	Courant . . .	» »	5 85
1 mois après	6 45	6 47	1 mois après	5 85	5 85
2 —	6 42	6 45	2 —	5 82	5 82
3 —	6 35	6 35	3 —	5 82	5 82
4 —	6 32	6 20	4 —	5 82	5 82

Marché soutenu. Ventes, 125,000 kil.

ANVERS, 26 août.

Peignés allemands de La Plata : Contrat B, sur septemb., 5 90 »/», octobre, 5 92 1/2, novembre, 5 90 »/». décembre, 5 87 1/2, janvier, 5 77 1/2, février, 5 72 1/2, mars, 5 70, avril, 5 67 1/2, mai à juillet 5 65. Ventes, 65,000 kil.

Sucres.

Sucres raffinés. — La tendance est à la hausse avec une bonne demande pour la consommation de l'intérieur.

Nous cotons, selon marques et époques de livraison, de 108 50 à 109 » les 100 kil au comptant, sans escompte.

Sucres cristallisés n° 3, acquitté 96 50 à 97 » ; extra 96 50 les 100 k.; en poudre, 97 50 à 98 » les 100 kil.

Sucre cassé à la mécanique. . .	112 50 à	113 »
Cassons	104 50	» »
Menus déchets	103 »	103 50
Semoule	105 »	106 »
Glace.	102 »	102 50
Sucre en poudre.	103 »	103 50

Alcools. — Prix de l'hectol. nu, au compt.

Paris. 3/6 fin, betteraves, 1re qualité, l'hectolitre.		Lille, disp	35 » à	36 »
		Cette	90 »	105 »
90e dispon. 34 75 à	35 50	Nîmes	90 »	100 »
Septembre 35 25	35 50	Béziers . . .	75 »	100 »
4 derniers. 36 50	36 25	Pézenas . . .	75 »	105 »

Raisins secs à boisson.

(Cours de la maison Audibert, 53, rue des Minimes, à Marseille).

Corinthe, **Roi de Grèce**, petits grains Extra 1er choix	100 kilos		59.00
Corinthe, **le Turban**, gros grains	»	»	58.00
Corinthe petits grains, 1er choix.	»	»	56.50
Thyra. 1er choix	»	»	54 00
Thyra, ordinaires	»	»	M.
Samos noirs, 1er choix	»	»	58 00

Engrais. — Prix des 100 kil. :

Matières diverses pour engrais. — Cours commercial sur la place de Paris, par 100 kil., pour des ventes en gros de 30 000 kil. au moins.

Sang desséché moulu.	11/13 0/0 azote	20 90 à	24 70
Viande desséchée	9/11 0/0	—	17 25	19 25
Cornes broyées	13/14 0/0	—	20 75	22 50
Cuir désagrégé	8/9 0/0	—	10 40	11 70
Laine engrais	3 à 4 0/0	—	» »	» »
Nitrate de soude	15/16 0/0	—	19 75	20 50
Nitrate de potasse . . .	95 0/0	—	41 »	46 50
— . . .	90 0/0	—	42 »	45 »
Muriate de potasse . . .	80 0/0	—	» »	» »
Sulfate de potasse . . .	90 0/0	—	22 75	25 50
Sulfate d'ammoniaq. .	20/21 0/0	—	29 25	30 »
Chlorure de potassium	90 0/0	—	20 50	20 50
— Stassfurt	80 à 85 0/0	—	17 10	» »
Cornes, cornailles pour brûler			» »	» »
Déchets fins de cornes, frisures . . .			» »	» »

Phosphates des Ardennes. — En gare des Ardennes et de la Meuse, en sacs (les 100 kil.).

Pulvérisés.	14/16 0/0, acide phosph. .	3 40 à	» »
—	18/20 0/0,	—	4 »	» »
—	16/18 0/0,	—	3 60	» »

Phosphates de Tavel.

50/», la tonne . . . . 60 » à 100

Phosphates de l'Yonne. — Les 1.000 kil.

Moulus en sacs, wag. gre Toucy. 40 à 35 0/0 40 à 50

Phosphates de l'Auxois, Marigny Epoisses.

Pulvérisés 60 à 65 0/0 . . . . 6 » à 6 75

Sulfate de cuivre.

Les 100 kil . . . . 56 » à 58 »

Phosphates du Boulonnais 40/15 . . .	4 60 à	» »
— de Pernes	3 25	6 75
— du Camoresis 28/35	3 75	4 »
— du Lot 30/50	3 »	4 50

Superphosphates, poudres d'os, etc.

Les 100 kilogr.

Phosph. préc. 35 à 40 °/o acide phosph.	22 »	23 »
— — 40 à 45 °/o —	23 »	24 »
Suporphosphates fossiles, 10 °/o acide phosphorique soluble et assimil. (les 100 kilog.)	6 75	» »
Superphosphates fossiles, 16 à 18 °/o.	10 »	11 25
— d'os, 16 à 18 °/o, acide phosph. .	12 »	13 50
Poudres d'os bruts.	13 50	» »

Engrais spéciaux. — Les 100 kilog.

Guano du Pérou. 10 à 16	Eng. chim.	
Guan du Pér. diss. 32 à 20	de H. Joulie,	
Guan. az. fixe 26 » à 27 »	Lag	15 » à 23 »

BEURRE, ŒUFS, VOLAILLES.

Paris, 27 août.

Beurres en mottes.

L'arrivage d'hier a été de 11,664 kil.

L'arrivage approximmatif a été de 17,000 kil.

Vente très difficile.

Beurres en livres.

L'arrivage d'hier a été de 9 809 kil.

Fermiers	au kilo		Touraine	au kilo	
Extra	2 50 à	2 60	Extra	2 30 à	2 40
1er choix	2 30	2 40	1er choix	2 20	2 30
2e choix	2 10	2 20	2e choix	2 »	2 10
Ordinaire . . .	1 90	2 »	Ordinaire . . .	1 80	1 90
Bourgogne			Vendôme		
Choix	1 80	1 90	1er choix	2 »	2 10
Ordinaire . . .	1 60	1 70	2e choix	1 90	2 »
			Ordinaire . . .	1 70	1 80
Gâtinais			Beaugency		
1er choix	2 20	2 30	1er choix	2 »	2 10
2e choix	2 »	2 10	2e choix	1 90	2 »
Ordinaire . . .	1 80	1 90	Ordinaire . . .	1 79	1 80
Le Mans			Fausse Touraine		
Choix	1 70	1 80	Choix	1 90	2 »
Ordinaire . . .	1 60	1 70	Ordinaire . . .	1 70	1 80

Œufs, *le mille :*

Normandie . (Extra)	90 à	114	Bourgogne . .	83 à	88
Picardie . . (Extra)	94	116	Champagne . .	83	88
Brie. . . . (Extra)	88	98	Nivernais . . .	78	82
Touraine gr. .	90	98	Cosne.	86	90
Touraine ord. .	82	86	Bourbonnais. .	78	83
Beauce	88	96	Bretagne . . .	76	82

Orne.	80	90	Vendée	78	84
Picardie ord. .	80	90	Auvergne . . .	76	80
Châtellerault. .	83	85	Midi.	76	82

Volailles et Gibiers.

Canards :			Pigeons :		
nantais (jeunes)	3 » à	4 »	maconnais.	» 90 à	1 30
de ferme...	1 50	2 50	italiens....	» 80	1 »
Dindes nouv.	5 »	7 »	bizets......	» 50	» 80
Oies nouvelles	5 »	6 »	Poulets :		
— (2e qté).	3 »	4 »	nantais....	3 »	4 »
Pintades...	3 50	4 50	touraine...	3 »	4 »
Lapins domestiques.	1 50	2 50	gâtinais....	3 »	4 »
			du Midi....	2 »	3 »
Chevreaux.	» »	» »	communs..	1 50	2 »

Marché faible.

Cours fournis par MM. de Bridiers, Jouslin et Scelle, facteurs assermentés, 2, r. de Valois, Paris.

BESTIAUX.

La Villette, 28 août. — Bestiaux. — Vente ordinaire et sans changement sur le gros bétail, les veaux et les moutons, et très difficile sur les porcs.

Cours officiels.	Amenés.	Vendus,	Poids moyen.	1re qualité.	2e qualité.	3e qualité.	Prix extrêmes.
Bœufs..	2.019	1.810	347	1 64	1 46	1 28	1 20 à 1 70
Vaches.	583	529	242	1 58	1 38	1 20	1 12 1 64
Taureau	157	148	402	1 44	1 36	1 21	1 16 1 48
Veaux..	1.516	1.264	82	1 70	1 50	1 40	1 26 1 90
Moutons	12.239	10540	19	2 12	1 82	1 62	1 48 2 20
Porcs g.	4.672	4.604	78	1 50	1 44	1 38	1 31 1 56
Id. m.	»	»	»	» »	» »	» »	» » » »

Marché du lundi 25 août.

	Amenés	Vendus	PRIX AU POIDS NET 1re qual.	2e qual.	3e qual
Bœufs.....	2.851	2.581	1 64	1 48	1 32
Vaches.....	851	762	1 58	1 36	1 24
Taureaux..	181	175	1 44	1 38	1 26
Veaux......	1.480	1.383	1 70	1 56	1 42
Moutons....	15.582	13.830	2 12	1 80	1 62
Porcs......	2.363	2.363	1 56	1 50	1 16

	PRIX AU POIDS VIF 1re qual.	2e qual.	3e qual.	Prix extrêmes.
Bœufs..........	» 99	» 80	» 67	» 62 à 1 04
Vaches.........	» 94	» 75	» 62	» 56 » 98
Taureaux.......	» 89	» 77	» 65	» 60 » 93
Veaux..........	1 02	» 88	» 74	» 62 1 16
Moutons........	1 07	» 89	» 75	» 61 1 18
Porcs..........	1 08	1 04	1 »	» 96 1 10
Peaux de moutons en laine.........				2 20 » »
Id. id. demi-laine........				2 30 » »

Viandes abattues. — Criée du 22 août.

		1re qualité.	2e qualité	3e qualité.
Bœufs	le kil.	1 40 à 2 70	1 20 à 2 50	» 90 à 1 70
Veaux....	—	1 60 1 66	1 44 1 54	1 30 1 40
Moutons..	—	1 86 1 96	1 46 1 80	1 » 1 40
Porc entier	—	1 36 1 46	1 26 1 30	1 06 1 20

Cuirs et peaux, les 50 kil.

Taureaux.	38 50 à	40 25	Vaches lourdes	38.75	41.75
Gros bœufs	46 50	51 50	— de bandes	34.25	35.50
Moy. bœufs	43 25	45 50	Gros veaux..	58.25	60.50
Pet. bœufs.	34 75	37 25	Petits veaux	62.50	64.75

Chemins de fer de Paris à Lyon et à la Méditerranée.

EXCURSION EN SUISSE

Train de plaisir

PARIS-INTERLAKEN

(par Pontarlier).

PRIX DU VOYAGE (aller et retour)

40 francs en 2e classe

30 francs en 3e classe

ALLER

Départ de Paris, le 3 septembre, à 10 h. 10 soir.

Arrivée à Pontarlier, le 4 septembre, à 10 h. 03 matin.

Départ de Pontarlier, le 4 septembre, à 11 heures matin (heure de Berne).

Arrivée à Interlaken, le 4 septembre, à 7 h. 35 soir.

RETOUR

Par tous les trains ordinaires (sauf les express) à partir du 10 septembre et jusqu'au 16 septembre inclus, avec faculté pour les voyageurs de passer, à leur gré, soit par Berne, Bienne, Pontarlier, soit par Berne, Fribourg, Lausanne, Vallorbes, Pontarlier.

On peut se procurer des billets pour ce train de plaisir, à partir du 20 août 1890, à la gare de Paris P. L. M. ; dans les bureaux-succursales de la Compagnie, rue de Rambuteau, 6 ; rue de Rennes, 45 ; rue du Louvre, 44 ; rue Saint-Lazare, 88 ; rue des Petites-Écuries, 11 ; rue Saint-Martin, 252 ; place de la République, 8 ; rue Sainte-Anne, 6, et rue Molière, 7 ; rue Étienne Marcel, 18 ; au bureau général des billets de chemins de fer de l'Hôtel Terminus de la gare de Paris-Saint-Lazare (general ticket office) ; aux agences Lubin, Cook et fils, Wagons-Lits, H. Gaze et fils, Voyages économiques, Indicateurs Duchemin.

Pour plus de renseignements, voir les affiches publiées par la Compagnie.

VACANCES DE 1890

TRAINS DE PLAISIR

PARIS-CLERMONT

Départ de Paris, le 6 septembre, à 11 h. 55 soir.
Retour à Paris, le 18 septembre, à 10 h. 09 matin.
PRIX (aller et retour) :
30 francs en 2e classe.
21 francs en 3e classe.

PARIS-AIX-LES-BAINS-CHAMBÉRY

Départ de Paris, le 9 septembre, à 2 h. 20 soir.
Retour à Paris, le 15 septembre, à 3 h. 40 soir.
PRIX (aller et retour) : 32 francs en 3e classe.

PARIS-GRENOBLE

Départ de Paris, le 8 septembre, à 2 h. 20 soir.
Retour à Paris, le 17 septembre, à 3 h. 40 soir.
PRIX (aller et retour) : 31 francs en 3e classe.

PARIS-GENÈVE

Départ de Paris, le 10 septembre, à 2 h. 20 soir.
Retour à Paris, le 19 septembre, à 3 h. 40 soir.
PRIX (aller et retour) :
50 francs en 2e classe.
35 francs en 3e classe.

On peut se procurer des billets pour ces trains de plaisir, à partir du 20 août : à la gare de Paris P. L. M ; dans les bureaux-succursales : rue de Rambuteau, 6; rue de Rennes, 45; rue du Louvre, 44; rue Saint-Lazare, 88; rue des Petites-Écuries, 11; rue Saint-Martin, 252; place de la République, 8; rue Sainte-Anne, 6, et rue Molière, 7; rue Etienne Marcel, 18; au bureau général des billets de chemins de fer de l'Hôtel Terminus de la gare de Paris-Saint-Lazare (general ticket office); et aux agences Lubin, Cook et fils, Wagons-Lits, H. Gaze et fils, Voyages économiques, Indicateurs Duchemin.

Pour plus de renseignements, voir les affiches publiées par la Compagnie.

Etudes de **Me MERCIER**, avoué à Beauvais; de **Me DELORME**, notaire au même lieu; de **Me MATTE**, notaire à Gournay-en-Bray (Seine-Inférieure); de **Me BEUNETOT**, notaire à La Feuillie (Seine-Inférieure), et de **Me COLOMBEL**, notaire à Lyons-la-Forêt (Eure).

VENTE SUR LICITATION

1ent : **le Dimanche 14 Septembre 1890**, à deux heures de relevée, en la mairie de Glatigny, et par le ministère de Me Delorme, notaire à Beauvais,

D'UN BOIS

de 28 hectares 17 ares 83 centiares, appelé le Bois de Cresnes, sis aux terroirs de Glatigny et Hodenc-en-Bray;

2ent : **le Lundi 15 Septembre 1890**, à deux heures de relevée, en l'étude et par le ministère de Me Delorme, notaire à Beauvais,

D'UNE MAISON BOURGEOISE

sise à Beauvais, rue de Rouen, n° 3,

ET D'UNE AUTRE MAISON

sise au même lieu, rue Louis-Graves, n° 33;

3ent : **le Mardi 16 Septembre 1890**, à une heure de relevée, en l'étude et par le ministère de Me Matte, notaire à Gournay-en-Bray, en présence de Me Delorme, notaire à Beauvais,

DE LA FERME DE COTTENTRAY

sise à Cottentray, commune d'Avesne, canton de Gournay-en-Bray, et par extension sur la commune d'Elbeuf-en-Bray, d'une contenance totale de 26 hectares 15 ares 10 centiares d'un seul tenant,

ET D'UNE PIÈCE DE TERRE

de 2 hectares 40 ares, sise au terroir d'Elbeuf-en-Bray;

4ent : **le Mercredi 17 Septembre 1890**, à deux heures de relevée, en l'étude et par le ministère de Me Beunetot, notaire à La Feuillie, en présence de Me Delorme, notaire à Beauvais,

De la FERME de la MÈRE-HERBE

sise à La Feuillie, d'une contenance totale de 60 hectares 35 hectares 91 centiares d'un seul tenant,

ET D'UN BOIS TAILLIS

de 6 hectares, sis en la même commune;

5ent : **et le Jeudi 18 Septembre 1890**, à trois heures de relevée, en l'étude et par le ministère de Me Colombel, notaire à Lyons-la-Forêt, en présence de Me Delorme, notaire à Beauvais,

De LA FERME DE BÉZEGUAY

sise au terroir de Lyons-la-Forêt, et par extension sur Beauficel, arrondissement des Andelys (Eure), d'une contenance totale de 68 hectares 79 ares 51 centiares.

Pour extrait :
Signé : **MERCIER**.

Plants américains PÉPINIÈRES des Cévennes
Albert GOURDIN, Saint-Hippolyte-du-Fort (Gard).
Fr des Cies, des écoles et champs d'expériences. Tarif n. 29 Fo

ŒUFS A COUVER de poules de Houdan et Faverolles, 5 fr. la douzaine, 10 fr. les 25, *franco*; les clairs seront remplacés. — **Petits Poussins** Houdan et Faverolles, 15 fr. la douzaine, 28 fr. les 25, *franco*. **Couveuses artificielles** depuis 25 fr. **Eleveuses** depuis 20 fr., et nouveau système à régulateur automatique de chaleur. — Envoi *franco* du catalogue général.
J. PHILIPPE, éleveur, à Houdan (S.-et-Oise).

Exposition Universelle de Paris en 1889
MÉDAILLE D'ARGENT

SOCIÉTÉ ANONYME
DES

Phosphates de Pernes et Extensions

CAPITAL : **1,400,000** FRANCS.

EXPLOITATIONS DE PHOSPHATES FOSSILES
dans la Somme, le Pas-de-Calais et le Nord (Cambrésis).

USINES { à Pernes-en-Artois et à Violaines (Pas-de-Calais).

PHOSPHATES FOSSILES DE TOUS TITRES ET POUR TOUS EMPLOIS.

Direction commerciale à AMIENS, 44-46, rue des Trois-Cailloux.
Adresse télégraphique : « Phosphates » Amiens.

NOTA. — La Société est seule **propriétaire** du **Gisement de Pernes**, dont les produits sont particulièrement recherchés pour **l'emploi direct par l'Agriculture**, en raison de leur **prompte assimilation** et de leur **action fertilisante** qui est due à la **combinaison naturelle** de l'**acide phosphorique** avec des **matières organiques azotées**, de la **potasse** et de la **magnésie**.

POMPES BROQUET
121, Rue Oberkampf, PARIS
MÉDAILLE D'OR Expon Univlle 1889
Vins, Alcools, Bières, Cidres, Huiles, etc.
Demander le Catalogue. — *Envoi franco*.
Vendues à garantie

RAISINS SECS A BOISSONS

Première Maison de France (10 croix ou méd., fondée en 1876), **J.-F. Audibert**, créateur des vins de raisins secs et importateur direct. Auteur de : *L'Art de faire les Vins de raisins secs* (fco 3 90); *les Vins d'imitation*, sirops, liqueurs, etc. (fco 5 25). Inventeur de l'appareil (B. S. G. D. G.). **LE SEUL ADOPTÉ PAR L'ARMÉE** pour la fabrication mathématique des vins de raisins secs, en 10 jours, pour faire depuis 1 litre jusqu'à 20,000 litres par jour **AVEC UN HOMME. Renseignements gratuits pour tripler les vendanges, vins de seconde cuvée**, etc., 53, r. des Minimes, Marseille.

Etablissements de LIANCOURT (Oise).

N'ACHETEZ PAS DE CHARRUES
sans avoir consulté le CATALOGUE illustré de

A. BAJAC

Ingénieur Constructeur, Breveté S. G. D. G.

SEUL GRAND PRIX à l'Exposition de 1889 pour les Machines agricoles françaises

Médailles or, argent et bronze pour collaborateurs.

BRABANTS DOUBLES. — Herses scarificateurs à dents inusables. — DÉCHAUMEUSES — ROULEAUX, ETC.

NOUVEAU MATÉRIEL pour la culture de la betterave. — Charrues défonceuses simples et doubles *à vapeur et à manège*.

La plus grande et la plus importante USINE de FRANCE pour la Construction des Instruments aratoires

PLUS DE 5.000 CLIENTS ; 300.000 INSTRUMENTS LIVRÉS A L'AGRICULTURE

Médaille d'Or. ✻ Exposition Universelle 1889. ✻ Médaille d'Argent.

VACHERIE A CÉDER

Paris, quartier riche, cause de décès, 15 vaches 1re qualité, 200 litres vendus 0.40 et 0.50 cent. Maison ancienne, boutique glaces et marbre, occasion exceptionnelle. 8.000 fr. bénéfices à placer par an. On traitera avec 10.000 fr. argent ou sans argent avec garanties sérieuses.

S'adresser à MM. Laporte et Lefranc, 93, boulevard Sébastopol, Paris.

MALADIES DU BÉTAIL
ET DE LA VOLAILLE

Leur traitement préventif et curatif

PAR L'ACIDE SALICYLIQUE

L'acide salicylique, employé dans la nourriture à la dose de 1/2 à 1 gramme par jour et par tête de bétail, est le meilleur préservatif des maladies qui procèdent par contagion : Sang de rate, Cocotte, Maladie aphtheuse, Erysipèle, Typhus, Morve, Variole et le Rouget des porcs, etc.

Des attestations nombreuses de guérisons obtenues pour la Cocotte et le Rouget des porcs ont été reproduites dans le *Journal l'Agriculture*.

La désinfection des étables, des écuries se fait instantanément au moyen d'un arrosage d'eau salicylée à 2 grammes par litre.

S'adresser à M. CERCKEL, administrateur de la *Compagnie de produits antiseptiques*, 26, rue Bergère, Paris.

Envoi sur demande de Prospectus et Brochures.

Prix du kil. 25 fr. — Boite de ménage, 2 fr.

SALAISON DES FOINS

Nourriture du bétail

et Engrais des terres.

Sel neuf dénaturé au Tourteau de colza, 55 fr. les 1,000 kilos.

Sel neuf dénaturé au Peroxyde de fer, 50 fr. les 1,000 kilos.

Sel de Morue pur, 45 fr. les 1,000 kilos.

Expéditions de Fécamp et de Bordeaux.

S'adresser à M. A. LE BORGNE, négociant à Fécamp (Seine-Inférieure).

L'Administrateur-Gérant : Albert RENOT.

auvais. — Imp. D. Pere. — A. Cartier, Gérant.

PHARMACIE SAVARY

AMIENS, 33, Place Saint-Denis, 33, AMIENS

(EN FACE LE SQUARE).

PROVENDE AUX PHOSPHATES ASSIMILABLES

du Docteur DESCHAMPS.

Prix : 3 fr. le kilog.; 27 50 les 10 kilog. (Remises proportionnelles.)

Accroissement rapide des bestiaux, surtout chez les jeunes animaux, force nerveuse, fécondité, engraissement; prévient surtout la diarrhée chez les jeunes veaux. Qualité exceptionnelle du lait.

M. Lefebvre, cultivateur à Marcelcave, a élevé un veau en lui administrant de la Provende phosphatée pendant 60 jours : tué à 70 jours, ce veau pesait 193 kilog., chiffre officiel constaté à l'abattoir. La viande était très blanche, ainsi qu'est prêt à l'attester M. Oheix, boucher à Amiens.

Les attestations émanant des sommités françaises et anglaises les plus accrédités ont été données à M. SAVARY.

25 PRIX D'HONNEUR ET GRANDS PRIX, 200 MÉDAILLES OR, VERMEIL, ETC.

GRANDES CULTURES DE GRAINES POTAGÈRES, FOURRAGÈRES ET DE FLEURS

E. FORGEOT & Cie

fournisseurs du ministère de l'Agriculture, des Ecoles nationales d'agriculture, des Syndicats agricoles, etc.

PARIS, quai de la Mégisserie, 6 et 8

Appareils spéciaux pour épurer et nettoyer les graines

SPÉCIALITÉ DE GRAINES DE GRANDE CULTURE

luzernes et trèfles garantis sans cuscute, minette, vesces, sainfoins trèfles incarnats betteraves, carottes, navets, choux-navets, pommes de terre

Blés à grand rendement, Avoines, Orges, Seigles. Graines d'arbres pour reboisement

Graines de graminées pour prairies

Notre Maison ne vend que des graines de provenances sûres, assurant les meilleurs résultats ; elle accepte le contrôle de la Station d'Essais des Semences, établie à l'Institut agronomique par le Ministère de l'Agriculture, contrôle auquel nous sommes soumis dès sa création. En conséquence, nos graines sont garanties de levée et d'une pureté irréprochable ; nos trèfles et nos luzernes sont garantis sans un seul grain de cuscute.

Grande et importante **Spécialité de Créations de Prairies.** Nous nous chargeons d'établir des compositions convenant à la nature de chaque sol, et d'avance nous en assurons la réussite.

Sur demande, nous adressons *franco* nos catalogues illustrés de graines potagères, fleurs, arbres, fourrages, ognons à fleurs, plantes, etc.

VINS DU BEAUJOLAIS ET DE MACON.

J. DAMIRON

propriétaire-viticulteur à Saint-Julien en Beaujolais (Rhône).

A la fois délicat et nourrissant, le vin du *Beaujolais* est sans contredit l'un des meilleurs vins de table.

Par leur finesse et leur bouquet, *nos grands crûs* rivalisent avec ceux du Bordelais et de la Bourgogne, tout en étant moins chers.

Notre Vignoble, presque entièrement reconstitué, est aujourd'hui en état de fournir à la consommation ses vins si appréciés. Voici un aperçu des prix :

Vin ordinaire 1888 et 1887	110 à 130 fr.
Bonnes Côtes id.	130 à 150
Saint-Julien id.	160 à 200
Morgon, Fleurie, Thorins (vins classés de 1886 à 1884)	250 à 500

Grands crûs de Bourgogne : Beaune, Pommard, Corton.

Vins en bouteilles par caisses de 12, 25 et 50.

Le tout logé et pris en gare du Vignoble.

La Maison accepterait des représentants sérieux munis de bonnes références.

La Propriété offre des vignes américaines, boutures et racines de choix, et des plants greffés soudés et racinés garantis. — *Prix modérés.*

Adresser les correspondances à Villefranche, 44, rue de Thizy.

CRÉDIT AGRICOLE

UNION DES SYNDICATS AGRICOLES DE FRANCE

9, rue Marsollier, PARIS

Agence à LYON, 234, cours Lafayette, S. PLISSONNIER, Directeur ✻ M. A.

MACHINES AGRICOLES DE TOUS SYSTÈMES

TOURTEAUX et FARINES pour la nourriture du bétail.

ENGRAIS CHIMIQUES et ORGANIQUES, MATIÈRES PREMIÈRES

SEMENCES DE PREMIER CHOIX.

Faucheuses. Faneuses. Râteaux à cheval. **Presses** à fourrages **Brise-Tourteaux. Appareils** à cuire **Égrenoirs** de maïs **Rouleaux. Semoirs. Transmissions** par arbres et par câbles. **Matériel** de brasserie et de féculerie.

ALBARET (O. ✻ et O. ✻)

MACHINES AGRICOLES

Ateliers de Construction et Administration à **LIANCOURT-RANTIGNY** (Oise); Magasin et Bureau, à PARIS, boul. de Strasbourg, 63 (entrée par le passage du Désir)
Succursales : Saint Quentin, boulevard Victor Hugo, n° 52; **Chartres**, rue du Grand-Faubourg, n° 76 ; **Abbeville** (Somme) rue Ringois, n° 11; **Cambrai**, M. Mesnil, rue des Bouchers, n° 19.

Récompenses obtenues aux Expositions universelles et Concours internationaux :

Machines à vapeur fixes, horizontales et verticales.

Générateurs.

Machines à vapeur locomobiles.

Manèges fixes, mobiles et semi-fixes.

Batteuses fixes et portatives conservant ou brisant la paille.

Engreneurs mécaniques.

Semoirs à engrais, à graines et haricots.

Hache-maïs et **Coupe-racines** à force centrifuge transportables.

206 Médailles d'or.

1862. Exposition de Londres.	1er prix, GRANDE MÉDAILLE; 2e prix, MENTION HONORABLE.
1864. Exposition intern. de Bayonne.	MÉDAILLE D'OR donnée par le Gouvernement. MÉDAILLE D'OR, donnée par la Commission de l'Exposition.
1865. Exposition universelle de Porto.	GRANDE MÉDAILLE D'ARGENT.
1867. Exposition universelle de Paris.	GRANDE MÉDAILLE D'OR, la plus haute récompense pour Locomotive routière et Machines agricoles.
1869. Exposition d'Amsterdam.	DIPLOME D'EXCELLENCE.
1869. Exposition de Beauvais. 1872. Exposition de Lyon.	DEUX DIPLOMES D'HONNEUR, comme exposant et membre du jury.
1873. Exposition univ. de Vienne (Autriche)	GRAND DIPLOME D'HONNEUR, la plus haute récompense.
1878. Exposition universelle de Paris.	3 MÉDAILLES D'OR. — 1 OBJET D'ART pour mérite exceptionnel sur le terrain — 1 MÉDAILLE DE BRONZE. — 4 MÉDAILLES ARGENT ET BRONZE pour collaborateurs.
1882. Conc. spéc. et int. de *hache-maïs*, de Ste-Menehould.	1er prix, MÉDAILLE D'OR, donnée par la Société des Agriculteurs de France.
1883. Exposition d'Amsterdam.	DIPLOME D'HONNEUR, la plus haute récompense.
1884. Gr. conc. internat. d'Amsterdam.	Prix unique GRANDE MÉDAILLE D'OR pour locomobile. 1er prix, GRANDE MÉDAILLE D'OR pour presse à fourrage. 1er prix, GRANDE MÉDAILLE D'OR pour machines à battre. 1er prix, MÉDAILLE D'ARGENT pour hache-paille et démotteur.
1885. Exposition intern. d'Anvers.	DIPLOME DE MÉDAILLE D'OR, la plus haute récompense pour machines agricoles.
1889. Expos. d'économie sociale, sect. XIV.	MÉDAILLE D'OR. MÉDAILLE D'ARGENT pour collaborateurs.
1889, Exposition universelle. Membre du jury, hors concours.	
1876. Société nat. d'agr. de France.	GRANDE MÉDAILLE D'OR. PRIX DE MÉCANIQUE.
1886. Société nat. d'agr. de France.	RAPPEL DE GRANDE MÉDAILLE D'OR pour l'ensemble des travaux de mécanique agricole.
1888. Aniche (Nord).....	Moissonneuse lieuse à la ficelle, DIPLOME D'HONNEUR avec félicitations du jury, pour la machine qui fonctionne à toute satisfaction.
1889. Comice agricole de Montdidier, Ailly-sur-Noye.	DIPLOME D'HONNEUR et MÉDAILLE DE VERMEIL pour batteuse et instruments. MÉDAILLE DE VERMEIL grand module pour faucheuse et moissonneuse.
1890. Concours de Clermont.	DIPLOME D'HONNEUR avec félicitations du jury, pour le bon fonctionnement de la moissonneuse lieuse.
Plusieurs Méd. or, argent et bronze à MM. les collaborateurs de la Maison.	

Concasseurs.

Moulins-bluteries.

Hache-paille.

Hache-maïs.

Hache-fourrage.

Coupe-racines.

Laveurs de racines.

Moissonneuses simples.

Moissonneuses combinées.

Moissonneuses-lieuses

162 Médailles d'argent.

Envoi gratis sur demande des Catalogues illustrés.

16 Diplômes d'honneur et d'excellence.

Monte-Paille. Moteur domestique à vapeur à pression inférieure à celle atmosphérique. **Rouleaux** à vapeur et à traction de chevaux pour le cylindrage des chaussées d'empierrement. **Poteaux** indicateurs pour routes.

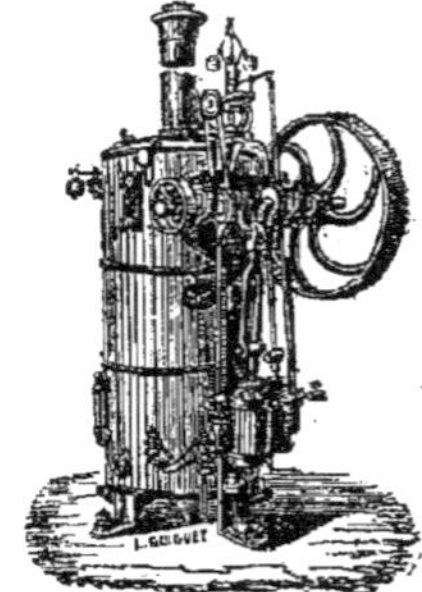

11e Année. — 2e Série. — N° 554. Dimanche 7 Septembre 1890.

GAZETTE AGRICOLE

JOURNAL HEBDOMADAIRE, PARAISSANT LE DIMANCHE

Rédacteur en Chef : M. Ch. GOSSIN, Professeur d'Agriculture à l'Institut agricole de Beauvais

PRIX DE L'ABONNEMENT

UN AN, 5 fr. — SIX MOIS, 2 fr. 50. — TROIS MOIS, 1 fr. 50

Pour l'étranger les abonnements ne sont reçus que pour un an, au prix de 6 francs, et ne partent que du 1er janvier ou du 1er juillet de chaque année.

Il est indispensable de joindre à toute demande de changement d'adresse la dernière bande d'adresse du journal et 50 centimes pour frais de nouvelles bandes.

Adresser les *Abonnements et Annonces* à l'administrateur, **13, quai Voltaire, Paris**, ou à M. GOSSIN, rédacteur en chef, à BEAUVAIS.

BUREAUX

13, quai Voltaire, Paris.

Les abonnements partent du 1er de chaque mois et sont payables d'avance. Toute demande d'abonnement doit donc être accompagnée du prix de l'abonnement. (Le mode de payement le plus simple est l'envoi d'un mandat-poste.)

Donner *très lisiblement*, en s'abonnant, son nom et son adresse exacte, *avec l'indication du bureau de poste* ; et, s'il s'agit d'une continuation d'abonnement, joindre au renouvellement la dernière bande d'adresse du journal.

La GAZETTE AGRICOLE insère gratuitement les Communications des Syndicats agricoles

SOMMAIRE :

PARIS, 5 SEPTEMBRE.

Notre temps est vraiment un temps fertile en surprises. Le Bonhomme Deschamps ne s'attendait certes pas, après la façon dont le général Boulanger et le boulangisme ont fini, qu'un ou plusieurs partisans du général raconteraient les mille et un détails de l'affaire. Ce sont là choses que l'on avait plutôt intérêt à laisser dormir qu'à réveiller. Il n'en a point paru ainsi à tout le monde, puis qu'un grand journal parisien publie sous ce titre : « Coulisses du boulangisme », tout une suite de révélations. Est-ce de l'histoire, de la légende ou du commérage ? Bien malin qui pourrait faire la part exacte de la vérité et de la fantaisie. Il y a déjà eu des rectifications et des démentis, et il est probable qu'il s'en produira encore.

⁂

Bien qu'en temps de vacances, où les nouvelles et les sujets d'articles manquant, les moindres choses prennent de l'importance, le Bonhomme Deschamps croit devoir dire un mot à ses amis de cette affaire. Au premier moment, le parti républicain a paru satisfait de cette publication. Oubliant qu'il avait inventé lui-même le général Boulanger, qu'il l'avait choyé, adulé, élevé, il espérait trouver, dans ces révélations du journal parisien, matière à dauber sur les conservateurs. Sa joie et son espérance ont été de courte durée. On a appris, en effet, que les chefs du parti républicain, lors de la démission de M. Jules Grévy, avaient fort entouré le général Boulanger, lui promettant, s'il donnait son appui à la candidature de M. de Freycinet, de M. Floquet, ou même de M. Brisson, qu'il en serait récompensé. On lui rouvrirait les portes du ministère de la guerre. On voulait à tout prix éviter l'élection de M. Jules Ferry. Grâce aux instructions du comte de Paris, la Droite vota en grande majorité pour le général Saussier, et M. Carnot, comme s'il fut sorti d'une boite à surprises, fut élu, quoique, au dire de M. Clémenceau, ce fut un parfait imbécile !

⁂

Cette partie des « Coulisses du boulangisme » est fort divertissante. On y voit MM. de Freycinet et Floquet, sûrs d'avoir la majorité et l'avouant avec une confiance d'autant plus ridicule pour eux aujourd'hui, qu'elle a été plus déçue. On y apprend aussi — ce qu'on savait déjà un peu — que les radicaux étaient disposés à tout tenter, même l'émeute et la révolution, pour faire échouer le « le tonkinois Jules Ferry ». Ceci est moins divertissant, mais plus grave encore qu'il soit dans les traditions du parti radical de n'être pour la *légalité* que dans la juste mesure où elle lui profite. Comme vous pensez bien, ces révélations ne sont pas tombées dans des oreilles de sourds. Les partisans de M. Jules Ferry les ont relevées et retournées contre les radicaux. Aussi assistons-nous à une véritable querelle entre modérés et violents, et si l'auteur anonyme des « Coulisses boulangistes » s'est proposé d'exciter les républicains les uns contre les autres, il ne paraît pas, à lire les journaux depuis huit jours, qu'il ait manqué son but. Tout au contraire. On voit Ferry contre Clémenceau, Clémenceau contre Rochefort, et ce dernier contre le jéromiste Thiébaud, avec lequel, dit-on, il doit croiser le fer.

⁂

Jusqu'ici M. de Freycinet ni M. Floquet n'ont soufflé mot. M. Carnot n'en dit pas davantage et, à la vérité, on ne voit pas ce qu'il pourrait répondre à M. Clémenceau. Le Bonhomme Deschamps ne vous promet pas de revenir souvent sur ce sujet, attendu que le passé est le passé et que la politique consiste à s'occuper du présent pour préparer l'avenir. Peut-être pourtant, sera-t-il amené à le faire si l'auteur des coulisses boulangistes met les monarchistes en cause et dénature leur attitude et leur conduite. C'est assez pour aujourd'hui de montrer que les républicains, — et l'on parle des plus notables, — les mêmes qui ont eu si peur ensuite du général Boulanger, ont recherché sa faveur et ont offert de la lui payer. Mais, direz-vous, les conservateurs paraissent avoir fait de même. Le Bonhomme Deschamps ne le nie pas, mais il était dans leur rôle et même dans leur devoir, traqués comme ils le sont dans leurs intérêts, dans leurs droits et dans leurs amitiés, de chercher par des moyens légaux, réguliers, électoraux, à se débarrasser d'un parti auteur de tous leurs maux.

LE BONHOMME DESCHAMPS.

NOUVELLES DE LA SEMAINE.

Election législative du dimanche 31 août 1890.

CANTAL.

Arrondissement de Saint-Flour.

Inscrits : 13.368. — Votants : 10.199.

MM. MARY RAYNAUD, répub.	3.474 voix.
CHANSON, radical	3.089
ANDRIEUX, revisionniste	2.628
LINTILHAC, républicain	127

(Ballottage.)

Manquent quelques communes.

Il s'agissait de remplacer M. Amagat, républicain libéral, qui, au scrutin de ballottage du 6 octobre dernier, avait été élu par 5,951 voix, contre 4,875 données à M. Chanson, déjà candidat.

Les « coulisses du boulangisme ». Sous ce titre paraissent depuis quelque temps des révélations, des dénonciations faites par des boulangistes qui se sont servi du général Boulanger ou plutôt de son nom et de son éphémère popularité pour affronter avec succès le scrutin électoral en 1889. De ces révélations, il résulte entre autres choses, que M. Carnot n'a été élu Président de la République que parce qu'il n'était « qu'un imbécile. »

« Carnot est un imbécile. » — C'est en ces termes que M. Clémenceau, le député radical, chef de l'extrême-gauche a posé, en 1887, la candidature du député de la Côte-d'Or à la présidence de la République.

M. Henri Rochefort, qui était l'interlocuteur de M. Clémenceau, nous révèle entre cent choses plus extraordinaires les unes que les autres cet incident, si piquant et si vrai, des coulisses républicaines.

Pourquoi les républicains ont-ils choisi M. Sadi Carnot pour en faire leur chef? s'est-on demandé souvent.

Les gens bien intentionnés, mais mal informés, répondaient : Parce qu'il passe, à tort ou à raison, pour un honnête homme.

Cette erreur historique ne pourra plus subsister, après la révélation de M. Henri Rochefort.

« Carnot est un imbécile, » c'est écrié jadis M. Clémenceau.

Aussitôt tous les scrupules sont tombés.

Ce mot et ce témoignage ont suffi : M. Sadi Carnot a été élu, à une grande majorité, président de la République française.

Et il sera peut-être réélu !

La « Bourse du Travail. » — Il ne faudrait pas croire, d'après ce que nous apprennent les révélations sur l'élection de M. Carnot, que les radicaux n'aient qu'un objectif politique, celui de préparer des émeutes. Ils songent aussi au solide, et l'argent des autres ne leur a jamais paru désagréable : ils s'en accommodent fort bien. En voici un exemple entre mille.

La Bourse du travail, où l'élément radical socialiste possibiliste domine, reçoit de la ville de Paris une subvention annuelle de vingt mille francs. Sur ces vingt mille francs, les administrateurs de la Bourse n'ont pas de loyer à payer, la ville les logeant, les chauffant, les éclairant et subvenant même aux frais de bureau.

La somme de vingt mille francs se trouve partagée entre les radicaux, qui se sont constitués en membres des divers bureaux et en organisateurs des syndicats. C'est leur manière de s'occuper des ouvriers et de travailler à leur émancipation et à leur bonheur.

Ces radicaux, devenus rentiers, n'opèrent pas seulement à Paris avec l'argent des contribuables parisiens ; ils ont institué des voyageurs en grève. Une grève éclate-t-elle dans une contrée quelconque de la France, vite un ou deux délégués partent et vont porter la bonne parole aux grévistes. Ils dépensent mille ou deux mille francs; c'est le bourgeois parisien qui paie. Chaque voyageur en grève reçoit par jour dix francs, plus tous les frais de voyage et d'hôtel, et de remboursement des bouteilles de vin et des verres d'absinthe qu'il offre aux grévistes pour leur donner du cœur et leur renforcer le ton.

De temps en temps, la commission de la Bourse du travail éprouve le besoin de sortir de Paris et d'aller respirer l'air pur des champs. Elle a visité entre autres la manufacture de Sèvres et l'imprimerie Dupont, à Clichy-la-Garenne. Le mémoire de cette journée s'élève à 555 francs, dont 180 francs pour les voitures et 225 francs pour le déjeuner ; les rafraîchissements supplémentaires figurent pour la somme ronde de 100 francs. On trouve sur les comptes une somme de 300 francs représentant les jetons de présence aux commissaires, et 210 fr. pour gratifications diverses. Comme on le voit, la commission ne fait pas mal les choses ; elle sait mélanger l'utile à l'agréable.

Et cela se fait sous la République, avec l'approbation du ministre ; et lorsqu'une institution charitable demande mille francs de subvention à la ville, le Conseil municipal radical les lui refuse.

La politique extérieure. — On dit que l'Angleterre a fait à l'Allemagne et à la Russie des propositions tendant à établir la paix dans l'Europe orientale. Il s'agit d'un projet de confédération d'Etats balkaniques qui, tout en restant indépendants, se formeraient en un vaste Etat, dont la neutralité devrait être respectée par toutes les puissances européennes.

La Roumanie, la Serbie, la Bulgarie, le Monténégro et l'Albanie entreraient dans cette confédération.

Quant à l'Arménie, l'Angleterre se chargerait de pourchasser les brigands kurdes, à la condition d'en recevoir le mandat des puissances signataires du traité de Berlin.

C'est dans cet ordre d'idées qu'on négocie très activement à Londres, à Berlin, à Saint-Pétersbourg et à Constantinople. Quelques-unes des propositions anglaises ont de sérieuses chances d'être adoptées — par exemple le principe d'une confédération balkanique ; — d'autres seront repoussées, surtout en ce qui concerne l'Arménie. On est unanime à penser à Londres que la neutralité de cette confédération et l'arbitrage international en cas de difficultés ultérieures dans les Balkans seront reconnus tôt ou tard.

Le « Bœrenbond ». — Il vient de se constituer en Belgique une ligue de cultivateurs catholiques sous le nom flamand peu euphonique de *Bœrenbond*. L'association a un but humain : l'achat des engrais en commun ; — un but économique : la protection et la réglementation des industries agricoles.

Nécrologie. — Le duc de Rivière, ancien sénateur, ancien conseiller général du Cher, vient de mourir en sa terre de Vernais, près de Charenton. Il était âgé de 73 ans. Le duc de Rivière était fils de l'ancien gouverneur du comte de Chambord et filleul de Louis XVIII et de la duchesse d'Angoulême. Il avait été élu sénateur par le département du Cher en 1876, sur la liste conservatrice, et vota constamment avec la droite. Il ne s'était pas représenté au renouvellement de 1885.

Emploi rationnel de l'acide phosphorique

DANS L'ALIMENTATION DES BESTIAUX.

On sait tous les progrès qu'a fait la science de l'alimentation des animaux domestiques depuis l'époque où elle fut créée par Boussingault jusqu'à nos jours. Ces progrès sont considérables, et pourtant il en reste encore beaucoup à réaliser.

C'est ainsi que jusqu'à présent on n'a considéré dans les aliments de nos animaux que trois groupes de substances : les matières protéiques, grasses et hydrocarbonées et qu'on a négligé constamment ou, du moins, tenu peu de compte d'un élément qui, selon nous, joue un rôle fort important : *l'acide phosphorique*.

Les phosphates, en effet, entrent dans la constitution du corps des animaux; ils existent dans tous les tissus et sont absolument nécessaires à leur formation.

Il n'est pas dans l'organisme animal un seul tissu, un seul liquide qui ne compte au nombre de ses éléments *l'acide phosphorique*, rarement libre, presque toujours à l'état de phosphate de chaux, de fer, de potasse, de soude, etc. Dans toute l'économie vous rencontrez ces phosphates, en plus ou moins grande quantité, jouant un rôle plus ou moins important. Le sang, les os, les muscles, le système nerveux renferment des phosphates, et la bonne qualité des organes dépend, dans une certaine mesure, de la présence de ces sels en quantité suffisante.

Qu'est-ce qui donne au sang sa couleur ; quelle est la substance grâce à laquelle il peut fixer et entraîner dans son parcours la partie nutritive des aliments et la répartir ensuite dans tous les organes? *C'est le phosphate de fer*.

Qu'est-ce qui donne *aux os* leur dureté, leur résistance aux chocs; qu'est-ce qui leur permet de fournir aux muscles des attaches solides et bien développées qui assurent la force et l'ampleur des mouvements? *C'est le phosphate de chaux*.

On a constaté par l'observation que *le cerveau* est d'autant plus actif et la force nerveuse d'autant plus considérable que cet organe renferme plus d'acide phosphorique et de phosphates, principalement *de phosphate de potasse*.

Enfin *les muscles*, organes des mouvements, sont d'autant plus fermes et plus puissants qu'ils renferment plus de phosphates. Celui qui domine dans ces organes est *le phosphate de soude*.

L'acide phosphorique joue donc dans l'organisme un rôle physiologique prépondérant, et si l'alimentation ne le fournit à l'animal qu'en trop faible proportion, cette disette minérale se traduit par les effets suivants :

Le sang s'appauvrit, c'est-à-dire devient plus aqueux, les globules rouges qui lui donnent sa couleur et auxquels il manque un élément de leur constitution (phosphate de fer), ne se forment qu'en quantité insuffisante; en un mot, l'animal devient anémique.

Par suite de la modification qu'il subit, le sang ne remplit plus qu'imparfaitement ses fonctions régénératrices, il ne nourrit plus qu'incomplètement les tissus solides de l'économie qui se ressentent ainsi doublement de la disette des phosphates.

Les os sont de tous les organes ceux qui en pâtissent le plus; ils perdent de leur dureté et de leur résistance; les jambes deviennent arquées, et les os qui les forment, étant d'une minéralisation incomplète, sont relativement très fragiles; tout choc quelque peu violent les fracture ou les fêle. Le rachitisme n'a pas d'autre cause.

Les muscles et le système nerveux se ressentent aussi d'une alimentation trop peu phosphatée, puisque pour eux, comme pour les os, l'un des éléments de leur constitution leur fait en partie défaut. Dans ces conditions, les masses musculaires sont molles et perdent de leur contractilité; la force nerveuse de l'animal diminue.

Nos animaux trouvent-ils dans leur alimentation normale une quantité de phosphates suffisante pour prévenir absolument ces effets fâcheux? A très peu d'exceptions près, on peut répondre à cette question par la négative et affirmer que dans la plupart des cas la nourriture des bestiaux renferme une proportion d'acide phosphorique insuffisante pour les besoins de la nutrition.

Que nous considérions les aliments végétaux fournis directement par la terre, ou les aliments industriels : pulpes, drèches, etc., constitués par les résidus des fabrications du sucre et de l'alcool, nous constatons dans les uns et les autres une pauvreté minérale, variable il est vrai, mais toujours assez accentuée pour nuire à la nutrition.

Il est bien évident, d'abord, que la proportion d'*acide phosphorique* contenue dans la plupart des sols ne suffit pas, en général, aux besoins des plantes qu'ils nourrissent. Ce qui le prouve, c'est l'augmentation de poids et la meilleure qualité alimentaire de la récolte dès qu'on ajoute à la terre, aux terres fortes surtout, un phosphate fossile comme engrais. Mais si le sol, dont la teneur en acide phosphorique s'abaisse parfois au-dessous d'un pour 1,000, ne permet pas à la plante d'y puiser une proportion suffisante de ce principe, la plante, à son tour, ne pourra pas répondre complètement aux besoins de l'animal. Car il y a harmonie dans les choses de la nature, et lorsqu'un végétal n'atteint pas son entier développement par suite d'un élément qui lui fait plus ou moins défaut, l'animal qui s'en nourrit participe en quelque sorte à la langueur du végétal; il pâtit ainsi de la composition incomplète du sol.

C'est ce qui se produit d'une façon remarquable en Bretagne. Là le terrain, de formation ancienne, est caractérisé par l'absence de débris minéraux d'origine organique, et par conséquent de phosphate de chaux. Aussi n'y rencontre-t-on trop souvent qu'une végétation chétive et languissante; c'est au point que les races d'animaux se font remarquer par leur petite taille. Il est certain que ce peu de développement a pour cause principale l'absence presque complète de phosphates dans le terrain de la Bretagne.

Il en est ainsi encore dans les grandes plaines du Nord, de formation géologique plus récente (terrain tertiaire). Dans ces plaines, le sol, malgré sa grande fraîcheur et sa richesse en éléments divers ne donne pourtant que des blés qui versent, des betteraves et des pommes de terres trop pauvres en sucre et en fécule : là encore il manque de l'acide phosphorique.

Quant aux aliments industriels : pulpes de diffusion, drèches de distilleries, la proportion de phosphates qu'ils contiennent est encore plus faible que celle des aliments végétaux ordinaires. Les pulpes, particulièrement, qui sont le résidu d'une lixiviation complète du tissu de la betterave, ne contiennent plus qu'une fraction trop minime d'acide phosphorique, les eaux de lavage ayant entraîné les phosphates solubles.

Nous avons établi d'une part le rôle physiologique prépondérant de l'acide phosphorique dans l'économie.

D'autre part, nous venons de constater que les aliments naturels ou industriels sont impuissants à le fournir en quantité suffisante.

Il est donc nécessaire d'ajouter à l'alimentation de nos animaux domestiques une quantité complémentaire d'acide phosphorique.

La conclusion que nous venons de tirer n'est pas nouvelle. Il y a déjà quelques années qu'elle fut formulée pour la première fois par quelques rares agronomes, et entre autres par le colonel Basserie. Un des premiers, celui-ci reconnut l'insuffisance en acide phosphorique des rations ordinaires, surtout en Bretagne, et proposa d'en ajouter une quantité complémentaire. Il entreprit même une campagne assez active pour répandre ses idées. Malheureusement, bien que sa théorie fût juste, elle ne donna pas les résultats attendus. Quelle fut la cause de cet insuccès? Un détail d'application qui avait été négligé, détail que son importance peut faire qualifier de fondamental. Se basant sur la prédominance de phosphate de chaux dans l'organisme, M. Basserie et ses partisans avaient cru que c'était surtout ce phosphate qu'il importait d'ajouter dans l'alimentation. C'est précisément pour cette raison qu'ils échouèrent dans leurs essais et que leur méthode ne fut point adoptée. *Le phosphate de chaux, qu'il soit précipité ou non, est impropre, pensons-nous, à fournir à l'organisme l'acide phosphorique qui lui est nécessaire*. Nous en donnons la raison en répondant à la question suivante qui est extrêmement importante.

Sous quelle forme et à quelle période de la vie de l'animal convient-il d'ajouter à son alimentation une quantité complémentaire d'acide phosphorique?

L'acide phosphorique doit être donné :

1° *Sous une forme assimilable*, c'est-à-dire dans un état tel qu'il puisse passer dans le sang et se fixer dans la profondeur des tissus. Pour cela il faut que la substance qui le contient soit soluble dans les liquides de l'estomac et de l'intestin. Ce n'est qu'à cette condition qu'il peut être absorbé. Tel n'est pas le cas des différents phosphates de chaux qu'on a proposés pour l'alimentation des bestiaux. Voici pourquoi : Le phosphate de chaux en arrivant dans l'estomac se dissout dans les liquides acides que secrète cet organe; mais il passe ensuite dans l'intestin grêle dont les liquides alcalins détruisent l'effet des premiers; de sorte que le phosphate de chaux se précipite et se dépose à peu près complètement à l'état pulvérulent sur les parois intestinales.

Dans cet état *il n'est pas absorbable et encore moins assimilable*.

Ces considérations théoriques sont d'ailleurs basées sur les expériences de deux zootechniciens du plus grand mérite, MM. Samson, de l'Institut agronomique, et Edwards, du Muséum. Par une série d'expériences irréfutables, ces savants ont démontré que le *phosphate de chaux n'est pas assimilable et qu'il se retrouve tout entier dans les déjections*.

2° Les phosphates entrant dans la constitution intime des tissus, on doit les administrer pendant la période de formation de ces tissus, alors que les échanges organiques sont le plus actifs, c'est-à-dire *pendant le jeune âge de l'animal*. Plus tard, l'action des phosphates, quoique évidente, est bien moins sensible.

C'est en se basant sur tout ce qui est exposé dans cette notice que M. Savary (1) a été amené à préparer un *Phosphate alimentaire contenant tous les phosphates de l'économie dans des conditions de mélange et de combinaison telles que leur assimilabilité est assurée*.

A peine connu depuis quelques années, le *Phosphate alimentaire Savary* a déjà fait ses preuves; soumis à l'expérimentation par de nombreux vétérinaires et agriculteurs, il a été reconnu par eux comme un excellent produit, destiné à rendre les plus grands services aux éleveurs. On peut dire sans exagérer que, grâce à lui, on réalise avec profit l'élevage intensif, de même que, par l'emploi des engrais chimiques, on a pu faire économiquement de la culture intensive.

Economie de temps, et par là même *économies de soins et d argent*; voilà ce qui est ressorti de toutes les observations et les expériences dont le *Phosphate Savary* a été l'objet.

Cela s'explique aisément si l'on songe aux propriétés multiples de ce produit. En effet :

1° Le *Phosphate Savary* est un *aliment* qui concourt à la formation des divers tissus de l'animal et principalement des os.

2° *Le Phosphate alimentaire est un stimulant général* portant spécialement son action sur le système nerveux. Sous son influence, toutes les grandes fonctions sont activées; l'animal est plus gai, plus vif, plus alerte; l'appétit est plus ouvert.

3° *Le Phosphate alimentaire est un absorbant* qui prévient et guérit la diarrhée chez les jeunes veaux, quand elle ne revêt pas toutefois une forme épizootique.

4° *Le Phosphate alimentaire* paraît favoriser l'assimilation des principes azotés contenus dans les aliments auxquels on l'ajoute; il permet donc d'utiliser ces aliments d'une façon plus complète, et, de ce chef seul, son emploi constitue une économie.

Ces remarquables propriétés ont été, ainsi que nous l'avons déjà dit, maintes fois constatées.

Au concours régional d'Amiens de mai 1890, la plupart des premiers prix avaient reçu de la provende phosphatée. Nous connaissons des éleveurs de la Somme qui, avec cette provende, arrivent à des résultats surprenants au point de vue de la rapidité de l'engraissement des jeunes sujets. C'est sur des expériences concluantes que nous nous basons pour affirmer la valeur de la provende phosphatée, dont l'usage est d'autant plus avantageux qu'il n'occasionne qu'une dépense minime de 0 fr. 05 à 0 fr. 09 par jour, suivant l'âge et l'espèce d'animaux auxquels elle est administrée.

DOCTEUR AGRICOLA.

(1) Place Saint-Denis à Amiens (Somme).

LA CHASSE EN FRANCE

L'ouverture de la chasse n'est pas seulement une fête cynégétique, c'est aussi pour le Trésor l'occasion d'une forte recette, par suite de l'impôt somptuaire qui frappe les permis, car c'est seulement à ce titre et dans le but de restreindre le nombre des chasseurs que l'on peut expliquer cette contribution attentatoire au droit de propriété et aux fameux Droits de l'homme.

En 1844, époque où commença à régir la loi actuelle, le nombre des permis délivrés fut de 125,153, ayant donné un produit de 1,877,295 francs à l'Etat et de 1,251,530 francs aux communes. Le nombre des permis atteignait le chiffre de 163,381 en 1847, pour redescendre à 126,121 en 1848, et s'élever progressivement à 328,886 en 1869. En 1870, la chasse fut en partie interdite et on ne délivra que 51,413 permis; 253,325 furent libellés en 1871, dont 106,003 à 40 francs; 211,566 en 1872, dont 211,190 à 40 f. En 1873, avec le prix abaissé à 25 fr., on délivra 373,763 permis.

Le maximum de 404,553 fut atteint en 1884 ; depuis cette époque, on n'a fait que décroître, et l'on est tombé, en 1889, à 348,195, ce qui prouve évidemment que le bien-être général a diminué. La recette a été pour l'État de six millions 6,267,500 fr, et pour les communes de 3,481,050 fr.

La chasse est en même temps pour la propriété une source de revenus, qui varient de 1 0/0 à 45 0/0 de la rente du sol, dans les départements où la location est en usage. D'observations faites dans les départements des Ardennes de la Côte-d'Or, de la Marne, du Nord, de l'Oise, de l'Orne, de Seine-et-Oise, de Seine-et-Marne et de la Somme, il résulte que la location moyenne par hectare de chasse oscille : en plaine, de 0.54 centimes dans l'Orne à 8 fr. 70 dans Seine-et-Marne; — au bois, de 1 fr. 10 dans la Côte-d'Or à 18 fr. 61 dans Seine-et-Marne, — et en plaine et bois réunis, de 0 f.73 cent. dans les Ardennes à 9 fr. 80 dans Seine-et-Marne. Dans Seine-et-Oise, on a pu relever un total de 437,744 fr. de locations, et de 460,329 dans Seine-et-Marne.

Trente règles concises pour l'emploi rationnel du nitrate de soude.

Le professeur W.-J. Malden a donné dernièrement dans les journaux anglais d'excellentes recommandations concernant l'emploi du nitrate de soude; nous les avons traduites pour nos lecteurs et nous les avons complétées par nos renseignements personnels.

1° Le nitrate est un engrais très énergique qui ne peut agir que par son azote et par les alcalis qu'il renferme; il ne sera jamais qu'un engrais incomplet et ne pourra dispenser de l'emploi des autres éléments minéraux reconnus indispensables aux plantes.

2° Le nitrate de soude est le résultat de la combinaison de l'acide nitrique avec la soude et est, par conséquent, très soluble et très actif. Afin de ne pas avoir de perte, il est important de ne l'employer que peu de temps avant son action sur les plantes.

3° On le mélange quelquefois frauduleusement avec du sel ordinaire (chlorure de sodium), de la kaïnite ou du sable blanc. Le cultivateur ne doit l'acheter qu'avec garantie d'analyse.

4° On peut toujours se procurer du nitrate pur, d'origine authentique, avec garantie de 95 p. 100 de pureté. Ce titre est garanti par toutes les maisons sérieuses.

5° Il titre de 15 à 16 p. 100 d'azote et la consommation a pu l'acheter cette saison entre 19 fr. 50 et 22 fr. pris au port de Dunkerque, et actuellement de 19 fr. 25 à 19 fr. 50.

6° Le nitrate produit tout son effet dans l'espace d'une saison. Il ne faut pas lui en demander plus, car il donne un prompt rapport.

Employé judicieusement il donne de sérieux bénéfices, mais il n'en est pas toujours ainsi.

7° C'est aux fortes doses trop fréquemment employées qu'il faut attribuer les insuccès.

8° On l'applique souvent mal et d'une façon inégale, car à la dose de 100 kilogrammes à l'hectare, il faut répandre uniformément 10 grammes par mètre carré, ce qui demande de l'attention et de l'habileté.

9° Pour assurer son exacte distribution, il est nécessaire de le broyer finement et de le faire passer au crible d'un tamis à mailles de 6 à 8 millimètres.

10° C'est avec les distributeurs d'engrais que l'on peut mieux le répandre, car il est extrêmement difficile de répartir à la main une aussi petite quantité.

11° Il est préférable de mélanger le nitrate avec du sable, des cendres, du sel ou autre matière finement divisée, de densité voisine de la sienne. On augmente ainsi la quantité de substance à répandre et on en assure une plus exacte répartition.

12° Il importe de ne pas le mélanger avec du superphosphate pour éviter toute perte d'azote. Les superphosphates contiennent, en effet, de l'acide phosphorique libre, parfois un peu d'acide sulfurique et même de l'acide fluorhydrique quand il s'agit de superphosphates minéraux qui renferment généralement des fluorures. Ces acides réagissent sur les nitrates dont ils déplacent l'acide nitrique, et celui-ci se trouve réduit graduellement par les corps oxydables qu'il rencontre dans le produit : matières organiques, sels ammoniacaux, pyrites, etc.

13° En culture ordinaire pour céréales après fumure minérale préalable et demi-fumure azotée à l'automne ou au printemps, il suffit d'appliquer 100 à 150 kilogrammes à l'hectare.

100 kilogrammes suffisent habituellement, à moins que le sol ne soit très épuisé.

On se trouve bien de répandre le nitrate en deux fois, en fin mars et fin avril.

14° On peut augmenter les doses pour les cultures de racines. Il convient mieux aux betteraves fourragères qu'aux navets et aux choux plus qu'à toute autre plante.

On emploie aussi très avantageusement le nitrate, pour les betteraves à sucre à la condition de faire usage comme correctif d'un engrais phosphaté.

15° Il est indifférent de l'appliquer par un temps sec ou humide. Cependant la distribution du nitrate à l'état humide est plus difficile.

Il ne s'envole pas et la rosée est presque suffisante pour le dissoudre. Il est inutile d'attendre la pluie.

16° Au moment de l'appliquer on répartira également sur le sol des sacs contenant 50 kilogrammes, afin que chaque partie reçoive bien la proportion voulue.

17° Dans les années très humides où les pluies sont fréquentes on l'appliquera en deux fois dans le but d'éviter les pertes. Cela est moins important si le sol n'est pas drainé.

18° On le répandra au printemps pour les céréales; pour les racines on le répand au dernier labour avant de planter. Pour les betteraves à sucre on peut mettre les deux tiers à la plantation et un tiers en couverture sur les jeunes plantes après la levée. Il est inutile d'en employer en automne si ce n'est, le cas échéant, pour forcer les choux transplantés en août à donner une plante plus robuste pour l'hiver.

19° On lui prête la propriété de durcir le sol mais les quantités ordinairement employées, si elles alternent avec des fumures organiques, ne peuvent nuire aux propriétés physiques du sol. L'emploi d'un excès de nitrate est préjudiciable.

20° On prétend qu'il appauvrit le sol. Il est certain qu'il consomme les engrais minéraux qui s'y trouvent, mais, si on restitue les éléments minéraux, il est évident que cet inconvénient disparaît. Les expériences de Rothamsted et de Woburn ont démontré que les engrais minéraux épuisent plus rapidement le sol que les nitrates.

21° Pour éviter l'épuisement, le mieux sera de répandre le nitrate avec les engrais minéraux. Toujours avec de l'acide phosphorique et avec de la potasse chaque fois que cet élément fera défaut dans le sol.

22° On l'emploie souvent pour préserver les céréales et les betteraves des premières atteintes des insectes. Il ne faut cependant pas dans ce but en faire un usage immodéré, car on tomberait alors dans un autre danger : ce serait d'exposer la plante aux ravages des champignons : le mildew et la rouille.

23° On applique souvent deux fortes doses de nitrate en couverture sur le blé : c'est là une erreur, car le blé est déjà fort sujet aux ravages du mildew qui l'attaquera presque avec certitude si on fait une forte application de cet engrais.

24° Le nitrate convient aux plantes de la famille des graminées mais est défavorable aux légumineuses.

25° Il n'exerce pas d'action très marquée sur les pois, les fèves, les vesces.

26° Le prix du nitrate est souvent trop élevé pour qu'on puisse l'appliquer sur les prairies en vue d'obtenir un excédent de foin. Cette récolte, en effet, n'a pas une grande valeur; mais au prix actuel, il peut être parfaitement employé pour les pâturages qui doivent donner une nourriture abondante aux animaux, nourriture devant venir rapidement et que l'on obtiendra en employant à l'automne des engrais phosphatés et potassiques.

27° Il n'est pas très en honneur auprès des maraîchers, surtout pour la culture des oignons parce qu'il prédispose à la formation de plantes tortues, à la montée des bulbes.

Il est recommandable pour les racines.

28° Il doit se présenter sous forme de cristaux parfaitement blancs et brûler avec déflagration en donnant une flamme jaune.

29° Il doit être conservé dans un local bien sec, construit en pierres. Il doit être renfermé dans des barriques de préférence aux sacs.

30° S'il est mal employé il pourra occasionner des pertes, mais il est ridicule de considérer le nitrate comme un simple stimulant. C'est, ainsi que nous le disions en tête de cette étude, un engrais des plus actifs et sûr quand ce sont de bonnes mains qui l'emploient.

Toutefois il ne devra être mis en usage qu'avec ménagement par les personnes qui ne sont pas complètement familiarisée avec lui.

EXPOSITION NATIONALE DE 1892

On lit dans le *Courrier du Commerce*, de Lyon :

« La presse commence à faire grand bruit autour du projet d'une Exposition nationale et coloniale à Lyon, en 1892.

« Ce projet grandiose mérite, en effet, d'occuper une place importante dans nos principaux organes, toutes les branches du commerce et de l'industrie étant intéressées à sa réussite.

« Les chambres syndicales ont envoyé leur adhésion en foule au comité organisateur; les pouvoirs publics ne lui ont pas marchandé leur appui; enfin, la ville de Lyon lui a donné son haut patronage.

« Son succès est donc assuré.

« Certes, s'il est une chose dont nous devons nous féliciter, c'est bien de voir s'organiser une Exposition vraiment nationale, n'empruntant rien à l'étranger, montrant dans tout son épanouissement notre industrie française, avec sa force, sa richesse, sa variété qui fait qu'elle s'impose pour tous et rivalise partout avec succès.

« Mais ce n'est pas seulement l'industrie qui a à gagner à cette Exposition; l'agriculture aussi pourra montrer enfin ce qu'elle est, ce qu'elle produit et prouver qu'elle peut suffire à tous nos besoins, sans le secours des importations étrangères.

« Ce sera une brillante occasion pour nos agriculteurs de frire voir que s'ils sont protectionnistes, c'est qu'ils connaissent leur valeur et savent que la France n'a besoin du secours de personne pour son alimentation.

« On a cru trop longtemps que notre agriculture ne pouvait fournir le nécessaire pour un peuple comme le nôtre, où la richesse entraîne les exigences du bien être. On a trop longtemps emprunté à nos voisins leurs produits, tandis que les nôtres ne trouvaient plus alors de débouché.

« Les tarifs de pénétration ont encore aggravé le mal. Une exposition nationale mettra en pleine lumière la variété de nos produits agricoles et l'abondance de nos récoltes.

« Et ce n'est pas seulement au point de vue de ses produits que l'agriculture retirera un grand profit de l'Exposition, mais encore au point de vue de ses machines qui s'imposent aujourd'hui dans le monde entier.

« La mécanique a avancé sur ce point à pas de géant. Elle a su s'adapter à toutes les combinaisons, faciliter tous les travaux, se perfectionner pour toutes les cultures.

« Dans la région lyonnaise les constructeurs de machines agricoles ont obtenu les résultats les plus brillants, et plusieurs ont vu couronner leurs travaux par des distinctions honorifiques bien méritées.

« L'Exposition de 1892 leur permettra de montrer à la France entière la grande variété de leurs constructions. Ils pourront, au contact des agriculteurs de toutes nos provinces, agrandir le centre de leurs opérations et se perfectionner dans l'étude de la mécanique agricole.

« On voit par ces quelques lignes, bien résumées, — nous aurons, du reste, à revenir sur un sujet si intéressant, — tout l'intérêt que l'agriculture peut trouver dans une Exposition nationale.

« Du reste, une entreprise de l'importance de celle qui s'organise pour 1892 est une source considérable de bénéfices pour la ville qui ose en prendre l'initiative.

« Tous les produits de l'alimentation : meunerie, boucherie, vins et spiritueux, pâtes alimentaires, etc., trouveront des débouchés considérables par l'affluence immense de visiteurs que l'Exposition attirera à Lyon. On peut même se demander si Lyon saura se suffire alors. Les hôtels manquent un peu dans notre ville, surtout dans le quartier avoisinant les terrains où s'élèveront les pavillons de l'Exposition.

« Ce sera là une bonne fortune pour la construction.

« L'Exposition de 1892, amènera une transformation considérable de plusieurs quartiers. Sans parler d'abord des immenses chantiers qui seront ouverts au sein même de l'Exposition, il est certain que la main-d'œuvre trouvera à s'occuper dans maintes entreprises particulières.

« On hâtera l'exécution de grands travaux laissés en suspens; on achèvera ceux en cours d'exécution ; enfin, Lyon tiendra à honneur de prouver que si Paris est la capitale du monde, Lyon est bien la capitale de la France. »

Nouvelles agricoles.

Falsification du cidre. — De tous les côtés, la fraude prend des proportions considérables ; c'est effrayant ! A Marseille et à chacune de ses audiences, la chambre correctionnelle juge de nombreuses contraventions commises par des marchands de poivre, de café, de safran, etc., etc.

Ces jours derniers, on a poursuivi des fabricants d'eau gazeuse qui avaient vendu, sous le nom de cidre, une boisson n'ayant de commun avec le cidre de Normandie que l'étiquette des bouteilles. Ce soi-disant cidre était un composé d'eau gazeuse, de sucre et d'essence de pomme achetée chez les droguistes. Les avocats ont, tous les deux, soutenu à peu près la même thèse ; ils ont déclaré qu'il n'y a délit que lorsque le marchand a voulu tromper l'acheteur.

Or, tout le monde sait qu'il est impossible, avec la fabrication actuelle, de faire supporter un long voyage au cidre de Normandie et que, par suite, la boisson vendue à Marseille ne pouvait être qu'un cidre artificiel dont le prix de vente suffisait, d'ailleurs, pour éviter toute confusion.

Le tribunal a bien reconnu la bonne foi des prévenus, il a déclaré que la vente, sous le nom de cidre, d'un liquide ne contenant pas les éléments du cidre naturel constituait un délit, et il a condamné, chacun à 16 francs d'amende, les deux fraudeurs qui s'en sont tirés à bon marché : et cependant le vol était manifeste !!

La volaille de France. — Voici, à propos de l'élevage de la volaille en France, une statistique qui donnera une idée de l'importance de cette branche de production. Il résulte de documents recueillis à la préfecture de police, que l'on compte en France 45 millions de poules, qui au prix moyen de 2 fr. 50 l'une représentent une valeur de 112,500,000 francs. Ces 45 millions de poules sont annuellement livrées à la consommation par cinquièmes, d'où un premier produit en viande de 22,500,000 francs.

Deux millions de coqs sont également livrés à la consommation et produisent une nouvelle somme de 5 millions de francs.

On évalue à 34 millions le nombre de poules pondeuses desquelles naissent au moins 100 millions de poulets.

En outre, ces 34 millions de poules pondent chacune en moyenne 90 œufs par an, soit un total de 3,060,000 œufs, valant à 0.06 l'un 183,600,000 francs. En résumé on estime que l'élevage des poules en France rapporte annuellement 337.100,000 francs, dont 153,500,000 francs, produits par la viande, et 183,600,000 francs par la vente ou la consommation des œufs.

AFFAIRES MILITAIRES.

Nos sous-officiers

Au 1er janvier dernier, notre armée de terre possédait 16.000 rengagés sur un effectif de 39.349 sous-officiers.

M. de Freycinet espère qu'après la libération des classes 1885 et 1886, qui sera presque terminée au mois d'octobre prochain, nos troupes pourront comprendre 18.000 sous-officiers.

Il a invité les commandants de corps d'armée à restreindre un peu la proportion des sous-officiers de cette catégorie dans les compagnies du train des équipages et dans les sections de commis, d'ouvriers et d'infirmiers militaires.

Cette année, les sous-officiers se répartissent ainsi :

Armes diverses	Effectif des s.-offi.	Rengagés	Prop. p. 0/0
Infanterie	22.539	10.063	44.64
Sect. d'administ..	2.942	1.424	48.40
Cavalerie.........	4.817	2.601	53.98
Artillerie.........	7.191	3.077	42.78
Génie.............	1.049	358	34.22
Trains	811	477	58.81
Totaux...	39.349	18.000	45.75

CONSEILS DU JARDINIER

LE VER DES FRUITS

Les arbres fruitiers ont de nombreux ennemis dès le début de la végétation. Outre les chenilles, grandes et petites, qui dévorent les feuilles aussitôt qu'elles commencent à se développer, diverses larves attaquent les fleurs et les fruits.

Parmi ces larves, désignées vulgairement sous le nom de *ver*, les unes rongent les boutons à fleurs avant leur éclosion, et d'autres s'introduisent dans le fruit aussitôt qu'il est formé et y passent toute la saison.

Ce sont des mouches du genre *cécydomie* et de petits papillons du genre *pyrale* qui causent ces dégâts.

Certaines espèces pondent à l'automne, à la base du bouton à fleur, un œuf qui éclôt à la fin de l'hiver et dont la larve se met à dévorer ce bouton *qui ne s'épanouit pas* ; il est facile de les reconnaître et de les enlever. D'autres espèces pondent au printemps dans l'ovaire de la fleur épanouie et au moment où le fruit commence à nouer ; ce sont ces dernières qui causent le plus de dégâts, à ce point que dans certaines années et dans certains jardins tous les fruits sont véreux.

L'espèce la plus commune est la pyrale des pommes *(tortrix pomonana)*, dont la chenille vit exclusivement dans les pommes et dans les poires. Après la fécondation, la femelle dépose un œuf dans la fleur épanouie ou dans l'œil du fruit à peine noué ; aussitôt éclose, la petite chenille, un peu moins grosse qu'un fil, pénètre peu à peu dans l'intérieur. Puis il y a la pyrale des prunes et des abricots qui ressemble beaucoup à la précédente, et enfin la *pyrale des* châtaignes, très commune dans les bois des environs de Versailles ; nous ne parlons pas de la vigne qui est malheureusement trop connue.

Indépendamment des pyrales, certaines mouches viennent aussi pondre un œuf au centre des fleurs de nos arbres fruitiers ; ce sont :

La *cécydomie* du poirier, qui cause la chute d'un grand nombre de jeunes poires ; lorsque celles-ci prennent une forme sphéroïde et noircissent, on peut être sûr qu'elles contiennent une larve ; il faut enlever ces poires *calebassées* et les brûler, ou écraser le ver qui s'y trouve;

La *sciare* des poires, qui ressemble beaucoup à la précédente, et cause les mêmes dégâts ;

L'*ortalide* des cerises, dont la larve se rencontre dans certaines variétés de guignes et de bigareaux ;

La mouche de l'olive, etc., etc.

Ces insectes, par leur petitesse, sont d'une destruction fort difficile et même impossible, mais on a découvert le moyen de les éloigner ; après avoir essayé de diverses substances, on a reconnu que le vinaigre avait ce pouvoir.

Il suffit donc, au moment où les fleurs sont épanouies, d'asperger les arbres avec de l'eau vinaigrée, *un décilitre* de vinaigre pour *dix litres* d'eau. On peut bassiner à deux reprises : 1° au moment où les fleurs viennent à s'épanouir ; 2° au moment où les pétales commencent à tomber. L'odeur forte du vinaigre éloigne mouches et papillons.

Ce procédé a été expérimenté avec soin par M. Denis, jardinier en chef du parc de Dijon, et a été vivement recommandé par lui ; il a donné, paraît-il, d'excellents résultats ; les arbres traités de la sorte sont restés couverts de fruits sains, tandis que les autres ont perdu presque tous leurs fruits ; ceux qui sont restés étaient véreux.

Le remède est peu coûteux et facile à employer. Il est à désirer que les expériences déjà faites se trouvent confirmées.

Un petit coléoptère du genre charançon, le *rynchite bacchus*, attaque également les jeunes poires. La femelle de cette jolie *lisette*, qui est d'un beau rouge doré, perce avec son rostre les petites poires nouvellement nouées, et dépose *dans le petit trou un œuf qui éclôt en quelques* jours ; la larve creuse une galerie dans le fruit dont elle occasionne la chute au bout d'un mois environ. Pour atténuer le mal que fait cet insecte, il faut enlever soigneusement tous les fruits piqués.

Ces soins sont minutieux et ne peuvent être employés que pour les jardins. Dans les vergers, on est obligé de compter sur les oiseaux pour nous débarrasser partiellement de tous ces insectes qui pullulent de plus en plus à mesure que les *becs fins* deviennent plus rares ; ce sont ceux-ci surtout qu'il faut conserver avec soin, car ces charmants oiseaux, qui font la gaîté de nos jardins et de nos champs, se nourrissent toute l'année des insectes ainsi que de leurs œufs, à la recherche desquels ils ne cessent de s'occuper. HORTUS.

CONSEILS A LA FERMIÈRE

BIÈRE DE MÉNAGE.

Pour faire 100 litres de bière,
Prenez : 7 kilos de sucre.
50 gr. de coriandre.
50 gr. d'écorce d'orange.
500 gr. de houblon.

Faites bouillir d'abord pendant une demi-heure le houblon et l'écorce d'orange dans vingt litres d'eau ; ajoutez le sucre, et lorsqu'il sera fondu, versez le liquide pendant qu'il est chaud dans un petit fût contenant cent litres et remplissez-le avec de l'eau ordinaire.

Délayez dans un peu d'eau 200 grammes de levure de bière et versez-le aussi dans le tonneau. Remuez pour bien mélanger, laissez la bonde ouverte.

Au bout de quelques heures la fermentation se produit et la mousse est rejetée par la bonde. Il faut avoir soin d'entretenir toujours le fût bien plein.

Lorsque l'écume tombe, la fermentation est suffisante. Pour éclaircir la bière on la colle avec un peu de colle de poisson qu'on aura fait dissoudre dans du vinaigre et qu'on mêlera à la bière, en la remuant avec un bâton.

On met en bouteille au bout de quelques jours. UNE MÉNAGÈRE.

CONSEILS DU VÉTÉRINAIRE

LA DIARRHÉE DU PORC

Pendant les chaleurs, le porc est souvent atteint de diarrhées qui, parfois, se prolongent et sont, pour l'agriculteur, une cause très sérieuse de dommages. L'appétit diminue, la peau se sèche. L'animal maigrit, il est en proie à une soif dévorante que rien ne peut apaiser.

Lorsqu'on constate les premiers symptômes de la maladie, il faut se hâter d'isoler l'animal qui pourrait communiquer la maladie à ses voisins, puis on le met en traitement. Des soins tardifs pourraient compromettre sa santé, et le conduire à l'épuisement complet et sans remède.

Le plus souvent, des bouillies de farine suffisent pour enrayer la maladie ; si elle persiste ou récidive, on donnera, suivant la grandeur de la bête et deux fois par jour, de 15 à 30 grammes de la préparation suivante :

Craie	30	grammes
Poudre de catéchu	15	—
— de gingembre	5	—
— d'opium	1	—

Le tout dissous dans un litre d'eau de menthe poivrée.

Cette autre préparation, indiquée par Léouzon, à dose de deux ou trois cuillerées, est aussi un excellent spécifique contre la diarrhée.

Catéchu	42	grammes
Esprit de vin	42	—
Laudanum	56	—
Gingembre pilé	41	—
Eau	1/2	litre

Souvent, chez les jeunes porcelets, la diarrhée est provoquée par le lait de la mère. Il faut alors changer l'alimentation de celle-ci ; en même temps, lui faire prendre de l'eau de chaux. Si elle fait des difficultés pour boire l'eau de chaux, on la mélange à la nourriture.

UN VIEUX VÉTÉRINAIRE.

CONSEILS DU MÉDECIN

RECETTE POUR COUPURES ET CONTUSIONS DES HOMMES ET DES ANIMAUX.

Mettre dans un litre d'eau *de pluie* :

Sulfate de cuivre	4	gr.
Sulfate de zinc	4	gr.
Camphre	1/2	gr.

L'employer en compresses.

Cette eau est parfaite pour les inflammations des globes de l'œil et des paupières, mais il faut doubler la dose de l'eau et mettre deux litres au lieu d'un.

On l'emploie avec le même succès pour les animaux. UN VIEUX MÉDECIN.

JURISPRUDENCE RURALE.

LES NOTAIRES ET LES PLACEMENTS DE FONDS.

— Est-il vrai que les notaires n'aient pas le droit de recevoir de l'argent comme le font les banquiers? J'avais quelques petites économies à placer, et comme de père en fils nous les donnions à notre notaire qui est aussi honnête que le bon Dieu, je les lui porte tout simplement. Mais voilà qu'il me répond : Impossible mon ami, ça nous est interdit. C'est-il vrai ou est-ce de sa part un manque de complaisance?

— Il t'a dit la vérité ; tu sais que les notaires, tout en achetant leur charge, sont nommés par l'Etat ; or le Gouvernement qui dispose de tout au profit de ses créatures et qui paie les services électoraux et politiques avec des places, avait de ci et de là nommé comme notaires des gens qui ne valaient pas cher ; il en est résulté tant d'abus que le public s'est plaint et que les bons notaires, qui sont encore la grande majorité, ont dit : Il faut que ça finisse.

— A leur place j'en aurais fait autant.

— Alors un décret a été rendu qui interdit aux notaires de recevoir ou conserver des fonds à charge d'en servir l'intérêt, de faire, de signer des billets ou reconnaissance en blanc, de se livrer à aucune opération de banque ou financière.

— Je ne pourrais donc pas même consulter mon notaire pour savoir où je dois placer mes quatre sous?

— Si! Il ne lui est pas défendu de te conseiller, mais il ne peut recevoir ton argent et t'en payer l'intérêt sans s'exposer à des peines disciplinaires ; quant à ses conseils, ne crains pas de les lui demander. Presque toujours ils seront dictés par la prudence et la sagesse, car, sauf quelques rares scandales, le notariat est une institution digne de toute la confiance du public. UN VIEUX JUGE DE PAIX.

PETITE POSTE.

M. P. C... (Bouches-du-Rhône). — Si la liste que nous avons sous les yeux est exacte, le n° 118.200 des obligations de la ville de Marseille, emprunt 1877, est sorti au tirage d'octobre, remboursable au pair. Vous devriez demander, à Marseille, la liste officielle.

M. L. V... (Oise). — *Chats.*

1° Oui, vous avez le droit de prendre au piège, dans une propriété close attenant à l'habitation, les chats qui viennent commettre des dégâts dans votre propriété.

2° A coups de fusil? D'après une distinction trop subtile, selon nous, non ; mais on le fait tout de même.

3° Même réponse pour les chats errants en plaine, grands destructeurs de gibier. Pas de pitié.

Mme M... (Vosges). — *Service militaire.* — Oui, dans les conditions que vous indiquez, le jeune homme pourrait être exempté à titre de soutien de famille. La demande doit être adressée au préfet, par l'intermédiaire du maire, avec un certificat favorable à la demande signée, autant que possible, par des pères de famille de la commune, ayant des fils sous les drapeaux.

M. A., à Ch. (Meurthe-et-Moselle). — *Préparation des semences.* — Faire dissoudre 1 kil. de sulfate de cuivre dans 100 litres d'eau. Lorsque le liquide est ainsi préparé dans un cuvier de capacité convenable, y plonger 100 litres de semences en une ou deux fois, à l'aide d'un panier ; après une heure d'immersion, placer ce panier sur deux bâtons au-dessus du cuvier sur lequel il s'égoutte, pendant qu'un panier de même contenance trempe à son tour.

Le sulfate de cuivre est remplacé avec avantage par le *Germinateur Quarante-Descalonne* (chez M. Bossière, 7, rue de l'Entrepôt, Paris). L'effet est certain et l'emploi et des plus simples et économiques.

M. D... à C... (Oise). — Plus la terre infestée de liserons est cultivée, plus repousse cette maudite plante dont la moindre parcelle de racine coupée repousse, si profondément enterrée qu'elle soit. Le seul moyen de destruction est de laisser la terre occupée plusieurs années par une plante vigoureuse et vivace.

BULLETIN FINANCIER.

La liquidation d'août semblait devoir fournir, à ceux qui prédisent un renchérissement prochain du taux des reports, l'occasion de triompher, car il arrive souvent qu'après de grands mouvements de hausse l'argent se montre plus exigeant et les livraisons de titres deviennent plus nombreuses.

Or, malgré l'étendue de la hausse qui s'est encore manifestée pendant le mois écoulé, le capital reporteur s'est montré aussi facile que par le passé. On ne marchande pas le crédit aux acheteurs, ceux-ci trouvent chaque jour un encouragement nouveau dans l'empressement avec lequel on met à leur disposition toutes les ressources dont ils ont besoin.

On n'a jamais eu l'exemple à la Bourse de Paris d'un mouvement de hausse aussi important et aussi prolongé que celui auquel nous assistons.

Les quelques réactions qui ont interrompu ce mouvement n'ont eu ni profondeur ni durée. La tendance générale n'a subi aucune altération depuis plus de trois ans.

Les cours que l'on considérait, il y a quelques années, comme tout à fait inaccessibles ont été franchis depuis longtemps et on les considérerait aujourd'hui comme des cours de baisse.

Le 3 0/0 est à 95 65, l'Amortissable à 96 65 et le 4 1/2 0/0 à 106 70.

La Banque de France s'inscrit à 1.3'0.

Le bilan hebdomadaire de cet établissement de crédit fait ressortir les différences suivantes sur celui de la huitaine précédente :

L'encaisse métallique se décompose ainsi qu'il suit :

Le chapitre argent est en augmentation de 3 millions ; et le chapitre or a reculé de 9 millions.

Les avances sur titres sont en avance de 6 millions ; les billets en circulation sont en plus-value de 37 millions.

Les augmentations portent en outre sur les comptes-courants particuliers avec 16 millions.

Aux diminutions figurent : le portefeuille en moins-value de 62 millions, et le compte-courant du Trésor avec, également, une moins-value de 128 millions.

Les bénéfices réalisés pendant cette période hebdomadaire s'élèvent à la somme de 521.000 fr.

L'action du Crédit Foncier est l'objet de demandes suivies entre 1.325 et 1.330.

Dans sa séance hebdomadaire du 3 septembre 1890, le conseil d'administration du Crédit Foncier a autorisé pour 3.075.986 fr. de nouveaux prêts, dont 2.548.100 fr. en prêts fonciers et 527.886 fr. en prêts communaux.

COUPON.

HALLES ET MARCHÉS.

Farines de consommation.

Les prix ne dénotent pas de changement.

MARQUE DE CORBEIL	60 fr. (37 58 100 k.).			
	159 kil.		100 k.	
Marques de choix	60 à 61		38 22 à 38 85	
Premières marques. . . .	59	60	37 58	38 22
Bonnes marques.	57	58	36 30	36 94
Marques ordinaires. . . .	56	57	35 66	36 30

Le sac de 159 k., toile à rendre, franco au domicile des acheteurs à 30 jours sans escompte, ou au comptant avec escompte de 1/2 0/0.

Fourrages et pailles.

Paris, La Chapelle.

	1re qté.		2e qté.		3e qté.	
Foin nouveau	49 à	50	47 à	48	43 à	45
Luzerne nouvelle . . .	47	49	45	46	43	44
Paille de blé	39	41	37	38	34	36
Paille de seigle	38	39	35	37	32	34
Paille d'avoine	27	29	25	26	23	24

Le tout aux 104 bottes dans Paris.

COURS DE DIFFÉRENTS MARCHÉS (par 100 kil.).

	Paille.	Foin.
Beauvais	4 50	6 50
Lyon	4 »	5 25
Blois	3 75	5 75
Toulouse	3 75	6 50
Bourges	5 »	6 25
Angers	3 75	5 »
Orléans	5 25	7 »
Douai	4 75	8 »

Issues, les 100 kil.

Les offres sont un peu plus nombreuses, et la tendance est plus faible.

Nous cotons par 100 kil. en gare d'arrivée à Paris :

Son écaille.	14 50 à	14 25
— gros	13 50	13 25
— trois-cases	13 »	12 25
— fin	12 »	11 50
Recoupettes.	12 »	11 50
Remoulages blancs. . . .	19 »	20 »
— bâtards.	14 »	14 »

MARCHANDISES DIVERSES.

Fécules.

Les nouvelles sur la récolte des pommes de terre sont contradictoires ; quelques plaintes se font entendre de diverses régions, mais chez nous, en France, le rendement peut être certainement classé comme satisfaisant.

Les 100 kil.

Paris. — Fécule 1re, grains	28 » à	29 »
dito verte	» »	» »
Oise. — Fécule 1re, grains	27 »	28 »
Vosges. — Fécule 1re, grains . . .	28 »	30 »
Saône-et-Loire	29 »	30 »
Loire. — Fécule 1re, grains	27 »	28 »
Auvergne. — Fécule 1re, grains. . .	27 »	28 »
Fécules secondes selon qualité. . . .	20 »	24 »

Pommes de terre.

Les 1.000 kil.

Hollandaises	60 » à	80 »
Magnum bonum	60 »	65 »
Early roses	50 »	52 »
Saucisses	60 »	70 »
Rondes.	45 »	50 »
Chardonnes	35 »	40 »

Tourteaux, les 100 kil.

	Colza	Œuillette	Lin	Cam.
Lille	16 » à 17 50	16 25 à 17 50	24 » à 26 50	16 25
Arras	15 » 16 »	14 » 15 50	21 » » »	16 50
Gd Moulin Corbeil	15 50		19 75	
	Cophra	Arachide déc.	Sésame	Lin.
Marseille	11 50 à 14 50	14 50	13 50 à 14 »	15 50

GRAINES DIVERSES.

Maïs, les 100 kil.

Paris	12 » à	15 »	Agen.	14 50	15 25
Alais	14 25	15 »	Grenoble. .	15 »	16 »
Ruffec	14 »	14 50	Reims.	14 50	15 75

Sarrazin, les 100 kil.

Paris	13 75 à	16 50	St-Pierre. .	15 25 à	16 75
Mayenne. .	15 »	16 50	Nantes. . . .	15 »	16 50
Rennes. . . .	15 25	16 50	Orléans . . .	16 »	17 »

Légumes secs, les 100 kil.

	Haricots	Pois	Vesces	Lentilles
Paris.	20 à 47	21 à 26	» »	45 à 70
Rouen.	42 57	50 63	26 28	77 »
Marseille. .	18 30	23 32	25 34	19 24 50

Graines fourragères, les 100 kil.

Luz. de Prov.	» à	»	Minette.	» à	»
— du Poitou	»	»	Sainfoin à 2 c. .	»	»
— d'Italie. .	»	»	Sainfoin à 1 c. .	»	»
Trèfle blanc. .	50	55	Pois jarras. . .	20	22
— incarnat	55	60	Vesces.	20	21

Huiles.

COLZA BRUT. — Le marché débute ferme aux derniers cours de la veille ; les acheteurs sont assez nombreux. On fait du courant du mois à 71 50, du livrable en octobre à 70 50, du novembre et décembre à 69 50 et des quatre premiers mois à 67 fr.

On cote au début de la réunion :

Disponible	71 50 à	» »
Livrable août.	71 50	» »
Septembre	70 50	» »
4 derniers mois.	69 50	» »
4 premiers mois	67 »	» »

LIN — Tendance ferme avec peu d'affaires ; novembre et décembre se payent 58 50.

On cote au début de la réunion :

Disponible	58 75 à	59 25
Livrable août.	58 75	59 25
Septembre	58 »	58 50
4 derniers mois.	58 50	» »
4 premiers mois	57 50	58 »

Les 100 kil. net, logés, escompte 1 0/0.

Pétrole.

Les prix ne varient pas ; nous cotons par wagon complet et pour marchandise disponible :

L'huile de pétrole raffinée vaut 49 fr. 50 ; l'essence rectifiée 60 fr. 50 les 100 kil.

On cote à l'hect. pour le détail :

PÉTROLE RAFFINÉ disponible .	39 50 à	» »
ESSENCE RECTIFIÉE, disponible	42 25	» »

Laines.

ROUBAIX-TOURCOING, 2 septembre.

Laines à terme.

Qualité peignée de fab.	Cours du jour.	Cours préc.	*Qualité peignée courant*	Cours du jour.	Cours préc.
Courant. . .	6 80	6 82	Courant. . .	5 85	5 85
1 mois après	6 80	6 80	1 mois après	5 82	5 82
2 —	6 67	6 67	2 —	5 82	5 82
3 —	6 40	6 42	3 —	5 82	5 82
4 —	6 17	6 17	4 —	5 75	5 75

Marché calme. Ventes, 225,000 kil.

ANVERS, 2 septembre.

Peignés allemands de *La Plata* : *Contrat B*, sur septemb., 5 80 »/», octobre, 5 85 »/», novembre, 5 85 »/», décembre, 5 82 1/2, janvier, 5 75 »/», février, 5 67 1/2, mars à juillet 5 67 1/2. Ventes, 215,000 kil. Contrat M. sur septembre, 5 95.

En disponible, il a été traité 76 balles Plata sunt. Marché à peine soutenu.

Sucres.

Sucres raffinés. — La tendance reste calme avec peu d'affaires.

Nous cotons, selon marques et époques de livraison, de 108 50 à 109 » les 100 kil au comptant, sans escompte.

Sucres cristallisés n° 3, acquitté 96 50 à 97 » ; extra 96 50 les 100 k. ; en poudre, 97 50 à 98 » les 100 kil.

Sucre cassé à la mécanique. . .	112 50 à	113 »
Cassons.	104 50	» »
Menus déchets	103 »	103 50
Semoule	105 »	106 »
Glace	102 »	102 50
Sucre en poudre.	103 »	103 50

Alcools. — Prix de l'hectol. nu, au compt.

Paris. 3/6 fin, betteraves, 1re qualité, l'hectolitre.			Lille, disp	35 » à	36 »
			Cette	90 »	105 »
90° dispon.	35 50 à	35 50	Nimes . . .	90 »	100 »
Octobre. . .	35 25	35 50	Béziers . .	75 »	100 »
4 derniers.	38 50	» »	Pézenas .	75 »	105 »

Raisins secs à boisson.

(Cours de la maison Audibert, 53, rue des Minimes, à Marseille).

Corinthe, Roi de Grèce, petits grains Extra 1er choix.	100 kilos		59.00
Corinthe, le Turban, gros grains.	»	»	58.00
Corinthe petits grains, 1er choix.	»	»	56.50
Thyra. 1er choix.	»	»	54 00
Thyra, ordinaires.	»	»	M.
Samos noirs, 1er choix.	»	»	58.00

Engrais. — Prix des 100 kil. :

Matières diverses pour engrais. — Cours commercial sur la place de Paris, par 100 kil., pour des ventes en gros de 30.000 kil. au moins.

Sang desséché moulu.	11/13 0/0	azote	20 90 à	24 70
Viande desséchée. . . .	9/11 0/0	—	17 25	19 25
Cornes broyées.	13/14 0/0	—	20 75	22 50
Cuir désagrégé	8/9 0/0	—	10 40	11 70
Laine engrais.	3 à 4 0/0	—	» »	» »
Nitrate de soude.	15/16 0/0	—	19 75	20 50
Nitrate de potasse. . .	95 0/0	—	44 »	46 50
— . . .	90 0/0	—	42 »	45 »
Muriate de potasse. . .	80 0/0	—	» »	» »
Sulfate de potasse. . .	90 0/0	—	22 75	25 50
Sulfate d'ammoniaq. .	20/21 0/0	—	29 25	30 »
Chlorure de potassium	90 0/0	—	20 50	20 30
— Stassfurt.	80 à 85 0/0	—	17 10	» »
Cornes, cornailles pour brûler.			» »	» »
Déchets fins de cornes, frisures. . . .			» »	» »

Phosphates des Ardennes. — En gare des Ardennes et de la Meuse, en sacs (les 100 kil.).

Pulvérisés.	14/16 0/0,	acide phosph. .	3 40 à	» »
—	18/20 0/0,	—	4 »	» »
—	16/18 0/0,	—	3 60	» »

Phosphates de Tavel.

50|», la tonne........................ 60 » à 100

Phosphates de l'Yonne. — Les 1.000 kil.

Moulus en sacs, wag. g^re Toucy. 40 à 35 0|0 40 à 50

Phosphates de l'Auxois, Marigny Epoisses.

Pulvérisés 60 à 65 0|0.................. 6 » à 6 75

Sulfate de cuivre.

Les 100 kil........................ 56 » à 58 »

Phosphates du Boulonnais 40|45...	4 60 à	»	»
— de Pernes............	3 25	6	75
— du Cambresis 28|35....	3 75	4	»
— du Lot 30|50..........	3 »	4	50

Superphosphates, poudres d'os, etc.

Les 100 kilogr.

Phosph. préc. 35 à 40 °/₀ acide phosph.	22	»	23	»
— — 40 à 45 °/₀ —	23	»	24	»
Superphosphates fossiles, 10 °/₀ acide phosphorique soluble et assimil. (les 100 kilog.)........	6 75		»	»
Superphosphates fossiles, 16 à 18 °/₀.	10	»	11	25
— d'os, 16 à 18 °/₀, acide phosph..	12	»	13	50
Poudres d'os bruts..........	13 50		»	»

Engrais spéciaux. — Les 100 kilog.

Guano du Pérou. 10 à 16	Eng. chim.
Guan. du Pér. diss. 32 à 20	de H. Joulie,
Guan. az. fixe. 26 » à 27 »	Lag....... 15 » à 23 »

BEURRE, ŒUFS, VOLAILLES.

Paris, 3 septembre.

Beurres en mottes.

L'arrivage d'hier a été de 12,045 kil.
L'arrivage approximmatif a été de 46,000 kil.

Beurres en livres.

L'arrivage d'hier a été de 9 180 kil.

Fermiers	au kilo		Touraine	au kilo	
Extra.......	2 50 à	2 60	Extra.......	2 30 à	2 30
1er choix.....	2 40	2 50	1er choix...	2 10	2 20
2e choix.....	2 20	2 30	2e choix.....	2 »	2 10
Ordinaire...	2 »	2 10	Ordinaire...	1 90	2 »
Bourgogne			**Vendôme**		
Choix.......	1 90	2 »	1er choix.....	2 10	2 20
Ordinaire...	1 70	1 80	2e choix.....	2 »	2 10
			Ordinaire...	1 80	1 90
Gâtinais			**Beaugency**		
1er choix.....	2 30	2 40	1er choix.....	2 10	2 20
2e choix.....	2 20	2 30	2e choix.....	2 »	2 10
Ordinaire...	2 »	2 10	Ordinaire...	1 80	1 90
Le Mans			**Fausse Touraine**		
Choix.......	1 90	2 »	Choix.......	2 »	2 10
Ordinaire...	1 70	1 80	Ordinaire...	1 80	1 90

Œufs, *le mille :*

Normandie. (Extra)	105 à	112	Bourgogne..	80 à	84
Picardie.. (Extra)	115	122	Champagne..	85	92
Brie..... (Extra)	90	96	Nivernais...	82	85
Touraine gr..	94	98	Cosne.....	86	92
Touraine ord..	80	86	Bourbonnais..	84	80
Beauce.....	88	96	Bretagne...	75	88
Orne......	82	86	Vendée....	78	82
Picardie ord..	88	95	Auvergne...	75	78
Châtellerault..	82	85	Midi......	74	82

Volailles et Gibiers.

Canards :			**Pigeons :**		
nantais (jeunes)	2 25 à	3 75	maconnais.	» 70 à	1 10
de ferme...	1 50	2 75	italiens....	» 70	1 20
Dindes nouv.	4 »	7 50	bizets......	» 50	» 80
Oies nouvelles	4 »	6 »	**Poulets :**		
— (2e qté).	3 »	4 »	nantais....	2 50	4 »
Pintades...	2 50	6 50	touraine...	2 50	4 »
Lapins domestiques.	1 50	2 85	gâtinais....	2 50	4 50
			du Midi....	1 50	2 50
Chevreaux.	» »	» »	communs..	1 25	2 »

Marché faible.

Cours fournis par MM. de Bridiers, Jouslin et Scelle, facteurs assermentés, 2, r. de Valois, Paris.

BESTIAUX.

La Villette, 4 septembre. — Bestiaux. — Vente lente et difficile sur le gros bétail, les moutons, et les porcs, un peu plus calme sur les veaux.

COURS officiels.	Amenés.	Vendus.	1re qualité.	2e qualité.	3e qualité.	Prix extrêmes.
Bœufs....	1.968	1.750	1 64	1 48	1 28	1 20 à 1 70
Vaches...	571	517	1 58	1 38	1 20	1 12 1 64
Taureaux.	163	158	1 44	1 38	1 26	1 16 1 48
Veaux....	1.233	1.080	1 64	1 44	1 35	1 20 1 84
Moutons..	10.943	9.750	2 10	1 80	1 60	1 46 2 20
Porcs.....	4.493	4.410	1 44	1 38	1 34	1 28 1 50

Marché du lundi 1er septembre.

	Amenés	Vendus	PRIX AU POIDS NET 1re qual.	2e qual.	3e qual
Bœufs.....	2.260	2.057	1 64	1 50	1 34
Vaches.....	902	813	1 58	1 36	1 24
Taureaux..	176	158	1 42	1 38	1 26
Veaux......	1.387	980	1 64	1 52	1 38
Moutons....	13.638	11.813	2 10	1 80	1 62
Porcs......	2.422	2.401	1 50	1 46	1 40

	PRIX AU POIDS VIF 1re qual.	2e qual.	3e qual.	Prix extrêmes.
Bœufs..........	» 99	» 81	» 69	» 64 à 1 04
Vaches.........	» 94	» 75	» 62	» 56 » 98
Taureaux.......	» 89	» 77	» 65	» 62 » 92
Veaux..........	» 98	» 86	» 72	» 62 1 10
Moutons........	1 06	» 88	» 74	» 60 1 14
Porcs..........	1 04	1 »	» 96	» 92 1 06
Peaux de moutons en laine..........				2 20 » »
Id. id. demi-laine........				2 30 » »

Viandes abattues. — Criée du 29 août.

		1re qualité.	2e qualité	3e qualité.
Bœufs....	le kil.	1 30 à 2 60	1 10 à 2 40	» 80 à 1 76
Veaux....	—	1 56 1 66	1 44 1 54	1 30 1 40
Moutons..	—	1 80 1 90	1 40 1 76	1 » 1 36
Porc entier	—	1 34 1 46	1 26 1 30	1 06 1 60

CHEMINS DE FER DE L'OUEST

Voyages d'Excursion avec itinéraire établi au gré du voyageur

Cartes de circulation à demi-tarif

La Compagnie des Chemins de fer de l'Ouest fait délivrer, en commun avec les autres Compagnies françaises, par toutes ses gares, et pendant toute l'année, à condition que la demande en soit faite cinq jours au moins à l'avance :

1° Des billets d'excursion de 1re, 2e et 3e classes,

individuels ou collectifs avec itinéraires tracés d'avance au gré du voyageur et comportant, suivant le parcours et le nombre de voyageurs, une réduction variant de 20 à 60 0/0.

La durée de validité de ces billets, fixée de 30 à 60 jours, peut être prolongée de 3 fois 10 jours, moyennant paiement pour chaque période d'un supplément de 10 0/0.

2° Des cartes de circulation nominatives et personnelles, valables 3, 6 ou 12 mois, donnant droit de circuler à demi-place sur toutes les lignes des grands réseaux.

Ces cartes courent du 1er au 16 de chaque mois.

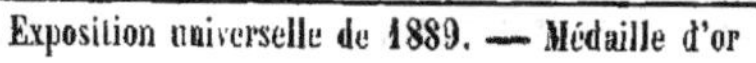

Etudes de **Me MERCIER**, avoué à Beauvais; de **Me DELORME**, notaire au même lieu; de **Me MATTE**, notaire à Gournay-en-Bray (Seine-Inférieure); de **Me BEUNETOT**, notaire à La Feuillie (Seine-Inférieure), et de **Me COLOMBEL**, notaire à Lyons-la-Forêt (Eure).

VENTE SUR LICITATION

1ent : **le Dimanche 14 Septembre 1890,** à deux heures de relevée, en la mairie de Glatigny, et par le ministère de Me Delorme, notaire à Beauvais,

D'UN BOIS

de 28 hectares 17 ares 83 centiares, appelé le Bois de Cresnes, sis aux terroirs de Glatigny et Hodenc-en-Bray;

2ent : **le Lundi 15 Septembre 1890,** à deux heures de relevée, en l'étude et par le ministère de Me Delorme, notaire à Beauvais,

D'UNE MAISON BOURGEOISE

sise à Beauvais, rue de Rouen, n° 3,

ET D'UNE AUTRE MAISON

sise au même lieu, rue Louis-Graves, n° 33;

3ent : **le Mardi 16 Septembre 1890,** à une heure de relevée, en l'étude et par le ministère de Me Matte, notaire à Gournay-en-Bray, en présence de Me Delorme, notaire à Beauvais,

DE LA FERME DE COTTENTRAY

sise à Cottentray, commune d'Avesne, canton de Gournay-en-Bray, et par extension sur la commune d'Elbeuf-en-Bray, d'une contenance totale de 26 hectares 15 ares 10 centiares d'un seul tenant,

ET D'UNE PIÈCE DE TERRE

de 2 hectares 40 ares, sise au terroir d'Elbeuf-en-Bray;

4ent : **le Mercredi 17 Septembre 1890,** à deux heures de relevée, en l'étude et par le ministère de Me Beunetot, notaire à La Feuillie, en présence de Me Delorme, notaire à Beauvais,

De la FERME de la MÈRE-HERBE

sise à La Feuillie, d'une contenance totale de 60 hectares 35 hectares 91 centiares d'un seul tenant,

ET D'UN BOIS TAILLIS

de 6 hectares, sis en la même commune;

5ent : **et le Jeudi 18 Septembre 1890,** à trois heures de relevée, en l'étude et par le ministère de Me Colombel, notaire à Lyons-la-Forêt, en présence de Me Delorme, notaire à Beauvais,

De LA FERME DE BÉZEGUAY

sise au terroir de Lyons-la-Forêt, et par extension sur Beauficel, arrondissement des Andelys (Eure), d'une contenance totale de 68 hectares 79 ares 54 centiares.

Pour extrait :
Signé : **MERCIER.**

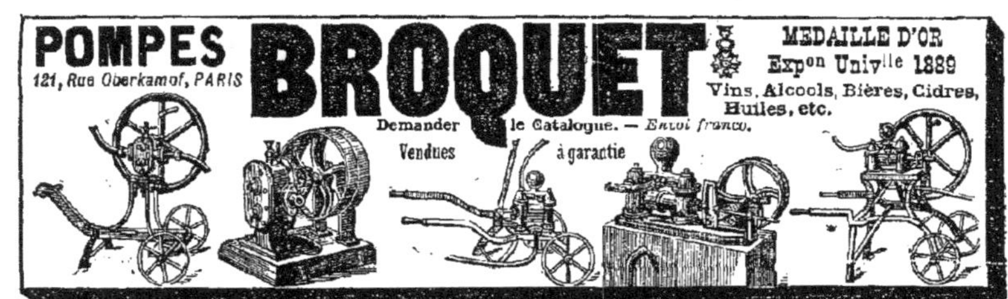

L'Administrateur-Gérant : ALBERT RENOT.

Beauvais. — Imp. D. PERE. — A. CARTIER, Gérant.

11e Année. — 2e Série. — N° 555. Dimanche 14 Septembre 1890.

GAZETTE  AGRICOLE

JOURNAL HEBDOMADAIRE, PARAISSANT LE DIMANCHE

Rédacteur en Chef : M. Ch. GOSSIN, Professeur d'Agriculture à l'Institut agricole de Beauvais

PRIX DE L'ABONNEMENT

UN AN, 5 fr. — SIX MOIS, 2 fr. 50. — TROIS MOIS, 1 fr. 50

Pour l'étranger les abonnements ne sont reçus que pour un an, au prix de 6 francs, et ne partent que du 1er janvier ou du 1er juillet de chaque année.

Il est indispensable de joindre à toute demande de changement d'adresse la dernière bande d'adresse du journal et 50 centimes pour frais de nouvelles bandes.

Adresser les *Abonnements* et *Annonces* à l'administrateur, 13, quai Voltaire, Paris, ou à M. GOSSIN, rédacteur en chef, à BEAUVAIS.

BUREAUX

13, quai Voltaire, Paris.

Les abonnements partent du 1er de chaque mois et sont payables d'avance. Toute demande d'abonnement doit donc être accompagnée du prix de l'abonnement. (Le mode de payement le plus simple est l'envoi d'un mandat-poste.)

Donner *très lisiblement*, en s'abonnant, son nom et son adresse exacte, *avec l'indication du bureau de poste*; et, s'il s'agit d'une continuation d'abonnement, joindre au renouvellement la dernière bande d'adresse du journal.

La GAZETTE AGRICOLE insère gratuitement les Communications des Syndicats agricoles

SOMMAIRE :

PARIS, 12 SEPTEMBRE.

De temps à autre, les républicains modérés adressent une adjuration en règle aux conservateurs et aux monarchistes. C'est comme une sorte de tribut qu'ils paient à leur prétendue modération, tribut d'ailleurs qui ne leur coûte pas plus qu'il ne les engage. Le Bonhomme Deschamps serait plus touché de ces avances si elles étaient moins platoniques et si depuis longtemps elles ne lui étaient connues. Néanmoins, il voudrait y répondre à nouveau, puis qu'elles viennent d'être faites aussi à nouveau, et y répondre avec sa loyauté ordinaire.

***

La première réflexion que cet appel périodique, adressé aux monarchistes par les républicains modérés, est qu'ils se trompent d'adresse. Ce n'est pas aux conservateurs que les porte-paroles du parti modéré devraient faire leur invitation. Non. C'est à la porte et aux oreiles des ministres, que, s'ils voulaient bien y réfléchir, ils iraient frapper. Rien de moins contestable et en voici la preuve. Assurément, une opposition conservatrice, qui, après dix ans de vraie République, comprend presque la moitié du pays, n'est pas à dédaigner. C'est un fait, on peut dire sans précédent dans notre histoire, depuis près de cent ans. Donc, qu'on se préoccupe de rallier ou de diminuer cette opposition, rien de plus naturel, de plus politique et de plus nécessaire. Mais, pour la rallier ou la diminuer, cette opposition, qui repose sur des griefs sérieux, de belles paroles, des appels caressants ne sauraient suffire. Il faudrait des actes, bref une politique toute différente de celle que l'on pratique. Or, ce changement de conduite et de politique qui peut l'opérer? Sont-ce les conservateurs et les monarchistes? Evidemment non, puisqu'ils ne sont pas au pouvoir et qu'ils souffrent du pouvoir. Cette tâche revient, le sens commun le dit, aux ministres républicains et à la majorité républicaine qui les soutient.

***

Si nettement monarchiste que soit le Bonhomme Deschamps et si ferme dans cette conviction, qu'à tous les points de vue la monarchie convient à la France, il n'a pas l'aveuglement de soutenir que tous les opposants en France sont des monarchistes. Il sait faire la part aux gens sans opinions arrêtées, aux indifférents qui n'auraient pas mieux demandé que d'accepter le régime actuel si ce régime ne se faisait comme une sorte de point d'honneur de les embêter du matin au soir. Cette masse indifférente est dans l'opposition parce que la République l'y a mise. Si dans la commune, à la sous-préfecture, à la préfecture et à Paris dans le gouvernement, elle trouvait un maire sans passions, un sous-préfet sans hostilité, un préfet sans rancune, et des ministres équitables pour tous et soucieux des droits et des intérêts d'un chacun, elle ne voterait pas pour des candidats hostiles à la République. C'est à y regarder de près, le gouvernement lui-même qui, par ses vexations, ses tracasseries, son arbitraire, ses prodigalités et la qualité très inférieure de son personnel, qui lui rédige ou lui choisit ses bulletin de vote, comment les républicains modérés, qui ne sont pas plus bêtes que d'autres, ne voient-ils pas cela qui crève les yeux à tout le monde ?

***

Il est donc bien clair que les modérés, s'ils veulent sincèrement rallier à eux une partie de l'opposition, se trompent de porte en s'adressant aux conservateurs et aux monarchistes. C'est en face qu'ils doivent aller, *à l'autre coin du quai. Mais il* est plus commode, pour leur courage, de faire des risettes de plume ou de bouche à nos amis, que d'interpeller MM. Carnot, Constans et Bourgeois. Outre qu'ils sont à peu près sûrs d'être mal reçus, ils sont plus certains encore d'être rabroués de la belle sorte par leurs associés les radicaux. Déjà même, en approuvant presque tout ce que fait le Gouvernement et en votant avec l'extrême-gauche, les modérés sont suspects aux radicaux. Que serait-ce donc s'ils se permettaient de suivre les conseils du Bonhomme Deschamps et de demander au Gouvernement de rendre la République habitable aux braves gens ? C'est à peine alors si les forêts de France fourniraient aux radicaux, assez de verges pour fouetter les modérés. Aussi se garderont-ils bien de cette audace. Ils s'en garderont d'autant plus que les radicaux, dont ils ont une frousse épouvantable, demandent, depuis quelques jours, qu'on redouble de rigueur à l'égard des conservateurs et des monarchistes. L'un d'eux n'écrivait-il pas, récemment, qu'il fallait en finir avec nous, et l'on n'a pas remarqué que ce *cri* d'extermination ait été repoussé par les républicains modérés.

***

Donc, et ce sera la conclusion du Bonhomme Deschamps, en vain le parti républicain modéré adressera et redoublera même ses appels à nos amis. Il n'y sera pas répondu. Le voulussent-ils qu'ils ne le pourraient, persécutés et lésés qu'ils sont à chaque instant dans leurs intérêts et dans leurs droits. Ce n'est pas assez d'être miel dans son langage, si le Gouvernement est fiel dans ses actes. Aussi nul besoin d'être prophète pour prédire ce qui arrivera. Tant que le Gouvernement sera ce qu'il est, l'opposition demeurera ce qu'on la voit, si même elle ne va pas se fortifiant. L'une est la conséquence forcée de l'autre; il n'y a en effet que les esclaves pour baiser la main qui les frappe, et d'ordinaire les gens battus ne répondent pas aux coups par un merci.

LE BONHOMME DESCHAMPS.

NOUVELLES DE LA SEMAINE.

L'indiscipline dans l'armée. — Les journaux des Deux-Sèvres ont raconté l'incident suivant :

Un officier du 114e d'infanterie, en garnison à Saint-Maixent, venu à Parthenay pour chercher des réservistes, se trouvait au café en même temps qu'un sous-officier du 2e cuirassiers, de passage à Parthenay pour se rendre aux manœuvres.

A un moment donné, l'officier fut obligé de faire des observations au cuirassier, dont l'attitude était inconvenante.

Celui-ci, furieux, sortit du café, mais y revint une demi-heure plus tard, après avoir quitté son uniforme et pris des vêtements civils.

L'officier, ayant eu à se plaindre de nouveau des allures de son subordonné, lui renouvela ses observations, en ajoutant qu'il signalerait sa conduite à son corps ; puis il sortit.

Le sous-officier quitta le café aussitôt après, rejoignit son supérieur dans la rue et l'étendit sur le sol par un croc-en-jambe rapide et inattendu.

L'officier, très vigoureux, se releva, saisit le cuirassier à la gorge et le maintint solidement jusqu'à l'arrivée de la garde, qui emmena au poste le sous-officier et un de ses camarades de régiment qui avait pris sa défense.

Rapprochant cet incident de celui qui s'est produit le même jour à Belfort, où un réserviste du 35e de ligne a frappé d'un coup de baïonnette un soldat de l'active, un de nos confrères l'apprécie en ces termes :

On dira ce que l'on voudra, mais ce sont là des symptômes d'une extrême gravité.

Quand des faits de cette nature se reproduisent aux extrémités d'un pays, cela prouve que le moral de l'armée est fort compromis et que l'esprit militaire semble s'atrophier considérablement.

Belfort, Saint-Maixent, Toulon ne sont pas précisément limitrophes, mais l'indiscipline y est égale.

Les républicains ont d'ailleurs assez longtemps avili la discipline militaire ; pendant assez longtemps ils ont réclamé des fusils pensants.

Récolteraient-ils aujourd'hui ce que leurs épouvantables sophismes ont semé ?

Quant aux journaux de gauche, ils ne parlent de ces graves incidents que pour dire que l'autorité militaire y a mis bon ordre.

Au Dahomey. — En dépit des notes rassurantes données par les journaux ministériels, nous avions toujours dit que l'aventure du Dahomey n'était pas terminée, qu'elle ne faisait au contraire que commencer.

Nous affirmions que, avant peu, et après le système des petits paquets, le Gouvernement enverrait une véritable expédition pour conquérir son affreux pays.

Nos affirmations sont aujourd'hui confirmées, la nouvelle est officielle, car c'est l'agence Havas qui la donne en ces termes :

Accrat, 7 septembre.

Une expédition française partira pour Abomey vers le 18 septembre ; elle se composera de trois colonnes partant de Grandpopo, Whydah et Porto-Novo. On annonce que les troupes dahoméennes se dirigent vers ces points.

Le Tonkin, qui a tant coûté et qui coûte encore tant d'argent et d'hommes à la France, ne suffisait donc pas? Cette expédition du Dahomey, entreprise sans l'assentiment des Chambres, est une entreprise opportuniste contre laquelle le pays ne saurait trop protester.

Le sergent Rattier. — Il y eut, en 1848, deux sergents qui eurent quelques heures de célébrité. Le sergent Boichot et le sergent Rattier. Ils furent l'un et l'autre élus députés à l'Assemblée législative de 1849. Rattier vient de mourir. Il était employé dans une petite librairie de l'avenue du Maine, et les journaux républicains qui annoncent sa mort ajoutent qu' « il laisse une veuve et une jeune fille dans la misère ».

Sur quoi le *Radical* de s'écrier : « Quels braves gens que ces hommes de 1848 ! Quand on a à parler d'eux, tout de suite ce sont ces mots qui viennent : *probité, désintéressement, conviction, générosité, sacrifice.* Ceux-là étaient les vrais soldats de l'idée... *Pour rien au monde, ils n'eussent abandonné un article du programme de leur jeunesse.* »

Et plus loin :

« Rattier *n'avait jamais rien demandé pour lui...* »

On dirait vraiment, à entendre le *Radical*, que le sergent Rattier et quelques autres qui ont pu lui ressembler formaient une exception dans le parti républicain et ne sont plus aujourd'hui qu'à l'état de légende. Est-ce que, par hasard, lorsqu'on parle des républicains de nos jours « les mots qui viennent de « suite ne seraient pas ceux : de probité, de « désintéressement, de conviction, de sa- « crifice ».

Quel est le républicain, parmi ceux que nous connaissons, qui a jamais demandé quelque chose pour lui?

Les grandes manœuvres. — On se plaint de divers côtés, et avec raison, malgré les résultats des plus satisfaisants obtenus dans les opérations militaires, notamment dans le Nord, de la faiblesse numérique des troupes concentrées aux grandes manœuvres qui ont lieu en ce moment. On est arrivé aux grandes manœuvres d'automne à mobiliser deux corps d'armée, cela ne fait même pas une armée en temps de guerre. Il en résulte que nos généraux ne peuvent faire que des expériences réduites, des essais restreints. Cela semble une préparation bien insuffisante à une mobilisation générale.

La France ne marchande pas, certes, les millions pour l'organisation et l'instruction de ses forces militaires. Mais il importe que les millions soient fructueusement employés.

La Russie, moins riche que la France, tente aussi actuellement des grandes manœuvres militaires. Mais elle a opéré des concentrations de troupes autrement importantes que les nôtres. Deux armées comprenant chacune quatre corps d'armée et cinq divisions de cavalerie, commandées par les plus illustres généraux de l'empire.

Nous devrions bien tenter d'aussi sérieux essais de mobilisation.

Importance du Sel en Agriculture

1° Pour le Bétail

Tous les auteurs préconisent l'emploi du sel quand on donne aux animaux des fourrages trop aqueux ou avariés, des pulpes lavées de betteraves, de pommes de terre ou de la drèche des brasseries.

Le sel combat les influences qu'occasionnent certaines maladies, notamment la cachexie aqueuse; il ranime l'appétit qui s'éteint, en stimulant agréablement les organes chargés des fonctions de la digestion.

En Suisse et en Angleterre, le bétail est supérieur à celui de la France, parce que dans ces deux pays les cultivateurs font usage du sel en grande quantité.

En effet, en Suisse la ration journalière pour l'espèce bovine est de 150 grammes; ce poids est doublé pour les animaux destinés à la boucherie.

En Angleterre, on donne généralement pour un cheval 170 grammes par jour. — Pour une vache à lait, 114 grammes. — Pour un bœuf, 170 grammes. — Pour un veau, 28 grammes. — Pour un mouton, 14 grammes.

En Belgique, le gouvernement, par arrêté du 2 janvier 1847, a reconnu d'une manière officielle l'utilité du sel pour l'agriculture, en accordant une exemption de droit d'accise (lorsque ces droits étaient de 18 francs par 100 kil.), jusqu'en concurrence de 100 grammes par jour pour un cheval et par tête de gros bétail, de 20 grammes par tête de mouton et de 25 grammes par tête de cochon.

En Allemagne, le Gouvernement en 1853 a dégrevé de l'impôt les sels destinés au bétail et les a recommandés comme un excellent préservatif contre les maladies qui affectent le bétail.

Partout on a constaté :

1° Que le sel produit un accroissement rapide chez les taureaux et les agnelles ;

2° Qu'il exerce une influence considérable sur le lait, quant à la qualité ;

3° Qu'il donne une chair de meilleure qualité ;

4° Qu'il exerce une action sur la puissance génératrice qu'il augmente ;

5° Qu'il prévient et atténue les effets des épizooties, spécialement en ce qui concerne la race ovine ;

6° Qu'il double et triple l'azote des urines, et double ou triple la valeur des engrais qui en proviennent.

Mais aussi, partout, on a reconnu qu'il fallait faire un emploi judicieux du sel, sous peine de mécompte, et qu'il fallait le mêler d'une façon rationnelle aux aliments donnés au bétail.

En prenant pour dose un kilogramme de sel pour 100 kilogrammes d'aliments secs ou évalués tels, on est certain de rester dans une mesure convenable; c'est la proportion de sel que l'on met ordinairement dans le pain.

Lorsque le sel n'a pas été mélangé aux fourrages au moment de leur rentrée et n'a pu leur être assimilé, il est nécessaire de le diviser pour le répartir uniformément dans les rations journalières.

On y parvient facilement, soit en faisant dissoudre la dose voulue dans trois ou quatre fois son poids d'eau et en aspergeant toutes les parties de la ration, soit en mélangeant la dose voulue dans un volume suffisant de poudre de tourteaux ou de sons et en saupoudrant toutes les parties de la ration.

2° Pour les Engrais.

En Suisse, notamment dans les montagnes qui avoisinent les salines de Schweizenhall, on sale les purins et toujours avec succès.

Dans le Morbihan, les fermiers arrosent leurs fumiers avec de l'eau salée.

En Picardie, les pâturages envahis par les grandes marées donnent d'excellents résultats.

L'emploi du sel dans les engrais fabriqués ralentit la décomposition des matières organiques azotées. Le sel est nécessaire à la bonne conservation des guanos, des fumiers et des engrais artificiels.

D'après de nombreuses expériences faites, on a reconnu que la dose du sel la plus productive pour l'orge serait 300 kil. par hectare. — Pour le froment, 300 kil. par hectare. — Pour les pommes de terre, 350 kil. par hectare. — Pour le lin, 250 kil. par hectare. — Pour les fourrages légumineux, 150 kil. par hectare.

Le sel doit être infiniment divisé pour être répandu sur le sol, et le meilleur mode d'emploi est : soit de le mêler aux engrais en calculant sur les doses ci-dessus, soit de le semer pulvérisé très-fin et mélangé à des terres pulvérisées.

Charles Gossin.

LA MALADIE DU PIED DU BLÉ (1)

Les agriculteurs ont, en divers points de la France, remarqué une maladie des blés qui consiste dans une altération de la paille au niveau du sol. L'entrenœud inférieur noircit et meurt; par suite la tige se dessèche prématurément, et l'épi ne peut arriver à achever son développement normal. Le grain est d'autant plus chétif et mal nourri que la maladie se déclare plus tôt.

Cette altération de la base des pailles est désignée autour de Paris sous le nom de *Maladie du pied* ou *Piétin du blé*. On n'en a pas jusqu'ici à ma connaissance déterminé nettement ni la nature, ni la cause, et on s'est borné à l'attribuer seulement à certaines conditions de culture et de climat. Cette maladie a causé l'an dernier de graves perturbations dans les cultures expérimentales que poursuit M. Schribaux, à Joinville-le-Pont, sur le domaine de l'Institut agronomique. Elle s'est montrée aussi sur bien des points dans les grandes cultures de blé des départements de Seine-et-Oise et de Seine-et-Marne. Notre confrère, M. Gilbert, a bien voulu m'en procurer des spécimens très caractérisés.

Les entrenœuds inférieurs des pailles attaquées, quand on les a dépouillés des parties desséchées et grisâtres qui les couvrent, portent des plaques brunes plus ou moins étendues, et de plus on voit, même sur les parties dont la couleur naturelle n'est pas altérée, de nombreux petits points noirs très ténus.

L'examen microscopique montre que non seulement l'épiderme et les tissus sous-jacents correspondant aux plaques noires, mais encore les parties profondes, et particulièrement les faisceaux libériens et vasculaires, sont altérés et brunis, et de plus que tous ces tissus sont envahis par le mycélium blanc d'un champignon dont les filaments traversent les parois brunies des cellules et se ramifient à leur intérieur. Les vaisseaux en particulier en sont maintes fois en partie remplis.

L'envahissement de toutes les parties brunes et, en particulier, des faisceaux vasculaires par un mycélium de champignon ne laisse aucun doute sur la nature parasitaire de la maladie du pied du blé.

Le mycélium de parasite ne se développe pas seulement à l'intérieur des tissus, mais aussi à l'extérieur, à la surface de l'épiderme sur lequel courent de nombreux filaments qui sont très fortement colorés en brun. En certains points, ils produisent des sortes de pelotes formées par des rameaux courts divisés par de nombreuses cloisons transversales, qui s'entrecroisent et s'appliquent les uns contre les autres, de façon à former des petites masses d'apparence cellulaire et de couleur très foncée; ce sont les points noirs que l'on voit à la surface des entrenœuds attaqués, même au-delà des places brunes.

Les échantillons récoltés au moment de la moisson ne m'ont rien présenté de plus; le champignon parasite, dont on appréciait bien les dégâts, ne portait pas d'organes de production : il n'était pas déterminable. Il était permis de présumer qu'il pourrait fructifier dans le cours de l'hiver et que les pelotes noires n'étaient peut-être autre chose que des rudiments de *Périthèces*.

Des touffes de blé attaqué du mal du pied ont été plantées dans mon laboratoire et arrosées fréquemment.

Au mois de janvier, j'ai pu constater qu'il s'était développé sur un certain nombre d'échantillons des périthèces noirs contenant des spores complètement formées. J'ai pu dès lors rapporter le parasite qui produit la maladie du pied du blé au genre Ophiobolus. C'est l'*Ophiobolus graminis* de Saccardo.

Au point de vue agricole, la détermination de la nature véritable de la maladie du pied et du mode d'évolution du champignon qui le produit a un intérêt particulier. Le parasite qui envahit le bas des pailles étant encore à l'état stérile à l'époque de la moisson et ne produisant ses organes de reproduction que dans le courant de l'hiver, il y a tout avantage, pour mettre obstacle à la propagation du mal, à détruire les chaumes aussitôt après la récolte. Toutefois il convient de rappeler que c'est sur le chiendent et d'autres mauvaises herbes de la famille des graminées que l'*Ophiobolus graminis* a été observé en Italie par Saccordo.

La destruction des mauvaises herbes doit donc être tout spécialement recommandée comme moyen de prévenir l'apparition, dans les blés, de la maladie du pied.

(1) Communication à la Société nationale d'Agriculture.

Les Tourteaux pour la nourriture des animaux

DE LA VALEUR DE L'HUILE CONTENUE DANS LES DIFFÉRENTS TOURTEAUX DE LIN

Les consommateurs du Nord donnent une plus-value considérable aux tourteaux de lin fabriqués par les moulins à vent, sur ceux similaires fabriqués par les huileries à vapeur; cet écart va souvent à 3 et 4 francs par 100 kilogrammes.

Tout en donnant une valeur alimentaire certaine à l'huile de lin, que les premiers contiennent en plus grande quantité que les seconds, car ceux-ci ont été pressés par des moyens mécaniques bien plus puissants, nous avions pensé que l'écart de prix payé était trop élevé pour se justifier autrement que par les vieilles habitudes un peu routinières des consommateurs des Flandres.

Une récente étude faite en Angleterre par M. F. J. Cooke, sous l'initiative et la surveillance de la Chambre d'agriculture de Norfolk, avec les conseils du célèbre agronome M. J.-B. Lawes, vient d'élucider la question et tend à prouver que le pouvoir nutritif de l'huile est plus considérable qu'on ne le supposait.

Pour faire cette étude, M. F. J. Cooke, sur les conseils de M. Lawes, prit 60 moutons de même race, assortis, de poids bien égal. Ces 60 moutons furent nourris du 3 décemère 1888 au 25 mars 1889 avec une nourriture absolument identique, sauf en ce qui concerne le tourteau de lin.

En ce qui concerne ce dernier aliment, 30 moutons reçurent du tourteau de lin contenant entre 6 à 7 pour 100 d'huile, les 30 autres moutons reçurent du tourteau contenant entre 15 et 16 0/0 d'huile, soit un écart de 9 a 10 0/0 d'huile entre les deux tourteaux.

Les expériences furent conduites dans la ferme de M. Garett Taylor, à Whitlingham, près Norwich.

Les animaux des deux parcs recevaient par jour, au commencement de l'expérience, 226 gr. 5 de tourteaux et 226 gr. 5 de foin. Au 31 décembre, ces quantités furent portées à 340 grammes. Les navets étaient donnés à discrétion. Voici du reste un tableau rendant compte de la marche des expériences :

	Tourteau pauvre en huile	Tourteau riche en huile
Nombre des moutons...	30	30
Date du commencement de l'expérience.......	3 déc. 1888	3 déc. 1888
Date de la fin de l'expérience.............	25 m. 1889	25 m. 1889
Poids moyen au commencement..........	44 kg. 394	44 k. 394
Poids moyen à la fin....	59 kg. 569	51 k. 721
Gain :		
Par tête durant la période...............	15 kg. 175	17 k. 337
Par tête et par semaine.	0 kg. 946	1 k. 082
Par 100 kg. de poids vivant et par semaine.	1 kg. 819	2 k. 039
Nourriture fraîche consommée par tête et par semaine.		
Tourteaux de lin.......	2 kg. 179	2 k. 179
Foin, luzerne..........	2 kg. 178	2 k. 178
Navets................	39 kg. 786	39 k. 864
Matière sèche consommée par tête et par semaine.		
Dans le tourteau de lin..	kil. 1,875	kil. 1,902
— foin.........	1,802	1,807
Dans les navets.........	4,376	4,385
Total.....	kil. 8.053	kil. 8.094
Matière sèche consommée à produire 100 kil. de grain dans les animaux.		
Dans le tourteau de lin.....	kil. 198	kil. 176
— foin...........	190	167
Dans les navets............	461	405
Total........	kil. 849	kil. 748

On voit par ce tableau qui la proportion de nourriture fraîche consommée par chaque lot de mouton est presque exactement semblable. Les moutons nourris avec le tourteau pauvre en huile consomment un peu plus de tourteau et de foin et aussi de navets.

A la fin du tableau, on chiffre le total de la nourriture sèche nécessaire pour produire une augmentation de 100 kilos de poids vivant; or, on voit très clairement que les résultats sont en faveur du tourteau riche en huile. Le lot de moutons nourris avec le tourteau pauvre en huile a exigé pour produire 100 kilos, 198 kilos de ces tourteaux, alors que l'autre n'a consommé que 176 kilos. La différence entre la consommation du foin et des navets est de 23 et de 56 kilos en faveur du lot d'animaux nourris avec le tourteau riche en huile.

Arrivons maintenant aux considérations pratiques. Nous allons citer les conclusions de l'auteur d'après la traduction des *Annales agronomiques*.

A la fin des expériences, et avant d'enregistrer les dernières séries de poids des animaux, le Comité de Norfolk s'est adjoint deux cultivateurs compétents et renommés et un fermier très au courant du commerce de la boucherie. Ces trois arbitres étaient priés d'examiner les animaux et d'indiquer les différences qu'ils y constateraient à l'observation et au toucher. Avant leur arrivée, on avait choisi dans chaque lot de 30 moutons 6 animaux de poids égal que l'on avait parqués séparément. Après que ces 12 moutons avaient été examinés minutieusement, les 24 autres de chaque lot étaient enfermés dans leur parc et inspectés à part. Les experts n'étaient pas informés du traitement suivi par les animaux qu'ils examinaient de façon à n'avoir pas d'idées préconçues; ils étaient invités à indiquer les différences qu'ils constataient entre les deux parcs de 6 et les deux parcs de 24 moutons. Ils furent unanimes à trouver que les moutons nourris avec le tourteau riche en huile étaient plus avancés en croissance et avaient produit plus de chair que les autres. Leur laine était plus belle et plus lustrée. Mais quant à l'engraissement des animaux, les arbitres ne purent se prononcer nettement, car les moutons des deux parcs n'étaient pas assez différents sous ce rapport.

Considérant la question au point de vue pécuniaire, les arbitres déclarent que la différence de valeur entre les deux parcs était de 2 fr. 50 à 3 fr. 75 par tête en faveur des moutons nourris avec les tourteaux huileux.

Chaque lot de 30 moutons avait consommé 1,000 kilogr. ou un peu plus de tourteau. La différence dans la valeur des deux tourteaux était de 25 fr. à 37 fr. 50 pour mille kilogr. Les animaux consommant le tourteau riche valant, en moyenne, par tête, 3 fr. 125 de plus que les autres, on a pour les 30 moutons une augmentation de 93 fr. 75 obtenue avec un excès de dépenses de 37 fr. 50 à 25 fr. seulement. On voit donc qu'il y a grand avantage à employer le tourteau riche en huile pour la nourriture des bestiaux, ou, pour parler autrement, ces chiffres prouvent que l'huile de lin au taux de 15 0/0 dans un tourteau a une valeur nutritive beaucoup plus grande que les autres éléments du tourteau.

Nous pouvons déduire de cette étude les conclusions pratiques et économiques suivantes : les gros tourteaux de lin, importés en France et en Belgique, de l'Amérique et de la Russie, qui sont très riches en huile puisqu'ils sont souvent pressés à nouveau après leur importation, devraient donner d'excellents résultats pour la nourriture des animaux, et, cependant leur prix est moins élevé que les tourteaux similaires, petit format, fabriqués dans la région du Nord ; en second lieu l'emploi d'une certaine dose de graine de lin dont le prix n'est pas beaucoup plus cher que celui du tourteau, pourrait améliorer les qualités des tourteaux très pauvres en huile.

Actuellement le bon tourteau de lin vaut dans le Nord 20 fr. et la graine 27 fr. En ajoutant 10 0/0 de graine à 90 kil. de tourteau on aurait un mélange riche en huile coûtant 20 fr. 70, soit 0 fr. 70 seulement d'augmentation.

DOCTEUR AGRICOLA.

REVUE VINICOLE

De violents orages ont encore, pendant cette quinzaine, ravagé de nombreux points du territoire viticole. Les vignobles, les arbres fruitiers, les cultures betteravières ont été gravement endommagés par ces accidents climatériques.

Malgré ces nouvelles fâcheuses, il ressort des derniers renseignements que la moyenne des récoltes reste satisfaisante et qu'on peut fonder d'assez bonnes espérances sur la prochaine vendange, surtout en ce qui concerne la qualité. Pour la récolte betteravière, les nouvelles sont excellentes.

Les marchés des départements sont au calme avec fermeté sur les cours. Dans nos ports, les arrivages se maintiennent dans les mêmes quantités.

Dans le Bordelais, on ne compte pas sur une forte production, mais la qualité sera bonne, le grain se développe dans de bonnes conditions.

Dans le Midi, la récolte sera probablement abondante et fournira des vins de bonne qualité. Le Roussillon est très satisfait.

Les Charentes semblent bien partagées. Dans le Beaujolais, la veraison se fait bien et la récolte y sera bonne. La Provence se plaint de violents orages qui ont causé d'importants dommages sur leur passage, mais ce sont des cas isolés, et les régions qui n'ont pas été visitées par eux comptent sur quantité et qualité.

Dans les vignobles du Centre-Nord et spécialement dans le Loir-et-Cher et la Sologne, les vignes sont très belles; la quantité sera inégale.

La région nantaise paraît favorisée. Le vignoble bourguignon semble aussi plein d'espoir; le grain mûrit dans d'excellentes conditions. Un terrible orage s'est abattu cependant cette semaine sur Dijon et les environs. La grêle est tombée en abondance, mais heureusement très mélangée d'eau. Elle n'a pas fait trop de mal. Du côté de Saint-Apollinaire, les vignes ont eu leurs échalas emportés par le vent. Quelques vignobles ont considérablement souffert. Pareille tempête ne s'était pas vue depuis longtemps. On nous a assuré, bruit que nous reproduisons sous toutes réserves, que les vignes du Chambertin sont couchées. Dans les combes de Chenove et de Plombières, les vignerons disent que les cailloux soulevés par l'ouragan couraient comme des feuilles.

La Champagne n'a pas été épargnée par les orages, et la récolte, qui paraissait devoir être magnifique, a été atteinte par la grêle ; les apparences actuelles ne permettent pas de compter sur plus d'une assez bonne moyenne.

En Algérie, les vendanges sont commencées; la récolte sera abondante et le rendement dépasserait probablement les premières estimations, sans les pertes causées par le siroco.

Les nouvelles reçues d'Espagne permettent de compter sur une production assez bonne.

En ce qui concerne les vins espagnols en France, il traduit déjà de très bonnes dispositions : plus de 60 vapeurs ont été affrétés, écrit-on de Cette, et cinquante mille demi-muids sont partis, qui seront pour le début remplis en Espagne des meilleurs vins. — Mais songeons, avant tout, à nos vins français.

LÉON LEGRAND.

ÉLAGAGE DES ARBRES

Les agriculteurs sont si souvent en butte aux exigences des agents-voyers, qu'il est bon de leur rappeler leurs droits, en ce qui concerne l'élagage des arbres.

L'élagage des arbres et haies le long des routes est réglé par les articles 184 à 194 du règlement général du 15 avril 1872.

L'article 184 fixe la distance à laquelle les arbres pourront être plantés le long des routes et des chemins.

L'article 185 dit que les plantations faites antérieurement au règlement pourront être conservées mais non renouvelées.

L'article 183 porte encore plus loin la tolérance, puisqu'il permet de conserver les arbres existant sur le sol même des chemins, tant qu'ils ne font pas obstacle à la circulation.

Les articles 188 et 189, concernant les plantations de haies, fixent à 0 m. 50 la distance où elles pourront être plantées de la limite extérieure des chemins et de 1 m. à 1 m. 66 la hauteur où elles devront être recépées.

Mais l'article 191 dit que les haies existant avant l'arrêté pourront être conservées, mais non remplacées.

Enfin l'article 192 prescrit d'élaguer :

Les arbres, les branches, les haies, les racines qui avanceraient sur le sol des chemins vicinaux, à la diligence des propriétaires ou des fermiers.

L'élagage doit être fait à l'aplomb de la limite des chemins. Les hauts bords ne faisant pas partie des chemins, l'élagage n'est obligatoire que pour les arbres qui excèdent les hauts bords et dont l'égout des branches tombe sur le chemin.

Est-ce ainsi que les agents-voyers entendent l'élagage et veulent le faire appliquer ? Non.

Ils prétendent faire élaguer les talus des hauts-bords et faire recéper les racines qui les couronnent. — Ils veulent qu'on élague les arbres voisins tout à l'entour et jusqu'à six mètres de haut, hauteur mesurée à partir du haut bord, fût-il élevé de plusieurs mètres au-dessus du niveau de la route.

Aucune de ces prétentions n'est légale, et en vain voudraient-ils les justifier par la législation antérieure à 1872. Le règlement de 1872 a abrogé les règlements antérieurs, en ce qu'ils ont de contraire à ces prescriptions.

Ils n'ont pas de raisons non plus pour demander actuellement des travaux de ce genre, car il est d'un usage constant, et ayant force de loi, que le 15 avril est l'extrême limite accordée pour émonder ou élaguer les arbres, étant admis qu'après cette date le travail compromettrait leur existence et leur développement.

Production et commerce de la viande de Porc

Il n'est pas indifférent de rappeler ce qui s'est produit pour le porc depuis le décret de février 1881 qui a interdit l'entrée des salaisons américaines, et de souligner les différences qui se sont produites non seulement dans les cours, mais encore dans le chiffre des importations et des exportations.

En 1881, le cours moyen de la qualité supérieure était de 1 fr. 62; il n'est plus que de 1 fr. 28 en 1888.

	Nombre de têtes
En 1881, les importations étaient de.	168.003
Les exportations s'élevaient à......	41.050
D'où, en faveur des importations, une balance de.....................	126.453
En 1888, les importations s'abaissent à........................	27.130
Et les exportations s'élèvent à......	101.650
Soit une différence, en faveur des exportations, de..................	74.520

Ainsi en sept années, le régime protecteur a produit cet immense résultat : c'est qu'au lieu d'importer 16,593,890 fr. de porcs, nous en exportons 7,601,040, soit une différence de 24 millions 104,930 fr. qui sont restés ou qui sont entrés en France.

Pour les animaux de l'espèce bovine, l'importation comparée en 1879 et 1888 tombe de 77,000,575 fr. à 18,331,380 fr., et l'exportation s'élève de 12,542,449 fr. à 23,911,725 fr.

Pour les moutons, le résultat est le même pour la même période décennale; nous en importions en 1879 pour 97,139,952 fr., tandis qu'en 1888 nous n'en importions plus que pour 57,375,136 fr.; nos exportations n'ont pas varié, mais alors la production nationale a dû se développer pour combler la différence de 40,000,000 francs signalée entre 1879 et 1888.

Il est vrai que l'importation des viandes fraîches et salées ou conservées s'est beaucoup développée à la faveur d'un droit ridiculement insuffisant ; mais elle ne suffit point à niveler les différences que nous venons de signaler, et qui établissent qu'à la faveur du droit protecteur, la production nationale s'est développée au grand avantage de tous, producteurs et consommateurs.

Nouvelles agricoles.

Association pomologique de l'Ouest. — Son congrès à Caen. — Le programme de cet important Congrès vient d'être publié à l'adresse de tous ceux qui s'intéressent à la culture du pommier, à la fabrication et au commerce des cidres. — Les expositions de fruits et de cidres en sont classées par 4 régions : 1° Normandie. — 2° Bretagne. — 3° Beauce et Maine. — 4° Picardie et rayon de Paris.

Les collections de pommes ne doivent pas excéder 100 variétés. Chaque exposant devra indiquer les 20 meilleures variétés de sa contrée. Chaque échantillon devra être d'au moins 8 fruits.

L'exposition des instruments comprendra les pressoirs, les alambics et tous les appareils de fabrication et de conservation.

Au concours de culture du pommier, chaque concurrent devra exposer 4 arbres bons à mettre en place et 6 plants gradués. — Les objets à exposer devront être mis en place le 20 octobre, veille de l'ouverture du congrès.

Ce congrès promet de dépasser en importance tous les congrès antérieurs de l'Association pomologique.

Concours d'instruments agricoles à Beauvais. — La Société d'Agriculture de Beauvais organise pour les 4 et 5 octobre, sous le patronage de la Société des Agriculteurs de France, des concours spéciaux d'instruments agricoles. Les épreuves, qui auront lieu à la Ferme du Bois, dépendance de l'Institut agricole, porteront sur deux catégories d'instruments : 1° distributeurs d'engrais; 2° semoirs en ligne et à la volée, spécialement destinés à la petite et à la moyenne culture. Un objet d'art et des médailles de la Société des Agriculteurs de France sont mis à la disposition du jury. Le concours sera complété par une exposition d'instruments agricoles.

Exposition de vaches laitières. — L'union syndicale des laitiers-nourrisseurs, éleveurs et agriculteurs, organise un concours de vaches laitières qui aura lieu au marché de la Villette du 20 au 25 novembre prochain. Cette exposition est la première en son genre ; elle offre un réel intérêt au point de vue de l'alimentation parisienne. La consommation du lait pris sur place est aujourd'hui recommandée par la plupart des médecins ; il est donc de la plus haute importance que la sélection des animaux producteurs de lait soit de tout point parfaite. Les demandes d'admission à ce concours sont reçues jusqu'au 1er octobre. Pour tous renseignements, on doit s'adresser au siège social de l'Union syndicale, 7, rue Saint-Sébastien, à Paris.

La tuberculose des bêtes bovines. — On sait que, par un décret en date du 28 juillet 1888, la tuberculose des bêtes bovines a été ajoutée à la nomenclature des maladies réputées contagieuses et qui donnent lieu à l'application des lois sur la police sanitaire du bétail. Lors de la récente discussion sur la partie du Code rural relative à la police administrative, le Sénat avait, dans sa première délibération, rayé la tuberculose de la liste des maladies contagieuses; mais il est revenu sur sa décision et il a prescrit l'abatage des animaux atteints, sans que les propriétaires puissent recevoir d'indemnité. Ce projet de loi viendra ultérieurement en discussion devant la Chambre des députés. Dans sa séance du 26 juillet, la Société d'Agriculture de la Nièvre a émis, sur le rapport de M. Frédéric Bardin, les vœux suivants sur ce sujet :

« 1° Que, de même que la tuberculose, la pneumonie contagieuse et la pneumoentérite infectieuse soient rayées des maladies contagieuses, conformément au vote du Sénat du 14 mars 1890 ;

« 2° Que tout animal reconnu de bonne qualité pour la boucherie soit accepté, à l'exception des organes ou viscères malades, s'il n'est atteint que de la tuberculose localisée ; si la tuberculose est généralisée, le vétérinaire préposé aux abattoirs ne devra refuser la viande que s'il la reconnaît susceptible de présenter des dangers pour le consommateur ; dans le cas de refus, il devra dresser un procès-verbal motivé, qui sera adressé au maire et à l'intéressé ;

« 3° Qu'en cas de saisie, le propriétaire de l'animal ait le droit de faire contrôler la décision prise ;

« 4° Qu'une indemnité des trois quarts soit allouée au propriétaire d'animaux saisis, s'il est reconnu qu'ils soient en bon état de viande livrable à la consommation ; le reste de la valeur de l'animal formant la perte réelle devant être supportée en parties égales par les propriétaires divers, y compris le boucher, qui l'auront possédé depuis un mois à dater du jour de l'abatage ;

« 5° Qu'aucune indemnité ne soit allouée au propriétaire d'un animal taré dont la viande, en dehors de la tuberculose, sera reconnue impropre à la consommation ;

« 6° Lorsqu'un animal sera saisi, la peau ne devra pas en être entièrement séparée avant que la ou les parties intéressées aient pu exercer leur contrôle, sans quoi le boucher seul deviendra responsable ;

« 7° La Société engage les pouvoirs publics à redoubler de surveillance à la frontière dans l'inspection des animaux introduits morts ou vivants. »

Le principal argument sur lequel on s'appuie pour demander que la tuberculose soit rayée de la liste des maladies contagieuses, c'est que si le lait non bouilli des vaches tuberculeuses est certainement malsain, la viande des animaux atteints de tuberculose localisée ne serait pas dangereuse pour la santé publique.

Les conseils généraux et l'agriculture. — Dans la dernière session des conseils généraux qui s'est tenue, la principale préoccupation des assemblées départementales a été l'application du dégrèvement voté par le Parlement sur l'impôt foncier des propriétés non bâties. On sait que les inégalités constatées depuis longtemps entre les charges des départements subsistent également, dans chaque département, entre les arrondissements, et dans chaque arrondissement, entre les communes. Le dégrèvement a eu pour objet de commencer à atténuer l'inégalité entre les départements. Les conseils généraux pouvaient ou bien procéder à la répartition de manière à ramener la quotité de l'impôt au même taux dans toutes les communes, ou bien répartir le dégrèvement entre les communes surimposées, ou bien le répartir entre toutes les communes. La première solution devant entraîner des aggravations d'impôt dans maintes circonstances, a été universellement repoussée. Les conseils généraux ont admis qu'ils devaient opérer la nouvelle répartition par voie de dégrèvement ; les uns ont appliqué le dégrèvement exclusivement aux communes surimposées au-delà de la moyenne du département, les autres l'ont appliqué à toutes les communes. Dans plusieurs départements, les conseils généraux ont émis le vœu que le Parlement persévérât dans la voie où il est entré relativement au dégrèvement de l'impôt foncier et qu'il diminuât dans une plus large proportion le poids de l'impôt qui pèse sur les exploitations agricoles. Quelques-uns ont émis le vœu que l'Etat abandonnât aux départements le principal de l'impôt foncier, à charge pour ceux-ci d'assurer certains services qui sont actuellement entre les mains de l'Etat.

Plusieurs conseils généraux se sont préoccupés du futur régime commercial. Le conseil général des Vosges a émis le vœu que les traités de commerce soient dénoncés avant le 1er février prochain, qu'ils soient remplacés par deux tarifs, l'un maximum, l'autre minimum ; qu'il ne soit plus conclu de traités avec tarifs annexés, et que si des conventions commerciales sont nécessaires, elles ne soient que de courte durée et ne contiennent que la clause de la nation la plus favorisée. Le conseil général du Nord a émis le vœu que la France ne s'engage par aucune convention et garde la pleine liberté de ses tarifs.

Parmi les autres vœux émis par les conseils

généraux, nous citerons : un vœu du conseil général du Calvados demandant que les propriétaires d'animaux bovins abattus pour cause de tuberculose reçoivent une indemnité égale à la moitié de la valeur de l'animal ; — un vœu du conseil général des Vosges tendant à la création de fermes-refuges pour arriver à l'extinction de la mendicité ; — un vœu du conseil général de l'Yonne, tendant à la diminution des formalités pour le sucrage des vendanges. — Au conseil général du Pas-de-Calais, M. Graux a proposé d'inscrire au budget un crédit de 10,000 francs destiné à encourager les communes qui entreprendraient la réfection du cadastre. — Dans plusieurs départements, des crédits ont été ouverts ou maintenus tant pour la création de champs de démonstration et d'expériences que pour la destruction des insectes et végétaux nuisibles à l'agriculture.

CONSEILS A LA FERMIÈRE

LES DÉFAUTS DU LAIT

Les causes des défauts du lait peuvent être différentes et doivent être désignées ici :

De prime abord, propreté insuffisante dans le service de l'étable, lorsque l'on trait ; mauvaise conservation et travail du lait mal exécuté ;

Ensuite, mauvaises nourritures et boissons non appropriées, lesquelles occasionnent des troubles dans les fonctions digestives ;

Influences météorologiques ;

Enfin, disposition anormale d'un organe quelconque chez l'animal lui-même.

Dans les premiers cas, on trouvera facilement le remède à apporter aux défauts du lait occasionnés par le manque de soins ; c'est pourquoi nous ne nous arrêterons pas sur ces derniers.

Lait ayant le goût d'eau.

Ce lait, qui a tous les caractères et le goût de lait mélangé d'eau, est très peu épais, a une pointe de bleu, est de beaucoup moins opaque que le lait normal et contient très peu de matières grasses, de sorte que l'on ne peut en retirer que peu de crème. Le rendement en beurre est naturellement très minime et peut, suivant les circonstances, baisser jusque à 1 p. 100. Quelquefois, ce lait, après un repos assez prolongé, laisse un dépôt trouble et gris. Ce manque de qualité peut être occasionné par une nourriture trop peu fortifiante, mais aussi par une disposition anormale dans l'organisme de l'animal, auquel cas il n'y a pas de remède.

Il y a des vaches qui, naturellement, donnent un lait ayant le goût d'eau ; elles ne peuvent donc pas être employées comme laitières, ni comme reproductrices, car ce défaut peut être hérité par les descendants.

En général, on trouve très rarement des vaches ayant un tel lait, d'une façon bien prononcée ; cet inconvénient n'est donc pas de la plus haute importance.

Le lait rouge.

Deux causes distinctes peuvent donner au lait cette couleur anormale, d'abord parce que les vaches mangent certaines plantes dont le jus contient une couleur rouge comme, par exemple, la garance ou qui, après avoir été avalées, prennent une teinte rouge ; ensuite par la présence de petites globules de sang. La teinte rouge du lait, occasionnée par l'absorption de certaines plantes, se présente très rarement ; par contre, le lait rougi par la présence du sang, est assez fréquent et en général chez les meilleures laitières.

Une trop grande affluence de sang près du pis en est cause ; une quantité de petits vaisseaux sanguins crèvent lorsque l'on trait et leur contenu se mêle au lait. Cet état peut, suivant les circonstances, durer de six à huit semaines ; il est d'autant moins important que le sang contenu dans le lait, par suite de sa plus haute densité, tombe graduellement au fond et, lors d'un soutirage fait avec précaution, reste dans les premiers vases. Ce lait peut, sans inconvénient, être employé à la fabrication du beurre, mais il n'est pas appétissant pour l'usage de l'homme, à cause de son aspect sanguin.

En dehors de la trop grande affluence de sang, une blessure au pis peut aussi déterminer la présence du sang dans le lait.

Si la teinte rouge du lait est occasionnée par l'absorption de certaines plantes, il faudra autant que possible empêcher que ces dernières se trouvent dans la nourriture des vaches.

Quand le sang vient du pis, donner trois fois par jours 8 à 10 gouttes d'arnica — raréfier le sang ; — si le mal persiste, administrer 6 à 8 gouttes d'ipécacuanha avec 8 à 10 gouttes d'huile phosphorée.

UNE MÉNAGÈRE.

CONSEILS DU JARDINIER

LES CAROTTES

Avantages de leur culture d'automne

Pour jouir de cet excellent légume frais tout l'hiver, il n'est pas besoin d'avoir des couches à sa disposition. On peut semer tout simplement en pleine terre, dans un sol sain, bien préparé par un labour profond, auquel on aura eu soin d'ajouter des engrais bien consommés, si le carré dans lequel on fait son semis n'est pas suffisamment riche. On l'ameublira par les moyens ordinaires, qui sont bien connus, et qu'il est inutile d'indiquer.

Les personnes qui tiendront à récolter des carottes de bonne grosseur, feront leurs semis du 10 au 15 juillet ; celles au contraire qui désireront ne les avoir que petites, ne sèmeront qu'au 1er août.

En entremettant bien ces semis, les arrosant copieusement dans les temps de sécheresse, on évitera de voir les carottes attaquées par les vers, ce qu'il faut surtout empêcher ; car une fois les vers entrés dans les cultures de carottes, c'est un fléau qui cause de bien grandes pertes aux cultivateurs de ce bon légume. Cette culture n'est pas nouvelle, mais elle n'est pas répandue en proportion des services qu'elle rend en hiver, puisqu'elle nous procure l'avantage de posséder des carottes fraîches, tendres jusqu'aux nouvelles carottes de couches. Les moyens de les obtenir sont si simples, qu'ils sont à la portée de tous ceux qui possèdent un jardin, si petit qu'il soit. Ceux qui ne prennent pas la précaution de faire des semis de carottes à l'époque que nous indiquons, se privent d'un excellent légume aussi sain qu'avantageux.

A l'approche des fortes gelées, il faut couvrir les carrés avec des litières, feuilles, grand fumier, etc.

Les personnes qui n'auraient pas de litière à leur disposition, pourraient employer la terre des sentiers des carrés. Il est bien entendu qu'au moment de couvrir les carottes, on coupe les fanes qui, si elles n'étaient pas ôtées, seraient sujettes à faire pourrir les racines.

Pour les variétés à choisir pour cette culture, nous recommandons la carotte demi-courte de Guérande. Pour les carottes semées un peu tard, employer de préférence la variété dite grelot ou la courte à châssis, ou encore la Parisienne, très hâtive.

La carotte de Guérande, indiquée ci-dessus, est aussi très avantageuse pour les semis de printemps ; elle est très hâtive et se conserve bien succulente pendant longtemps ; c'est la nouveauté la plus recommandable dans les carottes demi-courtes.

HORTUS.

CONSEILS DU VÉTERINAIRE

LA FIÈVRE DE LAIT DES VACHES

Les vaches qui sont trop bien nourries ou qui se trouvent dans de trop bonnes conditions au moment du part sont fort sujettes à avoir la fièvre de lait. Or, comme il est difficile de prévenir cet excès de graisse chez certains animaux et qu'il peut arriver que des vaches achetées, quelques semaines et même quelques jours avant de donner leur veau, se trouvent dans de telles conditions, nous ne pouvons trop recommander le traitement suivant afin de prévenir les effets désastreux de cette fièvre. On réduit de moitié la ration d'eau ordinaire dès que les premiers symptomes du part se déclarent. Après la naissance du veau et pendant trois ou cinq jours, suivant le cas, on donne à la mère, deux fois par jour et en assez grande quantité, de la farine d'avoine dans de l'eau tiède et contenant à chaque repas trois quarts de kilogramme de mélasse, ou mieux encore, de cassonade.

L'eau pure est abandonnée et la nourriture ordinaire est fournie à la discrétion des vaches ; mais pendant trois ou quatre jours, on doit traire de trois en trois ou quatre heures, en laissant chaque fois un peu de lait dans le pis de la vache. Au bout de cinq jours, les rations d'eau et de nourriture sont reprises comme avant le part, et la traite a lieu deux fois par jour comme pour les autres vaches de l'étable. Nous ajouterons que nous savons par expérience que dans des cas d'affaiblissement, non d'inflammation, un demi verre de bonne eau-de-vie dans un barbottage chaud a donné d'excellents résultats.

UN VIEUX VÉTÉRINAIRE.

CONSEILS DU MÉDECIN

TRAITEMENT DE LA COQUELUCHE PAR L'ACIDE SULFUREUX

Le traitement de la coqueluche à l'aide de l'acide sulfureux, que M. Mohn (de Christiania) a découvert par hasard et appliqué d'une façon empirique, a donné entre les mains de M. P. Boury des résultats très favorables.

Le mode d'application de ce traitement est des plus simples : on prend du soufre en canon, autant de fois 25 grammes que la chambre du malade compte de mètres cubes ; on fait brûler ce soufre dans un plat en terre ou en fer qu'on dépose au milieu de la chambre après avoir étalé le linge et objets de literie ; on ferme le local à désinfecter et on laisse les vapeurs sulfureuses pendant cinq à six heures en contact avec tous les objets étendus. On ouvre ensuite et on aère pendant cinq à dix minutes seulement, puis on introduit le petit malade dans cette atmosphère et on l'y laisse toute la nuit.

Les premières inspirations produisent une ou deux quintes, puis l'enfant s'endort et les quintes ne reviennent plus, cette même nuit, qu'une ou deux fois. Le mieux se maintient la journée suivante, et si l'on a soin de renouveler ce traitement plusieurs jours de suite, en dix, quinze et rarement vingt jours, la coqueluche a entièrement disparu.

Des malades témoins, traités par l'antipyrine, la belladone, les bromures, le chloral et la cocaïne, ont vu leurs quintes persister et durer deux, trois, quatre mois et plus.

UN VIEUX MÉDECIN.

BIBLIOGRAPHIE.

VIENT DE PARAITRE

L'ANNÉE APICOLE

d'après les enseignements de l'Apiculture moderne

(2e PARTIE)

Cette seconde partie traite plus spécialement des conditions d'un bon HIVERNAGE dans la culture des abeilles.

L'auteur, après avoir indiqué dans la PREMIÈRE PARTIE DE L'ANNÉE APICOLE, les règles tracées par l'apiculture moderne pour obtenir un printemps riche et fécond, donne, dans cette seconde partie, celles qui doivent présider à un hivernage rationel et de tout repos.

On se lève, dit un proverbe, *comme on s'est*

couché : l'insuccès des récoltes au printemps n'a le plus souvent d'autre cause qu'un hivernage mal préparé. En suivant donc, dans la MISE EN QUARTIER D'HIVER de ses ruches, les conseils indiqués dans cet opuscule, l'apiculteur sera sûr de mettre fin à ses déceptions et d'arriver au succès.

PRIX DE LA BROCHURE : **50** CENT., *franco*.

S'adresser à l'auteur, l'*abbé MAGNAN*, boulevard de la Liberté, 4 bis, à Mâcon (Saône-et-Loire).

PETITE POSTE.

Mlle M... (Vosges). — Votre lettre est arrivée trop tard pour qu'il ait été possible de vous donner satisfaction dans ce numéro. L'avoine nouvelle est tout aussi bonne que la vieille, meilleure même. Elle peut être donnée aux chevaux sans aucun inconvénient.

M. de F... (Pas-de-Calais). — Nous avons essayé le *germinateur* pour la préparation des semences : il nous a donné entière satisfaction. Son emploi est facile. Il est bon de hâter la dessication des graines en saupoudrant celles-ci d'un peu de poussière de plâtre.

BULLETIN FINANCIER.

Toute la huitaine s'est écoulée, donnant lieu à des transactions suivies parfois, et, d'une toute autre façon, à des offres qui ont eu pour effet de faire rétrograder non seulement nos rentes et les principaux fonds internationaux, mais aussi la généralité des valeurs.

Le 3 0/0 vaut 96 05, le 3 0/0 amortissable reste à 95 75 et le 4 1/2 0/0 à 106. Le marché au comptant est plus lourd encore.

L'Italien se tient à l'égal de notre type de rente perpétuel ; il fait 95 05.

Parmi les Sociétés de Crédit, nous laissons au dernier moment la Banque de France à 425, l'action du Crédit Foncier recherchée à 1322 50.

L'action du Crédit Foncier a poursuivi rigoureusement son mouvement ascentionnel ; il s'est élevé à 1,335 francs, gaguant ainsi 35 francs d'une semaine à l'autre. Le voilà, en tenant compte du coupon qui vient d'être détaché, à un cours plus élevé qu'il n'était à l'époque où la démission bruyante de M. Lévêque donna le signal de la campagne de baisse contre ce grand établissement.

Quant aux obligations Foncières et Communales, elles n'ont pas cessé d'avoir un marché très actif. Il n'y a aucune distinction à faire entre les unes et les autres au point de vue des garanties, qui sont de l'ordre le plus élevé. En regard des obligations communales se placent les engagements des communes qui ont contracté leurs emprunts auprès du Crédit Foncier, c'est-à-dire des engagements ayant la même valeur que ceux de l'Etat lui-même ; en regard des obligations foncières viennent les prêts consentis par le Crédit Foncier, en première hypothèque sur des immeubles que ces prêts ne grèvent que jusqu'à concurrence de 50 0/0 de leur valeur. Le capital et les réserves de la Société s'ajoutent, par surcroit, à cet ensemble de garanties. Il n'y a pas de situation plus nette et plus solide que celle des porteurs d'obligations du Crédit Foncier.

La Communale 1879, à 474, est à la veille de son coupon ; la Foncière 1879 cote 473, la Communale 1880 est à 470 et la Foncière 1885 à 467. Pour toutes ces valeurs, il y a six tirages par an, et à chaque tirage des lots variant de 1,000 à 100,000 fr.

Le Crédit Lyonnais est recherché à 815 francs.

Les chemins de fer français demeurent fermes. Le Nord à 1.870, le Lyon à 1.490, l'Orléans à 1.520, le Midi à 1.295, l'Ouest à 1.645 et l'Est à 912 50.

Leurs recettes sont toujours en plus-value sensible.

Les réseaux étrangers sont plus calmes.

Il n'y a pas de variations sensibles à constater sur le marché des sociétés industrielles.

Le Suez est à 2.415.

Le Panama vaut 45 francs.

Le marché en banque est resté assez animé.

COUPON.

HALLES ET MARCHÉS.

Farines de consommation.

Nous n'avons pas de changement à constater dans les prix.

MARQUE DE CORBEIL	60 fr. (37 58 100 k.).			
	159 kil.		100 k.	
Marques de choix	60 à 61		38 21 à 38 85	
Premières marques	59	60	37 58	38 21
Bonnes marques	57	58	36 30	36 94
Marques ordinaires	56	57	35 66	36 30

Le sac de 159 k., toile à rendre, franco au domicile des acheteurs à 30 jours sans escompte, ou au comptant avec escompte de 1/2 0/0.

Fourrages et pailles.

Paris, La Chapelle.

	1re qté.		2e qté.		3e qté.	
Foin nouveau	49 à 50		47 à 48		43 à 45	
Luzerne nouvelle	47	49	45	46	43	44
Paille de blé	38	39	35	37	32	34
Paille de seigle	35	37	32	38	29	31
Paille d'avoine	27	28	24	26	21	23

Le tout aux 104 bottes dans Paris.

COURS DE DIFFÉRENTS MARCHÉS (par 100 kil.).

	Paille.	Foin.
Beauvais	4 50	6 50
Sens	3 50	6 50
Nevers	4 »	6 80
Toulouse	3 25	6 75
Bourges	5 »	6 25
Angers	3 50	5 »
Orléans	5 »	7 »
Douai	4 75	7 75

Issues, les 100 kil.

La fabrication ayant repris son activité, les offres sont assez nombreuses, et la vente est difficile sans une concession de 25 à 50 centimes.

Nous cotons par 100 kil. en gare d'arrivée à Paris :

Son écaille	14 25 à 14	»
— gros	13 25	13 »
— trois-cases	12 50	12 »
— fin	11 50	11 »
Recoupettes	11 50	11 »
Remoulages blancs	18 »	19 »
— bâtards	14 »	17 »

MARCHANDISES DIVERSES.

Fécules.

Nous possédons des nouvelles plus certaines sur la récolte des pommes de terre chez nous ; on arrivera à une moyenne ordinaire, excepté dans les Vosges où, dit-on, elle laisse beaucoup à désirer. A l'étranger, la récolte est généralement défectueuse. Prix de la fécule en hausse ; acheteurs empressés, mais vendeurs fort réservés.

Les 100 kil.

Paris. — Fécule 1re, grains	29 » à 31	»
Oise. — Fécule 1re, grains	29 »	»
Vosges. — Fécule 1re, grains	32 »	33 »
Saône-et-Loire	32 »	» »
Loire. — Fécule 1re, grains	29 »	31 »
Auvergne. — Fécule 1re, grains	29 »	31 »
Fécules secondes selon qualité	20 »	24 »

Pommes de terre.

Les 1.000 kil.

Hollandaises	60 » à	80 »
Magnum bonum	60 »	65 »
Early roses	50 »	52 »
Saucisses	60 »	70 »
Rondes	45 »	50 »
Chardonnes	35 »	40 »

Tourteaux, les 100 kil.

	Colza	Œuillette	Lin	Cam.
Lille	16 » à 17 75	16 25 à 17 50	21 » à 26 50	16 50
Arras	15 25 16 »	14 » 15 50	21 » » »	16 50
Gd Moulin				
Corbeil	15 50		19 75	
	Cophra	Arachide déc.	Sésame	Lin.
Marseille	11 50 à 14 50	14 50	13 » à 14 »	15 50

GRAINES DIVERSES.

Maïs, les 100 kil.

Paris	11 » à 15 »		Agen	14 25	15 »
Alais	11 »	15 »	Grenoble	14 50	15 75
Ruffec	14 »	14 75	Reims	14 50	15 50

Sarrazin, les 100 kil.

Paris	12 » à 15 50		St-Pierre	15 25 à 16 50	
Mayenne	15 »	16 »	Nantes	14 75	16 »
Rennes	15 »	16 25	Orléans	15 50	16 75

Légumes secs, les 100 kil.

	Haricots	Pois	Vesces	Lentilles
Paris	20 à 47	21 à 26	» »	45 à 70
Rouen	42 57	50 63	26 28	77 »
Marseille	18 30	23 32	25 34	19 24 50

Graines fourragères, les 100 kil.

Luz. de Prov.	» à	»	Minette	» à	»
— du Poitou	»	»	Sainfoin à 2 c.	»	»
— d'Italie	»	»	Sainfoin à 1 c.	»	»
Trèfle blanc	50	55	Pois jarras	20	22
— incarnat	55	60	Vesces	20	21

Huiles.

COLZA BRUT. — La tendance est lourde à la reprise des affaires ; les prix fléchissent de 25 à 50 centimes sur la clôture de la veille. On fait du courant du mois à 71 25, du novembre et décembre à 69 25, et des quatre premiers mois à 67 50.

On cote au début de la réunion :

Disponible	71 25 à	» »
Livrable août	71 25	» »
Octobre	70 50	70 »
Novembre-décembre	69 50	» »
4 premiers mois	67 50	» »

LIN. — Les prix restent sans changement appréciable. On fait du courant du mois à 60 50.

On cote au début de la réunion :

Disponible	60 50 à	» »
Livrable août	60 50	» »
Octobre	59 75	60 »
Novembre-décembre	59 50	60 »
4 premiers mois	57 75	58 »

Les 100 kil. net, logés, escompte 1 0/0.

Pétrole.

Les prix ne varient pas ; nous cotons par wagon complet et pour marchandise disponible :

L'huile de pétrole raffinée vaut 49 fr. 50 ; l'essence rectifiée 60 fr. 50 les 100 kil.

On cote à l'hect. pour le détail :

PÉTROLE RAFFINÉ disponible	39 50 à	» »
ESSENCE RECTIFIÉE, disponible	42 25	» »

Laines.

ROUBAIX-TOURCOING, 9 septembre.

Laines à terme.

Qualité peignée de fab.	Cours du jour.	Cours préc.	*Qualité peignée courant*	Cours du jour.	Cours préc.
Courant...	» »	6 70	Courant. .	» »	5 85
1 mois après	6 70	6 70	1 mois après	» »	5 82
2 —	» »	6 62	2 —	» »	5 83
3 —	6 32	6 32	3 —	» »	5 82
4 —	» »	6 10	4 —	» »	5 75

Marché soutenu. Ventes, 20,000 kil.

ANVERS, 9 septembre.

Peignés allemands de La Plata : Contrat B, sur septemb., 5 82 1/2, octobre, 5 85 »/», novembre, 5 85 »/», décembre, 5 85 »/», janvier, 5 77 1/2, février, 5 72 1/2, mars, 5 70, avril à juillet 5 67 1/2. Ventes, 30,000 kil.

En disponible, il a été traité 125 balles Australie sunt. Marché soutenu.

Sucres.

Sucres raffinés. — Les prix restent sans variation ; les affaires sont toujours très calmes.

Nous cotons, selon marques et époques de livraison, de 108 » à 109 50 les 100 kil au comptant, sans escompte.

Sucres cristallisés n° 3, acquitté 96 50 à 97 »; extra 96 50 les 100 k.; en poudre, 97 50 à 98 » les 100 kil.

Sucre cassé à la mécanique. . .	112 50 à	113 »
Cassons.	104 50	» »
Menus déchets	103 »	103 50
Semoule	105 »	106 »
Glace	102 »	102 50
Sucre en poudre.	103 »	103 50

Alcools. — Prix de l'hectol. nu, au compt.

Paris, 3/6 fin, betteraves,			Lille, disp	35 » à	36 »
1re qualité, l'hectolitre.			Cette	90 »	100 »
90° dispon.	35 25 à	35 50	Nîmes ...	90 »	98 »
Octobre...	35 50	35 75	Béziers ..	75 »	100 »
4 derniers.	35 50	» »	Pézenas .	76 »	105 »

Raisins secs à boisson.

(Cours de la maison Audibert, 53, rue des Minimes, à Marseille).

PRIX ACTUELS (grande baisse).

Corinthe, **Roi de Grèce**, petits grains Extra 1er choix......	100 kilos	57 »
Corinthe, le **Turban**, gros grains..........................	» »	55 »
Corinthe petits grains, 1er choix.	» »	54 »
Thyra, 1er choix...............	» »	54 »
Samos noirs, 1er choix.........	» »	54 »
— muscats..............	» »	56 »

Engrais. — Prix des 100 kil.:

Matières diverses pour engrais. — Cours commercial sur la place de Paris, par 100 kil., pour des ventes en gros de 30.000 kil. au moins.

Sang desséché moulu.	11/13 0/0	azote	20 90 à	24 70
Viande desséchée....	9/11 0/0	—	17 25	19 25
Cornes broyées......	13/14 0/0	—	20 75	22 50
Cuir désagrégé	8/9 0/0	—	10 40	11 70
Laine engrais........	3 à 4 0/0	—	» »	» »
Nitrate de soude.....	15/16 0/0	—	20 »	20 50
Nitrate de potasse...	95 0/0	—	45 »	47 »
— ...	90 0/0	—	45 »	45 »
Muriate de potasse...	80 0/0	—	» »	» »
Sulfate de potasse...	90 0/0	—	25 »	25 50
Sulfate d'ammoniaq..	20/21 0/0	—	31 25	31 50
Chlorure de potassium	90 0/0	—	21 »	20 50
— Stassfurt.	80 à 85 0/0	—	18 »	» »
Cornes, cornailles pour brûler.....			» »	» »
Déchets fins de cornes, frisures...			» »	» »

Phosphates des Ardennes. — En gare des Ardennes et de la Meuse, en sacs (les 100 kil.).

Pulvérisés. 14/16 0/0, acide phosph..	3 40 à	» »
— 18/20 0/0, —	4 »	» »
— 16/18 0/0, —	3 70	» »

Phosphates de Tavel.

50/», la tonne........................ 60 » à 110

Phosphates de l'Yonne. — Les 1.000 kil.

Moulus en sacs, wag. gre Toucy. 40 à 35 0/0 40 à 50

Phosphates de l'Auxois, Marigny Epoisses.

Pulvérisés 60 à 65 0/0................ 6 » à 6 75

Sulfate de cuivre.

Les 100 kil....................... 56 » à 58 »

Phosphates du Boulonnais 40/45...	4 60 à	» »
— de Pernes............	3 75	6 25
— du Cambresis 28/35....	3 75	4 »
— du Lot 30/50..........	3 »	4 50

Superphosphates, poudres d'os, etc.
Les 100 kilogr.

Phosph. préc. 35 à 40 °/o acide phosph.	24 »	23 »
— — 40 à 45 °/o —	26 »	24 »
Superphosphates fossiles, 10 °/o acide phosphorique soluble et assimil. (les 100 kilog.).....................	7 25	» »
Superphosphates fossiles, 16 à 18 °/o.	11 »	11 25
— d'os, 16 à 18 °/o, acide phosph..	13 »	13 50
Poudres d'os bruts.................	13 »	» »

Engrais spéciaux. — Les 100 kilog.

Guano du Pérou. 10 à 16	Eng. chim.
Guan du Pér. diss. 32 à 20	de H. Joulie,
Guan. az. fixe. 26 » à 27 »	Lag....... 15 » à 29 »

BEURRE, ŒUFS, VOLAILLES.

Paris, 10 septembre.

Beurres en mottes.

L'arrivage d'hier a été de 10,608 kil.
L'arrivage approximmatif a été de 14,000 kil.

Beurres en livres.

L'arrivage d'hier a été de 7,779 kil.

Fermiers	au kilo		Touraine	au kilo	
Extra.......	2 50 à	2 60	Extra	2 20 à	2 30
1er choix.....	2 40	2 50	1er choix....	2 10	2 20
2e choix.....	2 30	2 40	2e choix.....	2 »	2 10
Ordinaire...	2 20	2 30	Ordinaire...	1 90	2 »
Bourgogne			Vendôme		
Choix.......	2 »	2 10	1er choix.....	2 10	2 20
Ordinaire...	1 80	1 90	2e choix.....	1 90	2 »
			Ordinaire...	1 80	1 90
Gâtinais			Beaugency		
1er choix.....	2 20	2 30	1er choix.....	2 10	2 20
2e choix.....	2 10	2 20	2e choix.....	1 90	2 »
Ordinaire...	2 »	2 10	Ordinaire...	1 80	1 90
Le Mans			Fausse Touraine		
Choix.....	1 90	2 »	Choix......	2 »	2 10
Ordinaire...	1 70	1 80	Ordinaire...	1 80	1 90

Œufs, *le mille* :

Normandie . (Extra)	95 à 115	Bourgogne . .	81 à 88
Picardie . . (Extra)	98 125	Champagne . .	88 90
Brie. . . . (Extra)	92 110	Nivernais . . .	78 82
Touraine gr. .	91 101	Cosne.	86 9.
Touraine ord. .	82 83	Bourbonnais. .	80 81
Beauce	90 98	Bretagne . . .	75 82
Orne.	80 90	Vendée	76 80
Picardie ord. .	84 91	Auvergne . . .	77 7.
Chatellerault. .	82 85	Midi.	78 85

Volailles et Gibiers.

Canards :		Pigeons :	
nantais (jeunes)	2 50 à 4 »	maconnais.	» 60 à 1 10
de ferme...	1 50 3 »	italiens....	» » » »
Dindes nouv.	4 » 7 50	bizets......	» 50 » 95
Oies nouvelles	4 » 6 50	Poulets :	
— (2e qté).	3 » 4 »	nantais....	3 » 4 50
Pintades...	2 » 3 50	touraine...	3 » 4 50
Lapins domestiques.	1 50 2 75	gâtinais....	3 » 4 50
		du Midi....	1 50 2 50
Chevreaux.	» » » »	communs..	1 50 2 50

Marché calme.

Cours fournis par MM. de Bridiers, Jouslin et Scelle, facteurs assermentés, 2, r. de Valois, Paris.

BESTIAUX.

La Villette, 11 septembre. — Bestiaux. — Vente mauvaise sur le gros bétail, sur les veaux, sur les porcs, et plus difficile sur les moutons.

COURS officiels.	Amenés	Vendus.	1re qualité.	2e qualité.	3e qualité.	Prix extrêmes.
Bœufs....	2.160	1.859	1 58	1 41	1 28	1 20 à 1 66
Vaches ...	588	512	1 54	1 31	1 20	1 14 1 58
Taureaux.	182	172	1 40	1 34	1 22	1 18 1 46
Veaux....	1.321	1.081	1 70	1 50	1 40	1 26 1 90
Moutons..	8.331	7.500	2 08	1 80	1 60	1 44 2 18
Porcs.....	4 589	4.506	1 44	1 38	1 38	1 28 1 50

Marché du lundi 8 septembre.

	Amenés	Vendus	Prix au poids net 1re qual.	2e qual.	3e qual
Bœufs.....	2.473	2 200	1 62	1 50	1 32
Vaches.....	892	792	1 60	1 36	1 28
Taureaux..	177	168	1 44	1 38	1 26
Veaux......	1.040	972	1 74	1 60	1 38
Moutons....	12.606	11.238	2 08	1 78	1 62
Porcs......	2.407	2.167	1 49	1 45	1 40

	Prix au poids vif 1re qual.	2e qual.	3e qual.	Prix extrêmes.
Bœufs..........	» 98	» 82	» 68	» 64 à 1 04
Vaches..........	» 95	» 75	» 62	» 56 » 99
Taureaux.......	» 90	» 78	» 65	» 61 » 94
Veaux...........	» 94	» 91	» 76	» 64 1 22
Moutons.........	1 04	» 86	» 72	» 58 1 3
Porcs...........	1 02	» 98	» 94	» 90 1 06
Peaux de moutons en laine..........				2 20 » »
Id. id. demi-laine.......				2 30 » »

Viandes abattues. — Criée du 5 septemb.

		1re qualité.	2e qualité	3e qualité.
Bœufs	le kil.	1 20 à 2 40	1 » à 2 20	» 80 à 1 66
Veaux....	—	1 54 1 64	1 42 1 50	1 30 1 40
Moutons..	—	1 76 1 86	1 36 1 70	1 » 1 30
Porc entier	—	1 34 1 46	1 26 1 30	1 06 1 20

Cuirs et peaux, les 50 kil.

Taureaux.	38 75 à 40 50	Vaches lourdes	38.50 41.50
Gros bœufs	46 75 51 25	— de bandes	33.75 35. 0
Moy. bœufs	43 50 45 75	Gros veaux..	58.50 61.25
Pet. bœufs.	33 75 37 50	Petits veaux	62.75 65. »

HUITRIÈRES DE JOUFFRIE-GODET
canton de Marennes.
Eugène YOU, à La Tremblade (Charente-Inférieure).

Contre mandat-postal de 7 fr., M. You expédie en grande vitesse, franco à domicile, une caisse de 5 kil. d'huîtres Marennes, vertes ou blanches, contenant, au choix de l'acheteur :
de 45 à 50 huîtres grosses (n° 1).
de 60 à 70 — moyennes (n° 2).
de 80 à 90 — petites (n° 3).
Contre mandat-postal de 4 fr., aux mêmes conditions, une caisse de 3 kil. contenant, selon n°. de 24 à 50 huîtres.
La dimension des huîtres n° 3, qui sont les plus petites, est de 6 à 7 centimètres de diamètre.

Exposition universelle de 1889. — Médaille d'or

COUVEUSES
ARTIFICIELLES Brev. S. G. D. G. Nouv. Perfectionnements
Volailles de toutes races pour la reproduction
ŒUFS A COUVER
Poussins, race de Houdan, 14 fr. franco. Emb. compris
Poulaillers, Faisanderies, Volières
Envoi franco du Catalogue illustré
ECOLE PRATIQUE D'AVICULTURE
ROULLIER ✻✻ ET ARNOULT
à Gambais (S.-et-O.), et 7, galerie Vivienne
PARIS
Ecrire à Gambais

GARIEL 2 ter, quai de la Mégisserie PARIS
CLOTURES de CHASSES
1 mètre de haut : Le mètre 0 f. 30
Châssis de Couche depuis..... **7** francs
Ronce Artificielle les 100 mètres **5f 50**
Porte - Bouteilles 200 Places. **7** francs
ENVOI FRANCO DE L'ALBUM SUR DEMANDE

Plants américains PÉPINIÈRES des Cévennes
Albert GOURDIN, Saint-Hippolyte-du-Fort (Gard)
Fr des Coes, des écoles et champs d'expériences. Tarif n. 29 Fo

PETIT MANUEL DE DISTILLATION
du COGNAC et des EAUX-de-VIE
de Vins, Cidres, Piquettes, Lies, Marcs, Fruits, etc.
ET TARIF ILLUSTRÉ
d'APPAREILS de DISTILLERIES
Envoyés gratis
par **DEROY FILS AINÉ**, Constructeur,
73, 75, 77, rue du Théâtre (Grenelle) Paris
MÉDAILLE OR, EXPOSon UNIVlle, PARIS 1889.

ŒUFS A COUVER de poules de Houdan et Faverolles, 5 fr. la douzaine, 10 fr. les 25, *franco*; les clairs seront remplacés. — **Petits Poussins** Houdan et Faverolles, 15 fr. la douzaine, 28 fr. les 25, *franco*.
Couveuses artificielles depuis 25 fr.
Eleveuses depuis 20 fr., et nouveau système à régulateur automatique de chaleur. — Envoi *franco* du catalogue général.
J. PHILIPPE, éleveur, à Houdan (S.-et-Oise).

Exposition Universelle de Paris en 1889
MÉDAILLE D'ARGENT
SOCIÉTÉ ANONYME
DES

Phosphates de Pernes et Extensions

CAPITAL : **1,400,000** FRANCS.

EXPLOITATIONS DE PHOSPHATES FOSSILES
dans la Somme, le Pas-de-Calais et le Nord (Cambrésis).

USINES { à Pernes-en-Artois
et à Violaines (Pas-de-Calais).

PHOSPHATES FOSSILES DE TOUS TITRES ET POUR TOUS EMPLOIS.

Direction commerciale à AMIENS, 44-46, rue des Trois-Cailloux.
Adresse télégraphique : « PHOSPHATES » AMIENS.

NOTA. — La Société est seule **propriétaire** du **Gisement de Pernes**, dont les produits sont particulièrement recherchés pour **l'emploi direct par l'Agriculture**, en raison de leur **prompte assimilation** et de leur **action fertilisante** qui est due à la **combinaison naturelle** de **l'acide phosphorique** avec des **matières organiques azotées**, de la **potasse** et de la **magnésie**.

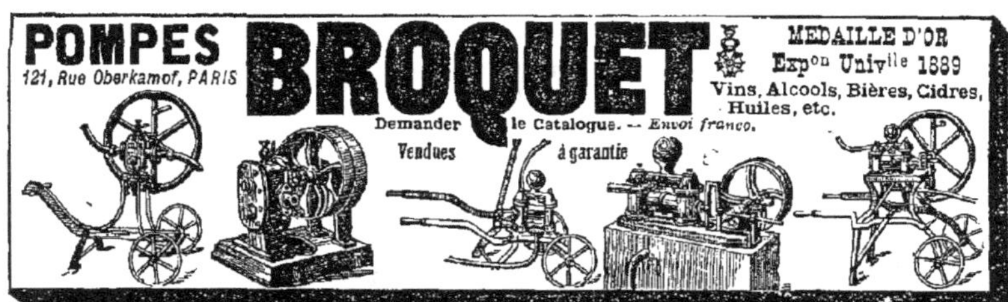

RAISINS SECS A BOISSONS

PREMIÈRE MAISON DE FRANCE (10 croix ou méd., fondée en 1876), **J.-F. Audibert,** créateur des vins de raisins secs et importateur direct. Auteur de : *L'Art de faire les Vins de raisins secs* (fco 3 90); *les Vins d'imitation*, sirops, liqueurs, etc. (fco 5 25). Inventeur de l'appareil (B. S. G. D. G.). **LE SEUL ADOPTE PAR L'ARMEE** pour la fabrication mathématique des vins de raisins secs, en 10 jours, pour faire depuis 1 litre jusqu'à 20,000 litres par jour **AVEC UN HOMME. Renseignements gratuits pour tripler les vendanges, vins de seconde cuvée,** etc., 53, r. des Minimes, Marseille.

Etablissements de LIANCOURT (Oise).

N'ACHETEZ PAS DE CHARRUES
sans avoir consulté le CATALOGUE illustré de

A. BAJAC ✻✻
Ingénieur-Constructeur, Breveté S. G. D. G.
SEUL GRAND PRIX à l'Exposition de 1889 pour les Machines agricoles françaises
Médailles or, argent et bronze pour collaborateurs.

BRABANTS DOUBLES.
—
Herses scarificateurs
à dents inusables.
—
DÉCHAUMEUSES
ROULEAUX, ETC.

NOUVEAU MATÉRIEL
pour la culture de la betterave.
—
Charrues défonceuses
simples et doubles
à vapeur et à manège.

La plus grande et la plus importante USINE de FRANCE
pour la Construction des Instruments aratoires

PLUS DE 5.000 CLIENTS ; 300.000 INSTRUMENTS LIVRÉS A L'AGRICULTURE

Médaille d'Or. * Exposition Universelle 1889. * Médaille d'Argent.

VACHERIE **à céder** portes de PARIS. — 30 vaches normandes, 350 litres lait vendu 0 fr. 40 cent. Vendeur depuis 16 ans se retire après fortune. Loyer peu élevé. Bénéfices nets annuels, 12,000. On traitera avec 12,000 fr. argent ou sans argent avec garanties sérieuses. S'adresser à MM. LAPORTE et LEFRANC, 93, boul. Sébastopol, Paris.

Sont vendues les vacheries annoncées précédemment.

MALADIES DU BÉTAIL

ET DE LA VOLAILLE

Leur traitement préventif et curatif

PAR L'ACIDE SALICYLIQUE

L'acide salicylique, employé dans la nourriture à la dose de 1/2 à 1 gramme par jour et par tête de bétail, est le meilleur préservatif des maladies qui procèdent par contagion : Sang de rate, Cocotte, Maladie aphtheuse, Erysipèle, Typhus, Morve, Variole et le Rouget des porcs, etc.

DES ATTESTATIONS NOMBREUSES DE GUÉRISONS obtenues pour la Cocotte et le Rouget des porcs ont été reproduites dans le *Journal l'Agriculture*.

La désinfection des étables, des écuries se fait instantanément au moyen d'un arrosage d'eau salicylée à 2 grammes par litre.

S'adresser à M. CERCKEL, administrateur de la *Compagnie de produits antiseptiques*, 26, rue Bergère, Paris.

Envoi sur demande de Prospectus et Brochures.

PRIX DU KIL. 25 fr. — BOITE DE MÉNAGE, 2 fr.

SALAISON DES FOINS

Nourriture du bétail

et Engrais des terres.

Sel neuf dénaturé au Tourteau de colza, 55 fr. les 1,000 kilos.

Sel neuf dénaturé au Peroxyde de fer, 50 fr. les 1,000 kilos.

Sel de Morue pur, 45 fr. les 1,000 kilos.

Expéditions de Fécamp et de Bordeaux.

S'adresser à M. A. LE BORGNE, négociant à Fécamp (Seine-Inférieure).

PHARMACIE SAVARY

AMIENS, 33, Place Saint-Denis, 33, AMIENS

(EN FACE LE SQUARE).

PROVENDE AUX PHOSPHATES ASSIMILABLES

du Docteur DESCHAMPS.

Prix : 3 fr. le kilog.; 27 50 les 10 kilog. (Remises proportionnelles.)

Accroissement rapide des bestiaux, surtout chez les jeunes animaux, force nerveuse, fécondité, engraissement ; prévient surtout la diarrhée chez les jeunes veaux. Qualité exceptionnelle du lait.

M. Lefebvre, cultivateur à Marcelcave, a élevé un veau en lui administrant de la Provende phosphatée pendant 60 jours : tué à 70 jours, ce veau pesait 193 kilog., chiffre officiel constaté à l'abattoir. La viande était très blanche, ainsi qu'est prêt à l'attester M. Oheix, boucher à Amiens.

Les attestations émanant des sommités françaises et anglaises les plus accrédités ont été données à M. SAVARY.

25 PRIX D'HONNEUR ET GRANDS PRIX, 200 MÉDAILLES OR, VERMEIL, ETC.

GRANDES CULTURES DE GRAINES POTAGÈRES, FOURRAGÈRES ET DE FLEURS

E. FORGEOT & Cie

fournisseurs du ministère de l'Agriculture, des Ecoles nationales d'agriculture, des Syndicats agricoles, etc.

PARIS, quai de la Mégisserie, 6 et 8

Appareils spéciaux pour épurer et nettoyer les graines

SPÉCIALITÉ DE GRAINES DE GRANDE CULTURE

luzernes et trèfles garantis sans cuscute, minette, vesces, sainfoins trèfles incarnats betteraves, carottes, navets, choux-navets, pommes de terre

Blés à grand rendement, Avoines, Orges, Seigles. Graines d'arbres pour reboisement

Graines de graminées pour prairies

Notre Maison ne vend que des graines de provenances sûres, assurant les meilleurs résultats ; elle accepte le contrôle de la Station d'Essais des Semences, établie à l'Institut agronomique par le Ministère de l'Agriculture, contrôle auquel nous sommes soumis dès sa création. En conséquence, nos graines sont garanties de levée et d'une pureté irréprochable ; nos trèfles et nos luzernes sont garantis sans un seul grain de cuscute.

Grande et importante **Spécialité de Créations de Prairies.** Nous nous chargeons d'établir des compositions convenant à la nature de chaque sol, et d'avance nous en assurons la réussite.

Sur demande, nous adressons *franco* nos catalogues illustrés de graines potagères, fleurs, arbres, fourrages, ognons à fleurs, plantes, etc.

VINS DU BEAUJOLAIS ET DE MACON.

J. DAMIRON

propriétaire-viticulteur à Saint-Julien en Beaujolais (Rhône).

A la fois délicat et nourrissant, le vin du *Beaujolais* est sans contredit l'un des meilleurs vins de table.

Par leur finesse et leur bouquet, *nos grands crûs* rivalisent avec ceux du Bordelais et de la Bourgogne, tout en étant moins chers.

Notre Vignoble, presque entièrement reconstitué, est aujourd'hui en état de fournir à la consommation ses vins si appréciés. Voici un aperçu des prix :

Vin ordinaire 1888 et 1887	110 à 130 fr.
Bonnes Côtes id.	130 à 150
Saint-Julien id.	160 à 200
Morgon, Fleurie, Thorins (vins classés de 1886 à 1884)	250 à 500

Grands crûs de Bourgogne : Beaune, Pommard, Corton.

Vins en bouteilles par caisses de 12, 25 et 50.

Le tout logé et pris en gare du Vignoble.

La Maison accepterait des représentants sérieux munis de bonnes références.

La Propriété offre des vignes américaines, boutures et racines de choix, et des plants greffés soudés et racinés garantis. — *Prix modérés.*

Adresser les correspondances à Villefranche, 44, rue de Thizy.

CRÉDIT AGRICOLE

UNION DES SYNDICATS AGRICOLES DE FRANCE

9, rue Marsollier, PARIS

Agence à LYON, 234, cours Lafayette, S. PLISSONNIER, Directeur * M. A.

MACHINES AGRICOLES DE TOUS SYSTÈMES

TOURTEAUX et FARINES pour la nourriture du bétail.

ENGRAIS CHIMIQUES et ORGANIQUES, MATIÈRES PREMIÈRES

SEMENCES DE PREMIER CHOIX.

L'Administrateur-Gérant : ALBERT RENOT.

Beauvais. — Imp. D. PERE. — A. CARTIER, Gérant.

Faucheuses. **Faneuses.** **Râteaux** à cheval. **Presses** à fourrages. **Brise-Tourteaux.** **Appareils à cuire.** **Egrenoirs** de maïs. **Rouleaux.** **Semoirs.** **Transmissions** par arbres et par câbles. **Matériel** de brasserie et de féculerie.

ALBARET (O. ✻ et O. ✻)

MACHINES AGRICOLES

Ateliers de Construction et Administration à LIANCOURT-RANTIGNY (Oise); Magasin et Bureau, à PARIS, boul. de Strasbourg, 63 (entrée par le passage du Désir)
Succursales : Saint Quentin, boulevard Victor-Hugo, n° 52; Chartres, rue du Grand-Faubourg, n° 76; Abbeville (Somme) rue Riagois, n° 44; Cambrai, M. Mesnil, rue des Bouchers, n° 13.

Récompenses obtenues aux Expositions universelles et Concours internationaux :

Machines à vapeur fixes, horizontales et verticales.

Générateurs.

Machines à vapeur locomobiles.

Manèges fixes, mobiles et semi-fixes.

Batteuses fixes et portatives conservant ou brisant la paille.

Engreneurs mécaniques.

Semoirs à engrais, à graines et haricots.

Hache-maïs et **Coupe-racines** à force centrifuge transportables.

206 Médailles d'or.

Exposition	Récompense
1862. Exposition de Londres.	1er prix, GRANDE MÉDAILLE; 2e prix, MENTION HONORABLE.
1864. Exposition intern. de Bayonne.	MÉDAILLE D'OR donnée par le Gouvernement. MÉDAILLE D'OR, donnée par la Commission de l'Exposition.
1865. Exposition universelle de Porto.	GRANDE MÉDAILLE D'ARGENT.
1867. Exposition universelle de Paris.	GRANDE MÉDAILLE D'OR, la plus haute récompense pour Locomotive routière et Machines agricoles.
1869. Exposition d'Amsterdam.	DIPLOME D'EXCELLENCE.
1869. Exposition de Beauvais. 1872. Exposition de Lyon.	DEUX DIPLOMES D'HONNEUR, comme exposant et membre du jury.
1873. Exposition univ. de Vienne (Autriche)	GRAND DIPLOME D'HONNEUR, la plus haute récompense.
1878. Exposition universelle de Paris.	3 MÉDAILLES D'OR. — 1 OBJET D'ART pour mérite exceptionnel sur le terrain. — 1 MÉDAILLE DE BRONZE. — 4 MÉDAILLES ARGENT ET BRONZE pour collaborateurs.
1882. Conc. spéc. et int. de *hache-maïs*, de Ste-Menehould.	1er prix, MÉDAILLE D'OR, donnée par la Société des Agriculteurs de France.
1883. Exposition d'Amsterdam.	DIPLOME D'HONNEUR, la plus haute récompense.
1884. Gr. conc. internat. d'Amsterdam.	Prix unique, GRANDE MÉDAILLE D'OR pour locomobile. 1er prix, GRANDE MÉDAILLE D'OR pour presse à fourrage. 1er prix, GRANDE MÉDAILLE D'OR pour machines à battre. 1er prix, MÉDAILLE D'ARGENT pour hache-paille et dépulpeur.
1885. Exposition intern. d'Anvers.	DIPLOME DE MÉDAILLE D'OR, la plus haute récompense pour machines agricoles.
1889. Expos. d'économie sociale, sect. XIV.	MÉDAILLE D'OR. MÉDAILLE D'ARGENT pour collaborateurs.
1889, Exposition universelle. Membre du jury, hors concours.	
1876. Société nat. d'agr. de France.	GRANDE MÉDAILLE D'OR. PRIX DE MÉCANIQUE.
1886. Société nat. d'agr. de France.	RAPPEL DE GRANDE MÉDAILLE D'OR pour l'ensemble des travaux de mécanique agricole.
1888. Aniche (Nord).....	Moissonneuse lieuse à la ficelle, DIPLOME D'HONNEUR avec félicitations du jury, pour la machine qui fonctionne à toute satisfaction.
1889. Comice agricole de Montdidier, Ailly-sur-Noye.	DIPLOME D'HONNEUR et MÉDAILLE DE VERMEIL pour batteuse et instruments. MÉDAILLE DE VERMEIL grand module pour faucheuse et moissonneuse.
1890. Concours de Clermont.	DIPLOME D'HONNEUR avec félicitations du jury, pour le bon fonctionnement de la moissonneuse lieuse.
Plusieurs Méd. or, argent et bronze à MM. les collaborateurs de la Maison.	

Concasseurs.

Moulins-bluteries.

Hache-paille.

Hache-maïs.

Hache-fourrage.

Coupe-racines.

Laveurs de racines.

Moissonneuses simples

Moissonneuses combinées.

Moissonneuses-lieuses

162 Médailles d'argent.

Envoi gratis sur demande des Catalogues illustrés.

16 Diplômes d'honneur et d'excellence.

Monte-Paille. **Moteur** domestique à vapeur à pression inférieure à celle atmosphérique. **Rouleaux** à vapeur et à traction de chevaux pour le cylindrage des chaussées d'empierrement. **Poteaux** indicateurs pour routes.

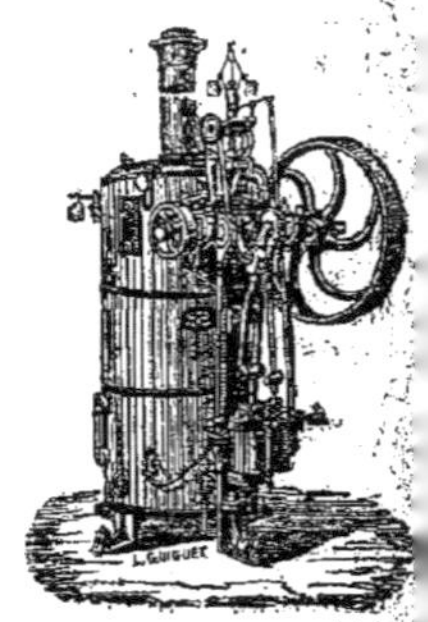

Nos 519 à 536 — 9 — Rien de plus. 556-592 ms 589

11e Année. — 2e Série. — N° 556. Dimanche 21 Septembre 1890.

GAZETTE AGRICOLE

JOURNAL HEBDOMADAIRE, PARAISSANT LE DIMANCHE

Rédacteur en Chef : M. Ch. GOSSIN, Professeur d'Agriculture à l'Institut agricole de Beauvais

PRIX DE L'ABONNEMENT

UN AN, 5 fr. — SIX MOIS, 2 fr. 50. — TROIS MOIS, 1 fr. 50

Pour l'étranger les abonnements ne sont reçus que pour un an, au prix de 6 francs, et ne partent que du 1er janvier ou du 1er juillet de chaque année.

Il est indispensable de joindre à toute demande de changement d'adresse la dernière bande d'adresse du journal et 50 centimes pour frais de nouvelles bandes.

Adresser les *Abonnements et Annonces* à l'administrateur, 13, quai Voltaire, Paris, ou à M. GOSSIN, rédacteur en chef, à BEAUVAIS.

BUREAUX

13, quai Voltaire, Paris.

Les abonnements partent du 1er de chaque mois et sont payables d'avance. Toute demande d'abonnement doit donc être accompagnée du prix de l'abonnement. (Le mode de payement le plus simple est l'envoi d'un mandat-poste.)

Donner *très lisiblement*, en s'abonnant, son nom et son adresse exacte, *avec l'indication du bureau de poste*; et, s'il s'agit d'une continuation d'abonnement, joindre au renouvellement la dernière bande d'adresse du journal.

La GAZETTE AGRICOLE insère gratuitement les Communications des Syndicats agricoles

SOMMAIRE :

PARIS, 19 SEPTEMBRE.

A cette époque de l'année, les amis du Bonhomme Deschamps ont mieux ou autre chose à faire que de lire, du premier mot au dernier, les journaux. Il est donc très probable qu'ils sont étrangers à l'agitation, d'ailleurs quelque peu factice, que les révélations sur le boulangisme, son chef, et ses alliances, excitent dans le public parisien. Voici plusieurs semaines, en effet, qu'un député boulangiste a commencé dans le *Figaro*, sous ce titre « Coulisses du boulangisme », un récit de la campagne boulangiste. Récriminations, provocations, contre-témoignages, démentis, duels, telles sont les conséquences variées et bruyantes de cette publication. Il n'en pouvait guère être autrement, attendu que l'auteur cite des faits, met en cause des personnages qui auraient préféré demeurer dans l'ombre et dans le mystère. MM. Carnot, Floquet, de Freycinet et même Ferry auraient gagné à n'être pas présenté dans la posture où l'écrivain des « Coulisses du boulangisme » nous les a fait voir.

***

Vous connaissez le procédé de discussion qui consiste à détourner son interlocuteur d'un sujet embarrassant en le lançant sur une autre piste. Cela s'appelle une diversion. Les républicains y ont recours depuis plusieurs semaines. Pour n'avoir pas à s'expliquer sur les offres faites au général Boulanger, à la condition qu'il votât et fit voter ses amis, en 1887, pour MM. Floquet, de Freycinet et autres, alors candidats à la succession de M. Grévy, ils poussent des cris de pudeur effarouchée, d'indignation étonnée contre l'alliance électorale des monarchistes et des boulangistes. Il semble cependant au Bonhomme Deschamps que l'affaire a été suffisamment publique pour cesser d'étonner aujourd'hui. Oui, les conservateurs et les boulangistes se sont alliés, en 1889, contre le parti républicain. Ils ont voulu et poursuivi par tous les moyens légaux cette fin commune d'obtenir dans le Parlement une majorité. Rien de plus exact ni même de plus commun dans notre histoire. Quand un gouvernement lèse dans ses droits et dans ses intérêts la moitié d'un pays, quand cette moitié du pays est dépouillée comme un vaincu l'est par son vainqueur, de pareilles alliances et coalitions se nouent d'elles mêmes.

***

Le parti républicain qui crie si fort contre ces coalitions, et qui les trouve immorales si elles se font contre lui, a passé sa vie à pratiquer ce qu'il blâme aujourd'hui chez ses adversaires. Qu'était-ce sous l'empire que « l'union libérale » et qu'était-ce sous la République que l'union des 363 où figurait le prince Jérôme Napoléon, si ce n'est une alliance ? Il n'est même pas une seule élection législative où l'on ne voit les républicains modérés recommander et soutenir, contre un candidat conservateur, un candidat radical. Encore si le parti républicain, dans son histoire, ne s'en était tenu qu'aux coalitions de ce genre! Mais depuis son apparition dans notre pays il n'est arrivé au pouvoir que par l'émeute, la barricade et la révolution. Il a commencé à la prise de la Bastille et il a fini au 4 septembre. Vraiment on ne sait s'il est bien sérieux dans ses indignations d'aujourd'hui. S'il l'est, il ressemble fort à ces voleurs qui, une fois enrichis et à l'abri des lois, se donneraient pour les défenseurs les plus intraitables et les plus jaloux du droit de propriété.

***

Mais, reprennent les républicains, il y a coalition et coalition. Celle des conservateurs et des boulangistes est abominable, parce que les boulangistes étaient des gens tarés et qu'ils ont reçu de l'argent de leurs alliés. Ici encore le Bonhomme Deschamps arrête les républicains et leur pose ces questions : De grâce, leur dit-il, n'avez-vous pas expulsé les princes du territoire français et de l'armée ? Ne mettez-vous pas hors la loi tous ceux qui ne pensent pas comme vous ? Tout cela, c'est la guerre et vous êtes vraiment étonnants d'être surpris que vos adversaires se défendent comme on fait à la guerre. Quand on se bat, on prend ses alliés où on les trouve et ceux qui ont des munitions, de l'argent, en donnent à ceux qui en ont moins ou n'en ont pas. C'est l'A B C du métier. Et vous mêmes, avec quel argent avez-vous soutenu vos candidats ? Les fonds secrets, qui sont fournis par tous les contribuables indistinctement, sont-ils demeurés intacts dans la caisse ? Non. Vous les en avez fait sortir, sans compter les générosités particulières plus ou moins spontanées, pour venir en aide aux candidatures républicaines légères de bourse.

***

La conclusion à tirer de toutes ces polémiques est double, bien qu'elle intéresse exclusivement le parti républicain. Il devrait par prudence vulgaire s'abstenir de toute attaque contre ses adversaires, par cette raison décisive que tous ses arguments se retournent contre lui-même. Ils n'ont fait, eux, que rester dans la légalité, tandis que lui en est sorti constamment. Et puis, si les alliances et les coalitions qu'il dénonce ont eu lieu, elles sont absolument son œuvre. S'il avait fait, même médiocrement, son office de gouvernement, il n'y aurait pas eu d'alliance électorale conservatrice et boulangiste. On doit même le prévenir que s'il continue à se chauffer du même bois, il s'en formera de nouvelles encore, la logique voulant que tout principe ait sa conséquence, et toute mauvaise conduite ses embarras et son châtiment.

LE BONHOMME DESCHAMPS.

NOUVELLES DE LA SEMAINE.

Election législative du dimanche 14 septembre 1890.

CANTAL. — *Arrondissement de Saint-Flour.*

MM. Mary-Raynaud, banquier.... 4.081 ELU
Chanson, anc. député, radic. 3.291
Andrieux, ancien député, libéral indépendant........ 2.822

Au premier tour de scrutin, M. Mary-Raynaud avait obtenu 4.374 voix ; M. Chanson, 6,071 ; M. Andrieux, 2,627 ; M. Lintilhac, 127.

Il s'agissait, comme nous l'avons dit, de remplacer M. Amagat, décédé, qui avait été élu le 6 octobre 1889 par 5,951 voix, contre 4.825 données à M. Chanson.

Notre situation vis-à-vis de l'étranger. — M. Jules Roche, ministre du commerce, a prononcé un discours au concours agricole d'Annonay, dans l'Ardèche. Décidément, comme le dit un personnage de comédie, il semble que la première condition pour devenir ministre de la République soit de professer le goût des voyages. M. Jules Roche a quelque peu délaissé l'agriculture pour entretenir ses auditeurs de la politique étrangère. Il n'a pas l'optimisme béat de M. Waddington, numismate et ambassadeur à Londres.

— Jamais, a-t-il dit, la France ne s'est trouvée dans une situation plus grave. Nos ennemis les plus immédiats comptent dix millions de plus d'habitants et *nos voisins forment une coalition formidable.* Il ne suffit pas que pour une œuvre importante, puisqu'elle touche à l'agriculture, mais enfin secondaire, l'union se soit faite ici. Il faut que dans toute la France la même union se fasse. *C'est une question de vie pour elle dans cette lutte formidable qui se prépare.*

Nous souhaiterions que M. Jules Roche eût exagéré ; mais nous craignons qu'il n'ait présenté la situation sous son vrai jour.

De cette situation, quelles sont les causes? Le ministre s'est également posé ce point d'interrogation ; il a répondu que c'était « le hasard » qui faisait « peser ces circonstances sur les « générations actuelles. »

Le hasard !

C'est sans doute aussi le « hasard » qui faisait de la France, sous la Monarchie, l'arbitre de l'Europe? C'est le « hasard » qui faisait qu'au lendemain d'une invasion, le czar cédait le pas, dans le palais des Tuileries, au roi de France ?

Ce « hasard », que M. Roche charge de tous les méfaits, s'appelle de son vrai nom, la République. La République, voilà ce qui nous condamne à l'isolement, nous expose aux coalitions formées sans nous et contre nous, suspend sur nos têtes les menaces et les dangers qu'il n'est plus possible de nier, et en même temps, par l'effet d'une politique étroite et haineuse, empêche l'union à l'intérieur.

L'apaisement. — Les républicains continuent à être atteints de cette manie de laïcisation qui révèle un état morbide qu'un médecin qualifia un jour de « folie en commun ». Le 15 septembre, dix-sept écoles primaires ont été laïcisées dans le seul département des Côtes-du-Nord.

De plus, un arrêté de laïcisation des écoles congréganistes des garçons de la ville de Castres est signé. Le maire de cette ville, M. Roch, a immédiatement adressé sa démission au préfet.

Et tous les jours les organes du Gouvernement nous parlent d'apaisement !

La Franc-Maçonnerie. — On lit dans le *Radical* :

Dans sa dernière séance, le convent maçonnique a voté l'ordre du jour suivant :

« Le conseil de l'Ordre est invité à mettre en mouvement la justice maçonnique pour arriver à l'expulsion des FF.·. qui ont coopéré à la direction du mouvement boulangiste, et principalement du F.·. Laguerre et de la L.·. *La République Démocratique* et de tous les FF.·. députés ou sénateurs qui ont donné l'appui de leur nom aux comités boulangistes. »

Cet ordre du jour, proposé par le F.·. Benoit-Lévy, a été adopté par 221 votants sur 232. La Franc-Maç.·. française a, de nouveau, bien mérité de la Patrie et de la République.

Cet ordre du jour démontre ce que nous savions depuis longtemps, c'est-à-dire l'ingérence des loges dans la politique militante.

Elles se recrutent uniquement parmi les agents de la République officielle, athée, persécutrice, et quiconque manifeste des velléités d'indépendance, fût-il républicain et libre-penseur, quiconque regimbe sous le joug est exécuté.

La Franc-Maçonnerie est le repaire des opportunistes.

La justice en France. — Un de nos confrères de Vervins (Aisne) a reçu d'un de ses correspondants le récit du fait suivant :

De passage à Saint-Quentin, j'entre à la correctionnelle et j'entends rappeler par le plaignant cette exclamation de l'accusé Lucas, qui se voit dans l'impossibilité de la démentir :

Vous pouvez faire tout ce qu'il vous plaira contre nous, nous nous en moquons; nous irons voir Malézieux qui nous fera gracier. »

Je vous garantis, Monsieur le Directeur, l'absolue authenticité de ces paroles, que je ne veux faire suivre d'aucun commentaire

Il y a quelque temps déjà nous signalions le cas d'un conseiller général opportuniste, invoquant devant le tribunal, comme unique excuse pour son client, sa qualité de républicain.

Aujourd'hui, en voilà un autre qui invoque l'amitié d'un sénateur, devenu aujourd'hui un bienfait des dieux.

Etre ou n'être pas républicain, équivaut à être ou n'être pas au-dessus des lois.

Il n'est pas sans intérêt de rappeler que l'incident se passe dans un département qui a compté au nombre de ses députés le célèbre Dupuy, celui qui a dit : « En politique il n'y a pas de justice. »

Sa formule fait école.

Nécrologie. — M. Joffrin, député de Paris-Montmartre, dont la proclamation et la validation par la Chambre ont fait tant de bruit, vient de mourir des suites d'une cruelle maladie : le cancer.

M. Joffrin, on s'en souvient, était l'adversaire et le concurrent du général Boulanger. Il fut proclamé élu par 5 500 contre 8,000 voix obtenues par le général.

Bien qu'il appartînt au parti dit ouvrier, il y avait fort longtemps que ce mécanicien honoraire n'avait travaillé de son métier.

La mort de M. Joffrin laisse donc un siège de député vacant à Paris ; mais le fait est de peu d'importance, puisque M. Constans peut faire déclarer élu, par les mamelucks de sa majorité, qui bon lui semble.

LE FOIN EN MEULES

Procédé Neilson.

On sait que le foin mis en meules sans être complètement sec fermente et s'échauffe. La chaleur qui se dégage pendant cette fermentation est quelquefois assez forte pour déterminer la combustion de la meule ; en tous cas, le fourrage s'altère et ne tarde pas à pourrir.

Mais si on régularise la température, si on fait traverser la meule par un courant d'air, de manière à empêcher la chaleur de dépasser un certain degré, l'herbe entassée, même lorsqu'elle est encore humide ou légèrement fanée, se sèche et se transforme peu à peu en foin sans rien perdre ni de son arôme ni de ses qualités. Tel est le principe du procédé Neilson, qui, sous le climat brumeux de l'Angleterre, où les difficultés de la fenaison sont bien plus grandes que chez nous, permet d'obtenir d'excellents fourrages par les temps les plus contraires.

Avant de construire une meule d'après le système Neilson, on établit d'abord, au moyen de tuyaux en poterie, cimentés avec soin, un tube partant du centre de l'emplacement qu'elle doit occuper et se prolongeant un peu en dehors de la circonférence. Ce tube doit servir à donner passage à l'air chaud et aux vapeurs extraits de la meule; pour le mettre à l'abri de tout risque, il est prudent de l'enterrer à une petite profondeur.

Cela fait on élève la meule, en ayant la précaution de laisser au milieu une cheminée d'appel ou, en d'autres termes, un espace vide. A cet effet un sac plein de menue paille ou de copeaux de menuisier, par conséquent d'un poids léger et facile à soulever, est placé au bout sur l'orifice du tube dont nous venons de parler; on empile aussi régulièrement que possible autour de ce sac le foin encore humide — notez bien ceci — et l'on élève le sac au fur et à mesure que le fourrage s'accumule, jusqu'à ce que le tas ait atteint le tiers ou la moitié au plus de la hauteur que doit avoir la meule.

Quand on est là, il s'agit de se ménager le moyen de constater le degré de chaleur qui se développera au centre du tas de fourrage. Dans ce but, on pose horizontalement un tube de fer, fermé par un bout, ouvert par l'autre, et assez long pour que l'extrémité fermée étant à trente centimètres environ de la cheminée d'appel réservée à l'intérieur, grâce au sac de menue paille, l'extrémité ouverte affleure le bord de la meule. C'est par là qu'on introduit un thermomètre attaché au bout d'une baguette afin de mesurer la température.

Le tube de fer peut être remplacé par une caisse en bois, mais le métal est préférable pour l'établissement de ce regard, en ce sens qu'il est meilleur conducteur de la chaleur.

Une fois le tube posé, on retire le sac et on achève de combler la meule qui, dès lors, est pleine dans toute sa partie supérieure.

Ainsi la meule élevée selon le procédé Neilson est pourvue au centre, sur un tiers de sa hauteur, d'une chambre cylindrique, ayant le diamètre d'un sac plein, laquelle chambre est placée immédiatement au-dessus d'une conduite étanche de tuyaux communiquant avec l'extérieur; horizontalement, du tiers à la moitié de la hauteur, se trouve un tube pour les observations thermométriques.

Voilà la meule édifiée, rappelons-nous encore, avec du fourrage simplement flétri. Il faut maintenant en empêcher l'échauffement par une aération méthodique qui servira en même temps à amener l'herbe au point de dessiccation voulue. Pour cela un ventilateur-aspirateur est adapté à l'extrêmité extérieure de la conduite en poterie, et le thermomètre introduit dans le tube horizontal, à l'aide d'une baguette, jusqu'au centre même de la meule, indique les moments où il est nécessaire de faire intervenir l'air. Lorsque la température accusée par le thermomètre dépasse 57 degrés centigrades, on fait tourner l'aspirateur de manière à pomper l'air contenu dans la cheminée d'appel ; cet air chaud, chargé d'humidité, est immédiatement remplacé par l'air extérieur qui s'infiltre de tous côtés à travers la masse, rafraîchit l'herbe et la dessèche. Le temps durant lequel l'aspirateur doit être mis en action ne peut être assigné d'une manière précise ; il varie nécessairement selon les dimensions de la meule, la nature de l'herbe et son état d'humidité, l'état de l'atmosphère, etc. Un quart d'heure peut suffire dans certains cas, tandis que dans d'autres on doit opérer pendant une heure et plus. De même il n'est pas possible de dire à l'avance si le ventilateur-aspirateur doit être manœuvré tous les jours ou bien seulement tous les deux jours; tout cela dépend des circonstances. Le cultivateur n'a qu'à se laisser guider par son thermomètre dont les indications ne le tromperont jamais.

Un seul aspirateur peut être employé pour l'aération de plusieurs meules à la fois : c'est même dans ce cas que le procédé Neilson est le plus avantageux, puisque les dépenses d'installation se répartissent sur une plus grande masse de fourrage. Mais alors les conduites de chaque meule doivent s'embrancher sur un canal commun communiquant avec le ventilateur-aspirateur ; et les cheminées d'appel doivent être précédées d'une petite chambre carrée construite en briques et recouverte par une vanne à coulisse, emmanchée sur une longue tige que l'on manœuvre du dehors, de manière à pouvoir ouvrir ou intercepter facilement la communication entre la chambre et la cheminée d'appel placée au dessus. Il peut arriver, en effet, que toutes les meules n'aient pas besoin d'être aérées en même temps; les trappes que l'on ouvre ou que l'on ferme a volonté permettent donc de faire agir l'aspirateur là seulement où il est utile d'appeler de l'air frais.

Lorsque le nombre des meules est considérable, il y a tout avantage à se servir d'une machine à vapeur pour actionner l'aspirateur ; plus cet instrument fonctionne vite, plus rapidement l'air chaud est retiré des cheminées d'appel, et par conséquent plus l'air froid du dehors se précipite avec force à travers l'herbe entassée pour combler le vide.

La rapidité du travail est d'autant plus nécessaire que l'herbe a été mise en meule plus humide. Avec des fourrages très chargés d'humidité, un aspirateur puissant mu par la vapeur donne toute garantie de succès; la réussite serait moins certaine si on ne disposait que d'un aspirateur mu à bras; peut-être ne parviendrait-on pas alors à se rendre maître de la chaleur.

Dans la ferme de M. Neilson, les meules, au nombre de 40 à 50, sont rangées sur trois lignes; tous les tuyaux d'aération communiquant à des chambres pourvues de vannes sont reliés à un canal commun qui aboutit au ventilateur-aspirateur commandé par une machine à vapeur.

L'action du ventilateur peut donc être appliquée à tout moment à celles des meules qui ont besoin d'être rafraîchies, et à celles-là seulement, à quelque distance qu'elles se trouvent les unes des autres.

L'installation du procédé Neilson nécessite sans doute des dépenses de premier établissement ; mais il faut remarquer que ce procédé économise une partie de la main-d'œuvre nécessaire dans la méthode de fenaison ordinaire, puisque l'herbe peut-être mise en meule dès qu'elle est simplement fanée ; il faut remarquer en outre que le fourrage n'ayant pas été tourné et retourné au soleil jusqu'à ce qu'il soit complètement sec, n'a pas été brisé et n'a perdu aucune de ses feuilles, tandis que le fanage ordinaire lui enlève les parties les plus délicates qui s'éparpillent sur le pré et passent souvent entre les dents du rateau ; enfin le procédé anglais se recommande encore par cette raison qu'il permet de faire la récolte par tous les temps, tandis que nous ne sommes jamais sûrs de rentrer nos foins en bonne condition si des pluies prolongées surviennent au moment où l'herbe est bonne à couper.

Tout cela est à considérer. En Angleterre, M. Neilson a trouvé de nombreux imitateurs, Il en trouvera aussi en France, nous n'en doutons pas.

L'inventeur ne se borne pas à employer son procédé pour le traitement des fourrages, il l'applique aussi et avec le même succès aux meules de céréales ; quand ces meules sont ventilées, il n'y a pas à craindre que la paille noircisse, prenne un mauvais goût, et que le blé germe.

Le traitement des meules de blé est exactement le même que celui des meules de fourrages, avec cette seule différence qu'il faut faire agir l'aspirateur dès que la température dépasse 21 degrés au centre de la meule.

Charles Gossin.

Fabrication de l'eau-de-vie de grains

La fabrication de l'eau-de-vie de grains emploie le seigle pour fabriquer l'alcool que l'on appelle communément *genièvre* en Belgique, en Hollande, dans le nord de la France, *gin* en Angleterre, et dans lequel les baies du genévrier n'entrent pour rien.

La première opération a pour objet de convertir en sucre l'amidon que contient la farine du seigle.

Pour cela, on moud le seigle pour le réduire en farine, mais on ne la blûte pas et on la verse dans une cuve pour la tremper. Le trempage s'opère dans une quantité d'eau de 10 hectolitres pour 100 kilogrammes de farine, et la température ne doit pas s'élever plus haut que 55 degrés centigrades. On remue, on active, on brasse le mélange pour amener la dissolution complète dans l'eau de tout l'amidon contenu dans la farine, et on réchauffe l'ensemble par l'arrivée au sein de la masse émulsionnée d'un jet de vapeur d'eau qui doit élever la température jusqu'à 70 degrés.

L'amidon est dissous ; il faut le transformer en sucre par l'addition de malt en poudre, à la dose de 25 kilogrammes pour 100 kilogrammes de farine, et on continue de brasser.

Le mélange est ensuite rendu au repos, et après un intervalle de quatre à six heures la transformation de l'amidon en sucre est complète ; on soutire le liquide clair ou *moût*. Celui-ci étant refroidi est versé dans une autre cuve, dite cuve à fermentation, et pour 100 kilogrammes de moût on ajoute soit cinq ou six litres de levûre de bière liquide, soit 3 kilos de levûre pressée provenant des brasseries de bière. La cuve est fermée par un couvercle de bois, et la fermentation qui s'établit a pour objet de transformer le sucre en alcool. La transformation demande de vingt-quatre à trente heures, suivant la température, et quand elle est achevée on distille à l'alambic. Comme on le voit, l'alcool de grain est le résultat : 1° d'une séparation de l'amidon de la farine, 2° d'une transformation de cet amidon en sucre, et 3° d'une autre transformation de ce sucre en alcool.

Il reste dans la cuve à fermentation un dépôt assez abondant qui est extrait et donné aux bestiaux de la ferme.

LA PRATIQUE DE LA SIDÉRATION

M. P. Gilles, grand agriculteur de Seine-et-Marne, membre du Syndicat agricole de l'arrondissement de Meaux, a publié dans le bulletin de ce syndicat une étude sur la culture sidérale, qui peut être considérée comme l'opinion réfléchie d'un bon patricien sur la méthode culturale de M. Georges Ville. M. Gilles est un auditeur assidu des conférences de M. Georges Ville et il a suivi l'application de ses théories dons les carrés du champ d'expériences de Vincennes.

« La culture sidérale ou sidération, dit-il, est un perfectionnement apporté à la pratique des engrais chimiques.

« Ce procédé permet de fournir au sol un engrais complet dont la matière azotée est produite par l'enfouissement sur place d'une récolte de plantes fourragères, fertilisée elle-même à l'aide des matières minérales qui seraient nécessaires aux cultures qui doivent suivre. »

La théorie de la sidération est aujourd'hui connue, mais la pratique est beaucoup moins fixée.

Si on fait de la sidération en récolte principale, en sacrifiant une année entière, on a le choix entre un certain nombre de plantes.

« Le trèfle violet est la plante à sidération par excellence ; c'est du moins celle qui a été la plus employée jusqu'ici. On le sème au printemps dans une céréale ; si le semis est réussi, il se développe l'année suivante vigoureusement et, avec ses larges feuilles, étouffe les mauvaises herbes. On peut l'enfouir facilement, sans roulage préalable ; la racine est pivotante et tient bien, elle ne s'arrache pas avec des mottes de terre comme le fait souvent la racine du trèfle incarnat. Si la sécheresse survient, empêchant le labour, on peut faucher le fourrage, soit pour le récolter, soit pour le faire pourrir, en tas ou étendu sur le champ, et l'enfouir avec la seconde coupe. Ce procédé fournit plus d'engrais, mais il n'est pas sans inconvénients. Le trèfle pourrit souvent assez mal et l'enfouissement à l'automne d'une matière sèche et semi-ligneuse soulève trop la terre et peut compromettre la levée du blé. Il faut donc, autant que possible, labourer de bonne heure.

Le trèfle enterré dans de bonnes conditions se décompose vite. Six semaines après il n'en reste plus et l'on peut donner au sol les façons superficielles qui seraient nécessaires.

L'engrais obtenu agit assez rapidement, cependant ; dans certains terrains, on gagnerait à ajouter un peu de fumier comme ferment. En tout cas, si un printemps froid empêche l'engrais d'agir assez vite, il ne faut pas hésiter à donner un coup de fouet avec un peu de nitrate de soude.

« Il va sans dire que le trèfle a dû recevoir les engrais minéraux nécessaires. Les phosphates doivent être donnés, autant que possible, au moment du dernier labour précédant le semis de la céréale dans laquelle on doit semer le trèfle, sinon on les répandra à l'automne suivant et on les incorporera au sol par un vigoureux coup de herse. La potasse peut être donnée plus tardivement, puisque c'est un sel soluble. »

Le trèfle à l'état vert contient de 6 à 11 pour 100 d'azote, soit une moyenne de 8; les racines qui représentent environ un tiers de la récolte totale sont au moins aussi riches.

Le lupin, le mélilot de Sibérie, le trèfle blanc sont aussi susceptibles de rendre des services comme engrais verts.

La *sidération en culture dérobée* a été peu pratiquée jusqu'à présent. M. Gilles recommande toutefois le procédé suivant :

« Lorsque la saison a été humide et chaude, on voit le trèfle se développer vigoureusement à l'automne de l'année même du semis. Si on l'enfouit pour faire du blé, on obtient des récoltes remarquable sans autre engrais. Ce jeune trèfle d'automne semble avoir une grande valeur fertilisante. Malheureusement, jusqu'ici, cette production de trèfle a été aléatoire et soumise au caprice des saisons. Cependant, il est probable qu'en semant de très bonne heure, on aurait assez souvent des trèfles bons à enfouir à l'automne de l'année du semis. »

Quelle est, en somme la valeur pratique de la sidération que M. Gilles qualifie d' « expédient destiné à rendre service à l'agriculture *dans certaines circonstances difficiles* » ! Quels peuvent être ses inconvénients !

La conclusion de son étude va nous l'apprendre :

« Il est certain, dit-il, que l'agriculture qui possède une affaire de bétail bien organisée et donnant des profits, n'a pas le moindre intérêt à transformer son fourrage en engrais, l'azote alimentaire ayant incontestablement une valeur supérieure à l'azote engrais. Mais si l'industrie du bétail est mal organisée et ne donne pas de bénéfices, il vaut mieux enfouir le fourrage que d'en faire à grands frais du mauvais fumier.

« *Le grand obstacle que rencontrera la propagation de cette méthode*, c'est l'obligation où l'on se trouve de perdre complètement une année ; mais il y a encore d'autres inconvénients que nous devons signaler. La sidération fournit une quantité d'engrais considérable, trop considérable même ; c'est une force, mais une force brutale capable de causer les accidents les plus graves; et de même que l'on ne confie pas une locomotive à *un ignorant*, de même il ne faut pas conseiller au premier venu de mettre dans ses champs ces masses énormes d'engrais azoté, dont l'unique effet serait de faire pousser des betteraves sans sucre, des blés versés ou échaudés sans grains.

La terre dans laquelle on a enfoui souvent des engrais verts devient excessivement légère, ce qui rend difficile la levée des céréales. On ne connait pas encore de moyen de remédier à cet inconvénient. »

POMMES ET CIDRES

En France, la récolte qui, au moment de la floraison des pommiers, promettait une année d'abondance, a eu beaucoup à souffrir, depuis, des intempéries et des insectes de tous genres. La perte éprouvée est très sensible. Mais, en somme, si tout va bien d'ici à la cueillette, on aura encore dans l'ensemble un rendement supérieur à celui de l'an dernier, mais qui, néanmoins, aura de la peine à atteindre une petite moyenne.

Nos départements bretons sont, en général, ceux qui fourniront davantage pour le dehors. Le moins favorisé est le Finistère, où la récolte sera peut-être aussi mauvaise que la précédente. En revanche, les Côtes-du-Nord, le Morbihan, l'Ile-et-Vilaine et la Loire-Inférieure donneront une petite moyenne ou demi-année, comme on dit dans nos pays producteurs. Quelques contrées même produiront abondamment, comme l'arrondissement de Saint-Brieuc et celui de Ploërmel.

Quant aux prix, les marchés à livrer déjà conclus les font ressortir de 8 à 9 fr. les 100 kilos pour les pommes acides et à 10, 11 et 12 fr. pour les pommes douces.

En Normandie, la quantité sera un peu moindre que dans les pays bretons.

L'Orne, si éprouvée l'année dernière, donnera une maigre récolte cette fois-ci. On peut parcourir des cantons entiers sans apercevoir une seule pomme ni une seule poire sur les arbres. Telle est généralement la situation dans les arrondissements d'Argentan et d'Alençon. Dans celui de Mortagne, on trouvera un peu plus de fruit. Quant aux prix, il est à craindre qu'il ne soit très élevé, on parle de 3 fr. 75 à 7 et même 8 fr. le demi-hecto suivant qualités.

Le Calvados n'est pas mieux partagé.

Les départements de la Seine-Inférieure, de l'Eure et de la Manche feront une demi-année. Sur certains marchés de l'Eure, il s'est déjà traité des achats à livrer de 3 à 3 fr. 25 le demi-hecto. Dans quelques cantons de la Manche, on est descendu même à 2 fr. 50. Il semble que le prix moyen sera de 2 fr. 50 à 4 fr. pour les sortes ordinaires, de 4 à 7 fr. pour les qualités supérieures.

Dans l'Anjou et dans le Poitou, dans la Mayenne comme dans la Sarthe, on a eu les mêmes espérances au moment de la floraison et les mêmes déceptions après. Généralement, la récolte sera supérieure à celle de l'an dernier et inférieure à la moyenne.

Nos autres départements producteurs, tels que l'Oise, la Somme, l'Aube, la Corrèze, la Savoie, se trouvent dans une situation semblable.

Nouvelles agricoles.

La récolte des pommes de terre en Europe. — La maladie des pommes de terre fait des progrès en Irlande ; on s'en plaint également en Ecosse, dans différentes régions de l'Angleterre et de la France, et principalement en Allemagne.

En Hollande, la maladie s'étend aussi quelque peu.

En un mot, si ces plaintes s'accentuaient encore, il ne faudrait compter cette année, en Europe, que sur une assez faible récolte.

On sait qu'aux Etats-Unis la récolte des pommes de terre est sérieusement compromise.

La récolte de froment dans l'univers. — Le ministre de l'agriculture de Hongrie a publié un tableau récapitulatif du rendement de la dernière *récolte de froment* dans les principaux pays producteurs du monde. Ces chiffres n'ont évidemment qu'une valeur relative, mais ils sont généralement établis d'une manière assez consciencieuse pour présenter d'une façon exacte l'ensemble de la situation.

Celle-ci se résume comme suit :

	Production.	Consommation en hectolitres.	Différence.
Angleterre....	26.000.000	78.000.000	— 32.000.000
France.......	102.000.000	120 000.000	— 18.000.000
Espagne......	23.000.000	35.000.000	— 12.000.000
Allemagne....	36.000.000	46.000.000	— 10.000.000
Autriche.....	19.000.000	29.000.000	— 10.000.000
Italie........	40.000.000	50.000.000	— 10.000.000
Hongrie......	57.000.000	31.000.000	+ 26.000.000
Russie.......	95.000.000	50.000.000	+ 45.000.000
Roumanie.....	20.000.000	8.000.000	+ 12.000.000
Turquie......	10.000.000	8.000.000	+ 2.000.000
Amériq. du Nord	151.000.000	124.000.000	+ 27.000.000
Indes orientales.	83.000.000	71.000.000	+ 12.000.000
Canada.......	12.000.000	10.000.000	+ 2.000.000
Australie.....	14.000.000	7.000.000	+ 7.000.000

En ajoutant tous les petits pays, les excédents d'exportation couvriront largement les besoins d'importation. Toutefois, le commerce entre en campagne avec des approvisionnements réduits environ à la moitié du montant habituel des stocks, soit à environ 20 millions d'hectolitres au lieu de 30 à 40 millions, chiffre ordinaire.

Les viandes abattues. — L'invasion des viandes abattues suit toujours son mouvement de progression. Les importations, pendant les cinq premiers mois de cette année, ont été de 10,958,770 kilog., contre 6,406,580 kilog. pour la même période de 1889, 4,592,450 pendant celle de 1888. La prime énorme dont ce commerce jouit est un puissant excitant dont l'effet est toujours le même. Sur ce total de près de 11 millions de kilogrammes, l'Allemagne a fourni 6,146,000 kilogrammes, l'Autriche 1,891,000 kilogrammes et la Belgique 1,140,000 kilogrammes.

Aujourd'hui que le service de l'inspection sanitaire de ces viandes dépend du ministère de l'agriculture, on est en droit d'espérer que ce service fonctionnera plus régulièrement que par le passé. Il serait à souhaiter que l'administration publiât périodiquement les résultats de cette inspection sanitaire ; ce serait le meilleur moyen de fixer les esprits sur la valeur réelle, très sujette à caution, comme on sait, de ces viandes.

Concours d'instruments agricoles à Beauvais. — Le concours d'instruments agricoles de la Société d'Agriculture de l'arrondissement de Beauvais est irrévocablement fixé au *12 octobre 1890*. Les instruments et machines devront être rendus sur le lieu du concours, à la ferme de l'Institut agricole, sise commune de Notre-Dame-du-Thil, *le vendredi 10*, et les essais des instruments auront lieu le *lendemain 11 octobre, à dix heures et demie du matin;* le 12, à la même heure, *opérations du jury* chargé de l'examen des machines et instruments d'intérieur.

CONSEILS DU JARDINIER

TAILLE DU PÊCHER EN AUTOMNE

Au sujet du remplacement sur nos pêchers en espalier, l'automne dernier, nous avons pu apprécier tous les avantages de cette manière de procéder.

La taille d'automne, dite de remplacement, est une opération que l'on doit exécuter aussitôt après que les fruits ont été cueillis ; elle consiste dans la suppression des branches qui ont porté des fruits et de tous les autres petits bois inutiles.

Parmi les auteurs qui ont traité de la taille du pêcher en espalier, il en est peu qui se soient occupés, d'une manière spéciale, de la taille de remplacement en automne ; cependant cette opération, trop souvent négligée, est bien essentielle au pêcher, et les bons résultats qu'on en obtient ne sont pas contestables. Sans doute, on peut, si l'on en est empêché, reporter l'opération du remplacement à la taille du printemps ; mais alors les avantages du remplacement fait en automne sont perdus sans aucune compensation.

Qu'il me soit permis de le répéter ici, les branches du pêcher qui donnent des fruits n'en donnent qu'une fois ; il faut donc absolument les remplacer, chaque année, par des bourgeons nouveaux qui fructifieront à leur tour l'année suivante, et employer tous les moyens pour favoriser leur complet développement et leur donner le plus grand accroissement possible pendant tout le cours de la végétation.

Par le remplacement d'automne, on est certain de faire profiter « les bourgeons de remplacement » de toute la sève qui existe encore dans le pêcher après la récolte des fruits, et de les préparer à une bonne fructification, tandis que si l'on attend au printemps, lorsque les rameaux sont déjà pleins de sève, que les fleurs sont développées et quelquefois les fruits déjà noués, la sève est alors répandue dans tous les bois inutiles, qu'il faut supprimer au détriment des branches à fruits de remplacement.

L'évaporation qui se produit par les coupes faites tardivement, en mars, ou avril, étant plus forte que celle qui a lieu après le remplacement automnal, il en résulte que l'arbre tout entier éprouve une déperdition de sève plus considérable. Les coupes se cicatrisent, du reste, bien mieux en automne qu'au printemps. Enfin, il est reconnu que les tailles tardives affaiblissent considérablement les arbres et que ceux qui sont âgés ou peu vigoureux doivent être taillés pendant que leur sève est stationnaire.

En résumé, le remplacement d'été ou d'automne est un complément nécessaire des ébourgeonnements, pincements, palissages, etc., opérations indispensables pour faire profiter de la sève toutes les parties essentielles de l'arbre, en maintenir l'équilibre et lui donner une bonne direction. HORTUS.

CONSEILS DU VIGNERON

FABRICATION DES VINS BLANCS SECS ET MOUSSEUX. — Cueillette du raisin. — Les raisins destinés à faire du vin blanc doivent être récoltés lorsque la maturité est complète, par un temps humide et par le brouillard (ce qui est le contraire pour le vin rouge) ; car, d'après M. le professsur Ladrey, les raisins ainsi récoltés donnent des vins beaucoup plus faciles à clarifier et à obtenir la limpidité si désirable pour le vin blanc.

Tous les raisins blancs ou rouges peuvent faire du vin blanc. Cette facilité permet de traiter en vin blanc les raisins restés verts, ou maltraités par la grêle ou la pourriture ; et le vin que l'on en obtient, n'étant pas cuvé avec les éléments délétères, donne toujours un vin supérieur à celui que l'on aurait obtenu en vin rouge.

Pressurage. — Les raisins récoltés sont aussitôt placés sur le pressoir où ils reçoivent deux pressées.

Mise en tonneau et fermentation du vin blanc. — Le vin blanc que l'on a extrait est mis de suite en fût. Il se produit alors, si la température a 15 degrés au moins, une fermentation active et apparente, qui peut se continuer une semaine, deux semaines et plus, selon que l'on veut obtenir un vin blanc mousseux ou sec ; car on peut atteindre l'un ou l'autre de ces résultats opposés en favorisant et en prolongeant la fermentation première, ou bien en la modérant par une moindre température, ou en la suspendant promptement par le froid.

VIN BLANC MOUSSEUX. — Lorsque la fermentation première est achevée, on sépare le vin de ses lies en le transvasant d'un tonneau dans un autre légèrement soufré. Ce vin étant éclairci, on le colle et peu de jours après on pourra le mettre en bouteille. On aura bientôt un vin blanc mousseux fort agréable.

Autre procédé pour obtenir du vin blanc mousseux. — Il faut, en mettant le vin en bouteille après clarification parfaite, l'additionner de 3 à 5 0/0 de sucre candi. Il se déclare alors une nouvelle fermentation alcoolique, produisant des gaz qui rendent le vin mousseux. La pression étant très grande, il ne faut employer que de fortes bouteilles et bien ficeler le bouchon.

VIN BLANC SEC. — Si le remplissage des tonneaux est inutile pendant la fermentation première, il est nécessaire lorsque cette fermentation est terminée ; il doit être fait au moins deux fois par semaine jusqu'au premier soutirage, qu'il faut effectuer par un beau temps fixe et froid, du 15 au 31 décembre : le remplissage doit être fait avec du vin de même âge et de même qualité. Le remplissage des tonneaux n'est plus fait ensuite qu'une fois par mois jusqu'au second soutirage, et, après le second soutirage, les tonneaux doivent être visités et remplis tous les trois mois, jusqu'à leur vente en tonneau ou jusqu'à la mise du vin en bouteille.

Le second soutirage se fait en mars ; il doit être précédé d'un collage, comme tous les soutirages ultérieurs, qui pourront être de un ou deux par an, suivant que les vins sont encore plus ou moins chargés de lies.

Le vin blanc traité ainsi doit être bon et agréable à boire. LE PÈRE LAVIGNE.

CONSEILS A LA FERMIÈRE

LES POIRES TAPÉES

Les poires qu'on veut transformer en poires tapées sont en général de l'espèce fondante, telles que beurré, vert-longue et autres. — Elles ne doivent pas être complètement mûres comme si elles devaient être mangées à l'état naturel ; on les pèle, et on met à part les pelures avec lesquelles on obtient, par la cuisson et en y ajoutant un peu d'eau, un jus ou sirop qu'on faire réduire convenablement, et dont on se servira plus tard. — Les poires, au fur et à mesure qu'on les pèle, sont disposées sur des tablettes ou planches de 1 mètre de longueur et 30 à 40 centimètres de largeur et bordées de petits liteaux ; on place ces tablettes ainsi garnies dans un four dont on vient de retirer le pain et qu'on ferme hermétiquement : la chaleur est suffisante pour un commencement de dessiccation : au bout de douze heures on retire les tablettes, les poires doivent alors être déjà réduites de volume et avoir éprouvé un commencement de cuisson qui leur donne une teinte brune. — Au moyen de deux petites planchettes en bois de dix centimètres, carrées et bien unies, on soumet alors chaque poire à une pression graduée, ce qui lui donne la forme aplatie d'où elle tire sa dénomination. — Cette opération, qui doit être faite avec une certaine délicatesse à laquelle on arrive aisément par un peu d'habitude, a besoin d'être décrite d'une manière plus complète ; en voici le détail : on pose sur une table l'une des deux petites planchettes, on y place une poire de manière que sa plus grande longueur soit horizontale, on la recouvre de la seconde planchette ; puis, avec la paume de la main, on appuie progressivement sur le tout ; la poire cède peu à peu, se comprime, et le commencement de dessiccation qu'elle a subi s'oppose, si la pression est bien ménagée, à ce qu'elle ne s'écrase, et fait au contraire que l'aplatissement a lieu sans rupture. Cette opératton a pour double but de diminuer le volume du fruit par son emmagasinement, et surtout, en augmentant sa densité, de prolonger la durée de sa conservation. Les poires aplaties de cette manière sont ensuite trempées une à une dans le sirop qu'on a obtenu des pelures, puis disposées à plat et côte à côte sur les tablettes ; on chauffe le four modérément au moyen de deux ou trois fagots, de manière qu'il soit moins chaud que la première fois, puis on y replace les tablettes garnies de leurs poires, afin d'achever leur dessiccation, ce qui d'ordinaire arrive au bout de douze ou quinze heures. Toutefois, il est bon de surveiller la marche de l'opération pour atteindre la limite convenable. Les poires retirées du four sont trempées une seconde fois dans le sirop, puis achèvent de sécher en plein air.

Ces fruits ainsi préparés se conservent deux ou trois ans et plus : ils sont d'une saveur très agréable, et constituent, pendant l'hiver et même pendant les jours de printemps une ressource très précieuse. Le sirop dont ils sont imprégnés jusqu'à une certaine profondeur remplace avantageusement la partie liquide enlevée par la dessiccation, et les protège contre toute atteinte de moisissure ou de décomposition ; on les dispose ensuite, soit sur des rayons, soit dans de petites boites en bois blanc.

Lorsque le temps manque pour donner aux poires tous les soins décrits précédemment, ou même si elles sont trop petites pour qu'on prenne la peine de les peler, on peut se contenter de les faire sécher dans leur état naturel. Il suffit alors de les mettre au four par deux fois ; l'important est que la dessiccation s'opère lentement et à plusieurs reprises, pour que les fruits ne se dessèchent pas trop et n'éprouvent pas un commencement de carbonisation.

UNE MÉNAGÈRE.

TRIBUNAUX

Méfiez-vous !

VENTE A CRÉDIT D'OBLIGATIONS A LOTS

Le tribunal correctionnel de Rennes vient de punir avec quelque rigueur les agissements de deux placiers du Crédit d'épargne et de la Caisse générale française d'épargne qui, par des manœuvres frauduleuses, étaient parvenus à surprendre la bonne foi de malheureux souscripteurs.

Il s'agit encore de vente à terme des valeurs à lots du Crédit Foncier et de la Ville de Paris. Les représentants des établissements qui se livrent à ce trafic ne manquent jamais d'affirmer qu'un titre sera acheté immédiatement en Bourse pour compte du client, qui paiera la valeur à l'aide d'un certain nombre de mensualités, dont le total représente toujours une majoration, variant entre 60 et 100 francs, de la valeur réelle du titre.

La justice n'a pas pu déclarer contraires à la loi ces sortes de contrats, mais encore faut-il qu'ils ne soient pas entachés par l'emploi de manœuvres frauduleuses, ce qui est souvent le cas.

Souvent les souscripteurs, induits en erreur par les courtiers, croient avoir traité avec des agents directs du Crédit Foncier ou de la Ville de Paris, ou bien encore ils se figurent avoir en mains immédiatement une coupure réelle de titres de toute sécurité, alors qu'ils n'ont qu'une créance à long terme sur une banque privée, décorée d'un nom éclatant.

M. le substitut Le Bourdellès, dans son réquisitoire, a fait ressortir la fréquence et la perfidie de ces manœuvres. C'est ainsi qu'il a représenté le sieur Vivien, agent de la Société le Crédit d'Epargne, exhibant auprès des individus qu'il invitait à souscrire de prétendus reçus de lots de 5 et 10.000 francs gagnés, grâce à l'intermédiaire de ladite Société, par des personnes qui n'avaient jamais rien gagné ou ne possédait même pas d'obligations.

L'autre prévenu, le sieur Rigaud, agent de la Caisse générale française d'épargne, installée également à Paris, se présentait chez les particuliers comme inspecteur du Crédit Foncier. Il a opéré de cette façon, usant de cette fausse qualité, dans les arrondissements de Rennes et de Redon.

Le tribunal a reconnu les sieurs Vivien et Rigaud coupables d'escroqueries ; il a condamné le premier à trois mois d'emprisonnement, et le second à dix jours de la même peine.

Le jugement déclare les Sociétes le Crédit d'Epargne et la Caisse générale française d'épargne civilement responsables des délits commis par leurs agents.

PETITE POSTE.

M. C..., à C... (Aisne). — *Achat de valeurs à lots.* — Mefiez-vous de ces sortes d'affaires et des agents véreux qui exploitent les campagnes. Adressez vos plaintes au parquet de l'arrondissement.

M. A..., à Ch.. (Meurthe-et-Moselle). — *Sulfatage des grains.* — Nous publierons l'article demandé. Les méthodes de sulfatage varient beaucoup, suivant les localités, quant à la nature du produit employé, quant à la quantité et quant à la durée de l'immersion.

Le dernier procédé indiqué dans le numéro du 7 septembre 1890 est celui que nous suivons définitivement après plusieurs essais, et qui nous donne les meilleurs résultats.

1 kil. de sulfate de cuivre dans 100 litres d'eau et une heure d'immersion. La durée de l'immersion pourrait, sans inconvénient, croyons-nous, être réduite de moitié.

M. X..., à X... (Orne). — *Nettoyage du blé.* — 1° Un des meilleurs trieurs est le trieur Tabary, à Haudivillers (Oise). — Nettoyage aussi parfait que possible du blé et des autres céréales.

2° La longue conservation dans les appartements des fleurs de jardins n'est pas possible. Ces plantes ont besoin du grand air et de la lumière dont ils sont nécessairement privées dans les appartements.

M. X..., à Toul (Meurthe-et-Moselle), — *Halles et marchés.* — Merci de vos observations ; elles sont fort justes. Nous nous attacherons à donner de plus en plus d'importance à cette partie du journal.

M. S..., à B... (Ille-et-Vilaine). — *Champignons.* — Votre lettre s'est égarée. — Elle nous parvient à l'instant. Il y sera répondu dans le prochain numéro.

MENUS PROPOS.

Le 15 août.

Un père passe avec son fils devant l'Hôtel des Invalides. Deux pensionnaires, installés dans leurs fauteuils roulants, dorment au soleil, la pipe à la bouche.

— Regarde, mon fils, ces deux vieux débris revenus du feu.

— Oui, ils fument encore.

BULLETIN FINANCIER.

L'allure de notre marché s'est peu modifiée d'une semaine à l'autre. Les transactions ont perdu quelque peu de leur importance, ce qui ne doit surprendre personne, au lendemain des règlements de comptes de quinzaine, mais les cours n'ont presque pas varié.

Ex-coupon de 75 centimes, notre 3 0/0 perpétuel se traite à 95 15 à terme, et à 95 10 au comptant.

L'amortissable fait actuellement 96 50 sur les deux marchés, et le 4 1/2 0/0 coté 106 30 à terme fait 106 10 au comptant.

Les fonds étrangers sont assez calmes, tout en maintenant facilement leur ancienne fermeté.

Les Consolidés anglais restent à 95 5/8. L'Italien est à 95 75. Le Turc, à 19 32, et l'Egypte unifiée à 495.

La Banque de France est à 4.275.

Bonne tenue du Crédit Foncier à 1.320.

Les diverses obligations foncières et communales sont bien tenues.

Un coupon de 7 50 vient d'être détaché sur les obligations communales à lots 1879, que nous laissons à 468. Les Foncières 1879 cotent 470, les Communales 1880 cotent 463 et les Foncières 1885, 467. Ces différents cours sont peu élevés si on les rapproche de ceux des obligations à lots 3 0/0 des villes de Paris, Lyon, Marseille, etc., lesquelles dépassent toutes le pair. Avant d'atteindre le pair, les obligations 3 0/0 à lots du Crédit Foncier ont encore à épuiser une marge de 30 à 35 fr.

On peut tenir pour certain que cette marge de 30 à 35 fr. donne la mesure exacte des bénéfices que les acheteurs s'assurent pour une date plus ou moins rapprochée. En effet, tout le monde est d'accord sur ce point que les garanties de l'obligation foncière ou communale ne le cèdent en rien à celles des obligations émises par les grandes villes françaises.

A égalité d'avantages, les cours devraient donc être égaux. Or, les avantages sont plutôt du côté des obligations foncières et communales, qui participent à six tirages annuels au lieu de deux ou de quatre, et qui, à chaque tirage, vu le nombre des titres primés, ont des chances de sortie supérieures à celles des autres valeurs.

Tous ceux qui savent calculer conviendront, avec nous, que, parmi nos valeurs à lots, il n'en est pas de mieux garanties et de mieux dotées, comme chances de tirages, que les obligations foncières et communales 3 0/0.

On demande à 423 fr. les obligations 3 0/0 1883, sans lots ; c'est encore un cours inférieur d'une vingtaine de francs à celui des obligations similaires des grandes Compagnies de chemins de fer.

Les obligations 4 0/0 de 500 fr. atteignent ou dépassent le pair.

Sur le Crédit Lyonnais la baisse générale a eu peu d'action ; il est ferme à 811 25, animé de très bonnes tendances, que justifie pleinement l'excellente situation de cette Société.

Bonne tenue des actions et des obligations de nos grandes lignes de chemins de fer qu'accaparent les portefeuilles judicieusement composés :

Nord, 1.860 ; Midi, 1.290 ; Orléans, 1.505 ; Lyon, 1.482 50 ; Est, 910 ; Ouest, 1.060.

Si nous comparons les recettes de nos grandes lignes de chemins de fer, pour la semaine du 20 au 26 août, avec celles de la même période de l'année 1889, nous trouvons une diminution d'un million en chiffres ronds ; mais si nous les comparons, ce qui est plus rationnel étant donné le mouvement exceptionnel du mois d'août 1889, avec les recettes de 1888, nous trouvons une augmentation de plus de 2.400.000 fr., résultat des plus favorables et qui est à noter. Les recettes du 20 au 26 août 1889 avaient dépassé celles de l'année précédente de 3.400.000 fr.

HALLES ET MARCHÉS.

CÉRÉALES. — *Marchés français.*

Prix par 100 kilogr.

REGIONS	BLÉ Prix moyen	BLÉ Hausse	BLÉ Baisse	PRIX MOYEN. Seigle	PRIX MOYEN. Orge	PRIX MOYEN. Avoine
Nord-Ouest....	24 22	»	» 20	16 15	17 04	18 20
Nord..........	24 50	»	» 27	14 76	18 73	20 »
Nord-Est......	24 77	»	» 53	15 12	18 50	19 85
Ouest.........	24 »	»	» 20	17 33	17 68	19 06
Centre........	24 35	»	» 07	17 25	17 95	19 11
Est...........	23 66	»	» 07	16 45	19 43	19 53
Sud-Ouest	23 66	»	» 11	16 50	17 »	18 37
Sud...........	21 30	»	» 15	18 71	17 33	20 75
Sud-Est.......	24 00	»	» 12	18 53	16 37	19 21
Prix moyens..	25 16	»	»	16 86	17 78	19 34
Sur la huitaine préc. Hausse	»	»	»	»	0.02	»
Sur la huitaine préc. Baisse	» 18	»	»	»	»	» 30

1re région. NORD-OUEST.	BLÉ 1re qualité	BLÉ Prix moyen	Seigle Prix.	Orge. Prix.	Avoine Prix.
Calvados. — Caen..	27 »	26 25	15 »	19 »	21 »
C.-d.-N. — Tréguier.	25 50	24 75	20 50	16 25	17 50
Finistère. — Morlaix	24 50	23 75	»	»	»
I.-et-V. — Rennes..	23 25	22 50	»	»	15 25
Manch. — Avranches	25 »	24 25	»	»	19 »
Mayenne. — Laval..	24 »	23 25	14 »	16 25	16 50
Morb. — Hennebont	24 50	23 75	16 »	»	»
Orne. — Alençon...	26 50	25 75	»	18 50	19 50
Sarthe. — Le Mans.	24 50	23 75	15 15	15 50	18 75
— Sablé.....	25 »	24 25	»	16 75	»
Prix moyens........	24 97	24 23	16 15	17 04	18 20
Sur la semaine précédente.. Hausse...	»	»	» 20	»	»
Sur la semaine précédente.. Baisse...	» 20	0 20	»	» 21	» 15

2e région. — NORD.	BLÉ 1re qualité	BLÉ Prix moyen	Seigle Prix.	Orge. Prix.	Avoine Prix.
Aisne. — Soissons.	25 25	24 50	14 80	18 »	19 »
— La Fère...	25 75	25 »	14 25	20 50	20 50
Eure. — Bernay....	27 75	24 »	13 50	»	20 »
E.-et-L. — Chartres..	24 50	23 75	14 50	18 »	17 »
— Châteaudun..	24 50	23 75	13 75	17 50	17 25
Nord. — Valencien.	25 »	24 25	15 50	17 75	19 25
— Douai......	25 75	25 »	15 »	»	19 50
Oise. — Compiègne.	24 25	23 50	»	»	18 »
— Beauvais..	25 »	24 25	15 50	20 50	23 »
Pas-de-Cal. — Arras.	24 50	23 75	15 »	17 50	19 »
— Bapaume.	25 »	24 25	16 »	18 50	18 50
Seine. — Paris....	25 75	25 »	15 25	19 »	18 50
Seine-et-M. — Meaux	25 »	24 25	14 25	17 50	18 »
— Melun....	25 25	23 75	14 75	18 »	»
S.-et-O. Rambouillet	26 »	25 75	»	18 50	20 »
— Versailles.	27 »	26 75	»	23 »	25 »
Seine-Inf. — Rouen.	25 »	24 75	»	17 50	23 25
Somme. — Amiens.	25 »	24 75	13 75	19 25	23 »
— Abbeville	25 »	24 75	15 »	19 50	20 75
Prix moyens	25 52	24 50	14 76	18 73	20 »
Sur la semaine précédente. Hausse...	»	»	0 23	»	»
Sur la semaine précédente. Baisse...	0 13	0 27	»	0 19	0 36

3e région. — NORD-EST.

Ardennes. Sedan...	26 »	25 25	16 50	18 50	21 50
— Vouziers.	24 75	24 »	14 25	18 »	19 50
Aube.—Bar-s-Aube.	26 50	25 75	14 50	19 »	20 75
— Troyes ...	25 »	24 25	»	»	18 75
Marne.-Châlons-s-M	25 50	24 75	15 »	18 50	18 25
— Epernay.	25 »	24 25	15 »	18 50	20 »
Hte-Marne.-Chaumont	25 »	24 25	»	»	»
Meurthe. — Toul..	27 »	26 25	»	18 50	20 75
Meuse.—Bar-le-Duc.	25 »	24 25	15 50	18 50	19 50
Vosges.— Epinal....	25 50	24 75	»	»	19 50
Prix moyens........	25 52	24 77	15 12	18 50	19 85
Sur la semaine précédente. Hausse...	»	»	»	0 50	»
Baisse...	0 53	0 53	0 28	»	0 62

4e région. — OUEST.

Charente. Ruffec ...	28 »	27 25	»	17 »	»
Char.-Infér. Marans.	24 75	24 »	18 »	»	»
Deux-Sèvres. Niort..	23 50	22 75	»	16 50	21 50
Indre-et-Loire. Bléré.	23 50	22 75	»	17 50	15 75
— Châteaurenault.	24 50	23 75	»	18 50	»
Loire-Infér. Nantes.	24 25	23 50	»	18 50	18 50
Maine-et-L. Saumur.	24 75	24 »	»	20 »	»
— Angers.	25 »	24 25	»	17 50	»
Vendée. — Luçon...	23 50	22 75	»	»	»
Vienne. — Poitiers.	24 »	23 25	16 »	17 »	»
Hte-Vienne. Limoges.	26 50	25 75	18 »	15 75	20 50
Prix moyens........	24 75	24 »	17 33	17 68	19 06
Sur la semaine précédente. Hausse...	»	»	»	0 09	»
Baisse...	0 20	0 20	0 08	»	0 62

5e région. — CENTRE.

Allier.— St-Pourçain	24 50	23 75	16 »	18 50	17 »
Cher. — Aubigny...	25 50	24 75	»	»	»
— Vierzon ...	25 25	24 50	17 »	»	19 »
Creuse.—Aubusson.	25 50	24 75	17 50	»	18 75
Indre. — Issoudun.	25 »	24 25	»	20 50	20 50
— Valençay.	24 50	23 75	»	»	»
Loiret. — Montargis	25 »	24 25	»	17 25	17 25
Loir-et-Cher. Blois.	24 75	24 »	»	16 »	18 50
Nièvre. — Nevers..	24 50	23 75	»	17 50	19 50
Puy-de-Dôme. Riom.	25 »	24 25	18 »	»	»
Yonne. Brienon.....	25 »	24 25	17 75	»	21 »
— Sens........	24 50	23 75	»	»	20 50
Prix moyens	24 91	24 36	17 25	17 95	19 11
Sur la semaine précédente. Hausse...	»	»	»	»	»
Baisse...	» 07	» 07	» 12	» 11	» 20

6e région. — EST.

Ain. — Bourg......	24 50	23 75	15 75	»	»
Côte-d'Or. — Dijon.	24 75	24 »	»	18 »	»
— Semur..	25 »	24 25	20 50	20 75	21 75
Doubs. — Besançon.	25 »	24 25	»	»	19 50
Isère. — Grenoble..	25 50	24 75	17 »	20 »	20 25
— Bourgoin..	24 »	23 25	»	19 »	»
Jura. — Lons-le-Sau.	24 75	24 »	17 »	»	18 25
Loire.— St-Etienne..	23 75	23 »	»	»	»
Rhône. — Lyon	24 »	23 25	»	»	17 50
Saône-et-L. Chalon.	24 75	23 50	»	»	»
Haute-Saône.—Gray	23 25	23 »	»	»	»
— Vesoul.	25 »	24 25	»	»	19 50
Savoie.— Chambéry.	24 75	24 »	17 00	»	19 50
Hte-Savoie. La Roche	22 75	22 »	»	»	20 »
Prix moyens	24 41	23 66	17 45	19 43	19 53
Sur la semaine précédente. Hausse...	»	»	»	0.8	»
Baisse...	0.7	0.7	0.10	»	0 16

7e région.— SUD-OUEST.

Ariège. — Pamiers.	22 »	21 25	15 »	»	»
Dordogne.—Piégut.	24 50	23 75	»	»	17 50
Hte-Garonne. Toulouse	24 50	23 75	16 25	17 »	»
Gers. — Condom ...	25 »	24 25	»	»	»
Gironde.—Bordeaux	25 »	24 25	17 50	»	17 50
Landes. — Dax....	25 »	24 25	17 50	»	»
Lot-et-Garonne. Agen	24 50	23 75	17 25	»	18 »
B.Pyrénées. Bayonne	24 75	24 »	»	»	»
H.Pyrénées. Tarbes.	24 50	23 75	»	»	20 50
Prix moyens.......	24 41	23 66	16 50	17 »	18 37
Sur la semaine précédente. Hausse...	»	»	»	0 13	»
Baisse...	0 11	0 11	0 31	»	0 17

8e région. — SUD.

Aude. — Castelnaudary.	25 »	24 25	16 25	17 50	18 »
Aveyron.— Villefranche	23 75	23 »	»	»	»
Cantal. — Mauriac.	27 »	26 25	23 »	»	26 75
Corrèze. — Tulle...	26 »	25 25	18 »	16 »	22 25
Hérault. — Béziers.	26 50	25 75	»	16 75	21 25
Lot. — Figeac	24 50	23 75	16 50	»	19 50
Lozère. — Mende..	25 »	24 25	21 50	20 75	20 50
Pyrén. Or. Perpignan	24 50	23 75	19 25	16 75	21 »
Tarn. — Albi........	23 75	23 »	»	»	20 25
Tarn-et-G. Montauban	24 50	23 75	16 50	16 25	18 25
Prix moyens	25 05	24 30	18 71	17 33	20 75
Sur la semaine précédente. Hausse...	»	»	0 04	0 04	0 09
Baisse...	0 15	0 15	»	»	»

9e région. — SUD-EST.

H-Alpes.—St-Bonnet	24 50	23 75	18 60	»	»
B.-Alpes. Manosque.	24 50	23 75	»	»	19 50
Alpes-Marit. Nice..	25 75	25 »	18 50	»	»
Ardèche. — Privas.	25 50	24 75	18 50	17 »	20 »
B-Rhône. — Arles.	25 »	24 25	»	»	18 »
Drôme. — Valence.	23 50	22 75	»	»	18 »
Gard — Nîmes....	24 50	23 75	»	16 50	19 50
Hte-Loire. — Le Puy.	26 »	25 25	»	»	21 »
Var. — Draguignan.	25 »	24 25	»	»	»
Vaucl. Orange.....	23 »	22 25	»	16 25	18 50
Prix moyens.......	24 75	24 »	18 53	16 37	19 21
Sur la semaine précédente. Hausse...	»	»	0 47	»	»
Baisse...	0 12	0 12	»	0 13	0 1

ALGÉRIE.	Blé tendre	Blé dur	Seigle	Orge.	Av.
Constantine	»	»	»	»	»
Alger	»	»	»	»	»
Oran	23 25	1 »	»	12 30	15 50

Farines de consommation.

La meunerie maintient ses prix; les affaires restent calmes.

MARQUE DE CORBEIL	60 fr. (37 58 100 k.). 159 kil.		100 k.	
Marques de choix	60 à 61		38 21 à 38 85	
Premières marques....	59	60	37 58	38 21
Bonnes marques......	57	58	36 30	36 94
Marques ordinaires.....	56	57	35 66	36 30

Le sac de 159 k., toile à rendre, franco au domicile des acheteurs à 30 jours sans escompte, ou au comptant avec escompte de 1/2 0/0.

Fourrages et pailles.

Paris, La Chapelle.

	1re qté.		2e qté.		3e qté.	
Foin nouveau	49 à 50		47 à 48		43 à 45	
Luzerne nouvelle ...	47	48	45	46	43	44
Paille de blé	35	37	33	34	28	32
Paille de seigle	34	36	32	33	29	31
Paille d'avoine	24	26	22	23	20	24

Le tout aux 104 bottes dans Paris.

COURS DE DIFFÉRENTS MARCHÉS (par 100 kil.).

	Paille.	Foin.
Châlons..................	3 »	7 25
Dijon....................	3 50	4 »
Nevers...................	3 25	6 50
Toulouse.................	3 50	6 75
Lyon.....................	3 50	6 »
Angers...................	3 50	5 »
Orléans..................	3 »	7 »
Douai....................	4 25	7 50

Issues, les 100 kil.

La marchandise disponible se maintient bien relativement bien, mais le livrable reste délaissé; nous ne constatons pas de changement dans les prix, dont la tendance est toujours très faible.

Nous cotons par 100 kil. en gare d'arrivée à Paris :

Son écaille.........	14 25	à	14 »
— gros	13 25		13 »
— trois-cases	12 50		12 »
— fin	11 50		11 »
Recoupettes.........	11 50		11 »
Remoulages blancs...	18 »		19 »
— bâtards....	14 »		17 »

MARCHANDISES DIVERSES.

Fécules.

L'arrachage de la pomme de terre est commencé dans les principaux centres de production de fécules; la récolte paraît moyenne, sauf le rayon des Vosges qui donne de fortes déceptions. L'étranger donne également d'assez mauvaises nouvelles, surtout en Hollande. Les acheteurs sont toujours aussi empressés et on rencontre peu de vendeurs à livrer.

Les 100 kil.

Paris. — Fécule 1re, grains	30 »	à	31 »
Oise. — Fécule 1re, grains	29 »		30 »
Vosges. — Fécule 1re, grains ...	33 »		34 »
Saône-et-Loire	32 »		33 »
Loire. — Fécule 1re, grains	29 »		31 »
Auvergne. — Fécule 1re, grains..	29 »		31 »
Fécules secondes selon qualité....	25 »		27 »

Pommes de terre.

Les 1.000 kil.

Hollandaises..............	60 »	à	80 »
Magnum bonum..............	60 »		65 »
Early roses	50 »		52 »
Saucisses	60 »		70 »
Rondes....................	45 »		50 »
Chardonnes................	35 »		40 »

Tourteaux, les 100 kil.

	Colza	Œillette	Lin	Cam.
Lille	16 » à 17 »	16 25 à 17 50	24 » à 26 »	16 50
Arras	15 25 »	14 » 14 »	21 » »	16 50
Gd Moulin				
Corbeil	15 50		19 75	
	Coprah	Arachide déc.	Sésame	Lin.
Marseille	11 50 à 14 50	14 50	13 » à 14 »	15 75

GRAINES DIVERSES.

Maïs, les 100 kil.

Paris	12 » à 15 »		Agen......	14 25	15 »
Alais	14 50	15 25	Grenoble..	14 50	15 50
Ruffec	14 25	14 75	Reims.....	14 75	15 50

Sarrazin, les 100 kil.

Paris	13 » à 15 25		St-Pierre..	15 25 à 16 25	
Mayenne..	15 25	16 »	Nantes....	15 »	16 »
Rennes....	15 25	16 50	Orléans ...	15 75	16 75

Légumes secs, les 100 kil.

	Haricots		Pois		Vesces		Lentilles	
Paris......	20 à 47		21 à 26		»	»	45 à 70	
Rouen.....	42	57	50	63	26	28	77	»
Marseille..	18	30	23	32	25	34	19	24 50

Graines fourragères, les 100 kil.

Luz. de Prov.	» à	»	Minette....	» à	»
— du Poitou	»	»	Sainfoin à 2 c..	»	»
— d'Italie ..	»	»	Sainfoin à 1 c..	»	»
Trèfle blanc..	50	55	Pois jarras...	20	22
— incarnat	55	60	Vesces......	20	21

Huiles.

COLZA BRUT. — Nous n'avons que peu de changement à constater dans les prix; les affaires restent calmes. On fait du livrable en octobre à 69 75.

On cote au début de la réunion :

Disponible	69 75	à	70 25
Livrable septembre........	69 75		70 25
Octobre..............	69 45		» »
Novembre-décembre........	68 50		69 »
4 premiers mois	66 50		67 »

LIN — Les prix sont bien tenus, mais sans changement sur hier.

On cote au début de la réunion :

Disponible	60 50	à	60 75
Livrable septembre.......	60 25		60 75
Octobre...............	59 75		60 25
Novembre-décembre........	59 »		59 50
4 premiers mois	57 75		58 »

Les 100 kil. net, logés, escompte 1 0/0.

Pétrole.

Les prix ne varient pas ; nous cotons par wagon complet et pour marchandise disponible :

L'huile de pétrole raffinée vaut 49 fr. 50; l'essence rectifiée 60 fr. 50 les 100 kil.

On cote à l'hect. pour le détail :

PETROLE RAFFINE disponible .	39 50	à	» »
ESSENCE RECTIFIEE, disponible	42 25		» »

Laines.

ROUBAIX-TOURCOING, 16 septembre.

Laines à terme.

Qualité peignée de fab.	Cours du jour.	Cours préc.	*Qualité peignée courant*	Cours du jour.	Cours préc.
Courant...	6 72	6 85	Courant...	» »	5 85
1 mois après	6 75	6 80	1 mois après	» »	5 82
2 —	6 65	6 70	2 —	» »	5 82
3 —	6 30	6 32	3 —	» »	5 82
4 —	» »	6 10	4 —	» »	5 75

Marché soutenu. Ventes, 95,000 kil.

ANVERS, 16 septembre.

Peignés allemands de La Plata : Contrat B, sur septembre à décembre, 5 90; janvier, 5 87 1/2, février, 5 75, mars, 5 72 1/2, autres époques, 5 70. Ventes, 125,000 kil. Contrat M, sur septemb., 6 »».

Sucres.

Sucres raffinés. — La tendance reste lourde avec peu d'affaires.

Nous cotons, selon marques et époques de livraison, de 107 » à 108 » les 100 kil. au comptant, sans escompte.

Sucres cristallisés n° 3, acquitté 96 50 à 97 »; extra 96 50 à 97 » les 100 k.; en poudre, 97 50 à 98 50 les 100 kil.

Sucre cassé à la mécanique	112 50 à	113 »
Cassons	104 50	» »
Menus déchets	103 »	103 50
Semoule	108 50	100 »
Glace	105 »	105 50
Sucre en poudre	104 »	101 50

Alcools. — Prix de l'hectol. nu, au compt.

Paris, 3|6 fin, betteraves, 1re qualité, l'hectolitre.		Lille, disp	35 » à 36 »
		Cette	90 » 100 »
90° dispon.	36 » à 36 »	Nimes	90 » 95 »
Octobre	36 » 36 50	Béziers	75 » 100 »
4 premiers	37 75 38 »	Pézenas	76 » 105 »

Raisins secs à boisson.

(Cours de la maison Audibert, 53, rue des Minimes, à Marseille).

PRIX ACTUELS (grande baisse).

Corinthe, **Roi de Grèce**, petits grains Extra 1er choix	100	kilos	57 »
Corinthe, **le Turban**, gros grains	»	»	55 »
Corinthe petits grains, 1er choix	»	»	54 »
Thyra. 1er choix	»	»	54 »
Samos noirs, 1er choix	»	»	54 »
— muscats	»	»	56 »

Engrais. — Prix des 100 kil.:

Matières diverses pour engrais. — Cours commercial sur la place de Paris, par 100 kil., pour des ventes en gros de 30.000 kil. au moins.

Sang desséché moulu.	11[13 0[0	azote	20 90 à	24 70
Viande desséchée	9[11 0[0	—	17 25	19 25
Cornes broyées	13[14 0[0	—	20 75	22 50
Cuir désagrégé	8[9 0[0	—	10 40	11 70
Laine engrais	3 à 4 0[0	—	» »	» »
Nitrate de soude	15[16 0[0	—	20 »	20 50
Nitrate de potasse	95 0[0	—	45 »	47 »
—	90 0[0	—	45 »	45 »
Muriate de potasse	80 0[0	—	» »	» »
Sulfate de potasse	90 0[0	—	25 »	25 50
Sulfate d'ammoniaq.	20[21 0[0	—	31 25	31 50
Chlorure de potassium	90 0[0	—	20 »	21 »
— Stassfurt.	80 à 85 0[0	—	18 »	» »
Cornes, cornailles pour brûler			» »	» »
Déchets fins de cornes, frisures			» »	» »

Phosphates des Ardennes. — En gare des Ardennes et de la Meuse, en sacs (les 100 kil.).

Pulvérisés.	14[16 0[0,	acide phosph.	3 40 à	» »
—	18[20 0[0,	—	4 »	» »
—	16[18 0[0,	—	3 75	» »

Phosphates de Tavel.

50[», la tonne .... 60 » à 110

Phosphates de l'Yonne. — Les 1.000 kil.

Moulus en sacs, wag. g[re] Toucy. 40 à 35 0[0 40 à 50

Phosphates de l'Auxois, Marigny Epoisses.

Pulvérisés 60 à 65 0[0 .... 6 » à 6 75

Sulfate de cuivre.

Les 100 kil .... 56 » à 56 »

Phosphates du Boulonnais 40[45	4 60 à	» »
— de Pernes	3 75	6 25
— du Cambresis 28[35	3 75	4 »
— du Lot 30[50	3 »	4 50

Superphosphates, poudres d'os, etc.

Les 100 kilogr.

Phosph. préc. 35 à 40 % acide phosph.	23 »	24 »
— — 40 à 45 % —	25 »	26 »
Superphosphates fossiles, 10 % acide phosphorique soluble et assimil. (les 100 kilog.)	6 30	» »
Superphosphates fossiles, 16 à 18 %.	10 25	11 »
— d'os, 16 à 18 %, acide phosph.	12 »	12 75
Poudres d'os bruts	13 50	» »

Engrais spéciaux. — Les 100 kilog.

Guano du Pérou.	10 à 16	Eng. chim. de H. Joulie,	
Guan du Pér. diss.	32 à 20		
Guan. az. fixe.	26 » à 27 »	Lag.	15 » à 23 »

BEURRE, ŒUFS, VOLAILLES.

Paris, 17 septembre.

Beurres en mottes.

L'arrivage d'hier a été de 11,(3) kil.
L'arrivage approximatif a été de 45,000 kil.

Beurres en livres.

L'arrivage d'hier a été de 9,425 kil.

Fermiers	au kilo	Touraine	au kilo
Extra.......	2 60 à 2 70	Extra.......	2 20 à 2 30
1er choix.....	2 50 2 60	1er choix....	2 10 2 20
2e choix.....	2 30 2 40	2e choix.....	2 » 2 10
Ordinaire...	2 10 2 20	Ordinaire...	1 90 2 »
Bourgogne		Vendôme	
Choix.......	1 90 2 »	1er choix.....	2 10 2 20
Ordinaire...	1 80 1 90	2e choix.....	2 » 2 10
Gâtinais		Ordinaire...	1 80 1 90
		Beaugency	
1er choix.....	2 40 2 50	1er choix.....	2 10 2 20
2e choix.....	2 20 2 30	2e choix.....	2 » 2 10
Ordinaire...	2 » 2 10	Ordinaire...	1 80 1 90
Le Mans		Fausse Touraine	
Choix.....	1 80 1 90	Choix.......	2 » 2 10
Ordinaire...	1 70 1 80	Ordinaire...	1 80 1 90

Œufs, *le mille :*

Normandie. Extra	100 à 120	Bourgogne..	85 à 95
Picardie.. Extra	104 121	Champagne..	90 91
Brie..... Extra	95 104	Nivernais...	81 88
Touraine gr..	95 110	Cosne.....	90 93
Touraine ord..	86 93	Bourbonnais..	81 88
Beauce.....	91 101	Bretagne...	78 84
Orne......	83 96	Vendée....	82 88
Picardie ord..	86 100	Auvergne...	80 84
Châtellerault..	88 92	Midi......	82 88

Volailles et Gibiers.

Canards :		Pigeons :	
nantais (jeunes)	2 » à 3 50	maconnais.	» 50 à 1 »
de ferme...	1 50 2 75	italiens....	» 45 95 »
Dindes nouv.	3 50 6 50	bizets......	» 40 » 80
Oies nouvelles	5 » 6 »	Poulets :	
— (2e qté).	3 » 5 »	nantais....	2 25 4 »
Pintades...	2 » 3 50	touraine...	2 25 4 »
Lapins do-		gâtinais....	2 25 4 »
mestiques.	1 25 2 25	du Midi....	1 50 2 50
Chevreaux.	» » » »	communs..	1 » 2 »

Marché difficile.

Cours fournis par MM. de Bridiers, Jouslin et Scelle, facteurs assermentés, 2, r. de Valois, Paris.

BESTIAUX.

LA VILLETTE, 18 septembre. — Bestiaux. — Vente ordinaire sur le gros bétail et les moutons, mauvaise sur les veaux, lente et difficile sur les porcs.

COURS officiels.	Amenés.	Vendus.	1re qualité.	2e qualité.	3e qualité.	Prix extrêmes.
Bœufs....	1.916	1.710	1 60	1 46	1 22	1 16 à 1 68
Vaches...	502	479	1 56	1 38	1 18	1 10 1 62
Taureaux.	153	150	1 40	1 34	1 20	1 12 1 46
Veaux....	1.361	1.125	1 70	1 50	1 40	1 28 1 90
Moutons..	10.075	9.454	2 14	1 86	1 64	1 52 2 20
Porcs.....	4.612	4.568	1 42	1 36	1 30	1 26 1 50

Marché du lundi 15 septembre.

	Amenés	Vendus	Prix au poids net 1re qual.	2e qual.	3e qual
Bœufs.....	2.372	2.157	1 62	1 50	1 32
Vaches.....	764	709	1 58	1 36	1 21
Taureaux..	167	167	1 42	1 36	1 28
Veaux......	1.184	1.047	1 78	1 62	1 46
Moutons....	11.073	10.237	2 16	1 86	1 70
Porcs......	2.622	2.558	1 48	1 44	1 36

	Prix au poids vif 1re qual.	2e qual.	3e qual.	Prix extrêmes.
Bœufs..........	» 97	» 80	» 68	» 64 à 1 02
Vaches.........	» 93	» 75	» 62	» 56 » 98
Taureaux.......	» 89	» 77	» 66	» 59 » 93
Veaux..........	1 08	» 92	» 76	» 64 1 22
Moutons........	1 12	» 94	» 77	» 66 1 19
Porcs..........	1 »	» 96	» 92	» 88 1 02
Peaux de moutons en laine.........				2 20 » »
Id. id. demi-laine........				2 30 » »

Viandes abattues. — Criée du 12 septemb.

		1re qualité.	2e qualité	3e qualité.
Bœufs....	le kil.	1 20 à 2 20	1 » à 2 20	» 80 à 1 60
Veaux....	—	1 76 1 06	1 66 1 70	1 50 1 56
Moutons..	—	1 76 1 86	1 36 1 70	1 » 1 30
Porc entier	—	1 34 1 46	1 20 1 30	1 06 1 20

Cuirs et peaux, les 50 kil.

Taureaux.	39 25 à 41 25	Vaches lourdes	39.25 42.75
Gros bœufs	50 25 54 50	— de bandes	36.25 38.50
Moy. bœufs	45 75 48 25	Gros veaux..	61.25 65.50
Pet. bœufs.	35 25 39 50	Petits veaux	66.75 68. »

CHEMINS DE FER DE L'OUEST

Voyages d'Excursion avec itinéraire établi au gré du voyageur
Cartes de circulation à demi-tarif

La Compagnie des Chemins de fer de l'Ouest fait délivrer, en commun avec les autres Compagnies françaises, par toutes ses gares, et pendant toute l'année, à condition que la demande en soit faite cinq jours au moins à l'avance :

1° Des billets d'excursion de 1re, 2e et 3e classes, individuels ou collectifs avec itinéraires tracés d'avance au gré du voyageur et comportant, suivant le parcours et le nombre de voyageurs, une réduction variant de 20 à 60 0/0.

La durée de validité de ces billets, fixée de 30 à 60 jours, peut être prolongée de 3 fois 10 jours, moyennant paiement pour chaque période d'un supplément de 10 0/0.

2° Des cartes de circulation nominatives et personnelles, valables 3, 6 ou 12 mois, donnant droit de circuler à demi-place sur toutes les lignes des grands réseaux.

Ces cartes courent du 1er au 16 de chaque mois.

L'Administrateur-Gérant : ALBERT RENOT.

Beauvais. — Imp. D. PERE. — A. CARTIER, Gérant.

11e Année. — 2e Série. — N° 557. Dimanche 28 Septembre 1890.

GAZETTE AGRICOLE

JOURNAL HEBDOMADAIRE, PARAISSANT LE DIMANCHE

Rédacteur en Chef : M. Ch. GOSSIN, Professeur d'Agriculture à l'Institut agricole de Beauvais

PRIX DE L'ABONNEMENT

UN AN, 5 fr. — SIX MOIS, 2 fr. 50. — TROIS MOIS, 1 fr. 50

Pour l'étranger les abonnements ne sont reçus que pour un an, au prix de 6 francs, et ne partent que du 1er janvier ou du 1er juillet de chaque année.

Il est indispensable de joindre à toute demande de changement d'adresse la dernière bande d'adresse du journal et 50 centimes pour frais de nouvelles bandes.

Adresser les *Abonnements et Annonces* à l'administrateur, 13, quai Voltaire, Paris, ou à M. GOSSIN, rédacteur en chef, à BEAUVAIS.

BUREAUX

13, quai Voltaire, Paris.

Les abonnements partent du 1er de chaque mois et sont payables d'avance. Toute demande d'abonnement doit donc être accompagnée du prix de l'abonnement. (Le mode de payement le plus simple est l'envoi d'un mandat-poste.)

Donner *très lisiblement*, en s'abonnant, son nom et son adresse exacte, *avec l'indication du bureau de poste*; et, s'il s'agit d'une continuation d'abonnement, joindre au renouvellement la dernière bande d'adresse du journal.

La GAZETTE AGRICOLE insère gratuitement les Communications des Syndicats agricoles

SOMMAIRE :

PARIS, 26 SEPTEMBRE.

Le parti républicain, dans la presse, dans les conférences, dans les voyages des ministres, aux obsèques d'un député communard élu par la majorité républicaine contre le suffrage universel, célèbre l'anniversaire des élections générales de 1889. Il se remémore les extrêmes périls que la République a courus alors pour goûter de nouveau la douceur du sursis obtenu; il pousse avec une joie naïve le soupir de soulagement des gens qui l'ont échappé belle. Il y a de quoi. Voilà déjà un an que l'énergie, l'audace, la dextérité des agents de M. Constans, ont maintenu sur le pays la domination du parti qui l'exploite. Voilà déjà un an que la délivrance de la nation a été retardée par le désarroi où les combinaisons de la politique avaient jeté les consciences des électeurs. Les journaux républicains prétendent associer l'opinion tout entière à leur satisfaction. « Elle a reconnu aujourd'hui, assurent-ils, qu'elle était en proie à un égarement funeste, au moment où elle s'apprêtait à renverser le régime actuel au profit de la République boulangiste. Cet égarement, s'il avait duré, aurait conduit la France à sa ruine. En se reprenant au dernier moment, grâce à l'heureuse violence de la pression administrative, et en conservant sa confiance à la République opportuno-radicale, le suffrage universel a sauvé la patrie. »

***

Il y a du vrai et du faux, dans ce discours; la première partie n'est pas dénuée de justesse; la seconde est bien osée. Le Bonhomme Deschamps admet volontiers que le pays n'aurait pas gagné grand'chose à remplacer la République opportuno-radicale par l'entreprise concurrente. Ce n'est pas, on le croit sans peine, dans les aventures d'une dictature de cette catégorie qu'il eût retrouvé ni la gloire, ni la prospérité, ni même la tranquillité. Mais on ne voit pas non plus ce que la France a gagné à garder la République opportuno-radicale. Quand on pose au pays, aux élections générales, la question : Monarchie ou République, il y a véritablement pour lui une chance de gain. Mais quand on lui donne à choisir entre deux syndicats comme ceux qui se disputaient ses suffrages l'an passé, il est sûr de perdre. Effectivement, il a perdu.

***

Depuis douze mois que la République opportuno-radicale a triomphé, qu'y a-t-il de changé? Quelle amélioration dans la situation politique, budgétaire, économique, sociale? Qu'ont fait ceux à qui les électeurs ont « maintenu leur confiance, » pour mériter cette confiance et cette fidélité? Dès le premier abord, la Chambre de 1889 a paru inférieure à sa devancière, ce qu'on avait toujours considéré comme impossible avant l'événement. Et, peu à peu, cette impression s'est confirmée. Sans doute, les nouveaux députés n'ont point encore renversé le ministère qui les a fait sortir des urnes; mais c'est là un mérite négatif. A part la crise qu'ils n'ont pas faite, et que peut-être ils feront bientôt, qu'ont-ils fait?

***

Elus pour opérer des réformes, ils en ont accompli une seule : la réforme de la moitié de l'impôt foncier, changé d'impôt de répartition en impôt de quotité pour ce qui regarde la propriété bâtie. Or, cette œuvre unique et triomphante aboutit dans la pratique à des incohérences où l'administration reste embourbée jusqu'au cou, en même temps qu'elle inspire aux contribuables intéressés de justes inquiétudes. Dans l'ordre politique, la nouvelle Chambre a renouvelé les attentats contre le suffrage universel, qui avaient paru inouïs en 1885, et qui deviennent familiers aux majorités républicaines. Elle a multiplié les invalidations iniques. Bien plus, ce qu'on n'avait jamais osé en aucun temps et en aucun Parlement, elle a proclamé, validé, installé par force au milieu de ses membres des intrus que le suffrage universel avait rejetés. Elle a créé la catégorie nouvelle des députés « par voie administrative ». En matière de finances, où la formule : « Ni emprunts, ni impots nouveaux », s'imposait plus que jamais par les nécessités manifestes de la situation et par le vœu formel de tout le pays, on en a pris le contre-pied. Les économies sont nulles; le total du prochain budget est égal aux précédents; le Gouvernement propose et la commission du budget accepte un emprunt considérable; le Gouvernement propose et la commission du budget accepte soixante à quatre vingts millions d'impôts nouveaux; la Chambre en a voté une partie. Pour comble, les invalidations ayant occupé plus de deux sessions, la discussion budgétaire acculée aux derniers mois de l'année se conclura encore par des votes aveugles ou par des douzièmes provisoires.

***

Les rapports du Gouvernement avec les citoyens ont été aussi éloignés qu'auparavant de ce qu'ils doivent être dans une nation libre. En septembre 1889, la plupart des candidats officiels q i ont été élus sincèrement et loyalement, le doivent à des protestations de modération, à des promesses de conciliation et de justice. Le chef de l'Etat, ses ministres, ont saisi toutes les occasions de renouveler des engagements qu'ils sentaient réclamés par le sentiment public. En fait, qu'avons-nous vu? Les laïcisations à outrance, les vexations mesquines sans cesse multipliées, les lois de guerre intestine appliquées avec rigueur. L'affaire de Vicq a failli répéter le drame sanglant de Châteauvillain. En ce moment même se prépare sous nos yeux la spoliation de tous les établissements de charité, de toutes les institutions de bienfaisance qu'a fait éclore la religion chrétienne. Enfin l'on ose parler tout haut de ressusciter la Haute Cour.

⁂

Qu'y a-*t-il* de changé depuis un an? quels motifs peuvent avoir les amis de la République de fêter l'anniversaire du 22 septembre. Et comment les autres, les moins intransigeants, les plus indulgents, arriveraient-ils à se résigner? Voilà, on en conviendra, un anniversaire peu propre aux réjouissances de tous ceux qui paient les gaspillages et les orgies du Syndicat qui exploite aujourd'hui notre pauvre pays!

LE BONHOMME DESCHAMPS.

NOUVELLES DE LA SEMAINE.

Le comte de Paris s'est embarqué mercredi dernier à Liverpool, à destination de New-York. Le prince est accompagné de son fils, le duc d'Orléans, et de plusieurs de ses amis.

Avant de quiter l'Angleterre, le comte de Paris a adressé à M. Bocher, sénateur, la lettre suivante qui vise les polémiques engagées depuis quelques semaines à propos de la publication des « Coulisses du Boulangisme ».

Voici cette lettre :

Folkestone, 28 septembre 1890.

Mon cher monsieur Bocher,

La polémique suscitée par une récente série d'indiscrétions pourrait tromper l'opinion sur la politique que j'ai suivie dans les élections de l'année dernière.

Devant quitter demain l'Europe, pour quelques semaines, je ne veux pas laisser s'établir des erreurs et des calomnies.

Je crois avoir bien compris, dans un moment difficile, les intérêts de la cause monarchique. Proscrit par la République, je ramasse pour la combattre les armes qu'elle me fournit. Je ne regrette pas de m'en être servi pour diviser les républicains. Leur trouble avant les élections, leurs violences après montrent qu'elles eussent été les conséquences du succès.

Représentant de la Monarchie, je ne dois négliger aucune occasion d'en préparer le triomphe. J'ai voulu que la parole fut rendue au pays. Je n'ai jamais poursuivi d'autre fin et je n'ai jamais rien attendu que de la France.

Aujourd'hui, je demande à mes amis de ne pas s'attarder à des récrimination sur le passé. Qu'ils affirment hautement leur foi dans *le principe monarchique* et qu'ils s'unissent pour continuer la lutte. Ils ne mériteront la confiance de la France que s'ils ont confiance en eux-mêmes, en leur cause et en Dieu.

Croyez-moi, je vous prie, votre bien affectionné,

PHILIPPE, COMTE DE PARIS.

La dette remboursable. — D'après un tableau d'ensemble des dettes du Trésor public, que le ministère des finances a communiqué à la commission du budget, à défaut d'état détaillé, il résulte qu'à la date du 1er janvier 1890 les dettes remboursables s'élevaient à 7 milliards 185,757,383 francs en capital, c'est-à-dire sans tenir compte des intérêts à payer durant une longue suite d'années pour la plupart de ces dettes remboursables à longue échéance.

Voilà une dette de plus de **huit milliards** dont les contribuables, en général, ne se doutent pas, et dont les députés républicains ne parlent jamais à leurs électeurs.

Les allumettes. — La question des allumettes a été une des premières soumises à la nouvelle Chambre.

Monopole de l'Etat ou liberté de fabrication étaient les deux solutions en présence, et après de longues délibérations où s'accusait déjà la profonde ignorance des nouveaux élus, le monopole fut décrété.

Or, le monopole donne des résultats désastreux.

Outre la fabrication déplorable des copeaux soufrés qui, — chacun sait ça! — ne prennent jamais feu, les résultats financiers accusent une moins-value considérable sur les évaluations budgétaires. Celles-ci étaient de 15,200,000 francs pour les huit premiers mois de l'exercice courant. Et les recouvrements n'atteignent que 5.671.000 fr., soit un déficit de 9,529,000 fr.

D'où vient ce déficit? D'une baisse invraisemblable de la consommation des allumettes ou d'une augmentation extraordinaire des frais d'exploitation par suite de sinécures créées dans cette administration pour caser les agents électoraux et les parents de ces agents?

C'est l'un ou l'autre, et en tout cas le public est victime de ce système, qui lui fournit d'exécrables allumettes et qui lui coûtent très cher.

Les fusils Chassepot. — Depuis quelque temps, dans tous les grands bazars (de province comme de Paris), on voit en bonne place des fusils chassepot qui sont offerts à tout venant à des prix variant de 7 à 11 francs. Avec la baïonnette, le fusil coûte 1 franc de plus.

Ces chassepots ne sont pas des armes hors d'usage; on pourrait tout au contraire s'en servir immédiatement, sans même avoir besoin de les faire réparer. Les acheteurs sont nombreux, parait-il; certaines sociétés de gymnastique s'approvisionnent et se font livrer des commandes de cinquante à cent fusils.

Bien plus, il est possible aussi de se procurer des cartouches : dans certains bazars, on donne complaisamment l'adresse de marchands qui ont un stock de munitions toutes prêtes et qui le livrent, à bon escient.

Du reste, la fabrication et la vente des cartouches de chassepot sont autorisées chez tous les armuriers, où leur prix courant est de 0 fr. 25 l'une.

Il paraît que ces armes ont été cédées en bloc aux termes d'un décret ministériel, à un unique adjudicataire, qui les met en circulation dans les bazars. Le chassepot a coûté 83 francs à l'Etat : l'adjudicataire l'a obtenu dans des conditions telles qu'il le donne au courtier ou au détaillant pour 5 francs environ!

On peut se demander si, en décidant cette vente, le ministre de la guerre a pesé toutes les conséquences graves qu'elle peut entraîner. S'il est aussi facile de s'armer avec de bonnes armes, capables d'accomplir un service réel, il ne faudrait pas s'étonner ensuite de voir les fusils chassepot remplacer dans les mains des anarchistes les gourdins et les cannes plombées!

Les obsèques d'un communard. — On a enterré la semaine dernière un communard de marque, un serviteur du suffrage universel quand même et malgré le suffrage universel. Il s'agit du citoyen Joffrin, député de Paris Montmartre, nommé par la Chambre.

Dans l'article nécrologique publié par la *République française*, journal de feu M. Gambetta, et continué par un de ses élèves, M. Reinach, député officiel des Hautes-Alpes, on lit entre autres choses :

La guerre de 1870 survint, et Joffrin servit au 1er bataillon des mobiles de la Seine. Le siège terminé, il devint membre des *comités d'armement et de vigilance* du dix-huitième arrondissement, et le 18 mars *il fut un des premiers à faire appel aux armes. Trop compromis dans les affaires de la Commune pour pouvoir être en sûreté à Paris*, Joffrin, après la défaite des fédérés, resta caché pendant quatre mois dans la banlieue et put enfin passer en Angleterre. Il ne rentra en France qu'en 1881.

Joffrin fut *un des premiers* à faire appel aux armes, Joffrin fut très compromis dans les affaires de la Commune .. si compromis qu'il fut obligé de s'enfuir et fut condamné comme un des héros du 18 mars. Voilà les souvenirs qu'on retrouve à la troisième page de la *République française*.

Voici maintenant ce qu'on peut lire à la première :

M. Joffrin a succombé au mal terrible qui depuis si longtemps le minait sans l'abattre. Le parti républicain tout entier *honorera* sa mémoire... Nous garderons tous son souvenir avec respect.

Nous reconnaissons qu'il y a eu dans la vie de M. Joffrin un acte qui oblige le parti républicain à « honorer sa mémoire »... Candidat à Montmartre, il eut contre lui la majorité, et une majorité très considérable, ce qui ne l'empêcha pas d'aller siéger à la Chambre. Ceux qui validèrent son élection ne peuvent pas faire moins que de « garder son souvenir avec respect ».

L'apaisement. — M. Henri Brisson, député radical de Paris, vient d'adresser à M. Rouvier, ministre des finances, la lettre suivante :

Monsieur le Ministre et cher Collègue,

Je vous serais obligé de faire dresser un état détaillé des impôts perçus en vertu des articles 3 et 4 de la loi de finances du 28 décembre 1880 et de l'article 9 de la loi du 29 décembre 1881, depuis la promulgation de ces lois jusqu'à ce jour, sur les sociétés visées par ces articles.

Les relevés et états récapitulatifs par année, que votre administration possède déjà, en exécution des *instructions* 2951 et 2712 de la direction générale de l'enregistrement, permettront sans doute d'établir rapidement ce document s'il n'est établi dès à présent. Vous mettriez le comble à votre obligeance en me le communiquant dès qu'il vous sera possible de le faire.

Veuillez, etc. « HENRI BRISSON. »

Cette lettre, qui laisse percer une haine de sectaire contre les catholiques, remplit de joie les francs-maçons et les libres-penseurs.

On sait qu'il s'agit de taxes nouvelles à imposer aux congrégations religieuses.

S'il s'agissait de faire rentrer dans le droit commun les congrégations, si elles étaient véritablement privilégiées en matière de contributions, il n'y aurait rien à dire, mais cet impôt, en réalité, n'est qu'un impôt inique et sciemment vexatoire.

Il y a deux sortes de congrégations : celles qui sont autorisées et celles qui ne le sont pas.

Celles qui sont autorisées échappent-elles donc à l'impôt, parce que, en tant que personnes morales, elles ne sont pas sujettes aux mutations sur lesquelles le fisc prélève, par voie de succession, de ventes ou de cessions, de si lourdes redevances?

Pas le moins du monde. Comme sur toutes les autres propriétés, l'Etat ne perd nullement ses droits.

Il y a une loi de 1849 qui régit spécialement les charges imposées aux congrégations et qui pare, dans une mesure équitable, aux charges auxquelles échappaient les biens dits de mainmorte.

Quant aux congrégations non reconnues par l'Etat, si leurs propriétés peuvent être immuables, les droits que prélève sur elles le fisc ne le sont pas.

Ces congrégations n'étant point reconnues n'ont plus la forme impersonnelle des autres communautés religieuses. Leurs biens, au lieu d'appartenir à la communauté, sont la propriété d'une individualité déterminée, et les droits de mutation, à la mort du propriétaire, subissent le sort commun.

Or, les congrégations autorisées continueront non seulement à payer les droits que leur impose la loi de 1849, mais les lois de 1884 et 1880 ont ajouté de nouvelles charges aux anciennes. De cette façon, elles paient beaucoup plus que si elles étaient soumises aux mutations

Quant aux congrégations non autorisées, qui sont déjà dans le droit commun puisqu'elles n'ont point de personnalité civile, on les assujettit tout simplement aux charges qui pèsent sur les autres congrégations. Elles paient ainsi la taxe dite de main-morte et les droits de mutation!

Voilà comment on entend l'équité sous ce gouvernement.

Le plâtrage des vins. — Les journaux indépendants signalaient récemment comme un modèle d'incohérence gouvernementale deux lettres de M. le garde des sceaux sur le plâtrage des vins, la seconde contredisant formellement la première à quinze jours de distance.

On annonce aujourd'hui que M. le ministre de la justice vient d'envoyer une note aux procureurs généraux pour les informer que, les vendanges étant commencées dans certaines régions avant que sa deuxième circulaire eût été connue des intéressés, il les invite à n'en faire l'application *qu'aux vins de provenance postérieure à la date du 4 du présent mois.*

Constater dans les pays de grande production et chez tous les producteurs quel est le vin qui était fait avant le 4 septembre, voilà une tâche qui sera commode à remplir. Pour réparer les étourderies de M. le ministre de la justice, messieurs des parquets devront se montrer bien perspicaces!

LE SEIGLE DE SCHLANSTEDT.

Le seigle de Schlanstedt est originaire du Probstei, une petite contrée du Holstein, célèbre dans tout le nord de l'Europe pour la qualité de ses semences de céréales. C'est la même région qui a produit l'excellente variété d'avoine, désignée dans les catalogues des marchands grainiers des différents pays, sous les noms d'avoine blanche de Suède, avoine abondante, de Heine, de Beseler, de Svalof, et plus rarement sous celui d'avoine de Probstei (1).

(1) Dès 1875, M. Tisserand signalait les semences de Probstei à l'attention des agriculteurs français.

En 1867, un agriculteur de la province de Saxe, M. Rimpau, bien connu par ses savants travaux sur l'amélioration des plantes de grande culture, commença à sélectionner le seigle de Probstei dans son domaine de Schlanstedt qui a donné son nom à la nouvelle variété.

M. Rimpau procéda de la manière suivante : les semences d'un certain nombre de plantes de choix furent semées dans un jardin, en lignes distantes de 0 m. 25 et en évitant d'appliquer à la céréale une fumure directe d'engrais azotés. Le produit de la petite parcelle fut multiplié en grande culture après avoir préalablement réservé les plantes les plus parfaites pour être traitées comme l'année précédente.

Actuellement, les semences mises dans le commerce par M. Rimpau proviennent toutes de plantes d'élite récoltées trois ou quatre ans auparavant dans son jardin où une sélection rigoureuse a été poursuivie sans interruption.

En Allemagne d'abord, puis en Danemark et dans le sud de la Suède où l'on cultive le seigle en vue de la production du grain, nous avions été fréquemment témoin de la faveur attachée à la variété de Schlanstedt; en 1887, au retour d'un voyage d'études dans ces différents pays, nous l'introduisions au champ d'expériences de la station d'essais de semences. Depuis, nous l'avons étudiée sans interruption comparativement avec les meilleures variétés récoltées en France et dans les principaux pays producteurs de seigle. Cultivées dans des terres très différentes comme nature minéralogique et comme fertilité, la variété de Schlanstedt nous a constamment fourni les rendements les plus élevés à la fois en paille et en grain.

A l'automne de 1888, nous avons pu, grâce au concours empressé de nombreux directeurs d'Ecoles d'agriculture, de Stations agronomiques, de professeurs départementaux et d'agriculteurs de bonne volonté, cultiver le seigle de Schlanstedt comparativement avec les meilleures variétés locales dans cinquante champs d'observations établis dans les départements où le seigle occupe encore d'importantes surfaces.

Nous donnerons plus tard un compte-rendu détaillé de ces expériences; aujourd'hui, nous nous bornerons à en dégager les résultats principaux.

Cinq séries d'essais ont été poursuivies en Bretagne : partout la nouvelle variété s'est montrée bien supérieure aux seigles de pays. A l'Ecole pratique d'agriculture du Grand Resto (Morbihan), elle a produit près de 30 pour 100 de plus que la variété indigène; actuellement, toute la sole de seigle du Grand Resto se trouve occupée par le seigle de Schlanstedt, qui paraît devoir se répandre très rapidement dans tout le voisinage.

Les cultures établies dans le Cantal, dans la Corrèze, dans la Haute-Loire et dans la Haute-Vienne ont été également très satisfaisantes.

Mûrissant huit à dix jours après le seigle du pays et à peu près en même temps que le blé, le seigle de Schlanstedt s'est fait de nombreux partisans parmi les producteurs de méteil.

Par contre, de la Sologne, de la Champagne, de la Bourgogne et des environs de Paris, les renseignements que nous avons reçus sont en général défavorables au seigle étranger. On lui reproche de fournir une paille cassante, très longue et très grosse, médiocre pour la fabrication des liens, des paillassons, pour le palissage de la vigne, etc; enfin, l'époque tardive de la maturité l'expose, disent nos correspondants, à être échaudé pendant les étés secs.

Tout en reconnaissant le bien fondé de cette double observation, nous sommes persuadé qu'on peut remédier en grande partie aux inconvénients précédents, en semant le seigle de Schlanstedt de bonne heure et en augmentant d'un quart au moins la dose de semences généralement adoptée. Nous avons constaté, en effet, dans toutes nos expériences, que le seigle de Schlanstedt talle beaucoup moins que nos seigles indigènes.

On comprend alors que les chaumes, moins nombreux sur une surface donnée, atteignent des dimensions qui en diminuent les qualités mécaniques et qu'en même temps la maturité se trouve quelque peu retardée.

Je ferai remarquer en outre que, si la tardivité du seigle entraîne parfois l'échaudage du grain, elle a le plus souvent l'inappréciable avantage de reporter la floraison à une époque où les froids printaniers, si redoutables à cette époque de la vie de la plante, ne sont plus à craindre.

Les expériences de 1888 ont été répétées et multipliées pendant la dernière campagne. Malheureusement, nous en ignorons encore aujourd'hui les résultats; les rapports préalables qui sont parvenus à la station nous autorisent à croire qu'ils confirment ceux de l'année précédente.

En Bretagne et dans le plateau central, la victoire du seigle de Schlanstedt paraît certaine M. Petit, ancien professeur départemental du Cantal, nous écrit que la nouvelle variété a résisté à un abaissement de température de — 24 degrés. Dans son champ d'expériences, la moitié des épis ont 0 m. 21.

Chez M. Beral, à Poissac (Corrèze), les épis atteignent des dimensions encore plus élevées.

L'apparence de la récolte est telle que tous les visiteurs s'inscrivent pour obtenir des semences du seigle étranger.

Avant de décider de la valeur de la nouvelle variété, il convient évidemment de la suivre encore pendant plusieurs années; toutefois, les résultats obtenus de divers côtés sont trop encourageants pour que nous ne la signalions pas dès à présent à l'attention des cultivateurs.

Une observation en terminant. Si l'on veut conserver la variété de Schlanstedt parfaitement pure, il faudra avoir soin de faire ses semences dans un champ aussi éloigné que possible de toute autre culture de seigle. Un champ entouré de haies, ou mieux encore abrité par d'épais rideaux d'arbres, conviendrait parfaitement à cet usage. Sans cette précaution, le seigle de Schlanstedt ne tarderait pas à dégénérer par suite des croisements qui ne manqueraient pas de se produire avec les variétés locales. E. SCHRIBAUX,

Directeur de la Station d'essais de semences à l'Institut national agronomique.

Le chaulage des grains de semence.

A la demande de plusieurs de nos lecteurs, nous consacrons aujourd'hui un article spécial à l'examen de la question du chaulage des grains, graines, semences, etc.

Le chaulage est une opération qui consiste à asperger ou à immerger les grains. Il a surtout pour but de prévenir l'apparition et le développement des maladies cryptogamiques qui les attaquent.

Les botanistes ont donné à ces corpuscules, reproducteurs de champignons parasites, différents noms : c'est d'abord la carie des blés, désignée selon les localités, sous les noms de broussure, brouïne, brûlure, charbouille, cloque, charbon, faux blé, gras, insucheture, nielle, etc., etc.

C'est ensuite le charbon qui attaque l'avoine, l'orge, le blé, le maïs, le millet, le sergho.

C'est enfin l'ergot, que l'on désigne dans les campagnes sous le nom de blé cornu, seigle noir. L'ergot affecte particulièrement le seigle et l'on ne peut s'en débarrasser, ou tout au moins atténuer son action, qu'au moyen du chaulage.

Il fut un temps où les agriculteurs s'en rapportaient aux traditions, aux doctrines des ancêtres pour tout ce qui regardait la culture des champs et rejetaient les découvertes de novateurs trop hardis.

L'enseignement donné dans les écoles d'agriculture, les applications scientifiques relatives à l'amélioration du sol et enfin les progrès de la chimie moderne appliqués à la culture, les ont entraînés peu à peu, et, aujourd'hui, c'est la science qui les dirige dans le choix des substances fécondantes et de celles qui peuvent, en préservant leurs semis, développer le rendement dans de notables proportions.

Parmi les substances les plus employées, nous citerons la chaux, l'arsenic, l'huile, le sel marin, le colbat, le sublimé corrosif, le soufre, le réalgar, le gaz sulfureux, la suie, la cendre, l'eau de mer, l'acide sulfurique, le permaganate de potasse, le sulfate d'ammoniaque, le sulfate de soude, le sulfate de fer ou vitriol vert, le sulfate de cuivre ou vitriol bleu, etc., etc.

Cette dernière substance est la plus employée, son usage remonte au commencement du siècle.

Les études comparatives entreprises en vue de déterminer l'efficacité de ces produits comme cryptogamicides ont donné, en général, à des degrés différents, bien entendu, des résultats satisfaisants, à cause de la modicité de son prix. C'est surtout sur le sulfate de cuivre que se sont portés les préférences des cultivateurs dans beaucoup de contrées ; il nous a toujours donné des résultats satisfaisants, à cause du soin que nous avons fait apporter aux manipulations ; car, il faut bien le reconnaître, l'emploi de ce sel de cuivre n'est pas sans inconvénient.

Aussi ne sommes-nous pas étonné de la faveur accordée en ce moment au *Germinateur* du docteur Quarante, qui représente une substance à la fois fécondante et anti-parasite.

Par sa composition, il agit comme *excitateur végétal* et apporte au sol les éléments nécessaires au prompt développement du germe de la racine et de la tige. Il détermine la germination de 25 0/0 de semence qui, sans son concours, resterait inerte et pourrirait dans le sol.

Enfin, il a pour effet de détruire les insectes et de combattre les corpuscules parasitaires et présente cet avantage de n'exhaler ni odeur, ni poussière nuisibles à la santé.

Nous nous hâtons d'ajouter que notre appréciation, si flatteuse qu'elle puisse paraître, est en tous points conforme aux résultats qu'ont donnés les essais judicieux entrepris par les agronomes distingués et par les professeurs des écoles pratiques d'agriculture.

Docteur AGRICOLA.

L'arracheur de betteraves complété

La température humide l'été a produit un développement considérable des feuilles de la betterave.

Ainsi au 20 juillet on constatait 3,9 de feuilles pour un de racines, tandis que l'an dernier il n'y en avait que 2,3 ; à la fin du même mois, la proportion était de 3,1 contre 2,2, et au 15 août de 2,7 de feuilles, au lieu de 1,6 en 1889, dans des conditions identiques de culture.

Rien ne s'est modifié depuis sous ce rapport ; l'organe qui a pour but d'élaborer le sucre sous l'action de la lumière solaire a continué à se développer. Mais si le soleil persiste à nous refuser ses rayons ou s'il nous en gratifie avec trop de parcimonie, de quelle valeur sera la production betteravière en 1890 ?

C'est ce qu'on ne saurait dire encore. Toujours est-il que la plante est aujourd'hui dans des conditions telles que le cultivateur et le constructeur de machines agricoles doivent se préoccuper de la récolter.

Il ne faudrait pas prétendre en opérer l'arrachage mécanique sans apporter quelque addition à l'instrument qui servait l'année dernière à la satisfaction générale ; cet instrument était si souvent bourré par les fanes qu'il faudrait renoncer à s'en servir.

Ce n'est pas la première fois que le même inconvénient se présente. Antérieurement, pour y remédier, les constructeurs avaient adopté de chaque côté de l'outil des disques circulaires qui, par un mouvement de rotation, coupaient les fanes à droite et à gauche de la ligne à arracher et de cette façon rendaient possible la marche de l'instrument tant qu'il ne survenait rien d'anormal.

Mais si l'un des disques rencontrait une pierre ou tout autre corps dur qu'il ne pouvait trancher, il devait nécessairement passer par dessus et alors l'instrument tout entier se trouvait soulevé et ne fonctionnait plus ; il fallait le remettre à point avant de continuer ; c'était une perte de temps et un travail mal fait.

M. Bajac, constructeur à Liancourt (Oise), vient de remédier d'une manière très heureuse et très simple à cet inconvénient notoire par un appareil breveté qui peut s'adapter à tous les arracheurs simples ou multiples sortis de ses ateliers.

Cet appareil consiste en deux lames d'acier trempé, très minces, qui se placent obliquement d'avant en arrière, de chaque côté de l'arracheur dont elle peuvent être écartées plus ou moins ; elles sont arrondies à leur extrémité supérieure et rappellent les grands couteaux en usage dans la Normardie pour tailler le marc sur la table du pressoir ; elles sont assujetties à l'âge de l'instrument par un collier mobile qui permet de les avancer ou de les reculer à volonté ; elles sont montées chacune sur une *tige articulée indépendante*, et un ressort à boudin variable de tension permet d'exercer la pression nécessaire pour trancher, durant la marche de l'instrument, toutes les fanes et toutes les herbes qui pourraient s'enrouler sur les couteaux arracheurs et s'opposer à leur marche régulière.

Si un obstacle quelconque se rencontre sur le passage d'une des lames, elle se lève automatiquement, puis se baisse et fonctionne de nouveau dès que l'obstacle est franchi, sans que le conducteur ait à s'en préoccuper.

Cet adjonction à l'arracheur Bajac, si apprécié dans la culture, ne nécessite pas un plus grand effort de traction. Quelles que soient, en effet, les conditions dans lesquelles l'arracheur fonctionne, il est bien rare que rien n'en gêne la marche et n'occasionne momentanément un surcroît de tirage, tandis qu'avec les lames dont il vient d'être parlé, tout *bourrage* est impossible.

Il sera donc avantageux de s'en servir non seulement pour arracher des betteraves feuillues, mais aussi pour opérer dans des terres sales et chaque fois qu'il n'aura pas été possible de donner à la plante toutes les façons désirables.

Des expériences faites dans des conditions diverses durant les derniers jours du mois d'août et les premiers jours de septembre, ont établi que le nouveau coupe-fanes permet partout un bon arrachage et qu'il fonctionne bien, même dans un temps de pluie.

C'est un nouveau perfectionnement que M. Bajac vient d'apporter à un instrument dont les services sont précieux à l'agriculture et à la l'industrie sucrière ; aussi les cultivateurs, témoins des expériences faites publiquement, se sont-ils fait inscrire immédiatement pour être sûrs d'être pourvus cette année d'un appareil qu'ils ont vu fonctionner adroitement et dont les avantages sont incontestables.

A. LUCIS.

SUCRAGE DES VENDANGES

La régie vient d'adresser à ses agents la circulaire suivante :

Droit de timbre à appliquer aux demandes et aux certificats de récoltes. — Aux termes d'une décision du ministre des finances, en date du 20 novembre 1806, les demandes de sucrage ainsi que les certificats de récolte délivrés par les maires tombent sous l'application de l'article 12 de la loi du 13 brumaire an VII et doivent, par suite, être rédigés sur papier timbré de dimension.

L'inspection générale des finances a relevé que ce droit de timbre n'était pas partout uniformément appliqué.

Sur certains points, les certificats de récolte ont été libellés à la suite des demandes de sucrage, tandis que, sur d'autres, ils ont été rédigés sur des feuilles de papier timbré distinctes.

Suivant l'interprétation de l'administration de l'enregistrement, des domaines et du timbre, ces deux pièces doivent former deux actes distincts et doivent être assujettis à deux timbres différents.

Emploi des raisins secs. — Dans plusieurs départements, il a été constaté que des viticulteurs avaient ajouté des raisins secs, soit aux vendanges elles-mêmes, soit aux marcs destinés à la fabrication des deuxièmes cuvées.

Or, l'article 1er du décret du 22 juillet 1885 a formellement limité le bénéfice du sucrage à prix réduit aux vendanges proprement dites et aux marcs provenant de ces vendanges. Les raisins secs et toutes autres matières servant à la fabrication des vins factices en ont été intentionnellement exclus.

Toute opération de sucrage portant sur des vendanges ou des marcs de vendanges additionnés de raisins secs doit être considérée comme irrégulière et entraîner le paiement de la taxe complémentaire augmentée du second droit, si la bonne foi du récoltant n'est pas admise.

En conséquence, chaque fois que les employés, se présentant chez un récoltant ou chez un acheteur de vendanges pour assister au versement direct du sucre dans les cuves de fermentation, acquerront la preuve que les vendanges ou les marcs à sucrer ont été additionnés de raisins secs, ils refuseront de constater la dénaturation et de décharger l'acquit.

En ce qui concerne les dénaturations par malaxage, il convient de rappeler que l'article 13 du décret du 22 juillet donne au service le droit, pendant le délai d'un mois, de se faire présenter, au domicile du producteur, la justification de la mise en œuvre régulière du sucre dénaturé. Lorsqu'ils reconnaîtront, au moment de cette vérification, que des raisins secs ont été ajoutés soit aux vendanges, soit aux marcs pour lesquels le sucrage a été réclamé, les employés devront refuser également la décharge de l'acquit-à-caution ayant accompagné le produit des malaxages et constater ce refus par un procès-verbal administratif motivé.

Procédé de dénaturation. — Des réclamations se sont élevées au sujet des dispositions de la circulaire numéro 565 du 6 août 1889, qui prescrivent, par application de l'article 5 du décret du 22 juillet 1885, de n'admettre sous aucun prétexte, pour les dénaturations de sucre par malaxage, la substitution aux raisins frais de marcs pressés ou non, moûts, sable de rivière, etc.

On a fait valoir que sur certains points il est difficile de conserver des raisins frais jusqu'à l'époque souvent tardive à laquelle se fait la fabrication des deuxièmes cuvées. L'administration admet que, dans les départements où cela sera reconnu nécessaire, les directeurs autorisent la dénaturation, pour la fabrication de seconde cuvée, au moyen d'un mélange intime du sucre avec des marcs frais auxquels il sera ajouté une quantité de vin suffisante pour obtenir la transformation rapide du malaxage en sirop épais.

Mais il est bien entendu qu'en dehors de cette concession, le service devra, ainsi que cela lui a été recommandé, n'admettre aucun mode de dénaturation non autorisé par les instructions.

Nouvelles agricoles.

Les concours régionaux. — On nous demande des renseignements sur l'organisation des concours régionaux en 1891. D'après les réglements actuellement en vigueur, ces concours se tiendront, en 1891, dans les huit départements suivants : Ain, Cantal, Côtes-du-Nord, Meuse, Basses-Pyrénées, Seine-et-Oise, Deux-Sèvres et Vaucluse. Les exploitations concourant pour les primes de culture ont été visitées par les jurys dans le courant de l'année 1890. — En 1892, les concours régionaux se tiendront dans les départements de l'Aube, de l'Aveyron, d'Indre-et-Loire, des Landes, du Morbihan, de la Haute-Savoie, de la Seine-Inférieure et du Var. Les concurrents pour les primes de culture devront faire leurs déclarations à la préfecture de leur département avant le 1er mars 1891.

La vaccination des moutons. — La vaccination des moutons contre le sang de rat, suivant la méthode de M. Pasteur, est entré désormais dans les mœurs, dans un grand nombre de régions ; les résultats qu'elle a donnés depuis près de dix ans se confirment de plus en plus. Toutefois, on a signalé, cette année, dans la Beauce, des accidents exceptionnels ; dans quelques troupeaux, les pertes subies à la suite des vaccinations auraient été de près de 10 pour 100. Aussi certains vétérinaires en ont tiré la conclusion qu'il convenait de renoncer à la vaccination préventive. Dans une note publiée récemment, M. Boutet, chef du service sanitaire d'Eure-et-Loire, proteste vivement contre ces défaillances. « La vaccination pastorienne, dit il avec raison, bien qu'elle soit, à juste titre, considérée comme l'une des plus savantes découvertes des temps modernes, n'est pas, jusqu'à l'heure actuelle, absolument exempte de quelque danger : elle a cela de commun avec presque toutes les inventions humaines ; mais ce danger est relativement minime, si minime que les cultivateurs vraiment soucieux de leurs intérêts, loin d'y renoncer, doivent au contraire y recourir et la préconiser davantage. »

La présentation des étalons. — Un très grand progrès vient d'être réalisé au ministère de l'agriculture.

Désormais l'on pourra acheter *à toute époque de l'année* des étalons de pur sang ou de demi sang au lieu de faire, comme par le passé, deux convocations par an, à des endroits souvent fort incommodes pour les éleveurs.

Les éleveurs n'aimaient pas à présenter leurs étalons à l'administration des haras aux exhibitions périodiques qu'on leur indiquait ; ils redoutaient une dépréciation pour leurs élèves, lorsque ceux-ci étaient refusés en séance publique.

D'autre part, lorsqu'un bon cheval de course subissait un des légers accidents qui le rendait impropre aux luttes équestres, sans porter préjudice à son organisme, le propriétaire ne voulait pas attendre cinq ou six mois pour le présenter aux inspecteurs des haras ; il le vendait à l'un des nombreux délégues de l'étranger et l'Etat se trouvait ainsi servi le dernier.

La décision prise par M. Develle produira les meilleurs effets.

Dès qu'un propriétaire sera amené à vendre un bon cheval, il n'aura qu'à adresser une demande au ministère ; un inspecteur sera envoyé sans retard pour examiner le futur étalon et l'acheter s'il le croit apte à devenir un bon producteur. La mesure serait excellente si elle était générale et s'appliquait aux chevaux de trait aussi bien qu'aux autres. Il est dit que les malheureux chevaux de trait seront toujours traités comme des parias. Est-ce parce qu'ils sont les plus utiles ? C'est bien possible, après tout.

Nouveaux navires pour le transport des bœufs vivants. — On a déjà signalé l'augmentation considérable qu'avait prise, pendant ces dernières années, l'importation en Angleterre du bétail sur pied et des viandes congelées. On a fait remarquer aussi combien la perte était minime lorsque ces transports étaient faits par de bons navires et malgré les mauvais temps qui rendent si pénible la navigation de l'Atlantique Nord. Deux grands vapeurs viennent d'être lancés le 16 juillet : le premier à Belfast et le second à Foyle, pour faire le service de Liverpool à Boston et à Baltimore.

Le *Georhian* mesure 134 m. 40 de long sur 13 m. 71 de large et 10 m. 50 de creux. Il portera 7,000 tonnes et pourra recevoir 1,000 bœufs sur deux de ses ponts. Quant à ses cales, elles seront disposées en chambres froides pour le transport des viandes congelées, et l'air froid sera débité par des machines Kilbourne.

Le *Parkmore* a 103 m. 63 de long, 12 m. 90 de large, 8 m. 60 de creux, 3,500 tonnes de jauge brute, 5,000 tonnes de portée, et il pourra également recevoir 1,000 bœufs vivants. Sa coque est divisée en huit compartiments étanches : il a double fond pour lest d'eau sous sa cale arrière et une cale étanche d'une contenance de 580 tonnes sur l'avant de la machine. Il a 5 treuils à vapeur avec des doubles mâts de charge ; l'équipage et les chauffeurs sont logés sous le gaillard, et les hommes chargés du bétail sous la dunette. Comme on le voit, les nouveaux vapeurs à bétail atteignent des dimensions considérables.

Exposition de 1891 à Bordeaux. — Une exposition industrielle, commerciale, de l'Agriculture et des Beaux-Arts, aura lieu l'année prochaine à Bordeaux, sous le patronage de hautes personnalités.

Nous n'avons pas besoin de faire entrevoir l'intérêt que présente, pour les fabricants, industriels et producteurs de tous pays, l'envoi de leurs produits à Bordeaux, dont le port est d'une importance exceptionnelle comme importations et exportations et peut, par ses relations avec le monde entier, offrir à tous les produits de nouveaux débouchés.

Administration : à Bordeaux, 19, rue Mexico ; à Paris, 53 bis, avenue de la Motte Piquet.

L'administration demande des agents actifs et sérieux dans les principales villes de France, d'Algérie, de Tunisie et des colonies, ainsi qu'en Autriche, en Belgique, en Bulgarie, en Danemarck, en Espagne, en Grèce, en Hollande, en Italie, en Portugal, en Roumanie, en Russie, en Serbie, en Suède, en Turquie, en Egypte, en Chine, au Japon, dans l'Amérique du Nord, dans l'Amérique du Sud, etc., etc.

CONSEILS DU VÉTÉRINAIRE

REMÈDE CONTRE LA GALE DES MOUTONS

Voici un médicament peu coûteux et d'un emploi facile dont on a obtenu des succès à peu près constants :

On fait dissoudre dans 80 litres d'eau 300 grammes de sulfate de potasse. On obtient ainsi un bain dans lequel on plonge les bêtes galeuses, que l'on frotte de savon noir et que l'on brosse vigoureusement.

On doit avoir soin de laver avec le même mélange les mangeoires et les murs sur lesquels les bêtes malades pourraient avoir laissé quelques acarus qui recommenceraient leurs ravages.

Une seule application de ce traitement suffit le plus souvent. Après quelques jours, les démangeaisons cessent, la peau reprend son aspect normal et ses fonctions, et la laine reparaît.

Ce remède s'applique aussi parfaitement aux chiens atteints du mal rouge.

Lorsque, dans un troupeau, quelques bêtes seulement sont atteintes de la gale et que leur corps ne présente que quelques rares pustules, il est facile d'obtenir la guérison en frottant les parties malades avec de l'onguent mercuriel concentré. Ce remède est beaucoup plus énergique que le vert de gris, mais il demande à être appliqué avec des précautions. La personne chargée de faire le pansement devra couvrir ses mains de gants de peau.

UN VIEUX VÉTÉRINAIRE

CONSEILS DU MÉDECIN

CONTRE LES BRULURES

Ce genre d'accident est des plus fréquents ; il n'est donc pas inutile de connaître le plus grand nombre possible de remèdes à y appliquer, et surtout des plus pratiques.

De ceux-là est le suivant, que généralement tout le monde a sous la main.

Aussitôt que l'on s'est brûlé, imbiber fortement d'huiles d'olives la partie atteinte, soit en versant l'huile avec le flacon ; soit à l'aide d'un peu de coton en rame ; sur l'huile répandre de la farine ou de la fécule, et en ajouter de nouveau jusqu'à ce qu'il n'y ait plus d'absorption à la surface. Fixer la pâte, s'il en est besoin, avec des bandes très légèrement serrées.

Non seulement la douleur est arrêtée, mais la brûlure ne laisse pas de trace.

UN VIEUX MÉDECIN.

JURISPRUDENCE RURALE.

VENTE DU CHEPTEL PAR LE MÉTAYER. — VOL.

Vous connaissez ma petite métairie.

— Oui, c'est une gentille propriété que t'a laissée ton brave père, un des meilleurs cultivateurs de la contrée.

— Eh bien, à cette heure, elle me cause des ennuis, et vraiment on dirait que l'honnêteté s'en va de notre pays, où jadis tout se faisait loyalement, où maîtres et domestiques, propriétaires et fermiers vivaient en bonne intelligence et se traitaient en amis.

— Pourquoi parais-tu si désolé?

— J'avais un métayer dans lequel j'avais mis ma confiance ; il avait reçu de moi un cheptel vif d'une valeur de 700 fr ; il devait me le restituer à la fin du bail, soit en bestiaux, soit en argent ; or, j'apprends qu'au mépris de ses engagements il a vendu ce cheptel, qu'il en a touché le prix et l'a appliqué à ses besoins personnels ; comment faut-il qualifier une pareille conduite et devant quel tribunal faut-il que je traduise mon homme ?

— Devant le tribunal correctionnel, sans hésiter ; tout récemment encore les tribunaux viennent de décider que le métayer qui agit ainsi se rend coupable d'un véritable abus de confiance, passible du Code pénal ; pendant toute la durée du bail, le bailleur reste propriétaire du cheptel, sur lequel le métayer n'a qu'un droit d'usage ; il ne peut en disposer, sans autorisation et sans en rendre compte, et s'il le fait dans une intention frauduleuse, il détourne une chose qui ne lui appartient pas.

— Je vous remercie de votre consultation et, à mon avis, la loi a bien raison de considérer les gens qui se conduisent de la sorte comme de véritables filous.

UN VIEUX JUGE DE PAIX.

CONSEILS A LA FERMIÈRE

LES DÉFAUTS DU LAIT (SUITE).

Le lait bleu.

Ce défaut est un de ceux qui apparaissent principalement pendant les mois chauds d'été. Pendant et peu après la traite, la qualité du lait, pour ce qui concerne l'apparence, le goût et l'odeur, est tout à fait normale ; après un temps un peu plus long, ordinairement après un espace de 24 heures, des taches bleues dont l'intensité va crescendo, apparaissent à la sur face et lui donnent une teinte bleu-foncé. Cette teinte se communique bientôt à tout le lait contenu dans le vase ; la masse finit par devenir trouble et sale.

La cause de cet inconvénient, désagréable au suprême degré, est due à la présence d'un champignon dans le lait et qui a pour nom : « *Penicilium glaucum* » ; il végète sur les aliments très riche en azote, tels que pain et fromage, et y apporte ici aussi soit une teinte rouge soit une teinte bleue.

Comme le champignon, une fois qu'il est entré, ne tarde pas à emplir toute l'atmosphère de la chambre à lait où il se trouve et qu'il s'attaque en grande quantité à tous les objets présents, on ne peut remédier à ce mal que par une désinfection complète de toute la laiterie et autres locaux qui en dépendent et où ce mal a été observé.

Il faut de prime abord nettoyer tous les vases avec de la lessive chaude étendue d'une solution de soude contenant un peu de chaux éteinte et les frotter avec une brosse.

Ensuite, il faut blanchir les plafonds et les murs avec un mélange de une partie de chaux vive, une partie d'acide chlorydrique concentré et environ 20 parties d'eau. Les planches ou carrelages doivent aussi être lavés avec cette composition ou une lessive bien chaude. Ceci fait, une grande aération doit être établie pour éloigner l'odeur de la chaux et du chlore ; ce n'est qu'après que l'on peut de nouveau et sans danger, remettre du lait dans ces locaux purgés de champignons.

Etant donné que le germe du champignon ne se développe pas seulement sur les murs et sur les ustensiles, mais aussi sur les vêtements des personnes qui manipulent le lait, il faudra avoir soin de désinfecter également lesdits vêtements, si l'on ne veut pas s'exposer à voir réapparaitre l'ennemi.

UNE MÉNAGÈRE.

PETITE POSTE.

Avis important. — Nous rappelons à nos lecteurs que nous nous efforcerons toujours de répondre aux questions qui nous sont posées par lettre, soit par la « Petite Poste, » soit par lettre particulière. Mais nous ne pouvons tenir cette promesse qu'à la condition : 1° que toute lettre qui nous sera adressée *sera accompagnée d'une bande d'adresse ;* 2° que chaque question *sera écrite sur feuille séparée* pour nous épargner la peine de recopier la partie de la lettre devant être adressée à la personne chargée de répondre ; 3° qu'il *sera joint un timbre-poste par chaque question.* Si ces conditions ne sont pas remplies, nous *déclinons toute responsabilité* et nous *ne garantissons pas* les réponses aux lettres qui nous seraient adressées.

M. S .. (Ille-et-Vilaine). — 1° *Champignons.* — La librairie Masson, rue de l'Ecole-de-Médecine, Paris, édite un excellent ouvrage sur les champignons ; les gravures sont très bien faites. Nous ne nous rappelons plus le nom de l'auteur. Adressez-vous à la librairie Masson.

2° *Dartres des chiens.* — Raser de très près les poils de la partie malade ; la nettoyer avec de l'eau tiède savonneuse ; une fois sèche, l'enduire avec de la pommade soufrée. Bains de sulfure de potasse ou bains de barège.

3° *Cendres pyriteuses.* — A bientôt l'article demandé. Il sera aussi fait droit au désir exprimé par vous, relativement aux demandes d'emploi.

Mme S..., à Matour (Saône-et-Loire). — Il y a certainement dans votre contrée des marchands consciencieux à qui vous auriez intérêt à vous adresser pour vos achats de bestiaux. Ne pouvant vous donner aucun nom, nous vous engageons à vous mettre en rapport avec un de nos bons élèves de l'Institut agricole de Beauvais : M Guy de Valence, château de Vendenesse, par Gueugnon (Saône-et-Loire). M. de Valence est un habile éleveur et engraisseur ; il est en situation de vous donner sur le commerce de votre contrée des renseignements précis.

M. L..., à V... (Allier). — *Monte sac.* — Chez Rode frères, à Poissy (Seine-et-Marne).

M. de P... (Corrèze). — *Ifs.* — Nous croyons que l'opération dont vous parlez, qui serait assurément excellente pour des arbres jeunes, ne produise aucun résultat pour des arbres aussi âgés. Pour l'effectuer, l'automne doit être préféré au printemps, dans votre climat.

M. P... à H... (Oise). — *Location.* — Votre propriétaire doit vous prévenir huit jours à l'avance.

M. M..., à S... (Oise). — *Pommes de terre.* — Nous ne connaissons personne dans votre contrée. Il nous semble qu'à Crépy vous devriez trouver facilement acheteur. Pour la vente à Paris, vous pouvez vous adresser à M. C. Pierra, 23, rue de Paris, Clichy (Seine), de la part de la *Gazette agricole.*

M. M..., à St J... (Jura). — *Arbres le long d'une rivière.* — Votre lettre est envoyée à notre *vieux juge de paix.*

M. R. H..., à L... — *Mitoyenneté.* — Votre voisin, propriétaire d'une maison qui dépendait autrefois d'un ensemble de construction dont vous avez une partie, laisse tomber sa maison en ruine, ce qui est préjudiciable à la conservation de vos propres bâtiments, — pouvez l'obliger à réparer sa maison ; — non, car il pourrait, s'il le voulait, la démolir complètement. — Votre droit est de demander des dommages-intérêts pour le dommage matériel et direct qui serait causé à votre immeuble, par exemple, si des matériaux venaient à se détacher et à tomber sur lui ; si, par suite du mauvais état des gouttières, les eaux tombaient de votre côté. — Vous pouvez aussi faire élever un pignon de séparation. Tout propriétaire mitoyen a le droit de se clore, et comme la mitoyenneté profite également au voisin, la construction du mur doit se faire à frais commun.

NOUVELLES VINICOLES DU BORDELAIS

L'absence de mildiou et d'oïdium, l'aoûtement des bois, la fraîcheur et l'état sain du raisin, la vigueur et la verdeur de la vigne qui refuse jusqu'ici de revêtir les teintes d'automne, sont autant de constatations du plus heureux présage pour la bonne qualité de la prochaine récolte.

Que de fois nous avons entendu dire :

« Quel service on nous rendrait, si on nous trouvait, dans les pays vignobles, un vendeur consciencieux ; si on nous débarrassait de la concurrence à outrance ; si on nous garantissait sérieusement la qualité, la pureté et la conservation des vins ! »

Pour le Bordelais, nous recommandons M. Vincent Ardura, viticulteur, propriétaire d'un des meilleurs crus de la Gironde, favorable aux tempéraments délicats (le domaine de la Chapelle-Frédignac, par Blaye-Bordeaux), qui vend ses récoltes : 1889 à 130 fr., 1888 à 140 fr., 1887 à 150 fr., 1886 à 160 fr., 1885 à 175 fr., 1884 à 200 fr., 1882 à 220 fr., 1881 à 250 fr. et 1878 à 300 fr. la barrique de 225 litres, *franco* de port et de fût en gare d'arrivée. Paiement par le facteur à 30 jours 2 % ou 90 jours.

Certain que son vin plaira aux personnes qui ne le connaissent pas et qui désirent se bien approvisionner, sachant, en outre, qu'il est difficile de se rendre sérieusement compte de la qualité par la dégustation sommaire d'une petite fiole, M. Vincent Ardura n'hésite pas à adresser *franco* une bouteille entière pour échantillon de la récolte désignée.

BULLETIN FINANCIER.

Les rentes sont encore fermes ; mais les cours des valeurs sont plus discutés. La spéculation à la hausse se trouve avoir à lutter maintenant contre un violent courant de réalisations : réalisations du terme et réalisations du comptant. Tant que l'on montait, les réalisations étaient peu nombreuses ; mais le jour où l'on s'est arrêté chacun a éprouvé le désir de mettre de côté les bénéfices obtenus, car on avait le sentiment que la note avait été forcée et qu'il serait difficile de se maintenir sur les hauts cours que l'on avait conquis avec une précipitation tout à fait insolite.

La plupart des spéculateurs engagés ne se maintenaient plus depuis longtemps sur leurs positions, qu'avec l'arrière-pensée de se liquider à la hâte le jour où apparaîtrait le plus petit symptôme de lassitude. Par conséquent, il devenait certain que les premières offres seraient suivies de beaucoup d'autres.

Nous ne serions pas surpris si l'on revenait assez loin en arrière; nous n'en serions pas davantage affligés; il y a eu exagération; les affaires devenaient impossibles. Si l'on avait maintenu les hauts cours pratiqués au commencement du mois on se serait vu condamner à une inertie complète: où donc aurait-on pu découvrir de nouvelles couches d'acheteurs? La voie à la hausse était complètement obstruée.

Personne, à part les joueurs novices et sans expérience, n'eût osé se hasarder au-delà du point que l'on venait d'atteindre. C'était l'immobilité forcée. Si l'on veut que les affaires reprennent un peu d'activité, il sera nécessaire de reprendre pied sur des cours encore sensiblement moins élevés que ceux d'aujourd'hui.

Il ne faut attribuer les mouvements actuels de la Bourse à aucune cause extérieure. La situation politique reste la même au-dedans et au-dehors. L'opinion est calme et confiante. On ne redoute, pour le moment, aucune complication.

La rente 3 p. 100 reste en dernier lieu aux environs de 95 60; le 3 p. 100 Amortissable cote 96 90, et le 4 1/2 p. 100, 106 30.

La Banque de France est à 4.295.

Le Crédit Foncier qui, sur la nouvelle erronée de la démission de M. Christophle, avait perdu l'avance acquise dans ces temps derniers, a repris aujourd'hui une allure plus ferme et reste à 1.315 francs.

Dans sa séance hebdomadaire du 24 septembre, le Conseil d'administration du Crédit Foncier a autorisé pour 6 millions 441 685 fr. de nouveaux prêts, dont 1 million 659.000 francs en prêts fonciers, et 4 millions 782.685 francs en prêts communaux.

Les obligations continuent à faire preuve des meilleures dispositions.

Comme on le voit, tout le marché est bon, à l'exception du Macaroni qui, jour par jour, reperd le terrain que des banquiers allemands lui ont fait prendre depuis le commencement de l'année. Il finit très faiblement à 94 25.

Le Hongrois vaut 97 10.

Les Chemins sont fermes.

On annonce pour les 29 et 30 courant l'émission de 16,000 obligations 5 0/0 de 300 francs, de la Société anonyme universelle des alcools et liqueurs purs.

Ces obligations sont émises à 266 fr. 25, payables par versements successifs jusqu'au 1er février 1891.

Les obligations libérées à la répartition sont émises à 265 fr., jouissance 1er octobre 1890.

La Société s'engage à prendre à sa charge tout impôt existant et tous ceux qui pourraient être établis dans la suite, non seulement sur les coupons, mais encore sur le capital.

Les obligations étant remboursables à 300 fr. en 29 ans, le souscripteur jouit d'une prime de remboursement de 35 fr.

Dans ces conditions, le placement ressort à 6.82 0/0.

On souscrit chez MM. Dausært et Lœuwenstein, banquiers, 11, rue Laffite, à Paris, et 13, rue Neuve, à Bruxelles.

Le Suez a légèrement rétrogradé à 2 473.75.

COUPON.

HALLES ET MARCHÉS.

CÉRÉALES. — *Marchés français.*

Prix par 100 kilogr.

REGIONS	BLÉ Prix moyen	BLÉ Hausse	BLÉ Baisse	PRIX MOYEN Seigle	PRIX MOYEN Orge	PRIX MOYEN Avoine
Nord-Ouest	24 17	»	» 05	15 95	17 08	18 18
Nord	24 45	»	» 05	14 95	18 62	19 50
Nord-Est	24 82	» 05	»	15 18	18 70	19 56
Ouest	24 05	» 05	»	17 50	17 52	18 20
Centre	24 61	» 25	»	17 13	17 91	18 91
Est	23 75	» 05	»	17 50	19 06	19 25
Sud-Ouest	23 88	» 22	»	16 70	17 85	18 41
Sud	25 30	»	»	18 67	17 16	20 69
Sud-Est	24 05	» 05	»	18 50	16 38	19 14
Prix moyens	24 23	»	»	16 89	17 81	19 09
Sur la huitaine préc. Hausse	» 07	»	»	» 03	» 03	»
Sur la huitaine préc. Baisse	»	»	»	»	»	» 25

1re région. NORD-OUEST.

	BLÉ 1re qualité	BLÉ Prix moyen	Seigle Prix.	Orge. Prix.	Avoine Prix.
Calvados. — Caen	26 75	26 »	15 »	19 »	21 »
C.-d.-N. — Dinan	25 50	24 75	»	»	18 50
Finistère. — Morlaix	24 25	23 50	»	»	»
I.-et-V. — Rennes	23 25	22 50	»	»	15 75
Manch. — Avranches	24 50	23 75	»	»	18 50
Mayenne. — Laval	23 75	23 »	»	»	17 »
Morb. — Hennebont	25 »	24 25	14 90	»	»
Orne. — Alençon	26 50	25 75	17 50	17 »	18 25
Sarthe. — Le Mans	24 25	23 50	15 25	15 25	18 50
— Beaumont	25 50	24 75	17 »	»	18 »
Prix moyens	24 92	24 17	15 95	17 08	18 18
Sur la semaine précédente. Hausse	»	»	»	» 14	»
Sur la semaine précédente. Baisse	» 05	0 05	» 20	»	» 02

2e région. — NORD.

	BLÉ 1re qualité	BLÉ Prix moyen	Seigle	Orge	Avoine
Aisne — Villers-Cotrets	25 50	25 »	14 50	»	20 »
— La Fère	25 75	25 »	14 50	20 50	20 50
Eure. — Bourg-Ach.	27 75	24 »	»	»	19 50
E.-et-L. — Chartres	24 75	24 »	14 50	18 »	16 75
— Châteaudun	24 2[illegible]	23 50	[illegible]4 »	17 50	17 50
Nord. — Valencien.	24 75	24 »	15 50	18 »	18 75
— Dunkerque	26 50	25 7[illegible]	1[illegible] 50	»	19 »
Oise. — Compiègne	24 50	23 75	14 75	18 »	18 »
— Beauvais	24 50	23 75	15 »	20 »	18 50
Pas-de-Cal. — Arras	24 50	23 75	16 »	17 50	18 »
— Bapaume	24 75	24 »	16 25	18 50	18 50
Seine. — Paris	25 50	24 75	15 75	18 75	18 »
Seine-et-M. — Meaux	25 50	24 75	14 50	17 »	17 50
— Montereau	25 75	25 »	14 75	18 »	»
S.-et-O. Rambouillet	25 75	25 »	»	18 75	»
— Versailles	27 »	26 25	»	22 »	21 50
Seine-Inf. — Rouen	24 75	24 »	»	17 »	22 50
Somme. — Amiens	24 75	24 »	13 75	19 »	23 »
— Abbeville	25 »	24 25	15 50	19 50	21
Prix moyens	25 20	24 45	14 95	18 62	19 50
Sur la semaine précédente. Hausse	»	»	0 19	»	»
Sur la semaine précédente. Baisse	0 05	0 05	»	0 11	0 50

3e région. — NORD-EST.

	BLÉ 1re qualité	BLÉ Prix moyen	Seigle	Orge	Avoine
Ardennes. Sedan	23 50	25 75	»	18 25	20 75
— Charleville	25 »	24 25	14 75	20 »	20 50
Aube. — Bar-sr-Aube	26 25	25 50	»	»	19 25
— Troyes	24 75	24 »	»	»	18 50
Marne. — Châlons-sr-M	25 25	24 50	15 50	18 50	18 50
— Epernay	24 75	24 »	15 »	18 50	19 50
Hte-Marne. — Chaumont	25 50	24 75	»	»	»
Meurthe. — Toul	26 75	26 »	»	18 50	20 50
Meuse. — Bar-le-Duc	25 50	24 75	15 50	18 50	19 »
Vosges. — Epinal	25 50	24 75	»	»	»
Prix moyens	25 57	24 82	15 18	18 70	19 56
Sur la semaine précédente. Hausse	0 05	0 05	0 06	0 20	»
Sur la semaine précédente. Baisse	»	»	»	»	0 29

4e région. — OUEST.

	BLÉ 1re qualité	BLÉ Prix moyen	Seigle	Orge	Avoine
Charente. Ruffec	27 50	26 75	19 25	16 50	»
Char.-Infér. Marans	24 75	24 »	»	»	»
Deux-Sèvres. Niort	23 25	22 50	»	16 25	20 50
Indre-et-Loire. Bléré	23 50	22 75	»	17 75	16 »
— Châteaurenault	24 50	24 75	»	17 75	»
Loire-Infér. Nantes	24 25	24 50	»	18 25	18 50
Maine-et-L. Saumur	24 50	23 75	»	19 50	»
— Angers	25 25	24 50	»	17 50	»
Vendée. — Luçon	23 50	22 75	»	»	»
Vienne. — Poitiers	24 50	23 75	15 75	18 75	17 »
Hte-Vienne. Limoges	5 75	25 »	17 50	15 40	19 25
Prix moyens	24 80	24 05	17 50	17 52	18 20
Sur la semaine précédente. Hausse	0 05	0 15	0 17	»	»
Sur la semaine précédente. Baisse	»	»	»	0 16	0 86

5e région. — CENTRE.

	BLÉ 1re qualité	BLÉ Prix moyen	Seigle	Orge	Avoine
Allier. — St-Pourçain	25 »	24 25	16 25	18 50	17 »
Cher. — Aubigny	26 »	25 25	»	19 25	19 »
— Vierzon	25 25	24 50	16 50	16 75	»
Creuse. — Aubusson	25 50	25 »	17 50	»	18 50
Indre. — Issoudun	25 75	24 75	»	20 50	20 50
— Valençay	24 75	24 »	»	18 50	»
Loiret. — Montargis	25 50	24 75	»	17 25	17 50
Loir-et-Cher. Blois	24 75	24 »	18 25	15 75	18 »
Nièvre. — Nevers	24 75	24 »	»	»	»
Puy-de-Dôme. Riom	25 »	24 25	»	17 50	18 25
Yonne. Brienon	25 »	24 25	»	»	21 50
— Sens	24 75	24 »	»	17 50	20 »
Prix moyens	25 16	24 61	17 13	17 94	18 91
Sur la semaine précédente. Hausse	» 25	» 25	»	»	»
Sur la semaine précédente. Baisse	»	»	» 12	» 01	» 20

6e région. — EST.

	BLÉ 1re qualité	BLÉ Prix moyen	Seigle	Orge	Avoine
Ain. — Bourg	24 25	23 50	15 50	»	»
Côte-d'Or. — Dijon	24 75	24 »		17 75	»
— Semur	25 »	24 25	20 50	20 75	21 75
Doubs. — Besançon	25 »	24 25	»	»	19 »
Isère. — Bourgoin	23 75	23 »	»	»	»
— Grenoble	26 »	22 25	»	20 »	20 »
Jura. — Lons-le-Sau.	24 50	23 75	16 75	18 75	»
Loire. — St-Etienne	23 75	23 »	»	»	»
Rhône. — Lyon	24 »	23 25	»	»	17 25
Saône-et L. Chalon	24 25	23 50	»	»	17 25
Haute-Saône. — Gray	24 75	24 »	»	»	»
— Vesoul	25 »	24 25	»	»	»
Savoie. — Chambéry	24 75	24 »	17 00	»	»
Hte-Savoie. La Roche	22 75	22 »	17 75	»	»
Prix moyens	24 46	23 71	17 50	19 06	19 55
Sur la semaine précédente. Hausse	0.5	0.5	0.5	»	»
Sur la semaine précédente. Baisse	»	»	»	0.37	0 28

7e région. — SUD-OUEST.

	BLÉ 1re qualité	BLÉ Prix moyen	Seigle	Orge	Avoine
Ariège. — Pamiers	23 75	23 »	14 75	»	18 25
Dordogne. — Piégut	23 75	23 »	16 »	»	17 50
Hte-Garonne. Toulouse	24 75	24 »	17 »	17 »	18 25
Gers — Condom	25 »	24 2[illegible]	»	»	»
Gironde. — Bordeaux	25 25	24 50	»	»	17 50
Landes — Dax	25 »	24 25	17 50	»	»
Lot-et-Garonne. Agen	25 »	24 25	18 25	18 75	18 25
B.Pyrénées. Bayonne	24 75	24 »	»	»	»
H.Pyrénées. Tarbes	24 50	23 75	»	»	20 75
Prix moyens	24 63	23 88	16 70	17 85	18 41
Sur la semaine précédente. Hausse	0 22	0 22	0 20	0 85	0 04
Sur la semaine précédente. Baisse	»	»	»	»	»

8e région. — SUD.

	BLÉ 1re qualité	BLÉ Prix moyen	Seigle	Orge	Avoine
Aude. — Castelnaudary	26 »	25 25	16 »	16 75	17 50
Aveyron. — Villefranche	23 »	22 25	»	»	»
Cantal. — Mauriac	27 »	26 25	23 »	»	26 75
Corrèze. — Tulle	26 »	25 25	18 »	16 »	21 25
Hérault. — Béziers	26 75	26 »	»	16 75	21 25
Lot. — Figeac	24 »	23 25	16 50	»	19 50
Lozère. — Mende	25 »	24 25	21 50	20 75	20 50
Pyrén.Or. Perpignan	24 75	24 »	19 25	16 50	21 25
Tarn. — Albi	23 50	22 75	»	»	20 »
Tarn-et-G. Montauban	24 50	23 75	16 50	16 25	18 25
Prix moyens	25 05	24 30	18 67	17 16	20 69
Sur la semaine précédente. Hausse	»	»	»	»	»
Sur la semaine précédente. Baisse	»	»	0 04	0 17	0 06

9e région. — SUD-EST.

	BLÉ 1re qualité	BLÉ Prix moyen	Seigle	Orge	Avoine
H-Alpes. — St-Bonnet	25 [illegible]2	24 50	18 75	»	»
B.-Alpes. Manosque	24 75	24 »	»	»	19 50
Alpes-Marit. Nice	25 50	24 75	18 50	»	»
Ardèche. — Privas	25 75	25 »	18 25	»	19 75
B.-Rhône. — Arles	25 »	24 25	»	»	18 »
Drôme. — Valence	23 50	22 75	»	»	18 75
Gard — Nimes	24 50	23 75	»	16 50	19 »
Hte-Loire. — Le Puy	25 75	25 »	»	»	20 50
Var. — Draguignan	25 »	24 25	»	»	»
Vaucl. Orange	23 »	22 25	»	16 25	18 50
Prix moyens	24 80	24 05	18 50	16 38	19 14
Sur la semaine précédente. Hausse	0 05	0 05	»	0 01	»
Sur la semaine précédente. Baisse	»	»	0 03	»	0 07

ALGÉRIE.	Blé tendre	Blé dur.	Seigle	Orge.	Av.
Constantine	»	»	»	»	»
Alger	»	»	»	»	»
Oran	23 25	1 »	»	12 30	15 50

Farines de consommation.

Les affaires restent calmes ; les prix ne présentent pas de changement.

MARQUE DE CORBEIL	60 fr. 159 kil.		(37 58 100 k.). 100 k.	
Marques de choix	60 à	61	38 21 à	38 85
Premières marques	59	60	37 58	38 21
Bonnes marques	57	58	36 30	36 91
Marques ordinaires	56	57	35 66	36 30

Le sac de 159 k., toile à rendre, franco au domicile des acheteurs à 30 jours sans escompte, ou au comptant avec escompte de 1/2 0/0.

Fourrages et pailles.

Paris, La Chapelle.

	1re qté.		2e qté.		3e qté.	
Foin nouveau	49 à	50	47 à	48	43 à	45
Luzerne nouvelle	47	48	45	46	41	44
Paille de blé	35	37	33	34	28	31
Paille de seigle	33	35	31	32	28	30
Paille d'avoine	25	26	23	24	20	22

Le tout aux 104 bottes dans Paris.

COURS DE DIFFÉRENTS MARCHÉS (par 100 kil.).

	Paille.	Foin.
Châlons	3 »	7 »
Dijon	3 50	4 50
Nevers	3 25	6 50
Toulouse	3 25	6 75
Lyon	3 50	6 »
Angers	3 25	5 »
Orléans	2 75	6 50
Douai	4 10	7 50

Issues, les 100 kil.

Les offres sont assez nombreuses et la vente est difficile sans une concession de 25 centimes.

Nous cotons par 100 kil. en gare d'arrivée à Paris :

Son écaille	14 25 à	14 »
— gros	13 25	13 »
— trois-cases	12 25	12 »
— fin	11 25	11 »
Recoupettes	11 50	11 »
Remoulages blancs	18 »	19 »
— bâtards	14 »	17 »

MARCHANDISES DIVERSES.

Fécules.

La tendance des prix reste ferme.

Les 100 kil.

Paris. — Fécule 1re, grains	30 » à	32 »
Oise. — Fécule 1re, grains	29 »	30 »
Vosges. — Fécule 1re, grains	33 »	34 »
Saône-et-Loire	32 »	33 »
Loire. — Fécule 1re, grains	29 »	31 »
Auvergne. — Fécule 1re, grains	29 »	31 »
Fécules secondes selon qualité	25 »	27 »

Pommes de terre.

Les 1.000 kil.

Hollandaises	60 » à	80 »
Magnum bonum	60 »	65 »
Early roses	50 »	52 »
Saucisses	60 »	70 »
Rondes	45 »	50 »
Chardonnes	35 »	40 »

Tourteaux, les 100 kil.

	Colza	Œilletts	Lin	Cam.
Lille	16 » à 16 50	16 50 à 16 50	24 » à 25 »	16 25
Arras	14 75 » »	14 50 14 50	22 » » »	16 »
Gd Moulin Corbeil	15 50		19 75	
	Cophra	Arachide déc.	Sésame	Lin.
Marseille	12 50 à 14 »	15 »	14 75 à 14 75	16 25

GRAINES DIVERSES.

Maïs, les 100 kil.

Paris	12 » à	15 »	Agen	14 »	14 75
Alais	14 »	15 »	Grenoble	14 25	15 25
Ruffec	14 »	14 50	Reims	14 75	15 50

Sarrazin, les 100 kil.

Paris	13 » à	14 »	St-Pierre	15 25 à	16 »
Mayenne	15 »	15 75	Nantes	15 »	15 50
Rennes	15 »	16 »	Orléans	15 50	16 50

Légumes secs, les 100 kil.

	Haricots	Pois	Vesces	Lentilles
Paris	20 à 47	21 à 26	» »	45 à 70
Rouen	42 57	50 63	26 28	77 »
Marseille	18 30	23 32	25 34	19 24 50

Graines fourragères, les 100 kil.

Luz. de Prov.	» à	»	Minette	» à	»
— du Poitou	»	»	Sainfoin à 2 c.	»	»
— d'Italie	»	»	Sainfoin à 1 c.	»	»
Trèfle blanc	50	55	Pois jarras	20	22
— incarnat	55	60	Vesces	20	21

Huiles.

COLZA BRUT. — Le marché reste calme, avec peu de changement dans les prix.

On cote au début de la réunion :

Disponible	70 75 à	70 25
Livrable septembre	70 75	70 25
Octobre	69 25	» »
Novembre-décembre	68 25	67 75
4 premiers mois	66 75	63 50

LIN — Baisse de 25 à 50 centimes.

On cote au début de la réunion :

Disponible	60 » à	» »
Livrable septembre	60 »	» »
Octobre	60 »	59 50
Novembre-décembre	59 50	59 »
4 premiers mois	57 50	57 25

Les 100 kil. net, logés, escompte 1 0/0.

Pétrole.

Les prix ne varient pas ; nous cotons par wagon complet et pour marchandise disponible :

L'huile de pétrole raffinée vaut 49 fr. 50 ; l'essence rectifiée 60 fr. 50 les 100 kil.

On cote à l'hect. pour le détail :

PETROLE RAFFINE disponible	39 50 à	» »
ESSENCE RECTIFIEE, disponible	42 25	» »

Laines.

ROUBAIX-TOURCOING, 23 septembre.

Laines à terme.

Qualité peignée de fab.	Cours du jour.	Cours préc	*Qualité peignée courant*	Cours du jour.	Cours préc.
Courant	6 50	6 62	Courant	» »	5 85
1 mois après	6 57	6 60	1 mois après	» »	5 82
2 —	6 52	6 52	2 —	» »	5 82
3 —	6 25	6 25	3 —	» »	5 80
4 —	6 02	6 02	4 —	» »	5 75

Marché calme. Ventes, 60,000 kil.

ANVERS, 23 septembre.

Peignés allemands de La Plata : Contrat B, sur septembre, 5 90, octobre à janvier, 5 87 1/2, février, 5 77 1/2, mars à août, 5 75. Ventes, 140,000 k.

Sucres.

Sucres raffinés. — Les prix sont en baisse de 1 fr. et les affaires peu actives.

Nous cotons, selon marques et époques de livraison, de 106 » à 106 50 les 100 kil. au comptant, sans escompte.

Sucres cristallisés n° 3, acquitté 96 50 à 97 »; extra 97 » les 100 k.; en poudre, 98 à 98 50 les 100 kil.

Sucre cassé à la mécanique	113 » à	114 »
Cassons	104 50	» »
Menus déchets	103 »	103 50
Semoule	108 50	109 »
Glace	105 »	105 50
Sucre en poudre	104 »	104 50

Alcools. — Prix de l'hectol. nu, au compt.

Paris, 3/6 fin, betteraves, 1re qualité, l'hectolitre.			Lille, disp	35 » à	36 »
			Cette	90 »	105 »
90° dispon.	36 » à	36 »	Nîmes	90 »	98 »
Octobre	36 »	36 50	Béziers	75 »	100 »
4 premiers	37 75	38 »	Pézenas	76 »	105 »

Raisins secs à boisson.

(Cours de la maison Audibert, 53, rue des Minimes, à Marseille).

PRIX ACTUELS (grande baisse).

Corinthe, Roi de Grèce, petits grains Extra 1er choix	100 kilos		57 »
Corinthe, le Turban, gros grains	»	»	55 »
Corinthe petits grains, 1er choix.	»	»	54 »
Thyra. 1er choix	»	»	54 »
Samos noirs, 1er choix	»	»	54 »
— muscats	»	»	56 »

Engrais. — Prix des 100 kil. :

Matières diverses pour engrais. — Cours commercial sur la place de Paris, par 100 kil., pour des ventes en gros de 30.000 kil. au moins.

Sang desséché moulu.	11/13 0/0 azote		20 90 à	24 70
Viande desséchée	9/11 0/0	—	17 25	19 25
Cornes broyées	13/14 0/0	—	20 75	22 50
Cuir désagrégé	8/9 0/0	—	10 40	11 70
Laine engrais	3 à 4 0/0	—	» »	» »
Nitrate de soude	15/16 0/0	—	20 »	20 50
Nitrate de potasse	95 0/0	—	45 »	47 »
—	90 0/0	—	45 »	45 50
Muriate de potasse	80 0/0	—	» »	» »
Sulfate de potasse	90 0/0	—	25 »	25 50
Sulfate d'ammoniaq.	20/21 0/0	—	31 25	31 50
Chlorure de potassium	90 0/0	—	20 »	21 »
— Stassfurt.	80 à 85 0/0	—	18 »	» »
Cornes, cornailles pour brûler			» »	» »
Déchets fins de cornes, frisures			» »	» »

Phosphates des Ardennes. — En gare des Ardennes et de la Meuse, en sacs (les 100 kil.).

Pulvérisés. 14/16 0/0, acide phosph.	3 40 à	»	»
— 18/20 0/0, —	4 »	»	»
— 16/18 0/0, —	3 75	»	»

Phosphates de Tavel.

50/», la tonne ... 60 » à 110

Phosphates de l'Yonne. — Les 1.000 kil.

Moulus en sacs, wag. gre Toucy. 40 à 35 0/0 40 à 50

Phosphates de l'Auxois, Marigny Epoisses.

Pulvérisés 60 à 65 0/0 ... 6 » à 6 75

Sulfate de cuivre.

Les 100 kil.	56 » à	56 »
Phosphates du Boulonnais 40/15	4 60 à	» »
— de Pernes	3 75	6 25
— du Cambresis 28/35	3 75	4 »
— du Lot 30/50	3 »	4 50

Superphosphates, poudres d'os, etc.

Les 100 kilogr.

Phosph. préc. 35 à 40 % acide phosph.	23 »	24 »
— — 40 à 45 % —	25 »	26 »
Superphosphates fossiles, 10 % acide phosphorique soluble et assimil. (les 100 kilog.)	6 30	» »
Superphosphates fossiles, 16 à 18 %.	10 25	11 »
— d'os, 16 à 18 %, acide phosph.	12 »	12 75
Poudres d'os bruts	13 50	» »

Engrais spéciaux. — Les 100 kilog.

Guano du Pérou.	10 à 16	Eng. chim. de H. Joulie,		
Guan du Pér. diss.	32 à 20			
Guan. az. fixe.	26 » à 27 »	Lag.	15 » à	23 »

BEURRE, ŒUFS, VOLAILLES.

Paris, 24 septembre.

Beurres en mottes.

L'arrivage d'hier a été de 10,287 kil.

L'arrivage approximmatif a été de 40,000 kil.

Beurres en livres.

L'arrivage d'hier a été de 7,602 kil.

Fermiers	au kilo	Touraine	au kilo
Extra	2 90 à 3 »	Extra	2 50 à 2 60
1er choix.....	2 80 2 90	1er choix... .	2 50 2 60
2e choix.....	2 70 2 80	2e choix.....	2 40 2 50
Ordinaire ...	2 50 2 60	Ordinaire ...	2 30 2 40
Bourgogne		Vendôme	
Choix	2 10 2 20	1er choix.....	2 50 2 60
Ordinaire ...	2 » 2 10	2e choix.....	2 40 2 50
		Ordinaire ...	2 20 2 30
Gâtinais		Beaugency	
1er choix.....	2 60 2 70	1er choix.....	2 50 2 60
2e choix.....	2 40 2 50	2e choix.....	2 40 2 50
Ordinaire ...	2 30 2 40	Ordinaire ...	2 20 2 30
Le Mans		Fausse Touraine	
Choix	2 10 2 20	Choix	2 30 2 40
Ordinaire ...	2 10 2 20	Ordinaire ...	2 20 2 30

Œufs, *le mille :*

Normandie . Extra	100 à 120	Bourgogne . .	87 à 90
Picardie . . Extra	104 132	Champagne . .	90 92
Brie. . . . . Extra	99 104	Nivernais . . .	84 88
Touraine gr. .	98 112	Cosne.	90 92
Touraine ord. .	86 92	Bourbonnais. .	84 88
Beauce	93 101	Bretagne . . .	78 88
Orne.	85 95	Vendée	83 80
Picardie ord. .	88 98	Auvergne . . .	82 84
Châtellerault. .	86 89	Midi.	83 88

Volailles et Gibiers.

Canards :		Pigeons :	
nantais (jeunes)	2 50 à 4 »	maconnais.	» 50 à 1 »
de ferme ...	1 75 3 »	italiens	» 45 95 »
Dindes nouv.	3 75 8 »	bizets......	» 40 » 80
Oies nouvelles	5 50 6 50	Poulets :	
— (2e qté).	3 50 4 »	nantais	2 75 4 50
Pintades...	2 » 3 50	touraine ...	2 75 4 50
Lapins domestiques.	1 25 2 25	gâtinais....	2 75 4 50
		du Midi...	1 50 2 50
Chevreaux .	» » » »	communs..	1 » 2 »

Marché : Mêmes cours.

Cours fournis par MM. de Bridiers, Jouslin et Scelle, facteurs assermentés, 2, r. de Valois, Paris.

BESTIAUX.

La Villette, 25 septembre. — Bestiaux. — Vente ordinaire et sans changement sur les bœufs et les veaux, mauvaise sur les moutons et les porcs.

COURS officiels.	Amenés	Vendus.	1re qualité.	2e qualité.	3e qualité.	Prix extrêmes.
Bœufs....	2.191	1.928	1 58	1 44	1 24	1 16 à 1 64
Vaches ...	483	424	1 54	1 32	1 18	1 10 1 60
Taureaux.	150	148	1 40	1 34	1 20	1 12 1 41
Veaux....	1.1 8	954	1 70	1 50	1 40	1 26 1 90
Moutons..	12.588	10947	2 04	1 85	1 58	1 48 2 12
Porcs.....	5.150	4.947	1 36	1 36	1 24	1 20 1 42

Marché du lundi 22 septembre.

	Amenés	Vendus	PRIX AU POIDS NET 1re qual.	2e qual.	3e qual
Bœufs	2.691	2 276	1 58	1 46	1 28
Vaches.....	973	832	1 76	1 34	1 22
Taureaux ..	203	187	1 36	1 30	1 22
Veaux......	1.115	924	1 68	1 52	1 35
Moutons....	16.045	13.125	2 08	1 80	1 66
Porcs	2.514	2.514	1 47	1 40	1 35

	PRIX AU POIDS VIF 1re qual.	2e qual.	3e qual.	Prix extrêmes.
Bœufs	» 95	» 80	» 65	» 60 à » 99
Vaches	» 94	» 74	» 61	» 54 » 96
Taureaux.......	» 86	» 74	» 63	» 58 » 90
Veaux	1 02	» 88	» 72	» 62 1 14
Moutons........	1 »	» 89	» 75	» 65 1 3
Porcs...........	1 »	» 96	» 90	» 84 1 02
Peaux de moutons en laine..........				2 20 » »
Id. id. demi-laine........				2 30 » »

Viandes abattues. — Criée du 19 septemb.

		1re qualité.	2e qualité	3e qualité.
Bœufs	le kil.	1 20 à 2 40	1 » à 2 20	» 80 à 1 70
Veaux	—	1 76 1 86	1 60 1 70	1 44 1 56
Moutons ..	—	1 80 1 90	1 36 1 76	1 » 1 30
Porc entier	—	1 30 1 40	1 20 1 30	1 » 1 16

Cuirs et peaux, les 50 kil.

Taureaux .	39 50 à 41 25	Vaches lourdes	39.50 42.50
Gros bœufs	50 50 54 25	— de bandes	36.25 38.25
Moy. bœufs	45 75 48 50	Gros veaux..	61.25 64.75
Pet. bœufs.	55 50 59 45	Petits veaux	66.50 67.75

Médaille d'Or. * Exposition Universelle 1889. * Médaille d'Argent.

MALADIES DU BÉTAIL
ET DE LA VOLAILLE

Leur traitement préventif et curatif

PAR L'ACIDE SALICYLIQUE

L'acide salicylique, employé dans la nourriture à la dose de 1/2 à 1 gramme par jour et par tête de bétail, est le meilleur préservatif des maladies qui procèdent par contagion : Sang de rate, Cocotte, Maladie aphtheuse, Erysipèle, Typhus, Morve, Variole et le Rouget des porcs, etc.

DES ATTESTATIONS NOMBREUSES DE GUÉRISONS obtenues pour la Cocotte et le Rouget des porcs ont été reproduites dans le *Journal l'Agriculture*.

La désinfection des étables, des écuries se fait instantanément au moyen d'un arrosage d'eau salicylée à 2 grammes par litre.

S'adresser à M. CERCKEL, administrateur de la *Compagnie de produits antiseptiques*, 26, rue Bergère, Paris.

Envoi sur demande de Prospectus et Brochures.

PRIX DU KIL. 25 fr. — BOITE DE MÉNAGE, 2 fr.

VACHERIE **à céder** portes de PARIS. — 30 vaches normandes, 350 litres lait vendu 0 fr. 40 cent. Vendeur depuis 16 ans se retire après fortune. Loyer peu élevé. Bénéfices nets annuels, 12,000. On traitera avec 12,000 fr. argent ou sans argent avec garanties sérieuses. S'adresser à MM. LAPORTE et LEFRANC, 93, boul. Sébastopol, Paris. Sont vendues les vacheries annoncées précédemment.

SALAISON DES FOINS

Nourriture du bétail

et Engrais des terres.

Sel neuf dénaturé au Tourteau de colza, 55 fr. les 1,000 kilos.

Sel neuf dénaturé au Peroxyde de fer, 50 fr. les 1,000 kilos.

Sel de Morue pur, 45 fr. les 1,000 kilos.

Expéditions de Fécamp et de Bordeaux.

S'adresser à M. A. LE BORGNE, négociant à Fécamp (Seine-Inférieure).

PHARMACIE SAVARY
AMIENS, 33, Place Saint-Denis, 33, AMIENS

(EN FACE LE SQUARE).

PROVENDE AUX PHOSPHATES ASSIMILABLES

du Docteur DESCHAMPS.

Prix : 3 fr. le kilog.; 27 50 les 10 kilog. (Remises proportionnelles.)

Accroissement rapide des bestiaux, surtout chez les jeunes animaux, force nerveuse, fécondité, engraissement; prévient surtout la diarrhée chez les jeunes veaux. Qualité exceptionnelle du lait.

M. Lefebvre, cultivateur à Marcelcave, a élevé un veau en lui administrant de la Provende phosphatée pendant 60 jours : tué à 70 jours, ce veau pesait 193 kilog., chiffre officiel constaté à l'abattoir. La viande était très blanche, ainsi qu'est prêt à l'attester M. Oheix, boucher à Amiens.

Les attestations émanant des sommités françaises et anglaises les plus accrédités ont été données à M. SAVARY.

25 PRIX D'HONNEUR ET GRANDS PRIX, 200 MÉDAILLES OR, VERMEIL, ETC.

GRANDES CULTURES DE GRAINES POTAGÈRES, FOURRAGÈRES ET DE FLEURS

E. FORGEOT & Cie

fournisseurs du ministère de l'Agriculture, des Ecoles nationales d'agriculture, des Syndicats agricoles, etc.

PARIS, quai de la Mégisserie, 6 et 8

Appareils spéciaux pour épurer et nettoyer les graines

SPÉCIALITÉ DE GRAINES DE GRANDE CULTURE

luzernes et trèfles garantis sans cuscute, minette, vesces, sainfoins trèfles incarnats betteraves carottes, navets, choux-navets, pommes de terre

Blés à grand rendement, Avoines, Orges, Seigles. Graines d'arbres pour reboisement

Graines de graminées pour prairies

Notre Maison ne vend que des graines de provenances sûres, assurant les meilleurs résultats ; elle accepte le contrôle de la Station d'Essais des Semences, établie à l'Institut agronomique par le Ministère de l'Agriculture, contrôle auquel nous sommes soumis dès sa création. En conséquence, nos graines sont garanties de levée et d'une pureté irréprochable ; nos trèfles et nos luzernes sont garantis sans un seul grain de cuscute.

Grande et importante **Spécialité de Créations de Prairies.** Nous nous chargeons d'établir des compositions convenant à la nature de chaque sol, et d'avance nous en assurons la réussite.

Sur demande, nous adressons *franco* nos catalogues illustrés de graines potagères, fleurs, arbres, fourrages, ognons à fleurs, plantes, etc.

ENGRAIS BOUTIN 24. rue Richer. PARIS — Nombreuses récompenses des milliers de preuves. Récoltes saines et abondantes avec **45** fr. d'engrais par hectare de céréales. Demandez la circulaire et le Guide pratique des cultures de chaque mois qu'on envoie *franco*. Prospectus spéciaux pour la vigne.

LE HÉRISSON
DISTRIBUTEUR D'ENGRAIS Breveté S.G.D.G.

DE CH. FAUL, Constructeur, 13, rue Pierre-Levée, PARIS

Le Véritable " HERISSON " DISTRIBUTEUR hors pair, *a constamment remporté le* 1er PRIX dans tous les grands Concours spéciaux où il s'est présenté en concurrence avec les meilleures machines connues et notamment :

En **1890** à **Reims, Châlon-s-Marne, Neuilly-St-Front, La Ferté-Gaucher;**
1889 à **Noisiel** (Concours international de l'Exposition universelle) et à **St-Quentin;**
1888 à **Troyes, Chartres, Crépy-en-Valois, Pithiviers.**

DEMANDER LE CATALOGUE ET LES NOMBREUSES RÉFÉRENCES.

CRÉDIT AGRICOLE
UNION DES SYNDICATS AGRICOLES DE FRANCE

9, rue Marsollier, PARIS

Agence à LYON, 234, cours Lafayette, S. PLISSONNIER Directeur * M. A.

MACHINES AGRICOLES DE TOUS SYSTÈMES

TOURTEAUX et FARINES pour la nourriture du bétail.

ENGRAIS CHIMIQUES et ORGANIQUES, MATIÈRES PREMIÈRES

SEMENCES DE PREMIER CHOIX.

L'Administrateur-Gérant : ALBERT RENOT.

Beauvais. — Imp. D. PERE. — A. CARTIER, Gérant.

11e Année. — 2e Série. — N° 558. Dimanche 5 Octobre 1890.

GAZETTE AGRICOLE

JOURNAL HEBDOMADAIRE, PARAISSANT LE DIMANCHE

Rédacteur en Chef : M. Ch. GOSSIN, Professeur d'Agriculture à l'Institut agricole de Beauvais

PRIX DE L'ABONNEMENT

UN AN, 5 fr. — SIX MOIS, 2 fr. 50. — TROIS MOIS, 1 fr. 50

Pour l'étranger les abonnements ne sont reçus que pour un an, au prix de 6 francs, et ne partent que du 1er janvier ou du 1er juillet de chaque année.

Il est indispensable de joindre à toute demande de changement d'adresse la dernière bande d'adresse du journal et 60 centimes pour frais de nouvelles bandes.

Adresser les *Abonnements et Annonces* à l'administrateur, **13, quai Voltaire, Paris,** ou à M. GOSSIN, rédacteur en chef, à BEAUVAIS.

BUREAUX

13, quai Voltaire, Paris.

Les abonnements partent du 1er de chaque mois et sont payables d'avance. Toute demande d'abonnement doit donc être accompagnée du prix de l'abonnement. (Le mode de payement le plus simple est l'envoi d'un mandat-poste.)

Donner *très lisiblement*, en s'abonnant, son nom et son adresse exacte, *avec l'indication du bureau de poste;* et, s'il s'agit d'une continuation d'abonnement, joindre au renouvellement la dernière bande d'adresse du journal.

La GAZETTE AGRICOLE insère gratuitement les Communications des Syndicats agricoles

SOMMAIRE :

PARIS, 3 OCTOBRE.

Vous avez certainement lu la lettre que le comte de Paris, avant de s'embarquer pour l'Angleterre, a adressé à son fidèle et éminent serviteur, M. Edouard Bocher. Elle a été reproduite ici même samedi dernier. Le Bonhomme Deschamps doute fort que vous puissiez vous faire une idée des colères qu'elle a soulevées dans toute la grenouillière républicaine. Après huit jours passés, les coassements ne sont pas encore finis. Ce doit être là un signe certain que le trait a porté juste et qu'il est entré dans les chairs, puisque d'ordinaire les caresses et les effleurements de la peau n'ont pas pour effet de provoquer de pareils cris. Mais si tous les républicains ont été en colère et le sont encore, leur courroux ne s'est pas exprimé de la même façon. Il y a eu une discordance absolue, à telles enseignes que pendant que l'un déclarait la lettre piteuse, l'autre la qualifiait d'effrontée ! Ces divergences dans les formules sont encore une nouvelle preuve à ajouter à l'opportunité et au bien lancé de la lettre du Prince.

***

De cette lettre on peut tout dire, excepté pourtant qu'elle manque de crânerie. Et le Bonhomme Deschamps croit bien que c'est par là qu'elle a surtout blessé les républicains. Ils auraient été ravis de pouvoir établir que le Prince était honteux de ce qu'il avait fait, qu'il allait en Amérique pour y cacher son embarras, qu'il était homme à présenter à leurs coups la joue gauche après la joue droite, et qu'en fin de compte il se désintéressait de la monarchie. De ces suppositions injurieuses ils ont été obligés d'en rabattre. Le comte de Paris, en effet, leur a jeté en pleine face, que représentant de la monarchie il devait ne négliger aucune occasion d'en préparer le triomphe ; que, proscrit par la République — et quelle République — il ramassait pour la combattre les armes qu'elle lui fournissait. Et qu'au souvenir de leur propre trouble avant les élections et de leurs violences après, il n'avait pas sujet de regretter de leur avoir fait la guerre et de les avoir divisés. Outre que ce langage a une juste fierté, il est aussi d'une absolue vérité ! Il n'y a pas dans ces déclarations un seul mot qui n'ait sa justification dans les faits.

***

Pendant son séjour en France, le comte de Paris y a vécu dans la stricte observance des lois. Il a passé par l'esprit des républicains, pour le punir d'avoir marié sa fille à l'héritier d'une royauté amie de la France, de le chasser lui et son fils le duc d'Orléans, du territoire; cet acte inqualifiable était, si les mots ont encore leur vrai sens, une véritable déclaration de guerre, une vraie mise hors la loi commune. Le comte de Paris a accepté cette guerre, et les républicains sont vraiment bien étonnants de s'étonner qu'on les paie de la même monnaie. Il n'ont que ce qu'ils méritent. Si encore ils donnaient à la France un gouvernement propre, le comte de Paris pourrait se relâcher de son droit, et le Bonhomme Deschamps ajoute même de son devoir. Mais il n'en est pas ainsi. La République actuelle n'est pas un gouvernement, c'est une exploitation. Il n'y a à cette heure en France de lois et de droit que pour les républicains, si bien que la France est coupée en deux : les exploités et les exploiteurs. Outre donc que le comte de Paris tient de son droit historique, de sa naissance et de la guerre qui lui a été déclarée en l'exilant, les titres les plus sérieux à affirmer la Monarchie, l'état misérable de notre pays lui en fait un vrai devoir.

***

Le Bonhomme Deschamps va plus loin. Tant que le gouvernement républicain sera ce qu'il est, le représentant de la monarchie devra tout faire, dans les limites légales bien entendu, pour en délivrer le pays. Et soyez en sûrs, les occasions ne manqueront pas, et elles seront, comme l'a été le boulangisme, fournies par les républicains. Car enfin ce ne sont pas les monarchistes qui ont créé Boulanger. Ils l'ont reçu des mains du parti républicain, à telles enseignes que ses chefs, lors de la chute de M. Grévy, négociaient avec lui et lui faisait faire les offres les plus séduisants. La campagne n'a pas réussi il est vrai, mais elle n'était pas si mal imaginée et conduite, qu'une frousse générale n'ait pris le corps républicain tout entier. Il suffit de se rappeler la figure de nos adversaires le soir et le lendemain de l'élection du général Boulanger à Paris.

Assurément si au lieu de s'allier à cette force tout en prenant les plus sérieuses garanties pour n'être pas absorbées par elle, le comte de Paris et les monarchistes l'avaient combattue, ils auraient obtenu les compliments des républicains. Mais qu'y eût gagné la France ? Auraient-ils été moins vexatoire dans le gouvernement, plus équitables dans l'administration, et plus sensés dans leurs lois ? Non. Ils eussent tout simplement fait des gorges chaudes de la naïveté d'adversaires qui ne savaient pas tirer parti des circonstances.

***

Laissons donc dire ou plutôt crier les républicains contre l'alliance boulangiste, les subsides à elle fournis par les monarchistes, et tenons pour certain que, malgré l'insuccès, le comte de Paris a, comme il le dit simplement dans sa lettre, bien compris dans un moment difficile les intérêts de la cause monarchique. Ayons aussi cette conviction que le représentant de la monarchie continuera à faire son devoir et qu'il ne prendra pas conseil en cette affaire de l'opinion des républicains. Il est sûr en tous cas de rencontrer l'approbation de tous les monarchistes, et il vient d'en faire l'épreuve, puisque sa lettre est accueillie comme tous les journaux de province en témoignent, avec une respectueuse reconnaissance! Et si des républicains s'étonnent de cette unanimité, c'est qu'ils n'en analysent pas toutes les causes. Ils n'en voient pas une des plus grosses, qui est leur mauvais gouvernement. Au moment où nous vivons, en effet, la monarchie, malgré ses incomparables services dans le passé et les mérites supérieurs de son chef actuel, aurait moins de prise sur les esprits et sur les cœurs sans le renfort considérable et chaque jour grossissant que la République lui apporte par sa malfaisance.

LE BONHOMME DESCHAMPS.

NOUVELLES DE LA SEMAINE.

Les électeurs français. — Le ministère de l'intérieur vient de terminer le relevé du nombre total des électeurs inscrits cette année sur les listes électorales après jugement des recours de tous les intéressés. Ce nombre s'élève à 10,465,989 électeurs. Les listes électorales actuelles comprennent 59,651 électeurs de moins que celles de 1889.

L'enseignemunt congréganiste. — Le *Journal officiel* a publié cette semaine la liste des jeunes gens admis à l'Ecole Polytechnique. En tête de cette liste figure M. Enselme.

M. Enselme, originaire de Dijon, sort de l'Institut des Frères des écoles chrétiennes de Passy. C'est un ancien élève du pensionnat des Frères de la montée Saint-Barthélemy de Lyon.

Voilà qui est, pour les modestes maîtres chrétiens, un triomphe que nous sommes heureux d'enregistrer. Cela fait honneur au brillant élève admis à l'Ecole Polytechnique et aux professeurs qui se consacrent avec tant de savoir et de dévouement à l'instruction des enfants du peuple.

La clémence de M. Carnot. — M. Carnot vient de grâcier en une seule journée deux condamnés à mort pour assassinat. L'un, Constant Roy, avait froidement assassiné un cafetier de Rouen. Le jury de la Seine-Inférieure n'avait trouvé aucun motif de commisération pour ce misérable qui avait tué son patron, un commerçant estimé de tous, contre lequel il n'avait aucun grief et qu'il avait assassiné froidement dans le seul but de lui voler de l'argent pour l'employer à ses débauches.

De même le jury de la Seine avait jugé indigne de toute pitié Bousquet cet ex-huissier qui avait tué à la fois une jeune fille qu'il avait autrefois séduite et un honorable avocat chez lequel elle était en service.

Il n'y avait plus ici seulement « un crime passionnel », vous connaissez ce mot fin de siècle à l'aide duquel on cherche à innocenter aujourd'hui tant de coupables ; contre sa seconde victime, l'assassin n'avait pu rien alléguer, il ne la connaissait même pas. M. le président de la République a réformé les décisions des deux jurys, il a gracié les deux condamnés. M. Carnot aurait mieux à faire que de reprendre les traditions de M. Grévy.

Le jury a trop souvent des indulgences scandaleuses et qui provoquent des protestations unanimes. Ce doit être une raison de plus pour respecter ses décisions lorsqu'il s'est montré justement impitoyable.

Trois congrès ouvriers. — Nous allons avoir, dans le mois d'octobre, trois congrès ouvriers. L'un doit s'ouvrir à Paris, l'autre à Châtellerault, le troisième à Calais. On y verra sans doute les Possibilistes, les Blanquistes, les Marxistes, les Guesdistes et autres socialistes se chamailler quelque peu entre eux sur les voies et moyens; mais quant au but à atteindre, pour tous il est le même : c'est une révolution sociale. A ce propos, il faut signaler une lettre qui vient d'être adressée par les députés socialistes du Reichstag allemand aux ouvriers socialistes de France pour féliciter ceux-ci d'avoir « établi à Paris les bases du combat international *contre le système social actuel et contre les capitalistes* ». Ce document se termine par ces mots : « Vive le socialisme *international !* » Nos socialistes ne peuvent pas faire moins, pour répondre à de si chaleureuses félicitations, que de crier beaucoup dans leurs congrès : « Vive l'Allemagne! »

LE PRIX DU PAIN.

Le président du syndicat de la boulangerie vient, dans une note publiée par les journaux, de protester contre le droit de 5 francs sur les blés étrangers.

Ce malheureux droit de compensation, que de peine avons-nous eu à l'obtenir ! C'était, on s'en souvient, pour l'agriculture française, question de vie ou de mort ; tout le monde le sait, et personne n'ignore que si satisfaction n'avait pas été donnée à ses légitimes revendications, grâce, il faut le reconnaître, aux efforts persévérants du parti conservateur, la culture du blé devenait impossible dans notre beau pays de France, la terre se couvrait de friches, la source de la richesse nationale était tarie, c'en était fait de l'agriculture, c'en était fait de la France !

Le droit de 5 francs sur les blés étrangers; ce droit sauveur ne devrait-il pas être béni de tous? Sa légitimité n'est-elle pas incontestable? N'est-il pas absolument rationnel de faire participer, dans une certaine mesure, aux charges de la nation, les produits étrangers qui viennent solliciter notre marché? N'est-il pas de toute justice de faire payer au blé produit par l'étranger la somme d'impôt qui grève le blé français?

Posez la question à un enfant; s'il n'est pas idiot, il répondra oui, cent fois oui; ce sera la réponse de tous les gens sensés.

Eh bien! d'après le président du syndicat de la boulangerie, les gens sensés ont tort : le droit de 5 francs est un malheur, parce qu'il a pour but de faire augmenter la matière première.

Lors des longues et passionnées discussions des droits de douane, nos adversaires nous appelaient déjà les *affameurs du peuple!* Il n'a pas été difficile de prouver que le droit minime demandé ne devait pas faire augmenter le pain de plus de 0 fr. 01 par kil.; les chiffres ont été apportés et discutés à la tribune avec autorité et compétence.

D'ailleurs, disait-on avec raison, en admettant même que cette augmentation dût parfois être un peu plus grande, si ce droit a pour conséquence de sauver de la ruine l'agriculture française, comment hésiter? La ruine de l'agriculture n'a-t-elle pas pour conséquence forcée, fatale, la ruine de l'industrie, du commerce, du pays tout entier?

La terre ne constitue-t-elle pas la grande, la vraie, la seule richesse du pays?

Les agriculteurs et ceux qui vivent directement de l'agriculture ne représentent-ils pas les trois quarts de la population? Si cette partie la plus nombreuse de la population est réduite à la misère, elle n'achète pas. Que deviennent alors l'industrie et le commerce?

Entrez dans un magasin de la ville, interrogez un commerçant, si étranger qu'il soit aux choses de l'agriculture, demandez-lui son avis sur la situation de la campagne, il vous la dépeindra dans son vrai jour.

Au temps de la crise intense, il disait : « Cela ne va pas, je ne vends rien, le *samedi a été mort, il n'y a pas d'argent à la campagne!* »

Et aux voyageurs qui lui faisaient ses offres de service : « Nous n'avons besoin de rien, nous ne vendons pas. »

Et les stocks de la fabrique s'accumulaient, et les patrons réduisaient le nombre des ouvriers ainsi que les heures de travail, la misère était partout; le pain était un peu meilleur marché, mais l'ouvrier n'avait pas le sou.

Etait-il plus heureux et plus riche?

Est-ce à cet âge d'or que veut nous ramener, avec sa protestation, platonique d'ailleurs, l'honorable président du syndicat de la boulangerie?

Charles GOSSIN.

ENSILAGE A L'AIR LIBRE

Dans le cas où la fauchaison et la fenaison ne pourraient pas s'opérer dans de bonnes conditions à cause du mauvais temps, il est bon de rappeler qu'on peut faire d'excellent fourrage en silo et que loin de perdre aucune de ses qualités alimentaires certaines, au contraire, elles en seront accrues.

L'établissement d'un silo à l'air libre n'exige aucun frais d'aménagement; il faut seulement que le sol soit sain, à l'abri des eaux de toitures. Avec une largeur de 2 m. 50, et 10 mètres de longueur, on peut ensiler 25 charretées de fourrage, soit une charretée par mètre carré de surface. La hauteur, le fourrage étant bien monté, bien tassé, est d'environ 3 m. 50. On amène les fourrages *aussitôt après la coupe;* on charge avec une herbe n'ayant pas subi un commencement de dessication. La répartition et la pression seront uniformes. Il ne faut pas se presser pour achever le silo, on doit au contraire laisser un commencement de fermentation s'emparer des premières couches avant d'ajouter successivement les autres; quand la couche aura un mètre, on attendra que la chaleur dans l'intérieur du tas ait au moins 50 degrés centigrades pour continuer le chargement, et ainsi de suite par chaque mètre de hauteur, ce qui nécessite quelques jours pour l'achèvement du silo. Cette lenteur facilite, du reste, l'exécution du travail.

Si la pluie survient pendant la coupe ou le montage, qu'il faut autant que possible mener en même temps, on ne s'en préoccupera pas. Le recouvrement peut se faire exclusivement avec de la terre, sans planches, ni paille, ni autres matières qui absorbent mal les gaz et entraînent souvent des moisissures.

On commence le recouvrement par l'extrémité la plus haute du terrain. La terre se monte à la pelle, de telle sorte qu'il y ait au moins sur le dessus une épaisseur de 30 centimètres de terre qui représente un poids moyen de 800 k. par mètre carré. On termine la couverture et la fermeture du silo par la partie la plus basse de façon que l'eau de pluie, si on est interrompu par celle-ci pendant le travail, puisse s'écouler. On peut aussi exercer la pression en disposant des planches ou des madriers sur lesquels on met la provision du bois de la ferme, des cailloux, des pierres de taille, etc.

Le poids de la terre et la fermentation dans le fourrage ne tardent pas à amener un affaissement; il faut chaque jour veiller à réparer les crevasses sur le dessus ou les côtés s'il s'en produisait, ce qui entrainerait la pourriture. Après 25 ou 30 jours le silo ne bouge plus; il a diminué de moitié, souvent plus; les 90 0/0 d'eau environ que l'herbe contenait se sont réduits par fermentation et écoulement à 30 et 35 pour cent; les herbes ont perdu leur couleur verte naturelle et sont passées à la teinte tabac clair; elles ont pris une odeur de miel qui s'évapore si on laisse le fourrage à l'air; aussi doit-on, une fois le silo entamé par sa partie la plus basse et coupé par tranches verticales, ne prendre chaque jour que la quantité nécessaire.

N'oublions pas, que lorsque le silo est achevé, il se trouve entouré d'un véritable fossé d'assainissement, il faut faire une rigole d'écoulement à la partie la plus basse.

Si l'on veut ensiler plusieurs sortes de fourrages à la fois : regains, trèfles, luzernes, il faudra les monter, mais par lits alternatifs et sur toute la longueur, autrement il se produirait des différences de tassement qui nuiraient à la réussite.

Le silo peut se conserver d'une année à l'autre. On ne l'entame guère que deux mois après son achèvement.

LES VENDANGES

Les mêmes époques nous ramenant aux mêmes préoccupations, je vais de nouveau vous parler des vendanges et vous donner les conseils que me suggère ma vieille expérience.

De la cueillette dépendent en grande partie la qualité et la bonne tenue du vin, il est donc très important de faire cette opération méthodiquement.

Règle fondamentale : Le Centre et le Nord de la France doivent vendanger le plus mûr possible; le Midi, jamais, ne doit pratiquer ainsi. Pour faire une bonne vinification dans les provinces méridionales, il faut pratiquer la cueillette alors qu'il reste encore quelques grains verts.

Voici l'explication bien naturelle de cette pratique. Dans les régions où le soleil est moins ardent, la maturation est loin de s'accomplir comme dans le Midi; les froids précoces arrivent malheureusement trop tôt. Les dangers que je vais signaler existant dans le Sud, sont loin d'être à craindre dans le Nord.

Pour qu'un vin soit de conserve, qu'il soit solide, qu'il acquierre des qualités et du bouquet en vieillissant, il faut qu'il ait une certaine dose d'acidité sinon il est gros, mais plat, mou, flasque et fatalement voué à succomber aux premières attaques des fermentations secondaires de la tourne, acétiques ou autres, semblable à ces gros enfants tout boursouflés de graisse mais qu'on devine d'une pauvreté de sang telle qu'il suffira des premières douleurs occasionnées par leurs mignonnes petites dents naissantes pour les emporter.

Or, dans le Nord de la France, où le climat est plus froid, ce danger de trop de maturité est loin d'être à craindre, tandis que dans le Midi il est permanent, à de rares exceptions.

Si vous avez eu le malheur d'avoir éprouvé quelques désastreuses pluies qui ont abimé une partie de votre récolte, n'hésitez pas à pratiquer deux vendanges, c'est-à-dire à cueillir séparément les bons raisins. Vous ne sauriez croire combien il est dangereux de faire fermenter dans la même cuve les raisins pourris avec ceux qui sont sains. Votre vin, qui aurait dû être excellent, empruntera avec lui ce goût affreux qui le rendra imbuvable. Ce danger est trop grand et les conséquences trop graves pour votre bourse pour que vous hésitiez un seul instant à ne pas faire ce que je vous conseille. Je sais bien que quelques-uns hésiteront devant ma recommandation par la nécessité où ils se trouvent, diront-ils, de faire une seule et même cuvée.

Croyez-moi, faites deux cuvées et vous me remercierez, j'en suis convaincu, après. Vous aurez toujours la même quantité de vin dans tous les cas ; mais au moins deux qualités bien différentes dont la vente de l'une vous dédommagera amplement de la différence de prix qu'on offrira de la seconde.

Je vous rappelle qu'on reconnaît le moment où les raisins sont bons à vendanger aux signes suivants :

Quand ils sont bien sucrés, quand la pellicule s'amincit et devient transparente, quand le pépin passe du vert au brun, quand enfin, et ce signe est caractéristique, quand le pédoncule de la grappe, cette petite partie de bois qui la rattache au cep, passe de la couleur vert tendre à la couleur sombre du bois et devient ligneuse.

Je vous redonne à dessein ces conseils, pour que vous vous gardiez bien de suivre les errements habituels pratiqués dans nos campagnes à cette époque. Ne vous fiez donc jamais aux soi-disantes époques fixes pour les vendanges. Il arrive très souvent que, par suite des intempéries ou du climat, le moment des vendanges varie facilement de 20 à 40 jours. Si vous croyez le moment opportun, n'attendez donc aucun de vos voisins ; de même que si ceux-ci vendangent trop tôt, laissez-les faire sans la moindre crainte. N'oubliez pas le bon proverbe: *Fais ce que dois, advienne que pourra.*

Un point très important d'une bonne vinification repose aussi sur le mélange, dans la cuve de fermentation d'une certaine quantité de raisins provenant de cépages différents. Vous savez que dans le commerce des vins il est de fait notoire qu'on n'obtient des vins réellement parfaits qu'en mélangeant divers crus qui se complètent et se rectifient mutuellement. Il en est de même pour la cuvaison avec des résultats encore meilleurs. Il est rare, du reste, que les viticulteurs n'aient pas prévu ce cas et partout les vignobles se composent de cépages variés où domine la qualité qu'on veut plus particulièrement récolter.

Je vous rappelle qu'on sait facilement d'avance le degré alcoolique qu'aura son vin une fois fait. Par ce temps de vente de récolte sur pied, ça a son importance. Il suffit d'extraire, par la pression, dans une serviette, le jus de 5 à 6 grappes représentant bien le type de la vendange, et de peser le jus au pèse-moût ou au pèse-sirop ; le degré indiqué par ce petit appareil correspond à peu de chose près à celui d'alcool que le vin aura, une fois terminé.

Je vais vous dire quelques mots maintenant sur le foulage des raisins.

Faut-il fouler ?

M. Gauthier, le savant membre de l'Institut, nous disait dernièrement que dans le Médoc on ne foulait pas, les raisins éclatant seuls une fois versés dans la cuve, quand la fermentation tumultueuse se produisait. Il est évident que quand on récolte des raisins dont la pellicule est très mince, il est inutile et même dangereux de fouler. Ces raisins donnent un vin d'une grande délicatesse et d'une grande finesse ; en ne foulant pas on évite d'écraser des rafles et des pépins qui donnent au vin une certaine rudesse et toujours un peu d'âcreté.

Mais, pour la généralité des cépages, je crois qu'il convient de fouler ; la fermentation s'établit bien mieux et est plus régulière.

Dans tous les cas, il ne faut pas oublier qu'il est obligatoire de remplir la cuve de fermentation le même jour. Il n'existe rien de plus dangereux et surtout de plus nuisible pour la fabrication du vin que l'addition, après un intervalle de plusieurs heures dans une cuve de nouveaux raisins, la fermentation étant sur le point de se déclarer. Prenez pour principe que si vous voulez avoir une opération marchant bien et régulièrement, un vin rouge bien vif, il est absolument nécessaire que vous aériez votre moût ; je veux dire que vous lui donniez le plus d'air possible.

Je vous ai tellement décrit les dangers existants si vous laissez former le chapeau, que je vous en dirai plus rien aujourd'hui. Pour moi, tout viticulteur qui laisse de nos jours le chapeau se former et s'aigrir, comme cela existait jadis, est un homme à plaindre. Tout le monde sait que le chapeau occasionne la piqûre et change le vin qui aurait pu être le meilleur en une boisson dont le meilleur emploi est encore la chaudière pour en extraire l'alcool.

On donne de l'air à son moût soit en faisant pénétrer un tuyau d'une pompe dans l'intérieur de la cuve et en envoyant de l'air dans le moût, soit en employant la cuve à étages de l'illustre Maumené, qui maintient les grappes divisées en plusieurs parties, soit enfin en prenant trois fois par jour le moût de la cuve et en le rejettant par dessus.

Par ce moyen on évite ainsi toute acétification du chapeau.

S'il survenait un froid précoce pendant la fermentaiion, je crois de vous rappeler qu'il faudrait immédiatement maintenir une température favorable pour la fermentation qui sans cela s'arrêterait, Pour pouvoir suivre et régler au début ces fermentations, je vous conseille fortement d'employer les thermomètres coudés spéciaux qui s'appliquent aux cuves et qui vous donnent constamment le degré réel de température existant dans l'intérieur du moût.

Une bonne fermentation doit indiquer 18° au minimum et 28° au maximum. Au dessous, la fermentation est mauvaise ; au-dessus, elle est également défectueuse. Dans le premier cas il faut chauffer, dans le second il faut refroidir. C'est facile, il suffit d'aérer davantage le liquide.

Arrivons au décuvage, il n'est rien de si facile. On décuve quand le pèse-sirop indique 0°, ce qui indique que le sucre est presque tout converti en alcool.

Et maintenant, mers chers amis, à bientôt.

Faites beaucoup de vin. Je vous souhaite une

bonne récolte et surtout une bonne qualité dont le prix de vente vous dédommage de tous les ennuis et les peines que vous aurez éprouvés durant cette longue période de la culture de vos vignes et de leur vendange.

J.-F. AUDIBERT.

LE GENÊT

Moyen infaillible de le détruire

Je ne sais plus quel préfet, animé de louables intentions pour l'agriculture, prenait, au printemps de 1889, un arrêté par lequel il ordonnait, sous les peines les plus sévères, la destruction de l'épine vinette, du chardon et autres plantes malfaisantes.

Mais, dans cet arrêté, il avait omis d'y comprendre le genêt, qui, cependant, avait sa place marquée en tête des condamnés. (Il va sans dire que je ne parle ici que pour les contrées où le genêt n'est pas une des branches de la culture; je respecte infiniment les usages des pays où on le cultive spécialement, soit pour engrais, soit pour chauffage, soit pour tous autres besoins domestiques.)

Il est probable que cette estimable préfet ne connaissait pas le genêt aussi bien que moi; c'est ce qui rend l'omission excusable.

Je vais donc tâcher de le faire connaître sous toutes ses faces.

Il apparait dans une propriété à la sourdine, on ne sait pas, la plupart du temps, d'où il vient; il se fait petit, humble, c'est à peine si on l'aperçoit la première année de sa naissance.

Au moment où il sort de terre, ses petites feuilles, d'un vert tendre, lui donnent une certaine ressemblance avec le trèfle, mais peu à peu le naturel prend le dessus. Une petite tige nue et droite monte à 10 ou 15 centimètres du sol; voilà toute la pousse de la première année. Rien jusque-là n'a pu faire croire qu'on se trouvait en présence d'un des plus grands ennemis de l'agriculture.

La seconde année, cette petite tige si faible, si grêle se garnit au printemps de quelques branches latérales, quelquefois de timides fleurs en nombre restreint apparaissent et souvent tombent sans fructifier; mais pendant l'automne, la plante se développe avec une grande rapidité; il n'est pas rare de voir des genêts d'un mètre de diamètre.

La troisième année, l'arbrisseau est dans toute sa force; au printemps il étale une gerbe de belles fleurs jaunes qu'on aperçoit à de grandes distances et qui ne font pas mauvais effet sur le tapis de verdure.

Si, jusqu'alors, on n'a pas eu maille à partir avec quelque membre de sa famille, on l'admire, on le laisse fructifier. Il n'y a pas d'année stérile pour lui, chaque fleur donne une gousse qui renferme de nombreuses graines. Cette gousse, vers la fin du mois de juin, s'ouvre et éclate avec un bruit sec et strident, les graines sont projetées au loin de tous côtés.

Le printemps suivant, c'est-à-dire la quatrième année, notre premier genêt n'est plus le solitaire d'autrefois; il a trente ou quarante mètres autour de lui: on croirait voir un semis de trèfle, mais c'est sa progéniture qui sort de terre. Les années suivantes, la multiplication ne fait que croître et embellir.

Ainsi, voilà donc un seul genêt qui, dans l'espace de cinq ou six ans, est parvenu à empester une grande étendue de terrain pour de nombreuses années.

J'ai vu plusieurs fois des terrains sans un seul genêt et qui au bout de quelques années étaient complètement envahis.

Le mal n'est pas à craindre pour les terres souvent remuées, mais il en est autrement pour les terres destinées à rester en friche, telles que taillis, sapinières, herbages, etc.

Aussi, dès qu'on aperçoit un genêt dans ces terrains-là, on doit l'extirper immédiatement.

La graine du genêt a cette particularité extraordinaire, c'est qu'elle ne lève pas ensemble et se conserve indéfiniment en terre.

Par la même raison, elle lève donc pour ainsi dire indéfiniment, ou pour mieux dire on n'en voit jamais la fin.

Je parle de cette particularité de la conservation de la graine du genêt en connaissance de cause.

J'ai mis en herbages d'anciens taillis, j'ai ensemencé en herbe: les genêts sont apparus immédiatement; j'ai labouré, il en est revenu de nouveaux, et cela dure depuis huit ans; il va sans dire que je n'ai jamais laissé fructifier un seul genêt depuis le premier labour. C'est donc la vieille graine qui lève continuellement.

J'ai une autre preuve convaincante de cette particularité extraordinaire de la conservation de la graine.

J'ai fait enlever une masse de terre qui formait un talus d'au moins un mètre d'épaisseur et qui était là depuis un temps immémorial, il n'y avait pas un seul genêt dans les environs. Aussitôt que la masse de terre a été enlevée, des myriades de genêts sont apparus sur l'emplacement; je les ai fait immédiatement arracher, le recommence tous les ans, il y a huit ans que cela dure et rien ne m'indique quand cela finira.

Lorsqu'un terrain n'est pas complètement infesté, il est facile de se défendre au printemps. Lorsque les genêts sont en fleurs, on les aperçoit de très loin, il ne faut pas songer à les arracher à la main, les racines descendent souvent à plus d'un mètre de profondeur, mais avec une petite bêche on les coupe à environ dix centimètres en terre et ils ne repoussent pas; si on les coupait au-dessus de terre, ils repousseraient de plus belle. Dans les herbages, les jeunes taillis et les sapinières nouvellement ensemencées, on doit faire une surveillance active, sans cela on serait exposé à être envahi sans s'en apercevoir, les genêts sont encore plus funestes aux taillis qu'aux sapinières. Ils poussent presque aussi fort que le bois. J'ai vu des genêts de trois mètres de hauteur et plus; je croyais mes taillis bien garnis, mais il n'en était rien; au lieu d'avoir des fagots, je voyais des montagnes de bourrées de genêts pour les ouvriers auxquels on donne ordinairement les dessous et les faux bois.

Je viens d'énumérer les méfaits des genêts et d'indiquer les mesures préventives contre l'invasion. Il me reste à faire connaître le moyen infaillible de les détruire, que j'ai annoncé en tête de cet article.

Je n'en connais qu'un seul, que j'ai découvert par hasard: *l'inondation*. Partout ou j'ai pu mettre seulement **5** centimètres d'eau pendant une quinzaine de jours en hiver et huit à dix jours au moment de la sève, les genêts ont disparu comme par enchantement.

Mais ce moyen infaillible n'est malheureusement pas applicable partout. Dans toutes les parties où je ne puis pas mettre l'eau, il me faut continuellement faire arracher les genêts. J'ai consulté toutes les sommités de la science agricole, je n'ai jamais pu obtenir le plus petit résultat avec les recettes qu'on m'a indiquées.

Je crois rendre un véritable service aux agriculteurs en leur indiquant le moyen de destruction des genêts, et surtout en leur faisant voir les dangers auxquels ils s'exposent en ne les détruisant pas aussitôt qu'ils apparaissent.

SARCÉ.

propriétaire, ancien notaire.

Les cultures expérimentales et les champs de démonstration dans les fermes.

Dans une de ses conférences sur la production du blé en France, M. Grandeau recommande d'instituer le plus possible de petits champs de démonstration dans lesquels on travaillera à accroître les rendements ordinaires au moyen d'engrais adaptés à la nature du sol.

« Comme indication générale, je puis, dit-il, si vous le voulez, vous signaler un dosage d'engrais minéraux qui vous donnera à coup sûr un rendement très rémunérateur, à condition que le sol dans lequel vous ferez votre expérience soit bien préparé.

J'insiste encore sur la nécessité d'opérer dans un sol bien ameubli, bien propre; vous sèmerez clair, le plus tôt possible; plus vous sèmerez hâtivement, moins vous aurez besoin d'employer de semence et mieux le tallage sera assuré, mais il faut avant tout que le sol soit bien préparé et bien nettoyé. Dans ce sol, vous répandrez avant le dernier labour, soit sous forme de scories de déphosphoration de la fonte, soit à l'état de phosphate minéral en poudre fine, environ cent kilos d'acide phosphorique réel à l'hectare, c'est-à-dire 6 à 800 kilos de scories, ou 500 kil. de phosphate minéral. Répandu, avant le dernier labour, réparti aussi également que possible, afin que sa dissémination permette à la racine du blé d'en rencontrer dans tous les points du champ, le phosphate produira son effet dès la première année. Il faudra herser et rouler, si c'est nécessaire, d'après les conditions culturales de votre région que vous connaissez mieux que moi. Quand viendra le printemps, à cette époque où je vous ai montré que la plante avait déjà fait de larges emprunts au sol pour son alimentation, après la fonte des neiges, vers mars ou avril, suivant les régions, vous répandrez en couverture, sur votre sol, 150 à 250 kil. de nitrate de soude. Avec ces seuls engrais, scories de déphosphoration, ou phosphate, et nitrate, aux doses que je viens d'indiquer, vous assurerez un excédent de rendement de 6 à 10 quintaux ou plus, suivant l'année, par hectare, sur la récolte qu'obtiendra votre voisin, avec le seul emploi du fumier. »

La dépense occasionnée par cette fumure sera d'une centaine de francs par hectare. Dans le Tarn, M. Benoît, de Rouairoux, a obtenu, pour 125 francs de scories et de nitrate, 20 hectolitres de blé de plus que ses voisins. A l'école de Tomblaine, on signale des résultats analogues. Les associations agricoles n'agissent peut-être pas aussi énergiquement qu'elles le devraient dans ce sens : il leur appartient de patronner et de propager dans leur rayon les cultures expérimentales bien conduites qui constituent le meilleur enseignement agricole.

Nouvelles agricoles.

La récolte de blé en 1890. — On connait maintenant, d'une manière approximative, les résultats de la récolte de blé pour cette année. Le directeur de l'agriculture, M. Tisserand, d'après les renseignements qui sont centralisés au ministère de l'agriculture, a évalué à 119 millions 1/2 d'hectolitres et à 92 millions de quintaux la production totale de la France.

La production moyenne du blé, qui n'était en France que de 97 millions 1/2 d'hectolitres, dans la période de 1872-1880, est passée à 108 millions d'hectolitres, dans la période décennale 1880-1890. Cette progession, selon les statistiques, n'est pas due, comme on pourrait le croire, à l'accroissement des surfaces emblavées. Dans la première période, la surface moyenne des terres ensemencées en blé était évaluée à 6,910,000 hectares. Dans la seconde, la surface moyenne est de 6,990,000 hectares : c'est seulement depuis deux ans que le chiffre de 7 millions est dépassé. Etant donnés les rendements moyens des années 1872-1880, la plus-value de récolte n'aura pas été supérieure à 1 million d'hectolitre, et, on l'a vu, elle n'est pas moins de 10 millions d'hectolitres.

Le rendement moyen était, en 1872-1880, de 10 hectolitres à l'hectare ; il est parvenu à 15 hectolitres 1/2 dans la dernière période décennale.

Le concours des animaux gras. — Il est possible que le concours annuel des animaux gras à Paris ait lieu, en 1891, dans la galerie des Machines.

Son installation au Palais de l'industrie offre de nombreux inconvénients, dont le principal est l'insuffisance de place.

Dans la vaste galerie du Champ-de-Mars, les exposants auraient tout l'espace désirable ; aussi le ministre de l'agriculture est-il disposé à faire le changement réclamé par beaucoup d'intéressés. Il attend pour prendre une décision le rapport que l'infatigable M. Tisserand et M. Alphand doivent lui remettre à ce sujet.

Le bétail d'Amérique à la Villette. — Depuis dix-huit mois, les efforts pour renouveler les essais d'envoi de bétail vivant d'Amérique en France sur le marché de la Villette se poursuivent avec une réelle ténacité. Cependant, ces envois n'ont pas pris, jusqu'ici du moins, des proportions qui soient de nature à exercer une influence réelle sur le marché. Pendant le mois de septembre, on a vu à la Villette : le 1er, 32 bœufs et 20 vaches ; le 11, 30 bœufs ; le 22, 89 bœufs, de provenance américaine. C'est un total de 231 têtes, sur un ensemble de 18,064 bœufs qui ont été amenés sur le marché du 1er au 25 septembre. Il y a lieu néanmoins de suivre ce mouvement avec attention ; c'est ce que nous ne manquerons pas de continuer, comme nous l'avons fait jusqu'ici.

Le bétail russe. — Nous savons que le gouvernement russe, fait en ce moment, de pressantes démarches auprès de notre gouvernement pour obtenir l'abrogation de l'arrêté qui prohibe, depuis huit ans, l'entrée des moutons russes en France.

Le gouvernement russe fait valoir, entre autres raisons, à l'appui de sa réclamation :

Que l'état sanitaire du bétail russe est excellent et que la peste bovine qui avait motivé l'arrêté d'interdiction ne sévit plus depuis longtemps dans la Russie européenne.

Que les moutons russes sont achetés par des commerçants allemands qui les abattent à la frontière et les importent en France dans des wagons réfrigérants, afin d'éviter les droits de douane.

Que, dans ces conditions, la Russie est plus durement traitée que l'Allemagne et l'Autriche-Hongrie, qui peuvent importer chez nous leurs moutons sous condition d'une quarantaine de vingt jours en Suisse.

Le gouvernement russe expose, en outre, que la prohibition qui frappe son bétail est préjudiciable :

1° A l'agriculteur français qui, par suite de l'anomalie de nos tarifs douaniers (un mouton vivant paie cinq francs, et le même mouton abattu ne paie que soixante centimes), ne bénéficie plus des surtaxes douanières votées en 1887 ;

2° Au trésor public, dont les recettes se trouvent réduites, de ce chef, de 12 à 15 millions par an.

3° A l'agriculture russe, qui vend son bétail à vil prix, faute du débouché français.

Et que cette même prohibition n'est profitable qu'aux intermédiaires allemands, qui réalisent des bénéfices considérables au détriment de deux pays qui auraient grand intérêt à faire cesser cet état de choses.

Le gouvernement russe est disposé d'ailleurs à donner toute satisfaction aux légitimes susceptibilités françaises.

Il propose d'entretenir, à ses frais, à Odessa, une commission sanitaire française. Cette commission examinera et visitera minutieusement tout le bétail d'exportation qui sera dirigé, *vià* Marseille, sur nos marchés, c'est-à-dire qu'il subira encore en mer une quarantaine naturelle, tout en enlevant aux chemins de fer allemands une partie de leur trafic.

CONSEILS DU VÉTÉRINAIRE

L'AVOINE NOUVELLE

Beaucoup de personnes s'imaginent que l'avoine nouvelle est nuisible, qu'elle occasionne chez les chevaux des maladies graves ; il ne faudrait, d'après elles, ne la faire consommer qu'après deux mois au moins d'emmagasinage.

Nous n'hésitons pas à dire que c'est une erreur, et nous le disons d'après notre propre expérience d'abord, et plus d'après les résultats de nombreux essais comparatifs. Il y a quelques années notamment des expériences ont été faites en Belgique par ordre du ministre de la guerre.

Jamais on n'a procédé avec plus de science et de patience. Cela valait bien la peine, puisque il s'agissait de modifier ou de maintenir le règlement de toute la cavalerie. Les vétérinaires les plus autorisés furent convoqués, les soins les plus minutieux furent pris et voici quelles furent les conclusions :

L'avoine nouvelle, pas plus que le foin nouveau, ne sont dangereux pour les animaux ; au contraire, ils sont plus savoureux, plus stimulants, plus nutritifs même.

C'est précisément en raison de ces qualités qu'il convient de les donner avec ménagement, sans cela on s'exposerait à des accidents non pas spéciaux, mais purement ordinaires, telles qu'indigestions, irritations du tube intestinal.

La conséquence très simple à tirer de ces observations, c'est qu'il faut se méfier d'un aliment trop friand. C'est qu'il est, en outre, nécessaire de ménager une transition en mélangeant de l'avoine des récoltes antérieures à l'avoine nouvelle. UN VIEUX VÉTÉRINAIRE.

CONSEILS A LA FERMIÈRE

LES DÉFAUTS DU LAIT (SUITE).

Le lait amer.

Se rencontrant assez souvent, cette maladie est en tous points désagréable. Sitôt après la traite, le lait est encore entièrement normal ; peu après il prend une teinte jaune plus ou moins foncée, devient un peu plus épais que le lait ordinaire, ne se sépare pas nettement de sa crème et prend un goût amer exécrable.

Sa conversion en beurre est souvent, pour ne pas dire toujours, l'objet de grandes difficultés, et le beurre que l'on en retire n'est pas ferme mais glaireux, possède aussi un gout amer prononcé et devient rance en peu de temps.

Ce mal provient de l'administration de nourritures corrompues ou non appropriées et avec lesquelles certaines substances passent sans doute dans le lait en lui communiquant l'amertume dont nous nous entretenons.

Parmi les nourritures qui, presque toujours, occasionnent un lait amer chez les vaches, il faut citer : la rave commune et ses feuilles, principalement quand la rave a déjà été conservée un certain temps et qu'elle commence à se corrompre ; les tourteaux moisis, surtout ceux de colza et de semences de raves, la paille moisie, le foin moisi, altéré et sentant le relent, ensuite, les verts de pommes de terre, différentes plantes vénéneuses croissant dans les prairies, etc., etc.

La chose essentielle est de ne donner aucune nourriture ayant les défauts cités dans les quelques lignes qui précèdent, et surtout de s'arranger en sorte que les nourritures conservées pour l'hiver soient exempte de toute corruption ou pourriture. UNE MÉNAGÈRE.

BIBLIOGRAPHIE.

Causeries agricoles (1).

Nous venons de lire avec le plus grand intérêt les *Causeries agricoles* de M. D. Graux, vétérinaire au 3e chasseurs. Bien que, dans la préface, l'auteur déclare, avec trop de modestie, n'avoir pas voulu se livrer à une étude approfondie de l'agriculture, les nombreuses questions agricoles exposées dans l'ouvrage, sont développées d'une façon claire, complète, pratique, telle en un mot que la lecture n'en est pas seulement agréable, mais encore des plus instructives pour tous.

L'ouvrage se divise en trois parties.

Dans la première, les questions d'hygiène rurale, publique et privée sont traitées de main de maître. L'auteur fait une description trop exacte de l'état de la voirie dans les villages et des nombreuses causes d'insalubrité que l'on rencontre presque partout, ruisseaux fangeux, fumiers mal soignés, écoulement des purins, eaux stagnantes, miasmes des marais, etc., etc. ; causes contre lesquelles il est facile de réagir par des soins bien simples, des travaux bien entendus, par l'application des règlements.

Que de bons conseils au sujet des habitations et de l'alimentation solide et liquide des hommes et des animaux !

Dans la seconde partie, causeries très attrayantes sur la *crise agricole*, sur l'*enseignement agricole*, sur nos *expositions*, sur la *routine et le progrès*, sur les machines agricoles ; puis l'auteur traite à fonds des questions d'économie politique et agricole du plus haut intérêt, telle que celle des *baux à ferme*, de la *petite et de la grande propriété*, des *capitaux* et du *crédit agricole*, de la *représentation de l'agriculture* ; de l'*association entre les cultivateurs*, des *syndicats*, des *assurances*. Sur ces différentes questions, l'auteur émet des idées fort sages dont la réalisation serait bien désirable.

Puis viennent des sujets d'agriculture pro-

(1) Chez l'auteur, 7, rue du Mail, Amiens. — Prix franco, 4 fr. 25.

prement dits; et de sérieuses études sur les assolements, les engrais, les prairies, les semences et les semailles, la culture de la betterave riche, le bétail, etc.; l'auteur a su tirer un excellent profit de son expérience personnelle sur ces matières et de celle de notre collègue et ami, le savant M. Raquet, dont il invoque souvent l'autorité incontestée et incontestable.

Vient enfin la troisième partie qui est un véritable traité sur la production et l'élevage du cheval.

Elle ne le cède en rien aux deux autres; c'est tout dire.

Bref, M. D.-G. Graux a écrit un livre bon, agréable et instructif; ses causeries seront, nous en sommes persuadé, parfaitement accueillies du public agricole. Ch. Gossin.

JURISPRUDENCE RURALE.

INTÉRÊTS DU PRIX D'UNE VENTE.

— Il existe une loi, n'est-ce pas, qui limite à 5 p. 100 le taux de l'intérêt de l'argent, en matière civile?

— Parfaitement, c'est la loi du 3 septembre 1807; elle a été inspirée par une pensée de protection vis-à-vis de l'emprunteur que le besoin d'argent peut amener à subir des conditions trop onéreuses; les prêteurs qui, au mépris de cette loi, abusent de la situation des malheureux obligés de recourir à leur ruineuse intervention, s'appellent des usuriers, espèce peu honorable et même fort méprisée; mais pourquoi cette question; je ne suppose pas qu'un brave homme, comme toi, veuille employer, pour s'enrichir, d'aussi mauvais moyens; mieux vaut la pauvreté que la richesse mal acquise.

— Sur ce point nous serons toujours d'accord; mais il ne s'agit pas d'argent à prêter, il s'agit d'un prix de vente d'immeuble : j'ai vendu un pré à mon voisin qui en avait grande envie; j'ai bien voulu lui laisser du temps pour me payer, mais je voudrais au moins qu'il me donne de bons intérêts, comme qui dirait 6 1/2 p. 100.

— C'est ton droit, et cela n'est ni défendu, ni malhonnête; il a été plusieurs fois jugé par les tribunaux qu'il n'y a aucun rapport entre le contrat de vente et le contrat de prêt; les intérêts d'un prix de vente, lorsque le contrat de vente est sincère et ne sert pas à dissimuler un prêt, ne sont pas assujettis à la limite du taux d'intérêt fixé par la loi de 1807; si la nécessité oblige quelquefois d'emprunter, elle n'oblige pas à acheter; l'acquéreur agit librement et sans contrainte, et, en matière de vente, l'intérêt stipulé n'est en réalité que l'accessoire du prix, qui peut être plus ou moins élevé suivant les conventions. Un vieux juge de paix.

PETITE POSTE.

M. l'abbé P... (Hautes-Pyrénées). — *Vaine pâture.* — Nous vous avons envoyé vendredi les numéros du 29 juin et 3 avril dernier, où se trouvent le texte de la loi et la circulaire ministérielle la concernant. Il n'a pas encore été publié, à notre connaissance, de commentaires sur cette loi.

M. Q.-N... (Ardennes). — *Engrais chimiques.* — Sur le n° 1 (63 ares trèfle, terre rouge et légère, après trèfle) et le n° 5 (18 ares, après sainfoin) Engrais composé ainsi qu'il suit (dose pour 1 hectare) : sulfate d'ammoniaque, 200 kil.; superphosphate de chaux, 500 kil.; kaïnit (engrais potassique), 200 kil. Valeur totale, environ 125 fr. par hectare. Employer à l'automne. Pour le n° 6 (jachère sans fumure), les mêmes engrais; au printemps, ajouter 160 kil nitrate de soude à l'hectare. Pour les autres numéros (sureaux et demi-fumure), à l'automne, par hectare : sulfate d'ammoniaque, 100 kil.; superphosphate de chaux, 300 kil.; chlorure de potassium, 50 kil. Au printemps, si les blés manquent de vigueur, 100 kil. de nitrate de soude par hectare. Vous pouvez, en indiquant les proportions, faire faire les mélanges par le marchand d'engrais. Pour ces sortes d'engrais, nous vous recommandons la manufacture de Saint-Gobain, par Chauny (Aisne); c'est une maison toute de confiance.

M. L..., à V... (Tarn-et-Garonne). — *Capitaux.* — Les cinq grandes compagnies de chemins de fer français, Nord, Paris-Lyon-Méditerranée Midi, Ouest, Est, présentent une égale sécurité; le cours de leurs actions et obligations est élevé; le revenu de ces valeurs ne dépasse pas actuellement 3 75 0/0. Si vous voulez retirer de l'argent sur les capitaux placés, le mieux est d'acheter des obligations d'une de ces Compagnies (elles valent de 430 à 440 francs, suivant les Compagnies); quand vous aurez besoin de fonds, vous n'aurez qu'à vendre une ou plusieurs de ces obligations et vous aurez de l'argent de suite. Aux cours actuels, les placements à la caisse d'épargne sont aussi avantageux et plus commode.

M. V. Th... (Indre). — *Plumes d'Oies.* — Nous ne connaissons pas le cours. Adressez-vous d'autre part, à M. C. Pierre, 23, rue de Clichy (Seine).

2° Non, le notaire n'a pas le droit de faire donner main-levée à un créancier, sur des immeubles indivis, sans le consentement des parties intéressées. Il faut l'assigner en paiement de dommages-intérêts, en suivant la procédure ordinaire. Consultez d'abord avoué.

M. A. R..., à T... (Oise). — *Nitrate de soude sur pâtures.* — Nous préférerions l'emploi du nitrate de soude au mois de mars. En ce moment, ce sont les superphosphates qu'il faut semer sur les pâtures.

M. A..., à M... (Vaucluse). — Il sera publié de nouveaux articles sur les questions viticoles qui vous intéressent. Nous vous engageons à demander au secrétaire de la Société d'Agriculture de Châteauroux l'envoi d'un rapport très intéressant fait par un membre de la Société sur une nouvelle méthode de culture de la vigne (taille à long bois, palissage sur fil de fer). Ce rapport a dû être publié dans le Bulletin de la Société.

2° *Nettoyage de graines.* — M. Tabary, à Haudivillers (Oise), fabrique d'excellents trieurs qui nettoient la semence d'une façon aussi complète que possible.

M. G... (Somme). — L'emploi du gluten de maïs, vendu par M. Bondoux, à Nesles (Somme), est des plus avantageux pour l'engraissement des bestiaux, qu'il pousse rapidement. Le gluten ne doit pas être donné à l'exclusion de toute autre nourriture; son emploi doit être combiné avec celui d'autres aliments moins nutritifs, sous un plus gros volume, avec les pulpes, par exemple.

M. N. J. B... (Nièvre). — *Distillation des betteraves.* — C'est la betterave à sucre seule qu'il faut distiller. La betterave fourragère est trop peu riche en alcool et par conséquent en sucre. Pour le manuel de distillation, qui vous donnera les renseignements utiles, adressez-vous de notre part à M. Deroy fils, 75, rue de Grenelle, Paris.

M. et Mlle J. S. P... — *Arbres, rivière.* — Il faudrait nous dire si la rivière est navigable ou flottable; dans ce cas elle fait partie du domaine public, et les ingénieurs de l'État, pour assurer l'usage public de cette rivière, peuvent faire élaguer ou abattre les arbres riverains plantés à moins d'un mètre, et on ne peut invoquer la prescription contre le domaine public. Si, au contraire, la rivière n'est ni navigable ni flottable, on ne peut vous contraindre à élaguer et à abattre les arbres dont les branches ne dépassent pas le milieu de la rivière.

VINS DU BORDELAIS.

Nouvelles vinicoles du Bordelais.

Que de fois nous avons entendu dire :

« Une température exceptionnelle favorise la maturation du raisin et fait espérer une excellente qualité.

« On se prépare aux vendanges, qui commenceront d'une façon générale vers les premiers jours de la semaine prochaine.

« Quel service on nous rendrait, si on nous trouvait, dans les pays vignobles, un vendeur consciencieux; si on nous débarrassait de la concurrence à outrance; si on nous garantissait sérieusement la qualité, la pureté et la conservation des vins! »

Pour le Bordelais, nous recommandons M. Vincent Ardura, viticulteur, propriétaire d'un des meilleurs crus de la Gironde, favorable aux tempéraments délicats (le domaine de la Chapelle-Frédignac, par Blaye-Bordeaux), qui vend ses récoltes : 1889 à 130 fr., 1888 à 140 fr., 1887 à 150 fr., 1886 à 160 fr., 1885 à 175 fr., 1884 à 200 fr., 1882 à 220 fr., 1881 à 250 fr. et 1878 à 300 fr. la barrique de 225 litres, *franco* de port et de fût en gare d'arrivée. Paiement par le facteur à 30 jours 2 % ou 90 jours.

Certain que son vin plaira aux personnes qui ne le connaissent pas et qui désirent se bien approvisionner, sachant, en outre, qu'il est difficile de se rendre sérieusement compte de la qualité par la dégustation sommaire d'une petite fiole, M. Vincent Ardura n'hésite pas à adresser *franco* une bouteille entière pour échantillon de la récolte désignée.

BULLETIN FINANCIER.

L'argent renchérit sur les places étrangères. La semaine dernière, la Banque d'Angleterre a dû relever à 5 0/0 le taux de son escompte pour repousser les assauts donnés à son encaisse. On craint qu'elle ne soit forcée de l'élever à 6 0/0. Sur les places allemandes, il existe également une certaine tension monétaire. La liquidation mensuelle, qui commence aujourd'hui sur notre marché, pourra se ressentir dans une certaine mesure, des exigences des capitaux, sans cependant que le taux des reports ait à subir un bien grand renchérissement, car les caisses où la spéculation a l'habitude de puiser restent abondamment pourvues.

Et, d'ailleurs, la spéculation s'est un peu allégée en prévision des difficultés qu'elle pourrait rencontrer. Des réalisations assez nombreuses, principalement sur les valeurs, se sont produites depuis quelques jours. Il ne nous déplaît pas d'avoir à constater que les haussiers commencent à mettre un peu d'eau dans leur vin. Ils agissaient avec une véritable intempérance; le marché eut été menacé d'une crise violente si l'on n'avait pas su s'arrêter à temps.

Nous ne pensons pas que l'on ait à assister à un mouvement de baisse prononcé, mais nous croyons que l'on a touché momentanément les plus hauts cours, avec ceux qui figuraient à la cote au commencement du mois.

Le 3 0/0 reste à 91 80, le 3 0/0 amortissable à 95.65, et le 4 1/2 0/0 à 106.10.

La Banque de France s'inscrit à 4 120 francs.

Son bilan hebdomadaire affiché aujourd'hui fait ressortir les différences suivantes sur celui de la huitaine écoulée. Les augmentations portent d'abord sur le Portefeuille avec une forte plus value de 139 millions. Les avances sur titres se sont accrues de 4 millions. Les billets en circulation de 73 millions. Le Compte courant du Trésor s'est accru de 3 millions et les Comptes Courants particuliers sont en plus value de 27 millions.

L'encaisse métallique se trouve être en diminution de 18 millions environ (5 millions entrent dans ce total pour l'encaisse argent).

Les bénéfices réalisés pendant cette huitaine se sont élevés à la somme de 718 000 francs.

L'action du Crédit Foncier est recherchée à 1300 francs.

Dans sa séance hebdomadaire du 1er octobre, le Conseil d'administration du Crédit Foncier a autorisé pour 2,486,806 francs de nouveaux prêts, dont 1 471,000 fr. en prêts fonciers et 1,015,806 fr. en prêts communaux.

Les fonds étrangers sont calmes. L'Italien est même faible à 9. 75.

Les Chemins sont bien tenus. Coupon.

HALLES ET MARCHÉS

CÉRÉALES. — *Marchés français.*

Prix par 100 kilogr.

REGIONS	BLÉ Prix moyen	BLÉ Hausse	BLÉ Baisse	PRIX MOYEN. Seigle	PRIX MOYEN. Orge	PRIX MOYEN. Avoine
Nord-Ouest	23 87	»	» 30	16 »	17 »	18 39
Nord	24 49	0 04	»	15 08	18 71	19 42
Nord-Est	24 62	» 20	»	15 64	18 58	19 41
Ouest	24 10	» 05	»	17 50	17 55	18 10
Centre	24 50	» 09	»	16 90	18 17	18 71
Est	23 75	» 01	»	17 60	19 10	19 84
Sud-Ouest	23 89	» 01	»	16 70	17 75	18 37
Sud	21 55	0 25	»	18 50	17 70	20 75
Sud-Est	24 20	» 15	»	18 41	16 91	18 96
Prix moyens	24 22	»	»	16 93	17 83	19 10
Sur la huitaine préc. Hausse	»	»	»	» 04	» 02	»
Sur la huitaine préc. Baisse	0 01	»	»	»	»	»

1re région. NORD-OUEST.	BLÉ 1re qualité	BLÉ Prix moyen	Seigle Prix.	Orge. Prix.	Avoine Prix.
Calvados. — Bayeux	26 »	25 25	14 75	18 50	21 »
C.-d.-N. — Dinan	25 25	24 50	»	»	18 50
Finistère. — Morlaix	24 »	23 2	»	»	»
I.-et-V. — Rennes	23 25	22 50	»	»	15 60
Manch. — Avranches	21 »	23 25	»	»	19 »
Mayenne. — Laval	23 50	22 75	14 30	»	16 50
Morb. — Hennebont	2? »	24 25	»	»	»
Orne. — Alençon	25 75	25 »	»	15 50	»
Sarthe. — Le Mans	24 25	24 50	16 75	»	19 75
— Beaumont	25 »	24 25	18 »	»	»
Prix moyens	24 67	23 87	16 »	17 »	18 39
Sur la semaine précédente. Hausse	»	»	» 65	»	0 21
Sur la semaine précédente. Baisse	» 30	0 30	»	» 08	»

2e région. — NORD.

Aisne. — Villers-Cotrets	25 50	24 75	14 75	»	20 25
— La Fère	25 75	25 »	14 50	20 50	20 50
Eure. — Bourg-Ach.	24 25	24 20	»	»	19 50
E.-et-L. — Chartres	24 50	23 75	15 »	»	16 25
— Châteaudun	24 50	23 7	14 25	18 »	17 75
Nord. — Valencien.	25 »	24 25	15 »	16 50	18 »
— Dunkerque	26 50	25 7	15 75	»	19 »
Oise. — Compiègne	24 25	23 50	14 50	18 »	18 »
— Crépy	24 85	24 10	14 75	»	»
Pas-de-Cal. — Arras	24 75	24 »	16 75	17 75	17 50
— Bapaume	24 75	24 »	16 50	18 50	18 50
Seine. — Paris	25 2	24 50	16 »	19 »	17 75
Seine-et-M. — Meaux	25 50	24 75	14 50	17 »	17 25
— Montereau	25 75	25 »	14 75	18 »	»
S.-et-O. Rambouillet	25 50	24 75	»	18 75	»
— Versailles	27 50	26 7	»	22 »	2? »
Seine-Inf. — Rouen	24 75	24 »	»	17 75	21 50
Somme. — Amiens	26 »	25 25	14 »	18 50	24 »
— Abbeville	24 »	23 25	15 25	»	20 »
Prix moyens	25 24	24 49	5 08	8 71	19 42
Sur la semaine précédente. Hausse	0 04	0 04	0 13	0 09	0 18
Sur la semaine précédente. Baisse	»	»	»	»	»

3e région. — NORD-EST.

Ardennes. Sedan	26 »	25 25	16 »	18 75	19 75
— Charleville	25 25	24 70	15 »	20 25	20 75
Aube. — Bar-sr-Aube.	26 25	25 50	»	»	19 75
— Troyes	24 75	24 »	»	17 50	»
Marne. — Châlons-sr-M	25 »	24 25	15 50	18 »	18 25
— Epernay.	24 75	4 »	15 »	18 50	19 »
Hte-Marne. — Chaumont	25 50	24 75	»	»	»
Meurthe. — Toul	26 »	25 25	16 »	18 50	»
Meuse. — Bar-le-Duc.	25 25	24 50	15 50	»	19 »
Vosges. — Epinal	25 »	24 25	16 50	»	»
Prix moyens	25 37	24 62	15 64	18 58	19 41
Sur la semaine précédente. Hausse	»	»	» 46	»	»
Sur la semaine précédente. Baisse	0 20	0 20	»	» 12	» 15

4e région. — OUEST.

Charente. Ruffec	26 75	26 »	19 »	16 50	»
Char.-Infér. Marans.	24 85	24 10	»	17 »	»
Deux-Sèvres. Niort	24 75	24 »	»	»	19 »
Indre-et-Loire. Bléré.	23 »	22 25	»	17 »	»
— Châteaurenault.	25 75	25 »	»	18 50	»
Loire-Infér. Nantes	24 50	23 75	»	18 »	16 50
Maine-et-L. Saumur.	24 50	23 75	»	19 25	»
— Angers.	25 50	24 75	»	17 50	»
Vendée. — Luçon	23 50	22 75	»	»	»
Vienne. — Poitiers.	24 75	24 »	15 50	18 75	17 »
Hte-Vienne. Limoges.	5 50	24 75	18 »	15 50	19 75
Prix moyens	24 80	24 10	17 50	17 55	18 10
Sur la semaine précédente. Hausse	0 05	0 05	»	0 03	»
Sur la semaine précédente. Baisse	»	»	»	»	0 10

5e région. — CENTRE.

Allier. — St-Pourçain	25 »	24 25	16 »	18 25	17 »
Cher. — Aubigny.	25 75	25 25	»	19 »	19 »
— St-Amand.	25 2	24 50	17 50	»	»
Creuse. — Aubusson.	26 »	25 »	17 50	»	18 25
Indre. — Issoudun.	25 50	24 75	»	20 50	20 50
— Valençay.	24 75	24 »	15 50	18 »	»
Loiret. — Montargis	25 25	24 75	»	17 50	17 50
Loir-et-Ch. Montoire	25 »	24 »	18 »	16 25	17 50
Nièvre. — Nevers	24 75	24 »	»	»	»
Puy-de-Dôme. Riom.	25 »	24 25	»	17 75	8 50
Yonne. Brienon	25 »	24 25	»	»	21 50
— Sens	24 75	24 »	»	»	» »
Prix moyens	25 25	24 50	16 90	18 17	18 71
Sur la semaine précédente. Hausse	0 09	0 09	»	0 23	»
Sur la semaine précédente. Baisse	»	»	» 23	»	0 20

6e région. — EST.

Ain. — Bourg	25 »	24 25	18 25	»	17 50
Côte-d'Or. — Dijon.	24 50	23 75	»	18 25	»
— Semur.	25 »	24 25	20 25	20 50	21 50
Doubs. — Besançon.	25 »	24 25	»	»	18 75
Isère. — Bourgoin.	23 75	23 »	»	»	»
— Grenoble.	25 75	25 »	»	20 »	20 »
Jura. — Lons-le-Sau.	24 50	23 75	16 50	19 75	18 »
Loire. — Montbrison.	23 75	23 »	16 75	»	»
Rhône. — Lyon	24 25	23 58	»	17 »	17 »
Saône-et L. Chalon.	24 25	23 50	»	»	»
Haute-Saône. — Gray	24 75	24 »	»	»	»
— Vesoul.	25 »	24 25	17 25	»	19 50
Savoie. — Chambéry.	24 75	24 »	17 2	»	16 50
Hte-Savoie. La Roche	22 75	22 »	17 »	»	»
Prix moyens	24 50	23 75	17 60	19 10	19 81
Sur la semaine précédente. Hausse	0.04	0.09	0.10	0.01	0 59
Sur la semaine précédente. Baisse	»	»	»	»	»

7e région. — SUD-OUEST.

Ariège. — Pamiers.	23 75	23 »	14 75	»	18 »
Dordogne. — Piégut.	23 75	23 »	15 75	»	17 50
Hte-Garonne. Toulouse	24 75	24 »	17 »	17 »	18 25
Gers. — Condom	25 »	24 2	»	»	»
Gironde. — Bordeaux	25 25	24 50	»	»	17 25
Landes — Dax	25 »	24 25	17 50	»	»
Lot-et-Garonne. Agen	25 »	24 25	18 50	18 50	18 25
B.Pyrénées. Bayonne	24 75	24 »	»	»	»
H.Pyrénées. Tarbes.	24 5	23 75	»	»	21 »
Prix moyens	24 64	23 89	16 70	17 75	18 37
Sur la semaine précédente. Hausse	0 01	0 01	»	»	»
Sur la semaine précédente. Baisse	»	»	»	0 10	0 01

8e région. — SUD.

Aude. — Carcassonne	26 »	25 25	16 »	16 50	17 25
Aveyron. — Villefranche	24 »	23 25	»	»	»
Cantal. — Mauriac.	27 25	26 5	23 »	»	16 75
Corrèze. — Tulle	26 »	25 25	18 »	16 »	21 25
Hérault. — Béziers.	26 50	25 75	18 »	16 50	21 »
Lot. — Figeac	24 50	23 75	16 75	»	20 »
Lozère. — Mende	25 »	24 25	21 50	0 75	20 50
Pyrén.Or. Perpignan	24 50	23 75	18 75	20 »	23 »
Tarn. — Albi	24 25	23 50	»	»	18 50
Tarn-et-G. Montauban	25 »	24 25	16 75	16 50	18 50
Prix moyens	25 30	24 55	18 59	17 70	21 75
Sur la semaine précédente. Hausse	0 25	0 25	»	0 54	0 06
Sur la semaine précédente. Baisse	»	»	0 08	»	»

9e région. — SUD-EST.

H-Alpes. — St-Bonnot	26 2	25 50	18 50	16 75	»
B.-Alpes. Manosque.	24 50	23 75	»	»	19 »
Alpes-Marit. Nice	25 25	24 50	18 50	14 »	»
Ardèche. — Privas.	25 75	25 »	»	»	19 »
B.-Rhône. — Aix	25 50	24 75	»	14 50	18 »
Drôme. — Valence.	3 50	22 75	»	»	19 »
Gard — Nîmes	25 »	24 25	»	16 50	19 25
Hte-Loire. — Le Puy.	25 50	24 75	18 25	19 75	20 »
Var. — Draguignan.	25 »	24 25	»	»	»
Vaucl. Orange	23 25	22 50	»	20 »	18 50
Prix moyens	24 95	24 20	18 50	16 91	18 96
Sur la semaine précédente. Hausse	0 15	0 15	»	0 53	»
Sur la semaine précédente. Baisse	»	»	0 03	»	0 18

ALGÉRIE.	Blé. tendre	Blé. dur.	Seigle	Orge.	Av.
Constantine	»	»	»	»	»
Alger	»	»	»	»	»
Oran	23 »	18 »	»	12 »	15 25

Farines de consommation.

Nous n'avons pas de changement à constater dans les prix ; la vente est calme en boulangerie.

	159 kil.		100 k.	
MARQUE DE CORBEIL	60 fr. (37 58 100 k.).			
Marques de choix	60 à	61	38 21 à	38 85
Premières marques	59	60	37 58	38 21
Bonnes marques	57	58	36 30	36 94
Marques ordinaires	56	57	35 66	36 30

Le sac de 159 k., toile à rendre, franco au domicile des acheteurs à 30 jours sans escompte, ou au comptant avec escompte de 1/2 0/0.

Fourrages et pailles.

Paris, La Chapelle.

	1re qté.		2e qté.		3e qté.	
Foin nouveau	48 à	49	46 à	47	43 à	47
Luzerne nouvelle	48	49	45	47	42	44
Paille de blé	32	34	30	31	27	29
Paille de seigle	33	35	30	32	28	29
Paille d'avoine	24	26	21	23	19	20

Le tout aux 104 bottes dans Paris.

COURS DE DIFFÉRENTS MARCHÉS (par 100 kil.).

	Paille.	Foin.
Châlons	3 50	7 25
Dijon	3 50	4 75
Nevers	3 25	6 50
Toulouse	3 50	6 75
Lyon	4 »	6 »
Angers	3 75	5 25
Orléans	3 25	6 50
Douai	4 75	7 50

Issues, les 100 kil.

Le disponible est très offert et peu recherché, mais la demande est meilleure sur le livrable.

Nous cotons par 100 kil. en gare d'arrivée à Paris :

Son écaille	14 25 à	11 »
— gros	13 25	13 »
— trois-cases	12 25	12 »
— fin	11 25	11 »
Recoupettes	11 50	11 »
Remoulages blancs	18 »	» »
— bâtards	14 »	» »

MARCHANDISES DIVERSES.

Pommes de terre.

Les 1.000 kil.

Hollandaises	65 » à	70 »
Magnum bonum	60 »	70 »
Early roses	40 »	25 »
Saucisses	50 »	55 »
Rondes	50 »	50 »
Chardonnes	40 »	45 »

Pommes à cidre.

Paris, 1er octobre.

Les pommes sont en baisse, aux prix de 95 fr., dans toutes les gares de la ligne de l'Est et à Paris.

On cote 90 fr. à Rouen, 83 fr. à Rennes, 78 fr. dans les gares du Morbihan, 100 fr. dans les gares du Nord.

Beauvais (Oise), 30 septembre.

Les pommes à cidre en disponible sont assez offertes et les cours avec un peu de baisse. Les prix en disponible sont de 95 à 100 fr. Le livrable a un peu fléchi.

Les poires à cidre sont restées au cours de 65 fr. en disponible et le courant octobre de 65 à 70 fr.

Le tout les 1,000 kil., parité Paris, qualité loyale et marchande.

Rouen (Seine-Inférieure), 30 septembre.

Sur 101 hectolitres de pommes apportés, 75 hect. ont été vendus de 6 50 à 7 fr. l'hect. (y compris les droits du Trésor et ceux de la ville de 1 19 par hect.)

Tourteaux, les 100 kil.

	Colza	Œuillette	Lin	Cam.
Lille...	16 60 à 17 »	16 » à 16 50	24 » à 25 »	16 50
Arras..	14 » 15 »	14 » 14 75	22 » 22 50	16 »
Gd Moulin Corbeil..	15 50		19 75	
	Cophra	Arachide déc.	Sésame	Lin.
Marseille	12 50 à 14 »	15 »	14 » à 15 »	16 50

GRAINES DIVERSES.

Maïs, les 100 kil.

Paris.....	12 50 à 15	»	Agen......	14 50	15 »
Alais.....	13 50	15 »	Grenoble..	14 50	15 25
Ruffec....	14 25	14 75	Reims.....	15 »	15 50

Sarrazin, les 100 kil.

Paris......	13 25 à 13 75		St-Pierre..	15 50 à 16 »	
Mayenne..	15 »	15 50	Nantes....	15 25	15 50
Rennes....	14 75	15 75	Orléans...	15 75	16 50

Graines fourragères, les 100 kil.

Luz. de Prov.	120 à	140	Minette.....	» à	»
— du Poitou	»	»	Sainfoin à 2 c..	»	»
— d'Italie..	»	»	Sainfoin à 1 c..	»	»
Trèfle blanc..	50	55	Pois jarras...	20	22
— violet..	90	110	Vesces.....	20	21

Raisins secs à boisson.

(Cours de la maison Audibert, 53, rue des Minimes, à Marseille).

Prix actuels (grande baisse).

Corinthe, **Roi de Grèce**, petits grains Extra 1er choix......	100 kilos		57 »
Corinthe, **le Turban**, gros grains........	»	»	M.
Corinthe petits grains, 1er choix.	»	»	54 »
Thyra. 1er choix........	»	»	48 »
Samos noirs, 1er choix........	»	»	M.
— muscats........	»	»	M.
Figues à distillerie........	»	»	27 »
Panaches noirs, égrappés....	»	»	M.

Engrais. — Prix des 100 kil.:

Matières diverses pour engrais. — Cours commercial sur la place de Paris, par 100 kil., pour des ventes en gros de 30.000 kil. au moins.

Sang desséché moulu.	11/13 0/0 azote	20 90	à	24 70
Viande desséchée....	9/11 0/0 —	17 25		19 25
Cornes broyées......	13/14 0/0 —	20 75		22 50
Cuir désagrégé......	8/9 0/0 —	10 40		11 70
Laine engrais........	3 à 4 0/0 —	» »		» »
Nitrate de soude.....	15/16 0/0 —	20 »		20 50
Nitrate de potasse...	95 0/0 —	45 »		47 »
— ...	90 0/0 —	45 »		45 50
Muriate de potasse...	80 0/0 —	» »		» »
Sulfate de potasse...	90 0/0 —	25 »		25 50
Sulfate d'ammoniaq..	20/21 0/0 —	31 25		31 50
Chlorure de potassium	90 0/0 —	20 »		21 »
— Stassfurt.	80 à 85 0/0 —	18 »		» »
Cornes, cornailles pour brûler.....		» »		» »
Déchets fins de cornes, frisures...		» »		» »

Phosphates des Ardennes. — En gare des Ardennes et de la Meuse, en sacs (les 100 kil.).

Pulvérisés. 14/16 0/0, acide phosph..	3 40	à »	»
— 18/20 0/0, —	4 »	»	»
— 16/18 0/0, —	3 75	»	»

Phosphates de Tavel.

50/», la tonne........................ 60 » à 110

Phosphates de l'Yonne. — Les 1.000 kil.

Moulus en sacs, wag. gre Toucy. 40 à 35 0/0 40 à 50

Phosphates de l'Auxois, Marigny Epoisses.

Pulvérisés 60 à 65 0/0.................. 6 » à 6 75

Sulfate de cuivre.

Les 100 kil.......................... 56 » à 56 »

Phosphates du Boulonnais 40/45...	4 60 à	» »
— de Pernes............	3 75	6 25
— du Cambresis 28/35....	3 75	4 »
— du Lot 30/50..........	3 »	4 50

Superphosphates, poudres d'os, etc.

Les 100 kilogr.

Phosph. préc. 35 à 40 % acide phosph.	23 »	24 »
— — 40 à 45 % —	25 »	26 »
Superphosphates fossiles, 10 % acide phosphorique soluble et assimil. (les 100 kilog.)........	6 30	» »
Superphosphates fossiles, 16 à 18 %..	10 25	11 »
— d'os, 16 à 18 %, acide phosph..	12 »	12 75
Poudres d'os bruts..................	13 50	» »

Engrais spéciaux. — Les 100 kilog.

Guano du Pérou.	10 à 16	Eng. chim.	
Guan. du Pér. diss.	32 à 20	de H. Joulie,	
Guan. az. fixe.	26 » à 27 »	Lag........	15 » à 23 »

Chemins de fer de Paris à Lyon et à la Méditerranée.

La Compagnie P. L. M. a récemment adopté des dispositions nouvelles pour faciliter, dans une plus large mesure, l'exportation des produits français à l'étranger. Elle a établi dans le § 1er de son tarif spécial P. V. n° 40 (exportation) des prix réduits au départ de Paris-Bercy pour l'exportation, par les points frontières suisses et italiens, des marchandises de toute nature remises par partie de 5,000 kilog. et de 10,000 kilog. au minimum et réduit les prix déjà fixés pour les ports de la Méditerranée.

Ces dispositions permettent aux intéressés de constituer les tonnages minima de 5.000 et 10.000 kilog. au moyen de marchandises de même nature ou de natures diverses, en payant dans ce dernier cas la taxe afférente à la marchandise de la série la plus élevée.

Le tableau suivant permettra d'apprécier les réductions consenties en faveur du commerce français :

PRIX PAR TONNE

	PARIS A MARSEILLE 844 kilom.				PARIS A GENÈVE 539 kil.			PARIS A MODANE 672 kil.		
	EXPÉDITIONS SANS CONDITION DE TONNAGE		TARIF 40. § 1er. — EXPÉDITIONS		TARIFS GÉNÉRAUX.	TARIF 40. § 1er. — EXPÉDITIONS.		TARIFS GÉNÉRAUX.	TARIF 40. § 1er. — EXPÉDITIONS.	
	au delà de Suez.	autres destinations d'outre-mer	de 5.000 kilog.	de 10,000 kilog.		de 5,000 kilog.	de 10,000 kilog.		de 5,000 kilog.	de 10,000 kilog.
1re série.			60f »	50f »	80f 70	48f »	38f »	98f 10	56f »	44f »
2e — .	55f »	70f »	52 »	44 »	69 90	40 »	33 »	84 50	48 »	38 »
3e — .			44 »	38 »	59 10	34 »	28 »	70 90	40 »	33 »
4e — .	55 »	65 90	36 »	32 »	48 30	28 »	23 »	57 30	32 »	28 »
5e — .	43 40		30 »	27 »	30 60	22 »	19 »	36 20	26 »	23 »
6e — .	29 »		24 »	22 »	20 70	16 »	15 »	24 50	20 »	18 »

De plus, les gares intermédiaires situées sur le parcours de Paris à Marseille, à Genève, à Modane, etc., etc., bénéficient des prix fixés au départ de Paris s'ils sont plus réduits que ceux des tarifs ordinaires.

BEURRE, ŒUFS, VOLAILLES.

Paris, 1er octobre.

Beurres en mottes.

La vente est moins active; la tendance des cours est faible.

L'arrivage d'hier a été de 10,862 kil.

L'arrivage approximmatif a été de 41,000 kil.

Beurres en livres.

L'arrivage d'hier a été de 8,589 kil.

L'arrivage approximatif a été de 10,000 kil.

Fermiers	au kilo		Touraine	au kilo	
Extra	3 10 à	3 20	Extra	2 60 à	2 70
1er choix	3 »	3 10	1er choix	2 50	2 60
2e choix	2 80	2 90	2e choix	2 40	2 50
Ordinaire	2 60	2 70	Ordinaire	2 30	2 40
Bourgogne			**Vendôme**		
Choix	2 20	2 30	1er choix	2 50	2 60
Ordinaire	2 »	2 10	2e choix	2 30	2 40
			Ordinaire	2 20	2 30
Gâtinais			**Beaugency**		
1er choix	2 60	2 70	1er choix	2 50	2 60
2e choix	2 50	2 60	2e choix	2 30	2 40
Ordinaire	2 30	2 40	Ordinaire	2 20	2 30
Le Mans			**Fausse Touraine**		
Choix	2 30	2 40	Choix	2 40	2 50
Ordinaire	2 20	2 30	Ordinaire	2 20	2 30

Œufs, *le mille :*

Normandie (Extra)	104 à	125	Bourgogne	88 à	95
Picardie (Extra)	106	130	Champagne	92	95
Brie (Extra)	100	108	Nivernais	85	90
Touraine gr.	100	115	Cosne	92	94
Touraine ord.	86	96	Bourbonnais	86	90
Beauce	98	110	Bretagne	78	88
Orne	85	98	Vendée	82	86
Picardie ord.	88	100	Auvergne	84	86
Châtellerault	89	91	Midi	85	90

Volailles et Gibiers.

Canards :			**Pigeons :**		
nantais (jeunes)	3 » à	5 50	maconnais	» 55 à	1 10
de ferme	2 »	3 50	italiens	» 50	1 »
Dindes nouv.	3 75	8 50	bizets	» 45	» 95
Oies nouvelles	5 »	6 »	**Poulets :**		
— (2e qté).	3 »	4 50	nantais	2 50	4 50
Pintades	2 »	3 »	touraine	2 50	4 50
Lapins domestiques.	1 25	2 75	gâtinais	2 50	4 50
			du Midi	1 50	2 50
Chevreaux	» »	» »	communs	1 25	2 50

Marché : Sans changement.

Cours fournis par MM. de Bridiers, Jouslin et Scelle, facteurs assermentés, 2, r. de Valois, Paris.

BESTIAUX.

LA VILLETTE, 2 octobre. — Bestiaux. — Vente active sur le gros bétail, sur les moutons, plus facile sur les veaux et sur les porcs.

COURS officiels.	Amenés.	Vendus.	1re qualité.	2e qualité.	3e qualité.	Prix extrêmes.
Bœufs	1.852	1.826	1 64	1 50	1 30	1 26 à 1 68
Vaches	497	478	1 60	1 38	1 26	1 18 1 64
Taureaux	142	142	1 12	1 36	1 24	1 20 1 46
Veaux	1.333	1.144	1 80	1 60	1 50	1 26 2 »
Moutons	9.586	9.000	2 14	1 90	1 70	1 60 2 20
Porcs	4.994	4.994	1 34	1 30	1 24	1 20 1 40

Marché du lundi 29 septembre.

	Amenés	Vendus	PRIX AU POIDS NET 1re qual.	2e qual.	3e qual
Bœufs	2.375	2.125	1 62	1 50	1 32
Vaches	937	874	1 60	1 38	1 26
Taureaux	157	144	1 42	1 36	1 28
Veaux	1.283	1.090	1 78	1 62	1 46
Moutons	14.643	12.618	2 08	1 80	1 66
Porcs	2.907	2.778	1 36	1 32	1 25

	PRIX AU POIDS VIF 1re qual.	2e qual.	3e qual.	Prix extrêmes.
Bœufs	» 99	» 82	» 67	» 62 à 1 02
Vaches	» 94	» 76	» 63	» 56 » 98
Taureaux	» 89	» 78	» 66	» 61 » 92
Veaux	1 06	» 91	» 76	» 66 1 22
Moutons	1 07	» 88	» 74	» 64 1 14
Porcs	» 94	» 90	» 90	» 78 » 96
Peaux de moutons en laine				2 20 » »
Id. id. demi-laine				2 30 » »

Viandes abattues. — Criée du 26 septemb.

		1re qualité.	2e qualité	3e qualité.
Bœufs	le kil.	1 20 à 2 40	1 » à 2 20	» 90 à 1 70
Veaux	—	1 70 1 86	1 56 1 66	1 46 1 50
Moutons	—	1 80 1 90	1 30 1 76	» 80 1 26
Porc entier	—	1 30 1 40	1 20 1 28	1 » 1 16

POMPES
121, Rue Oberkampf, PARIS
BROQUET
MÉDAILLE D'OR
Expon Univlle 1889
Vins, Alcools, Bières, Cidres, Huiles, etc.
Demander le Catalogue. — Envoi franco.
Vendues à garantie

L'Administrateur-Gérant : ALBERT RENOT.

Beauvais. — Imp. D. PERE. — A. CARTIER, Gérant.

11e Année. — 2e Série. — N° 559. Dimanche 12 Octobre 1890.

GAZETTE  AGRICOLE

JOURNAL HEBDOMADAIRE, PARAISSANT LE DIMANCHE

Rédacteur en Chef : M. Ch. GOSSIN, Professeur d'Agriculture à l'Institut agricole de Beauvais

PRIX DE L'ABONNEMENT

UN AN, 5 fr. — SIX MOIS, 2 fr. 50. — TROIS MOIS, 1 fr. 50

Pour l'étranger les abonnements ne sont reçus que pour un an, au prix de 6 francs, et ne partent que du 1er janvier ou du 1er juillet de chaque année.

Il est indispensable de joindre à toute demande de changement d'adresse la dernière bande d'adresse du journal et 50 centimes pour frais de nouvelles bandes.

Adresser les *Abonnements* et *Annonces* à l'administrateur, 13, quai Voltaire, Paris, ou à M. GOSSIN, rédacteur en chef, à BEAUVAIS.

BUREAUX

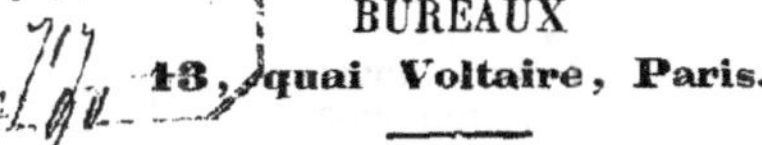

13, quai Voltaire, Paris.

Les abonnements partent du 1er de chaque mois et sont payables d'avance. Toute demande d'abonnement doit donc être accompagnée du prix de l'abonnement. (Le mode de payement le plus simple est l'envoi d'un mandat-poste.)

Donner *très lisiblement*, en s'abonnant, son nom et son adresse exacte, *avec l'indication du bureau de poste*; et, s'il s'agit d'une continuation d'abonnement, joindre au renouvellement la dernière bande d'adresse du journal.

La GAZETTE AGRICOLE insère gratuitement les Communications des Syndicats agricoles

SOMMAIRE :

PARIS, 10 OCTOBRE.

« Pourquoi les conservateurs et les monarchistes, au lieu de rester attachés à leurs convictions ou à leurs espérances, n'en font-il pas le sacrifice à la Patrie ? En entrant franchement dans la République, ils s'en rendraient maîtres, et les vices que ce régime tient en grande partie des républicains deviendraient, avec les conservateurs, des vertus. » Il n'est aucun de vous qui n'ait entendu ou lu cette invite. Elle a même, à première vue, un certain caractère séduisant. C'est cette thèse, qu'à propos d'une élection qui a lieu en ce moment dans l'arrondissement de Rambouillet, que le Bonhomme Deschamps se propose d'examiner et de discuter avec vous et, comme toujours, sans aucun parti pris.

***

Et tout d'abord, ce qu'on demande aux conservateurs et aux monarchistes de faire, a été fait de 1871 à 1876. Les conservateurs de ce temps ont accepté le fait républicain et ils ont dû, étant donnée la logique des choses, céder la place aux « vrais républicains ». Pendant leur règne, ils n'ont cessé d'être accusés de trahir la République et de fil en aiguille, de majorité qu'ils étaient, ils sont devenus la minorité que vous voyez maintenant au Sénat et à la Chambre des députés. L'expérience qu'on vous demande de renouveler a donc déjà eu lieu et d'une façon peu encourageante. A la répéter, s'il était possible, on aboutirait vite au même résultat parce qu'en somme le pays est coupé en deux parties à peu près égales, et que si les chefs se faisaient républicains ils perdraient une partie de leurs troupes sans trouver, dans l'armée républicaine, l'équivalent des défectionnaires. Et puis il faut bien le dire, on ne change pas d'opinion comme de chemise. Ce n'est pas sans réflexion ni sans examen que les monarchistes sont arrivés à cette conviction qu'une monarchie moderne, appropriée aux besoins du pays, convient mieux à notre vieille France qu'une République.

***

Tout justement, cette adhésion dont on vous parle sans doute, des monarchistes à la République, vient d'être faite dans l'arrondissement de Rambouillet. M. de Caraman, dont toutes les opinions politiques et religieuses sont nettement conservatrices, a expressément adhéré à la République. Eh bien, que s'est-il passé? Les docteurs du parti ont volontiers reconnu que M. de Caraman répondait bien aux questions du catéchisme républicain. Ils l'ont même félicité de son ralliement. Ceci dit, ils se sont bien gardés, à une ou deux exceptions près, d'engager les électeurs républicains à voter pour lui. Ils l'ont prié poliment de faire un stage, une sorte de noviciat, de donner à ses opinions républicaines le temps de blanchir, bref, de repasser plus tard. Alors peut-être lui ouvrirait-on la salle du festin et lui concéderait-on une place au bas bout de la table. Et notez que le Bonhomme Deschamps adoucit singulièrement le langage des journaux républicains, M. de Caraman ayant été traité par eux absolument comme un « affreux réactionnaire » et reçu comme un chien dans plusieurs jeux de quilles.

***

Cette élection de Rambouillet, dont le premier tour a eu lieu dimanche dernier, était disputée par trois candidats républicains : M. de Caraman, un modéré, M. Vian, un opportuniste, et M. de Jouvencel, un radical. Au dépouillement du scrutin, les deux concurrents de M. de Caraman ont réuni 3,000 voix de plus que lui, bien qu'il distançât d'une centaine de voix M. Vian, le plus heureux de ses rivaux. D'après le principe républicain, M. de Caraman aurait dû rester en présence de son concurrent radical et bénéficier de la retraite du candidat opportuniste. Le Bonhomme Deschamps vous assure que si un journal républicain avait fait ce rappel à l'usage traditionnel dans les elections républicaines, il aurait été pris pour un fort mauvais plaisant. Aussi s'en est-on bien gardé. Les voix du radical iront à l'opportuniste, qui n'a jamais eu l'idée de céder la place à M. de Caraman, et M. de Caraman trouvera en face de lui, au deuxième tour de scrutin, M. Vian. Ajoutons enfin, pour être complet, que malgré son adhésion à la République, M. de Caraman a à peine effleuré l'armée républicaine. Il a les voix qu'avait obtenues avant lui, en 1889, « le candidat de la réaction ».

***

Si vous avez bien suivi le Bonhomme Deschamps dans son exposé sincère de cette élection, vous conviendrez qu'il y a là une leçon fort utile et peu encourageante pour des imitateurs de M. de Caraman. Si, comme on le dit, il suffisait à un monarchiste d'adhérer expressément à la République pour y faire son trou, on en aurait la preuve au dépouillement du scrutin. M. de Caraman, par exemple, aurait conquis des voix républicaines. Or, son effectif, à quelques centaines de voix près, comprend la minorité conservatrice de l'arrondissement. Il eût posé sa candidature sous le drapeau royaliste ou sous le drapeau conservateur, il aurait obtenu le même résultat. Son adhésion au régime actuel ne lui a donc servi de rien, électoralement parlant, admettant même qu'elle ne lui ait pas fait perdre quelques centaines de voix conservatrices. Il n'a pas obtenu davantage le bénéfice de l'usage républicain, puisque au lieu de lui céder la place, le candidat républicain le moins éloigné de ses opinions demeure son seul adversaire, les journaux républicains modérés ne lui ont même pas offert la consolation qu'ils lui devaient et que certains d'entre eux se devaient à eux-mêmes d'insinuer à M. Vian, son rival, de lui laisser le champ libre. Le plus audacieux d'entre eux est allé jusqu'à lui prêcher la patience, sous ce prétexte qu'on n'entre pas d'une seule traite dans la terre promise.

*
* *

De tout cela que conclure ? Deux choses : une première, qu'on ne gagne rien à crier : *vive la République* ! si l'on ne hurle pas en tout et jusqu'au bout avec les vrais loups républicains. Une seconde, si vous êtes un candidat monarchiste ou simplement conservateur, donnez-vous pour ce que vous êtes. En tous temps, vous gagnerez à cette franchise de conserver votre dignité, et dans les conditions présentes des partis vous ne perdrez aucune de vos voix naturelles, au scrutin. Ce ne sont pas là résultats à dédaigner, puisque la droiture n'exclut pas nécessairement l'adresse ni la mesure.

LE BONHOMME DESCHAMPS.

NOUVELLES DE LA SEMAINE.

Election législative du dimanche 5 octobre 1890.

SEINE-ET-OISE.

Arrondissement de Rambouillet.

Inscrits : 19,403. — Votants : 14,547.

Suffrages exprimés : 14,359.

MM. de Caraman, rép. cons.	5.843
Vian, rép.	5.747
De Jouvencel, rép. rad.	2.345
Lebel, rép.	475

(Ballottage).

Il s'agissait de remplacer M. Barbe, député radical décédé, élu en 1889 au premier tour de scrutin par 7,591 voix contre 5,773 à M. Marcel Habert, conservateur boulangiste, et 1,805 à M. Janin, opportuniste.

Le comte de Paris en Amérique. — Comme nous l'avons annoncé, le comte de Paris et son fils aîné, le duc d'Orléans, sont aux Etat-Unis d'Amérique. A leur approche de New-York, les princes ont vu venir à leur rencontre les principaux généraux de la grande République américaine. A New-York, à Philadelphie, à Washington, les princes ont été l'objet d'ovations enthousiastes, les Américains n'ayant pas oublié la conduite du comte de Paris pendant la guerre de sécession.

Les journaux républicains, que ces réceptions déconcertent, ont eu la mauvaise foi d'annoncer que le président de la République, Harrisson, avait fait dire au comte de Paris qu'il ne pouvait le recevoir. Or, c'est précisément le contraire de la vérité. Le président Harrisson a écrit au comte de Paris une lettre des plus affectueuses, où il lui dit qu'à son retour d'un voyage dans l'Ouest, il sera heureux d'aller lui faire une visite.

Le clocher de M. Méline. — M. Méline, ex-membre de la Commune, ex-ministre de l'agriculture, ex-président de la Chambre des députés, est le type du jacobin nanti. Il s'est rangé. Le diable devenu vieux, dit un proverbe, se fait ermite. De notre temps, il deviendrait républicain modéré. C'est le cas de M. Méline. M. Méline, même, peut devenir catholique.

Il en est pour le moment à inaugurer des clochers. Un de ces jours il sera parrain d'une cloche.

Inaugurant un clocher d'église dans le département des Vosges, il a prononcé une allocution où il dit :

Le clocher, a-t-il dit, est l'expression du sentiment religieux dans ce qu'il a de plus pur, l'élan instinctif de l'âme vers le ciel; c'est au clocher que songent les habitants lorsqu'ils sont éloignés du pays natal.

C'est tout à fait bucolique et poétique. Lamartine a des vers sur les cloches qui ne sont pas plus harmonieux.

Mais, tandis que dans les Vosges M. Méline inaugure des clochers, les républicains continuent à haïr les cloches. On sait qu'ils demandent constamment l'interdiction des sonneries religieuses.

A Paris, M. Méline est partisan des laïcisations. Il se soucie comme d'une guigne des sentiments religieux. Dans les Vosges, c'est une autre affaire. Là il faut mettre de l'eau dans son vin.

La politique de l'apaisement. — On ne peut que louer la vigilance que montre partout l'administration pour faire aimer et respecter la République.

A Douai, on s'est aperçu que les scellés qui avaient été apposés à l'époque de l'exécution des décrets sur la chapelle des Jésuites tombaient de vétusté ; par ordre de l'autorité supérieure, un commissaire de police s'est rendu solennellement à la porte de ladite chapelle et a remplacé les anciens scellés par des nouveaux.

Pendant ce temps, on continue de plus belle la laïcisation des écoles. Presque chaque jour, nous trouvons dans le *Journal officiel* de nouveaux arrêtés d'exécution. D'un autre côté, les instituteurs et les institutrices laïques sont, paraît-il, l'objet d'une surveillance assidue. Voici ce qu'on peut lire dans un journal républicain, le *Réveil de la Haute-Marne*, qui est dans les meilleurs termes avec la préfecture. Il annonce que l'institutrice de Prangey, vient d'être mise en non-activité pendant six mois pour avoir « trop manifesté des sentiments religieux ».

Voilà au moins, de la part de ce journal, une louable franchise. C'est par toutes ces choses que se continue la politique de conciliation et d'apaisement !

Au Dahomey. — Nous venons de signer la paix avec le roi de Dahomey. En apprenant cette heureuse nouvelle, nous avons poussé un soupir de soulagement, car cette affaire nous paraissait prendre la tournure des évènements qui ont précédé le désastre du Tonkin.

Le succès des négociations est dû presque tout entier à la diplomatie du R. P. Dorgère.

Voici, à cet égard, quelques détails.

Ce missionnaire, fait prisonnier à Whydah avec les otages et conduit à Abomey et au campement royal, produisit une telle impression sur le roi Behanzin, qu'il en obtint la mise en liberté des émissaires du commandant Fournier.

Frappé de ce premier succès, l'amiral de Cuverville comprit immédiatement de quel secours pouvait lui être le père Dorgère, et le chargea d'entamer des pourparlers avec le roi nègre.

Ces pourparlers viennent d'aboutir à la cessation des hostilités.

La *Liberté*, journal républicain libéral, fait remarquer que « c'est le Père Dorgère qui, avec la ductilité habituelle aux missionnaires, a obtenu ce résultat déplomatique ».

A vrai dire, la plupart des organes républicains gardent le silence.

Les radicaux surtout, qui ont attaqué l'amiral de Cuverville avec tant d'âpreté, sont gênés pour avouer que la paix est due à ses efforts et à l'habileté du P. Dorgère, qu'ils ont non moins combattu lorsqu'il a remplacé un homme à eux, dont la vanité et l'incapacité nous entraînaient à des désastres.

La *Lanterne* émet pourtant une opinion qu'il est bon de reproduire, car elle juge la façon dont l'aventure a été engagée :

« Du moment que la paix est conclue, c'est donc que nous étions en guerre.

« Il nous semblait pourtant qu'aux termes de la Constitution, le gouvernement de la République ne pouvait déclarer la guerre sans l'assentiment préalable des deux Chambres. »

Rien de plus vrai.

L'affaire du Dahomey a débuté comme l'affaire du Tonkin, et il ne s'en est pas fallu de beaucoup qu'elle ne finît de même sorte.

Sans l'amiral de Cuverville et sans le Père Dorgère, où en serions-nous aujourd'hui ? Dans quel guêpier nous aurait-on jetés ?

Les choses étaient envenimées à ce point qu'on parlait de conquérir ce pas insalubre où nous aurions inutilement englouti hommes et argent.

Le plâtrage des vins. — Oui, il s'agit encore du plâtrage des vins et du changement d'avis du Gouvernement sur cette question.

Première lettre de M. le ministre de la justice : le plâtrage des vins sera autorisé cette année comme les précédentes.

Seconde lettre du même : le plâtrage des vins est interdit, les procureurs généraux ont ordre de poursuivre.

Troisième lettre du même : on ne poursuivra le plâtrage qu'à l'égard des vins d'une provenance postérieure au 4 septembre; les parquets sont chargés de reconnaître les vins d'avant et les vins d'après; ils doivent être assez malins pour cela.

Enfin, quatrième circulaire du même, qui est du 29 septembre : vu les difficultés d'application, le plâtrage est toléré pour tous les vins sans exception de la récolte de 1890. Seulement cette tolérance cessera le 1er avril 1891.

On se demandera ce que signifie cette nouvelle date du 1er avril 1891. Nous ne pensons pas qu'il y ait des vendanges au mois de mars prochain ! Cela veut dire sans doute que les vins restant en cave à cette époque, sans avoir été plâtrés, ne pourront plus l'être après cette date. C'est encore aux parquets qu'incombera le soin de distinguer entre le plâtrage antérieur et le plâtrage postérieur. Et nous aurons alors, sans nul doute, une cinquième circulaire pour annuler sur ce point la quatrième.

Tout cela devient une véritable bouffonnerie, et les journaux des pays viticoles ne manquent pas de se moquer en termes très irrespectueux de M. le ministre de la justice et de ses circulaires.

LES MEILLEURS BLÉS DE SEMENCE.

C'est avec satisfaction que l'on constate, depuis quelques années, un sensible progrès dans la moyenne des rendements en blé dans les bonnes contrées agricoles de la France.

Sans parler de l'usage plus répandu, et surtout plus raisonné, des bons engrais, grâce à l'action des syndicats, il est certain que cette augmentation est due aussi au perfectionnement des variétés et à l'intelligente sélection des semences. Les travaux de nos savants, de nos stations agronomiques, les indications précieuses des champs de démonstration ont rendu à l'agriculture des services considérables. Rien de plus facile aux cultivateurs que de chercher, parmi les variétés recommandées, celles qui conviennent le mieux à son climat et à son sol.

Faut-il toujours, par amour du progrès, abandonner les blés de pays, pour les remplacer par des variétés nouvelles, de meilleure qualité, et plus productives? Ce serait parfois une faute.

Souvent, les vieilles variétés ont leur raison d'être; elles sont acclimatées, et elles sont, dans le pays, d'une vente plus facile. Sans les rejeter absolument, ce que l'on peut, ce que l'on doit toujours faire, c'est de les perfectionner par la sélection, c'est-à-dire par le soin minutieux apporté à la production, à la conservation, à la préparation et au choix des semences.

Cela n'empêche pas de mettre à profit les découvertes et les travaux de la science et de l'expérience, et de chercher à augmenter ses rendements par l'adoption prudente, et raisonnée toujours, de variétés nouvelles reconnues plus productives.

Les blés à grands rendements! Voilà à quoi il faut arriver par le perfectionnement des cultures; car, il ne faut pas l'oublier, la plupart des blés à grands rendements, ne donnent de bons résultats que dans des terres suffisamment riches et bien préparées.

Dans les conditions actuelles, la culture intensive est la seule possible; elle s'imposera de plus en plus, cela est incontestable; et les blés à hauts rendements, qui ne sont encore cultivés que dans trop peu de contrées de la France, nous les verrons un jour partout, et alors la France sera riche!

Dans le catalogue d'automne de notre excellent collaborateur, M. Forgeot, nous trouvons une nouvelle nomenclature des meilleurs blés fins d'automne connus actuellement. Nous la recommandons à l'attention des intéressés.

Blé Aleph, paille blanche, souple, de hauteur moyenne; épi blanc, allongé, s'amincissant vers l'extrémité; épillets peu serrés, grain blanc, long et gros; variété productive

Blé blanc de Flandre ou de Bergues, paille blanche, ferme, de hauteur moyenne; épi blanc, presque carré, grain blanc un peu oblong; très productif; variété pour terrains riches.

Blé bleu ou de Noé, paille blanche, grosse et raide, courte et bien creuse; épi blanc, plat; grain jaune, gros et obtus aux deux extrémités; variété très productive excellente et convenant à tous les sols, pourvu qu'ils ne soient pas trop humides.

Blé Blood red ou rouge d'Ecosse, paille forte, colorée de brun violacé au-dessous de l'épi et de hauteur moyenne; épi rouge brun, un peu aplati; grain plein et lourd, rouge ou jaune rougeâtre. Excellente variété pour les climats froids; résiste bien à la verse.

Blé de Browick à épi rouge (Spalding), paille ferme, grosse et courte, épi compact plus large sur le profil que sur la face, d'un rouge terne, bonne variété, grain roux et anguleux.

Blé de Challenge, paille blanche, très haute, se tenant bien; épi blanc allongé, grain blanc, de grosseur moyenne, très régulier; variété très productive, recherchée et donnant un fort rendement.

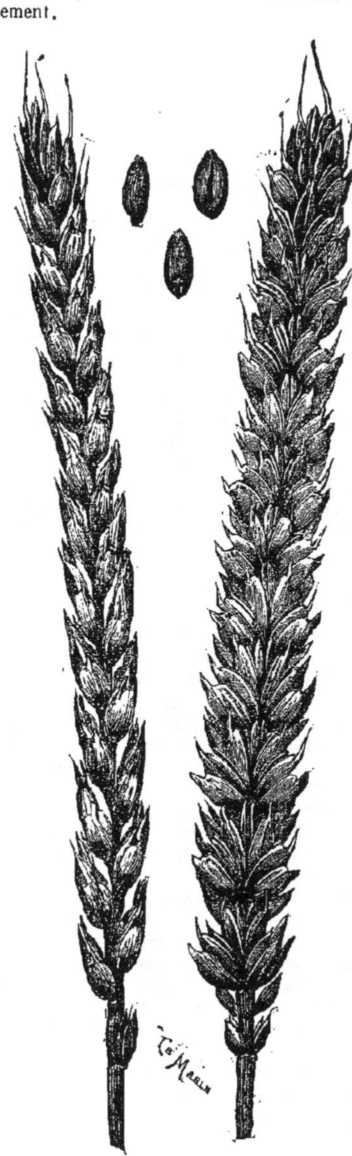

Blé Kissengland (grandeur naturelle).

Blé Chiddam d'automne à épi blanc, paille blanche et fine, mais un peu courte; épi blanc, carré un peu élargi et se courbant légèrement à l'extrémité; grain blanc, bien plein, court et arrondi; très bonne variété pour terres moyennes.

Blé Chiddam d'automne à épi rouge, paille blanche, droite, ferme, peu élevée; épi rouge brun, un peu aplati, quelquefois recourbé; grain blanc, court et arrondi, bien plein; variété productive, excellente pour les terres fortes.

Blé Chubb, variété anglaise d'un grand mérite: paille forte et dure, de hauteur moyenne, résistant parfaitement à la verse; épi carré de couleur rousse; grain roux, fort rendement, se convient en bonne terre ordinaire.

Blé Dattel, variété à épi rouge, un peu allongé; grain blanc, gros, un peu court; paille de hauteur moyenne, se tenant bien; se plaît en bonne terre moyenne et donne un fort rendement. C'est une des variétés qui réussirent le mieux à la ferme de l'Institut agricole.

Blé Goldendrop, paille ferme, de hauteur moyenne; épi gros, rouge; grain jaune rougeâtre, bien renflé; variété productive, très estimée dans le nord de la France.

Blé Hallett (de 1re récolte en France), paille haute, forte et creuse; épi de couleur fauve; très fort, long et aplati; grain jaune bien nourri, variété très productive, mais demandant un sol riche; préfère les bonnes terres franches.

Blé Hunter, paille haute, creuse et peu résistante, grain blanc; variété de bonne production.

Blé Lamed, paille de hauteur moyenne, épi rouge, allongé; grain roux très gros; variété productive, sujette à la verse.

Blé Kissengland, variété hors ligne comme rendement en paille et en grain; épi énorme de couleur fauve, long et aplati; épillets élargis; grain gros et long, jaune ou roux; paille très haute et forte, se tenant bien. Nous ne saurions trop recommander cette variété qui convient à tous les terrains de fertilité moyenne.

Blé de miracle barbu ou blé momie, variété présentant une originalité toute particulière dans la forme de son épi, qui est rameux ou monstrueux. Paille pleine, ferme; grain rond, blanc jaunâtre. Assez bonne production.

Blé montagnard barbu (Nouveauté), paille très haute atteignant 2 m. à 2 m. 20, ferme et bien droite; épi barbu très gros; grain long, gros et d'une couleur blanche. Cette variété talle beaucoup et se montre très productive, même dans des sols médiocres.

Blé nursery, variété anglaise à épi rouge allongé; paille haute et forte; grain roux de première qualité; très bon rendement.

Blé de Pologne, Blé seigle, très distinct par la forme de son épi dont les glumes sont très développées, ce qui en augmente le volume; paille haute et dure; grain rouge, long et anguleux, très glacé. Cette variété convient surtout pour les régions chaudes et arides.

Blé poulard d'Australie, paille blanche, pleine, forte, épi carré, velu, gris plus ou moins foncé, barbes longues et fortes; grain jaune rougeâtre bien plein.

Blé prince Albert, paille haute et forte, très feuillue, épi long rougeâtre à large épillets dans le genre du Hallet, grain rouge ou jaune rougeâtre.

Blé richelle blanche de Naples, paille blanche, haute et abondante, épi blanc effilé, un peu élargi ayant quelques arêtes courtes au sommet, le grain est blanc, gros et bien plein.

Blé roseau, paille blanche, droite, très raide et de hauteur moyenne; épi blanc ou un peu grisâtre, compact et presque carré; grain blanc, gros, un peu court; variété productive; demande un sol de richesse moyenne.

Blé rouge inversable ou de Bordeaux, paille de hauteur moyenne, forte et souple; épi rouge brun, allongé et un peu aplati, souvent un peu courbé; grain rouge, gros, lourd et assez plein, variété très productive et très rustique, convenant surtout aux terres fraîches ou un peu légères.

Blé rouge de Saint-Laud, paille grosse, courte, droite et raide; épi gros, carré, un peu court s'amincissant vers le sommet; grain rouge, gros, demi-glacé, est un peu sensible au froid.

Blé de Saumur ou gris de Saint-Laud, paille forte, dure, de hauteur moyenne; épi de couleur fauve, gros, carré, s'amincissant à l'extrémité, grain rouge, gros et long, quelquefois un peu glacé; variété productive, demandant un sol riche et sain.

Blé sheriff à épi carré (square-Headed), paille blanche, raide, de hauteur moyenne, épi blanc carré, un peu court; grain jaunâtre un peu plein, très productif et résistant parfaitement au froid.

Blé sholley à épi carré, paille droite, blanche et raide, épi droit compact, un peu plus large sur le profil que sur la face, plus fort que le Sheriff.

Blé Victoria d'automne, paille forte, très haute et bien creuse; épi fauve pâle, grand, large, à épillets en éventail, grain jaune ou rougeâtre, gros et bien renflé; variété extrêmement productive dans les terrains fertiles et les bonnes terres franches.

Blé Victoria blanc, paille blanche, raide, de hauteur moyenne, épi presque carré, aminci à la pointe, grain blanc, court et bien plein, variété rustique se convenant dans toutes les terres de fertilité moyenne.

Au point de vue de la résistance du froid, nous plaçons au premier rang les *rouge d'Ecosse* et les *shériff à épi carré*.

Au point de vue de la qualité du produit, nous ne saurions trop recommander le blé *Dattel* et le *Kissengland*. Ce sont des variétés hors ligne.

On peut se procurer ces excellentes variétés par l'intermédiaire de notre syndicat agricole qui, rappelons-le en passant, est toujours à la disposition des cultivateurs pour faciliter leurs achats et leurs ventes.

Allons, amis cultivateurs, entrons carrément dans la voie du progrès, et n'hésitons pas à étudier sur nos terres, tout au moins par le semis de quelques kilos, les excellentes variétés sur lesquelles notre attention est attirée. Que notre ferme soit un vaste champ d'études, d'observations, et que notre but constant soit d'améliorer nos cultures, de perfectionner nos variétés, d'augmenter nos rendements. Et ainsi, tout en nous enrichissant, nous enrichirons notre cher pays.

Charles Gossin.

LA FABRICATION DU CIDRE

Que faire des pommes tombées? (1)

Lorsqu'une tempête survient en septembre, c'est-à-dire avant la maturité, on se demande souvent que faire des fruits tombés? Faut-il les laisser sous les arbres, faut-il les mettre à part? Mon opinion est ici absolue, et je m'en suis toujours bien trouvé. Après l'ouragan, vous devez ramasser les pommes tombées et les mettre en toutes petites *tombes* (c'est le nom donné en Normandie aux tas de pommes), très peu épaisses, au grand air, de façon à ce que le soleil puisse pour ainsi dire pénétrer dans l'intérieur et amener ces fruits à une sorte de maturité. La raison qui me fait les récolter ainsi est la suivante : c'est qu'il vaut mieux ne faire qu'une petite quantité de cidre médiocre que de risquer plus tard à obtenir, par le mélange général des pommes, une boisson aigre qui serait désagréable.

Lorsque vous jugez que vos petites tombes sont à point, ce qui se reconnaît à une bonne odeur de fruits mûrs qu'elles répandent, vous les concassez et les pressurez. Soyez sans crainte, vous en boirez vite, car le cidre obtenu passera rapidement de la fermentation sucrée à celle alcoolique.

Bu *tout chaud*, comme on dit habituellement, c'est-à-dire aussitôt qu'il commence à pétiller, il est loin d'être désagréable; mais il ne faut pas songer à lui pour l'avenir, ce cidre ne se conserve pas. Aussi, faites bien attention à ceci : jamais, au grand jamais, vous ne devez le mélanger dans la suite avec celui que vous obtiendrez des pommes à maturité, sans quoi vous ne feriez que de la piquette bonne pour assaisonner la salade.

Si l'ouragan vous en a abattu de fortes quantités et que vous ne prévoyez pas pouvoir tout consommer, vendez aux débitants, si vous le pouvez, le cidre obtenu, à condition qu'il soit clair, ce qui n'est pas certain, c'est d'ailleurs une affaire à débattre qui vous regarde seul; dans le cas d'impossibilité, aussitôt fermenté, faites-le bouillir, vous aurez toujours l'eau-de-vie qui vous récompensera de votre travail.

Récolte des pommes

Les pommes qui tombent en octobre sont mûres, du moins pour la plupart des espèces. Vous les ramassez au fur et à mesure à la fin de ce mois, après avoir gaulé celles qui restent dans les arbres. A ce propos, je ne saurais trop recommander aux cultivateurs de n'employer la gaule que lorsque les pommiers auront été bien secoués par une personne qui monte dans l'intérieur de l'arbre. Vous rompez bien moins, en agissant ainsi, les bourgeons qui peuvent s'y trouver pour l'année suivante.

J'avais oublié de dire qu'il vaut toujours mieux ramasser sous les pommiers les premières pommes qui tombent et ne pas les mélanger avec celles qui arrivent à complète maturité. Ces premiers fruits ont reçu le nom de *Quétaines*, ne me demandez pas d'où il vient, car vous embarrasseriez fort votre serviteur qui se verrait dans la triste situation d'avouer qu'il n'en sait rien. Quoi qu'il en soit, j'ai toujours suivi cette règle, et m'en suis bien trouvé. Vous faites avec ces pommes tombées, quand elles ont été un peu cuites en tombes par le soleil, un cidre très agréable, parce qu'il est nouveau; et comme, sauf le cas d'ouragan, la quantité est peu considérable, vous pouvez fort bien le consommer de suite dans votre exploitation.

D'ailleurs, il y a certaines espèces très hâtives dont la maturité ne pourrait attendre celles qui se récoltent plus tard; mélangez alors ces pommes avec celles qui sont tombées et vous êtes certain d'obtenir de suite un cidre agréable qui fera la joie des enfants, parce qu'il sera doux, et surtout la consolation des parents si leur cave est vide.

Les fruits doivent être récoltés bien propres, c'est-à-dire sans feuilles; ils sont mis par catégories, les tendres avec les tendres et les dures avec les dures, en *tombes* (c'est-à-dire en tas allongés), beaucoup plus grosses, car, les pommes étant à maturité, il n'y a aucun danger de mauvaise fermentation. Si vous n'avez pas de locaux assez grands pour les mettre à l'abri, ce qui arrive presque toujours, vous les placez alors à même sur le gazon, à bonne exposition, et ne les amenez au pressoir que lorsque le dessus des tas commence à pourrir; c'est le signe de la complète maturité.

Le cidre obtenu avec des fruits à complète maturité sera bon, il n'aigrira jamais; ce sera le grand cidre que l'on peut conserver en fût dix ans si la chose plait, ce sera enfin celui qui constituera une des boissons les plus saines et les plus agréables que la main de l'homme peut fabriquer.

Pour ceux qui peuvent mettre leurs pommes à l'abri, ce qui vaut infiniment mieux lorsqu'elles sont à complète maturité, il est indispensable de leur rappeler que l'air doit toujours circuler dans le local où elles sont placées; autrement, la masse pourrait s'échauffer et le cidre que vous obtiendriez serait de mauvaise qualité.

(A suivre.) Saint-Paul d'Arloi.

(1) Extrait de la Petite Causerie d'un Normand sur la culture du pommier et la fabrication du cidre, par M. Saint-Paul d'Arloi.

Voir l'article bibliographique, page 486.

LE SYNDICAT CENTRAL
des Agriculteurs de France.

Nous avons souvent entretenu nos lecteurs de la question des Syndicats, et chacun comprend aujourd'hui l'étendue des services qu'ils sont appelés à rendre à notre agriculture.

Si nombreux que soient actuellement les Syndicats, il n'en existe pas encore sur tous les points du territoire. Mais, heureusement, les cultivateurs de ces régions ne demeurent point privés pour cela des bienfaits de l'association.

En effet, un SYNDICAT CENTRAL leur est ouvert, et ils y trouvent une organisation plus complète, un ensemble de services mieux compris que partout ailleurs.

Fondé en 1886 sous le patronage de la *Société des Agriculteurs de France*, ce SYNDICAT CENTRAL a pris, en quatre ans, un développement considérable.

C'est qu'il répond à un besoin réel.

Comme les Syndicats régionaux, il a pour objet de donner aux agriculteurs les moyens de cohésion dont ils étaient privés, d'assurer le prix de gros à l'acheteur au détail, de veiller à la loyale exécution des marchés, etc. Mais par l'étendue de ses relations, par les moyens de centralisation et de publicité dont il dispose, il peut atteindre des résultats qui échappent à l'action des Syndicats locaux. En effet, si ces associations, représentant des intérêts souvent très limités, obtiennent du commerce de réels avantages, quelle pression exercera sur le marché un Syndicat en mesure d'apporter à ses fournisseurs, en échange de rabais importants, la clientèle d'une partie notable de notre agriculture.

La baisse considérable subie depuis quelques années par les engrais chimiques est due en grande partie à l'influence du SYNDICAT CENTRAL. Ajoutons qu'en revanche il en a singulièrement vulgarisé l'emploi. Aujourd'hui les matières fertilisantes sont partout en usage:

les conseils du SYNDICAT CENTRAL épargnent au cultivateur inexpérimenté les essais inutiles ou nuisibles et son contrôle met un terme à la fraude que pratiquaient si largement certains négociants sans scrupules.

Ce que le SYNDICAT réalise pour les engrais il l'applique également aux machines, instruments aratoires, articles de clôture et, d'une façon générale, à tout le matériel qui relève du génie rural. D'importantes réductions sur les prix des catalogues sont assurées aux sociétaires.

Le choix des semences, on le sait, est l'un des premiers facteurs d'une bonne récolte. Aussi, le SYNDICAT CENTRAL a-t-il confié cette partie de ses opérations à la compétence d'hommes spéciaux. Un laboratoire d'essai a été récemment adjoint à ses bureaux.

Il serait difficile d'énumérer ici toutes les branches que comporte l'organisation du SYNDICAT. Disons seulement qu'un service spécial pour la vente et l'achat du bétail et des produits nécessaires à son alimentation fonctionne avec succès depuis plusieurs années.

Voilà certes un ensemble d'avantages suffisant à justifier la rapide extension de l'entreprise. Mais, s'il est intéressant pour l'agriculteur de poursuivre l'abaissement du prix de revient, il doit trouver la juste rémunération de son labeur dans un prompt écoulement de ses produits.

A ce point de vue aussi le SYNDICAT leur facilite la tâche.

Intermédiaire presque gratuit entre le producteur et le consommateur, il peut, grâce à ses moyens de publicité et à l'importance de ses relations, procurer à ses adhérents des débouchés qui échapperaient à l'initiative individuelle : si les produits d'une région sont abondants et à bas prix, l'agriculture de cette région en avise le Syndicat et celui-ci en fait profiter les cultivateurs de zones moins favorisées. C'est une véritable mutualité de services et de renseignements que le SYNDICAT établit.

On pourrait croire qu'une association offrant de pareils avantages exige de ses adhérents de gros sacrifices pécuniaires. Il n'en est rien.

Les charges sont presques nulles parce que le but est désintéressé : les légers prélèvements effectués ont pour objet de couvrir les frais généraux, rien de plus.

D'ailleurs les chiffres suivants prouveront que les services du SYNDICAT CENTRAL se rapprochent, autant que possible, de la complète gratuité.

Le SYNDICAT admet 3 classes d'adhérents :

Les fondateurs, cotisation annuelle.... 20 fr.
Les souscripteurs — — 6 fr.
Les ORDINAIRES — — 4 fr.

Les uns comme les autres sont admis à bénéficier de tous les avantages du SYNDICAT : renseignements gratuits, réduction de prix, etc. Tous reçoivent également un *Bulletin bi-mensuel* imprimé sur huit pages grand format et donnant un aperçu complet des cours, les offres et demandes de la culture, etc.

Nous pensons rendre service à nos lecteurs en appelant leur attention sur cette utile institution qui a déjà tant fait pour la cause agricole.

Ceux d'entre eux qui désirent faire partie du SYNDICAT CENTRAL n'auront qu'à remplir et à signer le bulletin d'adhésion ci-inclus et l'adresser au siège social, 19, rue Louis-le-Grand, à Paris.

Toute personne qui adhérera au SYNDICAT pendant les 3 derniers mois de la présente année sera dispensée du paiement de toute cotisation pour 1891. Ch. Gossin.

Concours de chevaux de trait à Nevers

La Société d'Agriculture de la Nièvre va inaugurer pour la production des chevaux de trait un nouveau mode d'encouragement qui mérite d'être signalé.

Au lieu de se borner, comme font les haras et comme elle faisait jusqu'ici, à répandre dans le département des étalons approuvés faisant la monte des juments bonnes ou mauvaises, elle a pensé que l'amélioration de la race serait bien plus rapide en choisissant un certain nombre d'excellentes juments qui seraient saillies aux frais de la Société par des étalons d'élite.

Dans ce but, elle fonde à Nevers un grand concours de poulains, de pouliches et de juments de gros trait. Les poulains de six mois et de dix-huit mois recevront des primes graduées suivant leur âge et leur mérite; quant aux juments, les meilleures seront classées pour la reproduction.

La Société d'Agriculture de la Nièvre compte arriver par ce moyen, basé sur une sélection bien entendue, à créer une pépinière de bons étalons dont les meilleurs recevront plus tard des primes importantes, à la condition de faire *gratuitement* la saillie des juments classées.

Cette nouvelle organisation, qui sera complétée par un *Stud Book*, où seront inscrits d'office les animaux primés et classés, afin de pouvoir garantir l'origine des produits, aura certainement pour résultat de donner à la race chevaline nivernaise de trait, déjà renommée, une valeur encore plus grande.

La liberté des transactions ne sera nullement entravée par ces dispositions; les ventes seront au contraire facilitées par la création d'un grand marché où les étrangers seront assurés de trouver de nombreux animaux, et les éleveurs nivernais un nouveau débouché.

C'est à Nevers que le premier concours d'automne de la Société d'Agriculture se tient aujourd'hui même; cette date a été bien choisie, car elle coïncide avec une grande foire au bétail et se trouve à la veille d'une foire renommée pour les chevaux qui se tient, de temps immémorial, à Montigny-sur Canne, à proximité de Nevers.

CONSEILS DE L'APICULTEUR

LES RUCHES EN OCTOBRE. — NOURRITURE DES ABEILLES.

Les abeilles en cette saison ne trouvent plus rien au dehors, d'ailleurs la température ne leur permet plus que de courtes sorties. Toutes les ruches ont dû être visitées le mois précédent, et celles dont les provisions étaient insuffisantes ont été notées.

Toutes les ruches à cadres ont été rétrécies au fur et à mesure que les abeilles quittaient les cadres des côtés ; elles se trouvent maintenant avoir le nombre de cadres nécessaires pour passer l'hiver. Il faut en miel au moins 8 à 10 kilog. pour une bonne colonie ; les abeilles ne consommeront certainement pas cette quantité durant l'hiver, mais on doit considérer que le premier printemps peut ne rien produire pour nos butineuses et alors la consommation devenir très forte.

Pour les apiculteurs possédant un certain nombre de ruches à cadres, il est facile d'équilibrer les provisions ; on retire à l'une pour donner à l'autre ; de cette façon il n'y a pas de perte. Pour ceux qui ne pourraient employer ce moyen, il faut alors recourir au nourrissement.

Quand la ruche n'est pas pourvue d'un nourrisseur spécial ou qu'on n'en possède pas pouvant s'y adapter sans peine, on se sert alors de ce qu'on a sous la main. Les ruches ont presque toujours une ouverture dans le haut, c'est donc par là qu'il faut les nourrir. On prend un vase en grès de la contenance de un litre et demi environ qu'on emplit de sirop de sucre ou miel liquide, on recouvre ce vase d'une toile grossière qu'on fixe avec une ficelle et on le renverse sur l'orifice de la ruche.

La nourriture présentée aux abeilles en cette saison ne doit pas contenir trop d'eau, la dose adoptée pour le sirop de sucre est la moitié environ du poids de sucre, pour le miel on ne met que la quantité suffisante pour le rendre liquide. Il est bien entendu que cette nourriture doit être présentée tiède.

On peut encore nourrir par le bas; pour ce faire on a une hausse de la hauteur du vase qui sert à nourrir et ayant exactement les dimensions de la ruche ; on met cette hausse sous la ruche avec le vase contenant la nourriture et on place la ruche sur le tout.

Pour les ruches à rayons fixes, le nourrissement peut se faire aussi de plusieurs manières par le haut ou par le bas. Ce qui a été dit plus haut pour les ruches à cadres s'applique aussi aux ruches à rayons fixes.

Il ne faut nourrir que le soir, parce que les abeilles, excitées par la nourriture qu'on leur présente, sont fort agitées. On retire, le lendemain matin, le nourrisseur, pour éviter le pillage qui pourrait se produire pour les colonies faibles.

Il est bien entendu qu'on se sert de l'enfumoir pour ces différentes opérations.

UN AMI DES ABEILLES.

JURISPRUDENCE RURALE.

ASSURANCES. — DÉCLARATIONS INEXACTES.

Tu me dis que tu veux faire assurer ton mobilier et tu me demandes si tu ne dois pas l'évaluer bien au dessus de sa valeur pour être sûr de ne rien perdre au cas ou par malheur il viendrait à être incendié; je te réponds sans hésiter que ce ne serait ni honnête, ni prudent, et si tu lis habituellement mes conseils tu as pu voir qu'ils tendent toujours à recommander la bonne foi, ce qui est la meilleure manière d'éviter les mauvais procès.

— Nous sommes tous de votre avis; je vous donne ma parole d'honnête homme que je n'aurais pas songé à forcer l'évaluation de mon mobilier, si les Compagnies d'assurances faisaient moins de chicanes pour payer; le jour où on s'assure, les courtiers vous enjôlent et vous font croire qu'on sera payé rubis sur l'ongle, mais après le sinistre c'est une autre histoire, on chipote, on lésine et on cherche par mille moyens à vous donner moins qu'il ne vous est loyalement dû.

— Je ne dis pas non, surtout quand il s'agit de ces petites Compagnies qui ont des ressources insuffisantes; mais ce n'est pas une raison pour faire de fausses déclarations et pour évaluer mille francs un objet qui en vaut cent; d'ailleurs, comme je te le disais, ce serait agir non seulement contre la loyauté, qui doit toujours être la règle de nos actions, mais contre ses propres intérêts.

— Comment cela?

— Lis avec soin toutes ces clauses qui sont imprimées en tout petits caractères dans les polices d'assurances, et tu verras que presque toujours il est stipulé au profit de la Compagnie que l'assuré sera déchu de tous ses droits s'il exagère la valeur de son mobilier, et tout récemment les tribunaux appliquaient cette clause en déclarant déchu de son droit à l'indemnité, que lui assurait le paiement régulier des primes pendant de longues années, une personne qui avait, de mauvaise foi, attribué à son mobilier un prix bien au-dessus de la réalité.

— Mais alors que faut-il faire?

— Rester dans le vrai, mais autant je t'engage à ne pas majorer frauduleusement la valeur de ton mobilier, autant je te conseille de l'estimer au maximum de sa valeur réelle.

UN VIEUX JUGE DE PAIX.

CONSEILS DU MÉDECIN

REMÈDE CONTRE LA MIGRAINE

Pas d'antipyrine, pas de drogues qui vous soulagent sur le moment, mais qui vous abîment l'estomac et agissent sur le système nerveux.

Tenez, voilà un remède tout à fait inoffensif et très efficace dans la plupart des cas.

La personne souffrante étant assise, une autre personne, un homme autant que possible, place une main ouverte sur le front à l endroit malade, l'autre main est placée sur le cou vers la nuque, les deux mains appuient légèrement.

Au bout de quelques minutes un soulagement sensible se produit, et il est très rare que *dix minutes de cette imposition des mains* n'enlève pas la migraine. Pour dégager le malade du léger engourdissement qu'il pourrait éprouver, on souffle sur le front, vers la naissance du nez. Il va sans dire que si cette petite opération peut se faire loin du bruit, cela n'en vaut que mieux. Si le mal de tête était très violent, il serait bon d'aller ensuite au grand air.

Voici qui ne fera pas rire le pharmacien.

UN VIEUX MÉDECIN.

CONSEILS DU NOTAIRE

L'ENREGISTREMENT DES BAUX.

En ce moment de l'année où se renouvellent une grande partie des locations d'immeubles entre particuliers, nous croyons utile de rappeler à nos lecteurs les dispositions de la loi relative à l'enregistrement des baux.

Les baux faits verbalement, sous quelques conditions que ce soit, doivent être déclarés au bureau d'enregistrement.

Toutefois, lorsqu'un loyer est supérieur à 100 francs de location annuelle, la déclaration est obligatoire pour le propriétaire. Si le loyer est inférieur à 100 francs, on est dispensé d'en faire la déclaration. Mais si le propriétaire a plusieurs locataires et que la totalité des loyers réunis dépasse 100 francs, la déclaration devient alors obligatoire.

La déclaration ci-dessus doit être faite dans un délai de trois mois à dater de l'entrée en jouissance et comporte un droit de 0 fr. 25 c. par 100 fr. ou fraction de 100 francs de loyer.

Cet impôt est bien minime, nous dira-t-on; mais aussi l'amende est bien élevée pour celui qui est pris en défaut, car elle monte à 62 fr. 50 par chaque contravention, sans préjudice des droits à payer pour la nouvelle déclaration à faire. Il y va donc de tout intérêt de bien se mettre en règle.

Ce que nous disons plus haut ne s'applique seulement qu'aux locations verbales, c'est-à-dire aux baux sur parole et sans écrit.

Quand aux baux sous seings privés, ils doivent tous, sans exception, être enregistrés dans les trois mois de leur date, et cela quels que soient leurs conditions ou le montant du loyer. En cas de contravention, le propriétaire et le locataire peuvent être condamnés chacun séparément et solidairement en une amende de 62 fr. 50, sans éviter les droits ordinaires à payer.

Nous ne nous occuperons pas des baux faits par devant notaire. Ces actes, qui sont revêtus de la signature de cet officier ministériel et rédigés sous sa responsabilité, sont toujours, par ses soins, présentés à la formalité de l'enregistrement.

CHICANONS.

BIBLIOGRAPHIE.

La fabrication du cidre.

Notre ami, M. Saint-Paul d'Arloi, ancien élève de l'Institut agricole de Beauvais et directeur du *Syndicat agricole de Brûlon* (Sarthe), vient de faire paraître sous le titre de : *Petite causerie d'un Normand sur la culture du pommier et la fabrication du cidre*, un excellent ouvrage.

Ce petit traité donne sur la fabrication de la boisson chère aux Normands et à bien d'autres naturels, une foule d'indications des plus pratiques, et c'est un véritable service que nous rendons à nos lecteurs en le leur signalant.

Nous avons précisément reçu, dans nos derniers courriers, un certain nombre de lettres nous demandant l'indication de bons ouvrages sur le pommier et sur le cidre. Voilà la réponse.

On jugera, du reste, de l'utilité que présente l'ouvrage par l'énumération des principales matières qui sont traitées.

PREMIÈRE PARTIE. — LE POMMIER.

Choix du terrain, labours plantés, espacement des pommiers, pépinières, choix des sujets, plantation, greffage, catégories de pommes, soins à donner aux pommiers, ennemis du pommier, produits, longévité du pommier, avis divers.

DEUXIÈME PARTIE. — LE CIDRE.

Que faire des pommes tombées? récoltes des pommes, variétés de cidre, pressoirs, fabrication, celliers, tonneaux, manipulation, sucrage et fermentation, bondage des fûts, eau, cidres mousseux, cidre en bouteilles, eau-de-vie de cidre, sirop et gelée, commerce du cidre.

Tout cela est écrit avec humour et esprit, et la *Petite causerie du Normand* est fort agréable à lire. L'ouvrage peut être demandé au siège du *Syndicat des Agriculteurs de Brûlon* (Sarthe). Le prix en est de 0 fr. 75 franco.

Nos félicitations à M. Saint-Paul d'Arloi.

Ch. GOSSIN.

PETITE POSTE.

M. Ch. de C..., de R... (Somme). — *Race.* — La rave est une excellente nourriture d'hiver pour les vaches laitières surtout, découpée en cossettes et mélangée avec des menues pailles. Le tout est disposé par lits saupoudrés de sel et laissé en tas pendant vingt-quatre ou quarante-huit heures, de façon à ce qu'un commencement de fermentation alcoolique s'établisse.

La rave se conserve en silos; il faut que ceux-ci soient aérés et moins gros que ceux de betteraves. La conservation ne peut être de longue durée. C'est la première racine à consommer.

Mme C.. (Songeons). — *Crédit Foncier.* — Le numéro n'est pas sorti. Pour suivre les tirages, abonnez-vous au *Bulletin officiel des tirages du Crédit Foncier*, paraissant les 6 et 16 de chaque mois.

Prix de l'abonnement, 1 fr. — S'adresser et envoyer 1 franc en timbres au Crédit Foncier, 19, rue des Capucines, Paris.

M. D. B... (Pas de-Calais). — *Germinateur.* — Adressez-vous directement à MM. Bossière, 7, rue de l'Entrepôt, à Paris. L'envoi est fait franco.

VINS DU BORDELAIS.

Nouvelles vinicoles du Bordelais.

Une température exceptionnelle favorise la maturation du raisin et fait espérer une excellente qualité.

On se prépare aux vendanges, qui commenceront d'une façon générale vers les premiers jours de la semaine prochaine. Que de fois nous avons entendu dire :

« Quel service on nous rendrait, si on nous trouvait, dans les pays vignobles, un vendeur consciencieux; si on nous débarrassait de la concurrence à outrance; si on nous garantissait sérieusement la qualité, la pureté et la conservation des vins! »

Pour le Bordelais, nous recommandons M. Vincent Ardura, viticulteur, propriétaire d'un des meilleurs crus de la Gironde, favorable aux tempéraments délicats (le domaine de la Chapelle-Frédignac, par Blaye-Bordeaux), qui vend ses récoltes : 1889 à 130 fr., 1888 à 140 fr., 1887 à 150 fr., 1886 à 160 fr., 1885 à 175 fr., 1884 à 200 fr., 1882 à 220 fr., 1881 à 250 fr. et 1878 à 300 fr. la barrique de 225 litres, *franco* de port et de fût en gare d'arrivée. Paiement par le facteur à 30 jours 2 % ou 90 jours.

Certain que son vin plaira aux personnes qui ne le connaissent pas et qui désirent se bien approvisionner, sachant, en outre, qu'il est difficile de se rendre sérieusement compte de la qualité par la dégustation sommaire d'une petite fiole, M. Vincent Ardura n'hésite pas à adresser *franco* une bouteille entière pour échantillon de la récolte désignée.

BULLETIN FINANCIER.

La liquidation de septembre a été quelque peu laborieuse; des indications qu'elle a laissées derrière elle il se dégage ceci : les acheteurs en spéculation ont une position très chargée; le portefeuille a profité des cours élevés du mois dernier pour s'alléger; il y a maintenant du papier flottant en surabondance.

Mais cela ne veut pas dire que nous allons voir les cours s'affaisser sensiblement. Les fonds provenant des réalisations qui ont été effectuées au comptant restent disponibles; aucun emploi nouveau ne leur est offert; ils ne tarderont pas à rentrer dans les valeurs d'où ils sont sortis; il suffira, pour les décider à revenir sur le marché, que la spéculation à la hausse modère un peu ses prétentions. Nous ne devons pas perdre de vue que les nouveaux emplois offerts à l'épargne sont actuellement peu nombreux. Il se crée journellement plus de disponibilités nouvelles que n'en absorbe l'activité du monde des affaires. C'est assurément à moins d'un milliard et demi que s'élèvent, cette année, sur notre place, déduction faite des conversions et des remboursements, le montant des émissions nouvelles; or, ce chiffre est bien inférieur à ce qu'il devrait être pour épuiser les forces d'absorption du marché. Aussi nous ne pensons pas que la baisse, à moins d'événements graves, soit appelée prochainement à remplacer un courant de hausse qui, depuis plusieurs années, se produit avec quelques courtes intermittences.

Le 3 0/0 reste à 94 82; le 3 0/0 amortissable à 95 35 et le 4 1/2 0/0 à 106 67 1/2.

La Banque de France est à 4 235. Son bilan hebdomadaire publié au 9 octobre présente les différences suivantes sur celui de la semaine précédente. Trois chapitres sont en augmentation : Les avances sur titres avec 9 millions; les billets en circulation avec 23 millions; les Comptes Courants Particuliers avec 15 millions.

Aux diminutions figurent : l'or avec 13 millions et l'argent avec 6 millions; le Portefeuille avec 622,000 francs; le Compte Courant du Trésor avec 32 millions.

Les bénéfices de la semaine ont été de 647,000 fr.

Le Crédit Foncier est à 1303 75.

Dans sa séance hebdomadaire du 8 octobre, le Conseil d'administration du Crédit Foncier a autorisé pour 1 million 896,035 francs de nouveaux prêts, dont 1 million 583,200 francs en prêts fonciers et 312,835 francs en prêts communaux.

Les Chemins de fer sont fermes.

COUPON.

HALLES ET MARCHÉS.

CÉRÉALES. — *Marchés français.*

Prix par 100 kilogr.

REGIONS	BLÉ Prix moyen	Hausse	Baisse	PRIX MOYEN Seigle	Orge	Avoine
Nord-Ouest	23 70	»	0 17	15 81	17 75	17 90
Nord	24 25	»	0 24	15 44	18 70	19 11
Nord-Est	24 42	»	0 20	15 54	18 50	19 43
Ouest	24 »	»	0 10	17 33	17 36	18 08
Centre	24 25	»	0 25	16 83	18 50	18 42
Est	23 88	0 13	»	17 70	19 05	18 72
Sud-Ouest	23 90	0 01	»	16 50	17 70	18 83
Sud	24 35	0 20	»	18 90	18 »	21 12
Sud-Est	24 17	»	0 03	18 25	17 12	19 07
Prix moyens	24 10	»	»	16 92	18 07	18 96
Sur la huitaine préc. Hausse	»	»	»	»	» 21	x
Sur la huitaine préc. Baisse	0 12	»	»	» 01	»	» 14

1re région. NORD-OUEST.

	BLÉ 1re qualité	BLÉ Prix moyen	Seigle Prix.	Orge. Prix.	Avoine Prix.
Calvados. — Bayeux	25 »	24 25	16 »	»	20 50
C.-d.-N. — Dinan	25 25	24 50	»	»	18 50
Finistère. — Morlaix	24 »	23 2»	»	20 75	»
I.-et-V. — Rennes	23 50	22 75	»	»	15 75
Manch. — Avranches	23 75	23 »	»	»	18 25
Mayenne. — Laval	23 50	22 75	14 25	»	16 25
Morb. — Hennebont	23 »	21 25	»	»	»
Orne. — Alençon	25 50	24 75	»	»	17 75
Sarthe. — Le Mans	24 25	23 50	16 »	14 75	18 50
— Beaumont	24 7»	24 »	17 »	»	»
Prix moyens	24 45	23 70	16 »	17 75	17 90
Sur la semaine précédente. Hausse	»	»	» 05	0 75	0 49
Sur la semaine précédente. Baisse	0 17	0 17	»	»	

2e région. — NORD.

Aisne. — Ch.-Thierry	25 25	24 50	15 »	»	»
— La Fère	25 50	24 75	14 50	»	»
Eure. — Bourg-Ach.	25 »	24 25	»	»	19 50
E.-et-L. — Chartres	24 25	23 50	16 50	»	16 50
— Nog.-le-Rotrou	24 25	23 50	16 25	»	»
Nord. — Douai	25 »	24 25	16 25	19 25	18 »
— Dunkerque	26 »	25 25	15 75	»	19 »
Oise. — Compiègne	24 »	23 25	14 50	18 »	18 »
— Crépy	24 75	24 »	15 »	»	»
Pas-de-Cal. — Arras	24 50	23 75	17 50	18 »	18 »
— Carvin	24 50	23 75	»	18 75	17 25
Seine. — Paris	25 »	24 25	16 »	19 »	17 75
Seine-et-M. — Meaux	25 25	24 50	14 75	17 »	17 »
— Montereau	25 50	24 75	15 »	18 »	»
S.-et-O. Rambouillet	25 25	24 50	»	18 75	»
— Versailles	27 »	26 25	»	22 »	24 »
Seine-Inf. — Rouen	24 50	23 75	»	17 »	20 »
Somme. — Amiens	25 50	24 75	14 »	20 »	23 »
— Abbeville	24 »	23 25	15 25	»	20 »
Prix moyens	25 »	24 25	15 44	18 70	19 11
Sur la semaine précédente. Hausse	»	»	» 36	»	»
Sur la semaine précédente. Baisse	» 24	» 24	»	» 01	» 31

3e région. — NORD-EST.

Ardennes. Sedan	25 75	25 »	15 25	10 »	19 50
— Charleville	25 25	24 50	15 »	20 25	20 50
Aube. — Bar-s-Aube	25 75	25 »	»	18 60	19 »
— Troyes	24 50	23 75	»	17 50	»
Marne. — Châlons-s-M	24 75	24 »	15 50	18 75	»
— Epernay	24 50	23 75	15 »	18 »	»
Hte-Marne. — Chaumont	25 50	24 75	»	»	»
Meurthe. — Toul	25 75	25 »	16 »	18 50	»
Meuse. — Bar-le-Duc	25 50	24 75	»	17 50	18 75
Vosges. — Epinal	24 50	23 75	16 50	»	»
Prix moyens	25 17	24 42	15 54	18 50	19 43
Sur la semaine précédente. Hausse	»	»	»	»	» 02
Sur la semaine précédente. Baisse	» 20	» 20	» 10	» 08	»

4e région. — OUEST.

Charente. Ruffec	26 »	25 25	19 »	»	»
Char.-Infér. Marans	24 50	23 75	»	17 »	»
Deux-Sèvres. Niort	24 75	24 »	»	»	»
Indre-et-Loire. Bléré	23 »	22 25	»	17 »	»
— Châteaurenault	25 75	25 »	»	17 50	»
Loire-Infér. Nantes	24 25	23 50	»	18 »	16 50
Maine-et-L. Saumur	24 50	23 75	»	18 50	»
— Angers	25 25	24 50	»	16 50	17 75
Vendée. — Luçon	24 »	23 25	»	17 »	»
Vienne. — Poitiers	24 50	23 75	15 50	18 75	»
Hte-Vienne. Limoges	25 75	25 »	17 »	16 »	20 »
Prix moyens	24 75	24 »	17 33	17 36	18 08
Sur la semaine précédente. Hausse	»	»	»	»	»
Sur la semaine précédente. Baisse	» 10	» 19	» 17	» 19	» 02

5e région. — CENTRE.

Allier. — St-Pourçain	24 75	24 »	15 75	»	»
Cher. — Aubigny.	25 75	25 »	»	19 »	19 »
— St-Amand.	25 »	24 25	17 50	»	»
Creuse. — Aubusson.	25 75	25 »	17 50	»	18 »
Indre. — Issoudun.	25 »	24 25	»	20 »	20 »
— Châteauroux.	24 75	24 »	16 25	18 »	17 75
Loiret. — Montargis	25 »	24 25	»	17 50	17 50
Loir-et-Ch. Montoire	25 50	24 75	17 »	16 75	»
Nièvre. — Nevers	24 25	23 50	»	»	»
Puy-de-Dôme. Riom.	24 50	23 75	»	20 »	18 »
Yonne. Brienon	25 »	24 25	»	18 »	18 75
— Sens	24 75	24 »	17 »	18 75	»
Prix moyens	25 »	24 25	16 83	18 50	18 42
Sur la semaine précédente. Hausse	»	»	»	0 33	»
Sur la semaine précédente. Baisse	0 25	0 25	0 07	»	0 49

6e région. — EST.

Ain. — Bourg	25 25	24 50	18 50	»	17 50
Côte-d'Or. — Dijon.	24 50	23 75	»	17 75	»
— Semur	25 »	24 25	20 »	20 »	21 »
Doubs. — Besançon.	25 »	24 25	»	»	18 50
Isère. — Bourgoin	24 »	23 25	»	»	»
— Grenoble	25 50	24 75	»	19 75	20 »
Jura. — Lons-le-Sau.	24 50	23 75	16 25	19 25	17 75
Loire. — Roanne	23 75	23 »	16 50	»	20 50
Rhône. — Lyon	24 75	24 »	»	18 50	17 60
Saône-et L. Mâcon.	24 50	23 75	»	»	»
Haute-Saône. — Gray	21 75	21 »	»	»	»
— Vesoul.	25 »	24 25	17 25	»	19 25
Savoie. — Chambéry.	25 »	24 25	»	»	16 50
Hte-Savoie. Rumilly	23 25	22 50	»	»	»
Prix moyens	24 63	23 88	17 70	19 05	18 72
Sur la semaine précédente. Hausse	0.13	0.13	0.10	0.05	»
Sur la semaine précédente. Baisse	»	»	»	»	0 12

7e région. — SUD-OUEST.

Ariège. — Pamiers.	23 50	22 75	14 75	»	18 »
Dordogne. — Piégut.	23 75	23 »	15 75	»	17 50
Hte-Garonne. Toulouse	24 50	23 7»	»	17 50	18 25
Gers. — Condom	25 25	24 50	»	»	»
Gironde. — Bordeaux	25 25	24 50	»	»	17 25
Landes. — Dax	25 »	24 25	17 50	»	»
Lot-et-Garonne. Agen	25 25	24 50	18 »	17 70	18 25
B.Pyrénées. Bayonne	21 75	24 »	»	»	»
H.Pyrénées. Tarbes.	24 50	23 75	»	»	20 75
Prix moyens	24 65	23 90	16 50	17 70	18 33
Sur la semaine précédente. Hausse	0 01	0 01	»	»	»
Sur la semaine précédente. Baisse	»	»	0 20	0 05	0 04

8e région. — SUD.

Aude. — Narbonne	25 50	24 75	»	»	»
Aveyron. — Villefranche	23 75	23 »	19 25	»	»
Cantal. — Mauriac.	27 25	26 50	23 »	»	26 75
Corrèze. — Tulle	26 »	25 25	18 »	16 »	21 25
Hérault. — Béziers.	25 75	25 »	17 75	16 25	20 50
Lot. — Figeac	24 50	23 75	16 50	»	19 50
Lozère. — Mende	25 25	24 50	21 75	21 50	20 50
Pyrén.-Or. Perpignan	24 »	23 25	18 50	20 »	23 50
Tarn. — Albi	24 25	23 50	»	»	18 25
Tarn-et-G. Montauban	24 75	24 »	16 50	16 25	18 75
Prix moyens	25 10	24 35	18 90	18 »	21 12
Sur la semaine précédente. Hausse	»	»	0 31	0 30	0 37
Sur la semaine précédente. Baisse	0 20	0 20	»	»	»

9e région. — SUD-EST.

H-Alpes. — St-Bonnet	26 2»	25 50	18 50	17 »	»
B.-Alpes. Manosque.	24 25	23 50	»	»	9 »
Alpes-Marit. Nice	25 50	24 75	18 50	»	»
Ardèche. — Privas.	25 75	25 »	18 »	»	19 75
B.-Rhône. — Aix	25 50	24 75	»	15 »	18 75
Drôme. — Valence.	23 50	22 75	»	»	18 50
Gard — Nimes	24 75	24 »	»	16 50	19 50
Hte-Loire. — Le Puy.	25 »	24 25	18 »	»	19 50
Var. — Draguignan.	25 50	24 75	»	»	»
Vaucl. Orange	23 25	22 50	»	20 »	18 50
Prix moyens	24 92	24 17	18 25	17 12	19 07
Sur la semaine précédente. Hausse	»	»	»	» 21	» 11
Sur la semaine précédente. Baisse	» 03	» 03	» 25	»	»

ALGÉRIE.	Blé tendre	Blé dur.	Seigle	Orge.	Av.
Constantine	»	»	»	»	»
Alger	»	»	»	»	»
Oran	23 »	18 40	»	12 »	15 25

Farines de consommation.

La meunerie maintient fermement ses prix avec une vente un peu plus facile en boulangerie.

	159 kil.	100 k.
MARQUE DE CORBEIL	60 fr.	(37 58 100 k.).
Marques de choix	60 à 61	38 21 à 38 85
Premières marques	59 60	37 58 38 21
Bonnes marques	57 58	36 30 36 94
Marques ordinaires	56 57	35 66 36 30

Le sac de 159 k., toile à rendre, franco au domicile des acheteurs à 30 jours sans escompte, ou au comptant avec escompte de 1/2 0/0.

Fourrages et pailles.

Paris, La Chapelle.

	1re qté.	2e qté.	3e qté.
Foin nouveau	50 à 51	48 à 49	45 à 47
Luzerne nouvelle	48 49	46 47	42 44
Paille de blé	32 33	30 31	28 29
Paille de seigle	33 34	30 32	28 29
Paille d'avoine	27 28	24 23	20 23

Le tout aux 104 bottes dans Paris.

COURS DE DIFFÉRENTS MARCHÉS (par 100 kil.).

	Paille.	Foin.
Le Puy	2 25	6 25
Dijon	3 50	4 75
Blois	3 50	6 »
Toulouse	3 50	6 75
Lyon	4 »	6 »
Beauvais	4 »	6 »
Orléans	2 50	6 50
Douai	4 25	7 75

Issues, les 100 kil.

Les affaires restent calmes pour le disponible, mais conservent une certaine activité sur le livrable. Les prix sont en baisse de 50 cent. à 1 fr.

Nous cotons par 100 kil. en gare d'arrivée à Paris :

Son écaille	13 »	à 13 25
— gros	12 »	12 50
— trois-cases	11 25	11 50
— fin	10 50	11 »
Recoupettes	10 50	11 »
Remoulages blancs	16 »	17 »
— bâtards	13 »	14 »

MARCHANDISES DIVERSES.

Fécules.

La fabrication est en pleine activité ; la marchandise disponible est plus offerte ; occasionnellement, les vendeurs font quelques concessions.

Les 100 kil.

Paris. — Fécule 1re, grains	29 »	à 30 »
Oise. — Fécule 1re, grains	28 »	29 »
Vosges. — Fécule 1re, grains	31 »	33 »
Saône-et-Loire	32 »	33 »
Loire. — Fécule 1re, grains	29 »	30 »
Auvergne. — Fécule 1re, grains	29 »	30 »
Fécules secondes selon qualité	21 »	28 »

Pommes de terre.

Les 1.000 kil.

Hollandaises	65 »	à 70 »
Magnum bonum	60 »	70 »
Early roses	40 »	25 »
Saucisses	50 »	55 »
Rondes	50 »	50 »
Chardonnes	40 »	45 »

Pommes à cidre.

Beauvais (Oise), 7 octobre.

Les cours sont à peu près stationnaires, et il faut voir les prix de 90 à 105 fr., suivant époques de livraison.

Les poires à cidre, vue la petite récolte en général, sont toujours bien recherchées, et les prix sont de 65 à 70 fr. Le tout aux 1,000 kil., parité Paris.

Rouen (Seine-Inférieure), 7 octobre.

Sur 125 hectolitres de pommes apportés, 112 hect. ont été vendus de 6 50 à 7 fr. l'hect. (y compris les droits du Trésor et ceux de la ville de 1 19 par hect.)

Tourteaux, les 100 kil.

	Colza	Œillette	Lin	Cam.
Lille...	16 60 à 17 »	16 » à 16 50	24 » à 25 »	16 50
Arras..	14 » 15 »	14 » 14 75	22 » 22 50	16 »
Gd Moulin Corbeil..	15 50		19 75	
	Coprah	Arachide déc.	Sésame	Lin.
Marseille	12 50 à 14 50	15 »	14 » à 15 »	16 50

GRAINES DIVERSES.

Maïs, les 100 kil.

Paris.....	12 50 à 15	»	Agen......	14 25	15 »
Alais.....	13 50	15 »	Grenoble..	14 25	15 25
Ruffec....	14 »	14 75	Reims.....	15 75	15 25

Sarrazin, les 100 kil.

Paris......	13 25 à 13	75	St-Pierre..	15 25 à 15	75
Mayenne..	15 »	15 50	Nantes....	15 25	15 50
Rennes....	14 75	15 50	Orléans...	15 50	16 25

Légumes secs, les 100 kil.

	Haricots	Pois	Vesces	Lentilles
Paris......	20 à 47	21 à 26	» »	45 à 70
Rouen.....	42 57	50 63	26 28	77 »
Marseille..	18 30	23 32	25 34	19 24 50

Graines fourragères, les 100 kil.

Luz. de Prov.	120 à	140	Minette.....	» à	»
— du Poitou	»	»	Sainfoin à 2 c..	»	»
— d'Italie..	120	130	Sainfoin à 1 c..	»	»
Trèfle blanc..	50	55	Pois jarras...	20	22
— violet..	90	100	Vesces.....	20	22

Huiles.

Colza brut. — Les prix fléchissent encore de 25 centimes à la reprise des affaires.

Le rapproché est coté de 63 50 à 63 25.

Novembre et décembre se cèdent à 63 50.

On fait des 4 premiers mois au même prix.

On cote au début de la réunion :

Cote précédente même heure.		Cote du jour.
64 50 à 64 »	Disponible........	63 50 à 63 25
64 50 64 »	Courant..........	63 50 63 25
64 50 64 »	Novembre.........	63 50 63 25
64 25 » »	Novembre-décembre..	63 50 » »
64 25 64 »	4 premiers mois....	63 50 » »

Lin. — Le marché débute calme aux environs des cours de la veille.

On cote au début de la réunion :

Cote précédente même heure.		Cote du jour.
58 50 à 58 »	Disponible.......	58 50 à 59 »
58 50 58 »	Septembre.......	58 50 59 »
58 25 57 75	Octobre.........	57 50 58 »
57 50 57 »	Novembre-décembre..	57 » 57 50
56 50 56 »	4 premiers mois ...	56 » 56 50

Les 100 kil. net, logés, escompte 1 0/0.

Pétrole.

Prix sans changement.

Disponible..........	100 kil.	49 50 à 51 50
Essence de 700 à 710°, disponible....		60 50 64 »

On cote à l'hect. pour le détail :

PETROLE RAFFINE disponible .	39 50 à 40 50
ESSENCE RECTIFIEE, disponible	42 25 43 50

Laines.

Roubaix-Tourcoing, 7 octobre.

Laine peignée —	de fabrique Cours du jour.	de fabrique Cours préc.	courant Cours du jour.	courant Cours préc.
Courant......	6 70	6 70	5 82	5 82
1 mois après...	6 70	6 70	5 82	5 82
2 — ...	6 32	6 32	5 80	5 80
3 — ...	6 15	6 15	5 75	5 75
4 — ...	» »	6 05	» »	» »

Laines à terme.

Marché ferme.. Ventes, 70,000 kil.

Anvers, 7 octobre.

Peignés allemands de La Plata : Contrat B, sur octobre, 5 95 ; novembre, 5 92 1/2, décemb., 5 50 ; janvier, 5 82 1/2 ; février, 5 80 ; mars et avril, 5 75 ; mai à septembre, 5 72 1/2.

Ventes du 170,000 k. Contrat M., sur octob., 6 »».

En disponible. il a été traité 121 balles Plata suint. Marché soutenu.

Sucres.

Sucres raffinés. — Nous n'avons pas de changement à signaler dans les cours ; demande ordinaire en raffinerie.

Nous cotons les pains 105 par wagon complet, suivant marque.

Sucres cassés, produits accessoires (les 100 kil. disponibles, suivant marque).

Surchoix, cassé, rangé, logé, caisses de 50 kil., ou cartons de 5 kil.......	111 »	à 111 50
Caisses de 25 kil........	111 50	» »
Caisses de 10 kil........	111 50	112 »
Gros déchets..........	103 50	104 »
Sucres en poudre........	102 50	103 »
Semoules............	106 50	107 »
Glaces.............	102 »	104 »
Cristallisés, extra acquittés...	95 50	96 »
— en poudre.....	96 50	97 »

Alcools. — Prix de l'hectol. nu, au compt.

Paris, 3/6 fin, betteraves, 1re qualité, l'hectolitre.		Lille, disp	35 » à 36 50
		Cette....	92 » 100 »
90° dispon.	35 50 à 35 75	Nîmes...	90 » 95 »
Novembre.	36 55 36 75	Béziers..	75 » 100 »
4 premiers	37 50 38 50	Pézenas.	76 » 105 »

Raisins secs à boisson.

(Cours de la maison Audibert, 53, rue des Minimes, à Marseille).

Prix actuels (grande baisse).

Corinthe, **Roi de Grèce**, petits grains Extra 1er choix......	100 kilos		57 »
Corinthe, **le Turban**, gros grains..................	»	»	M.
Corinthe petits grains, 1er choix.	»	»	54 »
Thyra, 1er choix............	»	»	48 »
Samos noirs, 1er choix........	»	»	M.
— muscats............	»	»	M.
Figues à distillerie..........	»	»	27 »
Panaches noirs, égrappés....	»	»	M.

Engrais. — Prix des 100 kil.:

Matières diverses pour engrais. — Cours commercial sur la place de Paris, par 100 kil., pour des ventes en gros de 30.000 kil. au moins.

Sang desséché moulu. 11/13 0/0 azote	20	90 à	24	70
Viande desséchée.... 9/11 0/0 —	17	25	19	25
Cornes broyées...... 13/14 0/0 —	20	75	22	50
Cuir désagrégé...... 8/9 0/0 —	10	40	11	70
Laine engrais........ 3 à 4 0/0 —	»	»	»	»
Nitrate de soude..... 15/16 0/0 —	20	»	20	50
Nitrate de potasse... 95 0/0 —	45	»	47	»
— ... 90 0/0 —	45	»	45	50
Muriate de potasse... 80 0/0 —	»	»	»	»
Sulfate de potasse... 90 0/0 —	25	»	25	50
Sulfate d'ammoniaq.. 20/21 0/0 —	31	25	31	50
Chlorure de potassium 90 0/0 —	20	»	21	»
— Stassfurt. 80 à 85 0/0 —	18	»	»	»
Cornes, cornailles pour brûler.....	»	»	»	»
Déchets fins de cornes, frisures...	»	»	»	»

Phosphates des Ardennes. — En gare des Ardennes et de la Meuse, en sacs (les 100 kil.).

Pulvérisés. 14/16 0/0, acide phosph..	3	40 à	»	»
— 18/20 0/0, —	4	»	»	»
— 16/18 0/0, —	3	75	»	»

Phosphates de Tavel.

50/», la tonne........................ 60 » à 110

Phosphates de l'Yonne. — Les 1.000 kil.

Moulus en sacs, wag. g^{rs} Toucy. 40 à 35 0/0 40 à 50

Phosphates de l'Auxois, Marigny Epoisses.

Pulvérisés 60 à 65 0/0................ 6 » à 6 75

Sulfate de cuivre.

Les 100 kil........................	56	» à	56	»
Phosphates du Boulonnais 40/15...	4	60 à	»	»
— de Pernes............	3	75	6	25
— du Cambresis 28/35....	3	75	4	»
— du Lot 30/50...........	3	»	4	50

Superphosphates, poudres d'os, etc.

Les 100 kilogr.

Phosph. préc. 35 à 40 % acide phosph.	23	»	24	»
— — 40 à 45 % —	25	»	26	»
Superphosphates fossiles, 10 % acide phosphorique soluble et assimil. (les 100 kilog.)........................	6	30	»	»
Superphosphates fossiles, 16 à 18 %.	10	25	11	»
— d'os, 16 à 18 %, acide phosph..	12	»	12	75
Poudres d'os bruts....................	13	50	»	»

Engrais spéciaux. — Les 100 kilog.

Guano du Pérou.	10 à 16	Eng. chim.	
Guan du Pér. diss.	32 à 20	de H. Joulie,	
Guan. az. fixe	26 » à 27 »	Lag	15 » à 23 »

BEURRE, ŒUFS, VOLAILLES.

Paris, 8 octobre.

Beurres en mottes.

Vente active; prix soutenus.
L'arrivage d'hier a été de 10,945 kil.
L'arrivage approximmatif a été de 48,000 kil.

Beurres en livres.

L'arrivage d'hier a été de 9,037 kil.
L'arrivage approximatif a été de 11,000 kil.

Fermiers	au kilo		Touraine	au kilo	
Extra.......	3 10 à	3 20	Extra	2 60 à	2 70
1er choix.....	3 »	3 10	1er choix....	2 60	2 70
2e choix.....	2 90	3 »	2e choix.....	2 50	2 60
Ordinaire ...	2 70	2 80	Ordinaire ...	2 40	2 50
Bourgogne			Vendôme		
Choix.......	2 40	2 50	1er choix.....	2 60	2 70
Ordinaire ...	2 20	2 30	2e choix.....	2 50	2 60
			Ordinaire ...	2 30	2 40
Gâtinais			Beaugency		
1er choix.....	2 70	2 80	1er choix.....	2 60	2 70
2e choix.....	2 60	2 70	2e choix.....	2 50	2 60
Ordinaire ...	2 40	2 50	Ordinaire ...	2 30	2 40
Le Mans			Fausse Touraine		
Choix.... ..	2 40	2 50	Choix.......	2 40	2 50
Ordinaire ...	2 20	2 30	Ordinaire ...	2 30	2 40

Œufs, *le mille :*

Normandie. Extra	110 à	128	Bourgogne . .	95 à	102
Picardie . . Extra	115	138	Champagne. .	100	104
Brie. . . . . Extra	105	115	Nivernais . . .	92	95
Touraine gr. .	105	123	Cosne.	96	100
Touraine ord. .	95	102	Bourbonnais. .	88	92
Beauce	110	120	Bretagne . . .	84	22
Orne.	95	105	Vendee	88	91
Picardie ord. .	96	110	Auvergne . . .	86	89
Châtellerault. .	95	98	Midi.	88	94

Volailles et Gibiers.

Canards :			Pigeons :		
nantais (jeunes)	3 » à	5 50	maconnais.	» 55 à	1 10
de ferme...	2 50	3 75	italiens....	» 50	1 »
Dindes nouv.	4 »	9 »	bizets......	» 45	» 90
Oies nouvelles	5 »	7 »	Poulets :		
— (2e qté).	3 50	5 »	nantais....	2 50	5 »
Pintades..	2 »	3 50	touraine...	2 50	5 »
Lapins domestiques.	1 25	3 »	gâtinais....	2 50	5 »
			du Midi....	1 50	2 25
Chevreaux .30	»	35 »	communs..	1 25	2 »

Marché un peu plus ferme.
Cours fournis par MM. de Bridiers, Jouslin et Scelle, facteurs assermentés, 2, r. de Valois, Paris.

BESTIAUX.

La Villette, 9 octobre. — Bestiaux. — Vente lente et difficile sur le gros bétail, calme et sans changement sur les veaux et les moutons, bonne sur les porcs.

COURS officiels.	Amenés.	Vendus.	1re qualité.	2e qualité.	3e qualité.	Prix extrêmes.
Bœufs....	2.216	1.920	1 62	1 48	1 28	1 20 à 1 66
Vaches ...	542	504	1 58	1 36	1 20	1 12 1 62
Taureaux.	156	152	1 42	1 34	1 22	1 14 1 46
Veaux....	1.226	1.080	1 90	1 70	1 60	1 36 2 10
Moutons..	9.622	8.950	2 14	1 90	1 70	1 60 2 20
Porcs.....	4.116	4.105	1 40	1 36	1 30	1 26 1 46

Marché du lundi 6 octobre.

	Amenés	Vendus	Prix au poids net 1re qual.	2e qual.	3e qual
Bœufs	2.509	2.399	1 66	1 54	1 34
Vaches.....	738	717	1 62	1 40	1 28
Taureaux ..	203	204	1 42	1 36	1 28
Veaux......	1.146	1.084	1 90	1 74	1 56
Moutons....	11.600	11.002	2 12	1 84	1 66
Porcs	2.862	2.862	1 37	1 34	1 28

	Prix au poids vif 1re qual.	2e qual.	3e qual.	Prix extrêmes.
Bœufs	1 01	» 84	» 69	» 64 à 1 04
Vaches	» 96	» 77	» 64	» 58 1 »
Taureaux.......	» 89	1 78	» 66	» 62 » 92
Veaux	1 14	» 01	» 82	» 72 1 28
Moutons........	1 09	» 91	» 78	» 68 1 16
Porcs............	» 94	» 90	» 86	» 80 » 98
Peaux de moutons en laine..........				» » » »
Id. id. demi-laine........				» » » »

Viandes abattues. — Criée du 3 octobre.

		1re qualité.	2e qualité	3e qualité.
Bœufs	le kil.	1 40 à 2 60	1 20 à 2 40	» 90 à 1 70
Veaux....	—	1 66 1 76	1 54 1 64	1 40 1 50
Moutons..	—	1 80 1 90	1 30 1 70	» 80 1 26
Porc entier	—	1 30 1 36	1 16 1 26	1 » 1 10

Cuirs et peaux, les 50 kil.

Taureaux.	39 50 à 41 25	Vaches lourdes	39.50	42.50
Gros bœufs	50 50 54 25	— de bandes	36.25	38.25
Moy. bœufs	45 75 48 50	Gros veaux..	61.25	64.75
Pet. bœufs.	35 50 39 25	Petits veaux	66.50	67.75

CHEMINS DE FER DE L'OUEST.

Nouvelles Cartes d'Abonnement avec parcours circulaires sur la banlieue de Paris.

La Compagnie des Chemins de fer de l'Ouest délivre, depuis le 1er septembre dernier, de nouvelles cartes d'abonnement (1re et 2e classe), de trois mois, de six mois ou d'une année, pour les quatre itinéraires suivants :

1° De Paris (Saint-Lazare, Montparnasse ou Champ-de-Mars) à Saint-Cloud, Pont-de-Saint-Cloud, Garches, Sèvres (Ville-d'Avray et rive gauche) et vice versa ;

2° De Paris (Saint-Lazare ou Montparnasse) à Versailles (rive droite et rive gauche) et vice versa ;

3° De Paris (Saint-Lazare) à Saint-Germain (via Le Pecq et via Marly-le-Roi) et vice versa ;

4° De Paris (Saint-Lazare, Montparnasse ou Champ-de-Mars) à Versailles (rive droite et rive gauche) et à Saint-Germain (via Le Pecq et Marly-le-Roi) et vice versa).

Avec arrêts facultatifs à toutes les gares intermédiaires.

Les cartes des 1er, 2e et 4e itinéraires sont, moyennant un supplément de prix, rendues valables sur la Ceinture, de Paris-Saint-Lazare à Ouest-Ceinture.

J. et A.-J. DECONINCK, *à ARRAS et à Dunkerque* ont à vendre **55 variétés** de

BLÉS DE SEMENCE

ANGLAIS et **FRANÇAIS**. Achats faits directement sur les lieux de production.

Agents exclusifs pour la vente des **Blés Généalogiques** *de semence* HALLETT'S.

Même maison: **NITRATE DE SOUDE** (importation directe), et tous autres engrais chimiques. **TOURTEAUX** (*Turifs et Opuscule envoyés sur demande.*

HUITRIÈRES DE JOUFFRIE-GODET

canton de Marennes.

Eugène YOU, à La Tremblade (Charente-Inférieure).

Contre mandat-postal de 7 fr., M. You expédie en grande vitesse, franco à domicile, une caisse de 5 kil. d'huîtres Marennes, vertes ou blanches, contenent, au choix de l'acheteur :

de 45 à 50 huîtres grosses (nº 1).
de 60 à 70 — moyennes (nº 2).
de 80 à 90 — petites (nº 3).

Contre mandat-postal de 4 fr., aux mêmes conditions, une caisse de 3 kil. contenant, selon nº. de 24 à 50 huîtres.

La dimension des huîtres nº 3, qui sont les plus petites, est de 6 à 7 centimètres de diamètre.

RUCHE

à Cadres mobiles

Prix : **20f**

Gariel

2ter, Quai de la Mégisserie, PARIS

GRILLAGES POUR CHASSES, de 1 mètre, à... **0f 35**

La Maison **R. GARIEL**, *2, Quai de la Mégisserie, à Paris, a obtenu à l'Exposition Universelle de 1889.*

Une Médaille d'Argent, Classe 76 et **Une Médaille de Bronze**, Classe 78.

GRILLAGES, SUPPORTS EN FER

Ruches et Articles d'Apiculture, etc.

VIENT DE PARAITRE :

UN EXCELLENT OUVRAGE

CAUSERIES AGRICOLES

par **D.-G. Graux.**

Envoi *franco* contre mandat-poste de 4 fr. 25, chez l'auteur, 7, rue du Mail, Amiens, ou au siège des Agriculteurs de la Somme, rue des Crignons, Amiens.

L'ENGRAIS AMIÉNOIS

FUMURE NORMALE et COMPLÈTE

A BASE DE MATIÈRES ORGANIQUES

Compositions spéciales pour les cultures de printemps et d'automne. — S'adresser à M. Elisée LEFEBVRE route de Rouen, 121, à **Amiens** (Somme).

---

350 hect. de BOIS et 70 hect. de PLAINE à 1 h. 1/2 de Paris (stat. de Dammartin. Maison d'habitat. et de garde. *Ferme*. Tr. belle chasse (gros et petit gibier). A adjer sr 1 ench., ch. des not. de Paris, 4 nov. 90. M. à pr., 630,000 fr. S'ad. à M. *Mahieux*, garde à St-Laurent, pr Dammartin (S.-et-M.), à Me COCTEAU, not. Paris, 242, bd St-Germain.

PHARMACIE SAVARY

AMIENS, 33, Place Saint-Denis, 33, AMIENS

(EN FACE LE SQUARE).

PROVENDE AUX PHOSPHATES ASSIMILABLES

du Docteur DESCHAMPS.

Prix : 3 fr. le kilog.; 27 50 les 10 kilog. (Remises proportionnelles.).

Accroissement rapide des bestiaux, surtout chez les jeunes animaux, force nerveuse, fécondité, engraissement; prévient surtout la diarrhée chez les jeunes veaux. Qualité exceptionnelle du lait.

M. Lefebvre, cultivateur à Marcelcave, a élevé un veau en lui administrant de la Provende phosphatée pendant 60 jours : tué à 70 jours, ce veau pesait 193 kilog., chiffre officiel constaté à l'abattoir. La viande était très blanche, ainsi qu'est prêt à l'attester M. Okeix, boucher à Amiens.

Les attestations émanant des sommités françaises et anglaises les plus accrédités ont été données à M. SAVARY.

---

30 PRIX D'HONNEUR ET GRANDS PRIX, 250 MÉDAILLES OR, VERMEIL, ETC.

GRANDES CULTURES DE GRAINES POTAGÈRES, FOURRAGÈRES ET DE FLEURS

E. FORGEOT (✠✠) & Cie

fournisseurs du ministère de l'Agriculture, des Ecoles nationales d'agriculture, des Syndicats agricoles, etc.

PARIS, quai de la Mégisserie, 6 et 8

Appareils spéciaux pour épurer et nettoyer les graines

SPÉCIALITÉ DE GRAINES DE GRANDE CULTURE

luzernes et trèfles garantis sans cuscute, minette, vesces, sainfoins trèfles incarnats betteraves, carottes, navets, choux-navets, pommes de terre

Blés à grand rendement, Avoines, Orges, Seigles. **Graines d'arbres pour reboisement**

Graines de graminées pour prairies

Notre Maison ne vend que des graines de provenances sûres, assurant les meilleurs résultats; elle accepte le contrôle de la Station d'Essais des Semences, établie à l'Institut agronomique par le Ministère de l'Agriculture, contrôle auquel nous sommes soumis dès sa création. En conséquence, nos graines sont garanties de levée et d'une pureté irréprochable; nos trèfles et nos luzernes sont garantis sans un seul grain de cuscute.

Grande et importante **Spécialité de Créations de Prairies.** Nous nous chargeons d'établir des compositions convenant à la nature de chaque sol, et d'avance nous en assurons la réussite.

Sur demande, nous adressons *franco* nos catalogues illustrés de graines potagères, fleurs, arbres, fourrages, ognons à fleurs, plantes, etc.

ENGRAIS BOUTIN 24, rue Richer, PARIS. Nombreuses récompenses des milliers de preuves. Récoltes saines et abondantes avec **45** fr. d'engrais par hectare de céréales. Demandez la circulaire et le Guide pratique des cultures de chaque mois qu'on envoie *franco*. Prospectus spéciaux pour la vigne.

LE HÉRISSON

DISTRIBUTEUR D'ENGRAIS Breveté S.G.D.G.

DE CH. FAUL, Constructeur, 13, rue Pierre-Levée, PARIS

Le Véritable " HERISSON " DISTRIBUTEUR hors pair, *a constamment remporté le* 1er PRIX dans tous les grands Concours spéciaux où il s'est présenté en concurrence avec les meilleures machines connues et notamment :

En **1890** à **Reims, Châlon-s-Marne, Neuilly-St-Front, La Ferté-Gaucher;**
1889 à **Noisiel** (Concours international de l'Exposition universelle) et à **St-Quentin;**
1888 à **Troyes, Chartres, Crépy-en-Valois, Pithiviers.**

DEMANDER LE CATALOGUE ET LES NOMBREUSES RÉFÉRENCES.

CRÉDIT AGRICOLE

UNION DES SYNDICATS AGRICOLES DE FRANCE

9, rue Marsollier, PARIS

Agence à LYON, 234, cours Lafayette, S. PLISSONNIER, Directeur ✻ M. A.

MACHINES AGRICOLES DE TOUS SYSTÈMES

TOURTEAUX et FARINES pour la nourriture du bétail.

ENGRAIS CHIMIQUES et ORGANIQUES, MATIÈRES PREMIÈRES

SEMENCES DE PREMIER CHOIX.

Médaille d'Or. * **Exposition Universelle 1889.** * **Médaille d'Argent.**

MALADIES DU BÉTAIL
ET DE LA VOLAILLE

Leur traitement préventif et curatif

PAR L'ACIDE SALICYLIQUE

L'acide salicylique, employé dans la nourriture à la dose de 1/2 à 1 gramme par jour et par tête de bétail, est le meilleur préservatif des maladies qui procèdent par contagion : Sang de rate, Cocotte, Maladie aphtheuse, Erysipèle, Typhus, Morve, Variole et le Rouget des porcs, etc.

DES ATTESTATIONS NOMBREUSES DE GUÉRISONS obtenues pour la Cocotte et le Rouget des porcs ont été reproduites dans le *Journal l'Agriculture*.

La désinfection des étables, des écuries se fait instantanément au moyen d'un arrosage d'eau salicylée à 2 grammes par litre.

S'adresser à M. CERCKEL, administrateur de la *Compagnie de produits antiseptiques*, 26, rue Bergère, Paris.

Envoi sur demande de Prospectus et Brochures.

PRIX DU KIL. 25 fr. — BOITE DE MÉNAGE, 2 fr.

VACHERIE à **céder** portes de PARIS. — 30 vaches normandes, 350 litres lait vendu 0 fr. 40 cent. Vendeur depuis 16 ans se retire après fortune. Loyer peu élevé. Bénéfices nets annuels, 12,000. On traitera avec 12,000 fr. argent ou sans argent avec garanties sérieuses. S'adresser à MM. LAPORTE et LEFRANC, 93, boul. Sébastopol, Paris.

Sont vendues les vacheries annoncées précédemment.

PETIT MANUEL DE DISTILLATION

du COGNAC et des EAUX-de-VIE

de Vins, Cidres, Piquettes, Lies, Marcs, Fruits, etc.

ET TARIF ILLUSTRÉ

d'APPAREILS de DISTILLERIES

Envoyés gratis

par **DEROY FILS AINÉ**, Constructeur, **73,75,77, rue du Théâtre** (Grenelle) Paris

MÉDAILLE OR, EXPOSON UNIVLLE, PARIS 1889.

ACHATS & VENTES

DE

PRODUITS AGRICOLES, VINICOLES.

BOIS EN GROS.

CHAPITEL, 23, rue de Paris, Clichy (Seine).

Agents sont demandés.

L'Administrateur-Gérant : ALBERT RENOT.

Beauvais. — Imp. D. PÈRE. — A. CARTIER, Gérant.

Faucheuses. Faneuses. Râteaux à cheval. Presse-à fourrages. Brise-Tourteaux. Appareils à cuire. Egrenoirs de maïs. Rouleaux. Semoirs. Transmissions par arbres et par câbles. **Matériel** de brasserie et de féculerie.

ALBARET (O. * et O. *)

MACHINES AGRICOLES.

Ateliers de Construction et Administration à **LIANCOURT-RANTIGNY** (Oise).

Magasin et bureau, à PARIS, boul. de Strasbourg, 63 (entrée par le passage du Désir).

Succursales : Saint-Quentin, boulevard Victor-Hugo, n° 52 ; **Chartres**, rue du Grand-Faubourg, n° 76 ; **Abbeville** (Somme), rue Ringois, n° 44 ; **Cambrai**, M. MESNIL, rue des Bouchers, n° 13.

Récompenses obtenues aux Expositions universelles et Concours internationaux.

Machines à vapeur fixes, horizontales et verticales.

Générateurs.

Machines à vapeur locomobiles.

Manèges fixes, mobiles et semi-fixes.

Batteuses fixes et portatives, conservant ou brisant la paille.

Engreneurs mécaniques.

Semoirs à engrais, à graines et à haricots.

Hache-maïs et **Coupe-racines** à force centrifuge transportables.

206 Médailles d'or.

Exposition	Récompense
1862. Exposition de Londres.	1er prix : grande médaille ; 2e prix : mention honorable.
1864. Exposition internationale de Bayonne.	Médaille d'or, donnée par le Gouvernement ; médaille d'or, donnée par la Commission de l'Exposition.
1865. Exposition universelle de Porto.	Grande médaille d'argent.
1867. Exposition universelle de Paris.	Grande médaille d'or, la plus haute récompense pour locomotive routière et machines agricoles.
1869. Expos^on d'Amsterdam.	Diplome d'excellence.
1869. Exposition de Beauvais.	Deux diplômes d'honneur, comme exposant et membre du jury.
1872. Exposition de Lyon.	
1873. Exposition univ. de Vienne (Autriche).	Grand diplôme d'honneur, la plus haute récompense.
1878. Exposition univ. de Paris.	Trois médailles d'or ; un objet d'art pour mérite exceptionnel sur le terrain ; une médaille de bronze ; quatre médailles argent et bronze pour collaborateurs.
1882. Conc. spéc. international de hache-maïs de Ste-Menehould.	1er prix : médaille d'or, donnée par la Société des Agriculteurs de France.
1883. Expos^on d'Amsterdam.	Diplôme d'honneur : la plus haute récompense.
1884. Grand concours international d'Amsterdam.	Prix unique : grande médaille d'or pour locomobile ; 1er prix : grande médaille d'or pour presse à fourrage ; 1er prix : grande médaille d'or pour machines à battre ; 1er prix : médaille d'argent pour hache-paille et dépulpeur.
1885. Exposition internation. d'Anvers.	Diplôme de médaille d'or, la plus haute récompense pour machines agricoles.
1889. Exp. d'économ. sociale, section XIV.	Médaille d'or ; médaille d'argent pour collaborateurs.
1889. Exposition universelle. - Membre du jury. Hors concours.	
1876. Société nation. d'agric. de France.	Grande médaille d'or ; prix de mécanique.
1886. Société nation. d'agric. de France.	Rappel de grande médaille d'or pour l'ensemble des travaux de mécan. agric.
1888. Aniche (Nord).	Moissonneuse-lieuse à la ficelle, diplôme d'honneur avec félicitations du jury, pour la machine qui fonctionne à toute satisfaction.
1889. Comice agric. de Montdidier, Ailly-sur-Noye.	Diplôme d'honneur et médaille de vermeil pour batteuse et instruments ; médaille de vermeil grand module pour faucheuse et moissonneuse.
1890. Concours de Clermont	Diplôme d'honneur avec félicitations du jury, pour le bon fonctionnement de la moissonneuse-lieuse.
Plusieurs médailles or, argent et bronze à MM. les Collaborateurs de la Maison	

Concasseurs.

Moulins-bluteries.

Hache-paille.

Hache-maïs.

Hache-fourrage.

Coupe-racines

Laveurs de racines.

Moissonneuses simples.

Moissonneuses combinées.

Moissonneuses lieuses.

162 Médailles d'argent.

Envoi gratis sur demande des Catalogues illustrés.

16 Diplômes d'honneur et d'excellence.

Monte-Paille.

Moteur domestique à vapeur à pression inférieure à celle atmosphérique.

Rouleaux à vapeur et à traction de chevaux pour le cylindrage des chaussées d'empierrement.

Poteaux indicateurs pour routes.

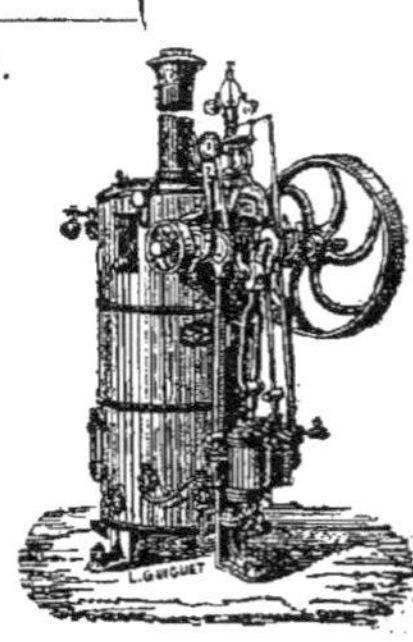

11e Année. — 2e Série. — N° 560. Dimanche 19 Octobre 1890.

GAZETTE AGRICOLE

JOURNAL HEBDOMADAIRE, PARAISSANT LE DIMANCHE

Rédacteur en Chef : M. Ch. GOSSIN, Professeur d'Agriculture à l'Institut agricole de Beauvais

PRIX DE L'ABONNEMENT

UN AN, 5 fr. — SIX MOIS, 2 fr. 50. — TROIS MOIS, 1 fr. 50

Pour l'étranger les abonnements ne sont reçus que pour un an, au prix de 6 francs, et ne partent que du 1er janvier ou du 1er juillet de chaque année.

Il est indispensable de joindre à toute demande de changement d'adresse la dernière bande d'adresse du journal et 50 centimes pour frais de nouvelles bandes.

Adresser les *Abonnements et Annonces* à l'administrateur, 13, quai Voltaire, Paris, ou à M. GOSSIN, rédacteur en chef, à BEAUVAIS.

BUREAUX

13, quai Voltaire, Paris.

Les abonnements partent du 1er de chaque mois et sont payables d'avance. Toute demande d'abonnement doit donc être accompagnée du prix de l'abonnement. (Le mode de payement le plus simple est l'envoi d'un mandat-poste.)

Donner *très lisiblement*, en s'abonnant, son nom et son adresse exacte, *avec l'indication du bureau de poste*; et, s'il s'agit d'une continuation d'abonnement, joindre au renouvellement la dernière bande d'adresse du journal.

La GAZETTE AGRICOLE insère gratuitement les Communications des Syndicats agricoles

PRIMES A NOS ABONNÉS.

L'ALMANACH FRANÇAIS *pour 1891 vient de paraître à la Librairie nationale*.

L'administration de la Gazette agricole *met* gratuitement, *comme l'année dernière, cet Almanach à la disposition de ceux de nos abonnés et lecteurs qui manifesteront le désir de le recevoir* et joindront à leur lettre 15 centimes *en timbres-poste pour frais de port.*

Tout abonné qui renouvellera son abonnement, soit à l'expiration, soit par anticipation, par l'envoi d'un mandat-poste de 5 francs, ou déposera 5 francs dans un bureau de poste pour le renouvellement de son abonnement, recevra de droit gratuitement *et* franco *l'*ALMANACH FRANÇAIS.

*L'*ALMANACH FRANÇAIS *est mis gratuitement à la disposition de tous nos abonnés anciens ou nouveaux dans nos bureaux, à Paris, 13, quai Voltaire, et à Beauvais.*

SEMENCES CHOISIES.

Les champs de démonstration à la ferme.

Afin de mettre nos abonnés cultivateurs à même d'expérimenter sur *leur propre terrain* les variétés de blé à haut rendement qu'il importe tant de substituer aux variétés médiocres trop communes dans notre pays, nous mettons à leur disposition, à titre de prime, et indépendamment de l'*Almanach Français*, des semences de choix des meilleures variétés de blé.

Bien entendu, la quantité à distribuer à chacun ne peut pas être grande, mais elle suffira pour permettre de faire une première expérience sérieuse et de la continuer l'année suivante sur une plus grande étendue.

C'est ainsi, c'est par des essais bien faits, parce qu'ils se font en petit, que le cultivateur parvient à se rendre un compte exact de la valeur de la variété étudiée et qu'il arrive petit à petit et sans dépense à *se mettre en semences*, comme on dit, et à augmenter considérablement les rendements de son exploitation.

On parle beaucoup des *champs de démonstration*. Ils rendent les plus grands services en donnant des indications générales et en faisant ressortir les qualités de tel ou tel engrais, de telle ou telle variété. Le cultivateur ne doit pas négliger ces indications et les mettre à profit en faisant *dans son exploitation*, sur *son propre terrain*, l'étude des engrais et des variétés qui, bien que recommandés d'une manière générale, peuvent ne pas donner les mêmes résultats partout. C'est sa terre, c'est son champ, et non celui du voisin qu'il faut interroger.

Ces expériences spéciales, nous les facilitons par notre prime. Bien que modeste en apparence, elle aura certainement les résultats utiles que nous espérons, parce qu'elle tombera entre des mains pratiques qui sauront en tirer bon parti.

Quelques centaines de grammes de semence de blé, cela n'a l'air de rien. Ce ne serait rien, en effet, s'il s'agissait de variétés ordinaires, et non de variétés peu répandues, nouvelles et à haut rendement.

Mais que faire avec une si petite quantité? C'est bien simple :

300 grammes nous permettront d'ensemencer un carré d'expérience de 5 mètres carrés. Par exemple, ce petit champ, auquel nous consacrerons un coin de notre jardin, *bien aéré* (et non pas sous les arbres), devra être cultivé et fumé avec tous les soins possibles, ce qui ne sera pas difficile, à cause de sa petite surface.

Culture profonde à la bêche, à 0^m40 ou à 0^m50, si c'est possible. Engrais abondant; bon fumier, cendres et 4 kil. de superphosphate.

Semis *clair* en lignes espacées de 0^m35. Ainsi espacées, les tiges tallent abondamment; la paille, loin de s'étioler comme dans nos semis ordinaires, prend de la force et ne verse pas, malgré la richesse du sol ; et que d'économie de semence !

En hiver, destruction des limaces, si cela est nécessaire, par le semis de chaux en poudre.

Après l'hiver, semis à la surface de 2 kil. de colombine ou poulaine, ou 1 kil. de nitrate de soude. Roulage énergique.

Faisons, en un mot, de la culture *intensive*, par excellence, et nous récolterons de quoi ensemencer l'année prochaine plus de 20 ares.

Dans deux ans nous pourrons récolter la semence de plusieurs hectares.

Nos abonnés pourront choisir entre les variétés d'automne suivantes :

Avoine grise d'hiver
Réduction au tiers de la grandeur naturelle.

Blés : Aleph — de Noé — ROUGE D'ECOSSE — Browick — de Challeng — Chiddam d'automne à épi blanc. — id. à épi rouge. — DATTEL — Goldendrop — Hallett — Hunter — Lamed — KISSENGLAND — de Miracle — MONTAGNARD BARBU (très productive, même dans des sols médiocres) — Poulard d'Australie — Richelle blanche de Naples — Roseau — ROUGE INVERSABLE de Bordeaux — de Saumur — Sheriff à épi carré — VICTORIA D'AUTOMNE.

Avoines : Noire d'hiver de Belgique (produits considérables, mais craint hiver très rigoureux).

Grise d'hiver (très résistante aux gelées)

Seigle de Schanstedt à semer de suite. Rendement extraordinaire. Tiges de 2^m25 à 2^m50 de hauteur. Epis, moyenne de 0^m20 de hauteur.

Les semences, d'une qualité irréprochable, proviennent de la maison Forgeot, 6, quai de la Mégisserie, Paris, qui, rappelons-le, s'est soumise au contrôle de la station d'essais établie par le ministère de l'agriculture à l'Institut national agronomique de France.

C'est dire qu'elles offrent toutes garanties au point de vue de la pureté d'espèce et de la qualité germinative.

Pour les semailles de printemps, nous ajouterons à notre liste un certain nombre d'autres variétés de blé, quelques avoines et aussi des graines potagères et des graines de fleurs, et ce à l'intention de nos charmantes lectrices.

Nos abonnés nous sauront certainement gré des sacrifices que nous nous imposons pour leur être agréables et surtout utiles.

Pour recevoir un paquet d'une des variétés indiquées ci-dessus, il suffit, pour nos abonnés, de nous envoyer, en en faisant la demande, 0 fr. 45 c. en timbres-poste pour les frais d'affranchissement.

Quant aux abonnés nouveaux, ou à ceux qui renouvellent leur abonnement à l'échéance ou par anticipation, ils recevront la *prime gratuitement et franco*, à la condition de nous envoyer, en un mandat, cinq francs, prix net de leur abonnement, et de nous éviter ainsi les frais relativement très lourds de recouvrement par la poste.

Ch. Gossin.

SOMMAIRE :

PARIS, 17 OCTOBRE.

Que le Gouvernement républicain soit un Gouvernement cher entre tous, c'est là une vérité que ses adeptes ont pu nier quand ils étaient dans l'opposition, mais qu'ils ne peuvent contester depuis qu'ils sont au pouvoir. Ils ne manquaient pas jadis, pour établir aux yeux de ceux qui n'y regardent pas de près, de comparer la liste civile d'un président de la République avec celle d'un roi ou d'un empereur, et de conclure que la République était meilleur marché que la monarchie ou l'empire. — Mais le budget d'un Etat ne comprend pas que l'entretien d'un président de République ou d'un monarque. C'est même une goutte d'eau par rapport à une mer. Il y a les services publics à doter et à alimenter. Or, avec les milliards que la République a ajoutés depuis dix ans aux charges des contribuables, on aurait eu de quoi compenser l'écart entre le traitement d'un président de la République et d'un roi, et garnir des milliers de poches, même très profondes. — Voilà donc encore une guitare — comme dirait M. Ranc — dont les républicains ne peuvent plus jouer, puisque la République nous coûte démesurément plus cher qu'aucune monarchie.

***

Ce n'est pas tout. Si le régime républicain — et son budget annuel le prouve avec les impôts et les emprunts à jet continu dont il se compose — est lamentablement coûteux, il n'a pas non plus un bon renom d'intégrité. C'est depuis dix ans surtout, ou, pour être plus exact, c'est depuis dix ans seulement que le pot de vin est entré dans nos mœurs politiques. Il a été florissant du temps de M. Wilson, et depuis lors il n'est pas de jour où les journaux républicains ne nous parlent de scandales du même genre. A les lire, on doit croire que rien à peu près ne se fait, sous la République, sans l'assistance du pot de vin ou du pourboire. Ce qui était jadis exceptionnel, et de ce chef scandaleux, est aujourd'hui monnaie courante. On a même tout l'air d'être un véritable imbécile quand on paraît accepter avec réserve les dires de la presse républicaine à cet égard. On peut aussi assurer qu'il n'est pas de jour ou tel député, tel sénateur et tel ministre ne soit accusé d'avoir fait servir son crédit politique à ses profits personnels. — C'est là, le Bonhomme Deschampe le répète, un fait aussi nouveau que honteux pour nos mœurs politiques.

***

Ces réflexions un peu longues, mais que le Bonhomme Deschamps ne regrette pas de n'avoir pas abrégées, sont suggérées par les attaques dont le ministre des finances, M. Rouvier, est en ce moment l'objet. Il est encore à noter que ces attaques ne partent pas du parti conservateur ; elles viennent d'un journaliste républicain, membre du conseil municipal de Paris, M. Charles Laurent, celui-là même qui dénonça en leur temps les trafics de M. Wilson. Donc, M. Rouvier est publiquement accusé d'avoir profité de sa situation de ministre des finances pour jouer ou faire jouer à la Bourse à coup sûr et à son profit. L'accusateur, qui paraît sûr de son fait, met même M. Rouvier au défi de le poursuivre devant les tribunaux. Si le Bonhomme Deschamps n'est pas républicain — et le moment vraiment n'est pas engageant pour retourner sa veste, — il est Français, et bon Français. A ce titre, il ne serait pas autrement flatté pour son pays que M. Rouvier fût accusé à bon escient et convaincu de s'être enrichi indûment. Aussi aurait-il été satisfait de voir confondre l'accusateur et l'accusation.

***

Malheureusement, force est de le reconnaître, cette satisfaction n'est pas encore permise. Les notes plus ou moins officielles et les défenses plus ou moins personnelles que le ministre des finances a présentées au public ne sont pas concluantes. Ce n'est, du reste, pas la première fois que M. Rouvier est ainsi attaqué. L'année dernière il a répondu en plein Parlement qu'il avait tout au plus dix mille livres de rentes. Ce qui est un assez joli denier pour un homme qui n'avait rien à son début dans la vie publique. Le Bonhomme Deschamps ne peut croire qu'il ait gagné cette petite fortune pendant qu'il était au pouvoir, les économies à faire sur le traitement ministériel ne pouvant atteindre, — si regardant que l'on soit — le capital de dix mille livres de rentes. Mais le passé est le passé et c'est du présent qu'il s'agit. Et bien, le Bonhomme Deschamp le répète, M. Rouvier n'a pas répondu à l'accusation précise de M. Laurent. A-t-il, oui ou non, profité de sa connaissance des hausses et des baisses de Bourse pour réaliser ou faire réaliser à son profit des bonis? Voilà bien la question telle qu'elle a été posée dès le premier jour et telle qu'elle demeure encore aujourd'hui. Un *non* de M. Rouvier avec preuves à l'appui ferait mieux pour son bon renom que les notes et les explications des journaux ministériels.

***

Faut-il croire que les accusations dont le ministre des finances est l'objet, et auxquelles il n'a pas répondu, aient trouvé quelque écho dans la commission du budget? En tout cas, il a été fort mal mené cette semaine par elle, et ses projets ont été repoussés depuis A jusqu'à Z. Ce n'est pas d'un bon signe, quand même il n'y aurait là qu'une simple coïncidence. Mais, revenant à l'objet de cette causerie, le Bonhomme Deschamps ne peut s'empêcher de se demander où Montesquieu a pris que « la vertu était le principe dominant de la République. » Evidemment ce grand esprit, en formulant sa pensée, avait les yeux beaucoup plus sur le passé que sur l'avenir. S'il avait pu prévoir une République en France et de l'acabit de la nôtre, il eût pensé et écrit tout différemment.

Le Bonhomme Deschamps.

NOUVELLES DE LA SEMAINE.

La rentrée des Chambres aura lieu le 20 octobre, c'est chose décidée et officielle. On paraît craindre qu'à la rentrée l'accord ne soit fort difficile à établir entre le ministre des finances et la Chambre.

M. Rouvier aurait l'intention de réclamer le vote immédiat de l'emprunt de consolidation en le détachant du budget dont il précéderait la discussion. S'il ne peut l'obtenir, il est en effet fort probable que l'emprunt sera très retardé, et maintenir les cours publics au taux où les a portés la spéculation est une tâche des plus problématiques.

D'autre part, dans la discussion du budget lui-même, la question de la majoration de l'impôt de 3 0/0 sur les valeurs mobilières rencontrera une très forte opposition. On dira qu'il serait dangereux de pousser ainsi l'épargne à rechercher les placements étrangers, et non moins dangereux que peu pratique d'essayer de frapper également les valeurs étrangères, car nous serions alors exposés de la part des autres gouvernements à des représailles très préjudiciables pour notre marché.

Or, si cette mesure est repoussée, l'équilibre déjà bien précaire du budget sera forcément détruit et on se trouvera en face d'un nouveau déficit de 17 millions. Les difficultés ne manqueront donc pas, elles se présenteront d'elles-mêmes.

Notre ministre des finances, M. Rouvier, est depuis quelques jours sur la sellette. C'est un républicain, fort en vue, conseiller municipal opportuniste de Paris qui l'y a mis, en l'accusant publiquement dans un journal républicain qu'il rédige, de tripoter à la Bourse, avec l'argent des Caisses d'épargne. D'après M. Charles Laurent, M. Rouvier se servirait des fonds que le public verse à la Caisse d'épargne pour faire monter ou baisser les rentes françaises et jouerait ainsi à coup sûr pour son propre compte.

Le journal de M. Jules Ferry, l'*Estafette*, défend M. Rouvier contre M. Charles Laurent. Sa conclusion donne à réfléchir :

« Il y a là-dessous — dit ce journal — des rancunes; il y a des haines qui cherchent un assouvissement. *Quelques politiciens sans emploi spéculent* sur des crises imprévues. On avait accusé les républicains les plus éminents, les plus désintéressés de spéculations criminelles. Il fallait bien accuser M. Rouvier de prévarication. *C'est le mal de la République.* M. Ch. Laurent y peut gagner quelque jour la gloire de Caton. *D'autres, derrière lui, qu'il ne voit pas, sans doute, y auront des profits plus solides.* »

La riposte ne s'est pas fait attendre; c'est ce qu'on appelle en terme d'escrime le tac au tac.

Les insinuations de l'*Estafette* sont aussi claires que perfides. Elles montrent en face des spéculateurs frauduleux que flétrit M. Laurent un autre groupe de spéculateurs qui ferait à la Bourse la contre-partie.

Reste à savoir quels sont « les autres » dont parle l'*Estafette*, et quels sont « leurs profits plus solides ».

Tous tripoteurs alors?

Le choléra en France. — Il y a quelque chose d'au moins aussi grave que les affaires publiques, c'est la santé publique. Après la municipalité de Trouville qui a commis les imprudences dangereuses, de laisser se développer la fièvre typhoïde, voici que le conseil d'hygiène accuse d'incurie la municipalité de Lunel. Deux cas de choléra se sont produits en cette ville, il y a quinze jours, parce qu'on avait négligé d'examiner un voyageur venant de Valence d'Espagne, M. Jean Crémier, dont l'arrivée avait été cependant signalée. Des précautions ont été prises aussitôt, et seule la mère de ce malheureux a succombé, avec lui, à l'épidémie dont il rapportait le germe.

Le préfet de l'Hérault a aussitôt frappé d'une suspension de quinze jours l'adjoint coupable de négligence.

Le conseil d'hygiène fait connaître aussi que le choléra diminue en Espagne; il ne reste plus qu'à surveiller le retour des pèlerins de la Mecque.

Le maintien de la santé publique en France dépend donc de l'exécution, par toutes les autorités, du décret, et principalement de la stricte application de l'article 1er qui ordonne de faire passer une visite sanitaire à tout voyageur ayant franchi la frontière d'Espagne.

Statistiques. — Les grandes villes du monde. Les recensements récent faits dans les différents pays ont permis de constater qu'il y a, dans tout l'univers, 176 villes ayant plus de 100,000 habitants. Dans vingt-cinq villes la population dépasse un demi-million. Enfin, dix grandes capitales ont plus d'un million d'habitants. Ce sont Paris, Londres, Berlin, Vienne, Saint-Pétersbourg, Pekin, Tokio, New-York, Philadelphie et Chicago, auxquelles on ajoutera avant peu Constantinople.

LE BÉTAIL

INFLUENCE DE L'ALIMENTATION SUR LA CONSTITUTION DU BÉTAIL

Il est un principe qui régit dans toutes les contrées l'existence animale, et qui a autant de puissance sur elle que le climat et la nature du sol. Cette règle est celle-ci : *La nourriture, quelle qu'elle soit, modifie la taille, les formes et le tempérament des animaux.*

Cette loi n'est pas une fiction; les faits constatent chaque jour sa vérité et son importance. Ainsi, un animal chétif, amoindri, abâtardi sous tous les rapports, est-il conduit dans un pâturage fertile, sur une terre abondamment couverte de plantes alimentaires, il acquiert en peu de temps une amélioration, un perfectionnement très sensibles. Si cet animal continue à vivre dans un tel lieu, il arrive bientôt une époque où il existe un équilibre parfait entre lui et la nature, c'est-à-dire la vertu du sol et les forces organiques de l'individu, à tel point que ce dernier ne se ressent plus de l'infertilité du sol sur lequel il vivait primitivement.

Mais cette transformation, cette modification, due à cette force d'harmonie coordonnée qui existe dans la nature et pour les animaux sauvages, et pour les espèces domestiques, ne peut constituer un perfectionnement réel et éternel. Tout ce que l'individu a acquis est en disposition de périr, s'il ne reste point dans les mêmes circonstances. Pour que l'amélioration, imprimée chez cet animal avec autant de force et d'énergie, puisse se maintenir pendant toute l'année, pour que l'organisme conserve sa puissance nouvelle, l'homme doit prévoir à l'avance la dissidence qui peut survenir sous l'inclémence persévérante des saisons, entre la nourriture et l'animal.

La nature s'abandonne toujours à elle-même, et les animaux qu'elle nourrit s'enchaînent avec elle. Toutefois elle ne dote les animaux de la faculté de supporter sans périr de longues et fréquentes privations que lorsqu'ils ont vécu, ou, pour mieux dire, lorsqu'ils ont pris naissance au milieu des circonstances qu'elle circonscrit. C'est alors que le peu qu'elle leur fournit suffit à leur puissance vitale sans qu'il existe une dégénération dans l'ensemble qui les caractérise.

Donc, l'animal, qu'une nourriture plus abondante a métamorphosé, ne pouvant se soutenir naturellement au point où il est parvenu, se trouve encore abandonné à la puissance de l'homme. En effet, c'est à lui qu'il appartient désormais de maintenir ou de chercher à faire naître un équilibre ou un balancier entre la nourriture et les besoins nouveaux de l'individu. Si l'homme ne remplit pas cette condition qui est désormais indispensable à la conservation des qualités acquises, l'animal perd ses nouveaux caractères et retourne à son existence primitive.

C'est sous l'empire de ces réalités que le cultivateur éprouve toujours des difficultés immenses, lorsqu'il veut introduire, nourrir, élever, multiplier une race, qui a pour patrie une localité, un sol bien différents de ceux qu'elle doit habiter. Cependant lorsqu'une race a vécu et a été multipliée sur un sol aride, peu fertile sur lequel les productions végétales sont peu abondantes, et qu'elle est conduite sur des terres de même nature, mais plus fertiles et situées sous la même latitude, elle gagne en corps, en taille, en stature ; et ses formes primitives et ses caractères essentiels se conserveront; et s'ils éprouvent des modifications, ces changements ne sauraient être que favorables. Si, au contraire, le sol sur lequel cette race a pris naissance était très riche, si les pâturages qui ornent sa surface sont composés de bonnes plantes, toutes susceptibles de servir à l'alimentation, et que cette même race soit confiée au sein d'un sol aride, de contrées couvertes de bruyères, elle ne périra pas, elle poursuivra son existence. Mais quelle différence en ses produits et les produits procréateurs de sa race ? En quelques années, les descendants auront perdu, par le fait d'une mauvaise alimentation, les caractères généraux qui distinguaient ses ascendants. Ainsi la taille sera moins élevée, ses formes, ses qualités pourront être entièrement changées.

Toutes choses égales d'ailleurs, sous l'influence d'une nourriture abondante, mais sèche, riche, les chairs conservent leur fermeté et leur élasticité, les os, les muscles ne perdent pas de leur consistance ; la taille grandit et les formes se développent. Lorsque les fourrages sont nutritifs mais humides, l'animal perd de son énergie, les os perdent de leur densité et deviennent plus gros, les chairs sont plus abondantes mais distendues, la sécrétion du lait est toujours abondante. Quand les fourrages sont abondants, mais aqueux et peu substantiels, les formes deviennent volumineuses, les organes perdent une partie de leur énergie ; les poils, la laine, la corne s'allongent et grossissent.

C'est en examinant l'influence de la nourriture sur tous les êtres organisés que l'on est convaincu des rapports qui doivent exister entre la nature et la fertilité du sol, les plantes et les animaux. Lorsque l'herbier du cultivateur se rétrécit, lorsque les plantes qui le composent n'ont plus des couleurs aussi variées, c'est que le sol est peu fertile. Alors les animaux peuvent être nombreux, mais leur taille est petite et leur conformation peu favorable. Lorsque, au contraire, ce même herbier est rempli d'une foule de plantes, qui jettent sur les prairies et les champs des teintes variées et brillantes, et non un aspect morne et uniforme, comme dans le premier cas, le sol est fertile et les animaux sont remarquables sous tous les rapports. Il est triste pour l'agriculture de ne recueillir que des fourrages homogènes dénués de cette odeur, de cette saveur nutritive, qui distinguent les foins des prairies émaillées de mille couleurs. Lorsque le cultivateur vit au sein d'une telle réalité, que les plantes qui fournissent des fourrages secs ou verts sont le ray-grass, le seigle, le brôme, le sarrasin, etc., il ne peut qu'attendre et espérer ! L'homme, par son industrie et par les mystères de la culture, peut parfois changer en quelques années la surface du sol sur lequel il vit, en riches et verdoyantes prairies naturelles, toujours nécessaires à la prospérité de l'agriculture animale.

Lorsque les animaux sont mal nourris, lorsque les rations ne sont pas en rapport avec leurs besoins, lorsque les fourrages sont de mauvaise qualité, tous les individus restent maigres, ne donnent que de faibles produits et ne rendent que de mauvais services. S'agit-il de bêtes de travail, les forces que déploient les animaux sont plus faibles. Est-il question de vaches, le lait est peu abondant et ne suffit pas toujours à l'alimentation convenable et rationnelle des jeunes individus, si les mères ont une taille élevée. Possède-t-on des bêtes à laine, celle-ci est peu adhérente sur la peau et perd de sa finesse, son nerf et sa largeur.

Ainsi donc *tout est dans tout*, le bien et le mal, et dans toutes les choses il faut avoir égard aux forces de la nature et suivre exactement les lois qu'elle a posées. Ces principes ont une influence décisive sur l'existence de tous les êtres organisés. C'est un fait parfaitement prouvé qu'ils permettent au cultivateur d'éviter des mécomptes ou des résultats défavorables.

Docteur Agricola.

LA FABRICATION DU CIDRE

(Suite) (1).

Epoque du pressurage.

Il est un fait incontestable, c'est que le cidre est une des boissons des plus ignorées et des plus dépréciées, je parle en général. Pourquoi? C'est que rarement on en boit de bon. Que vous vous rendiez dans n'importe quel café ou restaurant parisien pour demander une bouteille de ce liquide, on vous apportera pompeusement, sous le nom de *cidre de Normandie*, une espèce de liquide jaunâtre, doucereux, fortement alcoolisé, ou bien une piquette aigrelette dont la première gorgée vous fera sauter au plafond. Si vous vous récriez, on vous répondra que sa provenance est authentique et que vous n'y connaissez rien. Ne protestez pas, la chose m'est arrivée maintes et maintes fois, et, dernièrement encore, il y a à peine quelques mois, à la clôture de l'Exposition, je fus délicieusement traité de... (mettons d'ignorant) par le garçon qui me servait, parce que j'avais osé critiquer le liquide peu hygiénique qu'il me servait sous le nom de cidre, et l'avais prié fort poliment d'aller en faire profiter le ruisseau. Allez donc après cela faire aimer le cidre !...

Mettant de côté les liquides aigrelets ou doucereux sortant des *cidreries*, ces laboratoires d'un nouveau genre, que l'on décore du nom de cidre de Normandie, de la Sarthe, etc., et ces crus de pommiers qui font frémir les palais les moins délicats, il ne faut pas croire que la manière d'opérer soit indifférente; car vous auriez beau posséder un pommage de premier choix, vous ne produirez qu'une boisson détestable si vous ne savez pas la faire.

Si trop souvent les cidres sont aigres, c'est que la première règle, celle de maturité est enfreinte. Si vous gaulez vos pommes trop vertes, vous n'obtiendrez *rien de bon*; si, étant en tombes, c'est-à-dire en tas, vous ne leur laissez pas le temps de se cuire, pour ainsi dire, ensemble, c'est encore comme rien.

N'écoutez donc jamais ces beaux parleurs, praticiens de pacotille qui, parce qu'ils ont lu cela dans quelques petites brochures plus ou moins sottes, viennent prétentieusement vous dire, après avoir goûté d'un fruit pris à l'arbre: *ces pommes sont mûres, vous pouvez les amener* au pressoir. Croyez cela et buvez de l'eau quand vous ne pourrez plus le faire de votre cidre. Cette théorie est totalement fausse, car si les pommes de l'extérieur de l'arbre, celles qui ont eu tout le soleil le sont, celles de l'intérieur, qui en ont été privées, sont fatalement vertes, et il faut, de toute nécessité, que les pommes soient mises en tombes pendant un temps plus ou moins long; car c'est en tas que se termine la maturité, c'est en tas que se communique de l'un à l'autre le parfum de chaque fruit, c'est en tas enfin que se développe le bouquet qui vous rendra plus tard fier de votre cidre.

Et maintenant, me direz-vous, à quel moment les pommes doivent-elles être pressurées? Vous ne devez le faire que lorsque le dessus de vos tombes commence un peu à pourrir (remarquez que je ne dis pas moisir), c'est-à-dire lorsque celles de l'extérieur deviennent un peu blettes; c'est à ce moment qu'il faut agir, car alors celles de l'intérieur sont arrivées à point. Si vous n'agissez pas ainsi, je ne saurais trop le répéter, vous pourrez mettre à l'enseigne de votre maison : *Fabrique de vinaigre*, car c'est le seul liquide que vous produirez.

Il est certain qu'il ne faut pas passer d'un extrême à l'autre et attendre indéfiniment la maturité; l'excès en tout ne vaut rien, mais il vaut cependant mille fois mieux amener au pressoir des pommes trop avancées (comme cela nous arrive parfois dans les années de grandes récoltes), que des fruits verts. Dans le premier cas, le cidre sera moins fort en alcool, c'est certain, mais dans le second il le serait infailliblement trop en vinaigre.

On me dira peut-être : L'hiver approche, les grands froids vont venir, la neige va tomber, nous devons nous hâter de pressurer; ceci est une mauvaise excuse. Il ne faut pas, il est vrai, que les pommes soient gelées, ni que l'intérieur des tas renferme de la neige, car celle-ci rend le cidre sans couleur ni qualité; mais rien ne vous empêche, si vos tombes sont dehors de les couvrir avec de la paille, et il vaut infiniment mieux, je le répète encore une fois, que vos pommes soient un peu mordues par la gelée que de les pressurer trop vertes. Si j'insiste avec tant de force sur ce point, c'est qu'il est généralement le défaut capital; on croit toujours les pommes en état et on ne fait rien bon; ayez donc au moins la patience d'attendre et vous gagnerez tout. Celui qui écrit ces lignes a fabriqué, pendant plus de vingt ans, du cidre pour les concours, vous pouvez lui faire l'bonneur de le croire et vous vous en trouverez bien.

Saint-Paul d'Arloi.

(1) Extrait de la Petite Causerie d'un Normand sur la culture du pommier et la fabrication du cidre, par M. Saint-Paul d'Arloi.

LA VAINE PATURE.

Voici quel est, aujourd'hui, l'état de cette importante question :

La vaine pâture continue à être exercée telle quelle sur les terres arables jusqu'au 23 juin 1891, même si une demande de maintien de la vaine pâture, ayant déjà été faite, a été rejetée définitivement par le Conseil général ou le Conseil d'Etat (c'est au moins la solution qui nous paraît résulter de l'art. 2 tel qu'il est rédigé par la loi du 22 juin 1890). Toutefois il en serait différemment si une demande avait été définitivement rejetée avant le 22 juin 1891, car la vaine pâture serait dès lors supprimée conformément à l'ancien texte de l'art. 2 de la loi du 9 juillet 1889 et ne pourrait plus être rétablie.

A l'expiration du délai, la vaine pâture ne subsistera que dans les communes où le maintien en aura été accordé ou demandé.

Sur les prairies naturelles, la vaine pâture n'a pu s'exercer depuis le 9 juillet 1889 ; elle ne sera exercée à nouveau que quand elle aura été rétablie conformément à la procédure précitée, par le Conseil d'Etat ou le Conseil général, suivant les cas; elle ne pourra l'être que si la demande de rétablissement a été faite dans le délai d'un an à partir du 22 juin 1890 et seulement sur les prairies naturelles qui étaient soumises à la vaine pâture avant le 9 juillet 1889. (V. circul., min. du 5 août 1890).

Dans tous les cas, le droit de vaine pâture ne peut être maintenu ou rétabli que s'il est fondé sur une ancienne loi ou coutume, sur un usage immémorial ou sur un titre (art. 2), et il ne sera exercé que conformément à la loi, l'usage ou le titre, mais jamais sur une terre ensemencée ou couverte d'une production quelconque, faisant l'objet d'une récolte, tant que la récolte n'est pas enlevée (art. 3, dernier paragraphe).

Le nouveau Code rural n'a fait que reproduire, pour l'exercice de la vaine pâture dans les cas où elle subsistera, les articles du Code rural de 1791 avec les interprétations de la jurisprudence. Le conseil municipal conserve son droit de réglementation tel qu'il est fixé par la loi du 5 avril 1885, et l'article 11 de la loi du 9 juillet 1889 le précise : « Les conseils municipaux peuvent toujours, conformément aux articles 68 et 69 de la loi du 5 avril 1884, prendre des arrêtés pour réglementer le droit de vaine pâture, notamment pour en suspendre l'exercice en cas d'épizootie, de dégel ou de pluies torrentielles pour *cantonner les troupeaux des différents propriétaires ou les animaux d'espèces différentes*, interdire la présence d'animaux dangereux ou malades dans les troupeaux.

CONCOURS DE SEMOIRS A ENGRAIS.

Le concours organisé par la Société d'Agriculture de Beauvais, que nous avons annoncé, a eu lieu les 11 et 12 octobre, à la ferme de l'Institut agricole, en présence d'un public agricole nombreux et compétent.

Les essais des semoirs à engrais ont été notamment très suivis; la culture, en effet, qui ne peut plus se passer d'engrais chimiques, a le plus grand besoin d'un instrument qui lui permette d'effectuer rapidement, uniformément et économiquement le travail de la répartition d'un engrais pulvérulent, très menu, à la dose voulue, répartition qui se fait à la main d'une façon si défectueuse.

Parmi les instruments essayés à Beauvais et qui paraissent devoir répondre aux *desiderata* des cultivateurs, nous appelons l'attention des intéressés sur le semoir *Hérisson*, présenté par M. Faul.

Le semoir « le *Hérisson* », dit le rapport du jury, se recommande par la simplicité et la régularité du fonctionnement. En marche, la caisse se soulève automatiquement pour donner un débit uniforme, et un débrayage automatique prévient tout accident lorsqu'elle est vide. Au départ, le Hérisson fonctionne quelques tours en sens inverse pour établir le niveau régulier de la charge dans la caisse. Le changement de débit s'obtient avec des jeux de pignons appropriés....

Cet excellent semoir a obtenu une médaille d'or.

Même récompense a été décernée au semoir de M. Magnier, de Provins, qui a également fonctionné à la satisfaction générale.

Ch. Gossin.

Nouvelles agricoles.

La température et les récoltes. — Voilà un temps superbe ! Les conditions climatériques sont favorables, tant pour la maturation des dernières récoltes que pour les labours et les semailles. Dans les derniers jours, les betteraves à sucre ont gagné en poids, sous l'influence d'un temps plus humide; la chaleur et la lumière qui ont suivi la pluie auront eu pour effet d'enrayer une rétrogradation qui aurait pu se produire dans la richesse des racines en sucre; si celle-ci peut être considérée, en général, comme assez normale, le rendement en poids sera certainement inférieur à celui de l'année précédente, et cela dans une assez forte proportion. La récolte des pommes de terre varie beaucoup, suivant les régions; elle est, en général, moyenne. Les dernières coupes de fourrages sont bonnes; aussi, sur la plupart des foires, les prix se maintiennent avec fermeté; les cours élevés du bétail maigre constituent même une difficulté pour les cultivateurs qui veulent garnir leurs étables pour l'engraissement pendant la saison d'hiver. Dans la plus grande partie de la région de l'Ouest, la récolte des pommes de terre est bonne; dans quelques parties de la Normandie, elle est même très bonne; c'est une heureuse compensation pour les pertes subies en 1889.

Les vendanges sont à peu près achevées dans la région méridionale; le produit est abondant et la qualité est bonne; aussi les prix des vins, qui étaient avilis depuis plusieurs années, deviennent meilleurs. Si les départements de l'Ardèche, du Vaucluse, du Gard, de l'Hérault et des Bouches-du-Rhône ont été cruellement éprouvés par les récentes inondations, il n'en reste pas moins certain que la plus grande partie de la récolte a été préservée du fléau. Dans le Sud-Ouest, la maturation s'est effectuée lentement, ce qui est peut être un gage de succès pour la qualité du vin; il en est ainsi notamment dans le Bordelais, où l'on a le droit de compter sur une bonne année. Dans la région centrale, des circonstances analogues produisent les mêmes effets; l'action persistante du soleil pendant les derniers jours y aura calmé beaucoup d'inquiétudes.

Le projet du tarif des douanes de 1892. — Le public agricole doit savoir que dès l'ouverture de la session d'octobre, le ministère saisira la Chambre du projet de loi qui fixera le régime douanier destiné à succéder, en 1892, au régime actuel des traités de commerce.

Le public agricole doit savoir aussi que le tarif des douanes de ce projet a été fixé d'après les propositions des chambres de commerce; c'est-à-dire que ce tarif sacrifie sur bien des points les droits et les intérêts de la production agricole, et ne tient nul compte des réclamations de la Société des Agriculteurs de France et des trois cents Syndicats dont elle est l'organe en même temps que de ses dix mille membres.

Voilà la situation menaçante qui est imposée à l'agriculture; elle est le résultat d'une campagne électorale d'où les habitants des campagnes n'ont pas eu l'intelligence et le courage d'écarter les candidats officiels et d'élire les candidats indépendants et représentants éprouvés de leurs intérêts.

Nous espérons que le public agricole ne restera pas inactif en présence d'un projet douanier menaçant pour ses droits et ses intérêts, et que la Société des Agriculteurs et les Syndicats qui lui sont affiliés ne feront pas en vain un appel énergique à son concours.

L'indemnité au fermier sortant. — Dans une des dernières séances de la Société des Agriculteurs de France, le président a signalé un article du *Journal d'agriculture pratique* sur l'application de la loi anglaise de 1883, relative à l'indemnité du fermier sortant, qui soulève déjà chez nos voisins de grandes résistances et de sérieuses difficultés, par suite de l'antagonisme qu'elle a créé entre propriétaires et fermiers, et aussi des frais très élevés qu'elle entraîne pour les expertises, jugements, etc., qui en sont la conséquence fatale.

Du cas cité par le journal, il ressort clairement, d'une part, que le fermier, tout en ayant obtenu une indemnité, n'a pas eu satisfaction, car l'indemnité est fort inférieure à ses dépenses, et, d'autre part, que le propriétaire qui a été obligé de la payer a loué sa ferme un prix beaucoup moins élevé que celui auquel il l'avait louée précédemment : s'il n'y avait pas eu de loi, propriétaire et fermier se seraient probablement entendus à l'amiable au grand avantage de l'un et de l'autre.

CONSEILS A LA FERMIÈRE

LE POT-AU-FEU

Tout le monde connaît la soupe au bœuf, mais peu de personnes savent la faire convenablement. Nous ferons observer d'abord que les pots en terre sont préférables aux marmites en fonte pour la préparation d'une soupe au bœuf, et que, parmi ces pots en terre, ceux qui ont servi valent mieux que ceux qui sont neufs. Nous ferons observer ensuite qu'on n'obtiendra jamais un bouillon aussi bon en mettant la viande dans l'eau bouillante, qu'en la mettant dans l'eau froide ou à peine tiède. En voici la raison : — La viande de boucherie contient un liquide de même nature que le blanc d'œuf. C'est ce que les savants appellent de *l'albumine*. Si vous le saisissez brusquement par la chaleur de l'eau, il *se prend*, il s'épaissit comme le blanc des œufs que vous faites cuire jusqu'à ce qu'ils soient durs, et une fois épaissi il empêche le jus de la viande de sortir, de se mêler à l'eau et de former ainsi un excellent bouillon. Si, au contraire, vous plongez la viande dans l'eau froide ou seulement tiède, l'albumine de cette viande s'échappe dans l'eau et finit par former l'écume que vous enlevez au fur et à mesure qu'elle se produit. Le jus sort par conséquent de la viande en toute liberté, et vous êtes sur que le bouillon n'en vaudra que mieux. Sur ce point, la pratique des ménagères s'accorde avec la théorie des savants. Nous dirons enfin que la viande grasse qui donne de gros yeux au bouillon, ne vaut pas la partie maigre d'un animal gras.

Maintenant que nos recommandations sont faites, parlons du pot-au-feu.

Pour six litres d'eau, mettez un kilogr. et demi de bœuf ou de vache. Si vous avez un morceau de foie, un bout de jarret de veau et un os à la moëlle, votre soupe n'en vaudra que mieux. Ayez soin de mettre cette viande dans le pot de terre ou la marmite en même temps que l'eau. Dès que l'écume commencera à se produire, salez et jetez dans la marmite deux gousses d'ail. Lorsque la soupe aura bien jeté son écume et bouillira, mettez-y deux carottes, un gros navet, un panais, un bouquet garni, composé de poireau, de céleri, persil et ciboule; mettez-y aussi un oignon brûlé pour donner de la saveur et de la couleur au bouillon, ou bien, à défaut d'oignon brûlé, un oignon que vous aurez fait noircir sur la braise au moment de vous en servir.

Une fois les légumes dans le pot ou la marmite, faites bouillir à gros bouillons pendant environ dix minutes, puis éloignez le pot du feu, et laissez cuire doucement pendant quatre heures au moins, puis trempez, c'est-à-dire versez le bouillon sur le pain que vous aurez préalablement fait griller, si cela est possible. Il va sans dire qu'il y aurait tout à gagner à laisser bouillir plus longtemps.

Quand on trouve que le bouillon se réduit trop et que l'on juge à propos de l'allonger avec de l'eau, il faut bien se donner garde d'employer à cet effet de l'eau froide; il importe qu'elle soit très chaude.

UNE MÉNAGÈRE.

CONSEILS DU VIGNERON

COLORATION ARTIFICIELLE DU VIN.

Il est important que chacun sache que la pellicule d'un grain de raisin possède de quoi colorer dix fois le petit volume de liquide y contenu; que cette pellicule renferme comme sels, tannin, etc., de quoi faire trois, quatre et souvent cinq fois un volume de vin semblable à celui recelé par le grain.

Le vin d'Airelle pour colorer. — Pour obtenir une coloration réellement pratique avec l'airelle, il faut cueillir et traiter la baie fraîche, comme des raisins frais; en faire du vin à fond et s'en servir ensuite pour colorer le vin, comme si l'on versait du vin rouge pour un coupage. Mais le mélange ne doit être opéré, sous peine de gâter le vin, avant que le vin d'airelle ne soit complètement terminé, clarifié et brillant.

Procédé pour préparer à chaud de la couleur naturelle avec du tannin. — On remplit une grande chaudière avec du raisin; on tasse fortement avec la main; puis on verse autant de vin qu'elle peut en contenir. On fait bouillir plusieurs heures et on retire un liquide très chargé de couleur de tannin; on laisse déposer et on soutire.

Comme on voit, ce procédé ne met en usage que du marc de raisin et de l'esprit de vin; il est donc parfaitement conforme à la loi.

Il suffirait de quelques litres de ce liquide pour rehausser la couleur d'un hectolitre de vin peu coloré.

Procédé pour préparer à froid de la couleur naturelle avec du tannin. — On défonce un tonneau, on émiette le marc, on le tasse avec les mains; une fois le tonneau bien plein, on replace le fond. On y verse autant de l'esprit de vin à 85 ou 86° qu'il en peut entrer (50 litres environ par hectolitre de marc). On ferme hermétiquement le fût et on laisse macérer six ou huit mois.

LE PÈRE LAVIGNE.

CONSEILS DU MÉDECIN

L'INFLUENZA ET LES HUITRES.

— Quel rapport entre l'influenza et les huîtres, me demandez-vous? Est-ce leur ténacité? L'huître s'attache aux rochers, l'influenza s'attache aux malades. Nous ne le savons que trop!

— Savez-vous aussi que l'huître est un excellent remède contre les suites de l'influenza, qui détériore si gravement tant d'organes de notre corps, et notamment notre pauvre et cher estomac?

Sans entrer dans des considérations savantes sur la composition de l'huître riche en fer, en iode surtout, je rappellerai seulement ses propriétés digestives et apéritives qui la font supporter et digérer par les estomacs les plus délicats.

J'ai, parmi ma clientèle, plusieurs malades qui, à la suite de l'influenza, ont eu l'estomac affreusement délabré. Impossible de digérer, de supporter le moindre liquide.

Dilatation d'estomac! C'est la maladie à la mode. Après avoir vainement essayé le traitement par le lait, traitement à la mode aussi, je me suis souvenu de ce que m'avait raconté un de mes amis, officier de marine, qui, au retour d'un séjour de deux ans en Cochinchine, avait l'estomac tout à fait délabré. Il m'assura que l'absorption d'une douzaine d'huîtres moyennes au commencement de chaque repas, pendant un mois, l'avait dispensé d'une saison à Vichy.

J'ai donc mis mes malades aux huîtres; ils sont guéris, très bien guéris.

Voilà, n'est-il pas vrai, un traitement agréable et pas cher, à la portée de tous, puisque maintenant ces excellents mollusques sont expédiés directement aux consommateurs à des prix parfois très bas (1).

Je vous assure que je suis bien vu des malades à qui j'ordonne ainsi une cure, non pas d'huîtres, mais aux huîtres.

— Mon cher docteur, me disait hier une charmante cliente, vous êtes gentil, on vous mangerait....

— Comme une huître, Madame!

UN VIEUX MÉDECIN.

JURISPRUDENCE RURALE.

LES PRODUITS NATURELS DES BOIS.

Vous savez que, dans nos bois, on trouve des truffes; elles ne valent peut-être pas celles qu'on récolte dans les régions du Perigord, mais enfin elles ne sont pas mauvaises et donnent de la valeur aux terres dans lesquelles elles ont le bon esprit de pousser.

— Tu m'en a fait manger un jour, et je m'en pourlèche encore.

— Eh bien, j'ai un gueux de voisin qui me les chope, et je voudrais bien lui faire attraper une bonne condamnation. Les uns me disent : il n'aura que de l'amende; les autres m'assurent qu'il aura de la prison.

— Il faut distinguer selon que la truffe est un produit naturel et spontané du sol ou qu'elle est au contraire le résultat d'une culture; car tu n'es pas sans savoir qu'aujourd'hui la *truffe culture* a fait tant de progrès, qu'elle donne naissance, de main d'homme, à des produits qui sont de vraies récoltes.

— J'ai entendu parler de cela; ce doit être un bon moyen de se faire des rentes.

— Or, voici comment les tribunaux jugent ces affaires. Lorsque la truffe pousse d'elle-même dans le bois, sans aucun travail de l'homme, son enlèvement est assimilé à celui des glands, faines et autres fruits ou semences naturels des bois, et puni par l'article 124 du Code forestier d'une simple amende de 10 à 30 francs; si, au contraire, elle est l'objet d'une culture, il y a lieu d'appliquer à celui qui les vole l'article 188 du Code pénal, qui prononce un emprisonnement de quinze jours à deux ans.

— C'est bien tapé; je vais me mettre à cultiver mes truffes. De cette façon, gare à la prison!

UN VIEUX JUGE DE PAIX.

CONSEILS DU VÉTERINAIRE

L'ÉLEVAGE DU POULAIN.

De la manière d'élever et de nourrir des poulains, depuis leur naissance jusqu'à l'âge de deux ans au moins, dépendent presque toujours leur conformation et leurs qualités. S'ils ont souffert à cette époque, ils s'en ressentent toute leur vie, et n'acquièrent jamais qu'une partie de la valeur qu'ils eussent pu atteindre avec un autre régime.

Dès l'âge de cinq à six semaines, le poulain essaie de mâcher quelques brins de foin et même de l'avoine. On peut lui donner cette dernière en la concassant, jusqu'à ce qu'il puisse en manger autrement. Il supporte alors plus facilement le sevrage, qu'il est bon de ne pas laisser attendre trop longtemps.

Quelques éleveurs s'imaginent que plus un poulain tette longtemps, plus il acquiert de taille et de force, ils se trompent. C'est une erreur qui fait tort à la mère et qui n'est d'aucun avantage pour le produit.

On doit sevrer les poulains entre six et sept mois; jamais on ne doit attendre plus tard.

Alors, il leur faut une nourriture fortifiante et choisie : on doit augmenter, sans y regarder de trop près, la ration d'avoine. Plus le poulain est bien soigné et largement nourri, plus il atteindra un prix élevé.

(1) Nous appelons à ce sujet l'attention de nos lecteurs sur les produits de M. Eug. You, à La Tremblade. — Voir aux annonces.

(*Note de la Rédaction.*)

Non seulement l'avoine donne la taille, la force et fait ressortir les muscles, mais elle aide encore à la distinction, à la physionomie, et par conséquent à la beauté.

On ne saurait s'occuper trop tôt de dresser les jeunes poulains. Il faut de bonne heure les rendre doux et familiers, les caresser, leur laver les pieds et les accoutumer à un léger pansage. Aussitôt le sevrage, il faut leur mettre un licol, afin de les habituer à être attachés. Petit à petit, ils prennent la bride, puis le harnais.

On a souvent la mauvaise habitude de conserver les poulains entiers jusqu'à l'âge de trois et quatre ans. Cet usage est très préjudiciable. Plus les animaux sont jeunes, moins ils s'aperçoivent de l'opération qui leur est faite. L'âge de dix-huit à vingt mois paraît le plus favorable.

Les poulains hongres sont plus faciles à élever que les chevaux entiers; ils sont moins exposés à contracter des tares; ils se nourrissent mieux; ils sont d'un caractère plus facile et peuvent, par conséquent, être admis dans les herbages avec d'autres animaux, juments, vaches, moutons, etc. Enfin, ils se vendent mieux.

Voilà bien des raisons suffisantes pour engager nos éleveurs à ne pas garder leurs poulains entiers aussi longtemps qu'ils le font d'ordinaire.

UN VIEUX VÉTÉRINAIRE.

AFFAIRES MILITAIRES.

Les engagements volontaires.

Beaucoup de jeunes gens se préoccupent aujourd'hui des conditions dans lesquelles ils pourront être admis à contracter un engagement volontaire. Maintenant que la période d'engagements est ouverte, nous croyons utile de leur donner ici quelques renseignements :

Cette période est ouverte du 1er octobre au 31 décembre, et du 1er au 31 mars.

La durée de l'engagement volontaire est de trois, quatre ou cinq ans, et le temps de service de l'engagé compte du jour où il a signé l'engagement.

Le jeune homme, âgé de dix-huit ans au moins, indique le corps dans lequel il désire servir; mais si ce corps tient garnison dans la subdivision où il réside, il doit justifier de l'acceptation du chef de corps, approuvée par le général commandant le corps d'armée.

Il se présente d'abord devant un commandant de bureau de recrutement, qui le fait examiner par un médecin militaire et lui délivre, s'il y a lieu, un certificat d'aptitude. Muni de ce certificat, le contractant se présente ensuite devant le maire d'un chef-lieu de canton (d'arrondissement à Paris). Il justifie de son âge par pièces authentiques et produit, avec un extrait de son casier judiciaire, le certificat de bonne vie et mœurs prescrit par l'art. 59 de la loi du 15 juillet 1889, ainsi que le consentement de son père, de sa mère ou de son tuteur s'il y a lieu.

L'engagement est ensuite signé avec les formalités prescrites par la loi.

Immédiatement après la signature de son acte d'engagement, le volontaire reçoit une expédition de cet acte et un ordre de route qui lui fixe les délais dans lesquels il est tenu de se présenter au corps.

Complétons ces quelques renseignements en indiquant la taille exigée pour les différents corps, ce qui permettra aux jeunes gens de faire leur choix à l'avance en toute connaissance de cause :

Régiments d'infanterie, chasseurs à pied, zouaves, tirailleurs algériens, bataillon d'infanterie légère d'Afrique : 1 m. 54 minimum.

Cuirassiers : minimum, 1 m. 70; maximum, 1 m. 85.

Dragons : minimum, 1 m. 63 : maximum, 1 m. 74.

Chasseurs et hussards : minimum, 1 m. 59; maximum, 1 m. 68.

Chasseurs d'Afrique et spahis : minimum, 1 m. 59; maximum, 1 m. 72.

Régiments d'artillerie : 1 m. 60 minimum.

Bataillons d'artillerie de forteresse : 1 m. 66 minimum.

Régiments de pontonniers : 1 m. 61 minimum;

Compagnies d'ouvriers d'artillerie et d'artificiers : 1 m. 54 minimun.

Régiments du génie : 1 m. 66 minimum.

Ajoutons que nul ne doit être admis, à moins d'un consentement spécial du colonel, à s'engager dans la cavalerie, s'il n'a déjà l'habitude du cheval ou s'il n'exerce une des professions de sellier, bourrelier, armurier, tailleur, bottier, cordonnier ou maréchal-ferrant.

Enfin, les engagements pour les régiments de tirailleurs algériens et de spahis ne doivent être acceptés que sur le vu du consentement du chef de corps et après avoir justifié d'aptitudes spéciales pour acquérir des grades ou être employés comme ouvriers.

Les dispensés de la loi de 1872

L'article 20 de la loi du 27 juillet 1872 dispensait les jeunes universitaires et les ecclésiastiques du service militaire.

Plus d'une fois les intéressés nous ont demandé des renseignements sur la situation qui leur était créée par la nouvelle loi.

Le ministre de la guerre a donné à ce sujet des instructions, desquelles il résulte que l'article 92 de la loi du 15 juillet 1889 qui conserve à ces dispensés le bénéfice de leur situation antérieure doit être interprété en ce sens que ceux d'entre eux qui satisferont à toutes les conditions sous lesquelles la dispense leur a été concédée, recevront, comme par le passé, aussitôt après l'accomplissement de ces conditions, un titre de libération définitive du service militaire.

En conséquence, dès que les instituteurs, dispensés par la loi de 1872, auront réalisé leur engagement décennal, ils recevront un titre de libération définitive, les dégageant de toutes les obligations du temps de paix et du temps de guerre.

MÉFIEZ-VOUS!

500 % d'intérêts.

Tous les jours on rencontre des *roublards* qui offrent de faire fructifier les capitaux qu'on voudra bien leur confier : 100 pour 100; 200 pour 100; 500 pour 100 d'intérêts, si on le désire!

Et tous les jours les *gogos* portent leur bon argent dans les caisses percées de ces messieurs. — c'est leur affaire.

M. Collas, commissaire de police, saisi de plaintes nombreuses contre les directeurs d'une officine intitulée pompeusement : *Banque Laval et Cie*, et située 34, rue de Dunkerque, à Paris, s'y est transporté pour procéder à leur arrestation. Le magistrat, ayant trouvé visage de bois, a fait ouvrir la porte par un serrurier. Il n'y avait pas un sou en caisse.

Les détournements commis par MM. les directeurs s'élèvent à 100,000 francs environ.

Méfiez-vous des prospectus si alléchants dont on inonde les campagnes.

Méfiez-vous des réclames financières des journaux qui promettent des bénéfices extraordinaires pour un petit capital engagé et qui, presque toujours, est perdu et extorqué d'avance.

Voilà un conseil que vous donne la *Gazette agricole*.

C'est par suite d'un malentendu qu'une réclame de ce genre s'est introduite dernièrement dans ses colonnes; car elle ne veut pas, à cet égard, se départir de sa prudence.

POUR RIRE!

Imbroglio d'état-civil :

M. *Lamerre* a épousé Mlle *Lepère;* de ce mariage est né un fils qui est devenu *le maire* de sa commune.

Monsieur, c'est *le père;* madame, c'est *la mère*, et les deux font *la paire*. Le fils est *le maire Lamerre. Le père*, quoique père, est resté *Lamerre;* mais *la mère*, avant d'être *Lamerre*, était bien *Lepère. Le père* est donc *le père* sans être *Lepère*, puisqu'il est *Lamerre*, et *la mère* est *Lamerre*, étant née *Lepère*, mais n'a jamais pu être *maire*. *Le père* n'est pas *la mère*, tout étant *Lamerre*. Si *la mère* meurt, *Lamerre*, qui est *le père* et qui n'a jamais été *Lepère*, pas plus qu'il n'a été *le père* de *la mère* du *maire, le père*, dis-je, devenant veuf, *la perd*, et le *père Lamerre*, ainsi que *le maire Lamerre* perdent la tête et moi aussi.

UNE DEVINETTE.

Mon premier est *bavard*.
Mon second est *oiseau*.
Mon troisième est *chocolat*.
Mon tout est un mets délicieux.

— Vous ne devinez pas? J'ai pourtant bien mis les points sur les i.

????

— C'est *Bavaroise au chocolat*.

— Oh! mon pauvre ami!!!!

PETITE POSTE.

M. A. C... (Manche). — *La démocratie rurale*, bureaux : 8, rue de la Michodière, Paris. — *L'Éducation de nos fils*, par le docteur Richard. Adressez-vous à la librairie Fourault, 47, rue Saint-André-des-Arts, Paris.

M. P. C... — *Syndicat des Agriculteurs de France*. — Nous avons envoyé votre bulletin d'adhésion au syndicat. Vous trouverez à ce syndicat l'engrais spécial pour les vignes.

Blé *Montagnard barbu*. Variété nouvelle dont on dit beaucoup de bien. 55 fr. les 100 kil. Chez M. Forgeot, 6, quai de la Mégisserie.

M. C..., à H (Haute-Saône). — *Maladies des pigeonneaux*. — Dans l'élevage des pigeonneaux, l'hygiène joue un très grand rôle. Il faut, pour ces oiseaux, de l'air, de la lumière et beaucoup de propreté dans leur habitation. Votre pigeonnier répond-il à ces conditions?

La vermine cause souvent de grands ravages chez les pigeonneaux; aussi est-il indispensable de parfaitement nettoyer le pigeonnier le plus souvent possible. Vous aurez sans doute raison de l'épidémie dont vous parlez en lessivant le pigeonnier à fond, une première fois avec de l'eau chaude, et ensuite avec de l'essence de térébenthine, jusque dans les plus petits recoins; laissez sécher et badigeonnez tout à la chaux.

M. R..., à T... (Oise). — *Marnière*. — *Patente*. — La solution de la question dépend de l'importance de la quantité exploitée pour la vente. Si celle-ci est inférieure à la quantité extraite pour l'exploitation, la vente ne doit être considérée que comme accessoire, et la patente ne serait pas due.

VINS DU BORDELAIS.

Que de fois nous avons entendu dire :

« Quel service on nous rendrait, si on nous trouvait, dans les pays vignobles, un vendeur consciencieux; si on nous débarrassait de la concurrence à outrance; si on nous garantissait sérieusement la qualité, la pureté et la conservation des vins! »

Pour le Bordelais, nous recommandons M. Vincent Ardura, viticulteur, propriétaire d'un des meilleurs crus de la Gironde, favorable aux tempéraments délicats (le domaine de la Chapelle-Frédignac, par Blaye-Bordeaux), qui vend ses récoltes : 1889 à 130 fr., 1888 à 140 fr., 1887 à 150 fr., 1886 à 160 fr., 1885 à 175 fr., 1884 à 200 fr., 1882 à 220 fr., 1881 à 250 fr. et 1878 à 300 fr. la barrique de 225 litres, *franco* de port et de fût en gare d'arrivée. Paiement par le facteur à 30 jours 2 % ou 90 jours.

Certain que son vin plaira aux personnes qui ne le connaissent pas et qui désirent se bien approvisionner, sachant, en outre, qu'il est difficile de se rendre sérieusement compte de la qualité par la dégustation sommaire d'une petite fiole, M. Vincent Ardura n'hésite pas à adresser *franco* une bouteille entière pour échantillon de la récolte désignée.

BULLETIN FINANCIER.

Parce que nous sommes revenus un peu en arrière des plus hauts cours du mois d'août, parce que nous avons eu sous les yeux, depuis quelques semaines quelques notables différences en baisse à la fin d'un certain nombre de séances, les bulletins de Bourse, quelques-uns du moins, prennent une teinte mélancolique. Nous y lisons que le marché devient mauvais, que les acheteurs se découragent, que les vendeurs reprennent le haut du pavé; bien plus, on a prononcé le gros mot de krach possible, on a parlé de débâcle; nous serions au seuil d'une crise.

Franchement, peut-on dire qu'avec le 3 0/0 encore au-dessus de 93 et le reste à l'avenant, nous voilà bien malades! A qui fera-t-on croire que la cote porte un crêpe et que les haussiers sont en deuil? Il y a six mois, et même moins, on eût vu dans les cours d'aujourd'hui une débauche de hausse. De quel droit pourrions-nous les considérer maintenant comme insuffisants? La vérité est qu'ils sont encore au-dessus de la moyenne que les plus ambitieux rêvaient au commencement de l'année. On perd trop de vue que ceux qui parlaient l'année dernière, du cours de 90 francs pour notre 3 0/0 provoquaient l'hilarité générale.

Les Sociétés de crédit sont soutenues.

La Banque de France s'inscrit à 4,340.

Son bilan hebdomadaire fait ressortir les différences suivantes sur celui de la huitaine précédente :

Les augmentations portent : sur le Portefeuille avec 53 millions; sur la Circulation avec 42 millions et sur le Compte Courant du Trésor avec 16 millions.

L'Encaisse Métallique a décru de 23,556,000 fr.; dont 556,000 francs entrent dans ce total pour le chapitre argent.

Les Avances sont en moins-value de 3 millions environ; et les Comptes Courants particuliers ont diminué de 30 millions.

Les bénéfices de la semaine ont été de 636,000 fr.

L'action du Crédit Foncier est recherché entre 1280 et 1290.

Dans sa séance hebdomadaire du 15 octobre, le conseil d'administration du Crédit Foncier a autorisé pour 2 millions 893,804 francs de nouveaux prêts; dont 1,825,400 francs en prêts fonciers, et 1,068,404 en prêts communaux.

Les Chemins de fer sont calmes.

La valeurs industrielles sont lourdes.

COUPON.

HALLES ET MARCHÉS.

CÉRÉALES. — *Marchés français.*

Prix par 100 kilogr.

REGIONS	BLÉ Prix moyen	BLÉ Hausse	BLÉ Baisse	PRIX MOYEN. Seigle	PRIX MOYEN. Orge	PRIX MOYEN. Avoine
Nord-Ouest....	23 60	»	0 10	15 75	17 75	18 02
Nord..........	24 21	»	0 04	15 60	18 20	18 90
Nord-Est......	24 25	»	0 17	15 31	18 20	19 25
Ouest.........	23 90	»	0 10	17 25	17 35	18 25
Centre........	24 16	»	0 09	16 85	18 57	18 42
Est...........	23 94	0 06	»	17 50	18 75	18 58
Sud-Ouest.....	23 91	0 01	»	16 45	17 50	18 41
Sud...........	21 77	0 42	»	18 85	17 67	21 ..
Sud-Est.......	24 22	0.05	»	18 18	17 25	19 14
Prix moyens..	24 11	»	»	18 86	17 91	18 88
Sur la huitaine préc. Hausse	0 01	»	»	»	»	»
Sur la huitaine préc. Baisse	»	»	»	0.06	0.16	0.08

1re région. NORD-OUEST.	BLÉ 1re qualité	BLÉ Prix moyen	Seigle Prix.	Orge. Prix.	Avoine Prix.
Calvados. — Falaise	24 50	23 75	17 75	»	19 75
C.-d.-N. — Dinan...	25 50	24 75	»	»	18 50
Finistère. — Morlaix	23 50	23 75	»	19 »	»
I.-et-V. — Rennes..	23 75	23 »	»	»	16 »
Manch. — Cherbourg	25 »	24 25	»	»	22 50
Mayenne. — Laval..	24 »	23 25	»	»	16 50
Morb. — Hennebont	23 75	23 »	14 75	»	15 50
Orne. — Alençon...	24 75	24 »	»	15 50	17 »
Sarthe. — Le Mans.	24 50	23 75	15 50	»	18 50
— Beaumont..	24 25	23 50	17 »	»	»
Prix moyens........	24 25	23 60	15 75	17 75	18 02
Sur la semaine précédente.. Hausse...	»	»	» 25	»	» 12
Sur la semaine précédente.. Baisse...	» 10	» 10	»	»	»

2e région. — NORD.

2e région. — NORD.	BLÉ 1re qualité	BLÉ Prix moyen	Seigle Prix.	Orge. Prix.	Avoine Prix.
Aisne. — Ch.-Thierry	25 50	24 75	15 50	»	»
— La Fère...	25 50	24 75	14 75	»	»
Eure. — Bourg-Ach.	25 ..	24 25	15 25	18 ..	»
E.-et-L. — Chartres..	24 ..	24 25	15 50	17 ..	17 [illegible]
— Nog.-le-Rotrou	24 25	23 25	»	17 ..	17 ..
Nord. — Douai.....	25 ..	24 50	16 25	19 ..	18 ..
— Dunkerque	26 ..	25 25	15 75	»	19 ..
Oise. — Compiègne.	24 ..	23 25	14 50	18 ..	18 50
— Crépy......	24 75	24 ..	15 50	»	»
Pas-de-Cal. — Arras.	24 50	23 75	17 25	17 75	»
— Carvin..	24 75	23 75	17 50	18 75	»
Seine. — Paris.....	25 ..	24 25	16 ..	19 ..	17 75
Seine-et-M. — Meaux	24 75	24 ..	»	17 ..	16 75
— Montereau	25 50	24 75	15 ..	17 50	»
S.-et-O. Rambouillet	25 ..	24 25	»	18 75	»
— Versailles.	26 75	26 ..	»	22 ..	23 ..
Seine-Inf. — Rouen.	24 75	24 ..	»	16 50	20 ..
Somme. — Amiens.	24 75	24 ..	14 75	19 25	22 ..
— Abbeville	23 50	22 75	15 ..	17 ..	»
Prix moyens.......	24 ..	24 21	15 60	18 20	18 93
Sur la semaine précédente. Hausse...	»	»	0 16	»	»
Sur la semaine précédente. Baisse...	0 01	0 24	»	0 01	0 21

3e région. — NORD-EST.

Ardennes. Sedan...	25 75	25 ..	15 50	18 50	19 50
— Charleville	25 ..	24 25	14 75	19 ..	19 50
Aube.—Bar-s-Aube.	25 50	24 75	»	18 50	19 50
— Troyes	24 50	23 75	»	17 50	»
Marne.-Châlons-s-M	24 75	24 ..	15 50	19 ..	»
— Epernay.	24 25	23 50	15 50	18 25	17 75
Hte-Marne.-Chaumont	25 ..	24 75	»	»	»
Meurthe. — Toul..	25 ..	24 25	»	17 .	20 ..
Meuse.—Bar-le-Duc.	25 75	24 50	»	17 75	»
Vosges.— Epinal....	25 ..	23 25	»	»	»
Prix moyens........	25 ..	24 25	15 31	18 20	19 25
Sur la semaine précédente. Hausse...	»	»	»	»	»
Baisse...	» 17	» 17	» 23	» 50	0 18

4e région. — OUEST.

Charente. Ruffec ...	25 ..	24 25	»	»	»
Char.-Infér. Marans.	24 25	23 50	»	17 ..	»
Deux-Sèvres. Niort..	24 50	23 75	»	»	»
Indre-et-Loire. Bléré.	23 75	23 ..	»	17 75	»
— Châteaurenault.	25 75	25 ..	»	17 ..	17 50
Loire-Infér. Nantes.	24 ..	23 25	»	17 75	»
Maine-et-L. Saumur.	24 75	24 ..	»	18 50	»
— Angers.	25 ..	24 25	»	16 25	17 75
Vendée. — Luçon...	24 25	23 50	»	»	»
Vienne. — Poitiers.	24 25	23 50	16 75	17 25	»
Hte-Vienne. Limoges.	25 75	25 ..	17 75	»	19 50
Prix moyens........	24 65	23 90	17 25	17 35	18 25
Sur la semaine précédente. Hausse...	»	»	»	»	»
Baisse ...	» 10	» 10	» 08	» 01	» 17

5e région. — CENTRE.

Allier.—St-Pourçain	24 50	23 75	15 75	18 ..	»
Cher. — Vierzon...	26 ..	25 25	»	»	»
— St-Amand.	25 ..	24 25	17 50	»	»
Creuse.—Aubusson.	25 50	24 75	17 50	»	18 ..
Indre. — Issoudun.	25 ..	24 25	»	20 ..	20 ..
— Châteauroux.	24 75	24 ..	16 25	18 ..	17 75
Loiret. — Montargis	24 50	23 75	»	»	»
Loir-et-Ch. Montoire	25 50	24 75	17 »	16 75	»
Nièvre. — Nevers..	24 50	23 75	»	»	18 ..
Puy-de-Dôme. Riom.	24 25	23 50	17 25	19 50	18 ..
Yonne. Brienon.....	25 ..	24 25	»	18 ..	19 ..
— Sens........	24 50	23 75	16 50	»	»
Prix moyens	24 91	24 16	16 85	18 37	18 45
Sur la semaine précédente. Hausse...	»	»	0 02	»	0 03
Baisse...	0 09	0 09	»	0 13	»

6e région. — EST.

Ain. — Bourg......	25 ..	24 25	18 50	»	17 50
Côte-d'Or. — Dijon.	24 50	23 75	»	17 ..	»
— Beaune.	20 50	23 75	20 ..	20 ..	20 ..
Doubs. — Besançon.	25 ..	24 25	»	»	18 75
Isère. — Bourgoin..	24 ..	23 25	»	»	»
— Grenoble...	25 50	24 75	»	19 50	20 ..
Jura. — Lons-le-Sau.	24 50	23 75	16 25	19 ..	17 50
Loire.—Roanne	23 75	23 ..	16 25	»	20 50
Rhône. — Lyon	24 75	24 ..	16 50	19 ..	17 50
Saône-et L. Mâcon.	24 50	23 75	»	18 ..	18 75
Haute-Saône.—Gray	24 50	23 75	»	»	»
— Vesoul.	25 ..	24 25	»	»	»
Savoie.—Chambéry.	25 ..	24 25	»	»	16 75
Hte-Savoie. Rumilly	25 ..	22 50	»	»	»
Prix moyens	24 69	23 94	17 70	18 75	18 58
Sur la semaine précédente. Hausse...	0.06	0.06	0.10	»	»
Baisse...	»	»	»	0 30	0 14

7e région. — SUD-OUEST.

Ariège. — Pamiers.	23 25	22 50	14 75	»	18 ..
Dordogne.—Piégut.	23 75	23 ..	15 75	»	17 50
Hte-Garonne. Toulouse	24 50	23 7	»	17 25	18 50
Gers. — Condom ...	25 50	24 7	»	»	18 ..
Gironde.—Bordeaux	25 25	24 50	»	»	»
Landes — Dax.....	25 ..	24 ..	17 50	»	18 25
Lot-et-Garonne. Agen	25 50	24 75	18 ..	17 75	»
B.Pyrénées. Bayonne	24 75	24 ..	»	»	»
H.Pyrénées. Tarbes.	24 50	23 75	»	»	20 25
Prix moyens........	24 66	23 91	16 50	17 50	18 41
Sur la semaine précédente. Hausse...	0 01	0 01	»	»	0 08
Baisse...	»	»	0 05	0 20	»

8e région. — SUD.

Aude.— Castelnaudary.	25 50	24 75	»	18 50	19 ..
Aveyron.— Villefranche	23 50	22 75	»	»	»
Cantal. — Mauriac.	27 25	26 50	23 ..	»	26 75
Corrèze. — Tulle...	26 50	25 75	18 ..	16 ..	21 25
Hérault. — Béziers.	25 75	25 ..	17 50	16 25	20 50
Lot. — Figeac	24 50	23 75	16 75	»	19 75
Lozère. — Mende...	25 25	24 50	21 75	21 50	20 50
Pyrén.Or. Perpignan	24 75	24 ..	19 ..	18 75	23 50
Tarn. — Albi......	24 75	24 25	»	»	20 ..
Tarn-et-G. Montauban	24 50	23 75	16 ..	16 25	18 25
Prix moyens........	25 52	24 77	18 85	17 87	21 ..
Sur la semaine précédente. Hausse...	0 42	0 42	»	»	»
Baisse...	»	»	0 05	0 13	0 12

9e région. — SUD-EST.

H-Alpes.—St-Bonnet	26 ..	25 25	18 50	17 ..	»
B.-Alpes. Manosque.	24 25	23 50	»	»	9 ..
Alpes-Marit. Nice..	25 25	24 50	18 50	»	»
Ardèche. — Privas.	26 ..	25 ..	18 .	»	19 75
B-Rhône. — Aix...	25 50	24 75	»	»	18 ..
Drôme. — Valence.	23 50	22 75	»	»	18 50
Gard — Nîmes....	24 75	24 ..	»	16 50	19 50
Hte-Loire. — Le Puy.	24 75	24 ..	17 75	16 60	19 25
Var. — Draguignan.	25 75	25 ..	»	»	20 ..
Vaucl. Cavaillon...	24 ..	23 25	»	19 ..	»
Prix moyens........	24 92	24 22	18 18	17 25	19 11
Sur la semaine précédente. Hausse...	» 05	» 05	»	» 13	0 07
Baisse...	»	»	0 07	»	»

ALGÉRIE.	Blé tendre	Blé dur	Seigle	Orge.	Av.
Constantine	»	»	»	»	»
Alger	»	»	»	»	»
Oran	23 »	18 50	»	12 ..	18 25

Farines de consommation.

Les affaires restent calmes ; les prix ne dénotent pas de changement.

MARQUE DE CORBEIL	60 fr. (37 58 100 k.).			
	159 kil.		100 k.	
Marques de choix	60 à 61		38 21 à 38 85	
Premières marques....	59	60	37 58	38 21
Bonnes marques.....	57	58	36 30	36 94
Marques ordinaires....	56	57	35 66	36 30

Le sac de 159 k.. toile à rendre, franco au domicile des acheteurs à 30 jours sans escompte, ou au comptant avec escompte de 1/2 0/0.

Fourrages et pailles.

Paris, La Chapelle.

	1re qté.		2e qté.		3e qté.	
Foin nouveau	50 à 51		48 à 49		45 à 47	
Luzerne nouvelle ...	48	49	46	47	43	45
Paille de blé	31	36	30	33	26	28
Paille de seigle	33	34	30	32	28	29
Paille d'avoine	27	28	24	26	20	23

Le tout aux 104 bottes dans Paris.

COURS DE DIFFÉRENTS MARCHÉS (par 100 kil.).

	Paille.	Foin.
Le Puy	3 25	6 50
Dijon....................	3 50	5 »
Blois....................	3 50	6 »
Toulouse.................	3 75	6 75
Chalon...................	3 50	8 »
Beauvais.................	4 »	6 »
Orléans..................	6 »	8 »
Douai....................	4 50	8 »

Issues, les 100 kil.

Le calme est toujours le même ; les offres dépassent momentanément les besoins et la tendance reste lourde.

Nous cotons par 100 kil. en gare d'arrivée à Paris :

Son écaille..........	13 » à	» »
— gros	12 50	12 75
— trois-cases	11 75	12 »
— fin	10 75	11 »
Recoupettes.........	10 75	11 »
Remoulages blancs....	16 »	17 »
— bâtards......	13 »	14 »

MARCHANDISES DIVERSES.

Fécules.

Les prix se maintiennent en fermeté ; offres ordinaires ; transactions assez faciles. En livrable à terme, on ne trouve pas vendeurs.

Les 100 kil.

Paris. — Fécule 1re, grains	30 » à	32 »
Oise. — Fécule 1re, grains	29 »	30 »
Vosges. — Fécule 1re, grains ...	31 »	33 »
Saône-et-Loire	32 »	33 »
Loire. — Fécule 1re, grains	29 »	30 »
Auvergne. — Fécule 1re, grains. .	29 »	30 »
Fécules secondes selon qualité....	21 »	16 »

Pommes de terre.

Les 1.000 kil.

Hollandaises...........	65 » à	70 »
Magnum bonum	60 »	70 »
Early roses	40 »	52 »
Saucisses	50 »	55 »
Rondes..............	50 »	50 »
Chardonnes	40 »	45 »

Pommes à cidre.

Paris, 15 octobre.

Les vendeurs sont très rares et les prix sont partout en hausse.

On cote en gare d'Argenteuil ou à Paris 100 fr. pour le disponible et le livrable.

A Rennes, on demande 90 fr. ; à Rouen, 95 fr. ; dans l'Oise, on tient aussi 95 fr.

Beauvais (Oise), 14 octobre.

Les prix des pommes restent les mêmes ; vendeurs et acheteurs s'observent et les ventes sont insignifiantes. Le disponible vaut autour de 80 fr. au départ des gares de l'Oise et de la Seine-Inférieure ; le livrable est aussi peu demandé et la tendance semble s'affirmer vers la baisse. Le disponible et octobre valent 90 fr. et le livrable courant novembre de 90 à 100 fr.

Les poires à cidre, avec bonne demande, restent de 65 à 70 fr.

Le tout les 1,000 kil. en marchandises saines, loyales, marchandes et parité Paris.

Rouen (Seine-Inférieure), 14 octobre.

61 hectolitres apportés et vendus de 6 50 à 7 fr. l'hect (y compris les droits du Trésor et ceux de la ville de 1 19 par hect.).

Tourteaux, les 100 kil.

	Colza	Œillette	Lin	Cam.
Lille...	16 75 à 17 25	16 50 à 16 75	24 25 à 25 50	16 75
Arras ..	14 75 15 50	14 25 15 »	22 » 23 »	16 50
Gd Moulin Corbeil..	15 50		19 75	
	Cophra	Arachide déc.	Sésame	Lin.
Marseille	13 25 à 14 25	14 75	14 50 à 14 50	16 50

GRAINES DIVERSES.

Maïs, les 100 kil.

Paris	12 50 à 15 »		Agen......	14 25	15 »
Alais	13 50	15 25	Grenoble..	14 25	15 25
Ruffec	14 »	15 »	Reims.....	15 50	15 75

Sarrazin, les 100 kil.

Paris......	13 25 à 13 75		St-Pierre..	15 » à 15 50	
Mayenne..	15 »	15 25	Nantes....	15 25	15 75
Rennes....	14 75	15 50	Orléans ...	15 50	16 »

Légumes secs, les 100 kil.

	Haricots		Pois		Vesces		Lentilles	
Paris......	20 à 47		21 à 26		»	»	45 à 70	
Rouen.....	42	57	50	63	26	23	77	»
Marseille..	18	30	23	32	25	34	19	21 50

Graines fourragères, les 100 kil.

Luz. de Prov.	130 à 140		Minette.....	» à	»
— du Poitou	100	115	Sainfoin à 2 c..	»	»
— d'Italie..	120	130	Sainfoin à 1 c..	»	»
Trèfle blanc..	50	55	Pois jarras...	20	»
— violet..	90	115	Vesces.....	20	»

Huiles.

COLZA BRUT. — Les prix sont mieux tenus à la reprise des affaires, mais les acheteurs sont toujours rares.

On fait du courant du mois à 61 fr.

Novembre est coté sans affaires de 63 52 à 61 60.

Novembre et décembre sont payés 61 50.

Les 4 premiers mois sont offerts à 63 fr. et demandés à 62 75.

On cote au début de la réunion :

Cote précédente même heure.		Cote du jour.
62 » à 61 25	Disponible	61 » à » »
62 » 61 25	Courant	61 » » »
62 » 61 75	Novembre.........	61 25 61 50
62 25 62 »	Novembre-décembre ..	61 50 » »
63 25 62 »	4 premiers mois	62 75 63 »

LIN — Les affaires sont nulles au début de la réunion ; les prix ne présentent pas de changement.

On cote au début de la réunion :

Cote précédente même heure.		Cote du jour.
59 25 à 59 75	Disponible.......	58 50 à 59 »
59 » 59 25	Septembre.......	58 50 59 »
58 » 58 0	Octobre	57 50 58 »
57 » 57 50	Novembre-décembre ..	56 75 57 »
55 » » »	4 premiers mois	55 » 55 50

Les 100 kil. net, logés, escompte 1 0/0.

Pétrole.

Prix sans changement.

Disponible .... 100 kil.	49 50 à	51 50
Essence de 700 à 710°, disponible....	60 50	64 »

On cote à l'hect. pour le détail :

PÉTROLE RAFFINÉ disponible .	39 50 à	40 50
ESSENCE RECTIFIÉE, disponible	42 25	43 50

Laines.

ROUBAIX-TOURCOING, 14 octobre.

LAINE PEIGNÉE	de fabrique		courant	
—	Cours du jour.	Cours préc.	Cours du jour.	Cours préc.
Courant......	6 72	6 70	5 82	5 82
1 mois après ...	6 72	6 70	5 82	5 82
2 — ...	6 32	6 32	5 80	5 80
3 — ...	» »	6 05	5 76	5 75
4 — ...	» »	6 02	» »	» »

Marché soutenu. Ventes, 125,000 kil.

ANVERS, 14 octobre.

Peignés allemands de La Plata : Contrat B, sur octobre, 6 »» ; novemb, 5 97 1/2, décemb., 5 87 1/2; janvier, 5 80 »/» ; février, 5 75 ; mars, 5 75 ; avril à septembre, 5 75.

Ventes du jour, 70,000 k. Contrat M., sur octobre, 6 05.

Peigné Plata belge : Contrat T sur octob., 6 »», novembre et décembre, 5 97 1/2.

Sucres.

Sucres raffinés. — Les cours restent bien tenus et les affaires sont assez actives en raffinerie.

Nous cotons les pains 105 50 à 106 par wagon complet, suivant marques.

Sucres cassés, produits accessoires (les 100 kil. disponibles, suivant marque).

Surchoix, cassé, rangé, logé, caisses de 50 kil., ou cartons de 5 kil.	111 »	à 111 50
Caisses de 25 kil	111 50	» »
Caisses de 10 kil	111 50	112 »
Gros déchets	103 50	104 »
Sucres en poudre	102 50	103 »
Semoules	106 50	107 »
Glaces	102 »	104 »
Cristallisés, extra acquittés	95 50	96 »
— en poudre	96 50	97 »

Alcools. — Prix de l'hectol. nu, au compt.

Paris. 3/6 fin, betteraves, 1re qualité, l'hectolitre.		Lille, disp	55 »	à 36 50
90° dispon.	37 50 à 36 »	Cette	92 »	100 »
Novembre.	36 50 36 25	Nimes	90 »	95 »
4 premiers	37 50 38 25	Béziers	75 »	100 »
		Pézenas	76 »	105 »

Raisins secs à boisson.

(Cours de la maison Audibert, 53, rue des Minimes, à Marseille).

PRIX ACTUELS (grande baisse).

Corinthe, **Roi de Grèce**, petits grains Extra 1er choix	100 kilos		57 »
Corinthe, le **Turban**, gros grains	»	»	M.
Corinthe petits grains, 1er choix	»	»	54 »
Thyra. 1er choix	»	»	48 »
Samos noirs, 1er choix	»	»	M.
— muscats	»	»	M.
Figues à distillerie	»	»	27 »
Panaches noirs, égrappés	»	»	M.

Engrais. — Prix des 100 kil.:

Matières diverses pour engrais. — Cours commercial sur la place de Paris, par 100 kil., pour des ventes en gros de 30.000 kil. au moins.

Sang desséché moulu.	11/13 0/0 azote	20 90	à	24 70
Viande desséchée	9/11 0/0 —	17 25		19 25
Cornes broyées	13/14 0/0 —	20 75		22 50
Cuir désagrégé	8/9 0/0 —	10 40		11 70
Laine engrais	3 à 4 0/0 —	» »		» »
Nitrate de soude	15/16 0/0 —	20 »		20 50
Nitrate de potasse	95 0/0 —	45 »		47 »
—	90 0/0 —	45 »		45 50
Muriate de potasse	80 0/0 —	» »		» »
Sulfate de potasse	90 0/0 —	25 »		25 50
Sulfate d'ammoniaq.	20/21 0/0 —	31 25		31 50
Chlorure de potassium	90 0/0 —	20 »		21 »
— Stassfurt.	80 à 85 0/0 —	18 »		» »
Cornes, cornailles pour brûler		» »		» »
Déchets fins de cornes, frisures		» »		» »

Phosphates des Ardennes. — En gare des Ardennes et de la Meuse, en sacs (les 100 kil.).

Pulvérisés. 14/16 0/0, acide phosph.	3 40	à	» »
— 18/20 0/0, —	4 »		» »
— 16/18 0/0, —	3 75		» »

Phosphates de Tavel.

50/», la tonne .... 60 » à 110

Phosphates de l'Yonne. — Les 1.000 kil.

Moulus en sacs, wag. gre Toucy. 40 à 35 0/0 40 à 50

Phosphates de l'Auxois, Marigny Epoisses.

Pulvérisés 60 à 65 0/0 .... 6 » à 6 75

Sulfate de cuivre.

Les 100 kil	56 »	à	56 »
Phosphates du Boulonnais 40/45	4 60	à	» »
— de Pernes	3 75		6 25
— du Cambresis 28/35	3 75		4 »
— du Lot 30/50	3 »		4 50

Superphosphates, poudres d'os, etc.

Les 100 kilogr.

Phosph. préc. 35 à 40 % acide phosph.	23 »	24 »
— — 40 à 45 % —	25 »	26 »
Superphosphates fossiles, 10 % acide phosphorique soluble et assimil. (les 100 kilog.)	6 30	» »
Superphosphates fossiles, 16 à 18 %.	10 25	11 »
— d'os, 16 à 18 %, acide phosph.	12 »	12 75
Poudres d'os bruts	13 50	» »

Engrais spéciaux. — Les 100 kilog.

Guano du Pérou.	10 à 16	Eng. chim. de H. Joulie,	
Guan du Pér. diss.	32 à 20		
Guan. az. fixé.	26 » à 27 »	Lag.......	15 » à 23 »

BEURRE, ŒUFS, VOLAILLES.

Paris, 15 octobre.

Beurres en mottes.

La baisse continue.
L'arrivage d'hier a été de 16,000 kil.
L'arrivage approximatif a été de 10,000 kil.

Beurres en livres.

L'arrivage d'hier a été de 10,000 kil.
L'arrivage approximatif a été de 11,000 kil.

Fermiers	au kilo		Touraine	au kilo	
Extra.......	2 90 à 3	»	Extra.......	2 20 à 2	30
1er choix.....	2 80	2 90	1er choix.....	» »	» »
2e choix.....	2 60	2 70	2e choix.....	2 10	2 20
Ordinaire...	2 10	2 50	Ordinaire...	2 »	2 10
Bourgogne			Vendôme		
Choix.......	2 »	2 10	1er choix.....	2 30	2 40
Ordinaire...	1 90	2 »	2e choix.....	2 50	2 60
			Ordinaire...	2 30	2 40
Gâtinais			Beaugency		
1er choix.....	2 40	2 50	1er choix.....	2 60	2 70
2e choix.....	2 30	2 40	2e choix.....	2 10	2 20
Ordinaire...	2 10	2 20	Ordinaire...	2 »	2 10
Le Mans			Fausse Touraine		
Choix.......	2 »	2 10	Choix.......	2 10	2 20
Ordinaire...	1 90	2 »	Ordinaire...	1 90	2 »

Œufs, *le mille :*

Normandie. (Extra)	108 à	125	Bourgogne..	94 à	98
Picardie.. (Extra)	115	138	Champagne..	98	100
Brie..... (Extra)	104	114	Nivernais...	90	94
Touraine gr.	105	122	Cosne.....	96	98
Touraine ord.	90	100	Bourbonnais..	88	92
Beauce.....	104	116	Bretagne...	82	92
Orne......	92	105	Vendée....	84	90
Picardie ord.	94	108	Auvergne...	85	80
Châtellerault.	91	98	Midi......	87	92

Volailles et Gibiers.

Canards :			Pigeons :		
nantais (jeunes)	3 » à	5 »	maconnais.	» 20 à	1 »
de ferme...	2 50	4 50	italiens....	» 60	1 »
Dindes nouv.	6 »	9 »	bizets......	» 40	» 60
Oies nouvelles	6 »	8 »	Poulets :		
— (2e qté).	4 »	6 »	nantais....	2 50	4 50
Pintades...	» »	» »	touraine...	2 50	4 50
Lapins domestiques.	1 50	2 50	gâtinais....	2 50	5 »
			du Midi....	1 50	2 50
Chevreaux.	» »	» »	communs..	1 »	2 »

Marché faible.
Cours fournis par MM. de Bridiers, Jouslin et Scelle, facteurs assermentés, 2, r. de Valois, Paris.

BESTIAUX.

La Villette, 16 octobre. — Bestiaux. — Vente lente et difficile sur le gros bétail, bonne sur les les veaux, passable sur les moutons, et médiocre sur les porcs.

COURS officiels.	Amenés.	Vendus.	1re qualité.	2e qualité.	3e qualité.	Prix extrêmes.
Bœufs....	2.174	1.654	1 60	1 41	1 22	1 14 à 1 66
Vaches...	486	428	1 56	1 32	1 18	1 10 1 60
Taureaux.	146	126	1 40	1 30	1 20	1 12 1 44
Veaux....	1.274	1.085	1 80	1 60	1 50	1 26 2 »
Moutons..	11.316	10854	2 14	1 90	1 70	1 60 2 18
Porcs.....	5.089	4.972	1 34	1 30	1 24	1 18 1 40

Marché du lundi 13 octobre.

	Amenés	Vendus	PRIX AU POIDS NET 1re qual.	2e qual.	3e qual
Bœufs.....	3.022	2.585	1 62	1 52	1 30
Vaches.....	918	744	1 60	1 38	1 26
Taureaux..	179	166	1 40	1 36	1 28
Veaux......	1.389	1.012	1 90	1 74	1 56
Moutons....	13.205	11.965	2 10	1 82	1 68
Porcs......	3.349	3.243	1 36	1 32	1 28

	PRIX AU POIDS VIF 1re qual.	2e qual.	3e qual.	Prix extrêmes.
Bœufs..........	» 99	» 84	» 68	» 62 à 1 02
Vaches..........	» 96	» 77	» 64	» 58 1 99
Taureaux.......	» 88	» 78	» 67	» 62 » 91
Veaux..........	1 14	1 01	» 82	» 72 1 28
Moutons........	1 07	» 90	» 78	» 69 1 18
Porcs..........	» 92	» 88	» 84	» 80 » 96
Peaux de moutons en laine.........				» » » »
Id. id. demi-laine.........				» » » »

Viandes abattues. — Criée du 11 octobre.

		1re qualité.	2e qualité	3e qualité.
Bœufs	le kil.	1 40 à 2 60	1 20 à 2 40	» 90 à 1 70
Veaux	—	1 76 1 66	1 60 1 66	1 40 1 56
Moutons ..	—	1 80 1 90	1 30 1 70	» 80 1 26
Porc entier	—	1 30 1 36	1 16 1 26	1 .. 1 10

Cuirs et peaux, les 50 kil.

Taureaux.	40 50 à 43 25		Vaches lourdes	41.25 42.35
Gros bœufs	50 75 56 25		— de bandes	38.25 30. »
Moy. bœufs	46 25 48 50		Gros veaux..	61.25 63.75
Pet. bœufs.	35 95 39 50		Petits veaux	65.25 66.75

CHEMIN DE FER DU NORD.

SERVICES DIRECTS
ENTRE
Paris, l'Allemagne et la Russie.

Cinq express sur Cologne, trajet en 10 heures :

Départs de Paris à 8 h. 15 du matin, midi 40, 8 h. 20, 9 h. 25 et 11 heures du soir.

Départs de Cologne à 8 h. 30 du matin, 1 h. 13 et 10 h. 47 du soir.

Quatre express sur Berlin, trajet en 19 heures :

Départs de Paris à 8 h. 15 du matin, midi 40, 9 h. 25 et 11 heures du soir.

Départs de Berlin à 1 heure, 9 h. 38 et 11 h. 50 du soir.

Trois express sur Francfort-sur-Mein, trajet en 14 heures :

Départs de Paris à midi 40, 9 h. 25 et 11 heures du soir.

Départs de Francfort à 8 heures du matin, 5 h. 15 et 10 h. 38 du soir.

Un express sur Saint-Pétersbourg, trajet en 61 heures :

Départ de Paris à 11 heures du soir.
Départ de Saint-Pétersbourg à 7 heures du soir.

Médaille d'Or. * Exposition Universelle 1889. * Médaille d'Argent.

PONDOIR
DÉPOSÉ
Prix.......6 fr. 50
R. GARIEL
2 ter, quai de la Mégisserie, PARIS
Abreuvoirs pour Poules et Faisans
RATELIERS A LAPINS
Envoi franco de l'Album sur demande

VACHERIE à céder après décès du mari, PARIS, quartier riche. 12 vaches, premier choix, 160 litres lait vendus 0 fr. 45 c. Installation superbe, emplacement pour 25 vaches. Belle boutique, loyer nul, affaire à tripler. Bénéfices actuels par an, 5,000 fr. On traitera avec 8,000 fr. argent ou sans argent avec garanties sérieuses. S'adresser à MM. Laporte et Lefranc, 93, boulevard Sébastopol, Paris.

Sont vendues les vacheries annoncées précédemment.

ABREUVOIRS
POUR
Pigeons, Poules et Faisans

N° 4	5	6	7
3f	4f	5f	5f50

Gariel, 2ter, quai de la Mégisserie
PARIS
Envoi de l'Album sur demande.

HUITRIÈRES DE JOUFFRIE-GODET
canton de Marennes.
Eugène YOU, à La Tremblade (Charente-Inférieure).

Contre mandat-postal de 7 fr., M. You expédie en grande vitesse, franco à domicile, une caisse de 5 kil. d'huîtres Marennes, vertes ou blanches, contenent, au choix de l'acheteur :

de 45 à 50 huîtres grosses (n° 1).
de 60 à 70 — moyennes (n° 2).
de 80 à 90 — petites (n° 3).

Contre mandat-postal de 4 fr., aux mêmes conditions, une caisse de 3 kil. contenant, selon n°. de 24 à 50 huîtres.

La dimension des huîtres n° 3, qui sont les plus petites, est de 6 à 7 centimètres de diamètre.

ACHATS & VENTES
DE
PRODUITS AGRICOLES, VINICOLES,
BOIS EN GROS.
CHAPITEL, 23, rue de Paris, Clichy (Seine).
Agents sont demandés.

L'Administrateur-Gérant : Albert RENOT.

Beauvais. — Imp. D. Pere. — A. Cartier, Gérant.

PHARMACIE SAVARY

AMIENS, 33, Place Saint-Denis, 33, AMIENS
(EN FACE LE SQUARE).

PROVENDE AUX PHOSPHATES ASSIMILABLES
du Docteur DESCHAMPS.
Prix : 3 fr. le kilog.; 27 50 les 10 kilog. (Remises proportionnelles.)

Accroissement rapide des bestiaux, surtout chez les jeunes animaux, force nerveuse, fécondité, engraissement; prévient surtout la diarrhée chez les jeunes veaux. Qualité exceptionnelle du lait.

M. Lefebvre, cultivateur à Marcelcave, a élevé un veau en lui administrant de la Provende phosphatée pendant 60 jours : tué à 70 jours, ce veau pesait 193 kilog., chiffre officiel constaté à l'abattoir. La viande était très blanche, ainsi qu'est prêt à l'attester M. Oheix, boucher à Amiens.

Les attestations émanant des sommités françaises et anglaises les plus accrédités ont été données à M. SAVARY.

30 PRIX D'HONNEUR ET GRANDS PRIX, 250 MÉDAILLES OR, VERMEIL, ETC.
GRANDES CULTURES DE GRAINES POTAGÈRES, FOURRAGÈRES ET DE FLEURS

E. FORGEOT (*☆) & Cie

fournisseurs du ministère de l'Agriculture, des Ecoles nationales d'agriculture, des Syndicats agricoles, etc.
PARIS, quai de la Mégisserie, 6 et 8

Appareils spéciaux pour épurer et nettoyer les graines
SPÉCIALITÉ DE GRAINES DE GRANDE CULTURE
luzernes et trèfles garantis sans cuscute, minette, vesces, sainfoins, trèfles incarnats, betteraves, carottes, navets, choux-navets, pommes de terre
Blés à grand rendement, Avoines, Orges, Seigles. Graines d'arbres pour reboisement
Graines de graminées pour prairies

Notre Maison ne vend que des graines de provenances sûres, assurant les meilleurs résultats ; elle accepte le contrôle de la Station d'Essais des Semences, établie à l'Institut agronomique par le Ministère de l'Agriculture, contrôle auquel nous sommes soumis dès sa création. En conséquence, nos graines sont garanties de levée et d'une pureté irréprochable ; nos trèfles et nos luzernes sont garantis sans un seul grain de cuscute.

Grande et importante **Spécialité de Créations de Prairies.** Nous nous chargeons d'établir des compositions convenant à la nature de chaque sol, et d'avance nous en assurons la réussite.

Sur demande, nous adressons *franco* nos catalogues illustrés de graines potagères, fleurs, arbres, fourrages, ognons à fleurs, plantes, etc.

ENGRAIS BOUTIN 24, rue Richer, PARIS. Nombreuses récompenses des milliers de preuves. Récoltes saines et abondantes avec 45 fr. d'engrais par hectare de céréales. Demandez la circulaire et le Guide pratique des cultures de chaque mois qu'on envoie *franco*. Prospectus spéciaux pour la vigne.

LE HÉRISSON

DISTRIBUTEUR D'ENGRAIS Breveté S.G.D.G.
DE CH. FAUL, Constructeur, 13, rue Pierre-Levée, PARIS

Le Véritable « HERISSON » DISTRIBUTEUR hors pair, *a constamment remporté le* 1er PRIX dans tous les grands Concours spéciaux où il s'est présenté en concurrence avec les meilleures machines connues et notamment :

En **1890** à **Reims, Châlon-s-Marne, Neuilly-St-Front, La Ferté-Gaucher; 1889** à **Noisiel** (Concours international de l'Exposition universelle) et à **St-Quentin; 1888** à **Troyes, Chartres, Crépy-en-Valois, Pithiviers.**

DEMANDER LE CATALOGUE ET LES NOMBREUSES RÉFÉRENCES.

CRÉDIT AGRICOLE UNION DES SYNDICATS AGRICOLES DE FRANCE
9, rue Marsollier, PARIS
Agence à LYON, 234, cours Lafayette, S. PLISSONNIER, Directeur ✻ M. A.

MACHINES AGRICOLES DE TOUS SYSTÈMES
TOURTEAUX et FARINES pour la nourriture du bétail.
ENGRAIS CHIMIQUES et ORGANIQUES, MATIÈRES PREMIÈRES
SEMENCES DE PREMIER CHOIX.

11e Année. — 2e Série. — No 561. Dimanche 26 Octobre 1890.

GAZETTE  AGRICOLE

JOURNAL HEBDOMADAIRE, PARAISSANT LE DIMANCHE

Rédacteur en Chef : M. Ch. GOSSIN, Professeur d'Agriculture à l'Institut agricole de Beauvais

PRIX DE L'ABONNEMENT

UN AN, 5 fr. — SIX MOIS, 3 fr. — TROIS MOIS, 2 fr. 25

Pour l'étranger les abonnements ne sont reçus que pour un an, au prix de 6 francs, et ne partent que du 1er janvier ou du 1er juillet de chaque année.

Il est indispensable de joindre à toute demande de changement d'adresse la dernière bande d'adresse du journal et 50 centimes pour frais de nouvelles bandes.

Adresser les *Abonnements* et *Annonces* à l'administrateur, 13, quai Voltaire, Paris, ou à M. GOSSIN, rédacteur en chef, à BEAUVAIS.

BUREAUX

13, quai Voltaire, Paris.

Les abonnements partent du 1er de chaque mois et sont payables d'avance. Toute demande d'abonnement doit donc être accompagnée du prix de l'abonnement. (Le mode de payement le plus simple est l'envoi d'un mandat-poste.)

Donner *très lisiblement*, en s'abonnant, son nom et son adresse exacte, *avec l'indication du bureau de poste ;* et, s'il s'agit d'une continuation d'abonnement, joindre au renouvellement la dernière bande d'adresse du journal.

La GAZETTE AGRICOLE insère gratuitement les Communications des Syndicats agricoles

PRIMES GRATUITES (voir à la page 506)

SOMMAIRE :

PARIS, 24 OCTOBRE.

Vous savez sans doute que le Comte de Paris avec son oncle le prince de Joinville et son frère le duc de Chartres, ont combattu en Amérique dans l'armée du Nord pendant la guerre de la Sécession. Ce n'était pas hier, puisque cet acte d'initiative chevaleresque remonte à 28 ans. Vous savez mieux encore que le Comte de Paris, cédant à un besoin de cœur et à un attrait bien naturel de revoir dans la prospérité et dans la concorde un pays qu'il avait vu dans la guerre et dans l'épreuve, parcourt en ce moment les Etats-Unis. Si son oncle et son frère, retenus en France par d'impérieux devoirs, ne l'ont pas accompagné, il a emmené avec lui son fils, le Duc d'Orléans. Les deux Princes y sont l'objet de l'accueil le plus sympathique et le plus chaleureux et l'on ne saurait s'en étonner quand on se rappelle ce que Bourbon et Orléans ont fait depuis cent ans pour la République des Etats-Unis.

*
* *

Vous dire que les républicains français soient aux anges des réceptions dont le Comte de Paris et son fils sont l'objet, de la part des républicains américains, ce serait vous donner de nos maîtres actuels une idée fausse que vous n'accepteriez d'ailleurs pas. Ils sont, au contraire, d'assez méchante humeur, s'appliquant à atténuer, autant que faire se peut, les sympathies dont les Princes sont entourés dans le Nouveau Monde. Des gens mieux élevés se seraient donné au moins le mérite du silence. Mais cela n'est pas dans leur nature. Il faut du reste avouer que l'accueil fait au Comte de Paris et au Duc d'Orléans à New-York, à Philadelphie, et partout où ils passent, fait un contraste fort déplaisant pour nos républicains avec les mesures de rigueur qu'ils ont prises contre eux. Les mêmes Princes que les républicains américains accueillent à bras ouverts sont en effet les mêmes que les républicains français ont expulsés de France et condamnés à l'exil. A noter par surcroît que lorsque nos maîtres actuels préconisent le régime républicain, ils ont aussitôt la bouche pleine de la prospérité, de la force des Etats-Unis, espérant sans doute par là faire oublier les misères et les désordres de leur propre régime en France.

*
* *

On se demandait quand le représentant de la Monarchie française s'est embarqué pour l'Amérique, s'il prendrait la parole et ce qu'il pourrait bien dire. Il est probable que le parti républicain l'attendait là. Ceux qui connaissent le Prince étaient bien sûrs qu'il saurait se tirer d'affaire le plus dignement du monde. Ainsi en est-il advenu lundi soir, à un grand banquet qui lui a été offert à New-York par tous ses anciens compagnons d'armes. Il y avait de 150 à 200 convives. Assurément ce n'était pas très commode de faire l'éloge, même en passant, de la monarchie française, devant une assemblée républicaine. Et pourtant le comte de Paris l'a fait en termes fort heureux et aux applaudissements de tous. Il a fait remarquer que les Américains avaient raison d'être républicains en Amérique, puisque chez eux ce régime est dans les mœurs, approprié aux besoins, dans les traditions, bref, qu'il est national. — Mais, a-t-il ajouté, toutes ces raisons pour un Américain d'être républicain aux Etats-Unis, existent au même degré pour un Français en France d'être monarchiste ! Chez nous, en effet, la monarchie est la seule forme de gouvernement qui soit à la fois traditionnelle et nationale. De là, a-t-il conclu, on ne doit pas s'étonner en Amérique qu'un grand nombre de Français demeurent attachés à la royauté, mettant leur devoir à demander aux moyens légaux le retour de la monarchie.

*
* *

Il y avait encore une autre difficulté pour le Comte de Paris, dont il est sorti avec autant de bonheur. Vous n'ignorez pas que le gouvernement des Etats-Unis a pris contre les produits de l'Europe des mesures très prohibitives. Il est en train d'interdire son marché aux industriels et aux producteurs du vieux monde. Avec le tact qu'il avait apporté dans la question politique, le Prince a touché la question économique. Il a exprimé le vœu que deux grands pays comme les Etats-Unis et la France, qui ne s'étaient jamais mesurés sur les champs de bataille, ne s'engageassent pas dans une guerre de tarifs qui, à la longue, pourraient coûter cher à chacun d'eux. Il a ajouté qu'en s'asseyant aux tables hospitalières du peuple américain et en admirant les toilettes des femmes et de ses filles, il lui venait à la pensée qu'on ne se passerait peut être pas aussi facilement de nos soies et de nos vins français. C'était tout ce qu'il convenait de dire à un hôte aussi bien reçu et fêté, et servir dans la mesure où on pouvait le faire les intérêts de la production et du commerce français. Ainsi celui qui a promis d'être le roi de tous et le premier serviteur de la France sait se venger de l'exil immérité, auquel cette même France l'a laissée condamner.

*
* *

Comme bien vous pensez, ce discours plein de tact et de dignité a le don d'exaspérer les républicains. Si le Prince n'avait pas parlé, ils n'auraient pas manqué d'expliquer son silence par les raisons les plus saugrenues. Il a parlé, et son langage, que tous les hommes sans parti pris approuvent aujourd'hui, est dénaturé et attaqué avec la dernière violence par les politiciens qui se sont fait de la République une carrière. Un journal républicain, la *Liberté*, se distingue par son jugement équitable de la partialité enragée de ses congénères, et c'est par là que le Bonhomme Deschamps tient à clore sa causerie. « Partout dans ce remarquable discours du Comte de Paris, dit le journal sus nommé, brillent la pensée et le langage élevé du prétendant et de l'homme d'Etat. Avec un tact infini et une dignité suprême, le Prince a rappelé le passé, pris le présent à partie et évoqué l'avenir ».

LE BONHOMME DESCHAMPS.

NOUVELLES DE LA SEMAINE.

Élection législatives du dimanche 20 octobre 1890.

ARRONDISSEMENT DE CONFOLENS

Inscrits, 19,655. — Votants, 14,614.

MM. Barbeau-Lacombe, rép...... 9.762 ÉLU.
P. Daigueplats, conserv..... 4.300
Divers.................... 43

Il s'agissait de remplacer M. Duclauld, opportuniste, décédé, élu, le 22 septembre 1889, par 8,835 voix contre 6,353 à M. Gellibert des Seguins, bonapartiste.

ARRONDISSEMENT DE RAMBOUILLET

Scrutin de ballottage.

Inscrits, 19,463. — Votants, 14,675.

MM. Vian, rép.................. 7.575 ÉLU.
de Caraman, constitut....... 7.089

Au premier tour de scrutin, sur 14,417 votants, les votants, les voix s'étaient ainsi réparties : MM. de Caraman, 5.813 ; Vian, 5,747 ; de Jouvencel radical, 2 345 ; divers, 512.

M. Barbe, député radical, décédé, qu'il s'agissait de remplacer, avait été élu, au 22 septembre 1889, par 7,591 voix sur 15.169 votants.

Nos finances. — Nous sommes honteux pour notre pays, de la façon dont les grandes questions financières, qui concernent l'équilibre de nos budgets, sont traitées par la commission qui en a l'examen et la responsabilité à la Chambre. Elle vient de se rendre ridicule et de nous rendre ridicules aux yeux des autres nations. Quand le Gouvernement lui a apporté les propositions par lesquelles il comptait pourvoir au déficit de 19 millions creusé par le vote du dégrèvement accordé à la propriété non bâtie, la commission a pris sa plus grosse voix pour s'indigner qu'on ne réalisât pas dans ce but de nouvelles économies, et pour sommer le ministre des finances d'en trouver à tout prix. Elle même s'est mise à l'œuvre, ne se fiant pas probablement à la bonne volonté du ministre, et nous venons d'avoir le résultat de cet énorme travail. Ah ! certes, il est beau et il y a de quoi s'en glorifier ! On a mis en mouvement tous les ministères et tous les rapporteurs pour chercher à la loupe ce que l'on pourrait bien réduire. « La montagne en travail enfanta une souris. » Jamais le mot proverbial, des « économies de bouts de chandelle », n'a reçu plus piteuse application. Economies dérisoires et illusoires. On retranche, de ci de là, 5,000 fr. sur des gratifications à des petits employés, 5,000 francs sur les frais de matériel agricole, 8,400 francs sur le service des cultes dans les établissements pénitentiaires et autres réductions infinitésimales. Avec tout cela, on arrive cependant à un chiffre total de 2,500,000 francs, mais ce n'est qu'en ajournant certaines dépenses de la guerre, de la marine et des travaux publics, et ce ne sont pas là des économies, mais de simples procédés dilatoires, car il faudra bien effectuer et payer, tôt ou tard, les travaux qu'on suspend arbitrairement aujourd'hui.

Nous le répétons, ce système de misérables expédients et de trompe-l'œil n'est pas digne d'un pays tel que la France. Les grands financiers qui, à diverses époques, en notre siècle, ont dirigé la fortune publique, doivent se révolter dans leurs tombes s'ils voient comment leurs héritiers administrent le patrimoine national !

Les nouveaux impôts. — Voici en quels termes M. Pelletan, député républicain et membre de la commission du budget, apprécie la situation financière de la France :

Le beau mouvement d'économies qui avait entraîné la commission du budget, est maintenant épuisé. Et l'on revient à l'impôt sur les spécialités pharmaceutiques.....

Nous aurons donc un impôt de plus.

Nous en manquions.

Sera-ce le dernier de la collection ?

On peut *espérer le contraire.*

Le budget qu'on apporte si vite est peut être *le plus incertain des budgets.*

Il s'y produit des mouvements étranges tous les jours.

C'est *un déficit qui s'élargit ou qui se comble.* Vienne un trou nouveau : *on inventera un impôt de plus.*

D'autre part, on réduit l'intérêt accordé aux dépôt des Caisses d'épargne. Cela est rigoureux, mais semble inévitable. Quoi qu'il en soit, la chose est décidée. Que fera-t-on du profit de l'opération ? On va le mettre dans un bas de laine, suivant le vieux système. C'est, dit-on, pour garantir les dépôts en cas de crise. Curieuse idée ! Les dépôts sont garantis par l'Etat. Je suppose une crise qui puisse faire tomber le crédit de l'Etat. Que trouverez-vous dans votre bas de laine comme garantie ou comme moyen de remboursement ?

Des titres de rentes, *c'est-à-dire des titres d'Etat, forcément enveloppés dans son discrédit.*

L'idée de cette mesure est prodigieuse.

On demande qu'*au moins cette réduction, qu'on ne peut s'empêcher de regretter en la votant, PROFITE AUX CONTRIBUABLES.*

REFUSÉ.

Ainsi, on *va supprimer aux déposants une grosse part des intérêts dont ils bénéficiaient, sans profit pour les contribuables.*

Le bas de laine seul sera content.

Quelle idée bizarre !

Ainsi, pas d'économies sans impôt. C'est la conception financière du Cabinet ; ce n'est peut-être pas celle des électeurs.

CAMILLE PELLETAN.

L'électeur compte si peu, si peu, quand on a trois ans devant soi avant de le consulter, qu'il n'y a pas lieu d'en parler.

PRIMES A NOS ABONNÉS.

L'ALMANACH FRANÇAIS *pour 1891 vient de paraître à la Librairie nationale.*

L'administration de la Gazette agricole *met* gratuitement, *comme l'année dernière, cet Almanach à la disposition de ceux de nos abonnés et lecteurs qui manifesteront le désir de le recevoir* et joindront à leur lettre 15 centimes *en timbres-poste pour frais de port.*

Tout abonné qui renouvellera son abonnement, soit à l'expiration, soit par anticipation, par l'envoi d'un mandat-poste de 5 francs, ou déposera 5 francs dans un bureau de poste pour le renouvellement de son abonnement, recevra de droit gratuitement *et* franco l'ALMANACH FRANÇAIS.

L'ALMANACH FRANÇAIS *est mis gratuitement à la disposition de tous nos abonnés anciens ou nouveaux dans nos bureaux, à Paris, 13, quai Voltaire, et à Beauvais.*

SEMENCES CHOISIES.

Les champs de démonstration à la ferme.

Afin de mettre nos abonnés cultivateurs à même d'expérimenter sur *leur propre terrain* les variétés de blé à haut rendement qu'il importe tant de substituer aux variétés médiocres trop communes dans notre pays, nous mettons à leur disposition, à titre de prime, et indépendamment de l'*Almanach Français*, des semences de choix des meilleures variétés de blé.

Bien entendu, la quantité à distribuer à chacun ne peut pas être grande, mais elle suffira pour permettre de faire une première expérience sérieuse et de la continuer l'année suivante sur une plus grande étendue.

C'est ainsi, c'est par des essais bien faits, parce qu'ils se font en petit, que le cultivateur parvient à se rendre un compte exact de la valeur de la variété étudiée et qu'il arrive petit à petit et sans dépense à *se mettre en semences*, comme on dit, et à augmenter considérablement les rendements de son exploitation.

On parle beaucoup des *champs de démonstration*. Ils rendent les plus grands services en donnant des indications générales et en faisant ressortir les qualités de tel ou tel engrais, de telle ou telle variété. Le cultivateur ne doit pas négliger ces indications et les mettre à profit en faisant *dans son exploitation*, sur *son propre terrain*, l'étude des engrais et des variétés qui, bien que recommandés d'une manière générale, peuvent ne pas donner les mêmes résultats partout. C'est sa terre, c'est son champ, et non celui du voisin qu'il faut interroger.

Ces expériences spéciales, nous les facilitons par notre prime. Bien que modeste en apparence, elle aura certainement les résultats utiles que nous espérons, parce qu'elle tombera entre des mains pratiques qui sauront en tirer bon parti.

Quelques centaines de grammes de semence de blé, cela n'a l'air de rien. Ce ne serait rien, en effet, s'il s'agissait de variétés ordinaires, et non de variétés peu répandues, nouvelles et à haut rendement.

Mais que faire avec une si petite quantité ? C'est bien simple :

300 grammes nous permettront d'ensemencer un carré d'expérience de 5 mètres carrés. Par exemple, ce petit champ, auquel nous consacrerons un coin de notre jardin, *bien aéré* (et non pas sous les arbres), devra être cultivé et fumé avec tous les soins possibles, ce qui ne sera pas difficile, à cause de sa petite surface.

Culture profonde à la bêche, à 0m 40 ou à 0m 50, si c'est possible. Engrais abondant ; bon fumier, cendres et 4 kil. de superphosphate.

Semis *clair* en lignes espacées de 0m 35. Ainsi espacées, les tiges tallent abondamment ; la paille, loin de s'étioler comme dans nos semis ordinaires, prend de la force et ne verse pas, malgré la richesse du sol; et que d'économie de semence!

En hiver, destruction des limaces, si cela est nécessaire, par le semis de chaux en poudre.

Après l'hiver, semis à la surface de 2 kil. de colombine ou poulaine, ou 1 kil. de nitrate de soude. Roulage énergique.

Faisons, en un mot, de la culture *intensive*, par excellence, et nous récolterons de quoi ensemencer l'année prochaine plus de 20 ares.

Dans deux ans nous pourrons récolter la semence de plusieurs hectares.

Nos abonnés pourront choisir entre les variétés d'automne suivantes:

Avoine grise d'hiver
Réduction au tiers de la grandeur naturelle.

Blés : Aleph — de Noé — ROUGE D'ECOSSE — Browick — de Challeng — Chiddam d'automne à épi blanc, — id. à épi rouge. — DATTEL — Goldendrop — Hallett — Hunter — Lamed — KISSENGLAND — de Miracle — MONTAGNARD BARBU (très productive, même dans des sols médiocres) — Poulard d'Australie — Richelle blanche de Naples — Roseau — ROUGE INVERSABLE de Bordeaux — de Saumur — Sheriff à épi carré — VICTORIA D'AUTOMNE.

Avoines: Noire d'hiver de Belgique (produits considérables, mais craint hiver très rigoureux).

Grise d'hiver (très résistante aux gelées)

Seigle de Schanstedt à semer de suite. Rendement extraordinaire. Tiges de 2m25 à 2m50 de hauteur. Epis, moyenne de 0m 20 de hauteur.

Les semences, d'une qualité irréprochable, proviennent de la maison Forgeot, 6, quai de la Mégisserie, Paris, qui, rappelons-le, s'est soumise au contrôle de la station d'essais établie par le ministère de l'agriculture à l'Institut national agronomique de France.

C'est dire qu'elles offrent toutes garanties au point de vue de la pureté d'espèce et de la qualité germinative.

Pour les semailles de printemps, nous ajouterons à notre liste un certain nombre d'autres variétés de blé, quelques avoines et aussi des graines potagères et des graines de fleurs, et ce à l'intention de nos charmantes lectrices.

Nos abonnés nous sauront certainement gré des sacrifices que nous nous imposons pour leur être agréables et surtout utiles.

Pour recevoir un paquet d'une des variétés indiquées ci-dessus, il suffit, pour nos abonnés, de nous envoyer, en en faisant la demande, 0 fr. 45 c. en timbres-poste pour les frais d'affranchissement.

Quant aux abonnés nouveaux, ou à ceux qui renouvellent leur abonnement à l'échéance ou par anticipation, ils recevront la prime *gratuitement et franco*, à la condition de nous envoyer, en un mandat, cinq francs, prix net de leur abonnement, et de nous éviter ainsi les frais relativement très lourds de recouvrement par la poste.

Ch. GOSSIN.

INSTITUT AGRICOLE DE BEAUVAIS

EXAMEN DE SORTIE.

Commission nommée par la Société des Agriculteurs de France : MM. Jacquemart, Tessonnier, comte de Luçay, baron de Corberon, Albaret, vicomte de Chézelles, Fautrat, comte d'Héricourt, Ulysse Roussel, Vimont, E. Wallet.

Ont obtenu le brevet de *capacité agricole* : MM. Jules de Girardier (Loire), Georges Lecoultre (Ile-Maurice), André Dhuicque (Survilliers), Edouard Desjardins (Canada).

Ont obtenu le diplôme supérieur d'agriculture : MM. Maurice Paitard (Seine-Inférieure), de Girardier, Desjardins.

Médailles offertes par la *Société des Agriculteurs de France*. — Médaille de vermeil : M. Paitard. — Médailles d'argent : MM. de Girardier, Desjardins. — Médailles de bronze : Le Coultre, Dhuicque, tous élèves sortants de troisième année.

EXAMEN D'ENTRÉE. — Octobre 1890.

A la suite des examens d'entrée, ont été admis comme élèves de première année à l'Institut agricole de Beauvais :

MM. Paul Jacquin (Paris), Pierre Bellocq (Basses-Pyrénées), Gaston Beauvais (Somme), Eugène Masselin (Oise), C. Poilvé (Aisne), Joseph Cousture (Oise), Paul Dunoyer de Segonzac (Creuse), A. Forzy (Aisne), Denys de La Marlieu, Eug. Proyart (Pas-de-Calais), Lestienne, Guy de Sercy (Allier), Paul Gamblon (Seine-et-Marne), Paul Ducroux (Saône-et-Loire), R. de Marc (Paris), P. de Varan (Saône-et-Loire), Louis Tassel (Côtes-du-Nord), Pinquet (Pas-de-Calais), Chauvet (Isère), Mieckwski (Pologne), Dejoulx (Cher), Salvador (Maine-et-Loire), Berthaud (Loire), Perrier (Paris), de Mazinghem (Pas-de-Calais).

Au cours préparatoire : MM. Louis Jacquin (Paris), Fernand de Pelet (Somme), Duroussy (Loire-Inférieure), du Soulier (Pas-de-Calais), Gallet (Loire).

SUCRAGE DES CIDRES.

La question du sucrage a été étudiée et recommandée par des savants bien avant le commencement de notre siècle.

Vers l'an 1800, Chaptal fit pratiquer cette opération sur les moûts de vin, opération à laquelle il donna le nom de *chaptalisation* ou *chaptalisage*. Puis vinrent les travaux de Dubrunfaut et de M. de Vergnette-Lamotte qui ne laissèrent aucun doute sur les avantages économiques que présentent ce procédé. Malheureusement nos vignerons ne suivirent pas très exactement les conseils indiqués par ces savants. Au lieu d'employer du sucre pur, dont le prix était alors assez élevé, ils crurent bien faire d'additionner les moûts de glucose, ou sucre de fécule, qui donne une saveur désagréable plus ou moins marquée. L'emploi d'un tel sucre n'était pas de nature à produire l'amélioration que Chaptal avait en vue; aussi cette méthode, conseillée par Mollerat, suscita de nombreux ennuis à nos vignerons qui, dans la crainte de perdre leur réputation, cessèrent en grande partie l'opération du sucrage. Quelques producteurs de cidre suivirent les mêmes errements, en faisant usage de mélasses et de cassonnades. Ces produits étant impurs provoquent dans le cidre des inconvénients analogues à ceux qu'occasionnent la glucose.

Les cultivateurs qui opèrent ainsi obtiennent une boisson détestable et nuisible.

L'alcool, provenant de la fermentation des mauvais sucres ou de la mélasse est nauséabond et chargé d'alcools amylique, butylique, coproïque, etc., de divers éthers et huiles essentielles qui sont des plus nuisibles.

Il faut employer du sucre blanc en pain ou en grain cristallisé, exempt de toute odeur et saveur désagréable, et rejeter l'emploi des mauvais sucres et surtout des mélasses.

La chose est facile à faire maintenant depuis que le cours des sucres a considérablement baissé et que la loi de 1884 a réduit le droit sur les sucres employés au sucrage des cidres et poirés.

En sucrant les moûts on augmente leur richesse en alcool, car le sucre pur ajouté fermente dans les mêmes conditions et donne les mêmes alcools que le sucre naturel contenu dans la pomme. On obtient une amélioration, une plus grande quantité de cidre et de meilleure garde, opération toujours fructueuse et sans danger, et qui, à aucun titre que ce soit, ne peut être considérée comme une falsification.

Pour mieux faire ressortir les avantages du sucrage, nous établirons le prix de revient de la fabrication du cidre avec le secours du sucre, en citant le résultat d'expériences faites en grand.

10,000 kilos de pommes ont servi à fabriquer :

85.4 hectolitres	de gros cidre.	
42 »	—	de cidre de seconde pression.
22.9	—	de petit cidre.

Au total : 150.3 hectolitres de cidre qui ont coûté :

10,000 kilos de pommes à 120 fr. les 1,000 kilos rendus chez le producteur........	1.200f »
40 journées d'hommes à 2 fr. 50....	100 »
Entretien du mobilier et frais généraux........................	50 »
290 kilos de sucre à 40 fr. les 100 kilos, plus 25 fr. de droits, soit à 65 fr..	188 50
	1.538f 50

soit en moyenne 10 fr. 25 l'hectolitre, dont voici le décompte par sorte de cidre :

FABRICATION DU GROS CIDRE.

10,000 kil. de pommes broyées, additionnées de 42 hectolitres d'eau de pluie bien propre et chaude à 50° environ (soit 25 litres par hectolitre de pommes) ont été laissées en macération pendant 24 heures, en agitant par intervalles, puis pressées. On a retiré un jus auquel on a ajouté, conformément aux indications fournies par le *pèse-cidre Vivien* (1), 42 kilog. de sucre blanc cristallisé sec, type n° 3 de la Bourse de Paris.

Après fermentation, on a eu 85.40 hectolitres de cidre fort ou gros cidre, coûtant :

Pommes (80 3 0/0 du jus contenu dans les pommes), ci..................	963f 60
Frais : 1 fr. par hectolitre de cidre obtenu........................	85 40
Sucre : 42 kil. à 65 fr. les 100 kil....	27 30
Ensemble...........	1.076f 30

(1) En vente chez M. Vivien, 26, rue Saint-Quentin, Paris.

soit : $\frac{1.076\ 30}{85.4}$ 12 fr. 60 l'hectolitre.

FABRICATION DU CIDRE MOYEN.

Les marcs provenant de la fabrication du gros cidre ont été pilés à niveau, additionnés de 27 hectolitres d'eau pure et chaude à 50°. et laissés en macération pendant 24 heures.

Par la pression, on a retiré un jus auquel on a ajouté, conformément aux indications du *pèse-cidre*, 108 kilos de sucre blanc n° 3. Après fermentation, on en a eu 42 hectolitres de cidre moyen, deuxième qualité, coûtant :

Pommes (le restant du jus pur contenu dans les pommes), ci	236 70
Frais : 1 fr. par hectolitre de cidre obtenu	42 »
Sucre : 108 kilos à 65 fr. les 100 kilos.	70 20
Ensemble	348 90

soit 8.30 l'hectolitre.

FABRICATION DU PETIT CIDRE.

On a opéré comme ci-dessus, en ajoutant 25 hectolitres d'eau chauffée à 50° et laissant en macération 24 heures. On a ajouté au jus retiré 140 k. de sucre. Après fermentation, on a eu 22 hectolitres de petit cidre, excellent comme boisson pour la ferme. et coûtant :

Pommes (le jus restant est sans valeur).	0 00
Frais : 1 fr. par hectolitre de cidre	22 90
Sucre 140 kilos à 65 fr. les 100 kilos.	91 »
Ensemble	113 90

soit 4.97 l'hectolitre.

Le cidre moyen ou de seconde pression était fort et comparable au gros cidre; on a pu les mélanger ensemble, ce qui a ramené le prix moyen du gros cidre à :

$$\frac{12.60 + 8.30}{2} = 10 \text{ fr. } 45 \text{ l'hectoitre}$$

pour des pommes revenant à 120 fr. les 1,000 kil.

Si l'on n'avait pas pratiqué le sucrage, on aurait obtenu seulement par l'ancienne manière de faire et pour 10,000 kil. de pommes :

60 hectolitres de gros cidre,
et 8 — de petit cidre,

soit 68 hectolitres de cidre moyen coûtant 1,350 f. ou 19 fr. 85 l'hectolitre.

Tandis qu'avec le sucrage, on a eu :

127.4 hectolitres de gros cidre,
22.9 — de petit cidre,

soit 150 3 hectolitres de cidre moyen total, coûtant 1 538 fr. 50 ou 10 fr. 25 l'hectolitre, soit une différence de 9 fr. 60 en faveur du sucrage, et 82 hectolitres de cidre en plus.

Le sucrage permet donc d'abaisser de moitié le prix de revient et donne en outre une quantité double de cidre.

Ces avantages sont considérables et dispensent de tous commentaires; ils montrent tout le parti que l'emploi judicieux de sucre peut rendre à l'agriculture.

Le sucrage permet encore d'augmenter la production d'eau-de-vie de cidre et d'en abaisser le prix de revient.

Les opérations du sucrage des cidres ont été peu actives jusqu'alors. Sur 266,529 kil. de sucre employés en 1889, 53,762 kil. ont été utilisés par 180 propriétaires récoltants; les 212,767 kil. formant la différence ont été mis en œuvre par des fabricants acheteurs de pommes ou de poires.

Il est à souhaiter que le sucrage prenne un plus grand développement, notamment les années de disette où les pommes et, par suite, les cidres sont d'un prix élevé. C'est pour la culture et le fabricant de sucre une source de revenu bonne à signaler et que nous recommandons dans l'intérêt général, l'abaissement du prix de revient, l'augmentation de la quantité et de la qualité étant autant de facteurs propres à favoriser le développement de la consommation de cette boisson si saine et si agréable.

H. VIVIEN.

LES BLÉS MÉLANGÉS.

Certains agriculteurs ont la coutume de mélanger plusieurs variétés de blé. C'est parfait, à la condition de ne mélanger que des variétés se semant à la même époque, autant que possible de même grosseur, s'adaptant bien à la même nature du sol et mûrissant, à deux ou trois jours près, à la même époque.

Relativement à la couleur des grains de chaque variété, si elle n'est pas uniforme, peu importe, parce qu'on admet très bien dans la pratique les blés panachés qui se vendent souvent plus cher que le blé d'une variété pure, les grains ayant toujours plus belle apparence. Ces mélanges offrent l'avantage de faire obtenir toujours une récolte plus abondante, parce que, si une variété est trop sensible, semée seule, elle viendra mieux lorsqu'elle sera protégée par d'autres variétés plus rustiques; de plus, si l'une succombait, les autres résistant bien assureraient toujours une bonne récolte.

Chaque variété de blé a nécessairement des exigences spéciales, c'est-à-dire que la qualité et la quantité des éléments dont elle se nourrit varient avec ceux absorbés par une autre variété; quoique légère, la différence dans le tempérament de chaque variété, dans son mode de nutrition, etc., influe d'une manière très évidente sur le rendement; l'influence des mélanges est toujours favorable si l'on associe des variétés dont le système radiculaire n'est pas le même, parce que toute la fumure sera utilisée si une variété a des racines traçantes et superficielles et les autres plus ou moins pivotantes qui absorberont, pour bien se développer, la nourriture que ne pourraient atteindre les racines de la première, parce qu'elle est descendue trop profondément.

Il est indispensable de faire chaque année ces mélanges avec des semences pures au moment de faire les semailles; pour cela, l'on cultivera séparément les variétés qui doivent servir à faire les mélanges.

FORMULES DE MÉLANGES

1° *Pour terres franches ou d'alluvion riches.*

Blé blanc Shireff et blé rouge d'Ecosse.
Blé Hallet et blé Victoria d'automne.
Blé de Saumur d'automne et blé Hallet.
Blé Prince-Albert et blé rouge inversable ou de Bordeaux.
Blé Victoria blanc et blé Bleu ou de Noé.
Blé Chidham d'automne à épi blanc et blé à épi carre.
Blé Hunter et rouge inversable.

2° *Pour terres argilo-calcaires.*

Blé rouge d'Ecosse et rouge inversable.
Blé Hunter et de Crépi.
Blé Tunstall et Victoria d'automne.
Blé Chidham d'automne à épi blanc et rouge inversable.
Blé Victoria blanc et de Saumur d'automne.
Blé de Noé et Chidham d'automne à épi rouge.
Blé Roseau et rouge de Hongrie.
Blé Rousselin et blé à épi carré.
Blé Dattel, Lamed et blé Bordier.

3° *Pour les terres argileuses fortes et froides.*

Blé à duvet et blé à épi carré.
Blé Tunstall et Browick.

4° *Pour terres maigres, sables ou graviers.*

Blé Hunter et de Crépi.
Blé blanc Shireff et rouge de Hongrie.
Blé Rousselin et de Noé.
Blé rouge de Hongrie et Chidham d'automne à épi rouge.

5° *Pour terres de rougié et granitiques de qualité moyenne.*

Blé Bordier et blé barbu à gros grain.
Blé de Noé et barbu à gros grain.

A la suite des essais que l'on fera, on jugera de l'opportunité qu'il y aura à mélanger trois ou quatre variétés de blé au lieu de deux comme l'indiquent les formules ci-dessus.

Ces formules n'ont rien d'absolu; malgré leur exactitude, elles n'ont qu'un but : celui d'indiquer la marche à suivre, chacun restant libre de les modifier à son gré suivant la nature du sol et surtout suivant le climat.

F. D'ANDRÉ.

LES ENGRAIS POUR PRAIRIES

Pour les prairies basses ou anciennes, les sels de potasse et les engrais phosphatés (sous forme de scories, phosphate ou superphosphate) sont les deux matières fertilisantes par excellence.

Dans ces prairies, l'azote ne manque pas ordinairement, mais cet élément, combiné souvent à des matières ulmiques, n'est pas à l'état assimilable. Il faut favoriser sa nitrification par un chaulage avant l'hiver. Ces prairies reçoivent alors, avec profit, une fumure complètement minérale et non azotée. Suivant les contrées et les époques de l'année, on emploiera à l'hectare l'une des trois formules d'engrais qui suivent ;

Avant l'hiver.

Scories Thomas fine poudre	800 k.
Kaïnite	500

L'emploi des scories dispense souvent du chaulage puisqu'elles renferment 30 ou 40 0/0 de chaux.

Pendant l'hiver.

Phosphate minéral finement moulu, 500 à	800 k.
Kaïnite	500

Au printemps.

Superphosphate à 13 0/0	400
Chlorure de potassium	100

On remplacerait avec grand avantage le chlorure de potassium par 100 ou 150 kil. de potasse brute finement moulue (salins de betteraves); on peut acheter des salins depuis 15 fr. jusqu'à 22 fr. par 100 kil., suivant composition.

Cette même fumure convient aux prairies sèches, aux pâturages sur plateaux élevés. Mais, pour ce genre de prairies, au bas prix actuel du nitrate, il peut y avoir grand avantage à employer cette matière azotée, à la dose de 100 kil. par hectare.

Si la prairie est établie sur terrain argileux, nature de sol souvent riche en potasse, on pourra supprimer les sels de potasse et se contenter de répandre à l'hectare, au printemps :

Nitrate de soude	100 k.
Superphosphate	400

Dans les pays où la végétation n'est pas avancée, on peut répandre cette fumure jusqu'au 20 avril.

L'azote stimule le développement des graminées; si donc on abusait du nitrate, on pourrait en favoriser la croissance au détriment des légumineuses et obtenir finalement un foin de mauvaise qualité. L'emploi des superphosphates et des sels alcalins détermine au contraire l'exclusion des graminées au profit des légumineuses. En variant les engrais, on peut donc modifier la flore d'une prairie.

Notre dernière formule d'engrais peut s'appliquer aussi en juin après la première coupe, si l'année est pluvieuse.

COMMENT ON DOUBLE LES VENDANGES

Vendanges et raisins secs.

Pour doubler sa vendange, je ne connais qu'un seul moyen : c'est d'ajouter des raisins.

Il est clair que je veux parler des raisins secs qui, seuls, remplissent le but qu'on poursuit. De l'avis de tous les savants les plus illustres, cette opération est non seulement une chose saine, hygiénique, mais c'est encore le seul moyen réellement pratique de reconstituer une récolte à moitié détruite par le phylloxera et autres maladies de la vigne, sans être obligé d'acheter le vin qui aurait manqué, sans cela, pour la provision de la ferme ou de sa maison.

Comment, double-t-on sa vendange et comment la sauve-t-on quand, malheureusement, elle n'a pas mûri?

Je l'ai dit bien souvent et vais vous le répéter ici. Il suffit de préparer, la veille des vendanges, dans une cuve, les raisins secs et l'eau que le soleil leur a enlevé et qu'on leur restitue pour les rendre exactement semblables à ceux que vous irez cueillir dans votre vigne.

Pour obtenir un vin généreux de 12°, la proportion d'eau à verser sur les raisins secs est de 300 litres par 100 kilos. Il est évident que vous pouvez sans dangers, verser, au lieu de 300 litres, 350, 400, 450, 500 litres d'eau; mais il est évident aussi, qu'au lieu d'obtenir un vin de 12° il n'aura plus que 11°, 10°, 9°, 8° ou 7°. Ça dépend absolument de ce que vous désirez obtenir. Voici maintenant mon avis et mon conseil; règle générale; il convient de ne pas trop dépasser, avec les raisins secs et leur eau, la quantité de moût produit avec les raisins *frais*, si on veut conserver et le même goût, et à peu près la même couleur rouge. Pour le degré à réaliser, c'est la même remarque. Etant donné la facilité qu'on a de produire un vin au degré alcoolique qu'on désire, on juge, sans de bien grandes explications, des avantages que vous offre cette façon de faire le vin.

En effet, supposez que l'année ait été pluvieuse, que les raisins soient très aqueux et peu sucrés, le degré alcoolique du vin qu'on obtiendra sera faible et le vin produit aura toutes les chances de tourner; il n'est pas de conserve. Jadis pour remédier à cela il fallait faire réduire, par l'ébullition, une partie du moût de la vendange de manière à faire remonter le degré liquoreux de la masse par l'évaporation du moût. Que d'ennuis, que de peines, que de pertes et surtout quel goût désagréable de cuit on donnait à son vin! Mais il n'y avait pas à dire, il fallait en passer par là.

On ajoutait du sucre de canne, pourra-t-on me dire.

Mais est-ce que jamais le sucre n'a pu faire du vin? Est-ce que le sucre donne le tannin si nécessaire au vin, est-ce qu'il lui donne tous ces principes indispensables à une bonne vinification?

Il y a quelque temps je vous citais ce que contient le vin naturel tiré du raisin. Est-ce que le sucre peut produire les richesses chimiques et particulières contenues dans le raisin?

Oui, mais me dira-t-on encore, le sucre de canne ou de betteraves produit de l'alcool, et c'est ce que nous cherchons.

Mais, si c'est l'alcool qui vous faut, pourquoi vous adresser au sucre de canne ou de betteraves? Est-ce qu'aujourd'hui la science ne tire pas de l'alcool de tout? Avec la délicatesse de rectification à laquelle on est arrivé, n'est-on pas même parvenu à en produire d'*excellent* — quant au goût et sans parti-pris — des matières fécales! Pourtant, je suis convaincu que si on vous offrait de cet alcool — puisque ce n'est que de l'alcool qu'il vous faut, dites-vous — pour remonter le degré alcoolique de votre vin, je suis convaincu, dis-je, que vous refuseriez nettement.

Vous auriez raison; pour faire du vin, il ne faut pas seulement de l'alcool, mais les richesses de toutes sortes contenues dans le jus des raisins.

Or, les raisins secs, eux, sont des raisins, en possession de tout ce qu'ils renfermaient à l'état frais, sauf l'eau. Quant à leur richesse saccharine elle est de 65 à 70 pour 0/0, c'est-à-dire que chaque sac de 100 kilos contient de 65 à 70 kilos de sucre pur de raisin.

Voyez les avantages qu'on a à les employer pour remonter le degré alcoolique d'une vendange mal venue, non seulement on n'éprouve pas de pertes, mais on double sa vendange en la modifiant dans le sens qu'on désire. Si les raisins frais sont pauvres en sucre, on emploie 300 litres d'eau par 0/0 kilos de raisins secs au lieu de 500, ce qui donnera un vin d'une moyenne de 9° 5° au lieu de 6° ou 7°, comme il l'aurait eu à l'état naturel.

Dans les pays, dont je vous parlais en commençant, où les grappes ne mûrissent pas, où les grains demeurent verts, ont pratique de la même façon. Le vin obtenu est délicieux, car les grapillons acides donnent plus tard au vin fait par leur mélange avec les raisins secs, un goût exquis et un bouquet extrêmement recherché. Ces vins, jadis sans emploi, sont des vins d'une solidité à toute épreuve et se conservent bien mieux que les meilleurs; on le comprend facilement par l'excès d'acide tartrique qu'ils renferment.

La conduite de l'opération du doublage des vendanges est bien simple; il suffit de mélanger au fouloir les raisins frais avec les raisins secs et l'eau dans laquelle ils ont trempé et d'écraser le tout ensemble. La direction de la fermentation depuis le commencement jusqu'à la fin, au décuvage, est absolument la même que celles des vins de raisins frais.

Enfin, est-ce qu'il peut y avoir une différence? Que ce soit des raisins frais ou des raisins secs est-ce que, au fond, ce ne sont pas toujours des raisins?

Croyez-moi, mes chers amis, que tous ceux qui le peuvent doublent leur vendange pour leur consommation, aucun ne le regrettera.

J. F. AUDIBERT.

ARRACHAGE MÉCANIQUE des BETTERAVES

Dans une note qu'il présentait, au mois de décembre 1889, à la Société d'Agriculture de Clermont (Oise), M. Bajac faisait connaître les expériences auxquelles il s'était livré relativement à l'influence de l'arrachage précoce des betteraves sur leur maturation. Il signalait ce fait que la richesse des betteraves soulevées par l'arracheur mécanique et laissées en place s'était accrue jusqu'au moment où on les enlevait, tandis que celles des betteraves voisines, non arrachées, diminuait ou restait stationnaire. Ces expériences ont été reprises cette année; il est intéressant d'en faire connaître les résultats. Dans un champ cultivé par M. Véret, près la gare de Liancourt (Oise), des lignes de betteraves ont été soulevées par l'arracheur mécanique le 1er octobre, et laissées en place; ce jour-là, elles accusaient une densité de 6.7; le 7 octobre, la densité était de 7.4, et le 9 de 8.1; elles avaient donc gagné 14 dixièmes en neuf jours. Des betteraves voisines restées en terre, sans être arrachées, accusaient, le 7 octobre, une densité de 6.9 et le 9, de 7.0; elles étaient restées à peu près stationnaires. Les betteraves arrachées et laissées en terre, sans être décolletées, n'avaient d'ailleurs pas perdu de leur poids. On nous affirme que d'autres expériences, faites par d'autres cultivateurs, donnent des résultats analogues. Dans ces conditions, l'arrachage mécanique des betteraves, grâce auquel on peut laisser les racines en terre, mais sans qu'elles y adhèrent, se montre comme une méthode excellente pour leur permettre d'achever leur maturation dans les meilleures conditions.

Nouvelles agricoles.

Le vagabondage dans les campagnes. — La Société des Agriculteurs de France a pris l'initiative d une enquête sur le vagabondage et la mendicité dans les campagnes, ainsi que sur le meilleur moyen de les faire disparaître.

Elle a demandé à tous ses correspondants, ainsi qu'aux membres des syndicats et des comices agricoles, de recueillir tous les faits de vagabondage qui leur seront connus ou qui sont signalés dans les journaux de leur département, en insistant sur ceux de ces faits qui auront été accompagnés de délits ou de crimes (vols, incendies, meurtres), et de les lui faire connaître avant le 31 octobre.

La Société établira ensuite un dossier par département et communiquera un important travail au ministre de l'intérieur.

Crise de l'industrie betteravière. — La situation de l'industrie betteravière est très critique et préoccupe vivement les agriculteurs de la région du Nord. On aura bien de la peine à atteindre cette année le taux de richesse en sucre exigé par le fisc.

Le fisc est inexorable pour cette industrie à laquelle il demande plus de 176 millions par an! Aussi, que va-t-elle devenir? Elle va diminuer évidemment en France, ce qui est vraiment déplorable. Il n'y a pas en effet d'exemple de culture qui, aidée par l'industrie, ait réalisé en si peu de temps des résultats comparables à celle-ci.

L'extension de cette culture est la meilleure

école d'agriculture améliorante; elle bonifie les terres, favorise l'élève du bétail, accroît la production du blé, augmente la consommation des engrais riches... et voilà la culture sur laquelle l'impôt frappe à coups redoublés!

Quand on songe que nous possédions une loi d'impôt excellente, celle de 1884, qui avait contribué au relèvement de cette riche culture et qu'on n'a pas eu de repos qu'on ne l'ait sans cesse remaniée et gâtée, c'est vraiment à prendre en horreur les réformateurs.

Congrès de la meunerie. — Le congrès qui vient de se tenir à Paris a émis les vœux suivants :

Que le tarif kilométrique soit appliqué pour les grains et farines transportés sur plusieurs réseaux avec franchise pour le retour des emballages; — Achèvement du canal de la Marne à la Saône; — Que les céréales et les farines ne soient point comprises dans les traités de commerce, si on les renouvelle; — Que la faculté d'entrepôt existe dans tous les ports.

Concours de chevaux de trait à Nevers. — Le concours de chevaux de trait organisé par la Société d'Agriculture de la Nièvre s'est tenu à Nevers le 11 octobre; plus de 250 animaux de robe noire y figuraient. 120 juments environ ont été classées pour la reproduction. L'exposition des poulains, surtout celle des poulains de dix-huit mois, était aussi fort intéressante. Les prix d'ensemble pour les meilleurs lots de trois juments au moins ont été remportés par M. de Saint Sauveur, à Saint-Firmin, et par M. Robert, à Chassy, commune d'Ourouër.

Transport des cidres. — Les producteurs de cidre apprendront avec plaisir que le ministre des travaux publics a homologue une proposition faile par la Compagnie des chemins de fer de l'Ouest en vue d'abaisser de 5,000 à 500 kilos la condition de tonnage exigée pour l'application aux cidres et poirés en fûts expédiés sur Paris, du minimum de tarif de 11 fr. 50 par tonne. Grâce à cette nouvelle disposition il suffit qu'un fût contienne 450 litres environ pour que l'expéditeur puisse bénéficier du tarif réduit.

Gare à la péripneumonie. — Le *Courrier de Verdun* nous apprend que le propriétaire d'une ferme importante des environs de Revigny (Meuse), vient de perdre tout son bétail par suite de la péripneumonie contagieuse.

32 bêtes à cornes, dont 20 bœufs ayant coûté 1,400 francs la paire, ont dû être sacrifiées.

La maladie avait été introduite dans le troupeau par des vaches récemment importées de Hollande.

Prenons garde, et ne négligeons pas, si la maladie est dans nos contrées, la mesure préventive de l'inoculation.

CONSEILS DU JARDINIER

DESTRUCTION DES MOUSSES SUR LES ARBRES FRUITIERS.

Les mousses et les lichens qui naissent sur les arbres sont un grand obstacle à leur végétation et à leur fructification. Ces végétaux parasites sont en même temps un réceptacle, un lieu de refuge, pour des légions d'insectes plus nuisibles encore; il est donc important de les détruire, si l'on veut obtenir de beaux arbres et de beaux fruits.

C'est pendant l'hiver, alors que les travaux de culture sont en partie suspendus par la pluie, la neige ou la glace, que l'on doit s'occuper de la destruction de ces plantes qui vivent aux dépens des arbres, en absorbant une partie de la sève, et en empêchant l'action de l'air sur l'écorce de ceux qui en sont envahis. Quelquefois il arrive que les mousses et les lichens sont en si grande quantité, que le tronc, les branches et les rameaux disparaissent entièrement sous cette couche; alors l'arbre perd sa vigueur, il ne produit plus de fruits et finit par succomber avant l'époque fixée pour son existence normale.

Pour remédier à ce fâcheux état de choses, il faut de toute nécessité détruire cette végétation parasite qui cause un préjudice si considérable à la production. A cet effet, on peut utiliser un petit balai de quinze à vingt centimètres de circonférence, formé avec de jeunes tiges de bouleau un peu rigides, ou mieux encore de fils de fer très fins, fortement serrés; ou même au besoin, employer un petit racloir en fer que l'on passe sur toute la surface de l'écorce, sans cependant l'entamer.

Lorsque toute la mousse est enlevée, il est bon de couvrir ensuite, avec un lait de chaux, toute la partie des arbres sur laquelle on a pratiqué l'enlèvement des mousses et lichens, et souvent même ce badigeonnage est suffisant pour leur destruction.

Si l'on craignait que le lait de chaux n'ait pas une adhérence suffisante pour résister à la pluie, on pourrait y ajouter un peu de terre argileuse qui produit une espèce de colle et ralentit le lavage par les eaux pluviales.

Quelques cultivateurs diront sans doute que ce travail est long, dispendieux, difficile à pratiquer lorsque l'on a un grand nombre d'arbres à nettoyer; mais c'est en prenant ces précautions qu'ils pourront obtenir une belle végétation, augmenter la fructification; et assurément ceux qui auront pratiqué cette opération seront largement rétribués de leur temps et de leurs soins par l'augmentation de la production.

HORTUS.

CONSEILS A LA FERMIÈRE

LES DÉFAUTS DU LAIT.

Le lait visqueux.

C'est celui qui, peu après être trait, devient visqueux, ne mousse que peu ou pas pendant l'opération et acquiert bientôt une telle consistance que l'on peut en tirer des fils.

Ici se présente une fermentation acide et bientôt le lait se change en un liquide gris sale. Le beurre ne s'obtient que difficilement et est d'une nature huileuse.

Il faut en rechercher les causes directes dans la présence de bactéries et dans la décomposition de la matière sucrée — les causes indirectes, dans les désordres survenus dans l'organe digestif de la vache, désordres amenés par de la mauvaise nourriture ou non appropriée à l'animal.

Or, et avant tout, il faut changer la nourriture, faire partout un nettoyage complet et, si la maladie est déjà déclarée, faire bouillir les vases pour détruire les bactéries et donner ensuite une dose d'huile phosphorée ou de soufre.

Il faut citer aussi un autre défaut du lait qui ressemble au dernier, mais qui, étant *glaireux*, ne se laisse pas tirer en fils quoique prenant aussi une consistance assez solide.

Cet état repose aussi sur la présence de bactéries; il faut employer les mêmes remèdes et prendre les mêmes précautions que pour le lait visqueux.

Tels sont donc les principaux défauts qui se présentent généralement dans le lait. Une nourriture sagement donnée, une surveillance des animaux, une propreté extrême et une aération répétée des locaux servant de chambres à lait sont souvent les choses principales pour éloigner toute maladie.

Un défaut se montre-t-il et ne sait-on pas chez quelle vache il s'est déclaré, vite alors il faut traire, pendant quelques jours, chaque vache séparément, conserver le lait de chacune et l'observer. A-t-on trouvé la vache qui donne le lait malade, il ne sera pas difficile non plus d'en trouver la cause et le remède.

UNE MÉNAGÈRE.

CONSEILS DU VÉTÉRINAIRE

GALE DES MOUTONS.

La benzine est l'un des agents les plus efficaces employés aujourd'hui pour détruire tous les insectes parasites qui vivent sur le corps des animaux. On en verse dans le creux de la main, on en frotte tout le corps de l'animal; les insectes sont aussitôt asphyxiés. 30 grammes suffisent pour guérir la gale d'un chien. Pour les autres animaux, la dose varie, suivant l'abondance des poils, l'épaisseur de la toison. La benzine a cet autre avantage de s'évaporer rapidement, de ne laisser aucune trace sur la peau de l'animal et de n'altérer ni le poil, ni la laine; pour le cheval et le bœuf, deux frictions bien faites, à trois ou quatre jours d'intervalle, avec un mélange par parties égales d'huile de pétrole et de benzine, suffisent en général pour faire disparaître la gale.

UN VIEUX VÉTÉRINAIRE.

CONSEILS DU MÉDECIN

LES RHUMATISMES PÉTROLÉS.

Avez-vous des rhumatismes? Le traitement que vous suivez est-il sans effet ou ne vous procure-t-il qu'un soulagement médiocre? Désespérez-vous de guérir? Alors, essayez du remède du père Camille. Le père Camille est un brave homme de ma connaissance, jadis perclus de rhumatismes, et son remède, le remède auquel il doit, sinon la guérison, du moins une amélioration très notable dans son état, est l'huile de petrole.

Il l'emploie en frictions. Les frictions doivent être opérées à l'aide d'un morceau d'étoffe de laine bien imbibé de l'huile minérale; il faut frotter fort et longtemps, puis couvrir de flanelle les parties douloureuses. Le père Camille n'est pas guéri, je le répète, mais il va infiniment mieux... Ce diable de pétrole a fait joliment du chemin depuis quelques années. Vous verrez qu'on finira par en boire.

UN VIEUX MÉDECIN.

POUR RIRE.

DÉCLARATION D'AMOUR D'UN GRAMMAIRIEN A Mlle M. M...

Oui, dès l'instant que je vous vis,
Beauté féroce, vous me plûtes.
De l'amour qu'en vos yeux je pris,
Sur le champ vous vous aperçutes.
Mais de quel air froid vous reçutes
Tous les soins que je vous offris!
Combien de soupirs je rendis!
De quelle cruauté vous fûtes
Et quel profond dédain vous eûtes
Des gros tourments que je souffris!
En vain je priai, je gémis!
Dans votre dureté vous sûtes
Mépriser tout ce que je fis.
Même un jour je vous écrivis
Un billet tendre que vous lûtes,
Et je ne sais comment vous pûtes
De sang-froid voir ce que j'y mis.
Ah! fallait-il que je vous visse,
Fallait-il que vous me plussiez,
Q'ingénûment je vous le disse,
Q'avec orgueil vous vous tussiez!
Fallait-il que je vous aimasse,
Que vous me désespérassiez,
Et qu'en vain je m'opiniâtrasse
Et que je vous idolâtrasse,
Q'à vos pieds je me prosternasse
Pour que vous m'assassinassiez!

DEMANDES D'EMPLOI

Un jeune homme, 23 ans, ex-sous-officier d'artillerie, ayant son brevet d'instituteur, et ex-clerc d'avoué, *demande une place de commis aux écritures ou de clerc* dans une étude de notaire, même à la campagne.

Excellentes références. S'adresser au bureau du journal.

Un ménage *demande place de garde ou de régie.* Le mari connait la petite et la grande culture; très bon vigneron. La femme, bonne ménagère, sait bien faire la cuisine. Tous deux sont munis d'excellents certificats.

S'adresser au bureau du journal.

PETITE POSTE.

M. Edm. P..., à J... (Haute-Marne). — *Cours d'eau mitoyen.* — Votre lettre est envoyée à notre vieux juge de paix. La réponse vous sera communiquée.

M. H... T... (Charente-Inférieure).

1° *Vaine pâture.* — Le Code civil reste intact : « Tout propriétaire a le droit de clore des héritages ; personne ne peut vous en empêcher. »

2° *Nitrate de soude.* — L'emploi trop souvent répété de ce sel actif employé seul a certainement le grave inconvénient d'épuiser la terre. C'est un engrais essentiellement incomplet. Il ne donne que de l'azote. Avec lui, il est toujours utile d'employer des engrais phosphatés. Ainsi, avec 200 kil. de nitrate de soude à l'hectare, par exemple, pour des blés, mettre 600 kil. superphosphate de chaux.

M. S...-M... F..., à N... (Eure-et-Loire). — *Pommes à cidre.* — *Engrais.* — Pour entretenir les arbres en bon état de fertilité, il est bon de leur donner de la nourriture tous les trois ou quatre ans au moins. Pour les pommes à cidre, deux sortes d'engrais.

Pour les jeunes arbres, et dans le but de favoriser leur développement, engrais à dominance d'*azote* et de *potasse*, tels que : raclures de cour, d'étable, gadoue, poussières de route, composts, etc.

Pour les arbres adultes, et dans le but d'augmenter leur fructification, engrais *azotés phosphatés*, tels que suies, cendres de bois, tannée, marcs de pommes, ou engrais chimique composé suivant la formule suivante : pour 100 kil. sulfate d'ammoniaque, 12 k. 615; — superphosphate de chaux, 40 kil.; — azotate de potasse, 11 k. 365 ; — sulfate de chaux 36 k. 20.

Cet engrais ainsi composé renferme : azote, 4 k.; — acide phosphorique, 6 k.; — potasse, 5 k.; — chaux, 24 k.

Les engrais doivent être répandus au pied de l'arbre et enfouis avant l'hiver par un bon béchage étendu aussi loin que s'étendent les racines.

M. E... G..., à C... (Seine-et-Oise). — *Ruches à cadre.* — Les meilleures sont certainement celles de M. Gariel, 2, quai de la Mégisserie, Paris.

M. H... O... (Morbihan). — Vous ne nous devez rien ; nous sommes heureux de vous avoir rendu service.

J. B... (Ille-et-Vilaine). — *Prime.* — *Avoine grise d'hiver.* — Votre lettre ne renfermait pas 0 fr. 45 c. en timbres. Veuillez nous les envoyer.

M. d'E... (Var). — *Prairies.* — La réponse sera faite dans le prochain numéro.

VINS DU BORDELAIS.

Que de fois nous avons entendu dire :

« Quel service on nous rendrait, si on nous trouvait, dans les pays vignobles, un vendeur consciencieux, si on nous débarrassait de la concurrence à outrance; si on nous garantissait sérieusement la qualité, la pureté et la conservation des vins ! »

Pour le Bordelais, nous recommandons M. Vincent Ardura, viticulteur, propriétaire d'un des meilleurs crus de la Gironde, favorable aux tempéraments délicats (le domaine de la Chapelle-Frédignac, par Blaye-Bordeaux), qui vend ses récoltes : 1889 à 130 fr., 1888 à 140 fr., 1887 à 150 fr., 1886 à 160 fr., 1885 à 175 fr., 1884 à 200 fr., 1882 à 220 fr., 1881 à 250 fr. et 1878 à 300 fr. la barrique de 225 litres, *franco* de port et de fût en gare d'arrivée. Paiement par le facteur à 30 jours 2 % ou 90 jours.

Certain que son vin plaira aux personnes qui ne le connaissent pas et qui désirent se bien approvisionner, sachant, en outre, qu'il est difficile de se rendre sérieusement compte de la qualité par la dégustation sommaire d'une petite fiole, M. Vincent Ardura n'hésite pas à adresser *franco* une bouteille entière pour échantillon de la récolte désignée.

BULLETIN FINANCIER.

Les bonnes dispositions de la Bourse d'hier ont continué aujourd'hui d'être la note dominante du marché. Le 3 0/0 finit à 94 47 1/2; le 4 1/2 0/0 à 106 42 1/2.

Les actions de nos grands établissements financiers sont également fermes. Le Crédit Foncier s'inscrit à 1,292. La Banque de Paris continue de progresser à 862, et la Banque d'Escompte à 575. Disons encore que c'est jusqu'au 25 courant que ses actionnaires ont le privilège de souscrire aux actions de la Compagnie Nationale des Chemins de fer à voie étroite. Statuts et renseignements seront envoyés sur demande adressée à la Banque d'Escompte, place Ventadour. Le Crédit Lyonnais s'affermit à 778. Le Crédit Mobilier fait 617. La Société Générale est toujours aux environs de 500. La Société de dépôts et comptes courants fait 605 au comptant.

Nous apprenons que le conseil d'administration de la Société Hispano-Néerlandaise est convoqué pour le 25 octobre courant. Les administrateurs français et hollandais y assisteront. Cette réunion aura une grande importance par les résolutions qui y seront prises relativement à des offres avantageuses de nouvelles concessions en Espagne, concernant des mines de cuivre, cobalt et antimoine. Il s'agit de Barbiana, de Carmen n° 1, de Carmen n° 2 et de Tres-Amigos. Sur le marché, les actions de cette Société sont recherchées à 29 50 et d'ici peu nous enregistrerons certainement le cours de 30 et 35 fr. Aussi bien avisés ceux qui profiteront des cours de 29 50 pour acheter.

Les Chemins Economiques font 418. — Informations financières. — Voici le sommaire du n° du 21 octobre 1890 du *Moniteur des tirages officiels* : Situation. — Notes financières. — La fin des conversions. — Le Portugal. — Le budget de 1891. — L'emprunt de 700 millions. — Anciens Etablissements Cail. — Société générale de Laiterie. — Silver Glance, etc.

HALLES ET MARCHÉS.

CÉRÉALES. — *Marchés français.*

Prix par 100 kilogr.

REGIONS	BLÉ Prix moyen	BLÉ Hausse	BLÉ Baisse	PRIX MOYEN. Seigle	PRIX MOYEN. Orge	PRIX MOYEN. Avoine
Nord-Ouest....	23 62	0 02	»	16 25	17 37	18 09
Nord..........	24 27	0 06	»	15 01	18 51	18 93
Nord-Est......	24 25	»	»	15 70	18 40	18 93
Ouest	23 85	»	0 05	17 ..	17 30	18 37
Centre........	24 17	0 [illegible]	»	16 85	18 38	18 68
Est...........	24 01	0 [illegible]7	»	17 4[illegible]	18 91	18 41
Sud-Ouest	24 08	0 [illegible]7	»	16 68	17 37	17 95
Sud	24 20	»	0 57	19 20	17 75	24 08
Sud-Est.......	24 27	0 [illegible]0	»	18 18	16 75	19 ..
Prix moyens..	24 08	»	»	16 94	17 86	18 82
Sur la huitaine préc. Hausse	»	»	»	0.12	»	»
Sur la huitaine préc. Baisse	0 03	»	»	»	0.05	0.06

	BLÉ 1re qualité	BLÉ Prix moyen	Seigle Prix.	Orge. Prix.	Avoine Prix.
1re région. NORD-OUEST.					
Calvados. — Falaise	24 50	23 75	»	»	20 ..
C.-d.-N. — Dinan...	25 25	24 50	»	»	18 50
Finistère. — Morlaix	23 50	22 7[illegible]	»	»	»
I.-et-V. — Rennes..	23 50	22 75	»	»	16 50
Manch. — Cherbourg	25 25	24 50	17 ..	18 50	22 50
Mayenne. — Laval..	24 50	23 75	»	»	16 50
Morb. — Hennebont	23 50	22 75	15 25	»	15 25
Orne. — Alençon...	24 [illegible]	23 75	»	»	17 ..
Sarthe. — Le Mans.	24 75	24 ..	15 75	»	18 50
— Beaumont..	24 50	23 75	17 »	16 25	»
Prix moyens........	24 27	23 62	16 25	17 37	18 09
Sur la semaine précédente. Hausse...	» 02	» 02	» 50	»	» 07
Sur la semaine précédente. Baisse...	»	»	»	0 38	»
2e région. — NORD.					
Aisne. — Ch.-Thierry	25 25	24 50	15 50	»	18 50
— La Fère...	25 50	24 75	15 »	»	»
Eure. — Pacy.......	25 25	24 50	15 50	18 25	»
E.-et-L. — Chartres..	24 50	23 75	15 »	17 50	17 ..
— Nog.-le-Rotrou	24 »	23 25	»	»	»
Nord. — Douai.....	25 50	24 75	16 75	19 25	18 ..
— Dunkerque	25 75	25 »	15 75	»	19 ..
Oise. — Compiègne.	24 50	23 75	14 50	18 »	18 50
— Crépy	25 »	24 25	14 75	»	»
Pas-de-Cal. — Arras.	24 25	23 50	17 »	18 »	»
— Carvin..	25 »	24.25	17 50	18 75	»
Seine. — Paris	25 50	24 75	16 ..	18 75	17 75
Seine-et-M. — Meaux	25.50	24 25	»	»	18 »
— Montereau	25 50	24 75	15 25	17 50	»
S.-et-O. Rambouillet	25 »	24 2	»	19 »	»
— Versailles.	26 50	25 75	»	22 »	22 »
Seine-Inf. — Rouen.	25 »	24 25	»	16 50	20 »
Somme. — Amiens.	25 »	24 25	14 50	19 25	21 »
— Nesle....	23 50	22 75	»	18 »	»
Prix moyens	25 02	24 27	15 61	18 51	18 93
Sur la semaine précédente. Hausse...	»	» 06	» 01	» 31	» 03
Sur la semaine précédente. Baisse ...	» 06	»	»	»	»
3e région. — NORD-EST.					
Ardennes. Sedan...	25 25	24 50	15 25	19 ..	19 ..
— Charleville	25 50	24 75	15 25	20 ..	19 ..
Aube. Nog.-s.-Seine.	25 25	24 50	17.25	18 ..	»
— Troyes	25 ..	24 25	»	18 ..	19.75
Marne.-Châlons-s.-M	25 ..	24 25	15 50	19 ..	»
— Epernay.	24.50	23 75	15 25	18 50	18 ..
Hte-Marne.-Chaumont	24 25	24.50	»	»	»
Meurthe. — Toul ..	24 75	24 ..	»	17 .	»
Meuse. — Bar-le-Duc.	25 50	24.75	»	17 75	»
Vosges. — Epinal....	25 ..	24 25	»	»	»
Prix moyens........	25 ..	24 25	15 70	18 40	19.93
Sur la semaine précédente. Hausse...	»	»	0.39	0.20	»
Sur la semaine précédente. Baisse ...	»	»	»	»	0 32
4e région. — OUEST.					
Charente. Ruffec ...	24 50	23 75	»	»	»
Char.-Infér. Marans.	24 »	23 25	»	17 »	»
Deux-Sèvres. Niort..	24 »	23 25	»	»	»
Indre-et-Loire. Bléré.	24 »	23 25	»	17 »	»
— Châteaurenault.	25 50	24.75	»	17 »	17 50
Loire-Infér. Nantes.	24 50	23 75	»	17 75	»
Maine-et-L. Saumur.	24 75	24 ..	»	18 50	»
— Angers.	25 ..	24 25	17 50	16 25	17 75
Vendée. — Luçon...	24 »	23 25	»	»	»
Vienne. — Poitiers.	24 50	23 75	16 50	17 50	»
Hte-Vienne. Limoges.	25 75	25 ..	17 »	»	19 »
Prix moyens........	24.60	23 85	17 »	17 80	18 37
Sur la semaine précédente. Hausse...	»	»	»	»	» 12
Sur la semaine précédente. Baisse ...	» 05	» 05	» 25	» 05	»

5e région. — CENTRE.

Allier.— St-Pourçain	21 50	23 75	16 ..	18 50	»
Cher. — Vierzon. ..	26 ..	25 25	»	»	»
— St-Amand.	25 ..	24 25	17 40	»	»
Creuse.— Aubusson.	25 50	24 75	17 50	»	18 ..
Indre. — Issoudun.	25 ..	24 25	»	20 25	20 50
— Châteauroux.	24 75	24 ..	16 ..	17 25	»
Loiret. — Gien....	21 75	24 ..	16 75	»	»
Loir-et-Ch. Vendôme	25 25	24 ..	»	16 75	»
Nièvre. — Clamecy.	24 75	24 ..	»	18 ..	»
Puy-de-Dôme. Riom.	24 50	23 75	17 50	19 50	7 75
Yonne. Brienon....	24 25	23 50	»	»	18 50
— Sens.......	24 75	24 ..	»	»	»
Prix moyens	24 92	24 17	16 85	18 38	18 68
Sur la semaine précédente. Hausse...	0 01	0 01	»	0 01	0 23
Baisse...	»	»	»	»	»

6e région. — EST.

Ain. — Bourg......	24 75	24 ..	18 50	»	17 50
Côte-d'Or. — Dijon.	24 50	23 75	»	18 ..	»
— Beaune.	26 50	25 75	20 ..	20 ..	20 ..
Doubs. — Besançon.	25 ..	24 25	»	»	18 75
Isère. — Bourgoin..	24 ..	23 25	»	»	»
— Grenoble...	25 25	24 50	»	19 2	19 50
Jura. - Lons-le-Sau.	24 50	23 75	16 25	19 ..	17 50
Loire.— Montbrison.	23 50	22 75	16 ..	»	20 ..
Rhône. — Lyon	24 75	24 ..	16 25	19 ..	17 25
Saône-et L. Mâcon.	24 50	23 75	»	18 ..	18 50
Haute-Saône.—Gray	24 75	21 ..	»	»	»
— Vesoul.	25 ..	24 25	»	»	»
Savoie.— Chambéry.	25 ..	24 25	»	»	16 75
Hte-Savoie. Rumilly	24 75	24 ..	»	»	»
Prix moyens	24 76	24 01	17 40	18 75	18 41
Sur la semaine précédente. Hausse...	0.07	0.07	»	»	»
Baisse...	»	»	0.10	0 30	0 17

7e région.— SUD-OUEST.

Ariège. — Pamiers.	24 50	23 75	14 75	»	17 50
Dordogne. — Périg..	25 ..	23 25	»	»	18 ..
Hte-Garonne. Toulouse	24 ..	23 2.	16 50	17 ..	18 ..
Gers — Auch	25 25	24 50	»	»	18 ..
Gironde.— Bordeaux	25 25	24 50	»	»	»
Landes — Dax.....	25 ..	24 25	17 50	»	»
Lot-et-Garonne. Agen	25 50	24 75	18 ..	17 75	18 25
B.Pyrénées. Bayonne	24 50	23 75	»	»	»
H.Pyrénées. Tarbes.	24 50	21 08	16 68	17 37	17 95
Prix moyens........	24 85	24 08	16 68	17 37	17 95
Sur la semaine précédente. Hausse...	0 17	0 17	0 18	»	»
Baisse...	»	»	»	0 13	0 46

8e région. — SUD.

Aude. — Castelnaudary.	25 ..	24 25	»	18 50	19 ..
Aveyron.— Villefranche	23 75	23 ..	»	»	»
Cantal. — Mauriac.	27 ..	26 25	23 ..	»	26 50
Corrèze. — Tulle...	26 ..	25 25	18 ..	6 ..	21 25
Hérault. — Béziers.	25 50	24 75	17 50	16 25	20 ..
Lot. — Cahors......	24 ..	23 25	»	»	19 75
Lozère. — Mende...	24 75	24 ..	21 ..	1 ..	21 ..
Pyrén.Or. Perpignan	24 50	23 75	19 25	18 50	23 50
Tarn. — Albi.......	24 50	23 75	»	»	20 50
Tarn-et-G. Montauban	24 50	23 75	16 50	16 25	18 25
Prix moyens........	24 95	24 20	19 2	17 75	21 08
Sur la semaine précédente. Hausse...	»	»	0 35	»	0 08
Baisse...	0 57	0 57	»	0 12	»

9e région. — SUD-EST.

H-Alpes.—St-Bonnet	26 ..	25 25	18 50	17 ..	»
B.-Alpes. Manosque.	24 25	23 50	»	»	19 ..
Alpes-Marit. Nice..	25 ..	24 25	8 50	»	»
Ardèche. — Privas.	26 ..	25 25	18 .	»	19 75
B.-Rhône. — Aix...	25 75	25 ..	»	»	18 ..
Drôme. — Valence.	24 ..	23 25	»	»	18 25
Gard. — Nîmes....	24 75	24 ..	»	16 50	9 50
Hte-Loire. — Le Puy.	24 50	23 75	17 75	16 75	19 50
Var. — Draguignan.	25 50	24 75	»	»	»
Vaucl. Cavaillon...	24 50	23 75	»	19 ..	19 25
Prix moyens........	25 02	24 27	18 18	16 75	19 ..
Sur la semaine précédente. Hausse...	» 10	» 10	»	»	»
Baisse...	»	»	»	» 50	0 14

ALGÉRIE.	Blé. tendre	Blé. dur.	Seigle	Orge	Av.
Constantine.......	»	»	»	»	»
Alger	»	»	»	»	»
Oran	23 »	18 50	»	12 ..	18 25

Farines de consommation.

La meunerie maintient ses prix ; les affaires restent calmes eu boulangerie.
pas de changement.

	159 kil.		100 k.	
MARQUE DE CORBEIL	60 fr.		(37 58 100 k.).	
Marques de choix	60 à	61	38 21 à	38 8
Premières marques....	59	60	37 58	38 2
Bonnes marques.....	57	58	36 30	36 94
Marques ordinaires....	56	57	35 66	36 30

Le sac de 159 k., toile à rendre, franco au domicile des acheteurs à 30 jours sans escompte, ou au comptant avec escompte de 1/2 0/0.

Fourrages et pailles.

Paris, La Chapelle.

	1re qté.		2e qté.		3e qté.	
Foin nouveau	51 à	51	47 à	47	42 à	42
Luzerne nouvelle ...	47	47	44	44	40	40
Paille de blé	33	36	34	31	29	20
Paille de seigle ..	31	34	31	31	30	30
Paille d'avoine	27	27	24	24	20	20

Le tout aux 104 bottes dans Paris.

COURS DE DIFFÉRENTS MARCHÉS (par 100 kil.).

	Paille.	Foin.
Le Puy	3 50	6 75
Dijon	3 50	5 75
Blois	3 75	6 »
Toulouse	3 75	7 »
Chalon	3 75	8 »
Beauvais	4 50	6 25
Orléans	5 25	8 »
Douai	4 50	7 75

Issues, les 100 kil.

Les affaires sont calmes et les prix sont en baisse de 25 centimes sur la semaine dernière.

Nous cotons par 100 kil. en gare d'arrivée à Paris :

Son écaille...........	12 75 à	12 50
— gros	12 25	» »
— trois-cases	11 75	12 »
— fin	10 50	11 »
Recoupettes.........	10 51	11 »
Remoulages blancs.....	16 »	17 »
— bâtards.....	13 »	15 »

MARCHANDISES DIVERSES.

Fécules.

La fermeté est revenue dans les cours ; demande assez bonne.

Les 100 kil.

Paris. — Fécule 1re, grains	30 » à	32 »
Oise. — Fécule 1re, grains	29 »	30 »
Vosges. — Fécule 1re, grains ...	31 »	31 »
Saône-et Loire	32 »	33 »
Loire. — Fécule 1re, grains	29 »	30 »
Auvergne. — Fécule 1re, grains..	29 »	30 »
Fécules secondes selon qualité....	21 »	26 »

Pommes de terre.

Les 1,000 kil.

Hollandaises	65 » à	70 »
Magnum bonum	60 »	70 »
Early roses	40 »	52 »
Saucisses	50 »	55 »
Rondes..............	50 »	50 »
Chardonnes	40 »	45 »

Pommes à cidre.

Saumur (Maine et-Loire), 20 octobre :

Pommes tapées extra-choix, de 20 à 22 au demi-kil., à 160 fr.; pommes tapées choix, de 28 à 30, à 140 fr.; pommes tapées petites, sans nombre, à 90 fr.; poires tapées choix à 150 fr. Le tout aux 100 kil.

Rouen (Seine-Inférieure), 21 octobre.

Sur 100 hectolitres de pommes apportés, 98 ont été vendus de 6 50 à 7 fr. l'hect. (y compris les droits du Trésor et ceux de la ville de 1 19 par hect.).

Beaumont-sur-Sarthe, 21 octobre.

Pommes à cidre, 7 fr. l'hectolitre.

Tourteaux, les 100 kil.

	Colza	Œillette	Lin	Cam.
Lille...	16 .. à 16 75	16 50 à 17 .	21 .. à 25 50	16 50
Arras ..	14 50 14 50	15 75 15 75	22 .. 22 ..	16 25
Gd Moulin Corbeil..	15 50		19 75	
	Coprah	Arachide déc.	Sésame	Lin.
Marseille	13 .. à 14 50	14 50	14 2 . à 14 50	16 4

GRAINES DIVERSES.

Maïs, les 100 kil.

Paris ..... 12 50 à 15 »	Agen...... 14 50	15 »
Alais 13 50 15 25	Grenoble... 14 25	15 25
Ruffec .... 14 » 15 »	Reims..... 15 50	15 75

Sarrazin, les 100 kil.

Paris...... 13 25 à 13 75	St-Pierre.. 15 » à	15 50
Mayenne.. 15 » 15 25	Nantes..... 15 25	15 75
Rennes.... 14 75 15 50	Orléans ... 15 50	16 »

Légumes secs, les 100 kil.

	Haricots	Pois	Vesces	Lentilles
Paris......	20 à 47	21 à 26	» »	45 à 70
Rouen.....	42 57	50 63	26 28	77 »
Marseille..	18 30	23 32	25 34	19 24 50

Graines fourragères, les 100 kil.

Luz. de Prov. 120 à 140	Minette.....	» à	»
— du Poitou 100 115	Sainfoin à 2 c..	»	»
— d'Italie.. 120 130	Sainfoin à 1 c..	»	»
Trèfle blanc.. 50 55	Pois jarras...	20	»
— violet.. 90 105	Vesces.....	20	»

Huiles.

COLZA BRUT. — Les cours sont très faiblement tenus à la reprise des affaires; nous avons même à enregistrer une baisse de 25 à 50 c. sur la clôture de la veille.

On fait du courant du mois à 62 75.

Le livrable ne donne lieu à aucune affaire.

Les 4 premiers mois demandés à 64 25 sont tenus à 64 50.

On cote au début de la réunion :

Cote précédente même heure.		Cote du jour.
63 25 à 63 50	Disponible	62 75 à » »
63 75 63 50	Courant	62 75 » »
63 25 » »	Novembre........	63 25 63 »
64 » 64 25	Novembre-décembre ..	63 75 63 25
64 50 64 75	4 premiers mois	64 25 64 50

LIN — Mêmes prix, sans affaires.

On cote au début de la réunion :

Cote précédente même heure.		Cote du jour.
59 75 à 60 25	Disponible.......	59 50 à 60 »
59 50 60 »	Septembre	59 50 60 »
58 0 59 »	Octobre	58 50 59 »
58 25 58 75	Novembre-décembre .	58 50 59 »
56 » 56 50	4 premiers mois	56 » 56 25

Les 100 kil. net, logés, escompte 1 0/0.

Pétrole.

Prix sans changement.

Disponible	100 kil.	49 50 à 51 50
Essence de 700 à 710°, disponible....		60 50 64 »
On cote à l'hect. pour le détail :		
PÉTROLE RAFFINÉ disponible .		39 50 à 40 50
ESSENCE RECTIFIÉE, disponible		42 25 43 50

Laines.

Roubaix-Tourcoing, 21 octobre.

Laine peignée —	de fabrique Cours du jour.	de fabrique Cours préc.	courant Cours du jour.	courant Cours préc.
Courant	» »	6 80	5 80	5 85
1 mois après	6 70	6 72	» »	5 82
2 —	6 27	6 32	» »	5 80
3 —	» »	6 65	» »	5 75
4 —	» »	5 95	» »	» »

Marché calme. Ventes, 90,000 kil.

Anvers, 21 octobre.

Peignés allemands de La Plata : Contrat B, sur octobre, 5 95 ; novemb, 5 92 1/2, décemb., 5 87 1/2; janvier, 5 80 »/» ; février, 5 70 ; mars, 5 65 avril, 5 65 ; mai à septembre, 5 62 1/2.

Marché faible.

Sucres.

Sucres raffinés. — Les cours sont toujours fermement tenus et les affaires restent assez actives en raffinerie.

Nous cotons les pains 106 à 106 50 par wagon complet, suivant marques.

Sucres cassés, produits accessoires (les 100 kil. disponibles, suivant marque).

Surchoix, cassé, rangé, logé, caisses de 50 kil., ou cartons de 5 kil.	111 50 à	» »
Caisses de 25 kil	111 50	» »
Caisses de 10 kil	112 »	» »
Gros déchets	103 50	101 50
Sucres en poudre	103 »	103 50
Semoules	107 »	107 50
Glaces	102 50	104 50
Cristallisés, extra acquittés	95 50	96 »
— en poudre	96 50	97 »

Alcools. — Prix de l'hectol. nu, au compt.

Paris. 3|6 fin, betteraves, 1re qualité, l'hectolitre.					
			Lille, disp	35 ..	à 37 ..
			Cette	92 ..	100 ..
90° dispon.	34 ..	à 36 ..	Nîmes	90 ..	95 ..
Novembre.	34 25	36 25	Béziers	75 ..	100 ..
4 premiers	36 ..	36 25	Pézenas	75 ..	105 .

Raisins secs à boisson.

(Cours de la maison Audibert, 53, rue des Minimes, à Marseille).

Prix actuels (grande baisse).

Corinthe, **Roi de Grèce**, petits grains Extra 1er choix	100 kilos		57 »
Corinthe, **le Turban**, gros grains	»	»	M.
Corinthe petits grains, 1er choix	»	»	54 »
Thyra 1er choix	»	»	48 »
Samos noirs, 1er choix	»	»	M.
— muscats	»	»	M.
Figues à distillerie	»	»	27 »
Panaches noirs, égrappés	»	»	M.

Engrais. — Prix des 100 kil.:

Matières diverses pour engrais. — Cours commercial sur la place de Paris, par 100 kil., pour des ventes en gros de 30 000 kil. au moins.

Sang desséché moulu.	11|13 0|0	azote	20 90 à	24 70
Viande desséchée	9|11 0|0	—	17 50	19 80
Cornes broyées	13|14 0|0	—	20 80	22 60
Cuir désagrégé	8|9 0|0	—	10 40	10 70
Laine engrais	3 à 4 0|0	—	» »	» »
Nitrate de soude	15|16 0|0	—	22 »	22 25
Nitrate de potasse	95 0|0	—	47 »	47 »
—	90 0|0	—	45 »	45 50
Muriate de potasse	80 0|0	—	» »	» »
Sulfate de potasse	90 0|0	—	24 50	25 »
Sulfate d'ammoniaq.	20|21 0|0	—	31 65	31 50
Chlorure de potassium	90 0|0	—	21 »	21 »
— Stassfurt.	80 à 85 0|0	—	17 25	18 »
Cornes, cornailles pour brûler			» »	» »
Déchets fins de cornes, frisures			» »	» »

Phosphates des Ardennes — En gare des Ardennes et de la Meuse, en sacs (les 100 kil.).

Pulvérisés. 14|16 0|0, acide phosph.	3 40 à	» »
— 18|20 0|0, —	4 »	» »
— 16|18 0|0, —	3 70	» »

Phosphates de Tavel.

50\|», la tonne .... 60 » à 100

Phosphates de l'Yonne. — Les 1.000 kil.

Moulus en sacs, wag. gre Toucy. 40 à 35 0\|0 40 à 50

Phosphates de l'Auxois, Marigny Epoisses.

Pulvérisés 60 à 65 0\|0 .... 6 » à 6 75

Sulfate de cuivre.

Les 100 kil.	54 » à	55 50
Phosphates du Boulonnais 40|45	4 60 à	» »
— de Pernes	3 75	6 »
— du Cambresis 28|35	3 55	4 »
— du Lot 30|40	3 20	5 25

Superphosphates, poudres d'os, etc.
Les 100 kilogr.

Phosph. préc. 35 à 40 % acide phosph.	21 »	24 »
— — 40 à 45 % —	26 »	26 »
Superphosphates fossiles, 10 % acide phosphorique soluble et assimil. (les 100 kilog.)	6 25	» »
Superphosphates fossiles, 16 à 18 %.	10 25	11 »
— d'os, 16 à 18 %, acide phosph..	12 25	12 25
Poudres d'os bruts	12 75	» »

Engrais spéciaux. — Les 100 kilog.

Guano du Pérou.	10 à 16	Eng. chim.	
Guan du Pér. diss.	32 à 20	de H. Joulie,	
Guan. az. fixe.	26 » à 27 »	Lag.	15 » à 23 »

BEURRE, ŒUFS, VOLAILLES.

Paris, 22 octobre.

Beurres en mottes.

La vente est moins lente ; on espère une reprise prochaine.

L'arrivage d'hier a été de 46,000 kil.

L'arrivage approximatif a été de 10,000 kil.

Beurres en livres.

L'arrivage d'hier a été de 10,124 kil.

L'arrivage approximatif a été de 10,117 kil.

Fermiers	au kilo		Touraine	au kilo	
Extra	2 70 à	2 80	Extra	2 30 à	2 50
1er choix	2 70	2 80	1er choix	2 40	2 50
2e choix	2 60	2 70	2e choix	2 30	2 40
Ordinaire	2 40	2 50	Ordinaire	2 20	2 30
Bourgogne			**Vendôme**		
Choix	2 20	2 30	1er choix	2 30	2 40
Ordinaire	2 10	2 20	2e choix	2 20	2 30
Gâtinais			Ordinaire	2 10	2 10
			Beaugency		
1er choix	2 50	2 30	1er choix	2 30	2 40
2e choix	2 40	2 50	2e choix	2 20	2 30
Ordinaire	2 20	2 30	Ordinaire	2 10	2 20
Le Mans			**Fausse Touraine**		
Choix	2 10	2 20	Choix	2 20	2 30
Ordinaire	2 »	2 10	Ordinaire	2 10	2 20

Œufs, *le mille :*

Normandie (Extra)	110 à	128	Bourgogne	94 à	98
Picardie (Extra)	115	138	Champagne	98	102
Brie (Extra)	105	112	Nivernais	90	94
Touraine gr.	110	122	Cosne	97	100
Touraine ord.	92	102	Bourbonnais	89	92
Beauce	105	116	Bretagne	85	90
Orne	94	106	Vendée	86	92
Picardie ord.	92	110	Auvergne	86	88
Châtellerault	94	96	Midi	88	92

Volailles et Gibiers.

Canards :			**Pigeons :**		
nantais (jeunes)	2 50 à	4 »	maconnais	» 55 à	» 90
de ferme	2 »	3 50	italiens	» 50	» 80
Dindes nouv.	6 »	9 »	bizets	» 45	» 60
Oies nouvelles	6 »	8 »	**Poulets :**		
— (2e qté).	4 »	5 50	nantais	2 50	4 50
Pintades	2 »	3 50	touraine	2 50	4 50
Lapins domestiques.	1 50	3 »	gâtinais	2 50	4 50
			du Midi	1 25	2 25
Chevreaux	» »	» »	communs	1 »	2 »

Marché : Mêmes cours.

Cours fournis par MM. de Bridiers, Jouslin et Scelle, facteurs assermentés, 2, r. de Valois, Paris.

BESTIAUX.

La Villette, 23 octobre. — Bestiaux. — Vente lente et difficile sur le gros bétail, bonne sur les moutons et les veaux e9 très active sur les porcs.

COURS officiels.	Amenés.	Vendus.	1re qualité.	2e qualité.	3e qualité.	Prix extrêmes.
Bœufs	2.147	1.184	1 58	1 41	1 22	1 14 à 1 64
Vaches	566	512	1 54	1 32	1 18	1 10 1 60
Taureaux.	136	136	1 42	1 34	1 20	1 14 1 46
Veaux	1.208	1.080	1 92	1 75	1 52	1 42 2 12
Moutons	10.110	9.450	2 14	1 86	1 68	1 56 2 18
Porcs	4.404	4.404	1 38	1 30	1 26	1 20 1 40

Marché du lundi 20 octobre.

	Amenés	Vendus	PRIX AU POIDS NET 1re qual.	2e qual.	3e qual
Bœufs	2.843	2.397	1 58	1 46	1 30
Vaches	841	742	1 56	1 34	1 22
Taureaux	165	152	1 41	1 36	1 26
Veaux	1.101	944	1 94	1 78	1 60
Moutons	15.428	12.708	2 08	1 78	1 68
Porcs	3.096	3.049	1 38	1 34	1 28

	PRIX AU POIDS VIF			
	1re qual.	2e qual.	3e qual.	Prix extrêmes.
Bœufs	» 99	» 81	» 68	» 62 à 1 01
Vaches	» 96	» 77	» 64	» 58 1 98
Taureaux	» 88	» 78	» 67	» 62 » 92
Veaux	1 14	1 01	» 82	» 72 1 32
Moutons	1 07	» 90	» 78	» 63 1 19
Porcs	» 92	» 88	» 84	» 80 » 72
Peaux de moutons en laine				» » » »
Id. id. demi-laine				» » » »

Viandes abattues. — Criée du 18 octobre.

		1re qualité.	2e qualité	3e qualité.
Bœufs	le kil.	1 40 à 2 50	1 20 à 2 30	» 80 à 1 66
Veaux	—	1 76 1 86	1 66 1 70	1 40 1 60
Moutons	—	80 1 90	1 37 1 76	1 » 1 30
Porc entier	—	1 30 1 36	1 .6 1 26	1 » 1 10

Chemins de fer de Paris à Lyon et à la Méditerranée.

FÊTE DE LA TOUSSAINT.

Billets d'aller & retour à prix réduits

La Compagnie voulant faciliter les voyages sur son réseau à l'occasion de la fête de la Toussaint, a décidé que les billets d'aller et retour à prix réduits, délivrés du mercredi 29 au vendredi 31 octobre, seront tous indistinctement valables, pour le retour, jusqu'aux derniers trains de la journée du lundi 3 novembre prochain.

Cette durée de validité pourra être prolongée à deux reprises et de moitié (les fractions de jour comptant pour un jour) moyennant le paiement, pour chaque prolongation, d'un supplément égal à 10 % du prix des billets.

L'Administrateur-Gérant : ALBERT RENOT.

Beauvais. — Imp. D. PERE. — A. CARTIER, Gérant.

11e Année. — 2e Série. — N° 562. Dimanche 2 Novembre 1890.

GAZETTE  AGRICOLE

JOURNAL HEBDOMADAIRE, PARAISSANT LE DIMANCHE

Rédacteur en Chef : M. Ch. GOSSIN, Professeur d'Agriculture à l'Institut agricole de Beauvais

PRIX DE L'ABONNEMENT

UN AN, 5 fr. — SIX MOIS, 3 fr. — TROIS MOIS, 2 fr. 25

Pour l'étranger les abonnements ne sont reçus que pour un an, au prix de 6 francs, et ne partent que du 1er janvier ou du 1er juillet de chaque année.

Il est indispensable de joindre à toute demande de changement d'adresse la dernière bande d'adresse du journal et 50 centimes pour frais de nouvelles bandes.

Adresser les *Abonnements* et *Annonces* au secrétaire de la rédaction, 13, quai Voltaire, Paris, ou à M. GOSSIN, rédacteur en chef et administrateur, à BEAUVAIS.

BUREAUX

13, quai Voltaire, Paris, et à Beauvais.

Les abonnements partent du 1er de chaque mois et sont payables d'avance. Toute demande d'abonnement doit donc être accompagnée du prix de l'abonnement. (Le mode de payement le plus simple est l'envoi d'un mandat-poste.)

Donner *très lisiblement*, en s'abonnant son nom et son adresse exacte, *avec l'indication du bureau de poste*; et, s'il s'agit d'une continuation d'abonnement, joindre au renouvellement la dernière bande d'adresse du journal.

La GAZETTE AGRICOLE insère gratuitement les Communications des Syndicats agricoles

PRIMES GRATUITES (voir à la page 518)

SOMMAIRE :

PARIS, 31 OCTOBRE.

L'Allemagne, l'empereur et toutes les autorités civiles et militaires en tête, ont célébré cette semaine avec un éclat incomparable, le 90e anniversaire de la naissance du maréchal de Moltke. Des adresses, des députations de tous les coins de l'Allemagne sont arrivées ce jour-là à l'illustre soldat. Tous les témoignages de reconnaissance à l'égard de M. de Molthe ayant été épuisés par le grand-père de l'empereur actuel, celui-ci n'a cru pouvoir mieux faire que de se dépouiller pendant 24 heures d'une de ses prérogatives. Voici du reste comment l'empereur Guillaume II a défini la chose dans son allocution au feld maréchal.

***

Saluant le général et l'homme qui a fondé et forgé l'empire d'Allemagne et mentionnant la présence des princes de toutes les régions de l'empire, l'empereur s'est exprimé ainsi : « Les honneurs que vous a conférés mon grand-père ne m'ont plus rien laissé à vous donner comme preuve de ma reconnaissance personnelle. Je vous prie d'accepter le seul hommage qu'à mon âge encore jeune je puisse vous rendre. Le droit du monarque est d'avoir dans son palais les drapeaux, les symboles auxquels son armée prête serment, qui flottent devant les troupes, qui représentent le courage et l'honneur de l'armée. Je vous abandonne avec fierté ce droit pour aujourd'hui. Je vous prie de garder pour un jour les drapeaux de ma garde qui ont flotté si souvent dans les dangers, sous vos ordres. Il y a une grande histoire dans les rubans et les loques déchirées qui sont ici devant vous, une histoire que vous avez écrite en grande partie. Acceptez comme souvenir aussi ce signe de votre dignité avec ses ornements de pierreries précieuses. » Il ne nous en coûte pas d'avouer que jamais souverain n'a traité avec plus de délicatesse et plus de grandeur un de ses sujets.

***

Mais vous n'attendez pas du Bonhomme Deschamps qu'il insiste autrement sur une démonstration qui, si justifié qu'elle soit, rappelle aussitôt à tout Français, les plus douloureux souvenirs. Personne de nous, en effet, ne peut oublier de quoi est faite la gloire du maréchal de Moltke. Il a été avec l'empereur Guillaume Ier et le prince de Bismarck, le principal auteur de notre affaiblissement, et c'est à l'association de ces trois grands hommes que nous devons la perte de deux de nos plus chères et de nos plus patriotiques provinces. Aussi le Bonhomme Deschamps n'aurait peut être mentionné qu'en passant ce 90e anniversaire de M. de Moltke et les manifestations de tout genre auxquelles il a donné lieu, s'il n'y avait trouvé une occasion et une matière à quelques réflexions utiles et qu'il croit incontestables. — L'esprit de parti, qui, loin de jamais désarmer, veut toujours avoir raison, y trouvera sans doute à reprendre. Mais tous les gens de bonne foi, s'ils veulent bien y penser, seront avec le Bonhomme Deschamps.

***

En lisant le compte-rendu de cette fête vraiment nationale, on ne peut guère s'empêcher de se demander si de pareils honneurs pourraient être rendus en France, sous le régime républicain, à un général qui aurait rendu des services analogues. A cette question, le Bonhomme Deschamps n'hésite pas à répondre *non*. Et voici les raisons de son opinion. S'il est une chose incontestable sous notre régime, c'est le sentiment de défiante jalousie du parti républicain pour tous ceux qui, dans l'armée surtout, dépassent une certaine mesure et une certaine limite. Notre démocratie républicaine égalitaire n'aime pas que l'on dépasse d'une façon quelconque l'alignement. Toute tête qui s'élève au-dessus des autres est suspecte et aussitôt visée. Ce sentiment n'a pas pour source unique l'envie qui est particulièrement propre aux républiques. Il vient aussi d'une sorte d'instinct de préservation et de conservation. Le républicain français — et il n'est ici question que de la France — a trop la conscience que son gouvernement est mal assis, pour ne pas redouter qu'il ne devienne la proie ou, si vous aimez mieux, la possession d'un capitaine victorieux. Il a du reste des précédents à alléguer à l'appui de sa défiance.

***

Ce n'est pas tout. Les présidents de République en France n'ont ni assez de prestige, ni assez d'autorité pour pouvoir contrebalancer la popularité d'un général couvert de gloire. De plus encore il y a dans la nation française une disposition naturelle à aller au citoyen le plus célèbre, et à confier ses destinées civiles et politiques à l'homme qui a le plus heureusement défendu ses destinées militaires. Ce sont là, on en conviendra, des tentations assez fortes pour un capitaine victorieux dans une République jeune, sans racines, sans traditions et dans laquelle tous les pouvoirs sont soumis à l'élection. De telle sorte, qu'envié à part, le Bonhomme Deschamps s'explique assez bien que les républicains se défient de la gloire militaire et cherchent plutôt à raccourcir qu'à grandir les généraux. Il résulte donc de tout cela que, non-seulemen en France, la République n'accorderait pas de pareils honneurs à un de ses officiers, mais même qu'elle s'arrangerait de façon pour ne pas pas trop l'élever, à ne pas trop le mettre en posture de rendre des services par trop éclatants. C'est là, soit dit en passant, un des grands crimes du régime actuel et dont, en définitive, l'honneur et la sécurité du pays font presque tous les frais.

∴

Mais ce qu'une République en France n'oserait faire et ce que son président se garderait sans doute aussi de proposer, une monarchie et un roi peuvent l'accomplir sans aucun danger. Tout au contraire ils en retirent, l'une et l'autre, du prestige et de la force. C'est qu'en effet un roi a une autorité propre. Il tient de sa naissance, de ses aïeux et de la suite des services rendus par eux, une telle situation et une telle confiance en cette situation, qu'il peut élever sans aucune crainte, jusqu'à lui, le plus illustre de ses sujets. Il peut, en un mot, faire tout ce qu'a fait cette semaine l'empereur d'Allemagne pour M. de Moltke. C'est qu'en effet encore dans l'opinion publique il n'y a jamais parité entre un sujet si grand qu'il soit et son souverain, à ce point même, que sauf les temps très troublés et les régences ou les minorités, l'ambition de se mettre sur le trône ne vient à personne. Voyez vous, par exemple, quelle figure pourrait faire auprès d'un de Moltke un Grévy ou un Carnot? Ne voyez-vous pas mieux encore ce que pèseraient devant la France un Carnot ou un Grévy devant un de Moltke? Le Bonhomme Deschamps vous laisse à décider lequel vaudrait mieux pour notre pays d'un régime où l'on peut encourager, soutenir, élever et récompenser des serviteurs comme on vient de le faire à Berlin, ou d'une république où du plus petit au plus grand on éprouve plus ou moins la crainte de voir quelqu'un sortir du rang.

LE BONHOMME DESCHAMPS.

NOUVELLES DE LA SEMAINE.

Les impôts nouveaux. — Notre situation financière est tellement grave, que le journal radical la *Justice*, dirigé par deux députés du meilleur crû républicain, MM. Clémenceau et Pelletan, s'exprime en ces termes :

La Chambre n'a pas l'air de soupçonner la gravité de la situation. Elle parait croire que cent millions d'impôts nouveaux sont un sujet de discussion comme un autre. On entend dire couramment : « *Il faut en prendre son parti* ». Il y a même de bonnes âmes qui croient faire sur l'autel de la sagesse politique et de la patrie française un sacrifice méritoire, en y déposant pour offrande l'argent des contribuables. Il y a un an, au sortir des élections, la même Chambre *bondissait* à l'idée de créer des impôts nouveaux... Je le demande : Lequel de ceux qui vont voter ces impôts avait dit, il y a un an, à ses électeurs : « *Nous vous apporterons des charges de surcroît pour équilibrer le budget?* » Je défie qu'on me cite un homme qui ait tenu ce langage. Je défie qu'on me cite un homme qui ait averti le pays. *Tout au contraire*, à prendre les déclarations publiques, tout le monde devait croire qu'il n'y avait qu'un point sur lequel on fut unanime et intraitable : *pas* d'impôts nouveaux! Et voilà qu'on y est! Et voilà qu'on ne prend même pas la peine de regarder *le trou* dans lequel on va se jeter, et d'où on *ne remontera plus*, si l'on s'y précipite!

C'est un républicain de marque, un député membre de la commission du budget, c'est M. Camille Pelletan qui nous avertit qu'on va nous jeter dans un trou d'où on ne remonte pas!

Les tripotages financiers. — A propos de la hausse énorme qui s'est produite sur la rente française depuis quelque temps, un journal de Besançon avait demandé s'il était vrai que le gouvernement eût envoyé aux communes une circulaire autographiée, dans laquelle on les engageait vivement à consacrer leurs fonds disponibles à l'achat de rentes 3 0|0 *en insistant sur les avantages que pouvait offrir une telle opération*. La réponse se fit attendre quelque peu. Aujourd'hui que la campagne menée par quelques républicains affamés contre M. le ministre des finances parait arrêtée, elle nous arrive enfin dans une feuille à la solde de M. Rouvier. Cette feuille opportuno-radicale essaye de déplacer la question qui l'embrouille et de s'en tirer par une pasquinade. « Conseiller « aux communes de placer leur argent en ren- « tes françaises, dit-elle, cela indigne la feuille « de l'archevêché de Besançon. » Il ne s'agissait pas ici de l'archevêché de Besançon, mais il était curieux de savoir si le gouvernement avait essayé d'entrainer les communes dans la voie des spéculations de bourse, et maintenant nous sommes fixés. Nous savons maintenant que la hausse de la rente française est due aux tripatouillages financiers de nos gouvernants.

L'assurance obligatoire contre la mortalité du bétail. — Le ministre de l'agriculture avait chargé un inspecteur de l'agriculture d'aller étudier en Allemagne le nouveau système d'assurance contre la mortalité du bétail, qui va y fonctionner.

L'assurance sera obligatoire dans toutes les communes où il y aura adhésion de la moitié au moins des propriétaires, possédant au moins la moitié du bétail.

On n'assurera pas les sujets ayant moins de six mois ou plus de quatorze ans.

L'indemnité sera de sept dixièmes de la valeur pour les animaux morts et de huit dixièmes pour les animaux abattus d'urgence, mais ne pourra dépasser 562 fr. 50 pour un taureau reproducteur, 475 francs pour un bœuf ou une vache, 380 francs pour une génisse destinée à la reproduction et 187 fr. 50 pour une autre génisse.

Les primes sont de 1 p. 100 de la valeur du bétail assuré.

En outre, l'Etat donnera un subside de 50.000 francs par an.

Si le produit des primes et les 50,000 francs par an ne suffisent pas, on répartira encore sur les propriétaires de bétail 3/4 p. 100 de la valeur.

Et si, alors encore, les moyens sont insuffisants, la caisse de l'Etat fera le reste.

L'établissement central, géré par une direction que le gouvernement nommera, surveillera les assurances locales, percevra les primes et paiera les sinistres.

PRIMES A NOS ABONNÉS.

*L'*ALMANACH FRANÇAIS *pour 1891 vient de paraître à la Librairie nationale.*

L'administration de la Gazette agricole *met* gratuitement, *comme l'année dernière, cet Almanach à la disposition de ceux de nos abonnés et lecteurs qui manifesteront le désir de le recevoir* et joindront à leur lettre 15 centimes *en timbres-poste pour frais de port.*

Tout abonné qui renouvellera son abonnement, soit à l'expiration, soit par anticipation, par l'envoi d'un mandat-poste de 5 francs, recevra de droit, gratuitement *et* franco, *l'*ALMANACH FRANÇAIS.

*L'*ALMANACH FRANÇAIS *est mis gratuitement à la disposition de tous nos abonnés anciens ou nouveaux dans nos bureaux, à Paris, 13, quai Voltaire, et à Beauvais.*

SEMENCES CHOISIES.

Les champs de démonstration à la ferme.

Afin de mettre nos abonnés cultivateurs à même d'expérimenter sur *leur propre terrain* les variétés de blé à haut rendement qu'il importe tant de substituer aux variétés médiocres trop communes dans notre pays, nous mettons à leur disposition, à titre de prime, et indépendamment de l'*Almanach Français*, des semences de choix des meilleures variétés de blé.

Bien entendu, la quantité à distribuer à chacun ne peut pas être grande, mais elle suffira pour permettre de faire une première expérience sérieuse et de la continuer l'année suivante sur une plus grande étendue.

C'est ainsi, c'est par des essais bien faits, parce qu'ils se font en petit, que le cultivateur parvient à se rendre un compte exact de la valeur de la variété étudiée et qu'il arrive petit à petit et sans dépense à *se mettre en semences*, comme on dit, et à augmenter considérablement les rendements de son exploitation.

On parle beaucoup des *champs de démonstration*. Ils rendent les plus grands services en donnant des indications générales et en faisant ressortir les qualités de tel ou tel engrais, de telle ou telle variété. Le cultivateur ne doit pas négliger ces indications et les mettre à profit en faisant *dans son exploitation*, sur *son propre terrain*, l'étude des engrais et des variétés qui, bien que recommandés d'une manière générale, peuvent ne pas donner les mêmes résultats partout. C'est sa terre, c'est son champ, et non celui du voisin qu'il faut interroger.

Ces expériences spéciales, nous les facilitons par notre prime. Bien que modeste en apparence, elle aura certainement les résultats utiles que nous espérons, parce qu'elle tombera entre des mains pratiques qui sauront en tirer bon parti.

Quelques centaines de grammes de semence de blé, cela n'a l'air de rien. Ce ne serait rien, en effet, s'il s'agissait de variétés ordinaires, et non de variétés peu répandues, nouvelles et à haut rendement.

Mais que faire avec une si petite quantité? C'est bien simple :

300 grammes nous permettront d'ensemencer un carré d'expérience de 5 mètres carrés. Par exemple, ce petit champ, auquel nous consacrerons un coin de notre jardin, *bien aéré* (et non pas sous les arbres), devra être cultivé et fumé avec tous les soins possibles, ce qui ne sera pas difficile, à cause de sa petite surface.

Culture profonde à la bêche, à 0m 40 ou à 0m 50, si c'est possible. Engrais abondant; bon fumier, cendres et 4 kil. de superphosphate.

Semis *clair* en lignes espacées de 0m 35. Ainsi espacées, les tiges tallent abondamment; la paille, loin de s'étioler comme dans nos semis ordinaires, prend de la force et ne verse pas, malgré la richesse du sol ; et que d'économie de semence !

En hiver, destruction des limaces, si cela est nécessaire, par le semis de chaux en poudre.

Après l'hiver, semis à la surface de 2 kil. de colombine ou poulaine, ou 1 kil. de nitrate de soude. Roulage énergique.

Faisons, en un mot, de la culture *intensive*, par excellence, et nous récolterons de quoi ensemencer l'année prochaine plus de 20 ares.

Dans deux ans nous pourrons récolter la semence de plusieurs hectares.

Nos abonnés pourront choisir entre les variétés d'automne suivantes :

Avoine grise d'hiver
Réduction au tiers de la grandeur naturelle.

Blés : Aleph — de Noé — ROUGE D'ECOSSE — Browick — de Challeng — Chiddam d'automne à épi blanc. — id. à épi rouge. — DATTEL — Goldendrop — Hallett — Hunter — Lamed — KISSENGLAND — de Miracle — MONTAGNARD BARBU (très productive, même dans des sols médiocres) — Poulard d'Australie — Richelle blanche de Naples — Roseau — ROUGE INVERSABLE de Bordeaux — de Saumur — Sheriff à épi carré — VICTORIA D'AUTOMNE.

Avoines : Noire d'hiver de Belgique (produits considérables, mais craint hiver très rigoureux).

Grise d'hiver (très résistante aux gelées)

Seigle de Schanstedt à semer de suite. Rendement extraordinaire. Tiges de 2m 25 à 2m 50 de hauteur. Epis, moyenne de 0m 20 de hauteur.

Les semences, d'une qualité irréprochable, proviennent de la maison Forgeot, 6, quai de la Mégisserie, Paris, qui, rappelons-le, s'est soumise au contrôle de la station d'essais établie par le ministère de l'agriculture à l'Institut national agronomique de France.

C'est dire qu'elles offrent toutes garanties au point de vue de la pureté d'espèce et de la qualité germinative.

Pour les semailles de printemps, nous ajouterons à notre liste un certain nombre d'autres variétés de blé, quelques avoines et aussi des graines potagères et des graines de fleurs, et ce à l'intention de nos charmantes lectrices.

Nos abonnés nous sauront certainement gré des sacrifices que nous nous imposons pour leur être agréables et surtout utiles.

Pour recevoir un paquet d'une des variétés indiquées ci-dessus, il suffit, pour nos abonnés, de nous envoyer, en en faisant la demande, 0 fr. 45 c. en timbres-poste pour les frais d'affranchissement.

Quant aux abonnés nouveaux, ou à ceux qui renouvellent leur abonnement à l'échéance ou par anticipation, ils recevront la prime *gratuitement et franco*, à la condition de nous envoyer, en un mandat, cinq francs, prix net de leur abonnement, et de nous éviter ainsi les frais relativement très lourds de recouvrement par la poste.

Ch. GOSSIN.

INSTITUT AGRICOLE DE BEAUVAIS.

PROMOTIONS DE 1890 (suite).

MM. Guy de La Chassaigne (Puy-de-Dôme).
Bourgeat (Arthur), (Isère).
Lebrun (Paris).

Cours préparatoire.

MM. A. de Marc (Paris).
Varié (Paris).
De La Bué.

LES MACHINES A BATTRE.

Des divers engins inventés pour suppléer à l'insuffisance de la main-d'œuvre, la machine à battre est, sans contredit, l'appareil qui a rendu le plus de services à l'agriculture française.

Quelle n'est pas la fatigue du battage des blés au fléau ? Quelle poussière on y respire ! Et dire que, dans une foule d'exploitations, ce travail dur et malsain occupe pendant plusieurs mois les mêmes ouvriers !

Dans le Midi, on fait mieux : Les céréales, aussitôt coupées, sont étendues sur d'immenses aires en plein air, et voilà vingt chevaux de race camargue qui, d'abord au pas, puis au trot, puis au galop, foulent et égrènent le blé. Ou bien ce sont des bœufs attelés à de hauts, étroits et pesants rouleaux de pierres qui exécutent le même travail.

Impossible d'appliquer convenablement de tels procédés au nord de la France, la température est trop incertaine.

Par rapport à la construction des batteuses, la première idée a été de faire mouvoir mécaniquement beaucoup de fléaux à la fois.

A la fin du siècle dernier, l'écossais André Meikle inventa le mécanisme des machines actuelles, service immense pour lequel les concitoyens de Meikle ouvrirent généreusement en sa faveur une large souscription.

La pièce principale des machines Meikle est un cylindre batteur horizontal et à claire-voie, de 1 m. 20 à 1 m. 75 de long, de 0 m. 40 à 0 m. 60 de diamètre, muni, dans son pourtour et parallèlement à sa longueur, de *battes* ou morceaux de bois garnis de tôle.

Mis en mouvement de rotation par une force quelconque, ce cylindre, qui se trouve à quelque hauteur au-dessus du sol, tourne dans un *tambour* dont la moitié inférieure, appelée *contre batteur*, est munie de pièces assez saillantes pour se trouver presque en contact avec les battes.

La céréale qu'on étend par poignées minces et bien étalées sur une table placée à la hauteur du batteur, s'engage entre lui et le contre-batteur ; elle est égrenée par le frottement, puis secouée par un appareil, qui peut être établi suivant divers systèmes.

Au sortir du *secoueur*, la paille glisse le long d'une claie inclinée de 45 degrés et tombe soit à terre, soit sur une table à clairevoie, où on la prend commodément pour la lier.

Quant au grain, après avoir traversé le secoueur, de deux choses l'une : ou bien, il tombe à terre en mélange des balles, et c'est par un travail subséquent et indépendant de celui de la machine qu'on le nettoie ; ou bien, il entre dans un ventilateur ou nettoyeur qui, mis en action par la force motrice de la machine, le débarrasse des poussières et paillettes.

Les machines pourvues d'un nettoyages exigent évidemment plus de force que les autres.

La résistance, toutes choses étant égales d'ailleurs, dépend encore de la manière dont la céréale est introduite soit par l'épi, soit par le travers.

Quand on présente la céréale suivant ce dernier mode, la paille se trouve moins froissée et plus vendable, mais aussi la résistance est plus grande.

D'après les tables dressées par les spécialistes, la résistance à vide d'une machine à battre, mue par un manège de 3 à 4 chevaux, est de :

36 kilogrammes, si elle prend le blé en travers et si elle est pourvue d'un nettoyage.

25 kilogrammes, si elle prend le blé par le bout et si elle est pourvue d'un nettoyage.

17 kilogrammes seulement, si elle prend le blé par le bout et si elle n'a point de nettoyage.

Nous aurons prochainement l'occasion de poser les règles de la bonne construction et de la bonne direction des machines à battre, et nous verrons combien est avantageux sous tous les rapports le travail d'une machine répondant à ces deux conditions.

A la tête des mécaniciens français qui rendent à l'agriculture le service de lui fournir d'excellentes batteuses, se trouve M. Albaret, l'honorable ingénieur-constructeur de Liancourt (Oise), dont la réputation est maintenant universelle.

Comparables aux grandes fabriques anglaises de machines agricoles, les ateliers de Liancourt occupent un grand nombre d'ouvriers.

On y compte forges, fonderies de fer et de cuivre, chaudronnerie, ajustage, montage, menuiserie et charronnage.

L'outillage est des plus complets, et les machines à battre sont, dans ces remarquables ateliers, confectionnées très solidement et à aussi bas prix que possible.

On voit maintenant presque partout des entrepreneurs de battage qui vont de ferme en ferme avec des batteuses mobiles, mues soit par un manège, soit par machine à vapeur. Ils demandent généralement 1/20 du produit, et tout en rendant grand service à la petite culture, ils réalisent eux-mêmes des bénéfices élevés.

Quelquefois aussi, plusieurs cultivateurs s'associent pour l'achat d'une machine à battre et pour le battage de leurs récoltes. Rien n'est plus intelligent et plus avantageux qu'une association de ce genre quand elle est régie par des règlements bien étudiés qui préviennent toute chicane.

Citons aussi l'exemple d'une commune de l'Oise qui a fait l'acquisition d'une machine mobile. L'administration municipale la loue, sous la direction d'un homme salarié par elle, et tous les frais d'amortissement payés, elle en tire un revenu annuel de 600 francs. Avis aux communes pauvres.

Beaucoup de cultivateurs pourraient entreprendre heureusement des spéculations analogues.

Au moyen de batteuses mobiles travaillant en hiver, tant pour eux que pour le public, ils parviendraient souvent à battre leur propre récolte sans dépense aucune.

Ch. Gossin.

Il ne faut pas mélanger la chaux avec le fumier.

Dans notre canton on a la malheureuse habitude de mélanger la chaux, presque toute vive encore, avec le fumier. Cela fait perdre chaque année, dans notre seule commune d'Auvers-le-Hamon, des sommes considérables, et nous serions trop heureux si notre conférence avait pour seul résultat de faire changer cette manière de procéder à quelques-uns d'entre vous.

La chaux, soit que vous l'employiez seule, soit que vous la mélangiez au fumier, n'en vaut ni mieux ni pire. Mais le fumier, s'il valait 8 francs le mètre avant le mélange, ne vaut pas 2 francs huit jours après qu'il a été en contact avec la chaux vive ou presque vive. Ce fumier, qui contenait auparavant 3 à 4 kil. d'*azote organique* par mètre, n'en contient pas une livre après le mélange. Tout le reste s'est évaporé dans l'air. Cet azote, si précieux, que vous le payeriez si cher chez un marchand d'engrais, cet azote, si précieux, qui *fait pousser* votre blé, et qui lui donne, dans les bonnes terres bien fumées, cette belle et riche couleur vert-foncé que vous aimez tant à lui voir, cet azote est chassé de votre fumier par la chaux. Nous avons vu, dans la première partie, par quelle combinaison chimique ce phénomène se produit.

Si vous refusez de nous croire, faites vous-même une expérience très facile : Mettez dans une bouteille du fumier et de la chaux vive ; mélangez-les et ne bouchez pas. Pendant 5 ou 6 jours, en vous approchant du goulot de la bouteille, vous sentirez à plein nez l'alcali qui s'évaporera. Or, vous le savez, l'alcali c'est l'ammoniaque, et l'ammoniaque c'est l'azote. Au bout de huit jours au plus vous ne sentirez plus rien : tout l'azote sera parti.

Ah! sans doute, nous ne disons rien ou peu de chose à ceux qui ne prennent aucun soin de leur fumier et qui le laissent, à travers la cour, gaspiller par les poules et les pieds des bestiaux. Ce fumier-là peut être, sans danger, mélangé avec la chaux, car il a perdu d'avance ce qu'il avait de meilleur, c'est-à-dire son azote.

Mais nous nous adressons à vous tous qui prenez soin de vos fumiers, qui les tassez *régulièrement*, qui les arrosez avec le purin et qui ne les laissez en contact avec l'air que le moins possible. Votre fumier vaut 8 à 10 francs le mètre. Ne le perdez pas ou plutôt ne le réduisez pas à 2 francs le mètre en le mélangeant avec la chaux.

Sans doute, quelques-uns nous diront : En mélangeant la chaux avec le fumier, l'azote ammoniacal s'évapore, mais il se forme dans le compost du nitrate de chaux par conséquent de l'azote nitrique, et ce qu'on perd d'un côté on le gagne de l'autre.

N'écoutez pas un pareil raisonnement. D'abord vous ne produisez jamais autant d'azote nitrique que vous en perdez d'ammoniacal. Ensuite, vous vous souvenez que si celui-ci s'évapore facilement et produit son effet à la surface du sol, l'autre tend toujours à descendre dans la terre. Alors qu'arrive-t-il dans votre compost? L'azote nitrique qui s'y forme descend et s'emmagasine tout entier dans la terre, sous ce compost, dans lequel il n'en reste plus ; et, bien qu'en charroyant le mélange dans vos champs, vous ayez soin de n'en pas laisser une parcelle sur l'emplacement du compost, le blé y pousse si vigoureusement qu'il tombe et ne grène pas en proportion de sa belle venue. C'est l'azote nitrique coulé en terre sous le compost qui a produit ce résultat.

Ainsi donc, l'azote ammoniacal s'est évaporé dans l'air, l'azote nitrique est descendu en terre très profondément, et vous n'en avez pas conduit du tout dans l'intérieur de votre champ.

Vous le voyez, pour toutes bonnes raisons, ne mélangez jamais la chaux avec le bon fumier.

P. Roger.

LE SUCRAGE DES CIDRES

Pour obtenir le sucre à 60 fr. les 100 kilos, c'est-à-dire avec réduction de droits, pour le sucrage des cidres, opération dont nous avons parlé dans le dernier numéro, il faut adresser une demande au directeur des contributions indirectes du département, et joindre à cette demande un certificat du maire relatif à la quantité de pommes récoltée ou employée par le pétitionnaire.

(Ces deux pièces sur papier timbré de 0.60).

MODÈLE DE DEMANDE D'AUTORISATION DU SUCRAGE DES CIDRES.

Je soussigné......, propriétaire ou cultivateur domicilié à......, canton de......, arrondissement de...., désirant, par application de la loi du 22 juillet 1886, sucrer..... hectolitres de pommes par moi récoltées à..... (ou achetées de M....., à.....), pour fabriquer..... hectolitres de cidre.

Demande qu'il me soit livré, avec modération de taxe,..... kilos de sucre pour pommes (ou poires).

Je demande en outre l'autorisation de procéder, vers le..... du mois de....., à la dénaturation des quantités ci-dessus indiquées, à mon domicile.

Fait à....., le.....

P.-S. — On a droit à 18 kilos de sucre pour cinq hectolitres de pommes ou poires.

Nouvelles agricoles.

Ecole d'aviculture de Gambais (Seine-et-Oise). — Nous rappelons à nos lecteurs que, comme les années précédentes, les cours de l'école pratique d'aviculture de Gambais ouvriront le 1er février. Ils se continueront pendant une période de trois mois.

On sait que cette école a pour but d'enseigner aux jeunes gens qui se destinent à l'agriculture les nouvelles méthodes pratiques et économiques de faire éclore, d'élever, d'engraisser, de tuer et de préparer les volailles.

Enseignement éminemment utile, comme on le voit.

La basse cour bien dirigée est, en effet, une des branches lucratives de la ferme, trop négligée jusqu'ici ; il est urgent que les jeunes gens qui se destinent à l'agriculture, soit comme ouvriers agricoles, soit comme directeurs de fermes, soit comme professeurs, apprennent à connaître les nouveaux procédés d'élevage, ainsi que la nourriture propre aux diverses espèces et aux différents âges.

L'élevage de la volaille, raisonné et bien dirigé, basé sur l'élevage d'espèces appropriées au lieu d'exploitation, sera pour le cultivateur une nouvelle source de bénéfices qui contribuera pour sa part au relèvement de l'agriculture, si chacun sait le mettre à profit.

Nos importations de volailles et d'œufs sont considérables; l'intérêt du cultivateur français est de les amoindrir par un élevage intensif : nul pays ne se prête mieux à cela que la France, par son climat et la configuration de son terrain. J'ajouterai que nous avons encore près de nous des débouchés importants pour l'excédent de notre consommation, quand nous aurons donné satisfaction à celle-ci.

C'est dans ce but que l'école d'aviculture de Gambais a été créée et que le ministre d'agriculture lui accorde chaque année des bourses destinées spécialement aux élèves sortant des écoles d'agriculture et des fermes-écoles de l'Etat.

L'école de Gambais a pour directeur M. Roullier, l'honorable aviculteur bien connu; c'est dire qu'elle est parfaitement dirigée et qu'elle offre, à tous égards, toutes les garanties désirables.

La durée de l'enseignement est de trois mois et l'école y est ouverte, chaque année, en trois périodes : du 1er février au 30 avril, du 1er mai au 31 juillet et du 1er août au 31 octobre.

L'école reçoit alternativement des élèves internes des deux sexes. Le prix de la pension est fixé à 350 francs, enseignement, nourriture et logement compris.

Vente de produits agricoles par les syndicats. — Syndicat agricole du sud des Ardennes. — Une intéressante réunion a eu lieu à Vouziers, sous la présidence de M. le baron de Ladoucette, député.

Il s'agissait de rendre compte d'un essai, très heureux et tout nouveau, tenté pour faire vendre les laines des membres de l'association par le Syndicat lui-même.

Il a été prouvé que le Syndicat avait pu, en traitant pour ses associés, non seulement maintenir et élever les prix qui auraient été offerts par le commerce, mais que les adhérents avaient obtenu, pour leurs produits, un taux supérieur à ceux que leur auraient donné les négociants.

C'est ainsi que les laines des adhérents du Syndicat du sud des Ardennes ont été vendues dix pour cent au-dessus de l'estimation.

Le bénéfice tient évidemment à la suppression d'un trop grand nombre d'intermédiaires.

Cette heureuse tentative est à rapprocher de celle qu'on doit à M. Achille Maître pour la vente des laines du Châtillonnais.

Le Concours agricole de 1891. — Le ministre de l'agriculture vient de fixer la date du concours général agricole de l'année prochaine. Le concours se tiendra du 26 janvier au 4 février. Mais, contrairement à ce que plusieurs Sociétés agricoles avaient espéré, il aura lieu comme d'habitude au palais de l'industrie et non au Champ de Mars.

Après s'être concerté avec M. Alphand, le ministre a constaté que l'on ne pouvait pas prévoir dès à présent si les diverses destinations qu'il est question de donner à la galerie des Machines laisseraient cet emplacement disponible à l'époque fixée.

L'achat des chevaux de remonte. — M. de Freycinet vient de décider qu'à l'avenir la remonte pourra acheter sur place, chez les éleveurs, des chevaux de pur sang et de demi-sang, en dehors des deux convocations qui ont eu lieu jusqu'à ce jour.

Tout propriétaire d'un cheval à vendre se trouvant dans les conditions voulues, pourra l'offrir au commandant, qui enverra un officier-acheteur examiner l'animal et l'achètera s'il y a lieu.

Les nouveaux tarifs de la Compagnie du Nord pour le transport des betteraves. — La Compagnie du chemin de fer du Nord a décidé que des prix exceptionnels seraient, dès maintenant, applicables, à titre temporaire et d'essai, au transport des betteraves expédiées par wagons chargés d'au moins 5.000 kg. ou payant pour ce poids. Le barème, établi comme annexe au tarif spécial P. V, n° 5, accuse une réduction très importante pour les distances supérieures à 22 kilomètres. Par exemple, le tarif pour 30 kilomètres est de 2 fr. par tonne, frais de gare compris, au lieu de 2 fr. 20; pour 40 kil., de 2 fr. 40 au lieu de 2 fr. 80; pour 50 kil., de 2 fr. 70 au lieu de 3 fr. 40. Les prix du nouveau barème ne sont applicables que par voie de détaxe, à la condition que les wagons seront chargés par les expéditeurs et déchargés et rendus vides par les destinataires dans les délais accordés dans chaque gare aux propriétaires d'embranchements et aux locataires de chantier. La durée des nouveaux prix est limitée à une période d'un an, à moins d'une prorogation qui serait annoncée par affiche.

Cette diminution importante de tarif sera certainement très favorablement accueillie par la culture.

La Compagnie du Nord a droit à des remerciements.

Exposition viticole à Beaune. — Le comité d'agriculture de l'arrondissement de Beaune et de viticulture de la Côte-d'Or organise à Beaune sa 29e exposition annuelle des VINS NOUVEAUX, fins et ordinaires, de la province de Bourgogne, comprenant les départements de l'Yonne, de la Côte-d'Or, de Saône-et-Loire et le Beaujolais.

Cette exposition aura lieu le dimanche 16 novembre prochain et coïncidera avec la vente aux enchères publiques des vins des hospices de la ville.

Un jury de dégustation fera, sur la récolte de l'année, un rapport d'appréciation destiné à la plus grande publicité.

Les vins doivent être adressés, par deux bouteilles pour chaque crû *franco* et sous acquit à caution, à MM. les commissaires de l'exposition, à Beaune avant le 15 novembre.

Seront admis à l'Exposition, comme moyen d'apprécier les crûs représentés par des vins nouveaux, les vins vieux provenant des mêmes crûs, également par 2 bouteilles chacun.

Les bouteilles porteront une étiquette indiquant les nom et adresse de l'exposant, le nom du crû, le millésime de l'année, la quantité à vendre, le prix et en général tout renseignement jugé utile par le propriétaire.

Ces renseignements reproduits au catalogue, recevront par là une grande publicité.

Pour les déclarations et toute demande de renseignements, s'adresser à M. F. CAUTIN, secrétaire général du comité, à Beaune.

Nous engageons nos lecteurs, propriétaires de vignobles, à prendre part en foule à cette Exposition pour bien affirmer que la Bourgogne, malgré les calamités qui pèsent sur la vigne, est encore à même d'alimenter amplement la consommation de ses produits si recherchés.

Nécrologie. — Nous appenons avec regret la mort de M. Mayoussier, le distingué et sympathique directeur commercial de produits chimiques des manufactures de Saint-Gobain.

C'est une grande perte pour la société de Saint-Gobain, à qui M. Mayoussier a rendu de très grands services.

CONSEILS DU VIGNERON

POUR ENLEVER LE GOUT DE MOISI AUX FUTAILLES

Premier procédé. — Quand le goût est peu prononcé, on l'enlève généralement par un rinçage énergique avec de l'eau renfermant de l'acide sulfurique en dissolution et dans la proportion de 1/10.

Après avoir enlevé l'acide, on lave à grande eau.

Deuxième procédé. — Si l'intérieur du fût est tapissé de dépôt séché ou de moisissure, on l'enlèvera en rinçant le tonneau avec 5 litres d'eau bouillante dans laquelle on aura dissous 60 grammes de bisulfate de chaux. Après le rinçage, on laissera sécher pendant un jour, puis on rincera de nouveau avec 5 litres d'eau additionnée de 250 grammes de sel de cuisine; enfin, on laissera sécher.

Troisième procédé. — Verser dans le tonneau que l'on veut désinfecter, et par l'ouverture de la bonde, les quantités suivantes qui conviennent pour 200 litres :

Sel de cuisine....................	30 gr.
Peroxyde de manganèse en poudre.	20
Acide sulfurique concentré.......	50

Fermer avec la bonde, qu'il faut assujettir fortement, agiter un peu et laisser la futaille en repos : laisser agir pendant 3 heures.

Après ce temps, ouvrir la bonde du tonneau et rincer à plusieurs reprises avec de l'eau froide jusqu'à ce qu'elle sorte claire et inodore.

Si le mauvais goût persiste, renouveler l'opération.

Quatrième procédé. — « Pour 6 à 8 tonneaux, on prend :

Eau bouillante............	24 litres.
Sel marin..................	125 grammes.
Acide sulfurique..........	1 litre.
Potasse..................	30 grammes.

On fait du tout un mélange bien homogène, on remue pendant un quart d'heure de manière que tout le tonneau soit lessivé, ensuite on transvase ce mélange dans les autres tonneaux, en agissant de la même manière que pour le premier.

A mesure qu'on les vide, on les remplit d'eau propre et on les laisse ainsi pendant une nuit.

— Pour enlever *au vin le goût de moisi*, le seul procédé que nous connaissions est le suivant :

Transvaser le vin dans un fût propre. Y ajouter un litre d'huile d'olive pure par 200 litres de vin. Agiter vivement dans tous les sens. Laisser reposer, pendant 24 heures. Enlever l'huile par décantation ou en faisant déborder le fût.

Ce procédé n'est pas parfait, car le vin conserve parfois un léger goût d'huile assez désagréable.

LE PÈRE LAVIGNE.

JURISPRUDENCE RURALE.

POLICE RURALE. — FOURS ET CHEMINÉES.

— J'ai pour voisin un boulanger.

— C'est commode pour toi, si son pain est bon.

— Pour ça, je n'ai rien à dire; d'ailleurs comme je le paie exactement, il a tout intérêt à me bien fournir ; c'est autre chose dont j'ai à me plaindre !

— Quoi donc; tu as l'air fort mécontent?

— Il me noircit.

— Tu veux dire qu'il noircit ta réputation ; car jusqu'à ce jour la farine blanchissait et ne noircissait pas.

— Je veux dire qu'il m'enfume ; voyez plutôt; regardez cette feuille d'un de mes arbres ; elle est toute couverte d'une vilaine couche de suie, qui lui fait perdre sa verdeur et sa santé.

— En effet on se salit les doigts rien que de la toucher ; quelle dégoûtation !

— Et bien, c'est la fumée du boulanger qui la met dans cet état et qui fait mourir tous mes beaux arbres ; or, je voudrais bien savoir, et c'est pour cela que je viens vous consulter, s'il est permis d'empoisonner ainsi son voisin.

— Je te répondrai d'abord que si la police de ton village était bien faite, le maire obligerait ton boulanger par un arrêté, d'avoir un tuyau assez élevé, pour que la fumée et les flammèches qui pourraient incendier le pays, se perdent dans l'air au lieu de s'abattre sur les maisons ; si tu n'obtiens rien de ce côté, fais constater le dommage que tu éprouves par un procès-verbal d'huissier et dis à ton voisin, *de ma part, que s'il ne te donne pas satisfaction* à l'amiable, tu lui feras un procès ; tu le gagneras certainement et il en sera pour les frais et dommages-intérêts, car s'il est permis d'avoir des fours et cheminées dans sa maison, c'est à la condition de les établir de façon à ne pas causer de tort au voisin.

UN VIEUX JUGE DE PAIX.

CONSEILS DU MÉDECIN

LE VIN DE QUINQUINA

Le vin de quinquina est le breuvage par excellence prescrit par la médecine aux personnes anémiques dont les organes digestifs ont besoin d'être stimulés et fortifiés. Mais le prix élevé des vins de quinquina débités par les pharmaciens est un obstacle à leur consommation par les malades privés de fortune.

A ceux-là nous signalons la recette suivante qui leur permettra d'obtenir du très bon vin de quinquina à 3 francs meilleur marché que les vins de la pharmacie.

Faire macérer 30 grammes de quinquina jaune concassé dans un litre de bon vin blanc ou rouge.

Au bout de huit jours, soutirer et filtrer à travers un linge, remplir de nouveau la bouteille contenant le quinquina et laisser macérer pendant un mois. On a un second vin presque égal au premier. On peut ajouter des écorces d'oranges amères, ou mieux du sirop de ces oranges, puis du sucre, si on trouve le goût du quinquina trop amer.

DOCTEUR PURGON.

CONSEILS DU VÉTÉRINAIRE

LES NOEUDS DES VACHES

On désigne sous ce nom une maladie qui se traduit par une induration et des nodosités de la mamelle.

Les vaches laitières atteintes par le mal perdent presque tout leur lait, et le peu qu'on leur tire chaque jour est de qualité très inférieure.

Il ne se conserve pas, aigrit, prend une couleur repoussante. De là une perte pour l'éleveur.

M. Nocard a découvert que cette maladie était causée par des parasites de l'espèce cryptogamique. Après une expérience tentée sur une vache et une chèvre, il employa l'acide derborique, comme le plus propre à détruire ce champignon : une injection était faite chaque soir dans les trayons et, au bout de quelque temps, les bêtes malades guérissaient et leur lait recouvrait toutes les qualités perdues.

Une autre précaution qui doit être prise en ce cas est à signaler également : Au moment de traire la vache, on doit se laver les mains avec une solution phéniquée à 3 0/0. Le pis de la vache sera nettoyé de la même façon.

Avis aux éleveurs désireux de combattre les épidémies qui déciment leurs troupeaux. Le remède est simple et peu couteux; on l'emploiera donc sans hésitation.

UN VIEUX VÉTÉRINAIRE.

VARIÉTÉS.

LE JOLI PETIT MOYEN de rendre les petites filles ménagères, les plus grandes aussi, biribi.

Il y avait une fois un beau château, avec une belle madame dedans; elle avait quatre enfants, deux garçons et deux filles, l'une de dix ans, l'autre de six...

Elle dit un jour à un petit galopin qui était un de ses voisins : Je veux apprendre le ménage à mes filles. — Déjà, répond le petit... — « *Qui part de bon matin fait du chemin*, » dit la madame... Depuis un an, le petit Robin est cordonnier, maintenant il fait un soulier... Il ne l'aurait appris en lisant, non plus qu'en voyant.

Mais vos filles auront belles fortunes.

— Que dis-tu là? *Petit gaspillage ruine un grand ménage.* Le mari gagne, la femme dépense, faut qu'elle épargne.

Ecoute, mon enfant : *La femme est le bon Dieu de la maison*, c'est elle qui nourrit le monde et voit à tout. Grand malheur! si elle en est le diable. — C'est à elle à soigner ceux qui souffrent. — Où femme n'y a, malade pâtit. — On meurt faute de soins comme de médecin.

— Mais il y a trop d'ouvrage pour des enfants...

— Mon petit, les filles ont des jambes pour marcher, des bras pour travailler. — L'activité entretient la santé, et fille qui agit ne songe à mal. — Chez les garçons, comme chez les filles, *fainéantise est mère des vices.* Apprenons-leur à tout faire, à ne pas s'épargner. *On n'est jamais mieux servi que par soi-même.*

— Ma foi! Je crois qu'elles ne le voudront, elles crieront et se dépiteront.

— Tu ne sais ce que tu dis, mon pauvre ami. La femme veut être maîtresse; elle le veut en naissant. Faut qu'elle le soit, sinon dans la maison elle laissera tout à l'abandon. — *L'argent vient clopin-clopant, et fuit en galopant*; faut que la femme l'arrête. — Souviens-toi toute ta vie de ce que j'ai dit : faut un apprentissage dans le ménage. — *On n'apprend qu'en faisant et l'on ne sait bien que ce qu'on a fait souvent.*

Dès le lendemain, les filles furent maîtresses, une semaine par mois, chacune à leur tour. La demoiselle Emma fit à merveille; on s'y attendait. La petite Emilie, qui est grosse comme un petit chat et trotte comme un petit rat, ne se sentait d'aise. Elle allait, venait, galopait, disant : Ah! le rude métier d'être maîtresse de maison, ne faut avoir les yeux dans sa poche, ni les deux pieds dans un sabot. Puis elle rangeait, dérangeait, arrangeait, et toujours travaillait.

Mais c'est qu'au bout de l'an c'était un charme. Ça payait, recevait, vendait, achetait les menues denrées de ménage, et jamais ne s'épargnait.

Elles tenaient le registre, mettaient tout en écrit. Elles élevèrent trois fois plus de poulets, vendirent quatre fois plus d'œufs, sans compter 30 petits cochons. — *C'est qu'à la longue petit débit fait grand profit.*

— Oh! la belle manière, dit Franck, faut l'introduire partout... Chez nous les filles et les brus ne sont que des servantes, ne s'entendent au ménage, ni à soigner le malade. — Si la maîtresse n'est pas apprise (ce qui arrive souvent) on manque de gagner, on ne fait plus que dépenser, c'est une maison perdue, ruinée, fondue. — Faut qu'à son tour chaque cotillon soit maître à la maison.

D'ailleurs les grands garçons de mon âge n'épouseront que des ménagères, et je laisse Fricotine à M. Routinet.

— Eh bien! je la prendrai, dit l'Hurlubrelu, malgré l'almanach. — Vous avez la cervelle brouillée, la tête renversée, et ne valez pas trente-six pannerées de sottises. Changer ce qui est vieux comme le monde! Apprendre le ménage aux enfants! Vous êtes tous fous.

Ecoutez-ça ; ce ne sont des balivernes : — Mon quatorzième grand-père, en montant, Routinet-Patte-Pelue portait béguin et jaquette à 50 ans, comme les enfants de son âge.

V'là qu'il prend fantaisie à sa maman de le marier à 49 ans ; elle le mène agréer à une fille.. Tiens, ma petite, je veux marier mon drôle, qu'en dis-tu ?

— Un joli morveux, reprend-elle, pour le mettre en ménage; qu'en pensez-vous, ma mère... La mère répond : Je ne dis ni oui ni non, laissons bouillir le mouton; dans deux à trois ans, nous verrons.

Les deux mères manigancent l'affaire. A 51 ans, Routinet-Patte-Pelue fut débéguiné, culotté, marié le même jour, à la même heure.

Il prenait une enfant, Jaquinette Goguelu la Grande-Dent. Elle n'avait que trente-neuf ans, deux mois, trois jours et cinq quarts d'heure.

Mais elle était jolie comme un bijou : borgne d'un œil, l'autre un petit rouge; tout à fait avenante.

Le nez camus, couché de côté. — Ça lui donnait un air cocasse, malin, charmant, lutin.

Deux belles dents, tournées en crochet, longues comme le doigt, sortaient de la bouche, l'une qui descend, l'autre qui monte. — C'était un agrément.

Une belle brune tirant sur le noirtin, comme une jolie petite taupe. Oh! la belle femme ! Oh! la belle femme!

Jusqu'à son mariage, elle s'attifait, se mirait, et rien ne savait, même pas faire durcir les œufs..... Aussi, pendant longtemps, elle tournait l'omelette dans les cendres, brûlait la fricassée, salait cinq à six fois la marmite. — Pour faire la lessive, elle épurait le linge sale à grande averse, quand il pleuvait fort, et le bon Dieu lavait.

— Eh bien! le croirez-vous? D'ailleurs, c'est écrit : à 80 ans, c'était ménagère achevée, la meilleure du pays. — Vous voyez donc qu'il est inutile d'apprendre le ménage aux filles.

— Je comprends vos raisons, dit Franck. Mais Jacquinette Goguelu la Grande-Dent, femme de Routinet Patte-Pelue, la quatorzième grand'mère en montant, était une femme d'esprit. — Certainement. — Croyez-vous que les filles d'aujourd'hui soient aussi fines qu'elle? — Non, vraiment. — Faut donc les instruire plus tôt. — Du tout, du tout, elles sauront plus tard, et voilà tout.

— Comment, continue notre Hurlubrelu, la routine s'est cachée dans le ménage, et vous la galopez comme un chien gâté! Laissez-la donc tranquille faire ses petites affaires tout doucement, comme elle l'entend.

— Non, dit le père Abraham; — la meilleure éducation est celle de la maison. — La mère élève les enfants, tandis que le père est aux champs. — C'est la femme qu'il faut instruire, nous ne ferons plus d'almanach sans parler d'elle.

(Œuvres agricoles de Jacques Bujault).

AFFAIRES MILITAIRES.

La classe de 1889.

D'après la circulaire relative à la répartition du contingent, circulaire très confidentielle qui devrait être portée officiellement à la connaissance de tous, voici comment s'effectueront les différents départs :

Le 11 novembre, les jeunes soldats appelés pour quatre mois ou un an ;

Le 13 novembre ceux des subdivisions paires appelés pour deux ou trois ans :

Le 15 novembre, ceux des subdivisions impaires appelés pour deux ou trois ans;

A la même date du 15 novembre, l'armée de mer.

Le contingent de la Seine sera fractionné entre les 13 et 15 novembre.

Comme d'habitude, les jeunes soldats d'un an, étant affectés au régiment de leur subdivision de région, se rendront directement à leurs corps.

Les autres se réuniront au lieu désigné pour la revue d'appel.

Le total des incorporations est évalué au chiffre de 196,450 hommes.

La répartition du contingent cette année, est à peu près régionale : en effet, les soldats d'un an sont affectés au régiment de leur subdivision, les soldats de trois ans au régiment le plus rapproché possible; enfin ceux de l'artillerie, de la cavalerie et du train, aux corps de la région. C'est là une excellente mesure dont personne ne se plaindra.

DEMANDES D'EMPLOI

Un jeune homme, 23 ans, ex-sous-officier d'artillerie, ayant son brevet d'instituteur, et ex-clerc d'avoué, *demande une place de commis aux écritures ou de clerc* dans une étude de notaire, même à la campagne.

Excellentes références. S'adresser au bureau du journal.

Un ménage *demande place de garde ou de régie*. Le mari connait la petite et la grande culture; très bon vigneron. La femme, bonne ménagère, sait bien faire la cuisine. Tous deux sont munis d'excellents certificats.

S'adresser au bureau du journal.

Une jeune fille, 20 ans, appartenant à une bonne famille, très bien elevée, instruite, bonne musicienne, demande place d'institutrice ou de gouvernante de jeunes enfants. — Prétentions modestes. — Les meilleures références.

S'adresser à M. Gossin, rédacteur en chef, Beauvais.

PETITE POSTE.

M. d'E... (Var). — *Prairie. — Sol argilo-calcaire, ferrugineux et humide.* — Nous préférerions à un semis d'un mélange de luzerne, trèfle rouge et fromental, un mélange plus complet, celui-ci, par exemple, à raison de 60 à 65 kil. de graines par hectare :

Ivraie vivace, 4 parties, — pâturin des prés, 4, — pâturin commun, 4, — agrostide vulgaire, 5, — vulpin des prés, 4, — fétuque des prés, 4, — dactyle pelotonné, 4, — flouve odorante, 3, — fléole des prés, 2. — trèfle blanc, 3, — vesce à longuet, 1, — lotier corniculé, 2.

Du reste, nous vous engageons vivement à prendre le conseil d'un praticien tout à fait émérite dans l'art de la création des prairies, M. *Van Hées Lamelin, à Berlaimont (Nord)* Envoyez-lui un échantillon de votre terrain. M. *Van Hées* est auteur d'un petit traité très pratique.

Rien n'est meilleur pour les prairies de ce genre que la terre brûlée; votre homme a raison, elle favorise la végétation d'herbes d'excellente nature. Ne négligez pas non plus le plâtre : 400 kil. à l'hectare, bon surtout pour les légumineuses; ne nuit pas aux autres plantes ; les superphosphates répandues à cette époque, 600 kil. à l'hectare.

M. Ch..., à S... (Marne). — *Obligations à lots achetées à crédit, paiements partiels.* — Vous avez eu le plus grand tort de vous laisser entraîner. Ces Sociétés financières sont des plus dangereuses; leurs agents sont le plus souvent d'habiles escrocs qui vous entortillent et vous volent ; tous les jours les tribunaux correctionnels les condamnent. Voyez un avocat ou un avoué, dites-lui comment, à la suite de quelles manœuvres vous avez été amené à signer ; si ces manœuvres lui paraissent frauduleuses, il vous fera porter plainte au parquet et votre engagement pourra être déclaré nul.

En somme, cet honnête agent vous a vendu près de 700 francs un titre qui vaut 460 francs !

M. M... — *Chassepots*. — Nous vous donnerons les renseignements prochainement, aussitôt que nous les aurons nous-même.

M. F... G..., à C. — Bon de l'Exposition. Le n° 399.307 n'est pas sorti.

VINS DU BORDELAIS.

Que de fois nous avons entendu dire :

« Quel service on nous rendrait, si on nous trouvait, dans les pays vignobles, un vendeur consciencieux; si on nous débarrassait de la concurrence à outrance; si on nous garantissait sérieusement la qualité, la pureté et la conservation des vins ! »

Pour le Bordelais, nous recommandons M. Vincent Ardura, viticulteur, propriétaire d'un des meilleurs crus de la Gironde, favorable aux tempéraments délicats (le domaine de la Chapelle-Frédignac, par Blaye-Bordeaux), qui vend ses récoltes : 1889 à 130 fr., 1888 à 140 fr., 1887 à 150 fr., 1886 à 160 fr., 1885 à 175 fr., 1884 à 200 fr., 1882 à 220 fr., 1881 à 250 fr. et 1878 à 300 fr. la barrique de 225 litres, *franco* de port et de fût en gare d'arrivée. Paiement par le facteur à 30 jours 2 % ou 90 jours.

Certain que son vin plaira aux personnes qui ne le connaissent pas et qui désirent se bien approvisionner, sachant, en outre, qu'il est difficile de se rendre sérieusement compte de la qualité par la dégustation sommaire d'une petite fiole, M. Vincent Ardura n'hésite pas à adresser *franco* une bouteille entière pour échantillon de la récolte désignée.

BULLETIN FINANCIER.

Nous laissons notre 3 0/0 à 94 30; le 3 0/0 amortissable à 95 25 et le 4 1/2 0/0 reste à 106 25.

Le marché au comptant est le même que celui du terme. Seul, le 4 1/2 0/0 vaut 106 50.

S'il y a toujours peu d'animation sur notre marché, ce n'est certes pas au détriment de sa fermeté. Les cours de nos rentes et des principales valeurs se sont, en effet, légèrement améliorés. C'est que les nouvelles de la liquidation du Stock Ex-change n'ont pas été aussi mauvaises qu'on ne l'avait craint jusqu'ici; on y traitait hier à plus de 8 % les reports sur certains titres, tandis qu'on les traite aujourd'hui à 4 0/0. Dans tous les cas, et c'est là l'essentiel, les appréhensions relatives aux règlements de comptes de fin de mois disparaissent peu à peu.

Notre marché a donc profité de l'amélioration qui nous a été signalée dans les tendances sur la place de Londres. Comme nous le pressentions dans notre dernier bulletin, il a suffi que cette liquidation s'effectuât sans trop de tiraillements pour que la spéculation n'ait pas hésité, chez nous, à se laisser aller à ses propres aspirations. Notre 3 0[0 est sur le point de s'établir de nouveau à son cours de compensation du mois dernier, et si rien de fâcheux ne survient d'ici le mois de novembre, le parti des acheteurs pourra, cette fois encore, être crediteur.

D'autre part, les dépêches de Berlin sont plus satisfaisantes; les ventes perdent encore de leur importance sur cette place.

Nous avons donc à constater, dès l'ouverture de cette séance, une reprise sur les valeurs internationales aussi bien sur notre propre marché que sur les principaux marchés européens.

Pour ce qui concerne nos Rentes, leur tenue a été satisfaisante, non-seulement à terme, mais surtout au comptant, où notre 3 0/0 bénéficiait d'un jour à l'autre d'une avance de 35 centimes. Cette amélioration était suffisante; un progrès plus important eût naturellement constitué un danger pour le mouvement de hausse et la spéculation qui l'a bien compris a eu la sagesse de ne rien exagérer.

Les valeurs internationales ont profité dans une bonne mesure des dispositions favorables de la place. L'Italien seul s'est montré rétif — et pour cause; — il s'est cramponné longtemps à la remorque de notre rente 3 %; mais n'a pas tardé à fléchir sous le poids de réalisations de portefeuilles français, allemands et italiens ?

Les ventes de crédit sont fermes.

Le Foncier est bien tenu et recherché, de même que les obligations foncières et communales. L'action du Foncier est demandée aux environs de 1,300 francs. Les chemins de fer sont fermes. Les valeurs industrielles sont plus calmes.

COUPON.

HALLES ET MARCHÉS.

Blés. — La situation reste à peu près la même; les prix se soutiennent à cause des achats courants de la meunerie; mais les apports sur les marchés n'ont pas encore l'importance qu'ils pourront atteindre lorsque la culture aura terminé ses semailles. C'est donc dans un mois environ que l'on pourra savoir si les approvisionnements de cette année seront suffisants pour maintenir la position actuelle des prix. On cotait samedi dernier sur les principaux marchés : Cambrai, blé blanc, 25 fr. les 100 kilog.; blé roux, 24 fr.; Douai, 25 à 28 fr.; Beauvais, 21 fr. 80 à 25 fr.; Arras, blé blanc, 25 fr. à 26 fr. 50; roux, 23 à 26 fr.; Montereau, 21 fr. 60 à 26 fr.; Chartres, 21 fr. 65 à 25 fr.; Dieppe, 24 fr. 55; Dijon, 24 à 25 fr.; Nevers, 23 à 24 fr.; Nantes, 23 fr. 50 à 24 fr.; Bordeaux, 25 fr. 60. — A Paris, au marché commercial, les cours ont été assez bien tenus; à la clôture, on cotait le disponible et le livrable jusqu'en décembre 24 fr. 75 à 25 fr.; les quatre mois de novembre, 25 fr. à 25 fr. 25; les quatre premiers, 25 fr. 25; à 25 fr. 50. — Sur les blés étrangers, les affaires sont encore difficiles; mais les prix ont plus de fermeté; on tient : Californie et Saint-Louis, 26 fr. 75; roux d'hiver, 26 fr. à 26 fr. 25; Australie, 26 fr. 75; tuzelles d'Algérie, 26 fr. 25 à 26 fr. 50; Danube, 24 fr. 50. — A l'étranger, les travaux d'automne ont été faits en général dans des conditions favorables; les prix du blé sont fermes sur les principaux marchés européens; on cote : Berlin, 24 fr.; Vienne, 19 fr. 85; Budapest, 19 fr. 55. A Anvers, les cours sont mieux tenus, malgré l'importance du stoc des blés étrangers; on cote : roux d'hiver, 19 fr. 75 à 21 fr.; Australie, 21 fr. 50; Egypte blanc, 17 fr. 75; roux de Syrie, 17 fr. 50. En Russie, la baisse du change a provoqué quelques affaires pour l'exportation; mais c'est toujours le calme qui domine. Aux Etats-Unis, les cours sont en hausse légère; on cotait le 24 octobre, 20 fr. 82 les 100 kilog. à New-York et 18 fr. 45 à Chicago. Pour la semaine du 11 au 18 octobre, les expéditions de blé des Etats-Unis sur l'Europe ont été de 250,850 hectolitres, contre 262,450 la semaine précédente et 452,400 pour la semaine correspondante de 1889.

Seigles. — Les affaires sont nulles et les prix sans variation. Au marché de Paris du 25 octobre, le disponible était coté 15 fr. 75 à 16 fr. les 100 kilog. et le livrable 16 fr. à 16 fr. 75.

Orges. — Les offres sont maintenant plus fortes que les demandes. A Paris, les provenances de l'Ouest sont tenues de 16 fr. 50 à 17 fr. 50; celles de Beauce à 18 fr.; celles de Champagne, de 19 fr. à 20 fr. 50; celles d'Auvergne, de 21 à 22 fr. les 100 kilog. en gare. — Pour les escourgeons, le cours reste pour ainsi dire nominal de 18 fr. 25 à 18 fr. 75 les 100 kilog. à Paris; ceux d'Algérie valent de 14 fr. 75 à 15 fr. sur wagon à Dunkerque.

Avoines. — En baisse de 25 à 50 centimes par 100 kilog. aux prix suivants : noires de choix, 18 fr. 50 à 18 fr. 75 les 100 kilog. à Paris; de la Beauce et du Centre, 18 fr. à 18 fr. 25; grises de mêmes provenances, 17 fr. 50 à 17 fr. 75; blanches, 16 fr. 50 à 17 fr. Les étrangères sont toujours à des prix élevés qui rendent les transactions impossibles.

Maïs. — On demande au Havre 12 à 14 fr. les 100 kilog. sur wagon pour les maïs roux et blancs de la Plata, et 14 fr. 50 pour les bigarrés d'Amérique.

Farines de consommation.

Les prix ne varient pas; les affaires restent calmes avec des offres modérées de la part de la meunerie.

MARQUE DE CORBEIL	60 fr. (38 21 100 k.).			
	159 kil.		100 k.	
Marques de choix	60 à 61		38 21 à 38 85	
Premières marques. . . .	59	60	37 58	38 21
Bonnes marques.	57	58	36 30	36 94
Marques ordinaires. . . .	56	57	35 66	36 30

Le sac de 159 k., toile à rendre, rendu a domicile, payement comptant, ave 1[2 0[0 d'escompte ou 30 jours sans escompte.

Fourrages et pailles.

Paris, La Chapelle.

	1re qté.		2e qté.		3e qté.	
Foin nouveau	51 à	51	47 à	47	42 à	42
Luzerne nouvelle . . .	47	47	44	44	40	40
Paille de blé	36	36	34	34	29	29
Paille de seigle	34	34	31	31	30	80
Paille d'avoine	27	27	24	24	20	20

Le tout aux 104 bottes dans Paris.

COURS DE DIFFÉRENTS MARCHÉS (par 100 kil.).

	Paille.	Foin.
Le Puy	3 50	6 75
Dijon.	3 50	5 25
Blois.	3 75	6 »
Toulouse.	3 75	7 »
Chalon.	3 75	8 »
Beauvais.	4 50	6 25
Orléans.	6 25	8 »
Douai.	4 50	7 75

Issues, les 100 kil.

La vente reste difficile, mais nous ne constatons pas de changement dans les prix. Les offres sont très nombreuses.

Nous cotons par 100 kil. en gare d'arrivée à Paris :

Son écaille.	12 75	à	12 50
— gros	12 25		» »
— trois-cases	11 75		11 50
— fin	10 50		11 »
Recoupettes.	10 50		11 »
Remoulages blancs.	16 »		17 »
— bâtards.	13 »		15 »

MARCHANDISES DIVERSES.

Fécules.

Les prix se maintiennent sans grande variation. Les 100 kil.

Paris. — Fécule 1re, grains . . .	30 »	à	31 »
Oise. — Fécule 1re, grains . . .	28 »		29 »
Vosges. — Fécule 1re, grains . . .	30 »		32 »
Saône-et-Loire	32 »		33 »
Loire. — Fécule 1re, grains . . .	28 »		30 »
Auvergne. — Fécule 1re, grains. .	28 »		30 »
Fécules secondes selon qualité. . . .	21 »		26 »

Pommes de terre.

Les 1.000 kil.

Hollandaises	65 »	à	70 »
Magnum bonum	60 »		70 »
Early roses	40 »		52 »
Saucisses	50 »		55 »
Rondes.	50 »		50 »
Chardonnes	40 »		45 »

Pommes à cidre.

Paris, 29 octobre.

Les cours des pommes à cidre sont sans changement bien appréciable. La culture est aux champs aux travaux de semences et n'offre pas; le commerce ne fait que peu d'affaires.

Le disponible immédiat vaut de 90 à 100 fr. et le livrable échelonne novembre de 100 à 110 fr.

Les poires à cidre sont toujours très recherchées en hausse et valent de 70 à 75 fr.

Le tout les 1,000 kil. en marchandises saines, loyales et marchandes, parité Paris.

Tourteaux, les 100 kil.

	Colza	Œillette	Lin	Cam.
Lille	16 .. à 16 75	16 50 à 17 ..	24 .. à 25 50	16 50
Arras ..	14 50 14 50	15 75 15 75	22 .. 22 ..	16 25
Gd Moulin				
Corbeil..	15 50		19 75	
	Cophra	Arachide déc.	Sésame	Lin.
Marseille	13 .. à 14 50	14 50	14 25 à 14 50	16 40

GRAINES DIVERSES.

Maïs, les 100 kil.

Paris	12 50 à 15	»	Agen......	14 50	15 »
Alais	13 50	15 25	Grenoble..	14 25	15 25
Ruffec	14 »	15 »	Reims.....	15 50	15 75

Sarrazin, les 100 kil.

Paris......	13 25 à 13 75		St-Pierre..	15 » à 15 50	
Mayenne..	15 »	15 25	Nantes....	15 25	15 75
Rennes....	14 75	15 50	Orléans ...	15 50	16 »

Légumes secs, les 100 kil.

	Haricots	Pois	Vesces	Lentilles
Paris......	20 à 47	21 à 26	» »	45 à 70
Rouen.....	42 57	50 63	26 28	77 »
Marseille..	18 30	23 32	25 34	19 24 50

Graines fourragères, les 100 kil.

Luz. de Prov.	120 à 140		Minette.	» à	»
— du Poitou	100	115	Sainfoin à 2 c..	»	»
— d'Italie ..	120	130	Sainfoin à 1 c..	»	»
Trèfle blanc..	50	55	Pois jarras. . .	20	»
— violet..	90	115	Vesces.	20	»

Huiles.

COLZA BRUT. — Les qrix ne présentent que peu de changement sur la clôture de la veille, toutefois la tendance est un peu plus ferme.

On fait du courant du mois à 62 50, du novembre et du novembre et décembre à 62 50, et des 4 premiers mois à 63 50.

On cote au début de la réunion :

Cote précédente même heure.		Cote du jour.
63 .. à	Disponible	62 50 à .. ..
63	Courant	62 50 .. ..
63	Novembre.	62 25 .. ..
63 25 63 ..	Novembre-décembre . .	62 25 .. ..
61	4 premiers mois	63 50 .. ..

LIN. — Le courant du mois, assez bien tenu, se paie 59 fr.; novembre vaut 58 50 ; les autres termes de livraison restént sans changement et sans affaires.

On cote au début de la réunion :

Cote précédente même heure.		Cote du jour.
58 50 à 59 ..	Disponible.	59 » à » »
58 50 59 »	Courant	59 » » »
58 » 58 50	Novembre	58 50 » »
58 » 58 50	Novembre-décembre . .	57 75 58 50
55 50 55 75	4 premiers mois	55 50 55 75

Les 100 kil. net, logés, escompte 1 0/0.

Pétrole.

Prix sans changement.

Disponible	100 kil.	49 50 à 51 50
Essence de 700 à 710°, disponible....		60 50 64 »

On cote à l'hect. pour le détail :

PETROLE RAFFINE disponible .	39 50 à 40 50
ESSENCE RECTIFIEE, disponible	42 25 43 50

Laines.

ROUBAIX-TOURCOING, 28 octobre.

LAINE PEIGNÉE	de fabrique		courant	
—	Cours du jour.	Cours préc.	Cours du jour.	Cours préc.
Courant.	» »	» »	» »	» »
1 mois après . . .	6 65	6 67	5 80	5 80
2 — . . .	6 27	6 27	» »	5 80
3 — . . .	6 »	6 »	» »	5 75
4 — . . .	» »	5 90	» »	» »

Marché calme. Ventes, 65,000 kil.

ANVERS, 28 octobre.

Peignés allemands de La Plata : Contrat B : nov., 5 85; déc., 5 82 1/2 ; janvier, 5 72 1/2 ; février, 5 65 ; mars à sept., 5 56. Contr. M. sur nov. et déc., 5 95.

Ventes, 165,000 kil. contr. B.

Peigné Plata belge : Contrat T sur novembre, 5 85 ; déc., 5 82 1/2 ; janvier, 5 72 1/2 ; fév., 5 65.

En disponible, il a été traité 25 balles Australie suint. Marché soutenu.

Sucres.

Sucres raffinés. — La demande reste très bonne en raffinerie ; l'épicerie s'étant abstenue pendant un moment, se met maintenant aux achats ; la tendance est à la hausse. Nous cotons les pains 106 à 106 50 par wagon complet, suivant marques.

Cours pour l'exportation franco sur wagon ou sur bateau, pur pains 1er choix, suivant marques aux 100 kil.

Habillage en papier	1 0/0	41 50 à .. ..
— —	2 1/2	41 25 à .. ..
— —	4 0/0	41 .. à .. ..

Sucres cassés, produits accessoires
(les 100 kil. disponibles, suivant marque).

Surchoix, cassé, rangé, logé, caisses de 50 kil.. ou cartons de 5 kil. . . . . . 111 50 à » »

Caisses de 25 kil . . . . 111 50 » »
Caisses de 10 kil . . . . 112 » » »
Gros déchets 103 50 101 50
Sucres en poudre . . . . 103 » 103 50
Semoules. . . . . 107 » 107 50
Glaces 102 50 104 50
Cristallisés, extra acquittés. . . 95 50 96 »
— en poudre . . . . . 96 50 97 »

Alcools. — Prix de l'hectol. nu, au compt.

Paris. 3|6 fin, betteraves, 1re qualité, l'hectolitre.	Lille, disp 35 .. à 37 ..
	Cette .... 92 .. 100 ..
90° dispon. 34 .. à 36 ..	Nimes ... 90 .. 95 ..
Novembre. 34 25 36 25	Béziers .. 75 .. 100 ..
4 premiers 36 .. 36 25	Pézenas . 75 .. 105 .

Raisins secs à boisson.

(Cours de la maison Audibert, 53, rue des Minimes, à Marseille).

Prix actuels (grande baisse).

Corinthe, **Roi de Grèce**, petits grains Extra 1er choix...... 100 kilos 57 »
Corinthe, le **Turban**, gros grains.................. » » M.
Corinthe petits grains, 1er choix. » » 54 »
Thyra. 1er choix.............. » » 48 »
Samos noirs, 1er choix........ » » M.
— muscats.............. » » M.
Figues à distillerie.......... » » 27 »
Panaches noirs, égrappés.... » » M.

Engrais. — Prix des 100 kil.:

Matières diverses pour engrais. — Cours commercial sur la place de Paris, par 100 kil., pour des ventes en gros de 30.000 kil. au moins.

Sang desséché moulu. 11\|13 0\|0 azote 20 90 à 24 70
Viande desséchée.... 9\|11 0\|0 — 17 50 19 80
Cornes broyées...... 13\|14 0\|0 — 20 80 22 60
Cuir désagrégé...... 8\|9 0\|0 — 10 40 10 70
Laine engrais........ 3 à 4 0\|0 — » » » »
Nitrate de soude..... 15\|16 0\|0 — 22 » 22 25
Nitrate de potasse... 95 0\|0 — 47 » 47 »
— ... 90 0\|0 — 45 » 45 50
Muriate de potasse... 80 0\|0 — » » » »
Sulfate de potasse... 90 0\|0 — 24 50 25 »
Sulfate d'ammoniaq.. 20\|21 0\|0 — 31 65 31 50
Chlorure de potassium 90 0\|0 — 21 » 21 »
— Stassfurt. 80 à 85 0\|0 — 17 25 18 »
Cornes, cornailles pour brûler..... » » » »
Déchets fins de cornes, frisures... » » » »

Phosphates des Ardennes. — En gare des Ardennes et de la Meuse, en sacs (les 100 kil.).

Pulvérisés. 14\|16 0\|0, acide phosph.. 3 40 à » »
— 18\|20 0\|0, — 4 » » »
— 16\|18 0\|0, — 3 70 » »

Phosphates de Tavel.

50\|», la tonne........................ 60 » à 100

Phosphates de l'Yonne. — Les 1.000 kil.

Moulus en sacs, wag. gre Toucy. 40 à 35 0\|0 40 à 50

Phosphates de l'Auxois, Marigny Epoisses.

Pulvérisés 60 à 65 0\|0................ 6 » à 6 75

Sulfate de cuivre.

Les 100 kil.................. 54 » à 55 50
Phosphates du Boulonnais 40\|45... 4 60 à » »
— de Pernes............ 3 75 6 »
— du Cambresis 28\|35.... 3 55 4 »
— du Lot 30\|50........... 3 20 5 25

Superphosphates, poudres d'os, etc.
Les 100 kilogr.

Phosph. préc. 35 à 40 % acide phosph. 24 » 24 »
— — 40 à 45 % — 26 » 26 »
Superphosphates fossiles, 10 % acide phosphorique soluble et assimil. (les 100 kilog.)................ 6 25 » »
Superphosphates fossiles, 16 à 18 %. 10 25 11 »
— d'os, 16 à 18 %, acide phosph.. 12 25 12 25
Poudres d'os bruts................ 12 75 » »

Engrais spéciaux. — Les 100 kilog.

Guano du Pérou. 10 à 16	Eng. chim.
Guan du Pér. diss. 32 à 20	de H. Joulie,
Guan. az. fixe. 26 » à 27 »	Lag....... 15 » à 23 »

BEURRE, ŒUFS, VOLAILLES.

Paris, 22 octobre.

Beurres en mottes.

La vente est moins lente ; on espère une reprise prochaine.

L'arrivage d'hier a été de 46,000 kil.

L'arrivage approximatif a été de 10,000 kil.

Beurres en livres.

L'arrivage d'hier a été de 10,124 kil.

L'arrivage approximatif a été de 10,117 kil.

Fermiers	au kilo		Touraine	au kilo	
Extra	2 70 à	2 80	Extra	2 40 à	2 50
1er choix	2 60	2 70	1er choix	2 40	2 50
2e choix	2 50	2 60	2e choix	2 30	2 40
Ordinaire	2 40	2 50	Ordinaire	2 20	2 30
Bourgogne			**Vendôme**		
Choix	2 20	2 30	1er choix	2 30	2 40
Ordinaire	2 10	2 20	2e choix	2 20	2 30
			Ordinaire	2 10	2 20
Gâtinais			**Beaugency**		
1er choix	2 40	2 50	1er choix	2 30	2 40
2e choix	2 40	2 50	2e choix	2 20	2 30
Ordinaire	2 30	2 40	Ordinaire	2 10	2 20
Le Mans			**Fausse Touraine**		
Choix	2 20	2 30	Choix	2 20	2 30
Ordinaire	2 10	2 20	Ordinaire	2 20	2 30

Œufs, *le mille :*

Normandie (Extra)	110 à	135	Bourgogne	94 à	98
Picardie (Extra)	115	140	Champagne	98	102
Brie (Extra)	105	115	Nivernais	90	94
Touraine gr.	110	125	Cosne	97	100
Touraine ord.	92	102	Bourbonnais	90	94
Beauce	105	110	Bretagne	85	95
Orne	94	105	Vendée	88	96
Picardie ord.	94	108	Auvergne	86	88
Châtellerault	94	96	Midi	88	92

Volailles et Gibiers.

Canards :			**Pigeons :**		
nantais (jeunes)	2 50 à	4 50	maconnais	» 50 à	» 90
de ferme	2 »	4 ..	italiens	» 45	» 80
Dindes nouv.	5 »	9 »	bizets	» 40	» 60
Oies nouvelles	6 »	8 »	**Poulets :**		
— (2e qté)	4 »	5 ..	nantais	2 50	4 75
Pintades	2 »	3 50	touraine	2 50	4 75
Lapins domestiques	1 50	3 50	gâtinais	2 50	5 ..
			du Midi	1 50	2 50
Chevreaux	» »	» »	communs	1 25	2 ..

Marché : Mêmes cours.

Cours fournis par MM. de Bridiers, Jouslin et Scelle, facteurs assermentés, 2, r. de Valois, Paris.

BESTIAUX.

Marché du lundi 27 octobre.

	Amenés	Vendus	Prix au poids net 1re qual.	2e qual.	3e qual.
Bœufs	2.770	2.854	1 56	1 44	1 25
Vaches	798	685	1 52	1 31	1 20
Taureaux	182	190	1 41	1 34	1 22
Veaux	1.9[illegible]	1.028	1 90	1 70	1 60
Moutons	11.892	10.876	2 08	1 88	1 68
Porcs	2.820	2.820	1 40	1 36	1 30

	Prix au poids vif 1re qual.	2e qual.	3e qual.	Prix extrêmes.
Bœufs	» 99	» 84	» 68	» 62 à 1 01
Vaches	» 96	» 77	» 64	» 58 1 98
Taureaux	» 88	» 78	» 67	» 62 » 92
Veaux	1 14	1 01	» 82	» 72 1 32
Moutons	1 07	» 90	» 78	» 63 1 19
Porcs	» 92	» 88	» 84	» 80 » 72
Peaux de moutons en laine				» » » »
Id. id. demi-laine				» » » »

Viandes abattues. — Criée du 25 octobre.

		1re qualité.	2e qualité	3e qualité.
Bœufs	le kil.	1 40 à 2 50	1 20 à 2 30	» 80 à 1 66
Veaux	—	1 76 1 86	1 66 1 70	1 40 1 60
Moutons	—	1 80 1 90	1 37 1 76	1 » 1 30
Porc entier	—	1 30 1 36	1 16 1 26	1 » 1 10

Cuirs et peaux, les 50 kil.

Taureaux	40 50 à	43 25	Vaches lourdes	41.25	42.35
Gros bœufs	50 75	56 25	— de bandes	38.25	30. »
Moy. bœufs	46 25	48.50	Gros veaux	61.25	63.75
Pet. bœufs	35 95	39.50	Petits veaux	65.25	66.75

CHARRUES MONOSOCS, POLYSOCS **BRABANTS**
HOUES — **HERSES**
DEFONSEUSES — FOUILLEUSES
FABRIQUE SPÉCIALE DE MACHINES AGRICOLES
Usines à BRESLES (Oise)
BUREAU à PARIS, 20-22, Rue Richer
AMIOT & BARIAT
INGÉNIEURS-CONSTRUCTEURS
Brevetés S. G. D. G.
207 MÉDAILLES — DIPLOMES — OBJETS D'ART
ROULEAUX — **TONNEAUX**
SCARIFICATEURS DÉCHAUMEURS **ARRACHEURS**

Médaille d'Or. ✻ **Exposition Universelle 1889.** ✻ **Médaille d'Argent.**

VACHERIE à céder après décès du mari, PARIS, quartier riche. 12 vaches, premier choix, 160 litres lait vendus 0 fr. 45 c. Installation superbe, emplacement pour 25 vaches. Belle boutique, loyer nul, affaire à tripler. Bénéfices actuels par an, 5,000 fr. On traitera avec 8,000 fr. argent ou sans argent avec garanties sérieuses. S'adresser à MM. LAPORTE et LEFRANC, 93, boulevard Sébastopol, Paris.

Sont vendues les vacheries annoncées précédemment.

RUCHE
à Cadres mobiles
Prix : **20f**
Gariel

2ter, Quai de la Mégisserie, PARIS

GRILLAGES POUR CHASSES, de 1 mètre, à... **0f35**

La Maison **R. GARIEL**, *2, Quai de la Mégisserie, à Paris, a obtenu à l'Exposition Universelle de 1889.*

Une Médaille d'Argent, Classe 76
et **Une Médaille de Bronze**, Classe 78.

GRILLAGES, SUPPORTS EN FER
Ruches et Articles d'Apiculture, etc.

HUITRIÈRES DE JOUFFRIE-GODET
canton de Marennes.
Eugène YOU, à La Tremblade (Charente-Inférieure).

Contre mandat-postal de 7 fr., M. You expédie en grande vitesse, franco à domicile, une caisse de 5 kil. d'huîtres Marennes, vertes ou blanches, contenant, au choix de l'acheteur :

de 45 à 50 huîtres grosses (n° 1).
de 60 à 70 — moyennes (n° 2).
de 80 à 90 — petites (n° 3).

Contre mandat-postal de 4 fr., aux mêmes conditions, une caisse de 3 kil. contenant, selon n°. de 24 à 50 huîtres.

La dimension des huîtres n° 3, qui sont les plus petites, est de 6 à 7 centimètres de diamètre.

ACHATS & VENTES
DE
PRODUITS AGRICOLES, VINICOLES,
BOIS EN GROS.

CHAPITEL, 23, rue de Paris, Clichy (Seine).

Agents sont demandés.

Faucheuses.
Faneuses.
Râteaux à cheval.
Presses à fourrages
Brise-Tourteaux.
Appareils à cuire
Egrenoirs de maïs
Rouleaux.
Semoirs.
Transmissions par arbres et par câbles.
Matériel de brasserie et de féculerie.

ALBARET (O. ✻ et O. ✻)

MACHINES AGRICOLES.

Ateliers de Construction et Administration à **LIANCOURT-RANTIGNY** (Oise).

Magasin et bureau, à PARIS, boul. de Strasbourg, 63 (entrée par le passage du Désir).

Succursales : Saint Quentin, boulevard Victor-Hugo, n° 52 ; **Chartres**, rue du Grand-Faubourg, n° 76 ; **Abbeville** (Somme), rue Ringois, n° 41 ; **Cambrai**, M. MESNIL, rue des Bouchers, n° 13.

Récompenses obtenues aux Expositions universelles et Concours internationaux.

Machines à vapeur fixes, horizontales et verticales.

Générateurs.

Machines à vapeur locomobiles.

Manèges fixes, mobiles et semi-fixes.

Batteuses fixes et portatives, conservant ou brisant la paille.

Engreneurs mécaniques.

Semoirs à engrais, à graines et à haricots.

Hache-maïs et **Coupe-racines** à force centrifuge transportables.

206 Médailles d'or.

Exposition	Récompense
1862. Exposition de Londres.	1er prix : grande médaille ; 2e prix : mention honorable.
1864. Exposition internationale de Bayonne.	Médaille d'or, donnée par le Gouvernement ; médaille d'or, donnée par la Commission de l'Exposition.
1865. Exposition universelle de Porto.	Grande médaille d'argent.
1867. Exposition universelle de Paris.	Grande médaille d'or, la plus haute récompense pour locomotive routière et machines agricoles.
1869. Exposon d'Amsterdam.	Diplome d'excellence.
1869. Exposition de Beauvais. 1872. Exposition de Lyon.	Deux diplômes d'honneur, comme exposant et membre du jury.
1873. Expositon univ. de Vienne (Autriche).	Grand diplôme d'honneur, la plus haute récompense.
1878. Expositon univ. de Paris.	Trois médailles d'or ; un objet d'art pour mérite exceptionnel sur le terrain ; une médaille de bronze ; quatre médailles argent et bronze pour collaborateurs.
1882. Conc. spéc. intern. de hache-maïs de Ste-Menehould.	1er prix : médaille d'or, donnée par la Société des Agriculteurs de France.
1883. Expose d'Amsterdam.	Diplôme d'honneur : la plus haute récompense.
1884. Grand concours international d'Amsterdam.	Prix unique : grande médaille d'or pour locomobile ; 1er prix : grande médaille d'or pour presse à fourrage ; 1er prix : grande médaille d'or pour machines à battre ; 1er prix : médaille d'argent pour hache-paille et dépulpeur.
1885. Exposition internation. d'Anvers.	Diplôme de médaille d'or, la plus haute récompense pour machines agricoles.
1889. Exp. d'économ. sociale, section XIV.	Médaille d'or ; médaille d'argent pour collaborateurs.
1889. Exposition universelle. — Membre du jury. Hors concours.	
1876. Société nation. d'agric. de France.	Grande médaille d'or ; prix de mécanique.
1886. Société nation. d'agric. de France.	Rappel de grande médaille d'or pour l'ensemble des travaux de mécan. agric.
1888. Aniche (Nord).	Moissonneuse-lieuse à la ficelle, diplôme d'honneur avec félicitations du jury, pour la machine qui fonctionne à toute satisfaction.
1889. Comice agric. de Montdidier, Ailly-sur-Noye.	Diplôme d'honneur et médaille de vermeil pour batteuse et instruments ; médaille de vermeil grand module pour faucheuse et moissonneuse.
1890. Concours de Clermont.	Diplôme d'honneur avec félicitations du jury, pour le bon fonctionnement de la moissonneuse-lieuse.

Plusieurs médailles or, argent et bronze à MM. les Collaborateurs de la Maison

Concasseurs.

Moulins-bluteries.

Hache-paille.

Hache-maïs.

Hache-fourrage.

Couperacines

Laveurs de racines.

Moissonneuses simples.

Moissonneuses combinées.

Moissonneuses lieuses.

162 Médailles d'argent.

Envoi gratis sur demande des Catalogues illustrés.

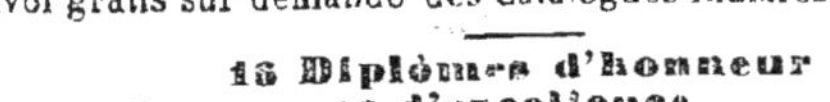

15 Diplômes d'honneur et d'excellence.

Monte-Paille.
Moteur domestique à vapeur à pression inférieure à celle atmosphérique.
Rouleaux à vapeur et à traction de chevaux pour le cylindrage des chaussées d'empierrement.
Poteaux indicateurs pour routes.

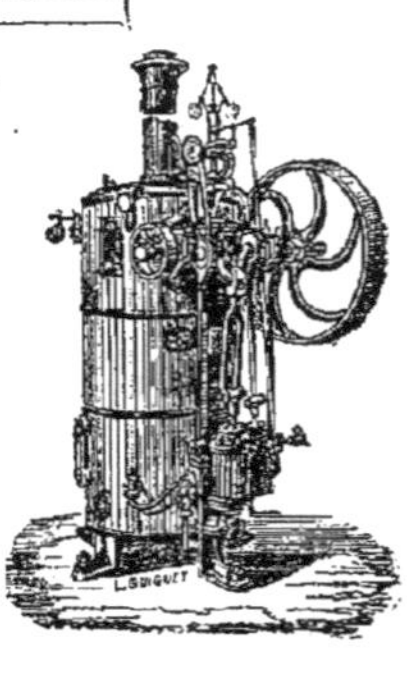

L'Administrateur-Gérant : ALBERT RENOT.

Beauvais. — Imp. D. PERE. — A. CARTIER, Gérant.

11e Année. — 2e Série. — N° 563. Dimanche 9 Novembre 1890.

GAZETTE  AGRICOLE

JOURNAL HEBDOMADAIRE, PARAISSANT LE DIMANCHE

Rédacteur en Chef : M. Ch. GOSSIN, Professeur d'Agriculture à l'Institut agricole de Beauvais

PRIX DE L'ABONNEMENT

UN AN, 5 fr. — SIX MOIS, 3 fr. — TROIS MOIS, 2 fr. 25

Pour l'étranger les abonnements ne sont reçus que pour un an, au prix de 6 francs, et ne partent que du 1er janvier ou du 1er juillet de chaque année.

Il est indispensable de joindre à toute demande de changement d'adresse la dernière bande d'adresse du journal et 50 centimes pour frais de nouvelles bandes.

Adresser les *Abonnements* et *Annonces* au secrétaire de la rédaction, **13, quai Voltaire, Paris**, ou à M. GOSSIN, rédacteur en chef et administrateur, à BEAUVAIS.

BUREAUX

13, quai Voltaire, Paris, et à Beauvais.

Les abonnements partent du 1er de chaque mois et sont payables d'avance. Toute demande d'abonnement doit donc être accompagnée du prix de l'abonnement. (Le mode de payement le plus simple est l'envoi d'un mandat-poste.)

Donner *très lisiblement*, en s'abonnant, son nom et son adresse exacte, *avec l'indication du bureau de poste ;* et, s'il s'agit d'une continuation d'abonnement, joindre au renouvellement la dernière bande d'adresse du journal.

La GAZETTE AGRICOLE insère gratuitement les Communications des Syndicats agricoles

PRIMES GRATUITES (voir à la page 330)

SOMMAIRE :

PARIS, 7 NOVEMBRE.

C'est une opinion assez répandue — et elle paraît au Bonhomme Deschamps assez vraie que le peuple français est un peuple très oublieux. Force est, en tous cas, de reconnaître que les candidats se comportent à son égard en conséquence de cette opinion générale. Evidemment, ils seraient plus réservés dans leurs professions de foi et dans leurs tournées électorales s'ils étaient moins assurés de l'oubli du pays pour leurs promesses et pour leurs serments. La discussion du budget, qui a lieu en ce moment au Palais-Bourbon, en est une preuve criante.

***

Connaissez-vous par exemple un seul candidat républicain qui n'ait promis, lorsqu'il sollicitait la confiance des électeurs, non pas seulement de ne pas accroître les charges publiques, mais même de les réduire ? C'était calomnier le parti républicain tout entier que de lui prêter l'intention de recourir, pour égaliser les plateaux de la balance budgétaire, à un emprunt ou à des impôts nouveaux. Mieux encore, les préfets et les sous-préfets, croyant devoir donner caution à la parole des candidats officiels, faisaient savoir par l'affiche et le tambour que la République n'aggraverait pas le sort déjà si mésirable du contribuable français. Ces expédients financiers étaient bons pour des monarchistes, gens évidemment sans entrailles pour le peuple ! A cet ensemble de déclarations électorales, le pays ajoutait-il grande confiance ? La chose est difficile à admettre sans réserve puisque depuis douze ans, la panse du budget de l'Etat républicain a été sans cesse s'arrondissant. Néanmoins il n'est pas douteux que ces serments solennels de ne recourir ni aux emprunts ni aux impôts nouveaux, ont joué leur rôle dans les urnes et contribué à la réelection d'une majorité républicaine.

***

Eh bien, un seul hiver a passé sur ces engagements ; les pluies du printemps et de l'été n'ont pas encore détruit toutes les affiches où ces beaux engagements s'étalaient, et voici que la majorité républicaine vote CENT MILLIONS D'IMPOTS NOUVEAUX ! Le Bonhomme Deschamps demande si un parti, en moins de temps et avec plus de cynisme, s'est jamais autant moqué et de ce qu'il a dit et de ceux auxquels il l'a dit. A cet égard, pas le moindre doute. C'est bien CENT MILLIONS nouveaux que le contribuable français va être obligé de prélever, qui sur ses revenus, qui sur son travail, qui, enfin, sur son pain de chaque jour. Et qui motive une pareille charge, que des périls ou des malheurs extraordinaires seuls pourraient justifier ? Sortons-nous d'une guerre malheureuse ? Avons-nous une nouvelle rançon à payer ? Sommes-nous menacés d'une coalition européenne ? Fort heureusement nous ne sommes dans aucun de ces cas douloureux. La France vit en paix avec ses voisins, elle n'est présentement menacée par aucun d'eux, et les charges de la guerre de 1870-1871 ont été si bien réglées par les conservateurs, que le budget de 1876 se soldait par un excédant de recettes. C'est donc purement et simplement à l'impéritie, à la prodigalité, à l'esprit de secte, aux convoitises de toutes sortes du parti républicain qu'il faut imputer cet accroissement de cent millions d'impôts nouveaux. En vérité, le bonheur et l'honneur de vivre en République ne sont pas des biens à la portée de toutes les bourses.

***

Et pour mieux vous faire comprendre l'énormité de cette charge nouvelle, le Bonhomme Deschamps croit devoir vous signaler que depuis le commencement du siècle, aucun gouvernement, à une exception près, n'a rien tenté même d'approchant. Tous au contraire se sont fait scrupule de créer des impôts nouveaux, mettant leur honneur à faire face aux dépenses publiques avec les recettes naturelles et normales. Si l'assemblée nationale de 1871 a été à cet égard une exception, c'est qu'elle s'est trouvée en présence de circonstances exceptionnelles. Elle avait à liquider la guerre étrangère et la guerre civile, à refaire le matériel de guerre et l'outillage de paix. Mais suivant la remarque que vous en a faite plus haut le Bonhomme Deschamps, elle a laissé aux républicains, dès 1876, un état de choses à ce point satisfaisant, que les recettes l'emportaient sur les dépenses. Depuis cette époque, c'est-à-dire depuis l'avènement de la « vraie République », la distance entre les deux bouts a été sans cesse s'étendant, si bien qu'aujourd'hui le gouvernement avoue qu'il lui faut pour aller cahin-caha cent millions de taxes nouvelles. Il faut, et à la vérité, on lui a passé bien des choses, — que le parti républicain ait une foi robuste en la patience résignée du contribuable français, pour venir en pleine paix et juste un an après les dernières élections, lui disputer son dernier sou.

***

Si encore le passif de la France était moyen, si le budget annuel de l'Etat était modéré, si le travail national était rémunérateur, si la Providence nous avait garanti contre toute calamité, bref, si notre pays était dans l'aisance et sûr de son lendemain, on pourrait expliquer, sans toutefois l'excuser, cette création d'impôts nouveaux. Mais le Bonhomme Deschamps défie l'observateur, même le moins attentif, de montrer dans le tableau de notre situation un seul de ces traits. Nous avons la plus lourde dette nationale qui soit au monde : notre budget annuel dépasse *trois milliards*. Nos produits souffrent cruellement de la concurrence étrangère. Vous savez l'état de notre agriculture, et le contribuable français paie au fisc un tiers de plus que le contribuable anglais, le plus chargé des habitants de l'Europe. En tout temps et sous tous les régimes, de pareilles considérations auraient pesé sur l'esprit du législateur. Il n'en a rien été pour le député républicain. Il a si bien mené les affaires de la France depuis quinze ans, par la multiplication des emplois publics, par la création de chemins de fer improductifs, de grands travaux stériles, par ses lois scolaires et par ses expéditions aventureuses, qu'il en est arrivé à nous coûter aussi cher que la guerre désastreuse de 1870-1871. La rançon républicaine est aussi lourde pour nous que la rançon allemande.

***

Et ce douloureux spectacle, où se passe-t-il et qui nous le donne? Il se passe en République, sous un régime que ses prôneurs ne cessent de nous représenter comme *le plus économique, le plus compatissant* aux petits et le plus soucieux du sort des classes laborieuses. Mieux vaudrait, n'est-il pas vrai? pour la dignité de tous, que les républicains parlassent moins du bonheur du peuple et s'en occupassent un peu plus. N'y gagnât-on que de ne pas être gouverné par des hypocrites et des farceurs, ce serait déjà quelque chose. Aussi, en présence de pareils faits et d'une telle contradiction entre le langage et la conduite, on ne sait vraiment si l'on doit plus détester le parti qui les commet que plaindre le peuple assez faible pour les supporter!

LE BONHOMME DESCHAMPS.

NOUVELLES DE LA SEMAINE.

Le budget à la Chambre. — La discussion générale du budget est close. Pendant huit jours, nous avons assisté à des tournois oratoires, souvent insipides, quelquefois brillants.

Notre situation financière a été étudiée, disséquée à fond par le gouvernement, par la gauche aussi bien que la droite.

On a reconnu, que nous étions le peuple le plus imposé du monde, que nos dépenses s'accroissaient dans d'inquiétantes proportions, que des réformes profondes étaient urgentes dans nos administrations routinières, dans le service de la dette, obscur labyrinthe, dans les travaux publics, dans la marine, dans l'exercice de la justice, que des économies, enfin, étaient le seul remède désirable et immédiat.

Et... la Chambre, à une très forte majorité, a voté un ordre du jour de confiance au gouvernement, qui apporte *sept cents millions* d'emprunt et *cent millions* d'impôts!

La République des paysans. — Qui donc avait parlé du « berger » Méline et de ses bonnes dispositions pour l'agriculture? La commission des douanes s'est réunie cette semaine et elle a commencé l'examen du tarif général proposé par le gouvernement. Or, le premier mot de M. Méline, son président, a été pour regretter que les céréales et les bestiaux figurent seulement au tarif général. Il aurait préféré les voir inscrire également au tarif réduit et les comprendre dans les arrangements commerciaux à conclure avec les pays étrangers. Le maintien de ces produits en dehors des traités de commerce était pourtant une satisfaction, — la seule, — que M. Tirard lui-même n'avait pas cru pouvoir refuser à l'agriculture, — et M. Méline regrette qu'elle lui soit conservée! Que devient donc la « République des paysans dont on nous « disait que M. Méline était le chef? »

L'apaisement. — Les faits qui viennent de se passer au village de Vicq démontreraient encore, s'il en était besoin, que la République n'a point désarmé contre les catholiques.

Non contents d'avoir laïcisé l'école à coups de fusil, les libres penseurs avaient organisé une manifestation composée d'ivrognes et d'énergumènes pour insulter leurs victimes, et principalement Mgr l'évêque de Langres, qui devait assister à l'inauguration de l'école libre. Par esprit de conciliation, et à la suite d'une démarche personnelle du préfet de la Haute-Marne, Mgr La Rue voulut bien renoncer à son projet; mais les radicaux, bien sûrs de l'impunité, ne s'en livrèrent pas moins à leur saturnale. Et pour couronner dignement un si beau jour, ils prirent plaisir, la nuit venue, à démolir la statue de saint Joseph qui décorait l'entrée de l'école.

Une enquête est, paraît-il, ouverte sur ces actes odieux; mais il est permis de se demander si elle n'aboutira pas à des propositions de récompense pour les insulteurs, qui ne sauraient sérieusement encourir l'inimitié du préfet de la Haute-Marne. Ce fonctionnaire, méconnaissant les volontés formelles des habitants, vient, en effet, d'expulser l'institutrice congréganiste de Cargirmon et de la remplacer par une institutrice laïque, qui, du reste, au lendemain de l'ouverture de la nouvelle école libre, n'avait plus une seule élève.

Encore une fois, ces faits sont loin d'être isolés; ils dénotent trop clairement que, pour les jacobins qui nous gouvernent, la religion, est bien toujours l'ennemi!

La confession d'un gouvernemental. — Le conseiller général républicain de Montoire (Loir-et-Cher), a envoyé sa confession écrite à l'*Eclaireur*, journal républicain du département; de cet article nous extrayons les lignes instructives suivantes :

Républicain je suis, républicain je resterai, malgré les fautes, les sottises et les palinodies des républicains. J'ai rêvé et je rêve encore d'une République idéale, faite de fraternité et d'amour, que je ne verrai jamais et que probablement ceux qui viendront après moi ne verront pas davantage.

J'avais rêvé d'une République pure, immaculée et sans tache, soucieuse des petits, des déshérités et des humbles, et partout je ne vois que l'iniquité, la calomnie, l'amour du gain, l'*auri sacra fames*, et la haine.

Les scandales succèdent aux scandales et se répètent plus nombreux et plus repoussants toujours.

Ah! imbéciles, imbéciles que nous sommes!

La confession de ce républicain est à retenir. Et nous admirons sa foi tenace, après d'aussi pénibles aveux.

PRIMES A NOS ABONNÉS.

L'ALMANACH FRANÇAIS *pour 1891 vient de paraître à la Librairie nationale.*

L'administration de la Gazette agricole *met* gratuitement, *comme l'année dernière, cet Almanach à la disposition de ceux de nos abonnés et lecteurs qui manifesteront le désir de le recevoir* et joindront à leur lettre 15 centimes *en timbres-poste pour frais de port.*

Tout abonné qui renouvellera son abonnement, soit à l'expiration, soit par anticipation, par l'envoi d'un mandat-poste de 5 francs, recevra de droit, gratuitement *et* franco, *l'*ALMANACH FRANÇAIS.

L'ALMANACH FRANÇAIS *est mis gratuitement à la disposition de tous nos abonnés anciens ou nouveaux dans nos bureaux, à Paris, 13, quai Voltaire, et à Beauvais.*

SEMENCES CHOISIES.

Les champs de démonstration à la ferme.

Afin de mettre nos abonnés cultivateurs à même d'expérimenter sur *leur propre terrain* les variétés de blé à haut rendement qu'il importe tant de substituer aux variétés médiocres trop communes dans notre pays, nous mettons à leur disposition, à titre de prime, et indépendamment de l'*Almanach Français*, des semences de choix des meilleures variétés de blé.

Bien entendu, la quantité à distribuer à chacun ne peut pas être grande, mais elle suffira pour permettre de faire une première expérience sérieuse et de la continuer l'année suivante sur une plus grande étendue.

C'est ainsi, c'est par des essais bien faits, parce qu'ils se font en petit, que le cultivateur parvient à se rendre un compte exact de la valeur de la variété étudiée et qu'il arrive petit à petit et sans dépense à *se mettre en semences*, comme on dit, et à augmenter considérablement les rendements de son exploitation.

On parle beaucoup des *champs de démonstration*. Ils rendent les plus grands services en donnant des indications générales et en faisant ressortir les qualités de tel ou tel engrais, de telle ou telle variété. Le cultivateur ne doit pas négliger ces indications et les mettre à profit en faisant *dans son exploitation*, sur *son propre terrain*, l'étude des engrais et des variétés qui, bien que recommandés d'une manière générale, peuvent ne pas donner les mêmes résultats partout. C'est sa terre, c'est son champ, et non celui du voisin qu'il faut interroger.

Ces expériences spéciales, nous les facilitons par notre prime. Bien que modeste en apparence, elle aura certainement les résultats utiles que nous espérons, parce qu'elle tombera entre des mains pratiques qui sauront en tirer bon parti.

Quelques centaines de grammes de semence de blé, cela n'a l'air de rien. Ce ne serait rien, en effet, s'il s'agissait de variétés ordinaires, et non de variétés peu répandues, nouvelles et à haut rendement.

Mais que faire avec une si petite quantité? C'est bien simple :

300 grammes nous permettront d'ensemencer un carré d'expérience de 5 mètres carrés. Par exemple, ce petit champ, auquel nous consacrerons un coin de notre jardin, *bien aéré* (et non

pas sous les arbres); devra être cultivé et fumé avec tous les soins possibles, ce qui ne sera pas difficile, à cause de sa petite surface.

Culture profonde à la bêche, à 0^m40 ou à 0^m50, si c'est possible. Engrais abondant; bon fumier, cendres et 4 kil. de superphosphate.

Semis *clair* en lignes espacées de 0^m35. Ainsi espacées, les tiges tallent abondamment; la paille, loin de s'étioler comme dans nos semis ordinaires, prend de la force et ne verse pas, malgré la richesse du sol; et que d'économie de semence!

En hiver, destruction des limaces, si cela est nécessaire, par le semis de chaux en poudre.

Après l'hiver, semis à la surface de 2 kil. de colombine ou poulaine, ou 1 kil. de nitrate de soude. Roulage énergique.

Faisons, en un mot, de la culture *intensive*. par excellence, et nous récolterons de quoi ensemencer l'année prochaine plus de 20 ares.

Dans deux ans nous pourrons récolter la semence de plusieurs hectares.

Nos abonnés pourront choisir entre les variétés d'automne suivantes:

Avoine grise d'hiver
Réduction au tiers de la grandeur naturelle.

Blés: Aleph — de Noé — ROUGE D'ECOSSE — Browick — de Challeng — Chiddam d'automne à épi blanc, — id. à épi rouge. — DATTEL — Goldendrop — Hallett — Hunter — Lamed — KISSENGLAND — de Miracle — MONTAGNARD BARBU (très productive, même dans des sols médiocres) — Poulard d'Australie — Richelle blanche de Naples — Roseau — ROUGE INVERSABLE de Bordeaux — de Saumur — Sheriff à épi carré — VICTORIA D'AUTOMNE.

Avoines: Noire d'hiver de Belgique (produits considérables, mais craint hiver très rigoureux).

Grise d'hiver (très résistante aux gelées)

Seigle de Schanstedt à semer de suite. Rendement extraordinaire. Tiges de 2^m25 à 2^m50 de hauteur. Epis, moyenne de 0^m20 de hauteur.

Les semences, d'une qualité irréprochable, proviennent de la maison Forgeot, 6, quai de la Mégisserie, Paris, qui, rappelons-le, s'est soumise au contrôle de la station d'essais établie par le ministère de l'agriculture à l'Institut national agronomique de France.

C'est dire qu'elles offrent toutes garanties au point de vue de la pureté d'espèce et de la qualité germinative.

Pour les semailles de printemps, nous ajouterons à notre liste un certain nombre d'autres variétés de blé, quelques avoines et aussi des graines potagères et des graines de fleurs, et ce à l'intention de nos charmantes lectrices.

Nos abonnés nous sauront certainement gré des sacrifices que nous nous imposons pour leur être agréables et surtout utiles.

Pour recevoir un paquet d'une des variétés indiquées ci-dessus, il suffit, pour nos abonnés, de nous envoyer, en en faisant la demande, 0 fr. 45 c. en timbres-poste pour les frais d'affranchissement.

Quant aux abonnés nouveaux, ou à ceux qui renouvellent leur abonnement à l'échéance ou par anticipation, ils recevront la prime *gratuitement et franco*, à la condition de nous envoyer, en un mandat, cinq francs, prix net de leur abonnement, et de nous éviter ainsi les frais relativement très lourds de recouvrement par la poste.

Ch. GOSSIN.

Nota. — A cause de l'époque, nous recommandons surtout, comme pouvant être semées *tardivement*, les variétés suivantes: Blés, *Victoria blanc*, — Chiddam d'automne, — Roseau, — de Noé, — Schériff, — Rouge de Bordeaux, Hunter.

AVIS.

Les demandes de primes ont été excessivement nombreuses; nous ne nous en plaignons pas. Mais à cause de cette multiplicité, peut-être quelques légers retards ont-ils été apportés à un certain nombre d'expéditions. Tout a été envoyé; une dizaine de réclamations seulement nous ont été faites, nous les avons renvoyées à qui de droit, c'est-à-dire à la poste, tout en réparant, par de nouveaux envois, la négligence de celle-ci.

Nous avons dû aussi, certains échantillons étant épuisés, les remplacer par d'autres variétés équivalentes.

Nous rappelons que nous continuerons la distribution des semences d'élite (céréales, légumes et fleurs). Très prochainement, sans attendre l'époque du printemps, nous donnerons la liste des variétés et des espèces à choisir.

Dès à présent, les abonnés qui renouvellent leur abonnement par l'envoi d'un mandat de 5 fr. (net), ont droit à cette prime qu'ils choisiront plus tard; il en est de même des abonnés nouveaux.

CIDRE DE RAISINS SECS.

Pourquoi pas? depuis 1879 je fais faire un vin blanc excellent à un de nos abonnés normands qui ne boit plus par conséquent de cidre depuis cette époque et passe aux yeux de ses amis qui dinent chez lui pour un véritable Nabab.

Oh! la recette en est bien facile, allez, et il ne tient qu'à vous, si vous habitez un pays de pommes, d'en faire autant sinon mieux. Je vais donc vous dire comment on fait du très bon vin blanc avec des pommes et des raisins secs.

— Je m'en doutais! s'écrieront plusieurs d'entre vous.

Eh, oui, certes, il y a joliment longtemps que le *bon petit vin blanc de Normandie* a fait son apparition sur la table des gourmets.

Dit-on, toujours, qu'il est de Normandie? J'en doute. Quoiqu'il en soit, il est bon. Je saute les détails sur la cueillette des pommes; la mise en tas et l'obtention du jus au moyen du pressoir ou de la rape pour en arriver au mélange avec les raisins secs.

Avant, pourtant, je vous donnerai un avis amical; rejetez impitoyablement les pommes pourries. C'est une profonde erreur de croire qu'elles donnent une qualité quelconque au cidre. Elles lui nuisent au contraire énormément. Un cidre qui contient beaucoup de pommes pourries ne peut pas se conserver comme un autre d'où elles sont exclues.

Encore une question importante: l'eau. Toutes les eaux ne sont pas également bonnes pour avoir de bons cidres et de bons vins. Mettez de côté, sans la moindre hésitation, toute eau qui ne serait pas *bonne à boire*. Je ne rentrerai dans aucun détail sur la qualité de l'eau; ce que je crois inutile, si vous la buvez et que vous la trouvez bonne.

Je ne parlerai pas également des qualités de pommes que l'on doit employer. Je suppose que tous ceux qui me lisent savent pertinemment qu'aujourd'hui il est prouvé que: 1° on ne doit pas employer d'autres pommes que celles bien mûres, dont le rendement est supérieur de 8 0/0, à celles vertes; 2° qu'il est nécessaire de faire un mélange sage et raisonné de pommes douces et de pommes amères; 3° que dans le concassage des pommes, il convient de ne pas écraser les pépins; 4° que pendant la macération des pulpes, qui doit durer de 12 à 15 heures, on doit remuer avec la pelle pour oxygéner la masse; 5° que le pressurage pour extraire le jus doit être fait avec des pressoirs de la plus grande force de rendement possible, en remplaçant la paille, séparant les couches par des claies; le rendement de 100 kilos de pommes devrait être théoriquement de 95 0/0 de jus. Or, beaucoup encore croient qu'il ne faut pas demander au pressoir plus de 30 à 35 0/0. C'est une profonde erreur. On doit arriver de 65 à 75 0/0 de rendement. Ce qui doit encore plus encourager les fabricants de cidres, c'est de savoir que les dernières pressées sont bien plus aromatiques et bien plus parfumées; l'huile essentielle des pommes étant logée immédiatement sous la peau et non disséminée dans la chair du fruit.

Je m'aperçois que je cause depuis un bon moment du cidre, et que vous allez croire que j'ai oublié notre sujet. Pas du tout. C'est pour mieux y rentrer.

Vous voulez donc faire du bon vin blanc avec vos pommes et des raisins secs.

Sachant que chaque 100 kilos de pommes peuvent donner une moyenne de 12 litres d'alcool, répartis dans deux hectolitres de liquide obtenu du premier jet et par le lavage ou la lexivation, vous emploierez 15 à 20 kilos de raisins secs de la grande marque du *Roi de Grèce* par exemple qui est très riche en sucre, avec 100 litres d'eau par chaque 100 kilos de pommes.

Vous préparez les raisins secs avec l'eau le jour où vous pressez et écrasez vos pommes; les deux macérations des pommes d'une part et des raisins secs d'autre part marchent de front. Vous remplissez ensuite, en les mélangeant petit à petit, vos récipients de jus de pommes et de raisins secs avec leur eau de macération. Seulement, au lieu d'employer comme on le fait malheureusement partout, dans la région du cidre, de petits récipients pour faire fermenter, usez des grandes cuves, comme pour le vin. Que de cidres excellents ne peuvent se conserver et sont même mauvais, qui ne doivent pas à d'autres causes leurs mauvaises constitutions.

Quelque jour je traiterai à fond cette question. Voilà donc notre cuvée pleine de jus de pommes et de raisins secs. La fermentation s'établira peut-être plus tumultueusement que d'habitude; le ferment alcoolique du raisin étant d'une très grande vivacité, car il ne faut pas oublier qu'il vient du pays du soleil. Sitôt que le pèse-moût indiquera *0* de sucre, décuvez, versez dans des futailles bien propres, ouillez exactement comme si c'était du vin, car cette boisson pèsera 7 degrés environ, aura le goût délicieux des vins blancs du Rhin et au point de vue hygiénique sera le double réconfortant que le cidre seul.

J. F. AUDIBERT.

VACHES LAITIÈRES.

Les meilleures races.

La première question qui s'impose tout d'abord dans le choix d'une vache laitière est celle de savoir ce que l'on entend demander à la vache laitière : Est-ce pour obtenir purement et simplement du lait? ou bien pour exploiter le beurre et le fromage dit fromage maigre, ou le fromage seul appelé fromage gras?

Les localités urbaines et suburbaines s'attacheront plutôt à la vente du lait en nature, tandis que celles qui sont éloignées des villes et dont les communications sont difficiles, trouveront plus d'intérêt dans la fabrication du beurre ou du fromage. Certains industriels, pouvant disposer d'écrémeurs à force centrifuge, n'exploitent que le beurre; le lait est ensuite rendu après extraction de la crème et employé comme lait écrémé pour la nourriture des porcs ou pour fabriquer le fromage maigre, après addition de 20 0/0 de lait pur; ces industriels en retirent un bénéfice très rémunérateur. Dans les chalets suisses, les burons auvergnats et les fruiteries du Jura, on préfère laisser le plus souvent crème et lait pour la fabrication du fromage.

Dans ces différents cas, il faudra donc surtout envisager la race.

Chaque race bovine a, en effet, des qualités laitières particulières qu'il s'agit de savoir mettre à profit; la race normande et la vache bretonne sont des beurrières par excellence, tandis que la schwitz et l'auvergnate fournissent un lait plus riche en caséine; la hollandaise et la flamande donnent une quantité supérieure de lait dont la proportion d'eau est plus élevée. Dans la même race, il y a encore pour chaque individu, de grandes différences dans la composition du lait : la proportion de crême peut varier de 2 à 5 0/0 et la proportion de caséine de 1 à 3. Il en est de même de la quantité de lait qui peut baisser à 500 litres et aller jusque 5,000 litres. Néanmoins il faut ajouter que ces différences, qui peuvent être intermédiaires aux extrêmes indiqués, sont étroitement liées aux conditions de milieu. Telle vache normande, par exemple, élevée et nourrie dans les pâturages de Normandie, fournira une quantité plus grande d'un lait plus butyreux, que dans les étables de Reims ou des environs dont la stabulation est permanente ou à peu près et le régime tout différent. Et cette normande qui était une excellente laitière, va sensiblement diminuer si le milieu ne lui est pas favorable. Le beurre de Normandie a également un bouquet particulier qui le fait plus ou moins estimer suivant sa provenance, et celui d'Issigny, par exemple, surpasse de beaucoup tous les autres.

Je voudrais expliquer par là qu'il n'est pas aussi facile que l'on croit, de choisir à son gré telle ou telle race renommée pour ses fonctions laitières. Et par conséquent la race que l'on devra préférer sera celle qui se vend le plus communément sur les marchés de la contrée, parmi les animaux, enfin, qui sont les mieux acclimatés.

Les races les plus répandues comme bonnes laitières et les mieux adaptées sont : la hollandaise, la flamande, la normande, la schwitz, l'auvergnate et la bretonne qui se distinguent dans leurs grandes lignes par les caractères suivants :

La *hollandaise* et la *flamande* ont la tête longue et étroite, les cornes dirigées en avant; le cou est décharné, la poitrine sanglée, le ventre assez volumineux; la queue fine et longue est généralement bien attachée. La hollandaise est le plus souvent pie noire, la flamande pie rouge. La moyenne annuelle du lait est de 4,000 litres environ.

La *normande* est plus forte; le cou est musclé, la poitrine bien développée, les membres sont forts. Le pelage est rouge ou pie rouge mélangé de bandes noires pour former ce qu'on appelle communément le bringé ou rouan, ou de bandes blanches pour former le pagne ou caille. Cette race donne de 2,500 à 3,000 litres d'un lait riche en beurre.

La race *schwitz* se distingue par son mufle noir entouré de poils argentés, par sa queue attachée haut; les membres sont forts; le pelage est gris blaireau, gris brun ou gris fauve. La production du lait est de 3,000 litres en moyenne. Ce lait sert en Suisse et dans le Jura à la fabrication du gruyère.

L'auvergnate a la tête forte, avec des cornes bien développées et tordues en dehors; le chignon est garni de crins durs et épais, les membres sont bien musclés. La nuance dominante est le rouge brunâtre. Les poils, longs et durs, sont quelquefois frisés. La moyenne par an est de 2,000 litres de lait employé à la fabrication du fromage. En dehors d'une bonne laitière, c'est une race travailleuse.

La *vache bretonne* est la plus petite des vaches françaises. Elle a les cornes dirigées en dehors et en haut et souvent en lyre; le cou est décharné, la poitrine étroite. Le pelage est celui de la hollandaise ou de la flamande; on rencontre quelquefois également le rouge. Le rendement moyen est de 2,000 litres. C'est une excellente beurrière : pour 1 kil. de beurre, 20 à 25 litres de lait suffisent, tandis que la hollandaise et la flamande ne donnent que 500 gr. en moyenne avec la même quantité de lait.

BLOT.

(à suivre.)

LA VIGNE ET LES ENGRAIS
de M. G. Ville.

M. George Ville a fait connaître l'année dernière un engrais pour la vigne dit engrais incomplet n° 6 k., ayant la composition suivante :

	Pour 100.	Pour 1 hectare.
Superphosphate de chaux à 15°.	40	400k
Carbonate de potasse raffiné à 90°	20	100
Sulfate de chaux	40	400
Totaux	100	1.000

Comme il était assez difficile de se procurer alors le carbonate de potasse raffiné pour les besoins de l'agriculture M. Georges Ville a conseillé d'employer, à défaut de l'engrais incomplet 6 k., l'engrais complet n° 3 dont il avait depuis longtemps indiqué la formule comme suit :

	Pour 100.	Pour 1 hectare.
Superphosphate de chaux	40	400k
Nitrate de potasse	30	300
Sulfate de chaux	30	300
Totaux	100	1.000

Mon plus grand désir, nous écrit M. Georges Ville, était que l'on expérimentât les deux engrais parallèlement pour m'aider à fixer le degré d'utilité de l'azote dans les engrais pour la vigne. L'engrais incomplet n° 6 k. ne contient pas d'azote, tandis que l'engrais complet n° 3 en contient 39 à 40 kilogr.

Aujourd'hui, M. Georges Ville demande aux agriculteurs qui ont essayé les engrais dont il s'agit de vouloir bien répondre aux deux questionnaires que voici :

Premier questionnaire.

1° Avez-vous fait l'expérience de l'engrais incomplet n° 6 k. au carbonate de potasse?

2° Avez-vous expérimenté parallèlement l'engrais complet n° 3?

3° A quelle époque avez-vous donné les engrais à la vigne?

4° Sur quels cépages avez-vous opéré?

5° Votre vigne a-t elle été atteinte par quelque parasite? Lequel?

Deuxième questionnaire.

1° Quel poids de raisin avez-vous obtenu sur une surface de 2 ares correspondant à la moyenne de la récolte?

2° Quel volume de moût avez-vous mis en cuve?

3° Combien d'hectolitres de vin avez-vous obtenus?

4° Quelle est l'étendue du vignoble qui l'a produit?

5° Quelle valeur attribuez-vous au vin de votre récolte?

Les réponses doivent être adressées à M. Georges Ville, professeur-administrateur au Muséum, 57, rue Cuvier.

Moyen d'éloigner les corbeaux des récoltes

Au lieu de suspendre les corbeaux aux branches, il faut les placer tout simplement à terre, les ailes étendues et sur quelques points du champ à préserver, de façon qu'ils soient bien en vue. On les fixe par un ou plusieurs petits piquets pour qu'ils ne soient pas emportés par les chiens ou les chats. On surveille le champ de temps à autre et on renouvelle l'épouvantail au besoin. Après cela, toute la bande abandonne les champs qu'elle dévastait précédemment.

Le premier jour, les corbeaux reviennent cependant à plusieurs reprises à l'endroit convoité, font la ronde, se posent sur les arbres du voisinage et se communiquent leurs impressions à grands renforts de cris les plus discordants ; mais ils n'osent descendre.

La faim arrivant plus pressante, il faut prendre un parti, et ils partent chercher pâture ailleurs, pour ne plus revenir de la journée ; le lendemain, même manège jusqu'à ce qu'ils aient abandonné tout à fait l'endroit.

Voilà un fait certain et sans exceptions pour moi jusqu'à présent.

Pourquoi cette manière de disposer les corbeaux morts effraie-t-elle les autres plutôt que de les voir pendus et balancés aux branches, et plutôt que les fils et autres épouvantails ?

Je ne saurais le dire ; mais jamais, je le répète, je n'ai vu les corbeaux revenir sur le champ où quelques-uns des leurs demeuraient étendus les ailes déployées.

LES DROITS SUR LE BÉTAIL

Comme quoi un droit de douane de 60 francs par tête de bœuf représente environ 10 0/0 seulement de la valeur imposée (1).

En fait de droits de douane, il nous semble qu'il ne suffit pas de s'en rapporter à des impressions de dire, par exemple : Un droit de douane de 60 francs sur un bœuf... c'est insensé !

Nous prions ceux qui pensent ainsi de vouloir bien se rendre compte, avec nous, de la valeur relative de ce droit de 60 francs; ils reconnaîtront que ce droit représente environ 10 0/0, seulement, de la valeur du bœuf, et, par conséquent, qu'il est un droit raisonnable, modéré.

Voici comment on arrive à cette conviction :

Si on examine les quatre tableaux des cours du marché de la Villette, publiés dans le *Bulletin de la Société des Agriculteurs de France*, des 1er et 15 septembre 1890, on y trouve ceci :

Bœufs	Poids de la viande d'un bœuf.	Prix du kilo de viande de 2e qualité.
—	—	—
	375 kil.	1 fr. 47
	378	1 48
	374	1 49
Poids moyen de la	382	1 50
viande d'un bœuf.	377 kil.	1 48
		(Prix moyen)

Dans ces conditions, la valeur de la viande nette d'un bœuf (2e qualité) sera de 559 fr. 84 (377 × 1.48).

Le droit de 50 francs comparé à 559.84 représente 10.7 0/0 de cette valeur, c'est-à-dire de la valeur de la *viande d'un bœuf*.

Mais la *viande* d'un bœuf ne représente que *quatre* des *cinq* quartiers ; si on tenait compte de ce cinquième quartier, c'est-à-dire si on appliquait le droit de 60 fr. au bœuf vivant, il représenterait environ 10 0/0 de sa valeur.

Est-ce donc là un droit exorbitant, compromettant ?

D'ailleurs, d'autres le diront avec plus d'autorité et plus de compétence que nous : un bœuf de boucherie, élevé en France, a payé à l'Etat environ 60 francs d'impôts. — N'est-il pas juste que le bœuf étranger rapporte autant au Trésor ?

Si donc on maintient le droit par tête, nous avons de bonnes raisons pour soutenir le droit de 60 francs par tête de bœuf, droit qui représente en moyenne 10 0/0 seulement de la valeur imposée.

Mais la Société des Agriculteurs de France avait compris combien un droit *unique*, quand il prend quelque importance, devient *inique*.

Plusieurs fois, elle avait émis le vœu que le droit par tête de bétail fût remplacé par un droit proportionnel au poids, sauf pour les jeunes bêtes.

Ses observations n'ayant pas abouti, elle a dû présenter un droit par tête, tout en faisant ses réserves sur ce régime. Mais ses délégués ont manifesté ses préférences pour un droit proportionnel au poids vif, et demandé, pour les bœufs, un droit de 10 francs par 100 kilos de poids vif.

Ce droit représente 11 à 10 0/0 de la valeur imposée.

En effet, le bœuf de boucherie, sur pieds, se vend de 85 à 100 francs les 100 kilos de poids vif. Admettons un prix moyen de 90 fr. : un droit de 10 francs sur 90 kil. représentera 11 0/0 de la valeur imposée.

A notre avis, ce droit est modéré, et il a le mérite de frapper tous les bœufs grands et petits, proportionnellement à leur valeur.

Nous sommes donc fondés à défendre le droit de 10 fr. par 100 kil. de bœuf, poids vif, qui a nos préférences, comme à repousser les critiques qu'a soulevées le droit de 60 fr. par tête de bœuf.

Fréd. JACQUEMART.

(1) Bulletin de la Société des Agriculteurs de France.

Nouvelles agricoles.

La production et la consommation du blé en France. — La France est, dans le monde entier, le pays qui consomme le plus de blé par tête d'habitant, 2 hectolitres 70 litres par an. Le *Bulletin des Halles* rappelle, par la publication du tableau suivant, les progrès si rapides de notre consommation nationale :

CONSOMMATION DU BLÉ EN FRANCE

(Moyennes décennales)

Périodes	Pour l'industrie hect.	Pour les semences hect.	Pour l'alimentation hect.
—			
Actuellement.	4.200.000	15.000.000	103.300.000
1872-81	4.012.000	14.499.000	92.444.000
1862-81	3.393.000	14 464.000	83.216.000
1852-61	3.559.000	13.651.000	73.726.000
1842-51	3.241.000	12.279.000	66.091.000
1831-41	2.737.000	11.243.000	54.934.000

« Soit, actuellement, besoins généraux : 122.500.000 hectolitres.

« Or, notre production moyenne décennale, pour les dix dernières années, ne nous donne que 108.000.000 d'hectolitres en chiffres ronds ; aussi, avons-nous été obligés d'importer en moyenne, par année, 14 millions 500 mille hectolitres, en chiffres exacts : 14.725.000 hectolitres.

« La France peut-elle arriver à produire pour tous ses besoins ?

« Certes oui ; l'agriculture a déjà fait de grands progrès depuis quelques années; sa moyenne culturale — rendement d'hectolitres à l'hectare — est en progression constante ; nous la relevons à 16 hectolitres, d'après nos propres statistiques.

« En sachant que notre surface ensemencée en blé s'élève à 7 millions 200 mille hectares, on voit qu'une augmentation générale de 1 hectolitre par hectare nous donnerait la quantité de blé nécessaire à tous nos besoins, soit 7.200.000 hectares + 17 hectolitres = 122.400.000 hectolitres.

« Avec les nouvelles méthodes de culture qu'elle emploie maintenant, et un emploi judicieux d'engrais chimiques et organiques, notre agriculture arrivera, on peut du moins l'espérer, à ce résultat dans un avenir prochain. »

Nous pourrons alors redevenir un pays exportateur de blé comme nous l'étions jusqu'en 1866-67, et comme nous l'avons encore été exceptionnellement pendant les campagnes de 1875-76 et 1877-78, pour de faibles excédents.

Transport des bestiaux par mer. — Durant le mois de septembre, il est arrivé à Liverpool, venant d'outre-mer, 21.994 têtes de bétail, apportées par 48 steamers ; on n'a constaté que la perte de 107 animaux durant ces voyages ; et encore a-t-on à attribuer aux arrivages de la Plata la majorité de ces pertes (100 sur 2.740). La démonstration de ce commerce est donc faite.

Un cultivateur assassiné par un bohémien. — Nous avons appelé l'attention de nos lecteurs dans un de nos précédents numéros sur les vagabonds toujours de plus en plus nombreux qui parcourent les campagnes. Il est grand temps que l'on prenne des mesures énergiques contre ces bandes de malandrins qui constituent un danger permanent pour les habitants des fermes et des maisons isolées :

Auguste Guiocheau, cultivateur à Varrains (Maine-et-Loire), aperçut samedi matin, sur la route de Saumur, une voiture de bohémiens et, dans sa vigne qui borde cette route un particulier qui ne se cachait nullement pour couper la vendange. Guiocheau s'avança vers cet étranger et lui demanda simplement qui lui avait permis de couper ce raisin. Pour toute réponse, le saltimbanque, qui avait entre les doigts un coup de poing américain, se rua sur Guiocheau et l'étendit inanimé sur le sol. Il avait le crâne fendu.

Deux habitants de la route de Varrains accoururent au secours de Guiocheau et parvinrent à se rendre maitres, non sans peine, de l'assassin. Ils l'ont garrotté et amené à la gendarmerie de Saumur.

Deux médecins ont été appelés à donner leurs soins au malheureux Guiocheau, mais il a succombé le soir même.

Les moutons russes. — Quelques bandes de moutons russes étaient exposées sur le marché de La Villette du jeudi 2 octobre 1890. Ils avaient été obligés de suivre le parcours qui leur est actuellement imposé depuis le décret de prohibition d'entrée en France rendu contre eux il y a quelque huit ans ; aussi n'étaient-ils arrivés qu'imposés de frais et de droits considérables. Ils avaient dû payer 29 francs, tant aux douanes étrangère, française, chemins de fer et lieux divers de transbordement où ils avaient été déposés pour y être soignés. Ils ont été vendus 56 francs la pièce. C'est donc 27 francs par tête qui restaient nets au propriétaire, un peu moins de la moitié, c'est-à-dire 48 p. 100 pour les avoir élevés, nourris, préparés d'une manière parfaite pour la boucherie, tandis que les intermédiaires recevaient 52 p. 100 pour quelques jours qu'ils ont été absents de leur pays. Cet écart n'est-il pas phénoménal ? Et peut-on supposer que ce sont les habitants d'une contrée.

Le tarif général des douanes. — Voici le relevé de quelques-uns des droits d'entrée portés au tarif général du projet du gouvernement :

Le froment est taxé à 5 fr, les 100 kilog ; l'avoine, à 3 fr. ; le seigle, à 3 fr. ; le maïs, à 3 fr. ;

Les chevaux figurent pour 80 fr. ; les bœufs, pour 19 fr. ; les porcs, pour 6 fr.

Les viandes abattues fraîches sont taxées à 28 fr. pour le mouton, 22 fr. pour le bœuf.

Les soies grèges sont exemptes, mais on a établi un droit de 1 fr. sur les cocons frais et de 3 fr. sur les cocons secs; les soies ouvrées ou moulinées payeront un droit de 300 fr. par 100 kilog. La bourre de soie en masse est exempte, mais la bourre de soie peignée payera 10 fr. par 100 kilog.

Le café en fèves est tarifé à 156 fr., le café torréfié à 208 fr., le cacao à 136 fr., le thé à 208 fr.

Les droits sur les tabacs étrangers varient, suivant les catégories, de 3,600 fr. à 1,500 fr. les 100 kilog.

Les vins jusqu'à 12 degrés figurent aux deux tarifs ; sur le premier, ils sont portés pour 0 fr. 70 par degré alcoolique et par hectolitre de liquide ; sur le second ils figurent pour 0 fr. 50 par degré alcoolique. Au-dessus de 12 degrés, figure le même droit augmenté de la taxe de consommation sur l'alcool pour chaque degré en plus de 12.

La bière est taxée à 13 fr. l'hectolitre, y compris la surtaxe représentant le droit de fabrication sur les bières françaises. Ce droit n'est que de 10 fr. au tarif minimum.

L'alcool figure pour 70 fr. l'hectolitre pour les eaux-de-vie en bouteilles et autrement qu'en bouteilles, non compris les taxes intérieures. Les liqueurs fiurent pour 80 fr., indépendamment des taxes intérieures.

Les eaux minérales sont exemptes.

CONSEILS A LA FERMIÈRE

MANIÈRE DE DRESSER UNE VOLAILLE GRASSE

Avant de tuer une volaille grasse; il faut la laisser de 12 à 15 heures sans manger pour que les intestins aient le temps de se vider.

Pour la tuer, il faut la tenir avec beaucoup de soin et non la suspendre par les pattes ; la tête en bas, elle étoufferait à l'instant ; on peut lui ouvrir le bec et, avec des ciseaux bien aiguisés, couper le dessous de la langue ou arracher quelques plumes au côté gauche de la tête, au-dessous de l'oreille, et faire une bonne entaille avec un couteau bien tranchant ; cette dernière manière est la plus usitée.

Dans l'un ou l'autre de ces cas, il faut aussitôt après, suspendre la bête par les pattes, la tête en bas, pour qu'elle saigne bien, car de la perfection de cette saignée dépend en partie la blancheur de la chair. Au moment où la bête se débat, il faut la retenir surtout par la tête, et avec précaution pour ne pas rompre les membres.

Aussitôt que la volaille est morte, il faut extraire les intestins de son corps, et pour cela, on introduit le doigt par l'anus dans le gros intestin, on le perce de côté, on pénètre dans l'abdomen ; puis on retourne le doigt, on saisit le boyau, on le retire avec précaution au dehors et on fait suivre tous les autres en les tirant doucement. Il ne reste plus dans le corps de la bête que le foie et le gésier.

Après cela, on plume la bête pendant qu'elle est chaude ; on ne prend qu'une petite quantité de plumes à la fois avec la main droite, tandis qu'avec la gauche on maintient la peau pour l'empêcher de se déchirer, ce qui nuirait beaucoup à la bonne mine de la volaille. On peut laisser quelques plumes sur la tête, aux ailerons et à la queue ; puis *on dresse* la volaille. Pour cela, on lui retourne avec adresse le bout des ailes sur le dos, et les pattes le long du corps ; on appuie sur le sternum afin de faire ressortir vers le ventre la graisse de l'intérieur, puis on attache la volaille au moyen de bandelettes de toile dont on l'entoure et que l'on serre plus ou moins, dans les endroits convenables, pour lui donner une bonne forme arrondie et rebondie.

S'il fait chaud, on plonge la volaille dans de l'eau aussi froide que possible et on l'y laisse une demi-heure ; s'il fait froid, on se borne à mouiller les bandelettes ; mais il faut eviter de la placer dans un endroit où elle pourrait geler.

Après le parfait refroidissement, on enlève les bandelettes et la volaille est prête pour le marché.

UNE MÉNAGÈRE.

CONSEILS DU JARDINIER

PLANTATION DES ARBRES FRUITIERS

On plante généralement les arbres fruitiers au printemps; c'est la plus déplorable pratique qui puisse exister.

C'est du 15 octobre à la fin de novembre que l'on doit planter pour le faire avec succès, au plus tard en décembre, quand les gelées ne s'y opposent pas, et non au printemps ; voici pourquoi :

D'abord, quand on demande des arbres au pépiniériste en octobre, on est certain d'obtenir des arbres d'élite, tandis qu'à partir du mois de janvier il ne reste plus guère que des rebuts.

Ensuite, la végétation se manifeste sur les racines dans le courant de janvier, par l'émission de petites radicelles blanches, très tendres et presque à l'état herbacé.

Lorsque l'arbre est planté avant l'émission de ces radicelles, elles s'allongent rapidement et assurent la reprise de l'arbre qui, dans une terre bien préparée et bien fumée, pousse au printemps avec presque autant de vigueur que s'il n'avait pas été déplanté.

Quand, au contraire, on arrache les arbres dans la pépinière, ou en jauge plus tard que le 15 janvier, l'émission des premières radicelles est accomplie, et elles se dessèchent au contact de l'air. Alors la première végétation est détruite ; il s'en produit une seconde, mais elle est tardive, lente et souffreteuse pendant toute une année.

HORTUS.

CONSEILS DU VÉTÉRINAIRE

LA PÉRIPNEUMONIE CONTAGIEUSE ET L'ACIDE SALICYLIQUE.

La *Gazette agricole* a annoncé dernièrement, d'après le *Courrier de Verdun*, qu'une étable du département de la Meuse avait été absolument ravagée par cette terrible maladie. Le cas n'est malheureusement pas isolé; des accidents du même genre se sont produits sur d'autres points; le cultivateur ne saurait donc apporter trop de prudence, d'abord dans l'introduction de bestiaux étrangers dans ses étables, et trop de soins dans le traitement de la maladie dès qu'elle se manifeste, et surtout dans les précautions préventives.

Il nous semble d'abord que, quand les maladies contagieuses des animaux sont mises en question, on ne peut guère se dispenser de faire intervenir les antiseptiques. Les succès obtenus en Allemagne, en Angleterre et, ultérieurement, en France, par l'emploi de l'acide salicylique, ont été constatés dans des rapports émanant de sommités scientifiques et publiés par des journaux spéciaux.

Nous avons sous les yeux une brochure (1) dans la quelle cette question est très complètement traitée, avec documents à l'appui. Voici ce qu'on y lit concernant la péripneumonie :

« Cette maladie, qu'on désigne encore sous le nom de « maladie de poitrine du gros bétail » est une affection générale décelée à la fois par des symptômes de pneumonie et de pleurésie et caractérisée par des lésions de la plèvre et du poumon.

« Elle est éminemment contagieuse. Quelle est la nature du virus? Consiste-t-il en germes, en microbes comme celui du charbon? Tout porte à le croire, et le docteur Willems, de Belgique, a réussi à cultiver ce virus en dehors de l'organisme, comme a fait M. Pasteur pour celui du charbon.

« Traitement. — S'il existe un germe, l'hygiène et la thérapeutique doivent forcément faire intervenir la médication antiseptique.

« Il faudra donc, surtout au début, afin d'amoindrir l'état fébrile, recourir à un traitement rafraîchissant tel que : tisanes, lavements, fumigations légèrement salicylés. »

La désinfection, mesure de police sanitaire, doit porter sur l'atmosphère et sur tous les objets qui ont été souillés par les agents virulents. On ne connaît pas d'agent qui l'obtienne aussi efficacement que l'acide salicylique, à la dose de deux grammes par litre d'eau.

Nous engageons vivement les cultivateurs à faire un large emploi de l'acide salicylique pour le traitement préventif et curatif des maladies du bétail, de la péripneumonie en particulier.

Qu'ils en croient ma vieille expérience.

UN VIEUX VÉTÉRINAIRE.

(1) *Les Maladies contagieuses des animaux et l'acide salicylique*, 3e édition, prix 1 fr. S'adresser à M. le Directeur de la *Compagnie générale des produits antiseptiques*, 25, rue Bergère, Paris

POUR RIRE.

Une séance de la commission du budget.

M. BURDEAU. — Non, monsieur le ministre, pas d'impôts... Ce serait trop simple ; des économies, toujours des économies, et encore des économies.

M. ROUVIER. — Je vous en ai déjà apporté pour plus d'un million.

M. REINACH. — Il ne me reste plus que dix-huit millions à trouver.

M. LABUSSIÈRE. — Trouvons.

M. BURDEAU. — Je vois là, dans ce chapitre, trois directeurs à 12.000 et six chefs de bureau à 6 000. Si l'on mettait les premiers à 10.000 francs et les autres à 5.000, il y aurait plusieurs milliers de francs à gagner.

M. ROUVIER. -- Y pensez-vous? Toucher aux directeurs ! Toucher aux chefs de bureau !...

M. LABROUSSE. — En effet, ce n'est pas possible. Que vois-je ? Deux cents expéditionnaires à 1,200 francs et trois cents huissiers à 1,000 et les autres à 800 fr. ?

M. ROUVIER. — C'est plus raisonnable.

M. REINACH. — On pourrait même en supprimer quelques-uns.

M. SEGFRIED. — Ça nous fait déjà une bonne économie annuelle de treize mille huit cent soixante-six francs.

M. FRANCIS CHARMES. — Que vois-je au budget de l'intérieur ? Mou pour le chat, seize francs par an.

M. LABROUSSE. — Par exemple ! Voilà une dilapidation inutile. Biffons.

M. ROUVIER, *soupirant*. — Biffons, Pauvre chat ! Comment vivra-t-il ?

M. REINACH. — Il mangera les souris.

M. ROUVIER. — Il ne les aime pas.

M. BURDEAU. — ... On pourrait aussi vendre le chat dans les 15 ou 16 francs.

M. LABROUSSE, *avec enthousiasme*. — Soit 32 francs à notre actif.

M. ROUVIER. — L'idée est excellente.

M. CHARMES. — Récapitulons.

M. BURDEAU. — Treize mille francs rognés sur des employés subalternes qui crèvent de faim.

M. LABROUSSE. — Et 32 francs sur le chat de l'intérieur ; soit 16 francs pour le mou et 16 fr. pour le chat.

M. ROUVIER. — J'espère même qu'il y aura une plus-value.

M. BURDEAU. — Combien ?

M. ROUVIER. — Deux francs, peut-être mieux deux francs cinquante !...

M. BURDEAU. — Pas de fol espoir !

M. Reinach. — Allons! la journée a été bonne et n'a pas été perdue. A demain, messieurs.

M. Rouvier. — Je vous apporterai une autre idée... (*avec mystère*), une économie sur les frotteurs des ministères.

Tous, *joyeux*. — Oh!

La séance est levée.

(*Le Figaro*) Albert Millaud.

UNE RUSE DE MAQUIGNON.

A une récente foire, le sieur P..., bon fermier, un peu naïf, venait de vendre 2 vaches au sieur L..., marchand roulier, pour 600 francs.

— Notre marché est fait, dit L..., je vais vous payer 600 fr.; mais auparavant, venez m'aider à acheter au marché une deuxième paire.

— Soit, dit P..., et bientôt ils avisent un marchand.

— Combien la paire? dit L..

— 650 francs, répond le marchand.

— Ah bah! je viens d'acheter 550 fr. à cet homme qui est là, quelque chose d'aussi beau que ce que vous avez. Demandez-lui si cela n'est pas vrai.

— Parfaitement vrai! dit timidement P... en baissant la tête.

— Vous voyez bien, ajouta L... C'est entendu? Vous refusez? je m'en vais.

Aussitôt dit, aussitôt fait. Alors L... prend le sieur P.. à l'écart, et lui donne 550 francs en disant: — Tiens, voilà ton compte.

— Mais, répond P..., il n'y a que 550 francs.

— Eh bien! c'est bien cela!

— Mais pas du tout, c'est 600 francs.

— Allons donc! tu plaisantes.

— Mais c'est toi-même!

— Mais tu viens de dire *devant témoin* que tu m'avais vendu 550 francs les deux vaches et tu réclames 600 francs? C'est trop d'audace?

— Ah! voleur, tu *m'as levé!*

— Voleur toi-même!

— La discussion tournait à l'aigre et les coups de bâton allaient s'en mêler quand l'intervention des voisins a arrêté la scène.

L'affaire se terminera sans doute devant les tribunaux; mais nous ne pouvons blâmer l'avis de quelqu'un qui, pris pour arbitre, s'est contenté de dire que si le sieur P... n'avait pas aidé le sieur L.. à faire une dupe, il n'aurait pas été dupé lui-même.

La leçon est un peu chère, sans donte, pour P...; aussi engageons-nous sés confrères à en profiter.

En attendant, L..., maquignon, doit savoir qu'au-dessus de 100 fr. le témoignage n'est pas admis en justice.

PETITE POSTE.

M. A... à H... — *Mur*. — *Voisinage*. — Si le mur de votre pignon n'est pas mitoyen, votre voisin ne peut s'appuyer dessus, à moins de payer la mitoyenneté. S'il est mitoyen il ne peut le dégrader et vous pouvez l'obliger en justice à réparer le dommage qu'il vous cause par son dépotoir et ses fosses d'aisance.

M. E. V... à G... — *Cours d'eau*. — Le maire n'a pas le droit de trancher à lui tout seul une question de propriété, ce qu'il fait en vous troublant dans la jouissance du cours d'eau, qui, suivant vos titres d'achat, serait mitoyen; vous êtes donc en droit d'exercer l'*action possessoire*, c'est-à-dire de citer la commune en la personne du maire devant le juge de paix, pour faire cesser le trouble apporté à votre possession. Là, s'il invoque, avec titres à l'appui, un droit de propriété au profit de la commune, l'affaire sera portée devant le tribunal civil. Nous vous engageons à ne commencer le procès qu'après avoir soumis vos titres à votre avoué.

M. R. H..., à F... (Vendée). — Pour la création d'un Comice agricole, l'autorisation préfectorale serait nécessaire; elle ne l'est pas pour la création d'un Syndicat agricole établi dans le sens de la loi du 21 mars 1884, sur les *Syndicats professionnels*. Une *déclaration* à la mairie du siège social du Syndicat et un dépôt de statuts sont les seules formalités à remplir. Il y a déjà, du reste, plusieurs Syndicats dans votre département, notamment celui *des agriculteurs de la Vendée*, à La Roche-sur-Yon, dont le président est l'honorable M. Boncenne.

Pour tout ce qui concerne les syndicats et les comices, et leur organisation, vous trouverez les renseignements les plus complets et les plus intéressants dans l'*Annuaire des Syndicats agricoles*, par L. Hautefeuille (177, rue de Vaugirard, Paris).

M. E. M..., à R... (Aisne). — *Fécondation artificielle des plantes*. — MM. Vilmorin (quai de la Mégisserie, Paris) ont fait sur la matière de très savants travaux. — *Botanique*. — *Nouvelle théorie élémentaire de la Botanique*, suivie d'une analyse des familles des plantes qui croissent en France ou qui y sont cultivées, par le docteur Ecorchard, 1 vol., 6 fr. — *A travers champs*, botanique populaire pour tous; histoire des principales familles végétales, par Mme Lebreton. Prix, 7 francs. — *Manuel général des plantes, arbres et arbustes*, classés suivant la méthode de Candole; description et culture. 1 vol. très bel ouvrage. 36 francs. — S'adresser à M. Fourrault, éditeur, rue Saint-André-des-Arts, Paris.

M. R. X..., à H... (Haute-Saône). — *Comptabilité agricole*. — *Mathématiques et comptabilité agricoles*, par J.-Ph. Wagner, ouvrage des plus utiles qui renferme une foule d'enseignements et de renseignements. — S'adresser à M. Fourrault, éditeur, rue Saint-André des-Arts, Paris. — L'agriculteur n'étant pas commerçant, aucune formalité ne lui est prescrite pour la tenue de ses livres. Ceux-ci ne font pas foi en justice. Ils ne seraient consultés qu'à titre de renseignements.

M. M. de R..., à Ch... (Oise). — *Le sarrazin*. — Le prix de 13 fr 25, indiqué dans notre numéro du 26 octobre, était le cours moyen du marché de Paris du 24 octobre. Les revendeurs, les intermédiaires vendent plus cher. Pour vos achats à la halle, vous pouvez vous adresser à l'agence Chapitel, 25, rue de Paris, à Clichy.

M. M..., à B... (Lot-et Garonne). — La vente des fusils Chassepot est maintenant formellement interdite à Paris. Il y a longtemps que cette interdiction aurait dû être faite.

M. G. P..., à B... (Oise). — *Arachide*. — *Tourteaux d'arachide*. — L'arachide est une plante de la famille des *légumineuses*, cultivée en Amérique et en Algérie. A la fleur de cette plante succède une gousse oblongue, contenant deux graines analogues à une petite amande de noisette et très riche en huile. Les tourteaux d'arachides décortiquées de 6,50 à 7,50 0/0 d'azote et de 1,10 à 1,60 0/0 d'acide phosphorique. Il est très bon pour les animaux à l'engrais et pour les vaches laitières, dont il n'altère pas du tout la qualité du lait. Pour ces dernières, dose de 500 grammes par jour; pour les bêtes à l'engrais, premier mois, 0 k. 500; deuxième mois, 1 k.; troisième mois, 1 k. 00. Pour les moutons, proportion cinq fois moindre.

BULLETIN FINANCIER.

La liquidation s'est effectuée paisiblement: les grosses livraisons qu'on avait annoncées n'ont pas eu lieu. Toutefois, le taux des reports est un peu tendu, sans cesser, pourtant, d'être abordable pour la spéculation à la hausse. Celle-ci n'est peut-être pas encore suffisamment allégée.

Nous ne la croyons pas en situation de recommencer dès maintenant une campagne. Elle aurait besoin, avant de se remettre en marche, d'appuis qu'elle n'obtiendra sans doute pas encore aux cours actuels. Nous estimons qu'elle devrait se résigner à abandonner du terrain si elle veut reconquérir la liberté de ses mouvements.

Quelle est exactement la situation de place? Les apparences sont que nombre de petits spéculateurs, qui étaient entrés dans le dernier mouvement de hausse au moment où l'impulsion allait prendre fin, ont liquidé leur position. La qualité des spéculateurs qui restent engagés serait suffisamment établie pour que l'on n'ait point à craindre un manque de mesure dans les réalisations restant à effectuer. En ce qui concerne spécialement nos Rentes, l'éventualité d'une réaction prononcée n'est point à redouter. Il y a, dans l'emprunt projeté une barrière qui s'oppose aux entreprises des baissiers. On croit généralement que les prix d'émission ne s'écarteront pas beaucoup de 91 francs. Si cette croyance est fondée, notre 3 0/0 ne saurait ni s'élever ni baisser beaucoup d'ici au jour de l'émission. On serait, aux cours actuels, dans le juste milieu, car il est d'usage de ménager au nouveau fonds, lorsqu'on procède à une émission de rentes, une certaine marge de plus-values immédiates: c'est une condition de succès.

Si les probabilités sont que le marché des rentes va continuer de présenter une certaine résistance, on ne saurait être aussi affirmatif en ce qui concerne le marché des fonds internationaux. Les places étrangères sont encore lourdement chargées. Elles ont du trop-plein à écouler et elles cherchent à l'écouler à la Bourse de Paris; nous ne leur donnons que mollement la réplique. Nous avons beaucoup de capitaux à employer, mais les valeurs étrangères, malgré le mouvement de recul qu'elles ont subi, sont encore à des prix que nous refusons d'accepter sans discussion. Nous attendons une réaction plus prononcée pour nous décider.

Le bilan hebdomadaire de la Banque de France, arrêté au 6 novembre, fait ressortir les différences suivantes sur la semaine précédente:

Un seul chapitre est en augmentation: les Avances, avec 8 millions.

L'Encaisse métallique a décru de 4 1/2 millions, dont 2 millions 1/2 entrent dans ce total pour l'Encaisse or.

Les autres diminutions portent sur: la Circulation, avec 17 millions; le Portefeuille, avec 72 millions; les Comptes courants particuliers, avec 30 millions; et le Compte courant du Trésor, avec 20 millions.

Les bénéfices de la huitaine ont été de **942.000 fr.**

L'action du Crédit Foncier se trouve demandée à 1.285.

Dans sa séance hebdomadaire du 5 novembre, le Conseil d'administration du Crédit Foncier a autorisé pour 2 millions 608.611 fr. de nouveaux prêts; dont 1.818.200 fr. en prêts fonciers et 790.411 fr. en prêts communaux.

Les chemins de fer sont calmes.

COUPON.

HALLES ET MARCHÉS.

CÉRÉALES. — *Marchés français.*

Prix par 100 kilogr.

REGIONS	BLÉ Prix moyen	BLÉ Hausse	BLÉ Baisse	PRIX MOYEN. Seigle	PRIX MOYEN. Orge	PRIX MOYEN. Avoine
Nord-Ouest....	23 65	»	0.02	16 50	17 25	18 39
Nord..........	24 32	0 07	»	15 79	18 57	18 94
Nord-Est......	24 10	»	0 30	15 81	18 79	18 50
Ouest	23 68	»	0 04	16 83	17 41	17 01
Centre.........	24 15	»	0 03	16 80	18 25	18 25
Est............	24 04	»	0 03	17 50	18 70	18 45
Sud-Ouest	24 05	»	0 03	17 10	17 12	17 87
Sud	21 25	»	0 07	19 70	17 45	21 09
Sud-Est.......	24 20	»	0 10	18 37	17 65	19 25
Prix moyens..	24 05	»	»	17 15	17 90	18 73
Sur la huitaine préc. Hausse	»	»	»	0.15	0.05	»
Sur la huitaine préc. Baisse	0 17	»	»	»	»	»

1re région. NORD-OUEST.

	BLÉ 1re qualité	BLÉ Prix moyen	Seigle Prix.	Orge. Prix.	Avoine Prix.
Calvados. — Falaise	24 50	23 75	»	»	19 50
C.-d.-N. — Dinan...	25 »	24 25	»	»	18 50
Finistère. — Morlaix	21 25	23 50	»	»	»
I.-et-V. — Rennes..	23 25	22 50	»	»	»
Manch. — Cherbourg	25 25	24 50	17 25	18 »	22 »
Mayenne. — Laval..	23 75	23 »	»	»	16 50
Morb. — Hennebont	24 »	23 25	16 »	»	15 50
Orne. — Alençon...	25 25	24 50	16 75	»	17 25
Sarthe. — Le Mans	24 25	23 50	16 »	»	19 50
— Beaumont..	24 50	23 75	»	16 60	»
Prix moyens........	24 40	23 65	16 50	17 25	18 39
Sur la semaine précédente.. Hausse...	»	»	» 10	»	0 18
Sur la semaine précédente.. Baisse...	» 02	» 02	»	17 25	»

2e région. — NORD.

	BLÉ 1re qualité	BLÉ Prix moyen	Seigle	Orge	Avoine
Aisne. — Ch.-Thierry	25 ..	24 25	15 25	»	»
— La Fère...	25 50	24 75	15 50	»	»
Eure. — Pacy.......	25 50	24 75	15 50	18 25	»
E.-et-L. — Chartres..	24 50	23 75	14 75	18 ..	17 50
— Châteaudun...	24 50	23 75	»	17 ..	»
Nord. — Douai.....	25 75	25 ..	16 25	19 50	19 ..
— Dunkerque	25 25	24 50	16 75	19 50	18 75
Oise. — Compiègne.	24 50	23 75	14 50	18 ..	18 50
— Crépy	25 50	24 75	17 ..	19 25	»
Pas-de-Cal. — Arras.	24 25	23 50	16 50	18 25	»
— Carvin..	25 50	24 75	17 ..	19 2[illegible]	»
Seine. — Paris	25 50	24 75	16 ..	18 75	17 75
Seine-et-M. — Meaux	25 75	25 ..	»	17 ..	17 50
— Montereau	25 ..	24 2[illegible]	»	»	»
S.-et-O. Rambouillet	25 25	24 50	»	19 ..	»
— Versailles.	26 25	25 50	»	21 ..	21 50
Seine-Inf. — Rouen	24 75	24 ..	»	17 25	19 50
Somme. — Amiens.	24 60	23 75	14 50	19 25	21 ..
— Nesle....	23 50	23 ..	»	18 ..	»
Prix moyens	25 07	24 32	15 79	18 57	18 94
Sur la semaine précédente. Hausse...	» 07	» 07	» 16	» 07	» 09
Sur la semaine précédente. Baisse ...	»	»	»	»	»

3e région. — NORD-EST.

	BLÉ 1re qualité	BLÉ Prix moyen	Seigle	Orge	Avoine
Ardennes. Sedan...	25 ..	24 25	15 50	19 50	19 ..
— Charleville	25 25	23 50	15 50	20 50	18 25
Aube. Nog.-s.-Seine.	24 75	24 ..	»	18 25	»
— Troyes	25 .	24 25	»	»	17 75
Marne.-Châlons-s-M	24 75	24 ..	15 50	19 ..	18 50
— Epernay.	24 ..	23 75	15 50	18 ..	»
Hte-Marne.-Chaumont	24 75	24 ..	»	»	19 ..
Meurthe. — Toul...	24 50	23 75	»	17 50	»
Meuse. — Bar-le-Duc.	24 50	23 75	»	»	»
Vosges. — Epinal....	26 ..	25 25	16 75	»	»
Prix moyens........	24 85	24 10	15 81	18 79	18 50
Sur la semaine précédente. Hausse...	»	»	0 19	0 19	»
Sur la semaine précédente. Baisse ...	0 30	0 30	»	»	0 20

4e région. — OUEST.

	BLÉ 1re qualité	BLÉ Prix moyen	Seigle	Orge	Avoine
Charente. Ruffec ...	24 25	23 50	»	»	»
Char.-Infér. Marans.	24 ..	23 25	»	17 ..	»
Deux-Sèvres. Niort..	23 50	22 75	»	»	»
Indre-et-Loire. Bléré.	24 ..	23 25	»	17 75	»
— Châteaurenault.	24 25	24 50	»	17 ..	17 ..
Loire-Infér. Nantes.	24 50	23 75	»	17 25	»
Maine-et-L. Saumur.	24 75	24 ..	»	18 50	»
— Angers.	24 50	23 25	17 ..	»	17 75
Vendée. — Luçon...	24 ..	23 25	»	»	»
Vienne. — Poitiers.	24 25	23 50	16 ..	17 ..	»
Hte-Vienne. Limoges.	5 75	25 ..	17 50	»	19 ..
Prix moyens........	24 43	23 68	16 83	17 41	17 91
Sur la semaine précédente. Hausse...	»	»	»	»	»
Sur la semaine précédente. Baisse ...	» 04	» 04	» 08	» 01	» 09

5e région. — CENTRE.

	BLÉ 1re qualité	BLÉ Prix moyen	Seigle	Orge	Avoine
Allier. — St-Pourçain	21 75	24 ..	16 ..	18 50	»
Cher. — Vierzon....	25 50	24 75	15 50	»	»
— St-Amand.	25 ..	24 25	17 75	»	»
Creuse. — Aubusson.	25 50	24 75	»	»	18 ..
Indre. — Issoudun.	25 ..	24 25	»	18 50	»
— Châteauroux.	25 ..	24 25	17 60	17 50	»
Loiret. — Gien....	21 75	24 ..	»	17 [illegible]	»
Loir-et-Ch. Vendôme	25 50	24 75	»	17 [illegible]	»
Nièvre. — Clamecy.	21 50	24 75	»	18 ..	»
Puy-de-Dôme. Riom.	24 25	23 50	17 25	20 ..	»
Yonne. Brienon.....	24 50	23 75	»	»	18 50
— Sens.......	24 50	23 75	»	»	»
Prix moyens	24 90	24 15	16 80	18 25	18 25
Sur la semaine précédente. Hausse...	»	»	»	0 22	»
Sur la semaine précédente. Baisse ...	0 03	0 03	0 05	»	»

6e région. — EST.

	BLÉ 1re qualité	BLÉ Prix moyen	Seigle	Orge	Avoine
Ain. — Bourg......	25 ..	24 25	»	»	»
Côte-d'Or. — Dijon.	24 50	23 75	»	18 ..	»
— Beaune.	26 ..	25 25	20 ..	19 ..	19 ..
Doubs. — Besançon.	25 25	24 50	»	»	18 50
Isère. — Bourgoin..	24 ..	23 25	»	»	»
— Grenoble..	25 ..	24 25	»	19 ..	19 ..
Jura. — Lons-le-Sau.	24 50	23 75	16 50	19 ..	»
Loire. — Firminy....	24 ..	23 25	»	»	19 50
Rhône. — Lyon	24 50	23 75	16 ..	19 ..	17 50
Saône-et L. Mâcon.	24 75	24 ..	»	18 ..	»
Haute-Saône. — Gray	24 75	24 ..	»	»	»
— Vesoul.	25 ..	24 25	»	»	»
Savoie. — Chambéry.	25 25	24 50	17 50	»	17 25
Hte-Savoie. Rumilly	24 50	23 75	»	»	»
Prix moyens	24 79	24 04	17 50	18 70	18 45
Sur la semaine précédente. Hausse...	»	»	0.13	0 21	»
Sur la semaine précédente. Baisse...	0.03	0.03	»	»	0 01

7e région. — SUD-OUEST.

	BLÉ 1re qualité	BLÉ Prix moyen	Seigle	Orge	Avoine
Ariège. — Pamiers.	23 50	22 75	16 2[illegible]	»	17 ..
Dordogne. — Périg..	25 ..	24 25	»	»	18 ..
Hte-Garonne. Toulouse	24 ..	23 2[illegible]	16 2[illegible]	17 ..	18 25
Gers — Auch	25 25	24 50	17 25	17 [illegible]5	18 25
Gironde. — Bordeaux	25 75	25 ..	»	»	17 50
Landes — Dax.....	25 ..	24 25	17 50	»	»
Lot-et-Garonne. Agen	25 50	24 75	18 25	»	18 25
B.Pyrénées. Bayonne	24 75	24 ..	»	»	»
H.Pyrénées. Tarbes.	24 50	23 75	»	»	»
Prix moyens........	24 80	24 0[illegible]	17 10	17 12	17 87
Sur la semaine précédente. Hausse...	»	»	0 39	»	»
Sur la semaine précédente. Baisse...	0 03	0 03	»	0 03	0 17

8e région. — SUD.

	BLÉ 1re qualité	BLÉ Prix moyen	Seigle	Orge	Avoine
Aude. — Carcassonne	24 50	23 75	»	»	18 25
Aveyron. — Rodez...	23 50	22 75	»	»	»
Cantal. — Mauriac.	27 25	26 50	23 ..	»	26 50
Corrèze. — Tulle...	26 ..	25 25	18 ..	16 ..	21 25
Hérault. — Béziers.	27 50	26 75	»	16 75	21 ..
Lot. — Cahors......	24 ..	23 25	»	»	19 50
Lozère. — Mende...	24 75	23 ..	19 ..	19 ..	20 50
Pyrén.Or. Perpignan	24 7[illegible]	24 ..	19 ..	18 50	23 50
Tarn. — Albi.......	24 25	23 50	»	»	»
Tarn-et-G. Montauban	24 50	23 75	»	17 ..	18 25
Prix moyens........	25 ..	24 2	9 7	17 45	21 09
Sur la semaine précédente. Hausse...	»	»	0 65	»	0 29
Sur la semaine précédente. Baisse...	0 07	0 07	»	0 17	»

9e région. — SUD-EST.

	BLÉ 1re qualité	BLÉ Prix moyen	Seigle	Orge	Avoine
H-Alpes. — St-Bonnet	25 50	24 75	18 50	.. ..	»
B.-Alpes. Manosque.	24 ..	23 25	»	»	20 ..
Alpes-Marit. Nice..	25 ..	24 25	18 50	»	»
Ardèche. — Privas.	26 25	25 50	18 50	»	19 25
B.-Rhône. — Aix...	26 ..	24 25	»	»	20 ..
Drôme. — Valence.	24 ..	23 25	»	»	18 25
Gard — Nîmes....	25 ..	24 25	18 ..	16 75	19 ..
Hte-Loire. — Le Puy.	24 ..	23 25	»	»	»
Var. — Draguignan.	25 ..	24 25	»	»	»
Vaucl. Cavaillon...	24 50	23 75	»	18 50	19 ..
Prix moyens........	25 05	24 20	18 37	17 62	19 25
Sur la semaine précédente. Hausse...	»	»	»	» 44	0 34
Sur la semaine précédente. Baisse...	» 10	» 10	»	»	»

ALGÉRIE.	Blé tendre	Blé dur.	Seigle	Orge.	Av.
Constantine.......	»	»	»	»	»
Alger	»	»	»	»	»
Oran	23 25	18 50	»	12 ..	18 50

Farines de consommation.

La vente n'est pas meilleure en boulangerie ; la meunerie maintient néanmoins ses prix.

	159 kil.		100 k.	
MARQUE DE CORBEIL	60 fr.		(38 21	100 k.).
Marques de choix	60 à	61	38 21 à	38 85
Premières marques....	59	60	37 58	38 21
Bonnes marques.....	57	58	36 30	36 94
Marques ordinaires....	56	57	35 66	36 30

Le sac de 159 k., toile à rendre, rendu a domicile, payement comptant, ave 1/2 0/0 d'escompte ou 30 jours sans escompte.

Fourrages et pailles.

Paris, La Chapelle.

	1re qté.		2e qté.		3e qté.	
Foin nouveau	51 à	51	48 à	49	45 à	47
Luzerne nouvelle ...	48	49	46	47	42	44
Paille de blé	34	35	30	33	27	29
Paille de seigle	35	36	32	34	30	81
Paille d'avoine	27	28	24	26	20	23

Le tout aux 104 bottes dans Paris.

COURS DE DIFFÉRENTS MARCHÉS (par 100 kil.).

	Paille.	Foin.
Le Puy	4 ..	7 ..
Dijon.........................	3 75	5 50
Blois.........................	4 50	6 50
Toulouse......................	4 25	7 25
Chalon........................	4 50	8 ..
Beauvais......................	4 75	6 75
Orléans.......................	6 50	8 ..
Douai.........................	4 50	7 50

Issues, les 100 kil.

Les offres sont moins nombreuses, et l'on obtient plus facilement les prix de la semaine dernière.

Nous cotons par 100 kil. en gare d'arrivée à Paris :

Son écaille..	12 75 à	12 50
— gros	12 25	» »
— trois-cases	11 75	11 50
— fin	10 50	11 »
Recoupettes.	10 50	11 »
Remoulages blancs.	16 »	17 »
— bâtards.	13 »	15 »

MARCHANDISES DIVERSES.

Fécules.

Les prix restent sans changement appréciable, avec tendance ferme. A l'étranger, les cours sont en faveur.

Les 100 kil.

Paris. — Fécule 1re, grains	30 » à	31 »
Oise. — Fécule 1re, grains.....	28 »	29 »
Vosges. — Fécule 1re, grains ...	30 »	32 »
Saône-et-Loire	32 »	33 »
Loire. — Fécule 1re, grains	28 »	30 »
Auvergne. — Fécule 1re, grains. .	28 »	30 »
Fécules secondes selon qualité....	21 »	26 »

Pommes de terre.

Les 1.000 kil.

Hollandaises...........	80 » à	90 »
Magnum bonum	40 »	70 »
Early roses	40 »	50 »
Saucisses	60 »	65 »
Rondes..............	55 »	60 »
Chardonnes	38 »	45 »

Pommes à cidre.

Paris, 5 novembre.

Les pommes à cidre sont toujours très recherchées et les cours se tiennent en fermeté, de 105 à 115 fr. suivant provenance et qualité.

Les poires, toujours bien demandées, sont en partie épuisées; les prix sont en hausse et valent maintenant de 75 à 80 fr.

Les pommes à couteau, suivant l'espèce et la

couleur, sont aussi bien recherchées et valent de 150 à 200 fr.

Le tout les 1.000 kil. rendus parité Paris et la livraison novembre échelonnée.

Rouen (Seine-Inférieure), 4 novembre.

Sur 110 hectolitres de pommes apportés, 104 ont été vendus de 7 à 7 50 l'hectolitre (y compris les droits du Trésor et ceux de la ville de 1 19 par hectolitre).

Tourteaux, les 100 kil.

	Colza	Œuillette	Lin	Cam.
Lille...	16 25 à 17 50	16 50 à 17 50	24 .. à 25 ..	16 75
Arras ..	14 50 15 ..	15 50 16 ..	21 .. 22 ..	16 50
Gd Moulin Corbeil..	15 50		19 75	
	Cophra	Arachide déc.	Sésame	Lin.
Marseille	13 .. à 13 75	14 .. 14 50	14 .. à 15 ..	16 25

GRAINES DIVERSES.

Maïs, les 100 kil.

Paris	12 50 à 15 ..	Agen......	14 50 15 50
Alais	13 25 15 ..	Grenoble..	14 .. 15 25
Ruffec	14 .. 15 ..	Reims.....	15 .. 16 ..

Sarrazin, les 100 kil.

Paris......	13 .. à 14 ..	St-Pierre..	15 .. à 15 75
Mayenne..	15 .. 15 75	Nantes....	15 .. 16 ..
Rennes....	14 75 15 25	Orléans ...	15 .. 16 25

Légumes secs, les 100 kil.

	Haricots	Pois	Vesces	Lentilles
Paris......	20 à 47	21 à 26	» »	45 à 70
Rouen.....	42 57	50 63	26 28	77 »
Marseille..	18 30	23 32	25 34	19 24 50

Graines fourragères, les 100 kil.

Luz. de Prov.	130 à 150	Minette.	25 à 30
— du Poitou	100 115	Sainfoin à 2 c..	25 28
— d'Italie ..	120 130	Sainfoin à 1 c..	» »
Trèfle blanc..	70 80	Pois jarras. . .	20 »
— violet..	120 130	Vesces	20 »

Huiles.

Colza brut. — Les prix sont les mêmes qu'hier; les affaires sont en activité.

Le courant du mois est payé 61 75 à 62 fr.

Décembre se paye 62 25.

Les 4 premiers mois valent de 63 25 à 63 50, et les 4 mois de mars de 64 à 64 50.

On cote au début de la réunion :

Cote précédente même heure.		Cote du jour.
61 50 à 61 75	Disponible	61 75 à 62 ..
61 50 61 75	Courant	61 50 62 ..
62 25	Novembre.	62 25 .. ..
63 50 63 75	4 premiers mois	62 25 63 50
64 .. 64 50	4 mois de mars	64 .. 64 50

Lin — La tendance est lourde; les prix sont en baisse sur le rapproché de 25 centimes.

On cote au début de la réunion :

Cote précédente même heure.		Cote du jour.
58 » à » »	Disponible.	57 75 à 57 75
58 » » »	Courant	57 75 57 25
56 75 57 25	Décembre	57 » 56 50
55 50 » »	4 premiers mois	55 75 55 50
55 75 56 25	4 mois de mars.	56 50 56 »

Les 100 kil. net, logés, escompte 1 0/0.

Pétrole.

Prix sans changement.

Disponible	100 kil.	49 50 à 51 50
Essence de 700 à 710°, disponible....		60 50 64 »

On cote à l'hect. pour le détail :

PETROLE RAFFINE disponible .	39 50 à 40 50
ESSENCE RECTIFIEE, disponible	42 25 43 50

Laines.

Anvers, 4 novembre.

Peignés allemands de La Plata : Contrat B : nov., 5 75; déc, 5 67 1/2; janvier, 5 57 1/2; février, 5 52; mars à sept., 5 50.

Sucres.

Sucres raffinés. — Les offaires restent assez bonnes en raffinerie et les cours se maintiennent sans variation. Nous cotons les pains 106 fr. par par wagon complet.

Cours pour l'exportation franco sur wagon ou sur bateau, pur pains 1er choix, suivant marques aux 100 kil.

Habillage en papier	1 0/0	41 50 à .. ..
— —	2 1/2	41 25 à .. ..
— —	4 0/0	41 .. à .. ..

Sucres cassés, produits accessoires (les 100 kil. disponibles, suivant marque).

Surchoix, cassé, rangé, logé, caisses de 50 kil., ou cartons de 5 kil.	111 50 à 112 »
Caisses de 25 kil	112 » » »
Caisses de 10 kil	112 » 112 50
Gros déchets	104 » 104 50
Sucres en poudre	103 50 » »
Semoules.	107 » 107 50
Glaces	103 » 104 50
Cristallisés, extra acquittés. . .	96 » 96 50
— en poudre	97 50 » »

Alcools. — Prix de l'hectol. nu, au compt.

Paris. 3/6 fin, betteraves, 1re qualité, l'hectolitre.		Lille, disp	35 .. à 38 ..
		Cette	92 .. 100 ..
90° dispon.	33 50 à 36 ..	Nîmes...	90 .. 95 ..
Novembre.	33 75 36 25	Béziers..	75 .. 100 ..
4 premiers	3[illegible] 25 36 25	Pézenas.	75 .. 105 ..

Raisins secs à boisson.

(Cours de la maison Audibert, 53, rue des Minimes, à Marseille).

Prix actuels (grande baisse).

Corinthe, **Roi de Grèce**, petits grains Extra 1er choix.......	100 kilos		57 »
Corinthe, le **Turban**, gros grains..........................	»	»	M.
Corinthe petits grains, 1er choix.	»	»	54 »
Thyra 1er choix...............	»	»	48 »
Samos noirs, 1er choix.........	»	»	M.
— muscats..................	»	»	M.
Figues à distillerie...........	»	»	27 »
Panaches noirs, égrappés....	»	»	M.

Engrais. — Prix des 100 kil.:

Matières diverses pour engrais. — Cours commercial sur la place de Paris, par 100 kil., pour des ventes en gros de 30.000 kil. au moins.

Sang desséché moulu.	11/13 0/0	azote	20 90	à 24 70
Viande desséchée....	9/11 0/0	—	17 50	19 80
Cornes broyées......	13/14 0/0	—	20 80	22 60
Cuir désagrégé	8/9 0/0	—	10 40	10 70
Laine engrais........	3 à 4 0/0	—	» »	» »
Nitrate de soude.....	15/16 0/0	—	22 »	22 25
Nitrate de potasse...	95 0/0	—	47 »	47 »
— ...	90 0/0	—	45 »	45 50
Muriate de potasse...	80 0/0	—	» »	» »
Sulfate de potasse...	90 0/0	—	24 50	25 »
Sulfate d'ammoniaq..	20/21 0/0	—	31 65	31 50
Chlorure de potassium	90 0/0	—	21 »	21 »
— Stassfurt.	80 à 85 0/0	—	17 25	18 »
Cornes, cornailles pour brûler.....			» »	» »
Déchets fins de cornes, frisures...			» »	» »

Phosphates des Ardennes. — En gare des Ardennes et de la Meuse, en sacs (les 100 kil.).

Pulvérisés. 14/16 0/0,	acide phosph..	3 40 à	» »
— 18/20 0/0,	—	4 »	» »
— 16/18 0/0,	—	3 70	» »

Phosphates de Tavel.

50/», la tonne........................ 60 » à 100

Phosphates de l'Yonne. — Les 1.000 kil.

Moulus en sacs, wag. gre Toucy. 40 à 35 0/0 40 à 50

Phosphates de l'Auxois, Marigny Epoisses.

Pulvérisés 60 à 65 0/0................ 6 » à 6 75

Sulfate de cuivre.

Les 100 kil....................	54 » à	55 50
Phosphates du Boulonnais 40/45...	4 60 à	» »
— de Pernes...............	3 75	6 »
— du Cambresis 28/35....	3 55	4 »
— du Lot 30/50............	3 20	5 25

Superphosphates, poudres d'os, etc. Les 100 kilogr.

Phosph. préc. 35 à 40 °/o acide phosph.	24 »	24 »
— — 40 à 45 °/o. —	26 »	26 »
Superphosphates fossiles, 10 °/o acide phosphorique soluble et assimil. (les 100 kilog.)...........	6 25	» »
Superphosphates fossiles, 16 à 18 °/o.	10 25	11 »
— d'os, 16 à 18 °/o, acide phosph..	12 25	12 25
Poudres d'os bruts..................	12 75	» »

Engrais spéciaux. — Les 100 kilog.

Guano du Pérou.	10 à 16	Eng. chim.	
Guan du Pér. diss.	32 à 20	de H. Joulie,	
Guan. az. fixe.	26 » à 27 »	Lag.......	15 » à 23 »

BEURRE, ŒUFS, VOLAILLES.

Paris, 5 novembre.

Beurres en mottes.

L'arrivage d'hier a été de » »»» kil.

L'arrivage approximatif a été de 13,000 kil.

Beurres en livres.

L'arrivage d'hier a été de 8,000 kil.

L'arrivage approximatif a été de 9,190 kil.

Fermiers	au kilo		Touraine	au kilo	
Extra	2 50 à	2 80	Extra	2 40 à	2 50
1er choix	2 40	2 50	1er choix	2 30	2 40
2e choix	2 30	2 40	2e choix	2 20	2 30
Ordinaire	2 20	2 30	Ordinaire	2 ..	2 10
Bourgogne			**Vendôme**		
Choix	2 10	2 20	1er choix	2 20	2 30
Ordinaire	2 ..	2 10	2e choix	2 10	2 20
			Ordinaire	2 ..	2 10
Gâtinais			**Beaugency**		
1er choix	2 40	2 50	1er choix	2 20	2 30
2e choix	2 30	2 40	2e choix	2 10	2 20
Ordinaire	2 20	2 30	Ordinaire	2 ..	2 10
Le Mans			**Fausse Touraine**		
Choix	2 10	2 20	Choix	2 20	2 30
Ordinaire	2 ..	2 10	Ordinaire	2 ..	2 20

Œufs, *le mille :*

Normandie (Extra)	115 à	140	Bourgogne	95 à	100
Picardie (Extra)	118	150	Champagne	98	102
Brie (Extra)	105	112	Nivernais	90	94
Touraine gr.	115	135	Cosne	98	100
Touraine ord.	94	104	Bourbonnais	89	02
Beauce	110	115	Bretagne	86	95
Orne	95	110	Vendée	88	94
Picardie ord.	95	110	Auvergne	85	88
Châtellerault	91	97	Midi	90	98

Volailles et Gibiers.

Canards :			Pigeons :		
nantais (jeunes)	2 50 à	4 50	maconnais	» 50 à	1 ..
de ferme	2 25	4 ..	italiens	» 55	» 90
Dindes nouv.	5 »	9 »	bizets	» 50	» 80
Oies nouvelles	6 »	8 50	**Poulets :**		
— (2e qté)	4 »	6 ..	nantais	2 50	4 50
Pintades	2 50	3 50	touraine	2 50	4 50
Lapins domestiques	1 50	3 ..	gâtinais	2 50	5 ..
			du Midi	1 50	2 50
Chevreaux	» »	» »	communs	1 ..	2 ..

Marché : Mêmes cours.

Cours fournis par MM. de Bridiers, Jouslin et Scelle, facteurs assermentés, 2, r. de Valois, Paris.

BESTIAUX.

La Villette, 6 novembre. — Bestiaux. — Vente lente sur le gros bétail, passable sur les veaux et les moutons, assez facile sur les porcs.

COURS officiels.	Amenés.	Vendus.	1re qualité	2e qualité.	3e qualité.	Prix extrêmes.
Bœufs	2.013	1.452	1 58	1 42	1 26	1 18 à 1 64
Vaches	463	409	1 54	1 34	1 18	1 12 1 60
Taureaux	165	158	1 42	1 34	1 22	1 16 1 46
Veaux	1.289	1.174	1 90	1 70	1 60	1 40 2 10
Moutons	7.784	7.150	2 08	1 88	1 66	» 56 2 16
Porcs	4.307	4.307	1 38	1 34	1 28	1 20 1 42

Marché du lundi 3 novembre.

	Amenés	Vendus	PRIX AU POIDS NET 1re qual.	2e qual.	3e qual
Bœufs	2.645	2.282	1 58	1 46	1 30
Vaches	698	577	1 56	1 34	1 22
Taureaux	131	131	1 42	1 36	1 24
Veaux	997	823	1 90	1 72	1 60
Moutons	10.861	6.975	2 04	1 76	1 62
Porcs	2.424	2.373	1 40	1 36	1 30

	PRIX AU POIDS VIF 1re qual.	2e qual.	3e qual.	Prix extrêmes.
Bœufs	» 97	» 82	» 67	» 62 à 1 02
Vaches	» 94	» 75	» 62	» 56 » 98
Taureaux	» 89	» 80	» 65	» 60 » 92
Veaux	1 14	1 02	» 84	» 72 1 28
Moutons	1 04	» 86	» 75	» 66 1 09
Porcs	» 94	» 90	» 86	» 80 » 96
Peaux de moutons en laine				» » » »
Id. id. demi-laine				» » » »

Viandes abattues. — Criée du 31 octobre.

		1re qualité.	2e qualité	3e qualité.
Bœufs	le kil.	1 .. à 2 20	1 05 à 2 ..	» 90 à 1 60
Veaux	—	1 74 1 86	1 60 1 70	1 44 1 56
Moutons	—	1 70 1 80	1 34 1 66	1 1 1 30
Porc entier	—	1 30 1 36	1 .6 1 26	1 1 1 10

Médaille d'Or. * Exposition Universelle 1889. * Médaille d'Argent.

VACHERIE à céder portes de PARIS. — 30 vaches normandes, 350 litres lait vendu 0 fr. 40 cent. Vendeur depuis 16 ans se retire après fortune. Loyer peu élevé. Bénéfices nets annuels, 12,000. On traitera avec 12,000 fr. argent ou sans argent avec garanties sérieuses. S'adresser à MM. LAPORTE et LEFRANC, 93, boul. Sébastopol, Paris.

Sont vendues les vacheries annoncées précédemment.

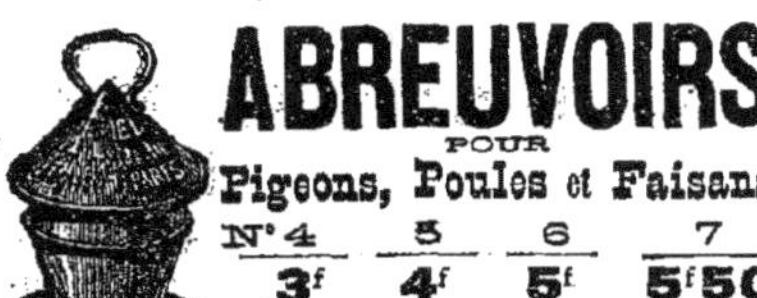

ABREUVOIRS
POUR
Pigeons, Poules et Faisans

N° 4	5	6	7
3f	4f	5f	5f50

Gariel, 2ter, quai de la Mégisserie
PARIS
Envoi de l'Album sur demande.

PONDOIR
DÉPOSÉ
Prix........6 fr 50.
R. GARIEL
2 ter, quai de la Mégisserie, PARIS
Abreuvoirs pour Poules et Faisans
RATELIERS A LAPINS
Envoi franco de l'Album sur demande

HUITRIÈRES DE JOUFFRIE-GODET
canton de Marennes.
Eugène YOU, à La Tremblade (Charente-Inférieure).

Contre mandat-postal de 7 fr., M. You expédie en grande vitesse, franco à domicile, une caisse de 5 kil. d'huîtres Marennes, vertes ou blanches, contenent, au choix de l'acheteur :

de 45 à 50 huîtres grosses (n° 1).
de 60 à 70 — moyennes (n° 2).
de 80 à 90 — petites (n° 3).

Contre mandat-postal de 4 fr., aux mêmes conditions, une caisse de 3 kil. contenant, selon n°, de 24 à 50 huîtres.

La dimension des huîtres n° 3, qui sont les plus petites, est de 6 à 7 centimètres de diamètre.

ACHATS & VENTES
DE
PRODUITS AGRICOLES, VINICOLES.
BOIS EN GROS.
CHAPITEL, 23, rue de Paris, Clichy (Seine).
Agents sont demandés.

L'Administrateur-Gérant : ALBERT RENOT.

Beauvais. — Imp. D. PERE. — A. CARTIER, Gérant.

PHARMACIE SAVARY

AMIENS, 33, Place Saint-Denis, 33, AMIENS
(EN FACE LE SQUARE).

PROVENDE AUX PHOSPHATES ASSIMILABLES
du Docteur DESCHAMPS.

Prix : 3 fr. le kilog.; 27 50 les 10 kilog. (Remises proportionnelles.)

Accroissement rapide des bestiaux, surtout chez les jeunes animaux, force nerveuse, fécondité, engraissement; prévient surtout la diarrhée chez les jeunes veaux. Qualité exceptionnelle du lait.

M. Lefebvre, cultivateur à Marcelcave, a élevé un veau en lui administrant de la Provende phosphatée pendant 60 jours : tué à 70 jours, ce veau pesait 193 kilog., chiffre officiel constaté à l'abattoir. La viande était très blanche, ainsi qu'est prêt à l'attester M. Oheix, boucher à Amiens.

Les attestations émanant des sommités françaises et anglaises les plus accrédités ont été données à M. SAVARY.

30 PRIX D'HONNEUR ET GRANDS PRIX, 250 MÉDAILLES OR, VERMEIL, ETC.
GRANDES CULTURES DE GRAINES POTAGÈRES, FOURRAGÈRES ET DE FLEURS

E. FORGEOT (* ✠) & Cie

Fournisseurs du ministère de l'Agriculture, des Ecoles nationales d'agriculture, des Syndicats agricoles, etc.
PARIS, quai de la Mégisserie, 6 et 8

Appareils spéciaux pour épurer et nettoyer les graines

SPÉCIALITÉ DE GRAINES DE GRANDE CULTURE
luzernes et trèfles garantis sans cuscute, minette, vesces, sainfoins trèfles incarnats betteraves carottes, navets, choux-navets, pommes de terre
Blés à grand rendement, Avoines, Orges, Seigles. Graines d'arbres pour reboisement
Graines de graminées pour prairies

Notre Maison ne vend que des graines de provenances sûres, assurant les meilleurs résultats ; elle accepte le contrôle de la Station d'Essais des Semences, établie à l'Institut agronomique par le Ministère de l'Agriculture, contrôle auquel nous sommes soumis dès sa création. En conséquence, nos graines sont garanties de levée et d'une pureté irréprochable ; nos trèfles et nos luzernes sont garantis sans un seul grain de cuscute.

Grande et importante **Spécialité de Créations de Prairies.** Nous nous chargeons d'établir des compositions convenant à la nature de chaque sol, et d'avance nous en assurons la réussite.

Sur demande, nous adressons *franco* nos catalogues illustrés de graines potagères, fleurs, arbres, fourrages, ognons à fleurs, plantes, etc.

VINS DU BEAUJOLAIS ET DE MACON.

A. BERNARD

propriétaire-viticulteur à Saint-Julien-en-Beaujolais (Rhône).

Le vin du *Beaujolais* est réputé pour un des meilleurs vins de table et *ses grands crûs* peuvent rivaliser avec ceux du Bordelais et de la Bourgogne.

Notre Vignoble, qui se reconstitue rapidement, est aujourd'hui en mesure de fournir à la consommation ses vins si appréciés.

Vin ordinaire 1889	100 fr.	la pièce.
Bonnes Côtes 1888 et 1889	130 à 150	—
Saint-Julien id.	160 à 200	—
Morgon, Fleurie, Thorins (grandes années)	250 à 300	—

Le tout logé et pris en gare du Vignoble.

La Propriété offre des greffes soudées, racinées, garanties. — Plants de choix. Reprise certaine.

Adresser les correspondances à Villefranche (Rhône), 44, rue de Thizy.

CRÉDIT AGRICOLE

UNION DES SYNDICATS AGRICOLES DE FRANCE
9, rue Marsollier, PARIS
Agence à LYON, 234, cours Lafayette, S. PLISSONNIER, Directeur * M. A.

MACHINES AGRICOLES DE TOUS SYSTÈMES
TOURTEAUX et FARINES pour la nourriture du bétail.
ENGRAIS CHIMIQUES et ORGANIQUES, MATIÈRES PREMIÈRES
SEMENCES DE PREMIER CHOIX.

DÉPOT LÉGAL

11e Année. — 2e Série. — N° 564. Dimanche 16 Novembre 1890.

GAZETTE  AGRICOLE

JOURNAL HEBDOMADAIRE, PARAISSANT LE DIMANCHE

Rédacteur en Chef : M. Ch. GOSSIN, Professeur d'Agriculture à l'Institut agricole de Beauvais

PRIX DE L'ABONNEMENT

UN AN, 5 fr. — SIX MOIS, 3 fr. — TROIS MOIS, 2 fr. 25

Pour l'étranger les abonnements ne sont reçus que pour un an, au prix de 6 *francs, et ne partent que du* 1er *janvier ou du* 1er *juillet de chaque année.*

Il est indispensable de joindre à toute demande de changement d'adresse la dernière bande d'adresse du journal et 50 centimes pour frais de nouvelles bandes.

Adresser les *Abonnements et Annonces* au secrétaire de la rédaction, **13, quai Voltaire, Paris**, ou à M. GOSSIN, rédacteur en chef et administrateur, à BEAUVAIS.

BUREAUX

13, quai Voltaire, Paris, et à Beauvais.

Les abonnements partent du 1er de chaque mois et sont payables d'avance. Toute demande d'abonnement doit donc être accompagnée du prix de l'abonnement. (Le mode de payement le plus simple est l'envoi d'un mandat-poste.)

Donner *très lisiblement*, en s'abonnant, son nom et son adresse exacte, *avec l'indication du bureau de poste*; et, s'il s'agit d'une continuation d'abonnement, joindre au renouvellement la dernière bande d'adresse du journal.

La GAZETTE AGRICOLE insère gratuitement les Communications des Syndicats agricoles

PRIMES GRATUITES (voir à la page 542)

SOMMAIRE :

PARIS, 14 NOVEMBRE.

Les républicains n'ont pas eu de supérieurs, en paroles du moins, depuis un siècle, dans leur énergie à combattre les abus et les privilèges. En cet art là, d'ailleurs fort honorable, ils sont, le Bonhomme Deschamps le répète, passés maîtres. Vous savez comment brouillant tout, les mœurs, les usages, les habitudes, ils représentent d'ordinaire l'ancien régime — qui n'était pas parfait, — comme une exploitation de l'immense majorité du pays par une minorité de privilégiés. Cette passion est-elle bien désintéressée? Les républicains ont-ils en juste horreur les abus et les privilèges parce que ce sont des inégalités? Ne leur font-ils pas plutôt la guerre ou quand ils en souffrent ou quand ils n'en profitent pas? C'est non dans leurs paroles, mais dans leur conduite de chaque jour, qu'il faut chercher la réponse à cette question. Or, vous avez eu depuis quinze ans plus d'une fois l'occasion d'éprouver à vos dépens qu'ils sont grands partisans des abus et des privilèges quand eux ou les leurs en sont les bénéficiaires.

∴

A l'appui de cette thèse qui, pour le Bonhomme Deschamps, est une vérité, rien de plus instructif que ce qui se passe depuis une quinzaine de jours à Toulon. Il faut que vous sachiez que le maire républicain de cette ville a été arrêté en plein théâtre comme accusé de complicité dans un crime d'avortement. M. Fouroux, — tel est le nom de l'accusé — est toujours enfermé, et l'instruction de l'affaire suit son cours. Vous devinez facilement l'émoi que cette arrestation et les motifs qui l'ont déterminée ont jetés dans la ville de Toulon. Fort heureusement pour l'honneur de l'espèce humaine et pour la morale, les crimes de ce genre sont relativement rares et plus rares encore ceux où un magistrat municipal d'une grande ville peut être impliqué. Etant données ses habitudes de grande et juste réserve en pareille matière, la presse conservatrice s'est bornée, dans les premiers jours, à mentionner le fait sans commentaire. Elle n'en a pas pris occasion ou prétexte pour attaquer le parti républicain, se servant d'une brebis galeuse pour mettre à l'index tout le troupeau. On laisse à penser si les journaux républicains se seraient comportés de même façon si M. Fouroux, au lieu d'appartenir à l'opinion républicaine, avait été conservateur.

∴

Mais ce n'est pas surtout de cela qu'il s'agit. Ce qui a stupéfait le Bonhomme Deschamps et tous les honnêtes gens sans parti pris, çà été les observations d'un cynisme qu'on voudrait croire inconscient, auxquelles a donné lieu, dans le monde républicain, l'arrestation du maire de Toulon. A lire les journaux républicains, il appert que la justice, sous la troisième République, ne saurait être égale pour tous. La magistrature devrait être borgne de l'œil gauche, ne devant voir que les délits ou les crimes commis par les conservateurs. N'allez pas croire que le Bonhomme Deschamps invente cette énormité, elle est une sorte de momerie courante dans tous les journaux républicains. Suspecter un maire républicain! Arrêter un maire républicain! A quoi donc le parquet de Toulon a-t-il songé en procédant avec ce sans-façon égalitaire? Est-ce que nous ne vivons pas en République, et du fait que la République existe, les républicains ne devraient-ils pas être l'objet d'égards particuliers? N'est-il pas révoltant que les conservateurs et les républicains soient devant la loi sur le même pied et dans la même posture? Evidemment les magistrats de Toulon qui ont procédé de la sorte ne peuvent être que de vils suppôts de la réaction.

∴

Pour peu qu'on les pressât, ces défenseurs maladroits de M. Fouroux iraient presque à prétendre que le parquet de Toulouse est seul coupable de l'avortement. Et pourtant ce ne sont pas ses magistrats qui ont fait la cour à Mme de Jonquières, cherché et trouvé une sage-femme, loué une barque et jeté le fœtus dans la mer? Le Bonhomme Deschamps, l'instruction n'étant pas encore terminée, se gardera bien d'accuser M. Fouroux; les débats établiront la culpabilité et la responsabilité d'un chacun. Mais du moment où il y avait des préventions contre M. Fouroux, il est inadmissible que sa qualité de magistrat municipal lui assurât des privilèges qui, dans les mêmes conditions, auraient été catégoriquement déviés à tout autre accusé. Tous les Français sont-ils ou non égaux devant la loi? A cette question aussi nettement posée, les républicains n'oseraient répondre non. Mais comme dans le fond du cœur et comme dans la pratique, ils seraient ravis de voir la magistrature française faire deux catégories d'accusés, et surtout admettre en faveur des républicains des tempéraments exceptionnels!

∴

Ainsi, voilà où nous en sommes sous la troisième République, cent ans après la proclamation des Droits de l'Homme! Il y a à l'état plus ou moins dissimulé dans le parti républicain, une tentative de rétablir à son profit les abus les plus criants des régimes qu'il a le plus attaqués. Si politiquement il réserve tous les emplois et toutes les faveurs pour ceux qui lui appartiennent ou qui font vœu d'être siens, il lui faut encore, par surcroît, une justice qui ne s'exerce que contre ses adversaires. Voilà qui sort, on en conviendra, des limites permises. Que dans le choix de ses agents, un gouvernement se montre plus ou moins sectaire, c'est une conduite plus ou moins habile et plus ou moins politique. Elle n'a, en tout cas, rien qui offusque la justice. Elle est justiciable du bon sens, mais non de la morale. Il n'en va pas ainsi lorsqu'il s'agit de la justice qui doit être égale pour tous, fournissant aux petits comme aux puissants, à la droite comme à la gauche, les mêmes garanties, et courbant tous les Français sous un même joug.

* * *

Eh bien ! à la connaissance du Bonhomme Deschamps, rien n'éclaire mieux le fond des cœurs républicains et les prétentions de nos maîtres, que le langage de la presse de gauche dans l'affaire de Toulon. Ses attaques contre des magistrats qui ont fait leur devoir, jointes à son étonnement que le parquet de Toulon ne se soit pas arrêté dans ses investigations devant la qualité d'un maire républicain, doivent faire voir aux moins clairvoyants où en veut venir le parti républicain. On lui savait déjà toutes les arrogances d'une oligarchie, il travaille à en satisfaire toutes les convoitises Evidemment, pour nos maîtres, des privilèges sont excellents quand on en profite !

Le Bonhomme Deschamps.

NOUVELLES DE LA SEMAINE

Elections sénatoriales. — Le renouvellement, pour un tiers, du Sénat, aura lieu le 4 janvier prochain. Ce sont les départements de l'Orne à l'Yonne, en suivant l'ordre alphabétique, qui sont appelés à renouveler leurs sénateurs. On ne peut imaginer jusqu'à quel point la candidature officielle est cultivée par les préfets républicains. Tous les fonctionnaires ont reçu des instructions et des ordres pour obtenir par tous les moyens honnêtes ou non, violents même, l'élection des candidats officiels.

Les séminaristes dans l'armée. — Les séminaristes sont arrivés au régiment. Nos bons radicaux comptaient déjà que ces jeunes gens seraient reçus à la caserne au bruit des grossièretés de certains voyous de leur acabit et s'en réjouissaient. Aussi poussent-ils des cris de rage à la nouvelle que le général de Négrier a fait publier l'ordre du jour suivant :

Toute brimade, toute mauvaise plaisanterie sera considérée comme une faute grave et punie de prison

Les chefs de chambrée seront rendus responsables au même titre que les coupables.

Les propos grossiers seront absolument proscrits, les chefs de chambrée y veilleront.

Les hommes doivent avoir entre eux les égards que comporte la noblesse de leur état de soldat.

Il faut entendre les clameurs des radicailleurs et voir la belle façon dont ils traitent le héros du Tonkin. Aussi n'y aurait-il rien d'étonnant à ce que l'hypothèse émise l'autre jour par un républicain de bon sens ne se réalisât : la demande par un sectaire ombrageux de « la laïcisation de l'armée et l'expulsion des séminaristes de la caserne. » Et ce républicain rare ajoute :

Il ne faudrait pas trop s'en étonner, car le fanatisme a de ces retours. Après avoir fait tant d'efforts pour que les élèves-curés, au lieu d'être simplement incorporés dans les brancardiers et de manier des « Lebel » d'hôpital, fussent versés dans la portion active et combattante des régiments, on s'apercevra peut-être un jour qu'ils restent pieux en devenant braves. Il y a des esprits indépendants que cela charmera. Il y a de prétendus libres-penseurs que cela désespérera.

Nous savions bien que les calculs étroits et bêtes de ceux qui ne voyaient dans une si belle et si grande réforme qu'un moyen de gêner le recrutement du clergé, par conséquent de porter atteinte à la liberté de conscience d'un grand nombre de citoyens français, seraient déçus par l'événement.

Les prêtres en herbe dont on suspendra les études théologiques pour leur enseigner la théorie et la manœuvre, feront de bons soldats et se plieront avec une discipline exemplaire aux efforts qu'on exigera d'eux. Ils formeront dans les casernes des groupes attentifs, obéissants et laborieux. Peut-être gagneront-ils ainsi qu'on leur accorde enfin ce qu'ils souhaitent, à savoir de ne pas combattre, de ne pas donner la mort, mais de relever les blessés seulement et de leur sauver la vie.

Il nous a paru bon de reproduire ces réflexions d'un journaliste républicain et de constater que déjà l'appel des séminaristes a fourni des résultats contraires à ceux que l'on attendait.

Les ouvriers étrangers en France. — *A la suite d'ordres ministériels, tous les ouvriers* employés aux ouvrages de défense nationale, qui ne pourront pas justifier de leur titre de Français, vont être immédiatement congédiés Voilà une excellente mesure.

PRIMES A NOS ABONNÉS.

L'ALMANACH FRANÇAIS *pour 1894 vient de paraître à la Librairie nationale.*

L'administration de la Gazette agricole *met* gratuitement, *comme l'année dernière, cet Almanach à la disposition de ceux de nos abonnés et lecteurs qui manifesteront le désir de le recevoir* et joindront à leur lettre 15 centimes *en timbres poste pour frais de port.*

Tout abonné qui renouvellera son abonnement, soit à l'expiration, soit par anticipation, par l'envoi d'un mandat-poste de 5 francs, recevra de droit, gratuitement *et* franco, *l'*ALMANACH FRANÇAIS.

L'ALMANACH FRANÇAIS *est mis gratuitement à la disposition de tous nos abonnés anciens ou nouveaux dans nos bureaux, à Paris, 13, quai Voltaire, et à Beauvais.*

SEMENCES CHOISIES.

Afin de mettre nos abonnés cultivateurs à même d'expérimenter sur *leur propre terrain* les variétés de blé à haut rendement qu'il importe tant de substituer aux variétés médiocres trop communes dans notre pays, nous mettons à leur disposition, à titre de prime, et indépendamment de l'*Almanach Français*, des semences de choix des meilleures variétés de blé.

Bien entendu, la quantité à distribuer à chacun ne peut pas être grande, mais elle suffira pour permettre de faire une première expérience sérieuse et de la continuer l'année suivante sur une plus grande étendue.

Nos abonnés pourront choisir entre les variétés d'automne suivantes :

Blés : Aleph — de Noé — Rouge d'Ecosse — Browick — de Challeng — Chiddam d'automne à épi blanc, — id. à épi rouge. — Dattel — Goldendrop — Hallett — Hunter — Lamed — Kissengland — de Miracle — Montagnard barbu (très productive, même dans des sols médiocres) — Poulard d'Australie — Richelle blanche de Naples — Roseau — Rouge inversable de Bordeaux — de Saumur — Sheriff à épi carré — Victoria d'Automne.

Avoines : Noire d'hiver de Belgique (produits considérables, mais craint hiver très rigoureux).

Grise d'hiver (très résistante aux gelées).

Seigle de Schanstedt à semer de suite. Rendement extraordinaire. Tiges de 2m25 à 2m50 de hauteur. Epis, moyenne de 0m20 de hauteur.

Les semences, d'une qualité irréprochable, proviennent de la maison Forgeot, 6, quai de la Mégisserie, Paris, qui, rappelons-le, s'est soumise au contrôle de la station d'essais établie par le ministère de l'agriculture à l'Institut national agronomique de France.

C'est dire qu'elles offrent toutes garanties au point de vue de la pureté d'espèce et de la qualité germinative.

Pour les semailles de printemps, nous ajouterons à notre liste un certain nombre d'autres variétés de blé, quelques avoines et aussi des graines potagères et des graines de fleurs, et ce à l'intention de nos charmantes lectrices.

Nos abonnés nous sauront certainement gré des sacrifices que nous nous imposons pour leur être agréables et surtout utiles.

Pour recevoir un paquet d'une des variétés indiquées ci-dessus, il suffit, pour nos abonnés, de nous envoyer, en en faisant la demande, 0 fr. 45 c. en timbres-poste pour les frais d'affranchissement.

Quant aux abonnés nouveaux, ou à ceux qui renouvellent leur abonnement à l'échéance ou par anticipation, ils recevront la prime *gratuitement et franco*, à la condition de nous envoyer, en un mandat, cinq francs, prix net de leur abonnement, et de nous éviter ainsi les frais relativement très lourds de recouvrement par la poste.

Ch. Gossin.

Nota. — A cause de l'époque, nous recommandons surtout, comme pouvant être semées *tardivement*, les variétés suivantes : Blés, *Victoria blanc*, — Chiddam d'automne, — Roseau, — de Noé, — Schériff, — Rouge de Bordeaux, Hunter.

AVIS.

Les demandes de primes ont été excessivement nombreuses; nous ne nous en plaignons pas. Mais à cause de cette multiplicité, peut-être quelques légers retards ont-ils été apportés à un certain nombre d'expéditions. Tout a été envoyé; une dizaine de réclamations seulement nous ont été faites, nous les avons renvoyées à qui de droit, c'est-à-dire à la poste, tout en réparant, par de nouveaux envois, la négligence de celle-ci.

Nous avons dû aussi, certains échantillons étant épuisés, les remplacer par d'autres variétés équivalentes.

Nous rappelons que nous continuerons la distribution des semences d'élite (céréales de printemps, légumes et fleurs). Très prochainement, sans attendre l'époque du printemps, nous donnerons la liste des variétés et des espèces à choisir.

Dès à présent, les abonnés qui renouvellent leur abonnement par l'envoi d'un mandat de 5 fr., ont droit à cette prime qu'ils choisiront plus tard ; il en est de même des abonnés nouveaux.

Une Requête à nos Abonnés.

Dans un but de propagande utile en faveur de la *Gazette agricole*, nous demandons instamment à ses amis et abonnés de vouloir bien nous envoyer les noms et adresses des personnes, auxquelles d'après eux, le journal pourrait convenir.

Il sera envoyé à ces personnes, à titre gratuit, bien entendu, plusieurs numéros d'essai.

FABRICATION DU CIDRE.

Vive le cidre de Normandie!
Rien ne fait sauter comme ça,
Et cette tisane-là,
Guérit toute maladie!

Voilà, on en conviendra, un bel éloge, et franchement il est presque mérité. Car, quand le cidre est bien fait, il constitue une boisson aussi délicieuse que salutaire, mais malheureusement, combien de négligence et de procédés routiniers et absurdes dans sa fabrication, et combien de cidres qui ressemblent à du mauvais vinaigre.

Rien cependant de plus simple qu'une bonne fabrication du cidre, rien de plus à la portée de tout le monde, du petit ménager comme du grand propriétaire, du citadin, comme de l'habitant des campagnes, surtout avec le procédé de lixiviation qui est de beaucoup préférable à l'ancienne méthode.

On sait que cette ancienne méthode, qui est encore la plus répandue, consiste à piler les pommes et à en exprimer le suc à l'aide de fortes presses. Celui-ci, à la température de 10 à 15 degrés, entre en fermentation comme le jus de raisin, et la matière sucrée qu'il contient se transforme en alcool et en acide carbonique.

Le cidre obtenu après la première pression, est ce qu'on appelle le gros cidre. Les pommes en fournissent environ la moitié de leur poids.

Une fois le gros cidre obtenu, on ajoute au marc broyé les deux tiers de son poids d'eau, on les soumet une seconde fois à la presse, et on obtient, après la fermentation, un petit cidre renfermant peu d'alcool et non susceptible de se conserver, mais très agréable au goût à cause de l'acide carbonique qu'il dégage peu après sa préparation. C'est ce cidre que l'on consomme d'abord dans les ménages.

Pour en faire un cidre de garde et de qualité, en d'autres termes, pour lui donner de 5 à 6 degrés d'alcool, les malins n'hésitent pas à suivre le procédé de sucrage que nous avons déjà indiqué bien des fois, soit par l'addition de sucre blanc à l'eau tiède versée sur les marcs, suivant la proportion de 18 kil. de sucre à droits réduits pour 5 hectol. de pommes, soit, mieux encore, par l'addition de raisins secs, suivant le procédé de M. Audibert (rue des Minimes, Marseille), procédé qui a été décrit dans la *Gazette agricole* du 9 novembre, ou de l'excellente liqueur Bichon, de Montpellier (Hérault), laquelle améliore les cidres d'une façon vraiment surprenante et très économique. Les prospectus de M. Bichon indiquent la manière de procéder, qui est des plus simples.

Nous préférons, avons-nous dit, aux anciens procédés, la méthode dite par macération ou *lixiviation, perfectionnée par deux habiles praticiens* normands, MM. Hauchecorne et Boudeville, et que leur digne émule, M. Delaville, le *savant professeur d'horticulture de l'Institut* agricole de la Société d'horticulture de Beauvais, propage en Picardie avec tant de zèle.

Entre autres avantages, cette méthode rend la fabrication du cidre possible, facile même à tous, puisqu'elle supprime ces appareils coûteux, *encombrants, défectueux, qu'il n'est pas* donné à tout le monde de posséder et dont l'installation exige de vastes locaux.

Nos lecteurs nous sauront donc gré de le leur faire connaître et de leur résumer cette année encore les conseils si pratiques que notre excellent collègue, M. Delaville, donne aux cultivateurs de l'Oise.

Est-il nécessaire de dire que la qualité du cidre dépend surtout de la nature des pommes employées?

Celles-ci doivent être de grosseur moyenne, plutôt petites que trop volumineuses, fermes, légères, ne donnant pas trop de jus.

A la dégustation, elles prennent une teinte rosée, du moins au bout de quinze à vingt-cinq minutes. Il faut, comme disent les Normands, que les pommes demandent à boire.

Les pommes à cidre sont de diverses sortes. Il en est d'acides, de douces, de sucrées, d'amères et d'âcres.

Les pommes acides doivent être complètement rejetées. Si elles donnent un jus abondant, clair et léger, le cidre est sans force, il possède une saveur désagréable, noircit vite et fatigue plus vite encore l'estomac.

Les pommes douces donnent peu de jus. Le cidre est clair, peu coloré, agréable tant qu'il est sucré, mais il devient amer lorsque la fermentation s'avance : il contient seulement de 3 à 4 0/0 d'alcool. Il faut absolument l'enrichir par le sucre, par le raisin sec ou par la liqueur Bichon.

Les pommes sucrées offrent une boisson plus forte que la précédente, mais sans couleur.

Les pommes amères et âcres fournissent un jus plus coloré, fermentant beaucoup. Le cidre est généreux et susceptible de se conserver pendant plusieurs années.

Est-ce à dire qu'il faille uniquement se servir de ces dernières? Non, le mieux est de les mélanger à parties égales avec des pommes sucrées et parfumées; c'est ainsi que l'on obtient le meilleur cidre.

Bien entendu, les unes et les autres devront être arrivées à parfaite maturité, laquelle aura dû s'achever *doucement en tas couvert*. Mais surtout, gardons-nous de les laisser pourrir ou moisir dans ces tas, suivant ce préjugé absurde d'après lequel on ne ferait du bon cidre qu'avec des pommes pourries et de l'eau sale des mares de purin et de saletés.

Mais ce qu'il y a de curieux, c'est que ce préjugé est tres répandu. Papa Routinet prétend que la fermentation purifie tout, et que cette fermentation est activée par la présence dans l'eau de ces ordures. Il ne veut pas comprendre, ce brave papa Routinet, que les ferments qui agissent ainsi sont des ferments putrides qui corrompent le cidre et le rendent insalubre et insupportable au bout de quelques mois.

Sans aucun doute, l'eau la meilleure est l'eau de pluie conservée dans des citernes et l'eau de rivière.

Quant à l'eau de puits, elle est également bonne quand, n'étant plus trop chargée de calcaires, elle dissout le savon et fait cuire les légumes. Si elle n'a pas ces qualités, il est facile de les lui donner en y mélangeant, par litre, gros comme un pois de sous carbonate de soude, de ce que les ménagères appellent des cristaux. Charles Gossin.

(A suivre.)

L'ÉPANDAGE DES ENGRAIS

A quelle époque faut-il épandre les engrais, à l'automne ou au printemps ?

Quant il s'agit de phosphate, de scories, de superphosphate ou de chlorure de potassium, il n'y a point d'époque plus favorable l'une que l'autre, si on enterre ces engrais. Car il est *aujourd'hui certain que ces quatre engrais sont* absorbés par le sol, au point de ne pas suivre les eaux qui traversent les couches arables.

Ainsi faisons une expérience : empruntons à la ménagère le petit entonnoir de fer blanc qui lui sert à la cuisine. Emplissons-le de terre végétale. Ajoutons à cette terre du phosphate, des scories, du superphosphate et du chlorure de potassium. Mélangeons bien ces engrais avec la terre. Puis versons de l'eau goutte à goutte sur la terre qui est dans l'entonnoir. Bientôt cette eau, passant au travers de cette terre, tombera aussi goutte à goutte par le tuyau de l'entonnoir. Recueillons cette eau dans une petite bouteille et portons-la chez un chimiste pour la faire analyser.

Ce chimiste n'y trouvera que de l'eau claire et filtrée. Il n'y constatera la présence d'aucune portion d'acide phosphorique ni de potasse.

En conséquence, pourvu que nous les enterrions par un labour ou un fort coup de herse, nous n'avons à craindre aucune perte dans nos phosphates, scories, superphosphates et potasses. Et ce que nos plantes ne consommeront pas restera pour les récoltes suivantes, malgré les pluies.

Ne craignons donc pas d'enterrer dans nos labours d'automne une bonne provision de nourriture pour nos blés, c'est-à-dire une bonne provision de phosphate, ou de scories, ou de superphosphate.

Si le blé ne consomme pas tout, le reste servira aux récoltes suivantes ; car la terre est un garde-manger pour les plantes.

LES SCORIES DE DÉPHOSPHORATION.

Tous les essais de fumure, à l'aide des scories Thomas très finement pulvérisées faits en Allemagne, en Belgique, en Angleterre et en France ont confirmé l'efficacité de ces engrais phosphatés. Les scories ont rapidement conquis la faveur de l'agriculture, surtout depuis que les producteurs apportent des soins de plus en plus grands à la mouture de cette matière. Des expériences ont, en effet, démontré que le résultat obtenu à l'aide de ce phosphate dépend à un haut degré de la finesse de son grain. On peut considérer comme étant de bonne qualité un produit qui laisse passer 75 0/0 de poudre fine à travers un tamis, à maille de 0.017 milimètres.

Il peut y avoir des doutes sur l'assimilation *rapide* de l'acide phosphorique de certains phosphates minéraux (1); tous les agronomes ne sont pas du même avis sur cette question. Mais, il n'existe plus le moindre doute sur la parfaite assimilation de l'acide phosphorique des scories de déphosphoration, principalement pour les plantes à longue végétation. Les agronomes les plus competens: MM. Wagner, Marcker, Fleischer, Grandeau, Pétermann et autres sont unanimes à considérer les scories comme un engrais phosphaté des plus recommandables. M. Wagner considère toutefois qu'il faut 2 kilogr. d'acide phosphorique des scories pour produire le même effet qu'avec 1 kil. d'acide phosphorique provenant du superphosphate. D'autre part, les expériences de M. Pétermann tendraient à prouver que l'acide phosphorique des scories a la même valeur agricole que l'acide phosphorique du superphosphate, même sur des céréales de mars. Toutefois, il faut considérer que la proportion de chaux libre que renferment les scories peut agir sur les matières organiques du sol, en faciliter la nitrification et par conséquent augmenter la quantité d'azote mis à la disposition des plantes. Il résulte de cette considération que les effets de l'acide phosphorique peuvent être, en partie, masqués. Dans des expériences comparatives entre des parcelles fumées avec des scories et du superphosphate, on pourra obtenir des récoltes égales; seulement dans le premier cas, la chaux libre aura provoqué la transformation rapide de l'azote organique en azote nitrique rapidement assimilable, et ce supplément d'azote se sera naturellement fait sentir sur la récolte. Les récoltes obtenues pourront donc être égales, seulement la parcelle fumée aux scories devra être plus épuisée en matières organiques azotées que celles fumées avec du supersphosphate ou des phosphates minéraux. Les scories provoquent nécessairement, dans certains sols, la réaction que l'on obtient par le *chaulage*. Or, il ne faut pas oublier qu'un vieux proverbe dit que : le chaulage enrichit le père et ruine le fils. Ce qui veut dire que le chaulage rend *disponibles* les réserves emmagasinées dans ce sol; si donc on épuise ces réserves sans restitution rationnelle, il arrive un moment où la récolte diminue fatalement. Cet épuisement n'est pas à craindre avec les scories lorsqu'on leur associe une proportion suffisante des autres éléments nutritifs; l'azote et la potasse. M. Péterman a, du reste, démontré, par des expériences précises, que l'acide phosphorique des scories, abstraction faite de la chaux qu'elles contiennent, a une action fertilisant très marquée.

La consommation des scories Thomas va toujours en augmentant. L'Allemagne, qui produit le plus de scories de déphosphoration, non seulement consomme chez elle des quantités considérables de cet engrais, mais elle en exporte largement en Norwège, en Russie et en Danemarck. L'exportation de ce pays sur la Belgique et la France est aussi très importante.

Il est difficile de connaître la quantité réelle de scories qui est importée en France, car les documents des douanes comprennent les scories sous la dénomination de phosphate ou d'engrais non dénommé.

L'exportation de l'Allemagne pour les divers pays dont nous venons de parler peut servir de *criterium* pour mesurer l'importance croissante de la consommation. Voici quelle a été cette exportation :

Sur les 8 premiers mois de 1890 53.927 t.
Sur les 8 premiers mois de 1889 25 785 t.

La quantité expédiée en plus sur les huit premiers mois de 1890 est donc de 28,142 tonnes; ces chiffres démontrent bien que la sommation des scories Thomas devient de jour en jour plus considérable.

Les terrains qui manquent de chaux sont tout particulièrement indiqués pour l'emploi à haute dose des scories. Les terres silico-argileuses et les prairies tourbeuses donneront d'excellentes récoltes en les fumant avec de fortes doses de scories, 1,000 à 1,500 kilog. à l'hectare. Dans des expériences faites par M. Albert Orban, à Quareux, les scories ont même été employées à la dose de 2,000 et de 2,500 kil. à l'hectare.

Pour terminer cette courte étude, qui n'a pour but que de rappeler l'attention de nos lecteurs sur un engrais phosphaté de grande valeur, nous ne pouvons mieux faire que de donner les conclusions d'un remarquable travail de M. Pétermann, sur la question qui nous occupe :

« La scorie de déphosphoration finement moulue constitue une matière fertilisante d'une haute valeur.

« Dans nos expériences entreprises avec deux céréales d'été (froment et avoine), cultivées dans deux sols pourvus en excès des autres éléments nutritifs essentiels, l'assimilation de l'acide phosphorique des scories s'est faite promptement.

« L'augmentation de la substance organique produite a été très importante dans le sol sablonneux ne renfermant que 0.1 pour mille d'acide phosphorique; elle a été moins considérable, mais toujours manifeste, dans le sol sablo-argileux à 0.65 pour mille d'acide phosphorique.

« La chaux libre contenue dans la scorie de déphosphoration a été sans action, quoique les sols expérimentés doivent être classés parmi ceux qui sont assez pauvres en chaux, l'un n'en renfermant que 2.37, l'autre 1.55 pour mille.

« La forte proportion de protoxyde et de peroxyde de fer, contenue dans la scorie de déphosphoration, n'a pas été nuisible à la production des céréales, ni à l'élaboration du sucre dans la betterave et de la fécule dans la pomme de terre.

« Nous nous abstenons de parler dans nos conclusions de la valeur relative de l'acide phosphorique des scories et du superphosphate. S'il est vrai que dans nos essais le rapport a été presque de 1 : 1, il importe d'attendre les résultats d'expériences faites avec d'autres plantes et dans d'autres conditions avant de se prononcer définitivement sur cette question. Le but de nos recherches était simplement d'étudier si l'acide phosphorique de la scorie se trouve sous un état que l'on peut considérer comme favorable à la nutrition végétale.

« Nous admettons aussi qu'il existe des cas où la chaux libre des scories, sans effets dans nos essais exécutés dans des conditions spéciales, mais parfaitement déterminées, a sa part d'action dans l'effet dû à l'emploi de cette matière fertilisante : sols acides, riches en matières organiques, etc. »

Ces conclusions émanant d'un agronome de la valeur de M. Pétermann permettent d'employer les scories sans hésitation, de préférence toutefois sur les terrains très argileux et sur tous ceux qui réclament de la chaux en même temps que de l'acide phosphorique. Dans les terres calcaires, les sols légers, le superphosphate donnera toujours des résultats plus marqués et plus certains.

DE MAIZIÈRES.

(1) Il est cependant des phosphates minéraux d'assimilation rapide et complète; parmi ceux-là les phosphates de Quiévy, d'après de nombreux essais comparatifs, occupent le premier rang.

(N. DE LA RÉD.)

Nouvelles agricoles.

Situation commerciale par rapport au blé. — Voici, d'après l'*Evening Cora Trade List*, la situation statistique du blé au 1er novembre 1890, comparée avec celle des deux années précédentes à la même époque :

STOCKS	1890	1889	1880
—	hectol.	hectol.	hectol.
En mer......	7 087.600	6.931.000	9.048.000
Royaume Uni	6 090.000	5.727.500	7.250.000
Etats-Unis..	13.746.000	17.023.000	16.135.600
Ports français	725.000	2.044.500	3.120.400
Paris (blé et farine) ..	216.500	420.500	635.100
Berlin, Dantzig et Stettin	270.400	836.500	638.000
Odessa.......	2.175 000	3.190.000	4.06[illegible].000
Totaux....	30 [illegible]90.500	36.163,000	40.887.100

Nous disions que cette situation était de nature à être prise en sérieuse considération par le commerce; elle établit que les stocks sont bien difficiles à reconstituer, par la raison que le dégarnissement n'a peut-être jamais été si général en consommation.

* *

Les expéditions en blé de la Russie se sont élevées, pour la semaine du 18 au 25 octobre 1890, à 930,784 hectolitres, contre 797,500 hectolitres pour la semaine correspondante de l'année dernière.

Le total expédié depuis le 26 juillet dernier est de 10,379,969 hectolitres, contre 11,107,426 hectolitres pour la période correspondante de 1889.

* *

Les expéditions des Etats-Unis sur l'Europe se sont élevées, pour la semaine du 25 octobre au 1er novembre, à 535,050 hectolitres contre 379,900 hectolitres la semaine dernière, et 269,700 hectolitres pour la semaine correspondante de 1889.

Les stocks visibles aux Etats-Unis ont augmenté de 1,520,354 bushels, ou 532,124 hectolitres; ils se chiffraient, au 1er novembre, par 7,432,383 hectolitres, contre 8,999,727 hectolitres à la date correspondante de l'année dernière; c'est une différence en moins pour cette année, de 1,567,344 hectolitres.

* *

Les expéditions des Indes ont été moins importantes; elles se sont élevées, pour la semaine du 25 octobre au 1er novembre, à 188,500 hectolitres, contre 266,800 hectolitres la semaine précédente et 263,900 hectolitres pour la semaine correspondante de l'année dernière. Le total, depuis le début de la nouvelle campagne, est de 5,931,700 hectolitres, contre 5,750,700 hectolitres pour la période correspondante de l'année dernière.

* *

Les quantités de blé et farine pour blé, flottantes à destination de l'Europe, tant par voiliers que par steamers, sont plus élevées que celles de la semaine dernière et supérieures de

159,500 hectolitres à celles de la date correspondante de l'année dernière. En voici les chiffres, y compris les chargements avisés des Etats-Unis et des Indes, depuis le 1er novembre, par dépêche :

Destination	1890	1889
—	hectol.	hectol.
Royaume-Uni	5.196.800	5.347.600
Continent	1.890.800	1.580.500
	7.087.600	6.928.100
Semaine précédente...	6.765.700	6.902.600

Voici la note communiquée aux journaux sur la délibération du conseil des ministres, concernant la crise betteravière :

« Le ministre de l'agriculture expose la situation de l'industrie betteravière. Il rappelle les plaintes formulées par les fabricants de sucre contre l'application de la loi du 9 août dernier, qui a porté de 20 à 30 fr. le droit sur les sucres indemnes et contre l'élévation à 7,75 0[0 de la prise en charge pour la campagne 1890-91.

« Il a fait procéder à une enquête dans les départements où l'on cultive la betterave, et il en résulte que les plaintes des fabricants sont fondées, du moins en partie. La richesse saccharine de la betterave n'a pas atteint le degré prévu. On l'évaluait à 10.50 0/0; elle n'atteint que 9.60 0/0. En outre, sur une récolte de 6 milliards 200 millions de kilg., 300 millions de kil. de betteraves ont dû être refusés par les fabricants. Il expose que, grâce à la température qui règne depuis quinze jours, la richesse saccharine pourra s'améliorer pour les betteraves non encore arrachées ou mises en silo.

« Le conseil charge le ministre des finances d'étudier la question au point de vue fiscal.

Les tribunaux agricoles. — Les agriculteurs verraient avec plaisir l'organisation de tribunaux spéciaux, des prud'hommes par exemple, comme il en existe déjà au profit des ouvriers et patrons des différents corps d'état, et comme il va en être créé pour les employés de commerce, si la Chambre adopte la proposition de loi récemment déposée.

Il y a un grand nombre de procès qui seraient évités, ou tout au moins plus promptement et plus économiquement terminés devant les conseils de prud'hommes agricoles dont les membres jugeraient avec une plus grande compétence que les tribunaux ordinaires, dans des questions qui leur seraient familières.

Puisque le vent est aux réformes et aux améliorations agricoles, en voilà une bien faite pour occuper l'activité et le zèle de nos honorables représentants.

Exposition de Bordeaux en 1891. — Une exposition universelle et internationale est en voie d'organisation à Bordeaux. Cette exposition s'ouvrira le 1er mai 1891 pour se terminer le 5 novembre. Elle aura lieu dans le domaine de Mondésir, à Caudéran-Bordeaux, d'une superficie de 60,000 mètres carrés, dont 30,000 seront clos et couverts. Le quatrième groupe comprendra l'agriculture, la viticulture, l'horticulture, etc. L'administration de cette exposition a son siège aux allées de Tourny, 7, à Bordeaux.

Le crédit agricole. — La proposition de loi de M. Antonin Proust, sur l'organisation du crédit agricole, a été distribuée à la Chambre.

Cette proposition tend notamment, on le sait, à autoriser la Banque de France à ouvrir aux cultivateurs, sous certaines garanties, des crédits dont le montant ne doit jamais dépasser 10,000 francs.

CONSEILS DU VIGNERON

LE VIN CUIT.

Le moût de vin blanc cuit, de raisins frais ou de raisins secs, bien préparé, devient un vin de liqueur fort agréable à boire en famille et sans danger pour les enfants, parce qu'il n'est pas très spiritueux, à moins que le terroir d'où provient le raisin ne produise du vin très capiteux. Dans les grandes chaleurs même, cette boisson, étendue d'eau, est pour les enfants un rafraîchissement aussi salutaire qu'agréable, parce qu'ils peuvent tremper du pain dans ce breuvage, ce qui leur plaît beaucoup et donne du ton au corps, affaibli par la chaleur et la transpiration.

Dans les pays où le vin est de très bonne qualité, il suffit de faire réduire d'un tiers, par la cuisson, le moût de vin et de le mettre ensuite dans un petit baril, où il fermente. Comme la fermentation est lente, il convient de donner au baril une bonde percée, à laquelle on adapte un tube de verre recourbé en U et dont l'extrémité, opposée à celle qui est introduite dans la bonde, plonge dans un verre plein d'eau, placé sur le tonneau.

Par ce moyen, s'il n'y a pas d'évaporation, le gaz développé par la fermentation s'échappe seul par le tube en passant à travers l'eau du verre.

Dans les contrées où le vin est de moins bonne qualité, il faut faire évaporer le moût jusqu'à réduction de moitié.

Pour réduire le moût qu'on destine à faire du vin cuit, voici comment on procède : on mesure une quantité de moût double à celle que peut contenir le chaudron dont on dispose ; on en met une moitié en réserve, l'autre dans ce chaudron sur le feu, et on fait bouillir ; à mesure que le liquide se réduit, on ajoute le moût mis en réserve, litre par litre, afin de ne pas arrêter l'ébullition; lorsque tout aura passé dans le chaudron et que le liquide y sera à la même hauteur qu'au commencement de l'opération, elle sera terminée.

Si la quantité du vin cuit que l'on veut faire est trop considérable pour le chaudron, on fera plusieurs opérations semblables, à la suite les unes des autres.

On retire alors le chaudron du feu. On verse les deux tiers du moût cuit dans un vase de bois et on y mélange du marbre pilé.

Il ne faut pas jeter toute la poudre à la fois dans le moût, mais seulement par portions, en agitant vivement le mélange. Lorsque l'effervescence causée par l'addition du marbre se ralentit, on ajoute d'autre marbre, jusqu'à ce qu'il ne produise plus d'effet, alors on laisse déposer, on décante et on passe au blanchet, puis on réunit ensemble les deux parties du moût dans le baril destiné à la fermentation.

On laisse fermenter comme nous l'avons indiqué ci-dessus. Le marbre neutralise une partie de l'acide contenu dans le raisin. Sans cette précaution, le vin cuit aurait une acidité insupportable. Lorsque la fermentation est achevée, on bonde et on laisse reposer durant deux mois, après quoi on peut mettre en bouteilles. Si l'on ne trouvait pas le vin cuit assez capiteux, on pourrait y ajouter un dixième de bonne eau-de-vie.

Si le raisin employé à faire le vin cuit est de très bonne qualité, il peut arriver qu'en faisant subir l'action du marbre aux deux tiers du moût, on trouve le vin trop sucré ; dans ce cas on se borne à enlever à la moitié du vin son acidité. Au contraire, quand le moût est très acide, on soumet les trois quarts à l'action du marbre.

On peut ne faire subir l'action du marbre au moût réduit par l'évaporation qu après l'avoir laissé fermenter pendant environ deux mois. On obtient parfois ainsi un résultat meilleur qu'en opérant sur le moût non fermenté, parce que le vin fermenté conserve moins le goût de son mélange avec le marbre. Cela dépend en grande partie et de la qualité du marbre employé et de celle du moût : il est facile de faire l'essai de ces deux procédés.

Le moût le meilleur pour la préparation du *vin cuit* est celui qui s'échappe de la cuve où les raisins secs ont été versés, avec leur eau, depuis 48 heures, ou lorsqu'on presse le raisin frais pour en extraire le jus qui ne s'est pas écoulé de lui-même pendant la manipulation *qu'on lui fait subir dans le pressoir*. Ce moût est clair parce qu'il est dégagé de la pulpe du grain, et il est ordinairement très doux.

Pour décanter le moût qui surnage au-dessus du marbre on peut employer un *siphon*, sorte de tube recourbé en U et à branches de longueur inégale. Lorsque l'un des bouts, le plus court, est placé dans le vase qui contient le moût, il suffit d'aspirer par l'autre bout jusqu'à ce que le vin arrive. Il continue alors à couler tant que le tube plonge dans le liquide. Il faut veiller à ce que ce tube n'atteigne pas le dépôt de marbre, car ce dépôt passerait avec le vin et l'opération serait manquée. LE PÈRE LAVIGNE.

CONSEILS A LA FERMIÈRE

LE POULAILLER EN AUTOMNE. — NETTOYAGE.

A cette époque de l'année, on n'a plus à se préoccuper des soins à donner aux couveuses, ni de la ponte. On a donc tout le temps de veiller à la santé des sujets.

Si les jeunes poulets nés en avril ont à peu près atteint tout leur développement et sont pleins de vigueur et de santé, les adultes ont à peine terminé leur mue ; c'est une des phases critiques de leur existence, et si l'on ne prend pas pour eux quelques précautions, cette crise, si naturelle qu'elle soit, peut devenir fatale, ou tout au moins traîner en longueur et retarder beaucoup la ponte d'hiver. Ce que les volailles ont le plus à redouter en ce moment, c'est la vermine de toute nature dont la chaleur de l'été a favorisé le développement dans les poulaillers. Les malheureuses poules, souffrant déjà de la perte de plumes, harcelées sans cesse, et surtout la nuit, par ces milliers de poux qui les rongent, finissent par devenir absolument anémiques et meurent d'épuisement, si l'on ne porte remède à leur triste situation.

Il est donc indispensable de procéder, partout où couchent les volailles, à des nettoyages complets, à une sorte de mise à neuf des poulaillers; qu'ils soient fixes ou mobiles, le travail doit être le même. Après un grattage à vif du sol, des perchoirs, des pondoirs et des murs, laver partout à grande eau, et après sécheresse, peindre le tout au pétrole pur, avec une forte brosse à badigeon, de façon que le liquide pénètre largement dans toutes les fissures des bois ou dans les interstices des murs. — Le pétrole est le seul produit commun et facile à employer qui détruise radicalement et instantanément les poux de toute nature.

UNE MÉNAGÈRE.

CONSEILS DU VÉTÉRINAIRE

LA SANTÉ DES AGNEAUX.

Les agneaux faibles et souffrants présentent parfois *dans la bouche*, sur la langue et sur les lèvres, de petites plaques blanches qui les gênent beaucoup. C'est le *muguet*, appelé aussi *blanchet*, quelquefois aussi *cocotte*.

Cette maladie s'annonce par la tristesse, l'abattement, la diminution de l'appétit, le *refus* de téter la mère. La muqueuse de la bouche s'enflamme, devient rouge et se gonfle. Plus tard, les ulcérations se forment ; viennent ensuite les coliques, la diarrhée, l'abattement complet et souvent la mort.

Au début, il faut tenir la bergerie très proprement et donner les boissons farineuses ou coupées de lait dans lesquelles on fait dissoudre une pincée d'acide salicylique. On tamponne les parties malades de la bouche, au moyen d'un linge fixé au bout d'une baguette, et trempé dans un gargarisme dont voici la formule :

Décoction de graine de lin, un quart de litre;
Borax, 15 grammes;
Miel, quantité suffisante pour sucrer.

Lorsque les ulcères sont bien prononcés, M. Bénion conseille la formule suivante :

Acide chlorhydrique 10 grammes
Miel.............. 50 grammes

Mélangez et servez-vous de cet ongent, comme il est dit plus haut. UN VIEUX VÉTÉRINAIRE.

PETITE POSTE.

N° 13,778. — *Cheval. — Mal de pied.* — Il s'agit sans doute de cette lésion du pied que l'on appelle *bleime* et qui se caractérise par un épanchement de sang d'abord, puis de suppuration dans le fond des lacunes latérales de la fourchette, du côté des talons, entre la muraille et cette partie repliée connue sous le nom d'arc-boutant. Amincir la corne et panser avec la térébenthine ou l'onguent de pied suffit le plus souvent pour les cas de bleime dite sèche, et même aussi pour la bleime suppurée, lorsque celle-ci est peu profonde et étendue. L'important est de dégager le mal jusqu'à ses dernières limites. Et cela n'est pas toujours de la compétence du cultivateur. Pour toutes ces maladies du pied, nous vous conseillons l'excellent onguent de *Hccid* (2 fr. la boite). Se trouve dans toutes les principales pharmacies.

M. de G... (Cantal). — 1° *Petits oiseaux.* — Veuillez nous indiquer les points sur lesquels vous désirez être renseigné et notamment le genre d'oiseaux dont il sagit. La question est trop générale et trop vague. — 2° *Lapins.* — Pour les empêcher de creuser, mettez à une certaine profondeur, et le long des fondations des murs, une toile en fil de fer galvanisé, à larges mailles. Adresez-vous à la maison Gariel, quai de la Mégisserie, Paris, qui a la spécialité de ces sortes de choses. — 3° *Médecins spécialistes.* — Nous ne connaissons pas de liste; mais indiquez-nous la spécialité que vous avez en vue et nous vous dirons les noms les plus connus.

M. Ch. D... (Orne). — *Bail.* — A moins de conventions spéciales, *ce n'est pas au propriétaire à faire* les frais de l'achat des phosphates pour herbage. Cela ne se fait jamais. Il s'agit ici non pas d'une amélioration lente, de longue durée, dont profite le propriétaire, comme le marnage, le drainage, etc., mais d'une fumure ordinaire dont la charge tout entière est au fermier. — Nous avons immédiatement cherché une situation pouvant vous convenir à Paris. Tout est encombré, archi-encombré. Je ne perds pas de vue votre demande.

M. P. Ch .. (Loiret). — Voyez les renseignements que nous publions sur la situation commerciale, relativement aux céréales. Nous croyons à la hausse au printemps. — 2° *Vigne.* — *Reconstituant.* — Sulfate de fer, enterré à l'automne, 800 kil. à l'hectare.

VINS DU BORDELAIS.

Que de fois nous avons entendu dire :

« Quel service on nous rendrait, si on nous trouvait, dans les pays vignobles, un vendeur consciencieux; si on nous débarrassait de la concurrence à outrance; si on nous garantissait sérieusement la qualité, la pureté et la conservation des vins! »

Pour le Bordelais, nous recommandons M. Vincent Ardura, viticulteur, propriétaire d'un des meilleurs crus de la Gironde, favorable aux tempéraments délicats (le domaine de la Chapelle-Frédignac, par Blaye-Bordeaux), qui vend ses récoltes : 1889 à 130 fr., 1888 à 140 fr., 1887 à 150 fr., 1886 à 160 fr., 1885 à 175 fr., 1884 à 200 fr., 1882 à 220 fr., 1881 à 250 fr. et 1878 à 300 fr. la barrique de 225 litres, *franco* de port et de fût en gare d'arrivée. Paiement par le facteur à 30 jours 2 % ou 90 jours.

Certain que son vin plaira aux personnes qui ne le connaissent pas et qui désirent se bien approvisionner, sachant, en outre, qu'il est difficile de se rendre sérieusement compte de la qualité par la dégustation sommaire d'une petite fiole, M. Vincent Ardura n'hésite pas à adresser *franco* une bouteille entière pour échantillon de la récolte désignée.

BIBLIOGRAPHIE.

JÉSUS-CHRIST.

Vient de paraître, chez E. PLON, NOURRIT et Ce, rue Garancière, 8 et 10, à Paris, par le PÈRE DIDON, de l'ordre des Frères prêcheurs.

Jésus-Christ, deux forts volumes in-8° cavalier, renfermant une carte de la Palestine, une carte des environs de Jérusalem, un plan de la Jérusalem ancienne et de la Jérusalem moderne, et un plan du temple de Jérusalem.

PRIX DE L'OUVRAGE :

Exemplaire broché.............. **16** fr.
— demi-chagrin, tranches dorées.............. **22** fr.
— demi-reliure amateur, tête dorée, avec coins..... **26** fr.

Rien de plus beau et de lecture plus attrayante que l'œuvre magistrale du R. P. Didon!

A la librairie O. DOIN
8, place de l'Odéon, Paris

Les PERFECTIONNEMENTS de la VINIFICATION
DANS LE MIDI DE LA FRANCE

Conférence faite le 18 mai 1890, au Congrès de l'Association pyrénéenne (session de Narbonne)
par le président de l'Association
M. Armand GAUTHIER, membre de l'Institut
Une brochure in-8° de 40 pages. Prix : 1 fr. 75

L'EAU-DE-VIE DE CIDRE

constitution, production, procédés de préparation et de conservation, valeur hygiénique et qualité de l'eau-de-vie de cidre
par **Eug. GRIGNON**,
pharmacien de 1re classe, ancien interne des hôpitaux de Paris, etc.
Un volume in-18 jésus. Prix : **1** fr. **50**

LE CIDRE

Propriétés hygiéniques et médicales, préparation, composition chimique et analyse du cidre,
par **Eug. GRIGNON**,
pharmacien de 1re classe, ancien interne des hôpitaux, membre de la Société botanique de France.
Un volume in-18 avec figures. Prix : **3** fr. **50**.

DEMANDES D'EMPLOI

Un jeune homme, 23 ans, ex-sous-officier d'artillerie, ayant son brevet d'instituteur, et ex-clerc d'avoué, *demande une place de commis aux écritures ou de clerc* dans une étude de notaire, même à la campagne.

Excellentes références. S'adresser au bureau du journal.

Un ménage *demande place de garde ou de régie.* Le mari connaît la petite et la grande culture; très bon vigneron. La femme, bonne ménagère, sait bien faire la cuisine. Tous deux sont munis d'excellents certificats.

S'adresser au bureau du journal.

Une jeune fille, 20 ans, appartenant à une bonne famille, très bien élevée, instruite, bonne musicienne, demande place d'institutrice ou de gouvernante de jeunes enfants. — Prétentions modestes. — Les meilleures références.

S'adresser à M. Gossin, rédacteur en chef, Beauvais.

MALADIES DE LA FEMME

Connaissez-vous une femme qui ne se plaigne pas d'un malaise quelconque ? L'une souffre de migraines, de névralgies ou de tiraillement d'estomac ; une autre de maux de reins avec irradiations douloureuses dans les cuisses et les aines, et ballonnement du ventre. Celle-ci ne peut rester debout sans éprouver une pesanteur incommode sur le bassin et la vessie : cette autre est fatiguée après la moindre marche. Selon les tempéraments, un organe est plus spécialement atteint, et c'est lui que les malades accusent de tous ces désordres. Elles passent à la soigner un temps précieux ; mais c'est peine perdue, car il faudrait attaquer le mal dans sa source, qui est toujours un déplacement de la matrice ou un vice de fonctionnement de cet organe.

Cependant l'affection suit sa marche progressive, altère la santé et fait de la femme de trente ans un être débile, au teint terreux, et déjà marquée par les rides de la vieillesse. Le plus souvent il eût suffi pour conjurer le mal de quelques soins administrés à propos. Mais on a oublié d'instruire la femme sur les plus simples éléments de l'hygiène particulière qui convient à sa nature. — Sous le titre de CAUSERIES MÉDICALES, le docteur Choffé vient de publier un livre destiné à combler cette lacune ; j'en conseille la lecture à toutes mes lectrices, qui y trouveront exposés simplement et clairement les renseignements qui leur sont nécessaires, soit pour rétablir leur santé, soit pour prévenir la maladie. Cet excellent ouvrage forme un volume de 350 pages, que l'auteur met gracieusement à la disposition des personnes intéressées.

Et pour le recevoir franco sous enveloppe, il leur suffira d'envoyer 60 centimes en timbres-poste au docteur Choffé, 27, rue Saint-Michel, Paris. Docteur MAUCLAIR.

AFFAIRES MILITAIRES.

La deuxième portion de la classe 1889.

Un grand nombre de nos lecteurs nous demandent si la classe de 1889 aura une deuxième portion, en d'autres termes si les porteurs de bons numéros peuvent espérer être renvoyés dans leurs foyers au bout d'un an de service.

Chaque année, dit l'article 39 de la loi du 15 juillet 1889, après l'achèvement des opérations du recrutement, le ministre de la guerre fixe sur la liste du tirage au sort de chaque canton et proportionnellement, en commençant par les numéros les plus élevés, le nombre d'hommes qui seront envoyés dans leurs foyers en disponibilité après leur première année de service.

Ces jeunes soldats resteront néanmoins à la disposition du ministre, qui pourra les conserver sous les drapeaux ou les rappeler si leur conduite et leur instruction laissent à désirer ou si l'effectif budgétaire le permet.

Or, à la veille de la mise en route des conscrits, alors que les opérations du recrutement sont achevées, le ministre de la guerre n'a pas encore fixé la proportion des hommes qui pourront être renvoyés après un an de service, le cas échéant, comme ayant tiré de bons numéros. Est-ce un oubli?

Dans tous les cas, il serait urgent de fixer le plus tôt possible les intéressés. Feront-ils un an ou trois ans? On conçoit facilement que cette question a pour eux la plus extrême importance. De même pour leurs familles, présente et... future. Combien de ces jeunes gens, en effet, se fiant au texte de la loi et ne comptant faire qu'une année de service, ont déjà arrêté, ou à peu près, des projets d'établissement ou de mariage!

Il est inutile d'insister sur le préjudice qu'

pourrait leur être causé par l'incertitude dans laquelle on les tiendrait plus longtemps.

Nous espérons que le ministre de la guerre prêtera une bienveillante attention aux justes doléances de ces jeunes gens, et les rassurera complètement sur le temps de service qui leur sera imposé.

POUR RIRE.

On vient d'afficher dans Paris, à grande profusion, le placard suivant que lit une foule énorme :

A MON CONSEILLER MUNICIPAL

Quand tu d'mandais qu'on vot' pour toi,
T'en jaspinais un tas d'ragots;
« Plus d'octrois, qu'tu disais; plus d'loi ! »
... Avec ça qu'y a plus de sergots?
Son proprio? C'est échignant!
Tu casques pas l'prix d'mon loyer?
Descends donc d'ton siège, eh! faignant!

I paraît q'partout en sleeping
Tu te balad'; ça, ça m'dépasse!
Ah ça! pourquoi qu'toi un clampin,
Tu n'voyag' plus en troisièm' classe?
On s'gêne pas, à l'Hôtel-de-Ville!
Et tu crois qu'cest eu t'esbignant
Que tu remplis ton d'voir d'édile?
Descends donc d'ton siège, eh! faignant!

Depuis qu'mon goss' il est scolaire
Parce qu'il port' un p'tit flingot,
L'morveux s'croit un vrai mélétaire,
Ça fait l'homme..., ça fume d's mégo?...
Ça dit zut à ses père et mère!
Est-ce pour ça que l'corps enseignant
A barboté la plac' des frères?
Descends donc d'ton siège, eh! faignant!

J'veux plus d'laïq's à l'hôpital.
Tout ça c'est d'la graine à guenon!
Oh! c'est pas que j'leur veuill' du mal.
Mais avec ell' faut du pognon!
Si t'as pas de brais'? Flut! les douceurs!
Et ça n'vous soign' qu'en rechignant.
Pourquoi donc t'as chassé les sœurs?
Descends donc d'ton siège, eh! faignant!

On dit qu'tu touch' bon an, mal an,
Six mille francs; mince de galette!
Mon conseiller, t'es rien gourmand!
Avec dix ronds, moi, j'fais la fête.
Des gonzess! ça ne lui plaît plu!
Faut des marquis's à c'd'Artagnan...
C'est-y pour ça que j't'ai élu???
Descends donc d'ton siège! eh! faignant!

UN CI.. TO...YEN

BULLETIN FINANCIER.

Notre principal fonds d'Etat s'est traité entre 91 80 et 95 12 1/2. Le 3 p. 100 Amortissable a fait 95 95. Le 4 1/2 p. 100 vaut 105 10. le tout à terme.

Le marché du comptant est aussi satisfaisant que celui du terme, du moins en ce qui concerne nos fonds publics.

Notre place s'est montrée très soutenue durant la plus grande partie de la huitaine qui vient de s'écouler. Seulement, un nuage a, pendant une journée, obscurci l'horizon financier, sur les nouvelles venues de New-York déclarant qu'une panique s'était produite à la Bourse, par suite de la faillite de deux importantes maisons de banque. Toutes les valeurs ont d'abord baissé considérablement, puis elles se sont relevées dans la journée et ont finalement presque toutes récupéré leurs cotes précédentes.

Après la fermeture du marché, le bruit courut cependant que trois maisons faisant partie de l'Association du *Clearing-House* ne pouvaient balancer leurs comptes avec les autres banques. Le règlement finit néanmoins par se faire.

Dans l'après-midi du même jour, les membres de l'Association tinrent une réunion et décidèrent de nommer un comité muni des pouvoirs nécessaires pour émettre des certificats d'emprunts de *Clearing House*, permettant aux banques de régler leurs différences entre elles. Si une banque ne peut régler les siennes au comptant elle remettra des garanties au comité, et, si ce dernier les accepte, il autorisera l'émission de certificats sur ces garanties.

On pense que cette combinaison des banques rétablira la confiance.

Néanmoins, on a réagi dès le lendemain sur notre place, contre les tendances pessimistes qui paraissaient vouloir dominer, et l'on s'est plus spécialement occupé de préparer le terrain pour la liquidation de quinzaine qui s'effectuera à l'heure où paraitront ces lignes. Il est à présumer que cette opération se fera dans d'excellentes conditions.

Les valeurs internationales, à l'exemple de nos Rentes, ont fait bonne contenance.

L'Italien seul est resté constamment discuté.

Les Sociétés de Crédit sont fermes.

La Banque de France s'inscrit à 4,340.

Le bilan hebdomadaire de cet établissement de crédit fait ressortir les différences suivantes sur celui de la précédente semaine :

L'encaisse métallique se trouve être en diminution de 1 million 100,000 francs, dont 1 million pour l'encaisse or.

Les avances sur titre ont diminué de 8 millions environ.

Quatre chapitres présentent des augmentations : le Portefeuille avec 63 millions; la Circulation avec 6 millions; le Compte Courant du Trésor avec 4 millions; et les Comptes Courants particuliers avec 37 millions

Les bénéfices de la huitaine se sont élevés à la somme de 716,000 francs.

On recherche l'action du Crédit Foncier à 1,290.

Dans sa séance hebdomadaire du 12 novembre 1890, le Conseil d'administration du Crédit Foncier a autorisé pour huit millions trois cent soixante-quatre mille cinq cent quatre-vingt-deux francs de nouveaux prêts; dont : 4,784,200 francs en prêts fonciers; et 3,380,382 francs en prêts communaux.

Le Comptoir National d'Escompte de Paris et la Société Générale émettront le samedi 22 novembre 50,000 obligations 5 0/0 de 500 francs, de la Compagnie des Chemins de fer Sud-Ouest Brésiliens.

Ces obligations rapportent 25 francs par an.

Elles sont affranchies de tous impôts brésiliens présents ou futurs.

Le prix est fixé à 428 75 que l'on paie, savoir :

En souscrivant........................	25f
A la repartition. du 1er au 5 décembre.	103 75
Le 15 janvier 1891........................	150 »
Le 2 mars 1891........................	150 »

Les souscripteurs, pourront à toute époque, se libérer sous escompte au taux de 4 0/0 l'an

S'ils usent de ce droit à la répartition, la bonification ramènera le prix à 426 25, ce qui fait ressortir le placement à 5 86 0/0.

C'est donc une très bonne affaire que l'on propose en ce moment au public, d'autant que le réseau dessert une des parties les plus riches de la République. Il intéresse le Brésil par l'importance de son trafic agricole ; il traverse des contrées où il rencontre plus de deux millions d'habitants.

Au point de vue international, il raccorde, entre eux et avec le Brésil, l'Uruguay, la République Argentine, le Chili, le Paraguay, la Bolivie. Un de ses embranchements rejoint le Haut Parana, qui présente, avec ses affluents, environ 3.000 kilomètres de voie navigable.

Le réseau se construit à la voie d'un mètre.

Les actions de nos grandes lignes sont très fermes. Les recettes des grandes Compagnies pour la 39e semaine sont encore en augmentation sur la période correspondante de l'exercice précédent. Aucuns mouvements, pour ainsi dire sur les valeurs industrielles.

COUPON.

HALLES ET MARCHÉS.

I. — SITUATION GÉNÉRALE

Les travaux des semailles se font toujours dans de bonnes conditions, malgré la pluie; on demanderait un peu de gelée pour faire taller les plans levés. Les cours des blés sont un peu faibles ; ceux des avoines se relèvent. Les sucres et les huiles de colza ont de meilleurs cours.

II. — GRAINS

Blés. — Sur nos marchés les apports et les offres sur échantillons sont plus nombreux depuis quelques jours; les blés ordinaires et médiocres ont un peu baissé sur un assez grand nombre de place; mais les beaux blés conservent leur prix. Voici les cours relevés samedi : Douai, 21 à 26 francs les 100 kil.; Cambrai, blé roux, 24 francs; blancs, 25 francs; Arras, blé roux, 22 à 25 francs; blanc, 25 francs à 26 fr. 50 ; Etampes, 21 fr. 25 à 25 francs; Amiens, 24 fr. 70; Rouen, 24 fr. 50; Dieppe, 24 francs; Châlons-sur-Marne, 23 fr. 50; Beauvais, 20 fr. 80 à 21 francs; Laval, 23 fr. 50 à 24 francs; Nantes, 23 fr. 75 à 24 fr. 25; Bordeaux, 25 francs à 25 fr. 60; Lyon, 24 francs; Montereau, 23 fr. 35 à 25 francs. — Au marché commercial de Paris, les cours ont été bien tenus, et la tendance est restée ferme en clôture; on a coté les 100 kilog. disponibles, 24 fr. 75 à 25 francs; les livrables en décembre, 25 francs à 25 fr. 25; les autres termes, 25 fr. 25 à 26 francs; on voit que le commerce conserve sa confiance dans le maintien des prix pour la campagne actuelle. — A l'étranger, les cours restent fermes sur tous les marchés d'Europe, et les affaires ont repris une certaine activité. A Berlin, on cote 24 francs les 100 kilog.; à Vienne, 20 fr. 30; à Budapest, 19 fr. 63; à Strasbourg, 26 fr. 50 à 27 fr. 50. A Londres, le blé de Californie se vend 21 fr. 30 à 21 fr. 45 suivant époque de livraison; celui d'Australie, 21 fr. 60 à 21 fr. 75. Sur le marché d'Anvers, le blé d'Amérique roux d'hiver vaut 21 fr. 50 à 21 fr. 25; celui d'Egypte blanc, 17 fr. 62. — Dans nos ports, on constate un peu plus de fermeté dans les prix. A Marseille, les ventes de la semaine dernière se sont élevées à plus de 100,000 quintaux; on tient : Ghirkas Berdianska, 20 fr. 155; Nicopol, 19 fr. 75; Nicolaieff, 19 fr, 375; Azoff, 19 fr. 50; Salonique rouge, 17 fr. 975; dur Taranrog, 19 fr. 50. — Les expéditions de blés de la Russie, des Indes et de l'Amérique sur l'Europe occidentale ont été assez importantes pendant la semaine; elles se sont élevées à plus de 7 millions d'hectolitres, supérieures de 300,000 hectolitres à celles de la semaine précédente, et de 159,000 à celles de la date correspondante de 1889. Sur le marché de New-York, le blé est coté 20 fr. 24 les 100 kilog.

Seigles. — Toujours même rareté dans les offres, bien que la distillerie paraisse disposée aux achats; à Paris, les cours sont tenus à 16 fr. 50 les 100 kilog.

Orges. — Les offres sont un peu moins nombreuses; les prix se maintiennent fermes à Paris sans changements, avec quelques demandes pour l'exportation en Belgique. — Les affaires sont nulles pour les escourgeons indigènes; on cote nominalement ceux de Beauce 18 fr. 50 à 18 fr. 75 les 100 kilog.; la brasserie du Nord continue à prendre à Dunkerque des escourgeons d'Algérie au prix de 15 francs.

Avoines. — La tendance à la baisse semble arrêtée sur les avoines indigènes qui sont moins offertes; les belles avoines noires de choix sont tenues de 18 fr, 25 à 18 fr. 50 à Paris; les noires de Beauce et du Centre, de 17 fr. 50 à 17 fr. 75; les grises, 17 fr. 50, et les blanches de 16 fr. 25 à 16 fr. 50. Les étrangères sont sans affaires à cause de leurs prix élevés.

Maïs. — Prix fermes avec bonne demande pour les Plata, de 13 fr. 50 à 14 fr. 50 les 100 kilog. au Havre.

Farines de consommation.

Les prix ne présentent pas de changement; les affaires restent calmes.

MARQUE DE CORBEIL	60 fr.		(38 21 100 k.).	
	159 kil.		100 k.	
Marques de choix	60 à	61	38 21 à	38 85
Premières marques	59	60	37 58	38 21
Bonnes marques	57	58	36 30	36 91
Marques ordinaires	56	57	35 66	36 30

Le sac de 159 k., toile à rendre, rendu a domicile, payement comptant, ave 1/2 0/0 d'escompte ou 30 jours sans escompte.

Fourrages et pailles.

Paris, La Chapelle.

	1re qté.		2e qté.		3e qté.	
Foin nouveau	51 à	52	48 à	50	45 à	47
Luzerne nouvelle	48	49	46	47	42	44
Paille de blé	33	34	31	32	29	30
Paille de seigle	36	37	35	34	35	31
Paille d'avoine	27	28	25	26	20	24

Le tout aux 104 bottes dans Paris.

COURS DE DIFFÉRENTS MARCHÉS (par 100 kil.).

	Paille.	Foin.
Le Puy	4 50	7 ..
Dijon	4 ..	6 ..
Blois	4 50	6 75
Toulouse	4 50	7 25
Chalon	5 ..	8 ..
Beauvais	4 75	6 75
Orléans	6 50	8 ..
Douai	4 75	7 75

Issues, les 100 kil.

Les prix sont sans changement et les affaires sont très calmes.

Nous cotons par 100 kil. en gare d'arrivée à Paris:

Son écaille	13 » à	12 75
— gros	12 50	» »
— trois-cases	11 75	11 50
— fin	10 50	» »
Recoupettes	11 »	» »
Remoulages blancs	16 »	17 »
— bâtards	13 »	14 »

MARCHANDISES DIVERSES.

Fécules.

La tendance des prix est a la hausse; affaires très actives; les vendeurs relèvent leurs prix.

Les 100 kil.

Paris. — Fécule 1re, grains	30 » à	32 »
Oise. — Fécule 1re, grains	28 »	30 »
Vosges. — Fécule 1re, grains	30 »	32 »
Saône-et-Loire	32 »	33 »
Loire. — Fécule 1re, grains	29 »	30 »
Auvergne. — Fécule 1re, grains	29 »	30 »
Fécules secondes selon qualité	21 »	26 »

Pommes de terre.

Les 1.000 kil.

Hollandaises	80 » à	90 »
Vosgiennes	40 »	45 »
Early roses	40 »	50 »
Saucisses	60 »	65 »
Rondes	55 »	60 »
Chardonnes	38 »	45 »

Pommes à cidre.

Paris, 12 novembre.

Les prix sont assez bien tenus a 86 fr les 1,000 k., gares de l'Oise; de 88 a 90 fr. dans celles de la Seine-Inférieure; 80 fr. dans le Morbihan; 88 fr. a Rennes; 86 fr a Redon, et 10? fr. gares de la Sarthe.

Rouen (Seine-Inférieure), 11 novembre.

Sur 61 hectolitres de pommes apportés, 48 ont été vendus de 7 à 7 50 l'hectolitre (y compris les droits du Trésor et ceux de la ville de 1 19 par hectolitre).

Saint-Lô (Manche), 8 novembre.

214 voitures sur le marché, 2,000 hectolitres vendues en ville et 1,100 sorties à l'extérieur. Prix, 6 à 7 fr.; beaucoup de 6 à 6 50.

Tourteaux, les 100 kil.

	Colza	Œuillette	Lin	Cam.
Lille	16 .. à 18 ..	16 75 à 17 50	24 .. à 25 ..	16 75
Arras	14 50 15 ..	15 50 16 ..	21 .. 22 ..	16 50
Gd Moulin Corbeil	15 50		19 75	
	Coprah	Arachide déc.	Sésame	Lin.
Marseille	13 .. à 14 ..	14 .. 14 50	14 .. à 15 ..	16 50

GRAINES DIVERSES.

Maïs, les 100 kil.

Paris	13 50 à	16 ..	Agen	14 75	16 ..
Alais	14 ..	15 50	Grenoble	14 25	15 50
Ruffec	14 25	15 50	Reims	15 50	16 25

Sarrazin, les 100 kil.

Paris	14 50 à	14 75	St-Pierre	15 25 à	15 75
Mayenne	15 .	15 75	Nantes	15 ..	15 50
Rennes	14 75	15 50	Orléans	15 50	16 50

Légumes secs, les 100 kil.

	Haricots	Pois	Vesces	Lentilles
Paris	20 à 47	21 à 26	» »	45 à 70
Rouen	42 57	50 63	26 28	77 »
Marseille	18 30	23 32	25 34	19 24 50

Graines fourragères, les 100 kil.

Luz. de Prov.	120 à	150	Minette	25 à	30
— du Poitou	105	115	Sainfoin à 2 c.	26	28
— d'Italie	120	130	Sainfoin à 1 c.	»	»
Trèfle blanc	70	100	Pois jarras	20	»
— violet	120	150	Vesces	20	»

Huiles.

COLZA BRUT. — Le marché reste calme avec peu de changement dans les prix.

On fait du courant du mois a 62 25.

Décembre vaut de 62 50 a 62 75.

Les 4 premiers mois sont cotés sans affaires de 63 50 à 63 75, et les 4 mois de mars de 62 75 à 64

On cote au début de la réunion :

Cote précédente même heure.			Cote du jour.	
62 50 à	» »	Disponible	62 25 à	» »
62 50	» »	Courant	62 25	» »
62 75	» »	Novembre	62 50	62 75
63 50	63 75	4 premiers mois	62 50	63 75
64 50	64 »	4 mois de mars	63 75	64 »

LIN. — Les prix restent sans affaires aux environs des cours de la veille.

On cote au début de la réunion :

Cote précédente même heure.			Cote du jour.	
59 » à	» »	Disponible	59 50 à	60 »
58 50	59 »	Courant	58 50	59 »
57 75	57 25	Décembre	57 50	58 »
55 75	56 25	4 premiers mois	55 75	56 25
56 »	56 50	4 mois de mars	56 »	56 50

Les 100 kil. net, logés, escompte 1 0/0.

Laines.

ROUBAIX-TOURCOING, 11 novembre.

LAINE PEIGNÉE	de fabrique		courant	
—	Cours du jour.	Cours préc.	Cours du jour.	Cours préc.
Courant	6 87	» »	» »	5 65
1 mois après	6 20	6 85	5 65	5 70
2 —	5 80	6 20	5 65	5 70
3 —	» »	5 70	» »	» »
4 —	» »	5 60	» »	» »

Marché faible. Ventes, 50,000 kil.

ANVERS, 11 novembre.

Peignés allemands de La Plata : Contrat B : nov., 5 77 1/2; déc., 5 65; janvier, 5 47 1/2; février, 5 45; mars, 5 40; autres époques, 5 37 1/2. Contrat M. novembre-décembre, 5 85.

Ventes, 20.000 kil.

Peigné Plata belge : Contrat T sur novembre, 5 77 1/2; déc., 5 65; janvier, 5 47; fév., 5 45.

En disponible, il a été traité 65 balles Plata suint. Marché calme.

Sucres.

Sucres raffinés. — Les affaires sont assez bonnes en raffinerie et les cours dénotent plus de fermeté. Nous cotons les pains 106 fr. par wagon complet.

Cours pour l'exportation franco sur wagon ou sur bateau, pur pains 1er choix, suivant marques aux 100 kil.

Habillage en papier	1 0/0	41 50 à	.. ..
— —	2 1/2	41 25 à	.. ..
— —	4 0/0	41 .. à	.. ..

Sucres cassés, produits accessoires (les 100 kil. disponibles, suivant marque).

Surchoix, cassé, rangé, logé, caisses de 50 kil. ou cartons de 5 kil.	111 50 à	112 »
Caisses de 25 kil	112 »	» »
Caisses de 10 kil	112 »	112 50
Gros déchets	104 »	101 50
Sucres en poudre	103 50	» »
Semoules	107 »	107 50
Glaces	103 »	104 50
Cristallisés, extra acquittés	96 »	96 50
— en poudre	97 50	» »

Alcools. — Prix de l'hectol. nu, au compt.

Paris. 3/6 fin, betteraves, 1re qualité, l'hectolitre.		Lille, disp	35 .. à	38 ..
		Cette	90 ..	100 ..
90° dispon. 33 75 à	36 .	Nîmes	90 ..	95 ..
Novembre. 34 ..	34 25	Béziers	75 ..	100 ..
4 premiers 35 25	35 50	Pézenas	75 ..	105 ..

Raisins secs à boisson.

(Cours de la maison Audibert, 53, rue des Minimes, à Marseille).

PRIX ACTUELS (grande baisse).

Corinthe, **Roi de Grèce**, petits grains Extra 1er choix	100 kilos	57 »
Corinthe, **le Turban**, gros grains	» »	M.
Corinthe petits grains, 1er choix	» »	54 »
Thyra. 1er choix	» »	48 »

Samos noirs, 1er choix.........	»	»	M.
— muscats...............	»	»	M.
Figues à distillerie...........	»	»	27 »
Panaches noirs, égrappés....	»	»	M.

Engrais. — Prix des 100 kil.:

Matières diverses pour engrais. — Cours commercial sur la place de Paris, par 100 kil., pour des ventes en gros de 30 000 kil. au moins.

Sang desséché moulu.	11/13 0/0 azote	20 90	à	24 70
Viande desséchée....	9/11 0/0 —	17 50		19 80
Cornes broyées......	13/14 0/0 —	20 80		22 60
Cuir désagrégé......	8/9 0/0 —	10 40		10 70
Laine engrais	3 à 4 0/0 —	» »		» »
Nitrate de soude.....	15/16 0/0 —	22 »		22 25
Nitrate de potasse...	95 0/0 —	47 »		47 »
— ...	90 0/0 —	45 »		45 50
Muriate de potasse...	80 0/0 —	» »		» »
Sulfate de potasse...	90 0/0 —	24 50		25 »
Sulfate d'ammoniaq..	20/21 0/0 —	31 65		31 50
Chlorure de potassium	90 0/0 —	21 »		21 »
— Stassfurt.	80 à 85 0/0 —	17 25		18 »
Cornes, cornailles pour brûler.....		» »		» »
Déchets fins de cornes, frisures...		» »		» »

Phosphates des Ardennes. — En gare des Ardennes et de la Meuse, en sacs (les 100 kil.).

Pulvérisés. 14/16 0/0, acide phosph..	3 40	à	»	»
— 18/20 0/0, —	4 »		»	»
— 16/18 0/0, —	3 70		»	»

Phosphates de Tavel.

50/», la tonne..................... 60 » à 100

Phosphates de l'Oise.

14/16 0/0 acide phosphorique.............. 3 35

Phosphates de la Somme.

20/22 0/0 acide phosphorique 5 30

Sulfate de cuivre.

Les 100 kil.................	54 »	à	55 50
Phosphates du Boulonnais 40/45...	4 60	à	» »
— de Pernes............	3 75		6 »
— du Cambresis 28/35....	3 55		4 »
— du Lot 30/50..........	3 20		5 25

Superphosphates, poudres d'os, etc.
Les 100 kilogr.

Phosph. préc. 35 à 40 °/₀ acide phosph.	24 »	24 »
— — 40 à 45 °/₀ —	26 »	26 »
Superphosphates fossiles, 10 °/₀ acide phosphorique soluble et assimil. (les 100 kilog.)................	6 25	» »
Superphosphates fossiles, 16 à 18 °/₀.	10 25	11 »
— d'os, 16 à 18 °/₀, acide phosph..	12 25	12 25
Poudres d'os bruts................	12 75	» »

Engrais spéciaux. — Les 100 kilog.

Guano du Pérou. 10 à 16	Eng. chim.
Guan du Pér. diss. 32 à 20	de H. Joulie,
Guan. az. fixe 26 » à 27 »	Lag....... 15 » à 23 »

BEURRE, ŒUFS, VOLAILLES.

Paris, 12 novembre.

Beurres en mottes.

L'arrivage d'hier a été de 42,000 kil.
L'arrivage approximatif a été de 11,000 kil.

Beurres en livres.

L'arrivage d'hier a été de 7,438 kil.
L'arrivage approximatif a été de 8,149 kil.

Fermiers	au kilo		Touraine	au kilo	
Extra.......	2 70 à	2 20	Extra.......	2 40 à	2 50
1er choix	2 60	2 70	1er choix....	2 30	2 40
2e choix.....	2 50	2 60	2e choix.....	2 20	2 30
Ordinaire...	2 30	2 50	Ordinaire...	» »	» »
Bourgogne			Vendôme		
Choix.......	2 10	2 20	1er choix.....	2 30	2 40
Ordinaire...	2 ..	2 10	2e choix.....	2 20	2 30
			Ordinaire...	2 10	2 20
Gâtinais			Beaugency		
1er choix	2 40	2 50	1er choix.....	2 30	2 40
2e choix.....	2 30	2 40	2e choix.....	2 20	2 30
Ordinaire...	2 20	2 30	Ordinaire...	2 10	2 20
Le Mans			Fausse Touraine		
Choix......	2 10	2 20	Choix.......	2 20	2 30
Ordinaire...	2 ..	2 10	Ordinaire...	2 10	2 20

Œufs, *le mille :*

Normandie. Extra	118 à	145	Bourgogne . .	96 à	102
Picardie . . Extra	118	152	Champagne . .	100	105
Brie. . . . . Extra	»	»	Nivernais . . .	92	96
Touraine gr.	115	135	Cosne.	100	104
Touraine ord.	96	110	Bourbonnais. .	94	98
Beauce . . .	115	128	Bretagne . . .	90	98
Orne.	98	115	Vendée	92	96
Picardie. ord.	96	112	Auvergne. . .	88	94
Châtellerault.	95	98	Midi.	92	100

Œufs de conserve à la chaux.......... 75 a 80

Volailles.

Canards :			Pigeons :		
nantais (jeunes)	2 50 à	4 »	maconnais.	» 50 à	1 10
de ferme....	2 50	4 »	italiens	» 50	1 »
Dindes nouv.	5 »	9 »	bizets......	» 40	» 90
Oies nouvelles	6 50	9 50	Poulets :		
— (2e qté).	4 »	6 »	nantais	2 50	4 75
Pintades...	2 25	3 75	touraine ...	2 50	5 »
Lapins domestiques.	1 50	3 »	gâtinais....	2 50	5 »
			du Midi....	1 75	2 50
			communs..	1 25	2 »

Gibiers.

Lièvres gros	5 50 à	7 50	Faisans poules	3 50 à	4 50
— petits.	3 50	4 50	Alouettes, la douzaine..	2 50	3 »
Perdreaux..	3 »	3 75	Chevreuils..	25 »	50 »
Perdrix.....	2 »	2 75	Bichet......	1 25	1 60
Garennes....	1 25	2 50			le kil.
Faisans coqs	6 »	8 »			

Marché : Passable fin de semaine, faible au commencement.

Cours fournis par MM. de Bridiers, Jouslin et Scelle, facteurs assermentés, 2, r. de Valois, Paris.

BESTIAUX.

La Villette, 13 novembre.— Bestiaux.— Vente calme sur le gros bétail, mauvaise sur les veaux, lente sur les porcs et passable sur les moutons.

COURS officiels.	Amenés.	Vendus.	1re qualité.	2e qualité.	3e qualité.	Prix extrêmes.
Bœufs....	1.930	1.750	1 60	1 42	1 26	1 18 à 1 64
Vaches ...	509	474	1 56	1 34	1 18	1 12 1 60
Taureaux.	117	117	1 44	1 34	1 20	1 14 1 48
Veaux....	1.307	1.098	1 90	1 70	1 60	1 40 2 10
Moutons..	7.688	7.420	2 10	1 90	1 70	1 60 2 16
Porcs.....	4.847	4.837	1 32	1 32	1 22	1 18 1 38

Marché du lundi 10 novembre.

	Amenés	Vendus	PRIX AU POIDS NET 1re qual.	2e qual.	3e qual
Bœufs	2.791	2.467	1 60	1 48	1 32
Vaches.....	717	584	1 56	1 36	1 24
Taureaux ..	184	173	1 44	1 38	1 26
Veaux......	1.141	1.029	1 98	1 82	1 68
Moutons....	10.782	10.086	2 08	1 80	1 68
Porcs	3.623	3.193	1 48	1 32	1 2[illegible]

	PRIX AU POIDS VIF 1re qual.	2e qual.	3e qual.	Prix extrêmes.
Bœufs..........	» 98	» 83	» 69	» 64 à 1 04
Vaches.........	» 94	» 76	» 68	» 56 » 97
Taureaux.......	» 80	» 81	» 65	» 60 » 94
Veaux..........	1 20	1 06	» 88	» 74 1 32
Moutons........	1 07	» 88	» 80	» 68 1 12
Porcs..........	» 92	» 88	» 81	» 80 » 94
Peaux de moutons en laine..........				» » » »
Id. id. demi-laine.......				» » » »

Viandes abattues. — Criée du 7 novemb.

		1re qualité.	2e qualité.	3e qualité.
Bœufs	le kil.	1 .. à 2 20	1 06 à 2 ..	» 90 à 1 60
Veaux....	—	1 84 1 96	1 66 1 80	1 50 1 64
Moutons..	—	1 70 1 80	1 34 1 66	1 .. 1 30
Porc entier	—	1 30 1 40	1 16 1 26	1 .. 1 10

Cuirs et peaux, les 50 kil.

Taureaux.	42 25 à	46 50	Vaches lourdes	43.75	45.75
Gros bœufs	52 ..	56 75	— de bandes	39.50	42.25
Moy. bœufs	46 50	49 25	Gros veaux..	62...	65.75
Pet. bœufs.	37 50	39 ..	Petits veaux	65.50	66.75

CHEMIN DE FER D'ORLÉANS

M. le Ministre des travaux publics a homologué une proposition de la Compagnie d'Orléans ayant pour objet l'addition dans son tarif spécial B. nº 2, du prix ci-après pour le transport en grande vitessse du beurre, des fromages frais ou secs, des œufs et de la volaille morte, par expédition de 50 kilogr. au minimum ou payant pour ce poids.

Des stations ci-contre à Paris	Thenon.......... / La Bachellerie....	121 fr.	Par 1.000 kilogr. frais de manutation compris

Ce prix a été mis en application à partir du 5 novembre courant.

Les stations situées sur les sections de Thenon à Périgueux et de La Bachellerie à Brive bénéficieront, comme intermédiaires, du prix de 121 fr. précité.

L'Administrateur-Gérant : Albert Renot.

Beauvais. — Imp. D. Pere. — A. Cartier, Gérant.

11e Année. — 3e Série. — No 565. Dimanche 23 Novembre 1890.

GAZETTE  AGRICOLE

JOURNAL HEBDOMADAIRE, PARAISSANT LE DIMANCHE

Rédacteur en Chef : M. Ch. GOSSIN, Professeur d'Agriculture à l'Institut agricole de Beauvais

PRIX DE L'ABONNEMENT

UN AN, 5 fr. — SIX MOIS, 3 fr. — TROIS MOIS, 2 fr. 25

Pour l'étranger les abonnements ne sont reçus que pour un an, au prix de 6 francs, et ne partent que du 1er janvier ou du 1er juillet de chaque année.

Il est indispensable de joindre à toute demande de changement d'adresse la dernière bande d'adresse du journal et 50 centimes pour frais de nouvelles bandes.

Adresser les *Abonnements* et *Annonces* au secrétaire de la rédaction, 13, quai Voltaire, Paris, ou à M. GOSSIN, rédacteur en chef et administrateur, à BEAUVAIS.

BUREAUX

13, quai Voltaire, Paris, et à Beauvais.

Les abonnements partent du 1er de chaque mois et sont payables d'avance. Toute demande d'abonnement doit donc être accompagnée du prix de l'abonnement. (Le mode de payement le plus simple est l'envoi d'un mandat-poste.)

Donner *très lisiblement*, en s'abonnant, son nom et son adresse exacte, *avec l'indication du bureau de poste*; et, s'il s'agit d'une continuation d'abonnement, joindre au renouvellement la dernière bande d'adresse du journal.

La GAZETTE AGRICOLE insère gratuitement les Communications des Syndicats agricoles

PRIMES GRATUITES (voir à la page 554)

SOMMAIRE :

PARIS, 21 NOVEMBRE.

Nos députés ayant consacré la quinzaine qui vient de s'écouler à la discussion du budget, c'est encore sur ce sujet, à tous égards intéressant, que le Bonhomme Deschamps insistera aujourd'hui. La chose en vaut la peine. Il faut, en effet, que le public qui paie sache à quoi s'en tenir sur les serments faits pendant la période électorale de 1889, et comment la fameuse promesse des candidats officiels « pas d'impôts nouveaux » a été tenue. Le Bonhomme Deschamps a déjà dit que le budget de 1891 se soldait par une augmentation d'impôts de cent millions. Cette augmentation, on ne saurait trop le répéter, ne paraissait pas indispensable. C'est 10 à 12 francs de plus par chaque famille de trois personnes. Il semblait qu'un pays où le contribuable supporte une charge de CENT DOUZE FRANCS par tête, et alors que la moyenne de tous les autres pays du monde n'est que de CINQUANTE FRANCS, il semblait, dis-je, que ce pays pouvait se croire suffisamment imposé. D'autant qu'aucun grand évènement imprévu, anormal, n'est survenu pour jeter une perturbation particulière dans les finances du pays.

**

En effet, nous n'avons pas eu de guerre étrangère, pas de guerre civile, depuis vingt ans. Il n'a pas été nécessaire de payer une nouvelle rançon du pays, de refaire à neuf tout un matériel de guerre. En 1875, on ne saurait le dire trop de fois, les frais et les charges du passé étaient équilibrés, et l'Assemblée nationale bouclait son budget avec un excédent d'une douzaine de millions. Comment se fait-il donc qu'il soit nécessaire de recourir aux impôts nouveaux, aux emprunts, après une période de paix que rien n'a troublée? Le Bonhomme Deschamps ne se charge pas de vous en donner les raisons par le menu, d'autant qu'elles sont trop nombreuses : Pensions civiles ou militaires en superfétation, création d'emplois nouveaux, laïcisation d'écoles et travaux publics improductifs, tout cela se résume en un seul mot : GASPILLAGE! Et il a été formidable, ce gaspillage, plus formidable qu'on ne peut le dire et qu'on ne peut le croire. Un chiffre suffit à en donner la mesure.

**

Depuis 1875, c'est-à-dire depuis l'époque rappelée par nous tout à l'heure et à laquelle, grâce à une majorité conservatrice, le budget de la France était en équilibre avec excédents, depuis 1875, les dépenses se sont augmentées d'environ 800 MILLIONS par an. Et voilà quinze ans de cela! Aussi le Bonhomme Deschamps l'a dit et redit bien souvent, la République nous coûte plus que l'invasion, et l'occupation républicaine est plus onéreuse pour le pays que ne le fut l'occupation allemande. En un mot, la paix sous la République aura ruiné la France, l'aura appauvrie, presque deux fois autant que la guerre de 1870. Il n'y a donc pas de gouvernement plus cher que la République. Il lui faut plus d'argent qu'il n'en a fallu à aucune monarchie, pour gouverner le pays et lui assurer la prospérité. Le pays est volé, cela n'est plus à démontrer, et n'en a pas pour son argent.

**

Avant les élections, tous les républicains n'avaient qu'une formule aux lèvres : « Pas d'impôts nouveaux! pas d'emprunts! » Et avec une indignation vertueuse, ils nous accusaient de les calomnier, lorsque nous annoncions que la première chose qu'ils feraient serait de recourir à l'impôt et à l'emprunt. Aussitôt les élections terminées, ça ne manque pas. Et les promesses, les protestations de ces gaillards-là, se dissipent en fumée. L'impôt apparait, l'emprunt se dresse à l'horizon. Et le peuple, trompé, bafoué, ruiné, affamé, se serrera la ceinture sur le ventre, d'un cran de plus. Il n'est pas intéressant dans cette désastreuse aventure, le peuple! Il a voulu la République, ou du moins il n'a pas voulu la renverser! Qu'il compte ce que cela lui coûte, maintenant qu'on lui présente la note à payer! La République est le gouvernement qui coûte le plus cher et qui vaut le moins.

**

Le Bonhomme Deschamps ne peut se dispenser de parler d'une question qui a donné lieu cette semaine à de violentes polémiques dans les journaux de tous les partis. Il s'agit d'une souscription qui vient d'être ouverte avec l'appui du gouvernement pour élever un monument à la mémoire de Garibaldi. Les radicaux demandent même à nos gouvernants de puiser à pleines mains dans le Trésor pour faire les frais de cette manifestation antipatriotique. C'est un véritable scandale. Chacun sait que Garibaldi n'a été, en 1870-1871, que le pire des aventuriers, se considérant chez nous comme en pays conquis, faisant main basse sur les caisses des receveurs particuliers, rançonnant les paysans, pillant les fermes, arrêtant et incorporant dans ses troupes les bataillons de mobilisés dirigés par les ordres de nos généraux sur d'autres points, abandonnant, à l'approche des Prussiens, les villes qu'il était chargé de défendre, donnant des ordres contraires à ceux envoyés par le gouvernement. C'est à cet aventurier qu'on demande à des Français d'élever une statue sur le sol français. Voilà où nous conduit la passion politique et antireligieuse de nos radicaux.

LE BONHOMME DESCHAMPS.

NOUVELLES DE LA SEMAINE.

Election législative.

PARIS

18e arrondissement. — Quartier de Clignancourt.

Inscrits : 18,716. — Votants : 10,133.

Rarement élection a réuni autant de candidats. Ils sont, en effet, au nombre de vingt-neuf. Tous veulent *gagner* 25 francs par jour à ne rien faire.

Voici comment les suffrages se sont répartis :

MM.	Lavy, possibiliste........	2:343 voix.
	Lissagaray, démocr. soc......	2.045 —
	Ch. Longuet, radical social...	1.143 —
	V. Dejeante, candidat ouv....	1.069 —
	Lunel, républ. révisionn......	720 —
	Jules Roques, soc.-rév........	685 —
	Lefèvre, anarchiste...........	203 —
	E. Klotz, démoc. socialiste...	54 —
	Chauvet, révolutionnaire......	54 —
	Mermeix, dép. de Paris, révis..	30 —

Les autres vingt candidats ont obtenu un nombre de voix insignifiant.

(BALLOTTAGE.)

Il s'agissait de remplacer M. Joffrin, député républicain, décédé. Aux élections générales de l'année dernière, M. Joffrin avait obtenu 5,5'0 voix contre 7,811 données au général Boulanger. Ce dernier étant inéligible, par suite de sa condamnation, M. Joffrin, après un débat des plus orageux, avait été validé par la Chambre.

8 milliards de commission et courtage! — Croirait-on que, d'après M. Pelletan, sur les 30 milliards qui composent notre dette publique, l'Etat a touché seulement 22 milliards? le surplus a passé en frais de publicité, de courtage et de commission. C'est pour cela que la haute banque aime tant les gros emprunts d'Etat.

Violation des droits d'un conseil général. — Le conseil général du Morbihan avait alloué à l'évêque de Vannes deux crédits de 5,000 fr. chacun, inscrits l'un au budget de 1890, l'autre au budget primitif de 1891, et avait accordé une subvention de 2,000 fr. aux écoles libres du département.

Par décret du 5 novembre 1890, ces deux délibérations ont été annulées. Pour essayer de justifier cette décision, qui est la négation absolue des droits que la législation de 1871 a reconnus aux assemblées départementales, l'auteur de l'exposé des motifs dits que le conseil voulait mettre à la disposition des écoles libres des subventions par l'intermédiaire de l'évêque et que ces allocations sont prohibées par la loi du 30 octobre 1886.

Cette loi, dit il, ne reconnaît que deux groupes *d'écoles ; les écoles publiques fondées et entretenues* par l'Etat, les départements ou les communes, et les écoles privées, fondées et entretenues par les associations et les particuliers. En laissant le département accorder une subvention aux écoles libres, on créerait un troisième groupe d'écoles, contrairement au vœu de la loi.

Il a été trop souvent fait bonne et complète justice de cette argutie administrative pour qu'il soit nécessaire d'en faire ressortir l'inanité.

Depuis trois ans c'est la troisième fois que M. Carnot a recours aux décrets pour annuler les délibérations prises par le conseil général, fidèle interprète des vœux de ses commettants. Mais, cette fois, le conseil général ne paraît pas disposé à passer condamnation sans protester. Il a donné à son président, M. de la Monneraye, sénateur, les pouvoirs nécessaires pour déférer le décret présidentiel au Conseil d'Etat.

PRIMES A NOS ABONNÉS.

L'ALMANACH FRANÇAIS *pour 1891 vient de paraître à la Librairie nationale.*

L'administration de la Gazette agricole *met* gratuitement, *comme l'année dernière, cet Almanach à la disposition de ceux de nos abonnés et lecteurs qui manifesteront le désir de le recevoir* et joindront à leur lettre 15 centimes *en timbres-poste pour frais de port.*

Tout abonné qui renouvellera son abonnement, soit à l'expiration, soit par anticipation, par l'envoi d'un mandat-poste de 5 francs, recevra de droit, gratuitement *et* franco, *l'*ALMANACH FRANÇAIS.

*L'*ALMANACH FRANÇAIS *est mis gratuitement à la disposition de tous nos abonnés anciens ou nouveaux dans nos bureaux, à Paris, 13, quai Voltaire, et à Beauvais.*

SEMENCES CHOISIES.

Afin de mettre nos abonnés cultivateurs à même d'expérimenter sur *leur propre terrain* les variétés de blé à haut rendement qu'il importe tant de substituer aux variétés médiocres, nous mettons à leur disposition, à titre de prime, et indépendamment de l'*Almanach Français*, des semences de choix des meilleures variétés de blé.

Bien entendu, la quantité à distribuer à chacun ne peut pas être grande, mais elle suffira pour permettre de faire une première expérience sérieuse et de la continuer l'année suivante sur une plus grande étendue.

Nos abonnés pourront choisir entre les variétés d'automne suivantes :

Blés : Aleph — de Noé — Rouge d'Ecosse — Browick — de Challeng — Chiddam d'automne à épi blanc, — id. à épi rouge. — Dattel — Goldendrop — Hallett — Hunter — Lamed — Kissengland — de Miracle — Montagnard barbu (très productive, même dans des sols médiocres) — Poulard d'Australie — Richelle blanche de Naples — Roseau — Rouge inversable de Bordeaux — de Saumur — Sheriff à épi carré — Victoria d'Automne.

Avoines : Noire d'hiver de Belgique (produits considérables, mais craint hiver très rigoureux).

Grise d'hiver (très résistante aux gelées).

Seigle de Schanstedt à semer de suite. Rendement extraordinaire. Tiges de 2m25 à 2m50 de hauteur. Epis, moyenne de 0m20 de hauteur.

Les semences, d'une qualité irréprochable, proviennent de la maison Forgeot, 6, quai de la Mégisserie, Paris, qui, rappelons-le, s'est soumise au contrôle de la station d'essais établie par le ministère de l'agriculture à l'Institut national agronomique de France.

C'est dire qu'elles offrent toutes garanties au point de vue de la pureté d'espèce et de la qualité germinative.

Pour les semailles de printemps, nous ajouterons à notre liste un certain nombre d'autres variétés de blé, quelques avoines et aussi des graines potagères et des graines de fleurs, et ce à l'intention de nos charmantes lectrices.

Nos abonnés nous sauront certainement gré des sacrifices que nous nous imposons pour leur être agréables et surtout utiles.

Pour recevoir un paquet d'une des variétés indiquées ci-dessus, il suffit, pour nos abonnés, de nous envoyer, en en faisant la demande, 0 fr. 45 c. en timbres-poste pour les frais d'affranchissement.

Quant aux abonnés nouveaux, ou à ceux qui renouvellent leur abonnement à l'échéance ou par anticipation, ils recevront la prime *gratuitement et franco*, à la condition de nous envoyer, en un mandat, cinq francs, prix net de leur abonnement, et de nous éviter ainsi les frais relativement très lourds de recouvrement par la poste.

Ch. Gossin.

Nota. — A cause de l'époque, nous recommandons surtout, comme pouvant être semées *tardivement*, les variétés suivantes : Blés, *Victoria blanc*, — Chiddam d'automne, — Roseau, — de Noé, — Schériff, — Rouge de Bordeaux, Hunter.

AVIS.

Les demandes de primes ont été excessivement nombreuses; nous ne nous en plaignons pas. Mais à cause de cette multiplicité, peut-être quelques légers retards ont-ils été apportés à un certain nombre d'expéditions. Tout a été envoyé; une dizaine de réclamations seulement nous ont été faites, nous les avons renvoyées à qui de droit, c'est-à-dire à la poste, tout en réparant, par de nouveaux envois, la négligence de celle-ci.

Nous avons dû aussi, certains échantillons étant épuisés, les remplacer par d'autres variétés équivalentes.

Nous rappelons que nous continuerons la distribution des semences d'élite (céréales de printemps, légumes et fleurs). Très prochainement, sans attendre l'époque du printemps, nous donnerons la liste des variétés et des espèces à choisir.

Dès à présent, les abonnés qui renouvellent leur abonnement par l'envoi d'un mandat de 5 fr., ont droit à cette prime qu'ils choisiront plus tard ; il en est de même des abonnés nouveaux.

Une Requête à nos Abonnés.

Dans un but de propagande utile en faveur de la *Gazette agricole*, nous demandons instamment à ses amis et abonnés de vouloir bien nous envoyer les noms et adresses des personnes, auxquelles d'après eux, le journal pourrait convenir.

Il sera envoyé à ces personnes, à titre gratuit, bien entendu, plusieurs numéros d'essai.

FABRICATION DU CIDRE.

Vive le cidre de Normandie!
Rien ne fait sauter comme ça,
Et cette tisane-là,
Guérit toute maladie!

Comment et avec quoi faut-il écraser les pommes? Faut-il se servir de l'antique pressoir qui réduit les fruits en bouillie et écrase les pépins en même temps que la pulpe?

Non, rien n'est plus défectueux qu'une telle méthode. Outre qu'elle a l'inconvénient d'exiger un appareil coûteux et encombrant, ce mélange de jus avec la pulpe fournit, comme le fait très bien remarquer M. Delaville, une énorme quantité de lie, qui finit par aigrir les cidres ; de plus, les pépins des fruits, ainsi écrasés par le tour de pile, donnent une huile essentielle, qui communique à la boisson une certaine âcreté et la rend trop astringente.

Aussi sommes-nous tout à fait d'accord avec notre habile collègue pour recommander l'emploi du moulin concasseur, de préférence à l'ancien tour en pierre, qui devrait être banni sans rémission de nos fermes, bon tout au plus à figurer dans un musée d'antiquités.

Mais il y a concasseurs et concasseurs. Il y en a de très bons, il y en a de très défectueux. Les premiers concasseurs lancés dans le commerce avaient le désavantage d'opérer une section trop nette de la pomme, comme avec un couteau bien effilé. Les nouveaux, très perfectionnés, sont munis de deux paires de noix à crochets qui déchirent la pulpe des pommes, de manière à mettre toutes les cellules à nu, sans laisser aucun nœud, mais aussi sans réduire les fruits en marmelade ou en bouillie. Ils laissent le pépin intact, ce qui, nous le répétons, est un point essentiel. C'est ainsi que travaillent les excellents moulins de M. Leclerc, de Beauvais.

Donc, plus de tour de pile, plus de pressoir non plus. Il est inutile avec le système de lixiviation que nous préconisons, à cause de sa grande simplicité. Ce pressoir, nous le remplacerons par deux ou trois cuves, lesquelles sont destinées à faire macérer le marc au sortir du concasseur.

Voici, du reste, la manière de procéder :

Une fois les pommes divisées et réduites par le concasseur, on met le marc à macérer dans les cuves en question. La durée de la macération doit être de quarante-huit heures environ, subdivisée ainsi qu'il suit : Pendant les dix premières heures, la pomme sera abandonnée à elle-même. C'est au bout de ce laps de temps qu'on ajoutera l'eau à la température de 30 à 35 degrés centigrades en quantité égale à la quantité de pommes employées. Ainsi, pour douze hectolitres de pommes douze hectolitres d'eau. Ce qui, entre parenthèses, donnera neuf hectolitres de cidre, étant admis que vingt hectolitres de pommes produisent quatre hectolitres de jus.

Mais cette eau, il ne faut pas la mettre tout d'un coup et tout à la fois; elle sera répartie comme il suit : D'abord, un tiers de la quantité totale. Ce tiers devra rester sur le marc pendant douze heures environ. Puis, le jus soutiré, après ces douze heures, sera versé une deuxième fois sur le même marc. Ainsi, le premier tiers d'eau servira à la macération pendant vingt-quatre heures, mais en deux fois différentes. Voilà pour le premier tiers d'eau, pour les quatre premiers hectolitres, si la quantité totale à employer est de douze hectolitres.

Les quatre hectolitres suivants, c'est-à-dire le second tiers, qui seront versés au bout de vingt-quatre heures, séjourneront sur le marc douze heures seulement, et les quatre derniers, le troisième tiers, douze heures aussi.

On comprend que le jus provenant de chacun de ces trois soutirages n'a pas la même richesse. Le jus du premier soutirage est naturellement plus riche que celui du deuxième.

Donc, pour que notre cidre ait une parfaite homogénéité, nous aurons le soin de verser par parties à peu près égales, dans le tonneau, le jus de chacun de trois soutirages.

Voulons-nous que le cidre ait une belle couleur et une qualité supérieure? Aérons et remuons le marc pendant la durée de la macération. De plus, les cuves devront être munies d'une chantepleure disposée de manière que le jus, au fur et à mesure qu'il coulera, soit tamisé au moyen d'un treillis très fin.

Tel est le procédé, dit par lixiviation. On voit qu'il n'est pas compliqué et qu'il offre bien des avantages. En effet, par ce procédé, on épuise les pommes de tous les jus sucrés qu'elles renferment; car l'eau, en s'introduisant dans toutes les cellules du fruit, en chasse le jus par déplacement.

Il ne faut donc pas croire que le jus qui sort des cuves à macération soit plein d'eau, celle-ci est restée en grande quantité dans la pulpe des pommes à la place de l'eau qu'elle a chassée. C'est, *nous le répétons, un simple déplacement* : « Ote toi de là que je m'y mette. »

Après la macération, les pulpes ne contiennent plus de principe sucré, tandis que, par le pressurage, une notable partie des principes de la pomme restent et demeurent enfermés dans le tissus des fruits. En voulons-nous une preuve? Présentons à une vache une poignée de marc sortant du pressoir et une poignée de marc sortant de la cuve à macération. Dame vache, qui n'est pas bête, mangera la première, elle ne touchera pas à la seconde. D'ailleurs, l'analyse chimique démontre clairement ce que nous venons d'avancer à cet égard.

Nous ne parlons pas de la fermentation des jus ou plutôt des moûts soutirés, après la macération, et recueillis dans les tonneaux. Les mêmes soins sont à observer pour la fermentation de ceux-ci que pour celle du jus sortant du pressoir.

Pour que cette fermentation se fasse régulièrement et d'une façon assez active, il importe que la température des caves et des celliers se maintienne, pendant la fabrication, au-dessus de douze degrés; si la température s'abaisse dans ces caves ou celliers, il sera utile de placer quelques fourneaux de braise au milieu de la cave qui alors devra être fermée hermétiquement.

Lorsque la fermentation sera en mouvement, on aérera le local; puis on remuera le cidre en introduisant par la bonde des tonneaux une poignée de verges avec lesquelles on agitera violemment le liquide. N'oublions pas que c'est pendant la dernière fermentation des moûts que s'obtient le bouquet du cidre.

N'avions-nous pas raison de dire que le procédé de fabrication du cidre par lixiviation facilite et simplifie beaucoup cette fabrication et la rend possible à tous. Il n'est plus besoin de posséder d'instruments énormes et coûteux. Un concasseur, des tonneaux défoncés, pour servir de cuves à macération, des tonneaux pour recevoir le jus et pour les faire fermenter, voilà tout.

Quant au cidre ainsi obtenu, il est clair, limpide, agréable et très sain. Veut-on lui donner plus de force et lui permettre, par une grande richesse en alcool, de se conserver plus longtemps? Rien de plus simple à obtenir par le sucrage des jus au moment de la fermentation, ou par le bichonnage au moyen de la liqueur Bichon (10 litres par hectolitre de cidre).

Si l'on se livre au sucrage, on ne perdra pas de vue les points suivants :

1° Le bon cidre de garde doit doser au moins de 5 à 6 degrés d'alcool. Plus il contiendra d'alcool, plus il se conservera longtemps.

2° La quantité de sucre à employer sera autant de fois de 1 kilo 800 grammes par hectolitre de cidre qu'on voudra ajouter de degrés d'alcool.

Et maintenant, à l'œuvre, récoltons nos pommes, laissons-les bien mûrir, se bien parfumer en tas et bientôt mettons-nous à faire de l'excellent cidre. Les pommes ne sont pas abondantes cette année. N'en laissons pas perdre une seule et emplissons gaiement nos caves et nos celliers.

Charles GOSSIN.

LA CRISE SUCRIÈRE.

Nous lisons dans les journaux officieux :

« MM. Rouvier, ministre des finances, a reçu MM. Dauphin et Jametel, sénateurs; Macherez et Deprez, députés, délégués des représentants des départements sucriers dans les deux Chambres, qui venaient l'entretenir de la situation faite à l'industrie sucrière par l'état de la récolte de la betterave au point de vue de l'application de la loi du 5 août dernier.

« M. Rouvier a répondu qu'il avait été saisi par son collègue de l'agriculture des résultats de l'enquête qui vient d'être faite, qu'il étudiait la question et qu'il saisirait le conseil des ministres quand il aurait tous les éléments nécessaires.

« Il résulte de l'entretien que la question ne paraît pouvoir être discutée qu'après le vote du budget de 1891. »

Alors qu'une décision prompte devrait être prise, M. le ministre déclare qu'il étudie toujours la question et qu'il n'a pas encore *tous les éléments nécessaires d'appréciation*

Cependant, les comices, les sociétés d'agriculture, les cultivateurs, les fabricants de sucre, tous les intéressés enfin ont, depuis longtemps, fait connaître leurs appréciations sur la situation actuelle et tous les moyens propres à y remédier. Pour ne parler que de l'Oise, nos quatre Sociétés d'Agriculture ont parlé, et le directeur de l'*Institut agricole*, le Frère Eugène, a envoyé depuis plus de quinze jours un rapport des plus complets sur la question.

Il en a été de même dans les départements voisins.

Qu'attend donc M. le ministre?

M. Develle, lorsqu'on allait le trouver, attendait toujours les résultats de l'enquête; maintenant M. Rouvier attend « tous les éléments nécessaires ».

On ne se moque pas plus agréablement des gens, et, pour que nous ne conservions aucune illusion sur ce point, M. Rouvier a pris le soin d'ajouter que la question ne pourrait être discutée qu'après le vote du budget.

D'ici ce temps-là les cultivateurs auront perdu toutes leurs betteraves. Et la farce sera jouée.

M. Rouvier ne lâchera rien de son impôt et la culture continuera de souffrir et de perdre de l'argent.

L'influence des sénateurs et députés républicains — qu'on nous vante tant en période électorale — est-elle donc nulle à ce point qu'ils ne peuvent rien obtenir du Gouvernement ?

Cependant ils ont derrière eux toute une grande région dont ils connaissent les souffrances, des intérêts sans nombre qu'ils représentent et qu'ils ont promis de défendre.

Qu'ils nous défendent au moins contre les railleries dédaigneuses de M. Rouvier.

LES TARIFS DE PÉNÉTRATION

M. Noblemaire, directeur de la compagnie des chemins de fer de Paris-Lyon-Méditerranée, vient de faire paraître une très instructive et très intéressante brochure sur les tarifs de pénétration. Cette étude avait été fort remarquée lorsqu'elle parut, il y a quelque temps, dans la *Revue des Deux-Mondes*.

« M. Allain-Targé, dit en débutant M. Noblemaire, n'est pas seulement un financier de mérite, c'est un homme heureux. Quelque chose restera de lui : un mot qu'il a créé, en 1883, lors de la discussion des conventions, un mot qui fait image, qui fait aussi illusion à ceux qui parlent des tarifs de chemins de fer sans toujours beaucoup les connaître et autour duquel beaucoup de bruit s'est fait, depuis sept ans, un peu à tort et à travers. Nous voulons parler des *Tarifs de pénétration*.

« Ils ne sont pas d'invention nouvelle, ils ont toujours existé; mais tant qu'on les appelait simplement tarifs internationaux, personne ne s'occupait d'eux; il a suffi d'un nom de baptême imaginé pour rendre rapidement populaires, ou mieux impopulaires, des tarifs qu'il est de bon ton de charger de tous les péchés d'Israël, des tarifs qui ruinent l'industrie nationale, l'agriculture nationale, qui paralysent ou annihilent l'effet des droits de douane, etc. »

M. Noblemaire entre ensuite dans les explications techniques nécessaires à l'intelligence du sujet qu'il traite, et explique dans son ensemble la tarification des marchandises sur les chemins de fer français.

« On a embrouillé à plaisir, dit-il, la question des tarifs en multipliant outre mesure les subdivisions. Il n'est pas besoin de tant de noms de baptême. Il n'y a, en réalité, que deux sortes de tarifs : le *Tarif général* et les *Tarifs spéciaux*. L'un et les autres sont établis, sur tous les réseaux, d'après le principe différentiel.

« Le tarif général s'applique aux envois ordinairement de détail, pour lesquels l'expéditeur exige des compagnies l'accomplissement rigoureux de toutes leurs obligations légales de délais, de responsabilité ; il s'applique à environ 10 pour 100 du tonnage total de petite vitesse.

« Les tarifs spéciaux, aux conditions desquels s'effectue le transport du reste du tonnage (90 p. 100), régissent les envois pour lesquels l'expéditeur, en échange d'une réduction de taxe, accorde aux compagnies certaines facilités. Ils s'appliquent tantôt aux expéditions de détail sans condition de tonnage, le plus souvent aux grosses expéditi .ns remises par lots de 5 ou 10 tonnes. »

Les fameux tarifs de pénétration font partie des tarifs spéciaux internationaux, c'est-à-dire combinés entre compagnies françaises et étrangères.

« Parmi ces tarifs internationaux, les uns sont absolument réciproques et les transports qui s'effectuent aux conditions de ces tarifs sont taxés de même dans les deux sens.

« D'autres tarifs internationaux, tout en étant réciproques, ne jouent, en fait, que dans un sens; c'est le cas du tarif 206 Paris-Lyon-Méditerranée, par exemple, relatif aux vins, la France n'envoyant pas de vins communs dans un pays qui, comme l'Italie, ne sait où placer sa surabondante production.

« D'autres enfin ne sont pas réciproques ; ils sont purement de pénétration en France et s'appliquent : soit à des marchandises que notre pays ne produit pas (*oranges, coton*) ; ceux-là, on ne songe pas encore à les incriminer, — soit à des matières que notre pays produit, mais en quantité insuffisante pour sa consommation (*houille, vins*), — soit enfin à des marchandises que notre pays produit, mais, en raison du climat, plus tard que certains pays étrangers (*fruits frais, légumes frais*). »

L'auteur démontre alors que la pénétration est, dans certaines circonstances, inévitable; comme par exemple pour les primeurs dont on veut avoir à Paris bien avant que les maraîchers des environs en récoltent. De même pour les céréales, les vins, la houille.

« Nous nous bornerons à demander, dit M. Noblemaire, s'il faut que ce mouvement nécessaire, fatal, de pénétration soit le monopole exclusif des voies navigables et s'il y a lieu de contester aux chemins de fer le droit d'essayer d'en prendre leur part. »

M. Noblemaire entre alors dans la discussion des principes mêmes qui président à la tarification, et il conclut en ces termes :

« Le vent est à la protection dans notre pays, et tout ce qui y contredit ou semble y contredire est frappé d'ostracisme. Faut-il dès lors s'étonner de l'émotion qu'inspire l'idée de pénétration des produits étrangers (comme si nous pouvions toujours nous en passer), du succès d'un mot fort expressif de cette émotion, et de l'ardeur aveugle de la campagne à laquelle nous assistons étonnés contre ce qu'on a baptisé les *Tarifs de pénétration* ?

« Qui dit commerce, cependant, dit échange. Vendre aux autres ce qu'on produit plus ou mieux qu'eux, leur acheter ce qu'ils produisent plus ou mieux que vous, c'est là toute la vie commerciale et elle n'est que là. Dans le commerce international, cela s'appelle l'importation et l'exportation.

« Je ne suis pas de ceux qui s'enrôlent sous le drapeau du libre-échange. La protection me paraît le système qui convient à notre pays, mais encore faut-il qu'elle soit intelligente et mesurée.

« Indispensable quand il s'agit d'y rendre possible la production d'objets qu'il faut absolument fabriquer chez nous, nécessaire quand il s'agit de permettre à notre pays de défendre son industrie et son agriculture contre celles des pays voisins plus favorisés sous le rapport des matières premières, de la main-d'œuvre ou du climat, la protection est inutile dans les autres cas : nuisible même, si elle est poussée au point d'exagérer les prix de vente aux consommateurs (que nous sommes tous) et d'enlever à nos producteurs l'aiguillon salutaire de la concurrence, sans lequel l'activité s'émousse et le progrès s'arrête. »

. . . .

Ce savant et consciencieux travail de l'honorable directeur de la Compagnie de P.-L.-M., jette la lumière sur la question de ces fameux *Tarifs de pénétration* dont beaucoup parlent sans savoir, en définitive, ce qu'ils sont. Après l'avoir lu avec attention il est impossible de ne pas voir ses préventions, sinon disparaître complètement, du moins diminuées dans une très large mesure, et surtout de ne pas rendre justice aux efforts constants tentés par les grandes compagnies, par celle de P.-L.-M. en particulier, pour l'amélioration de leurs tarifs dans l'intérêt de notre agriculture et de notre industrie nationales. Charles Gossin.

La densité des betteraves à sucre.

On sait que la densité ne doit être prise qu'après un certain temps de repos du jus dans l'éprouvette, Jusqu'ici on avait admis que dix à quinze minutes suffisaient. Il en était de même avec la betterave riche de cette année, dont le jus emprisonnait plus longtemps l'air introduit pendant la pression.

M. Pagnoul, directeur de la station agronomique du Pas-de-Calais, a, en effet, constaté qu'un temps beaucoup plus long était nécessaire, et nous citerons cet exemple : un jus a été introduit dans l'éprouvette au sortir de la presse et le densimètre y a été plongé à divers intervalles. M. Pagnoul a obtenu :

Densité prise immédiatement........	6°1
Après quatre minutes...............	6°9
Après trente minutes................	7°9
Après une heure....................	8°0
Enfin par l'action du vide............	8°1

Tous les jus, cependant, n'exigent pas un repos aussi prolongé ; le temps nécessaire dépend du mode de râpage, du genre de presse et de l'intensité de la pression ; mais l'exemple ci-dessus montre que la *détermination de la densité*, lorsqu'elle sert de base aux marchés de betteraves, exige les plus grands soins et qu'une prise de densité trop précipitée peut occasionner une perte sensible pour le cultivateur.

MODE D'EMPLOI DES ENGRAIS
dans la culture du blé (1).

Le but de la Société d'Agriculture de Meaux, dans l'organisation du champ d'expériences qu'elle a établi à l'automne de 1889, a été de rechercher, par le résultat des récoltes obtenues en 1890, dans diverses parcelles juxtaposées dans le même champ, ensemencées de la même variété de blé, après la même récolte précédente, recevant toutes, comme engrais, les mêmes quantités d'azote et d'acide phosphorique, quelle était l'influence du mode d'emploi des engrais.

Le champ d'expériences a été installé dans la ferme de M. Antoine Petit, vice-président de la Société d'Agriculture de Meaux, à Neufmontier, près Meaux.

L'analyse de la terre, faite par M. Müntz, directeur du laboratoire de l'Institut agronomique, a donné les résultats suivants :

Pour 1,000 kilog. de terre.

	Sol.	Sous-sol.
Azote............	1.22	0.92
Acide phosphorique.	0.78	0.72
Carbonate de chaux............	4.00	3.01
Acide sulfurique................	traces	0.37
Potasse { attaque à chaud......	0.90	0.93
Potasse { attaque à froid (procédé Schlœsing)...	0.18	0.22
Magnésie........................	0.07	0.06

Le blé Hallet a été la variété ensemencée. Chaque parcelle comprenait 10 ares. La récolte précédente étant la betterave, la composition

(1) Rapport sur les expériences de la Société d'Agriculture de Meaux.

de l'engrais de chaque parcelle a été de 30 kilog. d'azote et 60 kilog. d'acide phosphorique à l'hectare.

Les quatre premières parcelles, recevant les 30 kilog. d'azote à l'état de nitrate de soude au printemps, ont reçu les 60 kilog. d'acide phosphorique à l'état de superphosphate minéral dans les quatre conditions suivantes : 1° avant labour à l'automne ; 2° après labour et avant l'ensemencement à l'automne ; 3° en couverture sur blé ensemencé à l'automne; 4° en couverture au printemps. La comparaison des récoltes de ces quatre premières parcelles doit nous donner des indications sur le mode d'emploi du superphosphate.

Les 5e, 6e, 7e, 8e et 9e parcelles, ainsi que la 2e parcelle déjà citée, ont reçu toutes les 60 kilog. d'acide phosphorique après labour et avant ensemencement à l'automne et les 30 kilog. d'azote à l'état de nitrate de soude, de sulfate d'ammoniaque et de sang desséché en couverture, soit à l'automne, soit au printemps. Ces six parcelles doivent, par la comparaison de leurs récoltes, nous donner des indications sur la valeur de ces divers engrais azotés et sur leur meilleur mode d'emploi.

Enfin les parcelles nos 10, 11 et 12 ont reçu toutes les 60 kilog. d'acide phosphorique à l'état de superphosphate minéral après labour à l'automne et les 30 kilog. d'azote au printemps : 1° par moitié à l'état de nitrate de soude et de sulfate d'ammoniaque; 2° par moitié à l'état de nitrate de soude et de sang desséché; 3° par tiers à l'état de nitrate de soude, de sulfate d'ammoniaque et de sang desséché. La comparaison des récoltes de ces trois parcelles avec les nos 2, 7 et 9 qui ont également reçu les engrais azotés au printemps doit nous donner des indications sur la valeur réciproque de ces divers engrais employés au printemps.

Voici le résumé de l'emploi des divers engrais à l'hectare :

1. — 400 kilog. superphosphate avant labour à l'automne et 200 kilog nitrate de soude au printemps.

2. — 400 kilog. superphosphate après labour et avant ensemencement à l'automne et 200 kilog. nitrate de soude au printemps.

3. — 400 kilog. superphosphate en couverture à l'automne et 200 kilog. nitrate de soude au printemps.

4. — 400 kilog. superphosphate en couverture au printemps et 200 kilog. nitrate de soude au printemps.

5. — 400 kilog. superphosphate sur labour à l'automne et 200 kilog. nitrate de soude à l'automne.

6. — 400 kilog. superphosphate sur labour à l'automne et 150 kilog. sulfate d'ammoniaque en couverture à l'automne.

7. — 400 kilog. superphosphate sur labour à l'automne et 150 kilog. sulfate d'ammoniaque au printemps.

8. — 400 kilog. superphosphate sur labour à l'automne et 300 kilog. sang desséché en couverture à l'automne.

9. — 400 kilog. superphosphate sur labour à l'automne et 200 k. sang desséché au printemps.

10. — 400 kilog. superphosphate sur labour à l'automne, 100 kilog. nitrate de soude et 75 kilog. sulfate d'ammoniaque au printemps.

11. — 400 kilog. superphosphate sur labour à l'automne; 100 kilog. nitrate de soude et 150 kilog. sang desséché au printemps.

12. — 400 kilog. superphosphate sur labour à l'automne ; 70 kilog. nitrate de soude, 50 kilog. sulfate d'ammoniaque et 100 kilog. sang desséché au printemps.

Pour avoir des résultats plus nets des récoltes qui se composent de deux produits, paille et grain, nous avons établi la valeur de ces récoltes en comptant les quantités de paille et de grain à l'hectare et calculant leur valeur à raison de 24 francs le quintal pour le grain, et 3 francs le quintal pour la paille, qui sont à peu près les cours actuels et nous obtenons un total de valeurs en argent qui facilite les comparaisons.

Numéros des parcelles.	Quantité de grain. Quintaux.	Quantité de paille. Quintaux.	Valeur du grain. Fr.	Valeur de la paille. Fr.	Valeur totale. Fr.
1..........	25.70	63.70	616.80	191.10	807.90
2..........	28.20	65.40	676.80	196.20	873.00
3..........	26.00	51.40	624.00	163 20	787.20
4..........	26.90	51.50	645.60	154.50	800.10
5..........	29.00	59.70	696.00	179.10	875.10
6..........	29.10	54.00	698.40	162.00	860.40
7..........	27.00	55.00	648.00	165.00	813.00
8..........	29.00	55.00	696.00	165 00	861.00
9..........	28.40	54.20	681.60	162.60	844.20
10..........	29.30	57.20	703.20	171.60	874.80
11..........	28.60	56.90	686.40	170.70	857.10
12..........	29 20	58.50	700.80	175.50	876.30

La parcelle n° 1 est la seule qui ait été sérieusement versée. Le grain y était par conséquent de moindre qualité, ainsi que la paille. En tenant compte de ses différences, la valeur totale de la récolte de cette parcelle n'est pas supérieure à celle des parcelles n° 3 et n° 4. Il est très probable que l'acide phosphorique enfoui à une certaine profondeur n'a pas été, autant que l'azote à la disposition de la plante, ce qui a donné dans sa nutrition un excès d'azote, et occasionné la verse. Il y a donc lieu d'éviter l'emploi du superphosphate avant labour.

Le résultat de la parcelle n° 2, qui est supérieur à ceux des nos 1, 3 et 4, nous indique que le meilleur emploi du superphosphate est à l'automne, après labour et avant ensemencement du blé.

Il n'y a pas grande différence entre les résultats des nos 3 et 4, ce qui indique qu'on peut employer indifféremment à l'automne ou au printemps le suphosphate en couverture. Toutefois, il peut y avoir une préférence pour l'emploi à l'automne.

Pour l'emploi des engrais azotés, la comparaison des résultats des parcelles nos 2, 5, 6, 7, 8 et 9 nous indique :

1° Que l'emploi du nitrate de soude est supérieur à celui du sulfate d'ammoniaque et du sang desséché ;

2° Qu'il vaut mieux employer le sulfate d'ammoniaque et le sang desséché à l'automne qu'au printemps ;

3° Qu'il y a peu de différence entre l'emploi du nitrate de soude à l'automne et au printemps. Toutefois j'estime qu'il y a plus de sécurité d'employer le nitrate de soude au printemps parce que dans des terrains plus inclinés ou plus perméables que notre champ d'expériences, il pourrait y avoir une plus grande perte de nitrate qui ne profiterait pas à la végétation.

Enfin, la comparaison des résultats des nos 2, 7, 9, 10, 11 et 12 où tous les engrais azotés ont été employés au printemps nous indique que si le mélange des engrais azotés d'origine diverse, contenant la même quantité d'azote, donne des meilleurs résultats que le sulfate d'ammoniaque et le sang desséché employés seuls, le nitrate de soude seul donne à peu près les mêmes résultats. E. Gatetlier.

Destruction des mulots dans les récoltes

L'emploi des appâts empoisonnés peut provoquer des accidents pour les volailles, les chiens, ou le gibier ; néanmoins, voici quelques-unes des formules qui peuvent être employées : faire macérer des grains de blé dans de l'eau où l'on a fait dissoudre de l'arsenic du commerce à raison de 8 grammes par litre d'eau ; préparer une pâte phosphorée, en faisant fondre de la graisse à laquelle on ajoute du phosphore blanc à raison de 1 gramme par 500 grammes de graisse, et y ajouter de la farine pour faire une pâte dont on prépare des boulettes avec des grains gonflés dans l'eau chaude ou dont on enduit des tranches de pain mince ou de carotte, qui servent d'appâts.

L'usage des pièges préconisés contre les campagnols peut donner des résultats plus complets; on emploie surtout des pots vernissés et des trous en terre. Les pots, vernissés à l'intérieur, ont 25 à 30 centimètres de profondeur sur 15 de diamètre; on les place dans les trous, l'ouverture étant à fleur de terre, et on les remplit à moitié d'eau; les souris y tombent pendant la nuit, et s'y noient. Les trous en terre se creusent, dans les sols argileux et tenaces, avec une tarière longue de 50 centimètres et large de 15 ; la tarière lisse les parois des trous, de telle sorte que les petits animaux qui y tombent ne peuvent remonter ; on les y tue au matin avec un bâton ou un piquet en fer. Le nombre des pots à employer et des trous à creuser avec la tarière doit varier suivant l'importance des colonies qu'on veut détruire.

Nouvelles agricoles.

Le bétail étranger au marché de la Villette. — Nous avons signalé, au mois de septembre, l'envoi d'un certain nombre de bœufs d'Amérique au marché de la Villette. Ce mouvement ne s'est pas continué pendant le mois d'octobre, où les arrivages de ces animaux ont été nuls. Par contre, les arrivages de moutons étrangers ont été plus considérables; ils se sont élevés à 10,755 têtes, dont 5,556 de Russie, 2,246 d'Allemagne, 327 de Suisse et 626 d'Italie. Pendant le même mois, les arrivages de moutons d'Algérie à Paris se sont élevés à 5,024 têtes.

Un fait à enregistrer, c'est la grande activité qui paraît régner sur les marchés de l'Amérique du Nord. Ainsi, dans la première semaine d'octobre, le marché au bétail de Chicago a reçu 66,779 têtes de gros bétail, 57,783 moutons et 114,713 porcs. C'est là le plus fort effectif d'animaux qui ait jamais été reçu à ce marché en une seule semaine.

Guérison de la tuberculose. — On ne s'occupe absolument à Berlin que du professeur Koch et de sa méthode de guérir la tuberculose. Il publiera la semaine prochaine son rapport. Le remède qu'il a trouvé reconstitue le sang et lui donne les éléments dont l'absence permet aux tubercules de se développer. M. Koch a d'abord appliqué sa méthode à des tubercules externes pour avoir sous les yeux les résultats du traitement; on a photographié journellement les parties malades, et ces photographies seront jointes au rapport. Ce n'est que plus tard que la méthode a été appliquée à des phtisiques de l'hôpital de la Charité, dont les familles avaient pris par écrit l'engagement de ne pas protester si le traitement ne réussissait pas.

Deux d'entre eux sont entièrement guéris; les autres sont entrés en convalescence. Le ministre de l'instruction publique demande à l'empereur de relever M. Koch de ses fonctions de professeur d'hygiène à l'Université et de lui confier la direction d'un Institut bactériologique, qui sera construit sur le modèle de l'Institut Pasteur, aux frais de l'Etat.

Epizooties. — La fièvre aphteuse, vulgairement appelée cocotte, vient d'être constatée dans les départements du Nord et du Pas-de-Calais.

Il importe que l'inspection des foires et marchés prévue par l'art. 39 de la loi du 21 juillet 1881, *sur la police sanitaire des animaux*, ait lieu de la façon la plus attentive.

Les cultivateurs et marchands ne perdront pas de vue que le déplacement et la circulation de tout animal contaminé sont formellement interdits, *sous les peines les plus sévères*, par l'article 31 de la loi précitée (emprisonnement de deux à six mois et amende de 100 à 1,000 francs).

En vertu d'un arrêté ministériel du 12 novembre sont interdits l'importation en France et le transit des animaux des espèces bovine, ovine, caprine et porcine, provenant de la Belgique et de la Hollande.

Nécrologie. — M. TRIBOULET. — Nous avons le vif regret d'annoncer la mort d'un des agriculteurs les plus distingués du département de la Somme, M. Pierre-Adrien-Augustin Triboulet, décédé à Assainvilliers, le 7 novembre, dans sa soixante-deuxième année.

M. Triboulet succéda à son père en 1854 dans la direction de la ferme d'Assainvilliers, et il acquit rapidement, tant comme agriculteur que comme éleveur, une grande réputation.

Il remporta la prime d'honneur en 1867 et reçut, quelques années plus tard, la croix de chevalier de la Légion d'honneur pour ses services agricoles.

Dans les dernières années, il avait laissé la direction de la ferme d'Assainvilliers à son fils, M. Camille Triboulet, qui marche dignement dans la voie tracée par son père.

M. AYRAUD. — Nous avons aussi le regret d'annoncer la mort de M. P.-N. Ayraud, propriétaire agriculteur, président du comice de de Fontenay-le-Comte (Vendée), décédé le 29 octobre à l'âge de soixante-dix ans. M. Ayraud était membre associé de la Société nationale d'agriculture.

CONSEILS DU MÉDECIN

LE CRESSON

Cette plante si vivace, si humble, qui tapisse la surface des sources fraîches, constitue un aliment très sain et un petit médicament très agréable. Les principes que renferme le suc dont elle abonde la font rechercher: un certain amer, à qui l'on doit en partie les propriétés dépuratives du cresson, du fer, de l'iode, enfin une huile composée de sulfure et d'azote.

Le suc de cresson se mélange avec du petit lait et d'autres sucs des plantes de même famille, toniques aussi, et compose alors un excellent anti-scorbutique.

En mâchant ses feuilles, l'on se raffermit les gencives et l'on évite ou guérit tous les ulcères de la bouche.

Le suc de cresson est stimulant, il est aussi dépuratif, comme nous l'avons signalé; on l'emploie, en effet, avec succès pour la guérison de quelques maladies de peau.

Les taches de rousseur, vilain masque flétrissant le plus gracieux visage, ne résistent point aux lotions de cette mixture: cresson mélangé à 1/3 de son poids de miel et filtré dans un linge.

Le cresson réduit en poudre est un excellent légume pour les diabétiques; fraîchement écrasé puis réduit en cataplasme, il cicatrise immédiatement toute plaie scrofuleuse, et dissout glandes, tumeurs et engorgements.

C'est fort justement qu'on l'a baptisé, la *santé du corps*. UN VIEUX MÉDECIN.

CONSEILS DU JARDINIER

CHANCRE DES ARBRES A FRUITS

Il est une affection qui, lorsqu'elle s'attaque aux arbres à fruits d'un verger, ne tarde pas à y faire les plus grands ravages : c'est le *chancre* des arbres fruitiers.

Il nous a été donné d'étudier récemment cette maladie; c'est ce qui nous engage à en causer aujourd'hui.

On sait que le mal débute par de petites taches brunes qui se montrent sur l'épiderme des branches et des rameaux. Bientôt l'écorce se fendille, le centre de la tache se creuse et le mal arrive jusqu'à la moëlle. Toute branche, ainsi atteinte, est gravement compromise.

Le fauteur du mal est un champignon parasitaire (désigné par les botanistes sous le nom *nectria ditissima*) qui s'attaque surtout aux arbres dont l'écorce est endommagée; c'est pourquoi les blessures accidentelles faites aux arbres, les tailles multiples, les greffes, sont souvent suivies de l'apparition du parasite.

On a conseillé différents remèdes pour le combattre. Le plus simple, à notre avis, consiste à barbouiller les parties malades avec la bouillie bordelaise dont on se sert dans le traitement du mildiou.

Le moyen, on le voit, n'est ni coûteux ni difficile, c'est pourquoi nous nous empressons de l'indiquer à nos lecteurs. HORTUS.

CONSEILS DU VIGNERON

LE BOUTURAGE DE LA VIGNE

Nul n'est indifférent à l'amélioration et au développement des vignobles. On essaie de nous détourner du vin en nous offrant la bière, mais de toutes les bières la meilleure est le vin. Assurer la multiplication de la vigne par un bouturage plus efficace, c'est faire œuvre utile. M. Ravaz vient de constater un fait très intéressant et qui ne saurait passer inaperçu. Il résulte de ses nombreuses expériences que l'écorçage des ceps facilite la reprise des boutures.

Il a d'abord cherché où et comment se forment et se développent les racines. Puis il a planté 1,750 boutures de Jacquez non écorcées et 1,750 autres écorcées; les boutures provenaient d'une même localité, d'un même sol, d'un même lieu; il les a plantées dans des conditions égales. Or, celles qui ont été écorcées ont fourni plus de 90 0/0 de reprises et les autres seulement 21 0/0.

Il s'est préoccupé de savoir la cause de cette différence et il l'a trouvée dans ce fait que les écorcées absorbent plus facilement l'eau du sol.

Les effets de l'écorçage sont d'autant plus marqués que les boutures auront une plus grande portion de leur longueur hors de terre. Elles ressentent un bon effet d'un fort buttage. Les greffes bouturées s'enracinent parfois plus facilement que les boutures en cépages couvertes de terre et, par conséquent, abritées contre l'évaporation. LE PÈRE LAVIGNE.

CONSEILS A LA FERMIÈRE

LES DÉFAUTS DU LAIT.

Le lait acide et tournant vite.

Ce défaut est un de ceux qui se présentent souvent pendant les mois d'été. Peu après la traite et souvent aussi quand on échauffe le lait, il tourne et prend alors un goût aigre. Quoique le goût ne soit pas toujours très prononcé, l'acidité du lait peut, sans aucun doute, toujours être constatée à l'aide du papier tournesol. Un tel lait ne peut que très difficilement et très rarement être converti en beurre, et ce beurre n'est jamais exempt de reproche, car souvent il est glaireux ou huileux.

Cette maladie peut être occasionnée par différentes choses; d'abord par la malpropreté, par une nourriture peu convenable, comme aussi par les conditions climatériques.

Nourrir les vaches d'une façon excessive avec des tourteaux faits de résidus de graines servant à la fabrication de l'huile, ou d'autres déchets de fabrique, ainsi qu'une nourriture se composant exclusivement de trèfle incarnat, sont tout moyens qui rendent facilement et vite le lait aigre. Par un temps d'orage, ou par une grande chaleur, on voit souvent aussi tourner le lait — de même quand les récipients à lait ne sont pas nettoyés à fond, quand des restes de lait y séjournent et y aigrissent, amenant ainsi la perte de grandes quantités de lait.

Propreté, éviter de donner les nourritures ci-dessus désignées en proportions excessives, aux vaches dont le lait tourne facilement, tels sont les moyens qui souvent réussiront à parer à cet inconvénient. Par une grande chaleur ou par un temps d'orage, l'addition au lait d'une légère quantité de carbonate de soude est à recommander. UNE MÉNAGÈRE.

VARIÉTÉS.

LES ABEILLES.

(Les dernières lignes d'Alphonse Karr.)

Parmi les insectes, les abeilles sont une nation qui vit en république, car la Reine d'une ruche a ses devoirs, dont elle ne s'abstient pas et qu'elle ne cherche jamais à étendre ni à transgresser.

Chacun des membres de cette nation a son rôle dont il s'acquitte scrupuleusement et avec zèle, chacun travaille pour tous et n'a que sa part du bien général, auquel tous ont contribué.

Quand une cavité de rocher, un arbre creux ou une ruche construite de la main des hommes — qui veulent avoir leur part de miel et de cire — a été adopté, on se met à l'ouvrage.

La ruche adoptée, les abeilles sont chez elles, et, du plus loin qu'elles reviennent de la provision, elles la reconnaissent sans hésiter, au milieu de cinquante autres ruches semblables, ne tentent jamais de s'introduire dans aucune autre ruche, mais défendent avec acharnement l'entrée de la leur aux frelons, guêpes, fourmis, à une phalène très gourmande, le sphinx atropos, et même à des souris qui essayent de l'envahir pour commettre des pillages.

Au signal donné par une sentinelle, toute la ruche, bourdonnant une « Marseillaise » qu'elle n'a jamais prostituée et déshonorée dans une guerre civile, fond sur l'agresseur; les terribles aiguillons des abeilles ont promptement puni son audace, et les cadavres des vaincus sont jetés dehors.

Une ruche peut contenir 25,000 abeilles. Sur ce nombre il naît 500 ou 600 mâles et quelques Reines; tout le reste se compose d'individus sans sexe qu'on a appelés ouvrières, cirières, nourrices, d'après les fonctions spéciales dont ils s'acquittent.

Les mâles, les bourdons, sont plus gros que les autres, ont une tête arrondie, de gros yeux, un gros ventre, ne possèdent aucun des outils qui servent aux ouvrières à recueillir le ou la *propolis*, et la poussière parfumée au nectar des fleurs; ils n'ont pas non plus d'aiguillons, ce qui ne leur permet aucune idée d'usurpation: leur rôle : — est simplement de féconder la Reine.

La Reine ne doit voler que dans deux circonstances de sa vie : pour son voyage de noce et pour emmener plus tard un essaim chercher un autre établissement. Elle est plus grande que les autres, mais a les ailes plus courtes, n'en ayant guère besoin; elle a un fort aiguillon, mais ne possède pas non plus les instruments des ouvrières.

Quand le moment est arrivé, elle sort pudiquement et clandestinement de la ruche suivie par un ou plusieurs bourdons. On ne sait pas où elle va cacher ses amours bien passagères, ni si elle choisit un des soupirants ou si elle en accepte plusieurs. Elle rentre pour pondre — et les abeilles voyant que les bourdons sont devenus inutiles et encombrants, et qu'il faudrait les nourrir à ne rien faire, les mettent à mort sans pitié et jettent leurs cadavres dehors.

Elles ont recueilli d'avance sur les pins et les peupliers une sorte de résine, le ou la propolis (car les savants ne sont pas d'accord sur le genre de propolis), avant de bâtir la ville.

Cette résine leur sert à clore rigoureusement leur maison; puis elles se divisent en deux classes : les cirières qui construisent les gâteaux et les cellules, et les nourrices qui se chargent de sustenter, d'entretenir les insectes, d'abord vers, puis se changeant en mouches, qui sortiront des œufs que va pondre la Reine.

Rentrée à la ruche après son absence mystérieuse, elle est l'objet des soins, des tendresses, des caresses de tout son peuple : on la frotte, on la lèche, on lui apporte du miel.

Parmi les 25 ou 30,000 alvéoles construites, il en est un certain nombre plus grandes que les autres et d'une autre forme; c'est là que la Reine pond des œufs qui doivent donner naissance à des Reines — ces œufs devenus vers recevront des nourrices une nourriture toute différente de celle qu'elles distribueront aux autres; elle est plus abondante, plus succulente, etc.

Le travail incessant des abeilles a pour but unique d'élever la génération qui doit lui succéder, car elles ne vivent guère que cinq ans. — Si par hasard il ne se trouvait pas de Reine dans une ruche, si la Reine venait à périr, tous les travaux seraient arrêtés, les abeilles n'ayant plus rien à faire.

Quand une ruche est trop pleine, la vieille Reine en sort; on assure que c'est la jeune génération qui la suit, pour aller sous sa conduite et son gouvernement chercher un asile pour une colonie. Tandis que la douairière laisse sa fille inexpérimentée au milieu d'un sénat, d'un conseil de vieilles abeilles. Ce dernier détail, je l'ai lu, mais je n'ai pas eu occasion de l'observer moi-même.

Le miel et la cire dont les abeilles laissent prendre une partie aux hommes, lorsque ceux-ci ne les détruisent pas cruellement pour les dépouiller plus facilement, ne sont pas les seuls bienfaits de ces sages mouches. Il est reconnu que, autour d'un rucher, les arbres à fruits sont plus fertiles et plus régulièrement généreux, et que le blé produit des épis plus gros et plus gonflés, grâce aux visites des abeilles qui transportent de fleurs en fleurs le pollen fécondant.

De tous les temps les abeilles, leurs mœurs, leurs lois ont été considérés comme le type le plus vrai, le plus exact, le plus régulier, le plus admirable du gouvernement d'une République.

Le gouvernement remonte à la création du monde, il n'a subi aucune révolution, aucun changement; jamais une cirière, jamais une nourrice, une ouvrière n'a essayé de passer Reine, — jamais un bourdon n'a conspiré pour changer son sort un peu sacrifié, jamais les abeilles ne se sont mises en grève et n'ont cessé de fournir aux hommes une part, un tribut de cire et de miel.

Les sages, les philosophes de tous les temps ont pensé et ont dit qu'un gouvernement n'était juste, stable, possible, florissant qu'à proportion qu'il se rapprochait de la *constitution* du gouvernement des abeilles.

Alphonse KARR.

PETITE POSTE.

M. D..., Bordeaux. — *Blé niellé.* — Le grain que vous m'envoyez est atteint de la maladie de *la nielle*. Cette maladie est causée par *l'anguillule du froment*, espèce de petite anguille microscopique qu'on ne découvre pas à l'œil nu et dont les mœurs n'ont pas encore été suffisamment étudiées.

Lorsqu'on ouvre un grain de blé niellé, on observe que l'amidon a été mangé et à sa place des filaments soyeux qui ne seraient autre chose que des anguillules sèches, mais vivantes néanmoins, et se ranimant très bien dans l'eau.

Donc, quand on sème des grains de blé niellé, on sème des anguillules qui restent dans le sol jusqu'au moment de la floraison des épis. A ce moment, sous l'influence de l'humidité, la femelle, redevenue très vivante, pond des œufs et meurt. Ces œufs éclosent et les petits se nourrissent de la substance des jeunes grains.

Pour détruire les anguillules des semences, il faut plonger les semences dans un mélange d'eau et d'acide sulfurique (1 litre d'acide pour 150 litres d'eau).

Nous avons reçu votre liste. Merci.

M. R..., à Orange (Vaucluse). — *Betteraves à sucre.* — Le prix des betteraves à sucre a beaucoup varié suivant la richesse; à cause de la si regrettable modification de la loi de 1884 et de la pauvreté des racines, il n'est pas, à beaucoup près, ce qu'il a été l'année dernière; il varie, dans nos pays, de 22 à 30 francs les 1,000 kilogrammes.

Merci pour votre liste.

M. O... (Paris). — *Ruches.* — Chez Gariel, 2 *ter*, rue de la Mégisserie, Paris.

M. F. L... (Côte-d'Or). — *La France agricole*, 18, rue des Martyrs. — *La Semaine agricole*, 5, avenue de l'Opéra.

DEMANDES D'EMPLOI

Un jeune homme, 23 ans, ex-sous-officier d'artillerie, ayant son brevet d'instituteur, et ex-clerc d'avoué, *demande une place de commis aux écritures ou de clerc* dans une étude de notaire, même à la campagne.

Excellentes références. S'adresser au bureau du journal.

Un ménage *demande place de garde ou de régie.* Le mari connaît la petite et la grande culture; très bon vigneron. La femme, bonne ménagère, sait bien faire la cuisine. Tous deux sont munis d'excellents certificats.

S'adresser au bureau du journal.

Une jeune fille, 20 ans, appartenant à une bonne famille, très bien élevée, instruite, bonne musicienne, demande place d'institutrice ou de gouvernante de jeunes enfants. — Prétentions modestes. — Les meilleurs références.

S'adresser à M. Gossin, rédacteur en chef, Beauvais.

BIBLIOGRAPHIE.

VIENT DE PARAITRE

LÉGISLATION RURALE

Par PAUL GAUWAIN

maître des requêtes au Conseil d'État, commissaire du Gouvernement au Contentieux, professeur de droit administratif et législation rurale à l'Institut national agronomique.

Prix : broché, 6 fr. — Cartonné, 7 fr.

Ce livre ne s'adresse pas seulement aux agriculteurs; il est en même temps destiné aux hommes de loi, notaires, avoués, avocats, juges de paix ou autres magistrats appelés à s'occuper si souvent des contestations qui s'élèvent entre les habitants des campagnes.

Les agriculteurs y trouveront l'exposé, sous une forme simple et claire, des règles fondamentales du droit rural. Ils y apprendront quelles sont les facultés qui découlent de la propriété, comment on construit, comment on plante, comment on borne son fonds, comment on le clôt... Ils y apprendront aussi quels sont les droits et les obligations que confèrent l'usufruit et les servitudes. Les principaux contrats en usage à la campagne, vente ou échange d'immeubles ruraux ou d'animaux domestiques, bail à ferme, métayage, emphytéose, bail à cheptel, assurances agricoles, etc., y sont expliqués avec tous les développements que le sujet comporte. Les principaux délits ruraux y sont énumérés avec soin. Un chapitre spécial a été consacré à l'étude de la loi sur les réquisitions militaires. L'auteur n'a pas négligé l'examen des questions si graves qui se rattachent à l'organisation du crédit foncier ou hypothécaire et du crédit agricole. Aucun point de vue important n'a été laissé de côté. Quant aux hommes de loi, ils trouveront dans cet ouvrage un guide sûr et précis pour la solution des difficultés que soulève tous les jours l'application des lois rurales. La législation relative au phylloxéra y est exposée pour la première fois d'une manière complète. Les lois qui composeront le livre premier du nouveau code rural, et qui viennent seulement d'être votées, comme la loi sur la vaine pâture, celle sur les animaux attachés aux exploitations rurales, etc., y sont analysées avec un soin et une sûreté de jugement qui ne laissent rien à désirer.

Ce livre comble une véritable lacune : la plupart des ouvrages qui ont été écrits sur le droit rural datent du commencement de ce siècle; les autres ne sont que des recueils d'usages spéciaux à telle ou telle région. Seul, le livre que nous offrons au public présente une étude d'ensemble des rapports juridiques qui s'établissent forcément, d'une part, entre l'agriculteur et le sol qu'il cultive, d'autre part, entre l'agriculteur et ceux de ses semblables qui l'aident ou qui l'entravent.

Les rapports de l'agriculteur avec les différents organes de l'administration au sujet de la police rurale ou sanitaire, des travaux publics, des voies de communication, du régime des eaux, des impôts ruraux, etc., formeront la matière d'un second volume.

VINS DU BORDELAIS.

Que de fois nous avons entendu dire :

« Quel service on nous rendrait, si on nous trouvait, dans les pays vignobles, un vendeur consciencieux; si on nous débarrassait de la concurrence à outrance; si on nous garantissait sérieusement la qualité, la pureté et la conservation des vins! »

Pour le Bordelais, nous recommandons M. Vincent Ardura, viticulteur, propriétaire d'un des meilleurs crus de la Gironde, favorable aux tempéraments délicats (le domaine de la Chapelle-Frédignac, par Blaye-Bordeaux), qui vend ses récoltes : 1889 à 130 fr., 1888 à 140 fr., 1887 à 150 fr. 1886 à 160 fr., 1885 à 175 fr., 1884 à 200 fr., 1882 à 220 fr., 1881 à 250 fr. et 1878 à 300 fr. la barrique de 225 litres, *franco* de port et de fût en gare d'arrivée. Paiement par le facteur à 30 jours 2 % ou 90 jours.

Certain que son vin plaira aux personnes qui ne le connaissent pas et qui désirent se bien approvisionner, sachant, en outre, qu'il est difficile de se rendre sérieusement compte de la qualité par la dégustation sommaire d'une petite fiole, M. Vincent Ardura n'hésite pas à adresser *franco* une bouteille entière pour échantillon de la récolte désignée.

POUR RIRE.

Alphabet du Mariage

Le jour où l'on nous mari — A,
Je m'en souviens, monsieur l'a - B,
Quand la messe fût commen — C,
Nous dit : Il faudra vous ai — D,
Madame vous obéir — E,
A votre époux, à votre che — F,
Puisqu'il ne pourra plus chan — G,
Pour éviter qu'il ne vous l' — H,
Ayez toujours l'air très gent — I,
Montrez un front pur qui roug — J,
Evitez les mauvais — K,
C'est ainsi que toujours près d' — L,
Retenant son époux qui l' — M,
Une femme évite sa — N,
S'il lui tourne pourtant le d — O,
Et s'il se met à la trom — P,
Qu'elle ne soit pas vain — Q,
Qu'elle lui montre bon — R,
Et l'enchaîne par la trendre — S,
En lui voyant tant de bon — T,
Il en deviendra tout conf — U,
Son amour sera retrou — V,
Le ménage aura le beau f — X,
En France, comme en tout pa — Y,
Il faut s'aider pour qu'on nous — Z.

LE « RENSEIGNEMENT UNIVERSEL ».

BULLETIN FINANCIER.

Notre marché s'est ressaisi, est redevenu lui-même, et dès ce moment toute crainte de réaction semble être conjurée sur notre place, quelles que soient les nouvelles à venir des places européennes.

Il était inévitable que le krach de Londres devait avoir et a eu, sur notre place, un certain écho. Il a fait naître une impression contre laquelle quelques haussiers tenaces ont vainement cherché à réagir.

Si l'on ne baisse pas davantage, disait-on généralement, il sera tout au moins nécessaire de faire une assez longue pose sur les cours actuels, dépassant de beaucoup ceux que les haussiers avaient tout d'abord entrevus au début de leur dernière campagne. Une nouvelle marche en avant serait prématurée.

Elle s'est produite pourtant, et personne ne s'en est plaint. Notre liquidation de quinzaine s'est opérée sans incidents notables. Les reports se sont montrés modérés.

Nous relevons au dernier moment notre 3 0/0 perpétuel à 94 62 1/2 ; le 3 0/0 amortissable à 95 35 et le 4 1/2 0/0 à 104 45.

Les parts de crédit sont soutenues. La Banque de France fait 4,355.

Le bilan hebdomadaire de la Banque de France fait ressortir les différences suivantes sur celui de la précédente semaine :

L'encaisse métallique se décompose comme suit : le chapitre or est en diminution de 81 millions et le chapitre argent en augmentation de 3 millions.

Les autres chapitres en augmentation sont : le Portefeuille avec 78 millions et les Comptes Courants particuliers avec 3 millions.

Aux diminutions figurent : les Avances sur titres pour un million ; les Billets en circulation pour 15 millions et le Compte Courant du Trésor pour 6 millions.

Les bénéfices de la semaine ont été de 746,000 fr.

On remarquera que dans la diminution de 81 millions au chapitre or, rentrent les 75 millions prêtés à la Banque d'Angleterre.

L'action du Crédit Foncier s'inscrit à 1,285, très demandé, de même que les obligations foncières et communales.

Dans sa séance hebdomadaire du 19 novembre, le Conseil d'adminisiration du Crédit Foncier a autorisé pour 2 millions 200,822 francs de nouveaux prêts ; dont 1,156,100 francs en prêts fonciers et 1,044 222 francs en prêts communaux.

Les Chemins de fer français sont fermes.

COUPON.

HALLES ET MARCHÉS.

SITUATION GÉNÉRALE.

La pluie retarde les labours dans le nord; mais partout ailleurs la situation des récoltes en terre est bonne. Les prix des grains sont plus fermes que la semaine dernière. Les pommes de terre et les légumes secs se vendent bien. Les spiritueux sont en hausse. Les sucres et les suifs ont baissé de prix.

GRAINS.

Blés. — Quoique les prix ne subissent pas de variations bien sensibles, la tendance, est un peu meilleure sur nos marchés, principalement pour les belles qualités. La question du ravitaillement des places fortes qui avait un peu ému le commerce, a été jugée moins importante pour la hausse qu'on ne l'avait cru d'abord, et en somme la situation est toujours la même, avec un peu plus de fermeté qu'il y a huit jours. On cotait samedi dernier sur les principaux marchés : Douai, 25 à 26 fr. les 100 kilog.; Beauvais 21 à 24 fr.; Arras, blé blanc, 24 à 26 fr. 50; roux, 21 fr. 75 à 26 fr.; Amiens. 19 fr. 50; Châlons-sur-Marne, 23 fr. 25 à 23 75; Chartres, 21 fr. 65 à 25 fr.; Laval, 23 fr. 75 à 24 fr.; Nevers, 23 à 24 fr.; Dijon, 23 à 24 fr. 50; Lyon, 24 fr.; Nantes, 23 fr. 75 à 24 fr. 25 ; Bordeaux, 25 fr. 60. — Le marché commercial de Paris est en hausse, surtout pour les termes rapprochés; le 15 novembre on cotait en clôture : disponible et livrable jusqu'en avril, 25 fr. 50 à 25 fr. 75; quatre mois de mars, 25 fr. 75 à 26 fr. — Les prix des blés exotiques sont fermes dans nos ports, on demande 26 fr. pour la Californie par 100 kilog., au Havre ou à Rouen ; 27 à 27 fr. 75 pour les Australie; 26 fr. 75 pour les Saint-Louis; 26 fr. 25 pour les roux d'hiver d'Amérique; 26 fr 25 à 26 fr. 50 pour les Nouvelle-Zélande; 23 fr. 75 à 24 fr. pour les provenances du Danube. A Marseille, on a importé, pendant la semaine dernière, 183,232 quintaux de blé; Bordeaux, Le Havre, Rouen et Dunkerque n'ont rien reçu. — Les places européennes ont été diversement influencées pendant ces derniers temps. En Allemagne, la hausse est nettement accentuée ; en Belgique et en Hollande, les cours sont fermes. D'autre part, en Autriche-Hongrie, les cours sont en baisse, et à Londres, l'augmentation des stocks flottants a fait reculer les prix. On cote à Vienne, 18 fr. 30 les 100 kilog.; à Budapest, 17 fr. 65; à Berlin, 24 fr. 10; à Amsterdam, 18 fr 75. A New-York, une crise financière a fait fléchir les prix de 50 à 75 centimes par 100 kilog.; le 14 novembre, on cotait 19 fr. 40, et à Chicago, 17 fr. 05.

Seigles. — Les cours sont fermes et en faveur dans la plupart des directions. On trouve acheteurs de 16 fr. 25 à 16 fr. 50 les 100 kilog. en gare d'arrivée à Paris.

Orges. — Avec une demande de plus en plus active, les prix sont largement soutenus en hausse, comme suit : qualités supérieures, 21 à 22 fr. les 100 kilog.; bonnes, 16 fr. 50 à 20 fr.; moyennes, 17 fr. 25 à 18 fr. 25 ; ordinaires, 16 fr. 50 à 17 fr. — Les escourgeons ne changent pas de prix; les arrivages d'Algérie à Dunkerque sont toujours considérables et se placent facilement à 14 fr. 75 et 15 fr. les 100 kilog.

Malts. — Les malts d'orge indigène valent 28 à 32 fr. en gare à Paris; la fabrication est en pleine activité.

Avoines. — Les offres et les demandes ont peu d'importance ; les belles avoines noires de choix sont tenues de 18 fr. 25 à 18 fr. 50 les 100 kilog. à Paris ; celles de Beauce et du Centre, de 17 fr. 75 à 18 fr.; les grises, 18 fr. 50; et les blanches, 16 fr. 50 à 17 fr.

Farines de consommation.

Les prix ne varient pas; les affaires restent calmes.

	159 kil.		100 k.	
MARQUE DE CORBEIL	60 fr. (38 21 100 k.).			
Marques de choix	60	à 61	38 21	à 38 85
Premières marques. . . .	59	60	37 58	38 21
Bonnes marques.	57	58	36 30	36 94
Marques ordinaires. . . .	56	57	35 66	36 30

Le sac de 159 k., toile à rendre, rendu à domicile, payement comptant, ave 1/2 0/0 d'escompte ou 30 jours sans escompte.

Fourrages et pailles.

Paris, La Chapelle.

	1re qté.		2e qté.		3e qté.	
Foin nouveau	51	à 52	48	à 50	45	à 47
Luzerne nouvelle . . .	48	49	46	47	42	44
Paille de blé	33	35	30	33	27	29
Paille de seigle	36	37	34	35	31	35
Paille d'avoine	27	28	24	26	20	23

Le tout aux 104 bottes dans Paris.

COURS DE DIFFÉRENTS MARCHÉS (par 100 kil.).

	Paille.	Foin.
Le Puy	4 50	7 ..
Dijon	4 25	6 50
Blois	4 75	7 ..
Toulouse	4 50	7 50
Chalon	5 50	8 25
Beauvais	5 ..	7 ..
Orléans	6 50	8 ..
Douai	5 25	8 25

Issues, les 100 kil.

Les offres sont assez nombreuses et la tendance reste faible.

Nous cotons par 100 kil. en gare d'arrivée à Paris :

Son écaille. . . . . 13 » à 12 75

— gros	12 50	» »
— trois-cases	11 75	11 50
— fin	10 50	» »
Recoupettes	11 »	» »
Remoulages blancs	16 »	17 »
— bâtards	13 »	14 »

MARCHANDISES DIVERSES.

Fécules.

Le mouvement de hausse se poursuit petit à petit, mais d'une manière continue; offres restreintes. On est en droit de croire à des prix encore plus élevés avec la situation actuelle.

Les 100 kil.

Paris. — Fécule 1re, grains	30 50 à	32 »
Oise. — Fécule 1re, grains	28 50	30 50
Vosges. — Fécule 1re, grains	30 50	32 »
Saône-et-Loire	32 »	33 »
Loire. — Fécule 1re, grains	29 »	30 »
Auvergne. — Fécule 1re, grains	29 »	30 »
Fécules secondes selon qualité	21 »	27 »

Pommes de terre.

Les 1.000 kil.

Hollandaises	80 » à	70 »
Vosgiennes	60 »	»» »
Early roses	55 »	60 »
Saucisses	65 »	70 »
Rondes	60 »	65 »
Chardonnes	50 »	45 »

Pommes à cidre.

Paris, 19 novembre.

Les cours des pommes à cidre sont en baisse par suite de l'encombrement; elles valent de 90 à 100 fr.

Les poires a cidre ont toujours des acheteurs de 85 a 90 fr.

Les pommes a couteau toujours sans changement, de 150 a 200 fr.

Le tout les 1,000 kil., parité Paris.

Rouen (Seine-Inférieure), 18 novembre.

Sur 233 hectolitres de pommes apportés, 199 ont été vendus de 6 50 à 7 fr. l'hectolitre (y compris les droits du Trésor et ceux de la ville de 1 fr. 19 par hectolitre).

Evreux (Eure), 18 novembre.

Voici le prix actuel de la rasière ou demi-hectolitres de pommes a cidre dans les principaux centres de production du département de l'Eure: Evreux, 3 fr.; Louviers, 3 10; Andelys, 3 60; Pont-Audemer, 2 20; Routot, 2 75; le Neubourg, 2 75 a 3 15; Saint-André, 2 fr; Nonancourt, 3 fr.; Pacy, 2 40 a 2 75; Pont-St-Pierre, 2 70; Breteuil, 2 25.

Tourteaux, les 100 kil.

	Colza	Œuillette	Lin	Cam.
Lille	15 .. à 16 50	16 .. à 16 50	22 .. à 23 50	15 25
Arras	14 .. 15 ..	15 50 16 ..	21 50 22 ..	14 75
Gd Moulin Corbeil	15 50		19 75	
	Cophra	Arachide déc.	Sésame	Lin.
Marseille	13 .. à 14 50	14 .. 14 75	14 .. à 15 ..	16 50

GRAINES DIVERSES.

Maïs, les 100 kil.

Paris	13 50 à 16 ..		Agen	14 75	16 ..
Alais	14 25	15 50	Grenoble	14 50	15 50
Ruffec	14 50	15 75	Reims	15 50	16 25

Sarrazin, les 100 kil.

Paris	14 .. à	15 50	St-Pierre	15 25 à	15 75
Mayenne	15 ..	15 75	Nantes	15 ..	15 50
Rennes	14 75	15 50	Orléans	15 ..	16 50

Légumes secs, les 100 kil.

	Haricots	Pois	Vesces	Lentilles
Paris	20 à 47	21 à 26	» »	45 à 70
Rouen	42 57	50 63	26 28	77 »
Marseille	18 30	23 32	25 34	19 24 50

Graines fourragères, les 100 kil.

Luz. de Prov.	120 à	150	Minette	25 à	30
— du Poitou	105	115	Sainfoin à 2 c.	26	28
— d'Italie	120	130	Sainfoin à 1 c.	»	»
Trèfle blanc	70	100	Pois jarras	20	»
— violet	120	150	Vesces	18	»

Huiles.

Colza brut. — Les prix restent bien tenus, mais sans changement dans les prix.

Le courant du mois se traite a 63 25.

Décembre est tenu à 63 75 et demandé à 63 50.

On fait des 4 premiers mois a 64 25.

Les 4 mois de mars sont cotés sans affaires et sans changement de 64 25 à 64 75.

On cote au début de la réunion :

Cote précédente même heure.		Cote du jour.
63 » à 63 »	Disponible	63 50 à » »
63 » » »	Courant	63 25 » »
63 25 » »	Décembre	63 50 63 75
64 » 64 25	4 premiers mois	64 25 » »
64 » 64 50	4 mois de mars	64 25 64 75

Lin. — Le rapproché reste sans variation; le livrable éloigné est plus calme.

On cote au début de la réunion :

Cote précédente même heure.		Cote du jour.
58 50 à » »	Disponible	58 » à 58 50
58 » 58 50	Courant	58 » 58 50
56 75 57 25	Décembre	57 » 57 50
55 50 56 »	4 premiers mois	55 25 55 75
56 » 56 50	4 mois de mars	55 50 56 »

Les 100 kil. net, logés, escompte 1 0/0.

Pétrole.

Prix sans changement.

Disponible	100 kil.	49 50 à 51 50
Essence de 700 à 710°, disponible		60 50 64 »

On cote à l'hect. pour le détail :

PETROLE RAFFINE disponible	39 50 à 40 50
ESSENCE RECTIFIEE, disponible	42 25 43 50

Laines.

Roubaix-Tourcoing, 18 novembre.

LAINE PEIGNÉE —	de fabrique Cours du jour.	de fabrique Cours préc.	courant Cours du jour.	courant Cours préc.
Courant	6 77	6 97	» »	5 65
1 mois après	6 »	6 05	5 65	5 65
2 —	5 67	5 77	5 50	5 65
3 —	5 55	5 65	» »	» »
4 —	5 55	5 60	» »	» »

Marché calme. Ventes, 450,000 kil.

Anvers, 18 novembre.

Peignés allemands de La Plata: Contrat B: nov., 5 45; déc., 5 45 1/2; janvier, 5 32 1/2; février, 5 27 1/2; mars à septembre, 5 25.

Ventes, 393,000 kil.

Peigné Plata belge: Contrat T sur novembre, 5 45; déc., 5 42 1/2; janvier, 5 32 1/2; fév., 5 27 1/2.

Sucres.

Sucres raffinés. — Les affaires sont calmes en raffinerie, mais les cours ne varient pas. Nous cotons les pains 106 fr. par wagon complet.

Cours pour l'exportation franco sur wagon ou sur bateau, pur pains 1er choix, suivant marques aux 100 kil.

Habillage en papier	1 0/0	41 50 à .. ..
— —	2 1/2	41 25 à .. ..
— —	4 0/0	41 .. à .. ..

Sucres cassés, produits accessoires (les 100 kil. disponibles, suivant marque).

Surchoix, cassé, rangé, logé, caisses de 50 kil., ou cartons de 5 kil.	111 50 à	112 »
Caisses de 25 kil	112 »	» »
Caisses de 10 kil	112 »	112 50
Gros déchets	104 »	104 50
Sucres en poudre	103 50	» »
Semoules	107 »	107 50
Glaces	103 »	104 50
Cristallisés, extra acquittés	96 »	96 50
— en poudre	97 50	» »

Alcools. — Prix de l'hectol. nu, au compt.

Paris, 3/6 fin, betteraves, 1re qualité, l'hectolitre.			Lille, disp	35 .. à	39 ..
			Cette	90 ..	100 ..
90° dispon.	34 .. à	36 .	Nîmes	90 ..	95 ..
Décembre.	34 50	34 75	Béziers	75 ..	100 ..
4 premiers	36 ..	35 50	Pézenas	75 ..	105 .

Raisins secs à boisson.

(Cours de la maison Audibert, 53, rue des Minimes, à Marseille).

Prix actuels (grande baisse).

Corinthe, **Roi de Grèce**, petits grains Extra 1er choix	100 kilos		57 »
Corinthe, **le Turban**, gros grains	»	»	M.
Corinthe petits grains, 1er choix	»	»	54 »
Thyra, 1er choix	»	»	48 »
Samos noirs, 1er choix	»	»	M.
— muscats	»	»	M.
Figues à distillerie	»	»	27 »
Panaches noirs, égrappés	»	»	M.

Engrais. — Prix des 100 kil.:

Matières diverses pour engrais. — Cours commercial sur la place de Paris, par 100 kil., pour des ventes en gros de 30.000 kil. au moins.

Sang desséché moulu.	11/13 0/0 azote	20 90 à	24 70
Viande desséchée	9/11 0/0 —	17 50	19 80
Cornes broyées	13/14 0/0 —	20 80	22 60
Cuir désagrégé	8/9 0/0 —	10 40	10 70
Laine engrais	3 à 4 0/0 —	» »	» »
Nitrate de soude	15/16 0/0 —	22 »	22 25
Nitrate de potasse	95 0/0 —	47 »	47 »
—	90 0/0 —	45 »	45 50
Muriate de potasse	80 0/0 —	» »	» »
Sulfate de potasse	90 0/0 —	24 50	25 »
Sulfate d'ammoniaq.	20/21 0/0 —	31 65	31 50
Chlorure de potassium	90 0/0 —	21 »	21 »
— Stassfurt	80 à 85 0/0 —	17 25	18 »
Cornes, cornailles pour brûler		» »	» »
Déchets fins de cornes, frisures		» »	» »

Phosphates des Ardennes. — En gare des Ardennes et de la Meuse, en sacs (les 100 kil.).

Pulvérisés. 14/16 0/0,	acide phosph.	3 40 à	» »
— 18/20 0/0,	—	4 »	» »
— 16/18 0/0,	—	3 70	» »

Phosphates de Tavel.

50/», la tonne .... 60 » à 100

Phosphates de l'Oise.

14/16 0/0 acide phosphorique 3 35

Phosphates de la Somme.

20/22 0/0 acide phosphorique 5 30

Sulfate de cuivre.

Les 100 kil	54 » à	55 50
Phosphates du Boulonnais 40/45	4 60 à	» »
— de Pernes	3 75	6 »
— du Cambresis 28/35	3 55	4 »
— du Lot 30/50	3 20	5 25

Superphosphates, poudres d'os, etc.

Les 100 kilogr.

Phosph. préc. 35 à 40 %, acide phosph.	24 »	24 »
— — 40 à 45 % —	26 »	26 »
Superphosphates fossiles, 10 % acide phosphorique soluble et assimil. (les 100 kilog.)	6 25	» »
Superphosphates fossiles, 16 à 18 %.	10 25	11 »
— d'os, 16 à 18 %, acide phosph.	12 25	12 25
Poudres d'os bruts	12 75	» »

Engrais spéciaux. — Les 100 kilog.

Guano du Pérou.	10 à 16	Eng. chim. de H. Joulie,	
Guan. du Pér. diss.	32 à 20		
Guan. az. fixe.	26 » à 27 »	Lag.	15 » à 23 »

BEURRE, ŒUFS, VOLAILLES.

Paris, 19 novembre.

Beurres en mottes.

L'arrivage d'hier a été de 41,000 kil.

L'arrivage approximatif a été de 8,208 kil.

Beurres en livres.

L'arrivage d'hier a été de 12,000 kil.

L'arrivage approximatif a été de 8,810 kil.

Fermiers	au kilo		Touraine	au kilo	
Extra	3 10 à	3 20	Extra	2 70 à	2 80
1er choix	3 »	3 10	1er choix	2 60	2 70
2e choix	2 90	3 »	2e choix	2 50	2 60
Ordinaire	2 80	2 90	Ordinaire	» »	» »
Bourgogne			Vendôme		
Choix	2 30	2 40	1er choix	2 50	2 60
Ordinaire	2 20	2 30	2e choix	2 40	2 50
			Ordinaire	2 30	2 40
Gâtinais			Beaugency		
1er choix	2 60	2 70	1er choix	2 50	2 60
2e choix	2 50	2 60	2e choix	2 40	2 50
Ordinaire	2 40	2 50	Ordinaire	2 30	2 40
Le Mans			Fausse Touraine		
Choix	2 40	2 50	Choix	2 50	2 60
Ordinaire	2 30	2 40	Ordinaire	2 40	2 50

Œufs, *le mille*:

Normandie (Extra)	120 à	145	Bourgogne	104 à	110
Picardie (Extra)	125	154	Champagne	106	110
Brie (Extra)	»	»	Nivernais	98	106
Touraine gr.	115	130	Cosne	107	112
Touraine ord.	100	110	Bourbonnais	98	104
Beauce	115	125	Bretagne	96	106
Orne	102	116	Vendée	98	108
Picardie ord.	104	120	Auvergne	96	100
Châtellerault	102	105	Midi	106	114

Œufs de conserve à la chaux .... 75 a 80

Volailles.

Canards :			Pigeons :		
nantais	2 25 à	3 75	maconnais	» 55 à	1 »
de ferme	2 50	4 50	italiens	» 60	» 90
Dindes nouv.	6 50	10 50	bizets	» 40	»

Oies nouvelles	6 »	8 »
— (2e qté)	4 »	6 »
Pintades...	2 25	3 75
Lapins domestiques	1 50	3 »

Poulets :		
nantais....	2 50	4 25
touraine...	2 50	4 25
gâtinais....	2 75	5 »
du Midi....	1 75	2 50
communs..	1 25	2 »

Gibiers.

Lièvres gros	5 » à 6 »	
— petits	3 »	4 50
Perdreaux..	2 50	3 50
Perdrix.....	1 75	2 25
Garennes....	1 25	2 25
Faisans coqs	4 »	6 50

Faisans poules	3 » à 5 »	
Alouettes, la douzaine..	1 75	2 25
Chevreuils..	20 »	45 »
Bichet.......	1 25	1 50 le kil.

Marché : Vente difficile ; temps très défavorable.

Cours fournis par MM. de Bridiers, Jouslin et Scelle, facteurs assermentés, 2, r. de Valois, Paris.

BESTIAUX.

LA VILLETTE, 20 novembre.— Bestiaux.— Vente lente et difficile sur le gros bétail et les veaux, ordinaire sur les moutons et mauvaise sur les porcs.

COURS officiels.	Amenés.	Vendus.	1re qualité.	2e qualité.	3e qualité.	Prix extrêmes.
Bœufs....	2.039	1.728	1 56	1 4'	1 22	1 14 à 1 62
Vaches...	493	429	1 52	1 30	1 14	1 08 1 58
Taureaux.	173	161	1 40	1 32	1 18	1 10 1 44
Veaux....	1.232	1.040	1 80	1 62	1 54	1 36 2 02
Moutons..	7.337	6.914	2 10	1 88	1 66	1 56 2 16
Porcs.....	5.566	5.474	1 28	1 24	1 20	1 14 1 34

Marché du lundi 17 novembre.

	Amenés	Vendus	PRIX AU POIDS NET 1re qual.	2e qual.	3e qual
Bœufs.....	3.012	2 588	1 58	1 44	1 32
Vaches.....	633	518	1 54	1 32	1 22
Taureaux..	225	212	1 40	1 32	1 24
Veaux......	1.182	852	1 82	1 70	1 58
Moutons....	9.405	8.965	2 10	1 84	1 62
Porcs......	2.759	2.627	1 38	1 34	1 28

	PRIX AU POIDS VIF 1re qual.	2e qual.	3e qual.	Prix extrêmes.
Bœufs..........	» 97	» 81	» 69	» 62 à 1 02
Vaches..........	» 93	» 74	» 62	» 55 » 97
Taureaux.......	» 88	» 78	» 63	» 58 » 91
Veaux...........	1 10	» 99	» 83	» 70 1 22
Moutons.........	1 08	» 89	» 73	» 71 1 26
Porcs............	» 92	» 88	» 82	» 78 » 96
Peaux de moutons en laine..........				» » » »
Id. id. demi-laine.........				» » » »

Viandes abattues. — Criée du 14 novemb.

		1re qualité.	2e qualité	3e qualité.
Bœufs....	le kil.	1 .. à 2 30	1 .. à 2 10	1 .. à 1 70
Veaux....	—	1 80 1 90	1 64 1 76	1 50 1 60
Moutons..	—	1 70 1 80	1 34 1 66	1 .. 1 50
Porc entier	—	1 30 1 40	1 .6 1 26	1 .. 1 10

Cuirs et peaux, les 50 kil.

Taureaux.	42 25 à	46 50
Gros bœufs	52 ..	56 75
Moy. bœufs	46 50	49 2.
Pet. bœufs.	37 50	39 ..
Vaches lourdes	43.75	45.75
— de bandes	39.50	42.25
Gros veaux..	62...	65.75
Petits veaux	65.50	66.75

Médaille d'Or. * Exposition Universelle 1889. * Médaille d'Argent.

VACHERIE à céder, Paris-Batignolles, tenue depuis dix ans. 20 vaches, première qualité. 240 litres lait vendus 0 fr 50 cent., presque entièrement à la boutique. Vaste emplacement, boutique sur rue. Loyer peu élevé. 12.000 fr. bénéfices annuels garantis. On traitera avec 20.000 fr. argent ou avec garanties sérieuses. S'adresser à MM. Laporte et Lefranc, 93, boulevard Sébastopol. Paris.

Sont vendues les vacheries annoncées précédemment.

MÉDAILLE d'OR Exposition Univ^elle Paris 1889

Nouvel ALAMBIC Brûleur

FIXE ou BASCULANT Bté s. g. d. g. système **DEROY** produisant de l'eau-de-vie supre **avec ou sans repasse** en distillant vins, cidres, lies, marcs, fruits, moûts, etc.

2.000 Appareils vendus après essai.

DEROY Fils Aîné, Constructeur 75, 77, Rue du Théâtre (Grenelle), **PARIS.**

Petit Manuel de Distillation et Tarif illustré adressés *franco.*

HUITRIÈRES DE JOUFFRIE-GODET

canton de Marennes.

Eugène YOU, à La Tremblade (Charente-Inférieure).

Contre mandat-postal de 7 fr., M. You expédie en grande vitesse, franco à domicile, une caisse de 5 kil. d'huitres Marennes, vertes ou blanches, contenant, au choix de l'acheteur :

de 45 à 50 huitres grosses (n° 1).
de 60 à 70 — moyennes (n° 2).
de 80 à 90 — petites (n° 3).

Contre mandat-postal de 4 fr., aux mêmes conditions, une caisse de 3 kil. contenant, selon n°, de 24 à 50 huitres.

La dimension des huitres n° 3, qui sont les plus petites, est de 6 à 7 centimètres de diamètre.

GUÉRISON RADICALE DE LA **DIARRHÉE DES VEAUX** PAR LA POUDRE CHOQUELIN.

1 franc la boîte *franco par la poste.*

Dép. g., Phie HAUVESPRE, Courville (Eure-et-Loir).

ACHATS & VENTES DE PRODUITS AGRICOLES, VINICOLES. BOIS EN GROS.

CHAPITEL, 23, rue de Paris, Clichy (Seine).

Agents sont demandés.

L'Administrateur-Gérant : Albert RENOT.

Beauvais. — Imp. D. Pere. — A. Cartier, Gérant.

PHARMACIE SAVARY

AMIENS, 33, Place Saint-Denis, 33, AMIENS

(EN FACE LE SQUARE).

PROVENDE AUX PHOSPHATES ASSIMILABLES

du Docteur DESCHAMPS.

Prix : 3 fr. le kilog.; 27 50 les 10 kilog. (**Remises proportionnelles.**)

Accroissement rapide des bestiaux, surtout chez les jeunes animaux, force nerveuse, fécondité, engraissement ; prévient surtout la diarrhée chez les jeunes veaux. Qualité exceptionnelle du lait.

M. Lefebvre, cultivateur à Marcelcave, a élevé un veau en lui administrant de la Provende phosphatée pendant 60 jours : tué à 70 jours, ce veau pesait 193 kilog., chiffre officiel constaté à l'abattoir. La viande était très blanche, ainsi qu'est prêt à l'attester M. Oheix, boucher à Amiens.

Les attestations émanant des sommités françaises et anglaises les plus accrédités ont été données à M. SAVARY.

30 PRIX D'HONNEUR ET GRANDS PRIX, 250 MÉDAILLES OR, VERMEIL, ETC.

GRANDES CULTURES DE GRAINES POTAGÈRES, FOURRAGÈRES ET DE FLEURS

F. FORGEOT (* ✠) & Cie

Fournisseurs du ministère de l'Agriculture, des Écoles nationales d'agriculture, des Syndicats agricoles, etc.

PARIS, quai de la Mégisserie, 6 et 8

Appareils spéciaux pour épurer et nettoyer les graines

SPÉCIALITÉ DE GRAINES DE GRANDE CULTURE

luzernes et trèfles garantis sans cuscute, minette vesces, sainfoins trèfles incarnats betteraves carottes, navets, choux-navets, pommes de terre.

Blés à grand rendement, Avoines, Orges, Seigles, Graines d'arbres pour reboisement

Graines de graminées pour prairies

Notre Maison ne vend que des graines de provenances sûres, assurant les meilleurs résultats ; elle accepte le contrôle de la Station d'Essais des Semences, établie à l'Institut agronomique par le Ministère de l'Agriculture, contrôle auquel nous sommes soumis dès sa création. En conséquence, nos graines sont garanties de levée et d'une pureté irréprochable ; nos trèfles et nos luzernes sont garantis sans un seul grain de cuscute.

Grande et importante **Spécialité de Créations de Prairies.** Nous nous chargeons d'établir des compositions convenant à la nature de chaque sol, et d'avance nous en assurons la réussite.

Sur demande, nous adressons *franco* nos catalogues illustrés de graines potagères, fleurs, arbres, fourrages, ognons à fleurs, plantes, etc.

VINS DU BEAUJOLAIS ET DE MACON.

A. BERNARD

propriétaire-viticulteur à Saint-Julien-en-Beaujolais (Rhône).

Le vin du *Beaujolais* est réputé pour un des meilleurs vins de table et *ses grands crûs* peuvent rivaliser avec ceux du Bordelais et de la Bourgogne.

Notre Vignoble, qui se reconstitue rapidement, est aujourd'hui en mesure de fournir à la consommation ses vins si appréciés.

Vin ordinaire 1889	100 fr.	la pièce.
Bonnes Côtes 1888 et 1889	130 à 150	—
Saint-Julien id.	160 à 200	—
Morgon, Fleurie, Thorins (grandes années)	250 à 500	—

Le tout logé et pris en gare du Vignoble.

La Propriété offre des greffes soudées, racinées, garanties. — Plants de choix. Reprise certaine.

Adresser les correspondances à Villefranche (Rhône), 44, rue de Thizy.

CRÉDIT AGRICOLE

UNION DES SYNDICATS AGRICOLES DE FRANCE

9, rue Marsollier, PARIS

Agence à LYON, 234, cours Lafayette, S. PLISSONNIER, Directeur * M. A.

MACHINES AGRICOLES DE TOUS SYSTÈMES

TOURTEAUX et FARINES pour la nourriture du bétail.

ENGRAIS CHIMIQUES et ORGANIQUES, MATIÈRES PREMIÈRES SEMENCES DE PREMIER CHOIX.

11e Année. — 2e Série. — N° 566. Dimanche 30 Novembre 1890.

GAZETTE  AGRICOLE

JOURNAL HEBDOMADAIRE, PARAISSANT LE DIMANCHE

Rédacteur en Chef : M. Ch. GOSSIN, Professeur d'Agriculture à l'Institut agricole de Beauvais

PRIX DE L'ABONNEMENT

UN AN, 5 fr. — SIX MOIS, 3 fr. — TROIS MOIS, [illegible] fr. [illegible]

Pour l'étranger les abonnements ne sont reçus que pour un an, au prix de 6 *francs, et ne partent que du* 1er *janvier ou du* 1er *juillet de chaque année.*

Il est indispensable de joindre à toute demande de changement d'adresse la dernière bande d'adresse du journal et 50 centimes pour frais de nouvelles bandes.

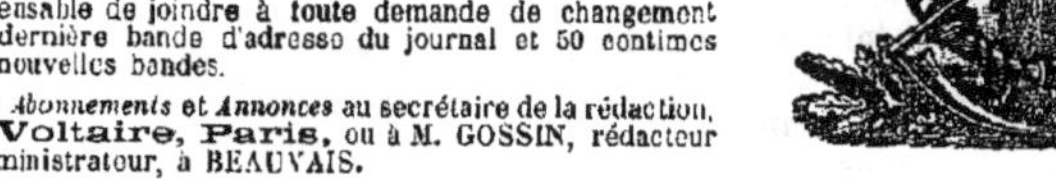

Adresser les *Abonnements* et *Annonces* au secrétaire de la rédaction, **13, quai Voltaire, Paris,** ou à M. GOSSIN, rédacteur en chef et administrateur, à BEAUVAIS.

BUREAUX

13, quai Voltaire, Paris, et à Beauvais.

Les abonnements partent du 1er de chaque mois et sont payables d'avance. Toute demande d'abonnement doit donc être accompagnée du prix de l'abonnement. (Le mode de payement le plus simple est l'envoi d'un mandat-poste.)

Donner *très lisiblement*, en s'abonnant, son nom et son adresse exacte, *avec l'indication du bureau de poste* ; et, s'il s'agit d'une continuation d'abonnement, joindre au renouvellement la dernière bande d'adresse du journal.

La GAZETTE AGRICOLE insère gratuitement les Communications des Syndicats agricoles

PRIMES A NOS ABONNÉS.

*L'*ALMANACH FRANÇAIS *pour 1891 vient de paraître à la Librairie nationale.*

L'administration de la Gazette agricole *met* gratuitement, *comme l'année dernière, cet Almanach à la disposition de ceux de nos abonnés et lecteurs qui manifesteront le désir de le recevoir* et joindront à leur lettre 15 centimes *en timbres-poste pour frais de port.*

Tout abonné qui renouvellera son abonnement, soit à l'expiration, soit par anticipation, par l'envoi d'un mandat-poste de 5 francs, recevra de droit, gratuitement *et* franco, *l'*ALMANACH FRANÇAIS.

*L'*ALMANACH FRANÇAIS *est mis gratuitement à la disposition de tous nos abonnés anciens ou nouveaux dans nos bureaux, à Paris, 13, quai Voltaire, et à Beauvais.*

AVIS.

Les demandes de primes ont été excessivement nombreuses; nous ne nous en plaignons pas. Mais à cause de cette multiplicité, peut-être quelques légers retards ont-ils été apportés à un certain nombre d'expéditions. Tout a été envoyé; une dizaine de réclamations seulement nous ont été faites, nous les avons renvoyées à qui de droit, c'est-à-dire à la poste, tout en réparant, par de nouveaux envois, la négligence de celle-ci.

Nous avons dû aussi, certains échantillons étant épuisés, les remplacer par d'autres variétés équivalentes.

Nous rappelons que nous continuerons la distribution des semences d'élite (céréales de printemps, légumes et fleurs). Très prochainement, sans attendre l'époque du printemps, nous donnerons la liste des variétés et des espèces à choisir.

Dès à présent, les abonnés qui renouvellent leur abonnement par l'envoi d'un mandat de 5 fr., ont droit à cette prime qu'ils choisiront plus tard; il en est de même des abonnés nouveaux.

Une Requête à nos Abonnés.

Dans un but de propagande utile en faveur de la *Gazette agricole*, nous demandons instamment à ses amis et abonnés de vouloir bien nous envoyer les noms et adresses des personnes, auxquelles d'après eux, le journal pourrait convenir.

Il sera envoyé à ces personnes, à titre gratuit, bien entendu, plusieurs numéros d'essai.

SOMMAIRE :

PARIS, 28 NOVEMBRE.

Vous ne pouvez ignorer, puisque vous le nommez et le payez, que le Parlement républicain se compose de deux parties : un Sénat et une Chambre des députés. La nation tout entière prend part tous les quatre ans à la nomination des députés. Il n'en va pas de même des sénateurs, dont le mandat est plus long et dont l'origine est différente. Ils sont en effet renouvelables par tiers tous les trois ans et nommés par des délégués variant suivant le chiffre de la population et choisis par les conseils municipaux. Il n'en a pas toujours été ainsi. A l'origine chaque conseil mnnicipal nommait un délégué, ce qui avait fait donner au Sénat par feu M. Gambetta, le nom de « Grand Conseil des communes de France ». Mais ce mode de scrutin où chaque commune étant considérée comme une personne jouissait, quelle que fût son importance, du même droit, ne tarda pas à offusquer les républicains. Ils s'aperçurent que par là, les ruraux, comme ils les appellent dédaigneusement, pourraient défendre et protéger leurs intérêts contre les citadins; ces derniers étant plutôt républicains, on a changé la loi électorale sénatoriale à leur profit. C'était d'une logique assez injuste il est vrai, mais bien républicaine, de sacrifier encore une fois la terre et ceux qui la cultivent, aux villes et à leurs habitants.

***

Au mois de janvier prochain un tiers des sénateurs devra solliciter le renouvellement de son mandat et ce tiers porte sur les départements commençant par l'Orne et finissant à l'Yonne. Vous n'ignorez pas non plus que les conseils municipaux sont appelés à choisir les délégués quelques semaines avant l'ouverture du scrutin. Aussi sera-t-il procédé à cette opération le dimanche 7 décembre. Il a paru au Bonhomme Deschamps qu'il manquerait à son devoir s'il ne vous donnait dès cette semaine, son avis sur les considérations qui doivent présider à l'élection de ces délégués. Il va de soi que vous devez choisir des mandataires honorables, indépendants et capables de résister aux promesses ou aux menaces du préfet, afin de bien servir la chose publique. C'est là une recommandation qui n'est pas inutile, le corps électoral sénatorial étant relativement restreint, donne un champ plus libre aux manœuvres plus ou moins déloyales de l'administration. Si nous avions en face de nous un gouvernement équitable, respectueux des droits de tous, la recommandation serait inutile. On serait sûr que les délégués en votant pour les candidats du gouvernement, fourniraient à ce gouvernement le moyen de bien gérer les affaires d'un chacun et de tous.

***

Mais il n'en va pas ainsi, notre gouvernement n'est pas celui de la France, mais celui d'un parti. Or, ce parti qui exploite à tous égards la France depuis quinze ans, traite tous ceux qui n'adhèrent pas à son *credo* comme des ennemis et des vaincus. Non pas seulement les faveurs, mais la justice, tout est pour lui. Il va de soi que si les candidats officiels sont élus en janvier prochain, le gouvernement y verra d'abord une approbation de toute sa conduite passée, et ensuite un encouragement et une sorte de stimulant à la continuer. Il se dira, non sans quelque apparence de raison, que si le pays était mécontent, comme le répètent « les réactionnaires », il n'aurait pas réélu les auteurs de son mécontentement. Ce ne serait pas une conclusion vraie, puisque les raisons qui pourraient amener des délégués sénatoriaux à voter pour des candidats républicains pourraient aussi être absolument étrangères à une approbation donnée aux pratiques du régime actuel, mais le Bonhomme Deschamps le répète, il y aurait une apparence, et c'est cette apparence, vu les conséquences qu'on en tirerait, qu'il importe de *ne pas fournir*. Et comment, direz-vous, ne pas fournir au gouvernement et aux journaux qui le défendent, cette occasion attendue par eux de se décerner un brevet d'innocence pour le passé et une sorte de blanc-seing pour l'avenir ?

⁂

Rien de plus facile que de satisfaire à cette curiosité, d'autant mieux que chacun de nous s'est déjà fait sans doute la réponse. Il est clair tout d'abord que si vous estimez avec le Bonhomme Deschamps que le gouvernement actuel mène mal les affaires du pays, il est de bon sens vulgaire de fermer l'oreille à ses indications et à ses conseils. Vous ne devez vous laisser intimider ni séduire par les menaces ou par les promesses dont il appuiera ou essaiera d'appuyer la liste de ses candidats. Donc huit fois sur dix, le patriotisme vous commandera d'écarter les républicains. Mais pour écarter les républicains, il faut commencer par choisir dans les conseils municipaux, des délégués qui sourds comme vous aux promesses et aux menaces de l'administration, acceptent le mandat de repousser la liste officielle. Il est possible, bien que l'argument soit ridicule, qu'on fasse briller à vos yeux la République à maintenir et à sauver. Le Bonhomme Deschamps le répète, c'est là un argument absolument ridicule. D'abord parce que la forme du gouvernement *n'est pas en question* et que le tiers sénatorial sortant, fût-il partout remplacé par des conservateurs, ne saurait faire courir aucun péril aux institutions existantes. Cette minorité de 75 sénateurs, alors que le Sénat et la Chambre des députés sont en grande majorité républicaine, n'aurait pas plus l'idée que le pouvoir de changer un *iota* à la constitution actuelle.

⁂

Mais pour être plus précis, le Bonhomme Deschamps se permettra cet avis. Il faut que les Conseils municipaux appellent particulièrement l'attention de leurs délégués sur les lois scolaires. Vous savez ce qu'elles coûtent, et avec quel sans gêne elles sont appliquées. Ainsi par exemple, il n'est pas de jour où à l'encontre du vœu manifeste des communes, on ne laïcise des écoles. Il semble pourtant que si les communes doivent être consultées, c'est bien sur la nature de l'instruction que l'on distribue chez elles. Cela touche autrement les pères de famille que la liberté de la presse et des réunions publiques. Le Bonhomme Deschamps voudrait donc que le délégué sénatorial élu par les conseils municipaux, fût tenu de ne voter pour des candidats, qu'autant que ces candidats s'engageraient à réclamer pour les communes, s'ils étaient élus, le droit d'être consultées sur l'enseignement à donner dans les écoles. Tout candidat qui refuserait de prendre cet engagement dont l'exécution ne saurait faire courir aucun péril à la chose publique, devrait être impitoyablement écarté. On le reconnaîtra, le Bonhomme Deschamps ne demande pas grand chose, mais ce peu lui suffirait parce qu'il sait que les conservateurs sont seuls capables de faire cette promesse et de la tenir.

LE BONHOMME DESCHAMPS.

NOUVELLES DE LA SEMAINE.

L'élection de Clignancourt-Montmartre. — On sait que l'élection de Paris n'a pas donné de résultats, il y a 15 jours. Un second tour de scrutin a lieu aujourd'hui. 39 candidats briguent la succession de M. Joffrin, proclamé élu en remplacement du général Boulanger. C'est un assaut en règle pour l'assiette au beurre. Jamais on n'avait vu pareils affamés devant le ratelier républicain. Le général Boulanger qui prétend, non sans raison, être l'élu de Montmartre, a conseillé l'abstention à ses amis.

L'enseignement laïque. — Il est joli l'enseignement laïque, tel que les comprennent certains fonctionnaires qui désirent de l'avancement. Qu'on en juge. A Auch, un professeur du lycée enseigne à ses élèves que la Sainte Vierge « aurait » eu six « enfants avant de donner le jour à Jésus. » Dans une école primaire publique de Paris, un certain nombre d'enfants qui, se préparant à la première communion, vont suivre à l'école les cours de catéchisme, ont été admonestés en pleine classe par l'instituteur dans les termes suivants :

Je préviens les élèves qui suivent le catéchisme et se préparent à manger le bon Dieu qu'ils devront, à l'avenir, présenter des devoirs complets et irréprochables ; sinon, je sévirai contre eux avec la dernière rigueur. Je me moque du catéchisme et de toutes les bêtises qui découlent de cet enseignement.

N'est-ce pas aussi odieux que bête ?

Insultes à l'armée. — Le fait suivant, que rapporte l'*Avenir militaire*, montre bien quel respect l'armée inspire à nos fonctionnaires républicains.

Le premier adjoint au maire de Vierzon (Cher), ayant dit en pleine séance du conseil municipal, que « *armée n'était qu'un ramassis de fainéants, de paresseux et de voleurs* », non seulement le maire se garda bien d'intervenir, mais encore le préfet, recevant, quelques jours après, une délégation des officiers de réserve et de l'armée territoriale en garnison à Vierzon, n'a donné aucune suite à leurs légitimes revendications.

La statue de Garibaldi. — Les journaux républicains publient une première liste de souscription au monument de Garibaldi. En tête les conseils municipaux de Paris, Lyon et Nice, qui à eux trois font sept mille francs, puis une vingtaine de députés ou sénateurs républicains, et puis quelques souscriptions particulières et une loge de francs-maçons, en tout dix mille francs. Une vingtaine de sénateurs ou députés, c'est bien peu, nous semble-t-il, pour une première liste destinée à chauffer l'opinion. Les autres viendront nous n'en doutons pas, mais on pouvait s'attendre à plus d'empressement de la part des républicains pour le mémoire de l'aventurier qui a laissé les souvenirs de dévastation que l'on sait dans les campagnes de la Côte-d'Or.

Les élections en Italie. — *Des élections générales ont eu lieu dimanche, en Italie, pour le renouvellement de la Chambre des députés.* Le résultat est un succès pour le Cabinet Crispi.

Le ministre de la triple alliance, n'ayant en face de lui pour le combattre que le parti radical suspect de républicanisme, a facilement triomphé.

Le chiffre considérable des abstentions est la conséquence des instructions du Pape recommandant aux catholiques de la plupart des Provinces italiennes de ne pas participer aux élections et, même pour la défense des intérêts religieux, de ne pas intervenir dans la lutte engagée entre les diverses factions révolutionnaires qui se disputent le pouvoir.

Les sectes antireligieuses continueront à persécuter le clergé, à laïciser les œuvres pies, à gouverner l'Italie, selon le programme de la franc-maçonnerie.

La fièvre aphteuse ou Cocote.

Cette maladie sévit actuellement, paraît-il, dans quelques étables du Pas-de-Calais et du Nord. Elle est, on le sait, essentiellement contagieuse, se transmet de proche en proche, et souvent au loin par des occasions qui, dans bien des cas, échappent à la constatation ; un chien est-il entré dans une étable infestée, il peut porter la contagion à une grande distance et à plusieurs jours d'intervalle. Notre honorable collègue, M. Dubos, professeur de zootechnie à l'Institut agricole de Beauvais, a constaté, il y a quelques années, la que cocote qui infestait une contrée de l'Oise, y avait été apportée par un malheureux sanglier, maigre et malade qui s'était avisé de rôder autour d'une troupe de truies.

Donc, malgré les précautions prises, malgré l'arrêté ministériel fermant la frontière belge, il y a à craindre que la maladie, peu dangereuse du reste par elle-même, et même par ses conséquences lorsqu'elle est bien soignée, ne s'étende des départements du nord dans les contrées voisines.

La cocote, caractérisée par le développement dans la bouche, sur les lèvres et contre les onglons de petites ampoules douloureuses, suit, dans son évolution, une marche très régulière que l'on divise en quatre périodes.

1. Incubation. — 2. Eruption des vésicules aphteuses. — 3. Ulcération ou suppuration. — 4. Cicatrisation.

Durant la première période, les animaux atteints sont tristes, manquent d'appétit, ont souvent des frissons et la peau chaude et sèche,

Le lait diminue momentanément chez les femelles. Le mufle des bêtes bovines est sec; leur bouche est d'abord sèche et chaude, douloureuse au toucher, si elle doit être le siège de l'éruption; puis, les bêtes grincent souvent des dents, clapotent des lèvres et laissent écouler au dehors une salive filante; tout cela, accompagné de fièvre.

Quand les pieds doivent être le siège principal de l'éruption aphteuse, les animaux piétinent, ils cherchent à soustraire le pied malade au poids du corps.

Si la mamelle des vaches doit être atteinte, ce qui n'est pas rare, la peau des trayons est rouge, douloureuse et tendue.

La durée de cette période varie entre 24 et 48 heures pour le gros bétail, cette durée est moindre dans les autres espèces.

La seconde période est caractérisée par l'apparition de petites ampoules sur les muqueuses de la bouche, sur la peau du pis et de l'entre-deux des onglons des pieds. A la bouche, ces ampoules occupent surtout la face interne des lèvres, les gencives, le bouvet, les côtés de la langue, plus rarement le mufle; leur dimension ne dépasse guère d'une lentille; mais quand elles sont rapprochées en grand nombre, elles amènent ordinairement des ulcérations beaucoup plus étendues à la suite de leur rupture.

La troisième période est marquée par la rupture des ampoules aphteuses, rupture qui peut, du reste, être hâtée par des frottements un peu rudes, et qui arrive plus tardivement aux ampoules des pieds et du pis qu'à celle de la bouche. Après leur ouverture, il reste à la place occupée par les vésicules un ulcère ou petite plaie à fond rouge. Durant quelque temps, l'aphte secrète une matière purulente mêlée à un peu de sang.

Bientôt la matière plastique du sang, exsudée au fond de l'aphte forme un nouvel épiderme qui remplace la portion tombée. C'est la quatrième période ou la cicatrisation.

La durée de ces phénomènes morbides, à partir des premiers symptômes de l'incubation jusqu'à la guérison, est de 8 à 15 jours chez les bêtes bovines, de 7 à 10 jours chez les autres espèces.

Mais arrivons au traitement.

Quand la cocote est déclarée dans une étable, on ne peut guère espérer que l'isolement des animaux atteints empêche les autres de contracter la maladie; quoique l'on fasse alors, la plupart des sujets en seront pris à leur tour. Souvent quelques bêtes échappent à la contagion, sans que l'on sache les causes d'une telle immunité.

Toutefois, dès que les animaux présenteront les premiers signes de la maladie, on fera bien de les séparer de ceux qui paraissent encore être sains, de les mettre dans un endroit à température douce et égale, de les couvrir et de les soigner à part. Si les animaux vivent au pâturage, il sera inutile, il ne serait même pas prudent de les rentrer, car, en règle générale, il n'est pas bon de changer d'une manière très notable les conditions dans lesquelles les animaux se trouvent lorsqu'ils sont sous l'influence de l'épizootie; la maladie, du reste, n'est ni plus ni moins grave au pâturage qu'à l'étable. Par la même raison, on doit s'abstenir de saigner les animaux atteints, ou de leur administrer des breuvages excitants, moyens dont l'action contrarie presque toujours la marche régulière de la maladie.

Aucun traitement connu n'a le pouvoir d'abréger notablement la durée de la maladie; le point essentiel dont on doit se préoccuper c'est d'empêcher l'amaigrissement des animaux à l'engrais et la diminution de lait des laitières ou des nourrices par un régime apprécié. Ainsi, dès que les périodes fébriles et d'éruption seront accomplies, il faudra donner des aliments de facile mastication et suffisamment nutritifs, de boissons farineuses dans lesquelles on aura fait dissoudre du sel ou du sulfate de soude (20 à 40 grammes de sel, ou 100 grammes de sulfate de soude par jour).

Toujours, dans le but de rendre la mastication moins douloureuse, les fourrages secs devront être humectés avec de l'eau chaude et ramollis; les racines, betteraves, carottes, etc., devront être soumises à la cuisson.

Souvent les ulcérations de la bouche peuvent être guéries sans traitement. Toutefois des lotions sur ces plaies avec un gargarisme astringent miellé, acidulé par le vinaigre, semblent faciliter cette guérison.

Les ulcérations des ongles étant d'une guérison plus lente et pouvant devenir la cause de complications fâcheuses exigent plus de soins que celles de la bouche.

La première condition de leur rapide guérison, c'est que les pieds malades reposent toujours sur une litière très propre.

Dans le cas de grande douleur sur ces parties, des lotions, des bains émollients seront utiles; hors ce cas, avoir recours plutôt aux siccatifs, aux astringents. Un habile spécialiste, M. Allibut, conseille des compresses d'onguent egyptiac imbibées de liqueur Villotic, plus ou moins mitigée d'eau de Rabel. Le scalun calciné peut aussi être mis en usage. Le commerce de la droguerie offre comme spécifique dans le traitement de ces ulcérations quelques mélanges diversement nommés, composés de substances qui viennent d'être indiquées.

Si la corne se décolle sur quelque point, il faut enlever la partie détachée avec l'instrument tranchant, en évitant le plus possible de faire saigner les parties. Le plus prudent sera toujours d'avoir recours à l'homme de l'art.

Disons en terminant, pour répondre à une question posée par un de nos abonnés que l'état des vaches atteintes de cocote, est sans inconvénients comme aliment. Son innocuité a été constatée par de nombreux rapports de conseils d'hygiène; elle est surabondamment démontrée par l'usage qu'on en fait presque journellement sur divers points.

Pas plus qu'au lait, on ne peut attribuer des qualités malfaisantes à la viande des animaux abattus pendant qu'ils sont sous l'influence de la cocote. Ch. GOSSIN.

REBOISEMENT

Le pin sylvestre

Je n'ai point la prétention, en écrivant ces lignes, de faire un traité sur le pin sylvestre ; je consigne seulement les observations que j'ai faites au cours de mes plantations.

Le pin sylvestre doit, en grande partie, la faveur dont il jouit dans nos contrées au rigoureux hiver de 1879-1880.

On a reconnu chez lui une résistance au froid qu'on ne lui connaissait pas jusqu'alors.

J'ai eu des bois de pins maritimes gelés jusqu'au dernier, surtout dans les terrains bas; mais les pins sylvestres qui se trouvaient par hasard épars par-ci, par-là, ont parfaitement résisté.

Le pin sylvestre prospère dans beaucoup d'endroits où ni le pin maritime ni le peuplier suisse blanc, malgré sa grande rusticité, ne peuvent tenir, par exemple dans les terrains mouillants à sous-sol imperméable. Ses racines, au lieu de s'enfoncer, tracent à fleur de terre : en conséquence, une faible couche de terre arable lui suffit.

J'ai obtenu de très bons résultats dans des terres fortes argileuses, compactes ; les pins sylvestres ont étouffé les pins maritimes; mais, dans les terres sablonneuses, c'est le contraire qui est arrivé : les pins maritimes ont étouffé les pins sylvestres.

On peut facilement faire une pinière avec des plants repiqués. Je n'ai jamais réussi par semis, et puis l'avantage des pins repiqués c'est de faire gagner au moins deux ans d'avance.

On peut mettre par hectare depuis 2,500 jusqu'à 10,000 pins.

Je vais expliquer trois modes de plantation :

§ 1er. — *Plantation à 10,000 à l'hectare.*

On plante de mètre en mètre et par lignes droites, distantes d'un mètre les unes des autres. Je dirai plus tard la raison des lignes droites.

Au bout de quatre à cinq ans, lorsque les pins ont une hauteur de 1m50 à 2 mètres, on supprime une ligne sur deux; ainsi, au lieu d'avoir cent lignes à l'hectare, on n'en a plus que 50 à 2 mètres de distance les unes des autres.

Deux ou trois ans après, on coupe les pins de deux l'un ; alors ils se trouvent uniformément à 2 mètres les uns des autres.

Le système des lignes droites a pour moi plusieurs avantages :

Il rend les éclaircies bien plus faciles.

Il dispense le propriétaire d'exercer une surveillance continuelle, attendu que l'ouvrier a devant lui son travail tout tracé et ne peut s'en écarter.

Il établit tout naturellement une distance uniforme entre les arbres.

Enfin, il n'expose pas l'ouvrier à la tentation, pour avoir plutôt fait sa bourrée, de couper les bons sujets et de laisser les mauvais (ce qui s'est vu).

§ 2. — *Plantation à 5,000 l'hectare.*

Les lignes sont, dans ce cas, distantes de 2 mètres les unes des autres, mais les pins, sur les lignes, sont plantés de mètre en mètre.

Au bout de cinq à six ans, lorsque les pins ont 2m50 à 3 mètres de haut, on coupe de deux l'un, et alors on a des pins à 2 mètres les uns des autres.

§ 3. — *Plantation à 2,500 à l'hectare.*

On plante toujours par lignes droites distantes de 2 mètres les une des autres et les pins à même distance de 2 mètres les uns des autres. De cette manière, il y a du premier coup 2 mètres de distance entre chaque pin.

Des trois modes de plantation que je viens d'indiquer, je préfère le deuxieme: celui de 5,000 à l'hectare.

Lorsque les arbres sont à une distance de 2 mètres les uns des autres, c'est-à-dire au nombre de 2,500 à l'hectare, il faut les laisser se développer et prendre du pied, comme on dit en termes de sylviculture.

On ne doit les émonder que lorsqu'ils ont une hauteur de 2m50 à 3 mètres, et encore modérément.

Je ne suis pas très partisan des émondages.

Il faut couper les branches près le tronc, les cicatrices se ferment en peu de temps, tandis que si on laisse des chicots, ces chicots meurent et ne s'incorporent pas dans le bois, mais ils se trouvent enveloppés dans le tronc à mesure que celui-ci grossit et lorsque le pin est scié en planches, les fragments de chicots se détachent facilement et font des trous.

Il est assez difficile d'indiquer l'époque précise à laquelle il faut faire des coupes d'éclaircies dans les 2,500 pins à l'hectare, cela dépend de la vigueur des arbres.

Dans tous les cas, si on veut avoir de beaux pins, il ne faut pas les laisser trop épais.

La plantation est bien simple et bien facile.

Deux hommes peuvent planter cinq mille pins par jour.

L'un avec une bêche donne un coup en terre de 12 à 15 centimètres de profondeur, il baisse un peu le manche de son outil, de manière à faire derrière un vide de 8 à 10 centimètres.

L'autre met le pin dans l'espace vide qui se trouve derrière la bêche.

Et l'homme à la bêche, la retire et serre avec pied la terre sur le petit pin · ce mode de plantation est préférable au piquet, attendu que les jeunes plants ont beaucoup de chevelu, qu'il serait difficile de faire entrer dans un trou rond, tandis qu'avec la bêche l'ouverture étant de 10 à 15 centimètres de largeur, le chevelu s'étend de chaque côté et le vide se trouve hermétiquement fermé avec le pied.

Avant de planter, il faut rogner les racines des jeunes plants, et comme ils sont en paquets de 100, on peut le faire d'un seul coup.

On peut planter du 15 décembre au 1er avril. J'ai l'habitude de planter pendant les mois de février et de mars, et j'ai toujours admirablement réussi.

On peut sans grands frais faire une pinière.

Les plants repiqués coûtent environ 5 à 6 fr. le mille.

Et les frais de main-d'œuvre reviennent à 1.50 au mille.

Ainsi une plantation de dix mille coûte environ 65 fr.

Une de cinq, 32 fr. 50.

Et une de deux mille cinq cents, 16.25.

Le pin Sylvestre est precieux pour boucher les clairières de vieux taillis usés ; mais si on a un terrain rempli de bruyères ou d'herbes, il sera prudent, si on veut réussir sûrement, de les couper avant la plantation et même d'enlever une plaque de gazon de 15 a 20 centimètres carrés, ce qui se fait en quatre coups de pelle, ensuite on fait un peu de guéret et on plante le pin.

Ce dernier mode de plantation n'est pas à beaucoup près aussi expéditif que le premier.

Au bout de cinq à six ans, on a de beaux bouquets de pins qui, par la suite, répandent leurs graines de tous côtés à de grandes distances et font sans frais de belles pinières à la place de vieux taillis sans rapport ; je l'ai fait, je parle en connaissance de cause.

SARCÉ,
ancien notaire.

Nouvelles agricoles.

Les bœufs américains à Paris. — Quatre-vingt dix-sept bœufs et taureaux, provenant de l'Amérique du Nord et embarqués à Chicago, ont été expédiés sur notre marché de la Villette, lundi 10 novembre 1890.

Nous avons vu il y a dix ans, des animaux provenant de ces contrées, superbes tant au point de vue de l'engraissement que du poids. Les produits qui nous parviennent aujourd'hui sont loin de leur ressembler ; ce sont les frères dégénérés de leurs ainés.

L'Agriculture américaine serait-elle déjà en décadence et ce bœuf jeune, nouveau, a-t-il déjà donné tout ce qu'il peut produire ?

Ce que nous souhaitons ardemment c'est que le vieux sol de notre France, puisse nous fournir tout ce qui nous est nécessaire, indispensable pour notre consommation, sans être astreints et obligés de nous adresser à la patrie des Yankees où nous rencontrons, en reconnaissance des services des Lafayette, des alliés comme les Mac-Kinley et autres républicains *humanitaires* du Nouveau-Monde.

Exposition des vins d'Auvergne. — Le Comité de patronage, composé des cinq présidents et des cinq vice-présidents des diverses associations et syndicats agricoles ou viticoles du département du Puy-de-Dome, et de M. Girard-Col, professeur départemental d'agriculture, a décidé qu'une exhibition des *vins rouges* d'Auvergne, *vins blancs* et *vins de paille*, aurait lieu à Clermont-Ferrand, les 6 et 7 décembre prochain.

Cette exhibition ne comportera aucune récompense, mais elle donnera lieu à un rapport général sur les vins de la récolte de cette année, qui sera reproduit dans les revues et journaux spéciaux. Un résumé du rapport du jury de dégustation sur les vins de la dernière récolte, communiqué à tous les journaux, recevra ainsi la plus grande publicité.

Les vins produits dans les 230 communes viticoles du département seront classés par canton et par arrondissement.

Une carte dressée à cet effet, par les soins du professeur d'agriculture, indiquera l'étendue des vignes de chaque localité, la production totale de la dernière récolte, et la quantité de vin à vendre.

L'impôt sur le pain étranger. — La sous-commission parlementaire des douanes, spécialement chargée des matières végétales, a pris une assez grave résolution.

Après une discussion à laquelle ont pris notamment part M. le vicomte de Villebois-Mareuil, Charles Roux, Viette, elle a, comme conséquence du droit de douane sur le blé étranger, voté une taxe de six francs par cent kilos sur le pain étranger à son entrée en France.

On devine que c'est dans les pays frontières que l'on consomme du pain étranger. Toutefois, c'est surtout la Belgique qui importe de son pain sur le territoire français.

En 1887, l'importation totale de pain étranger en France était de 4 millions de kilos, en 1888, elle a été de 12 millions de kilos, et en 1889 de 30 millions de kilos, représentant une valeur de 10 millions de francs. La quantité importée en 1890 n'est pas encore exactement connue, mais on sait déja qu'elle présente une augmentation considérable sur celle de 1889.

Ajoutons que le pain étranger est vendu 25 centimes de moins — par trois kilos — que le pain français.

Le sucrage des cidres. — Dans sa dernière séance d'assemblée générale, le Conseil d'Etat a adopté un projet de règlement d'administration publique autorisant le gouvernement à relever à 15 kilogrammes, par 5 hectolitres de pommes ou poires, la quantité de sucre imposée au droit réduit de 24 francs, en vue de permettre de donner aux cidres et poirés le titre alcoolique nécessaire à la conservation et au transport de ces boissons.

Ce décret est motivé par de nombreuses réclamations de producteurs, fondées sur ce que, lors des mauvaises récoltes, la proportion de dix kilogrammes de sucre allouée par le règlement d'administration publique du 22 juillet 1885 est absolument insuffisante pour la fabricat-on des cidres et poirés marchands. Il dispose que, chaque année, dans le cours du mois de septembre, un arrêté ministériel décidera, en raison de la récolte, s'il y a lieu d'élever à 15 kilogrammes la proportion du sucre à tarif réduit. En outre, un article transitoire fixe des conditions spéciales de délai pour la campagne de 1890.

L'exposition des chrysanthèmes. — Le temps n'est plus où le chrysanthème triste et pâle, était à peine jugé digne d'orner un coin de cimetière. Il suffisait pour s'en convaincre, de visiter la merveilleuse exposition de l'hôtel de la Société d'horticulture, 84, rue de Grenelle.

Chrysanthèmes japonais, hybrides, à fleurs de pivoine, pompons, américains, anglais, en pots, en fleurs coupées, en bouquets, marient leurs innombrables nuances blanches, roses, pourpres, mauves, brunes, striées d'or, d'argent, dans le hall, la cour et de chaque côté du vestibule d'entrée. Citons parmi les plus beaux spécimens : l' « Alphonse Karr », mauve violacé, le « Cardinal Desprez », rose clair, le « Commandant Dominé », rouge cramoisi, le « Comte de Mun », immense, rose mousseline glacé blanc d'argent, le « Comte de Paris », amarante pourpré, ligné et pointé blanc pur, « Dom Pedro », jaune strié marron clair, la « Duchesse d'Uzès », jaune strié brun, le « Feu d'artifices », carmin violacé, revers jaunes, la « Lumière électrique », le « Panache de Henri IV », blanc pur, tous deux, le « Sergent Bobillot », rose vif modoré, jaune pâle, la « Tosca », « Théodora », toutes les incarnations de Mme Sarah Bernhardt, sauf « Cléopâtre » !..

Les collections rares de notre collaborateur, M. Forgeot ont eté très remarquées. Un premier prix, médaille d'or, leur a été attribué.

CONSEILS DU VIGNERON

FABRICATION DU VINAIGRE DE MARCS (1).

Que de gens se figurent que le vinaigre est du mauvais vin !

C'est une erreur que j'ai souvent combattue. L'acétification est une transformation pure et simple, au contact de l'air, de l'alcool contenu dans le vin, en acide acétique. Neuf fois sur dix cette transformation se fait à l'insu du viticulteur ou du négociant ; c'est-à-dire que la seule cause est le manque de soins de celui qui

(1) L'*Echo universel*.

est chargé de veiller sur le cellier. La cause réside, purement et simplement, dans ce fait qu'on n'a pas tenu ses fûts bien ouillés et bien bouchés. Suivez exactement ce principe et jamais votre vin ne s'aigrira.

Or, tout le monde employant du vinaigre pour son usage, il n'est pas rare de se trouver chez des viticulteurs dont les caves sont pleines de vin et, pourtant, manquants complètement de bon vinaigre. La raison est bien naturelle, la voici : Ces personnes soignent leurs vins et n'en ont pas qui s'acétifient. Ils savent l'importance de ces soins et ne se mettent pas dans le cas de subir d'énormes pertes de ce fait. Ils veulent pourtant faire du vinaigre, ils en ont besoin, et dans ce but, au lieu d'employer de leur bon vin, ils essayent de faire acétifier un petit fût de vin tourné. Le liquide se pique, devient complètement imbuvable comme vin, à cause de *la pointe de piqûre très sensible*, mais il est loin d'être du vinaigre proprement dit avec lequel on puisse préparer une salade.

C'est que, je le répète, le vin malade ne peut pas s'acétifier. Les ferments des diverses maladies qui se sont développées dans lui en s'attaquant aussi à l'alcool, forment un obstacle insurmontable au travail des ferments acétiques. Ce vin tournera, se décomposera, se putréfiera, mais ne s'aigrira pas dans l'acception du mot.

Ceci dit, peut être un peu trop longuement, je reviens à nos marcs et vais vous indiquer comment on en retire un vinaigre excellent :

Tout d'abord, il faut avoir pour son vinaigre, *une mère*. On nomme ainsi le fût du vinaigre chargé de ferments acétiques, de mycodermes, dans lequel on verse, petit à petit, du vin qu'on veut transformer.

On obtient une *mère* excellente avec les marcs. On les expose dans une cuve, à l'air, en les humectant légèrement avec du vin de presse et les tenant constamment humides. On les tasse pour faire naître la fermentation par la chaleur qu'elle engendre. Tous les deux jours environ, en les agite pour activer l'acétification.

La température qui permet de mener à bien cette opération est celle de 20 degrés. Au-dessus de cette température, la fermentation acétique ne se produit que difficilement, et devient le plus souvent butyrique.

Il faut empêcher aussi les marcs de se dessécher, car toute fermentation est impossible dans cet état.

Le moyen de rèconnaître que le vinaigre est fait, consiste en général dans la dégustation du liquide. Si on en faisait l'objet d'une industrie, il faudrait alors se procurer l'appareil de Salleron spécial, *l'acétimètre*, qui permet de reconnaître exactement le degré d'acidité du vinaigre. Mais, pour son usage, la dégustation suffit. Quand on sent que le liquide est d'un degré convenable d'acidité, on pressure de nouveau les marcs, pour en extraire le produit de cette nouvelle fabrication. On conserve le vinaigre dans des futailles aux deux tiers pleines et à moitié bouchées qui deviennent des *mères*, et qu'il ne suffit plus que d'entretenir soigneusement. LE PÈRE LAVIGNE.

CONSEILS A LA FERMIÈRE

MANIÈRE DE TANNER LES PEAUX DES PETITS MAMMIFÈRES

Il est quelquefois intéressant, surtout lorsqu'on vit à la campagne, de conserver quelque souvenir d'une chasse, la dépouille d'une capture curieuse à laquelle on attache quelque prix. Beaucoup de cultivateurs ont ainsi de ces petits objets qui ne déparent pas un intérieur champêtre et lui donnent même une sorte de cachet. La robe du renard, en particulier, se rencontre sur le parquet de bien des chambres de ferme, mêlant l'utile à l'agréable. C'est la seule forme sous laquelle le renard soit accepté.

Voilà donc la manière de procéder :

Après avoir écorché l'animal et l'avoir bien dégraissé, on frotte l'intérieur de la peau avec de l'alun pulvérisé, puis on en met une couche assez épaisse sur un papier et on roule la peau dedans. Il faut environ 5?0 grammes d'alun pour un écureuil; 1 kilogramme pour un renard; mais, en général, il vaut mieux en mettre davantage, car il n'est pas perdu. Il faut laisser les peaux dans l'alun jusqu'à ce que le poil tienne en le tirant.

Voici deux autres méthodes qui sont très bonnes, mais qui demandent plus de soins; il faut néanmoins les employer pendant les fortes chaleurs :

1° Prenez 5 litres d'eau commune; 500 grammes d'alun; 250 grammes de sel marin.

On fait bouillir le tout jusqu'à ce que l'alun soit parfaitement fondu, et une fois la liqueur refroidie, on y plonge les peaux. Il faut avoir soin de les retourner et de remuer la liqueur deux ou trois fois par jour et que les peaux y baignent complètement; celles des animaux de la grosseur d'un lièvre doivent y rester environ vingt-quatre heures,

En les sortant, il faut avoir bien soin de les presser pour en faire sortir le plus d'eau possible et les exposer à un courant d'air jusqu'à parfaite dessiccation en les garantissant autant que possible du soleil.

2° Commencez par bien débarrasser les débris de sang et de chair qui peuvent y adhérer les *peaux que vous voulez passer*. Après cela, vous les clouerez sur un bâti à bois, le poil en dessous et vous les piquerez avez un instrument quelconque, alène ou grosse aiguille, afin de faciliter la pénétration dans le cuir du liquide conservateur,

Ce liquide est une forte décoction de feuilles desséchées et moulues du sumac des corroyeurs. Cette poudre de sumac se trouve dans le commerce. Avec un tambon de linge, qu'on imbibe de la décoction, on frotte énergiquement les peaux tendues; après cela, on les lave à l'eau ordinaire et on fait sécher rapidement à l'ombre ou dans une pièce modérément chauffée. On recommence deux ou trois fois les frictions de sumac, qu'on fait suivre chaque fois d'un lavage; et c'est tout. UNE MÉNAGÈRE.

VARIÉTÉS.

Le retour du prince Henri d'Orléans.

Le prince Henri d'Orléans, fils aîné du duc de Chartres, est revenu en France avec M. Gabriel Bonvalot, le hardi explorateur de l'Asie centrale. Au moment du retour des voyageurs, il est intéressant de rappeler dans quelles conditions le jeune prince a entrepris ce périlleux voyage et à grands traits d'indiquer les étapes et le but de cette courageuse expédition.

Après s'être vu fermer la porte de Saint-Cyr, après avoir fait le tour du monde avec M. de Boissy et nous avoir donné un charmant volume sur les Indes, le prince Henri a voulu faire une entreprise plus sérieuse. Ne pouvant servir la France comme soldat, il était heureux encore de pouvoir la servir comme pionnier de la civilisation.

Devait-il aller en Afrique, en Amérique, en Asie? Les questions furent agitées, et nous qui le connaissons, nous savons que ses préférences étaient pour l'Asie centrale. Les dangers et les difficultés de tout genre que présentent de semblables expéditions, auraient été déjà un motif suffisant pour séduire son esprit aventureux. D'autres raisons plus sérieuses devaient le décider

Quand le prince sut que M. Bonvalot, l'explorateur du Pamir, avait l'intention de repartir, son parti fut bientôt pris, et son père, le duc de Chartres, le confia sans crainte à un tel compagnon.

Un voyage en Mongolie était le prétexte, la traversée du Thibet, la recherche de la route des possessions russes et de la Sibérie aux colonies françaises du Tonkin étaient le but secret mais réel.

Les voyageurs quittèrent Paris le 7 juillet 1889, partant pour la Russie, allant jusqu'à Semipalatinsk, revenant sur Taschkend et passant la frontière à Kouldja.

La protection personnelle de l'empereur de Russie fut très utile pour ce premier passage de la frontière de Chine.

A Moscou, les voyageurs avaient retrouvé Rachmed, homme du Turkestan, qui avait accompagné M. Bonvalot dans sa première exploration du Pamir.

A Kouldja ils eurent une recrue très importante : le Père Dedekens, de l'ordre des missionnaires belges, parlant le chinois, et son domestique chinois. Le missionnaire rentrait en Europe après de longues années passées à exercer son apostolat au milieu de ces contrées déshéritées. Malgré le désir bien naturel de revoir sa patrie, il n'hésita pas à retourner sur ses pas, quand on lui eut dit qu'il pouvait être d'une précieuse utilité aux voyageurs français.

La caravane organisée, ils traversent le désert de Gobi, reconnaissent le Lob-Nor, grand lac qu'ils trouvent desséché et s'avancent jusqu'aux bords du Frozen Lake (lac gelé) d'où ils envoient de leurs nouvelles le 12 décembre 1889, ayant traversé l'Altyn Dagh. Ils ne restent que six et continuent à marcher vers l'inconnu, suivant les pistes d'une caravane, puis se dirigeant à la boussole. Ils vont là où leurs prédécesseurs, le Russe Prjevalsky, l'Anglais Carey n'ont pu aller. Ils ont 40 degrés de froid, ils perdent deux hommes, tous leurs animaux, ils marchent toujours. Bonvalot les conduit, ils ont confiance en lui. Ils traversent ces régions encore toute blanches sur nos cartes, trouvent probablement des chaînes de montagnes, des lacs inconnus dont ils nous donneront la situation. Ils font une ample moisson de faune et d'herborisation, car le prince Henri est un jeune savant fort expert en ces matières.

Ayant traversé tout le Thibet, ils passent près du lac Tengri Noor, ils arrivent près de Lhassa, la capitale du Grand Lama, où aucun Européen ne pénètre. Ils sont près de la ville; mais, après de pénibles négociations, qui durèrent plusieurs semaines sans parvenir à vaincre le fanatisme farouche des autorités thibétaines s'obstinant à leur fermer les portes de la ville sainte, ils repartent vers l'Est par une route parcourue seulement il y a 40 ans par le Père Huc et arrivent à Batang puis en Chine, à Tatsien, au mois de juin.

Nous savons qu'ils ont été là admirablement reçus par les missionnaires français du Thibet, dont la situation précaire est si fausse. Ils sont absolument persécutés et les lettres des voyageurs sont pleines d'admiration pour ces courageux apôtres de la civilisation, du christianisme, de la France.

Après un mois passé près d'eux, M. Bonvalot, le prince Henri d'Orléans et le Père Dedekens se remettent en route, car leur tâche n'est pas accomplie. Au lieu de revenir par Yangtze-Kiang sur Shang-Haï, ils expédient leurs lettres et leurs bagages et reprennent la montagne pour arriver à Yunnan-Fou et descendre du Yunnan à Hanoï.

En résumé, cette expédition de dix-sept mois, durant lesquels les voyageurs, suivant une route inconnue, ont été aux prises avec des privations, des fatigues, des dangers de toute sorte, est un bonheur pour l'exploration française.

De pareilles entreprises ne peuvent être menées à bonne fin que par des hommes d'une force de volonté et d'une énergie peu communes. Il est nécessaire également qu'il règne une union parfaite entre les différents membres d'une telle caravane où chacun avait son rôle, travaillant avec ardeur au but commun. Et l'on ne sait ce que l'on doit le plus admirer du jeune prince travaillant ou du chef Bonvalot dirigeant et s'imposant.

Quant aux détails qui enrichissent la science française, nous les saurons bientôt, car ils les donneront forcément, surtout à la Société de géographie dont ils font partie et qui prépare une séance solennelle en leur honneur.

POUR RIRE.

ALTÉRÉ PAR CARACTÈRE

Les époux Biroy sont devant le tribunal; la femme à la barre des témoins, le mari sur le banc des prévenus.

Biroy, interrogé, donne ses noms, âge et profession; puis, se tournant vers sa femme : « Ah! c'est propre, ce que tu as fait là! »

LA FEMME. — Je t'en ai prévenu qu'un jour ou l'autre tu serais sur le banc des malfaiteurs.

BIROY. — J'y viens pur comme deux et deux font quatre.

M. LE PRÉSIDENT. — Voyons, femme Biroy, adressez-vous au tribunal.

LA FEMME BIROY. — Je viens exprès pour ça.

M. LE PRÉSIDENT. — Eh bien, de quoi vous plaignez-vous?

LA FEMME BIROY. — Je me plains que c'est un homme que, si on ne me retire pas de ses mains, je finirai en quatre morceaux.

BIROY. — Tu m'arraches des sourires.

LA FEMME BIROY. — Les témoins sont là pour dire que c'est un homme qui ne « désive » pas et qui me bat tous les jours de la semaine, quelquefois plus.

BIROY. — Les témoins, je les méprise comme un verre d'eau.

M. LE PRÉSIDENT *(à la plaignante)*. — Enfin, précisez des faits et ne restez pas dans les généralités.

BIROY. — Elle ne sait seulement pas où c'est.

M. LE PRÉSIDENT. — Voulez-vous vous taire? *(A la plaignante.)* Quand votre mari vous a-t-il porté des coups, et quels coups?

LA PAIGNANTE. — Quand? Mais toujours; un feignant qui bat le pavé du matin au soir?

BIROY. — Bon, c'est le pavé que je bats à présent.

LA PLAIGNANTE. — Oui, et moi le soir en rentrant.

M. LE PRÉSIDENT. — Mais le jour de la scène, quels coups vous a-t-il portés?

LA PLAIGNANTE. — Il m'a jeté son manger à la figure.

M. LE PRÉSIDENT. — Vous a-t-il fait des blessures?

LA PLAIGNANTE. — Non, c'était de la panade

M. LE PRÉSIDENT. — Il ne vous a pas jeté le plat avec?

LA PLAIGNANTE. — Non, mais la panade m'a emberné la figure, floc! que j'ai mes effets massacrés.

BIROY. — Et toi, le jour que tu t'es assise sur mon chapeau, est-ce que je t'ai traînée devant le tribunal?

M. LE PRÉSIDENT. — Enfin, reconnaissez-vous que vous maltraitez votre femme?

BIROY. — Quand je suis en ribote, naturellement.

M. LE PRÉSIDENT. — Comment, naturellement?

LA PLAIGNANTE. — Il y est tous les jours.

BIROY. — Ecoutez, mon président, vous ne pouvez pas savoir... Les femmes, ça vous a comme ça des airs devant le monde; mais cette femme-là, mon président, serait à un noble, à un notaire, à quelqu'un de la haute, qu'il y ficherait des piles...

Je suis d'une bonne famille, moi; j'ai même eu une position dans les chemins de fer.

M. LE PRÉSIDENT. — Quelle position?

LA PLAIGNANTE *(tendant le bras)*. — Cette position-là... quand les trains passaient : il était cantonier.

BIROY. — Oui, et elle me buvait mon argent, vu qu'elle ne se gêne pas, non plus, pour la chose du casque.

M. LE PRÉSIDENT. — Vous lui donnez un bon exemple!

BIROY. — Moi, ça vient d'un caractère altéré de nature. On voit toujours quand un homme a bu; mais on ne voit jamais quand il a soif.

LA PLAIGNANTE. — Il a cassé tout à la maison, il a démantibulé jusqu'au lit.

BIROY. — Oh! pour le lit, ça vient de ce qu'il n'était pas solide et que j'ai le sommeil lourd.

Le tribunal condamne Biroy à quinze jours de prison.

BIROY. — Ah! les femmes font de jolis chefs-d'œuvre...

LA PLAIGNANTE. — Oui, ta mère en a fait un beau, c'est vrai.

AFFAIRES MILITAIRES.

Les dispenses militaires.

Le *Journal officiel* publie la loi portant modification de l'article 21 de la nouvelle loi militaire.

Voici les modifications apportées au texte primitif.

En temps de paix, après un an de présence sous les drapeaux, sont envoyés en congé dans leurs foyers, sur leur demande, jusqu'à la date de leur passage dans la réserve :

4° Le plus âgé des deux frères inscrits la même année sur les listes de recrutement cantonal ou faisant partie du même appel;

5° Celui dont un frère sera présent sous les drapeaux au moment de l'appel de la classe, soit comme officier, soit comme appelé, soit comme engagé volontaire pour trois ans au moins.

Les dispositions des paragraphes qui précèdent (§ 4 et 5) doivent toujours être appliquées de manière à ce que, sur deux frères se suivant à moins de trois années d'intervalle, et reconnus tous deux aptes au service, l'un des deux ne fasse qu'une année en temps de paix.

Si ces deux frères servent comme appelés, le dispensé qui en fera la demande ne sera incorporé qu'après l'expiration du temps obligatoire de service de l'autre frère.

PETITE POSTE.

M. R... N... (Vendée). — *Cépages*. — Nous pensons que vous trouverez ces cépages chez M. Bichon, viticulteur à Montpellier (Hérault), ou par son intermédiaire.

M. P... S... (Lot-et-Garonne). — *Volailles*. — La race Dorking est précoce, et très bonne pour l'engraissement. Les poules de Houdan sont meilleures pondeuses.

2° Nous sommes content de savoir que notre conseil était bon. Félicitations.

M. O... V... — (Bouches-du-Rhône.) — *Raisins secs*. — N'hésitez pas. — Maison Audibert, rue des Minimes, Marseille.

M. D... S... à S... (Indre-et-Loire). — *Dommages*. — *Gibier*. — Il faut certainement demander des dommages-intérêts. — La procédure est très simple. Assignez le propriétaire de la forêt devant le juge de paix qui nommera des experts. — Consultez l'ouvrage de M. Sorel, président du tribunal de Compiègne, sur la *responsabilité en matière de chasse*, chez M. Fourrault, éditeur, rue Saint-André-des-Arts, Paris.

M. P... S... (Doubs). — *Affouage*. — *Etranger*. — La question est controversée. On admet généralement que l'étranger qui a fait sa déclaration de résidence en France a les mêmes droits à l'affouage qu'un français s'il remplit d'ailleurs les mêmes conditions de domicile dans la commune et de participation aux charges. Le droit d'affouage est plutôt un droit réel qu'un droit personnel.

M. E... à B... — *Vins de raisins secs*. — Nous publierons un article sur cette fabrication dans le prochain numéro. En vous adressant à M. Audibert, rue des Minimes à Marseille (Bouches-du-Rhône), vous auriez des renseignements très complets sur la matière.

M. Ch... (Oise). — *Cidre et raisins secs*. — Même réponse; adressez-vous directement de notre part à M. Audibert.

M. M... (Puy-de-Dôme). — *Blé de Noé*. — Cette excellente variété se sème indifféremment à l'automne et au printemps.

M. L... Nice (Alpes-Maritimes). — *Syndicats*. — Nous vous envoyons un modèle de statuts. Procurez-vous l'*Annuaire des Syndicats agricoles*, par M. Hautefeuille (177, rue de Vaugirard, Paris), prix : 10 francs.

M. N... P... (Yonne). — *Betteraves*. — *Distillation*. — Il est impossible de donner ici, à cause du cadre trop restreint de la *Petite poste*, toutes les règles concernant la distillation de la betterave. Cela fera l'objet d'un article spécial. En attendant, écrivez de notre part, à M. Deroy fils aîné, constructeur d'alambics, 75, rue du Théâtre, à Grenelle, Paris. Il vous enverra franco un petit manuel de distillation.

M. P... (Basses-Pyrénées). — Merci au vénérable ami du Bonhomme Deschamps. Il lui sera répondu samedi prochain.

M. G... (Vosges). — *Banque X...*, à Paris. — Méfiez vous. Aucune confiance à avoir.

M. X..., à X... (?) — *Potasse*. — Il vous sera donné satisfaction.

Pour l'envoi des almanachs, veuillez nous donner votre adresse. Nous n'avons pu lire votre signature.

M. D..., Grasse (Alpes-Maritimes). — Nous faisons la demande à M. Deroy.

M. E..., à V. (Orne). — *Vente de fourrages*. Demandez ce renseignement à M. le directeur du *Renseignement universel*, 28, rue Bonaparte, Paris.

MENUS PROPOS.

En police correctionnelle :

— Si je voulais, s'écriait avec arrogance un magnétiseur poursuivi pour escroquerie, j'endormirais le tribunal séance tenante.

Le président, sérieusement. — Allez vous asseoir... et *laissez parler votre avocat.*

⁂

Un médecin français envoyé en Espagne pour y étudier le choléra, demandait au gouverneur d'une petite ville :

« Quelles mesures aviez-vous prises en vue de l'invasion de la terrible maladie?

— Excellence, répondit le fonctionnaire, j'ai fait creuser six mille fosses. »

⁂

— Qu'avez-vous à pleurer, Jacques?

— Hi! hi! je venais d'acheter un cigare de deux sous, et j'allais le fumer, quand papa est arrivé et...

— Et il vous a tiré les oreilles, hein?

— Mais non. Il a pris le cigare et l'a fumé lui-même.

BULLETIN FINANCIER.

Malgré sa fermeté apparente, le marché est encore sous le coup de l'impression pénible qu'elle a ressentie à la suite des catastrophes de New-York et de Londres. Au lendemain des incidents qui lui ont ouvert les yeux sur les embarras des places étrangères et du marché de Londres en particulier, on a tenté de le rassurer en lui prodiguant toutes sortes d'éloges. Il n'avait point, disait-on, participé aux entraînements des autres places; il n'était mêlé à aucune opération dangereuse; il conservait ses ressources intactes, et par conséquent il n'avait point à s'émouvoir des difficultés qu'éprouvaient nos voisins, n'ayant rien fait qui l'exposât à subir les mêmes embarras.

Mais ce langage a paru justement suspect. La spéculation a vite compris qu'on voulait l'amener à prêter un large concours aux places voisines et à tendre les épaules au fardeau qu'on lui destinait. Après avoir un moment goûté les paroles de félicitations qu'on lui adressait, elle est revenue à des idées de modération en harmonie avec des circonstances et s'en est fort bien trouvé.

Le 3 0[0 est à 95 15 et le 3 0[0 amortissable fait 96 fr. et le 4 1[2 0[0 vaut 104 45.

Au comptant, le 3 0[0 est à 95 25; le 3 0[0 amortissable à 95 90 et le 4 1[2 0[0 à 104 40.

Les Fonds internationaux sont fermes. Il en est de même des Sociétés de crédit.

La Banque de France s'inscrit à 4.340 fr.

Le bilan hebdomadaire de cet établissement de crédit fait ressortir les différences suivantes sur celui de la huitaine précédente :

L'encaisse métallique présente une augmentation de 300,000 fr. pour le chapitre or, et une diminution d'un million pour le chapitre argent. Les augmentations portent sur le portefeuille pour une somme de 65 millions; sur le compte courant du Trésor, pour 18 millions, et sur les comptes courants particuliers pour 38 millions. Aux diminutions figurent les avances sur titres pour la somme de 5 millions, et les billets en circulation pour 4 millions.

Les bénéfices de la semaine se sont élevés à la somme de 1,111,000 francs.

Le Crédit Foncier est demandé à 1,290 fr.

Dans sa séance hebdomadaire du 26 novembre, le Conseil d'administration du Crédit Foncier a autorisé pour 4.375.061 francs de nouveaux prêts, dont 2.093.500 francs en prêts fonciers et 2.281.564 francs en prêts communaux.

Les Chemins de fer sont fermes.

Coupon.

LE « RENSEIGNEMENT UNIVERSEL ».

Dans quel embarras chacun de nous ne s'est-il pas trouvé pour obtenir le renseignement le plus simple, dès qu'il sort du cercle des relations journalières !

Aussi comprendra-t-on facilement toute l'importance de la création d'une administration de la plus haute honorabilité, véritable encyclopédie vivante : *le Renseignement universel*, 28, rue Bonaparte, à Paris, qui se propose de répondre, par une organisation savante, à toutes les questions qui peuvent lui être posées.

Les services que *le Renseignement universel* est appelé à rendre sont incalculables, car son organisation, établie sur des bases absolument nouvelles et scientifiques, lui permet de joindre à une précision absolue la plus grande célérité et des conditions de prix extrêmement avantageuses.

Son programme, universel comme son nom, *exclut absolument* tout ce qui touche aux renseignements CONFIDENTIELS, aux PRETS d'argent, aux recherches INTIMES, mais il *n'admet que ces exclusions.*

Le Renseignement universel envoie franco son prospectus à toute personne qui en fait la demande.

Extrait du programme. — Administration générale, départementale, communale; enseignement; service militaire : dispense, exemptions; finances, industrie, commerce, travaux publics et privés; droit civil, judiciaire, commercial; contrôle de pièces; documents publics; affirmations quelconques relatives à l'existence des lois, décrets, règlements; copies par extraits ou en entier de tous ces documents; contrôle des honoraires de toute nature; expertises; indications pour l'obtention de tous objets, instruments; inventions nouvelles se rattachant à l'agriculture, aux arts, etc., etc.

Directeur : un ancien polytechnicien, licencié ès-sciences.

Chefs de service : deux anciens polytechniciens; deux ingénieurs des arts et manufactures; un architecte diplômé du Gouvernement; un officier supérieur en retraite, breveté; un ancien fonctionnaire administratif; sept avocats, dont deux docteurs en droit; un ancien principal clerc d'avoué; un ancien huissier; un spécialiste pour la procédure commerciale : un autre pour l'administration coloniale; un spécialiste pour le commerce international; un ancien notaire; un agronome; plusieurs publicistes : politique, économiste, vulgarisateur scientifique; plus de trente collaborateurs spécialistes en tous genres.

HALLES ET MARCHÉS.

SITUATION GÉNÉRALE

Les cours des grains de toutes sortes sont fermement tenus ainsi que ceux des farines, les offres sur nos marchés étant toujours peu abondantes. - Les prix des alcools ont eu une hausse sensible, qui s'est élevée à 3 fr. d'une semaine à l'autre sur le marché de Paris. Les beurres et les œufs se vendent bien, ainsi que la viande.

GRAINS

Blés. — Sur les marchés français, les prix des blés sont très fermement tenus et l'on relève même de la hausse sur plusieurs points. Les prix moyens du rayon de Paris vont de 21 fr, à 26 fr. 50 les 100 kilog.; voici d'ailleurs les cours pratiqués samedi : Arras, blé blanc, 25 fr à 26 fr. 50; roux. 23 à 26 fr.; Douai, 26 fr. à 27 fr. 25; Cambrai, blé roux, 24 fr., blanc, 25 fr.; Amiens, 25 fr. 40; Dieppe, 24 fr.; Chartres, 21 fr. 65 à 25 fr. : Etampes, 22 à 30 fr.; Laval, 23 fr. 75 à 24 fr. 25; Montereau, 22 fr. 50 à 25 fr. 60; Nevers, 23 à 24 fr.; Nantes, 23 fr. 75 à 24 fr. 25; Lyon, 24 fr.; Bordeaux, 25 fr. 60. — Au marché commercial de Paris, les prix restent fermement tenus, mais sans variations importantes; à la clôture de samedi dernier, on cotait le disponible et le courant du mois, 25 fr. 75 à 26 fr. les 100 kilog.; le livrable décembre, 25 fr. 50 à 24 fr. 75, ainsi que les quatre premiers mois de 1891; les quatre mois de mars, 26 francs. — Les blés étrangers sont calmes aux cours suivants : Californie, 26 fr. 25 à 29 fr. 50; Australie, 27 à 27 fr. 50; roux d'hiver, 26 francs à 26 fr. 25; tuzelles d'Algérie, 26 fr. 50; le tout par 100 kilog., droits acquittés, sur wagon à Rouen, le Havre ou Dunkerque. — A l'étranger aussi bien qu'en France, la récolte nouvelle présente des apparences favorables et les prix des blés se soutiennent. On cote à Vienne, 18 fr. 40 les 100 kilog.; à Budapest, 17 fr. 90; à Berlin, 24 fr. 25; à New-York, 18 fr. 66 francs; à Chicago, 17 fr. 04. — Dans nos ports, les transactions ont eu peu d'activité. A Marseille, les cours des blés n'ont pas changé, avec des importations s'élevant à 145,000 quintaux pendant la semaine dernière. A Bordeaux, les importations ont été nulles. Au Havre, les blés étrangers n'ont donné lieu qu'à peu d'affaires.

Seigles. — Les seigles sont toujours l'objet d'une demande active, avec des offres restreintes. A Paris, il y a acheteurs de 16 fr. 25 à 26 fr. 50 les 100 kilog.; les vendeurs demandent de 16 fr. 50 à 16 fr. 75. Au marché commercial, on voit peu de transactions; les cours sont tenus pour le disponible et le livrable en décembre à 16 fr. 75 les 100 kilog., et de 17 francs à 17 fr. 75 pour les autres époques.

Orges. — Les orges ont toujours des cours en hausse. Les provenances d'Auvergne sont tenues de 21 à 23 fr. les 100 kil. en gare de Paris; celles de Champagne, de 19 f. 50 à 21 f. 50; celles de Beauce, de 18 fr. 50 à 19 fr. 50; et celles de la Sarthe et de la Mayenne, de 17 à 18 fr. — Les escourgeons conservent leur cours nominal de 19 fr. les 100 kilog. pour les sortes de la Beauce et du Centre.

Malts. — La malterie éprouve de la difficulté à s'approvisionner en orges de bonne qualité. On tient les malts de Beauce de 30 à 31 fr. les 100 kilog.; ceux de Champagne et d'Auvergne, de 31 à 33 fr.; ceux de la Sarthe et de la Mayenne, de 28 fr. à 28 fr. 50. Les malts d'orge d'Afrique valent 23 et 24 fr. pris dans les malteries du Nord.

Avoines. — La situation reste assez calme; mais les prix sont bien tenus avec des offres modérées. On cote les belles avoines noires de choix, 18 fr. 50 à 19 fr. les 100 kil. à Paris; les noires de la Beauce et du Centre, 17 fr. 75 à 18 fr.; les grises, 17 fr. 50 à 17 fr. 75; les blanches, 16 fr. 75 à 17 fr. 25. Les avoines étrangères conservent leurs cours élevés sans changement.

Sarrasins. — Le sarrasin de Bretagne est tenu au disponible, à Paris, de 15 f. 50 à 17 f. 75 les 100 kil.

Farines de consommation.

La meunerie maintient ses prix; les affaires restent calmes.

	159 kil.		100 k.	
Marque de Corbeil	60 fr.		(38 21 100 k.).	
Marques de choix	60 à	61	38 21 à	38 85
Premières marques. . . .	59	60	37 58	38 21
Bonnes marques.	57	58	36 30	36 94
Marques ordinaires. . . .	56	57	35 66	36 30

Le sac de 159 k., toile à rendre, rendu a domicile, payement comptant, ave 1[2 0[0 d'escompte ou 30 jours sans escompte.

Fourrages et pailles.

Paris, La Chapelle.

	1re qté.		2e qté.		3e qté.	
Foin nouveau	49 à	50	47 à	48	43 à	45
Luzerne nouvelle . . .	47	49	45	46	43	44
Paille de blé	40	41	37	39	33	35
Paille de seigle	39	40	36	38	34	36
Paille d'avoine	32	33	30	31	26	29

Le tout aux 104 bottes dans Paris.

COURS DE DIFFÉRENTS MARCHÉS (par 100 kil.).

	Paille.	Foin.
Le Puy	4 50	7 ..
Dijon	4 25	6 50
Blois	4 75	7 ..
Toulouse	4 50	7 50

Chalon	5 50	8 25
Beauvais	5 ..	7 ..
Orléans	6 50	8 ..
Douai	5 25	8 25

Issues, les 100 kil.

Les prix sont un peu mieux tenus, mais sans variation.

Nous cotons par 100 kil. en gare d'arrivée à Paris :

Son écaille	12 75 à	12 50
— gros	12 25	12 »
— trois-cases	11 50	11 25
— fin	10 25	10 »
Recoupettes	11 »	10 50
Remoulages blancs	16 »	17 »
— bâtards	13 »	14 »

MARCHANDISES DIVERSES.

Fécules.

Les prix sont tenus très fermement partout : la hausse signalée de l'étranger contribue à activer la demande en France.

Les 100 kil.

Paris. — Fécule 1re, grains	31 » à	32 »
Oise. — Fécule 1re, grains	28 50	30 50
Vosges. — Fécule 1re, grains	31 »	32 »
Saône-et-Loire	32 »	33 »
Loire. — Fécule 1re, grains	29 »	30 »
Auvergne. — Fécule 1re, grains	29 »	30 »
Fécules secondes selon qualité	21 »	27 »

Pommes de terre.

Les 1.000 kil.

Hollandaises	80 » à	70 »
Vosgiennes	61 »	»» »
Early roses	55 »	60 »
Saucisses	65 »	70 »
Rondes	60 »	65 »
Chardonnes	50 »	45 »

Pommes à cidre.

Paris, 26 novembre.

L'encombrement de la semaine dernière n'existe plus et les affaires vont à peu près régulièrement ; la demande est toujours faite par les pays dont la récolte est faible. Les cours sont de 90 à 105 fr. les 1,000 kil., suivant provenance.

Le tout parité Paris.

Rouen (Seine-Inférieure), 25 novembre.

Sur 237 hectolitres de pommes apportés, 145 ont été vendus à 6 fr. l'hectolitre (y compris les droits du Trésor et ceux de la ville de 1 fr. 19 par hect).

Tourteaux, les 100 kil.

	Colza	Œuillette	Lin	Cam.
Lille	15 75 à 17 ..	16 .. à 17 50	24 .. à 26 50	16 ..
Arras	15 .. à 17 ..	12 50 15 50	21 .. 18 50	16 25
Gd Moulin Corbeil	15 50		19 75	
	Copbra	Arachide déc.	Sésame	Lin.
Marseille	12 .. à 13 50	14 .. 14 25	13 50 à 14 50	12 75

GRAINES DIVERSES.

Maïs, les 100 kil.

Paris	13 50 à 16 ..		Agen	14 75	16 25
Alais	14 25	15 50	Grenoble	14 50	15 75
Ruffec	14 75	15 75	Reims	15 50	16 25

Sarrazin, les 100 kil.

Paris	15 50 à 16 ..		St-Pierre	15 50 à	15 75
Mayenne	15 25	15 75	Nantes	15 25	15 75
Rennes	14 75	15 50	Orléans	15 50	16 50

Légumes secs, les 100 kil.

	Haricots	Pois	Vesces	Lentilles
Paris	20 à 47	21 à 26	» »	45 à 70
Rouen	42 57	50 63	26 28	77 »
Marseille	18 30	23 32	25 34	19 24 50

Graines fourragères, les 100 kil.

Luz. de Prov.	120 à	150	Minette	25 à	30
— du Poitou	105	115	Sainfoin à 2 c.	26	28
— d'Italie	120	130	Sainfoin à 1 c.	26	28
Trèfle blanc	70	100	Pois jarras	20	»
— violet	120	130	Vesces	18	19

Huiles.

Colza brut. — Les affaires restent calmes et les prix ne varient pas ; la tendance est plutôt lourde.

Le courant du mois se cède à 62 50 et le livrable sur décembre à 63 fr.

On fait des 4 premiers mois à 64 fr.

Les 4 mois de mars, demandés à 64 fr., sont tenus à 64 25.

On cote au début de la réunion :

Cote précédente même heure.		Cote du jour.
63 » à » »	Disponible	62 75 à » »
63 » » »	Courant	62 75 » »
63 » 63 50	Décembre	63 » » »
64 » » »	4 premiers mois	64 » » »
64 25 64 50	4 mois de mars	64 » 64 25

Lin — Les prix sont les mêmes qu'hier. Le couranr du mois se paye 57 25. Le livrable est sans affaires.

On cote au début de la réunion :

Cote précédente même heure.		Cote du jour.
57 25 à » »	Disponible	57 25 à » »
57 25 » »	Courant	57 25 » »
55 50 56 »	Décembre	55 75 56 »
54 75 55 25	4 premiers mois	54 75 55 25
55 » 55 50	4 mois de mars	55 » 55 50

Les 100 kil. net, logés, escompte 1 0/0.

Pétrole.

Prix sans changement.

Disponible	100 kil.	49 50 à 51 50
Essence de 700 à 710°, disponible		60 50 64 »

On cote à l'hect. pour le détail :

PETROLE RAFFINE disponible	39 50 à 40 50
ESSENCE RECTIFIEE, disponible	42 25 43 50

Laines.

Roubaix-Tourcoing, 25 novembre.

Laine peignée —	de fabrique Cours du jour.	de fabrique Cours préc.	courant Cours du jour.	courant Cours préc.
Courant	» »	6 80	» »	» »
1 mois après	5 55	5 65	» »	5 35
2 —	5 40	5 45	5 30	» »
3 —	5 40	5 45	» »	» »
4 —	5 40	5 45	» »	» »

Marché faible. Ventes. 570,000 kil.

Anvers, 25 novembre.

Peignés allemands de La Plata : Contrat B : nov., » »» ; déc, 5 35 ; janvier, 5 27 1/2 : février, 5 27 1/2 ; mars à septembre, 5 27 1/2.

Sucres.

Sucres raffinés. — Les transactions restent calmes en raffinerie et les cours s'inscrivent sans changement. Nous cotons les pains 106 fr. les 00 kil. par wagon complet.

Cours pour l'exportation franco sur wagon ou sur bateau. pur pains 1er choix, suivant marques aux 100 kil.

Habillage en papier	1 0/0	41 50 à .. ..
— —	2 1/2	41 25 à .. ..
— —	4 0/0	41 .. à .. ..

Sucres cassés, produits accessoires (les 100 kil. disponibles, suivant marque).

Surchoix, cassé, rangé, logé, caisses de 50 kil., ou cartons de 5 kil.	111 50 à	112 »
Caisses de 25 kil	112 »	» »
Caisses de 10 kil	112 »	112 50
Gros déchets	104 »	104 50
Sucres en poudre	103 50	» »
Semoules	107 »	107 50
Glaces	103 »	104 50
Cristallisés, extra acquittés	96 »	96 50
— en poudre	97 50	» »

Alcools. — Prix de l'hectol. nu, au compt.

Paris, 3/6 fin, betteraves, 1re qualité, l'hectolitre.		Lille, disp	35 .. à 36 ..
90e dispon.	34 .. à 36 .	Cette	90 .. 105 ..
Décembre.	31 50	31 75	Nimes	90 .. 100 ..
4 premiers	36 ..	35 50	Béziers	75 .. 100 ..
		Pézenas	75 .. 100 ..

Raisins secs à boisson.

(Cours de la maison Audibert, 53, rue des Minimes, à Marseille).

Prix actuels (grande baisse).

Corinthe, Roi de Grèce, petits grains Extra 1er choix	100 kilos	57	»
Corinthe, le Turban, gros grains	» »	M.	
Corinthe petits grains, 1er choix.	» »	54	»
Thyra 1er choix	» »	48	»
Samos noirs, 1er choix	» »	M.	
— muscats	» »	M.	
Figues à distillerie	» »	27	»
Panaches noirs, égrappés	» »	M.	

Engrais. — Prix des 100 kil. :

Matières diverses pour engrais. — Cours commercial sur la place de Paris, par 100 kil., pour des ventes en gros de 30.000 kil. au moins.

Sang desséché moulu.	11/13 0/0 azote		20 90 à	24 70
Viande desséchée	9/11 0/0	—	17 25	19 25
Cornes broyées	13/14 0/0	—	20 75	22 50
Cuir désagrégé	8/9 0/0	—	10 40	11 70
Laine engrais	3 à 4 0/0	—	» »	» »
Nitrate de soude	15/16 0/0	—	19 75	20 50
Nitrate de potasse	95 0/0	—	44 »	46 50
—	90 0/0	—	42 »	45 »
Muriate de potasse	80 0/0	—	» »	» »
Sulfate de potasse	90 0/0	—	22 75	25 »
Sulfate d'ammoniaq.	20/21 0/0	—	29 25	30 »
Chlorure de potassium	90 0/0	—	20 50	20 50
— Stassfurt.	80 à 85 0/0	—	17 10	» »
Cornes, cornailles pour brûler			» »	» »
Déchets fins de cornes, frisures			» »	» »

Phosphates des Ardennes. — En gare des Ardennes et de la Meuse, en sacs (les 100 kil.).

Pulvérisés.	14/16 0/0, acide phosph.	3 40 à	» »
—	18/20 0/0, —	4 »	» »
—	16/18 0/0, —	3 70	» »

Phosphates de Tavel.

50/», la tonne .... 80 » à 100

Phosphates de l'Oise.

14/16 0/0 acide phosphorique 3 35

Phosphates de la Somme.

20/22 0/0 acide phosphorique 5 30

Sulfate de cuivre.

Les 100 kil	56 » à	58 »
Phosphates du Boulonnais 40/45	4 60 à	» »
— de Pernes	3 25	6 75
— du Cambresis 28/35	3 75	4 »
— du Lot 30/50	3 »	4 50

Superphosphates, poudres d'os, etc.

Les 100 kilogr.

Phosph. préc. 35 à 40 % acide phosph.	22 »	23 »
— — 40 à 45 % —	23 »	24 »
Superphosphates fossiles, 10 % acide phosphorique soluble et assimil. (les 100 kilog.)	6 75	» »
Superphosphates fossiles, 16 à 18 %.	10 »	11 25
— d'os, 16 à 18 %, acide phosph.	12 »	13 50
Poudres d'os bruts	13 50	» »

Engrais spéciaux. — Les 100 kilog.

Guano du Pérou.	10 à 16	Eng. chim.
Guan du Pér. diss.	32 à 20	de H. Joulie,
Guan. az. fixe.	26 » à 27 »	Lag .... 15 » à 23 »

BEURRE, ŒUFS, VOLAILLES.

Paris, 25 novembre.

Beurres en mottes.

L'arrivage d'hier a été de 40,000 kil.

L'arrivage approximatif a été de 7,689 kil.

Beurres en livres.

L'arrivage d'hier a été de 13,000 kil.

L'arrivage approximatif a été de 10,877 kil.

Fermiers	au kilo	Touraine	au kilo
Extra	3 » à 3 10	Extra	2 60 à 2 70
1er choix	2 90 3 »	1er choix	2 50 2 60
2e choix	2 80 2 90	2e choix	2 40 2 50
Ordinaire	2 50 2 70	Ordinaire	» » » »
Bourgogne		Vendôme	
Choix	2 30 2 40	1er choix	2 50 2 60

Ordinaire...	2 10	2 20	2e choix.....	2 40	2 50
Gâtinais			Ordinaire...	2 30	2 40
1er choix.....	2 60	2 70	**Beaugency**		
2e choix.....	2 50	2 60	1er choix.....	2 50	2 60
Ordinaire...	2 40	2 50	2e choix.....	2 40	2 50
Le Mans			Ordinaire...	2 30	2 40
Choix......	2 30	2 50	**Fausse Touraine**		
Ordinaire...	2 20	2 30	Choix.......	2 40	2 50
			Ordinaire...	2 30	2 40

Œufs, *le mille :*

Normandie . Extra	125 à	150	Bourgogne . .	100 à	106
Picardie . . Extra	128	154	Champagne . .	104	108
Brie. . . . Extra	110	118	Nivernais . . .	98	102
Touraine gr.	115	132	Cosne.	106	110
Touraine ord.	98	110	Bourbonnais. .	98	100
Beauce	115	125	Bretagne . . .	94	101
Orne.	105	120	Vendée	96	102
Picardie ord.	105	120	Auvergne . . .	93	94
Châtellerault.	98	102	Midi.	96	108

Œufs de conserve à la chaux.......... 74 à 80

Volailles.

Canards :			**Pigeons :**		
nantais....	3 50 à	6 »	maconnais.	» 70 à	1 25
de ferme...	2 75	5 »	italiens....	» 60	1 15
Dindes nouv.	6 50	12 »	bizets......	» 50	1 »
Oies nouvelles	5 »	7 »	**Poulets :**		
— (2e qté).	3 »	4 50	nantais....	2 75	5 »
Pintades..	2 50	3 75	touraine...	2 75	5 »
Lapins domestiques.	1 75	3 85	gâtinais....	2 75	5 50
			du Midi....	1 75	2 75
			communs..	1 50	2 50

Gibiers.

Lièvres gros	6 » à	7 50	Faisans poules	3 » à	4 »
— petits.	3 »	4 »	Alouettes, la douzaine..	1 75	2 75
Perdreaux..	2 50	3 75	Chevreuils..	25 »	50 »
Perdrix.....	1 75	2 50	Biches...... le kil.	1 25	1 90
Garennes....	1 25	2 25			
Faisans coqs	4 »	6 50			

Marché : Vente plus active.

Cours fournis par MM. de Bridiers, Jouslin et Scelle, facteurs assermentés, 2, r. de Valois, Paris.

BESTIAUX.

La Villette, 27 novembre.— Bestiaux.— Vente facile sur le gros bétail et les porcs, lente sur les veaux, et en grande hausse sur les moutons.

COURS officiels.	Amenés.	Vendus.	1re qualité	2e qualité.	3e qualité.	Prix extrêmes.
Bœufs....	2.029	1.980	1 62	1 46	1 30	1 20 à 1 68
Vaches...	4 3	402	1 54	1 36	1 22	1 12 1 64
Taureaux.	121	121	1 12	1 34	1 24	1 20 1 48
Veaux....	1.226	1.058	1 92	1 72	1 62	1 40 2 10
Moutons..	5.589	5.580	2 22	2 »	1 74	1 68 2 28
Porcs.....	4.320	4.320	1 32	1 28	1 24	1 18 1 36

Marché du lundi 24 novembre

	Amenés	Vendus	PRIX AU POIDS NET 1re qual.	2e qual.	3e qual
Bœufs	2.543	2 467	1 60	1 46	1 34
Vaches.....	586	561	1 56	1 31	1 22
Taureaux..	153	146	1 40	1 36	1 23
Veaux.	1.002	989	1 90	1 76	1 64
Moutons....	10.340	9.800	2 12	1 86	1 66
Porcs	2.144	2.121	1 35	1 30	1 26

	PRIX AU POIDS VIF 1re qual.	2e qual.	3e qual.	Prix extrêmes.
Bœufs..........	» 98	» 82	» 70	» 64 à 1 04
Vaches..........	» 94	» 75	» 62	» 56 » 98
Taureaux.......	» 89	» 80	» 61	» 60 » 92
Veaux..........	1 14	1 02	» 86	» 72 1 28
Moutons........	1 09	» 90	» 79	» 71 1 26
Porcs...........	» 92	» 88	» 84	» 78 » 94
Peaux de moutons en laine..........				» » » »
Id. id. demi-laine.......				» » » »

Viandes abattues. — Criée du 21 novemb.

		1re qualité.	2e qualité	3e qualité.
Bœufs	le kil.	1 10 à 2 20	1 .. à 2 ..	» 90 à 1 60
Veaux....	—	1 80 1 80	1 54 1 66	1 34 1 50
Moutons..	—	1 66 1 76	1 30 1 60	1 .. 1 26
Porc entier	—	1 26 1 36	1 10 1 20	» 96 1 06

Cuirs et peaux, les 50 kil.

Taureaux.	37 . à	38 50	Vaches lourdes	38.75	41.25
Gros bœufs	46 25	50 75	— de bandes	34.75	36.25
Moy. bœufs	43 50	47 25	Gros veaux..	57.75	62.25
Pet. bœufs.	35 50	37 75	Petits veaux	63.50	64.75

CHEMIN DE FER DU NORD.

PARIS-LONDRES

Cinq services rapides dans chaque sens.

Trajet en 7 h. 1/2. — Traversée en 1 h. 1/4.

Tous les trains, sauf le Club-Train, comportent des deuxièmes classes.

DÉPARTS DE PARIS :

Viâ Calais-Douvres : 8 h. 22, 11 h. 30 du matin ; 3 h. 30 (Club-Train n'a pas lieu le samedi) et 8 h. 25 du soir.

Viâ Boulogne-Folkeston : 10 h. 10 du matin.

DÉPARTS DE LONDRES :

Viâ Douvres-Calais : 8 h. 20, 11 h. du matin ; 3 h. 15 (Club-Train n'a pas lieu le dimanche), et 8 h. 15 du soir.

Viâ Folkestone-Boulogne : 10 h. du matin.

Un service de nuit accéléré à prix très réduits et à heures fixes viâ Calais, en dix heures.

Départ de Paris à 6 h. 10 du soir. — Départ de Londres à 7 h. du soir.

Un service de nuit à prix très réduits et à heures variables, viâ Boulogne-Folkestone.

CHEMIN DE FER D'ORLÉANS.

Aux termes de son tarif spécial D 3, § 14, la Compagnie d'Orléans transporte, aux conditions suivantes, de toute gare de son réseau à Paris (Ivry), sous réserve d'un parcours de 500 kilomètres, ou payant pour 500 kilomètres, les *artichauts, choux-fleurs, fraises en paniers, haricots verts, navets, oignons, petits pois, pommes de terre, salades et tomates* par expédition de *50 kilogrammes, ou payant pour ce poids.*

Le prix de transport est fixé à 0 fr. 16 c. par tonne et par kilomètre, plus 1 fr. 50 c. pour frais de manutention.

Le transport des marchandises a lieu par des trains spécialement désignés à cet effet, sans que le délai de transport puisse excéder *deux jours*, non compris les délais afférents aux opérations des gares de départ et d'arrivée.

La remise doit avoir lieu aux gares trois heures au moins avant le départ de ces trains.

A l'arrivée, les marchandises dont il s'agit sont mises à la disposition des destinataires dans les trois heures qui suivent l'arrivée des trains.

Les expéditions adressées aux halles ou à domicile aux conditions de ce tarif seront livrées par le service du factage dans les mêmes conditions de prix et de délais que les marchandises expédiées en grande vitesse.

Pour les points principaux ci-après, les prix par 1,000 kilogrammes sont les suivants, frais de manutention compris :

LIEUX DE PROVENANCE.	DISTANCES kilométriques.	PRIX par 1,000 kilog. (frais access^res compris).
—	—	—
Bordeaux-Bastide...	577	93f 80
Libourne...........	542	88 20
Marmande..........	687	103 40
Agen..............	650	105 50
Villeneuve-sur-Lot..	632	102 60
Montauban.........	720	116 70
Toulouse...........	750	121 50
Saint-Sulpice (Tarn)	719	116 55
Brive..............	501	81 65

Médaille d'Or. * Exposition Universelle 1889. * Médaille d'Argent.

VACHERIE à céder, portes de Paris, après fortune. 20 vaches, premier choix, 240 litres lait vendus 0 fr. 40 et 0 fr. 50 cent. Belle installation, pavillon d'habitation, bail à volonté, vendeur propriétaire, 8,000 fr. bénéfices à placer par an. On traitera avec 10,000 fr. argent ou avec garanties sérieuses. S'adresser à MM. LAPORTE et LEFRANC, 93, boulevard Sébastopol, Paris.

Sont vendues les vacheries annoncées précédemment.

CIDRE DE NORMANDIE

Pur Jus de pommes

BOISSON EXQUISE

Prix très modérés

D. LOUVEAU, négociant en cidre, à Honfleur (Seine-Inférieure).

HUITRIÈRES DE JOUFFRIE-GODET

canton de Marennes.

Eugène YOU, à La Tremblade (Charente-Inférieure).

Contre mandat-postal de 7 fr., M. YOU expédie en grande vitesse, franco à domicile, une caisse de 5 kil. d'huitres Marennes, vertes ou blanches, contenant, au choix de l'acheteur :

de 45 à 50 huitres grosses (nº 1).
de 60 à 70 — moyennes (nº 2).
de 80 à 90 — petites (nº 3).

Contre mandat-postal de 4 fr., aux mêmes conditions, une caisse de 3 kil. contenant, selon nº, de 24 à 50 huitres.

La dimension des huitres nº 3, qui sont les plus petites, est de 6 à 7 centimètres de diamètre.

GUÉRISON RADICALE DE LA DIARRHÉE DES VEAUX PAR LA POUDRE CHOQUELIN.

1 franc la boîte *franco par la poste.*

Dép. g., Ph^ie HAUVESPRE, Courville (Eure-et-Loir).

ACHATS & VENTES
DE
PRODUITS AGRICOLES, VINICOLES.
BOIS EN GROS.

CHAPITEL, 23, rue de Paris, Clichy (Seine).

Agents sont demandés.

Faucheuses. Faneuses. Râteaux à cheval. Presses à fourrages. Brise-Tourteaux. Appareils à cuire. Egrenoirs de maïs. Rouleaux. Semoirs. Transmissions par arbres et par câbles. Matériel de brasserie et de féculerie.

ALBARET (O. ✻ et O. ✻)

MACHINES AGRICOLES.

Ateliers de Construction et Administration à **LIANCOURT-RANTIGNY** (Oise).

Magasin et bureau, à PARIS, boul. de Strasbourg, 63 (entrée par le passage du Désir).

Succursales : Saint Quentin, boulevard Victor-Hugo, nº 52 ; **Chartres**, rue du Grand-Faubourg, nº 76 ; **Abbeville** (Somme), rue Ringois, nº 41 ; **Cambrai, M. MESNIL**, rue des Bouchers, nº 13.

Récompenses obtenues aux Expositions universelles et Concours internationaux.

Machines à vapeur fixes, horizontales et verticales. — **Générateurs.** — **Machines à vapeur** locomobiles. — **Manèges** fixes, mobiles et semi-fixes. — **Batteuses** fixes et portatives, conservant ou brisant la paille. — **Engreneurs** mécaniques. — **Semoirs** à engrais, à graines et à haricots. — **Hache-maïs** et **Coupe-racines** à force centrifuge transportables. — *206 Médailles d'or.*

Exposition	Récompense
1862. Exposition de Londres.	1er prix : grande médaille ; 2e prix : mention honorable.
1864. Exposition internationale de Bayonne.	Médaille d'or, donnée par le Gouvernement ; médaille d'or, donnée par la Commission de l'Exposition.
1865. Exposition universelle de Porto.	Grande médaille d'argent.
1867. Exposition universelle de Paris.	Grande médaille d'or, la plus haute récompense pour locomotive routière et machines agricoles.
1869. Expos^on d'Amsterdam.	Diplôme d'excellence.
1869. Exposition de Beauvais. 1872. Exposition de Lyon.	Deux diplômes d'honneur, comme exposant et membre du jury.
1873. Exposit^on univ. de Vienne (Autriche).	Grand diplôme d'honneur, la plus haute récompense.
1878. Exposit^on univ. de Paris.	Trois médailles d'or ; un objet d'art pour mérite exceptionnel sur le terrain ; une médaille de bronze ; quatre médailles argent et bronze pour collaborateurs.
1882. Conc. spéc. intern. de hache-maïs de Ste-Menehould.	1er prix : médaille d'or, donnée par la Société des Agriculteurs de France.
1883. Expos^on d'Amsterdam.	Diplôme d'honneur : la plus haute récompense.
1884. Grand concours international d'Amsterdam.	Prix unique : grande médaille d'or pour locomobile ; 1er prix : grande médaille d'or pour presse à fourrage ; 1er prix : grande médaille d'or pour machines à battre ; 1er prix : médaille d'argent pour hache-paille et dépulpeur.
1885. Exposition internation. d'Anvers.	Diplôme de médaille d'or, la plus haute récompense pour machines agricoles.
1889. Exp. d'économ. sociale, section XIV.	Médaille d'or ; médaille d'argent pour collaborateurs.
1889. Exposition universelle. - Membre du jury. Hors concours.	
1876. Société nation. d'agric. de France.	Grande médaille d'or ; prix de mécanique.
1886. Société nation. d'agric. de France.	Rappel de grande médaille d'or pour l'ensemble des travaux de mécan. agric.
1888. Aniche (Nord).	Moissonneuse-lieuse à la ficelle, diplôme d'honneur avec félicitations du jury, pour la machine qui fonctionne à toute satisfaction.
1889. Comice agric. de Montdidier, Ailly-sur-Noye.	Diplôme d'honneur et médaille de vermeil pour batteuse et instruments ; médaille de vermeil grand module pour faucheuse et moissonneuse.
1890. Concours de Clermont.	Diplôme d'honneur avec félicitations du jury, pour le bon fonctionnement de la moissonneuse-lieuse.

Plusieurs médailles or, argent et bronze à MM. les Collaborateurs de la Maison

Concasseurs. — **Moulins-bluteries.** — **Hache-paille.** — **Hache-maïs.** — **Hache-fourrage.** — **Coupe-racines.** — **Laveurs de racines.** — **Moissonneuses simples.** — **Moissonneuses combinées.** — **Moissonneuses lieuses.** — *162 Médailles d'argent.*

Envoi gratis sur demande des Catalogues illustrés.

16 Diplômes d'honneur et d'excellence.

Monte-Paille. Moteur domestique à vapeur à pression inférieure à celle atmosphérique. **Rouleaux** à vapeur et à traction de chevaux pour le cylindrage des chaussées d'empierrement. **Poteaux** indicateurs pour routes.

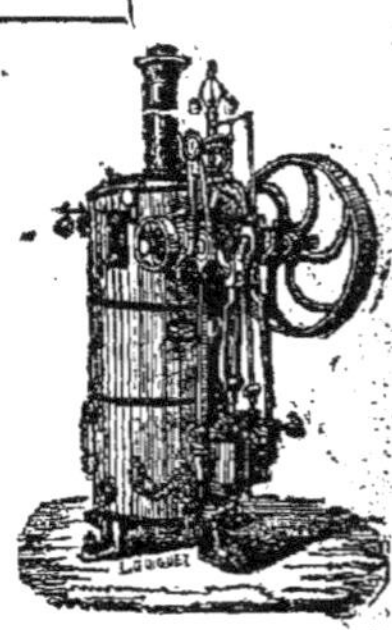

L'Administrateur-Gérant : ALBERT RENOT.

Beauvais. — Imp. D. PERE. — A. CARTIER, Gérant.

11e Année. — 2e Série. — N° 567. Dimanche 7 Décembre 1890.

GAZETTE AGRICOLE

JOURNAL HEBDOMADAIRE, PARAISSANT LE DIMANCHE

Rédacteur en Chef : M. Ch. GOSSIN, Professeur d'Agriculture à l'Institut agricole de Beauvais

PRIX DE L'ABONNEMENT

UN AN, 5 fr. — SIX MOIS, 3 fr. — TROIS MOIS, 2 fr. 25

Pour l'étranger les abonnements ne sont reçus que pour un an, au prix de 6 francs, et ne partent que du 1er janvier ou du 1er juillet de chaque année.

Il est indispensable de joindre à toute demande de changement d'adresse la dernière bande d'adresse du journal et 50 centimes pour frais de nouvelles bandes.

Adresser les *Abonnements* et *Annonces* au secrétaire de la rédaction, **13, quai Voltaire, Paris**, ou à M. GOSSIN, rédacteur en chef et administrateur, à BEAUVAIS.

BUREAUX

13, quai Voltaire, Paris, et à Beauvais.

Les abonnements partent du 1er de chaque mois et sont payables d'avance. Toute demande d'abonnement doit donc être accompagnée du prix de l'abonnement. (Le mode de payement le plus simple est l'envoi d'un mandat-poste.)

Donner *très lisiblement*, en s'abonnant, son nom et son adresse exacte, *avec l'indication du bureau de poste* ; et, s'il s'agit d'une continuation d'abonnement, joindre au renouvellement la dernière bande d'adresse du journal.

La GAZETTE AGRICOLE insère gratuitement les Communications des Syndicats agricoles

PRIMES A NOS ABONNÉS.

L'ALMANACH FRANÇAIS pour 1891 vient de paraître à la Librairie nationale.

L'administration de la Gazette agricole *met* gratuitement, *comme l'année dernière, cet Almanach à la disposition de ceux de nos abonnés et lecteurs qui manifesteront le désir de le recevoir* et joindront à leur lettre 15 centimes *en timbres-poste pour frais de port.*

Tout abonné qui renouvellera son abonnement, soit à l'expiration, soit par anticipation, par l'envoi d'un mandat-poste de 5 francs, recevra de droit, gratuitement *et* franco, *l'*ALMANACH FRANÇAIS.

L'ALMANACH FRANÇAIS *est mis gratuitement à la disposition de tous nos abonnés anciens ou nouveaux dans nos bureaux, à Paris, 13, quai Voltaire, et à Beauvais.*

AVIS.

Les demandes de primes de semences d'automne ont été excessivement nombreuses ; nous ne nous en plaignons pas. Mais à cause de cette multiplicité, peut-être quelques légers retards ont-ils été apportés à un certain nombre d'expéditions. Tout a été envoyé ; une dizaine de réclamations seulement nous ont été faites, nous les avons renvoyées à qui de droit, c'est-à-dire à la poste, tout en réparant, par de nouveaux envois, la négligence de celle-ci.

Nous avons dû aussi, certains échantillons étant épuisés, les remplacer par d'autres variétés équivalentes.

Nous rappelons que nous continuerons la distribution des semences d'élite (céréales de printemps, légumes et fleurs). Très prochainement, sans attendre l'époque du printemps, nous donnerons la liste des variétés et des espèces à choisir.

Dès à présent, les abonnés qui renouvellent leur abonnement par l'envoi d'un mandat de 5 fr., ont droit à cette prime qu'ils choisiront plus tard ; il en est de même des abonnés nouveaux.

Une Requête à nos Abonnés.

Dans un but de propagande utile en faveur de la *Gazette agricole*, nous demandons instamment à ses amis et abonnés de vouloir bien nous envoyer les noms et adresses des personnes, auxquelles d'après eux, le journal pourrait convenir.

Il sera envoyé à ces personnes, à titre gratuit, bien entendu, plusieurs numéros d'essai.

SOMMAIRE :

PARIS, 5 DÉCEMBRE.

« Chacun son métier, — enseigne le dicton, — et les vaches seront bien gardées ». Il n'est pas de jour où pour quiconque jette les yeux sur la façon dont nos affaires sont menées, il ne reconnaisse la justesse de cette remarque populaire. Incontestablement si les fonctions publiques, y compris surtout les mandats de députés et de sénateurs, étaient confiés aux personnes les plus compétentes, nous serions en moins mauvais état. Il est en France deux choses, pourtant fort graves et fort délicates, qui sont la politique et la religion que chacun se croit apte à traiter, encore que neuf fois sur dix, il n'ait pas la moindre notion de ce qu'il débite. A peine même ceux qui en parlent avec le plus d'assurance, en connaissent-ils les termes.

***

Ces réflexions que chacun de vous s'est sans doute faites plus d'une fois, ont été suggérées au Bonhomme Deschamps, par une intervention aussi bruyante qu'intempestive, d'un prince de l'Eglise. — Il est probable que le bruit n'en est pas venu jusqu'à vous. On va donc vous conter l'affaire d'autant plus qu'elle est courte. Le cardinal Lavigerie, archevêque d'Alger, vient de se rallier publiquement à la République et d'engager ses ouailles à en faire autant. Que les prêtres ne se mettent pas à faire bruyamment de la politique antirépublicaine, c'est, croyons-nous, une attitude que la religion, son enseignement et ses intérêts supérieurs leur commandent. C'est assez qu'ils votent suivant leur conscience, et qu'à ceux qui les peuvent consulter pendant la période électorale, ils donnent tranquillement leur avis. A cette réserve d'attitude leur autorité personnelle et leur ministère ne peuvent que gagner. Telle est du reste, quatre-vingt-dix-neuf fois sur cent, leur règle de conduite. A agir autrement en se mêlant aux luttes des partis, ils pourraient s'aliéner, à eux et à la religion, des âmes qu'ils sont chargés d'attirer ou de retenir. Aussi comme le Bonhomme Deschamps vous le prouvera tout à l'heure, Mgr Lavigerie a-t-il eu à tous égards le grand tort d'abaisser son ministère au rôle de polémiste et de politicien.

***

Outre qu'avant de frapper à la porte d'une République qui n'est rien moins qu'éloignée de l'ouvrir aux catholiques, sa conversion a donné lieu à des suppositions de toute nature. On a cherché à quels mobiles elle pouvait être imputée. On a rappelé que le même cardinal qui embrasse aujourd'hui la République radicale et franc-maçonnique, voulait, il y a quatorze ans, étrangler la République conservatrice et chrétienne. A cette époque, comme le prouve une lettre de lui au comte de Chambord que l'on vient de publier, il ne reculait pas même devant la guerre civile pour pousser le représentant de la monarchie à débarrasser la France du régime républicain. Enfin, il a paru que le cardinal Lavigerie oubliait trop facilement les centaines de magistrats qui ont donné leur démission pour n'avoir pas à exécuter les décrets contre les congrégations religieuses et sur lesquels le parti républicain actuel ne paraît pas d'humeur à revenir. Il en est même si éloigné qu'il a fait le plus désagréable accueil aux avances de l'archevêque d'Alger, lui donnant à entendre bien clairement que ce nouveau sac enfariné était un piège épiscopal où il se garderait bien de tomber. De telle sorte que les juges les moins prévenus sont encore à se demander si le cardinal Lavigerie a bien tourné sept fois sa langue dans sa bouche avant de parler.

***

En effet un docteur qui prêche à 14 ans de distance l'embrassade de la République radicale et athée, après avoir recommandé au comte de Chambord la destruction d'une République tolérable, puisqu'elle était respectueuse des droits de tous, ne donne pas une bonne idée du sérieux de ses convictions et de ses réflexions. Une pareille volte face dans une matière aussi grave enlève beaucoup d'autorité à son auteur. Un nouveau tour de roue et rien n'assure que le cardinal Lavigerie ne nous fera pas assister encore à une nouvelle métamorphose de ses opinions. Il ne faut donc pas s'étonner que les vrais républicains flairent un piège là-dessous. Si les modérés ont donné de bonnes paroles qu'ils ne feront pas suivre d'actes en conséquence, c'est qu'ils sont plus préoccupés d'affaiblir le parti conservateur que de tenir tête au parti radical. Vous devez penser aussi sans qu'il soit besoin d'insister, si les catholiques, les monarchistes et les conservateurs qui n'en sont plus à compter leurs sacrifices et leurs efforts pour lutter contre une République franc-maçonnique, ont accueilli avec satisfaction les sorties républicaines de l'archevêque d'Alger. On a beau tourner et retourner la chose dans tous les sens, on ne parvient pas à découvrir le profit de cette campagne inattendue. Mais chacun voit clairement que la religion à l'avantage de laquelle Mgr Lavigerie croit combattre, n'y gagnera rien et que le caractère d'un prélat justement estimé jusqu'ici n'en sortira pas agrandi.

***

Mieux eût donc valu pour tout et pour tous, que l'archevêque d'Alger se renfermât dans les limites déjà bien larges de son apostolat chrétien, qu'il ne se commît pas avec les partis politiques et qu'il s'abstînt de déclarations qui ont blessé bien des âmes sans toucher aucun cœur républicain. Et puis, — pourquoi ne pas le dire ? — le cardinal paraît manquer absolument de cet esprit de mesure nécessaire au traitement des questions politiques. Il était très mal préparé à ce métier au-dessous de son sacerdoce et il ne faut pas s'étonner qu'un manque suffisant d'apprentissage lui ait fait dépasser le but, avec la République de M. Carnot, comme dans sa correspondance avec Monsieur le Comte de Chambord. La seule compensation de cette erreur c'est qu'elle a fait voir une fois de plus — le langage des journaux républicains en est la preuve — que tout le programme ou pour mieux dire l'essence même du parti républicain est avec la haine des idées chrétiennes, la volonté de les combattre sans trêve ni merci. Il est vrai que cette nouvelle démonstration était superflue, tout républicain sincère, à quelques exceptions près, n'étant dans le fond, qu'un mangeur de curés. C'est ainsi que le Bonhomme Deschamps est amené à terminer cette causerie comme il l'a commencée, par ce souhait que les vaches sont bien gardées quand chacun fait son métier.

LE BONHOMME DESCHAMPS.

NOUVELLES DE LA SEMAINE

Les élections sénatoriales. — On a procédé dimanche dernier dans un tiers de la France, à l'élection des délégués sénatoriaux ; nous n'avons encore que les renseignements suspects des préfets. Ils semblent annoncer de grands succès pour les républicains, dont les *candidats passeraient partout le 4 janvier.* Il ne faut pas oublier que, dans la série sortante des sénateurs, les conservateurs étaient peu nombreux.

A Paris, la liste radicale, composée d'inconnus, notabilités électorales de quartiers où de coteries, a passé entière ; les opportunistes, qui avaient lancé une liste d'hommes marquant à des titres divers, n'ont pu en faire élire un seul. Cela témoigne en faveur du conseil municipal de la Ville lumière.

L'élection de Clignancourt-Montmartre. — C'est le citoyen Lavy qui, à la majorité relative, a été élu. Sur 18.000 électeurs inscrits, il y a eu 8.000 votants ! Sur 8.000 votants, le citoyen Lavy a eu 3.220 voix Ce qui fait qu'avec trois mille voix le nouveau député de Clignancourt représentera dix-huit mille électeurs. Le citoyen Lissagaray n'est arrivé que le second avec mille voix de moins que son concurrent. Tous les journaux républicains, opportunistes ou radicaux, soutenaient Lissagaray, un des plus vaillants héros de la commune Quelques-uns parmi eux se consolent aisément de son échec et disent : « Lavy ou Lissagaray, pour la République, c'est tout un. »

Crise ministérielle. — On ne parle en ce moment à la Chambre des députés que de crise ministérielle et du renversement de M. Rouvier, ministre des finances. La situation est telle, qu'un journal républicain opportuniste s'écrie : « On dirait que nous avons un gouvernement en sucre. Chaque matin, des gens vont s'assurer qu'il n'est pas encore fondu. » On ne croit pas cependant que nous assistions à une liquéfaction complète; il y aura un ou des ministres qui s'en iront, mais il y en aura qui resteront. On persiste même à croire, malgré la solidarité ministérielle, que les seconds sont fort désireux de voir aussitôt que possible la culbute des premiers.

Emprunt et impôts nouveaux. — Au moment où la Chambre aborde l'examen du budget des recettes et la question des impôts nouveaux, voici quelles sont les taxes nouvelles qu'on lui propose de créer pour procurer les ressources destinées à faire face aux dépenses.

La commission et le gouvernement sont d'accord pour demander :

1° L'élévation de 11 francs de droit sur l'alcool qui serait porté de 156 25 à 167 25 par hectolitre;

2° L'élévation de 3 à 4 0/0 de la taxe sur les valeurs mobilières ;

3° L'établissement d'une taxe sur les spécialités pharmaceutiques ;

4° L'élévation des droits sur les pétroles ;

5° L'élévation d'un centième de la taxe postale sur les imprimés jusqu'à vingt grammes.

Ces diverses taxes ou surtaxes sont présumées devoir produire 56 millions ; à savoir :

L'alcool, 17 millions ; les valeurs mobilières, 17 millions ; les spécialités pharmaceutiques, 12 millions; les pétroles, 8 millions, et les imprimés, 2 millions.

La commission du budget et le gouvernement proposent, en outre, un emprunt de 700 millions ! !

La dette de la France. — Le rapport de M. Pelletan sur la situation financière a été distribué aux députés.

Ce rapport établit que les guerres du second Empire, celle de 1870 non comprise, ont coûté 2.565.000.000 de francs ; quant à la guerre avec la Prusse, elle a coûté 2.820.000.000 de francs, c'est-à-dire que les guerres engagées par le second Empire ont ajouté à la dette près de 12 milliards, si l'on tient compte de l'énorme indemnité de guerre versée par la France à l'Allemagne.

La campagne de Tunisie a coûté 126 millions, celle de Madagascar 21 millions et le Tonkin 270 millions.

M. Pelletan établit que depuis le premier Empire, les guerres ont coûté à la France plus de 16 milliards.

Plus loin, le rapporteur nous fait connaître le total de notre dette nationale, qui se décompose ainsi :

Rente perpétuelle 4 1/2 0/0 : 6.800.000.000 ;
Rente perpétuelle 3 0/0 ; 4.400.000.000 ;
Emprunt Morgand : 271 millions et demi ;
3 0/0 amortissable : 3.900.000 000 ;
Annuités aux chemins de fer : 1.976.000.000 ;
Obligations à longs termes : 171.000.000 ;
Annuités : 151.000.000 ;
Avances pour travaux publics ; 66.470.000 ;
Avances de la Caisse des dépôts et consignations : 146.000.000 ;
Dette flottante : 1.000.000 000 ;
Cautionnements : 300.000.000 ;
Soit un total de **30 milliards** environ.

C'est de beaucoup, la dette d'Etat la plus grosse qui soit.

LE CHOIX DE LA VACHE LAITIÈRE

(Suite.)

Notre appréciation sur la race étant donnée, il nous reste à rechercher l'individu et à étudier cet animal dans ses détails au point de vue de la santé, de l'âge, du caractère, de l'apparence extérieure.

1° *Santé.* — Le mufle doit être couvert de rosée, le regard assez vif, les déplacements faciles, le rein souple ; la peau doit se détacher facilement, les poils doivent être luisants, la rumination régulière. Se méfier surtout de la vache qui tousse, elle est le plus souvent tuberculeuse, phtisique, poitrinaire.

2° *Age.* — Il ne faut acheter une bête ni trop jeune ni trop vieille. L'âge le meilleur pour acheter est après le deuxième veau ou quelques mois avant, deux ans environ, et en règle générale, il ne faut pas garder une vache au-delà du cinquième veau. La production du lait est en effet d'autant plus lucrative que les animaux sont renouvelés plus souvent. Il faut savoir vendre les animaux quand ils ont atteint leur *valeur maximum* et les *remplacer par d'autres* de valeur moindre.

3° *Caractère.* — La vache sur laquelle on a porté son attention doit être facile à traire, se laisser approcher et ne pas être chatouilleuse. On devra, par conséquent, toucher aux organes de la lactation.

4° *Apparence extérieure.* — Il reste alors à juger de l'apparence extérieure, à examiner enfin la tête, le tronc, les membres, la queue, le périnée, les organes de la lactation.

La tête doit être petite, les cornes fines, bien dirigées; les yeux ne doivent être ni trop vifs, ni trop sortis; l'oreille jaunâtre, onctueuse au toucher indique généralement un lait très crémeux. Le mufle humide est, nous le savons, l'indice d'une bonne santé.

L'encolure est généralement maigre, les épaules paraissent mal attachées; la poitrine doit être bien développée, contrairement à l'opinion admise qui veut que la vache laitière ait la poitrine sanglée. La fonction laitière étant sous la dépendance du sang, et celui-ci puisant l'oxygène de l'air par les poumons, plus ceux-ci seront vastes, plus la circulation sanguine sera vive et par le fait plus d'activité dans les échanges moléculaires. Un ventre bien développé indique un bon appétit et par suite une plus grande quantité de matières alimentaires transformées. Le train postérieur doit être large, afin de faciliter la gestation, le vêlage et de donner plus d'espace aux mamelles. La peau, souple et onctueuse devra se détacher facilement; les poils seront fins et soyeux, gras au toucher.

Les membres et la queue doivent être fins et celle-ci longue et bien attachée.

Examiner avec soin les organes de la lactation. Le pis doit être régulier, bien développé, mou, flasque et ressembler au toucher à une éponge; le pis dit charnu est dur, résistant, il diminue peu à la traite; cela tient à une inflammation ancienne de la mamelle, à de la graisse ou a une tumeur. Les trayons supplémentaires, surtout quand ils sont pourvus d'un canal, sont de bons indices. Les trayons peuvent être le siège de crevasses, de verrues qui rendent les animaux difficiles; il faudra donc essayer de traire afin de s'assurer du bon fonctionnement de la mamelle et des trayons.

La peau du pis doit être excessivement souple et fine, sa coloration jaunâtre ou indienne de Guenon indique la faculté beurrière. Les vaisseaux veineux se réunissent en avant pour former à la sortie du pis une veine volumineuse, flexueuse qui rampe sous le ventre et traverse celui-ci en avant, c'est la veine mammaire, appelée communément porte ou fontaine du lait. Le sang des parties postérieures remonte entre les cuisses et pénètre dans le bassin : leur grand nombre et la saillie qu'ils forment sont de bon augure.

On est convenu d'appeler périnée la région qui s'étend de la vulve aux mamelles. Les poils de cette région sont dirigés en haut pour former ce qu'on désigne sous le nom d'écusson ou gravure, sur lequel un agriculteur de Bordeaux, Guenon, a étagé tout une doctrine. Suivant la forme de l'écusson, Guenon avait cru pouvoir dire à un demi-litre près la quantité de lait que devait donner une vache. Il avait divisé l'écusson en dix classes avec des ordres pour chaque classe et des bêtes bâtardes dans chaque ordre. Beaucoup d'éleveurs attachent une grande importance au système de Guenon. Tout en reconnaissant le bien fondé de cette théorie, basée surtout sur une observation empirique, il ne faudrait néanmoins pas lui accorder une valeur trop absolue. Lors de cette découverte en effet, une commission ayant été nommée, dans le Bordelais, Guenon sut toujours se tirer honorablement d'affaire, mais il n'en fut plus de même aux environs de Paris où le système fit souvent défaut. La vache de Jersey par exemple, dont l'écusson est peu développé, est cependant une excellente laitière et une très bonne beurrière. Néanmoins, sans attacher autant d'importance que l'indique la théorie, il sera bon d'en tenir grand compte; et surtout quand il s'agira de la conservation de veaux femelles que l'on pourrait quelquefois livrer à tort à la boucherie.

Il est bon aussi en passant de mettre le cultivateur en garde contre certaines ruses de maquignons qui consistent : à user les cornes pour les rendre lisses et faire paraître les animaux plus jeunes, ou à fabriquer des écussons à l'aide de la tondeuse et du brûloir. Mais on s'apercevra que l'écusson naturel est doux au toucher, tandis que l'autre fait l'effet d'une brosse. Pour faire croire à une bonne laitière on ne traie pas les vaches la veille ou l'avant-veille, ou bien encore on flagelle le pis à l'aide d'orties, de façon à le faire gonfler. Mais on s'en rendra facilement compte, en ce que la peau est devenue rouge tandis qu'elle doit être pâle.

En résumé, le choix de la vache laitière doit porter d'abord sur la race et ensuite sur l'individu. Se bien pénétrer des aptitudes particulières à chaque race et se rendre bien compte du commerce ou de l'industrie que l'ont veut développer. Eviter d'acheter dans des pays trop éloignés dans la crainte d'avoir des animaux difficiles à entretenir à cause du changement de milieu. Préférer par conséquent dans les meilleures laitières celles qui sont nées et élevées dans la contrée.

Dans le choix de l'individu se préoccuper de la santé et de l'âge; rechercher dans la bête tous les caractères du féminisme : finesse de la tête, de l'encolure, des membres, de la queue, etc.; souplesse, finesse et onctuosité de la peau; grand développement et formes du pis. Tenir également compte de l'écusson. Bien qu'il fasse quelquefois défaut, ce signe ajouté aux autres, permet d'assurer plus sûrement les qualités laitières.

P. Blot.

PHOSPHATAGE DES PRAIRIES

L'époque la plus favorable pour répandre les engrais phosphatés est l'automne ou tout au moins l'époque d'hiver la plus rapprochée de l'automne.

Il importe beaucoup, dit M. Joulie, de choisir les phosphates les plus assimilables. Les acides du sol sont faibles, et par conséquent ne décomposent les phosphates que péniblement; il importe donc d'agir avec des phospates très divisés. Les phosphates de Quiévy (Pas-de-Calais), conviennent tout particulièrement à cet amendement.

Quant aux scories, avons nous dit dans un précédent article, leur action est complétée dans les terres acides par la chaux qu'elles contiennent sous forme de silicate de chaux, forme éminemment favorable à leur action sur les sols. Les scories conviennent tout particulièrement aux prés acides en terrain non calcaire ou bien aux prés acides en terrain calcaire, dans des vallées étroites, humides, où l'humus s'est accumulé; ces prés sont d'une amélioration difficile parce que, à une température inférieure à 40 degrés, le carbonate de chaux ne sature pas l'humus; on obtient pourtant quelques résultats avec la chaux qui les sature à n'importe quelque température, mais cet emploi de la chaux sur terrain calcaire est un cas exceptionnel. Pour améliorer ces prés, il faut avant tout les assainir, les aérer et détruire, par tous les moyens, l'excès d'humus qui les stérilise.

Après les phosphates et les scories viennent les superphosphates qui donnent l'acide phosphorique le plus assimilable mais aussi le plus cher, ce sont donc eux qu'il faut répandre au printemps.

ARBORICULTURE

Entretien des pommiers, poiriers, etc.

Destruction des chenilles, fourmis et limaces. — Chancres, loupes et altérations des pommiers. — Amélioration des fruits.

La tête de ces arbres fruitiers étant formée, les premiers soins à leur donner consistent surtout à ne pas les priver d'engrais liquides, ni d'amendements, après avoir remué la terre au pied de ces arbres.

Les arbres fruitiers à haute tige devront être taillés ou ébranchés quand ils en ont besoin, en automne et non à l'époque où la sève imbibe l'extrémité des rameaux coupés, pour que cette opération ne paralyse pas l'activité des fonctions vitales, en leur faisant perdre inutilement leur fluide séveux. Ils seront taillés et ébranchés de manière que leurs rameaux intérieurs soient assez aérés pour pouvoir donner ainsi des fruits en abondance, de bonne qualité, et afin que les branches inférieures ne soient jamais, dans les pâturages, à portée de la dent des bestiaux. Il faut supprimer, sur les vieux arbres, à la même époque, le bois sec ou malade, les guis, mousses, branches folles ou gourmandes, celles qui donnent naissance à une quantité prodigieuse de brindilles nuisibles à la fructification et à la vie même de l'arbre qui, s'il était débarrassé de cette broussaille inutile, reprendrait une nouvelle vigueur et donnerait ses fruits en qualité et quantité désirables.

De nombreuses expériences ont permis de constater que l'époque la plus convenable pour la taille était celle qui suit immédiatement la chute des feuilles; il y a encore assez de sève alors pour cicatriser la plaie, sans risque pour le développement des yeux ou bourgeons et sans que cette plaie soit attaquée subitement par le froid. La taille précoce préserve les arbres de la plupart des accidents qu'occasionne la taille tardive : elle convient surtout aux arbres faibles ou malades. Celle tardive, au contraire, convient aux arbres vigoureux qui perdent ainsi les sucs trop abondants chez eux.

La taille courte, en automne, moins douloureuse, est favorable aux arbres faibles, et celle longue, en biseau allongé, dans le mois de mars, convient aussi aux arbres vigoureux, pour les fai e souffrir, entraver leur trop grande vigueur et les préparer ainsi à la fructification, l'action de la sève se divisant alors efficacement dans tous les boutons à fruit.

L'ébranchement des arbres à haute tige se fait, autant que posible, avec un tranchant en forme de ciseau de menuisier, à très long manche en forme de houlette, en l'appliquant sur le talon de la branche à supprimer et en frappant ensuite avec un maillet sur le bout inférieur du manche pour éviter de poser des échelles et de monter sur les arbres, ce qui nuit aux boutons à fruit, aux lambourdes et aux petites branches à fruit qu'on froisserait.

P. Brassart,
à Flèchin (Pas-de-Calais),

(A suivre.)

L'EAU-DE-VIE DE GRAINS

C'est avec le seigle que l'on fabrique l'alcool appellé communément *genièvre* en Belgique, en Hollande, dans le nord de la France, *gin* en Angleterre, et dans lequel les baies de genévrier n'entrent pour rien.

La première opération a pour objet de convertir en sucre l'amidon que contient la farine du seigle.

Pour cela, on moud le seigle pour le réduire en farine, mais on ne la b'ute pas et on la verse dans une cuve pour la tremper. Le trempage s'opère dans une quantité d'eau de 10 hectolitres pour 100 kilogrammes de farine, et la température ne doit pas s'élever plus haut que 55 degrés centigrades. On remue, on active, on brasse le mélange pour amener la dissolution complète dans l'eau de tout l'amidon contenu dans la farine, et on réchauffe l'ensemble par l'arrivée au sein de la masse émulsionnée d'un jet de vapeur d'eau qui doit élever la température jusqu'à 70 degrés.

L'amidon est dissous; il faut le transformer en sucre par l'addition de malt en poudre à la dose de 25 kilogrammes pour 100 kilogrammes de farine, et on continue de brasser.

Le mélange est ensuite rendu au repos, et après un intervalle de quatre à six heures, la transformation de l'amidon en sucre est complète; on soutire le liquide clair et moût. Celui-ci étant refroidi, est versé dans une autre cuve dite cuve à fermentation, et pour 100 kilogrammes de moût on ajoute soit cinq ou six litres de levure de bière liquide, soit 3 kilos de levure pressée provenant des brasseries de bière. La cuve est fermée par un couvercle de bois, et la fermentation qui s'établit a pour objet de transformer le sucre en alcool. La transformation demande de vingt-quatre à trente heures suivant la température, et quand elle est achevée, on distille à l'alambic. Comme on le voit, l'alcool de grain est le résultat : 1° d'une séparation de l'amidon de la farine; 2° d'une transformation de cet amidon en sucre, et 3° d'une autre transformation de ce sucre en alcool.

Il reste dans la cuve à fermentation un dépôt assez abondant qui est extrait et donné aux bestiaux de la ferme.

La fièvre aphteuse ou Cocote

Règlements.

Nous avons dans le dernier numéro indiqué quelques règles concernant le traitement de cette maladie essentiellement contagieuse qui attaque ou menace nos étables du Nord et de l'Est.

Il n'est pas inutile non plus de rappeler, tant aux cultivateurs qu'aux maires, les prescriptions des règlements concernant la fièvre aphteuse :

« Art. 29. — Lorsque la fièvre aphteuse est constatée dans une commune, le préfet prend un arrêté portant déclaration d'infection des locaux, cours, enclos, herbages et pâtures dans lesquels se trouvent les animaux malades, et déterminant le périmètre dans lequel l'arrêté est praticable. Cet arrêté est notifié aux maires de la commune et des communes limitrophes. Il est publié et affiché.

« Art 30. — La déclaration d'infection entraîne l'application des dispositions suivantes :

« 1° *Mise en quarantaine des locaux, cours,* enclos, herbages et pâtures déclarés infectés, impliquant défense d'y introduire des animaux sains des espèces bovine, ovine, caprine et porcine; dénombrement et marque de ceux qui s'y trouvent.

« Par exception, il est nécessaire de conduire les animaux malades ou suspects au pâturage, la route qu'ils doivent suivre est déterminée par un arrêté du maire; cette route est marquée par des poteaux indicateurs, ainsi que les limites du pâturage dans lequel les animaux doivent être cantonnés; après la marque, les animaux de travail qui ont été exposés à la contagion peuvent être utilisés sous les conditions déterminées par le maire, après avis du vétérinaire sanitaire de la circonscription. Il est délivré par le maire un laissez-passer indiquant les limites dans lesquelles la circulation desdits animaux est autorisée.

« 2° Avertissement de l'existence de la fièvre aphteuse par un écriteau placé à l'entrée principale de la ferme et des locaux, cours, enclos, herbages et pâtures infectés ;

« 3° Visite et surveillance, par le vétérinaire sanitaire, des locaux, cours, enclos, herbages et pâtures de la ferme ou de l'établissement où la maladie a été constatée;

« 4° Détermination des routes, chemins et sentiers fermés à la circulation des animaux susceptible de contracter la fièvre aphteuse ;

« 5° Défense de faire sortir des locaux infectés des objets ou matières pouvant servir de véhicules à la contagion, tels que pailles, fourrages, litières, fumiers, couvertures, harnais, etc. ;

« 6° Interdiction de déposer les fumiers sur la voie publique et d'y laisser écouler des parties liquides des déjections ; obligation de traiter ces matières conformément aux prescriptions des arrêtés administratifs ;

« 7° Interdiction de laisser pénétrer dans les locaux infectées les bouchers, marchands de bestiaux et toute personne non préposée aux soins à donner aux animaux ;

« 8° Obligation pour toute personne sortant d'un local infecté de se soumettre, notamment en ce qui concerne les chaussures, aux mesures de désinfection jugées nécessaires ;

« 9° Interdiction de vendre les animaux malades, si ce n'est pour la boucherie, auxquels cas ils doivent être conduits directement à l'abattoir, par des voies indiquées à l'avance.

« La même interdiction s'applique, pendant un délai de quinze jours, à ceux qui ont été exposés à la contagion.

« Dans le cas de vente pour la boucherie, il est délivré un laissez-passer qui est rapporté au maire, dans un délai de cinq jours, avec un certificat attestant que les animaux ont été abattus. Ce certificat est délivré par l'agent préposé à la police de l'abattoir ou par l'autorité locale dans les communes où il n'existe pas d'abattoir.

« Des animaux transportés en vue de la boucherie doivent avoir les pieds tamponnés; ils ne peuvent être transportés qu'en voiture ou par chemin de fer.

« Art. 31. — Lorsque la fièvre aphteuse prend un caractère envahissant, un arrêté du préfet interdit la tenue des foires et marchés, les réunions ou rassemblements sur la voie publique ou dans les cours d'auberge, ayant pour but l'exposition ou la mise en vente des animaux des espèces bovine, ovine, caprine et porcine.

« Toutefois, il est fait exception pour les marchés intérieurs des villes ayant des abattoirs.

« Art. 32. - La déclaration d'infection ne peut être levée par le préfet que lorsqu'il s'est écoulé quinze jours sans qu'il se soit produit un nouveau cas de fièvre aphteuse, et après constatation, par le vétérinaire délégué, de l'accomplissement de toutes les prescriptions relatives à la désinfection ».

Que chacun s'inspire donc de ces prescriptions qu'il ne faut pas considérer comme vexatoires, mais qui sont au contraire ordonnées en vue de sauvegarder les intérêts de tous.

Charles Gossin.

L'ACHAT DES TOURTEAUX DE LIN

Falsifications. — Garanties.

Les tourteaux de lin sont, comme presque tous les autres produits de ce genre, l'objet de nombreuses falsifications motivées par le prix élevé de ces tourteaux qui sont les meilleurs et les plus chers de tous.

La fraude la plus commune est celle qui consiste à mélanger intimement au lin, au moment du 2e ou du 3e broyage, d'autres graines ou d'autres tourteaux en poudre. Généralement, on emploie pour cette falsification soit les tourteaux de pavots, soit ceux d'arachides dont le prix est moins élevé que celui des tourteaux de lin. Mais nous avons déjà reconnu des fraudes plus éhontées, telles que l'addition de terre brunâtre, celle de sulfate de baryte destiné à donner du poids, et enfin, oserons-nous le dire? un mélange avec 30 à 40 pour cent de bois d'acajou en poudre fine, et de bois de teinture, épuisé, séché et pulvérisé. Ces fraudes sont heureusement assez rares; comme elles existent, il faut s'en prémunir; voici donc ce que nous conseillons :

D'abord, de n'acheter ses tourteaux qu'à des maisons parfaitement connues pour leur honorabilité, et de préférence encore à celles qui sont sous le contrôle d'une station agronomique ou d'un laboratoire agricole;

En 2e lieu, exiger sur la facture du marchand la garantie de « *pur et sans mélange* » et celle du minimum d'azote. (Les tourteaux de lin pur renferment de 4.75 à 5.50 pour cent de cet élément);

3° Faire analyser un échantillon pris sur une dizaine de tourteaux à leur arrivée, à la station agricole la plus proche,

4° Enfin examiner si les caractères extérieurs des tourteaux livrés sont bien ceux des tourteaux de lin : ceux-ci sont plats, durs, assez lourds, à grain homogène, à goût fin et agréable, sans arrière-goût, à odeur franche de lin ; on n'y voit ni pailles, ni graines étrangères.

Telles sont les précautions qui peuvent assurer les cultivateurs contre les fraudes dans la vente et l'achat de leurs tourteaux de lin.

Union du Sud-Est des Syndicats Agricoles

Séance générale.

L'Union du Sud Est a tenu à Lyon, le dimanche 23 novembre, la grande réunion générale des Syndicats adhérents.

L'assemblée était nombreuse, près de 1,500 personnes, agriculteurs et industriels, avaient répondu à l'appel de M. de Saint-Victor, président, et ont eu la bonne fortune d'entendre les remarquables discours de MM. Flourens, de Lorgeril, Kergall et Deuzy, vaillants et infatigables champions de la cause agricole.

L'assemblée a émis les vœux suivants :

Premier vœu.

Les négociants, agriculteurs et ouvriers réunis en séance publique dans la grande salle de la Bourse, à Lyon, le 23 novembre 1890,

Convaincus que le commerce, l'industrie et l'agriculture ont des intérêts absolument solidaires, que dès lors il importe de protéger sous toutes ses formes le travail national, notamment en assurant l'approvisionnement complet de notre industrie lyonnaise des soieries sans pour cela refuser aux producteurs de soies du Midi une équitable protection,

Invitent le gouvernement :

1° A ne conclure aucun traité de commerce et à appliquer à toutes les nations un tarif général des douanes unique, calculé pour comprendre les charges et suffire aux besoins de toutes les professions;

2° A laisser entrer en franchise les cocons soies grèges et ouvrées de toutes provenances et à prélever sur le montant des droits payés à leur entrée en France par les autres produits agricoles la somme nécessaire pour pouvoir donner à toutes les branches de l'industrie séricicole dans le Midi une juste compensation sous la forme de prime à la production.

Deuxième vœu.

Les auditeurs des conférences agricoles de Lyon, réunis en séance publique dans la grande salle de la Bourse, le dimanche 23 novembre,

Considérant que l'égalité est la base du droit social en France,

Demandent :

1° Qu'il soit donné à l'agriculture, dans le plus bref délai possible, une représentation professionnelle égale à celle du commerce par la création de chambres d'agriculture constituées et élues comme les chambres de commerce;

2° Que les charges de l'impôt soient réparties aussi également que possible entre toutes les professions, en commençant par la suppression totale du principal de l'impôt foncier;

3° Que désormais le ministre ne puisse plus homologuer des tarifs de chemin de fer accordant à des produits étrangers des prix de transports plus avantageux que ceux appliqués aux produits français similaires transportés sur les mêmes rails, aux mêmes distances, et que, dans le cas où, pour favoriser le transit sur nos rails des produits étrangers, il serait accordé des tarifs réduits, les mêmes avantages soient toujours acquis aux produits français similaires destinés à l'exportation.

Nouvelles agricoles.

Société des agriculteurs de France. — Nous recommandons à l'attention des membres de la Société des agriculteurs de France le projet qui vient de faire l'objet d'une circulaire et que M. le marquis de Dampierre vient d'adresser à ses collègues.

La Société, n'étant pas assez riche pour bâtir un hôtel avec ses capitaux disponibles, laisse ce soin à une Société immobilière qui prendrait le titre de : *Société civile de l'immeuble de la Société des Agriculteurs de France.* Le capital serait de 1.500.000 francs, divisé en 3.000 actions de 500 francs, lesquelles actions sont mises dès à présent à la disposition des membres de la Société. Nous ne doutons pas du succès de l'entreprise.

La Société des agriculteurs de France a rendu assez de services à l'agriculture, pour que celle-ci n'hésite pas à répondre à son appel.

Les vins salés. — Le garde des sceaux a envoyé une circulaire aux procureurs généraux, à l'effet de les inviter à poursuivre la répression de la vente et du transport des vins renfermant du chlorure de sodium à une dose supérieure à un gramme par litre.

Cette circulaire n'est que le corollaire d'instructions déjà adressées aux mêmes magistrats, à la date du 14 janvier 1890.

Concours de Bourges en 1891. — Le concours d'animaux de boucherie et l'Exposition interdépartementale de reproducteurs des espèces bovine, ovine et porcine. organisés par les Sociétés d'agriculture du Cher et de l'Allier, aura lieu à Bourges, les 15, 16, 17 et 18 janvier 1891.

Ce concours, auquel sont annexées des expositions de machines, d'instruments et de produits agricoles, se tiendra dans un vaste local construit spécialement à cet effet par les soins de la Société d'agriculture du Cher, sur un emplacement mis à sa disposition par la ville de Bourges, et situé à proximité de la gare du chemin de fer.

Le montant des primes et médailles à décerner s'élève à 13,000 fr.

Les déclarations et les demandes de renseignements et de programmes devront être adressées à M. Marois, secrétaire de la Société d'agriculture du Cher, et lui parvenir au plus tard le 20 décembre 1890.

Les droits d'entrée sur les fromages étrangers. — M. Alfred Bouvet, président de l'Union des syndicats agricoles du Jura, a adressé à M. Méline, président de la commission des douanes, la lettre suivante :

« Au nom des trois mille cultivateurs de l'Union des syndicats agricoles du Jura, je viens vous demander de soumettre à la commission des douanes nos réclamations contre l'insuffisance du droit de 8 fr., proposé par le gouvernement comme taxe minimum sur les fromages à pâte dure venant de l'étranger.

» Depuis cinq ou six ans, toutes les sociétés agricoles, tous les corps officiels, le conseil général, à chaque session, ont protesté contre la concurrence, quelquefois désastreuse, faite par la Suisse aux produits de notre industrie agricole des fromages de gruyère, grâce aux traités de commerce.

» La taxe toujours réclamée était au moins de 16 fr. les 100 kilos.

» Ce chiffre paraîtra modéré, car l'Allemagne a un droit d'entrée de 25 fr., la Russie de 36 fr., l'Autriche de 12 fr.

» Il en résulte que la Suisse trouvant sa frontière ouverte seulement du côté de la France, qui n'avait qu'un droit de 4 fr., écoulait dans notre pays la plus grande partie de ses produits, au grand détriment de nos agriculteurs.

» Depuis plusieurs années, ceux-ci supportent cette situation avec patience, aspirant au moment où l'expiration des traités permettra de mettre fin à cette longue épreuve.

» Ce serait une déception générale et une cause permanente de mécontentement justifié pour les populations, si la taxe minimum était fixée seulement à 8 fr.

» En leur nom, je viens donc demander à la commission d'adopter le droit de 25 fr. et de ne pas abaisser le droit minimum au-dessus de 16 fr.

» Il s'agit ici de la production principale des agriculteurs d'un grand nombre de départements de l'Est.

» Nous avons confiance que leurs droits seront sauvegardés par les représentants du pays.

» Agréez, etc.

» *Le président de l'Union des syndicats agricoles du Jura, membre du conseil général du Jura.* Alfred BOUVET. »

Les intérêts agricoles au Parlement. — Le budget de l'agriculture a été discuté à la Chambre d'une bien singulière façon. Un grand nombre d'orateurs se sont succédé à la tribune signalant l'insuffisance de certains crédits, appelant l'attention et la sollicitude du gouvernement sur diverses questions fort intéressantes. Invariablement Gouvernement et commission ont protesté de leur sollicitude et promis de faire quelque chose.... un de ces jours. Quant à modifier en quoi que ce soit les propositions budgétaires, on s'est gardé d'en rien faire.

C'est toujours la même histoire, *demain on rasera gratis.*

Ajoutons que si on a refusé les quelques crédits supplémentaires demandés pour l'agriculture, on s'est empressé d'accorder ceux qu'on sollicitait pour les théâtres de Paris.

Ils sont toujours pleins de sollicitude pour les danseuses, nos bons députés!

Société d'agriculture de la Nièvre. — SYNDICAT AGRICOLE. — *Adjudication de la fourniture des engrais de printemps.* — L'adjudication de la fourniture des engrais chimiques pour la saison de printemps 1891 à faire au syndicat formé entre les membres de la Société départementale d'agriculture de la Nièvre aura lieu le samedi 20 décembre prochain, à une heure du soir, à Nevers, dans une des salles de ladite société.

Pour avoir connaissance des conditions de l'adjudication, on est prié de s'adresser à M. Saglio, vice-président du Syndicat agricole, à Fourchambault (Nièvre), ou à M. G. Vallière, secrétaire de la Société d'agriculture de la Nièvre, à Nevers.

LE VIN DE RAISINS SECS

Plusieurs abonnés nous demandent une bonne recette pour fabriquer eux-mêmes du vin de raisins secs.

Nous ne pouvons mieux faire qu'en résumant les conseils donnés sur cette question par un homme essentiellement compétent en la matière, notre honorable collaborateur, M. Audibert, importateur direct des raisins secs à boissons, 53, rue des Minimes, à Marseille.

Pour faire le vin, dit M. Audibert, mettez 100 k. de raisins secs dans une futaille défoncée et 300 litres d'eau chaude à 60° si c'est possible. La température de l'appartement doit être de 15° à 20°. Recouvrez et fermez bien avec de la pâte pour éviter le contact de l'air. Il suffit de laisser une ouverture d'un centimètre pour le dégagement de l'acide carbonique sans quoi la barrique éclaterait. L'opération serait plus vite terminée et le vin meilleur, si l'on maintenait constamment la température du moût à 30° de chaleur. On le constate au moyen d'un thermomètre spécial (franco 4 75) qu'on adapte au tonneau. La fermentation s'établit d'elle-même.

Le vin est fait et on soutire quand le liquide n'accuse plus que 0° au pèse-sirop (franco 3.75) et qu'il commence à devenir clair un ou deux jours après qu'il aura indiqué ce degré. Si l'on opère dans une barrique défoncée, il faut éviter que les grappes forment, en fermentant, le chapeau, ce qui *pourrait* donner un peu d'acidité au vin.

En laissant le vin reposer pendant quelques mois dans un endroit frais, il ne deviendrait pas parfait, mais il deviendrait bon. Au contraire, si on veut obtenir un vin parfait, 8 ou 15 jours après, voici ce qu'il faut faire :

On soutire le vin dans un fût propre dans lequel on a fait préalablement brûler une mèche soufrée à l'alcool spéciale (le kil. de 60 mèches environ, 60 cent.) procédé Audibert. On clarifie fortement avec 30 grammes de *Colle Diamant* (le kil. 3 fr.) par hectolitre et 20 grammes d'*Extrait Vinicole* (le kil. 12 fr.) en fouettant pendant un bon moment le vin et la colle, pour obtenir une prompte clarification; on fait le plein 24 heures après, et on bouche bien.

Au bout de quelques jours, quand le vin est bien brillant, on le met en bouteilles que l'on tient couchées.

Après les avoir pressées, on lave les grappes avec de l'eau chaude, contenant 200 à 300 gr. d'*Extrait Vinicole* par hectolitre. On laisse séjourner deux ou trois jours et on retire une piquette légère.

Pour colorer on se sert de vin très rouge 10 p. 100 environ.

Avis important. — 1° Le vin devient toujours aigre par la faute de celui qui le fait; 2° Les fûts doivent toujours être pleins ou, quand on prend du vin, on doit y faire brûler un morceau de mèche pour chasser l'air. En suivant ces prescriptions le vin ne se gâtera jamais.

CONSEILS DU JARDINIER

LES ROSIERS GREFFÉS SUR ÉGLANTIERS

Les rosiers quand ils ne proviennent pas de pieds francs, sont ordinairement greffés sur églantiers que l'on arrache dans les haies ou dans les bois et auxquels il ne reste le plus souvent que de maigres racines ; ces rosiers ne prospèrent pas et meurent rapidement.

Pour obvier à ce grave inconvénient, il faut produire les églantiers de graines ; on obtient ainsi des sujets qui, dès la première année, possèdent un pivot bien développé, et qui forment des rosiers vigoureux dont la végétation et la floraison ne laissent que fort peu à désirer. Cette méthode n'est pas nouvelle, mais tout le monde ne la connaît pas, et c'est cela que nous croyons utile de rappeler la note suivante publiée par la *Société d'horticulture de France* :

« Le semis d'églantier ordinaire *rosa canina* donne vite et à peu de frais d'excellents sujets pour greffer les rosiers.

« Les graines d'églantier ne viennent bien que quand elles sont semées aussitôt après la maturité ; dans ce but, on retire les graines de l'enveloppe rouge et charnue qui les contient et on les stratifie dans du sable qu'on maintient humide ; à la fin d'octobre on les sème avec le sable qui a servi à les stratifier, en lignes de 12 millimètres de profondeur. Pendant mai, le jeune plant qui provient de ces semis, développe entre les deux cotylédons deux à quatre petites feuilles ; dans cet état, on peut le repiquer ; pour cela, on le déplante avec précaution, on raccourcit le pivot de moitié, après quoi, on replante, en enfonçant jusqu'au point où arrivait la terre avant l'arrachage. Les planches dans lesquelles on repique, doivent avoir été engraissées de fumier bien consommé, même un léger fumier, un guano sec favorise beaucoup la végétation ; au bout de deux semaines, les jeunes plants commencent à végéter ; un bon arrosement est donné lors de la plantation et quand le temps est sec. Les plantations doivent être faites en lignes espacées de seize centimètres et environ dix centimètres de distance dans le rang ; on donne de fréquents binages et sarclages; au milieu d'août les jeunes églantiers ont pris pour la plupart assez de développement pour pouvoir être écussonnés au collet ; ceux qui sont restés trop faibles pour subir cette opération sont transplantés au printemps suivant, et dès le mois de juin qui suit, ils peuvent être greffés à l'œil poussant. Les jeunes sauvageons traités comme ci-dessus donnent de beaux rosiers, basses tiges, vigoureux et florifères ; si l'on veut avoir des rosiers de haute tige, on doit laisser végéter les églantiers trois ans avant de les greffer, mais il ne faut pas tailler le jeune plant la première année. HORTUS.

CONSEILS DU MÉDECIN

REMÈDE CONTRE LES ENGELURES

L'hiver est pour certaines personnes, les enfants particulièrement, la saison des engelures.

Occasionnées par un arrêt de la circulation du sang, les engelures, malgré leur peu de gravité, ne laissent pas d'être douloureuses, surtout quand elles se crevassent et s'ulcèrent.

Voici, pour les combattre, une formule qui a toujours été employée avec un succès constant:

Extrait de saturne.......... 30 gram.
Eau-de-vie camphrée........ 30 gram.
Mélanger.

On en frictionne, tous les matins, la partie malade et, tous les soirs, on la recouvre avec une compresse qui en est imbibée.

DOCTEUR PURGON.

CONSEILS A LA FERMIÈRE

LA BONNE FARINE

Pour reconnaître une bonne farine, Madame, il faut, en achetant de la farine, examiner d'abord sa couleur. Est-elle blanche avec une faible nuance tirant sur le jaune paille, on achète. Est-elle blanche avec une nuance bleuâtre ou de petits points noirâtres, on la rejette. On se rend aussi compte de son adhésion; une petite quantité de farine est humectée et malaxée entre les doigts, devient-elle alors molle et spongieuse, c'est qu'elle est de médiocre qualité. Si l'on projette contre une surface lisse une pelote de farine, et que celle-ci tombe comme de la poudre, elle ne convient pas. L'on comprime enfin fortement dans la main un peu de farine, celle-ci conserve-t-elle l'impression reçue, c'est un mauvais signe. Une farine qui supporte bien ces épreuves est bonne. Tous les commerçants en farine expérimentés sont unanimes à cet égard. Comme la question offre une importance générale, les indications précédentes sont donc d'intérêt général.

UNE MÉNAGÈRE.

CONSEILS DU JUGE DE PAIX.

LA PÊCHE A LA LIGNE

— La pêche est un plaisir tranquille qui semble ne reserver aucun désagrément à celui qui l'aime, et cependant tel que vous me voyez, je ne sais pas si je ne vais pas à cause de lui être renvoyé en police correctionnelle.

— Quel crime, as-tu donc commis ?

— Le garde-pêche a verbalisé contre moi, parce que je me servais d'une ligne garnie de quatre hameçons et d'un appât artificiel consistant en un poisson d'étain.

— Tu me rassures. Ton cas est bon et c'est le garde-pêche qui est dans son tort.

— Comment cela ?

— Ecoute moi bien; la loi du 15 avril 1829 permet à tout individu la pêche à la ligne dans les cours d'eau navigables et flottables, dès l'instant que la ligne est tenue à la main, et que l'appât ne s'immobilise pas au fond de la rivière, mais flotte habituellement entre deux eaux, alors même que la ligne n'est pas munie d'un flotteur, le pêcheur est dans son droit.

— Assurément, là dessus je suis aussi savant que vous, mais on me dit : votre ligne n'avait pas de flotteur et en outre elle était amorcée artificiellement.

— Et qu'importe, la loi se contente de dire au bon pêcheur : « tiens ta ligne à la main », maintenant que tu y accroches autant d'hameçons que tu voudras, des poissons morts ou vivants, des vers de terre ou des goujons en fer blanc, cela ne fait rien ; rassure-toi donc ; continue à pêcher comme par le passé, et si tu prends une belle friture, tu m'en enverras un petit peu pour me remercier de t'avoir rendu la tranquillité.

UN VIEUX JUGE DE PAIX.

PETITE POSTE.

M. D... Ch... (Saône-et-Loire). — 1° *Vade mecum du Mycophage par de Mortillet*. — Vous vous procurerez cet ouvrage, dont nous ne connaissons pas l'éditeur, par la librairie Fourrault, rue Saint-André des-Arts, Paris.

2° *Trieurs*. — Trieurs Tabary, à Haudivillers, près Beauvais (Oise). Excellente construction.

3° *Tourteaux de coton*. — Composition moyenne : Azote 7 à 8 0/0, acide phosphorique 7 à 8 0/0 ; matières azotées ou protéiques 24,13; matières grasses ou respiratoires 10,52. — Bon pour la nourriture du bétail, mais pas autant que les tourteaux de lin et de maïs. Prix des cotons d'Amérique moulus 17 fr. 25 les 100 kil. par 500 kil., 27 fr. 50 de 1,000 à 5,000 kil. et 18 fr. par quantité moindre. — Au Havre, logés.

3° Au *Crédit agricole*, 1, rue Méhul, Paris.

M. G... à B... (Ille-et-Vilaine). — *Demandes d'emploi.* — 1° Pour les abonnés, deux annonces gratuites. Les autres insertions à prix très réduits 0 fr. 15 la ligne.

2° *Cendres pyriteuses.* — Composition : Fer, 12 à 14 p. 100; matières ulmiques, 15 à 24 p. 100. Prix : de 25 à 75 fr. le wagon de 10.000 k., suivant richesse, au syndicat central des agriculteurs de France, 49, rue Louis-le-Grand, Paris

Ces matières ne sont d'un emploi avantageux qu'autant qu'on les trouve sur place ou à peu près; elles ne sont pas assez riches en sels actifs pour pouvoir être grevées de frais de transport considérables.

M. le vicomte de C... (Seine-et-Oise). — *Vent de bois en grume.* — Taquet, 11, rue Montgador, Paris.

M. C... H... (Nord). — *Location verbale.* — Si elle ne dépasse pas trois ans et si le prix annuel n'excède pas 100 fr., elle n'est pas assujettie à la déclaration à l'enregistrement. Au-dessus de 100 fr, le droit annuel est de 0 fr. 20 par 100 fr.

M. M... (Jura). — *Rivière.* — *Arbres.* — Si la rivière n'est ni navigable ni flottable, vous pouvez planter sur votre bord sans alignement ni autorisation, quitte à vous conformer, dans la suite, aux règlements concernant l'élagage et le faucardement. On est sujet souvent à bien des ennuis de la part de l'administration.

M. M... (Vosges). — *Betteraves à sucre.* — Ce n'est qu'aux sucreries ou aux distilleries de vos contrées que vous pourrez vendre vos betteraves, si elles ont une richesse suffisante. La crise sucrière actuelle, qui résulte de la modification stupide et injuste du régime des sucres, ne vous permettrait certainement pas de vendre avantageusement aux sucreries du Nord. La situation des producteurs de betteraves est critique partout. Beaucoup de betteraves sont refusées.

M. M... (Creuse). — 1° *Charançons.* — Dans les granges, aucun moyen de destruction Il faut battre le plus tôt possible. Dans les greniers, pelletages très fréquents. Si cela ne suffit pas, avoir recours au *sulfure de carbone*. On répand sur le plancher du grenier, aux endroits qui devront être occupés par les tas de grains, un litre de sulfure de carbone; on jette les grains sur cet emplacement on couvre le tas avec des bâches ou des draps et les charançons disparaissent vite. Le grain, soumis à ce traitement et vanné ensuite, ne conserve aucune odeur. Ne pas entrer dans le grenier avec une lumière pendant l'opération.

2° *Gourme.* — Isoler la jument. Repos absolu. Local bien aéré, à température douce Alimentation légère. Nous recommandons surtout les barbottages et l'usage des racines, les boissons farineuses additionnées de sels alcalins, cataplasmes émollients et bien chauds. Boissons miellées chaudes.

Le traitement curatif varie nécessairement suivant que la maladie est plus spécialement localisée à la gorge, aux bronches ou au tissu pulmonaire. Les abcès de la cavité de l'auge, ceux qui se développent aux différentes régions, doivent être ouverts aussitôt que possible. On délogera les cavités purulentes par de fréquents lavages antiseptiques.

M. P... (Basses-Pyrénées). — *Courtillières.* — Aucun procédé de destruction n'est applicable *pratiquement* à la grande culture. Tout au plus peut-on en diminuer le nombre dans les potagers. Un bon moyen consiste à creuser un trou dans l'endroit où l'on a constaté la présence des courtillières et a y enterrer du fumier de vache à demi desséché, ou plutôt arrivé à ce point où il est rempli d'insectes. Les courtillières recherchent ce fumier, où elles trouvent du gibier en abondance. Le lendemain on retire le fumier et on tue les courtillières.

On dit que l'odeur du fumier de porc éloigne les courtillières.

M. M... (Saône-et-Loire). — 1° *Fumure des prairies.* — Sur ces prairies humides, à sol argileux, nous conseillons les scories de déphosphoration : 1.000 k. à l'hectare, avec 3 hectolitres de plâtre. Inutile d'ajouter du fumier. Emploi des scories en cette saison. Le plâtre vers le 15 mars.

2° *Vers blancs.* — Jusqu'à présent les engrais ou les insecticides préconisés comme infaillibles pour la destruction des vers blancs n'ont pas donné les résultats merveilleux annoncés. Certes, le sulfure de carbone les tuerait, mais les récoltes en même temps.

Il n'y a pour nous qu'un seul mode *pratique* de destruction, ce sont les déchaumages et les cultures superficielles répétées après l'enlèvement des récoltes.

VINS DU BORDELAIS.

Que de fois nous avons entendu dire :

« Quel service on nous rendrait, si on nous trouvait, dans les pays vignobles, un vendeur consciencieux; si on nous débarrassait de la concurrence à outrance; si on nous garantissait sérieusement la qualité, la pureté et la conservation des vins! »

Pour le Bordelais, nous recommandons M. Vincent Ardura, viticulteur, propriétaire d'un des meilleurs crus de la Gironde, favorable aux tempéraments délicats (le domaine de la Chapelle-Frédignac, par Blaye-Bordeaux), qui vend ses récoltes : 1889 à 130 fr., 1888 à 140 fr., 1887 à 150 fr., 1886 à 160 fr., 1885 à 175 fr., 1884 à 200 fr., 1882 à 220 fr., 1881 à 250 fr. et 1878 à 300 fr. la barrique de 225 litres, *franco* de port et de fût en gare d'arrivée. Paiement par le facteur à 30 jours 2 % ou 90 jours.

Certain que son vin plaira aux personnes qui ne le connaissent pas et qui désirent se bien approvisionner, sachant, en outre, qu'il est difficile de se rendre sérieusement compte de la qualité par la dégustation sommaire d'une petite fiole, M. Vincent Ardura n'hésite pas à adresser *franco* une bouteille entière pour échantillon de la récolte désignée.

POUR RIRE.

La femme de Rasetamouche est entêtée comme une mule.

Le mari s'en plaint.

— Oh! mon Dieu, s'écrie-t-il souvent, que ma moitié est donc entière.

* * *

— Mon pauvre ami, excusez-moi, je ne savais rien. Et depuis quand êtes-vous donc veuf?

L'autre, d'un ton pénétré :

— Depuis la mort de ma pauvre femme.

* * *

Bébé mange une glace :

— La trouves-tu bonne? lui demande sa mère.

— Oui, répond bébé, elle est bonne, mais je l'aimerais mieux chaude.

* * *

J... est le plus grand égoïste que la terre ait porté.

On lui demandait hier des nouvelles de son frère.

— Mon frère?... Il est mort...

Puis aussitôt, tant il a peur qu'on s'intéresse à un autre qu'à lui :

— ... Mais j'ai été bien plus malade que lui!

* * *

Cri du cœur :

— Avant notre mariage, tu me faisais souvent des cadeaux. Maintenant, tu ne m'apportes jamais rien. Pourquoi?

— Pourquoi? As-tu jamais entendu dire qu'un pêcheur faisait avaler des amorces aux poissons qu'il avait déjà attrapés.

* * *

M. le Maire lit les formules sacramentelles de la loi à un couple qu'il est en train d'unir.

« La femme, dit-il, suivra son mari partout... »

Oh! monsieur, je vous en prie, interrompit vivement l'épousée, changez-moi ça. Je ne pourrai jamais, jamais... avec mon rhumatisme... mon mari est facteur rural.

* * *

Chez la lingère :

— Pour l'été vous pensez qu'ils seront assez légers ces petits pantalons et de forme agréable et commode?

— Oh oui, madame, vous verrez, tout le monde vous en fera compliment.

* * *

A l'examen :

— Pourriez-vous me dire le nom du savant qui, le premier, a découvert que la terre tournait?

Le candidat réfléchit quelques instants, puis, subitement éclairé :

— Noé! s'écrie-t-il.

* * *

Un tournoi d'un genre peu commun a été inauguré dernièrement dans un cabaret de New-York. C'était un concours de mangeurs d'oignons. L'entrée de chaque compétiteur était fixée à deux dollars, et le prix décerné au vainqueur était de cinquante dollars.

Il ne s'est présenté que cinq concurrents — dont un nègre — pompeusement dénommé le colonel Joe Brown. Ceux-ci avaient à leur disposition du sel, du poivre et autant de bière qu'ils en désiraient.

Deux se sont retirés après avoir mangé seulement deux oignons chacun, et, bien qu'ils ne fussent restés que quelques instants devant leurs plats, ils pleuraient déjà à grosses larmes, au grand amusement des spectateurs. Deux autres compétiteurs se sont ensuite retirés.

Le colonel Brown a été proclamé vainqueur, après avoir englouti huit gros oignons dans l'espace de quelques secondes. C'est les yeux pleins de larmes qu'il est venu recevoir son prix.

BULLETIN FINANCIER.

Il s'est produit quelques livraisons de titres en liquidation, livraisons effectuées principalement pour le compte de la spéculation étrangère. Toutefois, le taux des reports n'a pas été excessif. On est loin, assurément, des conditions qui étaient faites naguère aux acheteurs à crédit; mais la spéculation ne se trouve pas encore en présence d'un renchérissement prohibitif; d'ailleurs, elle prend son mal en patience, si mal il y a. A tort ou à raison, elle s'imagine que les besoins de fin d'année une fois satisfaits, elle obtiendra de nouveau crédit à un taux très modéré.

On peut lui reprocher et on lui reproche d'avoir négligé une excellente occasion de faire des opérations fructueuses. Si elle avait pesé elle-même sur les cours, à la faveur du krach anglais, au lieu de s'empresser de donner la réplique aux vendeurs étrangers, il lui eût été possible d'obtenir, à des prix très avantageux, une certaine garantie de valeurs internationales. Son intérêt lui conseillait de se dire elle-même très malade, de simuler l'impuissance, de laisser la cote s'affaiser et de ramasser à petit bruit, parmi les titres que la spéculation anglaise cherchait à monnayer sur notre place, ceux qui lui semblaient appelés à profiter les premiers de l'apaisement de la crise. Au lieu d'adopter cette ligne de conduite, qui lui semblait cependant bien indiquée, elle a mis une grande hâte à tirer vanité de ses forces et à assumer le poids de l'héritage de la spéculation étrangère.

Puisse cette hâte inconsidérée ne pas avoir pour effet de déplacer le foyer de la crise! Nous sommes peut-être un peu trop enclins à considérer comme un accident sans portée le malaise qui vient de se manifester chez nos voisins et à ne pas tenir suffisamment compte des causes qui ont provoqué ce malaise.

Le 3 0/0 fait 95 50; le 3 0/0 amortissable est à 96 15 et le 4 1/2 0/0 vaut 104 35. Au comptant, le 3 0/0 est à 95 50.

Les sociétés de crédit font preuve d'une grande fermeté.

La Banque de France est à 4.350 fr.

Son bilan hebdomadaire, arrêté au 4 décembre, fait ressortir les différences suivantes sur celui de la semaine précédente :

L'encaisse métallique se décompose comme suit : le chapitre or est en augmentation de 6 millions, et le chapitre argent en diminution d'un million.

Les avances sur titres ont augmenté de huit millions et les billets en circulation de douze millions.

Trois chapitres sont en diminution : le compte courant du Trésor pour une somme de vingt-sept millions ; les comptes courants particuliers pour cinquante-quatre millions, et le Portefeuille pour quatre-vingt-neuf millions.

Les bénéfices de la huitaine ont été de huit cent quarante trois mille francs.

L'action du Crédit Foncier se négocie à 1.305 demandée.

Dans sa séance hebdomadaire du 3 décembre, le Conseil d'administration du Crédit Foncier a autorisé pour 2,096,493 fr. de nouveaux prêts; dont 1,122,800 fr. en prêts fonciers et 973,693 fr. en prêts communaux.

Les Chemins de fer français sont fermes.

Quant aux valeurs industrielles elles restent toujours très calmes.

COUPON.

HALLES ET MARCHÉS.

SITUATION GÉNÉRALE

La rigueur de la température a entravé les approvisionnements pour toutes les denrées agricoles, et les cours se sont maintenus fermes en général. L'apparition de la neige et du froid est du reste bien accueillie par les agriculteurs.

GRAINS

Blés. — Les apports sur les marchés sont naturellement réduits par ce temps de neige, et la fermeté des cours ne fait qu'augmenter. Ce sont toujours les premières qualités de blés qui sont le plus en faveur. Voici les cours relevés sur les marchés de samedi : Arras, blés blanc, 25 à 26 fr. 50 les 100 kilog.; roux, 24 à 26 fr.; hausse de 0 fr. 50; Amiens, 24 fr. 30; Cambrai, blé blanc, 25 fr.; roux, 24 fr.; Beauvais, 21 à 24 fr.; Douai, 25 à 27 fr. 50; Etampes, 21 fr. 65 à 24 fr. 40; Laval, 24 à 24 fr. 50; Chartres, 21 fr. 75 à 25 fr.; Mâcon, 24 à 25 fr.; Lyon, 24 à 24 fr. 25; Nantes, 24 fr. 50 à 25 fr.; Bordeaux, 25 fr. 60. — A Paris, le marché commercial est ferme; le 29 novembre on cotait en clôture 26 fr. 25 à 26 fr. 50 pour le disponible, 26 à 26 fr. 25 pour le livrable jusqu'en février, et 26 fr. 25 à 26 fr. 50 pour les autres époques. — Dans nos ports, les affaires ont été plus animées pendant ces derniers jours; à Marseille, les prix sont plus fermes avec meilleure demande ; samedi on vendait : Ghirka-Nicolaïef, 19 fr. 875 les 100 kilog. en entrepôt; Azime-Berdianska, 30 fr. 75; Azime-Azoff, 19 fr. 25; dur Constantine, 21 fr. 25; les importations de la semaine dernière ont été de 131,511 quintaux. Au Havre, les blés étrangers sont rares et fermement tenus. On cote les Californie n° 1, 26 fr. 50 à 26 fr. 75; les Kurrachee blancs, 24 fr. 75; les Bombay, 26 fr.; les tuzelles d'Algérie, 26 fr.; les Danube, 24 fr. 75, le tout aux 100 kilog. sur wagon au Havre ou à Dunkerque. — A Anvers, la demande est active aux prix suivants : roux d'hiver, 20 75 à 21 fr. 50; roux de Syrie, 17 25; Egypte blanc, 17 50; Danube, 18 fr. 75 à 20 fr. 50. — En Belgique, en Hollande, en Autriche, les cours ont tendance à la hausse. A Berlin, le marché est calme ; on tient le blé à 24 fr. 25. Aux Etats-Unis, les cours ont également haussé de 0 fr. 50 à 0 fr. 75; on cote le froment 20 fr. 10 à New-York. Les ports de la Russie sont fermés par les glaces.

Seigles. — La demande est suivie et la tendance des prix à la hausse. En Champagne, il se fait des achats assez importants pour l'Alsace-Lorraine. A Paris. on offre, 16 fr. 60 à 16 fr. 75 les 100 kilog.

Orges. — Cours fermes avec offres réduites. On cote à Paris : orges supérieures, 21 à 22 fr. les 100 kilog.; bonnes sortes, 19 à 20 fr.; ordinaires, 18 à 18 fr. 50; secondaires, 17 à 17 fr. 50. — Les escourgeons restent pour ainsi dire sans affaires.

Avoines. — Les avoines se vendent avec assez de difficulté; les vendeurs demandent pour les noires de choix, 18 fr. 50 à 19 fr.; celle de Beauce et du Centre, 18 à 18 fr. 25; pour les grises, 17 fr. 25 à 18 fr.; et pour les blanches, 17 à 17 fr. 25 les 100 kilog. Il se fait rien en avoines étrangères.

Sarrasins. — Le disponible en sortes de Bretagne se vend 16 fr. 25 à 16 fr. 50 les 100 kilog. en gare de Paris, et le livrable, 15 fr. 50.

Farines de consommation.

La meunerie maintient ses prix; les affaires restent calmes.

MARQUE DE CORBEIL	60 fr. (38 21 100 k.). 159 kil.		100 k.	
Marques de choix	60 à	61	38 21 à	38 85
Premières marques. . . .	59	60	37 58	38 21
Bonnes marques.	57	58	36 30	36 94
Marques ordinaires. . . .	56	57	35 66	36 30

Le sac de 159 k., toile à rendre, rendu à domicile, payement comptant, ave 1/2 0/0 d'escompte ou 30 jours sans escompte.

Fourrages et pailles.

Paris, La Chapelle.

	1re qté.		2e qté.		3e qté.	
Foin nouveau	50 à	52	47 à	49	44 à	46
Luzerne nouvelle . . .	48	49	46	47	42	44
Paille de blé	32	34	30	31	27	29
Paille de seigle	23	35	31	32	27	30
Paille d'avoine	27	28	24	26	20	23

Le tout aux 104 bottes dans Paris.

COURS DE DIFFÉRENTS MARCHÉS (par 100 kil.).

	Paille.	Foin.
Le Puy	4 75	7 50
Dijon	4 50	7 25
Blois	5 »	7 50
Toulouse	4 75	7 75
Chalon	6 ..	8 50
Beauvais	5 75	7 50
Orléans	6 50	8 ..
Douai	5 75	8 75

Issues, les 100 kil.

La rigueur de la température a ramené de l'activité dans la demande, et les prix sont en hausse de 50 centimes.

Nous cotons par 100 kil. en gare d'arrivée à Paris :

Son écaille.	13 75 à	14 »
— gros	13 25	13 50
— trois-cases	12 »	12 50
— fin	11 25	11 50
Recoupettes.	11 50	» »
Remoulages blancs.	16 »	17 »
— bâtards.	14 »	15 »

MARCHANDISES DIVERSES.

Fécules.

Les cours restent fermes; le travail se ralentit déjà dans les usines.

Les 100 kil.

Paris. — Fécule 1re, grains	31 » à	32 »
Oise. — Fécule 1re, grains	28 50	30 50
Vosges. — Fécule 1re, grains . . .	31 »	32 »
Saône-et-Loire	32 »	33 »
Loire. — Fécule 1re, grains	29 »	30 »
Auvergne. — Fécule 1re, grains. .	29 »	30 »
Fécules secondes selon qualité. . .	21 »	27 »

Pommes de terre.

Les 1.000 kil.

Hollandaises.	80 » à	70 »
Vosgiennes	61 »	»» »
Early roses	55 »	60 »
Saucisses	65 »	70 »
Rondes.	60 »	65 »
Chardonnes	50 »	45 »

Pommes à cidre.

Rouen (Seine-Inférieure), 2 décembre.

Sur 34 hectolitres de pommes apportés, 24 ont été vendus à 6 fr. l'hectolitre (y compris les droits du Trésor et ceux de la ville de 1 fr. 19 par hect).

Tourteaux, les 100 kil.

	Colza	Œuillette	Lin	Cam.
Lille. . .	15 25 à 16 50	16 .. à 17 ..	22 .. à 23 ..	15 25
Arras . .	14 50 16 50	15 50 16 50	21 .. 22 25	15 5
Gd Moulin Corbeil. .	15 50		19 75	
	Cophra	Arachide déc.	Sésame	Lin.
Marseille	12 25 à 14 50	14 25 15 ..	14 50 à 15 25	16 25

GRAINES DIVERSES.

Maïs, les 100 kil.

Paris	14 50 à	16 50	Agen.	14 50	16 25
Alais	14 25	15 50	Grenoble. .	14 75	16 »
Ruffec	14 75	15 75	Reims.	15 75	16 50

Sarrazin, les 100 kil.

Paris.	16 » à	16 50	St-Pierre. .	15 75 à	16 »
Mayenne. .	15 50	16 »	Nantes. . . .	15 50	16 »
Rennes. . . .	14 75	15 75	Orléans . . .	15 50	16 50

Légumes secs, les 100 kil.

	Haricots		Pois		Vesces		Lentilles	
Paris	20 à	47	21 à	26	»	»	45 à	70
Rouen.	42	57	50	63	26	28	77	»
Marseille. .	18	30	23	32	25	34	19	24 50

Graines fourragères, les 100 kil.

Luz. de Prov.	130 à	150	Minette.	25 à	30
— du Poitou	105	115	Sainfoin à 2 c. .	26	28
— d'Italie . .	120	130	Sainfoin à 1 c. .	26	28
Trèfle blanc. .	00	00	Pois jarras. . .	20	»
— violet. .	120	130	Vesces.	18	20

Huiles.

Colza brut. — Les prix sont les mêmes qu'hier; les affaires dénotent encore beaucoup de calme.

On fait au début de la réunion du courant du mois à 63 50.

Janvier vaut de 63 75 à 64.

Les 4 premiers mois se traitent à 64 75 et les 4 mois de mars à 65.

On cote au début de la réunion :

Cote précédente même heure.		Cote du jour.
63 50 à 63 75	Disponible	63 50 à » »
63 50 63 75	Courant	63 50 » »
63 75 64 25	Décembre	63 75 64 »
64 50 64 75	4 premiers mois	64 75 » »
64 75 65 25	4 mois de mars	65 » » »

Lin. — Les prix sont mieux tenus qu'hier; on fait du janvier à 55 50.

On cote au début de la réunion :

Cote précédente même heure.		Cote du jour.
56 50 à » »	Disponible	56 25 à 56 75
56 25 » »	Courant	56 25 56 75
55 » 55 50	Décembre	55 50 » »
55 » 55 50	4 premiers mois	55 » 55 50
55 » 55 50	4 mois de mars	55 50 56 »

Les 100 kil. net, logés, escompte 1 0/0.

Pétrole.

Prix sans changement.

Disponible	100 kil.	49 50 à 51 50
Essence de 700 à 710°, disponible		60 50 64 »

On cote à l'hect. pour le détail :

PETROLE RAFFINE disponible	39 50 à 40 50
ESSENCE RECTIFIEE, disponible	42 25 43 50

Laines.

Roubaix-Tourcoing, 2 décembre.

Laine peignée	de fabrique Cours du jour.	de fabrique Cours préc.	courant Cours du jour.	courant Cours préc.
—				
Courant	5 22	5 24	5 25	5 25
1 mois après	5 25	5 25	5 15	5 30
2 —	5 27	5 27	» »	» »
3 —	5 32	5 32	» »	» »
4 —	» »	5 32	» »	» »

Marché ferme. Ventes. 55,000 kil.

Anvers, 2 décembre.

Peignés allemands de La Plata : Contrat B : déc, 5 17 1/2; janvier à septembre, 5 20.

Marché soutenu.

Sucres.

Sucres raffinés. — La demande est toujours calme en raffinerie et les cours ne varient pas. Nous cotons les pains 105 50 à 106 fr. les 100 kil. par wagon complet.

Cours pour l'exportation franco sur wagon ou sur bateau, pur pains 1er choix, suivant marques aux 100 kil.

Habillage en papier	1 0/0	41 50 à .. ..
— —	2 1/2	41 25 à .. ..
— —	4 0/0	41 .. à .. ..

Sucres cassés, produits accessoires (les 100 kil. disponibles, suivant marque).

Surchoix, cassé, rangé, logé, caisses de 50 kil., ou cartons de 5 kil.	111 50 à	112 »
Caisses de 25 kil	112 »	» »
Caisses de 10 kil	112 »	112 50
Gros déchets	104 »	104 50
Sucres en poudre	103 50	» »
Semoules	107 »	107 50
Glaces	103 »	104 50
Cristallisés, extra acquittés	96 »	96 50
— en poudre	97 50	» »

Alcools. — Prix de l'hectol. nu, au compt.

Paris, 3/6 fin, betteraves, 1re qualité, l'hectolitre.					
90° dispon.	36 .. à 36 25	Lille, disp	35 .. à 36 ..
Janvier	36 25 36 50	Cette	90 .. 105 ..
4 de mars.	37 25 37 ..	Nimes	90 .. 100 ..
		Béziers	75 .. 100 ..
		Pézenas	75 .. 100 .

Raisins secs à boisson.

(Cours de la maison Audibert, 53, rue des Minimes, à Marseille).

Prix actuels (grande baisse).

Corinthe, **Roi de Grèce**, petits grains Extra 1er choix	100 kilos		57 »
Corinthe, le **Turban**, gros grains	»	»	M.
Corinthe petits grains, 1er choix.	»	»	54 »
Thyra. 1er choix	»	»	48 »

Samos noirs, 1er choix	»	»	M.
— muscats	»	»	M.
Figues à distillerie	»	»	27 »
Panachés noirs, égrappés	»	»	M.

Engrais. — Prix des 100 kil. :

Matières diverses pour engrais. — Cours commercial sur la place de Paris, par 100 kil., pour des ventes en gros de 30.000 kil. au moins.

Sang desséché moulu. 11/13 0/0 azote	20 90	à	24 70
Viande desséchée. 9/11 0/0	17 50	—	19 80
Cornes broyées 13/14 0/0	20 80	—	22 60
Cuir désagrégé 8/9 0/0	10 40	—	10 70
Laine engrais 3 à 4 0/0	» »	—	» »
Nitrate de soude 15/16 0/0	22 »	—	22 25
Nitrate de potasse 95 0/0	47 »	—	47 »
— 90 0/0	45 »	—	45 50
Muriate de potasse 80 0/0	» »	—	» »
Sulfate de potasse 90 0/0	24 50	—	25 »
Sulfate d'ammoniaq.. 20/21 0/0	31 65	—	31 50
Chlorure de potassium 90 0/0	21 »	—	2. »
— Stassfurt.80 à 85 0/0	17 25	—	18 »
Cornes, cornailles pour brûler	» »		» »
Déchets fins de cornes, frisures	» »		» »

Phosphates des Ardennes. — En gare des Ardennes et de la Meuse, en sacs (les 100 kil.).

Pulvérisés. 14/16 0/0, acide phosph..	3 40 à	» »
— 18/20 0/0, —	4 »	» »
— 16/18 0/0, —	3 70	» »

Phosphates de Tavel.

50/», la tonne .... 60 » à 100

Phosphates de l'Oise.

14/16 0/0 acide phosphorique 3 35

Phosphates de la Somme.

20/22 0/0 acide phosphorique 5 30

Sulfate de cuivre.

Les 100 kil	54 » à	55 50
Phosphates du Boulonnais 40/45	4 60 à	» »
— de Pernes	3 75	6 »
— du Cambresis 28/35	3 55	4 »
— du Lot 30/50	3 20	5 25

Superphosphates, poudres d'os, etc.

Les 100 kilogr.

Phosph. préc. 35 à 40 % acide phosph.	24 »	24 »
— — 40 à 45 % —	26 »	26 »
Superphosphates fossiles, 10 % acide phosphorique soluble et assimil. (les 100 kilog.)	6 25	» »
Superphosphates fossiles, 16 à 18 %.	10 25	11 »
— d'os, 16 à 18 %, acide phosph..	12 25	12 25
Poudres d'os bruts	12 75	» »

Engrais spéciaux. — Les 100 kilog.

Guano du Pérou.	10 à 16	Eng. chim.	
Guan du Pér. diss.	32 à 20	de H. Joulie,	
Guan. az. fixe.	26 » à 27 »	Lag.	15 » à 23 »

BEURRE, ŒUFS, VOLAILLES.

Paris, 3 décembre.

Beurres en mottes.

L'arrivage d'hier a été de 33,000 kil.
L'arrivage approximatif a été de 6,157 kil.

Beurres en livres.

L'arrivage d'hier a été de 14,000 kil.
L'arrivage approximatif a été de 9,334 kil.

Fermiers	au kilo		Touraine	au kilo	
Extra	3 » à	3 20	Extra	2 80 à	2 90
1er choix	2 90	3 »	1er choix	2 70	2 80
2e choix	2 80	2 90	2e choix	» »	» »
Ordinaire	» »	» »	Ordinaire	» »	» »
Bourgogne			Vendôme		
Choix	2 50	2 60	1er choix	2 70	2 80
Ordinaire	2 30	2 40	2e choix	2 60	2 70
			Ordinaire	2 30	2 60
Gâtinais			Beaugency		
1er choix	2 70	2 80	1er choix	2 70	2 80
2e choix	2 60	2 70	2e choix	2 60	2 70
Ordinaire	2 40	2 50	Ordinaire	2 30	2 60
Le Mans			Fausse Touraine		
Choix	2 50	2 60	Choix	2 60	2 70
Ordinaire	2 40	2 50	Ordinaire	2 40	2 60

Œufs, *le mille :*

Normandie. Extra	125 à 160	Bourgogne	106 à	112
Picardie. Extra	128 158	Champagne	110	114
Brie. Extra	115 120	Nivernais	105	108

Touraine gr.	120	147	Cosne	110 115
Touraine ord.	101	116	Bourbonnais	98 104
Beauce	115	125	Bretagne	98 110
Orne	108	120	Vendée	102 106
Picardie ord.	110	125	Auvergne	96 100
Châtellerault	100	110	Midi	105 114

Œufs de conserve à la chaux .... 82 à 86

Volailles.

Canards :			Pigeons :	
nantais	4 » à	6 50	maconnais.	» 60 à 1 »
de ferme	3 »	5 »	italiens	» 60 1 »
Dindes nouv.	6 »	12 »	bizets	» 40 90 »
Oies nouvelles	6 »	9 »	Poulets :	
— (2e qté).	4 »	6 »	nantais	3 » 5 »
Pintades	2 50	3 50	touraine	3 » 5 »
Lapins domestiques.	1 50	2 50	gâtinais	3 50 6 »
			du Midi	2 » 2 50
			communs	1 25 2 »

Gibiers.

Lièvres gros	6 » à 7 »	Faisans pou'es	3 » à 5 »
Perdreaux	3 » 3 75	douzaine	2 75 3 75
Perdrix	2 » 2 50	Chevreuils	25 » 50 »
Garennes	1 50 2 25	Cerfs et biches	1 40 1 90
Faisans coqs	5 » 6 50		le kil.

Marché : sans changement.

Cours fournis par MM. de Bridiers, Jouslin et Scelle, facteurs assermentés, 2, r. de Valois, Paris.

BESTIAUX.

La Villette, 4 décembre. — Bestiaux. — Vente lente et difficile sur le gros bétail et les veaux, calme sur les moutons et mauvaise sur les porcs.

COURS officiels.	Amenés.	Vendus.	1re qualité.	2e qualité.	3e qualité.	Prix extrêmes.
Bœufs	2.256	1.925	1 58	1 40	1 28	1 18 à 1 64
Vaches	516	484	1 54	1 32	1 18	1 10 1 58
Taureaux.	104	104	1 42	1 32	1 20	1 12 1 46
Veaux	1.382	1.156	1 90	1 70	1 60	1 34 2 10
Moutons	9.348	8.754	2 12	1 90	1 70	1 65 2 20
Porcs	5.187	5.001	1 30	1 26	1 20	1 14 1 36

Marché du lundi 1er décembre.

	Amenés	Vendus	Prix au poids net 1re qual.	2e qual.	3e qual
Bœufs	3.960	2.618	1 60	1 46	1 34
Vaches	638	471	1 56	1 31	1 22
Taureaux	209	185	1 40	1 36	1 23
Veaux	1.381	1.069	1 90	1 96	1 64
Moutons	13.724	12.986	2 14	1 88	1 66
Porcs	2.645	2.618	1 38	1 34	1 28

	Prix au poids vif 1re qual.	2e qual.	3e qual.	Prix extrêmes.
Bœufs	» 99	» 83	» 70	» 64 à 1 04
Vaches	» 95	» 76	» 62	» 56 » 98
Taureaux	» 89	» 81	» 64	» 60 » 98
Veaux	1 14	1 02	» 87	» 72 1 22
Moutons	1 09	» 91	» 79	» 72 1 26
Porcs	» 94	» 90	» 84	» 78 » 96
Peaux de moutons en laine				» » » »
Id. id. demi-laine				» » » »

Viandes abattues. — Criée du 21 novemb.

		1re qualité.	2e qualité	3e qualité.
Bœufs	le kil.	1 40 à 2 60	1 20 à 2 50	1 .. à 1 80
Veaux	—	1 80 2 ..	1 74 1 86	1 60 1 70
Moutons	—	1 80 1 90	1 40 1 76	1 .. 1 36
Porc entier	—	1 26 1 35	1 10 1 20	» 96 1 06

Cuirs et peaux, les 50 kil.

Taureaux.	42 75	à 45 50	Vaches lourdes	44.75	47.50
Gros bœufs	52 75	56 75	— de bandes	38.50	42.25
Moy. bœufs	45 75	48 75	Gros veaux.	62.50	65.75
Pet. bœufs.	38 25	39 25	Petits veaux	6..75	67 ..

Ces cartes donnent droit à l'abonné de s'arrêter à toutes les stations comprises dans le parcours indiqué sur sa carte et de prendre tous les trains comportant des voitures de la classe pour laquelle l'abonnement a été souscrit.

Les prix sont calculés d'après la distance kilométrique parcourue.

Il est facultatif de régler le prix de l'abonnement de six mois ou d'un an, soit immédiatement, soit par paiements échelonnés.

Ces abonnements partent du 1er et du 15 de chaque mois.

CHEMIN DE FER D'ORLÉANS.

Aux termes de son tarif spécial D 3, § 14, la Compagnie d'Orléans transporte, aux conditions suivantes, de toute gare de son réseau à Paris (Ivry), sous réserve d'un parcours de 500 kilomètres, ou payant pour 500 kilomètres, les *artichauts, choux-fleurs, fraises en paniers, haricots verts, navets, oignons, petits pois, pommes de terre, salades et tomates* par expédition de 50 kilogrammes, ou payant pour ce poids.

Le prix de transport est fixé à 0 fr. 16 c. par tonne et par kilomètre, plus 1 fr. 50 c. pour frais de manutention.

Le transport des marchandises a lieu par des trains spécialement désignés à cet effet, sans que le délai de transport puisse excéder *deux jours*, non compris les délais afférents aux opérations des gares de départ et d'arrivée.

La remise doit avoir lieu aux gares trois heures au moins avant le départ de ces trains.

A l'arrivée, les marchandises dont il s'agit sont mises à la disposition des destinataires dans les trois heures qui suivent l'arrivée des trains.

Les expéditions adressées aux halles ou à domicile aux conditions de ce tarif seront livrées par le service du factage dans les mêmes conditions de prix et de délais que les marchandises expédiées en grande vitesse.

Pour les points principaux ci-après, les prix par 1,000 kilogrammes sont les suivants, frais de manutention compris :

LIEUX DE PROVENANCE.	DISTANCES kilométriques.	PRIX par 1,000 kilog. (frais accessres compris).
Bordeaux-Bastide...	577	93f 80
Libourne............	542	88 20
Marmande..........	637	103 40
Agen...............	650	105 50
Villeneuve-sur-Lot..	632	102 60
Montauban.........	720	116 70
Toulouse............	750	121 50
Saint-Sulpice (Tarn)	719	116 55
Brive...............	501	81 65

Semoir et Distributeur d'Engrais

Système MAGNIER.

Envoi franco du catalogue illustré

Expériences du 23 septembre 1890. 1er prix. - 20 avril 1890, Poitiers. 1er prix.

1er prix, objet d'art, Liancourt, 1887. 1er prix, objet d'art, Clermont, 1889.

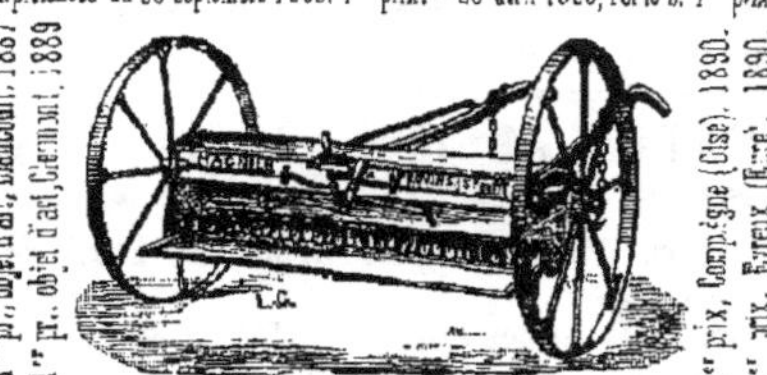

1er prix, Compiègne (Oise), 1890. 1er prix, Evreux (Eure), 1890.

1er prix, Beaurais, 1890.

MAGNIER, constructeur breveté, Provins (S.-et-M.).

Un Prêtre de ROME a trouvé le moyen de guérir radicalement les Cors, Durillons, Œils-de-Perdrix, Dartres, Eczémas avec le **BAUME ANTONIO**. Envoi *franco* 1f50. MALAVANT, rue Deux-Ponts, Paris. Toutes Pharmacies

---

MALADIES DU BÉTAIL
ET DE LA VOLAILLE

Leur traitement préventif et curatif

PAR L'ACIDE SALICYLIQUE

L'acide salicylique, employé dans la nourriture à la dose de 1/2 à 1 gramme par jour et par tête de bétail, est le meilleur préservatif des maladies qui procèdent par contagion : Sang de rate, Cocotte, Maladie aphtheuse, Erysipèle, Typhus, Morve, Variole et le Rouget des porcs, etc.

DES ATTESTATIONS NOMBREUSES DE GUÉRISONS obtenues pour la Cocotte et le Rouget des porcs ont été reproduites dans le *Journal l'Agriculture*.

La désinfection des étables, des écuries se fait instantanément au moyen d'un arrosage d'eau salicylée à 2 grammes par litre.

S'adresser à M. CERCKEL, administrateur de la *Compagnie de produits antiseptiques*, 26, rue Bergère, Paris.

Envoi sur demande de Prospectus et Brochures.

PRIX DU KIL. 25 fr. — BOITE DE MÉNAGE, 2 fr.

GRILLAGES

GARIEL 2 ter, quai de la Mégisserie PARIS

CLOTURES de CHASSES

1 mètre de haut : Le mètre **0 f. 30**

Châssis de Couche depuis..... **7** francs

Ronce Artificielle les 100 mètres **5f 50**

Porte - Bouteilles 200 Places. **7** francs

ENVOI FRANCO DE L'ALBUM SUR DEMANDE

PRIX : 2 FR. LA BOITE.

J.-C. BONNET, à St-SAVINIEN (Charente-Infre)
ET TOUTES LES PRINCIPALES PHARMACIES

L'**Onguent de HEVID**, *adopté par le Ministère de la guerre*, est le meilleur préservatif des maladies du pied des espèces chevaline et bovine. Il pénètre admirablement le tube corné, le nourrit, et remet en bon état, en quelques semaines, le sabot le plus sec et le plus cassant.

En vente chez les vétérinaires, pharmaciens, selliers et maréchaux-ferrants.

AUX ÉLEVEURS ET ENGRAISSEURS DE BESTIAUX.

Voulez-vous élever et engraisser vivement vos animaux?

EMPLOYEZ LE

GLUTEN DE MAÏS AMÉLIORÉ

Pour les Vaches laitières, lait riche et abondant.

Pour les Porcs, viande de toute première qualité.

Produit à base de **farine** de **maïs**, remplaçant avec avantage les **tourteaux**, les **moutures** et les **remoulages**; c'est la nourriture reconnue la plus économique et la meilleure pour l'**élevage** et l'**engraissement rapide** des **porcs**, des **veaux** et de tous les **bestiaux** de la ferme, ainsi que des **volailles**. *Envoi du prix-courant sur demande adressée à*

M. BOUDOUX, négociant à NESLE (Somme).

FABRICATION DU CIDRE.

J. LECLERC Fils

à BEAUVAIS (Oise).

SPÉCIALITÉ DE MOULINS A POMMES

à noix à crochets (B. S. G. D. G.). — 7 numéros, de **75** à **300** fr.

Pressoirs tout montés avec cage circulaire et vis à encliquetage

(B. S. G. D. G.).

Systèmes les plus nouveaux et les plus perfectionnés.

36 MÉDAILLES. — DIPLOME D'HONNEUR.

Etablissements de LIANCOURT (Oise).

N'ACHETEZ PAS DE CHARRUES

sans avoir consulté le CATALOGUE illustré de

A. BAJAC **

Ingénieur-Constructeur, Breveté S. G. D. G.

SEUL GRAND PRIX à l'Exposition de 1889 pour les Machines agricoles françaises

Médailles or, argent et bronze pour collaborateurs.

BRABANTS DOUBLES.

Herses scarificateurs à dents inusables.

DÉCHAUMEUSES

ROULEAUX, ETC.

[illegible] AU MATÉRIEL pour la culture de la betterave.

Charrues défonceuses simples et doubles *à vapeur et à manège.*

La plus grande et la plus importante USINE de FRANCE pour la Construction des Instruments aratoires

PLUS DE 5.000 CLIENTS ; 300.000 INSTRUMENTS LIVRÉS A L'AGRICULTURE

Médaille d'Or. * Exposition Universelle 1889. * Médaille d'Argent.

VACHERIE **à céder**, Paris-Batignolles, tenue depuis dix ans. 20 vaches, première qualité. 240 litres lait vendus 0 fr. 50 cent., presque entièrement à la boutique. Vaste emplacement, boutique sur rue. Loyer peu élevé. 12.000 fr. bénéfices annuels garantis. On traitera avec 20.000 fr. argent ou avec garanties sérieuses. S'adresser à MM. Laporte et Lefranc, 93, boulevard Sébastopol, Paris.

Sont vendues les vacheries annoncées précédemment.

L'ENGRAIS AMIÉNOIS

FUMURE NORMALE et COMPLÈTE

A BASE DE MATIÈRES ORGANIQUES

Compositions spéciales pour les cultures de printemps et d'automne. — S'adresser à M. Elisée LEFÈBVRE route de Rouen, 121, à **Amiens** (Somme).

HUITRIÈRES DE JOUFFRIE-GODET

canton de Marennes.

Eugène YOU, à La Tremblade (Charente-Inférieure).

Contre mandat-postal de 7 fr., M. You expédie en grande vitesse, *franco à domicile*, une caisse de 5 kil. d'huîtres Marennes, vertes ou blanches, contenant, au choix de l'acheteur :

de 45 à 50 huîtres grosses (n° 1).
de 60 à 70 — moyennes (n° 2).
de 80 à 90 — petites (n° 3).

Contre mandat-postal de 4 fr., aux mêmes conditions, une caisse de 3 kil. contenant, selon n°, de 24 à 50 huîtres.

La dimension des huîtres n° 3, qui sont les plus petites, est de 6 à 7 centimètres de diamètre.

GUÉRISON RADICALE DE LA DIARRHÉE DES VEAUX PAR LA POUDRE CHOQUELIN.

1 franc la boîte

franco par la poste.

Dép g., Phie HAUVESPRE Courville (Eure-et-Loir).

ACHATS & VENTES

DE

PRODUITS AGRICOLES, VINICOLES.

BOIS EN GROS.

CHAPITEL, 23, rue de Paris, Clichy (Seine).

Agents sont demandés.

L'Administrateur-Gérant : Albert RENOT.

Beauvais. — Imp. D. Père. — A. Cartier, Gérant.

PHARMACIE SAVARY

AMIENS, 33, Place Saint-Denis, 33, AMIENS

(EN FACE LE SQUARE).

PROVENDE AUX PHOSPHATES ASSIMILABLES

du Docteur DESCHAMPS.

Prix : 3 fr. le kilog.; 27 50 les 10 kilog. (Remises proportionnelles.)

Accroissement rapide des bestiaux, surtout chez les jeunes animaux, force nerveuse, fécondité, engraissement ; prévient surtout la diarrhée chez les jeunes veaux. Qualité exceptionnelle du lait.

M. Lefebvre, cultivateur à Marcelcave, a élevé un veau en lui administrant de la Provende phosphatée pendant 60 jours : tué à 70 jours, ce veau pesait 193 kilog., chiffre officiel constaté à l'abattoir. La viande était très blanche, ainsi qu'est prêt à l'attester M. Oheix, boucher à Amiens.

Les attestations émanant des sommités françaises et anglaises les plus accrédités ont été données à M. SAVARY.

30 PRIX D'HONNEUR ET GRANDS PRIX, 250 MÉDAILLES OR, VERMEIL, ETC.

GRANDES CULTURES DE GRAINES POTAGÈRES, FOURRAGÈRES ET DE FLEURS

E. FORGEOT (*) & Cie

Fournisseurs du ministère de l'Agriculture, des Écoles nationales d'agriculture, des Syndicats agricoles, etc.

PARIS, quai de la Mégisserie, 6 et 8

Appareils spéciaux pour épurer et nettoyer les graines

SPÉCIALITÉ DE GRAINES DE GRANDE CULTURE

luzernes et trèfles garantis sans cuscute, minette, vesces, sainfoins trèfles incarnats betteraves, carottes, navets, choux-navets, pommes de terre

Blés à grand rendement, Avoines, Orges, Seigles, Graines d'arbres pour reboisement

Graines de graminées pour prairies

Notre Maison ne vend que des graines de provenances sûres, assurant les meilleurs résultats ; elle accepte le contrôle de la Station d'Essais des Semences, établie à l'Institut agronomique par le Ministère de l'Agriculture, contrôle auquel nous sommes soumis dès sa création. En conséquence, nos graines sont garanties de levée et d'une pureté irréprochable ; nos trèfles et nos luzernes sont garantis sans un seul grain de cuscute.

Grande et importante **Spécialité de Créations de Prairies.** Nous nous chargeons d'établir des compositions convenant à la nature de chaque sol, et d'avance nous en assurons la réussite.

Sur demande, nous adressons *franco* nos catalogues illustrés de graines potagères, fleurs, arbres, fourrages, ognons à fleurs, plantes, etc.

VINS DU BEAUJOLAIS ET DE MACON.

A. BERNARD

propriétaire-viticulteur à Saint-Julien-en-Beaujolais (Rhône).

Le vin du *Beaujolais* est réputé pour un des meilleurs vins de table et ses *grands crûs* peuvent rivaliser avec ceux du Bordelais et de la Bourgogne.

Notre Vignoble, qui se reconstitue rapidement, est aujourd'hui en mesure de fournir à la consommation ses vins si appréciés.

Vin ordinaire 1889	100 fr.	la pièce.
Bonnes Côtes 1888 et 1889	130 à 150	—
Saint-Julien id.	160 à 200	—
Morgon, Fleurie, Thorins (grandes années)	250 à 500	—

Le tout logé et pris en gare du Vignoble.

La Propriété offre des greffes soudées, racinées, garanties. — Plants de choix. Reprise certaine.

Adresser les correspondances à Villefranche (Rhône), 44, rue de Thizy.

CRÉDIT AGRICOLE

UNION DES SYNDICATS AGRICOLES DE FRANCE

9, rue Marsollier, PARIS

Agence à LYON, 234, cours Lafayette, S. PLISSONNIER, Directeur * M. A.

MACHINES AGRICOLES DE TOUS SYSTÈMES

TOURTEAUX et FARINES pour la nourriture du bétail.

ENGRAIS CHIMIQUES et ORGANIQUES, MATIÈRES PREMIÈRES

SEMENCES DE PREMIER CHOIX.

11e Année. — 2e Série. — N° 568. Dimanche 14 Décembre 1890.

GAZETTE  AGRICOLE

JOURNAL HEBDOMADAIRE, PARAISSANT LE DIMANCHE

Rédacteur en Chef : M. Ch. GOSSIN, Professeur d'Agriculture à l'Institut agricole de Beauvais

PRIX DE L'ABONNEMENT

UN AN, 5 fr. – SIX MOIS, 3 fr. – TROIS MOIS, 2 fr. 25

Pour l'étranger les abonnements ne sont reçus que pour un an, au prix de 6 francs, et ne partent que du 1er janvier ou du 1er juillet de chaque année.

Le numéro : 10 centimes.

Il est indispensable de joindre à toute demande de changement d'adresse la dernière bande d'adresse du journal et 50 centimes pour frais de nouvelles bandes.

Adresser les *Abonnements* et *Annonces* au secrétaire de la rédaction, 13, quai Voltaire, Paris, ou à M. GOSSIN, rédacteur en chef et administrateur, à BEAUVAIS.

BUREAUX

13, quai Voltaire, Paris, et à Beauvais.

Les abonnements partent du 1er de chaque mois et sont payables d'avance. Toute demande d'abonnement doit donc être accompagnée du prix de l'abonnement. (Le mode de payement le plus simple est l'envoi d'un mandat-poste.)

Donner *très lisiblement*, en s'abonnant, son nom et son adresse exacte, *avec l'indication du bureau de poste*; et, s'il s'agit d'une continuation d'abonnement, joindre au renouvellement la dernière bande d'adresse du journal.

La GAZETTE AGRICOLE insère gratuitement les Communications des Syndicats agricoles

PRIMES A NOS ABONNÉS.

L'ALMANACH FRANÇAIS pour 1891 vient de paraître à la Librairie nationale.

L'administration de la Gazette agricole *met* gratuitement, *comme l'année dernière, cet Almanach à la disposition de ceux de nos abonnés et lecteurs qui manifesteront le désir de le recevoir* et joindront à leur lettre 15 centimes *en timbres-poste pour frais de port.*

Tout abonné qui renouvellera son abonnement, soit à l'expiration, soit par anticipation, par l'envoi d'un mandat-poste de 5 francs, recevra de droit, gratuitement *et* franco, *l'*ALMANACH FRANÇAIS.

*L'*ALMANACH FRANÇAIS *est mis gratuitement à la disposition de tous nos abonnés anciens ou nouveaux dans nos bureaux, à Paris, 13, quai Voltaire, et à Beauvais.*

AVIS IMPORTANT.

Nous savons que certaines irrégularités se sont produites dans le service du journal.

Ces irrégularités sont uniquement imputables à l'administration des postes.

Le *départ* se fait toujours aux mêmes heures et il n'est pas possible que des abonnés soient oubliés, puisque les bandes sont imprimées.

Mais il arrive quelquefois, surtout pour les hameaux ou les fermes isolées, que le facteur ne se donne pas la peine de *pousser jusque là*, pour un journal, et surtout pour un journal conservateur !

Le journal est laissé au village ou on le donne à un gamin, ou on le garde et on dit qu'il n'est pas arrivé.

Voilà ce qui se passe et qui ne se renouvellerait pas si les intéressés voulaient se donner la peine de se plaindre, non pas au facteur, non pas non plus au bureau de poste, mais au directeur du département, et même au ministre des postes et télégraphes.

En cas de retards dans l'arrivée du journal, nous prions de nous envoyer la bande du numéro retardataire, et nous nous chargerons de faire des réclamations près de qui de droit.

Prière de nous dire si ces retards sont fréquents.

LA DIRECTION.

SOMMAIRE :

PARIS, 12 DÉCEMBRE.

Nous parlons volontiers de tolérance, de liberté de conscience, de droit commun et de civilisation. Ces beaux mots ont bon air dans les articles de journaux et font bien dans un discours à la fin d'un banquet. C'est l'avis du Bonhomme Deschamps que l'on insisterait moins sur le mot si la chose existait réellement. Il n'est pas contestable que les sciences ont fait depuis un siècle d'immenses progrès et que les conditions matérielles de la vie ont depuis lors singulièrement changé. Mais à y regarder de près et à s'en tenir à la France, les mœurs ont-elles marché du même pas? Est-on vraiment plus tolérant des opinions d'autrui, plus respectueux de la foi d'un chacun ? Il n'y paraît guère depuis que M. Jules Ferry et ses acolytes ont cru bon d'expulser les congrégations religieuses, de laïciser les écoles sans le consentement des populations, et de faire partout et sous toutes les formes une guerre sans trêve à la religion. Il semble cependant que cent ans après la Révolution française chacun devrait être libre sans en pâtir dans ses intérêts, d'aller à la messe et de confier l'éducation de ses enfants à des maîtres de son goût et de son choix. Vous savez s'il en est ainsi sous une République qui se dit démocratique, pour les petits et pour les pauvres surtout.

***

On aurait pu croire que le parti républicain s'en tiendrait là, que pour une raison ou pour une autre, ne serait-ce qu'afin de ne pas trop mentir à ses promesses d'apaisement, il laisserait tranquilles l'Eglise, les religieux et les religieuses. A la vérité, pour se nourrir de cette espérance, il aurait fallu ne pas connaître nos maîtres. C'est en effet chez eux une idée fixe, une sorte de monomanie, qu'il faut en finir au plus vite avec la religion et tous ceux qui la servent à un titre officiel quelconque. Les uns persécutent parce qu'ils ont l'esprit fanatique, les autres parce qu'ils sont les intruments de la franc-maçonnerie, et tous enfin, pour faire plaisir aux mauvais garnements de chaque village. Leurs ancêtres de la première République avaient, pour se débarrasser de leurs adversaires, un procédé plus violent : ils leur coupaient la tête. Eux, — et c'est peut-être un progrès de mœurs, — ont remplacé la guillotine par un système plus doux, mais en fin de compte, tout aussi efficace. Au lieu de trancher les cous, ils coupent les bourses. Quiconque dans l'administration est suspect de « cléricalisme » est aussitôt privé de sa place ou mis dans la nécessité par un déplacement inacceptable, de rentrer dans la vie privée.

***

En dépit des tracasseries dont ils sont l'objet, les Frères des écoles chrétiennes continuent à enseigner ; les sœurs de Saint-Vincent-de-Paul, à soigner les malades, les petites Sœurs des pauvres, à nourrir les vieillards, et les autres congrégations, à faire leur office, le parti républicain s'est dit qu'un tel scandale ne pouvait durer plus longtemps. Foulant aux pieds le droit commun, l'égalité de tous les Français devant la loi et devant l'impôt, il a résolu de prendre les congrégations par la famine. Il les frappe à la mort de leurs membres de taxes fiscales équivalant à une véritable confiscation. En quelques années elles auraient payé si elles le pouvaient dix fois, vingt fois au Trésor, leur capital. Toutes ces énormités faites d'illégalités, d'injustices, ont été ces jours-ci au Palais-Bourbon, mises en pleine lumière. Une cinquantaine de républicains en qui l'esprit de parti et les mauvaises camaraderies, n'ont pas encore éteint tout sentiment de justice, ont soutenu la cause du droit et de l'équité. Çà été peine absolument perdue. Il a été décidé que toute une catégorie de Français — et par les services qu'ils rendent à l'interieur et à l'extérieur, les plus dignes d'intérêt — seraient mis hors la loi. Que ce soit honteux, le Bonhomme Deschamps n'y contredit pas. Que ce soit bête et plus odieux encore, la chose est certaine. Mais le vote n'en a pas moins été acquis à une très forte majorité.

⁂

Vous direz sans doute que les victimes dernières de cette fiscalité atroce et vraiment barbare, seront des enfants du peuple, les malheureux, les infirmes, les vieillards, les enfants abandonnés, en un mot les faibles et les pauvres. Vous pourrez ajouter aussi qu'en tuant les Congrégations religieuses, ce qui reste de notre influence dans le monde sera détruit. Oui, vous direz tout cela, et tout cela a déjà été dit. Mais qu'importe à la bande qui exploite la France par notre faute à tous et pour laquelle il ne paraît y avoir aucun bonheur sur terre si elle aperçoit la cornette d'une religieuse, ou la robe d'un religieux. N'allez pas croire qu'ils agissent en inconscients! Ils savent très bien ce qu'ils font. Aussi quand vous invoquez devant eux l'intérêt des pauvres, l'influence française à l'extérieur et que vous leur montrez qu'en soumettant ainsi les congrégations à un régime d'exception, ils vident les écoles, les hôpitaux et multiplient les misères humaines, ils doivent sourire de votre naïveté. Si vous faisiez remarquer au bourreau de Paris, au moment où il va presser le bouton de la guillotine, — comme le disait récemment un journal, — qu'il va tuer un homme, que répondrait-il? Il répondrait qu'il n'est précisément là que pour cela! Les députés républicains n'auraient pas cette franchise, mais en l'ayant pour eux, le Bonhomme Deschamps ne croit pas les calomnier.

⁂

En présence de pareilles monstruosités et — pourquoi ne pas le dire? — d'infamies, on ne peut contenir son indignation contre leurs auteurs, ni surtout son irritation contre ceux qui les ont choisis et qui les soutiennent. Il faut, en vérité, avoir reçu une dose de niaiserie ou d'aveuglement particulière, pour ne pas voir depuis longtemps à qui nous avons affaire. Comment, au premier mot que tous ces républicains laissent échapper sur leur amour de la justice, de l'égalité, sur leur dévouement aux petits et aux humbles, ne pas leur cracher à la figure leurs discours et leurs votes au Palais Bourbon? Il sera bien temps, ma foi, de gémir et de se frapper la poitrine quand tous ces gaillards-là auront détruit en France toute notion morale et religieuse, tout esprit de charité et de dévouement, et qu'ils auront fait de la France le mépris et la risée de l'Europe en attendant qu'elle en devienne la proie!

Le Bonhomme Deschamps.

NOUVELLES DE LA SEMAINE.

Mgr Lavigerie. — L'archevêque d'Alger a fait publier une note de protestation contre ceux qui persistent à affirmer « qu'en conseillant aux catholiques, la soumission à la forme républicaine, sans arrière-pensée, le cardinal Lavigerie conseille d'accepter tous les actes des républicains ». La note ajoute:

C'est exclusivement au point de vue politique que le cardinal a fait son adhésion, s'engageant ainsi à se soumettre à la forme du gouvernement et à ne rien tenter ou encourager contre elle. Mais, au point de vue religieux, il entend conserver le droit de s'opposer à tous les actes de persécution et de faire appel à tous les catholiques ralliés à la forme actuelle du gouvernement pour s'unir à lui dans ce but.

La presse radicale s'en empare pour attaquer violemment l'honorable cardinal. « Dès l'instant, disent les écrivains de ces journaux, que l'archevêque d'Alger entend maintenir son droit de s'opposer aux actes de persécution, il annule son adhésion à la République ». De plus nous avons le témoignage de l'organe de M. Jules Ferry, et ce témoignage est conforme. M. Jules Ferry se demande si Mgr Lavigerie ne se serait pas « laissé influencer par les objurgations de la presse réactionnaire »; puis il ajoute : « Ce qu'il y a de certain, c'est qu'on n'attendait pas ce *correctif* à sa déclaration... *Le régime républicain comporte des conséquences qu'on ne peut rejeter qu'à la condition de rejeter le régime lui-même.* Personne n'obligeait le prélat à faire son adhésion; du moment où il avait pris cette résolution, il devait savoir à quoi il s'engageait. *Donner et retenir ne vaut.* »

A quoi sert la Légion d'honneur. — Plusieurs journaux indépendants s'indignent, non sans raison, du grand nombre de croix de la Légion d'honneur, distribuées aux étrangers, — et souvent aux pires ennemis de la France, par le triste gouvernement dont nous sommes affligés. Nous croyons qu'on ne lira pas ce passage de l'article du rédacteur en chef de l'*Autorité*, sans partager les sentiments de réprobation qu'il exprime :

J'ouvre le *Journal officiel* et je trouve, par exemple, qu'en 1887-1888, il a été donné :
114 croix à des Prussiens;
21 à des Badois;
20 à des Bavarois;
11 à des Wurtembergeois;
153 à des Anglais;
2 à des nègres d'Haïti;
Et une enfin, à un indigène de Zanzibar.

Voilà les croix que l'on avoue. Par celles-là, jugez celles que l'on n'avoue pas et qu'on n'ose publier!

Et parmi les croix qu'on n'ose pas révéler, il y a celle de M. Crispi, notre ennemi mortel, fait grand-croix de la Légion d'honneur à la même époque.

Un singulier représentant de l'agriculture! — Tous les jours on signale des abus de pouvoir vraiment révoltants commis par nos gouvernants à la faveur de leur vieux renom d'intégrité qu'ils se sont décernés sous l'Empire. En voici un, entre autres, on pourrait dire entre mille, qui édifiera les agriculteurs sur la sollicitude du gouvernement à leur égard. M. Fribourg — un juif, entre parenthèse — est inspecteur-général des postes et télégraphes et, de ce fait touche annuellement 20,000 francs, non compris ses indemnités de déplacement. Un journal spécial, le *Moniteur des Postes et Télégraphes*, prétend même que, bon an mal an, ce gros fonctionnaire coûte au budget la bagatelle de 100.000 francs.

Or, ce modeste traitement ne pouvait convenir aux aptitudes extraordinaires de cet inspecteur-général; aussi le gouvernement vient de lui donner une nouvelle sinécure de plus : coût : 6.000 francs.

Le *Journal officiel* a enregistré ce cadeau dans les termes suivants :

M. Fribourg, directeur à l'administration centrale des postes et télégraphes, est nommé pour trois ans membre du conseil supérieur du bureau central météorologique de France pour représenter le département de l'agriculture.

On remarquera, mais sans étonnement toutefois, que M. de Selves a autorisé son directeur à occuper un emploi distinct de ses fonctions, alors qu'il défend, sous peine de révocation, à un malheureux facteur des postes d'être concierge ou homme de peine et de travailler à quoi que ce soit en dehors de son service.

EXPLOITATION DES PATURES (1)

Les pâtures peuvent être exploitées : 1° en vue de la production de la viande; 2° en vue de la production du lait; 3° en vue de l'élevage ou de l'entretien du bétail.

1° Production de la viande.

La production de la viande a été tout d'abord la destination des premières pâtures, qui, la plupart, avaient été créées par des propriétaires convertissant des fermes entières en herbages. Comme on devait s'y attendre, cette innovation fut mal accueillie par les témoins de ces entreprises; car, par nature, le cultivateur déteste le changement, et, par instinct, il sait « que la méfiance est mère de la sûreté ». Mais ne lui jetons pas la pierre; si sa profonde aversion pour ce qu'il ne connait pas peut avoir parfois un côté excessif, elle témoigne du moins de son attachement aux traditions du pays et de sa persévérance dans un genre de travail dont ses pères lui ont dicté et légué les conditions. On se prit donc à critiquer : était-il possible d'engraisser des animaux avec de l'herbe et de l'eau? Au moins leur aurait-il fallu de l'herbe jusqu'au ventre et un pâturage autrement substantiel que celui des Ardennes. D'ailleurs, le bétail était-il fait pour passer la nuit à la belle étoile? N'était-ce pas le vouer aux maladies de poitrine? Un animal criait-il, il réclamait assurément de la nourriture ou un abri; marchait-il, il cherchait à s'échapper; se couchait-il sur la terre humide, il devait contracter une maladie. Et c'est ainsi que les quolibets allaient leur train. Mais les herbagers firent comme le meunier de la fable : « comme on ne peut contenter tout le monde et son père, » ils persévérèrent, et firent bien.

Les faits parlèrent bientôt d'eux-mêmes; il fallut se rendre à l'évidence; les bœufs engraissèrent malgré une herbe souvent très courte, malgré les fraîcheurs de la nuit et malgré les critiques. Chez l'un des pionniers de ce mouve-

(1) Extrait d'une étude sur les *pâtures des Ardennes* publié par le journal du *Comice agricole* de Mézières.

ment, il y a vingt ou vingt-cinq ans déjà, on entretenait sur un hectare un bœuf comtois, dont l'engraissement rapportait de 100 à 130 francs, alors que quelques années auparavant ces mêmes terres étaient louées 30 francs l'hectare. Le nouveau système constituait donc une révolution complète. L'exemple donné se recommandait par des résultats trop évidents pour ne pas être bientôt suivis. Les pâtures s'étendirent de proche en proche pour arriver au développement que nous constatons aujourd'hui; mais de ce progrès même devait surgir un obstacle : l'extension considérable des pâturages, en faisant des Ardennes un centre d'approvisionnement, a amené un excès de production et créé une vaste concurrence, dont les herbagers ne souffrent que trop souvent.

Les bouchers, qui depuis quelques années trouvent à très bon compte du bétail médiocre et non engraissé dans toutes les étables des cultivateurs, se montrent difficiles à l'égard des animaux de pâture; ils choisissent les meilleurs de la bande et laissent les moins bons. Mais aussi faut-il reconnaître que le choix des bœufs ou vaches lâchés en pâture n'est pas toujours judicieux. Tout bœuf, à peu près indistinctement, est mis à l'herbe pour être engraissé. Toute vache qui tarde à donner son veau est destinée au même sort ; et cependant, combien de vaches de notre pays ont peu d'aptitude à l'engraissement! C'est un fait constant qui se confirme chaque année à nos dépens. Telle bête réussit, telle autre, d'une apparence au moins aussi bonne, ne profite pas. Les meilleures d'entre elles, du reste, tout en acquérant un certain état d'engraissement, manquent le plus souvent de chair, de sang et de tissus adipeux. Elles se touchent bien, suivant l'expression technique, mais elles font peu de poids; les plus grasses ont du suif, mais ce suif, léger par lui-même, semble recouvrir presque directement la charpente osseuse. Il n'en est pas de même de certains animaux importés dans les Ardennes pour l'engraissement.

Les races Comtoise, Mancelle, Normande, Hollandaise, et surtout les sujets de ces trois dernières races mêlés de sang Durham que nous achetons en Belgique, en Anjou, dans le Maine et dans le pays de Caux, nous fournissent des contingents bien meilleurs. Sous l'influence d'une herbe savoureuse, ce bétail refait son organisme en trois mois : le poil devient brillant, le sang se rajeunit, le poitrail s'élargit, l'arrière-train se culotte, une chair ferme et abondante recouvre toute la structure en effaçant ses défectuosités, s'il y en a; et ce n'est qu'après que l'animal a ainsi refait son poil, son sang et sa carnation, que le suif vient parer ses formes cylindriques et lui donner ce qu'en termes de boucherie on appelle des *maniements*. Aussi les augmentations de poids constatées sont-elles souvent considérables; elles constituent le bénéfice de l'herbager, aujourd'hui surtout où le commerce recherche plus la bonne viande que l'excès de graisse.

Mais s'il est facile d'indiquer les races à choisir, il est parfois plus difficile de les importer. Cette opération n'est pas à la portée de tout le monde et n'est pas toujours possible; car, outre que l'importation, pour être avantageuse, doit comporter un certain nombre d'animaux, afin de répartir sur chaque tête les frais généraux d'achat et de transport, il y a des années où les cours des pays d'élevage sont inabordables. Aussi, non seulement les petits cultivateurs, mais même les grands propriétaires, seront-ils contraints pendant longtemps encore, et dans une certaine mesure, de se servir du bétail né chez eux et autour d'eux. Mais il faut alors faire un choix éclairé, et la chose est assurément difficile.

(*A suivre.*) Jules Le Conte.

LA DISTILLATION DES MARCS

Il n'y a peut-être aucune opération à la ferme, qui offre autant d'attraits que celle de la distillation des vins ou des marcs.

Cela s'explique très bien. Un agriculteur se sent tout d'un coup grandir dans son propre esprit (sans calembourg) en distillant. Il fait de la chimie en somme; c'est une opération qui conserve de nombreux côtés encore mystérieux; enfin le résultat est de ceux qui sont les plus saisissants sous tous les rapports. Ajouté à sa valeur intrinsèque, un litre d'eau-de-vie à 50° représente un franc brut de droit, qui est une véritable prime offerte aux viticulteurs.

Rien d'étonnant, donc, que la distillation des marcs occupe le premier rang dans les préoccupations du viticulteur propriétaire.

De la façon de préparer des marcs ou le liquide qu'on veut distiller, de la conduite du feu de l'alambic, dépendent les résultats les plus divers et les plus disparates.

Avec les mêmes marcs, tel individu obtiendra une eau-de-vie qui rivalisera les meilleures de cognac, alors que tel autre n'obtiendra qu'un alcool de mauvais goût, à arôme empyreumatique insupportable, et la plupart du temps sentant l'aigre fortement, par dessus le marché.

C'est ce que je veux vous faire éviter.

Règle fondamentale : de la qualité du produit que vous distillez dépend absolument la qualité de l'alcool que vous voulez obtenir. A ce propos, rappelez-vous ce vieux proverbe marseillais : *De la saco d'un carbounie poou pa sorti de la blanco farino* (du sac d'un charbonnier, on ne peut pas retirer de la farine blanche). Pour retirer du bon alcool, il faut brûler du bon vin ou une bonne piquette.

Avec les marcs, le danger réside toujours dans leur acétification ; évitez-le.

Cet accident est d'autant plus préjudiciable qu'il ne faut pas oublier que l'acide acétique est produit par la transformation de l'alcool au contact de l'air. Ce qui revient à dire que si vous laissez aigrir vos marcs destinés à être distillés, vous perdez de gaîté de cœur le précieux extrait que vous convoitez. C'est ce qui explique le fait suivant, qui se présente assez souvent dans certaines fermes dont les directeurs ne connaissent pas ces détails : les marcs proviennent de raisins très riches, — qui se sont par conséquent encore plus vite acétifiés que tous autres — et le rendement alcoolique est nul !

C'est qu'on a trop attendu et que toute la partie alcoolique s'est transformée en vinaigre; c'est cet acide qu'on retire et non l'alcool.

Quand on a de grandes quantités de marcs, on peut employer la méthode algérienne des *silos*.

Elle consiste à creuser des trous dans la terre en forme de fosses qu'on remplit de marcs. On recouvre de terre et on tasse fortement, traitant ces grappes comme on traite les grains et les fourrages qu'on conserve ainsi.

Les appareils dont on se sert généralement dans nos campagnes, à part de bien rares exceptions, sont des plus primitifs. Mon Dieu ! je sais bien qu'ils fonctionnent dans le sens strict du mot, mais les eaux-de-vie qu'ils donnent, en pratiquant comme nos pères ont toujours fait, n'est jamais qu'une eau-de-vie de marcs, ayant cette saveur très développée.

Comme ce goût de moisi, dont je vous parlais un jour, qui est devenu *un goût de terroir* dans certaines régions où tout le monde fabriquait mal son vin, les eaux-de-vie de marcs, avec leur goût particulier très prononcé, ont fini par être prisées dans certains pays où on les préfère à toutes les autres.

Il est pourtant bien certain que tous ceux qui font ces eaux-de-vie de marcs ne peuvent pas faire autrement et seraient bien en peine de produire de ces bonnes eaux-de-vie des Charentes, délicieuses au palais avec leur franchise de goût dont seul le bouquet œnantique se dégage.

Je vais vous donner le moyen d'éviter, quand vous voudrez, que vos eaux-de-vie aient le goût du marc :

Je suis heureux de vous fournir un moyen pratique et peu coûteux d'utiliser toujours les vieux alambics et d'obtenir de cette bonne eau-de-vie dégagée de ce goût et de cette odeur empyreumatiques.

On verse le marc dans une cuve où on ajoute un hectolitre et demi d'eau tiède à 30 ou 40°, par hectolitre de marc pressé. On remue fortement le mélange pour permettre aux grappes de se gonfler de nouveau. On laisse les marcs pendant douze heures environ s'imprégner de cette eau. Après ce délai qui est généralement suffisant, on passe au pressoir les grappes chargées d'eau ; celle-ci s'écoule et entraine avec elle tout l'alcool.

En soumettant ce liquide à la distillation on obtient une eau-de-vie excellente qui, lorsqu'elle est rectifiée dans un bon appareil, fournit un 3/6 extra fin. L'explication de ce fait se résume ainsi : L'alcool obtenu par ce lavage de marc est débarrassé des huiles lourdes, infectes, retenues dans les pépins, dans la pellicule et dans la rafle du raisin.

Voici maintenant pour les propriétaires, industriels, le moyen employé par M. J. Brunet. Il place le marc dans des paniers de tôle, percés de trous, et les fait descendre, se poussant les uns les autres dans une colonne verticale en fonte; il dirige alors à travers cette colonne, un courant de vapeur d'eau. La vapeur arrive par le bas, traverse les paniers percés de trous, emporte la vapeur d'alcool, et vient se condenser avec lui dans le serpentin. L'alcool du vin, étant plus volatil que l'alcool de marc (Alcool amylique), est seul entraîné à l'état de vapeur, par le courant de vapeur d'eau : l'alcool de marc reste dans les résidus.

J.-F. Audibert.

LES ROLES DE 1891

Voici bientôt le moment où les rôles des contributions directes pour 1891 seront mis en recouvrement.

Les bordereaux que recevront les contribuables porteront en marge : « Le rôle a été publié tel jour. » C'est de ce jour de la publication du rôle que partira le délai de trois mois, accordé aux contribuables pour présenter leurs réclamations.

L'année 1891 aura une importance toute particulière, parce que les surtaxes qu'on aura acceptées pour une année dureront dix ans sans modification possible.

Qu'est, en réalité, cette publication du rôle? Lorsque le percepteur est nanti du rôle, il l'envoie au maire, qui donne ou ne donne pas avis aux administrés.

Or, il y a beaucoup de propriétaires n'habitant pas les communes où ils possèdent des propriétés et qui ne peuvent, en conséquence, être avertis de cette publication du rôle.

L'année dernière, par exemple, nombre de contribuables ont reçu par la poste, le 28 février, leurs bordereaux, envoyés par le percepteur, avec la mention : « Le rôle été publié le 5 janvier. » De telle sorte que ces contribuables se sont trouvés privés de cinquante-trois jours sur le délai de quatre-vingt-dix que leur donne la loi pour se renseigner, payer d'abord et réclamer ensuite.

Les percepteurs ne pourraient-ils pas se presser un peu moins pour envoyer les rôles aux maires et se hâter un peu plus pour adresser aux contribuables les feuilles d'impôts?

CHICANONS.

DE LA CRÉATION DES PINERAIES
Et des plantations forestières en général

Chacun sait que, dans tout ce qui touche à la production de la terre, il n'existe pas de règle absolue, et que les principes généraux sur lesquels repose toute exploitation culturale, de quelque nature qu'elle soit, reçoivent, suivant le lieu, le temps et le climat, des applications fort variables.

Nulle part, ce fait n'est plus sensible qu'en sylviculture, surtout quant aux détails des applications *pratiques*. La sylviculture repose sur la physiologie végétale, et cette dernière science, comme toutes les sciences naturelles d'ailleurs, a ses lois auxquelles on ne se soustrait pas impunément, mais qu'il faut savoir appliquer avec discernement suivant les circonstances. Il en est de même des conditions économiques de la culture forestière qui ne sont pas et ne peuvent pas être les mêmes pour tous pays, et doivent varier dans une proportion considérable d'une région à une autre.

Voilà pourquoi, en sylviculture plus encore qu'ailleurs, grand compte doit être tenu de cette règle de conduite intellectuelle qui prescrit *de ne généraliser qu'avec une extrême réserve*.

Ces réflexions se présentent naturellement à l'esprit en lisant le travail, si intéressant à tant d'égards, publié dans la *Gazette agricole* du 30 novembre dernier, par le très honorable M. Sarcé, ancien notaire, et consacré à la culture du pin Sylvestre.

Qu'il nous soit permis de le reprendre par le détail, pour en signaler les excellentes indications, en même temps que pour mettre le lecteur en garde contre les généralisations trop hâtives.

I.

Observons d'abord que la résistance au froid du pin Sylvestre n'est pas, comme le croit M. Sarcé, une découverte due au rigoureux hiver de 1879-1880. De tout temps, le pin Sylvestre est connu comme un arbre des hautes latitudes et des altitudes élevées ; de tout temps il a crû abondamment en Suède et en Norvège, comme chez nous sur les hauts versants des Alpes, des Pyrénées, du Plateau central, à des hauteurs supra-marines de quinze à dix-huit cents mètres et audelà.

Pareillement, le pin maritime a toujours été connu comme une essence méridionale. Sa préférence marquée, exclusive pour mieux dire, pour les sols siliceux, sa rusticité, la grande rapidité de sa croissance, la facilité extraordinaire avec laquelle lèvent ses semis, le bon marché de sa graine, voilà tout un ensemble de circonstances qui lui ont valu une vogue considérable et peut être un peu inconsidérée dans les boisements des vastes terres sableuses d'une des régions du centre de la France. On a un peu trop vite oublié que le Pin maritime est une essence qui craint les grands froids ; et, au lieu de l'employer seulement à titre auxiliaire pour protéger les premières années d'essences plus délicates et le faire disparaître ensuite peu à peu par les coupes d'éclaircie, on l'avait employé presque partout comme essence définitive, exclusive même en beaucoup de points.

Aussi, qu'est-il arrivé ? Un hiver très rigoureux est survenu et, — ce qui était à prévoir, — tous les massifs de pin maritime, essence méridionale, ont péri au nord du 46e parallèle. (Rochefort, Limoges, Gannat, Roanne, Ambérieu), ou à peu près ; au contraire, les pins Sylvestres, essence des climats froids, ont résisté.

Revenons à ces derniers.

Il est incontestable que l'on peut créer une *pineraie*, ou forêt de pins sylvestres, par voie de plantation, quand le terrain s'y prête ; et c'est même, en ce cas, et de beaucoup, le procédé préférable. Nous disons plus loin pourquoi.

Mais le terrain ne s'y prête pas toujours. Par exemple si, sur un sous-sol purement minéral, n'existe qu'une mince couche de terre végétale de quelques centimètres d'épaisseur à peine, il sera impossible d'y creuser des trous, à moins de frais sans proportion avec le but à atteindre, et encore faudra-t-il ramasser de la terre végétale tout autour, dans un rayon relativement grand, ce qui augmentera encore les frais. En pareil cas, le semis, nonobstant les inconvénients qui lui sont inhérents, sera préférable à la plantation ; et, exécuté dans les conditions requises, il aura toutes chances de réussir.

Quoiqu'il en soit, quand le sol se prête à la plantation, ce mode de boisement est infiniment préférable. Il faut alors, comme le fait fort justement observer M. Sarcé, employer des plants *repiqués*, c'est-à-dire élevés en pépinière et y ayant été déjà transplantés au moins une fois. Méfiez-vous des jeunes plants de semis naturels arrachés en plein massif forestier ; de plus, elles sont toujours plus ou moins mutilées, et leur reprise est des plus incertaines. Si elle a lieu, les plants restent faibles et malingres pendant plusieurs années avant de prendre leur essor, ce qui constitue un retard préjudiciable.

(*A suivre.*) DE KIRWAN,
inspecteur des forêts en retraite.

LA MAGNÉSIE COMME ENGRAIS

L'utilité de la magnésie pour les céréales et pour la végétation en général, est depuis fort longtemps connue. Sans remonter plus loin, Boussingault, dans son *Economie rurale* (édition de 1851), donne un tableau de la composition des cendres, des différentes semences dans lequel la colonne de la magnésie est occupée par des nombres qui varient entre 1 0/0 pour les chènevis et 17 0/0 pour les maïs. Les cendres du grain de froment sont cotées, dans le même tableau, 15.9 0/0 de magnésie.

On enseigne depuis plus de trente ans dans les cours les plus élémentaires, que les cendres du froment sont presque exclusivement composées de phosphate, de potasse et de magnésie. M. Joulie a toujours donné le dosage de la magnésie dans toutes les analyses de terres et de plantes qu'il a eu l'occasion de publier. L'utilité de cet élément de la composition des plantes ne peut donc être douteuse pour personne, surtout au point de vue de la formation des grains. Est-ce une raison suffisante pour faire entrer la magnésie ou ses sels dans les formules d'engrais et pour conseiller aux cultivateurs d'augmenter dans ce sens les sacrifices ?

Incontestablement oui, si leur sol n'est pas suffisamment pourvu de magnésie.

M. Joulie n'est pas encore complètement fixé sur la proportion de magnésie que doit contenir la terre pour être fertile. Mais il n'hésite pas à conseiller les engrais magnésiens lorsque la richesse, constatée par l'analyse, descend audessous de un demi-millième. Toutefois il a eu bien peu souvent l'occasion de donner ce conseil, car les terres qui arrivent à ce degré de pauvreté sont rares. Elles existent cependant. C'est pourquoi il peut être avantageux de faire entrer la magnésie dans la composition des engrais. Remarquons en passant que certains phosphates, les phosphates de Quiévy, par exemple, renferment naturellement une notable proportion de magnésie.

DOCTEUR AGRICOLA.

POMMES A CIDRE.

Les meilleures variétés.

Voici, d'après les études de M. Hauchecorne, d'Yvetot, les 28 variétés de pommes qui sont reconnues en Normandie donner le meilleur cidre.

Les pommiers sont vigoureux, fertiles, rustiques et donnent des fruits qui renferment au minimum : 15 pour 100 de sucre, 5 pour 1000 de tanin, 12 à 15 pour 1000 de mucilage ; leur acidité n'est pas supérieure à 1,071 pour 1000 et ils sont en général parfumée. En voici la liste :

NOMS.	SAVEUR.	FLORAISON.
Première saison (octobre).		
Blanc-Mollet	amère-douce	1re quinz. de mai
Railé (Varin).......	douce-amère	Comm. de mai.
Jaunet pointu.......	douce.	2e quinz. de mai.
Docteur Blanche.. .	amère.	»
Vagnon-le-Legrand.	douce-amère	1re quinz. de mai
Précoce-David.....	»	Comm. de mai.
Doux-Evêque	douce.	Fin mai.
Saint-Laurent	»	»

Deuxième saison (novembre).

Frequin rouge......	amère.	Mi-Mai.
Frequin blanc......	douce.	—
Gros Frequin.......	amère.	Mai.
Barbarie......... ..	douce-amère	Fin avril.
Médaille-d'Or.......	amère.	Juin.
Godard	douce.	»
Martin-Fessard.....	»	Comm. de mai.
Binet gris.........	»	2e quinz. de mai.
Amère de Berthecourt	amère-douce	Fin de mai.
Rouge Bruyère... .	amère-douce	1re quinz. de mai

Troisième saison (décembre).

Bédan-des-arts.....	douce-amère	2e quinz. de mai.
Argile grise........	»	»
Bramtot	»	Mi-mai.
Frequin-Audièvre...	»	2e quinz. de mai.
Jaunet de Gournay..	douce.	1re —
Bédan	douce-amère	2e —
Marabot.......... .	douce.	2e quinz d'avril
Grise Dieppois......	»	1re quinz. de mai
Petit...............	douce-amère	»
Rouge Avenel.......	»	Fin mai.

Les arbres, haute tige (de 7 à 12 centimètres de circonférence mesurée à 1 mètre du sol), valent de 1 fr. 25 à 1 fr. 50 en moyenne.

Nouvelles agricoles.

La question des sucres. — Le ministre de l'agriculture a été entendu par la commission du budget au sujet des sucres. Il a déclaré que le gouvernement voulant, par une mesure exceptionnelle et temporaire, venir en aide aux fabricants de sucre et aux cultivateurs, proposera les modifications suivantes à la loi : la prise en charge reste fixé à 7 75 pour les rendements de 10 0/0 et au-dessus ; elle serait abaissée à 7.25 pour ceux de 9 à 10, et à 7 fr, pour les autres.

La commission du budget s'est ajournée après avoir reçu cette communication.

Société d'agriculture de la Nièvre. — CONCOURS AGRICOLE DE NEVERS. — Les concours d'animaux gras et d'animaux reproducteurs de Nevers auront lieu, en 1891, du 21 au 25 janvier, c'est-à-dire dans la semaine qui précédera le concours de Paris, afin de permettre aux exposants de participer à ces deux exhibitions. Le nombre et la valeur des primes en argent ont été augmentés.

Des expositions de volailles vivantes, produits agricoles et sylvicoles, fromages, beurres, machines et instruments agricoles, seront annexées aux concours d'animaux.

Les éleveurs de toute la France peuvent prendre part au concours d'animaux gras et aux expositions annexes. Quant au concours d'animaux reproducteurs, il est réservé aux exposants de la Nièvre.

Ce dernier concours, dont l'importance s'accroît chaque année, comprendra une importante exposition d'étalons de gros trait, de taureaux des races nivernaise et durham, de béliers southdown et dishley nés dans le département.

Pour pouvoir prendre part au concours de Nevers, il faut en faire la déclaration avant le *27 décembre courant*. Le programme détaillé du concours et des formules de déclaration sont envoyés *franco*; il suffit d'en faire la demande à M. G. Vallière, secrétaire de la Société d'agriculture, place de la Halle, à Nevers.

La viande et le droit de douane. — La commission générale des douanes a entendu l'exposé de M. Viger sur le droit de douane applicable aux moutons.

Le rapport propose 15 fr. 50 par 100 kil. poids vif. Ce chiffre est adopté, ainsi que le droit de 2 francs pour les boucs et les chèvres, et 1 franc pour les chevreaux.

Les extraits de viande sont frappés d'un droit de 100 francs au tarif maximum et 80 francs au tarif minimum.

La commission a ensuite voté un droit de 8 francs par 100 kil., poids vif, porcs et pour les cochons de lait.

Sur les chiens de chasse et de luxe, la commission adopte 10 francs au tarif minimum et 15 francs au tarif maximum.

Les animaux non dénommés ne sont soumis qu'à un droit de statistique.

Les pigeons sont assimilés à la volaille et soumis aux mêmes droits.

Pour les viandes fraîches de mouton, la commission adopte un droit de 32 francs sur les 100 kil.

Pour la viande de bœuf, 25 francs ; pour la viande de porc, 12 francs.

Pour les viandes salées de porc, le tarif comprendra trois rubriques spéciales : jambons, 16 francs les 100 kil.; charcuterie fabriquée, 20 francs.

La commission décide de mettre les viandes salées : jambons et lards aux deux tarifs, 20 francs au maximum et 14 francs au minimum.

La viande salée de bœuf est mise aux deux tarifs : 27 francs et 30 francs.

Les conserves de viandes en boîtes sont mises aux tarifs : 20 francs et 15 francs par 100 kilos, poids net.

Production du vin dans le monde. — L'extension de la culture de la vigne et la production du vin dans chaque pays viticole pour l'anné 1890 se peuvent déterminer approximativement de la façon suivante :

PAYS	Extension de la vigne en hectares	Production moyenne annuelle
—	—	—
France............	1.900.000	30.000.000 h.
Algérie............	120.000	2.000.000
Italie.	1.800.000	28.000.000
Espagne...........	1.750.000	25.000.000
Autriche-Hongrie...	600.000	10 000.000
Roumanie..........	150.000	5.000 000
Allemagne..........	100.000	4.500.000
Portugal..........	100.000	4.000.000
Turquie, Chypre....	100.000	3.000.000
Russie............	150.0 0	1.500.000
Grèce.............	75 000	1.500.000
Etats-Unis.........	45.000	1.500.000
Chili et Plata.......	30.000	1.000.000
Suisse............	45.000	1.000.000
Serbie, Bulgarie....	50 000	1.000.000
Le Cap............	10.000	1.000.000
Australie..........	8.000	250.000
Açores, Canaries et Madère..........	5.000	100.000
Totaux.....	7.138 000	121.350.000 h.

Boucherie syndicale et coopérative. — Le petit syndicat du canton d'Astaffort (Lot-et-Garonne), qui ne compte que 340 associés, a fondé une boucherie coopérative dont les débuts modestes montrent bien l'utilité de ce genre d'association.

En six mois, leur boucherie a débité 64 veaux, 3 vaches et 20 porcs, ayant produit un poids mort de 6.000 kil., qui ont coûté en frais d'achat et d'abatage, 5.890 francs, et dont le débit a rapporté 5.978 francs, au prix moyen de 1 fr. 30 le kil., pendant que les bouchers vendent 1.50 à 1.70. Les éleveurs et les consommateurs se sont ainsi partagé près de 29.000 francs qui eussent été prélevés par les bouchers sans la boucherie coopérative.

Bravo, mille fois bravo! Voilà de la bonne besogne.

Le rendement des animaux de boucherie. — Le Bulletin du ministère de l'agriculture a publié récemment un rapport intéressant de M. Léon Vassillière, inspecteur général de l'agriculture, sur les opérations de la Commission chargée d'étudier le rendement d'animaux primés au concours général agricole de 1889. Ce rapport est accompagné de tableaux qui fournissent le rendement de ces animaux sous trois formes : A, rapport des quatre quartiers au poids vif; B, rapport des quatre quartiers, plus le dégras, au poids vif ; C, rapport des quatre quartiers, plus le dégras, au poids vif diminué des aliments contenus dans les estomacs et dans les intestins :

Race.	Age.	Rendement A	Rendement B	Rendement C
—	—	—	—	—
		p. %	p. %	p. %
Bœuf durham-charolais	31m15 jours	68.61	69.35	72.89
— —	54m6 —	67.67	68.90	71.86
— limousin.......	44 mois	66.71	70.98	74.29
Vache bazadaise.....	43m25 jours	64.78	67.23	71.09
— normande.....	48 mois	62.50	66.69	71.58
Moutons mérinos.....	26 —	63.64	68.18	70.08
— southdown...	9 —	61.42	65.31	69.15
Porc normand.......	13m20 jours	84.62		85.60

On remarquera que le bœuf limousin, qui vient après les durham-charolais pour le rendement brut, prend le premier rang quand on tient compte du dégras, condition importante pour la boucherie.

CONSEILS DU JUGE DE PAIX.

ACCIDENT DE VOITURE. — RESPONSABILITÉ

— Vous me voyez tout éclopé, et je viens vous demander si je n'ai pas des droits contre ceux qui m'ont mis dans ce joli état.

— Quelle triste aventure t'est-il donc arrivée ?

— Je descendais la côte, qui est très raide, vous le savez, avec ma bonne vieille jument qui est plus douce qu'un agneau ; tout à coup j'entends derrière moi cet ivrogne de Mathurin qui a toujours un verre de trop dans la tête, il arrivait dans sa charette à fond de train, faisant claquer son fouet et chantant à lui tout seul plus fort qu'un régiment tout entier ; c'était un vacarme infernal ; ma pauvre bête prend peur, elle s'emporte pour la première fois de sa vie, je ne puis lui faire éviter un tas de pierre, et me voilà culbuté.

— Tu peux réclamer les dommages-intérêts à Mathurin.

— Je ne demande pas mieux, mais remarquez bien qu'il ne m'a pas accroché ; l'accident a été seulement causé par le bruit qu'il faisait et par l'allure trop rapide de son cheval, de l'affolement du mien.

— C'est précisément pour cela qu'il est responsable ; on doit toujours réparer le dommage qu'on cause; bien qu'aucun règlement de police ne prescrive sur les routes et en dehors des villes une allure quelconque aux voitures, il est certain que tout conducteur est strictement tenu de prendre toutes ses précautions pour éviter les accidents, et celui qui, comme ce brutal de Mathurin, met, à une descente rapide, son cheval à une allure excessive, et l'excite en poussant des cris et en le fouettant, sans se préoccuper des voitures qui marchent paisiblement devant lui, se rend, par cela seul, coupable d'une grave imprudence, qui l'expose à des peines correctionnelles et à des dommages-intérêts. UN VIEUX JUGE DE PAIX.

CONSEILS A LA FERMIÈRE

MANIÈRE DE RENDRE LES VÊTEMENTS IMPERMÉABLES.

Nous voilà en plein dans la mauvaise saison des pluies, des brouillards et de la neige.

Mesdames, ayez pitié de vos hommes qui restent une partie de la journée *par devant la porte*, comme on dit chez nous, et qui reçoivent plus de pluie sur le dos que de pièces de cent sous dans le gousset. Habillez-les chaudement et ne négligez pas de rendre imperméables les tissus de leurs vêtements.

C'est facile, voici la recette. Vous trouverez chez tous les droguistes, les ingrédients dont il y est question :

Pour un bain de 90 litres, par exemple, prenez : acétate de cuivre, 625 grammes ; aluminate de soude et de potasse, 1 kil. 250 gr. Ces matières doivent être bien pilées ensemble ; puis versez graduellement dessus *90 litres d'eau de pluie et remuez fortement* avec un balai de bouleau, jusqu'à complète dissolution. Ajoutez ensuite 9 litres d'eau dans laquelle on a fait bouillir, pendant vingt minutes, 560 grammes d'algue marine, 225 grammes de gomme arabique, 115 grammes de savon en poudre et 115 grammes de glycérine. Le tout est alors remué pendant dix minutes. Quelquefois, à ces derniers ingrédients, on ajoute 200 grammes de magnésie pour neutraliser les acides que le bain pourrait contenir ; mais ceci ne se fait que lorsqu'on a à traiter des couleurs tendres

Un bain ainsi préparé peut être employé pour imperméabiliser toutes sortes de tissus, tels que soie, coton et laine de toutes couleurs ou qualités, sans affecter leur fraîcheur ou les imprégner de l'odeur la plus légère.

Ce procédé ne nécessite aucun appareil spécial ; tout ce qu'il y a à faire est de plonger le tissu plusieurs fois *dans le bain, en le menant vigoureusement* pour lui faire absorber la quantité voulue de liquide, puis de le laisser dans la cuve pendant quelques heures.

Quand on retire l'étoffe, elle doit être lavée dans beaucoup d'eau sans être pressée, puis suspendue devant un feu ou à un endroit exposé à l'air ; mais il est nécessaire qu'elle soit finalement séchée devant un feu, puis repassée avec un fer chaud.

Préparés de cette façon, les tissus ne sont pas seulement imperméables à l'eau, mais encore ils sont poreux, ils peuvent être pénétrés par l'air, ce qui est important au point de vue sanitaire ; ils peuvent également être brossés et lavés, et ils résistent aux plus fortes averses.

UNE MÉNAGÈRE.

RENSEIGNEMENTS MILITAIRES

LE NOUVEAU RÉGIME DE SAINT-CYR

Le Président de la République vient de signer un décret relatif à l'école de Saint-Cyr.

Aux termes de ce décret, les jeunes gens ne pourront plus s'engager dans un régiment afin d'avoir plus de temps devant eux pour concourir aux examens de Saint-Cyr. Lorsque la limite d'âge sera passée, ils ne pourront aller qu'à Saint Maixent ou à Saumur.

Cette disposition sera appliquée à partir de 1892.

L'exécution du décret sera complète en 1895.

Les jeunes gens qui désireront, étant à Saint-Cyr, sortir dans la cavalerie, passeront à Pâques de la première année un examen et suivant leurs aptitudes seront classés dans cette section où ils resteront dix-huit mois.

En sortant de Saint-Cyr, tous les élèves passeront quinze ou dix-huit mois au régiment en service ordinaire. Ceux qui sont affectés à la cavalerie iront comme leurs camarades de l'infanterie, passer le même temps au régiment, puis ils seront envoyés à l'école de Saumur.

Les candidats pour Saint-Cyr ayant plus de dix-huit ans devront contracter un engagement de trois ans.

PETITE POSTE.

M. L... (Aisne). — *Engrais chimiques.* — Le petit traité de M. Fiévet, professeur d'agriculture à Charleville (Ardennes), est clair, court et pratique. — Prix : 1 fr. chez l'auteur, à Charleville. — Merci de votre bon souvenir.

M. J... (Finistère). — N'achetant des engrais que par quantités restreintes, il ne vous est pas possible de les grever d'une analyse chimique qui est toujours onéreuse. Pour être à l'abri des fraudes, n'achetez *jamais* aux rouleurs qui parcourent vos campagnes ; ne vous adressez qu'aux maisons *sérieuses*, connues *honorablement*, et servez-vous des syndicats agricoles.

M. J. M... (Isère). — *Moteur à pétrole.* — Le moteur *Otto*, à *pétrole*, à la Compagnie des Moteurs à gaz, 155, rue Croix-Nivert, Paris.

M. O... (Somme). — Nous connaissons parfaitement l'engrais amiénois. C'est un des meilleurs engrais organiques, riche en sels actifs et assimilables. N'hésitez pas.

M. M... (Algérie). — Le numéro de votre obligation n'est pas sorti.

M. P... (Nord). — La personne en question est placée. — Oui, nous pouvons vous procurer un bon régisseur Quels appointements offrez-vous?

M. M... (Charente-Inférieure). — Nous vous avons envoyé, mercredi, un second almanach. — Vous allez recevoir les renseignements demandés sur l'empaillage des oiseaux.

M. N... (Tarn-et-Garonne) — *Tourteaux.* — L'échantillon que vous nous avez envoyé est falsifié. Nous vous adressons le modèle de la plainte à remettre au procureur de la République.

M. J... (Somme). — *Primes.* — Nous donnerons des échantillons de semences d'élite de printemps.

M. T... (Cantal). — Nous envoyons votre demande aux docteurs Choffé et Mauclair.

M. P... (Ardennes). — *Plantations : distances.* — Non ; si le propriétaire a acquis par prescription le droit de conserver les arbres plantés depuis plus de 30 ans, à une distance de moins de 2 mètres de la ligne séparative, il n'a pas celui de les remplacer par de nouvelles plantations.

M. J... (Finistère). — Écrivez tout simplement à M. *Anglade, commissionnaire en bestiaux, à La Villette.* Pas besoin d'autre adresse.

POUR RIRE.

Les impressions de voyage du sultan de Zimboubou. — Sans E

DICTS D'AMADOU, SULTAN DU ZIMBOUBOU

Moi pas satisfait du tout, du tout ; vouloir partir pour Congo.

Habitants Paris pas joulis, trop blancs ; pantalons trop collants, habits trop longs ; maisons Paris trop là-haut, là haut, font mal au cou à voir. Pourquoi pas bâtir plus bas ? On n'aurait pas à gravir autant.

Marmitons Paris pas savoir couscous, ni riz cuit, ni mouton cru ; plats pas bons, ni pour dix sous, ni pour cinq francs, ni pour un louis d'or.

La nuit, pas pouvoir dormir, bruits trop grands ; omnibus toujours courir.

Pour consolation, vu Constans ; jouli, Constans, gras, fort, barbu, bon garçon ; moi lui vouloir pour roi quand lui plus au pouvoir français.

Vu aussi Guyot ; jouli, Guyot, dit Chocolat ; lui toujours parti ; un jour lui partir Congo pour inauguration.

Vu aussi Carnot ; jouli, Carnot ; roi barbu tout à fait noir, qui fait plaisir à voir.

Nonobstant, moi partir pour Congo ; bonjour, bonsoir !

OFFRES & DEMANDES.

Pour répondre au désir qui nous est exprimé, nous offrons à nos abonnés, sous cette rubrique, deux annonces gratuites pour les offres et demandes d'emplois, produits ou animaux à vendre ou à acheter, etc.

Les annonces qui suivront jouiront d'une réduction de 50 pour 100 sur les tarifs ordinaires (0 fr. 15 la ligne au lieu de 0 fr. 30).

Les demandes d'insertions devront être envoyées à l'administration (joindre un timbre de 0 fr. 15) qui se chargera de les rédiger.

Ne pas négliger d'envoyer tous les renseignements nécessaires.

Un jeune homme, dans la force de l'âge, fils de cultivateurs, élevé dans la culture, demande place de régisseur ou de chef de culture. — N° 896. — Bonnes références.

A vendre, *Pommes de terre Institut de Beauvais*, par quantités de 100 kil. au moins. — N° 897.

S'adresser aux bureaux du journal (joindre timbre de 0 fr. 15).

BULLETIN FINANCIER.

Encore une fois, une huitaine qu'on peut qualifier de nulle, et cela sans être taxé d'exagération.

Nous avons assisté à des séances telles que celles de lundi, mardi et mercredi, où l'animation a fait complètement défaut. On peut dire que l'on a piétiné sur place; mais on peut dire encore, avec plus juste raison, que l'on n'a pas même remué les pieds.

Nos fonds d'Etat n'ont présenté que d'insignifiantes variations. Le 3 p. 100 est resté à quelque cinq ou six centimes près du même cours de clôture de samedi dernier, soit 95 70.

Le 3 amortissable et le 4 1[2 0[0 sont plus stables encore.

La plus grande partie des Sociétés de Crédit reste bien tenue.

C'est, comme on le voit, la fermeté la plus parfaite qui règne sur le marché; mais nous le répétons, c'est le calme le plus absolu, le moment ne paraissant guère propice à un mouvement en avant.

Les valeurs internationales sont restées très calmes.

L'Italien demeure lourd et offert.

Il est intéressant de constater que la Banque nationale a pour 35 millions d'effets en souffrance.

Quant aux Chemins de fer français, ils sont toujours très fermes.

On sait que, dans aucun groupe, la reprise n'a été plus égale que dans celui des Chemins français; ces excellentes valeurs, dès qu'elles fléchissent accidentellement, sont achetées par le comptant.

L'Est a été demandé de 876 à 878, le Lyon de 1.485 à 1.490, le Midi de 1.325 à 1.330, le Nord de 1.860 à 1.865, l'Orléans de 1.486 à 1.490, l'Ouest de 1.023 à 1.030.

Sur les obligations des grandes Compagnies, les cours sont en nouveau progrès : celles du Nord varient de 452 à 453.

Les Chemins algériens sont fermes : le Bône-Guelma de 712 à 715, l'Est-Algérien de 702 à 705, l'Ouest-Algérien à 600 et 602.

Les Chemins étrangers ont presque tous reconquis leurs capitalisations les plus élevées du mois dernier.

La Banque de France vaut 4,405 fr.

Le bilan hebdomadaire de cet établissement de Crédit fait ressortir les différences suivantes sur celui de la précédente semaine :

L'Encaisse métallique est en diminution d'environ un million; dont 500,000 fr. entrant dans ce total pour le chapitre or.

Tous les autres chapitres sont en diminution : Le Portefeuille pour 32 millions; les Avances sur titres de 600,000 francs; la Circulation pour 12 millions; le Compte courant du Trésor de 13 millions et les Comptes courants particuliers de 12 millions.

Les bénéfices de la dernière huitaine ont été de 428.000 francs.

L'action du Crédit Foncier se traite 1.310 francs.

Dans sa séance hebdomadaire du 10 décembre, le Conseil d'administration du Crédit Foncier a autorisé pour 4.263.431 francs de nouveaux prêts, dont 2.573.800 francs en prêts fonciers et 1 million 689.631 en prêts communaux.

Les Sociétés industrielles sont calmes.

COUPON.

HALLES ET MARCHÉS.

Les céréales ont toujours des prix soutenus; cependant la tendance est moins ferme pour les seigles et les orges. Les fourrages et les pailles sont en hausse. Les sucres ont également un peu plus de fermeté, ainsi que les suifs. Les fruits et légumes se vendent mal.

GRAINS

Blés. — Les apports sur nos marchés sont encore restreints. Les offres sur échantillons sont également modérées en attendant les grands battages d'hiver. Les cours se maintiennent donc fermes et l'on a signalé de la hausse sur quelques points. Voici les dernières cotes de samedi sur les principaux marchés de la région, Douai, 26 francs à 27 fr. 50 les 100 kilog.; Arras, blé blanc, 24 francs à 26 fr. 50; roux, 23 francs à 25 fr. 50; Beauvais, 21 à 24 francs; Montereau, 23 fr. 35 à 25 fr. 90; Châlons-sur-Marne, 24 fr. 50, Amiens, 25 fr. 40; Etampes, 21 fr. 70 à 25 fr. 90; Orléans, 25 à 30 francs; Laval, 24 fr. 50 à 24 fr. 75. A Nantes, on tient de 24 fr. 50 à 24 fr. 75; à Dijon, 23 fr. 50 à 24 fr. 50; à Lyon, 24 fr. 25 à 24 fr. 50; à Bordeaux, 25 fr. 60 à 26 francs. — Les blés étrangers se vendent facilement, à des cours un peu meilleurs que la semaine précédente ; les Californies disponibles valent 26 fr. 50 à 26 fr. 75 ; les Australie, 27 fr. 25 à 27 fr. 50; les roux d'hiver, 26 fr. 25; les tuzelles d'Algérie, 26 francs; le tout par 100 kil. acquittés sur wagon à Rouen, le Havre ou Dunkerque. — Dans nos ports les affaires ont eu peu d'animation. Les importations ont été nulles pendant la semaine écoulée à Bordeaux et au Havre; à Marseille, il a été importé 135,000 quintaux de blé, mais les ventes ont été languissantes, et le stock dans les docks a augmenté; il reste à 395,000 quintaux.

Seigles. — Au marché commercial de Paris, les affaires sont très calmes; on cote le disponible et livrable courant du mois 17 fr. 25; les autres termes 17 francs à 17 fr. 50. A la halle, les cours sont toujours fermes, avec peu de vendeurs, de 16 fr. 75 à 17 francs les 100 kilog. en gare à Paris.

Orges. — Les affaires sont restreintes, et la tendance moins ferme. On cote, suivant qualité et provenance, 17 fr. 25 à 22 francs les 100 kilog. à Paris. Les arrivages d'Algérie sont toujours importants. — Les escourgeons restent au cours nominal de 19 francs les 100 kilog. pour les provenances de la Beauce et du Centre.

Malts. — Les malts d'orges indigènes valent 30 à 32 francs les 100 kilog. avec transactions restreintes.

Avoines. — La fermeté s'accentue. On cote les avoines noires de choix 18 fr. 50 à 19 francs les 100 kilog.; celles de Beauce et du Centre 18 francs à 18 fr. 25; les grises, 17.75 à 18 francs; les blanches 17 francs à 17 fr. 25. — Au Havre, les avoines de Suède sont offertes de 18 fr. 25 à 18 fr. 50 les 100 kilog. sur wagon, et les bigarrés d'Amérique à 18 francs.

Farines de consommation.

Les affaires restent calmes en boulangerie; la meunerie du rayon met toujours la même modération dans ses offres.

MARQUE DE CORBEIL	60 fr.		(38 21	100 k.).
	159 kil.		100 k.	
Marques de choix	60 à	61	38 21 à	38 85
Premières marques. . . .	59	60	37 58	38 21
Bonnes marques.	57	58	36 30	36 94
Marques ordinaires. . . .	56	57	35 66	36 30

Le sac de 159 k., toile à rendre, rendu à domicile, payement comptant, ave 1[2 0[0 d'escompte ou 30 jours sans escompte.

Fourrages et pailles.

Paris, La Chapelle.

	1re qté.		2e qté.		3e qté.	
Foin 104 bot. dans Paris	48 à	49	45 à	47	43 à	44
Luzerne.	48	49	46	47	42	44
Paille de blé	31	32	29	30	27	28
Paille de seigle	31	36	31	33	28	30
Paille d'avoine	25	26	24	24	21	22

Le tout aux 104 bottes dans Paris.

COURS DE DIFFÉRENTS MARCHÉS (par 100 kil.).

	Paille.	Foin.
Le Puy	4 50	7 25
Dijon	4 25	7 60
Blois	5 »	7 50
Toulouse	4 75	7 75
Chalon	6 ..	8 50
Beauvais	5 50	7 75
Orléans	6 50	8 ..
Douai	5 75	8 50

Issues, les 100 kil.

La demande reste active avec la continuation des gelées, et les prix restent fermement tenus sur la hausse acquise la semaine dernière.

Nous cotons par 100 kil. en gare d'arrivée à Paris :

Son écaille.	13 50 à	14 »
— gros	13 »	13 25
— trois-cases	12 75	» »
— fin	12 »	» »
Recoupettes.	12 »	» »
Remoulages blancs.	17 »	18 »
— bâtards.	14 »	15 »

MARCHANDISES DIVERSES.

Fécules.

Les prix sont fermes; cependant on relève un peu plus de calme dans les affaires, la fin de l'année approchant.

Les 100 kil.

Paris. — Fécule 1re, grains	31 » à	32 »
Oise. — Fécule 1re, grains	28 50	30 50
Vosges. — Fécule 1re, grains . . .	31 »	32 »
Saône-et Loire	32 »	33 »
Loire. — Fécule 1re, grains	29 »	30 »
Auvergne. — Fécule 1re, grains. .	29 »	30 »
Fécules secondes selon qualité....	21 »	27 »

Pommes de terre.

Les 1.000 kil.

Hollandaises.	70 » à	80 »
Vosgiennes	60 »	»» »
Early roses	50 »	60 »
Saucisses	55 »	65 »
Rondes.	50 »	60 »
Chardonnes	50 »	45 »

Pommes à cidre.

Paris, 10 décembre :

Le temps de gelées qu'il a fait depuis quinze jours a été fort préjudiciable au commerce des pommes; aussi les plaintes sont très vives en commerce et en culture. Les wagons expédiés entre le 24 et le 30 ont-ils eu fort à souffrir avant l'arrivée à destination; les conséquences en ont été désastreuses : aussi les transactions sont fort pénibles; il en est survenu de la baisse. Les prix sont de 80 à 95 fr. suivant leur qualité et l'état sain; le tout les 1,000 kil., parité Paris.

Les poires à cidre, tout à fait épuisées, n'ont plus de cours. Nous n'en parlerons plus.

Rouen (Seine-Inférieure), 10 décembre.

Sur 148 hectolitres de pommes apportés, 130 ont été vendus à 6 50 l'hectolitre (y compris les droits du Trésor et ceux de la ville de 1 fr. 10 par hect).

Tourteaux, les 100 kil.

	Colza	Œillette	Lin	Cam.
Lille...	15 .. à 16 ..	16 25 à 17 ..	21 50 à 22 50	15 25
Arras..	14 .. 14 ..	16 75 16 75	21 50 22 25	14 5
Gd Moulin				
Corbeil..	15 50		19 75	
	Cophra	Arachide déc.	Sésame	Lin.
Marseille	13 25 à 14 50	14 .. 15 ..	14 50 à 15 2	16 ..

GRAINES DIVERSES.

Maïs, les 100 kil.

Paris	14 » à 16 50		Agen......	14 25	16 »
Alais	14 50	15 50	Grenoble..	15 »	16 25
Ruffec	14 25	15 50	Reims.....	15 50	16 50

Sarrazin, les 100 kil.

Paris......	15 75 à 16 50		St-Pierre..	15 50 à 16 25	
Mayenne..	15 50	16 »	Nantes....	15 25	16 »
Rennes....	15 »	15 75	Orléans ...	15 50	16 50

Légumes secs, les 100 kil.

	Haricots	Pois	Vesces	Lentilles
Paris.....	20 à 47	21 à 26	» »	45 à 70
Rouen.....	42 57	50 63	26 28	77 »
Marseille..	18 30	23 32	25 34	19 24 50

Graines fourragères, les 100 kil.

Luz. de Prov.	1 0 à 150		Minette.....	25 à 30	
— du Poitou	105	115	Sainfoin à 2 c..	26	28
— d'Italie..	120	130	Sainfoin à 1 c..	26	28
Trèfle blanc..	»	»	Pois jarras...	19	20
— violet..	120	130	Vesces......	18	20

Huiles.

Colza brut. — Le marché débute calme aux derniers cours de la veille. Le rapproché est sans affaires; les 4 mois de mars se payent 65 25.

On cote au début de la réunion :

Cote précédente même heure.		Cote du jour.
63 50 à 63 25	Disponible	63 25 à 63 50
63 50 63 25	Courant	63 25 63 50
64 » 63 75	Décembre.......	63 75 64 »
64 75 64 50	4 premiers mois	64 50 64 75
65 25 65 »	4 mois de mars	65 25 » »

Lin. — Les prix restent sans variation; les affaires sont nulles à la première cote.

On cote au début de la réunion :

Cote précédente même heure.		Cote du jour.
56 » à 56 50	Disponible.......	55 50 à 55 75
56 » 56 50	Courant	55 50 55 75
55 50 56 »	Décembre	55 » 55 50
55 » 55 50	4 premiers mois	54 75 55 25
55 55 56 »	4 mois de mars.....	55 » 55 50

Les 100 kil. net, logés, escompte 1 0/0.

Pétrole.

Prix sans changement.

Disponible	100 kil.	49 50 à 51 50
Essence de 700 à 710°, disponible....		60 50 64 »

On cote à l'hect. pour le détail :

PÉTROLE RAFFINÉ disponible .	39 50 à 40 50
ESSENCE RECTIFIÉE, disponible	42 25 43 50

Laines.

Roubaix-Tourcoing, 9 décembre.

Laine peignée	de fabrique		courant	
—	Cours du jour.	Cours préc.	Cours du jour.	Cours préc.
Courant......	5 37	5 35	5 22	5 22
1 mois après ...	» »	5 40	5 15	5 5
2 — ...	5 45	5 45	5 20	5 20
3 — ...	5 45	5 45	» »	» »
4 — ...	» »	5 42	» »	» »

Marché soutenu. Ventes, 55,000 kil.

Anvers, 9 décembre.

Peignés allemands de La Plata : Contrat B : déc., 5 27 1/2; janvier à avril, 5 30; autres époques, 5 32 1/2.

Sucres.

Sucres raffinés. — Les cours restent sans variation; les affaires dénotent, par continuation, peu d'activité en raffinerie Nous cotons les pains 105 50 à 106 fr. les 100 kil. par wagon complet.

Cours pour l'exportation franco sur wagon ou sur bateau, pur pains 1er choix, suivant marques aux 100 kil.

Habillage en papier	1 0/0	41 50 à .. ..
— —	2 1/2	41 25 à .. ..
— —	4 0/0	41 .. à .. ..

Sucres cassés, produits accessoires
(les 100 kil. disponibles, suivant marque).

Surchoix, cassé, rangé, logé, caisses de 50 kil., ou cartons de 5 kil.	111 50 à 112 »	
Caisses de 25 kil	112 »	» »
Caisses de 10 kil	112 »	112 50
Gros déchets	104 »	101 50
Sucres en poudre	103 50	» »
Semoules.............	107 »	107 50
Glaces	103 »	104 50
Cristallisés, extra acquittés. . .	96 »	96 50
— en poudre	97 50	» »

Alcools. — Prix de l'hectol. nu, au compt.

Paris. 3/6 fin, betteraves, 1re qualité, l'hectolitre.		Lille, disp	35 .. à 40 ..	
90° dispon.	36 75 à 36 25	Cette	90 ..	100 ..
Janvier ...	37 25 37 75	Nîmes ...	90 ..	95 ..
4 de mars.	39 0 37 ..	Béziers ..	75 ..	100 ..
		Pézenas .	75 ..	105 .

Raisins secs à boisson.

(Cours de la maison Audibert, 53, rue des Minimes, à Marseille).

Prix actuels (grande baisse).

Corinthe, Roi de Grèce, petits grains Extra 1er choix	100 kilos		57 »
Corinthe, le Turban, gros grains..................	»	»	M.
Corinthe petits grains, 1er choix.	»	»	54 »
Thyra. 1er choix.............	»	»	48 »
Samos noirs, 1er choix.........	»	»	M.
— muscats..............	»	»	M.
Figues à distillerie............	»	»	27 »
Panaches noirs, égrappés....	»	»	M.

Engrais. — Prix des 100 kil. :

Matières diverses pour engrais. — Cours commercial sur la place de Paris, par 100 kil., pour des ventes en gros de 30.000 kil. au moins.

Sang desséché moulu.	11/13 0/0 azote	20 90	à 24 70
Viande desséchée....	9/11 0/0 —	17 50	19 80
Cornes broyées......	13/14 0/0 —	20 80	22 60
Cuir désagrégé	8/9 0/0 —	10 40	10 70
Laine engrais.......	3 à 4 0/0 —	» »	» »
Nitrate de soude.....	15/16 0/0 —	22 »	22 25
Nitrate de potasse...	95 0/0 —	47 »	47 »
— ...	00 0/0 —	45 »	45 50
Muriate de potasse...	80 0/0 —	» »	» »
Sulfate de potasse...	90 0/0 —	24 50	25 »
Sulfate d'ammoniaq..	20/21 0/0 —	31 65	31 50
Chlorure de potassium	90 0/0 —	21 »	21 »
— Stassfurt.	80 à 85 0/0 —	17 25	18 »
Cornes, cornailles pour brûler.....		» »	» »
Déchets fins de cornes, frisures...		» »	» »

Phosphates des Ardennes. — En gare des Ardennes et de la Meuse, en sacs (les 100 kil.).

Pulvérisés. 14/16 0/0, acide phosph..	3 40 à	» »
— 18/20 0/0, —	4 »	» »
— 16/18 0/0, —	3 70	» »

Phosphates de Tavel.

50/», la tonne.................... 60 » à 100

Phosphates de l'Oise.

14/16 0/0 acide phosphorique.................. 3 35

Phosphates de la Somme.

20/22 0/0 acide phosphorique 5 30

Sulfate de cuivre.

Les 100 kil..................	54 » à	55 50
Phosphates du Boulonnais 40/15...	1 60 à	» »
— du Cambresis 28/35....	3 55	4 »
— du Lot 30/50...........	3 20	5 25

Superphosphates, poudres d'os, etc.

Les 100 kilogr.

Phosph. préc. 35 à 40 % acide phosph.	21 »	24 »
— — 40 à 45 % —	26 »	26 »
Superphosphates fossiles, 10 % acide phosphorique soluble et assimil. (les 100 kilog.)........	6 25	» »
Superphosphates fossiles, 16 à 18 %.	10 25	11 »
— d'os, 16 à 18 %, acide phosph..	12 25	12 25
Poudres d'os bruts..............	12 75	» »

Engrais spéciaux. — Les 100 kilog.

Guano du Pérou. 10 à 16	Eng. chim.
Guan du Pér. diss. 32 à 20	de H. Joulie,
Guan. az. fixe. 26 » à 27 »	Lag....... 15 » à 23 »

BEURRE, ŒUFS, VOLAILLES.

Paris, 10 décembre.

Beurres en mottes.

L'arrivage d'hier a été de 36,000 kil.
L'arrivage approximatif a été de 5,832 kil.

Beurres en livres.

L'arrivage d'hier a été de 14,000 kil.
L'arrivage approximatif a été de 9,511 kil.

Fermiers	au kilo		Touraine	au kilo
Extra.......	2 90 à 3 »		Extra	2 80 à 2 90
1er choix	2 80	2 90	1er choix...	2 70 2 80
2e choix.....	2 70	2 80	2e choix.....	2 60 2 70
Ordinaire ...	» »	» »	Ordinaire ...	2 50 2 60
Bourgogne			Vendôme	
Choix	2 60	2 70	1er choix....	2 70 2 80
Ordinaire ...	2 50	2 60	2e choix.....	2 60 2 70
Gâtinais			Ordinaire ...	2 40 2 50
1er choix.....	2 70	2 80	Beaugency	
2e choix.....	2 60	2 70	1er choix....	2 70 2 80
Ordinaire ...	2 50	2 60	2e choix.....	2 60 2 70
Le Mans			Ordinaire ...	2 40 2 50
			Fausse Touraine	
Choix	2 50	2 70	Choix	2 60 2 70
Ordinaire ...	2 40	2 50	Ordinaire ...	2 50 2 60

Œufs, *le mille :*

Normandie . Extra	125 à 150		Bourgogne . .	105 à 112
Picardie . . Extra	128	160	Champagne . .	110 114
Brie. . . . Extra	»	»	Nivernais . . .	102 106
Touraine gr. .	125	145	Cosne.	112 115
Touraine ord. .	104	114	Bourbonnais. .	102 106
Beauce	118	125	Bretagne . . .	96 108
Orne.	108	120	Vendée	95 105
Picardie ord. .	108	120	Auvergne . . .	95 98
Châtellerault. .	106	109	Midi.	104 116
Œufs de conserve à la chaux........				80 à 85

Fromages.

Brie fermiers, haute marque. .	les dix	70 à	78
— — grand moule	—	40	50
— — moyen moule...	—	30	35
— — petit moule......	—	20	25
Brie laitiers moyen moule......	—	20	24
Gruyère 1re qualité.........	100 kil.	165	195
— 2e qualité..........	—	130	150
Roquefort 1re qualité...........	—	250	280
— 2e qualité..........	—	200	210
Géromé Gérardmer...........	—	100	110
Cantal (suivant qualité)	—	125	135
Façon Port-Salut. 1er choix.....	—	150	160
— — 2e choix.. ..	—	100	120
Bourgogne...... ,.........	le cent	70	75
Saint-Nectaire..............	—	90	100

Livarots :		1er choix.		2e choix.	
En caisse de 30..........	le cent	85 à 92		.. à ..	
En caisse de 36..........	—	80	88	50	60
Camembert..............	—	45	55	25	35
Façon Coulommiers.	—	45	51	30	35
Bondons	—	16	19	8	12
Gournay................	—	16	20	8	12
Mont-d'Or..............	—	25	30	..	..

Volailles.

Canards :			Pigeons :	
nantais....	3 50 à	6 »	maconnais.	» 60 à 1 20
de ferme ...	3 »	5 »	italiens	» 50 1 »
Dindes nouv.	6 »	13 »	bizets.......	» 45 90 »
Oies nouvelles	6 »	9 »	Poulets :	
— (2e qté).	4 »	6 »	nantais	3 » 5 50
Pintades...	2 50	4 »	touraine	3 » 5 50
Lapins domestiques.	1 50	3 50	gâtinais.....	3 » 6 »
			du Midi....	2 25 2 75
			communs..	1 75 2 50

Gibiers.

Lièvres gros	6 » à 7 »		Faisans pou'es	3 » à 5 »
— petits.	3 »	5 »	Alouettes, la douzaine..	2 25 4 »
Perdreaux..	2 75	3 50	Chevreuils..25 »	50 »
Perdrix.....	1 75	2 5	Sangliers ...	1 75 2 »
Garennes....	1 50	2 25		le kil.
Faisans coqs	4 50	7 »		

Marché plus ferme.

Cours fournis par MM. de Bridiers, Jouslin et Scellc, facteurs assermentés, 2, r. de Valois, Paris.

BESTIAUX.

La Villette, 11 décembre. — Bestiaux. — Vente calme et sans changement sur le gros bétail et les moutons, mauvaise sur les veaux et les porcs.

COURS officiels.	Amenés.	Vendus.	1re qualité.	2e qualité.	3e qualité.	Prix extrêmes.
Bœufs....	2.070	1.854	1 60	1 4[illegible]	1 30	1 20 à 1 64
Vaches ...	406	38[illegible]	1 56	1 39	1 20	1 12 1 60
Taureaux.	149	127	1 42	1 32	1 22	1 14 1 46
Veaux....	1.240	1.0[illegible]5	1 90	1 70	1 56	1 40 2 10
Moutons..	7.169	6.880	2 10	1 90	1 68	1 60 2 18
Porcs.....	5.343	5.180	1 28	1 24	1 20	1 16 1 34

Marché du lundi 8 décembre.

	Amenés	Vendus	PRIX AU POIDS NET 1re qual.	2e qual.	3e qual
Bœufs	2.816	2.579	1 62	1 46	1 34
Vaches.....	585	534	1 58	1 31	1 22
Taureaux ..	135	129	1 41	1 :8	1 26
Veaux......	1.000	910	1 94	1 78	1 66
Moutons....	10.024	8.971	2 10	1 82	1 61
Porcs	2.400	2.400	1 36	1 32	1 26

	PRIX AU POIDS VIF 1re qual.	2e qual.	3e qual.	Prix extrêmes.
Bœufs	1 »	» 83	» 70	» 64 à 1 04
Vaches	» 96	» 76	» 62	» 56 » 99
Taureaux.......	» 91	» 82	» 65	» 62 » 94
Veaux	1 16	1 02	» 88	» 74 1 30
Moutons........	1 07	» 89	» 76	» 70 1 22
Porcs............	» 94	» 90	» 81	» 76 » 96
Peaux de moutons en laine.........				» » » »
Id. id. demi-laine.........				» » » »

Viandes abattues.— Criée du 5 décembre.

		1r qualité.	2e qualité	3e qualité.
Bœufs	le kil.	1 30 à 2 50	1 10 à 2 30	1 .. à 1 80
Veaux....	—	1 66 1 86	1 50 1 60	1 36 1 46
Moutons..	—	1 70 1 80	1 30 1 60	1 80 1 28
Porc entier	—	1 26 1 31	1 .0 1 20	» 96 1 06

Cuirs et peaux, les 50 kil.

Taureaux.	42 75 à	45 50	Vaches lourdes	44.75	47.50
Gros bœufs	52 75	56 75	— de bandes	38.50	42.25
Moy. bœufs	45 75	48 75	Gros veaux..	62.50	65.75
Pet. bœufs.	38 25	39 25	Petits veaux	6..75	67...

CHEMIN DE FER D'ORLÉANS.

Aux termes de son tarif spécial D 3, § 14, la Compagnie d'Orléans transporte, aux conditions suivantes, de toute gare de son réseau à Paris (Ivry), sous réserve d'un parcours de 500 kilomètres, ou payant pour 500 kilomètres, les *artichauts, choux fleurs, fraises en paniers. haricots verts navets, oignons, petits pois, pommes de terre, salades et tomates* par expédition de 50 kilogrammes, ou payant pour ce poids.

Le prix de transport est fixé à **0 fr. 16 c.** par tonne et par kilomètre, plus **1 fr. 50 c** pour frais de manutention.

Le transport des marchandises a lieu par des trains spécialement désignés à cet effet, sans que le délai de transport puisse excéder *deux jours*, non compris les délais afférents aux opérations des gares de départ et d'arrivée.

La remise doit avoir lieu aux gares trois heures au moins avant le départ de ces trains.

A l'arrivée, les marchandises dont il s'agit sont mises à la disposition des destinataires dans les trois heures qui suivent l'arrivée des trains.

Les expéditions adressées aux halles ou à domicile aux conditions de ce tarif seront livrées par le service du factage dans les mêmes conditions de prix et de délais que les marchandises expédiées en grande vitesse.

Pour les points principaux ci-après, les prix par 1,000 kilogrammes sont les suivants, frais de manutention compris :

LIEUX DE PROVENANCE.	DISTANCES kilométriques.	PRIX par 1,000 k log. (frais accessres compris).
—	—	
Bordeaux-Bastide...	577	93f 80
Libourne...........	542	88 20
Marmande..........	637	103 40
Agen...............	650	105 50
Villeneuve-sur-Lot..	632	102 60
Montauban..........	720	116 70
Toulouse...........	750	121 50
Saint-Sulpice (Tarn)	719	1'6 55
Brive...............	501	81 65

CHEMINS DE FER DE L'OUEST

Services quotidiens rapides

entre PARIS et LONDRES

par DIEPPE et NEWHAVEN.

Les importants travaux exécutés dans les ports de Dieppe et de Newhaven, en donnant la facilité d'organiser, dans ces deux ports, des départs à heures fixes, quelle que soit l'heure de la marée, ont permis aux Compagnies de l'Ouest et de Brighton de réduire considérablement la durée du trajet entre Paris et Londres et de créer des services rapides qui fonctionnent tous les jours, sauf le cas de force majeure, aux heures indiquées ci-dessous.

DE PARIS A LONDRES :

	1re 2e 3e cl.
Départ de Paris (Saint-Lazare).	8 h. 50 du soir
Départ de Dieppe................	1 h. » du matin

Arrivée à Londres { Gare de London-Bridge. 7 h. 40 du matin
Gare de Victoria...... 7 h. 50 du matin

PRIX DES BILLETS :

Billets simples, valables pendant sept jours :

1re Classe, 41 fr. 25 ; 2e classe, 30 fr. ; 3e classe, 21 fr. 25, plus 2 fr. par billet, pour droits de port, à Dieppe et à Newhaven.

Billets d'aller et retour, valables pendant un mois :

1re Classe, 68 fr. 75 ; 2e classe, 48 fr. 75 ; 3e classe, 37 fr. 50, plus 4 fr. par billet, par droits de port, à Dieppe et à Newhaven.

Ces billets donnent le droit de s'arrêter à Rouen, Dieppe, Newhaven et Brigton.

A VENDRE à l'amiable UN BEAU MOULIN

ayant 6 paires de meules, mues par forte chute au moyen d'une roue et d'une turbine.

Batteuse. — Machine à vapeur.

Conditions avantageuses.

S'adresser à Mᵉ JUNON, notaire à Chalon-sur-Saône.

RUCHE à Cadres mobiles

Prix : **20f**

Gariel

2ter, Quai de la Mégisserie, PARIS

GRILLAGES POUR CHASSES, de 1 mètre, à... 0f35

La Maison **R. GARIEL**, *2, Quai de la Mégisserie, à Paris, a obtenu à l'Exposition Universelle de 1889.*

Une Médaille d'Argent, Classe 76 et **Une Médaille de Bronze**, Classe 78.

GRILLAGES, SUPPORTS EN FER

Ruches et Articles d'Apiculture, etc.

MALADIES DU BÉTAIL ET DE LA VOLAILLE

Leur traitement préventif et curatif

PAR L'ACIDE SALICYLIQUE

L'acide salicylique, employé dans la nourriture à la dose de 1/2 à 1 gramme par jour et par tête de bétail, est le meilleur préservatif des maladies qui procèdent par contagion : Sang de rate, Cocotte, Maladie aphtheuse, Erysipèle, Typhus, Morve, Variole et le Rouget des porcs, etc.

DES ATTESTATIONS NOMBREUSES DE GUÉRISONS obtenues pour la Cocotte et le Rouget des porcs ont été reproduites dans le *Journal l'Agriculture*.

La désinfection des étables, des écuries se fait instantanément au moyen d'un arrosage d'eau salicylée à 2 grammes par litre.

S'adresser à M. CERCKEL, administrateur de la *Compagnie de produits antiseptiques*, 26, rue Bergère, Paris.

Envoi sur demande de Prospectus et Brochures.

PRIX DU KIL. 25 fr. — BOITE DE MÉNAGE, 2 fr.

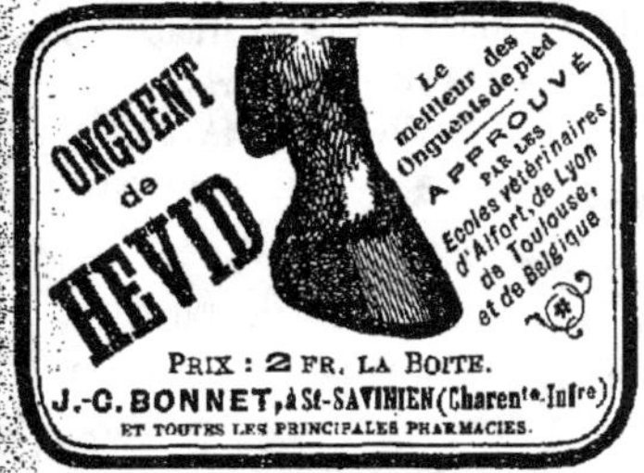

L'Onguent de HEVID, *adopté par le Ministère de la guerre*, est le meilleur préservatif des maladies du pied des espèces chevaline et bovine. Il pénètre admirablement le tube corné, le nourrit, et remet en bon état, en quelques semaines, le sabot le plus sec et le plus cassant.

En vente chez les vétérinaires, pharmaciens, selliers et maréchaux-ferrants.

PHARMACIE SAVARY

AMIENS, 33, Place Saint-Denis, 33, AMIENS

(EN FACE LE SQUARE).

PROVENDE AUX PHOSPHATES ASSIMILABLES

du Docteur DESCHAMPS.

Prix : 3 fr. le kilog.; 27 50 les 10 kilog. (Remises proportionnelles.)

Accroissement rapide des bestiaux, surtout chez les jeunes animaux, force nerveuse, fécondité, engraissement; prévient surtout la diarrhée chez les jeunes veaux. Qualité exceptionnelle du lait.

M. Lefebvre, cultivateur à Marcelcave, a élevé un veau en lui administrant de la Provende phosphatée pendant 60 jours : tué à 70 jours, ce veau pesait 193 kilog., chiffre officiel constaté à l'abattoir. La viande était très blanche, ainsi qu'est prêt à l'attester M. Oheix, boucher à Amiens.

Les attestations émanant des sommités françaises et anglaises les plus accrédités ont été données à M. SAVARY.

---

30 PRIX D'HONNEUR ET GRANDS PRIX, 250 MÉDAILLES OR, VERMEIL, ETC.

GRANDES CULTURES DE GRAINES POTAGÈRES, FOURRAGÈRES ET DE FLEURS

E. FORGEOT(*) & Cie

Fournisseurs du ministère de l'Agriculture, des Ecoles nationales d'agriculture, des Syndicats agricoles, etc.

PARIS, quai de la Mégisserie, 6 et 8

Appareils spéciaux pour épurer et nettoyer les graines

SPÉCIALITÉ DE GRAINES DE GRANDE CULTURE

luzernes et trèfles garantis sans cuscute, minette vesces, sainfoins trèfles incarnats betteraves carottes, navets, choux-navets, pommes de terre

Blés à grand rendement, Avoines, Orges, Seigles. Graines d'arbres pour reboisement

Graines de graminées pour prairies

Notre Maison ne vend que des graines de provenances sûres, assurant les meilleurs résultats ; elle accepte le contrôle de la Station d'Essais des Semences, établie à l'Institut agronomique par le Ministère de l'Agriculture, contrôle auquel nous sommes soumis dès sa création. En conséquence, nos graines sont garanties de levée et d'une pureté irréprochable ; nos trèfles et nos luzernes sont garantis sans un seul grain de cuscute.

Grande et importante **Spécialité de Créations de Prairies.** Nous nous chargeons d'établir des compositions convenant à la nature de chaque sol, et d'avance nous en assurons la réussite.

Sur demande, nous adressons *franco* nos catalogues illustrés de graines potagères, fleurs, arbres, fourrages, ognons à fleurs, plantes, etc.

VINS DU BEAUJOLAIS ET DE MACON.

A. BERNARD

propriétaire-viticulteur à Saint-Julien-en-Beaujolais (Rhône).

Le vin du *Beaujolais* est réputé pour un des meilleurs vins de table et ses *grands crûs* peuvent rivaliser avec ceux du Bordelais et de la Bourgogne.

Notre Vignoble, qui se reconstitue rapidement, est aujourd'hui en mesure de fournir à la consommation ses vins si appréciés.

Vin ordinaire 1889	100 fr.	la pièce.
Bonnes Côtes 1888 et 1889	130 à 150	—
Saint-Julien id.	160 à 200	—
Morgon, Fleurie, Thorins (grandes années)	250 à 500	—

Le tout logé et pris en gare du Vignoble.

La Propriété offre des greffes soudées, racinées, garanties. — Plants de choix. Reprise certaine.

Adresser les correspondances à Villefranche (Rhône), 44, rue de Thizy.

CRÉDIT AGRICOLE

UNION DES SYNDICATS AGRICOLES DE FRANCE

9, rue Marsollier, PARIS

Agence à LYON, 234, cours Lafayette, S. PLISSONNIER, Directeur ✻ M. A.

MACHINES AGRICOLES DE TOUS SYSTÈMES

TOURTEAUX et FARINES pour la nourriture du bétail.

ENGRAIS CHIMIQUES et ORGANIQUES, MATIÈRES PREMIÈRES

SEMENCES DE PREMIER CHOIX.

Arrivée à Londres { Gare de London-Bridge. 7 h. 40 du matin
{ Gare de Victoria...... 7 h. 50 du matin

PRIX DES BILLETS :

Billets simples, valables pendant sept jours :

1re Classe, 41 fr. 25 ; 2e classe, 30 fr. ; 3e classe, 21 fr. 25, plus 2 fr. par billet, pour droits de port, à Dieppe et à Newhaven.

Billets d'aller et retour, valables pendant un mois :

1re Classe, 68 fr. 75 ; 2e classe, 48 fr. 75 ; 3e classe, 37 fr. 50, plus 4 fr. par billet, par droits de port, à Dieppe et à Newhaven. .

Ces billets donnent le droit de s'arrêter à Rouen, Dieppe, Newhaven et Brigton.

L'Administrateur-Gérant : ALBERT RENOT.

Beauvais. — Imp. D. PERE. — A. CARTIER, Gérant.

11e Année. — 2e Série. — N° 569.

Dimanche 21 Décembre 1890.

GAZETTE AGRICOLE

JOURNAL HEBDOMADAIRE, PARAISSANT LE DIMANCHE

Rédacteur en Chef : M. Ch. GOSSIN, Professeur d'Agriculture à l'Institut agricole de Beauvais.

PRIX DE L'ABONNEMENT

UN AN, 5 fr. — SIX MOIS, 3 fr. — TROIS MOIS, 2 fr. 25

Pour l'étranger les abonnements ne sont reçus que pour un an, au prix de 6 francs, et ne partent que du 1er janvier ou du 1er juillet de chaque année.

Le numéro : 10 centimes.

Il est indispensable de joindre à toute demande de changement d'adresse la dernière bande d'adresse du journal et 50 centimes pour frais de nouvelles bandes.

Adresser les *Abonnements et Annonces* au secrétaire de la rédaction, **13, quai Voltaire, Paris,** ou à M. GOSSIN, rédacteur en chef et administrateur, à BEAUVAIS.

BUREAUX

13, quai Voltaire, Paris, et à Beauvais.

Les abonnements partent du 1er de chaque mois et sont payables d'avance. Toute demande d'abonnement doit donc être accompagnée du prix de l'abonnement. (Le mode de payement le plus simple est l'envoi d'un mandat-poste.)

Donner *très lisiblement*, en s'abonnant, son nom et son adresse exacte, *avec l'indication du bureau de poste ;* et, s'il s'agit d'une continuation d'abonnement, joindre au renouvellement la dernière bande d'adresse du journal.

La GAZETTE AGRICOLE insère gratuitement les Communications des Syndicats agricoles

PRIMES A NOS ABONNÉS.

L'ALMANACH FRANÇAIS *pour 1891 vient de paraître à la Librairie nationale.*

L'administration de la Gazette agricole *met* gratuitement, *comme l'année dernière, cet Almanach à la disposition de ceux de nos abonnés et lecteurs qui manifesteront le désir de le recevoir* et joindront à leur lettre 15 centimes *en timbres-poste pour frais de port.*

Tout abonné qui renouvellera son abonnement, soit à l'expiration, soit par anticipation, par l'envoi d'un mandat-poste de 5 francs, recevra de droit, gratuitement *et* franco, *l'*ALMANACH FRANÇAIS.

*L'*ALMANACH FRANÇAIS *est mis gratuitement à la disposition de tous nos abonnés anciens ou nouveaux dans nos bureaux, à Paris, 13, quai Voltaire, et à Beauvais.*

AVIS IMPORTANT.

Nous savons que certaines irrégularités se sont produites dans le service du journal.

Ces irrégularités sont uniquement imputables à l'administration des postes.

Le *départ* se fait toujours aux mêmes heures et il n'est pas possible que des abonnés soient oubliés, puisque les bandes sont imprimées.

Mais il arrive quelquefois, surtout pour les hameaux ou les fermes isolées, que le facteur ne se donne pas la peine de *pousser jusque là*, pour un journal, et surtout pour un journal conservateur !

Le journal est laissé au village ou on le donne à un gamin, ou on le garde et on dit qu'il n'est pas arrivé.

Voilà ce qui se passe et qui ne se renouvellerait pas si les intéressés voulaient se donner la peine de se plaindre, non pas au facteur, non pas non plus au bureau de poste, mais au directeur du département, et même au ministre des postes et télégraphes.

En cas de retards dans l'arrivée du journal, nous prions de nous envoyer la bande du numéro retardataire, et nous nous chargerons de faire des réclamations près de qui de droit.

Prière de nous dire si ces retards sont fréquents.

La Direction.

SOMMAIRE :

PARIS, 19 DÉCEMBRE.

Encore que quelques fils d'argent percent à travers la barbe et les cheveux du Bonhomme Deschamps et qu'il ait déjà vu bien des choses, il n'a pas encore atteint cet âge où, au dire des jeunes gens, on ne trouve plus rien de bien. S'il y a des choses déjà anciennes qu'il loue et qu'il admire, il en est aussi, qu'il blâme et qu'il condamne. Sa conviction très réfléchie que la monarchie moderne conviendrait mieux à tous égards à la France, ne lui met cependant pas sur le nez une paire de lunettes noires qui lui font tout voir dans le régime actuel, sous une couleur déplaisante. Ses opinions ne troublent pas sa raison ni son équité et là où il peut constater le bien, c'est un devoir agréable pour lui de le reconnaître et de le proclamer. S'il blâme plus souvent qu'il ne loue, la faute en est aux républicains, à telle enseigne que dans le camp même de nos maîtres on condamne plus souvent et plus vivement qu'il ne le fait lui-même.

***

Ceci dit, on n'en est pas moins obligé de reconnaître qu'il s'est introduit depuis une dizaine d'années, dans la façon de faire les journaux et de rendre la justice, de vilaines mœurs. Les journaux ou pour mieux dire la curiosité publique, a donné naissance à une industrie absolument inconnue de nos pères. Jadis la presse s'enfermait dans la discussion des principes, des idées générales, des projets de loi. Il y avait pour elle une sorte de barrière infranchissable entre la vie publique et la vie privée. Le reportage, — puisque tel est le nom que l'on donne à cette industrie nouvelle— a changé tout cela. C'est sur toutes les pistes que l'on rencontre le *reporter*. Rien de sacré ni de secret pour lui. Il n'y a pas de jour où il ne nous donne des renseignements dont la hâte ne suffit pas d'ordinaire à justifier l'inexactitude, sur la manière de vivre de tel ou tel, et le Bonhomme Deschamps vous prie de croire que tous les mondes sont bons pour lui fournir de la copie. Qu'à ces habitudes, la presse perde de sa dignité, le foyer domestique de son mystère, la moralité d'un frein nécessaire, et l'attention publique, de son sérieux, ce sont là autant de faits sur lesquels, à quelque opinion que l'on appartienne, tous les honnêtes gens, s'entendent dans leur blâme.

***

Nous avons eu cette semaine, nous ne dirons pas le dernier mot du genre, puisque avec les *reporters* le champ des surprises est sans limites. Vous reconnaîtrez néammoins, le Bonhomme Deschamps n'en doute pas, que le fait est bien propre à surprendre et à déconcerter. Peut-être savez-vous qu'un Polonais, nommé Padlewski, a assassiné, il y a quelque temps dans son appartement de l'hôtel de Bade, à Paris, un général russe du nom de Séliverstorff. Or, pendant que la police était à la recherche de l'assassin et qu'elle commençait à jeter sa langue aux chiens, un journaliste radical, du nom de Labruyère, le conduisait à travers toute la France et l'embarquait dans un port d'Italie pour le Nouveau Monde. Jusqu'ici rien encore à la rigueur, de trop étonnant, puisque suivant le dicton populaire, les loups ne se mangent pas entre eux. Où l'abracadabrant commence, c'est lorsque M. de Labruyère raconte dans un grand journal de Paris, tout au long, sans nous faire grâce du moindre détail, son plan d'évasion et les procédés multiples auxquels il a eu recours pour en assurer l'heureuse exécution. Ce n'est pas tout, et il s'en faut. M. de Labruyère avoue, proclame que s'il a fait évader Padlewski, il a cédé à deux grandes idées. S'il a voulu faire un acte de justice il a voulu surtout prouver au peuple français que les *reporters* de notre pays pouvaient lutter avec succès contre les *reporters* anglais et même les *reporters* américains.

***

N'allez pas croire que le Bonhomme Deschamps ajoute quoi que ce soit de son propre fonds à la vérité des choses. Il n'invente rien. Et c'est même tout juste s'il n'affaiblit pas l'étrange justification que M. de Labruyère donne de sa conduite. Notez de plus, bien que le fait n'ait rien de glorieux pour notre esprit public, que l'on s'est arraché le journal où l'on contait ces belles choses et que plus d'un lecteur a admiré l'acte de M. de Labruyère. Le Bonhomme Deschamps vous demande après cela de décider en quel état se trouvent les cerveaux d'un trop grand nombre de nos concitoyens. Voilà pour les nouvelles mœurs de la presse. Laissez un instant les bureaux du journal et venez avec le Bonhomme Deschamps à la cour d'assises. Là vous aurez un spectacle qui, en son genre, n'est guère plus édifiant. On y juge l'affaire Eyraud-Bompard, accusés d'avoir étranglé l'huissier Gouffé, de l'avoir cousu dans un sac, cloué dans une malle, et jeté dans un ravin. Il y a plus que pour une première d'un théâtre en vogue, *great attraction*! Des billets ont été retenus, des places réservées et tout s'y passe à peu près comme si l'on était aux Folies-Dramatiques, ou aux Bouffes Parisiens. Le Président y fait de l'esprit, de bons mots, et de temps en temps l'auditoire souligne la chose par des sourires ou des rires. On ignore si ce magistrat appartient aux anciennes ou aux « nouvelles couches », mais ce qui est particulièrement nouveau, c'est son attitude et son langage.

***

Certes, le Bonhomme Deschamps n'est pas ennemi de la distraction et du délassement. Il aime lui-même à rire et à entendre rire autour de lui. Mais il y a, vous en conviendrez, des temps et des lieux pour cela, les théâtres sont ouverts et ouverts à des prix abordables; les Parisiens qui désirent s'amuser, ne peuvent-ils pas aller au Palais-Royal ou ailleurs? Ce qui est particulièrement inconvenant, c'est que la justice rivalise avec la comédie, que la cour d'assises soit une sorte de concurrence aux théâtres et que dans un endroit où l'on est appelé à prononcer sur la vie de ses semblables, magistrats, avocats et public se tiennent comme s'ils assistaient à un vaudeville égrillard ou à une farce grossière. Le Bonhomme Deschamps ne voudrait pas s'en prendre du tout à la République. Sa charge est déjà assez pesante. Il semble cependant que si elle a eu le tort de confier le soin de rendre la justice en son nom, à des hommes au-dessous de leur mission, elle les pourrait rappeler à la dignité et à la tenue. Nous savons bien qu'elle aurait beaucoup à faire et qu'elle irait même contre son principe qui est, neuf fois sur dix, de ne pas mettre ou de ne pas laisser en leur place choses et hommes, — mais honneur oblige!

LE BONHOMME DESCHAMPS.

NOUVELLES DE LA SEMAINE.

La confiscation des biens des congrégations. — La Chambre des députés a voté une loi qui aura, pour conséquence, la confiscation des biens des congrégations religieuses. Pour se soustraire aux effets de cette loi, on annonce qu'un certain nombre d'Instituts vont être obligés d'aller à l'étranger demander la protection que leur refuse le gouvernement français.

Pour commencer, on assure que les Sœurs de charité vont franchir les Alpes. Ces vaillantes servantes des pauvres possèdent, en effet, dans tout l'Orient de nombreuses maisons hospitalières, et jusqu'ici elles avaient contribué pour une large part à conserver l'influence française et le prestige de notre pays.

D'autre part, nous apprenons que les Chartreux de Bressonville et de l'Isère, ainsi que les Trappistes, auraient le projet de s'établir en Alsace.

C'est en prévision de semblables mesures que les dépositaires des biens des Maristes, des Lazaristes et de la plupart des congrégations reconnues, iraient porter au delà de la Manche le siège social de leur ordre.

Enfin, en prévision des rigueurs fiscales qui leur sont appliquées, le P. Libérier, supérieur du collège des dominicains d'Arcachon est arrivé à Buenos-Ayres avec toute une colonie de religieux pour y former deux noviciats, ceux de France pouvant être obligés de fermer leurs portes.

Si c'est le but que les députés ont voulu atteindre en accordant au sectaire Brisson le vote sollicité par lui, ils doivent être satisfaits, mais nous doutons fort que les populations qu'ils représentent acceptent avec la même faveur ce défi à l'égalité devant l'impôt et cette nouvelle persécution.

Que de contrées, en effet, qui ne vivent que de la charité des couvents, et que de malheureux dans les campagnes secourus par les *Petites Sœurs*.

M. Jules Ferry a été élu, par les colons du Tonkin, délégué du conseil supérieur des colonies. Il a profité de la circonstance pour adresser à ses commettants une longue lettre. Cette lettre est un essai de glorification de l'œuvre qu'a accomplie M. Ferry. Sa publication coïncide avec l'arrivée de dépêches qui mentionnent de nouveaux troubles au Tonkin et y représentent la situation comme très inquiétante.

De plus, battant le fer pendant qu'il est chaud, M. Jules Ferry vient de poser sa candidature au Sénat dans les Vosges.

L'emprunt. — La prochaine émission de l'emprunt soulève une intéressante question qui a passé inaperçue à la Chambre, mais qui n'est pas sans intérêt pour le public.

L'emprunt ne devait être primitivement que de 700 millions et exclusivement affecté au remboursement des obligations sexennaires de la guerre. Mais depuis, la Chambre l'a augmenté de 169 millions, en vue de rembourser les obligations trentenaires et les bons de liquidation, soit un emprunt réel de **869** *millions*.

Les 700 millions devaient être émis en 3 0/0 perpétuel, tandis que les 169 millions devaient être réalisés à l'aide de 3 0/0 amortissable.

Pour éviter de faire simultanément deux émissions de rentes en types différents, le ministre des finances a imaginé une nouvelle combinaison à laquelle la Chambre a donné son approbation. Il a décidé de donner les rentes 3 0/0 amortissable, qui vont être créées, à la Caisse des dépôts et consignations, qui lui remettra en échange 100 millions de 3 0/0 perpétuel pris dans le portefeuille de l'établissement.

C'est ici que se pose la question que nous voulons signaler.

L'intention du ministre des finances est d'émettre les 700 millions de rentes par souscription publique avec échelonnement de versements répartis sur une période de dix-huit mois, afin de n'appeler les fonds de souscriptions qu'au fur et à mesure des besoins du Trésor. En d'autres termes, il émettra du 3 0/0 non libéré.

Mais, d'autre part, il convient de remarquer que les 169 millions de 3 0/0 perpétuel que la Caisse des dépôts va remettre au ministre des finances, par voie d'échange, étant de création ancienne, sont des rentes entièrement libérées. Le ministre aurait le droit de les mettre en souscription publique directement. Mais il y aurait alors deux émissions simultanées et différentes, l'une de titres libérés, l'autre de titres non libérés.

Pour éviter cet inconvénient, le ministre a eu recours à l'expédient que voici: les rentes 3 0/0 perpétuel livrées par la caisse des dépôts seront annulées au Grand-Livre de la dette publique et simultanément on inscrira à ce Grand-Livre de nouvelles rentes 3 0/0 perpétuel, pour une somme égale, qui, elles, étant de création nouvelle, pourront être émises en titres non libérés dans les mêmes conditions que les 700 autres millions.

De la sorte, l'emprunt sera émis d'une manière uniforme jusqu'à concurrence de **869** *millions*.

L'émission doit avoir lieu vers le milieu de janvier: les versements seront échelonnés, au nombre de quatre, probablement jusqu'au 31 juillet 1892.

Nécrologie. — M. Edmond de Lafayette, petit-fils du général Lafayette, sénateur de la Haute-Loire, est mort, cette semaine, presque subitement.

M. de Lafayette siégea à la Constituante de 1848. Il était membre du Sénat depuis 1876.

LES COMBINAISONS AGRICOLES en rapport avec la situation actuelle.

La première question qui se présente à notre examen, c'est l'influence que doivent exercer sur les combinaisons culturales les immenses changements survenus dans la société moderne.

Sans parler des bouleversements politiques, la science, elle aussi, a subi ses révolutions. Appliquée aux machines, la vapeur est devenue le géant Briarée, capable avec ses cent bras, de tout oser, de tout entreprendre. Sur terre et sur eau, voyageurs et marchandises, ce géant les a entraînés aussi vite que la flèche. Que d'ingénieuses et nouvelles combinaisons mécaniques! Que de procédés chimiques que nos pères ne soupçonnaient pas! En quelques instants, le fil électrique porte jusqu'au bout du monde notre parole. Rien n'étonne plus l'audace humaine. Les vaisseaux traversent les déserts, et les locomotives s'enfoncent à toute vapeur sous les montagnes les plus épaisses.

L'Agriculture a tiré de ce mouvement de

grands avantages; car le débouché des produits du sol s'est étendu; le travail de la terre a été facilité par d'admirables inventions; enfin, la science chimique a créé par rapport aux engrais tout un art que nos pères ne soupçonnaient pas.

Toutefois, le progrès industriel a devancé de beaucoup le progrès agricole et, comme suivant l'ordre normal, ces deux progrès devraient toujours marcher de front, il en est résulté absence d'équilibre, souffrance de l'Agriculture et ébranlement général : car *quand l'Agriculture souffre, tout souffre ; si l'Agriculture prospère, tout prospère.*

La crise agricole actuelle tient surtout à la rareté des travailleurs de la terre, dont un trop grand nombre se sont jetés vers l'industrie, tandis que beaucoup de fils de cultivateurs ont déserté le toit paternel et dépensé l'épargne de leur famille loin des champs que cette épargne devait féconder.

Aujourd'hui, la main-d'œuvre agricole coûte cher, et sous l'influence des vices dont les agglomérations industrielles sont le foyer, elle devient de plus en plus difficile à bien diriger.

Comme la grande culture vit exclusivement de travail salarié, elle se trouve atteinte au cœur. Cette année, combien avons-nous vu de sarclages en retard, de récoltes fourragères avariées, de lenteurs dans toute les moissons ! Il n'échappe à personne que, çà et là, on aperçoit des terres en friches là où il n'y en avait pas il y a dix ans.

Soutenue, sans grands secours de domestiques et d'ouvriers, par le travail assidu du père, de la mère, des enfants, la petite culture échappe davantage aux embarras de la crise. Aussi, malgré les inconvénients qui lui sont propres, devient-elle relativement plus avantageuse que la grande culture et gagne-t-elle chaque jour du terrain. Pour l'avenir, le salut de l'Agriculture française est évidemment de ce côté-là, à la condition, toutefois, que les familles de ces petits cultivateurs redeviennent nombreuses.

Cependant, la grande culture ne doit pas perdre courage. Avec de l'énergie, de la science, des mœurs simples, et grâce à l'emploi de capitaux suffisants et à l'action des syndicats, elle triomphera de tous les obstacles. Mais le concours réuni de ces diverses conditions est indispensable.

La production du blé, disait un jour M. Thiers, est la *clef de voûte* de l'Agriculture française.

Si, à des époques reculées, cet adage pouvait être juste, dès 1789, il n'y avait plus lieu de l'admettre. Alors Arthur Young, le célèbre voyageur anglais, ne disait-il pas :

« Le vice principal de la plupart des assolements par toute la France tient au trop grand « désir de recueillir le plus de blé et le plus de « seigle possible. Un excès de population et la « crainte de manquer de vivres ont peut-être « été cause de ce désir désordonné. Mais l'absurdité du système est évidente aux yeux des « gens éclairés. Plus on sème de blé, moins on « en recueille, et cette terre entretenue par l'engrais de nombreux bestiaux et de grands « troupeaux de moutons rapporterait plus, ensemencée une fois tous les quatre ans, qu'elle « ne rapporte actuellement avec moins de bétail, ensemencée tous les trois ans. »

Si Arthur Young revenait au monde, il s'exprimerait encore avec plus d'énergie pour des motifs nouveaux faciles à saisir :

Avant la rapidité des communications actuelles, le blé, marchandise encombrante, voyageait difficilement. Dès lors, chaque pays craignant d'en manquer, il y avait de peuple à peuple, souvent même de province à province, des règlements contraires à l'exportation et, par suite, dès que la récolte était faible à certain endroit, la peur de la disette élevait dans ce pays-là les prix de vente à un taux excessif.

C'est ainsi qu'on a vu l'hectolitre de blé se vendre à l'époque de 1830 jusque 50 francs et plus dans certains départements.

Aujourd'hui, grâce aux chemins de fer, à la navigation à vapeur, au télégraphe électrique, le blé est devenu denrée marchande et transportable d'un bout à l'autre du monde. Les lois qui gênaient autrefois ce genre de commerce ont elles-mêmes été profondément modifiées, d'où résulte dans tous les pays et particulièrement dans le nôtre, relativement aux subsistances, une sécurité qui n'existait pas jadis. Aussi, quand même le blé serait détruit dans des provinces entières, le cours des grains n'atteindra jamais des cours élevés. Sans doute, aux années d'abondance, les prix ne s'avilissent pas non plus sur certains points au même degré que jadis. Cependant, tout balancé, le cours moyen des blés s'est beaucoup amoindri.

Au contraire, le prix du travail agricole et l'importance des frais généraux se sont fortement accrus. De ces deux circonstances réunies : 1° vente moins avantageuse; 2° dépense plus grande, il résulte clairement que l'excessive extension des cultures de froment est encore plus préjudiciable à l'époque présente qu'elle ne l'était au temps d'Arthur Young.

En effet, le plus simple calcul démontre que le blé met en perte quiconque, fidèle aux anciennes traditions culturales, sème aujourd'hui le blé sur jachère dans des terres peu améliorées ou peu fertiles.

EXEMPLE :

Compte d'un hectare de blé, le prix de location étant supposé de 30 fr., ce qui met 60 fr. à la charge du blé pour deux années, savoir : 1° celle de la jachère; 2° celle de la récolte du blé.

Location (2 années)	60
Frais de jachère, 4 labours à 25 fr. l'un.	100
Semence, 2 hectolitres, 30	40
Frais de récolte	50
Total	250

Pour simplifier le calcul, nous ne comptons ni le fumier en dépense, ni la paille en recette; car ces deux articles se balancent à peu de chose près.

Les frais de battage prélevés, le rendement en grain dans de telles conditions varie généralement de 10 à 14 hectolitres. En moyenne, ce rendement est donc de 12 hectolitres. La dépense étant de 250 francs, chaque hectolitre revient à plus de 20 francs. Or, comme aujourd'hui le blé n'atteint presque jamais ce chiffre de 20 francs, la perte est évidente.

Telle est cependant la spéculation qui se fait encore sur d'immenses étendues du territoire.

Si la perte ne se manifeste pas aux yeux de tous comme elle ressort du calcul précédent c'est que le cultivateur ne tient compte ni de son temps, ni de celui de sa famille.

(A suivre.) Charles GOSSIN.

LE TARIF DES DOUANES.

Les Peaux, les Laines et les Suifs.

Je lis dans le projet de loi sur le tarif des douanes :

« Que les bœufs paieront 10 fr. par 100 kil. du poids vif; et les moutons 15.50.

« Et que les peaux fraiches ou sèches et les laines entreront en franchise.

Ce qui veut dire en termes clairs :

Que la peau d'un bœuf et celle d'un mouton paieront un droit de douane lorsqu'elles entreront — sur leur dos, bien entendu, — mais qu'elles ne paieront rien lorsqu'elles entreront seules.

Il en sera à peu près de même pour les suifs qui paieront un droit élevé lorsqu'ils entreront dans le corps de l'animal, mais qui ne paieront que la somme dérisoire de 2 fr. 50 par 100 kil., lorsqu'ils entreront à part.

Ce sera la répétition de ces faits monstrueux qui se passent tous les jours à la frontière et que j'ai dénoncés l'année dernière dans plusieurs journaux.

Ainsi, en ce moment, un bœuf de 600 kil. par exemple, paie à l'entrée :

Vivant, 38.

Et mort, 9, c'est-à-dire 3 par 100 kil. de viande nette. (Les animaux perdent ordinairement moitié; ainsi, un bœuf de 600 kilos ne donne que 300 kilos de viande nette.)

Un mouton paie : vivant 5.

Et mort soixante centimes. (Le mouton paie comme le bœuf 3 par 100 kilos de viande nette, le poids moyen d'un mouton est calculé à 20 kil.)

Aussi, on se garde bien de les faire entrer vivants.

Avec ce stratagème, — de tuer les animaux avant de les faire entrer, — qui se pratique sur une grande échelle, l'Etat perd 29 fr. par tête de bœuf, 4.40 par tête de mouton et notre marché est écrasé de viande mortes plus ou moins malsaines.

La même chose arrivera avec les peaux, les laines et les suifs, dont nous serons inondés un beau matin.

L'entrée des peaux et des laines en franchise et des suifs avec des droits dérisoires aura des effets désastreux pour l'agriculture, je vais le démontrer clairement.

Autrefois, ce qu'on appelle en termes de boucherie, le cinquième quartier, c'est-à-dire peau, suif, abats frésure, constituait le bénéfice normal du boucher; aujourd'hui, malgré le relèvement sensible qui a eu lieu depuis quelque temps sur les peaux et sur les suifs, l'écart est encore d'environ un tiers; ainsi le cinquième quartier d'un bœuf de 600 kil. qu'on comptait avant la crise agricole, pour 100 fr., n'est plus compté que pour 70 fr., d'où une différence en moins de 30 fr. qui est prise, pour parfaire les 100 fr. du boucher, dans la bourse de l'éleveur, puisqu'il vend son bœuf en perte de 30 fr., à cause de la dépréciation sur les prix des peaux et des suifs.

Cet état de choses, selon toute probabilité, continuera tant que le cinquième quartier n'aura pas regagné l'écart du tiers.

Or, l'entrée des peaux et des laines en franchise, et des suifs avec des droits dérisoires de 2.50 par 100 kil., n'aidera guère à regagner ces écarts.

Je crois qu'il suffit de signaler ces faits pour

faire voir les dangers auxquels l'agriculture est exposée par certains articles du projet de loi sur le nouveau tarif des douanes.

SARCÉ.

Exploitation des pâtures dans les Ardennes

Production de la viande *(suite).*

CHOIX DES SUJETS A METTRE A L'HERBE.

Nous allons indiquer, quels sont, d'après nous, en pareille matière, les principes et les règles de prudence à suivre.

Comme la race locale n'a pas la précocité de certaines autres, il faut éviter d'acheter des sujets trop jeunes; on s'exposerait à les voir grandir sans prendre d'état, car ils emploieraient une partie de leur nourriture au développement de leur organisme et non pas exclusivement, comme à l'âge adulte, à la formation de la chair et de la graisse. Cent fois il a été constaté qu'un animal adulte donne une viande consistante et juteuse, un suif abondant et un cuir solide, tandis qu'un autre plus jeune fournit une viande moins nutritive ainsi qu'un cuir et un suif de moindre qualité. Mais il faut impitoyablement écarter, avec bien plus de raison encore, les vaches vieilles et fatiguées, alors même que leurs dents ne seraient pas usées; si peu qu'elles coûtent, elles sont toujours trop chères, car, le plus souvent, leur constitution appauvrie les maintient dans leur état primitif de maigreur, et elles ne paient pas leur nourriture. C'est donc quand l'animal vient de terminer sa croissance et qu'il finit ou vient de finir sa dentition, que l'engraissement offre le plus de chance de succès. En résumé, dans les Ardennes, en ce qui concerne la race de pays, il faut se procurer des bêtes de quatre à huit ans, et surtout de cinq à six ans.

Il est bon de se préoccuper du pays d'origine des animaux qu'on achète et même de la maison où ils étaient. On sait généralement dans les campagnes que ceux de tel village réussissent rarement en pâture, soit parce qu'ils sont tendres, soit parce qu'ils sont habitués à une riche et abondante nourriture servie à l'étable. La vache de telle maison est exposée à donner un mécompte, si elle n'a jamais pâturé; la différence trop radicale du régime peut l'éprouver assez longtemps pour qu'elle ne puisse s'y faire en temps utile. En principe, il est opportun d'amener chez soi du bétail provenant d'un pays inférieur au sien et nourri d'une herbe d'une qualité moindre. Enfin, il faut, avant tout, bien examiner la conformation de l'animal. Les principaux caractères auxquels se reconnait l'aptitude à l'engraissement sont les suivants :

L'ossature doit être fine; la poitrine très développée; le garrot épais, formant avec les reins larges et droits une surface plane et horizontale; la masse du corps longue, profonde et près de terre; les côtes bien arquées; les hanches écartées; le cou peu allongé; la tête légère; les cornes minces et courtes; la queue attachée bas; le poil luisant, et enfin une peau mince et souple, facilitant entre cuir et chair l'accumulation du suif. Enoncer ces qualités, c'est en même temps signaler les défauts préjudiciables. Un cultivateur intelligent rejettera donc beaucoup de vaches de nos pays, d'un aspect désuni, à la tête lourde, aux membres grêles et allongés, à l'échine saillante, à la queue proéminente, et enfin au poitrail serré, car l'étroitesse de poitrine est un obstacle absolu au large fonctionnement des organes qui concourent à l'enrichissement du sang, ainsi qu'à la formation des tissus, de la chair et de la graisse.

Il ne suffit pas encore de bien choisir son bétail, il faut lui assurer une eau potable, et une quantité et qualité d'herbe suffisantes. Au point de vue de cette quantité, et comme il n'est pas possible au mois d'avril de prévoir quelle sera l'abondance d'herbe de l'année, il est toujours sage, dans la détermination du nombre de têtes, de rester plutôt en deçà de la limite que de la dépasser; dans le cas, en effet, d'un léger excès d'herbe, les animaux n'engraissent que mieux, et si le mois de novembre est favorable, ceux qui ne seraient pas vendus peuvent trouver encore à s'entretenir à cette époque; il n'y a jamais perte, mais tout au plus manque à gagner. Bien au contraire, si les bêtes sont trop nombreuses, surtout par un été sec, toute la bande dépérit par défaut de nourriture; on est exposé à ne pas pouvoir réaliser son troupeau ou à s'en défaire à vil prix.

Enfin il y a lieu de ne pas destiner, sans discernement tels animaux à telles pâtures. C'est ainsi qu'en général de grands bœufs ne devront être mis que sur des herbages datant déjà de plusieurs années, tapissés d'une herbe serrée et peuplés de légumineuses. Les parcs les plus récents ou les moins bons seront réservés aux vaches, et notamment aux races et sujets les moins difficiles.

Sans aucun doute, bien des insuccès proviennent de l'oubli de ces règles et précautions.

(A suivre.) Jules LE CONTE.

PLANTATIONS FORESTIÈRES.

L'abondance des matières nous oblige de remettre au prochain numéro la suite du très intéressant article de M. de Kirwan, sur les **Plantations forestières**.

Nouvelles agricoles.

La démocratie rurale. — Voici en quels termes éloquents M. de Lorgeril l'a définie dans son remarquable discours à la séance générale de *l'Union des syndicats du Sud-Est* dont nous avons parlé dans un précédent numéro.

« Qu'est-ce que la démocratie rurale?

« La démocratie rurale, c'est vous, c'est moi, c'est nous tous qui vivons de la terre et la faisons produire; ce sont tous les propriétaires grands et petits, ce sont les colons, les fermiers, les ouvriers attachés aux diverses industries agricoles; cette masse profonde, en un mot, de citoyens français qui se comptent par le chiffre de 25 millions, et qui constituent l'immense majorité de la nation. Cet ensemble, messieurs, est bien, en effet, une démocratie; car, à chacun des membres de cette immense agglomération, — la partie la plus robuste de notre population et la grande, l'inépuisable réserve de la patrie — incombe une égalité absolue de devoirs correspondants aux mêmes droits.

« Eh bien! je ne dirai pas, messieurs, comme jadis l'abbé Siéyès, du Tiers-Etats, que la démocratie rurale doit être tout en ce pays parce qu'elle y est la majorité; non, mais je poserai volontiers cette question :

« Qu'a-t-elle été jusqu'ici? Rien, ou presque rien dans les conseils du pays; et j'ajouterai que je pense que si elle ne doit pas y être tout elle doit y tenir la plus large place. C'est la place que lui fait au soleil le suffrage universel.

« Il ne s'agit point ici de discuter sur la valeur d'un principe : il s'agit de constater un fait existant, d'en déduire les conséquences logiques et d'en accorder à qui de droit les légitimes avantages.

« Or, messieurs, qu'a-t-il manqué jusqu'ici et que manque-t-il encore à la famille agricole pour prétendre à la place qui lui appartient et s'impose aujourd'hui au besoin à qui contesterait ses justes droits?

« Il manquait deux choses : la première c'est la conscience de sa force; la seconde c'est l'organisme nécessaire à la concentration en un seul faisceau de tant d'unités réparties sur l'ensemble du territoire.

« Eh bien, messieurs, la loi de 1884 sur les syndicats permet aux agriculteurs de se grouper, c'est-à-dire de se bien connaître; et quant à l'organisme de concentration nécessaire, nous venons le présenter et l'offrir : c'est notre *Syndicat économique agricole*, association militante de défense et d'attaque, instrument d'agitation pacifique et légale, qui ne rentrera dans l'ombre que le jour où le programme complet des revendications agricoles aura reçu des pouvoirs publics une pleine et entière satisfaction.

« Nous ne sommes pas Paris, nous ne sommes pas une région, nous sommes la France entière, et c'est cette solidarité des intérêts dont je me félicite de vous apporter l'irrécusable témoignage, moi : Breton, venant ici au milieu de cette superbe et imposante assemblée vous parler au nom des ruraux de Bretagne. »

Syndicats agricoles. — SYNDICAT DU DOUBS. — Le lundi 8 décembre, jour de la foire de Besançon, le Syndicat des agriculteurs du Doubs s'est réuni en assemblée générale pour entendre les communications du secrétaire et du trésorier.

Ces communications ont été satisfaisantes et approuvées à l'unanimité. Les quantités de semences, d'engrais chimiques ou de scories demandées au Syndicat ont été considérables, bien supérieures à celles de l'année précédente; elle tendent à se développer encore. On a délivré beaucoup de raisins secs, mais surtout beaucoup de raisins frais du Midi d'excellente qualité. Enfin la société de Crédit mutuel a prêté à la culture une somme d'environ 20,000 fr.

— SYNDICAT D'EVREUX. — Le Syndicat agricole des deux cantons d'Evreux passera adjudication pour la fourniture des engrais à ses membres, pour le printemps prochain, le samedi 20 décembre courant.

Les soumissions cachetées devront être remises avant la séance d'adjudication.

Pour prendre connaissance du cahier des charges s'adresser à M. Bourgne, secrétaire du Syndicat, à Evreux.

— SYNDICAT DES AGRICULTEURS DU LOIRET. — Le Syndicat des agriculteurs du Loiret procèdera le lundi 29 décembre 1890 à Orléans, 3, marché Porte-Renard, à trois heures du soir, à l'adjudication pour la fourniture des engrais, pendant le premier semestre 1891, du 1er janvier au 30 juin.

Le cahier de charges de cette adjudication est à la disposition des fournisseurs d'engrais qui peuvent écrire à M. Jolly, agent du Syndicat, à Orléans, 3, marché Porte-Renard.

La fourniture des superphosphates minéraux s'est élevée pendant le 1er semestre 1890 à 700.000 kilogr.

La crise du mouton. — Le docteur Laffitte, de Tunis, a fait il y a peu de jours, sur la « crise du mouton », aux Abattoirs de la Villette, une conférence qui, malgré son caractère tout spécial, contenait des renseignements intéressants.

Il a montré que le mouton français tend à disparaître du marché parisien qui en consomme quarante mille par semaine et est remplacé par du mouton tout abattu qui arrive de l'étranger et notamment de l'Allemagne.

Il a établi que cette situation cause à la boucherie parisienne et aux industries qui gravitent autour d'elle une perte de plus de dix millions par an, et il a donné un moyen tout au moins original de remédier à cet état de choses, moyen qui consisterait à faire faire l'élevage par les bouchers eux-mêmes réunis en association.

Le prix de la viande en Allemagne. — Le prix de la viande continue à augmenter dans toute l'Allemagne, et les classes ouvrières ne peuvent plus en acheter. L'importation du bétail américain, qui avait été mise à l'essai pendant les mois de juin et de juillet, n'a pas fait diminuer le prix de la viande.

Le *Journal des Bouchers* de Berlin annonce, que du 1er mai au 31 octobre de cette année, il a été abattu 93,085 têtes de moins que du 1er novembre au 30 avril précédents, dans les abattoirs des trente-deux plus grandes villes de l'Empire.

Destruction des loups. — Le Bulletin du ministère de l'agriculture publie le relevé des loups tués et des primes payées pour cet objet en 1888 et en 1889. D'après ce relevé, il a été tué, en 1888, 505 loups pour la destruction desquels une somme de 34,810 fr. a été payée; en 1889, le nombre des loups tués a été de 515, et le montant des primes s'est élevé à 35,720 francs. Il est intéressant de présenter la comparaison des résultats obtenus, année par année, depuis la promulgation de la loi sur la destruction des loups. Voici ce tableau :

	Loups et louves s'étant jetés sur des êtres humains.	Louves pleines.	Loups ou louves non pleines.	Louveteaux.	TOTAL des animaux tués.	TOTAL des sommes payées.
1883...	0	33	779	495	1,316	104,450
1884...	1	22	620	392	1,035	84,180
1885...	»	7	479	414	900	65,500
1886...	»	16	416	328	760	57,120
1887...	2	14	315	370	701	48,800
1888...	1	7	228	260	505	34.810
1889...	»	6	241	208	515	35,720

Les départements dans lesquels on a tué le plus de loups en 1889 sont les suivants : Dordogne, 82; Charente, 76; Meuse, 42; Haute-Vienne, 36; Vosges, 32; Vienne, 26; Marne, 23. Il est probable que, dans peu d'années, on arrivera, au grand regret des louvetiers, à détruire complètement ces fauves.

Tuberculose, — *Projet d'expériences sur le traitement de Koch appliqué à des animaux domestiques.* — Depuis une quinzaine de jours, les *Sociétés d'agriculture de Melun et de Meaux* avaient décidé en principe, sur la proposition de M. Rossignol, vétérinaire à Melun, et de M. Butel, vétérinaire à Meaux, tous deux membres de ces sociétés et de la *Société de Médecine vétérinaire pratique*, qu'il y avait lieu de procéder à des expériences sur le traitement de Koch appliqué à des animaux atteints de tuberculose.

La *Société de Médecine vétérinaire pratique* a été saisie de la même proposition dans sa séance du 10 décembre, par son secrétaire général, M. Rossignol; celle-ci a été adoptée à l'unanimité.

La Société a nommé une commission pour jeter les bases du programme des expériences projetées. Ce programme, une fois arrêté, sera soumis à l'adoption des *Sociétés d'agriculture de Melun et de Meaux* et transmis à toutes les sociétés agricoles et scientifiques de la région.

Ont été nommés membres de cette commission :

Pour la Seine :

MM. Beucler, de Paris; Barrier, d'Alfort; Cadiot, d'Alfort; Greffier, inspecteur de la boucherie de Paris; Kaufmann, d'Alfort; Vignardou, d'Alfort.

Pour Seine-et-Marne :

MM. Butel, de Meaux; Borgnon, de Couilly; Dubois, de Meaux; Rossignol, de Melun.

Pour Seine-et-Oise :

MM. Caussé, de Versailles; Foulard, de Corbeil; Gonin, de Gonesse; Warnesson, de Versailles.

L'initiative prise par les *Sociétés d'agriculture de Melun et de Meaux* et par la *Société de Médecine vétérinaire pratique* mérite d'être encouragée, car si le traitement institué par Koch réussit sur les animaux, la médecine vétérinaire serait mise en possession d'un mode de traitement qui serait appelé à servir non seulement les intérêts de l'agriculture, mais encore et surtout ceux, plus précieux encore, de l'espèce humaine. En effet, les bovidés tuberculeux deviendraient de plus en plus rares et, une des principales causes de contagion à laquelle se trouve exposée l'espèce humaine se trouverait, par cela même, singulièrement atténuée.

Il y a lieu d'espérer que le ministre de l'agriculture, les grandes sociétés agricoles de la Seine, les Conseils généraux de la Seine, de Seine-et-Marne et de Seine-et-Oise voudront participer à des expériences qui seront d'une si haute utilité.

Les Sociétés qui viennent de prendre cette heureuse initiative sont coutumières du fait. Ce sont elles, en effet qui ont provoqué, il y a bientôt dix ans, les mémorables expériences de Pouilly-le-Fort, sur la vaccination Pasteur. On sait les résultats qu'elles ont donnés. Espérons, pour le bien de l'humanité et le profit de l'agriculture, que le même succès couronnera, cette fois encore, leurs efforts.

CONSEILS DU NOTAIRE

LES EFFETS DE COMMERCE.

Il arrive souvent, dans les transactions commerciales, que l'acheteur n'est disposé à payer que quand il a tiré parti de la marchandise qui lui a été livrée; le vendeur, de son côté, a besoin de la somme qui lui est due pour acheter ou fabriquer de nouvelles provisions.

Pour satisfaire à ces deux nécessités, le vendeur écrit à son acheteur une lettre par laquelle il l'invite à payer la somme à l'époque convenue. Cette lettre s'appelle Lettre de Change, Traite, Effet, suivant les circonstances. Le vendeur peu en disposer en paiement des marchandises qu'il achète lui-même, et c'est ainsi qu'il peut renouveler des approvisionnements sans attendre l'époque plus ou moins éloignée du paiement qui lui est promis : cette époque a nom échéance.

Mais pour que cette traite ait toute sa valeur, il faut qu'elle soit *acceptée* par celui qui doit.

Dans ce but, elle est envoyée au débiteur, qui signera immédiatement au dessous du mot *accepté* écrit de sa main. Il la renverra aussitôt que cette formalité sera remplie.

Quand elle est de retour entre ses mains, le vendeur peut s'en servir comme d'un billet de banque pour payer ce qu'il doit lui-même, avec cette différence qu'il doit écrire au dos cette mention : Payez à l'ordre de M. X..., et signer. Son nouveau possesseur pourra s'en servir à son tour, et ainsi de suite, jusquà ce que l'époque de l'échéance arrive : alors la traite est présentée à l'acheteur et lui est remise contre paiement.

Il ne faudrait pas croire cependant que les traites représentent dès l'origine la totalité de la somme qu'elles portent. Elles ne sont prises par les banquiers que sous déduction d'un certain *escompte*, représentant l'intérêt de la somme pendant le temps que la traite doit courir. Ces banquiers, dont l'entremise est indispensable, prennent une commission qui est à la charge du vendeur. Enfin, la traite doit être établie sur un papier timbré d'une valeur proportionnée à la somme qui y est inscrite. Ces frais constituent une somme relativement importante, qui explique facilement la différence de prix qu'on est obligé d'établir entre une vente au comptant et une vente à long terme. Ajoutons qu'on négocie difficilement des effets dont l'échéance est reculée à plus de trois mois.

A l'échéance, la traite sera présentée au débiteur; il doit y être préparé, car il a dû noter quelle somme il aura à payer ce jour-là. Elle lui sera présentée soit par le vendeur, soit par toute autre personne qui l'aura en sa possession. Mais dans les campagnes, ce sera plus souvent l'huissier du pays qui sera chargé du recouvrement. Il est indispensable que le cultivateur s'habitue à ce mode de procéder qui est ordinairement le seul possible. Le préjugé qui existe injustement au sujet de la visite de l'officier ministériel doit tomber devant une explication nette de la mission dont il est chargé.

MAITRE LOYAL.

CONSEILS DU VIGNERON

SOINS A DONNER AUX VINS ROUGES EN CAVE.

Ouillage ou remplissage. — Les tonneaux remplis de vin nouveau devront être ouillés souvent. Le refroidissement du liquide par le dégagement du gaz acide carbonique, l'imbibition du bois et les déjections causées par la fermentation produisent dans le fût des vides qu'il faut combler fréquemment. Le remplissage se fait tous les deux jours pendant la première semaine, puis toutes les semaines, puis tous les mois, jusqu'à ce que la fermentation cesse complètement. Alors, après avoir ouillé la pièce, on la bouche hermétiquement.

L'ouillage doit se faire avec du vin de même cru, ou tout au moins avec du vin de la même année. Le fût qui contient ce vin ne doit pas rester en vidange, car il pourrait s'altérer. Afin d'éviter cet inconvénient, on le place dans de petits fûts ou dans des bouteilles, lorsque le remplissage à faire sera de peu d'importance.

Soutirage. — Le soutirage est une opération par laquelle on sépare les lies du vin, en le transvasant d'un tonneau dans un autre. On arrive à une clarification complète par des soutirages successifs. Pour les vins qui se clarifient et que l'on veut livrer de bonne heure à la consommation, le premier soutirage peut se faire en novembre et décembre; autrement il n'y a pas d'inconvénient d'attendre jusqu'au mois de mars, époque à laquelle la chaleur commence souvent.

Toutefois à ce moment le soutirage devient nécessaire, si l'on veut que le vin ne s'altère pas pendant les chaleurs de l'été. On choisit autant que possible, pour le faire, un temps sec et froid, variant entre cinq degrés au-dessus et cinq degrés au-dessous de zéro. Le vin se dépouille moins bien par un temps couvert, pluvieux et humide.

Pour tous les vins laissés en tonneau après un an, les soutirages devront se renouveler en mars et septembre, jusqu'au moment où ils seront mis en bouteille.

Il y a plusieurs modes de soutirage. Le plus en usage est celui qui consiste à placer au bas du fût un robinet par lequel on tire le vin dans un bidon ou baquet, que l'on verse dans un tonneau fraîchement vidé et affranchi. Ce robinet ne doit pas être placé ni trop haut, ni trop bas : trop haut, il y a trop de déchet, et trop bas, il donnerait trop de lie. Il faut au préalable considérer la transformation du fût et l'état du vin. Les autres modes de soutirage sont : le siphon et divers genres de pompe qui sont plus ou moins usités.

Le soutirage doit se faire toujours rapidement, afin que le vin ne reste pas au contact de l'air trop longtemps, ce qui lui ferait perdre de son arome vineux et sa franchise.

LE PÈRE LAVIGNE.

CONSEILS DU VÉTÉRINAIRE

LE PIÉTIN.

Le *piétin* ou *crapaud du mouton*, est une maladie des tissus sous-cornés spéciale à l'espèce *ovine* et analogue *au crapand du cheval*. C'est une inflammation cancéreuse du tissu réticulaire caractérisée par l'altération de la sécrétion kératogène.

Les débuts de cette affection se manifestent tout d'abord : 1° par un léger gonflement de la peau à l'origine de l'ongle, à sa face interne et au talon. Décollement de la corne, dans cette région, par un suintement sérolactescent, douleur à la pression, caractérisée par une légère boiterie, et dans la station, par les mouvements du membre qui *piétine* le sol, d'où le nom de la maladie.

2° Le décollement s'accentue, le suintement devient caséeux et très-fétide. Les tissus sous-cornés ont une teinte grisâtre et un aspect lisse. La boiterie est très prononcée.

3° L'ulcération gagne le côté externe de l'onglon, qui, décollé dans toute son étendue, tombe et laisse à nu les parties vives ; alors surviennent des complications de gangrène, d'abcès diffus, de marasme et quelquefois la mort.

Le piétin est très commun dans les années pluvieuses, dans les localités marécageuses, et dans les bergeries où les fumiers séjournent trop longtemps. Il en résulte que la *cause primitive* du piétin est attribué, avec raison, à l'humidité.

Quoique contagieuse, cette maladie est très facile à guérir par l'emploi du *Contre-Piétin-Recourat*.

Mode d'emploi. — Il est aussi facile à employer que notre Antipsorique ; il suffit de tailler la corne du pied malade, comme cela se fait habituellement pour découvrir le mal, et de le recouvrir avec quantité suffisante de *Contre-Piétin-Recourat*. On peut laisser courir l'animal avec les autres, car dès à présent sa guérison est certaine sans qu'on ait besoin de recourir à une nouvelle application ; cependant il vaut mieux le tenir dans un endroit sec.

On agit de même pour la *cocotte des vaches*, les *mauvaises plaies* et le *crapaud du cheval*.

En résumé le *Contre-Piétin-Recourat* est un produit préparé avec des substances de première qualité, porphyrisées, dissoutes et introduites dans une masse plastique très adhérente, sur laquelle l'action de l'eau est nulle. Le *Contre-Piétin* se trouvant alors continuellement en contact immédiat avec le mal la guérison est rapide, car, les impuretes, l'air et l'eau qui entretenaient l'inflammation et la suppuration, se trouvent ici complètement éliminées ce qui ne peut avoir lieu avec les autres médications. On a malheureusement trop l'habitude d'employer des substances de rebut ou de qualité inférieure pour l'usage vétérinaire, oubliant trop que l'élevage des animaux domestiques est une source de revenus importants pour les cultivateurs.

UN VIEUX VÉTÉRINAIRE.

CONSEILS A LA FERMIÈRE

MOYEN D'ENLEVER LES TACHES DE ROUILLE DU LINGE ET DES ÉTOFFES.

Je vous ai indiqué autrefois, Mesdames, un moyen d'enlever les taches de rouille du linge et des étoffes, à l'aide du sel d'oseille. Ce moyen est bon, mais il y en a un meilleur que je veux vous enseigner aujourd'hui. Vous achetez chez le pharmacien pour quelques sous de *crème de tartre* en poudre ; vous en couvrez les taches que vous humectez avec un peu d'eau ; vous laissez agir pendant un quart-d'heure, mais pas plus longtemps, après quoi vous frottez légèrement afin d'enlever la crème de tartre. Il ne reste plus ensuite qu'à bien laver les places à l'eau fraiche. — Vous me demanderez peut-être pourquoi je n'ai pas commencé par ce dernier moyen, puisqu'il est le meilleur. Mon Dieu, c'est tout simplement que je l'ignorais. Je n'ai pas honte de l'avouer, et j'ajouterai : Méfiez-vous de ceux qui prétendent tout savoir !

UNE MÉNAGÈRE.

POUR RIRE.

Une singulière association.

LES DEUX IVROGNES.

« Par-devant Maîtrillard et son épouse, marchands de vins et liqueurs, a été convenu ce qui suit : les sieurs Sariol et Turban contractent association pour l'achat d'un petit quarteau d'eau-de-vie, qu'ils débiteront sur le champ de foire du Landit, à Saint-Denis, les deux dimanches affectés à cette fête, pour les bénéfices être partagés entre eux par moitié ; chaque verre, de la contenance d'un poisson ou polichinelle, sera livré aux consommateurs au prix de vingt centimes, etc., etc. » Suivent les clauses accessoires.

Le soir du premier dimanche d'exploitation de leur établissement ambulant, les deux associés étaient ramassés par la garde, en loques, meurtris de coups de poing, la tête dénudée à divers endroits par suite de l'enlèvement violent de poignées de cheveux. Leur situation financière et commerciale consistait en un petit baril vide et une pièce de deux sous en caisse.

Aujourd'hui, les voici en police correctionnelle, pour rébellion et voies de fait envers les agents de la force publique.

Nos deux négociants étaient partis à Saint-Denis avec leur baril d'eau-de-vie ; arrivés à la Chapelle, Sariol dit à Turban :

« Dis donc, je vas boire un polichinelle.

— Eh bien, tu ne te gênes pas, répond Turban, ça n'est pas à toi seule cette eau-de-vie là, c'est à nous deux.

— C'est juste, répliqua Sariol ; alors le polichinelle étant de quatre sous, je vas te donner deux sous.

— Ah ! comme ça, t'es dans ton droit, donne-moi deux sous, et bois ton polichinelle. »

Sariol donne deux sous et boit le poisson d'eau-de-vie convenu.

Cent pas plus loin, Turban dit à son tour à Sariol :

« Je vas faire comme toi, je vas me payer un polichinelle.

— Oui, mais tu vas me donner deux sous.

— Certainement, ça va tout seul. »

Il boit un polichinelle et rend à son associé la pièce de deux sous que celui-ci lui avait remise un instant avant.

Arrivés à la route de la Révolte, Sariol reprend :

« Ma foi, tant pis ! je profite du bon marché, puisque ça ne me coûte que deux sous au lieu de quatre, je vas boire un verre. »

Adhésion de l'associé, auquel il redonne la même pièce de deux sous. Cinq minutes après celui-ci reprend :

« Au fait, tu as raison, ça ne nous revient qu'à deux sous au lieu de quatre, ma foi, c'est pas la peine de s'en priver. »

Et il avale un second polichinelle, en rendant une seconde fois la fameuse pièce de deux sous.

Arrivés au petit pont situé à l'entrée de Saint-Denis, nos deux négociants avaient déjà échangé cinq ou six fois l'éternelle pièce de deux sous, et ne cessaient de s'applaudir de leur découverte d'eau-de-vie à quatre sous le poisson. Inutile de dire qu'arrivés au champ de foire ils n'avaient pas la tête parfaitement au commerce et n'étaient frappés que d'une seule idée, c'est que plus ils buvaient, plus ils gagnaient. Sous l'empire de cette combinaison, ils firent faire la navette à la malheureuse pièce de deux sous, jusqu'au moment où le quarteau étant entièrement vidé, Turban se mit à dire à Sariol :

« Ah ça ! mais tu t'es fichu dedans, toi ; nous avons acheté pour six francs d'eau-de-vie ; tout a été débité, et nous n'avons que deux sous en caisse.

— Comment, que deux sous ?... en tout ?...

— Mais oui, en tout.

— Alors t'es un filou, t'as volé la caisse, etc.

De là une explication à coups de poings, l'intervention de la garde et le délit commis.

Voici ce que nous avons démêlé dans les explications des deux prévenus au sujet de l'étrange spéculation, cause première du délit.

Le tribunal les a condamnés chacun à huit jours de prison.

Si c'est pour élever leur famille qu'ils ont entrepris leur singulier commerce, ils feront bien de chercher une autre combinaison.

RIGOLO.

continuer ses occupations, et dans le cas même où, par suite de l'âge du sujet ou de la gravité du mal, la guérison radicale n'est pas obtenue, il résulte de son application un soulagement rapide et une contention parfaite qui le met à l'abri d'accidents.

Mon confrère a exposé sa *méthode* dans un livre qui est un guide précieux à consulter par tous les hernieux, car cet excellent ouvrage contient une étude complète sur les différentes formes de hernies et leurs complications.

Il forme un fort volume de 360 pages, qu'à ma prière, l'auteur met gratuitement à la disposition des personnes qui joignent à la demande, 60 centimes en timbre-poste, pour le recevoir, franco, sous enveloppe.

Ecrire au *docteur Choffé*, rue du Louvre, 5 *bis*, à Paris. Dr Hadet.

PETITE POSTE.

M. Ch. R... (Doubs). — *Mariage entre beau-frère et belle-sœur.* — *Dispense* (Code civil, art. 164. Loi du 16 avril 1832). — La demande de dispense doit être adressée au procureur de la République de votre arrondissement. Elle ne peut être accordée que pour des motifs graves qui doivent être énoncés dans la demande. Il faut y joindre les extraits des actes de naissance des deux parties; si l'une des deux parties a été mariée, elle devra produire l'acte de décès de son conjoint. Toute demande doit, autant que possible être signée par les futurs, par les pères et mères ou les ascendants dont le consentement ou le conseil est requis pour le mariage.

M. M... (Eure-et-Loir). — *Coq : maladie des pattes.* — C'est, sans doute, ce qu'on appelle le *blanc* ou *gale des pattes.* Remède : frictions répétées deux ou trois fois par jour avec du pétrole pur.

M. R. de F... (Pas-de-Calais). — *Blé.* — Non, la saison est trop tardive pour songer à semer, au dégel, du blé d'automne. Ces semis tardifs réussissent quelquefois, mais ils manquent plus souvent encore. Nous vous conseillerions plutôt de semer du blé de Noé au mois de février.

2. *Journal.* — Le journal *la Croix.*

M. M... (Charente-Inférieure). — *Vente d'échalottes.* — Vous écoulerez facilement cette marchandise à Paris. Adressez-vous au *Renseignement universel*, 28, rue Bonaparte, Paris. Cette agence comporte un service de renseignements pour les offres et les demandes, très bien organisé.

M. G. (Indre). — *Arbres fruitiers : vers blancs.* — Vous parlez de vers blancs dans les *branches*; vous voulez certainement dire les *racines*. Oui, le sulfate de cuivre est très efficace pour la destruction du ver blanc dans ces conditions. De plus, arroser le pied des arbres avec une dissolution de pétrole (1 litre de pétrole dans 20 litres d'eau). Arroser à plusieurs reprises.

2. *Obligations communales du Crédit Foncier.* — Pas sorties. Vous n'avez pas encore gagné le lot de 100.000 fr. Je vous le souhaite un jour.

M. P... (Basses-Pyrénées). — *Le Germinateur.* — Excellent pour la préparation des semences.

M. de R... (Loiret). — *Bons de l'Exposition.* — Ce numéro n'est pas encore sorti.

M. G... (Ille et-Vilaine). — *Régie.* — Il s'agissait non pas d'une place de régisseur, mais de chef de culture. de contre-maître. La place est prise depuis lundi. Nous insérons votre demande : deux insertions gratuites; si vous en désirez d'autres, nous sommes à votre disposition.

M. P... (Aube). — *Engrais verts.* — Vous avez parfaitement raison d'adopter ce système qui n'est pas assez mis en pratique. Faites d'excellents fumiers; enrichissez-les par les phosphates (10 kil. par mètre cube): donnez de la potasse à vos terres par l'apport de cendres, puisque vous pouvez vous en procurer dans de bonnes conditions, et prenez beaucoup d'azote à l'air par des récoltes destinées à être enfouies. Sur vos terres de Champagne, nous vous conseillons les crucifères, navette, moutardon, colza, et aussi les légumineuses. On dit beaucoup de bien de la vesce velue. C'est surtout dans la sole de jachère que ces semis doivent se faire, afin que la plante soit enfouie au moment de sa végétation la plus vigoureuse.

Vos prairies noires s'amélioreraient très bien par les scories : 800 kil. à l'hectare.

M. J... (Bouches du-Rhône). — Votre question est trop délicate. Nous ne pouvons y répondre.

M. M... (Cantal). — Ne vous engagez pas dans ce procès; vous avez mille fois tort.

M. S..., à M... — *Impôts.* — L'administration fiscale, armée de droits exorbitants, peut exiger la matrice cadastrale pour faire dans ses bureaux ses mutations d'immeubles; les maires sont tenus aussi de fournir sans rétribution, au percepteur en tournée, les locaux de la mairie.

BIBLIOGRAPHIE.

LE CULTIVATEUR VÉTÉRINAIRE

Ouvrage pratique, indispensable à tout CULTIVATEUR, ELEVEUR, FERMIER et principalement à la PETITE CULTURE, contenant les meilleurs procédés de conservation, de multiplication et d'amélioration de nos espèces domestiques; les causes de leurs maladies, les moyens très simples de les éviter, les caractères précis qui permettent de les reconnaître et de les différencier, le traitement le plus efficace à leur opposer; le choix et la valeur nutritive des aliments, le rationnement, etc., suivis du procédé simple, pratique et peu coûteux que tout cultivateur doit employer pour se mettre à l'abri des pertes causées par la mortalité.

Fort volume in-18, de 350 pages, par C. Courtier, médecin-vétérinaire. Envoi franco contre 2 francs adressés en timbres ou mandat-poste, à M. MARTELET, éditeur, à Troyes (Aube).

OFFRES & DEMANDES.

Pour répondre au désir qui nous est exprimé, nous offrons à nos abonnés, sous cette rubrique, deux annonces gratuites pour les offres et demandes d'emplois, produits ou animaux à vendre ou à acheter, etc.

Les annonces qui suivront jouiront d'une réduction de 50 pour 100 sur les tarifs ordinaires (0 fr. 15 la ligne au lieu de 0 fr. 30).

Les demandes d'insertions devront être envoyées à l'administration (joindre un timbre de 0 fr. 15) qui se chargera de les rédiger.

Ne pas négliger d'envoyer tous les renseignements nécessaires.

Un jeune homme, dans la force de l'âge, fils de cultivateurs, élevé dans la culture, demande place de régisseur ou de chef de culture. — N° 896. — Bonnes références.

A vendre. *Pommes de terre Institut de Beauvais*, par quantités de 100 kil. au moins. — N° 897.

On offre 2 ou 300 kil. d'échalottes. — N° 898.

Un ancien élève d'une école d'agriculture, dans la force de l'âge, bien au courant de la culture moderne en même temps qu'excellent praticien, demande un emploi de régisseur. — Très bonnes références. — N° 899.

S'adresser aux bureaux du journal (joindre timbre de 0 fr. 15).

BULLETIN FINANCIER.

Lactivité reste concentrée sur le marché des rentes. Stimulée par l'approche de l'emprunt, la spéculation a imprimé une nouvelle impulsion au 3 0/0. Elle estime que, pour le moment, un mouvement de recul n'est point à craindre, ces sortes de mouvements ne se produisant que bien rarement à la veille d'un emprunt.

Sur le marché des valeurs, les transactions n'ont aucune animation. La fermeté que l'on constate est due surtout à l'absence d'affaires. En général, les cours paraissent trop élevés; la spéculation n'ignore pas que la plupart des valeurs sur lesquelles on cherche à fixer son attention sont détenues en grand nombre par des syndicats qui ne demandent qu'à les écouler; elle sait qu'il existe des stocks que la demande courante sera impuissante à absorber avant plusieurs années si elle se montre, à bon droit, très méfiante.

La tenue des places étrangères est peu brillante : on annonce bien que la crise anglaise est en pleine décroissance et qu'elle ne sera plus dans quelques semaines qu'un souvenir; mais l'amélioration que l'on signale n'est encore qu'à la surface. Les marchés allemands continuent à se montrer très réservés; ils sont quelque peu épuisés et loin d'être en mesure de donner le ton, ils réussissent difficilement à se maintenir à l'unisson des autres places.

Notre 3 0/0 se traite à 95 10 (ex-coupon); le 3 0/0 amortissable à 96 40 et le 4 1/2 0/0 à 104 30.

L'Italien s'est un peu amélioré vers 95 45. Les autres fonds internationaux restent sans variation notable.

Quant aux Sociétés de crédit elles demeurent bien tenues.

La Banque de France est à 4.425.

Le bilan hebdomadaire de cet établissement, au 18 décembre, fait ressortir les différences suivantes sur celui de la huitaine précédente.

L'Encaisse métallique est en augmentation de 6 millions; le chapitre or entre dans ce total pour 15 millions.

Les autres augmentations figurent pour 14 millions au portefeuille; pour 1 million aux avances, pour 1 million à la circulation, et 8 au compte-courant du Trésor.

Les Comptes-Courants particuliers, seuls, ont diminué d'un million.

Les bénéfices de la huitaine se sont élevés à la somme de 398.000 francs.

L'action du Crédit Foncier est demandée à 1310.

Dans sa séance hebdomadaire du 17 décembre, le Conseil d'administration du Crédit Foncier a autorisé pour 3.116.834 francs de nouveaux prêts, dont 2.080.300 francs en prêts fonciers et 1.035.524 francs en prêts communaux.

Les Chemins de fer français restent fermement tenus.

Quant aux Sociétés industrielles, elles bougent peu. Coupon.

HALLES ET MARCHÉS.

I. — SITUATION GÉNÉRALE.

La tenue des marchés agricoles est en général assez ferme, avec des approvisionnements plus réduits que ceux que l'on voit d'habitude à cette époque de l'année. Les cours ont subi peu de changements excepté pour les alcools, qui ont été l'objet d'une hausse assez sérieuse à la fin de la semaine dernière.

II. — GRAINS.

Blés. — Les offres de la culture n'ont pas toute l'importance qu'elles devraient avoir à cette époque de l'année ; aussi la fermeté continue-t-elle sur nos marchés de l'intérieur, comme l'indiquent les cours suivants de samedi : Douai, 25 à 27 fr. 50 les 100 kil. ; Cambrai, blé blanc, 26 fr. ; roux, 25 fr. ; Amiens, 25 fr. ; Châlons-sur-Marne, 25 fr. ; Chartres, 23 à 25 fr. ; Etampes, 23 à 25 fr. 85 ; Laval, 24 fr. 50 à 25 fr. ; Lyon, 24 fr. 25 à 24 fr. 50 ; Dijon, 23 fr. 50 à 24 fr. 50 ; Nantes, 25 fr. à 25 fr. 50 ; Bordeaux, 26 fr. à 26 fr. 25. — Au marché commercial de Paris, les affaires sont assez calmes, mais les cours se soutiennent de 26 fr. 50 à 26 fr. 75 les 100 kil. disponibles, et 26 fr. 25 à 26 fr. 75 pour le livrable sur l'année prochaine. — Dans nos ports, les prix sont fermes ; les importations sont réduites en ce moment. La semaine dernière, il est entré à Marseille 90,490 quintaux, contre 135,000 la semaine précédente ; on cotait samedi dernier les blés durs de Tunisie, 20 fr. 50 à 20 fr. 87 ; les durs de Bône, 20 fr. 50 ; de Mersina, 17 fr. 25 et les Ghirkas Nicolaïeff, 18 fr. 875, le tout aux 100 kilog. en entrepôt. Au Havre, on offre des Californie à livrer à 26 fr. 50 ; les Azoff sont cotés 24 fr. ; les tuzelles d'Algérie, 26 fr. 25 à 26 fr. 50 les 100 kilog. sur wagon. Sur les places étrangères, les cours se maintiennent assez bien en général, malgré quelques cas de faiblesse.

Seigles. — Cours bien tenus avec peu d'offres ; on vend à Paris, en gare d'arrivée ou sur bateau, 16 fr. 50 à 17 fr. les 100 kilog. ; en commerce, la cote du disponible est de 17 fr. à 17 fr. 25.

Orges. — Affaires très calmes à Paris ; on cote les provenances de l'Ouest, 17 fr. 25 à 17 fr. 75 les 100 kilog. ; celles de la Beauce, 19 fr. à 19 fr. 50 ; celles de Champagne, 19 à 21 fr. ; Au marché de Lille, les orges sont en hausse ; on tient les Algérie de 15 fr. à 15 fr. 25 ; les Russes, de 15 fr. 50 à 17 fr. 75 les 100 kilog. à Dunkerque ; les escourgeons de pays et de Vendée, de 20 fr. 50 à 21 fr. ; ceux de Groningue, 20 fr. 50 à 20 fr. 75.

Malts. — Bien tenus de 29 à 32 fr. les 100 kil. à Paris pour les malts d'orges indigènes, et de 23 fr. à 23 fr. 50 dans le Nord pour ceux d'Algérie.

Avoines. — La vente devient plus difficile. Les belles avoines noires de choix valent 18 fr. 50 à 19 fr. les 100 kilog., en gare à Paris ; les noires de la Beauce et du Centre, 18 fr. 25 à 18 fr. 50 ; les grises, 18 fr. à 18 fr. 25 ; les blanches, 17 fr. 25 à 17 fr. 50. — Au Havre, on offre des noires de Suède de 18 fr. 25 à 18 fr. 50 sur wagon, et des bigarrés d'Amérique à 18 fr.

Sarrasins. — Le sarrasin de Bretagne vaut 15 fr. 50 à 15 fr. 75 les 100 kilog. à Paris.

Farines de consommation.

Les prix se ressentent de la fermeté qui se manifeste depuis quelque jours sur les farines de commerce. Un grand nombre d'usines se trouvent en outre arrêtées par les gelées, et les offres sont peu nombreuses pour le moment. La meunerie relève ses prix de 1 fr. par sac dans l'après-midi.

MARQUE DE CORBEIL	61 fr. (38 85 100 k.).	
	159 kil.	100 k.
Marques de choix	61 à 62	38 85 à 39 49
Premières marques. . . .	60 61	38 21 38 85
Bonnes marques.	58 59	36 94 37 58
Marques ordinaires. . . .	57 58	36 30 36 94

Le sac de 159 k., toile à rendre, rendu à domicile, payement comptant, ave 1/2 0/0 d'escompte ou 30 jours sans escompte.

Fourrages et pailles.

Paris, La Chapelle.

	1re qté.	2e qté.	3e qté.
Foin 104 bot. dans Paris	48 à 49	46 à 47	43 à 45
Luzerne.	46 49	44 45	42 45
Paille de blé	32 32	30 31	28 29
Paille de seigle	35 36	33 34	31 32
Paille d'avoine	24 26	22 24	20 21

Le tout aux 104 bottes dans Paris.

COURS DE DIFFÉRENTS MARCHÉS (par 100 kil.).

	Paille.	Foin.
Le Puy	4 50	7 25
Dijon.	4 25	7 60
Blois.	5 »	7 50
Toulouse.	4 75	7 75
Chalon.	6 ..	8 50
Beauvais.	5 50	7 75
Orléans	6 50	8 ..
Douai.	5 75	8 50

Issues, les 100 kil.

La persistance du froid entretient de l'activité dans la demande et, par suite de l'arrêt par les gelées d'un assez grand nombre d'usines, les offres ont moins d'importance ; il en résulte une nouvelle amélioration dans les prix. La vente n'est possible pourtant que pour la marchandise disponible, car les acheteurs font complètement défaut pour le livrable.

Nous cotons par 100 kil. en gare d'arrivée à Paris :

Son écaille.	14 » à	14 25
— gros	13 75	14 »
— trois-cases	13 25	13 50
— fin	12 25	12 50
Recoupettes.	12 »	» »
Remoulages blancs.	17 »	18 »
— bâtards.	14 »	15 »

MARCHANDISES DIVERSES.

Fécules.

Prix fermes, mais sans changement ; les détenteurs refusent d'accorder toute concession sur les prix, avec la pensée que les gelées vont avoir nui beaucoup à la fabrication.

Les 100 kil.

Paris. — Fécule 1re, grains	31 » à	33 »
Oise. — Fécule 1re, grains.	28 50	30 50
Vosges. — Fécule 1re, grains . . .	30 »	32 »
Saône-et-Loire	32 »	33 »
Loire. — Fécule 1re, grains	28 »	30 »
Auvergne. — Fécule 1re, grains. .	28 »	30 »
Fécules secondes selon qualité. . . .	21 »	27 »

Pommes de terre.

Les 1.000 kil.

Hollandaises	70 » à	80 »
Vosgiennes	60 »	»» »
Early roses	50 »	60 »
Saucisses	55 »	65 »
Rondes.	50 »	60 »
Chardonnes	50 »	45 »

Pommes à cidre.

Rouen (Seine-Inférieure), 16 décembre.

29 hect. 50 de pommes ont été apportés et vendus 6 fr. l'hectolitre (y compris les droits du Trésor et ceux de la ville de 1 fr. 19 par hect).

Tourteaux, les 100 kil.

	Colza	Œillette	Lin	Cam.
Lille. .	15 .. à 17 ..	16 .. à 17 50	21 50 à 22 75	15 50
Arras . .	14 .. 15 25	16 50 17 ..	21 .. 22 ..	14 75
Gd Moulin Corbeil. .	15 50		19 75	
	Coprah	Arachide déc.	Sésame	Lin.
Marseille	13 25 à 14 25	14 .. 15 ..	14 .. à 15 50	16 ..

GRAINES DIVERSES.

Maïs, les 100 kil.

Paris	15 » à 20 »		Agen.	14 75	18 »
Alais	14 75	17 »	Grenoble. .	16 »	18 50
Ruffec	15 »	14 50	Reims. . . .	16 »	17 50

Sarrazin, les 100 kil.

Paris.	16 » à 17 »		St-Pierre. .	16 » à	16 50
Mayenne. .	15 75	16 25	Nantes. . . .	15 50	16 25
Rennes. . . .	15 25	16 »	Orléans . . .	15 75	16 »

Légumes secs, les 100 kil.

	Haricots	Pois	Vesces	Lentilles
Paris.	20 à 47	21 à 26	» »	45 à 70
Rouen.	42 57	50 69	26 28	77 »
Marseille. .	18 30	23 32	25 34	19 24 50

Graines fourragères, les 100 kil.

Luz. de Prov.	120 à	150	Minette.	25 à	30
— du Poitou	105	115	Sainfoin à 2 c. .	26	28
— d'Italie. .	120	130	Sainfoin à 1 c. .	26	28
Trèfle blanc. .	»	»	Pois jarras. . .	18	19
— violet. .	120	130	Vesces	17	18

Raisins secs à boisson.

(Cours de la maison Audibert, 53, rue des Minimes, à Marseille).

PRIX ACTUELS (grande baisse).

Corinthe, **Roi de Grèce**, petits grains Extra 1er choix.	100 kilos	57	»
Corinthe, **le Turban**, gros grains.	»	»	M.
Corinthe petits grains, 1er choix.	»	54	»
Thyra, 1er choix	»	48	»
Samos noirs, 1er choix.	»	»	M.
— muscats.	»	»	M.
Figues à distillerie	»	»	27 »
Panaches noirs, égrappés. . . .	»	»	M.

Engrais. — Prix des 100 kil. :

Matières diverses pour engrais. — Cours commercial sur la place de Paris, par 100 kil., pour des ventes en gros de 30.000 kil. au moins.

Sang desséché moulu.	11/13 0/0 azote	20 90	à	24 70
Viande desséchée. . . .	9/11 0/0	—	17 50	19 80
Cornes broyées.	13/14 0/0	—	20 80	22 60
Cuir désagrégé	8/9 0/0	—	10 40	10 70
Laine engrais	3 à 4 0/0	—	» »	» »
Nitrate de soude.	15/16 0/0	—	22 »	22 25
Nitrate de potasse. . .	95 0/0	—	47 »	47 »
— . . .	90 0/0	—	45 »	45 50
Muriate de potasse. . .	80 0/0	—	» »	» »
Sulfate de potasse. . .	90 0/0	—	24 50	25 »
Sulfate d'ammoniaq. .	20/21 0/0	—	31 65	31 50
Chlorure de potassium	90 0/0	—	21 »	21 »
— Stassfurt	80 à 85 0/0	—	17 25	18 »
Cornes, cornailles pour brûler.			» »	» »
Déchets fins de cornes, frisures. . .			» »	» »

Phosphates des Ardennes. — En gare des Ardennes et de la Meuse, en sacs (les 100 kil.).

Pulvérisés. 14/16 0/0,	acide phosph. .	3 40 à	» »
— 18/20 0/0,	—	4 »	» »
— 16/18 0/0,	—	3 70	» »

Phosph. Oise. 14/16 0/0 acide phosphorique. 3 35

Phosp. Somme. 20/22 0/0 acide phosph. . . 5 30

Superphosph., poudres d'os, etc. Les 100 kil.

Phosph. préc. 35 à 40 °/₀ acide phosph.	24 »	24 »
— 40 à 45 °/₀ —	26 »	26 »
Superphosphates fossiles, 10 °/₀ acide phosphorique soluble et assimil. (les 100 kilog.).	6 25	» »
Superphosphates fossiles, 16 à 18 °/₀.	10 25	11 »
— d'os, 16 à 18 °/₀, acide phosph. .	12 25	12 25
Poudres d'os bruts.	12 75	» »

Engrais spéciaux. — Les 100 kilog.

Guano du Pérou. 10 à 16	Eng. chim.
Guan du Pér. diss. 32 à 20	de H. Joulie,
Guan. az. fixé. 26 » à 27 »	Lag . . . . . . 15 » à 23 »

Sulfate de cuivre. Les 100 kil. . . 54 » à 55 50

Phosphates du Boulonnais 40/45. . . .	4 60 à	» »
— du Cambrésis 28/35. . . .	3 55	4 »
— du Lot 30/50.	3 20	5 25

BEURRE, ŒUFS, VOLAILLES.

Paris, 17 décembre.

Beurres en mottes.

L'arrivage d'hier a été de 37,000 kil.

L'arrivage approximatif a été de 5,994 kil.

Beurres en livres.

L'arrivage d'hier a été de 11,000 kil.

L'arrivage approximatif a été de 10,373 kil.

Fermiers	au kilo		Touraine	au kilo	
Extra.	2 90 à	3 »	Extra.	2 70 à	2 80
1er choix.	2 80	2 90	1er choix. . . .	2 60	2 70
2e choix.	2 60	2 70	2e choix.	2 50	2 60
Ordinaire . . .	2 50	2 60	Ordinaire . . .	» »	» »
Bourgogne			Vendôme		
Choix	2 40	2 50	1er choix.	2 60	2 70
Ordinaire . . .	2 20	2 30	2e choix.	2 40	2 50
			Ordinaire . . .	2 20	2 30
Gâtinais			Beaugency		
1er choix.	2 60	2 70	1er choix.	2 60	2 70
2e choix.	2 50	2 60	2e choix.	2 40	2 50
Ordinaire . . .	2 30	2 40	Ordinaire . . .	2 20	2 30
Le Mans			Fausse Touraine		
Choix	2 40	2 50	Choix.	2 50	2 60
Ordinaire . . .	2 40	2 40	Ordinaire . . .	2 40	2 50

Œufs, *le mille :*

Normandie . (Extra)	125 à	154	Bourgogne . .	102 à	108
Picardie . . (Extra)	128	160	Champagne . .	106	110
Brie. . . . . (Extra)	»	»	Nivernais . . .	98	104
Touraine gr. .	125	140	Cosne.	106	110
Touraine ord. .	101	110	Bourbonnais. .	98	102
Beauce	118	130	Bretagne . . .	95	105
Orne.	106	118	Vendée	96	105
Picardie ord. .	108	120	Auvergne. . .	94	96
Châtellerault. .	104	106	Midi.	104	115

Œufs de conserve à la chaux. . . . . 80 à 84

Fromages.

Brie fermiers, haute marque. . .	les dix	70 à	80
— — grand moule	—	40	50
— — moyen moule. . . .	—	30	35
— — petit moule.	—	20	26
Brie laitiers moyen moule.	—	18	26
Gruyère 1re qualité.	100 kil.	165	195
— 2e qualité.		130	150

Roquefort 1re qualité	—	250	260
— 2e qualité	—	200	220
Géromé (Gérardmer	—	100	110
Limbourg (suivant qualité)	—	100	110
Munster (suivant qualité)	—	125	135
Romatour (suivant qualité)	—	110	120
Hollande (croûte rouge)	—	160	180
— Plats (Gouda)	—	100	130
Cantal (suivant qualité)	—	130	140
Façon Port-Salut, 1er choix	—	150	160
— — 2e choix	—	100	120
Bourgogne	le cent	65	75
Saint-Nectaire	—	90	100

Livarots :		1er choix.		2e choix.	
En caisse de 30	le cent	85 à	90	.. à	..
En caisse de 36	—	80	90	50	60
Camembert	—	55	65	35	40
Façon Coulommiers	—	45	54	25	30
Bondons	—	18	25	7	12
Gournay	—	16	21	10	12
Mont-d'Or	—	30	35	..	..

Volailles.

Canards :			Pigeons :		
nantais	3 » à	5 »	maconnais	» 60 à	1 10
de ferme	2 75	4 »	italiens	» 60	1 10
Dindes nouv.	6 »	11 »	bizets	» 50	1 »
Oies nouvelles	5 »	7 50	Poulets :		
— (2e qté)	3 50	4 »	nantais	3 »	5 »
Pintades	2 25	4 »	touraine	3 »	5 »
Lapins domestiques	1 25	2 75	gâtinais	3 »	5 »
			du Midi	2 »	2 75
			communs	1 25	2 25

Gibiers.

Lièvres gros	6 » à	6 50	Faisans poules	3 50 à	4 50
— petits	3 50	4 »	Alouettes, la douzaine	2 25	3 »
Perdreaux	3 »	3 25	Chevreuils	25 »	45 »
Perdrix	1 75	2 25	Bécasses	2 »	3 »
Garennes	1 25	2 50			
Faisans coqs	5 »	7 »			

Marché : Vente plus difficile à cause du froid.

Cours fournis par MM. de Bridiers, Jouslin et Scelle, facteurs assermentés, 2, r. de Valois, Paris.

BESTIAUX.

La Villette, 18 décembre. — Bestiaux. — Vente calme et sans changement sur le gros bétail et les moutons, mauvaise sur les veaux et les porcs.

COURS officiels.	Amenés.	Vendus.	1re qualité.	2e qualité.	3e qualité.	Prix extrêmes.
Bœufs	2.070	1.854	1 60	1 42	1 30	1 20 à 1 64
Vaches	406	381	1 56	1 32	1 20	1 12 1 60
Taureaux	129	127	1 42	1 32	1 22	1 11 1 46
Veaux	1.240	1.055	1 90	1 70	1 56	1 40 2 10
Moutons	7.169	6.880	2 10	1 90	1 68	1 60 2 18
Porcs	5.243	5.180	1 28	1 24	1 20	1 16 1 31

Marché du lundi 15 décembre.

	Amenés	Vendus	Prix au poids net		
			1re qual.	2e qual.	3e qual
Bœufs	2.402	2.211	1 62	1 41	1 36
Vaches	660	626	1 58	1 36	1 24
Taureaux	113	143	1 44	1 38	1 26
Veaux	1.057	874	1 92	1 76	1 62
Moutons	8.518	8.170	2 12	1 88	1 70
Porcs	2.582	2.373	1 30	1 26	1 22

	Prix au poids vif			
	1re qual.	2e qual.	3e qual.	Prix extrêmes.
Bœufs	1 »	» 83	» 71	» 64 à 1 04
Vaches	» 96	» 77	» 73	» 58 » 99
Taureaux	» 91	» 82	» 65	» 62 » 94
Veaux	1 15	1 01	» 86	» 72 1 30
Moutons	1 07	» 91	» 78	» 73 1 22
Porcs	» 90	» 86	» 80	» 72 » 92
Peaux de moutons en laine				» » » »
Id. id. demi-laine				» » » »

Viandes abattues. — Criée du 12 décembre.

		1re qualité.	2e qualité.	3e qualité.
Bœufs	le kil.	1 30 à 2 50	1 10 à 2 30	1 .. à 1 80
Veaux	—	1 80 1 90	1 66 1 76	1 44 1 60
Moutons	—	1 70 1 80	1 30 1 66	1 80 1 28
Porc entier	—	1 26 1 36	1 10 1 20	» 96 1 06

Cuirs et peaux, les 50 kil.

Taureaux	43 50 à	45 25	Vaches lourdes	45.50	47.25
Gros bœufs	51 25	54 »	— de bandes	37.50	40.25
Moy. bœufs	45 »	47 50	Gros veaux	63.75	66.25
Pet. bœufs	39 25	39 75	Petits veaux	66.75	68.50

CHEMIN DE FER DU NORD.

PARIS-LONDRES

Cinq services rapides dans chaque sens.

Trajet en 7 h. 1/2. — Traversée en 1 h. 1/4.

Tous les trains, sauf le Club-Train, comportent des deuxièmes classes.

DÉPARTS DE PARIS :

Vià Calais-Douvres : 8 h. 22, 11 h. 30 du matin ; 3 h. 30 (Club-Train n'a pas lieu le samedi) et 8 h. 25 du soir

Vià Boulogne-Folkeston : 10 h. 10 du matin.

DÉPARTS DE LONDRES :

Vià Douvres-Calais : 8 h. 20, 11 h. du matin ; 3 h. 15 (Club-Train n'a pas lieu le dimanche), et 8 h. 15 du soir.

Vià Folkestone-Boulogne : 10 h. du matin.

Un service de nuit accéléré à prix très réduits et à heures fixes vià Calais, en dix heures.

Départ de Paris à 6 h. 10 du soir. — Départ de Londres à 7 h. du soir.

Un service de nuit à prix très réduits et à heures variables, vià Boulogne-Folkestone.

J. & A.-J. DECONINCK, à ARRAS et à Dunkerque.

ENGRAIS, NITRATE DE SOUDE.

Importation directe par navires complets (25e année). *Nitrate de potasse* (dosages garantis sur analyses). **Tourteaux** de toutes espèces et provenances, pour nourriture et pour engrais. **Semences de printemps :** *Orges et avoines* Hallet's. *Orges et avoines* anglaises et écossaises. *Avoines* des Salines et autres. *Graine de lin de Riga, graine de betterave à sucre riche*, etc. Environ 50 variétés de **Blés de semence** en vente à l'automne chaque année.

USINE HYDRAULIQUE DU PETIT-MOULIN
A NANTEUIL-LE-HAUDOUIN (OISE).

HENRY BERTHIER
ingénieur-agronome diplômé de l'Institut national agronomique.

MACHINES AGRICOLES
Vente et échange. - Location. - Réparations en tous genres.

BICYCLES, BICYCLETTES & TRICYCLES
Accessoires et réparations.

Spécialité de Graines fourragères épurées.
CÉRÉALES DE SEMENCE.
GRAINES POTAGÈRES, DE FLEURS ET D'ARBRES.
ARBRES FRUITIERS ET FORESTIERS.

Graines de Betteraves à grand rendement et à grande richesse saccharine.

ENGRAIS SIMPLES ET COMPOSÉS.

Envoi franco de renseignements à toute demande affranchie.

MÉDAILLE d'OR Exposition Univelle Paris 1889

Nouvel ALAMBIC Brûleur FIXE ou BASCULANT Bté s.g.d.g. système DEROY produisant de l'eau-de-vie supre avec ou sans repasse en distillant vins, cidres, lies, marcs, fruits, moûts, etc. **2.000 Appareils vendus après essai.** DEROY FILS AINÉ, Constructeur 75, 77, Rue du Théâtre (Grenelle), PARIS. Petit Manuel de Distillation et Tarif illustré adressés *franco*.

UnPrêtre de ROME a trouvé le moyen de guérir radicalement les Cors, Durillons, Œils-de-Perdrix, Dartres, Eczémas avec le BAUME ANTONIO. Envoi *franco* 1f50. MALAVANT, rue Deux-Ponts, Paris. Toutes Pharmacies.

M. Recourat, pharmacien à Beauvais.
Gale des moutons guérie radicalement par *une seule application* de l'ANTIPSORIDE.
La bouteille, 3 fr.; la demi-bouteille, 1 fr. 75.
Guérison du PIÉTIN par *un seul pansement*.
Le pot d'essai, 1 fr. 50; le pot, 3 fr.

Avis aux Eleveurs et Nourrisseurs.

Les cosses et brisures de fèves de la maison Ph. Breuil, de Dijon, d'une pureté absolue et très riches en principes nutritifs, se recommandent pour l'engrais du bétail et la nourriture des chevaux.

Librairie A. FOURAUT, 47, rue Saint-André-des-Arts, Paris

OUVRAGES RECOMMANDÉS

(Envoi franco contre timbres ou mandat)

Manuel d'agriculture, d'arboriculture et de jardinage, par LOUIS GOSSIN; 15e édition; 178 figures. 1 vol. in-12, cart. . . . . . 1 fr. 30

Leçons normales de géométrie élémentaire, théorique et appliquée, par D. PUILLE (D'AMIENS); nombreux problèmes avec leurs solutions raisonnées; 417 figures; 20e édition, augmentée d'un *Précis de trigonométrie rectiligne*. 1 vol. in-12, broché, 2 fr. 60; — cart., 2 fr. 80.

Cours complet d'arpentage élémentaire, théorique et appliqué, par D. PUILLE (D'AMIENS); nombreux problèmes avec leurs solutions raisonnées; 250 figures et 2 planches topographiques; 18e édition. 1 vol. in-12, broché, 3 fr. 15; — cart., 3 fr. 40.
— Avec 4 planches, dont deux entièrement lavées. 1 vol. in-12, broché. 4 fr. 15

Traité spécial de la division des champs dans tous les cas, géodésie usuelle, par D. PUILLE (D'AMIENS). 1 vol. de texte, in-12, broché, renfermant 96 figures, et 1 atlas de 16 planches. . . . . 3 fr. 75

Conférences sur l'hygiène, suivies de *Notions de médecine usuelle*; observations particulières sur l'hygiène des campagnes, considérations sur l'abus des liqueurs alcooliques, etc.; par F. OMOUTON; 30 figures; 4e édition. 1 vol. in-18 jésus. cart., 1 fr. 30; — relié en toile, 1 fr. 50.

ENGRAIS CHIMIQUES

DES MANUFACTURES DE SAINT-GOBAIN

Usines à PARIS-AUBERVILLIERS, CHAUNY (Aisne), MONTLUÇON (Allier), MARENNES (Charente-Inférieure), LE PONTET (Vaucluse), SAINT-FONS, près Lyon (Rhône).
DOSAGE GARANTI. — EMBALLAGES : MARQUÉS ET PLOMBÉS.

Tout acheteur d'engrais qui n'exige pas, au sujet des dosages en éléments assimilables la garantie formelle, et qui ne la fait pas contrôler par l'analyse, ne nuit pas seulement à ses propres intérêts, il encourage la fraude et, la laissant impunie, compromet les intérêts généraux de l'agriculture.

ENGRAIS COMPLET DE SAINT-GOBAIN

Efficacité éprouvée dans tous les Sols et dans toutes les Cultures. — Superphosphates de chaux. — Sulfate de cuivre. — Sulfate d'ammoniaque Sulfate de potasse. Sulfate de fer.

Engrais composés suivant les convenances des acheteurs
ADRESSER LES ORDRES ET DEMANDES DE RENSEIGNEMENTS
à la Direction commerciale

des Produits chimiques de Saint-Gobain

PARIS | 9, rue Sainte-Cécile, 9 | PARIS

ou aux dépositaires de la Compagnie de SAINT-GOBAIN dans les principales villes du Centre et du Midi.

VINS DE BORDEAUX.

P. LAFARGUE

Propriétaire au Château-Daguey, à Libourne (Gironde).

La difficulté qu'on a de se procurer du vin naturel pour un prix moyen devenant de plus en plus grande, il importe pour le consommateur qu'il s'adresse à la source même de la production, au double point de vue de sa santé et de sa bourse.

Propriétaire d'importants vignobles dans le Libournais, j'offre directement à la consommation le produit de mes récoltes que je garantis absolument pur et à l'abri de tout reproche.

VIN ROUGE.

La barrique de 228 litres, logement compris.

1889. Château-Daguey. . . . . **125** fr.
1884. Id. **160**

VIN BLANC.

1888. Domaine de Bonnetan. . . . . **120** fr.

Je vends mes vins rendus *franco* de port et de droits en gare de l'acheteur.
Les droits d'octroi seuls, s'il y en a, sont à la charge du destinataire.
Paiement, 30 jours; 2 p. 100 escompte ou 90 jours nets.
La demi-barrique, quart de barrique, 5 francs en plus pour différence logement.

Médaille d'Or. * Exposition Universelle 1889. * Médaille d'Argent.

VACHERIE à céder, Paris-Batignolles, tenue depuis dix ans. 20 vaches, première qualité. 240 litres lait vendus 0 fr 50 cent., presque entièrement à la boutique. Vaste emplacement, boutique sur rue. Loyer peu élevé. 12.000 fr. bénéfices annuels garantis. On traitera avec 20.000 fr. argent ou avec garanties sérieuses. S'adresser à MM. Laporte et Lefranc, 93, boulevard Sébastopol, Paris.

Sont vendues les vacheries annoncées précédemment.

L'ENGRAIS AMIÉNOIS

FUMURE NORMALE et COMPLÈTE
A BASE DE MATIÈRES ORGANIQUES

Compositions spéciales pour les cultures de printemps et d'automne. — S'adresser à M. Elisée LEFEBVRE route de Rouen, 121, à **Amiens** (Somme).

Semoir et Distributeur d'Engrais

Système MAGNIER.

Envoi franco du catalogue illustré.

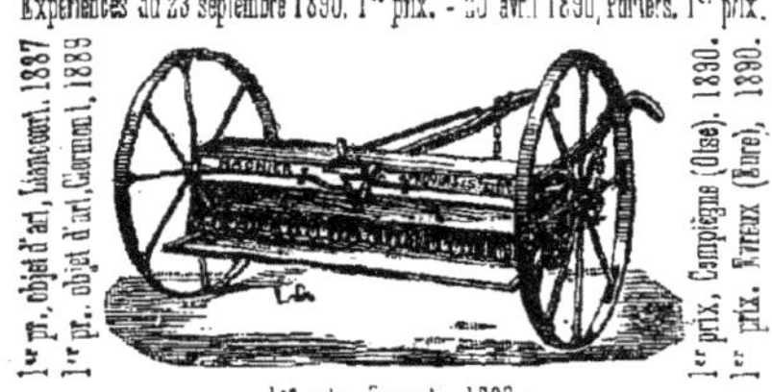

MAGNIER, constructeur breveté, Provins (S.-et-M.).

GUÉRISON RADICALE DE LA DIARRHÉE DES VEAUX PAR LA POUDRE CHOQUELIN.

1 franc la boîte *franco par la poste.*

Dép. g., Phie HAUVESPRE, Courville (Eure-et-Loir).

ACHATS & VENTES

DE

PRODUITS AGRICOLES, VINICOLES.

BOIS EN GROS.

CHAPITEL, 23, rue de Paris, Clichy (Seine).

Agents sont demandés.

L'Administrateur-Gérant : Albert RENOT.

Beauvais. — Imp. D. Pere. — A. Cartier, Gérant.

PHARMACIE SAVARY

AMIENS, 33, Place Saint-Denis, 33, AMIENS
(EN FACE LE SQUARE).

PROVENDE AUX PHOSPHATES ASSIMILABLES
du Docteur DESCHAMPS.

Prix : 3 fr. le kilog.; 27 50 les 10 kilog. (Remises proportionnelles.)

Accroissement rapide des bestiaux, surtout chez les jeunes animaux, force nerveuse, fécondité, engraissement; prévient surtout la diarrhée chez les jeunes veaux. Qualité exceptionnelle du lait.

M. Lefebvre, cultivateur à Marcelcave, a élevé un veau en lui administrant de la Provende phosphatée pendant 60 jours : tué à 70 jours, ce veau pesait 193 kilog., chiffre officiel constaté à l'abattoir. La viande était très blanche, ainsi qu'est prêt à l'attester M. Oheix, boucher à Amiens.

Les attestations émanant des sommités françaises et anglaises les plus accrédités ont été données à M. SAVARY.

30 PRIX D'HONNEUR ET GRANDS PRIX, 250 MÉDAILLES OR, VERMEIL, ETC.
GRANDES CULTURES DE GRAINES POTAGÈRES, FOURRAGÈRES ET DE FLEURS

E. FORGEOT (**) & Cie

Fournisseurs du ministère de l'Agriculture, des Ecoles nationales d'agriculture, des Syndicats agricoles, etc.

PARIS, quai de la Mégisserie, 6 et 8

Appareils spéciaux pour épurer et nettoyer les graines

SPÉCIALITÉ DE GRAINES DE GRANDE CULTURE

luzernes et trèfles garantis sans cuscute, minette, vesces, sainfoins trèfles incarnats betteraves, carottes, navets, choux-navets, pommes de terre

Blés à grand rendement, Avoines, Orges, Seigles. Graines d'arbres pour reboisement

Graines de graminées pour prairies

Notre Maison ne vend que des graines de provenances sûres, assurant les meilleurs résultats; elle accepte le contrôle de la Station d'Essais des Semences, établie à l'Institut agronomique par le Ministère de l'Agriculture, contrôle auquel nous sommes soumis dès sa création. En conséquence, nos graines sont garanties de levée et d'une pureté irréprochable; nos trèfles et nos luzernes sont garantis sans un seul grain de cuscute.

Grande et importante **Spécialité de Créations de Prairies.** Nous nous chargeons d'établir des compositions convenant à la nature de chaque sol, et d'avance nous en assurons la réussite.

Sur demande, nous adressons *franco* nos catalogues illustrés de graines potagères, fleurs, arbres, fourrages, ognons à fleurs, plantes, etc.

VINS DU BEAUJOLAIS ET DE MACON.

A. BERNARD

propriétaire-viticulteur à Saint-Julien-en-Beaujolais (Rhône).

Le vin du *Beaujolais* est réputé pour un des meilleurs vins de table et *ses grands crûs* peuvent rivaliser avec ceux du Bordelais et de la Bourgogne.

Notre Vignoble, qui se reconstitue rapidement, est aujourd'hui en mesure de fournir à la consommation ses vins si appréciés.

Vin ordinaire 1889	100 fr.	la pièce.
Bonnes Côtes 1888 et 1889	130 à 150	—
Saint-Julien id.	160 à 200	—
Morgon, Fleurie, Thorins (grandes années)	250 à 300	—

Le tout logé et pris en gare du Vignoble.

La Propriété offre des greffes soudées, racinées, garanties. — Plants de choix. Reprise certaine.

Adresser les correspondances à Villefranche (Rhône), 44, rue de Thizy.

CRÉDIT AGRICOLE

UNION DES SYNDICATS AGRICOLES DE FRANCE

9, rue Marsollier, PARIS

Agence à LYON, 234, cours Lafayette, S. PLISSONNIER, Directeur * M. A.

MACHINES AGRICOLES DE TOUS SYSTÈMES
TOURTEAUX et FARINES pour la nourriture du bétail.
ENGRAIS CHIMIQUES et ORGANIQUES, MATIÈRES PREMIÈRES
SEMENCES DE PREMIER CHOIX.

11e Année. — 2e Série. — N° 570. Dimanche 28 Décembre 1890.

GAZETTE AGRICOLE

JOURNAL HEBDOMADAIRE, PARAISSANT LE DIMANCHE

Rédacteur en Chef : M. Ch. GOSSIN, Professeur d'Agriculture à l'Institut agricole de Beauvais.

PRIX DE L'ABONNEMENT

UN AN, 5 fr. — SIX MOIS, 3 fr. — TROIS MOIS, 2 fr. 25

Pour l'étranger les abonnements ne sont reçus que pour un an, au prix de 6 francs, et ne partent que du 1er janvier ou du 1er juillet de chaque année.

Le numéro : 10 centimes.

Il est indispensable de joindre à toute demande de changement d'adresse la dernière bande d'adresse du journal et 50 centimes pour frais de nouvelles bandes.

Adresser les *Abonnements* et *Annonces* au secrétaire de la rédaction, **13, quai Voltaire, Paris,** ou à M. GOSSIN, rédacteur en chef et administrateur, à BEAUVAIS.

BUREAUX

13, quai Voltaire, Paris, et à Beauvais.

Les abonnements partent du 1er de chaque mois et sont payables d'avance. Toute demande d'abonnement doit donc être accompagnée du prix de l'abonnement. (Le mode de payement le plus simple est l'envoi d'un mandat-poste.)

Donner *très lisiblement*, en s'abonnant, son nom et son adresse exacte, *avec l'indication du bureau de poste* ; et, s'il s'agit d'une continuation d'abonnement, joindre au renouvellement la dernière bande d'adresse du journal.

La GAZETTE AGRICOLE insère gratuitement les Communications des Syndicats agricoles

PRIMES A NOS ABONNÉS.

L'ALMANACH FRANÇAIS pour 1891 vient de paraître à la Librairie nationale.

L'administration de la Gazette agricole *met* gratuitement, *comme l'année dernière, cet Almanach à la disposition de ceux de nos abonnés et lecteurs qui manifesteront le désir de le recevoir* et joindront à leur lettre 15 centimes *en timbres-poste pour frais de port.*

Tout abonné qui renouvellera son abonnement, soit à l'expiration, soit par anticipation, par l'envoi d'un mandat-poste de 5 francs, recevra de droit, gratuitement *et* franco, *l'ALMANACH FRANÇAIS.*

L'ALMANACH FRANÇAIS est mis gratuitement à la disposition de tous nos abonnés anciens ou nouveaux dans nos bureaux, à Paris, 13, quai Voltaire, et à Beauvais.

AVIS IMPORTANT.

Nous savons que certaines irrégularités se sont produites dans le service du journal.

Ces irrégularités sont uniquement imputables à l'administration des postes.

Le *départ* se fait toujours aux mêmes heures et il n'est pas possible que des abonnés soient oubliés, puisque les bandes sont imprimées.

Mais il arrive quelquefois, surtout pour les hameaux ou les fermes isolées, que le facteur ne se donne pas la peine de *pousser jusque là*, pour un journal, et surtout pour un journal conservateur !

Le journal est laissé au village ou on le donne à un gamin, ou on le garde et on dit qu'il n'est pas arrivé.

Voilà ce qui se passe et qui ne se renouvellerait pas si les intéressés voulaient se donner la peine de se plaindre, non pas au facteur, non pas non plus au bureau de poste, mais au directeur du département, et même au ministre des postes et télégraphes.

En cas de retards dans l'arrivée du journal, nous prions de nous envoyer la bande du numéro retardataire, et nous nous chargerons de faire des réclamations près de qui de droit.

Prière de nous dire si ces retards sont fréquents.

La Direction.

SOMMAIRE :

PARIS, 26 DÉCEMBRE.

Le Sénat est enfin saisi du budget. Ce n'est vraiment pas trop tôt, si l'on réfléchit que nous sommes aux derniers jours de décembre et que l'affaire doit être complètement bouclée avant le 1er janvier 1891. La Haute-Assemblée, ainsi nommée sans doute parce que les députés s'assoient dessus, aura eu juste autant de jours pour examiner, discuter et voter la loi de finances, que la Chambre des députés y aura consacré de mois. Il n'y a d'égal au sans gène des députés à l'égard du Sénat en pareille matière, que la complaisance des sénateurs à l'égard des députés. Peut-être aussi le gouvernement presserait-il davantage les hôtes du palais Bourbon à envoyer le budget au palais du Luxembourg, s'il avait moins à redouter les critiques autorisées et compétentes de la minorité sénatoriale. Il y a là des hommes tels que MM. Bocher, Buffet, Chesnelong, Blavier et Lacombe, auxquels il est difficile de faire prendre des vessies pour des lanternes et accroire qu'un budget qu'on équilibre avec des emprunts et de nouveaux impôts, est un budget normal. Nous aimons tous la vérité, à la condition, bien entendu, qu'elle ne nous soit pas désagréable, et les maîtres de la République actuelle supportent malaisément qu'on leur démontre qu'ils brûlent la chandelle par les deux bouts.

***

Malgré la hâte avec laquelle le ministère désire faire voter au Sénat la loi de finances, il n'a pu cependant clore la bouche à ses adversaires. On lui a fait voir, pour la vingtième fois, qu'il surchargeait à l'excès le contribuable français, et que sa politique financière, insouciante de l'avenir et de ses éventualités diverses, était inspirée par des passions de parti, de sectes et par des intérêts électoraux. Sans tenir compte de la multiplication incessante des places, sorte de tribut que les élus républicains font payer par le contribuable, à leurs gros électeurs, il n'est pas douteux que les trois causes permanentes du déficit budgétaire sont les lois militaire et scolaire et les travaux publics. C'est, en effet, pour satisfaire à l'esprit anti-religieux et maçonnique du parti républicain, que l'on a entrepris la laïcisation onéreuse des écoles et des hôpitaux. L'intérêt de l'instruction publique n'avait rien à démêler avec cette expulsion outrancière des religieux et des religieuses de nos maisons d'école. Ç'a été et c'est une lâche et odieuse concession aux quelques anti-curés de chaque village et aux aboyeurs de cabaret. La preuve en est, c'est qu'on se garde bien, avant de procéder à cette opération, de consulter les populations intéressées.

***

Vous croyez peut-être qu'un gouvernement, qui a contribué dans une large mesure à imposer à la France une dette consolidée sans égale dans le monde, dont la politique financière, depuis dix ans et en pleine paix, a coûté tout autant que la guerre de 1870-1871, est modeste. Vous vous imaginez sans doute que, renseigné comme il doit l'être sur l'état du pays, il s'excuse des charges qu'il lui impose? Nenni. Il s'en excuse si peu que M. Rouvier, son ministre des finances, n'a pas craint l'autre jour, à la tribune du Sénat, de les justifier, sous ce prétexte que les catholiques dépensaient des millions à fonder et à entretenir des écoles. L'argument est vraiment stupéfiant. Comment, parce que des hommes s'imposent des sacrifices extraordinaires pour élever leurs enfants ou faire élever ceux des pauvres par des maîtres dignes de leur confiance, le pays n'est pas accablé d'impôts ? M. Buffet, qui a relevé comme elle le méritait cette violence, a demandé au ministre pourquoi il s'arrêtait en si bon chemin. Que n'a-t-il, en effet, allégué également en faveur de sa thèse, les dons que des âmes généreuses peuvent faire aux établissements hospitaliers! Si vraiment M. Rouvier attend, pour reconnaître la ruine du pays, l'épuisement de la charité chrétienne, il attendra longtemps. Mais, nous le demandons, en quel pays et à quelle époque a-t-on jamais entendu à une tribune le membre d'un gouvernement tenir un pareil langage? Voilà qui promet, si nous devons encore rester longtemps entre les mêmes mains républicaines.

***

Le Bonhomme Deschamps, qui connaît son monde, ne demande pas l'impossible. Il n'attendait pas de la République qu'elle vînt déclarer, par la bouche de son ministre des finances, que tout était pour le pire. Mais il y a façon et façon de dire les choses. Quand un pays paie annuellement trois milliards au fisc, que l'agriculture est dans l'état que l'on sait, et que le contribuable paie sous les formes les plus diverses l'impôt le plus lourd, on cherche à excuser et à justifier du mieux qu'on peut les charges. On allègue la nécessité que l'on subit, mais à laquelle on serait heureux de se soustraire. Mais se moquer des gens qu'on dépouille, leur vider leur poche et venir dire ensuite qu'elle est encore pleine, c'est vraiment passer la permission. Il est certain que si un ministre des finances, sous la monarchie ou sous l'empire, s'était permis cette cruelle plaisanterie, il n'y aurait pas eu assez de pommes cuites dans tout le pays à lui jeter au visage. Qui donc prétend que le droit divin est mort? Il n'a jamais été plus florissant que sous le régime actuel, qui, s'il était conséquent, devrait remplacer sur les pièces de monnaie, les mots : *Liberté, égalité, fraternité*, par ceux-ci : *C'est mon bon plaisir!*

LE BONHOMME DESCHAMPS.

NOUVELLES DE LA SEMAINE.

L'apaisement. — M. le docteur Desprès, député de Paris, est libre-penseur et républicain, mais c'est un libre-penseur d'une espèce particulière et un républicain comme on en voit peu. Ce *libre* penseur a l'amour de la liberté, ce républicain a horreur de la persécution. Aussi ses collègues de la gauche *l'ont-ils* accueilli avec le dernier mépris lorsqu'il est venu avec une grande modération, développer à la tribune son interpellation sur la laïcisation des hôpitaux. Mais cette modération ne faisait pas le jeu des intransigeants de la grande libre-pensée, qui ont repris l'interpellation pour leur compte. Il s'en est suivi un débat innomable que la majorité, par ses hurlements, n'a cependant osé clore par un ordre du jour motivé. Son audace n'est allée que jusqu'à l'hypocrisie de l'ordre du jour pur et simple. La journée sera bonne pour l'opposition, qui saura exploiter dans les départements, cette provocation adressée à l'opinion publique, qui réprouve cette basse persécution contre les congrégations charitables et cette exploitation du patrimoine des pauvres au profit des infiniment petits du monde électoral, car si la laïcisation prive les pauvres d'une partie de la dotation qui leur appartient en triplant les frais hospitaliers, elle donne la pâture à des femmes, filles ou alliées d'électeurs.

Mœurs municipales à Paris. — On lit dans le *National*, journal agréable, sinon officieux :

Les conseillers municipaux de Paris, faisant partie des diverses commissions qui se rendent à l'Hôtel-de-Ville en dehors des séances, c'est-à-dire le matin, *ont l'habitude de se faire indemniser de leur déplacement et de leur déjeuner, sans préjudice, bien entendu, de l'indemnité fixe annuelle de 6,000 francs.* Le syndic actuel a trouvé que les frais du déjeuner témoignaient chez certains conseillers d'un appétit par trop démocratique. Il a déclaré que les notes de déjeuner, qui s'élèvent en moyenne **de 25 ou 30 francs, et quelquefois bien plus haut,** ne seraient plus remboursées que jusqu'à concurrence de 9 francs par tête!!!

Et voilà comment le peuple qui paye les festins de ces goinfres est appelé par ces mêmes goinfres le « peuple souverain ».

Juste châtiment. — Dans une réunion de délégués sénatoriaux, qui a eu lieu dimanche dernier à Epinal, M. Jules Ferry a pris la parole pour présenter sa candidature, et voici en quels termes il s'est exprimé :

Cette élection a pour moi le caractère d'un jugement. C'est à vous, aux côtés desquels je combats depuis vingt ans, à vous qui me connaissez et m'avez suivi dans toutes les luttes et les batailles, qui avez pu contrôler tous les actes de ma vie publique, à qui je demande justice de l'ostracisme odieux que l'on décore du nom *d'impopularité* et qui n'est autre chose que la conjuration des haines et des mauvaises passions *contre un homme seul.*

Cette impopularité dont M. Jules Ferry parle avec tant d'amertume, ne devrait ni l'étonner ni l'indigner, lui qui revendique si haut l'épithète de Tonkinois accolée à son nom. Elle est faite des humiliations que nous valut sa politique; elle est faite de l'effroyable gâchis qui règne dans nos finances et qui nous mènera tout droit à la banqueroute; elle est faite de cette sinistre, de cette ruineuse aventure du Tonkin, qui a coûté la vie à tant de vaillants et malheureux soldats.

Que M. Jules Ferry devienne sénateur par surprise, ou plutôt grâce à l'inconscience d'une poignée d'électeurs du suffrage restreint, il n'en restera pas moins frappé de cette écrasante impopularité, juste châtiment des hommes politiques infidèles à leur programme et qui, pour satisfaire leur criminelle ambition, n'ont reculé devant aucune bassesse.

LES COMBINAISONS AGRICOLES
en rapport avec la situation actuelle.
(Suite.)

LES CULTURES FOURRAGÈRES
LE BÉTAIL — L'ETABLE FABRIQUE DE FUMIER

Si la production du blé ne peut être considérée aujourd'hui comme la clef de voûte de l'Agriculture française, cette clef de voûte se trouve en revanche dans les cultures fourragères et dans la production du bétail.

A mesure que les populations industrielles et urbaines se sont multipliées, la consommation de la viande, du laitage et autres substances animales s'est accrue. C'est qu'à la ville et dans les fabriques, les conditions hygiéniques étant, sous le rapport de l'air et de l'exercice, très inférieures à celles de la vie rurale, il faut une nourriture plus substantielle que ne le comportent les besoins ordinaires des habitants de la campagne. Ceux-ci, comme l'expérience le prouve chaque jour, peuvent se porter très bien avec du pain, des légumes, du lard, tandis que l'usage de la viande est rigoureusement nécessaire à l'homme enfermé entre les murs d'un bureau, d'un atelier, d'un magasin.

A l'exemple des habitants des villes, ceux de la campagne, sans chercher si ce surcroît de dépense leur est réellement nécessaire, veulent, à leur tour, manger plus de viande. De ces circonstances réunies, que résulte-t-il? La hausse du prix des substances animales alimentaires, de la viande surtout.

Il y a donc beaucoup plus d'avantage que par le passé à produire de la viande, le laitage, la volaille, en un mot toute espèce de substances animales.

Ce n'est pas tout : tandis que la terre cultivée en blé, en orge, en avoine est labourée une ou plusieurs fois dans une seule année; la luzerne, le sainfoin, le trèfle blanc, en un mot, les principales plantes fourragères n'exigent, pour plusieurs années, qu'un faible travail de semis avec simple trait de herse et de rouleau. L'herbage que le bétail pâture tous les ans sans frais de labour et de semence, est encore plus économique. Dans un temps où la main-d'œuvre est rare et chère, n'y a-t-il pas là un immense avantage du côté de la production fourragère et herbagère?

Lorsque, grâce à l'extension de ces cultures, l'espace soumis au fer aratoire se trouve notablement diminué, le travail, concentré sur un espace restreint, se fait d'autant plus vite et par conséquent mieux à point; il est plus énergique, plus soigné, plus fécond en bons résultats.

Tandis que, après la récolte, les céréales laissent le sol plus ou moins épuisé, le terrain occupé pendant quelque temps par la prairie naturelle ou artificielle s'enrichit de détritus dont la valeur fécondante l'emporte de beaucoup sur celle des principes enlevés.

Quant au fourrage, il procure, par sa conversion en fumier, le plus puissant moyen d'amélioration, la plus abondante source de richesse pour toutes les terres de la ferme.

Le fumier! ce sera toujours aux yeux du cultivateur l'engrais par excellence; car, indépendamment des sels qu'il contient et dont la valeur n'est pas contestable, il se compose de substances charbonneuses dont la décomposition procure au sol l'humus ou terreau. Or, le terreau dont l'école de Liébig a pendant quelque temps presque nié l'utilité, est positivement reconnu aujourd'hui, non seulement par la vieille expérience culturale, mais encore par la chimie agricole, comme un des éléments les plus essentiels de la fécondité du sol arable.

L'étable est l'usine où se fait le fumier; le bétail c'est la machine qui le fabrique, en procurant par surcroît de la viande, du lait, de la graisse, de la laine, du travail.

Le point capital, c'est que dans ladite fabrique le fumier s'obtienne au meilleur compte possible, car l'engrais est la grande dépense des cultures ; 60,000 kil. de fumier, appliqués à un hectare de betteraves et cotés dix francs les 1,000 kil., ne font-ils pas 600 francs de dépense? Mettez-en les deux tiers à la charge de la betterave, restent 400 francs que cette récolte-là doit payer ; c'est plus que tous les autres frais réunis. Supposez que, grâce à une habile fabrication, les 1,000 kil. de fumier, au lieu de coûter dix francs soient obtenus gratis et que, dès lors, il n'y ait à charger la betterave que des frais de transport dudit engrais, la betterave ne se trouve-t-elle pas dans des conditions de bénéfice tout autres que dans le premier cas ?

Ce que nous disons de la betterave, s'applique à n'importe quelle plante ; d'où il suit que fabriquer le fumier à bon marché, c'est donner à toutes les cultures les plus grandes chances de profit.

Pour y parvenir, il faut que la machine à faire le fumier, c'est-à-dire que le corps des animaux de nos fermes réponde, comme toute autre machine, à deux conditions indispensables, savoir : 1° qu'il soit bien construit ; 2° qu'il soit bien alimenté.

La largeur est le premier point de la bonne construction ; car de là dépend l'étendue de la place que les organes occupent dans le corps ; sans place suffisante, ces organes pourraient-ils se développer et fonctionner convenablement ?

Quant à l'alimentation, elle doit toujours être excellente et abondante.

Pour le prouver, on divise théoriquement en *nourriture d'entretien* et en *nourriture de production* les aliments qu'un sujet peut consommer. Par *nourriture d'entretien*, on entend ce qui soutient l'animal, sans augmentation ni diminution de poids. S'il ne reçoit rien de plus, son appétit n'est pas satisfait et il ne donne rien en lait, travail ou progéniture qu'aux dépens de sa propre substance, c'est-à-dire en maigrissant.

La *nourriture de production* comprend tout ce que l'animal peut consommer en outre. Le produit est proportionnel à cette seconde part d'aliments, et, comme la dépense qu'elle occasionne est toujours précédée par une même dépense en nourriture d'entretien, il en résulte que le bénéfice est d'autant plus grand, en d'autres termes, que le fumier revient à d'autant meilleur compte que l'animal consomme davantage.

Supposé que la nourriture d'entretien d'une vache coûte par jour 0 fr. 50, que sa nourriture de production coûte également 0 fr. 50, et que, par 0 fr. 05 de nourriture de production elle procure un litre de lait d'une valeur de 0 fr. 10. Ces conditions étant réunies, on a du lait pour une valeur de un franc ; le fumier est obtenu en plus et ne coûte rien. Mais si l'animal ne reçoit que pour 0 fr. 25 de nourriture de production, on n'a plus, contre une dépense de 0 fr. 75 que cinq litres de lait, soit 0 fr. 50 de produit. Le fumier, dans ce second cas, coûte 0 fr. 25. Enfin, si aux 0 fr. 50 de nourriture d'entretien on ajoute seulement pour 0 fr. 10 de nourriture de production, il ne se trouve plus, pour 0 fr. 60 de dépense, que deux litres de lait, ou 0 fr. 20 de produit. Le fumier, dans ce troisième cas, coûte 0 fr. 40 ; ce qui dépasse beaucoup sa valeur réelle et doit constituer en perte la plupart des cultures ; car ce sont elles qui devront, en dernier compte, supporter la dépense de l'engrais.

Ces calculs montrent jusqu'à l'évidence que le produit net des terres dépend absolument de celui des étables. Si le bétail est médiocre et mal entretenu, les récoltes à leur tour ne donnent aucun bénéfice, parce que l'engrais coûte trop cher. Au contraire, si le bétail est aussi bien nourri que bien choisi, non seulement il remplit directement la bourse du fermier, mais les récoltes elles-mêmes en font autant, parce qu'elles ont reçu abondance d'engrais, et que cet engrais n'a presque rien coûté.

(A suivre.) Charles Gossin.

DE LA CRÉATION DES PINERAIES
Et des plantations forestières en général

I *(suite)*.

Nous sommes encore pleinement d'accord avec M. Sarcé sur le nombre de plants à employer. On peut varier de 2,500 à 10,000 à l'hectare suivant l'espacement adopté, ainsi qu'il l'indique : comme lui aussi nous donnerions généralement la préférence au chiffre intermédiaire de 5,000 plants. Mais, sur le mode de traitement à faire suivre, pendant les années subséquentes, à la jeune plantation, nous avons le regret d'être d'un avis bien différent.

Expliquons-nous.

M. Sarcé, pour 10,000 sujets à l'hectare, plante, de mètre en mètre, en lignes *droites* (on ne voit pas bien comment une plantation forestière se pourrait faire en lignes qui ne seraient pas droites).

Il ajoute :

« Au bout de quatre à cinq ans, lorsque les pins ont 1m50 à 2m. de hauteur, on supprime une ligne sur deux. »

Il y a beaucoup à dire sur ces quelques mots. D'abord le terme de 4 à 5 ans fixé pour la première éclaircie, ne saurait l'être d'une manière aussi précise : il doit être subordonné au plus ou moins de rapidité de la végétation, essentiellement variable suivant le degré de sécheresse ou d'humidité du sol ou de l'atmosphère, la qualité du terrain, l'exposition et une foule d'autres circonstances. En second lieu, ce n'est pas tant la hauteur des jeunes plants que l'on doit consulter, pour déterminer le moment favorable à la première éclaircie, que leur croissance latérale, le développement des branches. Tant que celles-ci ne s'entrecroisent pas, d'un brin à l'autre, au point de rendre la marche à travers le massif, à peu près impossible, il n'y a pas urgence d'éclaircir. A la vérité l'éclaircie devient indispensable à ce moment-là, qui variera, comme on vient de le dire, suivant la force de la végétation. Mais cette éclaircie sera-t-elle faite en de bonnes conditions par l'enlèvement machinal d'une ligne de plants sur deux ? On aura bien dégagé les brins restants devant et derrière, mais, par côtés, ils seront toujours aussi serrés ; leurs branches y seront également enchevêtrées, et les tiges, par suite, tendront à prendre une forme *méplate*, ou aplatie sur deux faces.

M. Sarcé ajoute que deux ou trois ans après, on coupe les pins restants « de deux l'un, » de sorte qu'il se trouvent uniformément espacés de deux mètres de chaque coté.

Même réserve, de notre part, pour les « deux ou trois ans après » la première éclaircie, que pour les quatre ou cinq ans après l'exécution de la plantation. Ces divers délais supposent une végétation bien exceptionnellement vigoureuse. Passons. Couper de deux pins l'un, uniformément, géométriquement, suppose une uniformité de croissance qui ne se rencontre guère dans des plantations de quelque importance. Par suite de mille et mille circonstances de détail qu'il serait impossible d'énumérer toutes, il arrive sans cesse que la végétation ne prend pas également son essor sur tous les plants à la fois ; à côté d'un brin vigoureux et d'un avenir assuré, un autre est resté chétif, malvenant ou seulement en retard. L'art du forestier, en ce cas, est précisément de choisir, pour les faire tomber, les sujets moins bien venants, retardés, inférieurs, et, sans sacrifier la régularité du massif, de la subordonner toutefois, en certaines limites, au choix des tiges à sacrifier ou à conserver.

Enlever mécaniquement de deux plants l'un sans souci de leur degré relatif de croissance et de bienvenue, est une opération beaucoup plus facile sans doute ; elle dispense le propriétaire d'une surveillance continuelle et, ajouterons-nous, d'une direction intelligente et suivie ; et elle établit, au moins en apparence et pour un temps, une distance absolument uniforme entre les arbres. Mais viennent quelques années ; les jeunes tiges chétives ou mal venues qui auront été maintenues en vertu de leur emplacement, ne tarderont pas à être dominées par les sujets plus favorisés de leur voisinage, et périront, étouffées peu à peu sous leur couvert, tandis que ceux-ci se développeront latéralement en branches au préjudice de la hauteur de leur tige. Finalement, et pour peu que l'on continue, par la suite, ce système d'éclaircie géométrique, on arrivera à avoir créé un massif fort peu régulier.

Ces observations sont d'un caractère général et s'appliquent également aux massifs à 5000 ou à 2500 plants à l'hectare, tels que les propose l'honorable M. Sarcé.

Les saines traditions du métier exigent sans doute, en matière de plantations *forestières* (il n'est pas ici question des plantations de luxe ou d'ornement), une régularité aussi complète que possible dans les massifs, mais non une régularité mathématique comme pour une promenade publique ou un préau. Le but de cette régularité n'est pas ici le plaisir de l'œil, mais la croissance régulière des tiges par une participation aussi égale que possible des arbres sur pied aux influences respectives de l'air atmosphérique et de la lumière. Or, cette égalité de participation n'est pas déterminée seulement par la distance métrique d'un arbre à l'autre, mais aussi, plus encore quelquefois, par leur force relative. Un groupe de plusieurs arbres élancés peut être utilement maintenu dans une éclaircie qui fera tomber à côté d'eux des arbres étalés gênant leurs voisins, ce qu'on ne pourrait faire avec le système brutalement égalitaire consistant à enlever aveuglément de deux arbres l'un.

A ce point de vue, la plantation en *quinconces*, semble plus avantageuse On établit d'abord un espacement de deux mètres par exemple dans les deux directions, ce qui donne une plantation en carrés de 2500 brins à l'hectare. Puis on ajoute ensuite un plant au milieu de chaque carré ainsi formé, ce qui double le nombre des plants. Le moment venu de la première éclaircie, lorsque les branches commenceront à s'enchevêtrer au point de rendre le parcours du massif difficile on aura une bien plus grande facilité pour combiner le choix des tiges à faire tomber avec la régularité d'ensemble à maintenir dans le massif.

(A suivre.) C. de Kirwan,
inspecteur des forêts en retraite.

Nouvelles agricoles.

La production des vins et cidres en 1890. — La direction générale des contributions indirectes publie l'état approximatif de la production des vins et cidres en 1890. Il en résulte que la récolte des vins naturels serait cette année de 27,416,327 hectolitres, supérieure de 4,182,755 hectolitres à la récolte de 1889, et inférieure de 2,260,768 hectolitres à la moyenne décennale de 1880 à 1889.

Le nombre d'hectares, plantés en vigne, ayant diminué de 1,243 hectares (1.815,544 contre 1,817,787), la quantité moyenne récoltée a monté de 13 à 15 hectolitres à l'hectare.

Par contre, le prix moyen de l'hectolitre chez le récoltant est évalué seulement à 36 francs au lieu de 38 francs l'année dernière. Malgré cette différence de qualité, l'augmentation des 4,192,755 hectolitres dans la récolte porte la valeur approximative de la dernière production à 988,793,866 francs contre 881 millions en 1889, soit une différence de 107,725,691 francs au profit de 1890.

La récolte des trois provinces d'Algérie est évaluée à 2,844,130 hectolitres contre 2,512,198 en 1889, soit une augmentation de 331,932 hectolitres.

La production des vins factices a presque doublé depuis l'an dernier; vins de raisins secs, 2,429,285 hectolitres contre 1,824,129 il y a un an; vin de sucrage, 1,946,729 hectolitres contre 1,479,122.

Le relevé des contributions indirectes estime la récolte des cidres à 11.095,228 hectolitres en 1890, contre 3,701,342 hectolitres l'année dernière, soit une augmentation de 7,398,886 hectolitres.

Cette récolte reste, néanmoins, inférieure de 1,111,573 hectolitres à la moyenne décennale de 1880 à 1890.

Les œufs d'Amérique — Une conséquence bizarre du bill Mac-Kinley : Le Canada produit une quantité considérable d'œufs qu'il envoyait jusqu'ici dans toutes les villes des Etats-Unis. Ne pouvant plus leur faire franchir la frontière, par suite des droits excessifs qui les frappent, les producteurs ont pensé à nous les envoyer. Et c'est ainsi que nous allons voir paraître des œufs venant en ligne droite de Montréal et de Québec, et nous régaler d'omelettes américaines.

Le régime des sucres. — Le gouvernement a déposé jeudi, sur le bureau de la Chambre, un projet de loi tendant à modifier le régime sur les sucres.

On sait que, depuis 1884, l'impôt sur les sucres est perçu à la fabrication. La loi élaborée à cette époque a eu pour but de favoriser le développement de l'industrie sucrière en octroyant une prime aux fabricants de sucres et indirectement aux cultivateurs.

Cette loi portait qu'au delà d'un rendement légal d'un taux déterminé, les sucres produits seraient affranchis d'impôts. La culture et la fabrication s'étant développées hors de toute espérance, on a, par une loi postérieure, frappé les sucres indemnes à titre de boni de fabrication d'un droit de 20 francs qui lui-même a été porté à 30 francs par une loi du 5 août dernier. Cette élévation du droit sur les sucres indemnes devait coïncider avec une élévation à 7.75 0[0 du taux du rendement légal, c'est-à-dire de la limite à partir de laquelle les sucres en excédent, devaient être considérés comme boni de fabrication.

Sur ces entrefaites, cultivateurs et fabricants ont élevé de nombreuses et légitimes réclamations, fondées sur le mauvais état de la récolte des betteraves. Nous avons tenu nos lecteurs au courant de ces diverses protestations.

Le projet du gouvernement n'y a fait droit que dans une faible mesure. Ce projet comporte une partie transitoire et une partie définitive. La partie transitoire consiste à donner aux fabricants, cette année seulement, la faculté de choisir entre l'ancien système du rendement légal avec prime ou un système nouveau supprimant toute distinction entre sucres à droit intégral et sucres à droit réduit. Le fisc considérerait, dans ce dernier cas, la production totale du fabricant auquel un déchet de 20 0[0 serait accordé. Les sucres correspondant à ce déchet ne payeraient que le droit réduit de 30 francs par 100 kilog.; les autres continueraient à payer le droit plein de 60 francs.

Enfin le rendement légal serait rétabli à partir du 1er septembre 1891, et, au lieu d'être fixé comme il devait l'être à 8 0[0, il ne le sera qu'à 7.75 0[0.

CONSEILS A LA FERMIÈRE

LES POMMES DE TERRE GELÉES.

— Vous paraissez toute désolée, ma chère amie.

— Il y a de quoi; figurez-vous que toute ma provision de pommes de terre pour la cuisine est gelée; elles sont perdues et bonnes à jeter au fumier.

— Sont-elles dégelées ?

— Pas encore.

— Alors, ma chère, rien n'est perdu. L'année dernière, le même accident est arrivé chez nous; comme vous, je me désolais, car que deviendrions-nous sans bonnes pommes de terre, avec tout notre monde à nourrir? Me souvenant d'un article de la *Gazette agricole*, dont je collectionne les numéros avec soin, je l'ai recherché et relu avec grande attention. Sans vous rapporter les préliminaires de l'article ni les explications scientifiques auxquelles je n'ai pas compris grand'chose, je l'avoue, j'arrive à la conclusion pratique :

Dès qu'on voit, au dégel, l'eau intérieure des tubercules suinter au dehors, les tubercules se mouiller, il faut de suite les laver à grande eau, puis les faire sécher dans un courant d'air à un ou deux degrés au dessus de zéro.

Ainsi traités, disait l'article, les tubercules se conservent sans altération, et bien qu'ils aient perdu leurs facultés germinatives, ils peuvent *très bien servir à l'alimentation et aux usages industriels*.

J'ai tenté l'expérience, cela ne me coûtait rien. Bien m'en a pris; aucune de mes pommes de terre ainsi traitées n'a été perdue; celles que j'ai laissées à côté sans y toucher se sont de suite corrompues. Vous voyez donc, ma chère, que vos pommes de terre gelées ne sont pas perdues, et qu'il ne faut jamais, comme on dit chez nous, jeter le manche après la cognée.

UNE MÉNAGÈRE.

CONSEILS DU VIGNERON

L'AGE DES VINS POUR LA MISE EN BOUTEILLES (1)

C'est une opération d'une très grande délicatesse, aussi bien pour les vins rouges que pour les vins blancs.

Peu de viticulteurs et même de négociants et de commerçants en vins ont étudié ce fait. Pourtant il est d'une très grande gravité pour certains vins. Les conséquences en sont telles, qu'un très bon vin peut, au bout d'un certain temps de sa mise en bouteille, perdre la plupart de ses qualités.

Vous croyez que j'exagère, je vais vous en donner la preuve.

Vous avez une vigne située dans un de nos meilleurs départements vinicoles; vous la soignez avec toutes les règles de l'art et de la science.

Vous faites votre vin dans toutes les conditions requises; en un mot, j'admets (et je vous le souhaiterai à tous) que votre crû s'appelle Chambertin ou Château-Lafitte; mettez en bouteille ce vin sitôt qu'il est clarifié, et ce résultat peut s'obtenir dans deux mois au maximum; si un connaisseur reconnait ce crû je vous autorise à me débaptiser !

La vigne seule ne fait pas le vin; les soins en barrique et en bouteille peuvent en revendiquer en partie l'honneur. Un bon vin doit séjourner au moins deux ans en tonneau.

Pendant ces deux ans, par les soutirages auxquels on le soumet, le vin sous le coup d'un travail pour ainsi dire continuel, achève sa fermentation lente, se dépouille des corps ou matières en excès, précipite sa lie qui entraîne avec elle les ferments nuisibles ou plutôt le milieu favorable dans lequel ces ferments pourraient se développer plus tard. Le tartre lui-même se dépose sur les parois, si la dose contenue dans le vin dépasse la proportion naturelle.

Enfin, dans la futaille seule et pas avant l'espace de deux ans, à la suite de soins continus, il est permis d'obtenir un vin fin à peu près parfait; c'est-à-dire dont toutes les qualités soient saisissables et susceptibles d'être développés dans la bouteille.

Voilà le moment de la mise en bouteilles.

Vous allez comprendre ma pensée immédiatement par la petite comparaison suivante :

Ayez des chemises de la plus belle étoffe et essayez de les porter un jour de cérémonie sans qu'elles soient repassées? Je vous en défie.

Pour le vin, le séjour en bouteilles produit le même effet :

De même qu'une chemise tachée ou sale, verra ces défauts paraître davantage si on la repasse sans la faire passer auparavant à la lessive, de même un vin devient imbuvable parce qu'on l'a mis en bouteilles sans le laisser suffisamment séjourner dans la barrique pour s'y dépouiller.

J.-F. AUDIBERT.

(1) *L'Echo universel.*

JURISPRUDENCE RURALE.

PÉTITION. — DIFFAMATION.

— N'est-ce pas une diffamation que de dire d'une personne qu'elle a vendu sa signature et sa conscience pour avoir de l'argent ou une faveur quelconque ?

— Explique-moi bien ce que tu veux dire.

— Voici l'histoire; dernièrement un brave homme de la commune est accusé par un individu, qui n'est digne d'aucune estime, de lui avoir volé des canards; personne ne pouvait croire à une pareille chose, et bientôt tous les gens honnêtes et sensés du pays ont été convaincus que le pauvre bonhomme était aussi innocent que vous et moi et qu'il était victime de faux témoignages organisés par deux ou trois propres à rien, grands amis du maire.

— Ce n'est pas la première fois qu'on verrait une machination pareille, dans le temps où nous vivons.

— Pour protester et pour montrer la méchanceté des accusateurs nous avons signé une pétition.

— Vous avez bien fait; il est toujours courageux de défendre un homme injustement calomnié, mais souvent on a bien des ennuis.

— Vous l'avez dit; ne voilà-t-il pas que le maire, que nous avons fait la bêtise de nommer aux dernières élections (mais qu'il n'y revienne pas!) se permet de dire dans les cabarets, dans les lieux publics, que nous avons signé par complaisance et qu'on a payé nos signatures; notre premier mouvement a été, sauf votre respect, de lui appliquer notre pied quelque part!

— Vous avez eu raison de résister à ce premier mouvement, bien qu'on dise que ce soit le bon; mais s'il continue à vous traiter de gens capables d'agir contre leur conscience, adressez-vous aux tribunaux; c'est commettre le délit de diffamation au premier chef que d'accuser un homme honnête, indépendant, d'avoir par complaisance ou intérêt signé une attestation.

— Merci du conseil, je cours chez le juge de paix!...

— Ne te presse pas trop, ta réputation est au-dessus de ces attaques, le mépris public en fera justice; tôt ou tard les calomniateurs recevront d'une façon ou d'une autre leur juste châtiment! UN VIEUX JUGE DE PAIX.

CONSEILS DU MÉDECIN

REMÈDE CONTRE LA COQUELUCHE

Il n'est pas infaillible, mais il réussit souvent. Il s'agit d'inhalations faites avec la mixture suivante :

Essence d'eucalyptus...... 6 grammes.
— de térébenthine.. 9 —
Esprit de vin rectifié...... 45 —

Ce mélange a plusieurs avantages: l'essence d'eucalyptus est un antiseptique qui agit sur les micro-organismes spécifiques de la coqueluche. Mélangée à l'essence de térébenthine l'essence d'eucalyptus a une odeur très agréable.

Nous recommandons de pratiquer les inhalations le soir, avant d'aller au lit, et, dans la journée, une demi-heure avant chaque repas.

Nous donnons, en même temps, à des enfants de deux à trois ans, quelques gouttes d'essence de térébenthine mélangées à 10 centigrammes de carbonate de magnésie.

Ce traitement a guéri des enfants atteints de coqueluche, dans l'espace de quinze jours.

Docteur PURGON.

VARIÉTÉS.

UN NOUVEAU TYPE

La bégueule villageoise.

— Berthe, va donc traire la vache.

— Y penses-tu! *mère*. Mon amie m'a invitée, et je fais ma toilette.

En vérité, *mère* n'y pensait pas. Elle ne pensait pas à l'invitation, ni à la toilette, ni à la dignité qui ne permet pas à sa fille de franchir le seuil de l'étable.

Mère est pourtant harassée; elle fut aux champs tout le jour; elle est rentrée et dut préparer le repas... peut-être Berthe pourrait-elle...?

Mais Berthe a une amie; Berthe est invitée; Berthe revient de la pension; Berthe est, depuis huit jours, *brevetée*; son diplôme est déjà suspendu au mur; ses prix sont encore étalés sur la table; il y en a deux : c'est un prix de *chimie* et un prix de *piano*.

Pensez-vous que Berthe puisse traire les vaches???

Jadis, quand elle avait son âge, la mère de Berthe chantait en tricotant, dans la prairie, près de son troupeau de vaches.

Mais Berthe a appris le *piano*, elle a cet instrument dans sa chambre; on a vendu une vache pour le payer à moitié. Son père ne l'écoute que la casquette à la main; sa mère joint les doigts, elle se sent au ciel; et les moissonneurs qui passent, s'arrêtent, l'oreille tendue, pour saisir l'harmonie qui s'échappe par les fenêtres.

Quand elle ne joue pas du piano, Berthe brode ou tapisse, en compagnie de quatre amies, *brevetées* comme elle; ou bien elle a la *migraine*; ou bien elle recommence sa toilette; ou bien elle rêve à la ville où l'on se promène, où l'on rit, où l'on ne fait rien; elle rêve un mari qui lui achètera des fanfreluches et qui sera bien payé par toutes les admirations prodiguées à sa compagne; enfin, elle rêve une servante qui la dispensera de hâler son teint à la chaleur du fourneau de cuisine.

Pensez-vous que Berthe puisse traire les vaches???

Il paraît que dans les pensionnats, la conversation de ces demoiselles roule principalement sur les *toilettes*.

On s'en étonne un peu; mais j'en suis mieux convaincu, lorsque je vois Berthe bottée comme une Chinoise, sanglée à ne pouvoir respirer, coiffée à menacer le ciel. Il y a sur son dos le prix de dix sacs de blé; dans un an, la moitié de la récolte y passera, parce que Berthe veut s'élever au-dessus de l'admiration qu'elle croit inspirer.

Pensez-vous que cette belle qui marche sur la pointe des pieds, puisse affronter le crottin d'une écurie? Pensez-vous que Berthe puisse traire les vaches ???

On la mariera bientôt; elle le désire, pour imposer ses caprices à quelqu'un.

Il y a le fils du gros fermier, qui sait lire, écrire et compter, mais qui ne sait pas la chimie, ni l'histoire naturelle, ni le Pharaon qui bâtit les Pyramides. Il n'a jamais pensé, il est vrai, que cette fille pourrait « faire son affaire. »

Mais la mère de Berthe a pensé qu'il pourrait être son gendre: elle en parle.

— Y penses-tu! *mère*, dit Berthe.

Et la mère a vu que sa fille avait jeté son dévolu sur un autre.

Cet autre, c'est un fils de fermier aussi; mais il a goûté du collège, de la ville, du bureau; il fut déjà clerc de notaire, puis employé de commerce; depuis quinze jours il fait des écritures à la mairie de la ville voisine, et gagne cinquante sous par jour: sa situation est faite, dit il.

D'ailleurs, il sait rouler une cigarette; il se cabre dans un paletot; et on ne s'aperçoit pas encore que ses coudes sont percés.

Il a les goûts de Berthe; il plaît à Berthe; elle sera dame; elle augmentera, à la ville, le nombre des femmes qui ne font rien.

On les marie.

Ils émigrent loin de la campagne où ils sont nés; ils vivotent, n'ont point d'enfants, et tous les quatre mois sollicitent les écus paternels.

Pendant ce temps, le père de Berthe, qui avait une servante travaillant à la place de sa fille, a pris en plus un domestique qui travaille aux champs, où il avait espéré que travaillerait son gendre.

Il paie cher pour ses ouvriers et pour les impôts; il gagne peu, et il se plaint de son métier. Le brave homme est malheureux.

Dans nos populations de la campagne, Berthe n'est pas une exception. C'est le nouveau type créé par l'esprit moderne.

C'est une calamité qui dépeuple nos campagnes, et encombre nos villes de gens affamés, et les trottoirs de raccrocheuses.

Les garçons robustes qui veulent cultiver l'héritage de leur père ne trouvent plus, pour s'associer à leurs travaux, des filles des champs. C'est un malheur, un très grand malheur!

OFFRES & DEMANDES

Pour répondre au désir qui nous est exprimé, nous offrons à nos abonnés, sous cette rubrique, deux annonces gratuites pour les offres et demandes d'emplois, produits ou animaux à vendre ou à acheter, etc.

Les annonces qui suivront jouiront d'une réduction de 50 pour 100 sur les tarifs ordinaires (0 fr. 15 la ligne au lieu de 0 fr. 30).

Les demandes d'insertions devront être envoyées à l'administration (joindre un timbre de 0 fr. 15) qui se chargera de les rédiger.

Ne pas négliger d'envoyer tous les renseignements nécessaires.

Un jeune homme, fils de cultivateurs, élevé dans la culture, demande place de régisseur ou de chef de culture. — N° 896. — Bonnes références.

A vendre, *Pommes de terre Institut de Beauvais*, par quantités de 100 kil. au moins. — N° 897.

On offre 2 ou 300 kil. d'échalottes. — N° 898.

Un ancien élève d'une école d'agriculture, dans la force de l'âge, bien au courant de la culture moderne en même temps qu'excellent praticien, demande un emploi de régisseur. — Très bonnes références. — N° 899.

S'adresser aux bureaux du journal (joindre timbre de 0 fr. 15).

On demande à acheter une belle génisse Durham. — N° 900.

S'adresser à M. R. Desrues, propriétaire au bourg de Vendel, par Saint-Aubin-du-Cormier (Ille-et-Vilaine).

A vendre, bonnes vaches normandes, chez M. Rendu, château du Robillard, par Saint-Pierre sur-Dives (Calvados).

PETITE POSTE.

M. Ol. C..., à la C... (Drôme). — *Loi militaire*. — D'après l'article 21 de la loi du 15 juillet 1889, l'aîné des fils d'une famille de sept enfants, *en temps de paix, après un an de présence sous les drapeaux*, est envoyé en congé dans ses foyers, sur sa demande.

M. N... (Vosges). — *Escrocs espagnols*. — Il n'y a rien à faire et rien à répondre. Cette tentative d'escroquerie se fait partout et ne réussit que trop souvent.

M. L..., à V... (Sarthe). — *Loi militaire*. — Non; il serait renvoyé avec la classe.

M. D. S... (Indre-et-Loire). — *Syndicat pour la destruction des animaux nuisibles*. — Nous applaudissons à votre excellente idée. Pour ce but spécial, l'association est très utile, nécessaire même. Votre projet de statuts est régulier, à part quelques lacunes et quelques adjonctions que nous vous signalons en marge. Vous n'avez maintenant qu'à vous réunir en première assemblée générale, à l'effet de nommer le bureau; puis déposer à la mairie de Souvigné, siège social, copie des statuts, en même temps que le nom des membres du bureau.

Mme S... (Saône-et-Loire). — *Farine de cocotier*. — Bonne nourriture pour le bétail à l'engrais et pour les vaches à lait. Un peu chère à 10 fr. On devrait vous le vendre 9 fr. 50.

Nous savions, en vous adressant à M. de Valence, que vous auriez satisfaction. Toujours à votre service.

En revanche, nous vous demandons de faire de la propagande en faveur de la *Gazette*; qui sera d'autant plus à même de rendre service qu'elle aura plus d'abonnés.

M. D... à N..., à Blois. — *Blé. — Engrais*. — Au mois de mars, semez sur cet hectare 150 kil. de nitrate de soude. Cet engrais n'est pas cher en ce moment.

M. L... (Vosges). — *Empaillage d'oiseaux*. — Cette question sort de notre compétence. Cependant, pour vous être agréable, nous tâcherons de nous renseigner et nous vous transmettrons ce que nous aurons appris.

M. H... (Ardèche). — 1° *Plante fourragère*. — Si votre terre est calcaire et profonde, c'est la luzerne que nous vous conseillons. Elle dure longtemps et enrichit le sol. Il n'est pas nécessaire que celui-ci soit de première qualité.

Sur des terres très pauvres et sèches, une plante précieuse c'est l'*Anthillis vulnéraire* ou *trèfle des sables*, dont nous avons parlé tout au long dans le numéro du 17 août dernier (p. 387). Elle se sème en août ou septembre, à raison de 15 à 20 kil. de grains par hectare. Son produit peut être de 10 à 15.000 kil. de fourrage vert.

2° *Blé.* — Le blé *Montagnard Barbu* est productif, même dans les terrains médiocres.

M. A. Ch... (Haute-Vienne). — 1° *Fermier.* — Vous ne devevez au fermier sortant que la moitié de l'excédant de foin et de paille. L'autre moitié appartient aux colons.

2° Le propriétaire a un privilège sur la récolte et sur le cheptel. Ceux-ci peuvent être saisis par un créancier ordinaire, mais le propriétaire exerce son privilège sur le prix de la vente.

M. M... (Eure-et-Loir) — *Betteraves gelées.* — Le conseil de l'honorable M. Hérissant est bon. Laver les betteraves gelées, les passer au coupe-racines, les mélanger avec de la menue paille, laisser fermenter pendant deux ou trois jours, et mettre en silos.

Topinambour. — Nous sommes très chaud partisan de cette culture avantageuse sous tous les rapports. Facile et économique par elle-même, produit très bon pour le bétail. La carotte est plus nutritive. Ce n'est pas la même chose; l'un n'empêche pas l'autre. Nous traiterons cette question.

M. A. R... (St-L.) — *Créance hypothécaire.* — Il est probable qu'il y a plusieurs créanciers hypothécaires, et que l'*ordre* n'est pas fait, c'est-à-dire qu'on n'a pas encore réglé l'ordre dans lequel ils devront être payés sur le prix de la vente. Demandez des explications au notaire et envoyez-nous sa lettre, pour que nous puissions vous dire quelque chose de précis. Si le notaire ne vous donne pas satisfaction, faites nous le savoir.

M. G... (Aveyron). — 1° *Opérations de Bourse.* — Nous ne saurions trop vous engager, dans votre intérêt, à vous abstenir de toute spéculation du genre de celles dont vous nous parlez. Rien n'est plus aléatoire, ou plutôt rien ne mène plus *sûrement* à la *ruine*. Si ces opérations étaient si avantageuses, pourquoi les gens qui vous accablent de propositions, de demandes de *couvertures minimes*, ne les font-ils pas pour eux-mêmes, avec leur *propre argent*. Ils sont certains de la réussite de leurs combinaisons, disent-ils. A ce compte-là, ils devraient être archi-millionnaires.

2° 3 0/0. — On assure que le 3 0/0 arrivera au pair. Nous ne sommes pas éloigné de le croire.

3° Banque X. — Si cette banque vous donne un gros intérêt de votre argent en dépôt, n'ayez aucune confiance.

Pour avoir des renseignements très précis sur sa solvabilité adressez-vous au Directeur du *Renseignement universel*, 28, rue Bonaparte, Paris.

4° Le placement *temporaire* le plus sûr, et par conséquent le plus avantageux est encore la Caisse d'Epargne. Les valeurs Russes donnent un intérêt plus élevé que notre 3 0/0. Elles sont très sûres. Soyez prudent! Vous savez, il est quelquefois plus difficile de conserver sa petite fortune que de la gagner.

M. H. D... (Gers). — 1° *Eau-de-vie. — Licence.* Non, vous n'avez pas à payer les droits de licence.

2° *Anisette.* — Nous ne comprenons pas bien votre question. S'agit-il de faire de l'anisette avec votre alcool de vin, s'agit il d'autre chose? Précisez votre question.

BULLETIN FINANCIER.

La semaine que nous venons de traverser a été aussi nulle qu'il eut été possible de le désirer, si toutefois on avait pu formuler ce désir.

Coupée qu'elle s'est trouvée par un jour férié, comme le sera la prochaine, la huitaine qui vient de s'écouler s'est terminée dans un véritable abandon des cours.

Aucunes transactions dignes de remarque. La Bourse, nous le répétons, est de plus en plus dépourvue d'intérêt. Les affaires sont pour ainsi dire nulles et les cours livrés à eux-mêmes subissent un certain recul sur presque toute l'étendue de la cote.

Cette attitude de la spéculation est habituelle à cette époque de l'année, mais on peut dire que depuis bien des années elle n'avait été aussi caractérisée. La cherté des reports est aggravée de ce fait que les établissements se refusent cette année ci à escompter les coupons de janvier en prévision de l'impôt nouveau sur les valeurs mobilières qui font partie du budget actuellement soumis au Sénat.

Le 3 0/0 à terme, ouvert à 94 87, fléchit à 94 75 et clôture à 94 77. Au comptant, il a varié de 94 65 à 94 50 et reste à ce cours.

L'Amortissable est à 96 15 à terme et à 96 au comptant.

Le 4 1/2 0/0 à 104 20 à terme et à 104 05 au comptant.

Les fonds étrangers sont à peine cotés. Les consolidés anglais perdent 1/8 sur hier à 95 9/16.

L'Italien fléchit chaque jour, il reste aujourd'hui à 94 10.

L'Unifiée est à 485; le Turc à 18 42, l'Extérieure à 75 32, le Portugais à 58 10, le Hongrois à 92 25.

Les fonds russes sont plus faibles.

Les valeurs de crédit se ressentent aujourd'hui de la lourdeur générale.

La Banque de France s'échange à 4.430.

Le Crédit Foncier maintient facilement son avance précédente en s'échangeant de 1.313 75 à 1.315.

Le Crédit Lyonnais se négocie à 807 50.

La Banque de Paris revient à 845.

La Banque d'Escompte s'échange à 570.

La Banque Ottomane se traite à 606 25.

Les Chemins de fer sont peu mouvementés; leur cours sont calmes.

Les Valeurs industrielles ne donnent lieu qu'à des échanges insignifiants. Le Panama fait 38 25, le Suez cote 2.408 75.

COUPON.

TABLE
DES
PRINCIPALES MATIÈRES AGRICOLES
parues dans l'année 1890.

HALLES ET MARCHÉS.

La Table des Matières nous empêche de publier aujourd'hui, comme d'ordinaire, le tableau complet des Halles et Marchés.

I. — SITUATION GÉNÉRALE.

La gelée a encore interrompu la plupart des communications et les marchés s'en sont ressentis. Les cours des céréales se maintiennent bien; le blé est en hausse. Les cours des autres denrées sont soutenus en général, mais sans grandes variations.

II. — GRAINS.

Blés. — Les cours des blés de belle qualité ont augmenté de 25 à 50 centimes par 100 kil. sur nos marchés de l'intérieur depuis huit jours; ceux des sortes ordinaires n'ont pas variés, mais sont fermement tenus. Voici les prix sur les principaux centres à la fin de la semaine : Douai, 26 à 27 fr. 25 les 100 kil.; Chartres, 22 fr. 10 à 25 fr.; Rouen, 24 fr. 80; Versailles, 25 fr. à 27 fr. 50; Laval, 24 fr. 50 à 25 fr. 25; Montereau, 21 à 24 fr. 50; Nevers, 23 fr. à 24 fr. 50; Nantes, 25 fr. à 25 fr. 50; Lyon, 24 fr. 50; Bordeaux, 25 fr. à 25 fr. 20. — Au marché commercial de Paris, les affaires sont assez calmes; samedi, on a tenu le disponible et le courant du mois de 26 fr. 50 à 26 fr. 75; les autres termes de 26 fr. 25 à 26 fr. 75.

Seigles. — Les cours du seigle ont toujours une tendance à la hausse. A la halle de Paris, on cote de 17 à 18 fr. les 100 kilog.; au marché commercial, le courant du mois est fait à 17 fr. 25; le livrable jusqu'en avril de 17 fr. 25 à 17 fr. 50; les quatre mois de mars, 18 francs.

Orges. — La situation reste assez calme; les prix se maintiennent comme suit : orges de la Mayenne, d'Ille-et-Vilaine et de la Sarthe, 17 fr. à 17 fr. 75 les 100 kilog.; de Beauce, 19 fr. à 19 fr. 50; du Gâtinais, 18 fr. 50 à 18 fr. 75; de Bourgogne, 18 fr. 25 à 18 fr. 50; de Champagne, 19 fr. à 20 fr. 50; d'Auvergne, 20 à 22 fr. — Les escourgeons ont une meilleure tenue; on les cote de 19 fr. à 19 fr. 50 les 100 kilog. à Paris.

Avoines. — Les prix restent fermes. Pour les sortes indigènes, on cote : avoines de choix et noires de Brie, 19 fr. à 19 fr. 25 les 100 kilog.; noires de Beauce, 18 fr. 50 à 18 fr. 75; du Centre et de Champagne, 18 fr. 25 à 18 fr. 75; grises de Beauce, 18 fr. à 18 fr. 50; avoines de Picardie, 17 fr. 75 à 19 25; blanches de toutes provenances, 17 fr. à 17 fr. 50. Au marché commercial, le disponible est payé 18 fr.; le livrable, 18 fr. à 18 fr. 75. — Au Havre, les avoines de Suède disponible valent 18 fr. 50 et celles d'Algérie, 16 fr. 50 sur wagon.

Sarrasins. — Très rare, au cours de 16 fr. à 17 fr. les 100 kilog.

III. — FARINES. — ISSUES.

Farines de consommation. — La demande en boulangerie est assez active; les cours se maintiennent d'autant plus fermes que la meunerie fait peu d'offres, à cause des hauts prix du blé. La marque de Corbeil est à 61 fr. les 157 kilog.; autres marques à cours correspondants.

Farines de commerce. — Les *douze-marques*, qui avaient gagné 50 centimes par sac la semaine dernière, ont reperdu 25 centimes lorsque le dégel est venu. Samedi on a coté : disponible et livrable à toutes époques, 59 fr. à 59 fr. 25 les 157 kilog. nets.

Issues. — La hausse continue; elle est de 50 à 75 centimes. On cote : gros sons, 13 fr. 75 à 15 fr. 50; sons trois cases, 13 fr. à 13 fr. 75; sons fins, 12 fr. 25 à 12 fr. 50; recoupettes, 11 fr. 75 à 12 fr. 50; remoulages blancs, 17 à 21 fr.; bis, 15 fr. 50 à 16 fr. 50; bâtards, 14 fr. 50 à 15 fr. 50; le tout aux 100 kilog.

IV. — GRAINES FOURRAGÈRES. — FOURRAGES.

Graines fourragères. — Cours soutenus sans changement à Paris, sauf pour le trèfle violet à gros grains qui se vend 110 à 125 fr., avec une hausse de 5 fr. par 100 kilog.

Fourrages. — La paille et le foin sont en hausse à Paris. On cote au marché de La Chapelle : foin, 43 à 49 fr. les 100 bottes de 5 kil. au domicile de l'acheteur; luzerne, 43 à 48 fr.; regain, 46 à 48 fr.; paille de blé, 26 à 32 fr.; de seigle, 26 à 31 fr.; d'avoine, 21 à 26 fr. — Sur les marchés de province, on vend, aux 500 kil. : Versailles, foin, 35 à 46 fr.; luzerne, 40 fr.; paille de blé, 23 à 30 fr.; d'avoine, 18 fr.; Moulins, foin, 35 à 38 fr.; paille, 15 à 18 fr.; Dôle, foin, 24 à 30 fr.; paille, 12 à 14 fr.; Autun, foin, 32 fr.; paille, 18 fr. — *Au quintal:* Toul, foin, 5 à 7 fr.; paille, 3 fr. 50 à 4 fr. 50; Sedan, foin, 6 fr.; paille, 4 fr.

V. — SUCRES. — SPIRITUEUX

Sucres. — Les affaires sont calmes à Paris, et les cours varient peu. A la bourse du 20 décembre, on a coté : sucres roux 88 degrés, 33 francs à 25; sucre roux n° 3 disponibles, 35 fr. 50 à 35 fr. 75; livrables, 35 fr. 75 à 37 fr. 50. Les raffinés ont un peu baissé; ils sont au prix de 105 francs à 105 fr. 50 pour la consommation et de 41 francs à 41 fr. 50 pour l'exportation. — A Lille, on tient : sucre roux 32 fr. 25; blanc n° 3, 34 fr. 50.

Alcools. — Le marché est en hausse légère, aux cours suivants : disponible, 37 fr. 50 l'hectolitre, livrable jusqu'en avril, 38 francs à 38 fr. 75; quatre mois de mai, 40 fr. 25 à 45 fr. 50. — A Lille, l'alcool disponible vaut 36 fr. 50 à 37 fr.; le livrable, 36 fr. 50 à 37 francs.

VI. — TOURTEAUX

Tourteaux. — On cote à Lille : colza indigène, 15 fr. 50 à 16 francs; étranger, 13 à 15 francs; œillette, 16 à 17 francs; lin, 24 francs à 25 fr. 50; chanvre, 20 à 21 francs les 100 kilog.; à Caen : colza, 135 francs les 1,000 kilog.

VII. — BEURRES. — ŒUFS. — FROMAGES.

Beurres. — La vente est difficile et les cours faibles. On cote : beurres *en mottes* : fermiers, 2 fr. 60 à 3 fr. 10 le kilog.; Touraine, 2 fr. 60 à 2 fr. 70; Gâtinais, 2 fr. 40 à 2 fr. 60; Vendôme; 2 fr. 30 à 2 fr. 60; Beaugency, 2 fr. 30 à 2 fr. 60; Bourgogne et le Mans, 2 fr. 30 à 2 fr. 60; fausse Touraine, 2 fr. 50 à 2 fr. 70; — *petits beurres* : choix, 2 fr. 20 à 2 fr. 90; ordinaires, 2 fr. à 2 fr. 60 suivant provenance.

Œufs. — La vente est plus facile; le marché est moins encombré. On cote : Normandie, extra, 130 à 155 fr. le mille; Picardie, 132 à 162 fr.; Touraine gros, 125 à 145 fr.; ordinaires; 105 à 115 fr.; Beauce, 118 à 128 fr.; Champagne, 108 à 110 fr.; Bourgogne, 104 à 108 fr.; Bretagne, 95 à 108 fr.; Vendée, 96 à 105 fr.; œufs de conserve à la chaux, 78 à 82 fr.

Transport gratuit de 30 kilogrammes de bagages.

On peut se procurer des billets et des prospectus détaillés à la gare de P.-L.-M., dans les bureaux succursales de la Compagnie : rue Saint-Lazare, 88 ; rue des Petites-Écuries, 11 ; rue de Rambuteau, 6 ; rue du Louvre, 44 ; rue de Rennes, 45 ; rue Saint-Martin, 252 ; place de la République, 8 ; rue Sainte-Anne, 6, et rue Molière, 7 ; rue Etienne-Marcel, 18 ; et dans les diverses agences de voyages.

Fêtes de Noël & du Jour de l'An.

A l'occasion des Fêtes de Noël et du Jour de l'An, les billets d'aller et retour à prix réduits délivrés :

1° Du 20 au 28 décembre 1890 seront tous indistinctement valables jusqu'aux derniers trains de la journée du 29 décembre ;

2° Du 27 décembre au 4 janvier 1891, seront tous indistinctement valables jusqu'aux derniers trains de la journée du 6 janvier.

Chaque période de validité fixée ci-dessus pourra, de plus, être prolongée à deux reprises et de moitié (les fractions de jour comptant pour un jour), moyennant le paiement pour chaque prolongation d'un supplément égal à 10 % du prix des billets.

Bien entendu, les billets d'aller et retour conserveront la durée de validité qui leur est attribuée par le tarif spécial (G. V.) n° 4, lorsqu'elle sera supérieure à celles fixées ci-dessus.

L'Administrateur-Gérant : ALBERT RENOT.

Beauvais. — Imp. D. PERE. — A. CARTIER, Gérant.

Supplément à la « **GAZETTE AGRICOLE** » *du 31 août 1890*

L'ENGRAIS AMIÉNOIS

(FUMURE NORMALE ET COMPLÈTE)

COMPOSÉ à base de déjections humaines désinfectées suivant divers systèmes brevetés, et enrichies en azote, en potasse et en acide phosphorique.

Mention honorable à l'Exposition universelle et nombreuses Médailles de Comices.

Le sol ne produit qu'en raison de ce qu'il reçoit.

« Les fortes fumures peuvent seules faire de l'agriculture une industrie profitable. » M. JAMET.

NATURE DE L'ENGRAIS

§ 1er. Principes constitutifs d'un bon Engrais

Aucun agriculteur n'ignore aujourd'hui que sous peine d'épuiser rapidement le sol, il faut lui rendre, au moyen d'engrais *bien équilibrés*, l'équivalent des principes fertilisants que les produits exportés ont fait sortir de la ferme sous forme de grain, lait, viande et autres denrées.

Malgré ses nombreuses et précieuses qualités, le fumier de ferme n'arrive pas, à lui seul, à satisfaire à cette grande loi de *la restitution ;* car, d'une part, on n'en produit pas assez ; et de plus, tel qu'il est naturellement, il ne comporte pas dans une proportion suffisante certains éléments indispensables. De là, la nécessité de faire appel aux engrais auxiliaires pour obtenir cette fertilité sans laquelle la culture devient ruineuse.

Un bon engrais doit apporter à la terre, pour constituer et nourrir les plantes, les éléments que celles-ci ne trouvent pas, tout à la fois en *quantité suffisante* et sous une forme assez *assimilable*, ni dans l'air ni dans le sol. Or, il est actuellement reconnu que les principaux de ces éléments sont : l'*azote*, l'*acide phosphorique*, la *potasse*, la *chaux*, la *magnésie*, et le *fer ;* principes fertilisants auxquels on assure une action constante et régulière, en les groupant dans de bonnes proportions et en les associant à des matières organiques, à l'HUMUS, dont la haute valeur agricole est aujourd'hui nettement affirmée par les savants les plus distingués aussi bien que par les meilleurs praticiens.

§ 2. Caractère spécial de l'Engrais Amiénois

C'est cette *réunion de tous les principes fertilisants* et leur *association à un humus parfait* qui forme le caractère distinctif de l'Engrais Amiénois. Cet humus lui est fourni par une *paille* imprégnée de déjections humaines, désinfectées et recueillies suivant des procédés particuliers qui, transformant de suite et sans déperdition l'engrais humain à l'aide des agents chimiques mis en œuvre selon les dernières découvertes scientifiques, lui conservent *tous ses éléments utiles ;* en sorte que, loin de comporter des matières inertes ou même nuisibles, l'Engrais Amiénois ne renferme que des éléments utiles de la provenance *la plus riche*.

Ces principes fertilisants de premier ordre sont eux-mêmes *équilibrés*, selon les proportions indiquées par la science et l'expérience, par l'addition d'éléments chimiques qui en font un *engrais mixte*, plus complet qu'aucun autre ; car il renferme, non seulement les principes d'un bon fumier, mais encore tous ceux fournis par l'organisme humain, le tout rendu parfaitement assimilable par une fermentation prolongée et réglée avec un soin particulier. Aussi son action se manifeste-t-elle pendant deux ans : et produit-il des effets magnifiques sur les plantes qui le reçoivent.

§ 3. Cause de sa supériorité.

Réalisant ainsi l'alliance du fumier avec les engrais chimiques, l'Engrais Amiénois est un produit nouveau n'ayant ni les inconvénients des engrais chimiques, ni les défauts reprochés au fumier.

Les premiers, toujours incomplets et trop solubles, épuisent la richesse foncière du sol en précipitant outre mesure la décomposition de sa réserve de matières organiques, sans rien apporter pour la reconstituer et altèrent même profondément l'état physique du terrain ; le second, très encombrant comme transport, n'agit pas assez vite pour certaines cultures, tient le sol trop léger et surtout renferme trop peu d'acide phosphorique. Or, rien de cela n'est à craindre avec l'Engrais Amiénois qui se décompose au fur et à mesure des besoins des plantes et leur offre une nourriture parfaitement harmonisée.

Ce ne sont donc point seulement l'azote, l'acide phosphorique et la potasse qui assurent à l'Engrais Amiénois son efficacité ; mais aussi TOUS *les autres corps,* dont *ordinairement on ne se préoccupe pas assez* (GIRARDIN, *Des Fumiers*, p. 114) bien qu'ils « *représentent des* VALEURS », BOBIERRE, de Nantes, *Chimie Agricole*, p. 204.)

§ 4. Sa composition.

Cette multiplicité des principes utiles, offerts par l'Engrais Amiénois, fait qu'une partie considérable de ses propriétés spéciales échappe forcément aux essais des laboratoires, alors pourtant qu'ils sont constatés bien nettement par la splendide végétation de la plante et par son rendement supérieur. Toutefois pour permettre d'en supputer la valeur selon les bases admises généralement, voici les proportions des principaux éléments dont le *titre minimum* est GARANTI sur analyses à *l'état normal*, (c'est-à-dire humidité comprise), savoir ; pour l'azote et l'acide phosphorique, dans tous les numéros ; et de plus, pour la potasse et la magnésie, dans les numéros 2.

N° 1 *Engrais* SURAZOTÉ :	**N° 2** *Engrais* POTASSIQUE :	**N° 2 *bis*** Vigne	Tabac	**N° 3** *Engrais* ORGANIQUE.	**N° 4** *Engrais* D'URINES.
Azote sous tous états, par tiers **6** » 0/0 (Organique, ammoniacal et nitrique.)	Azote. par moitié. . . . . **4** » 0/0 (*Organique et nitrique.*)	4		Azote, par moitié. . . . . . **3** » 0/0 (*Organ. et ammoniac.*)	Azote organique 1 25 0/0
Acide phosphorique . . 4 » —	Acide phosphorique. . 3 » —	2	4	Acide phosphorique. . 3 » —	Acide phosphorique. . 2 » —
Potasse et Magnésie . . 3 » —	Potasse et Magnésie . . **8** » —	5	10	Potasse et Magnésie. . **2** » —	Potasse et Magnésie. . 1 » —
Sels divers. fer, etc. . . 14 » —	Sels divers, fer, etc . . 12 » —	20	10	Sels divers. . . . . . . 15 » —	Sels . . . . 25 » —
Matières org. et humus 60 » —	Matières orga . etc . . 50 » —	45	40	Matières organiques . 70 » —	Humus . . . . 50 —

NOTA. — Comme une analyse *même très soignée*, peut (à cause du volume et des éléments si complexes de l'engrais), ne pas retrouver exactement le dosage effectif, le vendeur se réserve, pour éviter des contestations sans importance réelle, la légère marge de 1/10 du titrage garanti. Il serait donc tenu compte à l'acheteur de tout ce qui manquerait au-dessous de ce dixième, à raison de 2 fr. pour l'azote ; 0,60 c. pour l'acide phosphorique (et 0,55 c. pour la potasse et la magnésie, dans les numéros où elles sont garanties) ; sauf compensation si l'un des éléments garantis excédait le dosage stipulé, et supplément de prix, si le compte final établissait un reliquat en faveur du vendeur.

§ 5. Application de ces catégories d'Engrais.

Le n° **1** est l'Engrais **normal** rendu aussi actif que possible ; il est donc destiné à agir comme auxiliaire du fumier dans la culture intensive, et il peut le **remplacer** *parfaitement* sans addition aucune des sels chimiques que, dans ce cas, l'on ajoute au fumier.

Sa richesse en azote et la proportion largement suffisante de l'acide phosphorique, assurent aux plantes, notamment à la betterave, une *richesse* supérieure et un *rendement* rémunérateur.

Le n° **2** est une fumure complète appropriée plus spécialement aux *lins, prairies naturelles et artificielles, pommes de terre et carottes*, — avec variante pour *tabacs et vignes.*

Le n° **3** est un **fumier** amené à sa plus haute puissance ; restituant de suite leur fertilité aux terres épuisées de matières organiques par abus des sels chimiques, ou par absence de fumure.

Le n° **4** est le produit donné par la concentration d'urines humaines pures, il en contient tous les sels utiles. — Il est quatre fois plus fo.t qu'un bon fumier de ferme, et forme ainsi un excellent engrais de fonds.

En résumé : Le n° 3 est éminemment l'engrais des céréales *d'hiver* ; la prédominance des matières organiques lui donne cette durée si précieuse pour les plantes dont la végétation est de 10 mois.

Pour les betteraves et autres cultures *industrielles* de *printemps*, c'est des numéros 1 ou 2 qu'il faut se servir, en raison de leur action beaucoup plus rapide.

MODE D'ÉPANDAGE

L'engrais se sème à la volée, avec semoir spécial ou à la main, sur un premier labour : mais, pour avoir le maximum d'effets, il importe de *l'enterrer toujours* : à la herse (quand on s'en sert en couverture) ; au tricycle ou à la charrue dans le cours des travaux préparatoires ; de façon à le faire pénétrer à une profondeur de 12 à 18 cent., selon la nature des plantes et la disposition de leurs racines.

QUANTITES A EMPLOYER PAR HECTARE

A cet égard et tout en tenant compte dans une juste mesure de la qualité du terrain, il ne faut point se dissimuler que, pour avoir *une bonne récolte*, il est NÉCESSAIRE d'apporter au sol et par hectare, savoir : pour betterave, 150 kilos d'azote ; pour toutes autres récoltes, de 60 à 100 kilos.

En conséquence, pour obtenir des résultats satisfaisants, il convient d'employer en Engrais Amiénois, comme **fumure unique** pour les plantes ci-après dont la culture est la plus usuelle :

N° 1	**N° 2**	**N° 3**
800 k. p^r Seigles et orges. . . . à 36 hect.	800 k. p^r Lins à 4,000 k. Filasse + 10 hect.	1.000 k. pour Pommiers.
1.000 — Houblon ; Avoines . . à 50 —	— Chanvre.	1.200 — Seigles.
1.200 — Blés . . . . à 40 —	1.600 — Œillettes à . . . . 30 —	1.600 — Orges.
1.000 — Lentilles Haricots. . . à 20 —	1.200 — Vesce. . . . . 30 —	2.000 — Blés.
1.500 — Pois. . . . . à 50 —	2.000 — Carottes, Topinambourgs 30.000 k	
1.600 — Choux pommés; Colzas à 38 —	— Navets	**N° 4**
2.000 — Féverolles . , ... à 30.000 k.	2.000 — Pommes de terre. . . . . 25.000 k.	De 6.000 à 8.000 kil. comme fumure de fonds.
3.000 — (*) Betteraves *à sucre* . . à 40.000	1.200 — Prairie (en *Janvier*). . . . **6.000** k.	
3.000 — Maïs fourrage . . . . . à 60.000 k.	1.000 — Vignes plantées à 0,80 c . 80 hect.	
	2.000 — Tabacs . . . . 4.000 k.	
	3.000 — Betteraves fourragères . 60.000 k.	

(*) *1,500 kilos au moins pour betterave ayant reçu 30.000 kilos de fumier enfoui avant l'hiver.*

CONDITIONS DE VENTE

Livraison. — Les demandes faites au vendeur (dont le domicile est attributif de juridiction) doivent bien préciser l'époque de la livraison, la gare d'arrivée, l'adresse exacte du destinataire.

La vente a lieu aux *cent kilos* logés en 2 sacs contenant chacun un hectolitre environ (toile perdue). *livrés* à AMIENS, soit en gare de St-Roch, soit à l'usine où l'échantillon légal (de 3 à 4 kilos) DOIT être pris toutes les fois que l'acheteur désire l'analyse *contradictoire, la seule* que le vendeur puisse admettre.

C'est toujours selon les procédés de M. Schlœsing que l'azote doit être analysé pour le saisir sûrement sous toutes les formes où il se trouve dans l'engrais; et, en cas de divergences, c'est l'analyse du laboratoire des Agriculteurs de France qui fait loi. — La présence des sels de fer que comporte la fabrication de l'Engrais oblige à y rechercher l'acide phosphorique par les acides forts.

Le poids est contrôlé par la bascule de la gare dont le bulletin fait foi absolue. La marchandise voyageant dès lors aux *compte* et *risques* des destinataires, il n'est admis aucune réclamation pour différence de poids à l'arrivée.

NOTA — La freinte qui peut parfois se produire (surtout en temps sec et chaud) par suite de la fermentation naturelle de l'engrais ne faisant jamais disparaître que de *l'humidité* et le dosage de l'engrais ayant eu lieu à son état normal, il est évident que, nonobstant cette *évaporation d'eau*, le cultivateur a bien la TOTALITÉ *des principes fertilisants* qu'il a *entendu acheter* et qui lui ont été *livrés* EFFECTIVEMENT ; en sorte qu'il ne se trouve nullement lésé et n'a réellement pas à réclamer dans ce cas. S'il a moins *en poids*, il a plus en richesse proportionnelle.

PRIX DES 100 KILOS.

Nos 1 et 2.			**N° 3** (*En toiles d'occasion*)			**N° 4** (*En vrac*)		
De 100 à 5.000 k. .	**16** fr.	» »	De 100 à 5.000 k. .	**10** fr.	» »	De 1.000 à 5.000 k. .	**5**	» »
De 5.000 à 10,000 k. .	**15**	**75**	De 5.000 à 10.000 k. .	**9**	**75**	De 5.000 à 10.000 k. .	**4**	**75**
Par wagon de 10,000 k. et au-delà.	**15**	**50**	Pour 10.000 kilos et plus.	**9**	**50**	Pour 20.000 kilos et plus.	**4**	**50**

Paiement. — Le prix est toujours *payable à Amiens*, sans qu'il y ait dérogation à cette condition quand le vendeur use de la faculté de former mandat à domicile, savoir :
A 90 jours pour quantités de 5,000 kilogs et plus.
A 60 jours, pour quantités inférieures.
Ou au comptant, avec bonification de 2 °/₀ à condition que le paiement ait lieu dans les 10 jours de la livraison, *sans aucuns frais de recouvrement* pour le vendeur : — passé ce laps de temps, la vente est considérée comme à 90 ou 60 jours (selon quantité) et le mandat peut, de plein droit, être mis en circulation.
Aux mandats inférieurs à 100 francs, il est ajouté 1 franc pour *frais de recouvrement.*

NOTA. — Sur bonnes références et moyennant **0,50** c. en plus par 100 kilos, le paiement des fournitures de printemps pourra être reporté *en partie* au 30 novembre, pour livraisons de 1,000 kilos au moins ; — celui des engrais pour *tabacs*, à fin février, moyennant 1 franc en plus.

Amiens, le 1er Août 1890.

Sur demande *affranchie*, envoi *franco* de la brochure : APPRÉCIATIONS et TÉMOIGNAGES de la CULTURE

Pour éviter toute erreur et fournir, exactement les indications nécessaires, remplir le Bulletin ci-dessous, le détacher et l'adresser à M. ELISÉE LEFEBVRE, route de Rouen, 121, Amiens.

BULLETIN D'ACHAT D'ENGRAIS AMIÉNOIS

(Engrais organique complet, nature du fumier très concentré, à base de déjections humaines désinfectées, enrichies d'Azote et de Phosphate (le tout rapidement assimilable).

Fabrication de M. Elisée LEFEBVRE, route de Rouen, 276, AMIENS
BUREAUX : Même Route, 121

Vente avec garantie du dosage en azote et en acide phosphorique, suivant analyse à l'état normal, et non à l'état sec.

TITRANT °/₀ :	Azote	Acide phosph.	Potasse et Magnésie	Sels divers	Matières organ. humides
N° 1er	6 »	4 »	3 »	14 »	60
N° 2	4 »	3 »	8 »	12 »	50
N° 2 *bis*	3 »	4 »	10 »	10 »	40
N° 3	3 »	3 »	2 »	15 »	70
N° 4	1 25	2 »	1 »	2 50	50

Je soussigné (1) (2)

demeurant à , *canton d*

bureau de poste d , *département d*

Déclare acheter à M, ELISÉE LEFEBVRE, *selon les conditions de sa circulaire du* 1er *Août 1890,*

dont je possède un exemplaire (3) *kilos d'engrais Amiénois,*

dosage N° (4) *pour* (5) *à* (6) *fr.* *c. les cent kilos.*

Rendus, Gare Saint-Roch, *vers le* *à destination de la gare*

de

Prix payable à Amiens au vendeur dont le domicile est toujours attributif de juridiction, en une traite acceptée sans autre avis au

Fait double et signé à le 18

L'ACHETEUR,

(1) Prénoms, nom. (2) Profession. (3) Quantité en toutes lettres.
(4) Numéros en toutes lettres. (5) Nom de la récolte.
(6) Prix (EN TOUTES LETTRES) selon numéro, quantité et époque de paiement.

BULLETIN DE VENTE D'ENGRAIS AMIÉNOIS

(Engrais organique complet, nature du fumier très concentré, à base de déjections humaines désinfectées, enrichies d'Azote et de Phosphates (le tout rapidement assimilable).

Fabrication de M. Elisée LEFEBVRE, route de Rouen, 276, AMIENS.

BUREAUX : Même Route, 121

Vente avec garantie du dosage en azote et en acide phosphorique, suivant analyse à l'état normal, et non à l'état sec.

TITRANT °/₀ :		Azote	Acide phosph.	Potasse et Magnésie	Sels divers	Matières organ. humides
	N° 1er	**6 »**	**4 »**	**3 »**	**14 »**	**60**
	N° 2	**4 »**	**3 »**	**8 »**	**12 »**	**50**
	N° 2 *bis*	**3 »**	**4 »**	**10 »**	**10**	**40**
	N° 3	**3 »**	**3 »**	**2 »**	**15 »**	**70**
	N° 4	**1 25**	**2 »**	**1 »**	**25 »**	**56**

Vendu à M. (1) (2)

demeurant à , *canton d*

bureau de poste d , *département d*

Au nom de M. Elisée LEFEBVRE, *selon les conditions de la circulaire qui précède la quantité de* (3) *kilos d'engrais Amiénois, dosage N°* (4)

à (5) *fr.* *c. les cent kilos.*

Rendus, Gare Saint-Roch, *vers le* *à destination de la gare de*

Prix payable à Amiens au vendeur ou à son ordre en une traite, acceptée sans avis au

Fait double et signé à le 18

Pour le Vendeur,

(1) Prénoms, nom. (2) Profession. (3) Quantité en toutes lettres. (4) Numéros en toutes lettres.
(5) Prix (en toutes lettres) selon le numéro, quantité et époque de paiement.

SUPERPHOSPHATES RICHES

15 à 16 °/₀ d'Acide phosphorique assimilable

Prix : 9 francs les 100 kilos, rendus gare Saint-Roch.

(Sauf variation des Cours.)

Phosphates naturels désagrégés

16 à 18 °/₀ d'acide phosphorique

6 fr. les 100 kilos. (sauf variation des Cours)

SULFATE DE FER (Trituré)

En sacs de 50 kilos : Prix 7 fr. les 100 kilos.

Graines de Betteraves à Sucre

VARIÉTÉS EXTRA RICHES

Prix, selon leur espèce.

Supplément à la « Gazette Agricole » N° du 31 Août 1890.

APPLICATION
DU SYSTÈME GOUX
BREVETÉ S. G. D. G.
FOSSES MOBILES INODORES

USINE & FABRICATION
Route de Rouen, 176

SUPERPHOSPHATES
et
PHOSPHATES RICHES
Sulfate de fer, menus sels

GRAINES
de
Betteraves à Sucre
Variétés Extra-riches

BUREAUX :
Route de Rouen, 121
AMIENS.

Adresse télégraphique :
ÉLISÉE LEFEBVRE, AMIENS

Les Expéditeurs doivent toujours adresser en gare St Roch, aux tarifs spéciaux.

Elisée Lefebvre

Route de Rouen, 121

Amiens, le 1890

Monsieur,

J'ai l'honneur de vous adresser mon dernier prix courant dans lequel figure, sous le N° 4, un produit nouveau obtenu par le traitement d'urines fraiches et pures, dont tous les éléments utiles sont concentrés dans un mélange absorbant et fixateur qui donne, finalement, un engrais pulvérulent et inodore, quatre fois plus riche que le fumier de ferme.

Employé comme demi fumure, il procure immédiatement d'excellents effets dûs en partie à la forte proportion de sels de fer qu'il renferme, et convient merveilleusement aux prairies naturelles et artificielles.

Les autres N^os sont maintenus avec leur composition: les résultats obtenus, cette année encore sur betteraves, blés, et œillettes justifiant absolument les dosages adoptés à la suite d'expériences sérieuses et réitérées et donnant à la culture la satisfaction la plus entière.

Ainsi est confirmée l'appréciation significative de M. le Dr Péterman, directeur des stations agronomiques Belges, qui l'ayant examiné à l'exposition universelle de 1878 après une série de produits qualifiés engrais, dit aux autres membres du jury qu'il présidait : « **Ceci** c'est vraiment de **l'engrais** ».

C'est en effet, un abus d'appeler ainsi certains résidus industriels, se recommandant surtout par leurs bas prix, mais dont l'action est lente, inconstante et peu sûre. Si l'azote y est à bon compte, c'est qu'il s'y trouve aussi d'une qualité absolument inférieure: dès lors, il y est souvent payé encore trop cher.

Dans l'engrais amiénois la qualité des éléments va de pair avec l'excellence du dosage : c'est un point essentiel dont vous voudrez certainement garder bonne note pour vos prochains achats.

Dans l'attente de vos ordres, je vous prie, Monsieur, d'agréer mes sincères civilités.

LEFEBVRE.

Supplément à la *Gazette Agricole* du 28 Septembre 1890.

PHOSPHATES FOSSILES DE QUIÉVY (NORD)

GRAND DIPLOME D'HONNEUR
MÉDAILLE DE VERMEIL
CONCOURS AGRICOLES DE BERGUES (1887 ET 1889).

MÉDAILLE D'ARGENT
(EXPOSITION UNIVERSELLE DE 1889)

DIPLOME D'HONNEUR
MÉDAILLE DE VERMEIL (Grand module)
(EXPOSITION DE PONTOISE 1890).

C. DELATTRE-BRABANT

BUREAUX : à Lille, 126, rue Jacquemars-Giélée

USINES : à QUIÉVY (Nord) et LE CATEAU (Nord)

(Ne pas confondre avec Quévy (Belgique).

Exiger que les sacs soient marqués au « **Bélier** » et que les plombs portent le nom « C DELATTRE-BRABANT ».

MARQUE DÉPOSÉE

Le Phosphate Fossile de Quiévy est le plus assimilable de tous les phosphates naturels connus ; son assimilabilité relative, méthode JOULIE (Solubilité dans l'Oxalate d'Ammoniaque) s'élève de 75 à 85 pour cent.

Le Phosphate Fossile de Quiévy s'assimile aussi rapidement que le Superphosphate.

Assimilabilité relative de divers phosphates

déterminée

PAR L'ASSOCIATION DES CHIMISTES DE SUCRERIE ET DE DISTILLERIE

Phosphate de Quiévy	82 29
» de la Meuse	51 95
» de Pernes	47 87
» des Ardennes	46 43
» de la Somme	44 53
» de Ciply (Belgique)	34 57

Composition moyenne du phosphate de Quiévy.

Acide phosphorique	12 » à	16 %
Potasse	»» 45 à	2 77
Chaux	19 05	31 »»
Magnésie	»» 58	3 80
Matières organiques azotées	1 80	3 45
Acide carbonique	2 60	4 90
Acide sulfurique	»» 55	»» 67
Oxyde de fer	6 80	8 40
Alumine	3 20	5 »»
Soude	»» 71	»» 90
Matières insolubles dans les acides (silice, argile, etc.)	30 30	32 20

L'assimilabilité relative du PHOSPHATE DE QUIÉVY *ne doit pas être attribuée à la finesse de sa mouture, car elle se maintient très sensiblement quand on réduit fortement cette finesse de mouture. C'est même avec cette finesse réduite que l'on a obtenu tous les résultats agricoles avantageux que nous pouvons citer.*

MODE D'EMPLOI

Le Phosphate Fossile de Quiévy est très sec et très pulvérulent. Il peut s'épandre à la volée ou avec les semoirs disposés pour les matières en poudre. On peut même se servir des semoirs ordinaires. — Pour faciliter l'emploi du nitrate, l'usage s'est beaucoup introduit de mélanger une partie du phosphate avec le nitrate de soude. On obvie ainsi à l'inconvénient constaté avec le superphosphate qui, étant toujours acide, contribue à la déperdition d'une bonne partie de l'azote. Ainsi mélangés, phosphate et nitrate sont employés en couverture. Nous devons dire que cet épandage du phosphate *à la surface du sol* ne produit pas, dans l'année, tous les effets que l'on peut en attendre comme on en verra la preuve, plus loin, dans les comptes-rendus des expériences faites par le Frère EUGÈNE MARIE (Institut agricole de Beauvais) et nous ne saurions trop recommander **d'enfouir** le **Phosphate Fossile de Quiévy** et surtout, de **l'employer à l'automne.** Dans ces conditions, les résultats sont excellents. Toutefois le **Phosphate de Quiévy** sera très favorable aux cultures de printemps comme le prouvent les exemples que nous citons sur lin, pommes de terre, betteraves, etc. Il est évident que chacun règlera la profondeur de l'enfouissement selon les récoltes projetées.

Nous conseillons, comme dose à employer, de 1000 à 1200 kilogrammes à l'hectare. Avec cette quantité on est certain de relever fortement l'état de fertilité des terres, fatiguées par une culture séculaire faite sans une restitution suffisante des principes fertilisants qu'elle lui enlevait.

On peut agir ainsi avec une faible dépense, vu le bon marché des phosphates.

Sans calculer le besoin particulier de chaque récolte, à chaque semaille d'automne ou de printemps, on se trouvera bien d'employer environ 1000 kilogrammes de **Phosphate Fossile de Quiévy** à l'hectare, en diminuant de moitié quand on mettra en même temps du fumier.

Cette quantité peut être utilisée comme suit : 800 kilogrammes enfouis et 200 kilogrammes en couverture avec 150 kilogrammes de nitrate de soude.

RÉSULTATS AGRICOLES

CULTURE DU BLÉ

M. Émile CARLIER, *Union agricole* à ORCHIES (Nord).

	Chiffres ramenés à l'hectare	Différence en plus avec le phosphate de Quiévy
Blé Nursery, récolte 1888, avec Phosphate de Quiévy	3.952k	25 %
Blé Nursery, 1888, sans Phosphate	3.146	
Chubb, 1888, avec Phosphate de Quiévy	4.075	25 %
Chubb, 1888, sans Phosphate	3.260	
Blé d'Orchies, 1887, avec Phosphate de Quiévy .	3.080	27 %
Blé d'Orchies, 1887, sans Phosphate	2.421	

M. E. CARLIER avait employé 800 kilogrammes de Phosphate à l'automne et 200 kilogrammes en couverture avec un peu de nitrate de soude.

M. SÉVERIN-DANNA, à NOMAIN (Nord), a obtenu par une expérience comparative sur la même pièce de terre en 1888 :

	GRAIN.	PAILLE.
avec Phosphate de Quiévy, à l'hectare . . .	34 h. 40	1225 k.
sans Phosphate	25 20	915
Différences . .	9 h.	310 k.

Soit en faveur du Phosphate de Quiévy 35 1/2 % sur le grain et 34 % sur la paille.

M. Henri BOLLART, Cultivateur à SAINT-PIERREBROUCK (Nord), a fait deux expériences comparatives, dans lesquelles il a employé la même dose de fumier sur toutes les pièces de terre avant l'hiver, et 125 kilogrammes de nitrate au printemps.

Dans la première expérience comparative, il a ajouté *au printemps* 1200 kilogrammes à l'hectare de **Phosphate Fossile de Quiévy** non pulvérisé.

La différence *en plus*, produite par le Phosphate, a été de *cinq hectolitres* de *grain sur trente*, soit 16 ou **16 2/3 %**.

Dans la deuxième expérience comparative, il a ajouté les 1200 kilogs. de Phosphate de Quiévy *avant l'hiver*.

La différence en plus, produite par le Phosphate, a été de *huit hectolitres sur trente deux*, soit 1/4 ou **25 %**.

Le « *Progrès agricole* » d'Amiens, du 6 octobre 1889, a rendu compte d'une expérience de M. G. RAQUET, sur une terre de 2 hectares, sortant de betteraves, terre homogène et en bon état d'amendement.

La terre reçut pour engrais les feuilles de betteraves enfouies après la récolte.

Dix variétés de blé furent essayées sur des bandes de 200 m. sur 10. Toutes les bandes furent divisées en travers, de façon à constituer à la fois une expérience sur **Phosphate de Quiévy**. La moitié de chaque bande ne reçut pas de phosphate : l'autre moitié en reçut 1000 kilogrammes à l'hectare dont **500 furent enfouis** et le reste semé lors des façons superficielles données pour la semaille. Dès le début de la végétation les portions phosphatées montrèrent toutes une supériorité très marquée qui se conserva jusqu'à la fin. L'excès de rendement du grain *en poids* s'éleva de 5 % pour plusieurs, à 25 % pour plusieurs autres et jusqu'à 42 % pour blé de Bordeaux, soit **24 % en moyenne.**

Expériences faites par le Frère EUGÈNE-MARIE, Directeur de l'Institut agricole de Beauvais (Oise) en 1888-1889.

		CHIFFRES A L'HECTARE.			
		RÉCOLTES.		EXCÉDENTS sur le témoin donnés par l'application de l'acide phosphorique.	
		GRAIN.	PAILLE.	GRAIN.	PAILLE.
1	Témoin	2.250k	4.725	0k	0k
2	400k Superphosphate	2.525	5.125	275	400
3	(40 à 45 % PhO^5) 400 Phosphate précipité	2.325	4.724	75	0
4	(16 à 20 % ») 1200 Phosphate des Ardennes . . .	2.300	4.900	50	175
5	(16 à 20 % ») 1200 Scories	2.300	5.075	50	350
6	(15 à 17 % ») 1200 Phosphate de Pernes	2.400	5.117	150	392
7	(12 à 15 % ») 1200 **Phosphate de Quiévy** . . .	2.475	5.250	**225**	**525**

Les expériences eurent lieu sur des terres déjà assez riches en acide phosphorique, ce qui explique que l'application de celui-ci n'a pas donné les grands résultats obtenus parfois sur les terres pauvres en cet acide. La comparaison n'en est peut-être que plus intéressante à étudier.

Comme on le voit, c'est le **Phosphate de Quiévy** qui tient la tête, battant ses concurrents tant pour le blé que pour la paille. Le phosphate précipité, dont le titre en acide phosphorique est généralement de 40 à 45 %, contenait, à la dose de 400 kilogrammes, au moins autant d'acide phosphorique que le phosphate de Quiévy à la dose de 1200 kgs. A 40 % il en donnait 160 kgs, à 45 % 180 kgs. Le phosphate de Quiévy à 13 1/2 % (moyenne du titre 12 à 15) constituerait 162 kgs. Tous les autres phosphates Ardennes, Pernes, Scories, dont les titres sont plus élevés que celui du Phosphate de Quiévy, sont battus à dose égale.

Ceci démontre bien que le titre relativement faible du Phosphate de Quiévy est largement compensé par une efficacité supérieure et que sa valeur agricole est bien plus considérable.

Cette considération frappe surtout quand on remarque que le titre du Phosphate précipité se vend environ **0** fr. **50** alors que celui du Phosphate de Quiévy se vend environ **0** fr. **30**

Le Superphosphate donne 2 0/0 de grain en plus et 2 1/2 % de paille en moins que le **Phosphate de Quiévy**. Ce résultat est sensiblement **égal**. Il est vrai que la dose est de 400 kgs au lieu de 1200. Mais à cette dose de 400 kgs l'acide phosphorique apporté par le superphosphate pouvait osciller entre 48 et 60 kgs. Le supplément de récolte apporté par cet acide n'a évidemment absorbé qu'une très faible partie de l'acide, lequel, à la dose de 400 kgs, de superphosphate était déjà fourni en large excès. A une dose supérieure il n'eut pas donné de résultat supérieur.

La seconde série d'expériences, dont le tableau comparatif est donné ci après, avait pour but de constater les effets de l'emploi simultané de l'engrais phosphaté avec l'engrais azoté et aussi d'étudier l'effet de doses croissantes d'engrais chimiques.

Ces expériences ont démontré que les très hautes doses ne donnaient pas de résultats favorables.

				Récoltes.		Excédents sur l'Acide Phosphorique donnés par l'application des quantités indiquées, d'Azote nitrique et Ammoniacal.		Azote employé.		Total.
								Nitrique.	Ammoniacal.	
8	100 k. Nitrate de Soude,	100 k. Sulf. d'Amm.	400 k. Superphosph.....	2840	6360	315 k.	1235	16 k.	21	37
9	200 »	100 »	600 »	3075	6850	550	1725	32	21	53
10	200 »	200 »	800 »	3300	7000	975	1875	32	42	74
11	0 »	400 »	1200 »	3000	6500	675	1375	—	84	84
12	0 »	400 »	1200 Ph. précipité.......	3100	6750	775	2026	—	84	84
13	0 »	600 »	1800 »	2800	6275	675	1551	—	126	126
14	400 »	0 »	1200 »	3020	6375	695	1651	64	—	64
15	600 »	0 »	1800 »	2950	6000	625	1276	96	—	96
16	**200** »	0 »	1200 **PH. DE QUIÉVY**...	2850	6550	375	1300	32	—	32
17	0 »	**200** »	1200 »	2925	6450	**450**	1200	—	42	42
18	0 »	0 »	200 Sulfate de fer.....	2300	4750	—	—	—	—	—

N° 17. — 200 k. de Sulfate d'ammoniaque avec 1200 k. de Phosphate de Quiévy ont donné un excédent sur l'expérience 7 (1er tableau) de 375 k. de grain et 1300 kil. de paille.

N° 16. = 200 k. de nitrate de soude avec 1200 k. de Phosphate de Quiévy ont donné un excédent de 450 k. de grain et 1200 kgs de paille.

Ces excédents sont supérieurs à la moitié de ceux que l'on constate dans 12 ou 14, où l'engrais azoté était en quantité double.

Le Phosphate de Quiévy a donc travaillé mieux uni à l'engrais azoté que ne l'a fait le Phosphate précipité, de même qu'il a travaillé mieux quand ces deux engrais ont été employés seuls.

Si on compare les résultats des 8, 9, 11 et 12 avec ceux obtenus avec le Phosphate de Quiévy, on reconnaitra que **le superphosphate, uni aux matières azotées a travaillé moins bien que le Phosphate de Quiévy**. Ce résultat paraît devoir être attribué aux autres éléments fertilisants du Phosphate de Quiévy tels que la potasse, la magnésie et des matières organiques azotées.

CULTURE DE LA POMME DE TERRE

Résultats du Frère EUGÈNE-MARIE, Directeur de l'Institut Agricole de Beauvais (Oise).

Le frère Eugène-Marie, directeur de l'*Institut Agricole* de Beauvais, a fait en 1889 quelques essais sur le **Phosphate de Quiévy,** dont voici un résumé :

CHOUX. — 1° Les choux phosphatés sont devenus plus volumineux ; 2° les altises ont disparu là où il y avait du phosphate à la surface.

Il a été estimé que le phosphate éloigne mieux les altises que la suie, qui n'a qu'une action éphémère.

POMMES DE TERRE. — Un premier essai a été fait avec et sans phosphate de Quiévy, *à la dose de 1200 kgs* à l'hectare répandus *à la surface* sur l'espèce dite **Institut de Beauvais.**

Récolte : 32120[k] sans phosphate } différence: 2140[k] = 6,7 %
D° 34260 avec phosphate }

à 5 fr. les 100 Kgs = 107 fr. l'hectare pour une dépense de 54 fr.

Un deuxième essai a été fait sur la **Farineuse Rouge**, *le Phosphate de Quiévy étant employé à la dose de 2000 kgs à l'hectare, mis dans les poquets.*

Récolte : sans phosphate 26987 } différence : 8398 = 31 %
D° avec phosphate **35385** }

à 5 fr. les % Kgs = **420 francs l'hectare pour une dépense de 90 francs.**

Le frère Eugène-Marie conclut : « ce premier essai semble » prouver que l'engrais doit être appliqué *dans les poquets* au moment des semis, *ou mélangé avec la terre à l'automne par un labour bien fait.* Répandus à la surface, ces phosphates ne peuvent » donner d'effet satisfaisant que les années pluvieuses, ce qui n'a » pas été le cas en 1889, pendant la période de végétation de la » pomme de terre.

» La fumure a consisté en un purin mélangé de matières fécales » extraites des fosses de la pension. Sur cette terre, les pommes de » terre alternent comme rotation avec les choux. La fumure est la » même tous les ans et, tous les ans aussi, les récoltes sont » superbes. »

L'excédent de 31 % est d'autant plus à remarquer.

CULTURE DU LIN

Le Comité linier de Lille, sous la direction de **M. DUBERNARD**, Directeur de la station agronomique du Nord, a fait en 1888 des expériences qui ont prouvé que **le Phosphate de Quiévy**, employé en comparaison avec le superphosphate, pour le même argent, avait donné en poids 2 % de plus en paille, 5 % de plus en graine, en laissant dans le sol, comme bénéfice, le surplus d'acide phosphorique non employé.

CHIFFRES RAMENÉS A L'HECTARE

CARRÉ N° 1.

FUMIER AVANT L'HIVER		RÉSULTATS.
Au printemps : Superphosphate 14/16 % ac. ph.	400 k.	Paille 4.500 k.
Nitrate de Soude	300	Graine 950
Sulfate de potasse	300	

CARRÉ N° 2. RÉSULTATS.

FUMIER AVANT L'HIVER			SURPLUS.
Au printemps : Phosphate de Quiévy 11 % ac. ph	600 k.	Paille 4.600 k.	2 %
Nitrate de Soude	300	Graine 1.000	5 %
Sulfate de potasse	300		

En 1889, au concours de culture de lin, organisé par le Comité linier, un certain nombre de lauréats n'avaient employé, en fait d'acide phosphorique, que **le Phosphate de Quiévy**.

CULTURE DE LA BETTERAVE

Nous n'avons pas à présenter pour la culture de la Betterave des résultats ayant un caractère officiel. Des essais ont été entrepris par le frère EUGÈNE-MARIE à l'Institut de Beauvais en 1889, mais ils ont été mis à néant par les ravages des mans et sont recommencés.

De nombreux agriculteurs ont obtenu sur leurs betteraves des résultats des plus favorables en 1888 et 1889, soit en comparaison avec témoin, soit en comparaison avec superphosphate. Mais la grande majorité de ces Messieurs ne nous autorise pas à publier ces résultats, tout en nous permettant de les communiquer dans nos bureaux. Nous pouvons dire que, dans cet emploi encore, le **Phosphate de Quiévy** a donné des résultats semblables à ceux du superphosphate : poids égal de récolte, densité égale, grande pureté des jus.

Dans la comparaison avec témoin, les excédents de récolte ont varié de 250 francs à 350 francs à l'hectare pour une dépense de 50 francs, ce résultat étant toujours donné par l'augmentation de la richesse de la betterave, conséquence d'une maturité meilleure.

Des résultats extrêmement favorables nous ont été également communiqués pour la culture de la GRAINE DE BETTERAVES qui nécessite un large emploi d'acide phosphorique.

M. LE MARQUIS DE PARIS, au château de la Brosse, par Montereau **(Seine-et-Marne),** dont le nom et les travaux figurent fréquemment au *Journal d'Agriculture Pratique*, a essayé **le Phosphate de Quiévy** à l'automne, par comparaison avec le superphosphate. Il lui a été **impossible** de voir une différence et **de savoir lequel valait mieux.**

M. LE MARQUIS DE PARIS juge le **Phosphate de Quiévy très assimilable par les plantes.**

Le Phosphate de Quiévy est livré en poudre impalpable en sacs de 100 kilogs. La teneur en acide phosphorique, garantie sur analyse chimique, est de 12/15 %.

Le prix est de francs sur wagon Quiévy (Nord) ou Le Cateau (Nord), sacs perdus, à 30 jours 2 % d'escompte, ou à 90 jours net.

Le Phosphate de Quiévy peut aussi être vendu franco, en gare du destinataire, port à ajouter sur facture.

Agent principal pour ______________________

M ______________________

Amiens. — Imp. Yvert et Tellier.

Supplément à la GAZETTE AGRICOLE.

UNE REQUÊTE A NOS ABONNÉS

Dans un but de propagande utile en faveur de la *Gazette agricole,* nous demandons instamment à ses amis et abonnés de vouloir bien nous envoyer les noms et adresses des personnes auxquelles, d'après eux, le journal pourrait convenir.

Il sera adressé à ces personnes, à titre gratuit bien entendu, plusieurs numéros d'essai.

NOMS.	ADRESSES.	BUREAU DE POSTE.	DÉPARTEMENT.

NOMS.	ADRESSES.	BUREAU DE POSTE.	DÉPARTEMENT.

Prière de vouloir bien envoyer la liste à M. l'Administrateur de la *Gazette agricole*, 13, quai Voltaire, Paris. — A l'avance, mille remerciements.

Le Directeur :

Charles GOSSIN.

TYP D. PERE, CARTIER, GÉRANT.

1891

12e Année. — 2e Série. — N° 571. Dimanche 4 Janvier 1891.

GAZETTE AGRICOLE

JOURNAL HEBDOMADAIRE, PARAISSANT LE DIMANCHE

Rédacteur en Chef : M. CH. GOSSIN, Professeur d'Agriculture à l'Institut agricole de Beauvais.

PRIX DE L'ABONNEMENT

UN AN, 5 fr. — SIX MOIS, 3 fr. — TROIS MOIS, 2 fr. 25

Pour l'étranger les abonnements ne sont reçus que pour un an, au prix de 6 francs, et ne partent que du 1er janvier ou du 1er juillet de chaque année.

Le numéro : 10 centimes.

Il est indispensable de joindre à toute demande de changement d'adresse la dernière bande d'adresse du journal et 50 centimes pour frais de nouvelles bandes.

Adresser les *Abonnements* et *Annonces* au secrétaire de la rédaction, 13, quai Voltaire, Paris, ou à M. GOSSIN, rédacteur en chef et administrateur, à BEAUVAIS.

BUREAUX

13, quai Voltaire, Paris, et à Beauvais.

Les abonnements partent du 1er de chaque mois et sont payables d'avance. Toute demande d'abonnement doit donc être accompagnée du prix de l'abonnement. (Le mode de payement le plus simple est l'envoi d'un mandat-poste.)

Donner *très lisiblement*, en s'abonnant, son nom et son adresse exacte, *avec l'indication du bureau de poste*; et, s'il s'agit d'une continuation d'abonnement, joindre au renouvellement la dernière bande d'adresse du journal.

La GAZETTE AGRICOLE insère gratuitement les Communications des Syndicats agricoles

PRIMES A NOS ABONNÉS.

L'ALMANACH FRANÇAIS pour 1891 vient de paraître à la Librairie nationale.

L'administration de la Gazette agricole *met gratuitement, comme l'année dernière, cet Almanach à la disposition de ceux de nos abonnés qui manifesteront le désir de le recevoir* et joindront à leur lettre 15 centimes *en timbres-poste pour frais de port.*

*Tout abonné qui renouvellera son abonnement, soit à l'expiration, soit par anticipation, par l'envoi d'un mandat-poste de 5 francs, recevra à titre de prime, à son choix, l'*ALMANACH FRANÇAIS *ou l'*ALMANACH *de la* SOCIÉTÉ DES AGRICULTEURS DE FRANCE.

SOMMAIRE :

PARIS, 2 JANVIER.

Nous sommes en pleine semaine de vœux et de souhaits, c'est-à-dire en un temps où les paroles ne sont pas toujours d'accord avec les sentiments, ni les lèvres avec le cœur. Le Bonhomme Deschamps vous prie de croire que tout ce qu'il vous souhaite de bon et d'heureux pour l'année 1891 est le fond même de sa pensée. Il ne biaise, ni ne déguise avec vous, puisqu'il ne peut désirer pour vous, au commencement de cette année, que ce qu'il vous souhaite chaque semaine. Les hypocrites et les menteurs n'ont pas cette suite dans leur langage. Un jour ou l'autre, ils s'embrouillent et se coupent.

***

Mais, avant de vous faire parvenir ses vœux, il est de toute justice que le Bonhomme Deschamps vous adresse ses remerciements. Il vous les doit pour votre vieille fidélité à le lire et à le soutenir. Vous ne lui avez jamais fait défaut. Et si parfois il vous a donné quelque humeur, vous ne le lui avez jamais fait sentir. Et pourtant, il a dû vous contrarier ou vous ennuyer. Outre qu'il n'est pas dans son caractère de mâcher les vérités, il est dans sa profession de revenir souvent sur les mêmes choses. Les admonestations et les sermons sont, à la longue, ennuyeux, même quand ils sont inspirés par les meilleurs sentiments et appuyés des meilleures raisons. Vous seriez sans doute moins patients si vous n'aviez la conscience de son désintéressement et qu'alors même qu'il vous impatiente ou vous choque, il est de très bonne foi. La franchise! la sincérité! la bonne foi! Voilà de vieux mots et de vieilles qualités françaises qui font beaucoup pardonner. C'est pourquoi on se permet de les invoquer au début de cette année, à titre de circonstance atténuante, s'il arrive encore de vous déplaire ou de vous ennuyer.

***

Des remerciements aux souhaits, la transition est aussi naturelle qu'agréable. Et pour ces derniers, le Bonhomme Deschamps n'a malheureusement que l'embarras du choix. Deux mots peuvent du reste les résumer tous, car les mots de « bon gouvernement » contiennent tout ce qu'un bon Français peut souhaiter à ses concitoyens. Que cet oiseau rare ne vole pas dans le ciel républicain, c'est ce dont nous sommes tous absolument d'accord. Si nous vivions sous un « bon gouvernement » notre magistrature aurait plus de tenue et d'impartialité, notre administration serait plus équitable, nos finances seraient infiniment mieux administrées, les honnêtes gens seraient plus contents, et les mauvais garnements de tous les villages porteraient moins haut la tête. On m'assure aussi que l'Europe tiendrait plus de compte de nous et nous nous sentirions, comme on dit vulgairement, un peu plus fiers d'être Français. Et notez que nous aurions la plus grande partie de ce bien, même sous la République, si les électeurs choisissaient mieux leurs sénateurs et leurs députés. Le Palais du Luxembourg et le Palais-Bourbon sont les deux grandes usines où se forgent depuis près de dix ans, tous les maux dont nous souffrons.

***

Mais direz-vous peut-être au Bonhomme Deschamps, il n'y a absolument rien de nouveau dans vos souhaits. Vous nous répétez aujourd'hui ce que vous nous avez toujours dit. Chaque semaine, vous bataillez contre les députés et les sénateurs républicains, contre le gaspillage des finances, contre la dilapidation des économies du pauvre, contre la violation des libertés du père de famille, la laïcisation des écoles et des hôpitaux, et autres maladies contagieuses du même genre. Était-ce vraiment la peine dans ces conditions d'invoquer la semaine du jour de l'an et de prendre tant de détours pour en arriver à cette vérité que nous sommes pitoyablement gouvernés, et à ce vœu qu'il faudrait l'être mieux? Le Bonhomme Deschamps aura bien garde de contredire à ces remarques. S'il dit toujours la même chose, c'est que c'est toujours la même chose. Il faut un changement dans les situations pour en amener un dans le langage. Je ne pouvais guère vous souhaiter un mauvais gouvernement d'abord parce qu'on ne fait pas de ces vœux là, et qu'ensuite la République sert à cet égard, chacun de nous à souhait. Force lui est donc de tourner dans le même cercle et de recommencer jusqu'à nouvel ordre des des républicains, son éternelle antienne d'homme pas content de son sort et désireux d'en changer.

***

Par cette répétition des mêmes vœux le Bonhomme Deschamps s'expose, il est vrai, à une remarque d'un autre genre et qui, à première vue, est assez spécieuse. On pourrait lui dire que si le ciel était moins indiffé-

rent à ses souhaits, il y a beau temps déjà qu'ils auraient été exaucés. Assurément le Bonhomme Deschamps ne se donne pas pour un saint et n'a pas la sotte vanité de croire qu'il lui suffit de demander pour qu'on lui donne. Mais est-ce tout à fait sa faute et celle du ciel si depuis tant d'années il paraît prêcher dans le désert ? Comme toutes les choses de ce monde qui ont du prix, un « bon gouvernement » n'est le partage que de ceux qui le méritent. Pour que le ciel nous aide, il faut d'abord commencer par nous aider nous-mêmes. Eh bien! chacun de nous fait-il le nécessaire? Chacun de nous par exemple, s'applique-t-il à n'envoyer au Sénat et au Palais Bourbon que des hommes respectables, intègres, intelligents, moins préoccupés de leur intérêt personnel que du bien général ? Apporte-t-on dans le choix de ces maîtres de nos biens et de nos libertés, le même soin qu'à prendre un huissier, un notaire, un homme d'affaires, et même un domestique? Le Bonhomme Deschamps pose simplement la question, vous laissant le soin d'y répondre vous même dans le fond de votre conscience.

***

Bien que le Bonhomme Deschamps ait résumé au cours de cette causerie tous ses vœux pour l'année 1891 en un seul, qui est de vous souhaiter un *bon Gouvernement*, il se permettra, comme on ajoute un codicille à un testament, d'en formuler encore un autre. Il est beaucoup plus important qu'il n'est gros, et sans son succès, le premier est assuré d'avorter. Dans le temps, en effet, où nous vivons, sous le règne du suffrage universel, nous ne pouvons avoir un *bon Gouvernement* et le conserver, que si nous sommes convaincus que ce bien dépend de nous. Mettez cette vérité dans un coin de votre tête, pratiquez-la surtout, et vous aurez un « bon Gouvernement. » Tel est le dernier vœu du

BONHOMME DESCHAMPS.

NOUVELLES DE LA SEMAINE.

L'emprunt de 870 millions.

La loi relative à l'emprunt de 870 millions sera très prochainement promulguée. On annonce que la souscription publique à cet emprunt sera fixée au 12 janvier.

L'emprunt est destiné à la conversion des obligations sexennaires (obligationss remboursables en six ans), des obligations trentenaires (30 ans) et des bons de liquidation.

Comme l'a fort bien expliqué l'honorable M. Buffet, au Sénat, la conversion des obligations trentenaires et des bons de liquidation est la violation formelle des engagements pris par l'Etat envers les porteurs de ces titres.

En effet, en émettant les obligations trentenaires et les bons de liquidation, l'Etat s'était engagé à ne les rembourser au pair que par tirages successifs, répartis sur un certain nombre d'années.

Les bons trentenaires ne devaient être remboursés qu'en 30 ans, et c'est pour ce motif qu'ils se négociaient *au-dessus du pair*. Les chances d'un remboursement plus ou moins rapproché ou éloigné pouvaient donner un calcul de probabilités, et c'est le résultat de ce calcul qui déterminait la valeur de ces bons. Il en était de même des bons de liquidation.

C'est dans ces conditions, spécifiées sur les titres mêmes, que toutes les transactions sur ces valeurs ont eu lieu. Les bons numéros étaient ceux qui sortiraient les derniers, les mauvais numéros ceux qui seraient remboursés les premiers.

L'Etat supprimant tout d'un coup l'aléa, il n'y a plus, pour les porteurs de ces titres, que de mauvais numéros. C'est la violation d'un *engagement formel pris par l'Etat, ce n'est ni* le premier, ni hélas ! le dernier.

Tous les despotismes se ressemblent. — La conférence des avocats s'étant prononcée contre l'application de la loi de 1834 aux *congrégations religieuses, telle que cette* application se poursuit, les journaux républicains dénoncent le barreau comme un foyer « réactionnaire ». « La congrégation des avocats, dit un journal radical, devait naturellement se prononcer en faveur des autres congrégations autorisées. Il reste à savoir pourquoi la République persiste à protéger la congrégation des avocats. » Il est évident, en effet, que la liberté du barreau est incompatible avec le régime républicain. Napoléon Ier disait : « Les avocats ne sont que des factieux, je voudrais qu'on pût couper la langue à tout avocat qui s'en sert contre mon gouvernement. » Tous les despotismes se ressemblent.

Entre fonctionnaires républicains. — Une affaire des plus drôles a eu son dénouement devant le tribunal de Château-Chinon. Depuis plusieurs semaines elle avait un grand retentissement, non seulement dans l'arrondissement, mais encore dans tout le département et jusqu'à la Chambre. Voici de quoi il s'agit : Trois personnes sont inculpées.

1° Personne, maire de Moux, d'avoir, le 1er septembre, chassé sans permis ;

2° Camus, conseiller général, faisant fonctions de sous-préfet, et Baudras, secrétaire de la sous-préfet, d'avoir fabriqué, de concert et de complicité, un permis de chasse antidaté, qu'ils ont délivré à Personne;

3° Personne, d'avoir fait usage de ce permis, sachant qu'il était antidaté, et d'avoir injurié les gendarmes.

M. Personne, maire républicain, fut pris le 1er septembre en flagrant délit de chasse, par la gendarmerie de Montsauche. N'ayant pas de permis, il alla trouver son ami Camus, qui obligea Baudras à délivrer à la date du 30 août un permis de chasse. Cette demande était adressée le 5 septembre. Baudras remplit la feuille, Camus la signa en invitant Personnne à ne pas oublier de verser les 28 francs au percepteur.

Les inculpés ont reconnu devant le juge d'instruction leur culpabilité. Devant le tribunal, Camus a fait défaut. Le procureur de la République a prononcé un réquisitoire sévère, qu'il a terminé par ces paroles :

Je suis fier d'avoir dirigé l'action publique dans une affaire de ce genre, qui démontre l'impartialité du gouvernement que j'ai l'honneur de servir, même lorsque les plus ardents défenseurs sont en cause.

Le tribunal a prononcé les condamnations *suivantes* : Camus, sous-préfet intérimaire, conseiller général de Château-Chinon, huit jours de prison ; Personne, maire de Moux, deux mois de prison et 100 francs d'amende; Baudras, secrétaire de la sous-préfecture, vingt-quatre heures de prison et tous solidairement aux dépens.

On voit que tout cela s'est arrangé le plus doucement du monde. Pour un faux de ce genre un conservateur aurait « écopé » d'un an de prison, au minimum.

La doctrine de l'assassinat. — On parle toujours beaucoup de Padlewski, ce polonais qui a dernièrement assassiné le général russe Séliverstorff en plein jour dans un grand hôtel du boulevard des Italiens à Paris. Jusqu'ici la police n'a pu mettre la main sur ce misérable, qui a trouvé asile chez des journalistes révolutionnaires qui l'ont aidé à s'enfuir de France. Du reste, Padlewski savait bien qu'en accomplissant son crime, en pleine République française, il ne courrait pas grand risque. Il connaissait le milieu dans lequel il assassinait. Il comptait des amis actifs par centaines. Tous s'offraient pour lui assurer une retraite. Deux députés républicains radicaux avaient tout préparé pour qu'il pût vivre à l'abri des poursuites de la police. Voici du reste comment s'est exprimé le député radical Ferroul sur le cas de l'assassin. On croit rêver en lisant les réponses du député de l'Aude à un journaliste qui l'interrogeait :

M. Ferroul. — Le meurtrier du général Séliverstoff, à mon avis, doit être considéré comme un justicier.

Voici un fait qui m'est personnel, ainsi qu'à l'un de mes collègues de la Chambre. Il vient d'une manière assez frappante à l'appui des dires de Mme Duc-Quercy et de M. de Labruyère.

Quelques jours après l'assassinat, mon excellent collègue Baudin me prit à part et me dit : Padlewski n'a pas quitté Paris, ON me demande *de lui trouver une retraite sûre; veux-tu m'aider?*

Je répondis sans hésiter : oui, et aussitôt Baudin et moi nous prîmes toutes nos mesures pour mettre Padlewski à l'abri des recherches policières.

C'est ainsi que dans la journée j'arrêtai un appartement et fis toutes les démarches nécessaires.

On vint prévenir Baudin que le meurtrier de Séliverstoff nous serait amené le soir à dix heures, en voiture, en un endroit déterminé de Paris, sur la voie publique, et qu'à partir de ce moment on *le confierait à nos soins.*

Nous étions prêts et n'attendions plus que l'heure précédemment fixée, lorsque la personne intermédiaire entre Padlewski et nous vint nous prévenir quelque temps avant le moment d'agir qu'il y avait contre-ordre et que Padlewski venait d'être transféré dans un endroit où il n'avait rien à craindre. Et cet endroit c'était, vous le savez, le domicile de M. Grégoire.

Vous voyez, Baudin et moi, nous savions donc que Padlewski était à Paris, et, *comme c'était notre devoir*, nous n'hésitions pas à lui venir en aide.

Et voilà comme le « devoir » de deux députés républicains est de mettre un assassin à l'abri des recherches de la justice!

Nécrologie. — Le parti royaliste vient d'être cruellement frappé, le même jour dans les deux départements de l'Isère et de Maine-et-Loire : à Grenoble, il a perdu M. Eugène Chaper ; à Angers, M. Ambroise Joubert. Tous les deux membres de l'Assemblée nationale de 1871, ils étaient parmi les monarchistes les plus dévoués et les plus fidèles.

On annonce également *la mort du général* Lecointe, sénateur de l'Eure; de Mme Rouher, femme de l'ancien premier ministre de l'empereur Napoléon III et de Mme Haussmann, femme de l'ancien préfet de la Seine, sous l'administration duquel Paris s'est transformé et est devenue la plus belle ville du monde.

LES COMBINAISONS AGRICOLES en rapport avec la situation actuelle.

(Suite.)

Le fumier, trésor de l'agriculture. Soins à lui donner.

Grâce à l'extension des cultures fourragères, nous entretenons un bétail nombreux. Ce bétail, bien constitué et bien nourri, produit à bon compte le fumier, source principale de la prospérité des terres.

Ce fumier, trésor de l'agriculture, comment est-il traité trop souvent?

« Quand tu iras par les villages, disait Palissy, « il y a trois cents ans, considère un peu les « fumiers des laboureurs, et tu verras qu'ils les « mettent hors de leurs estables, tantost en lieu « haut, et tantost en lieu bas, sans aucune con- « sidération, mais qu'ils soient appilés, il leur « suffit; et puis, prends garde au temps des « pluyes, et tu verras que les eaux qui tombent « sur lesdits, emportent une teinture noire, en « passant par lesdits fumiers, et trouvant le bas, « pente ou inclinaison du lieu où les fumiers « seront mis, les eaux qui passeront par lesdits « fumiers emporteront ladite teinture, qui est « la principale et le total de la substance du « fumier. Pourquoy, le fumier ainsi lavé, ne « peut servir, sinon de parade; mais estant « porté au champ, il n'y fait aucun profit. »

En France, si l'on excepte un très petit nombre de localités, telles que le département du Nord, les environs de Reims, quelques parties de la Bretagne, etc., cette critique du célèbre potier de Saintonge est encore aujourd'hui parfaitement exacte. C'est par millions qu'il faut compter la valeur des jus de fumier qui se perdent de toutes parts, en entraînant des sels azotés qui sont comme la quintessence de l'engrais. Puis, ces eaux croupissent dans les villages en mares sales et infectes.

Ce n'est pas tout. Sous l'influence de l'air qui, faute de tassement suffisant, pénètre à l'intérieur des tas de fumier, ces tas subissent presque toujours une fermentation excessive qui réduit en vapeurs les sels azotés (carbonate d'ammoniaque) et même beaucoup de substance charbonneuse, matière première de l'humus ou terreau, si précieux dans le sol arable.

Les cultivateurs disent alors, et ils ont raison, que le fumier *brûle*. En effet, cette fermentation chaude, à la suite de laquelle le fumier devient blanc et léger à l'intérieur, est une véritable combustion qui, parfois, diminue des trois quarts le poids et le volume de l'engrais.

Lorsque, avant d'être inspecteur général de l'agriculture, M. Lefour faisait valoir une ferme dans les environs de Paris, il eut, certain jour, occasion de marchander dans la capitale un tas de fumier. Après l'avoir cubé, il en offrit un prix que le vendeur n'accepta pas, de sorte que le marché ne fut pas conclu. Un mois après, ledit vendeur rappela M. Lefour en lui disant qu'il acceptait le prix offert. M. Lefour mesura de nouveau le tas et, comme le volume en était fortement diminué, il offrit un prix très inférieur. Le vendeur n'y consentit point; mais, un mois après, son tas de fumier se trouvant encore diminué, il fut tout heureux et tout aise d'accepter de nouvelles conditions fort inférieures à toutes les autres.

Si, dans les fermes, on mesurait les fumiers, combien de pertes semblables seraient constatées! Etrange anomalie! Tel cultivateur achète l'azote aux marchands d'engrais 2 et 3 francs le kilogramme, et, tous les jours, il laisse perdre en vapeurs et jus de fumier plusieurs kilogrammes d'azote.

Rien de plus aisé cependant que d'éviter de semblables déperditions.

Puisque c'est l'introduction de l'air dans l'intérieur de la masse qui détermine les fermentations excessives, il faut que le fumier soit aussi serré que possible.

Le passage des voitures, le piétinement du bétail, le séjour des animaux pendant les nuits d'été, un épandage correct, l'apport régulier des boues de la cour de la ferme et des chemins environnants, voilà déjà d'excellents moyens. Il importe en outre que le tas ne soit jamais très élevé (un mètre au plus), car la masse tend à s'échauffer d'autant plus qu'elle est plus épaisse.

Enfin, par un bon écoulement de l'eau des toits et de la cour, il faut préserver le fumier de toute affluence d'eaux extérieures.

Quant aux jus mêmes qui suintent du tas, on les recueille précieusement dans une rigole creuse qui longe le tas et, chaque jour, on les rejette sur le fumier au moyen d'une pelle à vider les bateaux. Par cet arrosage journalier, non seulement on prévient la perte du jus, mais encore on refroidit et on serre le tas, ce qui modère la fermentation. L'ombre est encore très utile à ce point de vue. Dès lors, rien de mieux que d'entourer d'arbres touffus les fosses à fumier. Sous un climat plus chaud, il conviendrait même de le couvrir par un hangar.

Pour la plus grande commodité, la place doit former cuvette et être divisée en deux parties que sépare la rigole aux jus. Lorsqu'un tas est à sa hauteur, si on ne le charrie pas immédiatement, on étend en dessus un peu de terre ou de marne. Ainsi couvert, l'engrais est dans les mêmes conditions que du vin en bouteille. Il se conserve indéfiniment, sans perte appréciable.

Un procédé beaucoup plus simple encore et que l'expérience d'habiles cultivateurs sanctionne tous les jours, consiste à laisser le fumier s'accumuler pendant plusieurs semaines sous le pied même des animaux, dans une cavité de 40 centimètres de profondeur avec paroi à pente douce. Chaque jour, on remet de la litière, en y ajoutant quelque poussière terreuse, dont on a fait provision en temps sec; de plus on nivelle le lit des animaux, en ramenant de temps en temps du fumier sous les pieds de devant. Ici, l'engrais, toujours serré par le bétail, se confectionne très bien sans soins spéciaux; comme il n'y a ni émanation, ni chaleur sensibles, l'air de l'étable n'est nullement vicié et les animaux se portent bien. Si l'étable a des portes d'une largeur telle que les voitures puissent y entrer, on charge l'engrais dans le bâtiment même pour le conduire directement sur les terres.

Cette manipulation, la plus simple et la plus économique de toutes, est généralement appliquée au fumier de bergerie; mais là, il y a souvent des fermentations excessives provenant d'un excès de litières pailleuses. Le pied du mouton ne tasse pas suffisamment l'engrais; l'air pénètre à l'intérieur; la masse s'échauffe et il en résulte de grandes pertes en vapeurs azotées, vapeurs qui, d'ailleurs, sont nuisibles à la santé des animaux. Enlever chaque jour l'excès de paille, étendre de temps en temps des poussières terreuses, des phosphates finement pulvérisés, arroser abondamment, tels sont les moyens de tenir la bergerie saine et le fumier en bon état.

Quant aux toits à porcs, c'est une grande faute d'en laisser écouler et perdre les urines; car cette portion liquide est la plus riche en sels fécondants. Ces loges devraient être plus vastes qu'elles ne le sont en général, et il faudrait y mettre assez de litière pour que toute fraîcheur fût absorbée. On ne devrait les nettoyer qu'à intervalles de plusieurs jours, mais y remettre souvent de la litière. Le porc fait ainsi d'excellent fumier, et il a pour se coucher un lit moëlleux qui lui plaît.

(A suivre.) Charles Gossin.

L'ARBORESCENCE DE LA VIGNE

La taille longue.

La vigne est-elle sur le point d'être affranchie de la torture périodique que nous lui infligeons par la taille courte?

Est-il permis d'espérer, enfin, que les vignerons comprendront que la vigne est un arbre et que comme tel, elle doit être cultivée? C'est-à-dire que distance et développement doivent être modifiés.

On fait beaucoup de bruit aujourd'hui autour du système de M. Mesrouze, au sujet de ses vignes françaises, âgées de sept ans, soumises à un développement indéterminé. On met en doute leur résistance phylloxérique, on prétend que cette grande production ne se maintiendra pas, etc., etc.

Qu'y a-t-il donc d'étonnant dans cette immunité phylloxérique? — Aux plus incrédules ne peut-on pas montrer des exemples probants de cette résistance? — et nous pourrions citer des vignobles, anéantis depuis longtemps par le fléau, où il existe encore quelques ceps très productifs, qu'ils se soient développés en treille, ou qu'ils soient parvenus à étendre leur ramure sur un soutien quelconque.

Comment expliquer cette exception de résistance qui, dans ces circonstances se produit *constamment* dans le même *champ*, sous tous les *climats* et pour toutes les *variétés*, si ce n'est que la vigne arborescente est munie de fortes racines qui deviennent invulnérables aux attaques de l'insecte, et que ces racines se sont développées proportionnellement à l'étendue des branches charpentières? Ces raisons sont indéniables.

J'irai même plus loin, et j'ajoute; que serait-il advenu, si dès le début de l'invasion phylloxérique, on eût réduit à 1,200 le nombre de ceps à l'hectare, auxquels on aurait donné de copieuses fumures et appliqué chaque année une taille, progressivement allongée? — Je n'hésiterai pas à répondre que peut-être nous aurions évité cette fatale crise viticole que nous avons si rudement éprouvée. C'était, je crois, un des meilleurs remèdes à apporter à la situation.

Planter des vignes françaises avec l'intention de les soumettre à un système d'arborescence quelconque serait peut-être une opération imprudente — parce que la vigne, *dans sa jeunesse*, pourrait succomber aux attaques du phylloxéra. — Mais que, par les sulfurages, on l'aide à traverser cette période et son immunité sera assurée.

Quand une innovation vient se heurter contre des méthodes de culture, parfois séculaires (ce qu'on appelle dans certains cas tout simplement: *routine*), elle est toujours en butte à des appréciations plus ou moins extravagantes et plus ou moins fondées. — On objecte à l'encontre de la vigne arborescente, que la maturité est insuffisante, que le degré alcoolique est trop faible; heureux encore quand on ne dit pas de celui qui suit cette méthode : c'est un fou, qui ne tardera pas à épuiser complètement sa vigne.

Mais si notre traditionnel et minuscule cep mûrit normalement la petite quantité de fruits (qu'il devrait certes nous refuser, pour se venger de la torture que nous lui infligeons), — c'est que sa faiblesse radiculaire relative ne lui permet pas de nous en donner davantage. Augmentons cette puissance radiculaire par une taille allongée et modérée et les fruits se trouveront dans les mêmes conditions de bonne maturité et en plus grande abondance.

Nos meilleurs écrivains en viticulture, dans leurs récits sur les vignes géantes, n'ont jamais signalé, que nous sachions, ce défaut de maturité et cette pauvreté en sucre — et la vigne de Windsor mûrit, depuis bien longtemps, chaque année, ses 1,500 livres de raisins, qui font les délices d'une table royale. — Nous connaissons un cep d'Ugni blanc (non greffé) qui a produit cette année 92 litres de vin à 11 degrés d'alcool, 200 ceps semblables couvriraient 1 hectare et la récolte serait de 184 hectolitres ; — cependant, cette vigne n'est pas épuisée, depuis très longtemps elle donne à peu près la même production, et rien ne peut faire supposer qu'elle est sur le point de périr d'*affaiblissement*.

Mais tout étant relatif et proportionnel dans la culture de la vigne, n'oublions pas que s'il est admis que 130 kilos de potasse, 40 kilos d'azote, 60 d'acide phosphorique sont suffisants pour obtenir une récolte de 90 à 100 hectolitres à l'hectare, la même quantité d'engrais sera insuffisante pour une grande production.

L'arborescence est la preuve indéniable de la force et de la puissance végétative de la vigne : la taille courte, au contraire, est l'emblème du rachitisme et de la dégénérescence !

Nous souhaitons que la culture de la vigne entre dans cette voie ; car c'est là que nous trouverons la prospérité par une plus grande production.

VRAY,
à Luynes (Bouches-du-Rhône).

Exploitation des pâtures dans les Ardennes

(*Suite.*)

PRODUCTION DU LAIT. — CHOIX DES VACHES.

Beaucoup de pâtures sont exploitées en vue de la production du lait, principalement celles d'une étendue limitée, qui sont situées à proximité des villes, villages et habitations. En fait, ces parcs sont généralement les plus fertiles parce que souvent ils sont disposés de manière à recevoir les purins et les eaux grasses des fermes, et que leur proximité permet d'y porter plus facilement des fumiers et des terreaux.

Quelles vaches convient-il d'avoir? Ici, comme plus haut, des distinctions doivent être faites. Sans méconnaître la valeur laitière des vaches du pays, il faut cependant avouer que certaines races doivent leur être préférées; citons notamment les deux excellentes races hollandaise et normande, dont les mérites ne sont plus à vanter, car on sait qu'elles occupent le premier rang parmi les races laitières du monde entier; or ces races prospèrent dans notre climat et se contentent de notre herbe, ainsi que l'expérience l'a bien établi. La première se recommande par la quantité de son lait, et la seconde par la qualité du sien. Le lait se compose d'eau et de matières sèches. Ces matières sèches sont le beurre, la caséine, le sucre de lait, les sels divers et l'albumine; elles constituent, surtout le premier de ces éléments, la richesse du lait. Voici, d'après les plus récentes observations et analyses, faites en Hollande et en Normandie, les rendements en lait, en beurre et en caséine (fromage) des deux races en question. Le rendement moyen d'une bonne vache hollandaise adulte, pendant les dix ou onze mois que dure la lactation, serait de 10 litres 1/2 par jour. Ce lait, plus riche en caséine qu'en principes butyreux (beurre), donnerait à peine 100 kil. de beurre par an, l'analyse n'ayant rendu que 10.30 pour cent de matières sèches, dont 2.70 de beurre et 3.20 de caséine. Le rendement moyen d'une bonne vache normande adulte serait de 10 litres par jour pendant la même période, et la proportion du beurre contenu dans ce lait serait de 3 88 pour cent sur 12.40 pour cent de matières sèches. On voit donc que les qualités de ces deux races sont essentiellement différentes.

Aussi, si l'on vend son lait au litre, il vaut mieux adopter le type hollandais ou croisé-hollandais. Est-on au contraire obligé de faire du beurre, il est alors préférable de choisir le type normand.

On a dit souvent autour de nous, et on répète encore que les vaches normandes ne conviennent pas au pays, et qu'elles dépérissent promptement par suite d'une nourriture insuffisante et trop maigre. C'est une opinion contre laquelle il y a lieu de réagir, et, pour soutenir notre manière de voir, nous demandons à nos lecteurs la permission de mettre en avant notre expérience personnelle : depuis quinze ans nous avons des normandes, qui pendant tout l'été sont nuit et jour en pâture, et toujours nous avons eu à nous en applaudir au double point de vue du lait et de la viande. Les génisses, soit qu'elles naissent chez nous, soit que nous les importions à l'âge de un à deux ans, se développent parfaitement et atteignent une dimension très supérieure à celles des vaches du pays. Le lait est de premier ordre, et si presque aussitôt le vêlage il n'est pas toujours bien plus abondant que celui des bêtes du pays, il a du moins le grand avantage de durer beaucoup plus longtemps et de se maintenir même après six ou sept mois de vêlage à une quantité relativement élevée; or, c'est par ce dernier côté que pèchent souvent nos meilleures laitières des Ardennes. Sans doute il faut aux normandes une assez bonne nourriture, et nous ne conseillerions pas de les mettre sur des pâturages secs et arides; mais elles pourraient avantageusement prendre place dans la plupart des étables et elles s'accommoderaient du plus grand nombre de nos pâtures. D'ailleurs, elles paient abondamment leur nourriture, non seulement en lait, en beurre et en viande, mais encore par l'augmentation de leur valeur vénale. On ne pourrait pas en dire autant de certaines ardennaises, au tempérament ingrat, qui consomment sans profit pour leur maître la nourriture qui leur est largement départie.

En faisant l'apologie de la race normande, nous ne voudrions pourtant pas pousser notre thèse trop loin, et soutenir que cette espèce ne dégénérerait pas au bout de quelques générations. Nous inclinons au contraire à croire à cette dégénérescence, puisque partout, en dehors de la Normandie, ce fait se constate. Du reste, on sera plus sûr de réussir et moins exposé à des mécomptes en important plutôt des Normandes Augeronnes et Cauchoises (du Calvados et de la Seine-Inférieure), que des Cotentines proprement dites (Manche) dont le prix est élevé et dont l'entretien est assez dispendieux.

(*A suivre.*) Jules LE CONTE.

Singuliers effets du sulfatage.

Le sulfatage à haute dose produit des effets singuliers dans les vignes blanches du Bordelais. Un viticulteur de Barsac, M. Clissey, fait à ce sujet l'intéressante observation que voici :

Le sulfatage exagéré, comme on le pratique généralement, conservant les feuilles de la vigne vertes jusqu'aux gelées, en retarde la maturité ainsi que celle des sarments. Dans notre pays dont les grands vins blancs, les Haut-Barsac et les Sauterne sont connus du monde entier, il faut, pour que la qualité soit supérieure, que nous attendions que les raisins soient plus ou moins rôtis ou complètement pourris avant de les vendanger; sans cela nous ne faisons que des vins ordinaires.

Eh bien! qu'arrive-t-il depuis quelques années? C'est que la maturité de nos raisins est retardée par le sulfatage qui les conserve et qui les empêche de pourrir.

On en a encore eu cette année un exemple frappant. A la veille de la Toussaint, on n'avait, pour ainsi dire, pas vendangé à Barsac et à Sauterne.

Conclusion. Si le sulfate de fer est un bon engrais pour la vigne, il ne faut pas en abuser. L'excès en tout est un défaut.

Nouvelles agricoles.

La représentation de l'agriculture. — La Société centrale d'agriculture de Meurthe-et-Moselle, vient d'adresser aux pouvoirs publics une pétition à l'effet d'obtenir la représentation de l'agriculture, d'après le projet élaboré par le comice de Lunéville.

Voici l'analyse de ce projet :

I. — Création de chambres départementales d'agriculture, séant au chef-lieu, ayant pour attribution essentielle d'émettre officiellement, et au moins une fois par an, des vœux sur toute question touchant aux intérêts agricoles.

Ces chambres nommeraient elles-mêmes leur bureau, et se réuniraient à époques déterminées sur la convocation de leur président.

M. le Préfet a droit de séance, représente le Gouvernement, et est entendu chaque fois qu'il le demande.

II. — Nomination des membres de la chambre départementale d'agriculture, à raison de un par canton, par un collège électoral, composé d'un ou plusieurs délégués par chaque commune, suivant le nombre des électeurs, et réuni au chef-lieu de canton sous la présidence du juge de paix.

III. — Election des délégués appelés à composer le collège électoral, par le suffrage universel des agriculteurs de chaque commune.

IV. — Seraient inscrits d'office sur cette liste électorale agricole :

1° Tout citoyen français, âgé de 25 ans, jouissant de ses droits civils, civiques et politiques, domicilié depuis un an dans la commune, et inscrit à la cote de la contribution foncière des propriétés non bâties ;

2° Tout citoyen français réunissant les mêmes conditions d'âge et de capacité, exploitant par lui-même, et depuis un an, un fonds rural à titre de fermier, régisseur, métayer ou colon partiaire! ou exerçant dans les mêmes conditions et pour son compte la profession d'arboriculteur, horticulteur, pépiniériste, jardinier ou maraîcher.

Pourraient requérir leur inscription, sur la liste électorale, les propriétaires ou usufruitiers de terrains non bâtis, résidant hors de la commune, nul ne pouvant d'ailleurs exercer son droit électoral dans plusieurs communes.

V. — Création d'une taxe de un centime par hectare de propriété non bâtie, affectée dans chaque département aux dépenses de la chambre d'agriculture, et recouvrée par les percepteurs en sus du premier douzième de la contribution foncière, le minimum de la perception ne pouvant être inférieur à 0 fr. 05 centimes.

VI. — Création d'un conseil supérieur de l'agriculture séant à Paris, sous la présidence du ministre, composé d'un membre par département, élu par les chambres départementales.

L'Enseignement agricole dans les Facultés. — Le conseil général des Facultés de Poitiers vient d'organiser dans les Facultés de droit et des sciences un enseignement supérieur agronomique.

Les cours sont au nombre de seize, dont cinq cours normaux et onze cours annexes.

Les cours normaux sont ceux de chimie générale, de zoologie et botanique, de géologie et minéralogie, de droit administratif et d'économie politique ; les cours annexes sont les suivants : physique et météorologique, chimie agricole, zootechnie et physiologie, géologie agricole, agriculture générale et spéciale, génie rural, économie forestière, économie rurale, législation rurale, hippologie, hygiène.

Les travaux pratiques sont exécutés dans les laboratoires de la Faculté des sciences, des champs d'étude sont organisés à la ferme-école de Montlouis, dirigée par M. de Larclause.

En ce qui concerne les élèves, les dispositions suivantes ont été adoptées :

« *Elèves.* — L'enseignement supérieur agronomique, équivalant en réalité à celui d'un institut agronomique, comprendra au moins deux années d'études. Les étudiants munis de l'un des diplômes de *bachelier*, pourront suivre, en qualité d'élèves, les cours, conférences et travaux pratiques, et se préparer, pour la fin de leurs études, à subir un examen sérieux. Il sera délivré, à ceux qui le subiront avec succès, un diplôme dont on demandera l'assimilation complète à ceux que délivrent les écoles nationales d'agriculture.

« *Auditeurs libres.* — Indépendamment des élèves aspirant au diplôme, les étudiants de toutes les facultés, et généralement toutes les personnes désireuses de s'initier aux sciences agricoles, seront admises à suivre librement tous les cours. Il suffira pour cela de s'inscrire chez les appariteurs, qui délivreront des cartes gratuites personnelles et permanentes. »

Le régime des eaux. — Le Gouvernement a présenté, à la Chambre des députés, dans la séance du 9 décembre, le projet de loi sur le régime des eaux (titres I à IV), adopté par le Sénat en 1883. Ce projet avait été déjà présenté dans la précédente législature, mais il n'avait pas abouti devant la Chambre des députés. Il serait important qu'il fût enfin adopté.

Le décornement des Bestiaux. — Nous avons déjà parlé du décornement des bestiaux dont on se préoccupe aujourd'hui, non seulement aux Etats-Unis et en Angleterre, mais aussi dans le Calvados et dans la Manche.

Certains éleveurs font observer, qu'au lieu d'arriver à ce résultat par une opération, il serait plus rationnel d'y procéder naturellement en important en Normandie des reproducteurs de la race angus, race sans cornes et très estimée en Angleterre.

En croisant deux taureaux angus avec les vaches du pays, on arriverait assez vite à la suppression naturelle des cornes. Il existe des métis d'angus et de cotentin qui n'en ont pas. Il serait facile, du reste, d'engraisser de préférence pour la boucherie les veaux qui en présenteraient des traces et de conserver pour la reproduction les sujets qui en seraient dépourvus.

Exposition viticole à Nevers du 20 au 25 janvier 1891. — Sur la proposition de sa section de viticulture, la Société départementale d'agriculture de la Nièvre a décidé d'adjoindre au concours d'animaux gras et d'animaux reproducteurs, qui aura lieu à Nevers du 21 au 25 janvier 1891, une exposition viticole, destinée à faire connaître aux visiteurs du concours les meilleurs procédés de préservation, de traitement et de reconstitution des vignes, et de mettre sous leurs yeux les différentes variétés de plants franco-américains qu'il y aurait lieu d'introduire dans le département.

Voici le programme détaillé du concours et les conditions d'admission :

1re SECTION. — *Plants américains porte-greffes, plants franco-américains greffés, soudés et racinés :*

Une médaille d'or, une médaille d'argent et une médaille de bronze.

2e SECTION. — *Personnel, outils et procédés de greffage.* — 1e Greffeurs étrangers au département ; 2e greffeurs résidant dans le département :

Une médaille de vermeil, une médaille d'argent, deux médailles de bronze et mentions honorables :

3e SECTION. — *1° Pulvérisateurs, pals et appareils divers destinés à la culture et au traitement de la vigne, engrais spéciaux ; 2° études, bibliographies, cours, instructions :*

Deux médailles d'argent, deux médailles de bronze et mentions honorables

4e SECTION. — *Vins de la Nièvre.*

Une médaille de vermeil, une médaille d'argent, deux médailles de bronze, mentions honorables.

Les déclarations détaillées des exposants devront être adressées au secrétaire de la Société départementale d'agriculture, à Nevers, le 10 janvier 1891 au plus tard.

Chaque lot de vins comprendra cinq bouteilles au moins ; le prix de vente devra être indiqué sur chaque bouteille. — Les exposants devront présenter eux-mêmes leurs vins ou les faire présenter par une personne de Nevers qui sera chargée d'acquitter les droits de régie et d'octroi.

CONSEILS DU JARDINIER

LA FUMURE DES ARBRES FRUITIERS

Comme pour les vignes, les engrais artificiels sont d'une grande importance pour les arbres fruitiers. Ils sont presque tous mal entretenus, et, par suite, ils souffrent davantage des insectes, de la maladie, des intempéries et de la sécheresse au détriment de la récolte. Mieux un arbre est nourri, plus il est vigoureux, plus il peut supporter, et mieux il répare le dommage qui lui a été causé.

Dans ce cas encore c'est le nitrate de soude qui est à recommander particulièrement. La faculté qu'il a de *s'infiltrer* facilement dans le sol *lui permet d'atteindre toutes les racines.* Nous recommandons le mode de fumure suivant :

Etendre avant ou pendant l'hiver, sous l'arbre, sur un espace dépassant d'un demi mètre la circonférence de la couronne de l'arbre, un mélange d'une partie de chlorure de sodium à 50 0/0 et d'une partie de superphosphate à 20 0/0 (ou son équivalent), puis bêcher et répandre en février du nitrate de soude. On emploie généralement 6 kil. du mélange de superphosphate et de chlorure de sodium et 4 kil. de nitrate de soude pour les terrains secs, 2 kil. pour les terrains humides, par 100 mètres carrés de superficie.

Il faudrait donc, pour un arbre fruitier de grandeur moyenne, 1 kil. de mélange phosphato-chloruré et 1/2 kil. de nitrate de soude en moyenne. HORTUS.

CONSEILS DU MÉDECIN

L'INDIGESTION

Que d'indigestions pendant la semaine qui suit le jour de l'an !! — Eh bien, il y a quelque chose de plus étonnant que le grand nombre des victimes que fait la gourmandise, c'est l'ignorance où sont la plupart des ménagères des soins qu'il convient de donner, en ce cas, au malade. Sachez donc, mères inexpérimentées, ménagères, que dès qu'une indigestion s'annonce on doit commencer par administrer au patient de une légère infusion de thé, de camomille, de tilleul ou de feuilles d'oranger. Quelques gouttes d'eau de mélisse sur un morceau de sucre sont aussi fort bonnes à donner. Si malgré cela la pesanteur de l'estomac persiste, et que le mal de cœur augmente, il faut faire vomir le malade en lui faisant boire un peu d'eau tiède. Enfin, pour achever la guérison une tasse de tilleul, du repos et la diète. DOCTEUR PURGON.

CONSEILS A LA FERMIÈRE

LES TACHES DE ROUSSEUR

Une jeunesse qui s'avoue coquette, — je n'y vois pas de mal car je l'ai été aussi dans mon temps, — me demande si je ne connais pas un moyen de faire partir les *taches de rousseur*. Si fait, ma mie, j'en connais un ; et un bon que je vais vous indiquer. Allons, les belles filles, attention sur toute la ligne : On prend quelques blancs d'œuf que l'on fouette en neige. On y verse ensuite peu à peu, et toujours en fouettant, une égale quantité d'huile d'amandes douces. Cela fait une façon de pommade. Voici maintenant la manière de s'en servir : Le soir, en se couchant, on étale de cette pommade sur la peau aux endroits où il y a des taches et on ne l'essuie que le lendemain au lever, avec un linge fin ; il faut continuer jusqu'à ce que les taches aient disparu. UNE MÉNAGÈRE.

CONSEILS DU VÉTÉRINAIRE

TEMPÉRATURE DU LOGEMENT DES ANIMAUX

Une température trop basse, de même qu'une température trop élevée, sont également nuisibles pour les animaux. La première occasionne une consommation inutile de principes nutritifs : quand l'animal abandonne de la chaleur à l'air froid qui l'entoure, cela a lieu aux dépens des hydrates de carbone des aliments ou de la graisse déposée dans le corps. Par une trop basse température, il se produit facilement des refroidissements et les animaux sont exposés à diverses maladies. D'autre part, de nouvelles affections guettent les animaux lorsque la température est trop élevée, car ils deviennent beaucoup plus sensibles aux courants d'air. D'ailleurs il y a encore cet inconvénient, que la transpiration s'élève inutilement aux frais de la chair et de la graisse formées. En outre, l'air trop chaud d'une étable se charge de gaz nuisibles et tous les phénomènes de décomposition se trouvent activés.

Chevaux. — Une température convenable des écuries est surtout un facteur essentiel de l'entretien de la santé des chevaux à l'automne et en hiver, quand ils ont exécuté de forts travaux. Ils rentrent souvent à l'écurie en transpiration ; si elle est froide, il survient des refroidissements dangereux. La température la meilleure pour les chevaux est de 12,5 à 17,5° soit en moyenne 15°. Elle sera un peu plus élevée, pour les écuries de chevaux fins, de juments suitées ou de jeunes poulains. Quand les chevaux rentrent très échauffés, il est bon de ne pas les desharnacher de suite ; on leur jette une couverture sur le corps et quand la sueur s'est dissipée, on enlève les harnais.

Bétail. — La meilleure température des étables est de 12 à 17°, toutefois les bœufs de travail et à l'engrais supportent le degré inférieur, tandis que le degré supérieur convient aux vaches laitières et au jeune bétail.

Moutons. — De tous les animaux, les moutons se contentent de la température la moins élevée, tandis que sous leur toison, ils souffrent beaucoup de la chaleur. La température de 8 à 10° sera la plus favorable dans les bergeries ; le degré le plus haut régnera au moment de l'agnelage, et, immédiatement après la tonte il pourra être porté de 12 à 14°.

Porcs. — Dans les porcheries doit dominer une température de 12 à 14°, pour les porcs à l'engrais, 13° pour les nourrins et 14° et même un peu plus pour les truies portières et les gorets. La température peut aussi varier avec la race ; les porcs anglais à peau fine demandent plus de chaleur que les porcs communs à peau épaisse. UN VIEUX VÉTÉRINAIRE.

RENSEIGNEMENTS MILITAIRES

Les pensions militaires.

Il est question, dit-on, d'inscrire au budget de 1892, la somme de deux millions destinée à venir en aide aux anciens militaires retraités avant 1878.

On sait qu'en 1878, le chiffre des pensions militaires fut augmenté. Seulement, sous le prétexte que la loi ne pouvait avoir d'effet rétroactif, l'augmentation porta simplement sur les nouveaux retraités.

On reconnaissait que les anciennes pensions étaient insuffisantes pour rétribuer et récompenser de vieux serviteurs, seulement on laissait végéter les anciens dans la gêne.

En réalité, qu'est-ce que cette loi de 1878? Une loi politique.

En la proposant, Gambetta songeait simplement à rallier à la République les retraités de la République et à se rendre personnellement populaire dans l'armée.

Quant aux anciens retraités, parce qu'ils avaient servi sous les anciens régimes, ils étaient suspects comme royalistes et impérialistes. Alors, ce n'était pas la peine d'améliorer leur sort; il fallait au contraire leur faire sentir que puisqu'ils regrettaient le passé, le présent ne leur serait point favorable.

Les vieux serviteurs du pays furent ainsi divisés en deux camps. Bien qu'ils eussent rendu les mêmes services, bien que les sacrifices faits à la patrie fussent les mêmes, la récompense serait différente.

Ce fut une abominable iniquité.

Aujourd'hui, on n'égaliserait même pas le sort des anciens avec celui des nouveaux retraités. Aux anciens qu'on a laissés végéter depuis 1878 dans leurs pensions modiques, on va faire l'aumône de deux millions.

VARIÉTÉS.

La légende de la pomme.

On sait que le Normand n'a point l'admiration facile; c'est qu'il la garde tout entière pour le pommier. Lorsqu'il passe près d'un pommier en fleur, il s'émeut et tire son chapeau ; car pour lui, alors, l'arbre est « *biau comme une mariée* » ; il est « *biau comme une chapelle !* »

Et les jolis rapports que les Normands établissent entre la beauté du pommier et celle des femmes!

Lorsque leurs boutons s'entr'ouvrent, les pommiers sont « rouges comme les joues d'une fillette »! Les pommes, plus tard, sont « fraîches comme la « piau » d'une jolie fille »!...

Nous autres, nous disons : « bon comme du pain » ; les Normands, fidèles à leur culte, disent : « bon comme une pomme ! »

Le plus gracieux compliment qu'un Normand puisse faire à une jeune paysanne est de lui dire : « On vous croquerait comme une pomme ! »

Et, certes, les Normands ont raison d'aimer ainsi ce fruit savoureux. Ils savent si bien que la pomme est agréable à croquer, qu'ils excusent, jusqu'à un certain point, les gens qui leur en dérobent, succombant à la tentation. Le tout est, pour les maraudeurs, de ne point dépasser un nombre fixé par ce proverbe : « Prendre une pomme, c'est bien ; deux, c'est le mot ; trois, c'est trop ; quatre, c'est voler ».

Les pommes étant la grande, l'unique préoccupation des Normands, vous pensez bien qu'ils s'intéressent aux perturbations atmosphériques capables d'exercer une influence sur elles. A ce propos, les proverbes sont nombreux : « Si le soleil rit à la Sainte-Eulalie (12 février) il y aura cidre et pomme à la folie » — « Trop de pluie en avril laisse le tonneau vide » — « Année ventouse, année pommouse » — « Qui voit une pomme à la Saint-Jean, en voit cent ! »

Croyez-vous que les pommes ne servent qu'à faire du cidre?

Elles ont des vertus plus sentimentales et plus poétiques que cela ! Un jeune homme veut-il connaître où demeure celle qui sera sa compagne un jour, il n'a qu'à prendre un pépin de pomme, à le faire glisser entre le pouce et l'index, et à dire en le laissant tomber : « Pépin du nord, pépin du sud; de quel côté viendra ma bonne amie? »

La réponse est donnée par la direction prise par le pépin.

Les pommiers ont inspiré aux Normands une légende bien bizarre, charmante en sa naïveté, au sujet de la pomme... d'Adam !

De vieux mendiants la racontent encore aux enfants qui s'émerveillent :

— On vous a prêché sur le fruit défendu qui se trouvait dans le jardin de nos premiers parents? Le bon Dieu « leur-y-avait » dit : « Vous n'y toucherez pas ! » — « Bien sûr que non ! » qu'ils répondirent. Ce fruit défendu était une belle pomme, grosse comme mon sabot, oui dà !

Mais voilà que a mère Eve « s'mit à r'luquer les pommes! » — Mais, qu'elles sont donc belles! Qu'elles sont grosses!

Le serpent vint lui dire : « Que oui, que pour de belles pommes, c'est des belles pommes. Croques-en une ; il y en a tant qu'on ne s'en apercevra point, dà ! »

Elle en prit deux, une pour elle, l'autre pour Adam, auquel elle la porta. Il l'entama aussitôt :

— Oh ! d'où que ça vient, c'te belle belle pomme si bonne ?

— Ça ne te regarde pas, fit Eve tout bas, mange et tais-toi. T'en auras pas souvent de si belles !

A ce coup-là, grand-père Adam comprit la manigance Il eut si grand peur, que le morceau qu'il était en train d avaler resta dans son « avaloux » (gosier). Il y serait toujours si Adam vivait encore, mais ce morceau de pomme n'est pas perdu pour cela ; Adam l'a mis dans le gosier de tous ses descendants mâles. Les femmes n'en ont point de pomme d'Adam, car elles tiennent de leur grand-mère Eve, qui, celle-là, avait mangé toute sa pomme.

POUR RIRE.

Phrases cabalistiques et mystérieuses.

On débite aux enfants — et même aux grandes personnes — un certain nombre de petites phrases qui semblent être de l'hébreu et auxquelles ils n'entendent rien, d'autant plus qu'elles sont prononcées avec volubilité.

Je rapporterai les suivantes que je dédie à ma belle-mère.

Stanislas. — *c't âne y s'lasse.*

Similiter diversistas. — *six militaires, dix verres, six tasses.*

Ménavénès — *mes navets naissent.*

Latoté trouya — *latte ôtée trou il y a.*

Murgaté latoté troucifii racimi — *mur gâté, latte ôtée, trou s'y fit, rat s'y mit.*

Pianio cayanika — *pie a nid haut, caille a nid bas.*

Abiscouti gransmouti abiscout grainsmout — dialogue supposé entre un meunier et un tailleur : *L'habit se coud-il? Le grain se moud-il? — L'habit se coud. — Le grain se moud.*

Vernapado topana cococi — *ver n'a pas d'os, taupe en a, coq aussi.*

Cocao vernao ratapatéo poulanna pioci — *coq a os, ver n'a os, rat a patte et os, poule en a, pie aussi.*

Polsonporctuacelnimi versimi largata — *Paul son porc tua, sel n'y mit, ver s'y mit, lard gata.*

Chaviro chanipatoro robrulapatacha patachakitaro — *chat vit rôt, chat mit patte à rôt, rôt brûla patte à chat, patte à chat quitta rôt.*

Tonté tati oté ta tou — *ton thé t'a-t-il ôté ta toux.*

Un taderi tentalera, le ratenté tataleri — *Un tas de riz tenta le rat, le rat tenté tâta le riz.*

RIGOLO.

PETITE POSTE.

M. J.-C ..., à A... — 1° *Journal des Géomètres.* — Nous ne connaissons pas ce journal.

2° Librairie Borré, 145, rue de Rennes, Paris.

M. G.... (Jura). — *Marlage.* — Malgré tout notre désir d'être agréable à nos abonnés, il nous est impossible d'insérer des demandes de cette nature. Il nous semble que, dans les conditions où vous vous trouvez, avec les qualités que vous réunissez, vous devriez trouver facilement votre affaire. Nous vous souhaitons *un bon numéro.* Bonne chance dans vos recherches.

M. J.-S. T... (Finistère). — *Capelets à la pointe du jarret.* — Une friction chaque jour avec ce mélange : onguent napolitain, 100 grammes; iodure de potassium, 1 gramme.

M. de B... (Indre). — *Pommes de terre.* — Nous avons obtenu à l'Institut agricole de Beauvais ces récoltes de 40,000 kilog. à l'hectare avec la pomme de terre « *Institut de Beauvais* », dans des terres *profondes*, labourées *profondément avant l'hiver*, fumées avant l'hiver avec du bon fumier de ferme, enrichi en potasse par l'addition de chlorure de potassium (500 kil. à l'hectare), plantées au *commencement d'avril* avec de bons tubercules moyens espacés de 0m 25 dans les lignes espacées entre elles de 0m 40. Aussitôt la levée, passage léger avec herse à dents de bois, — puis passage de la houe à cheval et bon buttage avant la floraison.

Nous traiterons de nouveau cette importante question, car la culture de la pomme de terre pourrait être beaucoup mieux faite qu'elle ne l'est généralement.

M. Ch de P... (Corrèze). — 1° *Jurisprudence.* — Votre lettre sera soumise à notre *vieux juge de paix*, qui voudra bien certainement traiter les questions importantes que vous signalez.

2° *Cidre.* — Si la fermentation a été insuffisante, il faudra faire fermenter à nouveau, lorsque la période de froids rigoureux que nous subissons sera passée. Pour cela, après avoir soutiré, vous ferez ajouter par fût de 6 hectolitres 1 kilog. de sucre dissous dans 10 litres de cidre. Autant que possible maintenir dans le local, pendant une huitaine de jours, une température de 10 à 15 degrés.

OFFRES & DEMANDES

Pour répondre au désir qui nous est exprimé, nous offrons à nos abonnés, sous cette rubrique, deux annonces gratuites pour les offres et demandes d'emplois, produits ou animaux à vendre ou à acheter, etc.

Les annonces qui suivront jouiront d'une réduction de 50 pour 100 sur les tarifs ordinaires (0 fr. 15 la ligne au lieu de 0 fr. 30).

Les demandes d'insertions devront être envoyées à l'administration (joindre un timbre de 0 fr. 15) qui se chargera de les rédiger.

Ne pas négliger d'envoyer tous les renseignements nécessaires.

Un jeune homme, fils de cultivateurs, élevé dans la culture, demande place de régisseur ou de chef de culture. — N° 896. — Bonnes références.

A vendre, *Pommes de terre Institut de Beauvais*, par quantités de 100 kil. au moins. — N° 897.

On offre 2 ou 300 kil. d'échalottes. — N° 898.

Un ancien élève d'une école d'agriculture, dans la force de l'âge, bien au courant de la culture moderne en même temps qu'excellent praticien, demande un emploi de régisseur. — Très bonnes références. — N° 899.

S'adresser aux bureaux du journal (joindre timbre de 0 fr. 15).

On demande à acheter une belle génisse Durham. — N° 900.

S'adresser à M. R. Desrues, propriétaire au bourg de Vendel, par Saint-Aubin-du-Cormier (Ille-et-Vilaine).

A vendre, bonnes vaches normandes, chez M. Rendu, château du Robillard, par Saint-Pierre-sur-Dives (Calvados)

BULLETIN FINANCIER.

La fin de l'année se présente dans de meilleures conditions que n'auraient pu le faire soupçonner les premiers jours de la semaine. Il y avait eu hésitation sous l'influence de diverses causes, savoir : hésitation et incertitude des marchés de Londres et de Berlin ; trouble causé par l'application de la nouvelle taxe sur les valeurs mobilières, portée de 3 0/0 à 4 0/0 par surcroît et conséquence des deux motifs que nous venons d'énumérer ; crainte que l'argent, se réservant pour l'emprunt, ne soit rare et cher, autrement dit que les reports ne soient difficiles et coûteux.

Puis les marchés de Londres et de Berlin se sont présentés en meilleure posture : la liquidation s'y effectue dans des conditions moins mauvaises qu'on n'avait craint un instant ; on annonce que, chez nous, l'argent sera moins rare et surtout moins rébarbatif qu'on n'avait dit ; l'inquiétude au sujet de la surtaxe des valeurs disparaît, puisque le *Journal officiel* annonce que cette surtaxe ne sera applicable qu'aux coupons échus en janvier et pas aux autres.

Il en est résulté une amélioration des cours qui porte principalement sur nos rentes, sur les grands établissements de crédit, sur nos chemins de fer, actions et obligations et qui se répercute naturellement sur les valeurs étrangères.

Nous n'avons pas à entrer dans de bien longs détails sur les cours de la cote qui sont fermes en général, sans dépasser toutefois les cours élevés pratiqués pendant l'année. Il nous suffira d'indiquer les principaux.

Nous trouvons la Banque de France, qui vient de fixer à 80 fr. nets le dividende du deuxième semestre de 1890, au taux de 4,295.

Le Crédit Foncier est très ferme aux environs de 1,310 ; le Crédit Lyonnais également au taux de 815.

Nos Chemins de fer cotent : l'Est, 878 ; Paris-Lyon-Méditerranée, 1,477 ; le Midi, 1,315 ; le Nord, 1,852 ; l'Orléans, 1,487 ; l'Ouest, 1,026. Les Chemins étrangers sont plutôt faibles, à part les Portugais, rassérénés par la décision de l'assemblée générale et bien tenus à 570.

Les valeurs industrielles ont peu de variations. Nous ne nous occupons aujourd'hui que du Panama, immobile à 37 50.

On a annoncé que l'accord était fait entre la Colombie et le négociateur, M. Wyse ; on a publié les termes de cet accord. Une prolongation de dix ans serait accordée. Malheureusement toutes les difficultés ne sont pas levées par ce simple fait.

En ce qui concerne les fonds étrangers, il n'y a réelle fermeté que sur les valeurs russes. Tout le reste est soumis aux aléas des places étrangères. Les valeurs sud-américaines sont sans doute en meilleure posture pour l'instant ; mais cela ne prouve pas grand'chose, car l'accord est loin d'être complet dans le sein de la commission anglaise, qui a pris à tâche de sauver les républiques sud-américaines.

Quant à l'Italien, il convient plus que jamais de s'en méfier en dépit des efforts faits par le syndicat pour soutenir ce papier.

EX-COUPON.

HALLES ET MARCHÉS.

SITUATION GÉNÉRALE.

Les transactions sur les denrées agricoles sont des plus calmes en ce moment à cause de la période des fêtes et aussi en raison de la rigueur de la température. Les prix restent soutenus pour toutes les denrées et surtout pour le blé, les farines et le bétail.

GRAINS.

Blés. — Les prix sont toujours bien tenus sur nos marchés, surtout pour les beaux blés. Les offres sont d'autant moins abondantes que la culture craignant les effets du froid rigoureux sur les jeunes blés en terre, ne se presse pas de vendre. Samedi dernier, on cotait sur nos principales places : Amiens, 26 fr. les 100 kil. ; Cambrai, blé blanc, 26 fr. 50 ; roux, 25 fr. 50 ; Chartres, 22 fr. 50 à 25 fr. 90 ; Etampes, 22 fr. 90 à 26 fr. 25 ; Châlons-sur-Marne, 25 fr. 50 ; Douai, 26 fr. 50 à 27 fr. 50 ; Dijon, 24 à 25 fr. ; Laval, 24 fr. 25 à 25 fr. 75 ; Nantes, 25 fr. 25 à 25 fr. 75 ; Nevers, 23 à 25 fr. ; Bordeaux, 26 à 26 fr. 25 ; Montereau, 23 fr. 35 à 26 fr. 70. — Les blés étrangers sont peu offerts en disponible.

Seigles. — Les offres sont un peu plus nombreuses, mais les affaires restent calmes. A Paris on tient les prix à 17 fr. 25 les 100 kil. ; en Champagne, on peut acheter à 16 fr. 25 en gare d'expédition.

Orges. — Transactions faibles. On cote suivant provenance, en gare de Paris par 100 kilog. : Bretagne et Mayenne, 17 fr. à 17 fr. 25 ; Sarthe, 17 fr. 25 à 17 fr. 50 ; Bourgogne, 18 fr. à 18 f. 25 ; Gatinais, 18 fr. 50 à 18 fr. 75 ; Beauce, 19 fr. à 19 fr. 50 ; Champagne, 19 fr. à 20 fr. 50 ; Auvergne, 20 fr. à 22 fr. — Les escourgeons sont un peu plus offerts sur les marchés de la Beauce à 19 fr. et 19 fr. 50 les 100 kilog. ; mais ces prix élevés éloignent les acheteurs. Les escourgeons d'Algérie sont toujours offerts dans nos ports du Nord à 15 fr. 25 les 100 kilog.

Avoines. — La vente est difficile pour les marchés à livrer. En disponible, on cote : belles avoines noires de choix, 18 fr. 50 à 19 fr. 50 les 100 kilog. en gare de Paris ; noires de Beauce et du Centre, 18 fr. 25 à 18 50 ; grises, 17 fr. 75 à 18 fr. ; blanches, 17 fr. 25 à 17 fr. 50. — Les avoines étrangères sont plus offertes, à 18 fr. et 18 fr. 25 sur wagon au Havre pour les noires de Suède, et 17 fr. 75 à 18 fr. pour les bigarrées d'Amérique.

Maïs. — Les maïs blancs et roux de La Plata disponibles valent 15 à 16 fr. les 100 kilog. ; acquittés sur wagon à Paris.

Sarrasins. — On cote le sarrasin de Bretagne 15 fr. 50 les 100 kilog. ; en gare d'arrivée à Paris.

Farines de consommation.

Les offres restent modérées ; la boulangerie n'achète qu'au jour le jour ; les prix restent bien tenus.

MARQUE DE CORBEIL	61 fr. (38 85 100 k.).	
	159 kil.	100 k.
Marques de choix	61 à 62	38 85 à 39 19
Premières marques	60 61	38 21 38 85
Bonnes marques	58 59	36 94 37 58
Marques ordinaires	57 58	36 30 36 94

Le sac de 159 k., toile à rendre, rendu a domicile, payement comptant, ave 1[2 0[0 d'escompte ou 30 jours sans escompte.

Fourrages et pailles.

Paris, La Chapelle.

	1re qté.	2e qté.	3e qté.
Foin 104 bot. dans Paris	48 à 49	46 à 47	43 à 45
Luzerne	46 49	44 45	42 45
Paille de blé	32 32	30 31	28 29
Paille de seigle	35 36	33 34	31 32
Paille d'avoine	24 26	22 24	20 21

Le tout aux 104 bottes dans Paris.

COURS DE DIFFÉRENTS MARCHÉS (par 100 kil.).

	Paille.	Foin.
Le Puy	4 50	7 25
Dijon	4 25	7 60
Blois	5 »	7 50
Toulouse	4 75	7 75
Chalon	6 ..	8 50
Beauvais	5 50	7 75
Orléans	6 50	8 ..
Douai	5 75	8 50

Issues, les 100 kil.

La continuation du froid entretient de l'activité dans la demande et les prix restent fermement tenus, mais seulement pour la marchandise disponible.

Nous cotons par 100 kil. en gare d'arrivée à Paris :

Son écaille	14 75 à	15 »
— gros	14 25	14 50
— trois-cases	13 75	14 »
— fin	12 50	13 »
Recoupettes	12 50	13 »
Remoulages blancs	17 »	18 »
— bâtards	15 »	16 »

MARCHANDISES DIVERSES.

Fécules.

Prix fermes.
Les 100 kil.

Paris. — Fécule 1re, grains	31 » à	33 »
Oise. — Fécule 1re, grains	28 50	30 50
Vosges. — Fécule 1re, grains	30 »	32 »
Saône-et-Loire	32 »	33 »
Loire. — Fécule 1re, grains	28 »	30 »
Auvergne. — Fécule 1re, grains	28 »	30 »
Fécules secondes selon qualité	21 »	27 »

Pommes de terre.

Les 1.000 kil.

Hollandaises	70 » à	80 »
Vosgiennes	60 »	»» »
Early roses	50 »	60 »
Saucisses	55 »	65 »
Rondes	50 »	60 »
Chardonnes	50 »	45 »

Pommes à cidre.

Bayeux (Calvados), 27 décembre.

Les marchés sont nuls à cause de la gelée, quoiqu'il y ait encore beaucoup de pommes à vendre.

Tourteaux, les 100 kil.

	Colza	Œuillette	Lin	Cam.
Lille	15 .. à 17 ..	16 .. à 17 50	21 50 à 22 75	15 50
Arras	14 .. 15 25	16 50 17 ..	21 .. 22 ½	14 75
Gd Moulin Corbeil	15 50		19 75	
	Coprah	Arachide déc.	Sésame	Lin.
Marseille	13 25 à 14 25	14 .. 15 ..	14 .. à 15 50	16 ..

GRAINES DIVERSES.

Maïs, les 100 kil.

Paris	15 » à 20 »		Agen	14 75	18 »
Alais	14 75	17 »	Grenoble	16 »	18 50
Ruffec	15 »	14 50	Reims	16 »	17 50

Sarrazin, les 100 kil.

Paris	16 » à 17 »		St-Pierre	16 » à 16 50	
Mayenne	15 75	16 25	Nantes	15 50	16 25
Rennes	15 25	16 »	Orléans	15 75	16 »

Légumes secs, les 100 kil.

	Haricots	Pois	Vesces	Lentilles
Paris	20 à 47	21 à 26	» »	45 à 70
Rouen	42 57	50 63	26 28	77 »
Marseille	18 30	23 32	25 34	19 24 50

Graines fourragères, les 100 kil.

Luz. de Prov.	120 à 150	Minette	25 à 3
— du Poitou	105 115	Sainfoin à 2 c.	26 28
— d'Italie	120 130	Sainfoin à 1 c.	26 28
Trèfle blanc	» »	Pois jarras	18 19
— violet	120 130	Vesces	17 18

Raisins secs à boisson.

(Cours de la maison Audibert, 53, rue des Minimes, à Marseille).

PRIX ACTUELS (grande baisse).

Corinthe, **Roi de Grèce**, petits grains Extra 1er choix	100 kilos	57	»
Corinthe, **le Turban**, gros grains	»	»	M.
Corinthe petits grains, 1er choix	»	» 54	»
Thyra 1er choix	»	» 48	»
Samos noirs, 1er choix	»	»	M.
— muscats	»	»	M.
Figues à distillerie	»	» 27	»
Panaches noirs, égrappés	»	»	M.

Huiles.

COLZA BRUT. — Le disponible reste sans variation de 63 50 à 64 fr., mais le courant du mois est en hausse de 1 fr. au prix de 65 fr. Le livrable est bien tenu, mais sans variation appréciable. On fait du janvier à 64 25.

On cote au début de la réunion :

Cote précédente même heure.		Cote du jour.
64 25 à » »	Disponible	63 50 à 64 »
64 25 » »	Janvier	65 » » »
64 » 64 25	Courant	64 25 » »
64 75 » »	4 premiers mois	64 75 65 »
65 75 » »	4 mois de mars	65 50 65 75

LIN. — Mêmes prix ; janvier se traite à 55 25.

On cote au début de la réunion :

Cote précédente même heure.		Cote du jour.
55 » à 55 50	Disponible	55 » à 55 25
55 » 55 50	Courant	55 » 55 25
55 25 » »	Janvier	55 25 » »
55 25 55 75	4 premiers mois	55 » 55 50
55 50 56 »	4 mois de mars	55 25 55 75

Les 100 kil. net, logés, escompte 1 0/0.

Pétrole.

Prix sans changement.

Disponible	100 kil.	49 50 à 51 50
Essence de 700 à 710°, disponible		60 50 64 »

On cote à l'hect. pour le détail :

PETROLE RAFFINE disponible		39 50 à 40 »
ESSENCE RECTIFIEE, disponible		42 25 43 50

Laines.

ROUBAIX-TOURCOING, 30 décembre.

LAINE PEIGNÉE	de fabrique		courant	
—	Cours du jour.	Cours préc.	Cours du jour.	Cours préc.
Courant	» »	5 45	» »	» »
1 mois après	5 45	5 45	5 25	5 25
2 —	5 50	5 50	5 25	5 25
3 —	5 52	5 52	5 30	5 30
4 —	5 60	5 52	5 35	5 30

Marché ferme. Ventes, 220,000 kil.

ANVERS, 30 décembre.

Peignés allemands de La Plata : Contrat B : janvier, 5 32 1/2 ; février, 5 35 ; mars, 5 35 ; avril, 5 35 ; mai, 5 37 1[2 ; juin, 5 40 ; juillet à déc., 5 40.

Sucres.

Sucres raffinés. — Les affaires sont toujours très calmes en raffinerie et les cours accusent de la faiblesse. Nous cotons les pains 105 fr. les 100 kil. par wagon complet.

Cours pour l'exportation franco sur wagon ou sur bateau, pur pains 1er choix, suivant marques aux 100 kil.

Habillage en papier	1 0[0	41 50 à ..
— —	2 1[2	41 25 à ..
— —	4 0[0	41 .. à ..

Sucres cassés, produits accessoires (les 100 kil. disponibles, suivant marque).

Surchoix, cassé, rangé, logé, caisses de 50 kil., ou cartons de 5 kil.	111 » à	» »
Caisses de 25 kil	111 50	» »
Caisses de 10 kil	111 50	112 »
Gros déchets	104 »	» »
Sucres en poudre	103 »	103 50
Semoules	106 50	107 »
Glaces	103 »	103 50
Cristallisés, extra acquittés	96 50	» »
— en poudre	97 »	97 50

Alcools. — Prix de l'hectol. nu, au compt.

Paris, 3[6 fin, betteraves, 1re qualité, l'hectolitre.			Lille, disp	35 .. à 40 ..
			Cette	90 .. 100 ..
90° dispon.	36 75 à	36 25	Nîmes	90 .. 95 ..
Janvier	37 25	37 75	Béziers	75 .. 100 ..
4 de mars.	39 50	37 ..	Pézenas	75 .. 105 ..

Engrais. — Prix des 100 kil. :

Matières diverses pour engrais. — Cours commercial sur la place de Paris, par 100 kil., pour des ventes en gros de 90.000 kil. au moins.

Sang desséché moulu.	11[13 0[0 azote	20 90	à	24 70
Viande desséchée	9[11 0[0	— 17 50		19 80
Cornes broyées	13[14 0[0	— 20 80		22 60
Cuir désagrégé	8[9 0[0	— 10 40		10 70
Laine engrais	3 à 4 0[0	— » »		» »
Nitrate de soude	15[16 0[0	— 22 »		22 25
Nitrate de potasse	95 0[0	— 47 »		47 »
—	90 0[0	— 45 »		45 50
Muriate de potasse	80 0[0	— » »		» »
Sulfate de potasse	90 0[0	— 24 50		25 »
Sulfate d'ammoniaq.	20[21 0[0	— 31 65		31 50
Chlorure de potassium	90 0[0	— 21 »		21 »
— Stassfurt.	80 à 85 0[0	— 17 25		18 »
Cornes, cornailles pour brûler		» »		» »
Déchets fins de cornes, frisures		» »		» »

Phosphates des Ardennes. — En gare des Ardennes et de la Meuse, en sacs (les 100 kil.).

Pulvérisés. 14[16 0[0	acide phosph.	3 40 à	» »
— 18[20 0[0	—	4 »	» »
— 16[18 0[0	—	3 70	» »

Phosph. Oise. 14[16 0[0 acide phosphorique. 3 35
Phosp. Somme. 20[22 0[0 acide phosph... 5 30
Superphosph., poudres d'os, etc. Les 100 kil.

Phosph. préc. 35 à 40 % acide phosph.	24 »	24 »
— — 40 à 45 %	26 »	26 »
Superphosphates fossiles, 10 % acide phosphorique soluble et assimil. (les 100 kilog.)	6 25	» »
Superphosphates fossiles, 16 à 18 %.	10 25	11 »
— d'os, 16 à 18 %, acide phosph.	12 25	12 25
Poudres d'os bruts	12 75	» »

Engrais spéciaux. — Les 100 kilog.

Guano du Pérou. 10 à 16	Eng. chim.	
Guan du Pér. diss. 32 à 20	de H. Joulie,	
Guan. az. fixe. 26 » à 27 »	Lag.	15 » à 23 »

Sulfate de cuivre. Les 100 kil... 54 » à 55 50

Phosphates du Bourbonnais 40[15	4 60 à	» »
— du Cambresis 28[35	3 55	4 »
— du Lot 30[50	3 20	5 25

BEURRE, ŒUFS, VOLAILLES.

Paris, 31 décembre.

Beurres en mottes.

L'arrivage d'hier a été de 35,000 kil.
L'arrivage approximatif a été de 7,498 kil.

Beurres en livres.

L'arrivage d'hier a été de 17,000 kil.
L'arrivage approximatif a été de 10,700 kil.

Fermiers	au kilo	Touraine	au kilo
Extra	3 60 à 3 70	Extra	2 90 à 3 »
1er choix	3 30 3 40	1er choix	2 80 2 90
2e choix	3 » 3 20	2e choix	2 70 2 80
Ordinaire	2 80 2 90	Ordinaire	2 50 2 60
Bourgogne		Vendôme	
Choix	2 50 2 60	1er choix	2 70 2 80
Ordinaire	2 40 2 50	2e choix	2 50 2 60
		Ordinaire	2 40 2 50
Gâtinais		Beaugency	
1er choix	2 80 2 90	1er choix	2 70 2 80
2e choix	2 70 2 80	2e choix	2 50 2 60
Ordinaire	2 50 2 60	Ordinaire	2 40 2 50
Le Mans		Fausse Touraine	
Choix	2 40 2 50	Choix	2 60 2 70
Ordinaire	2 30 2 40	Ordinaire	2 50 2 60

Œufs, *le mille :*

	Extra		
Normandie	135 à 165	Bourgogne	110 à 115
Brie	» »	Champagne	110 114
Picardie	135 165	Nivernais	105 110
Picardie ord.	108 125	Cosne	114 116
Touraine gr.	125 145	Bourbonnais	102 108
Touraine ord.	110 116	Bretagne	96 112
Beauce	110 128	Vendée	95 108
Orne	110 122	Auvergne	98 102
Châtellerault.	110 112	Midi	104 124
Œufs de conserve à la chaux			80 à 84

Fromages.

Brie fermiers, haute marque	les dix	70 à 75
— — grand moule	—	45 55
— — moyen moule	—	35 40
— — petit moule	—	25 30
Brie laitiers moyen moule	—	25 30
Gruyère 1re qualité	100 kil.	165 195
— 2e qualité	—	140 150

Roquefort 1re qualité	—	270	280
— 2e qualité	—	200	220
Géromé Gérardmer	—	100	110
Limbourg (suivant qualité)	—	100	110
Munster (suivant qualité)		125	135
Romatour (suivant qualité)	—	110	120
Hollande (croûte rouge)	—	160	180
— Plats (Gouda)	—	100	130
Cantal (suivant qualité)	—	125	135
Façon Port-Salut, 1er choix	—	160	170
— — 2e choix	—	110	120
Bourgogne	le cent	..	..
Saint-Nectaire	—	..	..

Livarots :		1er choix.		2e choix.	
En caisse de 30	le cent	100 à	105	.. à	..
En caisse de 36	—	90	100	..	..
Camembert	—	60	72	40	50
Façon Coulommiers	—	50	55	40	45
Bondons	—	14	18	8	10
Gournay	—	20	25	10	12
Mont-d'Or	—	35	45	..	..

Volailles.

Canards :			Pigeons :		
nantais	2 50 à	4 50	maconnais.	» 90 à	1 25
de ferme	2 50	4 »	italiens	» 90	1 25
Dindes nouv.	8 »	15 »	bizets	» 80	1 »
Oies nouvelles	6 »	9 50	Poulets :		
— (2e qté).	4 »	6 »	nantais	2 50	6 »
Pintades	2 50	4 »	touraine	2 50	6 »
Lapins domestiques.	2 »	3 25	gâtinais	2 50	6 50
			du Midi	1 75	3 25
			communs	1 50	2 50

Gibiers.

Lièvres gros	5 » à	6 50	Faisans poules	4 » à	6 »
— petits.	3 50	4 »	Alouettes, la douzaine	2 »	2 25
Perdreaux	2 50	3 50	Chevreuils	25 »	70 »
Perdrix	1 75	2 25	Bécasses	2 »	3 »
Garennes	1 50	2 50	Sangliers (kil.)	1 75	2 25
Faisans coqs	5 »	7 »			

Marché : Vente active.

Cours fournis par MM. de Bridiers, Jouslin et Scelle, facteurs assermentés, 2, r. de Valois, Paris.

BESTIAUX.

LA VILLETTE, 1er janvier. — Bestiaux. — Vente calme et sans changement sur le gros bétail et les moutons, mauvaise sur les veaux et les porcs.

COURS officiels.	Amenés.	Vendus.	1re qualité.	2e qualité.	3e qualité.	Prix extrêmes.
Bœufs	1.591	1.547	1 64	1 43	1 36	1 26 à 1 70
Vaches	381	381	1 60	1 40	1 24	1 18 1 64
Taureaux.	9	95	1 44	1 36	1 25	1 20 1 48
Veaux	1.1 3	969	2 06	1 86	1 76	1 55 2 26
Moutons	4.656	4.331	2 16	1 94	1 74	1 64 2 20
Porcs	3.019	3.019	1 30	1 26	1 20	1 16 1 36

Marché du lundi 29 décembre.

	Amenés	Vendus	PRIX AU POIDS NET 1re qual.	2e qual.	3e qual
Bœufs	2.402	2.241	1 62	1 41	1 36
Vaches	660	626	1 58	1 36	1 24
Taureaux	1 3	143	1 44	1 38	1 26
Veaux	1.057	874	1 92	1 76	1 62
Moutons	8.518	8.170	2 12	1 88	1 70
Porcs	2.582	2.373	1 30	1 26	1 22

	PRIX AU POIDS VIF 1re qual.	2e qual.	3e qual.	Prix extrêmes.
Bœufs	1 »	» 83	» 71	» 64 à 1 04
Vaches	» 96	» 77	» 73	» 58 » 99
Taureaux	» 91	» 82	» 65	» 62 » 94
Veaux	1 15	1 01	» 86	» 72 1 30
Moutons	1 07	» 91	» 78	» 73 1 22
Porcs	» 90	» 86	» 80	» 72 » 92
Peaux de moutons en laine				» » » »
Id. id. demi-laine				» » » »

Viandes abattues. — Criée du 26 décembre.

		1re qualité.	2e qualité	3e qualité.
Bœufs	le kil.	1 30 à 2 50	1 10 à 2 30	1 .. à 1 80
Veaux	—	1 80 1 90	1 66 1 76	1 44 1 60
Moutons	—	1 70 1 80	1 30 1 66	1 80 1 28
Porc entier	—	1 26 1 36	1 10 1 20	» 96 1 06

Cuirs et peaux, les 50 kil.

Taureaux.	43 50 à	45 25	Vaches lourdes	45.50	47.25
Gros bœufs	51 25	54 »	— de bandes	37.50	40.25
Moy. bœufs	45 »	47 50	Gros veaux	63 75	66.25
Pet. bœufs.	39 25	39 75	Petits veaux	66.75	68.50

Chemins de fer de l'Ouest.

NOUVELLES CARTES D'ABONNEMENT

AVEC

parcours circulaires sur la banlieue de Paris.

La Compagnie des Chemins de fer de l'Ouest délivre, depuis le 1er septembre dernier, de nouvelles Cartes d'abonnement (1re et 2e classes), de trois mois, de six mois ou d'une année, pour les quatre itinéraires suivants :

1° De Paris (Saint-Lazare, Montparnasse ou Champ-de-Mars) à Saint-Cloud, Pont-de-Saint-Cloud, Garches, Sèvres (Ville-d'Avray et rive gauche), et *vice versa;*

2° De Paris (Saint-Lazare ou Montparnasse) à Versailles (rive droite et rive gauche) et *vice versa;*

3° De Paris (Saint Lazare) à Saint-Germain (via Le Pecq et via Marly-le-Roi) et *vice versa;*

4° De Paris (Saint-Lazare, Montparnasse ou Champ-de-Mars) à Versailles (rive droite et rive gauche) et à Saint-Germain (via Le Pecq et Marly-le-Roi) et *vice versa.*

Arrêts facultatifs à toutes les gares intermédiaires.

Faculté de régler le prix de l'abonnement de six mois ou d'un an, soit immédiatement, soit par paiements échelonnés.

Les cartes des 1er, 2e et 4e itinéraires sont, moyennant un supplément de prix, rendues valables sur la Ceinture, de Paris (Saint-Lazare) à Ouest-Ceinture.

A VENDRE à l'amiable UN BEAU MOULIN

ayant 6 paires de meules, mues par forte chute au moyen d'une roue et d'une turbine.

Batteuse. – Machine à vapeur.

Conditions avantageuses.

S'adresser à Mᵉ JUNON, notaire à Chalon-sur-Saône.

MALADIES DU BÉTAIL ET DE LA VOLAILLE

Leur traitement préventif et curatif

PAR L'ACIDE SALICYLIQUE

L'acide salicylique, employé dans la nourriture à la dose de 1/2 à 1 gramme par jour et par tête de bétail, est le meilleur préservatif des maladies qui procèdent par contagion : Sang de rate, Cocotte, Maladie aphteuse, Erysipèle, Typhus, Morve, Variole et le Rouget des porcs, etc.

DES ATTESTATIONS NOMBREUSES DE GUÉRISONS obtenues pour la Cocotte et le Rouget des porcs ont été reproduites dans le *Journal l'Agriculture*.

La désinfection des étables, des écuries se fait instantanément au moyen d'un arrosage d'eau salicylée à 2 grammes par litre.

S'adresser à M. CERCKEL, administrateur de la *Compagnie de produits antiseptiques*, 26, rue Bergère, Paris.

Envoi sur demande de Prospectus et Brochures.

PRIX DU KIL. 25 fr. — BOITE DE MÉNAGE, 2 fr.

2ter, Quai de la Mégisserie, PARIS

GRILLAGES POUR CHASSES, de 1 mètre, à... 0f35

La Maison **R. GARIEL**, *2, Quai de la Mégisserie, à Paris, a obtenu à l'Exposition Universelle de 1889.*

Une Médaille d'Argent, Classe 76 **et Une Médaille de Bronze,** Classe 78.

GRILLAGES, SUPPORTS EN FER

Ruches et Articles d'Apiculture, etc.

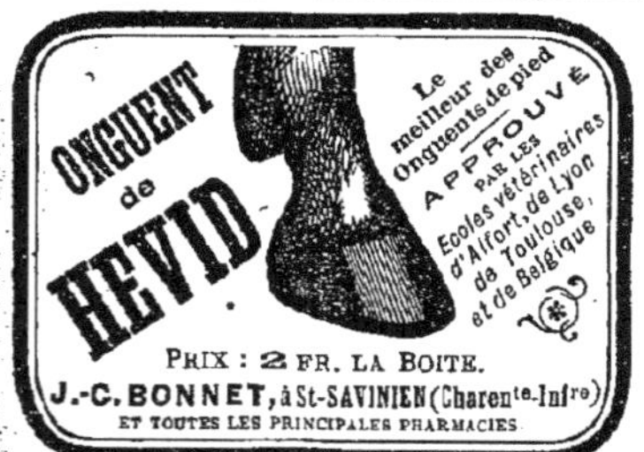

L'**Onguent de HEVID**, *adopté par le Ministère de la guerre*, est le meilleur préservatif des maladies du pied des espèces chevaline et bovine. Il pénètre admirablement le tube corné, le nourrit, et remet en bon état, en quelques semaines, le sabot le plus sec et le plus cassant.

En vente chez les vétérinaires, pharmaciens, selliers et maréchaux-ferrants.

AUX ÉLEVEURS ET ENGRAISSEURS DE BESTIAUX.

Voulez-vous élever et engraisser vivement vos animaux?

EMPLOYEZ LE

GLUTEN DE MAÏS AMÉLIORÉ

Pour les Vaches laitières, lait riche et abondant.

Pour les Porcs, viande de toute première qualité.

Produit à base de **farine de maïs**, remplaçant avec avantage les **tourteaux**, les **moutures** et les **remoulages**; c'est la nourriture reconnue la plus économique et la meilleure pour l'**élevage** et l'**engraissement rapide** des **porcs**, des **veaux** et de tous les **bestiaux** de la ferme, ainsi que des **volailles**. *Envoi du prix-courant sur demande adressée à*

M. BOUDOUX, négociant à NESLE (Somme).

RAISINS SECS A BOISSONS

PREMIÈRE MAISON DE FRANCE (10 croix ou méd., fondée en 1876), **J.-F. Audibert**, créateur des vins de raisins secs et importateur direct. Auteur de : *L'Art de faire les Vins de raisins secs* (fco 3 90); *les Vins d'imitation*, sirops, liqueurs, etc. (fco 5 95). Inventeur de l'appareil (B. S. G. D. G.). **LE SEUL ADOPTÉ PAR L'ARMÉE** pour la fabrication mathématique des vins de raisins secs, en 10 jours, pour faire depuis 1 litre jusqu'à 20,000 litres par jour **AVEC UN HOMME. Renseignements gratuits pour tripler les vendanges, vins de seconde cuvée,** etc., 53, r. des Minimes, Marseille.

BAINS-BUANDERIES

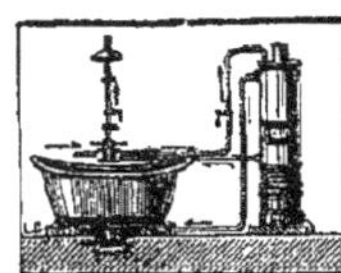

Baignoires. — Chauffe-Bains. — Douches. — Appareils de lessivage, système GASTON BOZÉRIAN.

CHAUDRONNERIE, TOLERIE, *etc.* — ENVOI FRANCO DE CATALOGUES.

DELAROCHE aîné, 22, rue Bertrand, Paris.

Librairie A. FOURAUT, 47, rue Saint-André-des-Arts, Paris

OUVRAGES RECOMMANDÉS

(Envoi franco contre timbres ou mandat)

Manuel d'agriculture, d'arboriculture et de jardinage, par LOUIS GOSSIN; 15ᵉ édition; 178 figures. 1 vol. in-12, cart. . . . . . 1 fr. 30

Leçons normales de géométrie élémentaire, théorique et appliquée, par D. PUILLE (D'AMIENS); nombreux problèmes avec leurs solutions raisonnées; 417 figures; 20ᵉ édition, augmentée d'un *Précis de trigonométrie rectiligne*. 1 vol. in-12, broché, 2 fr. 60; — cart., 2 fr. 80.

Cours complet d'arpentage élémentaire, théorique et appliqué, par D. PUILLE (D'AMIENS); nombreux problèmes avec leurs solutions raisonnées; 250 figures et 2 planches topographiques; 18ᵉ édition. 1 vol. in-12, broché, 3 fr. 15; — cart., 3 fr. 40.

— Avec 4 planches, dont deux entièrement lavées. 1 vol. in-12, broché. 4 fr. 15

Traité spécial de la division des champs dans tous les cas, géodésie usuelle, par D. PUILLE (D'AMIENS). 1 vol. de texte, in-12, broché, renfermant 96 figures, et 1 atlas de 16 planches. . . . . 3 fr. 75

Conférences sur l'hygiène, suivies de *Notions de médecine usuelle*; observations particulières sur l'hygiène des campagnes, considérations sur l'abus des liqueurs alcooliques, etc.; par F. OMOUTON; 30 figures; 4ᵉ édition. 1 vol. in-18 jésus, cart., 1 fr. 30; — relié en toile, 1 fr. 50.

Médaille d'Or. * Exposition Universelle 1889. * Médaille d'Argent.

VACHERIE à céder, Paris-Batignolles, tenue depuis dix ans. 20 vaches, première qualité. 240 litres lait vendus 0 fr. 50 cent., presque entièrement à la boutique. Vaste emplacement, boutique sur rue. Loyer peu élevé. 12.0.0 fr. bénéfices annuels garantis. On traitera avec 20.000 fr. argent ou avec garanties sérieuses. S'adresser à MM. Laporte et Lefranc, 93, boulevard Sébastopol, Paris.

Sont vendues les vacheries annoncées précédemment.

Avis aux Eleveurs et Nourrisseurs.

Les cosses et brisures de fèves de la maison Ph. Breuil, de Dijon, d'une pureté absolue et très riches en principes nutritifs, se recommandent pour l'engrais du bétail et la nourriture des chevaux.

Semoir et Distributeur d'Engrais

Système MAGNIER.

Envoi franco du catalogue illustré

Expériences du 28 septembre 1890. 1er prix — 20 avril 1890, Poitiers. 1er prix.

1er pr., objet d'art, Liancourt, 1887. 1er pr., objet d'art, Clermont, 1889.

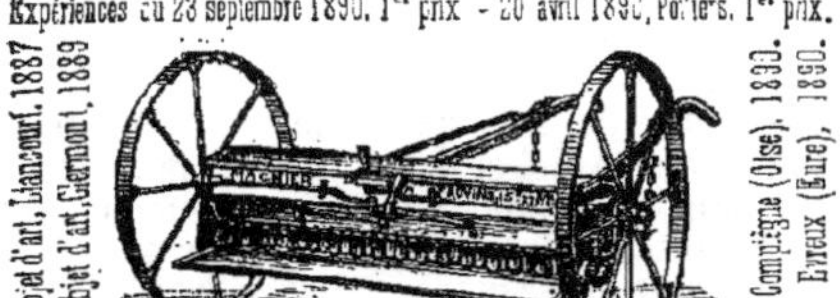

1er prix, Compiègne (Oise), 1890. 1er prix, Evreux (Eure), 1890.

1er prix, Beauvais, 1891.

MAGNIER, constructeur breveté, Provins (S.-et-M.).

GUÉRISON RADICALE DE LA **DIARRHÉE DES VEAUX** PAR LA POUDRE CHOQUELIN.

1 franc la boîte

franco par la poste.

Dép. g., Phie HAUVESPRE. Courville (Eure-et-Loir).

ACHATS & VENTES

DE

PRODUITS AGRICOLES, VINICOLES.

BOIS EN GROS.

CHAPITEL, 23, rue de Paris, Clichy (Seine).

Agents sont demandés.

L'Administrateur-Gérant : Albert RENOT.

Beauvais. — Imp. D. Pere. — A. Cartier, Gérant.

PHARMACIE SAVARY

AMIENS, 33, Place Saint-Denis, 33, AMIENS

(EN FACE LE SQUARE).

PROVENDE AUX PHOSPHATES ASSIMILABLES

du Docteur DESCHAMPS.

Prix : 3 fr. le kilog.; 27 50 les 10 kilog. (Remises proportionnelles.)

Accroissement rapide des bestiaux, surtout chez les jeunes animaux, force nerveuse, fécondité, engraissement; prévient surtout la diarrhée chez les jeunes veaux. Qualité exceptionnelle du lait.

M. Lefebvre, cultivateur à Marcelcave, a élevé un veau en lui administrant de la Provende phosphatée pendant 60 jours : tué à 70 jours, ce veau pesait 193 kilog., chiffre officiel constaté à l'abattoir. La viande était très blanche, ainsi qu'est prêt à l'attester M. Oheix, boucher à Amiens.

Les attestations émanant des sommités françaises et anglaises les plus accrédités ont été données à M. SAVARY.

30 PRIX D'HONNEUR ET GRANDS PRIX, 250 MÉDAILLES OR, VERMEIL, ETC.

GRANDES CULTURES DE GRAINES POTAGÈRES, FOURRAGÈRES ET DE FLEU[RS]

E. FORGEOT (* ✠) & Cie

Fournisseurs du ministère de l'Agriculture, des Ecoles nationales d'agriculture, des Syndicats agricoles, etc.

PARIS, quai de la Mégisserie, 6 et 8

Appareils spéciaux pour épurer et nettoyer les graines

SPÉCIALITÉ DE GRAINES DE GRANDE CULTURE

luzernes et trèfles garantis sans cuscute, minette, vesces, sainfoins trèfles incarnats betteraves, carottes, navets, choux-navets, pommes de

Blés à grand rendement, Avoines, Orges, Seigles. Graines d'arbres pour reboisement

Graines de graminées pour prairies

Notre Maison ne vend que des graines de provenances sûres, assurant les meilleurs résultats ; elle accepte le con[trôle] de la Station d'Essais des Semences, établie à l'Institut agronomique par le Ministère de l'Agriculture, contrôle auquel [nous] sommes soumis dès sa création. En conséquence, nos graines sont garanties de levée et d'une pureté irréprochable ; [nos] trèfles et nos luzernes sont garantis sans un seul grain de cuscute.

Grande et importante **Spécialité de Créations de Prairies**. Nous nous chargeons d'établi[r des] compositions convenant à la nature de chaque sol, et d'avance nous en assurons la réussite.

Sur demande, nous adressons *franco* nos catalogues illustrés de graines potagères, fleurs, arbres, fourrages, ogno[ns à] fleurs, plantes, etc.

VINS DU BEAUJOLAIS ET DE MACON.

A. BERNARD

propriétaire-viticulteur à Saint-Julien-en-Beaujolais (Rhône).

Le vin du *Beaujolais* est réputé pour un des meilleurs vins de table et *ses grands crûs* peuvent rivaliser avec ceux du Bordelais et de la Bourgogne.

Notre Vignoble, qui se reconstitue rapidement, est aujourd'hui en mesure de fournir à la consommation ses vins si appréciés.

Vin ordinaire 1889	100 fr.	la pièce.
Bonnes Côtes 1888 et 1889	180 à 150	—
Saint-Julien id.	160 à 200	—
Morgon, Fleurie, Thorins (grandes années)	250 à 500	—

Le tout logé et pris en gare du Vignoble.

La Propriété offre des greffes soudées, racinées, garanties. — Plants de choix. Reprise certaine.

Adresser les correspondances à Villefranche (Rhône), 44, rue de Thizy.

CRÉDIT AGRICOLE UNION DES SYNDICATS AGRICOLES DE FRANC[E]

9, rue Marsollier, PARIS

Agence à LYON, 234, cours Lafayette, S. PLISSONNIER, Directeur * M. A.

MACHINES AGRICOLES DE TOUS SYSTÈMES

TOURTEAUX et FARINES pour la nourriture du bétail.

ENGRAIS CHIMIQUES et ORGANIQUES, MATIÈRES PREMIÈRE[S]

SEMENCES DE PREMIER CHOIX.

12e Année. — 2e Série. — N° 572. Dimanche 11 Janvier 1891.

GAZETTE  AGRICOLE

JOURNAL HEBDOMADAIRE, PARAISSANT LE DIMANCHE

Rédacteur en Chef : M. CH. GOSSIN, Professeur d'Agriculture à l'Institut agricole de Beauvais.

PRIX DE L'ABONNEMENT

UN AN, 5 fr. — SIX MOIS, 3 fr. — TROIS MOIS, 2 fr. 25

Pour l'étranger les abonnements ne sont reçus que pour un an, au prix de 6 francs, et ne partent que du 1er janvier ou du 1er juillet de chaque année.

Le numéro : 10 centimes.

Il est indispensable de joindre à toute demande de changement d'adresse la dernière bande d'adresse du journal et 50 centimes pour frais de nouvelles bandes.

Adresser les *Abonnements* et *Annonces* au secrétaire de la rédaction, **13, quai Voltaire, Paris**, ou à M. GOSSIN, rédacteur en chef et administrateur, à BEAUVAIS.

BUREAUX

13, quai Voltaire, Paris, et à Beauvais.

Les abonnements partent du 1er de chaque mois et sont payables d'avance. Toute demande d'abonnement doit donc être accompagnée du prix de l'abonnement. (Le mode de payement le plus simple est l'envoi d'un mandat-poste.)

Donner *très lisiblement*, en s'abonnant, son nom et son adresse *exacte*, *avec l'indication du bureau de poste*; et, s'il s'agit d'une continuation d'abonnement, joindre au renouvellement la dernière bande d'adresse du journal.

La GAZETTE AGRICOLE insère gratuitement les Communications des Syndicats agricoles

PRIMES A NOS ABONNÉS.

*L'*ALMANACH FRANÇAIS *pour 1891 vient de paraître à la Librairie nationale.*

L'administration de la Gazette agricole *met* gratuitement, *comme l'année dernière, cet Almanach à la disposition de ceux de nos abonnés qui manifesteront le désir de le recevoir* et joindront à leur lettre 15 centimes *en timbres-poste pour frais de port.*

Tout abonné qui renouvellera son abonnement, soit à l'expiration, soit par anticipation, par l'envoi d'un mandat-poste de 5 francs, recevra à titre de prime, à son choix, l'ALMANACH FRANÇAIS *ou* l'ALMANACH *de la* SOCIÉTÉ DES AGRICULTEURS DE FRANCE, ou un des ouvrages suivants : *Guide pratique pour l'achat et l'emploi des engrais commerciaux*, par Gaillot. — *Les Maladies de la vigne, les bons cépages, les meilleurs fruits*, par Boinette.

Les primes ne seront envoyées que sur demandes. Joindre 0 f. 15 pour l'affranchissement.

SOMMAIRE :

PARIS, 9 JANVIER.

C'est dimanche dernier que l'on a procédé dans les départements désignés par le sort au renouvellement du tiers des membres du Sénat. Sur seize sénateurs conservateurs sortants, six seulement sont revenus. C'est donc une perte de dix sièges. Il est vrai que quelques-uns de ces sièges ont été très sérieusement disputés et qu'un déplacement d'une vingtaine de voix, aurait modifié à notre avantage le résultat. Mais il n'en reste pas moins que nous avons été battus, et que les républicains ont le droit de le constater. Où ils ont tort, c'est quand ils sonnent toutes leurs fanfares, le résultat en effet était prévu. Il était même inévitable, étant données la loi électorale sénatoriale et la pression administrative.

* * *

Si en effet les républicains, et pour cause, n'en soufflent mot dans leurs articles dithyrambiques, il est juste de le rappeler. En 1884, les républicains étant déjà les maîtres se sont arrangés de façon à le rester. De là vient qu'ils ont changé de fond en comble, le corps électoral sénatorial. Jusqu'en 1884, le Bonhomme Deschamps vous l'a déjà dit, toutes les communes de France étant considérées comme des personnes, avaient le même pouvoir électoral, aussi M. Gambetta avait-il appelé le Sénat, « le grand conseil des communes ». Si les choses étaient restées en l'état,—et l'on peut s'en assurer par les résultats même de dimanche dernier, — les candidats républicains, même appuyés par les préfets et les sous-préfets, en auraient eu beaucoup à découdre ; les conservateurs seraient non seulement tous revenus, mais auraient gagné des sièges. C'est justement pour prévenir cette éventualité, que le législateur de 1884 a introduit, dans la loi électorale sénatoriale, des modifications profondes. Il n'a plus vu dans la commune une personne à respecter parce qu'elle est une personne. Il l'a jugée suivant son importance, réglant sur sa population, le nombre de ses délégués sénatoriaux, de façon à donner toute prépondérance dans l'élection, aux villes sur les campagnes. Quoi d'étonnant après cela, si dans un département comme la Seine-Inférieure, les communes rurales sont écrasées par des villes comme Rouen, le Havre, Elbeuf et Bolbec ? Ce qui est vrai de la Seine Inférieure l'est aussi du Nord, et autres départements.

* * *

Les journaux républicains qui embouchent la trompette, savent tout cela aussi bien que le Bonhomme Deschamps. Mais ils se gardent bien de dénoncer le truc. Ils comptent non peut-être à tort, que leurs lecteurs n'y regarderont pas de si près, qu'ils ne réfléchiront pas à l'esprit et au caractère de la loi électorale, que même ils peuvent les ignorer et de la sorte, ils se flattent de faire accroire qu'ils ont remporté le plus loyalement du monde, une grande victoire. Et pourtant jamais on n'a joué avec cartes plus biseautées. La preuve en est que dans plusieurs départements où les députés conservateurs sont en majorité, les candidats sénatoriaux ont réuni la moitié ou le tiers seulement du corps électoral. Ainsi en-a-t-il été dans la Somme et dans les Hautes-Pyrénées. De même, à quelques exceptions près, les journaux républicains passent sous silence, les effets de la pression administrative. Ils ne disent pas un traître mot des séductions, des promesses ou des menaces. dont les délégués douteux ont été, de la part des sous-préfets et des préfets, l'objet constant depuis un mois. Encore une fois ils ne veulent pas découvrir le truc et réduire par là à sa vraie mesure qui serait insignifiante, le résultat électoral de dimanche dernier.

* * *

Il est vrai que par ces dissimulations, les républicains ne peuvent guère tromper que ceux qui ont envie de l'être. La France vote assez souvent pour savoir très bien de quoi il retourne. Le souvenir des fraudes, des violences qui ont marqué les élections de 1889 n'est pas si ancien qu'il soit effacé dans les mémoires. On parlait beaucoup, sous l'Empire, de la candidature officielle et de la pression administrative. C'était alors l'enfance de l'art. Les mêmes républicains qui se firent, à cette époque, une sorte de renom en dénonçant tous ces abus, laissent bien loin derrière eux leurs devanciers impérialistes. Jamais on ne s'est plus moqué du suffrage universel, et le premier individu venu se révolterait si l'on se permettait à son égard la vingtième partie du sans-façon avec lequel la République malmène les électeurs. Basses flagorneries, appas grossiers, hameçons énormes, farces grotesques, violences et vols, tout est bon pour prendre le suffrage universel. Pour partager à cet égard l'avis du Bonhomme Deschamps, pas n'est besoin qu'aucun de vous fasse le moindre effort: Il suffit d'ouvrir les yeux et de voir candidats officiels et administration républicaine à l'œuvre. Tout cela crève à ce point les yeux que, de temps à autre, des républicains de la veille le proclament. Il est même arrivé que, sous le manteau de la cheminée et entre complices, des bénéficiaires de la candidature officielle ont avoué qu'ils n'avaient pas le droit de siéger au Palais-Bourbon et de toucher leurs 25 francs par jour. Ils n'avaient pas été élus!

* * *

Mais sans invoquer des confidences que l'on peut toujours contester, nous avons sous les yeux un document public dont on ne saurait nier l'autorité. Il y avait aussi dimanche dernier, dans l'arrondissement de Saint-Flour, une élection législative. L'ancien préfet de police, le républicain, M. Andrieux, était candidat. Il a été battu. Que dit il dans sa lettre de remerciement à ses électeurs? voit-il dans la lutte un franc jeu? et dans la décision des électeurs, un verdict sincère? Ecoutez le: « L'opportunisme, dit-il, a fait du suffrage universel, une sorte de tripot où les grecs de la politique gagnent à coup sûr, et où les honnêtes gens ont tort de s'aventurer! » Puis, pour les détourner de rédiger des protestations et de les envoyer au Palais Bourbon, il ajoute « que les juges sont les complices des tricheurs et que s'ils s'avisaient de flétrir le vol et la fraude, ils se condamneraient eux-mêmes!! » M. Andrieux a raison, les loups ne se mangent pas entre eux, et en foire, les larrons s'entendent. Le Bonhomme Deschamps vous laisse le soin après cela, de décider si un gouvernement qui s'appuie ur de pareils fondements et qui se maintient par de tels tours, est vraiment bien lide, bien durable et surtout bien digne respect!

LE BONHOMME DESCHAMPS.

UVELLES DE LA SEMAINE

s élections Sénatoriales ont eu 'manche dernier dans les départements s dans l'ordre alphabétique, entre les O et la lettre Z, en commençant par

› bien on le pense, la pression a été s conservateurs ont succombé dans la › Pas-de-Calais, la Seine-Inférieure et-Garonne.

ne et la Vendée, rien n'a pu entamer 's, et la liste a passé à une forte › résultat est dix sièges perdus par 'eurs, au profit des radicaux.

M. Jules Ferry est rentré au Sénat 'égués des Vosges, et M. Magnier, opportuniste qui est loin d'être s pois, a été élu dans le Var.

'gislative. — M. Borie, pré- l général du Cantal, opportu- 'manche dernier député pour la circonscription de Saint-Flour, en remplacement de M. Amagat. Il avait pour candidat radical indépendant M. Andrieux, ancien préfet de police.

La rentrée de M. Jules Ferry. — Depuis deux ans, M. Jules Ferry était de l'avis de la *Lanterne* et autres journaux radicaux, « *le dernier des menteurs, le dernier des misérables, l'homme le plus méprisable de France.* » C'est cet homme que les républicains radicaux des Vosges viennent d'élire sénateur. Aussi l'entente est loin d'être complète entre républicains, après la « *victoire* » de dimanche dernier. M. Jules Ferry, ayant réuni dans un banquet un certain nombre des délégués qui venaient de le faire sénateur des Vosges, leur a adressé son petit *speech*. Il leur a proposé de boire « a l'union, à la concorde, à la paix républicaine. » Aussitôt, un journal radical, en reproduisant le toast de M. Jules Ferry, ajoute que c'est plus que jamais le cas de veiller. Puisque M. Jules Ferry a parlé, dit-il, d'union, de concorde et de paix, c'est la preuve qu'il médite quelque mauvais coup. Voilà l'état présent des esprits dans les deux camps républicains. La rentrée sur la scène de M. Jules Ferry, le succès fait par les radicaux à M. de Freycinet dans le département de la Seine, les engagements qu'il a dû prendre envers eux et auxquels il lui sera difficile de se soustraire, la prépotence de plus en plus grande que veut prendre dans le gouvernement M. Constans, de nouveau vainqueur dans les élections sénatoriales: autant de causes latentes pour de prochains conflits.

Ce n'est pas nous qui interviendrons pour mettre la paix dans ce joli monde. Qu'ils se débrouillent!

Croix et rubans. — Nos ministres sont satisfaits des élections sénatoriales, mais le sont moins sur la question des croix et rubans.

Il paraît qu'ils ne peuvent plus, sauf ceux de la guerre et de la marine, donner ni croix ni crachats à l'occasion du 1er janvier.

Pour la guerre et pour la marine, il y a un nombre de décorations déterminé, parce qu'elles sont rétribuées. Ces décorations sont budgétaires. Pas moyen d'enfreindre les allocations. Dans les autres ministères, on a également un nombre de décorations déterminé, mais la marge est infiniment plus large, puisqu'elles ne coûtent rien. On en avait même fait un tel abus qu'il a fallu faire une loi en 1873 pour mettre un frein aux demandes de gens qui tenaient absolument à porter le ruban de la Légion d'honneur à leur boutonnière. Tous les républicains voulaient être décorés. C'est pour lier les mains des ministres que cette loi intervint. Chaque ministère a, de la sorte, un lot à répartir annuellement, mais, cette année, les ministres ont si bien épuisé la part qui leur était dévolue, qu'au mois de décembre il ne leur reste plus rien à donner. Ils avaient songé à faire un emprunt sur l'exercice suivant, mais on a dû renoncer à cet expédient, qui rappellerait trop les pratiques financières du régime actuel.

Vous verrez qu'on finira par amender la loi de 1873, afin de rendre la distribution du ruban rouge encore plus abondante.

Et voilà des gaillards, les républicains, qui, sous la monarchie, ne manquaient pas une occasion de réclamer la suppression de la Légion d'honneur au titre civil.

Pour eux, la croix n'était qu'un hochet de vanité. Elle ne devait récompenser que les services militaires, à raison de l'allocation pécuniaire qui y est afférente.

Que les temps sont changés!

L'égalité devant l'impôt. — Une bien bonne histoire vient d'arriver, parait-il, à nos francs-maçons. On assure qu'un receveur de l'enregistrement, entraîné par son zèle, aurait réclamé le droit d'accroissement à la Loge franc-maçonnique du chef-lieu de sa perception. Ce fonctionnaire, plus équitable que prudent, se serait dit, en lisant les récents débats de la Chambre:

« Puisque la loi doit s'appliquer à tous également, puisque mon ministre a déclaré qu'il ne fallait sous le régime actuel de privilège pour personne, évidemment il me saura gré d'une initiative dont l'effet sera d'enrichir le Trésor tout en affirmant les bons principes. Dans mon chef-lieu de perception, la Loge maçonnique est relativement pauvre; elle n'est pas propriétaire de l'immeuble où elle est installée, mais elle a un mobilier d'une certaine valeur, des équerres, des compas, des insignes dorés, appartenant à la communauté.

« Lorsqu'un F∴ meurt, la part de tous les autres s'accroît d'autant. Pourquoi ne paieraient-ils pas le droit d'accroissement comme paient les Frères des Ecoles chrétiennes sur les pupitres et les bancs de bois des écoles qu'ils dirigent, lorsque le décès de l'un d'eux est censé les enrichir d'une partie de ces pupitres et de ces bancs de bois? » Ayant ainsi raisonné, le receveur de l'enregistrement envoya sa réclamation à la loge.

Grand émoi chez les *Chevaliers du tablier*, ils en ont référé au chapitre de leur chef-lieu, lequel a soumis immédiatement la question à la délibération du Grand Orient. Cette question a frappé d'imprévu les hauts dignitaires des loges maçonniques; mais ils ont dû avouer que les francs-maçons formaient une association tout à fait reconnue, parfaitement autorisée, absolument comme les ignorantins, et ils se sont dit qu'ils n'avaient aucune raison légale à opposer à ce droit d'accroissement sorti probablement de leurs délibérations pour tuer les congrégations religieuses.

Et, comme ils possèdent un palais à Paris, de véritables temples dans pas mal de grandes villes, bien des loges importantes, des masses d'ateliers plus modestes, ils sont restés convaincus qu'à chaque décès d'un des F∴, il faudrait aller faire visite à M. le receveur de l'enregistrement et payer les droits exigés. Leur consternation a été d'autant plus grande qu'ils savent que la quête pour la veuve ne produira certainement pas de quoi couvrir ces frais exorbitants.

Aussi a-t-il été résolu au Grand-Orient de faire soulever la question à nouveau au Sénat et de tâcher d'obtenir un enterrement décent pour le droit d'accroissement.

Exploitation des pâtures dans les Ardennes

(Suite.)

Emploi du lait. Fabrication du beurre.

Mais il ne suffit pas de bien choisir ses vaches, il faut encore faire du lait un emploi judicieux. Pratiquement, et dans les conditions ordinaires du pays, quel doit être cet emploi?

Si l'on est à proximité d'une ville ou d'un bourg industriel, où on peut vendre du lait à 0 fr. 20 ou même à 0 fr. 15 le litre, assurément il ne faut pas hésiter à adopter ce parti, le plus simple, le plus sûr et le plus avantageux.

Si l'on n'est pas dans cette situation privilégiée, presque toujours on est réduit à faire du beurre, à moins, toutefois, d'être aux environs de beurreries ou de fromageries, auxquelles on peut céder son lait, mais alors au prix généralement peu rémunérateur de 0 fr. 09 à 0 fr. 11. Il y a cependant des circonstances où ce débouché est acceptable. Quoique depuis quelque temps on soit sollicité par certaines maisons de Reims de fabriquer pour leur compte des fromages *façon Brie*, opération qui, d'après leurs calculs, ferait ressortir le litre de lait à des prix variant suivant les saisons de 0 fr. 14 à 0 fr. 17, nous ne parlerons que pour mémoire de la conversion du lait en fromages, nous voulons dire en fromages *fins*, faits avec la crème, parce que cette industrie, essentiellement minutieuse, n'est pas dans les mœurs du pays, et qu'elle exige des caves et emplacements spéciaux, dont l'organisation comporte des difficultés, parfois même des impossibilités.

On est donc généralement obligé de s'adonner à la confection du beurre, et il y a de ce côté de sérieux et de faciles progrès à réaliser.

Dans toute maison on a la prétention de savoir faire le beurre, et on en ignore souvent les principes les plus rudimentaires; dans toute maison on se plaint de ses cours si bas, de 0 fr. 90 à 1 fr. 20 la livre, et l'infériorité de ces prix est parfois imputable au défaut d'initiative du cultivateur. Faites du bon beurre, et vous le vendrez plus cher, malgré les résistances des coquetiers, dont vous n'avez que trop subi les exigences, alors que depuis longtemps vous auriez dû leur faire comprendre que tel beurre n'est pas semblable à tel autre, et qu'un poulet ou un canard vaut souvent deux fois plus que tel autre poulet ou canard.

Pour obtenir un produit de bonne qualité, il importe avant tout de séparer le plus vite possible après la traite la crème du lait. Le motif en est clair : lorsque, suivant la pratique d'une grande partie de la France, on met le lait dans des pots de grès pour ne l'écrémer que deux, trois ou quatre jours après, il est évident que cette crème est recueillie à l'état acide, et après avoir contracté un mauvais goût au contact d'éléments sûrs et aigris. Cette crème ne se bat elle-même qu'une fois par semaine. Dans ces conditions, il est impossible qu'avec une matière première, d'une saveur désagréable, dont on a laissé perdre, sans les utiliser, les qualités les plus précieuses, telles que la fraîcheur et la finesse, on obtienne un produit doux, parfumé et agréable. Ajoutez à cela qu'on presse le beurre insuffisamment, qu'ainsi on enferme dans sa masse, sous forme de petit lait, un puissant ferment d'aigreur, et on comprendra alors que le beurre ait un goût acre et fort, et qu'il soit impropre à la conservation.

Qu'on ne nous dise pas que la bonté plus ou moins grande du beurre tient exclusivement à la nature de l'herbe de chaque pays. Sans méconnaître ce fait primordial, il n'en est pas moins vrai que la manière de faire change complètement la qualité du produit. Nous ne craignons pas d'affirmer, parce que l'expérience nous l'a démontré, qu'une propriété qui produisait du beurre ordinaire se vendant 1 fr. ou 1 fr. 20 peut, du jour au lendemain, en changeant le mode de fabrication, en obtenir un autre se vendant effectivement de 1 fr. 40 à 1 fr. 60 la livre.

(A suivre.) Jules Le Conte.

UTILISATION DU MARC DE POMMES

La plupart des cultivateurs méconnaissent tout le parti qu'ils pourraient tirer du marc de pommes; ce résidu est généralement considéré par eux, non seulement comme inutile, mais comme encombrant et nuisible. On commence le plus souvent par l'abandonner dans la cour de la ferme, à moins qu'on ne l'entasse contre l'habitation, où il entretient une humidité malsaine. Mais comme, sous l'influence de fermentations spéciales, il ne tarde pas à répandre une odeur infecte, on le jette alors n'importe où : dans les fossés, les puits perdus et parfois même, contre toutes les lois de l hygiène, dans le cours d'eau le plus voisin.

Nous voudrions faire comprendre à nos fermiers que, si de telles pratiques sont fâcheuses au point de vue de la salubrité, elles sont encore plus préjudiciables à leurs propres intérêts.

La question du marc de pommes a été traitée, il y a quelques années, par M. Houzeau, notre savant collègue, de la Seine-Inférieure : les observations suivantes nous ont été inspirées en partie par la lecture de son travail.

Le marc de pommes peut être fort utilement employé soit dans l'alimentation du bétail, soit comme engrais, on peut aussi le soumettre à la distillation; toutefois, cette dernière application ne serait possible que dans les années d'abondance, la distillation exigeant des marcs de première pression non épuisés par des macérations aqueuses.

La valeur nutritive du marc reconnue par les analyses se rapproche beaucoup de celle des drèches et des pulpes de betteraves résidus de diffusion. On l'utilisera donc comme ces dernières en le mêlant à la ration des bestiaux, mais toujours dans la proportion d'un cinquième ou d'un quart au plus.

Certains éleveurs ont prétendu que les résidus de pommes mélangées à l'alimentation ordinaire communiquaient au lait une saveur désagréable et, chose plus grave, prédisposaient les vaches à l'avortement; d'autres nient absolument ces deux effets fâcheux et trouvent dans l'usage régulier et modéré du marc de pommes une réelle économie.

Dans le doute, il est peut-être préférable de s'abstenir pour les vaches; mais il reste toujours le petit bétail, porcs, moutons, lapins, que l'on peut, sans inconvénient, mettre au régime du marc. On retrouvera d'ailleurs dans le fumier de ces animaux une partie des éléments fertilisants du marc, azote, potasse, acide phosphorique. Nous répétons encore que, si l'on utilise pour l'alimentation les résidus de pommes, il faudra les associer à la ration du bétail sans dépasser la proportion d' « un quart » au plus.

Une autre précaution devra être prise : celle de maintenir le produit en aussi bon état que possible. Il s'altère en effet rapidement à l'air et acquiert alors une odeur repoussante qui le fait accepter difficilement par les animaux. On évite en grande partie cette décomposition en l'empilant au sortir du pressoir dans des barriques, des citernes ou des fosses couvertes. Pour chasser l'air emprisonné dans la masse et empêcher ainsi la fermentation acide de se produire, un « très fort tassement » sera indispensable.

C'est là le point capital à observer et cette précaution pourrait, à la rigueur, dispenser de tout autre ; ainsi, le marc de pommes fortement tassé se conserverait suffisamment à l'air libre au moins pendant l'hiver ; ce moyen, s'il est défectueux, est au moins très économique.

Enfin, le marc peut être utilisé comme engrais. Avant de parler de cet emploi, il convient de rappeler que le résidu frais est acide et qu'il le devient plus encore au contact prolongé de l'air.

Cet acidité peut constituer un avantage s'il s'agit de détruire les mousses parasites des herbages ou les mauvaises herbes des haies; on jette alors le marc sans aucune préparation dans les prés ou au pied des haies. On peut également l'employer au naturel pour le répandre en couverture sur le sol, si toutefois le terrain est d'une nature calcaire.

Mais, avec des terrains non calcaires, son emploi direct devient nuisible ; il faut alors l'incorporer au fumier dont il fixe l'ammoniaque, ou le mélanger à d'autres substances, de façon à former des composts calcaires.

L'incorporation au fumier peut se faire simplement en jetant les résidus dans la fumière, mais il sera préferable de le disposer par couches alternatives avec le produit des étables et des écuries.

Compost calcaire. — Le marc sera mélangé aussi intimement que possible avec le quart de son poids de chaux ou de marne, on étale ensuite en couverture autour des pommiers ; un ou deux hectolitres suffisent par arbre.

On évitera de le mettre contre le pied même du pommier, afin qu'il ne corresponde pas aux grosses racines : les engrais doivent, pour produire tout leur effet, se trouver au-dessus du chevelu. Aussi plus l'arbre grandira, plus la couche d'engrais devra s'éloigner de son pied.

Compost phosphate. — Un autre compost supérieur au précédent consiste à ajouter au marc du phosphate de chaux fossile réduit en poudre fine. L'acide phosphorique contenu dans ce produit est d'abord très peu coûteux ; de plus l'acidité du marc contribue à en élever la valeur puisqu'il le rend plus assimilable.

On remarquera avec intérêt que le compost obtenu par le marc additionné de phosphate de chaux dans la proportion d'un quart, rend et au delà à la terre le phosphore enlevé par la récolte ; or, tout porte à croire que l'acide phosphorique favorise la production du sucre dans les fruits, et, par conséquent, augmente la richesse alcoolique du cidre.

En résumé, le marc de pommes représente une valeur réelle pour le cultivateur, valeur qui, d'après les analyses, n'est pas inférieure à 3 fr. par 1,000 kilogrammes. Son emploi permet de rendre à la terre une partie des éléments fertilisants dont elle est constamment appauvrie par la production : il est donc à la fois rationnel et économique.

Dr E. Louise,
Directeur de la station agronomique de Caen.

Les meilleures variétés de betteraves fourragères

Nous extrayons du procès-verbal de la dernière séance de la Société nationale d'agriculture de France, le passage suivant :

M. Dehérain présente le résumé de ses recherches faites en 1890 sur les meilleures variétés de betteraves fourragères.

M. Dehérain établit que la valeur de la plante fourragère s'obtient en déterminant le poids de matière alimentaire qu'elle fournit à l'hectare et cherchant, en outre, si cette plante ne contient qu'en faibles proportions les nitrates qui exerçent sur l'économie animale une influence nuisible. Les comparaisons ont été établies sur le poids de matière sèche obtenue à l'hectare; on y a dosé le sucre et la matière azotée. Cinq variétés ont été expérimentées : *La Jaune ovoïde des Barres, la Tankard, la Jaune géante de Vauriac, la Globe à petite feuille, la Mammouth.* Voici la classification établie à la suite des expériences :

I. — *D'après la teneur en matière sèche* : 1, Globe à petites feuilles ; 2, jaune géante de Vauriac ; 3, Tankard ; 4, Mammouth ; 5, jaune ovoïde des Barres.

II. — *D'après la teneur des matières azotées à l'hectare* : 1, Jaune de Vauriac ; 2, Jaune ovoïde des Barres ; 3, Globe à petites feuilles ; 4, Mammouth ; 5, Tankard.

III. — *D'après la teneur en sucre à l'hectare* : 1, Jaune ovoïde des Barres ; 3, Globe à petites feuilles ; 4, Mammouth ; 5, Jaune géante de Vauriac.

IV. — *D'après la pauvreté en nitrate de potasse* : 1, Tankard ; 2, Mammouth ; 3, Globe à petites feuilles ; 4, Jaune de Vauriac ; 5, Jaune ovoïde des Barres.

En réunissant tous ces classements, on arrive au classement général ci-après :

1, Globe à petites feuilles ; 2, Tankard ; 3, Jaune géante de Vauriac ; 4, Jaune ovoïde des Barres ; 5, Mammouth.

Il importe, dit en terminant M. Dehérain, que les expériences soient reprises dans d'autres localités avant de pouvoir généraliser les résultats obtenus en 1890.

LES MULOTS DANS LES MEULES

Les campagnols et les mulots, non contents d'avoir causé des dégâts aux céréales pendantes, recherchent maintenant les meules et les silos pour y continuer leurs ravages. Il faut tâcher de se débarrasser de ces locataires si voraces, car si on ne les anéantit pas dans leurs asiles avant que la terre se resserre, on risque de les laisser échapper.

Nous avons vu employer un procédé de destruction très simple. Il consiste à creuser tout autour de la meule un petit fossé à parois bien verticales ou un peu en talus, dans le sens inverse des fossés ordinaires ; c'est-à-dire, plus large en bas qu'en haut. Dans le fond du fossé on creuse de distance en distance des trous pour recevoir des vases en terre cuite ou en grès, rétrécis à l'ouverture. Il importe de bien égaliser le fond du fossé avec le bord supérieur des vases bien encaissés dans la terre, et que l'on remplit d'eau, jusqu'à la moitié seulement.

Pendant la nuit, les souris en sortant des meules pour explorer les abords ou pour se rechercher, sautent et tombent dans le fossé, et rencontrant un obstacle dans ses parois verticales ne tardent pas à tomber dans les vases d'où elles ne peuvent remonter.

Inutile de dire que les souris qui voudront aborder les meules viendront se jeter dans le même piége. Ces dispositions prises à temps empêcheraient donc bon nombre de ces dames d'élire domicile dans nos meules.

DE LA CRÉATION DES PINERAIES
Et des plantations forestières en général
(Suite).

II.

Arrivons maintenant au mode d'exécution de la plantation.

« La plantation est bien simple et bien facile, » dit M. Sarcé.

Pas toujours si simple et si facile, lui répondrons-nous sans hésiter. Neuf fois sur dix, sinon quatre-vingt-dix-neuf fois sur cent, nous défions bien quiconque de faire planter convenablement et dans de bonnes conditions de reprise, *cinq mille plants par deux hommes en un jour.*

« L'un avec une bêche donne un coup en terre « de 12 à 15 centimètres de profondeur, il « baisse un peu le manche de son outil, de ma- « nière à faire, derrière, un vide de 8 à 10 cen- « timètres.

« L'autre met le pin dans l'espace vide qui « se trouve derrière la bêche. Et l'homme à la « bêche la retire et serre avec le pied la terre « sur le petit pin. »

Ce n'est pas plus difficile que cela.

Parbleu, si vous plantez dans une terre de jardin, ou dans un champ de sol léger préalablement défoncé, je ne nie pas qu'on puisse à la rigueur obtenir un aussi mirifique résultat. Mais cela suppose un terrain absolument exceptionnel en matière de boisements, un terrain essentiellement meuble, non pierreux, que ne recouvre aucune végétation parasite de fougères, bruyères, mirtylles, ronces, genêts, etc., etc. aucun gazon épais, aucun tapis de mousses ou de lichens. On comprend qu'alors les frais de plantation puissent se réduire à 1 fr. 50 au mille, ce qui suppose pour les ouvriers planteurs une journée de 3 fr. 75, satisfaisante à la campagne.

Mais, on ne saurait trop le répéter, ce ne peut être là qu'une rare exception. Partout où nous avons eu à diriger nous-mêmes ou à voir faire des plantations, c'est-à-dire dans dix ou douze départements répartis entre le nord, le midi, l'est et le centre montagneux de la France, nous avons eu affaire à des terrains ici remplis de pierraille ou de cailloux, là compénétrés d'un feutre épais formé par les racines de ces mille plantes parasistes du sol en partie énumérées plus haut, ailleurs consistant en terres argileuses et compactes, se collant après l'outil et d'un ameublissement très difficile, ou bien, dans des conditions un peu meilleures, mais tassés par une longue absence de culture. En sorte que la moyenne des prix auxquels on peut réaliser une plantation bien faite, ressort pour nous aux chiffres de 10 à 12 francs pour mille plants.

Nous voilà bien loin du prix de 1 fr. 50 qui ne peut être réalisé que dans des conditions tout particulièrement exceptionnelles, et que l'on ne saurait donner comme une règle générale, sans exposer la plupart des lecteurs qui tableraient sur elle à de cruels mécomptes.

On a du reste imaginé bien des systèmes pour faciliter le travail de la plantation. Dans les terrains non pierreux, l'on a la bêche semi-circulaire ou circulaire, le plantoir tarière. On a aussi des plantoirs en forme de tubes munis d'une racineuse et se terminant en pointe, dans l'intérieur desquels on introduit les racines du plant ; le même ouvrier, tenant d'une main la tige, et de l'autre enfonçant le plantoir que tendent les racines, tasse ensuite le sol d'un coup de pied en retirant son outil. Mais dans les sols pierreux, caillouteux, rocailleux, si fréquents dans les formations calcaires, aucun de ces ingénieux instruments ne peut trouver une application pratique : c'est alors le pic et la pioche qui sont les seuls outils utilisables et le prix de la main d'œuvre s'en ressent.

***

Nonobstant une élévation de main d'œuvre, hors de proportion, le plus souvent, avec les prix exceptionnels indiqués par l'honorable M. Sarcé, nous n'hésitons pas, comme nous l'avons dit en commençant, à préférer la plantation au semis, toutes les fois qu'elle est possible, malgré ce que le semis offre le plus souvent d'économique sur la plantation.

La raison de cette préférence est tout entière dans la régularité beaucoup plus grande du massif, dès le commencement de sa formation. A moins de semer dans des potets défoncés à l'avance et régulièrement espacés, — auquel cas les frais du semis égaleraient à peu près ceux de la plantation — il arrivera toujours, si l'on sème en plein et à la volée, seul mode véritablement économique, de deux choses l'une : ou le semis sera trop serré partout, ou il ne lèvera que par places, sur lesquelles il sera trop serré tandis que les autres places resteront vides. D'autres fois, il est vrai, les places qui ont d'abord paru vides ne sont que retardées, et les graines qu'elles ont reçues germent parfois quatre ou cinq ans après les premières.

Prenons d'abord le cas où le semis aura réussi partout ; il sera nécessairement trop serré, et lorsque les brins seront assez forts pour que l'on puisse procéder à une première éclaircie, on ne trouvera que des tiges grêles peu trapues de la base, et qui auront quelque peine à se soutenir par elles-mêmes une fois desserrées. Cela obligera à faire les premières éclaircies avec beaucoup de circonspection, à les rendre plus fréquentes pour mieux ménager la transition d'un état trop serré à un état suffisamment dégagé : surcroît de frais par conséquent, car le produit de ces premières éclaircies risquera fort de ne pas même payer la main d'œuvre.

Si le semis n'a réussi que par places, l'inconvénient sera double ; il sera, dans les parties bien peuplées, ce que nous venons de dire.

Les parties manquées ou retardées de plusieurs années, introduiront par le fait même une nouvelle cause d'irrégularité dans l'ensemble du massif. —

Au contraire, dans une plantation faite avec soin, où les plants auront été espacés régulièrement, soit en carrés, soit, mieux encore, en quinconces, les premières éclaircies pouvant être retardées jusqu'au moment où le produit commencera à en être rémanérateur; mais surtout la régularité étant établie par le fait de la plantation elle-même, la tâche du forestier ne sera plus, comme dans le massif résultant d'un semis, de la *créer*, mais seulement de la conserver par un choix raisonné et judicieux entre les tiges mieux ou moins bienvenantes.

⁂

Toutes ces remarques et observations ne sont pas faites, qu'on veuille bien le remarquer, en vue de blâmer la manière de procéder de M. Sarce, laquelle peut être excellente et avoir pleine raison d'être dans les lieux et les conditions où il opère. Nous avons voulu seulement mettre en garde les lecteurs de la *Gazette agricole* contre la généralisation trop grande de ces procédés, qui ne peuvent être applicables que dans des circonstances particulières et même exceptionnelles.

C. DE KIRWAN,
inspecteur des forêts en retraite.

LES BŒUFS NIVERNAIS.

Un rapport adressé par M. Tiersonnier, président de la Société départementale d'agriculture de la Nièvre, au préfet de ce département, signale en ces termes la situation favorable faite à l'élevage nivernais par la hausse du bétail :

« La cause principale de la hausse du bétail est la demande toujours croissante des bœufs de trait, qui atteignent des prix excessifs.

« Cette hausse est motivée par les achats des départements de Seine-et-Oise, Aisne, Somme et Nord, où des fabriques de sucre ou des distilleries sont annexées à presque toutes les grandes exploitations. Quelques-unes cultivent au delà de 100 hectares de betteraves. L'automne venu, il faut charrier les racines à l'usine, labourer rapidement la terre pour la semer en blé, et enfin transformer en fumier les immenses quantités de pulpes invendables dans une région où l'on n'élève pas de bétail et que les chevaux ne consomment pas.

« Nos bœufs nivernais, qui réunissent également bien l'aptitude au travail et à l'engraissement, répondent mieux que toute autre race à ces nécessités culturales. Les labours exécutés et les pulpes consommées, ils sont, de suite, livrés à la boucherie et remplacés, peu après, par de nouveaux achats dans nos foires.

« Devant ces besoins toujours renaissants, les prix de nos bœufs de trait s'élèvent au-dessus de leur valeur intrinsèque, c'est-à-dire qu'ils atteignent facilement (quoique maigres) 100 francs les 100 kilos de poid vif, alors que les mêmes animaux gras ne se vendent pas beaucoup plus de 80 francs. »

Si la crise qui menace l'industrie sucrière par l'effet des mesures fiscales récemment votées n'est pas entravée, l'élevage nivernais en subira forcément les conséquences par la baisse qui atteindra les bœufs de trait.

Nouvelles agricoles.

Nos importations de viandes fraîches. — Nos importations de moutons abattus se développent de plus en plus, ainsi que le montrent les chiffres ci-après qui résument les entrées des onze premiers mois :

PAYS	1890	1889	1888
	Qtx mét.	Qtx mét.	Qtx mét.
Belgique........	28.140	24.380	33.690
Allemagne........	108.080	70.500	28.580
Autriche........	61.880	Aux div.	Aux div.
Suisse...........	3.790	13.910	11.150
Républiq. Argent.	10.000	5.610	7.630
Divers...........	1.810	43.860	20.570
Totaux.......	213.700	158.260	101.470

Comme on le voit, ce sont surtout les envois d'Allemagne qui ont considérablement augmenté. Si l'on compte qu'ne carcasse de mouton pèse en moyenne 20 kil., ce serait donc plus d'un million de moutons abattus que nous aurions importé pendant les onze premiers mois de 1890, contre 790,000 pour la période correspondante de 1889 et 500,000 pour celle de 1888.

Il est grand temps que des mesures douanières arrêtent cet envahissement. Quand les cultivateurs seront sûrs du lendemain, ils se remettront à *faire* du mouton et nous n'aurons plus besoin des moutons allemands.

Ventes directes par les Syndicats. — Les membres du syndicat agricole et viticole de l'arrondissement d'Auxerre, offrent les vins de leur région.

Ils sont vendeurs de vins fins et de vins ordinaires, soit blancs (Chablis et environs), soit rouges (Auxerre, Irancy et environs).

Les prix pour les vins ordinaires, varient de 45 à 50 fr. l'hectolitre. Ce dernier prix s'applique aux *très bons ordinaires*. Ces prix s'entendent marchandise gare Auxerre, logée, par feuillettes de 136 litres.

Des échantillons seront envoyés par les propriétaires, sur demande adressée au président du syndicat, M. Lasnier, inspecteur primaire honoraire, 36, rue des Buttes, à Auxerre.

L'enseignement agricole dans les villages des environs de Paris. *Un bon point au Conseil municipal de Paris.* Grâce à l'initiative prise par l'honorable M. Cochin, un des trop rares membres conservateurs du Conseil municipal de Paris, celui-ci vient de voter le credit de 5,900 fr. destiné à subventionner les communes pour l'organisation, dans les écoles, de l'enseignement de l'agriculture.

Sont seules subventionnées les communes qui ont fait un premier effort dans cette voie et qui ont aménagé un terrain de culture.

Les maires seront invités à faire de plus grands efforts pour développer cet enseignement, car jusqu'à présent très peu de communes ont répondu à cet appel.

La crise betteravière. — A la suite de l'incident sur la crise betteravière soulevée à la dernière séance de la Chambre des députés, les députés des départements du Nord, du Pas-de-Calais, de la Somme, de l'Aisne, de l'Oise, etc., ont signé une protestation dont voici le texte :

« Les soussignés, protestent contre les lenteurs qui ont été apportées au vote d'une loi ayant pour objet de venir en aide aux souffrances des producteurs de betteraves et des fabricants de sucre appartenant aux zones dont les mauvaises récoltes de betteraves, en poids et en qualité, sont dues aux conditions atmosphériques de l'année.

« Les soussignés ayant multiplié en vain les démarches, les reprendront avec la plus grande énergie dès l'ouverture de la session ordinaire, pour obtenir des pouvoirs publics le vote d'une loi équitable. »

La solution équitable serait, pour le présent, la suppression de la loi du 5 août 1890, et pour l'avenir, une législation plus stable, basée sur le partage des excédents.

LES BETTERAVES GELÉES.

Dans les départements sucriers les betteraves à sucre gelées en terre, sont complètement perdues pour la fabrication sucrière.

Quant aux betteraves fourragères gelées, quelques cultivateurs ont recours pour les rendre comestibles au procédé suivant, employé en ce moment et signalé par M. Hérissant, l'honorable directeur de l'école des Trois-Croix près Rennes.

Les betteraves gelées, peuvent être données au bétail tant qu'elles ne sont pas entrées en décomposition, tant qu'elles n'ont pas l'odeur de pourri. Les betteraves gelées sont aqueuses et molles ; il faut les mélanger avec des aliments.

Pour conserver les betteraves gelées voici le moyen essayé par M. Hérissant sur 15 tombereaux restés dans le champ :

« Elles ont été passées au laveur, dépulpées et enfin mélangées avec des siliques de colza que l'on peut remplacer par des balles ou de la paille hachée. Le mélange est encore en tas. Il sera après deux ou trois jours mis en un silo creusé en terre, comme les silos pour betterave, en ayant soin seulement de fouler et mélanger avec énergie et de ne le couvrir de terre que quand la fermentation s'y sera développée pour élever la température au-dessus de 60°

« Il sera nécessaire que la couche de terre superposée ait au moins 50 à 60 centimètres d'épaisseur.

« L'addition de sel, à la dose de 3 ou 4 0/0 serait probablement une bonne opération.

« Après un mois ou six semaines, peut-être avant, on pourra découvrir graduellement le silo pour le livrer à la consommation.

« Je crois, dit M. Hérissant, qu'il constituera un bon aliment. En tout cas, les risques sont faibles et la non réussite constituerait seulement une petite dépense de main d'œuvre. »

CONSEILS A LA FERMIÈRE

PETIT SALÉ DE COCHON.

Tous les morceaux de cochon sont propres pour faire du petit salé, mais principalement le filet.

Vous coupez par morceaux un filet de cochon, vous en frottez les morceaux avec du sel pilé, et les arrangez dans un vase que vous bouchez ensuite avec soin. Au bout de huit jours, ce petit salé est suffisamment fait ; mais on peut le garder beaucoup plus longtemps, pourvu qu'on l'ait bien garni de sel. Plus le salé est nouveau, meilleur il est.

Le petit salé ainsi préparé peut entrer dans toutes sortes de ragoûts ; le plus communément on le fait cuire dans la marmite et on le sert, soit pour le manger avec de la purée de pois ou un ragoût de choux, ragoût de légumes, de lentilles, purée de navets.

De quelque façon que vous l'employez, il ne faut pas mettre de sel dans le ragoût où vous l'introduisez, et si votre salé a pris trop de sel, vous devez le faire tremper dans l'eau froide avant de le mettre cuire. UNE MÉNAGÈRE.

CONSEILS DU VÉTÉRINAIRE

LES CONVULSIONS DES CHIENS

Sur les jeunes chiens on voit souvent apparaître des convulsions épileptiformes qui effrayent les spectateurs à cause de leur ressemblance avec les symptômes de la rage. En effet, l'animal mâchonne la salive en écume et fait entendre de petits cris aigus avec plus ou moins de plaintes ou d'aboiements. En même temps se manifeste un mouvement de mastication de la mâchoire inférieure, des joues et des lèvres et un va-et-vient involontaire des pattes. Ces symptômes alarmants sont déterminés généralement par une simple *rage de dents*. Pour calmer cette irritation dentaire, on devra faire avec un bistouri, une lancette ou un canif une incision d'une ligne de profondeur dans le gonflement des gencives et bien faire saigner les plaies. On donne, en outre, un purgatif rafraîchissant salin — une petite poignée de sulfate de soude — et on tient les chiens tranquilles à un régime maigre. UN VIEUX VÉTÉRINAIRE.

CONSEILS DU JUGE DE PAIX.

ACCIDENT SUR UN CHEMIN VICINAL. RESPONSABILITÉ.

— Il m'est arrivé un malheur; mon charretier conduisait dans un chemin étroit trois voitures chargées de bois ; comme la descente est très rapide, il prit la précaution d'aller serrer successivement les freins de ses voitures, mais pendant qu'il courait ainsi de l'une à l'autre, il ne vit pas ce qui se passait sur la route, en avant de ses chevaux, et un enfant du village se trouva renversé et blessé par la première voiture.

— Je comprends que cela te cause beaucoup de peine et puis, sans doute, on te demande une indemnité.

— Parfaitement et je voudrais savoir si j'y tenu ; il me semble que les règlements permettent à un voiturier de conduire jusqu'à trois attelages.

— Oui, c'est le décret du 10 août 1852 ; mais il ne s'applique qu'aux routes nationales, départementales et aux chemins de grande communication, dont la largeur se prête davantage à la surveillance d'un convoi par une même personne. Or, ton accident est arrivé sur un chemin vicinal, ou plus de prudence et de précaution étaient nécessaires.

— Alors je serai condamné !

— C'est plus que probable, la même question vient d'être jugée par les tribunaux ; ça a coûté au charretier quinze jours de prison et à son patron une pension de 500 francs à servir au blessé ; le tribunal en outre s'est fondé sur ce que le conducteur doit toujours se trouver à même de diriger ses chevaux et de voir ce qui se passe devant lui, ce qu'il ne peut faire quand il faut qu'il aille d'une voiture à l'autre pour serrer ses freins ; la moralité de cette triste histoire c'est qu'on ne saurait trop recommander la prudence à ses charretiers.

UN VIEUX JUGE DE PAIX.

CONSEILS DU MÉDECIN

CONTRE LES RHUMATISMES.

Baume contre les rhumatismes :

On prend 30 grammes de savon animal, 125 grammes d'alcool, 15 grammes de camphre, 30 grammes d'éther acétique.

On place toutes ces substances dans un matras à long col bouché par une vessie mouillée dans laquelle on a ménagé un petit trou pour la sortie de l'air.

Ce matras est placé dans le bain-marie, à une chaleur douce.

Quand les substances sont fondues, on filtre à travers un papier le mélange encore tiède et on le met dans des flacons bien bouchés.

Ce baume est ensuite étendu par frictions sur les parties malades.

DOCTEUR PURGON.

CONSEILS DU VIGNERON

UNE BONNE MÉTHODE DE CULTURE DE LA VIGNE.

C'est la méthode de culture de la vigne employée dans le Maine-et-Loire, surtout dans l'arrondissement de Saumur. Nos vignes depuis trente ans ont été toutes plantées pour labourer à 1 60 ou 70 de largeur sur 1 mètre entre chaque pied de vigne, nous commençons maintenant la taille qui est celle à long bois, chaque pied de vigne à deux branches qui chaque année alternent entre elles pour fournir la branche à fruit et la branche à bois, nous n'avons jamais connu d'autre taille que celle-là, elle n'a pu malheureusement arrêter l'invasion du phylloxéra, car depuis quatre ans qu'il a fait son apparition, il a détruit les trois quarts de notre vignoble et cependant dans les vieilles vignes plantées à la mêlée il y a des pieds de vigne qui ont plus d'un mètre de hauteur et de dix centimètres de diamètre au pied. Nous commençons nos labours fin mars et nous déchaussons immédiatement après, nous hersons première quinzaine de mai ; le deuxième labour pour rechausser a lieu première quinzaine de juin et enfin vers. la 1er juillet on donne un léger coup de herse ou de bineuse ; un peu avant la floraison on fait tomber tous les sarments inutiles qui ne feraient que nuire à la branche à bois et à celle à fruit. Dans les vignes plantées pour labourer, les branches à fruits sont attachées en mars au fil de fer et dans celles à la mêlée la branche à fruits est ployée en demi-cercle et attachée au pied de vigne; le prix de revient est évalué à 140 francs par hectare.

BOUCHER.

AFFAIRES MILITAIRES.

Les Boucheries militaires.

Une nouvelle condamnation vient d'être prononcée contre un boucher de la banlieue de Paris, qui avait fourni aux soldats du fort de Bicêtre de la viande provenant d'une bête malade.

Voici plusieurs peines d'amende et de prison qui frappent, en peu de temps, les fournisseurs assez peu consciencieux pour servir aux ordinaires de la troupe ce qu'ils appellent « la viande à soldat ». Quelques-unes de ces fraudes ont même eu des conséquences graves : des compagnies, des bataillons entiers ont été malades ; des hommes ont succombé à l'empoisonnement.

Afin de sauvegarder la santé de leurs subordonnés, les officiers de la garnison de Toul ont institué récemment une boucherie militaire, placée sous la surveillance des vétérinaires. Une commission est à la tête de ce nouveau service : elle préside à l'achat, à l'abattage et à la vente. Tous les ménages militaires s'y alimentent en même temps que les ordinaires, et se procurent ainsi de la viande de bonne qualité et à bon compte.

Les officiers trouvent dans ce système des garanties que ne peut toujours leur donner la surveillance la plus active.

Il est peu de villes en France qui aient, comme Toul, une garnison de près de dix mille hommes c'est-à-dire assez nombreuse pour achalander une boucherie, exclusivement réservée à la troupe. Mais, si l'essai qui se fait dans cette place réussit, comme cela est probable, les garnisons à fort effectif suivront sans doute leur exemple.

POUR RIRE.

Un gros monsieur s'inquiétait des progrès de sa panse : il descend un jour chez un médecin, qui habitait la même maison que lui, l'étage au-dessous.

Celui-ci lui conseille de faire des armes et de la gymnastique.

— Impossible, dans ma position, de m'escrimer ainsi en public ; trouvez-moi autre chose.

— Alors, sciez du bois... ou non, tenez, faites du frottage, dit le médecin.

Puis, après un moment de réflexion, il ajoute de l'air le plus doctoral :

— Trois fois par semaine, par exemple, vous frotterez... mon appartement.

— Pourquoi pas le mien?

Parce que le mien est plus grand.

*
* *

Un vagabond comparait devant le tribunal correctionnel. Il est accusé d'avoir volé un pantalon.

Grâce à je ne sais quel artifice de plaidoirie, il est acquitté.

— Vous pouvez vous retirer, lui dit le président.

Le prévenu ne bouge pas.

— Allez vous-en ! lui crie son avocat, vous êtes libre.

Même immobilité.

— Mais qu'attendez-vous donc? demande son défenseur qui soupçonne quelque mystère.

— J'attends, dit tout bas le prévenu dont l'innocence vient d'être reconnue, que les témoins à charge soient partis. S'ils me voyaient, ils reconnaîtraient le pantalon. Je l'ai sur moi !

*
* *

C'est le soir, autour de la lampe de famille.

Le petit Joseph Prud'homme lit le dernier rapport municipal d'une voix très ensommeillée. Il en est à ce passage :

« La conduite du grand égout collecteur est excellente de tout point. »

— Mon fils, interrompt M. Prudhomme, avec gravité, que cet exemple vous serve de modèle !

*
* *

Au coin de la place :

Un bon pochard s'adresse à un sergent de ville :

— Pardon... excuse... mon sergent... je cherche l'autre côté de la rue.

— Eh bien, traversez : c'est en face.

— C'est ce qui vous trompe, ô mon sergent ; j'en arrive, et tout le monde m'a dit que c'était ici.

*
* *

On parlait à Guibollard de la crue de la Seine.

— Encore une blague, s'écria-t-il ; je suis allé hier à Chatou ; l'eau paraît avoir monté, mais c'est une simple illusion.

— Comment cela ?

— J'avais fait une marque à mon bateau, elle n'a pas bougé.

Le « RENSEIGNEMENT UNIVERSEL »

28, rue Bonaparte, Paris.

Nos lecteurs sont au courant du fonctionnement général de cette œuvre, dont nous avons parlé dans nos précédents numéros.

Il nous semble utile, aujourd'hui, de leur indiquer l'organisation du service spécial des *achats et des ventes.*

Reposant sur une combinaison nouvelle qui écarte absolument toutes commissions, pots de vin, courtage, etc., ce service constitue le lien général entre l'offre et la demande quel qu'en soit l'objet, denrées de toute nature : grains, fourrages, pailles, foins, produits manufacturés, etc., etc.

Offres. — Les offres sont inscrites pour une année au répertoire spécial moyennant un droit fixe de 5 francs pour chaque espèce de marchandise, quelle que soit l'importance de l'offre.

Toutes circonstances de quantité, qualité, prix, époques de livraisons, facilités de paiement de nature à préciser l'offre sont indiquées de manière à éviter des retards et faciliter la vente.

Indications. — Ces renseignements que nous nous procurons complets auprès des vendeurs, nous les transmettons à tout acheteur qui nous en fait la demande, contre un droit fixe de un franc. Nous ne donnons que les renseignements qui nous paraissent utiles à la réalisation de l'achat ou de la vente.

Quelle que soit l'offre ou la vente proposée le *Renseignement Universel* est à même de fournir une indication utile, - Il ne voit que l'intérêt de ses clients, auxquels il évite ainsi l'obligation de se servir d'intermédiaires coûteux.

Il obtient les meilleures conditions de vente grâce aux affaires nombreuses qu'il procure aux fabricants et commerçants de toutes sortes, c'est l'acheteur renseigné par lui qui en profite.

Le *Renseignement Universel* met ainsi en relation, dans les meilleures conditions possibles, le vendeur avec l'acheteur et facilite considérablement les transactions et les ventes de gré à gré, ou dans les halles et marchés. C'est, en résumé, le but poursuivi par les promoteurs des syndicats agricoles, mais atteint par des voies différentes, dégagées de toute solidarité.

Nous rappelons que le *Renseignement Universel* répond à toute demande quelle qu'elle soit et n'a aucun rapport avec aucune agence.

PETITE POSTE.

M. F. R... (Bouches-du-Rhône). — *Mildew.* — Ce n'est que par son contact avec le feuillage que le sulfate de cuivre agit dans le traitement du Mildew. Appliqué aux racines, il n'a aucun effet. Il est certain que le sulfate de cuivre sur les raisins n'est pas aussi inoffensif qu'on le dit. Mais que faire?

M. B... (Haute-Vienne). — *Chemins de fer.* — Adressez votre demande à M. le directeur de la Compagnie des chemins de fer d'Orléans, Paris. Tâchez de la faire recommander par un personnage influent de votre contrée au directeur ou à un des administrateurs. Ces emplois sont très courus.

Nous avons envoyé un almanach à Nexon, poste restante.

M. E. L... (Lorraine). — *Arbres à fruits.* — Ces terrains profonds et graveleux conviendraient bien au pommier et au cerisier. Plantez des sujets de trois ou quatre ans élevés et greffés en pépinières.

L'autre champ marécageux devrait d'abord être assaini au moyen de fossés profonds. Plantez ensuite des pommiers d'espèces à *couteaux.* C'est une très bonne spéculation. Nous tenons des catalogues à votre disposition.

Vos réflexions sur Bismarck et sur la protection due à l'agriculture sont fort justes. Espérons que nos gouvernants finiront, eux aussi, par voir clair.

M. B... (Loir-et-Cher). — *Petits oiseaux.* — Par des tendues de baguettes engluées, il est facile, en hiver surtout, de prendre quantité d'oiseaux. Mais la destruction des oiseaux, dits *de pays,* est défendue, presque partout, par des arrêtés préfectoraux.

M. F. M... (Algérie). — Nous avons transmis votre commande et nous avons recommandé une très prompte expédition.

M. Ch. B... (Hérault). — Il nous reste très peu de collections de l'année 1890. Nous pourrons cependant, pour vous être agréable, vous en céder une au prix de 10 fr.

M. O... (Pas-de-Calais). — 1° *Fumier de ferme.* — Le mélange des phosphates fossiles avec le fumier est une excellente chose. Le phosphate est attaqué par les acides de la masse et il devient soluble. Dose, 10 kil. environ par mètre cube.

2° Oui, les phosphates de Pernes sont les plus assimilables.

3° Pour enrichir la nourriture des jeunes animaux en phosphore, nous vous recommandons la provende phosphatée de Savary (à Amiens, place Saint-Denis).

M. H. B... (Gers). — *Disparition.* — C'est au préfet de police, à Paris, qu'il faut écrire directement, en lui envoyant tous les renseignements possibles pour le guider dans ses recherches. Faites écrire par le maire de la commune. Nous vous aiderons volontiers. Avez-vous demandé des renseignements à la Compagnie des Omnibus de Paris? Quand le sieur M. B... a-t-il quitté son service? Voilà ce qu'il faudrait savoir.

M. L. A... (Oise). — *Liquidation judiciaire.* — C'est exactement la même chose que la faillite; seulement, elle n'a pas pour conséquences les déchéances politiques et électorales. Un *Monsieur* ruiné ses créanciers; s'il est dans le mouvement, il est déclaré en état de liquidation et il reste électeur plus que jamais. Votre lettre sera envoyée à notre vieux juge de paix.

M. R... (Jura). — *Chasse.* — Question délicate. Il vous est répondu par lettre particulière.

M. V... (Alpes-Maritimes). — *Valeurs financières.* — Nous ne pouvons nous charger de ces sortes d'affaires, et nous ne voulons prendre la responsabilité de vous donner même un conseil. Vous devez comprendre notre réserve. Il y a déjà trop de tripoteurs!

M. B... (Vosges). — *Cheval.* — *Eaux aux jambes.* — Evitez la boue et la fraîcheur. Coupez les poils aussi ras que possible, et, matin et soir, tamponnez les parties atteintes avec un peu d'ouate très légèrement imbibé de ce mélange : Glycérine blanche, 100 grammes alcool à 90° 5; Acide phénique, liquide noir, 5 grammes.

Aussitôt le tamponnage, projetez sur les parties humectées un mélange à poids égal de poudre d'amidon et de sous-nitrate de bismuth.

Toujours litière très sèche.

REVUE FINANCIÈRE.

La Bourse, ces jours derniers, n'a présenté que des variations insignifiantes et sans portée. Trois motifs, d'ailleurs, motivaient l'espèce d'hésitation, non exclusive d'ailleurs de fermeté, qui en a été la caractéristique : la période des fêtes que nous venons de traverser, la liquidation et l'émission de l'emprunt de consolidation.

Les affaires ont été nulles et sans importance. La liquidation s'est passée aussi bien que possible si l'on ne regarde que le taux de compensation; mais les reports ont été assez tendus, ce qui a jeté un certain désarroi sur le marché du terme.

Il nous suffira donc, d'indiquer celles des catégories de valeurs qui ont montré le plus de fermeté. De ce nombre sont, en fait de rentes, notre 3 0/0 et, relativement, l'Amortissable et les papiers d'Etat russes. Les institutions du crédit ont été proportionnellement plus calmes. Nos chemins sont en bonne posture.

Nous abrégeons nos réflexions sur les dernières bourses, pour tracer une rapide revue de l'année 1890, permettant de se rendre compte *de visu,* et d'après les chiffres, de l'étape considérable parcourue au cours de cette année exceptionnelle.

RENTES FRANÇAISES ET ÉTRANGÈRES.

	1889	1890		Différ.
3 0/0	87.30	95.05	+	7.75
Amortissable	92.10	96. »	+	3.90
4 1/2	105.82	104.27	—	1.55
Argentin 5 0/0	474. »	395. »	—	97. »
Extérieur espagn.	74.10	75.85	+	1.75
Italien	95.10	94.35	—	» 75
Portugais 3 0/0	65.50	58.40	—	7.10
Russe 4 0/0	92.50	98.35	+	5.85
Turc 4 0/0	17.50	18.85	+	1.35

Ces chiffres n'ont pas besoin de longs commentaires. On sait pourquoi l'Argentin, l'Italien et le Portugais sont parmi les valeurs dont le taux a baissé.

Quant à l'avance, inconnue jusqu'ici, de notre principal fonds d'Etat, avance qui a permis au ministre des finances de fixer à 92,55 le taux d'émission de l'emprunt qui a lieu samedi prochain, c'est le fait typique du marché.

INSTITUTIONS DE CRÉDIT.

	1889	1890		Diff.
Banque de France	4.110	4.305	+	195
Crédit Foncier	1.330	1.307	—	23
Banque de Paris	791	858	+	67
Compt. Nation. d'Esc.	645	638	—	7
Crédit Lyonnais	688	818	+	130
Société générale	457	497	+	40

La baisse très minime du Crédit Foncier s'explique par les vicissitudes qu'a traversées cette année cet établissement de crédit.

CHEMINS DE FER.

	1889	1890		Diff.
Est	785	880	+	95
P. L. M	1.280	1.485	+	105
Midi	1.185	1.327	+	142
Nord	1.630	1.850	+	220
Orléans	1.328	1.495	+	167
Ouest	905	1.030	+	125
Autrichiens	552	577	+	5
Lombards	293	313	+	20
Nord de l'Espagne	365	350	—	15
Portugais	626	580	—	46

Les chemins étrangers sont moins heureux que les nôtres ; il faut dire aussi que les nôtres jouissent de la confiance de l'épargne au même titre que notre papier d'Etat.

VALEURS INDUSTRIELLES.

	1889	1890		Diff.
Docks de Marseille	471	495	+	24
Gaz	1.448	1.435	—	13
Magasins généraux	525	548	+	23
Messageries maritimes	612	683	+	41
Omnibus	1.187	1.230	+	43
Voitures	765	720	—	45
Corinthe	135	82	—	53
Panama	67	36	—	31
Suez	2.321	2.420	+	109

Ici les mouvements sont moins accentués. L'épargne, visiblement, s'est un peu désintéressée de cette nature de placement, en quoi elle a peut-être tort.

Somme toute, l'année 1890 aura été exceptionnelle au point de vue de notre crédit public. Que sera 1891? Quand sera terminée cette grande opération de l'émission de l'emprunt, qui s'annonce comme un gros succès, nous verrons quelle sera l'orientation du marché.

EX-COUPON.

PRIX DU VOYAGE (ALLER ET RETOUR)
De Paris.... 100f en 2e cl., 78f en 3e cl.
De Lyon..... 53f en 2e cl., 39f en 3e cl.

ALLER.

Départ de Paris.....	le 5 février	à midi.	
Départ de Lyon.....	le 5 id.	à 11h40	soir.
Arrivée à Marseille..	le 6 id.	à 8 33	matin.
Départ de Marseille.	le 6 id.	à 8 48	matin.
Arrivée à Nice.......	le 6 id.	à 3 50	soir.

RETOUR.

Départ de Nice.......	le 11 février	à 1 20	soir.
Arrivée à Lyon......	le 12 id.	à 4 »	matin.
Arrivée à Paris......	le 12 id.	à 5 10	soir.

NOTA — Les voyageurs auront, à l'aller, la faculté de s'arrêter à Marseille et de se rendre ensuite à Nice par tous les trains ordinaires (sauf les express) pendant les journées des 6 et 7 février. Passé cette dernière date ils perdront leur droit au parcours de Marseille à Nice ; mais ils pourront reprendre le train de retour à son passage à Marseille.

On pourra se procurer des billets pour le train de plaisir, à partir du *15 Janvier 1891*, à la gare de Paris, 20, boulevard Diderot ; dans les bureaux succursales : rue de Rambuteau, 6 ; rue de Rennes, 45 ; rue du Louvre, 44 ; rue St-Lazare, 88 ; rue des Petites-Ecuries, 11 ; rue Saint-Martin, 252 ; place de la République, 8 ; rue Sainte-Anne, 4 et rue Molière, 7 ; rue Etienne-Marcel, 18, ainsi que dans les bureaux des diverses agences de voyages.

HALLES ET MARCHÉS.

SITUATION GÉNÉRALE.

Les cultivateurs ont de vives inquiétudes relativement aux céréales de la terre ; on craint que les dernières semailles se soient perdues, par suite des rigueurs de la température pendant le mois de décembre. Les marchés agricoles ne reprennent qu'à peine leur activité ; les cours de toutes les denrées se sont soutenues sans grandes variations.

GRAINS.

Blés. — Comme nous l'avons dit les transactions ont eu peu d'importance pendant la période des fêtes, et les apports sur les marchés ont été forcément restreints par l'état des voies de communication. Les cours se sont bien soutenus sans variations notables. On cotait samedi : Châlons-sur-Marne, 25 fr. les 100 kilog. ; Chartres, 22 fr. 50 à 25 fr. 85 ; Laval, 24 fr. à 24 fr. 75 ; Dijon, 24 fr. à 25 fr. ; Nantes, 25 fr. 75 à 26 fr. ; Bordeaux, 26 fr. à 26 fr. 25. A la halle de Paris, on côte les blés blancs de mouture du rayon, 24 fr. 75 à 27 fr. 25, et les roux, 24 fr. 25 à 26 fr. 50. Le marché commercial est calme aux cours suivants : disponible et courant du mois, 26 fr. 25 à 26 fr. 50 ; autres termes, 26 fr. 25 à 27 fr.

Seigles. — Prix soutenus en culture, de 17 fr. 25 à 17 fr. 50 les 100 kilog. à Paris. Au marché commercial, la tendance est calme aux prix de 17 fr. 25 pour le disponible et 17 fr. 25 à 18 fr. 25 pour le livrable.

Orges. — Cours sans changements ; on cote les bonnes qualités 19 fr. à 21 fr. les 100 kilog. les moyennes 17 fr. 75 à 18 fr. 50 ; les ordinaires, 17 fr. à 17 fr. 50. — Les escourgeons sont soutenus au prix de 19 fr. à 19 fr. 50 les 100 kilog.

Avoines. — Les avoines indigènes se vendent à la halle de Paris, 17 fr. à 19 25 les 100 kilog. suivant provenance, couleur et qualité ; en avoines exotiques, des Suède disponibles ont été offertes à 18 fr. les 100 kilog.

HUILES ET GRAINES OLÉAGINEUSES.

Huiles de graines. — Transaction sans activité à Paris aux cours suivants : huile de colza disponible, 63 fr. 75 à 64 fr. les 100 kilog. ; livrable, 64 fr. 25 à 66 fr. 50 ; le lin, 55 fr. à 55 fr. 50. — Les marchés des départements sont fermes.

Huiles d'olives. — Les huiles nouvelles se paient à Nice 115 fr. 50 à 122 fr. les 100 kilog. ; celles de la rivière de Gênes en primeurs, 105 fr.

Graines oléagineuses. — On cote à Arras : œillette, 24 fr. à 24 fr. 50 ; colza 16 fr. à 16 f. 50 ; lin, 19 à 21 fr. ; cameline, 12 fr. à 14 fr. 50 l'hectolitre ; à Caen : colza, 18 fr. les 104 litres.

TOURTEAUX. — ENGRAIS.

Tourteaux. — Les tourteaux de colza valent 13 fr. 50 les 100 kilog. à Caen ; — à Lille, on cote : colza indigène, 15 fr. 50 à 16 fr. ; étranger, 13 à 15 fr. ; œillette, 16 à 17 fr. ; lin indigène, 24 fr. à 25 fr. 50 ; chanvre, 20 à 21 fr.

Engrais. — Les affaires sont nulles pour le nitrate de soude ; pour les livraisons de janvier, on cote 17 fr. 50 les 100 kilog. à Dunkerque, et 17 fr. 60 à 17 fr. 75 pour le livrable dans les trois mois de février. — Le sulfate d'ammoniaque français est coté 29 fr. les 100 kilog. à Paris. Le sulfate anglais vaut 27 fr. 75, 28 fr. à Dunkerque. — Les cours des superphosphates sont calmes à Paris ; les fabricants ont baissé leurs prix dans une assez large mesure ; on cote : superphosphate soluble dans le citrate, 54 centimes le degré par 100 kilog. pour marchés au-dessus de 1,000 tonnes, et 57 centimes pour quantités inférieures ; solubles dans l'eau, 58 et 60 centimes. Dans le Nord, les cours sont de 48 à 50 centimes ; à la Rochelle, Bordeaux et Nantes, on tient de 58 à 60 centimes. — Les phosphates de la Somme sont tenus par 1.000 kilog. et par unité de phosphate : 60 à 65 pour 100, 0 fr. 50 à 0 fr. 95 ; 65 à 70 pour 100, 1 fr. 03 à 1 fr. 05 ; 70 à 75 pour 100, 1 fr. 28 sur wagon à Doullens. — Le chlorure de potassium à 90 degrés vaut 21 fr. les 100 kilog. à Lille ; le sulfate de potasse, 23 fr. ; le nitrate de potasse, 42 fr. — Les matières organiques se vendent à Paris ; cuir forréfié, 1 fr. 30 l'unité d'azote ; corne torréfiée, 1 fr. 50 à 1 fr. 55 ; sang desséché non moulu, 1 fr. 65 ; moulu, 1 fr. 80 ; viande desséchée non moulue, 1 fr. 70 ; poudre d'os dégélatinée, 13 fr. 50 à 14 fr. les 100 kilog. à Paris ; non dégélatinés, 12 fr. 50 ; superphosphate d'os pur, 0 fr. 74 l'unité.

Farines de consommation.

Nous ne constatons pas de changement dans les prix ; les offres sont relativement restreintes, mais la demande reste calme en boulangerie.

MARQUE DE CORBEIL	61 fr.		(38 85	100 k.).
	159 kil.		100 k.	
Marques de choix	61 à	62	38 85	à 39 49
Premières marques....	60	61	38 21	38 85
Bonnes marques.....	58	59	36 94	37 58
Marques ordinaires....	57	58	36 30	36 94

Le sac de 159 k. toile à rendre, rendu a domicile, payement comptant, ave 1/2 0/0 d'escompte ou 30 jours sans escompte.

Fourrages et pailles.

Paris, La Chapelle.

	1re qté.		2e qté.		3e qté.	
Foin 101 bot. dans Paris	48 à	49	45 à	47	43 à	45
Luzerne........	47	48	45	46	43	44
Paille de blé	31	32	29	30	24	20
Paille de seigle	28	29	26	27	24	25
Paille d'avoine	26	25	24	23	22	21

Le tout aux 104 bottes dans Paris.

COURS DE DIFFÉRENTS MARCHÉS (par 100 kil.).

	Paille.	Foin.
Le Puy	4 75	7 50
Dijon....................	4 50	7 25
Blois....................	3 75	6 75
Toulouse.................	4 75	7 »»
Chalon...................	6 25	7 75
Beauvais.................	4 »»	6 »»
Orléans..................	6 »»	7 50
Douai....................	5 »»	8 50

Issues, les 100 kil.

Il y a toujours beaucoup d'activité dans la demande et de fermeté dans les prix, mais seulement pour le disponible.

Nous cotons par 100 kil. en gare d'arrivée à Paris :

Son écaille.............	14 75 à	15 »
— gros	14 25	14 50
— trois-cases.........	13 75	14 »
— fin	12 50	13 »
Recoupettes.............	12 50	13 »
Remoulages blancs........	17 »	18 »
— bâtards.........	15 »	16 »

MARCHANDISES DIVERSES.

Fécules.

Les prix restent fermement tenus, mais sans changement ; affaires assez bonnes ; demande pour les fécules deuxièmes et troisièmes.

Les 100 kil.

Paris. — Fécule 1re, grains	31 » à	33 »
Oise. — Fécule 1re, grains.....	28 50	30 50
Vosges. — Fécule 1re, grains ...	30 »	32 »
Saône-et-Loire	32 »	33 »
Loire. — Fécule 1re, grains	28 »	30 »
Auvergne. — Fécule 1re, grains..	28 »	30 »
Fécules secondes selon qualité....	21 »	27 »

Pommes de terre.

Les 1.000 kil.

Hollandaises..........	90 » à	100 »
Vosgiennes	60 »	»» »
Early roses	50 »	65 »
Saucisses	70 »	80 »
Rondes...............	60 »	65 »
Chardonnes	55 »	60 »

Tourteaux, les 100 kil.

	Colza	Œuillette	Lin	Cam.
Lille...	15 75 à 17 25	16 25 à 17 25	21 50 à 22 50	15 50
Arras ..	14 75 15 50	16 50 17 50	21 .. 22 »»	14 50
Gd Moulin Corbeil..	15 50		19 75	
	Cophra	Arachide déc.	Sésame	Lin.
Marseille	13 50 à 14 25	14 25 15 ..	14 .. à 15 25	16 50

GRAINES DIVERSES.

Maïs, les 100 kil.

Paris	15 » à 20 »		Agen......	15 50	18 25
Alais	14 75	17 »	Grenoble..	16 50	19 »
Ruffec	15 50	16 »	Reims.....	16 75	18 25

Sarrazin, les 100 kil.

Paris......	16 » à	16 »	St-Pierre..	16 » à	17 »
Mayenne..	15 75	16 50	Nantes....	15 75	17 »
Rennes....	15 50	16 »	Orléans ...	15 75	16 50

Légumes secs, les 100 kil.

	Haricots	Pois	Vesces	Lentilles
Paris......	20 à 47	21 à 26	» »	45 à 70
Rouen.....	42 57	50 63	26 28	77 »
Marseille..	18 30	23 32	25 34	19 24 50

Graines fourragères, les 100 kil.

Luz. de Prov.	120 à	150	Minette.....	25 à	50
— du Poitou	105	115	Sainfoin à 2 c..	25	28
— d'Italie ..	120	130	Sainfoin à 1 c..	26	28
Trèfle blanc..	»	»	Pois jarras...	18	19
— violet..	120	150	Vesces.....	17	18

Raisins secs à boisson.

(Cours de la maison Audibert, 53, rue des Minimes, à Marseille).

PRIX ACTUELS (grande baisse).

Corinthe, Roi de Grèce, petits grains Extra 1er choix....... 100 kilos 57 »

			M.
Corinthe, le Turban, gros grains	»	»	M.
Corinthe petits grains, 1er choix	»	»	54 »
Thyra. 1er choix	»	»	48 »

BEURRE, ŒUFS, VOLAILLES.

Paris, 7 janvier.

Beurres en mottes.

L'arrivage d'hier a été de 37.000 kil.
L'arrivage approximatif a été de 7,999 kil.

Beurres en livres.

L'arrivage d'hier a été de 13,000 kil.
L'arrivage approximatif a été de 12,829 kil.

Fermiers	au kilo		Touraine	au kilo	
Extra	3 20 à	3 00	Extra	2 80 à	2 90
1er choix	3 10	3 20	1er choix	2 70	2 80
2e choix	3 »	3 10	2e choix	2 60	2 70
Ordinaire	2 70	2 80	Ordinaire	» »	» »
Bourgogne			Vendôme		
Choix	2 50	2 60	1er choix	2 60	2 70
Ordinaire	2 40	2 50	2e choix	2 50	2 60
			Ordinaire	2 30	2 40
Gâtinais			Beaugency		
1er choix	2 80	2 90	1er choix	2 60	2 70
2e choix	2 70	2 80	2e choix	2 50	2 60
Ordinaire	2 50	2 60	Ordinaire	2 30	2 40
Le Mans			Fausse Touraine		
Choix	2 40	2 50	Choix	2 60	2 70
Ordinaire	2 30	2 40	Ordinaire	2 50	2 60

Œufs, *le mille :*

Normandie (Extra)	120 à	145	Bourgogne	106 à	112
Brie (Extra)	»	»	Champagne	110	114
Picardie (Extra)	125	158	Nivernais	104	106
Picardie ord.	105	118	Cosne	110	112
Touraine gr.	120	132	Bourbonnais	102	106
Touraine ord.	105	115	Bretagne	96	108
Beauce	118	125	Vendée	98	110
Orne	105	116	Auvergne	95	100
Châtellerault	106	108	Midi	102	115

Œufs de conserve à la chaux........... 80 à 84

Fromages.

Brie fermiers, haute marque	les dix	70 à	80
— — grand moule	—	50	55
— — moyen moule	—	35	40
— — petit moule	—	20	28
Brie laitiers moyen moule	—	16	22
Gruyère 1re qualité	100 kil.	165	195
— 2e qualité	—	130	150
Roquefort 1re qualité	—	270	280
— 2e qualité	—	200	220
Géromé (Gérardmer	—	100	110
Limbourg (suivant qualité)	—	100	110
Munster (suivant qualité)		125	135
Romatour (suivant qualité)	—	110	120
Hollande (croûte rouge)	—	160	180
— Plats (Gouda)	—	100	130
Cantal (suivant qualité)	—	130	140
Façon Port-Salut, 1er choix	—	160	170
— — 2e choix	—	120	130
Bourgogne	le cent	80	90
Saint-Nectaire	—	90	100

Livarots :		1er choix.		2e choix.	
En caisse de 30	le cent	100 à	110	.. à	..
En caisse de 36	—	90	105	70	80
Camembert	—	70	80	50	60
Façon Coulommiers	—	45	50	35	40
Bondons	—	14	17	8	10
Gournay	—	20	24	10	14
Mont-d'Or	—	35	45	..	..

Volailles.

Canards :			Pigeons :		
nantais	4 » à	6 »	maconnais	» 70 à	1 »
de ferme	3 »	5 »	italiens	» 70	1 »
Dindes nouv.	6 »	10 »	bizets	» 40	» 80
Oies nouvelles	5 »	9 »	Poulets :		
— (2e qté).	3 »	5 »	nantais	3 »	5 »
Pintades	2 50	3 50	touraine	3 »	5 »
Lapins domestiques.	1 50	3 »	gâtinais	3 »	5 50
			du Midi	1 50	2 75
			communs	1 25	1 75

Gibiers.

Lièvres gros	5 » à	7 »	Faisans poules	3 » à	4 »
— petits.	3 »	5 »	Alouettes, la douzaine	2 »	2 50
Perdreaux	2 50	3 25	Chevreuils	2 »	2 50
Perdrix	1 75	2 25		le kilog.	
Garennes	1 75	2 25			
Faisans coqs	4 »	6 »			

Marché moins ferme.

Cours fournis par MM. de Bridiers, Jouslin et Scelle, facteurs assermentés, 2, r. de Valois, Paris.

BESTIAUX.

La Villette, 8 janvier — Bestiaux. — Vente calme sur le2 bestiaux, plus facile sur les veaux, difficile sur les moutons et très mauvaise sur les porcs.

COURS officiels.	Amenés.	Vendus.	1re qualité.	2e qualité.	3e qualité.	Prix extrêmes.
Bœufs	1.893	1.791	1 60	1 42	1 34	1 18 à 1 64
Vaches	575	482	1 56	1 31	1 22	1 14 1 60
Taureaux	125	125	1 44	1 36	1 28	1 16 1 48
Veaux	1.000	911	2 20	2 »	1 86	1 68 2 36
Moutons	8.030	6.913	2 12	1 94	1 72	1 64 2 22
Porcs	4.675	4.418	1 30	1 26	1 20	1 14 1 34

Marché du lundi 5 janvier.

	Amenés	Vendus	PRIX AU POIDS NET 1re qual.	2e qual.	3e qual
Bœufs	2.639	2.351	1 60	1 44	1 36
Vaches	668	518	1 56	1 36	1 24
Taureaux	183	183	1 42	1 38	1 26
Veaux	1.197	1.095	1 10	1 92	1 78
Moutons	8.662	7.356	2 14	1 98	1 74
Porcs	3.810	3.607	1 32	1 28	1 24

	PRIX AU POIDS VIF 1re qual.	2e qual.	3e qual.	Prix extrêmes.
Bœufs	» 97	» 83	» 71	» 62 à 1 00
Vaches	» 94	» 74	» 61	» 55 » 97
Taureaux	» 90	» 82	» 65	» 61 » 93
Veaux	1 26	1 10	» 94	» 76 1 40
Moutons	1 10	» 94	» 70	» 72 1 21
Porcs	» 90	» 86	» 82	» 76 » 92
Peaux de moutons en laine				» » » »
Id. id. demi-laine				» » » »

Viandes abattues. — Criée du 2 janvier.

		1re qualité.	2e qualité	3e qualité.
Bœufs	le kil.	1 40 à 2 80	1 20 à 2 60	1 .. à 1 86
Veaux	—	1 90 2 06	1 71 1 86	1 60 1 70
Moutons	—	1 80 1 90	1 36 1 76	» 90 1 30
Porc entier	—	1 20 1 30	1 06 1 16	» 90 1 »

Cuirs et peaux, les 50 kil.

Taureaux	43 75 à	45 25	Vaches lourdes	46.50	47.25
Gros bœufs	51 75	55 25	— de bandes	37.75	41.50
Moy. bœufs	45 75	48 25	Gros veaux	64 25	66.50
Pet. bœufs	38 50	39 75	Petits veaux	66.75	68.50

Médaille d'Or. ✱ Exposition Universelle 1889. ✱ Médaille d'Argent.

VACHERIE à céder, près Paris. Belle clientèle. Maison ancienne. 28 vaches, premier choix. 370 litres lait vendus 0 fr. 41 c. Beau pavillon d'habitation, vastes étables et greniers. Frais généraux peu élevés. 12,000 fr. bénéfices nets à placer par an. On traitera avec 20,000 fr. argent ou sans argent avec garanties sérieuses. — S'adresser à MM. Laporte et Lefranc, 93, boulevard Sébastopol, Paris. — Sont vendues les vacheries annoncées précédemment.

Avis aux Eleveurs et Nourrisseurs.

Les cosses et brisures de fèves de la maison Ph. Breuil, de Dijon, d'une pureté absolue et très riches en principes nutritifs, se recommandent pour l'engrais du bétail et la nourriture des chevaux.

Semoir et Distributeur d'Engrais

Système MAGNIER.

Envoi franco du catalogue illustré.

Expériences du 23 septembre 1880, 1er prix - 20 avril 1890, Poitiers, 1er prix.

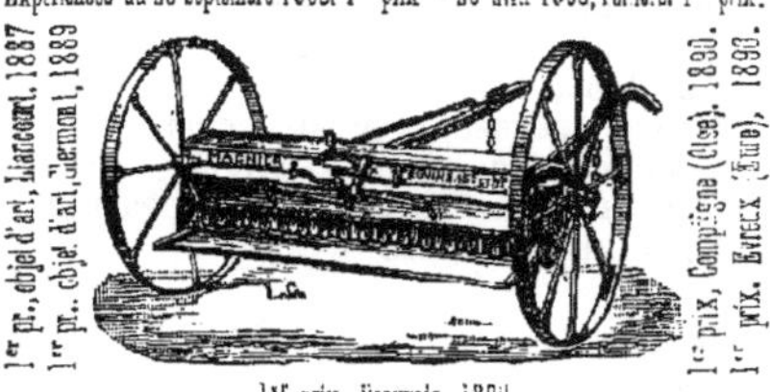

1er pr., objet d'art, Liancourt, 1887 — 1er pr., objet d'art, Clermont, 1889 — 1er prix, Compiègne (Oise), 1890. — 1er prix, Evreux (Eure), 1890.

1er prix, Beauvais, 1890.

MAGNIER, constructeur breveté, Provins (S.-et-M.).

GUÉRISON RADICALE DE LA DIARRHÉE DES VEAUX PAR LA POUDRE CHOQUELIN.

1 franc la boîte

franco par la poste.

Dép. g., Phie HAUVESPRE, Courville (Eure-et-Loir).

ACHATS & VENTES

DE

PRODUITS AGRICOLES, VINICOLES,

BOIS EN GROS.

CHAPITEL, 23, rue de Paris, Clichy (Seine).

Agents sont demandés.

L'Administrateur-Gérant : Albert Renot.

Beauvais. — Imp. D. Père. — A. Cartier, Gérant.

Faucheuses. Faneuses. Râteaux à cheval. Presses à fourrages. Brise-Tourteaux. Appareils à cuire. Egrenoirs de maïs. Rouleaux. Semoirs. Transmissions par arbres et par câbles. **Matériel** de brasserie et de féculerie.

ALBARET (O. ✱ et O. ✱)

MACHINES AGRICOLES.

Ateliers de Construction et Administration à **LIANCOURT-RANTIGNY** (Oise).

Magasin et bureau, à PARIS, boul. de Strasbourg, 63 (entrée par le passage du Désir).

Succursales : Saint Quentin, boulevard Victor-Hugo, n° 52; **Chartres**, rue du Grand-Faubourg, n° 76; **Abbeville** (Somme), rue Ringois, n° 41; **Cambrai**, M. Mesnil, rue des Bouchers, n° 13.

Récompenses obtenues aux Expositions universelles et Concours internationaux.

Machines à vapeur fixes, horizontales et verticales.

Générateurs.

Machines à vapeur locomobiles.

Manèges fixes, mobiles et semi-fixes.

Batteuses fixes et portatives, conservant ou brisant la paille.

Engreneurs mécaniques.

Semoirs à engrais, à graines et à haricots.

Hache-maïs et **Coupe-racines** à force centrifuge transportables.

206 Médailles d'or.

Exposition	Récompenses
1862. Exposition de Londres.	1er prix : grande médaille ; 2e prix : mention honorable.
1864. Exposition internationale de Bayonne.	Médaille d'or, donnée par le Gouvernement ; médaille d'or, donnée par la Commission de l'Exposition.
1865. Exposition universelle de Porto.	Grande médaille d'argent.
1867. Exposition universelle de Paris.	Grande médaille d'or, la plus haute récompense pour locomotive routière et machines agricoles.
1869. Expos^on d'Amsterdam.	Diplôme d'excellence.
1869. Exposition de Beauvais. 1872. Exposition de Lyon.	Deux diplômes d'honneur, comme exposant et membre du jury.
1873. Exposition univ. de Vienne (Autriche).	Grand diplôme d'honneur, la plus haute récompense.
1878. Exposition univ. de Paris.	Trois médailles d'or ; un objet d'art pour mérite exceptionnel sur le terrain ; une médaille de bronze ; quatre médailles argent et bronze pour collaborateurs.
1882. Conc. spéc. intern. de hache-maïs de Ste-Menehould.	1er prix : médaille d'or, donnée par la Société des Agriculteurs de France.
1883. Expos^on d'Amsterdam.	Diplôme d'honneur : la plus haute récompense.
1884. Grand concours international d'Amsterdam.	Prix unique : grande médaille d'or pour locomobile ; 1er prix : grande médaille d'or pour presse à fourrage ; 1er prix : grande médaille d'or pour machines à battre ; 1er prix : médaille d'argent pour hache-paille et dépulpeur.
1885. Exposition internation. d'Anvers.	Diplôme de médaille d'or, la plus haute récompense pour machines agricoles.
1889. Exp. d'économ. sociale, section XIV.	Médaille d'or ; médaille d'argent pour collaborateurs.
1889. Exposition universelle. - Membre du jury. Hors concours.	
1876. Société nation. d'agric. de France.	Grande médaille d'or : prix de mécanique.
1886. Société nation. d'agric. de France.	Rappel de grande médaille d'or pour l'ensemble des travaux de mécan. agric.
1888. Aniche (Nord).	Moissonneuse-lieuse à la ficelle, diplôme d'honneur avec félicitations du jury, pour la machine qui fonctionne à toute satisfaction.
1889. Comice agric. de Montdidier. Ailly-sur-Noye.	Diplôme d'honneur et médaille de vermeil pour batteuse et instruments ; médaille de vermeil grand module pour faucheuse et moissonneuse.
1890. Concours de Clermont	Diplôme d'honneur avec félicitations du jury, pour le bon fonctionnement de la moissonneuse-lieuse.
Plusieurs médailles or, argent et bronze à MM. les Collaborateurs de la Maison	

Concasseurs.

Moulins-bluteries.

Hache-paille.

Hache-maïs.

Hache-fourrage.

Coupe-racines

Laveurs de racines.

Moissonneuses simples.

Moissonneuses combinées.

Moissonneuses lieuses.

162 Médailles d'argent.

Envoi gratis sur demande des Catalogues illustrés.

16 Diplômes d'honneur et d'excellence.

Monte-Paille. Moteur domestique à vapeur à pression inférieure à celle atmosphérique. **Rouleaux à vapeur** et à traction de chevaux pour le cylindrage des chaussées d'empierrement. **Poteaux indicateurs** pour routes.

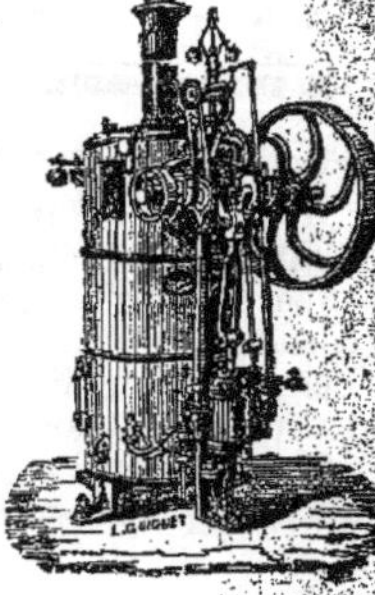

12e Année. — 2e Série. — N° 573. Dimanche 18 Janvier 1891.

GAZETTE AGRICOLE

JOURNAL HEBDOMADAIRE, PARAISSANT LE DIMANCHE

Rédacteur en Chef : M. Ch. GOSSIN, Professeur d'Agriculture à l'Institut agricole de Beauvais.

PRIX DE L'ABONNEMENT

UN AN, 5 fr. — SIX MOIS, 3 fr. — TROIS MOIS, 2 fr. 25

Pour l'étranger les abonnements ne sont reçus que pour un an, au prix de 6 francs, et ne partent que du 1er janvier ou du 1er juillet de chaque année.

Le numéro : 10 centimes.

Il est indispensable de joindre à toute demande de changement d'adresse la dernière bande d'adresse du journal et 50 centimes pour frais de nouvelles bandes.
Adresser les *Abonnements* et *Annonces* au secrétaire de la rédaction, **13, quai Voltaire, Paris,** ou à M. GOSSIN, rédacteur en chef et administrateur, à BEAUVAIS.

BUREAUX

13, quai Voltaire, Paris, et à Beauvais.

Les abonnements partent du 1er de chaque mois et sont payables d'avance. Toute demande d'abonnement doit donc être accompagnée du prix de l'abonnement. (Le mode de payement le plus simple est l'envoi d'un mandat-poste.)

Donner *très lisiblement*, en s'abonnant, son nom et son adresse exacte, *avec l'indication du bureau de poste*; et, s'il s'agit d'une continuation d'abonnement, joindre au renouvellement la dernière bande d'adresse du journal.

La GAZETTE AGRICOLE insère gratuitement les Communications des Syndicats agricoles

PRIMES A NOS ABONNÉS.

L'ALMANACH FRANÇAIS pour 1891 vient de paraître à la Librairie nationale.

L'administration de la Gazette agricole *met* gratuitement, *comme l'année dernière, cet Almanach à la disposition de ceux de nos abonnés qui manifesteront le désir de le recevoir* et joindront à leur lettre 15 centimes *en timbres-poste pour frais de port.*

Tout abonné qui renouvellera son abonnement, soit à l'expiration, soit par anticipation, par l'envoi d'un mandat-poste de 5 francs, recevra à titre de prime, à son choix, l'ALMANACH FRANÇAIS ou l'ALMANACH de la Société des Agriculteurs de France, ou un des ouvrages suivants : *Guide pratique pour l'achat et l'emploi des engrais commerciaux*, par Gaillot. — *Les Maladies de la vigne, les bons cépages, les meilleurs fruits*, par Boinette.

Les primes ne seront envoyées que sur demandes. Joindre 0 f. 15 pour l'affranchissement.

SOMMAIRE :

PARIS, 16 JANVIER.

L'événement de la semaine dont le Bonhomme Deschamps devrait avoir à s'occuper aujourd'hui, est semble-t-il, la rentrée de nos députés et sénateurs à Paris. Et cependant, il laissera de côté ce fait banal pour parler d'autre chose, d'un scandale dont il a été déjà question ici, et dont, on peut le dire sans exagération, tout le monde s'est plus ou moins occupé ! On devine qu'il s'agit du scandale de Toulon. En deux mots rappelons les faits. Le maire de cette grande ville, grand dignitaire de la Franc-Maçonnerie, et républicain du meilleure teint, a comparu devant les assises du Var, en compagnie de trois femmes, pour complicité d'avortement. Le jury a rendu un verdict affirmatif sans circonstances atténuantes pour le franc-maçon Fouroux, maire de Toulon, et la Cour l'a condamné à cinq ans de réclusion. Les trois femmes ont été condamnées à trois ans, deux ans et dix-huit mois de prison, le jury ayant estimé qu'elles étaient moins coupables que le chef de la municipalité de notre grand port militaire.

***

Au moment où se termine cette lamentable histoire, il n'est peut-être pas sans intérêt de rappeler tout le bruit qui, à l'origine, s'était fait autour d'elle. L'homme qui était mis en arrestation comme coupable de complicité dans un crime d'avortement n'était pas seulement le maire d'une grande cité, il était aussi un des chefs du parti républicain dans le département du Var; les radicaux en avaient fait leur candidat aux élections législatives. Il avait dans les plus hautes régions du parti des protecteurs puissants, des amis dévoués. Lorsqu'il arrive qu'un prêtre, un religieux commet un crime de droit commun, les journaux républicains ne manquent jamais de trouver dans ce fait isolé et personnel le sujet de nombreux articles à sensation. Nous voyons alors et pendant plusieurs jours des chroniques ayant un titre comme celui-ci : « Les monstres en soutane. » Nous assistons à un véritable débordement d'outrages, de calomnies, de haines furibondes contre le clergé et les ordres religieux.

***

L'occasion aurait donc dû sembler bonne aux journaux conservateurs pour user de représailles; et cependant aucun d'eux n'y a songé; il y a un genre de polémique dont il faut laisser le monopole à ceux qui ont l'esprit et le cœur assez bas pour s'y complaire. Mais, tandis que les journaux entachés de « cléricalisme » gardaient la seule attitude qui convient à d'honnêtes gens pour qui le crime d'un seul doit toujours rester le crime d'un seul, la plupart des journaux radicaux semblaient, au contraire, prendre à tâche de rappeler la haute situation qu'occupait dans leur parti cet homme que la justice avait eu l'impardonnable tort de traiter comme un criminel trouvé dans le vulgaire. On l'avait arrêté sur de simples indices, sans se donner le temps de les vérifier... on n'avait pris aucun des ménagements, aucune des précautions que sa position commandait de prendre... C'était un véritable scandale, et le conseil municipal de Toulon se réunissait officieusement pour demander la mise en liberté provisoire de l'accusé, et plusieurs cercles républicains lui envoyaient derrière ses barreaux le témoignage persévérant de leurs sympathies et de leur estime.

***

Bien mieux encore, certains journaux développaient à son profit cette thèse nouvelle que l'avortement n'est pas un crime, que la loi qui le frappe est un reste de « superstition catholique »; car nous vivons dans un temps et dans un pays où ceux qui s'adressent chaque matin à l'opinion publique ont le droit, paraît-il, de proclamer innocents des faits que la loi pénale punit comme des crimes. Nous n'avons pas vu encore, il est vrai, quelque savant docteur venir apporter devant la cour d'assises cette théorie contre la criminalité de l'avortement. Il nous semble même que le jury du Var, à en juger par son verdict, lui aurait fait un assez mauvais accueil. Mais cela viendra un jour ou l'autre. N'avons-nous pas entendu naguère, et pendant plusieurs heures, devant la cour d'assises de la Seine, un professeur d'une Faculté de l'Etat développer un système qui, dans un grand nombre de cas, ferait des crimes les plus certains des crimes hypothétiques devant lesquels la justice serait désarmée et obligée de reculer ?

***

Nous ne voulons pas insister sur les débats qui viennent de se terminer. Cet homme que ses amis politiques avaient tant à cœur de sauver, s'est montré si odieux, son ignominie dans le crime et après le crime avait été telle, il a soulevé par son attitude tant d'indignation, de mépris et de dégoût, que pressé de toute part par les flots de colère qui montaient jusqu'à la barre, son défenseur demandant aux jurés de l'acquitter, s'est écrié à un moment de sa plaidoirie : « Crachez-lui au visage, mais ne le condamnez pas! » Et les soulèvements de l'opinion publique contre l'ancien maire de Toulon étaient devenus tels que plus d'une fois au cours des débats on s'est demandé si ils n'auraient pas pour résultat d'entraîner le jury à un excès d'indulgence pour la malheureuse qui, oubliant le nom qu'elle portait et dont elle avait la garde, oubliant ses enfants qui grandissaient auprès d'elle, s'était livrée à cet ignoble pourchasseur de femmes, et de faiblesse en faiblesse était allée avec lui jusqu'au crime. Le jury a résisté à cet entraînement. Impitoyable vis-à-vis de celui qui ne méritait aucune pitié, il a fait aux autres la part de commisération qui pouvait leur être due; il n'a pas voulu aller au delà, et son verdict est de ceux que la conscience publique satisfaite ratifiera pleinement.

***

Lorsque le maire de Toulon fut arrêté, les magistrats qui avaient osé mettre la main sur lui furent l'objet des attaques les plus acrimonieuses. Les débats ont montré ce que valaient ces attaques. Le Bonhomme Deschamps a ici son franc parler vis-à-vis de la magistrature que la République nous a faite; ce lui est une raison de plus pour être juste lorsque l'occasion s'en présente. Les magistrats de Toulon ont marché droit devant eux sans regarder à la haute situation du coupable et à ses puissantes relations. Autrefois un pareil fait n'aurait mérité aucune attention, on aurait même cru offenser un magistrat en disant de lui qu'il avait rempli son devoir. Aujourd'hui de tels exemples, lorsqu'ils se produisent, doivent être signalés, avec l'espoir qu'ils profiteront à ceux-là — trop nombreux peut-être — qui dans la magistrature nouvelle pourraient en avoir besoin.

LE BONHOMME DESCHAMPS.

NOUVELLES DE LA SEMAINE

« Suffrage universel » et « peuple souverain ». — Nous avons donné le résultat de l'élection législative qui a eu lieu il y a quinze jours à Saint-Flour dans le Cantal. Voici comment M. Andrieux, l'un des candidats républicains, apprécie le mode actuel d'élection, ce que les républicains opportunistes appellent « le peuple souverain par le suffrage universel. »

Si nous n'avons pas obtenu le succès que vos manifestations sympathiques faisaient prévoir, c'est que le suffrage universel a cessé d'être la libre expression de la volonté du plus grand nombre.

L'opportunisme a fait, du suffrage universel, une sorte de tripot où les grecs de la politique gagnent à coup sûr et où les honnêtes gens ont tort de s'aventurer.

Ne perdez pas de temps à rédiger des protestations. Ceux qui ont mission de les juger sont les complices des tricheurs.

S'ils s'avisaient de flétrir le vol et la fraude, ils condamneraient leur propre origine.

Patience! Patience! Le peuple finit toujours par avoir raison de ceux qui l'oppriment.

Voilà pour le « suffrage universel ». Le suffrage restreint est à son tour apprécié par M. Camille Pelletan, député radical, à propos de la sincérité des dernières élections sénatoriales:

Il semble que nous descendons d'un degré: les idées politiques s'évanouissent; le monde des affaires envahit tout. On l'a vu, même pour le suffrage universel et les élections dernières ont fourni à cet égard des symptômes alarmants. Jamais, depuis que tous les citoyens ont le droit de vote, rien de pareil ne s'était produit en France. Jugez de l'influence des mêmes moyens sur un scrutin tel que le scrutin sénatorial!

Le Sénat sort, non pas d'un mode d'élection, mais d'un mode de corruption électorale.

C'est la quintessence de la corruption.

Tricheurs et tripoteurs d'un côté, « quintessence de la corruption » de l'autre, voilà la source pure d'où jaillissent les élections en France.

Voyons est-il possible que tout cela dure?

A propos de laïcisations. — Nous possédons la statistique officielle des écoles congréganistes qui ont été laïcisées pendant l'année écoulée du 1er novembre 1889 au 31 octobre 1890.

Le nombre de ces mesures administratives a été de 355, dont 294 malgré la volonté des municipalités. Parmi ces écoles, 181 étaient pour jeunes filles, et 15 des écoles maternelles, où le prétexte de respecter la liberté de conscience ne saurait être invoqué.

On a, en outre, laïcisé 112 classes dans des écoles congréganistes que l'on n'a pu transformer. 66 écoles congréganistes ont été fermées pendant le même laps de temps.

Il n'est apporté aucun tempérament à l'exécution brutale de la loi et l'apaisement dont il a été tant parlé ne s'est pas réalisé. C'est dans vingt ans qu'il faudra voir à l'œuvre ces masses élevées désormais sans Dieu et sans morale.

D'autre part, voici comment des personnes pieuses répondent aux provocations bêtes et stupides de nos gouvernants :

La veuve d'un ancien secrétaire général de la préfecture de la Somme, Mme de Saint-Céran, vient de léguer à la ville d'Amiens une somme de 500,000 fr., pour la fondation d'un établissement de bienfaisance qui sera très probablement un hôpital pour les enfants malades.

On nous annonce également d'Amiens que M. et Mme Denis Galet, banquiers dans cette ville, vont fonder, en mémoire des trois fils qu'ils ont eu le malheur de perdre, un hôpital libre, destiné aux enfants phtisiques, et qui sera dirigé par des Sœurs de charité.

Voici au moins de petits malades qui seront assurés des soins vigilants et dévoués des religieuses.

Les traités de commerce. — Il ressort des déclarations du gouvernement à la commission des douanes et du vote rendu par la commission à la suite de ces déclarations que le gouvernement va dénoncer avant le 1er février prochain les traités de commerce avec les Pays-Bas, la Belgique, la Suède et la Norwège, l'Espagne et la Suisse, tous traités accompagnés d'un tarif de droits à l'entrée en France. Les traités ou conventions avec le Danemark, Libéria, les Etats-Unis, le Siam (spiritueux), l'Autriche-Hongrie, la Russie, l'Equateur, le Chili, le Honduras, la République Dominicaine, la Roumanie, le Mexique, la Grande-Bretagne, l'Allemagne (navigation), la République africaine ne seront pas dénoncés; ils seront, s'il y a lieu, l'objet d'une revision ultérieure, au même titre que le traité provisoire avec Haïti, et que les traités perpétuels avec le Siam, la Chine, le Japon et la Corée qui tous sont revisables à long ou bref délai. Enfin, il ne sera pas touché aux traités perpétuels sans clause de revision avec la Turquie (capitulations, traités de 1802 et du 25 novembre 1838), le Maroc, le Zanzibar, la Perse et l'Allemagne (10 mai 1871. — Art. XI). Mais en ce qui concerne la Turquie, la France reste maîtresse de reprendre sa liberté à toute époque, en matière douanière, par suite d'une entente (avril 1890) entre les deux gouvernements.

Bien entendu, c'est le programme du gouvernement et rien ne dit jusqu'à présent que la Chambre et le Sénat soient disposés à le voter.

EXPLOITATION DES PATURES

(Suite.)

Emploi du lait. Fabrication du beurre.

Pour réussir, et tout le monde peut et doit réussir, il faut : 1° faire monter rapidement la crème; 2° battre toujours de la crème fraîche, c'est-à-dire battre fréquemment; 3° extraire tout le petit lait du beurre.

Seuls, le premier et le troisième points comportent quelques explications :

On sépare promptement la crème de la masse du lait au moyen d'écrémeuses. Elles sont toutes bonnes et utiles, même les plus rudimentaires et les plus défectueuses. Les meilleures sont les écrémeuses *Laval* à force centrifuge. Soumis à une rotation de 6,000 à 7,000 tours à la minute, le lait se désagrège instantanément, la crème coule d'un côté et le petit lait de l'autre. Ces machines ont une telle puissance extractive, qu'avec leur concours on obtient une livre de beurre par 13 litres environ de lait. Mais comme elles exigent l'emploi d'une force motrice, et qu'elles ne peuvent être confiées qu'à un conducteur habile et expérimenté, pratiquement elles ne seront installées que dans les établissements industriels ou de grandes maisons de culture.

Il existe un autre mode d'écrémage, excellent dans ses résultats, d'une application beaucoup plus simple et moins dispendieuse, c'est le système *Cooley*, possible partout où l'on a de l'eau de source, un courant ou un réservoir d'eau froide, ne s'élevant jamais à plus de 15 degrés. Dans des vases spéciaux en fer blanc, dits *vases Cooley*, du nom de leur inventeur, de contenance de 8 et 17 litres, munis de deux petites fenêtres en verre et d'un robinet de soutirage, on coule le lait encore tout chaud et venant d'être trait; il est alors à une température de 36 à 38 degrés. On plonge ces vases dans un bassin ou réservoir d'eau, en les y submergeant complètement. Le froid, en saisissant le lait, s'oppose à sa coagulation; dans cet état de limpidité absolue les molécules butyreuses, qui sont les plus légères, montent rapidement à la surface, et les molécules aqueuses, les plus lourdes, descendent au fond du vase. Au bout de deux heures une ligne de démarcation très nette s'établit entre la crème et la masse du liquide; mais il convient, pour prélever toute la crème, d'attendre dix ou douze heures avant d'opérer le soutirage. Pour conserver fraîche la crème ainsi recueillie, on la met dans d'autres vases, qu'on laisse eux-mêmes séjourner sous l'eau jusqu'au moment de battre le beurre. Ce système diminue considérablement le travail et supprime, avec tous les inconvénients inhérents aux laiteries, l'emploi des vases en grès; il procure un beurre de premier ordre et se recommande par sa simplicité et sa grande propreté. Quant au lait écrémé, il peut être distribué tout frais aux porcs, et sa qualité est telle que les calculs sérieux auxquels nous nous sommes livrés établissent, par l'expérience que nous en avons faite, qu'il ressort par la croissance et l'engraissement des porcs, à 0 fr. 045 ou 0 fr. 05 le litre.

Il y a enfin de petites écrémeuses de modèles divers pour le lait, de deux ou trois vaches, dont heureusement l'usage se répand beaucoup dans les campagnes. Les unes ont la forme de tables creuses, garnies de fer-blanc, percées au fond; les autres celle de demi-cylindres, légèrement inclinés pour le soutirage. Elles reposent toutes sur ce principe, que la crème monte d'autant plus facilement que le lait est disposé suivant une couche plus large et plus mince, ce qui est la condamnation des pots de grès du pays, qui sont plus hauts que larges, alors qu'au contraire ils devraient au moins, comme dans bien des régions, être évasés et plus larges que hauts. Ces petites écrémeuses peuvent rendre de véritables services, si toutefois l'on sait utiliser avec intelligence la crème fraîche ainsi obtenue.

S'il est nécessaire de ne battre que de la crème fraîche, il n'est pas moins indispensable, une fois le beurre sorti de la baratte, d'en extraire aussi complètement que possible l'eau et le petit lait; car le petit lait, en rancissant promptement, altère rapidement toute la masse, lui communique un goût fort et l'empêche de se conserver. Quoi qu'en pensent nos ménagères, dont la main enlève au beurre son arôme, jamais aucune manipulation ne peut exercer une pression suffisante. Seuls des instruments sont aptes à remplir cet office : ce sont la *délaiteuse* et le *malaxeur*.

La *délaiteuse* est une sorte de gros récipient métallique dans lequel se place le beurre à l'état granuleux, au sortir de la baratte. Par l'effet de la force centrifuge, le lait de beurre est immédiatement séparé. Mais cet instrument, en raison de son prix élevé et de la force motrice qu'il exige, ne se rencontre guère que dans les beurreries industrielles (1).

Le *malaxeur* est une sorte de table circulaire tournante, munie d'un rouleau à rainures, sous lequel le beurre passe un certain nombre de fois; sous cette pression l'eau et le petit lait s'échappent en s'écoulant par des trous percés dans la table. Si l'on ne veut pas faire la dépense d'un malaxeur (2), il est pour les petits cultivateurs un moyen simple et économique de suppléer à cet instrument, c'est de se servir d'une tablette en bois, sur laquelle on place le beurre, et de se procurer un rouleau à rainures portant deux mancherons à ses extrémités. On passe ce rouleau plusieurs fois sur le beurre en appuyant assez fort, puis on retourne le beurre et on recommence ainsi jusqu'à ce qu'il ne coule plus de petit lait. A première vue un beurre malaxé se reconnaît d'un autre qui ne l'est pas : sa pâte est fine, serrée, homogène et d'une couleur absolument uniforme.

On peut à la rigueur se passer de la délaiteuse; quant au malaxeur, il est indispensable.

Que nos cultivateurs fassent l'essai de l'ensemble de ces recommandations et nous leur promettons le succès. Nous leur garantissons que le lait, ainsi traité et utilisé, ressort actuellement à 0 fr. 15 le litre. Le calcul s'en établit facilement; les écrémeuses leur donneront, suivant la saison et les vaches, une livre de beurre par 14 ou 15 litres de lait, ce qui, au prix de 1 fr. 30 à 1 fr. 60, assigne au lait une valeur de 0 fr. 10 par litre. Le lait écrémé et donné tout frais aux porcs, se traduira ensuite par un bénéfice de 4 centimes 1/2 à 5 centimes par litre.

Jules Le Conte.

(1) Délaiteuse centrifuge à moteur, 700 francs;
id. à bras, 350 francs.
(2) Malaxeur rotatif, 140 francs;
id. plat à tablette, 20 francs.

LE FUMIER ET LES ENGRAIS (1).

Tout le monde reconnaît que le fumier est un bon engrais. Tout le monde a raison. Mais pourquoi le fumier est-il un bon engrais?

C'est, me répondra l'un, parce que le fumier est une matière *grasse* et qu'il *engraisse* la terre.

Non! ce n'est point parce qu'il est *gras* que le fumier est bon. Si vous en voulez la preuve, faites sécher 4 kilos de fumier par un moyen tel qu'il ne s'échappe aucun gaz, si ce n'est la vapeur d'eau. Alors ce fumier sera réduit en poussière sèche qui n'aura plus rien de *gras*. Puis au lieu de 4 kilos vous n'en aurez plus qu'un, parce qu'en général il y a 3 kilos d'eau dans 4 kilos de fumier et que toute l'eau s'est évaporée par le dessèchement.

Eh bien! ce kilo de fumier desséché fera dans la terre tout autant d'effet que les 4 kilos non desséchés, et pourtant ce kilo n'est plus *gras*.

En effet, dans notre opération, le fumier n'a perdu que son eau. Tous ses autres principes, il les a conservés, puisque nous avons pris nos précautions pour cela. Il est bien entendu, en effet, qu'il ne faudrait pas faire dessécher le fumier au feu ou au soleil, car il ne perdrait pas que son eau. Beaucoup de ses bons principes s'évaporeraient.

Qu'est-ce que c'est donc que ces bons principes du fumier?

Ces principes sont au nombre de douze à quinze, mais il n'y en a que quatre qui nous occupent, ce sont : *l'azote, l'acide phosphorique, la potasse et la chaux*.

Qui nous prouve cela?

C'est la science des savants; c'est la chimie. Et si nous n'avons pas confiance dans la science des savants qui ont découvert la lumière électrique, le télégraphe, et mille autres inventions qui sont sous nos yeux, si nous n'avons pas confiance dans ce que nous disent les savants, nous n'avons qu'à nous encroûter dans notre routine et à vivre en dehors de nos semblables.

Donc il y a, dans le fumier, de l'azote, de l'acide phosphorique, de la potasse et de la chaux.

A quoi cela sert-il?

Mais, à nourrir le blé, l'orge, l'avoine, etc. Quand nous enfermons du fumier dans la terre, nous ne le faisons pas pour *engraisser* la terre, mais bien pour donner *à manger* à nos récoltes, afin qu'elles grandissent et donnent de bons produits. De même, lorsque nous jetons du fourrage dans le râtelier de nos étables, nous ne le faisons pas pour *engraisser* ce râtelier, mais pour donner à *manger* à nos bestiaux, afin qu'ils grossissent et se vendent un bon prix.

Il ne s'agit donc pas d'engraisser la terre, mais de donner à manger aux plantes.

Les plantes mangent donc?

Certainement. Les racines des plantes contiennent mille petites bouches qui cherchent dans l'intérieur du sol la nourriture qui leur plaît. Or la nourriture qui leur plaît et qui leur est nécessaire, c'est l'azote, l'acide phosphorique, la potasse et la chaux.

Et quand le trèfle, la luzerne et toutes nos autres plantes ont mangé *leur content* d'azote, d'acide phosphorique, de potasse et de chaux, nous les cueillons et nous les donnons à manger à nos animaux.

Et qu'est-ce qu'il y a dans le trèfle, la luzerne, les choux et toutes nos autres plantes?

Il y a de l'azote, de l'acide phosphorique, de la potasse et de la chaux. Ce sont les savants qui nous l'enseignent, et nous pouvons les croire puisque nos plantes se sont elles-mêmes nourries et ont formé leur racine, leur pied et leurs feuilles avec les quatre principes du fumier.

Et nos animaux, à leur tour, quand ils ont assez mangé de fourrage, c'est-à-dire assez mangé d'azote, d'acide phosphorique, de potasse et de chaux, nous les tuons et nous les mangeons nous-mêmes pour former notre corps, nos os, etc., parce que le corps de nos bestiaux n'est pas autre chose que de l'azote, de l'acide phosphorique, de la potasse et de la chaux, comme notre propre corps à nous.

L'origine de tout cet enchaînement est donc le fumier.

Mais d'où vient le fumier?

Il est tiré de la terre, puisqu'il est formé avec la paille du blé et avec les fourrages qui ont traversé le corps de l'animal. Mais, le fourrage, en traversant le corps de l'animal, y a laissé quelque chose. Il y a laissé une partie de son azote, une partie de son acide phosphorique, une partie de sa potasse et une partie de sa chaux pour nourrir l'animal. Et cet animal, quand il sera gras, sera envoyé à la ville pour être vendu. C'est de l'azote, de l'acide phosphorique, de la potasse et de la chaux qui ne reviendront plus dans la ferme.

Mais le blé lui-même ne laisse que sa paille dans la ferme. Son grain s'en va à la ville et il ne reviendra pas dans la ferme. Or le grain du blé contient beaucoup d'azote, d'acide phosphorique, de potasse et de chaux, et c'est autant de perdu pour la ferme.

Par conséquent, le fumier ne rend donc à la ferme qu'une partie des quatre éléments qui lui ont été enlevés par les plantes.

Et à force d'envoyer à la ville du grain de blé, du grain d'orge, du grain d'avoine, des bœufs, des vaches, des chevaux, des porcs, des moutons, des oies, des poulets, des œufs, du beurre et du lait, on finirait par enlever toute la réserve d'azote, d'acide phosphorique, de potasse et de chaux que la Providence a déposée dans nos sillons.

Mais la Providence, dans sa sagesse infinie, a pensé à tout. Elle a suscité des savants qui ont découvert que dans certaines parties de la France il y avait à l'intérieur du sol, à une certaine profondeur, des réserves de *cailloux*, que ces cailloux étaient ici du marbre dont on fait de la chaux, là du phosphate dont on fait de

(1) Bulletin des Syndicats agricoles de Sablé et de Brûlon.

l'acide phosphorique, et que plus loin il y avait des réserves, enfouies également dans le sol. d'une espèce de sel blanc avec lequel on fabrique de l'azote et de la potasse.

Quand cela a été découvert, on s'est empressé d'en profiter; et l'on a eu les engrais chimiques, car l'azote, l'acide phosphorique, la potasse et la chaux, ce sont les engrais chimiques.

On les a apportés dans nos champs pour compléter le fumier, c'est-à-dire pour remplacer tous les grains et tous les animaux envoyés au marché de la ville.

Et nos terres qui commençaient à s'épuiser sont redevenues fertiles, parce que l'équilibre a été rétabli.

Et qu'on vienne me dire après cela que les engrais chimiques épuisent la terre !

C'est comme si l'on disait que le foin épuise le râtelier.

Non, les engrais chimiques n'épuisent pas la terre. Ils l'enrichissent, de concert avec le fumier, de même que le foin enrichit le râtelier. Plus on met de fourrage dans ce râtelier et plus on a de beaux bestiaux; plus on met d'engrais dans la terre, plus on a de belles récoltes.

Venez donc à nous sans crainte et avec confiance, vous qui hésitez encore. Considérez ce qui se passe chez vos voisins. Voyez ces fermes où l'on emploie les engrais chimiques depuis douze ans et dont les terres, loin de s'épuiser, sont de plus en riches.

N'écoutez pas les ignorants, les routiniers, laissez-les s'encroûter et suivez-nous. Marchons tous de l'avant.

P. R.

CULTURE DU POMMIER.

Récépages et Ebranchements

On laisse croître librement, la première année, les jeunes plants repiqués, en coupant cependant le bout des branches latérales qui, par leur croissance, pourraient nuire à la tige principale.

Un ou deux ans après le repiquage en pépinière et suivant la force du plant, on doit, vers le moment de la chute de feuilles ou avant que la sève soit en mouvement, recéper le plant, s'il n'a pas une belle pousse, à 10 centimètres du sol pour avoir ensuite pour haute tige, un sujet vigoureux qu'on choisit en mai ou juin, du côté du midi, autant que possible, et le plus rapproché du sol; on l'attache au tronçon res ant de la tige, puis on retranche les jets à côté, moins bien placés, ou mieux on les tord pour les retrancher en octobre suivant. Cette méthode a pour but de remplacer la tige par une nouvelle, plus droite, plus lisse et surtout plus vigoureuse; elle aide en outre à la formation des racines.

La coupe du récépage doit toujours être faite en flûte du côté du nord, afin que n'étant pas desséchée par l'ardeur du soleil, elle se cicatrise promptement. Enfin après un an, en janvier, on recoupe le chicot de l'ancienne tige et on recouvre sa plaie avec un mastic quelconque, soit avec l'*onguent de St-Fiacre*, composé de terre, bouses de vaches et regain coupé menu, soit avec l'*onguent forsyth*, dont nous parlerons à propos de l'*Entretien des pommiers*. Durant l'élongation de la nouvelle tige on conserve toutes les productions qu'elle laisse apparaître et on se contente de restreindre modérément, par des pincements répétés de mai à septembre, celles qui sont trop vigoureuses ou qui disputent au rameau terminal la prééminence qu'il doit conserver pour prolonger la tige.

Que le pépiniériste ne se laisse pas arrêter par le regret de raccourcir un plant qui lui semble déjà avancé, surtout quand ce plant n'est pas très vigoureux, mais qu'il le coupe et l'entretienne, comme nous venons de le dire, et bientôt il verra un jet vigoureux qu'il maintiendra droit au moyen d'un tuteur et qui, dès la première année, dépassera la hauteur que le plant primitif aurait mis plusieurs années à atteindre.

On raccourcit quelquefois ce jet à un mètre du sol, au mois de janvier, en laissant au-dessus du dernier œil conservé, un chicot de 8 à 10 centimètres de longueur, dégarni d'yeux pour y attacher, avec un jonc ou une écorce flexible la pousse du dernier œil conservé et destiné à prolonger la tige: ce chicot est enlevé l'année suivante à pareille époque.

P. BRASSART,
à Fléchin (Pas-de-Calais).

Blés d'hiver et blés de printemps

LES BLÉS DE PRINTEMPS

La gelée, qui persiste depuis plusieurs semaines avec une bien grande intensité, a empêché de finir les ensemencements et qui plus est, compromet beaucoup les blés en terre.

Il faudra donc avoir recours aux blés de printemps.

Quelles sont les variétés qu'on peut semer en hiver? et quels sont les blés qu'on peut semer en mars et avril?

Parmi les blés pouvant être semés jusqu'en février, nous mettons en première ligne le blé de Bordeaux, le rouge de Saint-Laud, le red chaff Dant zich.

Peuvent être semés jusqu'à fin mars: le blé de l'Ile de Noé, le blé seigle, le Rousselin, le Hérisson sans barbes, le Hérisson brun.

Enfin les vrais blés de printemps ne pouvant être semés en automne sont les suivants:

1° Blés de printemps sans barbes.

BLANCS. — Chiddam de mars, Californie.

ROUGES. — Saumur de mars, Mars rouge sans barbes, Carré de Sicile. Hérisson sans barbes.

2° Blés de printemps barbus.

ROUGES. — Mars barbu ordinaire, Victoria de mars, Précoce du Japon, mars rouge barbu.

TAILLE DE LA VIGNE.

Le bulletin du ministère de l'agriculture vient de publier un rapport fort intéressant de M. de Lapparent, inspecteur général de l'agriculture, sur une méthode nouvelle de la taille de la vigne, méthode appelée à jouer un grand rôle dans la viticulture si les faits rapportés ne sont point exagérés.

« J'ai eu récemment, écrit M. de Lapparent, l'occasion d'examiner, près de Cadillac, un fait viticole très intéressant et qui me paraît digne d'attirer l'attention du ministre de l'agriculture. Il s'agit, non d'un système nouveau de la taille de la vigne, mais d'un mode d'opération applicable aux différentes tailles.

C'est M. Dezeimeris, viticulteur distingué, observateur persévérant, grand propriétaire de la Gironde, qui applique depuis trois années dans son vignoble ce mode opératoire particulier de la taille avec un réel succès.

« Il consiste à ne pas faire, au moment de la taille, l'ablation totale des bois qui ont porté des fruits, ou des sarments inutiles dans la production de l'année suivante, *mais à les couper immédiatement au-dessus du premier nœud en éborgnant les yeux qui s'y trouvent.* L'ablation totale du chicot ainsi laissé n'est faite que l'année suivante ou même deux ans après, quand sa mortification est complète et alors que la sève circulant autour de sa base, y a provoqué des bourrelets bien formés qui la contournent et auront vite fait de se rejoindre dès que la section du bois mort aura été faite à leur niveau.

« M. Dezeimeris se base sur ce fait que toute plaie produite par la taille, soit au ras des branches charpentières, soit au-dessous du premier nœud, doit forcément amener une mortification pénétrante avec décomposition de tissus qui entrave d'autant plus la circulation de la sève que les plaies sont plus rapprochées les unes des autres par suite du mode de taille adopté et que la charpente du cep est plus contournée.

« Pour en faire la démonstration, il a fendu à la scie nombre de souches plus ou moins âgées, et les coupes montrent manifestement que les tissus actifs, resserrés, déviés, contournés par des mortifications malsaines intérieures dues à des sections rases, se trouvent souvent réduits à des proportions absolument insuffisantes pour que la sève circule bien et puisse alimenter les sarments.

« Lorsque, au contraire, la section est faite au-dessus du premier nœud (avec éborgnement des yeux), la mortification s'opère lentement, sans décomposition des tissus. Le bois se durcit mais ne se pourrit pas et à la base, la partie indurée dans la branche charpentière est aussi réduite que possible et *parfaitement saine*. D'autre part, la sève n'ayant pas trouvé de porte ouverte assez largement pour s'écouler et se perdre inutilement, est employée en plus grande partie à la formation des bourrelets qui sont destinés dans la suite à recouvrir rapidement l'emplacement de la section après l'ablation définitive du chicot.

« Les pieds ainsi traités depuis trois ans, sciés en long par le milieu, paraissent donner raison à cette séduisante théorie, et de vieilles souches ont pu retrouver une vigueur inespérée qui se manifeste nettement par la grosseur des chicots laissés. Les sarments de l'année, très longs, ont un diamètre double de celui de l'année dernière, qui eux mêmes sont beaucoup plus gros que ceux de l'année précédente. De plus, il y a une abondante production de raisins, alors que dans les vignobles voisins elle est très minime. »

Ce qui a amené M. Dezeimeris à pratiquer en grand ce mode d'opérer, c'est que, ayant remarqué en 1885 l'amoindrissement extraordinaire et même le rabougrissement d'un grand nombre de pieds d'Herbemont, soumis à la taille du pays et ne sachant à quoi l'attribuer, il se décida à ne pas en tailler quelques-uns, qui, dès l'année, suivante reprirent une grande vigueur, et récéper les autres qui poussèrent de terre des sarments magnifiques. De là à conclure que le mal n'était pas dans la racine, mais bien dans la partie aérienne, il n'y avait pas loin pour l'expérimentateur, de même qu'à se poser la question de savoir si le *martyre* (?) du mode d'opération de la taille imposé aux vignes françaises n'était pas pour beaucoup dans leur impuissance à résister aux atteintes du phylloxéra.

M. Dezeimeris avait conservé dans son vignoble une étendue de 50 ares environ de vieilles vignes qui, tout en se rabougrissant de plus en plus chaque année et étant arrivées à l'état de complète improduction, végétaient encore quelque peu; tout le reste avait été arraché et replanté en cépages américains. Il a pratiqué pendant trois ans sa méthode de taille, et je suis obligé de reconnaître, dit M. de Lapparent, que ce coin de vigne est à cette heure dans un état de vigueur extraordinaire. Les sarments ont une longueur et une grosseur exceptionnelles, et la production du raisin a été aussi forte qu'elle ait jamais été au temps de la prospérité, alors que le raisin a été fort peu abondant dans toute la contrée de Cadillac. De plus, M. Dezeimeris n'a appliqué ni engrais, ni fumier, ni insecticide d'aucune sorte. Enfin il faut ajouter que la vigne est bien phylloxérée; mais malgré la présence du parasite, les racines sont vives, bien actives, témoignant d'une réparation rapide de ses ravages.

Tels sont, en résumé, les faits exposés par l'inspecteur général de l'agriculture de la Gironde. Quelles conclusions en tirer pour l'avenir de la vigne? Peut-on entrevoir dans ce mode d'opérer la possibilité de lui rendre la vigueur nécessaire pour résister avec succès aux premières invasions du phylloxéra? N'est-ce pas là dans tous les cas une puissante aide aux insecticides?

Sans vouloir nous prononcer dans un sens trop optimiste, nous estimons que tous les viticulteurs doivent, dès cette année, faire l'expérience de la taille système Dezeimeris, puisqu'elle a l'avantage très précieux de ne coûter absolument rien, sans exposer en quoi que ce soit la vitalité de la vigne.

Dans de pareilles conditions et dans la perspective d'une réussite, qui donc voudra se refuser à tenter l'essai sur une étendue quelconque de son vignoble? LE PÈRE LAVIGNE.

Nouvelles agricoles.

Concours général agricole de Paris. — Protestation des éleveurs Normands. — Le concours général agricole, qui va ouvrir dans quelques jours au palais de l'Industrie à Paris, vient de donner lieu à une réclamation adressée par les éleveurs normands au ministre de l'agriculture qui nous est communiquée et que nous croyons devoir appuyer parce qu'elle nous semble juste. Les herbagers éleveurs normands protestent, au nom de l'élevage national, contre la faveur accordée aux animaux de race durham; ceux ci ont 18 prix, soit 4,325 fr. de primes, tandis que les reproducteurs normands n'ont à recevoir que 8 prix, montant à 2,050 francs; les Flamands, 4 prix, ou 1,600 francs; les Charolais, 6 prix, ou 1,800 francs; les Limousins, autant; les Bazadais, 6 prix, ou 1,600 francs; les Bretons, 7 prix ou 1,300 francs; les autres moins encore. En donnant les gros prix aux Durham, l'administration semble les recommander d'une façon toute particulière, lorsque nous avons des races indigènes qui occupent une place aussi considérable au point de vue des spéculations agricoles: telles que les races Limousines, Charolaises, Normandes, auxquelles on peut joindre la race Bazadaise, qui ne leur cède en rien. Et ils concluent: que l'on accorde des prix plus nombreux et nous ferons aussi bien que les éleveurs de Durham. C'est aussi notre avis. La race normande a ce grand avantage sur la race Durham qu'elle est laitière, ce qui ne l'empêche pas de fournir de nombreux bœufs gras au marché de la Villette.

La crise sucrière. — Le *Journal des fabricants de sucre* publie un relevé duquel il résulte que pour onze fabriques ayant semé 4,900 hectares, il reste 573 hectares ou près de 12 0/0 à arracher. La perte dans les champs et en silos représente bien 10 à 12 0/0 de la récolte totale.

Le lavage des betteraves gelées présente de grandes difficultés; la régie aura pris en charge, cette année, une notable proportion de terre sur laquelle les fabricants devront payer l'impôt, aucune tare ne leur étant accordée de ce chef.

On craint de nombreuses fermetures d'usines.

Société d'agriculture de la Nièvre. — CONCOURS D'ANIMAUX GRAS ET D'ANIMAUX REPRODUCTEURS. — Nous croyons utile de rappeler que le concours agricole de Nevers se tiendra en 1891 du 21 au 25 janvier courant, c'est-à-dire dans la semaine qui précédera le concours de Paris.

Le nombre des déclarations reçues permet de prévoir que le concours de cette année ne sera pas moins brillant que les précédents.

Le concours d'animaux gras de Nevers est le plus ancien et le plus important des concours de province.

Quant à l'exposition d'animaux reproducteurs, sa réputation est universelle; c'est en effet un spectacle unique que la réunion en un même concours de 230 à 250 taureaux de même robe, présentant tous les caractères de cette belle race bovine qui a porté si haut le renom de l'élevage nivernais. — Aussi le concours de Nevers est-il chaque année l'objet de nombreuses transactions.

Les expositions annexes de machines, volailles vivantes, fromages, beurres et produits, seront également très intéressantes.

Une exposition viticole et de plants franco-américains aura lieu dans une des dépendances du concours, lequel sera ouvert aux visiteurs et aux acheteurs le vendredi 23 janvier, à partir de midi.

Un nouveau fléau. — Les bestiaux américains. — L'Amérique du Nord, à qui nous sommes déjà redevables du phylloxéra et du doryphora, est en train de gratifier l'Europe d'un fléau presque inédit, l'*actinomycose*.

L'actinomycose est caractérisée par la présence d'un parasite qui détermine d'abominables abcès du cou et de la mâchoire, détruisant les muscles, altérant les os, déchaussant les dents qui tombent, et venant enfin s'ouvrir dans la cavité buccale... Tout un poème pathologique, comme on voit.

Ce parasite se développe sur le gros bétail, mais il est transmissible du bœuf à l'homme. Or, ce fléau dégoûtant sévit depuis quelque temps avec violence à Chicago, le grand marché des viandes américaines, et les vétérinaires anglais ont récemment signalé l'arrivage, en Angleterre, d'un bâtiment chargé de bœufs américains, parmi lesquels *quarante* ont été reconnus atteints d'actinomycose.

Est-ce que les Américains, qui aiment tant les *bills* prohibitifs, ne pourraient pas en décréter un pour prohiber l'exportation de ce fléau? Est ce que surtout nos gouvernants ne devraient pas prendre des mesures immédiates et sévères pour empêcher le débarquement dans nos ports des bestiaux d'Amérique?

Tarif général des douanes — Les peaux et les laines. — La commission des douanes s'est réunie mardi. Elle a repris la discussion sur les peaux.

Elle a repoussé un amendement de M. Milochau tendant à frapper les peaux brutes de toute nature d'un droit de 12 fr. les 100 kilog. sur les peaux fraîches et de 30 fr. sur les peaux sèches.

Puis elle a voté l'exemption pour les peaux brutes.

Conformément au système proposé par le gouvernement, le rapporteur a exprimé l'avis qu'il convenait d'exempter de tout droit les laines de provenance étrangère, les droits votés pour la viande constituant une protection suffisante pour notre élevage.

Après une longue discussion, la commission, par 26 voix contre 6, a repoussé un amendement de M. Milochau tendant à établir un droit de 15 fr. par 100 kilog. sur la laine en suint et à appliquer un drawbach pour la protection des intérêts de l'industrie.

Elle a été d'avis d'exempter les laines brutes comme elle avait déjà exempté les peaux.

Il a été décidé que la commission insèrerait un vœu dans le rapport pour la distribution de primes destinées à encourager la production de la laine.

CONSEILS DU JARDINIER

LA CULTURE DES CHRYSANTHÈMES.

La culture des chrysanthèmes ne présente aucune difficulté sérieuse.

Peu de plantes, dit le *Bulletin de la Société d'agriculture d'Eure-et-Loir*, se prêtent à une culture aussi facile. La multiplication se fait au printemps, sous cloches ombrées, avec de nouvelles pousses tendres que l'on coupe sur les vieux pieds. Les variétés de la Chine et du Japon sont en général très fragiles; elles doivent être rentrées en hiver dans une serre tempérée. On peut aussi faire les boutures plus tôt, si l'on a le soin de rentrer les plantes par avance dans une serre un peu chaude pour les faire pousser: on gagne ainsi un peu de temps et l'on obtient des plantes plus fortes à l'automne suivant.

Le bouturage se fait dans une terre sableuse dans les conditions indiquées plus haut. Après la reprise des boutures, il est utile de donner de l'air graduellement jusqu'à ce que les jeunes plantes résistent à l'air libre sans faner.

Lorsqu'elles sont parfaitement enracinées, on les transplante à demeure pour y être cultivées tout l'été. L'écartement des plantes est ordinairement de 0,30 sur tous les sens. Quelques jours après leur mise en place définitive, on pince les jeunes chrysanthèmes à 0,10 du sol environ.

Le premier pincement a pour but de provoquer l'émission de nouvelles branches qui doivent constituer la charpente principale du chrysanthème. Ordinairement ce premier pincement donne trois ou quatre branches, lesquelles sont également pincées un mois et demi après cette opération.

Alors s'établit la forme des plantes qui, traitées ainsi dans un sol frais, bien amendé, doivent produire des plantes trapues et parfaitement préparées pour la floraison future.

HORTUS.

CONSEILS A LA FERMIÈRE

LA PÉPIE DES POULES

Une coutume barbare qu'on devrait combattre par tous les moyens, c'est celle qui consiste à mutiler de pauvres poules sous prétexte qu'elles ont la pépie.

Une poule qui ne boit pas a la pépie.

Mais, malheureux qui vivez au milieu de la volaille et dont le premier devoir est de la connaître, comment pouvez-vous dire un non-sens pareil?

La poule ne se livre jamais à la boisson comme certains êtres de l'espèce bipède. Elle ne boit que pour faire passer son manger. Donc, quand la poule ne boit pas, c'est qu'elle ne mange pas, et si elle ne mange pas, c'est qu'elle est malade. Donnez à sa maladie le nom qu'il vous plaira, mais pas celui de pépie, invention des plus impardonnables.

Entêté dans votre raisonnement qu'une poule a la pépie quand on ne la voit plus boire, vous saisissez la malheureuse, vous examinez sa langue, vous apercevez à la pointe une substance cornée blanchâtre et triomphant, vous dites :

— Voilà la pépie.

Barbare aveugle, vous extirpez cette espèce d'ongle que la nature a pris soin de donner aux poules pour ramasser le grain à terre. La victime meurt le plus souvent. Si elle parvient à guérir, une nouvelle substance cornée lui vient au bout de la langue, tout comme un ongle arraché repousse.

Si l'opérateur de la pépie avait, pour s'éclairer, fait la visite de toutes les poules, il aurait vu que toutes ont le bout de la langue pourvu de la substance cornée. Il se serait dit alors : Ce n'est pas là que réside le mal, et il aurait tâché de le découvrir ailleurs.

La maladie que l'on appelle si sottement la pépie, provient le plus souvent d'aphtes et même de chancres placés sous la gorge des poules.

Prise à son début, cette maladie est facile à guérir.

Il suffit d'un morceau de beurre gros comme une noisette et d'un morceau d'aloès gros comme un haricot-riz.

On glisse l'aloès dans le beurre et l'on fait avaler la pilule à la poule.

Une heure après, la poule est complètement guérie. UNE MÉNAGÈRE.

CONSEILS DE L'APICULTEUR

LES ABEILLES ET LES GELÉES.

Depuis 1879, il ne nous avait été donné de supporter un hiver aussi rigoureux; la terre est gelée profondément et la neige la recouvre dans bien des contrées. C'est à ce moment qu'il faut le plus surveiller les entrées des ruches pour s'assurer si des rongeurs ne peuvent s'y introduire : ils ne manquent pas de le faire quand le passage le leur permet, car leur appétit est grands surtout cette année que tous les légumes sont gelés. Les abeilles, serrées les unes contre les autres, ne se dérangeant pas pour poursuivre les importuns, se trouvent à leur merci. Le rude hiver que nous avons doit nous faire comprendre combien il est nécessaire de nourrir et d'hiverner les ruches en septembre-octobre, les grands froids nous obligeant à les abandonner à elles-memes, à moins que nous disposions d'un local chaud pour y mettre les ruches pauvres et leur présenter des provisions. Cette façon de procéder ne doit être appliquée que lorsqu'on n'a pu faire le nécessaire à temps, mais il faut l'éviter autant que possible en raison de son application difficile. La mésange va aussi visiter l'entrée des ruches pour s'emparer des cadavres qu'elle y trouve. Mais parfois elle irrite les abeilles qui ne sont pas éloignées de l'entrée et en fait sortir quelques-unes que le froid saisit. Le pivert est un ennemi plus redoutable : avec son bec long et effilé, il perce les ruches en paille pour en extraire miel et abeilles. Mais comme cet oiseau est très poltron, il suffit, pour l'éloigner, d'attacher une feuille de papier à une ficelle placée au bout d'une perche inclinée de façon que le vent fasse flotter le papier.

Par les gelées très vives on a dû descendre dans un cellier seules ruches pauvres en abeilles et en provisions. On les remontera au dégel, lorsque la température permettra aux abeilles de sortir pour se vider. Les travaux extérieurs ne nous pressent pas, le froid nous retient au logis, les soirées sont longues, profitons-en pour confectionner des ruches, relire les notes prises pendant la bonne saison, lire les bons ouvrages apicoles. MUSCA.

AFFAIRES MILITAIRES.

La taxe militaire.

Le *Journal officiel* a promulgué le décret portant règlement d'application de la taxe militaire édictée par l'article 35 de la loi du 15 juillet 1889 sur le recrutement, dont la perception doit courir à partir du 1er janvier.

L'assujétissement à la taxe s'étend à tous les Français qui, par suite d'exemption ou de dispense, d'ajournement d'appel, de classement dans les services auxiliaires ou dans la seconde partie du contingent, bénéficient de l'exonération du service dans l'armée active.

Sont dispensés d'une partie de cette taxe, les jeunes gens qui, lors de la visite des conseils de revision, sont exemptés pour des infirmités entraînant l'incapacité absolue du travail.

La taxe militaire se compose de deux parties : l'une fixe, l'autre proportionnelle.

La taxe fixe est de six francs par an, plus un droit de huit centimes par franc pour frais de confection des rôles et de perception. La taxe proportionnelle est égale au montant en principal de la cote personnelle et mobilière de l'assujetti.

Jusqu'à ce que l'assujetti ait atteint l'âge de trente ans révolus, et à condition qu'il possède alors un domicile distinct de celui de ses ascendants, cette cote est due par les ascendants, si les ascendants du premier degré, ou à leur défaut ceux du second degré sont encore vivants, ou l'un d'eux seulement, et augmentée du quotient obtenu en divisant la cote personnelle et mobilière de celui des ascendants qui est le plus imposé à cette contribution par le nombre des enfants vivants et des enfants représentés.

Dans les mêmes détails et dans les mêmes conditions, celui des ascendants dont la cotisation a été prise pour base du calcul de la taxe est responsable du payement de cette taxe, si l'assujetti ne l'a point acquittée.

Le militaire qui ne fait qu'un an de service paiera, toutes autres conditions égales d'ailleurs, les deux tiers de la taxe proportionnelle à laquelle est imposé celui qui, par exemption, n'a point été incorporé dans l'armée active; et le taux sera d'un tiers de cette même taxe pour le militaire resté deux ans sous les drapeaux.

Enfin, la perception de la taxe est suspendue en cas de mobilisation, sauf pour les insoumis, les déserteurs et les exemptés.

POUR RIRE.

Le jeune Tomy vient de voir défiler, au Champ-de-Mars un régiment d'infanterie, musique en tête.

— Oh!... comme c'est beau!... s'écrie-t-il en battant des mains; mais, dis-moi, petite mère, à quoi qu'ils servent ceux qui ne jouent pas de la musique?

***

Un ivrogne zigzague près de la gare du Nord, un cigare à la bouche.

A un moment donné, il s'approche d'une colonne de gaz et, très poli :

— Pardon m'sieu... pourriez-vous pas vous baisser un peu pour m'donner du feu?

***

Le juge d'instruction à M. de Calinaux, qui vient de se battre en duel et de tuer son adversaire :

— Alors votre intention n'était pas de donner la mort à votre adversaire?

— En aucune façon, monsieur le juge d'instruction : j'ai visé à côté et... je n'ai pas atteint mon but!

***

Un explorateur rapporte qu'une petite île de l'Océan pacifique est habitée par des anthropophages, qui se nourrissent exclusivement des Européens naufragés que la mer amène sur leurs rivages. Chaque matin, ces indigènes adressent à leurs dieux une prière qui finit par ces mots : « Donnez-nous aujourd'hui notre blanc quotidien, et pardonnez-nous, etc. »

PETITE POSTE.

M. R..., à Montigny (Loiret). — Tout a été régularisé suivant votre désir.

M. de P... (Corrèze). — Votre lettre sera envoyée à notre vieux juge de paix, qui a déjà la première. La lira-t-il facilement?

M. B... (Oise). — *Blés de printemps* — Pour votre contrée, nous vous conseillons surtout le blé de Noé, à semer aussitôt que possible.

M. D... (Allier). — *Meules*. — Impossible de vous indiquer un chiffre. Cela dépend de la nature et du *poids* de la paille et du volume total de la meule. Plus la pression est grande, plus le poids du mètre cube sera élevé. Mais il est très facile sur place de se rendre compte.

M. J. M... (Alpes-Maritimes). — Le fumier provenant de bêtes à corne nourries avec des pommes de terre crues a exactement la même valeur que celui provenant des mêmes animaux nourris avec des pommes de terre cuites.

M. J..., à J... (Aube). — Merci de votre bonne propagande. — 1° Maintenant que la cartouche ne se déchire plus avec les dents, il est rare qu'une mauvaise denture soit un cas de réforme. Il n'en est pas de même des varices. — 2° *Frères jumeaux*. Selon la nature, c'est le deuxième arrivé qui est l'aîné. Selon la loi du recrutement, c'est le premier inscrit sur le registre de l'état civil qui est considéré comme l'aîné; c'est lui qui exempte l'autre, partiellement du moins.

M. G..., à V... (Marne). — *Locataires*. — Vous avez un privilège sur les meubles de votre locataire, du moins sur ceux qui garnissent votre maison. Donc, si ceux-ci sont vendus à la requête de ses créanciers, vous avez le droit de faire opposition sur le prix de la vente et de vous faire payer sur ce prix les termes dus. Les créanciers ne toucheront quelque chose que quand vous serez désintéressé.

M. D... (Allier). — *Chien*. — *Maladie*. — Il est certain que la maladie de votre chien est occasionnée par les vers nombreux dont vous avez constaté l'existence.

Remède. — Pilules ainsi composées : Huile empirique animale, 90 grammes; sabine sèche pulvérisée, 10 grammes; valériane sèche pulvérisée, 30 grammes. Former avec ces ingrédients 10 pilules. En faire prendre tous les jours deux à l'animal, à jeun depuis la veille au soir.

M. M... (Basses-Pyrénées). — *Société de Saint-Gobain*. — Vous pouvez avoir une confiance absolue dans cette maison. Nous préférons l'acide phosphorique soluble dans l'eau. Compliments affectueux de la part de vos anciens maîtres de l'Institut agricole de Beauvais, qui ont gardé de vous le meilleur souvenir.

M. T... (Haute-Saône). — *Vaine pâture*. — Le maire ne peut pas vous empêcher de fumer quand bon vous semble votre prairie soumise à la vaine pâture. Seulement si, par un moyen quelconque, vous empêchez l'exercice de la vaine pâture sur votre terrain, vous perdez vous-même votre droit à cette vaine pâture.

M. L.., à B... (Vendée). — 1° *Multiplication du mûrier*. — Par bouture, marcotte, ou mieux encore par le semis et repiquage.

2° *Ecrémage*. — Il résulte d'expériences décisives que le refroidissement du lait active la montée de la crème. Sous l'action du froid, le lait étant en grande masse, il faut douze heures pour que le lait refroidi à deux degrés donne toute sa crème; tandis qu'il faut vingt-quatre heures s'il est refroidi à six degrés, et trente-six heures s'il est abandonné au repos, à la température de 14 à 15°. Non-seulement la montée de la crème est plus rapide à basse température, mais encore le volume de la crème est plus grand et la qualité meilleure. C'est absolument certain.

Il existe plusieurs modèles de crémeuses réfrigérantes. La maison Pilter, rue Alibert, Paris, les possède.

M. A... (Nord). -- *Blés de printemps.* — Oui, chez Forgeot, quai de la Mégisserie, Paris.

REVUE FINANCIÈRE.

Le marché, pour l'instant, ne livre pas volontiers le secret de son orientation. Il faut dire aussi que les opérations de l'emprunt n'ont pas été sans jeter quelque désarroi. Il se peut même que le succès colossal de l'affaire, pour prévu qu'il était, pour avantageux qu'il soit tant à l'endroit du crédit de l'Etat qu'à celui de la stabilité du Gouvernement, ait dépassé certaines espérances et forcé quelques audacieux à se liquider.

Toujours est-il qu'il convient d'attendre que le « déblayage » soit totalement effectué, que les sommes mises en mouvement soient rentrées à leur lieu d'origine, pour juger quelle attitude prendra le marché.

A la reprise qui avait éclaté dans les jours qui ont précédé l'émission, a succédé un léger recul, qui n'est que de l'atonie et non de la faiblesse.

Nos rentes se tiennent bien, encore que le 3 0/0 ancien ait reculé sur les cours de la fin de la dernière semaine Les institutions de crédit en général sont mieux partagées ; elles se contentent, il est vrai, de piétiner sur place en conservant leurs taux d'il y a huit jours. Nos chemins de fer voient leurs actions traités de nouveau comme notre papier d'Etat, et leurs obligations reprendre l'excellente attitude que leur assure la garantie de l'Etat. Les valeurs industrielles ont quelques mouvements, mais bien anodins.

Les fonds étrangers, notamment les valeurs russes, sont moins mal traitées. Le Turc, par exemple, a regagné et dépassé même le cours de 19 fr. Il n'y a vraiment que le pauvre Italien, à peine au-dessus de 92, qui soit à la baisse.

On assure que sous peu nous verrons reprendre le mouvement ascendant qui a caractérisé 1891. C'est dans les choses vraisemblables.

On annonce également toute une série de nouvelles affaires, préparées depuis longtemps, mûres même. Les affaires exclusivement françaises paraissent peu nombreuses dans ce programme; c'est à peine si l'on cite Paris port de mer. Les affaires industrielles sont également en petit nombre : les quais de Smyrne et de Constantinople, ou encore le Grand Central espagnol. Après, c'est toute une série d'opérations internationales; emprunts ou conversions, russes, portugais, espagnols, brésiliens, italiens peut-être, sans compter la « valuta » austro-hongroise, et sans parler des grouilles.

Nous verrons bien, et nous nous engageons à regarder de très près tout ce que l'on va nous proposer pour cette campagne que les intéressés désirent rendre fructueuse pour eux.

OFFRES & DEMANDES.

Pour répondre au désir qui nous est exprimé, nous offrons à nos abonnés, sous cette rubrique, deux annonces gratuites pour les offres et demandes d'emplois, produits ou animaux à vendre ou à acheter, etc.

Les annonces qui suivront jouiront d'une réduction de 50 pour 100 sur les tarifs ordinaires (0 fr. 15 la ligne au lieu de 0 fr. 30).

Les demandes d'insertions devront être envoyées à l'administration (joindre un timbre de 0 fr. 15) qui se chargera de les rédiger.

Ne pas négliger d'envoyer tous les renseignements nécessaires.

Un jeune homme, fils de cultivateurs, élevé dans la culture, demande place de régisseur ou de chef de culture. — N° 896. — Bonnes références.

A vendre, *Pommes de terre Institut de Beauvais*, par quantités de 100 kil. au moins. — N° 897.

Un ancien élève d'une école d'agriculture, dans la force de l'âge, bien au courant de la culture moderne en même temps qu'excellent praticien, demande un emploi de régisseur. — Très bonnes références. — N° 899.

S'adresser aux bureaux du journal (joindre timbre de 0 fr. 15).

On demande à acheter une belle génisse Durham. — N° 900.

S'adresser à M. R. Desrues, propriétaire au bourg de Vendel, par Saint-Aubin-du-Cormier (Ille-et-Vilaine).

A vendre, bonnes vaches normandes, chez M Rendu, château du Robillard, par Saint-Pierre sur-Dives (Calvados).

On demande, pour une habitation des environs de Beauvais, UN MÉNAGE DE JARDINIER ET FEMME DE BASSE-COUR, entendus et actifs, offrant des garanties et de bonnes références.

S'adresser au bureau du journal.

CHEMIN DE FER D'ORLÉANS.

Aux termes de son tarif spécial D 3, § 14, la Compagnie du Chemin de fer d'Orléans transporte, aux conditions suivantes, de toute gare de son réseau à Paris (Ivry), sous réserve d'un parcours de 500 kilomètres, ou payant pour 500 kilomètres, les *artichauts, choux-fleurs fraises en paniers, haricots verts, navets, oignons, petits pois, pommes de terre, salades, tomates, choux, poireaux et carottes*, par expédition de 50 kilogrammes, ou payant pour ce poids.

Le prix de transport est fixé à 0 fr. 16 c. par tonne et par kilomètre, plus 1 fr. 50 c. pour frais de manutention.

Le transport des marchandises a lieu par des trains spécialement désignés à cet effet, sans que le délai de transport puisse excéder *deux jours*, non compris les délais afférents aux opérations des gares de départ et d'arrivée.

La remise doit avoir lieu aux gares trois heures au moins avant le départ de ces trains.

A l'arrivée, les marchandises dont il s'agit sont mises à la disposition des destinataires dans les trois heures qui suivent l'arrivée des trains.

Les expéditions adressées aux halles ou à domicile aux conditions de ce tarif seront livrées par le service du factage dans les mêmes conditions de prix et de délais que les marchandises expédiées en grande vitesse.

Pour les points principaux ci-après, les prix par 1,000 kilogrammes sont les suivants, frais de manutention compris :

LIEUX DE PROVENANCE.	DISTANCES kilométriques.	PRIX par 1,000 kilog. (frais accessres compris).
—	—	
Bordeaux-Bastide...	577	93f 80
Libourne............	542	88 20
Marmande..........	637	103 40
Agen................	650	105 50
Villeneuve-sur-Lot..	632	102 60
Montauban..........	720	116 70
Toulouse............	750	121 50
Saint-Sulpice (Tarn)	719	116 55
Brive................	501	81 65
Gaillac..............	698	113 20

HALLES ET MARCHÉS.

SITUATION GÉNÉRALE

La situation reste la même et ne changera pas, tant que la rigueur de la température ne s'atténuera pas. Les prix des denrées agricoles restent bien tenus en général ; mais les transactions sont aussi des plus restreintes.

GRAINS

Blés. — La gelée persistante et croissante rend les charrois de plus en plus difficiles; aussi nos marchés sont-ils à peine approvisionnés et la tendance des prix est partout très ferme. Les beaux blés sont en faveur nouvelle, et la culture, attendant l'effet des froids sur les nouveaux blés en terre, ne se presse pas de vendre. Samedi, on a coté sur les principales places : Beauvais, 21 fr. 30 à 24 fr. 75 les 100 kilog.; Cambrai, blé blanc, 27 fr.; roux, 26 fr.; Châlons-sur-Marne, 25 fr.; Laval, 25 fr. 50 à 26 fr.; Mâcon, 25 à 26 fr.; le Mans, 25 fr. 50 à 26 fr. 75; Nantes, 25 fr. 75 à 26 fr. 50; Bordeaux, 26 fr. à 26 fr. 25. — Au marché commercial du même jour, à Paris, les blés se sont maintenus sans hausse aux cours de 26 fr. 50 à 26 fr. 75 pour le courant du mois, 26 fr. 75 à 27 fr. pour le livrable février, et 27 fr. à 27 fr. 25 pour les autres époques.

Seigles. — Le prix du seigle est soutenu à

Paris de 17 fr. à 17 fr. 50 les 100 kil. Au marché commercial, on ne voit pas d'affaires ; les cours restent à 17 fr. 25 pour le courant du mois, et 17 fr. 50 à 18 fr. pour le livrable.

Orges. — Les cours des orges se maintiennent à Paris sans changements comme suit : orges de Champagne, 19 à 20 fr. les 100 kil.; de Beauce, 18 fr. 50 à 19 fr.; du Gatinais, 18 fr. 25 à 18 fr. 50; de l'Ouest, 17 fr. 50 à 18 fr. — Les escourgeons valent de 19 fr. à 19 fr. 50 les 100 kil., à Paris ou parité.

Avoines. — Les avoines indigènes sont toujours bien tenues aux prix de notre dernière revue. Pour les étrangères on cote : celles de Suède 16 fr. les 100 kil. dans les ports d'embarquement, ce qui les met à 19 fr. à Rouen, sans frais de déchargement. Les blanches de Saint-Pétersbourg valent de 14 fr. 50 à 15 fr. 75, soit 17 fr. 50 à 18 fr. 75 à Rouen.

Farines de consommation.

La vente reste calme en boulangerie, avec des offres toujours restreintes.

MARQUE DE CORBEIL	61 fr. (38 85 100 k.).	
	159 kil.	100 k.
Marques de choix	61 à 62	38 85 à 39 49
Premières marques	60 61	38 21 38 85
Bonnes marques	58 59	36 94 37 58
Marques ordinaires	57 58	36 30 36 94

Le sac de 159 k., toile à rendre, rendu à domicile, payement comptant, ave 1|2 0|0 d'escompte ou 30 jours sans escompte.

Fourrages et pailles.

Paris, La Chapelle.

	1re qté.		2e qté.		3e qté.	
Foin 104 bot. dans Paris	48 à 49		46 à 47		43 à 45	
Luzerne	47	48	45	46	43	44
Paille de blé	30	31	28	29	26	27
Paille de seigle	30	32	27	29	24	26
Paille d'avoine	25	26	23	24	21	22

Le tout aux 104 bottes dans Paris.

COURS DE DIFFÉRENTS MARCHÉS (par 100 kil.).

	Paille.	Foin.
Le Puy	4 75	7 50
Dijon	4 50	7 25
Blois	3 75	6 75
Toulouse	4 75	7 »»
Chalon	6 25	7 75
Beauvais	4 »»	6 »»
Orléans	6 »»	7 50
Douai	5 »»	8 50

Issues, les 100 kil.

L'arrivée du dégel devant amener bientôt du ralentissement dans la demande, nous constatons aujourd'hui du calme, mais pas de changement dans les prix.

Nous cotons par 100 kil. en gare d'arrivée à Paris :

Son écaille	14 75 à	15 »
— gros	14 25	14 50
— trois-cases	13 75	14 »
— fin	12 50	13 »
Recoupettes	12 50	13 »
Remoulages blancs	17 »	18 »
— bâtards	15 »	16 »

MARCHANDISES DIVERSES.

Fécules.

Les offres en fécules sont peu nombreuses ; prix fermes.

Les 100 kil.

Paris. — Fécule 1re, grains	31 » à	33 »
Oise. — Fécule 1re, grains	28 50	30 50
Vosges. — Fécule 1re, grains	30 »	32 »
Saône-et-Loire	32 »	33 »
Loire. — Fécule 1re, grains	28 »	30 »
Auvergne. — Fécule 1re, grains	28 »	30 »
Fécules secondes selon qualité	21 »	27 »

Pommes de terre.

Les 1.000 kil.

Hollandaises	80 » à	90 »
Vosgiennes	60 »	62 »
Early roses	50 »	65 »
Saucisses	70 »	80 »
Rondes	65 »	70 »
Chardonnes	52 »	55 »

Pommes à cidre.

Paris, 14 janvier.

Les transactions, de même que les expéditions, sont tout à fait interrompues, la gelée n'ayant pas cessé un seul jour depuis le 25 novembre dernier. Ce contre-temps est bien regrettable pour la fabrication qui, depuis sept semaines, est arrêtée.

Les pommes non gelées et bien saines sont tenues, après dégel, à prix fermes. Les prix, suivant provenance et leur état sain, sont de 75 à 100 fr. les 1,000 kil., parité Paris.

Rouen (Seine-Inférieure), 13 janvier.

Sur 16 hect. 50 de pommes apportées, 10 hect. ont été vendus 5 fr. 50 l'hectolitre (y compris les droits du Trésor et ceux de la ville de 1 fr. 19 par hectolitre).

Tourteaux, les 100 kil.

	Colza	Œillette	Lin	Cam.
Lille	15 50 à 17 50	16 25 à 17 50	21 50 à 22 50	15 50
Arras	14 75 15 50	16 50 17 50	21 .. 22 »»	14 50
Gd Moulin Corbeil	15 50		19 50	
	Coprha	Arachide déc.	Sésame	Lin.
Marseille	13 50 à 14 ..	14 25 15 ..	14 .. à 15 ..	16 50

GRAINES DIVERSES.

Maïs, les 100 kil.

Paris	15 » à 20 »		Agen	15 50	18 25
Alais	14 75	17 »	Grenoble	16 50	19 »
Ruffec	15 50	16 75	Reims	16 75	18 25

Sarrazin, les 100 kil.

Paris	15 75 à 16 »		St-Pierre	16 » à 17 »	
Mayenne	15 75	16 50	Nantes	15 75	17 »
Rennes	15 50	16 »	Orléans	15 75	16 50

Légumes secs, les 100 kil.

	Haricots	Pois	Vesces	Lentilles
Paris	20 à 47	21 à 26	» »	45 à 70
Rouen	42 57	50 63	26 28	77 »
Marseille	18 30	23 32	25 34	19 24 50

Graines fourragères, les 100 kil.

Luz. de Prov.	100 à	150	Minotte	25 à	50
— du Poitou	105	115	Sainfoin à 2 c.	25	28
— d'Italie	120	130	Sainfoin à 1 c.	25	28
Trèfle blanc	»	»	Pois jarras	18	19
— violet	120	150	Vesces	17	18

Raisins secs à boisson.

(Cours de la maison Audibert, 53, rue des Minimes, à Marseille).

PRIX ACTUELS (grande baisse).

Corinthe, **Roi de Grèce**, petits grains Extra 1er choix	100 kilos	57 »
Corinthe, le **Turban**, gros grains	» »	M.
Corinthe petits grains, 1er choix	» »	54 »
Thyra. 1er choix	» »	48 »

HUILES ET GRAINES OLÉAGINEUSES

Huiles d'olives. — On cote à Marseille : Aix, surfine, 200 à 220 fr.; fine, 160 à 175 fr.; Bari, 125 à 140 fr.; Sicile nouvelle, 118 fr.; Espagne, 120 à 130 fr.; Bougie, 100 à 120 fr.; Tunis, 100 à 105 fr.; mangeables de toutes provenances, 83 à 86 fr.

Huiles de graines. — La demande a pris une certaine activité à Paris pour les huiles de colza dont le prix s'est relevé la semaine dernière de 2 fr. 50 par 100 kilog.; aujourd'hui la tendance est plus faible, et l'on cote le courant du mois 65 fr. 75 à 66 fr.; février, 66 fr. 25 à 66 fr. 50, et les quatre mois de mars, 67 fr. 25 à 67 fr. 75. — Pour les huiles de lin, les prix ont peu changé; on tient le disponible et le courant du mois à 54 fr. 75; le livrable, de 55 à 56 fr. — Les marchés des départements sont fermes. A Rouen, l'huile de colza vaut 65 fr. 50 en disponible par 100 kilog.; à Caen, 61 fr. 50 l'hectolitre; à Lille, on cote : colza, 61 fr.; lin, 57 fr.

Graines oléagineuses. — Cours d'Arras : œillette, 24 fr. à 25 fr. 50 l'hectolitre; colza 16 fr. à 17 fr. 50; — de Cambrai : colza, 17 fr. à 17 fr. 50; œillette, 24 fr. 50 à 25 fr.; lin, 20 fr.; cameline, 12 fr. à 14 fr.; — de Douai, colza, 17 à 18 fr.; lin, 18 à 19 fr.; œillette, 25 fr. à 25 fr. 50.

SUCRES. — SPIRITUEUX

Sucres. — Il y a une légère amélioration dans les cours des sucres blancs sur le marché de Paris; on cotait à la bourse du 10 janvier : sucres roux 88 degrés, 33 fr. les 100 kilog.; blancs n° 3 disponibles et courant du mois, 35 fr. 75; livrables, 36 fr. à 37 fr. 50. Les raffinés, avec peu de demandes, valent de 104 fr. 50 à 105 fr. 50 pour la consommation, et 41 fr. à 41 fr. 50 pour l'exportation. — Lille, le sucre roux disponible vaut 32 fr. les 100 kilog.; le blanc n° 3, 31 fr. 75.

Spiritueux. — Le calme continue, et les cours n'offrent que peu de variations. A Paris, on cote les trois-six Nord 37 fr. 50 l'hectolitre disponible, et 38 fr. à 40 fr. 50 livrable. — A Lille, l'alcool de mélasse est en baisse à 36 fr. — Les alcools de vins et de marcs conservent leurs prix fermes dans le Midi.

BEURRE, ŒUFS, VOLAILLES.

Paris, 14 janvier.

Beurres en mottes.

L'arrivage d'hier a été de 36,000 kil.

L'arrivage approximatif a été de 7,629 kil.

Beurres en livres.

L'arrivage d'hier a été de 12,000 kil.

L'arrivage approximatif a été de 6,527 kil.

Fermiers	au kilo		Touraine	au kilo	
Extra	2 90 à	3 00	Extra	2 50 à	2 60
1er choix	2 80	2 90	1er choix	2 40	2 50
2e choix	2 60	2 70	2e choix	2 30	2 40
Ordinaire	2 40	2 50	Ordinaire	» »	» »
Bourgogne			Vendôme		
Choix	2 20	2 30	1er choix	2 40	2 50
Ordinaire	2 »	2 10	2e choix	2 30	2 40
			Ordinaire	2 »	2 10
Gâtinais			Beaugency		
1er choix	2 60	2 70	1er choix	2 40	2 50
2e choix	2 40	2 50	2e choix	2 30	2 40
Ordinaire	2 20	2 30	Ordinaire	2 »	2 10
Le Mans			Fausse Touraine		
Choix	2 20	2 30	Choix	2 40	2 50
Ordinaire	2 »	2 10	Ordinaire	2 20	2 30

Œufs, *le mille :*

Normandie (Extra)	118 à	140	Bourgogne	106 à	110
Brie (Extra)	110	116	Champagne	108	112
Picardie (Extra)	125	150	Nivernais	102	105
Picardie ord.	106	120	Cosne	108	112
Touraine gr.	115	128	Bourbonnais	100	106
Touraine ord.	104	110	Bretagne	98	106
Beauce	112	122	Vendée	98	102
Orne	105	115	Auvergne	96	100
Châtellerault	105	108	Midi	104	113
Œufs de conserve à la chaux				78 à	82

Fromages.

Brie fermiers, haute marque	les dix	60 à	70
— — grand moule	—	40	50
— — moyen moule	—	30	35
— — petit moule	—	16	20
Brie laitiers moyen moule	—	12	20
Gruyère 1re qualité	100 kil.	165	195
— 2e qualité	—	140	150
Roquefort 1re qualité	—	280	290
— 2e qualité	—	200	250
Géromé Gérardmer	—	100	110
Limbourg (suivant qualité)	—	100	110
Munster (suivant qualité)		125	135
Romatour (suivant qualité)	—	110	120
Hollande (croûte rouge)	—	160	180
— Plats (Gouda)	—	100	130
Cantal (suivant qualité)	—	130	140
Façon Port-Salut, 1er choix	—	160	170
— — 2e choix	—	100	120
Bourgogne	le cent	80	90
Saint-Nectaire	—	90	100

Livarots :		1er choix.		2e choix.	
En caisse de 30	le cent	100 à	110	[illegible]	
En caisse de 36	—	95	105	70	80
Camembert	—	70	80	40	50
Façon Coulommiers	—	45	50	35	40
Bondons	—	15	17	8	12
Gournay	—	16	20	8	10
Mont-d'Or	—	35	40		

Volailles.

Canards :			Pigeons :		
nantais	3 » à	6 »	maconnais	» 90 à	1 20
de ferme	2 50	4 »	italiens	» 90	1 »
Dindes nouv.	6 50	12 »	bizets	» 80	1 »
Oies nouvelles	5 »	7 »	Poulets :		
— (2e qté).	3 »	5 »	nantais	2 50	5 »
Pintades	2 »	3 75	touraine	2 50	5 »
Lapins domestiques	1 75	3 25	gâtinais	3 »	5 50
			du Midi	1 75	2 50
			communs	1 50	2 »

Gibiers.

Lièvres gros	5 » à	6 50	Faisans poules	3 » à	4 50
— petits.	3 »	4 »	Alouettes, la douzaine	2 »	3 »
Perdreaux	2 75	3 50	Chevreuils	25 »	45 »
Perdrix	1 75	2 50	Bécasses	2 50	4 »
Garennes	1 50	2 50			
Faisans coqs	5 »	7 »			

Marché : Peu d'arrivage.

Cours fournis par MM. de Bridiers, **Jouslin et Scelle**, facteurs assermentés, 2, r. de Valois, Paris.

BESTIAUX.

La Villette, 15 janvier. — Bestiaux. — Vente lente sur les bestiaux, difficile sur les veaux, les moutons et les porcs.

COURS officiels.	Amenés.	Vendus.	1re qualité.	2e qualité.	3e qualité.	Prix extrêmes.
Bœufs....	1.997	1.939	1 62	1 44	1 36	1 20 à 1 66
Vaches...	519	419	1 58	1 36	1 24	1 16 1 62
Taureaux.	203	94	1 40	1 34	1 22	1 18 1 46
Veaux....	1.191	1.103	2 06	1 92	1 76	1 56 2 18
Moutons..	7.125	6.215	2 08	1 90	1 70	1 64 2 16
Porcs.....	4.671	4.569	1 24	1 20	1 16	1 12 1 28

Marché du lundi 12 janvier.

	Amenés	Vendus	PRIX AU POIDS NET 1re qual.	2e qual.	3e qual
Bœufs.....	2.608	2 495	1 60	1 42	1 31
Vaches.....	709	681	1 56	1 31	1 22
Taureaux..	217	189	1 40	1 32	1 22
Veaux......	1.046	871	2 08	1 94	1 78
Moutons....	9.381	8.312	2 10	1 92	1 70
Porcs......	3.162	2.813	1 28	1 24	1 20

	PRIX AU POIDS VIF 1re qual.	2e qual.	3e qual.	Prix extrêmes.
Bœufs........	» 97	» 82	» 70	» 60 à 1 00
Vaches.........	» 91	» 73	» 60	» 54 » 97
Taureaux.......	» 89	» 78	» 62	» 58 » 92
Veaux..........	1 26	1 13	» 95	» 80 1 38
Moutons........	1 08	» 92	» 77	» 70 1 19
Porcs..........	» 88	» 84	» 80	» 71 » 90
Peaux de moutons en laine.........				» » » »
Id. id. demi-laine........				» » » 02

Viandes abattues. — Criée du 9 janvier.

		1re qualité	2e qualité	3e qualité.
Bœufs....	le kil.	1 40 à 2 80	1 20 à 2 60	1 .. à 1 86
Veaux....	—	1 84 2 »	1 70 1 80	1 50 1 60
Moutons..	—	1 80 1 99	1 36 1 76	» 10 1 30
Porc entier	—	1 20 1 30	1 06 1 16	» 90 1 »

Cuirs et peaux, les 50 kil.

Taureaux.	39 75 à 45 25	Vaches lourdes	44.25 46.50
Gros bœufs	47 75 54 75	— de bandes	38.50 41.25
Moy. bœufs	42 50 47 50	Gros veaux..	67 25 69.50
Pet. bœufs.	30 50 41 25	Petits veaux	70.75 73 25

J. & A.-J. DECONINCK, à ARRAS et à Dunkerque.

ENGRAIS, NITRATE DE SOUDE.

Importation directe par navires complets (25e année). *Nitrate de potasse* et tous autres engrais chimiques (dosages garantis sur analyses). **Tourteaux** de toutes espèces et provenances, pour nourriture et pour engrais. **Semences de printemps :** *Orges et avoines* Hallet's. *Orges et avoines* anglaises et écossaises. *Avoines* des Salines et autres. *Graine de lin de Riga, graine de betterave à sucre riche*, etc. Environ 50 variétés de **Blés de semence** en vente à l'automne chaque année.

USINE HYDRAULIQUE DU PETIT-MOULIN
A NANTEUIL-LE-HAUDOUIN (OISE).

HENRY BERTHIER
ingénieur-agronome diplômé de l'Institut national agronomique.

MACHINES AGRICOLES
Vente et échange. - Location. - Réparations en tous genres.

BICYCLES, BICYCLETTES & TRICYCLES
Accessoires et réparations.

Spécialité de Graines fourragères épurées.
CÉRÉALES DE SEMENCE.
GRAINES POTAGÈRES, DE FLEURS ET D'ARBRES.
ARBRES FRUITIERS ET FORESTIERS.

Graines de Betteraves à grand rendement et à grande richesse saccharine.

ENGRAIS SIMPLES ET COMPOSÉS.

Envoi franco de renseignements à toute demande affranchie.

Un Prêtre de ROME a trouvé le moyen de guérir radicalement les Cors, Durillons, Œils-de-Perdrix, Dartres, Eczémas avec le **BAUME ANTONIO**. Envoi *franco* 1f50. MALAVANT, rue Deux-Ponts, Paris. Toutes Pharmacies

HUILE D'OLIVE
B. LAPALU, propriétaire-négociant, à NICE.
membre de la Société d'Agriculture des Alpes-Maritimes.

En estagnon de 30 à 50 litres, le litre :			En estagnon de 15 à 25 litres, le litre :		
Vierge-surchoix	Surfine.	Fine.	Vierge-surchoix.	Surfine.	Fine.
2fr47	2fr20	1fr92	2fr72	2fr43	2fr14

Franco de port et d'emballage en gare de l'acheteur.

Paiement : par traite à 45 jours de la date des expéditions.

TOUTES LES HUILES SONT GARANTIES PURES D'OLIVE.

N'achetez pas !!!
de Couveuses artificielles

sans avoir pris connaissance du nouveau catalogue illustré que M. J. PHILIPPE, éleveur à Houdan (S.-et-O.), envoie *franco* à toute demande et contenant description de sa nouvelle couveuse **La Houdanaise**, laquelle a obtenu la médaille d'or à la dernière Exposition de Paris 1890.
Maison à Paris, 16, quai du Louvre.

AUX ÉLEVEURS ET ENGRAISSEURS DE BESTIAUX.

Voulez-vous élever et engraisser vivement vos animaux?

EMPLOYEZ LE

GLUTEN DE MAÏS AMÉLIORÉ

Pour les Vaches laitières, lait riche et abondant.

Pour les Porcs, viande de toute première qualité.

Produit à base de **farine de maïs**, remplaçant avec avantage les **tourteaux**, les **moutures** et les **remoulages**; c'est la nourriture reconnue la plus économique et la meilleure pour l'**élevage** et l'**engraissement rapide** des **porcs**, des **veaux** et de tous les **bestiaux** de la ferme, ainsi que des **volailles**. *Envoi du prix-courant sur demande adressée à*

M. BOUDOUX, négociant à NESLE (Somme).

Librairie A. FOURAUT, 47, rue Saint-André-des-Arts, Paris
OUVRAGES RECOMMANDÉS
(Envoi franco contre timbres ou mandat)

Manuel d'agriculture, d'arboriculture et de jardinage, par LOUIS GOSSIN; 15e édition; 178 figures. 1 vol. in-12, cart. . . . . . 1 fr. 30

Leçons normales de géométrie élémentaire, théorique et appliquée, par D. PUILLE (D'AMIENS); nombreux problèmes avec leurs solutions raisonnées; 417 figures; 20e édition, augmentée d'un *Précis de trigonométrie rectiligne*. 1 vol. in-12, broché, 2 fr. 60; — cart., 2 fr. 80.

Cours complet d'arpentage élémentaire, théorique et appliqué, par D. PUILLE (D'AMIENS); nombreux problèmes avec leurs solutions raisonnées; 250 figures et 2 planches topographiques; 18e édition. 1 vol. in-12, broché, 3 fr. 15; — cart., 3 fr. 40.
— Avec 4 planches, dont deux entièrement lavées. 1 vol. in-12, broché. 4 fr. 15

Traité spécial de la division des champs dans tous les cas, géodésie usuelle, par D. PUILLE (D'AMIENS). 1 vol. de texte, in-12, broché, renfermant 96 figures, et 1 atlas de 16 planches. . . . . 3 fr. 75

Conférences sur l'hygiène, suivies de *Notions de médecine usuelle*; observations particulières sur l'hygiène des campagnes, considérations sur l'abus des liqueurs alcooliques, etc.; par F. OMOUTON; 30 figures; 4e édition. 1 vol. in-18 jésus, cart., 1 fr. 30; — relié en toile, 1 fr. 50.

Semences de choix. Betteraves à sucre très riches.

Sélection étrangère.

Kl. WANZLEBEN améliorée.
VILMORIN blanche id.
ELITE SACHS, richesse exceptionnelle.

Sélection française.

SILÉSIE nouvelle, recommandée pour sa haute production en sucre et en poids.

Livraison en sacs plombés et avec garantie de pureté d'espèces et de bonne germination.

C. LELUY, à Beauvais (Oise).

A VENDRE à l'amiable
UN
BEAU MOULIN

ayant 6 paires de meules, mues par forte chute au moyen d'une roue et d'une turbine.

Batteuse. — Machine à vapeur.

Conditions avantageuses.

S'adresser à Me JUNON, notaire à Chalon-sur-Saône.

MALADIES DU BÉTAIL
ET DE LA VOLAILLE

Leur traitement préventif et curatif

PAR L'ACIDE SALICYLIQUE

L'acide salicylique, employé dans la nourriture à la dose de 1/2 à 1 gramme par jour et par tête de bétail, est le meilleur préservatif des maladies qui procèdent par contagion : Sang de rate, Cocotte, Maladie aphtheuse, Erysipèle, Typhus, Morve, Variole et le Rouget des porcs, etc.

DES ATTESTATIONS NOMBREUSES DE GUÉRISONS obtenues pour la Cocotte et le Rouget des porcs ont été reproduites dans le *Journal l'Agriculture*.

La désinfection des étables, des écuries se fait instantanément au moyen d'un arrosage d'eau salicylée à 2 grammes par litre.

S'adresser à M. CERCKEL, administrateur de la *Compagnie de produits antiseptiques*, 26, rue Bergère, Paris.

Envoi sur demande de Prospectus et Brochures.

PRIX DU KIL. 25 fr. — BOITE DE MÉNAGE, 2 fr.

GRILLAGES
GARIEL 2ter, quai de la Mégisserie PARIS

CLOTURES de CHASSES

1 mètre de haut : Le mètre **0 f. 30**

Châssis de Couche depuis..... **7** francs

Ronce Artificielle les 100 mètres **5f 50**

Porte - Bouteilles 200 Places. **7** francs

ENVOI FRANCO DE L'ALBUM SUR DEMANDE

ONGUENT ROUGE MÉRÉ
SEUL AGENT REMPLAÇANT VRAIMENT **LE FEU**

Guérison rapide et sûre des *Boiteries, Ecarts, Efforts, Vessigons, Molettes, Engorgements, Courbes, Suros, Eparvins.*

Effet gradué à volonté. - Pas de traces.

LA BOITE, AVEC BROCHURE, FRANCO : 3 FR. 50

LE PHYSIC BALL MÉRÉ
Est le meilleur purgatif pour tous genres de Chevaux

EMBROCATION MÉRÉ
Dite ***Trésor du Sportsman.***

Liniment révulsif sans rival pour fortifier les jambes des chevaux.

La bouteille : **5** fr.— Franco gare, **5 fr. 60.**

DÉPOTS *Chantilly.— Pharmacie MÉRÉ*
Paris.— ACARD, 213, rue St Honoré

ENGRAIS CHIMIQUES

DES MANUFACTURES DE SAINT-GOBAIN

Usines à PARIS-AUBERVILLIERS, CHAUNY (Aisne), MONTLUÇON (Allier), MARENNES (Charente-Inférieure), LE PONTET (Vaucluse), SAINT-FONS, près Lyon (Rhône).

DOSAGE GARANTI. — EMBALLAGES : MARQUÉS ET PLOMBÉS.

Tout acheteur d'engrais qui n'exige pas, au sujet des dosages en éléments assimilables la garantie formelle, et qui ne la fait pas contrôler par l'analyse, ne nuit pas seulement à ses propres intérêts, il encourage la fraude et, la laissant impunie, compromet les intérêts généraux de l'agriculture.

ENGRAIS COMPLET DE SAINT-GOBAIN

Efficacité éprouvée dans tous les Sols et dans toutes les Cultures. — Superphosphates de chaux. — Sulfate de cuivre. — Sulfate d'ammoniaque Sulfate de potasse. Sulfate de fer.

Engrais composés suivant les convenances des acheteurs

ADRESSER LES ORDRES ET DEMANDES DE RENSEIGNEMENTS

à la Direction commerciale

des Produits chimiques de Saint-Gobain

PARIS | 9, rue Sainte-Cécile, 9 | PARIS

ou aux dépositaires de la Compagnie de SAINT-GOBAIN dans les principales villes du Centre et du Midi.

VINS DE BORDEAUX.

P. LAFARGUE

Propriétaire au Château-Daguey, à Libourne (Gironde).

La difficulté qu'on a de se procurer du vin naturel pour un prix moyen devenant de plus en plus grande, il importe pour le consommateur qu'il s'adresse à la source même de la production, au double point de vue de sa santé et de sa bourse.

Propriétaire d'importants vignobles dans le Libournais, j'offre directement à la consommation le produit de mes récoltes que je garantis absolument pur et à l'abri de tout reproche.

VIN ROUGE.

La barrique de 228 litres, logement compris.

1889. Château-Daguey.......................... **125** fr.
1884. Id. **160**

VIN BLANC.

1888. Domaine de Bonnetan.......................... **120** fr.

Je vends mes vins rendus *franco* de port et de droits en gare de l'acheteur.
Les droits d'octroi seuls, *s'il y en a, sont à la charge du* destinataire.
Paiement, 30 jours ; 2 p. 100 escompte ou 90 jours nets.
La demi-barrique, quart de barrique, 5 francs en plus pour différence logement.

Etablissements de LIANCOURT (Oise).

N'ACHETEZ PAS DE CHARRUES

sans avoir consulté le CATALOGUE illustré de

Ingénieur-Constructeur, Breveté S. G. D. G.

SEUL GRAND PRIX à l'Exposition de 1889 pour les Machines agricoles françaises

Médailles or, argent et bronze pour collaborateurs.

BRABANTS DOUBLES.

Herses scarificateurs à dents inusables.

DÉCHAUMEUSES

ROULEAUX, ETC.

NOUVEAU MATÉRIEL pour la culture de la betterave.

Charrues défonceuses simples et doubles *à vapeur et à manège.*

La plus grande et la plus importante USINE de FRANCE pour la Construction des Instruments aratoires

PLUS DE 5.000 CLIENTS ; 300.000 INSTRUMENTS LIVRÉS A L'AGRICULTURE

L'Administrateur-Gérant : Albert RENOT.

Beauvais. — Imp. D. Pere. — A. Cartier, Gérant.

12e Année. — 2e Série. — N° 574. Dimanche 25 Janvier 1891.

GAZETTE AGRICOLE

JOURNAL HEBDOMADAIRE, PARAISSANT LE DIMANCHE

Rédacteur en Chef : M. Ch. GOSSIN, Professeur d'Agriculture à l'Institut agricole de Beauvais.

PRIX DE L'ABONNEMENT

UN AN, 5 fr. — SIX MOIS, 3 fr. — TROIS MOIS, 2 fr. 25

Pour l'étranger les abonnements ne sont reçus que pour un an, au prix de 6 francs, et ne partent que du 1er janvier ou du 1er juillet de chaque année.

Le numéro : 10 centimes.

Il est indispensable de joindre à toute demande de changement d'adresse la dernière bande d'adresse du journal et 50 centimes pour frais de nouvelles bandes.

Adresser les *Abonnements* et *Annonces* au secrétaire de la rédaction, 13, quai Voltaire, Paris, ou à M. GOSSIN, rédacteur en chef et administrateur, à BEAUVAIS.

BUREAUX

13, quai Voltaire, Paris, et à Beauvais.

Les abonnements partent du 1er de chaque mois et sont payables d'avance. Toute demande d'abonnement doit donc être accompagnée du prix de l'abonnement. (Le mode de payement le plus simple est l'envoi d'un mandat-poste.)

Donner *très lisiblement*, en s'abonnant, son nom et son adresse exacte, *avec l'indication du bureau de poste*; et, s'il s'agit d'une continuation d'abonnement, joindre au renouvellement la dernière bande d'adresse du journal.

La GAZETTE AGRICOLE insère gratuitement les Communications des Syndicats agricoles

PRIMES A NOS ABONNÉS.

*L'*ALMANACH FRANÇAIS *pour 1891 vient de paraître à la Librairie nationale.*

L'administration de la Gazette agricole *met* gratuitement, *comme l'année dernière, cet Almanach à la disposition de ceux de nos abonnés qui manifesteront le désir de le recevoir* et joindront à leur lettre 15 centimes *en timbres-poste pour frais de port.*

*Tout abonné qui renouvellera son abonnement, soit à l'expiration, soit par anticipation, par l'envoi d'un mandat-poste de 5 francs, recevra à titre de prime, à son choix, l'*ALMANACH FRANÇAIS *ou l'*ALMANACH *de la* Société des Agriculteurs de France, ou un des ouvrages suivants : *Guide pratique pour l'achat et l'emploi des engrais commerciaux*, par Gaillot. — *Les Maladies de la vigne, les bons cépages, les meilleurs fruits*, par Boinette. — *Annales de la station agronomique de l'Oise pour 1890.*

Les primes ne seront envoyées que sur demandes. Joindre 0 f. 15 pour l'affranchissement.

SOMMAIRE :

PARIS, 23 JANVIER.

Le Chansonnier Béranger a dit avec finesse que consulter était une façon de parler de soi, que l'on néglige rarement. Il semble aussi au Bonhomme Deschamps que ceux qui donnent des conseils, surtout quand on ne les leur demande pas, obéissent, plus au désir de se faire valoir, qu'à la volonté de rendre service à autrui. Depuis quelque temps par exemple, le parti conservateur reçoit de quelques uns des siens des avis où le bon sens fait trop défaut, pour ne pas y voir chez leurs auteurs, la démangeaison de se faire valoir et parler de soi. On va, si l'on veut bien prêter quelque attention, s'en rendre compte.

***

Et tout d'abord si le parti conservateur ne l'a pas emporté aux dernières élections, il n'en est pas réduit pour cela, à faire des *meâ culpâ*, à déserter son drapeau, et à passer avec armes et bagages à l'ennemi. L'écart entre les voix qu'il a réunies, et les suffrages que les vainqueurs ont obtenus, ou plutôt arrachés, égale à peine le nombre des fonctionnaires. Ajoutez à cela que si le Gouvernement a fraudé un peu partout, il est des départements du midi où le vol a été général et patent. Or une victoire électorale remportée dans de pareilles conditions, n'est certes pas faite pour décourager les vaincus, et encore moins pour leur faire renoncer à des principes en dehors desquels il n'y a suivant eux pour le pays, ni bonheur, ni honneur, ni sécurité. Si même il n'était de tactique élémentaire quand on est victorieux d'exagérer sa victoire, et d'intimider par là, ses adversaires, le parti triomphant devrait être très modeste. En tout cas il ne s'est rien passé dans les dernières élections d'une part, ni d'autre part dans la conduite actuelle de la République, qui soit de nature à autoriser d'anciens conservateurs à prêcher le désarmement et à crier au « Sauve qui peut! »

***

Voyons maintenant si les conseils donnés ont eu eux-mêmes, un crédit qui puisse faire passer sur leur inopportunité. Le Bonhomme Deschamps ne s'arrêtera pas à discuter longuement cette thèse par trop personnelle, qu'il faut changer les chefs parce qu'ils ont été battus. Outre que l'on vient de rappeler les procédés inqualifiables auxquels les républicains sont redevables de leur victoire à la Pyrrhus, il n'est pas établi que les soldats n'aient rien non plus à se reprocher. On ne jurerait pas qu'ils aient été tous très disciplinés, très dévoués, ni que trop souvent ils n'aient sacrifié au cours de la période électorale, à leurs rancunes et à leur jalousie, l'intérêt général. Ces conseils nous rappellent trop les cris de trahison contre les chefs, poussés pendant la lamentable guerre de 1870-1871, et nous ne connaissons rien de plus méprisable, après ceux qui profèrent de pareils cris, que ceux qui leur prêtent une oreille crédule. Laissons donc ces misères de côté et venons sans plus tarder à l'examen d'arguments moins bas et, en apparence du moins, plus sérieux.

***

Ces arguments sont au nombre de deux. Il faut, nous disent certains docteurs, sacrifier le principe monarchique pour sauver les principes conservateurs. Si vous vous faisiez républicains, ajoutent-ils, vous sauveriez la cause conservatrice, et en vous emparant du mot de République, vous battriez tous les républicains. Telle est bien, le Bonhomme Deschamps vous en donne sa parole d'honneur, l'argumentation des nouveaux donneurs de conseils. Eh bien, il n'est besoin ni d'un grand effort de réflexion, ni de la connaissance d'un passé ancien, pour faire voir le creux et le chimérique de ce raisonnement enfantin. Que ce soit regrettable ou non, toujours est-il que le salut et le maintien des principes conservateurs sont intimement unis à l'existence d'une forme monarchique. Empire ou royauté, voilà bien la clé de voûte de l'édifice conservateur. Si vous n'avez ni l'un ni l'autre de ces gouvernements, la lutte est absolument inégale pour les conservateurs et leurs idées; avec l'un ou avec l'autre, au contraire, leur personne et leurs principes sont triomphants. Ce serait donc une pure illusion de croire qu'en sacrifiant l'essentiel, on s'assurerait du secondaire, et l'exemple de l'Assemblée nationale serait invoqué à tort puisque l'existence d'une chambre conservatrice sous la République est un accident dans notre histoire.

***

Mais il y a mieux. En ce qui concerne l'idée d'accepter le mot de République pour en chasser les républicains, et pour faire suivant le mot connu, une République sans républicains, nous n'en sommes plus aujourd'hui aux conjectures. L'expérience a été faite, et suivant le Bonhomme Deschamps, d'une façon décisive, contre ceux qui en conseillent le renouvellement. Où les républicains de la veille comme M. Dufaure ont échoué, ce ne sont pas des transfuges du parti conservateur qui réussiront. Qui dit République en France, dit Gouvernement des vrais républicains, et, tranchons le mot, triomphe des opinions radicales sur le dos du personnel et des principes conservateurs. N'assistons-nous pas depuis quinze ans, à une marche ininterrompue de droite à gauche? Les conservateurs ont d'abord cédé la place aux modérés, ceux-ci aux opportunistes, et si ces derniers sont encore en partie au pouvoir, c'est qu'ils font en partie aussi la besogne des radicaux. Le jour n'est pas loin où les radicaux mettront eux-mêmes la main à la pâte, jusqu'à ce qu'ils soient remplacés par des hommes d'opinion plus avancée, et ainsi de suite jusqu'à la crise finale. Donc à se faire du jour au lendemain républicain quand on est monarchiste, ce serait s'amoindrir sans profit et perdre la confiance de ses amis en encourant les sarcasmes et les gouailleries de ses adversaires.

***

Dans ces conditions, que faire? Une chose bien simple. D'abord ne pas prêter l'oreille aux donneurs de conseils, et demeurer tranquillement à sa place. Les conservateurs sont en minorité dans les Chambres, qu'ils en prennent leur parti, et s'ils continuent à défendre leurs idées, ils feront ce qu'ils ont à faire. Ce serait vraiment trop commode si l'on était toujours victorieux, et par trop honteux de crier *vive le Roi!* ou *vive la ligue!* selon que le roi ou la ligue l'emporte. D'ailleurs la roue de la fortune n'est pas immobile, elle tourne et il y a plus de chance qu'elle s'arrête devant ceux qui restent à leur place que devant ceux qui courent après elle. LE BONHOMME DESCHAMPS.

NOUVELLES DE LA SEMAINE.

Un jugement cassé. — M. Toutée, le magistrat républicain, que son alliance avec la famille propriétaire du *Bal des Vaches*, a rendu célèbre ne va pas être content. La Chambre des appels correctionnels a rendu, en effet, son arrêt dans l'appel de M. de Labruyère contre le jugement de la neuvième chambre, le condamnant à treize mois de prison pour avoir fait évader Padlewski, l'assassin du général russe Séliverstoff, tué en plein jour dans un hôtel du boulevard des Italiens, à Paris. La chambre des appels annulant le jugement de la neuvième chambre a prononcé l'acquittement de M. de Labruyère. L'arrêt dit en substance que s'il existe des dissemblances probantes entre la photographie de Padlewski et l'individu conduit à la frontière par M. de Labruyère, les preuves matérielles de l'identité de Padlewski ne sont pas suffisamment établies et que, quelque blâmable qu'ait été la conduite de M. de Labruyère, qui a cherché a soustraire un criminel à l'action de la justice, le doute existant doit lui profiter.

On ne sait toujours rien de l'assassin. On le croyait en Espagne, mais on s'est aperçu qu'on avait arrêté un faux Padlewski.

Les lois de confiscation. — A propos de l'application des lois fiscales aux congrégations, un journal républicain, rédigé par un conseiller municipal radical de Paris, s'exprime en ces termes :

Le ministre des finances promit formellement de faire justice et de ne pas abuser du droit de l'Etat en allant jusqu'à la confiscation déguisée qu'il comporte.

Et puis?

Et puis, plus rien. L'enregistrement continue de frapper les Sœurs de charité mortes de cet odieux impôt posthume. Il en est décédé une, dernièrement, pour laquelle le fisc a demandé à la maison-mère *deux cent soixante-dix fois* plus qu'elle ne possédait de son vivant.

Nous donnerons, si l'on veut, le nom de cette « Sœur d'Amérique », dont le Trésor français voudrait hériter.

Il faut en finir avec cette monstrueuse exploitation du droit de l'Etat. Nous ne demandons que l'égalité de tous devant l'impôt ; mais cette égalité, il faut que nous l'ayons complète, sincère et honnête. »

On voit ce qu'il en est, de l'aveu d'un républicain, des promesses des ministres. Le gouvernement continue de ruiner les congrégations.

La libre pensée à Paris. — Qui le croirait? Par ce temps de laïcisation à outrance, le nombre des enterrements civils diminue à Paris. Cela résulte des rapports de l'administration des pompes funèbres, qui constatent que de 1885 à 1889, le nombre de ceux qui ne veulent ni prières sur leur cercueil, ni croix sur leur tombe, va toujours en décroissant. En effet, la proportion des enfouissements civils par rapport aux enterrements religieux est :

Pour 1884 de 21,37 0[0.
Pour 1885 de 20,28 0[0.
Pour 1886 de 19,73 0[0.
Pour 1887 de 19,46 0[0.
Pour 1888 de 19,04 0[0.
Pour 1889 de 18,63 0[0.

Tout fait prévoir qu'en 1890 la proportion aura baissé encore. Cette constatation est consolante; elle prouve que la persécution religieuse n'a servi qu'à ancrer plus profondément la foi chrétienne au cœur du peuple de France. Les promoteurs de la funeste loi sur les funérailles ne devaient pas, à coup sûr, compter sur un tel résultat.

Une sinécure de plus. — Il n'y avait pas encore assez de sinécures. On annonce la nomination prochaine d'un médecin en chef des ministères. Pourquoi pas d'un pharmacien et d'un droguiste?

Les familles de sept enfants. — Plusieurs journaux rappellent que la loi qui exempte de la contribution personnelle et mobilière les père et mère de sept enfants légitimes ou reconnus ne sera pas appliquée en 1891 comme elle l'a été jusqu'ici. Les familles aisées se trouvaient ainsi injustement exonérées de charges qui retombaient sur les autres contribuables.

Pour bénéficier cette année de la loi, il faudra que les sept enfants soient tous mineurs et que le principal de la contribution ne dépasse pas dix francs. De plus, ces contribuables favorisés seront exonérés annuellement, au lieu d'être rayés du rôle des contributions.

TRAVAUX DE LA SAISON.

Le Chaulage.

Ainsi que la marne, dont nous avons déjà parlé, la chaux est un des amendements les plus précieux dont dispose l'agriculture, tellement précieux que dans certains pays de culture avancée, les Flandres notamment, le chaulage fréquent, mais à petites doses, est entré dans la pratique habituelle de l'agriculture.

C'est ainsi qu'on entretient la fertilité des terres à blé.

Les effets de la chaux ne sont pas tout à fait identiques à ceux produits par la marne, et les qualités des sols chaulés diffèrent en quelques points de celles des sols calcaires.

Le blé d'un fonds chaulé est plus rond, plus fin, donne moins de son et plus de farine que celui d'un sol non chaulé, d'un sol calcaire ou d'un sol marné.

Le grain produit par un sol marné est plus gris, donne plus de son et ressemble au blé sur trèfle, quoiqu'il lui soit préférable.

Le sol chaulé craint moins la sécheresse, au moment de la semaille, que le sol calcaire ou le sol marné. De plus, dans le sol chaulé, les mauvaises herbes et les insectes disparaissent; la terre trop légère prend de la consistance, et la terre trop argileuse s'adoucit. La surface du sol argilo-siliceux, auparavant unie et blanchâtre, s'ameublit et devient rousse; elle sèche, durcit et se fend par la chaleur, et fuse et se délite par la pluie.

Or, cet ameublissement spontané facilite beaucoup la main-d'œuvre, le travail et la marche des racines dans le sol, ainsi que l'action réciproque de l'atmosphère sur le sol, qui reste ouvert à ses influences.

Voilà pour l'action physique. Quant à l'action chimique de la chaux, on en connait les effets, sachant que cette précieuse substance procure, ainsi que la marne, le principe calcaire aux sols qui en sont dépourvus.

Mais elle attaque avec plus de force encore l'humus acide et les débris organisés, action particulièrement favorable aux sols nouvellement défrichés et aux marais tourbeux.

Il existe trois procédés principaux de chaulage.

Le premier et le plus simple consiste à répartir la chaux sur le champ par petits tas de 0m 30 à 0m50 de haut, et distants de 6 à 10 mètres, ou plus ou moins suivant la dose du chaulage.

Quand, par suite de son exposition à l'air, la chaux est réduite en poussière, on la répand sur le sol, où on la répartit exactement, après quoi on l'enterre par un labour.

Il importe que l'épandage et le labour qui suit soient faits par un beau temps. Par la pluie, la chaux en poussière se met en grumeaux qui se dissolvent difficilement.

Le deuxième procédé diffère du premier en ce qu'on recouvre chaque tas d'une couche de terre de 0m15 à 0m30 d'épaisseur, suivant la grosseur des tas, ce qui équivaut à cinq ou six fois le volume de la chaux éteinte.

Lorsque la chaux commence à se gonfler pour fuser, on remplit de terre les fentes et les crevasses qui se produisent à la surface du tas, et lorsque la chaux est réduite en poussière, on démolit les tas et on les refait après avoir parfaitement mélangé la terre à la chaux.

Si rien ne presse dans les travaux, on recommence quinze jours après la même opération, le même mélange, et après une troisième quinzaine, on étend le tout sur le sol.

Le troisième procédé, usité dans les pays les mieux cultivés, consiste à faire des mélanges de chaux, de terre, de gazon et de débris végétaux.

Ces mélanges sont appelés *composts*.

Rien n'est plus simple que la confection d'un compost.

On fait un premier lit de terre, terreau ou gazon de 0 m. 30 à 0 m. 40 d'épaisseur, d'une longueur double de sa largeur; puis un lit de chaux de même épaisseur, au-dessus duquel un autre lit de terre ou de gazon, et ainsi de suite jusqu'à ce que que le tas ait 1m 50 à 2m de hauteur.

La dernière couche est naturellement une couche de terre.

Si la terre est humide et la chaux récente, huit à dix jours suffisent pour fuser la chaux ; c'est alors le moment de couper le tas transversalement et de mélanger ensemble toutes les par, ties, toutes les couches du compost.

Après quoi, on refait le tas. On le recoupe une seconde fois au moins avant de l'employer.

Les engrais de compost sont excellents à répandre sur les plantes en végétation et particulièrement sur les prairies. Ils sont encore bien meilleurs si on les arrose avec des liquides fertilisants: urines, purins et autres qu'on laisse trop souvent perdre.

Que de débris peuvent être ainsi utilisés dans les *composts*, tels que sciure de bois, tan, marc de pommes, curures de fossés, boues de mares et d'étangs, bruyères, branches de pins, etc.

Ne laissons rien perdre, et employons nos loisirs de l'hiver à confectionner de bons engrais. Tout cela c'est du blé et de l'herbe, c'est du pain et de la viande.

CHARLES GOSSIN.

LES BLÉS DE FÉVRIER

Dès maintenant le sort en est jeté ; notre récolte de blé est compromise; et, pour conjurer un désastre, il faut aviser au plus tôt : de là, les nombreuses demandes de renseignements que nous recevons. Nous avons déjà répondu en donnant dans notre dernier numero la liste des meilleures variétés de blé de printemps. Ce sont les mêmes variétés que recommande aussi notre honorable collègue de la Somme, M. Raquet, qui insiste en outre sur les services que rendra dans les circonstances actuelles *l'orge Chevallier*.

Voici les excellents conseils de notre confrère :

« Règle générale : il faut, pour les semailles tardives, donner la préférence aux variétés les plus petites, c'est-à-dire qui ont le moins de taille.

Les petites sont précoces : là est la grande règle ; qu'il s'agisse des pois, des haricots, des carottes, des blés, et peut-être... du reste.

Dès maintenant, il faut que le cultivateur renonce aux belles et grandes pailles que donnent le blé de pays, le blé roseau, le blé Victoria de Nursery, car toutes ces grandes variétés sont tardives.

En nous inspirant de ces idées et de l'expérience, nous venons recommander les variétés suivantes :

1° *Le blé de Bordeaux*. -- On peut le semer jusqu'à la fin de mars, mais semé en janvier et février, il réussit fort bien.

Il sera pour nous, cette année, avec l'orge Chevallier, la grande planche de salut.

Seulement avoir soin de semer ce blé très dru ; de mettre, par exemple, trois hectolitres à l'hectare.

Ces dernières années, j'ai vu du Bordeaux qui a donné quarante hectolitres de l'hectare, semé le vingt-huit mars, et faire encore bien au cinq avril, dans le Vimeux, près de la gare de Martainneville.

Pourtant à cette époque exceptionnellement tardive, j'aurai plus de confiance dans le Chiddam blanc, dont nous parlerons plus loin. Le blé de Moyencourt n'est pas autre chose que le blé de Bordeaux sélecté avec soin. Le blé *Stand up* (blé qui se tient droit) ne m'inspire aucune confiance pour une semaille tardive : c'est un assez grand blé blanc à épi côtelé.

2° *Le blé rouge de Saint-Laud*. — C'est encore une bonne variété qui fait bien, semée en hiver, jusqu'à la fin de février. Elle aussi talle peu et exige une semaille drue. Paille blanche, grosse et courte, grain rouge.

Très cultivée aux environs d'Angers (Maine-et-Loire).

Elle craindrait le froid, dans les contrées du nord, si on la semait avant les grandes gelées.

Quelques autres variétés doivent être signalées comme variétés de février, comme le blé bleu ou de Noé, le blé seigle qui fait bien en sol médiocre ; le blé Hérisson sans barbes et à grain rouge, et le Hérisson barbu à épi court.

Pas de confiance dans le blé Dattel, et encore moins dans le Stand up semés en février : un peu trop grands assurément pour être très précoces.

Comme blés de printemps ou de mars, il faut donner la préférence à deux variétés : au blé Chiddam de mars et au blé Saumur de mars.

Le premier est à grain blanc, fin, très beau, et si productif qu'il rivalise avec les blés de saison.

Le Saumur de mars ou le Rouge de Brie est à grain jaune, plein, et très productif.

L'orge *Chevalier*, semée fin de février et en mars, donne les meilleurs résultats : grain lourd et fort rendement.

Mais l'important est de se pourvoir de semence sans retard et de profiter des premiers beaux jours pour la confier au sol.

En résumé :

Faire une grande part au blé de Bordeaux et à l'orge Chevalier. Mais au besoin, ne pas oublier les autres variétés que nous avons signalées, surtout en bon sol le Chiddam de mars. »

Nous insistons, avec notre collègue, sur la nécessité de se hâter de faire provision de semences de printemps. Celles-ci vont être malheureusement très recherchées. Dès que la gelée nous aura dit un adieu définitif, les commandes afflueront, les prix s'élèveront considérablement, de plus, on courra, comme en 1871, le risque de recevoir, non pas des blés de printemps, mais des blés d'automne qui, semés à cette époque, ne donnent que des produits insignifiants.

Hâtons-nous donc, n'attendons pas au dernier moment ! Ch. GOSSIN.

LES POMMES GELÉES

L'apparition subite et anormale des froids a pu surprendre un grand nombre de cultivateurs et amener chez eux des craintes souvent fondées sur la bonne conservation des pommes à cidre non encore employées.

Le directeur de la Station agronomique de Rouen, l'honorable M. Houzeau, a, par une circulaire, fait connaître aux détenteurs de pommes gelées, qu'ils peuvent encore en tirer parti en les laissant dégeler lentement et naturellement au moment du dégel.

Dans ce cas, elles perdent fort peu de leur qualité et peuvent être brassées, soit immédiatement, dès qu'elles sont dégelées ou quelques jours après. Seulement, il y aurait imprudence à les faire voyager. Si, au contraire, on voit les fruits noircir au moment du dégel, c'est un signe que la congélation des pommes a été complète. Dans ce cas, il faut se presser de les brasser dès qu'elles seront dégelées.

Le moût obtenu sera moins riche en sucre et fournira un cidre moins alcoolique et plus acide. En même temps la fermentation sera plus difficile et moins régulière.

M. Prower recommande, pour améliorer le marc des pommes entièrement gelées, d'y ajouter un ou deux kilos de sucre de première qualité, et environ soixante-dix grammes de tannin de chêne par hectolitre de moût. Rappelons aussi que dans ce cas particulier l'excellente liqueur de M. Bichon (à *Montpellier)* serait d'une très précieuse utilité.

Il peut arriver néanmoins que malgré ces additions de sucre et de tannin le cidre soit encore de qualité inférieure. Dans ce cas, il est préférable de l'utiliser pour la fabrication de l'eau-de-vie.

Une pratique qui fournit assez souvent de bons résultats et qui est aussi simple que peu coûteuse consiste à ajouter dans le moût des pommes qui ont été complètement gelées, c'est-à-dire dans le moût des pommes qui ont noirci en dégelant, environ cinquante grammes de bonnes cendres de bois (surtout pas de cendres de houille ni de coke) par hectolitre de moût fort ou trente grammes seulement si le moût est faible.

REVUE VINICOLE

Le commerce est encore dans l'expectative; les froids rigoureux ont entravé les expéditions et suspendu toute activité sur beaucoup de places; ils ont d'ailleurs été favorables aux vins nouveaux aussi bien qu'à la vigne, en hâtant la clarification et en détruisant beaucoup de parasites. On attend une assez bonne reprise dès que la température le permettra; mais on ne compte pas sur des changements notables dans les prix. — Dans le Centre, on ne traite que de rares et petites affaires à des prix variant de 45 à 60 fr. l'hectolitre pour les vins rouges, et de 27 à 32 fr. pour les vins blancs. Dans les côtes du Rhône, la qualité des vins est très satisfaisante; ils sont cotés de 90 à 105 fr. la pièce nue de 228 litres pour les rouges, et de 90 à 100 fr. la feuillette de 114 litres pour les blancs. — En Lorraine, les affaires sont calmes ; les prix sont de 14 à 17 fr. la charge de 40 litres, suivant pays et qualité. — Le Midi est calme également. Dans l'Aude, on a vendu quelques lots de petits vins titrant 8 degrés et demi à 9 degrés à raison de 2 fr. 50 le degré par hectolitre. — En Roussillon, on note encore quelques ventes entre 20 et 25 fr. la charge de 120 litres pour des vins de 11 à 12 degrés. — En Corse, les meilleurs vins rouges de table sont tenus de 60 à 70 fr. l'hectolitre ;

mais la concurrence des vins d'Algérie va probablement faire baisser ces prix. — A Bordeaux, la reprise est encore attendue, les quelques affaires traitées en vins rouges et blancs des trois dernières années n'ont eu qu'une importance secondaire.

LAVIGNNE.

AVIS IMPORTANT AUX CONTRIBUABLES

L'Administration des finances va mettre prochainement en recouvrement les rôles des contributions directes de 1891, dans lesquels l'impôt foncier sur les *immeubles bâtis* sera, pour la première fois, appliqué d'après les nouvelles règles établies par l'article 5 de la loi du 5 août 1890.

A cet occasion, il ne paraît pas inutile de rappeler que cette loi a eu pour objet de faire la péréquation de l'impôt foncier entre les différentes propriétés bâties, et que cette péréquation a été exécutée d'après un taux ou tarif uniforme fixé par la loi même, en principal, à 3.20 pour 100 (3 francs 20 centimes pour 100 francs) du *revenu net* des mêmes propriétés.

Le revenu net a été établi lui-même d'après *la valeur locative des immeubles telle qu'elle a* été déterminée conformément à l'article 34 de la loi du 8 août 1885, sous déduction d'un *quart* pour les maisons et d'un *tiers* pour les usines, en considération du dépérissement et des frais d'entretien et de réparation. Le chiffre auquel il a été fixé est mentionné dans le cadre de l'avertissement remis à chaque contribuable (ligne affectée aux propriétés bâties).

Le mouvement des valeurs locatives depuis la fixation des revenus cadastraux antérieurs n'ayant pas été le même sur toutes les parties du territoire, il en résulte nécessairement que certaines propriétés seront cotées au-dessus, tandis que d'autres le seront au-dessous du chiffre qu'elles payaient jusqu'ici ; mais ces modifications en plus ou en moins sont, il est aisé de le comprendre, la conséquence forcée de l'application à tous les immeubles bâtis des règles de la justice distributive.

Les contribuables qui trouveraient exagéré le revenu net assigné à leurs propriétés auront d'ailleurs en 1891, un délai exceptionnel de *six mois* pour réclamer une diminution de ce revenu, et, en 1892, un autre délai de *trois mois* pour présenter une réclamation du même genre contre leur l'impôt de cette dernière année. Ces délais courent du jour de la publication du rôle, dont la date est mentionnée en marge de l'avertissement. (Art. 7 de la loi du 8 août 1830.)

Nouvelles agricoles.

Les concours régionaux en 1891. — Le ministère de l'agriculture a publié, au *Journal Officiel* du 9 janvier, l'avis suivant :

« Les concours régionaux agricoles de 1891 auront lieu dans les villes et aux dates ci-après :

« *Pau*, du samedi 25 avril au dimanche 3 mai.

« *Bar-le-Duc*, du samedi 2 mai au dimanche 10 mai.

« *Avignon*, du samedi 9 mai au lundi 18 mai.

« *Bourg*, du samedi 16 au dimanche 24 mai.

« *Versailles*, du samedi 23 au dimanche 31 mai.

« *Niort* et *Aurillac*, du samedi 30 mai au dimanche 7 juin.

Saint-Brieuc, du samedi 13 juin au dimanche 21 juin.

« *Ajaccio*, du samedi 16 au dimanche 24 mai.

« Les agriculteurs peuvent présenter leurs animaux et leurs produits dans les concours de leur choix. Pour être admis à exposer, on devra en adresser au ministère de l'agriculture la déclaration au plus tard aux dates suivantes :

« Pau, le 15 mars. — Bar-le-Duc, le 20 mars. — Avignon, le 1er avril. — Bourg, le 5 avril. — Versailles, le 10 avril. — Niort et Aurillac, le 25 avril. — Saint-Brieuc, le 1er mai. — Ajaccio, le 5 avril.

Aux huit concours régionaux qui auront lieu comme les années précédentes, s'ajoutera cette année un concours spécial à la Corse, qui se tiendra dans la deuxième quinzaine de mai. Le seul concours agricole qui ait été organisé jusqu'ici en Corse sur le modèle des concours régionaux, par le ministère de l'agriculture, s'est tenu en 1865 à Ajaccio.

L'enseignement agricole. — L'*Officiel* de mercredi contenait un rapport du président de la République, suivi d'un décret instituant un certificat d'aptitude spécial à l'enseignement agricole dans les écoles primaires supérieures *et d'un arrêté relatif* au certificat d'aptitude spécial à l'enseignement agricole dans les écoles primaires supérieures.

Les anciens élèves de l'Institut agricole de Beauvais. — La Société amicale des anciens élèves de l'Institut alricole de Beauvais se réunira le dimanche 1er février, à l'hôtel Continental à six heures. Banquet à sept heures et demie.

Société des agriculteurs de France — La vingt-deuxième session annuelle de la société des agriculteurs de France sera ouverte le mercredi 28 janvier à une heure et demie.

Cette solennité qui réunit chaque année à Paris plus de deux mille agriculteurs ou cultivateurs, aura lieu au Grand Hôtel.

Le banquet des agriculteurs aura lieu pendant la session, le mardi 3 février. Les représentants des principaux journaux de Paris et des départements sont invités au banquet.

Au début de la session, la société décernera les prix aux lauréats des concours qu'elle a fondés.

Les diverses compagnies de chemins de fer et la compagnie transatlantique ont accordé aux membres de la société des agriculteurs de France qui se rendront à la session une réduction de moitié sur le prix des places.

Concours spécial de la race charollaise. — Un concours spécial de taureaux et de génisses de la race charollaise pure, pour le département de Saône-et-Loire, aura lieu à Marcigny le dimanche 10 mars prochain. Les animaux âgés de 1 à 2 ans y seront seuls admis : les génisses seront réparties en deux sections : 1° celles n'ayant encore aucune dent d'adulte ; 2° celles n'ayant que deux dents d'adulte. Le montant des primes à décerner s'élève à 5,710 fr., outre des médailles d'argent et de bronze. Les déclarations d'inscription au concours seront reçues à partir du 25 février, par M. Gérin, secrétaire du jury à Charolles. — La Commission du herdbook charollais fonctionnera à Marcigny, le jour du concours, pour l'examen des animaux (taureaux, vaches et génisses) présentés à l'inscription au herd-book.

Les récoltes de 1890. — Le *Journal officiel* a publié l'état approximatif de la récolte de la betterave à sucre pendant l'année 1890.

Il y a eu 232,210 hectares ensemencés au lieu de 226,341 en 1889, mais la récolte n'a été que de 6 milliards 492 millions de kilogrammes contre 7 milliards 144 millions de kilogrammes en 1889. Il convient toutefois de dire qu'en 1888 la production n'avait pas dépassé 5 milliards 458 millions, et qu'en 1887 elle n'avait été que de 5 milliards 123 millions de kilogrammes.

Le *Journal officiel* publie également l'état approximatif de la récolte de l'orge et de l'avoine en 1890, d'après les rapports des préfets.

Pour l'orge, la récolte est évaluée à 18 millions 840,185 hectolitres, correspondant à un poids de 12,000,738 quintaux.

Les résultats des quatre années précédentes avaient été les suivants :

1889,	15.805.530	hect.	soit 9.982.874	quint.
1888,	15.801.136	—	— 10.011.348	—
1887,	16.908.018	—	— 10.901.861	—
1886,	17.893.145	—	— 11.491.366	—

Pour l'avoine, la récolte est évaluée à 94,436,456 hectolitres, correspondant à un poids de 44,770,498 quintaux.

Les résultats des quatre années précédentes avaient été les suivantes :

1889,	85.259.511	hect.	soit 29.949.561	quint.
1888,	84.957.774	—	— 39.190.011	—
1887,	80.113.475	—	— 37.648.893	—
1886,	89.288.731	—	— 42.207.261	—

Reconstitution des vignobles. — Achats de plants américains par les syndicats. — Dans la reconstitution des vignes, rien n'est plus important que de se procurer de bons plants, bien dénommés et vigoureux. M. C. Sylvestre, secrétaire du syndicat agricole et viticole du Bois-d'Oingt (Rhône) exposait, dans la réunion générale de ce syndicat, comment l'Union beaujolaise a résolu ce problème. Voici la méthode adoptée :

Naguère, il n'y avait pas d'achats où l'on eût plus à craindre d'être trompé que dans l'achat des plants américains. C'est peut-être la marchandise qui a le plus donné lieu à la fraude et aux déceptions. Aussi tous les propriétaires soigneux se sont empressés de créer chez eux des pépinières pour récolter eux-mêmes leurs boutures, et c'était une vérité incontestable qu'il valait mieux produire ses bois que de les acheter. Aujourd'hui les syndicats sont arrivés à rendre les achats de plants américains absolument sûrs. Voici comment ils procèdent, ou du moins comment on procède à l'Union Beaujolaise. Toutes les pépinières dont il s'agit d'acheter les bois sont au préalable visitées par des délégués compétents qui, avant la chute des feuilles, examinent bien si les pieds appartiennent bien à la variété demandée ou offerte et qui marquent tous les pieds appartenant à d'autres variétés, de façon qu'on puisse les reconnaître aisément à la taille. Lorsque l'époque de la taille arrive, de nouveaux délégués se rendent sur les lieux, assistent à cette opération, au métrage des bois, à leur emballage et à la mise en wagon. Avec ces précautions, il est impossible d'être trompé, et les livraisons faites par les syndicats satisfont pleinement les intéressés. Bien mieux, les bois ainsi livrés donnent plus de reprise que les bois récoltés par les intéressés eux-mêmes, en sorte qu'il faut renverser la règle et dire qu'aujourd'hui il vaut mieux acheter ses bois que de les produire. Ce fait ne doit pas vous surprendre, car les syndicats font souvent leurs achats dans le midi, où grâce au climat, les bois acquièrent toujours un aoutement plus complet que dans notre région. La difficulté jusqu'ici était d'avoir des boutures bien authentiques. Les syndicats ont tranché cette difficulté de la façon la plus complète.

Mais, dira-t on, les délégués ainsi envoyés à de grandes distances doivent coûter beaucoup et les plants ainsi achetés revenir fort cher? Oui, s'il s'agissait d'un achat isolé de quelques milliers de boutures. Mais lorsque ces frais sont répartis sur des centaines de mille ou des millions de boutures, ils se réduisent à très peu de chose et n'ont jamais jusqu'ici dépassé trois francs par mille. Je donne tous ces détails pour bien faire ressortir les avantages que peuvent produire les syndicats et aussi pour dissiper cette défiance si longtemps justifiée contre les achats de plants américains.

CONSEILS A LA FERMIÈRE

CHARBON A 2 CENTIMES LE KILO.

Le prix du combustible est bien élevé, c'est une des charges qui pèsent le plus lourdement sur les petits ménages; nous croyons donc utile de reproduire dans son entier le récit des expériences faites avec le mélange de terre et de houille, et en mettant sous les yeux de nos lecteurs les résultats obtenus.

L'essai en a été fait dans plusieurs hospices ou établissements publics et il a donné les résultats les plus satisfaisants. Voici maintenant comment cette composition se prépare dans un grand nombre de maisons et établissements. On mélange deux mannes de terre végétale avec une manne de cendres et une grosse demi-manne de charbon menu; on mêle bien, on arrose le tout d'eau dans laquelle on fait dissoudre trois quarts de kilo de sel de soude, puis on forme, à l'aide de cette pâte des boulettes de dimensions ordinaires. Ces boulettes brûlent et chauffent aussi bien que les *hochets* de charbon.

Les administrations publiques et les particuliers feront bien d'essayer comme nous : *Il y a* là une source d'économie que personne ne peut négliger et que nous engageons tous les gens charitables à faire connaître surtout aux familles indigentes.

Un honorable pharmacien nous écrit à ce sujet : N'ayant pas de terre à ma disposition, j'ai cependant voulu savoir si le sel de soude pouvait procurer à un mauvais chauffage les qualités qu'il n'a pas. J'ai donc fait un mélange de très peu de menu et de résidus très cendreux provenant des feux de la veille. J'ai arrosé le tout d'une dissolution de soude et j'ai obtenu un mélange flambant qui a brûlé avec une ardeur inaccoutumée.

M. Jules Laroude, pharmacien de l'hôpital de Tournai, a fait un nouveau mélange de charbon et de terre qui donne un feu plus vif et plus clair. Voici la recette de ce composé : charbon, 500 grammes : terre, 1 kilog.; sel de cuisine brut ou chlorure de sodium dissous dans de l'eau 100 grammes. Ce sel coûte 9 à 10 centimes le kilogr., tandis que le sel de soude coûte 22 où 24 centimes. La substitution du gros sel de cuisine au sel de soude fournit un notable avantage au point de vue économique, elle procure une flamme plus vive et évite la mauvaise odeur que dégage le sel de soude employé dans les feux ouverts.

L'inconvénient du nouveau combustible, c'est la masse de cendres qu'il produit; mais les avantages qu'il procure sont assez sensibles pour qu'on passe là-dessus. UNE MÉNAGÈRE.

CONSEILS DU VIGNERON

DESTRUCTION DE LA COCHYLIS EN HIVER

L'hiver dernier, tous les échalas, dans une vigne de Champagne, à l'exception de ceux d'une parcelle, conservés comme témoins, ont été soumis à l'ébouillantage ou à la vapeur sèche à 100°. Le ver de vendange de première génération (à ce moment en chrysalide), ne laissa que des traces très rares ; la totalité des grappes était saine. Dans la parcelle témoin, au contraire, presque toutes les grappes furent occupées par deux ou trois cochylis.

Donc, la coction de la chrysalide d'hiver dans les échalas, donne pour la destruction de la première génération du ver des résultats satisfaisants.

Le petit nombre de traces de ver observées laissait espérer que la seconde génération serait aussi à peu près nulle ; une nouvelle visite avant la vendange a donné aussi la quasi-certitude d'un semblable résultat.

Le 1er avril, une parcelle de vigne avait reçu sur les souches une application du mélange recommandé par M. Balbiani, badigeonnage des souches à l'aide du mélange de naphtaline, d'huile lourde et de chaux.

Cette parcelle, badigeonnée en vue de détruire la pyrale dans son cocon d'hiver, était notablement moins infectée que les autres parties du terroir où la pyrale a été encore très abondante.

Un viticulteur du Doubs, M. Bejanin, conseille la formule suivante contre la cochylis : faire dissoudre 2 kilog. de savon noir dans l'eau bouillante, y verser ensuite 4 litres de jus de tabac à 15 degrés Baumé, et mélanger le tout dans 100 litres d'eau ; arroser les grappes avec le mélange. Pour l'arrosage, on peut employer un pulvérisateur quelconque : les vers touchés ne survivent pas plus d'une demi-heure. D. GUIRAUD.

CONSEILS DU JUGE DE PAIX.

FAILLITE. — LIQUIDATION JUDICIAIRE.

— Un fabricant de nos pays vient de suspendre ses paiements; c'est une ruine pour quantité de petits cultivateurs ; on s'attendait à le voir mettre en faillite, mais le bruit court qu'il y échappera, grâce à de puissantes protections, et qu'il s'en tirera par un moyen dont nous n'avons pas encore entendu parler, et qu'on appelle, dit-on, *la liquidation judiciaire*; ce sont pour nous des mots cabalistiques, et vous nous rendrez un vrai service en nous en donnant le sens.

— Bien volontiers ; le gouvernement qui prétend qu'en république la prospérité doit régner partout, était fort ennuyé de voir que les ruines des commerçants devenaient de plus en plus fréquentes et que les faillites augmentaient dans une proportion énorme; ainsi de 1876 à 1885, c'est-à-dire en dix ans, l'accroissement des faillites a été de 54 0[0, il se dit : C'est embêtant, il faut cacher une aussi triste situation, si peu d'accord avec les beaux discours que nous faisons à nos électeurs; mais comment s'y prendre? C'est bien simple, dit un malin; il suffit de changer le nom de la chose; appelons, dans la plupart des cas, la faillite, liquidation judiciaire et ainsi il n'y aura plus de faillite.

— Ainsi, tout cela c'est de l'apparence, comme qui dirait une couche de peinture que l'on mettrait sur une vieille baraque pour la faire paraître neuve,

— Parfaitement, la liquidation judiciaire, c'est une faillite atténuée, dissimulée; on a bien dit, car il faut toujours des prétextes, que c'était un moyen de ne pas traiter d'une façon également rigoureuse le commerçant victime d'évènements imprévus et celui dont les embarras sont dûs à des fautes graves, mais au fond le véritable but est de diminuer pour la forme le nombre des faillites.

— Et, qui accorde le bénéfice de cette liquidation judiciaire?

— Le tribunal de commerce auquel aux termes de la loi du 4 mars 1889, le commerçant peut la demander dans les quinze jours de la cessation de ses paiements, en joignant à sa demande le nom et le domicile de tous les créanciers, la liquidation judiciaire le met dans une situation bien meilleure que la faillite; il reste électeur, il n'est dessaisi que d'une partie de l'administration de ses biens; aux yeux du public, il paraît encore à la tête de ces affaires.

— Et les pauvres créanciers comment seront-ils protégés, si contrairement à leurs intérêts, le tribunal de commerce accorde le bénéfice de la liquidation?

— Ils ont pour défendre leurs intérêts, 1° les liquidateurs nommés par le tribunal, mais ayant beaucoup moins de pouvoirs que les syndics, n'étant qu'une sorte de tuteur, en général fort négligents et se faisant payer fort cher; 2° deux contrôleurs, pris parmi les créanciers et élus par eux, à la réunion qui doit avoir lieu au tribunal, trois jours après l'ouverture de la liquidation, ces contrôleurs ont pour mission, non pas d'administrer, mais de vérifier la régularité des opérations et des écritures et d'en faire rapport aux créanciers.

— Cela me paraît sage.

— C'est la meilleure disposition de la loi; aussi recommander bien à vos amis de choisir comme contrôleurs des hommes honnêtes, intelligents, fermes, incapables de se laisser acheter, car ne l'oubliez pas la liquidation judiciaire est un danger pour les créanciers et elle n'est, le plus souvent, pour un mauvais débiteur, qu'un moyen commode de se tirer d'affaire en évitant la honte méritée et les juste conséquences d'une faillite.

UN VIEUX JUGE DE PAIX.

CONSEILS DU NOTAIRE

LE TIMBRE DE QUITTANCE.

Une réclamation de l'administration de l'enregistrement provoque une vive émotion dans le commerce.

Un grand nombre de négociants ont reçu avis qu'ils étaient « redevables » d'une somme de 62 fr. 60, savoir : droit de timbre, 0 fr. 10, amende, 62 fr. 50 pour oblitération irrégulière d'un timbre de 0 fr. 10 apposé sur des quittances délivrées par eux.

L'administration exige, pour la régularité de l'oblitération, que le timbre porte intégralement la date de la quittance et la signature de celui qui donne quittance. Si la date et la signature ne figurent pas en entier sur le timbre, l'oblitération est considérée par l'administration comme irrégulière.

Ce timbre est considéré par l'administration de l'enregistrement comme étant « oblitéré irrégulièrement; » la quittance est regardée comme non timbrée, et bien que la bonne foi des commerçants ne soit pas douteuse, ils sont bel et bien condamnés à une amende de 62 fr. 50.

Nous ne saurions donc trop engager les commerçants à se conformer aux prescriptions de l'administration pour éviter les conséquences désagréables qui pourraient découler de cette petite irrégularité dans l'oblitération du timbre de quittance.

C'est égal, notre administration est joliment tracassière ! CHICANONS.

AFFAIRES MILITAIRES.

L'appel des Réservistes et des Territoriaux.

Le *Journal officiel* publie les détails suivants concernant l'appel en 1891 des hommes appartenant à la réserve de l'armée active et à l'armée territoriale :

Réservistes. — Seront convoqués les réservistes des classes 1883 et 1884. Les dispositions adoptées variant suivant les armes et les services.

Dans l'infanterie de ligne, l'appel aura lieu en trois séries : du 7 avril au 4 mai, les réservistes non affectés aux bataillons actifs; du 25 août au 21 septembre, les réservistes appartenant aux trois premiers bataillons; du 1er au 28 octobre, les réservistes appartenant aux quatrièmes bataillons.

Dans les sapeurs-pompiers, les zouaves, les tirailleurs et les chasseurs à pied, l'appel aura lieu en une série, à l'époque des grandes manœuvres, du 25 août au 21 septembre.

Ces divers appels auront lieu par voie d'affiche; toutefois, les commandants de corps d'armée sont autorisés à convoquer par ordres individuels et par échelons du 1er août à la fin d'août un certain nombre de réservistes.

Dans l'artillerie, tous les réservistes insuffisamment exercés et les pontonniers seront convoqués par voie d'affiche du 12 au 15 novembre. Les autres réservistes seront appelés individuellement et par échelons du 1er avril au 31 août.

Dans le génie, les sapeurs mineurs et sapeurs de chemins de fer seront appelés du 25 août au 21 septembre, les sapeurs conducteurs en deux séries, du 22 septembre au 19 octobre et du 20 octobre au 16 novembre. Toutefois, les commandants de corps d'armée sont autorisés à convoquer individuellement une partie des réservistes du génie du 1er avril au 31 août, suivant les besoins du service.

Comme les années précédentes, les réservistes ouvriers d'artillerie et artificiers, du train des équipages, des troupes d'administration, de la gendarmerie, seront convoqués toute l'année sans autre condition que le maintien dans ces corps de l'effectif constant fixé par les instructions ministérielles.

Les médecins auxiliaires de réserve des classes 1883 et 1884 seront appelés en même temps que les réservistes des corps auxquels ils sont affectés.

Les réservistes algériens de la classe 1886 seront seuls convoqués, à la date et dans les conditions fixées par le commandant du 19e corps d'armée.

POUR RIRE.

En police correctionnelle :

Le président interroge un témoin :

— Quelle est votre profession ?

— Je travaille dans les cuirs, mon président.

— Alliez-vous souvent chez le prévenu ?

— Ma foi, non.... j'y allais de loin-z-en loin...

— Témoin, vous n'êtes point ici pour exercer votre profession !

***

Une jeune veuve, très laide, vient consulter, sur des malaises qu'elle éprouve, un médecin ami de sa famille, célibataire et célèbre autant que bourru.

— Ce n'est rien, dit le médecin, il faudrait vous remarier.

— Oh ! docteur, avec vous, tout de suite, si vous voulez ?

Mais le médecin très grave :

— Pardon ! Le docteur ordonne une médecine, il ne la prend jamais !

***

Au coin d'une rue.

— N'oubliez pas, messieurs et dames, un pauvre manchot, s'il vous plaît !

Un paysan s'arrête et considère le mendiant, qui a parfaitement ses deux bras.

— Comment ? vous vous dites manchot ?

— C'est pas moi, bourgeois : je mendie pour un collègue qui ne peut pas venir, rapport qu'il est à la noce de sa fille.

PETITE POSTE.

M. W... (Oise). — 1° La commune du domicile réel du chasseur a toujours droit aux 10 fr. du permis de chasse, quel que soit le lieu où le permis a été pris. Un chasseur grincheux ne peut donc faire tort à sa commune. — 2° La chasse en voiture n'est pas défendue par la loi, donc elle est permise.

M. M.., (Tarn-et-Garonne). — *Obligations foncières de 400 fr. 3 0/0 1877.* — Au tirage du 5 janvier 1891, c'est l'obligation n° 75,468 qui a gagné le lot de 100,000 francs.

M. D... (Oise). — *Achat d'engrais.* — D'après les termes de votre marché, la livraison devant vous être faite en février, vous avez le droit de refuser une livraison anticipée.

Vous avez raison d'exiger l'analyse. Invitez votre vendeur à assister ou à se faire représenter à la prise des échantillons qui devront être prélevés en trois exemplaires au lieu de la livraison et avant celle ci. Confiez l'analyse à la Station agronomique de l'Oise.

Même au cas probable où l'analyse trouverait les éléments annoncés dans la facture, vous avez été indignement exploité.

Un engrais dosant 2 à 3 0/0 d'azote organique et 10 à 12 0/0 d'acide phosphorique, dont *moitié* soluble dans l'eau, et le citrate d'ammoniaque vaut 10 fr. les 100 kil. au *maximum*, et on vous le vend 25 fr. !!!

En matière de vente d'engrais, il faut connaître la loi du 4 février 1888 et le décret du 10 mai 1889.

M. de P..., à St-P... — *Traite. — Echéance.* — L'huissier ne peut faire de protêt que le lendemain du jour de l'échéance (art. 162 du Code de commerce). La traite présentée hors des dates de l'échéance n'a plus que le caractère d'un engagement ordinaire, que le débiteur a intérêt à acquitter le plus tôt possible, s'il veut éviter des commandements et poursuites judiciaires; le défaut de présentation et de protêt à la date légale ne fait pas disparaître la dette, il modifie seulement les conditions du recouvrement.

Publication des rôles. — Chaque contribuable peut prendre communication du rôle dès qu'il est publié, pour demander une décharge, s'il y a lieu. Le délai court donc à partir du jour où par le fait même de la publication il a pu se rendre compte de sa situation. L'avertissement n'est qu'une sommation de payer. Sans doute, il vaudrait mieux qu'un extrait du rôle fût envoyé aux contribuables le jour même de la publication.

Prestations envers des ateliers. — Nous sommes de votre avis. On est prévenu trop tard; mais ce sont là des réformes administratives à provoquer. Par la voie contentieuse, il n'y a rien à faire.

Prestations : Voitures de luxe. — On ne peut obliger un contribuable à envoyer sa voiture de luxe sur les chantiers, puisqu'il a toujours le droit de fournir sa prestation en nature. S'il avait l'imprudence d'envoyer son coupé et sa calèche, on serait capable de lui jouer le méchant tour d'y mettre des cailloux. Partez de cette idée, qu'on apporte toujours dans la perception des impôts toute la rigueur et toute la malveillance possible.

Percepteurs. — Le paiement par douzième est un droit absolu pour le contribuable, il a le droit de l'exiger. Il faut savoir user de son droit.

M. E. D... (Somme). — 1° *La Gazette du village* s'édite 24, rue Jacob, Paris. — 2° Nous ne connaissons pas d'éditeur spécial à Paris, pour les almanachs de province. Vous avez envoyé trop de timbres; notre prime est gratuite. Nous vous en envoyons une seconde.

M. V. R... (Oise). — Venez me voir; si vous avez des connaissances sérieuses et des aptitudes pour l'agriculture, nous vous chercherons une situation.

M. B... (Haute-Vienne). — *Ecrémeuses Cooly.* — Ces écrémeuses sont vraiment très bonnes. Elles sont très répandues dans les laiteries perfectionnées. Tous ces appareils et ustensiles se trouvent chez Pilter, rue Alibert. Il est très probable que vous les verrez au concours du Palais de l'Industrie.

M. R... (Meuse). — *Pommes de terre Institut de Beauvais.* — Nous vous en ferons expédier 100 kil. d'une exploitation de la Meuse; pour simplifier le transport, à quelle gare faudra-t-il les adresser. Le prix devra être, sans doute, de 10 fr. les 100 kil. Tenez-vous en à cette variété, qui a toutes les qualités voulues pour une pomme de terre de grande culture.

M. E. L..., à F... (Cher). — *Carrière.* — Pour la fixation de l'indemnité due au propriétaire du terrain dont un entrepreneur de travaux extrait des matériaux avec l'autorisation spéciale, il y a lieu, en effet, de distinguer si la carrière était ou n'était pas en exploitation au moment de la prise en possession par l'entrepreneur.

Dans le premier cas, l'indemnité est basée sur la quantité de matériaux extraits; dans le second cas, on ne tient pas compte de cette quantité, mais seulement de la dépréciation du terrain. En cas de désaccord pour la fixation de cette indemnité, c'est le conseil de préfecture qui est compétent.

M. G... (Aisne). — *Tonneaux à purin.* — Nous vous recommandons les tonneaux Amiot et Barriat, à Bresles (Oise), système Legrand; vous les verrez au concours du Palais de l'Industrie.

M. O. P..., à Bacouel (Oise) — Ecrivez donc à ce propriétaire dont je vous donne l'adresse. La place n'est certainement pas prise.

M. J... (Gironde). — Oui; le 21 février prochain.

M. L... (Loiret). — Toutes ces variétés se trouvent à la maison Forgeot, quai de la Mégisserie, Paris. Demandez le catalogue.

M. G... (Aube). — 1° Le son est d'un prix trop élevé eu égard à ses qualités nutritives ; le tourteau de coton à 11 fr. est plus avantageux que le tourteau de graines oléagineuses à 18 fr.

2° Pour notre pays, nous préférons la betterave au chou rave.

3° Pour l'engraissement des vaches, la betterave coupée en cossettes, mélangée avec de la menue paille, salée et fermentée, vaut tout autant que la bette cuite.

4° *Sulfate de fer aux vignes.* — 400 kilog. à l'hectare. Application en mars.

M. A. M... (Charente-Inférieure). — *Biens communaux.* — Non, la loi n'a pas d'exception ; les biens communaux doivent toujours être administrés par les conseils municipaux. La limite est celle du territoire de la commune. Elle ne peut être modifiée.

M. G... (Ille-et-Vilaine). — *Jardinier.* — Votre lettre est envoyée au propriétaire qui demande un ménage de jardiniers; celui-ci est déjà en pourparlers avec plusieurs personnes.

REVUE FINANCIÈRE.

Il est un peu tard déjà pour parler du grand succès de l'emprunt. Il nous suffira de dire que ce succès fait grand honneur à la vitalité du crédit de la France.

Le point important, au regard de la Bourse, maintenant que l'on est fixé sur la répartition (les souscriptions à 3 fr. de rente sont respectées intégralement; au-delà on reçoit 18 fr. de rente pour une souscription de 300 fr.), c'est de savoir quelle orientation le marché entend prendre, quel emploi il fera des capitaux disponibles, qui sont, quoi qu'on en dise, en assez grande abondance.

Si l'on en jugeait par les bourses que nous venons de traverser, on serait assez embarrassé. A côté de quelques mouvements en hausse, il a régné une sorte de torpeur qui, sans exclure la fermeté, n'a pas permis aux cours de varier sensiblement.

La rente nouvelle oscille entre 94 20 et 94 10. L'ancien 3 0/0 tourne autour de 95 50. Les établissements de crédit, à part une ou deux séances où ils ont monté, restent sensiblement au même taux. Nos chemins de fer sont toujours très demandés par l'épargne, à des cours élevés comme on sait, mais quittent peu ces derniers. Les chemins étrangers sont franchement à la faiblesse. A part le Suez toujours très ferme, ou, dans un autre sens, le Panama, peu soutenu en dépit des efforts faits, des projets nouveaux mis en avant pour rendre espoir aux intéressés, les valeurs industrielles sont peu en odeur de sainteté et varient peu. Le marché des grandes obligations, Ville de Paris et Chemins de fer est toujours bien achalandé, mais, subit un peu l'influence de l'atonie générale.

Tout cela est sans indication. Il faut dire aussi que les nouvelles de l'Amérique ne sont pas tellement précises qu'elles permettent d'entrevoir pour bientôt la fin des difficultés engendrées par la situation des finances Sud-Américaines; que Londres, Berlin et celles de nos institutions financières qui sont plus ou moins engagées dans ces aventures, ont toutes raisons de se montrer prudentes, et que notre spéculation se doit de rester, elle aussi, sur la réserve.

Cela seul explique, d'autre part, pourquoi les valeurs étrangères, à part les emprunts russes, fort bien vus des portefeuilles, n'ont subi cette semaine que peu de variations. Nous ne parlons pas de l'Italien, qui se soutient si difficilement au delà de 92, ce qui est tout uniment logique, étant donné la situation financière de l'Italie.

Une des affaires annoncées pour la campagne d'hiver va voir le jour; nous voulons parler de la conversion de l'emprunt russe consolidé 4 1/2 0/0 de 1875, qui sera changé en 4 0/0, au moyen d'un emprunt de 320 millions en obligations de 500 exemptes de tout impôt russe.

Le prix d'émission est fixé à 485 fr. 75. Voici dans quelles conditions l'affaire se présente. On offre à chaque porteur de 2,520 francs de capital nominal de l'ancien emprunt (pour 2,520, plus trois mois d'intérêt, soit 2,548 35) cinq obligations nouvelles, représentant à raison de 485 fr. 75, une somme de 2,428 fr. 75, et le solde, soit 119 fr. 60 en espèces.

La souscription, ou si l'on veut la demande de conversion, est ouverte dès maintenant chez MM. de Rothschild et sera close le 29 janvier.

Personne ne doute que cette opération ne réussisse aussi brillamment que les précédentes.

OFFRES & DEMANDES

Pour répondre au désir qui nous est exprimé, nous offrons à nos abonnés, sous cette rubrique, deux annonces gratuites pour les offres et demandes d'emplois, produits ou animaux à vendre ou à acheter, etc.

Les annonces qui suivront jouiront d'une réduction de 50 pour 100 sur les tarifs ordinaires (0 fr. 15 la ligne au lieu de 0 fr. 30).

Les demandes d'insertions devront être envoyées à l'administration (joindre un timbre de 0 fr. 15) qui se chargera de les rédiger.

Ne pas négliger d'envoyer tous les renseignements nécessaires.

Un jeune homme, fils de cultivateurs, élevé dans la culture, demande place de régisseur ou de chef de culture. — N° 896. — Bonnes références.

A vendre. *Pommes de terre Institut de Beauvais*, par quantités de 100 kil. au moins. — N° 897.

Occasion. — A vendre, pour 50 fr., en gare de l'expéditeur, une charrue (système Howard), toute en fer, ayant très peu servie, en très bon état. — N° 901.

S'adresser au régisseur du château de la Vieuron, commune d'Ahuillé, près Laval (Mayenne).

A vendre *excellent blé de Mars*, variété ayant beaucoup d'analogie avec le *blé de Bordeaux*, pouvant se semer jusque fin mars, très productive, 38 fr. les 100 kil. en gare de Bornel (Oise). — N° 902.

S'adresser à M. Durand, propriétaire à Belle-Eglise, par Chambly (Oise).

A vendre, bonnes vaches normandes, chez M Rendu, château du Robillard, par Saint-Pierre-sur-Dives (Calvados).

On demande, pour une habitation des environs de Beauvais, UN MÉNAGE DE JARDINIER ET FEMME DE BASSE-COUR, entendus et actifs, offrant des garanties et de bonnes références.

S'adresser au bureau du journal. — N° 903.

On demande pour une habitation des environs de Beauvais :

UN MÉNAGE DE DOMESTIQUE connaissant le service intérieur, sachant soigner les chevaux, et de cuisinière.

Tous deux offrant garanties et références.

S'adresser au bureau du journal.

Ces cartes donnent droit à l'abonné de s'arrêter à toutes les stations comprises dans le parcours indiqué sur sa carte et de prendre tous les trains comportant des voitures de la classe pour laquelle l'abonnement a été souscrit.

Les prix sont calculés d'après la distance kilométrique parcourue.

Il est facultatif de régler le prix de l'abonnement de six mois ou d'un an, soit immédiatement, soit par paiements échelonnés.

Ces abonnements partent du 1er et du 15 de chaque mois.

HALLES ET MARCHÉS.

SITUATION GÉNÉRALE.

La gelée a repris avec une nouvelle intensité, et augmente les craintes légitimes des cultivateurs relativement aux semailles déjà faites. Dans la plupart des régions de la France, les marchés de samedi dernier ont été à peu près nuls, à raison de la rigueur de la température et des chutes de neige. Les cours des denrées agricoles subissent peu de changements; mais les prix restent bien tenus en général.

GRAINS.

Blés. — La prolongation du froid rend de plus en plus difficile l'approvisionnement de nos marchés; les prix des blés restent fermement tenus, et la hausse fait des progrès sur plusieurs points. D'un autre côté, les blés de semences vont être demandés partout; dès aujourd'hui certaines sortes de sélection parfaite et de bonne réussite au printemps, atteignent le prix de 40 fr. les 100 kilog. Sur nos marchés, la culture vendait samedi dernier : Amiens, 26 fr. 40; Arras, blé blanc, 25 à 27 fr. 25; roux, 24 à 26 fr.; Cambrai, blé blanc, 27 fr.; roux, 26 fr.; Douai, 26 à 28 fr.; Beauvais, 24 fr. 30 à 24 fr. 75; Etampes, 23 fr. 40 à 27 fr. 10; Laval, 25 fr. 50 à 26 fr.; Montereau, 22 fr. 15 à 26 fr.; Châlons-sur-Marne, 25 fr. 50; Chartres, 23 fr. 40 à 25 fr. 90; Lyon, 25 fr. à 25 fr. 50; Nantes, 25 fr. 75 à 29 fr. 50; Bordeaux, 26 fr. 90; Nevers 25 à 26 fr. — Au marché commercial de Paris, le blé disponible a été tenu de 26 fr. 50 à 26 fr. 75. — A l'étranger, la fermeté domine en Hollande, en Allemagne, en Autriche et en Russie. En Angleterre, les récoltes ne paraissent pas avoir souffert des rigueurs de la température. Les demandes en blé pour le continent sont suivies à Londres, surtout en blé de Californie, qui se maintient à 21 fr. 35 les 100 kilog.

Seigles. — A Paris, la tendance est calme au marché commercial, où l'on cote le courant du mois 17 fr. à 17 fr. 25 les 100 kilog. et le livrable aux autres époques 17 fr. 25 à 17 fr. 75. — En culture, les cours restent soutenus de 17 fr. 25 à 17 fr. 25.

Orges. — Les prix restent comme nous les avons donnés dans notre précédente revue pour les orges indigènes. Dans le Nord, on paie par continuation les orges d'Algérie 15 fr. 25 à 15 fr. 50 les 100 kilog. et celles de Russie, 15 fr. 50 à 15 fr. 75. — Les escourgeons de pays et de Vendée valent toujours de 20 fr. 50 à 21 fr. 50.

Avoines. — Avec des offres ordinaires, les avoines indigènes restent bien tenues au prix de 17 fr. à 19 fr. 25 les 100 kilog. en gare de Paris. — Les avoines de Suède valent 15 fr. les 100 kilog. à Rouen, pour embarquement à la réouverture de la navigation; les blanches de Saint-Pétersbourg sont tenues de 14 fr. à 15 f. 75.

Maïs. — Le cours de 15 à 20 fr. les 100 kilog. se maintient pleinement.

FARINES.

Farines de consommation. — Affaires calmes sans changement. La marque de Corbeil vaut 61 fr. les 157 kilog. nets; les autres marques sont à cours correspondants.

Farines de commerce. — Les transactions sont assez suivies sur la place de Paris, cependant la tendance reste calme; on cotait le 17 janvier : douze marques disponibles, 59 fr. 50 à 59 fr. 75 les 157 kilog.; livrables, 59 fr. 75 à 60 fr. 25.

FOURRAGES. — GRAINES FOURRAGÈRES.

Fourrages. — A Paris, le foin, la luzerne et le trèfle ne changent pas de prix; les pailles ont un peu baissé; on les cote : paille de blé, 25 à 31 fr. les 500 kil. au domicile de l'acheteur; de seigle, 25 à 32 fr.; d'avoine, 21 à 26 fr.

LÉGUMES. — POMMES DE TERRE.

Pommes de terre. — A la halle on vend aux 100 kil. : hollande, 10 à 12 fr.; saucisses, 9 à 10 fr.; hâtives, 8 fr. — Les cours en gros sont sans changement, mais le dégel va les faire probablement fléchir.

Légumes secs. — La vente est active et les prix en hausse, avec des apports très réduits : on tient : haricots flageolets chevrier, 65 à 90 fr. l'hectolitre et demi; Suisses blancs et Chartres, 50 fr.; Liancourt, 48 à 50 fr.; Soissons, 75 à 78 fr.; — plats du Midi, 22 à 38 fr. les 100 kil.; Suisses rouges, 25 à 27 fr.; cocos roses, 30 à 31 fr.; nains, 26 à 30 fr.; lentilles, 45 à 70 fr.; pois ronds, 25 à 32 fr.

ENGRAIS.

Le nitrate de soude est plus ferme; on cote par 100 kilog. sur wagon à Dunkerque, pour livraisons en gros : disponible, 18 fr. 25; quatre premiers mois de 1891, 18 fr. 35, février-mars, 18 fr. 50. Le sulfate d'ammoniaque est en légère baisse de 28 fr. à 29 fr. 10 à Dunkerque.

A Paris, les engrais commerciaux se vendent (en gros) :

	les 100 kilog.	
Nitrade de soude (15 à 16 p. 100 azote)	20.50	»
Nitrate de potasse (13 p. 100 azote, 45 p. 100 potasse)	46.00	»
Sulfate d'ammoniaque (20 à 21 p. 100 d'azote)	30.25	»
Chlorure de potassium (50 p. 100 potasse)	21.45 à	21.50
Sulfate de potasse	25.40	»
Sulfate de cuivre	52.50	»
Sulfate de fer	5.80 à	6.10
Superphosphate d'os	11.20 à	13.95
Sang desséché le degré	1.90	»
Superphosphate, le degré d'acide phosphore soluble dans l'eau	0.61 à	0.66
— soluble dans le citrate	0.56 à	0.59
Phosphate précipité, le degré	0.60	»
Azote des matières organiques, le degré	1.74 à	1.90
Scories de déphosphoration	4.60 à	5.00
Kaïnit	7.10	»

Raisins secs à boisson.

(Cours de la maison Audibert, 53, rue des Minimes, à Marseille).

PRIX ACTUELS (grande baisse).

Corinthe, **Roi de Grèce**, petits grains Extra 1er choix	100 kilos	57 »
Corinthe, le **Turban**, gros grains	» »	M.
Corinthe petits grains, 1er choix	» »	54 »
Thyra. 1er choix	» »	48 »

BEURRE, ŒUFS, VOLAILLES.

Paris, 21 janvier.

Beurres en mottes.

L'arrivage d'hier a été de 33,000 kil.
L'arrivage approximatif a été de 3,908 kil.

Beurres en livres.

L'arrivage d'hier a été de 8,000 kil.
L'arrivage approximatif a été de 7,823 kil.

Fermiers	au kilo		Touraine	au kilo	
Extra	2 70 à	2 80	Extra	2 70 à	2 80
1er choix	2 60	2 70	1er choix	2 60	2 70
2e choix	2 50	2 60	2e choix	2 50	2 60
Ordinaire	2 40	2 50	Ordinaire	» »	» »
Bourgogne			Vendôme		
Choix	2 20	2 30	1er choix	2 30	2 40
Ordinaire	2 10	2 30	2e choix	2 20	2 30
			Ordinaire	2 10	2 20
Gâtinais			Beaugency		
1er choix	2 50	2 60	1er choix	2 30	2 40
2e choix	2 40	2 50	2e choix	2 20	2 30
Ordinaire	2 20	2 50	Ordinaire	2 10	2 20
Le Mans			Fausse Touraine		
Choix	2 20	2 40	Choix	2 50	2 60
Ordinaire	2 20	2 30	Ordinaire	2 40	2 50

Œufs, *le mille :*

Normandie (Extra)	125 à	134	Bourgogne	114 à	118
Brie (Extra)	118	122	Champagne	118	22
Picardie (Extra)	126	145	Nivernais	112	115
Picardie ord.	112	124	Cosne	116	118
Touraine gr.	120	130	Bourbonnais	110	114
Touraine ord.	112	118	Bretagne	105	116
Beauce	118	126	Vendée	108	112
Orne	114	124	Auvergne	105	110
Châtellerault	115	118	Midi	114	120

Œufs de conserve à la chaux 90 à 94

Fromages.

Brie fermiers, haute marque	les dix	70 à	»
— — grand moule	—	40	50
— — moyen moule	—	25	35
— — petit moule	—	12	18
Brie laitiers moyen moule	—	12	10
Gruyère	100 kil.	190	130
Roquefort	—	280	200
Géromé (Gérardmer)	—	90	100
Romatour	—	110	120
Cantal	—	130	140
Façon Port-Salut	—	180	130
Bourgogne	le cent	80	90
Saint-Nectaire	—	120	130

Livarots :		1er choix.		2e choix.	
En caisse de 30	le cent	100 à	110	.. à	..
En caisse de 36	—	100	114	75	85
Camembert	—	75	85	40	50
Façon Coulommiers	—	50	52	30	35
Bondons	—	14	16	8	10
Gournay	—	20	25	7	10
Mont-d'Or	—	35	40	..	..

Volailles.

Canards :			Pigeons :		
nantais	3 50 à	7 50	maconnais	» 90 à	1 10
de ferme	2 75	4 50	italiens	» 90	1 10
Dindes nouv.	8 »	12 »	bizets	» 70	» 90
Oies nouvelles	6 »	9 »	Poulets :		
— (2e qté)	4 »	6 »	nantais	2 75	6 »
Pintades	2 50	4 »	touraine	2 75	6 »
Lapins domestiques	1 75	4 »	gâtinais	3 »	7 »
			du Midi	2 »	3 »
			communs	1 50	2 50

Gibiers.

Lièvres gros	5 » à 7 »		Faisans poules	4 » à 6 »	
— petits.	3 50	4 »	Alouettes, la douzaine..	1 50	2 50
Perdreaux..	2 75	3 50	Bécasses....	2 »	4 »
Perdrix.....	1 75	2 25	Chevreuils.	25 »	50 »
Garennes....	1 50	2 50			
Faisans coqs	5 »	7 »			

Marché : Peu de marchandises.

Cours fournis par MM. de Bridiers, Jouslin et Scelle, facteurs assermentés, 2, r. de Valois, Paris.

BESTIAUX.

La Villette, 22 janvier. — Bestiaux. — Vente facile sur le gros bétail et les veaux, lente sur les porcs, et très active sur les moutons.

COURS officiels.	Amenés.	Vendus.	1re qualité.	2e qualité.	3e qualité.	Prix extrêmes.
Boeufs....	2.072	2.000	1 04	1 48	1 36	1 22 à 1 70
Vaches...	403	387	1 60	1 36	1 24	1 18 1 64
Taureaux.	121	119	1 45	1 38	1 26	1 20 1 50
Veaux....	1.100	985	2 14	2 »	1 82	1 60 2 36
Moutons..	4.835	4.321	2 12	1 91	1 70	1 64 2 18
Porcs.....	4.205	4.086	1 30	1 26	1 20	1 16 1 36

Marché du lundi 19 janvier.

	Amenés	Vendus	PRIX AU POIDS NET 1re qual.	2e qual.	3e qual
Bœufs.....	2.835	2.592	1 62	1 45	1 34
Vaches.....	613	541	1 60	1 31	1 22
Taureaux..	161	158	1 42	1 36	1 24
Veaux......	1.045	957	2 14	1 98	1 80
Moutons....	9.700	8.090	2 08	1 90	1 68
Porcs......	1.960	1.872	1 30	1 26	1 22

	PRIX AU POIDS VIF 1re qual.	2e qual.	3e qual.	Prix extrêmes.
Bœufs..........	» 99	» 84	» 70	» 62 à 1 04
Vaches..........	» 9[illegible]	» 71	» 59	» 52 » 99
Taureaux.......	» 90	» 79	» 62	» 58 » 93
Veaux..........	1 29	1 14	» 96	» 80 1 42
Moutons........	1 06	» 91	» 75	» 68 1 18
Porcs...........	» 92	» 88	» 81	» 78 » 96
Peaux de moutons en laine..........				» » » »
Id. id. demi-laine........				» » » »

Viandes abattues. — Criée du 16 janvier.

		1re qualité.	2e qualité	3e qualité.
Bœufs....	le kil.	1 40 à 2 80	1 20 à 2 60	1 .. à 1 86
Veaux....	—	1 84 2 »	1 70 1 80	1 50 1 60
Moutons..	—	1 80 1 90	1 36 1 76	» 90 1 30
Porc entier	—	1 20 1 30	1 06 1 16	» 90 1 »

Cuirs et peaux, les 50 kil.

Taureaux.	39 75 à	45 25	Vaches lourdes	44.25	46.50
Gros bœufs	47 75	54 75	— de bandes	38.50	41.25
Moy. bœufs	42 50	47 50	Gros veaux..	67 25	69.50
Pet. bœufs.	30 50	41 25	Petits veaux	70.75	73.25

A VENDRE à l'amiable

UN

BEAU MOULIN

ayant 6 paires de meules,

mues par forte chute au moyen d'une roue et d'une turbine.

Batteuse. — Machine à vapeur.

Conditions avantageuses.

S'adresser à Me JUNON, notaire à Chalon-sur-Saône.

MALADIES DU BÉTAIL
ET DE LA VOLAILLE

Leur traitement préventif et curatif

PAR L'ACIDE SALICYLIQUE

L'acide salicylique, employé dans la nourriture à la dose de 1/2 à 1 gramme par jour et par tête de bétail, est le meilleur préservatif des maladies qui procèdent par contagion : Sang de rate, Cocotte, Maladie aphtheuse, Erysipèle, Typhus, Morve, Variole et le Rouget des porcs, etc.

DES ATTESTATIONS NOMBREUSES DE GUÉRISONS obtenues pour la Cocotte et le Rouget des porcs ont été reproduites dans le *Journal l'Agriculture*.

La désinfection des étables, des écuries se fait instantanément au moyen d'un arrosage d'eau salicylée à 2 grammes par litre.

S'adresser à M. CERCKEL, administrateur de la *Compagnie de produits antiseptiques*, 26, rue Bergère, Paris.

Envoi sur demande de Prospectus et Brochures.

PRIX DU KIL. 25 fr. — BOITE DE MÉNAGE, 2 fr.

RUCHE
à Cadres mobiles

Prix : **20[f]**

Gariel

2ter, Quai de la Mégisserie, PARIS

GRILLAGES POUR CHASSES, de 1 mètre, à... **0f35**

La Maison **R. GARIEL**, 2, *Quai de la Mégisserie, à Paris, a obtenu à l'Exposition* Universelle de 1889.

Une Médaille d'Argent, Classe 76 et **Une Médaille de Bronze,** Classe 78.

GRILLAGES, SUPPORTS EN FER

Ruches et Articles d'Apiculture, etc.

PRIX : **2 FR.** LA BOITE.

J.-C. BONNET, à St-SAVINIEN (Charente-Infre)

ET TOUTES LES PRINCIPALES PHARMACIES.

L'**Onguent de HEVID**, *adopté par le Ministère de la guerre*, est le meilleur préservatif des maladies du pied des espèces chevaline et bovine. Il pénètre admirablement le tube corné, le nourrit, et remet en bon état, en quelques semaines, le sabot le plus sec et le plus cassant.

En vente chez les vétérinaires, pharmaciens, selliers et maréchaux-ferrants.

AUX ÉLEVEURS ET ENGRAISSEURS DE BESTIAUX.

Voulez-vous élever et engraisser vivement vos animaux?

EMPLOYEZ LE

GLUTEN DE MAÏS AMÉLIORÉ

Pour les Vaches laitières, lait riche et abondant.

Pour les Porcs, viande de toute première qualité.

Produit à base de **farine** de **maïs**, remplaçant avec avantage les **tourteaux**, les **montures** et les **remoulages**; c'est la nourriture reconnue la plus économique et la meilleure pour l'**élevage** et l'**engraissement rapide** des **porcs**, des **veaux** et de tous les **bestiaux** de la ferme, ainsi que des **volailles**. *Envoi du prix courant sur demande adressée à*

M. BOUDOUX, négociant à NESLE (Somme).

OLIVIER-LECQ

Producteur de graines de betteraves à TEMPLEUVE (Nord).

FOURNISSEUR DES GRANDES SUCRERIES FRANÇAISES.

Le Syndicat des fabricants de sucre de France a organisé en 1889 un vaste concours de graines de betteraves françaises et allemandes auquel ont pris part 27 producteurs français et 10 grands producteurs allemands.

Les essais ont été faits dans dix départements sur 33 champs d'expériences.

CAMBRAI. — Moyenne des trois champs d'essais :

Rend' à l'hect.	Densité	Sucre 0/0 jus	Pureté	Sucre 0/0 better.	Sucre à l'hect.
49.083 kil.	7° 88	18.56	90	15.99	* 7.848 kil.

* *Avec les résultats ci-dessus, la betterave* OLIVIER-LECQ *arrive deuxième sur ses concurrents français et allemands.*

Champ d'essais de LA NEUVILLE :

Rend' à l'hect.	Densité	Sucre 0/0 jus	Pureté	Sucre 0/0 better.	Sucre à l'hect.
62.090 kil.	7° 9	18.95	92	16.40	* 10.168 kil.

* *Avec ces résultats,* M. OLIVIER-LECQ *arrive le premier sur les 33 champs d'essais. C'est le plus beau succès du concours.*

Les graines essayées provenaient d'un envoi de 20,000 kilog. fait par M. OLIVIER-LECQ à l'usine d'Escaudœuvres.

ENGRAIS de la VOIRIE MUNICIPALE de BONDY

Matières brutes séchées 2 fr. 70 °/₀ k. en vrac sans garantie de dosage.

Tourteaux organiques moulus

4 francs les 100 kilos en vrac ou 5 francs en sac

dosage 1 50 à 2 0/0 d'azote et 4 à 5 0/0 d'acide phosphorique

PHOSPHO - GUANO DE BONDY

10 francs, 0/0 kilos en sacs

dosage 2 à 3 0/0 d'azote et 8 à 10 d'acide phosphorique

PRIS PAR WAGONS COMPLETS EN GARE DE NOISY-LE-SEC

Les expéditions par quantités moindres sont augmentées de 2 francs par 100 kilos

S'adresser au : **COMPTOIR AGRICOLE ET COMMERCIAL**

9, RUE NOUVELLE, A PARIS

Ou à la Voirie de Bondy, ou à ses Représentants en Province

J. & A.-J. DECONINCK, à ARRAS et à Dunkerque.

ENGRAIS, NITRATE DE SOUDE.

Importation directe par navires complets (25e année). *Nitrate de potasse* et tous autres engrais chimiques (dosages garantis sur analyses). **Tourteaux** de toutes espèces et provenances, pour nourriture et pour engrais. **Semences de printemps :** *Orges et avoines* Hallet's. *Orges et avoines* anglaises et écossaises. *Avoines* des Salines et autres. *Graine de lin de Riga, graine de betterave à sucre riche*, etc. Environ 50 variétés de **Blés de semence** en vente à l'automne chaque année.

USINE HYDRAULIQUE DU PETIT-MOULIN
A NANTEUIL-LE-HAUDOUIN (OISE).

HENRY BERTHIER
ingénieur-agronome diplômé de l'Institut national agronomique.

MACHINES AGRICOLES
Vente et échange. - Location. - Réparations en tous genres.

BICYCLES, BICYCLETTES & TRICYCLES
Accessoires et réparations.

Spécialité de Graines fourragères épurées.
CÉRÉALES DE SEMENCE.
GRAINES POTAGÈRES, DE FLEURS ET D'ARBRES.
ARBRES FRUITIERS ET FORESTIERS.

Graines de Betteraves à grand rendement et à grande richesse saccharine.

ENGRAIS SIMPLES ET COMPOSÉS.

Envoi franco de renseignements à toute demande affranchie.

Un Prêtre de ROME a trouvé le moyen de guérir radicalement les Cors, Durillons, Œils-de-Perdrix, Dartres, Eczémas avec le **BAUME ANTONIO** Envoi *franco* 1f50. MALAVANT, rue Deux-Ponts, Paris. Toutes Pharmacies

HUILE D'OLIVE

B. LAPALU, propriétaire-négociant, à NICE.
membre de la Société d'Agriculture des Alpes-Maritimes.

En estagnon de 30 à 50 litres, le litre :			En estagnon de 15 à 25 litres, le litre :		
Vierge-surchoix	Surfine.	Fine.	Vierge-surchoix.	Surfine.	Fine.
2fr47	2fr20	1fr92	2fr72	2fr43	2fr14

Franco de port et d'emballage en gare de l'acheteur.

Paiement : par traite à 45 jours de la date des expéditions.

TOUTES LES HUILES SONT GARANTIES PURES D'OLIVE.

N'achetez pas !!!

de Couveuses artificielles

sans avoir pris connaissance du nouveau catalogue illustré que M. J. PHILIPPE, éleveur à Houdan (S.-et-O.), envoie *franco* à toute demande et contenant description de sa nouvelle couveuse **La Houdanaise**, laquelle a obtenu la médaille d'or à la dernière Exposition de Paris 1890. *Maison à Paris, 16, quai du Louvre.*

PHARMACIE SAVARY

AMIENS, 33, Place Saint-Denis, 33, AMIENS
(EN FACE LE SQUARE).

PROVENDE AUX PHOSPHATES ASSIMILABLES
du Docteur DESCHAMPS.

Prix : 3 fr. le kilog.; 27 50 les 10 kilog. (Remises proportionnelles.)

Accroissement rapide des bestiaux, surtout chez les jeunes animaux, force nerveuse, fécondité, engraissement; prévient surtout la diarrhée chez les jeunes veaux. Qualité exceptionnelle du lait.

M. Lefebvre, cultivateur à Marcelcave, a élevé un veau en lui administrant de la Provende phosphatée pendant 60 jours : tué à 70 jours, ce veau pesait 193 kilog., chiffre officiel constaté à l'abattoir. La viande était très blanche, ainsi qu'est prêt à l'attester M. Oheix, boucher à Amiens.

Les attestations émanant des sommités françaises et anglaises les plus accrédités ont été données à M. SAVARY.

30 PRIX D'HONNEUR ET GRANDS PRIX, 250 MÉDAILLES OR, VERMEIL, ETC.
GRANDES CULTURES DE GRAINES POTAGÈRES, FOURRAGÈRES ET DE FLEURS

E. FORGEOT(✱✠) & Cie

Fournisseurs du ministère de l'Agriculture, des Ecoles nationales d'agriculture, des Syndicats agricoles, etc.

PARIS, quai de la Mégisserie, 6 et 8

Appareils spéciaux pour épurer et nettoyer les graines

SPÉCIALITÉ DE GRAINES DE GRANDE CULTURE

luzernes et trèfles garantis sans cuscute, minette, vesces, sainfoins trèfles incarnats betteraves, carottes, navets, choux-navets, pommes de terre

Blés à grand rendement, Avoines, Orges, Seigles. Graines d'arbres pour reboisement
Graines de graminées pour prairies

Notre Maison ne vend que des graines de provenances sûres, assurant les meilleurs résultats; elle accepte le contrôle de la Station d'Essais des Semences, établie à l'Institut agronomique par le Ministère de l'Agriculture, contrôle auquel nous sommes soumis dès sa création. En conséquence, nos graines sont garanties de levée et d'une pureté irréprochable ; nos *trèfles et nos luzernes sont garantis sans un seul grain de cuscute.*

Grande et importante **Spécialité de Créations de Prairies.** Nous nous chargeons d'établir des compositions convenant à la nature de chaque sol, et d'avance nous en assurons la réussite.

Sur demande, nous adressons *franco* nos catalogues illustrés de graines potagères, fleurs, arbres, fourrages, ognons fleurs, plantes, etc.

VINS DU BEAUJOLAIS ET DE MACON.

A. BERNARD

propriétaire-viticulteur à Saint-Julien-en-Beaujolais (Rhône).

Le vin du *Beaujolais* est réputé pour un des meilleurs vins de table et *ses grands crûs* peuvent rivaliser avec ceux du Bordelais et de la Bourgogne.

Notre Vignoble, qui se reconstitue rapidement, est aujourd'hui en mesure de fournir à la consommation ses vins si appréciés.

Vin ordinaire 1889	100 fr.	la pièce.
Bonnes Côtes 1888 et 1889	130 à 150	—
Saint-Julien id.	160 à 200	—
Morgon, Fleurie, Thorins (grandes années)	250 à 500	—

Le tout logé et pris en gare du Vignoble.

La Propriété offre des greffes soudées, racinées, garanties. — Plants de choix. Reprise certaine.

Adresser les correspondances à Villefranche (Rhône), 44, rue de Thizy.

FOURNEAUX DE CUISINE
de toutes espèces
Maisons particulières, Hôtels, Châteaux et Fermes, Hospices, Hôpitaux, Collèges, Pensions, etc.
ENVOI FRANCO DE CATALOGUES.
Maison DELAROCHE aîné
22, rue Bertrand, PARIS.

CRÉDIT AGRICOLE

UNION DES SYNDICATS AGRICOLES DE FRANCE
9, rue Marsollier, PARIS
Agence à LYON, 234, cours Lafayette, S. PLISSONNIER, Directeur ✱ M. A.

MACHINES AGRICOLES DE TOUS SYSTÈMES
TOURTEAUX et FARINES pour la nourriture du bétail.
ENGRAIS CHIMIQUES et ORGANIQUES, MATIÈRES PREMIÈRES
SEMENCES DE PREMIER CHOIX.

L'Administrateur-Gérant : ALBERT RENOT.

Beauvais. — Imp. D. PERE. - A. CARTIER, Gérant.

12e Année. — 2e Série. — N° 575. Dimanche 1er Février 1891.

GAZETTE AGRICOLE

JOURNAL HEBDOMADAIRE, PARAISSANT LE DIMANCHE

Rédacteur en Chef : M. Ch. GOSSIN, Professeur d'Agriculture à l'Institut agricole de Beauvais.

PRIX DE L'ABONNEMENT

UN AN, 5 fr. — SIX MOIS, 3 fr. TROIS MOIS, 2 fr. 25

Pour l'étranger les abonnements ne sont reçus que pour un an, au prix de 6 francs, et ne partent que du 1er janvier ou du 1er juillet de chaque année.

Le numéro : 10 centimes.

Il est indispensable de joindre à toute demande de changement d'adresse la dernière bande d'adresse du journal et 50 centimes pour frais de nouvelles bandes.

Adresser les *Abonnements* et *Annonces* au secrétaire de la rédaction, **13, quai Voltaire, Paris**, ou à M. GOSSIN, rédacteur en chef et administrateur, à BEAUVAIS.

BUREAUX

13, quai Voltaire, Paris, et à Beauvais.

Les abonnements partent du 1er de chaque mois et sont payables d'avance. Toute demande d'abonnement doit donc être accompagnée du prix de l'abonnement. (Le mode de payement le plus simple est l'envoi d'un mandat-poste.)

Donner *très lisiblement*, en s'abonnant, son nom et son adresse exacts, *avec l'indication du bureau de poste* ; et, s'il s'agit d'une continuation d'abonnement, joindre au renouvellement la dernière bande d'adresse du journal.

La GAZETTE AGRICOLE insère gratuitement les Communications des Syndicats agricoles

PRIMES A NOS ABONNÉS.

L'ALMANACH FRANÇAIS pour 1891 vient de paraître à la Librairie nationale.

L'administration de la Gazette agricole *met* gratuitement, *comme l'année dernière, cet Almanach à la disposition de ceux de nos abonnés qui manifesteront le désir de le recevoir* et joindront à leur lettre 15 centimes *en timbres-poste pour frais de port.*

*Tout abonné qui renouvellera son abonnement, soit à l'expiration, soit par anticipation, par l'envoi d'un mandat-poste de 5 francs, recevra à titre de prime, à son choix, l'*ALMANACH FRANÇAIS *ou l'*ALMANACH *de la* Société des Agriculteurs de France, ou un des ouvrages suivants : *Guide pratique pour l'achat et l'emploi des engrais commerciaux*, par Gaillot. — *Les Maladies de la vigne, les bons cépages, les meilleurs fruits*, par Boinette. — *Annales de la station agronomique de l'Oise pour 1890.*

Les primes ne seront envoyées que sur demandes. Joindre 0 f. 15 pour l'affranchissement.

SOMMAIRE :

PARIS, 30 JANVIER.

Que les républicains veuillent faire de la République actuelle une chose sacrée à laquelle personne n'a le droit de toucher, passe encore. Il y a bien cependant dans cette prétention une contradiction assez choquante. Reconnaître pour unique principe la souveraineté du peuple, c'est-à-dire pour le peuple, le droit de changer son gouvernement et enchaîner cette souveraineté nationale, c'est évidemment poser des prémisses et n'en pas accepter les conséquences. Mais il y a mieux. Nos maîtres sont en train d'étendre leurs prétentions pour les œuvres dramatiques du moins, à toutes les Républiques que nous avons eues, et aux crimes même de la Révolution Française. Tant il est vrai que chez la plupart des républicains les mots de « liberté » de « critique historique » n'ont d'emploi que pour conquérir le pouvoir. Cet office une fois rempli, ils ne sont plus bons qu'à être mis de côté, relégués dans un coin, comme on fait à la campagne pour la vieille ferraille. Voici le fait nouveau, bruyant, scandaleux à l'appui de ce dire :

***

M. Sardou, de l'Académie française, collègue de ce chef de M. de Freycinet, président du conseil, et ce qui vaut encore mieux, auteur dramatique très renommé, avait fait une pièce intitulée *Thermidor*, pour le théâtre Français. Tout en distinguant soigneusement la République de la Révolution violente, les réformes de 1789 des tueries et des guillotinades de 1793, l'auteur avait peint sous les plus vives, mais les plus vraies couleurs, le régime atroce de la Terreur, Robespierre et ses acolytes. Soumise à la censure qui l'avait acceptée, lue par le ministre compétent qui l'avait laissé passer et par M. Carnot qui l'avait approuvée, une première représentation en avait eu lieu. Salle comble et approbation générale. Il ne venait du reste pas à l'esprit que nos modernes jacobins mettraient leur point d'honneur à identifier la République avec la Terreur et prendraient fait et cause pour Robespierre, pour Saint-Just, et pour la guillotine. Que diriez-vous de royalistes qui n'admireraient la monarchie que dans ses erreurs et dans ses fautes les plus graves et verraient une injure en quelque sorte personnelle dans la flagellation de la Saint-Barthélemy et la révocation de l'Edit de Nantes?

***

Il était néanmoins visible d'après les journaux radicaux, que la pièce de M. Sardou déplaisait fort dans certains milieux. Aussi ne fut-on qu'à moitié surpris lorsque la seconde représentation fut troublée par des interruptions, des jets de sous et des coups de sifflets. Il est toujours facile à une vingtaine de braillards de faire du tapage et de troubler un auditoire de 1,500 à 2,000 personnes. Inutile d'ajouter, n'est-ce pas, que les radicaux, engeance au fait des faiblesses et des lâchetés du Gouvernement, avaient compté sur ce désordre partiel pour l'amener à retirer une autorisation accordée et à la remplacer par une interdiction. Mardi matin, en effet, les mêmes journaux radicaux annonçaient qu'un de leurs amis interpellerait le ministre, et lui demanderait raison des prétendus outrages qu'avec sa complicité M. Sardou et la Comédie Française jetaient à la face de la République. Vous voyez le sophisme. Si M. Sardou flétrit la Terreur, comme le font tous les historiens de bonne foi et sans parti pris, il se garde bien dans sa pièce d'attaquer la République et la Révolution.

***

En présence de l'accueil favorable fait au drame par l'immense majorité des spectateurs, et eu égard à la qualité fort médiocre et au petit nombre des siffleurs, on eut d'abord quelque peine à prendre au sérieux l'interpellateur et l'interpellation. Il semblait difficile d'admettre qu'il n'y eût pas au Palais Bourbon une majorité pour faire respecter les droits de l'auteur dramatique et la liberté du théâtre. D'autre part cependant, ceux qui ont quelque expérience de nos ministres, de leur condescendance incessante, n'étaient pas très rassurés. A vrai dire, en dehors peut-être des radicaux, tout le monde à Paris a été surpris en apprenant mardi soir que pour échapper à une interpellation grotesque, le ministère avait capitulé sur le dos de M. Sardou et des comédiens. Avant tout débat, sur la simple menace d'une discussion, le ministère où M. de Freycinet a joué son rôle habituel de capitulard, faisait savoir à M. l'Administrateur du Théâtre Français, qu'il eût à retirer *hic et nunc* Thermidor de l'affiche, la pièce étant suspendue pour raison d'ordre public. Quoique l'acte du Gouvernement soit marqué au coin d'une lâcheté signalée dans un temps cependant où les platitudes pullulent, les considérants de la mesure prohibitive ajoutent encore à la bassesse de la capitulation. Parce qu'un ancien combattant de la Commune, déporté, soutenu de quelques scribes sans valeur et sans notoriété, a sifflé une pièce, il faut, paraît-il, pour maintenir l'ordre, ravir à tout un public de milliers de personnes, son plaisir, à des comédiens un succès légitime et un profit réel, et à M. Sardou, le fruit de son travail. Tel est en 1891 l'état des mœurs gouvernementales en France.

***

Les radicaux qui viennent de remporter cette victoire sur la faiblesse du Gouvernement, sur les droits de l'art dramatique, ont maintenant un moyen d'empêcher toutes les manifestations qui ne sont pas de leur goût. Il leur suffira de se réunir une vingtaine, de s'armer de sifflets, de troubler l'ordre, et aussitôt le Gouvernement, sous prétexte de maintenir la sécurité publique, viendra à leur rescousse, et, comme dit M. Madier de Montjau, on sera débarrassé de ce qui gêne! On a déjà interdit les processions sous ce même prétexte d'ordre public. Supposons qu'il passe par l'esprit des francs-maçons de faire fermer les églises, ils ont aujourd'hui un précédent. En allant troubler les offices et en menaçant de faire interpeller le ministère par un compère, le Gouvernement pourra dire que la messe est l'occasion de désordres et qu'ayant charge de la *sécurité publique* il suspend jusqu'à nouvel ordre les cérémonies du culte. Vous souriez et vous dites : le Bonhomme Deschamps exagère! Avec des gaillards de la trempe de ceux qui nous gouvernent, rien n'est impossible et tout est sérieux. On aurait passé également samedi dernier pour un exagéré et un calomniateur, si l'on avait annoncé que quelques coups de sifflets à la Comédie Française et quelques coups de plume dans les journaux radicaux, suffiraient pour obtenir du Gouvernement le retrait de la pièce de M. Sardou.

***

Mais revenons bien vite au fait lui-même et cherchons sans parti pris comme toujours, à en dégager la leçon. Il saute tout d'abord aux yeux que le ministère est une véritable girouette, sensible au moindre souffle qui lui arrive du côté radical. Il renie le lendemain ce qu'il a approuvé la veille, et se laisse faire la loi par une infime minorité. Ce n'est pas un maître, c'est un prisonnier. Et quel prisonnier! Il appert également que soit par faiblesse ou par conviction le parti républicain ne sépare pas dans son esprit ni dans son cœur, la République de la Terreur, et que la guillotine est chose sacrée lorsqu'elle est alimentée par Robespierre et autres jacobins. La démonstration ne sera peut-être pas inutile s'il y a encore quelque révolte dans les âmes et quelque prévoyance dans les esprits.

Le Bonhomme Deschamps.

NOUVELLES DE LA SEMAINE.

Elections sénatoriales. — Attendu le décès de M. de Saint-Pierre, sénateur du département du *Calvados*, les conseils municipaux des communes comprises dans le département du Calvados sont convoqués pour le dimanche 8 février, à l'effet de nommer leurs délégués. Le collège électoral, formé des députés, des conseillers généraux, des conseillers d'arrondissement et des délégués municipaux du département du Calvados, se réunira au chef-lieu le dimanche 15 mars pour procéder à l'élection d'un sénateur.

Attendu le décès du général Lecointe, les conseils municipaux de l'*Eure* sont convoqués pour le 8 février à l'effet de nommer leurs délégués, et le collège sénatorial pour le 15 mars.

Attendu le décès de M. Foucher de Careil, les conseils municipaux de *Seine-et-Marne* sont convoqués pour le 8 février, à l'effet de nommer leurs délégués pour l'élection sénatoriale, et le collège électoral est convoqué pour le 15 mars.

Des millions aux victimes du froid. — Le gouvernement a obtenu de la presque unanimité de la Chambre et du Sénat, 6 millions pour les victimes les plus intéressantes de l'hiver exceptionnellement rigoureux que nous traversons.

Cette distribution d'une somme si importante, a déjà donné lieu à des tripotages révoltants. Aussi la presse indépendante a-t-elle protesté déjà contre les abus les plus criants et les plus connus. Ces protestations ont heureusement porté leurs fruits.

C'est ainsi que le maire de Besançon, dont on avait signalé les étranges prétentions de ne distribuer de secours qu'aux élèves des écoles communales, vient de faire publiquement un *mea culpa*.

Sa décision qu'il avait fait connaître par voie d'affiche, a soulevé un tel concert de récriminations, une telle révolte dans l'opinion publique, qu'il la désavoue publiquement.

Il déclare que « c'est en réalité aux enfants pauvres de toutes les écoles *sans distinction*, que la distribution dont il s'agit doit être faite, et ce, au moyen des ressources de la caisse des écoles, instituée conformément à l'article 15 de la loi du 10 avril 1867, en dehors de toute considération politique ou religieuse ».

Voilà qui est très bien et nous faisons des vœux pour que cette promesse ne soit pas une vaine satisfaction aux consciences révoltées et une pure hypocrisie.

Mort subite de l'héritier du trône de Belgique. — Le prince Baudouin, fils du comte de Flandre, héritier du trône de Belgique, est mort cette semaine à l'âge de 22 ans! Cette nouvelle éclate comme un coup de foudre; on savait le prince souffrant mais personne n'aurait envisagé la probabilité d'une catastrophe aussi prochaine. Catastrophe, nous ne trouvons pas d'expression plus vraie pour exprimer la situation que va créer cette mort. Jeune, intelligent, bravo, le prince Baudouin avait éveillé les plus nobles espérances et la Belgique était fière de lui; aussi cette perte sera-t-elle vivement ressentie par tous.

Le prince Baudouin est né le 3 juin 1869. Il était le fils de Philippe, comte de Flandre, frère du roi des Belges, et de la princesse Marie de Hohenzollern-Sigmaringen.

Nécrologie. — M. Garrigat, sénateur de la Dordogne, est mort cette semaine à Paris, enlevé en quelques heures par une fluxion de poitrine. Il était né à Bergerac en 1839. Après avoir étudié la médecine à Paris, il alla exercer dans sa ville natale. Elu député de la Dordogne le 20 février 1876, il siégea à gauche et vota constamment pour la majorité républicaine radicale.

VEILLÉES RURALES (1).

Conférences agricoles au village.

PREMIÈRE CONFÉRENCE

OBJET DES CONFÉRENCES. — TANT VAUT L'HOMME TANT VAUT LA TERRE.

Un soir de novembre 188..., je me promenais près de Ch..., village peu éloigné de ma résidence. Comme j'approchais des premières maisons, je fus accosté par un homme à figure bourgeonnée, à nez rouge et proéminent.

— « Vous ne trouverez personne au logis, me dit-il. Figurez-vous que le maire a eu l'idée de réunir tous les gens de l'endroit pour leur jaser d'agriculture, comme si c'était avec des mots qu'on faisait pousser le blé. En attendant qu'on ait fini, venez chez moi. J'ai bon feu, bon vin.

— « Justement, lui dis-je, je voudrais voir ce qui va se passer dans cette réunion.

— « Je comprends, dit mon homme, vous êtes le commissaire de police nouvellement arrivé au pays. Allez-y donc. Quant à moi, Dieu m'en préserve!

— « Pourquoi? lui dis-je.

— « Le chemin de fer avait déjà tué le commerce. Autrefois, je voyais s'arrêter tous les jours à ma porte plus de quarante rouliers. Puis, c'étaient des chevaux à ferrer, des harnais et des voitures à réparer. Chacun gagnait sa vie... Tout d'un coup... (*Il imite le sifflet du chemin de fer*) et cinquante personnes meurent de faim.

Encore, le dimanche soir se réunissait-on pour causer d'affaires, en buvant honnêtement une chope de bière ou un demi-litre. Que sera-ce si ces satanées conférences, comme on les appelle, viennent à s'établir? »

Je ris de la naïve colère de mon compagnon, et tandis qu'il franchissait sa porte surmontée d'une énorme touffe de buis, je me dirigeai vers la maison commune.

Il s'y trouvait dans la grande salle environ cent personnes. Sur l'estrade, je remarquai le curé, le maire, l'instituteur; près d'eux, un harmonium et un groupe de jeunes gens. Bientôt, ceux-ci se mirent à chanter :

> Amis, réunissons-nous;
> De la conférence, c'est l'heure!
> Au plus vite, accourons tous;
> Que chacun quitte sa demeure.
>
> Les soirs d'hiver sont trop longs au village;
> Comme à la ville, il n'est point de plaisirs;
> De la veillée on a perdu l'usage.
> Pour occuper sagement nos loisirs,
> Amis, réunissons-nous, etc.
>
> On dormirait; pourquoi ne pas entendre
> Parler des grains, du bétail et des champs?
> Chacun y donne et chacun y peut prendre;
> De cœur, amis, nous donnerons nos chants.
> Amis, réunissons-nous, etc.

« Messieurs, dit le maire, riche propriétaire agriculteur, tandis qu'à la ville les moyens d'ins-

(1) Reproduction interdite.

truction se multiplient, nous autres cultivateurs, nous vivons trop isolés. Aussi, ignorons-nous une foule de choses utiles ; et, faute de nous entendre, nous ne savons pas soutenir nos intérêts communs. Tout marche donc à la vapeur autour de nous ; quant à l'agriculture, elle avance, mais un peu trop à la manière des bœufs.

« Pour tâcher d'aller plus vite, passons ensemble, en hiver, nos soirées du dimanche. Là, que chacun apporte son contingent de faits et de réflexions ; il en résultera pour tous plaisir et profit. Si vous le voulez, nos conférences se diviseront en trois parties :

« 1° Partie agricole ; nous traiterons une question pratique de votre choix ;

« 2° Partie scientifique, pour laquelle je réclame le concours de notre digne instituteur ;

« 3° Partie littéraire, morale et religieuse. Ici, je fais appel à M. le curé et à l'habile président de notre Orphéon. Ces messieurs liront quelques vers, un morceau de littérature ou d'histoire ; nos chanteurs nous égayeront par un peu de musique. »

Les cris *très bien, comptez sur nous* partirent des quatre coins de la salle.

L'instituteur. — « Messieurs, votre expérience vous donne en agriculture une autorité devant laquelle je devrais m'effacer. Toutefois, puisque M. le maire le désire, lorsque telle question traitée par vous aura quelque rapport avec les cours de sciences que j'ai suivis autrefois, je n'hésiterai pas à vous faire part du peu que je sais. *(Très bien.)*

« De plus, je demanderai à mes anciens élèves d'appliquer à l'agriculture, par la solution de divers problèmes, les principales règles de l'arithmétique et de la géométrie.

Le maire. — « Ce sera très utile.

Le curé. — « Vous allez donc, mes enfants, vous occuper de l'amélioration de vos instruments, de vos engrais, de vos semences, etc. Combien j'applaudis à cette bonne pensée ! Du reste, dans l'intérêt même de vos terres, j'aperçois un progrès encore plus essentiel ; c'est le vôtre.

« Au-dessus de la charrue, du bœuf, de l'engrais, n'êtes-vous pas là, pères et mères, directeurs nés de la ferme ; chers enfants, aides paternels de vos parents ; serviteurs et ouvriers aux soins vigilants, aux bras laborieux ?

« Cette partie intelligente de la machine agricole, n'en est-elle pas le grand ressort, pièce capitale de la qualité de laquelle tout dépend ? Fortifiez-le, mes amis, ce ressort ; purgez-le de la rouille, c'est-à-dire de toute espèce de vice ; mettez-y l'huile de la vertu. Alors, de votre perfection découlera, comme d'une source intarissable, celle de vos animaux, de vos instruments, de vos semences ; et la fécondité de vos terres justifiera l'antique adage :

« *Tant vaut l'homme, tant vaut la terre.* »

Après ces paroles, religieusement écoutées, l'instituteur, sur l'invitation du maire, récita les vers suivants :

LE LABOUREUR EN HIVER.

Des soins d'hiver que vais-je dire ?
Je suis glacé par les frimas.
Je sens que mon esprit expire.
Oh ! que mon baromètre est bas !

Mais pour dresser des inventaires,
Est-il besoin de tant d'esprit ?
Vite ! de l'ordre en mes affaires.
Que tout ici soit en écrit.

Combien valez-vous de pistoles,
Forts laboureurs, *Rouget, Noireau* ?
Et toi dont mes filles sont folles,
Ma chère *Bonnette* et son veau ?

Et vous brebis et vous volailles,
Mouches à miel et don pourceau,
Grains, légumes, fourrages, pailles,
Herses, voitures, tombereau ?

Sur l'addition que j'ai faite,
L'année dernière, avec François,
Eh ! d'une somme rondelette,
Ce compte l'emporte, je crois.

D'où proviendrait ce bénéfice ?
Est-ce du bétail ou des champs ?
Je le saurai sans maléfice.
Pour tout, comptons frais et dépens.

Eh ! quoi ? Ce serait le fourrage
Qui me rapporterait le plus ?
Certes, j'en sème davantage,
Afin d'embourser plus d'écus.

Au fond de ce vase où tu plantes,
Chère fille, avec tant d'amour,
Des fleurs aux teintes ravissantes,
Pourquoi ce trou, pourquoi ce jour ?

Je te le dis : à ce qu'on sème
Il faut de l'air, il faut de l'eau.
Petit trou résout le problème.
Tel, dans nos champs fait le tuyau.

Alerte donc, bêcheur habile !
Le gain vaut mieux que le repos.
Draine-moi cette humide argile ;
J'ai quelque pistole en dépôt.

Qu'aucune eau ne dorme sous terre.
Mes enfants, c'est la mort du blé.
Mais aussi, jusque sur la pierre,
L'eau qui coule ferait un pré.

Cependant, aussitôt qu'il gèle,
Je veux qu'à sec soient les gazons.
Plus d'eaux au pré. En main la pelle.
Allons à la marne, et chargeons.

Portons au chemin cette pierre,
Qu'en été maudit le faucheur.
Sur nos prés, pas de taupinière,
Pas de buisson, pas de hauteur.

De ce verger gratte la mousse ;
Mon fils, enlève le bois mort.
Afin qu'en été l'arbre pousse,
En hiver cultive-le fort.

Visite les greniers, la grange ;
Que le battage marche dur ;
Qu'on jette au fumier cette fange ;
Que près du logis tout soit pur.

Quant à moi, sans payer finance,
Je réparerai ce collier.
Mauvais laboureur ! Je dépense !
Sois un peu charron, bourrelier.

Par trop de chaud, trop de froidure,
Légumes verts périraient tous.
Cellier fermé si le froid dure ;
Silo découvert en temps doux.

J'en dis autant pour l'écurie,
N'y faut pas de froid, mais de l'air ;
L'air, des animaux c'est la vie,
Et cependant je crains l'hiver.

Je le crains pour la poulinière
Qui va déposer son fardeau.
Je le crains pour vache laitière,
Pour brebis et pour tendre agneau.

Je le redoute plus encore
Pour la veuve et pour l'orphelin.
Ma femme, dès avant l'aurore,
Va leur porter du bois, du pain.

Oh ciel ! le fumier se consume !
Serrez, arrosez. Tant de jus
Qui sort, tant de vapeur qui fume,
C'est le plus clair de mes écus.

L'indolent dit : Prenons haleine ;
En hiver pourquoi tant de soins ?
Vous, chers enfants, aimez la peine ;
C'est le fond qui manque le moins.

Cette poésie rustique fut, comme on le pense, chaleureusement applaudie.

Il fut décidé qu'on discuterait à la prochaine conférence la question des terrains et des amendements et on se sépara, en se donnant rendez-vous pour le dimanche suivant.

(A suivre.) Ch. Gossin.

Résultats pratiques obtenus par suite de l'emploi des engrais chimiques

Les engrais chimiques sont-ils vraiment avantageux, non pas seulement au point de vue de l'augmentation de la récolte, mais sous le rapport du *produit net,* des *bénéfices argent* ?

Oui, ne cessons-nous de répéter, à la condition expresse, bien entendu, qu'ils soient *bien achetés* et *bien employés.*

A l'appui de cette affirmation, voici l'extrait d'un rapport adressé par un cultivateur au syndicat agricole du *Bois d'Oingt.*

En automne 1889, je semais en froment, 3 hectares 33 ou 34 ares (46 coupées de 7 ares 25, mesure locale). Ces 334 ares fumés à l'engrais chimique, rapportaient en été 1890, 600 doubles décalitres de blé, pesant 16 kilos le double décalitre ; c'est-à-dire 35 hectolitres à l'hectare (13 doubles décalitres par coupée). En paille j'ai obtenu (je prends un minimum, ne pouvant donner exactement la quantité, n'en ayant pesé qu'à peu près la moitié) 15,000 kilos au moins, ce qui fait 4,500 kilos à l'hectare (321 kilos par coupée.)

Si j'examine la valeur de cette récolte, je vois que le blé étant estimé 24 fr. les 100 kilos, et la paille 3 fr., un hectare produit : 35×80=2,800 kilos de blé à 24 fr. = 672 francs, comme grain, 45×3=135 francs, comme paille.

Production totale d'un hectare 672+135=807 f. (59 fr. 55 par coupée).

Si je compare ces résultats avec les plus élevés que j'ai obtenus par l'ancienne méthode, je vois bien clairement lequel des deux modes de culture est le plus avantageux.

Dans les meilleures conditions et aux plus abondantes récoltes, je n'ai jamais pu dépasser comme moyenne de mes emblaves, 20 hectolitres (7 doubles 1/4 par coupée) de grain, et 2,500 kilos de paille (180 kilos par coupée), j'aurais donc pour valeur de la récolte d'un hectare : 20×80=1,600×0,24=384 francs comme grain, 25×3=75 fr. comme paille. Production totale, 459 francs à l'hectare (34 fr. 20 par coupée).

C'est-à-dire que la culture avec l'aide des engrais chimiques, donnera par hectare : 807—459=348 francs. Trois cent quarante-huit francs de plus que la culture ordinaire.

Et si de ces 348 francs, je retranche les 140 fr. par hectare, dépensés pour l'achat de l'engrais, j'obtiens : 348—140=208 francs par hectare (15 fr. 35 par coupée) de bénéfice net, que l'on peut attribuer uniquement à l'emploi des engrais chimiques (l'argent placé à acheter des engrais m'a donc donné 148 fr. 60 0/0 d'intérêts après remboursement du capital).

Je ne fais pas de commentaires, je crois que ces chiffres parlent avec assez d'éloquence.

Pour la véracité des faits, elle ne saurait être mise en doute, je puis en donner des preuves convaincantes à tous ceux qui le désireraient.

P. Tournissoux.

L'engrais chimique employé par M. Tournissoux était ainsi composé :

A l'automne et par hectare :
125 kil. Phosphate précipité, soit 45 kil. ac. ph.
50 kil. Sulfate d'Ammoniaque.
80 kil. Chlorure de potassium.
200 kil. Plâtre.
Au printemps et par hectare :
200 kil. Nitrate de soude.

LA TAILLE RATIONNELLE DE LA VIGNE

Nous complétons le très intéressant rapport de M. de Lapparent, inspecteur général d'agriculture, sur la taille de la vigne suivant la culture Dezeimeris, que nous avons publié dans le numéro du 18 janvier par l'extrait d'une lettre de M. Dezeimeris lui-même, le promoteur de la méthode qui attire, avec raison, l'attention des viticulteurs.

« La façon traditionnelle de tailler la vigne, c'est-à-dire d'exécuter sur elle l'ablation des bois ou sarments que l'on veut supprimer chaque année, est absolument barbare et irréfléchie. Elle décapite à chaque coupe une portion énorme des vaisseaux conducteurs de la sève, et constitue des surfaces d'amputation qui, en réalité, ne se recouvrent plus et deviennent l'origine de caries internes dont la multiplicité réduit peu à peu et finit par rendre insuffisant le calibre des tissus nécessaires à la végétation de l'arbuste.

Pour s'assurer qu'il en est ainsi, il suffit de scier en long un pied de vigne, en faisant passer le trait par le milieu extérieur des blessures anciennes. Lorsque le cep est ainsi ouvert, ce que l'on y voit est la démonstration effrayante et irréfutable des lésions profondes causées par la taille vulgaire. Les figures de mon opuscule (1) représentent quelques variétés de ces cas pathologiques qui ne peuvent laisser de doutes dans l'esprit. Je me contente ici de constater le fait : le lecteur peut être assuré de son exactitude.

Ces désordres amoindrissant dans une large mesure le contingent des organes essentiels de chaque cep, et s'aggravant pour lui un peu plus chaque année, la vigne subit une perturbation grave dans les conditions nécessaires de la circulation de sa sève, et, par suite de l'affaiblissement qui en résulte, notamment du côté de son système radiculaire, elle est mise hors d'état de lutter longtemps contre les redoutables maladies qui sont venues l'assaillir.

Pour lui rendre la force qui est dans sa nature, il suffit de ne point s'obstiner à la tuer.

La cause du mal était l'ablation de bras, cots, sommets de tiges ou sarments, faite au ras du *rameau ou du tronc dont ces parties émanaient*; pour éviter les suites funestes de l'opération, il faut ne plus faire aucune coupe vive sur la membrure constitutive du cep, mais en éloigner la blessure, en la pratiquant sur le bras ou sarment qui va être supprimé. Ma méthode opératoire, qui est applicable aux formes de taille pratiquées dans toutes les régions viticoles, consiste à trancher sur le nœud de ce bras (2) ou sarment placé immédiatement au-dessus de l'endroit où l'on aurait tranché selon la méthode vulgaire. En un mot, je laisse comme protecteur un tronçon du membre coupé, muni d'un nœud supérieur, au lieu de créer une blessure vive sur le membre qui est à conserver.

En procédant ainsi, on ne diminue point le *nombre des vaisseaux destinés à faire circuler* la sève dans la membrure maîtresse; on ne crée pas des dessiccations internes de tissus qui empêchent le végétal de constituer en lui-même les réserves des sucs vitaux nécessaires à sa conservation et à sa végétation future; enfin, on ne prive pas les racines de la consistance ligneuse que la sève descendante doit donner à leurs tissus, consistance qui est l'élément essentiel de la faculté de résistance aux attaques du dehors.

Mais en coupant, comme je viens de le dire, sur le nœud situé au-dessus de l'endroit où l'on aurait coupé selon la méthode vulgaire, il faut trancher de telle sorte que l'on conserve au *tronçon la cloison qui* est dans ce nœud. Cette cloison ferme le sommet du tronçon comme un couvercle : c'est elle qui empêchera la décomposition, la pourriture du tronçon, lequel ne protégerait rien du tout s'il n'était sain lui-même. Je ne saurais trop insister sur l'absolue nécessité de maintenir cette fermeture protectrice.

Il faut, bien entendu, supprimer le bouton qui se trouve sur le nœud où l'on fait la section. Il y a deux moyens d'arriver à ce résultat : ou bien on coupe en biseau très accentué, de façon à ce que le sécateur enlève le bouton en faisant la coupe, tout en laissant intacte la cloison interne; ou bien on fait l'opération en deux reprises : l'une coupant le bois au-dessus du nœud, et par conséquent au-dessus de la cloison ; l'autre enlevant le bouton que n'a pas atteint la section première (1). Ce dernier procédé est le plus sûr, dans la période des tâtonnements.

Ces tronçons que l'on a ainsi conservés, on pourra les couper ras, au bout de deux ou trois ans. La canalisation de la sève s'étant établie en contournement à la base de chaque tronçon, le bourrelet qui en résulte sera tout prêt à s'étendre et à recouvrir avec rapidité les surfaces d'ablation que l'on créera, cette fois, non plus sur des tissus contribuant à la circulation des grands courants de sève, mais sur des bois devenus inertes et aussi peu impressionnables à la blessure que l'est l'extrémité d'un ongle sur une main d'homme. »

R. DEZEIMERIS.

(1) Publié chez MM. Feret, libraires à Bordeaux.

(2) Quand il s'agit d'un bras, la place où était le nœud n'est plus toujours apparente : il suffira de couper en laissant subsister de ce bras un tronçon d'environ dix ou douze centimètres.

(1) Il reste à la base des tronçons qui proviennent d'un sarment latéral un faux bourgeon. On peut le détruire lors de la taille; mais j'aime mieux faire tomber sa petite pousse lors de l'épamprage, parce qu'elle peut remplacer des pousses à fruit qu'un accident a pu atteindre.

Nouvelles agricoles.

Un legs de 10,000 francs au Syndicat agricole de Provins. — Un propriétaire du canton de Nangis (Seine-et-Marne), M. Théophile Soupir, ancien notaire, a fait plusieurs legs importants : au département de Seine-et-Marne, à la ville de Provins, au Comice agricole, et enfin au Syndicat agricole de l'arrondissement de Provins à qui il lègue 10,000 fr. par testament en date du 16 août 1890.

Souhaitons, dans l'intérêt des syndicats, que M. Soupir ait de nombreux imitateurs.

Une Boucherie coopérative. — Le syndicat agricole d'Agen signale, dans une circulaire, la différence de poids par trop considérable entre la viande sur pied et la viande abattue et propose d'ouvrir une boucherie coopérative qui permette de réserver au consommateur, sous forme de boni, la presque totalité de la majoration perçue par le boucher.

Il projette une Société au capital de 50,000 fr. divisé en mille parts sociales de 50 fr., dont le quart versé. Il sera payé 5 0/0 au capital et créé un fonds de réserve ; sur les bénéfices, une gratification déterminée sera réservée aux agents et le reste reviendra aux sociétaires. Si l'on généralisait de telles fondations pour l'achat de tous les aliments et de toutes les choses nécessaires à la vie, la misère serait réduite dans une forte mesure, puisque l'avoir de chacun serait augmenté de 30 à 50 0/0.

Nourriture du ver à soie par la ramie. — Le dernier fascicule du *Gardens Bulletin* donne communication d'un fait qui, par ce temps de maladie du mûrier a une importance primordiale, si la chose est confirmée ; il s'agit de la nourriture des vers à soie par la ramie. On en doit la connaissance au consul anglais, à la Nouvelle-Orléans.

Un planteur de Colombia (Caroline du Sud), qui élève des vers à soie, ne pouvant se procurer les feuilles de mûrier nécessaires à leur existence, leur présenta des feuilles de ramie ; elles furent dévorées avec avidité.

Les cocons de ces vers envoyés à Philadelphie furent reconnus plus gros que ceux des vers nourris avec les feuilles du mûrier ; en outre, leur produit soyeux était supérieur comme finesse. Si l'expérience a bien été faite dans des conditions ordinaires, et si l'essai peut se reproduire sur une grande échelle, la sériciculture a trouvé une ressource abondante pour l'alimentation de ses élèves, car la culture de la ramie réussit parfaitement dans les contrées où le climat permet l'établissement des magnaneries.

Un syndicat modèle. — M. Poinsignon, président du syndicat agricole des Deux-Sèvres, indique dans les lignes suivantes des moyens qu'il emploie avec succès, aussi, peut-on les considérer comme exemplaires :

« ...En janvier 90, je me suis rendu responsable de toutes les commandes, celles pour les dépôts sont devenues fermes et payables pendant le cours de l'adjudication au fur et à mesure des ventes.

« Par le cahier des charges de ce jour, je me reconnais responsable de toutes les commandes qui seront de deux sortes, celles pour MM. les syndiqués payables à 30 jours, et pour les dépôts à 60 jours.

« Messieurs les fournisseurs feront traites sur moi, payables chez les banquiers du Syndicat, ils pourront même grouper leurs fournitures en une seule traite pour diminuer leurs frais et me faire présenter les traites à l'acceptation aussitôt l'expédition des marchandises.

« Ce système de responsabilité des commandes et de prise en charge des marchandises est basé sur l'envoi au Syndicat par le fournisseur, du récépissé à remettre au destinataire le jour de la commande.

« Pendant le deuxième semestre, j'ai fait une innovation, j'ai accordé le crédit à mes syndiqués et j'ai autorisé mes chefs de dépôts à le faire aussi sous leur responsabilité ; je m'engageais beaucoup et mes amis semblaient ne pas partager ma manière de faire; je n'ai eu qu'à me louer des résultats; mon intention est de continuer et de faire chaque jour de nouveaux avantages aux cultivateurs de mon département, basés sur la situation financière du syndicat.

Nécrologie. — M. ALBARET. — L'agriculture et l'industrie viennent de faire une perte cruelle, en la personne de M. Albaret, décédé samedi dernier.

M. Albaret était né à Dax (Landes), en 1823. Il fut admis à l'école des Arts et Métiers d'Angers en 1840 et en sortit en 1843 avec un rang distingué. Nommé chevalier de la Légion-d'Honneur à l'Exposition universelle de 1867, il fut promu officier en 1878. Après le grand concours international d'Amsterdam en 1884, M. Albaret fut nommé chevalier du Mérite Agricole : c'était une justice tardive. Bientôt il fut officier du même ordre, et chacun applaudit à cette promotion.

Ayant mérité et obtenu toutes les récompenses spéciales et honorifiques, M. Albaret se trouva placé hors concours, et désormais, il n'y eut guère de jurys dont il ne fût membre ou président. Mais ses collaborateurs et ses ouvriers étaient surtout l'objet de ses préoccupations, et à l'Exposition de 1889, la section d'Economie sociale décernait une médaille à M. Albaret, pour les institutions qu'il avait crées dans son usine en faveur des ouvriers, de ses «enfants» comme il les appelait. M. Albaret avait poussé à un haut degré de perfectionnement l'art de la mécanique agricole, les machines sortant de ses ateliers, jouissent d'une réputation bien méritée.

Le pays tout entier ressentira vivement la perte de M. Albaret qui a rendu de si grands services à l'agriculture et à l'industrie en général, et il s'associera certainement comme nous au deuil de la famille.

CONSEILS DU VIEUX LABOUREUR

NE QUITTEZ PAS LA CAMPAGNE !

Bon nombre d'entre vous, mes chers amis, se plaignent de leur condition et désirent quitter leur village pour aller dans les grandes villes, à la recherche d'une position meilleure.

Voulez-vous être fixé sur le sort qui vous attend? Lisez l'article suivant que la plupart des journaux ont reproduit :

« On vient de dresser, à la préfecture de la Seine, une liste des emplois vacants et une liste des candidats inscrits pour ces emplois.

« Ces nomenclatures sont navrantes dans leur sécheresse administrative, car elles indiquent à peu près infailliblement l'état de bien-être ou de misère d'une population, elles sont un peu le baromètre de la prospérité publique.

« Nous voyons d'abord que, pour 12 places de commis auxiliaires des postes, il y a 3,126 candidats et que, pour quatre places de garçons de bureau, il y en a 3,314.

« Dans l'enseignement, c'est encore pis : on compte 7,139 postulantes institutrices, alors que 54 postes seulement sont disponibles ; 1,847 instituteurs pour 42 sièges.

« Quand aux concierges d'école, ils sont 2,643 aspirants pour 20 loges.

« Les situations les plus inférieures, les moins rétribuées, sont recherchées avec une avidité dévorante.

« 700 places de balayeurs de rues sont convoitées par plus de 5,000 candidats.

« Au service des égouts, 750 attendent 17 vacances.

« 3,150 marchands ou marchandes de journaux pour 12 kiosques.

« 614 gardes et gagistes au Palais de Justice, alors qu'il n'y a pas d'emploi vacant.

« Au Mont-de-Piété, nous relevons, 1,272 postulants pour 7 emplois.

« Enfin, pour terminer, 2,423 malheureux ont réclamé les fonctions d'ordonnateurs des Pompes-Funèbres, et 2,323 celles de gardes de cimetières. fonctions abondamment pourvues de titulaires. »

Braves villageois, réfléchissez un peu en lisant ces chiffres, et vous reconnaîtrez que votre existence, laborieuse sans doute, mais toute de liberté et d'indépendance, vaut encore mieux que celle des quémandeurs qui meurent de faim en attendant une place.

UN VIEUX LABOUREUR.

CONSEILS DU JARDINIER

COUCHES CHAUDES

Pour faire une couche, disons tout d'abord qu'une maçonnerie n'est nullement nécessaire. Ces couches, formées par quatre murs de soutènement recouverts de pierres de taille, outre qu'elles sont coûteuses, présentent deux grands inconvénients : le premier est qu'elles sont forcément à demeure fixe et, de la sorte, ne peuvent entrer dans l'assolement du potager ; le second est que, si les châssis sont appuyés sur les pierres, ils ne descendent pas au fur et à mesure du tassement, chose qui est nécessaire cependant, sous peine de voir s'étioler les plantes.

Il est vrai que ce dernier inconvénient peut être évité par l'emploi d'un cadre en bois, plus étroit que l'ouverture de la couche maçonnée ; mais voilà encore une nouvelle dépense.

Dispensez-vous donc de toute maçonnerie et bornez-vous à creuser des fosses de 60 centimètres de profondeur ; la largeur et la longueur selon celles des châssis dont on dispose.

Après cela, on prend quatre planches, si grossières qu'elles soient, et on les cloue l'une à l'autre, pour former l'encadrement sur lequel les châssis reposeront.

Les fosses sont remplies de matières susceptibles de fermenter et de donner ainsi une chaleur plus ou moins forte.

Pour couche chaude, on emploie du fumier de cheval, d'âne ou de mulet, nouvellement sorti de l'écurie ou conservé à l'abri de la pluie ; on y mélange des feuilles sèches par moitié ; on tasse fortement en piétinant et l'on mouille le tout. L'épaisseur de ce fumier doit être de 40 à 50 centimètres.

Là dessus on étend une couche de terre mélangée de terreau et de crottin de cheval, le tout bien émietté, d'une épaisseur de 20 centimètres.

Il n'y a plus qu'à placer les châssis. Avant d'y semer ou planter quoi que ce soit, on attendra au moins huit jours pour éviter un trop fort degré de chaleur.

Quand la couche se refroidit par trop on la réchauffe en l'entourant d'un épais lit de fumier.

La couche *sourde* ou *tiède* se construit de la même manière, sauf que le fumier de cheval est remplacé par des matières moins fermentescibles. Ici le fumier de vache suffit : on le mélange de feuilles sèches d'herbages, de mousse, de menue paille, etc.

Nous avons vu des couches de *tannée* remplissant parfaitement le but désirable. La chaleur qu'elles donnent est minime, mais durable.

Les couches chaudes servent à la culture des melons de première saison et aux primeurs de toutes sortes : les couches sourdes suffisent aux semis soit de fleurs, soit de légumes, au bouturage de verveines, d'héliotropes, etc., et aux premiers repiquages en pépinière, ainsi qu'à la culture des champignons.

HORTUS.

CONSEILS DU JUGE DE PAIX.

CITATION DIRECTE. — DROIT ET ABUS.

— Est-ce que la justice ne doit pas se tenir à la disposition de tout le monde; est-ce que les procureurs, les juges, que le gouvernement paie avec notre argent, ne sont pas faits pour nous protéger et peu-il leur être permis de refuser leur appui à un honnête homme lésé dans ses intérêts ?

— Non, assurément. Mais quel est le motif de ta question ?

— Figurez-vous que je viens d'être escroqué par un de ces exploiteurs, ces gens de la bande noire, qui, par un tas de mensonges et de trucs, parviennent à obtenir de notre confiance, trop souvent abusée dans le temps présent, des marchandises à crédit, puis ensuite les revendent à vil prix et ne nous paient pas ; je me suis dit : cette fois, ça ne se passera pas comme cela ; je m'en vais trouver le procureur de la République et je lui demande de poursuivre mon voleur ; il me laisse parler, puis il me dit : nous avons déjà assez d'affaires pour nous occuper de la vôtre, et puis le gouvernement veut que nous fassions des économies et votre procès a trop peu d'importance pour que nous en fassions les frais.

— Je le regarde tout ébahi, et je lui dis : c'est drôle tout de même qu'en République on reçoive ainsi le pauvre monde, et c'est vraiment bien fâcheux pour moi, qui ne suis pas riche, qu'il y ait tant de gros voleurs, qu'on n'ait pas le temps de s'occuper des petits.

— Alors il me répond, d'un ton un peu sec : d'ailleurs vous n'avez pas besoin de mon concours, la loi vous donne le droit de citation directe, et là-dessus il me montre la porte ; et je viens, sachant que chez vous on reçoit toujours bon accueil, vous demander ce qu'est cette chose inconnue pour moi, qu'il appelle : *citation directe*.

— C'est le droit qui appartient à tout citoyen, victime d'un délit, c'est-à-dire d'un fait punissable de peines correctionnelles, de traduire à ses frais devant le tribunal, sans l'intervention du Parquet, et par simple assignation d'huissier, l'auteur du délit.

— Alors de cette façon je puis, de moi-même, assigner mon voleur en police correctionnelle et le faire condamner à la prison?

— Parfaitement, si tu fournis la preuve ; car il faut être bien sûr de son fait. Si l'on use à tort et trop légèrement du droit de citation directe, non seulement on perd son procès, et on paie les frais, mais on peut être condamné à des dommages-intérêts envers celui qu'on a assigné.

— Pour cela je ne crains rien ; j'ai mille fois raison, et puisque le Parquet ne daigne pas poursuivre d'office, j'userai moi-même du droit que me donne la loi ; que chacun fasse comme moi, il y aura moins de voleurs !

UN VIEUX JUGE DE PAIX.

CONSEILS A LA FERMIÈRE

LA BONNE FERMIÈRE.

A-t-on jamais songé à ce qu'est la vie de la fermière, de la vraie fermière?

« Rien de si commun que le nom, rien de si rare que la chose. » Il faut qu'elle soit la cheville ouvrière de la maison : tant de soins et de soucis reposent sur elle que c'est une figure intéressante à étudier.

Le cultivateur se marie généralement jeune et il le doit : une ferme sans fermière périclyte presque toujours.

Il faut d'abord que cette femme ait une bonne santé : les nerfs ne sont pas ici de mise et l'on ne doit point se mettre à la tête d'une exploitation quelconque quand on a besoin de repos et de régime lacté. Première qualité de la fermière : un bon estomac s'attaquant vaillamment au lard et aux haricots. Ensuite des poumons solides : on ne marche pas dans les champs aussi facilement que sur les grandes routes nationales. Le lever matinal dans les brumes d'été et les brouillards d'hiver, l'orage, la pluie, les courants d'air autant d'ennemis à braver. La femme doit être la première levée et la dernière couchée; non seulement cette régularité est nécessaire mais elle est exemplaire et donne le droit de gourmander les paresseux. A peine levée et après le premier repas, la fermière distribue la besogne au serviteurs aver une fermeté douce. Elle reprend sans emportement, ne blâme qu'avec certitude, elle a une bonne parole pour ceux *qui sont* plus faibles ou plus craintifs, elle attache peu à peu les domestiques à la ferme et les amène à épouser ses intérêts. Elle ne brusque rien, écoute les objections avec bienveillance et paye en tout de sa personne. Que de qualités suppose déjà cette première étape de la journée : *activité, ordre, tact, patience.*

Chaque heure apporte un souci nouveau : prévoir la suite des travaux, veiller aux provisions qui vont manquer, voir ce qu'il faut vendre ou garder; surveiller et même préparer elle-même les repas, s'occuper des enfants. Puis le lavage, le raccommodage, l'entretien de la literie, courir de la huche au saloir en passant par la laiterie, la fromagerie, l'étable et le poulailler. Jeter un œil aux légumes du potager, aux fruits du fruitier et tout cela avec une humeur égale, sans caprice. Mettre la paix entre les serviteurs, les soigner quand ils sont souffrants, les consoler dans leurs peines; veiller à ce qu'ils soient suffisamment vêtus et couverts. Enfin et par dessus tout, entretenir au foyer les traditions pieuses que les hommes négligeraient dans le tracas des affaires.

Tenir au repos du dimanche, à l'assistance à la messe; accorder d'honnêtes plaisirs, marquer les grandes fêtes de l'église par un meilleur repas, une friandise quelconque, donner aux veillées de bonnes lectures.

Et toujours ainsi, du 1er janvier à un autre 1er janvier !

Mais pour cette vie là il ne faut point de mijaurées qui craignent la pluie, le vent, le soleil et ne savent pas marcher en sabots.

Ayons donc de robustes ménagères qui chanteront en faisant leur ouvrage et que leurs maris, rentrant du travail, trouveront à leur poste, accortes et prévenantes un marmot sur chaque bras, tandis que de la grande cheminée se répandra un parfum savoureux de soupe aux choux.

UNE MÉNAGÈRE.

CONSEILS DU MÉDECIN

LES REFROIDISSEMENTS

Lorsque après une journée de fatigues, vous rentrez à la ferme saisi par le froid, grelottant sous vos habits mouillés, il ne suffit pas de vous réchauffer à la flamme du foyer; mettez-vous dans votre lit et buvez coup sur coup force tisanes émollientes, voire même l'élixir du fameux docteur Grégoire, c'est-à-dire un bol de vieux vin bien chaud et aromatisé de cannelle. Que, sous la couverture, la sueur vous ruisselle par tous les pores. Vous aurez ainsi évité un gros rhume, peut-être une pleurésie ou une fluxion de poitrine. Mais le lendemain, si le malaise persiste, si la respiration est difficile et accompagnée de points de côté, envoyez vite chercher le médecin, il n'est que temps.

DIAFOIRUS.

POUR RIRE

A l'école :

Le maître. — Supposons qu'un cocher marche huit kilomètres par heure, qu'il rende un kilomètre d'avance à un autre cocher qui n'en peut faire que six ; où se rencontreront-ils ?

Plusieurs élèves à la fois :

— Chez le premier marchand de vin.

***

Calino entre dans une imprimerie :

— Il me faudrait un cent de cartes de visite conformes à ce modèle

— Vous aurez cela demain, monsieur.

— C'est que je suis un peu pressé. Vous n'en avez pas de toutes faites ?

***

Entre habits noirs :

— Est-ce que vous vous amusez ici ?

— Moi, pas du tout !

— Si nous filions, alors ?

Avec un soupir :

— Je ne peux pas, je suis le maître de la maison !

Tableau.

***

— Eh bien ! garçon, vous essuyez cette assiette avec votre mouchoir ?

— Oh ! ça ne fait rien, monsieur, il est sale !

***

A la gare de départ :

— Comment faites-vous donc pour avoir pu visiter Paris en deux jours ?

— C'est bien simple : nous sommes trois. Ma femme visite les églises, ma fille les musées et l'exposition et moi les cafés et les restaurants. Le soir, nous nous réunissons et nous racontons mutuellement nos impressions.

***

Un poète chez un éditeur :

— Je me permets de vous proposer un volume de poésies qui...

— Des vers ? Le public ne s'intéresse guère qu'à ceux qu'écrivent les assassins... Tuez quelqu'un, après, nous pourrons nous entendre.

PETITE POSTE.

M. L..., à F... (Somme). — *Semailles en lignes.* — Vous avez parfaitement raison d'adopter le système de la *semaille en lignes*, si avantageuse à tous les points de vue. Rien que par l'*économie de semences*, vous regagnerez très vite le prix du semoir ; vous le regagnerez plus vite encore par l'augmentation du rendement et par la qualité des graines.

Le semoir *Jacquet-Robillard* est très apprécié par la culture; son système est simple et pratique. Le successeur de Jacquet-Robillard est M. J. Maréchal, constructeur à Arras, 4, rue de Turenne.

M. le vicomte de L. . (Aisne). — *Blé de Bordeaux et orge Chevalier.* — Vous trouverez de la semence pure et véritable à la maison Forgeot, 6, quai de la Mégisserie.

M. F... (Jura). — *Assurances contre la grêle.* — Nous ne connaissons pas la Compagnie dont vous parlez. Envoyez nous un exemplaire des statuts et nous vous renseignerons exactement. Puisque vous cherchez une bonne Société sûre, qui règle les sinistres, nous croyons devoir vous indiquer la Société *la Ferme*, siège social, 51, rue Blanche, Paris. Elle fait beaucoup d'affaires dans le Jura, à Arbois notamment. Vous allez en recevoir les statuts.

M. P..., à D... (Nièvre). — *Rente pour la vieillesse.* — De quelle Société s'agit-il ? Est-ce de la *Caisse de retraite pour la vieillesse*, administrée par l'Etat ? En ce cas, ayez confiance. S'agit-il d'une Société ou Compagnie particulière ? Indiquez-nous la et nous vous renseignerons. Vous avez raison d'être prudent.

M. le baron de S... (Vienne). — *Engrais.* — Pour vos prairies, nous vous conseillons l'application à cette époque de phosphate soluble de Quiévy : 500 kil. à l'hectare. — Chez Delattre-Brabant, à Lille, rue Jacquemars-Grelé.

Pour les céréales, mêmes phosphates appliqués en même temps que le fumier et enterrés avant l'ensemencement par les labours d'automne, s'il s'agit de céréales de printemps : 400 kil. à l'hectare; sur les blés, au printemps, nitrate de soude en couverture : 150 kil. à l'hectare.

Pour les nitrates et les engrais composés, vous pouvez vous adresser en toute confiance à la maison Deconinck, à Arras.

M. de R... (Oise). — *Engrais.* — Le non enfouissement immédiat de ces engrais (scories, kainit, superphosphate) n'a d'autre inconvénient que de les exposer à être emportés par le vent. Dans une saison calme et pluvieuse, ce danger n'existe pas.

M. le vicomte de R... (Eure-et Loir). — *Ecumes de défécation.* — Entre la chaux grasse à 20 fr. le mètre cube et l'écume de défécation à 6 fr. 50 les 1,000 kil. rendus il n'y a pas à hésiter : il faut donner la préférence aux écumes de défécation, avec lesquelles, en mélange avec des curures d'éteng, vous ferez un compost excellent.

M. C. G... (Ardennes) — *Languilleurs.* — Nous faisons demander ce renseignement à La Villette même, aux hommes du métier.

M. T..., à G... (Indre). — 1° *Pommes de terre Institut de Beauvais.* — Vous pouvez nous faire votre commande. Nous vous en ferons livrer à 12 fr. les 100 kil.

2° Le blé vitriolé ne peut plus servir pour l'alimentation de l'homme , à moins qu'on n'en mélange la farine avec de la farine saine, dans la proportion d'un dixième. On peut le donner aux volailles ou aux animaux, après l'avoir soigneusement lavé et fait sécher.

3° *Cheval couronné.* — Adressez-vous à la phaamacie vétérinaire P. Méré, à Chantilly.

4° *Crevasses aux trayons d'une vache.* — Lotions répétées d'huile et de vin mélangés et additionnés d'un peu de miel, pour augmenter la consistance. Très grande propreté.

M. A. L... (Somme). — Non, la section de quelques branches du bas des arbres ne peut exposer les arbres à geler. Le *coaltar* et très utilement employé pour cicatriser les plaies et pour hâter la repousse de l'écorce.

M. G... (Basses-Alpes) — *Farines de tourteaux de coton.* — Elles contiennent en moyenne 7,08 0/0 d'azote. La farine de lin en contient 1,53 0/0. Le prix de la farine de tourteaux de graines de coton décortiqués est de 17 fr. 25 à 18 fr. les 100 kil. moulus, en sac.

Dose maximum pour les vaches laitières, 1 kil. à 1 kil. 500.

M. T... (Seine-Inférieure). — *Diarrhée des veaux.* — Nous avons les meilleurs renseignements sur l'efficacité de la poudre Choquelin. Pharmacie Hauvespre, à Courville (Eure-et-Loir).

M. S... (Somme). — Le sel neuf dénaturé au tourteau de colza est vendu par M. Le Borgne, à Fécamp, 55 fr. les 1,000 kil.; le sel neuf dénaturé au peroxide de fer, 50 fr.; le sel de morue, 45 fr.

M. R... (Vaucluse). — *Pommes de terre Institut de Beauvais.* — Quand les fortes gelées ne seront plus à craindre, nous vous en ferons expédier 100 kil., au prix de 12 fr. les 100 kil.. de la ferme de la Fonderie, par Varennes-en-Argonne (Meuse).

M. P. L... (Sarthe) — *Semoirs à graines de pin et de sapin.* — Nous cherchons à nous procurer ce renseignement. Il vous sera transmis.

REVUE FINANCIÈRE.

La situation du marché est restée sensiblement la même d'une semaine à l'autre. On ne peut pas dire que ce soit de la faiblesse; encore moins est-ce de la hausse, ce n'est que bien juste de la fermeté.

Il faut dire que ce n'est pas à tort que l'on hésite à s'avancer de nouveau sur la route de la hausse. Il s'en faut que la situation créée chez nos voisins d'Outre-Manche, et chez nous un peu de réciprocité, par les embarras financiers des républiques sud-américaines, soit bonifiée, ou du moins que le remède à ces maux soit trouvé, appliqué et ait produit son effet.

D'autre part, les nouvelles qui nous viennent de l'autre côté de l'Atlantique ne sont pas tellement claires qu'on puisse ni s'effrayer trop, ni malheureusement, se rassurer entièrement.

Et puis, au milieu de ces tergiversations excusables, le temps a marché, et nous voilà tout proches de la liquidation. Alors, selon l'habitude, haussiers et baissiers vont se consacrer uniquement à garder leurs positions, et, comme en même temps les transactions sont fort restreintes, nous voilà encore pour huit jours, probablement réduits à des oscillations sans ampleur et surtout sans signification comme tendance.

Nos rentes sont fermes, aux mêmes prix sensiblement, avec de légères baisses compensées par de légères reprises. Le 3 0/0 nouveau oscille autour de 92 10, l'ancien autour de 95 60.

Les établissements de crédit ont eu des fluctuations plus étendues; à la baisse d'il y a quelques jours, a succédé une meilleure tenue. Il n'y a toutefois lieu de s'appesantir que sur deux de ces mouvements, provoqués par deux faits d'importance générale.

La Banque de France a été ramenée brusquement à 4,300, perdant en une semaine plus de 100 francs. Dame, aussi, le projet de loi relatif au renouvellement du privilège, bien que ne modifiant aucun des points essentiels du Statut, accorde à l'Etat des avantages qui forcément rogneront la part des actionnaires.

Le Crédit Foncier a fléchi un moment aussi, sur le dépôt d'une proposition de loi tendant à modifier grandement les conditions des prêts hypothécaires et les opérations du Foncier.

Nos *Chemins de fer* suivent à peu près strictement les mouvements de nos rentes, montent ou baissent comme elles et sont comme elles très fermes. Les Chemins étrangers, qui avaient baissé beaucoup ces temps derniers sont en reprise, mais ont du temps devant eux avant de rattraper ce qu'ils ont perdu.

Le marché des grandes obligations, Ville de Paris, Crédit Foncier, Chemins de fer, si suivi par le comptant et la petite épargne, est un tantinet moins actif; mais cette placidité n'exclut nullement la solidité et la bonne tenue des cours.

En ce qui regarde les fonds d'Etats étrangers, nous trouvons des oscillations dictées pour la plus grande partie par celles des places de Londres et de Berlin. Deux de ces valeurs seules persistent logiquement dans leur tenue : l'Italien reste faible parce que personne n'a encore trouvé le véritable remède aux embarras financiers de l'Italie; les Russes restent vaillamment à la hausse, comme le mérite le crédit de la Russie.

TIMON.

OFFRES & DEMANDES.

Pour répondre au désir qui nous est exprimé, nous offrons à nos abonnés, sous cette rubrique, deux annonces gratuites pour les offres et demandes d'emplois, produits ou animaux à vendre ou à acheter, etc.

Les annonces qui suivront jouiront d'une réduction de 50 pour 100 sur les tarifs ordinaires (0 fr. 15 la ligne au lieu de 0 fr. 30).

Les demandes d'insertions devront être envoyées à l'administration (joindre un timbre de 0 fr. 15) qui se chargera de les rédiger.

Ne pas négliger d'envoyer tous les renseignements nécessaires.

Un jeune homme, fils de cultivateurs, élevé dans la culture, demande place de régisseur ou de chef de culture. — N° 896. — Bonnes références.

A vendre. *Pommes de terre Institut de Beauvais*, par quantités de 100 kil. au moins, à 12 fr. les 100 kil. — N° 897.

Occasion. — A vendre, pour 50 fr., en gare de l'expéditeur, une charrue (système Howard), toute en fer, ayant très peu servie, en très bon état. — N° 901.

S'adresser au régisseur du château de la Vieuron, commune d'Ahuillé, près Laval (Mayenne).

A vendre *excellent blé de Mars*, variété ayant beaucoup d'analogie avec le *blé de Bordeaux*, pouvant se semer jusque fin mars, très productive, 38 fr. les 100 kil. en gare de Bornel (Oise). — N° 902.

S'adresser à M. Durand, propriétaire à Belle-Eglise, par Chambly (Oise).

On demande pour une habitation des environs de Beauvais :

UN MÉNAGE DE DOMESTIQUE connaissant le service intérieur, sachant soigner les chevaux, et de cuisinière.

Tous deux offrant garanties et références.

S'adresser au bureau du journal. — N° 904.

Un jeune homme, 33 ans, fils de garde-forestier, de famille honorable, ancien militaire, **demande** PLACE DE GARDE-PARTICULIER ou de SURVEILLANT pour une propriété.

Bonnes références. — N° 905.

A vendre. — *Pommes de terre Institut de Beauvais*, et *Blé rouge de Bordeaux*, pour semences, à vendre par 50 kilogr. au moins.

S'adresser à M. Toulemont, à Kervereguin-en-Plobannalec, par Pont-l'Abbé-Lambour (Finistère). — N° 906.

HALLES ET MARCHÉS.

SITUATION GÉNÉRALE.

Le dégel est survenu; mais l'état des voies de communication ne permet pas encore d'approvisionner suffisamment les marchés agricoles. Les cours se soutiennent fermes pour les céréales, et un peu plus faiblement pour les autres denrées.

GRAINS.

Blés. — Les contrées où les céréales en terre semblent avoir été le plus éprouvées par la gelée sont la France la Russie, l'Italie et l'Espagne. L'Allemagne et l'Autriche ont eu dès le commencement de la période des grands froids, de la neige qui a préservé les blés presque partout. En Angleterre, les dégâts seront également restreints. Aux Etats-Unis, la prochaine récolte se présente bien. — Sur nos marchés, les apports sont encore très difficiles vu l'état des routes, et les prix restent partout fermement tenus. Voici ceux relevés samedi dernier : Beauvais, 21 fr. 30 à 24 fr. 65

les 100 kilog. Douai, 26 fr. à 28 fr. 25. Amiens, 26 fr. 35. Montereau, 22 fr 15 à 27 fr. Laval, 25 fr. 50 à 26 fr. Etampes, 23 fr. 35 à 27 fr 10. Chartres, 23 fr. 35 à 26 fr. 25. Châlons-sur-Marne, 25 fr. 50. Nantes, 25 fr. 75 à 26 fr. 50. Lyon, 25 fr. 50 à 26 fr.

Seigles. — Les affaires sont encore très limitées; la distillerie n'achète toujours pas et la demande pour le midi a beaucoup diminué. On cote à Paris 17 fr. 25 à 17 fr 50 les 100 kilog., en gare. En commerce, le seigle disponible est tenu à 17 fr.; le livrable de 17 fr. à 17 fr. 50.

Orges. — Offres de plus en plus rares. Les différentes qualités sont cotées comme suit : supérieures 20 fr. 25 à 21 fr. les 100 kilog.; bonnes, 19 fr. 25 à 20 fr.; ordinaires, 18 fr. 25 à 19 fr.; secondaires, 17 fr. 50 à 18 fr. — Les escourgeons sont en hausse à 20 fr. et 20 fr. 25 les 100 kilog. pour les provenances de la Beauce et du Centre; ceux d'Algérie sont tenus à 15 fr. 50 sur wagon à Dunkerque.

Avoines. — On constate également une faveur de 25 centimes par 100 kilog ; sur les cours des avoines, qui vont de 18 fr. à 19 fr. 50 à Paris pour les avoines indigènes, suivant provenance, couleur et qualité. — En sortes étrangères, les Suède valent 15 fr. et les Noires de Liban, 14 fr. 75.

Sarrasins. — Les cours, moins fermes, sont aujourd'hui de 15 fr. 75 à 16 fr. les 100 kilog. ; en gare à Paris pour le disponible et le livrable.

FARINES.

Farines de consommation. — La situation ne change pas; la meunerie fait peu d'offres; mais la boulangerie n'achetant que pour ses besoins courants, les prix restent stationnaires.

Farine de commerce. — Le marché de Paris est calme, avec un peu de baisse sur la marchandise à livrer Samedi dernier, on a coté le disponible 59 fr 50 à 59 fr. 75 les 157 kilog. nets, et le livrable, 59 fr. à 59 fr. 50.

Farines petites premières, deuxièmes et bises. — Cours fermes, comme suit, aux 100 kilog. : petites premières, 31 f. 50 à 35 fr.; deuxièmes 28 fr. 50 à 30 fr. 50; troisièmes, 26 à 28 fr.; grésillons, 24 fr. à 24 fr. 50; quatrièmes, 21 fr. 50 à 23.

GRAINES FOURRAGÈRES.

Les prix du trèfle se maintiennent à Paris, surtout pour les belles qualités; la demande est active sur les graines de luzerne. On cote : trèfle violet gros grains, 120 à 130 fr. les 100 kilog.; ordinaire, 90 à 100 fr.; vieux, 70 à 80 fr.; luzerne de Provence, 120 à 150 fr.; de pays, 105 à 115 fr.; minette, 40 à 65 fr.; sainfoin, 25 à 28 fr.; vesce de printemps, 17 50 à 18 fr. 50; ray grass d'Italie, 38 à 45 fr.; anglais, 40 à 45 fr.; vesce de Kœnigsberg, 17 à 20 fr.; alpiste, 26 à 28 fr.

POMME DE TERRE ET LÉGUMES.

Pommes de terre. — A la vente en gros, il s'est traité quelques affaires aux prix suivants par 1,000 kilog.; en gare de Paris : Hollande, 82 à 105 fr.; saucisses rouges, 75 à 85 fr.; vosgienne et early rose, 66 à 90 fr.; chardonnes, 47 à 55 fr. — En province, on cote *au quintal* : Nancy, pommes de terre de féculerie, 5 fr.; de cuisine, 6 à 12 fr.; Melun, 8 à 10 fr.; Montereau, 6 à 7 fr.; Orléans, 10 à 14 fr; Douai, 8 à 9 fr.; — à l'*hectolitre* : Condé-sur-Noireau 5 fr.; Couches, 8 à 8 f. 50; Blois, 8 fr. 85.

Légumes secs. — La vente est très active et les prix en hausse sensible comme suit : haricots flageolets chevrier, 70 à 100 fr. l'hectolitre et demi-suisses blancs, 55 à 60 fr.; Chartres, 55 fr.; Liancourt, 50 à 52 fr.; Soissons, 85 fr.; — plats du Midi, 32 à 42 fr. les 100 kilog.; suisses rouges, 25 50 à 27 fr.; cocos roses, 31 fr.; nains, 26 à 30 fr.; lentilles, 45 à 70 fr ; pois ronds, 28 à 32 fr.

SUCRES.

Les cours se maintiennent assez bien avec affaires ordinaires : les sucres roux 88 degrés sont tenus à Paris de 33 fr. 25 à 33 fr. 50 les 100 kilog; les blancs n°3 disponible, 35 fr. 75 à 36 fr ; livrables, 36 fr. à 37 fr. 25. — A Lille, on cote les roux, 32 fr. 25 à 32 fr. 50; les blancs n° 3, 34 fr. 78 à 35 fr. 12.

HUILES ET GRAINES OLÉAGINEUSES.

Huiles de graines. — Baisse sensible depuis huit jours à Paris, surtout pour les huiles de colza. On cote : colza disponible, 64 fr. 25 les 100 kilog. : livrables, 64 fr. 50 à 66 fr. 50; lin disponible, 53 fr. 75 à 54 fr. 25; livrables, 54 fr. 25 à 55 fr. 75. — Les marchés des départements sont également faibles comme suit: Rouen, colza, 64 fr.; lin, 55 fr. les 100 kilog ; Caen, colza, 61 fr. 50 l'hectolitre ; Lille, colza, 61 fr. l'hectolitre; lin, 55 à 57 fr ; Arras, colza, 68 fr. les 100 kilog ; lin étranger, 55 fr.; œillette, 104 fr.

Graines oléagineuses. — A Caen, on vend la graine de colza 18 fr. 50 les 104 litres; à Orchies, on cote : colza, 18 fr. 25 à 19 fr. 25 l'hectolitre : lin, 19 fr. 25 à 20 fr. 25; cameline, 13 fr. 75 à 14 fr. 75.

Huiles d'olive. — Les huiles d'olive comestibles se vendent à Marseille : Aix, surfine, 200 à 220 fr. les 100 kilog.; fine, 160 à 175 fr.; Bari, nouvelle, 125 à 140 fr.; Sicile, 118 fr.; Espagne, 120 à 130 fr.; Bougie, 110 à 120 fr; Tunis, 100 à 105 fr ; communes mangeables de toutes provenances, 83 à 86 fr.

TOURTEAUX. — ENGRAIS.

Tourteaux. — A Lille on vend : colza, 13 à 16 fr. les 100 kilog. ; lin, 55 fr.

Engrais. — La nouvelle du blocus des côtes au Chili a déterminé de la fermeté dans les cours de nitrate de soude; on parle de 18 fr. 75 à 19 fr. les 100 kilog. à Dunkerque. — Le sulfate d'ammoniaque français vaut 28 fr. en disponible à Paris, et 28 fr. 50 en livrable ; le sulfate anglais est offert à 27 fr 75 à Bordeaux. — Le sulfate de cuivre est coté 50 fr. à Paris, Pour les autres engrais on tient : chlorure de potassium 80 pour 100, 17 fr. 50; sulfate de potasse, 20 fr. 35 à 21 fr. 35; Kaïnit, 2 fr. 90 les 100 kilog. à Stassfurt; superphosphates minéraux solubles dans le citrate, 0 fr. 57 à 0 fr. 58 le degré d'acide phosphorique; superphosphates du Nord, 0 fr. 485 en gare de départ; superphosphates d'os purs, 0 fr. 74; poudre d'os dégélatinés, 13 fr. 50 à 14 fr. les 100 kilog. à Paris; non dégélatinés, 12 fr. 50 à 13 fr.; cuir torréfié, 1 fr. 30 l'unité d'azote; corne torréfié, 1 fr. 50 à 1 fr. 55; sang desséché moulu, 1 fr. 90; non moulu, 1 fr. 80; viande moulue, 1 fr. 70; phosphates de la Somme, 2 fr. 50 à 3 fr. 50 les 100 kilog. sur wagon.

POMMES A CIDRE.

Les pommes non gelées et saines sont tenues à des prix fermes, livrables après le dégel à Paris, de 75 à 100 fr. les 1,000 kilog. — A Rouen, on a vendu quelques hectolitres, à 6 fr. 50 et 7 fr., y compris 1 fr. 19 de droits.

Laines.

ROUBAIX-TOURCOING, 27 janvier.

LAINE PEIGNÉE	de fabrique		courant	
—	Cours du jour.	Cours préc.	Cours du jour.	Cours préc.
Courant	» »	5 35	» »	5 25
1 mois après	5 30	5 32	» »	5 25
2 —	5 40	5 40	5 27	5 25
3 —	5 40	5 42	5 27	5 25
4 —	5 45	5 45	5 27	5 37

Marché calme. Ventes, 130,000 kil.

ANVERS, 27 janvier.

Peignés allemands de La Plata : Contrat B : février, 5 32 1/2; mars, 5 35; avril et mai, 5 37 1/2; juin à décembre, 5 40. Contrat M. sur février, 5 45. Ventes, 5,000 kil.

Peigné Plata belge. Contr. T. : sur fév., 5 52 1/2. Marché calme.

BEURRE, ŒUFS, VOLAILLES.

Paris, 28 janvier.

Beurres en mottes.

L'arrivage d'hier a été de 37,000 kil.
L'arrivage approximatif a été de 8,098 kil.

Beurres en livres.

L'arrivage d'hier a été de 11,000 kil.
L'arrivage approximatif a été de 9,854 kil.

Fermiers	au kilo		Touraine	au kilo	
Extra	2 90 à 3	»	Extra	2 70 à 2	80
1er choix	2 80	2 90	1er choix	2 60	2 70
2e choix	2 70	2 80	2e choix	2 50	2 60
Ordinaire	2 50	2 60	Ordinaire	» »	» »
Bourgogne			Vendôme		
Choix	2 20	2 30	1er choix	2 40	2 50
Ordinaire	2 »	2 10	2e choix	2 30	2 40
			Ordinaire	2 10	2 20
Gâtinais			Beaugency		
1er choix	2 60	2 70	1er choix	2 40	2 50
2e choix	2 50	2 60	2e choix	2 30	2 40
Ordinaire	2 30	2 40	Ordinaire	2 10	2 20
Le Mans			Fausse Touraine		
Choix	2 20	2 30	Choix	2 40	2 50
Ordinaire	2 10	2 20	Ordinaire	2 30	2 40

Œufs, *le mille :*

Normandie (Extra)	115 à	130	Bourgogne	98 à	104
Brie (Extra)	105	110	Champagne	100	104
Picardie (Extra)	115	131	Nivernais	96	104
Picardie ord.	98	108	Cosne	100	104
Touraine gr.	110	120	Bourbonnais	96	98
Touraine ord.	98	104	Bretagne	92	104

Beauce	105	110	Vendée	95	100
Orne	98	106	Auvergne	94	96
Châtellerault	100	102	Midi	95	100

Œufs de conserve à la chaux .... 82 à 86

Volailles.

Canards :			Pigeons :		
nantais	3 » à	7 50	maconnais	» 90 à	1 10
de ferme	2 50	4 50	italiens	» 90	1 10
Dindes nouv.	8 »	12 »	bizets	» 80	1 »
Oies nouvelles	6 »	9 »	Poulets :		
— (2e qté).	4 »	6 »	nantais	2 75	6 »
Pintades	2 »	4 »	touraine	2 75	6 »
Lapins domestiques	1 75	4 »	gâtinais	3 »	6 50
			du Midi	1 75	2 75
			communs	1 50	2 50

Gibiers.

Lièvres gros	6 » à	8 »	Faisans poules	4 » à	6 »
— petits	4 »	6 »	Alouettes, la douzaine	2 »	3 75
Perdreaux	2 50	3 50	Bécasses	2 50	4 »
Perdrix	1 75	2 25	Chevreuils	25 »	50 »
Garennes	1 50	2 50			
Faisans coqs	6 »	7 »			

Marché : Mêmes cours.

Cours fournis par MM. de Bridiers, Jouslin et Scelle, facteurs assermentés, 2, r. de Valois, Paris.

BESTIAUX.

LA VILLETTE, 29 janvier. — Bestiaux. — Vente mauvaise sur les bestiaux et sur les veaux, plus facile sur les moutons et mauvaise sur les porcs.

COURS officiels.	Amenés.	Vendus.	1re qualité.	2e qualité.	3e qualité.	Prix extrêmes.
Bœufs	2.354	1.953	1 58	1 42	1 30	1 18 1 64
Vaches	536	406	1 54	1 32	1 18	1 14 à 1 60
Taureaux	186	162	1 38	1 32	1 20	1 16 1 44
Veaux	1.293	953	2 06	1 91	1 76	1 54 2 28
Moutons	6.451	6.241	2 16	2 »	1 78	1 70 2 22
Porcs	4.434	4.431	1 30	1 26	1 18	1 14 1 34

Marché du lundi 26 janvier.

	Amenés	Vendus	PRIX AU POIDS NET 1re qual.	2e qual.	3e qual
Bœufs	2.884	2.585	1 62	1 46	1 32
Vaches	689	644	1 58	1 34	1 20
Taureaux	236	202	1 40	1 36	1 22
Veaux	1.141	1.046	2 12	1 98	1 80
Moutons	7.758	7.267	2 14	1 96	1 74
Porcs	2.907	2.810	1 28	1 24	1 18

PRIX AU POIDS VIF

	1re qual.	2e qual.	3e qual.	Prix extrêmes.
Bœufs	» 99	» 84	» 70	» 60 à 1 02
Vaches	» 90	» 74	» 58	» 52 » 98
Taureaux	» 88	» 79	» 68	» 58 » 92
Veaux	1 28	1 14	» 96	» 80 1 40
Moutons	1 10	» 94	» 76	» 70 1 19
Porcs	» 90	» 86	» 80	» 74 » 92

Peaux de moutons en laine .... » » »
Id. id. demi-laine .... » » »

Viandes abattues. — Criée du 23 janvier.

		1re qualité.	2e qualité.	3e qualité.
Bœufs	le kil.	1 30 à 2 60	1 10 à 2 40	1 .. à 1 80
Veaux	—	1 90 2 06	1 74 1 88	1 60 1 70
Moutons	—	1 80 1 90	1 36 1 76	» 90 1 30
Porc entier	—	1 20 1 30	1 06 1 16	» 90 1 »

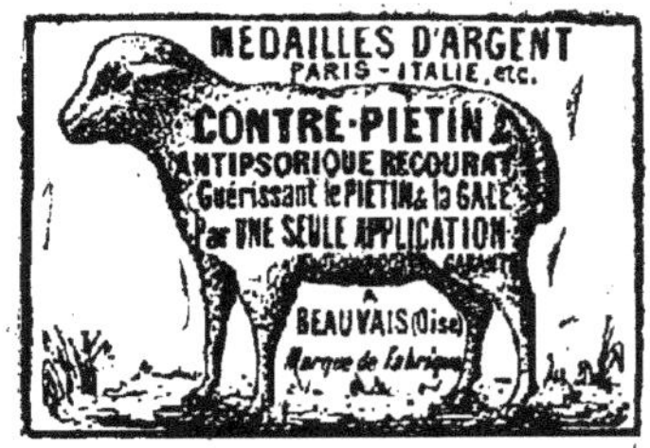

M. Recourat, pharmacien à Beauvais.

Gale des moutons guérie radicalement par *une seule application* de l'Antipsorique.

La bouteille, 3 fr.; la demi-bouteille, 1 fr. 75.

Guérison du Piétin par *un seul pansement* avec le Contre-Piétin-Recourat.

Le pot d'essai, 1 fr. 50; le pot, 2 fr. 50.

Joindre 0,60 c. pour recevoir *franco* et indiquer gare.

Exposition universelle de 1889. — Médaille d'or.

COUVEUSES

ARTIFICIELLES Brev. S. G. D. G. Nouv. Perfectionnements

Volailles de toutes races pour la reproduction.

ŒUFS A COUVER

Poussins, race de Houdan, 14 fr. franco. Emb. compris.

Poulaillers, Faisanderies, Volières.

Envoi franco du Catalogue illustré.

ÉCOLE PRATIQUE D'AVICULTURE

ROULLIER ✻✻ et ARNOULT

à Gambais (S.-et-O.), et 7, galerie Vivienne

PARIS.

Écrire à Gambais.

PONDOIR

DÉPOSÉ

Prix........6 fr. 50

R. GARIEL

2 ter, quai de la Mégisserie, PARIS

Abreuvoirs pour Poules et Faisans

RATELIERS A LAPINS

Envoi franco de l'Album sur demande

Avis aux Eleveurs et Nourrisseurs.

Les cosses et brisures de fèves de la maison Ph. Breuil, de Dijon, d'une pureté absolue et très riches en principes nutritifs, se recommandent pour l'engrais du bétail et la nourriture des chevaux.

APRÈS LES GELÉES

Nous recommandons tout spécialement pour les nouvelles semences le chaulage avec le **Protecteur des semailles**, dont les résultats ont été appréciés par les agriculteurs compétents, comme évitant les vides et le charbon dans les champs ensemencés.

Boîtes de 4 fr. 50, pour 2,000 litres semences *franco* gare.

Boîtes de 1 franc, pour 400 litres semences, 1 fr. 20 *franco* poste.

Boîtes de 50 cent., pour 200 litres semences, 60 cent. *franco* poste.

Dépôt général, phie HAUVESPRE, à Courville (Eure-et-Loir). — Nombreux dépôts en France.

PHOSPHATE FOSSILE DE QUIÉVY (Nord)

le plus assimilable de tous les phosphates connus; garanti pur de mélange avec tout autre phosphate ce qui, du reste, ne pourrait que diminuer son assimilabilité.

Grand diplôme d'honneur et médaille de vermeil aux concours agricoles de Bergues (octobre 1887 et 1888).

Médaille d'argent à l'Exposition universelle (Paris, 1889).

Médaille de vermeil (grand module), société d'agriculture et d'horticulture de Pontoise (1890).

C. DELATTRE-BRABANT

Bureaux : à Lille, 126, rue Jacquemars-Grélée. — Usines : à Quiévy (Nord) et Le Cateau (Nord).

Ne pas confondre avec Quévy (Belgique.)

COMPOSITION MOYENNE.	
Acide phosphorique	12.00 à 15.00 %.
Potasse	0.45 à 2.77 %.
Chaux	19.05 à 31.00 %.
Magnésie	0.53 à 3.80 %.
Matières organiques azotées	1 80 à 3 45 %.

ASSIMILABILITÉ RELATIVE (méthode Joulie, solubilité dans l'oxalate d'ammoniaque).	
Phosphate de *Quiévy*	82.29 %.
— de la Meuse	51.95 %.
— des Ardennes	46.43 %.
— de la Somme (moyenne)	44.53 %.
— de Ciply	34.57 %.

Titre en acide phosphorique garanti : 12 à 15 %.

Livraison : En poudre impalpable, en sacs plombés et marqués au « **Bélier** » sur wagon Quiévy ou Le Cateau, sacs perdus. — 30 jours 2 % ou 90 jours net.

AVIS IMPORTANT.

Les acheteurs qui désirent mon **Phosphate de Quiévy PUR** doivent exiger que les *sacs* et les *plombs* portent la marque au « **Bélier** » et la firme « **C. Delattre-Brabant** ».

Librairie A. FOURAUT, 47, rue Saint-André-des-Arts, Paris

OUVRAGES RECOMMANDÉS

(Envoi franco contre timbres ou mandat)

Manuel d'agriculture, d'arboriculture et de jardinage, par Louis Gossin; 15e édition; 178 figures. 1 vol. in-12, cart. . . . . . 1 fr. 30

Leçons normales de géométrie élémentaire, théorique et appliquée, par D. Puille (d'Amiens); nombreux problèmes avec leurs solutions raisonnées; 417 figures; 20e édition, augmentée d'un *Précis de trigonométrie rectiligne*. 1 vol. in-12, broché, 2 fr. 60; — cart., 2 fr. 80.

Cours complet d'arpentage élémentaire, théorique et appliqué, par D. Puille (d'Amiens); nombreux problèmes avec leurs solutions raisonnées; 250 figures et 2 planches topographiques; 18e édition. 1 vol. in-12, broché, 3 fr. 15; — cart., 3 fr. 40.

— Avec 4 planches, dont deux entièrement lavées. 1 vol. in-12, broché. 4 fr. 15

Traité spécial de la division des champs dans tous les cas, géodésie usuelle, par D. Puille (d'Amiens). 1 vol. de texte, in-12, broché, renfermant 96 figures, et 1 atlas de 16 planches. . . . . 3 fr. 75

Conférences sur l'hygiène, suivies de *Notions de médecine usuelle* ; observations particulières sur l'hygiène des campagnes, considérations sur l'abus des liqueurs alcooliques, etc.; par F. Omouton; 30 figures; 4e édition, 1 vol. in-18 jésus, cart., 1 fr. 30; — relié en toile, 1 fr. 50.

RAISINS SECS A BOISSONS

Première Maison de France (10 croix ou méd., fondée en 1876), **J.-F. Audibert**, créateur des vins de raisins secs et importateur direct. Auteur de : *L'Art de faire les Vins de raisins secs* (fco 3f 90); *les Vins d'imitation*, sirops, liqueurs, etc. (fco 5 25). Inventeur de l'appareil (B. S. G. D. G.). **LE SEUL ADOPTE PAR L'ARMEE** pour la fabrication mathématique des vins de raisins secs, en 10 jours, pour faire depuis 1 litre jusqu'à 20,000 litres par jour **AVEC UN HOMME. Renseignements gratuits pour tripler les vendanges, vins de seconde cuvée**, etc., 53, r. des Minimes, Marseille.

Semences de choix. **Betteraves à sucre très riches.**

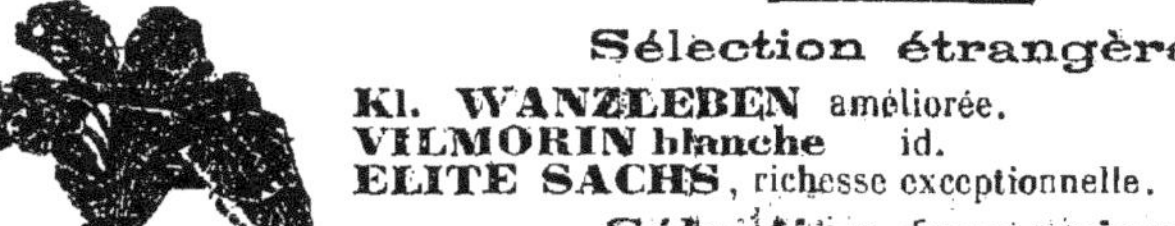

Sélection étrangère.

Kl. WANZLEBEN améliorée.

VILMORIN blanche id.

ELITE SACHS, richesse exceptionnelle.

Sélection française.

SILÉSIE nouvelle, recommandée pour sa haute production en sucre et en poids.

Livraison en sacs plombés et avec garantie de pureté d'espèces et de bonne germination.

C. LELUY, à Beauvais (Oise).

A VENDRE à l'amiable

UN

BEAU MOULIN

ayant 6 paires de meules, mues par forte chute au moyen d'une roue et d'une turbine.

Batteuse. — Machine à vapeur.

Conditions avantageuses.

S'adresser à Me JUNON, notaire à Chalon-sur-Saône.

MALADIES DU BÉTAIL

ET DE LA VOLAILLE

Leur traitement préventif et curatif

PAR L'ACIDE SALICYLIQUE

L'acide salicylique, employé dans la nourriture à la dose de 1/2 à 1 gramme par jour et par tête de bétail, est le meilleur préservatif des maladies qui procèdent par contagion : Sang de rate, Cocotte, Maladie aphtheuse, Erysipèle, Typhus, Morve, Variole et le Rouget des porcs, etc.

DES ATTESTATIONS NOMBREUSES DE GUÉRISONS obtenues pour la Cocotte et le Rouget des porcs ont été reproduites dans le *Journal l'Agriculture.*

La désinfection des étables, des écuries se fait instantanément au moyen d'un arrosage d'eau salicylée à 2 grammes par litre.

S'adresser à M. CERCKEL, administrateur de la *Compagnie de produits antiseptiques*, 26, rue Bergère, Paris.

Envoi sur demande de Prospectus et Brochures.

PRIX DU KIL. 25 fr. — BOITE DE MÉNAGE, 2 fr.

PETIT MANUEL DE DISTILLATION

du COGNAC et des EAUX-de-VIE de Vins, Cidres, Piquettes, Lies, Marcs, Fruits, etc.

ET TARIF ILLUSTRÉ d'APPAREILS de DISTILLERIES

Envoyés gratis

par **DEROY FILS AINÉ**, Constructeur, **73,75,77, rue du Théâtre** (Grenelle) Paris

MÉDAILLE OR, EXPOSon UNIVlle, PARIS 1889.

P. MÈRE DE CHANTILLY

Droguerie Vétérinaire à Orléans

ONGUENT ROUGE MÉRÉ

SEUL AGENT REMPLAÇANT VRAIMENT **LE FEU**

Guérison rapide et sûre des *Boiteries, Ecarts, Efforts, Vessigons, Molettes, Engorgements, Courbes, Suros, Eparvins.*

Effet gradué à volonté.— Pas de traces.

LA BOITE, AVEC BROCHURE, FRANCO : 3 FR. 50

LE PHYSIC BALL MÉRÉ

Est le meilleur purgatif pour tous genres de Chevaux

EMBROCATION MÉRÉ

Dite ***Trésor du Sportsman.***

Liniment révulsif sans rival pour fortifier les jambes des chevaux.

La bouteille : **5** fr.— Franco gare, **5** fr. **60.**

DÉPOTS *Chantilly.— Pharmacie MÉRÉ* / *Paris.— ACARD, 213, rue St-Honoré*

AUX ÉLEVEURS ET ENGRAISSEURS DE BESTIAUX.

Voulez-vous élever et engraisser vivement vos animaux?

EMPLOYEZ LE

GLUTEN DE MAÏS AMÉLIORÉ

Pour les Vaches laitières, lait riche et abondant.

Pour les Porcs, viande de toute première qualité.

Produit à base de **farine** de **maïs**, remplaçant avec avantage les **tourteaux**, les **montures** et les **remoulages**; c'est la nourriture reconnue la plus économique et la meilleure pour l'**élevage** et l'**engraissement rapide** des **porcs**, des **veaux** et de tous les **bestiaux** de la ferme, ainsi que des **volailles**. *Envoi du prix-courant sur demande adressée à*

M. BOUDON, négociant à NESLE (Somme).

PHOSPHO-GUANO COMPANY, LIMITED

LEFEBVRE & FILS, consignataires généraux,

PARIS — 60, rue de Bondy — PARIS.

PHOSPHO-GUANO

SEUL VERITABLE. — Importé depuis 1863.

Superphosphate Ornithos — Superphosphate Chilton

Superphosphate 10 degrés.

Osso-Guano, Engrais complet Rhizome, Engrais surazoté L. F.

La qualité et les dosages de tous ces engrais sont invariables et garantis.

L'acide phosphorique qu'ils renferment étant complètement **soluble dans l'eau** a une valeur fertilisante très supérieure a celui des engrais et superphosphates dont l'acide phosphorique, soluble **seulement** dans le citrate d'ammoniaque, reste insoluble dans l'eau.

Il n'y a de garanties sérieuses que celles des dosages exprimés séparément en acide phosphorique **soluble dans l'eau** et en acide phosphorique **insoluble dans l'eau.**

Envoi franco *sur demande de brochures indiquant les dosages garantis et les prix.*

Dépôt dans tous les principaux centres agricoles.

OLIVIER-LECQ

Producteur de graines de betteraves à TEMPLEUVE (Nord).

FOURNISSEUR DES GRANDES SUCRERIES FRANÇAISES.

Le Syndicat des fabricants de sucre de France a organisé en 1889 un vaste concours de graines de betteraves françaises et allemandes auquel ont pris part 27 producteurs français et 10 grands producteurs allemands.

Les essais ont été faits dans dix départements sur 33 champs d'expériences.

CAMBRAI. — Moyenne des trois champs d'essais :

Rend à l'hect.	Densité	Sucre O/O jus	Pureté	Sucre O/O better.	Sucre à l'hect.
49.083 kil.	7° 88	18.56	90	15.99	7.848 kil.

Avec les résultats ci-dessus, la betterave OLIVIER-LECQ arrive deuxième sur ses concurrents français et allemands.

Champ d'essais de LA NEUVILLE :

Rend à l'hect.	Densité	Sucre O/O jus	Pureté	Sucre O/O better.	Sucre à l'hect.
62.090 kil.	7° 9	18.95	92	16.40	10.168 kil.

Avec ces résultats, M. OLIVIER-LECQ arrive le premier sur les 33 champs d'essais.

C'est le plus beau succès du concours.

Les graines essayées provenaient d'un envoi de 20.000 kilog. fait par M. OLIVIER-LECQ à l'usine d'Escaudœuvres.

L'Administrateur-Gérant : ALBERT RENOT.

Beauvais. — Imp. D. PERE. — A. CARTIER, Gérant.

12e Année. — 2e Série. — N° 576. Dimanche 8 Février 1891.

GAZETTE  AGRICOLE

JOURNAL HEBDOMADAIRE, PARAISSANT LE DIMANCHE

Rédacteur en Chef : M. Ch. GOSSIN, Professeur d'Agriculture à l'Institut agricole de Beauvais.

PRIX DE L'ABONNEMENT

UN AN, 5 fr. — SIX MOIS, 3 fr. — TROIS MOIS, 2 fr. 25

Pour l'étranger les abonnements ne sont reçus que pour un an, au prix de 6 francs, et ne partent que du 1er janvier ou du 1er juillet de chaque année.

Le numéro : 10 centimes.

Il est indispensable de joindre à toute demande de changement d'adresse la dernière bande d'adresse du journal et 50 centimes pour frais de nouvelles bandes.

Adresser les *Abonnements* et *Annonces* au secrétaire de la rédaction, **13, quai Voltaire, Paris**, ou à M. GOSSIN, rédacteur en chef et administrateur, à BEAUVAIS.

BUREAUX

13, quai Voltaire, Paris, et à Beauvais.

Les abonnements partent du 1er de chaque mois et sont payables d'avance. Toute demande d'abonnement doit donc être accompagnée du prix de l'abonnement. (Le mode de payement le plus simple est l'envoi d'un mandat-poste.)

Donner *très lisiblement*, en s'abonnant, son nom et son adresse exacte, *avec l'indication du bureau de poste* ; et, s'il s'agit d'une continuation d'abonnement, joindre au renouvellement la dernière bande d'adresse du journal.

La GAZETTE AGRICOLE insère gratuitement les Communications des Syndicats agricoles

PRIMES A NOS ABONNÉS.

*L'*ALMANACH FRANÇAIS *pour 1891 vient de paraître à la Librairie nationale.*

L'administration de la Gazette agricole *met* gratuitement, *comme l'année dernière, cet Almanach à la disposition de ceux de nos abonnés qui manifesteront le désir de le recevoir* et joindront à leur lettre 15 centimes *en timbres-poste pour frais de port.*

*Tout abonné qui renouvellera son abonnement, soit à l'expiration, soit par anticipation, par l'envoi d'un mandat-poste de 5 francs, recevra à titre de prime, à son choix, l'*ALMANACH FRANÇAIS *ou l'*ALMANACH *de la* SOCIÉTÉ DES AGRICULTEURS DE FRANCE, ou un des ouvrages suivants : *Guide pratique pour l'achat et l'emploi des engrais commerciaux*, par Gaillot. — *Les Maladies de la vigne, les bons cépages, les meilleurs fruits*, par Boinette. — *Annales de la station agronomique de l'Oise pour 1890.*

Les primes ne seront envoyées que sur demandes. Joindre 0 f. 15 pour l'affranchissement.

SOMMAIRE :

PARIS, 6 FÉVRIER.

S'il n'y avait dans la mesure arbitraire prise contre la pièce de M. Sardou qu'une simple précaution injustifiée de la police, l'effet en eut été moins durable et moins profond. On aurait discuté le tort matériel et moral fait à l'auteur, regretté le sans gêne avec lequel le gouvernement traite le produit d'un travail, et l'on eut passé à d'autres sujets. Mais il y a dans l'interdiction de *Thermidor* autre chose que le mépris de la liberté de l'art dramatique et de la propriété privée. On y voit, avec raison, que notre gouvernement n'a pas d'opinion à lui puisqu'il défend le lundi ce qu'il a permis le dimanche, qu'il est à la merci de quelques violents, et qu'au lieu de diriger et de commander, il subit et il obéit. On y voit plus encore. Du terrain primitif assez circonscrit où était d'abord posée la question, on est entré dans le champ plus vaste de la Révolution française. On ne s'est plus demandé s'il suffisait à un ancien déporté de la Commune d'être soutenu par quelques siffleurs de son acabit, pour avoir raison du public, du gouvernement, de la Comédie Française et de la pièce de M. Sardou ; on a posé la question de savoir — et on sait en quels termes M. Clémenceau l'a fait — s'il était permis de distinguer 1789 de 1793, les réformes nécessaires des guillotinades de la Terreur, et l'on a conclu que le parti républicain acceptait la Révolution en bloc, et que Robespierre était un personnage sacré comme sa guillotine un instrument de progrès et de civilisation.

***

Une telle doctrine consacrée par un vote, à quelques exceptions près, de tout le parti républicain parlementaire, et appliquée séance tenante contre M. Sardou, pour y avoir enfreint, ne pouvait manquer d'émouvoir quelque peu l'opinion. Aussi est-il revenu au Bonhomme Deschamps que l'impression du public, à Paris comme en province, était contraire aux votes du Palais-Bourbon. S'il y a en France des hommes disposés à accepter la République, le nombre de ceux qui veulent lui donner pour ancêtres, à jamais respectables, les terroristes, est heureusement très restreint. L'immense majorité du pays, tout en étant justement attachée à ce que l'on est convenu d'appeler les conquêtes de 1789, et dont on avait la possession en 1791, n'a que du dégoût pour les violences qui ont déshonoré la Révolution française. Elle refuse d'admettre qu'elle ait la moindre reconnaissance aux bourreaux de ces époques sombres, estimant avec raison que le sang versé a surtout compromis ce qu'il y avait de bon, de généreux et d'équitable dans les idées, les principes et les réformes de 1789. Il n'est pas jusqu'aux prêcheurs malavisés d'une conciliation impossible avec le parti républicain actuel, qui ne soient déconcertés par le discours d'un autre âge de M. Clémenceau, et par l'approbation inqualifiable qu'il a arrachée à la majorité républicaine du Palais-Bourbon. On peut donc dire, sans crainte de se mettre en contradiction avec les faits, que le parti républicain a commis, à son point de vue, une grosse faute la semaine dernière.

***

Mais ce n'est pas seulement en France que l'effet a été mauvais. Il n'y a pas qu'en France où la séance à laquelle nous faisons allusion, a éclairé la route que le gouvernement fait descendre à notre pays. A l'étranger, l'impression a été la même, sinon plus profonde. Encore que le Bonhomme Deschamps ait quelque répugnance à invoquer contre des adversaires qui eux cependant font flèche de tout bois, le témoignage des nations voisines, il faut cependant bien qu'il dise la vérité à ses amis. Eh bien ! le journal anglais par excellence, dont le correspondant parisien est depuis longtemps acquis au personnel et au régime républicains, a porté sur la séance de la semaine dernière un jugement qu'il importe de faire connaître. Le voici textuellement : *On saura désormais en Europe*, dit-il, *que ce gouvernement, d'apparence morale et régulière, n'est qu'une façade fragile et trompeuse derrière laquelle l'armée du désordre attend l'heure prochaine pour remonter des bas-fonds à la surface, pour s'emparer du pouvoir, et pour livrer la France à la révolution violente et victorieuse !* Le jugement est sévère, encore que son auteur, comme l'a déjà fait remarquer le Bonhomme Deschamps, ne soit animé d'aucune malveillance pour notre République. Il mérite d'attirer l'attention de ceux-là même qui pourraient le taxer d'exagération, parce qu'à tort ou à raison, — et à raison suivant nous, — il est assez d'accord avec l'opinion européenne.

***

Il n'est jamais bon pour un particulier, si riche et si puissant soit-il, de se moquer de ses voisins et de s'appuyer sur sa richesse et sur sa force pour dédaigner l'opinion d'autrui. Ce qui est vrai de ce particulier ne l'est pas moins d'un Etat prospère. Or, depuis la guerre de 1870-71, la perte de ses provinces et l'élévation menaçante de l'Allemagne, la France n'est pas malheureusement dans un état à braver l'opinion européenne. Elle a besoin de sympathies et des alliances lui sont nécessaires. C'est même ne rien apprendre aux amis du Bonhomme Deschamps de leur dire que notre République est en coquetterie avec la Russie, et que peut-être avec une illusion que l'événement pourrait cruellement dissiper, elle se flatte, si une guerre éclatait, de pouvoir compter sur l'appui de l'empire russe. Et bien! pensez-vous que le czar ait été mis en humeur de grande bienveillance pour un gouvernement dont les principaux partisans et les ministres approuvent la Terreur et soutiennent que « la Révolution française est un bloc, un tout digne de l'admiration sans réserve de tous les républicains français ? » Est-ce vraiment un moyen bien efficace d'obtenir l'alliance des rois et des empereurs, que de leur signifier que les terroristes ont eu grande raison de verser le sang innocent et de couper la tête du roi Louis XVI ? Que les républicains fassent le silence sur ces temps de violence et que même par une fidélité aussi regrettable que mal avisée, ils ne recherchent pas l'occasion de renier les crimes de leurs devanciers, passe encore. Mais s'en vanter et aller même jusqu'à menacer de reprendre les pratiques de ces temps atroces, voilà qui ne s'accorde guère avec les besoins de se faire des amis et des alliés en Europe et jusque dans le palais de l'empereur de Russie.

***

Au risque de paraître obéir à l'esprit de parti en reprenant toujours la même antienne, le Bonhomme Deschamps est encore forcé cette fois-ci de constater que la maladie dont le parti républicain est atteint est véritablement incurable. Il n'est pas un seul grand intérêt du pays, auquel nos maîtres ne touchent sans le compromettre. Aussi, à la pensée qu'ils ont charge de nos destinées, on ne peut se défendre des plus poignantes appréhensions. La voie sur laquelle ils cheminent, semblable à ces chemins de montagnes entourés à droite et à gauche de précipices, est montante et étroite. Mais malheureusement ils ont le pied infiniment moins sûr que les bêtes de somme, montures habituelles des ascensions.

LE BONHOMME DESCHAMPS.

NOUVELLES DE LA SEMAINE.

Le jugement de M. Carnot (grand-père) sur Robespierre. — La séance scandaleuse dans laquelle la majorité républicaine de la Chambre a défendu Robespierre contre l'œuvre de M. Sardou, auteur de *Thermidor*, est encore aujourd'hui l'objet de toutes les conversations et de toutes les polémiques dans les journaux de toute nuance. L'ancien journal de M. Gambetta, la *République Française*, s'est donné à cette occasion, la peine de rechercher ce que pensait Carnot-le-grand..... père du président de la République, du grand guillotineur et guillotiné de 1793. Voici un passage d'un discours prononcé par Carnot au nom du fameux Comité de Salut public :

Il n'appartenait qu'à un Robespierre de murmurer lorsque nous avions le bonheur d'enlever quelque place aux ennemis sans le carnage de nos frères d'armes; une conquête ne pouvait lui plaire si elle n'était ensanglantée. Lorsque nous reçûmes le courrier qui nous apportait la nouvelle de la prise de Nieuport : « *A-t-on*, dit Robespierre, *massacré la garnison?* — On a tué, répondit-on, tous les émigrés; le reste est prisonnier : on ne pouvait passer la garnison au fil de l'épée sans emporter la place d'assaut, ce qui nous aurait coûté six mille hommes. — *Eh! qu'importent six mille hommes*, dit Robespierre, *lorsqu'il s'agit d'un principe! Je regarde, moi, la prise de Nieuport comme un grand malheur.* »

Or, qu'était cet homme à principes? Celui qui n'en connaissait aucun; celui qui entrait en fureur quand on opposait *les lois à ses volontés*; celui pour qui la prospérité de nos armes était une torture continuelle, chaque succès un coup de poignard. Robespierre ne voulait point signer les ordres du comité relatifs aux opérations militaires; il se ménageait ainsi la faculté de dire, en cas de revers, qu'il s'était opposé aux mesures prises. Il est constant que, depuis trois mois, il attendait une défaite avec la même soif que ses collègues avaient pour la victoire, afin de pouvoir les attaquer dans la Convention; que l'aveu lui en est échappé plusieurs fois au comité et qu'il n'a éclaté enfin dans son discours séditieux du 8 thermidor, que parce qu'il désespéra d'en trouver l'occasion, et qu'il voyait tomber sur lui-même la foudre qu'il voulait attirer sur ceux dont la droiture et le zèle assidu étaient sa condamnation.

Mais laissons ce monstre pour revenir à notre objet...

On voit que M. Carnot, le grand'père du président de la République, n'admettait pas qu'on acceptât *en bloc* toutes les choses et tous les hommes de la Révolution. Au moins séparait-il du *bloc* Robespierre, ce « monstre », qui ne se plaisait qu'à se baigner dans le sang et dont le patriotisme consistait à souhaiter la défaite des armées françaises.

C'est pourtant la mémoire de cet homme que la majorité radicale de la Chambre des députés a réhabilité la semaine dernière.

Le scandale de Toulon. — Voici ce qui se passe à cette heure dans le département du Var. Ce n'est pas un journal conservateur, c'est le *Var républicain* qui nous le raconte : On colporte dans les écoles communales une pétition demandant une commutation de peine en faveur de Fouroux, l'ancien maire de Toulon. Dans les écoles communales, vous l'avez bien entendu. Et, pour qu'aucun doute ne puisse subsister, le *Var républicain* a cité en toutes lettres le nom d'une commune où le fait s'est produit, ce qui a provoqué une lettre de l'instituteur adjoint, lequel avoue la chose et la trouve toute naturelle. Les enfants des écoles pétitionnant pour Fouroux! Il est permis de croire qu'avant de leur demander leur signature, M. l'instituteur adjoint a dû leur expliquer dans tous ses détails le fait pour lequel l'ancien maire de Toulon avait été si odieusement maltraité par la justice.

La culbute de M. Crispi. — Un événement dont on ne peut encore prévoir toutes les conséquences vient de se produire en Italie; M. Cripi, l'homme de la triple-alliance, mis en minorité par la Chambre, vient de remettre entre les mains du roi Humbert, la démission du ministère. Cette démission, ou plutôt cette retraite, sera-t-elle définitive? le roi, au contraire, mis en demeure de choisir entre M. Crispi et la Chambre, aura-t-il recours à la dissolution? C'est ce qu'on ne saurait dire encore.

LES COMBINAISONS AGRICOLES

en rapport avec la situation actuelle.

(Suite.)

Cultures industrielles. — Alternat des récoltes. — Loi de la restitution.

Nous avons renoncé au vieux système de l'extension des cultures de blé en conditions médiocres. Nous avons créé de vastes prairies, tant naturelles qu'artificielles. Par suite, l'étendue de l'espace soumis au travail aratoire se trouve notablement restreint et, dès lors, il est mieux cultivé, en même temps que les frais de culture ont diminué. Nos prairies nous ont permis de nourrir abondamment un bétail parfaitement choisi. Le fumier nous revient à bon compte et, grâce à une habile manipulation, nous n'en perdons pas la moindre parcelle.

Reste un point capital : c'est d'appliquer ce fumier aux récoltes qui doivent en profiter le mieux.

Ici, d'après les idées anciennement reçues, le froment est la plante qui ferait valoir le plus de droits. Mais aujourd'hui nous le mettons au second plan, par la raison toute simple que, dès que les terres ont acquis un certain degré de richesse, les blés auxquels on applique directement du fumier, sont très exposés a verser vers le moment de la floraison par excès de végétation foliacée. Or, dans les récoltes ainsi couchées, les épis sont maigres, les grains petits, les pailles de qualité médiocre ; en telles conditions, le rendement par hectare dépasse rarement vingt hectolitres.

Heureusement, les plantes industrielles, colza, chanvre, betterave, etc., profitent mieux que le blé de l'application directe des grandes masses de fumier. Ici, le produit est proportionnel aux quantités d'engrais que le sol reçoit. La culture industrielle devient ainsi le corollaire obligé des améliorations précédentes.

Parmi ces cultures, il en est une qui convient merveilleusement à tout le nord de la France. Déjà, elle enrichit plusieurs départements et elle produit au trésor public d'énormes ressources. Vous avez tous nommé la betterave à sucre. En effet, n'est-elle pas la reine des plantes industrielles, comme la luzerne est la reine des plantes fourragères?

Que d'avantages réunis! Sans doute, elle exige beaucoup de frais; mais si elle se trouve en bonnes conditions, et qu'elle rende à l'hectare 30,000 kilos de racines riches, elle couvre la dépense avec usure.

En hiver, lors de la fabrication, elle procure du travail aux ouvriers; elle les occupe aux sarclages pendant l'été, à la récolte lorsque l'automne est arrivé. Voilà pour la population ouvrière une année pleine.

La culture de la betterave à sucre serait donc avantageuse à tous les points de vue.

Malheureusement la rapacité du fisc s'exerce sur elle avec âpreté, et si on n'y prend garde on court le risque de voir disparaître encore cette ressource précieuse pour l'agriculteur.

Il faut à la betterave une culture énergique, des labours profonds, des sarclages corrects. C'est de la dépense, mais par une large compensation, le champ se trouve très-bien préparé pour la culture suivante. Après betteraves, le blé, loin d'être disposé à verser, se montre remarquablement solide. Il donne alors des rendements inespérés : 30, 35, jusqu'à 40 hectolitres et plus par hectare : 35 est maintenant dans le nord le rendement moyen après betteraves, et cela contre aussi peu de frais que possible : un labour et la dépense du semis.

Supposé seulement un produit de 25 hectolitres par hectare, et l'hectare loué 100 fr., voici le compte qui permet d'établir le prix de revient de l'hectolitre de froment. (Ainsi que nous l'avions fait à propos du blé sur jachère, nous ne mettrons pas en dépense l'épuisement du sol, et nous ne porterons pas en recette le produit de la paille).

1 an de location	100
1 labour	25
Frais de semence	50
Frais de récolte	75
	250

Ici, l'hectolitre de blé revient à 10 francs.

Avec l'ancien système, nous avons constaté que le prix de revient était souvent de 25 fr.

Ce n'est pas tout : lorsque, après avoir porté les racines à la distillerie ou à la sucrerie, on reprend les pulpes pour la nourriture du bétail, la ferme retrouve dans ce retour la restitution presque complète des éléments de fécondité pris au sol. En effet, le sucre dont l'usine s'est emparée, se compose exclusivement de carbone, d'oxygène et d'hydrogène, tous éléments que la plante tire de l'air et de l'eau. La fabrique a bien conservé quelques sels, qui sont dans les mélasses. Du reste, cette faible portion exceptée, tout ce qui est essentiel à la fécondité se retrouve dans les pulpes et dès lors revient à la terre sous forme d'engrais, après avoir nourri le bétail. La pulpe elle-même est une excellente nourriture, et elle se combine parfaitement avec le fourrage sec et les tourteaux pour l'entretien et l'engrais des bœufs.

Aussi, partout où s'est établie l'industrie sucrière, la richesse agricole a jailli comme d'une source vive. Puisse-t-elle reparaître cette richesse avec une bonne et définitive législation sucrière.

La culture de la pomme de terre, effectuée pour féculerie sur les terrains légers qui conviennent au précieux tubercule, est aussi une précieuse ressource.

Au point de vue de l'entretien de la fécondité du sol, les plantes industrielles des genres oléagineux, textile, tinctoral, etc., baissent pavillon, à cause de la question de résidus, devant les plantes à sucre, à fécule, à alcool. Toutefois, si l'on excepte le lin, qui, de même que le blé, craint les applications directes de fumier, il vaut encore infiniment mieux, pour peu que le sol soit riche, appliquer le fumier directement à ces plantes plutôt que de semer le blé sur fumure immédiate.

Ainsi, dans un système habilement combiné, les cultures fourragères, industrielles, céréales, se marient les unes avec les autres, et de cette variété qui conduit à ce que l'on nomme *alternat*, découlent l'abondance de chaque récolte et le profit définitif.

Hâtons-nous de faire remarquer que, dans cet état prospère, la ferme exporte nécessairement par la vente beaucoup de produits, grain, viande, laitage, etc. Or, quelle que soit la quantité de fumier confectionnée par la consommation des fourrages de la ferme même, cette exportation résultant de produits vendus, enlève, chaque année, au sol une certaine quantité de principes tels que phosphore, soufre, chaux, potasse, soude, magnésie, fer, que l'atmosphère ne peut restituer puisque ces principes ne s'y trouvent pas.

Pour ne pas appauvrir le sol de ce côté là, il devient donc indispensable de joindre au fumier certains autres engrais venus du dehors et appropriés à la natures des terres. Dans cette catégorie de *substances fertilisantes*, la marne, la chaux, le sel de mer sont connus de temps immémorial. Le plâtre (sulfate de chaux), les sulfures et sulfates de fer qui abondent dans la plupart des charbons fossiles (cendres sulfureuses) et dans certains argiles ; les cendres végétales, les nitrates de soude et de potasse, la poudre d'os, le chlorure de potassium, le noir animal, les phosphates minéraux, ces mêmes phosphates acidifiés ou superphosphates, les guanos de diverses provenances, les engrais organiques, tels que engrais amiénois, tourteaux de Bondy ; ces engrais et d'autres encore sont justement appréciés aujourd'hui comme complément nécessaire des engrais de ferme.

Pour mettre ce complément en rapport avec les besoins du sol, quelques éléments de chimie agricole sont indispensables au cultivateur. Dans un article spécial, nous nous efforcerons d'en poser les points les plus essentiels ; aujourd'hui, qu'il nous suffise d'avoir établi la loi fondamentale des restitutions.

(A suivre.) Charles Gossin.

Les Engrais pour l'amélioration des Prairies

Voici les formules d'engrais que le Syndicat agricole de Dôle indique à ses membres comme convenant le mieux pour l'amélioration des prairies :

Suivant la contrée et les époques de l'année, on emploiera à l'hectare l'une des trois fumures suivantes :

Avant l'hiver

Scories Thomas, fine poudre	800 k.
Kaïnite	500

L'emploi des scories peut rendre inutile le chaulage, puisque ces scories renferment 30 à 40 0/0 de chaux.

Pendant l'hiver

Phosphate minéral finement pulvérisé	500 à 800 kil.
Kaïnite	500 —

Au printemps

Superphosphate à 13 0/0	400 kil.
Chlorure de potassium	100 —

Sans aucun doute, ces engrais minéraux peuvent rendre de grands services ; mais il ne faut pas oublier que, le plus souvent, l'azote joue un rôle considérable dans la production des fourrages.

LES DISTILLERIES AGRICOLES

La consommation du blé en France, se monte environ à 120 millions d'hectolitres, semences comprises, et sa production d'aujourd'hui arrive environ à 110 millions d'hectolitres. C'est le résultat de 7,200,000 hectares ensemencés, rendant de 15 à 16 hectolitres à l'hectare. Il manque donc vers 10 millions d'hectolitres à son approvisionnement ; aussi la protection douanière de 5 fr. aux 100 kilos payés à l'entrée en France peut être efficace.

Mais la Belgique produit, en moyenne, 21 hechectolitres à l'hectare et l'Angleterre 24. Il est donc probable que la France, où l'on ne produisait, il y a cinq ou six ans, que 13 à 14 hectolitres à l'hectare et maintenant 15 à 16, produira, dans un avenir très prochain, vers 20 hectolitres. A ce chiffre, la production générale se montera à 144 millions d'hectolitres, c'est-à-dire 24 millions d'hectolitres de plus que sa consommation, et, comme il sera impossible de les exporter, à moins de les offrir au prix des blés de l'Inde, de la Russie, de l'Amérique, il baissera beaucoup de prix, sans protection possible, et on le verra à 12 francs l'hectolitre. Le droit de 5 francs à la douane deviendra sans effet, les blés français se feront concurrence entre eux.

Or, produire du blé à 12 francs l'hectolitre, c'est ruineux avec les procédés actuels de culture ; le cultivateur en perte devra trouver un moyen de produire plus économiquement, c'est-à-dire de ne plus être obligé de recourir aux nitrates de soude, sulfate d'ammoniaque, etc.

Voilà où le rôle des industries agricoles apparaît comme indispensable, parce que, produisant une denrée dont la vente couvre tous les frais de fabrication, elles laisseront des résidus susceptibles de nourrir de nombreux bestiaux, d'autant plus économiquement que ces résidus ressortiront à très bas prix, sinon totalement pour rien. La distillerie est, de toutes les industries agricoles, la plus répandue. En Allemagne, en Belgique, en Russie, en Hongrie, on distille surtout les grains, et nous voyons aujourd'hui le fait suivant, très significatif : les Allemands achètent notre seigle de Champagne qu'ils viennent de faire hausser de 1 franc par quintal, ils l'emportent chez eux malgré 2,25 de droit d'entrée, engraissent avec les résidus de sa distillation de nombreux moutons qu'ils envoient au marché de Paris. Cette vente sert à payer nos seigles, et ils gardent chez eux tout le fumier produit.

Voilà ce que permettent de faire des lois bien faites que l'Allemagne a toujours eu soin de maintenir en faveur de la distillerie agricole ; le Zollverein compte 15,000 de ces distilleries, on leur attribue des prises en charge restreintes de l'alcool produit, ce qui leur laisse un boni de vente et leur permet d'exporter facilement dans d'autres pays. L'Etat allemand leur rembourse à la sortie de l'Allemagne les droits dont l'alcool y est grevé ; or, comme ils n'ont à en payer qu'une partie, la différence est leur bénéfice.

Les industries agricoles, et la distillerie en particulier, ont le grand avantage de condenser dans les campagnes l'argent de l'extérieur en y développant les salaires industriels, par suite, de donner du travail aux ouvriers et de s'opposer par là indirectement à la dépopulation des campagnes, cette calamité de l'époque. Et il faut convenir que les ouvriers, sans travail pendant les longs mois de l'hiver, sont bien excusables de fuir les localités sans travail, tandis qu'on les voit abonder partout où il y a une industrie vivace.

La Saxe est le pays où la production de toutes choses se fait le plus économiquement, et c'est aussi le pays le plus peuplé : sa population se double tous les vingt-cinq ans. Dans presque chaque village il y a une usine de quelque chose. La bonneterie de Saxe est connue dans le monde entier pour son bon marché excessif.

Mais les distilleries agricoles sont presque toujours très mal situées au point de vue économique; car il faut qu'elles soient établies dans les terres de l'exploitant, c'est-à-dire le plus souvent loin des gares, des canaux, des fleuves, des fosses à charbon et des lieux de grande consommation; aussi leurs frais généraux sont considérables, d'autant que les frais de transport les obligent le plus souvent à n'être que de petites distilleries de médiocre importance. Il n'y a donc pas de possibilité pour elles de pouvoir lutter contre les grandes distilleries industrielles, toujours à promixité de tous les moyens de communications faciles. Cependant l'alcool produit par ces deux types de distilleries ne trouvera acheteur qu'au même prix. Voilà pourquoi il est indispensable, si l'Etat veut réellement le bien de l'agriculture, que des règlements législatifs interviennent pour combler cette différence de prix de revient inséparable du fait d'être agricole.

Mais alors, qui jouira de cette dénomination d'être « distillateur agricole »? Certains intéressés voudraient faire prévaloir cette opinion, que pour être classé dans les distillateurs agricoles, il faut distiller les produits de son sol, ou tout au moins du sol de France et nourrir les bestiaux de leurs résidus.

Mais alors celui qui a de mauvaises terres à cultiver, pas favorables aujourd'hui à la production des racines (et il y en a beaucoup en France), sera donc exclu de la faveur de pouvoir être « distillateur agricole », s'il se procure ailleurs la matière à distiller, pour en nourrir un nombreux bétail et fertiliser sa terre avec de nombreux fumiers? Et quand une matière étrangère a payé son droit de naturalisation, en passant la frontière, n'est-elle donc pas devenue française?

Les Allemands, plus soucieux de fertiliser leurs mauvaises terres, reconnaissent qu'un distillateur agricole est celui qui fait manger les résidus de sa distillerie à ses bestiaux et qui en répand les fumiers sur les terres de son exploitation. Les Russes, par une loi mise en vigueur le 1er juillet dernier, reconnaissent le titre de distillerie agricole à celle qui est située sur les terres exploitées ou à toute proximité et qui ne produit qu'un nombre déterminé de litres d'alcool par hectare en exploitation.

Comme genre de types pour les distilleries agricoles, on prend en charge pour quatre ce pour quoi on prendrait en charge pour six dans une distillerie industrielle.

Il y a donc lieu de demander que le gouvernement de France veuille bien prendre les moyens pour développer le plus possible la création de nombreuses distilleries agricoles; ce serait un moyen de nourrir un bien plus grand nombre de bestiaux de toutes sortes, et de s'opposer ainsi à la dépopulation des campagnes.

Comte de Beaurepaire.

CULTURE DU POMMIER A CIDRE

Recépages

Si l'on préférait ne pas couper la plante à la hauteur d'environ 10 centimètres, il faudrait ne conserver que le bourgeon principal qu'on appelle *flèche*, sans laisser entières d'autres branches fourchues et parallèles, puis pincer ou couper aussi de mai à septembre, à plusieurs reprises et modérément, les branches latérales à 10 ou 15 centimètres du tronc, afin d'avoir une tige plus grosse, droite et vigoureuse, également maintenue par un tuteur. En octobre de l'année suivante on raccourcit près du tronc les rameaux latéraux qui sont trop forts.

On doit bien se garder de supprimer entièrement les branches latérales qui concourrent au grossissement de l'arbre, car il importe que les branches n'enlèvent pas trop de sève à la flèche, que la végétation soit équilibrée et que les plus fortes branches soient coupées en automne pour éviter plus tard de grandes plaies et l'appauvrissement de la flèche. En supprimant en octobre des bourgeons pincés, il faut éviter de les couper trop près du tronc pour que l'écorce, avec sa provision de cambium, recouvre facilement les plaies d'une manière égale.

Une légère incision longitudinale sur l'écorce de la tige, entre les racines et les branches de la cime pourrait remplacer les branches latérales pour le grossissement de la tige; nous le pensons: ce serait à essayer.

Bravy et *Lauza* conseillent de rabattre en entier les plants fruitiers et non partiellement au moment de leur repiquage, contrairement à ce que nous en avons dit, et sans rappeler qu'en supprimant la tige entièrement on prive non seulement l'arbre de cambium de réserve, dont l'action détermine la formation de nouvelles racines, mais encore qu'on met des racines mutilées dans l'obligation de produire des bourgeons assez vigoureux pour percer une écorce déjà dure, afin que l'arbre ne meurt pas.

P. Brassart,
Fléchin (Pas-de-Calais).

(*A suivre.*)

LES TARIFS D'EXPORTATION

Nous avons, dans un précédent numéro, analysé un remarquable travail de M. Noblemaire, directeur de la compagnie de P. L. M., sur les tarifs dits de *pénétration*. En terminant notre analyse succinte nous exprimions le vœu de voir les grandes Compagnies atténuer le préjudice résultant de la concurrence étrangère, facilitée par le bon marché relatif des transports d'importation en favorisant nos exportations par des tarifs réduits.

Entrant dans cette voie et pour donner de nouvelles facilités au commerce d'exportation par les ports de Bordeaux, Nantes, Saint-Nazaire, qu'elle dessert, la Compagnie d'Orléans vient, depuis le 15 janvier, d'abaisser dans une mesure très importante les prix d'exportation de Paris sur les ports ci-dessus.

Ainsi, les marchandises classées dans les cinq premières séries du tarif général, c'est-à-dire tous les produits manufacturés (Articles de Paris, Bimbeloterie, Bonneterie, Chapellerie, Chaussures, Horlogerie, Librairie, Mercerie, Confections, Tissus de laine et de coton, Voitures en caisses, etc.) bénéficient des prix ci-après :

Pour Bordeaux (gare maritime), 35 francs par tonne.

Pour Nantes, 28 francs par tonne.

Pour Saint-Nazaire, 30 francs par tonne.

Les paragraphes 3, 4 et 5 du nouveau tarif d'exportation comportent d'ailleurs pour un grand nombre de marchandises des prix encore plus réduits, que nous indiquons ci-après :

§ 3, de *Paris-Ivry* à :

Bordeaux (gare maritime), 28 francs par tonne.

Nantes, 24 francs par tonne.

Saint-Nazaire, 26 francs par tonne,

Principaux articles du paragraphe 3 : Appareils à gaz, Brosserie, Bougies, Carrosserie, Caoutchouc ouvré, Cristaux communs, Indienne, Jouets, Papiers à écrire ou à imprimer, Parfumerie, Serrurerie, Tissus de coton imprimés ou teints, etc.

§ 4, de *Paris-Ivry* à :

Bordeaux (gare maritime) 22 francs par tonne.

Nantes, 18 francs par tonne.

Saint-Nazaire, 20 francs par tonne.

Principaux articles du paragraphe 4 : Carton, Couleurs, Calicot écru, Cuirs bruts, tannés, corroyés, vernis ou teints, Encre, Faïence et Porcelaine, Ferronnerie, Gobleterie commune, Graines diverses, Machines, Meubles démontés en caisses, Papiers peints, Produits chimiques, Quincaillerie, Tissus de coton écrus, croisés, façonnés, unis, Ustensiles de ménage, Vernis, Verrerie commune, etc.

§ 5, de *Paris-Ivry* à :

Bordeaux (gare maritime), 16 francs par tonne.

Nantes, 12 francs par tonne.

Saint-Nazaire, 14 francs par tonne.

Principaux articles du paragraphe 5 : Glycérine, Produits métallurgiques divers, Savons communs, Sucre raffiné ou candi, Voies portatives, etc., par wagon complet de 5,000 kilos au minimum ou payant pour ce poids.

Nous espérons que cet exemple de la Compagnie d'Orléans sera suivie par les autres Compagnies qui, dans leur intérêt, comme dans celui du pays, ne sauraient trop encourager et faciliter nos exportations.

Ch. G.

Nouvelles agricoles.

Société des Agriculteurs de France. — Parmi les principaux vœux émis par la *Société des Agriculteurs de France*, pendant la session si intéressante qui vient de se terminer, nous signalons les suivants :

1° *Assistance publique dans les campagnes.*

« La Société des Agriculteurs de France, considérant que la charité privée peut seule, par son activité féconde et des sacrifices volontaires, combattre la misère sous toutes ses formes, et que la bienfaisance publique doit seulement en être le complément, que spécialement les sociétés de secours mutuels ont fait de puissants efforts dans le sens de l'organisation de l'assistance médicale, émet le vœu que les pouvoirs publics accordent sans retard la liberté d'association pour les œuvres charitables, que ces associations puissent se constituer et avoir la personnalité civile, sans l'autorisation du gouvernement, dans la limite rigoureuse de leurs statuts qui seront déposés à la préfecture, et qu'à l'exemple des syndicats professionnels, elles ne puissent être dissoutes que par les tribunaux de droit commun, dans les cas expressément prévus par la loi ; que, notamment, ces associations puissent recevoir des dons et legs, sans l'autorisation du gouvernement, l'article 910 du code civil ne leur étant pas applicable.

« Si, cependant, il doit être donné suite au projet de loi sur l'assistance médicale gratuite qui a été présenté aux Chambres par le gouvernement, la Société estime qu'il est nécessaire d'introduire dans le texte du projet des modifications tendant : 1° à limiter dans une mesure plus étroite la part de la dépense mise à la charge des communes (90 %), la part incombant aux départements pouvant au contraire être augmentée, et l'Etat devant, en outre, prendre à sa charge une partie notable de la dépense totale : 2° à donner aux bureaux d'assistance publique, à instituer dans chaque commune, une composition plus indépendante de l'autorité préfectorale ; 3° à supprimer les inspecteurs prévus par le projet de loi. »

2° *Les traités de commerce.*

« La Société des Agriculteurs de France,

« Renouvelant et confirmant ses vœux antérieurs,

« Demande :

« 1° Que les traités de commerce de 1881-82, qui viennent d'être dénoncés, ne soient renouvelés sous aucune forme ;

« 2° Et, subsidiairement, que, s'il venait a être conclu de nouveau arrangements avec les puissances étrangères, *les produits agricoles n'y soient pas compris.*

« 3° Qu'à cet effet, et de même que les céréales et le bétail, qui sont depuis 1881 exclus du tarif conventionnel, tous les autres produits agricoles, sans exception aucune, soient inscrits au tarif général seulement. »

Concours général agricole de Paris. — Le concours général agricole de Paris a pleinement réussi. Grâce à l'amélioration de la température, les conditions dans lesquelles il a eu lieu ont été meilleures qu'on pouvait le supposer.

Voici quelques renseignements sur l'importance des diverses parties du concours.

L'exposition des animaux gras comprenait 196 bœufs ou vaches, 54 lots de trois moutons ou brebis, 9 bandes de quinze moutons ou brebis, 84 porcs isolés et 36 bandes de trois porcs, 210 lots environ de volailles mortes.

Dans l'exposition des animaux reproducteurs, on comptait 279 taureaux, 122 béliers et 29 verrats. Celle des vaches laitières en lait s'élevait à 143 têtes.

Les volailles vivantes comptaient pour 1.360 lots.

Le concours des produits agricoles de toutes sortes était au moins le double de celui de 1890. Une serre aménagée au premier étage du palais de l'Industrie renfermait les plantes fleuries et les végétaux délicats.

Enfin, l'exposition des machines agricoles était encore plus importante que celle de 1890 pour le nombre des appareils qui y figuraient.

Les principaux lauréats du concours ont été :

Animaux gras. — *Espèce bovine.* — Prix d'honneur : M. Bellard (Nièvre), pour son bœuf de race charolaise ; Louis Parry, à Limoges, pour sa vache limousine-normande ; Chaumereuille (Nièvre), pour sa bande de bœufs de race nivernaise.

Espèce ovine. — Prix d'honneur : MM. Pluchet (Somme), pour son lot de race dishley-picards ; Guyot de Villeneuve (Cher), pour son lot de brebis de race charmoise, et le même pour sa bande de moutons de même race.

Espèce porcine. — Prix d'honneur : MM. Caubet, à Lyon, pour son porc de race Yorkshire ; Petit pour son lot de porcs de race yorkshire-craonnaise.

Animaux reproducteurs. — *Espèce bovine.* — Prix d'honneur : MM. Després (Ille-et-Vilaine) pour son taureau durham ; René Francez, à Limoges, pour son taureau limousin.

Vaches laitières. — Prix d'honneur : M. Arthur Lebecque (Nord), pour sa vache de race flamande.

— Dans la section des produits agricoles, notre collaborateur et ami M. Forgeot a obtenu un rappel de prix d'honneur. Son exposition de légumes forcés, en ce moment où il y a disette générale de toute verdure, a fait sensation.

Assemblée générale du Syndicat central des agriculteurs de France. — Le Syndicat central des Agriculteurs de France, patroné par la Société des agriculteurs, a tenu le 29 janvier, dans les salons de cette Société et sous la présidence de M. Welche, sa cinquième assemblée générale.

Dans un intéressant rapport, M. Welche a retracé les débuts de l'œuvre, débuts modestes et pénibles, puisque l'association n'avait aucun capital réuni par avance, et qu'elle a dû vivre au jour le jour et solder ses premières dépenses avec le concours pécuniaire spontané et désintéressé de ceux de ses amis qui avaient foi dans l'œuvre.

Aujourd'hui, le Syndicat central dont les adhérents dépasse le nombre de 4,000 a créé un mouvement d'affaires qui, pour les cinq années de durée, dépasse douze millions et atteint pour le seul exercice de 1890 quatre millions et demi. Toutes ces affaires ont été traités avec des rabais considérables dont l'agriculture a profité ; le Syndicat Central qui ne fait aucun bénéfice et ne constitue aucune réserve sur les prélèvements qu'il n'exerce que pour couvrir strictement ses frais, a, sur les cotisations de ses membres, constitué un fonds de garantie déjà important, et qui va bientôt lui permettre de tenter de nouveaux essais, et de rendre de nouveaux services.

M. Welche a sommairement indiqué les branches nouvelles d'activité que le Syndicat Central étudiait et entendait ouvrir : mesures destinées à faciliter la vente des produits agricoles par la création de sociétés coopératives ou les relations ouvertes avec ces sociétés déjà existantes ; — étudier des moyens de rendre moins onéreux les frais d'assurances contre les fléaux ou les accidents ; organisation de l'assistance et des secours médicaux dans les campagnes ; création de dispensaires dans les communes rurales ou les groupes de communes rurales ; sociétés de secours mutuels ; mesures destinées à assurer la circulation et le renouvellement du papier agricole avec la durée du crédit nécessaire à l'agriculteur, comme on a créé la circulation du papier commercial, en proportionnant les échéances aux facilités de rentrée de l'argent avancé ; renseigements internationaux sur les cours des marchés étrangers.

Ce programme, très raisonné et bien étudié, a été accueilli par l'assemblée avec la plus grande faveur. Les comptes de l'exercice 1890 ont été approuvés et le budget de 1891 réglé de façon à pouvoir assurer l'avenir.

Au cours de la session de la Société des Agriculteurs, ce programme sera certainement reproduit, et nul doute qu'il ne rencontre le même accueil au sein de cette nombreuse et compétente assemblée.

Amélioration de la race charolaise. — La vacherie modèle d'Oyé. — Une société anonyme, composée des principaux éleveurs des arrondissements de Roanne et de Charolles, vient de se fonder en vue de l'amélioration de la race bovine, dite charolaise, au triple point de vue de la production de la viande, de la précocité et de la production du lait.

Une réunion préparatoire a eu lieu dans la salle du Tribunal de commerce de Roanne, sous la présidence de M. Audiffred, député. Un grand nombre de membres du syndicat y assistaient. La Société se propose de créer, au berceau même de la race, au cœur du Brionnais, dans la commune d'Oyé, une vacherie modèle dans un domaine d'une quarantaine d'hectares, entièrement consacrée à l'élevage du bétail et où la culture serait exclusivement dirigée en vue de l'alimentation des animaux de la ferme.

Une fois le troupeau formé, et aussitôt que les ressources de l'entreprise le permettront, des stations de taureaux reproducteurs seront établies dans la plupart des cantons agricoles de l'arrondissement de Roanne. C'est là, à proprement parler, le véritable intérêt de cette création pour notre région.

Une subvention annuelle de 8,000 fr. est accordée par l'Etat à la vacherie charolaise, et les Conseils généraux de la Loire et Saône-et-Loire ont promis leur concours.

La Société est fondée au capital de 40,000 fr. au moins et de 60,000 francs au plus, divisés en actions de 200 francs, entièrement libérées.

La vacherie charolaise, et principalement l'établissement de stations de taureaux de race pure disséminées sur tous les points de la région roannaise, sont appelés à produire les meilleurs résultats et à exercer sur l'élevage du bétail la plus salutaire influence.

CONSEILS DU LABOUREUR

LA NOURRITURE A L'ÉTABLE.

Me trouvant à court de pulpe et voulant surtout en conserver une certaine quantité pour la nourriture de mes vaches à lait pendant les grandes chaleurs de l'été, je me suis rejeté sur des foins de qualité plus où moins bonne que j'avais en magasin. Je fais hacher ces foins en y ajoutant un peu de bonne paille pour donner plus de raideur au coupage. Ces foins hachés sont passés dans un bluteur et débarrassés ainsi de la quantité énorme de poussière dont ils sont chargés. Ils sont ensuite mis en magasin dans un grenier où l'on va les prendre au fur et à mesure des besoins. Une journee d'avance, je fais fondre des tourteaux de colza de pays ou même de Hongrie (deux kilos part tête) dans une certaine quantité d'eau.

Avant de les employer, on les délaie plus complètement dans une quantité d'eau suffisante pour mouiller la quantité de foin que je veux employer. J'ajoute un peu de pulpe, dans la proportion de 6 à 7 kilog. par jour et par tête de bétail. Cette nourriture est bien mélangée et remuée plusieurs fois de suite afin que les tourteaux et la pulpe, mieux divisés, communiquent leur goût au foin d'une manière plus complète. J'ajoute comme supplément de ration 1 kilog. ou 2 de tourteaux de lin. Mes vaches se trouvent très bien de cette nourriture ainsi préparée, où il n'entre que des éléments bien propres et bien sains. Le lait est plus abondant qu'avec des nourritures purement sèches; le beurre est bon et a même une plus belle couleur qu'avec une nourriture à base de pulpe plus grande. Mes bœufs de trait sont soumis également à ce régime et se tiennent mieux corsés qu'avec la pulpe seule. J'estime mes rations de la manière suivante. Le foin n'est point épargné. J'en donne suivant l'appétit et le poids des animaux :

2 kilog. de tourteau de colza à 16 francs les 100 kil.	0 32
1 kilog. de tourteau de lin, à 28 fr.	0 28
7 kilog. de pulpe à 20 fr.	0 14
4 kilog. de foin	0 32
5 kilog. de paille	0 25
10 c. de main d'œuvre par tête	0 10
Total :	1 41

Telle est la ration que je donne à de gros bœufs de trait ou à des vaches à lait parvenues à leur croissance complète. LE LABOUREUR.

CONSEILS DU VÉTÉRINAIRE

LA GASTRO-ENTÉRITE

Qu'est-ce que la *gastro-entérite?* nous demandent plusieurs lecteurs. Cette maladie, si fréquente et si grave, caractérisée par l'inflammation de la muqueuse de la caillette de l'intestin n'est autre que l'échauffement ou la plénitude de l'estomac. Aussitôt que vous verrez chez un bœuf un manque complet d'appétit, l'interruption de la rumination et la tension du flanc gauche, vous administrerez plusieurs lavements dans la journée en ayant soin de ne pas en donner deux de suite, puis vous mélangerez aux boissons 40 à 50 grammes de sel de nitre ou salpêtre. Pour surexciter les fonctions de la peau on fait des frictions avec du vinaigre très chaud. Après deux ou trois jours de traitement, votre animal entrera en convalescence. Donnez alors quelques aliments solides, du foin, de la luzerne. mais avec beaucoup de prudence, car le moindre excès provoquerait une rechute, et supprimez surtout les racines cuites ou non et le son même lrisé. Pour réveiller l'estomac ne vous contentez pas d'infusions aromatiques ou de décoctions amères, mais administrez le tartre stibié à la dose de 1 à 2 grammes en dissolution dans la boisson ordinaire, par 4 à 5 litres et deux fois par jour.

UN VIEUX VÉTÉRINAIRE

CONSEILS A LA FERMIÈRE

LE CIDRE QUI FILE.

Prenons garde! Avec les mauvaises pommes atteintes de gelée, dont nous nous servons en ce moment pour fabriquer notre cidre, nous courons le risque d'avoir du cidre *gras*, du cidre *qui file*. Ce n'est guère appétissant d'avoir dans la bouche cette espèce de graisse malpropre.

Cette maladie, qui résulte souvent aussi de l'emploi de pommes de première saison, insuffisamment mûres, se produit dans les cidres dont la quantité d'alcool ou de tanin n'est pas suffisante pour précipiter certaines matières albuminoïdes.

On peut combattre cet effet par l'addition de 500 grammes d'alcool par hectolitre de cidre, mais je préfère un bon collage.

Pour celui-ci, j'emploie le cachou à la dose de 25 grammes par hectolitre de cidre, ou du tanin (6 grammes par hectolitre). Cela vaut mieux que la cendre de bois dont quelques personnes se servent (50 grammes).

Mais comme il vaut mieux prévenir que guérir, ayons recours au sucrage des moûts, avant la fermentation. UNE MÉGAGÈRE.

CONSEILS DU MÉDECIN

GARE A L'ASPHYXIE!

Vous ne tenez pas à être asphyxiés, n'est-ce pas? Alors, rappelez-vous bien que tout charbon qui brûle produit un gaz asphyxiant; que si au lieu d'être entraîné au dehors, ce gaz se répand dans une chambre close, les gens qui se trouvent dans cette chambre sont exposés à être asphyxiés; que le danger est plus grand la nuit que le jour, parce que rien n'avertit les personnes endormies de la présence menaçante du gaz; enfin, et par conséquent, que dans une chambre close il ne faut jamais fermer la clef du tuyau d'un poêle, d'une cheminée prussienne ou d'un fourneau de fonte, tant qu'il y a un reste de feu. UN VIEUX MÉDECIN.

POUR RIRE.

Echo scientifique :

Entre garçons de laboratoire, balayant et époussetant.

— Dis donc, Charles, pourquoi l'eau fait-elle tant de bruit sur le feu?

Charles, sans hésiter :

— Ça doit être les microbes qui gueulent.

* * *

A Paris, dans un omnibus complet :

Au moment de payer sa place, un voyageur trouve dans sa poche la main d'un pick-pocket son voisin, qui était en train de lui voler son porte-monnaie.

— Eh! c'est dégoûtant! s'exclame alors le pick-pocket, on est si serré dans ces omnibus qu'on se trompe de poche!... Je m'en vais!

Et il descend avec dignité, pendant que les voyageurs ébahis mettent vite la main a la poche pour s'assurer qu'ils n'ont pas été volés.

PETITE POSTE.

Un abonné. — Vente sur saisie. — Vos observations sont très justes. L'acheteur qui, avant le paiement intégral de son prix, a frauduleusement dégradé la propriété, au préjudice des créanciers, peut être l'objet d'une demande en dommages-intérêts. Le meilleur moyen d'éviter ces abus, c'est de stipuler le paiement avant l'entrée en jouissance; le prix est déposé à la caisse des consignations. Les créanciers se le partagent par voie d'ordre; si ensuite il plait à l'acheteur de mal administrer, il ne fait de tort qu'à lui-même; les créanciers ont touché le prix, ils ne peuvent demander autre chose.

M. D... (Haute-Marne). — *Pommes de terre Institut de Beauvais.* — Bonne note est prise de votre commande. 100 kil., à 12 fr., contre remboursement, en gare Langres.

M. J... (Aube). — 1° *Impôt foncier.* — Votre note est très intéressante; si cela ne vous contrarie pas, nous la publierons dans la *Gazette*, pour l'édification de tous. On annonce à grand fracas un dégrèvement en faveur de l'agriculture, et nos impôts se trouvent augmentés! Pour le cas particulier que vous signalez, nous vous conseillons de protester et de résister très énergiquement.

2° *Succession.* — La question est soumise à votre vieux juge de paix.

M. P. L... (Sarthe). — *Semoirs pour graines de pins.* — Le plus connu est le semoir *Prouvé*, inventé par M. Prouvé, inspecteur des forêts. S'adresser à la maison Simonin Blanchard (fabrique d'outils forestiers et agricoles, 3, rue Fontaine-au-Roi, Paris.

M. L. B.. (Seine-Inférieure). — *Colza de printemps.* — Il est moins productif que le colza d'automne. On le sème en place, en mars ou avril, soit en lignes distantes les unes des autres de 0m 25 à 0m 30, soit à la volée. On ne le bine généralement qu'une seule fois. Récolte au commencement d'août. Produit de 15 à 20 hectolitres à l'hectare.

M. C.. (Seine-et-Oise). — *Blé de printemps.* — L'échantillon que vous nous avez envoyé n'est pas du blé de Bordeaux. Ce n'est pas un blé de printemps proprement dit; ce serait plutôt du blé d'hiver. Semez-le le *plus tôt possible* : 3 hect de semence à l'hectare ou environ. Application de nitrate de soude au moment de la semence et après la levée [10.) kil. et 60 kil. à l'hectare).

M. J. M... (Loire). — *Conduite d'eau.* — Si la nouvelle conduite d'eau que vous vous proposez de faire ne nuit en *aucune façon* à l'écoulement des eaux sur le pré du voisin, votre droit est certain. Car qu'importe au propriétaire du pré que la conduite soit à une place plutôt qu'à une autre, pourvu qu'il jouisse de l'eau dans les conditions dans lesquelles il doit en jouir, d'après le titre constitutif de la servitude. L'essentiel c'est que vous ne modifiez en rien l'exercice de cette servitude. — Le prix de l'ouvrage est de 0 fr. 60.

MM. A... (Bouches-du-Rhône) et R... (Dordogne). — *Plants américains.* — Votre demande est transmise à qui de droit.

M. G.. (Ille-et-Vilaine). — *Demande d'emploi.* — Nous avons écrit à votre sujet à un propriétaire de Seine-et-Oise, qui nous demande un *ménage*. Etes-vous marié? La situation en question est modeste : 1,400 fr.

OFFRES & DEMANDES.

Pour répondre au désir qui nous est exprimé, nous offrons à nos abonnés, sous cette rubrique, deux annonces gratuites pour les offres et demandes d'emplois, produits ou animaux à vendre ou à acheter, etc.

Les annonces qui suivront jouiront d'une réduction de 50 pour 100 sur les tarifs ordinaires (0 fr. 15 la ligne au lieu de 0 fr. 30).

Les demandes d'insertions devront être envoyées à l'administration (joindre un timbre de 0 fr. 15) qui se chargera de les rédiger.

Ne pas négliger d'envoyer tous les renseignements nécessaires.

A vendre, *Pommes de terre Institut de Beauvais*, par quantités de 100 kil. au moins, à 12 fr. les 100 kil. — N° 897.

Occasion. — A vendre, pour 50 fr., en gare de l'expéditeur, une charrue (système Howard), toute en fer, ayant très peu servie, en très bon état. — N° 901.

S'adresser au régisseur du château de la Vieuron, commune d'Ahuillé, près Laval (Mayenne).

A vendre *excellent blé de Mars*, variété ayant beaucoup d'analogie avec le *blé de Bordeaux*, pouvant se semer jusque fin mars, très productive, 38 fr. les 100 kil. en gare de Bornel (Oise). — N° 902.

S'adresser à M. Durand, propriétaire à Belle-Eglise, par Chambly (Oise).

On demande pour une habitation des environs de Beauvais :

Un ménage de domestique connaissant le service intérieur, sachant soigner les chevaux, et de cuisinière.

Tous deux offrant garanties et références.

S'adresser au bureau du journal. — N° 904.

Un jeune homme, 33 ans, fils de garde-forestier, de famille honorable, ancien militaire, **demande** place de garde-particulier ou de surveillant pour une propriété.

Bonnes références. — N° 905.

A vendre. — *Pommes de terre Institut de Beauvais*, et *Blé rouge de Bordeaux*, pour semences, à vendre par 50 kilogr. au moins.

S'adresser à M. Toulemont, à Kervereguin-en-Plobannalec, par Pont-l'Abbé-Lambour (Finistère). — N° 906.

Un ancien élève d'une école d'agriculture, dans la force de l'âge, bien au courant de la culture moderne en même temps qu'excellent praticien, demande un emploi de régisseur. — Très bonnes références. — N° 907.

S'adresser aux bureaux du journal (joindre timbre de 0 fr. 15).

Ménage sérieux, 32 et 31 ans, très au courant de tous genres de culture, de la partie des bestiaux, comptabilité, commerce, etc., demande à gérer une ferme importante. — N° 908.

A vendre, excellent blé rouge de Bordeaux, très productif, à 32 fr. les 100 kil., en gare de Villers-sur-Coudun (Oise). — S'adresser à M. Bullot-Chinot, à Vandélicourt, par Machemont (Oise). — N° 909.

REVUE FINANCIÈRE.

La liquidation s'est terminée sans grandes difficultés, bien que les reports aient été un peu plus chers qu'on avait pensé. Il faut dire aussi que les affaires sont si rares, que le règlement avait été fait d'avance.

Malgré tout, il règne toujours une certaine lourdeur sur le marché. Le nouveau 3 0/0 a bien du mal à se maintenir aux environs de 94, et l'ancien autour de 95 50.

Les institutions de crédit, sans avoir beaucoup perdu, sont moins brillantes. Nous ne parlons pas de la Banque de France ; on comprend du reste pourquoi l'action a été ramenée proche de 4,300. Quant aux autres, aucune réflection spéciale à faire à leur endroit.

Nos chemins de fer eux-mêmes, tout en conservant leurs cours, ne progressent plus ; nous parlons des actions, naturellement. Les chemins étrangers, un moment relevés, reviennent à la faiblesse.

Les valeurs industrielles sont, de leur côté, atteintes de faiblesse ; la meilleure preuve, c'est que le Suez, cette excellente valeur, baisse légèrement.

Le marché des obligations, Ville de Paris, Foncier, Chemins de fer, ces favoris de l'épargne, après une période de léger marasme, s'est réveillé assez franchement.

Quant aux valeurs étrangères, ce sont des fluctuations au jour le jour, selon que les cotes de Londres et de Berlin arrivent favorables ou non. Deux d'entre les fonds d'Etats étrangers ont néanmoins subi des fluctuations personnelles. Les valeurs portugaises montent ou baissent selon les nouvelles que l'on reçoit du mouvement insurrectionnel qui, commencé à Oporto et assez vivement enrayé, aurait sa répercussion à Lisbonne même. Quant à la chute de M. Crispi, elle a été saluée par une hausse importante : un demi-point.

Au sujet de cette hausse de l'Italien, qu'on nous permette de recommander à l'épargne française de rester sur la circonspection. Le départ du ministre gallophobe n'est pas pour nous déplaire; mais il ne faut pas en escompter trop vite les avantages, encore incertains. Tout n'est pas sauvé, financièrement parlant, par cette démission ; et nous ne devons pas faire le jeu du syndicat qui soutient ce fonds depuis si longtemps et au prix de quels sacrifices ! et qui serait très heureux de nous le repasser en rentrant dans partie de ses débours.

En somme, après la liquidation de janvier, nous restons une fois de plus dans l'incertitude sur les futures intentions du marché.

Il va sans dire que cette incertude n'atteint que la spéculation. Il faut reconnaître que le comptant reste vaillant et que sans lui le mal serait plus grand. TIMON.

Le « RENSEIGNEMENT UNIVERSEL »

28, rue Bonaparte, Paris.

Nos lecteurs sont au courant du fonctionnement général de cette œuvre, dont nous avons parlé dans nos précédents numéros.

Il nous semble utile, aujourd'hui, de leur indiquer l'organisation du service spécial *des achats et des ventes*.

Reposant sur une combinaison nouvelle qui écarte absolument toutes commissions, pots de vin, courtage, etc., ce service constitue le lien général entre l'offre et la demande quel qu'en soit l'objet, denrées de toute nature : grains, fourrages, pailles, foins, produits manufacturés, etc., etc.

Offres. — Les offres sont inscrites pour une année au répertoire spécial moyennant un droit fixe de 5 francs pour chaque espèce de marchandise, quelle que soit l'importance de l'offre.

Toutes circonstances de quantité, qualité, prix, époques de livraisons, facilités de paiement de nature à préciser l'offre sont indiquées de manière à éviter des retards et faciliter la vente.

Indications. — Ces renseignements que nous nous procurons complets auprès des vendeurs, nous les transmettons à tout acheteur qui nous en fait la demande, contre un droit fixe de un franc. Nous ne donnons que les renseignements qui nous paraissent utiles à la réalisation de l'achat ou de la vente.

Quelle que soit l'offre ou la vente proposée le *Renseignement Universel* est à même de fournir une indication utile. Il ne voit que l'intérêt de ses clients, auxquels il évite ainsi l'obligation de se servir d'intermédiaires coûteux.

Il obtient les meilleures conditions de vente grâce aux affaires nombreuses qu'il procure aux fabricants et commerçants de toutes sortes, c'est l'acheteur renseigné par lui qui en profite.

Le *Renseignement Universel* met ainsi en relation, dans les meilleures conditions possibles, le vendeur avec l'acheteur et facilite considérablement les transactions et les ventes de gré à gré, ou dans les halles et marchés. C'est, en résumé, le but poursuivi par les promoteurs des syndicats agricoles, mais atteint par des voies différentes, dégagées de toute solidarité.

Nous rappelons que le *Renseignement Universel* répond à toute demande quelle qu'elle soit et n'a aucun rapport avec aucune agence.

Chemin de fer de Paris à Lyon et à la Méditerranée.

FÊTES DU CARNAVAL

A l'occasion des Fêtes du Carnaval, les billets d'aller et retour à prix réduits délivrés en vertu du tarif spécial (G. V.) n° 4, du 7 au 9 février 1891 inclusivement, seront tous indistinctement valables jusqu'aux derniers trains de la journée du 11 février.

Cette période exceptionnelle de validité pourra, de plus, être prolongée à deux reprises et de moitié (les fractions de jour comptant pour un jour), moyennant le paiement, pour chaque prolongation, d'un supplément égal à 10 % du prix des billets.

Bien entendu, les billets d'aller et retour conserveront la durée de validité qui leur est attribuée par le tarif spécial (G. V.) n° 4, lorsqu'elle sera supérieure à celle fixée ci-dessus.

Chemins de fer de l'Ouest.

BILLETS D'ALLER et RETOUR

à prix réduits.

La Compagnie des Chemins de fer de l'Ouest délivre, de Paris à toutes les gares de son réseau situées au-delà de Gisors, Mantes, Houdan, et Rambouillet, et vice-versa, des billets d'aller et retour; comportant une réduction de 25 %. La durée de validité de ces billets est fixée ainsi qu'il suit :

Jusqu'à 75 kil. inclus, un jour; de 76 à 125, deux jours; de 126 à 250, trois jours; de 251, à 500, quatre jours; au-dessus de 500, cinq jours.

Les délais indiqués ci-dessus ne comprennent pas les dimanches et jours de fête; la durée des billets est augmentée en conséquence.

HALLES ET MARCHÉS.

SITUATION GÉNÉRALE.

Les cours des céréales se soutiennent, principalement pour l'orge et l'avoine. Il y a eu un mouvement de hausse à la liquidation sur les huiles de colza. Les légumes sont encore chers à la Halle. Les autres denrées conservent leurs prix.

GRAINS.

Blés. — Les avis sont partagés sur l'étendue des dommages causés aux céréales en terre par les deux mois de gelée que nous venons de subir. Les uns disent que le mal devient de plus en plus graves; d'autres annoncent que les champs à réensemencer seront beaucoup moins nombreux qu'on ne le prévoyait. Il faut quelque temps encore pour être fixé à cet égard. Si la douceur de la température persiste, la culture va bientôt pouvoir reprendre ses travaux et effectuer les semailles de printemps. En attendant les prix ces blés sont toujours bien tenus sur nos marchés : on cote : Arras, blé blanc, 25 à 27 fr. les 100 kil. ; roux, 23 à 26 80; Cambrai, blé blanc, 26 25; roux, 25 50; Beauvais, 21 30 à 24 75; Amiens, 26 70; Châlons-sur-Marne, 25 50; Chartres, 23 35 à 25 40; Étampes, 23 75 à 27 10: Laval, 25 50 à 26; Dijon, 25 à 25 50: Nantes, 25 25 à 26; Bordeaux, 27 50.

Seigles. — Les cours restent nominaux à Paris, faute d'affaires, au marché commercial, où l'on cote : disponible, 17 fr.; livrable jusqu'en avril, 17 à 17 25; jusqu'en mai, 17 25 à 17 50. On espère que la reprise de la navigation ramènera de l'activité sur ce grain, dont la culture demande 16 75 à 17 25 les 100 kilog. en gare à Paris. La Champagne offre toujours de 16 25 à 16 50 dans les gares d'expéditions.

Orges. — Offres rares et prix sans changements de 18 25 à 20 50 les 100 kilog.; suivant provenance; les belles qualités sont réservées pour la semence; les ordinaires se vendent bien pour la mouture. — Les escourgeons de Beauce sont bien tenus de 19 50 à 20 25 les 100 kilog.

Avoines. — Cours très fermes pour les avoines indigènes; on cote : noires de Brie, 19 25 à 19 50; noires de choix, 19 à 19 25; de Beauce et du Centre, 18 75; grises, 18 50 à 18 75; blanches, 18 à 18 25 les 100 kilog. à Paris. — Pour les étrangères, on tient les noires de Suède, 15 50; celles de Libau, 14 25 à 14 50; les blanches de Libau, 14 25 à 15 50 les 100 kilog. à Rouen.

Sarrasins. — En hausse à 16 fr. et 16 25 les 100 kilog. en gare de Paris.

FARINES.

Farines de consommation. — Prix sans changements, avec vente calme en boulangerie.

Farines de commerce. — Les *douze-marques* sont toujours calmes; les prix ont une tendance; on a coté le 31 janvier : disponibles. 59 à 59 55 les 157 kilog. nets; livrables, 59 25 à 59 50 à la baisse.

FOURRAGES. — GRAINES FOURRAGÈRES.

Fourrages. — Le marché de Paris est bien approvisionné, et les prix assez bien tenus comme suit : foin, 48 à 49 fr. les 100 bottes de 5 kilog au domicile de l'acheteur ; luzerne, 43 à 48; regain et trèfle, 46 à 48; paille de blé, 26 à 33; de seigle, 27 à 34; d'avoine, 24 à 27. — Sur les marchés des départements, on cote, *aux 500 kilog.* : Nancy, foin, 30 fr.; luzerne, 28; paille, 19 à 22; Rambouillet, foin, 27 à 32; luzerne, 26 à 31; paille, 19 à 22; Versailles, foin, 35 à 40; sainfoin, 35 à 41; paille, 22 à 30; Compiègne, foin, 28; trèfle, 26; paille, 25; Autun, foin, 30 à 35; paille 20; Dijon, foin, 35 à 40; paille, 28 à 22; Besançon, foin, 24 à 26; paille, 16 à 18 50; — *au quintal* : Douai, foin, 8 à 8 50; trèfle et luzerne, 8 à 8 25; paille, 5 à 5 50; Beauvais, foin, 6; paille, 4; Nevers, foin, 7 60; paille, 5; Blois, foin, 6 50 à 6 75; trèfle ou sainfoin, 6 20; luzerne, 6 25; Toulouse, foin, 6 50 à 7 25; paille, 3 à 3 50.

Graines fourragères. — Sur les marchés de l'Est, on cote : à Toul, trèfle, 110 fr. ; luzerne, 160; vesce, 18 fr. les 100 kil. ; à Reims, sainfoin, 24 à 28; à Langres, sainfoin, 25. — A Nantes, la graine de trèfle vaut 95 à 100 fr. ; à Toulouse, on vend : luzerne, 80 à 95 ; trèfle, 84 à 86; sainfoin, 30 à 31 50. — A Paris, la demande est active pour la belle graine de trèfle et pour la luzerne. On cote : trèfle violet gros grain, 120 à 130 fr. les 100 kilog.; ordinaire, 95 à 105; luzerne de Provence, 120 à 150; de pays, 105 à 115; minette en cones, 25 à 50; écossée, 40 à 65; vesce de printemps, 17 à 18; de Kœnigsberg, 17 à 20; sainfoin double et simple, 25 à 28; alpiste, 26 à 28 ; pois jarras, 18 à 19.

LÉGUMES SECS. — POMME DE TERRE.

Légumes secs. — Au marché de Noyon, la vente est active et les prix fermes comme suit : haricots lingots, 35 à 36 fr. l'hectolitre; flageolets, 34 à 35.

Pommes de terre. — On cote à la halle de Paris : hollande, 13 à 15 fr. le quintal; saucisse et pomme de terre hâtive, 11 à 12; pommes de terre nouvelles d'Algérie, 65 à 75.

POMMES A CIDRE.

On vend à Rouen, 7 fr. l'hectolitre, y compris 1 fr. 26 de droits.

PLANTS AMÉRICAINS.

A Montpellier, les boutures d'un mètre sont l'objet de transaction suivie; on les paie : Riparia Gloire de Montpellier, 50 fr. le mille; Riparia ordinaire, 32 50; Vialla et Taylor, 50; Rupestris, 65; Solonis, 47 50; Jacquez, 15; les boutures de Jacquez de 60 centimètres valent 10 fr.; celles de 30 centimètres, 6 50. Les plants racinés sont cotés de 30 à 50 fr. selon la variété, et les plants greffés soudés de 200 à 250 fr. le mille selon la variété des greffons et la nature des portes-greffes.

Raisins secs à boisson.

(Cours de la maison Audibert, 53, rue des Minimes, à Marseille).

PRIX ACTUELS (grande baisse).

Corinthe, **Roi de Grèce**, petits grains Extra 1er choix	100 kilos	59	»
Corinthe, **le Turban**, gros grains	»	55	»
Corinthe petits grains, 1er choix.	»	57	»
Thyra. 1er choix	»	50	»

BESTIAUX.

LA VILLETTE, 5 février. — Bestiaux. — Vente calme sur les bestiaux, bonne sur les veaux, difficile sur les moutons et calme sur les porcs.

COURS officiels.	Amenés.	Vendus.	1re qualité.	2e qualité.	3e qualité.	Prix extrêmes.
Bœufs	1.7?9	1.600	1 58	1 4?	1 28	1 16 1 64
Vaches	507	444	1 54	1 30	1 18	1 12 à 1 60
Taureaux	193	183	1 38	1 32	1 20	1 16 1 42
Veaux	1.058	1.018	2 12	1 96	1 80	1 56 2 34
Moutons	8.599	8.015	2 12	1 98	1 76	1 70 2 18
Porcs	4.602	4.574	1 28	1 24	1 18	1 14 1 34

Marché du lundi 2 février.

	Amenés	Vendus	PRIX AU POIDS NET 1re qual.	2e qual.	3e qual
Bœufs	2.720	2.203	1 56	1 40	1 28
Vaches	962	710	1 52	1 28	1 16
Taureaux	247	187	1 31	1 28	1 18
Veaux	1.177	951	1 93	1 76	1 62
Moutons	11.089	9 853	2 12	1 96	1 74
Porcs	3.130	3.092	1 28	1 24	1 17

	PRIX AU POIDS VIF 1re qual.	2e qual.	3e qual.	Prix extrêmes.
Bœufs	» 96	» 80	» 67	» 58 à » 99
Vaches	» 87	» 71	» 56	» 50 » 96
Taureaux	» 83	» 74	» 60	» 56 » 87
Veaux	1 14	1 03	» 89	» 72 1 26
Moutons	1 10	» 93	» 76	» 70 1 17
Porcs	» 88	» 84	» 78	» 72 » 90
Peaux de moutons en laine				» » » »
Id. id. demi-laine				» » » »

Viandes abattues. — Criée du 30 janvier.

		1re qualité.	2e qualité	3e qualité.
Bœufs	le kil.	1 30 à 2 60	1 10 à 2 40	1 .. à 1 80
Veaux	—	1 96 2 06	1 74 1 90	1 60 1 56
Moutons	—	1 80 1 90	1 36 1 76	» 90 1 30
Porc entier	—	1 18 1 26	1 06 1 16	» 90 1 »

BEURRE, ŒUFS, VOLAILLES.

Paris, 4 février.

Beurres en livres.

L'arrivage d'hier a été de 11,000 kil.
L'arrivage approximatif a été de 9,000 kil.

Fermiers	au kilo	Touraine	au kilo
Extra	2 90 à 3 »	Extra	2 70 à 2 80
1er choix	2 80 2 90	1er choix	2 60 2 70
2e choix	2 60 2 70	2e choix	2 50 2 60
Ordinaire	2 40 2 50	Ordinaire	2 40 2 50
Bourgogne		Vendôme	
Choix	2 20 2 30	1er choix	2 40 2 50
Ordinaire	2 » 2 10	2e choix	2 30 2 40
Gâtinais		Ordinaire	2 10 2 20
		Beaugency	
1er choix	2 50 2 60	1er choix	2 40 2 50
2e choix	2 40 2 50	2e choix	2 20 2 30
Ordinaire	2 20 2 30	Ordinaire	2 » 2 10
Le Mans		Fausse Touraine	
Choix	2 10 2 20	Choix	2 40 2 50
Ordinaire	2 » 2 10	Ordinaire	2 30 2 40

Fromages.

Brie fermiers, haute marque	les dix	65 à	74
— — grand moule	—	45	55
— — moyen moule	—	30	35
— — petit moule	—	12	18
Brie laitiers moyen moule	—	12	18
Gruyère	100 kil.	185	140
Roquefort	—	280	180
Géromé (Gérardmer)	—	90	100

Romatour	—	130		135	
Cantal	—	140		145	
Façon Port-Salut	—	180		120	
Bourgogne	le cent	75		80	
Saint-Nectaire	—	120		130	
Livarots :		1er choix.		2e choix.	
En caisse de 30	le cent	100 à 110		.. à ..	
En caisse de 36	—	90	110	60	70
Camembert	—	60	70	40	45
Façon Coulommiers	—	40	45	25	30
Bondons	—	14	16	6	8
Gournay	—	18	22	10	12
Mont-d'Or	—	30	35	15	20

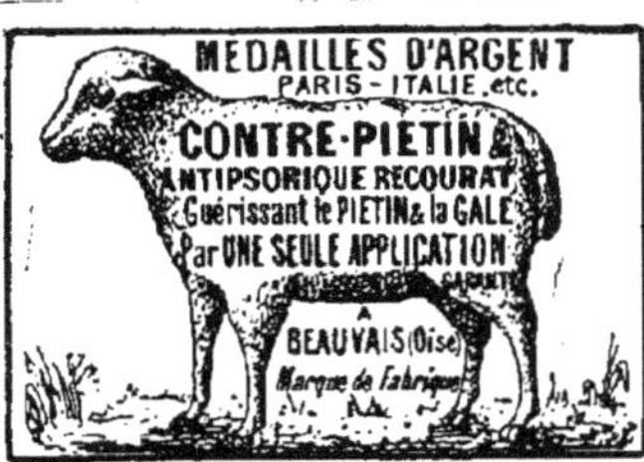

M. Recourat, pharmacien à Beauvais.

Gale des moutons guérie radicalement par *une seule application* de l'Antipsorique.

La bouteille, 3 fr.; la demi-bouteille, 1 fr. 75.

Guérison du Piétin par *un seul pansement* avec le Contre-Piétin-Recourat.

Le pot d'essai, 1 fr. 50; le pot, 2 fr. 50.

Joindre 0,60 c. pour recevoir *franco* et indiquer gare.

Avis aux Eleveurs et Nourrisseurs.

Les cosses et brisures de fèves de la maison Ph. Breuil, de Dijon, d'une pureté absolue et très riches en principes nutritifs, se recommandent pour l'engrais du bétail et la nourriture des chevaux.

MÉDECINE VÉTÉRINAIRE.

Dépôt général pour la France et l'Etranger : MM. MICHELAT et LESUEUR, 9, rue des Guillemites, Paris.

POUDRE BERNICAL *pour faire retenir les vaches*, inoffensive, succès croissant. « *Avec elle, pas de vaches stériles, envoyez 2 paquets.* » Dubos, Biscarosse (Landes). « *J'ai bien réussi, envoyez 1 paquet.* » Tapot, Xaintrailles (Lot-et-Garonne). 1f 50 *franco*, timbres ou mandat, instruction. BERNICAL, pharm. 1re classe, Chaise-Dieu (Haute-Loire); Paris, pharm. KLÉBER, avenue Kléber, 70.

CIDRE DE NORMANDIE

Pur Jus de pommes

BOISSON EXQUISE

Prix très modérés

D. LOUVEAU, négociant en cidre, à Honfleur (Seine-Inférieure).

ENGRAIS de la VOIRIE MUNICIPALE de BONDY

Matières brutes séchées 2 fr. 70 % k. en vrac sans garantie de dosage.

Tourteaux organiques moulus

4 francs les 100 kilos en vrac ou 5 francs en sac

dosage 1 50 à 2 0/0 d'azote et 4 à 5 0/0 d'acide phosphorique

PHOSPHO - GUANO DE BONDY

10 francs, 0/0 kilos en sacs

dosage 2 à 3 0/0 d'azote et 8 à 10 d'acide phosphorique

PRIS PAR WAGONS COMPLETS EN GARE DE NOISY-LE-SEC

Les expéditions par quantités moindres sont augmentées de 2 francs par 100 kilos

S'adresser au : COMPTOIR AGRICOLE ET COMMERCIAL

9, RUE NOUVELLE, A PARIS

Ou à la Voirie de Bondy, ou à ses Représentants en Province

CHARRUES DOMBASLE

de toutes forces et pour tous usages.

Labours ordinaires. Labours profonds. Défoncements.

Herses — Scarificateurs — Houes à cheval

Déchaumeuse — Rouleaux — Semoirs

Rayonneurs — Tonneaux à purin — Faucheuses

Faneuses — Rateaux — Moissonneuses — Tarares

Trieurs — Hache-paille — Coupe-racines.

CH. DE MEIXMORON DE DOMBASLE

NANCY (Meurthe-et-Moselle).

Envoi franco du catalogue sur demande.

VINS DE BORDEAUX.

Baron D. DE CLÉRANT, propriétaire, château de Saint-Léon, Barsac (Gironde).

PRIX-COURANT :

Vins rouges.	Années :	1890	1889	1888	1887	1884	1883	1881
Première côte......	(la barrique).	160fr	155fr	160fr	180fr	200fr	220fr	225fr
Côte ordinaire.....	—	150	145	150	160	175	»	»
Deuxième côte.....	—	125	130	140	150	»	»	»
Vins blancs.	—	»	125	140	160	180	200	225

Les vins sont rendus franco *de port et droits en gare de l'acheteur. — S'il y a des droits d'octroi, ils sont à la charge du destinataire.*

La différence de logement est de 5 francs par demi-barrique et par quart de barrique. Les doubles fûts sont cotes 5 francs l'un.

Paiement : 45 jours, 2 pour 100 escompte, ou 120 jours net.

Ecrire à M. J. RENSON, à Barsac (Gironde), chargé de la vente.

SEMOIRS

A TOUTES GRAINES

au rayon

POUR GRANDE ET PETITE CULTURE

CONSTRUCTION TOUT EN FER ET ACIER

Ces semoirs se recommandent par leur légèreté de traction, leur agencement perfectionné, simple et commode. Un seul homme suffit pour la conduite.

NOMBREUSES RÉFÉRENCES. — DEMANDER LE CATALOGUE.

Ch. FAUL, Constructeur, 13, rue Pierre-Levée, 13, PARIS

Médaille d'Or. * Exposition Universelle 1889. * Médaille d'Argent.

VACHERIE à céder, près Paris. Belle clientèle. Maison ancienne. 28 vaches, premier choix, 370 litres lait vendus 0 fr. 41 c. Beau pavillon d'habitation, vastes étables et greniers. Frais généraux peu élevés. 12,000 fr. bénéfices nets à placer par an. On traitera avec 20,000 fr. argent ou sans argent avec garanties sérieuses. — S'adresser à MM. LAPORTE et LEFRANC, 93, boulevard Sébastopol, Paris. — Sont vendues les vacheries annoncées précédemment.

Semoir et Distributeur d'Engrais

Système MAGNIER.

Envoi franco du catalogue illustré.

Expériences du 23 septembre 1890, 1er prix. — 30 avril 1890, Poitiers, 1er prix.

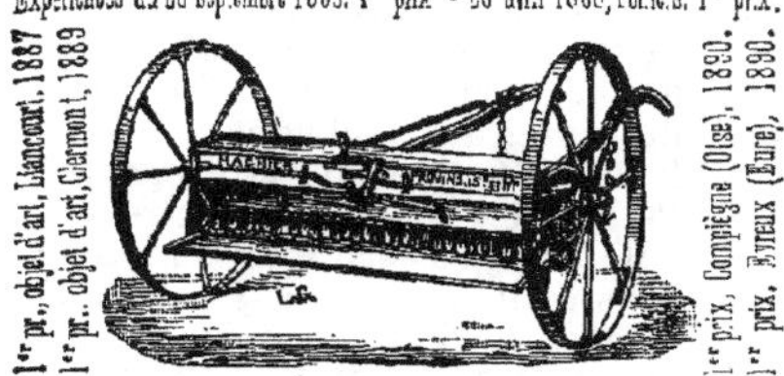

1er prix, Beauvais, 1890.

MAGNIER, constructeur breveté, Provins (S.-et-M.).

GUÉRISON RADICALE DE LA **DIARRHÉE DES VEAUX** PAR LA POUDRE CHOQUELIN.
1 franc la boîte *franco par la poste.*
Dép. g., Phie HAUVESPRE, Courville (Eure-et-Loir).

*L'***Onguent de HEVID**, *adopté par le Ministère de la guerre*, est le meilleur préservatif des maladies du pied des espèces chevaline et bovine. Il pénètre admirablement le tube corné, le nourrit, et remet en bon état, en quelques semaines, le sabot le plus sec et le plus cassant.

En vente chez les vétérinaires, pharmaciens, selliers et maréchaux-ferrants.

L'Administrateur-Gérant : ALBERT RENOT.

Beauvais. — Imp. D. PERE. — A. CARTIER, Gérant.

Faucheuses. Faneuses. Râteaux à cheval. **Presses** à fourrages. **Brise-Tourteaux. Appareils à cuire. Égrenoirs** de maïs. **Rouleaux. Semoirs. Transmissions** par arbres et par câbles. **Matériel** de brasserie et de féculerie.

ALBARET (O. * et O. *)

MACHINES AGRICOLES.

Ateliers de Construction et Administration à **LIANCOURT-RANTIGNY** (Oise).

Magasin et bureau, à PARIS, boul. de Strasbourg, 63 (entrée par le passage du Désir).

Succursales : Saint Quentin, boulevard Victor Hugo, n° 52; **Chartres**, rue du Grand-Faubourg, n° 76; **Abbeville** (Somme), rue Ringois, n° 41; **Cambrai**, M. MESNIL, rue des Bouchers, n° 13.

Récompenses obtenues aux Expositions universelles et Concours internationaux.

Machines à vapeur fixes, horizontales et verticales.

Générateurs.

Machines à vapeur locomobiles.

Manèges fixes, mobiles et semi-fixes.

Batteuses fixes et portatives, conservant ou brisant la paille.

Engreneurs mécaniques.

Semoirs à engrais, à graines et à haricots.

Hache-maïs et **Coupe-racines** à force centrifuge transportables.

206 Médailles d'or.

Exposition	Récompense
1862. Exposition de Londres.	1er prix : grande médaille ; 2e prix : mention honorable.
1864. Exposition internationale de Bayonne.	Médaille d'or, donnée par le Gouvernement ; médaille d'or, donnée par la Commission de l'Exposition.
1865. Exposition universelle de Porto.	Grande médaille d'argent.
1867. Exposition universelle de Paris.	Grande médaille d'or, la plus haute récompense pour locomotive routière et machines agricoles.
1869. Expos^on d'Amsterdam.	Diplôme d'excellence.
1869. Exposition de Beauvais. 1872. Exposition de Lyon.	Deux diplômes d'honneur, comme exposant et membre du jury.
1873. Expositi^on univ. de Vienne (Autriche).	Grand diplôme d'honneur, la plus haute récompense.
1878. Expositi^on univ. de Paris.	Trois médailles d'or ; un objet d'art pour mérite exceptionnel sur le terrain ; une médaille de bronze ; quatre médailles argent et bronze pour collaborateurs.
1882. Conc. spéc. intern. de hache-maïs de Ste-Menehould.	1er prix : médaille d'or, donnée par la Société des Agriculteurs de France.
1883. Expos^on d'Amsterdam.	Diplôme d'honneur : la plus haute récompense.
1884. Grand concours international d'Amsterdam.	Prix unique : grande médaille d'or pour locomobile ; 1er prix : grande médaille d'or pour presse à fourrage ; 1er prix : grande médaille d'or pour machines à battre ; 1er prix : médaille d'argent pour hache-paille et dépulpeur.
1885. Exposition internation. d'Anvers.	Diplôme de médaille d'or, la plus haute récompense pour machines agricoles.
1889. Exp. d'économ. sociale, section XIV.	Médaille d'or ; médaille d'argent pour collaborateurs.
1889. Exposition universelle. — Membre du jury. Hors concours.	
1876. Société nation. d'agric. de France.	Grande médaille d'or ; prix de mécanique.
1886. Société nation. d'agric. de France.	Rappel de grande médaille d'or pour l'ensemble des travaux de mécan. agric.
1888. Aniche (Nord).	Moissonneuse-lieuse à la ficelle, diplôme d'honneur avec félicitations du jury, pour la machine qui fonctionne à toute satisfaction.
1889. Comice agric. de Montdidier. Ailly-sur-Noye.	Diplôme d'honneur et médaille de vermeil pour batteuse et instruments ; médaille de vermeil grand module pour faucheuse et moissonneuse.
1890. Concours de Clermont.	Diplôme d'honneur avec félicitations du jury, pour le bon fonctionnement de la moissonneuse-lieuse.

Plusieurs médailles or, argent et bronze à MM. les Collaborateurs de la Maison.

Concasseurs.

Moulins-bluteries.

Hache-paille.

Hache-maïs.

Hache-fourrage.

Couperacines.

Laveurs de racines.

Moissonneuses simples.

Moissonneuses combinées.

Moissonneuses lieuses.

162 Médailles d'argent.

Envoi gratis sur demande des Catalogues illustrés.

Monte-Paille.

Moteur domestique à vapeur à pression inférieure à celle atmosphérique.

Rouleaux à vapeur et à traction de chevaux pour le cylindrage des chaussées d'empierrement.

Poteaux indicateurs pour routes.

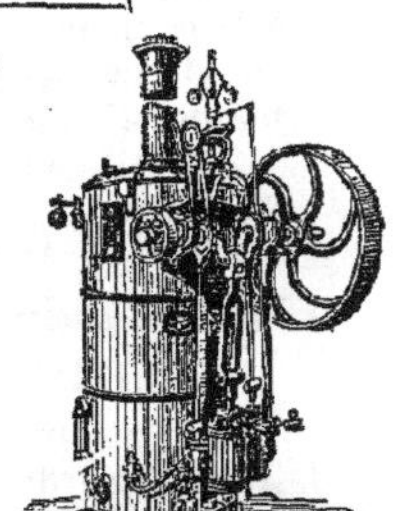

12e Année. — 2e Série. — N° 577. Dimanche 15 Février 1891.

GAZETTE AGRICOLE

JOURNAL HEBDOMADAIRE, PARAISSANT LE DIMANCHE

Rédacteur en Chef : M. CH. GOSSIN, Professeur d'Agriculture à l'Institut agricole de Beauvais.

PRIX DE L'ABONNEMENT

UN AN, 5 fr. — SIX MOIS, 3 fr. — TROIS MOIS, 2 fr. 25

Pour l'étranger les abonnements ne sont reçus que pour un an, au prix de 6 francs, et ne partent que du 1er janvier ou du 1er juillet de chaque année.

Le numéro : 10 centimes.

Il est indispensable de joindre à toute demande de changement d'adresse la dernière bande d'adresse du journal et 50 centimes pour frais de nouvelles bandes.

Adresser les *Abonnements* et *Annonces* au secrétaire de la rédaction, 13, quai Voltaire, Paris, ou à M. GOSSIN, rédacteur en chef et administrateur, à BEAUVAIS.

BUREAUX

13, quai Voltaire, Paris, et à Beauvais.

Les abonnements partent du 1er de chaque mois et sont payables d'avance. Toute demande d'abonnement doit donc être accompagnée du prix de l'abonnement. (Le mode de payement le plus simple est l'envoi d'un mandat-poste.)

Donner *très lisiblement*, en s'abonnant, son nom et son adresse exacte, *avec l'indication du bureau de poste* ; et, s'il s'agit d'une continuation d'abonnement, joindre au renouvellement la dernière bande d'adresse du journal.

La GAZETTE AGRICOLE insère gratuitement les Communications des Syndicats agricoles

PRIMES A NOS ABONNÉS.

*L'*ALMANACH FRANÇAIS *pour 1891 vient de paraître à la Librairie nationale.*

L'administration de la Gazette agricole *met gratuitement, comme l'année dernière, cet Almanach à la disposition de ceux de nos abonnés qui manifesteront le désir de le recevoir et joindront à leur lettre 15 centimes en timbres-poste pour frais de port.*

*Tout abonné qui renouvellera son abonnement, soit à l'expiration, soit par anticipation, par l'envoi d'un mandat-poste de 5 francs, recevra à titre de prime, à son choix, l'*ALMANACH FRANÇAIS *ou l'*ALMANACH *de la* SOCIÉTÉ DES AGRICULTEURS DE FRANCE, ou un des ouvrages suivants : *Guide pratique pour l'achat et l'emploi des engrais commerciaux*, par Gaillot. — *Les Maladies de la vigne, les bons cépages, les meilleurs fruits*, par Boinette. — *Annales de la station agronomique de l'Oise pour 1890.*

Les primes ne seront envoyées que sur demandes. Joindre 0 f. 15 pour l'affranchissement.

SOMMAIRE :

PARIS, 13 FÉVRIER.

Le Parlement est en congé. Il a voulu faire son Mardi-Gras comme si le Carême était, pour la plupart de ses membres, un temps de pénitence. Mais, quel que soit le motif de son repos temporaire, il est accepté d'avance par le Bonhomme Deschamps et par tous ceux qui estiment avec lui que nos sénateurs et nos députés gagnent mieux leur argent à ne rien faire qu'à travailler. On n'a donc pas, cette semaine, à vous entretenir de faits et gestes parlementaires. Il nous est venu heureusement, d'un autre côté, du pain à mettre sur la planche, et c'est d'une réunion tenue à Nîmes que le Bonhomme Deschamps vous parlera aujourd'hui.

***

Tous, tant que nous sommes, enfants d'Adam et d'Eve, nous n'aimons pas beaucoup la défaite. Le succès, et cela se comprend, a nos sympathies et nos faveurs. Bien que dans un pays qui compte plus de 500,000 fonctionnaires, nous n'ayons été distancés aux élections dernières par les républicains que de 300,000 voix tout au plus, la majorité est restée acquise à nos adversaires. Aussitôt des voix se sont fait entendre qui ne prêchaient précisément pas la fidélité au drapeau. Nous avons eu, au Palais-Bourbon, une vingtaine de députés conservateurs qui se sont mis à faire de l'œil à la République. Reçus comme plusieurs chiens dans un jeu de quilles, ils ne se sont pas rebutés. Ils ont continué leur petite mine, leurs saluts, leurs demi génuflexions et leurs hommages discrets. On en était là, quand, avec une *furia* plus française qu'épiscopale, le cardinal Lavigerie se mit à prêcher le ralliement des catholiques à cette République qui traite si bien les catholiques. La surprise fut grande, d'autant plus que le prédicateur fut convaincu d'avoir recommandé jadis au Comte de Chambord le coup d'Etat, et que des personnes, en la parole desquelles on peut se fier, affirment qu'il donna plus tard les mêmes conseils au prince Victor Napoléon. Tout, en effet, dans le passé du cardinal Lavigerie comme dans son caractère, préparait mal le public à une aussi éclatante conversion républicaine.

***

On alla plus loin. On donna à entendre que le Pape avait approuvé sans réserve la démonstration de Mgr Lavigerie, et que tous les catholiques, par obéissance sans doute à ce précepte de l'Evangile d'offrir la joue gauche après la joue droite, devaient, en récompense des coups reçus de la République, se jeter dans ses bras. La nouvelle était fort invraisemblable. Aussi n'a-t-elle pas été confirmée. M. Piou, homme de talent, monarchiste au fond, un des chefs du petit groupe qui adhère sans adhérer à la République, vient d'être reçu par le Saint-Père. Que s'est-il passé entre lui et Léon XIII ? il ne l'a encore dit à personne. Mais nous doutons fort qu'il soit allé lui demander une bulle, comme on l'a dit plaisamment, pour former son groupe ou le faire bénir comme un chapelet. Infaillible et souverain en matière religieuse, le Pape n'a pas à intervenir dans les questions politiques. Catholique, on dépend de Rome, citoyen, on est maître de ses opinions. Et puis, la séparation des deux pouvoirs est tellement entrée dans nos mœurs et dans notre droit public, qu'en vrai saint Thomas le Bonhomme Deschamps demande à voir avant de croire qu'un homme politique ait pu aller chercher le mot d'ordre à Rome. Nous attendrons donc des preuves avant d'accepter tout ce que les nouvellistes, désireux de mettre du noir sur du blanc et, comme on dit dans le métier, de faire de la copie, débitent à cet égard depuis quelque temps.

***

Néanmoins, l'intervention inattendue de Mgr Lavigerie et les adhésions, avec ou sans réserve, de quelques prélats, joints à certaines tentatives parlementaires de ralliement à la République, n'avaient pas été, en déconcertant un peu l'opinion publique, sans troubler quelque peu aussi le parti monarchique et conservateur. L'opposition, qui avait réuni aux élections de 1889 la moitié à peu près du pays, abdiquait-elle et dans quelle mesure? Les monarchistes, en particulier, avaient-ils passé avec armes et bagages au régime actuel? Au moment où un peu partout on semblait crier au perdu, aucune voix ne s'élèverait-elle pour répondre : je suis là ! Il semblait donc bien difficile que les monarchistes gardassent plus longtemps le silence. De là la réunion de Nîmes et le discours que M. d'Haussonville y a prononcé dimanche dernier. Le succès de l'orateur a été complet et son discours est l'objet d'une discussion générale. Dans tout cela rien de surprenant, puisque le discours d'une réelle éloquence et d une grande logique arrivait à point. M. d'Haussonville n'a pas eu de peine à établir que pour des monarchistes, non pas seulement de sentiment et de fidélité, mais de réflexion, la République était loin d'avoir gagné son procès contre la monarchie. Il n'avait que l'embarras du choix dans les faits à citer à l'appui de sa thèse. Il n'est pas vrai que la République soit devenue tolérante, économe et prévoyante. Elle continue le cours de ses prodigalités et de ses violences ; en un mot elle n'a donné jusqu'ici aucune garantie aux conservateurs et à leurs principes. Dans ces conditions, pourquoi les monarchistes renonceraient-ils à leurs espérances et se rallieraient-ils à un régime dont les pratiques quotidiennes justifient leurs justes défianees ?

* *

Le discours de M. d'Haussonville est à lire d'un bout à l'autre, puisqu'il porte sur tous les points sensibles du régime actuel. Aussi est-il naturel qu'il soit très vivement attaqué par tous les journaux républicains. Nous n'aimons pas, qui que nous soyons, à nous entendre dire nos vérités, surtout si elles nous sont dites — et c'est le cas pour l'orateur de Nîmes — avec une mesure qui n'exclut ni la force ni l'éloquence. Il se peut que l'intervention de M. d'Haussonville gêne certaines combinaisons, mais elle est utile dans le présent et elle réserve l'avenir. Tout en restant fidèles à leurs convictions et à leurs espérances monarchiques, et en distinguant soigneusement le domaine religieux du domaine politique, les monarchistes n'en continueront pas moins à défendre les principes conservateurs et les droits de l'Eglise. Non content de dénoncer le mal, de le prévenir ou de le diminuer dans la mesure de leurs moyens, ils auront sur leurs adversaires, quels qu'ils soient, l'avantage d'indiquer un remède, et un remède qui pendant des siècles a prouvé son efficacité. Donc, comme l'a dit M. d'Haussonville, « tenons bon ». Et sans refuser de nous prêter aux transactions que commandent les circonstances et qu'autorisent la conscience et l'honneur, montrons que la République est impuissante à assurer les biens dont on jouit tranquillement dans les monarchies européennes. Le procès se plaidant avec pièces à l'appui de part et d'autre et devant la nation, celle-ci qui a le dernier mot décidera en fin de compte. Comme l'a très bien dit le Comte de Paris, les monarchistes n'attendent le succès de leur cause que de la volonté libre du pays.

* *

Si, contrairement aux enseignements de l'histoire et aux faits dont nous sommes chaque jour les témoins et les victimes, la République dépouille le vieil homme et fait l'office d'un gouvernement digne de ce nom, les monarchistes sont gens de bonne foi. Ils sauront trouver dans leur patriotisme le courage de reconnaître leur erreur. Ils changeront en souvenirs pieux leurs espérances dynastiques. Mais, tant que cette démonstration n'aura pas été faite — et elle n'est pas encore commencée — ils ne sauraient cesser d'être ce qu'ils sont, cherchant à convaincre le pays qu'il demande en vain à la République ce que la Monarchie seule peut lui procurer et lui maintenir. M. d'Haussonville n'a rien dit de plus ni de moins ; mais cela, il l'a dit en termes aussi décisifs qu'éloquents.

LE BONHOMME DESCHAMPS.

NOUVELLES DE LA SEMAINE.

Le repos du dimanche. — La majorité de la Chambre a donné, la semaine dernière, une nouvelle preuve de l'esprit sectaire dont elle est animée. La loi sur le travail des femmes et des enfants prescrit un jour de repos par semaine. Mgr Freppel et M. de Mun demandaient que ce jour fût fixé au dimanche. Quoi de plus conforme au simple bon sens ? Le dimanche est le jour où les administrations chôment, où les écoles sont fermées, etc. Conçoit-on un état de choses où le jour de repos de la femme qui travaille à l'usine serait le lundi, celui du fils aîné mineur, qui travaille avec elle, le mardi, pendant que le mari et les plus jeunes enfants, encore sur les bancs de l'école, seraient libres le dimanche ? Mais il a suffi au rapporteur de la loi de s'écrier que la mention du dimanche dans le texte serait « un acte de confession de foi « religieuse et un acte de contrition », pour déterminer les gauches à repousser l'amendement présenté et remarquablement soutenu par les membres de la Droite. M. Ricard avait trouvé l'argument capable de pénétrer dans des cerveaux républicains !

Les orgues laïques. — En voici bien d'une autre : après la laïcisation des écoles, celle des orgues. La municipalité d'un arrondissement de Paris vient de faire installer un de ces instruments dans sa salle des mariages « pour relever la majesté du mariage civil ». L'entrée des futurs époux est saluée par une mélodie quelconque ; lorsqu'ils se retirent, on leur joue la *Marche du Prophète*. On ne nous dit pas si M. le maire psalmodie la formule du mariage civil. Nous lui conseillons de le faire.

L'impôt sur la grande vitesse. — Les négociations engagées avec les Compagnies de chemins de fer en vue de la suppression de de l'impôt sur la grande vitesse ont enfin abouti.

Le transport des voyageurs en 1re classe ne sera dégrevé que de l'impôt de 1871, c'est-à-dire de 10 0/0, plus le double décime. Ce dégrèvement sera appliqué également aux transports en 2e et 3e classe, savoir : la seconde classe obtiendra une réduction de 10 0/0, soit un total de 20 0/0 ; la troisième classe une réduction de 20 0/0, soit un total de 30 0/0.

Le prix des billets d'aller et de retour sera réduit, en moyenne, de 17 0/0.

Les bagages continueront à être soumis aux tarifs actuels dégrevés de l'impôt de 1871.

Les messageries au-dessous de 50 kilos, les denrées alimentaires et les animaux vivants, sauf les chiens, verront leurs tarifs réduits.

Le dernier cri d'un condamné à mort. — Michel Eyraud, l'assassin d'un huissier de Paris, dont le crime a eu un si grand retentissement, a été guillotiné la semaine dernière. Le patient a marché à l'échafaud sans faiblir. Avant de mourir, il s'est plaint très vivement de M. Constans, ministre de l'intérieur, « un assassin lu aussi » et qui mériterait, tout autant que l'étouffeur de l'huissier Gouffé, la peine capitale.

Eyraud a protesté contre l'injustice du sort qui l'envoie sous le couteau de la guillotine et place M. Constans dans un ministère.

VEILLÉES RURALES (1).

(Suite.)

Conférences agricoles au village.

DEUXIÈME CONFÉRENCE

TERRAINS TENACES ET SANS CALCAIRE ; CHAUX, MARNE ; CHEMINS ; DIGNITÉ DU TRAVAIL.

Les chanteurs ouvrirent la séance par un morceau de musique. L'instituteur donna lecture du procès-verbal de la dernière réunion. Il appela au tableau quelques jeunes gens, et leur fit résoudre divers problèmes d'arithmétique sur la manière de régler l'épaisseur des semailles à la volée. Puis la discussion suivante s'établit :

Le maire. — « Messieurs, pour obtenir un progrès sérieux, le premier point, ce me semble, est de corriger les défauts du sol ; or, j'aperçois dans nos champs quatre vices principaux : ténacité absence de calcaire ou maigreur, humidité. »

Un assistant. — « Ne me parlez pas de la culture des terres difficiles. J'ai mis en pré et en plantations forestières tout ce que j'en avais. Sans frais, j'en tire maintenant bon produit. »

Un autre. — « Moi, je les laboure avant l'hiver. Au printemps, elles tombent en cendre. »

Le maire. — « En Flandre, c'est surtout avec de la chaux qu'on en corrige la ténacité. Les cultivateurs la font eux-mêmes dans des fours à feu continu. Ils en mettent, par hectare, 40 à 50 mètres cubes. Après quoi, la terre est beaucoup plus facile à travailler. »

L'instituteur. — « D'après ce qu'on disait à l'école normale, la chaux serait partout un principe nécessaire de fécondité, et voici comme on l'expliquait

« Cette substance entre dans la composition des os des animaux, il faut donc que les pailles, fourrages, grains, légumes et autres aliments produits par le sol en renferment quelque peu. Or, ce peu, les végétaux ne peuvent eux-mêmes le tirer d'une autre source que du sol. Dès lors, le champ qui n'en renferme pas a très peu de disposition à porter ce qui peut nourrir l'homme et le bétail. »

Un assistant. — « Au simple examen de la terre, peut-on reconnaître s'il s'y trouve de la chaux ? »

L'instituteur. — « Très-facilement : on met dans un verre avec un peu d'eau quelques parcelles de la terre qu'on veut essayer. Un quart d'heure après, on y verse du vinaigre fort ou tout autre acide. S'il se produit alors un bouillonnement analogue à celui du vin de Champagne, c'est que la terre renferme la substance dite *calcaire*, qui elle-même contient de la chaux. »

L'assistant. — « Que pensez-vous, M. l'instituteur, de la terre dont voici un morceau ?

L'instituteur fait l'essai ci-dessus indiqué et dit : « Vous ne remarquez, messieurs, aucun bouillonnement. J'en conclus que cette terre est privée de calcaire; par suite, impropre à la luzerne, au sainfoin, et sans doute de faible qualité pour tout le reste. »

L'assistant. — « En vérité, M. l'instituteur, vous ne vous trompez pas. Que faire pour l'améliorer? »

L'instituteur. — « Y mettre de la chaux, comme disait à l'instant M. le maire, ou bien de la marne; car la marne, dont il existe plusieurs sortes, n'est autre chose qu'un mélange d'argile et de calcaire. Les marnes se reconnaissent elles-mêmes à deux caractères : effervescence avec l'acide, disposition à se diviser par l'effet de l'humidité. »

Un assistant. — « Je n'ai jamais ouï-dire qu'il y en eût dans ce pays-ci. »

L'instituteur. — « C'est une erreur : toute la côte du Pâquis en est composée. Vous souvenez-vous, M. Simon, que l'année dernière me trouvant avec vous à cet endroit, j'ai pris plein mon chapeau de la matière blanche qu'on voit au fond des fossés, qu'ensuite je l'ai répandue dans un de vos champs de blé; que nous en avons marqué la place, et que le froment y est devenu plus beau qu'ailleurs? »

Un assistant. — « C'est vrai. Aussi, j'en aurais déjà mis sur plusieurs de mes terres; mais quel affreux chemin pour y aller! »

Le maire. — « Ne vous ai-je pas répété cent fois, mes amis, que de bons chemins quadruplent la valeur des propriétés par la facilité d'exploitation qui en résulte?

« Au sujet de cette fondrière, décidons un jour de corvée pour la semaine prochaine. Ensuite, le chemin sera praticable, et nous pourrons charroyer la marne. » (*Tout le monde applaudit.*)

Le curé. — « Je veux moi-même participer à ce travail; mais comme j'ai la messe à dire, puis les malades à visiter, ce sera seulement l'après-midi que j'irai casser la pierre avec vous. »

Un assistant. — « Nous ne souffrirons pas que notre curé se fatigue ainsi. »

Le curé. — « Ne me voyez-vous pas tous les jours bêcher mon jardin et tailler mes arbres? J'y transpire quelquefois; mais cet exercice me procure la force et la santé.

« L'homme qui travaille répand sur terre, avec l'eau qui coule de son front, l'inquiétude, la peine, l'ennui. Il ne pense pas à mal faire; car la fatigue du corps est un des plus sûrs préservatifs des misères de l'âme.

« Jésus-Christ lui-même n'a-t-il pas donné l'exemple du travail manuel, puisque, simple artisan, il gagnait sa vie par un labeur assidu.

« *Nous n'avons mangé gratuitement le pain de personne*, disait saint Paul; *mais c'est par un travail pénible de la nuit et du jour que nous l'avons obtenu pour n'être à charge à nul de vous.*

« Ces exemples ont toujours été en honneur dans l'Eglise. Les Pères les plus illustres participaient, dans leurs monastères, aux ouvrages les plus durs.

« A une époque où ce pays-ci était presque sauvage, je vois un grand nombre de chrétiens courageux se retirer au milieu des bois, des marais, des montagnes. La pioche à la main, ils défrichent la terre. C'est ainsi qu'une grande partie de l'Europe a été livrée à la culture.

« Le travail crée la richesse. La richesse à son tour fait abandonner le travail. Voilà la décadence de tout en ce monde, et en particulier de plusieurs de ces monastères. Mais si les choses humaines passent, les exemples du Christ ne passent pas; et c'est de mon devoir de prêtre de m'y conformer autant que je le puis. Laissez-moi donc prendre ma part de l'excellent ouvrage que vous projetez. »

Un murmure approbateur se fit entendre. Après un chœur de musique, l'on se sépara en se donnant de nouveau rendez-vous le dimanche suivant.

C'est la question du fumier de ferme qui devra être traitée.

(A suivre.) Charles Gossin.

LE DÉGRÈVEMENT DE L'IMPOT

Un de nos honorables abonnés du département de l'Aube nous écrit :

. . . .

. . . . « La majeure partie des habitants de notre commune se sont émus en faisant la comparaison des avertissements pour contribution 1890 et 1891.

« Pour 1891, l'augmentation est de 60 0/0. On avait annoncé un dégrèvement en faveur de l'agriculture de 19 millions, c'est le contraire qui a lieu. Nos impôts sur propriétés rurales ne sont pas diminués.

« Ainsi, pour une maison qui figurait sous le chiffre 25 autrefois, puis pour 30, payait 9 fr. 80 d'impôts; aujourd'hui on la cote à 300 fr. de revenu net, c'est-à-dire à 400 fr. de location, puisque le quart est déduit, ce qui donne 16 50, on multiplie par 5 25, soit 60 0/0 de plus.

« Ma maison ne pourrait pas se louer, bon an mal an, plus de 200 francs, et encore il faudrait trouver preneur : il y a longtemps que j'en offre une partie sans trouver preneur. Dans nos villages de 325 habitants, la population va toujours en diminuant, on émigre; de plus, plus d'enfants; beaucoup de maisons sont à louer et à vendre; point d'acheteurs ni de locataires. Je céderais volontiers ma maison pour le chiffre fixé par l'administration.

« Vous devez trouver comme moi que c'est arbitraire. Qui a-t-on consulté pour fixer les chiffres? Personne. Un contrôleur-inspecteur est, dit-on, passé devant chaque maison, pointé un chiffre : cela lui a suffit. Il y a trois ou quatre ans, on avait demandé quelques renseignements aux répartiteurs sur la valeur locative. On n'a pas tenu compte de leurs renseignements.

« Quel absolutisme!

« Beaucoup de personnes se sont rendues à la mairie pour signer sur un registre spécial les demandes en réduction; on a jusqu'au 11 février.

« Les répartiteurs auront ultérieurement à donner leur avis, et ils donneront un avis favorable au dégrèvement. S'ils ne sont pas écoutés, j'ai l'intention de ne pas payer mes impôts ou plutot de faire des offres qui seraient en rapport avec l'appréciation des répartiteurs, ou de me laisser saisir, sauf à faire opposition à la saisie et à faire porter l'affaire devant le tribunal. Ce n'est pas pour l'importance de la somme, c'est pour le principe.

« Tous les ans nous subissons de petites augmentations.

« Faut-il formuler une demande en dégrèvement un peu raide ? »

Certainement, il faut protester, protester énergiquement, et il faut que tous les contribuables protestent en masse; il est impossible de se laisser ainsi exploiter et voler!

Du reste, à en juger par la dépêche suivante, les contribuables paraissent enfin devoir sortir de leur torpeur.

Sarlat, 8 février.

« Une manifestation assez inattendue s'est produite hier devant la mairie de Sarlat.

« Plus de huit cents contribuables se sont présentés à la municipalité pour protester contre l'augmentation des impôts sur la propriété bâtie.

« Le conseil municipal se réunira demain lundi pour rédiger une protestation contre une mesure dont il supporte toute la responsabilité. Le conseil demandera que le travail d'évaluation soit repris en présence d'un membre de la municipalité, du contrôleur ces contributions directes et du contribuable intéressé. »

RECONSTITUTION DES VIGNOBLES

Producteurs directs ou vignes greffées?

Pendant ces longues semaines où la terre couverte de neige ne permettait aucun travail extérieur, nos vignerons, la tête dans les deux mains, ont eu le temps de réfléchir sur ce qu'ils feront pendant la prochaine campagne : les plus avisés auront profité de ces loisirs forcés, les uns pour se faire la main au greffage, les autres pour se renseigner; mais si l'on veut s'instruire il faut apprendre ce qui se fait ailleurs, et la saison n'était guère favorable aux voyages ou aux visites!

Je rendrai peut-être service à quelques vignerons, mes confrères en infortune phylloxérique, en leur communiquant des observations recueillies au cours de deux excursions entreprises, en vue de m'instruire moi-même, au commencement de l'automne dernier.

Une nécessité s'impose tout d'abord à tout vigneron, aussi bien à celui dont les vignes sont dévorées par le phylloxera, qu'à celui dont elles ne sont pas encore atteintes; c'est de déterminer, pour la reconstitution, son choix entre les producteurs directs et les vignes greffées.

Il y a bien encore quelques incrédules pour lesquels c'est une maladie qui est dans le terrain et qui finira par passer! mais le fléau destructeur ne continue pas moins sa marche. La liste des arrondissements phylloxérés s'accroit rapidement chaque année. Il y a quelque temps nous apprenions que, malgré les plus grands efforts pour étouffer le mal dans sa racine, le canton de Neuchâtel était envahi; celui de Genève est contaminé : hier on signalait un point d'attaque en Champagne; aujourd'hui c'est dans le Caucase que l'on annonce l'apparition du puceron dévastateur! Nous nous sommes trop enorgueillis de nos vignes; nous n'avons pas su rendre hommage à Dieu de cette merveilleuse source de richesses, et Dieu nous a condamnés à reconstituer nos vignes à la sueur de notre front : un peu plus tôt, un peu plus tard, nous y passerons tous : les derniers auront l'avantage de profiter de l'expérience des premiers.

L'une de mes excursions avait pour motif de me joindre à une commission constituée par la Société d'agriculture et de viticulture de Châlon-sur-Saône, avec mission de constater les résultats obtenus dans cinq cantons de l'arrondissement, pour la reconstitution des vignobles, et de signaler à l'attention de tous, par des récompenses, les meilleures méthodes à suivre.

Cette commission s'est naturellement préoccupée de la question du mode de reconstitution. Je ne puis mieux faire que de céder la parole à M. Roy-Chevrier, son rapporteur, sur les résultats obtenus par les anciens producteurs directs. Son très instructif et très intéressant rapport dénote un homme qui connaît à fond toutes les questions et auquel la pratique a révélé bien des secrets : ce n'est pas seulement un travail d'intérêt local, mais bien un travail d'intérêt général : tous ceux qui le liront trouveront beaucoup à y apprendre.

« Commencée simultanément avec les pro-
« ducteurs directs et les plants greffés, dit-il,
« notre reconstitution voit les premiers aban-
« donnés partout où on a l'espoir de faire du
« vin digne de ce nom. *Canada, Senasqua,*
« *Cornucopia*, *Brandt*, *Huntingdon*, n'ont
« donné que des déboires à ceux qui les ont
« adoptés. De tous ces plants exotiques, deux
« seulement paraissent excusables, — Je me
« garderai bien de dire *recommandables*, —
« l'*Othello* et le *Noah*. »

Parmi les plants découverts par les plus habiles hybridateurs d'Amérique, les uns révèlent une saveur étrange, sauvage, forcée à laquelle le goût français s'habituera difficilement, tant qu'il conservera l'espoir de ne pas perdre à tout jamais les vieux cépages auxquels la France doit la réputation de ses vignobles : les autres sont à peu près acceptables, ou même bons, mais pèchent par défaut de résistance au phylloxera ; ils ont puisé dans une trop grande prédominance du sang européen, auquel ils doivent leur naissance, avec une amélioration de qualités, une faiblesse constitutionnelle devant les attaques de l'insecte.

L'*Othello* résiste aux gelées du printemps, mieux qu'au phylloxera, et les défauts de son vin ne paraissent pas préoccuper, outre mesure, les marchands. Mais devant lui, comme devant toutes les vignes américaines, on voit toujours se dresser la question d'adaptation au sol, avec ses éléments les plus complexes. Par la comparaison des terres, l'étude de leur formation géologique, l'on peut, sans doute, arriver à des probabilités ; néanmoins, il faut toujours en venir à interroger son propre terrain et à lui faire prononcer la décision définitive sur la question d'adaptation.

Même dans les sols d'alluvion, sols qui se montrent généralement les plus favorables à la vigne américaine, la commission Châlonnaise a rencontré des *Othellos* visiblement phylloxerés, et des *Saint-Sauveur* qui ne poussaient pas. Ailleurs, au contraire, elle a remarqué des *Othellos* bien portants, âgés de 7 ans, rendant assez régulièrement 75 pièces à l'hectare, et dans un jardin de Châlon, des rideaux de *Saint-Sauveur* chargés de fruits, alors que ce plant ne donnait que de médiocres résultats en grande culture de coteaux.

(*A suivre.*) PAUL LAURAS,
ancien préfet, viticulteur.

LES COUVÉES D'HIVER

Depuis longtemps nous combattons la mauvaise habitude que nos cultivateurs ont d'abandonner l'élevage de la volaille pendant l'hiver.

C'est à ce moment, au contraire, que, plus que jamais, il est pour eux une source de grands bénefices.

En hiver, le cultivateur a beaucoup plus de temps à lui qu'en été ; puis, considération essentielle, les poulets éclos en décembre, janvier et février, sont bons à vendre trois mois et demi à quatre mois après, à des prix très élevés, car les marchés, à cette époque de l'année en sont complètement dépourvus.

Il ne faut pas croire qu'on rencontrera de grandes difficultés à faire l'élevage d'hiver ; c'est une erreur. et pour ceux qui possèdent vacheries ou bergeries, rien n'est plus facile.

On nous objectera qu'à cette époque il n'y a plus de poules couveuses ; certainement, mais il y a les machines à couver, les machines à élever, qui valent mieux que les couveuses et éleveuses naturelles.

Il faut donc, dès maintenant, s'occuper de se procurer des œufs ; ils sont rares, mais en les retenant huit jours à l'avance dans les maisons particulières et les fermes, on trouvera son contingent, en comptant, il est vrai, sur une moyenne de 38 à 40 pour 100 de clairs.

Une fois les petits éclos, ils seront intallés sous une mère quelconque, naturelle ou artificielle ; on leur donnera, *à discrétion*, et posée sur de petits billots ou dans des augettes spéciales, une pâtée ferme de farine d'orge et de maïs délayée avec du petit lait ou du lait écrémé, dans les proportions de 1 litre de liquide pour 1 kilogramme de farine ; puis, comme boisson, de l'eau bien fraiche, ou ; ce qui vaut mieux, de l'eau coupée de moitié de lait ; cette boisson sera servie dans les abreuvoirs à poussins, en évitant surtout que les petits élèves se mouillent.

La mère sera placée dans un coin de l'étable ou de la vacherie, et on ne laissera aux petits, pendant les deux ou trois premiers jours, que quelques mètres carrés autour de l'éleveuse, afin qu'ils puissent bien s'y habituer ; puis tous les jours, progressivement, on agrandira le parc, de façon à ce qu'ils prennent possession de toute la place qui pourra leur être concédée dans le bâtiment.

Après huit jours, ils devront sortir *à volonté et quelque temps qu'il fasse*. Pour cela on pratiquera dans la muraille ou dans la porte une petite chatière communiquant au dehors. On agira pour l'extérieur comme pour l'intérieur, en donnant d'abord un espace de quelques mètres, pour agrandir ensuite, de manière qu'après quatre ou cinq jours les poussins puissent jouir de toute leur liberté.

Pendant ce temps, la mère restera toujours dans l'intérieur du bâtiment, et les petits seuls sortiront.

Rien à craindre pour eux ; ils ne resteront que peu de temps dehors, s'il fait mauvais, et plus longtemps s'il fait beau ; quoique pour des raisons bien différentes, ils agissent à l'instar des abeilles, les uns rentrent pour se réchauffer et manger, les autres sortent après avoir mangé et s'être réchauffés ; mais ils ne sont jamais sortis tous en même temps.

Tout cela, en pratique est fort simple, et au bout de trois à quatre mois, on se trouve à la tête d'une magnifique couvée qu'on pourra vendre, avant ou après engraissement, mais à un prix tellement rémunérateur, que le bénéfice est quelquefois de 100 pour 100.

Quiconque visiterait Gambais et les environs, de décembre à avril, ne trouverait pas un seul cultivateur qui ne possède de 200 à 400 jeunes volailles.

Du reste, ce qui fait la fortune et la réputation du canton, et ce qui a eu lieu ici, peut se faire partout ailleurs.

Cultivateurs, nous vous rappelons qu'à côté de la théorie, il y a la pratique. Envoyez, pendant trois mois, vos fils à l'école d'aviculture, et ils sortiront avec des connaissances suffisantes pour savoir gouverner à bon escient votre basse-cour de manière à vous en faire retirer de grands bénéfices ; d'un autre côté, si votre culture ne vous permet pas de les garder près de vous, vous êtes certains que, munis de leur diplôme, ils trouveront aussitôt de bons emplois, car chaque jour des praticiens sont demandés.

ROULLIER,
Directeur de l'Ecole d'aviculture de Gambais (Seine-et-Oise).

Nouvelles agricoles.

Les vœux de la Société des Agriculteurs de France (session de 1891), (*suite*).

SÉRICULTURE. — « Droits de douane à frapper les cocons frais, 40 c. le kilog. ; les cocons secs, 1 fr. 20 ; la soie grège, 5 fr. ; la soie ouvrée, 6 fr. »

— VITICULTURE. — Il est émis le vœu :

« Que les raisins de table et les raisins destinés à la cuve soient rangés dans une même catégorie et frappés d'un droit de 20 0/0 par 100 kilog.

« Que les raisins secs soient frappés à la douane d'un droit de 35 0/0 par 100 kilog.

« Que les vins en bouteilles soient admis sans surtaxe et soumis au même régime douanier que les vins en cercle.

« Que le titre alcoolique des vins circulant en France soit immédiatement et d'urgence au chiffre de 11° 9, sans tolérance de dixièmes.

« Les moûts et vins de liqueur, doivent être soumis à la même tarification que les vins. »

— Les LAINES, les PEAUX et les SUIFS :

La Société des Agriculteurs de France insiste pour que les laines, les peaux, les soies, les lins, les chanvres et toutes les autres matières dites « premières », soient inscrites au tarif général des douanes et frappées des droits proposés par la Société, dans le projet de tarif qu'elle a voté et transmis en juillet 1890 aux pouvoirs publics.

— L'IMPOT SUR LES PROPRIÉTÉS BATIES. — La Société des Agriculteurs de France renouvelle le vœu, déjà deux fois adopté, que les dépendances rurales, détachées de l'agglomération principale, ne puissent jamais être englobés dans le périmètre, et émet, en outre, le vœu que les villes adoptent une réglementation permettant d'accorder l'entrepôt au cultivateur, ayant un bâtiment d'exploitation à l'intérieur du périmètre, et que décharge lui soit donnée pour la quantité de fourrage de paille et d'avoine nécessaire à l'alimentation.

de son bétail et pour l'avoine destinée à l'ensemencement de ces terres.

M. le comte de Lucay fait adopter une résolution concernant les mesures à prendre contre les exagérations de l'évaluation nouvelle des propriétés bâties.

La Société charge son bureau de prendre toutes les mesures de protection et de défense que sa prudence et ses connaissances des intérêts agricoles lui suggère.

Le bureau de la Société renseignera les membres de la Société sur leurs droits et leur en facilitera l'exercice.

— LA REPRÉSENTATION OFFICIELLE DE L'AGRICULTURE. — L'assemblée générale de la Société des Agriculteurs de France renouvelle le vœu qu'elle a précédemment émis à plusieurs reprises, pour obtenir une représentation officielle de l'agriculture, au même titre que l'industrie et le commerce, établie sur des bases analogues et pourvue des mêmes droits et facultés; demande qu'à cet effet, il soit institué : 1° Des chambres départementes d'agriculture composées de membres élus par le suffrage d'un corps électoral, comprenant les propriétaires de fonds ruraux, les agriculteurs, viticulteurs, fermiers, métayers, régisseurs, et autres ayant professton unique et principale d'exploiter un fonds rural; 2° Un conseil supérieur d'agriculture composé de membres élus par les chambres départementales d'agriculture.

Elle proteste ensuite contre tout autre mode d'organisation de cette représentation.

— SYNDICATS AGRICOLES. — La Société émet le vœu que la loi du 21 mars 1884 subsiste dans son intégrité; que la personnalité civile qu'elle a conféré aux syndicats, soit maintenue en leur faveur, avec toutes les facultés qui en découlent et qu'a notamment reconnues la circulaire ministérielle du 25 août 1884, qui forme le commentaire officiel de la loi; proclame et atteste la réalité des immenses bienfaits que l'institution des Syndicats, dans la période écoulée depuis leur création en 1885, a produits pour le soutien et le développement de l'agriculture sur tous les points du territoire français;

Proteste contre tous projets et toutes mesures qui, soit directement, soit indirectement, auraient pour objet de restreindre la capacité civile des Syndicats, d'enchaîner leur liberté, d'attenter à leur indépendance, et qui provoqueraient ainsi leur destruction, au mépris de toute question et au détriment du bien public.

Croix du Mérite agricole. — Cette décoration vient d'être accordée à M. Broquet, le constructeur de pompes, si honorablement connu.

Nous lui adressons nos bien sincères félicitations.

CONSEILS DU VÉTÉRINAIRE

BOITERIE DES VACHES.

Dès qu'on s'aperçoit qu'une vache commence à boiter, soit d'une patte, soit de toutes les quatre, ce qui arrive le plus souvent, il faut lui administrer, matin et soir, dans du son mouillé, 20 grammes de phosphate de chaux précipité; dès la troisième journée, on peut monter de 20 grammes à 35 et continuer jusqu'à la guérison, qui peut commencer à se manifester dès le huitième ou dixième jour.

Cette guérison se fait d'autant moins attendre que le traitement aura été commencé à une époque plus rapprochée du début de la maladie.

Le phosphate de chaux entrant pour une large part dans la formation des os, et ce corps étant enlevé au sol par la succession des récoltes fourragères et autres, sans lui être restitué par les amendements dans une égale proportion, il s'ensuit un appauvrissement du sol, et alors les fourrages ne contenant plus une quantité suffisante de phosphate, les os n'en reçoivent plus, dans la répartition de divers éléments composant le chyle, la quantité qui leur serait nécessaire; de là résulte une faiblesse dans le squelette de l'animal.

On obvie à cet inconvénient, en administrant directement le phosphate de chaux.

A cette occasion, nous ne saurions trop recommander à nouveau de faire entrer dans le régime régulier des vaches la *provende aux phosphates assimilables*, préparée par M. Savary, pharmacien à Amiens. Ne vaut-il pas mieux prévenir que guérir?

Les regains contiennent ce phosphate en moins grande proportion que les foins de première coupe; c'est dire que, dès qu'une bête est atteinte, il faut s'abstenir de lui en donner.

Si l'emploi, dans les diverses prairies, des phosphates fossiles ou des superphosphates se répandait, comme le commande l'intérêt bien compris des agriculteurs, ce serait un remède préservatif contre cette maladie; car alors les fourrages en absorberaient une plus grande quantité et, par ce fait même, les animaux eux-mêmes.

UN VIEUX VÉTÉRINAIRE.

CONSEILS DU JUGE DE PAIX.

AUBERGISTE. — ANIMAL MALADE.

Un aubergiste de mes amis vient de perdre devant la Cour d'appel de Paris un procès, qu'à mon avis, il aurait bien dû gagner, et j'aimerais à avoir votre avis si j'arrivais à me trouver dans son cas.

— Conte-moi l'affaire.

— Un voyageur de commerce descend dans son hôtel avec son cheval, qu'on met dans l'écurie à côté des chevaux de la maison; le cheval devient malade quatre jours après; sur la demande du voyageur, mon ami fait venir son vétérinaire habituel, qui n'est pas diplômé, il est vrai, mais qui ne m'en a pas moins guéri une vache condamnée par tous les vétérinaires patentés; cette fois je crains qu'il ne se soit mis le doigt dans l'œil; il dit ce ne sera rien, un peu de repos suffit; là dessus tout le monde est rassuré, le voyageur loue un cheval pour continuer ses tournées et laisse le sien se reposer à l'écurie; mais à peine est-il parti que voilà la morve qui se déclare chez le cheval, celui de l'aubergiste l'attrape à son tour et, par arrêté du maire, les deux animaux sont abattus.

— Et alors, n'est-ce pas, l'aubergiste n dit au voyageur, c'est par votre cheval que la maladie est venue infecter mon écurie, vous me devez des dommages intérêts.

— C'est comme vous le dites; mais il a perdu son procès en première instance et à la Cour; lisez l'arrêt, n'est-ce pas injuste?

— Je ne suis pas de ton avis.

— Comment donc! ne m'avez-vous pas dit plusieurs fois qu'on doit réparer le dommage qu'on cause à autrui; article 1382 du Code civil; voyez si j'ai bonne mémoire; or n'est-ce pas le cheval du commis-voyageur qui a causé tout le mal?

— N'allons pas si vite; ton ami, ainsi que le constate l'arrêt de la Cour, a eu le tort: 1° de faire visiter l'animal par un de ces charlatans, dans lesquels on a trop souvent confiance, au lieu d'appeler un vétérinaire diplômé; 2° de ne pas faire procéder à l'isolement de l'animal, dont il avait accepté la garde, bien que cette précaution fut de celle que commandait la prudence la plus élémentaire, comme l'ont très bien dit les juges.

— Alors on peut amener impunément un cheval malade dans une écurie d'auberge et donner la maladie à tous les autres.

— Pas du tout; celui qui amène sciemment un cheval ayant un mal contagieux et qui trompe ainsi la confiance de l'aubergiste, est assurément fautif et doit être condamné, mais ici ce n'est pas le cas; le cheval est tombé malade après son entrée à l'auberge, et ton ami, j'ai le regret de te le dire, doit seul supporter les conséquences de l'imprévoyance avec laquelle il a agi.

UN VIEUX JUGE DE PAIX.

CONSEILS A LA FERMIÈRE

Comment fait-on chez vous la soupe maigre quand on n'a pas le pot-au-feu? Si je vous demande ça, c'est que je connais une soupe qui peut être ferait bien votre affaire; cela s'appelle de l'*eau bouillie*, mais soyez tranquille, c'est meilleur que l'eau chaude. Pour faire de l'eau bouillie, mettez à bouillir dans un pot de l'eau avec de l'ail et du sel, puis vous coupez du pain en tranches minces que vous placez au fond d'une soupière et que vous arrosez de bonne huile d'olive, si c'est possible; ajoutez sel, poivre ou muscade; enfin, lorsque l'eau bout à gros bouillons, vous la versez sur le pain. J'ai oublié de vous dire que l'eau bouillie était la soupe ordinaire des paysans du Midi. Les bonnes gens de là-bas prétendent que l'eau bouillie sauve la vie. Dites donc, si c'était vrai tout de même? Ma foi, à votre place, j'en essayerais.

UNE MÉNAGÈRE.

CONSEILS DU JARDINIER

FAUT-IL ARRACHER OU COUPER DE SUITE LES PLANTES ET LES ARBUSTES QU'ON CROIT TUÉS PAR L'HIVER ?

Il me semble prudent d'attendre, avant de s'y décider, la révélation de la végétation printanière, surtout lorsqu'il s'agit d'arbres fruitiers en espalier ou d'arbrisseaux comme les rosiers ; c'est à elle de dire le mot décisif et de prononcer si arbre ou arbuste est perdu sans ressource. Toutes les pousses, tous les rameaux, le gros bois lui-même que vous avez consultés, vous ont fourni des témoignages irrécusables de gelivure ; mais on ne sait jamais si, préservé par une branche voisine, par une mousse épaisse, par un angle d'une pierre de la muraille, un bout d'aubier n'aura pas été préservé près de la greffe, et il suffira peut-être à la résurrection.

En 1880, j'avais condamné un grand et vieux rosier Gloire-de-Dijon, lequel tapissait le pignon d'une écurie et qui me semblait complètement perdu. L'exécuteur des hautes œuvres, dont la serpe, en ce moment ne savait où donner de son tranchant, différa d'obtempérer à la sentence et, quelques jours après, je découvrais, dans les alentours de l'écusson, trois magnifiques bourgeons parfaitement sains et pleins de vie ; on rabattit sur ces pousses et, trois ans après, mon rosier avait recouvré ses immenses dimensions et recommençait à me fournir son demi-millier de roses.

En se hâtant on gagnera une année, il est vrai ; mais qui sait si l'on n'aura pas à le regretter en voyant, chez le voisin, de bons vieux poiriers ou pêchers, dont il s'est contenté de retrancher les branches notoirement mortes, mais dont les bras parfaitement incorrects, mais très valides, n'en continueront pas moins pendant des années de donner de bons et beaux fruits à leur propriétaire, tandis que vous attendrez encore les produits de vos sujets de remplacement ?

HORTUS.

AFFAIRES MILITAIRES.

Les soutiens de famille.

L'article 22 de la loi du 15 juillet 1889, sur le recrutement de l'armée, dispose que le ministre de la guerre peut autoriser les chefs de corps à délivrer des congés à titre de soutiens indispensables de famille aux militaires comptant un an et deux ans de présence sous les drapeaux. Le nombre de ces congés ne peut dépasser 1 0/0 après la première année et 1 0/0 après la seconde. Il est calculé d'après l'effectif de la classe appartenant au corps.

Quant aux corps ne recevant pas annuellement un contingent de 100 hommes incorporés pour trois ans, le ministre de la guerre vient de décider que l'ensemble de ces corps sera considéré comme n'en formant qu'un seul.

Pour y assurer dans les meilleures conditions la répartition des congés à titre de soutien de famille, les demandes devront être transmises avec pièces justificatives, à l'appui au ministre de la guerre qui fera ensuite connaître aux commandants de corps d'armée, les noms et les corps des militaires auxquels des congés pourront être accordés.

ENGRAIS DE BONDY

Au moment où la culture va bientôt préparer ses champs en vue des semailles de printemps, nous croyons rendre service aux cultivateurs en leur rappelant que les *Engrais de Bondy* doivent, autant que possible, être mis en terre fin janvier, commencement février. Leur assimilation, un peu lente, est déjà préparée au moment de la semaille, et on obtient ainsi les meilleurs résultats. Nous avons déjà eu l'occasion de publier quelques lettres d'importants agriculteurs qui recommandent ces produits complète satisfaction. Voici un nouveau témoignage en faveur de cet engrais :

JACQUEMART ET DELAMOTTE

POSTE ET GARE de Tergnier (Aisne). TÉLÉGRAPHE à Quessy

Quessy, 13 juillet 1890.

Monsieur PAGEAUT-LAVERGNE,
9, rue Nouvelle, Paris.

« Depuis plusieurs années déjà, nous em« ployons, d'une façon progressive, vos Tour« teaux de Bondy.

« La quantité croissante que nous vous avons « demandée, l'importance très accrue encore de « notre récente commande pour 1891, attestent « les bons résultats obtenus avec cet engrais, « au point de vue de la qualité et de la quan« tité des betteraves produites, et non moins de « la récolte subséquente en céréales.

« Agréez, Monsieur, etc...

« JACQUEMART et DELAMOTTE,
« fabricants de sucre. »

Nous avons nous-mêmes pu, par des expériences comparées et renouvelées, nous rendre un compte exact de l'excellence de ces engrais riches et complets; loin d'user, d'appauvrir le sol, ils l'enrichissent : l'effet bienfaisant s'en fait sentir pendant plusieurs années. Ce sont des engrais de *père de famille*. Ils ne donnent, à ceux qui les emploient, ni mécomptes ni regrets.

Ch. G.

Maison ALBARET
à Liancourt-Rantigny (Oise).

Madame veuve Albaret nous prie d'annoncer à Messieurs les Agriculteurs et Industriels que, malgré le décès de Monsieur Albaret, la maison Albaret, de Liancourt (Oise), conservera son nom si répandu, et marchera, comme par le passé, sous la direction de toute sa famille, qui fera ses efforts pour continuer à donner entière satisfaction à sa nombreuse clientèle.

Madame Albaret et sa famille peuvent certainement compter sur la sympathie générale et le concours de tous ceux qui ont été en relations avec le regretté M. Albaret.

En ce qui nous concerne, nous serons toujours heureux d'encourager cette excellente maison, qui, nous pouvons l'affirmer, ne périclitera pas avec la nouvelle direction, et continuera à soutenir avec succès la lutte contre la concurrence étrangère.

POUR RIRE.

Un petit bonhomme de cinq ans passe dans la rue avec un carton et un petit panier sous le bras :

— Où vas-tu, mon petit ami ?
— A l'école !
— Qu'est-ce que tu y fais à l'école, tu apprends à lire ?
— Non, monsieur !
— A écrire ?
— Non, monsieurs !
— A compter ?
— Non, monsieur !
— Alors, que fais-tu ?
— J'attends qu'on sorte !

***

— Votre pays est charmant, disait un touriste à un habitant, mais quelle fichue idée de le paver avec ces affreux cailloux coupants et pointus !

— Qu'est-ce que vous voulez, monsieur, le maire est cordonnier.

***

Un joli mot d'enfant :

Lili reçoit de son papa une bonne paire de calottes.

Elle hurle.

— Oh ! s'écrie le papa, tu n'as pas fini d'en recevoir... J'en ai reçu ma part, moi, quand j'avais ton âge.

Alors, Lili, avec ironie et à travers ses larmes :

— C'est ça, tu te venges !

***

Un paysan vient offrir, en guise d'honoraires un panier de fruits à son avocat. Dans la cour, il rencontre un singe en liberté, apprivoisé, qui se précipite sur le panier et lui prend les meilleurs de ses fruits, le dessus; et, comme l'avocat fait remarquer au paysan que le panier n'est pas plein :

— Il l'était, monsieur, répond le bonhomme, mais comme j'entrais, monsieur votre fils s'est jeté sur moi et m'a pris ce qui manque.

PETITE POSTE.

M. G. G... (Indre). — Nous avons bien reçu votre lettre. L'abonnement de six mois est inscrit. Merci.

M. Ch. B... (Hérault). — 1° *Pommes de terre.* — Nous avons demandé les renseignements relatifs aux prix auxquels vous pourriez vous procurer les cinq variétés indiquées. Nous vous les transmettrons. Nous avons écrit aussi pour les 1,000 kil. de « *Institut de Beauvais* ».

2° *Sulfate de fer.* — Excellent dans les fumiers destinés aux vignes. Ne craignez pas de l'employer sur vos prés : il est toujours efficace pour la destruction des mousses. Nous croyons moins à son efficacité contre la maladie de la pomme de terre. Nous vous engageons à essayer le traitement de celle-ci par le *phosphate cuivrique* de M. Bichon (à Montpellier, 6, rue du Cheval-Vert); 200 kil. par hectare, soit une dépense d'environ 30 francs.

M. D... (Aisne). — *Superphosphate.* — A cause de leur différence de prix, les superphosphates minéraux sont plus avantageux que les superphosphates animaux, bien que ces derniers sont plus rapidement et plus complètement assimilables Dans les terrains très riches en humus et très chargés en matières organiques, dans les défrichements, par exemple, les simples phosphates d'os ou simplement minéraux suffisent; ils coûtent, vous le savez, beaucoup moins cher. Les phosphates de Quiévy conviennent tout particulièrement pour ce genre d'emploi, à cause de leur grande assimilabilité.

2° *Cendres pyriteuses.* — Certainement ces cendres ont de la valeur; sans doute, elles ne comporteraient pas des frais élevés de transport, mais, sur place, elles constituent un amendement qu'il ne faut pas négliger. Sur les prairies naturelles, surtout, elles sont d'un emploi très utile, à la dose de 5 hectolitres par hectare, tous les quatre ans seulement. Elles agissent de la même façon que le plâtre.

MM. les frères (Sarthe). — *Abeilles.* — Traité d'apiculture, par Jean Wéber, chez Gariel, 2, quai de la Mégisserie, Paris. — Prix. 1 fr.

M. G... (Algérie). — *Institut agricole de Beauvais.* — Nous avons fait envoyer un catalogue d'ouvrages agricoles dont la plupart sont entre les mains des élèves de l'école de Beauvais. Ajoutons : le *Manuel d'agriculture* de M. Louis Gossin (1 fr. 50), chez Fourrault, éditeur, rue Saint-André-des-Arts, Paris. Ce dernier vous aidera utilement dans la tâche que vous voulez entreprendre pour l'instruction agricole de la jeunesse qui vous entoure. Félicitations et vœux sincères ; notre concours vous est acquis.

M. Th... (Jura). — *Blé de Bordeaux.* — Achetez sans crainte. Ce prix de 32 francs n'est pas élevé.

M. L. B... (Finistère). — *Catalogue du concours agricole.* — Librairie agricole, 26, rue Jacob, Paris. Le prix doit en être de 3 à 4 francs.

Mme F. D... (Aisne). — *Engrais.* — *Pour des blés au printemps.* — Nitrate, 250 kil. à l'hectare, et 200 kil. de superphosphate. — *Prairies.* — 400 kil. de superphosphate. — *Luzerne.* — 3 hectolitres de plâtre. — Emploi *aussitôt* que possible.

M. B... (Haute-Marne). — *Syndicat.* — Les avantages procurés par les syndicats à leurs membres sont nombreux. Par leur intermédiaire *gratuit*, ceux-ci se procurent à prix réduits et sans crainte de tromperies : engrais, semences, instruments, matières alimentaires pour le bétail, etc. Par les syndicats, les agriculteurs sont unis, et par conséquent forts pour la défense de leurs intérêts. Il faut simplement adresser sa demande au président Il y a un syndicat agricole à Chaumont. Il a été fondé en 1888. Le président en est M. Samuel Simon, à Chaumont.

M. R..... (Mayenne). — *Veau. Dartres.* — Enduire les croûtes, matin et soir, pendant une semaine, avec la préparation suivante :

Glycérine blanche.....................	100 gr.
Alcool à 90°..........................	5 —
Acide phénique liquide noir.........	5 —

M. de la H... (Pas-de-Calais). — *Pommes de terre* Institut de Beauvais. — Bonne note est prise de votre commande.

2° *L'Agriculture française*, par Louis Gossin. — Il n'y a pas en ce moment de nouvelle édition en projet.

M. A. C... (Indre). — *Prix des engrais.* — Le prix des phosphates varie successivement suivant leurs richesses en *acide phosphorique* et suivant le *degré d'assimilation* de celui-ci. Votre observation est fort juste et nous cherchons précisément à organiser ce tableau, mais ce n'est pas aussi simple que cela parait. Il y a bien des susceptibilités à ménager. Nous demandons à la maison Del. B... d'indiquer ses prix.

M. B..., à M... — *Engrais.* — Avant tout, votre sol sableux et froid a besoin de fortes fumures. Pour ces sortes de terrain, rien ne vaut le bon fumier de ferme. Mais celui-ci est très utilement complété par des engrais chimiques, notamment par des phosphates ; parce que les plantes sont très gourmandes de ces principes que le fumier ne donne pas en assez grande quantité. Ainsi l'emploi simultané du fumier de ferme et des engrais phosphatés ne peut que vous être avantageux.

2° *Accident. Responsabilité.* — Le maître n'est pas nécessairement responsable de l'accident arrivé à son charretier, même si l'accident a été causé par les chevaux confiés au domestique; s'il est prouvé que les chevaux ne sont pas naturellement vicieux et méchants, que le domestique les connait ; qu'en les lui confiant, le maître n'a pas commis une faute ; si, d'autre part, il est établi que le domestique était ivre, ou qu'il a été brutal ou imprudent, il n'y a pas de responsabilité pour le patron. Ce sont des questions de faits qu'on ne peut résoudre qu'en ayant connaissance de tous les détails. L'assurance n'est pas obligatoire.

M. S.... (Ille-et-Vilaine). — Nous avons reçu votre lettre ; les renseignements nous étaient nécessaires. Comptez sur notre sollicitude.

Succession. Partage. — Vous demandez comment doit être réglé le partage dans le cas ou la mère, décédée, n'ayant que des immeubles et ne laissant que deux fils, a donné par avance, à titre de prêt, une somme de 3,000 francs à l'un d'eux.

L'art. 840 du Code dit formellement que tout héritier doit rapporter ce qu'il a reçu du défunt, directement ou indirectement, à moins qu'il n'y ait dispense de rapport dans les sommes de la quotité disponible.

L'art. 869 ajoute que le rapport se fasse en moins prenant dans la succession, et qu'en cas d'insuffisance le donataire doit faire abandon, jusqu'à due-convenance, de sa part dans les meubles d'abord, dans les immeubles ensuite.

Les principes étant ainsi posés, l'enfant qui a reçu les 3,000 francs en doit le rapport; mais comme par suite de son insolvabilité, il ne peut le faire en espèces, il le fera en moins prenant sur les immeubles; s'il avait pu rapporter en nature les 3,000 fr., il y aurait eu 1,500 fr. pour lui, 1,500 fr. pour son frère; mais comme il ne peut le faire, on lui attribuera les 1,500 fr. qui lui reviennent et dont il se trouvera ainsi libéré vis-à-vis de la succession, et il abandonnera sur les immeubles les 1,500 fr. revenant à son frère.

VINS DU BORDELAIS.

Que de fois nous avons entendu dire :

« Quel service on nous rendrait, si on nous trouvait, dans les pays vignobles, un vendeur consciencieux; si on nous débarrassait de la concurrence à outrance; si on nous garantissait sérieusement la qualité, la pureté et la conservation des vins ! »

Pour le Bordelais, nous recommandons M. Vincent Ardura, viticulteur, propriétaire d'un des meilleurs crus de la Gironde, favorable aux tempéraments délicats (le domaine de la Chapelle-Frédignac, par Blaye-Bordeaux), qui vend ses récoltes : 1889 à 130 fr., 1888 à 140 fr., 1887 à 150 fr., 1886 à 160 fr., 1885 à 175 fr., 1884 à 200 fr., 1882 à 220 fr., 1881 à 250 fr. et 1878 à 300 fr. la barrique de 225 litres, *franco* de port et de fût en gare d'arrivée. Paiement par le facteur à 30 jours 2 % ou 90 jours. Certain que son vin plaira aux personnes qui ne le connaissent pas et qui désirent se bien approvisionner, sachant, en outre, qu'il est difficile de se rendre sérieusement compte de la qualité par la dégustation sommaire d'une petite fiole, M. Vincent Ardura n'hésite pas à adresser *franco* une bouteille entière pour échantillon de la récolte désignée.

OFFRES & DEMANDES.

Pour répondre au désir qui nous est exprimé, nous offrons à nos abonnés, sous cette rubrique, deux annonces gratuites pour les offres et demandes d'emplois, produits ou animaux à vendre ou à acheter, etc.

Les annonces qui suivront jouiront d'une réduction de 50 pour 100 sur les tarifs ordinaires (0 fr. 15 la ligne au lieu de 0 fr. 30).

Les demandes d'insertions devront être envoyées à l'administration (joindre un timbre de 0 fr. 15) qui se chargera de les rédiger.

Ne pas négliger d'envoyer tous les renseignements nécessaires.

A vendre, *Pommes de terre Institut de Beauvais*, par quantités de 100 kil. au moins, à 15 fr. les 100 kil. — N° 897.

Un jeune homme, 33 ans, fils de garde-forestier, de famille honorable, ancien militaire, **demande** PLACE DE GARDE-PARTICULIER ou de SURVEILLANT pour une propriété. Bonnes références. — N° 905.

A vendre. — *Pommes de terre Institut de Beauvais*, et *Blé rouge de Bordeaux*, pour semences, à vendre par 50 kilogr. au moins. S'adresser à M. Toulemont, à Kervereguin-en-Plobannalec, par Pont-l'Abbé-Lambour (Finistère). — N° 906.

Un ancien élève d'une école d'agriculture, dans la force de l'âge, marié, bien au courant de la culture moderne en même temps qu'excellent praticien, demande un emploi de régisseur. — Très bonnes références. — N° 907. S'adresser aux bureaux du journal.

Ménage sérieux, 32 et 31 ans, très au courant de tous genres de culture, de la partie des bestiaux, comptabilité, commerce, etc., demande à gérer une ferme importante. — N° 908.

A vendre, excellent blé rouge de Bordeaux, très productif, à 32 fr. les 100 kil., en gare de Villers-sur-Coudun (Oise). — S'adresser à M. Bullot-Chinot, à Vandélicourt, par Machemont (Oise). — N° 909.

A vendre, avoine blanche prolifique de Californie, pour semence, à 22 fr. 50 les 100 kil., logée sur wagon, gare Salins (Jura). S'adresser à M. Ernest Champon, agriculteur à Cernans-sur-Salins (Jura). — N° 910.

Porcelets craonais purs, à vendre, 50 fr. le couple, au sevrage; en gare de Landerneau (Finistère). S'adresser à Mme J. Bergot, château de Trébodinie, par Lesneven (Finistère). — N° 911.

Chemins de fer de Paris à Lyon et à la Méditerranée.

Depuis le mois de juin 1889, les Compagnies de Chemins de fer délivrent, à des prix déterminés, des *cartes de circulation* valables pendant trois mois, six mois ou an et donnant le droit de voyager à demi-place sur toutes les lignes de leurs réseaux.

A la suite de nouveaux accords, les prix de ces cartes ont subi, depuis le 1er janvier 1891, une réduction d'un tiers. La carte donnant droit à des billets à demi-tarif de toute classe pendant un an, qui coûtait autrefois 600 francs, est aujourd'hui délivrée au prix de 400 francs.

Chemins de fer de l'Ouest.

NOUVELLES CARTES D'ABONNEMENT
AVEC
parcours circulaires sur la banlieue de Paris.

La Compagnie des Chemins de fer de l'Ouest délivre, depuis le 1er septembre dernier, de nouvelles Cartes d'abonnement (1re et 2e classes), de trois mois, de six mois ou d'une année, pour les quatre itinéraires suivants :

1° De Paris (Saint-Lazare, Montparnasse ou Champ-de-Mars) à Saint-Cloud, Pont-de-Saint-Cloud, Garches, Sèvres (Ville-d'Avray et rive gauche), et *vice versa;*

2° De Paris (Saint-Lazare ou Montparnasse) à Versailles (rive droite et rive gauche) et *vice versa;*

3° De Paris (Saint-Lazare) à Saint-Germain (via Le Pecq et via Marly-le-Roi) et *vice versa;*

4° De Paris (Saint-Lazare, Montparnasse ou Champ-de-Mars) à Versailles (rive droite et rive gauche) et à Saint-Germain (via Le Pecq et Marly-le-Roi) et *vice versa.*

Arrêts facultatifs à toutes les gares intermédiaires.

Faculté de régler le prix de l'abonnement de six mois ou d'un an, soit immédiatement, soit par paiements échelonnés.

Les cartes des 1er, 3e et 4e itinéraires sont, moyennant un supplément de prix, rendues valables sur la Ceinture, de Paris (Saint-Lazare) à Ouest-Ceinture.

HALLES ET MARCHÉS.

SITUATION GÉNÉRALE.

La température se refroidit un peu et l'on s'attend à de nouvelles gelées. Les marchés agricoles sont à peu près dans la même situation avec tendance générale à la fermeté. Les sucres ont eu de la hausse assez sensible depuis quelques jours. Les céréales et le bétail sont toujours bien tenus.

GRAINS.

Blés. — Vers la fin de janvier, les cours avaient perdu un peu de fermeté. et l'on avait relevé des prix en baisse sur un certain nombre de marchés. Ce léger mouvement ne s'est pas prolongé, et aujourd'hui ils sont redevenus aussi fermes qu'auparavant. Voici les dernières cotes de samedi : Cambrai, blé blanc, 26 fr. les 100 kilog.; roux, 25 25; Arras, blé blanc, 25 à 27; roux, 23 à 26 50; Amiens, blé, 25 40; Beauvais, 21 30 à 24 75; Evreux, 27 50; Laval, 25 50 à 26; Chartres, 23 40 à 26 20; Dijon, 25 à 25 50; Lyon, 25 50 à 26; Nantes, 25 60 à 26; Bordeaux, 27 50; Rouen (6 février), 25 50; Versailles, 25 à 27 50; Le Mans, 25 75 à 26 75. — A Paris, les affaires sont assez calmes en commerce, mais la tendance des cours reste ferme; on cotait samedi, 26 25 à 26 50 pour le disponible et le courant du mois, et 26 50 à 26 75 pour le livrable à toutes époques.

Seigles. — Les prix ne changent pas au marché commercial à Paris : 17 à 17 25 les 100 kilog. disponibles, 17 25 à 17 75 livrables La demande de la distillerie est toujours presque nulle. Les offres viennent de la Champagne, de l'Oise et de l'Aisne, aux cours de 16 25 à 16 75.

Orges. — Peu offertes; les belles qualités sont réservées pour la semences; les provenances de l'ouest valent 18 50 à 19 les 100 kilog. à Paris, et celles de Champagne, le même prix dans les gares de départ. — Les escourgeons sont cotés nominalement 19 50 à 20 25; ceux d'Algérie valent toujours 15 25 à 15 50 les 100 kilog. délivrés sur wagon à Dunkerque.

Avoines. — Avec peu d'offres et des transactions assez calmes, les avoines conservent néanmoins leur fermeté. Les belles avoines noires de Brie valent 19 50 à 19 75 les 100 kilog. en gare à Paris; les noires de Beauce et du Centre 18 75; les grises de même provenance, 18 50 à 18 75; les blanches, 18 à 18 25. — Les étrangères sont bien tenues sans changement.

Maïs. — Le disponible est rare; on cote 16 à 16 50 les 100 kilog. sur wagon au Havre pour les Danube, et 15 à 16 fr. pour les Plata.

FARINES.

Farines de consommation. — La meunerie tient fermement ses prix sans variation, avec venteordinaire en boulangerie; la marque de Corbeil reste à 61 fr. les 157 kilog. nets, et les autres marques à cours correspondants.

Farines de commerce. — Les prix sont plus fermes que la semaine dernière. Au marché commercial du 4 février, les *douze-marques* disponibles étaient cotées 53 50 et les livrables, 59 50 à 59 75 les 157 kilog.

FOURRAGES. — GRAINES FOURRAGERES.

Fourrages. — A Paris, la vente est courante; la paille de blé a baissé de 1 fr. par 100 bottes et se cote 27 à 32 fr.; les autres fourrages n'ont pas changé de prix. — Sur les marchés des départements, on cote : *aux* 500 *kilog.* : Nancy, foin, 30 à 34; luzerne, 28; paille. 19 à 22; Saint-Quentin. foin, 35 à 36; paille, 22 à 24; Montereau, foin, 34 à 36; paille, 30 à 32; Compiègne, foin, 26; trèfle, 26; paille, 25; Bar-sur-Seine, foin, 30 à 35; paille, 20 à 22; Rambouillet, foin. 27 à 32; paille, 18 à 22; Montargis, foin, 25 à 35; paille, 17 50 à 22 50; Dijon, foin, 35 à 40; paille, 18 à 22; — *au quintal* : Beauvais, foin, 6; paille, 4; Orléans, foin, 8 à 10; paille, 7 à 8; Lavaur, foin, 5 à 5 50; trèfle, 4 à 5; luzerne, 5 à 6; paille, 2 à 2 75; Toulouse, foin, 6 50 à 7 25; paille, 3 à 3 50; Lyon, foin, 6 75 à 7 25; paille, 3 à 3 50.

Graines fourragères. — A Lyon, la graine de trèfle reste cotée de 90 à 110 fr. les 100 kilog.; celle de luzerne, 100 à 130; celles de sainfoin, abondantes sur les marchés du Midi, valent 26 à 28, et les graines de vesce du Puy, 17 50 à 18 50. — A Nantes, on cote : trèfle violet, 95 à 100; à Poitiers, trèfle, 80 à 100; luzerne, 85 à 100; à Orléans, trèfle, 80 à 110; luzerne, 70 à 100; sainfoin, 24 à 32; à Toulouse, trèfle, 90 à 92; luzerne, 85 à 95; sainfoin, 30 à 33.

LÉGUMES SECS. — POMME DE TERRE.

Légumes secs. — La vente est assez active à Paris, mais les cours sont plus calmes comme suit : haricots flageolets chevriers, 60 à 100 fr. l'hectolitre et demi; suisses blancs, 55 à 57; Chartres, 60; Liancourt, 50; Soissons. 85 à 86; — plats du Midi, 36 à 45; suisses rouges, 27 à 28; cocos roses, 32; nains, 27 à 30; lentilles. 44 à 68; pois ronds, 28 à 35.

Pommes de terre. — A Nancy, les pommes de terre de féculerie vosgiennes valent : 5 fr. les 100 kilog.; celles de cuisine, 6; les autres variétés, 8 à 12; les algériennes nouvelles, 7 à 8 — Sur les autres marchés on cote *au quintal* : Melun, 7 à 8 fr.; Orléans, 7 à 10; Launion, 6 50 à 7; Lavaur, 5 à 6; — à *l'hectolitre*, Saint-Quentin. 5 50 à 7; Beauvais, 6 50 à 7 50; Blois, 3 60. — A la halle de Paris, on vend : hollande, 15 fr. les 100 kilog.; rouges saucisses. 11 à 12; rondes hâtives, 9 à 12; early roses, 8; nouvelles d'Algérie. 65 à 75; grenadines d'Hyères nouvelles, 80 à 90 fr.

HUILES ET GRAINES OLÉAGINEUSES.

Huiles de graines. — La tendance est moins ferme qu'il y a huit jours sur les huiles de colza. A Paris, les prix sont descendus à 64 fr. 25 et 64 75 les 100 kilog.; pour le disponible et le courant du mois, et 65 à 68 50 pour les autres époques. — Les huiles de lin restent sans variations, de 53 75 à 54 pour le disponible, et de 54 à 55 75 pour le livrable. — Les prix sont fermes sur les marchés de province, aussi bien dans le Nord qu'en Normandie. On cote : l'huile de colza, à Arras, 67 fr. les 100 kilog.; à Caen, 61 50 à 62 fr. l'hectolitre; à Lille, 61. — Il y a de la baisse sur les marchés belges.

Graines oléagineuses. — A Paris, les prix sont fermes avec très peu d'offres pour la graine de colza. On cote : colza, 29 à 30 fr. les 100 kilog.; lin, 25 à 30; chènevis de Bretagne, 34; de Russie, 32; — à Arras, œillette, 24 50 à 25 50; — à Cambrai, œillette, 24 25; lin, 20 50; colza, 17 50, cameline, 14 fr.

SUCRES.

Les cours sont en hausse continue à la Bourse de Paris depuis quelques jours : sucres roux 88 degrés. 33 fr. 50 à 33 75 les 100 kilog.; blancs n° 3, disponibles, 36 50 à 36 75; livrables, 36 75 à 37 75. — A Lille, le sucre roux vaut 32 75; le blanc disponible, 32 25.

ENGRAIS.

Le nitrate de soude est toujours à bas prix tenu entre 18 et 19 50 les 100 kilog; au marché de Lille, on tient de 18 50 à 19 50 à Dunkerque. — Le sulfate d'ammoniaque français reste coté 28 fr. 50 les 100 kilog. à Paris; le sulfate anglais vaut 28 à 28 50 à Dunkerque et à Anvers. — Les phosphates de la Somme ont des cours faibles pour les titres de 50 à 65 pour 100 d'acide phosphorique; les sulfates à 70 et 75 pour 100 se maintiennent à 1 fr. 27 l'unité d'acide par 1,000 kilog. — Les superphosphates minéraux solubles dans l'eau valent 59 centimes l'unité; ceux solubles dans le citrate, 54 centimes en gare à Paris. Le chlorure de potassium 75 à 80 pour 100 est coté 17 50; le sulfate de potasse 20 85 à 21 35 selon titre. conditions de Stassfurt. — On cote en outre : sulfate de cuivre, 50 fr. les 100 kilog.; phosphate de l'Auxois, 68 f. les 1,000 kilog. en gare d'expédition; poudre d'os dégélatinés, 13 50 à 14 les 100 kilog.; non dégélatinés, 12 50 à 13; cuir torréfié, 1 5 à 1 25 l'unité à Paris; corne torréfiée, 1 50 à 1 55; sang desséché non moulu, 1 65; moulu, 1 75 à 1 80; viande desséchée moulue, 1 70.

POMMES A CIDRE.

La fabrication du cidre va reprendre; les besoins sont grands. A Paris, les pommes saines triées sont recherchées à 90 et 100 fr. les 1,000 kil; les autres de 80 à 90 — A Rouen, on vend 7 fr. l'hectolitre, y compris 1 26 de droits.

PLANTS AMÉRICAINS.

Cours de Montpellier : boutures de 1 mètre sur 6 millimètres : R paria Gloire de Montpellier, 50 f. le mille; Riparia ordinaire, 32 50; Vialla et Taylor. 50; Rupestris, 65; Solonis. 47 50; Jacquez de 60 centimètres. 10 fr.; de 30 centimètres, 6 50; — plants greffés soudés, 100 à 250 fr. le mille suivant la variété des greffons et la nature des porte-greffes.

Raisins secs à boisson.

(Cours de la maison Audibert, 53, rue des Minimes, à Marseille).

PRIX ACTUELS (grande baisse).

Corinthe, Roi de Grèce, petits grains Extra 1er choix.......	100 kilos	59,	»
Corinthe, le Turban, gros grains......	»	»	55 »
Corinthe petits grains, 1er choix.	»	»	57 »
Thyra. 1er choix.........	»	»	50 »

BESTIAUX.

LA VILLETTE, 12 février. — Bestiaux. — Vente difficile sur les bestiaux, mauvaise sur les veaux et les moutons. lente sur les porcs.

COURS officiels.	Amenés.	Vendus.	1re qualité.	2e qualité.	3e qualité.	Prix extrêmes.
Bœufs....	2.040	1.959	1 58	1 46	1 28	1 18 1 66
Vaches...	412	377	1 54	1 32	1 20	1 14 à 1 60
Taureaux.	247	226	1 36	1 32	1 20	1 16 1 40
Veaux....	1.197	952	2 04	1 90	1 72	1 48 2 20
Moutons..	9.142	7.318	2 06	1 92	1 74	1 66 2 12
Porcs.....	4.108	4.067	1 36	1 30	1 26	1 20 1 40

Marché du lundi 9 février.

	Amenés	Vendus	PRIX AU POIDS NET 1re qual.	2e qual.	3e qual.
Bœufs	2 118	2.067	1 60	1 46	1 30
Vaches.....	808	756	1 56	1 34	1 22
Taureaux ..	169	164	1 40	1 36	1 24
Veaux......	1 232	1.001	2 04	1 92	1 76
Moutons....	9 989	9 051	2 10	1 96	1 74
Porcs	2 436	2.352	1 32	1 28	1 22

	PRIX AU POIDS VIF 1re qual.	2e qual.	3e qual.	Prix extrêmes.
Bœufs.........	» 98	» 81	» 68	» 62 à 1 02
Vaches.........	» 90	» 74	» 59	» 54 » 98
Taureaux......	» 86	» 78	» 65	» 61 » 90
Veaux.........	1 25	1 11	» 92	» 76 1 36
Moutons.......	1 08	» 93	» 76	» 70 1 15
Porcs..........	» 90	» 86	» 82	» 76 » 92
Peaux de moutons en laine..........				4 75 7 50
Id. id. demi-laine.......				2 35 4 75

Viandes abattues. — Criée du 12 février.

		1re qualité.	2e qualité	3e qualité.
Bœufs	le kil.	1 40 à 2 70	1 20 à 2 50	1 .. à 1 86
Veaux	—	1 90 2 »	1 70 1 86	1 50 1 66
Moutons ..	—	1 80 1 96	1 40 1 76	1 » 1 36
Porc entier	—	1 18 1 26	1 06 1 16	» 90 1 »

BEURRE, ŒUFS, VOLAILLES.

Paris, 11 février.

Beurres en mottes.

L'arrivage d'hier a été de 35,000 kil.
L'arrivage approximatif a été de 11,000 kil.

Beurres en livres.

L'arrivage d'hier a été de 8,937 kil.
L'arrivage approximatif a été de 7,937 kil.

Fermiers	au kilo	Touraine	au kilo
Extra	3 » à 3 20	Extra	2 80 à 2 90
1er choix	2 80 3 »	1er choix	2 70 2 80
2e choix	2 70 2 80	2e choix	2 60 2 70
Ordinaire ...	2 60 2 70	Ordinaire ...	2 50 2 60
Bourgogne		Vendôme	
Choix	2 30 2 40	1er choix	2 50 2 60
Ordinaire ...	2 20 2 30	2e choix	2 30 2 50
		Ordinaire ...	2 10 2 30
Gâtinais		Beaugency	
1er choix	2 70 2 80	1er choix	2 50 2 60
2e choix	2 50 2 70	2e choix	2 30 2 50
Ordinaire ...	2 30 2 50	Ordinaire ...	2 10 2 30
Le Mans		Fausse Touraine	
Choix	2 20 2 30	Choix	2 50 2 70
Ordinaire ...	2 10 2 30	Ordinaire ...	2 40 2 50

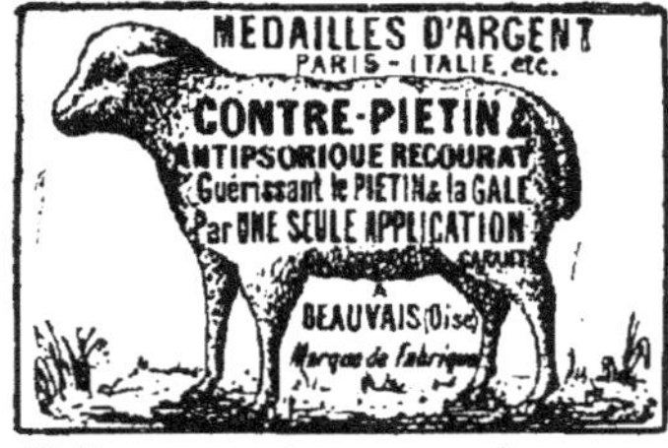

M. Recourat, pharmacien à Beauvais.
Gale des moutons guérie radicalement par *une seule application* de l'Antipsorique.
La bouteille, 3 fr.; la demi-bouteille, 1 fr. 75.
Guérison du Piétin par *un seul pansement* avec le Contre-Piétin-Recourat.
Le pot d'essai, 1 fr. 50; le pot, 2 fr. 50.
Joindre 0,60 c. pour recevoir *franco* et indiquer gare.

Exposition universelle de 1889. — Médaille d'or.

COUVEUSES

ARTIFICIELLES Brev. S. G. D. G. Nouv. Perfectionnements
Volailles de toutes races pour la reproduction.
ŒUFS A COUVER
Poussins, race de Houdan, 14 fr. franco. Emb. compris.
Poulaillers, Faisanderies, Volières.
Envoi franco du Catalogue illustré.

ECOLE PRATIQUE D'AVICULTURE
ROULLIER ✻ ✻ et ARNOULT
à Gambais (S.-et-O.), et 7, galerie Vivienne
PARIS.
Ecrire à Gambais.

N'achetez pas !!!

de Couveuses artificielles

sans avoir pris connaissance du nouveau catalogue illustré que M. J. PHILIPPE, éleveur à Houdan (S.-et-O.), envoie *franco* à toute demande et contenant description de sa nouvelle couveuse **La Houdanaise**, laquelle a obtenu la médaille d'or à la dernière Exposition de Paris 1890.
Maison à Paris, 46, quai du Louvre.

HUILE D'OLIVE

B. LAPALU, propriétaire-négociant, à **NICE**.
président du syndicat agricole de Berre, près Nice.

En estagnon de 30 à 50 litres, le litre :			En estagnon de 15 à 25 litres, le litre :		
Vierge-surchoix	Surfine.	Fine.	Vierge-surchoix.	Surfine.	Fine.
2fr47	2fr20	1fr92	2fr72	2fr43	2fr14

Franco de port et d'emballage en gare de l'acheteur.

Paiement : par traite à 45 jours de la date des expéditions.

TOUTES LES HUILES SONT GARANTIES PURES D'OLIVE.

Semences de choix. **Betteraves à sucre très riches.**

Sélection étrangère.

Kl. WANZLEBEN améliorée.
VILMORIN blanche id.
ELITE SACHS, richesse exceptionnelle.

Sélection française.

SILÉSIE nouvelle, recommandée pour sa haute production en sucre et en poids.

Livraison en sacs plombés et avec garantie de pureté d'espèces et de bonne germination.

C. LELUY, à Beauvais (Oise).

LE HÉRISSON

DISTRIBUTEUR D'ENGRAIS Breveté S.G.D.G.

DE CH. FAUL, Constructeur, 13, rue Pierre-Levée, PARIS

Le Véritable „ HÉRISSON " DISTRIBUTEUR hors pair, *a constamment remporté le 1er PRIX* dans tous les grands Concours spéciaux où il s'est présenté en concurrence avec les meilleures machines connues et notamment :
En **1890** à **Reims, Châlons-sur-Marne, Neuilly-St-Front, La Ferté-Gaucher, Beauvais;**
1889 à **Noisiel** (Concours international de l'Exposition universelle) et à **St-Quentin;**
1888 à **Troyes, Chartres, Crépy-en-Valois, Pithiviers.**
DEMANDER LE CATALOGUE ET LES NOMBREUSES RÉFÉRENCES.

AUX ÉLEVEURS ET ENGRAISSEURS DE BESTIAUX.

Voulez-vous élever et engraisser vivement vos animaux?

EMPLOYEZ LE

GLUTEN DE MAÏS AMÉLIORÉ

Pour les Vaches laitières, lait riche et abondant.

Pour les Porcs, viande de toute première qualité.

Produit à base de **farine de maïs**, remplaçant avec avantage les **tourteaux**, les **moutures** et les **remoulages;** c'est la nourriture reconnue la plus économique et la meilleure pour **l'élevage** et **l'engraissement rapide** des **porcs,** des **veaux** et de tous les **bestiaux** de la ferme, ainsi que des **volailles.** *Envoi du prix-courant sur demande adressée à*
M. BOUDOUX, négociant à **NESLE** (Somme).

RAISINS SECS A BOISSONS

Première Maison de France (10 croix ou méd., fondée en 1876), **J.-F. Audibert,** créateur des vins de raisins secs et importateur direct. Auteur de : *L'Art de faire les Vins de raisins secs* (fco 3 90); *les Vins d'imitation*, sirops, liqueurs, etc. (fco 5 25). Inventeur de l'appareil (B. S. G. D. G.). **LE SEUL ADOPTÉ PAR L'ARMÉE** pour la fabrication mathématique des vins de raisins secs, en 10 jours, pour faire depuis 1 litre jusqu'à 20,000 litres par jour **AVEC UN HOMME. Renseignements gratuits pour tripler les vendanges, vins de seconde cuvée,** etc., 53, r. des Minimes, Marseille.

Médaille d'Or. ✻ Exposition Universelle 1889. ✻ Médaille d'Argent.

VACHERIE à céder, Paris. Beau logement et boutique sur boulevard. 22 vaches, premier choix, 260 litres lait vendus 0 fr. 40 c. Belle étable et vastes dépendances, affaire facile à mener, 8,000 fr. bénéfices annuels garantis. On traitera avec 12,000 fr. argent ou sans argent avec garanties sérieuses. — S'adresser à MM. Laporte et Lefranc, 93, boulevard Sébastopol, Paris. — Sont vendues les vacheries annoncées précédemment.

Semoir et Distributeur d'Engrais

Système MAGNIER.

Envoi franco du catalogue illustré.

Expériences du 23 septembre 1890. 1er prix. - 20 avril 1890, Poitiers. 1er prix.

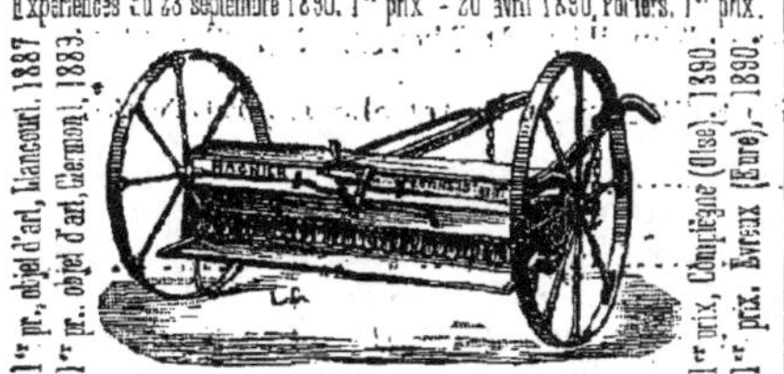

1er pr., objet d'art, Liancourt, 1887. 1er pr., objet d'art, Clermont, 1883. 1er prix, Compiègne (Oise), 1890. 1er prix, Evreux (Eure), 1890.

1er prix, Beauvais, 1890.

MAGNIER, constructeur breveté, Provins (S.-et-M.).

GUÉRISON RADICALE DE LA DIARRHÉE DES VEAUX PAR LA POUDRE CHOQUELIN. **1 franc la boîte** *franco par la poste.*

Dép. g., Ph.ie HAUVESPRE, Courville (Eure-et-Loir).

L'Onguent de HEVID, adopté par le *Ministère de la guerre*, est le meilleur préservatif des maladies du pied des espèces chevaline et bovine. Il pénètre admirablement le tube corné, le nourrit, et remet en bon état, en quelques semaines, le sabot le plus sec et le plus cassant.

En vente chez les vétérinaires, pharmaciens, selliers et maréchaux-ferrants.

L'Administrateur-Gérant : ALBERT RENOT.

PHARMACIE SAVARY

AMIENS, 38, Place Saint-Denis, 38, AMIENS

EN FACE LE SQUARE

PROVENDE AUX PHOSPHATES ASSIMILABLES

du Docteur DESCHAMPS

Prix : 3 fr. le kilog.; 27 50 les 10 kilog. (Remises proportionnelles.)

Accroissement rapide des bestiaux, surtout chez les jeunes animaux, force nerveuse, fécondité, engraissement; prévient surtout la diarrhée chez les jeunes veaux. Qualité exceptionnelle du lait.

M. Lefebvre, cultivateur à Marcelcave, a élevé un veau en lui administrant de la Provende phosphatée pendant 60 jours : tué à 70 jours, ce veau pesait 193 kilog., chiffre officiel constaté à l'abattoir. La viande était très blanche, ainsi qu'est prêt à l'attester M. Oheix, boucher à Amiens.

Les attestations émanant des sommités françaises et anglaises les plus accrédités ont été données à M. SAVARY.

30 PRIX D'HONNEUR ET GRANDS PRIX, 250 MÉDAILLES OR, VERMEIL, ETC.

GRANDES CULTURES DE GRAINES POTAGÈRES, FOURRAGÈRES ET DE FLEURS

E. FORGEOT (✻✻) & Cie

Fournisseurs du ministère de l'Agriculture, des Écoles nationales d'agriculture, des Syndicats agricoles, etc.

PARIS, quai de la Mégisserie, 6 et 8

Appareils spéciaux pour épurer et nettoyer les graines

SPÉCIALITÉ DE GRAINES DE GRANDE CULTURE

luzernes et trèfles garantis sans cuscute, minette, vesces, sainfoins trèfles incarnats betteraves, carottes, navets, choux-navets, pommes de terre

Blés à grand rendement, Avoines, Orges, Seigles. Graines d'arbres pour reboisement

Graines de graminées pour prairies

Notre Maison ne vend que des graines de provenances sûres, assurant les meilleurs résultats; elle accepte le contrôle de la Station d'Essais des Semences, établie à l'Institut agronomique par le Ministère de l'Agriculture, contrôle auquel nous sommes soumis dès sa création. En conséquence, nos graines sont garanties de levée et d'une pureté irréprochable; nos trèfles et nos luzernes sont garantis sans un seul grain de cuscute.

Grande et importante **Spécialité de Créations de Prairies.** Nous nous chargeons d'établir des compositions convenant à la nature de chaque sol, et d'avance nous en assurons la réussite.

Sur demande, nous adressons *franco* nos catalogues illustrés de graines potagères, fleurs, arbres, fourrages, ognons fleurs, plantes, etc.

VINS DU BEAUJOLAIS ET DE MACON.

A. BERNARD

propriétaire-viticulteur à Saint-Julien-en-Beaujolais (Rhône).

Le vin du *Beaujolais* est réputé pour un des meilleurs vins de table et *ses grands crûs* peuvent rivaliser avec ceux du Bordelais et de la Bourgogne.

Notre Vignoble, qui se reconstitue rapidement, est aujourd'hui en mesure de fournir à la consommation ses vins si appréciés.

Vin ordinaire 1889	100 fr.	la pièce.
Bonnes Côtes 1888 et 1889	130 à 150	—
Saint-Julien id.	160 à 200	—
Morgon, Fleurie, Thorins (grandes années)	250 à 300	—

Le tout logé et pris en gare du Vignoble.

La Propriété offre des greffes soudées, racinées, garanties. — Plants de choix. Reprise certaine.

Adresser les correspondances à Villefranche (Rhône), 44, rue de Thizy.

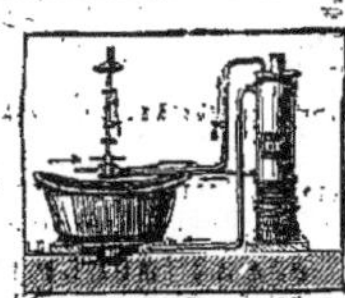

BAINS-BUANDERIES

Baignoires. — Chauffe-Bains. — Douches. — Appareils de lessivage, système Gaston BOZÉRIAN.

CHAUDRONNERIE, TOLERIE, *etc.* — Envoi franco de catalogues.

DELAROCHE, aîné, 22, rue Bertrand, Paris.

CRÉDIT AGRICOLE

UNION DES SYNDICATS AGRICOLES DE FRANCE

9, rue Marsollier, PARIS

Agence à LYON, 234, cours Lafayette, S. PLISSONNIER, Directeur ✻ M. A.

MACHINES AGRICOLES DE TOUS SYSTÈMES

TOURTEAUX et FARINES pour la nourriture du bétail.

ENGRAIS CHIMIQUES et ORGANIQUES, MATIÈRES PREMIÈRES

SEMENCES DE PREMIER CHOIX.

Beauvais. — Imp. D. Pere. - A. Cartier, Gérant.

12e Année. — 2e Série. — N° 578. Dimanche 22 Février 1891.

GAZETTE  AGRICOLE

JOURNAL HEBDOMADAIRE, PARAISSANT LE DIMANCHE

Rédacteur en Chef : M. Ch. GOSSIN, Professeur d'Agriculture à l'Institut agricole de Beauvais.

PRIX DE L'ABONNEMENT

UN AN, 5 fr. — SIX MOIS, 3 fr. — TROIS MOIS, 2 fr. 25

Pour l'étranger les abonnements ne sont reçus que pour un an, au prix de 6 francs, et ne partent que du 1er janvier ou du 1er juillet de chaque année.

Le numéro : 10 centimes.

Il est indispensable de joindre à toute demande de changement d'adresse la dernière bande d'adresse du journal et 50 centimes pour frais de nouvelles bandes.

Adresser les *Abonnements* et *Annonces* au secrétaire de la rédaction, **13, quai Voltaire, Paris**, ou à M. GOSSIN, rédacteur en chef et administrateur, à BEAUVAIS.

BUREAUX

13, quai Voltaire, Paris, et à Beauvais.

Les abonnements partent du 1er de chaque mois et sont payables d'avance. Toute demande d'abonnement doit donc être accompagnée du prix de l'abonnement. (Le mode de payement le plus simple est l'envoi d'un mandat-poste.)

Donner *très lisiblement*, en s'abonnant, son nom et son adresse exacte, *avec l'indication du bureau de poste ;* et, s'il s'agit d'une continuation d'abonnement, joindre au renouvellement la dernière bande d'adresse du journal.

La GAZETTE AGRICOLE insère gratuitement les Communications des Syndicats agricoles

SOMMAIRE :

PARIS, 20 FÉVRIER.

Le Bonhomme Deschamps vous l'a déjà fait remarquer, il y a entre nos modernes jacobins et leurs ancêtres cette différence qu'au lieu de couper les têtes, ils ne coupent que les bourses. L'adoucissement des mœurs et l'affaiblissement des caractères sont en partie cause de ce changement. Pour être moins cruel, le nouveau système n'en est pas moins efficace. Aussi est-ce par milliers que l'on peut compter les fonctionnaires de tout ordre qui, depuis dix ans, se sont ainsi vus privés de leur gagne pain.

***

Appliqué jusqu'ici à des individus, ce système est en train d'être étendu à des collectivistes. Vous savez les mesures législatives et les décrets qui ont été rendus contre les congrégations religieuses. Vous constatez tous les jours que l'on chasse les religieuses des hôpitaux et que l'on impose aux communes, qu'elles le veuillent ou non, des instituteurs laïques. On n'est plus à compter le nombre des prêtres qui, sur une dénonciation du premier garnement venu, ont été temporairement privés de leur traitement. Tout cet appareil de violences, au déploiement duquel nous assistons depuis dix ans, n'a pas rassasié l'esprit d'intolérance et de persécution de nos maîtres. Loin de là. N'existe-t-il pas toujours des Sœurs de charité, des Frères de la doctrine chrétienne, des missionnaires, des communautés d'hommes et de femmes, vouées les unes à la propagation du nom de la France au dehors, les autres au soulagement des pauvres ou à l'enseignement des enfants du peuple ? Comment faire pour empêcher l'arbre de pousser des feuilles et de porter des fruits, si ce n'est en l'attaquant dans ses racines mêmes. Et comme la méchanceté a au moins autant de ressources que la bonté, nos républicains sont arrivés naturellement à cette idée de prendre comme ils l'avaient fait pour les individus, par la famine, les diverses communautés religieuses. De là ces fameux droits d'accroissement dont il est tant parlé depuis quelque temps et dont l'objet est, contrairement à toute équité et à toute égalité, d'accabler sous le faix d'impôts monstrueux les diverses communautés religieuses. C'est le coupage des vivres érigé en système.

***

Aussi avons-nous eu ces jours derniers, dans un département du midi de la France, la vente par ordre du fisc du mobilier de pauvres religieuses. Pourquoi ce scandale et cette violence ! Tout simplement parce que le gouvernement demandait à ces pauvres filles non pas seulement de payer ce qu'elles ne doivent pas, mais ce qu'elles n'ont pas. Nous en verrons bien d'autres ! Il vous paraît sans doute d'une bêtise à être nourrie de foin, de croire que l'existence ou pour mieux dire la présence de religieux et de religieuses sur le sol français est incompatible avec le maintien de nos institutions. Eh bien ! croyez-en le Bonhomme Deschamps, ces idées qu'on devrait seulement rencontrer à Charenton et autres asiles de même sorte, hantent et dominent l'esprit de la plupart des docteurs républicains. Il n'y a pour ces monomanes, aidés et soutenus par les loges maçonniques, ni repos ni sécurité, tant que des religieux prêchent l'Evangile et le nom de la France à l'étranger, soulagent les misères des pauvres ou enseignent le peuple. La religion pour eux, voilà l'ennemi qu'il faut détruire, aveugles qui ne voient pas que les bonnes mœurs, que la religion prêche et entretient, sont le fondement nécessaire des Etats libres et démocratiques.

***

Tant de fanatisme uni à tant de violence et de bêtises est bien fait pour déconcerter les bonnes âmes et tous ceux qui n'ont du parti républicain et de ses vues, qu'une idée superficielle. Aussi ne faut-il pas trop s'étonner des avances faites par quelques-uns au gouvernement pour l'amener à des idées de modération et d'apaisement. Pourtant il semble au Bonhomme Deschamps que ces âmes candides devraient commencer à perdre leurs illusions. C'est en effet presque toujours au moment même où ces avances leur sont faites que les républicains redoublent de violence. L'invention des droits d'accroissement, c'est-à-dire la ruine des communautés religieuses a coïncidé avec les prédications républicaines de Mgr Lavigerie, et les mandements inconsidérés de quelques évêques et les offres de paix de certains députés conservateurs, n'ont pas empêché le fisc de faire vendre les meubles de religieuses de l'Ain, ni de multiplier ces procès aux communautés religieuses. Vous savez le proverbe : *Oignez Vilain il vous poindra; Poignez Vilain il vous oindra !* Il en est de même avec les républicains. Ce n'est pas avec des postures de suppliant ni avec des paroles de paix qu'ils reçoivent comme vous savez que l'on aura raison d'eux. Puisqu'ils nous font la guerre, acceptons-la résolûment.

Le Bonhomme Deschamps.

NOUVELLES DE LA SEMAINE.

M. Jules Ferry rentre en scène. — Le Sénat vient d'être saisi par un de ses membres, le pasteur Dide, d'une demande d'interpellation « sur la situation de l'Algérie. » On assure qu'en cette affaire le pasteur Dide fait le jeu de M. Jules Ferry, qui désire trouver une occasion de prononcer un grand discours. C'est par la politique coloniale que le chef de l'opportunisme veut rentrer en scène. Les radicaux s'en sont émus, et cette émotion est loin de se calmer. Toutefois on annonce que les journaux radicaux seront facilement mâtés par quelques centaine de mille francs prélevés sur les fonds secrets.

Refus de payer l'impôt. — Un incident qui répand une gaieté folle dans les cervelles républicaines, vient de se produire à Tours.

Mlle Deshayes, propriétaire, âgée de soixante ans, a refusé de payer ses impôts, répondant aux avertissements réitérés du percepteur qu'elle ne voulait pas fournir de l'argent à un gouvernement qu'elle considérait comme irrégulier. On l'a poursuivie et un commissaire de police a dû intervenir pour protéger les huissiers opérant la saisie des meubles de Mlle Deshayes.

Maintenant que Mlle Deshayes a fait la manifestation qu'elle voulait faire, il est probable qu'elle se mettra en règle avec le fisc.

La guerre aux pauvres. — Les malheureux veillards du Mans, que soignent les Sœurs de la Charité, vont être impitoyablement enlevés de leurs lits et chassés de la maison qui les abrite, par le fisc, qui, à l'instigation du sectaire Brisson, entend pousser jusqu'au bout l'application de la loi.

Les Sœurs ont vainement fait valoir que leur pauvreté les empêchaient de satisfaire aux rigueurs de l'administration, vainement aussi elles ont imploré des délais, allant jusqu'à offrir, en gage, les quelques titres de rente qui forment tout leur avoir.

Payez, leur a-t-on répondu, et payez immédiatement, où nous procédons à l'expulsion.

Cette expulsion brutale, inqualifiable, contre laquelle protestent tous ceux qui pensent aux deux cents vieillards qui vont être jetés sur le pavé, dans cette rigoureuse saison, cette expulsion aura lieu, dit-on, pour faire voir aux radicaux que le gouvernement de M. Carnot est pur de tout alliage avec la droite et qu'il n'a point recherché les bonnes grâces du cardinal Lavigerie.

Au dernier moment les journaux radicaux publient la dépêche suivante :

On a procédé, à Marboz (Ain), canton de Colligny, à la vente du mobilier des sœurs Saint-Charles, institutrices de la commune, pour refus de payer le droit d'accroissement.

La vente a eu lieu le jour du marché, au milieu d'une foule nombreuse *et avec un plein succès!!!*

Ne se croirait-on pas au pays de Cannibales!

Ce qui se passe au Tonkin. — L'arrivée de chaque courrier d'Extrême-Orient nous fournit l'occasion de constater l'incurable mauvaise foi du gouvernement, qui s'évertue à représenter comme excellente une situation qu'il sait être déplorable, et ne se résigne à faire connaître la vérité que contraint et forcé.

Nous apprenons, cette fois, que des bandes nombreuses, sous la direction du doc Ngu, ce chef rebelle qui nous a déjà infligé des pertes nombreuses, opèrent leur concentration dans la vallée du Song-Ma.

C'est au *Temps*, journal gouvernemental et par conséquent peu enclin à l'exagération, que nous empruntons l'exposé de la grave situation qui règne en ce moment au Tonkin.

Une colonne de 600 hommes, avec du canon, s'est présentée devant Hu Thuong, dans le Yen-Tê, pour attaquer les positions fortifiées où se sont réfugiées les grosses bandes de la région. Les abords de la position étant sous bois, nos soldats se trouvaient dans la nécessité de passer dans une brousse épaisse.

L'attaque n'a pas réussi, et l'on s'est retiré ayant perdu sur le terrain 33 hommes, dont 8 tués, parmi lesquels le lieutenant Blaise, un officier distingué sur lequel on fondait de très grandes espérances; 25 blessés ont été évacués sur Bac-Ninh.

On prépare une colonne bien plus forte pour faire l'investissement régulier de la position.

Les opérations contre Hu-Thuong position chinoise située près de Lang-Son, ont nécessité la présence de 1.400 hommes, dont 40 officiers.

Telle est donc la situation au Tonkin; on peut dire qu'elle s'aggrave de jour en jour. Et tandis que les promoteurs ou les complices de la déplorable conquête opportuniste ne cessent de proclamer en elle la plus grande pensée du règne, nous apprenons que nos soldats, restés là-bas en nombre insuffisant, prodiguent en vain, peut-être, leur héroïsme contre cette perpetuelle infiltration d'aventuriers et de bandits qui voient dans le Tonkin leur réceptacle naturel.

TRAVAUX DE LA SAISON.

Comment réparer les désastres de l'hiver?

Nous avons déjà répondu à cette question en indiquant les variétés de céréales qu'il y a intérêt à semer le plus tôt possible.

Notre honorable collègue du département du Rhône donne aussi aux cultivateurs de sa région d'excellents conseils qui se résument ainsi :

SEMIS TROP CLAIRS.

Si les céréales d'hiver sont clairsemées, les mauvaises herbes s'emparent rapidement des clairières, y poussent dru et envahissent vite le terrain en vivant au détriment de la plante cultivée qu'elles empêchent de fructifier.

Pour éviter ce grave inconvénient, il faut, quand les gelées intenses ne sont plus à craindre (deuxième quinzaine de mars ou première d'avril), choisir une belle journée et herser vigoureusement les semis en question.

Cette opération, qui tient lieu de binage, détruit en grande partie les jeunes herbes qui commencent à se montrer, facilite l'aération du sol, et favorise le tallage, c'est-à-dire la multiplication des tiges de la céréale cultivée.

FUMURE.

On facilite le tallage de la plante, et plus tard sa fructification, en répandant à la volée sur le sol, avant l'opération du hersage dont il vient d'être parlé, un engrais chimique facilement assimilable qu'on peut composer en mélangeant ensemble :

Nitrate de soude	150	kilogr.
Superphosphate d'os	120	—
Sulfate de potasse	50	—
Plâtre	300	—

Le prix de cette fumure complémentaire est de 72 fr. environ pour un hectare.

RÔLE DE CES MATIÈRES.

Quand on fait usage des éléments chimiques, il est indispensable de connaître quel rôle chacun d'eux joue dans la vie et la fructification du végétal.

L'azotate de soude vendu dans le commerce sous le nom de *Nitrate de soude* fournit, ici, l'azote qui active la végétation herbacée de la plante. C'est lui qui fait prendre à cette dernière la couleur vert-foncé qu'elle possède quand elle est vigoureuse. C'est encore lui qui active l'allongement de la tige et de la partie foliacée.

Le *Superphosphate* concourt notamment à la formation du grain.

Sans la *Potasse* la plante ne saurait, non plus, vivre et fructifier.

Enfin, le plâtre ou sulfate de chaux, apporte la chaux nécessaire au végétal et agit, en outre, sur la potasse du sol qu'il rend soluble et assimilable.

Par conséquent, employé sur les terrains granitiques et argileux, riches généralement en potasse, le plâtre produit les meilleurs effets.

EMBLAVURES DE PRINTEMPS.

Lorsque les semis d'automne auront été détruits ou presque détruits, il conviendra de les refaire en adoptant les semences dites de printemps.

BLÉS.

Les blés de printemps poussent plus vite que les variétés d'hiver, puisqu'ils arrivent à maturité presque simultanément; mais ils tallent moins, ce qui obligent à faire les semis un peu plus épais.

Il est bon d'activer la végétation de ces blés en employant au moment des semailles une fumure promptement soluble, composée des éléments suivants pour un hectare :

Nitrate de soude	250	kilogr.
Superphosphate d'os	250	—
Sulfate de potasse	100	—
Plâtre	350	—

Le prix de cette fumure est de 125 fr. environ.

VARIÉTÉS.

Les meilleures variétés sont :

Le blé chiddam, de mars, sans barbes;

Le blé de mars, barbu, ordinaire;

Le blé d'Odessa, sans barbes;

Le blé carré, de Sicile, rouge;

Le blé de Suède, de printemps.

Cette dernière variété a donné, dans certaines cultures, un rendement de 28 hectolitres à l'hectare.

AVOINES.

L'avoine de printemps peut également remplacer un semis d'automne mal réussi, ou encore occuper un terrain qui n'a pu être semé en temps opportun, en novembre.

La fumure que nous avons conseillée pour le blé peut être appliquée pour l'avoine.

VARIÉTÉS.

L'avoine noire, de Brie, a toujours donné de bons résultats, mais comme elle s'égraine facilement, il convient de la couper un peu prématurément. On a également obtenu d'excellents rendements avec l'*Avoine blanche hâtive de Géorgie* et avec l'*Avoine blanche de Sibérie*. La paille, dans ces deux variétés, est très abondante.

FOURRAGES.

Pour parer à la disette de fourrage, on peut semer, dès le dégel complet, du seigle qu'on distribue à l'état vert aux animaux, aussitôt que l'épi se montre. On sème encore, dans le courant de février, un mélange de deux tiers de vesces et de un tiers d'orge, à raison de 3 hectolitres à l'hectare.

Ce fourrage, à l'état vert, est très recherché du bétail; il peut fort bien être séché et conservé en grange pour l'alimentation hivernale.

Dès la fin d'avril on commence les semis de maïs-fourrage qu'on peut répéter tous les quinze ou vingt jours jusqu'en juillet, pour n'en point manquer. Il convient de semer le maïs un peu dru, pour que les tiges de la plante soient plus grêles. Dans cet état, les animaux en gaspillent beaucoup moins.

RECONSTITUTION DES VIGNOBLES

Producteurs directs ou vignes greffées!

(Suite.)

Chez M. Emile Petiot, l'habile et distingué président de la Société de Châlon, la commission a été mise en mesure de constater les travaux et les déductions à la suite desquelles une parcelle de terre de un hectare et demi, en coteau. complantée en vignes greffées sur américains, avait été divisée en trois zones, zone du *Vialla*, zone du *Riparia* et zone du *Solonis*. Les greffes de deux ans sur *Vialla* qui se rabougrissaient dans la zone du *Risparia* et périssaient dans celle du *solonis*, ont été arrachées et retransplantées dans leur zone propre; elles ont immédiatement reverdi et repoussé comme de jeunes greffes. C'est ce fait qui a fourni prétexte à raconter que M. Pétiot arrachait ses greffes !!!

Cette nécessité d'expérimenter soi-même son propre terrain nous était récemment encore démontrée par les résultats obtenus dans les vignes de la Grande Chartreuse. L'éminent religieux qui est chargé de pourvoir aux besoins matériels du couvent n'a pas été l'un des derniers à entreprendre la reconstitution des vignes par les cépages américains; secondé par un régisseur très dévoué en même temps que très expérimenté, il poursuit avec un zèle, qui peut être cité comme exemple, l'étude des nouveaux plants qui sont signalés comme pouvant efficacement contribuer à la reconstitution des vignes.

Or, dans les vignes des Chartreux on peut avoir des plantations d'*Othello*, vieilles de 12 ou 13 ans, dans un état de prospérité remarquable, tandis que d'autres plantations du même cépage, ont succombé, ou succombent à leur quatrième ou leur cinquième année, sous les attaques du phylloxéra.

En résumé, l'emploi des producteurs directs originaires d'Amérique se heurte à la triple difficulté de l'insuffisance de la qualité du vin, de l'insuffisance de leur résistance au phylloxera, et des bizarreries de leur défaut d'adaptation dans certains terrains. Le mot de bizarrerie ne paraîtra pas déplacé lorsque l'on connaîtra les observations récentes de M. Couderc, d'après lesquelles la difficulté proviendrait moins de la quantité du calcaire que de la nature sous laquelle il existe dans certains terrains : tel cépage se chlorosera dans un terrain qui ne contient que 3 0/0 de calcaire, et se développera vigoureusement dans un autre terrain où l'on en trouvera 15, ou 20 et même 25 0/0, mais sous une forme différente.

Avant de renoncer d'une manière définitive à ces producteurs directs, pour lesquels l'engoûment a été si général, et d'adopter la reconstitution de leurs vignes par le greffage, il y a bien des vignerons qui voudraient être éclairés ou rassurés sur les résultats du greffage tant au point de vue du recensement, qu'au point de vue de la qualité. Les observations relevées par la commission Chalonnaise sont de nature leur donner complète satisfaction; sur cette uestion si grave, le très substantiel et très intéressant rapport de M. Roy-Chevrier s'exprime en ces termes :

« Les produits obtenus par le maintien de nos vieux cépages, au moyen de porte-greffes résistants, devaient être théoriquement iden-« tiques aux anciens; pratiquement, ils leur « ont été supérieurs. Non seulement la greffe « grossit le grain du raisin et augmente le vo- « lume de sa grappe; mais, par une précocité « comparable à celle que provoque l'incision « annulaire, elle assure sa maturité. Or, l'on « sait que maturité est synomyme, en Bourgo- « gne, de bouquet et d'alcool. Donc, quantité « et qualité se trouvent améliorées par la « greffe.

« Jadis, en plants fins, — Pivot noir ou « chardonnay blanc, — on s'estimait bien « heureux de faire le questant à l'ouvrée ; « maintenant on récolte aisément la pièce.

« Les négociants de la Côte-d'Or, comme « ceux du Beaujolais, inquiets au début des « plantations greffées, se sont bien vite rendus « à l'évidence et déclarent préparer les raisins « des jeunes greffes à ceux des vieilles vignes « des mêmes cépages. »

Et comme les faits ont encore plus d'autorité que les appréciations des hommes les plus compétents, il ne faut pas négliger de rapporter que le président de cette Société d'agriculture et de viticulture de Châlon a vendu, au mois de septembre, ses raisins de Pinots greffés, produits par des vignes de troisième et de quatrième feuilles sur pieds, à raison de 0.70 c. le kilog. le prix représente environ 210 francs par pièce de vin coulant du pressoir. Or, en même temps, M. Petiot possède encore de vieux Pinots, francs de pieds et demeurés à l'abri des ravages du phylloxera ; mais il a eu grand peine à obtenir le prix de 0,50 par kilog pour ces derniers raisins. Il est vrai que leur maturité n'était pas complète, tandis que celle des raisins greffés ne laissait rien à désirer : l'année était tardive, et si l'on avait, par un pesage, mesuré le degré alcoolique des deux vendanges, on aurait trouvé la justification de la préférence accordée par l'acheteur à la première, ce que n'ont pas mesuré les acheteurs de M. Petiot, d'autres on voulu s'en rendre compte. M. Pulliat a fait connaître qu'en 1889 des Chardonnay greffés avaient donné 3 degrés d'alcool de plus que les vieilles vignes, 13° 20 au lieu de 10° 20. La même différence de 3° a été constatée chez M. Feyeux, à Viré, dans le Maconnais, également sur des greffes de Chardonnay, âgées de quatre et cinq ans, mises en comparaison avec de vieilles vignes âgées d'une cinquantaine d'années.

Sans être constatés avec cette rigueur mathématique, ces avantages sont reconnus par des praticiens dont l'appréciation ne saurait être recusée. Dans le Beaujolais, la reconstitution par le greffage est assez ancienne pour permettre à tous d'en apprécier les résultats ; il ne s'y trouve pas de vignoble où l'on ne rencontre, parmi les vignerons les plus intelligents et les plus expérimentés, des hommes pour dire que, si la crainte du phylloxera venait à disparaître, ils ne continueraient pas moins à greffer, tant ils sont convaincus de la supériorité des produits de la vigne greffée sur ceux des anciens plants.

Paul LAURAS,
Ancien préfet, viticulteur.

(A suivre.)

RÉSERVE DE POTASSE ET D'AZOTE
dans le sol arable.

Azote à 0 fr. 80 et 1 fr. le kilog. — Sulfate de fer à 4 fr. 50 et 2 fr. 50 les 100 kilog. — Cendres pyriteuses effleuries. — Cendres lessivées.

L'acide phosphorique se trouve en quantités très variables à la superficie du sol, qui dans biens des cas, peut n'en pas contenir du tout.

Toute terre végétale, au contraire, renferme en azote et potasse insolubles, de 10 à 150 fois plus qu'il n'en faut pour la récolte d'une année, laquelle n'a besoin, par hectare, que de 65 kil. du premier et 60 kil. du deuxième pour le blé, 80 kil. du premier et 200 kil. du deuxième pour la betterave, et ce au maximum.

Les expériences de la station agronomique de Laon, répétées contradictoirement à notre laboratoire, ont démontré que l'azote et la potasse, qui se trouvent dans le sol à l'état insoluble, peuvent être mobilisés, c'est-à-dire rendus plus assimilables par la présence de sulfates acides d'alumine, de protoxyde et de peroxyde de fer.

Cette réaction, qu'il n'est pas possible de contester, donne une explication bien nette des effets remarquables produits par l'emploi des cendres pyriteuses, qui, sans qu'on se soit rendu compte de la cause, jouissaient d'une si grande vogue il y a trente ans. On a cessé d'en faire usage parce que les extracteurs, pressés de satisfaire une consommation supérieure à la production, ne lui laissaient pas le temps de s'effleurir et la livraient ne contenant que des sulfures (d'une utilité contestable pour la végétation) avant qu'ils ne soient transformés en sulfates de fer et d'alumine.

Le sulfate de fer, dont l'emploi en agriculture et en viticulture va grandissant tous les jours, dont le prix s'élève progressivement et dont les plus incrédules ne peuvent plus nier les bons effets, devait attirer l'attention sur les cendres pyriteuses, ce produit naturel dont la composition correspond d'une manière si avantageuse aux besoins révélés par la science agronomique.

La cendre pyriteuse doit être extraite une année à l'avance ; elle est alors bien effleurie et, après avoir été soumise à toutes les préparations pouvant en faciliter l'oxydation, elle doit contenir par 1000 kil., lorsqu'elle est livrée à l'agriculture :

140 à 160 kil. sulfate de fer } Total 200 kil. valant
50 à 60 kil. persulfate de fer à 45° } 5 fr. les 100 k. 10f
110 à 130 kil. sulfate d'alumine.
170 à 220 kil. substances organiques, dont 80 à 120 kil. humus avec 5 kil. azote (autant que dans les meilleurs fumiers de ferme), valant 1 fr. 50 kil. 7 50

Cette substance, devant essentiellement être manipulée au grand air, contient une proportion d'eau pouvant varier entre 10 et 25 pour 100. (Le poids du mètre cube peut alors être compris entre 900 et 1000 kil.)

Après avoir été traitées avec soin et conservées en grosse masses de 6 à 8 mètres de hauteur afin d'en mieux conserver la chaleur et de les préserver contre les pluies, elles doivent être criblées avant d'être expédiées. Dans ces conditions elles valent 100 fr. le wagon de 10 tonnes.

Pour cette somme on a : 50 kil d'azote pour 50 fr., soit à *1 fr. le kil.* et 2000 kil. sulfate de fer (protosulfate et persulfate) pour 50 fr., soit *2 fr. 50 les 100 kil.*

Nous ne faisons pas entrer en ligne de compte les 1000 kil. matières humiques dont on connaît le rôle dans la végétation ni les 1200 kil. sulfate d'alumine, qui produit les mêmes effets que le sulfate de fer. Leur valeur diminue d'autant les prix de l'azote et du sulfate de fer, mais on peut les considérer comme compensant l'excédent de transport.

Les cendres pyriteuses ont en outre la propriété, lorsqu'elles sont intimement additionnées de phosphate fossile pulvérisé, d'en faire progressivement passer une notable proportion à l'état de superphosphate, et, en mobilisant l'azote et la potasse du sol, elles permettent de réduire au strict indispensable les apports d'engrais azotés et potassiques qui sont précisément les plus coûteux.

Nous ne saurions trop engager les agriculteurs à méditer les considérations et les calculs ci-dessus; nous sommes convaincus qu'ils y trouveront des indications d'un très haut intérêt pour l'accroissement de leurs récoltes.

Enfin en publiant ces lignes, nous avons pour but d'être utile à un grand nombre de propriétaires. Les vallées de l'Oise, de l'Aisne, de l'Ailette et de la Vesle possèdent des gisements abondants de cendres pyriteuses s'étendant sous les montagnes qui les séparent. Dotés maintenant de moyens de transports économiques, il n'est pas douteux qu'ils n'en tirent un excellent parti tout en rendant un véritable service à l'agriculture.

Nous ne devons pas passer sous silence que les cendres pyriteuses, dont l'agriculture a consommé jusque 300 bateaux par an, ont longtemps servi à alimenter une douzaine de fabriques d'alun aujourd'hui fermées. Lorsqu'elles ont été lavées, comme elles contiennent encore 5 à 10 pour 100 de sels solubles, en grande partie reconstitués par l'action de l'air, et toutes les matières organiques et humiques avec 5 millièmes d'azote, qui n'ont pas été dissous par le lessivage, elles étaient enlevées par les cultivateurs au fur et à mesure de leur production. Les pays vignobles de la Champagne, ne pouvant pas se procurer des cendres pyriteuses dans les communes voisines qui en possèdent des gisements qu'elles gardent pour leurs habitants, emploient encore des quantités importantes de cendres lessivées transportées par wagon ou par bateaux tirés des bords de l'Aisne ou du nouveau canal de l'Oise à l'Aisne.

Si on estime à 5 fr. le prix de 1000 kil. de cette matière rendue à destination, l'azote revient à moins de 0 fr. 80 le kil. et le sulfate de fer à moins de 1 fr. 50 les 100 kil.; et de plus on a par 1000 kil. 80 à 110 kil. matières organiques et 70 à 120 kil. matières humiques, qui ont une action très favorable sur la végétation et dont la valeur diminue d'autant les prix de revient de l'azote et du sulfate de fer.

Il nous reste à présenter une observation d'une extrême importance: La potasse et l'azote inertes étant *disséminés* dans toute l'épaisseur de la couche arable et devant, pour être mobilisés, être en contact avec les sels acides de fer et d'alumine, il est indispensable pour obtenir des résultats satisfaisants, d'opérer d'une manière aussi complète que possible le mélange des cendres pyriteuses avec la terre végétale.

En résumé, de l'azote à 1 fr. et même au-dessous de 0 fr. 80 le kil., tandis que dans la plupart des engrais sa valeur varie entre 1 fr. 50 et 2 francs;

Du sulfate de fer à 2 fr. 50 et même au-dessous de 1 fr. 50 les 100 kil. avec du sulfate d'alumine et de l'humus qui en diminuent encore le prix d'acquisition, tandis que dans le commerce on le paie entre 6 et 8 fr. les 100 kil.;

Tels sont les faits considérables, que nous avons tenu à mettre en lumière dans le but de les faire passer dans la pratique agricole, et d'indiquer aux cultivateurs un moyen, qui a fait ses preuves, il y a 40 ans, sans qu'on se soit rendu compte de la cause, de réaliser de sérieux bénéfices.

E. Fischer.

Conseils pratiques aux Agriculteurs

« Ordre en tout, ordre partout. »

ORDRE DANS LES CULTURES

Pour tirer de sa terre des profits assurés et durables, un cultivateur intelligent et avisé doit procéder avec méthode, accepter docilement les leçons d'une longue expérience, ne pas se montrer rétif aux progrès incontestés de la science agricole. Or, aujourd'hui, en matière de culture, il est des principes absolument certains, que, *sous peine de ruine, il faut enfin* se résoudre à mettre en pratique. Au nombre de ceux-là, je vous signale, comme les plus importants, ceux qui concernent les assolements et les engrais.

Assolements. — On appelle assolements ou rotations, les systèmes suivant lesquels on fait succéder les plantes les unes aux autres, dans la même pièce de terre.

Pendant longtemps, en France, l'assolement triennal a été généralement suivi. La première année, on cultivait du froment; la deuxième année de l'avoine; la troisième année... rien, c'est-à-dire qu'on laissait la terre en jachère. Puis on recommençait dans le même ordre: froment, avoine, jachère, et ainsi de suite indéfiniment. Eh bien, ce système, cet assolement a désormais *fait son temps*, et ceux qui y sont encore attardés doivent se hâter d'en sortir. L'expérience pratique, aussi bien que l'expérience *scientifique* ont fait reconnaître que les céréales donnent plus de produits, quand, au lieu de se succéder à elles-mêmes, elles succèdent à des plantes, d'une nature différente, telles que les prairies ou les racines fourragères. Il en résulte que les céréales ne doivent revenir sur le même terrain que tous les deux ans seulement et que par suite, l'assolement ou la rotation doit comprendre un nombre pair d'années et être à tout le moins quadriennal.

L'assolement quadriennal est le type des assolements *fondés sur l'alternance, c'est-à-dire* sur ce principe fondamental que, sur le même terrain, il faut faire succéder les plantes d'une famille à celles d'une famille différente. Cet assolement est celui que l'on doit pratiquer de préférence à tout autre, car il peut suffire à tous les besoins de l'agriculture.

Dans ce système on cultive:

1re année. — Froment.

2me année. — Plantes sarclées (racines fourragères).

3me année. — Avoine ou orge.

4me année. — Prairies annuelles ou récoltes dérobées.

C'est fort bien, allez-vous dire, mais pour cultiver de la sorte il faut une très grande quantité de fumier.

Evidemment; mais qui veut la fin veut les moyens, et, vous le savez du reste: « Pas de grain, sans fumier. » Faites donc du fumier, faites-en le plus possible, et si, malgré tout, vous n'en pouvez faire assez, ayez recours aux engrais chimiques. Ceux-là, désormais, ne vous feront jamais défaut.

Engrais chimiques. — Deux mots seulement sur ce sujet. Aujourd'hui l'épreuve des engrais chimiques est aussi éclatante que complète.

Ils suppléent soient à l'insuffisance en quantité, soit à l'insuffisance en qualité des fumiers *de ferme*. Dès lors, vous n'aurez plus aucun prétexte pour demeurer en arrière et résister au courant du progrès. De toute nécessité, il vous faut suivre le mouvement, sinon mettez la clef sous la porte et ne faites pas d'agriculture.

ORDRE DANS LA COMPTABILITÉ

A cette heure, que vous et vos enfants savez tous écrire et compter, vous seriez impardonnables et fous de ne pas tenir une comptabilité quelconque. Vouloir conduire une ferme sans compter, c'est vouloir marcher droit sans y voir. Sans doute je ne prétends pas vous conseiller une tenue de livres aussi rigoureuse et détaillée que celle que la loi exige des commerçants et des comptables publics; mais ce que je vous recommande, notamment, c'est d'organiser vous-mêmes, et comme vous l'entendrez, des cahiers ou registres où vous inscrirez vos recettes et vos dépenses, et qui vous permettront, en fin d'année, de savoir si vous êtes en gain ou en en perte. Une semblable comptabilité est bien simple à tenir sur un registre, — que nous appellerons livre-journal, vous inscrirez régulièrement, chaque jour et à leur date d'un côté vos recettes, de l'autre vos dépenses. Ne tiendriez-vous que ce seul registre, vous pourriez du moins, en faisant la balance du total de vos recettes avec le total de vos dépenses, savoir si vous avez gagné ou perdu. Mais ce serait là une comptabilité un peu trop sommaire et qui vous ne ferait pas voir d'un seul coup d'œil le résultat de chacune de vos principales opérations agricoles. Pour obvier à cet inconvénient, un second registre, que nous appellerons grand-livre, vous suffira.

Dans ce grand-livre, vous consacrerez deux pages, se faisant face à chacune des maîtresses branches de votre exploitation; autrement dit vous ouvrirez à chacune un compte spécial auquel vous donnerez un titre générique. Vous ouvrirez, par exemple, un compte que vous intitulerez « *Maison, basse-cour* et *domestiques*, et d'un côté vous inscrirez toutes les recettes provenant de ces trois différentes sources, de l'autre toutes les dépenses qu'elles vous auront occasionnées. La balance vous dira si vos dépenses de maison (nourriture, vêtement, chauffage, éclairage, salaire des domestiques, etc.,) ont dépassé ou non les produits que vous aurez retiré du lait de vos vaches, de la vente de vos volailles ou de vos porcs, etc.

Vous ouvrirez un autre compte que vous intitulerez par exemple: *Bestiaux*, et sur ce compte vous inscrirez sur une page toutes les recettes que vous aurez faites sur vos animaux, et sur la page d'en face toutes les dépenses qu'ils vous auront causées. De même pour les autres comptes qu'il vous plaira d'ouvrir sous tels ou tels titres que vous voudrez. *Matériel agricole, culture de céréales, culture de plantes sarclées, fourrages naturels et artificiels, etc.* De la sorte, en balançant chaque compte, vous saurez si vous avez et ce que vous avez gagné et perdu sur vos bestiaux, vos cultures, vos prairies, etc.

Je ne puis vous donner ici que les grandes lignes d'une tenue de livres ; mais sur ce quoi j'insiste énergiquement, c'est sur l'utilité majeure qu'il y a pour vous à tenir, même sommairement, une comptabilité agricole. C'est le seul moyen que vous ayez de savoir où vous allez et de vous éclairer sur la valeur respective des diverses spéculations que vous aurez entreprises.

Je m'arrête et me résume: ne rejetez pas mes conseils, croyez en ma longue expérience et souvent répétez-vous à vous-mêmes la devise que je vous ai consacrée :

« *Ordre en tout, ordre partout.* »

UN VIEUX FERMIER.

Nouvelles agricoles.

Les instruments agricoles dans les concours régionaux.

Voici le programme des concours spéciaux de machines et instruments agricoles qui auront lieu cette année dans les divers concours régionaux :

Concours de Pau, du 25 avril au 3 mai. — 8 concours spéciaux : 1° Charrues brabant doubles pour labour des terrains en pente. — 2° Houes et grappins pour la culture des vignes avec attelages de bœufs. — 3° Charrues vigneronnes attelées avec des bœufs. — 4° Semoirs à maïs pour la petite culture. — 5° Installations complètes pour la fabrication du beurre, avec écrémeuses centrifuges, devant fonctionner durant toute la durée du concours à des heures déterminées. — 6° Appareils de laiterie pouvant être utilisées en montagne (écrémeuses, hottes à transporter le lait et la crème, etc). — 7° Ecrémeuses centrifuges à bras. — 8° Batteuses à plans inclinés, mues par une paire de bœufs.

Concours de Bar-le-Duc, du 2 au 10 mai. — 2 concours spéciaux : 1° Installation de beurreries et de fromageries, en 2 sous-catégories : *a*, installations de beurreries ; *b*, types d'installation de fromageries destinées à la fabrication des fromages à pâte molle (les appareils devront fonctionner devant le public). — 2 Herses, réparties en trois sections : herses demi-souples, herses souples à dents, herses souples à mailles.

Concours d'Avignon, du 9 au 18 mai. — 7 concours spéciaux : 1° Appareils de défoncements à treuils, répartis en deux sections : *a*, appareils mus par des animaux ; *b*, appareils mus par des locomobiles ne dépassant pas la force de 6 chevaux-vapeur. — 2° Pelles-ravales à traction d'animaux. — 3° Pulvérisateurs à grand travail sur roues et sur bâtis, scarificateurs et grappins pour la culture de la vigne. — 4° Appareils à couper et broyer les sarments, pour permettre de les utiliser soit comme nourriture, soit comme litière. — 5° Appareils à couper les sarments dans les vignes pour permettre leur enfouissement. — 6° Petits semoirs à mains pour graines de betteraves, carottes, etc. — 7° Installation de magnaneries.

Concours de Bourg, du 16 au 24 mai. — 4 concours spéciaux: 1° Pisciculture : installation d'appareils d'élevage, d'alimentation et de repeuplement. — 2° Installations et appareils pour l'incubation artificielle, l'élevage et l'engraissement des volailles. — 3° Installations et appareils pour la fabrication des fromages à pâte molle.

Concours de Versailles, du 23 au 31 mai. — 3 concours spéciaux : 1° Installations pour l'élevage et l'engraissement des volailles (les appareils devront être munis de volailles, et les gaveuses fonctionneront devant le public). — 2° Machines à battre vannant et criblant mues par des moteurs mécaniques. — 3° Machines à battre mues par des moteurs animés, divisées en trois sections : *a*, machines à plans inclinés, criblant et vannant : *b*, machines à plans inclinés, ne criblant ni ne vannant ; *c*, machines à manège, ne criblant ni ne vannant.

Concours de Niort, du 30 mai au 7 juin. — 5 concours spéciaux : 1° Semoirs à céréales en lignes (1 m. 60 de largeur au plus). — 2° Distributeurs d'engrais pulvérulents. — 3° Houes à cheval pour céréales en lignes (1 m. 60 de largeur au plus). -- 4° Brabants doubles pour labours de 0 m. 25 à 0 m. 35 de profondeur.

Concours d'Aurillac, du 30 mai au 7 juin. — 4 concours spéciaux : 1° Appareils pour le transport, le refroidissement et la conservation du lait. — 2° Installations et appareils pour la fabrication du fromage du Cantal et de Laguiole (ustensiles, vases, etc.). — 3° Appareils et ustensiles pour la fabrication du beurre. — 4° Outils, instruments et appareils pour les travaux de création et l'entretien des prairies irriguées (rigoleuses, niveleuses, herses, taupinières).

Concours de Saint-Brieuc, du 13 au 21 juin. — 3 concours spéciaux : 1° Ustensiles et appareils pour beurreries. — 2° Ustensiles et appareils pour fromageries. — Instruments destinés à la récolte et à l'emmagasinage du foin.

L'ENGRAIS BOUTIN

Nous avons eu cet hiver des froids si rigoureux et si continus, que dans beaucoup de régions la terre gelée jusqu'à une profondeur de 60 centimètres a laissée périr les semences qui lui avaient été confiées. Dans certaines contrées, et notamment dans le Nord, les semailles ont été interrompues par les froids prématurés et par les neiges.

Voilà donc la récolte de 1891 fort compromise par l'automne de 1890.

M. Ch. Gossin a déjà indiqué ici, avec sa haute autorité agronomique, le moyen de conjurer le désastre et je ne veux pas, après l'éminent professeur, reprendre la nomenclature des meilleurs blés de printemps, je veux seulement y ajouter un petit conseil appuyé par l'expérience. Je fais, depuis longtemps, usage d'un engrais chimique liquide, connu sous le nom *d'engrais Boutin*. Parmi les précieux avantages que je trouve dans l'emploi de ce produit, je tiens à en signaler tout spécialement un à nos lecteurs : *L'engrais Boutin* active la végétation des céréales. De nombreux cultivateurs ont eu comme moi l'occasion de vérifier ce fait.

Je crois donc devoir conseiller tout spécialement cette année l'emploi de *l'engrais Boutin* aux cultivateurs qui ont souffert des rigueurs de l'hiver, et je puis leur assurer qu'ils pourront, grâce à ce produit, hâter considérablement la maturité de leurs semailles de printemps.

JEAN LA HITÈRE.

CONSEILS A LA FERMIÈRE

ALIMENTATION RATIONNELLE DES VOLAILLES

Il y a deux choses à considérer dans le rationnement des animaux de basse-cour :

1° La quantité à donner ;

2° La qualité des aliments.

Les poules trop grasses pondent moins; aussi, dans un élevage libre, il convient de ne pas donner au delà du nécessaire, et ce nécessaire est estimé en moyenne à 60 grammes de grains par tête et par jour, en deux repas; les grandes races demandent 90 grammes.

Cette nourriture sera donnée le matin, une heure après le lever, sous forme de pâtée de farines diverses avec son ou pomme de terre, le soir en grains. Il convient encore, pour éviter les bousculades, pour laisser plus de latitude aux petites mangeuses, d'éparpiller la nourriture et mieux encore de la placer dans des augettes longues, éloignées les unes des autres.

Quant à la qualité de la nourriture, tous les grains disposent à la ponte, mais il faut varier le plus possible la nourriture : blé, sarrasin et avoine par tiers, par exemple.

On ajoute de la verdure si les poules n'en ont pas à leur disposition : salade, choux, oseille, épinards, trèfle, luzerne; et pour éviter le gaspillage, il convient de présenter cette nourriture en petites bottes suspendues à la portée des animaux.

UNE MÉNAGÈRE.

CONSEILS DU JARDINIER

LES JACINTHES

Cette plante, quoique peu délicate, demande des soins suivis, pour que chaque variété conserve les qualités qui la distinguent et surtout pour que ses caïeux soient amenés à donner des fleurs aussi parfaites que les oignons dont ils sont sortis. C'est en Hollande que la culture de la jacinthe a été portée au dernier degré de la perfection ; elles sont infiniment supérieures aux jacinthes dites Parisiennes, pour la force des bouquets de fleurs, la largeur des fleurons et la richesse de leur coloris. Mais elles conservent difficilement ces qualités, au point que souvent, dès la seconde année, elles ne sont plus reconnaissables.

Leur culture peut être considérée sous trois points de vue particuliers : 1° le semis de graines qui a pour but d'obtenir des variétés nouvelles; 2° la culture des oignons en pleine terre et à l'air libre; 3° la culture forcée qui procure des fleurs en hiver dans les appartements. C'est de ce dernier que nous nous occupons aujourd'hui. Il y a des variétés qui se prêtent mieux que d'autres à cette culture. On force les jacinthe en pots ou en carafes; on remplit les pots de bonne terre meuble et légère, ou y plante un ou plusieurs oignons, selon la grandeur des vases, en les enfonçant de manière à ce qu'ils soient complètement recouverts; mais que leur pointe soit à fleur de terre. Il faut se garder d'exposer tout de suite les pots à une température élevée, on doit les enterrer au pied d'un mur et les couvrir d'une légère couche de feuilles, en les tenant humectés. Six semaines après, vos soins sont récompensés en voyant naître les feuilles.

Pour forcer les jacinthes en carafes, on remplit d'eau des carafes dont l'ouverture doit être proportionnée à la grosseur de l'oignon ; on le pose sur la carafe de sorte que la couronne d'où naissent les racines effleurent le niveau de l'eau ; il suffit de tenir la carafe remplie d'eau et de la changer tous les dix ou vingt jours ; on peut y jeter quelques grains de sel pour l'empêcher de se corrompre. Cette culture offre pendant l'hiver des jouissances que l'on ne trouve plus dans les jardins ; mais on ne doit pas perdre de vue que l'air et la lumière sont ici des éléments essentiels de succès.

HORTUS.

CONSEILS DU MÉDECIN

LES PUITS ET LES FUMIERS

Trop souvent, dans nos cours de ferme, les fumiers sont placés dans le voisinage des puits. Pour peu que la terre soit poreuse, les égouts de ces fumiers descendent et vont se mêler à l'eau dont nous nous servons journellement. En hiver et au printemps, on ne s'en aperçoit guère, mais dans la saison chaude, alors que les eaux sont basses et se renouvellent difficilement, c'est une autre affaire.

Les suintements du fumier corrompent l'eau des puits du voisinage, et nous connaissons des villages où il est impossible d'avoir de l'eau de puits potable, à partir du mois de juin jusqu'à la fin de l'automne.

Au temps passé, il était d'usage, à la veille de la Saint-Jean, c'est-à-dire le 23 juin, de jeter des souches de bois embrasées dans les puits, afin de purifier l'eau. Elles la purifiaient, en effet, dans certaines limites, mais pour quelques jours seulement; après quoi, l'eau redevenait aussi mauvaise qu'auparavant.

Alors on ne soupçonnait pas même la cause du mal; on ne se doutait pas qu'un puits dans une cour de ferme fonctionne exactement comme une boîte tout ouverte dans un champ trop humide; on ne pensait pas que ce puits recevait tous les égouts du sol environnant.

Il est arrivé de faire creuser un puits de 8 mètres environ dans le voisinage d'un endroit, qui, pendant de longues années, avait servi d'emplacement à des fumiers d'écurie et d'étable. La terre était saturée du jus de ces fumiers, en sorte que pendant plus d'une année, les eaux de pluie emportèrent l'engrais dans les eaux du puits et les rendirent absolument impotables. Elles ne devinrent limpides et bonnes pour les usages de la cuisine que lorsque le vieil emplacement fut complètement débarrassé des eaux de fumier.

Il y a lieu de croire que beaucoup de maladies n'ont pas d'autres causes que l'insalubrité des eaux de puits. C'est pourquoi nous appelons tout particulièrement l'attention des habitants des campagnes et celle des Commissions de salubrité sur les dangers que présente le séjour des engrais de ferme et du purin à proximité des puits.

UN VIEUX MÉDECIN

POUR RIRE.

Un dîner parfumé.

L'autre soir, M. de F..., un riche Portugais, et sa tendre amie, Mlle C..., recevaient à dîner dans leur villa de la rue des Carbonnets, à Bois-Colombes, Mlle B... artiste lyrique.

A sept heures, la servante, Marie Pomba, plus connue sous le sobriquet d'Elisa Perrin, vint annoncer à ses maîtres que le repas était servi.

L'amphitryon souleva le couvercle de la soupière... et un parfum innommable se répandit dans la salle à manger. Déjà, les trois convives se regardaient soupçonneusement les uns les autres; en présence de l'impassibilité générale, force fut de chercher ailleurs.

— La porte des cabinets est peut être restée ouverte, observa M. de F...

— C'est le temps qui va changer! répliqua l'aimable hôtesse.

— Je ne sens plus rien, dit par politesse Mlle B...

Malgré les dénégations du cordon-bleu, « qui affirmait n'avoir rien mis-dedans », après quelques cuillerées, le potage fut reconnu immangeable et remporté à la cuisine.

— « Apportez le turbot! » commanda solennellement le Portugais. « Je lui ai recommandé la sauce! »

Avec la truelle d'argent, il écarta soigneusement les chairs... et l'on faillit tomber à la renverse... C'était à croire que toute une armée de travailleurs nocturnes opérait dans le voisinage...

« Le goût vaut peut-être mieux que l'odeur » avança Mlle C... L'on goûta... Mais, hélas! les premières bouchées avalées, ce fut d'abord l'imprudent M. de F... qui courut où vous savez; puis, l'objet de sa flamme qui se réfugia dans le lavaborium; enfin, l'amie, qui, trouvant clos les deux buen retiro pressamment désirés, alla se tordre et hurler, dans le jardin.

M. Pélatant (fatale coïncidence), commissaire de police, prié d'ouvrir une enquête, a découvert le pot-aux-roses: l'infâme domestique, voulant se venger de ses bourgeois, « qui, déclara-t-elle, empoisonnaient les odeurs », n'avait rien imaginé de mieux que de se servir des casseroles, marmites, etc., en guise de vase de nécessité!

Elle est partie pour le Dépôt en chantonnant :

Joséphine, elle est malade,
Elle a bu d'la m...armelade,
Et ça lui fait mal au cœur!

M. de F..., Mlle C... et leur victime, douloureusement *infectés*, sont allés se rétablir « au pays où fleurit l'oranger ». Ils éprouvaient le besoin de changer d'air.

PETITE POSTE.

M. J. de B... (Nord). — *Foin avarié.* — Ce foin, altéré par suite de fermentation n'a pas perdu sa valeur. Puisqu'il n'est ni moisi, ni humide, il peut, sans aucun inconvénient, être donné au bétail. Si, à cause de son goût particulier, les animaux ne le mangent pas volontiers tout d'abord, il faudra le donner en mélange avec d'autres substances, ou le mouiller avec de l'eau salée (à raison de 6 à 8 kil. de sel par 1,000 kil. de foin).

M. P... (Jura). — Votre abonnement est inscrit à sa date et les deux derniers numéros vous ont été régulièrement envoyés à Baume, par Voiteur (Jura) Réclamation a été faite.

M. R... (Jura). — *Agneaux.* — En règle générale, les agneaux ne peuvent pas se nourrir complètement avec des aliments végétaux avant l'âge de cinq mois. Mais peu de brebis sont assez fortes laitières pour fournir, pendant cinq mois, tout le lait nécessaire à l'agneau. Autant que possible, il faut que les mères soient mises dans le cas de nourrir suffisamment, à elles seules, leurs agneaux pendant trois mois. Mais quand ceux-ci bêlent et demandent à manger, ne trouvant pas assez de lait, il faut bien leur donner plus tôt un supplément de nourriture.

Le mieux est de le composer avec des farines légumineuses (pois, féverolles) ou de tourteaux oléagineux délayés sous forme de bouillie claire.

C'est à partir du quatrième mois que peut commencer, dans les meilleures conditions, la préparation au sevrage. A ce moment, on ne laisse plus aller les agneaux avec leurs mères que trois fois par jour et on leur distribue, dans les mangeoires du compartiment qu'ils habitent, un mélange humide de farine de fèves ou de pois, de son, de froment, de tourteaux, selon le cours commercial le plus avantageux de ces diverses denrées. La quantité dépend de leur appétit. Plus ils mangent, mieux cela vaut pour leur développement.

Au bout de quinze jours de ce régime, un repas de lait leur est de nouveau supprimé et remplacé par un deuxième repas équivalent du mélange qui vient d'être indiqué. Ils tètent alors deux fois et ont deux fois à manger. Cela dure ainsi quinze jours les agneaux ont atteint l'âge de quatre mois.

A partir du cinquième mois, une seule tétée; trois repas à la mangeoire dont un de fourrage sec. Après une quinzaine écoulée, une tétée tous les deux jours durant la première semaine : puis tous les trois jours dans la seconde, et après plus du tout, en remplaçant dans les intervalles le repas de lait, comme précédemment.

A cinq mois révolus, le sevrage est ainsi complet et il s'est opéré sans produire aucun trouble dans le développement du jeune animal.

M. R... (Oise). — *L'impôt foncier sur la propriété bâtie.* — Nous envoyons votre lettre au *Comité de défense de la propriété bâtie* établi par la Société des Agriculteurs de France.

M. C. G... (Ardennes). — *Languilleurs.* — A la Villette, les languilleurs se servent, pour ouvrir ou plutôt pour tenir ouverte la gueule des cochons, d'une simple cheville de bois Quand l'animal renversé hurle, ils opèrent, à l'aide de leur cheville, avec une habileté qui ne peut s'acquérir que par la pratique. Pour la seconde partie de votre lettre, nous vous répondrons directement. Vous avez raison et le Bonhomme Deschamps n'a pas tort. Mais non, mais non, il ne radote pas le Bonhomme Deschamps!

M. B... (Haute-Saône). — *Déchets de laine.* — Vous pouvez vous en procurer par l'intermédiaire du Syndicat central des Agriculteurs de France, 10, rue Louis-le-Grand, Paris.

M... (Haute-Saône). — *Graines forestières.* — Chez M. Ruelle-Hatin, Carlepont Oise).

M. Ch. B .. (Hérault). — *Pommes de terre.* — Nous n'avons pas encore reçu la réponse à une lettre envoyée par nous à un grand cultivateur de pommes de terre, qui, peut-être, vous procurerait quelques unes de ces variétés. — A Paris, chez les marchands de semences : le Red'skinned (tardive) vaut 13 fr les 100 kil., le marjolin (non germée) 24 fr., (germée) 60 fr. Nous vous écrirons.

M. G... (Oise). *Bascule a peser les animaux.* — Nous vous recommandons les appareils de la maison Paupier, 84, rue Saint-Maur, Paris.

OFFRES & DEMANDES.

Pour répondre au désir qui nous est exprimé, nous offrons à nos abonnés, sous cette rubrique, deux annonces gratuites pour les offres et demandes d'emplois, produits ou animaux à vendre ou à acheter, etc.

Les annonces qui suivront jouiront d'une réduction de 50 pour 100 sur les tarifs ordinaires.

Les demandes d'insertions devront être envoyées à l'administration, qui se chargera de les rédiger.

Ne pas négliger d'envoyer tous les renseignements nécessaires joindre 2 timbres de 0 fr. 15).

A vendre. *Pommes de terre Institut de Beauvais,* par quantités de 100 kil. au moins, à 15 fr. les 100 kil. — N° 897.

Un ancien élève d'une école d'agriculture, dans la force de l'âge, marié, bien au courant de la culture moderne en même temps qu'excellent praticien, demande un emploi de régisseur. — Très bonnes références. — N° 907.
S'adresser aux bureaux du journal.

Ménage sérieux, 32 et 31 ans, très au courant de tous genres de culture, de la partie des bestiaux, comptabilité, commerce, etc., demande à gérer une ferme importante. — N° 908.

A vendre, excellent blé rouge de Bordeaux, très productif, à 22 fr. les 100 kil., en gare de Villers-sur-Coudun (Oise). — S'adresser à M. Bullot-Chinot, à Vandélicourt, par Machemont (Oise). — N° 909.

A vendre, avoine blanche prolifique de Californie, pour semence, à 22 fr. 50 les 100 kil., logée sur wagon, gare Salins (Jura).
S'adresser à M. Ernest Champon, agriculteur à Cernans-sur-Salins (Jura). — N° 910.

Porcelets craonais purs, à vendre, 50 fr. le couple, au sevrage; en gare de Landerneau (Finistère).
S'adresser à Mme J. Bergot, château de Trébodinie, par Lesneven (Finistère). — N° 911.

Un agriculteur, propriétaire, demande emploi de régisseur d'une propriété rurale. — N° 912.
S'adresser aux bureaux du journal.

On demande à acheter, dans la région de l'Est (Meuse ou Ardennes). bonne semence garantie de blé *Chiddam de Mars.*
Envoyer offres et prix aux bureaux du journal. — N° 913.

On demande, pour une ville des environs de Paris, une cuisinière formée, pour une maison bourgeoise. Inutile de se présenter sans bonnes références. Gages, de 30 à 40 fr. — N° 914.
S'adresser aux bureaux du journal.

VINS DU BORDELAIS.

Que de fois nous avons entendu dire :

« Quel service on nous rendrait, si on nous trouvait, dans les pays vignobles, un vendeur consciencieux; si on nous débarrassait de la concurrence à outrance; si on nous garantissait sérieusement la qualité, la pureté et la conservation des vins ! »

Pour le Bordelais, nous recommandons M. Vincent Ardura, viticulteur, propriétaire d'un des meilleurs crus de la Gironde, favorable aux tempéraments délicats (le domaine de la Chapelle-Frédignac, par Blaye-Bordeaux), qui vend ses récoltes : 1889 à 130 fr., 1888 à 140 fr., 1887 à 150 fr., 1886 à 160 fr., 1885 à 175 fr., 1884 à 200 fr., 1882 à 220 fr., 1881 à 250 fr. et 1878 à 300 fr. la barrique de 225 litres, *franco* de port et de fût en gare d'arrivée. Paiement par le facteur à 30 jours 2 % ou 90 jours.

Certain que son vin plaira aux personnes qui ne le connaissent pas et qui désirent se bien approvisionner, sachant, en outre, qu'il est difficile de se rendre sérieusement compte de la qualité par la dégustation sommaire d'une petite fiole, M. Vincent Ardura n'hésite pas à adresser *franco* une bouteille entière pour échantillon de la récolte désignée.

REVUE FINANCIÈRE.

La liquidation, qui s'est opérée sans façons, sans embages, comme sans cherté des reports, par l'excellente raison que les transactions avaient été peu nombreuses et que l'argent, en somme, était resté aussi abondant que depuis des mois, n'a nullement changé les dispositions du marché. Nous en sommes, précisément, toujours réduits à constater la rareté des affaires. l'inaction de la spéculation, et sinon l'entrain, du moins l'activité, un peu forcée, du comptant.

Nos rentes, par exemple, ont peu bougé depuis la dernière liquidation. Les institutions de crédit ont passé par des phases diverses, de hausse ou de baisse; à vrai dire c'est la faiblesse qui domine, par l'excellente raison que comme elles vivent d'affaires, et que celles-ci sont absentes, il n'y avait aucune raison plausible pour que la hausse prît le dessus. Mais, en somme, cette faiblesse est minime. Les Chemins de fer français se maintiennent fort solidement; si l'on compare les cours actuels avec ceux d'il y a un mois, on trouve tout uniment une hausse oscillant, selon le coût même de l'action, entre 15 et 40 fr. Les Chemins étrangers sont moins brillants, mais ont peu perdu, grâce à certains jours où ils ont reconquis partie de leur recul.

Les valeurs industrielles ont, de leur côté, fort peu de mouvements; en tous cas, ceux qui se présentent proviennent de causes intrinsèques sans signification boursière, comme les oscillations du Gaz ou des Omnibus selon les nouvelles des pourparlers au Conseil municipal, ou comme la hausse du Panama, motivée par le retour de M. Wyre, porteur du traité colombien; entre parenthèses, celle-ci est peu justifiée, car le traité ne parait guère devoir modifier la position des anciens porteurs.

Du côté des fonds étrangers, c'est sensiblement la même position : fermeté sur les cours acquis, avec oscillations médiocres au cours des événements, comme la hausse de l'Extérieure à la suite du succès électoral du cabinet espagnol. Tout au plus faut-il s'arrêter à la hausse plus considérable de l'Italien, porté au-dessus de 94 50. Il était à peine au-dessus de 92 lors de la chute de M. Crispi. Il est certain que le programme du nouveau ministère est farci de bonnes intentions; le discours de M. di Rudini contient des perspectives, même des phrases qui ne sont pas pour nous déplaire.

On comprend donc, à ce point de vue, que notre Bourse ait salué ce revirement de la politique italienne par une bonification des cours. Mais les paroles ne sont rien sans les actes. Et les pronostics, fussent-ils suivis de réalisations, encore ne faut-il pas oublier que toute la bonne volonté, toute l'habileté du nouveau cabinet n'empêchera probablement pas qu'on soit acculé, en Italie, à un emprunt, et que, forcément encore, ce soit sur notre marché que l'on cherche à placer cet emprunt. Ce n'est pas notre jeu, à nous, de payer de nos deniers la corde, que plus tard, sous le ministère Rudini ou autre, on sera tenté de nous passer au cou.

TIMON.

HALLES ET MARCHÉS.

SITUATION GÉNÉRALE.

La situation reste à peu près la même en général. Les cours des céréales sont toujours fermement tenus et rien n'indique un changement prochain. Les légumes, beurres et œufs se vendent bien, ainsi que la viande; les huiles sont en légère hausse. La vente des engrais est assez active.

GRAINS.

Blés. — Comme nous l'avons dit, les blés faits à l'automne dernier sont très compromis sur beaucoup de points, et la culture devra ressemer beaucoup de champs. Les blés de semence sont naturellement très recherchés, et les prix en sont très élevés; on paye certaines provenances jusqu'à

50 fr. les 100 kilog. Outre les blés perdus, dans beaucoup de régions du Nord, les semailles d'automne n'avaient pu être achevées lorsque sont survenus les grands froids. Il y aura donc en ce printemps, beaucoup de cultures à rétablir. — Les prix sont toujours fermement tenus sur nos marchés aux blés. Samedi, on cotait : Arras, blé blanc, 24 à 27 fr. les 100 kilog. ; roux, 23 à 26 50; Amiens, 25 50 ; Châlons-sur-Marne, 25 50; Douai, 25 à 27; Chartres, 25 à 27 10; Etampes, 23 75 à 27 50 ; Laval, 25 50 à 26; Montereau, 24 20 à 25 90; Nevers, 26 à 27; Mâcon, 25 à 26; Lyon, 25 50 à 25 75; Nantes, 25 50 à 26; Bordeaux, 27 60. — Dans nos ports, les affaires en blés étrangers sont plus actives et les prix plus fermes. Il est entré à Marseille 87,200 quintaux la semaine dernière, contre 40,200 la semaine précédente; à Bordeaux, on a reçu 20,000 quintaux de blé. On prévoit de fortes importations pour la campagne agricole actuelle.

Seigles. — Les prix restent nominaux au marché commercial de Paris, à 17 fr. 25 les 100 kilog. pour le disponible, et 17 50 à 17 75 pour le livrable.

Orges — Les affaires sont à peu près nulles; tout ce qui reste en belle qualité est réservé pour les semailles. On cote à Paris, suivant qualité et provenance, 19 à 20 fr. 50 les 100 kilog. en gare d'arrivée. — Les escourgeons restent au cours nominal de 20 à 20 fr. 25 en gare à Paris.

Malts. — Les malts d'orges et d'escourgeons indigènes sont cotés 30 à 33 fr

Avoines. — Peu d'offres et prix fermes par continuation. Les belles sortes noires de Brie valent 19 65 à 20 fr. les 100 kilog ; les noires de choix, 19 25 à 19 50; les noires de Beauce et du Centre, 18 75 à 19; les grises, 18 50 à 18 75 et les blanches de toutes provenances, 18 à 18 25. — Les avoines étrangères sont en hausse : les noires de Suède valent 15 fr. 25 les 100 kilog. ; les Libau noires, 14 75; les blanches 14 à 15 75 à Rouen.

Maïs. — Cours fermes de 16 à 16 fr. 50 les 100 kilog. sur wagon au Havre pour les Danube, et de 15 à 16 pour les Plata.

Sarrasins. — Le disponible et le livrable valent 16 fr. 25 les 100 kilog. en gare d'arrivée à Paris.

Féveroles. — Cours nominaux de 18 à 18 fr. 50 les 100 kilog.

FARINES. — ISSUES.

Farines de consommation. — Les prix restent bien tenus, avec affaires régulières en boulangerie. La marque de Corbeil est à 61 fr. les 157 kilog. nets, ou 38 85 les 100 kilog.

Farines de commerce. — Cours bien tenus plutôt en hausse. Samedi dernier, on cotait le disponible et le courant du mois 60 fr. 25 les 157 kilog.; et le livrable 60 25 à 65 50.

Issues. — Les offres sont de plus en plus rares, et les prix se sont encore un peu relevés avec le refroidissement de la température de ces derniers jours. On cote, gros sons écailles, 14 75 à 15 fr. les 100 kilog ; gros sons seuls, 14 75; sons trois cases, 14 à 14 25; sons fins, 12 75 à 13; recoupettes, 12 50 à 13; remoulages, 15 à 18; suivant nuance.

FOURRAGES. — GRAINES FOURRAGERES.

Fourrages. — Bon approvisionnement et vente assez active à Paris. On cote au marché de la Chapelle : foin, 43 à 49 fr. les 100 bottes de 5 kilog. au domicile de l'acheteur; luzerne, 43 à 48; regain et trèfle, 46 à 48; paille de blé, 26 à 31; de seigle, 28 à 33; d'avoine, 32 à 36.

Graines fourragères. — Demande toujours bonne pour les graines de luzerne et de trèfle, aux cours suivants par 100 kilog. à Paris; trèfle violet gros grain, 120 à 130; ordinaire, 95 à 105; vieux, 80 à 90; luzerne de Provence, 120 à 150; de pays, 105 à 115; minette en cosses, 45 à 50; écossée, 60 à 75; trèfle blanc, 130 à 200; hybride, 130 à 220; sainfoin double et simple, 25 à 28; vesce de printemps, 17 à 18; raw-grass anglais, 40 à 45; d'Italie, 38 à 45; alpiste, 26 à 28; vesce de Bretagne, 25; de Kœnigsberg, 17 à 20; pois gris, 19 à 20; jarras, 18 à 19 50.

ENGRAIS.

Les cours restent calmes pour le nitrate de soude; la consommation n'a pas encore pris d'activité. On cote 18 40 les 100 kilog disponibles à Dunkerque, 19 fr. livrable en mars. — Le sulfate d'ammoniaque est bien tenu; le sulfate français vaut 28 25 à 28 50 les 100 kilog. à Paris, et le sulfate anglais dans les ports français et belges, 28 à 28 75. — Les phosphates de la Somme valent 1 fr. l'unité par 1,000 kilog. pour la dose de 65 à 70 pour 100 de phosphate; 0 fr 90 pour 60 à 65; 0 fr. 72 pour 55 à 60 et 0 fr. 60 pour 50 à 55. — Les superphosphates sont en baisse; on cote à Paris 0 fr. 54 le degré et dans le Nord 0 fr. 48 à 0 fr 49 dans les gares de départ. — Les matières organiques azotées, le sang desséché surtout, ont baissé de prix; voici les cours à Paris : cuir torréfié, 1 15 à 1 25 le degré; corne torréfié, 1 45 à 1 50; sang desséché, 1 75 à 1 80; viande desséchée moulue, 1 70.

Fromages.

Brie fermiers, haute marque...	les dix	45 à	50
— — grand moule....	—	30	35
— — moyen moule...	—	18	21
— — petit moule......	—	10	15
Brie laitiers moyen moule......	—	7	14
Gruyère..........................	100 kil.	195	150
Roquefort........................	—	280	180
Géromé (Gérardmer.............	—	80	90
Romatour........................	—	110	120
Cantal............................	—	130	140
Façon Port-Salut..............	—	170	180
Bourgogne...... ,.......... ..	le cent	70	75
Saint-Nectaire.................	—	90	100

Livarots :		1er choix.	2e choix.
En caisse de 30..........	le cent	90 à 110	70 à 75
En caisse de 36..........	—	90 110	60 70

Camembert................	—	61	75	40	50
Façon Coulommiers......	—	40	46	25	30
Bondons....................	—	10	12	4	6
Gournay....................	—	18	24	10	12
Mont-d'Or..................	—	28	31	»	»

BESTIAUX.

La Villette, 19 février. — Bestiaux. — Vente mauvaise sur les bestiaux, très mauvaise sur les veaux et mauvaise sur les moutons et les porcs.

COURS officiels.	Amenés.	Vendus.	1re qualité.	2e qualité.	3e qualité.	Prix extrêmes.
Bœufs....	2.262	1.913	1 56	1 42	1 24	1 14 à 1 64
Vaches...	503	356	1 54	1 30	1 18	1 10 1 58
Taureaux.	153	140	1 36	1 32	1 29	1 14 1 40
Veaux....	1.416	1.041	1 96	1 82	1 64	1 42 2 20
Moutons..	8.006	7.791	2 06	1 92	1 74	1 66 2 11
Porcs.....	5.358	7.056	1 28	1 24	1 20	1 14 1 32

Marché du lundi 16 février.

	Amenés	Vendus	PRIX AU POIDS NET 1re qual.	2e qual.	3e qual.
Bœufs	2.919	2.581	1 51	1 42	1 21
Vaches.....	859	702	1 52	1 28	1 18
Taureaux ..	223	199	1 32	1 28	1 16
Veaux......	1.103	984	2 »	1 86	1 68
Moutons....	12.766	10.466	2 04	1 90	1 72
Porcs......	2.415	2.323	1 31	1 28	1 21

	PRIX AU POIDS VIF 1re qual.	2e qual.	3e qual.	Prix extrêmes.
Bœufs	» 94	» 79	» 65	» 58 à » 98
Vaches	» 88	» 71	» 57	» 50 » 95
Taureaux.......	» 82	» 71	» 60	» 57 » 85
Veaux..........	1 20	1 08	» 87	» 72 1 34
Moutons........	1 02	» 89	» 75	» 68 1 09
Porcs..........	» 92	» 86	» 82	» 76 » 94
Peaux de moutons en laine..........				4 45 7 75
Id. id. demi-laine........				2 35 3 90

Viandes abattues. — Criée du 19 février.

		1re qualité.	2e qualité	3e qualité.
Bœufs	le kil.	1 40 à 2 60	1 20 à 2 10	1 .. à 1 80
Veaux	—	1 90 2 »	1 70 1 81	1 50 1 66
Moutons ..	—	1 80 1 90	1 40 1 76	1 » 1 36
Porc entier	—	1 18 1 26	1 06 1 16	» 90 1 »

Médaille d'Or. ✻ Exposition Universelle 1889. ✻ Médaille d'Argent.

VACHERIE à céder, près Paris. Belle clientèle. Maison ancienne. 28 vaches, premier choix, 370 litres lait vendus 0 fr. 41 c. Beau pavillon d'habitation, vastes étables et greniers. Frais généraux peu élevés. 12,000 fr. bénéfices nets à placer par an. On traitera avec 20,000 fr. argent ou sans argent avec garanties sérieuses. — S'adresser à MM. LAPORTE et LEFRANC, 93, boulevard Sébastopol, Paris. — Sont vendues les vacheries annoncées précédemment.

Semoir et Distributeur d'Engrais

système MAGNIER.

Envoi franco du catalogue illustré

Expériences du 23 septembre 1890, 1er prix. - 20 avril 1890, Poitiers, 1er prix.

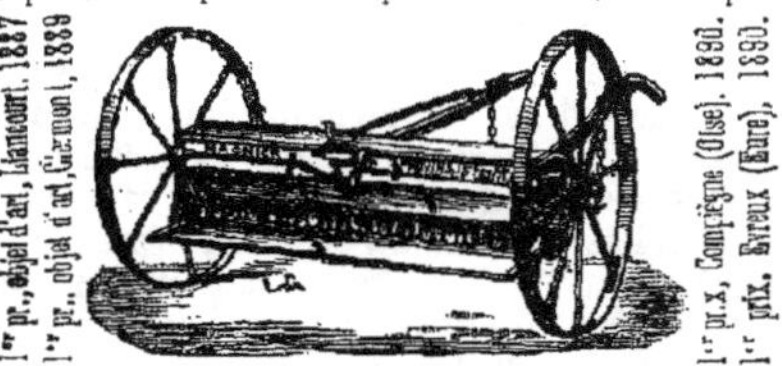

1er prix, Beauvais, 1890.

MAGNIER, constructeur breveté, Provins (S.-et-M.).

GUÉRISON RADICALE DE LA DIARRHÉE DES VEAUX PAR LA POUDRE CHOQUELIN. **1 franc la boîte** *franco par la poste.*

Dép. g., Phie HAUVESPRE Courville (Eure-et-Loir).

L'**Onguent de HEVID**, *adopté par le Ministère de la guerre*, est le meilleur préservatif des maladies du pied des espèces chevaline et bovine. Il pénètre admirablement le tube corné, le nourrit, et remet en bon état, en quelques semaines, le sabot le plus sec et le plus cassant. En vente chez les vétérinaires, pharmaciens, selliers et maréchaux-ferrants.

L'Administrateur-Gérant : ALBERT RENOT.

Beauvais. — Imp. D. PERE. - A. CARTIER, Gérant.

Faucheuses. Faneuses. Râteaux à cheval. **Presses** à fourrages. **Brise-Tourteaux. Appareils à cuire. Egrenoirs** de maïs. **Rouleaux. Semoirs. Transmissions** par arbres et par câbles. **Matériel** de brasserie et de féculerie.

ALBARET (O. ✻ et O. ✻)

MACHINES AGRICOLES.

Ateliers de Construction et Administration à **LIANCOURT-RANTIGNY** (Oise).

Magasin et bureau, à PARIS, boul. de Strasbourg, 63 (entrée par le passage du Désir).

Succursales : Saint-Quentin, boulevard Victor-Hugo, n° 52 ; **Chartres**, rue du Grand-Faubourg, n° 76 ; **Abbeville** (Somme), rue Ringois, n° 41 ; **Cambrai**, M. MESNIL, rue des Bouchers, n° 13.

Récompenses obtenues aux Expositions universelles et Concours internationaux.

Machines à vapeur fixes, horizontales et verticales.	1862. Exposition de Londres.	1er prix : grande médaille ; 2e prix : mention honorable.
	1864. Exposition internationale de Bayonne.	Médaille d'or, donnée par le Gouvernement ; médaille d'or, donnée par la Commission de l'Exposition.
Générateurs.	1865. Exposition universelle de Porto.	Grande médaille d'argent.
Machines à vapeur locomobiles.	1867. Exposition universelle de Paris.	Grande médaille d'or, la plus haute récompense pour locomotive routière et machines agricoles.
Manèges fixes, mobiles et semi-fixes.	1869. Expos^on d'Amsterdam.	Diplôme d'excellence.
	1869. Exposition de Beauvais. 1872. Exposition de Lyon.	Deux diplômes d'honneur, comme exposant et membre du jury.
Batteuses fixes et portatives, conservant ou brisant la paille.	1873. Exposition univ. de Vienne (Autriche).	Grand diplôme d'honneur, la plus haute récompense.
	1878. Exposition univ. de Paris.	Trois médailles d'or ; un objet d'art pour mérite exceptionnel sur le terrain ; une médaille de bronze ; quatre médailles argent et bronze pour collaborateurs.
Engreneurs mécaniques.	1882. Conc. spéc. intern. de hache-maïs de Ste-Menehould.	1er prix : médaille d'or, donnée par la Société des Agriculteurs de France.
	1883. Expos^on d'Amsterdam.	Diplôme d'honneur : la plus haute récompense.
Semoirs à engrais à graines et à haricots.	1884. Grand concours international d'Amsterdam.	Prix unique : grande médaille d'or pour locomobile ; 1er prix : grande médaille d'or pour presse à fourrage ; 1er prix : grande médaille d'or pour machines à battre ; 1er prix : médaille d'argent pour hache-paille et dépulpeur.
Hache - maïs et **Coupe-racines** à force centrifuge transportables.	1885. Exposition internation. d'Anvers.	Diplôme de médaille d'or, la plus haute récompense pour machines agricoles.
	1889. Exp. d'économ. sociale, section XIV.	Médaille d'or ; médaille d'argent pour collaborateurs.
	1889. Exposition universelle. - Membre du jury. Hors concours.	
	1876. Société nation. d'agric. de France.	Grande médaille d'or ; prix de mécanique.
	1886. Société nation. d'agric. de France.	Rappel de grande médaille d'or pour l'ensemble des travaux de mécan. agric.
	1888. Aniche (Nord).	Moissonneuse-lieuse à la ficelle. diplôme d'honneur avec félicitations du jury, pour la machine qui fonctionne à toute satisfaction.
	1889. Comice agric. de Montdidier. Ailly-sur-Noye.	Diplôme d'honneur et médaille de vermeil pour batteuse et instruments ; médaille de vermeil grand module pour faucheuse et moissonneuse.
206 Médailles d'or.	1890. Concours de Clermont	Diplôme d'honneur avec félicitations du jury, pour le bon fonctionnement de la moissonneuse-lieuse.

Plusieurs médailles or, argent et bronze à MM. les Collaborateurs de la Maison

Concasseurs. — **Moulins-bluteries.** — **Hache-paille.** — **Hache-maïs.** — **Hache-fourrage.** — **Coupe-racines** — **Laveurs de racines.** — **Moissonneuses simples.** — **Moissonneuses combinées.** — **Moissonneuses lieuses.**

163 Médailles d'argent.

Envoi gratis sur demande des Catalogues illustrés.

16 Diplômes d'honneur et d'excellence.

Monte-Paille. Moteur domestique à vapeur à pression inférieure à celle atmosphérique. **Rouleaux** à vapeur et à traction de chevaux pour le cylindrage des chaussées d'empierrement. **Poteaux** indicateurs pour routes.

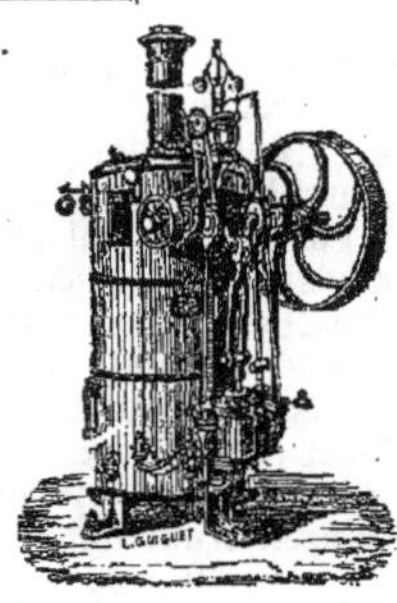

12e Année. — 2e Série. — N° 579. Dimanche 1er Mars 1891.

GAZETTE AGRICOLE

JOURNAL HEBDOMADAIRE, PARAISSANT LE DIMANCHE

Rédacteur en Chef : M. CH. GOSSIN, Professeur d'Agriculture à l'Institut agricole de Beauvais.

PRIX DE L'ABONNEMENT

UN AN, 5 fr. — SIX MOIS, 3 fr. — TROIS MOIS, 2 fr. 25

Pour l'étranger les abonnements ne sont reçus que pour un an, au prix de 6 francs, et ne partent que du 1er janvier ou du 1er juillet de chaque année.

Le numéro : 10 centimes.

Il est indispensable de joindre à toute demande de changement d'adresse la dernière bande d'adresse du journal et 50 centimes pour frais de nouvelles bandes.

Adresser les *Abonnements* et *Annonces* au secrétaire de la rédaction, 13, quai Voltaire, Paris, ou à M. GOSSIN, rédacteur en chef et administrateur, à BEAUVAIS.

BUREAUX

13, quai Voltaire, Paris, et à Beauvais.

Les abonnements partent du 1er de chaque mois et sont payables d'avance. Toute demande d'abonnement doit donc être accompagnée du prix de l'abonnement. (Le mode de payement le plus simple est l'envoi d'un mandat-poste.)

Donner *très lisiblement*, en s'abonnant, son nom et son adresse exacte, *avec l'indication du bureau de poste* ; et, s'il s'agit d'une continuation d'abonnement, joindre au renouvellement la dernière bande d'adresse du journal.

La GAZETTE AGRICOLE insère gratuitement les Communications des Syndicats agricoles

SOMMAIRE :

PARIS, 27 FÉVRIER.

On a procédé dimanche dernier, dans un certain nombre de départements, à des élections législatives. Il s'agissait de pourvoir à des sièges laissés vacants par l'élection au Sénat de députés qui tous appartenaient à l'opinion républicaine. Les conservateurs se sont généralement désintéressés de ces luttes, parce que les élections partielles sont particulièrement dans la main de l'administration, et que l'envoi au Palais-Bourbon de quelques-uns des leurs ne saurait changer la répartition des forces ni la politique générale. Ont-ils eu tort ou ont-ils eu raison, le Bonhomme Deschamps ne le discute pas. Il se borne à enregistrer le fait.

***

Mais il y a eu dans la Seine-Inférieure (3e circonscription de Rouen) une lutte dont le résultat doit être un enseignement. Aussi le Bonhomme Deschamps en fera-t-il l'objet principal de son entretien hebdomadaire. Aux élections générales de 1889, l'écart entre le candidat conservateur et le candidat républicain, avait été, en chiffres ronds, de 1,000 voix. M. de Pomereu, candidat conservateur, avait obtenu 9,000 suffrages pendant que son concurrent républicain, M. Waddington, en réunissait sur son nom 10,000. Pour des raisons de convenance personnelle, M. de Pomereu avait cédé le champ, cette fois, à M. de Montaignac, fils de l'amiral et sénateur de ce nom. Jeune, sans passé, très honorablement connu, maire de sa commune, propriétaire-cultivateur, M. de Montaignac était un bon choix. Il a été de plus soutenu par les comités et les journaux conservateurs de la région. Il était donc intéressant de savoir si le corps électoral de cette circonscription avait fléchi et si M. de Montaignac retrouverait à peu près les suffrages donnés il y a dix-huit mois à M. de Pomereu. C'était là un des intérêts principaux de la lutte, puisque M. Lebon, qui briguait la succession de M. Waddington, était, comme ce dernier, un républicain de la veille.

***

Cette élection offrait encore un autre intérêt et tout de circonstance. Vous n'ignorez pas que quelques membres du parti conservateur dont les intentions, de l'avis du Bonhomme Deschamps, sont plus droites que l'esprit, conseillent et par leur exemple et par leur conduite de donner une adhésion publique au régime actuel. Ils n'abandonnent pour cela aucune de leurs idées, mais ils prétendent les mieux servir, et surtout gagner des voix républicaines. M. de Montaignac, de famille monarchique, avait cru devoir s'approprier cette tactique, déclarant dans sa profession de foi qu'il se ralliait franchement à la République. Il était donc intéressant, vous le voyez, de savoir ce que M. de Montaignac gagnerait ou perdrait à choisir ce terrain. Conserverait-il toutes les voix conservatrices de M. de Pomereu avec appoint en plus d'un certain nombre de suffrages républicains ; l'événement, c'est-à-dire l'issue de la lutte, devait décider de la chose. Or, au dépouillement du scrutin, M. Lebon a eu toutes les anciennes voix républicaines de M. Waddington, tandis que M. de Montaignac en perdait 3,500 sur celles obtenues en 1889 par son prédécesseur, M. de Pomereu. Ainsi du côté gauche, pas le moindre gain, et du côté droit, perte notable.

***

Il s'en suit donc que la tactique a été condamnée et absolument condammée, puisqu'elle s'est traduite par une diminusion sensible de suffrages. Et pourtant les journaux et les états-majors monarchistes avaient soutenu M. de Montaignac comme ils avaient fait pour M. de Pomereu. A supposer encore que M. de Montaignac fût moins connu que son prédécesseur et que de ce chef il ait perdu quelques centaines de voix, cette différence de notoriété ne saurait expliquer à elle seule la perte de 3,500 suffrages. Le fait a donc une autre cause, et nous n'hésitons pas à penser qu'il est dans le changement de terrain opéré par M. de Montaignac. Il eut été moins battu si, en ne criant ni *vive le Roi !* ni *vive la République !* il s'était installé dans les positions de son prédécesseur. Les électeurs, qu'ils soient républicains ou conservateurs, n'aiment pas ces évolutions, et le Bonhomme Deschamps n'a pas eu une seule minute de surprise, en apprenant le résultat de l'élection dans la 3e circonscription de Rouen. Il estime qu'au point de vue des principes, ces changements de front sont peu dignes, et qu'alors même qu'ils sont sincères, ils restent toujours suspects au corps électoral. Mais les principes qui seraient constamment battus par les faits inspireraient vite des doutes. Il y aurait de grandes chances pour qu'ils ne fussent pas des principes. Mais quand l'expérience les confirme et que la réalité les corrobore, il n'y a plus qu'à s'incliner. A cet égard l'échec de M. de Montaignac est significatif.

***

La conclusion de tout ceci est qu'il ne faut pas changer d'opinion comme de chemise, et que si le maniement des hommes et des électeurs exige de l'adresse, il ne faut cependant pas lui sacrifier ses principes. Il est à tous égards plus digne, si l'on doit être battu, de l'être avec les opinions que l'on a ou qu'on vous attribue, que de l'être avec des principes que l'on n'a pas. En général, quand on se déguise et que l'on prend un masque, c'est pour courir une bonne fortune. Rentre-t-on bredouille, l'insuccès s'accroît d'une perte ou d'une diminution de la dignité personnelle. Nous espérons que ce qui vient de se passer à Rouen ne sera pas perdu pour tout le monde.

LE BONHOMME DESCHAMPS.

NOUVELLES DE LA SEMAINE.

Elections législatives. — Plusieurs élections législatives ont eu lieu dimanche dernier :

2e CIRCONSCRIPTION DE ROUEN.

MM. Lucien Dautresme, cand. officiel..... 4.356
Goujon, revisionniste.................. 5.881
Gahineau, socialiste 3.010
Lyonnais, socialiste................... 1.307
(Ballottage)

Il s'agissait de remplacer M. Dautresme, ancien ministre, élu sénateur.

3e CIRCONSCRIPTION DE ROUEN.

MM. de Montaignac, cons. indép^t... 5.377
Lebon, radical... .... 10.318 ELU
Cornillard, socialiste.......... 1.013

Il s'agissait de remplacer M. Waddington, élu sénateur.

2e CIRCONSCRIPTION D'AVESNES.

M. Herbecq, rép. opportuniste...... 5.483 ELU
Divers.......................... 2.780

Il s'agissait de remplacer M. Maxime Lecomte, élu sénateur.

ARRONDISSEMENT D'ORTHEZ.

M. Clédoux, radical..... .... 12.486 ELU

Il s'agissait de procéder au remplacement de M. Vignancourt, nommé sénateur.

1re CIRCONSCRIPTION D'EPINAL.

MM. Krantz, candidat officiel....... 7.181 ELU
Houdaille, socialiste. 2.230

Il s'agissait de remplacer M. Brugnot, nommé sénateur.

Ire CIRCONSCRIPTION DE BÉTHUNE.

MM. Basly, socialiste .... 8.892 ELU
Wagon, rép. opportuniste..... 5.469

Il s'agissait de pourvoir au remplacement de M. Haynaut, décédé.

La guerre aux pauvres. — Nous avons signalé dans notre dernier numéro le fait qui vient de se passer dans le département de l'Ain, la mise en vente sur la place publique du pauvre mobilier des Sœurs de Saint-Charles, qui tenaient l'école libre de Marboz. Aujourd'hui les journaux de Lyon confirment les renseignements que nous avions reçus et nous apportent le récit détaillé de ce nouvel exploit de l'administration. Et ces infamies fiscales — nous ne trouvons pas d'autre mot pour qualifier de tels procédés — ces infamies s'étalent librement au grand soleil deux mois après les déclarations et promesses portées par M. Rouvier à la tribune du Sénat.

Les soldats à la messe. — Les soldats ont-ils le droit d'aller à la messe? C'est une question actuellement posée dans la ville de Dieppe, où un bataillon du 119e de ligne est en garnison. Cent cinquante soldats environ avaient l'habitude d'assister tous les dimanches à la messe de midi dans leur église paroissiale de Saint-Remi.

Quel crime y avait-il à tout cela?

Eh bien, la secte jacobine qui, à Dieppe, paraît-il, fait la loi, entreprit de faire cesser tout cela. Par l'organe d'une méchante petite feuille radicale cria au scandale, et somma le gouvernement de la République d'interdire ces innocents exercices. Une mise en demeure aussi ridicule et venue de si bas ne méritait qu'un haussement d'épaules et le mépris.

Ce n'est point ce qui arriva. La sommation fut prise au sérieux. Car dimanche 15 février, quatre sous-officiers montaient la garde aux portes de l'église Saint-Remi, à l'heure de la messe, les yeux braqués sur les pantalons rouges qui auraient l'audace de franchir le seuil du lieu défendu, et l'un d'entre eux apercevant un soldat qui assistait à la messe lui dit brutalement : « Qu'est-ce que vous faites là? Donnez-moi votre nom. »

Il y a là-dessous un mystère qu'il serait bon d'éclaircir? Oui ou non, les soldats ont-ils le droit d'aller à la messe?

L'empereur d'Allemagne et M. de Bismarck. — L'Allemagne tient à faire parler d'elle. Chaque jour nous apporte une nouvelle à sensation plus étonnante que celle de la veille. Quand nous n'en croirions que la moitié, ce serait déjà grave. Que penser de la polémique si violente engagée par les journaux du prince de Bismarck publiés à Hambourg et à Munich contre l'administration impériale, c'est-à-dire contre l'empereur lui-même? Faut-il croire, d'une part, à une provocation voulue, et, d'autre part, à la résolution de poursuivre l'agresseur devant la haute cour de l'empire? Allons-nous voir sortir de l'arsenal impérial les armes forgées autrefois des mains mêmes de l'ancien chancelier, alors tout puissant, pour écraser l'infortuné comte d'Arnim? Ce serait justice. Mais nous ne voulons pas croire que les choses en arrivent à ce point.

VEILLÉES RURALES (1).

(Suite.)

Conférences agricoles au village.

TROISIÈME CONFÉRENCE

FUMIER. — THÉORIE ET PRATIQUE AGRICOLES.

Le dimanche suivant, la réunion était si nombreuse que j'eus peine à me placer. Après les chants d'usage, la lecture du procès-verbal et les exercices d'arithmétique :

— « Messieurs, dit le maire, merci de votre empressement à répondre à mon appel. Voilà notre chemin praticable. Déjà, plusieurs d'entre vous en profitent pour charroyer la marne.

« Du reste on l'a dit, et ne l'oubliez pas : la marne ne peut remplacer le fumier. »

M. Prudhomme. — « Le fumier sera toujours le trésor du laboureur. »

Le maire. — « Ce trésor ! On le laisse cependant bien à l'abandon ! On ne sait donc pas que, lorsqu'on jette ainsi le fumier dans la cour, sans aucun soin, le meilleur se trouve entraîné par les eaux et enlevé par le vent ! M. l'instituteur va nous donner à cet égard quelques explications. »

L'instituteur. — « Très-volontiers. Remarquez, Messieurs, que si l'eau et tant d'autres corps peuvent exister sous trois états : solide, liquide et vapeur, il en est de même du fumier. Tel que nous le prenons à la fourche, le voilà solide. Liquide, ce sont les jus noirs qui sortent des tas. Quant au fumier sous forme de vapeur, on ne l'aperçoit que trop, lorsque les tas fument, sans parler de ce qu'on ne voit pas. Or, la plupart ne considèrent le fumier que sous forme solide, sans songer que le meilleur peut se perdre tant en liquide qu'en vapeur. »

M. Progrès. — Autrefois, ma place à fumier recevait toutes les eaux des terrains environnants. A la moindre pluie, il sortait de ma cour de véritables rivières de jus tout noir. Par une rigole, j'ai détourné ces eaux. Puis, j'ai creusé la place en forme de vaste cuvette, et tout auprès j'ai établi une cavité dans laquelle se rendent les jus. Ceux-ci, je les rejette chaque jour sur le tas avec une pelle à vider les bateaux. Chaque jour, au moment d'atteler, je fais piétiner le fumier par mes chevaux. En été, j'y fais coucher les vaches. »

Le maire. — « J'en entends qui disent : C'est bien de la besogne. Eh quoi ! n'allons-nous pas à une distance souvent éloignée pour protéger quelques mètres de terre contre le passage des voitures, et dans notre cour même, nous ne ferions pas ce qu'il faut pour conserver la première de nos richesses !

« En ma qualité de maire, je vais plus loin ; ces eaux noires qui croupissent partout, sont très malsaines. De nombreuses fièvres typhoïdes l'ont prouvé. Aussi, M le préfet vient de m'adresser, à cet égard, des instructions formelles. Pour nous y conformer, il faudra qu'à l'avenir chacun recueille ses jus de fumier, sans les laisser s'écouler sur la voie publique. »

M. Boudinet. — « Comment ! on nous forcerait de changer des dispositions qui existent de tout temps ! »

M. Progrès. — « Si l'on se rendait compte des pertes qu'il s'agit de prévenir, personne ne résisterait. Je prie donc M. l'instituteur de compléter, sur la nature du fumier, ce qu'il avait si bien commencé tout à l'heure. »

L'instituteur. — « Les plantes, ainsi que le fumier, se composent d'un petit nombre de corps premiers ou élémentaires qu'au moyen d'opérations chimiques on peut séparer.

« Ce sont d'abord l'*Oxygène*, l'*Hydrogène*, le *Carbonate*, l'*Azote*.

« L'*Oxygène* est un gaz, c'est-à-dire une substance légère et élastique de la nature de l'air. L'air lui-même en renferme une forte proportion. Combiné avec d'autres corps, l'Oxygène forme une multitude de substances. L'eau, la terre, presque tous les minéraux en contiennent. C'est l'oxygène que les animaux tirent de l'air par la respiration, et c'est aussi ce gaz qui, en se combinant avec les éléments des corps inflammables, détermine la chaleur et la lumière du feu.

« Voyez ce flacon, qui paraît vide ; par une opération chimique, je l'ai rempli d'oxygène. J'y plonge une allumette presqu'éteinte. Comme elle se rallume ! comme elle brûle avec vivacité! *(Tout le monde applaudit.)*

« L'*Hydrogène* est le gaz léger avec lequel on gonfle les ballons et qui sert à l'éclairage des villes. Le flacon que je vous présente en est plein. J'approche du goulot cette bougie. Voyez quelle flamme bleuâtre sort du flacon! C'est l'hydrogène qui brûle, en d'autres termes c'est l'oxygène de l'air qui se combine avec lui.

« L'eau n'est autre chose que le résultat de cette combinaison.

« Le *Carbone* est la substance du charbon. Lorsque dans le fourneau de la cuisine le charbon s'use et disparaît à force de brûler, c'est que le carbone se combine avec l'oxygène de l'air en formant un gaz invisible, l'acide carbonique, qui se répand dans l'atmosphère.

« Très dangereux pour les animaux qui le respirent, ce gaz produit par suite des fermentations, des décompositions végétales et animales. C'est lui qui se dégage des fours à chaux et des cuves à vin. Tous les animaux l'exhalent dans l'acte de la respiration. Aussi, l'atmosphère en renferme un peu, et même cet acide carbonique

(1) Reproduction interdite.

de l'air est indispensable aux plantes, qui l'absorbent par les feuilles.

« Ce même gaz se forme dans le sol par la décomposition des débris végétaux et animaux. Là, il se trouve en partie retenu par l'humidité terrestre qui en devient plus favorable à la végétation.

« L'*Azote* est un gaz impropre à la respiration des animaux. Dans l'air, il se trouve mêlé avec l'oxygène dont il modère les effets. Du reste, il ne semble pas que cet azote de l'air soit directement absorbé par la plupart des plantes. Ce que celle-ci en contiennent paraît provenir surtout des *substances ammoniacales* et des *sels nitreux*. Vous connaissez l'odeur des fumiers de bergerie? »

M. Prudhomme. — « Je le crois : c'est à faire pleurer, et ça ne sent pas la fleur d'orange.

L'instituteur. — « Eh ! bien ! cette odeur vient du dégagement d'un gaz, composé d'hydrogène et d'azote, que l'on appelle *ammoniaque*. Combiné avec l'acide carbonique, l'ammoniaque forme un sel que voici et qui s'évapore très facilement par la chaleur. J'en mets quelques parcelles sur cette pelle à feu. Voyez ! tout disparait.

« Il se forme dans les fumiers quantité d'ammoniaque et de sel-ammoniac, et ces substances en sont une des parties les plus précieuses.

« Les sels nitreux qui procurent encore de l'azote aux plantes se produisent au contact de l'air et des substances alcalines, telles que la chaux, la potasse, la soude ; et cette formation est favorisée par la présence des matières ammoniacales. Ainsi, les fumiers mélangés de chaux et de terre se chargent bientôt de sels nitreux. D'un autre côté, dans les champs calcaires ou marnés, les sels nitreux se produisent d'eux-mêmes, surtout lorsqu'on y a porté beaucoup de bon engrais.

« Maintenant, Messieurs, vous vous rendez compte de la perte que subissent les fumiers lorsqu'ils sont lavés par les pluies et lorsque, fermentant avec trop d'activité, ils exhalent des vapeurs abondantes.

« A cause de leur nature soluble, les sels nitreux et ammoniacaux sont entraînés par les jus noircis : première perte. Quant aux vapeurs, elles sont chargées d'ammoniaque : seconde perte. De plus, elles contiennent beaucoup d'acide carbonique qui aurait dû plus tard se former dans le sol : troisième perte.

« La présence de l'air et la chaleur activent toutes les fermentations. Comme celle du fumier doit être très modérée, voilà pourquoi il convient de le serrer, de l'arroser, de le mettre à l'ombre.

« Quant aux poussières tourbeuses, aux matières sulfureuses, telles que le plâtre, elles sont utiles à mêler avec le fumier, les unes parce qu'elles absorbent l'ammoniaque, les autres parce qu'elles le convertissent en un sel (le *sulfate d'ammoniaque*) qui ne peut pas s'évaporer. »

Le maire. — « Courage, monsieur l'instituteur. Autrefois j'entendais dire : On en sait toujours assez pour être cultivateur. Convenons aujourd'hui qu'on ne peut en savoir trop pour bien cultiver. »

M. Routinet. — « S'il en est ainsi, pourquoi donc sont-ce presque toujours les savants qui s'enfoncent en culture, tandis que les ignorants ramassent quelques sous ? »

Le père Pasdebile. — « C'est un peu vrai. »

M. Routinet. — « Vous souvenez-vous du monsieur de Paris qui faisait valoir la ferme du château ? Il nous appelait des routiniers, des arriérés, des têtes de mulet. Il se moquait de nos charrues. Je vois encore sous sa remise trente-six mécaniques qui ne marchaient jamais. Au lieu de blé, de seigle et d'avoine, il semait de la spergule et autres plantes à nom inconnu. Il fit venir d'Ecosse des vaches noires sans cornes et des moutons à tête brune. Au concours du comice, il n'y avait de médailles que pour ce monsieur, ce qui ne l'a pas empêché un beau jour de perdre l'équilibre. Les juifs s'empressèrent de venir à son aide. Mais ce secours lui fit le même effet que le coup d'eau-de-vie qu'on donne à un homme qui commence déjà à faire des zigzags. Voilà mon savant par terre, et ce sont les routiniers, nous autres, qui avons acheté ses champs en dandinant la tête. » *(On rit.)*

Le maire. — « Eh ! messieurs, faut-il rendre la science responsable des applications fausses que des étourdis en peuvent faire?

« En agriculture, il y aura toujours *théorie* et *pratique*. La théorie, c'est l'idée ; la pratique, c'est l'exécution. Celui qui crie le plus contre la théorie a donc aussi sa théorie.

« Eclairons cette dernière par la science et le raisonnement. Mais restons à la fois de bons praticiens, adroits dans chaque opération, attentifs à tous les détails, travailleurs énergiques. »

Ces paroles si sensées furent applaudies.

A dimanche prochain !

(A suivre.) Charles Gossin.

LE NOUVEL IMPOT FONCIER

Aux termes des articles 5 et 6 de la loi des finances du 8 août 1890, chacune des 9.051.342 maisons passibles en France de la contribution foncière, est, à partir du 1er janvier dernier, taxée à raison de 3.29 0/0 de sa valeur locative.

Comment a été déterminée cette valeur locative? Par l'enquête administrative exécutée en vertu de l'article 34 de la loi du 8 août 1885. Quelques soins que l'administration des contributions indirectes ait apportés à son travail, il lui a manqué, pour avoir sa valeur, le concours des intéressés, l'examen contradictoire par eux des chiffres qui y sont inscrits. Officiellement présentée au début comme une simple opération de statistique ne devant comporter aucune aggravation quelconqde des charges, l'évaluation de 1887-1889 a été cependant, inopinément, par une véritable surprise, adoptée comme base unique des matrices, d'après lesquelles tous sont imposés, bien qu'aucun, à l'heure actuelle, n'ait encore connaissance des éléments qui ont servi à les former. C'est, qu'on me permette de le dire, un procédé emprunté aux époques les plus regrettables de notre histoire financière.

On avait vivement insisté, tant au Sénat qu'à la Chambre, pour que tout au moins les résultats de l'enquête fussent soumis au contrôle préalable des conseils locaux. Le législateur a dû reconnaître aux contribuables le droit de contester les estimations arbitraires substituées au pied-levé par les seuls agents de l'administration à celles des matrices cadastres actuelles ; mais il ne lui a ouvert que la voie contentieuse individuelle, en première instance, devant le conseil de préfecture ; en appel devant le Conseil d'Etat, voie difficile et coûteuse à suivre, surtout pour les petits.

En vertu de l'article 7 de la loi du 8 août, tout propriétaire de propriété bâtie est admis à réclamer contre l'évaluation attribuée à son immeuble, pendant six mois à dater de la publication du rôle de 1891, et pendant trois mois, à partir de la publication du rôle de 1892. Passé ces délais et jusqu'en 1900, — l'évaluation ayant été déclarée valable pour dix ans, — aucune réclamation ne sera accueillie, sauf les cas tout exceptionnels, et le contribuable se trouvera forclos.

C'est là une dérogation absolue au droit reconnu jusqu'à présent à tout propriétaire d'un immeuble bâti de réclamer dans les trois mois de l'émission de chaque rôle. Une autre dérogation grave aussi, surtout pour les agglomérations rurales, est celle qui subordonne désormais l'exemption temporaire d'impôt accordée aux constructions nouvelles et reconstructions à une déclaration préalable faite à la mairie dans les quatre mois de l'ouverture des travaux.

De l'exposé qui précède, me semble résulter l'importance, la nécessité pour chacun d'examiner de près son avertissement de 1891, de constater la valeur locative nouvelle attribuée à sa maison, et d'introduire de suite, s'il y a lieu, une instance devant le conseil de préfecture.

Les trois grandes catégories de propriétés inscrites à l'enquête de 1887 1889, y ont un égal intérêt.

***

En ce qui concerne les *maisons ordinaires*, qui constituent l'élément essentiel, puisqu'elles représentent 98 0/0 du nombre total et 90 0/0 de la valeur locative totale, si les évaluations des villes offrent des garanties spéciales de certitude, il y a les plus sérieuses réserves à formuler pour les propriétés rurales. Leur évaluation a dépendu trop exclusivement de l'appréciation faite en courant par le contrôleur venu du dehors, souvent de fort loin, ayant dû fatalement comprendre fréquemment dans son travail des bâtiments purement ruraux. « Dans les maisons de cultivateurs, a fait remarquer M. Buffet au Sénat, la partie qui doit être exempte d'impôt, puisqu'elle a une destination purement agricole, n'est pas isolée de celle qui est affectée à l habitation, et il est à peu près impossible d'après l'aspect extérieur et sans entrer dans la maison d'établir la distinction. »

Cte de Luçay.

Reconstitution des vignobles phylloxérés

Producteurs directs ou vignes greffées ? *(Suite).*

Est-ce à dire qu'il faudra greffer toujours ? Dieu seul le sait. En ce moment nous sommes condamnés à reconstituer nos vignes, à la sueur de notre front, par le greffage.

Voici pourtant que l'horizon semble s'éclaircir : une espérance vient de naître pour consoler ceux qui regrettent trop amèrement la simplicité de l'ancien mode de plantation de la vigne par le bouturage, ou, suivant le langage usuel, par la plantation d'un chapon.

« *L'avenir n'est pas à la droguerie viticole et vinicole,* » disait, il y a quelques mois, Mme Ponsot dans son *Catalogue et Manuel* des vignes américaines, un livre écrit par une praticienne émérite, et qui ne saurait être trop lu et relu par tous ceux dont les efforts sont consacrés à la reconstitution de leurs vignes : « L'AVENIR EST AUX HYBRIDES. »

A l'occasion du compte-rendu de l'exposition des raisins du palais du Trocadéro, en 1889, les lecteurs de la *Gazette agricole* ont eu l'occasion de faire connaissance avec les merveilleuses découvertes de M. G. Couderc, l'homme qui, par ses hybridations, aura rendu le plus grand service à la viticulture, non seulement en France, mais même à l'étranger.

Au mois de septembre dernier, une commission était officiellement envoyée, par le gouvernement du canton de Neuchâtel pour etudier en France les méthodes de reconstitution des vignobles : entre sa visite de l'école de Montpellier et celle de l'école d'Ecully, elle faisait étape à Aubenas, chez M. Couderc ; quelques jours après, lui succédait une commission venue d'Espagne. Puis un délégué spécial du gouvernement Portugais, un délégué du gouvernement Italien, etc.

Après ces illustres visiteurs, et bien d'autres dont il serait trop long de faire l'énumération, j'ai voulu revoir, à mon tour, les pépinières d'Aubenas, de Saint-Servin, de Montfleury, où ont été créés et où sont expérimentés les hybrides franco-américains obtenus et sélectionnés par M. Couderc. Elles étaient l'objet de la seconde excursion dont je voulais entretenir les amis de la *Gazette*.

C'était à la veille de ces terribles inondations qui ont ravagé l'Ardèche, au mois de septembre dernier. Au soleil dont les rayons avaient illuminé le commencement de ma visite avaient succédé des pluies qui accompagnèrent mon retour et qui ont rapproché, par un douloureux contraste, les richesses dont la veille j'avais admiré le germe, et les ravages désastreux dont le lendemain les menaces se transformaient en une sinistre et terrible calamité. Aujourd'hui le souvenir de ces inoubliables pépinières, reparaît à mes yeux comme l'arc-en-ciel, promesse des jours meilleurs.

Dans ces merveilleuses et inoubliables pépinières, à une altitude déjà assez élevée, j'ai goûté les raisins que j'avais remarqués l'année précédente à l'exposition du Trocadéro. La maturité du plus grand nombre était absolument complète, à la date du 18 septembre 1890 (année de maturité tardive) : pour quelques-uns, elle était évidemment acquise depuis plus d'une semaine.

Il y a donc là des variétés nouvelles, d'une précocité suffisante pour mûrir dans la région du centre.

En même temps que la production des souches avait augmenté, certains raisins, comparés avec ceux des mêmes souches, exposés l'année dernière, avaient évidemment gagné en volume et en beauté.

A côté de ces hybrides, avec lesquels le public viticole avait pu faire connaissance douze mois auparavant, il y avait de nouveaux hybrides fructifiant en grand pour la première fois, et des hybrides de seconde génération qui produisaient leurs premiers raisins.

Les derniers sont le résultat des hybridations obtenues par le croisement des premiers hybrides de M. Couderc.

Dans ces deux catégories, dont les sujets ont tous commencé par subir, à leur naissance, l'épreuve de la phylloxeration artificielle, il y a des hybrides d'une maturité précoce et même très précoce : quelques-uns s'annoncent comme des cépages à grande production, si l'on s'en rapporte à certains indices dont l'apparition a toujours été suivie, jusqu'à ce jour, d'une très abondante fertilité.

Des grappes spécimens de ces nouveaux raisins ont été gracieusement remises par M. Couderc à M. Roy-Chevrier, pour être soumises à la dégustation de la commission chalonnaise. A l'exception de deux raisins qui avaient été joints à la collection, à cause de leur beauté, mais dans lesquels on peut retrouver une légère trace de goût sauvage, les autres ont été déclarés excellents.

L'unanimité des suffrages, accordée par des connaisseurs émérites, ne peut manquer d'être d'un heureux augure pour l'avenir.

On a vu précédemment les défauts des producteurs directs hybrides, d'importation américaine, les célèbres semeurs américains, qui ne se préoccupaient pas assez du phylloxera, ont cependant employé bien des années pour obtenir ces médiocres résultats.

En dix ans, au contraire, grâce à sa méthode de phylloxeration artificielle, qui est une découverte de génie, grâce à l'immense multiplicité de ses ingénieuses combinaisons, grâce aux observations les plus sagaces, interprétées par un esprit d'intuition merveilleux, M. Couderc est arrivé à découvrir des producteurs directs indemnes du phylloxera, d'une saveur irréprochable. A ces créations, qui datent d'hier, viendront s'ajouter celles dont les premiers raisins se montreront et muriront à l'automne prochain, puis d'autres encore, spécialement des combinaisons à trois quarts de sang du *Vinifera*, tel que (Gamay × Rupestris) × Pineau, = (Gamay × Rupestris) × Gamay, = (Aramon × Rupestris) × Syrah, etc., dont on comprend sans peine l'importance comme fruit ; dans ces hybridations d'un ordre nouveau, par l'effet de la sélection ci-dessus indiquée, quelques rares pieds sont dès à présent assurés d'une résistance suffisante.

Dans ces nouvelles générations, Dieu fera surgir, on ne saurait en douter, quelques nouvelles variétés non moins heureusement douées que leurs aînées. Elles seront la juste récompense, appelée par nos vœux, des persévérants labeurs, de l'infatigable et patriotique dévoûment du savant hybridateur d'Aubenas.

Paul LAURAS,
ancien préfet, viticulteur.

(A suivre.)

LES TRIPOTEURS.

Prenez garde!

La déconfiture du banquier Macé appelle l'attention sur les flamboyantes annonces qui, depuis quelques années, s'étalent à la quatrième page des grands journaux.

Macé est, dit-on, l'initiateur, c'est à lui qu'il convient de décerner le brevet d'invention, soit! mais ses imitateurs sont devenus légions; leurs affaires semblent avoir marché à souhait, et les gogos de toute catégorie ont été ce point nombreux que nul manieur de fonds n'a eu à subir les effets de la concurrence.

Le krack de la banque de la rue Cadet ne saurait mettre fin à l'âge d'or du tripotage aussi effrontément organisé; tout au plus refroidira-t-il, pendant quelques jours, l'enthousiasme confiant des possesseurs de gros sous et de bas de laine, qui, dans toutes les classes de la société, aiment à se voir promettre plus de beurre que de pain.

Qu'on lise donc ce relevé édifiant, si l'on veut apprécier jusqu'où peut atteindre l'art de jeter de la poudre aux yeux.

REVENU FIXE.

900 fr. par an avec 1,000 fr. payable par mois. Rien du jeu. Capital absolument garanti par titres premier ordre. On accepte parts de 200 fr.

GRAND SUCCÈS.

(4e ANNÉE.)

180 pour 100 de BÉNÉFICE par an, payables fin de chaque mois. Moyen de s'enrichir rapidement et sans aucun risque. Très sérieux, très sérieux, très honorable, *tout repos et garanti* par titres du **Crédit Foncier** remis aux participants.

POUR DOUBLER SON CAPITAL
en achetant de la Rente française
et toucher les bénéfices chaque mois, lire la notice envoyée gratis par... Les quatre dernières années ont donné **8 500** f. de bénéfices pour chaque somme de **500**f.

La perle, car en tout il faut chercher le joyau, apparait, ce nous semble, dans ces cinq lignes :

5,350 francs et plus à gagner avec **50** francs, en cinq jours de bourse. Avis chaque jour. — Capital garanti et double en cas d'insuccès.

Comme tout est pesé, étudié, fouillé, dans cet avis sans prétention où rien, dit-on, n'est laissé à l'aléa des entreprises humaines !

L'insuccès même est prévu et, dans ce cas, le capital garanti doit être encore doublé.

Cette éventualité constitue bien aujourd'hui la situation de la banque Macé, et c'est à tort, sans doute, qu'on attribue au financier disparu des idées coupables alors qu'il exécute, peut-être, l'opération fructueuse qui doit doubler le capital de ses clients.

Ceux-ci, après avoir touché 120 ou 180 0/0, pendant un certain temps, se laissent aller à un véritable affolement, et c'est ainsi que les plaintes et les dénonciations pleuvent de toute part.

Consciencieusement, nous ne pouvons avoir pour les infortunes de ces spéculateurs en chambre qu'une médiocre pitié.

Au fond, ils n'ont consenti au financier en cause que des prêts usuraires dont le taux inadmissible fait nettement ressortir leur niaiserie ou leur culpabilité.

Rien, malheureusement, ne sera capable de détourner le courant, et c'est ainsi qu'après un premier moment d'émotion nous retrouverons, dans une foule de combinaisons véreuses, de jeux et de tripotages, la masse du public, qui se plaint aujourd'hui, et qui, demain, avec plus d'unanimité que jamais, souscrira aux demandes immorales ou ridicules de financiers voleurs.

Quant à nous nous ne cessons et ne cesserons de crier casse-cou.

Prenez garde! Prenez garde!

LE PÈRE LA PRUDENCE.

Nouvelles agricoles.

Le succès des vaches laitières flamandes au Concours général de Paris, en 1891. — Le prix d'honneur des vaches laitières a été remporté, cette année, par une vache flamande. C'est un grand succès, car cette flamande avait de redoutables concurrentes parmi les vaches laitières de Normandie, qui sont si renommées et si bien représentées chaque année au concours de Paris.

On sait que la race flamande est la plus laitière du monde, et c'est de cette famille qu'est sortie la fameuse race Durham, qui fait l'orgueil de l'Angleterre et qui est devenue le type parfait de l'animal de boucherie. La vache flamande est une des richesses de notre agriculture du Nord, le chiffre de population de cette excellente race s'élève chez nous à 900,000 têtes environ. Son centre de production et d'élevage se trouve dans les arrondissements de Dunkerque et Hazebrouck. C'est, en effet, de Téteghem, à 6 kilomètres de Dunkerque, que vient la vache victorieuse de cette année.

Cette race flamande est si laitière qu'elle peut donner jusqu'à 35 litres de lait par jour ; cette énorme production n'a, il est vrai, qu'une durée assez courte, mais il n'est pas rare de voir des vaches de cette région fournir 2.600 litres de lait par an, d'un vêlage à l'autre.

Le rendement moyen des vaches laitières en France va de 1.400 à 2.600 litres, mais les hauts rendements ne sont pas le moins du monde désirables, car dans ce cas le lait est aqueux et d'une pauvreté extrême. Que les laitiers achètent des vaches qui donnent un produit très abondant mais très pauvre ou qu'ils baptisent leur denrée, c'est absolument la même chose pour le consommateur.

La question n'est donc pas de savoir combien de lait donne une vache, mais qu'elle est la richesse nutritive de ce lait et quelle quantité de beurre ou de fromage il peut produire par 20 litres. Voilà ce qu'une pancarte placée au-dessus de chaque vache laitière primée devrait dire.

Le mauvais et le bon devraient être mis là en pleine lumière.

Si l'on ne fait pas cela, les concours serviront peu à l'instruction du public.

Il est question de reculer, à l'avenir, cet intéressant concours vers la belle saison, vers Pâques, par exemple.

Chaque année, en février, on patauge dans la boue où l'on gèle dans les salles ; il faut avoir le feu sacré en soi pour y résister. L'affluence des visiteurs serait certainement beaucoup plus nombreuse si la température était moins rigoureuse et la beauté du concours n'en serait que plus complète.

Le concours hippique de Nantes. — La Société hippique française a fixé du 8 au 15 mars 1891 la durée du concours hippique de l'Ouest qui doit avoir lieu à Nantes.

Les engagements sont reçus à la préfecture du département de la Loire-Inférieure, à Nantes, jusqu'au lundi 2 mars, au plus tard, avant cinq heures du soir.

Pour obtenir des programmes de ce concours et des formules de déclaration préalable, s'adresser au siège de la Société hippique française, 33, avenue Montaigne, à Paris.

Ce concours est réservé aux cultivateurs et propriétaires des départements des Côtes-du-Nord, Finistère, Ille-et-Vilaine, Indre, Indre-et-Loire, Loire, Loir-et-Cher, Loire-Inférieure, Loiret, Maine-et-Loire, Mayenne, Morbihan, Sarthe, Deux-Sèvres, Vendée et Vienne.

Comité de défense de la propriété bâtie. — Conformément aux décisions prises par la Société des Agriculteurs de France et par l'Union des Syndicats des agriculteurs, un comité de défense de la propriété bâtie s'est constitué à Paris ; ce comité étendra son action dans la France entière.

Dans une première réunion, le bureau a été constitué ; il se compose de M. le comte de Luçay, président, M. Tournyer, vice-président, M. P. Senart, secrétaire.

Une sous-commission qui comprend, outre le bureau, MM. Boullaire, de Croissy, Duvergier de Hauranne, a été chargée d'arrêter sans délai les mesures pratiques à adopter pour résister aux exagérations fiscales et de rédiger les instructions à donner aux contribuables.

Le siège du comité est à Paris, 19, rue Louis-le-Grand.

Ecole de laiterie de Saulxures (Vosges). — Cette école, justement renommée, annonce qu'un cours temporaire d'industrie laitière et d'entretien du bétail s'ouvrira le 20 février courant et durera jusqu'au 22 mars en faveur des jeunes gens désireux de s'initier aux bonnes pratiques en matière d'élevage et de préparation des produits du lait.

Les postulants doivent être âgés de 16 à 25 ans. Il suffit d'envoyer au directeur de l'école une demande accompagnée d'un certificat de moralité du maire de leur commune.

Les blés en gerbes de Belgique. — M. Plichon, le distingué député d'Hazebrouck, signale une anomalie très préjudiciable à l'agriculture de la zone frontière. Par suite du traité de commerce de 1881, les blés en gerbes de Belgique entrent gratuitement en France dans une zone de 10 kilomètres, et l'établissement de la taxe de 5 francs n'a pas mis fin à ce privilège anormal, qui constitue une protection intolérable de l'étranger au détriment de la production agricole du pays.

Syndicat des houblons de Bourgogne. — Ce syndicat a adressé à M. Méline une délégation qui a démontré la nécessité et la légitimité d'une taxe douanière de 60 francs par 100 kil. sur les houblons étrangers.

CONSEILS DU VÉTÉRINAIRE

LE SON

Le son est formé par la pellicule du grain qui s'en sépare par la mouture et le blutage.

La mouture écrase le grain, le blutage isole la pellicule ou le son de la farine.

Pour être bon, il doit contenir de la farine en proportion nécessaire pour qu'elle s'attache à la main quand on le manie ; il doit être exempt de toute odeur. Il en acquiert lorsqu'il est conservé au delà de trois mois, parce qu'alors il s'imprègne d'humidité, passe de la fermentation acide à la fermentation putride et devient un aliment très dangereux.

Le son doit être employé mouillé d'une certaine quantité d'eau, ce qu'on appelle frisé. Lorsqu'on veut qu'il nourrisse pour pousser à l'engrais, on le mêle avec de la farine d'orge, de manière à en former des barbotages ; il est très rafraîchissant. C'est ainsi qu'il est plus avantageux de l'employer, surtout en été, ou toutes les fois qu'on veut combattre l'invasion des maladies inflammatoires.

Donné sec, il est à craindre que, faute d'être digéré, il ne se forme en pelote dans l'estomac et n'occasionne une perturbation grave dans la santé, il y aurait beaucoup d'exemples à citer de ce fâcheux résultat.

UN VIEUX VÉTÉRINAIRE.

CONSEILS DU JUGE DE PAIX.

VENTE DE COMESTIBLES INSALUBRES.
RESPONSABILITÉ DE LA COMMUNE.

— L'autre jour, voulant me régaler, j'achète sur le marché municipal de notre ville des beaux petits champignons ; je me dis, pour sûr ils ne sont pas vénéneux, car dès l'instant qu'il y a un inspecteur chargé de la vérification des comestibles mis en vente, on peut être tranquille et acheter de confiance ; hélas, les champignons étaient mauvais ; et ce que j'ai été malade, vous n'en avez pas l'idée ; j'ai cru que du coup j'allais rejoindre mes ancêtres ; il y a eu un procès : la femme qui m'avait vendu a été condamnée à six jours de prison pour blessures par imprudence ; mais cela ne suffit pas, et je veux qu'on me paie ma perte de temps et mes frais de médecin et de pharmacien ; comment m'y prendre ?

— Il faut demander des dommages-intérêts à la commune.

— Comment cela ?

— Aux termes de la loi du 5 avril 1884, le maire, chargé de la police municipale, a le devoir de veiller à la salubrité et doit par conséquent faire surveiller le bon état des comestibles mis en vente sur les marchés et places destinés à cette mise en vente ; l'agent qu'il charge de ce service est son préposé ; dès lors, s'il commet une faute dans l'exercice de ses fonctions, par exemple, en ne signalant pas des champignons vénéneux, il engage par ce seul fait la responsabilité civile de la commune envers les personnes victimes d'un empoisonnement causé par ces champignons.

— Voilà qui me parait juste ; je vais faire le procès, et si tout le monde suivait mon exemple certaines communes de ma connaissance choisiraient mieux leurs agents et on ne verrait pas donner des places à un tas d'incapables ou de fainéants, uniquement pour récompenser leurs services électoraux. UN VIEUX JUGE DE PAIX.

CONSEILS DU MÉDECIN

GARGARISMES ÉMOLLIENTS

Les gargarismes sont employés dans les inflammations de la gorge, des amygdales, avec gêne de la déglutition.

Racine de guimauve....... 3 ou 4 pincées.
Eau........................ 1/2 bouteille.

Faites bouillir, passez et ajoutez deux cuillerées de miel blanc.

En y mettant une tête de pavot, on a un gargarisme émollient et calmant.

Figues grasses......... 3 ou 4.
Eau.................... 250 à 300 grammes.

Coupez les figues en deux ou trois parties, faites-les bouillir et passez.

On peut encore faire des gargarismes émollients avec la décoction de graine de lin ; mais l'odeur est assez désagréable.

AFFAIRES MILITAIRES.

Les soutiens de famille

Plusieurs de nos lecteurs nous demandent quelles sont les formalités à remplir pour être dispensé comme soutien de famille, des exercices de 28 jours ou de 13 jours des réservistes et des territoriaux.

Il faut adresser une demande au maire de sa commune en produisant les pièces suivantes :

1° Relevé des contributions payées par la famille et certifiées par le percepteur ;

2° Avis motivé de trois pères de famille résidant dans la commune et ayant un fils sous les drapeaux, ou, à défaut, dans la réserve de l'armée active, et jouissant de leurs droits civils et politiques.

Le maire provoquera, sur cette demande, un avis motivé du conseil municipal, et le transmettra, avec toutes les pièces, au général commandant la subdivision, qui statuera.

POUR RIRE.

La poule aux cocos d'or.

FABLE DE LA FONTAINE CORRIGÉE PAR UN ANGLAIS

Un paysan, très bôcoup fort avare
Avait dans son basse-cour
Un poule qui chaque jour
Pondait un coco tout en or. Ce était rare!
Aoh! ce était un poule épatant!
Le paysan, qu'elle était bête
Il se dit un matin en grattant loui son tête:
« Ce était embêtant
« D'attendre que le jour tout entière il s'écoule
« Pour avoir seulement un petit coco d'or!
» Si je touiais le poule?
« Dans son ventre il avait pour sûr un gros trésor»
Aussitôt il prenait son couteau de cuisine
Et crac!... il guillotine
Le pauvre petit poule! il cherchait dans le cou
Rien! dans le estomac, rien! dedans le poitrine,
Rien encore!... il faisait un nez comic bôcoup.
Et il ouvrait le intestin.
Mais ce était pas difficile
De deviner ce qu'il trouvait là, c'est certain.
Ce était pas de l'or, mais... du petit crottin!

Moralité de mossié La Fontaine.

Quand un poule il pondait tous les jours un richesse
Il fallait laisser loui mourir de son vieillesse!

Moralité de moá, bôcoup plious jaolie.

Quand vous aurez des bons akchieunes, des bons obligahieunes... des bons valeurs very sioures... touchez les couponnes... régulier... mais vendez pas les bons titres... sans ça, après, vous ferez un nez comme le paysan bête de mossié La Fontaine.

PETITE POSTE.

M. R. H..., à C... (Oise). — *Impôts. — Propriétés bâties.* — Nous recevons de nombreuses lettres comme la vôtre. Cet impôt est monstrueux et ne tardera pas à soulever dans toute la France une réprobation générale; faites fermer vos fenêtres d'une façon permanente, par un moyen quelconque, indiquant bien le non usage, et tentez, si vous ne reculez pas devant les frais, de vous pourvoir contre la contrainte, mais il est peu probable que vous réussissiez. Les contrôleurs, aujourd'hui sont puissants, ont des instructions pour imposer quand même, et les réclamations les mieux fondées seront bien rarement accueillies par les juridictions administratives. Cependant il est bon de ne pas se laisser tondre sans crier. A notre avis, vous êtes dans votre droit.

M. G... (Loire). — Le fait que vous signalez est grave; nous envoyons votre lettre à l'autorité supérieure, en demandant qu'il soit donné suite à votre plainte très légitime.

M. E. L... (Lorraine). — *Indemnité de guerre.* — Votre réclamation ne serait pas admise; inutile d'essayer. Nous prenons note de votre désir. Comptez sur nous. Vous recevrez l'ouvrage dans une huitaine de jours.

M. T.... à S... (Indre). — *Pommes de terre Institut de Beauvais.* — Votre commande est transmise. — 1° *Blés gelés.* — Ces blés, dont l'extrémité est gelée, peuvent *repartir* et donner de bons résultats avec une application de nitrate de soude (100 kil. à l'hectare). Mais les fortes gelées de la nuit sont actuellement bien mauvaises et retardent la végétation d'une façon désastreuse. — 2° Inutile de revitrioler les semences préparées en décembre.

M. B... (Seine-et-Oise). — *Ouvrage d'horticulture.* — 1° *L'Arboriculture fruitière* de M. Delaville, professeur d'horticulture, chez l'auteur, rue Sainte-Marguerite, à Beauvais, est un ouvrage des plus pratiques. — 2° *Institut agricole de Beauvais.* — Il ne reçoit des élèves qu'à partir de l'âge de 16 ans. Mais les élèves du pensionnat des Frères de Beauvais suivent aussi le cours d'agriculture: c'est le pensionnat qui conviendrait d'abord à votre fils. Le prix de la pension n'en est pas élevé.

M. Ch... (Haute-Loire). — *Plants américains.* — Chez M. Bichon, rue du Cheval-Vert, Montpellier (Hérault).

M. E. L... (Oise). — Il est probable que M. B. Ch... a écoulé ses semences. Le Syndicat agricole de Beauvais pourrait vous en procurer.

M. le vicomte d'Ar... (Paris). — *Farine de cocotier.* — Le *Syndicat central*, rue Louis-le-Grand, à Paris, en fournit à de très bonnes conditions.

OFFRES & DEMANDES.

Pour répondre au désir qui nous est exprimé, nous offrons à nos abonnés, sous cette rubrique, deux annonces gratuites pour les offres et demandes d'emplois, produits ou animaux à vendre ou à acheter, etc.

Les annonces qui suivront jouiront d'une réduction de 50 pour 100 sur les tarifs ordinaires.

Les demandes d'insertions devront être envoyées à l'administration, qui se chargera de les rédiger.

Ne pas négliger d'envoyer tous les renseignements nécessaires (joindre 2 timbres de 0 fr. 15).

Un ancien élève d'une école d'agriculture, dans la force de l'âge, marié, bien au courant de la culture moderne en même temps qu'excellent praticien, demande un emploi de régisseur. — Très bonnes références. — N° 907.

S'adresser aux bureaux du journal.

A vendre, avoine blanche prolifique de Californie, pour semence, à 22 fr. 50 les 100 kil., logée sur wagon, gare Salins (Jura).

S'adresser à M. Ernest Champon, agriculteur à Cernans-sur-Salins (Jura). — N° 910-3.

Porcelets craonais purs, à vendre, 50 fr. le couple, au sevrage; en gare de Landerneau (Finistère).

S'adresser à Mme J. Bergot, château de Trébodinie, par Lesneven (Finistère). — N° 911-3.

Un agriculteur, propriétaire, demande emploi de régisseur d'une propriété rurale. — N° 912-3.

S'adresser aux bureaux du journal.

On demande à acheter, dans la région de l'Est (Meuse ou Ardennes), bonne semence garantie de blé *Chiddam de Mars*.

Envoyer offres et prix aux bureaux du journal. — N° 913.

A vendre, pommes de terre de semence, de beaucoup de variétés, première qualité. Prix modérés.

S'adresser à M. Rateau, à Châtillon-sur-Loire (Loiret). — N° 915-1.

Un jeune homme (26 ans) ayant reçu une solide instruction primaire, ayant fait chez ses parents de la bonne pratique agricole, demande emploi de comptable dans une grande exploitation.

S'adresser à M. Viry, au Passage, par le Tholy (Vosges). — N° 916-1.

Ménage sérieux (45 et 44 ans) demande emploi de régie ou de direction d'une ferme. La femme connaît parfaitement tout ce qui concerne la basse-cour.

S'adresser à M. Ed. Picard, à la Folie-de-Beauvoir, par Breteuil (Oise). — N° 917-1.

A vendre, un très beau verrat Yorschire, de vingt-deux mois, provenant d'animaux primés à l'exposition universelle, au prix de 130 francs, en gare de Civray.

— A vendre, en gare de Civray, pommes de terre Institut de Beauvais, à 9 francs les 100 kil. logés; Joseph Rigault, à 15 francs; Blanc Riesen, à 30 francs.

S'adresser à M. André Moreau, régisseur à Civray (Vienne). — N° 918-1.

VINS DU BORDELAIS.

Que de fois nous avons entendu dire:

« Quel service on nous rendrait, si on nous trouvait, dans les pays vignobles, un vendeur consciencieux; si on nous débarrassait de la concurrence à outrance; si on nous garantissait sérieusement la qualité, la pureté et la conservation des vins! »

Pour le Bordelais, nous recommandons M. Vincent Ardura, viticulteur, propriétaire d'un des meilleurs crus de la Gironde, favorable aux tempéraments délicats (le domaine de la Chapelle-Frédignac, par Blaye-Bordeaux), qui vend ses récoltes: 1889 à 130 fr., 1888 à 140 fr., 1887 à 150 fr., 1886 à 160 fr., 1885 à 175 fr., 1884 à 200 fr., 1882 à 220 fr., 1881 à 250 fr. et 1878 à 300 fr. la barrique de 225 litres, *franco* de port et de fût en gare d'arrivée. Paiement par le facteur à 30 jours 2 % ou 90 jours.

Certain que son vin plaira aux personnes qui ne le connaissent pas et qui désirent se bien approvisionner, sachant, en outre, qu'il est difficile de se rendre sérieusement compte de la qualité par la dégustation sommaire d'une petite fiole, M. Vincent Ardura n'hésite pas à adresser *franco* une bouteille entière pour échantillon de la récolte désignée.

REVUE FINANCIÈRE.

La physionomie de notre marché est assez singulière depuis quelque temps. La fermeté est la note dominante, ce n'est pas douteux; on ne progresse plus que très lentement, mais les hauts cours, dus à deux ans de vaillante attitude, ne sont pas abandonnés. Et cependant on sent comme une impression de découragement et de faiblesse.

Les affaires sont réduites à leur plus simple expression; la spéculation est visiblement hésitante; le comptant lui-même, qui est cependant dans la nécessité de s'employer, finit par subir l'influence de cette atonie. Cette semaine, on s'est remis à parler bien haut d'affaires nouvelles. Mais voilà, ces affaires promises pour la campagne d'hiver, se réduisent en somme à des emprunts d'Etats étrangers, de villes, à des conversions; les affaires industrielles sont rares, à vrai dire nulles. Ce genre d'opérations peut être du goût de la spéculation, pour laquelle c'est une source de bénéfices; l'épargne les considère d'un œil soupçonneux. Ce n'a été qu'un feu de paille, personne n'ose attacher le grelot.

Il en résulte que le marché reste stationnaire. Nos rentes, les actions et obligations de chemins de fer, les obligations de la Ville, conservent leur cours élevé; mais sur le reste la tendance à la faiblesse est tangible.

Où elle est surtout visible, c'est sur les institutions de crédit. Cela se comprend en général, puisque la diminution des affaires entraîne pour elles diminution de bénéfices. Cela se comprend en particulier, par exemple, pour la Banque de France, en raison des incertitudes que comportent les conditions du renouvellement du privilège. Mais quand on voit le Crédit Foncier se maintenir avec tant de peine autour de 1.288, on se demande avec inquiétude si cette faiblesse provient uniquement de la nouvelle campagne menée contre le Foncier, et si M. Lévêque a tout à fait tort de réclamer une garantie et un contrôle plus étroit. Et l'on fait le même raisonnemedt pour d'autres de nos établissements de crédit.

Les seuls mouvements qui se soient produits cette semaine ont affecté certains fonds étrangers et provenaient des bruits des nouvelles affaires. Les valeurs ottomanes ont monté sur l'annonce de conversions prochaines ; le mouvement est déjà arrêté.

L'Italien s'était relevé lors de la chute de M. Crispi. A notre avis, il était prématuré de tabler sur les bonnes intentions du nouveau cabinet ; mais enfin il y avait une raison plausible à la hausse. Depuis, le syndicat allemand que l'on connaît, qui avait à préparer le succès de l'emprunt allemand, avait poussé à la roue. En deux semaines on avait dépassé 95, on prédisait le pair.

L'emprunt souscrit, la chute est venue. Nous pensons aussi que notre épargne s'est méfiée de ces menées, qui, au su et au vu de tout le monde, ne sont qu'une préparation au lancement sur notre marché d'un emprunt italien dont les marchés de Londres et de Berlin ne se soucient pas de courir les aléas.

Une nouvelle affaire, ou pour mieux dire une nouvelle émission, suite d'une ancienne affaire, va voir le jour. Les Chemins de fer du Sud de la France vont émettre 61.179 obligations 3 0/0 au taux de 500 fr. ; prix d'émission 410 fr. 50. Il ne faut pas oublier que, quand il s'agit de ces chemins secondaires, la garantie de l'Etat, dont on fait le principal argument de la valeur du titre, ne s'exerce pas pleine et entière comme pour les grandes Compagnies. On ne voit pas pourquoi l'épargne irait se risquer dans ces entreprises aléatoires, à en juger par le passé, au lieu de s'employer, pour la même somme, aux valeurs réellement et entièrement garanties, si solides et si connues de nos anciens réseaux. TIMON.

Chemins de fer de l'Ouest.

NOUVELLES CARTES D'ABONNEMENT

AVEC

parcours circulaires sur la banlieue de Paris.

La Compagnie des Chemins de fer de l'Ouest délivre, depuis le 1er septembre dernier, de nouvelles Cartes d'abonnement (1re et 2e classes), de trois mois, de six mois ou d'une année, pour les quatre itinéraires suivants :

1° De Paris (Saint-Lazare, Montparnasse ou Champ-de-Mars) à Saint-Cloud, Pont-de-Saint-Cloud, Garches, Sèvres (Ville-d'Avray et rive gauche), et *vice versa* ;

2° De Paris (Saint-Lazare ou Montparnasse) à Versailles (rive droite et rive gauche) et *vice versa* ;

3° De Paris (Saint-Lazare) à Saint-Germain (via Le Pecq et via Marly-le-Roi) et *vice versa* ;

4° De Paris (Saint-Lazare, Montparnasse ou Champ-de-Mars) à Versailles (rive droite et rive gauche) et à Saint-Germain (via Le Pecq et Marly-le-Roi) et *vice versa*.

Arrêts facultatifs à toutes les gares intermédiaires.

Faculté de régler le prix de l'abonnement de six mois ou d'un an, soit immédiatement, soit par paiements échelonnés.

Les cartes des 1er, 2e et 4e itinéraires sont, moyennant un supplément de **prix, rendues valables** sur la Ceinture, de Paris (**Saint-Lazare**) à Ouest-Ceinture.

HALLES ET MARCHÉS.

SITUATION GÉNÉRALE.

Les cours des céréales sont toujours très fermes ; ceux du blé sont encore en hausse. Les huiles, les alcools, les sucres ont des prix également très soutenus. Les légumes sont encore rares. Les œufs, les fromages et le bétail ont des cours un peu moins fermes.

GRAINS.

Blés. — Les prix des blés se maintiennent toujours très fermes sur nos marchés, et l'on constate de la hausse sur plusieurs points. La température actuelle, caractérisée par une succession de journées chaudes et de nuits très fraîches, fatigue énormément les blés en terre qui ont résisté aux rigueurs de l'hiver, et l'inquiétude à leur sujet vient encore ajouter aux difficultés de la situation. Il est certain aujourd'hui que dans le Nord, dans la Beauce et dans l'Ouest, les blés ont été fortement atteints, et que les nouvelles semailles ne donneront pas un résultat bien satisfaisant, en raison du retard de la saison propice. Voici les cours qui ont été établis sur nos principaux marchés : Cambrai, 23 fr. 40 à 26 fr. les 100 kilog. ; Douai, 25 à 27 50 ; Amiens, 26 40 ; Beauvais, 23 50 ; Arras, blé blanc, 24 à 27 ; roux 24 à 26 ; Châlons-sur-Marne, 25 50 ; Montereau, 22 25 à 26 ; Dieppe, 26 40 ; Laval, 25 75 à 26 25 ; Chartres, 25 40 à 27 50 ; Nevers, 26 à 27 ; Dijon, 25 à 26 ; Lyon, 25 50 à 26 ; Mâcon, 26 à 27 ; Nantes, 26 à 26 50 ; Rouen, 26 25 ; le Mans, 26 50 à 27.

Seigles. — Au marché commercial à Paris, les cours restent nominaux de 17 25 à 17 50 les 100 kil. pour le disponible et de 17 50 à 17 75 pour le livrable. Les avis des récoltes sont favorables en général.

Orges. — Les affaires sont très restreintes faute d'offres ; la culture garde ce qui lui reste pour les semailles de remplacement ; les cours restent sans changement. — Les escourgeons sont également très rares ; ceux de la Beauce et du Centre s'achètent à Paris à 20 et 20 50 les 100 kilog.

Malts. — Les quelques ventes qui se concluent donnent les cours de 30 à 33 fr. les 100 kilog. pour les malts d'orges et d'escourgeons indigènes.

Avoines. — En commerce, les cours sont soutenus à Paris de 19 50 à 19 75 les 100 kilog. pour le disponible et de 19 50 à 20 pour le livrable. Les avoines étrangères sont en hausse ; on demande à Rouen, 15 75 pour les noires de Suède, 15 à 15 25 pour les noires du Libau, 14 50 à 15 75 pour les blanches.

Féveroles. — En hausse de 18 à 18 50 les 100 kil.

FARINES.

Farines de consommation. — La vente est ordinaire en boulangerie, sans changement dans les cours.

Farines bises. — Les petites premières se cotent 31 à 33 fr. les 100 kilog. les deuxièmes, 29 à 30 ; les troisièmes, 25 à 27 ; les quatrièmes, 20 à 23.

Farines de seigle. — Les prix restent bien tenus de 23 à 24 les 100 kil. pour les sortes indigènes disponibles, et de 24 à 25 50 pour les livrables.

FOURRAGES. — GRAINES FOURRAGERES.

Fourrages. — Les cours sont fermes comme suit au marché de la Chapelle : foin, 45 à 52 fr. les 100 bottes de 5 kilog. au domicile de l'acheteur ; luzerne, 44 à 51 ; regain et trèfle, 46 à 47 ; paille de blé, 27 à 31 ; de seigle, 29 à 35 ; d'avoine, 22 à 26. — Pour les fourrages et paille vendus en gare, les beaux foins et les luzernes sans herbes sont très fermes. On cote sur wagon par 520 kil. ; foin, 1re qual., 43 à 44 ; 2e qual., 34 à 38 ; luzerne, 35 à 43 ; paille de blé, 21 à 25 ; de seigle ordinaire, 25 à 29 ; d'avoine, 17 à 19. — Sur les marchés des départements, on cote, *aux* 520 *kilog.* : Cambrai, trèfle et luzerne, 45 à 50 ; sainfoin, 42 à 48 ; paille, 25 à 30 ; Rambouillet, foin, 27 à 32 ; luzerne, 26 à 31 ; paille, 19 à 22 Montereau, foin, 35 à 36 ; luzerne, 33 à 34 ; paille, 32 à 33 ; Compiègne, foin ; 28 ; paille, 25 ; Nancy, foin, 30 à 38 ; luzerne, 28, paille, 19 à 22 ; regain, 30 ; Dijon, foin, 34 à 38 ; paille, 20 à 23 ; Moulins, foin, 42 à 45 ; paille, 35 à 45 ; — *au quintal* : Beauvais, foin, 6 ; paille, 4 ; Reims, foin, 7 à 7 50 ; paille, 3 50 à 4 ; Orléans, foin, 12 à 14 ; paille, 8 à 10 ; Bourges, foin, 5 à 6 ; paille, 4 à 5 ; Toulouse, foin, 6 50 à 7 50.

Graines fourragères. — A Paris, les cours sont soutenus : sans changement, comme nous les avons donnés il y a huit jours. On vend sur les marchés des différentes régions : Toul, trèfle, 110 f. les 100 kilog. ; luzerne, 130 ; Nogent-le-Rotrou, trèfle violet, 90 à 110, Reims, sainfoin, 21 à 28 ; Bar-sur-Seine, trèfle violet, 70 à 80 ; sainfoin, 26 à 30 ; Orléans, trèfle et luzerne, 70 à 110 ; sainfoin, 24 à 25 ; Lons-le-Saunier, trèfle, 85 à 90, luzerne, 120 à 140 ; Orange, trèfle, 100 à 105 ; luzerne, 120 à 130 ; sainfoin, 30 à 35 ; Toulouse, trèfle, 88 à 92, luzerne, 90 à 95 ; sainfoin, 30 à 35 fr.

LÉGUMES SECS. — POMME DE TERRE.

Légumes secs. — La demande est active à Paris, et les prix se soutiennent comme suit : haricots flageolets chevrier, 65 à 86 fr. l'hectolitre et demi ; suisses blancs, 50 à 51 ; Chartres, 58 à 60 ; Liancourt, 52 à 54 ; Soissons, 82 ; — plats du Midi, 32 à 38 les 100 kilog. ; suisses roses, 26 à 27 ; cocos roses, 32 ; nains, 26 à 30 ; lentilles, 44 à 68 ; pois ronds, 30 à 34. — A Noyon, on vend les haricots lingots et les flageolets 33 50 à 34 l hectolitre.

Pommes de terre. — On cote à la halle : hollande, 13 à 15 fr. les 100 kilog ; saucisses rouges, 11 à 12 ; rondes hâtives, 9 à 14 ; early roses, 8 ; nouvelles d'Algérie, 80 à 100 ; grenadines nouvelles d'Hyères, 50 à 80. — Sur les marchés des départements, les pommes de terre se vendent *à l'hectolitre* : Beauvais, 7 50 à 8 50 ; Pontoise, hollande, 13 à 14 ; saucisses, 14 à 15 ; Bléré, 4 ; — *au quintal* : Orléans, 7 50 à 10 ; Moulins, 4 50 à 5 ; Rambouillet, 6 ; Cambrai, 8 à 14 ; Toulouse, 5 à 6 50.

HUILES ET GRAINES OLÉAGINEUSES.

Huiles de graines. — Les mauvaises nouvelles des colzas ont amené de la fermeté dans les cours des huiles à Paris, on note une hausse de 2 75 à 3 25 sur la semaine précédente. Le samedi 21 on cotait : colza disponible, 68 75 les 100 kilog. ; livrable, 68 75 à 70 50 ; lin disponible sans variation,

55 à 55 50; livrable, 55 25 à 57 25. — Les marchés des départements sont aussi à la hausse pour les huiles de colza; à Rouen, on cote : colza 68 50 à 69, lin, 56 à 56 50. — A Caen, l'huile de colza vaut 65 50 à 66 l'hectolitre. — A Lille, on vend : colza, 61 fr. l'hectolitre; lin, 55 à 57; — à Arras : colza, 69 fr. les 100 kilog.

Graines oléagineuses. — La graine de colza est en hausse à Caen à 20 fr. les 104 litres. — A Arras, on vend : œillette, 24 à 25 25 l'hectolitre; colza, 17 à 18 25; lin, 19 50 à 20 50; cameline, 13 à 14 50; — à Orchies, colza, 19 à 20 50; lin, 20 à 21; cameline, 14 à 15 50.

Huiles d'olive. — Cours de Marseille : Aix, surfine, 200 à 220 fr. les 100 kilog.; fine, 160 à 175; Bari, 125 à 140; Var, surfine, 180; Espagne, 125 à 130; Sicile, 125; Bougie, 115 à 120; Tunis, 95 à 115; mangeable de toutes provenances, 83 à 86.

TOURTEAUX. — ENGRAIS.

Engrais. — La fermeté semble vouloir revenir pour le nitrate de soude, qui se cote de 19 90 à 20 fr. les 100 kilog. à Dunkerque. — Le sulfate d'ammoniaque français vaut 28 50 les 100 kilog. à Paris, et le sulfate anglais, 28 à 28 50 dans les ports français et belges. — La baisse s'est arrêtée pour les phosphates. Dans la Somme, on cote par unité de phosphate et par tonne sur wagon à Doullens : 70 à 75 pour 100, 1 28; 65 à 70 pour 100, 1 0›; 60 à 65 pour 100, 0 90 à 0 95; 55 à 60 pour 100, 0 70 à 0 74; 50 à 55, 0 60. — La rareté de la marchandise maintient les cours pour les superphosphates. Les prix sont fermes et aussi sans changements pour les os et leurs dérivés. Les cours sont relativement faibles pour les matières organiques.

Tourteaux. — La demande est active et les prix bien tenus pour les tourteaux destinés à la nourriture du bétail. A Lille, on vend les tourteaux de colza indigène, 15 50 à 16 fr. les 100 kil.; de lin étranger, 13 à 15; d'œillette, 16 à 17; de lin, 24 à 25 50; de chanvre, 20 à 21.

Beurres en mottes.

Paris, 25 février.

L'arrivage d'hier a été de 37,000 kil.
L'arrivage approximatif a été de 7,908 kil.

Beurres en livres.

L'arrivage d'hier a été de 8,000 kil.
L'arrivage approximatif a été de 8,607 kil.

Fermiers	au kilo		Touraine	au kilo	
Extra	2 80 à	3 »	Extra	2 80 à	3 »
1er choix	2 60	2 80	1er choix	2 70	2 80
2e choix	2 50	2 60	2e choix	2 60	2 70
Ordinaire	2 40	2 50	Ordinaire	2 40	2 50
Bourgogne			Vendôme		
Choix	2 20	2 30	1er choix	2 50	2 60
Ordinaire	2 »	2 20	2e choix	2 40	2 50
			Ordinaire	2 10	2 20
Gâtinais			Beaugency		
1er choix	2 40	2 50	1er choix	2 30	» »
2e choix	2 30	2 40	2e choix	2 20	2 30
Ordinaire	2 20	2 30	Ordinaire	2 10	2 20
Le Mans			Fausse Touraine		
Choix	2 20	2 30	Choix	2 40	2 60
Ordinaire	2 10	2 20	Ordinaire	2 30	2 40

Volailles.

Canards :			Pigeons :		
nantais	7 » à	9 »	maconnais	» » à	» »
de ferme	3 »	4 50	italiens	» »	» »
Dindes nouv.	8 »	12 »	bizets	» »	» »
Oies nouvelles	6 »	8 »	Poulets :		
— (2e qté)	5 »	6 »	nantais	3 25	4 50
Pintades	*3 50*	*4 50*	*touraine*	*3 »*	*4 »*
Lapins domestiques	2 »	3 50	gâtinais	3 25	5 60
			du Midi	2 »	3 50
			communs	» »	» »

Marché plus ferme.

Cours fournis par M. Scelle, facteur assermenté 2, rue de Valois, Paris.

BESTIAUX.

LA VILLETTE, 26 février. — Bestiaux. — Vente mauvaise sur les bestiaux, plus facile sur les veaux et mauvaise sur les moutons et les porcs.

COURS officiels.	Amenés.	Vendus.	1re qualité.	2e qualité.	3e qualité.	Prix extrêmes.
Bœufs	2.142	1.875	1 52	1 40	1 22	1 12 à 1 58
Vaches	456	378	1 48	1 28	1 14	1 08 1 54
Taureaux	177	172	1 36	1 30	1 18	1 12 1 40
Veaux	1.187	960	1 90	1 76	1 58	1 40 2 12
Moutons	7.699	7.015	2 08	1 92	1 74	1 66 2 14
Porcs	3.604	3.250	1 32	1 28	1 24	1 18 1 36

Marché du lundi 23 février.

	Amenés	Vendus	Prix au poids net 1re qual.	2e qual.	3e qual.
Bœufs	3.164	2.312	1 52	1 38	1 22
Vaches	878	736	1 50	1 26	1 14
Taureaux	139	125	1 36	1 32	1 18
Veaux	1.064	910	1 86	1 70	1 56
Moutons	10.3:0	8.613	2 08	1 90	1 72
Porcs	2.275	2.069	1 30	1 26	1 22

	Prix au poids vif 1re qual.	2e qual.	3e qual.	Prix extrêmes.
Bœufs	» 93	» 77	» 61	» 58 à » 98
Vaches	» 87	» 69	» 56	» 48 » 92
Taureaux	» 84	» 76	» 62	» 56 » 88
Veaux	1 12	» 98	» 82	» 68 1 26
Moutons	1 06	» 91	» 77	» 70 1 11
Porcs	» 88	» 84	» 78	» 74 » 90
Peaux de moutons en laine				4 35 7 20
Id. id. demi-laine				1 80 3 35

Viandes abattues. — Criée du 26 février.

		1re qualité.	2e qualité	3e qualité.
Bœufs	le kil.	1 40 à 2 60	1 10 à 2 40	1 .. à 1 70
Veaux....	—	1 90 2 »	1 70 1 86	1 54 1 66
Moutons..	—	1 80 1 90	1 36 1 76	» 90 1 30
Porc entier	—	1 18 1 26	1 06 1 16	» 90 1 »

HUILES D'OLIVES DU VAR

1re qualité, sans arrière-goût.

Surfine.......... 1f 70 le litre.
Fine............ 1 60 —
Ordinaire........ 1 50 —

Par bonbonne d'au moins 25 à 30 litres, rendue franco. — Paiement à 30 jours, 2 0/0 d'escompte, ou à 60 jours, sans escompte.

S'adresser à M. Narcisse Champon, à Cernans, près Salins (Jura).

GUANOS DE POISSONS

Cet engrais, composé de viande et arêtes de poissons, est le plus actif et le meilleur de tous les engrais. Dosages garantis sur facture.

6 à 7 p. 100 d'azote et 2 à 3 p. 100 d'acide phosphorique

Prix aux 100 kilos : **11 fr.** en vrac et **1 fr.** de plus en sacs, rendu *franco de port* en gare de l'acheteur.

Paiement à 30 jours, 2 0/0 d'escompte, ou 90 jours net.

S'adresser à **M. PRÉVOST-FRANÇOIS,** fabricant à Montières-lès-Amiens.

ONGUENT ROUGE MÉRÉ

SEUL AGENT REMPLAÇANT VRAIMENT **LE FEU**

Guérison rapide et sûre des *Boiteries, Ecarts, Efforts, Vessigons, Molettes, Engorgements, Courbes, Suros, Eparvins.*

Effet gradué à volonté.— Pas de traces.

LA BOITE, AVEC BROCHURE, FRANCO : 3 FR. 50

LE PHYSIC BALL MÉRÉ

Est le meilleur purgatif pour tous genres de Chevaux

EMBROCATION MÉRÉ

Dite ***Trésor du Sportsman.***

Liniment révulsif sans rival pour fortifier les jambes des chevaux.

La bouteille : **5 fr.**— Franco gare, **5 fr. 60.**

DÉPOTS ***Chantilly.— Pharmacie MÉRÉ*** ***Paris.— ACARD,*** *213, rue St-Honoré*

PETIT MANUEL DE DISTILLATION

du COGNAC et des EAUX-de-VIE *de Vins, Cidres, Piquettes, Lies, Marcs, Fruits, etc.*

ET TARIF ILLUSTRÉ d'APPAREILS de DISTILLERIES

Envoyés gratis

par **DEROY FILS AINÉ,** Constructeur, **73,75,77,rue du Théâtre** (Grenelle) Paris

MÉDAILLE OR, EXPOSON UNIVLLE, PARIS 1889.

Barrière d'entrée pour Herbages

Brevetée S. G. D. G. — **8 fr. 50.**

Médaille de bronze à l'Exposition universelle de Paris 1889.

A. FÉREZ, à Coingt, par Plomion (Aisne).

SEMOIRS

A TOUTES GRAINES

au rayon

POUR GRANDE ET PETITE CULTURE

CONSTRUCTION TOUT EN FER ET ACIER

Ces semoirs se recommandent par leur légèreté de traction, leur agencement perfectionné, simple et commode. Un seul homme suffit pour la conduite.

NOMBREUSES RÉFÉRENCES. — DEMANDER LE CATALOGUE.

Ch. FAUL, Constructeur, 13, rue Pierre Levée, 13, PARIS

VINS DE BORDEAUX.

Baron D. DE CLÉRANT, propriétaire, à Barsac (Gironde).

PRIX-COURANT :

Vins rouges.	Années :	1889	1888	1887	1885	1884	1883	1881
Première côte......	(la barrique).	150fr	160fr	180fr	200fr	230fr	250fr	280fr
Deuxième côte.....	—	130	140	150	170	200	220	240

La barrique de 225 litres, rouge ou blanc, franco de port et de fût, en gare d'arrivée. 5 francs de différence de logement par demi ou par quart de barrique.

Paiement : 45 jours, 2 pour 100 escompte, ou 120 jours net.

IL EST ADRESSÉ, SUR DEMANDE, UNE BOUTEILLE ÉCHANTILLON, FRANCO.

Ecrire à M. J. RENSON, château Saint-Léon, à Barsac (Gironde), chargé de la vente.

PULVÉRISATEURS SPÉCIAUX

pour chauler les arbres fruitiers

V. VERMOREL

CONSTRUCTEUR

à VILLEFRANCHE (Rhône)

322 premiers Prix et Médailles

PULVÉRISATEUR « ÉCLAIR » n° 1, avec lance à coulisse de 0m80 à 1m50, et tuyaux de 1m20........................ 43 fr.

PULVÉRISATEUR « ÉCLAIR » n° 2, avec les mêmes accessoires................ 33 fr.

ACCESSOIRES supplémentaires d'après M. LANGLAIS, pour la pulvérisation des arbres :
1 tube caoutchouc de 2m50;
1 robinet raccordant les deux tubes;
1 lance courte *pour perche*........... 9 fr.

LANCE A COULISSE, de 2m 50 à 4m..... 15 fr.

LANCE A COULISSE, de 0m 80 à 1m 50.. 10 fr.

Cette dernière est facilement dirigée par l'ouvrier qui actionne la pompe.

BAINS-BUANDERIES

Baignoires. — Chauffe-Bains. — Douches. — Appareils de lessivage, système GASTON BOZÉRIAN.

CHAUDRONNERIE, TOLERIE, *etc.* — ENVOI FRANCO DE CATALOGUES.

DELAROCHE aîné, 22, rue Bertrand, Paris.

N'achetez pas !!!

de Couveuses artificielles

sans avoir pris connaissance du nouveau catalogue illustré que M. J. PHILIPPE, éleveur à Houdan (S.-et-O.), envoie *franco* à toute demande et contenant description de sa nouvelle couveuse **La Houdanaise**, laquelle a obtenu la médaille d'or à la dernière Exposition de Paris 1890.

Maison à Paris, 16, quai du Louvre.

HUILE D'OLIVE

B. LAPALU, propriétaire-négociant, à **NICE**.

président du syndicat agricole de Berre, près Nice.

En estagnon de 30 à 50 litres, le litre :			En estagnon de 15 à 25 litres, le litre :		
Vierge-surchoix	Surfine.	Fine.	Vierge-surchoix.	Surfine.	Fine.
2fr47	2fr20	1fr92	2fr72	2fr43	2fr14

Franco de port et d'emballage en gare de l'acheteur.

Paiement : par traite à 45 jours de la date des expéditions.

TOUTES LES HUILES SONT GARANTIES PURES D'OLIVE.

M. RECOURAT, pharmacien à Beauvais.

Gale des moutons guérie radicalement par *une seule application* de l'ANTIPSORIQUE.

La bouteille, 3 fr.; la demi-bouteille, 1 fr. 75.

Guérison du PIÉTIN par *un seul pansement* avec le CONTRE-PIÉTIN-RECOURAT.

Le pot d'essai, 1 fr. 50; le pot, 2 fr. 50.

Joindre 0,60 c. pour recevoir *franco* et indiquer gare.

Exposition universelle de 1889. — Médaille d'or.

COUVEUSES

ARTIFICIELLES Brev. S. G. D. G. Nouv. Perfectionnements

Volailles de toutes races pour la reproduction.

ŒUFS A COUVER

Poussins, race de Houdan, 14 fr. franco. Emb. compris.

Poulaillers, Faisanderies, Volières.

Envoi franco du Catalogue illustré.

ECOLE PRATIQUE D'AVICULTURE

ROULLIER ✻ ✻ et ARNOULT

à Gambais (S.-et-O.), et 7, galerie Vivienne PARIS.

Ecrire à Gambais.

ENGRAIS CHIMIQUES

DES MANUFACTURES DE SAINT-GOBAIN

Usines à PARIS-AUBERVILLIERS, CHAUNY (Aisne), MONTLUÇON (Allier), MARENNES (Charente-Inférieure), LE PONTET (Vaucluse), SAINT-FONS, près Lyon (Rhône). DOSAGE GARANTI. — EMBALLAGES : MARQUÉS ET PLOMBÉS.

Tout acheteur d'engrais qui n'exige pas, au sujet des dosages en éléments assimilables la garantie formelle, et qui ne la fait pas contrôler par l'analyse, ne nuit pas seulement à ses propres intérêts, il encourage la fraude et, la laissant impunie, compromet les intérêts généraux de l'agriculture.

ENGRAIS COMPLET DE SAINT-GOBAIN

Efficacité éprouvée dans tous les Sols et dans toutes les Cultures. — Superphosphates de chaux. — Sulfate de cuivre. — Sulfate d'ammoniaque Sulfate de potasse. Sulfate de fer.

Engrais composés suivant les convenances des acheteurs

ADRESSER LES ORDRES ET DEMANDES DE RENSEIGNEMENTS

à la Direction commerciale

des Produits chimiques de Saint-Gobain

PARIS | 9, rue Sainte-Cécile, 9 | PARIS

ou aux dépositaires de la Compagnie de SAINT-GOBAIN dans les principales villes du Centre et du Midi.

PHOSPHATE FOSSILE DE QUIÉVY (NORD)

le plus assimilable de tous les phosphates connus; garanti pur de mélange avec tout autre phosphate ce qui, du reste, ne pourrait que diminuer son assimilabilité.

Grand diplôme d'honneur et médaille de vermeil aux concours agricoles de Bergues (octobre 1887 et 1888).

Médaille d'argent à l'Exposition universelle (Paris, 1889).

Médaille de vermeil (grand module), société d'agriculture et d'horticulture de Pontoise (1890).

C. DELATTRE-BRABANT

Bureaux : à Lille, 126, rue Jacquemars-Grélée. — Usines : à Quiévy (Nord) et Le Cateau (Nord).

Ne pas confondre avec Quévy (Belgique.)

COMPOSITION MOYENNE.		ASSIMILABILITÉ RELATIVE (méthode Joulie, solubilité dans l'oxalate d'ammoniaque).	
Acide phosphorique	12.00 à 15.00 %.	Phosphate de *Quiévy*	**82.29 %.**
Potasse	0.45 à 2.77 %.	— de la Meuse	51.95 %.
Chaux	19.05 à 31.00 %.	— des Ardennes	46.43 %.
Magnésie	0.58 à 3.80 %.	— de la Somme (moyenne)	44.53 %.
Matières organiques azotées	1 80 à 3 45 %.	— de Ciply	34.57 %.

Titre en acide phosphorique garanti : 12 à 15 %.

LIVRAISON : En poudre impalpable, en sacs plombés et marqués au « Bélier » sur wagon Quiévy ou Le Cateau, sacs perdus. — 30 jours 2 % ou 90 jours net

AVIS IMPORTANT.

Les acheteurs qui désirent mon **Phosphate de Quiévy PUR** doivent exiger que les *sacs* et les *plombs* portent la marque au « **Bélier** » et la firme « **C. Delattre-Brabant** ».

Etablissements de LIANCOURT (Oise).

N'ACHETEZ PAS DE CHARRUES

sans avoir consulté le CATALOGUE illustré de

A. BAJAC ✻✻

Ingénieur-Constructeur, Breveté S. G. D. G.

SEUL GRAND PRIX à l'Exposition de 1889 pour les Machines agricoles françaises

Médailles or, argent et bronze pour collaborateurs.

BRABANTS DOUBLES. — Herses scarificateurs à dents inusables. — DÉCHAUMEUSES ROULEAUX, ETC.

NOUVEAU MATÉRIEL pour la culture de la betterave. — Charrues défonceuses simples et doubles *à vapeur et à manège.*

La plus grande et la plus importante USINE de FRANCE pour la Construction des Instruments aratoires

PLUS DE 5.000 CLIENTS; 300.000 INSTRUMENTS LIVRÉS A L'AGRICULTURE

L'Administrateur-Gérant : ALBERT RENOT.

Beauvais. — Imp. D. PERE. - A. CARTIER, Gérant.

12e Année. — 2e Série. — N° 580. Dimanche 8 Mars 1891.

GAZETTE  AGRICOLE

JOURNAL HEBDOMADAIRE, PARAISSANT LE DIMANCHE

Rédacteur en Chef : M. Ch. GOSSIN, Professeur d'Agriculture à l'Institut agricole de Beauvais.

PRIX DE L'ABONNEMENT

UN AN, 5 fr. — SIX MOIS, 3 fr. — TROIS MOIS, 2 fr. 25

Pour l'étranger les abonnements ne sont reçus que pour un an, au prix de 6 francs, et ne partent que du 1er janvier ou du 1er juillet de chaque année.

Le numéro : 10 centimes.

Il est indispensable de joindre à toute demande de changement d'adresse la dernière bande d'adresse du journal et 50 centimes pour frais de nouvelles bandes.

Adresser les *Abonnements* et *Annonces* au secrétaire de la rédaction, 13, quai Voltaire, Paris, ou à M. GOSSIN, rédacteur en chef et administrateur, à BEAUVAIS.

BUREAUX

13, quai Voltaire, Paris, et à Beauvais.

Les abonnements partent du 1er de chaque mois et sont payables d'avance. Toute demande d'abonnement doit donc être accompagnée du prix de l'abonnement. (Le mode de payement le plus simple est l'envoi d'un mandat-poste.)

Donner *très lisiblement*, en s'abonnant, son nom et son adresse exacte, *avec l'indication du bureau de poste*; et, s'il s'agit d'une continuation d'abonnement, joindre au renouvellement la dernière bande d'adresse du journal.

La GAZETTE AGRICOLE insère gratuitement les Communications des Syndicats agricoles

SOMMAIRE :

PARIS, 6 MARS.

La tâche d'un écrivain indépendant est vraiment, par ce temps de République, bien désagréable à remplir. Il ne lui est guère possible de s'entretenir avec ses amis des affaires publiques sans dauber sur le dos du Gouvernement. A ce métier là on court le risque de passer pour une sorte de personnage incontentable, à l'esprit mal fait, au caractère acariâtre et à l'estomac malade. Et pourtant, à moins de manquer à son devoir, on ne peut guère dire un mot ni écrire une ligne sans blâmer ceux qui nous gouvernent. Si même on s'arrête en ce chemin, c'est moins parce que les sujets de critique font défaut que par une sorte de crainte de passer pour un trop mauvais coucheur.

***

Est-il possible, par exemple, de signaler la récente présence de l'impératrice d'Allemagne à Paris et ne pas ajouter en même temps que cet événement, qui aurait pu très mal tourner, a à peine attiré la prévoyance de nos maîtres? Ils paraissent n'avoir rien réglé, ni la durée du séjour, ni l'emploi des journées de la princesse, comme si le moindre faux pas, la plus légère inadvertance, n'aurait pu avoir peut-être même pour la paix de l'Europe les plus graves conséquences. Les journaux qui défendent le Gouvernement s'en sont pris tour à tour à notre ambassadeur à Berlin, à celui d'Allemagne à Paris, comme si vraiment un pareil événement avait pu s'accomplir sans échange de notes entre le gouvernement français et le gouvernement allemand. Si, comme on le dit, rien n'a été prévu, à quoi servent nos ministres et leurs collaborateurs? Si, au contraire, tout avait été réglé à l'avance, que penser du bon sens et de la prudence de nos chefs? La conséquence dernière de tout ceci est que nos frères d'Alsace-Lorraine sont en train de payer, par un redoublement de rigueur, la légèreté et l'imprévoyance du gouvernement républicain.

***

Il y a en ce moment, au Sénat, un débat des plus intéressants et des plus graves sur la situation de l'Algérie. A ce débat n'ont encore pris part que des républicains. Eh bien! qu'on lise le *Journal officiel*, et l'on verra s'il est possible, en en parcourant les colonnes, de ne pas sentir la rougeur monter au front, l'indignation naître dans le cœur, et la tristesse envahir tout l'être! Les scandales les plus révoltants, les abus les plus criants, tolérés, sinon encouragés, par le Gouvernement, partout la légèreté, la complicité ou l'incapacité; voilà, en quelques mots, l'état actuel de l'Algérie. On ne fait rien pour y attirer les Français, on ne fait pas davantage pour y assimiler les indigènes, et voici cinquante ans que la France est en Algérie! Ce ne sont cependant pas les sacrifices qui ont manqué. On y a perdu des milliers d'hommes, et l'on ne compte plus les millions dépensés. A quoi tout cela a-t-il abouti? Un des orateurs républicains l'a dit : à exaspérer les indigènes et à enrichir quelques syndicats financiers! Quand le Bonhomme Deschamps lut, pour la première fois, l'accusation, il n'en put croire ses yeux. Il lui semblait impossible qu'au nom de la France on exploitât ainsi les indigènes, leur prenant leur temps, leurs bras, et le plus clair produit du fruit de leur travail. Aussi attendait-il avec une réelle impatience que le gouverneur général de l'Algérie réfutât toutes ces allégations et fît voir l'exagération du réquisitoire.

***

Eh bien, M. Tirman, gouverneur général, a parlé, et longuement. Il ne ressort pas de son discours que la plupart des faits apportés par son contradicteur républicain soient faux. Il n'a pas nié que l'indigène ne fût dans des conditions d'inégalité atroce; qu'il servît à préparer les voies du gouverneur général lorsqu'il se déplaçait; que des villages étaient construits à tort et à travers et que l'administration n'ait fermé les yeux sur l'exploitation dont les indigènes sont constamment victimes de la part de syndicats financiers. C'est véritablement une honte pour la France que de pareilles énormités puissent se faire à l'ombre de son drapeau et avec la tolérance et la complicité de ceux qui le représentent à des degrés divers en Algérie! On peut vraiment dire que le régime algérien consiste en ceci : que l'immense majorité de la population indigène travaille pour une minorité de politiciens républicains et pour ses électeurs. Est-ce vraiment pour un pareil résultat que la France a fait depuis cinquante ans tant de sacrifices en hommes et en argent, est-ce ainsi que l'on compte étendre sur la terre algérienne son nom, sa langue et sa civilisation?

***

Si un pareil régime est une honte pour la France, ou, pour être plus juste, pour la République, n'est-ce pas aussi un danger? Ce tableau, plutôt adouci que chargé de la situation en Algérie, vous laisse à penser quels sentiments de haine sont amassés et dans le cœur des indigènes et dans celui même des colons? Ce n'est pas par des vexations presque dignes d'un temps barbare que la France se conciliera les sympathies des habitants de l'Algérie et s'assurera leur fidélité. Qu'une guerre éclate sur le continent, et, ce qu'à Dieu ne plaise, elle tourne mal, que se passera-t-il en Algérie? Est-on sûr qu'aucune révolte n'éclaterait? A-t-on la confiance qu'au lieu de pouvoir dégarnir notre colonie pour porter sur les points menacés du continent les soldats qui s'y trouveraient alors, on ne serait pas obligé de les y maintenir et peut-être même de les renforcer? Demander à notre Gouvernement, qui en dehors de son application fanatique à poursuivre des prêtres, à chasser les religieuses des hôpitaux ou à vendre leurs meubles, ne pense à rien, s'il a envisagé cette éventualité aussi redoutable que peu invraisemblable, ce serait faire preuve de trop de naïveté !

*
* *

Et maintenant, quelle conclusion pratique le Sénat et le Gouvernement tireront-ils de ces révélations scandaleuses et plus affligeantes encore ? Nous ne le saurions dire sûrement, puisqu'à l'heure où le Bonhomme Deschamps s'entretient avec vous, la discussion dure encore au Sénat, mais cette conclusion est facile à prévoir. On parle en effet de nommer une commission d'enquête composée de sénateurs, de députés, et peut-être même de conseillers d'État. Va pour cette commiseion d'enquête, si par impossible, elle met un terme aux abus, et n'est pas, comme la plupart de ses congénères, une commission d'enterrement. Mais vraiment on ne peut s'empêcher de demander à quoi servent un gouverneur général de l'Algérie et un ministère, s'il faut pour réprimer des fraudes, corriger des abus, recourir à cet appareil parlementaire. Jamais, ce nous semble, gouvernement n'aura mieux déposé lui-même en faveur de son impuissance : nommerait-on, par exemple, une commission d'enquête, soit au Sénat, soit au Palais Bourbon, si on dénonçait ces abus dans un département quelconque de la France ? Non, le gouvernement se trouverait propre à cette tâche. Est-ce que par hasard l'Algérie n'est pas suffisamment connue, suffisamment proche de Paris, et ne peut-on pas la considérer, malgré le bras de mer qui nous sépare d'elle, comme une prolongation de la France, comme un vrai département français ?

LE BONHOMME DESCHAMPS.

NOUVELLES DE LA SEMAINE.

Pour l'agriculture. — Les rigueurs de l'hiver et les fortes gelées ont compromis dans de nombreuses régions, et notamment dans le Nord, la récolte des céréales.

Aussi, pour encourager les agriculteurs à réparer ce désastre bien plus qu'à titre de secours, M. Méline et un grand nombre de ses collègues ont-ils soumis à la Chambre un projet tendant à dégrever pendant une année, du principal de l'impôt foncier, les terrains ensemencés en blé au printemps de 1891.

Une majorité de plus de deux cents voix a voté l'urgence, et si la discussion immédiate n'a pas eu lieu, ce n'est que pour permettre une étude approfondie du projet de loi facilitant son application.

En outre, la commission du budget s'est prononcée dans le même sens.

Les intentions de la Chambre sont donc bien évidentes, et elle votera certainement les secours qui lui sont demandés.

Quand nous disons secours, nous nous trompons peut-être, car à l'encontre de ce qui se passe dans pareille circonstance et au lieu de voter des fonds spéciaux pour venir en aide aux infortunes, le projet établit un dégrèvement de l'impôt.

Si nous applaudissons à une pareille mesure, nous faisons cependant nos réserves sur le moyen employé.

Nous pensons, en effet, que de pareils dégrèvements livrés à l'arbitraire de l'administration seront loin de donner les résultats attendus.

La visite de l'impératrice Frédéric à Paris. — L'impératrice Frédéric, mère de l'empereur d'Allemagne et veuve de l'empereur Frédéric, qui ne régna que trois mois, vient de passer dix jours à Paris. Cette visite inattendue a provoqué dans les journaux une agitation qui n'est pas encore calmée. Voici en quels termes agressifs la *Gazette de Cologne*, l'ancien journal de M. de Bismarck, a répondu aux journaux français qui faisaient remarquer ce qu'il y avait d'inconvenant et peut-être de provocant pour le patriotisme français, à montrer aux Parisiens la mère de l'empereur d'Allemagne :

Dans nos prévisions les plus agréables, nous nous sommes bornés à supposer, sans aucune certitude, que la visite que l'on a voulu considérer en France comme une démarche ayant pour but de tâter le terrain en vue d'une visite de l'empereur lui même n'aurait, pour le moins, aucune conséquence fâcheuse. Si les Français veulent continuer de regarder fixement la trouée des Vosges comme des hypnotisés, ils ont le droit de régler leur conduite d'après la raison clairvoyante ou la passion aveugle.

Nous ne voulons pas leur arracher violemment du cœur le désir de la revanche, et nous préférons prendre froidement et sagement des mesures efficaces pour empêcher que ce sentiment, au culte duquel les Français attachent une si grande importance, ne nous surprenne quelque jour par une éruption volcanique. Mais les Français n'ont pas le droit d'offenser l'auguste chef de l'empire allemand et sa noble mère par des insultes de polissons (*sic*). Tout Allemand qui a le moins du monde le sentiment de la dignité de la nation se sent mortellement outragé dans la personne de son empereur.

Le peuple allemand a le droit de compter que le gouvernement et le public français lui donneront une satisfaction suffisante et effaceront la tache faite à l'honneur de la France, en rappelant énergiquement à l'ordre les misérables que nous considérons, nous les Allemands, comme un rebut de la société humaine qui n'est pas représenté dans notre patrie et qui serait immédiatement terrassé par la voix foudroyante de la conscience publique, s'il lui arrivait de lever sa tête immonde.

Les valets de plume qui rédigent la *Gazette de Cologne* savent qu'ils mentent effrontément en disant que l'impératrice Frédéric a été insultée par les Français. Mais il leur faut bien faire leur métier d'agents provocateurs, puisqu'ils sont payés pour cela. Seulement, quand on voit ces gens-là qui sont méprisés, même en Allemagne, nous traiter de *polissons*, on a le droit de trouver cela raide.

Les paris aux courses. — Une grande émotion règne parmi les bookmakers et joueurs de bonneteau. La Chambre a refusé de voter, samedi, un projet de loi présenté par M. Constans, autorisant le jeu sur les hippodromes. Le ministre a aussitôt annoncé qu'il allait prendre des arrêtés rapportant ceux par lesquels il avait autorisé les Sociétés de courses à organiser le pari mutuel sur leurs hippodromes.

En outre, le ministre de l'intérieur va se concerter avec son collègue de la justice en vue d'empêcher l'industrie des bookmakers et de poursuivre les délinquants.

C'est l'article 410 du Code pénal qui vise ce délit. Voici le texte de cet article :

Ceux qui auront tenu une maison de jeux de hasard, et y auront admis le public, soit librement, soit sur la présentation des intéressés ou affiliés, les banquiers de cette maison, tous ceux qui auront établi ou tenu des loteries non autorisées par la loi, tous administrateurs, préposés ou agents de ces établissements seront punis d'un emprisonnement de deux mois au moins et de six mois au plus, et d'une amende de cent à six mille francs.

Les coupables pourront être de plus, à compter du jour où ils auront subi leur peine, interdits, pendant cinq ans au moins et dix ans au plus, des droits mentionnés en l'article 42 du présent code.

Dans tous les cas, seront confisqués tous les fonds ou effets qui seront trouvés au jeu ou mis à la loterie, les meubles, instruments, ustensiles, appareils employés ou destinés au service des jeux ou des loteries, les meubles et les effets mobiliers dont les lieux seront garnis ou décorés.

Le préfet de police va recevoir des instructions ayant pour but d'inspecter le fonctionnement des bookmakers sur les champs de courses, et le garde des sceaux donnera de son côté des instructions aux parquets au point de vue des poursuites à exercer.

Quelques-uns des députés qui ont voté contre le projet de loi n'avaient pas craint, à l'issue de la séance, de supplier le ministre de laisser subsister l'état de fait existant.

Le ministre a repoussé énergiquement ces sollicitations, déclarant qu'il n'admettait ni demi-mesure, ni demi-pudeur. La Chambre s'étant prononcée pour la prohibition totale du jeu, il lui donnera satisfaction.

Nouvelles du Tonkin. — Les nouvelles du Tonkin, arrivées par le dernier courrier, sont graves. Les « faits de piraterie » se multiplient. Ces pirates circulent par bandes de quatre cents fusils; ils se fortifient dans des positions contre lesquelles il faut employer le canon; au cours d'une seule des reconnaissances auxquelles nos troupes sont journellement obligées de procéder, un capitaine a été tué et deux lieutenants blessés. Voilà des pirates qui ressemblent terriblement à des belligérants, et l'on se demande en quoi la situation serait différente si, au lieu de nous parler de pacification, on avouait que nous sommes au Tonkin sur le pied de guerre.

Nécrologie. — Un vieux bonze du parti républicain, M. Corbon, sénateur inamovible, vient de mourir à l'âge de quatre-vingt-trois ans. D'abord ouvrier, il exerça divers métiers et fut successivement tisserand, peintre de lettres, métreur, typographe, sculpteur sur bois, tout en s'adonnant à l'étude des questions sociales. Il fut, en 1839, un des fondateurs de l'*Atelier*, journal créé et rédigé par des ouvriers. En 1848, il prit part au mouvement révolutionnaire, et, élu représentant du peuple, il devint vice-président de l'Assemblée constituante; il ne fut pas réélu à l'Assemblée législative et rentra dans la vie privée lors du coup d'État du Deux-Décembre. Maire du 15e arrondissement de Paris, après le Quatre-Septembre, il ne put pas être élu aux élections générales du 8 février 1871, mais le fut aux élections complémentaires du 2 juillet suivant, comme député de la Seine à l'Assemblée nationale. C'est de là qu'il fut envoyé au Sénat.

TRAVAUX DE LA SAISON.

Le jardin potager.

Les froids intenses et très prolongés de décembre et de janvier ont détruit un très grand nombre de plantes légumières dans les jardins et les champs appartenant à la petite culture. Les choux pommés, les poireaux, les laitues d'hiver, les pois Michaux, semés à la Sainte Catherine, le persil, etc., ont presque partout disparu au détriment de l'alimentation publique, aussi est-il urgent de semer le plus tôt possible les plantes qui peuvent contrebalancer ces pertes.

Les semis faits en février et au commencement de mars fourniront promptement de bons plants si on les exécute convenablement sous châssis ou sous cloches, reposant sur une couche bien établie ; malheureusement un grand nombre de jardins dans les campagnes ne possèdent pas le matériel voulu, pour exécuter des semis sous couche vers la fin de l'hiver.

A défaut de châssis, on peut arriver à posséder des plants de chou, de poireau, de laitue, etc., en cinq ou six semaines, si on transforme en *costières* les plates-bandes, situées à la base des murs, des palissades ou des haies vives bien fournies exposées au sud et au sud-est, c'est-à-dire garanties des vents froids du nord et du nord-ouest.

La costière est une plate-bande couverte de terreau, et légèrement inclinée du nord au sud. Aussitôt qu'elle a été labourée et bien dressée à l'aide du rateau fin, on y sème des graines de chou pommé, d'oignon, de poireau, de laitue, etc., en les séparant les unes des autres par un intervalle de 0 m. 03 à 0 m. 04. Quand ces semences ont été enterrées, on y implante tous les 0 m. 75 environ des baguettes courbées en arceau, de manière à établir un petit berceau audessus de la couche arable sur lequel on étend chaque soir, une heure avant le coucher du soleil, des paillassons, des nattes, des sacs à engrais ou une bonne toile. Ces divers écrans ont l'avantage d'empêcher la terre de rayonner pendant la nuit vers l'espace planétaire et de perdre par conséquent la chaleur qu'elle a acquise pendant le jour sous l'action du soleil. Les paillassons et les toiles sont retirés de dessus les arceaux, chaque matin deux heures environ après le lever du soleil quand le temps est beau. Lorsque l'air est un peu froid, on se borne à relever à moitié les paillassons en les pliant sur eux-mêmes. Alors, le côté exposé au nord reste abrité pendant toute la journée.

Ainsi protégées et suffisamment arrosées, les graines lèvent promptement et les plants qu'elles produisent se développent bien et rapidement.

Les semis faits sur les costières comme ceux exécutés sur les couches sourdes, peuvent être aussi abrités par des cloches ou des verrines recouvertes de paillassons pendant les nuits.

On peut encore les exécuter dans de larges terrines à fonds plats ou dans des fonds de barils profonds de 0m10 à 0m16. Ces vases sont enterrés dans la costière de manière que leur bord supérieur excède seulement la couche arable de 0m01 à 0m02 environ ; ils ont l'avantage de procurer aux semences et aux jeunes plantes une température plus élevée et plus constante que celle que l'on constate à l'intérieur de la costière.

A défaut de vases larges et plats, on peut se servir de grands pots à fleur qu'on couvre d'une lame de verre dès que le soleil s'incline vers l'horizon. Ces pots sont aussi enterrés dans la costière et abrités pendant la nuit par des toiles ou des paillassons.

Tous les plants provenant des semis exécutés soit sur une costière, soit sur une couche, doivent être repiqués sur costière dès qu'ils ont quelques feuilles, afin qu'ils se développent plus facilement et qu'on puisse les mettre en place le plus tôt possible. On agit exactement comme s'il était question de repiquer de jeunes plants sous châssis.

Les plants ainsi obtenus, il ne faut pas l'oublier, n'ont pas la rusticité de ceux qui proviennent de semis opérés en pleine terre et en saison ordinaire. C'est pourquoi il est souvent utile, lorsque l'air est encore froid pendant la nuit et même le jour, de les protéger par des toiles soutenues par des demi-cercles de tonneaux ou par des paillassons inclinés s'appuyant contre le mur.

On peut agir de la même manière lorsqu'on sème des graines de carottes en pleine terre pendant la seconde quinzaine de février ou la première quinzaine de mars.

En général, tous les semis opérés de bonne heure doivent être faits sur des terres de moyenne consistance et bien exposées.

Les graines de chou germent et lèvent promptement ; mais il n'en est pas de même des semences de persil, d'oignon et de poireau. Ces graines, comme celles de la carotte, ne lèvent que vingt, vingt-cinq et parfois même trente jours après qu'elles ont été semées ; mais on peut hâter leur germination en les faisant tremper pendant quarante-huit heures dans de l'eau tiède. Avant de les confier à la terre, on les fait rapidement sécher superficiellement afin qu'elles ne s'agglomèrent pas entre les doigts lorsqu'on les sème. En agissant ainsi, on gagne souvent 10 à 15 jours, ce qui est une conquête.

Les semis qu'on exécute sur une costière ou une plate-bande protégée par une toile ou des paillassons, doivent être sans cesse surveillés, afin de pouvoir les garantir contre les limaces, les limaçons, etc., en les saupoudrant de chaux vive en poudre ou de cendres de bois tamisées et bien sèches. Ces animaux sont de redoutables ennemis pour les plantes herbacées encore peu développées.

Les plantes légumières qu'il faut semer le plus tôt possible appartiennent à la classe qui comprend les végétaux les plus précoces. Voici celles qui peuvent fournir des produits en mai, juin et juillet.

1. — CAROTTE.

1. *Carotte rouge courte hâtive,*
2. *Carotte rouge nantaise demi-longue.*

Les semis peuvent être faits directement sur costière jusqu'au moment où les semailles de pleine terre sont possibles. Les variétées précitées fourniront des racines vers la fin de mai et juin. Il est important de les éclaircir de bonne heure.

2. — POIREAU.

1. *Poireau jaune du Poitou.*
2. *Poireau gros court.*

Il faut semer et repiquer ces plants sur costière abritée pour les mettre en place quand les plants ont la grosseur d'un crayon. Ainsi cultivé, le poireau sera comestible en juin et juillet.

3. — OIGNONS.

1. *Oignon blanc plus hâtif de Paris,*
2. *Oignon jaune de Dauvers.*
3. *Oignon rouge plus hâtif.*

Ces oignons seront semés en février, repiqués en mars sur costière et plantés à demeure en avril.

L'oignon blanc pourra être consommé en vert en mai et juin ; les bulbes des autres variétés arriveront à maturité en juillet.

4. — PERSIL.

1. *Persil ordinaire.*
2. *Persil frisé ordinaire.*

On sèmera les graines sur costière après les avoir fait tremper dans de l'eau tiède. On repiquera les plants dans un bon terrain lorsqu'ils auront de quatre à cinq feuilles.

Dans les circonstances ordinaires, le persil ne fournit des feuilles que trois mois après qu'il a été semé.

5. — CHOU POMMÉ.

1. *Chou d'York hâtif.*
2. *Chou cœur de bœuf hâtif.*
3. *Chou hâtif d'Etampes.*
4. *Chou de Milan hâtif de la Saint-Jean.*
5. *Chou de Milan petit hâtif.*

Ces choux pommés seront semés sur couche et sur costière. On repiquera les plants quand ils auront trois à quatre feuilles. Leur mise en place aura lieu en avril et à bonne exposition.

Ces diverses variétés fourniront des petits choux pommés dans le courant de juin.

6. — NAVET.

1. *Navet plat hatif.*
2. *Navet de Croissy.*
3. *Navet marteau des Vertus.*

La culture des navets comme primeurs ne donne pas toujours de bons résultats quand les printemps sont chauds et secs. Nonobstant, il faut semer successivement leurs graines à la volée sur une terre légère et chaude, les éclaircir de bonne heure et les arroser toutes les fois qu'on prévoit des temps secs en mars, avril et mai. Les navets ainsi cultivés pourront être livrés à la consommation en juin.

7. — LAITUE.

1. *Laitue crêpe à graine noire.*
2. *Laitue gotte à graine noire.*
3. *Romaine verte maraîchère.*
4. *Romaine blanche maraîchère.*

Ces plantes se cultivent comme les laitues de printemps. Elles seront bonnes à consommer vers la fin de juin et en juillet.

9. — POIS.

1. *Pois prince Albert.*
2. *Pois Michaux de Hollande.*
3. *Pois express.*
4. *Pois William.*
5. *Pois merveille d'Amérique.*

Ces pois devront être semés en place, mais il est utile d'abriter les semis pendant la nuit avec des toiles ou des paillassons dans le but de hâter la germination des graines et le développement des plantes. On peut aussi les semer dans des terrines ou des pots enterrés sur couche sourde ou sur costière, pour repiquer les jeunes plantes au plantoir et à bonne exposition quand elles auront de 0m04 à 0m05 de hauteur. En agissant ainsi, on rendra la végétation des pois plus rapide et on pourra espérer récolter des petits bois à la fin de mai ou dans la première quinzaine de juin.

10.— FÈVE.

1. *Fève naine hâtive.*
2. *Fève Julienne.*

Les fèves sont cultivées comme les pois. Ces variétés, à cause de leur précocité, fourniront des cosses vertes vers la fin de mai ou au commencement de juin. Gustave HEUZÉ.

LE COLZA D'HIVER ET LES GELÉES

Les froids intenses suivis de dégels et de gelées immédiates que nous avons supportés en décembre et janvier, alors que la neige était fort peu abondante à la surface du sol, ont détruit presque partout les colzas d'hiver. Cette perte est d'autant plus grande que les céréales de printemps ne peuvent, par les produits qu'elles fournissent, remplacer ces plantes oléagineuses avec avantage.

On se demande dans la plaine de Caen et ailleurs si on peut ensemencer les terres que le colza occupait avant les froids, avec le colza de printemps. Cette plante oléagineuse est d'une *culture facile; on la sème en place et en lignes* en mars ou avril. Les lignes sont espacées les unes des autres de 0 m. 30 à 0 m. 40, suivant le développement que les pieds peuvent prendre eu égard à la nature et à la fécondité de la couche arable. Au mois de mai ou juin, on éclaircit les plants de manière que les colzas soient espacés sur les lignes de 0 m. 20 à 0 m. 25. Pendant la croissance, on exécute les binages nécessaires.

Ainsi cultivé, le colza de printemps peut donner par hectare, en moyenne, 15 à 16 hectolitres, produit qui est loin d'égaler celui que donne le colza d'hiver quand il a été transplanté en septembre ou octobre sur des terres bien préparées et convenablement fumées. Il faut que le colza de printemps soit cultivé sur des terres qui restent un peu fraîches pendant les mois de juin et juillet pour que son rendement soit plus élevé et qu'il se rapproche un peu du produit que fournit le colza d'hiver.

C'est avec raison que divers cultivateurs du pays de Caux se proposent de cultiver du lin sur les champs où les colzas ont été détruits. Cette plante, il est vrai, est plus exigente que les plantes oléagineuses, mais un seul labour et quelques hersages suffiront pour que la terre soit convenablement préparée ou ameublie, les gelées et les dégels ayant très largement contribué à la division de la couche arable.

La variété la plus productive, la plus intéressante est le lin de Pskoff. Ce lin a été introduit en France par M. Vilmorin; il vient de Russie et est supérieur au lin de Riga. On le sème à la volée, à raison de 100 à 120 kil. par hectare. Son prix est de 100 fr. les 100 kil. Cette variété est celle qui est aujourd'hui la plus estimée par les liniers du nord de la France.

On peut aussi remplacer le colza d'hiver par le pavot-œillette, dont la graine fournit l'huile comestible connue sous le nom d'huile blanche. La semence de cette oléaginense se sème en lignes espacées de 0 m. 40 à 0 m. 50. 3 kil. suffisent pour ensemencer un hectare. Les semis se font en mars ou, au plus tard, dans la première quinzaine d'avril. On doit éclaircir les plantes quand elles ont de 0 m. 10 à 0 m. 15 de hauteur. Tous les pieds sur les lignes doivent être espacés de 0 m. 18 à 0 m. 22, afin qu'ils puissent bien se ramifier et produire chacun de huit à douze belles capsules. L'éclaircissage est une opération fort utile quand il a été convenablement exécuté.

Le pavot-œillette arrive à maturité dans la première quinzaine d'août.

Les poires d'hiver et la tavelure.

La poire est essentiellement un fruit d'automne. Les deux tiers environ des variétés actuellement cultivées ont pour époque de maturation les mois de septembre, octobre et novembre. Un certain nombre mûrissent de juillet en septembre, mais bien peu de vraiment bonnes à manger crues vont au-delà de janvier.

Et pourtant, quelle joie est réservée à celui qui peut déguster en mars une bonne poire mûre à point!

Avoir de belles et bonnes poires en arrière-saison est non-seulement le désir du gourmet, c'est aussi l'avantage du producteur : de septembre à avril, le prix de vente quadruple. Mais, comme en toutes choses, l'avantage est surtout réservé à la qualité. Ainsi que l'on peut s'en assurer par les prix ci-dessous, moyennes de quatre années normales, pour la vente en gros, il faudra s'attacher aux variétés d'élite comme fruits.

On donne les prix extrêmes, halle de Paris :

En juillet août..........	le cent de	3 à 25 fr.
En septembre-octobre...	—	3 à 40
En novembre-décembre.	—	3 à 60
En janvier-février.......	—	5 à 80
En mars-avril...........	—	5 à 100

Quel écart entre le prix des mauvais et celui des bons fruits? La conclusion en découle d'elle-même!

Pour avoir des poires d'hiver, on a dû, pour ainsi dire, faire sortir le poirier de son milieu, ce qui ne se fait jamais impunément. Un affaiblissement constitutionnel, une débilité innée furent l'apanage des variétés obtenues; de sorte que les affections et les maladies eurent vite un champ tout ouvert pour leurs attaques néfastes.

Et les qualités acquises ne peuvent être conservées que par des soins constants, sur cognassier intermédiaire riche en sève; abri de l'espalier; formes particulières. — C'est à quoi nous avaient réduits nos si bonnes et si délicieuses *Bergamote de Pentecôte* ou *Doyenné d'hiver*, la fine fleur du panier, mûrissant de décembre en mai; les exquises *Charles Cognée* (maturité février-mars); les délicates *Saint-Germain d'hiver* qui vont jusqu'en mars; et la *Bergamote Espéren* au jus parfumé ne nous réserve-t-elle pas la même surprise de nous présenter, au lieu de fruits de « performances », irréprochables, des moignons informes, sales, crevassés, chancreux, pierreux, absolument bons à rien!

Quel aspect désolé présente la vue d'un *Doyenné d'hiver* atteint de cette affection dite *Tavelure*, et causée par un champignon, le *Fusisporium* ou *Fusicladium pyrinum*. Les feuilles grisâtres, comme perforées, ne peuvent plus assimiler le carbone, destiné à la nourriture des rameaux qui se présentent délicats, ulcérés, comme brisés par une récente chute de grêle; les branches et la tige sont chancreuses.

Les récoltes sont anéanties, l'arbre languit, souffre et meurt...

Toutefois, cessons de nous lamenter, car, si on le veut, avec des arbres en plein vent, on peut encore déguster un bon *Doyenné d'hiver*... à la Pentecôte.

Le Fusisporium a vu se dresser devant lui un ennemi implacable : le sulfate de cuivre.

Pendant notre séjour à La Brosse (1886), M. Layé, chef jardinier, avait fait des expériences à peu près concluantes en appliquant à des *Doyenné d'hiver* le traitement que l'on fait subir aux vignes atteintes du mildiou : il les avait badigeonnés avec la bouillie bordelaise. M. J. Ricaud, de Beaune, répéta l'expérience à l'aide du mélange suivant : 1 kilog de sulfate pour 12 litres d'eau additionné d'un lait formé de 2 kilog de chaux grasse pour 4 litres d'eau. Les résultats furent des plus satisfaisants.

A l'automne 1890, on pouvait bien dire que la *Tavelure* avait reçu son coup de grâce. Pour s'en assurer, on n'avait qu'à visiter les superbes lignes de *Doyennés* et *Saint-Germain d'hiver* plantées en plein air dans le jardin de M. Georges Boucher, horticulteur à Paris, ainsi que nous l'a dit le maître ès-science arboricole, M. Ch. Baltet.

Ces arbres, absolument indemnes, avaient reçu le traitement suivant, appliqué soit au pinceau, soit à l'aide d'un pulvérisateur.

Les fruits ayant la grosseur d'une noisette étaient badigeonnés avec une solution de deux grammes de sulfate de cuivre (vitriol bleu) pour 1 litre d'eau.

Trois semaines ou un mois après, on répétait l'opération avec une solution du double, riche en sulfate; en août, un troisième lavage était pratiqué, la solution comptant cette fois-ci 6 grammes de sulfate par litre d'eau.

Les résultats furent simplement magnifiques; pas trace de tavelure, tandis que les témoins laissés en étaient couverts.

En parlant du chancre du poirier causé par le *Nectria Ditissima*, nous recommandions aux propriétaires de vergers de chauler leurs arbres au moment de la taille, au multiple point de vue de la destruction des insectes, des lichens, des cryptogames; nous répéterons cette recommandation aujourd'hui en priant d'ajouter l'élément cuivre lorsqu'il s'agira de badigeonner les variétés sus-indiquées.

Au moment de leur germination, les spores du Fusisporium, rencontrant des traces de cuivre, ne pourront développer leur mycélium : la tavelure sera prévenue, ce qui ne vous empêchera pas, pour toute sûreté, de traiter en juin, n'est-ce pas?

A l'œuvre donc! voilà l'instant arrivé: pas avant, pourtant, que l'hiver nous ait quitté, et dans un an, vous mangerez de bonnes poires.

Toutefois, ne vous contentez pas de traiter cette année seulement, car votre voisin d'à côté ou même de la commune voisine vous donnera peut-être, et gratuitement, des semences de Fusisporium. En recommençant tous les ans et en traitant tous vos arbres, le résultat sera certain. NUMA ROUSSE.

FOURRAGES VERTS [1].

En Beauce et dans les environs de Paris, on sème fin février et courant de mars, aussitôt que l'on peut, pour bien dire, un mélange de diverses plantes dont la réunion est tellement appréciée des animaux qu'on lui a donné le

(1) *Bourgogne agricole.*

nom de *dragée* comme constituant une véritable gourmandise.

On s'arrange de telle façon, dans ces pays, que ce fourrage, dont nous allons tout à l'heure donner la composition, arrive en état d'être coupé après le trèfle incarnat, qui lui-même succède au seigle coupé en vert.

On sème, selon l'importance de son troupeau et selon ses besoins, plus ou moins de contenance de ce fourrage, mais en espaçant les semis de quinzaine en quinzaine à peu près pour que, un champ étant épuisé, l'autre lui succède, afin de permettre d'attendre l'époque où les maïs fourrage et la moutarde entrent en consommation.

Voici maintenant comme on procède.

On commence par préparer et fumer très copieusement la terre où doit pousser cette bienfaisante dragée : évidemment le court temps pendant lequel elle est en végétation ne lui permet pas d'absorber tous les principes fertilisants du fumier : le cultivateur du reste y compte bien, car l'excédant d'engrais non utilisé sert et suffit ordinairement pour le blé qui doit suivre.

Toutefois si la végétation a été extrêmement active et que le fermier pense que la terre le réclame, on lui donne au moment des semailles un petit complément de fumure en phosphoguano.

Passons maintenant à la composition de la dragée : on mélange de l'avoine, de l'orge, un peu de moutarde, quelques grains de colza et de navette, des vesces, des pois, du sarrazin, quelques grains de maïs.

Dans le mélange, les pois et les vesces dominent ; l'avoine et le maïs, avec leurs tiges rigides, leur servent en quelque sorte de tuteurs et les empêchent de s'aplatir sur le sol ; l'air circule dans toute cette masse de verdure qui ne jaunit pas par le pied comme cela arrive quand les vesces et les pois sont semés seuls. Ce mélange constitue une nourriture très rafraîchissante et extrêmement goûtée par les vaches.

Après avoir semé, il faut herser avec soin, mais il ne faut pas, surtout, oublier de rouler fortement la terre : le roulage conserve la fraîcheur, les graines germent plus facilement et plus vite : de plus la terre mieux unie offre plus de facilités pour la faulx.

Ajoutons encore que ces plantes étouffent toutes les mauvaises herbes et qu'en général on a sur la dragée de très bons blés. Les vaches ne sont pas seules à en profiter, et les moutons, qui en sont très friands, la mangent sur pied avec avidité.

Les quelques tiges qu'ils laissent quelquefois les trouvant un peu dures, sont enfouies et font un commencement de fumure verte.

Pourquoi ne ferions-nous pas ce qui réussit si bien dans les environs de Paris ? Il y a là une précieuse ressource pour nos cultivateurs et nous ne saurions trop les engager à essayer.

J. Delimoges.

Superphosphates et Sulfates de cuivre.

La Société des Agriculteurs de France (douzième section), en réponse à la demande de la Chambre syndicale de la grande industrie des produits chimiques, vient de reconnaître dans une lettre officielle adressée à l'association de l'industrie française, que, pour les superphosphates et les sulphates de cuivre, les industriels français ne pourront, sans les droits compensateurs, résister longtemps à la concurrence étrangère.

Cette déclaration justifiera et assurera le maintien des droits proposés par la commission des douanes.

Nouvelles agricoles.

Les chevaux bretons et le service de remonte. — On écrit de Saint-Pol-de-Léon (Finistère) :

« Le comité d'achat du dépôt de Guingamp présidait mercredi dernier à ses achats, à Saint-Paul-de-Léon.

« Les prix étaient suffisants, 1,100 et 1,150 francs en moyenne. Cependant une certaine tendance à la baisse était visible ; les particuliers en ont profité et de nombreuses transactions ont été conclues.

« La ville de Saint-Pol tend de plus en plus à devenir un centre hors ligne pour l'élevage et le commerce des chevaux. La Compagnie des Omnibus de Paris, celles des Petites-Voitures, des marchands bordelais, ont su apprécier les qualités du postier et du carrossier léonards qui résultent de croisements intelligents de la race normande et bretonne. Au dernier recensement de chevaux, on a constaté dans la seule commune de Saint-Paul-de-Léon plus de *neuf cents* chevaux. C'est assez dire la plus grande importance de la question chevaline.

« Quel n'a pas été l'étonnement des braves éleveurs lorsque l'officier de remonte leur a fait connaître qu'en vertu de nouvelles instructions ministérielles la vente ne devenait définitive qu'après réception du cheval au régiment. De sorte qu'un animal ayant été vendu pour Toulouse et un autre pour Alger, l'éleveur est exposé à faire le voyage d'Algérie ou du Languedoc pour le ramener si dans l'intervalle une maladie se déclare. Cette condition est exorbitante et soulève une grande émotion. La rigueur de la saison suffit pour occasionner une angine et au bout de huit jours on déclarera le cheval atteint de cornage.

« Nous croyons savoir que des pétitions se préparent pour demander à M. le ministre de vouloir bien rapporter une mesure aussi fâcheuse.

« Un détail : aussitôt leur achat les chevaux sont marqués au sabot d'un fer rouge. Dans le cas où ils seraient refusés ils ont le cachet des réformés et perdent beaucoup de leur valeur. »

Nous engageons vivement les éleveurs bretons à pétitionner au plus tôt. Et nous sommes persuadés que, mieux instruite de la situation, l'administration supérieure n'hésitera pas à revenir sur sa première décision.

Le commerce du blé. — Le *Journal officiel* publie le relevé des quantités de froment (grains et farines), importées et exportées du 1er août 1890 au 15 janvier 1891 :

Du 1er août 1890 à la première quinzaine de janvier 1891, il a été importé 5,156,883 quintaux métriques de blé et 178,500 quintaux métriques de farine.

Il a été exporté pendant le même espace de temps 2,989 quintaux de blé et 33,074 quintaux de farine.

Pendant la période des cinq mois correspondants de 1889, du 1er août au 31 décembre, les importations avaient été de 3,444,000 quintaux métriques pour les grains et de 85,000 pour les farines.

Les agriculteurs du Midi. — Réunion de Toulouse. — Le Syndicat agricole de la Haute-Garonne, estimant que la région ne devait pas rester en dehors du mouvement qui se crée pour la défense des intérêts des cultivateurs à la veille de l'expiration des traités de commerce, a organisé dans le département une série de conférences.

La première conférence vient d'avoir lieu à Toulouse, au théâtre des Nouveautés, avec le concours de MM. Flourens, de Lorgeril, députés, de Kergall, président du Syndicat économique agricole de Paris.

Plus de trois cents personnes assistaient à la conférence. On remarquait sur l'estrade le préfet, le secrétaire général, M. Jaurès, ancien député, etc.

M. Kergall a pris le premier la parole : il a longuement parlé de l'union des cultivateurs français et du développement des Syndicats. Il faut, a-t-il dit, que les 25 millions d'agriculteurs soient tous formés en Syndicats pour contrebalancer la force des villes qui s'appliquent à l'industrie.

M. Flourens a critiqué le système douanier de M. Méline, c'est-à-dire le système des deux tarifs, et s'est prononcé pour un tarif unique qui ne serait autre chose que de nouveaux traités de commerce limités à une période plus courte que les anciens.

Le Pommier à cidre en Dauphiné. — La Société d'agriculture de Grenoble a décidé d'introduire la culture du pommier à cidre dans toutes les communes où la vigne ne peut prospérer.

A cet effet, elle a été autorisée à disposer des subventions officielles affectées aux champs de démonstration pour acheter et placer des arbres à cidre dans toutes les communes qui en feront la demande.

La Traite mécanique des vaches. — On vient d'expérimenter en Suisse une machine à traire les vaches automatiquement.

A l'aide d'un système assez compliqué de conduits et de récipients, l'inventeur amène dans un récipient le lait d'une quarantaine de vaches.

L'appareil semblerait bizarre aux bergers de Virgile ou de Florian, mais il fonctionne, paraît-il, à merveille.

Et dire que l'invention ne nous vient pas d'Amérique !

Les viandes de la Plata. — Le « Schiemdam », venant de la Plata, est entré dans le port de Dunkerque, où il a débarqué 500 moutons et 10 bœufs qui ont été dirigés sur Paris.

Il vient d'être créé, à Rouen, un laboratoire régional d'entomologie agricole destiné à donner aux agriculteurs et horticulteurs des renseignements pratiques au sujet des insectes dont ils ont à subir les dégâts.

Les Sociétés d'agriculture, d'horticulture et les Syndicats agricoles peuvent s'abonner au laboratoire moyennant une cotisation annuelle de 50 fr.

CONSEILS DU VÉTÉRINAIRE

LES CHEVAUX COURONNÉS

Dès que l'accident est survenu, reconduire le cheval à l'écurie, laver la blessure à l'eau froide pour la nettoyer, sans l'irriter par aucune friction ; essuyer ensuite avec un linge doux ; mettre une couche de coton bien cardé, d'environ un travers de doigt d'épaisseur, fixer le coton par une large bande de flanelle ; recouvrir le tout d'une genouillère en peau, afin de le préserver des coups. Laisser reposer l'animal pendant trois jours sans toucher à l'appareil. Au bout de ce temps, lever la genouillère et le bandage ; enlever ensuite délicatement le coton autour de la plaie, sans toucher à la croûte qui se sera formée ; promener le cheval au pas, afin que la croûte ne se rompe pas, puis mettre une nouvelle couche de coton sans enlever celui qui adhère à la croûte ; remettre le bandage et la genouillère. En douze ou treize jours, la croûte tombe et l'on voit dessous une peau nouvelle recouverte de poils sans aucun changement, même dans la couleur.

UN VIEUX VÉTÉRINAIRE.

CONSEILS DU VIGNERON

ENGRAIS SPÉCIAL POUR LA VIGNE

(Formule Georges VILLE).

Pour 100 kilos d'engrais :

Superphosphate de chaux......	40 kilos
Carbonate de potasse à 90 degrés.	20 »
Sulfate de chaux (plâtre)........	40 »

Cet engrais doit être employé à la dose de 1,200 à 1,600 kil. à l'hectare ; soit 120 à 160 grammes par mètre carré de surface.

Le mode d'emploi consiste à enterrer le mélange ci-dessus par un léger labour, ou bien en déchaussant les ceps sur un diamètre en rapport avec l'étendue des racines, et à y répandre l'engrais, que l'on recouvre ensuite avec la terre provenant du déchaussage ; cette opération doit être faite de l'automne au printemps, mais de préférence dans le courant de l'hiver.

LAVIGNE.

CONSEILS A LA FERMIÈRE

ÉJOINTAGE DES OISEAUX DE BASSE-COUR.

Pour empêcher de s'envoler les oiseaux de basse-cour ou les oiseaux que l'on veut acclimater, il faut les éjointer. De cette façon, on les conservera sans clôture dispendieuse ou trop élevée.

L'éjointage consiste à priver l'oiseau d'une partie de son appareil locomoteur et à détruire l'équilibre qui lui est necessaire pour voler.

Cette opération consiste à retrancher la partie externe de l'aile où sont placées les grandes plumes, c'est-à dire l'aileron. Privé d'aileron, l'oiseau, non-seulement ne peut plus voler, mais encore ne peut courir rapidement.

Voici comment l'on procède : on coupe avec de bons ciseaux l'extrémité de l'aile à un centimètre environ de l'articulation de l'avant-bras et de l'os faisant saillie sur le pouce de l'aileron. En un mot, la section doit avoir lieu entre la pointe extrême de l'aile et l'os du pouce.

L'opération est facile; les seules précautions à prendre sont les suivantes : opérer par un temps frais et sec; le printemps et l'automne sont les meilleures époques. On doit la pratiquer au moment où les oiseaux ont atteint l'âge de quatre ou cinq mois.

Quoiqu'on puisse la faire en tout temps, c'est à cet âge qu'ils s'en aperçoivent le moins.

L'éjointage suffit pour la vie d'un animal, tandis que lorsqu'on coupe simplement les plumes d'un oiseau, il arrive que ces plumes repoussent et qu'on le voit un jour disparaître sans avoir prévu l'époque où l'aile s'est reconstituée.

UNE MÉNAGÈRE.

CONSEILS DU JUGE DE PAIX.

JUGES DE PAIX. — EXTENSION DE LA COMPÉTENCE.

— Qu'est-ce que vous pensez, mon vieux juge, de cette loi que nous prépare le gouvernement à l'effet d'étendre votre compétence ; actuellement, si je ne me trompe, les juges de paix connaissent de toutes les actions personnelles ou mobilières en dernier ressort jusqu'à la valeur de 100 fr., et, à charge d'appel, jusqu'à la valeur de 200 fr.

— C'est cela même. Eh bien! pour te dire vrai, l'extension projetée n'est qu'un moyen déguisé d'être le maître de la justice dans nos campagnes.

— Comment cela ; on me disait au contraire que c'était dans notre intérêt.

— Tu te laisses facilement prendre aux beaux discours de nos politiciens ; je vais t'expliquer clairement ce qui se cache sous ce projet de loi qui étend la compétence des juges de paix à 100 fr. en dernier ressort et à 1 500 fr. à charge d'appel ; tu sais que les juges de paix, à la différence des magistrats des tribunaux qui sont protégés par l'inamovibilité contre la pression et l'arbitraire du gouvernement, sont amovibles, ce qui signifie qu'ils peuvent être révoqués pour un oui, pour un nom, s'ils déplaisent, s'ils ont des opinions indépendantes, s'ils jugent, dans les procès ou de gros bonnets politiques sont en cause, contrairement au désir des ministres, des préfets, des députés, etc.; alors, le gouvernement s'est dit, c'est bien simple, je vais retirer les affaires aux magistrats inamovibles pour les donner aux magistrats amovibles, que je tiens sous ma férule ; ainsi le tour sera joué et la justice dans les campagnes ne sera rendue que suivant mon bon plaisir.

— Mais au-dessus de 100 fr. on pourra toujours faire appel devant le tribunal de l'arrondissement, si on se trouve mal jugé.

— Sans doute, dans la majorité des cas il y aura appel ; de façon que les pauvres justiciables, qui sont toujours les tondus, auront plus que jamais à subir des déplacements, des ennuis, des délais, et surtout les frais de deux procédures au lieu d'une.

— Voilà le progrès, ça marchait si bien du temps que vous nous rendiez la justice; et que, par dessus tout, vous nous prêchiez la conciliation.

— C'est bien passé ; sans doute il y a encore, de ci et de là, quelques bon juges de paix, hommes de conscience et de devoir, jouissant dans leur pays d'une autorité morale justement acquise, c'est, hélas! l'exception, et si le gouvernement veut inspirer confiance dans ses juges de paix et les rendre dignes des nouvelles attributions qu'il va leur donner, il faut qu'il les fasse inamovibles comme les autres juges ; mais il ne fera pas.

UN VIEUX JUGE DE PAIX.

PETITE POSTE.

M. M. M... (Charente). — *Etang*. — Votre lettre nous est parvenue trop tard pour que la réponse ait pu vous être donnée dans le numéro de dimanche. S'il en est encore temps, adressez-vous à l'*Agence du renseignement universel*, 28, rue Bonaparte, Paris. Son organisation lui permet de donner à cet égard des indications précises.

OFFRES & DEMANDES

Pour répondre au désir qui nous est exprimé, nous offrons à nos abonnés, sous cette rubrique, deux annonces gratuites pour les offres et demandes d'emplois, produits ou animaux à vendre ou à acheter, etc.

Les annonces qui suivront jouiront d'une réduction de 50 pour 100 sur les tarifs ordinaires.

Les demandes d'insertions devront être envoyées à l'administration, qui se chargera de les rédiger.

Ne pas négliger d'envoyer tous les renseignements nécessaires joindre 2 timbres de 0 fr. 15).

Un ancien élève d'une école d'agriculture, dans la force de l'âge, marié, bien au courant de la culture moderne en même temps qu'excellent praticien, demande un emploi de régisseur. — Très bonnes références. — N° 907.

S'adresser aux bureaux du journal.

Un agriculteur, propriétaire, demande emploi de régisseur d'une propriété rurale. — N° 912-4.

S'adresser aux bureaux du journal.

A vendre, pommes de terre de semence, de beaucoup de variétés, première qualité. Prix modérés.

S'adresser à M. Rateau, à Châtillon-sur-Loire (Loiret). — N° 915-2.

Un jeune homme (26 ans) ayant reçu une solide instruction primaire, ayant fait chez ses parents de la bonne pratique agricole, demande emploi de comptable dans une grande exploitation.

S'adresser à M. Viry, au Passage, par le Tholy (Vosges). — N° 916-2.

Ménage sérieux (45 et 44 ans) demande emploi de régie ou de direction d'une ferme. La femme connaît parfaitement tout ce qui concerne la basse-cour.

S'adresser à M. Ed. Picard, à la Folie-de-Beauvoir, par Breteuil (Oise). — N° 917-2.

A vendre, un très beau verrat Yorschire, de vingt-deux mois, provenant d'animaux primés à l'exposition universelle, au prix de 130 francs, en gare de Civray.

— A vendre, en gare de Civray, pommes de terre Institut de Beauvais, à 9 francs les 100 kil. logés; Joseph Rigault, à 15 francs; Blanc Riesen, à 30 francs.

S'adresser à M. André Moreau, régisseur à Civray (Vienne). — N° 918-2.

A vendre deux splendides chiens tricolores, bâtards du haut Poitou, première taille.

S'adresser à M. Alfred PEYRET-POMMEROUX, château de la Grange, par La Châtre (Indre). N° 919-1.

A vendre *Avoine merveilleuse inversable*, la plus productive en grains et pailles, 24 fr. les 100 kil.

S'adresser à M. HELLE, à Sermaize, par Guiscard (Oise). — N° 920-1.

On demande pour une villa de Saint-Raphaël (Var) un ménage de jardiniers.

S'adresser au bureau du Journal. — N° 921-1.

VINS DU BORDELAIS.

Que de fois nous avons entendu dire :

« Quel service on nous rendrait, si on nous trouvait, dans les pays vignobles, un vendeur consciencieux; si on nous débarrassait de la concurrence à outrance; si on nous garantissait sérieusement la qualité, la pureté et la conservation des vins! »

Pour le Bordelais, nous recommandons M. Vincent Ardura, viticulteur, propriétaire d'un des meilleurs crus de la Gironde, favorable aux tempéraments délicats (le domaine de la Chapelle-Frégignac, par Blaye-Bordeaux), qui vend ses récoltes : 1889 à 130 fr., 1888 à 140 fr., 1887 à 150 fr., 1886 à 160 fr., 1885 à 175 fr., 1884 à 200 fr., 1882 à 220 fr., 1881 à 250 fr. et 1878 à 300 fr. la barrique de 225 litres, *franco* de port et de fût en gare d'arrivée. Paiement par le facteur à 30 jours 2 % ou 90 jours.

Certain que son vin plaira aux personnes qui

ne le connaissent pas et qui désirent se bien approvisionner, sachant, en outre, qu'il est difficile de se rendre sérieusement compte de la qualité par la dégustation sommaire d'une petite fiole, M. Vincent Ardura n'hésite pas à adresser *franco* une bouteille entière pour échantillon de la récolte désignée.

REVUE FINANCIÈRE.

Aux emballements peut-être exagérés, en tout cas fort excusables dans la circonstance, qui avaient la semaine dernière occasionné deux séances de panique et de baisse inconnue depuis longtemps, a succédé un apaisement, un retour au sang-froid, qui a permis de réparer le mal.

Avant l'incident allemand, le 3 0/0 ancien était entre 95 80 et 95 70; le voici revenu à 95 70. Ce simple rapprochement indique bien le retour à un état normal.

La liquidation s'est opérée facilement, sans fracas. Il y a à cela une excellente raison : c'est que les affaires sont nulles depuis un laps de temps assez long, que les transactions portent sur des sommes relativement insignifiantes; c'est qu'on opère littéralement au jour le jour, sans s'engager ou en ne s'engageant que dans de faibles proportions. Autrement dit la liquidation se fait perpétuellement elle est virtuellement effectuée quand le moment officiel est venu.

Tout ce que l'on peut dire de celle qui vient de se terminer, c'est que, grâce aux deux paniques que nous venons de subir, les baissiers ont eu la victoire, ce qui ne leur était pas arrivé depuis longtemps. Mais cette victoire est fort mince; les cours de compensation sont inférieurs d'à peine quelques centimes à ceux de la dernière liquidation.

Il convient de remarquer que les institutions de crédit, tout en s'étant relevées, sont restées plus atteintes que les rentes. Pas n'est besoin de grandes explications : la nature même de leurs travaux suffit à faire comprendre que l'absence d'affaires et la panique ne peuvent que leur être préjudiciables. Il y a cependant autre chose. On peut se demander, par exemple, pourquoi un établissement comme le Crédit Foncier, placé dans des conditions si spéciales, autrefois jouissant d'un crédit et d'une renommée inattaquables, ayant subi l'année dernière, sans broncher, du moins sans que le mal eût laissé de traces, deux attaques fort périlleuses, a tant de mal cette fois à se remettre à flot. Car enfin, pour une valeur de cette nature qu'on a vue dans les prix de 1310, le cours actuel de 1270 n'est pas des plus brillants.

Bien d'autres institutions sont sensiblement dans le même cas; il semble que l'épargne les tienne en une certaine suspicion. Est-ce là cause ou l'effet de l'hésitation visible que montre la spéculation à s'engager dans de nouvelles affaires?

Le reste du marché a conservé sensiblement la même attitude que depuis deux ou trois mois. Nos chemins de fer sont très fermes, avec un progrès léger mais indiscontinu. Les chemins étrangers sont, comme l'on dit en Bourse, lourds; ce sont des alternatives de poussées et de reculades, légères d'ailleurs, qui les laissent faibles.

Les valeurs industrielles, à part deux ou trois mouvements par mois dus à des causes « locales » sont relativement délaissées. Les obligations de la Ville de Paris, du Foncier, des Chemins de fer, sans être faibles, ont des allures moins brillantes que jadis.

En ce qui concerne les fonds d'Etats étrangers, il suffit de noter la ferme contenance des Russes. Les autres, l'Italien en particulier, subissent des fluctuations au gré des nouvelles politiques ou financières de leurs pays d'origine. Il n'y a pas lieu d'en parler plus longuement tant qu'on ne sera pas fixé sur les projets d'emprunts et de conversions à l'étude depuis des mois.

En somme, il y a visiblement dans l'ensemble du marché une continuation de torpeur, une persévérance dans l'expectative, qui se prolonge depuis trop longtemps. Après chaque liquidation, on nous prédit le réveil. Sera-ce pour cette fois?

TIMON.

Le « RENSEIGNEMENT UNIVERSEL »

28, rue Bonaparte, Paris.

Nos lecteurs sont au courant du fonctionnement général de cette œuvre, dont nous avons parlé dans nos précédents numéros.

Il nous semble utile, aujourd'hui, de leur indiquer l'organisation du service spécial des *achats et des ventes.*

Reposant sur une combinaison nouvelle qui écarte absolument toutes commissions, pots de vin, courtage, etc., ce service constitue le lien général entre l'offre et la demande quel qu'en soit l'objet, denrées de toute nature : grains, fourrages, pailles, foins, produits manufacturés, etc., etc.

Offres. — Les offres sont inscrites pour une année au répertoire spécial moyennant un droit fixe de 5 francs pour chaque espèce de marchandise, quelle que soit l'importance de l'offre.

Toutes circonstances de quantité, qualité, prix, époques de livraisons, facilités de paiement de nature à préciser l'offre sont indiquées de manière à éviter des retards et faciliter la vente.

Indications. — Ces renseignements que nous nous procurons complets auprès des vendeurs, nous les transmettons à tout acheteur qui nous en fait la demande, contre un droit fixe de un franc. Nous ne donnons que les renseignements qui nous paraissent utiles à la réalisation de l'achat ou de la vente.

Quelle que soit l'offre ou la vente proposée le *Renseignement Universel* est à même de fournir une indication utile. Il ne voit que l'intérêt de ses clients, auxquels il évite ainsi l'obligation de se servir d'intermédiaires coûteux.

Il obtient les meilleures conditions de vente grâce aux affaires nombreuses qu'il procure aux fabricants et commerçants de toutes sortes, c'est l'acheteur renseigné par lui qui en profite.

Le *Renseignement Universel* met ainsi en relation, dans les meilleures conditions possibles, le vendeur avec l'acheteur et facilite considérablement les transactions et les ventes de gré à gré, ou dans les halles et marchés. C'est, en résumé, le but poursuivi par les promoteurs des syndicats agricoles, mais atteint par des voies différentes, dégagées de toute solidarité.

Nous rappelons que le *Renseignement Universel* répond à toute demande quelle qu'elle soit et n'a aucun rapport avec aucune agence.

HALLES ET MARCHÉS.

SITUATION GÉNÉRALE.

Les cours sont toujours fermes avec tendance en hausse pour les céréales, les fourrages, les alcools, les sucres et les huiles de colza. Le nitrate de soude a repris faveur. La verdure et les légumes ont un assez bon débit. Le bétail ne change guère de prix et se vend un peu moins couramment.

GRAINS.

Blés. — Les blés sont toujours très fermement tenus et en hausse sur nos marchés. Voici les cours relevés samedi : Arras, blé blanc, 25 à 27 fr. 50 les 100 kilog.; roux, 24 à 26; Douai, 25 à 26; Cambrai, 23 40 à 26; Beauvais, 20 à 26 30; Amiens, 26 60; Chartres, 26 70 à 28 30; Etampes, 25 90 à 28 30; Laval, 26 25 à 26 75; Montereau, 25 à 26 00; Orléans, 24 15 à 28 30; Lyon 26 à 26 50; Mâcon, 26 à 27; Nantes, 25 75 à 26 50; Nevers, 26 à 27; Châlons-sur-Marne, 26; Bordeaux, 27 80.

— Au marché commercial de Paris, on cotait sans changement, 26 75 à 28 fr., pour toutes époques de livraison. — Les blés étrangers sont l'objet de transactions actives dans nos ports; pendant la semaine écoulée il a été importé à Marseille, 67,100 quintaux; à Bordeaux, 2,500 quintaux; au Havre, 139,000 hectolitres. Les cours sont ainsi établis, par 100 kilog., au Havre ou à Dunkerque : Californie, 27 25; Australie, 28 25; Danube, 24 75 à 26; à Nantes, Australie, 27 à 27 25; blés russes, 26 à 26 50; turcs, 25 75; tuzelle d'Algérie, 26 50; durs d'Algérie, 23 à 23 25; à Bordeaux : Azimes, 24 40 à 25 30; Sandomirka, 26 50; Pologne, 26 50; tuzelle d'Oran, 27 20 à 27 50; à Marseille : Ghirka Marianopoli 20 75 les 100 kilog. en entrepôt; Azoff dur, 18 62; Ghirka Nicolaieff, 19 25, dur Bône, 21 75.

Orges. — Les offres sont de plus en plus rares, et les cours sont très difficiles à préciser. Les bonnes qualités de semence se vendent 23 à 25 fr. les 100 kilog. à Paris. Dans l'Ouest les belles orges sont tenues de 19 à 20 fr dans les gares de départ. — Les escourgeons se vendent un peu au prix de 20 25 à 20 50 les 100 kilog. à Paris.

Avoines. — Les cours ont encore gagné 50 centimes par 100 kilog.; les belles sortes noires de Brie valent de 20 75 à 21; celles de Beauce et du centre, 20 25 à 20 50; les grises, 20 à 20 25 et les blanches, 19 à 19 50.

Maïs. — On demande 16 à 17 fr. des 100 kilog. sur wagon suivant qualité et provenances.

FARINES. — ISSUES.

Farines de consommation. — Tendance ferme avec transactions ordinaires, et offres moins nombreuses de la meunerie. La marque de Corbeil reste à 61 fr. les 157 kilog. nets, ou 38 85 les 100 kilog. Les autres marques présentent des cours proportionnels.

Farines de commerce. — Cours en hausse léger; on cote les *douze marques* disponibles 60 à 60 25 les 157 kilog. nets, les livrables 60 25 à 61 25.

Issues. — Les sons disponibles sont vivement recherchés et en hausse on cote : gros sons, 15 25 à 15 75 les 100 kilog. en gare à Paris; sons trois cases 14 75 à 15; sons fins, 13 25 à 13 50; recoupettes, 13 50; remoulages, 14 à 19 suivant nuance.

FOURRAGES. — GRAINES FOURRAGERES.

Fourrages. — Les prix sont très fermes sans changement au marché de la Chapelle : — Pour les fourrages et pailles vendus en gare, les foins et les luzernes de choix sont très bien tenus; on cote : foin de première qualité, 39 à 45 fr. les 104 bottes de 5 kilog.; de deuxième qualité, 35 à 38, luzerne, 36 à 45; paille de blé, 22 à 26; de seigle, 25 à 30; d'avoine, 18 à 19; fourrages pressés, 6 50 à 9 le quintal.

Graines fourragères. — Cours toujours bien tenus à Paris, bien que la vente ait été retardée par les derniers jours de froid; on paye : trèfle violet gros grains violet, 120 à 130 fr. les 100 kil. ; ordinaire, 95 à 105; vieux, 80 à 90; luzerne de Provence, 120 à 150; de pays, 105 à 115; minette en cosses, 28 à 35; écossée, 45 à 75; trèfles blanc et hybride, 130 à 220; ray-grass anglais, 38 à 45; d'Italie, 40 à 45; sainfoin double et simple, 25 à 28; vesce de printemps, 17 à 18; vesce de Bretagne, 25 à 26; Alpiste, 24 à 26; pois jarras, 18 à 20.

TOURTEAUX. — ENGRAIS.

Tourteaux. — Cours de Marseille : tourteaux pour nourriture, lin, 16 75; arachide décortiquée, 14; sésames blancs de l'Inde et du Levant, 13 à 13 75; œillette exotique, 11 50; coprah pour vaches laitières, 13 à 14; coton d'Egypte, 10 25; palmiste en poudre, 9 40; farine de cocotier, 14; pour engrais : sésame brun de l'Inde, 12 50; blanc, 13; colza exotique, 9 75; ricin pour la vigne, 8 50.

Engrais. — Les demandes ont été nombreuses pour les livraisons de fin de mois sur le nitrate de soude, qui se cote 18 fr. 60 à 18 70 les 100 kilog à Dunkerque. — Les prix restent sans variations pour le sulfate d'ammoniaque — On cote : superphosphates minéraux du Nord, 0 fr. 48 le degré d'acide phosphorique; superphosphates minéraux solubles dans l'eau, 0 59 le degré; dans le citrate, 0 54; superphosphates d'os purs, 0 72; mixte, 0 65; phosphates de la Somme, 0 90 à 1 28, suivant dosage, le degré par 100 kilog.; poudre d'os dégélatiné, 13 50 à 14 les 100 kilog ; non dégélatinés, 12 50 à 13; nitrate de potasse, 43 à 43 50; sulfate de potasse, 20 85 à 21 35, condition de Stassfurt; chlorure de potassium, 17 50; scories de déphosphoration, 3 45 à 3 50; sulfate de cuivre, 49 à 50.

BESTIAUX.

La Villette, 5 mars. — Bestiaux. — Vente calme et sans changement sur le gros bétail et les veaux, meilleure sur les moutons et les porcs.

COURS officiels.	Amenés.	Vendus.	1re qualité	2e qualité.	3e qualité.	Prix extrêmes.
Bœufs	1.944	1.730	1 52	1 40	1 20	1 14 à 1 60
Vaches	408	380	1 48	1 28	1 14	1 08 1 54
Taureaux	142	138	1 38	1 32	1 18	1 12 1 42
Veaux	1.294	1.099	1 80	1 60	1 40	1 30 2 »
Moutons	8.093	7.560	2 08	1 92	1 74	1 68 2 14
Porcs	4.032	3.994	1 28	1 24	1 18	1 12 1 30

Marché du lundi 2 mars.

	Amenés	Vendus	Prix au poids net 1re qual.	2e qual.	3e qual.
Bœufs	2.252	2.133	1 54	1 40	1 22
Vaches	709	606	1 50	1 28	1 16
Taureaux	165	158	1 38	1 32	1 20
Veaux	1.248	1.034	1 82	1 68	1 52
Moutons	10.326	9.840	2 10	1 94	1 76
Porcs	2.944	1.893	1 30	1 26	1 20

Prix au poids vif	1re qual.	2e qual.	3e qual.	Prix extrêmes.
Bœufs	» 94	» 79	» 65	» 56 à » 98
Vaches	» 89	» 70	» 58	» 48 » 92
Taureaux	» 86	» 76	» 64	» 58 » 88
Veaux	1 10	» 96	» 79	» 68 1 26
Moutons	1 08	» 95	» 80	» 72 1 11
Porcs	» 88	» 84	» 80	» 74 » 90
Peaux de moutons en laine				4 25 6 75
Id. id. demi-laine				2 20 3 85

Viandes abattues. — Criée du 5 mars.

		1re qualité.	2e qualité	3e qualité.
Bœufs	le kil.	1 40 à 2 60	1 10 à 2 40	1 .. à 1 70
Veaux	—	1 90 2 »	1 70 1 86	1 54 1 66
Moutons	—	1 80 1 90	1 36 1 76	» 90 1 30
Porc entier	—	1 18 1 26	1 06 1 16	» 90 1 »

Fromages.

Brie fermiers, haute marque	les dix	45 à	50
— — grand moule	—	35	40
— — moyen moule	—	25	30
— — petit moule	—	12	18
Brie laitiers moyen moule	—	6	12
Gruyère	100 kil.	195	140
Roquefort	—	280	240
Géromé (Gérardmer)	—	70	85
Romatour	—	100	110
Cantal	—	135	150
Façon Port-Salut	—	150	110
Bourgogne	le cent	60	70
Saint-Nectaire	—	90	100

Livarots :		1er choix.		2e choix.	
En caisse de 30	le cent	100 à	105	» à	»
En caisse de 36	—	90	100	60	75
Camembert	—	50	60	30	40
Façon Coulommiers	—	38	45	20	25
Bondons	—	12	15	6	8
Gournay	—	15	25	6	10
Mont-d'Or	—	25	30	»	»

Volailles.

Canards :			Pigeons :		
nantais	7 » à	9 »	maconnais	» » à	» »
de ferme	3 »	5 »	italiens	» »	» »
Dindes nouv.	8 »	12 »	bizets	» »	» »
Oies nouvelles	6 »	8 »	Poulets :		
— 12e qté.	4 »	5 »	nantais	3 25	5 »
Pintades	4 »	5 50	touraine	3 »	4 75
Lapins domestiques	2 »	4 50	gâtinais	3 35	5 80
			du Midi	2 40	3 90
			communs	» »	» »

Marché plus actif.
Cours fournis par M. Scelle et Chatriot, facteurs assermentés, 11, boulevard de Sébastopol, Paris.

GUANOS DE POISSONS

Cet engrais, composé de viande et arêtes de poissons, est le plus actif et le meilleur de tous les engrais. Dosages garantis sur facture.

6 à 7 p. 100 d'azote et 2 à 3 p. 100 d'acide phosphorique

Prix aux 100 kilos : **11 fr.** en vrac et **1 fr.** de plus en sacs, rendu *franco de port* en gare de l'acheteur.

Paiement à 30 jours. 2 0/0 d'escompte, ou 90 jours net.

S'adresser à **M. PRÉVOST-FRANÇOIS**, fabricant à Montières-lès-Amiens.

RUCHE

à Cadres mobiles
Prix : **20f**
Gariel

2ter, Quai de la Mégisserie, PARIS

GRILLAGES POUR CHASSES, de 1 mètre, à... 0f35

La Maison **R. GARIEL**, *2, Quai de la Mégisserie, à Paris, a obtenu à l'Exposition Universelle de 1889.*

Une Médaille d'Argent, Classe 76 et **Une Médaille de Bronze,** Classe 78.

GRILLAGES, SUPPORTS EN FER
Ruches et Articles d'Apiculture, etc.

POULES ou COQS A VOLONTÉ

C'est une croyance bien ancienne (elle remonte aux Romains) et bien répandue encore dans nos pays que si, dans une couvée on veut avoir des coqs il faut mettre en incubation des œufs longs et pointus ; et des œufs ronds si l'on désire des poules.

Inutile de dire que cette recette de bonne femme ne repose sur absolument rien de fondé l'expérience le démontre tous les jours

Et cependant il serait utile bien souvent de pouvoir produire à volonté l'un ou l'autre sexe. L'amateur qui n'entretient une basse-cour que pour les œufs est parfois affligé de couvées qui ne contiennent que des coqs, l'industriel qui a pour but la production de la volaille à engraisser et tire un bien meilleur parti des coqs que des poules, n'obtient pas toujours le nombre de coqs qui ferait son affaire

Jusqu'à présent on s'en était remis au hasard pour la production des sexes. — Eh bien ce même hasard providence des chercheurs m'a mis sur le chemin d'une découverte dont je veux faire profiter le monde de l'élevage.

Aussi l'éleveur et l'amateur voudront ils lire ma petite brochure

Sexe à Volonté
CHEZ LES GALLINACÉS

Que j'envoie franco contre un bon de poste de 1 f.

J. PHILIPPE Aviculteur à HOUDAN (Seine-et-Oise)
Membre de l'Académie Nationale, Agricole, Manufacturière et Commerciale, et de la Société des Agriculteurs de France

MÉDECINE VÉTÉRINAIRE.

PLUS DE CHEVAUX POUSSIFS !

POUDRE SUISSE
BÉCHIQUE INCISIVE
Garantie sans Arsenic

Infaillible contre les *toux rebelles* des chevaux, bœufs, mulets, etc. Le meilleur préservatif de la *pousse*

Boîte de 20 Doses : 3 Fr. — Franco-Mandat : 3 Fr. 65

Pharmacie JULES SUISSE, à VARZY (Nièvre)

ET DANS TOUTES LES PHARMACIES

Dépôt général pour la France et l'Etranger : MM. MICHELAT et LESUEUR, 9, rue des Guillemites, Paris.

SEMOIRS

A TOUTES GRAINES
au rayon
POUR GRANDE ET PETITE CULTURE
CONSTRUCTION TOUT EN FER ET ACIER

Ces semoirs se recommandent par leur légèreté de traction, leur agencement perfectionné, simple et commode. Un seul homme suffit pour la conduite.

NOMBREUSES RÉFÉRENCES. — DEMANDER LE CATALOGUE.

Ch. FAUL, Constructeur, 13, rue Pierre Levée, 13, PARIS

VINS DE BORDEAUX.

Baron D. DE CLÉRANT, propriétaire, à Barsac (Gironde).

PRIX-COURANT :

Vins rouges.	Années :	1889	1888	1887	1885	1884	1883	1881
Première côte......	(la barrique).	150fr	160fr	180fr	200fr	230fr	250fr	280fr
Deuxième côte.....	—	130	140	150	170	200	220	240

La barrique de 225 litres, rouge ou blanc, franco de port et de fût, en gare d'arrivée. 5 francs de différence de logement par demi ou par quart de barrique.

Paiement : 45 jours, 2 pour 100 escompte, ou 120 jours net.

IL EST ADRESSÉ, SUR DEMANDE, UNE BOUTEILLE ÉCHANTILLON, FRANCO.

Ecrire à M. J. RENSON, château Saint-Léon, à Barsac (Gironde), chargé de la vente.

PULVÉRISATEURS SPÉCIAUX

pour chauler les arbres fruitiers

V. VERMOREL

CONSTRUCTEUR
à VILLEFRANCHE (Rhône)

322 premiers Prix et Médailles

PULVÉRISATEUR « ÉCLAIR » n° 1, avec lance à coulisse de 0m80 à 1m50, et tuyaux de 1m20 .... 43 fr.

PULVÉRISATEUR « ÉCLAIR » n° 2, avec les mêmes accessoires .... 33 fr.

ACCESSOIRES supplémentaires d'après M. Langlais, pour la pulvérisation des arbres :
1 tube caoutchouc de 2m50;
1 robinet raccordant les deux tubes;
1 lance courte *pour perche*.......... 9 fr.

LANCE A COULISSE, de 2m 50 à 4m..... 15 fr.

LANCE A COULISSE, de 0m80 à 1m50.. 10 fr.

Cette dernière est facilement dirigée par l'ouvrier qui actionne la pompe.

FOURNEAUX DE CUISINE

de toutes espèces

Maisons particulières, Hôtels, Châteaux et Fermes, Hospices, Hôpitaux, Collèges, Pensions, etc.

ENVOI FRANCO DE CATALOGUES.

Maison DELAROCHE aîné
22, rue Bertrand, PARIS.

Médaille d'Or. * Exposition Universelle 1889. * Médaille d'Argent.

VACHERIE **à céder**, près Paris. Belle clientèle. Maison ancienne. 28 vaches, premier choix. 370 litres lait vendus 0 fr. 41 c. Beau pavillon d'habitation, vastes étables et greniers. Frais généraux peu élevés. 12,000 fr. bénéfices nets à placer par an. On traitera avec 20,000 fr. argent ou sans argent avec garanties sérieuses. — S'adresser à MM. LAPORTE et LEFRANC, 93, boulevard Sébastopol, Paris. — Sont vendues les vacheries annoncées précédemment.

Semoir et Distributeur d'Engrais

système MAGNIER.

Envoi franco du catalogue illustré.

Expériences du 23 septembre 1890. 1er prix. - 20 avril 1890, Poitiers. 1er prix.

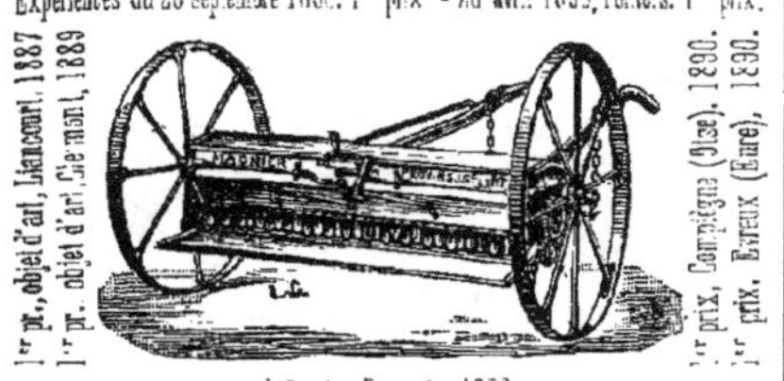

1er prix, Beauvais, 1890.

MAGNIER, constructeur breveté, Provins (S.-et-M.).

GUÉRISON RADICALE DE LA DIARRHÉE DES VEAUX PAR LA POUDRE CHOQUELIN.

1 franc la boîte *franco par la poste.*

Dép g., Phie HAUVESPRE, Courville (Eure-et-Loir).

L'**Onguent de HEVID**, *adopté par le Ministère de la guerre*, est le meilleur préservatif des maladies du pied des espèces chevaline et bovine. Il pénètre admirablement le tube corné, le nourrit, et remet en bon état, en quelques semaines, le sabot le plus sec et le plus cassant.

En vente chez les vétérinaires, pharmaciens, selliers et maréchaux-ferrants.

Faucheuses. Faneuses. Râteaux à cheval. **Presses** à fourrages. **Brise-Tourteaux. Appareils à cuire. Egrenoirs** de maïs. **Rouleaux. Semoirs. Transmissions** par arbres et par câbles. **Matériel** de brasserie et de féculerie.

ALBARET (O. * et O. *)

MACHINES AGRICOLES.

Ateliers de Construction et Administration à **LIANCOURT-RANTIGNY** (Oise).

Magasin et bureau, à PARIS, boul. de Strasbourg, 63 (entrée par le passage du Désir).

Succursales : Saint-Quentin, boulevard Victor Hugo, n° 52; **Chartres**, rue du Grand-Faubourg, n° 76; **Abbeville** (Somme), rue Ringois, n° 44; **Cambrai, M.** MESNIL, rue des Bouchers, n° 13.

Récompenses obtenues aux Expositions universelles et Concours internationaux.

Machines à vapeur fixes, horizontales et verticales.

Générateurs.

Machines à vapeur locomobiles.

Manèges fixes, mobiles et semi-fixes.

Batteuses fixes et portatives, conservant ou brisant la paille.

Engreneurs mécaniques.

Semoirs à engrais, à graines et à haricots.

Hache-maïs et **Coupe-racines** à force centrifuge transportables.

206 Médailles d'or.

1862. Exposition de Londres.	1er prix : grande médaille; 2e prix : mention honorable.
1864. Exposition internationale de Bayonne.	Médaille d'or, donnée par le Gouvernement; médaille d'or, donnée par la Commission de l'Exposition.
1865. Exposition universelle de Porto	Grande médaille d'argent.
1867. Exposition universelle de Paris.	Grande médaille d'or, la plus haute récompense pour locomotive routière et machines agricoles.
1869. Exposon d'Amsterdam.	Diplôme d'excellence.
1869. Exposition de Beauvais. 1872. Exposition de Lyon.	Deux diplômes d'honneur, comme exposant et membre du jury.
1873. Expositon univ. de Vienne (Autriche).	Grand diplôme d'honneur, la plus haute récompense.
1878. Expositon univ. de Paris.	Trois médailles d'or; un objet d'art pour mérite exceptionnel sur le terrain; une médaille de bronze; quatre médailles argent et bronze pour collaborateurs.
1882. Conc. spéc. intern. de hache-maïs de Ste-Menehould.	1er prix : médaille d'or, donnée par la Société des Agriculteurs de France.
1883. Exposon d'Amsterdam.	Diplôme d'honneur : la plus haute récompense.
1884. Grand concours international d'Amsterdam.	Prix unique : grande médaille d'or pour locomobile; 1er prix : grande médaille d'or pour presse à fourrage; 1er prix : grande médaille d'or pour machines à battre; 1er prix : médaille d'argent pour hache-paille et dépulpeur.
1885. Exposition internation. d'Anvers.	Diplôme de médaille d'or, la plus haute récompense pour machines agricoles.
1889. Exp. d'économ. sociale, section XIV.	Médaille d'or; médaille d'argent pour collaborateurs.
1889. Exposition universelle. - Membre du jury. Hors concours.	
1876. Société nation. d'agric. de France.	Grande médaille d'or; prix de mécanique.
1886. Société nation. d'agric. de France.	Rappel de grande médaille d'or pour l'ensemble des travaux de mécan. agric.
1888. Aniche (Nord).	Moissonneuse-lieuse à la ficelle, diplôme d'honneur avec félicitations du jury, pour la machine qui fonctionne à toute satisfaction.
1889. Comice agric. de Montdidier, Ailly-sur-Noye.	Diplôme d'honneur et médaille de vermeil pour batteuse et instruments; médaille de vermeil grand module pour faucheuse et moissonneuse.
1890. Concours de Clermont	Diplôme d'honneur avec félicitations du jury, pour le bon fonctionnement de la moissonneuse-lieuse.

Plusieurs médailles or, argent et bronze à MM. les Collaborateurs de la Maison

Concasseurs.

Moulins-bluteries.

Hache-paille.

Hache-maïs.

Hache-fourrage.

Coupe-racines

Laveurs de racines.

Moissonneuses simples.

Moissonneuses combinées.

Moissonneuses lieuses.

162 Médailles d'argent.

Envoi gratis sur demande des Catalogues illustrés.

16 Diplômes d'honneur et d'excellence.

Monte-Paille.

Moteur domestique à vapeur à pression inférieure à celle atmosphérique.

Rouleaux à vapeur et à traction de chevaux pour le cylindrage des chaussées d'empierrement.

Poteaux indicateurs pour routes.

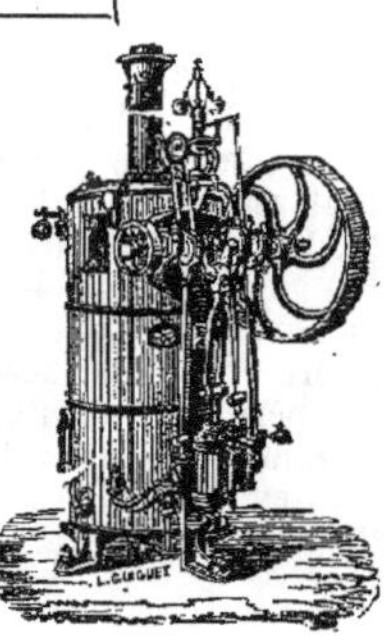

L'Administrateur-Gérant : ALBERT RENOT.

Beauvais. — Imp. D. PERE. - A. CARTIER, Gérant.

12e Année. — 2e Série. — N° 581. Dimanche 15 Mars 1891.

GAZETTE AGRICOLE

JOURNAL HEBDOMADAIRE, PARAISSANT LE DIMANCHE

Rédacteur en Chef : M. Ch. GOSSIN, Professeur d'Agriculture à l'Institut agricole de Beauvais.

PRIX DE L'ABONNEMENT

UN AN, 5 fr. — SIX MOIS, 3 fr. — TROIS MOIS, 2 fr. 25

Pour l'étranger les abonnements ne sont reçus que pour un an, au prix de 6 francs, et ne partent que du 1er janvier ou du 1er juillet de chaque année.

Le numéro : 10 centimes.

Il est indispensable de joindre à toute demande de changement d'adresse la dernière bande d'adresse du journal et 50 centimes pour frais de nouvelles bandes.

Adresser les *Abonnements* et *Annonces* au secrétaire de la rédaction, 13, quai Voltaire, Paris, ou à M. GOSSIN, rédacteur en chef et administrateur, à BEAUVAIS.

BUREAUX

13, quai Voltaire, Paris, et à Beauvais.

Les abonnements partent du 1er de chaque mois et sont payables d'avance. Toute demande d'abonnement doit donc être accompagnée du prix de l'abonnement. (Le mode de payement le plus simple est l'envoi d'un mandat-poste.)

Donner *très lisiblement*, en s'abonnant, son nom et son adresse exacte, *avec l'indication du bureau de poste*; et, s'il s'agit d'une continuation d'abonnement, joindre au renouvellement la dernière bande d'adresse du journal.

La GAZETTE AGRICOLE insère gratuitement les Communications des Syndicats agricoles

SOMMAIRE :

PARIS, 13 MARS.

Pendant que le cardinal Lavigerie travaille à marier les monarchistes avec les républicains, nos législateurs de cette dernière opinion travaillent à la suppression pure et simple de la règle fondamentale de toute société civilisée : le mariage. On sait ce que la République a déjà fait de la famille. Par le divorce, elle l'a détruite en partie. Et les enfants contemplent avec un étonnement douloureux leur père remarié du vivant de leur mère, et leur mère portant un autre nom que le nom de leur père. Cette grave atteinte à la famille qui, jadis, anéantit la famille romaine sous les Césars, portera un coup mortel à la famille française, ce n'est pas douteux, en pervertissant la morale publique et en faisant de la conscience publique et privée une véritable inconscience. La République devrait donc être satisfaite de ce qu'elle a fait là. Elle qui a tout renversé, tout brisé de ce qui était la tradition nationale et l'honneur du pays, ne pouvait pas laisser la famille seule debout, alors qu'elle foulait aux pieds les libertés les plus sacrées, comme les droits du père de famille, par exemple, alors qu'elle s'en prenait aux croyances religieuses, sapait les églises et proscrivait Dieu lui-même.

***

Or, nous le répétons, la règle de la société, c'est le mariage. Il faut avoir le sens moral absolument atrophié pour proposer, comme le font des députés opportunistes et radicaux, d'établir une égalité absolue, au point de vue successoral, entre les enfants légitimes et les enfants naturels, car c'est du même coup proclamer l'égalité du mariage et du concubinage. C'est monstrueux, mais c'est évident. Une pareille loi, qui n'est qu'une prime offerte aux unions irrégulières, a rencontré tout d'abord une certaine sympathie dans la Chambre. Toute la commission qui vient d'être nommée lui est favorable, à l'exception de deux de ses membres. Dans ces conditions, la loi sera probablement votée. Attaquées en haut par le divorce, en bas par l'égalité successorale, pourrait-on dire ce qui survivra de la famille et de la société française ?

***

Nos radicaux trouvent qu'ils n'ont pas encore assez sapé la base sur laquelle repose la société chrétienne, la famille par le mariage. A toutes les ruines amoncelées, il en fallait ajouter une nouvelle. Et la famille radicale, basée sur l'athéisme, lève sa concurrence officielle contre la sainte et vieille famille que nous avaient léguée nos ancêtres. Pourtant, ce n'est pas tout, et là ne s'arrête pas la désorganisation morale à laquelle la République semble s'être vouée. Et elle est à la veille de faire un pas nouveau dans cette voie funeste. En effet, un projet de loi vient d'être déposé par quelques députés, qui aura pour résultat d'achever ce qui subsistait encore de la famille, après la loi du divorce. C'est une loi qui « *assimile les droits successoraux des enfants naturels à ceux des enfants légitimes.* »

***

Voyons quelle est la loi actuelle et ce qu'elle prescrit. Elle dit que l'enfant naturel n'a droit qu'au tiers de ce qu'il aurait eu s'il était légitime lorsqu'il vient en concours avec des enfants légitimes : à la moitié, s'il y a des ascendants ou des frères et sœurs, et aux trois quarts s'il n'y a que des cousins. Cette loi était-elle bonne ? Assurément, car elle ne déshéritait pas les enfants naturels, mais maintenait en même temps les droits de la famille. Et, franchement, il ne vaudrait pas la peine que la loi s'efforçât de constituer la famille légitime, pour que les familles irrégulières pussent jouir des mêmes avantages et des mêmes privilèges. La famille, il est pénible et honteux d'être obligé de le rappeler à la République, c'est la base de toute société. Et qui porte la main sur la famille, atteint la société elle-même. Certes, le Bonhomme Deschamps connaît tout ce qui a été dit et écrit sur les enfants naturels et ne méconnaît pas qu'ils sont dignes du plus grand intérêt et de la plus grande pitié; car ils ne sont pas les coupables, eux; ils ne sont que les victimes. Mais, d'autre part, les sociétés humaines ne sauraient compter plus qu'il ne convient avec ce qui n'est, après tout, qu'une sentimentalité. La règle doit être la règle pour tous. Ou bien alors il ne faut plus de règle du tout, et revenir à la vie sauvage.

LE BONHOMME DESCHAMPS.

NOUVELLES DE LA SEMAINE.

La rentrée de M. Jules Ferry. — Depuis l'élection de M. Jules Ferry au Sénat, ses amis et surtout ses adversaires attendaient avec impatience sa rentrée sur la scène politique.

La discussion sur la situation algérienne lui a fourni l'occasion de placer un premier discours que rien d'ailleurs ne justifiait.

Depuis deux ans le suffrage universel lui avait interdit la tribune ; cette retraite forcée a considérablement modifié ses façons oratoires.

Au physique déjà, l'homme du Tonkin est presque méconnaissable, c'est aussi un homme nouveau que nous retrouvons à la tribune.

Ce n'est plus le maître d'une majorité servile qui prend la parole, nous sommes loin de la jactance et du cynisme d'antan !

M. Jules Ferry a décoché, en passant, quelques traits qui voulaient être méchants, à « son « honorable ami M. le Ministre de l'intérieur » ; il en a aussi décoché à la Chambre des députés et le désir de lui être désagréable a été assez vif chez lui pour l'amener à rendre justice à M. le comte d'Haussonville, « qui connaissait si « bien l'Algérie, qui était un des vétérans de « la colonisation algérienne ». Il a rappelé qu'en 1883 M. d'Haussonville avait présenté au Sénat un projet sur la colonisation, qui fut voté par la Chambre haute. Or, depuis cette époque, la Chambre n'a pas encore trouvé le loisir de s'en occuper !

Des hommes qui connaissent l'Algérie, hélas ! toute cette discussion a prouvé que c'est ce qui manque dans le personnel républicain. On a tout essayé ; on constate que tout est à refaire. Le discours de M. Ferry n'est pas pour atténuer l'impression de tristesse humiliée que nous cause le spectacle de cette impuissance.

Le prince Jérôme Napoléon est en ce moment gravement malade. Peut-être est-il à l'agonie au moment où nous écrivons ces lignes. La princesse Clotilde, sa femme, est près de lui à Rome.

Les journaux républicains qui se rappellent que le prince Jérôme fut un des 363 louent « la fermeté de son caractère », le prince, disent-ils, ayant déclaré qu'il mourrait en libre-penseur comme il a toujours vécu.

Et dire que ces mêmes journaux ne connaissaient ce même prince, avant son ralliement à la République, que sous le nom de « Plon Plon ! »

Monsieur Georges Hugo à Toulon. — Les journaux républicains qui nous rabâchent tous les jours qu'en République tous les citoyens sont égaux devant la loi, publient l'information suivante :

Une dépêche nous annonce que Monsieur Georges Hugo arrivera sous peu de jours à Toulon, où il entrera dans les équipages de la flotte. Le petit-fils du grand poète vient de contracter un engagement volontaire de trois ans, que le ministre accepte à titre exceptionnel et pour des raisons qu'il a appréciées. Monsieur Georges Hugo sera admis à la division en qualité d'élève fourrier.

« Le petit-fils du grand poète » ne sera donc pas traité comme vous et moi. Il lui faut des privilèges à ce « petit-fils du grand poète. » C'est probablement pour le consoler de ces mésaventures dernières. On sait que ce méritant jeune homme qui va être « admis à la division en qualité d'élève fourrier » devait être récemment pourvu d'un conseil judiciaire !!!

Et d'une.

Presque au-dessous de cette information révoltante nous avons lu dans les mêmes journaux, prôneurs de l'égalité devant la loi :

Budget annexe de la Légion d'honneur, pages 611-613 :

« Maison d'éducation de Saint-Denis. Liste des élèves gratuites admises pour la rentrée d'octobre 1890. Numéro d'ordre d'entrée : 26.

« Nom et prénoms des élèves :

« Larroumet (Jeanne-Louise-Marie).

« Date de naissance : 9 septembre 1879.

« Qualité ou grade du père : directeur des beaux-arts, chevalier. »

Or, ce M. Larroumet père touche 20,000 francs par an et le logement, en qualité de directeur des beaux-arts !!!

Inutile d'en dire plus long, n'est-ce pas?

Le prix des laïcisations. — Nous avons sous les yeux deux rapports intéressants qui viennent de paraître à l'*Officiel*, concernant les dépenses de l'instruction primaire laïque, du 20 juin 1885 au 31 décembre 1890.

Dans ce délai, on a accordé aux communes, à titre de subventions, une somme de 57,463,652 fr. 80.

Mais ce n'est là qu'une subvention relative, car les dépenses totales se sont élevées à la somme de 126,723,127 fr. Ce qui indique bien que les communes y ont contribué pour la plus large part.

L'enseignement laïque a produit bien d'autres ravages dans nos finances.

Les écoles sans Dieu, de plus en plus délaissées, ont été contraintes d'emprunter à la caisse des lycées, qui, de 1878 à 1890, leur a fourni près de *deux cents millions*.

Il n'est pas douteux que, finalement, ce sont les communes qui payent cette addition fantastique, particulièrement *douloureuse* pour les contribuables.

Les laïcisations sont des bêtises qui coutent cher.

Le recensement de la population. — Il sera procédé dans toute la France, le 12 du mois prochain, au dénombrement de la population par les soins des maires de chaque commune.

Les catégories suivantes, ne comptant pas dans le chiffre de la population servant de base à l'impôt ou à l'application des lois d'organisation municipale, n'y sont pas comprises :

Corps de troupes de terre et de mer ; maisons centrale de force et de correction ; maisons d'éducation correctionnelle et colonies agricoles des jeunes détenus ; maisons d'arrêt, de justice et de correction ; depôts de mendicité ; asiles d'aliénés ; hospices ; lycées et collèges communaux ; écoles spéciales ; séminaires ; maisons d'éducation et écoles avec pensionnat ; communautés religieuses ; réfugiés à la solde de l'Etat ; ouvriers étrangers à la commune, attachés aux chantiers temporaires de travaux publics.

LA VIANDE A SOLDAT.

Les journaux de Toulouse signalent un fait très grave qui se serait produit au 18e d'artillerie. Deux quartiers de viande, qui étaient revêtus de l'estampille de l'inspection sanitaire, ont été reconnus, à l'Ecole vétérinaire, atteints de tuberculose.

A deux reprises différentes, le *Journal de la boucherie*, qui s'imprime à Toulouse, avait signalé la fraude à laquelle on se livre depuis longtemps dans cette ville, et aucune mesure n'a été prise pour réprimer les abus signalés.

Il y a quelque temps, un bœuf tuberculeux fut saisi à l'abattoir par l'inspection sanitaire ; mais, dès le lendemain, ce bœuf qui, conformément aux règlements, aurait dû être enfoui, fut enlevé à son propriétaire et fut retrouvé par le directeur de l'abattoir au moment où il allait être livré à la troupe. Procès-verbal fut dressé par l'inspecteur.

Mais les poursuites dirigées contre l'auteur de cette fraude criminelle furent arrêtées, et le procès verbal n'eut pas de suite.

Qui est-ce qui avait ainsi protégé l'empoisonneur de nos soldats?

Un membre de la municipalité, affirme-t-on.

Il n'y a pas, malheureusement, qu'à Toulouse que des faits de ce genre ont été constatés, et presque toujours sans le moindre désagrément pour les bandits qui les commettent.

Empoisonner le soldat est aujourd'hui une industrie comme une autre, beaucoup plus lucrative que bien d'autres, et qui, sous la République, ne peut manquer de conduire ceux qui l'exploitent à la fortune, même aux plus hautes fonctions électives. JEAN RAGE.

L'agriculture et la période des vingt-huit jours

Dans un grand nombre de départements du Centre, de l'Ouest, du Nord, de l'Est, les ensemencements sont partout à refaire. Après ce très long hiver, la misère est grande dans les campagnes. Le Gouvernement et les Chambres feront bien de prendre à ce sujet des mesures d'urgence.

L'une surtout à laquelle il importe de songer et qui rendrait d'éminents services aux cultivateurs serait, pour les mois de *mars, avril et mai, l'abolition ou le renvoi à une autre époque, ou au moins la réduction à 13 jours* des périodes de vingt-huit jours qui vont s'effectuer. Les agriculteurs ont besoin de tous les bras dont ils peuvent disposer pour refaire les ensemencements.

Le ministre de l'agriculture rendrait un service signalé aux agriculteurs en obtenant de son collègue de la guerre que les travailleurs restent dans les campagnes.

VEILLÉES RURALES (1).

(Suite.)

Conférences agricoles au village.

QUATRIÈME CONFÉRENCE.

PLUS ON VEUT AVOIR ET MOINS ON A. — NOURRITURE ET LOGEMENT DU BÉTAIL. — UN BON PROPRIÉTAIRE. — CONSTRUCTIONS RURALES. — LE LABOUREUR AU PRINTEMPS.

Le dimanche suivant, même affluence. Je reconnus le vétérinaire du canton et M. Larivière, l'un des principaux propriétaires du pays.

Après les premiers exercices d'usage, le maire s'exprima ainsi : « Messieurs, j'ai constaté avec plaisir que plusieurs d'entre vous améliorent déjà leur place à fumier et que les rues du village ne reçoivent plus autant de jus noircis. La question que nous avons traitée conduit à une autre : Comment produire beaucoup de fumier? comment l'obtenir à bon compte? »

Un assistant. — « C'est bien simple; pour faire beaucoup de fumier, il faut récolter beaucoup de fourrage et nourrir beaucoup de bétail. »

Un autre. — « Et pour l'obtenir à bon compte, il faut parfaitement entretenir ses animaux, afin d'en tirer plus de viande, plus de lait, plus de laine, etc. Le fumier qu'on a en sus coûte d'autant moins. »

Le maire. — « Puisque personne n'ignore ces vérités, comment récoltons-nous si peu de fourrage? et pourquoi notre bétail est-il, en général, si faiblement nourri?

« Je crois pouvoir vous l'expliquer.

« Chacun veut gagner trop et trop vite. Avant que le trèfle ou la luzerne deviennent écus sonnants par la vente des bestiaux, il se passe souvent plusieurs années, et même ce fourrage retourne en partie dans la terre sous forme de fumier, qui ne se convertit en récolte que plu-

(1) Reproduction interdite.

sieurs mois après. Cela ne nous va pas, c'est trop lent.

« Au contraire, voilà du blé, de l'orge, du colza. — Aussitôt récolté, se dit-on, aussitôt vendu, et je reviens du marché le gousset rempli, un petit verre dans l'estomac et le cœur content.

« Malheureux, tu ne réfléchis donc pas que, si tu avais commencé par cultiver plus de fourrage, avec plus de produit en bétail, tu te trouverais avoir ce blé, cette orge, ce colza, et même toutes ces récoltes plus abondantes; car tu aurais commencé par avoir plus de fumier, et c'est le fumier qui fait la récolte.

« Il suffisait d'attendre un peu et de sacrifier, pour l'avenir, quelques parcelles du présent. »

M. Routinet. — « C'est facile à dire; mais lorsqu'il faut payer le propriétaire, celui-ci n'attend pas, et si le quibus n'est pas prêt... »

Le maire. — « Je réponds : n'entreprends, en culture, que ce que tu as le moyen de bien traiter. Les petites récoltes, voilà ce qui ruine. Mais nous avons tous plus grands yeux que grand ventre.

« Sur dix hectares nous croyons avoir plus de profit que sur cinq, et, souvent, avec nos moyens d'engrais, cinq hectares nous produiraient plus que dix. De même, de dix vaches nous nous figurons tirer le double plus de lait que de cinq, et si nous donnions aux cinq la nourriture des dix, la vacherie, ainsi réduite, nous rapporterait parfois davantage.

« L'usurier suce au malheureux ce qu'il ne lui a pas donné. Mais vouloir faire l'usure aux animaux et à la terre, c'est folie. Et cependant voilà ce que nous essayons tous les jours, lorsqu'avec des fumures et une nourriture de rien, nous exigeons force blé de la terre, force lait des vaches, force travail des pauvres bœufs.

« Considérez une procession : en tête la croix, ensuite les bannières, puis les chantres, et à la queue, M. le curé. De même en agriculture : d'abord fourrage, ensuite bétail, puis fumier, puis blé. Tel est l'ordre, ne le changeons pas. »

M. La Guigne. — « Pour qu'une procession s'étende, il faut de l'espace. Pour faire ce que dit M. le maire, il faut du temps; or, c'est le temps qui nous manque, à nous fermiers avec bail de trois, six ou neuf.

« Je sème luzerne et sainfoin, je fais du fumier, j'améliore. Demain, on offre au propriétaire une enchère sur mon bail. L'enchère est acceptée et je suis à la porte. »

M. Larivière. — « Messieurs, tout mon désir est d'assurer votre prospérité; j'accorderai donc des prolongations à ceux d'entre vous qui afferment mes terres, pourvu que, de leur côté, ils sèment plus de plantes fourragères et qu'ils nourrissent plus de bétail. »

Gros Pierre. — « Vous augmenterez donc aussi nos étables? »

M. Larivière. — « Sans doute, à mesure des besoins. »

Le vétérinaire. — « A ce sujet, permettez-moi de vous rappeler, Messieurs, que le bétail vit non-seulement de fourrage, mais encore d'air. La nourriture coûte, mais l'air ne coûte rien. Pourquoi donc en êtes-vous si avares? Lorsque j'entre en été dans vos écuries, c'est un supplice pour moi, tant l'atmosphère en est corrompue.

« Un cheval de taille ordinaire absorbe en vingt-quatre heures 5,270 litres d'oxygène, dégage une égale quantité d'acide carbonique et fait entrer dans ses poumons 125 mètres cubes d'air qui en altèrent cinq fois plus. Jugez par là de l'insalubrité de vos étables basses, étroites, avec lucarnes qui ressemblent à des soupiraux de cave. La plupart des maladies qui affectent trop souvent vos animaux n'ont pas d'autre cause.

« De l'air, Messieurs, de l'air. »

L'instituteur. — « A l'appui de ceci, faisons une expérience. Paul, donne-moi l'oiseau que tu tiens. Voyez, je le mets sous ce bocal renversé sur une assiette où se trouve un peu d'eau destinée à empêcher toute communication avec l'air extérieur. »

L'enfant qui a donné l'oiseau. — « Oh! comme la pauvre bête se débat! Père, rendez-le moi, je vous prie. »

L'instituteur. — « Dans un instant. A mesure que le séjour de l'oiseau se prolonge, remarquez, Messieurs, comme ses mouvements deviennent moins vifs. C'est que l'air altéré par la respiration de la petite bête se trouve moins pur. »

Paul. — « Quel malheur! Il ne remue plus. »

L'instituteur. — « Prends-le maintenant. L'air va lui rendre la vie. »

Paul, après avoir repris l'oiseau. — « Il agite les ailes. Ah! le voilà sauvé. »

L'instituteur. — « Par rapport à nos bâtiments de ferme, permettez-moi, Messieurs, une autre réflexion. (Il trace sur le tableau une figure cubique.) Supposez que ce solide ait un mètre carré sur chaque face; il offre un mètre cube de capacité intérieure et cinq mètres carrés de superficie par le dessus et les côtés.

« Doublez-en maintenant les dimensions en tous sens; sa capacité sera de huit mètres cubes, et sa surface, par le dessus et les côtés, de vingt mètres carrés. Il aura donc huit fois plus de capacité que dans le premier cas, bien qu'il n'ait que quatre fois plus de surface. Ceci prouve que, plus les constructions rurales sont basses et étroites, plus le développement des toitures et des murs est considérable par rapport à l'étendue du logement, et par conséquent plus celui-ci coûte cher. Il me semble qu'à cet égard, la plupart des fermes de ce pays sont très mal bâties. »

Le maire. — « En Champagne, où l'on construit mieux, voici quelques mesures généralement adoptées :

« Six à sept mètres depuis le sol jusqu'aux gouttières; même hauteur jusqu'au sommet de la toiture.

« Profondeur du bâtiment relative à l'inclinaison du toit. Supposez que celui-ci, couvert d'ardoises, ait sept mètres de haut, cette mesure sera le tiers de la profondeur de l'édifice, qui dès lors se trouvera de vingt et un mètres.

« Maison, écuries, grange, hangars, sont le plus souvent réunis en un seul bâtiment rectangulaire, et toutes les portes regardent le levant, côté duquel la pluie ne vient presque jamais. La maison occupe l'extrémité sud, avec plusieurs fenêtres au pignon, ce qui la rend saine et chaude. Les écuries et les étables, avec greniers à foin au-dessus, touchent au logis, et leur longueur s'étend dans le sens de la profondeur de l'édifice. De larges fenêtres sont ouvertes à chaque bout. Puis vient la grange, dont les meilleures parois consistent en un simple guindage de planches goudronnées. Enfin, le pignon nord qui ne reçoit ni pluie, ni soleil, présente un vaste hangar et les loges à porcs. »

Après ces paroles du maire, l'o[illegible] un morceau de musique; l'in[illegible] quelques pages d'histoire de France. [illegible] séance se termina par la lecture d'une pièce vers : *Le laboureur au printemps.* »

(A suivre.) Charles Gossin.

LA TEMPÉRATURE ET LES RÉCOLTES.

Semons du blé!

Les derniers jours du mois de février ont jeté un peu plus de clarté sur la situation faite aux cultures de blé par la rigueur et surtout la prolongation de l'hiver. Les pertes apparaissent de plus en plus évidemment, et elles sont considérables; elles dépassent ce que l'on était en droit de craindre. Il en est ainsi, du moins, dans la plus grande partie de la région septentrionale; il n'y a aucune exagération à affirmer que, pour cette région, plus des trois quarts des emblavures de blé sont détruits. Je connais d'excellents agriculteurs qui se voient dans la nécessité de réencemencer tous leurs champs de blé sans exception, et cela dans des localités différentes et éloignées des unes des autres. Ils y remettent des blés de printemps, et ils ont grandement raison, car il y importe de faire tous les efforts pour que les approvisionnements des marchés français pendant la deuxième moitié de cette année soit assurés, et que la spéculation qui guette le moment propice ne profite pas de la situation pour jeter la panique et provoquer une hausse exagérée des cours. En fait, pour peu que les semailles de mars se fassent dans des conditions normales, et que la saison ne se montre pas trop défavorable pendant le printemps et au commencement de l'été, la situation ne présentera pas de caractère réellement dangereux. Mais il importe, pour arriver à ce résultat, que les cultivateurs ne se laissent pas aller au découragement et qu'ils n'abandonnent pas la culture du blé. La principale difficulté est dans l'achat des semences; nous disions récemment, et nous ne pouvons que répéter que les associations agricoles et les syndicats ont un rôle extrêmement utile à remplir, en prenant toutes les mesures en leur pouvoir pour procurer les semences à leurs membres dans les meilleures conditions.

Plus tard, on aura à se préoccuper des semences de blés d'automne pour les semailles de 1891-92. Pour le moment, on ne peut que conseiller aux cultivateurs qui ont encore des meules de variétés pures de blé d'automne, de conserver ces meules et de les réserver pour faire du blé de semence à l'été prochain. Le grain conserve beaucoup mieux ses facultés germinatives en meules ou en gerbes qu'en grenier.

Influence de la profondeur à laquelle on place la semence

Le résultat moyen d'environ vingt années d'essais, faits avec différentes sortes de blé, montre que c'est lorsque la semence a été enterrée à une profondeur de 5.23 centimètres que le développement de la graine s'effectue dans les meilleures conditions et que la récolte de la paille et le produit total sont le plus abondants.

Le seigle donne déjà à 7,8 centimètres de profondeur un bien moindre produit; par contre, pour les autres sortes de blé, ce n'est qu'à partir de 13 centimètres que se manifeste une forte diminution. C'est l'avoine qui semble pouvoir supporter la plus grande profondeur, quand on la sème, c'est-à-dire de 13 à 15.7 centimètres. A 23.5 ou 26 centimètres de profondeur, la germination cesse complètement; elle cesse même dès 15.7 centimètres de profondeur dans une année défavorable.

Fumure des herbages plantés de pommiers.

Cette fumure doit s'opérer au moins une fois tous les troisans. Le cultivateur qui ferait cette fumure tous les deux ans s'en trouverait beaucoup mieux et pourrait l'employer moins forte.

Les fumures ordinaires sont : le fumier de ferme mélangé de marc de pommes, qu'on étend fin janvier ou en février, qu'on herse assez souvent quand le temps le permet, afin de bien l'étendre, de hâter sa décomposition et d'empêcher que l'herbe ne soit trop couverte en certains endroits.

Il est préférable, dans beaucoup de cas, et notamment lorsque le fumier est assez court, et après un dégel, de trainer une herse sur le dos, munie de quelques branchages tressus dans la monture de la herse; c'est aussi un moyen de faire mieux descendre le fumier au pied de l'herbe.

Cette fumure est indispensable. Le fermier ou propriétaire aurait plus d'avantages à faire un peu de jachère à sa culture des champs pour distraire la fumure nécessaire à son herbage planté.

Comme pour la culture des céréales, on peut suppléer à la fumure par des préparations de composts et par des engrais chimiques.

Pour ces derniers, le dosage, pour un hectare, peut être composé ainsi, d'après M. Houzeau, directeur de la station agronomique de la Seine-Inférieure :

800 kilos de kaïnite à 12.5 0/0.
ou 200 kilos de chlorure de potassium à 50 0/0 de potasse.
400 kilos de superphosphate à 16 0/0.
100 kilos de nitrate de soude soluble à 15 0/0 azote.

Le mélange de ces trois substances devra être très intime et semé, autant que possible, par un temps pluvieux ou disposé à le devenir, afin que la dissolution s'effectue le plus promptement possible.

LACAILLE.

Reconstitution des vignobles phylloxérés

Producteurs directs ou vignes greffées ? *(Suite).*

A ces créations nouvelles, d'une résistance exceptionnelle lorsqu'elle n'atteint pas la complète immunité phylloxerique, dont la saveur est absolument satisfaisante, il reste encore à faire subir une épreuve. Les travaux et les observations de M. Couderc permettent de discerner les créations qui joignent à la qualité de leurs fruits une production régulière et abondante, celle dont la résistance aux maladies cryptogamiques offre le plus de garanties. Il faut observer maintenant quels sont les hybrides dont les facultés d'adoptation s'étendent aux terrains les plus variés et les plus réfractaires aux vignes américaines; ceux qui, sans réussir partout, conviendraient particulièrement à certains terrains spécialement difficiles.

Ce serait folie de condamner un cépage pour un échec déterminé : tel plant qui aurait piteusement échoué dans certaines natures tout à fait spéciales de terrain, la craie, par exemple, dont les plaines ondulées sont célèbres par le très petit nombre de plantes et d'arbres qui peuvent y pousser, Dieu sait avec quelle lenteur, pourra être le meilleur de tous les plants pour un sol différent. Les calcaires de l'Est sont loin de ressembler à ceux de l'Ouest; il faut moins s'attacher, d'ailleurs, à la proportion du calcaire qu'à la forme sous laquelle on le rencontre : s'il est sous forme cristalline, provenant de roches dures et compactes, il n'a pour ainsi dire aucun inconvénient.

Mais même s'il est amorphe, ou s'il se présente sous la forme du calcaire marneux, son effet, très mauvais pour toutes les vignes américaines, n'est plus du tout le même que s'il s'agissait de la craie proprement dite. La craie constitue un terrain absolument à part et qui mérite d'être étudié comme tel. On voit que les terrains extrêmes, — argileux compact, — calcaire marneux — et craie, — constituent des sols dans lesquels il faut étudier chaque cépage et où l'on ne peut conclure de la venue de l'un à celle de l'autre. On peut dire de même des terrains purement siliceux, grés du Vrias, etc.

Malgré tout son dévouement, malgré la mauvaise nature des terrains éminemment réfractaires où il essaye ses hybrides, M. Couderc ne peut plus poursuivre seul la solution du problème de l'adaptation. Aussi, chaque année, fait-il appel au concours des viticulteurs de bonne volonté pour les associer à ses essais, expérimenter de concert avec lui, et dans les régions les plus diverses, les variétés qui paraissent les plus recommandables, celles qui semblent, d'après la végétation de leurs premières années, destinées à fournir les plus grands services.

C'est pour rendre l'enquête plus complète et plus sérieuse que M. Couderc n'a pas voulu vendre ses nouveaux hybrides autrement que par collections complètes; il amène ainsi chaque acheteur à multiplier les expériences dont le nombre, joint à la très grande variété des terrains, doit très rapidement apporter la lumière, révéler et contrôler les facultés d'adaptation de chaque cépage dans chaque nature de terrain.

Cette combinaison permettra d'avoir très prochainement une opinion sur cette dernière face du problème.

On possède donc dès maintenant, en petit nombre il est vrai, et sans que l'épreuve ait encore été étendue à la grande culture, des hybrides franco-américains producteurs directs dont les qualités paraissent devoir satisfaire les plus exigeants. Ils se répandent dans les régions les plus diverses, on les multiplie rapidement; ils vont commencer à fructifier, en 1891, chez ceux qui, les premiers, ont associé leur initiative et leurs efforts à cette grande entreprise. Déjà bien des résultats sont acquis. Encore un peu de patience et l'épreuve sera décisive; elle ne laissera plus place aux hésitations, le problème sera résolu.

Si l'on partage l'ambition de M. Couderc et que l'on veuille obtenir mieux encore, on peut être assuré d'y parvenir. Chaque année voit éclore de nouveaux plants pouvant rivaliser de goût, de saveur, de production alcoolique avec nos anciens cépages : les nouveaux dominent les anciens de toute la supériorité résultant pour eux d'un tempérament plus robuste, d'une résistance plus complète aux maladies cryptogamiques, en même temps que de l'immunité phylloxerique.

Il faut donc se mettre à l'œuvre avec confiance dans l'avenir, expier nos fautes par de persévérants et opiniâtres labeurs. Travaillons! Dieu ne laisse pas plus perdre une goutte de nos sueurs qu'il ne laisse perdre une goutte de sa rosée. Comme toujours la Providence fera sortir le bien du mal; bientôt luira le jour où de nouvelles vignes feront couler à flots sur le pressoir le jus de grappes abondantes et gonflées d'un sucre généreux : ce jus précieux ramènera le bien-être au foyer des vignerons et réjouira leurs cœurs reconnaissants.

Paul LAURAS,
ancien préfet, viticulteur.

Note sur la valeur des betteraves gelées, comme engrais.

Beaucoup de betteraves ont été gelées cette année dans les champs, par suite de l'arrivée soudaine des froids intenses succédant à une période de pluies : les cultivateurs intéressés se demandent aujourd'hui ce que peuvent valoir ces betteraves gelées comme engrais.

L'analyse de ces racines, ayant passé deux mois dans un état de congélation, nous a donné les résultats suivants :

Eau	82,30
Matières organiques	12,16
Matières minérales	5,54
	100,00

Densité du jus à 15° : 50.
Sucre au décilitre : 9 grammes 32.
Quotient de pureté : 71,5.

Ces racines gelées renferment, comme principes fertilisants :

Azote	0,17 0/0
Acide phosphorique	0,17 0/0
Potasse	0,30 0/0

En supposant une récolte de 30,000 kil., à l'hectare, ces betteraves restitueraient donc à la terre : 51 kil. d'azote, soit l'équivalent de 330 kil. de nitrate de soude; 25 kil. 5 d'acide phosphorique et 90 kil. de potasse.

Ces éléments fertilisants, engagés dans des combinaisons organisées, ne se trouvent évidemment pas dans des conditions d'assimilabilité immédiate; car, avant que les plantes puissent en profiter, il faut d'abord que ces betteraves se décomposent.

C'est pourquoi nous conseillons aux cultivateurs d'enterrer les betteraves gelées le plus vite possible. Nous ne pensons pas que cette fumure dispense complètement de nitrate de soude au printemps : ce dernier offre en effet aux plantes de l'azote sous une forme immédiatement assimilable; tandis que les betteraves gelées ne produisent tout leur effet, selon toute apparence, qu'en plusieurs années.

Au point de vue de la répartition dans le sol, la fumure par les betteraves gelées aura certainement aussi l'inconvénient de manquer de régularité.

Le directeur de la station agronomique de l'Aisne, L. GAILLOT.

Nouvelles agricoles.

Les blés gelés. — Dégrèvement de l'impôt foncier. — La commission du budget, après un assez long débat, a décidé, par 10 voix contre 9 et 3 abstentions, le principe de l'intervention de l'Etat en faveur des cultivateurs victimes de l'hiver.

La commission a adopté le principe du dégrèvement, étendu aux cultures autres que celles du blé, et a voté une motion de M. Casimir-Périer, tendant à augmenter de 3 millions le fond de non-valeurs, qui déjà est destiné à dégréver les propriétaires victimes de la gelée, de la grêle, des inondations, etc., etc.

Ensuite, par 16 voix contre 3, elle a repoussé la limitation que proposait M. Méline aux cultivateurs de blés seuls.

Puis, la commission a repoussé, par 12 voix contre 10, la forme du secours pour la subvention.

Elle a adopté par la même majorité la forme du dégrèvement qui ne sera accordé qu'aux cultivateurs dont les cotes personnelles ne dépassent pas 30 francs.

Au nom de l'égalité républicaine, il sera décrété que les autres ont le moyen de perdre.

Les vignes gelées. — Les dernières nouvelles d'Alsace et de Lorraine nous apprennent que bien des vignes, les vieux ceps principalement, ont souffert de la gelée. Ce n'est que maintenant qu'on se rend bien compte des dommages causés par l'hiver rigoureux. Les meilleurs crus ont beaucoup souffert : les vignobles de Ricquewihr et de Ribeauvillé par exemple. On a peu d'espoir d'y faire une récolte passable cette année.

En Bourgogne, dans le Beaujolais et le Mâconnais, la vigne n'a pas souffert comme en 1880 des grands froids de janvier, mais cela ne veut pas dire qu'il n'y aura pas un peu de mal pour les plants greffés qui ont été plus ou moins éprouvés dans quelques localités du Beaujolais, de l'Ain et de l'Isère.

Dans le Bordelais même on craint que la vigne, sur plus d'un point en dépit de la quiétude des vignerons, n'ait souffert plus qu'ils ne pensent et qu'une part de la vendange de 1891 soit déja faite.

« Pour convaincre les incrédules, dit à ce propos M. Vassillière, professeur d'agriculture de la Gironde, je les engage à refendre quelques hastes en long, et s'ils ne voient pas, comme je l'ai vu, la moelle gelée en face d'un bon dixième des boutons, je serai bien surpris. Le bois, quand on se contente de soulever l'écorce ou d'éborgner le bouton, semble très beau, très vert, très bien portant : mais le mal est en dedans, et les plus gros bois ne sont pas les moins touchés. En y regardant de près, ils remarqueront également que beaucoup d'extrémités d'hastes, de cots, aidés de bonne heure, sont fendues, étoilées; qu'il en est de même des p'ates faites sur les souches et les bras. Or, tout cela ne dit rien de bon. »

Le badigeonnage au sulfate acide de fer dans une quinzaine, même sur les vignes non sujettes à l'anthrachnose, est la seule chose qu'il soit présentement encore utile de conseiller.

Nous ne croyons pas, au moins jusqu'à présent, que la vigne ait beaucoup souffert des grands froids dans le Sud-Ouest.

Si on veut s'en rendre compte avant la pousse, là où la vigne était taillée avant le froid et dans les endroits où on craint le plus qu'elle ait souffert, on n'a qu'à couper un cot par ci par là et, avec la lame d'un canif très finement aiguisée, à attaquer les boutons peu à peu par la pointe; quand, au milieu, on voit un petit point vert vif, le bouton n'est pas gelé. Quand on descend plus bas sans rencontrer ce point vert, le bouton est mort.

Il serait aussi possible qu'on vit dans les régions les plus éprouvées, sur les vieilles vignes taillées avant ou au moment des froids, des coursons et même des bras de souches gelées.

CONSEILS DU JARDINIER

PLANTATION D'ARBRES FRUITIERS.

La plantation est l'une des opérations les plus importantes; trop souvent les arbres souffrent d'une plantation mal faite.

L'arbre doit vivre à la place où il aura été planté et trouver sa nourriture dans un rayon déterminé, à une profondeur variable pour chaque espèce, selon que les racines sont traçantes ou pivotantes.

Il importe donc de préparer le sol avant la plantation; on le prépare par le défoncement et par l'engrais.

1° *Le défoncement.* — Tous les arboriculteurs défoncent le sol et, en général, donnent au défoncement une étendue et une profondeur suffisantes; ainsi pour les plantations rapprochées, ils défoncent le sol tout entier; pour les plantations isolées, ils font des trous circulaires d'un mètre de diamètre, auxquels ils donnent un mètre de profondeur pour le franc et les arbres pivotants, quatre-vingts centimètres pour le cognassier et les arbres à racines traçantes, et enfin soixante centimètres pour le pommier greffé sur paradis et le groseiller.

2° *L'engrais.* — Le but du défoncement n'est pas seulement de rendre la terre meuble et perméable à l'air, à l'humidité et à la chaleur nécessaire à l'accroissement des racines, c'est encore de mettre à la portée de ces racines les substances qu'elles doivent absorber. Il faut qu'au moment de la plantation elles trouvent ces substances autour d'elles, et qu'elles les trouvent encore à mesure qu'elles s'allongent. Or, ces substances ne sont pas également répandues dans le sol. Les couches supérieures en sont abondamment pourvues, et les couches inférieures ou sous-sol en manquent généralement. On séparera donc les couches en opérant le défoncement. On fera un premier tas avec les 20 ou 25 centimètres des terres supérieures, un second avec les terres de la partie moyenne, et un troisième avec celle de la partie inférieure. On laissera sans les enlever les vingt centimètres qui sont au fond du trou.

Il est utile d'ouvrir les trous le plus longtemps possible avant les plantations, afin que les terres soumises à l'action de l'air s'en pénètrent, et que les racines trouvent un sol bien préparé.

Lorsque le moment de planter sera venu, on comblera ainsi les trous jusqu'à 10 centimètres du bord :

1° On jettera au fond la terre de moyenne qualité, mélangée à des engrais en rapport avec sa composition. Ainsi les terres trop argileuses seront mélangées avec des sables, des boues ramassées sur les routes; les terres froides seront bonifiées par addition de plâtres concassés, de démolitions passées à la claie; on mettra dans la partie inférieure des gazons, du fumier consommé des fonds de couches, des déchets de laine, des bourres, des cuirs, en un mot tous les débris du règne animal. Tous ces engrais, achevant de se décomposer dans l'année, formeront un véritable terreau dans les jeunes racines, puiseront à la seconde végétation une abondante nourriture.

2° La partie moyenne du trou sera remplie avec la terre de meilleure qualité. C'est elle qui doit recevoir les racines des jeunes arbres. Elle ne sera jamais trop riche en éléments assimilables pour subvenir à ses besoins. L'arbre est un malade confié à des soins paternels; il a souffert de l'arrachage et du transport, ses racines ont été mutilées. Sans doute on enlèvera avec la serpette toutes les parties lésées, on rafraîchira les parties occupées en les taillant de manière à ce que la plaie pose à plat sur le sol, on n'aura qu'atténué le mal. Pour le réparer, il faut procéder à la mise en place avec les soins les plus minutieux, et continuer au convalescent ces mêmes soins pendant un an ou deux, c'est-à-dire, lui donner une excellente nourriture et le protéger contre la sécheresse, contre la chaleur, contre les vents, contre les insectes, etc.

Quelle est l'époque la plus convenable pour la plantation ?

C'est, selon moi, l'automne pour les terrains secs; le printemps pour les terrains humides; et pour les sols intermédiaires l'automne ou le printemps au choix du planteur. Quelle que soit l'époque choisie, il importe qu'il s'écoule le moins de temps possible entre la déplantation et la plantation. Malgré toutes les plantations, la mise en jauge, l'arbre souffre du retard. Le plus tôt sera toujours le meilleur.

Voici comment j'opère : je mets en place, un a un, chaque étage de racine que j'étends avec soin dans un mélange de terre bien fine et de terreau, *placé à la main*, je prends bien soin de ne pas enterrer *la greffe*. Rien n'est nuisible comme de planter trop profond, et cependant beaucoup ne savent pas éviter cet écueil. C'est qu'ils ne tiennent pas compte du tassement des terres, qui sera environ du dixième de la profondeur du trou.

4° Le trou sera comblé avec des terres inférieures.

L'arbre mis en place est arrosé copieusement afin de tasser les terres, le sol est couvert d'un épais paillis, la tige est fixée à un tuteur si c'est un arbre en plein vent et l'extrémité *rafraîchie* à la serpette. Je regarde comme une des conditions les plus importantes de la reprise le retranchement du quart ou du cinquième de la tige au moment de la plantation.

Un arbre placé avec soin pousse avec viguenr, il peut subir le recepage la seconde année ; il a un ou deux ans d'avance sur ceux dont la plantation a été défectueuse. HORTUS.

CONSEILS DU VÉTÉRINAIRE

LE CHEVAL TAPEUR ET RUEUR

Le cheval qui tape, qui rue dans les brancards, est d'un usage dangereux et parfois impossible.

Contre ce vice on se sert, le plus souvent, d'une forte *plate-longe*, tendue par dessus la croupe et fixée aux brancards par deux boucleteaux. L'enlever de l'arrière-main est empêché par la *plate-longe* et la ruade se passe forcément en bas et devient sans danger.

Avec une voiture à deux roues, un peu haute et une plate longe, le cheval rueur peut être attaqué vigoureusement et corrigé de ce vice.

Il est un autre moyen pour empêcher la ruade; étant donné que le cheval qui rue baisse d'abord la tête, avant de détacher la ruade, il faut empêcher ce mouvement préparatoire. A cet effet, rênez sévèrement le cheval et desserrez la sous-ventrière. Alors, quand la tête s'abaisse, le culeron de la croupière tire subitement et fortement sur la base de la queue. A l'aide de ce moyen des plus simples, on corrige souvent un cheval de ruer.

Etant donné enfin que le cheval rueur serre la queue entre les fesses au moment de ruer, on peut empêcher la ruade par l'emploi du gingembre et du culeron à palette.

Au sortir de l'écurie, le gingembre est très utile, le cheval se défend, élève la queue et se trouve momentanément empêché de ruer.

Le culeron à palette, en tenant la queue détachée et en l'air, pendant toute la durée du travail, est très efficace; aussi est-ce un moyen généralement employé pour empêcher les chevaux et juments de ruer dans les brancards.

UN VIEUX VÉTÉRINAIRE.

CONSEILS A LA FERMIÈRE

DESTRUCTION DES RATS

Nous avons déjà traité cette question, mais il est utile d'y revenir, puisqu'on se plaint encore des dégâts des rats dans les basses-cours.

Voici deux moyens de les détruire. Le moins dispendieux, d'abord : il consiste à couper du liège en morceaux du volume d'une grosse noisette, qu'on fait frire ensuite dans de bonne friture et qu'on place dans les lieux infestés par les rongeurs. L'odeur de la graisse attire ces derniers, leur fait incorporer ce liège qui, introduit dans l'estomac, ne peut être digéré et détermine la mort. Au lieu de liège, on peut employer l'éponge, à laquelle on fait subir une préparation identique.

L'autre moyen consiste à asphysier les rats par le sulfure de carbonne, en procédant ainsi qu'il suit :

On bouche les entrées des trous, soit avec des *tampons de foin, soit* avec de la terre ; puis on prend un tuyau en plomb dont l'entrée supérieure est évasée en forme d'entonnoir ; on l'introduit dans l'un des trous tamponnés, de manière que l'air ne pénètre pas ; cela fait, on verse dans le tuyau un peu de sulfure de carbonne. Cette substance, qui est liquide, descend dans le trou et ne tarde pas à se volatiliser ; de sorte que la vapeur qui se produit pénètre jusque dans les moindres interstices et détermine sur tous les rats qui s'y trouvent un engourdissement assez semblable à celui que produit le chloroforme et qui toujours, et même en très peu de temps, est suivi de la mort.

UNE MÉNAGÈRE.

CONSEILS DU MÉDECIN

MANIÈRE DE PRÉPARER L'ABSINTHE

Versez avec lenteur l'absinthe dans le verre,
Deux doigts, pas davantage; ensuite saisissez
Une carafe d'eau bien fraîche, puis versez,
Versez tout doucement, d'une main bien légère
Que petit à petit votre main accélère.
La verte infusion; puis augmentez, pressez
Le volume de l'eau, la main haute, et cessez
Quand vous aurez jugé la liqueur assez claire
Laissez-la reposer une minute encor :
Couvez-la du regard comme on couve un trésor
Aspirez son parfum qui donne le bien-être!
Enfin, pour couronner tant de soins inouïs,
Bien délicatement prenez le verre — et puis
Lancez, sans hésiter, le tout par la fenêtre.

UN VIEUX MÉDECIN

AFFAIRES MILITAIRES.

Engagements volontaires

En vertu d'une décision du ministre de la guerre, les engagements volontaires pour trois ans seront reçus du 1er au 31 mars prochain, indépendamment des engagements pour quatre et cinq ans pouvant être contractés à toute époque de l'année depuis le décret du 23 janvier dernier.

Afin d'éviter tout retard préjudiciable aux jeunes gens, les commandants des bureaux de recrutement admettront, pour les régiments qui leur seront désignés avant le 1er mars, et jusqu'à concurence d'un chiffre determiné, les engagements des jeunes gens qui sont domiciliés ou qui résident dans leur subdivision régionale.

Pour donner satisfaction aux jeunes gens qui désireraient s'engager dans d'autres régiments que ceux dont la désignation est spéciale à leur subdivision régionale, et aussi pour faciliter le recrutement des cadres des sous-officiers, les chefs de corps pourront accepter des rengagements directs dans la proportion de 10 par régiment d'infanterie, de zouaves et du génie; de 5 par bataillon de chasseurs et par régiment de cavalerie; de 7 par régiment d'artillerie; de 2 par bataillon d'artillerie de forteresse et par régiment de pontonniers; et d'après les besoins du service, dans les régiments de pompiers de Paris, de tirailleurs algériens et de spahis.

La clause d'envoi en congé après une année de service sera insérée dans les actes d'engagements signés par les jeunes gens qui justifient appartenir à l'une des écoles en faveur desquelles existe cette exception.

POUR RIRE.

La salle de la mairie au troisième arrondissement. Au fond l'estrade, avec des tentures de velours et d'or. A gauche, un orgue. Deux heures sonnent. Entrent les mariés, leurs familles, les témoins, qui vont s'installer sur des banquettes devant l'estrade. L'orgue joue une marche qui peut être funèbre, au gré des familles.

Tout le monde est installé. Silence solennel. Prélude d'orgue. Arrivent par la gauche quatre garçons de bureau en habit à la française :

LES QUATRE GARÇONS

Nous, garçons de bureau, nous précédons le maire
Qui va vaquer à de solennels soins.
Levez-vous tous, mariés, père et mère,
Assistants et témoins...
Voici le maire avec ses deux adjoints.

(Entre le maire.)

C'est moi qui suis le maire,
Très solennel de face et de profil,
Monsieur le secrétaire,
Lisez-nous le contrat civil...

L'orgue exécute un trémolo très doux pendant lequel le secrétaire donne lecture des actes. *(Solo d'orgue. Le maire se lève.)*

LE MAIRE

Levez-vous,
Jeunes époux,
Ecoutez-moi... Suivez bien le programme :
O jeune homme à l'œil ébloui,
Vous acceptez madame
Pour votre femme?

LE MARIÉ

Oui! oui! oui!

LE MAIRE

Et vous, mademoiselle,
O lys à peine épanoui,
Vous acceptez monsieur pour votre époux fidèle?

LA MARIÉE

Oui! oui! oui! oui!

LE MAIRE

Je n'ai plus, selon la mode,
Qu'à vous dire devant tout ce tas d'assistants
Les articles de notre code,
Deux cent douze et suivants.

TOUS

Nous écoutons en silence,

LE MAIRE, *lisant.*

Se doivent les époux et mutuellement
Fidélité, secours, puis assistance.
La femme à son mari doit de l'obéissance;
A sa femme l'époux doit un bon traitement.

TOUS

Amen! amen! amen!

LE MAIRE

Et maintenant, époux, amis, tous, père et mère,
Que votre hymen
Soit prospère!

TOUS

Amen! amen!...

LE MAIRE

Que le dieu de l'hymen pour vous soit peu féroce.
Allez-vous en, gens de la noce,
Tout est fini, tout est complet.

(Orgue. Sortie du cortège.)

LES GARÇONS *à la porte.*

N'oubliez pas les garçons, s'il vous plait.

L'orgue reprend la marche funèbre. Tout le monde est ému.

(Le Figaro.) Albert MILLAUD.

PETITE POSTE.

M. M... (Jura). — *Testament.* — Nous envoyons votre lettre à notre vieux juge de paix, qui vous fera connaître son avis prochainement. Nous pensons que vous auriez dû faire des offres réelles au bureau de bienfaisance et consigner la somme à la *Caisse des Dépôts et Consignations.*

Vous ne nous devez rien ; nous ne vous demandons que de faire de la propagande et de recruter de nouveaux abonnés à la *Gazette agricole*, toujours empressée à vous rendre service.

M. P..., à L..-B... — *Vente d'une vache.* — Si le propriétaire a vendu sa vache 50 francs au boucher, en spécifiant, devant témoins, qu'il la donnait à ce prix minime, à la condition d'être déchargé de toute responsabilité, la perte est pour l'acheteur.

Il n'y a pas de Code rural proprement dit. Mais il existe des ouvrages commentant les lois intéressant spécialement l'agriculture. Nous vous recommandons notamment l'ouvrage sur la *Législation rurale*, de M. Gauwain. Le prix en est d'une dizaine de francs. Adressez-vous à la librairie Fourrault, rue Saint-André-des-Arts, Paris.

M. E. N... (Seine-Inférieure). — *Blés.* — Dans votre terrain froid et argileux, nous vous conseillons le *Chiddam de Mars.* Mais hâtez-vous. La semence est fort chère. Vous en trouverez de la *craie* chez Forgeot, quai de la Mégisserie, Paris.

M. de la H... (Pas-de-Calais). — *Ouvrages à l'Institut agricole de Beauvais.* — Les élèves se servent de l'ouvrage de Zootechnie de M. Dubos, vétérinaire, professeur à l'Institut (chez l'auteur, à Beauvais). Ils n'ont pas d'ouvrage d'Apiculture. Le cours du Frère Adelin, professeur, est des plus complets et des plus pratiques.

Traité d'horticulture, par M. Delaville, professeur (chez l'auteur, à Beauvais).

Principes d'agriculture, par Louis Gossin, chez Delagrave, rue Soufflot, Paris.

M. P. F... — *Nettoyage des meubles.* — Avec de l'essence de térébenthine.

M. G... (Saône-et-Loire). — *Beurre.* — Une des conditions essentielles de la prompte et parfaite confection du beurre, c'est le degré de température de la crème. Souvent, lorsqu'on n'arrive pas vite à faire le beurre, on en cherche infructueusement la cause et on emploie une foule de moyens inutiles et même nuisibles, parce qu'on ne connait pas où gisent les difficultés qu'on éprouve ; elles ne sont que dans la température de la crème ; cette température doit être entre 14 et 20 degrés.

VINS DU BORDELAIS.

Que de fois nous avons entendu dire :

« Quel service on nous rendrait, si on nous trouvait, dans les pays vignobles, un vendeur consciencieux; si on nous débarrassait de la concurrence à outrance; si on nous garantissait sérieusement la qualité, la pureté et la conservation des vins! »

Pour le Bordelais, nous recommandons M. Vincent Ardura, viticulteur, propriétaire d'un des meilleurs crus de la Gironde, favorable aux tempéraments délicats (le domaine de la Chapelle-Frédignac, par Blaye-Bordeaux), qui vend ses récoltes : 1889 à 130 fr., 1888 à 140 fr., 1887 à 150 fr., 1886 à 160 fr., 1885 à 175 fr., 1884 à 200 fr., 1882 à 220 fr., 1881 à 250 fr. et 1878 à 300 fr. la barrique de 225 litres, *franco* de port et de fût en gare d'arrivée. Paiement par le facteur à 30 jours 2 % ou 90 jours.

Certain que son vin plaira aux personnes qui ne le connaissent pas et qui désirent se bien approvisionner, sachant, en outre, qu'il est difficile de se rendre sérieusement compte de la qualité par la dégustation sommaire d'une petite fiole, M. Vincent Ardura n'hésite pas à adresser *franco* une bouteille entière pour échantillon de la récolte désignée.

OFFRES & DEMANDES.

Pour répondre au désir qui nous est exprimé, nous offrons à nos abonnés, sous cette rubrique, deux annonces gratuites pour les offres et demandes d'emplois, produits ou animaux à vendre ou à acheter, etc.

Les annonces qui suivront jouiront d'une réduction de 50 pour 100 sur les tarifs ordinaires.

Les demandes d'insertions devront être envoyées à l'administration, qui se chargera de les rédiger.

Ne pas négliger d'envoyer tous les renseignements nécessaires (joindre 2 timbres de 0 fr. 15).

Un ancien élève d'une école d'agriculture, dans la force de l'âge, marié, bien au courant de la culture moderne en même temps qu'excellent praticien, demande un emploi de régisseur. — Très bonnes références. — N° 907.

S'adresser aux bureaux du journal.

Un agriculteur, propriétaire, demande emploi de régisseur d'une propriété rurale. — N° 912-5.

S'adresser aux bureaux du journal.

A vendre, pommes de terre de semence, de beaucoup de variétés, première qualité. Prix modérés.

S'adresser à M. Rateau, à Châtillon-sur-Loire (Loiret). — N° 915-3.

Un jeune homme (26 ans) ayant reçu une solide instruction primaire, ayant fait chez ses parents de la bonne pratique agricole, demande emploi de comptable dans une grande exploitation.

S'adresser au bureau du Journal. — N° 916-3.

Ménage sérieux (45 et 44 ans) demande emploi de régie ou de direction d'une ferme. La femme connaît parfaitement tout ce qui concerne la basse-cour.

S'adresser à M. Ed. Picard, à la Folie-de-Beauvoir, par Breteuil (Oise). — N° 917-3.

A vendre deux splendides chiens tricolores, bâtards du haut Poitou, première taille.

S'adresser à M. Alfred Peyret-Pommeronn, château de la Grange, par La Châtre (Indre). N° 919-2.

A vendre *Avoine merveilleuse inversable*, la plus productive en grains et pailles, 24 fr. les 100 kil.

S'adresser à M. Helle, à Sermaize, par Guiscard (Oise). — N° 920-2.

On demande pour une villa de Saint-Raphaël (Var) un ménage de jardiniers.

S'adresser au bureau du Journal. — N° 921-2.

Un jeune homme de 23 ans, ayant une bonne instruction et au courant de la culture, désire se placer comme gérant de culture.

S'adresser au bureau du Journal. — N° 922-1.

On demande un excellent chef de culture. Adresser les références à M. le directeur de l'école pratique d'agriculture d'Ondes (Haute-Garonne). — N° 923.

AVIS.

Les abonnés qui nous ont priés de leur procurer des *Pommes de terre Institut de Beauvais* à *12 fr.* les 100 kilos, sont priés de vouloir bien nous écrire de nouveau, leurs lettres que nous avions transmises à notre correspondant n'étant pas arrivées à destination.

REVUE FINANCIÈRE.

Les conséquences de la crise financière sud-américaine continuent à peser sur la place de Londres. On a toutes les peines du monde à trouver les moyens de rétablir l'équilibre, et l'on se trouve aujourd'hui encore sous la menace de complications du même genre que celles qu'a entraînées la déconfiture de la maison Baring.

Il s'en suit chez nous une timidité, une hésitation assurément logique. La spéculation s'abstient, le comptant se montre lui-même plus réservé. Aussi les séances de faiblesse succèdent-elles aux séances de relèvement, en laissant en somme une part un peu plus forte à la baisse. On peut toujours dire que le marché est résistant; mais c'en est fait pour l'instant de ces brillantes allures, de cette marche en avant continue qui ont été la caractéristique des deux années précédentes.

Un seul chiffre suffira à bien marquer la situation : notre 3 0/0 ancien, le régulateur du marché, sur lequel le coupon va être détaché, oscille entre 95 60 et 95 40. Nous sommes loin des heureux temps où il faisait 96 30, et où l'on entrevoyait tranquillement le pair. Sans doute, il n'y a nul péril en la demeure : à la même époque, l'année dernière, le 3 0/0 était aux environs de 89; il faudrait toute une succession de paniques graves pour le ramener à ce taux.

Les institutions de crédit sont, de toutes les valeurs de la cote, celles qui sont le plus atteintes par ce refroidissement des affaires. Le Crédit Foncier voit ses actions se tenir péniblement aux environs de 1280 francs, et ses obligations, autrefois la coqueluche de l'épargne, relativement abandonnées. Sans doute, dans l'explication de cette atonie, il faut faire entrer en ligne de compte les craintes qu'a fait naître la tentative de M. Lévêque pour faire modifier les agissements du Foncier. Mais cet exemple pris sur une de nos maisons de crédit, réputées le plus solides, montre bien que toutes ont le devoir d'être très prudentes.

Le reste de la cote, en ce qui concerne nos propres valeurs, suit l'exemple de nos rentes. Nos Chemins sont toujours bien tenus, mais avec des mouvements en sens divers. Les valeurs industrielles sont au calme, à leur habitude. Les obligations elles-mêmes, ces favorites du comptant, sont plus hésitantes.

Il paraît que la souscription des obligations des Chemins de fer du Sud de la France a réussi. Ceux qui se sont abstenus d'y prendre part ont eu raison. La garantie de l'Etat, nous l'avons indiqué, ne s'applique qu'à partie des frais de construction et à partie des insuffisances de recettes. Les lignes à établir traversent des pays montagneux et pauvres. Si la Société dépasse les frais d'établissement prévus, si le trafic espéré ne se réalise pas, les déboires seront à la charges des obligataires. On ne peut pas dire que l'affaire est mauvaise; elle peut le devenir. Au prix que l'on demandait, il était facile d'acheter des titres des vieilles Compagnies connues et entièrement garantis.

Quant au Crédit Foncier de Tunisie, qui émet des obligations, il faut se garder de se laisser prendre à ces mots Crédit Foncier et Tunisie, et de croire qu'*il* y a quelque garantie officielle; c'est une affaire des plus privées, comportant tous les aléas de ce genre d'opérations. Timon.

HALLES ET MARCHÉS.

SITUATION GÉNÉRALE.

Les cours des céréales sont en hausse continue; les cours sont très fermes et en faveur également pour les huiles, les sucres, les alcools. Les légumes se vendent bien et sont encore très rares; le bétail conserve ses cours.

GRAINS.

Blés. — La hausse suit son cours sur tous nos marchés. Samedi, au marché commercial de Paris, la clôture s'est faite sur les cours de 28 fr. 50 à 28 fr. 75 les 100 kilog. avec tenue très ferme. Sur nos principales places on cote : Cambrai, blé blanc, 27 fr.; roux, 26; Arras, blé blanc, 25 à 27; roux, 24 à 26; Amiens, 28 00; Beauvais, 25 65 à 26 50; Douai, 26 à 28; Châlons-sur-Marne, 27; Chartres, 26 65 à 28 30; Montereau, 26 70 à 28 30; Nevers, 26 à 28; Dijon, 26 25; Lyon, 26 50 à 27; Nantes, 26 à 27 50.

Seigles. — Les cours sont fermement tenus au marché commercial, avec affaires calmes on cote 17 75 à 18 les 100 kilog disponibles. — Les achats de seigle sont nombreux à Saint Pétersbourg, à 15 fr 10.

Orges. — Offres toujours excessivement rares; les belles qualités se vendent pour semence à des prix très élevés; on cote 21 à 26 fr. les 100 kilog. en gare de Paris. — Les escourgeons restent au cours nominal de 20 50 à 21 25.

Malts. — La vente a un peu plus d'activité depuis l'adoucissement de la température; les malts d'orge d'Algérie valent 23 à 24 les 100 kilog. dans le Nord, et les malts indigènes 33 à 34 en gare de Paris.

Avoines. — Les prix sont toujours bien tenus par la culture, comme nous les avons donnés samedi dernier. En commerce à Paris, on cote le disponible et le courant du mois 19 75 à 20 les 100 kilog.; le livrable, 19 75 à 20 25.

Maïs. — Tendance à la hausse. Dans nos ports, on vend 16 50 à 20 les 100 kilog. A New-York, le maïs disponible est coté 13 27; le livrable, 12 32 à 13.

FARINES. — ISSUES.

Farines de consommation. — En présence de la grande fermeté sur les farines de commerce, la meunerie a de nouveau relevé ses prix de 1 fr. par sac au marché de samedi. On cote maintenant : marque de Corbeil, 63 fr. les 157 kilog. nets, marques de choix, 63 à 65; premières marques, 62 à 63; bonnes marques, 60 à 62; marques ordinaires, 59 à 60.

Farines de commerce. — Les cours ont vivement haussé à la fin de la semaine dernière. Les *douze marques* valent 61 50 à 61 75 les 157 kilog. disponibles et 62 à 63 livrables. Les affaires ont une grande activité.

Issues. — La persistance de la sécheresse a favorisé la vente des sons dont les prix sont très fermes comme suit : gros sons seuls, 15 25 à 16 les 100 kilog. à Paris; sons trois cases, 14 75 à 15; sons fins, 13 25 à 13 60; recoupettes, 13 50, remoulages, 14 à 19, suivant nuance.

LÉGUMES FRAIS. — POMMES DE TERRE.

Légumes frais. — Les premières asperges de France ont paru à la halle; elles venaient des Alpes-Maritimes et ont été payées 7 fr 50 le kilog. Les pissenlits sont abondants. Aux prix que nous avons donnés samedi dernier, il faut ajouter ceux-ci : pissenlits de l'Est blancs, 100 à 130 fr. les 100 kilog.; verts, 40 à 80; artichauts d'Algérie, 20 à 50 le cent; persil frisé, 250; simple, 150; mâches, 120 à 200; salsifis, 0 20 à 0 40 la botte; poireaux, 80 à 150 les 100 bottes; navets blancs, 20 à 30; carottes, 15 à 20; champignons, 0 90 à 1 40 le kil.

Pommes de terre. — Les ventes sont actives à Paris, surtout pour la Belgique, les cours sont bien tenus comme suit : aux 1,000 kilog. par wagon complet à Paris : hollande supérieure, 100 à 110. ordinaires, 80 à 98; saucisses rouges, 80 à 87; early roses, 70 à 77; rondes hâtives, 70 à 80; vosgiennes, 65 à 70; chardonnes, 49 à 58.

FOURRAGES. — GRAINES FOURRAGÈRES.

Fourrages. — Tous les fourrages sont en hausse à Paris; au marché de la Chapelle du 7 mars, on cotait : foin, 45 à 54; luzerne, 47 à 54; regain et trèfle, 46 à 47; paille de blé, 28 à 31; de seigle, 20 à 35; d'avoine, 22 à 27. — Sur les marchés de province, on cote *aux* 580 *kilog.* : Nancy, foin, 30 à 35; luzernes, 27; paille, 19 à 22; Montereau, foin, 36 à 37; luzerne, 35 à 36; paille, 25 à 30; Saint-Quentin, foin, 38 à 40; paille, 22 à 24; Versailles, foin, 33 à 39; sainfoin, 36 à 43; paille, 26 à 29; Dijon, foin, 34 à 36; paille, 18 à 20; Montargis, foin, 25 à 35; paille, 17 50 à 22 50; luzerne, 30 à 35; sainfoin, 35 à 38; Montluçon, foin, 32; paille, 18; — *au quintal* : Blois, foin, 6 50 à 8; luzerne, 6 80 à 7; trèfle de sainfoin, 6 55 à 6 60; Châlon-sur-Saône, foin, 7 80; paille, 3; Angers, foin, 7 50 à 8; paille, 5 à 5 50; Beauvais, foin, 6; paille, 4; Toulouse foin, 7 à 8; paille, 3 50 à 4 50.

Graines fourragères. — On vend à Lyon, luzerne de France nouvelle, 105 à 108 les 100 kilog.; vieille, 90 à 100; de Piémont, 105, trèfle, 120 à 125. — Dans le Vaucluse, les luzernes de premier choix valent 120; les ordinaires, 105 à 115; les trèfles, 100 à 105; les sainfoins, 27; — dans le Jura : luzernes recherchées, de 120 à 130; trèfles, 100 à 110. — Les vesces se payent 15 50 à 16 50 dans le Doubs et le Jura, et 18 dans les autres régions. — A Orléans, on cote : trèfle violet, 75 à 110 les 100 kilog.; luzerne, 70 à 110; sainfoin, 24 à 25; — à Bar-sur-Seine, trèfle, 70 à 80; luzerne, 160 à 180; sainfoin, 21 à 25; — à Dijon, 24 à 26; — à Strasbourg, trèfle d'Alsace, 1.5 à 128.

HUILES ET GRAINES OLÉAGINEUSES.

Huiles de graines. — L'huile de colza est encore en hausse à Paris; le samedi 7 mars, on cotait : colza disponible, 71 25 les 100 kilog; livrable, 71 50 à 75 75; lin disponible, 54 75 à 55 25; livrable, 55 25 à 57 25. — Dans les départements, les prix sont fermes en hausse également pour l'huile de colza, comme suit : Rouen, colza, 68 50; lin, 56; Caen, colza, 67 les 100 kilog.; Lille, colza, 68 fr. l'hectolitre; lin, 51 50 à 51; Arras, œillette surfine, 100 fr. les 100 kilog.; pavot à bouche, 76; colza, 71.

Graines oléagineuses. — Cours d'Arras : œillette, 22 50 à 24 50; d'Orchies : colza, 19 50 à 21; lin, 21 à 23; cameline, 14 à 15; le tout à l'hectolitre.

TOURTEAUX. — ENGRAIS.

Engrais. — Les cours du nitrate de soude sont toujours très fermes sur tous les marchés; on cote 19 50 à 20 fr. les 100 kilog.; à Dunkerque. Le sulfate d'ammoniaque français vaut 28 50 à 29 à Paris; le sulfate anglais, 27 90 à 28; à Dunkerque. — Les superphosphates sont rares et fermes; on cote, par degré d'acide phosphorique soluble dans le citrate, aux usines du Nord, 0 49 à 0 50; en Belgique, 0 46 à 0 48; à Paris, 0 53 à 0 51; dans les ports du sud-ouest, 0 58 à 0 61; dans l'Est, 0 55 à 0 60; le soluble dans l'eau est tenu de 4 à 5 centimes de plus par unité. — Les phosphates de la Somme à haut titre sont recherchés; on cote à l'unité de phosphate sur wagon à Doullens par 100 kilog. : 70 à 75 pour 100, 1 25 à 1 28; 66 à 70, 1 05 à 1 06; 50 à 65 pour 100; 0 56 à 0 96. — Les cours des matières organiques sont tenus comme suit : sang desséché, 1 75 limité à Paris; corne torréfiée, 1 40 à 1 45; cuir torréfié, 1 15 à 1 20. — Le sulfate de fer est très demandé. A Paris on vend : en cristaux, 5 80 les 100 kilog.; pulvérisé, 6 10; en menus cristaux, 5 75; en neige, 6. Sur les autres places les cours varient de 6 à 8 fr. suivant les régions.

Tourteaux. — On cote à Lille : colza, 15 50 à 16 les 100 kilog.; œillette, 16 à 17; lin, 24 à 25 50; chanvre, 20 à 21.

Beurres en mottes.

Paris, 11 mars.

L'arrivage d'hier a été de 33,000 kil.
L'arrivage approximatif a été de 7,057 kil.

Beurres en livres.

L'arrivage d'hier a été de 11,000 kil.
L'arrivage approximatif a été de 10,179 kil.

Fermiers	au kilo		Touraine	au kilo	
Extra	3 »	à 3 30	Extra	» »	à » »
1er choix	2 80	3 »	1er choix	2 60	2 70
2e choix	2 70	2 80	2e choix	2 50	2 60
Ordinaire	2 50	2 60	Ordinaire	2 40	2 50
Bourgogne			Vendôme		
Choix	2 50	2 60	1er choix	2 60	2 80
Ordinaire	2 20	2 40	2e choix	2 50	2 60
			Ordinaire	2 20	2 40
Gâtinais			Beaugency		
1er choix	2 80	2 90	1er choix	2 60	2 80
2e choix	2 60	2 70	2e choix	2 50	2 60
Ordinaire	2 40	2 50	Ordinaire	2 20	2 40
Le Mans			Fausse Touraine		
Choix	2 50	2 60	Choix	» »	» »
Ordinaire	2 40	2 50	Ordinaire	2 60	2 70

Volailles.

Canards :			Pigeons :		
nantais	9 »	à 14 »	maconnais	» 90	à 1 40
de ferme	3 50	5 50	italiens	» 80	1 30
Dindes nouv.	9 »	15 »	bizets	» »	» »
Oies nouvelles	6 »	8 »	Poulets :		
— (2e qté)	4 »	5 »	nantais	3 »	5 »
Pintades	4 »	6 »	touraine	3 30	5 25
Lapins domestiques	2 »	4 50	gâtinais	3 40	5 40
			du Midi	2 »	4 25
			communs	» »	» »

Marché plus actif.

Cours fournis par M. Scelle et Chatriot, facteurs assermentés, 11, boulevard de Sébastopol, Paris.

BESTIAUX.

La Villette, 12 mars. — Bestiaux. — Vente plus facile sur les bestiaux et sur les veaux, sans changement sur les moutons et calme sur les porcs.

COURS officiels.	Amenés.	Vendus.	1re qualité.	2e qualité.	3e qualité.	Prix extrêmes.
Bœufs	1.713	1.627	1 51	1 40	1 22	1 14 à 1 60
Vaches	423	418	1 48	1 32	1 16	1 08 1 54
Taureaux	177	168	1 38	1 30	1 18	1 12 1 40
Veaux	1.305	1.172	1 98	1 80	1 72	1 56 2 14
Moutons	8.955	8. 97	2 10	1 96	1 74	1 68 2 16
Porcs	4.142	1.016	1 32	1 28	1 22	1 14 1 30

Marché du lundi 9 mars.

	Amenés	Vendus	PRIX AU POIDS NET 1re qual.	2e qual.	3e qual.
Bœufs	2.708	2.448	1 50	1 38	1 20
Vaches	857	745	1 46	1 38	1 14
Taureaux	249	213	1 32	1 26	1 16
Veaux	1.007	938	1 80	1 66	1 50
Moutons	10.803	9 896	2 08	1 94	1 75
Porcs	2.537	2.485	1 32	1 28	1 22

	PRIX AU POIDS VIF 1re qual.	2e qual.	3e qual.	Prix extrêmes.
Bœufs	» 91	» 78	» 64	» 51 à » 96
Vaches	» 88	» 70	» 57	» 48 » 92
Taureaux	» 82	» 73	» 63	» 56 » 86
Veaux	1 08	» 95	» 78	» 66 1 22
Moutons	1 09	» 95	» 80	» 71 1 12
Porcs	» 88	» 84	» 79	» 71 » 92
Peaux de moutons en laine				3 90 6 50
Id. id. demi-laine				1 45 2 70

Viandes abattues. — Criée du 12 mars.

		1re qualité.	2e qualité	3e qualité.
Bœufs	le kil.	1 40 à 2 90	1 20 à 2 80	1 .. à 1 80
Veaux	—	1 90 2 06	1 70 1 86	1 54 1 66
Moutons	—	1 80 1 86	1 30 1 76	» 80 1 26
Porc entier	—	1 18 1 26	1 06 1 16	» 90 1 »

Médaille d'Or.* Exposition Universelle 1889.* Médaille d'Argent.

VACHERIE à céder, Paris, bon quartier, cause de santé, 12 vaches, premier choix, 150 litres lait vendus 40 et 50 c. Installation confortable, boutique sur rue. Loyer rare. Bénéfices annuels garantis, 4,000 fr. On traitera avec 6,000 fr. argent ou sans argent avec garanties sérieuses. S'adresser à MM. LAPORTE et LEFRANC, 93, boulevard Sébastopol, Paris. — Sont vendues les vacheries annoncées précédemment.

Semoir et Distributeur d'Engrais

Système MAGNIER.

Envoi franco du catalogue illustré.

Expériences du 23 septembre 1890, 1er prix - 20 avril 1890, Potiers, 1er prix.

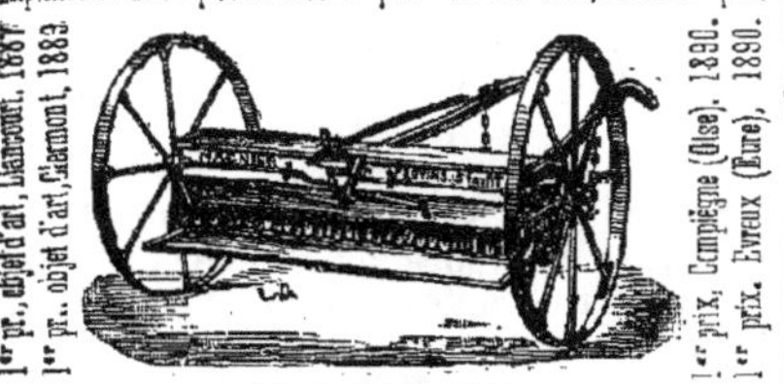

1er prix, Beauvais, 1890.

MAGNIER, constructeur breveté, Provins (S.-et-M.).

GUÉRISON RADICALE DE LA DIARRHÉE DES VEAUX PAR LA POUDRE CHOQUELIN.

1 franc la boite *franco par la poste.*

Dép. g., Phie HAUVESPRE, Courville (Eure-et-Loir).

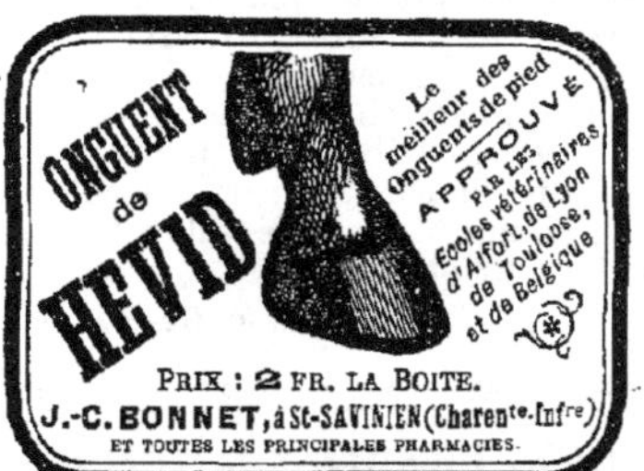

L'Onguent de HEVID, *adopté par le Ministère de la guerre*, est le meilleur préservatif des maladies du pied des espèces chevaline et bovine. Il pénètre admirablement le tube corné, le nourrit, et remet en bon état, en quelques semaines, le sabot le plus sec et le plus cassant. En vente chez les vétérinaires, pharmaciens, selliers et maréchaux-ferrants.

L'Administrateur-Gérant : ALBERT RENOT.

Beauvais. — Imp. D. PERE. - A. CARTIER, Gérant.

PHARMACIE SAVARY

AMIENS, 33, Place Saint-Denis, 33, AMIENS

(EN FACE LE SQUARE).

PROVENDE AUX PHOSPHATES ASSIMILABLES

du Docteur DESCHAMPS.

Prix : 3 fr. le kilog.; 27 50 les 10 kilog. (Remises proportionnelles.)

Accroissement rapide des bestiaux, surtout chez les jeunes animaux, force nerveuse, fécondité, engraissement; prévient surtout la diarrhée chez les jeunes veaux. Qualité exceptionnelle du lait.

M. Lefebvre, cultivateur à Marcelcave, a élevé un veau en lui administrant de la Provende phosphatée pendant 60 jours : tué à 70 jours, ce veau pesait 193 kilog., chiffre officiel constaté à l'abattoir. La viande était très blanche, ainsi qu'est prêt à l'attester M. Oheix, boucher à Amiens.

Les attestations émanant des sommités françaises et anglaises les plus accrédités ont été données à M. SAVARY.

30 PRIX D'HONNEUR ET GRANDS PRIX, 250 MÉDAILLES OR, VERMEIL, ETC.

GRANDES CULTURES DE GRAINES POTAGÈRES, FOURRAGÈRES ET DE FLEURS

E. FORGEOT ** & Cie

Fournisseurs du ministère de l'Agriculture, des Ecoles nationales d'agriculture, des Syndicats agricoles, etc.

PARIS, quai de la Mégisserie, 6 et 8

Appareils spéciaux pour épurer et nettoyer les graines

SPÉCIALITÉ DE GRAINES DE GRANDE CULTURE

luzernes et trèfles garantis sans cuscute, minette, vesces, sainfoins trèfles incarnats betteraves, carottes, navets, choux-navets, pommes de terre

Blés à grand rendement, Avoines, Orges, Seigles. Graines d'arbres pour reboisement

Graines de graminées pour prairies

Notre Maison ne vend que des graines de provenances sûres, assurant les meilleurs résultats; elle accepte le contrôle de la Station d'Essais des Semences, établie à l'Institut agronomique par le Ministère de l'Agriculture, contrôle auquel nous sommes soumis dès sa création. En conséquence, nos graines sont garanties de levée et d'une pureté irréprochable; nos trèfles et nos luzernes sont garantis sans un seul grain de cuscute.

Grande et importante Spécialité de Créations de Prairies. Nous nous chargeons d'établir des compositions convenant à la nature de chaque sol, et d'avance nous en assurons la réussite.

Sur demande, nous adressons *franco* nos catalogues illustrés de graines potagères, fleurs, arbres, fourrages, ognons fleurs, plantes, etc.

OLIVIER-LECQ

Producteur de graines de betteraves à TEMPLEUVE (Nord).

FOURNISSEUR DES GRANDES SUCRERIES FRANÇAISES.

Le Syndicat des fabricants de sucre de France a organisé en 1889 un vaste concours de graines de betteraves françaises et allemandes auquel ont pris part 27 producteurs français et 10 grands producteurs allemands.

Les essais ont été faits dans dix départements sur 33 champs d'expériences.

CAMBRAI. — Moyenne des trois champs d'essais :

Rend' à l'hect.	Densité	Sucre 0/0 jus	Pureté	Sucre 0/0 better.	Sucre à l'hect.
49.083 kil.	7° 88	18.56	90	15.99	* 7.848 kil.

* *Avec les résultats ci-dessus, la betterave OLIVIER-LECQ arrive deuxième sur ses concurrents français et allemands.*

Champ d'essais de LA NEUVILLE :

Rend' à l'hect.	Densité	Sucre 0/0 jus	Pureté	Sucre 0/0 better.	Sucre à l'hect.
62.090 kil.	7° 9	18.95	92	16.40	* 10.168 kil.

* *Avec ces résultats, M. OLIVIER-LECQ arrive le premier sur les 33 champs d'essais. C'est le plus beau succès du concours.*

Les graines essayées provenaient d'un envoi de 20,000 kilog. fait par M. OLIVIER-LECQ à l'usine d'Escaudœuvres.

CRÉDIT AGRICOLE

UNION DES SYNDICATS AGRICOLES DE FRANCE

9, rue Marsollier, PARIS

Agence à LYON, 234, cours Lafayette, S. PLISSONNIER, Directeur * M. A.

MACHINES AGRICOLES DE TOUS SYSTÈMES

TOURTEAUX et FARINES pour la nourriture du bétail.

ENGRAIS CHIMIQUES et ORGANIQUES, MATIÈRES PREMIÈRES

SEMENCES DE PREMIER CHOIX.

12e Année. — 2e Série. — N° 582. Dimanche 22 Mars 1891.

GAZETTE AGRICOLE

JOURNAL HEBDOMADAIRE, PARAISSANT LE DIMANCHE

Rédacteur en Chef : M. Ch. GOSSIN, Professeur d'Agriculture à l'Institut agricole de Beauvais.

PRIX DE L'ABONNEMENT

UN AN, 5 fr. — SIX MOIS, 3 fr. — TROIS MOIS, 2 fr. 25

Pour l'étranger les abonnements ne sont reçus que pour un an, au prix de 6 francs, et ne partent que du 1er janvier ou du 1er juillet de chaque année.

Le numéro : 10 centimes.

Il est indispensable de joindre à toute demande de changement d'adresse la dernière bande d'adresse du journal et 50 centimes pour frais de nouvelles bandes.

Adresser les *Abonnements* et *Annonces* au secrétaire de la rédaction, 13, quai Voltaire, Paris, ou à M. GOSSIN, rédacteur en chef et administrateur, à BEAUVAIS.

BUREAUX

13, quai Voltaire, Paris, et à Beauvais.

Les abonnements partent du 1er de chaque mois et sont payables d'avance. Toute demande d'abonnement doit donc être accompagnée du prix de l'abonnement. (Le mode de payement le plus simple est l'envoi d'un mandat-poste.)

Donner *très lisiblement*, en s'abonnant, son nom et son adresse exacte, *avec l'indication du bureau de poste* ; et, s'il s'agit d'une continuation d'abonnement, joindre au renouvellement la dernière bande d'adresse du journal.

La GAZETTE AGRICOLE insère gratuitement les Communications des Syndicats agricoles

SOMMAIRE :

PARIS, 20 MARS.

Chaque contribuable, en France, depuis qu'il a reçu du percepteur sa feuille de contributions, a pu mesurer le chemin parcouru par nos gouvernants depuis douze ans qu'ils tiennent la France en coupe réglée. Ce n'est pas tout que de faire répéter à satiété, par une presse complaisante, que la République est le plus économique des régimes, alors même que la comparaison seule de ce que coûtent les fonctionnaires sous les derniers gouvernements et de ce qu'ils coûtent aujourd'hui, même en faisant la part du renchérissement de toutes choses, dément cette assertion aussi audacieuse que fantaisiste. Le contribuable, s'il ne lui est pas toujours facile de se reconnaître dans les chiffres du budget de l'Etat, a bien vite dressé le sien et plus vite constaté que l'accroissement de ses charges, résultant de l'augmentation des impôts, en rend l'équilibre de plus en plus incertain et difficile. La patience du contribuable est grande et tout le monde sait que la France est le pays de l'Europe où la rentrée de l'impôt s'opère le plus facilement, mais il arrive un moment où cette patience est à bout, et du mécontentement à la manifestation de cet état d'esprit, aussi dangereux pour les républiques que pour les autres régimes, il n'y a qu'un pas.

***

Eh bien, ce pas vient d'être franchi. On se rappelle ce qu'ont fait, le mois dernier, les habitants de la ville de Sarlat, dans la Dordogne. Les contribuables de cette ville, qui ne sont pas plus pressurés que le reste de leurs concitoyens, mais qui paraissent avoir plus d'attachement à leurs intérêts et un sentiment plus vif et plus juste de leurs droits, se sont présentés à la mairie pour protester contre l'augmentation des impôts sur la propriété bâtie. Se faisant aussitôt l'interprète des vœux de ses électeurs, le conseil municipal de Sarlat s'est réuni pour protester dans ce sens et demander que le travail d'évaluation fut repris en présence d'un membre de la municipalité, du contrôleur des contributions directes et du contribuable intéressé. Actuellement, on le sait, les assemblées électives, conseils municipaux, conseils d'arrondissement et conseils généraux, sont exclus du travail de répartition des impôts nouveaux sur la propriété bâtie. On ne saurait donc trop féliciter les contribuables et le conseil municipal de Sarlat de leurs énergiques protestations.

***

En rapprochant ce fait des obligations de laïcisation scolaire imposées aux municipalités, on jugera avec quel soin jaloux un gouvernement qui se prétend démocratique s'attache à restreindre les attributions de ces assemblées issues du suffrage universel. Seuls, en effet, les agents du fisc, sans contrôle, ne prenant pas la peine de s'éclairer auprès des intéressés, déterminent arbitrairement la quotité de la somme à réclamer au contribuable. Ces fonctionnaires du Gouvernement peuvent se rendre les ministres des vengeances de celui-ci et faire porter au contribuable la peine de l'opposition manifestée par l'électeur, ou simplement ils peuvent se tromper dans leurs évaluations ; dans tous les cas ils ont intérêt à majorer celles-ci, car le rendement de l'impôt a sur leur carrière une influence décisive : la bonté de leurs notes est en raison directe de l'importance de ce rendement. Il est impossible que de telles pratiques fiscales ne comportent pas des abus. Faut-il croire qu'ils aient été plus criants qu'ailleurs dans la localité dont nous parlons, ou bien qu'à Sarlat on soit décidément moins patient que dans le reste de la France ? Toujours est-il que les Périgourdins auront été les premiers à manifester publiquement leur mécontentement d'un pareil état de choses, et le Bonhomme Deschamps serait bien étonné s'ils n'avaient pas des imitateurs.

***

Il ne faut pas se leurrer dans ce malheureux pays de France, on est moins sensible aux blessures faites aux principes qu'aux lésions subies par les intérêts matériels. Et le Bonhomme Deschamps n'en donnera d'autres preuves que l'impunité avec laquelle nos gouvernants actuels peuvent troubler la majorité des citoyens français dans le libre exercice de leur foi religieuse. En d'autres temps on n'aurait pu toucher à une pareille question d'une main si brutale, sans déchaîner les horreurs d'une guerre civile. Aujourd'hui, le Gouvernement en est quitte pour des protestations indignées et pour des plaintes dont il n'a nul souci. Mais sur le terrain des intérêts il est facile de prévoir que la République se trouvera en présence de résistances plus redoutables par leur énergie que sur le terrain religieux ; elle aura moins facilement raison des contribuables que des catholiques, et cela par la raison évidente qu'il y a en France un peu moins de catholiques que de contribuables.

Le Bonhomme Deschamps.

NOUVELLES DE LA SEMAINE.

Election sénatoriale. — Voici le résultat de l'élection sénatoriale qui a eu lieu le 10 mars dernier dans le département de la Haute-Loire. Il a fallu trois tours de scrutin. Le troisième tour a donné.

MM.	*Allemand, républicain*	360 ÉLU
	Grellet de la Deyte, conservateur	304
	Divers	15
	Blancs ou nuls	13

Il s'agissait de remplacer M. de Lafayette, républicain, décédé, qui avait été élu au troisième tour de scrutin, le 5 janvier 1888, par 315 voix.

Mort du prince Jérôme Napoléon. — Le chef de la maison des Bonapartes, le prince Jérôme Napoléon, vient de mourir dans un hôtel, à Rome, des suites du diabète compliqué d'une fluxion de poitrine. La princesse Clotilde, sa femme, et le roi d'Italie son beau-frère, étaient à son chevet lorsqu'il a rendu le dernier soupir. Le prince Victor, son fils aîné, a été impitoyablement expulsé de la chambre du prince mourant. Voici comment un témoin oculaire raconte cet incident :

La princesse Mathilde, croyant bien faire en jugeant que le moment était favorable pour la réconciliation, fit entrer le prince Victor dans la chambre du malade.

Le prince Napoléon qui, si le corps se détruisait, conservait toute son énergie et surtout sa force de volonté, se dressa furieux et s'emporta contre sa femme, sa sœur et son fils qui était resté simplement sur le seuil de la porte.

Le prince Jérôme se servit d'expressions tellement vives que la religieuse qui soigne le prince se sauva, ne voulant pas attendre la fin de cette scène.

A la suite de cet accès de colère, le prince Napoléon retomba inanimé sur son lit. Il fallut recourir à des sels pour le faire revenir à lui. Depuis ce moment le mal alla en empirant.

Il n'y a donc pas eu de réconcilation entre le père et le fils. Le prince Napoléon est mort sans avoir pardonné.

Le prince Victor est désolé. Il s'attendait à ce que, si au moins le prince ne pardonnerait pas au prétendant, il consentirait à pardonner au fils.

Tout pour les ouvriers étrangers. — S'il est un cas, semble-t il, où les ouvriers français devraient être préférés à tous autres, c'est bien certainement lorsqu'il s'agit de travaux intéressant la défense nationale. Et cepen dant il n'en est pas ainsi.

Tout dernièrement, les ouvriers français protestaient contre l'emploi presque exclusif de leurs concurrents italiens aux travaux de fortification, exécutés en ce moment dans le camp retranché de Belfort.

Nous apprenons que la plupart des ouvriers employés à la construction de la poudrière de Danizy, canton de la Fère (Aisne), sont de nationalité belge!

Lorsque tant de travailleurs français sollicitent de l'ouvrage, nous demandons au ministre de la guerre quelles raisons ont pu dicter ce singulier choix.

Le gouverneur général de l'Algérie, *à la suite des scandales* que nous avons signalés, vient de donner sa démission. M. Tirman estime qu'il est usé et qu'il peut céder la place à d'autres. Plus de dix concurrents sont sur les rangs. On dit que c'est M. de Selves, neveu de M. de Freycinet, qui tient la corde. Après le frère de M. Jules Grévy, le neveu de M. de Freycinet. On voit que nos républicains n'oublient pas leur famille!

La guerre aux pauvres. — Voici un nouvel exploit de l'esprit sectaire réveillé par la loi Brisson sur les congrégations religieuses :

« A Dijon, les sœurs du couvent du Bon-Pasteur envoyaient chez les pauvres chercher du linge à domicile *pour le blanchir gratuitement.* Aussitôt un radical s'est empressé de dénoncer les sœurs qui dirigent cet établissement, en demandant qu'elles soient assimilées aux patentables, sous le fallacieux prétexte qu'elles faisaient du tort aux blanchisseuses mères de famille qui n'ont que ce modeste gain pour nourrir leurs enfants. »

C'est ainsi que nos bons radicaux entendent la solidarité qu'ils prêchent tous les jours en se gardant bien de la pratiquer jamais.

Les statues de nos grands hommes. — Il y a à Avignon une statue de Crillon qui orne une place publique. Les radicaux de l'endroit ayant à leur tête le citoyen Pourquery, maire et député, trouvant sans doute qu'elle était trop en vue, sont en train de la déboulonner pour la reléguer dans un coin de la ville. Il y a à Marseille un cours Belzunce et sur le cours Belzunce une statue du grand évêque, qui, tout le monde le sait en France autant qu'à Marseille, s'est signalé par son dévouement admirable pendant la peste qui a décimé la ville de Marseille. La statue de Belzunce est menacée à cette heure du même sort que la statue de Crillon. L'évêque de Marseille a protesté. Il vient d'adresser à la municipalité une lettre dans laquelle il la conjure de laisser à la statue de Belzunce la place qu'elle a toujours occupée.

La France, dit l'évêque de Marseille, la France, dont Belzunce est une des renommées les plus sympathiques par l'éclat de sa charité, l'épiscopat qu'il a honoré en personnifiant si bien l'esprit de sacrifice, Marseille, pour qui il fut un sauveur et un père, ne comprendrait point le silence de son successeur.

Les journaux du Gouvernement annoncent que la municipalité radicale de Marseille passera outre et qu'elle ne prendra pas la peine de répondre à l'évêque.

C'est à se demander si nous vivons en France ou dans un pays de sauvages!

Au Tonkin. — Le Gouvernement ne peut plus le nier, le Tonkin est à feu et à sang et la pacification de plus en plus incertaine. Voici les dernières nouvelles arrivées par le courrier de Chine :

Le doc Nhien, avec 500 pirates, a attaqué la résidence de France à Cho-Bo, pour délivrer Babong, un de leurs chefs.

La résidence, qui était gardée par 40 hommes seulement, a été enlevée; M. Rougery, le résident, *a été décapité et la ville i c.ndiée.* Les Européens et la milice ont été dispersés; MM. Granier, agent des postes, et Bonnel, commis de résidence, ont dû se sauver en chemise. Cent fusils de miliciens et des munitions sont restés entre les mains des pirates.

L'effet produit dans la colonie est désastreux.

Il faut absolument 10,000 hommes pour supprimer la révolte. C'est une deuxième conquête à faire.

L'insuffisance du nombre des troupes a permis à la piraterie de recruter des partisans nombreux et jamais la situation n'a été plus critique.

On n'en pourra sortir sans des renforts immédiats et un général énergique à la tête des affaires.

C'est exactement ce que nous avons toujours dit. L'événement nous donne aujourd'hui malheureusement raison.

VEILLÉES RURALES (1).

(Suite.)

Conférences agricoles au village.

LE LABOUREUR AU PRINTEMPS (2).

L'Eternel souffle sur la plaine,
Et les frimas ont expiré,
Et le vaste linceul de laine
Qui couvrait tout s'est déchiré.

Et tout ressuscite en ce monde,
Avec le divin Rédempteur :
La fourmi, le reptile immonde,
Le papillon, l'oiseau chanteur.

Aux gais concerts de l'alouette,
Mes amis, unissez vos chants,
Berger prend ton sac, ta houlette.
Laboureurs, qu'on se rende aux champs,

Attaquons d'abord ce calcaire
Qui promptement perdrait fraîcheur.
Pour la terre froide, au contraire,
J'attendrai qu'elle ait pris chaleur.

Accourez, sans qu'on le répète;
A moi, végétaux printaniers.
Blé de mars, féverole, œillette,
Je veux vous semer les premiers.

Puis sera le tour de la gesse.
De la jarrosse, du lupin;
De pois, de lentille et de vesce,
A couper en fleur comme en grain.

Puis, de l'avoine aux clairs panaches,
De l'orge, des millets, du lin;
Puis des betteraves à vaches,
Des carottes, choux, sarrazin.

Parmentier, sois-nous favorable.
De tes leçons voici l'effet :
Nous voulons que ce champ de sable
Nous procure le pain tout fait.

Comme légume plus facile,
Ce sera le topinambour
Que, sur ce coteau peu fertile,
Je planterai lors du labour.

Il est déclaré par les sages :
Qui veut du blé, fasse du foin.
A nous donc, princes des fourrages,
Trèfle, luzerne, grand sainfoin.

Plus modestes sont vos allures,
Minette, ray-grass, trèfle blanc.
Vous me ferez vertes pâtures,
En bon, et même en mauvais champ.

Puis, des débris de telle plante,
Tel vil terrain reste engraissé;
Enfants, ayez l'âme contente,
En friche un sot l'aurait laissé.

Si la terre était plus fertile,
Sémerais-je en cette saison,
Le tabac, richesse inutile,
Ou planterais-je du houblon?

Peut-être aussi de la garance,
Pour le pourpre des vêtements
Qui font respecter notre France
A travers les périls des camps.

Chaque terrain veut sa récolte,
Et tous les ans, diversité;
Car le sol se met en révolte
Lorsqu'on lui parle d'unité.

(1) Reproduction interdite.

(2) Pièce de vers lue à la conférence précédente.

Voyez, dans le bois, la prairie,
Combien de végétaux divers!
L'un avec l'autre se marie;
Cette loi soutient l'univers.

Ce n'est pas tout de mettre en terre
De gentils plants, des grains amis;
L'affreux chiendent leur fait la guerre;
Aux armes contre ces ennemis.

Socs d'acier, voilà nos armures,
Et notre sang, c'est la sueur.
Soldats du travail, nos blessures
Sont les foulures du labeur.

Avant semis, grande bataille,
Et quand les graines ont germé,
Frappe encor d'estoc et de taille;
Ce duel n'est jamais fermé.

Ici, dans le froment j'esherbe,
Et j'attaque à mort les chardons;
Là, par la herse mauvaise herbe
Est atteinte de vingt façons.

Pour la betterave naissante,
Et la carotte, et le pavot,
Ce sera binette tranchante
Qui grattera terre au plus tôt.

Quant à ce champ de Parmentière,
Herse d'abord, houe à cheval;
Puis butteur : voilà la manière
D'avoir grand produit sans grand mal.

Souvent au village on délaisse
Jardin fruitier et potager.
Cette négligence me blesse;
Je serai meilleur ménager.

Et d'abord, je sème sur couche
Carotte, laitue et radis;
Puis, pour divers besoins de bouche,
Oignons, poireaux, choux, salsifis.

Puis encore souvent salade
De laitue, endive et chicon;
Puis les concombres au goût fade,
Mais que j'estime en cornichon.

Pour leur saveur aromatique,
Thym, panais, cerfeuil, estragon,
Persil, marjolaine, angélique,
Et sous cloche le fin melon.

Je sème l'épinard, l'oseille;
Je repique l'humble fraisier,
L'arbrisseau qui porte groseille
Et les drageons du framboisier.

A ton tour, ma douce fillette,
En main la bêche et le rateau;
Plante quelque fleur gentillette;
Au bien conduit l'amour du beau.

En ville, par l'or on achète
Les fruits que sans bourse attaquer,
Aidé de ma chère serpette,
Je tirerai de mon verger.

Et je veux qu'avec bénéfice
Ce coteau si sec, si pierreux,
Grâce à mes soins, grâce au solstice,
Nous procure un vin généreux.

Mes enfants, soyez sans alarmes
De la vigne en voyant les pleurs;
Ainsi, je fais couler vos larmes,
Afin de vous rendre meilleurs.

Dieu puissant, conserve en leur âme,
La foi, pur trésor des aïeux.
Dans leur cœur allume la flamme
De l'amour qui conduit aux cieux.

Affermis-les par l'espérance;
Et montre-leur, dans le lointain,
Cette seconde et belle France,
Que nous cultiverons demain.

Cieux d'azur, futur héritage!
De mes champs toujours je vous vois,
Et fatigué, je prends courage!
Car j'aime, j'espère et je crois.

(A suivre.) Charles Gossin.

LES BLÉS DE PRINTEMPS [1].

La destruction des blés d'automne par les intempéries du rude hiver qui s'achève donne à la question des blés de mars un intérêt d'actualité qui nous engage à reproduire quelques indications dont il importe de tenir compte si l'on veut obtenir de ces blés un rendement sinon égal, au moins voisin de celui qu'auraient donné des blés d'automne.

D'autres ont parlé avec autorité des variétés les plus convenables et des travaux de culture nécessaires, suivant les conditions dans lesquelles se trouvent les sols à ensemencer. Nous voulons seulement nous occuper dans cette note des engrais à employer et des soins indispensables pour en obtenir le maximum d'effet.

Il importe tout d'abord de rappeler que les blés de printemps ont les mêmes exigences que les blés d'hiver à l'égard des éléments qui doivent concourir à leur nutrition et assurer leur développement. Comme, d'ailleurs, ils se développent plus tardivement et disposent d'un temps moins long pour tirer du sol tout ce qui leur est nécessaire, on conçoit facilement qu'ils ne peuvent donner de fortes récoltes que sur des terres très bien préparées, riches en éléments assimilables immédiatement disponibles et, surtout, parfaitement propres.

Les terres qui sont actuellement ensemencées en blé d'hiver et qu'il s'agit de réensemencer ont, en général, reçu une préparation convenable à l'automne. Il suffira donc d'ameublir leur surface par un coup de scaririficateur pour pouvoir y répandre le grain et les engrais. Le mieux sera de répandre les engrais d'abord, de passer le scarificateur ensuite, puis de semer et herser si le semis a été fait à la volée.

Nous n'avons pas besoin d'ajouter que le semis en lignes au moyen d'un semoir mécanique est généralement préférable.

Rappelons aussi que les blés de printemps ne doivent jamais être semés dans un blé d'hiver sans qu'il ait été complètement détruit. Si le blé d'hiver a suffisamment résisté pour qu'il y ait encore environ la moitié du plant, il vaut infiniment mieux le conserver en lui donnant les soins nécessaires pour augmenter son tallage et nourrir largement les pieds restant que de le remplacer par un blé de mars.

Mais si le plant est devenu trop rare ou ne survit que par places, le mieux est de le culbuter complètement. Les deux blés vivant côte à côte se nuiraient mutuellement et aucun des deux ne donnerait le produit que l'on en peut espérer isolément.

D'une manière générale, pour donner une bonne récolte de blé, il faut que la terre puisse fournir, à l'hectare :

Acide phosphorique.......	37 kilog.
Potasse..................	116 —
Chaux....................	25 —
Magnésie.................	12 —

La magnésie et la chaux se trouvent en quantités suffisantes pour le blé dans presque toutes les terres cultivées. Si l'on a des raisons spéciales pour redouter l'insuffisance de la magnésie, il faut ajouter 100 kilog. de sulfate de magnésie ou de kaïnite aux engrais qui seront employés. Quant à la chaux, le superphosphate dont il sera parlé plus loin en apportera suffisamment. Il est d'ailleurs toujours utile de mélanger un peu de plâtre (sulfate de chaux) aux autres produits, pour en faciliter le mélange et l'épandage, et le plâtre apporte environ le tiers de son poids de chaux immédiatement assimilable.

La quantité d'acide phosphorique nécessaire se trouvera dans 300 kilog. de superphosphate dosant 13 à 15 pour 100 d'acide phosphorique soluble dans le nitrate d'ammoniaque. Pour les terres reconnues pauvres en acide phosphorique, ce qui est le cas le plus général, on fera bien de porter la dose à 400 kilog., car il est évident que les racines ne peuvent absorber en une seule saison la totalité des engrais que l'on introduit dans le sol et que si la terre ne peut rien fournir par elle-même, l'engrais, réduit à la quantité strictement nécessaire, serait forcément insuffisant.

A moins que l'on ait affaire à des terres acides (surchargées de matières organiques), il ne faut songer ni aux phosphates fossiles ni aux scories pour fournir de l'acide phosphorique aux blés de printemps. Leur action serait trop lente.

Pour donner 116 kilog. de potasse, il faudrait introduire dans l'engrais à employer 232 kilog. de chlorure de potassium à 50 pour 100 de potasse. Mais cette dose n'est presque jamais nécessaire parce que toutes les terres en culture sont potassées. Pour la plupart, la potasse est même assez abondante pour qu'il soit inutile d'en fournir aux céréales; dans celles qui sont reconnues pauvres à l'égard de cet élément il suffit, en général, pour faire réussir le blé, de donner 100 kilog. de chlorure de potassium à l'hectare, soit 50 kilog. de potasse ajoutée à la quantité que le sol pourra livrer par lui-même ou par les fumures antérieurement reçues.

Enfin, il est nécessaire de donner à la terre une certaine dose d'azote immédiatement assimilable; le nitrate de soude est le sel qui convient le mieux pour atteindre ce but. Mais ici se présente un danger qu'il faut s'appliquer à éviter.

Si le nitrate n'est pas donné en quantité suffisante, la plante reste chétive, souffreteuse, peu colorée et, malgré la présence de tous les éléments nécessaires, ne donne qu'une faible récolte. Si au contraire, le nitrate est donné en quantité exagérée, le blé part vigoureusement, acquiert un développement excessif avant d'avoir pu extraire du sol les éléments minéraux en quantités suffisantes. L'équilibre est rompu, la plante s'étiole du pied et verse à la moindre intempérie. Si le mal ne va pas jusque-là, la maturité est au moins retardée et les chances d'échaudage se trouvent multipliées d'autant.

Il importe donc de donner du nitrate, mais en quantité convenable pour le sol considéré. Or, cette quantité ne peut être précisée à l'avance, car elle dépendra de l'activité plus ou

(1) *Journal de l'Agriculture.*

moins grande de la nitrification qui se produira dans le sol lui-même aux dépens des matières organiques azotées qu'il renferme toujours. Plus le sol nitrifiera et moins il faudra ajouter de nitrate, et la quantité de nitrate que produira le sol pendant la saison du printemps variera suivant le degré d'humidité et la température qui exercent une influence considérable sur la vie et la multiplication du ferment nitrificateur.

Dans les terres que les praticiens appellent très poussantes, c'est-à-dire riches en matières azotées facilement nitrifiables, le mieux sera donc de semer le blé de printemps sans addition de nitrate de soude. C'est, en général, le cas des anciens bois défrichés, des prairies retournées, des terres sortant de luzerne ou de trèfle.

Dans les terres où on peut craindre le défaut d'azote, on ajoutera de 50 à 100 kilog. de nitrate suivant leurs aptitudes, de manière à provoquer dès le début une végétation suffisamment active et un assez fort développement des racines.

Plus tard, lorsque le blé aura 15 à 20 centimètres de hauteur, on l'examinera avec soin et si sa teinte est trop pâle, si les feuilles ne sont pas d'une belle largeur, que la terre ait ou non reçu du nitrate avant de semer, on répandra, en couverture, de 50 à 150 kilog. de nitrate de soude suivant l'intensité des symptômes de faiblesse constatés.

Il importe que cet épandage soit fait assez tard, pour que le blé puisse être bien jugé et assez tôt pour qu'il arrive encore des pluies pour dissoudre le nitrate et le faire pénétrer en terre.

Dans les sols calcaires le sulfate de fer produit de remarquables effets en favorisant l'assimilation de l'acide phosphorique et la formation de la chlorophylle, qui donne à la plante une couleur plus foncée et augmente son développement par une fixation plus grande de l'acide carbonique de l'air.

Il est donc fort utile, dans ces sortes de terres, d'ajouter aux substances dont nous venons de parler 100 kilog à l'hectare, de sulfate de fer. Ce sel se décomposant assez rapidement en terre, il importe de ne le donner qu'au moment où la plante prend son essor. C'est pourquoi nous le joignons aux engrais de couverture.

En résumé, les engrais à employer dans les conditions moyennes sont les suivants :

1° *Avant de semer* et à enterrer par un labour ordinaire, si la terre est nue, ou par un coup de scarificateur *si elle porte un blé gelé* :

Superphosphate (à 13-15 °/₀ d'acide phosphorique assimilable)	400 kilog.
Chlorure de potassium (à 50 °/₀ de potasse)	100 —
Nitrate de soude (à 15.5 °/₀ d'azote)	50 à 100 —
Plâtre (sulfate de chaux)	100 —
Total	650 à 700 kilog.

Il importe que ces produits soient soigneusement mélangés et répandus bien également à la surface du champ, à la volée, ou mieux au moyen d'un semoir à engrais.

Sur les terres où le blé de printemps est semé en remplacement d'un blé d'hiver, on peut supprimer la moitié du superphosphate si la terre en avait reçu une dose suffisante avant l'ensemencement d'automne.

Le chlorure de potassium sera supprimé ou réduit de moitié sur les terres riches en potasse ou fortement fumées les années précédentes.

2° *En couverture*, lorsque le blé aura 0 m. 15 à 0 m. 20 de hauteur : de 0 à 150 kilog. de nitrate suivant aspect.

Afin que ce nitrate se dissolve et pénètre rapidement dans le sol, il devra être pulvérisé et mélangé, pour faciliter ce travail, avec un cinquième de son poids, au moins, de plâtre.

Pour les terres calcaires, on ajoutera au nitrate 100 kilog. de sulfate de fer, et l'engrais à répandre se trouvera alors ainsi composé, à l'hectare :

Nitrate de soude	0 à 150 kil.	suivant aspect.
Sulfate de fer	100 —	en tous cas.
Plâtre	100 —	
Total	200 à 350 kil.	

Mais il ne suffit pas de donner à la terre tous les engrais nécessaires pour faire réussir le blé. Il faut encore ne pas négliger les soins qui assurent leur efficacité et, parmi ces soins, on doit placer au premier rang celui de la propreté du sol. S'il existe, en effet, de mauvaises herbes dans le blé au moment où l'on ajoute du nitrate de soude en couverture, ce sont elles qui prennent leur essor les premières et absorbent les engrais qui devaient servir à la nourriture du blé. Il importe donc absolument de procéder à un sarclage scrupuleux avant de répandre les engrais de couverture. On assure ainsi la réussite du blé en lui permettant de prendre l'avance sur les plantes parasites qui pourront naître plus tard et qui seront alors étouffées par lui.

Cette règle doit être suivie aussi bien pour les blés de printemps que pour les blés d'hiver.

H. JOULIE.

LA LOI SUR LES SUCRES

Voici la substance des quatre premiers articles de la loi sur les sucres votés par la Chambre :

A partir de la prochaine campagne, les betteraves mises en œuvre *devront* fournir 7 kilos 750 de sucre raffiné par 100 kilos. Si elles fournissent moins, le fabricant paiera l'impôt de 60 fr. tout comme si le minimum était atteint, c'est-à-dire qu'il travaillerait pour se ruiner, ce qui est inadmissible.

Pour les excédents obtenus au-dessus de 7 k. 750 jusqu'à 10 kilos 500, il jouira d'une remise du demi-droit, c'est-à-dire de 30 francs par 100 kilos de sucre excédent, à titre de prime de fabrication.

Mais si les betteraves exceptionnellement riches produisaient plus de 10 kilos et demi de sucre par quintal, alors, pour la quantité de sucre dépassant ce maximum, la remise d'impôt ne serait plus de 15 fr. par 100 kilos.

De sorte que le fabricant doit refuser les betteraves pauvres et qu'il a intérêt à ne pas mettre en œuvre des betteraves trop riches.

Les fabricants que ce système compliqué et périlleux ne satisferait guère, ont la faculté d'y renoncer avant le 15 octobre de chaque année.

Il leur est alloué, en ce cas, un déchet de 15 0/0 sur le montant de leur fabrication, c'est à-dire que sur 100 kilos de sucre produit réellement, ils ne paieront le droit de 60 fr. que sur 85 kilos.

Sur les 15 kilos restants, ils ne paieront que le droit réduit applicable aux excédents du premier système. Mais ils devront toujours le droit entier sur le minimum de rendement légal de 7.750 0/0.

Nous ne saisissons pas quel bénéfice ce deuxième mode de procéder procurera aux fabricants.

Par l'article 2, le déchet de fabrication alloué aux fabricants distillateurs par la loi du 5 août est abaissé à 15 0/0 à partir de la prochaine campagne.

Par l'article 3, les mélasses épuisées ne contenant pas plus de 50 0/0 de sucre, seront prises en décharge à raison de 30 0/0 si elles sont dirigées sur une autre fabrique ou une sucraterie, lesquelles devront les prendre en charge pour le même taux.

Enfin, par l'article 4, toute modification à la nouvelle loi ne pourra avoir d'effet que pour la campagne de l'année qui suivra sa promulgation.

LA DÉFENSE DE LA PROPRIÉTÉ BATIE

Le Comité de défense de la propriété bâtie, dont, nous le rappelons, le siège est à Paris, 19, rue Louis-le-Grand, dans sa séance de lundi dernier, a approuvé les *instructions aux contribuables* rédigées par M. de Croissy et la commission.

Ces instructions sont trop étendues pour pouvoir trouver place dans ces colonnes, et nous le regrettons. Toutefois nous pouvons donner ici le résumé final des devoirs des contribuables et le modèle de réclamation devant le conseil de préfecture :

RÉSUMÉ DES DEVOIRS DES CONTRIBUABLES.

Les évaluations étant réputées immuables pour dix ans, c'est-à-dire jusqu'en 1900, et le coefficient de l'impôt pouvant être augmenté chaque année par la loi budgétaire, il est essentiel, aussitôt son avertissement reçu, d'examiner avec soin la valeur locative attribuée à son immeuble; la comparer aux baux et à celles des autres immeubles similaires situés tant sur le territoire de la commune qu'à l'extérieur.

Avoir soin de former dans ce délai de six mois une réclamation adressée au préfet ou au sous-préfet, sur timbre si la cote est de 30 francs et au-dessus. Cette réclamation, même si elle échoue, ne peut en aucun cas avoir pour effet de faire augmenter les évaluations. — Y joindre la quittance des termes échus et la feuille d'avertissement ou à défaut un extrait du rôle. Réclamer dans le corps même de cette requête une expertise.

S'informer à la mairie de la date exacte du passage du contrôleur pour lui demander, quand l'immeuble a été évalué directement ou par voie de comparaison, communication des types ayant servi à l'évaluation. Le contrôleur ne peut guère refuser cette communication, car l'administration recommande à ses agents, par la circulaire du 27 janvier 1891, de fournir toutes les explications qui leur seraient demandées par les contribuables. Ce dépôt doit durer quinze jours (art. 29, loi du 21 avril 1832); aussitôt la réception de l'avis de dépôt se rendre à la mairie pour prendre communication de l'avis du maire, des répartiteurs, des contrôleurs et du directeur. C'est alors qu'on peut se faire donner communication des types si on ne l'a pas obtenue plus tôt. — Faire connaître dans les dix premiers jours de ce dépôt si l'on réclame l'expertise, dans le cas où elle n'aurait pas été demandée par la requête elle-même. — Déclarer en outre si l'on entend présenter des observations à l'audience.

S'occuper du choix d'un expert. Le prendre de préférence parmi les gens connaissant à fond les valeurs locatives du pays et le rapport des anciens revenus cadastraux à ces valeurs. Arrêter avec lui des points de comparaison pour constater les types adoptés par le contrôleur.

Assister à l'expertise, y faire entendre ses observations s'il y a lieu.

En cas de désaccord entre les experts, saisir immédiatement le juge de paix d'une demande de désignation d'un tiers expert qui devra faire son rapport dans la quinzaine (art. 5, loi du 29 décembre 1884).

Si l'on a demandé à présenter des observations on doit être averti quatre jours à l'avance du jour de l'audience.

Se présenter à l'audience au jour fixé et y faire entendre ses observations.

On peut encore alors faire valoir la nécessité d'un supplément d'information. Si le conseil ne se montre pas suffisamment éclairé, il peut ordonner une autre vérification.

Le conseil doit statuer dans les trois mois du jour de la demande. — A défaut par lui de le faire, le contribuable est fondé à différer le paiement des douzièmes qui viendraient à échoir depuis l'expiration du délai de trois mois (loi 21 avril 1832, art. 28). Le contribuable a deux mois à partir de la notification du rejet de sa demande pour se pourvoir en conseil d'Etat contre la décision du conseil de préfecture. La requête en recours doit être sur timbre, si la cote est de 30 francs et au dessus.

Elle est dispensée de ministère d'avocat.

MODÈLE DE RÉCLAMATION DEVANT LE CONSEIL DE PRÉFECTURE.

A Monsieur le préfet et à Messieurs les membres du conseil de préfecture du département de...

Le soussigné (*Nom, Prénoms, Profession et Domicile*) a l'honneur d'exposer qu'il a été imposé au rôle de la contribution foncière des propriétés bâties pour 1891, de la commune de (.....) sur un revenu net de (.....) qui, vu la déduction d'un quart (s'il s'agit de maisons) ou d'un tiers (s'il s'agit d'usines), représente une valeur locative réelle de (.....). Que cette valeur locative est exagérée puisqu'il appert d'un bail enregistré en date du (.....) que cet immeuble n'est effectivement loué (indiquer le prix porté au bail).

Ou si le bail s'étend à d'autres objets que la propriété bâtie (meubles, parcs, jardins, *bâtiments ruraux, etc.*).

Que cette valeur locative est exagérée parce que, bien qu'elle soit la même que celle portée au bail enregistré en date du..... cette donnée s'appliquant aussi aux objets étrangers à la propriété, il y a lieu de faire la ventilation de la valeur de ces objets pour la déduire de la valeur locative servant de base à l'établissement de la taxe qui ne doit être calculée que sur la valeur de l'immeuble seul non garni de meubles (ou sans tenir compte de celle des jardins, parcs et bâtiments ruraux qui sont l'objet d'un mode spécial de cotisation.)

(*Ou s'il n'y a pas de bail.*)

Que l'évaluation donnée à cette valeur locative est exagérée ainsi que le démontrera l'expertise; que notamment l'immeuble en question n'a pas une valeur locative supérieure à celle des immeubles de MM..... (*indiquer ici avec détail les points de comparaison choisis et leur situation respective*) qui sont absolument du même type et qui ne sont cotisés que sur une valeur locative de.....; que par suite c'est à tort que l'immeuble, objet de la réclamation, a été classé dans un type différent et imposé sur une valeur locative supérieure auxdits immeubles.

(*S'il y a lieu à ventilation la réclamer dans les mêmes termes qu'au paragraphe précédent.*)

Par ces motifs, l'exposant demande la réduction de la valeur locative sur laquelle il est imposé à la contribution foncière de la propriété bâtie au chiffre de.....

Et dans le cas où l'administration des contributions directes contesterait la recevabilité de sa demande, il conclut subsidiairement à ce qu'il soit procédé à une expertise.

A la présente demande sont joints : 1° l'avertissement (ou l'extrait de rôle délivré par le percepteur); 2° la quittance des douzièmes échus jusqu'à ce jour; 3° les pièces justificatives qu'on croira devoir ajouter au dossier (les énumérer).

Fait à..... le. ...

Signature.

Nouvelles agricoles.

Les bois du Nord en France. — Nous n'avons plus à dresser le procès du libre échange dans la question de la concurrence des bois étrangers sur nos marchés. Personne n'ignore les ruines causées par cette concurrence à notre propriété forestière d'abord, ensuite aux industries qui mettent les bois en œuvre : sciage, charpente, menuiserie, etc. On sait qu'aujourd'hui les portes, les fenêtres, les parquets de Norvège se vendent à des prix qui défient toute rivalité française.

C'est la Norvège qui, grâce à ce régime, s'est bâti les plus belles fortunes à nos dépens.

On s'expliquera facilement les sources de ces fortunes et la continuation de nos ruines en lisant le passage suivant d'une conférence faite à Poitiers, la semaine dernière, par M. Léon Dumays, à la suite d'un voyage d'exploration dans ce pays :

On peut diviser la Norvège en trois régions : la région de la morue, la région de la baleine et la région du renne.

Au sud, d'immenses forêts de sapins couvrent le pays ; les bords du Glommen en sont garnis sur une longueur de 480 kilomètres. Tous les ans, des milliers d'arbres sont abattus, jetés dans le fleuve gelé. Au printemps la débâcle des glaces les traîne jusqu'aux scieries installées près de la rivière qui leur fournit à la fois, et en quantité inépuisable, la force motrice avec la matière première. Contre le même quai, un peu plus tard, des navires viennent s'aligner, ils reçoivent dans leurs flancs tous ces bois, transformés en planches, en fenêtres, en persiennes, etc., et ils les emportent sur tous les marchés de l'Europe et du monde.

Ainsi, la Providence divine a fourni gratuitement à la Norvège le sol où poussent sans culture ces vertes forêts, l'eau pour les amener à l'usine, l'eau pour actionner les scies qui les débitent, enfin l'eau qui les transporte une fois ouvragées. Et voilà comment ces *bois du Nord*, n'ayant eu à supporter que des frais très minimes, peuvent être vendus en France moins chers que nos sapins indigènes.

Le Crédit agricole. — La commission parlementaire, saisie des diverses propositions tendant à l'organisation du Crédit agricole et que préside M. Méline, a décidé, d'activer ses travaux de façon à être en mesure de soumettre ses résolutions à la Chambre lorsque celle-ci serait appelée à discuter le projet de renouvellement du privilège de la Banque de France.

En effet, la commission estime qu'il conviendra, à ce moment, de rechercher dans quelles conditions la Banque de France devra, sans que ses propres intérêts généraux en souffrent, prêter un sérieux concours au Crédit agricole. C'est là une décision importante et qu'il est bon de signaler.

Le prix de vente du Durham. — Il est toujours beaucoup question du durham, dans les polémiques entre éleveurs, et pourtant nous possédons, en France bien peu de documents sur les ventes et les achats auxquels donnent lieu ces animaux.

L'on sait bien que nous exportons des durhams dans l'Amérique du Sud, à Buenos-Ayres surtout, mais à quel prix ? dans quelles conditions? L'exportation augmente-t-elle? diminue-t-elle? Il est difficile en France d'avoir des renseignements. En Angleterre, au contraire, non seulement dans les journaux spéciaux, mais dans les feuilles publiques quotidiennes, les détails abondent sur les ventes du durham : le sexe, l'âge, la famille, etc., de l'animal vendu sont indiqués.

Voici, d'après une note lue par M. Louis Passy, à la dernière séance de la Société nationale d'agriculture, quel a été le prix de vente moyen des durhams en Angleterre depuis 1882 :

1882.........Fr.	859 45
1883............	1.097 50
1884............	1.098 40
1885............	937 75
1886............	761 55
1887............	690 60
1888............	694 55
1889............	824 05
1890............	740 90

3,375 animaux ont été vendus en 1890.

CONSEILS DU JARDINIER

LES ENNEMIS DU POIRIER

On a conseillé bien des recettes et employé bien des moyens pour se débarrasser du tigre et du kermès. Il s'agit d'obtenir une action caustique qui agisse sur les tissus et l'organisation des insectes ou de leurs œufs.

A cet effet, nous pouvons nous servir d'une dissolution de potasse. (Le carbonate de potasse, du prix de 70 centimes le kilo, est bien bon).

Pour 1 kilogramme de carbonate de potasse, il faut environ 30 litres d'eau, soit donc environ 500 grammes pour un bon arrosoir d'eau.

Faites un premier lavage en décembre ou janvier, un second en février; si les arbres sont vieux, faites-en un troisième en mars. Quelques jours après, appliquez une dissolution très étendue de colle forte. (Il faut la dissoudre à chaud.)

Cette colle se coagulera par le refroidissement et étouffera les insectes.

L'émoussage et l'écorchement superficiel sont des opérations qui précèderont et assureront le succès de celle que nous venons de conseiller.

HORTUS.

CONSEILS A LA FERMIÈRE

LE PAIN SALÉ DES PIGEONS.

Le sel et le salpêtre sont un condiment de prédilection pour les pigeons. On a vu des pigeons s'accrocher avec acharnement à des murs salpêtrés et y creuser à coups de bec des trous pour y picorer du salpêtre.

On peut satisfaire ce goût par le moyen suivant :

On prend 2 litres de sable ou de petit gravier, 1 litre de plâtre, 1/2 litre de chaux éteinte,

1/2 litre de sel gris et 1/4 de litre de salpêtre; on mêle le tout dans un seau avec l'eau nécessaire pour en faire une pâte un peu épaisse qu'on dresse en forme de cône ou de pain de sucre et qu'on fait sécher au soleil ou auprès d'un four chauffé. — Les pigeons s'en régalent jusqu'à ce qu'il n'en reste plus rien.

Si, en outre, le pigeonnier est exposé au levant, à l'abri de l'humidité et du vent, et entretenu en bon état de propreté; si on a soin de ne jamais laisser une femelle sans mâle ou un mâle sans femelle; enfin si les jeunes sont retirés dès qu'ils mangent seuls, on peut compter sur la fécondité des pigeons. UNE MÉNAGÈRE.

CONSEILS DU MÉDECIN

GARE AU LAIT! FAITES BOUILLIR LE LAIT!

Dans la séance du 24 février, le docteur Ollivier a fait, à l'Académie de médecine, une communication intéressante sur les dangers que présente la consommation du lait provenant de vaches tuberculeuses.

Une jeune fille de 20 ans, d'une bonne santé, dont les parents sont forts et vigoureux, meurt en dix jours, atteinte de méningite tuberculeuse. On cherche la cause, et voici ce que l'on trouve : *Elle avait fait son éducation dans un* pensionnat de Chartres, et y retournait de temps à autre. Or, depuis quatre ans, quatorze élèves ont été atteintes de tuberculose, sous diverses formes; toutes appartiennent à des familles où n'existe pas cette maladie; quatre d'entre elles sont mortes. On continue les recherches, et l'on apprend que, tous les jours, une vache était amenée dans le pensionnat, et que son lait était consommé par les élèves. Cette vache a été conduite à l'abattoir de Chartres : elle paraissait en bon état, et, après l'abattage, on a trouvé des lésions tuberculeuses dans ses poumons.

Voilà qui prouve qu'ils étaient bien inspirés, les membres du Congrès international de la Tuberculose de 1888 et ceux du Congrès international de Médecine Vétérinaire de 1889, qui demandaient que, dans toutes les villes, on établisse une surveillance sévère de toutes les vacheries.

Voilà qui prouve aussi de ne boire que du lait bouilli. Précaution indispensable quand il s'agit de lait dont on ne connaît pas la provenance, dans les grandes villes surtout; utile dans tous les cas, car les vaches, les plus saines en apparence, peuvent avoir et transmettre par leur lait le germe de la terrible phtisie!

UN VIEUX MÉDECIN.

JURISPRUDENCE RURALE.

Nos campagnes sont parcourues depuis quelque temps par des exploiteurs qui se font une spécialité de vendre aux gens mal renseignés, et à un prix très supérieur à la valeur réelle, des obligations payables par versements mensuels.

C'est ainsi que certains courtiers vendent moyennant 670 à 700 francs, payables en versements mensuels de dix francs, des obligations cotées 460 ou 470 francs, en laissant ignorer à l'acheteur, simple cultivateur ou artisan, qu'elles sont majorées de 180 à 200 francs. Autrement dire, le cultivateur pourrait, avec 450 ou 460 francs, acheter à la Bourse de Paris ce qu'un agent véreux lui fait payer 680 à 700 francs.

La Cour d'appel de Nimes vient de porter une légère atteinte à cette industrie par trop rémunératrice, en décidant qu'une telle manœuvre vicie le consentement de l'acheteur et rend par conséquent la convention nulle et de nulle effet.

Avis à ceux qui se sont laissés rouler.

Quand des aventuriers se présentent chez vous pour vous proposer de pareilles opérations, le mieux est de les jeter à la porte comme de vulgaires filous.

UN VIEUX JUGE DE PAIX.

PETITE POSTE.

M. Eug. G..., à L... — *Vente immobilière. Transcription.* — Votre lettre est envoyée au vieux juge de paix.

M. D... (Seine-Inférieure). — *Lauriers gelés.* — En 1879, nous avons eu des lauriers en caisse gelés. Coupés au pied, ils ont très bien repoussé et sont superbes.

M. A... (Haute-Garonne). — S'il s'agit d'une question d'intérêt public, nous sommes à votre disposition.

M. S... (Oise). — *Impôts.* — Il n'est pas possible d'admettre que le revenu soit passé de 80 fr. à 465 fr. Il faut au moins connaître la base de cette évaluation. Nous vous engageons vivement à réclamer devant le conseil de préfecture, une acceptation pure et simple vous engageant pour dix ans. Compliments bien affectueux.

M. M.., à St-J... (Jura). — *Vente. Intérêts.* — Vous devez les intérêts à partir du jour de l'adjudication; mais si l'acquéreur, en l'espèce le bureau de bienfaisance, n'est pas en mesure de recevoir, vous avez le droit de déposer les fonds à la caisse des Dépôts et Consignations, c'est ce que vous auriez dû faire plutôt cette affaire, qui vous cause tant d'ennuis, est une preuve de plus des vices de notre procédure, trop longue et trop coûteuse. Voilà les réformes que devrait faire un gouvernement vraiment soucieux des intérêts des citoyens.

M. L... (Ardennes). — 1° *Acide salicylique.* — Adressez vous au directeur de la Compagnie des produits antiseptique, 26, rue Bergère, Paris, qui vous enverra *franco* une petite brochure où vous trouverez tous les renseignements concernant l'emploi de l'acide salicylique. Nous savons que ce produit est un excellent préservatif des maladies des volailles.

2° *Corbeaux.* — Non. Il faut l'autorisation du préfet.

A divers. — Nous n'avons plus d'almanachs de la Société des Agriculteurs de France.

M. R... (Vaucluse). — *Pommes de terre Institut de Beauvais.* — Nous donnons l'ordre d'envoi.

VINS DU BORDELAIS.

Que de fois nous avons entendu dire :

« Quel service on nous rendrait, si on nous trouvait, dans les pays vignobles, un vendeur consciencieux; si on nous débarrassait de la concurrence à outrance; si on nous garantissait sérieusement la qualité, la pureté et la conservation des vins! »

Pour le Bordelais, nous recommandons M. Vincent Ardura, viticulteur, propriétaire d'un des meilleurs crus de la Gironde, favorable aux tempéraments délicats (le domaine de la Chapelle-Frédignac, par Blaye-Bordeaux), qui vend ses récoltes : 1889 à 130 fr., 1888 à 140 fr., 1887 à 150 fr., 1886 à 160 fr., 1885 à 175 fr., 1884 à 200 fr., 1882 à 220 fr., 1881 à 250 fr. et 1878 à 300 fr. la barrique de 225 litres, *franco* de port et de fût en gare d'arrivée. Paiement par le facteur à 30 jours 2 % ou 90 jours.

Certain que son vin plaira aux personnes qui ne le connaissent pas et qui désirent se bien approvisionner, sachant, en outre, qu'il est difficile de se rendre sérieusement compte de la qualité par la dégustation sommaire d'une petite fiole, M. Vincent Ardura n'hésite pas à adresser *gratuitement* une bouteille entière pour échantillon de la récolte désignée.

OFFRES & DEMANDES

Pour répondre au désir qui nous est exprimé, nous offrons à nos abonnés, sous cette rubrique, deux annonces gratuites pour les offres et demandes d'emplois, produits ou animaux à vendre ou à acheter, etc.

Les annonces qui suivront jouiront d'une réduction de 50 pour 100 sur les tarifs ordinaires.

Les demandes d'insertions devront être envoyées à l'administration, qui se chargera de les rédiger.

Ne pas négliger d'envoyer tous les renseignements nécessaires (joindre 2 timbres de 0 fr. 15).

Un ancien élève d'une école d'agriculture, dans la force de l'âge, marié, bien au courant de la culture moderne en même temps qu'excellent praticien, demande un emploi de régisseur. — Très bonnes références. — N° 907.

S'adresser aux bureaux du journal.

A vendre *Araire merveilleuse inversable*, la plus productive en grains et pailles, 24 fr. les 100 kil.

S'adresser à M. HELLE, à Sermaize, par Guiscard (Oise). — N° 920-3.

On demande pour une villa de Saint-Raphaël (Var) un ménage de jardiniers.

S'adresser au bureau du Journal. — N° 921-3.

Un jeune homme de 23 ans, ayant une bonne instruction et au courant de la culture, désire se placer comme gérant de culture.

S'adresser au bureau du Journal. — N° 922-2.

On demande un excellent chef de culture.

Adresser les références à M. le directeur de l'école pratique d'agriculture d'Ondes (Haute-Garonne). — N° 923.

On demande un ménage, le mari pour la culture, la femme pour les soins de maison et basse-cour. 1,000 fr., deux pièces de cidre, logement et légumes. On exige de bonnes références.

S'adresser au bureau du journal. — N° 924-1.

A vendre pommes de terre *Institut de Beauvais* à 10 fr. les 100 kil. logés, en gare Lavalon du Genest.

S'adresser à M. Maignan, à la Rouërie de Saint-Berthevin, par Saint-Berthevin (Mayenne). N° 925-1.

Un jeune homme, ayant fait de bonnes études primaires (brevet de capacité), puis de la bonne agriculture en Auvergne, chez ses parents, bien au courant de la culture, du bétail et de la comptabilité agricole, demande emploi dans une exploitation agricole.

S'adresser au bureau du Journal. — N° 926-1.

A vendre une jument à toutes fins, âgée de 3 ans, taille 1m 62, baie, travaillant très bien, primée aux concours de 1890.

S'adresser au bureau du Journal. — N° 927-1.

AVIS.

Les abonnés qui nous ont priés de leur procurer des *Pommes de terre Institut de Beauvais* à 12 fr. les 100 kilos, sont priés de vouloir bien nous écrire de nouveau, leurs lettres que nous avions transmises à notre correspondant n'étant pas arrivées à destination.

REVUE FINANCIÈRE.

Notre marché était à peine remis des deux secousses sérieuses, mais passagères d'ailleurs, que lui avait values le voyage de l'impératrice d'Allemagne, qu'il a été soumis à une nouvelle épreuve, de nature exclusivement financière celle là, et par conséquent plus sensible.

On sait que des moyens énergiques, promptement employés, ont empêché la crise de se changer en une catastrophe S'il y a eu un instant de panique il a été court; le mal a été réparé promptement. La Société des Dépôts et Comptes courants, cause du mal, est seule gravement atteinte au point de vue de la cote. Cependant on ne peut nier que l'ensemble du marché reste sensiblement alourdi, paralysé par cette succession de coups subits.

Sans doute nos rentes n'ont pas perdu leurs hauts cours, le dernier incident n'entame en rien la solidité du crédit de l'Etat, et les conditions économiques et financières du pays n'ont rien perdu de leur état satisfaisant.

Les actions et les obligations de nos Chemins de fer n'ont peut-être pas la brillante allure d'autrefois; pendant quelques jours, elles ont fait comme le reste de la cote, elles ont été relativement négligées. En fin de compte, l'épargne leur est revenue, comme cela devait être pour un placement de toute sécurité.

On peut en dire autant des obligations de la Ville de Paris et du Crédit Foncier, bien qu'elles aient une posture moins avantageuse pour le moment.

Les Chemins de fer étrangers étaient à la faiblesse avant l'événement; ils y persistent. Les fonds d'Etats étrangers continuent, comme par le passé, à subir des fluctuations selon les dispositions de la place de Londres ou selon les décisions financières prises dans chaque pays.

Le véritable poids de l'accalmie que traverse notre place, porte donc surtout sur nos institutions de crédit, vraiment faibles. Et à cela il n'y a rien que de naturel, nous n'avons pas besoin de le montrer. Le Crédit Foncier a plus de mal que jamais à rester autour de 1.80; le Crédit Lyonnais n'est guère qu'à 780, lui qui a connu 800 et au delà; la Société Générale qui s'était ragaillardie jusqu'à 515, est revenue à 487.

Il faudra du temps avant que les inquiétudes joulevées à propos des Dépôts et Comptes courants s'apaisent. Il ne faut pas oublier qu'elles ne sont pas nouvelles, ces inquiétudes, et que le Crédit Lyonnais, voire même le Crédit Foncier, ont servi dans un temps de thème à des critiques et des *desiderata* analogues.

Le mercredi 25 mars, la Banque d'Escompte de Paris, le Crédit Lyonnais, la Société Générale, le Crédit industriel et la Société Marseillaise ouvrent leurs guichets à une émission. Il s'agit d'un emprunt de 140,0 0 obligations foncières 4 0/0 du Crédit Foncier Egyptien, dont le produit est destiné à la conversion des obligations 5 0/0 de la même Société.

Les nouvelles obligations seront de 505 fr., produisant semestriellement 10 fr. 10 d'intérêt, payables en or; elles seront amortissables, en or également, en 75 ans.

Le prix d'émission est fixé à 465 fr., acquittables en quatre termes, savoir : 50 fr. en souscrivant, 150 fr. à la répartition, dans les premiers jours d'avril, 150 fr. dans les premiers jours de mai, et 115 fr. dans les premiers jours de juin.

En se libérant au moment de souscrire, on n'aura à payer que 463 90. Dans ces conditions, c'est un placement à 4 35 0/0, sans compter la prime d'amortissement.

Les porteurs des obligations à convertir peuvent donner celles-ci en paiement. Elles seront reçues comme valant 507 fr. 50, coupon d'avril détaché; la souscription dans ce cas est irréductible. Le décompte de conversion inférieur à 463 fr. 90 sera payé en espèces.

On peut souscrire dès maintenant par correspondance. TIMON.

LE « RENSEIGNEMENT UNIVERSEL ».

Dans quel embarras chacun de nous ne s'est-il pas trouvé pour obtenir le renseignement le plus simple, dès qu'il sort du cercle des relations journalières !

Aussi comprendra-t on facilement toute l'importance de la création d'une administration de la plus haute honorabilité, véritable encyclopédie vivante : *le Renseignement universel*, 28, rue Bonaparte, à Paris, qui se propose de répondre, par une organisation savante, à toutes les questions qui peuvent lui être posées.

Les services que *le Renseignement universel* est appelé à rendre sont incalculables, car son organisation, établie sur des bases absolument nouvelles et scientifiques, lui permet de joindre à une précision absolue la plus grande célérité et des conditions de prix extrêmement avantageuses.

Son programme, universel comme son nom, *exclut absolument* tout ce qui touche aux renseignements CONFIDENTIELS, aux PRETS d'argent, aux recherches INTIMES, mais il *n'admet que ces exclusions.*

Le Renseignement universel envoie franco son prospectus à toute personne qui en fait la demande.

Extrait du programme. — Administration générale, départementale, communale; enseignement; service militaire : dispense, exemptions; finances, industrie, commerce, travaux publics et privés; droit civil, judiciaire, commercial; contrôle de pièces; documents publics; affirmations quelconques relatives à l'existence des lois, décrets, règlements; copies par extraits ou en entier de tous ces documents; contrôle des honoraires de toute nature; expertises; indications pour l'obtention de tous objets, instruments; inventions nouvelles se rattachant à l'agriculture, aux arts, etc., etc.

Directeur : un ancien polytechnicien, licencié ès-sciences.

Chefs de service : deux anciens polytechniciens; deux ingénieurs des arts et manufactures; un architecte diplômé du Gouvernement; un officier supérieur en retraite, breveté; un ancien fonctionnaire administratif; sept avocats, dont deux docteurs en droit; un ancien principal clerc d'avoué; un ancien huissier; un spécialiste pour la procédure commerciale : un autre pour l'administration coloniale; un spécialiste pour le commerce international; un ancien notaire; un agronome; plusieurs publicistes : politique, économiste, vulgarisateur scientifique; plus de trente collaborateurs spécialistes en tous genres.

Chemins de fer de Paris à Lyon et à la Méditerranée.

Vacances de Pâques et Régates Internationales.

Tir aux pigeons de Monaco

BILLETS D'ALLER ET RETOUR

de Paris à Nice et Menton

valables pendant 20 jours non compris le jour du départ.

1re CLASSE. — PRIX : 190 Fr.

Faculté de prolongation d'une période de 10 jours, moyennant un supplément de 10 %.

Billets délivrés du 19 mars au 1 avril 1891 inclusivement et donnant aux voyageurs le droit de s'arrêter, tant à l'aller qu'au retour, à toutes les gares comprises dans le parcours ainsi qu'à Hyères. Ils sont valables pour tous les trains à l'exception des trains rapides nos 7 et 10 partant : le premier de Paris à 7 h. 15 soir; le second de Menton à 11 21 matin, et de Nice à midi 37.

Les voyageurs porteurs de ces billets peuvent également prendre, moyennant le paiement du supplément perçu des voyageurs porteurs de billets à plein tarif, les trains de luxe composés de lits-salons et de sleeping-cars.

Les enfants de 3 à 7 ans paient place entière.

Les voyageurs ont droit au transport gratuit de 30 kilogrammes de bagages

On peut se procurer des billets et des prospectus détaillés à la gare de Paris-Lyon-Méditerranée, et dans les bureaux-succursales : rue Saint-Lazare, 88; rue des Petites-Ecuries, 11; rue de Rambuteau, 6; rue du Louvre, 44; rue de Rennes, 45; rue Saint-Martin, 252; place de la République, 8; rue Sainte-Anne, 6, or rue Molière, 7; rue Etienne-Marcel, 18; ainsi que dans les diverses agences de voyages.

VACANCES DE PAQUES.

Billets d'aller et retour à prix réduits.

A l'occasion des vacances de Pâques, les billets d'aller et retour à prix réduits, délivrés en vertu du tarif spécial (G. V.) n° 4, du 21 mars au 6 avril 1891, seront tous valables jusqu'aux derniers trains de la journée du 8 avril.

Les billets d'aller et retour, délivrés de ou pour Paris, Lyon et Marseille, conserveront leur durée *normale de validité lorsqu'elle sera supérieure à celle fixée ci-dessus.*

HALLES ET MARCHÉS.

SITUATION GÉNÉRALE.

Les semailles de printemps se continuent dans des conditions assez favorables. La hausse se maintient sur toutes les céréales; les fourrages sont également fermes. Les spiritueux, les sucres, les huiles ont un peu fléchi Les engrais sont en hausse pour la plupart.

GRAINS.

Blés. — La situation reste la même, la température s'est encore refroidie à la fin de la semaine dernière, et la végétation n'a pas encore fait de grands progrès; il faut attendre encore un peu pour se rendre un compte exacte des pertes causées par la rigueur de l'hiver. Les offres sur échantillons et les apports sur nos marchés sont toujours réduits, et la hausse s'est accentuée sur plusieurs points. Voici les derniers cours : Douai, 26 à 28 fr. les 100 kilog. ; Arras, blé blanc, 26 à 28; roux, 24 à 26 50; Beauvais, 24 à 26; Cambrai, blé blanc, 27; roux, 26; Châlons-sur-Marne, 27 50; Chartres, 26 65 à 28 35; Amiens, 27 50; Dieppe, 28 50; Laval, 26 50 à 27. Dijon, 26 à 27; Montereau, 27 à 29; Nevers, 27 à 28 50; Lyon, 26 75 à 27 25; Nantes, 27 25 à 27 50; Bordeaux, 29. — Au marché commercial de Paris, samedi dernier, les transactions ont été assez actives; après un moment de faiblesse, les cours se sont relevés, et l'on a coté en clôture 28 25 à 28 50 les 100 kilog.; disponibles et livrables jusqu'en août prochain.

Seigles. — La hausse se maintient. A Paris, on demande de 18 à 18 25 les 100 kilog. en gare; mais les acheteurs n'offrent que 17 50 à 18; on cote 17 en Champagne et 17 50 dans le Nord. En commerce à Paris, on tient le disponible à 17 75; le livrable à 18.

Orges — La demande est active pour les qualités de semence, qui valent 20 à 22 les 100 kilog. dans les pays de production; pour les sortes de brasserie et de mouture, les affaires sont nulles. — Les prix des escourgeons restent bien tenus de 20 50 à 21 les 100 kilog. en gare de Paris; ceux d'Algérie sont en hausse à Dunkerque, à 16 fr. les 100 kilog. sur wagon.

Malts. — Cours fermes de 30 à 31 les 100 kilog. à Paris pour les sortes indigènes.

Avoines. — L'animation est moins grande; les prix sont moins fermes, et se maintiennent faiblement comme nous les avons donnés samedi. Au marché commercial de Paris, le courant du mois est à 19 50 les 100 kilog.; le livrable de 19 50 à 19 75.

LÉGUMES. — POMMES DE TERRE.

Légumes frais. — Les asperges de Perpignan ont paru à la halle; celles d'Espagne sont attendues. On côte : asperges de Lauris, 6 à 12 fr. la botte; de Perpignan, 5 à 7; artichauts d'Algérie, 15 à 40 le cent; choux-fleurs, 20 à 40; choux verts, 18 à 28; laitues 10 à 15; chicorées, 12 à 55; escaroles, 15 à 45; — petits pois d'Algérie, 200 à 250 les 100 kilog.; d'Espagne, 120 à 130; épinards, 60 à 80; poireaux, 40 à 70; mâches, 150 à 200; endives, 100 à 140; crosnes du Japon, 50 à 150; pissenlits de l'Est blancs, 80 à 100; verts, 40 à 50; choux-fleurs du Midi, 8 à 15 la douzaine; carottes, 7 à 8 les 100 kilog.; oignons, 11 à 12; navets blancs, 20 à 30 les 100 bottes; poireaux, 80 à 150; salsifis, 0 20 à 0 40 la botte.

Légumes secs. — Les cours sont en baisse; le marché est bien approvisionné. On cote à l'hectolitre et demi : haricots flageolets chevriers, 50 à 75; suisses blancs, 48 à 50; Chartres, 60; Liancourt, 52 à 54; Soissons, 78 à 80; — aux 100 kilog. : haricots plats du Midi, 37 à 38; suisses rouges 26.

Pommes de terre. — Prix bien tenus à Paris pour les ventes en gros, par 1,000 kilog. sur wagon : hollande supérieure, 100 à 110; ordinaires 80 à 90; saucisses rouges, 80 à 87; rondes hâtives, 70 à 80; vosgiennes, 60 à 70; chardonnes, 49 à 58. — Sur les marchés de province, on cote *au quintal* : Nancy, 6 à 12; Melun, 6 à 8; Toul, 4 50 à 6; Douai, 9 à 10; Montereau, 8 à 9; Orléans, 6 à 10; Limoges, 4 à 5; Toulouse, 5 50 à 6 50.

SPIRITUEUX. — SUCRES.

Spiritueux. — La tendance est moins ferme à Paris et les cours en légère baisse pour les trois-six Nord, qui se cotent 42 l'hectolitre en disponible et 41 25 à 43 le livrable. — A Lille, le trois-six de betterave disponible vaut 41; le livrable, 40 75 à 42 25.

Sucres. — Transactions ordinaires à Paris, où l'on a coté *faiblement à la bourse de samedi dernier* : sucres roux, 88 degrés, 36 fr. les 100 kilog.; sucres blancs numéro 3 disponible, 37 85 à 38; livrables, 38 12 à 38 75. Le stock de l'entrepôt réel est de 1,426,073 sacs, chiffre égal à celui de l'année dernière.

TOURTEAUX. — ENGRAIS.

Tourteaux. — A Caen, les tourteaux de colza valent 14.. les 1,000 kilog. — A Lille, on vend : colza indigène, 15 50 à 16; étranger, 13 à 15; œillette, 16 à 17 fr.; lin, 24 à 25 50; chanvre, 20 à 21 les 100 kilog.

Engrais. — Le nitrate de soude est en hausse assez sérieuse depuis quelques jours; on cote 22 75 les 100 kilog. pour le disponible et 22 à 22 50 pour livrable en avril. — La hausse du nitrate va entraîner celle du sulfate d'ammoniaque, qui est tenu de 28 75 à 29 25 les 100 kilog. à Paris pour le sulfate français; le sulfate anglais est au même cours sur wagon à Dunkerque. — Les superphosphates sont très demandés dans la région du Nord, et les cours se maintiennent fermement; à Paris, les affaires sont moins importantes; on cote pour les superphosphates solubles dans le citrate : Nord, 0 49 à 0 50 l'unité d'acide phosphorique; Paris, 0 53 à 0 55; Belgique, 0 46 à 0 47; midi de la France, 0 57 à 0 60; pour les superphosphates solubles dans l'eau, 4 à 5 centimes de plus par degré. — Les phosphates de la Somme ont subi une dépréciation pour les bas titres; les autres conservent leurs cours; on vend sur wagon à Doullens par tonne de 1,000 kilog. et par unité de phosphate, 1 25 pour le titre de 70 à 75 pour 100; 1 06 pour celui de 65 à 70, et 0 88 pour celui de 61 à 65. — Le superphosphate d'os vaut 0 72 l'unité à Paris et à Marseille. — Le sulfate de cuivre reste en cours faible de 43 50 les 100 kilog. Le phosphate précipité anglais, 17 les 100 kilog. à Rouen au titre de 70 pour 100 de phosphate.

BESTIAUX.

LA VILLETTE, 19 mars. — Bestiaux. — Vente plus facile sur les bestiaux, mauvaise sur les veaux, plus facile sur les moutons, mauvaise sur les porcs.

COURS officiels.	Amenés.	Vendus.	1re qualité.	2e qualité.	3e qualité.	Prix extrêmes.
Bœufs....	1.743	1.675	1 56	1 44	1 24	1 18 à 1 60
Vaches...	469	451	1 52	1 31	1 28	1 10 1 56
Taureaux.	145	133	1 40	1 34	1 30	1 10 1 44
Veaux....	1.278	1.150	1 98	1 80	1 66	1 36 2 20
Moutons..	8.121	7.585	2 10	1 96	1 74	1 65 2 14
Porcs.....	4.681	4.318	1 32	1 28	1 22	1 12 1 36

Marché du lundi 16 mars.

	Amenés	Vendus	PRIX AU POIDS NET 1re qual.	2e qual.	3e qual.
Bœufs.....	2.579	2.345	1 54	1 40	1 24
Vaches.....	723	685	1 50	1 34	1 16
Taureaux..	180	161	1 38	1 32	1 29
Veaux......	1.192	1.155	1 98	1 80	1 68
Moutons....	12.560	11.000	2 08	1 94	1 75
Porcs......	2.201	2 204	1 31	1 28	1 22

	PRIX AU POIDS VIF 1re qual.	2e qual.	3e qual.	Prix extrêmes.
Bœufs..........	» 93	» 79	» 66	» 58 à » 99
Vaches.........	» 90	» 72	» 69	» 51 » 95
Taureaux.......	» 81	» 76	» 66	» 57 » 88
Veaux..........	1 19	1 03	» 87	» 72 1 30
Moutons........	1 09	» 96	» 79	» 70 1 13
Porcs..........	» 90	» 86	» 80	» 71 » 94
Peaux de moutons en laine..........				4 05 6 90
Id. id. demi-laine.......				1 65 2 55

Viandes abattues. — Criée du 19 mars.

		1re qualité.	2e qualité	3e qualité.
Bœufs	le kil.	1 40 à 2 80	1 20 à 2 70	1 .. à 1 80
Veaux	—	1 80 1 96	1 64 1 76	1 31 1 50
Moutons ..	—	1 80 1 90	1 30 1 76	» 80 1 26
Porc entier	—	1 18 1 26	1 06 1 16	» 90 1 »

Fromages.

Brie fermiers, haute marque...	les dix	45 à	50
— — grand moule....	—	35	40
— — moyen moule....	—	20	20
— — petit moule......	—	10	10
Brie laitiers moyen moule......	—	5	15
Gruyère..........................	100 kil.	195	150
Roquefort........................	—	285	200
Géromé Gérardmer............	—	60	75
Romatour.........................	—	100	110
Cantal	—	135	150
Façon Port-Salut...............	—	140	160
Bourgogne.........................	le cent	60	70
Saint-Nectaire...................	—	90	100

Livarots :		1er choix.		2e choix.	
En caisse de 30............	le cent	100 à	105	» à	»
En caisse de 36............	—	90	100	75	80
Camembert..................	—	45	55	30	35
Façon Coulommiers........	—	35	40	20	25
Bondons....................	—	12	16	6	8
Gournay....................	—	15	20	8	10
Mont-d'Or..................	—	20	25	»	»

Avis aux Eleveurs et Nourrisseurs.

Les cosses et brisures de fèves de la maison Ph. Breuil, de Dijon, d'une pureté absolue et très riches en principes nutritifs, se recommandent pour l'engrais du bétail et la nourriture des chevaux.

Un Prêtre de ROME a trouvé le moyen de guérir radicalement les Cors, Durillons, Œils-de-Perdrix, Dartres, Eczémas avec le BAUME ANTONIO Envoi *franco* 1f50. MALAVANT, rue Deux-Ponts, Paris. Toutes Pharmacies

HUILE D'OLIVE

B. LAPALU, propriétaire-négociant, à NICE.

président du syndicat agricole de Berre, près Nice.

En estagnon de 30 à 50 litres, le litre :			En estagnon de 15 à 25 litres, le litre :		
Vierge-surchoix	Surfine.	Fine	Vierge-surchoix.	Surfine.	Fine.
2fr47	2fr20	1fr92	2fr72	2fr43	2fr14

Franco de port et d'emballage en gare de l'acheteur.

Paiement : par traite à 45 jours de la date des expéditions.

TOUTES LES HUILES SONT GARANTIES PURES D'OLIVE.

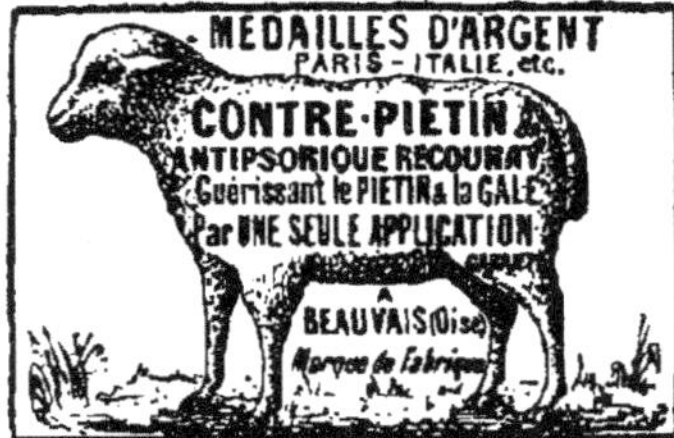

M. RECOURAT, pharmacien à Beauvais.
Gale des moutons guérie radicalement par *une seule application* de l'ANTIPSORIQUE.
La bouteille, 3 fr.; la demi-bouteille, 1 fr. 75.
Guérison du PIÉTIN par *un seul pansement* avec le CONTRE-PIÉTIN-RECOURAT.
Le pot d'essai, 1 fr. 50; le pot, 2 fr. 50.
Joindre 0,60 c. pour recevoir *franco* et indiquer gare.

Exposition universelle de 1889. — Médaille d'or.

COUVEUSES

ARTIFICIELLES Brev. S. G. D. G. Nouv. Perfectionnements
Volailles de toutes races pour la reproduction.
ŒUFS A COUVER
Poussins, race de Houdan, 14 fr. franco. Emb. compris.
Poulaillers, Faisanderies, Volières.
Envoi franco du Catalogue illustré.

ECOLE PRATIQUE D'AVICULTURE
ROULLIER ✻ ✻ et ARNOULT
à Gambais (S.-et-O.), et 7, galerie Vivienne
PARIS.
Ecrire à Gambais.

PHARMACIE SAVARY

AMIENS, 33, Place Saint-Denis, 33, AMIENS
(EN FACE LE SQUARE).

PROVENDE AUX PHOSPHATES ASSIMILABLES

du Docteur DESCHAMPS.

Prix : 3 fr. le kilog.; 27 50 les 10 kilog. (Remises proportionnelles.)

Accroissement rapide des bestiaux, surtout chez les jeunes animaux, force nerveuse, fécondité, engraissement; prévient surtout la diarrhée chez les jeunes veaux. Qualité exceptionnelle du lait.

M. Lefebvre, cultivateur à Marcelcave, a élevé un veau en lui administrant de la Provende phosphatée pendant 60 jours : tué à 70 jours, ce veau pesait 193 kilog., chiffre officiel constaté à l'abattoir. La viande était très blanche, ainsi qu'est prêt à l'attester M. Oheix, boucher à Amiens.

Les attestations émanant des sommités françaises et anglaises les plus accrédités ont été données à M. SAVARY.

30 PRIX D'HONNEUR ET GRANDS PRIX, 250 MÉDAILLES OR, VERMEIL, ETC.
GRANDES CULTURES DE GRAINES POTAGÈRES, FOURRAGÈRES ET DE FLEURS

E. FORGEOT (✻ ✠) & Cie

Fournisseurs du ministère de l'Agriculture, des Ecoles nationales d'agriculture, des Syndicats agricoles, etc.

PARIS, quai de la Mégisserie, 6 et 8

Appareils spéciaux pour épurer et nettoyer les graines

SPÉCIALITÉ DE GRAINES DE GRANDE CULTURE

luzernes et trèfles garantis sans cuscute, minette, vesces, sainfoins trèfles incarnats betteraves, carottes, navets, choux-navets, pommes de terre

Blés à grand rendement, Avoines, Orges, Seigles. Graines d'arbres pour reboisement

Graines de graminées pour prairies

Notre Maison ne vend que des graines de provenances sûres, assurant les meilleurs résultats; elle accepte le contrôle de la Station d'Essais des Semences, établie à l'Institut agronomique par le Ministère de l'Agriculture, contrôle auquel nous sommes soumis dès sa création. En conséquence, nos graines sont garanties de levée et d'une pureté irréprochable; nos trèfles et nos luzernes sont garantis sans un seul grain de cuscute.

Grande et importante **Spécialité de Créations de Prairies.** Nous nous chargeons d'établir des compositions convenant à la nature de chaque sol, et d'avance nous en assurons la réussite.

Sur demande, nous adressons *franco* nos catalogues illustrés de graines potagères, fleurs, arbres, fourrages, ognons fleurs, plantes, etc.

OLIVIER-LECQ

Producteur de graines de betteraves à TEMPLEUVE (Nord).

FOURNISSEUR DES GRANDES SUCRERIES FRANÇAISES.

Le Syndicat des fabricants de sucre de France a organisé en 1889 un vaste concours de graines de betteraves françaises et allemandes auquel ont pris part 27 producteurs français et 10 grands producteurs allemands.

Les essais ont été faits dans dix départements sur 33 champs d'expériences.

CAMBRAI. — Moyenne des trois champs d'essais :

Rendt à l'hect.	Densité	Sucre O/O jus	Pureté	Sucre O/O better.	Sucre à l'hect.
49 083 kil.	7° 88	18.56	90	15.99	* 7.848 kil.

* *Avec les résultats ci-dessus, la betterave* OLIVIER-LECQ *arrive deuxième sur ses concurrents français et allemands.*

Champ d'essais de LA NEUVILLE :

Rendt à l'hect.	Densité	Sucre O/O jus	Pureté	Sucre O/O better.	Sucre à l'hect.
62.090 kil.	7° 9	18.95	92	16.40	* 10.168 kil.

* *Avec ces résultats,* M. OLIVIER-LECQ *arrive le premier sur les 33 champs d'essais. C'est le plus beau succès du concours.*

Les graines essayées provenaient d'un envoi de 20,000 kilog. fait par M. OLIVIER-LECQ à l'usine d'Escaudœuvres.

CRÉDIT AGRICOLE

UNION DES SYNDICATS AGRICOLES DE FRANCE

9, rue Marsollier, PARIS

Agence à LYON, 234, cours Lafayette, S. PLISSONNIER, Directeur ✻ M. A.

MACHINES AGRICOLES DE TOUS SYSTÈMES

TOURTEAUX et FARINES pour la nourriture du bétail.

ENGRAIS CHIMIQUES et ORGANIQUES, MATIÈRES PREMIÈRES

SEMENCES DE PREMIER CHOIX.

., du

L'Administrateur-Gérant : ALBERT RENOT.

Beauvais. — Imp. D. PERE. - A. CARTIER, Gérant.

12e Année. — 2e Série. — No 583.

Dimanche 29 Mai 1891.

GAZETTE AGRICOLE

JOURNAL HEBDOMADAIRE, PARAISSANT LE DIMANCHE

Rédacteur en Chef : M. Ch. GOSSIN, Professeur d'Agriculture à l'Institut agricole de Beauvais.

PRIX DE L'ABONNEMENT

UN AN, 5 fr. — SIX MOIS, 3 fr. — TROIS MOIS, 2 fr. 25

Pour l'étranger les abonnements ne sont reçus que pour un an, au prix de 6 francs, et ne partent que du 1er janvier ou du 1er juillet de chaque année.

Le numéro : 10 centimes.

Il est indispensable de joindre à toute demande de changement d'adresse la dernière bande d'adresse du journal et 50 centimes pour frais de nouvelles bandes.

Adresser les *Abonnements* et *Annonces* au secrétaire de la rédaction, **13, quai Voltaire, Paris**, ou à M. GOSSIN, rédacteur en chef et administrateur, à BEAUVAIS.

BUREAUX

13, quai Voltaire, Paris, et à Beauvais.

Les abonnements partent du 1er de chaque mois et sont payables d'avance. Toute demande d'abonnement doit donc être accompagnée du prix de l'abonnement. (Le mode de payement le plus simple est l'envoi d'un mandat-poste.)

Donner *très lisiblement*, en s'abonnant, son nom et son adresse exacte, *avec l'indication du bureau de poste*; et, s'il s'agit d'une continuation d'abonnement, joindre au renouvellement la dernière bande d'adresse du journal.

La GAZETTE AGRICOLE insère gratuitement les Communications des Syndicats agricoles

SOMMAIRE :

PARIS, 27 MARS.

Un homme d'esprit a dit, un jour, que le budget était *l'art de grouper les chiffres*. Le mot est cynique, mais il est vrai, et il faut bien reconnaître que tous les ministres de la République s'en adjugent le bénéfice. Oui, il est incontestable que, malgré la promesse d'un budget sincère, périodiquement renouvelée, le budget de la France est, chaque année, enguirlandé de telle façon qu'il faut y regarder de très près pour déchirer le voile des apparences et pour mettre en pleine lumière les expédients et le déficit. Le budget de 1892 ne résiste pas mieux que les précédents à un examen scrupuleux; il masque habilement notre situation financière et, selon ses habitudes, M. Rouvier, ministre des finances, a dépensé toutes les ressources de l'art pour tirer des chiffres harmonieusement agencés, des conclusions qu'une étude approfondie peut démentir hardiment. A déshabiller le budget, à l'analyser dans tous ses détails, voici les résultats qu'on obtient.

***

D'abord, il présente, eu égard au budget de 1891, un excédent de dépenses de *52* millions. C'est un chiffre à bien retenir, lorsque, depuis tant d'années, on réclame des économies, et que le budget de 1876, le dernier que les conservateurs aient voté, se trouve actuellement dépassé de plus de *six cent millions*. Pour mettre en relief son nouveau budget, M. Rouvier le compare à celui de 1887 et nous dit fièrement qu'en cinq années, il a réalisé *195* millions d'économies. Tant de témérité rend le Bonhomme Deschamps songeur. Peut-on sérieusement faire état d'économies, quand le chiffre des dépenses va toujours croissant, et qu'on donne le nom d'économies à des dépenses qui ne devaient pas se produire? Qu'il y ait eu en cinq années *195* millions de dépenses supprimées : soit, nous le voulons bien; mais il y a, par ailleurs, *269* millions de dépenses nouvelles. Toute la vérité est dans le rapprochement de ces deux chiffres, et le contribuable en est pour la différence qui s'élève à *74* millions. Voilà qui est brutal et péremptoire. On pourrait même dire : Voilà qui est éloquent, car quoi de plus probant, de plus juste, de plus vrai, de plus incontestable que les chiffres!

***

Notre ministre des finances fait aussi grand bruit de l'incorporation dans le budget ordinaire, de dépenses extraordinaires, de certaines garanties d'intérêt relatives à la construction des voies ferrées. Le précédent est bon, mais en définitive cette incorporation laisse un déficit et ce déficit est comblé par un emprunt de 11 millions à la caisse de la dotation de l'armée. Quant aux réformes, les frais en seront faits par le nouveau tarif des douanes. On lui demande *trente-huit* millions. En résumé nous ne connaissons pas la dette réelle de la France et c'est à l'occasion de ces comptes que M. Pelletan — un républicain pur, celui-là — a pu dire que *cette partie de notre passif n'a d'analogie avec les dettes d'aucun pays*. Lui, le bénédictin laïque des commissions du budget, se déclare dans l'impossibilité de voir clair et il est à remarquer que le ministre des finances s'est bien gardé de faire la lumière qui lui avait été impérieusement demandée. A tout bien considérer, il n'y a rien, ou à peu près, de changé et le budget de 1892 n'améliore pas notre situation financière : c'est dans l'obscurité que nous demeurons, avec de nouveaux excédents de dépenses.

***

On a vu en effet, la semaine dernière, que les derniers courriers arrivés du Tonkin nous ont appris que cette colonie qui nous a déjà coûté tant de millions est à feu et à sang, et qu'il va sans doute falloir envoyer des régiments là-bas. Aussi un député modéré, M. de Montfort, a-t-il demandé au gouvernement de s'expliquer devant la Chambre sur ce qu'il comptait faire pour pacifier le Tonkin. M. de Montfort, tout en ayant fait remarquer que personne ne réclame l'évacuation du Tonkin, a demandé au ministre si le gouvernement ne compte pas changer sa façon de faire et s'il n'a pas l'intention de commencer bientôt une nouvelle expédition. Des incidents graves se sont produits; la rébellion des pillards a fait des victimes; le poste de Cho-Bo, défendu par des miliciens, a passé à l'ennemi; on signale des massacres; des villages ont été brûlés. Pour beaucoup de gens sans parti pris, le Tonkin est dans cette situation lamentable parce que l'on a passé trop rapidement de la période de guerre à la période de paix et qu'il a fallu organiser l'armée des gardes civils. Cette armée, où l'élément militaire est nul, n'a pas d'action morale, et pour son entretien on a fait des économies sur le dos de l'armée régulière. Les conséquences de ce parallélisme des deux armées a une influence mauvaise. L'autorité civile a pris le pas sur l'autorité militaire et son incompétence a fait beaucoup de mal. M. de Montfort a terminé en demandant au gouvernement de dire ce qu'il sait et de faire connaître à la Chambre les mesures qu'il compte prendre pour porter remède à une situation aussi critique.

***

M. Etienne, son secrétaire d'Etat, a répondu qu'il est vrai que nous avons eu des soldats massacrés, que le vice-résident de France a été décapité, mais qu'à part cela, on exagère beaucoup les faits qui se passent au Tonkin! On n'est vraiment pas plus optimiste! Mais cet optimisme du gouvernement ne dit rien qui vaille au Bonhomme Deschamps, qui voit poindre à l'horizon de nouveaux envois de renforts, du sang versé inutilement et des millions dépensés en pure perte. Voilà de graves raisons pour croire que le budget de 1892 ne sera pas bouclé sans quelques nouvelles centaines de millions de déficit, les contribuables peuvent donc s'attendre à voir leurs feuilles de contributions grossies au mois de février prochain. S'ils trouvent que tout va pour le mieux dans la meilleure des républiques radicales, grand bien leur fasse.

LE BONHOMME DESCHAMPS.

NOUVELLES DE LA SEMAINE.

M. Carnot et Jeanne d'Arc. — M. le président de la République doit se rendre à Orléans le 7 mai, c'est-à dire le jour où commenceront les fêtes de Jeanne d'Arc. Mais ce ne sera pas pour y prendre part ; ce sera au contraire, pour s'abstenir d'y paraître. Les journaux républicains publient à ce sujet, des *informations qui, en d'autres temps, paraîtraient* bien extraordinaires, mais qui aujourd'hui paraissent toutes naturelles. D'après ces renseignements, M. Carnot ira inaugurer, le 7 mai, un orphelinat à Orléans : il donnera un diner à la préfecture, puis il repartira en toute hâte, sans avoir l'air de se douter que la ville d'Orléans honore, à la même date, la mémoire de la grande héroïne française. Et pourquoi ? « Il est bien évident dit un journal radical qui a consulté M. Carnot, que le président de la République, quel que soit son respect pour les traditions de la ville d'Orléans, ne peut prendre part officiellement à une manifestation dans laquelle le clergé se réserve extérieurement une place prépondérante.» Voilà qui donnera aux Orléanais une haute idée du patriotisme de nos gouvernants et aussi de leur intelligence. Le contact du clergé souillerait M. Carnot. Tans pis pour Jeanne d'Arc ! Elle n'avait qu'à ne pas sauver la France, ou bien à faire profession de libre pensée.

Le projet Barodet. — Un député radical, très influent parce qu'il est athée et disciple de Proudhon, vient de déposer à la Chambre un projet de loi où il demande :

1° La suppression de l'hérédité en ligne collatérale;

2° L'attribution à l'État de toute succession *ab intestat ;*

3° La cession, à des conditions de paiement par annuités, accessibles aux plus pauvres familles de cultivateurs et d'ouvriers, comme aussi aux syndicats et associations d'ouvriers et d'employés régulièrement constitués, des immeubles provenant de ces successions et de la plupart des biens nationaux ou communaux;

4° L'obligation imposée aux acquéreurs de les occuper, cultiver et exploiter eux-mêmes, et de n'avoir désormais la faculté de les aliéner et transmettre qu'à la même condition, de telle sorte que ces immeubles ne puissent jamais plus devenir l'objet d'une rente perpétuelle au profit de l'oisiveté;

5° La même obligation imposée aux collatéraux et aux non-parents pour l'héritage immobilier à eux transmis par testament ou par donation.

La commission d'initiative, chargée d'examiner cette proposition, a conclu à sa prise en considération.

Voilà qui nous en promet de belles !

Cette série de mesures ne tendrait à rien moins qu'à la destruction de la propriété, sous toutes ses formes, à la destruction de la famille par la suppression de l'héritage, et à la suppression de la liberté individuelle elle-même.

La décision de la commission d'initiative est un véritable scandale, car prendre un projet en considération, c'est lui reconnaître, tout au moins, le droit aux honneurs de la discussion. Et, plus ou moins, les commissions reflètent l'opinion de la Chambre qui les nomme.

Les républicains actuels auraient-ils l'intention de reprendre, à leur compte, la maxime de Proudhon : *La propriété c'est le vol!*

La guerre aux pauvres. — Toute la presse indépendante a publié un imprimé administratif qui démontre une fois de plus le cynisme de nos gouvernants en matière de charité. Cette pièce émane du bureau de bienfaisance du XII° arrondissement de Paris. Elle est envoyée, en guise de réponse, aux indigents qui sollicitent les secours de l'Assistance publique. Elle est ainsi conçue :

Pour qu'une suite puisse être donnée à la demande de secours que vous avez adressée, veuillez faire connaître par écrit le nom et l'âge de chacun de vos enfants et les écoles qu'ils fréquentent. *(Déposer votre lettre chez le concierge de la mairie).*

On voit le but : il s'agit de contraindre les familles indigentes à envoyer leurs enfants aux écoles athées de la ville de Paris ; si elles résistent, on les prive de tout moyen de subsister. C'est un nouvel et odieux exemple de l'intolérance républicaine. C'est une monstrueuse iniquité, les fonds de l'Assistance étant fournis par tous les contribuables. C'est une abominable spéculation sur la misère ; les républicains à leur aise peuvent faire élever leurs enfants chez les congréganistes, et ils ne s'en privent pas ; mais les pauvres gens sont condamnés à l'école sans Dieu. De tels procédés méritent d'être flétris. Nous les dénonçons à l'indignation publique. Nous demandons s'il convient d'y voir un motif d'adhérer au régime qui s'en rend coupable?

Nécrologie. — Nous apprenons avec douleur la mort d'un homme de bien, à la mémoire duquel la rédaction de la *Gazette agricole* a le devoir de rendre un hommage ému et d'exprimer un regret profond et sincère. M. Saint-Marc Girardin est décédé la semaine dernière à Valescure-Saint-Raphaël (Var), à peine âgé de 44 ans. C'est une grande douleur pour sa *famille, mais c'est aussi* une grande perte pour ses amis, pour la cause de la monarchie et pour la cause de l'agriculture, dont il était un défenseur intrépide et acharné. Les agriculteurs de la Haute-Vienne et notamment ceux de l'arrondissement de Saint-Yriex connaissaient depuis longtemps cet homme de bien, ce chrétien sincère et dévoué à toutes les causes honnêtes. Il était la bonté même. Nous adressons à sa famille, si cruellement éprouvée, l'expression de toute notre sympathie.

VEILLÉES RURALES (1).

(Suite.)

Conférences agricoles au village.

CINQUIÈME CONFÉRENCE.

CHANSONNETTE. — CONFORMATION DES ANIMAUX. — CHOIX DES SEMENCES. — ÉDUCATION DES ENFANTS. — PÂTURE.

Les musiciens ouvrirent la séance par la chansonnette suivante, composée sur un refrain connu :

Le coq me réveille en chantant,
Lorsque l'étoile encor scintille.
L'esprit en paix, le cœur content,
Je prends la faux et la faucille.
De Dieu j'invoque la bonté,
Et de l'oiseau j'ai la gaîté.

Combien ne cherchent que l'or !
Insensés, ils trouvent la peine
Et la douleur dans le trésor,
Et dans l'opulence la chaine.
Mieux vaut garder ma liberté,
Mon petit champ et ma gaîté.

A d'autres ces pompeux réduits
Où dans le luxe on se consume ;
Où sans fin paraissent les nuits,
Malgré les douceurs de la plume.
Je préfère ma pauvreté,
Et mon sommeil et ma gaîté.

Lorsque d'amour on est épris
Pour mille vanités futiles,
On ne voit plus qu'avec mépris
De nos champs les trésors utiles.
Conservons la simplicité,
Et le travail et la gaîté.

A nous du firmament l'azur !
A nous des oiseaux le ramage !
A nous des forêts l'air si pur !
A nous le silence et l'ombrage !
Oh ! dans ce séjour enchanté,
Je respire paix et gaîté.

Petit oiseau, tu bois eau claire,
Et tu t'en vas toujours chantant.
A tout, comme toi, je préfère
Boisson limpide et cœur content.
Oh ! Dieu ! bénis dans ta bonté
Ma chansonnette et ma gaîté.

Après, le procès-verbal et quelques exercices de géométrie.

« — Messieurs, dit le maire, ce n'est pas tout de récolter beaucoup de fourrage et de fortement nourrir le bétail, il faut encore avoir des animaux bien conformés. Notre habile vétérinaire veut bien traiter cette question.»

Le vétérinaire. — « Messieurs, je compare le corps des animaux à un édifice. Les quatre colonnes angulaires sont les membres. Le faîte du toit, c'est l'épine dorsale. Or, je vous le demande, donneriez-vous un certificat de solidité à une maison dont la toiture fait le creux ? De même, dans toute espèce de bétail, le dos fléchi ou *ensellé* constitue un défaut grave.

« Maison sans profondeur, peu de logement. Egalement, si le corps est étroit, le cœur, les poumons, le foie, l'estomac, les intestins se trouvent à la gêne. S'il s'agit d'une femelle reproductrice, le sujet qu'elle doit mettre au jour habite, dans le sein de sa mère, une mauvaise chambre. Ainsi, pas de poitrine serrée, pas de côte plate, pas de croupe en lame de couteau.

« Du jeu des nerfs dépendent les diverses fonctions de la vie. Je veux donc un cerveau

(1) Reproduction interdite.

développé et un front large ; car les nerfs sont les ramifications du cerveau.

« Lorsque, au lieu d'être d'aplomb, les angles de votre maison s'écartent à droite ou à gauche, êtes-vous satisfaits? La conformation des animaux n'est pas moins défectueuse, si chacun des membres ne présente pas une ligne verticale tombant à angle droit sur celle du dos. Des croupes avalées, des derrières pointus, des jambes torses ou obliques, tout cela ne vaut rien.

« Lorsqu'entre les colonnes d'un édifice il se trouve trop d'espace, la solidité est compromise. De même, il ne doit pas y avoir trop de distance entre la croupe, sommet des membres postérieurs, et l'épaule, sommet des colonnes du devant. Autrement, le sujet, que dans ce cas on dit efflanqué, ne peut résister à la fatigue.

« Je ne veux pas non plus que le col soit très-allongé ; l'animal a trop de peine à soutenir la tête, surtout si elle est elle-même longue et lourde, autre défaut grave.

« Au contraire, une grande étendue de croupe et d'épaule, beaucoup de longueur de cuisse et de bras, voilà ce qui me plaît. Comme les principaux muscles qui font mouvoir les membres couvrent ces parties, plus elles sont développées, plus la chair musculaire l'est aussi ; dès lors, plus l'animal a de force, et s'il est destiné à la boucherie, plus il donne de viande.

« Vous auriez peine à vous tenir sur de hautes échasses. Par la même raison, des membres trop élevés affaiblissent l'animal. Il importe surtout qu'elle soit courte, la partie appelée *canon*, qui se trouve au-dessous du genou dans les membres antérieurs, au-dessous du jarret dans le train de derrière.

« Recherchez les os fins, les articulations saillantes sans irrégularité ni engorgement, la peau souple, les yeux vifs, les membranes intérieures de la bouche et des paupières d'un beau rose, et non pas d'un rouge vif ou d'un pâle blafard.

« Chez l'animal qui n'est pas destiné à travailler, et dont le produit consiste exclusivement en laine et en viande, vous pouvez admettre la chair molle, indice d'un tempérament lymphatique et d'une grande disposition à engraisser. Au contraire, que les muscles des races de travail soient serrés et durs ; qu'ils se dessinent nettement sous la peau et qu'à certains points les veines apparaissent. Un cheval de petite taille et doué de ces caractères ferait périr au travail tel autre plus gros, mais couvert de chair flasque. Cependant, combien de cultivateurs estiment à tort ces masses de chair !

« Vous ne craindrez pas, Messieurs, un peu de dépenses pour vous procurer des reproducteurs tels que je viens de les décrire, et vous ne ferez pas comme les habitants de certain village où se trouvaient deux taureaux, l'un très-remarquable et pour le service duquel on demandait deux francs par vache ; l'autre des plus mal conformés, mais dont le service ne coûtait qu'un franc. Figurez-vous que c'est ce dernier qui attirait toutes les pratiques. »

Le Maire. — « Messieurs, vous apprendrez avec plaisir que, si la commune veut acheter deux beaux taureaux, M. Larivière offre de payer la moitié de la dépense. »

Un assistant. — « Voilà un digne propriétaire ! »

Le Maire. — Ainsi, Messieurs, vous admettez que, pour réussir dans l'élève, il faut choisir les reproducteurs les mieux faits. Le même principe s'applique aux plantes ; et cependant combien d'entre nous prennent leurs semences presque au hasard ! Pourvu que le grain soit rond et net de mauvaises graines, il leur suffit; Messieurs, ce n'est pas assez.

« Au moment de la moisson, choisissez dans votre meilleur blé un certain nombre d'épis sur les pieds qui ont le mieux tallé et dont les chaumes sont le plus solides,. Semez en lignes les plus beaux grains de ces épis. Sarclez au printemps. La plante, ayant plus d'air que dans les champs semés à la volée, tallera davantage et présentera des tiges plus fortes et certainement aussi un plus grand nombre de gros épis. Ces épis, choisissez-les de nouveau ; semez-en le grain dans les mêmes conditions que la première fois. A chaque génération, faites de même, et bientôt votre blé deviendra plus productif. C'est par des soins analogues que l'on parvient à régénérer toutes les espèces végétales. »

Le curé. — « L'éducation de l'homme, mes amis, ressemble beaucoup à celle de la plante. J'aperçois dans l'âme de vos enfants le principe de toute perfection et le germe de toute espèce de vice. Quelle vigilance il faut pour développer le premier et pour éteindre le second ! Je le dis tristement ! certains usages du pays sont incompatibles avec cette bonne surveillance incessante qui fait la bonne éducation.

« En hiver, vos enfants fréquentent l'école, c'est bien ; mais l'alouette n'a pas plutôt chanté que les garçons vont à la charrue. Plus d'école pendant plusieurs mois. Tout ce qui a été appris en hiver est oublié.

Un assistant. — « Mais ne faut-il pas que les terres soient labourées ? »

Le maire. — « Eh ! Messieurs, c'est une honte que nos charrues traînées par cinq, six et huit animaux et conduites par deux personnes. Avez-vous jamais réfléchi à ce que coûtent de tels labours ? Encore, ne faites-vous que gratter la terre. Ayez des charrues un peu moins lourdes. Nourrissez convenablement vos chevaux, et deux ou trois attelés de front suffiront presque toujours, sous la conduite d'un seul homme. Vous le savez, je ne laboure jamais autrement. »

Le curé. — « Quand la charrue est dételée, l'enfant emmène à la pâture les chevaux et les bœufs, et il reste au milieu des champs sans surveillance.

« Quant à vos filles, chacune part le matin avec son petit troupeau ; puis, entièrement abandonnées à elles-mêmes, elles passent toute la journée le long des chemins et des haies. »

« Les brebis qu'elles gardent attrapent sans doute parfois quelque bonne goulée ; mais habituellement elles meurent de faim. Leurs engrais dispersés çà et là sont perdus pour les récoltes, qui d'ailleurs sont exposées à mille dégâts : gardiens et gardiennes s'ennuieraient seuls ; tandis qu'ils jouent, font la maraude et peut-être encore pis, les bêtes vont où elles veulent.

« Pourquoi, mes amis, n'avez vous pas des enclos bien fermés, comme on en voit en Normandie? Le bétail passe successivement de l'un dans l'autre. Ainsi, sans frais de garde, le pâturage fait grand profit. Dans des herbes d'une certaine hauteur, vous pourriez attacher chaque animal à un piquet qui serait déplacé de temps en temps. Pour les petites fermes, je préfère encore le régime à l'étable au moyen de fourrages fauchés. Quelle masse de fumier on se procure ainsi ! »

Un assistant. — « Mais aussi quel travail ! »

Le curé. — « Au lieu de laisser vos enfants errer çà et là, habituez-les à devenir laborieux, et ces complications vous paraîtront toutes simples. Si ce n'est pas l'intérêt qui vous détermine, qu'au moins ce soit le sentiment du devoir.

L'orphéon exécuta un morceau de musique ; l'instituteur fit une lecture tirée des *Mémoires d'un troupier*, par M. Anatole de Ségur, et l'on se sépara après le chant habituel.

(A suivre.) Charles Gossin.

LES ORGES DE PRINTEMPS

L'année dernière, l'éminent directeur de l'agriculture, M. E. Tisserand, publiait dans le bulletin du ministère de l'agriculture une note très remarquée sur les avantages de la culture de l'orge à laquelle nos cultivateurs n'accordent peut-être pas l'importance qu'elle mérite dans leurs semailles de printemps. L'année est propice au développement de la culture de cette céréale, puisqu'on cherche un peu partout le meilleur parti à tirer des terres qui n'ont pu être ensemencées à l'automne ou dont les emblavures n'ont pu résister aux gelées de l'hiver.

Jadis, la culture de l'orge passait pour être peu rémunératrice, parce qu'elle donne peu de paille et que la valeur du grain dépassait à peine la moitié de celle du blé. Mais l'essor pris par l'industrie de la brasserie en France et à l'étranger a bien modifié cette situation : les orges de qualité inférieure se vendent mal, il est vrai ; mais les belles orges, celles qui conviennent à la brasserie, sont toujours recherchées et atteignent presque le prix du blé. La brasserie française emploie deux millions et demi de quintaux d'orge et les pays voisins, surtout l'Angleterre, l'Allemagne et la Belgique, sont obligés d'en importer des quantités considérables. Nos cultivateurs auraient donc pour les belles sortes qu'ils pourraient produire un débouché assuré, tant en France qu'à l'étranger.

Mais il faut pour cela qu'ils s'astreignent à semer les variétés améliorées, à fumer convenablement le sol, de façon à obtenir un rendement qui, dans une culture soignée, doit dépasser d'un tiers, en moyenne, celui du blé.

La variété d'orge la plus connue, la plus généralement estimée par la brasserie, est l'orge Chevalier, sous-variété de l'orge *distique* ou à deux rangs : elle a l'écorce fine, le grain gros et lourd. Voici comment s'exprime à son sujet M. Gustave Heuzé dans ses *Conseils sur les semailles :*

« L'orge Chevalier, variété remarquable par la hauteur et la rigidité de ses tiges, sa productivité et la qualité de son grain, est la céréale qu'on peut semer le plus tardivement, c'est-à-dire jusqu'à la mi-avril. Elle exige pour végéter régulièrement des terres de consistance moyenne et de bonne qualité.

« Cette céréale peut très bien succéder aux blés d'automne, aux betteraves et aux colza détruits par les grands froids.

« La terre sera bien préparée si, avant la semaille, on la laboure par une belle journée avec un bisoc ou un scarificateur. »

Sa végétation étant très rapide, l'orge exige beaucoup d'engrais, particulièrement d'acide phosphorique. On prétend qu'elle est beaucoup plus sensible à l'action du superphosphate d'os qu'à celle du superphosphate minéral.

M. Grandeau propose, comme une bonne fumure moyenne, 100 kilos d'acide phosphorique, 30 kilos d'azote nitrique et 30 kilos de potasse réelle. Mais si on emploie le superphosphate, nous croyons qu'il suffira d'en répandre 250 à 300 kilos avant le dernier labour et d'y ajouter 100 à 150 kilos de nitrate de soude au moment de la semaille. Dans la plupart des cas, la potasse pourra être négligée, sauf en terrain très calcaire où il sera bon de donner 100 à 150 kilos de chlorure de potassium.

LA PRODUCTION DU FUMIER DE FERME

La production du fumier de ferme dépend du poids de l'animal, de la nourriture fraîche ou sèche, de la quantité de litière, de la durée du séjour de la bête à l'étable ou à l'écurie, etc., de tant de circonstances enfin que les plus expérimentés s'y perdent.

Il n'est donc pas possible, dit fort justement M. Joigneaux, que des fermiers, interrogés sur tout cela, s'accordent dans leurs réponses. S'ils avaient prévu la demande, ils auraient peut-être pris des notes, mais n'y étant point préparés, et n'entendant pas rester à court, ils s'exécutent quand même, et font la part du hasard *plus ou moins large, un peu à la diable*.

Nous avons, on le pense bien, cherché à nous renseigner par nous mêmes et par des personnes autorisées sur le cas qui fait l'objet de cet article. Or, nos recherches que nous ne considérons point comme pleinement satisfaisantes, ont abouti à ceci :

Un bœuf de travail peut produire par année, à raison de 3 kil. de paille de litière environ par jour, de 10 à 11,000 kil. de fumier.

Une vache en stabulation donnera de 12 à 13,000 kilogr. et plus; on dépasserait 20,000 kil. avec beaucoup de nourriture fraîche et 5 kilogr. de paille par jour.

Pour ce qui est d'un cheval qui reçoit par jour, 2 kilogr. 1[2 de litière, il rend par année de 8,000 à 9,000 kilogr. de fumier.

A propos de litières de paille, il convient de remarquer que les pailles des diverses céréales sont absorbantes à des degrés différents et que le mode de battage a aussi de l'importance dans le choix des litières. D'après les expériences de Boussingault, la paille la plus absorbante, c'est-à-dire qui donne le plus fort poids en fumier, est la paille d'orge. Celle d'avoine ne vient qu'après et celle de froment n'arrive qu'au troisième rang. Et quant à celle-ci, les praticiens établissent une distinction entre les pailles provenant de gerbes battues en long et de gerbes battues en travers. Les premières sortent de la machine froissées ou frippées et méritent la préférence comme litière, attendu qu'elles épongent bien les déjections. Les secondes sortent intactes de la machine, se prêtent parfaitement au bottelage et sont préférées par le commerce.

ÉTAT DES VIGNOBLES.

Les gelées de décembre, janvier et février.

Il résulte des renseignements qui nous sont arrivés de divers vignobles, que le bois de la vigne, là où le sarment s'est bien aoûté, n'aura pas souffert des gelées si rigoureuses et si longues qui sévissent depuis la fin de novembre dernier.

Les racines auront-elles supporté aussi bien cette froidure ? Enveloppées de terrain glacé pendant deux mois et demi, n'auront-elles pas craint ce contact si prolongé et si dangereux ?

L'hiver 1890 1891 ressemble beaucoup à celui de 1879-1880, qui a été si funeste à nos vignes, surtout dans les terres fortement argileuses où tout a été perdu. Le mal fut si grand que l'on s'accordait à dire, alors, que cet hiver si rigoureux avait fait plus de mal que le pylloxéra. Si dès aujourd'hui on peut juger de l'état de nos sarments de vignes, il n'en est plus de même de la racine, qui peut être plus ou moins offensée, plus ou moins mortifiée, sans qu'il soit possible de juger de l'intensité du mal.

Au printemps 1880, dans les vignobles du Centre, lors de la première pousse, on crut d'abord que les vignes de coteaux, en terrain léger et bien perméable, n'avaient pas de mal. Ce fut seulement dans le courant de l'été, au moment où la souche atteint tout son développement, que l'on s'aperçut de la faiblesse de la végétation et de la récolte, à peu près partout; depuis lors, malgré tous les soins qu'on put leur donner, ces vignes n'ont jamais repris leur vigueur habituelle.

Ce qui probablement pourra atténuer le mal en 1891, c'est qu'au moment où les grands froids sont survenus, à la fin de novembre dernier, le sol était beaucoup moins imprégné d'eau qu'en novembre 1879, époque où le sol se trouvait détrempé par de grandes pluies qui avaient précédé les premières gelées.

Nous espérons aussi que les racines de nos porte-greffes les plus employés, Vialla, Solonis, York, Riparia, qui supportent très bien les plus grands froids en Amérique, se comporteront tout aussi bien en France. Nous avons déjà pu constater, en 1871 et en 1879-1880, que leurs racines n'avaient nullement souffert des froids si rigoureux de ces deux époques néfastes pour la viticulture.

Si les choses doivent se passer comme nous l'espérons, ce sera là une nouvelle preuve de tous les avantages que présente la culture des vignes greffées sur celles qui ne le sont pas.

LA CENDRE DE BOIS
dans l'engraissement du porc.

Nous lisons, dans les comptes rendus de la Société nationale d'agriculture de France, une intéressante communication sur l'emploi de la cendre de bois dur, comme condiment dans la nourriture des animaux.

C'est ainsi que M. Louis Passy a communiqué les résultats obtenus à l'Université du Wisconsin par l'emploi des cendres de bois dur et de la farine d'os, dans l'alimentation des porcs.

Un certain nombre de porcs ont été divisés en trois lots.

Le premier lot n'a reçu que de la farine de maïs.

Le deuxième n'a reçu également que de la farine de maïs additionnée d'os pulvérisés.

Le troisième a reçu également de la farine de maïs, mais additionnée cette fois de cendre de bois dur.

Pour le premier lot, il a fallu 621 litres de maïs pour produire 100 livres de viande, tandis qu'il n'en a fallu que 491 pour le second et 490 pour le troisième.

D'autre part, on a constaté une dureté moins grande des os, pour les animaux du lot numéro 1, nourris exclusivement au maïs, sans addition de cendres ou d'os; la cendre, d'après les expériences relatées ci-dessus, paraît avoir surtout aidé à la digestion. Son emploi, ainsi que celui des os, semble devoir être recommandé comme économique dans l'engraissement des porcs.

Nouvelles agricoles.

Les tarifs de grande vitesse. — Les Compagnies de chemins de fer viennent de communiquer au ministère des travaux publics les tarifs qu'elles comptent appliquer aux transports de marchandises en grande vitesse, dans le cas où l'Etat les dégrèverait de la totalité de l'impôt actuel de 23 0 0. Voici quelles seraient leurs propositions :

Les messageries d'un poids supérieur à 50 kilog. seraient taxées suivant un barême analogue au système belge. En vertu de ce barême, la base uniforme actuelle de 36 centimes par kilomètre serait remplacée par une base kilométrique décroissant de 32 à 24 centimes par tonne. Pour les expéditions d'un poids de 50 kilog. et au-dessous, qui constituent la partie la plus importante du trafic des messageries, les Compagnies proposent de mettre en application un tarif analogue à celui qui est en vigueur en Allemagne. Ce tarif comporte des réductions très notables par rapport aux taxes actuellement applicables aux colis moyens ; la base kilométrique du prix qu'il édicte ne dépasse, en effet, sur aucun parcours, 36 centimes par tonne, et la base kilométrique moyenne qui ressort de l'ensemble du tarif ne dépasse pas 32 centimes, alors que la perception nette des Compagnies pour un colis de 40 kilos et au-dessous s'élève aujourd'hui à 45 centimes, impôt déduit.

Toutes les Compagnies étant d'accord pour appliquer ce tarif comme tarif commun, il en résulterait une grande simplification pour le public, puisque, par la seule connaissance de la distance du point d'expédition au point de destination, la taxe des colis moyens se trouvera déterminée, quelles que soient les Compagnies intervenant dans le transport.

Toutes denrées d'un poids supérieur à 40 kilogrammes seraient taxées à l'aide d'un barême kilométrique à base décroissante, qui varie de 24 centimes à 18 centimes, alors qu'à l'heure actuelle la base uniforme n'est pas inférieure à 25 centimes, impôt déduit. Les denrées de 10 kilogrammes et au-dessous seraient taxées comme messageries ordinaires. En ce qui concerne les animaux vivants, les réductions proposées par les Compagnies atteignent 20 0/0 ; la même réduction est applicable au transport des voitures de toute sorte.

Le Crédit agricole. — De tous côtés, les agriculteurs de France se plaignent et, malheureusement, leurs plaintes ne sont que trop justes.

Non seulement ils ont subi une série de mauvaises années, mais il leur devient de plus en plus difficile de lutter contre la concurrence des produits de l'étranger.

Ils ont besoin d'être aidés, mais sérieusement.

Il faut qu'on leur donne le moyen de se procurer facilement et économiquement les capitaux nécessaires pour leurs achats et leurs travaux.

En un mot, il faut que le gouvernement demande aux Chambres la création d'un Crédit agricole.

Cette création est une nécessité qui s'impose.

Or, il s'offre une occasion unique de fonder un crédit agricole sans que les Chambres soient obligées de voter une grosse dépense nouvelle aux frais du budget, sans qu'il en coûte un centime au Trésor.

Quelle est cette occasion?

C'est le renouvellement du privilège de la Banque de France.

La Banque de France fait un peu trop ce qu'elle veut.

Il ne serait pas mal qu'elle fît un peu ce dont le pays a besoin.

Elle escompte les billets des commerçants; pourquoi n'escompterait-elle pas les billets des agriculteurs?

Ce qui ruine l'agriculteur, c'est qu'il emprunte à de gros intérêts, c'est qu'il a affaire à des usuriers et à de terribles.

Qu'il trouve à emprunter au même taux que le commerce et il pourra vivre.

Que le gouvernement fasse de cette question la condition *sine quâ non* du renouvellement du privilège de la Banque, et le Crédit Agricole sera véritablement fondé.

Ventes de terres en Algérie. — D'importantes ventes de terres domaniales de colonisations auront lieu en Algérie, dans les départements d'Alger et de Constantine, au commencement du mois d'avril prochain. Elles sont de nature à fournir un débouché à tous ceux qui voudraient participer au développement des progrès déjà réalisés dans cette importante colonie.

Une notice contenant des indications détaillées pour chaque lot sera transmise par M. le gouverneur général de l'Algérie à toute personne qui lui en aura fait la demande directement.

La consommation de la viande en France. — La direction de l'agriculture vient de publier une statistique des plus intéressantes sur la situation agricole de la France pendant l'année 1890.

De cette longue nomenclature, nous ne relevons que les chiffres concernant la consommation de la viande.

Rien n'est plus curieux que de suivre la marche ascensionnelle de la viande livrée chaque année aux consommateurs; comme il est facile de s'en rendre compte, son augmentation est même sensible d'une année à l'autre.

Ainsi en 1880, les viandes de boucherie et de charcuterie consommées donnaient un total de 170,046,300 kilogrammes. Depuis, ce chiffre n'a fait qu'augmenter. En 1882, il était déjà de 179,858,804 kilogrammes. Nouvelle augmentation encore plus sensible en 1883. Cette année-là on a consommé pour un chiffre de 186,922,376 kilogrammes. Enfin, en 1889, la consommation a atteint le chiffre de 193,614,282 kilogrammes.

Sur ce nombre, il faut attribuer 3,948,560 kilogrammes à la viande de cheval, 6,820 kilogrammes à la viande de mulet, et enfin 9,800 kilogrammes à la viande d'âne.

Ces chiffres n'ont rien qui doivent nous étonner, la consommation de la viande de mulet et d'âne ayant fortement augmenté dans ces dernières années.

CONSEILS DU JARDINIER

LES ENGRAIS CHIMIQUES POUR LES FLEURS

Depuis que les engrais chimiques sont devenus d'un emploi très étendu en agriculture, chacun cherche à les utiliser dans toutes les cultures, et de divers côtés on nous a demandé quelles compositions conviendraient pour les fleurs conservées dans la maison.

Voici, pour répondre d'avance aux questions des jardiniers et des amateurs, les compositions recommandées en horticulture dans les différents cas qui peuvent se présenter :

Pour les boutures de géraniums : 7 kilog. superphosphate de chaux, 1 kilog. chlorure de potassium, 750 grammes sulfate de fer, 2 kilog. sulfate de chaux.

3 grammes de ce mélange par kilog. de terre, mêler le tout ensemble.

Pour les rempotages de coleus, ageratums : 1 kilog. 500 nitrate de soude, 1 kilog. sulfate d'ammoniaque, 1 kilog. 500 superphosphate de chaux, 500 grammes chlorure de potassium, 2 kilog. de sulfate de chaux, 500 grammes sulfate de fer.

3 grammes de ce mélange par kilog, de terre, mêler le tout ensemble.

Pour les rempotages de bégonias, etc.: 1 kilog. nitrate de soude, 2 kilog. sulfate d'ammoniaque, 3 kilog. superphosphate de chaux, 500 grammes chlorure de potassium, 2 kilog. sulfate de chaux, 500 grammes sulfate de fer.

3 grammes de ce mélange par kilog. de terre, mêler le tout ensemble.

Pour les plantes à fleurs en massifs : 2 kilog. de nitrate de soude, 10 kilog. superphosphate de chaux, 2 kilog. chlorure de potassium, 4 kilog. sulfate de chaux, 2 kilog. sulfate de fer.

300 grammes de ce mélange par mètre carré.

Pour les plantes à feuillages en massifs : 3 kilog. nitrate de soude, 4 kilog. superphosphate de chaux, 1 kilog. chlorure de potassium, 4 kilog. sulfate de chaux, 2 kilog. sulfate de fer.

300 grammes de ce mélange par mètre carré.

Pour les plantes à feuillages en pots : 1 kilog. de nitrate de soude, 1 kilog. sulfate d'ammoniaque, 2 kilog. de superphosphate de chaux, 500 grammes chlorure de potassium, 2 kilog. sulfate de chaux, 500 grammes sulfate de fer.

3 grammes de ce mélange par litre d'eau et arroser une fois par semaine

Pour les plantes à fleurs en pots : 500 grammes nitrate de soude, 500 grammes sulfate d'ammoniaque, 4 kilog. superphosphate de chaux, 500 grammes chlorure de potassium, 2 kilog. 500 sulfate de fer.

3 grammes de ce mélange par litre d'eau et arroser une fois par semaine. HORTUS.

CONSEILS DU VÉTÉRINAIRE

INFLUENCE NUISIBLE D'UN CHOMAGE PROLONGÉ DU TRAVAIL DES CHEVAUX.

Des chevaux qui ont beaucoup travaillé sont parfois remis à l'écurie, où on les nourrit fortement afin de pouvoir de nouveau les employer à un travail d'autant plus énergique. Quand un cheval doit faire un peu plus de travail que d'ordinaire, on entend souvent dire : Je laisse reposer mon cheval pendant quelques jours parce que je dois faire avec lui un voyage très fatiguant. Cette opinion que l'inaction chez les chevaux de travail, les prépare par un repos complet à de grands efforts, est, dit un journal, radicalement fausse et à rejeter. Quand un cheval ainsi traité sort de l'écurie, il travaille d'abord avec ardeur et courage, à tel point qu'il faut le modérer, et cette façon d'agir confirme chez le conducteur expérimenté cette opinion que la suspension d'exercice donne la force. Mais cette force n'a aucune durée, elle disparaît bientôt, une abondante transpiration survient, naturellement le fouet ou l'éperon aident alors le cheval paresseux à terminer sa tâche. Si le cheval est de nature flegmatique, la qualification de fainéant est assez justifiée, mais si c'est un bon travailleur, le laisser-aller à l'ouvrage n'est pas de la paresse, c'est de l'impuissance.

Il est impuissant parce qu'il a chômé trop longtemps, et n'a pas été préparé au travail qu'on en exige. Un ménagement du cheval aussi mal entendu lui a enlevé ses forces.

Quand un cheval, sain d'ailleurs et dont on utilise le travail, reste longtemps inactif et fortement nourri, *il se dépose de la graisse* dans ses tissus, les fonctions de transpiration s'affaiblissent, les muscles et les nerfs perdent conséquemment de leur tension parce qu'ils ne sont pas en action ; la peau est également peu disposée par le repos à l'accomplissement des phénomènes d'ordre végétatif dont elle est le siège ; même quand elle est extérieurement entretenue propre, elle manque en elle-même de l'énergie nécessaire. Le cheval devient faible des jambes, court d'haleine et souvent atteint d'exanthème. Avec un pareil cheval on ne peut commencer qu'un travail modéré, jamais au-dessus de ses forces ; en lui demandant un travail progressivement plus grand, on arrivera lentement à lui rendre la force et l'énergie, à le débarrasser de la graisse accumulée, à raffermir ses muscles. On n'y arrive pas toujours, car un ménagement superstitieux peut l'avoir totalement ruiné.

Quand les chevaux restent en repos seulement quelques jours, leurs membres deviennent gros, empâtés, leurs articulations raides, la circulation languit et les humeurs séjournent dans les parties déclives ; il se forme des œdèmes sous le ventre, au fourreau, aux boulets : la vivacité disparait par l'inaction avec l'énergie, et les animaux ne sont bientôt plus aptes à travailler.

Pour remettre des chevaux, quand ils commencent à être fatigués, il n'est pas toujours nécessaire de les laisser dans un repos absolu ; il suffit le plus souvent de les soumettre à un travail moins pénible que celui auquel ils étaient employés. UN VIEUX VÉTÉRINAIRE.

CONSEILS A LA FERMIÈRE

DÉSINFECTION DES LIEUX D'AISANCE

Le fait est, ma chère, que si ça porte bonheur, ça ne sent pas bon. Vous devriez vraiment désinfecter vos cabinets, ils infectent !

— C'est le changement de temps.

N'importe ! Vous n'en venez pas à bout, dites-vous, essayez donc une recette, avec du chlorure ou du sulfate de zinc.

On fait dissoudre 250 grammes de l'une ou de l'autre de ces substances dans un seau d'eau chaude, puis on répand ce mélange dans les endroits à désinfecter. On lave également à l'éponge, avec ce mélange, les murs peints à l'huile, les sièges et les appareils de cabinets.

Une autre solution désinfectante que je vous recommande est celle ci-dessous :

Sulfate de fer	500	grammes
Sulfate de zinc	40	—
Plâtre	500	—
Charbon en poudre	500	—

On jette chaque jour 30 grammes de cette poudre dans la fosse, ce qui la désinfecte entièrement en peu de jours.

Essayez donc.

Sur ce, je me sauve. Quelle odeur, quelle odeur ! UNE MÉNAGÈRE.

CONSEILS DU MÉDECIN

CONTRE LA COQUELUCHE.

Au moment où sévit dans bien des localités une épidémie de coqueluche, nous croyons faire œuvre utile en publiant un remède très efficace.

Cochenille en grains...	0 gr. 25 centigr.
Bitartrate de potasse...	0 gr. 50 centigr.
Eau bouillante.........	60 gr. 00 centigr.
Sucre.................	16 gr. 00 centigr.

Solution de la cochenille dans l'eau bouillante jusqu'à coloration :

1° Rosée pour les enfants en bas âge (un an et au-dessous);

2° Un peu plus rosée pour les enfants de un à trois ans;

3° Fortement rosée pour ceux de trois ans et au-dessus.

Mais dans chacun de ces cas la force de la dissolution rosée doit être proportionnée à la *constitution du petit malade*, à *l'intensité* et à la fréquence de la toux.

Ajouter successivement et petit à petit bitartrate et sucre en agitant le mélange.

Administrer la potion par cuillerées à café chauffées au bain-marie ; 1, 2, 3, et même 4 fois par 24 heures à l'enfant, selon son âge et son mal. — Au plus deux cuillerées pour les enfants au-dessous de six mois.

Chaque cuillerée doit être administrée à six heures d'intervalle au moins.

Si la maladie dure depuis longtemps, ou si elle est très intense, 1, 2, 3, et même 4 potions successives sont quelquefois nécessaires.

UN VIEUX MÉDECIN.

JURISPRUDENCE RURALE.

GARDE PARTICULIER. — NOMINATION.

— N'est-ce pas un malheur pour une commune quand la police est entre les mains d'un garde-champêtre qui a plus d'amour pour la bouteille que de respect pour la loi.

— Assurément, cela est très facheux, et le décret du 20 messidor an III sur la police rurale disait avec beaucoup de sagesse, « que les « gardes champêtres ne peuvent être choisis que « parmi les citoyens dont la probité, le zèle et « le patriotisme sont généralement reconnus. »

— Je voudrais bien faire lire ce décret à notre sous-préfet, qui vient de nommer garde particulier, à la demande d'un de ses amis, un individu qui a déjà été condamné pour coups volontaires et qui est universellement connu comme un homme d'un caractère brutal et emporté, même quand il est à jeun, ce qui lui arrive rarement.

— Il est probable qu'on ne t'écoutera pas. Mais j'y pense; il faut que ce garde, pour entrer en fonctions et pouvoir faire des procès-verbaux, qu'il mériterait souvent qu'on fît contre lui-même, prête serment devant le tribunal; or j'ai trop bonne opinion de la justice de mon pays pour admettre qu'il puisse se trouver des juges capables de recevoir le serment d'un pareil personnage !

— Ils y sont obligés.

— Comment cela ?

— Tu vas comprendre: la nomination d'un garde est un acte administratif; or le pouvoir judiciaire n'ayant pas le droit de réformer les actes de l'administration ne peut faire obstacle, sans méconnaître ce qu'on appelle le principe de la séparation des pouvoirs, à l'exécution d'un arrêté administratif légalement pris; le garde pourvu d'une nomination régulière doit donc être admis au serment.

— Eh bien, si je faisais la loi, je la ferais autrement ; car [illegible] celle qui existe nous laisse à la merci des caprices [illegible] du plus petit des sous-préfets, et empêche la justice [illegible] de protéger les honnêtes gens.

UN VIEUX JUGE DE PAIX.

BIBLIOGRAPHIE.

Les engrais.

La *Bibliothèque de l'Enseignement Agricole*, publiée sous la direction de M. A. Müntz vient de s'augmenter du tome III des *Engrais*.

MM. Müntz et Girard traitent des engrais potassiques calcaires, ainsi que des engrais divers et composés. Les deux éminents chimistes consacrent à leur achat, à leur transport, à leur contrôle et à leur expérimentation, de fort intéressants chapitres.

Au chapitre des engrais potassiques, nous signalerons les passages qui traitent des rapports de la potasse avec le sol et des moyens de déterminer les besoins du sol.

Les conditions et époques de l'emploi des agents fertilisants, la comparaison des différents sels de potasse et de soude au point de vue de leur action sur la végétation, sont exposées avec une rare clarté.

Parmi les autres chapitres, écrits par MM. *Müntz et Girard, dans cette maîtresse* langue et avec autorité qui leur appartiennent, nous signalerons surtout:

Moyens de déterminer les besoins en chaux du sol: proportion de chaux nécessaire. Principaux types de terres arables : franches, peu ou non calcaires. Rapport de la chaux avec les récoltes.

Conseils sur le chaulage, sur la pratique du marnage et du plâtrage.

L'ouvrage se termine par un exposé très développé sur les engrais composés,

Le livre qu'édite la librairie Firmin Didot, 56, rue Jacob, à Paris a sa place marquée dans toute bibliothèque sérieuse.

POUR RIRE.

Les partis politiques.

Y a l'parti Républicain,
  Ça fait un;
Les ceuss' du juste milieu,
  Ça fait deux;
Les ceuss' qui voudraient un roi,
  Ça fait trois;
Le parti des Bonapart'
  Ça fait quat';
Les survivants d'Henri V,
  Un, deux, trois, quat', cinq !

Dans l'parti Républicain,
  Ça fait un;
Y a ceuss' qu'ont Ferry pour dieu,
  Ça fait deux;
Ceuss' qui sont d'la ligu' des droits,
  Ça fait trois ;
Ceuss' qui suiv'nt Floquet l'sarmat',
  Ça fait quat';
Ceuss' qui trouv'nt Boulang' plein d'zinc
  Un, deux, trois, quat' cinq !

A droit' y a l'parti d'Mun,
  Ça fait un;
Y a ceuss' qui parl'nt toujours d'Eu,
  Ça fait deux;
Y a ceuss' qu'en parl'nt quelque fois,
  Ça fait trois;
Ceuss' qui dis'nt: « d'Aumale est bath ! »
  Ça fait quat';
Et ceuss' qui n'font qu' du Bastringu',
  Un, deux, trois, quat, cinq !

Dans le parti Césarien,
  Ça fait un;
Les Victoriens sont nombreux,
  Ça fait deux;
Les Jérômistes adroits,
  Ça fait trois;
Cassagnac s'laiss' pas abatt',
  Ça fait quat';
Cunéo parfois s'disting'
  Un, deux, trois, quat' cinq !

Au centre, on est Voltairien,
  Ça fait un;
Pour l'Pape on s'mettrait au feu,
  Ça fait deux;
On supprime les octrois,
  Ça fait trois;
De les rétablir on s'flatt',
  Ça fait quat';
A droit' comme à gauche on trinqu',
  Un, deux, trois, quat' cinq !

Y a l'parti d'Monsieur Joffrin,
  Y sont un;
Y a l'parti des anarchis',
  Y sont dix;
Y a l'parti d' l'Intransigeant,
  Y sont cent;
Y a l'parti d' Reinach Joseph,
  Y sont b'sef;
Y a l'parti d' ceux qu'en ont pas,
  Et y sont des tas.

VICTOR MEUSY.

PETITE POSTE.

M. D... (Haute-Marne). — M. R... (Meuse). — *Pommes de terre.* — Vous allez les recevoir.

M. E. G... (Algérie). — Le dernier numéro de la *Gazette*, dont la bande porte l'adresse : M. A. Gir, à Coléah (Algerie), est revenu avec la mention : *Refusé* N'y a-t-il pas erreur? — Merci de votre bonne invitation, j'en profiterai un jour.

M. B... (Aisne). — *Blé de Noé.* — Il est trop tard pour semer du blé de Noé. Aucune variété ne peut du reste être ensemencée à cette époque avec chance sérieuse de réussite.

M. A. C... (Manche). — *Garçons bouchers.* — Adressez-vous au *Renseignement universel*, 49, rue Bonaparte, Paris.

Les almanachs de la Société des Agriculteurs de France sont épuisés, Vous recevrez une autre brochure.

M. E. D..., à B... — *Transports maritimes.* — Adressez-vous aux bureaux du *Renseignement universel*, 49, rue Bonaparte, Paris.

M. J... (Oise). — *Seigle.* — Semer nitrate de soude, 100 kilog. à l'hectare. — Trèfle incarnat ; plâtre, 3 hectolitres à l'hectare.

M. G..., à H... — *Bornage.* — La vente qui a été faite du terrain contigu au vôtre ne peut vous priver d'aucune parcelle de votre contenance, telle qu'elle résulte de votre titre, — le seul moyen légal est de demander le bornage.

— *Lettre perdue.* — Vous devez vous plaindre à la Direction générale des Postes, en envoyant, à l'appui de votre réclamation, copie de la lettre du conservateur des hypothèques attestant qu'il vous a écrit. Le responsable est celui qui a égaré la lettre ; mais comment le prouver ? Demander une enquête à la Direction des Postes.

M. P. (Nièvre). — *Rente viagère.* — C'est à la caisse des retraites pour la vieillesse qu'il faudrait verser à fonds perdus. Tous les renseignements nécessaires vous seront donnés par le percepteur.

M. Bèle, à B... — Le seigle de Schanstedt vous a été envoyé en octobre.

M. B... (Somme). — *Soutien de famille.* — Ce jeune homme ne peut encore contracter mariage sans déclaration ni permission. — S'adresser au bureau de recrutement, qui vous délivrera des modèles de déclarations.

VINS DU BORDELAIS.

Que de fois nous avons entendu dire :

« Quel service on nous rendrait, si on nous trouvait, dans les pays vignobles, un vendeur consciencieux; si on nous débarrassait de la concurrence à outrance; si on nous garantissait sérieusement la qualité, la pureté et la conservation des vins ! »

Pour le Bordelais, nous recommandons

M. Vincent Ardura, viticulteur, propriétaire d'un des meilleurs crus de la Gironde, favorable aux tempéraments délicats (le domaine de la Chapelle-Frédignac, par Blaye-Bordeaux), qui vend ses récoltes : 1889 à 130 fr., 1888 à 140 fr., 1887 à 150 fr., 1886 à 160 fr., 1885 à 175 fr., 1884 à 200 fr., 1882 à 220 fr., 1881 à 250 fr. et 1878 à 300 fr. la barrique de 225 litres, *franco* de port et de fût en gare d'arrivée. Paiement par le facteur à 30 jours 2 % ou 90 jours.

Certain que son vin plaira aux personnes qui ne le connaissent pas et qui désirent se bien approvisionner, sachant, en outre, qu'il est difficile de se rendre sérieusement compte de la qualité par la dégustation sommaire d'une petite fiole, M. Vincent Ardura n'hésite pas à adresser *gratuitement* une bouteille entière pour échantillon de la récolte désignée.

OFFRES & DEMANDES.

Pour répondre au désir qui nous est exprimé, nous offrons à nos abonnés, sous cette rubrique, deux annonces gratuites pour les offres et demandes d'emplois, produits ou animaux à vendre ou à acheter, etc.

Les annonces qui suivront jouiront d'une réduction de 50 pour 100 sur les tarifs ordinaires.

Les demandes d'insertions devront être envoyées à l'administration, qui se chargera de les rédiger.

Ne pas négliger d'envoyer tous les renseignements nécessaires (joindre 2 timbres de 0 fr. 15).

Un ancien élève d'une école d'agriculture, dans la force de l'âge, marié, bien au courant de la culture moderne en même temps qu'excellent praticien, demande un emploi de régisseur. — Très bonnes références. — N° 907.

S'adresser aux bureaux du journal.

On demande pour une villa de Saint-Raphaël (Var) un ménage de jardiniers.

S'adresser au bureau du Journal. — N° 921 4.

Un jeune homme de 23 ans, ayant une bonne instruction et au courant de la culture, désire se placer comme gérant de culture.

S'adresser au bureau du Journal. — N° 922-3.

On demande un excellent chef de culture.

Adresser les références à M. le directeur de l'école pratique d'agriculture d'Ondes (Haute-Garonne). — N° 923.

On demande un ménage, le mari pour la culture, la femme pour les soins de maison et basse-cour. 1,000 fr., deux pièces de cidre, logement et légumes. On exige de bonnes références.

S'adresser au bureau du journal. — N° 924-2.

A vendre pommes de terre *Institut de Beauvais* à 10 fr. les 100 kil. logés, en gare Lavalon du Genest.

S'adresser à M. Maignan, à la Rouërie de Saint-Berthevin, par Saint-Berthevin (Mayenne). N° 925-2.

Un jeune homme, ayant fait de bonnes études primaires (brevet de capacité), puis de la bonne agriculture en Auvergne, chez ses parents, bien au courant de la culture, du bétail et de la comptabilité agricole, demande emploi dans une exploitation agricole.

S'adresser au bureau du Journal. — N° 926-2.

A vendre une jument à toutes fins, âgée de 3 ans, taille 1m 62, baie, travaillant très bien, primée aux concours de 1890.

S'adresser au bureau du Journal. — N° 927-2.

A vendre un break (six places) pour double poney, le harnais et une charrette suspendue pour la culture.

S'adresser à M. Julien, à Caisne, par Carlepont (Oise). — N° 928-1.

REVUE FINANCIÈRE.

La cote se ressent peu maintenant des paniques successives qui ont, à trois reprises, ébranlé le marché. Nos rentes ont retrouvé leur niveau d'il y a un mois. Les établissements de crédit sont restés à des cours un peu moins élevés, mais du moins la baisse est enrayée.

Si les cours se maintiennent, les affaires ne sont pas assez nombreuses pour permettre qu'ils s'améliorent. En d'autres termes, le mal causé par les incidents allemand et Dépôts et Comptes courants est en voie de guérison, mais le marché conserve une atonie réelle et qui serait complète si l'épargne n'était pas là avec ses emplois forcés pour occuper la Bourse.

En ce qui concerne cette semaine, on n'est pas en peine de trouver une explication à ces phénomènes d'ataxie. C'est la liquidation à Londres, à Berlin, et l'on sait que notre Bourse attend avec curiosité, sinon avec inquiétude, les résultats de ces opérations ; nous sommes à la veille de notre propre liquidation, et depuis des mois les jours qui la précèdent sont entièrement consacrés à effectuer par avance ce règlement. De plus, plusieurs jours de fête vont diminuer et le nombre des séances et celui des clients de la Bourse.

Il est bien certain, cependant, qu'il y a autre chose. La vérité est que la solidarité qui unit toutes les institutions de crédit d'Europe, toutes les bourses d'Europe, nous fait un devoir, à nous comme aux autres, de ne rien risquer en ce moment sur des opérations d'importance et de longue haleine. Il existe dans l'engrenage financier du monde entier une désagrégation latente, dont certains faits, comme la crise anglaise basée sur la crise sud-américaine, sont la manifestation extérieure. Ce n'est pas le moment de donner à la machine une vitesse trop grande.

Nous bornerons là nos indications sur le marché, qui présente trop peu de différences avec ce qu'il était il y a huit jours, pour qu'il y ait lieu d'y insister.

Nous ne savons pas encore les résultats numériques de la conversion égyptienne; mais ce que nous savons pertinemment, c'est qu'elle a eu le succès qu'elle méritait.

On s'est occupé passablement, ces jours-ci, de deux questions visant deux de nos grands établissements : le Foncier et le Lyonnais; nous croyons devoir en dire deux mots.

Le Foncier a été ramené un moment à 1270 : on avait prétendu que le dividende cette année serait moins fort que celui de l'année dernière. Nous le retrouvons à 1280, sur l'assurance donnée par certains journaux que le dividende ne subira pas de changement. C'est possible. Mais où nous restons sceptiques c'est sur la suite de l'information. Non seulement le dividende sera le même, mais les réserves seront augmentées. Jusqu'à preuve du contraire, il nous restera la crainte que notre second établissement de crédit n'imite l'exemple de ses congénères et distribue cette année, non pas les profits de l'exercice 1890, mais ceux des années antérieures; en bon français, qu'il ne complète la somme nécessaire à parfaire son dividende en prenant sur les réserves.

En ce qui regarde le Lyonnais, il s'agit une fois de plus de l'appel de fonds pour libérer les actions. On a mis en avant un projet un peu bien fantaisiste : le porteur du Lyonnais n'eût eu à verser en espèces que 93 fr.; le surplus des 250 fr. eût été fourni par lui : 1° sous la forme de l'abandon de son dividende de cette année, soit 30 fr. ; 2° sous celle d'un abandon de sa part dans les réserves, jusqu'à concurrence de 125 fr.

Nous croyons vraisemblable que le Crédit Lyonnais se trouve dans la quasi nécessité d'augmenter son capital social. Nous aimons à croire qu'en ce cas il agira ouvertement, qu'il ne recourera pas à ce moyen détourné, quasi honteux, qui diminuerait les réserves, réelle garantie des dépôts. Il est probable que l'assemblée générale sera appelée à s'occuper de la question.

Timon.

HALLES ET MARCHÉS

SITUATION GÉNÉRALE.

Le froid et les intempéries de ces jours derniers ont un peu entravé les progrès de la végétation; mais les nouvelles récoltes de printemps se présentent assez bien; on demande de la chaleur. La tenue des marchés agricoles est à peu près la même que la semaine dernière.

GRAINS.

Blés. — Les apports de la culture sur nos marchés et les offres sur échantillons sont toujours restreints, et les cours conservent leur fermeté, avec quelques cas de hausse. On cotait à la fin de la semaine : Cambrai, blé blanc, 27 fr. 50; roux, 26 fr. les 100 kilog.; Douai, 27 à 28; Beauvais, 21 à 26; Montereau, 24 à 28 90; Laval, 26 50 à 27; Rouen, 27 35; Le Mans, 27 25 à 28; Châlons-sur-Marne, 27 50; Nevers, 27 à 29; Toulouse, 29. — Au marché commercial de Paris, les transactions étaient assez actives samedi dernier, et les prix avaient une légère avance sur ceux de la veille; le courant du mois étaient tenu à 28 75; le livrable d'avril en août, de 28 50 à 28 75 et les quatre derniers mois, 27 75 à 28.

Seigles. — Les affaires sont nulles et les cours nominaux au marché commercial de Paris, où l'on cote 17 25 les 100 kilog.

Orges — Les orges ont un peu fléchi sur nos marchés : la culture fait un peu plus d'offres, à l'approche de la fin des semailles. On tient toujours à Paris 19 à 23 les 100 kilog.

Avoines. — Pour les avoines aussi, la situation est moins ferme en province; mais à Paris les prix restent bien tenus en commerce de 19 25 à 19 50 pour le disponible, et de 19 50 à 19 75 pour le livrable.

FARINES. — ISSUES.

Les *farines de consommation*, restent aux mêmes prix, avec des offres et des demandes modérées. — Les *farines de commerce douze-marques* ont été l'objet de bonnes transactions au marché de samedi dernier; les cours étaient notés, en hausse, 61 fr. les 157 kilog. nets pour le disponible et le courant du mois, et 61 50 à 62 50 pour le livrable à toutes époques.

Issues. — La demande est régulière et les cours bien tenus; on cote : gros sons, 15 25 à 16 les 100 kilog.; sons trois cases, 14 75 à 15; sons fins, 13 25 à 13 75; recoupettes, 13 50 à 14; remoulages blancs, 17 à 21; bis, 16 à 16 50; bâtards, 15 à 16. — Les issus de seigles valent : sons, 13 50 à 11 25; recoupettes, 12 75 à 13; remoulages, 15 à 17 50.

FOURRAGES. — GRAINES FOURRAGÈRES.

Fourrages. — Les prix des belles qualités sont toujours soutenus au marché de la Chapelle; on cotait le 21 mars : foin et luzerne, 47 à 51 les 100 bottes de 5 kilog. rendues au domicile de l'acheteur, regain et trèfle, 46 à 47; paille de blé, 29 à 36; de seigle, 28 à 36; d'avoine, 22 à 28.

Fourrages en gare. — Cours très fermement tenus. On cote par 520 kilog. sur wagon : foin première qualité, 39 à 45; deuxième qualité, 35 à 38; paille de blé, 23 à 29; de seigle, 25 à 30; d'avoine, 18 à 20.

Graines fourragères. — Les prix sont également très soutenus comme suit à Paris : trèfle gros grain violet, 115 à 120 les 100 kilog.; ordinaires, 90 à 100; vieux, 75 à 85; luzerne de Provence, 120 à 150; de pays, 105 à 1 5; minette en cosses, 23 à 35; écossée, 45 à 75; trèfle blanc, 130 à 200; hybride, 130 à 220; sainfoin double et simple, 25 à 28; vesce de printemps, 17 à 18; pois jarras; 19 à 22; alpiste, 30 à 31; vesce de Bretagne, 25 à 26.

LÉGUMES. — POMMES DE TERRE.

Légumes frais. — Les envois de primeurs d'Algérie sont rares; on ne reçoit guère que des artichauts. On cote : artichauts d'Algérie, 15 à 35 fr. le cent; choux-fleurs, 20 à 40; choux verts, 18 à 28; laitues, 10 à 15; romaines d'Espagne, 10 à 50; chicorées d'Hyères, 25 à 35; asperges de Lauris extra, 35 à 38 la botte; grosses, 16 à 22; moyennes, 8 à 12; — petits pois d'Algérie, 200 à 250 les 100 kilog.; d'Espagne, 120 à 180; épinards, 60 à 80; laitues, 70 à 110; poireaux, 70 à 85; petites chicorées, 40 à 50; mâches, 100 à 120; escaroles, 40 à 50; endives, 80 à 100; pissenlits blancs, 50 à 60; verts, 25 à 40; crosnes du Japon, 50 à 150; persil frisé, 180; simple, 150; choux-fleurs du Midi, 8 à 12 la douzaine.

Légumes secs. — A Paris, l'approvisionnement est faible et la vente ordinaire aux cours suivants : haricots flageolets chevriers, 55 à 75 l'hectolitre et demi; suisses blancs, 41 à 45; Chartres, 55; Liancourt, 50; Soissons, 75 à 78; — plats du Midi, 35 à 36 les 100 kilog.; suisses rouges, 26 à 27; cocos roses, 28; nain, 21 à 29; lentilles, 40 à 62; pois ronds, 30 à 32.

Pommes de terre. — On cote à la halle, par 100 kilog. : hollande, 11 à 13; saucisses rouges et rondes hâtives, 8 à 10; early roses, 6 à 7; magnum bonum, 8; vosgiennes, 7; chardon, 4 à 5; nouvelles d'Algérie, 90 à 100; d'Hyères, 120.

HUILES ET GRAINES OLÉAGINEUSES.

Huiles de graines. — Après avoir fléchi dans le courant de la semaine, les prix de l'huile de colza se sont relevés samedi à Paris; on tenait colza disponible, 73 50 à 74 les 100 kilog.; livrable, 71 à 78; lin disponible, 55 à 55 25; livrable, 55 25 à 58 75. — Les marchés des départements ont été calmes avec cours difficilement soutenus.

Graines oléagineuses. — En hausse. On cote à Paris : colza, 33 à 35 les 100 kilog.; lin, 38 à 42; chènevis, 40 à 42; — à Orchies, colza, 20 50 à 21 50 l'hectolitre; lin, 21 à 22 50; cameline, 14 50 à 16; — à Caen, colza, 21 à 21 50 l'hectolitre.

ENGRAIS.

Engrais. — Le nitrate de soude est moins ferme que la semaine dernière. A Lille, au marché du 18 mars, les cours de 22 75 sont tombés à 21 50 les 100 kilog. livrables à Dunkerque; à Marseille, on a vendu 22 à 22 50. — Le sulfate d'ammoniaque français est coté 28 75 les 100 kilog. à Paris; 29 50 à Marseille; 30 25 dans l'Est; le sulfate anglais vaut à Dunkerque, 29. — On cote les autres engrais : nitrate de soude, 23; nitrate de potasse, 44; sulfate de potasse, 23; chlorure de potassium, 21 50, phosphates de la Somme, 0 58 à 1 26 le degré, par 100 kilog. sur wagons; sang desséché, 1 75 l'unité d'azote par 100 kilog; viande desséchée, 1 70; corne torréfiée, 1 40; cuir torréfié, 1 15; superphosphates solubles dans le citrate, 0 54 à 0 56 le degré d'acide phosphorique; solubles dans l'eau, 0 59 à 0 61; phosphate précipité, 0 60; poudre d'os dégélatinés, 13 75 à 14 les 100 kilog.; poudre d'os verts, 12 75.

BESTIAUX.

LA VILLETTE, 26 mars. — Bestiaux. — Vente plus difficile sur les bestiaux, très mauvaise sur les veaux, plus calme sur les moutons, très mauvaise sur les porcs.

COURS officiels.	Amenés.	Vendus.	1re qualité.	2e qualité.	3e qualité.	Prix extrêmes.
Bœufs....	1.710	1.10	1 51	1 41	1 24	1 20 à 1 60
Vaches ...	429	370	1 52	1 31	1 18	1 10 1 56
Taureaux.	163	145	1 40	1 37	1 20	1 14 1 44
Veaux....	1.256	783	2 »	1 71	1 62	1 36 2 22
Moutons..	6.111	3.781	2 08	1 96	1 74	1 62 2 12
Porcs.....	4.102	3.950	1 28	1 22	1 18	1 12 1 32

Marché du lundi 23 mars

	Amenés	Vendus	Prix au poids net 1re qual.	2e qual.	3e qual.
Bœufs	2.891	2.807	1 58	1 42	1 26
Vaches.. ..	713	6 0	1 51	1 36	1 20
Taureaux ..	177	159	1 41	1 33	1 22
Veaux......	1.102	917	2 02	1 81	1 68
Moutons....	14.110	12.585	2 08	1 96	1 74
Porcs	3.113	2 899	1 29	1 24	1 20

	Prix au poids vif 1re qual.	2e qual.	3e qual.	Prix extrêmes.
Bœufs	» 96	» 80	» 67	» 62 à 1 »
Vaches	» 91	» 74	» 61	» 54 » 96
Taureaux.......	» 87	» 78	» 66	» 59 » 91
Veaux..........	1 22	1 05	» 87	» 72 1 31
Moutons........	1 10	» 97	» 81	» 72 1 16
Porcs...........	» 86	» 82	» 78	» 72 » 88
Peaux de moutons en laine..........				4 20 7 25
Id. id. demi-laine........				1 40 2 70

Viandes abattues. — Criée du 26 mars.

		1re qualité.	2e qualité	3e qualité.
Bœufs	le kil.	1 40 à 2 90	1 20 à 2 80	1 à 1 90
Veaux....	—	1 80 1 96	1 60 1 76	1 31 1 56
Moutons..	—	1 80 1 96	1 30 1 76	» 80 1 26
Porc entier	—	1 18 1 26	1 06 1 16	» 90 1 »

Beurres en mottes.

Paris, 25 mars.

L'arrivage d'hier a été de 35,000 kil.
L'arrivage approximatif a été de 6,661 kil.

Beurres en livres.

L'arrivage d'hier a été de 11,000 kil.
L'arrivage approximatif a été de 9,114 kil.

Fermiers	au kilo	Touraine	au kilo
Extra.......	3 50 à 3 60	Extra... ...	» » à » »
1er choix.....	3 40 3 50	1er choix... .	3 40 » »
2e choix.....	3 30 3 40	2e choix.....	3 30 3 40
Ordinaire...	3 20 3 30	Ordinaire...	3 20 3 30
Bourgogne		**Vendôme**	
Choix.......	3 10 3 20	1er choix.....	3 20 3 30
Ordinaire...	2 90 3 10	2e choix.....	3 10 3 20
		Ordinaire...	3 » 3 10
Gâtinais		**Beaugency**	
1er choix	3 20 3 30	1er choix.....	3 20 3 30
2e choix.....	3 10 3 20	2e choix.....	3 10 3 20
Ordinaire...	3 » 3 10	Ordinaire...	3 » 3 10
Le Mans		**Fausse Touraine**	
Choix.... ..	3 10 3 20	Choix......	3 20 3 30
Ordinaire...	3 » 3 10	Ordinaire...	3 10 3 20

Médaille d'Or. ✻ Exposition Universelle 1889. ✻ Médaille d'Argent.

VACHERIE à céder, Paris, bon quartier, cause de santé, 12 vaches, premier choix, 150 litres lait vendus 40 et 50 c. Installation confortable, boutique sur rue. Loyer rare. Bénéfices annuels garantis, 4,000 fr. On traitera avec 6,000 fr. argent ou sans argent avec garanties sérieuses. S'adresser à MM. Laporte et Lefranc, 93, boulevard Sébastopol, Paris. — Sont vendues les vacheries annoncées précédemment.

Semoir et Distributeur d'Engrais

Système MAGNIER.

Envoi franco du catalogue illustré.

Expériences du 23 septembre 1890, 1er prix - 20 avril 1890, Poitiers, 1er prix.

1er prix, Beauvais, 1890.

MAGNIER, constructeur breveté, Provins (S.-et-M.).

GUÉRISON RADICALE DE LA **DIARRHÉE DES VEAUX** PAR LA POUDRE CHOQUELIN.

1 franc la boîte *franco par la poste.*

Dép g. Phie HAUVESPRE, Courville (Eure-et-Loir).

L'Onguent de HEVID, adopté par le *Ministère de la guerre*, est le meilleur préservatif des maladies du pied des espèces chevaline et bovine. Il pénètre admirablement le tube corné, le nourrit, et remet en bon état, en quelques semaines, le sabot le plus sec et le plus cassant.

En vente chez les vétérinaires, pharmaciens, selliers et maréchaux-ferrants.

PHARMACIE SAVARY

AMIENS, 33, Place Saint-Denis, 33, AMIENS

(EN FACE LE SQUARE).

PROVENDE AUX PHOSPHATES ASSIMILABLES

du Docteur DESCHAMPS.

Prix : 3 fr. le kilog.; 27 50 les 10 kilog. (Remises proportionnelles.)

Accroissement rapide des bestiaux, surtout chez les jeunes animaux, force nerveuse, fécondité, engraissement; prévient surtout la diarrhée chez les jeunes veaux. Qualité exceptionnelle du lait.

M. Lefebvre, cultivateur à Marcelcave, a élevé un veau en lui administrant de la Provende phosphatée pendant 60 jours : tué à 70 jours, ce veau pesait 193 kilog., chiffre officiel constaté à l'abattoir. La viande était très blanche, ainsi qu'est prêt à l'attester M. Oheix, boucher à Amiens.

Les attestations émanant des sommités françaises et anglaises les plus accrédités ont été données à M. SAVARY.

30 PRIX D'HONNEUR ET GRANDS PRIX, 250 MÉDAILLES OR, VERMEIL, ETC.

GRANDES CULTURES DE GRAINES POTAGÈRES, FOURRAGÈRES ET DE FLEURS

E. FORGEOT (✻✻) & Cie

Fournisseurs du ministère de l'Agriculture, des Ecoles nationales d'agriculture, des Syndicats agricoles, etc.

PARIS, quai de la Mégisserie, 6 et 8

Appareils spéciaux pour épurer et nettoyer les graines

SPÉCIALITÉ DE GRAINES DE GRANDE CULTURE

luzernes et trèfles garantis sans cuscute, minette, vesces, sainfoins trèfles incarnats betteraves, carottes, navets, choux-navets, pommes de terre

Blés à grand rendement, Avoines, Orges, Seigles, Graines d'arbres pour reboisement

Graines de graminées pour prairies

Notre Maison ne vend que des graines de provenances sûres, assurant les meilleurs résultats; elle accepte le contrôle de la Station d'Essais des Semences, établie à l'Institut agronomique par le Ministère de l'Agriculture, contrôle auquel nous sommes soumis dès sa création. En conséquence, nos graines sont garanties de levée et d'une pureté irréprochable; nos trèfles et nos luzernes sont garantis sans un seul grain de cuscute.

Grande et importante **Spécialité de Créations de Prairies.** Nous nous chargeons d'établir des compositions convenant à la nature de chaque sol, et d'avance nous en assurons la réussite.

Sur demande, nous adressons *franco* nos catalogues illustrés de graines potagères, fleurs, arbres, fourrages, ognons fleurs, plantes, etc.

OLIVIER-LECQ

Producteur de graines de betteraves à TEMPLEUVE (Nord).

FOURNISSEUR DES GRANDES SUCRERIES FRANÇAISES.

Le Syndicat des fabricants de sucre de France a organisé en 1889 un vaste concours de graines de betteraves françaises et allemandes auquel ont pris part 27 producteurs français et 10 grands producteurs allemands.

Les essais ont été faits dans dix départements sur 33 champs d'expériences.

CAMBRAI. — Moyenne des trois champs d'essais :

Rend' à l'hect.	Densité	Sucre O/O jus	Pureté	Sucre O/O better.	Sucre à l'hect.
49.083 kil.	7° 88	18.56	90	15.99	* 7.848 kil.

* *Avec les résultats ci-dessus, la betterave* OLIVIER-LECQ *arrive deuxième sur ses concurrents français et allemands.*

Champ d'essais de LA NEUVILLE :

Rend' à l'hect.	Densité	Sucre O/O jus	Pureté	Sucre O/O better.	Sucre à l'hect.
62.090 kil.	7° 9	18.95	92	16.40	* 10.168 kil.

* *Avec ces résultats,* M. OLIVIER-LECQ *arrive le premier sur les 33 champs d'essais. C'est le plus beau succès du concours.*

Les graines essayées provenaient d'un envoi de 20,000 kilog. fait par M. Olivier-Lecq à l'usine d'Escaudœuvres.

CRÉDIT AGRICOLE

UNION DES SYNDICATS AGRICOLES DE FRANCE

9, rue Marsollier, PARIS

Agence à LYON, 234, cours Lafayette, S. PLISSONNIER, Directeur ✻ M. A.

MACHINES AGRICOLES DE TOUS SYSTÈMES

TOURTEAUX et FARINES pour la nourriture du bétail.

ENGRAIS CHIMIQUES et ORGANIQUES, MATIÈRES PREMIÈRES

SEMENCES DE PREMIER CHOIX.

L'Administrateur-Gérant : Albert RENOT.

Beauvais. — Imp. D. Pere. - A. Cartier, Gérant.

12e Année. — 2e Série. — N° 584. Dimanche 5 Avril 1891.

GAZETTE AGRICOLE

JOURNAL HEBDOMADAIRE, PARAISSANT LE DIMANCHE

Rédacteur en Chef : M. Ch. GOSSIN, Professeur d'Agriculture à l'Institut agricole de Beauvais.

PRIX DE L'ABONNEMENT

UN AN, 5 fr. — SIX MOIS, 3 fr. — TROIS MOIS, 2 fr. 25

Pour l'étranger les abonnements ne sont reçus que pour un an, au prix de 6 francs, et ne partent que du 1er janvier ou du 1er juillet de chaque année.

Le numéro : 10 centimes.

Il est indispensable de joindre à toute demande de changement d'adresse la dernière bande d'adresse du journal et 50 centimes pour frais de nouvelles bandes.

Adresser les *Abonnements* et *Annonces* au secrétaire de la rédaction, **13, quai Voltaire, Paris**, ou à M. GOSSIN, rédacteur en chef et administrateur, à BEAUVAIS.

BUREAUX

13, quai Voltaire, Paris, et à Beauvais.

Les abonnements partent du 1er de chaque mois et sont payables d'avance. Toute demande d'abonnement doit donc être accompagnée du prix de l'abonnement. (Le mode de payement le plus simple est l'envoi d'un mandat-poste.)

Donner *très lisiblement*, en s'abonnant, son nom et son adresse exacte, *avec l'indication du bureau de poste*; et, s'il s'agit d'une continuation d'abonnement, joindre au renouvellement la dernière bande d'adresse du journal.

La GAZETTE AGRICOLE insère gratuitement les Communications des Syndicats agricoles

SOMMAIRE :

PARIS, 3 AVRIL.

Les hommes sont ainsi faits que la seule expérience dont ils profitent est, neuf fois sur dix, celle qu'ils acquièrent à leurs dépens. On ne croit guère qu'à ce que l'on a vu ou à ce dont on a souffert personnellement. Petit est le nombre de ceux qui tiennent compte des enseignements de l'histoire. On est toujours plus ou moins porté à croire que ce qui a été vrai dans le passé, ne l'est plus dans le présent. Ainsi, on a beau avoir lu que les plus forcenés démocrates et jacobins de la première révolution avaient été les plus empressées à s'aplatir devant Napoléon Ier; on avait peine à croire, sous le second empire que les républicains ne fussent pas les hommes les plus désintéressés de l'argent, des honneurs et du reste. Si sceptique que fut déjà le Bonhomme Deschamps, à cette époque, sur ce point bien entendu, il lui est arrivé plus d'une fois d'attribuer à des républicains en vue le désintéressement d'un Cincinnatus et d'un Fabricius. L'illusion, qui n'avait pas du reste été ni grande, ni longue, dura peu. Au lendemain du 4 septembre, il vit tous les chefs et les sous-chefs de l'opposition républicaine de la veille se ruer dans les places et se mettre du galon sur toutes les coutures.

***

La jeunesse de ce temps n'avait pas oublié les sorties passionnées de ces républicains contre la « corruption impériale » les « abus de la monarchie » et les « privilèges de l'ancien régime. » Elle se rappelait sur quel ton déclamatoire, qu'elle qualifiait alors d'éloquent, Gambetta traitait les gens de l'Empire « d'hommes perdus de dettes et de crimes. » Or, quelque temps après, elle apprenait que le même Gambetta et son entourage s'emmitouflaient dans des fourrures, faisaient bonne vie à Tours et à Bordeaux, étaient gais, fumaient des cigares exquis pendant que la France était saignée aux quatre membres! Depuis lors les « bégueuleries » comme disait le même Gambetta, ont de plus en plus diminué, si bien que du petit au grand, dans le parti républicain, chacun considère la politique comme une affaire, fait trafic de tout et mène une vie dont on trouverait à peine l'analogue aux époques les moins sévères de notre histoire. Il suffit de rappeler le nom de M. Wilson, gendre d'un président de la République, et de citer les noms de nos maîtres les plus en vue pour montrer que la régénération de la France, que le régime républicain devait inaugurer sur les ruines des empires et des monarchies, a introduit dans nos mœurs politiques une corruption sans précédent.

***

Mais sans s'attarder plus longtemps sur un sujet aussi douloureux, le Bonhomme Deschamps préfère vous faire voir les mœurs nouvelles sous un jour qui, pour n'être pas beaucoup plus beau, est néanmoins plus divertissant. Il n'a pour cela qu'à s'en référer à des articles récents publiés par un républicain de marque et de talent : M. Jules Simon. Celui-ci connaît bien son monde, puisqu'il est républicain depuis plus de quarante ans, qu'il a toujours vécu au milieu de lui et qu'il a eu beaucoup affaire à lui. Dans deux causeries qu'il a publiées dans le journal le *Temps*, sous ce titre habituel « Mon petit journal », il nous fournit plusieurs traits fort amusants à ajouter au portrait moral du parfait démocrate. Il nous conte donc, à propos de sa lutte avec Gambetta à Bordeaux, qu'ayant fait appel au concours des anciens chefs de l'opposition sous l'Empire, pour la défense du suffrage universel que Gambetta voulait mettre dans sa poche, ceux-ci poussèrent le courage jusqu'à lui promettre la « neutralité! » A ce premier trait il en ajoute un autre. Gambetta ayant cédé, mais n'ayant pas eu le soin d'en prévenir tous les préfets, l'un d'eux, croyant lui écrire alors qu'il écrivait à Jules Simon, lui disait « que tout allait bien, que la liste électorale était acceptée partout et qu'il en avait fait soigneusement rayer le nom de Jules Simon. » A peine ce même *Jules Simon était-il nommé* ministre par M. Thiers, que le même préfet biffeur lui adressait ses « félicitations les plus cordiales et les plus sincères! » Voilà, n'est-il pas vrai, ce que l'on peut appeler un homme à convictions et de caractère!

***

Une fois en veine de raconter ses souvenirs, M. Jules Simon ne s'arrête pas. A sa suite, le Bonhomme Deschamps fait un peu de même. C'est ainsi qu'il ne peut résister au plaisir de vous conter encore quelques anecdotes. Il ne voit pas d'ailleurs pourquoi il se gênerait, puisque M. Jules Simon, qui est républicain, se gêne si peu. Voici par un exemple un député qui vient demander à M. Jules Simon de faire nommer son fils préfet. Le ministre de M. Thiers était en train de déjeuner, et ne pouvant donner une préfecture, il donne au solliciteur une place à sa table. Notre homme de se lever aussitôt pour aller, dit-il, réparer *un oubli, promettant de revenir bientôt.* Il court au télégraphe pour y expédier une dépêche pleine de calomnies odieuses contre son amphytrion. Cette besogne faite, il revient chez M. Jules Simon à qui on avait envoyé copie de la dépêche. M. Jules Simon la passe à son hôte qui la lit sans sourciller et la met dans sa poche! Le héros de cette histoire est aujourd'hui, paraît-il, sénateur, « et comme il sait qu'on peut me parler, ajoute M. Simon, sans trop se compromettre, il se montre au Palais du Luxembourg plein de condescendance pour moi. » Et dire que ce vilain personnage était peut-être un de ces parfaits démocrates qu'une jeunesse pleine d'inexpérience et de foi comparai à Brutus!

***

Le Bonhomme Deschamps termine, car il faut bien finir, mais il ne veut pas prendre congé de M. Jules Simon et de son petit journal, sans lui faire un dernier emprunt. Le trait qu'il lui reste à citer est moins réjouissant. Vous savez si sous Napoléon III, au temps où les républicains ne pouvaient pas être décorés, ils tournaient en ridicule et en dérision la croix de la Légion d'honneur « et autres hochets de la vanité. » Depuis le 4 septembre, à cet égard comme en tant d'autres, ils en ont singulièrement rabattu. Les anciennes distinctions ont si peu suffi à leur appétit, — et le *Journal Officiel* peut dire s'ils s'en sont gorgés, — qu'ils en ont inventé de nouvelles. Un républicain qui, ayant la plus petite façade, n'est pas décoré, est aujourd'hui l'oiseau bleu par excellence. Il n'est même pas possible, quand on se promène dans les rues, de douter de la prospérité de la rubannerie. C'est presque aujourd'hui une sorte de distinction que de n'avoir pas le ruban de la Légion d'honneur et de même qu'on disait jadis dans un sens d'estime : « Il est décoré ! » on devrait dire : « Il n'est pas décoré ! » Rassurez-vous, le Bonhomme Deschamps ne perd pas de vue au milieu de ces considérations banales, à force d'être courantes, le trait qu'il a à vous conter.

***

Le voici tel qu'il l'a trouvé sous la plume de M. Jules Simon. « Un de mes amis, dit-il, avait une créance de quatorze mille francs sur un ministère. Elle traînait depuis assez longtemps ; il alla porter ses réclamations au directeur du service qui, ayant probablement dépensé ses crédits, lui répondit qu'il fallait attendre. Comme mon ami se retirait, le directeur jeta les yeux sur la boutonnière de son habit. « Mais, dit-il, cher Monsieur, je vois que vous n'êtes pas décoré ; il y aurait moyen de s'entendre. — Quatorze mille francs, Monsieur le directeur ! C'est trop cher pour moi, et pour la croix aussi. » C'est un principe pour les amphytrions experts de laisser leurs invités sur une bonne bouche. Le Bonhomme Deschamps fera de même en n'ajoutant aucun commentaire, si ce n'est la mention que tout cela est conté par un républicain sur des républicains.

Le Bonhomme Deschamps.

NOUVELLES DE LA SEMAINE.

Une question de droit. — Un conseil municipal, après avoir pourvu aux dépenses obligatoires de écoles communales, peut-il accorder une subvention à une école libre ? Non.. répondait il y a quelques jours le conseil d'Etat, et il validait un arrêté du préfet de la Loire qui avait annulé une subvention de ce genre votée par le conseil municipal de Nantes. Cette décision du conseil d'Etat suscita de très vives protestations. Ce qu'avait fait le conseil municipal de Nantes, le conseil municipal de Paris ne le fait-il pas chaque année en faveur d'écoles libres qui ont l'heur de lui plaire parce qu'elles sont laïques ? M. le ministre de l'intérieur n'approuve-t-il pas le budget de la ville de Paris, où se trouvent incrites ces allocations en faveur d'écoles libres ? Pourquoi ce qui est légal à Paris ne le serait-il pas à Nantes ? On annonce qu'un contribuable grincheux vient de saisir le conseil d'Etat d'un recours tendant à l'annulation des délibérations du conseil municipal de Paris portant subventions à des écoles libres, et il va sans dire que ce contribuable, qui se pique d'être un logicien, invoque à l'appui de son recours l'arrêt rendu dans l'affaire de Nantes. Il sera curieux de voir ce que répondra le conseil d'Etat. Peut-être trouvera-t-il qu'en république la meilleure justice administrative est celle qui a deux poids et deux mesures. Nous n'en serions ni étonnés ni surpris.

Est-ce vrai. — Dans une récente réunion du *Comité de défense de l'exportation française*, un député, M. Deloncle, a cru devoir faire à ses auditeurs des confidences, plus ou moins autorisées, sur les dispositions du cabinet au sujet du tarif douanier élaboré par M. Méline et la commission des douanes. Il a rapporté le mot suivant, qui aurait été prononcé par un des ministres en fonction : « Si ce tarif est voté, les ouvriers ne prendront pas le temps de descendre dans la rue par l'escalier, ils y sauteront par la fenêtre. » Ces paroles constitueraient une excitation directe à la haine des citoyens les uns contre les autres, à l'émeute, à la guerre civile ; et dans la bouche d'un ministre, elles seraient non seulement imprudentes, mais criminelles.

La Fédération des victimes du coup d'Etat. — Il y a, paraît-il, une Fédération des « victimes » du coup d'Etat de décembre 1851. On sait qu'en 1881 une loi accorda des pensions viagères aux citoyens ainsi qualifiés. C'est une bagatelle de quelques millions qui figure au budget pour cette œuvre de « justice nationale ». Or, voici la requête adressée aux Chambres par la Fédération. Chaque année la mort diminue le nombre des parties prenantes. Eh bien ! les survivants demandent que la part des décédés leur soit attribuée. Vous voyez d'ici quelle heureuse fortune ce serait pour de tels appétits. Vous croyez peut-être que cette pétition a été jetée au panier ! Non. Il s'est trouvé à la Chambre des députés une commission pour l'accueillir avec faveur et demander qu'elle fût renvoyée au ministre de l'intérieur. Il va sans dire que la majorité républicaine de la Chambre des députés a voté le renvoi demandé.

Les retraites militaires. — Nos gouvernants, on l'a vu plus haut, aiment mieux faire profiter de l'argent des contribuables les prétendus martyrs de Février et les pseudo-victimes de Décembre qu'adoucir le sort des vieux soldats qui ont combattu seulement pour leur patrie et non pour la République française. Pourtant, leur sort n'a jamais été plus digne d'intérêt ; car la cherté sans cesse croissante des objets nécessaires à la vie a rendu leurs modestes pensions de plus en plus insuffisantes.

La loi de 1878 a, sans doute, relevé le tarif des pensions militaires ; mais elle n'a pas accordé aux intéressés le bénéfice de l'effet rétroactif. Cette injustice est d'autant plus révoltante qu'elle frappe les plus âgés, c'est-à-dire ceux dont les besoins sont les plus grands. Aussi des réclamations, des protestations se sont-elles élevées de toutes parts. Elles ont été si nombreuses, elles ont parlé si haut au Parlement et dans le pays que le gouvernement a dû se rendre, ou plutôt faire semblant de se rendre.

Le ministre des finances inscrit, dans le projet budgétaire de 1892, déposé à la Chambre le 17 février dernier, un crédit de 3,271,540 fr., ayant pour objet d'accorder des allocations supplémentaires aux officiers, sous-officiers et soldats marins, douaniers, et à leurs veuves, retraités en vertu des lois antérieures à 1878. On demande trois millions, alors que vingt-cinq étaient nécessaires ! On avait promis aux intéressés « une situation égale à celle des retraités sous l'empire de la loi de 1878 » Le crédit sollicité donnera 82 centimes par jour à la veuve d'un général, et 5 centimes 1/2 à la veuve d'un soldat !

Et encore, pour bénéficier de cette largesse, faudra-t-il avoir 60 ans d'âge !

Cette générosité rappelle celle qui, ces jours derniers, octroyait six sous aux laboureurs ruinés par les gelées du dernier hiver.

ENGRAISSEMENT DU BŒUF

Pour produire, chez un bœuf à l'engrais, 1 kilo de poids vif, il faut de 21 à 23 kilos de foin de première qualité. Un bœuf en bon état doit recevoir de 4 à 5 kilos de foin par jour par chaque 100 kilos de son poids brut.

Chez les bœufs, le poids augmente, en général, plus rapidement au début que vers la fin de l'engraissement. On a même établi, à ce sujet, des règles de proportions qui ne nous paraissent pas devoir être considérées comme absolues, car elles varient selon la race de l'animal et sa constitution. Mais on peut dire que, le plus ordinairement, un bon animal, pendant son engraissement complet, doit gagner le quart ou le cinquième de son poids total. Ainsi, un bœuf bien nourri, destiné à la boucherie, qui pèserait, au début de son engraissement, 600 kilos, poids brut, ne dépassera pas en moyenne, quand il sera engraissé, 720 à 750 kilos.

Un bœuf durham pur, du poids de 595 kilos, a reçu, du 1er août au 14 novembre, 23 kilos de fourrage vert, 3 litres de farine d'orge, 1 litre 1/2 de son et 2 kilos de foin sec par jour ; du 15 novembre au 31 décembre, les rations ont été de 15 kilos de foin sec et 20 litres de racine consistant en betteraves ou rutabagas, 5 litres de farine d'orge et 5 litres de son ; du 1er janvier au 1er mars, il a eu 13 kilos de foin sec, 40 litres de racines, 3 kilos de tourteaux et 20 litres de farine d'orge.

L'engraissement a été terminé le 1er mars, l'animal pesait 870 kilos ; en sept mois, il avait gagné 265 kilos, soit 1 kil. 285 par jour.

Nos bonnes races françaises n'engraisseraient peut-être pas aussi promptement ; mais il faut reconnaître qu'elles sont moins exigeantes sur la qualité de la nourriture et que généralement leur viande est de meilleur qualité.

On sait, que le durham peut arriver à un degré d'embonpoint formidable, ce qui n'est pas un grand mérite à nos yeux ; mais on sait aussi qu'il possède la faculté précieuse de parvenir rapidement et facilement à un bon degré d'engraissement. On a fait de nombreuses expériences, tant en France qu'en Angleterre, sur les bœufs de cette race ; mais les chiffres indiqués par les observateurs nous semblent entachés d'engouement et manquent d'authenticité ; c'est pour cette raison que nous ne les relatons pas ; mais nous croyons néanmoins devoir met-

Beauvais.

tre sous les yeux de nos lecteurs la relation succincte des expériences constatées par M. Lefebvre de Sainte-Marie, ex-directeur de l'agriculture. Charles Gossin.

Loi sur l'impôt foncier des propriétés bâties

La loi de finances du 8 août 1890 est venue modifier complètement la base de fixation de l'impôt foncier atteignant la propriété bâtie, c'est-à-dire les maisons d'habitation, les moulins, les usines, et les bâtiments servant à l'industrie et au commerce. A cause des nombreuses questions qui nous sont adressées à ce sujet, il nous paraît utile de rappeler les principales dispositions de cette loi.

Art. 4. — A partir du 1er janvier 1891, il ne sera plus assigné de contingents aux départements, arrondissements et communes en matière de contribution foncière des propriétés bâties.

Art. 5. — La contribution foncière des propriétés bâties sera, à partir de la même date, réglée en raison de la valeur locative de ces propriétés, telle qu'elle a été établie conformément à l'article 34 de la loi du 8 août 1885, sous déduction d'un quart pour les maisons, et d'un tiers pour les usines, en considération du dépérissement, et des frais d'entretien et de réparations.

Le bénéfice des dispositions de la loi du 3 frimaire an VII est étendu aux bâtiments qui servent à loger, indépendamment des bestiaux des fermes et des métairies, le gardien de ces bestiaux (1).

Art. 6. — Le taux de la contribution foncière des propriétés bâties est fixé en principal pour 1891 à 3 fr. 20 pour cent de la valeur locative établie comme il est dit à l'article précédent et après les déductions spécifiées au dit article.

Art. 7. — Tout propriétaire de propriété bâtie est admis à réclamer contre l'évaluation attribuée à son immeuble, pendant les six mois à dater de la publication du premier rôle dans lequel cet immeuble aura été imposé, et pendant trois mois à dater de la publication des rôles suivants.

En ce qui concerne les rôles subséquents, les propriétaires sont admis à réclamer dans les trois mois de la publication de chaque rôle, lorsque, par suite de circonstances exceptionnelles, leur immeuble aura subi une dépréciation.

En dehors des cas prévus aux deux paragraphes précédents, aucune demande en décharge ou réduction ne sera recevable, sauf dans le cas où l'immeuble serait en partie détruit ou converti en bâtiment rural.

Les réclamations sont présentées, instruites et jugées selon les règles suivies en matière de contributions directes.

Art. 8. — Les évaluations servant de base à la contribution foncière des propriétés bâties seront revisées tous les dix ans.

(1) L'article 85 de la loi du 3 frimaire an VII dispose que les bâtiments servant aux exploitations rurales, tels que granges, celliers, pressoirs, écuries, greniers, caves et autres, destinés soit à loger les bestiaux des fermes et des métairies, ou à serrer les récoltes, ainsi que les cours des dites fermes et métairies ne seront soumis à la contribution foncière, qu'à raison du terrain qu'ils enlèveront à la culture, évalué sur le pied des meilleures terres labourables de la commune.

Toutefois, si, par suite de circonstances exceptionnelles, il se produit dans l'intervalle de deux revisions décennales une dépréciation générale des propriétés bâties, soit de l'intégralité, soit d'une fraction notable d'une commune, le conseil municipal aura le droit de demander qu'il soit procédé à une nouvelle évaluation des propriétés bâties de l'ensemble de la commune, à la charge par celle-ci de supporter les frais de l'opération.

Les évaluations ainsi établies seront néanmoins renouvelées à l'expiration de la période décennale en cours.

Art. 9. — Les constructions nouvelles, les reconstructions et les additions de construction, seront imposées par comparaison avec les autres propriétés bâties de la commune où elles sont situées.

Elles ne seront soumises à la contribution foncière que la troisième année après leur achèvement.

Pour jouir de l'exemption temporaire spécifiée au deuxième paragraphe du présent article, le propriétaire devra faire à la mairie de la commune où sera élevé le bâtiment passible de la contribution et dans les quatre mois à partir de l'ouverture des travaux, une déclaration indiquant la nature du bâtiment, sa destination et la désignation d'après les documents cadastraux du terrain sur lequel il doit être construit.

Sont considérées comme constructions nouvelles, la conversion d'un bâtiment rural en maison ou en usine, et l'affectation de terrains à des usages commerciaux ou industriels dans les conditions indiquées à l'article premier de la loi du 29 décembre 1884.

Art. 10. — Les constructions nouvelles, les reconstructions, et les additions de construction non déclarées, ou déclarées après le délai fixé par l'article précédent, seront soumises à la contribution foncière à partir du 1er janvier de l'année qui suivra celle de leur achèvement.

Elles seront imposées au moyen de rôles particuliers, tant à la contribution foncière qu'à celle des portes et fenêtres, jusqu'à ce qu'elles auront été comprises dans les rôles généraux.

Leurs cotisations, tant en principal qu'en centimes additionnels, seront égales à celles que supporteront pour l'année en cours les immeubles de même matière et de même importance ; mais elles seront multipliées par le nombre d'années écoulées entre celles où elles auront été découvertes, y compris cette dernière année, sans pouvoir être plus que quintuplées.

Art. 11. — Le contrôleur des contributions directes, assisté du maire et des répartiteurs, assurera l'exécution des deux articles qui précèdent.

Art. 12. — Il continuera d'être perçu par addition au principal de la contribution foncière des propriétés bâties un centime par franc, dont le produit sera affecté aux secours généraux, et distribué entre les départements dans les cas d'incendie, inondation ou autres événements fortuits.

Art. 13. — .....

Art. 14. — Il est accordé sur le principal de la contribution foncière des propriétés non bâties, un dégrèvement de 15,267,977 francs.

Ce dégrèvement sera réparti, entre 82 départements désignés dans l'état B annexé à la présente loi, et conformément aux indications de cet état.

Telles sont les principales dispositions de la loi de finances du 8 août 1890, qui, comme on le voit, a modifié complètement le mode de base de l'assiette de l'impôt foncier sur les propriétés bâties, en substituant l'impôt de quotité à l'impôt de répartition.

Antérieurement à cette loi, ces propriétés étaient imposées proportionnellement au revenu cadastral qui leur avait été attribué lors de la confection du cadastre, selon la classe dans laquelle elles avaient été comprises. Il n'en est plus de même aujourd'hui, c'est proportionnellement au revenu *locatif* qui leur a été attribué par le contrôleur des contributions directes; évaluation faite, on pourrait dire arbitrairement, sans la présence des propriétaires intéressés. Quelques soins que l'administration des contributions directes ait apportés à l'évaluation des propriétés bâties, il manque à ce travail, pour avoir sa valeur indiscutable, le concours des propriétaires intéressés, pour discuter l'évaluation faite par les agents de l'*administration*, et l'*examiner contradictoirement avec eux*.

Cette évaluation faite sans le concours des propriétaires, adoptée comme base unique des matrices pour l'établissement de l'impôt, doit nécessairement comporter de nombreuses erreurs ; car malgré toute la compétence de l'agent, il a pu se tromper, et porter à telle ou telle maison d'habitation, une valeur locative plus faible ou plus élevée que la valeur réelle. En voici un exemple :

Un propriétaire possède à la campagne une maison d'habitation et un petit jardin contenant environ 10 ares, pour y cultiver des légumes, le tout loué à un ouvrier pour le prix annuel de 43 francs.

Or, le revenu matriciel de la valeur locative de l'habitation seulement a été porté par le contrôleur à la somme de 50 francs.

L'article 7 de la loi du 8 août 1890 accorde il est vrai, cette année, au propriétaire, un délai de six mois pour réclamer contre cette évaluation, et demander le dégrèvement ; mais combien de démarches ne devra-t-il pas faire pour obtenir ce dégrèvement, soit devant le Conseil de Préfecture, soit devant le Conseil d'Etat ? Que de temps et d'argent dépensé, sans avoir la certitude d'un résultat satisfaisant ? Pour les années suivantes, le délai accordé au propriétaire sera de trois mois seulement, à partir du jour de la publication du rôle.

L'article 9 de la loi du 8 août dernier dit que les constructions nouvelles, les reconstructions et les additions susceptibles d'être soumises à l'impôt foncier, seront exemptes de payer cet impôt pendant les deux premières années qui suivront leur achèvement, mais à la condition que dans les quatre mois qui suivront l'ouverture des travaux, le propriétaire fasse à la mairie de la commune de la situation des immeubles, une déclaration indiquant la désignation des bâtiments qu'il veut construire, et le numéro parcellaire du plan cadastral sur lequel les bâtiments seront édifiés.

La loi n'a prescrit aucune formalité pour constater cette déclaration ; mais il serait prudent d'exiger du maire de la commune de la situation des immeubles, un récépissé de la déclaration faite par le propriétaire, afin d'éviter des difficultés ultérieures.

Si la déclaration n'était pas faite dans le délai prescrit conformément à l'article 9, les maisons passibles de payer la contribution foncière et celle des portes et fenêtres, seront soumises à l'impôt à partir du premier janvier qui suivra l'achèvement des constructions, le propriétaire serait forclos pour intenter sa demande en exemption d'impôts pendant les deux premières années qui suivent l'achèvement des travaux de construction.

C'est une sanction pénale édictée par l'article 10, contre le propriétaire qui négligerait ou omettrait de faire la déclaration préalable à la construction ou à la reconstruction de bâtiments de ferme ou de métairies.

Lorsqu'un propriétaire voudra transformer une étable, une grange ou autre bâtiment d'exploitation en une maison d'habitation, il sera tenu d'en faire la déclaration dans le délai prescrit.

Si au contraire, c'est une maison d'habitation, qu'il voudrait convertir en bâtiment d'exploitation, comme étable, grange cellier, il sera prudent de démolir la cheminée pour lui enlever *tout caractère d'habitation, et obtenir* le dégrèvement.

Au cas où le propriétaire d'un moulin voudrait le transformer en bâtiment d'exploitation, pour s'exonérer de l'impôt foncier auquel ce moulin serait assujetti, il devrait enlever tous les appareils servant à la mouture, même la roue hydraulique, à l'exception cependant quand il utiliserait cette force motrice pour actionner une machine à battre, un moulin à pomme, un hache-paille ou autres instruments de ferme.

Par l'article 6 de la loi du 8 août 1890, la quotité afférente aux propriétés bâties a été fixée à 3 francs 20 centimes pour cent de leur valeur locative ; mais à cette somme il y a lieu d'ajouter :

1° Les centimes généraux additionnels pour dépenses de l'instruction primaire, 8 centimes.

2° Pour imposition représentant les frais de perception, 1 centime 2 millièmes.

Ce qui en réalité porte la quotité à 3 fr. 292 millièmes pour cent, sur l'évaluation locative des propriétés bâties.

3° Enfin des centimes départementaux et communaux, votés par les Conseils généraux de départements, et les Conseils municipaux.

De l'état B annexé à la loi du 8 août 1890, il résulte que le département d'Ille-et-Vilaine est dégrevé, pour l'impôt foncier des propriétés non bâties, de la somme de 96,577 francs, et que cet impôt qui ressortait pour l'année 1890 à 3 fr. 97 centimes pour cent est réduit pour l'année 1891 à 3 fr. 73 centimes pour cent.

C'est une diminution qui viendra alléger dans une bien faible proportion les charges de l'agriculture.

COMITÉ DE DÉFENSE DE LA PROPRIÉTÉ BATIE

Les instructions aux contribuables sur les réclamations a former contre les nouvelles évaluations foncières ont été rédigées par M. de Croissy, ancien sous-préfet, dont la compétence en matière administrative est, depuis longtemps, connue et appréciée. Nous en avons publié le résumé dans notre dernier numéro. Le prix de l'exemplaire est de 10 centimes, et de 15 centimes par la poste. Cinquante exemplaires, 4 fr. 50; cent exemplaires, 8 fr., frais de poste en sus.

Les commandes doivent être faites, 19, rue Louis-le-Grand, au siège du Comité, et les communications adressées soit au Président de ce Comité, M. le comte de Luçay, soit au secrétaire, M. Paul Senart.

A ce propos, nous recevons la lettre suivante :

Paris, 24 mars 1891.

Monsieur le directeur,

Vous avez publié, dans votre dernier numéro de la *Gazette agricole*, le résumé des instructions rédigées par le Comité pour la défense de la propriété bâtie. Les agriculteurs, tous plus ou moins impliqués dans la question, ont lu ce résumé avec beaucoup d'intérêt et avec reconnaissance pour ceux qui ont rédigé ces instructions.

C'est excellent.

Mais ce n'est pas assez, ou, pour mieux dire, il faut continuer ce qui a été commencé.

Il faudrait que ces instructions, si bien rédigées, fussent adressées par le Comité de défense à toutes les Sociétés d'Agriculture de France.

Il faudrait que ces Sociétés, en recevant ces instructions, fussent invitées à former des comités locaux qui se mettraient à la disposition des intéressés pour recueillir leurs doléances, les éclairer et les guider sur les démarches qu'il y a lieu de faire.

Ces comités locaux rendraient un *premier* service ; ils éviteraient de faire rectifier les cotes individuelles, la cote de chaque intéressé qui croirait avoir sujet de se plaindre.

Ils rendraient un *second* service, peut-être aussi important que le premier.

Ils feraient le jour par la multiplicité des renseignements qui leur arriveraient, sur les procédés de l'administration, plus ou moins réguliers, plus ou moins variables. Ils les apporteraient au Comité de Paris en échange des instructions rédigées qu'ils auront reçues ; et là dans tous ces faits précis qu'ils avanceront les preuves en main, se puiseraient les raisons les plus fortes pour demander en faveur des contribuables une nouvelle estimation, cette fois contradictoire, qui leur donnera des garanties que ne leur a pas données l'estimation purement administrative.

Ainsi, M. le directeur envoie à toutes les Sociétés d'Agriculture des excellentes instructions rédigées par le Comité de Paris, formation par ces Sociétés de comités locaux pour la défense des droits individuels, faisant la lumière sur tout ce qui est encore dans l'ombre — le mouvement partant du centre avec les instructions rédigées pour la défense de la propriété, revenant après la défense des intérêts individuels au centre, pour lui signaler tout ce qui a été trouvé de défectueux, et en demander le redressement par mesure générale — n'est-ce pas là la marche à suivre, le moyen de faire sortir d'un puissant effort d'association ce que ne pourront jamais obtenir des efforts individuels ?

J'ose espérer, M. le directeur, que vous plaiderez cette cause dans votre vaillant journal, si profondément dévoué à la propriété et à l'agriculture.

Un abonné fidèle,
H. de Ch.

Nous nous associons pleinement au vœu de notre honorable correspondant.

Les Sociétés d'Agriculture et les Syndicats ne doivent pas hésiter à entrer dans la voie si bien indiquée.

A l'œuvre, sans tarder ! Il y va de l'intérêt général !

Ch. G.

Moyen d'accélérer les améliorations agricoles par les Syndicats obligatoires.

Sous ce titre, M. Alin, ingénieur civil à Toulouse, vient de publier une brochure dans laquelle il expose les moyens que, selon lui, peuvent permettre de réaliser dans certaines conditions l'amélioration du sol.

L'expropriation pour cause d'utilité publique et l'exploitation du sol concédés à des syndicats ou à des compagnies, appliqués comme cela se fait pour les mines et les eaux thermales.

Le système de M. Alin serait, d'une application bien difficile en France, au, Dieu merci, le paysan est encore attaché à la terre, et il faut espérer, pour le bien de notre pays, que l'agriculture ne sera jamais assez délaissé pour qu'il soit nécessaire de recourir aux *syndicats obligatoires*.

Quoiqu'il en soit, voici comment M. Alin expose sa théorie des syndicats obligatoires :

I. — Les causes qui les rendent nécessaires :

On continue toujours dans les journaux de toutes nuances à signaler les campagnes comme en proie aux malaises les plus profonds provenant, disent-ils, de la dépréciation de leurs biens, de la propension qu'ont les capitaux à abandonner la terre et à se jeter sur les rentes, emprunts publics, actions industrielles, et de l'émigration toujours croissante de leurs habitants vers les villes, etc., etc. ; mais, pour enrayer ces tendances funestes, les journaux cidessus s'abstiennent d'en signaler les moyens, et c'est probablement, selon eux, parce qu'il n'y en a pas encore, qu'on n'en a pas encore trouvé ! ! !

D'un autre côté, tout le monde sait que, d'après les statistiques officielles, il est démontré que la France est tributaire de l'étranger dans d'énormes proportions (soit pour l'année 1890 de 640 millions de francs), en ce qui concerne les productions agricoles, d'où il suit naturellement que les lois y relatives et les moyens de culture en usage sont insuffisants.

Comment alors détruire les causes des malaises précités ?

1° C'est déjà en attirant les capitaux à l'agriculture, avec le mobile de la spéculation ; 2° en augmentant les rendements du sol par des améliorations possibles et importantes.

La loi ci-après, que nous proposons, obtiendrait à coup sûr une partie de ces résultats :

1° DISPOSITIF DE LA LOI.

Art. 1er. — Les améliorations agricoles d'une certaine importance, tendant à augmenter les produits du sol, pourront être concédées à des tiers, Sociétés ou Compagnies, par arrêté préfectoral aux conditions suivantes :

Art. 2. — La demande de concession sera d'abord adressée au préfet du département avec les plans, profils et moyen d'exécution nécessaires pour en faire ressortir le bien fondé ainsi que l'importance de la concession demandée.

Art. 3. — Cette demande sera ensuite adressée aux services compétents pour avoir leur avis. Si cet avis est favorable, le préfet soumettra le projet de concession à une enquête publique, laquelle une fois terminée sera soumise au Conseil général du département, et, enfin, si celui-ci reconnait l'utilité de la concession, le préfet sollicitera du tribunal de l'arrondissement de la localité un jugement de déclaration d'utilité publique portant l'autorisation de faire, s'il y a lieu, les expropriations nécessaires à la réalisation de l'entreprise dont il s'agit, conformément à la loi du 21 mai 1836.

Art. 4. — Une fois le jugement de déclaration d'utilité publique rendu officiel, les opérations de la concession se poursuivront comme en matière de travaux publics, conformément aux lois existantes, et, dans tous les cas, aucun travail comme aucune occupation de terrain bâti ou non ne seront effectués avant que les propriétaires lésés d'une manière quelconque aient été indemnisés ou réglés.

Art. 5. — Les propriétaires des immeubles compris dans le périmètre de la concession auront la faculté d'accepter l'amélioration projetée en payant au concessionnaire une rente annuelle de 10 p. 0/0 pour la quote-part de dépense afférente à ces immeubles ou de les vendre à l'amiable ou par expropriation, conformément à la loi précitée. S'il y a des bâtiments, ils seront acquis ou vendus de la même façon si les besoins de la concession l'exigent. La vente ci-dessus pourra être éteinte par le versement au concessionnaire d'un capital réglé sur le pied de 4 p. 0/0. (Les taux ci-dessus ne sont que des exemples, aux législateurs de les arrêter).

Art. 6. — L'amélioration ou plus-value qui résultera de l'exécution de la concession comportera au profit du concessionnaire un privilège de première inscription sur les parcelles de terrain qui en auront été l'objet, tant que la rente dont elles sont frappées n'aura pas été éteinte.

Art. 7. — L'entretien des ouvrages qui constituent l'amélioration produite sera fait aux frais des détenteurs des parcelles comprises dans le périmètre de la concession, au prorata de la surface ou intérêt de chacune d'elles et, au besoin, conformément aux règles de la loi du 21 juin 1865, sur les syndicats ordinaires.

Art. 8. — La concession ne sera définitive que quant le service des ponts et chaussées aura certifié, dans un procès-verbal de récolement, l'exécution de toutes les obligations imposées par l'arrêté de concession.

Art. 9. — Un cautionnement de garantie, égal au montant des dépenses à faire pour l'exécution de l'œuvre, objet de la soumission, sera, au préalable, consigné par le pétitionnaire et ne lui sera remboursé qu'au fur et à mesure de l'avancement des travaux.

Art. 10. — Pour tout le reste, les propriétaires intéressés, ainsi que les concessionnaires, demeurent soumis, chacun en ce qui les concerne, aux lois et règlements en vigueur, auxquels il n'a pas été dérogé spécialement par la présente loi.

2° SON UTILITÉ ET SA RAISON D'ÊTRE

D'abord, la loi proposée sera-t-elle utile? Oui, certainement, parce que le manque d'initiative de connaissances techniques et d'argent, et aussi le manque d'accord entre les intéressés de la loi du 21 juin 1865 sur les syndicats agricoles, laisse inexécutée une infinité d'améliorations que la loi proposée atteindra certainement, parce que celle-ci a aussi pour elle le génie rural pour les concevoir, l'argent pour les exécuter et la soif de bénéfices pour les rechercher et les trouver.

Cette loi a aussi pour elle d'être pratique, simple et expéditive.

Elle est aussi nécessaire, parce qu'elle procure et vaut à la production agricole, deux auxiliaires, deux agents précieux et puissants, l'art et le capital, avantage tant souhaité pour les campagnes par tous ceux qui s'occupent d'agriculture.

Le présent projet de loi offre, en outre, toutes les garanties désirables, touchant les droits des intéressés, car ceux-ci ont la faculté de faire partie du syndicat ou de se faire payer; ledit projet ne consacre, du reste, le principe de l'expropriation que comme il est déjà plus ou moins consacré dans les lois agricoles du 16 septembre 1807, de mars 1845 et avril 1847, celle du 10 juin 1854 et 21 juin 1865 et la loi générale du 3 mai 1841 et 21 mai 1836.

En somme, quant au sacrifice imposé, *ce projet ne fait en réalité qu'accorder en petit aux spéculateurs sur les améliorations agricoles que ce qu'on accorde en grand aux spéculateurs sur les ponts suspendus, chemins de fer, etc., etc...*

Une autre garantie à constater au profit dudit projet de loi, c'est que c'est le préfet, sur l'avis du Conseil général et des administrations compétentes, qui refuse ou qui autorise la concession demandée et en déclare, dans ce cas, par arrêté, l'utilité publique. Ce fait peut-il en infirmer les garanties précitées?

Nullement, car si dans l'espèce on élude l'action gouvernementale on a en échange l'intervention du Conseil général tout entier qui est omise dans la loi du 3 mai 1841.

D'un autre côté, les populations ont plus de confiance en leurs juges naturels qu'à des juges étrangers aux départements, et puis, aujourd'hui, suivant les circonstances, il faut savoir céder aux exigences des besoins et du progrès, comme ont su le faire en leur temps les gouvernements précédents: 1° par l'art. 16 de la loi du 21 mai 1836 (chemins vicinaux); 2° par le décret du 25 mars 1852, qui confère aux préfets la connaissance des autorisations d'usine sur les cours d'eau.

Au surplus, que la loi dont il s'agit consacre ou ne consacre pas le droit à l'expropriation pour les bâtiments nécessaires ou qu'on le consacre conformément à la loi du 3 mai 1841, peu importe, il est entendu et bien entendu qu'elle est toujours utile et indispensable; seulement, il y aura, comme de raison, moins d'effets dans le résultat et de célérité dans la procédure dans un cas que dans l'autre.

Un autre avantage : l'art. 9 de la loi proposée assure la complète exécution des ouvrages et dépenses prévues par la concession.

3° SES CAS D'APPLICATION

Quant aux problèmes que le projet de loi ci-dessus vise, il est évident qu'il faut qu'ils aient une certaine importance, les agronomes seuls savent ce que peuvent être ces problèmes et que leur but est de faire rapporter au sol, moyennant certains ouvrages d'art, 2, 3 et 4, etc., au lieu de un.

Pour qu'on ne doute pas de la possibilité du projet de loi susdit et de ses nombreuses applications, nous croyons devoir citer les exemples ci-après :

1er exemple. — Dans un moulin à eau on peut quelquefois doubler, tripler, etc., la force motrice en portant par la rectification du canal d'amenée sa chute par exemple de 5 mètres à 15 mètres de hauteur en mettant une turbine à la place de la roue primitive, d'où il suit de ce changement qu'il ne faut au moulin, pour conserver sa force, qu'un tiers du ruisseau et que les deux autres tiers peuvent être affectés aux irrigations des terres voisines (*cette opération*, opérée sur notre avis, a parfaitement réussi au moulin Savelli, à Mascara (Algérie). Il ne manque pas ailleurs de cas semblables ! ! !

2e exemple. — Il existe sur la rive droite du Rhône, commune de Saint-Jolie (Ain), une vaste plaine graveleuse, infertile qui n'est qu'à 4 à 5 kilomètres des buttes marneuses de Chasey, sur la rivière d'Ain, or, il ne faudrait qu'un chemin de fer économique pour amender cette plaine avec de la marne au moyen de wagons qui y descendraient, chargés tout seuls, par suite de la déclavité du terrain.

Que de cas analogues on trouverait ! ! !

3e exemple. — A Saint-Léger-Bridereix (Creuse), il y a deux petits moulins à un tournant à la suite l'un de l'autre, qui fonctionnent au moyen de roues à aubes-pendantes dans l'eau courante (parce qu'il y a plus d'eau qu'il n'en faut), sur une pente qui de bas en haut forme environ une hauteur de 30 mètres et, ce qui complique le cas, c'est que l'eau vient de *la rive droite, où il n'y a pas de terres*, et qu'il faut la faire passer sur la rive gauche, où il y a un vaste champ arrosable, à la hauteur du réservoir des moulins au moyen de tuyaux à syphon, ce qui permettrait d'affecter les deux tiers de l'eau du ruisseau aux irrigations, sans supprimer les moulins réorganisés suivant l'art ! ! !

Qu'il y a de cas semblables que ne résoudront jamais les syndicats ordinaires.

4e exemple. — Dans bien des endroits, notamment dans les communes de la rive droite de l'Oignon (Haute-Saône), entre Oiselay et Pin-les-Magny, on voit quatre affluents de cette rivière qui, en sortant de la montagne, disparaissent sous le sol à leur arrivée en plaine. Pour transformer ces vallées en prés en maintenant l'eau à la surface il y a un travail d'art à faire que la loi proposée peut seule faire réussir, *etc., etc.* Voilà pour ce qui est des cas plus ou moins compliqués qu'on pourra rencontrer.

En résumé, on voit par ce qui précède que pour opérer grandiosement, il faudrait pouvoir toucher aux moulins, c'est-à-dire aux terrains bâtis; dans le cas contraire, les opérations seront possibles encore, mais relativement restreintes.

Quant aux cas ordinaires d'arrosage, de marnage, de drainage, de colmatages, de barrages-réservoirs, etc., etc., les spéculateurs ne manqueront pas de saisir toutes les occasions (et elles seront nombreuses), que la négligence des bénéficiaires de la loi du 21 juin 1865 leur donnera pour *réaliser des bénéfices, but et mobile* de leur entreprise.

5° CONCLUSION

En résumé, la loi proposée aurait autant d'applications que les lois agricoles déjà existantes; elle a donc aussi la même raison d'être en ce qu'elle suppléerait à leur insuffisance. Nous espérons qu'on le *comprendra et qu'on* en dotera bientôt l'agriculture, parce qu'elle procure à celle-ci de nouveaux moyens de production, qu'elle exauce, en partie, un vœu généralement formulé en ramenant à la terre l'art et les capitaux, soit la spéculation, et qu'elle ne demande pour elle en petit que le privilège qui est accordé en grand aux compagnies industrielles diverses.

Toulouse, le 4 février 1891. J.-E. ALIX.

Nouvelles agricoles.

Les droits sur les céréales et le prix du pain. — Au moment où se préparent les tarifs de douane qui doivent succéder aux traités de commerce, il est intéressant de se rendre compte de l'effet qui est résulté, pour le prix du pain, des droits d'entrée des céréales. La loi du 28 mars 1885 a frappé le blé de 3 francs et la farine de 6 francs au lieu de 60 centimes et 1 fr. 20 qu'ils payaient jusque-là ; celle du 29 mars 1887 a élevé ces droits à 5 et 8 francs ; les projets de tarifs maintiennent ces droits au même taux ; ils n'augmentent que l'entrée du pain étranger qui est porté de 1 fr. 20 à 6 francs. C'est donc depuis 1885 que le blé et la farine sont fortement imposés à leur entrée en France.

Or, du tableau comparatif des prix que nous donnons ci-dessous, il résulte précisément que, sauf en 1884, la farine et le pain n'ont jamais été aussi bon marché que depuis 1885.

Voici les prix du blé, de la farine et du pain depuis 1870.

ANNÉES.	Blé.	Farine.	Pain blanc.	Pain bis.
1870	26.63	39.57	0.36	0.28
1871	33.13	47.34	0.43	0.32
1872	30.43	45.39	0.41	0.31
1873	33.48	47.39	0.43	0.33
1874	31.88	45.58	0.43	0.33
1875	23.93	35.74	0.36	0.26
1876	26.71	37.35	0.37	0.27
1877	30 01	42.22	0.40	0.31
1878	29.96	42.67	0.41	0.31
1879	28.20	40.72	0.39	0.30
1880	29.96	42.66	0.41	0.32
1881	28.82	41.23	0.39	0.31
1882	27.69	40.34	0.39	0.30
1883	24.83	37.15	0.35	0.27
1884	23.10	33.98	0.34	0.26
1885	21.71	31.86	0.32	0.24
1886	22.84	32.65	0.32	0.25
1887	23.41	34.47	0.34	0.26
1888	24 79	35.33	0.34	0.26
1889	24.00	35.41	0.35	0.27
Moyenne des 20 années	27.28	39.45	0.38	0.29

Il est bien entendu que ce tableau ne prouve pas que ce sont les droits d'entrée plus élevés qui ont fait baisser les prix, mais il démontre un fait indéniable, à savoir que ces droits d'entrée n'ont pas causé la hausse des denrées. Ils n'ont fait qu'empêcher l'avilissement du prix. Ce sont, en somme, les blés et farines de l'étranger qui ont supporté les droits.

On dira peut-être: mais, si ces droits n'avaient pas existé, les prix n'auraient-ils pas encore été plus bas? car la concurrence étrangère, cause de la baisse de 1885, pourrait vendre aujourd'hui son blé 5 francs moins cher, si elle n'avait pas les 5 francs à payer en déchargeant. La réponse est facile. Si la baisse de 1885 avait persisté, la campagne se serait ruinée, ruinant le pays avec elle, ou elle aurait cessé de faire du blé et nous aurions été à la merci des importateurs, qui, comme de juste, nous auraient fait payer aussi cher que possible le manque des céréales françaises.

CONSEILS DU VITICULTEUR.

LE POURRIDIÉ OU POURRITURE DE LA RACINE DES VIGNES

Le pourridié existe depuis longtemps dans l'Est, dans les vignes à sous-sol argileux; mais jusqu'ici ses effets étaient très lents et les vignerons se contentaient de remplacer par provignage les ceps perdus. Le développement exagéré de cette maladie coïncide surtout avec l'apparition du mildew. C'est lorsque la partie aérienne du cep a souffert par suite de la chute prématurée des feuilles attaquées du mildew, que les racines, moins actives et moins vigoureuses, ont plus difficilement résisté à la pourriture. Il est probable que si, dans le principe, tous les vignerons avaient fait usage des traitements préventifs contre le mildew, le pourridié serait aujourd'hui encore beaucoup moins commun.

Lorsqu'un cep est attaqué, le bois pousse fin la première année, les entre-nœuds sont très courts, la feuille, tout en restant verte, est très découpée, à lopes pointus; la deuxième année, ces caractères s'accentuent, le cep buissonne, et, la troisième année, il est mort. On ne connaît aucun remède pour guérir une vigne atteinte de cette maladie ; le mieux est d'enlever les ceps malades, dès la première année, pour éviter la multiplication des spores du champignon.

Le pourridié se développe principalement dans les sols malsains où l'argile se trouve à une faible profondeur. C'est ordinairement dans les terrains bas et humides que la maladie commence à se développer. Dans les coteaux, les vignerons ont l'habitude de remonter périodiquement les terres glissant progressivement dans les parties basses. Cette pratique, toujours excellente dans les vignes saines, devient un très grave inconvénient dans les vignes atteinte du pourridié. Les spores du *Dematophora necatrix* empoisonnent toute la surface sur laquelle elles sont répandues. Dans les terres ayant un excès d'humidité et atteintes du pourridié, il ne doit être fait qu'un usage très modéré du fumier de ferme qui retient l'eau et favorise, par conséquent, le développement du champignon: les engrais chimiques doivent lui être préférés. Les scories de déphosphoration, les cendres de houille et de bois sont aussi très avantageusement utilisées. Des vignobles entiers sont compromis dans l'Est par le pourridié; dans ses études pratiques, M. Guerrapain a remarqué que les parcelles les plus atteintes étaient précisément celles qui étaient les mieux entretenues. Là, où l'on ne remontait jamais la terre et où l'on ne mettait pas de fumier, on observait beaucoup moins de pourridié.

C'est par erreur que certains viticulteurs croient que le pourridié ne se développe que sur les vieux ceps. Les jeunes vignes plantées depuis dix ou vingt ans sont celles qui souffrent le plus.

Le pourridié résulte du contact des racines avec une humidité constante; dans les sous-sols argileux, l'eau est retenue comme dans une cuvette, il faut donc remédier à cet inconvénient par le drainage; mais c'est une opération coûteuse, qui ne peut être entreprise que dans les grandes propriétés. On peut atténuer les ravages du pourridié en défonçant la vigne profondément et en ajoutant à la terre du sable aussi maigre que possible: on forme ainsi un terrain filtrant l'eau aisément. Jusqu'ici il n'a été trouvé d'autres procédés pour préserver les ceps du pourridié.

Aux vignerons reculant devant les dépenses du drainage, nous conseillons de creuser, dans les vignobles atteints, des fossés qu'ils rempliraient de pierres sèches qui formeraient ainsi des voies d'écoulement pour les eaux.

LE PÈRE LAVIGNE.

CONSEILS A LA FERMIÈRE

ÉLEVAGE DU LAPIN

Voulez-vous gagner trois mille francs de rente en élevant des lapins? Certes oui! Alors je vais vous donner le moyen de combattre le *dégout*, principal écueil de l'élevage du lapin qui gâche vite les meilleurs aliments en s'établissant dessus et qui par suite éprouve une répulsion invincible pour cette portion d'aliments. Or, comme le dégoût naît de la répugnance à ingérer des aliments que l'estomac ne désire pas et qui n'excitent pas l'animal à manger alors même qu'il a besoin de nourriture, vous aurez donc soin : de ne distribuer les aliments qu'avec mesure, de les placer de façon à ce qu'ils ne puissent être souillés par les animaux qui doivent s'en repaître ; de les récolter et de les conserver de manière à prévenir toute altération ; de préparer les repas avec soin et propreté, etc.

UNE MÉNAGÈRE.

PETITE POSTE.

M. C..., à V... (Oise). — *Luzerne.* — *Engrais.* — Pour cette terre forte, nous vous conseillons l'*engrais Amiénois à base de matières organiques.* (M. Elisée Lefèvre, 21, route de Rouen, Amiens.) Demandez à M. Lefèvre son prospectus détaillé qui renferme de très utiles renseignements. — Compliments affectueux.

M. M... (Poitiers). — Vous avez été indignement exploité. Votre lettre est envoyée à notre *vieux juge de paix*

M. R .. (Haute-Saône). — La place en question est déjà prise. Nous nous mettons à votre disposition pour aider la famille à laquelle vous vous intéressez à trouver une place. Envoyez-nous une annonce qui sera insérée deux fois.

M. V. R... (Finistère). — *Fluxion périodique.* — Oui, il est possible de guérir cette affection chez un poulain; surtout si elle n'est pas héréditaire. Nous vous conseillons le collyre suivant:

Eau de rose..........................	50gr	»
Iodure de potassium	2	80
Sulfate d'évirus.	3	20
Chlorhydrate de morphine............	0	10

Une goutte le matin, à midi et le soir, sur le globe de l'œil, à l'aide des barbes d'une plume de pigeon, pendant les accès de fluxion périodique.

M. P. D... (Aisne). — 1° *Lait bouilli.* — Merci de votre intéressante communication. Nous n'avions pas eu connaissance de la contre-enquête que vous nous signalez. Nous persistons néanmoins à penser qu'il est prudent de faire bouillir le lait dont on ne connait pas l'origine et qui trop souvent renferme des germes infectieux.

2° C'est par des expériences au moyen d'*engrais analyseurs* qu'on arrive à reconnaître dans son sol la présence ou l'absence de certains éléments. Nous traiterons à nouveau cette importante question.

OFFRES & DEMANDES.

Pour répondre au désir qui nous est exprimé, nous offrons à nos abonnés, sous cette rubrique, deux annonces gratuites pour les offres et demandes d'emplois, produits ou animaux à vendre ou à acheter, etc.

Les annonces qui suivront jouiront d'une réduction de 50 pour 100 sur les tarifs ordinaires.

Les demandes d'insertions devront être envoyées à l'administration, qui se chargera de les rédiger.

Ne pas négliger d'envoyer tous les renseignements nécessaires (joindre 2 timbres de 0 fr. 15).

Un ancien élève d'une école d'agriculture, dans la force de l'âge, marié, bien au courant de la culture moderne en même temps qu'excellent praticien, demande un emploi de régisseur. — Très bonnes références. — N° 907.
S'adresser aux bureaux du journal.

On demande pour une villa de Saint-Raphaël (Var) un ménage de jardiniers.
S'adresser au bureau du Journal. — N° 921-5.

Un jeune homme de 23 ans, ayant une bonne instruction et au courant de la culture, désire se placer comme gérant de culture.
S'adresser au bureau du Journal. — N° 922-4.

On demande un excellent chef de culture.
Adresser les références à M. le directeur de l'école pratique d'agriculture d'Ondes (Haute-Garonne). — N° 923.

A vendre un break (six places) pour double poney, le harnais et une charrette suspendue pour la culture.
S'adresser à M. Julien, à Caisne, par Carlepont (Oise). — N° 928-2.

Un jeune homme, 27 ans, ayant passé un an sous les drapeaux, robuste, habitué à la culture, désire se placer dans une maison bourgeoise. Excellentes références; famille honorable.
S'adresser à M. Eug. Lonjarret, à St-Usuges, près Louhans (Saône-et-Loire). — N° 929-1.

REVUE FINANCIÈRE.

La liquidation de fin mars s'est opérée sans plus de difficultés que les précédentes, pour les mêmes raisons. Les deux semaines que nous venons de traverser ont exagéré, s'il est possible, l'absence d'affaires. D'une part, il y avait à cette pénurie de transactions des motifs pour ainsi dire locaux, ne serait-ce que les jours de fête et la fermeture des Bourses de Londres et Berlin. D'autre côté, l'incertitude, au point de vue financier et politique, qu'engendre l'ambiguité des nouvelles relatives à la Sud Amérique, fait, par solidarité, à notre spéculation un devoir de la plus extrême réserve.

Tant est-il que, soit par l'absence même des opérations, soit surtout parce que, obligés de se défendre toute opération de longue haleine, nos hommes de finances réalisent, « liquident » pour ainsi dire au jour le jour, cette liquidation a été plus que jamais une simple formalité, achevant ce qui était déjà fait.

Mais les motifs mêmes qui ont créé cette situation devaient entraîner une certaine lourdeur du marché. De fait, les baissiers sont plus heureux qu'ils ne l'étaient depuis longtemps; les derniers événements bulgares les ont aidés dans leur tâche de pessimisme. Les cours ne sont pas à la baisse, loin de là, mais nous venons de le dire, ils sont légèrement moins avantageux.

Si nos rentes se maintiennent vaillamment autour de leurs hauts cours précédents, si nos Chemins de fer n'ont rien perdu de leurs chiffres antérieurs, si le marché des obligations, tout en étant un peu moins achalandé que par le passé, n'a en rien démérité de son ancienne faveur auprès de l'épargne, si les fonds d'Etats étrangers ne présentent que des oscillations insignifiantes et restent dans leur ancienne position, on ne peut nier que nos institutions de crédit n'aient du plomb dans l'aile. On en douterait, qu'il suffirait de voir combien les déclarations du gouverneur du Crédit Foncier, au sujet des préoccupations relatives à cet institut, déclarations qui doivent être fournies à la prochaine assemblée, et que la presse a portées à la connaissance du public par anticipation, ont eu peu d'effet sur le public lui-même : c'est à peine si le Crédit Foncier a pu rattraper le cours de 1270 francs.

Nous bornerions là notre revue d'aujourd'hui, si nous n'avions un mot à dire d'une campagne de presse assez originale tentée en vue de nous redonner le goût du papier italien. Le gouvernement italien, dont les embarres ne sont inconnus de personne, forcé de faire flèche de tout bois, voudrait bien trouver quelque 140 millions en repassant à quelqu'un les rentes qu'il possède dans ses caisses en représentation des fameuses obligations de chemins de fer, dont, personne, pas même l'Allemagne, n'a voulu.

A qui s'adresser, si ce n'est à cette bonne place de Paris? Un groupe de journaux français s'efforcent de préparer les voies, de nous chanter sur un ton dithyrambique les mérites de la rente italienne, régénérée par ces bonnes intentions dont le ministère Rudini est pavé tout autant que l'enfer.

N'en déplaise à ces braves gens, la cause est mauvaise : l'inspiratrice de cette campagne est la Banque russe et française, qui nous a gratifiés du Santa-Fé, du Saint-Antoine et autres merveilles de ce genre.

De plus, nous ne voyons pas que les bonnes intentions du ministère Rudini aient rien amélioré encore; si ce miracle doit se produire ce ne sera pas de si tôt, et l'Italie a encore de mauvais jours à traverser auparavant, témoin les faillites de Livourne et le reste.

En toute hypothèse, nous dirons avec un de nos confrères : la Triple Alliance subsiste, tant qu'elle durera, nos capitaux doivent se refuser à payer de nouveaux préparatifs contre nous ou à solder les arrérages des préparatifs antérieurement faits.

Timon.

Le « RENSEIGNEMENT UNIVERSEL »
28, rue Bonaparte, Paris.

Nos lecteurs sont au courant du fonctionnement général de cette œuvre, dont nous avons parlé dans nos précédents numéros.

Il nous semble utile, aujourd'hui, de leur indiquer l'organisation du service spécial des *achats et des ventes*.

Reposant sur une combinaison nouvelle qui écarte absolument toutes commissions, pots de vin, courtage, etc., ce service constitue le lien général entre l'offre et la demande quel qu'en soit l'objet, denrées de toute nature : grains, fourrages, pailles, foins, produits manufacturés, etc., etc.

Offres. — Les offres sont inscrites pour une année au répertoire spécial moyennant un droit fixe de 5 francs pour chaque espèce de marchandise, quelle que soit l'importance de l'offre.

Toutes circonstances de quantité, qualité, prix, époques de livraisons, facilités de paiement de nature à préciser l'offre sont indiquées de manière à éviter des retards et faciliter la vente.

Indications. — Ces renseignements que nous nous procurons complets auprès des vendeurs, nous les transmettons à tout acheteur qui nous en fait la demande, contre un droit fixe de un franc. Nous ne donnons que les renseignements qui nous paraissent utiles à la réalisation de l'achat ou de la vente.

Quelle que soit l'offre ou la vente proposée le *Renseignement Universel* est à même de fournir une indication utile. - Il ne voit que l'intérêt de ses clients, auxquels il évite ainsi l'obligation de se servir d'intermédiaires coûteux.

Il obtient les meilleures conditions de vente grâce aux affaires nombreuses qu'il procure aux fabricants et commerçants de toutes sortes, c'est l'acheteur renseigné par lui qui en profite.

Le *Renseignement Universel* met ainsi en relation, dans les meilleures conditions possibles, le vendeur avec l'acheteur et facilite considérablement les transactions et les ventes de gré à gré, ou dans les halles et marchés. C'est, en résumé, le but poursuivi par les promoteurs des syndicats agricoles, mais atteint par des voies différentes, dégagées de toute solidarité.

Nous rappelons que le *Renseignement Universel* répond à toute demande quelle qu'elle soit et n'a aucun rapport avec aucune agence.

HALLES ET MARCHÉS.

SITUATION GÉNÉRALE.

Les fêtes de Pâques ont interrompu les transactions sur les marchés depuis le vendredi 27 jusqu'au 31 mars. Les cours restent soutenus en général avec de très faibles fluctuations.

GRAINS.

Blés. — La végétation fait peu de progrès par cette température encore hivernale; mais les semailles se poursuivent avec activité. Sur nos marchés français les offres ont toujours peu d'importance et les prix se soutiennent fermement. Avant les fêtes, on cotait aux dernières nouvelles : Lille, blé blanc, 28 à 28 50 les 100 kilog.; roux, 26 50 à 26 75; Rouen, 27 60; Montivilliers, 26 60; Châteaudun, 28 50; Coulommiers, 26 75 à 28 25; La Flèche, 27; Le Neubourg, 27 40; Mantes, 26 15 à 28 40; Bordeaux, 29 25; Nantes, 26 75 à 27 75 — Au marché commercial à Paris, les transactions étaient calmes; en clôture, le disponible valait 28 50 à 29 25; le livrable jusqu'en août, 28 25 à 28 75; les quatre derniers mois, 27 75 à 28.

Seigles. — Au marché de Paris, les affaires sont très calmes et les cours faibles; on a coté le 26 mars 17 50 pour les 100 kilog. disponibles, 17 25 à 18 25 livrables. Prix sans changements sur les marchés de province.

Orges. — Les cours ont eu encore un peu de faiblesse. A Lille, on vend les orges d'Algérie 16 90 à 17 25 les 100 kilog.; les escourgeons de Groningue valent 19 75.

Avoines. — Les prix ont tendance à se raffermir sur nos marchés. A Rouen, elle est à 23 fr. en hausse de 1 35 par 100 kilog.; à Montivilliers, la vente est active au prix de 20 65; à Nantes, on cote 19 50 à 19 75; à Bordeaux, 20 à 21. A Paris, au marché commercial, les cours étaient assez faiblement tenus à 19 25 pour le disponible, et 19 25 à 19 50 pour le livrable.

FARINES. — ISSUES.

Farines de consommation. — Affaires calmes; cours sans variations. 

Farines de commerce. — Tendance faible ; on a coté en clôture, jeudi dernier pour les *douze marques* : disponibles, 60 75 les 157 kilog. nets ; livrables, 61 25 à 62 50.

Farines de seigle. — La demande est toujours bonne ; on tient en disponible à Paris ; farine fleur extra, 26 50 à 27 les 100 kilog. ; première, 25 50 à 26 ; ordinaire, 25.

Issues. — L'abaissement de la température a nui aux transactions pendant ces derniers jours. Les issues de blé restent aux mêmes cours ; mais celles de seigles sont rares et très demandées aux prix suivants : sons, 13 50 à 14 75 les 100 kilog. ; recoupettes fines, 12 75 à 13 25 ; remoulages blancs, 16 50 à 17 50 ; bâtards, 14 75 à 15.

FOURRAGES. — GRAINES FOURRAGÈRES.

Fourrages. — Les prix restent bien tenus sur tous les marchés. A la Chapelle, on cote : foin, 47 à 53 les 100 bottes de 5 kilog. au domicile de l'acheteur ; luzerne, 44 à 49 ; regain, 46 à 47 ; paille de blé, 30 à 36 ; de seigle, 30 à 34 ; d'avoine, 22 à 26. — Sur les marchés des départements les foins et luzernes se vendent cher ; on cote, *aux* 520 *kilog.* ; Compiègne, foin, 3[illegible] ; trèfle, 32 ; paille, 25 à 30 ; Cambrai, foin, 50 ; trèfle, 40 à 50 ; luzerne, 50 à 60 ; sainfoin, 48 à 52 ; paille, 28 à 32 ; Versailles, foin, 34 à 44 ; luzerne, 38 ; sainfoin, 35 à 44 ; regain, 30 à 36 ; paille de blé, 26 à 32 ; d'avoine, 20 ; Bar-sur-Seine, foin, 35 à 40 ; paille, 25 à 28 ; Dijon, foin, 35 à 38 ; paille, 20 à 25 ; Melun, foin, 33 à 38 ; luzerne, 30 à 34 ; paille, 27 à 30 ; Moulins, foin, 42 à 45 ; paille, 20 à 22 ; — *au quintal* : Douai, foin, 8 à 9 ; trèfle et luzerne, 8 à 8 50 ; paille, 5 à 5 50 ; Beauvais, foin, 6 ; paille, 4 ; Orléans, foin, 12 à 13 ; paille, 5 à 6 ; Blois foin, 5 75 à 7 50 ; luzerne, 7 15 ; sainfoin, 6 15 ; paille, 4 à 5 ; Nevers, foin, 7 60 ; paille, 4 ; Toulouse, foin, 7 50 à 8.

Graines fourragères. — On cote à Orléans, trèfle violet, 70 à 110 les 100 kilog. ; luzerne, 60 à 100 ; sainfoin, 22 à 24 ; Bar-sur-Seine, trèfle violet, 70 à 80 ; luzerne, 160 à 180 ; sainfoin, 26 à 30 ; Carvin, trèfle, 135 ; luzerne, 1 40 ; Beauvais, sainfoin, 25 à 27 l'hect. ; vesce], 12 50 à 14 ; Chartres, minette, 50 à 55 les 100 kilog. ; sainfoin, 24 à 25 ; Reims, trèfle, 110 à 120 ; luzerne, 100 à 130 ; sainfoin, 25 à 28 ; Toulouse, trèfle, 80 à 85 ; luzerne, 80 à 90.

TOURTEAUX.

Tourteaux. — Les tourteaux de colza se vendent 145 fr. les 1000 kilog. à Caen. — A Arras, on cote, œillette, 17 50 ; colza, 14 75 ; lin, 22 50.

BESTIAUX.

LA VILLETTE, 2 avril. — Bestiaux. — Vente difficile sur les bestiaux, mauvaise sur les veaux, sans changement sur les moutons et bonne sur les porcs.

COURS officiels.	Amenés.	Vendus.	1re qualité.	2e qualité.	3e qualité.	Prix extrêmes.
Bœufs....	1.750	1.585	1 58	1 44	1 30	1 22 à 1 64
Vaches ...	521	487	1 56	1 38	1 24	1 12 1 60
Taureaux.	215	203	1 42	1 36	1 26	1 18 1 50
Veaux....	1.336	1.084	1 96	1 74	1 58	1 34 2 18
Moutons..	9.366	8.665	2 10	1 98	1 76	1 66 2 14
Porcs.....	3.982	3.982	1 34	1 28	1 22	1 16 1 38

Marché du lundi 30 mars.

	Amenés	Vendus	PRIX AU POIDS NET 1re qual.	2e qual.	3e qual.
Bœufs	2.2 8	2.101	1 58	1 44	1 28
Vaches.....	556	516	1 56	1 :8	1 22
Taureaux ..	174	163	1 42	1 36	1 24
Veaux.....	954	857	1 94	1 70	1 54
Moutons....	6.354	5.980	2 10	1 98	1 76
Porcs	1.813	1.813	1 32	1 26	1 20

	PRIX AU POIDS VIF 1re qual.	2e qual.	3e qual.	Prix extrêmes.
Bœufs	» 96	» 81	» 68	» 62 à 1 »
Vaches	» 92	» 75	» 61	» 54 » 96
Taureaux.......	» 87	» 78	» 65	» 59 » 91
Veaux..........	1 16	» 99	» 81	» 66 1 30
Moutons........	1 11	» 99	» 84	» 76 1 18
Porcs...........	» 90	» 84	» 78	» 74 » 92
Peaux de moutons en laine..........				4 40 7 25
Id. id. demi-laine.........				1 35 3 45

Viandes abattues. — Criée du 2 avril.

		1re qualité.	2e qualité	3e qualité.
Bœufs	le kil.	1 40 à 2 80	1 30 à 2 70	1 10 à 1 90
Veaux....	—	1 70 1 90	1 50 1 66	1 30 1 46
Moutons..	—	1 80 1 90	1 30 1 76	» 80 1 26
Porc entier	—	1 18 1 26	1 06 1 16	» 90 1 »

Fromages.

Brie fermiers, haute marque...	les dix	60 à	70
— — grand moule....	—	40	50
— — moyen moule....	—	30	35
— — petit moule......	—	18	25
Brie laitiers moyen moule......	—	10	20
Gruyère	100 kil.	195	140
Roquefort.......................	—	280	200
Géromé (Gérardmer)...........	—	65	75
Romatour.......................	—	90	100
Cantal	—	135	150
Façon Port-Salut.............	—	160	100
Bourgogne..................	le cent	60	70
Saint-Nectaire..................	—	90	100

Livarots :		1er choix.		2e choix.	
En caisse de 30...........	le cent	100 à	105	» à	»
En caisse de 36...........	—	90	100	70	80
Camembert................	—	50	60	40	45
Façon Coulommiers.	—	45	50	35	40
Bondons	—	14	18	8	10
Gournay..................	—	14	18	8	10
Mont-d'Or................	—	25	30	»	»

Médaille d'Or. * Exposition Universelle 1889. * Médaille d'Argent.

VACHERIE à céder, portes de Paris, cause de maladie, 9 vaches normandes, 120 litres lait vendus 40 et 50 c. Belle installation. Loyer peu élevé. 3,500 fr. bénéfices par an. Prix avantageux. Affaire susceptible d'augmentation. On traitera avec 6,000 fr. argent ou sans argent avec garanties. — S'adresser à MM. LAPORTE et LEFRANC, 93, boulevard Sébastopol, Paris. — Sont vendues les vacheries annoncées précédemment.

Semoir et Distributeur d'Engrais

Système MAGNIER.

Envoi franco du catalogue illustré.

Expériences du 23 septembre 1890. 1er prix - 20 avril 1890, Poitiers. 1er prix.

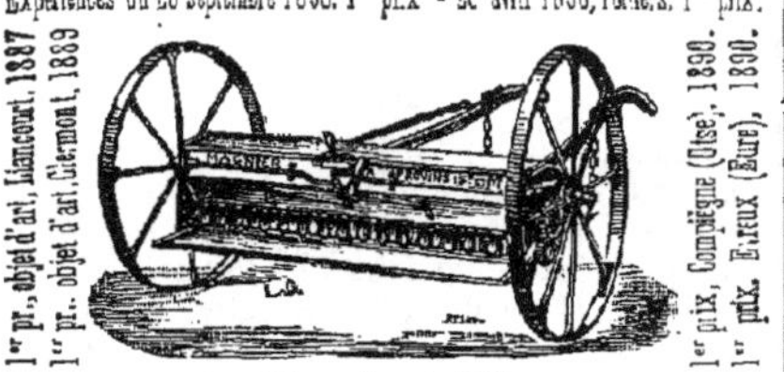

1er prix, Beauvais, 1890.

MAGNIER, constructeur breveté, Provins (S.-et-M.).

GUÉRISON RADICALE DE LA **DIARRHÉE DES VEAUX** PAR LA POUDRE CHOQUELIN.

1 franc la boîte

franco par la poste.

Dép. g., Phie HAUVESPRE, Courville (Eure-et-Loir).

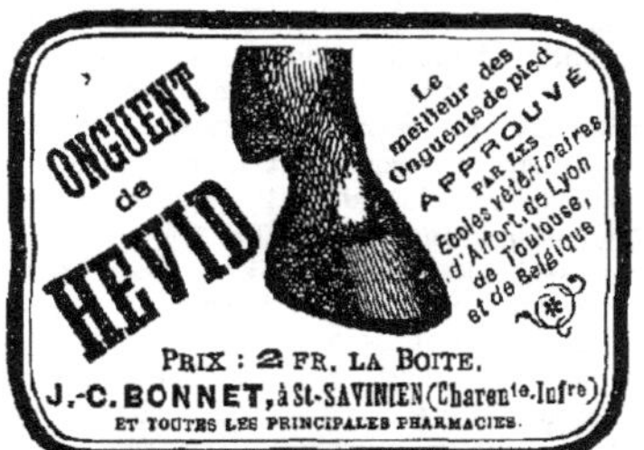

L'Onguent de HEVID, *adopté par le Ministère de la guerre*, est le meilleur préservatif des maladies du pied des espèces chevaline et bovine. Il pénètre admirablement le tube corné, le nourrit, et remet en bon état, en quelques semaines, le sabot le plus sec et le plus cassant. En vente chez les vétérinaires, pharmaciens, selliers et maréchaux-ferrants.

L'Administrateur-Gérant : ALBERT RENOT.

Beauvais. — Imp. D. PERE, — A. CARTIER, Gérant.

Faucheuses. **Faneuses.** **Râteaux** à cheval. **Presses** à fourrages. **Brise-Tourteaux.** **Appareils à cuire.** **Égrenoirs** de maïs. **Rouleaux.** **Semoirs.** **Transmissions** par arbres et par câbles. **Matériel** de brasserie et de féculerie.

ALBARET (O. * et O. *)

MACHINES AGRICOLES.

Ateliers de Construction et Administration à **LIANCOURT-RANTIGNY** (Oise).

Magasin et bureau, à PARIS, boul. de Strasbourg, 63 (entrée par le passage du Désir).

Succursales : Saint-Quentin, boulevard Victor-Hugo, n° 52; **Chartres**, rue du Grand-Faubourg, n° 76; **Abbeville** (Somme), rue Ringois, n° 44; **Cambrai, M. MESNIL**, rue des Bouchers, n° 13.

Récompenses obtenues aux Expositions universelles et Concours internationaux.

Machines à vapeur fixes, horizontales et verticales.

Générateurs.

Machines à vapeur locomobiles.

Manèges fixes, mobiles et semi-fixes.

Batteuses fixes et portatives, conservant ou brisant la paille.

Engreneurs mécaniques.

Semoirs à engrais, à graines et à haricots.

Hache-maïs et **Coupe-racines** à force centrifuge transportables.

206 Médailles d'or.

Exposition	Récompense
1862. Exposition de Londres.	1er prix : grande médaille; 2e prix : mention honorable.
1864. Exposition internationale de Bayonne.	Médaille d'or, donnée par le Gouvernement; médaille d'or, donnée par la Commission de l'Exposition.
1865. Exposition universelle de Porto.	Grande médaille d'argent.
1867. Exposition universelle de Paris.	Grande médaille d'or, la plus haute récompense pour locomotive routière et machines agricoles.
1869. Expon d'Amsterdam.	Diplôme d'excellence.
1869. Exposition de Beauvais. 1872. Exposition de Lyon.	Deux diplômes d'honneur, comme exposant et membre du jury.
1873. Expositon univ. de Vienne (Autriche).	Grand diplôme d'honneur, la plus haute récompense.
1878. Expositon univ. de Paris.	Trois médailles d'or; un objet d'art pour mérite exceptionnel sur le terrain; une médaille de bronze; quatre médailles argent et bronze pour collaborateurs.
1882. Conc. spéc. intern. de hache-maïs de Ste-Menehould.	1er prix : médaille d'or, donnée par la Société des Agriculteurs de France.
1883. Expon d'Amsterdam.	Diplôme d'honneur : la plus haute récompense.
1884. *Grand concours international d'Amsterdam.*	Prix unique : grande médaille d'or pour locomobile; 1er prix : grande médaille d'or pour presse à fourrage; 1er prix : grande médaille d'or pour machines à battre; 1er prix : médaille d'argent pour hache-paille et dépulpeur.
1885. Exposition internation. d'Anvers.	Diplôme de médaille d'or, la plus haute récompense pour machines agricoles.
1889. Exp. d'économ. sociale, section XIV.	Médaille d'or; médaille d'argent pour collaborateurs.
1889. Exposition universelle. - Membre du jury. Hors concours.	
1876. Société nation. d'agric. de France.	Grande médaille d'or; prix de mécanique.
1886. Société nation. d'agric. de France.	Rappel de grande médaille d'or pour l'ensemble des travaux de mécan. agric.
1888. Aniche (Nord).	Moissonneuse-lieuse à la ficelle, diplôme d'honneur avec félicitations du jury, pour la machine qui fonctionne à toute satisfaction.
1889. Comice agric. de Montdidier, Ailly-sur-Noye.	Diplôme d'honneur et médaille de vermeil pour batteuse et instruments; médaille de vermeil grand module pour faucheuse et moissonneuse.
1890. Concours de Clermont.	Diplôme d'honneur avec félicitations du jury, pour le bon fonctionnement de la moissonneuse-lieuse.

Plusieurs médailles or, argent et bronze à MM. les Collaborateurs de la Maison

Concasseurs.

Moulins-bluteries.

Hache-paille.

Hache-maïs.

Hache-fourrage.

Coupe-racines

Laveurs de racines.

Moissonneuses simples.

Moissonneuses combinées.

Moissonneuses lieuses.

162 Médailles d'argent.

Envoi gratis sur demande des Catalogues illustrés.

16 Diplômes d'honneur et d'excellence.

Monte-Paille. **Moteur** domestique à vapeur à pression inférieure à celle atmosphérique. **Rouleaux** à vapeur et à traction de chevaux pour le cylindrage des chaussées d'empierrement. **Poteaux** indicateurs pour routes.

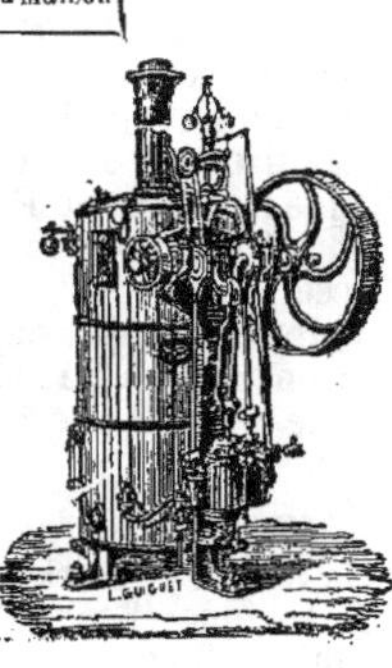

12e Année. — 2e Série. — No 585. Dimanche 12 Avril 1891.

GAZETTE AGRICOLE

JOURNAL HEBDOMADAIRE, PARAISSANT LE DIMANCHE

Rédacteur en Chef : M. Ch. GOSSIN, Professeur d'Agriculture à l'Institut agricole de Beauvais.

PRIX DE L'ABONNEMENT

UN AN, 5 fr. — SIX MOIS, 3 fr. — TROIS MOIS, 2 fr. 25

Pour l'étranger les abonnements ne sont reçus que pour un an, au prix de 6 francs, et ne partent que du 1er janvier ou du 1er juillet de chaque année.

Le numéro : 10 centimes.

Il est indispensable de joindre à toute demande de changement d'adresse la dernière bande d'adresse du journal et 50 centimes pour frais de nouvelles bandes.

Adresser les *Abonnements* et *Annonces* au secrétaire de la rédaction, **13, quai Voltaire, Paris,** ou à M. GOSSIN, rédacteur en chef et administrateur, à BEAUVAIS.

BUREAUX

13, quai Voltaire, Paris, et à Beauvais.

Les abonnements partent du 1er de chaque mois et sont payables d'avance. Toute demande d'abonnement doit donc être accompagnée du prix de l'abonnement. (Le mode de payement le plus simple est l'envoi d'un mandat-poste.)

Donner *très lisiblement*, en s'abonnant, son nom et son adresse exacte, *avec l'indication du bureau de poste ;* et, s'il s'agit d'une continuation d'abonnement, joindre au renouvellement la dernière bande d'adresse du journal.

La GAZETTE AGRICOLE insère gratuitement les Communications des Syndicats agricoles

SOMMAIRE :

PARIS, 10 AVRIL.

M. Edouard Bocher, sénateur du département du Calvados, n'est pas plus un inconnu pour les amis du Bonhomme Deschamps que pour le reste de la France. Par sa vie toute de fidélité et de dévouement aux Princes d'Orléans, dont il était le conseil et l'ami, non moins que par son talent de paroles, il a acquis une juste et universelle renommée. Ceux-là seuls qui ont vécu dans son intimité peuvent ajouter que son commerce est d'une sûreté égale à son charme. On sait aussi qu'il a été très récemment atteint d'une grave maladie, laquelle, jointe à son âge, l'a déterminé à prendre sa retraite du service particulier de Mgr le comte de Paris. Les instances les plus pressantes et les plus affectueuses du Prince n'ont pu faire revenir M. Bocher sur sa résolution, par cette raison qu'il ne l'aurait pas prise s'il s'était senti encore la force de remplir la mission que le Comte de Paris lui avait confiée à la mort de M. le Comte de Chambord. Tout ceci pour vous préparer aux deux lettres admirables qui ont été échangées récemment entre « le meilleur des maîtres » et « le plus dévoué des serviteurs ».

***

Voici d'abord la lettre de Monseigneur le Comte de Paris. Elle est datée de Villamanrique (Espagne), où il est encore jusqu'à la fin du mois :

Mon cher Monsieur Bocher,

Vous m'avez informé récemment que depuis la grave maladie dont vous vous relevez, l'état de votre santé et votre âge ne vous permettaient plus de continuer à remplir les fonctions que vous exerciez avec une si haute autorité, comme mon représentant politique en France.

Cette nouvelle m'a causé une vive émotion.

En présence des motifs que vous alléguez, je n'ai pas le droit d'essayer de vous faire revenir sur votre détermination, mais je tiens à vous dire les profonds regrets qu'elle m'inspire et à vous témoigner publiquement ma reconnaissance pour le concours que vous m'avez apporté dans la direction du parti monarchique depuis le jour où la mort du Comte de Chambord a fait de moi le chef de la Maison de France.

Votre abnégation personnelle a été égalée seulement par votre infatigable activité. Votre expérience consommée, la confiance que vous inspiriez à tous les partisans de notre cause, le respect que professaient pour vous vos adversaires même, votre dévouement passionné à la France qu'avant tout vous voulez, comme moi, grande et heureuse, votre esprit de modération et de conciliation si nécessaire dans la direction d'un grand parti qui, pour être vraiment national, doit rester toujours ouvert, toutes ces hautes qualités, si rarement réunies dans un seul homme, vous créaient une situation unique.

Pour moi vous n'étiez pas seulement un conseiller toujours écouté, vous étiez encore et vous serez toujours un ami, et votre résolution me cause une peine telle que je ne trouve pas de termes assez forts pour l'exprimer.

Pour vous suppléer, du moins en ce qui concerne les relations avec les comités et la presse monarchique j'ai fait choix de M. le comte d'Haussonville et je sais que vous approuvez cette désignation. L'héritier du nom qui fut cher à tout le parti libéral et aux traditions duquel il est demeuré fidèle ; les preuves de dévouement qu'il a déjà données à la cause monarchique et à moi-même, m'assurent qu'il remplira efficacement l'importante mission que je lui confie. Il ne saurait avoir votre expérience, mais il s'inspirera de vos traditions ; et, quand il vous le demandera, vous ne lui refuserez pas vos conseils.

Jamais, en effet, j'en suis certain, vous ne cesserez de vous associer, par le cœur et par les pensées, à tous les Français de bonne volonté qui, soutenus par les anciennes convictions ou éclairés par une expérience récente, travaillent en commun au rétablissement de la Monarchie, traditionnelle par son principe, moderne par ses institutions, dont j'ai fait le but de ma vie ; et du fond de votre retraite, vous prierez Dieu avec nous de bénir nos efforts.

Recevez, etc.

PHILIPPE, comte de Paris.

***

Vous devinez avec quelle émotion M. Bocher a reçu ce témoignage si précieux et si autorisé, et vous ne serez pas surpris que ce sentiment perce sous chaque mot de sa réponse. Il se dégage de cette lettre de M. Bocher tout un parfum de modestie, de respect et d'affection si bien que l'on croirait, en la lisant, se trouver en face d'un document d'un tout autre âge que le nôtre. On va du reste pouvoir en juger, puisque le Bonhomme Deschamps en donne ci-dessous le texte.

***

Monseigneur,

J'ai lu avec une émotion profonde la lettre que vous avez daigné m'écrire.

Mes humbles services ne méritaient pas une pareille récompense.

Vous me faites sentir à quel douloureux sacrifice m'oblige l'impuissance de l'âge, tout ce que je perds, en cessant de remplir des fonctions qui me faisaient l'intime confident de vos pensées et m'associaient si étroitement à vos généreux et patriotiques desseins, dont l'unique objet est le bonheur et la grandeur de la France.

Mais, si dans la retraite où je vais entrer, je dois être désormais éloigné de vous, je n'en serai jamais séparé. Rien ne peut rompre les liens qui m'attachent au meilleur des maîtres. Par mes vœux et mes prières, je demeurerai constamment avec lui.

J'avais prévu, Monseigneur, et j'ai vivement souhaité le choix que vous m'annoncez ; je savais comment vous était désigné celui sur qui s'est reportée votre confiance. Par son nom, par les souvenirs, les exemples que lui a laissés son père, ce vaillant défenseur des idées libérales, par ses travaux, ses succès et la renommée qu'ils lui ont acquise, M. d'Haussonville avait justifié d'avance la faveur que vous lui faites.

Vous ne pouviez pas avoir de plus digne représentant, ni la cause monarchique de chef plus capable.

Il donnera des conseils ; il n'a plus besoin d'en recevoir. Mais s'il lui arrivait, dans cette difficile mission, de réclamer le secours de ma vieille amitié, il ne lui manquera pas, et en le lui prêtant, c'est encore à vous que je le donnerai, restant toujours, Monseigneur, et tant que je vivrai, votre dévoué et fidèle serviteur.

E. BOCHER.

***

Pour ceux qui liront, avec l'attention qu'elles méritent, ces deux lettres, pas ne sera besoin de beaucoup de renseignements sur la personne du successeur de M. Bocher, sur ses titres à la haute confiance du Prince et sur la façon dont il justifiera le choix dont il est l'objet. Le Bonhomme Deschamps se reprocherait d'ajouter à ce double témoignage, venant de si haut, le moindre commentaire, avec cette réserve que l'on ne pouvait trouver, pour remplacer M. Bocher, un homme qui fût plus de son temps que M. d'Haussonville. Il est jeune, si à 48 ans on mérite encore ce nom; mais c'est un défaut dont on se corrige bien malgré soi tous les jours.

LE BONHOMME DESCHAMPS.

NOUVELLES DE LA SEMAINE.

Les Congrès à Paris. — Paris n'est plus Paris, c'est un vaste congrès. Dans toutes les rues, on voit circuler des gens affairés portant d'énormes serviettes sous le bras, l'air préoccupé, ayant conscience de leur mission et portant leur dignité jusque sur l'impériale des omnibus.

Jugez un peu. Il y a en ce moment le congrès international des savants catholiques, le congrès de chirurgie, le congrès des astronomes, sans parler du congrès des mineurs, qui fait à lui seul plus de bruit que tous les autres réunis.

Les astronomes vont dresser la carte du ciel : ils restent dans les nuages et ne manifestent pas l'intention de rien changer sur la terre ; les mineurs, eux, veulent modifier l'état social sans trop se rendre compte par quoi ils remplaceront ce qu'ils ont supprimé. On s'est bien rendu compte ; car les résolutions votées ressemblent furieusement à de l'eau claire.

Le spectre « clérical. » — Le congrès catholique qui a lieu en ce moment à Paris, fournit aux journaux radicaux les motifs d'une campagne anti-cléricale. La présence d'ecclésiastiques étrangers lui paraît un danger pour la République et elle nous annonce qu'une *enquête a été ordonnée par le gouvernement et qu'il y sera procédé par les soins de la direction des cultes*. Si le gouvernement a cédé à la pression du moniteur officiel des loges maçonniques, nous ne lui en faisons pas nos compliments et nous pensons que cet excès de surveillance eût mieux trouvé son emploi au dernier congrès des mineurs. S'il y a quelque danger, il est, sans nul doute, du côté de ceux qui s'organisent ouvertement pour la lutte, et non du côté de ceux qui mettent leur confiance et leur espoir uniquement en Dieu, et ne comptent que sur l'efficacité des prières pour obtenir le triomphe de leur cause. Jamais les catholiques n'ont songé, comme les compagnons belges, à voler de la dynamite pour servir leurs intérêts.

L'apaisement. — Voici un nouvel exemple, entre cent, de l'apaisement tant promis par nos gouvernants, et jamais donné. Les écoles de deux communes des Côtes-du-Nord, Plouer et Plouasné, viennent d'être laïcisées, contrairement aux sentiments de la population. L'administration s'est efforcée de dorer la pilule. Les deux maires ont adressé à leurs administrés une sorte de circulaire, et, par un singulier hasard, ces deux fonctionnaires, sans être entendus, ont écrit la même phrase : « L'instruction religieuse sera à l'école communale l'objet de soins constants qui donneront satisfaction au sentiment religieux des familles. » Voila un bon billet ? On sait en effet que la principale préoccupation des Chambres républicaines, quand elles ont voté les lois scolaires et de l'administration républicaine, a été de « donner satisfaction aux sentiments religieux de la famille. » Enlèvement des crucifix qui étaient dans les classes ; la porte de l'école fermée aux ministres du culte ; interdiction aux instituteurs de conduire leurs élèves à l'église ; mauvaises notes données à ceux qui règlent le travail de manière à laisser aux enfants, au moment de la première communion, un peu de temps libre pour recevoir l'instruction religieuse ; voilà ce que nous voyons tous les jours. Telle est en matière d'enseignement la jurisprudence administrative que les inspecteurs primaires sont chargés d'appliquer sous la surveillance des loges maçonniques. Il est possible que les maires de Plouer et de Plouasné l'ignorent, mais le personnage inconnu qui leur a inspiré des circulaires identiques le sait à merveille, et il doit sourire de la naïveté des deux magistrats municipaux.

Nécrologie. — M. Pouyer-Quertier, ancien ministre des finances sous M. Thiers, ancien député et sénateur de la Seine-Inférieure, est mort la semaine dernière à l'âge de 70 ans. C'était un homme de grande valeur et un patriote éprouvé. Ses obsèques ont eu lieu à Rouen au milieu d'un concours empressé de la population. On y a vu et entendu de bien étranges choses. On y a vu, tenant chacun un des cordons du poêle, M. le préfet de la Seine-Inférieure et M. le préfet de l'Eure, lesquels, il y a quelques jours à peine, ont tout fait l'un et l'autre pour chasser M. Pouyer Quertier du Sénat. On y a entendu le maire républicain de Rouen célébrer la participation de M. Pouyer-Quertier à la libération du territoire, assurer à sa mémoire « la reconnaissance de la postérité » et proclamer que la ville de Rouen, qu'il servit et honora, « le comptait entre les meilleurs de ses fils. » Voilà pourquoi sans doute les républicains de Rouen n'ont plus voulu de lui comme sénateur. Un journal de Rouen dit que la manifestation a été une grande réparation. Ces « réparations », à si courte distance de la plus odieuse des ingratitudes, ressemblent trop à une comédie pour qu'elles puissent tromper personne.

La succession du conjoint prédécédé

Les Chambres ont réparé ces temps derniers — en partie — une iniquité du code civil.

Elles ont modifié l'ordre de succession au profit du mari et de la femme.

Cela est monstrueux, mais l'époux survivant était relégué après les petits cousins au douzième degré.

Si le mari mourait sans testament, s'il était surpris par la mort, la femme n'avait rien ; la fortune du défunt passait toute entière aux enfants ; à leur défaut de tout parent proche, à des petits cousins, des étrangers, des inconnus, que les notaires auraient eu souvent grand'peine à retrouver, si l'amour de l'argent n'avait donné du flair à tous ces insouciants de la veille.

Cette injustice de la loi sera désormais moins révoltante. La femme ne tombera plus dans la misère en voyant passer en des mains lointaines, soudain rapprochées, la fortune qu'elle aura contribué à conserver par son économie.

Aux termes de la loi nouvelle, l'époux survivant aura un droit d'usufruit sur les biens du défunt : ce droit sera d'un quart de revenu s'il existe des enfants issus du mariage, de moitié dans la plupart des autres cas.

Bien entendu, s'il existe un testament qui ait déjà assuré son sort, l'époux survivant n'aura rien à réclamer.

De même l'usufruit cessera de plein droit si le veuf ou la veuve se remarie.

Enfin, en cas d'insuffisance de l'usufruit, les héritiers du défunt, et même les légataires, devront une pension alimentaire à l'époux survivant, pourvu que cette pension soit réclamée dans l'année du décès.

VEILLÉES RURALES (1).

(Suite.)

Conférences agricoles au village.

SIXIÈME CONFÉRENCE.

DRAINAGE. — CONCOURS DU PROPRIÉTAIRE A CE GENRE D'OPÉRATION. — DRAINAGE EN COMMUN. — TROP PEU D'AMÉLIORATIONS FONCIÈRES ET TROP D'ACHATS DE BIENS-FONDS. — L'USURIER DES CAMPAGNES.

Après le chant d'ouverture et quelques exercices d'arithmétique, le maire s'exprima ainsi :

— « Trop souvent, Messieurs, l'excès de fraîcheur perd nos récoltes. J'ai donc pensé qu'il vous serait agréable d'entendre M. Johnston, expert en drainage, vous parler de cette opération si utile aux terres humides. »

M. Jonhston. — « Sans avoir l'honneur d'appartenir à votre nation, j'aime tout ce qui s'y dit de bien.

« Regardez ce pot de fleurs, s'est écrié l'un « de vos compatriotes. Pourquoi le petit trou « qui traverse le fond ? C'est toute une révolu- « tion en agriculture. Ce trou permet de renou- « veler l'eau qui humecte la terre du pot. Et « pourquoi faut-il ainsi remplacer l'ancienne « eau par de la nouvelle ? C'est que l'eau donne « la vie lorsqu'elle circule, et la mort si elle « croupit. L'eau qui circule dissout les prin- « cipes fécondants et les abandonne à la plante. « De plus, chaque fois qu'elle s'écoule, c'est de « l'air qui la remplace; or, la présence de l'air « est indispensable dans le sol pour la forma- « tion des aliments végétatifs. L'eau qui crou- « pit, au contraire, se pourrit par l'immobilité, « gâte les racines, refroidit la terre et empêche « l'action vivifiante de l'air. »

« Dans mon pays, la grande Angleterre, avant l'extension du drainage, les trois quarts des terres souffraient par excès de fraîcheur.

Ce n'était pas du blé, mais des chiendents qui poussaient partout. Les moutons gagnaient la pourriture ; les hommes la fièvre.

(1) Reproduction interdite.

« Le printemps ressemblait à l'hiver, tant la terre était refroidie, tant la végétation marchait lentement. Aujourd'hui, tout est changé ; mais aussi tout est drainé. La terre anglaise ressemble à une écumoire. On y a dépensé des millions, et l'on y a gagné des milliards.

« De tout temps, on faisait des écoulements souterrains avec des fascines et des pierres. Mais ce genre de drainage s'obstruait à la longue, tandis que celui par tuyau de poterie est indestructible, pourvu qu'il soit bien établi et que, dans certains cas, on lui donne quelques soins d'entretien.

« Retenez cette condition : *pourvu qu'il soit bien établi*. Souvent, je vois drainer en France sans règle, à peu près comme on trace une raie de charrue. Puis, au bout de quelques années, les tuyaux ne fonctionnent plus. Est-ce étonnant ?

« Il faut d'abord parfaitement étudier les pentes ; on trace ensuite les lignes de tuyaux ou *drains* suivant le sens de la plus forte pente, si le terrain est faiblement incliné ; obliquement au contraire par rapport à cette pente, si le champ présente une inclinaison très prononcée ; et on les fait aboutir sur des *drains collecteurs* qui occupent les plis du terrain et le bas des pièces, de sorte que les eaux s'échappent par une seule bouche plutôt que par plusieurs.

« Les drains ordinaires sont espacés de 8 à 20 mètres, suivant la nature du sol : et l'on s'attache à cette règle : qu'aux points les plus éloignés de deux drains, le champ ne doit conserver aucune eau stagnante à la profondeur de 50 centimètres. Du reste, plus les drains sont enfoncés, plus ils assainissent d'étendue, et moins ils courent risque d'être obstrués par les racines des plantes qui parfois pénètrent très avant.

« Que vos drainages soient donc toujours très profonds (1 mètre 20 à 1 mètre 50) : dussiez-vous prolonger le tuyau de décharge hors de vos propriétés, ainsi que la loi le permet.

« Un à deux millimètres de pente par mètre suffisent à l'écoulement. Mais si l'inclinaison n'est pas plus prononcée, combien il importe que les pentes soient parfaitement observées !

« En général, les plus petits tuyaux purgent très bien la terre. Toutefois, je préfère ceux d'un diamètre intérieur de 5 à 6 centimètres, afin que, plus tard, au moyen d'une chaîne analogue aux chaînes d'arpenteur, mais à divisions plus longues, je puisse les nettoyer en cas d'obstruction. Pour faire ces nettoyages, dont la nécessité se manifeste rarement, lorsque le drainage est profond, on ouvre les drains de 50 mètres en 50 mètres, et l'opération ne présente nulle difficulté.

Voici encore des précautions nécessaires : Pour l'économie du travail, faire les tranchées très étroites et ne donner au fond que juste la largeur des tuyaux ; placer ceux-ci avec beaucoup de soin et recouvrir d'un tesson tous les joints ; pour peu que le terrain soit sableux, mettre sur les tuyaux une petite couche de mousse, ou de mauvais foin, afin de prévenir les infiltrations terreuses ; si le sol est mouvant, relier les tuyaux entre eux à l'aide d'autres tuyaux plus courts et plus larges ; rejeter sur les tubes la terre la plus mauvaise et la piler fortement ; une fois le drainage fini, munir d'un grillage chaque bouche d'issue. »

Un assistant. — « Comment nous autres, pauvres fermiers, pourrions-nous entreprendre de tels travaux ? »

M. Johnston. — « En deux ou trois ans, quelquefois dès la première année, la dépense se trouve couverte par le surcroît de récolte. »

M. Larivière. — « A combien environ, par hectare, se montent les frais ? »

M. Johnston. — « En moyenne de 200 à 250 francs, lorsque les drains sont à 10 mètres d'espacement et à 1 mètre 20 de profondeur, dans un sol sans racines et sans pierres. »

M. Larivière. — « Dès que l'amélioration est permanente, le propriétaire ne doit pas craindre, ce me semble, d'y employer lui-même son argent, pourvu que le fermier lui en rende un intérêt convenable. Je me prêterai volontiers à de tels arrangements. »

Un assistant. — « Passe encore pour les belles pièces de terre comme vous en possédez, M. Larivière ; quant à nos petits champs, je ne vois guère la possibilité de les drainer. »

M. Johnston. — « Associez-vous et faites le travail à frais communs. »

Un assitant. — « Si les cousins Thomas, François, Jean et Nicolas le veulent, nous drainerons aussi nos champs de la *Canardière*. »

Le maire. — « Quel meilleur emploi de vos économies ? La terre, n'est-ce pas notre banque ? Améliorons-la ; elle nous rendra au centuple les intérêts de nos avances. Quant aux banqueroutes, jamais.

« Je connais un paysan lorrain qui, acquéreur de 10 hectares pour 1.150 fr., les a fait parvenir en quelques années à la valeur de 12.000 fr. Tel village, très pauvre autrefois, est devenu très riche par la transformation de son sol.

Ce qui retarde ce progrès, c'est un désir exagéré d'acquérir. Combien d'entre nous ont des bâtiments insuffisants, un bétail chétif, des semences imparfaites, des terres qui réclament le marnage, le drainage, l'engrais ! En dépit de ces nécessités, s'il se fait une vente de biens fonds, c'est à qui en achètera quatre fois plus qu'il ne peut payer. Ensuite, on vit de privations pour se libérer de ses dettes et l'on améliore rien. Dégoûtés de cette existence, les enfants quittent, s'ils le peuvent, la profession de leur père et vendent leur héritage pour d'autres spéculations. »

M. Pierre Produit. — « Encore, n'est-ce que demi-mal quand le cultivateur obéré ne se jette pas comme l'imprudente alouette, dans certain filet à mailles d'argent, toujours tendu sur son passage. Car il n'est pas de chef-lieu cantonnal qui ne recèle l'impitoyable oiseleur qu'on nomme usurier.

« Propriétaire de biens-fonds, mais gêné, vous frappez à sa porte. Il est désolé de ne pouvoir vous venir en aide ; mais il n'a pas une pistole dans son secrétaire. Votre visage s'attriste. « Eh bien ! dit-il, afin de pouvoir vous obliger, « je me déciderai moi-même à emprunter, re- « venez samedi. »

« En effet, ce jour-là, 2,000 fr., payables dans dix-huit mois, vous sont généreusement octroyés. Bien entendu, sur cette somme, on prélève immédiatement, pour vous délivrer de tout soin, les intérêts futurs des dix-huit mois, portés à une somme ronde de 300 fr. ; plus 80 fr. avancés pour trouver l'argent, etc., etc. Or, ces prélèvements effectués, il reste 1,500 fr. que vous emportez, espèces sonnantes. J'oubliais qu'en échange de sa peine, votre obligeant prêteur a retenu le charroi gratuit de son bois, le labour de ses champs, etc.

« On approche du terme ; vous exprimez votre embarras : le grain ne se vend pas ; la somme n'est pas prête. « Bagatelle ! dit l'autre, nous nous reverrons. »

« Quelques mois s'écoulent encore. Tout à coup, vous recevez la terrible visite de l'huissier. Vous accourez éperdu près de votre prêteur. Oh ! surprise ! il est affable et riant ; il vous offre d'excellent mâcon vieux, un délicieux civet de lièvre et le moka le plus parfumé.

« Je ne veux pas, dit-il, faire de peine à un « ami, bien plus le laisser dans la gêne. Voici « 300 fr. encore à vous, le compte est facile :

Ancien prêt	2.000 fr.
Intérêts arriérés	150
Note de l'huissier	50
Pertes occasionnées par votre peu d'exactitude	160
Donnés d'amitié	300
Coût de l'acte et frais divers	130
TOTAL	2.790 fr.

« Ecrivez en toutes lettres : *Bon pour deux* « *mille sept cent quatre-vingt-dix francs*. Signez, « et buvons à la prospérité de vos affaires. »

« Quelque temps s'écoule encore et vous dormez. Votre ami, lui, qui ne dort pas, fait l'estimation de vos biens. « Ils valent, dit-il, « 10,000 fr. ; mais, vendus en justice, ils attein- « dront à peine 6,000, sur lesquels 3,000 seront « absorbés par les frais. Restent 3,000. C'est « mon affaire ; marchons. »

« Bientôt après, ces champs, dont quelques-uns venaient de vos pères, dont vous aviez acheté les autres *à chers deniers, cette propriété* que chaque jour vous arrosiez de vos sueurs, vous l'arrosez une dernière fois, mais c'est avec des larmes, et vous allez, je ne sais où, finir une triste existence.

« Messieurs, que cette lamentable histoire ne s'applique désormais à aucun de vous.

« N'achetez en terre que ce que vous êtes en mesure de payer promptement ; n'exploitez que ce qu'il vous est facile de bien fumer ; n'entretenez en animaux que ce que vous pouvez parfaitement nourrir. En un mot, résistez à toute convoitise immodérée.

Après ces paroles si sages, qui furent accueillies par des applaudissements unanimes, la séance fut levée et on se donna rendez vous pour le dimanche suivant.

(A suivre.) Charles GOSSIN.

UN PARASITE DU VER BLANC.

Nous avons, à diverses reprises, mentionné les efforts énergiques entrepris par quelques associations agricoles, par la Société d'Agriculture de Compiègne, notamment pour la destruction des hannetons et des vers blancs qui causent à l'agriculture des dégâts incalculables. Sous l'impulsion de M. Le Moult, des syndicats de hannetonnage se sont fondés pour faire ramasser et détruire de grandes quantités de hannetons au moment de leurs invasions périodiques. Mais le remède est bien insuffisant, car les hannetons épargnés se reproduisent avec une fécondité désolante, et, à l'état de larves ou vers blancs, il est impossible de les atteindre efficacement. C'est pourquoi M. Le Moult, qui s'est voué au problème du hannetonnage, a conçu une idée hardie, inspirée par l'étude des découvertes les plus récentes de la science : il s'agit, au lieu de s'attaquer directement au ver blanc, de lui susciter un parasite qui puisse être cultivé à volonté et propagé ensuite artificiellement dans les terrains infestés.

Deux savants d'Odessa se sont livrés à des études spéciales sur le développement des maladies cryptogamiques susceptibles de s'attaquer aux insectes parasites de l'agriculture et de seconder ainsi les efforts de l'homme dans sa lutte contre eux. Ils ont institué un laboratoire dans lequel ces maladies sont cultivées de façon à produire des spores qu'on répand ensuite au moyen d'arrosages sur les terres envahies par les insectes parasites et qui vont les atteindre mortellement jusque dans leurs retraites souterraines.

Telle est la méthode assurément neuve et audacieuse que M. Le Moult a songé à appliquer à la destruction des vers blancs. Il fallait d'abord rechercher si la larve du hanneton était sujette à quelque maladie cryptogamique de nature à être multipliée et propagée artificiellement.

Le champignon qui *s'attaque au ver blanc*, M. Le Moult a été assez heureux pour le rencontrer, après de patientes recherches, dans une prairie de Céaucé (Orne), où il pratiquait des fouilles. Voici comment il a rendu compte de cette intéressante découverte dans une communication adressée à l'Académie des sciences :

« Au nombre des larves que nous avons mises à découvert le 28 juin dernier, nous en avons trouvé dont la mort était de date récente et qui présentaient cette particularité qu'elles étaient complètement couvertes d'une sorte de moisissure blanche, qui, non seulement envahissait tout le corps de l'insecte, mais se développait, en outre, dans tous les sens à travers la terre. La proportion des vers atteints, par rapport aux vers sains, était d'environ 10 0/0.

« M. Giard, professeur à la Sorbonne, que nous mîmes aussitôt au courant de notre découverte, nous assura que nous avions mis la main sur un fait très intéressant, et nous engagea à continuer nos expériences, et, notamment, à mettre des vers momifiés en contact avec des vers sains : ce qui fut fait. Moins de quinze jours après, tous nos vers avaient contracté la maladie et présentaient absolument le même aspect que ceux que nous avions découverts dans la prairie de Céaucée.

« Le 10 septembre, c'est-à-dire plus de deux mois après notre première observation, nous fîmes un nouveau voyage à Ceaucé et de nouvelles fouilles dans le terrain réservé. Cette fois nous eûmes la *satisfaction* de constater que les vers malades se rencontraient en bien plus grand nombre et que leur proportion qui, au mois de juillet, était de 10 0/0 se trouvait avoir atteint 60 à 70 0/0.

« De plus, les vers n'ayant pas encore succombé présentaient une coloration différant essentiellement de ce que l'on remarque habituellement. Enfin, il n'est pas jusqu'à l'aspect général de la prairie qui n'eût subi une transformation complète. L'herbe ne s'arrachait plus à la main ; des racines nouvelles s'étaient formées.

« Que conclure de cette observation, sinon que, le parasite ayant fait périr la plupart des vers blancs dans la prairie, l'herbe a pu repousser, tandis que dans les prairies voisines les larves ont continué leurs ravages?

« Nous avons renouvelé notre expérience de cabinet en mettant des vers sains au contact de vers momifiés. Cette fois, moins de huit jours ont suffi pour faire périr tous les vers, et il nous a été possible de suivre, notamment sur l'un d'eux, tous les progrès de la maladie.

« Habituellement les vers blancs noircissent immédiatement après leur mort et se vident ne laissant plus que la tête et la peau.

« Chez les vers parasités il n'en est pas ainsi : le corps reste bombé et conserve sa forme, mais sous la peau on remarque une teinte rosée qui nous sert depuis à reconnaître *à priori* les vers malades. Bientôt cette teinte devient moins prononcée et, à travers la peau, on commence à constater la présence des champignons. Puis, enfin, ceux-ci percent la peau, d'abord près de la tête et envahissent peu à peu le thorax, l'abdomen et couvrent enfin tout le corps de l'insecte.

« Le 28 septembre, nous avons fait un nouveau voyage à Céaucé : cette fois, il nous a été presque impossible de trouver des vers vivants, tandis que les vers parasités se rencontraient en grand nombre. Leur présence nous était toujours signalée par de longues traînées blanches, s'écartant jusqu'à 7 ou 8 centimètres et parfois davantage du ver contaminé. Ces traînées semblaient se développer ainsi vers de nouvelles larves auxquelles la maladie ne tarderait pas à être communiquée par le seul contact des spores du parasite.

« Nous avons également recueilli un certain nombre de larves mortes, mais ne laissant pas apercevoir le parasite. Toutes les larves possédaient la coloration rosée dont nous parlons plus haut, et dès le lendemain, dans notre cabinet, on pouvait voir s'effectuer la sortie du champignon.

« Toutes ces observations nous paraissent suffisamment concluantes; il ne nous reste qu'une chose à déterminer : c'est la nature du parasite découvert. Cette détermination obtenue, nous entreprendrons la culture artificielle de ce champignon et ferons des essais d'infestation sur des terrains où la présence des vers blancs nous aura été signalée. »

Combien il est regrettable qu'au moment même où M. Le Moult poursuit ses travaux, encouragés par un premier résultat si important, en vue de rendre efficace la destruction d'un parasite qui coûte environ 250 millions de francs par an à l'agriculture française, M. le ministre de l'agriculture ait jugé à propos de mettre fin à la mission spéciale qu'il lui avait confiée pour l'organisation du hannetonnage en France !

Charles Gossin.

Le vinage en franchise à la propriété.

On s'est demandé si le propriétaire qui distille une partie de son vin en franchise, en vertu de la loi sur les *bouilleurs de crû*, peut employer l'alcool qu'il obtient à remonter l'autre partie de sa récolte sans payer de droits. La régie ayant émis la prétention de percevoir les droits, M. Griffe, sénateur de l'Hérault, a soumis le cas à M. le directeur général des contributions indirectes, qui lui a fait la réponse suivante :

« Monsieur le sénateur,

« Vous avez bien voulu me demander si les vins expédiés par le propriétaire qui a relevé la richesse alcoolique d'une partie de sa récolte au moyen de spiritueux provenant de la distillation de l'autre partie peuvent être admis à circuler dans les conditions ordinaires, c'est-à-dire avec acquit blanc et sans paiement d'autres droits que le droit propre au vin, lorsque celui-ci ne dépasse pas 15 degrés.

« Je vous ai fait connaître verbalement que, dans l'état actuel de la législation, l'administration n'avait pas à intervenir dans les opérations du vinage qui ont lieu au domicile du propriétaire avec des produits de sa récolte.

« Quand le vinage s'effectue en dehors du lieu où la distillation a été opérée, le déplacement des spiritueux en franchise des droits généraux de consommation entraine l'obligation pour le récoltant, aux termes de l'article 90 de la loi du 28 avril 1816, de lever un acquit-à-caution et de soumettre aux exercices des employés les caves et magasins où les spiritueux sont déposés.

« Depuis que la loi du 14 décembre 1875 a rétabli le privilège des bouilleurs de crû, cet article 90 est la seule arme qui reste à l'administration pour réprimer les fraudes sur les alcools à la propriété et elle ne croit pas pouvoir s'en dessaisir.

« Mais, en dehors de ce cas, le récoltant agit dans les limites de l'immunité qui lui est reconnue par la loi, et les vins qu'il a relevés par le vinage, jusqu'à concurrence de 15 degrés, peuvent circuler comme les vins ordinaires, à la condition, bien entendu, qu'il s'agisse d'un vinage effectué dans des conditions normales pour relever de quelques degrés un vin naturellement faible, et que le produit viné conserve le caractère du vin et n'affecte pas celui d'une simple dilution alcoolique.

« Tel a été, Monsieur le Sénateur, le sens de la réponse que je vous ai faite verbalement et que je n'éprouve aucune hésitation à vous renouveler par écrit.

« J'ai appris tout récemment qu'un employé supérieur du département de l'Hérault avait émis une opinion contraire à la doctrine que je viens d'exposer. J'ai aussitôt chargé le directeur de rectifier sur ce point la manière de voir de son collaborateur.

« Veuillez agréer, etc. »

LES ENGRAIS DE PRINTEMPS.

Le *Bulletin* du Syndicat des agriculteurs du Loiret observe, avec raison, que la récolte des blés et des fourrages menaçant d'être bien mauvaise, c'est un motif sérieux pour redoubler de soins et d'engrais afin d'assurer le succès des blés de mars, des racines et des fourrages d'été. Voici les formules d'engrais qu'il croit pouvoir recommander pour ces cultures :

Avoines et orges	
Nitrate de soude	100 à 150 kil.
Superphosphate minéral	200 à 300 —
Chlorure de potassium	50 à 100 —
Pommes de terre (avec fumier)	
Superphosphate minéral	150 à 200 kil.
Chlorure de potassium	50 à 80 —
Pommes de terre (sans fumier)	
Nitrate de soude	150 à 200 kil.
Superphosphate minéral	250 à 350 —
Chlorure de potassium	150 à 200 —

Betteraves et Carottes fourragères (avec fumier)

Nitrate de soude	200 à 300 kil.
Superphosphate minéral	300 à 400 —

Betteraves et Carottes fourragères (sans fumier)

Nitrate de soude	200 à 300 kil.
Superphosphate minéral	400 à 500 —
Chlorure de potassium	100 à 200 —

Navets, Rutabagas, choux, etc.

Comme pour les betteraves fourragères, forcer à l'acide phosphorique, réduire l'azote et la potasse :

Betteraves à sucre (avec fumier)

Nitrate de soude	200 à 250 kil.
Superphosphate minéral	400 à 500 —

Betteraves à sucre (sans fumier)

Nitrate de soude	300 à 400 kil.
Superphosphate minéral	800 à 1.000 —
Chlorure de potassium	150 à 250 —

Le chlorure de potassium peut être remplacé par du sulfate de potasse qui, d'après certaines expériences, serait peut être mieux assimilé par les plantes.

« Pour les sables et les terres non calcaires, il sera toujours bon d'ajouter 200 kilog. de sulfate de chaux ou plâtre à l'hectare.

« Pour les légumineuses, *luzerne, trèfle, sainfoin*, nous préconisons, au mois de février, l'épandage du mélange suivant :

Superphosphate minéral	300 à 400 kil.
Chlorure de potassium	150 à 200 —
Snlfate de chaux	300 à 400 —

« Un vigoureux hersage en assurera la pleine réussite.

« Dans aucun cas, les engrais précédents ne devront dispenser du plâtrage qu'il est d'usage de donner aux prairies artificielles en avril. On procède à cette opération par la rosée ou après une pluie; la dose à appliquer à l'hectare est d'environ 300 à 400 kilog. de plâtre. »

Nouvelles agricoles.

L'élevage et la remonte. — D'après de nouvelles instructions ministérielles, la vente des chevaux de remonte ne devient définitive qu'après réception du cheval au régiment. De sorte qu'un animal ayant été vendu pour Toulouse et un autre pour Alger, l'éleveur est exposé à faire le voyage d'Algérie ou du Languedoc pour le ramener, si dans l'intervalle une maladie se déclare.

Cette condition est exhorbitante et soulève une grande émotion.

Nous croyons savoir que des pétitions se préparent pour demander à M. le ministre de vouloir bien rapporter une mesure aussi fâcheuse.

L'exportation des chevaux français. — Au moment où la question de l'élevage est à l'ordre du jour, nous apprenons, avec plaisir, qu'un débouché très important s'est créé récemment, pour les éleveurs français, dans le Nouveau-Monde.

Déjà, notre commerce de chevaux avec les Etats-Unis a pris une importance considérable. Chaque année, maintenant, les Américains achètent 2,000 ou 3,000 étalons percherons choisis parmi les plus grosses espèces.

C'est maintenant le Canada qui a recours à nos races nationales. Une Société française, la Société hippique d'exportation et d'élevage, s'est associée à une Société canadienne et a fondé, en 1889, à Montréal, un établissement connu sous le nom de « haras national. »

Grâce à ces deux Sociétés, les éleveurs canadiens ont pu apprécier les résultats du croisement des bas-percherons avec les juments du pays. Aussi, le 23 décembre dernier, sur la proposition du premier ministre du Canada, M. Mercier, la Chambre de la province de Québec a-t-elle voté à l'unanimité une subvention annuelle de six mille dollars, — 30,000 francs — doublée depuis, — au haras national pour favoriser l'importation du cheval français dans a province.

Exposition générale d'agriculture et d'horticulture, organisée à l'occasion de la célébration dans le Grand-Duché du premier anniversaire de naissance de S. A. R. le Grand-Duc Adolphe.

L'exposition d'agriculture et d'horticulture, qui aura lieu à Luxembourg dans la *seconde moitié de juillet*, comprendra les divisions suivantes :

1re division : Concours national d'animaux reproducteurs des espèces : *a)* chevaline, *b)* bovine, *c)* porcine, *d)* ovine et *e)* caprine;

2e division : Exposition internationale des produits : *a)* de la basse-cour, *b)* de l'apiculture et *c)* de la pisciculture;

3e division : Exposition internationale des divers outils, instruments et machines des exploitations agricoles et horticoles;

4e division : Exposition internationale d'industrie laitière;

5e division : Exposition internationale des divers produits agricoles, horticoles et forestiers;

6e division : Exposition internationale des produits et outils de la viticulture, etc.

Une boucherie colossale en Amérique. — Le plus grand boucher de l'Amérique a son principal établissement à Chicago. A New-York, il possède une succursale qui emploie 165 comptables.

Chaque jour il fait abattre six mille bœufs. Deux mille sont réservés pour la fabrication des extraits de viande et exportés ainsi dans toutes les parties du monde, tandis que les quatre mille autres coupés en quartiers ou simplement séparés par demi, sont dirigés par trains spéciaux sur les grands centres de consommation de l'Amérique du Sud et surtout du Nord.

Ce chiffre de 6,000 bœufs est précisément celui des bœufs abattus dans Paris, chaque semaine.

Ce n'est pas par le toucher, que se font les achats de bêtes sur pied, c'est au simple coup d'œil, et encore l'acheteur est-il toujours à cheval, circulant au milieu des troupeaux de bœufs. Certains de ces acheteurs gagnent 30 et 40,000 francs par an.

Les transactions s'effectuent toujours à la livre ou au quintal représentant 100 livres. La livre vaut environ 454 grammes, au lieu de 500.

Les bouchers achètent leurs animaux abattus à raison de 35 centimes la livre et les revendent au consommateur sur le pied de 40 centimes à 1 fa. 25. La livre de viande bonne à rôtir ne vaut pas plus de 90 centimes la livre sans os. Mais le filet ne se paie pas moins de 5 à 6 francs francs la livre, surtout lorsqu'il est préparé à la française, bien paré. Cette sorte de marchandise n'est jamais assez abondante.

Les bouchers américains établissent chaque jour, et peuvent contrôler à tout instant le mouvement de leurs affaires, au moyen d'une balance à appareil enregistreur qui pèse fidèlement toutes les entrées et les sorties de viande, les plus fortes comme les plus minimes.

CONSEILS DU JARDINIER

LES ASPERGES ET LE TAN

On a cru jusqu'à ce jour que le tan de chêne était nuisible à toute plante; il n'en est pas tout à fait ainsi, car suivant les expériences qui, l'an dernier, ont été faites ici, sous nos yeux, par plusieurs horticulteurs-jardiniers, le tan a produit sur quatre planches d'asperges des effets surprenants.

Deux de ces planches, qui étaient dirigés suivant la méthode d'Argenteuil, ont été déchaussées jusqu'à une profondeur de cinq centimètres environ du collet des asperges et la terre a été remplacée par du tan. Les autres planches ont été cultivées selon la méthode usuelle, c'est-à-dire au moyen d'un mélange de terre et de terreau. Les deux planches dans lesquelles a été placé le tan ont produit un grand nombre d'asperges, qui avaient un volume presque double de celui des asperges des autres planches; de plus le tan a activé la végétation, puisque la récolte a pu être faite douze jours plus tôt. Il est bien facile d'essayer, car on est à l'époque où cette opération peut-être faite dans de bonnes conditions.

HORTUS.

CONSEILS DE L'APICULTEUR.

LES ABEILLES APRÈS L'HIVER.

Certains possesseurs d'abeilles ont l'habitude de donner, dès que la temperature se radoucit, de la nourriture liquide, des fruits bouillis, etc. Cela est très dangereux, car cette nourriture remplit leurs intestins, et si elles ne pouvaient sortir pour se vider, à cause de nouveaux froids, il en résulterait assurément de la dyssenterie.

La nourriture trop liquide peut aussi provoquer la ponte avant l'époque ordinaire, ce qui serait fâcheux ; les ouvrières risqueraient de ne pouvoir assez échauffer le couvain, celui-ci périrait et pourrait occasionner la loque.

Quoique plusieurs écrivains aient vanté le nourrissement stimulant très précoce, la pratique a prouvé qu'il était plus sage de laisser faire la nature pour l'élevage du couvain.

Le nourrissement stimulant ne doit commencer qu'environ six semaines avant la grande miellée : la chaleur alors aide aux ouvrières.

Si *cependant l'apiculteur croyait que quelques* colonies eussent besoin de nourriture, il pourrait leur en donner des cadres de miel tenus en réserve à cet effet, ou du sucre ordinaire légèrement humecté, ou bien encore du sucre cristallisé ou du sucre en plaques préparé pour cet usage, et profiter d'une journée douce pour ouvrir la ruche, afin d'y mettre la nourriture.

CONSEILS DU VÉTÉRINAIRE

LE TRAITEMENT DE LA POUSSE DES CHEVAUX.

La pousse peut-elle être guérie? Non, si l'on entend par guérison la cicatrisation des déchirures des vésicules bronchiques; mais, sauf dans l'emphysion au dernier degré, on peut faire disparaître la pousse caractéristique, l'irrégularité du flan et le jetage, au point qu'il devient impossible de diagnostiquer la pousse.

Voici un mélange dont nous nous sommes servi avec succès et dont l'administration doit être continuée pendant six semaines ou deux mois :

Poudre de jusquiame............	500 gr.
— de datura stramonium...	500
— de grande ciguë.........	500

Poudre de noix vomique... .... 200 gr.
— de digitale............ 50
— d'acide arsénieux........ 50

Divisez en 100 doses égales et conservez en endroit sec.

Comme complément de traitement, on nourira d'une façon légère: paille à volonté, bonne ration d'avoine; barbotages légers chaque soir, suppression de la moitié de la ration de foin.

La dose du mélange précédent est de 15 grammes, donné le matin et le soir pendant les dix premiers jours; le matin, à midi et le soir, pendant les vingt jours suivants, et matin et soir pendant les dix derniers jours. Donnez les potions dans de l'avoine additionnée d'un peu de son, le tout légèrement mouillé.

Chaque médication comprendra donc 100 paquets de 15 grammes chacun.

Nous avons aussi employé avec succès la poudre Suisse (pharmacie Jules Suisse, à Varsy, Nièvre).

C'est un préservatif très efficace contre la pousse. UN VIEUX VÉTÉRINAIRE.

CONSEILS A LA FERMIÈRE

LA BOISSON DES VACHES.

La *température de l'eau absorbée par les* vaches a une grande influence sur la production du lait. Une expérience a été faite, il y a quelque temps, à ce sujet à l'Ecole pratique d'agriculture de Saint-Rémy (Haute-Saône). Deux vaches laitières de même âge et de production à peu près égale ont été soumises au même régime alimentaire, avec cette différence que l'une fut abreuvée d'eau froide et l'autre d'eau à 45 degrés. La vache abreuvée d'eau chaude donna un tiers de lait de plus que celle qui buvait de l'eau froide.

Il est donc extrêmement important de ne jamais faire boire de l'eau glacée aux vaches laitières. En dehors des accidents que l'eau froide peut occasionner, il y a une trop forte différence dans la production du lait pour que les agriculteurs soucieux de leurs intérêts ne prennent pas les dispositions pour obtenir le plus de lait possible.

La pratique d'avoir toujours dans les étables un tonneau ou deux remplis d'eau qui se réchauffe ainsi peu à peu, est fort bonne et je ne saurai mieux faire que de la conseiller à ceux qui ne l'emploient pas.

UNE MÉNAGÈRE.

JURISPRUDENCE RURALE.

PIGEONS VOYAGEURS.

— Mon bon juge de paix, je ne suis pas content de vous !

— Et pourquoi donc, nous nous entendons si bien d'ordinaire?

— Ça, c'est vrai, mais vous m'avez donné un mauvais conseil.

— En es-tu bien sûr ?

— Je vous avais demandé si l'on peut tuer les pigeons des voisins lorsqu'ils viennent chez vous causer du dommage et, si j'ai bonne mémoire, ce dont je puis me vanter, vous m'aviez répondu : non seulement l'article 2 du décret de l'assemblée nationale du 4 août 1789 autorise à tuer les pigeons, considérés comme un gibier ordinaire pendant les périodes où, suivant les arrêtés des maires, ils doivent rester enfermés; mais l'article 12 de la loi du 6 septembre 1791, donne, sans distinction d'époque, le droit de tirer, sur le lieu et au moment du dégât, les pigeons comme toutes autres volailles causant des dommages, et enfin la nouvelle loi du 4 avril 1889 a consacré ces principes en décidant que pendant le temps de la fermeture des colombiers on peut tuer et s'approprier les pigeons venant sur votre terre, et qu'en tout autre temps on peut tuer, mais sans se les approprier, ceux qui viennent faire des dégâts.

— C'est très bien, tu vois que je t'ai rendu savant, et je te dirais : fais-toi avocat, si nous n'en avions déjà de trop.

— Fort de vos conseils, et voyant tout mon grain mangé par les pigeons de mon voisin, je dépose, sur une planche devant une lucarne de mon grenier, du chénevis mélangé à de la pâte phosphorée; bien entendu, les pigeons en crèvent; j'étais tout fier de mon succès, quand le garde-champêtre vient me dresser procès-verbal; il me dit ce sont des pigeons voyageurs; je lui réponds, qu'est-ce que cela me fait; ils ne m'en font pas moins de tort; je suis traduit en justice et condamné!

— Ce n'est pas ma faute, mais la tienne; certainement je t'ais dit : dans certains cas, on peut tuer les pigeons; mais tu as oublié que les pigeons voyageurs sont en dehors de cette règle, ils sont protégés, par le décret du 15 septembre 1885, par les arrêtés des préfets; ils sont considérés comme des animaux utiles, pouvant servir de messager aux armées, aux villes assiègées; il faut les respecter, sauf à demander à leurs maitres réparations du dommage qu'ils causent. UN VIEUX JUGE DE PAIX

CAUSERIE MEDICALE

LE TRAITEMENT DE LA PHTISIE PAR LE LAIT DE CHÈVRE

Le docteur Bernheim poursuit à Paris, depuis quelque temps, une intéressante tentative médicale : la guérison de la tuberculose par la transfusion du sang de chèvre. Nous avons assisté à une séance où le jeune praticien exposait et expérimentait sa méthode devant un grand nombre de ses confrères.

Cette petite opération s'exécute de la façon la plus simple. Une chèvre est là, ligottée sur une chaise; un des aides découvre, au niveau du cou de l'animal, la carotide primitive, une grosse artère, fait une ligature, place un peu plus bas une pince à compression et, incisant le vaisseau dans la portion intermédiaire, ajoute une cannule. Un tube en caoutchouc en part qui, à son extrémité, aboutit à une seconde cannule qu'on introduit après incision préalable dans la veine céphalique du bras du malade. La forte pression artérielle suffit pour chasser dans les vaisseaux du patient une quantité considérable du sang de l'animal. L'opération dure quelques secondes. En moins d'un quart d'heure, nous avons vu défiler cinq malades qui ont, paraît-il, reçu chacun environ 150 à 120 grammes de sang. Les malades paraissent supporter l'opération sans gêne ni douleur.

Le docteur Bernheim a exposé les résultats obtenus avec sa méthode. Après avoir signalé les phénomènes généraux qui se manifestent dans l'état des malades après la transfusion, phénomènes d'amélioration et de soulagement, il a soumis à l'examen de ses confrères les sujets traités par lui jusqu'à présent. Tous ces malades qui, manifestement, se trouvaient dans des conditions défectueuses, étaient unanimés à déclarer que leur état était considérablement amélioré. Diminution de la toux, retour des forces, du sommeil et de l'appétit, augmentation de poids chez un certain nombre, disparition des sueurs nocturnes, coloration du teint, tels sont les résultats obtenus après une ou deux transfusions de sang de chèvre.

Le docteur Bernheim se demande si, en présence de l'amélioration, si sensible déterminée par le traitement chez des malades quasi désespérés, il n'est pas en droit d'espérer une guérison complète des phtisiques au premier degré par la transfusion.

BIBLIOGRAPHIE.

VITICULTURE.

Au moment où les viticulteurs commencent à s'occuper des plantations nouvelles et vont procéder aux délicates opérations du greffage, il est opportun de leur rappeler qu'ils trouveront dans le *Guide pratique pour greffer* (1), de M. Ferdinand Girerd, des enseignements précieux. Ainsi que le dit l'auteur dans son avant-propos, cet ouvrage est destiné à faciliter le travail de ceux qui s'occupent de reconstituer leurs vignobles par les vignes américaines et qui ont parfois quelque peine à suivre, dans la pratique, les explications trop savantes et trop théoriques de la plupart des traités de greffage ou de culture ; c'est le livre d'un praticien pour les praticiens; les questions du greffage et des soins qu'il comporte y sont traitées dans tous leurs détails ; les renseignements les plus précis y sont donnés sur les porte-greffes ; les diverses familles de vignes américaines y sont signalées, avec leurs qualités spéciales ; et enfin des notions sur les hybrides et l'hybridation permettent d'apprécier les nouveaux cépages obtenus par de patients et ingénieux praticiens.

POUR RIRE.

Recette du thé de Mme Gibou

Belle chose que votre thé. Tenez, une fois, le médecin me dit : votre mari est ivre-mort, donnez-lui du thé. — Qu'appelez-vous du thé ? — Plante potagère. — Bon, où qu'ça s'achète ? — Partout. — J'prends mon tablier, j'evas donc chez l'apothicaire, qui me renvoie chez l'épicier. — I m'dit : Pour combien ? — Pour deux liards. — On n'en fait pas. — Pour combien donc qu'on en fait, pour 3,0'0 francs ? — Pas moins de vingt sous. — Je tends mon tabelier. — Non, donnez-moi votre main. Il me mets trois petits grains noirs dans le creux de la main et voilà pour mes vingt sous. J'ne reviendrai pas tous les deux jours que j'me rappelle que j'lui dis, et je m'en en fus... j'mets sur le feu mon thé, en le faisant, comme dit l'épicier, fuser dans l'eau. Je bats, je bats... je goûte, c'était fadasse, sans montant, sans rien je dis : cet homme qui trouve le lait à son déjeuner trop doux, qu'il y met de l'eau-de-vie ne prendra jamais ça ; j'y mets un peu de vin, un peu de café... du cornichon, de la moutarde... du veau... de la compote... un peu de pains d'épices... de petits radis roses .. du sel, du poivre.... Je bats et le lui fais prendre ; ça fait purée... je bats toujours; enfin, il n'eût pas plutôt tout pris que le voilà qui... enfin de tous les côtés. Il fut malade trois mois ; vous sentez, cet homme ça lui avait sargé l'estomac... Belle chose que votre thé.

PETITE POSTE.

M. A. C... (Yonne). — Il y a deux moyens pour interrompre la prescription dans le cas des jours de souffrance que vous signalez :

1° Par une citation en justice de paix (articles 2244, 2245 et 2246 du Code civil);

2° Agissant à l'amiable afin de conserver les bons rapports auxquels vous tenez, demander au voisin qu'il reconnaisse, *par écrit*, qu'il n'a pas l'intention de *prescrire*. Ce moyen vaut le précédent. (Article 2248 du Code civil.)

Mme Marie d'A... (Dordogne). — Votre préfet est absolument dans son tort et il ne peut vous imposer l'architecte qui lui plait. Aux termes de la loi du 5 avril 1885 (article 68; 3° articles 114 et 115), la commune fait dresser les plans et devis par un architecte et les soumet au conseil municipal. Le préfet a seulement à approuver les plans et devis; la surveillance des travaux est faite par le maire.

M. X.., à P... (Pas-de-Calais). — En vous engageant actuellement, votre frère n'aura qu'une année de service actif à faire. (Loi du 15 juillet 1889, article 21, 5°).

(1) *Le Guide pratique pour greffer*, par Ferdinand Girerd, viticulteur à Brignais (Rhône). — Prix, 1 fr 75. — Librairie Vitte et Perrussel, place Bellecour, 5, Lyon.

M. Jean, à R... (Finistère). — Les vinaigres de commerce sont obtenus au moyen d'alcools inférieurs auxquels on fait subir une oxydation à l'air ; l'alcool se transforme en acide acétique; la coloration est donnée : par du caramel pour les vinaigres imités des vins blancs ; par des colorants, tels que le rouge de Bordeaux pour les vinaigres rouges.

M. P..., à Meaux. — Les soixante élèves français classés à la tête de la liste de sortie de l'Institut agronomique ne font qu'une année de service militaire. Les élèves diplômés qui en sont jugés dignes sont admis à faire une année complémentaire d'études dans le laboratoire d'application de l'Institut agronomique ; les mieux classés reçoivent une allocation de stage de 200 fr. par mois.

M. P..., à Paris. — A l'administration des Beaux-Arts, les expéditionnaires débutent à 1,500 francs, avec avancement de 300 francs tous les trois ans et peuvent atteindre 4,000 francs.

M. St-G... (Gironde). — En Espagne, les droits de douane frappant les animaux venant de France sont les suivants : Juments, 31 fr. 50 ; ânes, 8 fr. 40 ; bœufs et vaches, 13 fr. 80 ; porcs, 8 fr. 45.

M. L... (Haute-Saône). — La commande est transmise.

M. H... (Orne). — *Impôts*. — Votre lettre est envoyée à notre vieux juge de paix.

MM. P... (Oise), B... (Seine-et-Oise), P... (Paris), A... (Seine-et-Oise). — L'emploi demandé sous le n° 924 n'est plus disponible. Nous tenons compte de vos demandes pour le cas où d'autres emplois de ce genre nous seraient proposés.

M. M..., à P... — *Saisie ; négligence des officiers ministériels.* — Un procès pour obtenir réparation du dommage causé par les faits si regrettables que vous signalez vous occasionnerait plus d'ennui, de dépense, que de profit ; mais vous pourriez dénoncer les faits au président du tribunal chargé de la discipline des officiers ministériels et obtenir de lui qu'il contraigne au remboursement des frais ; en droit, il n'est pas douteux que le notaire et l'avoué n'aient commis des fautes entraînant leur responsabilité et méritant un blâme.

La faute du notaire a été : 1° De ne pas vous révéler les hypothèques et de recevoir tout ou partie du prêt qui, revenant aux créanciers, devait être déposé dans une caisse publique, en vue de l'ordre à ouvrir ; 2° de ne pas vous envoyer le commandement par lettre chargée, ce qui en aurait assuré la remise.

La faute de votre avoué a consisté : 1° A ne pas protester contre le commandement ; 2° à ne pas faire consigner dans une caisse publique le surplus du prix que vous lui aviez remis ; 3° à ne pas faire opposition à temps, de façon à arrêter la procédure de saisie immobilière.

Il y a eu de part et d'autre une extrême négligence ; la réparer serait de toute justice.

OFFRES & DEMANDES.

Pour répondre au désir qui nous est exprimé, nous offrons à nos abonnés, sous cette rubrique, deux annonces gratuites pour les offres et demandes d'emplois, produits ou animaux à vendre ou à acheter, etc.

Les annonces qui suivront jouiront d'une réduction de 50 pour 100 sur les tarifs ordinaires.

Les demandes d'insertions devront être envoyées à l'administration, qui se chargera de les rédiger.

Ne pas négliger d'envoyer tous les renseignements nécessaires (joindre 2 timbres de 0 fr. 15).

Un ancien élève d'une école d'agriculture, dans la force de l'âge, marié, bien au courant de la culture moderne en même temps qu'excellent praticien, demande un emploi de régisseur. — Très bonnes références. — N° 907.

S'adresser aux bureaux du journal.

On demande pour une villa de Saint-Raphaël (Var) un ménage de jardiniers.

S'adresser au bureau du Journal. — N° 921-6.

Un jeune homme de 23 ans, ayant une bonne instruction et au courant de la culture, désire se placer comme gérant de culture.

S'adresser au bureau du Journal. — N° 922-5.

On demande un excellent chef de culture. Adresser les références à M. le directeur de l'école pratique d'agriculture d'Ondes (Haute-Garonne). — N° 923.

Un jeune homme, 27 ans, ayant passé un an sous les drapeaux, robuste, habitué à la culture, désire se placer dans une maison bourgeoise. Excellentes références ; famille honorable.

S'adresser à M. Eug. Lonjarret, à St-Usuges, près Louhans (Saône-et-Loire). — N° 929-2.

ŒUFS DE POULES, race Dorking, à couver. S'adresser rue du Prévôt, 7, à Beauvais.

REVUE FINANCIÈRE.

La semaine que nous venons de traverser n'a pas apporté à la physionomie de notre marché des modifications sensibles. C'est toujours la même absence de transactions, la même prudence, la même abstention de la spéculation, avec une pointe de méfiance du côté du comptant.

Il n'y a guère d'espoir de voir les choses changer tant que le marché anglais, et même le marché italien se trouveront sous le coup, le premier, des conséquences des embarras financiers et économiques des républiques sud-américaines, le second, des catastrophes financières qui s'accumulent et s'ajoutent aux difficultés budgétaires et autres du pays.

Dans ces conditions, la cote n'a elle-même à subir que des variations insignifiantes. Nos rentes sont, avec les Chemins de fer, les seules valeurs vraiment achalandées ; encore convient-il de remarquer qu'elles sont uniquement fermes, se maintenant à leurs hauts cours, mais ne jouissant plus de ces plus-values continuelles que l'on a connues pendant deux ans.

Comme suite naturelle de l'absence des affaires, et aussi, il faut en convenir, de la méfiance inévitable que devaient laisser après elles des aventures comme celles du Comptoir d'Escompte et de la Société de Dépôts et Comptes courants, méfiance alimentée par les bruits répandus, depuis un an, sur certaines des maisons réputées les meilleures, le Crédit Foncier, par exemple et pour ne citer que celui-là, les institutions de crédit ont beaucoup de mal à conserver leurs cours ; à vrai dire elles n'ont pu encore regagner complètement le terrain qu'elles ont perdu au moment de la panique née de l'aventure des Dépôts.

Le rapport qui vient d'être publié, des administrateurs judiciaires de cette dernière Société, n'est pas fait, il faut en convenir, pour détruire les craintes que nous venons de signaler. Il n'est pas doux, et ne pouvait l'être, pour ces administrateurs, pour ce directeur, qui n'ont pas craint d'agir à côté des statuts et d'entraîner les capitaux dont ils avaient la garde dans des aventures, ne profitant qu'à eux.

La meilleure preuve que l'épargne est elle-même atteinte d'indécision à l'endroit des valeurs de Bourse est dans l'ataxie du marché des obligations de tout repos, Ville de Paris, Crédit Foncier et même Chemins de fer. Si nous établissions une comparaison entre les prix actuels et ceux pratiqués il y a un an, on pourrait voir qu'il n'y a aucune baisse sérieuse, et cela se comprend, étant donné la valeur intrinsèque et la sécurité de ces titres. Mais la marche en avant est arrêtée.

Les affaires nouvelles sont nulles, cela va sans dire. Les rares qui ont été lancées dans ces temps derniers, n'étant que des conversions, des consolidations d'affaires anciennes, ne peuvent guère compter comme nouvelles. L'emprunt de conversion du Crédit Foncier Egyptien a fort bien réussi ; les souscripteurs de une à trois obligations recevront l'intégralité de leurs demandes ; ceux de quatre à huit ne recevront que quatre obligations ; au-dessus de neuf, on ne recevra que moitié des demandes. Les obligations 5 0/0 qui ne se sont pas présentées à la conversion, seront remboursées au pair de 505 fr. le 1er octobre prochain.

Dans la dernière quinzaine du mois aura lieu l'émission publique de 150,000 obligations de la nouvelle Société du Monopole des tabacs portugais. Le Portugal, en vue de parer à ses difficultés budgétaires actuelles, et par là même de permettre le développement de ses ressources intérieures, a affermé à une Société la régie du tabac. La nouvelle Société, constituée au capital de 50 millions, avec l'aide de plusieurs de nos grands établissements de crédit, dont le Comptoir national d'Escompte de Paris, s'est liée par un contrat bien étudié.

Il nous suffira de dire que les bénéfices calculés avec prudence, dépasseront, si l'on en juge par l'exemple des autres monopoles ou régies européens, la redevance de 23 millions à fournir à l'Etat. D'autre part, les 14 millions représentant le service des intérêts aux obligataires seront prélevés avant tout paiement à l'Etat. TIMON.

8 h. 15 (Club-Train n'a pas lieu le dimanche), et 8 h. 15 du soir.

Viâ Folkestone-Boulogne : 10 h. du matin.

Un service de nuit accéléré à prix très réduits et à heures fixes viâ Calais, en dix heures.

Départ de Paris à 6 h. 10 du soir. — Départ de Londres à 7 h. du soir.

Un service de nuit à prix très réduits et à heures variables, viâ Boulogne-Folkestone.

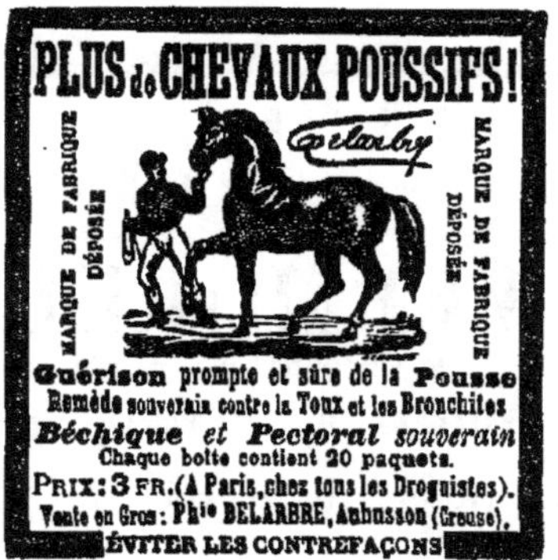

HALLES ET MARCHÉS.

SITUATION GÉNÉRALE.

La température s'est adoucie depuis la fin de la semaine dernière et des pluies abondantes ont favorisé la marche de la végétation. Il est trop tôt encore pour en voir l'effet sensible sur la situation commerciale ; les cours des denrées agricoles ont eu peu de changements.

GRAINS.

Blés. — Les cours des blés restent très fermes sur tous nos marchés ; qui sont toujours aussi peu approvisionnés. La hausse acquise se maintient à Paris. Au marché commercial du samedi 4 avril, on a coté le disponible et le livrable jusqu'en juin, 29 *fr.* à 29 25 les 100 kilog. ; juillet-août, 28 75 à 29 et les quatre derniers mois, 28 50 à 28 75. A la même date, les prix étaient, sur nos principales places : Cambrai, blé blanc, 27 50 ; roux, 26 à 27 ; Douai, 26 à 28 25 ; Beauvais, 27 65 ; Versailles, 27 50 à 29 15 ; Rouen, 28 35 ; le Mans, 27 25 à 28 25 ; Chartres, 27 50 à 28 75 ; Amiens, 29 25 ; Montereau, 28 75 à 29 25 ; Dijon, 28 ; Nevers, 27 à 29 ; Lyon, 27 à 27 50 ; Nantes, 27 50 à 28 ; Bordeaux, 29.

Seigles. — Transactions nulles au marché commercial de Paris, au cours de 17 75 à 18 les 100 k. disponibles.

Orges — Les orges ont encore une tendance à la baisse ; elles valent à Paris, 18 50 à 21 les 100 k. ; en gare d'arrivée. Les escourgeons, très rares, se cotent, 20 50 à 21 ; ceux d'Algérie sont toujours fermes au prix de 17 ; sur wagon à Dunkerque.

Avoines. — La tendance est calme ; samedi dernier on cotait en commerce à Paris, 19 25 à 19 50 pour le disponible et le courant du mois ; 19 50 à 19 75 pour le livrable jusqu'à la récolte, 17 50 à 17 75, pour les quatre derniers mois.

FARINES.

Farines de consommation. — Toujours peu d'offres de la part de la meunerie, et achats courants par la boulangerie. Les cours ne changent pas.

Farines de commerce. — Bonne tenue sur le marché de Paris, quoique les affaires soient peu actives ; on cote les *douze marques* disponibles, 61 75 à 62 25 les 157 kilog. nets ; les livrables, 62 25 à 63 25 ; en hausse de 75 centimes sur la semaine dernière.

Farines petites premières et bises. — Les prix sont soutenus comme suit : petites premières, 31 à 34 les 100 kilog. ; deuxièmes, 29 à 31 ; troisièmes, 24 à 26 ; quatrièmes, 21 50 à 23 ; bises, 19 à 20.

FOURRAGES. — GRAINES FOURRAGÈRES.

Fourrages. — La fermeté domine sur tous les marchés. A Paris, les luzernes et les pailles sont en hausse. On cote au marché de la Chapelle : foin, 47 à 53 les 100 bottes de 5 kilog. au domicile de l'acheteur ; luzerne, 46 à 52 ; regain, 40 à 47 ; paille de blé, 31 à 38 ; de seigle, 30 à 36 ; d'avoine, 22 à 26.

Graines fourragères. — Les prix sont mieux tenus, depuis l'adoucissement de la température ; on cote à Paris : trèfle gros grain violet, 115 à 120 les 100 kilog. ; ordinaire, 90 à 100 ; luzerne de Provence, 120 à 150 ; de pays, 105 à 115 ; trèfle blanc, 130 à 200 ; hybride, 130 à 200 ; minette en cosse, 23 à 28 ; écossée 40 à 70 ; ray-grass anglais, 38 à 45 ; d'Italie, 30 à 45 ; sainfoin, 25 à 28 ; vesce de printemps, 17 à 18 ; de Bretagne, 24 à 26 ; Alpeste, 26 à 32 ; pois jarras, 21 à 22.

LÉGUMES. — POMMES DE TERRE.

Légumes. — Les envois du Midi commencent à devenir plus abondants ; les prix sont en baisse sensible pour les pois et les asperges à la halle ; voici les cours de samedi : artichauts d'Algérie, 15 à 35 fr. le cent. choux fleurs, 24 à 50, choux verts, 15 à 60 ; laitues, 10 à 12 ; romaines d'Espagne, 20 à 30 ; chicorées d'Hyères, 20 à 35 ; asperges de Lauris extra, 21 à 26 la botte ; grosses, 20 à 22 ; moyennes, 12 à 18 : de Perpignan, 2 à 5, d'Afrique, 2 50 à 4 ; de la Rochelle, 3 ; — petits pois d'Algérie, 75 à 80 les 100 kilog. ; du Midi, 150 ; d'Espagne, 50 à 60 ; — choux-fleurs du Midi, 4 à 14 la douzaine.

Légumes secs. — A Noyon, les haricots lingots se vendent 28 à 30 l'hectolitre. — A Paris, la vente est plus active on vend : haricots flageolets chevriers, 50 à 72 l'hectolitre et demi ; suisses blancs, 44 à 45 ; Chartres, 45 ; Liancourt, 48 à 50 ; Soissons, 75 ; — plats du Midi, 32 à 35 les 100 kilog. ; suisses rouges, 26 ; cocos roses, 28 ; nains, 21 à 29 ; lentilles, 38 à 60 ; pois ronds, 32 à 35.

Pommes de terre. — La vente en gros est calme à Paris, aux cours suivants, par 1000 kilog, en vrac sur wagon : hollande, 80 à 95 ; early rose, 68 à 70 ; saucisse rouge, 77 à 80 ; chardonne, 53 à 60. — A Lyon, on cote par 100 kilog. aux gares de départ : early rose, 4 75 à 5 ; Auvergne jaunes, 7 à 7 25 ; Bourgogne, 6 à 6 50 ; violettes de la Loire, 5 50 à 6 ; jaunes, 5 à 5 50. — A la halle de Paris, les pommes de terre nouvelles d'Algérie valent 90 à 100 fr. les 100 kilog. ; celles d'Hyères, 120 à 130 et les longues nouvelles, 90 à 120. — Sur les marchés de province, on cote aux 100 kilog. : Douai, 9 à 10 ; Sens, 7 à 8 ; Nancy, 7 50 à 11 ; Orléans, 6 à 7 ; Montereau, 9 à 10 ; Cambrai, 8 à 12 ; Châlon-sur-Saône, 5 50 à 6 50 ; Dijon, 6 50 à 8 ; Toulouse, 6 à 7 ; — à l'hectolitre : Beauvais, 7 à 8 ; Bernay, 3 50 ; Blois, 4 10 à 4 55.

HUILES ET GRAINES OLÉAGINEUSES.

Huiles de graines. — Marché calme à Paris aux cours suivants : colza disponible, 73 75 les 100 kilog. ; livrable, 73 50 à 77 25 ; lin disponible, 55 à 55 50 ; livrable, 55 50 à 58 25. — Les marchés de province sont calmes avec tendance faible comme suit : Caen, colza, 70 ; Rouen, colza, 73 50 ; lin, 56 ; — Arras, œillette surfine, 110 50 ; pavot à Bouche, 76 ; colza, 76 les 100 kilog. ; Lille, colza, 66 ; lin, 51 50 à 54 l'hectolitre.

Graines oléagineuses. — On cote à Arras, œillette, 22 50 à 21 75 l'hectolitre ; à Orchies (Nord), colza, 20 à 21 50 ; lin, 21 à 22 50 ; cameline, 14 à 16 ; à Caen, colza, 21 50 à 22 ; à Paris, colza, 32 à 35 les 100 kilog. ; lin, 30 à 36 ; chènevis, 40 à 42.

Beurres en mottes.

Paris, 8 avril.

L'arrivage d'hier a été de 34.000 kil.

L'arrivage approximatif a été de 5,020 kil.

Beurres en livres.

L'arrivage d'hier a été de 11,000 kil.

L'arrivage approximatif a été de 10,147 kil.

Fermiers	au kilo		Touraine	au kilo	
Extra	3 60 à	3 80	Extra	3 20 à	3 30
1er choix	3 10	3 50	1er choix	3 »	3 20
2e choix	3 20	3 30	2e choix	2 90	3 »
Ordinaire	3 »	3 10	Ordinaire	2 80	2 90
Bourgogne			**Vendôme**		
Choix	2 80	2 90	1er choix	2 90	3 »
Ordinaire	2 70	2 80	2e choix	2 80	2 90
Gâtinais			Ordinaire	2 60	2 80
1er choix	3 10	3 20	**Beaugency**		
2e choix	3 »	3 10	1er choix	2 90	3 »
Ordinaire	2 80	3 »	2e choix	2 80	2 90
Le Mans			Ordinaire	2 60	2 80
			Fausse Touraine		
Choix	2 80	2 90	Choix	2 90	3 »
Ordinaire	2 70	2 80	Ordinaire	2 80	2 90

BESTIAUX.

LA VILLETTE, 9 avril. — Bestiaux. — Vente difficile sur les bestiaux, calme sur les veaux, difficile sur les moutons et mauvaise sur les porcs.

COURS officiels.	Amenés.	Vendus.	1re qualité.	2e qualité.	3e qualité.	Prix extrêmes.
Bœufs	2.095	1.895	1 56	1 42	1 28	1 22 à 1 60
Vaches	488	449	1 54	1 31	1 22	1 08 1 56
Taureaux	218	195	1 36	1 32	1 24	1 14 1 12
Veaux	1.328	1.161	1 92	1 74	1 56	1 30 2 14
Moutons	8.310	7.815	2 08	1 94	1 72	1 60 2 42
Porcs	5.071	4.983	1 23	1 18	1 14	1 08 1 26

Marché du lundi 6 avril

	Amenés	Vendus	PRIX AU POIDS NET 1re qual.	2e qual.	3e qual.
Bœufs	2.829	2.446	1 56	1 42	1 28
Vaches	662	597	1 54	1 36	1 22
Taureaux	2[illegible]	225	1 38	1 34	1 24
Veaux	1.29[illegible]	1.085	1 86	1 68	1 54
Moutons	12.01[illegible]	11.284	2 08	1 96	1 74
Porcs	3.292	3.205	1 30	1 26	1 20

	PRIX AU POIDS VIF 1re qual.	2e qual.	3e qual.	Prix extrêmes.
Bœufs	» 95	» 81	» 67	» 60 à » 90
Vaches	» 91	» 74	» 62	» 54 » 94
Taureaux	» 86	» 76	» 64	» 58 » 90
Veaux	1 12	» 98	» 81	» 66 1 28
Moutons	1 10	» 99	» 85	» 76 1 18
Porcs	» 88	» 84	» 78	» 74 » 92
Peaux de moutons en laine				4 05 6 75
Id. id. demi-laine				1 55 2 85

Viandes abattues. — Criée du 9 avril.

		1re qualité.	2e qualité	3e qualité.
Bœufs	le kil.	1 40 à 2 80	1 30 à 2 60	1 10 à 1 83
Veaux	—	1 70 1 90	1 50 1 66	1 30 1 46
Moutons	—	1 80 1 90	1 30 1 76	» 80 1 26
Porc entier	—	1 18 1 26	1 06 1 16	» 90 1 »

GUANOS DE POISSONS

Cet engrais, composé de viande et arêtes de poissons, est le plus actif et le meilleur de tous les engrais. Dosages garantis sur facture.

6 à 7 p. 100 d'azote et 2 à 3 p. 100 d'acide phosphorique

Prix aux 100 kilos : **11 fr.** en vrac et **1 fr.** de plus en sacs, rendu *franco de port* en gare de l'acheteur.

Paiement à 30 jours, 2 0/0 d'escompte, ou 90 jours net.

S'adresser à **M. PRÉVOST-FRANÇOIS**, fabricant à Montières-lès-Amiens.

ONGUENT ROUGE MÉRÉ

SEUL AGENT REMPLAÇANT VRAIMENT LE FEU

Guérison rapide et sûre des *Boiteries, Ecarts, Efforts, Vessigons, Molettes, Engorgements, Courbes, Suros, Eparvins.*

Effet gradué à volonté. — Pas de traces.

LA BOITE, AVEC BROCHURE, FRANCO : 3 FR. 50

LE PHYSIC BALL MÉRÉ

Est le meilleur purgatif pour tous genres de Chevaux

EMBROCATION MÉRÉ

Dite ***Trésor du Sportsman.***

Liniment révulsif sans rival pour fortifier les jambes des chevaux.

La bouteille : 5 fr. — Franco gare, **5 fr. 60.**

DÉPOTS *Chantilly. — Pharmacie MÉRÉ*
Paris. — ACARD, 213, rue St Honoré

GRILLAGES

GARIEL 2 ter, quai de la Mégisserie PARIS

CLOTURES de CHASSES

1 mètre de haut : Le mètre **0 f. 30**

Châssis de Couche depuis..... **7** francs

Ronce Artificielle les 100 mètres **5f 50**

Porte-Bouteilles 200 Places. **7** francs

ENVOI FRANCO DE L'ALBUM SUR DEMANDE

ALAMBIC A. ESTÈVE

distille sans recharge, sans eau, donne à jet continu l'eau-de-vie au titre voulu.

Spécial pour marcs, fruits, vin, cidre, lie, etc.

Alambic de famille avec fourneau à pétrole, 45, 90, 145 litres, 65 fr., 100 fr., 200 fr.	Alambic industriel avec fourneau à bois, 225, 500, 1,000 litres en 12 h., 190, 350, 800 fr.

Prospectus *franco*. A. ESTÈVE, à La Réole (Gironde).

Librairie A. FOURAUT, 47, rue Saint-André-des-Arts, Paris

OUVRAGES RECOMMANDÉS

(Envoi franco contre timbres ou mandat)

Manuel d'agriculture, d'arboriculture et de jardinage, par Louis Gossin; 15e édition; 178 figures. 1 vol. in-12, cart. . . . . . 1 fr. 30

Leçons normales de géométrie élémentaire, théorique et appliquée, par D. Puille (d'Amiens); nombreux problèmes avec leurs solutions raisonnées; 417 figures; 20e édition, augmentée d'un *Précis de trigonométrie rectiligne.* 1 vol. in-12, broché, 2 fr. 60; — cart., 2 fr. 80.

Cours complet d'arpentage élémentaire, théorique et appliqué, par D. Puille (d'Amiens); nombreux problèmes avec leurs solutions raisonnées; 250 figures et 2 planches topographiques; 18e édition. 1 vol. in-12, broché, 3 fr. 15; — cart., 3 fr. 40.
— Avec 4 planches, dont deux entièrement lavées. 1 vol. in-12, broché. 4 fr. 15

Traité spécial de la division des champs dans tous les cas, géodésie usuelle, par D. Puille (d'Amiens). 1 vol. de texte, in-12, broché, renfermant 96 figures, et 1 atlas de 16 planches. . . . . 3 fr. 75

Conférences sur l'hygiène, suivies de *Notions de médecine usuelle;* observations particulières sur l'hygiène des campagnes, considérations sur l'abus des liqueurs alcooliques, etc.; par F. Omouton; 30 figures; 4e édition. 1 vol. in-18 jésus, cart., 1 fr. 30; — relié en toile, 1 fr. 50.

PULVÉRISATEURS SPÉCIAUX

pour chauler les arbres fruitiers

V. VERMOREL

CONSTRUCTEUR

à VILLEFRANCHE (Rhône)

322 premiers Prix et Médailles

PULVÉRISATEUR « **ÉCLAIR** » n° 1, avec lance à coulisse de 0m80 à 1m50, et tuyaux de 1m20. . . . . 43 fr.

PULVÉRISATEUR « **ÉCLAIR** » n° 2, avec les mêmes accessoires . . . . 33 fr.

ACCESSOIRES supplémentaires d'après M. Langlais, pour la pulvérisation des arbres :
1 tube caoutchouc de 2m50;
1 robinet raccordant les deux tubes;
1 lance courte *pour perche*. . . . . 9 fr.

LANCE A COULISSE, de 2m 50 à 4m. . . . . 15 fr.

LANCE A COULISSE, de 0m 80 à 1m 50. . 10 fr.

Cette dernière est facilement dirigée par l'ouvrier qui actionne la pompe.

BAINS-BUANDERIES

Baignoires. — Chauffe-Bains. — Douches. — Appareils de lessivage, système Gaston BOZÉRIAN.

CHAUDRONNERIE, TOLERIE, *etc.* — Envoi franco de catalogues.

DELAROCHE aîné, 22, rue Bertrand, Paris.

La plus ancienne fabrique de Semoirs français.
Maison **JACQUET-ROBILLARD**, *fondée en 1836.*

J. MARÉCHAL *

constructeur, 4, rue de Turenne, à ARRAS.

Fabrique spéciale de SEMOIRS à socs rigides et à socs articulés.

Médaille d'argent à l'Exposition universelle 1889.

Semoirs à betteraves et engrais et Distributeurs d'engrais.

ENVOI FRANCO DU CATALOGUE.

Près de 400 médailles. — Plus de 6,000 Semoirs livrés.

80 premiers prix en 1889, en 1890.

USINE HYDRAULIQUE DU PETIT-MOULIN
A NANTEUIL-LE-HAUDOUIN (OISE).

HENRY **BERTHIER**
ingénieur-agronome diplômé de l'Institut national agronomique.

MACHINES AGRICOLES
Vente et échange. - Location. - Réparations en tous genres.

BICYCLES, BICYCLETTES & TRICYCLES
Accessoires et réparations.

Spécialité de Graines fourragères épurées.
CÉRÉALES DE SEMENCE.
GRAINES POTAGÈRES, DE FLEURS ET D'ARBRES.
ARBRES FRUITIERS ET FORESTIERS.

Graines de Betteraves à grand rendement et à grande richesse saccharine.

ENGRAIS SIMPLES ET COMPOSÉS.

Envoi franco de renseignements à toute demande affranchie.

BROQUET

MALADIES DU BÉTAIL
ET DE LA VOLAILLE
Leur traitement préventif et curatif
PAR L'ACIDE SALICYLIQUE

L'acide salicylique, employé dans la nourriture à la dose de 1/2 à 1 gramme par jour et par tête de bétail, est le meilleur préservatif des maladies qui procèdent par contagion : Sang de rate, Cocotte, Maladie aphtheuse, Erysipèle, Typhus, Morve, Variole et le Rouget des porcs, etc.

DES ATTESTATIONS NOMBREUSES DE GUÉRISONS obtenues pour la Cocotte et le Rouget des porcs ont été reproduites dans le *Journal l'Agriculture*.

La désinfection des étables, des écuries se fait instantanément au moyen d'un arrosage d'eau salicylée à 2 grammes par litre.

S'adresser à M. CERCKEL, administrateur de la *Compagnie de produits antiseptiques*, 26, rue Bergère, Paris.

Envoi sur demande de Prospectus et Brochures.

PRIX DU KIL. 25 fr. — BOITE DE MÉNAGE, 2 fr.

N'achetez pas !!!
de Couveuses artificielles

sans avoir pris connaissance du nouveau catalogue illustré que M. J. PHILIPPE, éleveur à Houdan (S.-et-O.), envoie *franco* à toute demande et contenant description de sa nouvelle couveuse **La Houdanaise**, laquelle a obtenu la médaille d'or à la dernière Exposition de Paris 1890.
Maison à Paris, 16, quai du Louvre.

Semences de choix. Betteraves à sucre très riches.

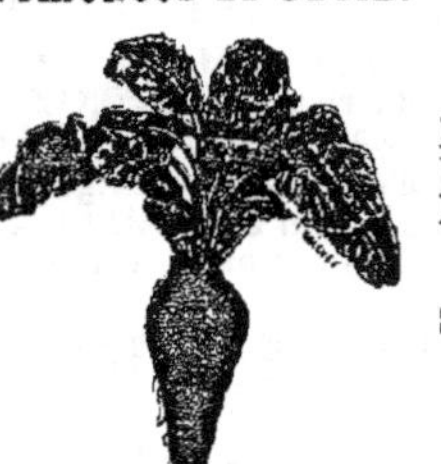

Sélection étrangère.
Kl. WANZLEBEN améliorée.
VILMORIN blanche id.
ELITE SACHS, richesse exceptionnelle.

Sélection française.
SILÉSIE nouvelle, recommandée pour sa haute production en sucre et en poids.

Livraison en sacs plombés et avec garantie de pureté d'espèces et de bonne germination.

C. LELUY, à Beauvais (Oise).

SEMOIRS
A TOUTES GRAINES
au rayon
POUR GRANDE ET PETITE CULTURE
CONSTRUCTION TOUT EN FER ET ACIER

Ces semoirs se recommandent par leur légèreté de traction, leur agencement perfectionné, simple et commode. Un seul homme suffit pour la conduite.

NOMBREUSES RÉFÉRENCES. — DEMANDER LE CATALOGUE.

Ch. FAUL, Constructeur, 13, rue Pierre-Levée, 13, PARIS

AUX ÉLEVEURS ET ENGRAISSEURS DE BESTIAUX.
Voulez-vous élever et engraisser vivement vos animaux?
EMPLOYEZ LE
GLUTEN DE MAÏS AMÉLIORÉ

Pour les Vaches laitières, lait riche et abondant.

Pour les Porcs, viande de toute première qualité.

Produit à base de **farine de maïs**, remplaçant avec avantage les **tourteaux**, les **moutures** et les **remoulages**; c'est la nourriture reconnue la plus économique et la meilleure pour l'**élevage** et l'**engraissement rapide** des **porcs**, des **veaux** et de tous les **bestiaux** de la ferme, ainsi que des **volailles**. *Envoi du prix-courant sur demande adressée à* **M. BOUDOUX**, négociant à NESLE (Somme).

RAISINS SECS A BOISSONS

PREMIÈRE MAISON DE FRANCE (10 croix ou méd., fondée en 1876), **J.-F. Audibert**, créateur des vins de raisins secs et importateur direct. Auteur de : *L'Art de faire les Vins de raisins secs* (f[co] 3 90); *les Vins d'imitation*, sirops, liqueurs, etc. (f[co] 5 25). Inventeur de l'appareil (B. S. G. D. G.). **LE SEUL ADOPTÉ PAR L'ARMÉE** pour la fabrication mathématique des vins de raisins secs, en 10 jours, pour faire depuis 1 litre jusqu'à 20,000 litres par jour **AVEC UN HOMME. Renseignements gratuits pour tripler les vendanges, vins de seconde cuvée**, etc., 53, r. des Minimes, Marseille.

L'Administrateur-Gérant : ALBERT RENOT.

Beauvais. — Imp. D. PERE.- A. CARTIER, Gérant.

12e Année. — 2e Série. — No 586. Dimanche 19 Avril 1891.

GAZETTE AGRICOLE

JOURNAL HEBDOMADAIRE, PARAISSANT LE DIMANCHE

Rédacteur en Chef : M. Ch. GOSSIN, Professeur d'Agriculture à l'Institut agricole de Beauvais.

PRIX DE L'ABONNEMENT

UN AN, **5** fr. — SIX MOIS, **3** fr. — TROIS MOIS, **1** fr. **75**

Pour l'étranger les abonnements ne sont reçus que pour un an, au prix de **6** *francs, et ne partent que du* 1er *janvier ou du* 1er *juillet de chaque année.*

Le numéro : 10 centimes.

Il est indispensable de joindre à toute demande de changement d'adresse la dernière bande d'adresse du journal et 50 centimes pour frais de nouvelles bandes.

Adresser les *Abonnements* et *Annonces* au secrétaire de la rédaction, **13, quai Voltaire, Paris,** ou à M. GOSSIN, rédacteur en chef et administrateur, à BEAUVAIS.

BUREAUX

13, quai Voltaire, Paris, et à Beauvais.

Les abonnements partent du 1er de chaque mois et sont payables d'avance. Toute demande d'abonnement doit donc être accompagnée du prix de l'abonnement. (Le mode de payement le plus simple est l'envoi d'un mandat-poste.)

Donner *très lisiblement*, en s'abonnant, son nom et son adresse exacte, *avec l'indication du bureau de poste* ; et, s'il s'agit d'une continuation d'abonnement, joindre au renouvellement la dernière bande d'adresse du journal.

La GAZETTE AGRICOLE insère gratuitement les Communications des Syndicats agricoles

SOMMAIRE :

PARIS, 17 AVRIL.

Il s'est élevé récemment, entre certains journaux monarchistes et républicains une discussion assez intéressante. Le débat porte sur la question de savoir si on peut être à la fois, dans les conditions actuelles, monarchiste et conservateur, et défendre en même temps des intérêts dynastiques et des intérêts conservateurs. Naturellement et pour cause, les journaux républicains prétendent que la conciliation est impossible, et que si l'on veut défendre la cause conservatrice, il faut abandonner la cause dynastique. S'il y avait réellement incompatibilité, le Bonhomme Deschamps et ses amis en seraient désolés, puisqu'ils tiennent autant à la première cause qu'à la seconde, et qu'ils ne sont même monarchistes que parce qu'ils sont conservateurs. Il est donc tout naturel que le Bonhomme Deschamps vous dise son mot pour mettre à l'aise à la fois vos consciences et la sienne.

***

Si les monarchistes continuent à estimer que la monarchie moderne, démocratique, appropriée aux mœurs et aux besoins du temps, est le seul gouvernement qui convienne à la France, c'est précisément parce qu'ils voient dans ce régime la garantie durable des intérêts conservateurs, sociaux et religieux. Ils ne se défendent pas que des sentiments de reconnaissance, de fidélité pour le représentant de la famille qui a présidé et tant contribué à l'unité nationale n'aient une part dans leurs opinions. Au contraire ils s'en honorent, trouvant même qu'il ne faut jamais cracher dans la marmite où l'on a fait son potage. Mais ces considérations, si respectables qu'elles soient, ne sont pas la source unique ni même principale où les monarchistes ont puisé leur foi. C'est la réflexion, l'enseignement de l'histoire, la connaissance de la France, de ses devoirs et de ses besoins, de ses nécessités même, qui les attache à la monarchie. On ne saurait en effet donner comme un gouvernement digne de ce nom, les divers régimes républicains que la France a connus jusqu'en 1870. Aucun d'eux, il est même puéril de le rappeler tant cette vérité est de lieu commun, n'a servi la cause conservatrice. Il n'est pas moins superflu d'insister sur les déplorables lacunes de la troisième République à cet égard. Donc, ni dans le passé ni dans le présent, la République en France n'a fait l'office d'un gouvernement conservateur et les faits sont là qui, en en témoignant, autorisent, forcent même les monarchistes à rester fidèles à leurs doctrines.

***

En démontrant, avec ces preuves à l'appui, que les intérêts conservateurs n'ont pas trouvé leur compte sous nos diverses républiques, et que le régime actuel, même après quinze ans d'existence, se fait une sorte de jeu de leur tourner le dos, les monarchistes font une première partie de leur besogne. Ils l'achèvent s'ils établissent qu'au contraire la monarchie est le seul gouvernement capable de rétablir la paix religieuse, de défendre les intérêts divers et de remplir la mission d'un vieux, glorieux et grand Etat comme la France. Car il ne suffit pas, en effet, de montrer le mal. il faut encore indiquer le remède. Et ce remède, est-ce qu'ils l'imposent? Nullement. Ils le recommandent à ceux qui ne sont pas encore de leur avis et par le seul secours des moyens de légalité et de persuasion. Mais tout en insistant sur les vices intrinsèques du régime républicain et en relevant ses fautes, ils ne négligent pas pour cela la défense des intérêts conservateurs du présent. Leur politique n'est pas celle du tout ou rien. Ils appuient dans leurs journaux, comme leurs amis votent dans le Parlement, les bonnes mesures, attaquent et repoussent les mauvaises. Un projet de loi est-il mauvais ? Ils s'appliquent à l'amender. Est-il raisonnable? Ils l'approuvent. La presse conservatrice et le *Journal officiel* sont là pour en témoigner.

***

On le voit donc, cette incompatibilité que certains journaux républicains, et pour cause, cherchent à établir entre des espérances, des convictions monarchiques et la défense des intérêts conservateurs, est pure subtilité de polémique. Les monarchistes sont, sans blesser personne, les plus grands conservateurs, sans être pour cela hostiles aux réformes que la marche des temps, le mouvement des esprits, le changement des mœurs, l'apparition de nouveaux besoins et d'intérêts nouveaux, rendent nécessaires. Tout en soutenant que le salut de la France est dans la monarchie, et tout en cherchant à le persuader à ceux de leurs compatriotes d'un avis différent, ils n'en défendent pas moins, au jour le jour, la liberté de conscience, l'égalité devant la justice, l'argent des contribuables, l'honneur de la France, sa sécurité. Ils se comportent à cet égard, sous la République, exactement comme s'ils avaient le bonheur de vivre en monarchie. Mais pour renoncer à leurs espérances d'avenir, et pour cesser de croire que la monarchie seule pourrait bien faire les affaires du pays, il faudrait que la République et les républicains eussent une autre manière de vivre. Le jour, en effet, où le régime actuel ferait, exactement ou à peu près, l'office qu'ils croient la monarchie seule capable de remplir, force leur serait, en conservant un pieux souvenir du passé, de renoncer à leurs espérances et d'accepter *ne varietur* la République.

***

Mais ce jour-là même, est-il dire? la voix des monarchis écho dans le pays, puisque rait sous les institutions actuelles tout juste la somme de liberté, de sécurité, de prospérité et d'honneur que pourrait lui donner la monarchie. Les peuples, pas plus que les individus, ne changent pour avoir pire. En tout cas, ils ont l'intention et l'espoir, quand ils changent, de trouver mieux. Mais c'est justement parce que la moitié à peu près du pays n'est pas satisfaite de ce qu'elle a, et elle n'est pas contente justement encore parce que les intérêts conservateurs sont sacrifiés, qu'elle prête oreille et appui aux défenseurs de la monarchie.

LE BONHOMME DESCHAMPS.

NOUVELLES DE LA SEMAINE.

Philosophie républicaine. — L'avènement de M. le comte d'Haussonville à la direction du parti monarchique ont amené la presse républicaine à faire de la philosophie politique. Les journaux radicaux nous apprennent que le bureau de tabac, la recette buraliste, les petites *places, en un mot, voilà ce qui révèle la force* d'un gouvernement, et ils ajoutent : « Si M. d'Haussonville ne reçoit pas quarante demandes de bureaux de tabacs tous les matins, quarante à midi et quarante le soir, la monarchie peut se fouiller, ça ne mord pas. » Mais tout cela ne les empêche pas de déclarer en même temps qu'il serait bon « d'écheniller un peu *le personnel par trop orléaniste* de nos administrations. » Nous pensions qu'après toutes les épurations opérées depuis quinze ans, le personnel administratif était tout entier républicain. Il faut croire qu'il ne suffit pas à un gouvernement de donner des bureaux de tabac et des recettes buralistes pour être sûr de conserver le cœur de ceux qui obtiennent ces places. « M. d'Haussonville, disent les journaux de M. Constans en concluant, peut planter quelques ormes dans le jardin de la royauté. Cela donnera de l'ombre aux royalistes pour attendre le roi. » Nous avons déjà en France les ormes sous lesquels nous attendons le respect de la liberté de conscience, les dégrèvements et les économies, la fraternité entre républicains, et les ormes sous lesquels la presse radicale attend la formation d'un personnel administratif dévoué au gouvernement et complètement échenillé. Ce ne sont pas les ormes qui manquent sous la République.

Dégrèvements. — L'augmentation de l'impôt sur les propriétés bâties devait trouver une *compensation* dans le dégrèvement de l'impôt foncier voté en même temps. Or, de tout côté des protestations se font entendre contre les nouvelles évaluations des propriétés bâties. Voici, d'après le *Radical*, journal peu suspect en la matière, le témoignage d'un paysan à ce sujet : « Je ne sais comment on s'y prend, mais, toutes les fois qu'on m'a dégrevé, on n'a jamais manqué de me demander davantage... » C'est, en une phrase, l'histoire de tous les dégrèvements accordés par la République.

L'apaisement. — Le conseil général de l'Ain a voté le vœu de M. Pochon, député radical, tendant à exclure des écoles et des carrières du gouvernement les jeunes gens élevés dans les établissements libres. Il y a quelques années, une proposition analogue de M. Burdeau, disciple de M. Paul Bert, avait soulevé l'indignation sur presque tous les bancs de la Chambre. La franc-maçonnerie ne s'est pas découragée, et maintenant la motion obtient le chaleureux assentiment de la presse radicale. Nouvel indice du progrès des idées d'apaisement.

Le recensement de la population a eu lieu, le 12 avril dans toute la France. Sera-t-il plus sincère que celui de 1885? Nous ne le croyons guère; mais ne faut-il pas savoir se contenter d'à peu près, même en statistique?

Les enveloppes ont été retirées du lundi 13 au mercredi 17 avril.

Le scandale de Mont-Eynard. — La commune de Mont-Eynard, dans la vallée de l'Isère, avait un curé dont la conduite était un scandale public. Il avait laïcisé son presbytère. « C'était, dit un journal prêtrophobe, le vicaire savoyard, complété par le mariage ». L'évêque de Grenoble l'interdit et le curé doyen fut chargé d'installer son successeur. La commune prit fait et cause pour son étrange pasteur et reçut le doyen à coups de pierres. Puis les 384 habitants qui composent toute la population ont déclaré qu'ils se faisaient protestants. L'ancien curé est devenu le ministre de la nouvelle congrégation qui prétend transformer en temple le local de l'école communale. Ce village changeant de foi religieuse sans autre motif que le désir de conserver comme ministre du culte un prêtre indigne, n'est-il pas tout à fait *fin de siècle*, et les protestants ne doivent-ils pas être très flattés de la conversion qui amène dans leur Eglise ce pasteur et ce troupeau? Naturellement tous les journaux de M. Carnot et de M. Constans sont ravis de l'aventure et ils disent d'un ton pénétré : « La question du mariage des prêtres vient de faire un grand pas. C'est comme une manière de plébiscite qui s'est posé sur ce vieux sujet. » Mais tous ne partagent pas cet optimisme. Si Mont-Eynard s'était proclamé libre-penseur, à la bonne heure, « mais la France démocratique, disent-ils, n'a rien à gagner à devenir protestante. *Les protestants sont des cléricaux plus dangereux que les autres.* C'est Basile habillé comme tout le monde et déguisé en bon père de famille. » Quant à la *Lanterne*, elle a trouvé le mot de la fin : « Moralité, dit-elle, il n'y en a pas. »

Au Tonkin. — Les dernières nouvelles du Tonkin sont toujours aussi alarmantes. Les indigènes s'arment partout pour échapper à notre domination.

Dans la région ouest de Cao-Bâng, nos troupes ont rencontré une très forte résistance de la part des bandes du Luc-Ku, établies depuis longtemps dans la contrée, sans qu'il ait été possible de les déloger, malgré des combats très meurtriers pour nos soldats. Un bataillon du 1er régiment étranger a dû être envoyé pour activer les opérations.

Dans le Bac-Say, les troupes indigènes à notre solde ont éprouvé une nouvelle défaite. Une colonne forte de 250 gardes civils s'est rencontrée avec plusieurs bandes d'insurgés. Le combat a été des plus sanglants, et nos troupes ont dû abandonner le lieu de la lutte après avoir perdu 11 hommes et 30 blessés. Quand les secours sont arrivés, les insurgés, comme toujours, avaient disparu.

L'insurrection grandit tous les jours. Rien que dans la province de Sontay, à quelques lieues de Hanoï, le résident a reçu dix rapports lui signalant de nombreux actes de « piraterie ». Dans la région des Muongs, le poste de Phu-Anh-Binh est entouré par de fortes bandes qui lui rendent les communications impossibles; une bande menace Cho-Bo.

Les nouvelles sont jugées si graves, qu'on a appelé en toute hâte l'ancien défenseur de Tuyen-Quan, le colonel Dominé, lequel va quitter le commandement de la 2e brigade à Hué, pour prendre le commandement du 2e tirailleurs tonkinois.

VEILLÉES RURALES (1).

(Suite.)

Conférences agricoles au village.

LE LABOUREUR EN ÉTÉ (2).

Mes chers enfants, la Providence
Bénit nos labeurs printaniers ;
Partout j'aperçois l'abondance,
Sous le blé rompront les greniers.

Quelle bonté, souverain Père,
De combler ainsi mon désir!
Tu me dis : Le pauvre est ton frère ;
Récolte pour le secourir.

Sur le pré donc avec courage ;
En mouvement fourche, rateau ;
Ensuite, au galop l'équipage;
Souvent soleil se change en eau.

L'air n'est-il pas une fournaise?
Dès le matin, le moucheron
Jetait dans un affreux malaise
L'infatigable Percheron (3).

Il doit pleuvoir sans aucun doute ;
L'air est trop lourd, le ciel trop chaud.
Avec horreur, près de la route,
J'ai glissé sur un noir crapaud.

Voyez : sel se fond, marbre sue ;
Hirondelle vole tout bas ;
Dans le ruisseau poisson remue ;
Triste Arachné ne file pas.

Ainsi, souvent, par le tonnerre
De Saint-Jean s'éteint feu joyeux ;
Puis le ciel inonde la terre,
Et longtemps reste pluvieux.

Alors sans soins, sans industrie,
Le fourrage serait perdu.
Mettez en tas l'herbe flétrie;
Demain que tout soit étendu.

Puis d'autres tas ; puis épandage.
Chaque fois l'humide vapeur
S'exhale en un épais nuage,
Et le vivre garde saveur.

Chaque récolte n'est bien faite
Qu'avec des soins particuliers.
Nous choisirons entre moyette,
Meulon, faisceaux et cavaliers.

Quelle canicule brûlante!
Lise, Jeanne, Rose, Fanchon,
Aux blés la faucille tranchante!
Laissez l'aiguille et le chiffon.

Et vous, Colas, Simon, Maurice,
Fauchez de vos bras vigoureux,
Jusqu'à ce que, par artifice,
Ce lourd travail passe à nos bœufs.

(1) Reproduction interdite.
(2) Pièce de vers lue à la séance précédente.
(3) Race de chevaux connue.

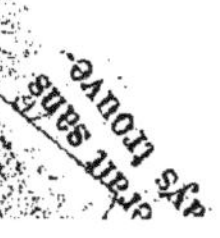

Vous dites : Ce n'est pas possible !
Depuis le règne du Géant,
Sachez que le mot *impossible*
N'est plus accordé qu'à l'enfant.

Sans suivre l'aigle triomphante,
D'un vol rapide s'abattant
Sur la capitale tremblante
De tel vaste empire expirant,

Contre la funeste puissance
De la routine, quel assaut !
Chantons victoire ! l'ignorance
De toutes parts est en défaut.

Albaret (1), les machines pesantes
Brisent le fléau du batteur.
Le tarare aux ailes tournantes
Chasse le plateau du vanneur.

Le laboureur grattait la terre ;
Le braban Bajac paraît :
Sans miséricorde, il enterre
Le faible *Arau* (2) dans le guéret.

A votre tour, prenez la fuite,
Paisibles bœufs de Vallerand.
Ganneron (3) s'approche ; à sa suite
Accourt un monstre tout fumant.

Voyez : aussitôt qu'il s'avance,
Quel bloc enorme retourné !
Rien ne résiste à sa puissance ;
Le fort cheval est détrôné.

Mon fils, ce sont là nos victoires ;
Cherche toujours de tels lauriers :
De la paix préfère les gloires
Au sang des combats meurtriers.

Si jamais cependant la France
Appelle au secours ses enfants,
Arme ton bras avec vaillance ;
Sois en tête des combattants.

Ne crains l'assaut ni la tranchée ;
Apprends à vaincre en cent façons;
Puis, notre France délivrée,
Reviens, mon fils, à nos moissons.

(1) L'un des premiers fabricants de machines à battre.

(2) Nom de la charrue dans le Poitou.

(3) Grand constructeur de charrues à vapeur.

(A suivre.) Charles GOSSIN.

BINAGES & SARCLAGES

Parmi les travaux de culture nécessités par l'entretien des récoltes, il n'en est pas de plus important que les binages. Tenir la terre toujours nette et propre, en même temps que parfaitement meuble autour de la plante en végétation, l'empêcher de se durcir par la sécheresse, de rester *rebattue* par l'effet des hâles et des pluies, favoriser le phénomène de la capillarité, en vertu duquel l'eau du sous-sol remonte sans cesse à la surface, de la même façon que l'huile de la lampe remonte à la mèche, permettre à l'air de pénétrer dans le sol et d'y jouer son rôle fertilisant en facilitant la décomposition des matières inertes qu'il renferme, tels sont les principaux buts des binages et des sarclages ; les énoncer, c'est en montrer l'importance capitale.

Aussi, ne saurions-nous trop attirer l'attention des cultivateurs sur l'intérêt immense qu'ils trouveraient dans la pratique plus générale et plus perfectionnée de ce travail ; nous voudrions le voir appliquer non-seulement à la betterave, aux pommes de terre et aux autres plantes qu'on est convenu d'appeler *plantes sarclées*, mais aussi aux céréales, au froment surtout dont il augmente les rendements dans des proportions considérables.

Ne l'oublions pas, dans les conditions actuelles de l'agriculture, les récoltes *maxima* s'imposent de plus en plus. Réduisons nos cultures, si cela est nécessaire, mais donnons à celles-ci, en temps opportun et en quantité suffisante, les soins et les façons nécessaires pour en assurer le complet développement et des rendements très élevés.

Ces façons, dont nous parlons, sont rendues faciles et accessibles à tous par les bonnes herses à cheval de nos excellents constructeurs, et par la bineuse à bras de M. Viet, agriculteur à Rougeville, par Saacy (Seine-et-Marne), mise, par la modicité de son prix (45 fr.), à la portée des plus petites exploitations.

Cet instrument, que représente la figure ci-dessous, peut servir pour la plupart des plantes cultivées en lignes.

Il consiste en un bâti léger monté sur deux petites roues et se terminant par deux mancherons que l'ouvrier soutient, tandis qu'il appuie avec le corps, pour avancer, sur une courroie en cuir qui relie les deux extrémités des manches. Le bâti porte trois petites lames ou rasettes qui doivent couper les mauvaises herbes et émietter la croûte superficielle du sol.

On peut disposer la bineuse à bras de diverses manières, suivant le travail qu'il s'agit d'exécuter. Si l'on a affaire à une plante à tige élevée, à l'œillette par exemple, on travaille sur le côté de la ligne ; avec les plantes à tige basse, on peut travailler en passant au-dessus de la ligne, une lame agissant de chaque côté, et les ailettes protectrices empêchant la ligne d'être atteinte. La manière de procéder doit d'ailleurs varier suivant l'écartement des lignes.

Avec cette bineuse, la vitesse de l'ouvrier ne doit guère dépasser trois kilomètres à l'heure ; avec une vitesse de quatre kilomètres, le travail est imparfait. La bande de travail peut varier de 0m 12 à 1m 3) ; si l'on voulait prendre une largeur supérieure à 0m 30, dans certains terrains la force de l'homme serait insuffisante Ainsi, dans des carottes en lignes espacées à 0m 30, on fait une ligne à la fois ; avec une vitesse de trois kilomètres, on obtient neuf ares à l'heure. Dans des betteraves espacées de 0m 45, il faut passer deux fois pour une ligne (une fois sur la ligne, l'autre fois entre) ; on n'obtient alors que six à sept ares à l'heure, mais le travail est plus doux Un enfant ne faisant que deux kilomètres à l'heure et ne travaillant qu'avec un soc fait encore près du double d'un ouvrier ordinaire, et il fait mieux. Car le travail de la bineuse est non-seulement plus rapide, mais encore meilleur que le travail à bras, exécuté dans les conditions ordinaires.

La bineuse Viet, que nous avons été à même d'apprécier dès 1883, a subi, depuis cette époque, d'importants perfectionnements. Soumise à l'essai à la *Station officielle d'essai des machines agricoles*, elle a été, après de sérieuses expériences, l'objet d'un rapport des plus favorables, qui se termine par cette appréciation : *Le travail de la bineuse est irréprochable.*

C'est aussi le témoignage qu'en rendent les praticiens les plus autorisés, et c'est pourquoi nous n'hésitons pas à signaler à l'attention des cultivateurs cet excellent instrument.

Ch. GOSSIN.

LES CHEVAUX PERCHERONS
et les bœufs américains

Les questions de libre-échange et de protection préoccupent en ce moment tous les esprits et divisent la France en deux camps.

Je vais présenter des faits visibles, tangibles même qui pourront jeter quelque jour sur ces questions si controversées.

Pendant que la crise agricole sévissait de tous côtés avec une intensité et une persistance inconnues jusqu'alors, le Perche s'enrichissait par ses poulains, que les Américains du Nord (qui n'avaient point de chevaux percherons) venaient acheter à des prix fabuleux pour améliorer leurs races indigènes et augmenter du même coup leur production nationale.

Cette pluie d'or s'est répandue dans toute la contrée, chez l'éleveur d'abord, de là chez le charron, le maréchal, le marchand, le journalier, enfin tout le monde en a profité.

Pas une once de cet or n'est retournée en Amérique pour acheter un produit américain, le tout est resté dans la contrée.

Eh bien, nous Français qui produisons peaux, suifs, laines, chanvre, lin, bois, viandes, vin, lorsque nous allons acheter ces matières chez les nations étrangères, nous faisons chez elles la prospérité que les Américains ont faite chez nous dans le Perche ; notre or y reste comme celui des Américains est resté dans le Perche ; mais avec cette grande différence : que les Américains achètent des poulains percherons pour améliorer leurs races indigènes et augmenter leur production nationale ; et que nous, nous achetons des matières étrangères pour décourager notre production nationale et la ruiner.

Voilà des faits visibles, tangibles même, qui devraient ouvrir les yeux des plus aveugles et les oreilles des plus sourds.

Les théories du libre-échange ont pu être mises en pratique sans grand danger avant la découverte de l'électricité, avant les progrès de la vapeur et de la science.

Mais elles sont devenues mortelles, depuis : Qu'une dépêche arrive en moins de temps de Pékin à Paris, qu'autrefois de Lyon ; Que les blés de l'Inde ou d'Amérique arrivent dans nos ports à 12 fr. l'hectolitre (il nous coûte 17 à 18 à produire) ; Que les bœufs américains arrivent à Paris en moins de temps qu'autrefois de Normandie ; Qu'un mouton égorgé dans les Pampas de l'Amérique du Sud arrive congelé aux Halles de Paris. Et que par l'ingénieux mécanisme des tarifs de pénétration :

Les viandes abattues viennent de Berlin à Paris pour 10 francs les 100 kilos, tandis que les nôtres paient d'Antibes à Paris environ 20 francs les 100 kilos.

Les vins viennent de Hongrie à Paris pour 44 francs la tonne, tandis que les nôtres paient de Perpignan à Paris 51 francs la tonne.

Les primeurs viennent du fond de l'Espagne à Paris pour 200 fr. la tonne, tandis que les nôtres paient de Cette à Paris 214 francs la tonne.

Les droits de douane établis par le Gouvernement sont parfois plus ou moins annihilés par des abaissements de tarifs comme on l'a vu pour les vins qui, frappés de 2 francs par hecto litre, ont été allégés de 1 fr. 50. sur le transport.

Pour faire accepter les doctrines trompeuses du libre-échange et jeter de la poudre aux yeux, on met en avant, avec beaucoup d'habileté, les intérêts du consommateur.

On ne sait donc pas que la ruine du cultivateur français entrainera celle du consommateur français, et que la diminution de la fortune nationale se fera sentir sur toutes les classes de la société.

L'industrie française, cette sœur cadette de l'agriculture, qui a également droit à toute notre sympathie, n'aura point à souffrir de l'établissement de droits protecteurs. Elle achètera à l'étranger, comme par le passé, les matières qui lui sont nécessaires, et on lui rendra à la sortie ce qu'elle aura payé à l'entrée.

Et puis n'aura-t-elle pas, pour elle exclusivement, le marché français qui est le meilleur de tous?

Revenons à nos chevaux percherons et à nos bœufs américains.

Prenons d'abord les bœufs.

Ce qui paraissait un rêve, il y a quelques années, est maintenant un fait accompli.

Les bœufs américains viennent en ce moment sur le marché de la Villette aussi régulièrement et aussi facilement que les bœufs normands et vendéens, et pourtant nous ne sommes que dans la période d'essai et de tâtonnement; que sera-ce plus tard?

Examinons froidement le cas possible, probable même, d'arrivages plus considérables dans trois ou quatre mois par exemple, à l'époque où sortiront des herbages les bêtes engraissées par le pâturage.

Les bêtes d'herbage coûtent en ce moment environ 80 centimes le kilo au poids vif (je parle en connaissance de cause), soit pour un animal de 300 kil. 240 francs. Je prends le chiffre de 300 kil. comme plus facile pour faire comprendre ma démonstration .... Fr. 240

Elles prennent par l'engraissement un excédant de poids d'environ 33 0/0, soit 100 kil., ce qui porte l'animal à 400 kilos, qui, au prix de 80 centimes, donnent.. . 320

D'où bénéfice de.................. Fr. 80

Cette somme de 80 fr. représente le revenu annuel du terrain nécessaire à l'engraissement de l'animal.

Mais si, par suite de la concurrence américaine, le prix de 80 centimes le kil. descend à 60 cent., ce qui, pour 400 kil., donne 240 fr., chiffre égal au prix d'achat; l'engraisseur, dans ce cas, aura perdu les 80 francs représentant le revenu annuel de son terrain.

La lutte du bœuf français contre le bœuf américain est impossible par cette raison:

Qu'un bœuf français, avant d'être livré à la boucherie, aura exigé quatre à cinq ans de soins journaliers.

Et qu'un bœuf américain, né et élevé en liberté, n'aura coûté à son heureux propriétaire que de minimes frais de garde.

Cette garde, quelque peu patriarcale, sur des terrains mal définis et à peine délimités, est faite par un seul homme à cheval pour un troupeau parfois de cinq à six mille têtes.

Dans l'Amérique du Sud, c'est le Gaucho, métis d'Espagnol et d'Indien, sorte de centaure, dont l'élément est le cheval, qui remplit l'office de gardeur de troupeaux.

Comme la concurrence américaine ne sera pas un fait momentané et accidentel, mais permanent, les engraisseurs se retireront et abandonneront la place aux Américains qui, avec leurs immenses troupeaux, ne seront pas embarrassés pour approvisionner le marché de la Villette des cinq à six cent mille têtes de gros bétail nécessaires à l'alimentation de Paris. Ce sera donc chaque année 250 à 300 millions qui sortiront de France pour *ne jamais y revenir*.

Ce sera l'histoire du Perche retournée contre nous.

Alors les bêtes bovines diminueront devant la concurrence américaine comme ont diminué les moutons devant la concurrence allemande (de 33 millions, ils sont tombés à 22 millions), et notre fortune nationale diminuera dans la même proportion que notre bétail.

Nous serons alors fatalement condamnés à acheter des bêtes bovines étrangères pour notre alimentation, comme nous sommes obligés d'acheter aujourd'hui des moutons allemands.

Et cet état de choses durera des années, attendu que la reconstitution de nos troupeaux ne se fera pas à la vapeur, comme se fait une pièce de drap.

Ce sera la ruine du cultivateur, sans profit pour le consommateur, qui, après la disparition du bétail français, paiera la viande du bœuf américain au moins aussi cher que la viande du bœuf français.

Comme il paie aujourd'hui la viande de mouton allemand aussi cher qu'il payait autrefois la viande du mouton français.

Voilà les résultats certains que produira la concurrence américaine.

Passons maintenant aux chevaux percherons.

Les Américains viennent acheter chez nous les poulains (je ne m'en plains pas, bien au contraire). Ils les exempte de droits de douane en qualité de reproducteurs; mais, en gens pratiques, ils ont bien soin, pour protéger leur production chevaline, de frapper les autres chevaux de droits de 30 0/0 de la valeur, c'est-à dire qu'un cheval de 1,000 fr. paie à l'entrée 300 fr. de droits.

Nous, Français avec notre générosité incomparable, nous ne demandons que 30 fr. par tête.

Les descendants de nos poulains percherons ont conservé là-bas, de l'autre côté de l'Atlantique, les précieuses qualités de leurs ancêtres; ils ont fait souche d'une race très estimée, connue sous le nom de race Percheronne, qui a son Stud-Book et sa société hippique percheronne de plus de 3,000 membres.

Il faut prévoir le cas possible où ces chevaux, nés et élevés en liberté comme les bœufs, n'ayant coûté, comme eux, que de minimes frais de garde et supporté que les mêmes frais de transport (peu importe à l'armateur de transporter un cheval ou un bœuf pesant le même poids et occupant le même espace), arriveront un beau matin sur nos marchés. Ils pourront être vendus à des prix bien inférieurs aux nôtres tout en réservant un large bénéfice à l'expéditeur.

Ce jour-là, les chevaux d'omnibus et de gros camionnage, qui valent de mille à quinze cents francs, baisseront de moitié.

La lutte du cheval français contre le cheval américain sera aussi impossible à soutenir que celle du bœuf.

L'industrie chevaline, qui a fait la fortune du Perche, sera ruinée :

Sans profit pour le consommateur, qui paiera après comme avant :

Sa place d'omnibus 30 centimes,

Et le port de son colis le même prix.

C. Sarcé,

Ancien notaire, membre de la Société des Agriculteurs de France.

Pontvallain (Sarthe), 24 mars 1891.

DES SCORIES COMME ENGRAIS

Voici les conclusions de la commission des engrais au congrès international et forestier de Vienne :

1° L'action des scories dépend de la quantité de matière noire (humus) que contient le sol. Cet humus accélère la décomposition du tétrophosphate de chaux non seulement par son humidité, mais par ses acides ulmiques et humiques.

2° Si la terre arable contient plus de 3 0/0 de matière noire, on peut très avantageusement employer les scories pour les céréales d'été, en les enterrant dès le mois de mars. Si l'on veut obtenir avec les scories le même résultat qu'avec le superphosphate, il faudra employer sous forme de scories la moitié en plus de ce qu'on aurait employé d'acide phosphorique soluble dans l'eau. Ainsi en supposant une fumure de 50 kilog. d'acide phosphorique solulubledans l'eau, il faudra 75 kilogr. d'acide phosphorique des scories. Dans les terres plus pauvres en humus, il faudra aller jusqu'à 100 kilogr.

3° Pour les céréales d'hiver, les scories donnent assez généralement de bons résultats. On peut employer 75 kilogr. d'acide phosphorique dans les terres riches en humus; plus cet humus fait défaut et plus on doit augmenter la dose; on peut aller jusqu'à 150 kilogr. à l'hectare. On se trouve bien du mélange des scories avec des débris végétaux et des matières animales.

M. Marck de Kanisgberg a donné un compte-rendu détaillé de ses diverses expériences comparatives en fertilisant avec diverses variétés d'engrais phosphatés. Il pense qu'on *a exagéré* la valeur des scories, et tout en les considérant comme un engrais *dans certain cas*, recommande le superphosphate comme le premier engrais phosphaté. Il dit qu'on doit aussi donner à la poudre d'os plus d'attention qu'on ne l'a fait jusqu'ici.

Le superphosphate enterré *superficiellement* dans le sol produit plus d'effet que lorsqu'il est enfoui *profondément*.

Nouvelles agricoles.

Battages par association. — Nous avons signalé, l'an dernier, les résultats excellents obtenus par deux associations de cultivateurs de Loir-et-Cher et de l'Oise, ayant pour objets l'exploitation de machines à battre. — Le battage ressortissait pour chaque sociétaire à très bas prix et les actions donnaient à chacun un revenu de 5 0/0, outre l'amortissement du matériel en deux années.

Le *Bulletin du Syndicat Central* signale une association analogue organisée, dit-il, d'après ses conseils l'an dernier, et qui a obtenu un succès complet.

L'association formée entre un certain nombre de membres du Syndicat a un fonds social de 7,600 francs représenté par 76 actions de 100 francs donnant droit à un intérêt de 5 0/0, — et à ne payer ses battages qu'à raison de 30 centimes par hectolitre au lieu de 50 centimes, prix ordinaire des entrepreneurs. En outre, les actions sont remboursées par tirage au sort au moyen des bénéfices annuels ; et après le remboursement ils gardent leur part de la propriété du matériel. — L'achat de la batteuse et de ses accessoires a coûté 7.600 francs.

Les opérations de la première campagne ont été les suivantes : en 50 jours on a battu pour 40 sociétaires 8.000 hectolitres de grains, qui, à raison de 30 centimes l'un, ont produit une recette de 2,400 francs. Les dépenses ont été de 1,470 francs, savoir : intérêts de 76 actions, 380 francs; mécanicien, 50 journées à 5 francs, 250 francs ; 2 hommes de service, 50 journées, 350 francs; charbon, 390 francs ; huile 100 fr. = 1.470 francs ; bénéfice 930. — En conséquence, 9 actions de 100 francs ont pu être remboursées dès la première année ; l'amortissement sera complet en moins de dix ans.

Voilà un nouveau modèle à suivre à la portée de toutes les catégories de cultivateurs.

Nous ne saurions trop le signaler à l'attention des syndicats.

Le prix du pain et le droit de 8 fr. sur les blés étrangers. — Il résulte d'une statistique publiée par le ministère de l'agriculture que, depuis 1887, c'est-à-dire depuis l'établissement du droit de 5 fr. sur les blés, le prix moyen du kilogramme de pain a été de 0.34 centimes alors que, pendant les trois années précédentes, le prix moyen du kilogramme était de 0.40 centimes.

La même statistique démontre qu'avant l'établissement des droits sur le bétail étranger, le prix moyen du kilogramme de bœuf était de 1 fr. 63 ; du kilogramme de veau de 1 fr. 72 ; du kilogramme de mouton de 1 fr. 84.

Depuis l'établissement des droits, c'est-à-dire depuis 1887, le prix moyen du kilogramme est pour le bœuf 1 fr. 45 ; pour le veau 1 fr. 56; pour le mouton 1 fr. 70.

Il n'est donc pas exact de dire, comme le font certains intéressés, que les consommateurs aient eu à souffrir de l'établissement des droits.

Le commerce du bétail. — Les arrivages de bétail étranger vivant ont été encore très restreints pendant le mois de mars, au marché de la Villette. Ils ont consisté seulement en 20 bœufs de provenance américaine, et 1,224 moutons, dont 624 d'Afrique, 390 d'Amérique et 210 d'Allemagne.

On nous communique l'extrait suivant du procès-verbal de la réunion tenue le 23 mars par le Syndicat de la boucherie en gros de Paris :

« M. Bertaux fait l'exposé de la question qui, depuis si longtemps déjà, occupe la boucherie de Paris et des départements s'approvisionnant sur le marché de la Villette.

« Il a démontré d'une façon claire et indiscutable l'inégalité des droits proposés par le Gouvernement et la commission des douanes sur les moutons vivants et les carcasses expédiées des pays étrangers. Les droits nouveaux proposés sur les moutons vivants sont de 15 fr. 50 les 100 kilog. et correspondent exactement pour établir une proportionnalité équitable à celui de 43 francs les 100 kilog. sur les viandes mortes, tandis que la commission ne réclame que 32 francs et que le Gouvernement propose celui bien inférieur encore de 28 francs.

« C'est donc une prime énorme en faveur des étrangers, au grand détriment de nos concitoyens. Les compagnies d'importation étrangères profiteront seules de cet écart aussi préjudiciable qu'incompréhensible, s'il était adopté par les représentants du pays, dont la mission et le devoir sont de défendre, avant tout, les intérêts du pays.

« M. Bertaux a démontré combien était fausse et illusoire cette prétention que le consommateur profite d'une différence de prix et qu'il paye la viande moins chère. Les sociétés étrangères, exerçant de plus en plus un monopole absolu, ont soin de n'expédier les viandes abattues qu'au fur et à mesure des besoins, sur lesquels ils sont renseignés chaque jour ; elles peuvent maintenir des prix toujours rémunérateurs et avantageux pour elles. Aussi, n'a-t-on jamais vu la viande de mouton à des prix aussi élevés que depuis le nouveau système substitué à celui qui avait jusqu'ici toujours servi à l'alimentation de Paris et de toutes les grandes cités.

« Il a démontré que, pour que ces viandes soient efficacement surveillées, il fallait qu'elles fussent coupées en quatres parties et que les viscères restassent adhérents à un quartier de devant comme, d'ailleurs, cela se pratique chez des peuples voisins. »

Les agriculteurs ont, comme nous l'avons dit plusieurs fois, le plus grand intérêt à ce que la prime dont jouissent actuellement les viandes abattues ne subsiste sous aucune forme dans le nouveau régime économique. Leurs efforts doivent tendre, auprès de leurs représentants, à bien faire saisir l'importance de la question.

La représentation de l'agriculture. — L'Union du sud-est des Syndicats agricoles a transmis aux membres de la Chambre des députés une note relative aux propositions présentées sur la constitution des Chambres d'agriculture. Cette note se rapporte à l'électorat, à l'éligibilité et aux attributions des Chambres d'agriculture. C'est surtout en ce qui concerne l'électorat, c'est-à-dire la qualité d'électeur pour les Chambres d'agriculture, que les avis sont partagés. C'est pourquoi nous devons reproduire l'avis émis, dans cette note rédigée par M. Ch. de Belair, secrétaire général, sur cette question :

« Les syndicats unis demandent que tous les agriculteurs, à l'exclusion des ouvriers, soient électeurs agricoles.

« Par *agriculteurs*, les Syndicats unis entendent :

« 1° Ceux qui possèdent la propriété rurale à titre de propriétaire, d'usufruitier ou d'usager. Le mot propriété rurale étant pris dans le sens que lui donne le code civil.

« 2° Ceux qui cultivent la propriété rurale à titre de propriétaire, d'usufruitier, d'usager, de fermier ou locataire, de colon partiaire ou métayer.

« Et cela quelque minime que soit la propriété rurale possédée ou cultivée.

« Les Syndicats unis s'étonnent qu'on comprenne dans le corps électoral d'autres catégories de citoyens; qu'on y comprenne notamment les vétérinaires et les instituteurs.

« On ne voit pas bien pourquoi on donnerait le droit de voter aux vétérinaires, alors qu'on le refuse à ceux qui exercent des professions en quelque sorte annexes de l'industrie agricole, alors qu'on le refuse au maréchal ferrant, au bourrelier, au fabricant d'outils aratoires.

« Les instituteurs ruraux, malgré la sympathie qu'ils inspirent et l'importance de leur rôle, n'ont évidemment pas plus d'intérêt et de droit à élire les représentants de l'agriculture que leurs collègues des villes n'en ont à élire les membres de la Chambre de commerce. Leur nombre est restreint, il est vrai ; toutefois leurs connaissances agricoles, soit théoriques, soit pratiques, sont évidemment trop incomplètes pour justifier leur intrusion dans le corps électoral. »

CONSEILS DE L'APICULTEUR.

LA LOQUE DES ABEILLES

La *loque* est une maladie des abeilles remarquablement contagieuse; elle fait le désespoir des apiculteurs chaque fois qu'elle s'abat sur un rucher. S'il faut en croire l'*Aviculteur*, le traitement de cette affection serait enfin trouvé.

On vient de faire à Lyon des expériences concluantes qui établissent que le naphtol détruit les bactéries qui se développent dans l'intestin des abeilles et provoquent l'épizootie connue sous le nom de *loque*.

On dissout trente-trois centigrammes de naphtol B dans un litre de sirop de sucre et l'on ajoute un gramme d'alcool pour faciliter la dissolution.

Au printemps, avant la ponte, on fait absorber ce sirop aux abeilles et, le plus souvent, on arrête l'épidémie si meurtrière qui dépeuple les ruches.

CONSEILS DU VÉTÉRINAIRE

L'ALIMENTATION DU CHEVAL PAR LES FOINS HACHÉS ET L'AVOINE ÉCRASÉE

On a soutenu, avec raison, que l'avoine écrasée et le foin haché sont plus nutritifs pour les chevaux, en général, que les mêmes matières non divisées. La Compagnie des Omnibus de Londres, qui a 6,000 chevaux, a fait sur ce sujet, il y a quelques années, une expérience très instructive.

Elle a divisé ses chevaux en deux catégories : ceux de la première recevaient, comme ration journalière, 8 kil. d'avoine broyée et 3 kil. 3/4 de foin haché, plus 1 kil. 1/8 de paille. Ceux de la seconde recevaient 9 kil. 1/2 d'avoine intacte et 6 kil. 1/2 de foin non haché. Soit 13 kil. de nourriture pour les premiers et 16 pour les seconds. Or, les chevaux de la première catégorie ont fait un aussi bon service que ceux de la seconde et ne le cédaient en rien sous le rapport de l'embonpoint et de la vigueur. La nourriture, au moyen de l'avoine broyée et du foin haché, a produit une économie de 1,500 francs par jour et de 581,000 francs par an.

UN VIEUX VÉTÉRINAIRE.

CONSEILS A LA FERMIÈRE

LA TRAITE DES VACHES MÉCHANTES

Certaines vaches, d'un caractère difficile, ne veulent pas se laisser traire et se défendent même par des coups de pied.

Pour les réduire à l'impuissance, on ne leur laisse l'appui que sur trois membres, en maintenant l'un de devant plié à l'aide d'un panneau fait en corde ou en bart. La jambe étant préalablement pliée, l'anneau doit emboîter le genou; une cheville passée en arrière, entre l'anneau et les plis du genou, sert à maintenir l'appareil pendant tout le temps de la traite.

Mais pour obtenir le même résultat, il est un moyen plus simple et surtout plus doux : une corde de la grosseur de celle qui sert à attacher la bête suffit; on la passe sous le ventre, par devant les mamelles, et on rattache les deux extrémités sur les reins, en ayant soin de la placer derrière l'os saillant, qui forme la hanche; point n'est besoin de la serrer fortement : il suffit que la vache sente simplement qu'elle est gênée dans ses mouvements. De même qu'un cheval entravé, après avoir fait quelques légers mouvements et avoir senti, par ce fait, ses entraves, n'essaie plus de se défendre, la vache, lorsqu'elle aura senti la corde qui l'entoure, ne pensera plus à envoyer le coup de pied.

Si la résistance de la vache à se laisser traire n'est pas le résultat de mauvais traitements antérieurs, il faut regarder aussitôt si la mamelle et les trayons ne sont pas le siège de lésions, de crevasses et porter de suite remède au mal.

C'est alors que les tubes à traire en caoutchouc ou en métal trouvent leur utilité pour opérer la traite avec facilité et sans souffrance pour l'animal.

En introduisant doucement la sonde jusqu'à la rondelle dans la tétine, le lait s'écoule de lui-même. Toutefois les sondes n'opèrent pas une traite complète; de plus elles affaiblissent les muscles des trayons; c'est donc seulement dans le cas de maladie que leur emploi est recommandé.

UNE MÉNAGÈRE.

CONSEILS DU MÉDECIN

UN REMÈDE CONTRE LE CROUP.

Toutes les fois que nous avons connaissance d'un remède contre le croup, nous l'indiquons. C'est à ce titre que nous rappelons la communication faite à l'Académie, d'où il résulte que les vapeurs de goudron et de térébenthine seraient souveraines contre la diphtérie.

Il suffit d'allumer près du lit un mélange de térébenthine et de goudron; la chambre s'emplit d'une fumée noire et épaisse, au point que les assistants ne peuvent se voir, mais sans éprouver aucun malaise.

L'enfant aspire fortement cette atmosphère de résine. Bientôt les fausses membranes se décollent et sont expectorées sous forme de crachats de rhume qui, recueillis dans un verre, continuent à se dissoudre visiblement. On fait ensuite laver la gorge de l'enfant avec du coaltar et de l'eau de chaux. L'enfant est radicalement guéri en deux ou trois jours, prétend-on.

Ces fumigations sont, en outre, un excellent *désinfectant* contre les parasites et les microbes. Ceux qui ont approché ces malades, même des enfants, n'ont jamais contracté la terrible maladie. Ce traitement si simple serait donc à la fois un remède et un précieux préservatif.

Si c'était bien vrai, quel bonheur!

UN VIEUX MÉDECIN.

PETITE POSTE.

M. G... (Marne). — *Faillite.* — Si, avant la déclaration de la faillite et d'accord avec le marchand de bois, vous avez enlevé pour 150 francs de marchandises et que vous lui ayez donné quittance de sa dette *comme si le paiement avait été fait en espèces*, vos comptes se trouvent réglés; si vous enlevez le bois à son insu, vous risquez de soulever une contestation dans laquelle vous n'aurez certainement pas le beau rôle, malgré vos droits; *nul ne doit en effet se faire justice lui-même.* Si la faillite est déclarée et l'époque de la *cessation de paiement fixée* par le tribunal de commerce, fixation qui peut remonter à une époque éloignée en arrière (articles 440 et 441 du Code de commerce), tous les paiements pour dettes échues faits autrement qu'en argent ou effets de commerce sont nuls (article 446 du Code de commerce, alinéa trois). En conséquence, si le règlement de compte porte qu'il a été fait en marchandises et que sa date soit postérieure à celle fixée par le tribunal de commerce comme époque de la cessation des paiements, vous serez forcé de rapporter à l'actif de la faillite les marchandises enlevées par vous, et vous deviendrez simplement créancier au même titre que les autres.

M. B... (Oise). — *Meules.* — *Distances.* — Il n'y a pas de lois sur la matière; on peut, sauf règlement local (arrêté du préfet du département ou du maire de la commune, renseignez-vous sur ce point à la mairie ou à la sous-préfecture), faire des meules de fourrages sur la limite séparative de sa propriété. Je suppose bien entendu qu'il n'existe aucune servitude en sens contraire grévant la propriété. La loi du 15 juillet 1845, art. 7, interdit seulement d'établir des meules à moins de 20 mètres d'un chemin de fer.

M. D... (Seine-Inférieure). — *Pommes de terre.* — Chez M. Forgeot, 6, quai de la Mégisserie, Paris.

M. R... (Haute-Saône). — *Sulfate de cuivre.* 1° Maison Vermorel, à Villefranche (Rhône).

2° *Cuscute.* — Il n'existe aucun moyen de forcer votre voisin à détruire la cuscute de la luzerne qui avoisine votre champ; mais si vous pouvez établir que c'est par suite de sa négligence que la teigne a envahi vos cultures, vous pourrez lui demander des dommages-intérêts. Il faut d'abord le sommer par huissier de prendre les mesures de destruction nécessaires et faire dresser un constat de l'état des lieux et des récoltes. Voyez votre avoué.

M. P. V... à St-G... — *Obligations du Crédit agricole.* — Nous n'avons pas de bons renseignements sur cette valeur. Défaites-vous en.

M. de R... (Oise). — *Echange d'immeubles.* — Ces frais énormes (7 p. 100) de la valeur de l'immeuble sont malheureusement dus.

M. B. W... (Ardennes). — *Compte de moissons.* — Il est certain que vous n'aurez pas à payer des moissons complètes, si une grande partie de celles-ci a été détruite par la gelée, quelles qu'aient été les conventions passées à la Noël. Celles-ci ont été faites sous condition suspensive, c'est-à-dire à condition que les moissons dont il était question existeraient.

M. G. C..., à V... (Marne). — *Cidre.* — Les employés de la régie ne doivent pas vous refuser un passe-avant. Réclamez à la direction des contributions indirectes de Châlons.

M. N..., au P... (Seine). — *Picage des poules.* — On nomme ainsi la tendance qu'ont les poules à s'arracher réciproquement les plumes; il se produit le plus souvent à l'époque de la mue. On conseille de jeter une certaine quantité de plumes aux poules qui se piquent. Une fois qu'elles en sont rassasiées, leur maladie ou plutôt leur manie se passe.

Nous avons inscrit l'abonnement. Merci.

M. M... (Haute-Saône). — 1° *Cultures de printemps.* — Si cette pièce de terre argilo-calcaire est très meuble et propre, vous pouvez semer l'avoine après de vigoureux perçages. Mieux vaudrait encore le travail du scarificateur. Le labour n'est pas nécessaire.

2° *Annonces.* — Ces annonces ne sont que des pièges et des tentatives d'escroquerie. Méfiez-vous!

M. H. B... (Gers) — *Cheval; crevasses.* — Faites des applications d'*onguent de Harld* (2 fr. la boîte). Chez Bonnet, pharmacien à Saint-Savinien (Charente-Inférieure).

VINS DU BORDELAIS.

Que de fois nous avons entendu dire :

« Quel service on nous rendrait, si on nous trouvait, dans les pays vignobles, un vendeur consciencieux; si on nous débarrassait de la concurrence à outrance; si on nous garantissait sérieusement la qualité, la pureté et la conservation des vins! »

Pour le Bordelais, nous recommandons M. Vincent Ardura, viticulteur, propriétaire d'un des meilleurs crus de la Gironde, favorable aux tempéraments délicats (le domaine de la Chapelle-Frédignac, par Blaye-Bordeaux), qui vend ses récoltes : 1889 à 130 fr., 1888 à 140 fr., 1887 à 150 fr., 1886 à 160 fr., 1885 à 175 fr., 1884 à 200 fr., 1882 à 220 fr., 1881 à 250 fr. et 1878 à 300 fr. la barrique de 225 litres, *franco* de port et de fût en gare d'arrivée. Paiement par le facteur à 30 jours 2 % ou 90 jours.

Certain que son vin plaira aux personnes qui ne le connaissent pas et qui désirent se bien approvisionner, sachant, en outre, qu'il est difficile de se rendre sérieusement compte de la qualité par la dégustation sommaire d'une petite fiole, M. Vincent Ardura n'hésite pas à adresser *gratuitement* une bouteille entière pour échantillon de la récolte désignée.

OFFRES & DEMANDES

Pour répondre au désir qui nous est exprimé, nous offrons à nos abonnés, sous cette rubrique, deux annonces gratuites pour les offres et demandes d'emplois, produits ou animaux à vendre ou à acheter, etc.

Les annonces qui suivront jouiront d'une réduction de 50 pour 100 sur les tarifs ordinaires.

Les demandes d'insertions devront être envoyées à l'administration, qui se chargera de les rédiger.

Ne pas négliger d'envoyer tous les renseignements nécessaires (joindre 2 timbres de 0 fr. 15).

Un ancien élève d'une école d'agriculture, dans la force de l'âge, marié, bien au courant de la culture moderne en même temps qu'excellent praticien, demande un emploi de régisseur. — Très bonnes références. — N° 907.

S'adresser aux bureaux du journal.

On demande pour une villa de Saint-Raphaël (Var) un ménage de jardiniers.

S'adresser au bureau du Journal. — N° 921-7.

On demande un excellent chef de culture. Adresser les références à M. le directeur de l'école pratique d'agriculture d'Ondes (Haute-Garonne). — N° 923.

Un jeune homme, 27 ans, ayant passé un an sous les drapeaux, robuste, habitué à la culture, désire se placer dans une maison bourgeoise. Excellentes références; famille honorable.

S'adresser à M. Eug. Lonjarret, à St-Usuges, près Louhans (Saône-et-Loire). — N° 929-3.

ŒUFS DE POULES, race Dorking, à couver. S'adresser rue du Prévôt, 7, à Beauvais.

Chienne courante bégle, 5 ans, à vendre 40 francs.

S'adresser à M. BOISSEAU DU ROCHER, place de la Préfecture, à Laval. — N° 930-1.

REVUE FINANCIÈRE.

La liquidation de quinzaine s'est opérée tout aussi simplement, sans plus de fracas que toutes celles écoulées depuis quelques mois. Les affaires restent tellement rares, que les « positions de place » sont des plus simples, et que le règlement de ces positions ne peut comporter grand ambage. Tout ce qu'il convient de dire, c'est que cette fois, la liquidation est effectuée à l'avantage des baissiers, oh! un très petit avantage.

Les cours se soutiennent tant bien que mal au point où ils se sont arrêtés au moment de la déconfiture de la Société de Dépôts et Comptes courants. Il y a bien dans l'air comme un soupçon de malaise, de lourdeur. Mais l'effet, nul sur nos rentes, qui se tiennent assez fermes, ne s'est fait réellement sentir que sur les institutions de crédit.

En ce qui regarde ces dernières, la chose s'explique facilement. Le rapport des administrateurs judiciaires des Dépôts et Comptes courants n'est pas fait pour amoindrir la méfiance, les craintes provoquées dans l'épargne, coup sur coup, par la sinistre aventure du Comptoir d'Escompte, par les incidents soulevés à plusieurs reprises autour du Crédit Foncier, par tous ces bruits répandus à propos d'autres établissements que nous ne voulons pas indiquer autrement.

On a le droit de se demander s'il ne pourrait pas en être partout comme dans cette Société dont le président et partie des administrateurs ont, au mépris non seulement des statuts, mais des règles de la plus simple honnêteté, compromis dans des aventures à leur seul profit les capitaux de leurs mandants ; pendant que les autres administrateurs, voire les censeurs, ou ne voyaient rien ou laissaient faire.

Ce rapport laisse bien entrevoir une solution qui écarterait une catastrophe complète : la reprise par une nouvelle Société; des efforts sont faits pour aboutir à cette solution. S'ils réussissaient, les capitaux originaires, bien que perdus, pourraient retrouver partie de leur mise dans la nouvelle entreprise, à condition que celle-ci fût gérée sagement, honnêtement et qu'elle soit heureuse. Mais, le rapport ne le laisse pas ignorer et les faits le prouvent, cette reconstitution se heurte à de grandes difficultés.

Le reste de la cote n'a subi au cours de cette semaine que d'insignifiantes variations. Les actions de nos Chemins sont peut-être moins brillants d'allure qu'à certaine époque; il est de même de leurs obligations et de celles de la Ville de Paris et du Crédit Foncier; mais d'un côté comme de l'autre c'est une honorable fermeté à des cours toujours élevés. Les Chemins étrangers, eux, sont depuis de longs jours à une faiblesse réelle.

Quant aux fonds étrangers, c'est du calme tout uniment. Cette semaine, surtout, les variations ont été insensibles. Sauf, toutefois l'Italien, qui a perdu le cours de 94 et recule visiblement vers 93. C'est qu'aussi le cabinet Rudini n'a nullement encore trouvé le moyen de mettre en action ses bonnes intentions et que notre épargne, bien avisée, s'éloigne de cette valeur d'autant plus qu'on redouble d'efforts pour la ramener vers elle.

Le samedi 25 avril aura lieu aux guichets du Comptoir national d'Escompte, du Crédit Lyonnais, de la Société Générale et d'autres grands établissements, l'émission des obligations de la Société des Tabacs de Portugal. Le nombre des titres réservés aux marchés français, belge et suisse est de 225,000, sur les 500,000 qui forment le total à émettre en représentation des 250 millions avancés par la Société à l'Etat portugais.

Ces obligations seront au capital de 500 fr., rapportant 4 1/2 0/0 par an, remboursables en 35 ans, durée du monopole concédé à la Régie.

Le prix d'émission est de 437 fr. 50, payables en quatre termes, dont le premier, au moment de la souscription, est de 50 francs.

Ces obligations jouissent d'un véritable privilège; avant tout paiement à l'Etat, sur les 23 millions de redevance qu'elle aura à payer, la Société doit prélever les 14 millions nécessaires au service des intérêts et de l'amortissement.

On peut souscrire dès maintenant par correspondance.

TIMON.

HALLES ET MARCHÉS.

SITUATION GÉNÉRALE.

La végétation ne fait pas de progrès sensibles par la température actuelle trop basse. Tous les grains et leurs dérivés sont à des cours maintenus franchement en hausse. Les autres denrées restent plus calmes et la plupart sans changement.

GRAINS.

Blés. — La levée des blés semés en mars est retardée par la température froide et l'on s'inquiète des conséquences de ce retard prolongé. Les prix des blés se sont maintenus en hausse sur nos marchés pendant toute la semaine dernière; on cotait samedi sur quelques-uns des principaux : Cambrai, blé blanc et roux, 27 fr. les 100 kilog.; Beauvais, 27 65; Montereau, 28 20; Versailles, 28 40; Rouen, 27 90; Amiens, 27 50; Châlons-sur-Marne, 31; Dieppe, 28 10; Laval, 27 50 à 28; le Mans, 27 25 à 28 75; Moulins, 28 à 28 50; Lyon, 27 25 à 30; Nantes, 27 à 28; Toulouse, 25 à 29 10. — Au marché commercial de Paris, la demande était bonne; les cours se sont maintenus de 29 75 à 30 les 100 kilog. pour le blé disponible et le livrable jusqu'en août et de 28 75 à 29 pour les quatre derniers mois de l'année.

Seigles. — Les seigles en terre se présentent assez bien. Les prix de la culture sont de 17 25 à 18 les 100 kilog.; on cotait 18 25 à 18 50 pour le disponible, et 18 25 à 19 pour le livrable.

Orges. — Le travail dans les malteries s'avance; les prix des orges restent sans variation, de 20 25 à 22 les 100 kilog. en gare à Paris pour les bonnes qualités; 19 50 à 20 pour les ordinaires, et 18 50 à 19 pour les secondaires — Les escourgeons sont toujours rares et tenus à 21.

Avoines. — Cours très fermes et en légère hausse. Au marché de Paris, on a coté samedi : disponible et courant du mois, 19 75 à 20 les 100 kilog.; mai-juin, 20 à 20 25; juillet-août, 19 75 à 20.

FARINES. — ISSUES.

Farines de consommation. — Pendant la semaine dernière, la meunerie a relevé ses cours de 2 fr. par sac. On cote : marque de Corbeil, 65 fr. les 157 kilog. nets; marques de choix, 65 à 67; premières marques, 64 à 65; bonnes marques, 62 à 63; ordinaires de toutes provenances, 61 à 62.

Farines de commerce. — Marché très ferme à Paris, avec une hausse de 1 50 par sac; on tient les *douze-marques* disponibles, 63 75 à 64 les 157 kilog. nets; livrables, 64 à 64 25.

Farines petites premières et bises. — En hausse également aux cours suivants : petites premières, 32 à 35 les 100 kilog.; deuxièmes, 30 à 32 troisièmes, 25 à 27; quatrièmes, 22 50 à 24; premier broyage, 20 à 21.

Issues. — Les prix sont bien tenus comme suit : gros sons, 16 à 16 25 les 100 kilog.; sons trois cases, 15 à 15 50; sons fins, 14 à 14 50; recoupettes, 13 25 à 13 75; remoulages blancs, 20 à 21; bis, 16 50 à 17; bâtards, 16 à 16 50.

FOURRAGES. — GRAINES FOURRAGÈRES.

Graines fourragères. — Les prix sont sans variation à Paris. — Sur les marchés de province, voici quels étaient les cours au commencement du mois : Reims, trèfle, 100 à 110; luzerne, 110 à 120, sainfoin, 25 à 28; Langres, trèfle, 100; luzerne, 140; sainfoin, 25; Dijon, sainfoin, 25 à 26; Orléans, trèfle, 70 à 100; luzerne, 70 à 120; sainfoin, 23 à 25. Tonnerre, sainfoin, 25 à 26; Lyon, luzerne, 100 à 102; sainfoin, 29 à 33; vesce, 18 50 à 20; Toulouse, trèfle, 80 à 82; luzerne, 85 à 95; le tout aux 100 kilog.

Fourrages. — Vente active en hausse à la Chapelle, comme suit : foin, 47 à 53 les 100 bottes de 5 kilog. au domicile de l'acheteur; luzerne, 47 à 52; paille de blé, 32 à 38; de seigle, 32 à 36; d'avoine, 23 à 27. — Sur le marché de Lyon, les fourrages sont rares, et les luzernes recherchées en hausse; on paye, foin, 6 50 à 7 les 100 kilog.; luzerne, 7 25 à 8; paille, 3 à 4. — Sur les autres places, on cote *aux 520 kilog.* : Compiègne, foin, 35; trèfle, 32; paille, 30; Montereau, foin et luzerne, 37 à 38, paille, 36 à 37; Rambouillet, foin, 27 à 32; luzerne, 26 à 31; paille, 19 à 22; Dijon, foin, 36 à 40; paille, 24 à 28; sainfoin, 17 à 18; Moulins, foin, 45 à 46; luzerne, 38 à 40; paille, 20 à 22; Besançon, foin, 24 à 26; paille, 14 à 16 50; — *au quintal*, Beauvais, foin, 6; paille, 4; Reims, foin, 7 à 7 50; paille, 5 à 5 50; Angers, foin, 7 50 à 8; paille, 6 à 6 50; Nevers, foin, 8; paille, 4; Orléans, foin, 12 à 13; paille 5 à 7; Châlon-sur-Saône, foin, 6 25 à 8; paille, 2 40 à 2 75; Toulouse, foin, 8 50; paille, 3 25 à 3 75.

ENGRAIS.

Les arrivages de nitrate de soude ont été assez importants ces derniers jours ; il en est résulté un mouvement de baisse, qui d'ailleurs ne semble pas devoir se continuer. Aujourd'hui, on cote de 20 75 à 21 50 les 100 kilog. à Dunkerque. — Le sulfate d'ammoniaque reste à des cours relativement bas, soit 28 50 en gare à Paris pour le produit français. Le sulfate anglais s'obtiendrait au prix de 28 à 28 50, dans nos ports du Nord. — Les phosphates de la Somme sont l'objet de peu de transactions; on vend par 1,000 kilog., à l'unité de phosphate : 70 à 75 pour cent, 1 25; 60 à 65 pour cent, 0 86 à 0 87; dans l'Oise, on cote pour des phosphates de 40 à 50 pour cent, 0 55 à 0 60. — Les superphosphates valent à Paris : solubles dans l'eau, 0 55 à 0 60; dans le citrate, 0 50 à 0 55; dans le Nord, solubles eau, 0 53 à 0 55; citrate, 0 49 à 0 50. — Les engrais organiques sont délaissés : on cote à Paris : sang desséché, non moulu, 1 65 le degré d'azote par 100 kilog.; moulu, 1 75; corne torréfiée et moulue, 1 45; cuir, 1 15.

Raisins secs à boisson.

(Cours de la maison Audibert, 53, rue des Minimes, à Marseille).

Prix actuels (grande baisse).

Corinthe, Roi de Grèce, petits grains Extra 1er choix	100 kilos	59 »
Corinthe, le Turban, gros grains	» »	55 »
Corinthe petits grains, 1er choix.	» »	57 »
Thyra. 1er choix	» »	50 »

Fromages.

Brie fermiers, haute marque	les dix	50 à	56
— — grand moule	—	35	45
— — moyen moule	—	25	30
— — petit moule	—	20	25
Brie laitiers moyen moule	—	20	25
Gruyère	100 kil.	195	140
Roquefort	—	280	200
Géromé Gérardmer	—	65	7»
Romatour	—	95	105
Cantal	—	130	140
Façon Port-Salut	—	160	110
Bourgogne	le cent	65	70
Saint-Nectaire	—	90	100

Livarots :		1er choix.		2e choix.	
En caisse de 30	le cent	100 à	105	» à	»
En caisse de 36	—	90	100	75	80
Camembert	—	55	65	35	40
Façon Coulommiers	—	48	53	35	40
Bondons	—	12	15	6	8
Gournay	—	15	18	8	10
Mont-d'Or	—	25	30	»	»

BESTIAUX.

La Villette, 16 avril. — Bestiaux. — Vente difficile sur les bestiaux, assez facile sur les veaux, et très difficile sur les moutons et sur les porcs.

COURS officiels.	Amenés.	Vendus.	1re qualité.	2e qualité.	3e qualité.	Prix extrêmes.
Bœufs	1.819	1.669	1 56	1 42	1 28	1 22 à 1 62
Vaches	458	410	1 54	1 36	1 24	1 10 1 58
Taureaux	116	111	1 38	1 31	1 26	1 16 1 44
Veaux	1.292	1.190	2 06	1 87	1 70	1 41 2 28
Moutons	8.427	7.917	2 01	1 88	1 68	1 60 2 10
Porcs	4.509	4.465	1 26	1 22	1 18	1 12 1 40

Marché du lundi 13 avril

	Amenés	Vendus	PRIX AU POIDS NET 1re qual.	2e qual.	3e qual.
Bœufs	2.694	2.302	1 58	1 44	1 30
Vaches	652	5 9	1 54	1 36	1 24
Taureaux	201	191	1 36	1 34	1 26
Veaux	1.187	1.082	2 »	1 82	1 64
Moutons	12.203	11.000	2 01	1 88	1 68
Porcs	2.2.4	2.264	1 26	1 22	1 18

	PRIX AU POIDS VIF 1re qual.	2e qual.	3e qual.	Prix extrêmes.
Bœufs	» 96	» 82	» 68	» 62 à 1 »
Vaches	» 92	» 75	» 63	» 55 » 95
Taureaux	» 85	» 77	» 66	» 60 » 90
Veaux	1 26	1 05	» 86	» 70 1 34
Moutons	1 06	» 95	» 81	» 69 1 12
Porcs	» 90	» 86	» 82	» 76 » 92
Peaux de moutons en laine				4 25 6 75
Id. id. demi-laine				1 55 2 70

Viandes abattues. — Criée du 16 avril.

		1re qualité.	2e qualité	3e qualité.
Bœufs	le kil.	1 40 à 2 70	1 20 à 2 60	1 10 à 1 86
Veaux	—	1 80 2 »	1 60 1 76	1 40 1 56
Moutons	—	1 80 1 90	1 30 1 76	» 80 1 26
Porc entier	—	1 22 1 30	1 06 1 20	» 90 1 »

L'Administrateur-Gérant : ALBERT RENOT.

Beauvais. — Imp. D. PERE. - A. CARTIER, Gérant.

12e Année. — 2e Série. — N° 587. Dimanche 26 Avril 1891.

GAZETTE  AGRICOLE

JOURNAL HEBDOMADAIRE, PARAISSANT LE DIMANCHE

Rédacteur en Chef : M. Ch. GOSSIN, Professeur d'Agriculture à l'Institut agricole de Beauvais.

PRIX DE L'ABONNEMENT

UN AN, 5 fr. — SIX MOIS, 3 fr. — TROIS MOIS, 1 fr. 75

Pour l'étranger les abonnements ne sont reçus que pour un an, au prix de 6 francs, et ne partent que du 1er janvier ou du 1er juillet de chaque année.

Le numéro : 10 centimes.

Il est indispensable de joindre à toute demande de changement d'adresse la dernière bande d'adresse du journal et 50 centimes pour frais de nouvelles bandes.

Adresser les *Abonnements* et *Annonces* au secrétaire de la rédaction, **13, quai Voltaire, Paris**, ou à M. GOSSIN, rédacteur en chef et administrateur, à BEAUVAIS.

BUREAUX

13, quai Voltaire, Paris, et à Beauvais.

Les abonnements partent du 1er de chaque mois et sont payables d'avance. Toute demande d'abonnement doit donc être accompagnée du prix de l'abonnement. (Le mode de payement le plus simple est l'envoi d'un mandat-poste.)

Donner *très lisiblement*, en s'abonnant, son nom et son adresse exacte, *avec l'indication du bureau de poste*; et, s'il s'agit d'une continuation d'abonnement, joindre au renouvellement la dernière bande d'adresse du journal.

La GAZETTE AGRICOLE insère gratuitement les Communications des Syndicats agricoles

SOMMAIRE :

PARIS, 24 AVRIL.

Les écrivains et les orateurs républicains ont à leur service un certain nombre de ritournelles ou clichés qu'ils servent selon les circonstances. C'est ainsi qu'après chaque appel au suffrage universel fait par des candidats conservateurs, monarchistes au fond, ils leur reprochent de ne pas combattre visières levées, drapeaux déployés, et aux cris de *Vive le Roi*! Encore bien qu'on n'ait aucun espoir de leur fermer la bouche sur ce point ou de leur ouvrir les oreilles, il est bon de s'expliquer une fois pour toutes.

***

Les hommes de 45 à 50 ans, à plus forte raison ceux qui ont dépassé cet âge, doivent se rappeler qu'un reproche de même nature était adressé sous le second Empire, aux candidats de l'opposition. Les journaux officiels du temps, *Constitutionnel* et *Patrie*, demandaient aussi à ces candidats de déclarer nettement qui ils étaient et ce qu'ils voulaient. La seule différence entre ce temps-là et le présent, c'est que les reproches étaient adressés par les feuilles bonapartistes aux républicains et qu'aujourd'hui ce sont les feuilles républicaines qui remplissent cet office. Il y a là de la part de ces dernières une véritable inconséquence que l'on pourrait relever plus vivement si l'esprit de parti s'était jamais piqué à aucune époque d'être logique. Il n'en est pas moins piquant de voir nos républicains dont les députés sous l'Empire se gardaient bien de crier *Vive la République*! et de refuser même le serment à l'empereur, si prompt à accuser aujourd'hui leurs adversaires de cacher leur drapeau et de ne pas commencer leurs professions de foi ou de les finir par les cris de *Vive le Roi*! Mais le Bonhomme Deschamps le répète, cette particulière inconséquence est peccadille fort légère, par rapport à tous les démentis cyniques que le parti républicain depuis dix ans donne à ses opinions d'autrefois.

***

Venons donc au fond même de la question. Quand sous l'Empire les candidats de l'opposition prêtaient serment et mettaient de l'eau dans leur vin, ils ne croyaient pas manquer pour cela de loyauté envers les électeurs. Ils se prêtaient aux conditions particulières de la lutte, cherchaient à se mettre dans les mains le plus d'atouts possible et à sortir victorieux des urnes par cette raison que d'ordinaire on ne court pas la fortune électorale pour le plaisir de se faire battre. On désire être élu, et, à cet effet, on ne néglige aucun des moyens que la prudence conseille et que l'honneur ne condamne pas. Pourquoi ce que les candidats faisaient jadis, serait-il interdit aujourd'hui aux conservateurs? Pourquoi lorsque dans ce temps on trouvait légitime de ne pas déployer tout son drapeau, serait-il déloyal aujourd'hui de faire de même? En tout cas les républicains sont aujourd'hui les moins qualifiés à blâmer une conduite dont ils ont eux-mêmes donné l'exemple. Ils avaient même peut être moins d'excuse pour le tenir puisqu'ils s'adressaient d'ordinaire aux électeurs des grandes villes dont les opinions sont plus ardentes et moins accessibles aux procédés d'intimidation gouvernementale. Le reproche n'est donc pas sérieux mais, il est par contre très indicatif.

***

Dans quel intérêt, en effet, les journaux bonapartistes reprochaient-ils sous l'Empire aux candidats de l'opposition de cacher leur drapeau. Etait-ce par un souci supérieur de loyauté? Comptaient-ils que les républicains, s'ils avaient suivi leur avis, auraient accru leurs chances de succès? Pas le moins du monde. Ils espéraient qu'en s'adressant ainsi au point d'honneur de leurs adversaires, ceux-ci ouvriraient peut-être leur drapeau dans toute son étendue et qu'alors ils écarteraient d'eux les **électeurs timides ou amis des sous-entendus.** En un mot ils ne tendaient à rien moins qu'à faire faire une sottise aux candidats de l'opposition et à les mettre en minorité. Il n'en va pas autrement aujourd'hui. En reprenant le même langage et la même tactique contre les candidats conservateurs, les journaux républicains tendent au même but que jadis les journaux bonapartistes. Ce serait donc naïveté particulièrement grande aux candidats actuels de l'opposition de se laisser émouvoir par les reproches intéressés de leurs adversaires et d'accepter la lutte électorale sur un terrain, qu'après mûre réflexion, ils n'estimeraient pas être le plus propice au succès. On ne prend pas d'ordinaire, pour livrer une bataille, l'avis des chefs de l'armée ennemie. On le doit d'autant moins qu'en ne se disant pas monarchistes ouvertement, bruyamment, lorsqu'ils le sont en réalité, les candidats de l'opposition ne trompent personne. Leurs vrais électeurs savent à quoi s'en tenir, et ils ne se concilient par là d'une façon subreptice aucun suffrage républicain.

***

Donc, et c'est par là que le Bonhomme Deschamps veut finir, laissons les journaux républicains prendre tranquillement souci de notre honneur, s'étendre à plaisir sur notre défaut de sincérité ou de courage, et si nous sommes candidats, comportons-nous de façon, dans notre attitude et notre langage, à nous assurer la majorité des suffrages. Inutile d'ajouter, n'est-ce pas, que notre adresse ne doit jamais dépasser les limites de l'honneur. Si dans une circonscription l'affirmation monarchique vaut mieux que l'affirmation conservatrice, faisons-là. Mais n'allons pas sottement, et pour mériter les éloges publics et les rires cachés de nos adversaires, faire blanc de notre épée et nous livrer à un Don Quichottisme dont nos candidatures et les intérêts conservateurs paieraient les frais.

Le Bonhomme Deschamps.

NOUVELLES DE LA SEMAINE.

Elections législatives du 19 avril 1891. — Trois collèges électoraux, dans les départements du Finistère, de l'Indre et de l'Indre-et-Loire étaient convoqués pour pourvoir à la vacance de leur représentation à la Chambre des députés. Les scrutins ont donné les résultats suivants :

FINISTÈRE

Première circonscription de Morlaix

MM. Rouilly, républicain.......... 8.039 ELU
L'abbé Le Saout, catholique... 4.247

Il s'agissait de remplacer M. Clech, républicain, décédé

INDRE

Arrondissement du Blanc

MM. Moroux, républicain........... 7.731 voix
De Lanet, conservateur........ 3.280
Du Beauregard, bonapartiste... 4.875
(Ballottage)

Il s'agissait de remplacer M. Benazet, conservateur, élu sénateur.

INDRE-ET-LOIRE

Deuxième circonscription de Tours

MM. le vicomte Foy, républicain.... 8.687 voix
Triphaine, républicain radical. 7.111
Letertre, socialiste............ 5.538
(Ballottage)

Il s'agissait de remplacer M. Pesson, républicain, décédé.

Elections sénatoriales du 19 avril 1891. — Les collèges électoraux de la Dordogne, de l'Hérault et de Maine-et-Loire étaient convoqués à l'effet d'élire chacun un représentant au Sénat.

DORDOGNE

MM. Gadaud, ancien député répub.. 694 ELU
Debets de Lacrouzille, conseiller général, bonapartiste.... 125
Wallon, cons. gén., rép........ 39

Il s'agissait de remplacer M. Garrigat, sénateur républicain, décédé.

HÉRAULT

MM. Galtier, anc. dép., rép......... 393 ELU
Boulisch, cons. gén., rép...... 221
Bertrand, cons gén., rép...... 135

Il s'agissait de remplacer M. Eugène Lisbonne, républicain, décédé.

MAINE-ET-LOIRE

MM. Merlet, anc. dép., cons...... 658 ELU
F.-J. Boulanger, directeur honoraire des contributions indirectes, républicain......... 295

Il s'agissait de remplacer M. le baron de Guay, conservateur, décédé, qui avait été élu, le 5 janvier 1888, par 708 voix.

Le voyage de M. Carnot à Orléans aura lieu prochainement. Un journal républicain donne de longs détails sur les préparatifs qui se font à Orléans pour la venue de M. le président de la République. Il nous apprend que M. Carnot assistera à la fête de Jeanne d'Arc dans une tribune où il aura la rue Royale à sa droite et le parvis de la cathédrale à sa gauche; que, suivant l'usage, la municipalité se rendra à la cathédrale, et que le sur le parvis s'avanceront alors neuf archevêques ou évêques pour recevoir la bannière de Jeanne d'Arc ; après quoi «les neuf prélats béniront le corps municipal, l'armée, la foule *et dans le lointain le président de la République.*» Voilà de quoi rassurer les républicains. M. Carnot sera *dans le lointain*, dans le plus grand lointain; à peine si les bénédictions épiscopales pourront y atteindre ! Le même chroniqueur nous informe que dans une rue voisine on dressera « une statue du grand Carnot couronné par la Victoire » et que ce « groupe improvisé » fera le plus grand effet. Cette addition aux fêtes de Jeanne d'Arc d'une statue du « grand Carnot » nous paraît d'un goût fort médiocre. La présence de M. le président de la République aux fêtes de Jeanne d'Arc pouvait être une manifestation à laquelle tous les gens de cœur auraient applaudi ; il n'aurait pas fallu risquer de la rendre ridicule.

Le testament du prince Napoléon a été publié la semaine dernière. Nous en détachons quelques fragments qui offrent quelque intérêt politique :

J'institue Louis, mon fils cadet, mon légataire universel.

Je ne laisse rien à Victor, mon fils aîné. *C'est un traître et un rebelle*. Sa mauvaise conduite me cause une grande douleur et un profond mécontentement. *Je ne veux pas qu'il assiste à mes obsèques.*

Je laisse à mon fils Louis *tous mes papiers sans exception.*

Je charge mes exécuteurs testamentaires de *réunir tous mes papiers ainsi que ceux provenant* de mon père et de ma mère et d'en faire deux parts. Les papiers ayant un caractère tout à fait personnel doivent rester secrets et seront brûlés par mes exécuteurs testamentaires. Ceux ayant un caractère historique ou biographique seront conservés et remis à mon fils Louis.

Je désire que mon enterrement soit très simple.

Mes deux enfants Lætitia et Louis, ma famille, mes parents et quelques amis y assisteront. *J'interdis à mon fils Victor d'y paraître.*

Je recommande à mon fils Louis de rester fidèle à mes opinions politiques et religieuses. Elles sont dans la vraie tradition de mon oncle Napoléon Ier. J'espère que Louis sera le représentant de la cause des Napoléons. Son but politique doit être d'organiser la démocratie française.

Qu'il s'inspire de l'amour profond et constant du peuple, de ceux qui souffrent surtout ainsi que du progrès scientifique qui est la grande loi de l'humanité.

Qu'il respecte les sentiments religieux en restant tolérant et éclairé.

Qu'il soit par dessus tout Français et patriote.

Je bénis ce cher enfant. J'espère qu'il sera digne de son nom.

Comme on le voit, le prince Jérome déshérite son fils le prince Victor et le qualifie TRAITRE et REBELLE. Mais les dernières volontés du neveu de Napoléon Ier n'ont pas été exécutées. Le prince Victor a non seulement assisté à l'enterrement de son père, mais il a conduit le deuil.

La manifestation du 1er mai. — Une grande manifestation ouvrière se prépare en ce moment. Elle doit avoir lieu le 1er mai dans toute la France. Voici, à titre de renseignements, quelques passages du manifeste qui vient d'être adressé aux ouvriers par le comité central socialiste révolutionnaire de Paris. Ils expliquent le but des manifestants et la partie de la manifestation.

Le Comité considère que la journée de huit heures assurerait aux ouvriers, spécialement aux plus déshérités d'entre eux, aux manœuvres, aux travailleurs des mines et de la grande industrie, une meilleure répartition du travail, la cessation, tout au moins momentanée, du chômage, le relèvement des salaires, le repos, la liberté indispensables à la conquête de leur émancipation définitive.

Il reconnait que le chômage général, à jour fixe, est non seulement une affirmation puissante en faveur de la journée de huit heures, mais encore et surtout un moyen de rendre sensible la solidarité qui unit entre eux les travailleurs du monde entier, un procédé efficace pour leur donner, par le spectacle de leur nombre, conscience de leur force, pour les habituer à la discipline, les préparer à l'exécution d'un mot d'ordre et leur permettre, à un moment donné, une action d'ensemble sans laquelle, sur quelque terrain que ce soit, il n'y a pas de succès possible.

En conséquence, le comité central socialiste révolutionnaire appuie de toutes ses forces et de toutes ses sympathies le mouvement du 1er mai.

Si nous avions les droits d'un peuple libre, Paris ouvrier affirmerait, comme les travailleurs de Londres et de Bruxelles, par une manifestation dans la rue, sa volonté et son nombre. Mais la République de Constans *supprime les libertés dont jouissent les monarchies anglaise et belge.*

Reste la manifestation passive, le chômage, contre laquelle la force est impuissante.

Le 1er mai appartient aux ouvriers. Ce n'est pas leur fête — on ne célèbre que des victoires, et tous leurs droits restent à conquérir — mais c'est leur journée. A eux donc, c'est-à-dire aux chambres syndicales, aux corporations, aux ateliers, de la régler, d'en fixer l'emploi.

Le Comité central socialiste révolutionnaire.

N'est-il pas piquant de trouver dans un pareil document l'aveu que la République ne donne pas aux ouvriers la liberté dont jouissent les Anglais et les Belges.

Inutile de dire que tous les journaux républicains payés par les fonds secrets ne soufflent mot de l'appel du comité socialiste aux ouvriers de France.

Le prince de Bismarck. — Toute l'attention de l'Europe s'est portée la semaine dernière sur l'élection de Geestemünde (Hanovre), où le prince de Bismarck avait posé sa candidature contre les candidats de l'empereur Guillaume. Voici les résultats du scrutin :

Le prince de Bismarck a obtenu 7,557 voix; M. Adloff, 2,615; M. Plate, 3,313, et M. Schmalfeld, 3,928.

Il y a donc ballottage entre le prince de Bismarck et M. Schmalfeld, candidat socialiste.

M. Schmalfeld est un ouvrier cordonnier, et on assure que le gouvernement allemand fera feu des quatre pieds pour que M. de Bismarck soit battu par un savetier !

Triste retour des choses d'ici-bas !

Nécrologie. — M. Victor Prost, député de la 1re circonscription de Beaune (Côte-d'Or), a succombé à la maladie de cœur qui le tenait depuis quatre mois alité à Gevrey-Chambertin. Ses obsèques, purement civiles, ont eu lieu vendredi. M. Prost siégeait à la gauche radicale. C'est lui qui fut chargé de rédiger le rapport sur l'adoption de l'heure nationale en France. Il était d'ailleurs horloger de son état. M. Prost n'avait que quarante-six ans. C'était un des grands dignitaires de la franc-maçonnerie.

VEILLÉES RURALES (1).

(Suite.)

Conférences agricoles au village.

SEPTIÈME CONFÉRENCE.

DRAINAGE. — TRAVAUX D'HIVER. — IRRIGATIONS. — PROCÈS. — CABARET. — LE LABOUREUR EN AUTOMNE.

Le Maire. — « Messieurs, depuis l'autre jour, M. Larivière s'est entendu avec deux de ses fermiers pour le drainage de quelques terres, et, afin que les tuyaux soient faits ici même, il procure à notre tuilier une machine à fabriquer ce genre de poterie.

« Grâce à de tels travaux, grâce aux extractions de marne qui sont en bon train, j'espère qu'il n'y aura plus en hiver de ces longs chômages qui nous sont si préjudiciables.

« Lors des moissons, on se plaint que les bras manquent. En effet, nos ouvriers diminuent de nombre par le départ constant d'un certain nombre de jeunes gens qui cherchent un travail régulier dans les grandes villes.

« Oserions-nous dire qu'ils ont complètement tort? C'est à nous, cultivateurs, à tâcher de les occuper hiver comme été.

« Pour utiliser la saison morte, n'y a-t-il pas encore le soin des prairies?

« L'eau qui coule sur les prés, de novembre en avril, les fertilise extraordinairement. En quelques pays, on le sait si bien, qu'aux temps pluvieux de l'hiver toutes les eaux (sauf quelques-unes qui contiennent des substances nuisibles) sont réparties à la surface des gazons par une multitude de rigoles. »

Un assistant. — « En effet, c'est ce que j'ai vu dans le Limousin. »

Le maire. — « Pourquoi ne ferions-nous pas de même?

« Comme l'eau perd sa vertu fertilisante à mesure qu'elle s'éloigne de son point de départ, on s'attache à amener sur chaque partie du gazon une certaine quantité de liquide qui n'a pas encore servi. De plus, on dispose les choses de sorte qu'à volonté l'espace entier puisse être mis à sec. En effet, les prés irrigués demandent souvent à être assainis; autrement, ils se refroidissent et n'engendrent que de mauvaises plantes.

« Tantôt, c'est d'après les accidents mêmes du terrain qu'on trace les rigoles; d'autres fois, on donne à la surface du pré les dispositions les plus régulières. Dans ce but, si l'on opère sur coteau incliné, l'espace, qui préalablement a été bien nivelé, est divisé en planches, transversalement au sens de la pente, par des rigoles horizontales, et celles-ci tirent l'eau d'un canal sur lequel elles aboutissent. Lorsqu'il s'agit d'arroser, on arrête le liquide dans ce canal par de petits barrages en planche ou en gazon. Veut-on mettre le pré à sec, on empêche l'eau d'entrer dans le canal et l'on enlève tous les arrêts. Alors, la prairie s'égoutte par ces mêmes rigoles qui l'arrosaient précédemment.

« Applicable aux terrains qui n'ont qu'une pente faible, un second système consiste à former des ados bombés, avec rigole d'arrosage horizontale sur le sommet et rigole d'assainissement entre deux ados.

« Les eaux qui ont arrosé une série d'ados ou de planches, peuvent souvent servir à l'irrigation d'une autre série.

« Du reste, comme nous le disions à l'instant, on s'attache à conduire sur chaque point de la prairie une certaine quantité de liquide non encore employé, à moins qu'on ne se trouve en été et que le but principal de l'irrigation ne soit le rafraîchissement des plantes. Dans ce cas, l'eau, même la plus épuisée, peut servir encore; mais alors, loin d'améliorer la prairie, elle en excite l'appauvrissement, parce qu'elle favorise l'absorption des sucs végétatifs. Ultérieurement, il devient nécessaire de soutenir la production par des engrais ou par d'abondantes irrigations faites en hiver avec des eaux fécondantes.

« Pour la distribution de l'eau, voici les principales règles :

« En automne, irrigations presque continues; au moment des fortes gelées, terrain mis à sec; après les gelées, irrigations beaucoup moins prolongées qu'en automne et d'autant plus souvent interrompues que la température est plus douce; en été, arrosage rapide une ou deux fois par semaine et seulement le soir ou la nuit. »

Un assistant. — « N'ai-je pas entendu dire que M. Dumont, qui possède un pré touchant notre ruisseau et, de plus, un grand terrain très infertile à quelque distance, veut prendre les eaux du ruisseau et les faire passer de son pré sur sa grande pièce à travers des parcelles qui ne lui appartiennent pas? »

Un assistant. — « On le dit en effet; mais pour mon compte, je ne le souffrirai pas. »

Un autre. — « Que deviendrions-nous, si pareilles prétentions avaient droit? »

M. Larivière. — « Prenez garde, Messieurs. La dernière loi sur les irrigations accorde à celui qui arrose le droit de faire passer l'eau, moyennant indemnité, sur l'héritage voisin qui divise sa propriété en deux parties. »

Un assistant. — « On n'est donc plus maître de sa chose! »

M. Larivière. — « Le législateur a considéré que l'eau qui coule dans une vallée, appartient collectivement à tous les propriétaires des terrains irrigables du bassin. Si vous attaquez M. Dumont devant les tribunaux, je ne doute pas qu'il ne gagne. »

Un assistant. — Eh bien! c'est ce que nous verrons; car je ne lui laisserai pas donner un coup de bêche dans ma propriété! Je plaiderai plutôt jusqu'en appel. »

M. Prudent. — « Oh! que ce mot *plaider* sonne mal! Combien il cause de soucis, de haines, de pertes de temps et d'argent!

« Lorsqu'une difficulté se présente, pourquoi ne pas la terminer sans frais au moyen d'un arbitrage amiable?

« Quelques décimètres carrés de terre, une poignée d'herbe, un petit nombre d'épis, voilà d'ordinaire le sujet de vos procès, et sans parler des frais, vous perdez en pas et démarches vingt fois plus que vous ne réclamez. Vous tourmentez votre semblable; et vous-mêmes vous vous rendez malheureux; car rien n'empoisonne la vie autant que la haine engendrée par les querelles judiciaires.

« Il en est, je le sais, qui plaident sans rancune. Ils vont à l'audience comme à la foire, soi-disant pour affaire, mais au fond pour trouver des camarades et faire visite au premier bouchon. Autre tendance désolante! *Garde ta maison et ta maison te gardera*. Quand vous n'y êtes pas, tout va de travers, et vous aussi.

« Vous désirez un verre de vin; Prenez-le, mes amis, en compagnie de votre famille qui vous seconde et qui, dès lors, a droit à le partager. Ce sera tout profit; car, acheté en détail au cabaret, le vin vous coûte le double plus cher que si vous le preniez dans votre cave. D'ailleurs, vous savez ce que vous boirez chez vous. Mais, quand vous passez sous l'enseigne, vous ignorez combien de bouchons vont sauter. Cela dépend des amis, et les amis de cabaret sont aussi nombreux que les véritables sont rares. En restant chez vous, vous aurez encore, pour surcroît de bénéfice, le gain d'un temps précieux, la conservation d'une santé qu'altérerait affreusement l'ivresse, la paix dans le ménage et le respect de vos enfants.

(A suivre.) Charles GOSSIN.

(1) Reproduction interdite.

La session des Conseils généraux et l'Agriculture.

La session des Conseils généraux, qui vient de se tenir dans tous les départements, a été l'occasion, pour la plupart, de manifester d'une manière formelle leur opinion sur la réforme économique qui se prépare. Cette manifestation des assemblées départementales présente ce caractère particulier que, au lieu de s'attarder dans les discussions sur les tarifications spéciales qu'elles ont laissé au Parlement le soin de décider, le plus grand nombre se sont bornées à formuler leurs vœux sur les questions de principes et sur la ligne générale de conduite à adopter dans la nouvelle conduite des intérêts économiques de la France. C'est sur deux points capitaux surtout que les Conseils généraux ont émis leur opinion : d'une part, la renonciation au régime des traités de commerce; d'autre part, la nécessité d'établir des droits compensateurs qui permettent à toutes les industries, notamment à l'agriculture, de lutter à armes égales contre la concurrence étrangère. Sur ces deux points, il y a unanimité presque complète dans les vœux exprimés, et si la forme diffère souvent, la même pensée se retrouve toujours au fond. Il serait difficile de reproduire les formules variées sous lesquelles ces opinions se sont manifestées; il est plus simple de signaler les Conseils généraux qui ont émis un avis contraire; jusqu'ici on ne peut n'en citer que deux, ceux des Bouches-du-Rhône et de la Loire, qui se soient montrés favorables au renouvellement des traités de commerce. Quelques-uns à peine, comme celui de Saône-et-Loire, ont réservé leur opinion; quelques autres, très rares également, ont ajourné leur décision à quelques jours, comme celui de la Savoie. Cette éclatante manifestation des assemblées départementales exercera, on peut l'espérer, une action décisive sur le Parlement. Elle était d'ailleurs prévue, et avant l'ouverture de la session des organes libre-échangistes avaient formulé des réserves sur la valeur des opinions qui seraient exprimées; mais les mêmes organes étant les premiers à s'appuyer sur les Conseils généraux quand ceux-ci expriment des opinions favorables aux thèses qu'ils soutiennent, leurs réserves manquent donc de valeur.

Il convient d'ajouter qu'en général les assemblées départementales ont donné leur adhésion

.tème économique proposé par la commission des douanes de la Chambre des députés, c'est-à-dire qu'il ne soit plus admis de convention renfermant des tarifs annexes, que le tarif minimum soit un tarif de droits compensateurs, que ce tarif soit irréductible, qu'il soit concédé aux nations qui nous accordent le traitement de la nation la plus favorisée, que le tarif majoré soit appliqué aux autres nations, notamment à celles dont les droits de douane sont considérés comme prohibitifs, que la France conserve dans l'avenir la liberté de ses tarifs. On ne peut citer jusqu'ici que deux Conseils généraux, celui de la Haute-Garonne et celui de la Manche, qui aient demandé que tous les produits agricoles soient inscrits seulement au tarif général. Beaucoup de Conseils généraux ont demandé d'autre part, que si, par impossible, des traités de commerce étaient conclus, les produits agricoles en fussent absolument exclus; c'est là le vœu unanime des agriculteurs. Mais il faut bien ajouter que si, par malheur, on adoptait le régime des traités de commerce, ce vœu courrait grand risque d'être emporté par la réaction.

La question si controversée des matières dites premières, notamment des peaux, des lins, des laines, des cocons et soies grèges, a été soulevée dans plusieurs Conseils généraux. Un certain nombre ont émis des vœux pour que ces matières fussent soumises à des droits modérés avec drawbacks.

Beaucoup d'autres questions qui intéressent l'agriculture ont été étudiées par les Conseils généraux. La commission de la Chambre des députés, chargée d'examiner le projet de loi de M. le ministre de l'agriculture sur les courses, les a consultés sur ce projet; la plupart ont donné un avis favorable. Plusieurs, notamment ceux de la Gironde et de Loir-et-Cher, ont émis des vœux sur la prompte organisation des Chambres d'agriculture. Quelques-uns ont émis des vœux pour qu'on profitât du renouvellement du privilège de la Banque de France pour l'organisation du crédit agricole. Le Conseil général de Loir et-Cher a renouvelé le vœu qu'un crédit agricole, garanti par l'Etat, consente des prêts aux vignerons pour la reconstitution de leur exploitation viticole à l'aide de cépages américains.

Dans quelques Conseils généraux, on a soulevé la question de la suspension des droits de douane sur les céréales, notamment sur le blé, en raison des rigueurs du dernier hiver. Les assemblées dans lesquelles cette motion a été faite, l'ont sagement écartée, en faisant ressortir qu'il est impossible d'apprécier aujourd'hui quelles seront les récoltes de 1891.

L'organisation d'écoles pratiques d'agriculture a été l'objet des préoccupations dans plusieurs départements. Dans celui de la Nièvre, le principe de la création d'une école sur le domaine de Chassy, commune de Vignol, a été adopté. Dans celui de Saône-et-Loire, on a décidé en principe la création d'une école à Fontaines. Les choses sont moins avancées dans la Corrèze, où il est question d'établir à Pompadour une école pratique d'agriculture et un dépôt d'étalons des races bovines, ovines et porcines, destinés à être mis à la disposition des agriculteurs de la région. — Dans un ordre d'idées analogue, le Conseil général de la Seine-Inférieure a voté un crédit de 1,500 fr. pour la création d'une station de pisciculture à Fécamp.

LES POMMES DE TERRE (1)

Nous nous efforçons de tenir nos adhérents au courant du progrès agricole, et chaque fois qu'un des maîtres de notre profession conseille soit un procédé nouveau, soit une culture nouvelle, dont il ne nous a pas encore été possible de contrôler l'efficacité ou la valeur, nous engageons ceux d'entr'eux, qui peuvent courir l'aléa d'une expérience, à faire des essais et à nous en faire connaître le résultat.

Nous avons procédé ainsi pour les semences de pommes de terre et, depuis quatre ans déjà, nos adhérents ont, sur nos conseils, essayé diverses variétés: la *Canada*, l'*Institut de Beauvais*, la *Reichter-Imperator*; ces pommes de terre à grands rendements ont toutes donné de belles récoltes et sont entrées dès maintenant dans la culture normale.

Nous avons nous-mêmes poursuivi pendant ces deux dernières la culture comparative de ces trois variétés et, bien qu'elles nous aient donné toutes de beaux et abondants produits, nous n'hésitons pas à donner la préférence à l'*Institut de Beauvais*.

Cette pomme de terre admirablement conformée en forme de galets, à peau lisse, donne dans tous les terrains des tubercules de grosseur moyenne, très semblables entr eux et ne retenant aucune parcelle de terre, sauf dans les terres extraordinairement argileuses et humides, et encore est-il facile, en les laissant ressuyer quelques heures sur le sol, de les nettoyer complètement.

Depuis cinq ans nous cultivons l'*Institut de Beauvais*, et ses rendements, en grande culture, ont varié entre 23 mille kil et 38 kil. à l'hectare.

Bien que n'ayant pas renouvelé notre semence depuis cinq ans, nous n'avons remarqué aucun signe de dégénérescence.

Comme consommation humaine, l'*Institut de Beauvais* a été reconnu par tous nos adhérents comme très supérieure à la *Canada* et à la *Reichter Imperator*.

Cette dernière, que nous cultivons depuis deux ans, est une excellente pomme de terre fourragère; elle nous a produit une moyenne de 32,000 kilos à 1 hectare, mais ses tubercules, très diversement conformés, présentent une proportion très forte de menus; de plus, la maturité des plants est très irrégulière; certains pieds, relativement précoces, avaient leurs tiges entièrement desséchées dès le 2 septembre, tandis que les autres se sont maintenus verts jusqu'à la fin d'octobre 1890.

La *Canada* est encore une pomme de terre à grands rendements; elle a quelques rapports avec la *Reichter-Imperator* comme forme de tubercules, mais ses produits, un peu moins abondants chez nous que ceux de cette dernière, sont plus réguliers, assez égaux entr'eux et murissent bien à la même époque.

Les tubercules de ces trois variétés se conservent bien, elles peuvent sous ce rapport rivaliser avec la *Chardon* blanche; elles sont toutes supérieures à cette dernière, tant par la qualité de leur chair que par leur conformation et même par leur productivité.

Au point de vue spécial de la résistance à la maladie (*péronospora infestans*), nous les classerions ainsi: *Institut de Beauvais*, *Reichter-Imperator*, *Canada*, *Chardon*.

Nous avons expérimenté bien d'autres variétés; les unes excellentes comme consommation humaine, telles que la *Hollandaise*, *la Saucisse rouge*, la *Violette d'Auvergne*, demandent des terres excellentes parfaitement préparées; leurs rendements, parfois très élevés, sont parfois très faibles; leur résistance à la maladie est médiocre.

D'autres, bonnes fourragères, comme la *Merveille d'Amérique rouge*, l'*Eléphant*, etc., sont très inférieures au point de vue de la consommation ménagère.

D'autres encore, comme l'*Early rose*, la *Juillette*, sont surtout avantageuses au point de vue de la précocité

Aucune de ces variétés ne doit être proscrite, telle qui réussit bien dans certains terrains réussit moins dans d'autres; telle qui donne satisfaction à certains besoins, ne peut servir à tous usages; le mieux est d'étudier sa terre, d'essayer plusieurs espèces; mais à ceux qui n'ont ni le goût, ni le temps de faire des expériences, nous pouvens sans crainte de leur occasionner aucune déception, recommander, au-dessus de toutes, la culture de l'*Institut de Beauvais*; parmi les très nombreux cultivateurs dont nous avons recueilli les avis, il n'en ait pas un seul qui n'ait reconnu la supériorité de cette excellente variété.

(1) *Bulletin du Syndicat agricole du Puy-de-Dôme.*

La taille de la vigne dans le nœud

A la suite d'un hiver rigoureux comme celui-ci, on peut apprécier à toute leur valeur les avantages qui résultent de la taille du sarment, quand elle est opérée dans le nœud qui se trouve placé immédiatement au-dessus du dernier œil conservé. On l'appréciera surtout si, comme il convient, cette taille est faite un peu obliquement, de manière à ménager la cloison qui devra rester intacte, tout en détruisant l'œil d'à côté. Ces avantages sont déjà grands dans les hivers ordinaires, mais ils le sont bien davantage avec des froids exceptionnels, comme ceux des derniers mois de novembre, de décembre et de janvier.

Et cependant, dans le plus grand nombre de vignoble, la plupart des vignerons opèrent presque toujours la taille sur un point quelconque de la longueur du mérithalle, c'est-à-dire entre les deux nœuds. Quelques jours après la taille, la moëlle mise à nu se contracte rapidement et, s'il ne pleut pas, la dessication arrive jusqu'à l'œil conservé qui peut en être incommodé. Quand il pleut, c'est alors l'eau qui pénètre petit à petit jusqu'à cet œil, en le laissant souffrir de cet excès d'humidité intérieure. Enfin, si à la suite de cela, il survient des grands froids, le bois éclatera d'autant plus facilement qu'il sera gorgé de liquide, et alors le courson est compromis ou même complètement perdu.

Ces divers inconvénients sont presque entièrement évités par le système de taille dans le nœud, surtout si l'on a le soin, je le répète, de l'opérer un peu obliquement de manière à conserver la cloison tout en détruisant l'œil d'à côté. La présence de cette cloison évitera souvent les divers inconvénients qui viennent d'être signalés; elle a une dureté suffisante pour fermer hermétiquement l'orifice et préserver ainsi les tissus intérieurs contre l'action de la pluie, de la sécheresse et du froid. Un grand nombre de coursons détruits par les fortes gelées de janvier dernier auraient pu être conservés si l'on avait eu le soin de prendre cette simple précaution.

Aussi, devrait on veiller, ce me semble, à ce que, dans tous les vignobles, la taille soit partout pratiquée selon ces principes utiles. Malheureusement, on tient généralement peu de compte de ces recommandations. Les vignerons, pour la plupart, se font un grand obstacle de la difficulté de cette opération, alors que, réellement, elle n'est pas du tout difficile. Ils prétendent d'abord qu'elle exigera beaucoup plus de temps, ce qui est une exagération. Plusieurs, en effet, qui n'avaient pas de parti pris et qui montraient de la bonne volonté, m'ont fait remarquer que le premier jour, ils hésitaient un peu et avaient dû apporter beaucoup plus d'attention, ce qui s'était traduit par une diminution assez considérable du nombre de ceps taillés pendant la journée. Ils m'ont avoué cependant que la différence était de moins en moins accentuée les jours suivants, et qu'au bout d'une semaine ils étaient devenus à peu près aussi habiles dans cette manière d'opérer qui était presque nouvelle pour eux. Enfin, il en est beaucoup qui, à demi-convaincus et à défaut de meilleurs arguments, m'ont objecté que la souche ainsi taillée était moins agréable à voir; qu'en un mot, pour employer leur propre expression, *elle était moins jolie*. Comme si les lois de l'esthétique avait quelque chose à faire là-dedans. Evidemment ce n'est pas là un argument sérieux dont on doive tenir compte. Tous les viticulteurs intelligents penseront assurément qu'avant de songer à faire *joli*, l'on doit avant tout se préoccuper d'assurer la fructification et d'augmenter autant que possible la production, ce qui, sans aucun doute, est bien autrement important.

Loin d'être une innovation, la taille dans le nœud est connue depuis longtemps (1) et pourtant on ne paraît guère s'en apercevoir, car malgré tous les avantages qu'elle présente, il est bien rare qu'elle soit mise en pratique par nos vignerons.

Le moment actuel me parait très favorable pour insister auprès de nos vignerons sur l'adoption définitive de ce moyen trop négligé, et qui peut être considéré cependant comme une amélioration considérable dans la manière de tailler. J'ai la conviction que par la négligence seule de pratiquer la taille dans le nœud, bon nombre de coursons ont gelé cet hiver, qui se seraient conservés si l'on avait pris cette simple précaution. C'est par milliers et par milliers d'hectolitres qu'on peut chiffrer la perte qui résultera pour nos vignobles du seul fait de cette négligence. Il suffirait pourtant d'apporter un peu plus d'attention à l'opération de la taille, pour éviter cet inconvénient qui se reproduira toutes les fois que les hivers seront rigoureux. Ce même inconvénient se reproduira d'autant plus facilement, que les maladies cryptogamiques, en empêchant le parfait aoûtement du bois, prédisposeront celui-ci à être plus sensible sous l'action destructive de la gelée.

L'on ne saurait donc trop insister auprès des viticulteurs de tous les pays pour qu'ils abandonnent le mode de taille défectueuse qu'ils ont employé jusqu'ici, afin de lui substituer définitivement la taille dans le nœud qui est plus rationnelle et beaucoup plus avantageuses à tous égards.

FÉLIX SAHUT,
Président de la Société d'horticulture
et d'histoire naturelle de l'Hérault.

(1) Voir *les Vignes américaines, leur greffage et leur taille*. 3e édition 1887, pages 481 et suivantes. — Goulet, libraire. — Montpellier.

Nouvelles agricoles.

Les vins plâtrés. — Le ministre de la justice vient d'adresser aux procureurs généraux une circulaire dont voici les principaux passages :

« Mes instructions doivent être entendues en ce sens que les vins ordinaires plâtrés au delà de deux grammes par litre, ne tomberont sous le coup de la loi que lorsqu'ils seront livrés à la consommation ou qu'ils seront en circulation, quelle que soit d'ailleurs leur provenance.

« En conséquence, ne doivent pas donner lieu à des poursuites les vins mêmes plâtrés à plus de deux grammes par litre qui, à la date du 1er avril 1891, se trouveraient déposés dans les caves ou magasins des propriétaires ou négociants en gros.

« Quant aux vins dits « de liqueur », tels que le malaga, le madère, le frontignan et autres vins similaires, qui sont consommés au petit verre, ils continueront à jouir de la tolérance actuellement accordée à tous les vins, et quoique contenant plus de deux grammes de plâtre par litre, ils ne devront, jusqu'à nouvelles instructions de ma chancellerie, faire l'objet d'aucune poursuite. »

Les conséquences du bill Mac-Kinley. — Depuis que le bill Mac-Kinley est en vigueur, non seulement les producteurs sont obligés d'indiquer sur leurs articles la provenance réelle, mais encore ces étiquettes doivent être contrôlées avec certificat d'origine par les consuls d'Amérique en Europe.

Il résulte de ces mesures que la France, si émue d'abord des conséquences du bill, ne peut aujourd'hui que s'en féliciter.

Ces statitsique démontrent, en effet, que, depuis ce certificat obligatoire, les commerçants qui vendent en Amérique des marchandises allemandes, autrichiennes, italiennes et anglaises, ont vu leurs ventes diminuer dans la proportion de plus des deux tiers, tandis que les débitants des vraies marchandises françaises ont vu leur débit augmenter dans des proportions inaccoutumées.

En Amérique, dans les petites comme dans les grandes villes, les marchandises françaises priment les produits de toutes les autres nations.

Voici, d'ailleurs, des renseignements qui valent mieux que toutes les explications :

Le consul général américain à Bordeaux a constaté, pour novembre et décembre 1890, une augmentation de 7 millions 200,000 francs sur notre exportatton des vins, sardines et huiles, comparée à la même période de l'exercice précédent.

Le consul général au Havre, pour les mêmes mois, a constaté une augmentation de trois millions 80,000 francs.

Le consul général à Paris a constaté une augmentation de 4 millons.

Nous appelons de tous nos vœux la confirmation officielle de l'exactitude de ces renseignements.

La reconstitution des vignobles dans les terrains crayeux. — La reconstitution des vignobles dans les terrains crayeux est une des grandes difficultés de la viticulture moderne.

Le Bulletin que vient de publier le Comité central de la Charente-Inférieure, un rapport de M. Xambeu conclut que, pour les terrains crayeux des Charentes, le porte-griffe semble théoriquement indiqué par le croisement des V. Berlandieri avec les V. Rupestris et les V. Riparias; pour l'obtenir, il faut du temps et une longue expérience.

« Nos collègues, MM. Bethmont et Verneuil, ajoute-t-il, qui poursuivent cette expérience avec soin dans leurs domaines vous diront sans doute qu'il faut attendre encore au moins pendant trois ans. »

Le même bulletin renferme plusieurs rapports de MM. Bethmont, Mériot et Tord, d'où il résulte que la reconstitution marche toujours lentement dans ce département, en raison précisément des difficultés spéciales offertes par les terrains crayeux.

Mais il faut espérer que l'énergie dépensée dans les efforts sera enfin couronnée de succès.

Le miel. — Le Bulletin de la Société d'apiculture d'Eure-et-Loir publie des renseignements intéressants.

En 1888, la production française du miel a été de 6,625,590 kilogr., représentant une valeur de près de 10 millions de francs.

La France reçoit du miel de l'étranger, de l'Amérique principalement ; 46 0/0 viennent du Chili. Ces miels sont vendus 90 fr. les 100 kilog. ; ils payent à l'entrée 10 fr. de droits de douane.

Nous exportons 12 0/0 de notre production et l'importation représente seulement 6 0/0.

La consommation de cet excellent produit n'est pas suffisamment répandue en France ; on l'utilise pour le sucrage des vins blancs ; une petite partie est exportée et le reste livré à la consommation.

Le classement des chevaux. — Le ministre de la guerre vient de décider qu'il sera procédé, cette année, du 15 mai au 15 juin, à l'inspection et au classement de tous les chevaux et juments âgés de six ans et au-dessus, ainsi que des mulets et mules âgés de quatre ans et au-dessus (l'âge se compte du 1er janvier de l'année de la naissance).

Le classement aura lieu dans chaque commune à l'endroit indiqué par l'autorité militaire, et il ne pourra être fait aucune exception à cette règle.

Les itinéraires des commissions seront notifiés le 15 avril, au plus tard, aux préfets, qui feront immédiatement publier par voie d'affiche dans toutes les communes, un avis invitant les propriétaires à présenter leurs animaux au jour, à l'heure et à l'endroit où doit avoir lieu l'opération.

Ces affiches devront être apposées au moins trois jours à l'avance.

Les propriétaires qui ne se conformeraient pas aux dispositions de la loi du 3 juillet 1877 peuvent être déférés aux tribunaux et sont passibles d'une amende de 25 fr. à 1,000 fr.

Les animaux qui se trouvent dans les conditions d'âge indiquées doivent être tous présentés aux commissions d'examen.

Sont seuls dispensés de la présentation : les juments en état de gestation, ou suitées d'un poulain, ou notoirement consacrées à la reproduction; les animaux réformés lors des classements antérieurs, et enfin ceux qui ont été refusés conditionnellement ou ajournés pour défaut de taille.

CONSEILS DU JARDINIER

LES ASPERGES FORCÉES

Tous les jardiniers savent qu'il faut ordinairement quatre ans pour que les jeunes plants d'asperges soient de force à donner des bourgeons suffisamment gros pour être consommés, et cela quelques bonnes que soient les conditions dans lesquelles on les place, et quels que soient les soins qu'on leur donne. On peut cependant, par une opération des plus simples et des plus faciles à exécuter, abréger de beaucoup cette époque. Il suffit pour cela, à mesure que les tiges se développent et lorsqu'elles sont suffisamment aoûtées pour ne pouvoir se rompre, de les coucher sur le sol. On remarque alors que successivement, à mesure qu'on les couche, la sève, gênée dans sa marche ascensionnelle, et refoulée vers la souche, fait développer des asperges de plus en plus grosses.

Nous connaissons une plantation qui, faite le 25 avril 1889 et traitée comme il vient d'être dit, a pu être forcée à partir de décembre 1890, tandis que si on l'eût abandonnée à elle-même, ainsi qu'on le fait ordinairement, elle n'aurait pu l'être avant le printemps 1892. C'est donc, comme on peut le voir, plus de deux années de gagnées. Deux sur quatre, cela se compte. C'est un avantage assez grand pour qu'on essaie le procédé, d'autant plus qu'il n'occasionne aucune dépense et à peine du travail.

En effet, en quelques minutes, on peut abaisser les tiges sur le sol où on les fixe à l'aide de petits crochets en bois. Cette opération doit se faire aussitôt que les tiges sont suffisamment résistantes pour ne point se casser ; car si on attendait trop longtemps la sève serait montée dans ces tiges, de sorte que, n'étant plus refoulée vers le pied, celui-ci ne produirait plus de bourgeons, absolument comme cela se fait lorsqu'on abandonne les choses à elles-mêmes.

Toutefois, comme il est rare qu'on puisse impunément surrexciter un végétal, nous croyons devoir faire observer, relativement à ce qui précède, que ce système d'inclinaison nous paraît ne devoir être pratiqué que pendant les premières années, c'est-à dire pendant le temps nécessaire pour constituer la souche ; passé ce temps, il pourrait peut-être nuire à celle-ci en la forçant à végéter continuellement. Mais ce qui, pour nous n'est pas douteux, c'est que les asperges seraient moins belles, et que d'une autre part, venant dans l'été, à l'époque où les légumes et les fruits abondent, elles auraient beaucoup moins de valeur; car il ne faut pas l'oublier, de même que chaque chose est bien lorsqu'elle est à sa place, chaque fruit est aussi meilleur lorsqu'il vient dans sa saison.

CARRIÈRE.

CONSEILS DU VÉTÉRINAIRE

LA GASTRO-ENTÉRITE DU BŒUF

Qu'est-ce que la « gastro-entérite » ? nous demandent plusieurs lecteurs. Cette maladie si fréquente, caractérisée par l'inflammation de la muqueuse de la caillette de l'intestin, n'est autre que l'échauffement de l'estomac. Aussitôt que vous verrez chez un bœuf un manque complet d'appétit, l'interruption de la rumination et la tension du flanc gauche, vous administrerez plusieurs lavements dans la journée, puis vous mélangerez aux boissons 40 ou 50 grammes de sel de nitre ou salpêtre. Pour surexciter les fonctions de la peau, on fait des frictions avec du vinaigre chaud. Après trois jours de traitement, votre animal entrera en convalescence. Donnez alors quelques aliments solides, du foin, de la luzerne, mais avec prudence, car le moindre excès provoquerait une rechute, et supprimez surtout les racines cuites ou non et le son même frisé. Pour réveiller l'estomac, ne vous contentez pas d'infusions aromatiques, mais administrez le tartre stibié à la dose de 1 à 2 grammes en dissolution dans la boisson ordinaire, par 4 à 5 litres et deux fois par jour.

UN VIEUX VÉTÉRINAIRE

CONSEILS A LA FERMIÈRE

LES PRODUITS D'UNE BASSE-COUR

Ce que peut rapporter une basse-cour.

Le titre seul de cette causerie va provoquer un sourire de la part de quantité de cultivateurs. En effet, nous entendons chaque jour les plaintes de la plupart d'entre eux. La basse-cour ? non seulement elle ne rapporte rien, mais encore elle coûte à la ferme ! Cela est possible, mais alors permettez moi de vous dire que s'il en est ainsi, c'est uniquement votre faute.

Le moyen d'arriver à un bénéfice? Il est bien simple, et pourvu que vous y mettiez un peu de bonne volonté, vous arriverez à des résultats qui vous surprendront agréablement ; mais voilà, c'est qu'il faudrait rompre avec la routine, avec vos habitudes de laisser pêle-mêle toutes les volailles de la basse-cour : oies, canards et poules, adultes et jeunes ; c'est qu'il faudra leur donner une nourriture régulière, un logement convenable, etc. Malgré cela ne vous épouvantez pas à l'avance, car ces petits travaux sont tout simples.

Pour montrer les résultats à obtenir, nous nous occuperons seulement des poules et de leur production en œufs et fumier ; nous laisserons pour cette fois l'engraissement de côté, quoique ce ne soit certainement pas la plus petite ressource de profits.

Pour donner du bénéfice, il faut d'abord choisir une race bonne pondeuse ; si la race du pays répond à cette condition, gardez-là ; sinon changez-là.

Disons encore qu'il serait à désirer que les différentes espèces de volatiles fussent parquées autour de la ferme, afin que les poules seules eussent à parcourir la cour, les fumiers et les écuries où elles ramassent une grande quantité de graines qui, sans elles, seraient perdues.

Comme logement, il leur faut un poulaillier exposé en plein midi, bien clos quoique ventilé avec intelligence, munis de cases particulières pour pondre, de perchoirs faciles à atteindre, et enfin nettoyé souvent. Tout cela est peu coûteux et bien facile à faire, n'est-ce pas? Eh bien, cultivateurs mes amis, comptons maintenant ensemble ce que peut coûter la nourriture de 100 volailles.

Pour 100 volailles jeunes nous compterons 85 poules et 15 coqs, représentant un capital de 250 francs environ, soit, à 5 0/0, un intérêt annuel de 12 fr. 50. Les accidents ou les maladies peuvent nous enlever par an 1/10 de notre population, soit une valeur de 22 fr. 50.

Vos poules ne donneront pas un bon produit pendant plus de trois à quatre ans; mettons trois ans pour ne pas être trompés, et diminuons la valeur de ces volailles, au bout de trois ans, de 1 fr. par paire, ce qui nous fait, sur la valeur des poules, une perte totale de 50 francs en trois ans, soit par an une somme de 16 fr. 66 environ à amortir.

Passons maintenant à la nourriture. La volaille vivant sur le fumier et dans les écuries ne demande guère qu'un poids de 60 grammes de grain par jour, ce qui, étant cuit ou réduit en pâtée, donne un poids supérieur. Pour l'année, nous avons donc 0 k. 060 multiplié par 100, multiplié par 365, égale 2,190 kilos de grain, au prix moyen de 18 francs les 100 kilos, ce qui donne une dépense de 394 fr. 02.

Récapitulons nos dépenses et nous verrons que dans l'année elles se décomposent ainsi :

Intérêt du capital......	12 fr. 50
Mortalité..............	22 fr. 50
Amortissement........	16 fr. 66
Nourriture............	394 fr. 20
Soit un total de........	445 fr. 86

Passons maintenant au rapport annuel.

Une poule de bonne race, dans les conditions précédentes de logement et de nourriture peut pondre 150 œufs par an, mettons 120 seulement pour ne pas être taxé d'exagération, et nous arrivons pour nos 85 poules au chiffre de 10.200 œufs qui, à 7 fr. 50 le cent, prix bien ordinaire, donnent une valeur de 795 fr.

Le fumier peut être évalué à 0 fr. 75 par poule, soit encore 75 fr. par an. Ne le comptons même pas si vous voulez, et nous arrivons malgré cela à un bénéfice net de 795 moins 445,86 égal 319 fr. 14 centimes, soit 3 fr. 19 par tête de volaille ou 3 fr. 75 par poule.

Voyons, notre petit compte est-il exact?

Eh bien ! amis, souriez-vous encore en me voyant terminer par où j'ai commencé. Cultivateurs, élevez de la volaille et rendez-nous compte de *ce que peut rapporter une basse-cour.*

UNE MÉNAGÈRE.

CONSEILS DU MÉDECIN

LES FIÈVRES DE PRINTEMPS

La terre, si belle au printemps quand elle se pare de fleurs et de verdure, contient cependant des scories, des miasmes qu'elle exhale aux premiers rayons du printemps. Ces parasites, ces principes délétères consument l'organisme sous forme d'accès alternativement chauds et froids qu'on a désignés sous le nom de fièvres tremblantes. C'est surtout le matin et le soir, lorsque l'humidité du sol s'élève et qu'elle descend, que ces miasmes contenus dans l'air à hauteur d'homme sont absorbés par la respiration. Les populations de la Sologne, des pays bas et marécageux les connaissent par expérience. Elles savent qu'un estomac bien garni d'une soupe copieuse et d'un verre de vin se rit de ces influences. Aussi, jamais elles ne se hasarderaient dans les champs sans s'être munies de ce bienfaisant préservatif.

UN VIEUX MÉDECIN.

JURISPRUDENCE RURALE.

MUTILATION DES ARBRES.

— Il y a vraiment des gens qui ont bien du vice.

— Pour qui dis-tu cela, d'un air si convaincu.

— Pour ma voisine, qui vient de me jouer un tour de coquine et que je voudrais faire punir si, comme je l'espère, la loi m'en donne les moyens.

— De quoi te plains-tu ; je la crois capable de toutes les méchancetés, et je voudrais t'aider par mes conseils à obtenir justice.

— Je l'avais, il y a quelque temps, citée devant le juge de paix, ma voisine, et je l'avais fait condamner à des dommages-intérêts à cause de son porc qu'elle laissait toujours ravager mon pré ; cela l'avait rendu furieuse et elle m'avait dit : je me vengerai ; l'autre matin j'arrive dans mon verger, et qu'est ce que je vois, mes pommiers tout pleins d'entailles, comme s'ils avaient été sabrés par un régiment de cavalerie; à cette besogne, je reconnais la main de ma voisine, et d'ailleurs j'ai trouvé des témoins ; je voudrais pour cette brigande la police correctionnelle.

— Tu as raison.

— Mais on me dit, c'est pas possible : le code pénal (art. 446, 450, 455) qui punit la mutilation d'arbres, exige qu'ils aient été mutilés de façon à les faire périr; or, mes arbres, tout abimés qu'ils soient, guériront, je l'espère, des blessures qu'ils ont reçues.

— Rassure-toi, si le code pénal n'a pas prévu ce cas, il y a une autre loi qui est applicable; c'est l'article 12 du décret du 28 septembre 1791; il punit, même de la prison, celui qui se livre sur des arbres à des mutilations, alors même qu'elles ne doivent pas entraîner leur mort.

— Merci du renseignement, je ne vais pas la rater; j'espère qu'on lui fera subir sa peine, et que le tribunal ne lui appliquera pas cette loi nouvelle, dont mon gros bon sens n'est guère satisfait, et qui permet de dispenser les condamnés de faire leur prison; voilà, à mon avis, qui n'est pas fait pour protéger les honnêtes gens, qui sont fort en baisse aujourd'hui.

UN VIEUX JUGE DE PAIX.

PETITE POSTE.

M. L. D... (Pas-de-Calais). — *Crosnes du Japon.* — La culture en est très simple. Plantez les petits tubercules à 0m 10 de profondeur, en lignes espacées de 0m 30, sur terrain de fertilité ordinaire. C'est une plante très rustique et peu exigeante. Un ou deux sarclages avec très léger buttage. Récolte dès novembre ou décembre. Excellent petit légume d'hiver.

M. X... (Paris). — *Drainage.* — Il vous sera bientôt donné satisfaction.

M. X... (Orne). — *Première question.* — 1° L'argument est bon en équité, mais il ne sera pas accepté par le conseil de préfecture; on vous objectera en effet que si vous prenez à votre charge la contribution des portes et fenêtres, vous faites entrer cette charge en ligne de compte pour fixer le taux de vos loyers.

2° Le second argument me paraît de beaucoup le plus sérieux : l'impôt, tel qu'il a été déterminé par la loi du 8 août 1890, ne s'applique qu'à la propriété bâtie; je crois donc qu'en faisant ressortir l'augmentation de valeur résultant pour vos maisons du droit d'accès vers la rivière et du droit d'usage de l'eau, alors surtout que ce droit précieux n'appartient qu'à quelques propriétaires, vous pouvez demander qu'il soit procédé à une ventilation du prix de bail (ou de l'évaluation), de façon que la valeur locative soit diminuée d'une valeur correspondante à celle du droit que vous accordez à vos locataires. Ayez soin de préciser les usages multiples, commerciaux, industriels ou agricoles que vos locataires peuvent faire de cette eau, et arguez, par analogie, de l'article 5 de la loi du 8 août 1890, qui exonère du tarif établi les bâtiments ruraux.

3° Les évaluations sont faites pour une période de dix ans au bout de laquelle elles sont renouvelées (article 8 de la loi du 8 août 1890).

Pour savoir si l'évaluation en ce qui concerne votre propriété a été exagérée, augmentez la valeur locative, telle qu'elle est portée sur l'avertissement, du quart (du tiers s'il s'agit d'usines), article 5 de ladite loi. Cette déduction pour établir l'assiette de l'impôt est faite en considération du dépérissement et des frais d'entretien; ceci fait, voyez si le chiffre ainsi obtenu est ou non conforme à la valeur locative actuelle. Malgré les prétentions de l'administration, c'est cette valeur actuelle (au moment où l'évaluation est exécutoire) dont il devra être justifié par le contrôleur.

Il se peut que, pour des circonstances spéciales et qui ne se renouvelleront plus, vos maisons soient louées à des prix très élevés. Je doute que pour la période de dix ans en cours (alors même que vos baux viendraient à être renouvelés avant l'expiration de ces dix ans), on vous accorde une réduction sur la valeur locative telle qu'elle ressort desdits baux. Mais vous n'êtes lié que pour dix ans; à l'époque de la nouvelle évaluation, il ne faudrait pas manquer, en tous cas, de faire valoir dans les délais ces excellentes raisons. D'ailleurs si vous introduisez, ce que je vous conseille, une réclamation par voie de requête devant le conseil de préfecture, en vous basant surtout sur le second moyen expliqué nettement, faites valoir les arguments que vous invoquez au 3°, en montrant que vos baux vont bientôt arriver à échéance, et que le prix des baux (établissez-le, soit par des baux récents, soit par des actes de vente ou de partage relatifs à des propriétés voisines, ou par tout autre type ou point de comparaison) est, par suite des circonstances que vous indiquerez, notoirement exagéré, exceptionnel, et ne correspond pas à la valeur locative réelle.

Vous savez qu'il importe de réclamer dans les délais : six mois pour cette année, trois mois pour les années suivantes (article 7 de la loi du 8 août 1890, à dater de la publication du premier rôle).

Adresser au préfet une demande en décharge ou réduction, dont nous tenons le modèle à votre disposition, sur timbre, si la réclamation porte sur une cote de 30 francs ou au-dessus; joignez la quittance des termes échus et la feuille d'avertissement. Vous ferez bien de réclamer et nous sommes à votre disposition pour les renseignements ultérieurs.

Deuxième question. — Il est de pratique administrative constante que la procuration donnée à un tiers pour toucher le montant d'un dégrèvement accordé soit écrite sur papier timbré.

M. L. M... (Orne). — *Nettoyage de gravures.* — Avec de la mie de pain.

— *Boîte à lettres.* — C'est au directeur des postes du département qu'il faut faire la demande, appuyée par le conseil municipal.

Les deux autres questions sont à l'étude.

M. C. B... (Indre-et-Loire). — *Tan.* — Nous avons voulu parler du tan, tel qu'il sort des tanneries après avoir servi.

M. E... (Pas-de-Calais). — Nous tâcherons de nous procurer et de vous envoyer les numéros de 1889 qui manquent à votre collection.

VINS DU BORDELAIS.

Que de fois nous avons entendu dire :

« Quel service on nous rendrait, si on nous trouvait, dans les pays vignobles, un vendeur consciencieux; si on nous débarrassait de la concurrence à outrance; si on nous garantissait sérieusement la qualité, la pureté et la conservation des vins! »

Pour le Bordelais, nous recommandons M. Vincent Ardura, viticulteur, propriétaire d'un des meilleurs crus de la Gironde, favorable aux tempéraments délicats (le domaine de la Chapelle-Frédignac, par Blaye-Bordeaux), qui vend ses récoltes : 1889 à 130 fr., 1888 à 140 fr., 1887 à 150 fr., 1886 à 160 fr., 1885 à 175 fr., 1884 à 200 fr., 1882 à 220 fr., 1881 à 250 fr. et 1878 à 300 fr. la barrique de 225 litres, *franco* de port et de fût en gare d'arrivée. Paiement par le facteur à 30 jours 2 % ou 90 jours.

Certain que son vin plaira aux personnes qui ne le connaissent pas et qui désirent se bien approvisionner, sachant, en outre, qu'il est difficile de se rendre sérieusement compte de la qualité par la dégustation sommaire d'une petite fiole, M. Vincent Ardura n'hésite pas à adresser *gratuitement* une bouteille entière pour échantillon de la récolte désignée.

OFFRES & DEMANDES.

Pour répondre au désir qui nous est exprimé, nous offrons à nos abonnés, sous cette rubrique, deux annonces gratuites pour les offres et demandes d'emplois, produits ou animaux à vendre ou à acheter, etc.

Les annonces qui suivront jouiront d'une réduction de 50 pour 100 sur les tarifs ordinaires.

Les demandes d'insertions devront être envoyées à l'administration, qui se chargera de les rédiger.

Ne pas négliger d'envoyer tous les renseignements nécessaires (joindre 2 timbres de 0 fr. 15).

Un ancien élève d'une école d'agriculture, dans la force de l'âge, marié, bien au courant de la culture moderne en même temps qu'excellent praticien, demande un emploi de régisseur. — Très bonnes références. — N° 907.

S'adresser aux bureaux du journal.

On demande pour une villa de Saint-Raphaël (Var) un ménage de jardiniers.

S'adresser au bureau du Journal. — N° 921-8.

On demande un excellent chef de culture.

Adresser les références à M. le directeur de l'école pratique d'agriculture d'Ondes (Haute-Garonne). — N° 923.

Un jeune homme, 27 ans, ayant passé un an sous les drapeaux, robuste, habitué à la culture, désire se placer dans une maison bourgeoise. Excellentes références; famille honorable.

S'adresser à M. Eug. Lonjarret, à St-Usuges, près Louhans (Saône-et-Loire). — N° 929-4.

OEUFS DE POULES, race Dorking, à couver.

S'adresser rue du Prévôt, 7, à Beauvais.

Chienne courante begle, 5 ans, à vendre 40 francs.

S'adresser à M. BOISSEAU DU ROCHER, place de la Préfecture, à Laval. — N° 930-2.

REVUE FINANCIÈRE.

Depuis notre dernière revue, le marché n'a pas sensiblement modifié sa *physionomie*; tout ce que l'on peut constater, c'est que la tendance est à la faiblesse, que la réserve de la spéculation s'accentue, en même temps que l'épargne témoigne d'une méfiance à peine déguisée.

Les cours sont donc à peu de chose près les mêmes que la semaine dernière. D'ailleurs aucun évènement de marque ne s'est produit.

L'élévation, par la Banque d'Angleterre, du taux de son escompte porté de 3 à 3 1/2, n'a pu surprendre personne. *Il s'agit*, comme toujours, de défendre l'encaisse de cette Banque, de s'opposer aux retraits d'or trop nombreux et trop importants; c'est un incident qui se renouvelle souvent.

En dehors de cela, nous ne voyons rien de bien particulier. L'Italien baisse toujours; ce n'est que logique. On s'est préoccupé également en bourse du rapport de M. Wyse sur le Panama, sur lequel il s'est produit une petite hausse. Nous ferons remarquer que l'on se presse peut-être trop de chanter victoire chez les porteurs de cette malheureuse affaire. Le rapport conclut à la possibilité technique de l'achèvement du canal; il se fait gloire à juste titre de ce que le principal obstacle ait été levé par la prolongation du délai d'achèvement. Seulement il dit n'avoir aucune qualité pour indiquer les moyens de trouver les 800 millions nécessaires. Or, la véritable difficulté est là : comment trouver 800 millions qui n'auraient pas peur de subir le même sort que les 2 milliards déjà engloutis?

Donc la lourdeur, la méfiance persistent. Il y en a qui s'en affligent, il y en a qui trouvent la chose naturelle et même salutaire. Nous avouons être de ces derniers.

Les deux dernières années ont vu la spéculation, grisée par ses propres succès, enfler les cours de toute la cote au-delà de la valeur intrinsèque et marchande du papier, si bon qu'il soit, qui se négocie en bourse. Tous les procédés ont été bons pour faire mousser ces cours, comme tous les procédés ont été bons pour les spéculateurs à la baisse pour, à certains moments, les faire tomber sans rime ni raison.

En quoi ces mouvements, tantôt propices aux haussiers, tantôt favorables aux baissiers, en somme productifs uniquement pour les spéculateurs, sont-ils du ressort du véritable crédit, de la réelle valeur de la marchandise?

Mais aussi faut-il s'étonner que cette exagération d'estimation ne puisse pas toujours durer, que par le jeu naturel des choses, l'équilibre tende à se faire et que l'épargne revienne à une saine appréciation des choses? Seulement, plus la hausse a été factice, plus important est forcément le recul quand il se produit.

Au moment où nous paraîtrons, se termineront les opérations de l'émission des obligations de la Société des Tabacs de Portugal. Ceux qui auraient pu concevoir quelques doutes, ont dû se rassurer pleinement à la publication du contrat entre l'Etat et la Compagnie, où il est dit textuellement :

« La nation portugaise se constitue débitrice envers toute personne qui deviendra possesseur d'un ou plusieurs des titres qui seront mis en circulation en représentation de cette obligation générale (celle relative au prêt de 250 millions consenti à l'Etat portugais par la Société), tant pour le capital desdits titres que pour le payement des intérêts.

TIMON.

CHEMIN DE FER DU NORD

SERVICES DIRECTS ENTRE PARIS & BRUXELLES

Trajet en 5 heures.

Départs de Paris, à 8 h 15 du matin, midi 40, 3 h. 50, 6 h. 20 et 11 h. du soir.

Départs de Bruxelles à 7 h. 30 du matin, 1 h. 15, 6 h. 38 du soir et minuit.

Wagon-salon et wagon-restaurant aux trains partant de Paris à 6 h. 20 du soir, et de Bruxelles à 7 h 30 du matin.

Wagon-restaurant aux trains partant de Paris à 8 h. 15 du matin, et de Bruxelles à 6 h. 38 du soir.

SERVICES DIRECTS ENTRE PARIS ET LA HOLLANDE

Trajet en 10 h. 1/2.

Départs de Paris à 8 h. 15 du matin et 11 h. du soir.

Départs d'Amsterdam à 7 h. 30 du matin, midi 55 et 5 h. 55 du soir.

Départs d'Utrecht à 8 16 du matin, 1 h. 37 et h. 57 du soir.

HALLES ET MARCHÉS.

SITUATION GÉNÉRALE.

La note dominante est la hausse continue sur les blés. Les autres grains sont également bien tenus. Les cours des sucres et des spiritueux ont peu de changement. Les légumes et la verdure sont toujours rares et à des prix élevés. Le bétail conserve ses cours.

GRAINS.

Blés. — Les offres deviennent de plus en plus rares sur nos marchés, dont plusieurs ont été nuls la semaine dernière ; la hausse des prix a continué dans toutes les directions, et les beaux blés atteignent 31 fr les 100 kilog. Voici les cours relevés samedi sur les principales places : Cambrai, blé blanc, 28 50 ; roux, 27 50 ; Douai, 27 à 29 ; Châlons-sur-Marne, 31 ; Beauvais, 28 60 ; Arras, blé blanc, 28 à 30 50 ; roux, 27 50 à 29 50 ; Montereau, 28 75 à 30 ; Etampes, 28 40 à 30 40 ; Laval, 29 à 29 50 ; Dijon, 30 à 30 50 ; Nevers, 29 à 30 ; Mâcon, 29 ; Lyon, 27 75 à 28 25 ; Amiens, 29 25 ; Nantes, 28 50 à 29 ; Bordeaux, 30 fr. — Au marché commercial de Paris, on a coté le blé disponible 30 50 ; le livrable, 30 25 à 30 50 : avec affaires actives sur les époques éloignées.

Seigles. — Le seigle peu offert est coté de 18 75 à 19 les 100 kilog. en culture. Au marché de Paris, on tient 19 pour le disponible et le rapproché, 19 25 à 19 50 pour le livrable à partir de juin.

Orges. — Prix sans variations, ainsi que pour les escourgeons.

Malts. — Avec une demande assez calme, les cours sont fermement tenus de 25 à 25 50 les 100 k. pour les malts d'Algérie dans le Nord, et de 32 à 34 en gare à Paris pour les malts d'orges et d'escourgeons indigènes.

Avoines. — Demande active et prix en hausse. A Paris, les belles avoines noires valent 21 25 à 21 50 les 100 kilog. ; les noires de Beauce et du centre, 20 50 à 20 75 ; les grises de même provenance, 20 25 à 20 50 et les blanches, 19 75 à 20. Au marché commercial, on cote 20 25 à 20 50 pour les avoines disponibles et à livrer jusqu'à la récolte.

FARINES. — ISSUES.

Farines de consommation. — La meunerie a relevé ses prix de 1 fr. par sac au marché de samedi. La marque de Corbeil est à 67 les 157 kilog. nets, soit 42 67 les 100 kilog. ; les autres valent : marques de choix, 67 à 69 les 157 kilog. ; premières, 65 à 67 ; bonnes marques, 64 à 65.

Issues. — Les prix sont fermes comme suit, avec bonne demande : gros sons, 16 à 16 25 les 100 kilog ; sons trois cases, 15 50 ; sons fins, 13 75 à 14 ; recoupettes, 13 50 à 14 ; remoulages blancs, 20 à 21, bis, 16 50 à 17 ; bâtards, 15 50 à 16 50

FOURRAGES

Les prix des bonnes qualités sont fermement tenus à Paris. Au dernier marché de la Chapelle, on cotait : foin, 47 à 53 les 100 bottes de 5 kilog. rendues au domicile de l'acheteur ; luzerne, 47 à 52 ; regain, 46 à 47 ; paille de blé, 33 à 40 ; de seigle, 32 à 36 ; d'avoine, 23 à 28. — Les marchés de province sont aux cours suivants : *aux 520 kilog.* : Nancy, foin, 30 à 38 ; luzerne, 26 à 30 ; paille, 22 à 25 ; Epernay, foin, 40 à 45 ; paille, 30 ; Versailles, foin, 32 à 40 ; luzerne, 38 à 42 ; regain, 35 ; sainfoin, 37 à 45 ; paille de blé, 27 à 35 ; d'avoine, 18 à 19 ; Chartres, foin, 30 à 35 ; paille, 25 à 35 ; Dijon, foin, 40 ; paille, 24 à 28 ; Montargis, foin, 30 à 40.

LÉGUMES FRAIS.

Les envois d'asperges augmentent à la halle et vont amener la baisse des cours. Voici la dernière cote : asperges de Lauris, 8 à 25 fr. la botte ; de Chatellerault et d'Espagne, 1 à 1 50 ; de la Rochelle, 1 50 à 2 ; de Perpignan et d'Afrique, 1 25 ; petits pois d'Algérie, 65 les 100 kilog. ; du Midi, 100 à 120 ; haricots verts d'Espagne, 6'0 ; persil frisé, 200 ; simple, 150 ; oseille, 80 ; pissenlits demi-blancs, 20 ; verts, 5 à 20 ; épinards, 50 ; poireaux, 50 à 60 ; laitues, 40 à 50 ; mâches, 70 à 80 ; escaroles, 40 à 50 ; endives, 80 à 100 ; crosnes du Japon, 50 à 150 ; artichauts d'Algérie, 15 à 30 le cent ; choux de Cherbourg, 20 à 28 ; choux verts, 15 à 60 ; choux-fleurs, 24 à 70 ; romaines d'Espagne, 20 à 30 ; chicorées d'Hyères, 30 à 35, choux-fleurs du Midi 5 à 12 la douzaine ; truffes, 5 à 14 le kilog. ; morilles 4 ; cresson, 18 à 30 fr. le panier de 20 douzaines de bottes.

Beurres en mottes.

Paris, 22 avril.

L'arrivage d'hier a été de 38.000 kil.
L'arrivage approximatif a été de 6.755 kil.

Beurres en livres.

L'arrivage d'hier a été de 12,000 kil.
L'arrivage approximatif a été de 10,103 kil.

Fermiers	au kilo		Touraine	au kilo	
Extra	3 30 à	3 50	Extra	2 90 à	3 »
1er choix	3 »	3 50	1er choix	2 70	2 90
2e choix	2 90	3 »	2e choix	2 60	2 70
Ordinaire	2 80	2 90	Ordinaire	2 50	2 60
Bourgogne			Vendôme		
Choix	2 50	2 70	1er choix	2 70	2 80
Ordinaire	2 40	2 50	2e choix	2 50	2 70
			Ordinaire	2 40	2 50
Gâtinais			Beaugency		
1er choix	2 70	2 90	1er choix	2 70	2 80
2e choix	2 60	2 70	2e choix	2 50	2 70
Ordinaire	2 50	2 60	Ordinaire	2 40	2 50
Le Mans			Fausse Touraine		
Choix	2 60	2 70	Choix	2 70	2 80
Ordinaire	2 50	2 60	Ordinaire	2 60	2 70

BESTIAUX.

LA VILLETTE, 23 avril. — Bestiaux. — Vente difficile sur les bestiaux, assez facile sur les veaux, mauvaise sur les moutons et sur les porcs.

COURS officiels.	Amenés.	Vendus.	1re qualité.	2e qualité.	3e qualité.	Prix extrêmes.	
Bœufs	1.633	1.486	1 54	1 40	1 28	1 20 à	1 60
Vaches	397	371	1 52	1 34	1 24	1 08	1 56
Taureaux	176	164	1 36	1 32	1 26	1 16	1 40
Veaux	1.250	1.108	2 04	1 88	1 70	1 42	2 26
Moutons	9.617	7.945	1 98	1 84	1 68	1 34	2 04
Porcs	5.145	5.077	1 30	1 24	1 18	1 14	1 54

Marché du lundi 20 avril.

	Amenés	Vendus	PRIX AU POIDS NET 1re qual.	2e qual.	3e qual.
Bœufs	2.717	2.345	1 54	1 40	1 26
Vaches	520	450	1 52	1 34	1 22
Taureaux	214	204	1 36	1 32	1 24
Veaux	1.394	1.100	2 »	1 84	1 64
Moutons	12.448	10.274	2 02	1 86	1 66
Porcs	2.273	2.270	1 32	1 28	1 23

	PRIX AU POIDS VIF 1re qual.	2e qual.	3e qual.	Prix extrêmes.	
Bœufs	» 94	» 80	» 66	» 60 à	» 94
Vaches	» 91	» 74	» 62	» 53	» 94
Taureaux	» 85	» 77	» 66	» 58	» 88
Veaux	1 20	1 06	» 86	» 70	1 34
Moutons	1 05	» 94	» 81	» 67	1 11
Porcs	» 94	» 90	» 86	» 80	» 98
Peaux de moutons en laine				3 60	6 75
Id. id. demi-laine				1 50	2 85

Viandes abattues. — Criée du 23 avril.

		1re qualité.		2e qualité		3e qualité.	
Bœufs	le kil.	1 30 à	2 60	1 10 à	2 40	1 10 à	1 80
Veaux	—	1 30	2 »	1 70	1 86	1 40	1 60
Moutons	—	1 30	1 90	1 34	1 76	» 80	1 30
Porc entier	—	1 22	1 30	1 06	1 20	» 90	1 »

Etudes de Me ALBERT DESBULLEUX, avoué à Neufchâtel-en-Bray, et de Me GIRARDIN, notaire à Paris.

A VENDRE sur publications judiciaires,

en l'étude et par le ministère de Me GIRARDIN, notaire à Paris,

LE MARDI 12 MAI 1891,

A UNE HEURE DE RELEVÉE,

Une Maison

sise à PARIS, rue Vineuse, n° 21 (16e arrondissement),

d'une contenance superficielle de **400** *mètres carrés*

Mise à prix........... **45.000** fr.
Loyer annuel......... **2.500** fr.

NOTA. — Le bail expire le 15 juillet 1891, et la locataire actuelle serait désireuse d'obtenir un nouveau bail.

S'adresser, pour tous renseignements :

1° A Me DESBULLEUX, avoué poursuivant la vente;

2° A Me BOUCHÉ, notaire à Foucarmont;

3° Et à Me GIRARDIN, notaire à Paris, dépositaire du cahier des charges et des titres de propriété.

USINE HYDRAULIQUE DU PETIT-MOULIN
A NANTEUIL-LE-HAUDOUIN (OISE).

HENRY BERTHIER
ingénieur-agronome diplômé de l'Institut national agronomique.

MACHINES AGRICOLES
Vente et échange. - Location. - Réparations en tous genres.

BICYCLES, BICYCLETTES & TRICYCLES
Accessoires et réparations.

Spécialité de Graines fourragères épurées.
CÉRÉALES DE SEMENCE.
GRAINES POTAGÈRES, DE FLEURS ET D'ARBRES.
ARBRES FRUITIERS ET FORESTIERS.

Graines de Betteraves à grand rendement et à grande richesse saccharine.

ENGRAIS SIMPLES ET COMPOSÉS.

Envoi franco de renseignements à toute demande affranchie.

PETIT MANUEL DE DISTILLATION
du COGNAC et des EAUX-de-VIE

de Vins, Cidres, Piquettes, Lies, Marcs, Fruits, etc.
ET TARIF ILLUSTRÉ d'APPAREILS de DISTILLERIES
Envoyés gratis
par **DEROY FILS AINÉ**, Constructeur, 73, 75, 77, rue du Théâtre (Grenelle) Paris
MÉDAILLE OR, EXPOSon UNIVlle, PARIS 1889.

MALADIES DU BÉTAIL
ET DE LA VOLAILLE
Leur traitement préventif et curatif
PAR L'ACIDE SALICYLIQUE

L'acide salicylique, employé dans la nourriture à la dose de 1/2 à 1 gramme par jour et par tête de bétail, est le meilleur préservatif des maladies qui procèdent par contagion : Sang de rate, Cocotte, Maladie aphtheuse, Erysipèle, Typhus, Morve, Variole et le Rouget des porcs, etc.

DES ATTESTATIONS NOMBREUSES DE GUÉRISONS obtenues pour la Cocotte et le Rouget des porcs ont été reproduites dans le *Journal l'Agriculture*.

La désinfection des étables, des écuries se fait instantanément au moyen d'un arrosage d'eau salicylée à 2 grammes par litre.

S'adresser à M. CERCKEL, administrateur de la *Compagnie de produits antiseptiques*, *26, rue Bergère, Paris.*

Envoi sur demande de Prospectus et Brochures.

PRIX DU KIL. 25 fr. — BOITE DE MÉNAGE, 2 fr.

Barrière d'entrée pour Herbages
Brevetée S. G. D. G. — **8 fr. 50.**
Médaille de bronze à l'Exposition universelle de Paris 1889.
A. FÉREZ, à Coingt, par Plomion (Aisne).

Semences de choix. Betteraves à sucre très riches.

Sélection étrangère.
Kl. WANZLEBEN améliorée.
VILMORIN blanche id.
ELITE SACHS, richesse exceptionnelle.

Sélection française.
SILÉSIE nouvelle, recommandée pour sa haute production en sucre et en poids.

Livraison en sacs plombés et avec garantie de pureté d'espèces et de bonne germination.

C. LELUY, à Beauvais (Oise)

La plus ancienne fabrique de Semoirs français.
Maison **JACQUET-ROBILLARD**, *fondée en 1836.*
J. MARÉCHAL *
constructeur, 4, rue de Turenne, à ARRAS.
Fabrique spéciale de SEMOIRS à socs rigides et à socs articulés.
Médaille d'argent à l'Exposition universelle 1889.
Semoirs à betteraves et à engrais et Distributeurs d'engrais.
ENVOI FRANCO DU CATALOGUE.
Près de 400 médailles. — Plus de 6,000 Semoirs livrés.
20 premiers prix en 1889, en 1890.

AUX ÉLEVEURS ET ENGRAISSEURS DE BESTIAUX.
Voulez-vous élever et engraisser vivement vos animaux ?
EMPLOYEZ LE
GLUTEN DE MAÏS AMÉLIORÉ

Produit à base de **farine de maïs**, remplaçant avec avantage les **tourteaux**, les **moutures et les remoulages**; c'est la nourriture reconnue la plus économique et la meilleure pour l'**élevage** et l'**engraissement rapide** des **porcs**, des **veaux** et de tous les **bestiaux de la ferme**, ainsi que des **volailles**. *Envoi du prix-courant sur demande adressée à*
Mr ROUDOUX, négociant à NESLE (Somme).

RAISINS SECS A BOISSONS

PREMIÈRE MAISON DE FRANCE (10 croix ou méd., fondée en 1876), **J.-F. Audibert**, créateur des vins de raisins secs et importateur direct. Auteur de : *L'Art de faire les Vins de raisins secs* (fco 3 90); *les Vins d'imitation*, sirops, liqueurs, etc. (fco 5 25). Inventeur de l'appareil (S. S. G. D. G.), **LE SEUL ADOPTÉ PAR L'ARMÉE** pour la fabrication mathématique des vins de raisins secs, en 10 jours, pour faire depuis 1 litre jusqu'à 20,000 litres par jour **AVEC UN HOMME. Renseignements gratuits pour tripler les vendanges, vins de seconde cuvée**, etc., 53, r. des Minimes, Marseille.

BAINS-BUANDERIES
Baignoires. — Chauffe-Bains. — Douches. — Appareils de lessivage, système GASTON BOZÉRIAN.
CHAUDRONNERIE, TOLERIE, *etc.* — ENVOI FRANCO DE CATALOGUES.
DELAROCHE aîné, 22, rue Bertrand, Paris.

L'Administrateur-Gérant : Albert RENOT.

Beauvais. — Imp. D. Pere. - A. Cartier, Gérant.

12e Année. — 2e Série. — N° 588. Dimanche 3 Mai 1891.

GAZETTE AGRICOLE

JOURNAL HEBDOMADAIRE, PARAISSANT LE DIMANCHE

Rédacteur en Chef : M. Ch. GOSSIN, Professeur d'Agriculture à l'Institut agricole de Beauvais.

PRIX DE L'ABONNEMENT

UN AN, 5 fr. — SIX MOIS, 3 fr. — TROIS MOIS, 2 fr. 25

Pour l'étranger les abonnements ne sont reçus que pour un an, au prix de 6 francs, et ne partent que du 1er janvier ou du 1er juillet de chaque année.

Le numéro : 10 centimes.

Il est indispensable de joindre à toute demande de changement d'adresse la dernière bande d'adresse du journal et 50 centimes pour frais de nouvelles bandes.

Adresser les *Abonnements* et *Annonces* au secrétaire de la rédaction, **13, quai Voltaire, Paris**, ou à M. GOSSIN, rédacteur en chef et administrateur, à BEAUVAIS.

BUREAUX

13, quai Voltaire, Paris, et à Beauvais.

Les abonnements partent du 1er de chaque mois et sont payables d'avance. Toute demande d'abonnement doit donc être accompagnée du prix de l'abonnement. (Le mode de payement le plus simple est l'envoi d'un mandat-poste.)

Donner *très lisiblement*, en s'abonnant, son nom et son adresse exacte, *avec l'indication du bureau de poste*; et, s'il s'agit d'une continuation d'abonnement, joindre au renouvellement la dernière bande d'adresse du journal.

La GAZETTE AGRICOLE insère gratuitement les Communications des Syndicats agricoles

SOMMAIRE :

PARIS, 1er MAI.

Vous n'êtes certainement pas sans avoir vu des malades dans leur lit. Comme ils souffrent, ils ne sont pas plutôt sur un côté qu'ils se mettent sur un autre, dans l'espoir que ce changement amènera une diminution du mal. A la fin, ils reviennent à leur posture primitive, l'expérience leur montrant qu'ils n'ont rien à gagner au remuement. Il en est à peu près ainsi de certains conservateurs. Ayant été battus, ils se demandent s'ils ne feraient pas mieux de changer de posture, de tactique et de cris de guerre. C'est ainsi qu'en ces derniers temps on a quelque peu malmené l'Union conservatrice. Il ne faut pas s'émouvoir de cela parce que le jour où il faudra se battre à nouveau, on s'arrangera de façon à livrer la bataille dans les meilleures conditions, c'est-à-dire avec le plus grand nombre possible de soldats.

*
* *

Puisque cependant l'occasion s'en présente, le Bonhomme Deschamps dira très franchement, comme toujours, ce qu'il pense des attaques dont l'Union conservatrice est en ce moment l'objet. Il le fera moins pour répondre aux attaques, que pour préciser les conditions actuelles pour les conservateurs, de toute lutte électorale. Et d'abord, qu'est-ce que l'Union conservatrice? Où est sa raison d'être? L'Union conservatrice vient tout simplement de la nécessité où les adversaires du personnel républicain, et de sa politique, se trouvent de faire face à l'ennemi. Mettant de côté ce qui les divise pour voir seulement ce qui les réunit, ils font bloc contre l'ennemi. Cet oubli de leurs dissidences ou de leurs préférences, n'est d'ailleurs pas un abandon définitif de leurs convictions, puisque cet abandon, commandé par l'intérêt électoral, dure tout juste le temps de la période électorale. Le lendemain chacun revient à la Monarchie, à l'Empire, ou même à la République modérée selon son sentiment personnel. Vous voyez d'ici l'issue inévitable de toute élection si les conservateurs de toute observance ne suivaient pas cette tactique; — même très unis, ils n'ont pas malheureusement la majorité, que serait-ce s'ils se divisaient et s'ils voulaient ne voter que pour un candidat représentant absolument leur opinion? Les suffrages, en sortant des urnes ne sont pas pesés. Ils sont comptés et pour que le résultat de l'addition soit considérable force est que les chiffres qui la composent soient élevés.

*
* *

Encore si le parti républicain devant les urnes se divisait, les diverses fractions du parti conservateur pourraient se passer la fantaisie de certaines démonstrations stériles. Mais il n'en va pas ainsi. La concentration républicaine est complète et comme sous le règne du suffrage universel les gros bataillons décident de la victoire exactement comme à la guerre, il est de toute nécessité qu'à la masse républicaine on oppose la masse conservatrice. Car enfin on ne prend pas part à une élection pour le seul plaisir de mettre un bulletin dans l'urne. On vise au succès, c'est-à-dire à la majorité, parce qu'avec la majorité on est certain de réprimer les abus dont on souffre, de supprimer de mauvaises lois, d'en édicter de bonnes et d'avoir un personnel administratif, financier et judiciaire fidèle à son office. Tout cela est vraiment si élémentaire, si banal, si monnaie courante du sens commun, que le Bonhomme Deschamps a quelque honte d'insister. Mieux vaudrait assurément que tout le parti conservateur fut d'accord depuis A jusqu'à Z, qu'il n'eût qu'une même foi et un seul et même but. Mais la politique consiste à prendre les choses et les hommes tels qu'ils sont, et à tirer d'une situation donnée, le meilleur ou le moins mauvais parti possible. Eh bien! dans les conditions actuelles si l'on veut lutter électoralement et se donner le plus d'atouts dans la main, il faut absolument grouper contre les candidats républicains le plus grand nombre possible de mécontents.

*
* *

Outre qu'en se divisant devant l'ennemi en bonapartistes, en catholiques purs et en royalistes, le parti conservateur serait battu presque à chaque élection, il ferait ainsi la partie par trop belle à ses adversaires, avancerait-il au moins les affaires de l'une de ces fractions? Le Bonhomme Deschamps ne le pense pas et voit encore moins comment. Il n'y a en effet que deux façons de conquérir le pouvoir : ou par la violence ou par la légalité. La violence, c'est là, on le sait, le procédé républicain par excellence. Les moyens légaux, c'est la presse, les réunions et finalement le bulletin de vote. Or, si le parti conservateur ne peut être élu que dans un tiers des sièges lorsqu'il va en bataillons compacts au combat, comment le serait-il dans la majorité s'il se présentait en débandade à l'ennemi? N'oublions pas non plus que la majorité, peut-être de l'armée conservatrice, est assez indifférente à la question de forme de gouvernement, mais elle l'est infiniment moins à la bonne gestion des deniers publics, à une équitable administration du pays, à la liberté de conscience et à une justice impartiale. Cette masse indifférente serait d'assez méchante humeur, et non sans raison, si sous prétexte de suivre leur idée propre les états-majors posaient des candidatures isolées et mettaient en déroute les intérêts conservateurs proprement dits, dans le vain espoir d'affirmer une opinion monarchique, bonapartiste ou purement catholique.

*
* *

Comme le Bonhomme Deschamps vous l'a déjà fait remarquer plus haut, il n'y a pas lieu de s'émouvoir de ces escarmouches de plumes ou de langues entre quelques journaux ou orateurs de droite. Nous ne sommes pas à la veille des élections et d'ici là on aura vite oublié ces polémiques. Quand sonnera l'heure de la bataille et que la nécessité de vaincre ou de succomber se fera sentir à chacun, on se pressera les coudes et l'on fera appel à tous les concours et à tous les dévoûments. L'union se fera, on ne lui donnera peut-être pas le nom de conservatrice. Peu importe d'"ailleurs quel sera le cri de ralliement pourvu que l'accord soit complet et qu'aucun conservateur ne manque à l'appel.

LE BONHOMME DESCHAMPS.

NOUVELLES DE LA SEMAINE.

Le budget des cultes a été discuté par la commission de la Chambre. L'engagement a été vif, paraît-il. Deux radicaux de marque, MM. Maurice Faure et Camille Pelletan, se sont livrés à une attaque en règle contre le principe même de ce budget. Il a été cependant décidé à une majorité de trois voix — 10 contre 7 — que l'on passerait à l'examen des articles. Cet examen a eu pour conséquence la radiation de quelques crédits, dont le détail ne nous est pas encore fourni, et l'ajournement de certains autres. La Chambre, qui vient de faire sa rentrée, statuera. Il est certain dès à présent que les choses se passeront suivant la tradition; la majorité des républicains se prononcera pour la suppression totale du budget des cultes ; la Droite, en s'unissant à la minorité des républicains et au gouvernement, sauvera ce qui reste encore de ce budget. Remarquez que, si la Droite faisait de l'opposition systématique, elle eût saisi déjà ou elle saisirait maintenant cette occasion annuelle de renverser les ministères. Mais elle n'est pas entrée dans cette voie et elle n'y entrera pas. Qu'on fasse honneur ensuite à la sagesse républicaine du maintien des rapports entre l'Eglise et l'Etat! Qu'on accuse encore les monarchistes de subordonner la cause religieuse à des intérêts de parti !

L'apaisement. — On se rapelle que le premier résultat de la première déclaration républicaine du cardinal Lavigerie, au mois de novembre dernier, fut un ordre du jour de la Chambre sommant le gouvernement de faire retirer aux congrégations le bénéfice du tarif réduit que leur accordaient les Compagnies de chemins de fer. Les auteurs de cette motion et ceux qui la votèrent ne firent nullement mystère de leurs intentions: c'était la réponse, dirent-ils, à la *Marseillaise* exécutée par les Pères blancs du Cardinal. Peut-être croyait-on que la majorité, après s'être procuré le plaisir de cette manifestation, n'y penserait plus et laisserait les choses en l'état? Erreur : nos républicains n'ont pas cessé de peser sur le gouvernement pour qu'il pesât à son tour sur Compagnies et assurât l'exécution de ce vote. Les congrégations viennent d'être avisées qu'à partir du 1er mai l'avantage dont elles jouissaient leur sera retiré. Quant une Sœur de Charité devra aller prendre la place d'une autre religieuse morte en soignant des malades, il faudra qu'elle paye double. Les pauvres que la congrégation assiste supporteront la différence.

— Il y avait quelques semaines déjà qu'on n'avait plus entendu parler de mobilier de Sœurs vendus à l'encan sur la place publique, pour impossibilité de payer les taxes chères à M. Brisson. Cette lacune va être comblée. Les journaux du Loiret nous apprennent que des ordres de Paris viennent d'arriver dans ce département, et sans doute aussi dans les autres, pour faire exécuter de nouvelles saisies contre les congrégations. L'arrondissement de Gien, serait encore, paraît-il, le théâtre de ces exploits du gouvernement.

Les « victimes du deux décembre » viennent d'éprouver une nouvelle infortune. Ah ! les pauvres gens ! Sont-ils à plaindre. Le cœur se fend rien que d'y penser. La commission du budget vient de valider la demande d'un crédit supplémentaire en leur faveur. On avait, grâce au recensement, découvert qu'il y avait dans l'ordre de la Légion d'Honneur beaucoup plus de légionnaires décédés qu'on ne l'avait... espéré. Eh bien, le contraire arrive aux « victimes du 2 décembre. » Le chiffre de leurs morts n'atteint pas les prévisions ! !

Faut-il qu'elles soient malheureuses pour avoir la vie aussi dure ! Les statistiques disent que les victimes du 2 décembre ont cette guigne atroce d'être épargnées par les Parques.

Seulement, voici ce qui arrive :

Dans les administrations on ajourne la liquidation des employés qui invoquent pour prendre leur retraite la limite d'âge. On leur dit qu'il n'y a pas d'argent disponible au budget.

Quant aux militaires, ils sont si mal traités par la République, qu'une société de braves gens à la tête desquels s'est placé le général Favre, a dû se créer « pour aider les soldats de tous grades devenus infirmes par suite de blessures ou de maladies résultant du service, *à faire valoir leurs droits* aux pensions que la loi leur accorde. »

Cette société s'appelle l'*Œuvre des pensions militaires.*

Les dossiers réunis par cette patriotique associations sont navrants. Vous allez en juger par ce cas cité entre mille :

Voici un malheureux, nommé Macheras, qui revenu de Cochinchine le 30 août 1882, mortellement atteint, et ayant vu échouer ses demandes de secours et de pension, se pourvut au conseil d'Etat, y gagna son procès le 17 mai 1889, et obtint enfin la liquidation de sa pension le 30 novembre 1889. Malheureusement, il était mort le 15 !

Les victimes du Deux-Décembre n'attendent pas, et au lieu de mourir elles désespèrent par leur vitalité les statistiques les plus régulières.

Encore un de casé. — A chaque liste de nominations officielles, on peut constater de nouveaux actes de favoritisme. Partout, les politiciens sont préférés aux hommes de la carrière. C'est ainsi que nous relevons la nomination de M. Bousquet, conseiller à la Cour d'appel de Paris. Les titres de M. Bousquet à administrer la justice de son pays? Il a été député! Les électeurs n'en ont plus voulu et on le charge de juger ses semblables. De l'arène électorale d'où il sort meurtri, plein de rancunes et de vengeances, on l'envoie dans un prétoire où la première des qualités devrait être l'impartialité. Quel bon magistrat cela va faire !

Le maréchal de Moltke. — Le chef d'état major de l'armée allemande, celui-là même à la science duquel on attribue en grande partie les succès de l'armée allemande en Autriche et en France, vient de mourir à Berlin, à l'âge de 91 ans. En apprenant sa mort, l'empereur d'Allemagne s'est écrié: « Je suis profondément ému, je viens de perdre une armée !» L'empereur est ensuite allé immédiatement visiter la chambre mortuaire accompagné de l'impératrice, et a ordonné que les funérailles les plus imposantes soient faites au plus savant et au plus laborieux des généraux allemands.

LA POTASSE

Le rôle de la potasse s'affirme de plus en plus en agriculture.

Ce rôle a une importance prépondérante dans la culture de la vigne et de la pomme de terre.

Dans la culture du tabac, du trèfle, des légumineuses, de la betterave, la potasse vient, par ordre d'efficacité, immédiatement après l'acide phosphorique et l'azote, et si l'on veut obtenir les rendements les plus élevés, elle est aussi indispensable que ces deux premiers éléments.

Dans la culture des céréales, on ne peut négliger le rôle de la potasse sans affaiblir la tige et sans l'exposer à la verse qui compromet les plus beaux résultats.

La plupart des récoltes font une consommation importance de potasse, et l'on peut dire que, dans l'ensemble des cultures, son emploi s'impose généralement depuis que s'est généralisé l'emploi des superphosphates et des sels azotés, car il faut que tous les agents de la végétation s'harmonisent, et que la restitution soit complète, pour l'équilibre de la plante. Une culture intensive avec emploi d'engrais phosphatés et azotés épuise la provision de potasse plus rapidement que ne le ferait une culture du sol sans engrais : aussi, en omettant de restituer la potasse, s'exposerait-on à faire en pure perte la dépense relative aux autres engrais, car, s'il manque à la plante l'un des éléments nécessaires à son développement, celle-ci ne peut se développer, et si l'un de ces éléments est en quantité insuffisante, le développement de la plante est également insuffisant.

C'est pour cela que l'on voit grandir ensemble chaque année, comme l'établissent des statistiques parallèles, la consommation du superphosphate, de l'azote et de la potasse, les trois éléments indispensables et solidaires de la fertilisation.

LE SULFATE DE POTASSE

C'est parce que, de tous les sels potassiques, le sulfate de potasse est celui qui contient la potasse à l'état le plus assimilable et le plus favorable aux plantes, que la compagnie de Saint-Gobain en a, de préférence, installé la fabrication dans ses usines.

Obtenu par la combinaison de la potasse avec l'acide sulfurique, le sulfate de potasse doit être préféré au chlorure de potassium, qui a le double inconvénient de contenir du chlore nuisible aux plantes, et d'être uni à une forte proportion de chlorure de sodium ou sel marin.

Au sulfate de potasse seul, parmi les sels potassiques, sont attribuées de nombreuses combinaisons et actions réductrices qui se produisent dans le sol par l'effet de l'acide sulfurique qu'il contient. L'acide sulfurique décompose l'humus, en rend solubles les principes fertilisants, et met notamment en action les éléments calcaires et l'azote qui se trouvent en réserve dans le sol.

Le sulfate de potasse est d'un prix légèrement plus élevé que le chlorure de potassium. Cet excès de prix est insignifiant si on le compare aux avantages que nous venons de résumer.

Le sulfate de potasse pur contient dans 100 parties :

Potasse	54.07
Acide sulfurique	45.93
	100.000

Voici quelles sont, d'après les données de l'expérience, les principales indications nécessaires pour l'emploi du sulfate de potasse. On doit toujours lui associer le superphosphate de chaux, et souvent un sel azoté.

BETTERAVE A SUCRE

Les engrais chimiques ont pris une large place dans la culture de la betterave à sucre, et à juste titre, car ils constituent un mode de restitution d'une précision pour ainsi dire mathématique, avantage inappréciable si l'on considère que la betterave doit satisfaire à de nombreux *desiderata*, tels qu'un rendement quantitatif, une richesse et une pureté élevées, une maturité complète à époque fixe, une forme régulière, une grande faculté de conservation.

Les engrais chimiques ont à cet égard une supériorité incontestable sur le fumier, dont la composition est éminemment variable, et dont l'emploi ne présente dès lors que peu de sécurité.

(G. DUREAU,
Culture de la betterave à sucre)

La législation sur les sucres a créé une situation nouvelle à l'industrie sucrière ainsi qu'à l'agriculture intensive des départements du nord de la France. La nécessité s'impose impérieusement d'obtenir dans la betterave le maximum de richesse que les engrais chimiques seuls peuvent donner. La betterave à sucre doit trouver dans le sol, dès le début de sa végétation, des sels azotés, phosphatés et potassiques. Et, si l'on veut obtenir une betterave riche, il est reconnu que ces éléments doivent être fournis à un état parfaitement assimilable, l'azote à l'état nitrique ou ammoniacal, l'acide phosphorique à l'état de superphosphate, la potasse à l'état de sulfate de potasse. La potasse ne doit jamais, en aucun cas, lui être appliquée à l'état de chlorure de potassium, car plus la betterave est exposée à absorber de chlore, plus sa richesse diminue.

Si l'acide phosphorique joue un rôle prépondérant dans la production de la betterave riche, la potasse également a une influence très marquée sur la richesse saccharine.

Il existe, en effet, un rapport déterminé entre le sucre produit et la potasse absorbée, rapport qui est, pour 100 de sucre, de 3 de potasse.

Pour obtenir 100 de sucre, la terre doit donc fournir à la betterave 3 de potasse.

Les sels de potasse, et en particulier le sulfate de potasse que nous préconisons, développent dans la betterave la faculté de conservation, et, en la fortifiant, la rendent plus apte à résister aux différentes maladies.

Par l'emploi du sulfate de potasse, en proportion convenable, on combat efficacement la fatigue betteravière qui est attribuée à la pénurie de potasse dans le sol et à la présence de nématodes ou parasites microscopiques.

Pour entretenir les rendements quantitatifs et qualitatifs de la betterave industrielle, nous livrons un engrais dosant :

Azote nitrique ou ammoniacal......... 6 0/0
Acide phosphorique du superphosphate 8 0/0 (soluble dans le citrate).
Potasse du sulfate de potasse......... 6 0/0

à raison de 800 kilos à l'hectare.

Pomme de terre. — La pomme de terre est avant tout avide de potasse. Il lui faut aussi une forte dose d'acide phosphorique et un faible apport d'azote. Nous conseillons pour cette plante un engrais dosant :

Azote nitrique ou ammoniacal......... 2 0/0
Acide phosphorique du superphosphate 9 0/0 (soluble dans le citrate).
Potasse du sulfate de potasse......... 12 0/0

à la dose de 800 kilos à l'hectare. L'engrais doit être répandu sur la surface du champ et enterré par un labour superficiel avant de semer.

Tabac. — On conseille depuis un certain nombre d'années dans la culture du tabac un engrais au dosage suivant, dont les résultats sont satisfaisants :

Azote ammoniacal......... 5 0/0
Acide phosphorique du superphosphate 6 0/0 (soluble dans le citrate).
Potasse du sulfate de potasse......... 5 0/0

à la dose de 2,000 kilos à l'hectare.

Lin. — La terre destinée au lin doit être riche en aliments promptement assimilables ; c'est pourquoi les engrais chimiques jouent un grand rôle dans cette importante culture. Les produits du lin sont plus élevés, tout en gagnant de qualité, sous l'effet des sels potassiques. Pour cette culture, nous propageons la formule suivante :

Azote ammoniacal et nitrique......... 4 0/0
Acide phosphorique du superphosphate 7 0/0 (soluble dans le citrate).
Potasse du sulfate de potasse......... 12 0/0

à la dose de 800 kilos à l'hectare.

Céréales. — Le plus haut rendement en blé de MM. Laws et Gilbert, résultant de leurs expériences de trente années sur les champs de Rothamsted, a été obtenu avec :

224 kilos de sulfate de potasse.
440 — de superphosphate...
840 — de nitrate de soude...
} à l'hectare.

Ces doses très élevées, nécessaires dans un sol de démonstration complètement appauvri, peuvent évidemment être réduites dans une terre normale. On peut surtout réduire la quotité d'azote et faire sur cet élément qui est le plus coûteux une économie appréciable. L'engrais complet de Saint-Gobain a donné jusqu'ici des résultats satisfaisants. Il dose :

Acide phosphorique du superphosphate 10 0/0 (soluble dans le citrate).
Azote ammoniacal......... 3 0/0
Potasse du sulfate de potasse......... 5 0/0

et s'emploie de 500 à 700 kilos à l'hectare.

Dans les terres pauvres en potasse on doit augmenter la quotité de cet élément. Après une culture de *sidération*, dont l'effet est d'accumuler de l'azote dans le sol au moyen de certaines plantes (trèfle, lupin, etc.), qu'on enterre, on doit supprimer tout apport de sel azoté et se contenter d'employer un mélange de :

400 kilos de superphosphate...
150 — de sulfate de potasse
} à l'hectare.

Dans ce dernier cas, l'emploi simultané du superphosphate et du sulfate de potasse est à la fois très économique et très efficace.

Pâtures et prairies, terres marécageuses. — Ce même mélange de 400 kilos de superphosphate et 150 à 200 kilos de sulfate de potasse produit d'excellents effets sur les pois, fèves, vesces, haricots, les légumes et les prairies de toute sorte. Dans un sol marécageux, on voit bientôt les mauvaises herbes disparaître, les plantes de choix reprendre le dessus, et modifier totalement l'aspect et la composition de la prairie.

DOCTEUR AGRICOLA.

TRAITEMENT DES VIGNES GELÉES

Si j'en juge par les renseignements qui me viennent de divers côtés, beaucoup de viticulteurs se plaignent de l'influence du dernier hiver qui aurait atteint leurs vignes. Selon les contrées, le froid aurait sévi sur les rameaux de l'année et même sur les branches charpentières qui auraient plus ou moins souffert. Les circonstances ne sont pas partout les mêmes et celles qu'on m'a signalées jusqu'à présent, sur un assez grand nombre de points de diverses régions de la France, peuvent se grouper dans les quatre cas principaux qui vont être décrits brièvement :

1° Sur un grand nombre de points, même dans le Midi, on m'informe que les rameaux de l'année sont gelés sur les deux tiers ou même les trois quarts de leur longueur. Cet accident a été constaté en beaucoup d'endroits, à la suite des premiers gros froids de la fin novembre 1890, et presque toujours là où il y avait eu une invasion tardive de mildew qui avait empêché le bois de mûrir normalement. Ce bois mal aoûté aura été surpris par un refroidissement exceptionnellement intense pour la saison (— 8°9, à Montpellier, le 29 novembre), d'autant plus facilement, qu'à cette époque la végétation n'était pas encore complètement arrêtée.

Puisque, dans ce cas, le tiers ou le quart de la base des rameaux n'a pas été atteint par la gelée, on pourra à la rigueur effectuer la taille dans les conditions habituelles, partout du moins où l'on pratique la taille courte. Il est à craindre seulement que les yeux du courson conservé par la taille ne soient pas assez bien constitués pour assurer une fructification suffisamment abondante.

2° Dans les régions beaucoup plus froides que le Midi, telles, par exemple, que le Mâconnais, la Bourgogne, la Touraine et les départements de l'Est, on craint que beaucoup de pieds de vigne aient leur charpente gelée plus ou moins par le refroidissement intense survenu en janvier dernier (— 12°4, à Montpellier, le 18 janvier). Les vignerons de ces divers pays, qui ont malheureusement constaté déjà antérieurement les effets du froid sur leurs vignes à la suite de tous les hivers rigoureux dont ils ont été les victimes, se les rappellent trop bien pour ne pas les reconnaître. Ils ont vu, en effet, leurs vignes ayant les branches et souvent même le tronc gelé à la suite des grands froids comme, par exemple, ceux de janvier 1855, janvier 1871 et décembre 1879. D'ailleurs ceux qui craindraient de se tromper peuvent attendre l'ascension de la sève ; elle se manifeste extérieurement par les pleurs de la vigne et ceux-ci ne se montre pas sur les vignes gelées.

Cette constatation une fois faite avec certitude, il faut sans tarder couper la tige au niveau du sol et placer à côté un piquet ou échalas destiné à indiquer la place du cep tout en le protégeant contre les accidents possibles. On laissera pousser les rejets pour conserver seulement le plus vigoureux et le mieux placé ; il sera destiné à former la tige de la nouvelle souche. A cet effet, il faudra l'assujettir au piquet ou échalas, au fur et à mesure de son développement et défendre ce rameau avec beaucoup de soin contre les maladies cryptogamiques, par les moyens aujourd'hui bien connus, afin qu'il puisse reconstituer la charpente de la souche aussi rapidement que possible. Dans ce second cas, la perte pour le vigneron est assez grande, puisqu'il lui faudra attendre deux années et souvent même trois ans avant qu'il puisse obtenir à nouveau une récolte convenable.

3° Les deux premiers cas qui viennent d'être décrits s'appliquent surtout aux cépages français francs de pied et quelquefois aussi à certains cépages américains cultivés comme producteurs directs. La situation est encore plus grave avec les pieds greffés, car ici, quand la tige périt par le froid, le greffage est à recommencer.

Dans les départements du Midi, où l'on a l'habitude de déchausser les pieds de vigne pour les fumer, bon nombre de vignerons se sont laissé surprendre par les froids précoces de la fin novembre. Les jeunes souches greffées depuis un ou deux ans qui se trouvaient déchaussées à ce moment, ont plus ou moins souffert du froid et il est beaucoup de ces greffes qui ne repousseront pas. On cite même des jeunes greffes qui ont péri, quoique buttées, à la suite des froids de janvier (— 12°4, à Montpellier, le 18 janvier).

Ce qu'il y a de mieux à faire en pareil cas, c'est de regreffer ces pieds de vigne immédiatement au-dessous du point de soudure, et cela, autant que possible, un peu avant l'ascension de la sève. Ensuite, il faut placer à côté un piquet protecteur que, par parenthèse, on ne devrait jamais négliger de mettre auprès de chaque jeune sujet au moment où l'on greffe en place dans le vignoble.

Comme on le pense bien, il se développera des rejets à la base du porte-greffe. Ils seront en plus ou moins grand nombre, selon la nature de celui-ci ; mais surtout quand ce regreffage est opéré sur des *Riparia*. Il convient alors de conserver les deux plus vigoureux en les attachant au piquet ; il seront d'abord utiles comme appels de sève, et on pourra ensuite les supprimer en juin, c'est-à-dire dès que le greffon développé aura atteint 40 à 50 centimètres de longueur. Ces rejets, au contraire, devront être conservés sur les pieds dont le greffage n'aurait pas réussi. On les pincera d'abord à 80 centimètres, puis à 1 mètre de hauteur, et ils fourniront pour l'année suivante d'excellents porte-greffes au bois assez gros et bien nourri. Ils pourront être greffés dès le mois de septembre par la greffe de Cadillac, et dans le cas d'un insuccès possible, on aura encore la ressource de les regreffer au printemps suivant. Grâce à cette double précaution, il y aura certitude à peu près absolue de réussir complètement ce regreffage et de n'avoir plus à s'en préoccuper dans l'avenir.

Si le vigneron négligeait ces recommandations, il serait exposé à recommencer encore la même opération pendant plusieurs années de suite, ce qui lui occasionnerait une perte considérable de temps et d'argent, tout en retardant le moment où son vignoble redeviendra en pleine fructification.

4° Mais la reconstitution est maintenant assez avancée pour qu'on n'ait plus seulement à regretter la perte de jeunes sujets greffés depuis un ou deux ans. Il y a en différents endroits, à ce qu'on m'a assuré, des vignes greffées depuis trois ou quatre ans et même davantage, dont la totalité de la charpente est gelée. Dans ce quatrième cas, la difficulté est encore plus grande qu'avec les jeunes sujets, parce qu'on sait que le greffage pratiqué sur vieilles souches et particulièrement sur celles de *Riparia* ou de *Rupestris* réussit très difficilement.

Il faudra donc, à plus forte raison, prendre les mêmes précautions qui viennent d'être indiquées et opérer de la même façon. Toutefois on devra conserver comme appels de sève trois ou même quatre rejets qu'on pourra réduire d'abord à trois et ensuite à deux quand ils auront atteint 50 et 75 centimètres de hauteur. On les pincera à 80 centimètres et à 1 mètre de hauteur, et ils pourront servir aux mêmes usages, comme il a été expliqué ci-dessus à propos du troisième cas. Si le regreffage directement effectué sur la souche elle-même ne réussissait pas, on aurait alors la ressource de greffer les deux rejets comme il a été dit tout à l'heure, et par conséquent avec presque autant de garanties de succès qu'en opérant sur les sujets plus jeunes.

Le froid n'agit pas également sur tous les cépages ; il en est certains qui se sont montrés beaucoup plus sensibles que les autres. Dans le Midi, on signale plus particulièrement les *Alicantes-Bouschet*, les *Brun-Fourca*, les *Carignane*, les *Grenache*, les *Jacquez*, les *Muscat* qui auraient beaucoup plus souffert que les *Aramon*. Il est probable que des constatations analogues auront été faites dans les diverses régions viticoles de la France, et que là aussi certains cépages auront été atteints plus gravement que certains autres.

Tels sont les quatres cas principaux qui m'ont été signalés des effets produits par le froid sur les vignes dans les diverses régions du vignoble français.

Comme on le voit et, comme on pouvait s'y attendre du reste, le greffage constitue une complication très grande pour le vigneron, quand il a le malheur de rencontrer un hiver exceptionnellement rigoureux. Il y a là pour lui, en effet, un surcroît considérable de difficultés à surmonter, ainsi que de temps et d'argent à dépenser, qu'il n'avait pas au même degré avec nos anciennes vignes franches de pied.

Je crains que les viticulteurs rebutés par ces difficultés, qui fort heureusement ne se reproduisent qu'à de longs intervalles, s'éloignent du greffage pour se porter vers la production directe par les cépages américains. Ce serait déplorable à tous égards et de nature à retarder de plusieurs années pour la reconstitution tant désirée du vignoble français. Je ne cesse, pour ma part, depuis près de dix ans, de réagir contre cette funeste tendance. Elle ne s'explique que trop cependant par les facilités de la culture des producteurs directs, qui dispense du greffage, et cependant il est bien démontré aujourd'hui qu'on paye fort cher, par la suite, cette économie mal comprise.

Plus j'approfondis l'étude de cette question et plus aussi je suis convaincu que *l'avenir de la reconstitution des vignobles réside uniquement dans le greffage des meilleurs cépages locaux sur les porte-greffes bien adaptés au sol, dans lequel on les plante*. En opérant ainsi, on sera sûr d'obtenir tout à la fois une quantité plus grande et une qualité toujours supérieure. Ces deux avantages valent bien la peine de greffer, et il serait déplorable qu'on s'obstinât plus longtemps à ne pas les comprendre. Cependant, je dois le reconnaître, parce que je l'ai constaté avec satisfaction, les idées que je viens d'exprimer sont aujourd'hui appréciées par beaucoup de viticulteurs intelligents, et le nombre de ceux qui croient encore aux producteurs directs pour l'avenir de la reconstitution de nos vignobles diminue tous les jours et tend à diminuer de plus en plus.

Tout ceci nous démontre combien il serait utile d'instituer dans chacun de nos départements viticoles, des champs d'expériences convenablement établis. On montrerait ainsi au public les avantages et les inconvénients de chaque cépage cultivé comme producteur direct ou comme porte-greffe, et la manière dont il se comportera quand il sera greffé avec chacun des cépages français pris pour greffon. On montrerait par surcroît quelles sont les meilleures manières de pratiquer le greffage, la taille et toutes les autres opérations viticoles, y compris les plus efficaces moyens de défendre le précieux arbuste contre les maladies cryptogamiques. Le champ d'expériences de Las-Sorres établi, il y a 20 ans aux portes de Montpellier, par les soins de la Commission ministérielle du phylloxéra, a rendu sous ce rapport d'immenses services à la viticulture française. Ils sont nombreux aujourd'hui, en effet, les viticulteurs de tous les pays, qui après avoir visité en détail ce champ d'expériences, ont avoué que cet enseignement par les yeux leur avait été cent fois plus profitable que tout ce qu'on avait pu leur dire jusque-là.

Félix Sahut,
Président de la Société d'horticulture
et d'histoire naturelle de l'Hérault.

Nouvelles agricoles.

La température et les récoltes. — Les apparences des récoltes sont toujours défavorables. Les blés d'hiver, atteints successivement par les froids intenses et les alternatives, peut-être plus funestes, de gel et de dégel de fin mars et commencement d'avril, ne se remettent pas, ou bien difficilement. Quant aux blés de mars, s'ils lèvent assez bien dans quelques endroits, dans d'autres ils sont envahis par les herbes. Le retard dans la végétation est général. En résumé, les apparences se modifient peu, c'est-à-dire que, dans l'ensemble, elles restent mauvaises et font prévoir un fort déficit dans la production.

Beaucoup de cultivateurs qui avaient attendu jusqu'à présent, dans l'espoir de voir les blés, quoique clairs, taller dans de bonnes conditions, ont retourné leurs champs et ensemencé de l'orge et de l'avoine.

Il faut donc s'attendre à une diminution très notable de la superficie ensemencée en blé et, au contraire, à une augmentation des emblavures d'orge et d'avoine.

Quant aux arbres fruitiers, ils ne paraissent pas avoir souffert beaucoup du froid, en raison même du retard de la végétation. En Bretagne, les pommiers sont bien préparés. Mais il va falloir bientôt lutter contre les insectes qui, l'an dernier, ont tant nui à nos pommiers, contre l'anthonome, entre autres. Nous ne saurions donc trop recommander le nettoyage des arbres à la chaux ou au sulfate de fer.

Société centrale d'apiculture. — La 10e Exposition internationale des insectes utiles et de leurs produits, des insectes nuisibles et de leurs dégâts aura lieu cette année, du 23 août au 27 septembre, dans l'Orangerie des Tuileries.

La Société centrale d'Apiculture et d'Insectologie fait dès à présent appel à toutes les personnes que la question intéresse et qui désirent participer à cette Exposition afin qu'elles se mettent en mesure de lui envoyer leurs collections et leurs produits en temps opportun.

Pour l'Apiculture, s'adresser à M. Sevalle, secrétaire général de la Société, 167, rue Lecourbe. et pour l'Entomologie à M. Wallès, 18, rue Dauphine.

La betterave à sucre. Des relevés de l'administration des contributions indirectes il résulte que la quantité de betteraves mise en œuvre dans les fabriques du sucre, pour la campagne courante, était le 31 mars dernier, de 6,474 millions de kil. de betteraves au lieu de 6,665 millions, traités dans la période correspondante de 1889-90, soit 192 millions en moins.

La production s'élevait à 619 millions de kil. de sucre au lieu de 094 millions, ce qui constitue une diminution de 75 millions. On voit que la teneur moyenne de la betterave est ainsi moindre pour la campagne 1890-91 que pour la campagne précédente. La prise en charge étant calculée, cette année, sur un rendement de 7 75 0/0 les excédents non imposables n'étaient, au 31 mars, que de 94 millions et demi de kilogrammes, au lieu de 178 millions et demi au 31 mars 1890.

Au moment où s'opèrent avec activité les semis de betteraves sucrières le *Journal des Fabricants de sucre* croit utile d'appeler l'attention des cultivateurs sur l'état comparé actuel de la production et de la consommation du sucre en Europe.

En 1890, la France avait 220.000 hectares, la Belgique 52.000, la Russie 294,000, l'Allemagne 335,000, l'Autriche-Hongrie 295,000 hectares, en chiffres ronds, 1,200,000 hectares. En admettant une production de 3,000 kilos de sucre par hectare, on constate une récolte totale de 3 milliards 600 millions de kilos, chiffre qui n'atteint pas la consommation.

Il résulte de ces calculs que l'extension énorme donnée à cette culture en Europe a eu pour effet une production de sucre qui excède les besoins de la consommation et il est à craindre que l'exportation du trop plein aux Etat-Unis ne devienne impossible par suite du bill Mac Kinley. Le jour où les offres excéderaient notablement les demandes, le prix du sucre risquerait de descendre au-dessous des prix de revient. — Voilà une hipothèse qui mérite l'attention des intéressés. Le *Journal des Fabricants de sucre* engage les cultivateurs à ne pas étendre sans mesure leurs soles de betterave.

Une idée que l'agriculture et le législateur ne devraient jamais perdre de vue, c'est l'utilité de restreindre les cultures qui excèdent les besoins du pays et de provoquer l'extension des cultures qui sont inférieures à ces besoins. Tel est le cas du blé et du bétail, de la vigne, des textiles, laine, soie, lin, etc.

Ce sont les besoins de la consommation intérieure qui devraient servir de boussole à la culture et aux lois qui ont pour objet de la protéger et de l'encourager.

CONSEILS DU MÉDECIN

TRAITEMENT DES PLAIES, GERÇURES CREVASSES

Voici une excellente recette que vous pourrez employer en toute confiance, car elle a rendu les plus signalés services. Il y a déjà longtemps que, grâce à elle, j'ai pu guérir un grand nombre de souffrances.

Vous savez combien l'hiver, et surtout cette année, les ouvriers qui travaillent aux gros ouvrages, se blessent difficilement. Les blessures par le froid se guérissent facilement, s'enveniment même, et un simple bobo devient quelquefois une plaie sérieuse. Avec une simple compresse d'*huile de foie de morue*, on guérit toutes ces plaies, même les plus invétérées. Voici comment on procède: on prend de l'huile de foie de morue, la moins épurée possible, on en imbibe une compresse que l'on met sur la plaie, et qu'on renouvelle dès que la compresse est sèche.

La guérison s'opère promptement, les chairs reprennent vite, et toute inflammation disparaît.

Ce remède est aussi parfait pour les gerçures et les crevasses.

Pour guérir les coupures et les contusions. — Eau blanche, 100 gr. ; alcool camphré, 100 gr. ; vinaigre de vin, 100 gr. : eau, 250 gr.

Agiter la bouteille avant de s'en servir; faire des compresses et les mouiller avec cette eau, jusqu'à parfaite guérison.

Ce remède est employé, depuis fort longtemps, par un curé de l'Orne, qui a obtenu par lui un grand nombre de guérisons.

UN VIEUX MÉDECIN.

CONSEILS A LA FERMIÈRE

ENTRETIEN ET CONSERVATION DES CHAUSSURES DE TRAVAIL.

Ecoutez bien ce que m'écrit une vieille cousine à moi, qui en sait long sur le chapitre des économies :

« Ce serait une belle chose si on pouvait rendre inusables les chaussures en cuir qui coûtent si cher; mais c'est impossible, car tout s'use, hélas! en ce monde. Voici pourtant une manière aussi simple que peu coûteuse d'en prolonger de beaucoup la durée, fais-la connaître aux travailleurs, c'est un service à leur rendre. »

Une bonne femme, comme vous voyez, que ma vieille cousine. Je continue :

« Il suffit de faire tremper les semelles pendant huit jours dans du lait aigri, avec une pincée de sel, puis de les laisser sécher lentement pendant un bon mois. L'essentiel est de pouvoir commander ses chaussures à l'avance. »

Vous en ferez ce que vous voudrez, la maman, mais si j'ai un conseil à vous donner, c'est d'essayer.

UNE MÉNAGÈRE.

CONSEILS DU VÉTÉRINAIRE

BLESSURES DE HARNAIS.

Lorsque votre bottine vous blesse, vous la faites modifier; agissez de même vis-à-vis de votre cheval qui travaille avec un collier non adapté à la configuration de ses épaules et qui, ainsi, ne vous donne pas la somme d'efforts qu'il pourrait déployer dans un bon collier.

Il faut lotionner les blessures au moyen d'une solution de sublimé corrosif à 1 pour 1000 d'eau, ou bien avec de l'eau phéniquée.

Le poil repousse toujours lorsque sa matrice, le bulbe pileux, n'a pas été atteinte; il ne repousse jamais lorsque celle-ci a été détruite par la violence de l'inflammation. Tous les prétendus spécifiques n'ont d'autre résultat que d'extraire l'argent aux crédules, puisque le poil repousse dans le premier cas *avec ou sans le secours du spécifique* et qu'il ne repousse pas dans le second cas, malgré *celui-ci*.

UN VIEUX MILITAIRE.

JURISPRUDENCE RURALE.

LA LOI BÉRANGER.

L'autre jour, dans un de vos conseils, j'ai lu une chose si surprenante, si ébouriffante, si épatante, que j'en ai frotté mes lunettes pour être bien sûr que mes yeux, qui pourtant ont vu des choses extraordinaires, ne s'étaient pas trompés.

— Qu'ai-je pu dire pour te causer un pareil étonnement?

— Si je n'ai pas la berlue, vous avez parlé d'une loi nouvelle par laquelle les voleurs, escrocs, filous et gens de la même farine, peuvent *être dispensés de subir la peine à laquelle* les tribunaux les ont condamnés; non, voyez-vous, j'ai encore trop bonne opinion de nos députés pour croire qu'ils puissent faire des lois pareilles; que deviendrons-nous, grand Dieu! surtout dans nos campagnes, si les mauvais garnements sont traités avec une telle faveur.

— J'ai le regret de le dire, tu as bien lu ; on vient en effet de faire une loi qui donne aux juges le pouvoir dont il est à craindre qu'ils n'usent trop souvent au profit des individus bien recommandés, de ne pas les envoyer en prison, tout en les condamnant à y aller; de ne pas leur faire payer l'amende, tout en les condamnant à la subir.

— Voilà une drôle d'invention; si je disais à mon gamin, quand il fait des sottises, tu mérites une correction, mais je ne te la donnerai pas; c'est lui qui se ficherait de moi, et il n'aurait pas tort.

— C'est pourtant ce que fait la loi; elle permet d'affranchir les condamnés pour la première fois de l'exécution de leur peine, si, pendant un délai de cinq ans, ils ne sont pas condamnés de nouveau; on espère ainsi les ramener au bien.

— Voilà qui me semble naïf ; ils s'arrangeront tout simplement de façon à ne pas se faire pincer, mais ils ne vaudront pas mieux pour cela.

— Tu parles en homme sensé. Ainsi voilà un maraudeur qui me vole mes légumes, qui récolte nuitamment les fruits de mon verger ; à force de patience et de monter la garde, je le pince, je le traduis en police correctionnelle. Le tribunal lui dit d'une voix justement sévère : trois mois de prison ; puis, d'une voix douce, il ajoute : Je te dispense d'aller en prison.

— C'est cela même.

— Mais alors c'est une frime, ça ne compte pas, et moi, l'honnête homme, j'en serai pour mes frais, pour mes récoltes pillées, pour mes fruits volés; je la trouve raide, et au lieu de m'adresser à la justice qui me trahit, qui me préfère un coquin, j'ai envie de prendre une bonne trique et de corriger moi-même mon voleur; au moins ainsi ça comptera.

— Ton idée n'est pas mauvaise; quand la loi ne protège pas la morale, la morale se protège elle-même.

UN VIEUX JUGE DE PAIX.

POUR RIRE.

Une goutte militaire.

C'est par centaines qu'on compte aujourd'hui les volumes écrits par d'anciens conditionnels sur la vie du régiment. De ce nombre est le *soldat Chapusot*, par M. Jean Drault. M. Francisque Sarcey, qui a eu le livre entre les mains, s'est fort diverti, au point qu'il en conte à ses lecteurs l'un des chapitres :

« Celui qui a pour titre une *Goutte militaire* est d'une drôlerie inconcevable, et j'en ai ri de tout mon cœur. C'est le matin : la chambrée a fait un bruit de tous les diables, et comme un conditionnel, Servan, dort à poings fermés, on parle de le tirer de son lit.

— Ne me touchez pas, dit-il, je paie la goutte.

Ce mot court la chambrée ; tout le monde se lève au plus vite. Il n'y a que Servan qui reste dans ses toiles. On n'ose pas le tarabuster, car si on le jette à bas de son lit, il ne paiera rien. On s'avise d'un truc. Quatre hommes saisissent chacun un bras du lit et portent Servan, comme en un palanquin, à la cantine. On vide une bouteille de rhum, il paie, et on se met en devoir de le ramener dans le même équipage, à travers les mêmes escaliers, dans le dortoir.

Tout à coup, on entend la voix du colonel qui dit au capitaine Vidours qu'il tient à faire une inspection parce que les chambrées sont mal tenues. Les porteurs plantent là le lit de Servan et filent à l'anglaise.

Le colonel débouche, suivi du capitaine, et reste frappé de surprise en voyant sur le palier *un lit et dedans un soldat en* chemise.

— Que diantre faites-vous là ?

Servan s'est levé et a joint les talons dans la pose réglementaire.

— Mon col'nel, mon col'nel, je...

— N'vous d'mande pas ça ! Vous d'mande c'que vous faites-là en chemise, avec votre lit.

— Mon col'nel, je... je...

— Vous d'mande pas ça, encore une fois. Vous d'mande d'où vous sortez, vous et votre lit, sans vot'pantalon.

— Mon col'nel, je... viens d'la cantine...

— Comment : d'la cantine ! Z'êtes fou d'me raconter ça à moi... Mais alors expliquez-moi la présence d'vot'lit à c't endroit... march'tout seul vot'lit, hein ? comment est-il venu ici !

— Mon col'nel, c'est... par... l'escalier !

— Allons ! bon, son lit a grimpé tout seul par l'escalier, à présent... Vous l'entendez cap'taine Vidours, cet homme m'dit qu'son lit a grimpé tout seul par l'escalier...

Le dialogue continue sur ce ton :

— V'n'êtes pas somnambule ? demande le colonel.

— Je suis bachelier ès-lettres, répond le conditionnel.

On finit par coller huit jours de consigne à Servan, qui remonte dare dare à la chambrée, furieux ; il conte sa malchance ; Fricotard et Chapuzot proposent d'aller chercher le lit qui est resté en souffrance. Ils le prennent sur leurs épaules, et au troisième étage, ce n'est pas de veine, ils se trouvent nez à nez avec le colonel.

— Mille tonnerres ! s'écrie le colonel. Encore un lit ! décidément, cap'taine Vidours, les hommes de cette compagnie sont bien extraordinaires. En v'là encore deux qui promènent un lit ! Faut qu'ça finisse. Vas les saler comme il faut.

— D'où v'nez-vous ? demande-t-il à Fricotard.

— D'la cantine, mon col'nel.

— Eux aussi ! que diable ont-ils besoin d'un lit pour aller à la cantine ! Y a des choses qui vous dépassent !

Et la conversation se termine par huit jours de salle de police. RIGOLO.

PETITE POSTE.

M. R... (Oise). — *Boulangerie Coopérative*. — Votre lettre est envoyée à notre vieux juge de paix.

M. B... (Indre-et-Loire). — Vous devez résister à cette demande injuste. En présence de la mauvaise foi de votre adversaire, vous pouvez invoquer la prescription de l'article 2277.

M. le baron de V... (Drôme). — *Impôt sur les propriétés bâties*. — Nous vous envoyons le numéro du 22 mars, où vous trouverez le modèle de la demande en réduction d'impôts.

L'augmentation d'impôts que vous signalez est absolument exorbitante et vous ne devez pas la laisser passer sans protester et réclamer.

Si tous les contribuables comprenaient leur devoir et leur intérêt, ils protesteraient en masse contre les évaluations fantaisistes et scandaleuses de l'administration.

M. D... (Corrèze). — *Vente de volailles et œufs, à Paris*. — Adressez-vous à MM. Scelle et Chatriot, facteurs assermentés, boulevard Sébastopol, Paris.

M. C... (Var). — *Fleurs, engrais*. — Mélange composé ainsi qu'il suit : nitrate de soude, 2 kil ; superphosphate de chaux, 10 kil. ; chlorure de potassium, 2 kil ; sulfate de fer, 2 kil. ; plâtre, 4 kil.

Dose à employer : 300 grammes par mètre carré. Répandre à la surface et enterrer par bêchage.

L'année dernière nous vous avions envoyé, par lettre, ces mêmes renseignements. Notre lettre aura été égarée.

M. L. S... (Morbihan). — *Placements de fonds*. — Rente 3 0/0, nouvelle émission. Les actions et obligations des chemins de fer des grandes compagnies françaises constituent aussi un placement de père de famille. Revenu : 3 1/2 0/0 environ, au cours actuel.

Les achats se font par les agents de change, par l'entremise des banquiers. Pour l'achat de la rente sur l'Etat, vous pouvez vous adresser au percepteur ou à la recette particulière de l'arrondissement.

M. P..., à B... (Haut-Rhin). — *Drainage*. — Adressez-vous pour tous renseignements concernant les drainages à M. L. Chandora, à Moissy-Cramayel (Seine-et-Marne).

M. L. N... (Orne). — *Taches d'encre*. — Mouiller les taches avec de l'eau étendue par dessus une petite couche de *sel d'oseille*, et promener sur le sel d'oseille, en mouillant plusieurs fois, une cuiller dans laquelle on a placé quelques charbons allumés. Bien rincer les tissus qu'on vient de détacher par ce moyen.

VINS DU BORDELAIS.

Que de fois nous avons entendu dire : « Quel service on nous rendrait, si on nous trouvait, dans les pays vignobles, un vendeur consciencieux ; si on nous débarrassait de la concurrence à outrance ; si on nous garantissait sérieusement la qualité, la pureté et la conservation des vins ! »

Pour le Bordelais, nous recommandons M. Vincent Ardura, viticulteur, propriétaire d'un des meilleurs crus de la Gironde, favorable aux tempéraments délicats (le domaine de la Chapelle-Frédignac, par Blaye Bordeaux), qui vend ses récoltes : 1889 à 130 fr., 1888 à 140 fr., 1887 à 150 fr., 1886 à 160 fr., 1885 à 175 fr., 1884 à 200 fr., 1882 à 220 fr., 1881 à 250 fr. et 1878 à 300 fr. la barrique de 225 litres, *franco* de port et de fût en gare d'arrivée. Paiement par le facteur à 30 jours 2 % ou 90 jours.

Certain que son vin plaira aux personnes qui ne le connaissent pas et qui désirent se bien approvisionner, sachant, en outre, qu'il est difficile de se rendre sérieusement compte de la qualité par la dégustation sommaire d'une petite fiole, M. Vincent Ardura n'hésite pas à adresser *gratuitement* une bouteille entière pour échantillon de la récolte désignée.

OFFRES & DEMANDES.

Pour répondre au désir qui nous est exprimé, nous offrons à nos abonnés, sous cette rubrique, deux annonces gratuites pour les offres et demandes d'emplois, produits ou animaux à vendre ou à acheter, etc.

Les annonces qui suivront jouiront d'une réduction de 50 pour 100 sur les tarifs ordinaires.

Les demandes d'insertions devront être envoyées à l'administration, qui se chargera de les rédiger.

Ne pas négliger d'envoyer tous les renseignements nécessaires (joindre 2 timbres de 0 fr. 15).

Un ancien élève d'une école d'agriculture, dans la force de l'âge, marié, bien au courant de la culture moderne en même temps qu'excellent praticien, demande un emploi de régisseur. — Très bonnes références. — N° 907.

S'adresser à M. GUESDON (J.-M.), à Belhôte, par Corps-Nuds (Ille-et-Vilaine).

A vendre ŒUFS DE POULES, race Dorking, à couver.

S'adresser rue du Prévôt, 7, à Beauvais.

Chienne courante begle, 5 ans, à vendre 40 francs.

S'adresser à M. BOISSEAU DU ROCHER, place de la Préfecture, à Laval. — N° 930-3.

On demande à acheter un couple de Lapins russes (de race pure), de 2 à 4 mois.

Adresser offres et prix à M. TROLLAT fils, horticulteur à Ameyron (Drôme). — N° 931-1.

Un jeune homme, 26 ans, sachant bien soigner les chevaux, désire se placer comme cocher dans un château ou en ville. — Excellentes références.

S'adresser à M. Arthur MARÉCHAUX, directeur de la Société coopérative à Saint-Jean-de-Liversay (Charente-Inférieure). — N° 932-1.

Etudes de **Me Albert DESBULLEUX**, avoué à Neufchâtel-en-Bray, et de **Me GIRARDIN**, notaire à Paris.

A VENDRE

sur publications judiciaires

en la Chambre des notaires de Paris, sise place du Châtelet,

et par le ministère de Me GIRARDIN, notaire à Paris, 85, rue Richelieu,

LE MARDI 12 MAI 1891

A UNE HEURE DE RELEVÉE,

UNE MAISON

sise à PARIS, rue Vineuse, n° 21 (16e arrondissement),

d'une contenance superficielle de 400 mètres carrés

Mise à prix.......... **45.000** fr.
Loyer annuel.......... **2.500** fr.

NOTA. — Le bail expire le 15 juillet 1891, et la locataire actuelle serait désireuse d'obtenir un nouveau bail.

S'adresser, pour tous renseignements :

1° A Me DESBULLEUX, avoué poursuivant la vente ;

2° A Me BOUCHÉ, notaire à Foucarmont ;

3° Et à Me GIRARDIN, notaire à Paris, dépositaire du cahier des charges et des titres de propriété.

REVUE FINANCIÈRE.

On fait tous les efforts possibles pour redonner au marché la belle activité qu'il a connue pendant plus de deux années. Ces efforts, par instants couronnés de succès, ne peuvent prévaloir contre la méfiance de l'épargne. Depuis près de cinq mois, l'on se débat entre des alternatives de petites hausses passagères et de reculs légers qui, sans changer profondément la bonne tenue des valeurs de tout repos, ne laissent plus à la cote son aspect brillant d'autrefois.

Somme toute, c'est une descente par degrés insensible, mais réelle : on en jugera par ce seul fait que, sur le 3 0/0, il y a un écart de 30 centimes entre le cours du 1er avril et celui d'aujourd'hui.

Quant aux institutions de crédit, elles continuent à se ressentir plus que toutes autres valeurs de cette atonie. On sait pourquoi. Il convient d'ajouter cependant quelques mots au sujet des attaques auxquelles certaines d'entre elles, les banques de dépôts notamment, sont en butte en ce moment. Quoi que l'on puisse penser de ces attaques, encore que l'on ait le droit de soupçonner qu'elles ne sont pas dictées par l'unique souci de l'équité et du bien public, on se prend à se demander s'il n'y a pas quelque part de vérité dans les critiques formulées.

L'exemple le plus frappant que l'on puisse donner de l'état de l'opinion à cet égard est le recul de l'action du Crédit Foncier : le 28 avril 1890, elle était à 1330, nous la trouvons aujourd'hui se maintenant difficilement autour de 1260.

Le marché des obligations du Crédit Foncier, de la Ville de Paris et des Chemins de fer, est lui-même, atteint de marasme. Les réalisations de bénéfices se font au bout de quelques jours, et il en résulte, d'une part que de petites baisses succèdent rapidement à des relèvements non moins momentanés, et d'autre part, que les cours sont ainsi ramenés constamment à un niveau presque invariable.

Le même phénomène se produit sur les actions des grandes Compagnies françaises. Cependant ici, les mouvements sont moins étendus, moins brusques et moins fréquents. Cette sorte de titres est celle qui échappe le plus à la contagion générale. Il faut dire que la qualité intrinsèque de ce papier, accrue de tout l'aide de la fixité de revenu garantie par l'Etat, lui permet d'échapper mieux que n'importe qui aux manœuvres de la spéculation.

Quant aux valeurs étrangères, à part les Russes, toujours vaillants, et l'Italien toujours faible comme il convient, elles subissent les fluctuations des Bourses de Berlin et surtout de Londres, empêtré dans ses difficultés Sud-Américaines.

Une petite émission en cours : 14,200 obligations de la Société Française des Télégraphes sous-marins. Nous engageons nos lecteurs à se méfier de cette affaire. Les prospectus font grand cas de 355,000 fr. de subventions et garanties annuelles, de concessions assurées. Mais l'exploitation se fera dans certaines de nos colonies, Cayenne, par exemple, et dans certaines contrées, Vénézuéla, Haïti, Brésil, pour n'en citer que trois; la prudence s'impose.

TIMON.

Banque internationale de Paris

SOCIÉTÉ ANONYME.
CAPITAL 25.000.000 DE FRANCS.
Assemblée générale ordinaire du 16 avril 1891.

Les actionnaires de la Banque internationale de Paris ont tenu leur deuxième Assemblée générale ordinaire le 16 avril 1891.

L'Assemblée, sous la présidence de M. Germain Halphen, a entendu le rapport du Conseil d'Administration, des Censeurs et des Commissaires, et a approuvé, à l'unanimité, les comptes de l'exercice 1890, qui font ressortir un bénéfice total de fr. 2.205.719 20

L'Assemblée a fixé à 30 fr. le dividende de cet exercice, a donné son approbation au rapport à l'exercice 1891 du solde des bénéfices, s'élevant à fr. 590.406.23 et a réélus MM. de Carrère, Ch. Durand et J. Kulp commissaires, chargés de faire un rapport à l'Assemblée générale de 1892 sur les comptes de l'exercice 1891. Un acompte de dividende de 12 fr. 50 ayant été distribué le 2 janvier dernier, le solde, soit 17 fr. 50 sera payable à partir du 1er juillet prochain, sous déduction des impôts résultant des lois de finances.

HALLES ET MARCHÉS.

SITUATION GÉNÉRALE.

Les céréales sont toujours à des prix fermes en hausse. Les sucres, alcools et huiles d'olive sont de meilleurs cours. Les légumes et la verdure sont un peu plus abondants. Les engrais ne changent pas de prix ; la viande se vend assez bien.

GRAINS.

Blés. — La situation ne se modifie pas ; l'aspect des blés en terre est toujours peu satisfaisant, et bien que le temps reste beau, la fraicheur anormale des nuits arrête le progrès de la végétation. Les cours restent bien entendu à la hausse dans toutes les directions ; voici les derniers relevés samedi : Arras, blés blancs, 28 50 à 30 50 les 100 kilog. ; roux, 27 à 30 ; Amiens, 31 ; Cambrai, blé blanc, 30 roux, 29 ; Châlons-sur-Marne, 31 50 ; Etampes, 29 15 à 31 70 ; Versailles, 29 20 à 30 ; Rouen, 30 ; le Mans, 29 50 à 30 50 ; Nantes, 29 75 à 30 25 ; Moulins, 29 50 à 30 ; Dijon, 30 à 31 ; Lyon, 28 75 à 29 50 ; Bordeaux, 30 20.

Seigles. — Le marché commercial à Paris est très calme au cours de 19 75 les 100 kilog. disponibles et livrables en mai, et 19 50 à 20 pour les autres époques.

Orges. — Les orges de brasserie se cotent de 19 à 22 les 100 kilog. en gare d'arrivée à Paris ; la saison de la germination est sur sa fin et les affaires sont très réduites. Les escourgeons sont au cours nominal de 21 les 100 kilog. à Paris ; à Arras, ils ont haussé de 50 centimes et valent 20 à 21.

Avoines. — Au marché de Paris, les prix sont soutenus avec affaires calmes ; on tient le disponible à 20 75 les 100 kilog ; le livrable jusqu'en août, 20 25 à 20 75 ; les quatre derniers mois, 17 75 à 18.

FARINES.

Farines de consommation. — Les transactions sont ordinaires, et la meunerie maintient ses prix ; la marque de Corbeil est à 68 les 157 kilog. nets et les autres marques aux cours correspondants.

Farines de commerce. — Affaires régulières et prix bien tenus pour les douze-marques, comme suit : courant du mois, 67 à 67 25 les 157 kilog. nets, livrables, 66 50 à 66 75.

Farines deuxièmes et bises. — Prix en hausse de 1 fr. par 100 kilog. ; on cote : petites premières, 34 à 37 ; deuxièmes, 32 à 34 ; troisièmes, 27 à 29 ; quatrièmes, 24 50 à 26 ; premier broyage, 22 à 23.

Farines de seigle. — On tient les prix en hausse de 1 fr. par 100 kilog. à Paris, comme suit : fleur extra, 27 50 à 28 ; première, 26 50 à 27 ; ordinaire, 26.

GRAINES FOURRAGÈRES. — FOURRAGES.

Graines fourragères. — La vente s'est ranimée et a été bonne la semaine dernière ; on cote par 100 kilog. à Paris, trèfle violet gros grain, 115 à 120, ordinaire, 90 à 100 ; vieux, 75 à 85 ; luzerne de Provence, 120 à 150 ; de pays, 105 à 115 ; trèfle blanc, 130 à 200 ; trèfle hybride, 130 à 220 ; minette écossée, 40 à 60 ; en cosses, 22 à 28 ; sainfoin, 25 à 28 ; ray-grass, 30 à 45 ; vesce de printemps, 17 à 18 ; alpeste, 26 à 32 ; pois jarras, 21 à 22.

Fourrages. — Prix en hausse au marché de la Chapelle ; on vend : foin et luzerne, 48 à 53 les 100 bottes de 5 kilog. au domicile de l'acheteur ; regain et trèfle, 46 à 47 ; paille de blé, 34 à 40 ; de seigle, 35 à 40 ; d'avoine, 25 à 30.

HUILES ET GRAINES OLÉAGINEUSES.

Huiles de graines. — Les prix des huiles de colza subissent quelques variations avec des affaires actives ; samedi dernier, on a clôturé à la baisse au marché de Paris : le disponible était de

77 75 à 78 les 100 kilog.; le livrable de 78 à 81 suivant l'éloignement des époques. L'huile de lin est faiblement tenue de 56 à 56 50 en disponible, et de 56 75 à 59 en livrable. — Sur les marchés du Nord et de la Normandie, les prix sont en hausse. A Lille et à Douai, on cote 68 l'hectolitre; à Arras, 77 à 78 les 100 kilog.; à Rouen, 78 25; et à Caen, 73 50 à 73 75. A l'étranger, les marchés de Belgique, d'Allemagne et de Londres sont en hausse.

Huiles d'olive. — Marché très animé et prix fermes à Nice; les huiles de choix se sont payés 160 42 les 100 kilog.; les ordinaires, 134 75 à 154; les huiles d'olives ramassées à terre, laissent à désirer et valent 141 16 à 150 80. Les huiles de Menton valent 134 75 à 141 37. A Grasse les offres sont nombreuses, mais à des prix très élevés. — A Marseille, on cote : Aix surfine, 200 à 220 les 100 kilog.; fine, 160 à 175; Bari, 125 à 145; Bougie, 100 à 120; Tunis, 95 à 115; Toscane, 220; Var, 130; Sicile, 125; Espagne, 125 à 130; mangeables de toutes provenances, 92 à 95.

Graines oléagineuses. — A Paris, les offres en graines de colza manquent, et le cours reste fixé de 35 à 36 les 100 kilog.; la graine de lin vaut 33 à 35; le chènevis, 36 à 40. — A Arras, on cote : graine d'œillette, 25 25 à 26 25 l'hectolitre; à Orchies : colza, 21 à 22; lin, 22 à 23; cameline, 15 à 16; à Caen, colza, 22. — A Courtrai, les graines exotiques valent : colza du Danube, 37 25 les 100 k.; Guzerat, 34; lin de Bombay, 28 87 à 29; de Plata. 27 75; de Riga, 27.

ENGRAIS.

La hausse n'a pas continué sur le nitrate de soude; la dernière cote est de 21 25 par 100 kilog. à Dunkerque, pour le disponible, et 21 50 pour le livrable jusqu'en juin; à Bordeaux et La Rochelle, on vend 21 25; à Marseille, 26. — Le sulfate d'ammoniaque reste aux mêmes cours; on cote sulfate français, 28 50 les 100 kilog. à Paris; 30 dans l'Est; 30 50 dans le centre; sulfate anglais, 28 75 à 29 à Dunkerque; 29 à Rouen; 31 50 à Bordeaux et la Rochelle. — Les superphosphates, en fin de saison, se vendent : solubles dans le citrate : Paris, 0 53 l'unité d'acide phosphorique; Nord, 0 49; ports de l'ouest et du sud-ouest, 0 59 à 0 60; Midi, 0 58 à 0 60: pour les superphosphates solubles dans l'eau, 4 à 5 centimes de plus par unité. — Les cours des phosphates sont faibles; dans la Somme on cote 1 22 à 1 25 l'unité de phosphate par 1,000 kilog. pour les 70 à 75 pour 100; 1 02 pour les 65 à 70 pour 100; 0 85 pour les 60 à 65 pour 100. Dans l'Oise les prix sont à Breteuil, de 2 40 à 3 20 les 100 kilog.; dans les Ardennes, 3 25 à 3 85; à Pernes, 3 50 à 6; dans le Cambresis, 3 50 à 3 75; dans le Lot, 3 à 4.

Raisins secs à boisson.

(Cours de la maison Audibert, 53, rue des Minimes, à Marseille).

PRIX ACTUELS (grande baisse).

Corinthe, **Roi de Grèce**, petits grains Extra 1er choix	100 kilos		59	»
Corinthe, le **Turban**, gros grains	»	»	55	»
Corinthe petits grains, 1er choix.	»	»	57	»
Thyra. 1er choix	»	»	50	»

BESTIAUX.

LA VILLETTE, 30 avril. — Bestiaux. — Vente facile sur les bestiaux, assez facile sur les veaux, plus facile sur les moutons et bonne sur les porcs.

COURS officiels.	Amenés.	Vendus.	1re qualité.	2e qualité.	3e qualité.	Prix extrêmes.
Bœufs	1.671	1.636	1 58	1 44	1 30	1 24 à 1 64
Vaches	487	468	1 54	1 38	1 24	1 10 1 58
Taureaux.	176	170	1 40	1 36	1 26	1 16 1 42
Veaux	1.334	1.146	2 10	1 92	1 76	1 41 2 32
Moutons	7.886	7.500	2 01	1 84	1 64	1 36 2 08
Porcs	4.903	4.839	1 26	1 22	1 16	1 12 1 32

Marché du lundi 27 avril.

	Amenés	Vendus	PRIX AU POIDS NET 1re qual.	2e qual.	3e qual.
Bœufs	2.279	2.145	1 54	1 42	1 28
Vaches	658	625	1 52	1 36	1 22
Taureaux	207	197	1 36	1 34	1 24
Veaux	1.408	1.2 8	2 04	1 86	1 70
Moutons	12.255	10.500	2 »	1 84	1 62
Porcs	2.716	2.678	1 28	1 24	1 18

	PRIX AU POIDS VIF 1re qual.	2e qual.	3e qual.	Prix extrêmes.
Bœufs	» 93	» 81	» 66	» 60 à » 99
Vaches	» 91	» 76	» 63	» 53 » 91
Taureaux	» 85	» 79	» 67	» 59 » 88
Veaux	1 24	1 06	» 89	» 72 1 36
Moutons	1 01	» 94	» 79	» 64 1 08
Porcs	» 90	» 86	» 82	» 76 » 94
Peaux de moutons en laine				3 90 6 75
Id. id. demi-laine				1 80 3 25

Viandes abattues. — Criée du 30 avril.

		1re qualité.	2e qualité	3e qualité.
Bœufs	le kil.	1 40 à 2 70	1 20 à 2 50	1 10 à 1 80
Veaux	—	1 90 2 06	1 70 1 86	1 46 1 66
Moutons	—	1 80 1 90	1 34 1 76	» 80 1 30
Porc entier	—	1 22 1 30	1 06 1 20	» 90 1 »

Fromages.

Brie fermiers, haute marque	les dix	48 à 52	
— — grand moule	—	35	40
— — moyen moule	—	25	30
— — petit moule	—	20	25
Brie laitiers moyen moule	—	20	25
Gruyère	100 kil.	190	140
Roquefort	—	260	200
Géromé (Gérardmer)	—	80	85
Romatour	—	95	105
Cantal	—	130	140
Façon Port-Salut	—	160	100
Bourgogne	le cent	65	70
Saint-Nectaire	—	90	100

Livarots :		1er choix.		2e choix.	
En caisse de 30	le cent	95 à	105	» à	»
En caisse de 36	—	90	100	70	75
Camembert	—	50	60	35	40
Façon Coulommiers	—	50	54	30	35
Bondons	—	12	14	8	1
Gournay	—	15	20	8	10
Mont-d'Or	—	25	30	»	2 »

USINE HYDRAULIQUE DU PETIT-MOULIN
A NANTEUIL-LE-HAUDOUIN (OISE).

HENRY BERTHIER
ingénieur-agronome diplômé de l'Institut national agronomique.

MACHINES AGRICOLES
Vente et échange. - Location. - Réparations en tous genres.

BICYCLES, BICYCLETTES & TRICYCLES
Accessoires et réparations.

Spécialité de Graines fourragères épurées.
CÉRÉALES DE SEMENCE.
GRAINES POTAGÈRES, DE FLEURS ET D'ARBRES, ARBRES FRUITIERS ET FORESTIERS.

Graines de Betteraves à grand rendement et à grande richesse saccharine.

ENGRAIS SIMPLES ET COMPOSÉS.

Envoi franco de renseignements à toute demande affranchie.

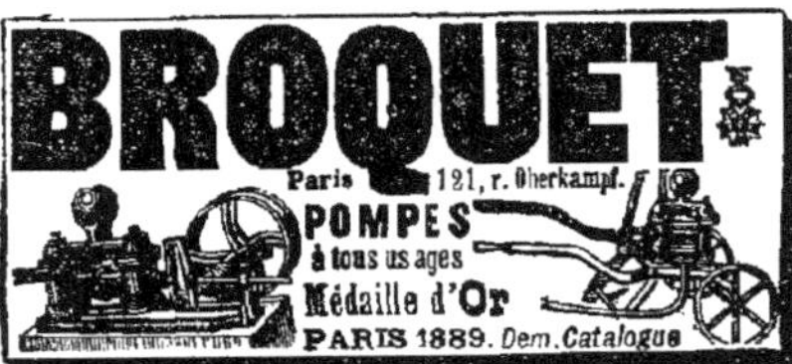

MALADIES DU BÉTAIL
ET DE LA VOLAILLE
Leur traitement préventif et curatif
PAR L'ACIDE SALICYLIQUE

L'acide salicylique, employé dans la nourriture à la dose de 1/2 à 1 gramme par jour et par tête de bétail, est le meilleur préservatif des maladies qui procèdent par contagion : Sang de rate, Cocotte, Maladie aphtheuse, Erysipèle, Typhus, Morve, Variole et le Rouget des porcs, etc.

DES ATTESTATIONS NOMBREUSES DE GUÉRISONS obtenues pour la Cocotte et le Rouget des porcs ont été reproduites dans le *Journal l'Agriculture*.

La désinfection des étables, des écuries se fait instantanément au moyen d'un arrosage d'eau salicylée à 2 grammes par litre.

S'adresser à M. CERCKEL, administrateur de la *Compagnie de produits antiseptiques*, 26, rue Bergère, Paris.

Envoi sur demande de Prospectus et Brochures.

PRIX DU KIL. 25 fr. — BOITE DE MÉNAGE, 2 fr.

POUDRE BERNICAL *pour faire retenir les vaches*, inoffensive, succès croissant.
« *Avec elle, pas de vaches stériles, envoyez 2 paquets.* » DUBOS, Biscarosse (Landes).
« *J'ai bien réussi, envoyez 1 paquet.* » TAPOT, Xaintrailles (Lot-et-Garonne). 1f 50 *franco*, timbres ou mandat, instruction. BERNICAL, pharm. 1re classe, Chaise-Dieu (Haute-Loire); Paris, pharm. KLÉBER, avenue Kléber, 70

PHARMACIE SAVARY

AMIENS, 33, Place Saint-Denis, 33, AMIENS
(EN FACE LE SQUARE).

PROVENDE AUX PHOSPHATES ASSIMILABLES
du Docteur DESCHAMPS.

Prix : 3 fr. le kilog.; 27 50 les 10 kilog. (Remises proportionnelles.)

Accroissement rapide des bestiaux, surtout chez les jeunes animaux, force nerveuse, fécondité, engraissement; prévient surtout la diarrhée chez les jeunes veaux. Qualité exceptionnelle du lait.

M. Lefebvre, cultivateur à Marcelcave, a élevé un veau en lui administrant de la Provende phosphatée pendant 60 jours : tué à 70 jours, ce veau pesait 193 kilog., chiffre officiel constaté à l'abattoir. La viande était très blanche, ainsi qu'est prêt à l'attester M. Oheix, boucher à Amiens.

Les attestations émanant des sommités françaises et anglaises les plus accrédités ont été données à M. SAVARY.

30 PRIX D'HONNEUR ET GRANDS PRIX, 250 MÉDAILLES OR, VERMEIL, ETC.
GRANDES CULTURES DE GRAINES POTAGÈRES, FOURRAGÈRES ET DE FLEURS

E. FORGEOT (✱ ✠) & Cie

Fournisseurs du ministère de l'Agriculture, des Ecoles nationales d'agriculture, des Syndicats agricoles, etc.
PARIS, quai de la Mégisserie, 6 et 8

Appareils spéciaux pour épurer et nettoyer les graines

SPÉCIALITÉ DE GRAINES DE GRANDE CULTURE

luzernes et trèfles garantis sans cuscute, minette, vesces, sainfoins trèfles incarnats betteraves, carottes, navets, choux-navets, pommes de terre

Blés à grand rendement, Avoines, Orges, Seigles. Graines d'arbres pour reboisement
Graines de graminées pour prairies

Notre Maison ne vend que des graines de provenances sûres, assurant les meilleurs résultats; elle accepte le contrôle de la Station d'Essais des Semences, établie à l'Institut agronomique par le Ministère de l'Agriculture, contrôle auquel nous sommes soumis dès sa création. En conséquence, nos graines sont garanties de levée et d'une pureté irréprochable; nos trèfles et nos luzernes sont garantis sans un seul grain de cuscute.

Grande et importante **Spécialité de Créations de Prairies.** Nous nous chargeons d'établir des compositions convenant à la nature de chaque sol, et d'avance nous en assurons la réussite.

Sur demande, nous adressons *franco* nos catalogues illustrés de graines potagères, fleurs, arbres, fourrages, ognons fleurs, plantes, etc.

OLIVIER-LECQ

Producteur de graines de betteraves à TEMPLEUVE (Nord).
FOURNISSEUR DES GRANDES SUCRERIES FRANÇAISES.

Le Syndicat des fabricants de sucre de France a organisé en 1889 un vaste concours de graines de betteraves françaises et allemandes auquel ont pris part 27 producteurs français et 10 grands producteurs allemands.

Les essais ont été faits dans dix départements sur 33 champs d'expériences.

CAMBRAI. — Moyenne des trois champs d'essais :

Rendt à l'hect.	Densité	Sucre O/O jus	Pureté	Sucre O/O better.	Sucre à l'hect.
49.083 kil.	7° 88	18.56	90	15.99	* 7.848 kil.

* *Avec les résultats ci-dessus, la betterave* OLIVIER-LECQ *arrive deuxième sur ses concurrents français et allemands.*

Champ d'essais de LA NEUVILLE :

Rendt à l'hect.	Densité	Sucre O/O jus	Pureté	Sucre O/O better.	Sucre à l'hect.
62.090 kil.	7° 9	18.95	92	16.40	* 10.168 kil.

* *Avec ces résultats,* M. OLIVIER-LECQ *arrive le premier sur les 33 champs d'essais. C'est le plus beau succès du concours.*

Les graines essayées provenaient d'un envoi de 20,000 kilog. fait par M. OLIVIER-LECQ à l'usine d'Escaudœuvres.

CRÉDIT AGRICOLE

UNION DES SYNDICATS AGRICOLES DE FRANCE
9, rue Marsollier, PARIS
Agence à LYON, 234, cours Lafayette, S. PLISSONNIER, Directeur ✱ M. A.

MACHINES AGRICOLES DE TOUS SYSTÈMES
TOURTEAUX et FARINES pour la nourriture du bétail.
ENGRAIS CHIMIQUES et ORGANIQUES, MATIÈRES PREMIÈRES
SEMENCES DE PREMIER CHOIX.

Médaille d'Or. ✻ Exposition Universelle 1889. ✻ Médaille d'Argent.

VACHERIE à céder, portes de Paris, cause de maladie, 9 vaches normandes, 120 litres lait vendus 40 et 50 c. Belle installation. Loyer peu élevé. 3,500 fr. bénéfices par an. Prix avantageux. Affaire susceptible d'augmentation. On traitera avec 6,000 fr. argent ou sans argent avec garanties. — S'adresser à MM. LAPORTE et LEFRANC, 93, boulevard Sébastopol, Paris. — Sont vendues les vacheries annoncées précédemment.

Semoir et Distributeur d'Engrais

système MAGNIER.

Envoi franco du catalogue illustré.

...iences du 23 septembre 1890, 1er prix. - 20 avril 1890, Poitiers, 1er prix.

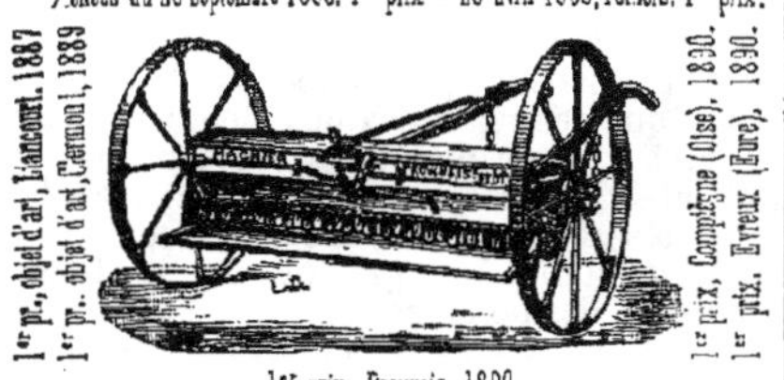

1er prix, Beauvais, 1890.

MAGNIER, constructeur breveté, Provins (S.-et-M.).

GUÉRISON RADICALE DE LA DIARRHÉE DES VEAUX PAR LA POUDRE CHOQUELIN.

1 franc la boîte *franco par la poste.*

Dép. g., Phie HAUVESPRE, Courville (Eure-et-Loir).

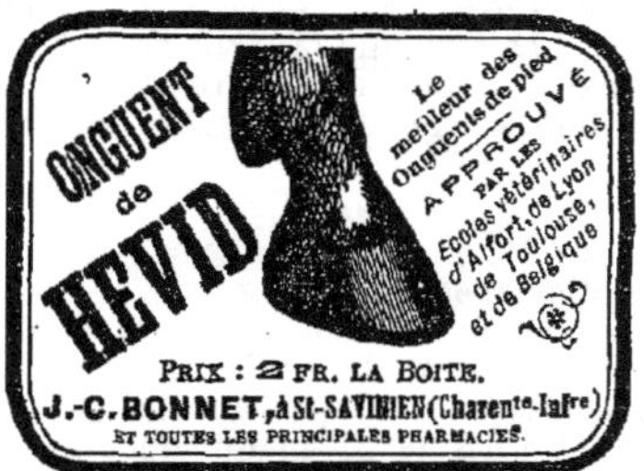

L'**Onguent de HEVID**, *adopté par le Ministère de la guerre*, est le meilleur préservatif des maladies du pied des espèces chevaline et bovine. Il pénètre admirablement le tube corné, le nourrit, et remet en bon état, en quelques semaines, le sabot le plus sec et le plus cassant.

En vente chez les vétérinaires, pharmaciens, selliers et maréchaux-ferrants.

L'Administrateur-Gérant : ALBERT RENOT.

Beauvais. — Imp. D. PERE. - A. CARTIER, Gérant.

Faucheuses. Faneuses. Râteaux à cheval. Presses à fourrages. Brise-Tourteaux. Appareils à cuire. Egrenoirs de maïs. Rouleaux. Semoirs. Transmissions par arbres et par câbles. **Matériel** de brasserie et de féculerie.

ALBARET (O. ✻ et O. ✻)

MACHINES AGRICOLES.

Ateliers de Construction et Administration à **LIANCOURT-RANTIGNY** (Oise).

Magasin et bureau, à PARIS, boul. de Strasbourg, 63 (entrée par le passage du Désir).

Succursales : Saint Quentin, boulevard Victor Hugo, no 52 ; **Chartres**, rue du Grand-Faubourg, no 76 ; **Abbeville** (Somme), rue Ringois, no 44 ; **Cambrai**, M. MESNIT, rue des Bouchers, no 13.

Récompenses obtenues aux Expositions universelles et Concours internationaux.

Machines à vapeur fixes, horizontales et verticales.

Générateurs.

Machines à vapeur locomobiles.

Manèges fixes, mobiles et semi-fixes.

Batteuses fixes et portatives, conservant ou brisant la paille.

Engreneurs mécaniques.

Semoirs à engrais à graines et à haricots.

Hache-maïs et **Coupe-racines** à force centrifuge transportables.

206 Médailles d'or.

Exposition	Récompense
1862. Exposition de Londres.	1er prix : grande médaille ; 2e prix : mention honorable.
1864. Exposition internationale de Bayonne.	Médaille d'or, donnée par le Gouvernement ; médaille d'or, donnée par la Commission de l'Exposition.
1865 Exposition universelle de Porto.	Grande médaille d'argent.
1867. Exposition universelle de Paris.	Grande médaille d'or, la plus haute récompense pour locomotive routière et machines agricoles.
1869. Exposon d'Amsterdam.	Diplôme d'excellence.
1869. Exposition de Beauvais. 1872. Exposition de Lyon.	Deux diplômes d'honneur, comme exposant et membre du jury.
1873. Expositon univ. de Vienne (Autriche).	Grand diplôme d'honneur, la plus haute récompense.
1878. Expositon univ. de Paris.	Trois médailles d'or ; un objet d'art pour mérite exceptionnel sur le terrain ; une médaille de bronze ; quatre médailles argent et bronze pour collaborateurs.
1882. Conc. spéc. intern. de hache-maïs de Ste Menehould.	1er prix : médaille d'or, donnée par la Société des Agriculteurs de France.
1883. Exposon d'Amsterdam.	Diplôme d'honneur : la plus haute récompense.
1884. Grand concours international d'Amsterdam.	Prix unique : grande médaille d'or pour locomobile ; 1er prix : grande médaille d'or pour presse à fourrage ; 1er prix : grande médaille d'or pour machines à battre ; 1er prix : médaille d'argent pour hache-paille et depulpeur.
1885. Exposition internation. d'Anvers.	Diplôme de médaille d'or, la plus haute récompense pour machines agricoles.
1889. Exp. d'économ. sociale, section XIV.	Médaille d'or ; médaille d'argent pour collaborateurs.
1889. Exposition universelle. - Membre du jury. Hors concours.	
1876. Société nation. d'agric. de France.	Grande médaille d'or ; prix de mécanique.
1886. Société nation. d'agric. de France.	Rappel de grande médaille d'or pour l'ensemble des travaux de mécan. agric.
1888. Aniche (Nord).	Moissonneuse-lieuse à la ficelle, diplôme d'honneur avec félicitations du jury, pour la machine qui fonctionne à toute satisfaction.
1889. Comice agric. de Montdidier. Ailly-sur-Noye.	Diplôme d'honneur et médaille de vermeil pour batteuse et instruments ; médaille de vermeil grand module pour faucheuse et moissonneuse.
1890. Concours de Clermont	Diplôme d'honneur avec félicitations du jury, pour le bon fonctionnement de la moissonneuse-lieuse.

Plusieurs médailles or, argent et bronze à MM. les Collaborateurs de la Maison.

Concasseurs.

Moulins-bluteries.

Hache-paille.

Hache-maïs.

Hache-fourrage.

Coupe-racines.

Laveurs de racines.

Moissonneuses simples.

Moissonneuses combinées.

Moissonneuses lieuses.

162 Médailles d'argent.

Envoi gratis sur demande des Catalogues illustrés.

16 Diplômes d'honneur et d'excellence.

Monte-Paille. **Moteur** domestique à vapeur à pression inférieure à celle atmosphérique. **Rouleaux** à vapeur et à traction de chevaux pour le cylindrage des chaussées d'empierrement. **Poteaux** indicateurs pour routes.

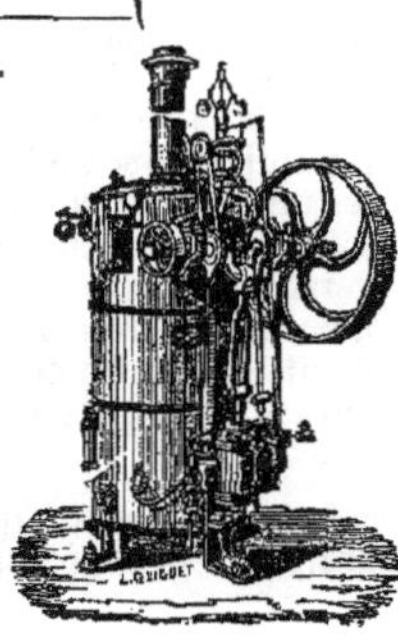

12e Année. — 2e Série. — N° 590. Dimanche 17 Mai 1891.

GAZETTE AGRICOLE

JOURNAL HEBDOMADAIRE, PARAISSANT LE DIMANCHE

Rédacteur en Chef : M. Ch. GOSSIN, Professeur d'Agriculture à l'Institut agricole de Beauvais.

PRIX DE L'ABONNEMENT

UN AN, 5 fr. — SIX MOIS, 3 fr. — TROIS MOIS, 2 fr. 25

Pour l'étranger les abonnements ne sont reçus que pour un an, au prix de 6 francs, et ne partent que du 1er janvier ou du 1er juillet de chaque année.

Le numéro : 10 centimes.

Il est indispensable de joindre à toute demande de changement d'adresse la dernière bande d'adresse du journal et 50 centimes pour frais de nouvelles bandes.

Adresser les *Abonnements* et *Annonces* au secrétaire de la rédaction, **13, quai Voltaire, Paris,** ou à M. GOSSIN, rédacteur en chef et administrateur, à BEAUVAIS.

BUREAUX

13, quai Voltaire, Paris, et à Beauvais.

Les abonnements partent du 1er de chaque mois et sont payables d'avance. Toute demande d'abonnement doit donc être accompagnée du prix de l'abonnement. (Le mode de payement le plus simple est l'envoi d'un mandat-poste.)

Donner *très lisiblement*, en s'abonnant, son nom et son adresse exacte, *avec l'indication du bureau de poste*; et, s'il s'agit d'une continuation d'abonnement, joindre au renouvellement la dernière bande d'adresse du journal.

La GAZETTE AGRICOLE insère gratuitement les Communications des Syndicats agricoles

SOMMAIRE :

PARIS, 15 MAI.

Les incidents, les événements qui se sont passés en France, et notamment à Fourmies le 1er mai forment depuis quinze jours le fonds des polémiques entre journaux républicains. La chose en vaut la peine. Les faits sont en effet trop graves pour que le Bonhomme Deschamps n'y revienne pas, et ne redise son sentiment, sans passion, en témoin attristé de ce qui se passe, de la comédie jouée par les cyniques politiciens composant la majorité républicaine de la Chambre des députés. Il a été donné ici même un résumé de la séance dans laquelle l'amnistie a été proposée au profit des citoyens arrêtés et condamnés à l'occasion des échauffourées auxquelles le « peuple souverain » a pris part et que la police et l'armée ont apaisées, ici avec tact et avec mesure, là avec une certaine rudesse, et à Fourmies, en faisant couler le sang dans les rues. Dans cette séance, les républicains se sont divisés en deux camps, les uns approuvant le gouvernement d'avoir maintenu l'ordre même au prix du sang versé; les autres, ayant à leur tête M. Clémenceau, reprochant à ce même gouvernement comme un crime « la mare de sang qui tache le pavé de Fourmies. »

***

Inutile de dire que les députés de la droite, en grande majorité, s'ils ne se sont pas associés aux mesures violentes prises par le gouvernement, ont refusé énergiquement de voter l'amnistie, et que c'est grâce à ce vote que le gouvernement est encore debout. D'où l'accusation portée par nombre de députés radicaux contre le gouvernement, de pactiser avec la droite et contre les conservateurs, d'être des capitalistes égoïstes et implacables, des mitrailleurs, des buveurs de sang qui se sont jetés avec transport dans les bras de M. Constans du jour où il a fait fusiller les grévistes de Fourmies, etc., etc. On voit bien, n'est-ce pas, que les radicaux ne sont pas au pouvoir et qu'ils n'ont pas la responsabilité du maintien de l'ordre. S'il en était différemment, s'ils tenaient la queue de la poêle, ils n'auraient pas manqué de faire frire tous les ouvriers grévistes, tous les émeutiers, tous les socialistes de France et de Navarre. Les radicaux suivent aujourd'hui, à l'égard du gouvernement opportuniste, la même tactique que celle qu'ont suivie les républicains de toute nuance sous l'Empire et la Monarchie, criant : *A l'assassin!* lorsque la force publique maintient l'ordre.

***

En effet, pour le républicain qui n'est pas au pouvoir, le sergent de ville, le soldat et l'officier, sont des assassins lorsqu'ils font respecter la loi, qu'ils assurent la libre circulation des rues et qu'ils protègent la liberté des ouvriers désireux de ne pas chômer au détriment de leurs familles. C'est que, suivant l'expression cynique d'un républicain radical, il leur faut « ménager leurs électeurs ». Ménager leur clientèle électorale, voilà le *Credo* de tout bon républicain qui n'a pas l'assiette au beurre. Mais que ce même républicain devienne préfet, sous-secrétaire d'Etat, ministre comme M. Yves Guyot par exemple, il change son fusil d'épaule et conforme ses mœurs et sa conduite avec ses intérêts particuliers, sans nul souci de l'ordre, de l'intérêt du travailleur et de l'intérêt du pays. En attendant la possession du pouvoir, les radicaux ameutent les ouvriers contre les patrons, le travail contre le capital dans l'espoir que leur clientèle électorale grossira en raison directe du trouble qu'ils jetteront dans les esprits et des misères qu'ils accumuleront.

***

La Droite, on le voit, a donc fait son devoir en votant dans sa grande majorité, pour le gouvernement qui sauvegardait l'ordre, sans se préoccuper de la nuance politique des républicains au pouvoir, sans chercher à savoir, si son devoir fait, la clientèle électorale serait satisfaite. Si les députés de la Droite, entraînés par une sentimentalité aveugle, ou par la haine légitime des hommes actuellement au pouvoir étaient tombés dans le piège que leur tendait M. Clémenceau en appelant le comte de Mun à son aide pour renverser le ministère, ils auraient une défaillance à se reprocher et auraient commis une lourde faute politique. Ils auraient mis le pouvoir entre les mains de M. Clémenceau et de ses amis, c'est-à-dire entre les mains de ceux qui venaient de proclamer, à la face de l'Europe, la légitimité de la Révolution sociale. Le lendemain du vote qui aurait donné gain de cause à M. Clémenceau, les ennemis de la France se seraient empressés de crier à tous les gouvernements de l'Europe : « La révolution sociale l'emporte en France et le parti de l'ordre et de la conservation sociale n'existe plus. Sus à la France. »

***

La Droite a donc agi avec sagesse, avec patriotisme, en votant comme elle l'a fait, contre l'amnistie. Mais pourquoi n'a-t-elle pas expliqué son vote ? Pourquoi l'un de ses membres n'est-il pas monté à la tribune et n'a-t-il pas défini en quelques mots la situation des monarchistes et le sens de leurs votes ? Voulaient-ils, en votant contre l'amnistie, accorder un bill d'indemnité au gouvernement dont la conduite à Fourmies n'est pas exempte de maladresse et de violence ? Pas le moins du monde. Voulaient-ils condamner en bloc les revendications des travailleurs et faire entendre par là qu'on ne doit répondre à ces manifestations que par des coups et des violences ? Le Bonhomme Deschamps sait combien les conservateurs so des misères de la classe laborieuse. Ils ne cessent de proclamer la nécessité de porter remède à ces maux et prouvent la sincérité de leurs sentiments par des actes, par une pratique de chaque jour de la charité chrétienne. Les écoles, les œuvres philanthropiques de toutes sortes en font foi. Mais hommes d'ordre et patriotes ils voulaient condamner les théories subversives du socialisme et épargner au pays les malheurs qu'aurait attirés sur lui le triomphe des charlatans radicaux. Ils agiront de même et pour les mêmes motifs lorsque les charlatans de l'opportunisme, culbutés par les radicaux, auront perdu le pouvoir. Et c'est ainsi qu'ils mériteront la reconnaissance du pays.

LE BONHOMME DESCHAMPS.

NOUVELLES DE LA SEMAINE.

Les administrateurs des grandes Compagnies. — Le gouvernement médite avec un certain Trouillot, député du Jura, de *mettre la main sur les grandes Compagnies de* chemins de fer, en faisant voter une loi qui lui donnerait le droit de ne pas accepter les administrateurs élus, comme on doit, par les actionnaires intéressés. A cet effet, ledit député Trouillot a déposé une proposition de loi et la Chambre ou plutôt la majorité républicaine de la Chambre, a nommé une commission favorable aux désirs du citoyen Trouillot. Ainsi donc, si cette loi passe, comme c'est probable, les membres des conseils d'administration des Compagnies de chemins de fer, au lieu d'être des actionnaires importants, librement élus par les autres actionnaires pour administrer *intelligemment et honnêtement les Compagnies*, seront désormais et avec la loi nouvelle, des créatures du gouvernement et de véritables agents subalternes, moins fiers qu'un simple aiguilleur, et *moins dignes qu'un chef de train*. Ils ne pourront plus être nommés sans l'autorisation du gouvernement, ou du moins sans sa consécration. De telle sorte que, pour ceux qui ne pensent pas que la République soit le meilleur des gouvernements, l'investiture ministérielle deviendra comme le prix d'une trahison et d'un marché honteux.

Il n'y a pas d'industrie qui puisse résister à l'intrusion de la politique. Pour la première fois, la politique introduit son ver rongeur dans les chemins de fer. Jusqu'à présent, tous les gouvernements s'étaient tenus en dehors des grandes Compagnies, les laissant s'administrer elles-mêmes, comme il convient, et comme il le faut. Jamais, jamais l'idée n'est venue à l'Empire lui-même et à sa période la plus dictatoriale, d'exercer le droit de contrôle ou de véto sur les administrateurs des chemins de fer. A la République, était réservée cette satisfaction gloutonne des appétits ignobles, qui fait que partout où il y a quelque chose à prendre, à manger, l'Etat tend tout de suite ses mains crochues.

Les aveux de nos bons radicaux. — Un député radical bon teint, M. Camille Pelletan, qui n'a pu réussir à faire adopter la proposition d'enquête, constate « avec une profonde tristesse que la Chambre vient de commettre une de ces fautes qui ne se réparent pas. » Il trouve qu'« on va sérieusement trop loin », et il conclut : Nous étions peut-être en droit de demander, comme gage d'union, que la République française ne fût pas plus cruelle pour les socialistes que les monarchies voisines. »

La *Lanterne* n'est pas moins sévère :

« La responsabilité encourue, dit-elle, pas suite de cette sorte de mise en état de siège de la République contre les manifestations ouvrières, le ministre de l'intérieur ne s'en est pas dégagé ! Elle ressort d'autant plus douloureusement par le contraste qui se remarque entre l'affolement de l'administration républicaine et le calme dont faisaient preuve, au même moment, les monarchies voisines. En Belgique et en Angleterre surtout, des manifestations ouvrières qui allaient jusqu'à comprendre 30,000 ouvriers ont pu se développer, déposer leurs pétitions, formuler leurs revendications sans se heurter, comme dans la France républicaine, à des baïonnettes et sans être fusillées. »

Il s'agit, dans cette affaire, de l'amnistie proposée à la Chambre à l'occasion des fusillades de Fourmies, et que la majorité a rejetée.

L'agitation du 1er mai, surexcitée par les malheureuses complications de Fourmies, continue dans les départements où l'on est toujours de quelques lunes en retard sur la capitale. A Paris, les anarchistes et les boulangistes battent en vain le pavé sans arriver à provoquer la moindre émeute. Mais à Lyon, à Cette, à Béziers, à Toulon, et dans les autres foyers révolutionnaires, la violence reste à l'ordre du jour et l'on vit en quelque sorte sur le pied de guerre. C'est surtout dans le Nord que le malaise est plus prononcé. Ce département est travaillé à la fois par le boulangisme et l'internationalisme, et il n'y a pas lieu de s'étonner de l'anarchie morale qui y règne, anarchie entretenue par la mollesse des autorités qui n'ont de condescendance que pour les meneurs révolutionnaires. Lille et Roubaix sont, en ce moment, plus spécialement les cités choisies par les commis voyageurs de la guerre sociale pour leurs prédications infernales. Nous ne croyons pas que cette propagande aboutisse à un conflit sérieux, mais elle entretient l'inquiétude et paralyse complètement les affaires dans cette importante région industrielle.

Le recensement. — Le fait qui ressort des constatations du recensement de 1891 pour la France, c'est la dépopulation des campagnes au profit des villes. Autrefois, les campagnes contenaient la majorité des habitants de la France. Maintenant, ce sont les villes.

La population de notre pays reste à peu près stationnaire. Mais, si l'on examine les chiffres, on voit qu'elle s'accroît dans les villes pendant qu'elle diminue dans les campagnes.

De 1886 à 1891, Paris a passé de 2 millions 261,000 habitants à 2,423,000 habitants. C'est une augmentation de 162,000 habitants en une période de cinq ans. Les résultats sont analogues dans la plupart des villes.

Lyon compte maintenant 430,000 habitants, au lieu de 400,000 en 1886. Marseille à 407,000 habitants au lieu de 376,000 en 1886. Bordeaux est à 252,000 habitants au lieu de 240,000 en 1886. Lille, qui avait 188,000 habitants en 1886, dépasse actuellement le chiffre de 200,000.

Ce sont là de très grandes villes. Mais pour des villes de second et de troisième ordre, l'augmentation est proportionnée.

Ce n'est point par l'excédent des naissances que la population des villes françaises s'accroît : c'est par l'émigration, c'est par l'afflux de l'élément étranger qui franchit la frontière et de l'élément français qui quitte la campagne.

Donc, les campagnes se dépeuplent de plus en plus : et pendant que beaucoup d'ouvriers dans les villes cherchent en vain du travail, les propriétaires et les fermiers dans les campagnes se plaignent de ce que l'agriculture « manque de bras ».

En Belgique. — La situation de la Belgique s'aggrave chaque jour. Le gouvernement vient d'appeler sous les armes les classes 1887 et 1888 qui étaient en congé illimité. Il est à craindre que ces soldats, arrachés au milieu civil, apportent dans les casernes des éléments d'indiscipline. Cependant, la section centrale discute toujours le *referendum*. Le ministère, d'accord avec le roi Léopold, voudrait profiter de la revision pour introduire dans la Constitution le *referendum* en vertu duquel le roi, s'il se trouvait personnellement en désaccord avec le Parlement, pourrait consulter directement, sur telle ou telle question, le peuple électoral.

Traitement préventif de la maladie de la pomme de terre.

Le terrible hiver que nous venons de subir a détruit ou compromis bien des récoltes, et si favorables que soient maintenant les conditions atmosphériques, l'année 1891 comptera malheureusement parmi les mauvaises au point de vue agricole. Cette situation nous impose l'obligation de chercher à compenser, dans la mesure du possible, le déficit des cultures d'automne par une augmentation de rendement des cultures d'été, lesquelles devront être l'objet de soins tout particuliers.

Celles-ci occupent, cette année, des surfaces très étendues, partout notamment. On a fait des plantations de pommes de terre beaucoup plus considérables que d'ordinaire. On ne le regrettera pas ; quoi de plus propre, en effet, à remplacer le pain de froment, que cet autre *pain tout fait*, que nous devons au précieux tubercule ? Du reste, la culture de la pomme de terre, par sa simplicité, par le bon état dans lequel elle laisse la terre, par son produit, est une de celles qui offrent le plus d'avantage, aujourd'hui surtout, que nous avons à notre disposition des variétés anciennes, telles que l'*Institut de Beauvais*, la *Richter Imperator*, etc., deux ou trois fois plus productives que les anciennes.

Oui, la pomme de terre a tout pour elle, tout, si ce n'est que la maladie, ce terrible fléau dont on a cherché le remède pendant si longtemps.

Enfin, ce remède est connu ; nous l'avons déjà signalé, en mettant sous les yeux de nos lecteurs les résultats concluants des expériences de M. Aimé Girard. Il résulterait, disions-nous, des essais entrepris par ce dernier, en 1888 et 1889, qu'il est possible de guérir radicalement au moyen du *traitement cuivrique*, les champs contaminés et de les mettre à l'abri de l'attaque du parasite ; quelques kilogr. de sulfate de cuivre par hectare suffisent.

Ces essais ont été continués ; et les résultats de 1890 ont absolument confirmé la théorie et maintenant l'efficacité des sels de cuivre dans le traitement de la maladie de la pomme de terre et des tomates indiscutable, comme elle l'est pour le traitement des maladies de la vigne.

La question est de savoir sous quelle forme ces sels doivent être employés ; nous avons d'abord *la bouillie bordelaise*, mélange liquide de sulfate de cuivre et de chaux, projetée sur le feuillage à l'aide de pulvérisateurs, tels que les excellents pulvérisateurs Vermorel ; il y a aussi des poudres cuivriques de formules diverses dont on saupoudre les feuillages.

Nous citerons notamment, comme donnant de bons résultats, le *phosphate cuivrique* préparé par M. E. Bichon, négociant à Montpellier (Hérault). Ainsi que son nom l'indique, le phosphate cuivrique est une poudre formée de phosphate de chaux traité par un procédé spécial de manière à obtenir un composé cuivrique neutre et phosphaté, dans lequel le cuivre est à l'état d'oxide hydraté, comme dans la bouillie bordelaise la mieux faite.

Pour le traitement préventif, deux applications sont nécessaires, l'une, quand la tige a 10 centimètres, l'autre quand la plante est en fleur. L'opération est du reste fort simple ; elle se fait au moyen d'un tube en fer blanc ; pour ce traitement préventif, 100 kilogr. de phosphate cuivrique (à 5 %) suffisent ; il coûte 14 francs les 100 kilogr., c'est donc une dépense de 28 à 30 francs par hectare ; ce n'est assurément pas payer trop cher la préservation d'une récolte précieuse, d'autant plus que le phosphate cuivrique constitue, par sa composition même, un engrais dont l'effet se fait sentir sur la culture subséquente.

Si l'affreuse lèpre a déjà envahi le champ, c'est un produit plus concentré qu'il faut employer, le phosphate cuivrique n° 1 (à 10°). Mais, ce qu'il importe, c'est de prévenir l'envahissement par le traitement de la première végétation. Ne vaut-il pas mieux prévenir que guérir ?

CHARLES GOSSIN.

Conventions entre les propriétaires et les exploitants (1)

(SUITE)

Le prix de fermage est une des conditions principales de l'exploitation, on peut même dire la condition primordiale ; si ce prix est excessif, le fermier est dans un état de gêne qui empêche toutes les améliorations temporaires qu'il pourrait faire sur les immeubles loués, et dont il pourrait profiter pendant le cours de son bail ; ce prix doit cependant être fixé de manière que le propriétaire puisse retirer un intérêt suffisant, sans être exagéré, du capital de l'immeuble loué.

A cet effet, ne conviendrait-il pas de faire, préalablement à la rédaction du bail, une expertise contradictoire entre le bailleur et le preneur, pour évaluer la valeur en capital de l'immeuble donné à bail, et ensuite fixer le taux d'intérêt de ce capital, à un tant pour cent, discuté et convenu entre les parties contractantes ?

Dans cette estimation de l'immeuble, il y aurait lieu de comprendre la valeur en revenu des pommiers, poiriers, et autres arbres fruitiers existant sur les terres louées, selon les pays de culture, calculée sur leur revenu moyen annuel.

Le taux d'intérêt de ce capital immobilier, qui déterminerait le prix fixe de location, pourrait varier entre trois et trois et demi pour cent du capital, selon la situation de l'immeuble, l'état des bâtiments et la facilité d'exploitation.

Dans le bail, il serait nécessaire d'introduire certaines conditions relatives aux améliorations foncières faites par le propriétaire pendant le cours du bail, sur les terres de l'exploitation, ainsi qu'aux bâtiments loués.

Pour les améliorations foncières, telles que le drainage, les irrigations, la mise en culture de bois ou de landes, le preneur serait tenu de payer annuellement au propriétaire un intérêt du capital employé pour ces travaux, dont le tant pour cent serait stipulé au bail.

En ce qui concerne les bâtiments, s'ils venaient à tomber par vétusté, ou à être détruits par une cause quelconque, comme un incendie par exemple, le propriétaire serait tenu de les réédifier sans pouvoir exiger d'intérêt du capital déboursé à cet effet. Mais si par suite d'une augmentation du bétail, ou pour tout autre cause, ils devenaient insuffisants, et que le preneur demandât de nouvelles constructions, ce dernier, dans ce cas, devrait tenir compte au bailleur de l'intérêt du capital employé, et le taux de cet intérêt serait fixé dans les conditions du bail.

Enfin dans les conventions entre le bailleur et le preneur, pour intéresser directement le propriétaire aux résultats culturaux et financiers de l'exploitation, il serait indispensable de fixer le produit moyen annuel, par hectare, de chaque espèce de plantes cultivées dans la région de la situation des immeubles, et de celles dont les parties contractantes voudraient introduire la culture sur la ferme louée, céréales, sarrasin, colza, betteraves à sucre, lin, chanvre, tabac, ou autres plantes alimentaires ou industrielles ; ce produit moyen par hectare serait convenu entre les parties contractantes, ou à défaut d'un accord commun il serait fixé par experts choisis par les parties, qui pourraient prendre pour base de leur arbitrage la moyenne des quatorze dernières années, dont ils retrancheraient les deux plus fortes et les deux plus faibles.

Le bailleur s'obligerait à fournir, chaque année au preneur, les semences de variétés de blé améliorées, les engrais complémentaires azotés, phosphatés, calcaires, potassiques, qui seraient employés sur les terres ensemencées en culture, dont le produit moyen annuel aurait été stipulé dans le bail, à l'exclusion de tout autre.

Lors de la récolte, le propriétaire prélèverait d'abord le prix des avances qu'il aurait faites, pour l'achat des semences et des engrais complémentaires qu'il aurait fournis ; le preneur prélèverait ensuite le produit moyen par hectare de chaque culture, fixé dans le bail ; et enfin le surplus serait partagé par moitié entre le propriétaire et l'exploitant.

Tout ce qui reviendrait au bailleur, pour sa part en nature dans le produit des récoltes, serait pris en charge par le fermier, qui en tiendrait compte en argent pour la valeur au cours du jour des prélèvements et de partage ; si toutefois le bailleur ne voulait pas conserver ces produits en nature pour bénéficier des avantages, ou subir les risques de la fluctuation des cours.

Le bail devrait en outre stipuler expressément que le preneur serait tenu d'entretenir sur la ferme louée un certain nombre de têtes de bétail, dont le minimum et le maximum seraient fixés, et de cultiver chaque année un même nombre d'hectares en culture de plantes alimentaires, fourragères, industrielles ; cette quantité ne pourrait être augmentée ni diminuée sans le consentement des parties contractantes.

A. GARNIER,
secrétaire de la Société d'agriculture et d'industrie d'Ille-et-Vilaine.

(A suivre.)

(1) Mémoire couronné par la Société des Agriculteurs de France, sur la question mise au concours pour l'année 1890.

Formules et modes de préparations des traitements

CONTRE LES PARASITES ET AUTRES ENNEMIS DES POMMIERS

Afin d'obtenir les meilleurs résultats avec les traitements ci-dessous, il est indispensable que tous les pommiers d'une même pièce, ou même de pièces continues, soient traités. Il suffit, en effet, de laisser quelques pommiers sans traitement pour que les nombreux insectes qui auront été préservés viennent contaminer leurs voisins et rendre leur traitement inefficace.

Bouillie bordelaise à 3 0/0.

On fait dissoudre 3 kilos de sulfate de cuivre dans 5 à 6 litres d'eau, en agissant comme pour le sulfate de fer.

On éteint dans un deuxième vase 3 kilos de chaux grasse, puis on verse lentement la bouillie de chaux dans la dissolution cuivreuse, en ayant soin d'agiter constamment.

Afin d'éviter l'introduction des grumeaux dans l'appareil de pulvérisation, il est bon de procéder préalablement au filtrage de la bouillie de chaux.

Cette bouillie s'emploie au printemps, au moment du débourrage des bourgeons ; trois litres suffiront par pommier moyen.

Il faut éviter d'en laisser tomber sur le sol, et surtout sur l'herbe qui doit être consommée par les animaux pour éviter les accidents.

Cette formule est surtout efficace contre les mousses et les écorces.

Contre les larves d'insectes et les chenilles.

On recommande la formule suivante :

Eau, 1 litres.
Savon noir, 175 grammes.
Pétrole, 8 litres.

On fait bouillir le savon noir dans l'eau, et on verse le mélange bouillant dans le pétrole, puis on agite vivement pendant 10 ou 15 minutes.

On obtient ainsi une sorte de crème qu'il suffit de mêler à l'eau dans la proportion de 1 de crème pour 10 d'eau.

Cette formule doit s'employer aussitot qu'on s'aperçoit que les bourgeons sont attaqués par les chenilles.

En 1889 et 1890, les bourgeons de nos pommiers ont été atteints dès le débourrage par des petites chenilles vertes et marrons, qui les ont empêchés de se développer. C'est à ce moment que le traitement devra être appliqué.

Contre les grosses chenilles, qui dévorent les feuilles un peu plus tard, on peut appliquer le même traitement ou le suivant :

Eau, 10 litres.
Sulfure de potassium, 40 grammes.
Savon noir, 100 grammes.

On fait dissoudre séparément le savon noir et le sulfure de potassium dans quelques litres d'eau, et on fait le mélange au moment de l'emploi, en ajoutant l'eau nécessaire pour compléter les 10 litres.

Contre le puceron lanigère.

On recommande de badigeonner les branches et les places avec un pinceau, pour ne pas atteindre les feuilles et les bourgeons, en mars ou avril, avec le mélange suivant :

Eau, 100 grammes.
Benzine, 50 grammes.
Colle-forte, 10 grammes.

Ou encore :

Acide piroligneux, 1.000 grammes.
Acide salicylique, 2 grammes.
Oxyde rouge de mercure, 2 grammes.

Diluer au 1/30 pour les branches.

G. LANGLAIS,
Professeur départemental d'agriculture de l'Orne.

Outre ces procédés nous signalons aussi celui dont a parlé dernièrement M. Léveillé, membre de la Société entomologique de France.

Ce procédé consiste à faire des fumigations de souffre dans les pommiers en mai, avant l'épanouissement des fleurs, au moment où l'anthonome commet ses dégâts, perce les boutons à fleurs pour y déposer son œuf.

Dans un vieux seau hors d'usage, on allume du soufre en canon et on promène ce seau entre toutes les branches de l'arbre. Il faut 1 kilogr. de souffre pour un gros pommier et un quart d'heure pour cette fumigation. Tous les arbres traités l'an dernier par ce moyen ont été chargés de fruits, tandis que ceux non traités et laissés comme témoins, n'avaient pas une seule pomme.

PRÉPARATION DES OSIERS BLANCHIS

On sait que c'est par l'écorcement qu'on obtient les osiers blanchis. Pour la plus grande partie des brins d'osier, c'est à l'état d'osiers blanchis que les cultivateurs les livrent à la vannerie. On ne peut écorcer les osiers qu'au moment où la sève est en pleine circulation. Le blanchiment des brins est un travail long, mais n'exige pas de grands efforts : c'est pourquoi il est le plus souvent exécuté par des femmes ou des enfants. C'est le plus souvent en faisant passer les brins à travers une pince en bois garnie de fer sur une certaine longueur qu'on pèle les osiers. D'autres fois, on se sert d'une pince à ressort fixée verticalement sur un piquet. Dans tous les cas, on doit éviter de froisser les brins, ce qui leur enlèverait une partie de leur valeur, surtout pour les brins fins et délicats. S'il reste quelque parcelle d'écorce sur les brins qui ont traversé la pince, on l'enlève à la main.

L'écorcement des osiers exigeant beaucoup de main-d'œuvre, on a cherché depuis assez longtemps à construire des machines avec lesquelles on puisse exécuter ce travail. Nous rappelons que M. de Meixmoron de Dombasle, ingénieur-mécanicien à Nancy, construit un excellent peleur d'osier du système Moisson et Page.

Les brins d'osier, introduits par le gros bout, sont saisis par la machine, et ressortent à l'autre extrémité débarassés de leur écorce; pour éviter que les brins soient écrasés ou fendillés, des ressorts limitent l'écartement des organes suivant la grosseur des brins. L'appareil est mû à bras : un ouvrier et trois enfants suffisent pour le servir, et ils peuvent réaliser par jour l'écorcement de 40 à 50 bottes d'osier ; pour que le travail soit régulier, il faut que l'osier soit bien en sève. L'instrument est monté sur un bâti et porté par deux petits madriers ; on peut le transporter sans peine dans les oseraies, afin de pratiquer l'écorcement sur place.

TRAITEMENT des VIGNES PHYLLOXÉRÉES

par les vidanges hydrocarburées-sulfurées à l'état de liquide et en tourteaux,

PROCÉDÉ DU COMMANDANT J. JULLIEN.

Indications générales. — Ce procédé est basé sur la production dans les vidanges, sous forme de sulfosels, de composés hydrocarburés-sulfurés, rendus solubles par leurs combinaisons avec les sulfures alcalins, ammoniacaux et organiques contenus naturellement dans ces vidanges ou qu'on y a introduits. Ces composés hydrocarburés-sulfurés jouissent de propriétés insecticides semblables à celles du sulfure de carbone, mais, tout en ayant cependant une force d'expansion suffisante, sont moins volatils et, par suite, d'une efficacité plus certaine. De sorte qu'on a ainsi un engrais des plus énergiques en même temps insecticide et fertilisant, et pouvant être employé non seulement pour la culture de la vigne et contre le phylloxera, mais encore pour la généralité des cultures et contre tous les insectes qui vivent dans le sol et s'attaquent aux racines et aux semences.

Voici comment on opère pour obtenir ces vidanges : triturer ensemble du soufre en poudre et du goudron de houille (goudron de houille brut, liquide qu'on trouve dans toutes usines à gaz) de manière à former une pâte bien homogène, sèche, friable, pouvant facilement se réduire en poussière et se délayer dans les vidanges. Délayer cette pâte à des doses variables suivant le degré de maladie de la vigne et le degré de perméabilité du sol, dans des vidanges très concentrées, très ammoniacales, très *grasses*, ou dans lesquelles on a fait dissoudre un polysulfure alcalin, du sulfure de potasse (foie de soufre) de préférence.

Recommandation expresse. — Ne pas employer, pour délayer la pâte goudronnée-sulfurée, des vidanges ayant été désinfectées avec du sulfate de fer, ce sel décomposant les sulfures alcalins, ammoniacaux et organiques contenus dans les vidanges, et empêchant, par suite, la formation des composés hydrocarburés-sulfurés. Si l'on veut introduire du sulfate de fer dans ces vidanges, il faut, comme je l'indique plus loin, le faire dissoudre d'abord dans des vidanges ordinaires qu'on verse ensuite dans les vidanges hydrocarburées-sulfurées.

Préparation de la pâte goudronnée-sulfurée pulvérulente. — La partie prépondérante de la préparation de ces vidanges est la préparation même de la pâte goudronnée-sulfurée. Quand elle est bien faite le goudron n'encrasse ni le sol, ni les racines. Voici un procédé qui permet d'en préparer d'assez grandes quantités en peu de temps.

Supposons, pour fixer les idées, que nous ayons 100 kilos de goudron et 300 kilos de soufre (c'est la proportion qui me paraît la plus convenable) que nous voulons transformer en pâte goudronnée-sulfurée pulvérulente. Sur un sol bien uni, bien damé et suffisamment résistant, dallé, bétonné ou macadémisé, si c'est possible, on dispose les 300 kilos de soufre en un tas formant cuvette au milieu. Dans cette cuvette nous versons les 100 kilos de goudron. Trois ou quatre ouvriers, munis chacun d'une pelle, commencent par bien mélanger, bien mêler et bien triturer ensemble le soufre et le goudron. Ensuite, deux ou trois d'entre eux, prenant chacun un pilon où, à défaut, une forte bûche de bois, pétrissent, broient et pilent vigoureusement la masse de manière à bien faire pénétrer, à bien incorporer le soufre et le goudron l'un dans l'autre. Pendant ce temps, lo ou les pelleurs restant réunissent les parties trop pulvérulentes aux parties trop pâteuses en les plaçant les unes et les autres sous les coups des pileurs. On continue ainsi l'opération jusqu'à ce que la masse soit bien homogène dans son ensemble et également pulvérulente dans toutes ses parties. Plus le mélange et la trituration à la pelle ont été d'abord bien faits, plus la trituration et le broyage aux pilons sont, ensuite, faciles et rapides. Par ce procédé, trois ou quatre ouvriers peuvent facilement, avec un peu d'habitude et d'habileté, préparer 400 kilos de pâte en moins d'une heure.

Quand, avant de verser le goudron dans la cuvette et de l'incorporer avec le soufre, on le délaye avec une certaine quantité (un à deux litres pour 10 kilos de goudron), soit de sulfure de carbone, soit d'un composé hydrocarburé liquide (pétrole, phénol, benzine, essence de térébentine, etc., etc.), soit d'un mélange de ces liquides, la trituration et le broyage sont plus faciles, la pâte plus homogène, les composés hydrocarburés-sulfurés plus nombreux et, par suite, les vidanges plus efficaces. Mais l'addition de ces liquides n'est pas indispensable, et, si les propriétaires des grands crûs peuvent l'employer avec avantage, les propriétaires qui sont obligés de tenir compte du prix de revient peuvent s'en passer.

J'ai indiqué le goudron de houille des usines à gaz parce que c'est celui qui coûte le moins cher ; mais tous les goudrons peuvent être employés, pourvu qu'ils soient suffisamment fluides, suffisamment liquides pour, en les triturant et en les broyant avec du soufre, former une pâte bien homogène pouvant facilement se délayer dans les vidanges.

Quand les vignes ne sont pas très malades, on peut remplacer le tiers et même la moitié du soufre par des cendres de bois non lessivées, c'est-à-dire n'ayant pas servis pour les lessives. Le prix de la pâte est ainsi beaucoup moins élevé ; mais, alors, il faut avoir soin de bien mélanger, de bien mêler le soufre et les cendres avant d'y incorporer le goudron.

Je dis que, quand les vignes ne sont pas très malades, on peut employer la pâte goudronnée-sulfurée formée avec partie soufre et partie cendres. Cependant des essais récents, faits, entre autres, par M. Bruno Robert, de Bourgle-Péage, près Romans, sembleraient indiquer que l'on peut employer cette pâte même pour les vignes très atteintes. Les cendres, alors favoriseraient la dissolution du goudron et la formation des composés hydrocarburés-sulfurés, en même temps que la dissolution des matières humiques et leur absorption par les racines. Elles activeraient ainsi l'action des vidanges au double point de vue insecticide et fertilisant. Aussi, comme l'addition des cendres diminue dans une très notable proportion le prix de revient, je conseillerais d'employer la pâte formée avec moitié soufre et moitié cendres, même pour les vignes très contaminées. Les proportions, pour l'exemple que nous avons choisi, seraient alors : 100 kilos de goudron, 150 kilos de soufre et 150 kilos de cendres, ou, d'une manière générale, 10 parties goudron, 15 parties soufre et 15 parties cendres.

J. JULLIEN (1),
Officier de la Légion d'honneur,
Chevalier du Mérite agricole.
(à Montélimar.)

(A suivre.)

Nouvelles agricoles.

Réunion agricole à Pau. — L'Union des Associations agricoles du sud-ouest a tenu, à Pau, le 30 avril, sa cinquième session ordinaire. Six départements : l'Ariége, la Haute-Garonne, le Gers, la Gironde, le Lot-et-Garonne et le Tarn, étaient représentés par 20 délégués. M. E. de Capèle, président, présidait, assisté de MM. de Castarède, président de la Société d'agriculture des Basses Pyrénées ; A. Piche, vice-président du Syndicat des agriculteurs des Basses-Pyrénées ; et Albert Subra, vice-président de l'Union. M. G. Bord, secrétaire général et délégué du Syndicat régional de Cadillac (Gironde) remplissait les fonctions de secrétaire.

L'Union a entendu et discuté les rapports présentés au nom de diverses commissions : 1° par M. Roujou, vice-président du Syndicat de Condom, sur l'assurance obligatoire des récoltes contre la grêle ; 2° par M. Chapès, secrétaire de la Société d'encouragement à l'agriculture de Lot-et-Garonne, sur un projet de caisse de retraites pour les ouvriers agricoles ; 3° par M. Aubry, président du Syndicat agricole de Muret, sur les tarifs de transport. L'Union a repoussé les conclusions des deux premiers rapports en alléguant que le projet de M. Chapès faisait double emploi avec la Caisse nationale des retraites pour la vieillesse. En ce qui concerne l'assurance des récoltes, elle a écarté le principe de l'obligation, tout en faisant des vœux pour la création de sociétés mutuelles libres, avec le concours de l'Etat. Les conclusions du troisième rapport ont été adoptées à l'unanimité.

En outre, les délégués présents ont adhéré formellement aux vœux émis, le 11 avril, à Carcassonne, par la réunion plénière des Unions des Associations agricoles du sud-est et du sud-ouest, vœux relatifs à la modification des tarifs de chemins de fer dits de pénétration, à la répression de la fraude des vins, au régime douanier et à la tarification des produits agricoles.

En se séparant, l'Union a décidé de tenir à Bordeaux, au cours de la discussion parlementaire des tarifs de douane, une réunion extraordinaire dont la date sera fixée ultérieurement.

Le régime des sucres. — On sait que le Sénat est saisi du projet de loi sur le régime des sucres adopté par la Chambre des députés. Ce projet renferme des dispositions transitoires relatives à la campagne actuelle ; ces dispositions ont pour objet d'allouer un déchet de fabrication de 2) pour 100 aux fabricants de sucre qui s'engageraient à en faire profiter les cultivateurs dans une mesure déterminée. Par un amendement présenté le 29 avril, MM. Déprez, Bouilliez, Camescasse et Huguet, sénateurs, proposent de rédiger ces dispositions comme il suit : » Le taux de la prise en charge pour la campagne 1890-1891 est ramené à 7 kilog. Seront seuls admis à bénéficier de la disposition qui précède les fabricants de sucre qui, dans le délai de quinze jours, à dater de la promulgation de la présente loi, en feront la demande à l'administration des contributions indirectes et prendront de ce fait l'engagement de payer aux cultivateurs *2 fr.* par *1,000 kilog.* sur toutes betteraves par eux acquises ou utilisées depuis le commencement de la campagne 1890-1891, quels que soient d'ailleurs les prix par eux déjà payés, la durée et les termes des marchés, conventions, traités ou contrats intervenus entre ces fabricants et les cultivateurs. »

La récolte des fleurs d'orangers et des roses à Grasse. — La récolte des fleurs d'orangers et des roses, la plus importante de toutes, a lieu du 20 avril au 31 mai. Le territoire de Grasse produit 1,860,000 kil. de fleurs d'orangers et de 930,000 de roses.

Le réséda y donne 25,000 kil. du 15 mai à fin juin.

Le jasmin (147,000 kilog.) et la tubéreuse (74,000) sont récoltés du 20 juillet au 10 octobre. Enfin, la cassie, qui donne un parfum concentré, pénétrant, violent presque, commence à fleurir en octobre et finit au moment où les roses commencent.

Tel est le cycle annuel des principales fleurs dont s'alimente l'industrie des parfums de Grasse — ou du moins des fleurs les plus haut classées, Dans cette nomenclature ne figurent pas la lavande et le romarin qui sont cependant l'objet d'une exploitation considérable, -- peut-être la plus considérable de toute, — mais qui se fait dans tout le Midi par des distilleries nomades promenant leurs alambics de canton en canton.

Les extraits et essences des fleurs provençales tiennent le premier rang dans le monde entier qui est leur tributaire. L'Amérique du Nord est une des meilleures clientes de Grasse. Je veux dire l'était, car le bill Mac-Kinley va probablement changer en ceci la face des affaires. Depuis quelques années, d'ailleurs, les Américains étudiaient, avec la patience tenace qui caractérise leur race, les procédés de grande culture florale de nos Provençaux et leur industrie des parfums.

Création d'une école de meunerie. — Un groupe de meuniers, de negociants et de savants, vient de fonder, à la Bourse du commerce de Paris, une école spéciale de meunerie. Les autres grands pays d'Europe possèdent des établissements de ce genre, tandis qu'il n'en existait pas encore en France. Le programme des cours comprend l'étude des blés et des produits de la mouture (farines et sons), du nettoyage, du broyage, du convertissage, du blutage et du sassage, des moteurs employés dans les moulins. Ces cours, destinés aux apprentis meuniers, aux contre-maîtres, aux propriétaires de moulins, sont accompagnés de démonstrations pratiques et de visites dans les moulins ; ils seront suivis, chaque année, d'un concours pour conférer des diplômes et des prix aux élèves les plus méritants. La meunerie est une industrie agricole qui s'est complètement transformée depuis une dizaine d'années ; la nouvelle école, destinée à propager les progrès réalisés, en suscitera certainement de nouveaux.

La culture du maïs en France. — La section d'agriculture de la Société des Agriculteurs de France, poursuivant ses études sur la culture intensive du maïs à grain, a décidé d'engager les cultivateurs de la région dans laquelle cette plante peut venir à maturité, à essayer des expériences d'engrais chimiques à haute dose et les prie de répondre au questionnaire suivant :

« 1° Quelles sont les variétés de maïs à grain que vous cultivez ?

« 2° Certaines plantes sont-elles associées au maïs et occupent-elles le sol en même temps que lui ?

« 3° Dans ce cas, quelle est la valeur de cette récolte auxiliaire ?

« 4° Quel est, dans vos cultures, le rendement moyen à l'hectare, en hectolitre et en kilogrammes, du maïs cultivé en même temps que d'autres plantes ?

« 5° Et du maïs cultivé seul »

« 6° Quelle valeur donnez-vous aux produits secondaires : crêtes et dépouilles ?

« 7° Quel est le rendement maximum ?

« 8° A quelles causes attribuez-vous l'élévation du rendement maximum au-dessus de la moyenne ?

« 9° Veuillez nous faire connaître le résultat de vos expériences d'engrais chimiques sur vos cultures de maïs à grain.

« *Nota.* — A titre de renseignement et pour répondre à des demandes qui nous ont été adressées, nous pouvons recommander les formules suivantes pour les terres de moyenne fertilité :

	Terr. siliceux	Terrains arg.-cal.
	—	—
Superphosphate riche....	500 kil.	500 kil.
Nitrate de soude.........	150	200
Chlorure de potassium...	300	100
Sulfate de fer...........	—	100

« Mais nous devons ajouter qu'il est très essentiel de modifier ces formules suivant la richesse de chaque terrain. »

Les agriculteurs qui voudront bien fournir les renseignements demandés sont priés d'adresser leur réponse à la Société des Agriculteurs de France, 21, avenue de l'Opéra, *avant le 30 novembre.*

Le service de la remonte. — *L'Avenir militaire* appelle avec raison l'attention sur la difficulté chaque jour plus grande de la remonte pour le corps de l'artillerie.

Autrefois, le Perche élevait beaucoup de chevaux propres au service de l'artillerie ; il n'en est plus de même aujourd'hui. En voici la raison :

(1) M. le commandant Jullien se met gracieusement à la disposition des viticulteurs et sera heureux de leur envoyer les renseignements et les éclaircissements qu'ils lui demanderont.

La remonte paye un cheval d'artillerie de quatre ans 1,000 francs au plus, alors qu'à deux ans ce cheval a déjà dépensé pareille somme en nourriture. Puis, comme les Américains achètent depuis longtemps un grand nombre de percherons en les payant un prix très élevé (les beaux reproducteurs se vendent depuis 6.000 francs, jusqu'à 20.000 francs), les éleveurs du Perche préfèrent naturellement produire le gros cheval demandé par les Américains, et abandonner le cheval d'artillerie.

Cette disparition du cheval d'artillerie sera bientôt un fait accompli, si on n'y prend garde, car déjà les étalons de l'administration des haras sont si peu demandés qu'un certain nombre de station ont dû être supprimées dans le Perche. A ces étalons, le pays a substitué ceux que de riches éleveurs ont produits en vue de satisfaire les besoins américains.

Il y a dans ces faits une question d'intérêt général qui mérite d'attirer l'attention du ministre de la guerre et du ministre de l'agriculture, attendu que nous sommes loin du moment où l'on pourra laisser péricliter sans danger la production du cheval d'artillerie.

CONSEILS A LA FERMIÈRE

DÉSINFECTION DES FUTAILLES

Quand on garde les futailles dans un endroit sombre et humide, elles y contractent facilement le goût de moisi. En pareil cas, le moyen de désinfection le plus simple consiste en un mélange d'acide sulfurique et d'eau (200 grammes d'acide sulfurique pour cinq litres d'eau). On a soin de verser lentement et en remuant avec un bâton l'acide sulfurique (*et non l'eau dans l'acide*). Le liquide ainsi préparé est versé dans le fût moisi, on bonde et on l'y laisse séjourner pendant plusieurs heures, en ayant soin de rouler de temps en temps le tonneau, de le placer aussi debout sur les deux fonds, de manière que toutes les douves aient été successivement en contact avec l'eau acidulée. Cette eau acidulée est ensuite retirée, et peut servir à d'autres futailles.

Il faut avoir soin après cela de rincer plusieurs fois à l'eau claire, de mettre égoutter et, avant d'entonner le vin, de laisser évaporer le goût d'acide sulfurique qui peut persister.

UNE MÉNAGÈRE.

CONSEILS DU JARDINIER

DESTRUCTION DES COURTILIÈRES

Bien des moyens ont été recommandés pour la destruction des courtilières ou *taupes-grillon*; chacun emploie les uns ou les autres selon les circonstances dans lesquelles il s'agit d'opérer.

C'est à cette époque de l'année, et en mars dans les années ordinaires, que la courtilière, *qui a passé l'hiver dans les couches profondes* à l'abri du froid, remonte à la surface pour commencer ses pérégrinations et ses dégâts. L'accouplement a lieu vers la fin de juin et aussitôt la femelle s'occupe de sa ponte. Le nid dans lequel elle va déposer ses œufs au nombre de 200 à 300, a, à peu près, la forme et les dimensions d'un œuf de poule; elle le place à 10 centimètres environ au-dessus du sol, et creuse quelques galeries superficielles partant de cette cavité, puis une galerie verticale qui lui sert tout à la fois de retraite en cas de danger et d'écoulement pour l'excès d'humidité. C'est toujours dans un endroit découvert, bien exposé au soleil, qu'on trouvera les nids.

Les œufs sont gros comme un grain de chènevis, d'un jaune verdâtre; les larves en sortent au bout de trois semaines; vers le milieu de juillet, elles subissent leur première mue et se dispersent. A la fin d'août a lieu la seconde mue; fin septembre, la troisième mue. Au printemps suivant enfin, a lieu la quatrième mue et l'insecte arrive à tout son développement vers la fin de mai.

C'est au moment où la courtilière soigne sa progéniture, que la chasse est surtout fructueuse. A ce moment, ses passages se découvrent facilement par le fendillement de la terre qui recouvre les galeries. La sortie du trou, étant bien nette, on va droit au nid; avec une bêche on creuse un peu en avant du trou, on enlève la terre par tranches minces pour ne pas disperser les œufs, et on les ramasse pour les détruire. Chaque nid détruit représente en moyenne 250 individus, soit pour les dix nids seulement, 25,000 courtilières qui ne causeront pas de dommages.

L'opération, répétée chaque année, amènera rapidement la disparition de l'espèce dans un jardin. Il est utile d'avoir avec soi, au moment où on opère, un seau d'eau bouillante; si les œufs étaient éclos, les jeunes larves très agiles se disperseraient, l'eau bouillante en a raison.

HORTUS.

JURISPRUDENCE RURALE.

LE CASIER JUDICIAIRE

— Ne pensez-vous pas, comme moi, que rien n'exige plus de précaution que le choix d'un domestique ou d'un employé, et que bien souvent si on prenait mieux ses renseignements, on s'épargnerait bien des ennuis.

— Tu as bien raison; nos pères en cela étaient plus sages que nous; le serviteur dans nos vieilles maisons n'était pas, comme aujourd'hui, un passager, parfois un ennemi; il faisait partie de la famille, on savait d'où il venait, on connaissait son passé, et on n'était pas exposé à introduire sous son toit un voleur ou un mauvais sujet.

— C'est en effet un danger auquel on est chaque jour exposé; mais comment connaître les antécédents d'un homme qui se présente du dehors sous de bonnes apparences; comment savoir s'il n'a pas été condamné; ne pourrais-je pas, après leur avoir demandé où il est né, me faire délivrer son casier judiciaire; au moins je serais sûr de ne pas avoir chez moi un repris de justice.

— Tu ne peux pas le demander toi même, on ne te le délivrerait pas; mais tu peux dire à l'individu qui vient te solliciter, allez chercher votre casier et montrez le moi, car je ne veux que d'honnêtes gens à mon service; c'est une précaution que prenne bien des personnes, et jamais l'Etat, qui te donne en cela un bon exemple, ce qui est rare, ne prend un employé sans avoir visité son casier.

— Je suivrai votre conseil.

— Tu feras bien de te dépêcher; car le casier judiciaire est en grand péril, comme tout ce qui, du petit au grand, protège la société; une loi se prépare qui va le démolir en partie, en accordant aux malfaiteurs, dans un grand nombre de cas, l'avantage de ne plus voir leurs condamnations inscrites sur leur casier.

— Et les honnêtes gens?

— Ils seront sacrifiés une fois de plus; ils en ont l'habitude.

UN VIEUX JUGE DE PAIX.

AFFAIRES MILITAIRES.

Deux frères sous les drapeaux

A tout instant nous sommes questionnés sur la situation faite à deux frères dont l'aîné est sous les drapeaux, alors qu'un frère cadet s'engage. La décision du ministre de la guerre est formelle :

1° Le frère d'un homme présent au drapeau comme appelé, peut toujours, en s'engageant pour trois ans, donner à celui-ci le droit d'obtenir son renvoi dans ses foyers après un an de service, en vertu des dispositions finales de l'article 21 de la loi du 13 juillet 1889 sans qu'il y ait lieu de distinguer si les deux frères se suivent à plus ou moins de trois ans d'intervalle.

2° Sur deux frères se suivant à moins de trois ans d'intervalle, rien ne s'oppose à ce que le cadet, renonçant à la dispense que doit lui procurer son aîné, contracte avant la révision un engagement pour trois ans, afin de procurer lui-même à ce dernier le renvoi dans ses foyers en vertu des dispositions finales de l'article 21 précité.

POUR RIRE.

UN ÉLECTEUR.

J'suis anarchiss'-possibilisse.....
J'sais pas c'que ça veut dir'... C'que j'sais
C'est du moment qu'on est Français
Y faut qu'on *soy'* quéqu'chose en *isse*.
J'dis qu'y faut des réform's. Malheur!
El' peuple est un' bêt' de somme
Et j'soutiens qu'un homm' vaut un homm'...
Du moment qu'on est électeur.

V'là mon programm' : d'abord j'supprime
Les rentiers... C'est des propr' à rien.
Non mais, y trouvaient ça très bien
D'engraisser pendant qu'nous on trime.
Y n'ont donc pas assez d'not sueur
D'puis des anné's qu'y s'en régalent
J'vous f'rai voir qu'tous les hommes y s'valent
Du moment qu'on est électeur.

J'veux la liberté du commerce...
Pus d'négociants!... d'gens établis...
Oust! n'en faut plus... Mais j'rétablis
L'métier que l'bon zigue il exerce.
Est-c' qui fait du mal el' bonn'teur?
Y conspir' pas contr' la patrie?
On peut vivr' d'sa p'tite industrie...
Du moment qu'on est électeur.

Pus d'municipaux... d'sergents d'ville!...
Y nous ont assez embêtés.
Pus d'président!... pus d'députés!
C'est nous qu'aura la list' civile.
A quoi qu'ça sert, un sénateur?
Ça fait des lois!... ça tir' la flème.
Chacun doit fair' la loi lui-même
Du moment qu'on est électeur.

Les rich's, mais c'est tout d'la canaille!
Pendant qu'on s'esquinte aux turbins
Ça s'fris' les ch'veux, ça prend des bains,
Ça s'bourr' de gigots et d'volaille!
J'ten fich'rai, moi, des bains d'odeur
Avec des frictions à la rose!
Chacun doit êtr' sal' la mêm' chose...
Du moment qu'on est électeur.

Tranquill's, au chaud, dans leurs demeures
Y réclam'nt pour l'pauvre ouvrier
Huit heur's de travail meurtrier!
Est-c' que Rotschild travaill' huit heures?
Ben alors!... Faut que le travailleur
Soign' sa santé par la balade.
On n'a pas l'droit de s'rendr' malade...
Du moment qu'on est électeur.

Huit heur's! alors faudrait qu'on s'tue!
Moi, j'm'en fiche un peu, s'i vous plaît,
Ej' travaill' que l'Quatorze-Juillet;
Ej' loue des bancs pour voir la r'vue...
Et ça, parc'que j'ai trop bon cœur.
Y a si peu d'emplois, foi d'Adolphe!
Que j' m'effac'... faut êtr' philantrofe...
Du moment qu'on est électeur.

Octave PRADELS.

PETITE POSTE.

M. O... (Ille-et Vilaine). — 1° *Le Cidre*, par Eug. Grignon, chez Doin, prix, 3 fr. 50. S'adresser à la librairie Fourrault, rue Saint André-des-Arts, à Paris.

2° *Marcs de pommes.* — Le meilleur moyen de les utiliser est d'en faire des composts, c'est-à-dire de les mélanger avec de la terre et de la chaux vive. Laissés ainsi en composts pendant plusieurs mois, jusqu'à parfaite décomposition, ils constituent un excellent engrais pour les pâturages et pour les arbres à fruits.

3° *Désinfection des futailles.* — Voyez le *Conseil à la Fermière.*

M. T... (Marne). — Merci de votre intéressante communication sur l'état des récoltes en Champagne.

1° *Fumure de la vigne.* — On préconise beaucoup un engrais dont la formule suivante est indiquée par Georges Ville :

	Kilos à l'hectare
Superphosphate de chaux à 15 0[0....	400 kil.
Carbonate de potasse raffinée à 90 0[0.	200
Sulfate de chaux ou plâtre........	400
Total..........	1.000 kil.

L'emploi doit en être fait en automne ou au commencement de l'hiver.

2° *Bons de l'Exposition.* — Il y aura des tirages jusqu'au remboursement total. Pour avoir la liste des tirages, adressez-vous au Crédit Foncier de France, à Paris, en envoyant 2 fr. 50 en timbres. Vous recevrez régulièrement le bulletin officiel des tirages.

3° *Marais brûlé.* — Certainement vous avez le droit à une indemnité si vous établissez le préjudice. Consultez votre avoué.

4° *Poulains.* — Lorsqu'ils sont élevés à l'air libre, les poulains n'ont pas besoin d'être pansés. A l'écurie, ils doivent être étrillés légèrement, et vigoureusement brossés. Prendre garde aux fortes pressions sur l'épine dorsale.

5° *Loi sur la vaine pâture.* — Pas de modification depuis le 11 juillet 1889.

OFFRES & DEMANDES

Pour répondre au désir qui nous est exprimé, nous offrons à nos abonnés, sous cette rubrique, deux annonces gratuites pour les offres et demandes d'emplois, produits ou animaux à vendre ou à acheter, etc.

Les annonces qui suivront jouiront d'une réduction de 50 pour 100 sur les tarifs ordinaires.

Les demandes d'insertions devront être envoyées à l'administration, qui se chargera de les rédiger.

Ne pas négliger d'envoyer tous les renseignements nécessaires (joindre 2 timbres de 0 fr. 15).

Un ancien élève d'une école d'agriculture, dans la force de l'âge, marié, bien au courant de la culture moderne en même temps qu'excellent praticien, demande un emploi de régisseur. — Très bonnes références. — N° 907.

S'adresser à M. Guesdon (J.-M.), à Belhôte, par Corps-Nuds (Ille-et-Vilaine).

On demande à acheter un couple de Lapins russes (de race pure), de 2 à 4 mois.

Adresser offres et prix à M. Trollat fils, horticulteur à Ameyron (Drôme). — N° 931-2.

Un jeune homme, 26 ans, sachant bien soigner les chevaux, désire se placer comme cocher dans un château ou en ville. — Excellentes références.

S'adresser à M. Arthur Maréchaux, directeur de la Société coopérative à Saint-Jean-de-Liversay (Charente-Inférieure). — N° 932 2.

A vendre deux Chiots, race bleue d'Auvergne, très bien marqués, père et mère parfaits. — 30 francs l'un, à trois mois d'âge.

S'adresser à M. J. Crabières, propriétaire, à Geoffroy, par Castelsagrat (Tarn-et-Garonne).

BIBLIOGRAPHIE

L'avocat des familles

L'éditeur Maurice Dreyfous, 20, rue de Tournon, Paris, met en vente *L'Avocat de la Famille*, par M. Maugras, avocat. Nous ne saurions trop recommander cet ouvrage essentiellement pratique où sont exposées en détail, de façon à être comprises par tout le monde, toutes les questions si graves et si délicates qui se présentent dans les affaires de famille. L'indication des pièces à produire et des modèles de ces pièces ainsi que des tables et index, font de ce livre le plus nécessaire et le plus commode que chacun puisse désirer.

REVUE FINANCIÈRE.

Le marché s'est effondré ; la dégringolade prévue par quelques-uns est arrivée. Est-ce à dire que nous soyons revenus à des cours réellement bas ? Oh ! non ; il suffirait pour s'en convaincre qu'à 92, par exemple, le 3 0/0 ancien, le régulateur du marché, comme on dit, est encore de 3 francs plus haut qu'il n'était l'année dernière à pareille époque.

Mais il n'en est pas moins vrai que nos rentes ont perdu, en moins de huit jours, 3 francs, trois points comme on dit en langage technique. Les institutions de crédit, qui depuis des mois, étaient dans leurs petits souliers, descendent dans des proportions véritablement inquiétantes. Si la Banque de France, en raison même de sa sécurité, est toujours au-dessus de 4400 fr., notre second établissement de crédit, qui, n'étaient les soupçons qu'on a pu concevoir sur lui, devrait rester inattaquable, a bien du mal à se maintenir autour de 1230 ; ce n'est plus 1260 comme en 1890 à pareille époque, et surtout c'est loin des 1330 qu'il faisait en 1889, des 1450 qu'il faisait en 1888, toujours à même date.

Les valeurs industrielles qui, depuis longtemps, n'avaient que des mouvements occasionnels et sans grande importance, se sont mis de la partie. Les Suez, qui étaient en train de s'avancer par grandes enjambées à des cours colossaux, que motivait la plus-value persistante des recettes, ont vu leur progrès arrêté net.

Les actions de Chemins de fer, ces placements véritablement de tout repos, sont moins atteintes, mais le sont cependant. Quant à celles des Chemins étrangers, elles reprennent de plus belle à baisser.

Toutes les obligations, aussi bien celles de la Ville de Paris, du Foncier, des Chemins de fer français, que l'épargne traitait avec une faveur si persistante, que les obligations Industrielles et autres françaises et étrangères, sont dans le marasme.

La baisse est générale sur les fonds d'Etats étrangers, depuis l'Italien jusques et y compris les Russes.

Au moment où nous écrivons, personne ne peut dire d'une façon certaine si la descente pourra être enrayée, si le mal se bornera là, si la confiance renaîtra, sinon dans le camp de la spéculation et du jeu, du moins dans celui de l'épargne.

Le mieux est de chercher les causes du mal, et de se rendre compte si ces causes peuvent faire craindre ce krach colossal que nous prédisent les alarmistes.

Comme causes générales pouvant influer sur la généralité du marché, il y en a un certain nombre d'apparentes et de bien connues. Les embarras monétaires et sud-américains du marché anglais ; l'inquiétude causée par la menace de la grève ; l'incertitude sur la manière dont sera réglée en fin compte la question douanière, qui gêne forcément les transactions commerciales et industrielles à long terme, autrement dit celles qui reposent sur le crédit ; la situation relativement délicate que font à notre Gouvernement, non seulement cette question de notre régime douanier, mais la question sociale elle-même. Et, brochant sur le tout, les incidents financiers en Portugal qui permettent aux alarmistes de prédire à bref délai une faillite gouvernementale dans ce pays. En voilà assez pour expliquer la panique qui s'est emparée de la spéculation et, par répercussion, du comptant, plus brave que cela jusqu'ici.

Si l'on prend à part certaines catégories de valeurs, on trouve des motifs particuliers. La menace de la conversion, par exemple, même réduite à certains emprunts, n'a pas été sans déplaire aux porteurs d'obligations de la Ville de Paris. Ou encore la crainte de voir adoptées les propositions tendant à donner à l'Etat, au mépris des contrats et du droit commun, la faculté de nommer les membres des Conseils d'Administration des Compagnies de chemin de fer, motive la baisse relative des actions et des obligations de nos Chemins.

Mais au-dessus de tous ces motifs, il en est un sur lequel il est bon d'appuyer. Il est hors de doute que l'on a été imprudent, depuis deux ans, en faisant monter notre papier d'Etat à des taux hors de proportion avec la réalité. Tous les moyens ont été bons au ministre des finances, et à la spéculation à sa suite, pour obtenir cette plus-value fantaisiste. Actuellement, le poids est trop lourd pour ceux qui ont entrepris cette tâche illogique ; les établissements qui se sont surchargés de la rente nouvelle, par exemple, à 92 55, se voient forcés de réaliser, d'offrir à tout prix, et le nouveau 3 0/0 est de 2 francs au-dessous de son prix d'émission.

Et tout croule, parce que l'on a été trop loin et trop vite. Il faut maintenant que l'équilibre se fasse. Tant pis pour la spéculation, tant pis pour le jeu. Quant à l'épargne, nous avons montré en commençant que notre crédit public n'a nullement démérité ; elle ferait sagement en ne s'effrayant pas outre mesure. Timon.

HALLES ET MARCHÉS.

SITUATION GÉNÉRALE.

Les récoltes sont dans une meilleure situation ; les dernières pluies leur ont été très favorables. La baisse des cours s'est continuée sur les céréales, les farines, et sur les autres principales denrées agricoles.

GRAINS.

Blés. — Les offres de la culture deviennent plus importantes et les marchés sont mieux approvisionnés ; aussi partout les acheteurs ont-ils obtenu des concessions et la baisse est presque générale. Voici les derniers cours relevés le samedi : Arras, blé blanc, 28 50 à 30 50 les 100 kilog. ; roux, 27 à 29 ; Cambrai, blé blanc, 29 ; roux, 28 ; Beauvais, 27 50 à 30 25 ; Amiens, 30 20 ; Châlons-sur-Marne, 30 ; Montereau, 28 20 à 30 30 ; Rouen, 28 80 ; Versailles, 29 10 ; Le Mans, 28 50 à 29 50 ; Dijon, 29 à 29 75 ; Mâcon, 28 à 29 ; Lyon, 27 50 à 28 25. — Au marché commercial à Paris, les cours se maintiennent faiblement ; on cote le blé disponible et livrable courant du mois, 29 75 à 30 les 100 kil. ; juin à août 29 à 29 75 ; les quatre derniers mois, 28 75 à 29 50. — Les importations de la semaine dernière ont encore été fortes pour le Havre et Marseille ; le premier de ces ports a reçu 150,000 quintaux de blé de San Francisco ; le second, 189,017 quintaux, contre 77,308 la semaine précédente. A Bordeaux il est entré seulement 4,000 quintaux ; Dunkerque et Saint-Nazaire ont aussi importé quelques chargements. Les prix des blés étrangers sont plus faiblement tenus. A Marseille, on a vendu des blés Ghirkas Taganrog, 23 75 les 100 kilog. en entrepôt ; Ghirkas Marianopoli, 24 ; Azimes Azof, 23 75 ; Azim Yemtcheski, 22 25. A Bordeaux, on cote : Saint-Louis, 30 ; Bombay, 29 80 ; Australie, 30 à 30 60 ; Plata 28 30 ; Pologne, 28 75. Le total du blé en mer à destination de l'Europe était encore en augmentation la semaine dernière et s'élevait à 5,657,900 hectolitres contre 2,099,600 l'année dernière à pareille époque ; pour la France seulement, on relevait 2,215,000 hectolitres venant de Californie.

Seigles. — Les seigles commencent à épier dans d'assez bonnes conditions. Les cours restent soutenus de 19 50 à 20 les 100 kilog. par la culture ; au marché commercial de Paris, on a coté samedi, en baisse de 25 centimes, 18 75 à 19 pour le disponible.

Orges. — Les orges valent 18 50 à 22 les 100 kil. en gare de Paris. — Les escourgeons de Beauce se cotent nominalement de 21 à 21 50.

Avoines. — Les avoines ont baissé de 25 à 50 centimes la semaine dernière et sont aux cours suivants : avoines de choix, 21 à 21 25 les 100 kil. ; première qualité, 20 75 à 21 ; Beauce prises, 20 à 20 25 ; centre, 19 50 à 20 50 ; Picardie, 20 25 à 21 25. Les avoines étrangères à livrer sont tenues : Liban noires, 17 à 17 25 ; blanches, 16 25 à 17 25, Pétersbourg, 16 à 17 ; Suède, 17 50 à 18 50 les 100 kilog. à Rouen.

Maïs. — Cours fermes dans nos ports, de 18 à 20 50 les 100 kilog.

FARINES. — ISSUES.

Farines de consommation. — La meunerie a de nouveau baissé ses prix de 1 fr. par sac au marché de samedi dernier ; la marque de Corbeil est à 68 les 157 kilog. nets, ou 42 03 les 100 kilog. ; les autres se cotent : marques de choix, 67 à 68 les 157 kilog. ; premières marques, 66 à 67 ; bonnes, 64 à 65 ; ordinaires, 63 à 64.

Issues. — En hausse de 25 centimes par 100 kil., avec offres restreintes ; on cote : gros sons, 16 75 à 17 les 100 kilog. ; sons trois cases, 15 75 ; sons fins, 14 50 ; recoupettes, 14 ; remoulages blancs, 18 25 à 21 50 ; bis, 17 à 18 ; bâtards, 16 à 16 50.

GRAINES FOURRAGÈRES. — FOURRAGES.

Graines fourragères. — La saison semble se terminer assez tôt pour les graines fourragères ; il y a encore un bon courant d'affaires pour la luzerne ; on vend à Paris : trèfle violet gros grain, 115 à 120 les 100 kilog. ; ordinaire, 90 à 100 ; luzerne de Provence, 120 à 150 ; de pays, 105 à 115 ; trèfle blanc, 130 à 200 ; trèfle hybride, 130 à 230 ; minette en cosses, 22 à 28, écossée, 40 à 60 ; sainfoin, 25 à 28 ; vesces de printemps, 17 à 18 ; raygrass anglais, 38 à 45 ; d'Italie, 30 à 45.

Fourrages. — Les cours sont en hausse à Paris ; on vendait, au dernier marché de la Chapelle : foin, 50 à 54, les 100 bottes de 5 kilog. au domicile de l'acheteur, luzerne, 50 à 55 ; paille de blé, 37 à 43 ; de seigle, 43 à 48 ; d'avoine, 27 à 32.

HUILES ET GRAINES OLÉAGINEUSES.

Huiles de graines. — Les huiles de colza sont en baisse à Paris ; on a coté samedi dernier 74 50 à 75 les 100 kilog. disponibles et livrables, 75 à 77 75 ; les huiles de lin sont faiblement tenues de 55 à 55 25 en disponible, et de 55 50 à 58 en livrable. — Sur les marchés des départements, les affaires sont calmes aux cours suivants : Rouen, colza, 75 les 100 kilog. ; lin, 56 ; Caen, colza, 72 ; Arras, colza, 79 ; pavot, 78 ; œillette, 106 ; Lille, colza, 70 l'hectolitre ; lin, 54 à 56.

Graines oléagineuses. — A Paris, on cote la graine de colza, 35 à 36 les 100 kilog. ; celle de lin, 33 à 39. Sur les marchés du Nord, on vend : à Cambrai, colza, 21 50 ; œillette, 25 ; lin, 23 ; cameline, 25 l'hectolitre ; à Arras, œillette, 21 50 à 25 50 ; à Orchies, colza, 21 à 22 ; lin, 22 à 23 ; cameline, 15 à 16.

Huiles d'olive. — Les prix sont sans changement à Marseille. A Nice, le marché a encore été très animé la semaine dernière, et les prix très fermement tenus ; les belles qualités se sont vendues 166 85 les 100 kilog ; les autres, 128 32 à 163 63 ; les huiles de la montagne valent 134 74 à 147 18 ; celles de Provence, 150 79 pour les premières sortes, et 121 00 à 131 74 pour les secondes ; celles de la rivière de Gênes, 140 à 142.

BESTIAUX.

La Villette, 14 mai. — Bestiaux. — Vente mauvaise et en baisse pour les bestiaux, veaux, moutons et porcs.

COURS officiels.	Amenés.	Vendus.	1re qualité.	2e qualité.	3e qualité.	Prix extrêmes.
Bœufs....	1.849	1.406	1 54	1 40	1 28	1 18 à 1 58
Vaches ...	507	442	1 52	1 34	1 18	1 10 1 55
Taureaux.	198	135	1 32	1 28	1 20	1 12 1 36
Veaux....	1.826	1.152	1 98	1 82	1 66	1 38 2 20
Moutons..	7.029	6.528	2 05	1 84	1 66	1 40 2 10
Porcs.....	5.195	5.090	1 32	1 28	1 22	1 16 1 36

Marché du lundi 11 mai.

	Amenés	Vendus	PRIX AU POIDS NET 1re qual.	2e qual.	3e qual.
Bœufs	2.350	2.274	1 58	1 44	1 30
Vaches.....	549	510	1 56	1 38	1 20
Taureaux ..	210	300	1 36	1 32	1 24
Veaux......	1.289	1.213	2 14	1 96	1 78
Moutons....	9.589	9.310	2 06	1 90	1 68
Porcs	2.664	2.664	1 36	1 30	1 24

	PRIX AU POIDS VIF 1re qual.	2e qual.	3e qual.	Prix extrêmes.
Bœufs..........	» 95	» 82	» 69	» 64 à 1 02
Vaches..........	» 93	» 76	» 62	» 54 » 96
Taureaux.......	» 86	» 80	» 66	» 58 » 89
Veaux..........	1 29	1 10	» 92	» 76 1 42
Moutons........	1 09	» 98	» 84	» 69 1 14
Porcs...........	» 96	» 90	» 84	» 80 » 98
Peaux de moutons en laine..........				3 90 6 50
Id. id. demi-laine........				1 68 2 90

Viandes abattues. — Criée du 14 mai.

		1re qualité.	2e qualité	3e qualité.
Bœufs	le kil.	1 20 à 2 80	1 » à 2 60	1 » à 1 80
Veaux....	—	1 76 1 96	1 56 1 70	1 26 1 50
Moutons..	—	1 80 1 86	1 20 1 70	» 50 1 10
Porc entier	—	1 20 1 30	1 04 1 16	» 90 1 »

Fromages.

Brie fermiers, haute marque...	les dix	45 à	50
— — grand moule....	—	35	40
— — moyen moule....	—	25	30
— — petit moule......	—	20	25
Brie laitiers moyen moule......	—	20	25
Gruyère..........................	100 kil.	190	140
Roquefort........................	—	250	200
Géromé (Gérardmer)............	—	75	85
Romatour........................	—	100	105
Cantal...........................	—	125	145
Façon Port-Salut..............	—	170	120
Bourgogne......................	le cent	65	70
Saint-Nectaire..................	—	90	100

Livarots :		1er choix.		2e choix.	
En caisse de 30..........	le cent	95 à	105	» à	»
En caisse de 36..........	—	90	100	70	80
Camembert..............	—	50	60	35	40
Façon Coulommiers......	—	45	50	25	30
Bondons.................	—	14	18	8	10
Gournay.................	—	18	24	10	12
Mont-d'Or...............	—	20	25	»	»

COUVEUSES ARTIFICIELLES

à régulateur automatique de chaleur.

Plus d'eau à réchauffer matin et soir. — Nouveau perfectionnement. — Succès assuré.

ŒUFS A COUVER

De poules de Houdan, 5 fr. la douz.; — de poules de La Flèche, 6 fr. la douz.; — de poules Campines dorées ou argentées, 6 fr. la douz. — Races pures, *franco* de port. — Les clairs seront remplacés.

PETITS POUSSINS

Race Houdan, 15 fr. la douz., 28 fr. les 25, *franco* toutes gares et bonne arrivée garantie. Envoi *franco* du catalogue général.

J. PHILIPPE fils, éleveur à HOUDAN (Seine-et-Oise). — Maison à PARIS, 16, quai du Louvre. — *Ecrire à Houdan.*

USINE HYDRAULIQUE DU PETIT-MOULIN
A NANTEUIL-LE-HAUDOUIN (OISE).

HENRY BERTHIER
ingénieur-agronome diplômé de l'Institut national agronomique.

MACHINES AGRICOLES
Vente et échange. - Location. - Réparations en tous genres.

BICYCLES, BICYCLETTES & TRICYCLES
Accessoires et réparations.

Spécialité de Graines fourragères épurées.
CÉRÉALES DE SEMENCE.
GRAINES POTAGÈRES, DE FLEURS ET D'ARBRES.
ARBRES FRUITIERS ET FORESTIERS.

Graines de Betteraves à grand rendement et à grande richesse saccharine.

ENGRAIS SIMPLES ET COMPOSÉS.

Envoi franco de renseignements à toute demande affranchie.

MÉDECINE VÉTÉRINAIRE.

PLUS DE CHEVAUX POUSSIFS !
POUDRE SUISSE
BÉCHIQUE INCISIVE
Garantie sans Arsenic
Infaillible contre les *toux rebelles* des chevaux, bœufs, mulets, etc. Le meilleur préservatif de la *pousse*
BOITE DE 20 DOSES : 3 FR. — FRANCO-MANDAT : 3 FR. 85
Pharmacie JULES SUISSE, à VARZY (Nièvre)
ET DANS TOUTES LES PHARMACIES

Dépôt général pour la France et l'Etranger: MM. MICHELAT et LESUEUR, 9, rue des Guillemites, Paris.

L'ENGRAIS AMIÉNOIS

FUMURE NORMALE et COMPLÈTE
A BASE DE MATIÈRES ORGANIQUES

Compositions spéciales pour les cultures de printemps et d'automne. — S'adresser à M. Elisée LEFEBVRE, route de Rouen, 121, à **Amiens** (Somme).

PAS DE BONNE SALADE

sans Huile d'Olive de NICE.

de **B. LAPALU**, propriétaire-récoltant, président de Syndicat agricole, à NICE (Alpes-Maritimes). — *Prix spéciaux pour Syndicats.*

CHARRUES DOMBASLE

de toutes forces et pour tous usages.
Labours ordinaires. Labours profonds. Défoncements.

Herses — Scarificateurs — Houes à cheval
Déchaumeuse — Rouleaux — Semoirs
Rayonneurs — Tonneaux à purin — Faucheuses
Faneuses — Rateaux — Moissonneuses — Tarares
Trieurs — Hache-paille — Coupe-racines.

CH. DE MEIXMORON DE DOMBASLE
NANCY (Meurthe-et-Moselle).
Envoi franco du catalogue sur demande.

ENGRAIS de la VOIRIE MUNICIPALE de BONDY

Matières brutes séchées 2 fr. 70 % k. en vrac sans garantie de dosage.

Tourteaux organiques moulus
4 francs les 100 kilos en vrac ou 5 francs en sac
dosage 1 50 à 2 0/0 d'azote et 4 à 5 0/0 d'acide phosphorique

PHOSPHO-GUANO DE BONDY
10 francs, 0/0 kilos en sacs
dosage 2 à 3 0/0 d'azote et 8 à 10 d'acide phosphorique
PRIS PAR WAGONS COMPLETS EN GARE DE NOISY-LE-SEC
Les expéditions par quantités moindres sont augmentées de 2 francs par 100 kilos

S'adresser au : COMPTOIR AGRICOLE ET COMMERCIAL
9, RUE NOUVELLE, A PARIS
Ou à la Voirie de Bondy, ou à ses Représentants en Province

VINS DE BORDEAUX.

Baron D. DE CLÉRANT, propriétaire, à Barsac (Gironde).

PRIX-COURANT :

Vins rouges. Années :	1889	1888	1887	1885	1884	1883	1881
Première côte...... (la barrique).	150fr	160fr	180fr	200fr	230fr	250fr	280fr
Deuxième côte..... —	130	140	150	170	200	220	240

La barrique de 225 litres, rouge ou blanc, franco de port et de fût, en gare d'arrivée. 5 francs de différence de logement par demi ou par quart de barrique.

Paiement : 45 jours, 2 pour 100 escompte, ou 120 jours net.

IL EST ADRESSÉ, SUR DEMANDE, UNE BOUTEILLE ÉCHANTILLON, FRANCO.

Ecrire à M. J. RENSON, château Saint-Léon, à Barsac (Gironde), chargé de la vente.

Avis aux Éleveurs et Nourrisseurs.

Les cosses et brisures de fèves de la maison Ph. Breuil, de Dijon, d'une pureté absolue et très riches en principes nutritifs, se recommandent pour l'engrais du bétail et la nourriture des chevaux.

BINEUSE VIET

nouveau modèle en acier, plus léger et plus solide, *pour betteraves, carottes, oignons, œillette et maïs, et généralement toute espèce de plantes en lignes.*

1891. — NEUVIÈME ANNÉE.

L. VIET

ancien sous-officier du génie, propriétaire-cultivateur, prix cultural au concours régional de Melun en 1887 (Médaille d'or)

à ROUGEVILLE, par Saacy (Seine-et-Marne).

Ouvrier travaillant sur les lignes dans un champ de betteraves.

Travail à l'heure : 6 à 12 ares.

On peut approcher les lignes autant que l'on veut, et, si rapprochées qu'elles soient, les plantes sortent intactes de l'opération.

Prix : 45 francs.

MALADIES DU BÉTAIL
ET DE LA VOLAILLE
Leur traitement préventif et curatif
PAR L'ACIDE SALICYLIQUE

L'acide salicylique, employé dans la nourriture à la dose de 1/2 à 1 gramme par jour et par tête de bétail, est le meilleur préservatif des maladies qui procèdent par contagion : Sang de rate, Cocotte, Maladie aphteuse, Erysipèle, Typhus, Morve, Variole et le Rouget des porcs, etc.

DES ATTESTATIONS NOMBREUSES DE GUÉRISONS obtenues pour la Cocotte et le Rouget des porcs ont été reproduites dans le *Journal l'Agriculture*.

La désinfection des étables, des écuries se fait instantanément au moyen d'un arrosage d'eau salicylée à 2 grammes par litre.

S'adresser à M. CERCKEL, administrateur de la *Compagnie de produits antiseptiques*, 26, rue Bergère, Paris.

Envoi sur demande de Prospectus et Brochures.

PRIX DU KIL. 25 fr. — BOITE DE MÉNAGE, 2 fr.

La plus ancienne fabrique de Semoirs français.
Maison **JACQUET-ROBILLARD**, *fondée en 1836.*

J. MARÉCHAL ✻

constructeur, 4, rue de Turenne, à ARRAS.

Fabrique spéciale de SEMOIRS à socs rigides et à socs articulés.

Médaille d'argent à l'Exposition universelle 1889.

Semoirs à betteraves et engrais et Distributeurs d'engrais.

ENVOI FRANCO DU CATALOGUE.

Près de 400 médailles. — Plus de 6,000 Semoirs livrés.

20 premiers prix en 1889, en 1890.

PHARMACIE SAVARY

AMIENS, 33, Place Saint-Denis, 33, AMIENS
(EN FACE LE SQUARE).

PROVENDE AUX PHOSPHATES ASSIMILABLES
du Docteur DESCHAMPS.

Prix : 3 fr. le kilog.; 27 50 les 10 kilog. (Remises proportionnelles.)

Accroissement rapide des bestiaux, surtout chez les jeunes animaux, force nerveuse, fécondité, engraissement ; prévient surtout la diarrhée chez les jeunes veaux. Qualité exceptionnelle du lait.

M. Lefebvre, cultivateur à Marcelcave, a élevé un veau en lui administrant de la Provende phosphatée pendant 60 jours : tué à 70 jours, ce veau pesait 193 kilog., chiffre officiel constaté à l'abattoir. La viande était très blanche, ainsi qu'est prêt à l'attester M. Oheix, boucher à Amiens.

Les attestations émanant des sommités françaises et anglaises les plus accrédités ont été données à M. SAVARY.

30 PRIX D'HONNEUR ET GRANDS PRIX, 250 MÉDAILLES OR, VERMEIL, ETC.

GRANDES CULTURES DE GRAINES POTAGÈRES, FOURRAGÈRES ET DE FLEURS

E. FORGEOT (✻✻) **& Cie**

Fournisseurs du ministère de l'Agriculture, des Ecoles nationales d'Agriculture, des Syndicats agricoles, etc.

PARIS, quai de la Mégisserie, 6 et 8

Appareils spéciaux pour épurer et nettoyer les graines

SPÉCIALITÉ DE GRAINES DE GRANDE CULTURE

luzernes et trèfles garantis sans cuscute, minette, vesces, sainfoins, trèfles incarnats, betteraves, carottes, navets, choux-navets, pommes de terre

Blés à grand rendement, Avoines, Orges, Seigles, Graines d'arbres pour reboisement

Graines de graminées pour prairies

Notre Maison ne vend que des graines de provenances sûres, assurant les meilleurs résultats ; elle accepte le contrôle de la Station d'Essais des Semences, établie à l'Institut agronomique par le Ministère de l'Agriculture, contrôle auquel nous sommes soumis dès sa création. En conséquence, nos graines sont garanties de levée et d'une pureté irréprochable ; nos trèfles et nos luzernes sont garantis sans un seul grain de cuscute.

Grande et importante **Spécialité de Créations de Prairies.** Nous nous chargeons d'établir des compositions convenant à la nature de chaque sol, et d'avance nous en assurons la réussite.

Sur demande, nous adressons *franco* nos catalogues illustrés de graines potagères, fleurs, arbres, fourrages, ognons fleurs, plantes, etc.

CRÉDIT AGRICOLE UNION DES SYNDICATS AGRICOLES DE FRANCE

9, rue Marsollier, PARIS

Agence à LYON, 234, cours Lafayette, S. PLISSONNIER, Directeur ✻ M. A.

MACHINES AGRICOLES DE TOUS SYSTÈMES

TOURTEAUX et FARINES pour la nourriture du bétail.

ENGRAIS CHIMIQUES et ORGANIQUES, MATIÈRES PREMIÈRES

SEMENCES DE PREMIER CHOIX.

RAISINS SECS A BOISSONS

PREMIÈRE MAISON DE FRANCE (10 croix ou méd., fondée en 1876), **J.-F. Audibert,** créateur des vins de raisins secs et importateur direct. Auteur de : *L'Art de faire les Vins de raisins secs* (fco 3 90); *les Vins d'imitation*, sirops, liqueurs, etc. (fco 5 25). Inventeur de l'appareil (B. S. G. D. G.). **LE SEUL ADOPTÉ PAR L'ARMÉE** pour la fabrication mathématique des vins de raisins secs, en 10 jours, pour faire depuis 1 litre jusqu'à 20,000 litres par jour **AVEC UN HOMME. Renseignements gratuits pour tripler les vendanges, vins de seconde cuvée,** etc., 53, r. des Minimes, Marseille.

L'Administrateur-Gérant : ALBERT RENOT.

Beauvais. — Imp. D. PERE. - A. CARTIER, Gérant.

12e Année. — 2e Série. — N° 591.

Dimanche 24 Mai 1891.

GAZETTE AGRICOLE

JOURNAL HEBDOMADAIRE, PARAISSANT LE DIMANCHE

Rédacteur en Chef : M. CH. GOSSIN, Professeur d'Agriculture à l'Institut agricole de Beauvais.

PRIX DE L'ABONNEMENT

UN AN, 5 fr. — SIX MOIS, 3 fr. — TROIS MOIS, 2 fr. 25

Pour l'étranger les abonnements ne sont reçus que pou un an, au prix de 6 francs, et ne partent que du 1er janvier ou du 1er juillet de chaque année.

Le numéro : 10 centimes.

Il est indispensable de joindre à toute demande de changement d'adresse la dernière bande d'adresse du journal et 50 centimes pour frais de nouvelles bandes.

Adresser les *Abonnements* et *Annonces* au secrétaire de la rédaction, 13, quai Voltaire, Paris, ou à M. GOSSIN, rédacteur en chef et administrateur, à BEAUVAIS.

BUREAUX

13, quai Voltaire, Paris, et à Beauvais.

Les abonnements partent du 1er de chaque mois et sont payables d'avance. Toute demande d'abonnement doit donc être accompagnée du prix de l'abonnement. (Le mode de payement le plus simple est l'envoi d'un mandat-poste.)

Donner *très lisiblement*, en s'abonnant, son nom et son adresse exacte, *avec l'indication du bureau de poste*; et, s'il s'agit d'une continuation d'abonnement, joindre au renouvellement la dernière bande d'adresse du journal.

La GAZETTE AGRICOLE insère gratuitement les Communications des Syndicats agricoles

SOMMAIRE :

PARIS, 22 MAI.

Ce n'est pas une mince entreprise que de vouloir changer les institutions politiques, les convictions et les habitudes religieuses d'un pays. Avec cette passion étroite qui le caractérise et les appétits qu'il a à satisfaire, le parti républicain tente de remplacer définitivement en France la religion chrétienne par le laïcisme, et la monarchie par la République. Sur le premier point, malgré toutes les forces gouvernementales dont il dispose, les ressources du contribuable dont il abuse, il a échoué piteusement. La religion catholique est plus pratiquée que jamais, et les infirmières laïques ne sont pas prêtes de faire oublier les religieuses des hôpitaux, pas plus que les institutrices laïques ne prennent la place, dans la confiance des familles, des bonnes sœurs et des frères. En supposant même que dans nos mairies républicaines on perfectionne encore les distractions, les déclarations des nouveaux-nés et les mariages civils ne supprimeront ni les baptêmes, ni les mariages religieux. Toutes ces démonstrations d'un paganisme qui a fait son temps sont d'un ridicule achevé, et font mieux ressortir aux yeux même des plus indifférents la gravité et le sérieux des cérémonies religieuses.

***

Le Bonhomme Deschamps ne voit pas beaucoup plus clairement que la vraie République, même après onze ans de règne, ait remplacé la Monarchie. On s'ingénie bien, dans le monde républicain, à suppléer du mieux que l'on peut, à la lacune de la monarchie, mais sans y parvenir. Il n'est guère même de semaine où la vérité n'arrache aux républicains les aveux les plus significatifs à cet égard. Il y a beau temps déjà qu'on a fait remarquer qu'un politique du génie d'un Richelieu ou d'un Mazarin, aurait été arrêté au début même de ses nationales entreprises, s'il avait eu affaire à une pétaudière républicaine parlementaire analogue à celle qui brouille tout aujourd'hui chez nous. Quelques voix de députés imbéciles ou mécontents de n'avoir pas obtenu une faveur administrative quelconque auraient eu vite raison de Richelieu et de Mazarin. Jamais Bismarck lui-même n'aurait fait pour la grandeur de son pays et pour la diminution du nôtre, ce que tout le monde sait, s'il n'avait été soutenu contre le Parlement par son roi et par son empereur. On ne voit pas davantage comment le soldat glorieux qui vient de s'éteindre récemment à Berlin, le maréchal de Moltke, aurait pu gouverner presque souverainement l'armée pendant plus de 25 ans, s'il n'avait trouvé entre les députés et son génie militaire le rempart royal.

***

Tout cela est si évident que les journaux républicains eux-mêmes le confessent, à telles enseignes que l'un d'eux, et non le moins autorisé, profitait de la mort de M. de Moltke et des grandes choses accomplies par lui, pour recommander aux députés d'éviter les crises ministérielles. « Puisque nous n'avons pas l'institution monarchique, disait-il, tâchons d'y suppléer en ne touchant pas au ministre de la guerre. » Le conseil était excellent en soi, mais le moyen de le faire accepter et de donner de l'esprit de suite à une majorité parlementaire dont l'essence est, avec l'ignorance des conditions d'un vrai gouvernement, la mobilité des idées et des passions. Il n'est peut-être pas un seul des grands maux dont nous souffrons, qui ne vienne précisément de ce que nous sommes en République. Ici les hommes sont infiniment moins coupables que l'institution. Le Bonhomme Deschamps ne jurerait pas du tout que si l'Allemagne et l'Italie étaient demain en République, ces deux peuples feraient aussi bonne figure dans le monde, que la France. On n'ignore pas que ces assertions sont fort contredites et que pour des esprits même élevés, la République est le dernier mot de la politique. Tel n'est pas l'avis du Bonhomme Deschamps. Et son avis n'est pas le produit d'un fétichisme monarchique quelconque. Il croit tout bêtement que la monarchie en France, et cela dans la pratique et non dans la théorie, est le régime sous lequel le peuple français peut, à meilleur compte, obtenir la plus grande somme de justice, de prospérité, de paix sociale et religieuse et de vraie liberté.

***

Il n'est pas jusqu'à la façon dont on organise les voyages du Président de la République à travers la France, qui n'accuse et ne dénonce les instincts monarchiques de la France, et son besoin de personnifier dans un homme le Gouvernement tout entier et même le pays. Dans les pays vraiment républicains, le chef de l'Etat est purement et simplement un fonctionnaire plus élevé et mieux payé que les autres. Il se garde bien de jouer au roi, et l'on se garde tout autant encore de lui donner ce caractère. C'est à peine, quand il passe dans les rues, si on le remarque. Sa femme, en tout cas, quand il en a une, n'a aucune place officielle dans l'Etat; les gazettes ne comptent pas ses toilettes, ses réceptions, ses charités et ses bons mots. Nul ne s'inquiète de ses opinions polititiques et religieuses. Pourquoi en est-il tout autrement chez nous ? Pourquoi tout ce bruit autour de M. et Mme Carnot, dont l'une est une bonne bourgeoise, et l'autre un ingénieur ordinaire ? Uniquement parce que l'imagination populaire, bien que nous soyons en République depuis une dizaine d'années, ne peut se déshabituer d'entourer d'un prestige, reliquat des monarchies, nos chefs d'Etat temporaires. Bien loin même que ces mœurs choquent nos journaux républicains, elles sont, à quelques exceptions près, entretenues par eux. Ceux-là seuls qui s'en plaignent seraient les premiers à s'en applaudir si le président de la République avait exactement leurs opinions.

* * *

Que conclure de ces observations que plus d'un ami du Bonhomme Deschamps, quand il lui arrive de faire réflexion sur les choses du temps, s'est certainement faites? Tout simplement ceci, qu'il serait raisonnable de ne pas pousser plus loin l'expérience et de ne pas attendre les terribles leçons des événements pour revenir à notre état naturel qui est monarchique. Jamais on ne fera comprendre au Bonhomme Deschamps que l'on se fasse un point d'honneur de manger au bouillon Duval, quand on pourrait si aisément, et cela à meilleur compte, prendre ses repas dans un restaurant supérieur.

LE BONHOMME DESCHAMPS.

NOUVELLES DE LA SEMAINE.

Les réformes de nos bons radicaux. — Les ministres se sont occupés de la proposition de M. Maujan, député radical, sur la réforme de l'impôt et ont décidé d'accepter l'urgence dont le bénéfice sera demandé à la Chambre. M. Maujan supprime tous les impôts existants. Mais qu'on ne se hâte pas trop d'applaudir : il les remplace par d'autres. Et lesquels? Il y aurait un impôt d'un milliard sur l'alcool, dont la vente deviendrait un monopole de l'Etat. Il y aurait une transformation de l'impôt des successions, qui aboutirait à une confiscation presque complète des « gros héritages ». Il y aurait enfin un impôt « mixte et gradué » sur le capital et le revenu Les socialistes et communistes attaquent de front la propriété individuelle; M. Maujan l'abolirait indirectement par la voie fiscale. Nous voulons croire qui si le gouvernement accepte l'urgence c'est dans l'esprit où il l'acceptait la semaine dernière pour l'amnistie; en d'autres termes, c'est avec l'arrière-pensée d'enterrer plus vite la proposition.

Le jeu au Courses. — La Chambre des députés a voté le projet de loi sur les courses conformément au vœu exprimé par la majorité des Conseils généraux.

D'après les dispositions de la loi votée, le pari mutuel est rétabli, mais seulement « sur les champs de courses des Sociétés ayant pour *but exclusif l'amélioration de la race chevaline* et dont les statuts seront approuvés par le ministre de l'agriculture. » Ces Sociétés devront en outre obtenir pour l'organisation de ce pari une autorisation spéciale toujours révocable. En dehors de ces conditions le pari au livre entre personnes se connaissant reste autorisé ; mais toute personne offrant à tout venant de parier ou « pariant avec tous venants » tombe sous l'application de l'article 410 du code pénal. Les intermédiaires de ces paris, les personnes vendant des renseignements pour les faciliter et « les directeurs d'établissements « publics qui les laisseront exploiter dans leurs « établissements « seront poursuivis et punis comme complice. Ces dispositions de la loi laissent encore une part très large à l'arbitraire administratif. Il nous difficile de comprendre comment le pari mutuel organisé par les Sociétés, n'est « pas l'offre de parier faite à tous « venants ». Nous ne voyons pas bien non plus ce que vient faire ici l'autorisation ministérielle. Il résulte de cet ensemble de mesures législatives que le pari sera l'acte licite et moral sous la forme du pari mutuel quand cela conviendra au ministre de l'agriculture en exercice et sur les champs de courses qu'il choisira. Quant au pari pratiqué aujourd'hui par la plupart des *bookmakers* il sera tour à tour impuni et réprimé avec rigueur selon qu'il plaira à la police de voir ou de ne pas voir les délinquants. En fait, les choses se passeront exactement comme elles se passaient avant que M. Constans ait été pris de scrupules aussi inattendus que tardifs.

La famille Grévy-Wilson. — Il y a longtemps qu'on ne parlait plus de la famille Grévy-Wilson. Le public paraissait prendre son parti de cette absence de nouvelles. Aujourd'hui on nous apprend que M. Wilson vient de se rendre acquéreur de près de 500,000 fr. de terres dans le canton de Montrésor, département d'Indre-et-Loire. *En même temps M. Grévy*, surmontant les répugnances qu'il avait manifestées jusqu ici, s'est décidé, paraît-il, à faire un séjour au château de Montain, près de Loches, une des propriétés de M. Wilson. Il a passé à Tours, rejoignant cette destination. Evidemment l'acquisition d'un demi-million de propriétés dans le pays a lavé le passé, et M. Grévy ne peut plus se féliciter que du bonheur d'avoir un tel gendre.

La torture laïque. — Il vient de se passer à l'école communale de Fontenay-sous-Bois, près Paris, un scandale qui ne rehaussera certainement pas le prestige de l'éducation laïque. Voici les faits douloureusement éloquents par eux-mêmes.

La famille Rongeat envoie son fils, âgé de sept ans, à l'école de Fontenay. A peine arrivé, cet enfant est pris en grippe par ses camarades qui lui font subir les plus mauvais traitements. Les brimades sont en vigueur à cette école et elles sont singulièrement atroces; on va en juger. On ne se contente pas de jouer au pauvre petit, ces farces stupides qui sont la monnaie courante des plaisanteries de collège, on va jusqu'à le frapper, et on l'a tué. Ses camarades le jettent à terre et lui flanquent des coups de pieds dans le ventre. Quelles jolies petites brutes que ces camarades et quelle jolie graine on fait pousser là ! C'est bien le cas de dire que cet âge est sans pitié.

Bref, le jeune Rongeat rentre chez lui le soir, moulu, brisé, se plaignant de vives douleurs, et raconte à ses parents la scène de la journée. Les parents portent plainte au maire, M. Richebois, qui fait appeler le médecin de l'école, M. Riche. Le médecin constate des ecchymoses au bas-ventre de l'enfant et diagnostique une péritonite aiguë. Trois jours après, le petit Rongeat, dont l'état n'avait cessé d'empirer, rendait le dernier soupir.

Tels sont les faits.

Un enfant a été tué à l'école laïque de Fontenay, et cela, non pas par accident, par méprise, mais à raison des coutumes barbares qui y règnent, en vertu de l'éducation qui s'y donne. N'est-il pas monstrueux qu'un directeur d'école, qu'un inspecteur d'académie tolèrent des brimades, surtout entre enfants de sept à dix ans, qu'on laisse se battre comme des chiens vicieux et dont on encourage tous les mauvais instincts?

Et ne sont-ils pas des brutes ceux qui font cela?

En Belgique. — La grève générale, en Belgique, touche à sa fin. A Liège presque tous les ouvriers sont revenus au travail; dans le Centre la reprise s'accentue et fait tache d'huile; dans le Borinage, à l'agitation de ces derniers jours a succédé un moment d'attente et d'accalmie, précurseur de la fin du mouvement; la grève jette ses dernières flammes dans le bassin de Charleroi et à Bruxelles, où les chefs du parti ouvrier déploient les plus grands efforts pour la ranimer, tant ils sentent l'échec subi par leur influence.

LES COMBINAISONS AGRICOLES
en rapport avec la situation actuelle.

(Suite.)

LES INSTRUMENTS PERFECTIONNÉS NÉCESSITÉ D'UN CAPITAL SUFFISANT

Une culture très énergique et l'emploi des instruments destinés à simplifier la main-d'œuvre, tels sont les moyens d'actions qui, maintenant plus que jamais, doivent, dans l'intérêt des récoltes, se joindre à l'effet d'engrais bien appropriés.

Les charrues du genre *Brabant double*, les scarificateurs, les herses articulées, les rouleaux de fonte, les houes à cheval, les semoirs, les faucheuses, les moissonneuses, les rateaux à cheval, tout cet ensemble compose aujourd'hui le matériel indispensable aux grandes fermes ; matériel dont les petits cultivateurs devraient également se servir en s'associant, au besoin, pour l'acquisition et l'entretien de tel instrument dont la dépense chargerait trop fort un seul d'entre eux.

Les jachères étant supprimées, il devient nécessaire d'entamer les chaumes aussitôt après les moissons. Il le faut non seulement pour exposer la terre aux ardeurs fertilisantes du soleil d'été, mais encore pour la destruction des mauvaises herbes et des insectes nuisibles. Si les hannetons et les vers blancs se sont, dans ces derniers temps, multipliés d'une manière si désastreuse, cela ne viendrait-il pas de la suppression des jachères sans qu'il y ait eu compensation par des cultures d'été assez énergiques ! Dans les pays les plus avancés, on tient à ne pas laisser à la terre un moment de repos. A cet effet, chaque récolte, aussitôt coupée, est disposée dans le champ par tas alignés et bien faits. Puis, on cultive les entre-deux de ces lignes et on ne rentre la moisson qu'après avoir déjà bouleversé le champ en plus grande partie. La culture se complète dès que la récolte a disparu. De la sorte, on ne laisse ni aux mauvaises herbes ni aux insectes la faculté de vivre et de se multiplier.

Les déchaumages ne doivent pas être profonds. Aussi, sans équivaloir à un labour, de simples traits de scarificateur, l'un en long, l'autre en large, constituent d'excellent travail. Si, plus tard, en automne, la terre reçoit un fort labour sur application de fumier, la voilà très bien préparée pour les semailles printanières de betteraves. Alors, il suffit d'ameublir la surface par le scarificateur et les herses. L'intérieur étant ferme, la fraîcheur nécessaire à une bonne germination se conserve mieux que si des labours printaniers étaient donnés ; les frais de culture sont d'ailleurs moins considérables et la betterave peut être semée plus tôt.

La rareté de la main-d'œuvre rend absolument nécessaire aujourd'hui l'usage des houes à cheval. Celle qui fonctionne avec le plus de facilité et d'énergie est la houe *Dombasle*, pourvue d'un soc triangulaire antérieur et de plusieurs couteaux attachés à deux pièces de fer ou de bois qui forment triangle et peuvent à volonté se rapprocher ou s'éloigner. Cette houe est ordinairement traînée par un cheval et elle ne sarcle que l'espace compris entre deux lignes. D'autres houes, telle que les houes Bajac, Amiot et Barriat, etc., cultivent la terre entre plusieurs lignes à la fois. Si le sol est facile, cette seconde catégorie d'instruments peut suffire : on passe dans le champ à trois et quatre reprises. Grâce à cet aide, le travail des sarcleurs à la main se trouve sensiblement diminué, ce qui permet de leur donner pour leur tâche un quart ou un cinquième de salaire de moins, — ce qui leur permet aussi d'isoler les jeunes sujets très rapidement ; or, on sait combien cette rapidité d'éclaircie favorise la végétation. Plus tard, quand la sécheresse survient, le travail de la houe à cheval présente encore ce grand mérite, de pénétrer plus avant que le fer des ouvriers bineurs (car ceux-ci ne font guère que gratter le sol). La terre, étant ainsi mieux cultivée, ne se durcit pas et résiste mieux à l'aridité estivale.

Pour peu que la terre soit compacte, la houe à cheval qui cultive entre deux lignes seulement, devient nécessaire.

Pour pouvoir l'employer facilement, on ajoute environ 10 centimètres à l'espacement ordinaire des betteraves pour sucreries, ce qui porte cet espacement à 0m50.

Le premier sarclage et l'éclaircie des sujets se font à la main. Le second sarclage s'opère à la houe à cheval ; et on passe l'instrument à deux reprises dans chaque rayon, en ayant soin de serrer chaque fois une des deux lignes. Un peu de travail à la main termine l'opération. Les troisième et quatrième cultures se font encore à la houe à cheval, et les quelques plantes qui auraient échappé s'arrachent à la main. Ainsi fait, le travail est aussi complet qu'énergique.

Par des procédés analogues, la culture de la pomme de terre s'opère d'une manière encore plus facile.

Le champ ayant été parfaitement préparé d'avance par les cultures d'été et d'automne, on donne au printemps un dernier labour, en enterrant le fumier s'il y a lieu. Puis, avec le scarificateur auquel on a enlevé un certain nombre de pieds, on rayonne le champ. Au moyen d'un cordeau tendu en travers, on fait un second alignement. Puis, à chaque point d'intersection du cordeau et des lignes, on plante les tubercules au moyen de la bêche. La plantation, ainsi effectuée, est beaucoup plus parfaite que celle qu'on opère pendant le labour même, en déposant les pommes de terre dans chaque deuxième ou troisième raie de charrue.

Dès que la plante commence à lever, on cultive le champ très énergiquement avec la herse de fer. Ensuite, on fait passer la houe à cheval en travers et en long ; enfin, on donne un léger buttage dans les deux sens. Lorsque ces conditions sont remplies, aucun travail à la main n'est nécessaire jusqu'au moment de la récolte, et la culture est aussi bonne que possible.

C'est ainsi que, au moyen d'un outillage approprié et de soins intelligents, on peut encore, malgré l'élévation des salaires, réaliser sans trop de frais certaines cultures qui passent, généralement, pour très coûteuses.

L'ensemble du système cultural que nous venons d'esquisser, exige, il ne faut pas se le dissimuler, beaucoup plus de capitaux, beaucoup plus d'attention, beaucoup plus d'intelligence, beaucoup plus de science, que la culture triennale d'autrefois. Qu'y avait-il de plus facile et de plus simple que l'alternat des jachères et des céréales, à quoi se joignaient quelques vaches et un troupeau de moutons pour utiliser les pailles, ainsi que l'herbe des jachères et des chaumes ? Chaque opération trouvait son temps largement. Pour toutes les terres faciles des environs de Paris, il n'y avait jamais de presse extrême, jamais d'embarras.

Au contraire, dans le nouveau système d'alternat, comme on cultive plus d'espèces de plantes, tous les instants sont comptés ; car il faut saisir, pour chaque culture, le moment favorable.

D'un autre côté, le bétail nombreux que l'on entretient pour la consommation des fourrages, représente un capital très élevé. Supposé qu'on arrive à une tête de gros bétail par hectare, ce n'est pas moins de 500 fr. par hectare, rien que pour le bétail. Les semences, les engrais achetés, les instruments perfectionnés, constituent encore d'autres valeurs. Au total, il faut, en moyenne, compter mille francs par hectare.

Si l'on ne possède qu'un capital trop faible, on succombera probablement. Ici, la petite culture l'emporte encore sur la grande ; car un capital suffisant se trouve beaucoup plus facilement pour de petites fermes que pour de vastes espaces.

Malheureusement, en France, ni le petit ni le grand cultivateur ne se rendent assez compte de l'importance de ce point. En grande culture, on embrasse presque toujours trop d'étendue, et nombre de fermiers qui prospéreraient s'ils ne cultivaient que 50 hectares, se ruinent parce qu'ils en labourent 200.

Quant au petit cultivateur, si, à force de travail, il a réalisé quelques économies, au lieu d'améliorer son bétail, ses instruments, ses semences, au lieu de marner, de drainer, d'irriguer, il achète d'ordinaire quelque nouveau champ, en augmentant ainsi la disproportion qui existe déjà entre l'étendue de ses terres et le capital de son faire-valoir.

Souvent aussi, aujourd'hui surtout, séduit par l'appât de gros revenus, le cultivateur jette ses épargnes du côté de la Bourse. Plus tard, quand la spéculation ou le malheur public ont déprécié ce qu'il a imprudemment acheté, il s'avoue à lui-même que, au lieu de prendre du Panama ou du Portugais, il aurait mieux valu se procurer des bœufs, des engrais, un scarificateur, un rouleau de fonte et bien d'autres choses qui manquent à sa ferme. Mais, hélas ! il n'est plus temps.

Du moins, que l'expérience acquise profite pour l'avenir !

(A suivre.) Ch. Gossin.

TRAVAUX DE LA SAISON

Le Sarrasin dans l'ouest

Nous voici à la fin de mai, et il n'y a plus à songer aux céréales de printemps, si ce n'est toutefois au sarrasin ou blé noir, qu'on sème de mai au 20 juin, et qui accomplit sa végétation en trois mois, d'où lui vient le nom de blé de trois mois. Dans l'ouest, sa culture est, non pas sans raison, considérée comme culture améliorante et préparatoire au froment, et, de fait, les blés d'hiver et de printemps sur éteule de sarrasin sont moins atteints cette année que ceux faits sur trèfle ou *défrichement de prairies* naturelles qui ont cependant enrichi le sol en azote.

Tout le monde sait l'influence des engrais phosphatés sur la réussite du blé noir suivant la nature du sol, et que les engrais azotés poussent au développement des tiges et des feuilles aux dépens de la production du grain, qui concourt dans une très notable proportion à l'alimentation de la population bretonne, et est exporté *dans diverses parties de la France* qui n'en produisent pas, et dans les pays du Nord, en Suède et en Hollande, où cependant le sarrasin est cultivé.

Il n'est pas de culture plus susceptible que le sarrasin aux influences atmosphériques, et il nous est arrivé de quitter le matin un champ de sarrasin blanc comme la neige, qui le soir était noir.

La récolte en grain fut dix fois plus forte en 1887 qu'en 1889, et nous eûmes même à nous expliquer sur cette affirmation.

La potasse joue un rôle plus important dans le sarrasin que l'acide phosphorique même ; mais, comme les terrains en Bretagne et dans le Centre sont suffisamment pourvus en potasse, c'est l'influence des engrais phosphatés qui s'affirme le plus dans la culture du sarrasin.

Dans les années sèches, le blé noir, surtout le blé noir argenté de Silésie, reste parfois très court, mais n'en graine pas moins. Dans les années pluvieuses, le sarrasin mûrit inégalement et sur la même tige se trouvent des grains mûrs dont la cassure, comme celle du blé, reste farineuse, tandis que à côté sont des grains encore laiteux, de manière qu'on est forcé de mettre le sarrasin en petites moyettes avec une seule attache auprès de la tête. Si le temps est sec, et que la dessication s'opère bien, on peut espérer un grain pesant de 65 à 67 kil. à *l'hectolitre, tandis que* dans les années pluvieuses son poids descend de 55 à 57 kil. Au résumé, le sarrasin ne se conserve longtemps que par des pelletages ; en 1889 il se conserva mal, mais en 1890 il était bon et s'est bien vendu ; on en fera sans doute beaucoup cette année. Docteur Agricola.

LES PHOSPHATES
dans l'alimentation du bétail.

Les tissus de tous les corps animaux renferment des principes inorganiques. On retrouve dans les graisses du soufre et du phosphore, dans le sang du chlorure de sodium, des alcalis libres et du fer, dans les muscles et les nerfs une forte proportion d'acide phosphorique, etc. Ce dernier principe, qui concourt à la formation des cellules et des tissus, combiné avec la chaux et la magnésie, coopère pour une large part à la constitution du squelette. Les os fournissent jusqu'à 55 ou 60 pour 0[0 de phosphates. Les cendres de tous ces corps nous donnent la preuve de leur constitution inorganique et le rapport dans lequel chaque élément y contribue.

De toutes ces substances, les phosphates sont les plus importants, en raison de leur présence dans les tissus protéiques, musculaires et nerveux, et de leur utilité pour les formations osseuses. Il y a donc un grand intérêt à employer les aliments phosphatés pour l'élevage des jeunes animaux. Le premier, le plus grand avantage sera le développement normal et rapide de l'ossature, base de toutes les autres formations. On assurera ainsi des proportions parfaites et tout à la fois fortes et légères. N'est-ce pas là l'idéal cherché de l'éleveur ? Joindre la solidité à l'élégance et permettre toutes les capacités d'utilisation. L'apport du phosphore dans les rations est une certitude pour obtenir un squelette fin et compact, préférable aux os spongieux et grossiers. On y gagne la pureté des lignes si appréciables dans l'élevage pour la reproduction et la légèreté du système osseux qui amène la plus value des animaux de boucherie. Puisque ces qualités peuvent être la conséquence d'une combinaison rationnelle des éléments nutritifs distribués aux jeunes sujets, le producteur devra s'attacher à augmenter judicieusement les quantités de phosphate assimilable. D'autant plus qu'en dehors de l'accroissement normal il assure une plus grande activité de développement.

La mère, en état de gestation, devra consommer des aliments phosphatés dans l'intérêt d'un meilleur développement du fœtus. Si le lait est utilisé pour la nourriture des jeunes animaux, les mêmes causes produiront les mêmes effets, ainsi qu'après le sevrage dans le rationnement direct des sujets ; pour faire parvenir ces principes dans l'organisme, on a souvent conseillé de phosphater les terres. Les récoltes qui y végètent absorbent les principes phosphorés pour les transmettre aux animaux ; mais ainsi on ne peut déterminer d'une façon exacte si les quantités absorbées sont suffisantes. Ce qui dépend de la solubilité de l'engrais, de la température, de la nature des terres, des facultés absorptives des plantes, etc. Mille causes impossible à fixer. Ce mode de distribution ne donne donc qu'exceptionnellement la juste mesure, et l'on n'obtient le plus souvent que le trop ou le trop peu. Dans cette alternative il est encore préférable de dépasser le but, car les principes non absorbés dans les rations, comme tous les autres en pareil cas, font retour à la culture par les fumiers.

Mais le doute, l'à peu près, doivent être évités à tout prix en matière de rationnement Pour cela il est indispensable de distribuer directement les phosphates aux jeunes animaux. La *Gazette des Campagnes*, dans son résumé d'une étude de M. de Charnacé, reste dans l'indécis et se contente des phosphates fournis par les plantes : elle attend... sur cette question. M. de Charnacé semble plus catégorique et approuve l'emploi des phosphates dans l'élevage. Il nous indique même à ce sujet la provende phosphatée de M. Savary, d'Amiens, dont le prix seul lui parait trop élevé, et alors conseille le biphosphate précipité, lavé ou le phosphate précipité. Cette solution fausse et inapplicable nous a amené à élucider la question et à nous renseigner sur la valeur des phosphates Savary. Jusqu'à ce jour nous n'avions utilisé que le phosphate de chaux finement pulvérisé ou la poudre d'os très fine et soumise à l'action de la vapeur. Les résultats d'une dose de 16.5 grammes sont satisfaisants, mais les provendes phosphatées nous semblent devoir remplir plus complètement le but.

M. Savary livre son phosphate à raison de 3 francs le kilo et la quantité totale à distribuer journellement ne doit pas dépasser 30 grammes. Ce qui donne : $\frac{3 \times 30}{1000} = 0.09$ cent. La dépense quotidienne portée à 0 15 centimes par M. de Charnacé est donc exagérée. De plus, ces provendes achetées par l'intermédiaire des syndicats agricoles, qui en commandent au moins 100 kilos, sont livrées à un prix moindre, ce qui abaisse la dépense par tête et par jour à 0.06 centimes pour les veaux et les poulains. Les porcs ne doivent pas en absorber plus de 10 grammes par jour, soit 0 03 centimes et avec le secours des syndicats 0 02 centimes. La moitié de cette dernière quantité suffit aux agneaux. Outre passer ces indications, serait plutôt nuisible, et au lieu des proportions et de la solidité on risquerait de n'obtenir que la déformation. La dépense journalière peut donc se résumer depuis 0 02 centimes jusqu'à 0 10 centimes, suivant l'âge et l'espèce des animaux.

Quant à l'emploi du biphosphate précipité, lavé, nous ne saurions le recommander : nous l'ignorons et nous supposons qu'il s'agit du phosphate bi-calcique. Si c'est ce dernier que M. de Charnacé recommande, il ne vaut pas 60 ou 70 francs, mais bien 200 francs pour l'avoir pur, et cette question de pureté est essentielle, si on veut l'employer sans altérer la santé des animaux et éviter les diarrhées, surtout chez les veaux. Pour le phosphate précipité, son action serait nuisible, administré à la dose de 20 à 50 grammes, et provoquerait des entérites chez les jeunes sujets. De plus, il agit comme un absorbant et dessèche les muqueuses. Effets tous très éloignés des résultats à obtenir. La solidité et la régularités sont seules recherchées et surtout une plus grande activité de développement. La dépense quotidienne est encore diminuée puisque par l'emploi du phosphate Savary, on obtient en un temps moindre un plus haut point de production.

Quelques exemples confirmeront ces assertions. La chronique agricole de la Bretagne, par l'organe de M. de Goebriaut, approuve l'usage de ces phosphates et rapporte comme preuve le résultat de ces expériences. M. Boulanger, de Proyart, fit un essai sur deux lots de moutons, dont un seul consomma des phosphates. La précocité, la supériorité et par suite la plus grande valeur resta à la catégorie des jeunes sujets phosphatés. A la ferme d'expériences et d'enseignements pratique de l'Institut agricole de Beauvais, l'empoi de cet aliment est approuvé et utilisé avec avantage pour les poulains. M. Bétison, professeur à l'école supérieure d'Amiens, à la suite d'experiences personnelles, croit à un rapport de 50 francs pour une dépense de 6 francs. Toutes preuves irréfutables.

La formule de M. Savary semble donner la meilleure solution au problème de la distribution directe des phosphates alimentaires. Cet provende indispensable dans les rations et bien distribuée détermine la précocité chez les animaux et une parfaite aptitude d'utilisation postérieure. En résumé, on doit toujours mélanger des phosphates à la nourriture des jeunes sujets, de quelque manière que ce soit ; mais sans omettre de le faire dans des proportions bien définies et sous une forme assimilable. A chacun de chercher et d'agir au mieux de ses intérêts ; cependant il n'est jamais inutile de s'arrêter aux faits confirmés par l'expérience.

NATALIS OUDARD,
Ancien élève de l'Institut agricole de Beauvais.

L'abondance des matières nous oblige à reculer la fin de l'article **Conventions entre les propriétaires et les exploitants** *ainsi que l'intéressant travail du commandant J. Jullien sur le* **Traitement des Vignes phylloxérées.**

NUAGES ARTIFICIELS ET GELÉES.

Depuis deux ans, je m'occupe de cette question des gelées de printemps et des nuages artificiels, à un point de vue pratique, comme propriétaire. Durant ce laps de temps, j'ai pu faire d'assez nombreuses observations personnelles, j'en livre le résultat à la publicité et à la discussion.

Je possède aux environs de Cognac, dans une plaine à sous-sol argileux, qu'on appelle le Pays-Bas, des vignes que le phylloxéra a épargnées. Ces vignes craignent peu la coulure; la grêle les visite rarement, mais la gelée est pour elles un ennemi redoutable. J'ai essayé de les défendre et j'y suis parvenu à l'aide des foyers Lestout.

Ce sont de petites caisses de forme cubique, en bois de pin, remplies de matières résineuses, à l'état solide ; ces caisses sont très maniables ; 250 peuvent être placées sur le terrain dans une matinée, par trois hommes, avec une charrette et une paire de bœufs. Dès la fin de mars, je dispose mes foyers de 10 mètres en 10 mètres tout autour des pièces de vignes à préserver ; cela me permet d'avoir des foyers prêts à allumer, de quelque côté que souffle le vent. Un thermomètre à alcool portant à 2° au dessus de 0, un trait rouge bien apparent est installé dans la partie la plus froide du vignoble et àpeu près à la hauteur des ceps.

Chaque matin, pendant les mois d'avril, mai, un domestique se lève à trois heures. Il va voir le thermomètre. Si l'alcool est descendu au trait rouge, avec tendance à baisser encore, j'allume, en procédant de la manière suivante: un homme tenant à la main une lanterne et un bidon d'essence de pétrole, verse quelques gouttes d'essence sur chaque foyer ; un autre homme le suit avec une torche de résine enflammée et met le feu à l'essence ; l'opération est ainsi très rapidement conduite ; quatre hommes un peu exercés allument 150 foyers en 15 minutes.

Une demi-heure environ après que les foyers ont été allumés, un nuage noir, épais, impénétrable aux rayons du soleil, couvre le vignoble. Sous ce nuage il ne se forme pas de gelée blanche; s'il s'en était formé un peu avant l'allumage, elle fond doucement et se change en rosée. J'ai été témoin à ce sujet d'un spectacle très curieux : certains matins j'allumais une ligne de foyers placée entre une pièce de vigne et une prairie ; les touffes d'herbes situées dans la vigne, sous le nuage, restaient couvertes de rosée ; en arrière des foyers, sous le vent de nord-ouest, la prairie était blanche comme s'il avait neigé ; le contraste était saisissant.

Au printemps dernier, j'ai allumé par des températures qui ont varié de 2° au-dessus à 4° au-dessous de 0; on peut considérer que les nuages artificiels procurent une immunité absolue ; à 4° au-dessous de 0, il ne faut pas compter empêcher tout le mal, mais on obtient encore des résultats satisfaisants.

Ma récolte de vin a été supérieure d'un quart à celle de mes voisins, et cette différence doit être attribuée, pour une très grande partie, à la protection des nuages artificiels.

Les frais à faire sont très variables, et il est impossible de les calculer *a priori*. Si le vignoble est aggloméré, il faudra moins de foyers que s'il se compose de pièces dispersées. Si le vent reste fixe pendant la gelée, il faudra moins de foyers que s'il souffle successivement de divers côtés, obligeant ainsi à allumer plusieurs lignes. Des syndicats s'étendant à une commune entière ou à une fraction de commune réaliseraient certainement une grande économie. Devrait-on rendre ces syndicats obligatoires ? Je ne le pense pas : il y a déjà bien assez de choses obligatoires en France. Mieux vaut laisser agir l'initiative individuelle. D'ailleurs un propriétaire, même réduit à ses propres forces, peut très bien se défendre tout seul, pourvu qu'il ait de l'énergie, car c'est un dure métier, et de la vigilance, car s'il dort trop tard un matin de gelée, il perd le fruit de tous ses travaux antérieurs.

F. BENON.

LE JARDIN.

Culture du Melon.

On se figure généralement que le melon est d'une culture difficile, praticable seulement par les jardiniers de profession. C'est là une erreur qu'il est bon de combattre, et nous ne saurions trop engager nos lecteurs à se donner la satisfaction de récolter eux-mêmes cet excellent fruit.

La première chose à faire est de choisir la variété qui devra être mise en culture.

Désirez-vous obtenir des fruits de gros volume et de belle apparence? Semez des cantaloups et, de préférence, le *cantaloup Prescott*, qui est d'excellente qualité.

Préférez vous avoir un plus grand nombre de fruits, plus petits, mais également de premier mérite comme saveur? Choisissez le *melon vert grimpant*. Cette variété est plus rustique que la précédente ; elle est en outre précieuse pour les petits ménages ; car alors qu'un pied de cantaloup ne donne que trois ou quatre gros melons qui seraient perdus si on ne les mangeait complètement une fois entamés, le *melon vert grimpant* ou *melon à rames* peut produire une dizaine de fruits suffisants pour constituer chacun le dessert de deux ou trois personnes.

Les melons *sucrin de Tours* et *ananas d'Amérique* sont aussi de petit volume et très recommandables.

A partir du moment du semis, il faut de quatre à cinq mois psur obtenir la maturité des melons. Les fruits que l'on voit figurer de très bonne heure sur les marchés sont le produit de cultures faites à l'aide de la chaleur artificielle, et les maraîchers en commencent les semis dès le mois de mars. Mais laissons de côté les cultures de primeurs pour nous occuper de celle qui est à la portée du plus grand nombre des amateurs ; la culture dite de *pleine terre*.

Sous le climat de Paris, il ne faut pas songer à semer les graines de melons directement en pleine terre, comme cela se pratique dans le Midi de la France ; mais on peut, dans le courant de mai, confier au sol, sans aucune crainte, de jeunes plantes élevées sur couches et sous châssis dans les conditions indiquées ci-dessous.

Les couches et les châssis sont indispensables pour obtenir la germination de beaucoup de plantes potagères et de plantes d'ornement; ils permettent en outre de protéger certaines d'entre elles, pendant leur jeune âge, de manière à prolonger leur période de végétation, la durée de nos étés leur étant absolument insuffisante.

Aussi est-il peu de jardins où il n'existe pas au moins un ou deux coffres et châssis. La fabrication en est d'ailleurs si facile qu'aucun amateur ne peut reculer devant la faible dépense qu'entraîne l'achat des quelques planches et du verre nécessaire à leur établissement.

Quant à la couche, c'est tout simplement un tas de fumier de cheval frais imbibé d'urine, que l'on foule régulièrement jusqu'à ce qu'il atteigne une hauteur d'environ 60 centimètres et une surface un peu plus grande que celle du coffre qui doit être posé dessus.

Le fumier dégage de la chaleur en entrant en fermentation ; mais pour utiliser la couche, il faut attendre qu'elle ait jeté son premier feu et que la température ne dépasse pas 25 à 30 degrés. Le fumier doit être recouvert d'environ dix à quinze centimètres de bonne terre ou de terreau.

Après avoir ainsi établi les choses, en avril ou dans les premiers jours de mai, on sème les graines de melons dans des pots que l'on dispose dans ce coffre ; on arrose, puis on couvre avec les châssis, qui, eux-mêmes, doivent être couverts de paillassons ou de paille, de manière à maintenir l'intérieur du coffre dans l'obscurité ce qui favorise la germination.

Bientôt les graines commencent à germer. Il devient alors nécessaire de laisser pénétrer la lumière et même de soulever légèrement les châssis par le beau temps afin que l'air durcisse les jeunes plantes.

Lorsque les melons ont leurs deux *cotylédons* (premières feuilles, très épaisses), au moment où commence à poindre les premières feuilles proprement dites, il est nécessaire de les soumettre à un repiquage. A cet effet on arrache les jeunes plantes avec soin, pour les transplanter séparément dans de petits pots ou godets, de sept à huit centimètres de diamètre, en les enterrant jusqu'au niveau des cotylédons. Cette opération terminée, ces pots sont replacés dans le coffre, on arrose légèrement, puis on couvre le châssis de paillassons jusqu'au moment de la reprise.

Quelques jours après, les jeunes tiges s'allongent et montrent les premières feuilles. C'est le moment de pratiquer la *première taille*, qui consiste à étêter les plantes, en coupant l'extrémité des tiges pour ne laisser que les deux premières feuilles.

Arrivés à ce point, c'est-à-dire environ un mois après le semis, la couche chaude et les châssis deviennent inutiles, et l'on peut pratiquer la *plantation à demeure*. On dépote les plantes et on les *met en place* sur une *couche sourde* préparée d'avance. On donne le nom de *couche sourde* à un mélange de vieux fumier, mélangé d'un peu de fumier frais, disposé sur une épaisseur de 50 centimètres dans une plate-bande creusée à cet effet, et recouvert de 20 à 25 centimètres de bonne terre. La plantation se fait en ménageant un espace de 80 centimètres entre les pieds, et l'on abrite avec des cloches, couvertes de paille les premiers jours.

Dès que les plantes recommencent à végéter, on soulève les cloches pour donner de l'air, puis on les soulève de plus en plus pour les enlever complètement lorsqu'elles ne peuvent plus contenir les rameaux. Les arrosements doivent être assez abondants lorsqu'il fait chaud, mais très modérés par les temps froids.

La première taille, pratiquée peu après la germination, avait fait naître deux rameaux qui se sont étalés sur le sol dans une direction opposée. Ces rameaux, à leur tour, doivent être taillés, lorsqu'ils sont de 30 à 35 centimètres de longueur au-dessus de la troisième ou de la quatrième feuille. Après cette taille, il est bon de couvrir la surface de la couche d'une couverture de paillis (fumier à demi consommé) qui a pour effet de maintenir la fraîcheur du sol en empêchant l'évaporation.

De nouveaux rameaux ne tarderont pas à se développer et doivent être disposés dans tous les sens afin qu'ils ne s'entrecroisent pas. On les taille, à leur tour, lorsqu'ils ont environ 35 centimètres de longueur, en sacrifiant sans regret les fleurs qu'ils portent.

Les rameaux qui naissent après cette troisième taille sont ceux qui doivent porter les fruits. Ils montrent deux sortes de fleurs : les unes mâles, les autres femelles ; ces dernières sont munies à la base d'un renflement qui, en se développant, donne naissance au fruit.

Lorsque les jeunes melons commencent à se former, on choisit ceux qui ont la meilleure apparence et en nombre proportionné à la quantité que la variété est susceptible de produire, puis on taille les rameaux à deux yeux au-dessus de chacun d'eux.

Les rameaux non fructifères doivent être taillés à peu près de la même longueur que les autres.

On fait reposer les fruits conservés sur du paillis sec, afin d'éviter qu'ils soient en contact avec la terre, en les faisant porter sur le côté où s'attache la queue ; puis on les garantit des rayons brûlants du soleil en les maintenant sous les feuilles environnantes.

Il ne reste plus qu'à laisser grossir et à supprimer avec soin les jeunes fruits au fur et à mesure qu'il en noue de nouveaux.

Lorsque les melons conservés se développent mal, il est préférable de les retrancher et de les remplacer par d'autres, choisis parmi ceux qui se développent successivement.

On reconnait qu'un melon est arrivé à maturité :

1° Lorsqu'il est *frappé*, c'est-à-dire lorsqu'il change de couleur, que de vert, il devient jaunâtre ; 2° lorsqu'il dégage son odeur caractéristique ; 3° lorsque la partie du fruit qui entoure la queue se crevasse de manière que celle-ci semble se détacher ; 4° lorsque l'œil, c'est-à-dire la partie opposée au point d'attache de la queue, devient tendre et fléchit sous la pression du doigt.

On peut récolter les melons quelques jours avant leur maturité, dès qu'ils commencent à se frapper. Placés dans une cave ou dans un autre endroit frais, il se conservent bien et y achèvent parfaitement leur maturation. Cela permet de prolonger un peu la durée de la saison de récolte.

Nouvelles agricoles.

La discussion du tarif général des douanes. — Depuis trois semaines la discussion générale du tarif des douanes se poursuit, par intermittences, devant la Chambre des députés, MM. Lockroy, Aynard, Charles Roux, Léon Say et Raynal ont successivement attaqué l'œuvre de la Commission des douanes et réclamé le maintien du *statu quo*. Il leur a été répondu, avec autant d'éclat que de succès, par MM. Viger, Turrel, Paul Deschanel et Méline.

La réplique de M. Méline à M. Léon Say a été particulièrement écrasante. Réfutant une à une les assertions de son adversaire et reprenant la thèse qui a été constamment soutenue par la Societé des Agriculteurs de France, M. Méline a tour à tour présenté et développé, avec autant de sobriété que de vigueur, les arguments essentiels qui commandent non pas une révolution, comme on l'a dit à tort, mais une évolution économique de la part de France. Il a rappelé : l'aggravation de nos charges fiscales et militaires depuis 1870, les tarifs protecteurs ou prohibitifs votés par les autres nations, l'entrée en lice de jeunes et puissants concurrents, servis par la diminution du fret et de la dépréciation de la monnaie d'argent. Il a prouvé, chiffres en mains et de la façon la plus victorieuse, que, depuis le relèvement des droits sur les céréales et les bestiaux, il n'y avait pas eu augmentation des prix de vente; qu'au contraire, ceux-ci avaient diminué; que le bétail se vendait meilleur marché qu'il y a dix ans, meilleur marché qu'à Londres et à Genève; que, si le blé coûtait moins cher en Angleterre qu'en France, cela ne tenait pas aux droits, puisque un écart analogue existait à l'époque où la taxe ne dépassait pas 60 centimes par kilogramme. Il a montré que, si les prix de détail ont augmenté, la faute en est uniquement aux intermédiaires dont le nombre s'est accru d'une façon déraisonnable. Il a fait ressortir l'intérêt patriotique qui commande de réagir contre cette tendance en encourageant la culture de manière à enrayer autant que possible la dépopulation croissante des campagnes.

L'impression générale qui se dégage du débat est que l'on ne conteste guère le droit de l'agriculture à une protection moins insuffisante que par le passé; et que, d'autre part, la majorité redoute les exagérations douanières.

L'accueil fait aux divers orateurs, notamment à M. Méline, permet de supposer que les deux tiers au moins des députés sont acquis aux idées générales de la commission des douanes.

Il reste, toutefois, à élucider plusieurs questions importantes : en particulier, celle du jeu du double tarif, général et *minimum*, et celle de l'emploi du produit des surtaxes douanières.

La question des matières premières, qui reste la plus douteuse, appelle aussi un débat approfondi qui n'a été qu'à peine effleuré.

Le marché aux laines de Reims. — Par suite des retards dans les arrivages, la première vente publique de laines de pays à Reims, annoncée pour le 21 courant, est reportée irrévocablement au 30 mai prochain, à 3 heures de l'après-midi, à la Bourse de Reims.

MM. les cultivateurs qui n'auraient pas reçu les circulaires d'engagement sont priés de les réclamer aux courtiers-vendeurs, MM. Loilier, Bouché, Bonjean.

L'ouvrier des villes et l'ouvrier des champs. — On lit dans le journal l'*Agriculteur du Nord*, ces très judicieuses réflexions :

« Nos lecteurs ont été, comme nous, douloureusement impressionnés par les événements de Fourmies. Il est profondément regrettable, en effet, de voir une foule s'insurger au point de placer la troupe dans la nécessité de faire usage de ses armes. Ce n'est pas pour trouer des poitrines françaises que le fusil Lebel a été créé.

« Cette conduite si blâmable de l'ouvrier de l'industrie doit être comparée à celle de l'ouvrier des champs. Combien ce dernier est plus calme bien qu'il soit au moins aussi méritant ! Il ne réclame pas, comme le tisseur ou le mineur, la journée de huit heures. Debout dès la pointe du jour, il ne cesse son travail que lorsque l'obscurité l'y oblige.

« Au moment de la moisson et à l'époque de l'arrachage des betteraves il redouble d'efforts et fournit une somme de travail réellement considérable.

« Et cependant, le domestique de ferme ne fait pas grève. Tout à son ouvrage, attaché au sol, il ne sacrifie pas aux utopies qui ont cours en ce moment. Cela ne l'empêche pas d'être souvent plus malheureux et plus digne d'intérêt que le tisseur de Fourmies ou le mineur de Denain. »

Le Herd-Book normand. — La Commission du herd-book normand nous communique la lettre suivante qu'elle a reçue de M. Williams, consul des Etats-Unis au Havre.

« Je désirerais savoir si vos éleveurs seraient disposés à céder quelques lots d'animaux comme échantillons, dans des conditions de prix très raisonnables afin d'en faciliter l'introduction en Amérique. Mes compatriotes pourraient, de cette façon, en constater les qualités et ensuite acheter, en toute liberté, ce qui serait avantageux pour les deux parties.

« Vos éleveurs ont trouvé avantage à vendre leurs chevaux aux Etats-Unis et je crois qu'il en serait de même pour les bestiaux, qui ont un égal mérite.

« Il conviendrait de bien engager l'affaire, et si je pouvais acheter par l'intermédiaire du herd-book à des prix modérés une douzaine de têtes de choix de première qualité et de belle race, je serais tout disposé à m'y prêter et j'enverrais ces animaux en Amérique à titre de spécimens.

« Je désirerai que le lot fût ainsi composé : quatre vaches de trois à six ans avec veaux à leurs côtés, quatre vaches de deux ans, un taureau, trois génisses (servi), quatre plus jeunes, un taureau, trois génisses.

« Les règlements de quarantaine sont très rigides et entraînent des frais qui n'empêcheront pas, je l'espère, que ce troupeau d'essai, première affaire, me soit livré à prix réduits.

« En retour de pareille faveur de votre part, je m'engagerais à tenir le stock dans de très bonnes conditions et à l'exposer dans plusieurs grandes foires pour attirer l'attention de nos producteurs de viande et de lait, et j'espère que cette mesure servirait votre association.

« Agréez, etc.

« O.-F. WILLIAMS,
Consul des Etats-Unis d'Amérique, Havre, France. »

Exemption de l'impot foncier des terrains plantés ou replantés en vignes.

Aux termes de la loi du 1er décembre 1887, les terrains nouvellement plantés ou replantés en vignes doivent être exonérés de l'impot foncier jusqu'à l'époque où les vignes ont dépassé leur quatrième année.

Pour jouir de cette exemption, les propriétaires des vignes qui au 1er janvier de l'année courante, étaient âgées de moins de quatre ans, doivent adresser à leur sous-préfecture, une déclaration portant l'indication exacte des terrains occupés par ces vignes. Ils trouveront à la mairie des imprimés destinés à leur faciliter la rédaction des déclarations dont il s'agit, l'emploi de ces imprimés est de rigueur.

On rappelle qu'une distinction est établie entre les vignes qui sont constituées au moyen de producteurs directs et celles qui le sont au moyen de porte-greffes : l'âge des premiers se compte à partir de la plantation proprement dite, tandis que l'âge des secondes ne se compte qu'à partir du greffage. Il en résulte que les déclarations relatives aux vignes nouvellement plantées ou replantées pour être greffées sur place ne peuvent être utilement faites qu'après l'accomplissement du greffage.

Les déclarations, pour donner droit à l'exemption pour l'année courante, devront parvenir à la préfecture ou à la sous-préfecture avant l'expiration des trois mois qui suivront le jour de la publication des rôles généraux de la contribution foncière.

Les contribuables qui ont déjà effectué des déclarations pendant les années précédentes sont prévenus en même temps qu'ils n'ont pas besoin de les renouveler ; les dégrèvements auxquels ils peuvent avoir droit pour les terrains qui ont fait l'objet de ces déclarations leur seront accordés d'office dans le courant de l'année sans qu'ils aient à remplir à ce sujet aucune nouvelle formalité.

CONSEILS DU VÉTÉRINAIRE

MAL DU GARROT

Vous connaissez le mal du garrot et vous n'ignorez pas combien il est dangereux et difficile à guérir. Il débute par une foulure, suivie d'un abcès à la pointe du garrot, résultant du frottement ou de la pression, sur ce point, d'une sellette mal rembourrée ou mal ajustée. Vous constatez alors un gonflement chaud et douloureux au point que, souvent, l'animal refuse de se laisser garnir et même toucher.

Traitement. — Provoquer la maturation rapide de l'abcès par des applications d'onguent basilicum, ou par des cataplasmes de mie de pain délayée dans de la crême et renouvelés deux ou trois fois par jour.

Aussitôt que la fluctuation apparaît, ouvrez au bistouri, videz l'abcès et nettoyez à l'intérieur avec de l'eau fraîche lancée à l'aide d'une seringue. Appliquez alors autour de l'abcès ouvert, sur une largeur de trois doigts environ, de l'onguent vésicatoire, ou une friction de cinq minutes environ, faite avec la main nue. Il vous reste alors à faire trois nettoyages journaliers à l'eau fraîche, nettoyages immédiatement suivis d'une injection de cette liqueur cicatrisante qui, ici, est de la plus heureuse application :

Glycérine blanche........ 120 grammes.
Alcool à 90°............. 12 —
Chlorate de potasse...... 4 —

UN VIEUX VÉTÉRINAIRE.

CONSEILS A LA FERMIÈRE

GATEAU PRALINÉ

Prenez 125 grammes de pralines, pilez-les très finement avec 60 grammes de sucre. — Ajoutez une cuillerée de farine et une de fécule. Démêlez cette préparation dans un demi-litre de lait. — Joignez-y 3 jaunes d'œufs et les 3 blancs montés en neige. — Faites un caramel dans un moule et versez y la préparation.

Faites cuire ce gâteau dans un four modéré et laissez le refroidir avant de le renverser.

UNE MÉNAGÈRE.

CONSEILS DU VIGNERON

TRAITEMENT CONTRE LE MILDEW.

On sait que les traitements de la vigne contre le mildew doivent être préventifs. On doit donc appliquer le premier traitement dans peu de temps, quoique la végétation ait été retardée cette année. La meilleure époque pour appliquer le premier traitement à la bouillie bordelaise commence dans le Midi vers le 15 mai, et dans les régions plus septentrionales vers le 1er juin. On n'a pas à redouter que ces traitements nuisent à la floraison de la vigne. Le deuxième traitement se fait généralement six semaines après le premier, et on en applique un troisième dans la première quinzaine d'août. Si l'invasion du mildew se manifeste avec intensité, on peut être dans la nécessité de recourir à des traitements supplémentaires.

Voici le procédé pratique de préparer en grand la bouillie bordelaise.

D'un côté, dans un vase en bois, un vieux tonneau, on fait dissoudre 1 kilog. de sulfate de cuivre pour chaque quatre litres d'eau chaude qu'il contient. Si le tonneau contient cent litres, on met donc 25 kilog.

D'autre part, dans un récipient pareil, on fait un lait de chaux en mettant 1 kilog. de chaud grasse éteinte, telle qu'on l'emploie pour faire le mortier, par quatre litres d'eau froide; c'est 25 kilog. de chaux grasse si le tonneau contient cent litres.

On a ainsi deux solutions concentrées contenant l'une 1 kilog. de chaux grasse, l'autre 1 kilog. de sulfate de cuivre *par quatre litres*, qui peuvent servir à préparer des bouillies à tous les dosages, puisqu'en prenant quatre litres, on sait qu'on prend 1 kilog. de chaux ou 1 kilog. de sulfate.

Veut-on préparer la bouillie bordelaise à 3 0/0 de sulfate, recommandée par M. Millardet? Il suffit de verser dans un autre récipient pouvant contenir cent litres : douze litres de la solution de sulfate de cuivre; douze litres du lait de chaux; soixante seize litres d'eau pour parfaire les cent litres et de brasser le tout pour avoir la bouillie bordelaise prête à employer.

Il va sans dire que, chaque fois, avant de puiser dans les solutions concentrées, il faut avoir soin de les remuer.

La formule à 1 1/2 p. 100 demanderait seulement six litres de solution, six litres de lait de chaux et quatre-vingt-huit litres d'eau.

Rappelons enfin, que c'est à l'aide de *pulvérisateurs* que l'on projète sur la vigne la liqueur cuivrique. Les pulvérisateurs Vermorel (à Villefranche, Rhône), et notamment son pulvérisateur l'*Eclair*, jouissent d'une réputation justement méritée. LE PÈRE LAVIGNE.

CONSEILS DU MÉDECIN

A QUEL MOMENT CONVIENT-IL DE PRENDRE LE VIN DE QUINQUINA ?

Bien des personnes aujourd'hui font usage du vin de quinquina sans ordonnance du médecin. Aussi leur arrive-t-il de le prendre à n'importe quelle heure de la journée, sans savoir qu'il y a un moment plus favorable à l'action bienfaisante du médicament.

C'est un quart d'heure à vingt minutes environ avant le repas qu'il faut prendre le vin de quinquina. Il arrive alors dans l'estomac vide, et il peut agir directement sur lui par ses propriétés excitantes. Sous cette influence, la sécrétion du suc gastrique, ce ferment digestif par excellence, s'établit; et quand les aliments arrivent dans l'estomac ainsi préparé, le travail de la digestion stomacale est rendu plus facile.

Si le vin de quinquina est pris trop tôt, une heure ou deux par exemple avant le repas, l'excitation de la muqueuse stomacale se produit encore, comme tout à l'heure; le suc gastrique est sécrété; mais il ne trouve pas d'aliments à digérer, et il passe dans l'intestin ou se transforme sans profit. Quand plus tard les aliments arrivent dans l'estomac, la sécrétion des glandes à pepsine est sinon épuisée, du moins diminuée.

Quand le vin de quinquina est pris au moment même du repas, avec les aliments, son action spéciale sur l'estomac se trouve entravée par son mélange avec les matériaux alimentaires. Dans ce cas on ne retire pas tout le profit possible de l'usage du quinquina.

LE PÈRE LAPURGE.

POUR RIRE.

Une apparition

La scène se passe où vous voudrez. Deux honnêtes bourgeois sont assis auprès d'un bon feu. Chacun d'eux énumère le confortable de son appartement.

— Comment sont établis chez vous les cabinets d'aisance ? dit le maître de l'endroit.

— Dans un bout de la maison.

— En sorte qu'il faut faire un voyage pour les trouver !

— Sans doute, et à la campagne c'est bien pis, ils sont au fond du jardin.

— Eh bien, au coin de ce feu, sans me déranger, j'obtiens ce que Mahomet ne pouvait obtenir de la montagne, la montagne vient à moi ! un bouton à pousser et le tour est fait.

— C'est trop fort !

— Jugez plutôt !

Et le brave homme pousse en effet un ressort, la boiserie se divise subitement et l'appareil fait irruption dans le salon, mais un cri d'effroi se fait entendre... Madame est dessus ! ! !

***

Le père Le Roux, le vieux braconnier, a toujours sa vieille casquette à la visière jaune.

On se moque de lui dans tous les villages, à trois lieues à la ronde de Fouilly.

L'autre jour, Jean Handel le rencontre :

— Dites donc, Martin, donnez-moi l'adresse de votre chapelier ; je veux lui acheter une casquette comme la vôtre.

— Pas la peine, mon garçon ; mon chapelier ne coiffe pas les imbéciles.

***

Le docteur Riflard rencontre l'autre jour sur le boulevard un confrère de province, avec qui le hasard des consultations l'avait autrefois mis en rapport.

— Comment êtes-vous à Paris ? lui demanda-t-il ; vous avez donc quitté Lisieux ?

— Mon Dieu, oui.

— Comment cela ?

— Ma clientèle était morte...

***

A la police correctionnelle?

Le président. — Vous avez frappé cette malheureuse fille... Vous lui avez poché les yeux !...

L'accusé, donnant un tour galant à ses accroche-cœur :

— Que voulez-vous, mon président, c'est la nature qui veut ça... J'ai toujours tapé dans l'œil aux femmes !...

PETITE POSTE.

M. M... (Vienne) — *Domestique.* — Le domestique qui, sans motif sérieux, comme dans le cas que vous nous soumettez, quitte son maître avant *l'expiration du temps convenu, viole son engagement et doit une indemnité.*

C'est devant le juge de paix du canton de son domicile que vous devez l'assigner.

Crédit Foncier. — Vos numéros ne sont pas sortis. Pour suivre les tirages, abonnez-vous (1 fr par an) au *Bulletin officiel des Tirages du Crédit Foncier*, paraissant les 5 et 16 de chaque mois, 10, rue des Capucines, Paris.

M. l'abbé X... — La *Nationale*. Siège social, 13, rue de Grammont, Paris.

M M... (Haute-Vienne). — *Vente d'immeubles.* — Adressez-vous à l'agence de M. Bidault, 15, rue de Maubeuge, Paris, dont nous connaissons personnellement la parfaite honorabilité.

M. R. J... (Finistère). — La ruche Gariel est une des meilleures ruches à cadre. Le prix en est de 20 fr.

OFFRES & DEMANDES.

Pour répondre au désir qui nous est exprimé, nous offrons à nos abonnés, sous cette rubrique, deux annonces gratuites pour les offres et demandes d'emplois, produits ou animaux à vendre ou à acheter, etc.

Les annonces qui suivront jouiront d'une réduction de 50 pour 100 sur les tarifs ordinaires.

Les demandes d'insertions devront être envoyées à l'administration, qui se chargera de les rédiger.

Ne pas négliger d'envoyer tous les renseignements nécessaires (joindre 2 timbres de 0 fr. 15).

Un ancien élève d'une école d'agriculture, dans la force de l'âge, marié, bien au courant de la culture moderne en même temps qu'excellent praticien, demande un emploi de régisseur. — Très bonnes références. — N° 907.

S'adresser à M. GUESDON (J.-M.), à Belhôte, par Corps-Nuds (Ille-et-Vilaine).

On demande à acheter un couple de Lapins russes (de race pure), de 2 à 4 mois.

Adresser offres et prix à M. TROLLAT fils, horticulteur à Ameyron (Drôme). — N° 931-2.

Un jeune homme, 26 ans, sachant bien soigner les chevaux, désire se placer comme cocher dans un château ou en ville. — Excellentes références.

S'adresser à M. Arthur MARÉCHAUX, directeur de la Société coopérative à Saint-Jean-de-Liversay (Charente-Inférieure). — N° 932-2.

REVUE FINANCIÈRE.

Notre marché n'a pas conservé cette semaine les bonnes allures qui s'étaient manifestées à la fin de l'autre semaine. La panique, à coup sûr, est enrayée pour *l'instant, du moins elle* reste relativement stationnaire; les chutes, comme les relèvements, sont de petite envergure.

C'est que s'il y avait eu, la semaine dernière, des motifs plausibles, fort explicables, pour que les cours s'améliorent, les causes étant temporaires comme on va voir, l'effet ne pouvait être lui-même que temporaire.

A la veille de la liquidation, il était tout indiqué que les haussiers, beaucoup moins heureux que jadis, feraient des efforts surhumains pour empêcher que la victoire prévue de leurs adversaires leur fût à eux-mêmes trop préjudiciable. La chute même des cours devait inciter l'épargne à des achats et la spéculation à des rachats. L'épargne s'est, de son côté, un peu raisonnée; elle a fait le départ entre les exagérations des optimistes et celles des pessimistes. Elle envisage plus froidement les difficultés, si sérieuses qu'elles soient, que traversent la royauté portugaise et la royauté belge. Elle s'était donc remise à jouer son rôle naturel, qui est de s'employer aux bonnes valeurs.

Mais, la liquidation terminée, la spéculation s'est rappelée que la réserve et la prudence sont, dans les conditions actuelles, une question de vie ou de mort pour elle. Elle est revenue tout net à cet éloignement systématique des affaires d'envergure et de longue haleine dont elle s'est fait une règle depuis que le péril boursier, créé surtout par la crise de Londres est déclaré. L'épargne, en bonne conscience, a bien le droit d'imiter cette réserve, sinon l'abstention. Et voilà pourquoi, logiquement, normalement, dirons-nous, le marché, livré à lui-même, erre un peu à la dérive comme un navire désemparé, sans boussole; il suit une route incertaine, et nul ne sait, au lever du soleil, si le soir le verra aborder le port de relâche ou se heurter à un récif.

Ces considérations générales nous dispensent d'une revue complète du marché; les cours en général oscillent autour des derniers bas chiffres de la semaine dernière.

Les institutions de crédit restent faibles, cela va sans dire. La meilleure preuve est le mal qu'a le Crédit Foncier à se maintenir autour de 1240.

Nos Chemins de fer, actions et obligations, sont les valeurs qui se tiennent assurément le mieux, la Banque de France et le Suez mis à part. Ils se sont remis de l'émotion que leur avaient causée, à juste titre, les propositions parlementaires mettant entre les mains de l'Etat les conseils d'administration. Les protestations sont tellement vives et nombreuses, qu'il y a des chances de ne pas voir consommé ce véritable abus de pouvoir.

Les obligations de la Ville de Paris se tiennent mieux aussi depuis que la perspective de la conversion est écartée.

L'Italien se promène entre 91 et 92. C'est loin du pair espéré, mais c'est encore au moins 6 francs de trop.

Timon.

HALLES ET MARCHÉS.

SITUATION GÉNÉRALE.

Les cours des céréales sont un peu plus fermement tenus, mais avec des transactions assez restreintes. Les sucres, les alcools, les huiles de colza ont également des prix meilleurs. Les autres denrées ne changent guère de prix.

GRAINS.

Blés. — Les affaires sont calmes sur tous nos marchés. Le mouvement de baisse qui s'est produit sur les blés et les farines il y a une dizaine de jours et l'incertitude où l'on se trouve relativement à l'abaissement du droit de douane ont arrêté les transactions. Pendant la semaine écoulée, les cours ont encore fléchi; mais en dernier lieu, la fermeté semblait reprendre le dessus. On cotait avant les deux jours de fête, sur les principaux marchés : Cambrai, blé blanc, 29 fr. les 100 kil.; blé roux, 28; Douai, 28 à 30; Amiens, 30; Beauvais, 27 15 à 29 60; Châlons-sur-Marne, 29 50; Arras, blé blanc, 29; roux, 27 à 29; Laval, 28 à 28 50; Chartres, 27 50 à 29 80; le Mans, 28 50 à 29 50; Versailles, 28 35 à 30; Rouen, 29 70; Moulins, 29 à 29 50; Lyon, 27 50 à 28 25; Mâcon 28 à 29; Nantes, 29 à 29 50. — Au marché commercial de Paris, les cours se soutenaient fermement, malgré le calme des transactions; le disponible était à 30 75 les 100 kilog.; le livrable, de 29 à 30 25.

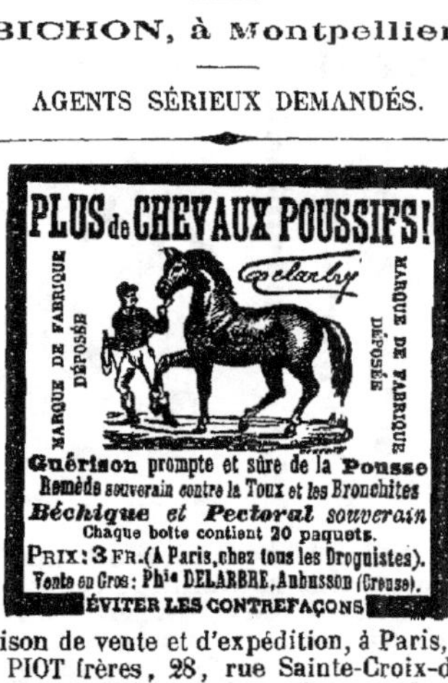

Seigles. — Les offres sont rares et les prix restent bien tenus de 19 à 19 50 les 100 kilog.

Avoines. — Les prix sont sans changement au marché commercial à Paris le courant du mois est tenu de 19 85 à 19 90, et le livrable en juin, 20 à 20 25; juillet-août se paient 19 70.

FARINES.

Farines de consommation. — Affaires calmes en boulangerie. La marque de Corbeil reste à 66 les 157 kilog. nets et les autres marques à cours cours correspondants.

Farines de commerce. — Les transactions sont très ordinaires, avec prix bien tenus, pour les *douze-marques*, de 62 75 à 63 les 157 kilog. en disponibles et 63 50 à 64 50 en livrable.

Farines de seigle. — En hausse. On tient les 100 kilog. disponibles à Paris : farine fleur extra, 27 50 à 28; première, 26 50 à 27; ordinaire, 26.

Farines bises. — Les cours sont en baisse de 1 franc comme ceux des farines de consommation. On cote : petites premières, 33 à 35 les 100 kilog.; deuxièmes, 31 à 33; troisièmes, 26 à 28 : quatrièmes, 23 à 25; premier broyage, 20 à 22.

FOURRAGES. — GRAINES FOURRAGÈRES.

Fourrages. — Les pailles sont en légère baisse au marché de la Chapelle, dont voici la dernière cote : foin, 49 à 51 les 100 bottes de 5 kilog. au domicile de l'acheteur; luzerne, 50 à 54; regain et trèfle, 46 à 48; paille de blé, 36 à 42; de seigle, 43 à 48, d'avoine, 26 à 30. — Sur les marchés de province, on vend *aux* 500 *kilog.* : Nancy, foin, 32 à 35; luzerne et trèfle, 35 à 37; regain, 25 à 27; paille de blé, 29 à 32; d'avoine, 22 à 25; Epernay, foin, 40 à 45; paille, 30 à 35; Montereau, foin et luzerne, 38 à 40; paille, 37 à 38; Compiègne, foin, 40 à 45; trèfle et paille, 40; Versailles, foin, 40 à 48 : sainfoin, 40 à 46; paille de blé, 30 à 36; d'avoine, 25; Rambouillet, foin et luzerne, 30 à 35; paille, 22 à 25; Vierzon, foin, 30 à 32 50; paille, 22 50 à 25 Saint-Pourçain, foin, 45; paille, 25; Dijon, foin, 35 à 40; paille, 21 à 28; Besançon, foin, 23 50 à 25 50; paille, 16 à 17 50; — *au quintal* : Douai, foin, 9 à 9 50; paille 5 à 5 50; Toul, foin, 8; paille, 7 50; Beauvais, foin, 6; paille, 4 50; Blois, foin, 6 75 à 8; luzerne, 7; paille, 4 à 5; Orléans, foin, 10 à 12; paille, 4 50 à 6; Nevers, foin, 8; paille, 4; Bourges, foin, 7 à 8; paille, 4 à 5; Lyon, foin, 7 25 à 8; luzerne, 7 50 à 8 25 paille, 3 25 à 4; Châlon-sur-Saône, foin, 9 80; paille, 3 90; Toulouse, foin, 7 à 8 50; paille, 3 50 à 4.

Graines fourragères. — On cote à Toul, trèfle, 110 les 100 kilog.; luzerne, 130; à Douai, trèfle, 180 à 200; luzerne, 200 à 225; à Beauvais, sainfoin, 11 l'hectolitre; vesce, 21 50 à 22; à Langres, sainfoin, 25 les 100 kil.; dans l'Isère, luzerne, 100; sainfoin, 28; à Nimes, trèfle, 90; luzerne, 110; sainfoin, 33; à Narbonne, luzerne, 80; sainfoin, 28; à Lyon, luzerne, 98 à 100; vesce, 29 à 50; sainfoin, 18 à 20 25.

FRUITS et LÉGUMES. - POMMES DE TERRE.

Fruits frais. — Les fraises du Midi, les cerises du Var et de Vaucluse arrivent maintenant couramment à la halle, et se placent aux prix suivants : fraises d'Hyères, 400 les 100 kilog.; de Noves et de Carpentras, 150 à 200; cerises de Solliès-Pont, 300 à 400 : d'Aramon, 100; d'Hyères, 5 à 6 la corbeille; d'Espagne, 1 fr. le kilog.

Légumes frais. — On cote à la halle : asperges d'Argenteuil, 2 à 5 la botte; de Lauris, 2 à 10; — par 12 bottes : asperges de Châtellerault, 5 à 6; de Romorantin, 6 à 8; de Perpignan, 8 à 10; de La Rochelle, 8 à 12; de Blois, 10 à 12; d'Orléans, 16 à 18; — par 100 kilog. : petit pois, 60 à 70; haricots verts d'Espagne, 150 à 200 : d'Afrique, 80 à 150; tomates de Nice, 300 à 500; oseille, 80; épinards, 30; poireaux, 45 à 50; mâches, 70 à 80 : — par cent : artichauts du Midi, 15 à 25; de Perpignan, 20; choux de Cherbourg, 20 à 28; choux verts, 16 à 28; choux-fleurs, 40 à 70; laitues, 15 à 62; cresson, 12 à 20 fr. le panier de 20 douzaines.

Pommes de terre. — Les prix sont assez fermes dans le Nord On cote *aux* 100 *kilog.*; Cambrai, 10 à 16; Douai, 10 à 10 50; Nancy, 5 50 à 9 90; Orléans 5 à 7; Montereau, 9 à 10; Montargis, 6 à 8; Saint-Pourçain, 5; Lyon, 4 50 à 7 50; — à l'*hectolitre* : Beauvais, 5. — A la halle de Paris, on vend hollande et saucisse rouge, 14 le quintal; ronde hâtive et vosgienne, 11 à 12; magnum bonum, 12; chardonnes, 8 à 9; early roses, 6 à 7; longues nouvelles d'Hyères, 75 à 80; nouvelles d'Algérie, 35.

Beurres en livres.

Paris, 20 mai.

Fermiers	au kilo	Touraine	au kilo
Extra	3 20 à 3 30	Extra	2 80 à 2 90
1er choix	3 » 3 20	1er choix	2 70 2 80
2e choix	2 90 3 »	2e choix	2 60 2 70
Ordinaire	2 80 2 90	Ordinaire	2 50 2 60
Bourgogne		Vendôme	
Choix	2 40 2 50	1er choix	2 50 2 70
Ordinaire	2 30 2 40	2e choix	2 40 2 50
		Ordinaire	2 30 2 40
Gâtinais		Beaugency	
1er choix	2 80 2 90	1er choix	2 50 2 70
2e choix	2 60 2 80	2e choix	2 40 2 60
Ordinaire	2 50 2 60	Ordinaire	2 30 2 40
Le Mans		Fausse Touraine	
Choix	2 50 2 00	Choix	2 50 2 70
Ordinaire	2 40 2 50	Ordinaire	2 40 2 50

BESTIAUX.

La Villette, 21 mai. — **Bestiaux.** — Vente difficile sur les bestiaux, très mauvaise sur les veaux, plus calme sur les moutons, active sur les porcs.

COURS officiels.	Amenés.	Vendus.	1re qualité.	2e qualité.	3e qualité.	Prix extrêmes.
Bœufs	1.976	1.885	1 58	1 44	1 30	1 20 à 1 61
Vaches	422	394	1 56	1 38	1 20	1 12 1 60
Taureaux	187	177	1 36	1 32	1 24	1 18 1 42
Veaux	1.565	1.280	2 10	1 92	1 70	1 46 2 40
Moutons	7.686	7.605	2 10	1 96	1 71	1 48 2 18
Porcs	4.486	4.486	1 30	1 26	1 2	1 16 1 40

Marché du lundi 18 mai

	Amenés	Vendus	Prix au poids net 1re qual.	2e qual.	3e qual.
Bœufs	2.272	2.194	1 60	1 46	1 32
Vaches	578	5?6	1 58	1 ?8	1 22
Taureaux	201	197	1 38	1 31	1 26
Veaux	1.323	1.222	2 01	1 83	1 70
Moutons	9.195	9.024	2 10	1 92	1 70
Porcs	3.128	3.095	1 32	1 28	1 20

	Prix au poids vif 1re qual.	2e qual.	3e qual.	Prix extrêmes.
Bœufs	» 96	» 84	» 69	» 62 à 1 »
Vaches	» 94	» 77	» 63	» 51 » 96
Taureaux	» 86	» 80	» 67	» 60 » 90
Veaux	1 23	1 08	» 89	» 72 1 36
Moutons	1 11	» 99	» 85	» 70 1 16
Porcs	» 92	» 88	» 82	» 76 » 94
Peaux de moutons en laine				4 15 6 25
Id. id. demi-laine				1 60 2 80

Viandes abattues. — Criée du 21 mai.

		1re qualité.	2e qualité	3e qualité.
Bœufs	le kil.	1 60 à 3 20	1 40 à 3 »	1 20 à 2 06
Veaux	—	1 80 2 »	1 56 1 76	1 30 1 50
Moutons	—	1 80 1 90	1 36 1 76	» 80 1 30
Porc entier	—	1 96 1 34	1 10 1 24	» 90 1 06

BROQUET
Paris 121, r. Oberkampf.
POMPES
à tous usages
Médaille d'Or
PARIS 1889. Dem. Catalogue

Médaille d'Or. * Exposition Universelle 1889. * Médaille d'Argent.

VACHERIE **à céder**, Paris, bon quartier, 10 vaches 1re qualité. 140 litres lait vendus 40 et 50 c. Bonne installation. Loyer avantageux. On garantira, par acte, 4,000 fr. de bénéfices nets. A l'essai pendant 8 jours. On traitera avec 6,000 fr. argent ou sans argent avec garanties sérieuses. S'adresser à MM. Laporte et Lefranc, 93, boulevard Sébastopol, Paris. — *Sont vendues les vacheries annoncées précédemment.*

Semoir et Distributeur d'Engrais

Système MAGNIER.

Envoi *franco* du catalogue illustré.

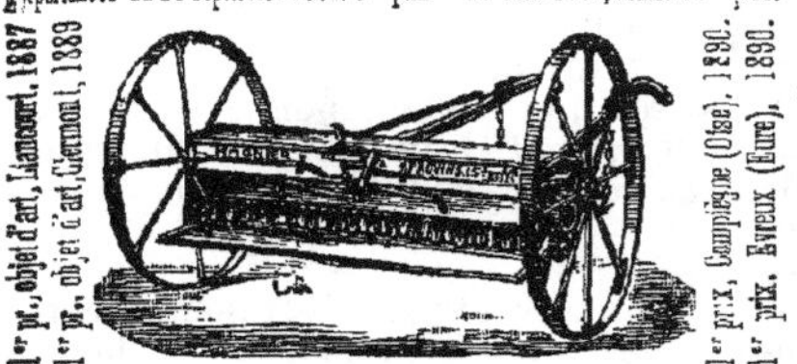

1er prix, Beauvais, 1890.

MAGNIER, constructeur breveté, Provins (S.-et-M.).

GUÉRISON RADICALE DE LA DIARRHÉE DES VEAUX PAR LA POUDRE CHOQUELIN.

1 franc la boîte *franco par la poste.*

Dép. g., Phie HAUVESPRE, Courville (Eure-et-Loir).

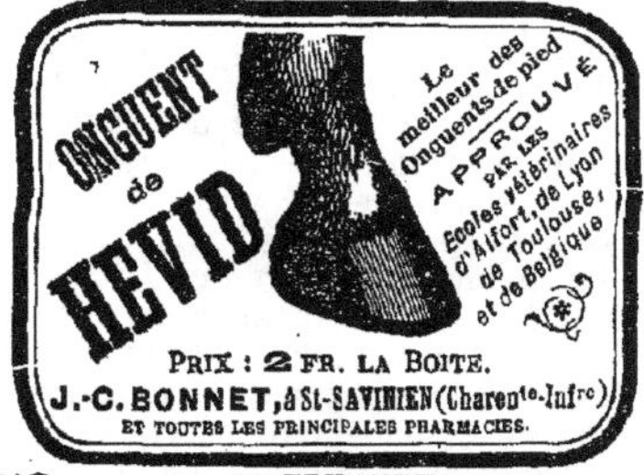

L'**Onguent de HEVID**, *adopté par le Ministère de la guerre*, est le meilleur préservatif des maladies du pied des espèces chevaline et bovine. Il pénètre admirablement le tube corné, le nourrit, et remet en bon état, en quelques semaines, le sabot le plus sec et le plus cassant. En vente chez les vétérinaires, pharmaciens, selliers et maréchaux-ferrants.

L'Administrateur-Gérant : Albert Renot.

Beauvais. — Imp. D. Pere. - A. Cartier, Gérant.

ENGRAIS CHIMIQUES

DES MANUFACTURES DE SAINT-GOBAIN

Usines à PARIS-AUBERVILLIERS, CHAUNY (Aisne), MONTLUÇON (Allier), MARENNES (Charente-Inférieure), LE PONTET (Vaucluse), SAINT-FONS, près Lyon (Rhône). DOSAGE GARANTI. — EMBALLAGES : marqués et plombés.

Tout acheteur d'engrais qui n'exige pas, au sujet des dosages en éléments assimilables la garantie **formelle**, et qui ne la fait pas contrôler par l'analyse, ne nuit pas seulement à ses propres intérêts, il encourage la fraude et, la laissant impunie, compromet les intérêts généraux de l'agriculture.

ENGRAIS COMPLET DE SAINT-GOBAIN

Efficacité éprouvée dans tous les Sols et dans toutes les Cultures. — Superphosphates de chaux. — Sulfate de cuivre. — Sulfate d'ammoniaque Sulfate de potasse. Sulfate de fer.

Engrais composés suivant les convenances des acheteurs
ADRESSER LES ORDRES ET DEMANDES DE RENSEIGNEMENTS
à la Direction commerciale

des Produits chimiques de Saint-Gobain

PARIS | 9, rue Sainte-Cécile, 9 | PARIS

ou aux dépositaires de la Compagnie de SAINT-GOBAIN dans les principales villes du Centre et du Midi.

PHOSPHATE FOSSILE DE QUIÉVY (NORD)

le plus assimilable de tous les phosphates connus; garanti pur de mélange avec tout autre phosphate ce qui, du reste, ne pourrait que diminuer son assimilabilité.

Grand diplôme d'honneur et médaille de vermeil aux concours agricoles de Bergues (octobre 1887 et 1888).
Médaille d'argent à l'Exposition universelle (Paris, 1889).
Médaille de vermeil (grand module), société d'agriculture et d'horticulture de Pontoise (1890).

C. DELATTRE-BRABANT

Bureaux : à Lille, 126, rue Jacquemars-Grêlée. — Usines : à Quiévy (Nord) et Le Cateau (Nord).
Ne pas confondre avec Quévy (Belgique.)

COMPOSITION MOYENNE.		ASSIMILABILITÉ RELATIVE (méthode Joulie, solubilité dans l'oxalate d'ammoniaque).	
Acide phosphorique	12.00 à 15.00 %.	Phosphate de *Quiévy*	**82.29 %.**
Potasse	0.45 à 2.77 %.	— de la Meuse	51.95 %.
Chaux	19.05 à 31.00 %.	— des Ardennes	46.43 %.
Magnésie	0.58 à 3.80 %.	— de la Somme (moyenne)	44.53 %.
Matières organiques azotées	1 80 à 3 45 %.	— de Ciply	34.57 %.

Titre en acide phosphorique garanti : 12 à 15 %.

Livraison : En poudre impalpable, en sacs plombés et marqués au « **Bélier** » sur wagon Quiévy ou Le Cateau, sacs perdus. — 30 jours 2 % ou 90 jours net.

AVIS IMPORTANT.

Les acheteurs qui désirent mon **Phosphate de Quiévy PUR** doivent exiger que les *sacs* et les *plombs* portent la marque au « **Bélier** » et la firme « **C. Delattre-Brabant** ».

Etablissements de LIANCOURT (Oise).

N'ACHETEZ PAS DE CHARRUES

sans avoir consulté le CATALOGUE illustré de

Ingénieur-Constructeur, Breveté S. G. D. G.

SEUL GRAND PRIX à l'Exposition de 1889 pour les Machines agricoles françaises

Médailles or, argent et bronze pour collaborateurs.

BRABANTS DOUBLES. — Herses scarificateurs à dents incassables. — DÉCHAUMEUSES ROULEAUX, ETC.

NOUVEAU MATÉRIEL pour la culture de la betterave. — Charrues défonceuses simples et doubles *à vapeur et à manège.*

La plus grande et la plus importante USINE de FRANCE pour la Construction des Instruments aratoires

PLUS DE 5.000 CLIENTS ; 300.000 INSTRUMENTS LIVRÉS A L'AGRICULTURE

12e Année. — 2e Série. — N° 592. Dimanche 31 Mai 1891.

GAZETTE  AGRICOLE

JOURNAL HEBDOMADAIRE, PARAISSANT LE DIMANCHE

Rédacteur en Chef : M. Ch. GOSSIN, Professeur d'Agriculture à l'Institut agricole de Beauvais.

PRIX DE L'ABONNEMENT

UN AN, 5 fr. — SIX MOIS, 3 fr. — TROIS MOIS, 2 fr. 25

Pour l'étranger les abonnements ne sont reçus que pour un an, au prix de 6 francs, et ne partent que du 1er janvier ou du 1er juillet de chaque année.

Le numéro : 10 centimes.

Il est indispensable de joindre à toute demande de changement d'adresse la dernière bande d'adresse du journal et 50 centimes pour frais de nouvelles bandes.

Adresser les *Abonnements* et *Annonces* au secrétaire de la rédaction, 13, quai Voltaire, Paris, ou à M. GOSSIN, rédacteur en chef et administrateur, à BEAUVAIS.

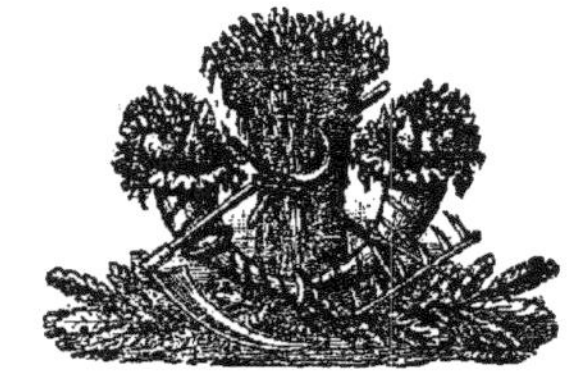

BUREAUX

13, quai Voltaire, Paris, et à Beauvais.

Les abonnements partent du 1er de chaque mois et sont payables d'avance. Toute demande d'abonnement doit donc être accompagnée du prix de l'abonnement. (Le mode de payement le plus simple est l'envoi d'un mandat-poste.)

Donner *très lisiblement*, en s'abonnant, son nom et son adresse exacte, *avec l'indication du bureau de poste* ; et, s'il s'agit d'une continuation d'abonnement, joindre au renouvellement la dernière bande d'adresse du journal.

La GAZETTE AGRICOLE insère gratuitement les Communications des Syndicats agricoles

SOMMAIRE :

PARIS, 29 MAI.

M. le Président de la République est rentré depuis quelques jours dans les murs de sa bonne Ville de Paris, comme on disait jadis. A moins qu'il n'ait pas dit la vérité pendant son parcours, il est facile de deviner les impressions qu'il a rapportées à Mme Carnot et à ses ministres. Il n'est pas en effet à la connaissance du Bonhomme Deschamps, un seul cas, où le Chef de l'Etat n'ait ouvert la bouche sans parler de son bonheur ; si même le temps des épithètes homériques n'était passé de mode, on serait autorisé à l'appeler « le Président je suis heureux ». Si cette ritournelle accuse une certaine indigence de vocabulaire chez M. Carnot, elle n'indique pas moins bien le sentiment dominant du Président de la République au cours de son voyage. Nous croyons donc qu'il a été véritablement heureux. Ce serait de sa part noire ingratitude à l'égard de la fortune. Si cet ancien ingénieur des ponts et chaussées, dont le rôle effacé lui a assuré sur ses concurrents, MM. de Freycinet et Jules Ferry, l'avantage de remplacer M. Grévy, n'était content de son sort, on l'eut évidemment bien surpris si on lui eut pré dit, il y a quelques années, qu'il serait non pas le représentant de la France, mais le Président de la République.

***

Le Bonhomme Deschamps ne serait pas pas étonné cependant si, au milieu des roses dont M. le président Carnot a pu respirer les parfums, il n'avait rencontré au moins une épine. A une ou deux exceptions, près les évêques ont tenu au chef de l'Etat le langage le plus correct. S'ils n'ont pas oublié quel était leur hôte et ce qu'ils devaient à la première magistrature de la France, ils se sont souvenus aussi que la République à laquelle préside M. Carnot n'est point l'amie intime de l'Eglise ni de la religion. Ils ont beaucoup plus parlé de la religion, de la patrie et de la France, que du gouvernement républicain, et vraiment on en saurait les en blâmer. En allant au-delà, ils n'auraien pas ajouté à leur autorité et leur complaisance s'ils en avaient montrée, aurait été pour les républicains une nouvelle occasion d'insulter le clergé et de redoubler de tracasseries à son égard. Mais le Bonhomme Deschamps n'hésite pas à le reconnaître, la petite allocution du cardinal-archevêque de Toulouse lui semble avoir été le modèle du genre, et tout naturellement il cède au plaisir d'en faire juges ses bons amis de la *Gazette agricole*.

***

Que les paroles de Mgr Desprez soient empreintes du respect que le clergé doit à la première magistrature de notre pays, cela va sans dire; mais à côté du respect et même à l'ombre de ce respect, se trouvent des exhortations dont la prestesse n'exclut certes pas la malice. Rappelant ce mot d'un ancien, que la meilleure des Républiques est celle où les citoyens au lieu de se quereller et de se diviser, travaillent à qui sera le plus vertueux, il a souhaité le plus doucement du monde à M. Carnot, que cette forme d'émulation se propageât de plus en plus dans notre société. Le souhait, vous en conviendrez, venait à propos. Vous trouverez même si vous voulez bien réfléchir aux scandales de toute nature dont nous sommes depuis dix ans les témoins et les victimes, que jamais vœu ne fût plus opportun. Les rivalités ne manquent pas dans le parti républicain, ni les divisions ni les querelles. Nous en avons même en surabondance à telles enseignes que nous pourrions en fournir à presque toute l'Europe. Vous éclateriez même de rire si le Bonhomme Deschamps venait vous dire que ces rivalités entre modérés, opportunistes et radicaux ont pour objet la vertu ! C'est pour les ministères, pour les places, pour les bonnes prébendes en sa faveur ou au profit de ses créatures et au préjudice de ses adversaires, que tout ce monde se démène, se querelle et lutte. Le désintéressement, l'amour du pays n'ont rien à démêler ici.

***

Poursuivant son allocution, le cardinal-archevêque a fait remarquer à l'hôte présidentiel que la véritable grandeur morale ne subsiste qu'à l'aide des principes de l'Evangile. De là à prier M. le Président de la République d'user de son influence afin que rien n'affaiblisse l'action de l'apostolat catholique, la transition était toute naturelle, et le cardinal-archevêque ne l'a pas négligée. On ne pouvait assurément mieux dire. Mais il y a bien une douce ironie à invoquer l'influence de M. Carnot en faveur des libertés de l'Eglise. Il n'est douteux pour personne que l'influence du chef actuel de l'Etat est un mythe, et l'on ne croit pas le calomnier en ajoutant, ses votes de député en font foi, que la liberté de l'apostolat catholique est le moindre des soucis de M. Carnot. Du reste, il n'a pas été nommé pour user de son influence autrement que dans le sens des passions du parti républicain. Et lui-même, en remerciant le congrès de l'avoir élu, ne s'est-il pas donné sans y être obligé, comme l'ennemi des conservateurs? Comme nous ne lisons pas dans les cœurs nous ne saurions deviner ce qui s'est passé dans l'âme de M. Carnot lorsque cet appel à son influence lui a été adressé. Mais évidemment il a dû se dire que le cardinal-archevêque de Toulouse le connaissait bien mal ou avait une idée bien imparfaite de son rôle présidentiel s'il le croyait capable d'exercer la moindre action sur la politique de ses ministres et du Parlement.

***

L'allocution du cardinal s'est terminée par l'expression d'une vérité qui, pour être incontestable, n'en était pas moins encore une critique sans réplique de la politique républicaine. « Les prêtres de mon diocèse, a-t-il dit, en moralisant les peuples, rendent plus facile la mission de les gouverner. » Mais si les prêtres sont de pareils auxiliaires des gouvernants, et pour tout esprit non prévenu ils le sont, comment expliquer qu'ils soient tracassés et traqués dans leur apostolat? Or il en est ainsi. Si M. Carnot, au lieu d'être l'élu et l'esclave d'un parti, s'appartenait, il n'aurait rien de plus pressé dans sa première entrevue avec ses ministres que de mettre en pratique les sages avis du cardinal-archevêque de Toulouse. Il est plus à craindre, si sur le moment il en a senti la sagesse et le patriotisme, qu'il ne les ait aussitôt oubliés. En tout cas le Bonhomme Deschamps n'est pas assez jobard pour imaginer un seul instant qu'ils seront l'objet et le sujet du moindre entretien de M. le Président Carnot avec ses ministres. Ce n'en est pas moins une raison pour remercier l'archevêque de Toulouse d'avoir fait entendre dans une forme exquise de tact et de finesse la vérité au voyageur présidentiel.

LE BONHOMME DESCHAMPS.

NOUVELLES DE LA SEMAINE.

Le voyage de M. Carnot. — Enfin M. Sadi Carnot est rentré de son excursion dans le midi. On nous a informés que toutes les paroles prononcées au cours de son voyage par le Président de la République ont été délibérées en conseil des ministres. Nous nous demandons si parfois M. Carnot ne s'est pas trompé de papier ? Cette crainte nous est venue à l'esprit en lisant sa réponse à l'allocution très digne et très patriotique de l'évêque de Montauban. Ce prélat ayant exprimé le vœu de voir l'Eglise recouvrer la liberté qui lui est due et tous les enfants de la France mettre fin à leurs discordes, M. Carnot s'est exprimé en ces termes : « Vos vœux d'union se réaliseront, et c'est par la République que nous y parviendrons. » N'y aurait-il pas eu une confusion involontaire? Supposez qu'un vénérable d'une loge quelconque eût félicité M. Carnot et son gouvernement de travailler à l'union des Français dans la libre-pensée et par elle : la phrase qui vient d'être produite aurait un sens. Adressée à un représentant de cette religion catholique que les républicains persécutent, nous ne la comprenons pas.

Les tarifs de douane à la Chambre des députés. — Depuis l'ouverture de la discussion douanière on attendait avec une curiosité bien naturelle le moment où le gouvernement interviendrait. On pensait que sur un problème de cette gravité, il devait avoir une opinion arrêtée et qu'il tiendrait à la faire connaître clairement. On se trompait. Il s'agit d'une question qui passionne l'opinion publique depuis trois ans et met en jeu les intérêts les plus considérables du pays, — et M. de Freycinet a gardé le silence. Il s'agit des traités de commerce, de nos relations avec les pays voisins, — et M. le ministre des affaires étrangères est resté muet. Il s'agit de sauvegarder l'agriculture menacée dans son existence même par la concurrence étrangère, et M. Develle n'a pas soufflé mot. Le gouvernement a jugé suffisant de dépêcher à la tribune le ministre du commerce, M. Jules Roche, dont le discours a rempli la moitié d'une séance. Il peut se résumer d'un mot. L'orateur a parlé deux heures pour ne rien dire. Un exposé très long, mais dénué de conclusion : voilà tout le discours de M. Jules Roche. C'est une application nouvelle et caractéristique du système opportuniste de gouvernement : se moquer de tout, excepté des portefeuilles.

Le travail d'une commission d'enquête. — On doit se souvenir qu'à la suite d'une interpellation confuse sur la situation de l'Algérie, le Sénat a nommé une commission chargée de faire une enquête sur l'état lamentable dans lequel les uns et les autres ont civilement mis cette colonie. Il semble que la commission en question, dont l'efficacité constitutionnelle est égale à 0, avait assez à faire en prenant la chose au moment actuel et en tâchant de faire sortir un brillant avenir de ce présent précaire. Mais elle a des visées plus élevées et moins pratiques, et elle vient d'a dresser à *toutes les « personnes occupant en* Algérie une situation importante — conseillers généraux, maires, colons, chefs d'indigènes — un questionnaire » à la fois philosophique, administratif, juridique, politique, économique et pittoresque, dans lequel se trouvent des banalités comme celle-ci : » Participation des indigènes aux élections des sénateurs et des députés. »

Les sinécures. — Chaque tour apporte la découverte d'une sinécure nouvelle, dans cette étonnante administration républicaine que l'Europe ne doit plus nous envier.

Les questions suivantes méritent une réponse :

Est-il vrai qu'il existe, place Vendôme, au ministère de la justice, un chef de division qui n'a qu'un employé, et plusieurs sinécures où l'on maintient des personnages bien payés, qui ne veulent pas être mis à la retraite?

Est-il vrai qu'il existe un directeur sans direction prévue par le budget, et que ce directeur est logé, malgré la loi de 1871, au ministère ?

Est-il vrai que, pour payer sa contribution personnelle et mobilière, ce directeur ait fait signer au ministre un arrêté lui allouant une gratification d'une somme égale, alors qu'on a supprimé depuis deux ans toute gratification aux employés de ce ministère et que le budget des pensions a à peine de quoi donner du pain *aux veuves dans la misère ?*

Si la commission du budget avait l'intention de réaliser des économies, elle en ferait d'énormes en supprimant toutes les sinécures, et elles sont nombreuses, qui existent dans notre administration. Les fonctions inutiles grassement rétribuées et les fonctionnaires sans fonctions sont innombrables. Seulement, comme elles sont occupées par des républicains, on ne les supprimera pas.

Nécrologie. — M. Eugène Gayot, a succombé la semaine dernière, à Brie-Comte-Robert, à l'âge de quatre-vingt-sept ans, aux suites d'une longue maladie. M. Gayot était né en 1008 à Capoue. Après avoir fait de brillantes études à l'Ecole d'Alfort, il devint directeur des haras du Pin, de Pompadour, puis inspecteur général des haras. Il quitta ces fonctions en 1852 plutôt que de sacrifier ses idées sur le croisement incessant des races chevalines françaises avec les races anglaises qu'il réprouvait. De 1852 à 1870, il publia de nombreux ouvrages d'hippologie et d'agriculture fort remarqués.

Conventions entre les propriétaires et les exploitants (1)

(FIN.)

Pour les pays d'herbage et d'élevage, la question posée par la Société des Agriculteurs de France offre peut-être plus de difficultés dans l'application; néanmoins, elle ne paraît pas insoluble, et les parties intéressées ne manqueraient pas de trouver une solution favorable à leurs intérêts réciproques.

Ne pourrait-on pas, par exemple, stipuler dans le bail qu'indépendamment du prix de location, fixe, invariable, si le propriétaire introduisait à ses frais, sur l'exploitation, des animaux reproducteurs de races améliorées, le preneur sera tenu de payer au bailleur un intérêt à tant pour cent du prix des animaux, pendant leur séjour sur l'exploitation, et un amortissement annuel calculé sur la durée moyenne des reproducteurs fournis par le propriétaire; à l'expiration de cet amortissement, l'animal serait vendu pour le prix en être partagé entre le bailleur et l'exploitant.

Et si, par suite de l'amélioration du cheptel bétail, l'exploitation pouvait fournir des reproducteurs sans avoir recours aux étrangers, le prix de ces animaux obtenus par ceux introduits sur l'exploitation, estimés au moment où ils seraient aptes à la reproduction, serait productif d'intérêt à un taux fixé, au profit du propriétaire, pendant toute la durée du temps qu'ils seraient employés à la reproduction.

En outre, le prix des reproducteurs obtenus sur l'exploitation, qui pourraient être vendus à des tiers, serait partagé dans une proportion à fixer entre le fermier éleveur et le propriétaire.

La production laitière et ses dérivés, beurre et fromage, offrent plus de difficultés encore; ici une comptabilité régulière paraît s'imposer; mais comment s'assurer de la sincérité de cette comptabilité?

Pour y suppléer, ne pourrait-on pas stipuler dans le bail qu'au-delà d'un maximum déterminé de vaches laitières, le lait de celles nourries sur l'exploitation, par une extension de culture de plantes fourragères, lait provenant des animaux excédant ce maximum, serait partagé dans une proportion à fixer entre le bailleur et l'exploitant, ou payé au propriétaire à raison d'une moyenne pour chacun des animaux excédant le nombre fixé.

Si, par exemple, une vache laitière produisait une moyenne de sept litres de lait par jour, pendant trois cents jours de l'année, défalcation faite des derniers temps de la gestation et de l'allaitement du veau après la parturition, ce serait deux mille cent litres de lait ou de ses dérivés, qui seraient à partager entre le propriétaire et son fermier, et dont ce dernier tiendrait compte en argent au propriétaire en plus du prix fixe de fermage.

(1) Mémoire couronné par la Société des Agriculteurs de France, sur la question mise au concours pour l'année 1890.

Il résulterait d'un bail fait dans ces conditions, un régime mixte, participant à la fois du bail à prix d'argent et du bail à colonat partiaire, en vertu duquel le bailleur serait toujours assuré d'un revenu fixe, invariable, produisant un intérêt de trois à trois et demi pour cent du capital immobilier, et courrait les chances d'un revenu éventuel, variable, qui pourrait élever le taux de l'intérêt de son capital, entre trois et demi et quatre pour cent.

Le propriétaire d'immeubles ruraux ne peut exiger plus ; en effet, si au lieu de conserver son immeuble, il l'avait aliéné pour en placer le prix, soit en rente sur l'Etat, soit en toute autre valeur française offrant toute sécurité, il n'obtiendrait pas un revenu plus élevé. Le revenu des immeubles ruraux, et celui des bonnes valeurs mobilières offrant toutes garanties, tendent à se niveler et à se capitaliser au même taux.

Ce régime mixte nécessiterait, il est vrai, la présence du propriétaire ou de son représentant, lors des prélèvements et du partage de l'excédent des produits, et de l'estimation des animaux reproducteurs obtenus sur l'exploitation. Mais il aurait pour avantage de supprimer l'antagonisme existant entre le propriétaire et son fermier à prix d'argent, dont le premier cherche toujours à retirer du capital immobilier le revenu le plus élevé, sans compensation pour le preneur, et ce dernier à retirer du sol, en l'épuisant, la plus grande somme de produits.

Par l'adoption de ce régime, bailleur et preneur auraient un intérêt commun, qui serait d'entretenir toujours le domaine loué en bon état de fertilité, afin d'en obtenir le maximum de rendement.

Ce serait en quelque sorte un contrat d'assurance mutuelle et à prime fixe, par lequel chacune des parties contractantes profiterait des bénéfices résultant de l'excédent des produits moyens provenant des améliorations foncières, du bétail, des semences, des engrais complémentaires et des animaux reproducteurs fournis par le propriétaire.

Pour l'exploitant, le prix fixe de location se trouverait diminué de toute sa part dans l'excédent des produits, et pour le bailleur, il serait augmenté de la part lui revenant dans cet excédent.

Les baux établis dans ces conditions auraient encore pour conséquence, la suppression des clauses surannées, existant depuis cinquante, soixante ans et même plus, que les rédacteurs, copistes trop fidèles des anciens baux, continuent de reproduire à chaque renouvellement, comme si les conditions de mode de culture n'avaient pas changé ; clauses qui, la plupart du temps, sont un obstacle au progrès agricole lorsqu'elles sont exécutées.

Par l'adoption d'un bail à prix fixe, invariable, payable en argent, et à revenu éventuel, variable, résultant des avances et des améliorations faites par le propriétaire, la question semble résolue ; le bailleur et l'exploitant ont un intérêt commun au succès de l'exploitation.

Mais il faut ajouter que ce régime mixte n'est pas susceptible d'application dans la culture maraîchère et difficile dans la petite culture.

Depuis longtemps déjà, l'agriculture demande aux pouvoirs publics d'abolir le libre-échange, comme étant la principale cause de la crise agricole et de la ruine des producteurs ; de renoncer au renouvellement des traités de commerce faits avec les puissances étrangères, afin que la France reprenne sa liberté d'action, pour établir un tarif général des douanes avec des droits protecteurs, sans lesquels les producteurs français ne peuvent lutter contre la concurrence étrangère.

Si l'économie sociale demande l'abaissement du prix des substances alimentaires, il n'est pas moins indispensable, naturel, équitable, légitime, que l'agriculture française, qui est grevée de si lourdes charges, qui succombe sous des impôts de toutes natures, soit protégée par des droits de douane à l'importation des produits agricoles étrangers, équivalents aux impôts qu'elle paie pour chaque hectolitre de blé qu'elle récolte, ou chaque kilogramme de viande qu'elle produit. Mais ce n'est pas là seulement qu'elle doit chercher le remède au mal dont elle souffre ; il faut de toute nécessité qu'elle augmente sa production, qu'elle relève le rendement moyen de la surface cultivée, par une association d'intérêts communs entre le propriétaire et l'exploitant ; par l'emploi d'engrais complémentaires, de semences améliorées, de bétail de races perfectionnées ; par une culture plus rationnelle, pour réaliser sur l'exploitation agricole les améliorations nécessaires, dont chacune des parties contractantes bénéficierait proportionnellement à l'augmentation de la production.

Si l'industrie, le commerce, les sciences, les lettres, les beaux arts, contribuent à la gloire et à la fortune de la France, l'agriculture est encore le grand facteur et la base de sa prospérité.

A. Garnier,
secrétaire de la Société d'agriculture et d'industrie d'Ille-et-Vilaine.

TRAITEMENT des VIGNES PHYLLOXÉRÉES
par les vidanges hydrocarburées-sulfurées à l'état de liquide et en tourteaux,

PROCÉDÉ DU COMMANDANT J. JULLIEN.

(Suite.)

Préparation et emploi des vidanges à l'état liquide. — La quantité de pâte goudronnée-sulfurée à délayer par hectolitre de vidanges varie avec le degré de maladie de la vigne et le degré de perméabilité du sol. Elle est de un à deux kilos pour les terres légères, sablonneuses et facilement perméables ; de trois à quatre kilos pour les terres fortes, argileuses et peu perméables, ainsi que pour les vignes très contaminées.

Quand on veut introduire du sulfure de potasse dans ces vidanges, ce qui n'est pas indispensable, surtout quand on emploie des vidanges très concentrées, très ammoniacales et de la pâte goudronnée-sulfurée formée avec partie soufre et partie cendres, il faut l'y faire dissoudre *immédiatement* avant d'y délayer la pâte goudronnée-sulfurée.

Plus la pâte, une fois délayée, reste en contact avec les vidanges, en brassant de temps en temps, plus ces vidanges sont efficaces.

Ces vidanges peuvent être employées seules ou additionnées de sulfure de carbonne qui s'y dissout et s'y combine dans une très notable proportion ; mais l'addition du sulfure de carbonne n'est pas indispensable, elle n'augmente pas très sensiblement l'action insecticide des vidanges et ne compense pas l'élévation de prix qu'elle occasionne.

La quantité à verser au pied de chaque souche dépend du nombre de souches plantées à l'hectare : 5 à 6 litres pour les vignes plantées à 5 à 6 mille ; 2 à 3 litres pour les vignes plantées à 10 à 12 mille, et ainsi de suite en suivant la même progression.

Il n'est pas nécessaire de déchausser les souches ; il suffit que le sol ait été remué et rendu perméable comme il l'est après le labour, après la façon.

On remarquera que la plus grande partie de la pâte goudronnée-sulfurée, délayée dans les vidanges, ne s'y dissout pas ; qu'elle tend, au contraire, à se déposer au fond des récipients, sous forme de petits grumeaux ou de poussière mélangés avec les matières solides, les matières fécales des vidanges. Aussi, il faut avoir soin de bien les brasser avant de les employer, de manière à verser au pied des souches une espèce de bouillie liquide, une espèce de purée claire. La partie liquide pénètre et agit immédiatement ; la partie solide, la partie poussiéreuse se transforme lentement sous l'influence du temps, de la chaleur et de l'humidité, en composés hydrocarburés-sulfurés solubles qui pénètrent à mesure de leur formation et agissent ainsi d'une façon permanente.

Le traitement peut être fait pendant toute l'année, mais il est préférable de l'effectuer du mois de novembre au mois d'avril, au moment des façons.

Les vignes traitées par ces vidanges sont généralement peu touchées par le mildew et la chlorose. On les rend encore moins accessibles à ces maladies en incorporant dans ces vidanges du sulfate de fer. Mais, alors, pour éviter que le sulfate de fer décompose les composés hydrocarburés-sulfurés, il faut le faire dissoudre à part dans des vidanges ordinaires, de manière à ce qu'elles restent toujours un peu alcalines, un peu ammoniacales, vidanges que l'on mélange ensuite aux vidanges hydrocarburées-sulfurées. Un exemple pour bien me faire comprendre : supposons que nous ayons 10 hectolitres de vidanges que nous voulons transformer en vidanges hydro-carburées-sulfurées contenant 4 kilos de pâte et 150 grammes de sulfate de fer par hectolitre. Dans une portion de ces vidanges nous délayerons 40 kilos de pâte goudronnée-sulfurée ; dans l'autre portion, suffisante pour qu'elle soit encore alcaline après la dissolution, nous ferons dissoudre 1 kil 500 de sulfate de fer, et nous mélangerons les deux portions. Nous aurons ainsi nos 10 hectolitres aux doses voulues, sans qu'il y ait la moindre décomposition des composés hydrocarburés-sulfurés, le sulfate de fer ayant produit toute son action décomposante dans la portion des vidanges où nous l'avons fait dissoudre tout d'abord.

Il faut doser le sulfate de fer dans les vidanges, soit qu'elles doivent être employées à l'état liquide, soit qu'elles doivent être transformées en tourteaux, de manière à ne pas mettre plus de 40 à 50 kilos de ce sel à l'hectare, plutôt moins que plus ; car mes observations et ce que j'ai lu tendent à démontrer que les meilleurs résultats correspondent aux doses faibles de 3 à 5 grammes par mètre carré.

Préparation et emploi des vidanges en tourteaux. Pour obtenir des tourteaux de ces vidanges, il suffit d'y délayer une plus grande quantité de pâte goudronnée-sulfurée (30 ou 40 kilos par hectolitre, et même davantage, suivant le degré insecticide qu'on veut obtenir), et de les condenser ensuite en un mortier pouvant facilement se couler ou se couper en tourteaux, en y incorporant des matières neutres et absorbantes (sciure de bois, suie de cheminée, terreau de fumier, tourteaux de graines oléagineuses, phosphates neutres, etc., etc.), matières auxquelles on ajoute du plâtre cuit seulement en quantité suffisante pour donner aux tourteaux de la cohésion.

Pour employer ces tourteaux, on les casse en morceaux de la grosseur d'une noix environ que l'on enterre aux pieds des souches à raison de 5 à 600 grammes pour les vignes plantées de 5 à 6 mille à l'hectare, de 2 à 300 grammes pour les vignes plantées de 2 à 3 mille, et ainsi de suite, en suivant la même progression.

Le traitement doit être fait du 1er novembre au 1er mars, afin que les eaux de pluies et des neiges, en désagrégeant les tourteaux, dissolvent les composés hydrocarburés-sulfurés qu'ils contiennent et les entraînent dans le sol.

Préparation des fumiers hydrocarburés-sulfurés. — Voici un procédé pour préparer des fumiers hydrocarburés-sulfurés pouvant remplacer les tourteaux, dont la préparation et l'emploi me paraissent plus à la portée des propriétaires et qui ont donné de bons résultats, notamment chez M. Vernaz, président de la Société d'Agriculture de Thonon (Haute-Savoie).

Dans une fosse étanche, on dispose du fumier de ferme, du fumier de litière par couches en arrosant chaque couche avec des vidanges dans lesquelles on a délayé de la pâte goudronnée-sulfurée, et fait dissoudre du sulfate de fer comme je l'ai indiqué plus haut, mais de manière à employer environ 10 kilos de pâte pour 100 kilos de fumier, et toujours à ne pas mettre plus de 40 à 50 kilos de sulfate de fer par hectare de vignes. Laisser la masse fermenter le plus longtemps possible, mais au moins pendant cinq à six semaines, en l'arrosant de temps en temps avec du purin ou des vidanges ordinaires. Plus les couches sont minces et nombreuses, plus la formation des composés hydrocarburés sulfurés est rapide et abondante.

Ce fumier s'emploie comme du fumier ordinaire, mais à dose plus faible. S'il ne doit pas être employé immédiatement, l'arroser de temps en temps avec du purin ou des vidanges : il ne se dessèche pas et n'en est que meilleur.

J. Jullien (1),
Officier de la Légion d'honneur, Chevalier du Mérite agricole.
(à Montélimar.)

LA GARE DU NORD A PARIS

La Compagnie du Chemin de fer du Nord qui, depuis plusieurs mois, a installé un buffet-restaurant dans sa gare de Paris, vient de réaliser quelques autres innovations qui ne seront pas moins appréciées du public.

A l'extrémité de la salle des Pas-Perdus du service de banlieue, il est établi un bar et un salon confortable où le public, librement admis, pourra faire sa correspondance, dont une distribution automatique lui fournira des éléments : papier à lettres, enveloppes, timbres-poste et cartes postales. Annexé à ce salon, un bureau de renseignements pourvu de tous les indicateurs français et étrangers et de toutes les publications spéciales. Le voyageur pourra s'y procurer, non seulement des renseignements officiels sur les voyages en tous pays, mais encore, — en s'adressant aux guichets ouverts dans ce bureau, — et dont l'un est affecté au change de monnaies, se faire délivrer des billets de voyage, des cartes d'abonnement, des cartes de circulation à demi-place, des billets d'excursion à itinéraires facultatifs, des billets de famille et de trains de plaisir.

Un autre progrès, tout aussi important pour le public voyageur et pour le commerce parisien, consiste dans la création d'une consigne spéciale destinée à recevoir les objets achetés par les voyageurs devant prendre, au départ de Paris, le chemin du Nord.

Une dame, par exemple, vient faire ses acquisitions au Louvre, dans une matinée. Elle recevra à la caisse, en payant ses achats, des bulletins numérotés au moyen desquels elle pourra réclamer à la consigne en question, au moment de son départ, le soir ou le lendemain, ou même après plusieurs jours, les objets achetés que le magasin vendeur aura fait déposer à cette consigne, sous le même numéro que celui délivré à la caisse.

Cinq centimes, par colis et par jour, avec un minimum de dix centimes, tel sera le prix de cet entrepôt, si commode pour les voyageurs, libérés ainsi de tous frais de transport des acquisitions faites dans les principaux magasins de Paris, qui ont déjà adhéré avec empressement aux conditions formulées par la Compagnie du Nord pour le fonctionnement de la nouvelle consigne.

UTILISATION DES HANNETONS (1)

L'huile « d'hannetons ».

Dans certaines régions, on est arrivé par différents procédés à limiter les ravages occasionnés par les vers blancs et les hannetons. Il va de soi que plus vite on supprimera les ravageurs, plus on évitera les dégâts. L'idéal en cette matière serait d'arriver à tuer l'animal dans son germe, c'est-à-dire lorsqu'il est à l'état d'œuf, ou tout au moins à sa première année d'existence. Les moyens employés sont peu connus et surtout peu pratiqués ; il serait à désirer qu'ils le fussent davantage. Depuis que l'efficacité du sulfure de carbone a été reconnue pour la destruction du phylloxera, on a essayé avec succès de l'employer contre le ver blanc ; on a également utilisé un produit nommé *alma mater* dont la base est un schiste bitumineux.

Dans les régions où ces procédés ne sont pas employés, on en est réduit aux mesures légales de hannetonnage. Nos lecteurs savent que le hanneton met trois ans environ pour parvenir à l'état d'insecte parfait. Les deux premières années sont passées à l'état de ver blanc appelé aussi *man*; la troisième année le voit passer successivement à l'état de chrysalide et de hanneton. Les époques de son existence les plus préjudiciables à l'agriculture sont les deux premières années, surtout la deuxième, car alors il s'attaque aux racines des plantes, qu'il ne tarde pas à faire périr. Lorsqu'il est arrivé à l'état de hanneton, ses dégâts sont moins graves, parce qu'alors il s'attaque aux feuilles, organes moins essentiels que les racines.

La chasse à ce ravageur se fait lorsqu'il est à l'état de hanneton, d'abord parce qu'alors il est plus facile à atteindre que lorsqu'il est sous terre, puis parce que leur reproduction ne s'effectue qu'à ce moment. Nous parlerons une autre fois des procédés de destruction des vers blancs, nous voulons seulement aujourd'hui appeler l'attention des cultivateurs sur un nouveau mode d'utilisation des hannetons, si nous en croyons le témoignage d'un agriculteur sérieux de nos amis.

« Il y a quelques années, nous disait-il, notre région eut à subir une telle invasion de hannetons, que de mémoire d'homme on en avait vu de pareille. Eloignés du centre de la commune, nous ne pouvions y apporter les hannetons capturés et étions réduits à en opérer la chasse et la destruction nous-mêmes. Cette dernière opération se faisait au moyen d'un vieux pressoir hors d'usage dans lequel les insectes étaient écrasés. Mais que faire de cette bouillie infecte? Nous risquions, en l'enfouissant immédiatement, d'infester notre propriété de ces insectes dans le cas possible où tous n'auraient pas été tués; toutes nos peines auraient été perdues. Pour éviter ce danger, la bouillie fut mise dans quelques vieilles futailles, qu'on laissa dans un coin de hangar. A l'automne, pensant qu'elles ne devaient plus contenir un seul insecte vivant, nous nous apprêtions à employer cette bouillie comme engrais. Au premier coup d'œil on s'aperçut que l'aspect de cette bouillie s'était modifiée. La partie solide, par suite de sa pesanteur, s'était agglomérée au fond des futailles, dont la partie supérieure était occupée par une substance huileuse assez claire. Que pouvait bien être cette substance? De l'huile? De l'huile en effet, car en jetant au feu les morceaux de bois avec lesquels nous l'avions remué, ils s'enflammèrent aussitôt, donnant un feu bien clair, absolument comme s'ils eussent été trempés dans de l'huile ordinaire.

« De l'huile de hanneton ! voilà certes un produit qui n'est pas coté et que l'on chercherait vainement dans les cours de la bourse du commerce.

« Un jour il vint à l'idée de notre vieux domestique d'en faire usage pour les lanternes d'écurie. L'essai réussit à souhait, et bientôt nous n'employâmes plus que de l'huile de hannetons, non seulement pour l'éclairage des écuries, mais aussi pour celui de la famille. Mon père s'en était enthousiasmé à tel point, que je crois qu'il aurait bien été jusqu'à en faire épurer pour les usages de la cuisine. Nous n'y tenions pas, vous le pensez bien ; en attendant, ce produit nouveau nous fit économiser une respectable partie de notre provision d'huile de colza. Quand on arrivait à la couche de la futaille renfermant la partie solide, le marc si vous aimez mieux, ou la *passait*, et le résidu était employé en espèce de tourteaux à l'alimentation des feux. De cette manière, nous

(1) M. le commandant Jullien se met gracieusement à la disposition des viticulteurs et sera heureux de leur envoyer les renseignements et les éclaircissements qu'ils lui demanderont.

(1) *Bulletin du Comice agricole de Reims.*

fûmes certains d'avoir détruit jusqu'au dernier les hannetons capturés.

« Depuis lors, les hannetons n'ont apparu chez nous qu'en petit nombre, de sorte que nous n'avons pas eu l'occasion de refaire une nouvelle provision d'huile. Nous ne nous en plaignons pas cependant, comme bien vous pensez, car nous nous soucions médiocrement d'héberger pendant trois ans des pensionnaires qui ne rapportent en huile, comme compensation, qu'une bien faible partie des ravages qu'ils ont commis. »

Tel est le récit de notre ami. Il va de soi que nous n'irons pas jusqu'à publier un traité d'élevage rationnel du hanneton ; mais enfin, pour les régions qui auront le malheur d'être envahies par ces terribles ennemis, ce procédé est encore le meilleur que l'on ait trouvé d'en tirer parti.

L. Cosserat.

REBOISEMENT.

Les Taillis.

On arrache de tous les côtés les taillis, mais on ne replante presque pas.

Lorsque les taillis sont usés, il est sage de les arracher, attendu qu'il ne donne plus qu'un minime produit.

C'est cette question de l'arrachage des vieux taillis et de l'ensemencement des nouveaux que je me propose de traiter.

L'arrachage n'occasionne, la plupart du temps, pas de frais pour le propriétaire, le bois qui se trouve en terre les couvre largement. J'ai même vu des cas où le propriétaire, par le partage de bois avec les ouvriers, retirait un produit de cinq à six cents francs par hectare ; mais ce sont là des exceptions. Tout cela varie d'après les terrains, la quantité de bois en terre et les contrées.

Le réensemencement ne doit se faire qu'après un laps de temps assez long ; les bois en retour ne prospèrent pas, sauf quelques essences très rares. Cependant si après un taillis on veut mettre des résineux, on peut ensemencer immédiatement après l'arrachage.

Le temps d'arrêt entre l'arrachage et le réensemencement n'est pas tout à fait perdu. Les terres sortant de taillis défrichés donnent presque toujours de très bonnes recoltes pendant plusienrs années ; après ce temps, on réensemence, soit avec des céréales, soit à part

Il faut multiplier les essences, celles qui s'adaptent mieux au terrain mangent les autres, on est bien plus assuré de réussir.

Voici les modes que j'ai vu employer et que j'ai employées moi-même avec le plus grand succès.

On commence par labourer le terrain si on ne sème pas avec céréales.

On sème dans les proportions suivantes par hectare :

Gland, un hectolitre et demi environ (contenant 34,000 glands).

Châtaignes, même quantité (environ même nombre de châtaignes).

Pin maritime, 4 kil. (soit environ 10,000 graines).

On donne un bon coup de herse sur tout cela

Ensuite on plante à la main 2,500 pins Sylvestre repiqués qui se trouvent distants de deux mètres les uns des autres. J'ai indiqué dans un précédent article les modes de plantation.

On a donc semé à l'hectare 168,000 graines et planté 2,500 pins; tout cela est bien supérieur à ce qu'il faut.

Si les grains ont bien levé, on se trouve en très peu de temps avoir un fouillis inextricable; on commence la seconde année par arracher tous les pins maritimes qui sont en trop, de manière à laisser entre chaque pin maritime et chaque pin sylvestre un espace d'un mètre, soit 10,000 à l'hectare.

Il n'y a pas à se préoccuper des jeunes plantes de chêne et de châtaignier qui se développent sous le couvert des pins.

Au bout de quelques années, lorsqu'on voit toutes les branches de pin s'enchevêtrer les unes dans les autres, il faut procéder à de fréquentes éclaircies de manière à donner de l'air aux jeunes plants de chêne et de châtaignier. Celle des deux variétés de pin qui sera inférieure à l'autre devra être supprimée.

On peut laisser les pins grandir jusqu'à leur âge normal, c'est-à-dire 35 à 40 ans, sans se préoccuper aucunement des plants de chêne et de châtaignier qu'on aperçoit à peine.

Mais, aussitôt après l'*abat des pins, un taillis* sort de terre avec des jets magnifiques. Pendant tout le temps de l'existence des pins, les chênes et les châtaigniers se sont développés en terre et ont pris de la force, en sorte qu'aussitôt qu'ils sont débarrassés, ils poussent d'une manière extraordinaire. Et on a, au bout d'une dizaine d'années, une superbe coupe de taillis.

Si au lieu de laisser grandir les pins on veut les supprimer au bout d'une dizaine d'années pour jouir du taillis, on a par hectare une coupe de deux mille cinq cents à trois mille bourrées à 15 fr. le cent, soit 450, et une dizaines d'années après, on a une bonne coupe de taillis; s'il n'y avait pas eu de pins, la première coupe, au bout des dix premières années, aurait été presque nulle : c'est donc une coupe gagnée en résineux.

Je parle de ce mode d'ensemencement en connaissance de cause.

Il y a environ 40 ans, un terrain avait été ensemencé en glands et en pins maritimes. Comme les pins avaient pris un grand développement, on ne s'est pas occupé des semis de chêne.

Lors de la gelée de 1879-1880, on a enlevé les pins maritimes qui avaient par conséquent 30 ans, et, sur l'emplacement de la pépinière, j'ai en ce moment une très belle coupe de taillis : lors de l'abat des pins, on ne voyait presque pas trace de bois.

J'ai en ce moment des bois ensemencés en 1880 avec les quatre essences que j'ai indiquées plus haut, les pins maritimes et les pins sylvestre ont pris un très grand développement, les pins maritimes dans les parties arides et les pins sylvestre dans les parties argileuses; on voit sous le couvert des pins, ça et là, de petits brins de chêne et de châtaigner qui attendent l'enlèvement des pins pour se développer.

Il faut faire une guerre impitoyable aux genêts. C'est la peste des taillis ; un seul pied suffit pour les infester. Il ne faut pas songer à les arracher, attendu que les racines s'enfoncent souvent à plus d'un mètre de profondeur, mais en les coupant d'un coup de bêche, à 8 à 10 centimètres au-dessous de terre, ils ne repoussent jamais.

J'ai énuméré les méfaits du genêt dans le numéro du 14 mai dernier de l'*Echo agricole*.

Sarcé.

Règlementation des fosses d'aisance, à purin et à fumier en Belgique

On sait combien laissent à désirer dans toutes nos campagnes, l'installation des fosses d'aisance et des dépôts de fumiers, au point de vue de l'hygiène et de la fertilisation. Souvent les puits et les sources sont contaminés par les infiltrations des liquides de ces déjections. Presque partout dans nos campagnes on voit les eaux pluviales laver les tas de fumier et entraîner au loin dans les cours d'eaux les principes les plus actifs du fumier.

Pour remédier à ces graves inconvénients, le gouvernement belge vient de règlementer l'installation des fosses d'aisance, à purin et à fumier, et pour arriver à mettre cette règlementation en vigueur il s'appuie non sur des pénalités, mais sur des encouragements. — Il serait à souhaiter que nous suivions cet exemple en France :

1. Les fosses d'aisance, à purin et à fumier, seront établies aussi loin que possible des puits *et des citernes à eau, ainsi que des habitations.*

Elles seront éloignées des murs des maisons d'une distance à déterminer d'après la nature du sol, mais qui ne sera jamais inférieure à 1m50. Leur éloignement des puits et citernes sera d'au moins 5 mètres.

2. Les fosses d'aisance et à purin devront être complètement étanches. Leurs angles seront arrondis sur les côtés et dans le fond. L'intérieur sera revêtu d'un crépissage au ciment, au mortier de trass ou au mortier hydraulique.

Les murs latéraux et le fond auront 0m30 d'épaisseur au moins et la voûte au moins 0m18.

Les ouvertures de ces fosses, de même que celles des citernes et celles des puits, lorsque ces derniers sont surmontés d'une pompe, doivent être fermées hertiquement par des couvercles solides en pierre ou en fonte, de forme circulaire et s'adaptant dans un cadre en pierre de taille.

3. Le fumier sera conservé dans les fosses étanches, en prenant les mêmes précautions que pour les fosses d'aisance et à purin quant à l'épaisseur des parois et au revêtement de celles-ci.

Les fosses à fumier seront entourées d'une margelle, également cimentée ou maçonnée comme il vient d'être dit et disposée de manière à ce que les liquides ne puissent se répandre au dehors, vers les puits ou vers la voie publique.

Un trop plein assurera l'écoulement de ces liquides dans le cas de pluies torrentielles, soit vers la fosse d'aisance ou à purin, soit vers un fossé voisin.

4. Il est interdit de jeter sur les fumiers des dépouilles ou des débris d'animaux, ainsi que des déjections, surtout celles qui proviennent des personnes atteintes d'une maladie contagieuse ou épidémique.

5. Les fosses à fumier seront, autant que possible, placées dans les cours des habitations, en un endroit protégé contre les rayons du soleil, soit par un bâtiment voisin, soit mieux par une toiture, de manière à obtenir un fumier couvert.

6. Il est interdit d'établir des fosses à fumier le long de la voie publique. Les personnes qui les conserveraient dans cette situation, en se

conformant aux stipulations du présent règlement ne seront autorisées à le faire qu'à titre de tolérance et sans pouvoir invoquer un droit acquis, si l'administration décide ultérieurement de supprimer les fumiers existant le long de la voie publique, qu'ils sont exposés à souiller.

7. Toutes les fosses seront inspectées périodiquement par des agents non électifs, désignés par l'administration communale, et, de préférence, étrangers à la localité.

8. Les cultivateurs ou petits propriétaires des fosses d'aisance, à purin ou à fumier, qui se conformeront aux prescriptions ci-dessus, ou qui amélioreront les fosses existantes, de manière à empêcher spécialement l'infiltration des liquides dans le sol, recevront une indemnité, dont l'importance sera calculée d'après le mérite des travaux exécutés.

Nouvelles agricoles.

La réduction des tarifs de douane sur le blé. — La Chambre des députés a discuté, dans la séance du 23 mai, la proposition tendant à suspendre les droits de douane sur les blés et les farines de blé. Cette proposition a été vivement combattue par M. Milochau, dont la compétence dans les questions agricoles est bien connue, et soutenue par M. Viger, auteur de la proposition et rapporteur de la commission des douanes. M. Jules Develle, ministre de l'agriculture, a conseillé à la Chambre d'adopter la proposition, tout en ajoutant qu'il se serait bien gardé d'en prendre l'initiative. « Ce n'est pas, a-t-il dit, après ce rude hiver, ce printemps non moins funeste, quand nos agriculteurs ont été obligés de recommencer leurs ensemencements, quand en somme leur prix de revient est majoré d'autant, que nous pourrions ainsi leur témoigner notre sollicitude. » Les amendements relatifs à la suspension complète du droit de douane ont été écartés. Le texte proposé par la commission des douanes a été adopté, avec une modification proposée par M. Thomson. En somme, il a été décidé qu'à partir du 1er août 1891 inclusivement jusqu'au 1er juin 1892 exclusivement, les droits d'entrée sur le blé et les farines seraient réduits à 3 francs par quintal métrique pour le blé et à 6 francs pour la farine. Avant que cette loi soit définitive, il faudra qu'elle soit adoptée par le Sénat.

Le sucrage des cidres. — Un décret en date du 13 mai a déterminé les nouvelles conditions dans lesquelles se fera désormais la dénaturation du sucre employé au sucrage des cidres et des poirés. Cette dénaturation se fera, dans les dépôts autorisés, par l'addition en mélange intime au sucre d'un poids égal ou supérieur de fruits frais à cidre ou à poiré réduits en pâte par l'écrasement, à domicile, par le versement du sucre dans les moûts. Elle a lieu, dans ce cas, au jour fixé par l'administration toutes les fois que les récoltants ou leurs acheteurs en adressent la demande par écrit dans les délais qui seront fixés par l'administration dans chaque circonscription.

L'école de meunerie. — Un groupe de meuniers, négociants et savants, vient de fonder, à la Bourse de Commerce de Paris, une école de meunerie.

Le programme de cette école semble répondre à la situation faite à l'industrie meunière par les progrès considérables réalisés pendant ces dernières années, d'autant plus que tous les grands pays voisins possèdent un ou plusieurs établissements de ce genre et qu'il n'en existait jusqu'ici aucun en France.

Parmi les membres du comité de l'école de meunerie, on remarque les noms de MM. Emile Gatelier, ancien élève de l'Ecole Polytecnique, président, Renoult et Schweisch, vice-présidents, Lucas, directeur du marché des blés, secrétaire.

Après chaque année d'études, un concours aura lieu auquel pourront prendre part tous les candidats qui enverront leur adhésion à l'administration de l'école au moins trois mois avant la date fixée pour le concours.

Chacun de ces concours sera suivi d'une distribution de récompenses et de diplômes et d'une visite dans un ou plusieurs établissements modèles.

L'association pomologique de l'Ouest. — L'association pomologique de l'Ouest fait appel à toutes les Sociétés d'agriculture et d'horticulture, à tous ses membres, aux agriculteurs, propriétaires et fermiers, aux horticulteurs, aux brasseurs de cidre, aux praticiens et aux savants qui s'intéressent aux questions relatives à la culture du pommier et à la fabrication du cidre et de ses dérivés, et leur demande de vouloir bien travailler avec elle au progrès de l'industrie du cidre si importante pour notre agriculture.

Son concours et son congrès de 1891 se tiendront à Avranches, du 20 au 25 octobre prochain.

L'impôt sur les boissons. — Le projet du gouvernement sur la réforme de l'impôt des boissons est définitivement arrêté. En résumé, il s'agit de dégrever les boissons hygiéniques, de supprimer l'exercice dans les débits; de simplifier les perceptions en ramenant à 3 les 21 tarifs d'entrée actuellement en vigueur; de réformer la législation sur les bières dans le sens de la proportionnalité de l'impôt à la valeur du produit; de remanier l'impôt sur les vinaigres; de concéder le vinage à la propriété; enfin d'adoucir les formalités de la circulation pour le transport des boissons.

Pour compenser les dégrèvements projetés, le gouvernement propose de porter de 156 fr. 25 à 195 fr. le droit sur l'alcool. En ce qui concerne les bouilleurs de cru on leur accorderait 10 litres d'alcool pur seulement pour leur consommation personnelle.

Les bouilleurs de cru. — Dans sa dernière réunion, la Société de viticulture de Lyon a, sur la proposition d'une commission chargée d'étudier le projet de réglementation du privilège des bouilleurs de cru, adopté les conclusions suivantes :

« Si l'autorité veut en maintenant l'état actuel, prendre des dispositions plus efficaces et plus sévères pour empêcher la fraude et punir les fraudeurs, la Société ne peut qu'approuver.

« Mais s'il est question de supprimer plus ou moins directement le droit du vigneron de distiller librement chez lui ses vins, ses marcs et fruits, sans être exercé, surveillé et taxé d'avance par la régie pour l'eau-de-vie qu'il en retire.

« Elle proteste énergiquement.

« Elle proteste au nom du droit, de l'hygiène, de la paix publique, et dans l'intérêt de la reconstitution rapide du vignoble français. »

CONSEILS DU JARDINIER

LES ASPERGES CREUSES

Nous ne connaissions pas encore les asperges à turions creux, mais cette année il n'est bruit que de cela sur les marchés de Paris et de la banlieue, et vous pensez bien que les cultivateurs de ce légume en éprouvent de l'inquiétude.

Ils se demandent, si c'est un simple accident, ou si c'est le symptôme d'une dégénérescence.

Pour notre compte, nous ne croyons pas à la dégénérescence de nos asperges cultivées, puisqu'il est d'usage partout de les multiplier par le semis et qu'avec ce mode de multiplication, l'espèce ne court aucun péril. Notre avis est que nous nous trouvons en présence d'un accident momentané et que cet accident provient de l'hiver exceptionnel que nous venons de traverser.

Jusqu'à présent, on avait cru que les aspergeries étaient insensibles aux rigueurs du froid, on n'avait jamais entendu parler de racines gelées. Aujourd'hui, il nous faut bien reconnaître qu'elles peuvent être atteintes dans une certaine mesure. Le fait est qu'à chaque touffe d'asperges on a pu remarquer des racines atteintes par le froid, noircies, c'est-à-dire en état de décomposition. Voilà, selon nous, la véritable cause de l'altération des turions. La qualité n'est pas sérieusement offensée, mais la quantité de substance comestible se trouve désagréablement réduite.

Il n'est pas supposable que cette altération des tissus, que nous signalons en ce moment, deviendra nuisible à la production des baies pendant l'année courante, et contribuera à produire des graines de mauvaise qualité, il n'est pas supposable non plus que l'accident dont on se plaint se renouvellera l'année prochaine. Il sera prudent toutefois d'arrêter la cueillette un peu plus tôt que d'habitude, afin de ne pas accroître la fatigue des souches qui ont déjà trop souffert de l'hiver. Il sera prudent aussi de fortifier les aspergeries fatiguées au moyen d'engrais pulvérulents à base de potasse.

Les racines attaquées se décomposeront et pourriront, c'est évident, mais il s'en produira d'autres autour d'elles ou un peu au-dessus d'elles, qui rétabliront la vigueur des plants.

HORTUS.

CONSEILS A LA FERMIÈRE

LA CHASSE AUX RATS.

Pour se débarrasser de ces hôtes incommodes, nuisibles et désagréables, on a inventé une infinité de compositions et une foule d'engins : les pièges simples, les boulettes au phosphore, au carbonate de baryte, la mort aux rats, etc., etc., ont été recommandés et employés tour à tour ; cependant la détestable engeance continue ses rapines et son œuvre de destruction.

Tous les moyens sont bons pour arriver à en purger nos habitations ; en voici encore quelques-uns dont l'avantage est surtout d'être d'un emploi facile :

On mélange du sucre en poudre avec de la chaux vive écrasée et l'on en place de petits tas dans les endroits fréquentés des rats ; ils en mangent. La chaux entre en ébulition dans l'estomac et détermine la mort.

On dépose dans les lieux infestés de petits morceaux de vieux bouchons qu'on a fait frire dans le beurre ou la graisse. L'odeur de la graisse attire les rongeurs, leur fait incorporer le liège qui, introduit dans l'estomac, ne peut être digéré. La mort suit rapidement.

Un troisième moyen est de les asphyxier avec du sulfure de carbone que l'on verse dans les trous de leurs galeries, et qui, en se volatisant, détermine chez les rongeurs un engourdissement semblable à celui du chloroforme chez les humains, mais qui est toujours suivi de mort. Il ne faut pas négliger de fermer les autres ouvertures des galeries avant d'opérer. Les souris, les mulots, les renards et tous les animaux qui se terrent sont également détruits par ce procédé.

Enfin rappelons-nous que les oiseaux nocturnes, chouettes, chats-huants, etc., sont de grand destructeurs des rats et des souris; nous devons les protéger, car mieux que nos chats domestiques ils font à ces rongeurs une guerre exterminatrice utile à nos intérêts.

UNE MÉNAGÈRE.

CONSEILS DU VÉTÉRINAIRE

FUMIGATIONS CONTRE LA TOUX DES CHEVAUX

Mettez la main à la pâte, Baudoux, ou surveillez bien vos ouvriers si vous voulez assurer la réussite des fumigations que je vous ai conseillées pour calmer la toux de vos chevaux. Prenez un sac ouvert aux deux extrémités, adaptez l'une sur la tête du cheval, tandis que l'autre sera étendue au-dessus d'un vase rempli d'eau bouillante. Ou mieux, si vous avez un petit local bien clos, placez-y votre cheval, puis faites chauffer au rouge brun une large pelle en fer, sur laquelle vous verserez du goudron de Norwège. Vous fermerez bien la porte et ne l'ouvrirez qu'après vingt minutes. Une fumée abondante, aromatique, se dégagera, remplira la chambre et votre animal toussera, éternuera, expectorera les mucosités qui obstruaient ses bronches, respirera largement et bientôt guérira. Lorsque vous serez enrhumé, vous suivrez le même traitement. Il est excellent, j'en parle par expérience et mon bienveillant confrère, le vieux médecin, voudra bien l'approuver. Demandez-lui plutôt, s'il vous reste quelque doute.

UN VIEUX VÉTÉRINAIRE.

POUR RIRE.

Au tribunal correctionnel :

Le président. — Vous êtes prévenu...

Le prévenu. — Je l'ai été trop tard, mon président, sans ça je ne serais pas ici!

***

Au tirage au sort :

— Avez-vous une infirmité, un cas d'exemtion à déclarer pour la révision?

— Oui, mon capitaine, mon beau-père est sourd.

***

A l'école du régiment :

Le sergent. — Attention! épelez pomme de terre.

Bridoux. — J'peux pas! j'ai pas de couteau.

***

On demande au jeune Tomy quelle différence il y a entre les verbes réguliers et les verbes irréguliers.

— C'est pour les verbes irréguliers que je suis le plus souvent en retenue.

***

Dialogue surpris dans un restaurant de la banlieue :

LE CLIENT. — Voyons, garçon, faites donc attention, vous inondez de bouillon ma redingote, que diable, un habit tout neuf!

LE GARÇON, *impassible*. — Oh! monsieur, ça ne fait rien!

LE CLIENT. — Comment, ça ne fait rien; vous êtes bon, vous!

LE GARÇON. — Passé sept heures, ça ne tache plus.

***

Un volontaire demande un congé de trois jours à son capitaine instructeur pour aller voir sa tante qui est à la mort. — Soit, répond le capitaine; mais si dans trois jours ta tante n'est pas claquée, tu auras quinze jours de salle de police.

PETITE POSTE.

M. R... (Meurthe-et-Moselle). — La meilleure valeur canadienne est le 4 0/0, fonds d'État. Le dernier cours était de 102 fr. Vous pouvez en acheter par l'entremise d'un agent de change. Mais dans les conditions dont vous parlez, vous auriez, selon nous, plus d'avantage à emporter de l'or français, qui ne perdrait au change que 1 0/0 au plus. Vous risqueriez de perdre davantage par la vente au Canada de valeurs du pays achetées en Europe.

Le ministre du Canada est bien à Paris en ce moment, mais ce n'est pas dans le but de contracter un emprunt.

M. C. B.... à B... — *Sarrasin*. — Le sarrasin est une des meilleures plantes à utiliser comme engrais vert. Il coûte peu de semence, sa végétation est rapide, et il fournit une abondante masse verte riche en principes fertilisants et en humus.

Dans 1.000 kil. de sarrasin vert, il y a 13 k. 1 d'azote, 6 k. 1 d'acide phosphorique et 24 k. 2 de potasse, à semer de 80 à 100 litres par hectare.

Semer le plus tôt possible, de façon à pouvoir enfouir la récolte de bonne heure, longtemps avant l'ensemencement du blé, afin que la terre ait le temps de se *rasseoir*. Du reste, vous éviterez l'inconvénient d'une terre *creuse* par d'énergiques roulages.

VINS DU BORDELAIS

Que de fois nous avons entendu dire :

« Quel service on nous rendrait, si on nous trouvait, dans les pays vignobles, un vendeur consciencieux; si on nous débarrassait de la concurrence à outrance; si on nous garantissait sérieusement la qualité, la pureté et la conservation des vins! »

Pour le Bordelais, nous recommandons M. Vincent Ardura, viticulteur, propriétaire d'un des meilleurs crus de la Gironde, favorable aux tempéraments délicats (le domaine de la Chapelle-Frédignac, par Blaye-Bordeaux), qui vend ses récoltes : 1889 à 130 fr., 1888 à 140 fr., 1887 à 150 fr., 1886 à 160 fr., 1885 à 175 fr., 1884 à 200 fr., 1882 à 220 fr., 1881 à 250 fr. et 1878 à 300 fr. la barrique de 225 litres *franco* de port et de fût en gare d'arrivée. Paiement par le facteur à 30 jours 2 % ou 90 jours.

Certain que son vin plaira aux personnes qui ne le connaissent pas et qui désirent se bien approvisionner, sachant, en outre, qu'il est difficile de se rendre sérieusement compte de la qualité par la dégustation sommaire d'une petite fiole, M. Vincent Ardura n'hésite pas à adresser *gratuitement* une bouteille entière pour échantillon de la récolte désignée.

OFFRES & DEMANDES

Pour répondre au désir qui nous est exprimé, nous offrons à nos abonnés, sous cette rubrique, deux annonces gratuites pour les offres et demandes d'emplois, produits ou animaux à vendre ou à acheter, etc.

Les annonces qui suivront jouiront d'une réduction de 50 pour 100 sur les tarifs ordinaires.

Les demandes d'insertions devront être envoyées à l'administration, qui se chargera de les rédiger.

Ne pas négliger d'envoyer tous les renseignements nécessaires (joindre 2 timbres de 0 fr. 15).

Un ancien élève d'une école d'agriculture, dans la force de l'âge, marié, bien au courant de la culture moderne en même temps qu'excellent praticien, demande un emploi de régisseur. — Très bonnes références. — N° 907.

S'adresser à M. GUESDON (J.-M.), à Belhôte, par Corps-Nuds (Ille-et-Vilaine).

Un jeune homme, 26 ans, sachant bien soigner les chevaux, désire se placer comme cocher dans un château ou en ville. — Excellentes références.

S'adresser à M. Arthur MARÉCHAUX, directeur de la Société coopérative à Saint-Jean-de-Liversay (Charente-Inférieure). — N° 932 4.

A vendre deux Chiots, race bleue d'Auvergne, très bien marqués, père et mère parfaits. — 50 francs l'un, à trois mois d'âge.

S'adresser à M. J. CHABRIÈRES, propriétaire, à Geoffroy, par Castelsagrat (Tarn-et-Garonne). — N° 933-2.

Jeune homme sérieux, sortant des bureaux de l'intendance militaire, connaissant la comptabilité commerciale et administrative et ayant de grandes connaissances dans la culture, la vigne et les coupes de bois, désire se placer comme garde, régisseur, chef de culture ou dans des bureaux. — Très bonnes références.

S'adresser à M. Antoine MENIER, à La Grille, près Chinon. — N° 931-1.

HALLES ET MARCHÉS.

SITUATION GÉNÉRALE.

Les cours des céréales restent à peu près stationnaires. Les sucres et spiritueux n'ont pas conservé la légère amélioration que nous signalions dans notre dernière revue. Les huiles de colza sont aussi un peu en baisse. Les légumes et les fruits de primeurs se vendent bien.

GRAINS.

Blés. — Les troubles atmosphériques et l'abaissement de température qui se sont produits la semaine dernière ont renouvelé les appréhensions sur le sort de la prochaine récolte dans plusieurs régions. En même temps on attend le vote du Sénat sur la proposition de loi Viger, relative à l'abaissement du droit de douane. Pour ces deux causes, la culture est de plus en plus réservée dans ses offres ; nos marchés des départements voient peu d'affaires et les cours ont pris une nouvelle fermeté. On cotait samedi dernier, sur les principales places : Cambrai, blé blanc, 29 fr. ; roux, 28 les 100 kilog. ; Douai, 27 à 29 75 ; Amiens, 28 25 ; Beauvais, 27 15 à 29 90 ; Châlons-sur-Marne, 30 ; Rouen, 29 50 ; Versailles, 29 ; Le Mans, 29 à 29 75 ; Lyon, 27 75 à 28 25 ; Moulins, 29 à 29 50 ; Nevers, 30 ; Dijon, 28 à 29 50 ; Montereau, 28 30 à 30 17 ; Bordeaux, 29 60. — A Paris, les blés de commerce sont calmes, les transactions ont peu d'entrain ; le courant du mois est coté de 30 25 à 30 50, le livrable jusqu'en août, de 29 50 à 30 ; les quatre derniers mois, 29 fr. — Les cours des blés étrangers sont bien tenus dans nos ports, mais les affaires y ont peu d'activité ; les quantités importées sont toujours assez fortes : Marseille a reçu 150,631 quintaux ; Bordeaux, 21,000 ; le Hâvre, 41,000 — Les perspectives des récoltes ne sont guère meilleures dans tous les pays d'Europe que chez nous ; en Angleterre seulement, on se montre à peu près satisfait. Les fortes chaleurs de l'avant-dernière semaine ont beaucoup nui aux blés de Hongrie. En Russie, le blé d'hiver laissera un déficit dans le rendement ; mais le blé de printemps promettait une bonne récolte. On cotait samedi à Berlin, 30 37 les 100 kilog. ; à Vienne, 25 62 ; à Budapest, 25 11. — Aux Etats-Unis, la future récolte a toujours belle apparence ; si le temps continu à être favorable, on peut espérer, dit-on un rendement de 175 à 185 millions d'hectolitres, contre 140 millions l'année dernière. Le blé se vend à New-York, 21 40 les 100 kilog. et à Chicago, 19 82.

Seigles. — L'épiage s'était fait dans de bonnes conditions, mais le retour du froid a contrarié la floraison. Les prix de culture sont fermement tenus ; à Paris, au marché commercial, les affaires sont à peu près nulles ; on cote le disponible, 19 les 100 kilog., et le livrable, 18 75 à 19 25.

Orges. — Les prix des orges de mouture sont toujours soutenus de 18 50 à 22 les 100 kilog. en gare de Paris.

Avoines. — Les avoines de printemps sont dans un état relativement satisfaisant. Les prix de vente sur nos marchés ne changent pas, mais ils ont une tendance à la faiblesse, ainsi que ceux du marché commercial de Paris, où l'on cote les avoines disponibles, 19 75 à 20 les 100 kilog. ; les livrables de juin à août, 19 25 à 20 ; les quatre derniers mois, 17 25 à 17 50.

Farines de consommation. — Même situation que mercredi dernier. La marque de Corbeil reste à 66 les 157 kilog. nets, ou 42 03 les 100 kilog.

Farines de commerce. — Le marché de samedi dernier a été assez calme et les cours faiblement tenus en clôture comme suit : courant du mois et juin, 63 50 à 63 75 ; juillet-août et quatre derniers, 61 50 à 61 75.

Issues. — Les offres sont restreintes, et les prix soutenus. On cote : gros son écailles, 17 à 17 25 les 100 kilog. ; supérieur, 16 50 à 16 75 ; sons deux cases, 16 25 à 16 50 ; trois cases, 16 ; sons fins, 14 50 ; recoupettes, 14 ; remoulages blancs, 18 25 à 21 50 ; bis, 17 à 18 ; bâtards, 16 à 16 50.

Légumes secs. — Marché de semences à Paris ; on vend : haricots flageolets Cheurier, 50 à 70 l'hectolitre et demi ; suisses blancs 46 à 40 ; Chartres, 45 ; Liancourt, 48 ; Soissons, 65 à 70 ; — plats du Midi, 32 à 33 les 100 kilog. ; Suisses rouges, 24 à 25 ; cocos roses, 25 à 27 ; nains, 22 à 28 ; lentilles, 35 à 60 ; poids ronds, 33 à 34.

Pommes de terre. — Les pommes de terre nouvelles d'Hyères se vendent à la halle, 70 à 80 ; les 100 kilog. ; celles d'Algérie, 50 à 60.

Sucres. — Les transactions sont calmes ; les prix ont un peu fléchi, mais sont aujourd'hui assez bien tenus. On cote à la Bourse de Paris : sucres roux 88 degrés, 34 25 les 100 kilog. ; blancs n° 3 disponibles, 35 25 à 35 50 ; livrables, 34 25 à 34 75. Les raffinés sont en baisse aux prix de 104 50 à 105 pour la consommation, et de 40 50 à 41 pour l'exportation. — A Lille, les sucres roux sont tenus en disponible, à 33 75 ; les 100 kilog. et les blancs n° 3, à 34 50.

Huiles de graines. — Les cours sont un peu moins élevés que mercredi dernier, mais assez bien tenus, on cote à Paris : huile de colza disponibles, 73 50 à 84 les 100 kilog. ; livrables jusqu'en août, 74 à 74 50 ; quatre derniers mois, 77 ; huiles de lin, cours faibles de 54 50 à 55 en disponibles ; les transactions restent presques nulles. — Peu d'activité également sur les marchés de province. A Rouen, on vend : colza, 73 à 73 50 ; lin, 56 à 56 50 ; à Caen, colza, 71 ; à Arras, colza indigène, 77 ; étranger, 76 ; pavot à bouche, 77 ; cameline, 65 ; pavot, 72 ; le tout aux 100 kilog. ; à Lille, colza, 70 l'hectolitre ; lin, 54.

Huiles d'olive. — La place de Marseille est toujours sans changement. A Grasse, la fabrication continue faiblement ; on demande 128 32 à 160 42 les 100 kilog. — A Nice, le marché était moins soutenu ces jours derniers et les prix manifestaient de la baisse ; on a payé les dernières huiles descendues, 1 6 84 les 100 kilog pour les meilleures qualités, et 128 32 à 154 pour les autres sortes ; les huiles de la Montagne valent 154 à 163 63. — Les huiles de Menton sont cotées 141 16 à 150 79.

Graines oléagineuses. — On cote à Paris : graines de colza, 35 à 36 les 100 kilog. ; de lin, 30 à 35 ; chènevis, 32 à 35 ; — à Caen, colza, 22 l'hectolitre ; — A Arras, l'œillette, 24 à 25 25 l'hectolitre.

Tourteaux. — A Arras, les tourteaux de graines indigènes se vendent : œillette, 13 50 les 100 kilog. ; colza, 15 ; lin, 22 ; cameline, 14 ; — à Caen, le tourteau de colza vaut 150 les 1,000 kilog.

Engrais. — Pour le nitrate de soude, la situation reste au grand calme ; mais l'attention se porte déjà sur les affaires de 1892, et la spéculation annonce dès aujourd'hui des cours élevés. Quoi qu'il en soit les prix restent fixés comme suit aujourd'hui ; par 100 kilog. à Dunkerque, 20 40 pour le disponible ; 20 75 pour le livrable en juin et 21 40 pour les quatre premiers mois de 1892 ; à Bordeaux et à La Rochelle, on cote 23 à 23 50 disponible ; à Marseille, 25. — Le sulfate d'ammoniaque français livrable en automne vaut 29 à 29 25 à Paris ; on offre du sulfate anglais disponible à 28 50 à Dunkerque et à Lille. — Les prix des phosphates sont en baisse ; dans la Somme, on les cote par 1,000 kilog. sur wagon et par unité de phosphate : 70 à 80 pour cent, 1 20 à 1 30 ; 65 à 70 pour cent, 0 95 ; 60 à 65 pour cent, 0 75 à 0 80 ; 50 à 60 pour cent, 0 60 à 0 63. — Les superphosphates solubles dans l'eau valent, à l'unité d'acide phosphorique, dans le Nord, 0 52 à 0 53 ; à Bordeaux et La Rochelle, 0 64 à 0 65 ; à Paris, 0 57 ; à Marseille, 0 61 ; les superphosphates solubles dans le citrate valent 5 centimes de moins. — On cote les autres engrais : chlorure de potassium, 20 55 à 21 50 les 100 kilog. suivant le degré ; sulfate de potasse, 23 ; phosphate précipité, 0 58 l'unité à Paris, 0 53 à Lyon ; sang desséché, 1 75 à 1 80 l'unité à Paris ; viande desséchée, 1 70 ; corne torréfié, 1 45 ; cuir torréfié, 1 15 à 1 20 ; Kaïnit, 5 50 à Dunkerque et le Hâvre ; 6 50 à La Rochelle ; carbonate de potasse, 42 50 les 100 kilog. ; guano de poissons, 21 25 à Dunkerque et le Hâvre ; guano dessous, poudre d'os dégélatinés, 13 à 13 25 à Paris.

Beurres. — Les beurres en mottes étaient en baisse au dernier marché. On a coté : *beurres en mottes* fermiers de Gournay ; choix, 3 30 à 3 380 ; bons, 2 60 à 2 90 ; ordinaires, 2 20 à 2 50 ; marchands d'Isigny, 2 80 à 3 ; de Bretagne, 2 10 à 2 40 ; de Vire, 2 20 à 2 60 ; du Gâtinais, 2 50 à 2 70 ; de Bresse, 1 90 à 2 10 ; laitiers des Charentes, 2 50 à 3 ; des Alpes, 2 70 à 3 20 ; divers producteurs, 2 40 à 3 ; *beurres en livres* : fermiers, 2 70 à 3 30 ; Touraine, 2 40 à 2 50 ; Gâtinais, 2 60 à 3 ; Vendôme et Beaugency, 2 30 à 2 70 ; Bourgogne, 2 40 à 2 60 ; le Mans, 2 30 à 2 60.

Fromages. — On cote à la halle de Paris, *par dizaine* : Brie, fermiers haute marque, 45 à 50 ; grand moule, 35 à 40 ; moule moyen, 25 à 32 ; petit moule, 21 à 28 ; laitiers moyens moules, 20 à 25 ; — *par 100 kilog.* : Gruyère, 140 à 190 (hors l'octroi) ; Roquefort, 200 à 250 ; Hollande, 160 à 180 ; plats de Gouda, 170 à 180 ; Gérardmer, 70 à 80 ; Limbourg, 70 à 80 ; Munster, 100 à 110 ; Romatour, 90 à 100 ; Cantal, 135 à 145 ; façon Port-Salut, 130 à 170 ; — par cent : Bourgogne, 60 à 70 ; Saint-Nectaire, 90 à 100 ; Camembert, 30 à 55 ; Livarot, 75 à 105 ; Gournay 8 à 22 ; Mont-Dore, 25 à 32 ; façon Coulommiers, 35 à 50.

BESTIAUX.

LA VILLETTE, 21 mai. — Bestiaux. — Vente passable sur les bestiaux, active sur les veaux, meilleure sur les moutons et sans changement sur les porcs.

COURS officiels.	Amenés.	Vendus.	1re qualité.	2e qualité.	3e qualité.	Prix extrêmes.
Bœufs....	1.478	1.448	1 68	1 54	1 42	1 30 à 1 76
Vaches ...	576	867	1 64	1 48	1 30	1 22 1 68
Taureaux.	130	130	1 46	1 42	1 34	1 26 1 54
Veaux....	1.544	1.303	2 02	1 86	1 64	1 40 2 24
Moutons..	6.996	6.707	2 14	1 98	1 76	1 50 2 22
Porcs.....	4.658	4.614	1 48	1 42	1 38	1 32 1 54

Marché du lundi 25 mai.

	Amenés	Vendus	PRIX AU POIDS NET 1re qual.	2e qual.	3e qual.
Bœufs.....	2.158	2.069	1 62	1 46	1 34
Vaches.....	557	531	1 58	1 40	1 24
Taureaux..	192	182	1 40	1 36	1 26
Veaux......	1.427	1.135	2 04	1 88	1 66
Moutons....	12.187	10.609	2 10	1 94	1 72
Porcs......	2.926	2.926	1 44	1 38	1 34

	PRIX AU POIDS VIF			
	1re qual.	2e qual.	3e qual.	Prix extrêmes.
Bœufs..........	» 99	» 85	» 70	» 61 à 1 02
Vaches..........	» 94	» 77	» 65	» 56 » 98
Taureaux........	» 88	» 81	» 68	» 60 » 91
Veaux...........	1 22	1 08	» 87	» 72 1 36
Moutons.........	1 13	1 09	» 89	» 71 1 18
Porcs...........	1 »	» 96	» 90	» 81 1 64
Peaux de moutons en laine..........				3 25 6 75
Id. id. demi-laine........				1 65 2 90

Viandes abattues. — Criée du 21 mai.

		1re qualité.	2e qualité	3e qualité.
Bœufs....	le kil.	1 50 à 3 20	1 30 à 3 »	1 20 à 2 06
Veaux....	—	1 71 1 96	1 50 1 70	1 30 1 16
Moutons..	—	» 96 2 10	1 46 1 90	1 » 1 40
Porc entier	—	1 34 1 44	1 16 1 39	» 90 1 10

Exposition universelle de 1889. — Médaille d'or.

COUVEUSES

ARTIFICIELLES Brev. S. G. D. G. Nouv. Perfectionnements

Volailles de toutes races pour la reproduction.

ŒUFS A COUVER

Poussins, race de Houdan, 14 fr. franco. Emb. compris.

Poulaillers, Faisanderies, Volières.

Envoi franco du Catalogue illustré.

ECOLE PRATIQUE D'AVICULTURE

ROULLIER ✻ ✻ et ARNOULT

à Gambais (S.-et-O.), et 7, galerie Vivienne

PARIS.

Ecrire à Gambais.

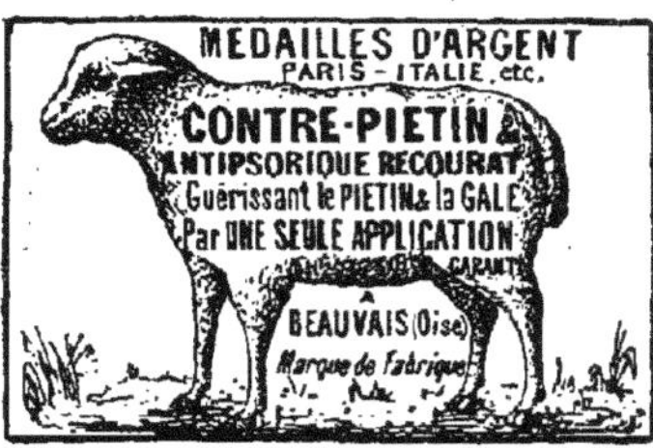

M. Recourat, pharmacien à Beauvais.

Gale des moutons guérie radicalement par *une seule application* de l'Antipsorique.

La bouteille, 3 fr.; la demi-bouteille, 1 fr. 75.

Guérison du Piétin par *un seul pansement* avec le Contre-Piétin-Recourat.

Le pot d'essai, 1 fr. 50; le pot, 2 fr. 50.

Joindre 0,60 c. pour recevoir *franco* et indiquer gare.

POUDRE BERNICAL, *pour faire retenir les vaches*, inoffensive, succès croissant. « *Avec elle, pas de vaches stériles, envoyez 2 paquets.* » Dubos, Biscarosse (Landes). « *J'ai bien réussi, envoyez 1 paquet.* » Tapot, Xaintrailles (Lot-et-Garonne). 1f 50 *franco*, timbres ou mandat, instruction. BERNICAL, pharm. 1re classe, Chaise-Dieu (Haute-Loire); Paris, pharm. KLÉBER, avenue Kléber, 70

Pulvérisateur « l'Éclair »

contre le mildiou
et la maladie des pommes de terre.

V. VERMOREL

constructeur breveté (s. g. d. g.)

à Villefranche (Rhône).

330 premiers Prix, Médailles, etc.

« ÉCLAIR » n° 1, prix.................. 40 fr.
« ÉCLAIR » n° 2, prix.................. 30 fr.

PULVÉRISATEUR A TRACTION, pour la vigne et les pommes de terre.

PULVÉRISATEURS SPECIAUX pour les arbres.

NOUVELLE SOUFREUSE à grand travail « *la Torpille* », pour l'emploi des poudres et du soufre.

MATÉRIEL VITICOLE complet.

ENVOI FRANCO DU CATALOGUE.

FOURNEAUX DE CUISINE
de toutes espèces

Maisons particulières, Hôtels, Châteaux et Fermes, Hospices, Hôpitaux, Collèges, Pensions, etc.

ENVOI FRANCO DE CATALOGUES.

Maison DELAROCHE aîné

22, rue Bertrand, PARIS.

La Maison **R. GARIEL**, 2, Quai de la Mégisserie, à Paris, a obtenu à l'Exposition Universelle de 1889.

Une Médaille d'Argent, Classe 76
et **Une Médaille de Bronze**, Classe 78.

GRILLAGES, SUPPORTS EN FER

Ruches et Articles d'Apiculture, etc.

RUCHE

à Cadres mobiles

Prix : **20f**

Gariel

2ter, Quai de la Mégisserie, PARIS

GRILLAGES POUR CHASSES, de 1 mètre, à... 0f 35

AUX ÉLEVEURS ET ENGRAISSEURS DE BESTIAUX.

Voulez-vous élever et engraisser vivement vos animaux?

EMPLOYEZ LE

GLUTEN DE MAÏS AMÉLIORÉ

Produit à base de **farine** de **maïs**, remplaçant avec avantage les **tourteaux**, les **moutures** et les **remoulages**; c'est la nourriture reconnue la plus économique et la meilleure pour l'**élevage** et l'**engraissement rapide** des **porcs**, des **veaux** et de tous les **bestiaux** de la ferme, ainsi que des **volailles**. *Envoi du prix-courant sur demande adressée à*

M. BOUDOUX, négociant à NESLE (Somme).

L'Administrateur-Gérant : ALBERT RENOT.

Beauvais. — Imp. D. PERE. - A. CARTIER, Gérant.

12e Année. — 2e Série. — N° 593. Dimanche 7 Juin 1891.

GAZETTE AGRICOLE

JOURNAL HEBDOMADAIRE, PARAISSANT LE DIMANCHE

Rédacteur en Chef : M. Ch. GOSSIN, Professeur d'Agriculture à l'Institut agricole de Beauvais.

PRIX DE L'ABONNEMENT

UN AN, 5 fr. — SIX MOIS, 3 fr. — TROIS MOIS, 2 fr. 25

Pour l'étranger les abonnements ne sont reçus que pou un an, au prix de 6 francs, et ne partent que du 1er janvier ou du 1er juillet de chaque année.

Le numéro : 10 centimes.

Il est indispensable de joindre à toute demande de changement d'adresse la dernière bande d'adresse du journal et 50 centimes pour frais de nouvelles bandes.

Adresser les *Abonnements* et *Annonces* au secrétaire de la rédaction, **13, quai Voltaire, Paris,** ou à M. GOSSIN, rédacteur en chef et administrateur, à BEAUVAIS.

BUREAUX

13, quai Voltaire, Paris, et à Beauvais.

Les abonnements partent du 1er de chaque mois et sont payables d'avance. Toute demande d'abonnement doit donc être accompagnée du prix de l'abonnement. (Le mode de payement le plus simple est l'envoi d'un mandat-poste.)

Donner *très lisiblement*, en s'abonnant, son nom et son adresse exacte, *avec l'indication du bureau de poste ;* et, s'il s'agit d'une continuation d'abonnement, joindre au renouvellement la dernière bande d'adresse du journal.

La GAZETTE AGRICOLE insère gratuitement les Communications des Syndicats agricoles

SOMMAIRE :

PARIS, 5 JUIN

Le Bonhomme Deschamps a eu vingt fois l'occasion d'insister sur les dangers pour la France d'être en République, alors qu'elle est entourée de voisins défiants et jaloux qui sont en monarchie. Ce n'est certes pas par esprit de parti, ni avec plaisir qu'il a insisté sur cet isolement du pays. Il l'a surtout fait pour engager nos gouvernants, si passagers, à redoubler de prudence et à diminuer, par une prévoyance de chaque instant dans leur conduite, les inconvénients du régime républicain. Il est, en effet, à la portée du plus inattentif et du plus ignorant des Français de voir que le jour où nous aurons à soutenir une guerre, ce sera pour nous une question de vie ou de mort. Une rançon militaire et une amputation analogue à celle que nous avons subie en 1870-1871, réduirait la France à un Etat bien inférieur à celui de l'Espagne, puisque nous n'aurions même plus notre indépendance. Aussi notre clairvoyant et impitoyable ennemi, le prince de Bismarck, avait-il raison à son point de vue allemand lorsqu'il reprochait à M. d'Arnim de ne pas voir que le maintien et l'affermissement de la République en France empêcherait, en nous privant d'alliés, notre relèvement.

***

Il est en effet certain qu'à l'heure actuelle, sauf notre état de coquetterie avec la Russie, — sur lequel il ne faudrait peut-être pas fonder de trop grandes espérances, — nous n'avons autour de nous que des ennemis ou des malveillants. Il y a bien plus de gens attentifs à profiter de nos malheurs, qu'enclins à nous les faire éviter ou à en restreindre les conséquences. Sans parler de l'Espagne, du Portugal, de la Belgique, toutes monarchies où l'on n'est pas sans inquiétude et sans défiance à notre égard, l'Italie, l'Autriche et l'Allemagne sont unies contre nous. Ce n'est pas là une nouveauté pour tous ceux qui ont entendu parler de la triple alliance. Il paraîtrait, d'après certains témoignages que les journaux français reproduisent et commentent en ce moment, que cette alliance à trois se serait renforcée de l'adhésion de l'Angleterre. Le prince Napoléon en aurait eu l'avis de son beau-frère, le roi d'Italie, et il en aurait fait confidence, avant sa mort, à quelques amis particuliers. Toujours est-il que la chose est donnée aujourd'hui comme officielle et qu'elle n'est pas sans produire une certaine émotion.

***

N'étant pas dans le secret des chancelleries, le Bonhomme Deschamps ne saurait dire réellement si l'alliance à trois est devenue par l'adjonction de l'Angleterre une alliance à quatre. Mais le bon sens indique qu'en cas d'une guerre avec la France, *l'Italie a dû solliciter le concours de l'Angleterre* et de sa marine pour mettre ses côtes à l'abri. Le bons sens indique aussi que depuis les affaires d'Egypte, l'Angleterre n'est pas très cordiale pour la France et qu'il lui suffit d'ailleurs de nous voir coqueter avec la Russie pour se rapprocher de l'Allemagne et de l'Autriche et s'éloigner de nous. De l'autre côté de la Manche, on ne se paie pas de mots et on ne se pique pas de chevalerie. On est sûr de trouver les Anglais partout où il n'y a rien à perdre et où il peut y avoir quelque chose à gagner. Le Bonhomme Deschamps le répète, il est possible, malgré les témoignages contraires de feu le prince Napoléon et de ses amis, que l'Angleterre n'ait pas promis formellement son concours à la triple alliance. *Mais il serait prudent de considérer* dès maintenant que le fait est dans la nature des choses, et que si par malheur la guerre éclatait demain entre la France et l'Allemagne, l'Angleterre ne ferait pas de vœux pour notre succès, si même elle ne se rangeait immédiatement contre nous. Tout cela constitue assurément une situation bien périlleuse pour nous, mais fermer les yeux devant le danger ne suffit pas pour le conjurer, tout au contraire.

***

Mais, direz-vous, dépend-il de la République de changer cette situation ? Il est possible que si nous étions en Monarchie, cette triple ou cette quadruple alliance n'existerait pas. Mais c'est en République que nous vivons et force est de prendre les choses comme elles sont. C'est aussi de la sorte que raisonne le Bonhomme Deschamps, et il n'en conclut pas que de ce que la République ne peut changer les alliances européennes, qu'elle ne puisse *rien faire*. Si elle ne peut rien sur les étrangers, elle est moins impuissante sur elle-même. Il est de toute évidence que le gouvernail d'un grand pays comme la France, dans de pareilles conjonctures, ne peut être confié à des mains inexpérimentées et maladroites. Il faut un pilote, c'est-à-dire un gouvernement. La République a-t-elle à sa tête des hommes prévoyants et fermes ? Ceux qui la dirigent, ont-ils une volonté et peuvent-ils la faire prévaloir ? *Sont-ils animés de la passion* d'unir tous les Français au lieu de les diviser ? Tiennent-ils une conduite de nature à inspirer confiance, — moins que cela même — respect à leurs adversaires ? Se préoccupent-ils, en prévision d'éventualités formidables, de la bonne gestion des finances ? Est-il jamais entré dans leur esprit, alors qu'ils devraient y penser du matin au soir, que la guerre peut amener à son début même des catastrophes financières, et que, pour être soutenue avec honneur et bonheur, l'argent sera presque aussi nécessaire que le courage ?

***

Il n'est pas douteux que la situation de la France en Europe, qu'une alliance à trois ou à quatre existe ou non, est, pour tous les patriotes, un sujet de douloureuses préoccupations. Ce qui ajoute encore à ces angoisses, c'est que nos gouvernants républicains se comportent comme si nous n'avions rien à craindre de personne. Non contents de tarir les sources de la richesse publique par des dépenses constantes et improductives, ils semblent prendre à partie de diviser la France. Ils la divisent par leurs lois scolaires, par leurs laïcisations ineptes des établissements hospitaliers et en suscitant des antagonismes entre les patrons et les ouvriers, le capital et le travail. Flatter leurs électeurs et les satisfaire dans ce que leurs sentiments ont de moins avouable et de plus injuste, prolonger leur règne par des concessions et des capitulations dont ils rougiraient, pour la plupart, de se faire les complices dans la vie privée, voilà toute leur politique. S'ils ne disent pas « après moi le déluge! » ils agissent exactement comme s'ils n'avaient aucun souci de ce que deviendra après leur mort cette France qui a sans doute eu le tort de s'abandonner à eux, mais dont la faiblesse et l'aveuglement ne méritent cependant pas un pareil châtiment.

LE BONHOMME DESCHAMPS.

NOUVELLES DE LA SEMAINE.

Dislocation ministérielle. — La séance de lundi dernier à la Chambre, qui s'est terminée, à propos de la question sur le syndicat ouvrier de Maubeuge, par le vote d'un ordre du jour pur et simple, a démontré d'une façon péremptoire que l'existence du cabinet actuel ne tenait plus qu'à un fil M. de Freycinet, *autrefois si écouté par la majorité*, a décidément cessé de plaire, et malgré toutes ses habiletés, « la Petite Sourie Blanche » n'a plus de longs jours à vivre.

D'après les bruits qui courent à la Chambre, M. Constans serait tellement convaincu de la fin prochaine de ses excellents amis que, d'accord avec M. Carnot, il aurait déjà constitué un cabinet dont il serait le président et d'où MM. de Freycinet, Rouvier, Develle et Bourgeois seraient exclus. M. Yves Guyot ferait partie de la nouvelle combinaison, avec MM. Jules Roche, Fallières et d'autres personnages de moindre importance.

On assuriat déjà que M. Boulanger, le sénateur rapporteur de la commission du budget, prendrait le portefeuille des finances et que les autres titulaires des portefeuilles vacants seraient pris dans la Chambre.

En somme, la crise est proche, et on peut considérer que le ministère Feycinet est entré en agonie.

Les « dégrèvements ». — La direction des contributions directes a fait connaître, dans un rapport au ministre des finances daté du 19 février, et qui vient seulement d'être livré à la publicité, le résultat pratique du dégrèvement de 15.267.977 francs sur la propriété foncière non bâtie, dont le contingent tributaire en principal a été réduit, par la loi de finances du 8 août 1890, à 103.279.235 fr. au lieu de 118.543.212. Ce laborieux travail, auquel ont pris part les conseils généraux et les conseils d'arrondissement, a donné pour les communes le résultat suivant : 25.770, avec 9.736.915 cotes, ont été dégrévées; 455, avec 215.422 cotes, ont été surchargées, et 8.422, avec 3.613.866 cotes, sont restées stationnaires. Quant aux particuliers, voici dans quelles proportions ils ont joui de cette pseudo-réforme : 1.480.757 cotes ont été dégrevées de 0 fr. 25 et au-dessous; — 1.261.251 de 0.26 à 0.50 ; — 1.989.148 de 0.51 à 1 fr.; — 1.467.270 de 1.01 à 1.50; — 971.410 de 1.51 à 2 fr. ; 702.330 de 2.01 à 2.50 ; — 484.476 de 2.51 à 3 fr.; — 384.491 de 3.01 à 4 fr.; — 795 399 de plus de 4.01; — soit de 0.10 à 2 fr. par hectare, pour 32 millions 413.581 hectares, et de plus 2 fr. pour 851 827 hectares. Par contre, ont été relevees : de 0.25 et au-dessous, 44.918 cotes : — de 0.26 à 0.50, 39.351 ; — de 0.51 à 1 fr.; — 52.812 ; — de 1.01 à 1.50, 23.944 ; — de 1.51 à 2 fr.; — 12.774 ; — de 2.01 à 2.50, 11.008 ; — de 2.51 à 3 fr., 6.930 ; — de 3.01 à 4 fr.: 7.203 ; — de plus de 4.01, 16.582 ; — soit de 0.10 à 2 fr. par hectare, pour 615.038, et de plus de 2 fr. pour 27.302.

Nos ministres de l'agriculture. — C'est une fatalité. Chaque fois qu'un député républicain devient ministre de l'agriculture, il devient, par là même, ministre *contre* l'agriculture. M. Tirard est resté légendaire à ce point de vue. M. Develle, malgré ses excellentes intentions, tend à suivre les mêmes errements. Dans la discussion du tarif douanier, il n'a encore parlé que deux fois : les deux fois il a combattu des propositions favorables à l'élevage, et les deux fois, du reste, il a été battu. Il y a une dizaine de jours, il est monté à la tribune pour s'expliquer sur le projet de réduction du droit sur les blés : il l'a déclaré prématuré; mais... il a conseillé de le voter et l'a fait voter. Avant-hier, il a comparu devant la commission des douanes du Sénat et il a, de nouveau, insisté pour la prompte adoption de ce projet inopportun. Décidément, Voltaire avait bien raison de dire : « Seigneur, gardez-moi de mes amis... »

Le bon blé de mouture riche en gluten.

Le blé comporte trois parties distinctes, l'amende farineuse, l'enveloppe corticable ou le son et enfin le germe. Ces trois parties se répartissent dans les proportions suivantes :

Germe	1.50
Son	14.50
Amende farineuse	84.00
Total	100.00

Or, c'est l'amende farineuse qui constitue la farine. Il importe donc pour que le grain de blé soit bien conformé, que son enveloppe totale de son soit le plus mince possible. En outre, la farine, pour être de bonne qualité, doit contenir une proportion notable de gluten qui joue un rôle important dans la panification, et constitue un élément des plus actifs de l'alimentation.

Outre ces conditions de qualité, le blé doit au moment de la mouture, être dans un état suffisant de siccité, parce que la mouture des grains humides présente plus de difficultés, quelles que soient les appareils de mouture employés. En effet, la farine reste adhérente au son, le blutage devient imparfait, et le travail de mouture des plus défectueux est également plus difficile.

Nous n'insisterons pas sur la coloration qui ne peut jouer aucun rôle dans l'aspect de la farine, attendu qu'elle n'existe qu'à la superficie du grain.

Quelle que soit la couleur foncée du grain, cette coloration n'existe que dans les couches concentriques, l'enveloppe corticale qui constitue le son, et l'amande farineuse est toujours aussi blanche, dans un cas comme dans l'autre, que le grain soit clair ou foncé. Cette question de coloration qui n'exerce aucune action sur la qualité de la farine, pourrait cependant déterminer l'emploi de moulins perfectionnés, car il est évident qu'un grain foncé placé sous la meule et broyé complètement, formera une boulange de couleur foncée peu marchande qui déprécierait notablement la valeur d'une telle farine Avec le cylindre, ce désavantage disparaît.

D'où il ressort que la question du blé est intimement liée à celle de la mouture, et que cette éventualité fournit un argument sérieux à la cause des cylindres. Avec la même qualité de blé, avec des systèmes de mouture différents, on pourrait obtenir un produit dissemblable dont la valeur pourrait passer du simple au double. C'est à considérer, et comme nous préconisons l'emploi de systèmes de mouture perfectionnés, nous ne pouvons mieux faire que d'engager nos agriculteurs, à fournir à nos meuniers des blés à grand rendement.

Que cherche le meunier ? La richesse du blé en gluten. La culture a tout intérêt à satisfaire ce désir, d'autant plus que pour donner satisfaction à la meunerie, il suffit de choisir les engrais. La richesse en gluten s'établira en raison directe de la richesse d'azote dans les engrais, et avec l'acide phosphorique on introduit dans le sol la quantité d'azote nécessaire à la culture en gluten du blé.

La richesse intensive du blé dépend de deux causes : 1° De la récolte précédente et de l'apport d'engrais, en somme de la richesse en azote du sol ; 2° De l'espèce ensemencée.

Or, il a été constaté qu'il peut aussi exister de grandes différences dans la richesse en gluten de diverses espèces cultivées dans le même sol, ou transportées dans des cultures différentes : ce qui revient à dire que la richesse en gluten varie avec la qualité du blé et avec le sol qui le produit. Telle espèce, riche en gluten, pourra, suivant le terrain dans lequel elle est placée, ne produire qu'un grain inférieur, de même qu'il arrive qu'un blé pauvre en gluten peut, s'il est transporté dans des terres azotées, donner une qualité riche en gluten. C'est, d'ailleurs, le cas qui se présente pour le blé d'origine anglaise. Ce blé souvent pauvre en gluten, provenant de terres épuisées, lorsqu'il est semé en Amérique ou en Australie, dans des terres azotées provenant de défrichement de prairies ou de bois, donne une qualité riche en gluten; on ne saurait donc assigner de règle absolue à cet effet, mais il n'en reste pas moins établi que : tant vaut la terre, tant vaut le blé ; si cette terre est azotée, notre blé sera riche en gluten. Il est à remarquer que les blés récoltés dans les terres vierges se déforment, au lieu d'être ronds, ils deviennent allongés.

Enfin, il est démontré que la richesse en gluten est plus grande lorsque le blé est coupé avant maturité. Mais il ne faut pas non plus d'exagération par une coupe par trop hâtive.

On a remarqué que le blé exigeait une certaine quantité d'engrais complémentaires au moment de la fécondation de la plante. Entre cette époque et la maturité, il devient indispensable de lui distribuer une nourriture indispensable à son développement.

On évitera ainsi la verse, l'échaudage ou la rouille qui ont pour résultat de donner du blé maigre. Ces différents accidents proviennent, paraît-il, d'une cause unique, le défaut d'équilibre entre l'azote et l'acide phosphorique, mis à la disposition de la plante. Or pour y remédier, il importe de distribuer judicieusement ces deux éléments de vitalité. Le meilleur blé est celui qui est obtenu après un récent défrichement de luzerne ou de sainfoin, ou après trèfle, cas où la terre est dans les conditions de plus grande richesse, en azote considérable. Vient ensuite le blé, après jachère ou demi jachère, puis après pommes de terre ou betteraves, et enfin, après avoine non précédée de défrichement de luzerne ou de sainfoin ; c'est le cas où la terre est le plus épuisée d'azote.

En résumé, s'il est évident que de grandes variations dans les récoltes sont déterminées par l'état favorable ou défavorable de la température, il n'en reste pas moins établi ce fait, qu'avec les méthodes nouvelles basées sur la science et l'expérience de l'emploi des engrais complémentaires, on peut assurer une grande régularité de récoltes.

Ceci est très important, puisque si en temps ordinaire notre pays produit, à peu de chose près, la quantité de blé nécessaire à la consommation, il est évident qu'avec l'emploi de ces méthodes qui augmenteront le rendement de 1 à 2 hectolitres par hectare, on produira une quantité même supérieure à la consommation.

Tout Français est intéressé à cet heureux résultat. C'est la sécurité du territoire et la richesse du pays. Docteur AGRICOLA.

Le role de l'acide phosphorique et la coulure de la vigne

La coulure de la vigne a de tout temps préoccupé les viticulteurs.

Chaque fois qu'elle se produit on cherche à expliquer les causes qui la provoquent, et souvent on met sur le compte des intempéries les motifs qu'il faudrait rattacher à la composition même du sol.

Sans doute la température qu'il fait au moment de la floraison de la vigne n'est pas sans action sur la bonne dissémination du pollen et la fécondation de l'ovaire; mais très souvent aussi ce dernier ne peut se former et grandir parce qu'il n'a pas à sa disposition le principe essentiel qui assure son existence.

Pour remédier à la coulure — sorte d'accident pour les uns — de maladie pour les autres, et qu'on pourrait, dans bien des cas, qualifier d'anémie, on a conseillé de pratiquer sur la vigne l'incision annulaire qui, tout à la fois, permet au fruit de nouer plus facilement et de grossir davantage.

Mais l'application de l'incision, comme toutes les méthodes du reste, a ses partisans et ses détracteurs.

Quelques viticulteurs ont obtenu avec elle de sérieux résultats : tandis que chez d'autres, elle n'a rien produit d'apparent.

Sans vouloir discuter ici la valeur du procédé et faire la balance des avantages et des inconvénients qu'il produit, disons pourquoi sur quelques points l'incision annulaire a répondu aux attentes des uns, tandis que dans d'autres cas, exécutée avec le même soin le résultat poursuivi a été négatif.

La science nous enseigne ce que la pratique confirme du reste, que l'individu, de quelque nature qu'il soit, végétal ou animal, ne peut se former s'il n'a pas à sa disposition les éléments nécessaires à son accroissement.

On sait, en effet, que le sol, pour être fertilisé, doit contenir à l'état assimilable et en quantité suffisante de l'acide phosphorique, de l'azote, de la potasse, de la chaux, etc., et que si l'un de ses quatre principaux éléments constitutifs fait en partie défaut, la plante, n'ayant plus un tout complet à sa disposition, ne peut pas se bien constituer et fournir, selon l'expression usitée, une abondante récolte.

En effet, chacune des quatre substances précitées, joue dans la production végétale un rôle particulier, et dès que le sol ne renferme plus dans son sein une quantité suffisante de l'élément en question, la graine ou la plante qui lui est confiée ne peut donner naissance à un individu productif. C'est le phénomène qui se produit sur la vigne. La coulure résulte, très souvent, du manque, dans la terre, d'acide phosphorique, ou pour parler plus simplement du phosphate. L'acide phosphorique est un corps indispensable à la graine qui doit assurer la reproduction de l'espèce ; c'est pourquoi il s'accumule notamment dans le fruit. Ce qui fait que ce dernier sera toujours produit en quantité plus abondante, et de meilleure qualité par le végétal qui croîtra dans un milieu suffisamment pourvu d'acide phosphorique. Par contre, quand la terre manque de phosphate, la fleur noue mal, et si toutefois le fruit se constitue il reste petit et de médiocre qualité.

Par conséquent, — étant donné un cépage de fertilité ordinaire, — si les pampres s'allongent sans se couvrir de fruits, l'addition au sol, d'une dose déterminée de phosphate assimilable est indispensable.

Par cette judicieuse application, outre l'arrêt de la coulure, on obtient des raisins de plus grande dimension, pourvus de grains plus gros et mieux nourris.

C'est le résultat auquel nous sommes toujours arrivés dans les nombreuses expériences que nous avons tentées en appliquant les phosphates sur la vigne.

Ce que nous avons fait, d'autres l'ont aussi réalisé ; M. Gaillard, l'habile viticulteur de Brignais, auquel nous faisions part de nos résultats, nous disait avoir fait la même remarque à la suite d'applications réitérées de phosphate, sur des vignes plantées en terres granitiques, et ne contenant cet élément qu'en petite quantité.

A Villié-Morgon, M. Sornay, le sympathique conseiller général de Beaujeu, nous confirmait ce que nous venons d'exposer. Il ajoutait qu'en parcourant les plantations qu'il possède également en terrains granitiques, pauvres en phosphates de chaux, la ligne de démarcation de la partie qui avait reçu du phosphate, avec celle où cette application n'avait pas eu lieu, était parfaitement établie.

Les ceps phosphatés portaient partout des grappes d'un poids plus considérable.

Puisque l'acide phosphorique active le développement du fruit, des faits qui précèdent découle la conclusion suivante :

Toutes les fois que l'incision annulaire sera pratiquée sur des vignes plantées dans des sols pauvres en acide phosphorique, elle ne donnera qu'un très médiocre résultat, par cela seul qu'elle arrêtera peu la coulure.

Dans ce cas, c'est au manque de phosphate dans la terre qu'on doit attribuer la non réussite de l'opération.

La sève qui circule dans le végétal, ne portant avec elle le principe vital essentiel au développement de l'ovaire, ne peut faire nouer le fruit, quel que soit la quantité de liquide nourricier accumulée sur un point donné par l'incision annulaire.

Après ce court exposé, il nous reste à entretenir nos lecteurs de l'emploi des divers phosphates utilisés.

Nous traiterons cette question prochainement. J. DEVILLE.

NOUVEAU SYSTÈME DE HERSE

Si les labours préparatoires sont considérés avec raison comme étant d'une importance primordiale dans toute culture bien comprise, les hersages qui doivent suivre exercent également sur la récolte future une influence qu'il importe de ne pas méconnaître. Malheureusement, malgré de nombreuses inventions ingénieuses, les agriculteurs avaient sujet de se plaindre de la pénurie d'instruments appropriés à cet usage. Voici la description d'un instrument dont la forme ne rappelle en rien celle des herses employées jusqu'à ce jour, mais dont les résultats n'ont rien de commun non plus avec le travail exécuté par les outils plus ou moins similaires.

Cette herse, construite par M. Bajac, de Liancourt (Oise), est dite *Ecrouteuse-émotteuse.* Elle est formée de 3 ou 4 rangs d'étoiles d'environ 20 centimètres de diamètre, montées sur un arbre horizontal et tournant toutes du même sens, dans des coussinets en bois, supportés par un bâti rectangulaire en acier. Les pointes des étoiles frappant successivement les mottes de terre, même très dures et assez volumineuses, les désagrègent facilement, pulvérisent et tamisent le sol, en un mot le mettent en état de recevoir la semence.

Si on passe directement cette écrouteuse sur un labour encore frais, elle disloque une épaisseur de 10 à 15 centimètre qui s'égalise et devient ainsi un obstacle au dessèchement si préjudiciable du labour.

Brisée en son milieu, la herse se prête à toutes les ondulations du terrain, de telle sorte que pas une motte ne peut échapper à son action énergique ; cette articulation permet en outre de replier l'instrument sur lui-même, pour en faire au besoin un outil à largeur réduite, de moitié plus efficace encore, en raison du poids de la partie repliée.

Son passage dans les céréales déjà levées produit les plus heureux résultats. En raison du mouvement de rotation des étoiles, il ne peut se produire de trainage comme avec les herses articulées ; l'instrument respecte donc la jeune plante, la butte en quelque sorte, écroute superficiellement le sol, permettant aux agents atmosphériques d'y pénétrer et d'exercer leur œuvre fertilisante.

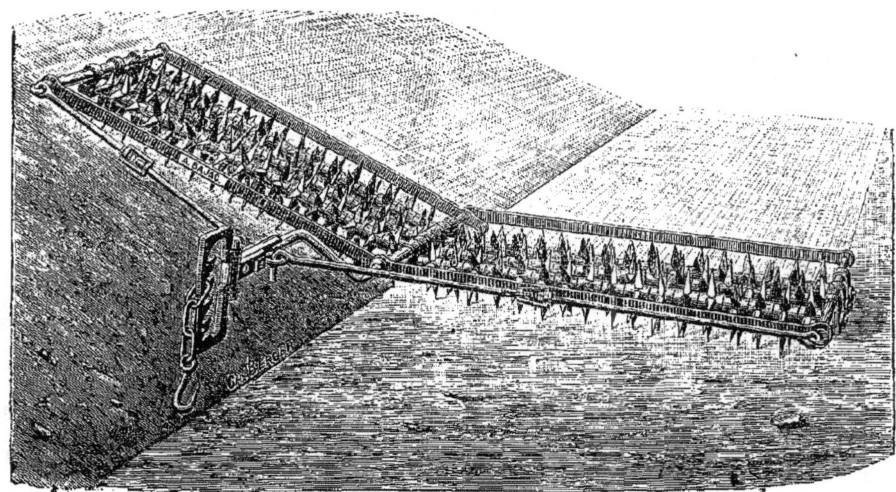

Ecrouteuse-Emotteuse, du système BAJAC.

L'écrouteuse-émotteuse est également employée avec succès pour enterrer les petites graines, dans les avoines lors même que ces dernières sont déjà fortes, enfin elle facilite les levées de semis de betteraves, lorsque le sol a été battu et durci par les pluies d'orages.

Comme on le voit, cet outil nouveau se prête à des usages très divers. Recevant à volonté des mancherons, il s'applique très bien dans les vignes dont il évite facilement les ceps. Sa légèreté de traction et la grande largeur qu'il peut mener (2 m. 50 pour un attelage de deux chevaux moyens) permettent d'obtenir une notable économie de temps, c'est-à-dire d'argent. En outre, le prix de cette herse est peu élevé ; il est de 120 francs pour le type le plus grand c'est-à-dire 2 m. 50 de largeur.

L. DE SARDRIAC.

LA BETTERAVE A SUCRE

Engrais qui lui conviennent le mieux.

Le Comice agricole de Lille s'est occupé récemment des moyens à prendre pour hâter la maturité de la betterave et augmenter sa richesse saccharine afin d'éviter les pertes considérables que les cultivateurs ont subies pendant la dernière campagne.

Ces moyens, les voici :

1° Mettre de l'engrais chimique dans les lignes en plantant, au moyen d'un semoir distributeur d'engrais plaçant l'engrais sous la graine.

Un mélange de 50 ou 75 kil. de nitrate de soude, 100 kil. de superphosphate bien sec et bien pulvérisé et 100 kil. de magnésie calcinée en poudre, remplit admirablement ce but. C'est le dosage pour un hectare. Le reste de l'engrais doit être épandu à la volée. La végétation va beaucoup plus vite et prend une marche rapide, qui peut déjà se traduire par trois semaines d'avance dans le demariage. La magnésie préserve, en outre, la jeune plante des attaques des insectes.

2° *Employer du superphosphate en quantité suffisante*, ce que l'on ne fait généralement pas dans nos contrées. 600 à 800 kil. par hectare sont indispensables dans nos terres. Le superphosphate hâte la maturation de la betterave comme de toutes les autres plantes. Il en augmente le rendement et la qualité.

3° Mettre par hectare de 400 à 600 kil. de magnésie calcinée en poudre, dont le prix est très peu élevé. La magnésie augmente considérablement la richesse saccharine et surtout le coefficient de pureté. De plus, elle est insecticide au premier chef et préserve la plante des attaques de ses nombreux ennemis.

Tels sont les conseils donnés par M. Vallet-Rogez et qui ont obtenu l'entière approbation des membres du Comice.

M. Vallet-Rogez estime encore que les cultivateurs de l'arrondissement de Lille ont le tort d'employer trop d'azote et pas assez de superphosphate. Pour moins de terres cultivées, les Anglais consomment trois fois plus de superphosphate que nous ; aussi les blés anglais versent moins que les nôtres. Le superphosphate est également employé en Allemagne en grande quantité sur betteraves ; ces dernières ont une croissance plus rapide et l'arrachage peut ainsi s'effectuer en septembre. Quant aux blés succédant à ces betteraves, ils profitent de l'excédent de superphosphate et donnent de forts rendements, tout en étant moins sujets à la verse. Si l'on met dans le sol trop d'azote, *une partie se perd par évaporation et par infiltration*, et la perte est en raison directe de l'excès employé. Il vaut mieux mettre le nitrate, par fractions, en plusieurs fois. Quant aux blés qui versent, ils doivent cette fâcheuse disposition à un défaut d'acide phosphorique. Le superphosphate est surtout nécessaire cette année, en raison des semailles tardives qu'on a dû recommencer à cause des fortes gelées. Cet engrais, employé en forte proportion, évitera la verse, activera la maturité et donnera du rendement en poids et qualité. 500 kil. à l'hectare suffisent pour le blé.

APICULTURE

La ruche du débutant

Quelle doit être la ruche de l'apiculteur qui débute, sa première ruche ?

Des apiculteurs, fixistes distingués, proclament les progrès faits depuis 40 ans par la culture dans les ruches-paniers.

Ces progrès, qu'il est du devoir d'un esprit impartial d'enregistrer, sont, en fait, peu répandus.

Quoi qu'il en soit, la ruche à calotte satisfait-elle à tous les *desiderata* de l'apiculteur ? Est-elle la plus facile à conduire ? Convient-elle particulièrement aux débutants ? Ne donne-t-elle des produits notables que dans les régions favorisées, à récoltes successives ?

Je citerai M. de Layens qui a examiné la question, à son point de vue le plus général, et je me borne, à regret, aux extraits suivants :

« Si l'on donne, dit-il, aux abeilles des demeures assez grandes pour qu'elles puissent y travailler et y développer leurs instincts naturels, comme *à l'état libre*, elles n'essaiment plus que rarement ; ici, l'essaimage, au lieu d'être la règle, devient l'exception.

« La suppression de l'essaimage naturel, tout en augmentant la récolte, simplifie beaucoup les procédés de culture puisqu'à la rigueur on pourrait se contenter, chaque année, de récolter le miel de surplus. Mais ces procédés si simples ne sont guère applicables aux ruches vulgaires, car mille inconvénients se présentent, lorsqu'il s'agit de récolter partiellement ces sortes de ruches.

« La suppression de l'essaimage a un double but ; celui de récolter plus de miel et, ce qui est plus important encore, de conserver son rucher en bon état pour l'avenir.

« On a cherché à tourner la difficulté par l'adoption des *ruches à calottes*. Ici, en effet, la récolte partielle n'offre aucune difficulté : mais, si la ruche est assez grande pour que l'on supprime l'essaimage, les abeilles montent assez difficilement dans la calotte, et, après avoir retiré la calotte vide de miel, on se trouve en face des mêmes difficultés pour récolter le corps de ruche que pour les ruches vulgaires. Si, au contraire, la ruche est petite, il n'est guère possible de supprimer l'essaimage naturel. »

La production des essaims n'est pas avantageuse dans les pays où les abeilles n'ont que la *récolte du printemps*; on doit s'occuper de la production du miel, à moins qu'on ait en vue la production des essaims pour la vente.

Comment débute-t-on généralement en apiculture? On se procure un essaim près d'un apiculteur voisin; fixiste ou mobiliste, il n'éprouvera aucune difficulté à le loger dans n importe quelle ruche.

Les débutants sont naturellement ignorants en apiculture; mais, il y a deux catégories d'ignorants : les uns désirent s'instruire et ils y arrivent, soit en suivant les conseils d'un voisin qui leur sert de professeur, soit en étudiant dans un bon manuel; d'autres sont ignorants et routiniers de parti pris et ne peuvent ou ne cherchent pas à acquérir l'instruction qui leur fait défaut. — J'ai reconnu que ceux qui n'ont que très peu de temps à consacrer à la culture des abeilles, comme la plupart des cultivateurs, préfère la ruche-panier; mais le plus souvent, ils ne savent pas la conduire et n'en tirent que de bien faibles récoltes.

La statistique a constaté qu'en France, vers 1882, on comptait environ 3 millions de ruches. D'après la statistique de 1888, il n'en existe plus que 1,654,000; à quoi tient cette énorme diminution de près de 50 0/0 ?

Elle tient à diverses causes dont la première est que les anciens procédés de culture dans des ruches-paniers, trop petites, avec un outillage des procédés par trop primitifs, ne peuvent donner un revenu rémunérateur. De là, l'abandon regrettable de la culture des abeilles dans la plupart de nos provinces, au détriment de la production des fruits et des semences, car l'abeille est l'auxiliaire de la fécondation des plantes; c'est pour les attirer que les fleurs ont de si belles couleurs et qu'elles répandent leurs plus doux parfums.

On a voulu, à ce point de vue, préconiser la culture dans les ruches vulgaires; on ignore que ce sont elles qui possèdent *le moins de butineuses* et, par suite, rendent moins de services que la ruche à cadres.

La ruche fixe avec calotte, et même avec une hausse à cadres, ne donnera des produits satisfaisants que dans les pays *à plusieurs récoltes*. A quels résultats ne pourrait-on prétendre, dans ces régions faites pour l'apiculture, avec la ruche à cadres, avec son outillage perfectionné (cire gaufrée, extracteur), avec l'usage des rayons pendant de longues années ?

On a objecté qu'à volume égal les abeilles pouvaient faire autant de miel dans une ruche fixe que dans une ruche mobile, car la ruche, a-t-on dit encore, ne fait pas le miel; mais, la première condition qu'une ruche doit remplir, c'est de permettre à l'*homme d'aider la nature*. Les abeilles, par exemple, ont le défaut de ne pas savoir remplacer une mère *bourdonneuse*; l'apiculteur doit forcément intervenir, dans ce cas et dans beaucoup d'autres. Il est difficile de le faire avec la ruche-panier, sorte de livre fermé qu'il est impossible de feuilleter.

La ruche à cadres est comme un livre ouvert dont l'apiculteur peut, à son gré, lire toutes les pages; c'est la plus commode.

C'est elle que le débutant doit adopter sans hésitations. Il ne le regrettera pas.

LES FOINS ERGOTÉS, leur influence sur la gestation des bestiaux (1)

Parcourant, il y a quelques jours, le « Bulletin de la Société des Agriculteurs de France », je fus de suite intéressé par la lecture d'un rapport de M. Lambert, propriétaire-éleveur dans la Charente-Inférieure, traitant des causes d'avortement chez les femelles.

C'est que j'avais dans le temps, pour mon compte personnel, essuyé bien des pertes; mes vaches normandes avaient, dans certaines années, avorté avec un ensemble remarquable, exemple funeste suivi malheureusement par celles de la région; et bien souvent, dans des réunions de cultivateurs, il nous était arrivé de discuter ensemble quelle pouvait être la cause de cette regrettable anomalie.

Les années pluvieuses étaient toujours en cause et nous pensions généralement que l'excès d'humidité devait développer dans les fourrages, mal récoltés souvent, des végétations cryptogamiques et que ce devaient être ces champignons microscopiques qui étaient cause du mal, mais le *hic* était d'y remédier. La salaison en grand des fourrages, après un secouage énergique, fut alors décidée entre nous et nous n'eûmes, en général, qu'à nous louer de l'avoir adopté.

L'appétence des bestiaux était devenue plus grande; mais, si les vaches d'herbage, c'est-à-dire celles destinées à la boucherie, si les veaux d'élevage, si les chevaux hongres et les étalons se trouvaient bien de ce régime, il y avait encore nos juments poulinières et nos vaches laitières qui, par ci par là, rarement il faut le reconnaître, se permettaient encore de protester contre cette alimentation; or, leur protestation, si minime soit-elle, était encore regrettable quand elle se produisait, car elle s'appelait : l'avortement.

Il faut en effet savoir que les graminées sont sujettes à une terrible maladie : l'*ergot*. Tous les cultivateurs connaissent celui du seigle; c'est ce champignon qui, sous la forme d'une excroissance cornée que l'on a comparé à l'ergot du coq (de là son nom en agriculture), se substitue au grain. Si on ne le sépare minutieusement du bon, la farine produite par le mélange de ce cryptogame et du grain non avarié occasionne le délire, donne lieu à des vertiges et peut amener la gangrène sèche des extrémités.

L'histoire rapporte que l'année 1816 en fournit de tristes exemples en Allemagne, et qu'en 1813, au siège de Custrin, la garnison, commandée par le vaillant général Fornier d'Albe, fut décimée par la gangrène sèche; le brave commandant qui se soumettait au régime de ses soldats faillit y succomber lui-même.

(1) *Bulletin des Syndicats agricoles des cantons de Sablé et Brulon (Sarthe).*

D'ailleurs l'ergot (c'est ici la médecine qui parle), administré à la dose de quatre grammes à des femmes en couches, en accélère l'accouchement; administré à haute dose, il engendre l'*ergotine*, qui rend la digestion difficile, affaiblit les facultés intellectuelles, produit un engourdissement incurable et amène fatalement la dégénérescence des familles, l'avortement.

Voilons ici ce triste tableau; des malheurs involontaires se sont produits, des forfaits prémédités ont été accomplis; déplorons les premiers et maudissons les seconds, car ceux-ci sont un crime envers Dieu et envers la Nation.

L'ergot ne se produit pas seulement sur le seigle; il attaque, je le répète, toutes les graminées, et si la chrétienté doit toujours être respectée, la loi naturelle enseigne que la femelle animale qui se nourrit d'un fourrage ergoté subit l'influence néfaste de ce champignon vénéneux et avorte souvent fatalement après avoir été soumise pendant des mois à ce régime malsain.

Que faut-il conclure de ce qui précède? Ceci : c'est que dans les années humides qui favorisent particulièrement l'ergot dans les herbages, *les cultivateurs doivent s'abstenir*, autant que possible, de donner ce foin avarié à leurs juments poulinières, à leurs vaches de produit, en un mot à tout le bétail en état de gestation.

Réservez à celui-ci le sainfoin, la luzerne, les trèfles, ce sont des légumineuses, l'ergot ne les attaque jamais; donnez le foin avarié à vos bœufs, chevaux et jeunes bestiaux.

Si vous ne possédez que du foin, ayez soin de le secouer énergiquement dehors, *au grand air*, et non dans les étables et écuries comme le font certains négligents; la majeure partie des poussières cryptogamiques s'envolera et, en arrosant ce fourrage d'eau légèrement salée, vous le rendez aussi propre à la nutrition, car souvenez-vous que le sel est un condiment qui, chez l'homme comme chez l'animal, facilite la digestion, fait absorber les aliments inférieurs tout en évitant les troubles qu'une nourriture malsaine pourrait occasionner.

Mais, je le répète encore une fois, si vous possédez dans votre ferme des luzerne, sainfoin ou trèfles, donnez-les à vos juments pleines, à vos vaches pleines, à vos brebis pleines, à toutes bêtes enfin qui accomplissent l'œuvre de vie, surtout si l'année a été humide et que vos fourrages de prairies sont avariés; en agissant ainsi vous évitez l'ergot, c'est-à-dire ce champignon des graminées qui peut entraîner, par son absorption prolongée par la femelle, la perte du fruit qu'elle porte, lequel constitue le bénéfice rémunérateur que vous devez attendre de vos écuries et de vos étables.

SAINT-PAUL D'ARLOY,
Ancien élève de l'Institut agricole de Beauvais.

Nouvelles agricoles.

La vaine pâture. — C'était avant la dernière session d'avril que les délibérations relatives au maintien de la vaine pâture sur les terres arables et sur les prairies naturelles ont dû être adressées à la préfecture.

Le délai extrême imparti par la loi du 22 juin 1890 expire le 22 juin 1891, date à laquelle la vaine pâture devra cesser de plein droit s'il n'a été produit aucune demande de maintien.

Or, la demande de maintien de la vaine pâture, qu'elle émane d'un ou de plusieurs ayants-droit, doit être soumise au Conseil général, conformément à l'art. 3 de la loi du 9 juillet 1889.

Dans le but d'éviter des oublis regrettables, les conseils municipaux peuvent encore prendre à cet égard, avant le terme extrême du 22 juin 1891, une décision qui pourra encore être soumise au Conseil général à sa prochaine session.

Droits sur le bétail. — La Chambre a adopté le droit de 10 fr. par 100 kilog. sur les bœufs, les vaches, taureaux, bouvillons, taurillons et génisses; 12 fr. sur les veaux; 12 fr. 50 pour les moutons vivants; 1 fr. 50 par tête d'agneaux; 2 fr. chèvres et boucs par tête; chevreaux 1 fr. par tête; porcs 8 fr. par 100 kilos, cochons de lait de 15 kilos et au-dessous 1 fr. 50 par tête.

La Chambre a aussi adopté, malgré l'opposition du gouvernement, l'amendement Villebois-Mareuil, tendant à exiger que la viande de mouton soit importée avec les viscères adhérents.

Cet amendement a une importance capitale.

La Chambre a encore adopté le droit de 32 fr. sur *les viandes fraîches* (mouton notamment). C'est le chiffre de la commission des douanes, le gouvernement proposait 28 fr.

Elle vote aussi les chiffres de la commission sur les viandes de bœuf, 25 fr. par 100 kilos, et 12 fr. sur la viande de porc.

Elle vote en outre le droit de 20 fr. sur les viandes de porc salées.

Bœufs étrangers. — Les marchands de bœufs du département qui expédient leur bétail à Paris et tous nos agriculteurs, apprendront, avec un médiocre plaisir, la création d'une Société *Paris-Caracas*, qui vient de se former pour amener directement sur le marché de la Villette des bœufs du Vénézuéla.

Il résulte des chiffres publiés à ce sujet par la chambre syndicale de la boucherie de Paris que, défalcation faite de tous frais, le bénéfice par bœuf vénézuélien serait en moyenne de 85 francs.

Les contrats à livrer de la Société *Paris-Caracas* sont de mille bœufs par mois pour la première année.

Le bétail du monde entier. — On vient de faire pour la première fois, le relevé général des chevaux et des bestiaux du monde entier.

Il résulte de ce travail qu'il existe sur la surface du globe environ 230 millions de bêtes à cornes, 450 millions de moutons, 100 millions de porcs et 60 millions de chevaux.

Le pays qui possède le plus de moutons, est l'Australie, qui en a cent millions; celui qui a le plus de bêtes à cornes, c'est la République des Etats-Unis, qui en compte près de 50 millions; c'est la Russie qui compte le plus de chevaux, elle en a vingt millions. Enfin, le pays qui renferme le plus de cochons est l'Allemagne, où l'on en trouve plus de 50 millions.

Le hannetonnage dans la Côte-d'Or. — Voici un préfet qui se décide à rendre le hannetonnage obligatoire comme l'échenillage !

Le préfet du département de la Côte-d'Or a pris l'arrêté suivant :

« La destruction des hannetons est rendue obligatoire pour l'année 1891, sur tout le territoire du département de la Côte-d'Or, depuis l'apparition de cet insecte jusqu'au 15 juin inclusivement.

« Les propriétaires fermiers, colons ou métayers, ainsi que les usagers sont tenus d'exécuter ou de faire exécuter cette destruction sur les immeubles qu'ils possèdent ou cultivent, ou dont ils ont la jouissance et l'usage.

« Toutefois, dans les bois et forêts, l'obligation imposée par l'art. 1er ci-dessus n'est applicable qu'à une lisière de 30 mètres.

« Ils devront ouvrir leurs terrains, pour permettre la vérification ou la destruction, à la réquisition des agents.

« L'Etat, les communes et les établissements publics et privés sont astreints aux mêmes obligations sur les propriétés leur appartenant.

« Les contraventions seront constatées et poursuivies conformément à la loi, sans préjudice de l'exécution de la destruction, qui pourra être opérée d'office aux frais des contrevenants. »

CONSEILS DU JARDINIER

CHICORÉE D'HIVER OU « BARBE DE CAPUCIN ».

Voulez-vous manger pendant l'hiver de l'excellente salade bien blanche et bien tendre ?

Voilà le moment de semer cette précieuse salade. Commencez d'abord par bêcher profondément une ou plusieurs planches, suivant l'importance de votre maison; les chicorées aiment les terrains profonds et bien ameublis, pour pousser de belles racines sans ramifications, une couronne bien formée capable de donner naissance à des feuilles nombreuses et bien fournies.

Le terrain étant labouré, sa surface sera nivelée au râteau et la planche tracée à 1 m. 25 de largeur; une petite raie de 0,02 à 0,03 centimètres de profondeur sera faite tout autour pour en marquer les limites; les chicorées sont des plantes dont les graines, comme tant d'autres, d'ailleurs, aiment, pour germer convenablement, que la surface du sol soit un peu serrée; à cet effet, munissez-vous de vos deux sabots, des bottes à l'écuyère ne conviendraient nullement pour ce travail, les talons trop élevés ne battraient pas la terre uniformément partout; c'est dire que vos *godillots* les plus plats seront ceux qui conviendront le mieux pour marcher sur toute la surface du terrain à ensemencer; semez ensuite à la volée, pas trop épais, hersez légèrement pour ne pas trop enterrer la graine et répandez sur votre planche une petite couche de terreau; lorsqu'il sera un peu ressuyé, battez avec la dame, ajoutez un arrosoir d'eau pour 2 mètres carrés à peu près, si la terre est un peu sèche, et je vous prédis un succès complet.

L'entretien pendant le reste de l'année est des plus simples : éclaircir le plant s'il est trop épais, en laissant entre chaque 2 ou 3 centimètres d'intervalle et un sarclage en juin-juillet. *A moins que l'année ne soit très sèche, il* est bien rare d'avoir à arroser, notre plante étant des moins difficiles; fauchez une fois ou deux toutes les feuilles, la racine y gagnera en grosseur, condition essentielle pour l'objet que nous nous proposons.

Vers le 1er décembre, arrachez vos chicorées; ouvrez une tranchée à l'une des extrémités de la planche, assez profonde pour atteindre le bas des racines, généralement de 0,25 à 0,30 centimètres, minez un peu en dessous et avec le crochet faites tomber dans le fossé qui vient d'être fait une tranche de terre de 0,15 à 0,20 centimètres de largeur avec les racines qu'elle contient, enlevez à la main toutes celles-ci en mettant les têtes du même côté; déblayez le fossé pour toute la planche.

Vous avez bien un bout de cave ou de cellier, un endroit enfin où la gelée ne pénètre pas, c'est là que vous transporterez vos racines; au préalable vous mettrez à l'endroit dont vous disposez, une couche de 0,15 à 0,18 centimètres de sable, de terreau fin, voire même de la terre meuble si vous n'avez pas autre chose sous la main, que vous disposerez en forme de plate-bande; ouvrez une rigole profonde de 0,15 à 0,18 centimètres et large d'autant et placez après les racines de manière à les faire toucher tout à fait et en les inclinant autant qu'il sera nécessaire pour que toutes les têtes effleurent le dessus du sol artificiel.

Cette première rangée placée, prendre sur une largeur de 0,10 centimètres, sable, terreau ou terre et en recouvrir les racines de la première rangée en serrant légèrement et sans recouvrir la naissance des feuilles; puis recommencer pour toutes les plantes; il restera ainsi disposés 0,10 centimètres entre chaque rang.

Arroser légèrement avec le bec de l'arrosoir, entre chaque ligne, et se rappeler que l'humidité surabondante est le principal ennemi de cette culture.

Il ne reste qu'à attendre les jeunes feuilles qui ne tarderont pas à pousser et qu'on coupera rez-terre au fur et à mesure des besoins, lorsqu'elles auront 20 à 25 centimètres de hauteur; après chaque cueillette, bien enlever tous les débris afin d'éviter la pourriture et arroser un peu de la même manière que la première fois si la terre est sèche.

La salade ainsi obtenue sera blanche si l'endroit où vous la cultiverez est sombre : elle se vend à Paris sous le nom de Barbe de capucin.

HORTUS.

CONSEILS DU VÉTÉRINAIRE

LA TUBERCULOSE DES VACHES LAITIÈRES

On sait que cette maladie parcourt lentement ses périodes et amène peu à peu les animaux qui en sont atteints au dernier degré de consomption. Elle consiste principalement dans la présence des microbes qui rongent le poumon et y développent des tubercules.

La maigreur générale, une petite toux sèche, rauque, peu forte, en sont, dans le commencement, les principaux signes. A une époque plus avancée, la sécrétion du lait diminue et les vaches engraissent; puis le lait tarit tout à fait, la respiration devient plus gênée, la maigreur survient de nouveau, l'animal a des moments alternatifs de bien et de mal, la toux devient plus fréquente, plus petite; enfin, il survient du dégoût, une maigreur extrême, des frissons et la mort.

Une fois la tuberculose développée, il est presque impossible d'en arrêter les progrès; c'est à les prévenir, en plaçant les animaux dans des circonstances opposées à celles qui déterminent son développement, que doivent surtout tendre les efforts des propriétaires.

Or, on est d'accord pour reconnaître la mauvaise influence des étables basses, humides, chargées de vapeurs et de miasmes, privées de bon air et de lumière et encombrées de fumier.

Le bon air, le grand air, voilà encore le meilleur remède préventif pour les bêtes comme pour les gens.

UN VIEUX VÉTÉRINAIRE.

CONSEILS DU MÉDECIN

UNE PLANTE MÉDICINALE

Le bouillon-blanc.

Ne laisser pas passer le temps des fleurs de *bouillon-blanc* sans en faire provision, car vous le savez sans doute, elles sont un excellent remède dans les maladies et les embarras de la poitrine. On les emploie en infusion (30 gram. par litre d'eau) dans les rhumes, le catarrhe du poumon, la phtisie et les crachements du sang; elles font aussi grand bien dans les inflammations des intestins et les maladies de la vessie. Bouillies dans le lait, elles donnent des cataplasmes adoucissants très efficaces contre les hémorroïdes, surtout si on y ajoute quelques feuilles de morelle noire ou crève-chien. Comme vous voyez, ça vaut la peine de se baisser. Cueillez donc les fleurs de *bouillon-blanc.*

UN VIEUX MÉDECIN.

JURISPRUDENCE RURALE.

MATÉRIAUX. — CHUTE ACCIDENTELLE.

— Je vous dirai entre nous que notre nouveau juge de paix n'est pas bien fort, aussi est-ce à vous, notre ancien, que je viens m'adresser pour avoir un petit conseil.

— C'est beaucoup d'honneur que vous me faites, Monsieur le maire.

— Vous n'êtes pas sans savoir que notre commune va bientôt posséder une boucherie; or, il n'y a pas de boucherie sans viande, et il n'y a pas de viande sans animaux; c'est ce que notre futur boucher m'a expliqué fort bien, en venant me demander l'autorisation d'avoir un abattoir, comme accessoire indispensable de son commerce.

— Et vous voulez savoir, sans doute, si vous pouvez donner cette autorisation.

— C'est cela même; il me semble que cette chose rentre dans les droits du maire, qui est chargé de veiller à la salubrité publique.

— Vous avez bien fait de venir me consulter, car si vous aviez donné l'autorisation, vous vous seriez mis le doigt dans l'œil et votre arrêté aurait été cassé, s'il avait pris à quelque habitant l'idée de l'attaquer.

— Vous croyez?

— Certainement, et, pour vous convaincre, lisez l'arrêt que la Cour de cassation vient de rendre sur la question; il décide que les abattoirs ou tueries d'animaux étant compris, aux termes du décret du 3 mars 1886, parmi les établissements insalubres ou incommodes, ne peuvent être autorisés que par le préfet, alors même qu'ils seraient privés et de peu d'importance.

— Grand merci; voilà qui me tire d'embarras.

UN VIEUX JUGE DE PAIX.

POUR RIRE.

— Monsieur, ne pourriez-vous me préparer de l'huile de ricin de façon à ne pas en sentir le goût?

LE PHARMACIEN, *avec politesse.* — Rien de plus facile, mademoiselle! Je vais vous préparer cela immédiatement. Donnez-vous la peine de vous asseoir; en même temps, permettez-moi de vous offrir, pour vous faire prendre patience, un verre d'excellent sirop de groseille!...

LA JEUNE FILLE, *avec confusion.* — Vous êtes bien aimable, monsieur! *(Après un certain temps.)* La médecine est-elle préparée?

LE PHARMACIEN. — Vous n'avez, alors rien senti?

LA JEUNE FILLE, *ébahie.* — Quoi donc?

LE PHARMACIEN. — L'huile de ricin! elle était mêlée au sirop!

LA JEUNE FILLE, *bouleversée.* — Mais c'était pour mon petit frère!!!

PETITE POSTE.

M. P... (Basses-Pyrénées). — *Ensilage des fourrages verts.* — Un de nos prochains numéros publiera un article sur la matière.

M. T..., à St-S... — *Vigne.* — Dans un terrain où le sable domine, nous conseillons pour la vigne un mélange, par hectare, de 200 kil. nitrate de soude et 500 kil. de superphosphate de chaux.

M. de... — *Provende du docteur Deschamps.* — On donne le phosphate alimentaire à la dose suivante:

Aux veaux : trois cuillerées à bouche par jour.
Aux porcs : trois cuillerées à café.
Aux agneaux : deux.
Aux poulets et faisans : une cuillerée à café par jour par cinq têtes d'animaux; on le mélange tout simplement à la nourriture. Pas d'apprêt.

Quant aux avantages, ils sont réels; on fait de l'élevage et de l'engraissement intensifs. Les essais de l'Institut agricole de Beauvais ont été tout à fait concluants.

VINS DU BORDELAIS

Que de fois nous avons entendu dire :

« Quel service on nous rendrait, si on nous trouvait, dans les pays vignobles, un vendeur consciencieux; si on nous débarrassait de la concurrence à outrance; si on nous garantissait sérieusement la qualité, la pureté et la conservation des vins! »

Pour le Bordelais, nous recommandons M. Vincent Ardura, viticulteur, propriétaire d'un des meilleurs crus de la Gironde, favorable aux tempéraments délicats (le domaine de la Chapelle-Frédignac, par Blaye-Bordeaux), qui vend ses récoltes: 1889 à 130 fr., 1888 à 140 fr., 1887 à 150 fr., 1886 à 160 fr., 1885 à 175 fr., 1884 à 200 fr., 1882 à 220 fr., 1881 à 250 fr. et 1878 à 300 fr. la barrique de 225 litres *franco* de port et de fût en gare d'arrivée. Paiement par le facteur à 30 jours 2 % ou 90 jours.

Certain que son vin plaira aux personnes qui ne le connaissent pas et qui désirent se bien approvisionner, sachant, en outre, qu'il est difficile de se rendre sérieusement compte de la qualité par la dégustation sommaire d'une petite fiole, M. Vincent Ardura n'hésite pas à adresser *gratuitement* une bouteille entière pour *échantillon de la récolte désignée.*

OFFRES & DEMANDES.

Pour répondre au désir qui nous est exprimé, nous offrons à nos abonnés, sous cette rubrique, deux annonces gratuites pour les offres et demandes d'emplois, produits ou animaux à vendre ou à acheter, etc.

Les annonces qui suivront jouiront d'une réduction de 50 pour 100 sur les tarifs ordinaires.

Les demandes d'insertions devront être envoyées à l'administration, qui se chargera de les rédiger.

Ne pas négliger d'envoyer tous les renseignements nécessaires (joindre 2 timbres de 0 fr. 15).

Un ancien élève d'une école d'agriculture, dans la force de l'âge, marié, bien au courant de la culture moderne en même temps qu'excellent praticien, demande un emploi de régisseur. — Très bonnes références. — N° 907.

S'adresser à M. GUESDON (J.-M.), à Belhôte, par Corps-Nuds (Ille-et-Vilaine).

A vendre deux Chiots, race bleue d'Auvergne, très bien marqués, père et mère parfaits. — 50 francs l'un, à trois mois d'âge.

S'adresser à M. J. CRABIÈRES, propriétaire, à Geoffroy, par Castelsagrat (Tarn-et-Garonne). — N° 933-3.

Jeune homme sérieux, sortant des bureaux de l'intendance militaire, connaissant la comptabilité commerciale et administrative et ayant de grandes connaissances dans la culture, la vigne et les coupes de bois, désire se placer comme garde, régisseur, chef de culture ou dans des bureaux. — Très bonnes références.

S'adresser à M. Antoine MENIER, à La Grille, près Chinon. — N° 931-2.

Un cultivateur honorable, non marié, 31 ans, ayant dirigé, avec ses parents, une ferme importante, sachant semer à la main et conduire les machines, demande place de régisseur ou de chef de culture. Bonnes références. — S'adresser à M. STIÉVENARD fils, Breteuil (Oise). — N° 932-1.

A vendre, 50 francs, deux petits chiens de chasse, de bonne race, mâle et femelle, âgés de deux mois et sevrés. Race épagneule. — S'adresser à M. CHANUT, jardinier, à Jouy-sous-Evrolles (Seine-et-Oise). — N° 933-1.

REVUE FINANCIÈRE.

La liquidation s'est terminée par une victoire, sinon brillante, du moins fort appréciable du parti de la hausse. L'état du marché de Londres, redevenu moins confiant depuis que les nouvelles fâcheuses sur les affaires Sud-Américaines se succèdent à nouveau rapidement, a seul eu le pouvoir d'entraver, sans l'arrêter entièrement, le nouvel emballement qui poussait nos rentes à une montée hardie et précipitée.

Il faut avouer que le reste du marché semblait peu disposé à suivre notre papier d'Etat dans ses bonnes dispositions. Les institutions de crédit, par exemple, à part la Banque, privilégiée en fait et en droit, ne se sont guère améliorées. Le Foncier, pour ne parler toujours que de lui, est aux environs de 1260; c'est mieux que la semaine dernière, c'est peu glorieux pour un grand seigneur de cette importance.

On ne sera pas étonné que les actions de nos Compagnies de Chemins de fer, et même leurs obligations, un moment retardées dans leur marche en avant par des inquiétudes sur lesquelles nous nous sommes expliqués, soient revenues à leurs anciennes allures. Les plus-values de recettes ne diminuent guère, et ici encore nous sommes en face de privilégiés grâce à la garantie.

Du côté des valeurs industrielles, il n'y a rien de symptomatique à signaler. Il y a beau temps qu'elles sont dédaignées par la spéculation et, relativement, par l'épargne. Quand il y a quelque mouvement, c'est pour des causes intrinsèques, particulières à l'industrie en cause.

Suez monte, hardiment, tout comme ses recettes se développent largement. Les Omnibus ont baissé vivement, se sont repris et ont fléchi un peu une seconde fois, suivant les péripéties de la grève et les perspectives que laisse entrevoir le débat toujours pendant entre la Compagnie et le Conseil municipal. La hausse des Lits militaires, des Docks de Marseille, des Magasins Généraux se justifie par la perspective d'affaires qu'ouvre à ces établissements le développement des fournitures militaires, des approvisionnements de guerre pour les places fortes, et, pour les deux derniers, par l'espoir d'un trafic considérable de céréales étrangères, conséquence de la pénurie possible de notre propre récolte.

Les fonds d'Etats étrangers suivent plus que jamais les oscillations de la place de Londres. Nous n'aurions rien à en dire, s'il ne convenait de conseiller à notre épargne une sage méfiance à l'endroit des boniments de certaine presse qui tend à nous montrer comme de sage politique de faire bonne mine à l'Italie. L'Italie ne peut sortir de la Triple Alliance, quoi qu'en ait dit M. di Rudini; Triple Alliance ne va pas sans armements considérables, et ceux-ci n'allant pas sans frais également considérables, on ne voit pas comment la situation financière et économique de l'Italie serait dans l'avenir améliorée. A 92, l'Italien est au-dessus de sa valeur.

TIMON.

HALLES ET MARCHÉS.

SITUATION GÉNÉRALE.

Depuis dimanche, la température s'est relevée et la saison a pris son caractère normal. Il est grand temps que la chaleur vienne activer le développement des céréales. Les cours des denrées agricoles ont peu changé; les alcools ont fléchi, et les huiles de colza sont en hausse.

GRAINS.

Blés. — La culture est toujours très réservée dans ses offres, et la prolongation d'une température défavorable qui n'a pris fin que depuis quelques jours n'était pas faite pour amener de la baisse dans les prix. Les transactions sont très calmes en général; la plupart de nos marchés sont restés sans variations; voici les cours relevés samedi dernier : Arras, blé blanc, 28 à 30 fr. les 100 kilog.; roux, 27 à 29; Douai, 28 à 30; Cambrai, blé blanc, 29 50; roux, 28 50; Amiens, 30 60; Beauvais, 27 15 à 29 10; Chartres, 27 50 à 27 80; Versailles, 29 15 à 30; Rouen, 29 30; le Mans, 29 30; Laval, 29 à 29 50; Etampes, 26 70 à 30; Montereau, 28 85 à 30; Lyon, 28 25 à 28 75; Nevers, 30; Nantes, 28 50 à 29 25; Bordeaux, 28 70. — Au marché commercial de Paris, les cours se sont maintenus, avec quelques fluctuations sans importance; on cotait samedi : disponible et livrable en juin, 30 à 30 25 les 100 kilog.; juillet-août, 29 50 à 29 75; quatre derniers mois, 28 75 à 29. — Les blés étrangers, comme nous l'avons dit, vont se faire rares pendant deux mois, on les tient à Paris : disponibles, Australie, 31; Californie, 3 25; les 100 kilog. acquittés à Rouen ou au Havre; livrables : Californie et roux d'hiver, 25 75; Saint-Louis, 25 50 à 25 75; Australie, 26 50; Pologne, 24 50. — Les nouvelles des récoltes en Europe sont toujours défavorables, et les cours se sont bien maintenus. A Berlin, on cote samedi. 30 62 les 100 kilog. disponibles; à Vienne, 24 65; Budapest, 23 47. A Anvers, on tient le roux d'hiver, 21 50; Bombay blanc, 24; le Danube, de 20 25 à 24 25. — Les apparences de la future récolte sont toujours très belles en Amérique. A New-York, le blé a haussé de 10 centimes environ par 100 kilog. pour la huitaine écoulée, il est aujourd'hui à 21 63; à Chicago, on cote 19 10. — Le total général du blé en mer pour le continent européen était en dernière date de 6,162,500 hectolitres en augmentation de 750,000 hectolitres sur la semaine précédente, et de 3,400,000 environ sur la semaine correspondante de 1890; pour la France seulement, la quantité de blé venant de Californie s'élevait à 2,236,480 hectolitres. Les prix des blés étrangers se sont bien tenus sans changement dans nos ports.

Seigles. — Bonne tenue sur le marché de Paris, mais avec des affaires très restreintes; on cote, 19 25 les 100 kilog. En Champagne et en Picardie, on demande 19 pour les seigles pris en gare d'expédition.

Orges. — Les belles qualités pour la mouture sont rares et valent 17 50 à 19 les 100 kilog. en gare à Paris. — Les escourgeons restent au cours à peu près nominal de 21 50; les nouvelles de la récolte sont très défavorables en Beauce et dans le Nord; mais elles sont excellentes pour l'Algérie et la Tunisie; on parle déjà de livraisons de ces deux pays à faire en juillet et août prochains, aux prix de 15 75 à 16 les 100 kilog. à Dunkerque, la Russie fait des offres à 14 pour livraison de septembre à octobre.

Malts. — L'élévation de la température va sans doute donner un peu d'animation aux affaires. Les prix sont bien tenus de 31 à 35 les 100 kilog. à Paris pour les malts indigènes; ceux d'orge d'Algérie valent 26 à 2 dans les gares de la ligne du Nord.

Avoines. — En baisse légère de 25 à 50 centimes par 100 kilog., quoique les offres soient peu nombreuses. Les grosses avoines noires de Brie valent 21 75 à 21 25; celles de la Beauce et du Centre, 20 à 20 25; les grises de même provenance, 19 75 à 20; et les blanches, 19; les noires de Suède sont offertes à 17 à Rouen; les noires de Libau, à 15 et les blanches de 15 75 à 16 25.

Farines de consommation. — Affaires calmes en boulangerie, aux mêmes cours que la semaine dernière.

Farines de commerce. — Le livrable est bien tenu; au marché du 30 mai, on a coté les *douze-marques* disponibles, 63 75 à 64; les 157 kilo. nets, livrables, 64 à 64 75.

Issues. — Les prix sont plus faiblement tenus depuis quelques jours; on cote : gros son écailles, 16 75 à 17 les 100 kilog.; supérieur, 16 25 à 16 50; sons deux cases, 16 à 16 25; trois cases, 15 50; sons fins, 14; recoupettes, 13 50; remoulages blancs, 18 25 à 21; bis, 17 à 18; bâtards, 16 à 16 50; le tout aux 100 kilog.

Fourrages. — Au dernier marché de la Chapelle, les fourrages étaient rares et recherchés; les pailles de blé ont fléchi; on a vendu : foin, 51 à 54 les 100 bottes de 5 kilog. au domicile de l'acheteur; luzerne, 51 à 58; regain et trèfle, 46 à 48; paille de blé, 33 à 36; de seigle, 41 à 44; d'avoine, 22 à 26. — Les prix restent également tenus en province comme suit : *aux 520 kilog.* : Nancy, foin, 30 à 35; luzerne et trèfle, 26 à 28; regain, 28 à 30; paille de blé 30 à 31; d'avoine, 22 à 25; Charleville, foin, 30 à 35; Saint-Quentin, foin, 38 à 40; luzerne, 38 à 42; paille, 28 à 30; Versailles, foin, 40 à 46; luzerne, 42 à 45; sainfoin, 40 à 44; paille d'avoine, 18 à 21; Compiègne, foin, 45; trèfle et paille, 40; Montargis, foin, 25 à 30; paille, 17 50 à 20; Dijon, foin, 35 à 39; paille, 22 à 25; Besançon, foin, 27 à 28 50; paille, 15 50 à 18 50; Château-Gontier, foin, 25; paille, 18.

Huiles de graines. — Les prix des huiles de colza à Paris ont été assez bien tenus samedi pour les époques de livraisons rapprochées; on a coté en culture : disponible 73 à 73 50 les 100 kil.; livrables juillet et août, 74 50; quatre derniers mois, 76 25; les huiles de lin sont en baisse; le disponible et le livrable en juin se payent de 53 50 à 54; les autres époques, 54 à 55. — Sur les marchés des départements, les affaires sont calmes et les prix faibles. On cote à Rouen : huile de colza, 73 à 73 50; lin, 55 50; — à Caen, colza, 70 75; — à Arras : œillette surfine, 106; pavot à bouche et colza, 77; cameline, 65; les 100 kilog.; à Lille : colza, 70; lin, 56 l'hectolitre.

Huiles d'olive. — Toujours mêmes prix à Marseille. — A Nice, les cours ont varié de 154 à 166 81 les 100 kilog. pour les bonnes qualités, et de 121 90 à 141 16 pour les autres; quelques petits lots de choix ont été payés 179 67. Les huiles de la rivière de Gênes valent en belles qualités, 145 à 148. La fabrication touche à sa fin en Provence; on cote les huiles, 128 32 à 160 12.

Graines oléagineuses. — La graine d'œillette vaut 21 à 25 25 l'hectolitre sur les marchés d'Arras, et celle de colza, 25 à Caen. — A Paris, le cours des graines de colza, est nominal à 35 et 36 les 100 kil.; on demande 30 à 35 pour la graine de lin.

Beurres. — Les cours sont en baisse à la halle. On cote : *beurres en mottes* : fermiers de Gournay; choix, 3 à 3 86; bons, 2 40 à 2 90; ordinaires, 1 80 à 2 30; marchands d'Isigny, 2 80 à 3; de Bretagne, 2 à 2 20; de Vire, 2 à 2 20; du Gâtinais, 2 10 à 2 30; de Bresse, 1 70 à 1 90; laitiers des Charentes, 2 10 à 2 50; des Alpes, 2 20 à 2 60; divers producteurs, 2 à 2 50; — *beurres en livres* : fermiers, 2 à 2 80; — Touraine, 2 20 à 2 30; Gâtinais, 2 à 2 50; Vendôme et Beaugency, 1 80 à 2 40; Bourgogne, 1 80 à 2; le Mans, 1 80 à 2 10. — *Petits beurres* : suivant provenance, 1 60 à 2 20 le kilog.

Œufs. — Tenue assez bonne; prix en hausse comme suit : Normandie, 78 à 95 le mille; Picardie extra, 82 à 106; ordinaire, 64 à 76; Brie extra, 75 à 88; Touraine extra, 75 à 85; ordinaire, 60 à 72; Beauce, 74 à 82; Orne, 62 à 72; Bourgogne, 65 à 70; Champagne, 70 à 74; Nivernais, 60 à 61; Bourbonnais, 58 à 61; Bretagne, 55 à 62; Vendée, 56 à 62; Auvergne, 58 à 59; midi, 58 à 62.

BESTIAUX.

La Villette, 4 juin. — Bestiaux. — Vente sans changement sur les bestiaux, peu active sur les veaux, plus facile sur les moutons et bonne sur les porcs.

COURS officiels.	Amenés.	Vendus.	1re qualité.	2e qualité.	3e qualité.	Prix extrêmes.
Bœufs....	1.881	1.782	1 66	1 50	1 36	1 24 à 1 74
Vaches ...	503	459	1 62	1 44	1 2[illegible]	1 18 1 66
Taureaux.	211	183	1 3[illegible]	1 34	1 22	1 18 1 42
Veaux....	1.487	1.200	1 92	1 74	1 51	1 28 2 14
Moutons..	10.601	7.515	2 06	1 90	1 6[illegible]	1 36 2 14
Porcs.....	5.871	5.469	1 31	1 29	1 26	1 20 1 38

Marché du lundi 1er juin.

	Amenés	Vendus	PRIX AU POIDS NET 1re qual.	2e qual.	3e qual.
Bœufs	2.44	1.945	1 64	1 50	1 36
Vaches.....	706	563	1 60	1 44	1 24
Taureaux ..	330	250	1 40	1 36	1 26
Veaux......	1.349	996	1 94	1 76	1 56
Moutons....	12.597	»	2 08	1 92	1 70
Porcs	3 673	8.375	1 40	1 36	1 30

	PRIX AU POIDS VIF			
	1re qual.	2e qual.	3e qual.	Prix extrêmes.
Bœufs	» 99	» 87	» 72	» 64 à 1 01
Vaches	» 9[illegible]	» 79	» 65	» 58 » 99
Taureaux	» 89	» 82	» 68	» 61 » 92
Veaux	1 17	1 02	» 80	» 66 1 30
Moutons	1 10	1 03	» 87	» 67 1 18
Porcs	» 96	» 92	» 88	» 82 1 »
Peaux de moutons en laine				3 85 6 50
Id. id. demi-laine				1 65 2 80

Viandes abattues. — Criée du 4 Juin.

		1re qualité.	2e qualité	3e qualité.
Bœufs	le kil.	1 30 à 3 »	1 10 à 2 80	1 » à 1 90
Veaux	—	1 66 1 86	1 40 1 60	1 20 1 36
Moutons	—	» 80 1 90	1 36 1 76	» 80 1 36
Porc entier	—	1 30 1 40	1 12 1 26	» 90 1 10

USINE HYDRAULIQUE DU PETIT-MOULIN
A NANTEUIL-LE-HAUDOUIN (OISE).

HENRY BERTHIER
ingénieur-agronome diplômé de l'Institut national agronomique.

MACHINES AGRICOLES
Vente et échange. - Location. - Réparations en tous genres.

BICYCLES, BICYCLETTES & TRICYCLES
Accessoires et réparations.

Spécialité de Graines fourragères épurées.
CÉRÉALES DE SEMENCE.
GRAINES POTAGÈRES, DE FLEURS ET D'ARBRES.
ARBRES FRUITIERS ET FORESTIERS.

Graines de Betteraves à grand rendement et à grande richesse saccharine.

ENGRAIS SIMPLES ET COMPOSÉS.

Envoi franco de renseignements à toute demande affranchie.

COUVEUSES ARTIFICIELLES

à régulateur automatique de chaleur.

Plus d'eau à réchauffer matin et soir. — Nouveau perfectionnement. — Succès assuré.

ŒUFS A COUVER

De poules de Houdan, **5** fr. la douz.; — de poules de La Flèche, **6** fr. la douz.; — de poules Campines dorées ou argentées, **6** fr. la douz. — Races pures, *franco* de port. — Les clairs seront remplacés.

PETITS POUSSINS

Race Houdan, **15** fr. la douz., **28** fr. les 25, *franco* toutes gares et bonne arrivée garantie. Envoi *franco* du catalogue général.

J. PHILIPPE fils, éleveur à HOUDAN (Seine-et-Oise). — Maison à PARIS, 16, quai du Louvre. — *Ecrire à Houdan.*

ONGUENT ROUGE MÉRÉ

SEUL AGENT REMPLAÇANT VRAIMENT LE FEU
Guérison rapide et sûre des *Botteries, Ecarts, Efforts, Vessigons, Molettes, Engorgements, Courbes, Suros, Eparvins.*
Effet gradué à volonté.— Pas de traces.
LA BOITE, AVEC BROCHURE, FRANCO : 3 FR. 50

LE PHYSIC BALL MÉRÉ

Est le meilleur purgatif pour tous genres de Chevaux

EMBROCATION MÉRÉ

Dite ***Trésor du Sportsman.***
Liniment révulsif sans rival pour fortifier les jambes des chevaux.
La bouteille : **5** fr.— Franco gare, **5 fr. 60.**

DÉPOTS ***Chantilly.— Pharmacie MÉRÉ***
Paris.— ACARD, *213, rue St Honoré*

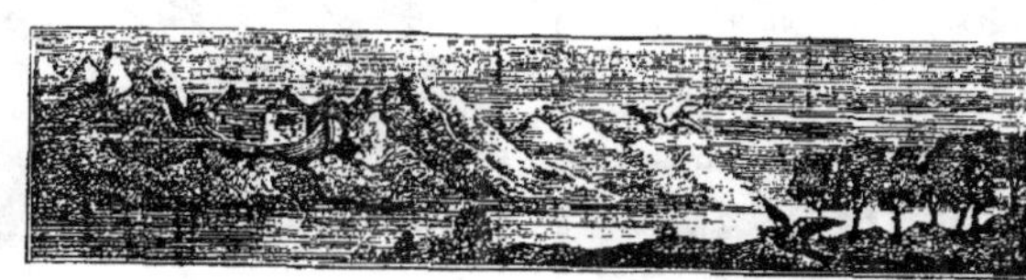

PAS DE BONNE SALADE

sans Huile d'Olive de NICE.

de **B. LAPALU**, propriétaire-récoltant, président de Syndicat agricole, à NICE (Alpes-Maritimes). — *Prix spéciaux pour Syndicats.*

Librairie A. FOURAUT, 47, rue Saint-André-des-Arts, Paris

OUVRAGES RECOMMANDÉS

(Envoi franco contre timbres ou mandat)

Manuel d'agriculture, d'arboriculture et de jardinage, par LOUIS GOSSIN; 15e édition; 178 figures. 1 vol. in-12, cart. . . . . . 1 fr. 30

Leçons normales de géométrie élémentaire, théorique et appliquée, par D. PUILLE (D'AMIENS); nombreux problèmes avec leurs solutions raisonnées; 417 figures; 20e édition, augmentée d'un *Précis de trigonométrie rectiligne.* 1 vol. in-12, broché, 2 fr. 60; — cart., 2 fr. 80.

Cours complet d'arpentage élémentaire, théorique et appliqué, par D. PUILLE (D'AMIENS); nombreux problèmes avec leurs solutions raisonnées; 250 figures et 2 planches topographiques; 18e édition. 1 vol. in-12, broché, 3 fr. 15; — cart., 3 fr. 40.

— Avec 4 planches, dont deux entièrement lavées. 1 vol. in-12, broché. 4 fr. 15

Traité spécial de la division des champs dans tous les cas, géodésie usuelle, par D. PUILLE (D'AMIENS). 1 vol. de texte, in-12, broché, renfermant 96 figures, et 1 atlas de 16 planches. . . . . 3 fr. 75

Conférences sur l'hygiène, suivies de *Notions de médecine usuelle*; observations particulières sur l'hygiène des campagnes, considérations sur l'abus des liqueurs alcooliques, etc.; par F. OMOUTON; 30 figures; 4e édition. 1 vol. in-18 jésus. cart., 1 fr. 30; — relié en toile, 1 fr. 50.

Pulvérisateur « l'Éclair »

contre le mildiou et la maladie des pommes de terre.

V. VERMOREL

constructeur breveté (s. g. d. g.).

à **Villefranche (Rhône).**

330 premiers Prix, Médailles, etc.

« ÉCLAIR » n° 1, prix . . . . 40 fr
« ÉCLAIR » n° 2, prix . . . . 30 fr.
PULVÉRISATEUR A TRACTION, pour la vigne et les pommes de terre.
PULVÉRISATEURS SPÉCIAUX pour les arbres.
NOUVELLE SOUFREUSE à grand travail « *la Torpille* », pour l'emploi des poudres et du soufre.
MATÉRIEL VITICOLE complet.

ENVOI FRANCO DU CATALOGUE.

Avis aux Eleveurs et Nourrisseurs.

Les cosses et brisures de fèves de la maison Ph. Breuil, de Dijon, d'une pureté absolue et très riches en principes nutritifs, se recommandent pour l'engrais du bétail et la nourriture des chevaux.

BINEUSE VIET

nouveau modèle en acier, plus léger et plus solide, *pour betteraves, carottes, oignons, œillette et maïs, et généralement toute espèce de plantes en lignes.*

1891. — NEUVIÈME ANNÉE.

L. VIET

ancien sous-officier du génie, propriétaire-cultivateur, prix cultural au concours régional de Melun en 1887 (Médaille d'or)

à ROUGEVILLE, par Saacy (Seine-et-Marne).

Ouvrier travaillant sur les lignes dans un champ de betteraves.

Travail à l'heure : 6 à 12 ares.

On peut approcher les lignes autant que l'on veut, et, si rapprochées qu'elles soient, les plantes sortent intactes de l'opération.

Prix : 45 francs

MALADIES DU BÉTAIL

ET DE LA VOLAILLE

Leur traitement préventif et curatif

PAR L'ACIDE SALICYLIQUE

L'acide salicylique, employé dans la nourriture à la dose de 1/2 à 1 gramme par jour et par tête de bétail, est le meilleur préservatif des maladies qui procèdent par contagion : Sang de rate, Cocotte, Maladie aphteuse, Erysipèle, Typhus, Morve, Variole et le Rouget des porcs, etc.

DES ATTESTATIONS NOMBREUSES DE GUÉRISONS obtenues pour la Cocotte et le Rouget des porcs ont été reproduites dans le *Journal l'Agriculture*.

La désinfection des étables, des écuries se fait instantanément au moyen d'un arrosage d'eau salicylée à 2 grammes par litre.

S'adresser à M. CERCKEL, administrateur de la *Compagnie de produits antiseptiques*, 26, rue Bergère, Paris.

Envoi sur demande de Prospectus et Brochures.

PRIX DU KIL. 25 fr. — BOITE DE MÉNAGE, 2 fr.

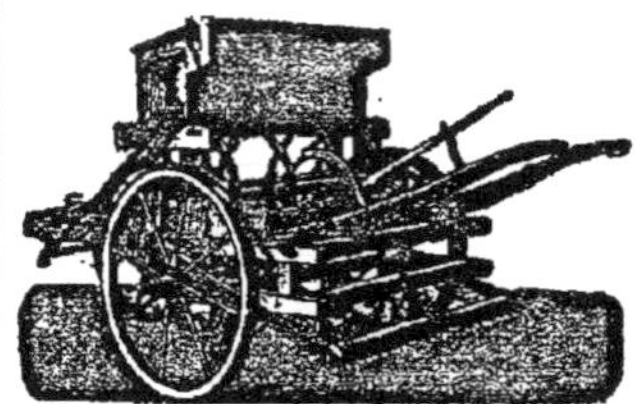

La plus ancienne fabrique de Semoirs français.
Maison **JACQUET-ROBILLARD**, *fondée en 1836.*

J. MARÉCHAL ✻

constructeur, 4, rue de Turenne, à ARRAS.

Fabrique spéciale de SEMOIRS à socs rigides et à socs articulés.

Médaille d'argent à l'Exposition universelle 1889.

Semoirs à betteraves et engrais et Distributeurs d'engrais.

ENVOI FRANCO DU CATALOGUE.

Près de 400 médailles. — Plus de 6,000 Semoirs livrés.

20 premiers prix en 1889, en 1890.

PHARMACIE SAVARY

AMIENS, 33, Place Saint-Denis, 33, AMIENS

(EN FACE LE SQUARE).

PROVENDE AUX PHOSPHATES ASSIMILABLES

du Docteur DESCHAMPS.

Prix : 3 fr. le kilog.; 27 50 les 10 kilog. (Remises proportionnelles.)

Accroissement rapide des bestiaux, surtout chez les jeunes animaux, force nerveuse, fécondité, engraissement ; prévient surtout la diarrhée chez les jeunes veaux. Qualité exceptionnelle du lait.

M. Lefebvre, cultivateur à Marcelcave, a élevé un veau en lui administrant de la Provende phosphatée pendant 60 jours : tué à 70 jours, ce veau pesait 193 kilog., chiffre officiel constaté à l'abattoir. La viande était très blanche, ainsi qu'est prêt à l'attester M. Oheix, boucher à Amiens.

Les attestations émanant des sommités françaises et anglaises les plus accrédités ont été données à M. SAVARY.

30 PRIX D'HONNEUR ET GRANDS PRIX, 250 MÉDAILLES OR, VERMEIL, ETC.

GRANDES CULTURES DE GRAINES POTAGÈRES, FOURRAGÈRES ET DE FLEURS

E. FORGEOT (✻✻) & Cie

Fournisseurs du ministère de l'Agriculture, des Ecoles nationales d'agriculture, des Syndicats agricoles, etc.

PARIS, quai de la Mégisserie, 6 et 8

Appareils spéciaux pour épurer et nettoyer les graines

SPÉCIALITÉ DE GRAINES DE GRANDE CULTURE

luzernes et trèfles garantis sans cuscute, minette, vesces, sainfoins trèfles incarnats betteraves, carottes, navets, choux-navets, pommes de terre

Blés à grand rendement, Avoines, Orges, Seigles. Graines d'arbres pour reboisement

Graines de graminées pour prairies

Notre Maison ne vend que des graines de provenances sûres, assurant les meilleurs résultats ; elle accepte le contrôle de la Station d'Essais des Semences, établie à l'Institut agronomique par le Ministère de l'Agriculture, contrôle auquel nous sommes soumis dès sa création. En conséquence, nos graines sont garanties de levée et d'une pureté irréprochable ; nos trèfles et nos luzernes sont garantis sans un seul grain de cuscute.

Grande et importante **Spécialité de Créations de Prairies.** Nous nous chargeons d'établir des compositions convenant à la nature de chaque sol, et d'avance nous en assurons la réussite.

Sur demande, nous adressons *franco* nos catalogues illustrés de graines potagères, fleurs, arbres, fourrages, ognons fleurs, plantes, etc.

CRÉDIT AGRICOLE

UNION DES SYNDICATS AGRICOLES DE FRANCE

9, rue Marsollier, PARIS

Agence à LYON, 234, cours Lafayette, S. PLISSONNIER, Directeur ✻ M. A.

MACHINES AGRICOLES DE TOUS SYSTÈMES

TOURTEAUX et FARINES pour la nourriture du bétail.

ENGRAIS CHIMIQUES et ORGANIQUES, MATIÈRES PREMIÈRES

SEMENCES DE PREMIER CHOIX.

RAISINS SECS A BOISSONS

PREMIÈRE MAISON DE FRANCE (10 croix ou méd., fondée en 1876), **J.-F. Andibert**, créateur des vins de raisins secs et importateur direct. Auteur de : *L'Art de faire les Vins de raisins secs* (fco 3 90); *les Vins d'imitation*, sirops, liqueurs, etc. (fco 5 25). Inventeur de l'appareil (B. S. G. D. G.). **LE SEUL ADOPTÉ PAR L'ARMÉE** pour la fabrication mathématique des vins de raisins secs, en 10 jours, pour faire depuis 1 litre jusqu'à 20,000 litres par jour **AVEC UN HOMME. Renseignements gratuits pour tripler les vendanges, vins de seconde cuvée**, etc., 53, r. des Minimes, Marseille.

Médaille d'Or.* Exposition Universelle 1889.* Médaille d'Argent.

VACHERIE à céder, Paris, bon quartier, 10 vaches 1re qualité. 140 litres lait vendus 40 et 50 c. Bonne installation. Loyer avantageux. On garantira, par acte, 4,000 fr. de bénéfices nets. A l'essai pendant 8 jours. On traitera avec 6,000 fr. argent ou sans argent avec garanties sérieuses. S'adresser à MM. Laporte et Lefranc, 93, boulevard Sébastopol, Paris. — *Sont vendues les vacheries annoncées précédemment.*

Semoir et Distributeur d'Engrais
Système MAGNIER.

Envoi franco du catalogue illustré.

Expériences du 23 septembre 1890. 1er prix - 20 avril 1890, Poitiers. 1er prix.

1er pr., objet d'art, Liancourt. 1887. 1er pr., objet d'art, Clermont, 1889. 1er prix, Compiègne (Oise). 1890. 1er prix, Evreux (Eure). 1890.

1er prix, Beauvais, 1890.

MAGNIER, constructeur breveté, Provins (S.-et-M.).

GUÉRISON RADICALE DE LA **DIARRHÉE DES VEAUX** PAR LA POUDRE CHOQUELIN.

1 franc la boîte *franco par la poste.*

Dép. g., Ph[ie] HAUVESPRE, Courville (Eure-et-Loir).

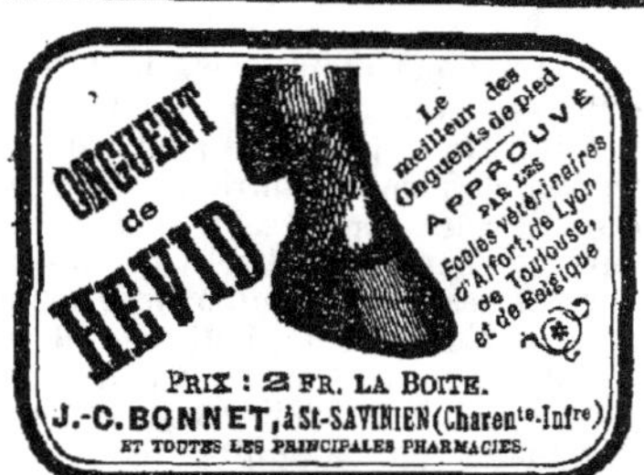

L'**Onguent de HEVID**, *adopté par le Ministère de la guerre*, est le meilleur préservatif des maladies du pied des espèces chevaline et bovine. Il pénètre admirablement le tube corné, le nourrit, et remet en bon état, en quelques semaines, le sabot le plus sec et le plus cassant.

En vente chez les vétérinaires, pharmaciens, selliers et maréchaux-ferrants.

L'Administrateur-Gérant : Albert RENOT.

Beauvais. — Imp. D. Père. - A. Cartier, Gérant.

ENGRAIS CHIMIQUES
DES MANUFACTURES DE SAINT-GOBAIN

Usines à PARIS-AUBERVILLIERS, CHAUNY (Aisne), MONTLUÇON (Allier), MARENNES (Charente-Inférieure), LE PONTET (Vaucluse), SAINT-FONS, près Lyon (Rhône).

DOSAGE GARANTI. — EMBALLAGES : marqués et plombés.

Tout acheteur d'engrais qui n'exige pas, au sujet des dosages en éléments assimilables la garantie formelle, et qui ne la fait pas contrôler par l'analyse, ne nuit pas seulement à ses propres intérêts, il encourage la fraude et, la laissant impunie, compromet les intérêts généraux de l'agriculture.

ENGRAIS COMPLET DE SAINT-GOBAIN

Efficacité éprouvée dans tous les Sols et dans toutes les Cultures. — Superphosphates de chaux. — Sulfate de cuivre. — Sulfate d'ammoniaque Sulfate de potasse. Sulfate de fer.

Engrais composés suivant les convenances des acheteurs

ADRESSER LES ORDRES ET DEMANDES DE RENSEIGNEMENTS

à la Direction commerciale

des Produits chimiques de Saint-Gobain

PARIS | 9, rue Sainte-Cécile, 9 | PARIS

ou aux dépositaires de la Compagnie de SAINT-GOBAIN dans les principales villes du Centre et du Midi.

PHOSPHATE FOSSILE DE QUIÉVY (NORD)

le plus assimilable de tous les phosphates connus; garanti pur de mélange avec tout autre phosphate ce qui, du reste, ne pourrait que diminuer son assimilabilité.

Grand diplôme d'honneur et médaille de vermeil aux concours agricoles de Bergues (octobre 1887 et 1888).
Médaille d'argent à l'Exposition universelle (Paris, 1889).
Médaille de vermeil (grand module), société d'agriculture et d'horticulture de Pontoise (1890).

C. DELATTRE-BRABANT

Bureaux : à Lille, 126, rue Jacquemars-Grélée. — Usines : à Quiévy (Nord) et Le Cateau (Nord).
Ne pas confondre avec Quévy (Belgique.)

COMPOSITION MOYENNE.	
Acide phosphorique	12.00 à 15.00 %.
Potasse	0.45 à 2.77 %.
Chaux	19.05 à 31.00 %.
Magnésie	0.58 à 3.80 %.
Matières organiques azotées.	1 80 à 3 45 %.

ASSIMILABILITÉ RELATIVE (méthode Joulie, solubilité dans l'oxalate d'ammoniaque).	
Phosphate de *Quiévy*	**82.29 %.**
— de la Meuse	51.95 %.
— des Ardennes	46.43 %.
— de la Somme (moyenne)	44.53 %.
— de Ciply	34.57 %.

Titre en acide phosphorique garanti : 12 à 15 %.

Livraison : En poudre impalpable, en sacs plombés et marqués au « **Bélier** » sur wagon Quiévy ou Le Cateau, sacs perdus. — 30 jours 2 % ou 90 jours net.

AVIS IMPORTANT.

Les acheteurs qui désirent mon **Phosphate de Quiévy PUR** doivent exiger que les *sacs* et les *plombs* portent la marque au « **Bélier** » et la firme « **C. Delattre-Brabant** ».

Etablissements de LIANCOURT (Oise).

N'ACHETEZ PAS DE CHARRUES

sans avoir consulté le CATALOGUE illustré de

Ingénieur-Constructeur, Brevetés S. G. D. G.

SEUL GRAND PRIX à l'Exposition de 1889 pour les Machines agricoles françaises

Médailles or, argent et bronze pour collaborateurs.

BRABANTS DOUBLES. — Herses scarificateurs à dents inusables. DÉCHAUMEUSES ROULEAUX, ETC.

NOUVEAU MATÉRIEL pour la culture de la betterave. — Charrues défonceuses simples et doubles *à vapeur et à manège.*

La plus grande et la plus importante USINE de FRANCE pour la Construction des Instruments aratoires

PLUS DE 5.000 CLIENTS ; 300.000 INSTRUMENTS LIVRÉS A L'AGRICULTURE

12e Année. — 2e Série. — N° 594. Dimanche 14 Juin 1891.

GAZETTE  AGRICOLE

JOURNAL HEBDOMADAIRE, PARAISSANT LE DIMANCHE

Rédacteur en Chef : M. CH. GOSSIN, Professeur d'Agriculture à l'Institut agricole de Beauvais.

PRIX DE L'ABONNEMENT

UN AN, 5 fr. — SIX MOIS, 3 fr. — TROIS MOIS, 2 fr. 25

Pour l'étranger les abonnements ne sont reçus que pour un an, au prix de 6 francs, et ne partent que du 1er janvier ou du 1er juillet de chaque année.

Le numéro : 10 centimes.

Il est indispensable de joindre à toute demande de changement d'adresse la dernière bande d'adresse du journal et 50 centimes pour frais de nouvelles bandes.

Adresser les *Abonnements* et *Annonces* au secrétaire de la rédaction, 13, quai Voltaire, Paris, ou à M. GOSSIN, rédacteur en chef et administrateur, à BEAUVAIS.

BUREAUX

13, quai Voltaire, Paris, et à Beauvais.

Les abonnements partent du 1er de chaque mois et sont payables d'avance. Toute demande d'abonnement doit donc être accompagnée du prix de l'abonnement. (Le mode de payement le plus simple est l'envoi d'un mandat-poste.)

Donner *très lisiblement*, en s'abonnant, son nom et son adresse exacte, *avec l'indication du bureau de poste* ; et, s'il s'agit d'une continuation d'abonnement, joindre au renouvellement la dernière bande d'adresse du journal.

La GAZETTE AGRICOLE insère gratuitement les Communications des Syndicats agricoles

SOMMAIRE :

PARIS, 12 JUIN

Le banquet annuel de l'association de la presse monarchique des départements a eu lieu dimanche dernier à Paris, dans les salons du restaurateur Le Mardelay. Plus nombreuse que les années précédentes, l'assistance y était aussi d'une composition plus variée. On y voyait des sénateurs, des députés, des journalistes et des représentants de la jeunesse monarchique de Paris et de la province. Hormis des cultivateurs, on trouvait là des membres de toutes les conditions sociales. C'était bien, en raccourci, une image fidèle du parti.

***

L'attrait principal du banquet était la présence du successeur de M. Bocher dans la confiance de Mgr le comte de Paris, l'honorable comte d'Haussonville. Il était un des invités, et c'est en grande partie à cause de lui que les organisateurs du banquet avaient convoqué à ces agapes fraternelles des représentants de la jeunesse. On savait de plus que M. d'Haussonville prendrait la parole, et qu'il donnerait à tous, avec le talent qui lui est propre et son autorité personnelle accrue de celle du prince, d'excellents avis. Des invitations avaient aussi été faites à un certain nombre de journaux républicains de la capitale. Le Bonhomme Deschamps, qui assistait à cette réunion et qui en avait vu déjà plusieurs autres, peut dire en toute sincérité que M. d'Haussonville a justifié, et au-delà, l'attente de tout le monde. Aux membres du Parlement, aussi bien qu'aux représentants de la presse et de la jeunesse de province, il a dit en termes parfaits tout ce qu'il convenait de dire. Aussi chacun s'est-il retiré satisfait de soi et de l'orateur.

***

Laissant de côté la partie du discours relative au rôle des sénateurs et des députés, le Bonhomme Deschamps passera, sans plus de transition, aux excellents conseils qui ont été adressés à la jeunesse, les journalistes, par la façon dont ils remplissent leur devoir, n'ayant eu guère à recevoir que de justes éloges. Il a donc recommandé aux jeunes gens d'être fidèles à leurs opinions, confiant dans l'excellence de leur cause, encourageant les mieux partagés sous le rapport de la fortune et de la culture, à faire bénéficier le peuple de ces avantages de la richesse et de l'intelligence. On voudra bien reconnaître que ces conseils, destinés principalement dans la pensée de l'orateur aux jeunes gens, ne sont pas moins bons pour tous les autres citoyens. C'est surtout dans la jeunesse qu'on est le plus enclin à faire des sacrifices à ses opinions, à avoir foi dans sa cause et à ouvrir son cœur et sa main à tous ceux qui ont besoin d'aide et de bonnes paroles. De telle sorte que sans demander la permission à M. d'Haussonville, le Bonhomme Deschamps se permettra d'exhorter les hommes d'âge mûr chez lesquels le calcul prend trop souvent la place de la foi, à faire aussi leur profit de ces recommandations. Car à voir le train du monde actuel, ils en ont peut-être plus besoin que leurs cadets !

***

De même, quand l'orateur a dit à la jeunesse qu'il y avait trois choses dont on ne devait jamais douter : Dieu, la liberté et la France, il parlait aussi évidemment pour le reste de la nation. Il y a malheureusement trop de Français pour lesquels ces trois valeurs, n'étant pas cotées à la Bourse, sont comme si elles n'existaient pas. On pense à soi, à son repos, à son champ, et le reste va comme il peut. Aussi ce reste ne va-t-il pas, par le temps qui court, très bien. C'est pourquoi le Bonhomme Deschamps s'imagine aisément que si on se souciait plus du bon Dieu et de ses enseignements, de la liberté et de ses obligations, de la France et des devoirs qu'elle impose aux plus humbles de ses enfants comme aux plus puissants, nous n'assisterions, pas depuis bientôt dix ans, aux scandales de toute nature dont notre fortune, notre indépendance et notre honneur font les frais. Il est probable par exemple qu'on aurait pas tant d'écoles contre Dieu, tant de violations de la liberté de conscience, du droit de propriété, de la liberté individuelle, et que l'on s'occuperait un peu plus sérieusement de ne pas confier le gouvernement de notre pays à des gens pour lesquels la principale affaire est de faire leurs affaires. Un pays où l'on a la haine officielle des idées religieuses, le mépris de la liberté et l'indifférence pour la grandeur nationale, est une agglomération d'individus, une collection d'égoïsmes, une juxtaposition d'intérêts vulgaires ; ce n'est pas une nation au sens vrai du mot.

***

Il faut donc remercier sans réserve M. d'Haussonville d'avoir profité de l'occasion qui lui avait été offerte pour rappeler ces vérités et faire entendre ces conseils. Bien qu'il les ait adressés au nom de la monarchie et en particulier à la jeunesse, les unes et les autres sont bonnes à méditer par les Français de tout âge, et par les républicains aussi bien que par les monarchistes. Si les royalistes y conformaient davantage leur conduite, ils entreraient davantage dans la confiance du pays et feraient avancer leur cause. Si en même temps les républicains rapprochaient plus leurs actes de ces préceptes ils ne se desserviraient pas non plus, ni eux ni leur régime, et dans les deux cas, ce serait au fond la France — chose essentielle — qui s'en trouverait le mieux. C'est sur ce vœu que les républicains n'exauceront sans doute pas, mais que les monarchistes et les conservateurs de toute nuance s'efforceront d'accomplir, que le Bonhomme Deschamps prend congé de ses amis.

LE BONHOMME DESCHAMPS.

NOUVELLES DE LA SEMAINE.

Comment on vote le budget. — Un député opportuniste, M. Poincarré, se plaint de la façon dont la commission du budget procède à l'examen de la loi de finances. « Elle consacre le même soin aux petites questions qu'aux grandes : « On coupe par ici, on tond par là, on supprime, on taille, on renverse, on bouleverse, et quand on a bien mécontenté et bien effrayé tous les employés, on fait le total de toutes les rognures et l'on constate avec satisfaction qu'on a réalisé une économie de dix mille francs sur un budget de plus de trois milliards. » M. Poincarré déclare en terminant que, si on n'y prend garde, on court droit aux douzièmes provisoires. Mais comme les députés républicains en ont pris l'habitude, on n'y fait plus attention.

La loi sur l'espionnage. — Encore une loi mal faite et faite — naturellement — par une Chambre républicaine.

Il s'agit de la loi de 1880 sur la grave question de l'espionnage.

On se souvient du beau tapage que mena la presse il y a environ six ans, à propos de je ne sais plus quelle affaire de haute trahison, lorsqu'on s'aperçut que la justice était absolument impuissante à sévir contre les espions dont nous sommes infectés.

Tout le monde se mit à la besogne. Le Gouvernement présenta un projet qu'on disait très étudié, une commission l'examina au microscope, la Chambre le vota après discussion. Désormais la France pouvait dormir sur les deux oreilles, les tribunaux étaient armés et les trafiquants de secrets militaires ne devaient plus échapper à la rigueur de Thémis.

Or voici qu'un gros scandale éclate, le mois dernier. Un inventeur accuse formellement un officier de l'armée territoriale, décoré de la Légion d'honneur, d'avoir volé des plans, documents et autres pièces appartenant au ministère de la guerre. Ces pièces faisaient connaître le résultat de travaux importants sur la mélinite et l'emploi de cet explosif dans la double fusée connue sous le nom de détonation de Bourges. L'inventeur est M. Turpin, l'officier mis en cause c'est M. Triponé.

Eh bien elle est rédigée avec tant de prévoyance et de sagacité — cette loi sur l'espionnage — que ni Turpin ni Triponé ne peuvent pas même être poursuivis.

D'abord elle déclare que les faits acquis à l'instruction constituent des délits qui se prescrivent par trois mois.

Triponé, dont la responsabilité est lourde, qui est le vrai, le principal coupable, s'en tire par un article qui absout celui qui, en matière d'espionnage, aura dénoncé son complice. De telle sorte qu'en livrant son complice, Triponé s'est entièrement dégagé.

Devant ce joli résultat, si vous n'êtes pas content de la loi de 1885 sur l'espionnage, vous êtes par trop difficile.

L'artillerie française et l'artillerie allemande. — Un journal allemand publie un tableau comparatif de l'artillerie des deux pays. Elle rappelle que nous avons dix-neuf brigades, soit 38 régiments, avec 395 batteries montées, 57 à cheval, 11 batteries alpines et 4 batteries de montagne des Vosges, soit, en tout, 458 batteries de campagne. L'artillerie de forteresse comporte 16 bataillons à 6 batteries, soit 96 batteries. En Allemagne, l'artillerie de campagne compte 20 brigades, avec 43 régiments, soit 131 groupes de batteries montées et 22 groupes de batteries à cheval. Les premiers donnent 387 batteries montées, les seconds, 47 batteries à cheval, soit en tout, 434 batteries de campagne. C'est, toujours, 34 batteries de plus qu'en Allemagne. L'artillerie à pied compte 14 régiments à 2 bataillons et 3 bataillons indépendants, soit 31 bataillons, à 4 compagnies, soit 124 compagnies. C'est 28 compagnies de plus que l'artillerie de forteresse française.

L'église du Sacré-Cœur. — L'inauguration de la basilique du Sacré-Cœur de Montmartre, a été célébrée la semaine dernière au milieu des fêtes brillantes que nous avons racontées. Ç'a été une manifestation splendide, du sentiment chrétien. Il n'en a pas fallu davantage pour exciter les colères libre-penseuses. La plupart des journaux républicains fulminent contre cette inauguration et il n'est pas de basses injures dont ils n'accablent les catholiques qui, de leurs derniers, et, par un merveilleux effort, ont contribué à l'érection de la Basilique. Ils se font des complices, en la circonstance, des pires excitations révolutionnaires et anarchistes.

Nécrologie. — Le colonel en retraite Lebel, qui a donné son nom au fusil de petit calibre dont notre infanterie est aujourd'hui complètement armée, est mort avant hier soir, à cinq heures, à Vitré, où il avait été nommé receveur particulier des finances, il y a quelques mois.

CONSERVATION DES FOURRAGES VERTS en meules comprimées.

Le *Journal du Brabant* a inséré dernièrement une note constatant le succès des ensilages de fourrages verts en meules comprimées entrepris par M. E. de Damseaux, suivant un système économique qu'il a imaginé en s'inspirant des travaux de ses devanciers. Mettant intelligemment à profit les inventions de ceux-ci, il est parvenu à les simplifier dans leur application et à proposer aux cultivateurs un procédé pratique permettant de conserver, à bien meilleur marché et en plus forte quantité que précédemment, les fourrages verts, tout en les transformant en un aliment de bonne qualité. Non content des excellents résultats qu'il avait obtenus, M. de Damseaux a voulu que le plus grand nombre possible des agriculteurs fussent à même aussi de les réaliser chez eux. Avec une rare persévérance, il a propagé la description de son système, il en a poursuivi l'adoption à titre d'essai chez les praticiens, il a convié de toutes façons les intéressés à venir constater de *visu* et l'installation et la qualité des produits qu'elle livre. Il a incontestablement rendu un service signalé à notre agriculture, dorénavant à à même d'utiliser, sans frais notables, une masse fourragère considérable et d'une valeur énorme, qui se perdait chaque année, faute de pouvoir être séchée et rentrée en bon état. Les efforts de M. de Damseaux se trouvent récompensés, car, d'après ce qui nous revient, les visiteurs continuent à être nombreux qui, répondant à son appel, arrivent chez lui pour se rendre compte de la nature de son matériel et de la valeur de ses produits. En outre, il a à répondre à une foule de demandes de renseignements venant tant du pays que de l'étranger. Sans vouloir de nouveau exposer en détail la question de la conservation des fourrages verts en meules comprimées, et tout en renvoyant le lecteur aux nombreuses études publiées sur ce sujet par le journal, celui-ci fera sans doute œuvre utile, vu l'intérêt que la chose présente, de rappeler simplement en quoi consiste le système de M. de Damseaux.

La compression est obtenue par des câbles en acier, préférables aux chaînes, dont les mailles sont trop sujettes à rupture. Ces câbles s'enroulent sur des tambours en bois dégrossi ou en fonte, dont les axes tournent sur deux équerres en fer boulonnées sur la traverse en bois.

Le tambour est muni d'un rochet pour empêcher la corde de se détendre, et il est manœuvré au moyen d'une pince en fer de trois centimètres de diamètre, instrument qui se trouve dans toutes les fermes.

Avec ce matériel peu coûteux et qui remplit toutes les conditions cherchées jusqu'à ce jour, la conservation des fourrages est assurée.

Peu coûteux, en effet, puisque tout le matériel nécessaire ne revient qu'à une centaine de francs.

Voici comment on a procédé en 1889 et en 1890 pour monter la meule :

Deux pièces de bois (des poutrelles) ont été disposées parallèlement sur le sol, à trois mètres de distance. Sur chaque poutrelle on a fixé, au moyen de boulons, à une distance d'un mètre et en face l'une de l'autre, quatre paires de poulies. Entre ces poutrelles on a mis par terre des bouts de perches, des vieilles planches, des branchages, pour garnir le sol. On a amené le regain qui venait d'être fauché et on l'a empilé au fur et à mesure de son arrivée. A la fin de la journée, la meule avait plus de trois mètres de hauteur.

Quelques perches ont été posées sur le dessus de la meule (faite en dos d'âne) ; puis des câbles en acier que l'on a fait passer pardessus la meule ont été enroulés de chaque côté sur les poulies, que l'on a alors fait tourner au moyen d'un levier.

Le lendemain, on a défait les cordes, enlevé les perches placées sur la meule, et on a continué à la charger avec le regain au fur et à mesure qu'on l'amenait. La récolte placée, on a remis les perches sur la meule et procédé comme la veille à la compression, et cela jusqu'à refus, en ayant soin de ne faire manœuvrer chaque poulie qu'un peu à la fois, pour obtenir un tassement égal et uniforme.

La meule fut alors peignée et recouverte de paille.

Pendant une quinzaine de jours on continua de procéder au serrage, en faisant chaque jour manœuvrer les poulies et cela tant que la masse céda à la pression.

Six semaines après, la meule était bonne à ouvrir. La partie extérieure présentait une couche d'environ vingt centimètres impropre à la consommation, mais l'intérieur offrait un fourrage excellent d'une couleur brune, d'une température très élevée et ayant une odeur pénétrante de fermenté. Le fourrage ainsi traité se conserve indéfiniment, sauf la légère couche extérieure exposée au contact de l'air.

La masse est si serrée que, pour enlever du fourrage, il faut y couper des tranches, soit avec une bêche très tranchante, soit avec une hache.

La température intérieure de la meule était de 68° centigrades et cette température s'est maintenue à peu près au même degré au fur et à mesure de l'enlèvement pour la consommation.

A première vue, le produit est d'apparence peu engageante. Il ne faut pas s'arrêter à cette impression, non plus qu'à l'odeur pénétrante qui se dégage. Le résultat est une nourriture excellente pour les vaches, les bœufs et les moutons, comme le prouvent les analyses qui en ont été publiées.

Les animaux hésitent d'abord; il leur faut plus ou moins de temps pour se décider à prendre cette nourriture; l'hésitation dure deux ou trois jours, mais dans la suite le fourrage ensilé devient une nourriture préférée à toutes les autres. Son influence a été des plus profitables au rendement en lait. La constatation était facile à faire: en supprimant le regain comprimé dans l'alimentation des vaches, pendant quelques jours, on voyait décroître d'une manière très sensible la production de lait.

Du mélange des phosphates naturels
avec les matières organiques et les substances acides (1).

Tous les engrais phosphatés incorporés au sol y affectent des formes insolubles que les racines des plantes peuvent cependant utiliser lorsque ces racines, qui secrètent un suc acide, prennent le contact direct avec ces phosphates pour ainsi dire immobilisés. Mais quand le sol renferme des matières organiques, ces matières entrent en combinaison avec des éléments minéraux, tels que la chaux, la magnésie, l'acide phosphorique, l'oxyde de fer, etc., pour former la matière humique complexe qui modifie complètement les propriétés des corps entrés en combinaison avec elle. Ainsi transformés, ils sont, en effet, solubles dans les alcalis et, pour le cas qui nous intéresse, M. Grandeau a montré que l'acide phosphorique, ainsi solubilisé à la faveur de la matière organique, peut se séparer de celle-ci par dialyse. Or, comme les racines des plantes agissent à la façon de véritables dialyseurs, il en résulte que la matière humique peut offrir l'acide phosphorique aux végétaux sous une forme véritablement assimilable. Et c'est ce qui explique, en effet, pourquoi la matière organique a une si grande influence sur la fertilité des sols.

M. Risler avait déjà montré, en 1858, que l'humus pouvait dissoudre du phosphate de chaux et d'autres substances fertilisantes.

De même, les acides libres du sol existant dans les terres tourbeuses, les terres de landes de bruyères, les terres récemment défrichées ont une action analogue pour la transformation des phosphates naturels.

Etant données ces deux actions dissolvantes de la matière organique et des acides du sol sur les phosphates naturels, il était logique que l'on recommandât le mélange de cet engrais avec des substances renfermant ces deux sortes d'agents chimiques. C'est ce que divers chimistes ont fait, sans que cette pratique se soit cependant généralisée beaucoup.

Il est, d'ailleurs, facile de comprendre l'importance de la question, puisqu'on sait bien que l'unité de l'acide phosphorique des phosphates naturels se paie à un prix trois fois moindre que cette même unité dans les superphosphates ou les phosphates précipités.

Aussi, dès 1858, M. de Molon conseillait le mélange du phosphate avec des matières organiques fermentescibles et particulièrement avec les varechs humides qui abondent sur les côtes de Bretagne.

En 1865, M. Risler, mélangeait la poudre d'os avec de la sciure de bois et imbibait le tout avec le *lizier* des étables suisses, faisant ainsi un mélange dans lequel la matière organique se combinait, d'ores et déjà, avec le phosphate avant son incorporation à la terre.

Nous devons donc rechercher si l'on doit conseiller, sans arrière-pensée, l'introduction des phosphates naturels dans le fumier, les divers détritus organiques et les substances acides, telles que les marcs de raisin, de pommes, de poires, la sciure de bois, la tourbe, etc..

Mélange du phosphate avec le fumier. — Lorsqu'on introduit un phosphate naturel quelconque dans du fumier, on constate qu'il se produit, dans la masse fermentescible, des combinaisons qui sont, en grande partie insolubles dans les réactifs ordinaires : eau pure, eau ammoniacale, eau chargée d'acide carbonique, citrate d'ammoniaque. Mais si l'on emploie, comme dissolvant, l'oxalate d'ammoniaque, on peut voir que les phosphates naturels ont été transformés et sont, quand même, plus assimilables, moins agrégés, qu'ils ne l'étaient avant leur mélange. Il y a donc incontestablement un résultat utile, et ce résultat est identique à celui produit dans la terre par la matière humique. La transformation utile que nous signalions est donc avancée et les phosphates agiront, certes, plus rapidement quand on les incorporera au sol.

Quelques chimistes ont conseillé ce mélange à un autre point de vue, celui de la formation du phosphate ammoniaco-magnésien qui empêcherait ainsi les pertes d'ammoniaque par volatilisation dans l'air. La formation de ce sel fixe est, dans tous les cas, très limitée et ce n'est pas là qu'il faut chercher l'utilité du mélange.

D'autres agronomes, au contraire, semblent redouter une déperdition d'azote à cause de la présence du carbonate de chaux dans les phosphates naturels, pouvant donner lieu à la formation de carbonate d'ammoniaque volatil. Cette réaction peut bien s'effectuer dans les fumiers non tassés, ou non recouverts d'une mince couche de terre sèche à mesure de leur élévation comme il est utile de le faire; mais si ces deux opérations ont été effectuées, on n'a aucunement à redouter cette déperdition d'azote.

On peut donc recommander sans aucune réserve le mélange des phosphates naturels au fumier, et particulièrement pour les phosphates moins riches en carbonate de chaux. On augmente ainsi l'assimilabilité de l'engrais et la facilité de sa répartition ultérieure sur le sol. On peut répandre la poudre phosphatée sur le tas de fumier après chaque nettoyage des étables, ou bien la mettre chaque jour sur la litière des animaux.

La manière de procéder importe peu.

Il est évident que la quantité de phosphate à employer ainsi est en rapport d'une part avec le richesse du phosphate et d'autre part avec le degré de pauvreté du sol en acide phosphorique. Indiquer des chiffres serait donc superflu. Si on veut, par exemple, donner 80 kil. d'acide phosphorique à l'hectare, on s'arrangera de façon à ce que la fumure au fumier de ferme comprenne cette quantité d'acide, en se basant sur ce que le poids du fumier produit approximativement par année à la ferme égale environ 25 fois le prix du bétail y élevé.

Il est évident aussi qu'on peut mélanger le phosphate minéral avec toutes sortes de détritus organiques : balles et menues pailles, feuilles, balayures, composts de toutes sortes, boues de ville, en ayant soin d'arroser le tout avec du purin. La matière organique de ces diverses substances agit absolument comme celle du fumier et le résultat utile est le même.

Julien PÉRETTE,
Ingénieur-agronome,
Professeur à l'Ecole d'agriculture de Beauchêne (Mayenne).

(A SUIVRE.)

(1) *Moniteur des Syndicats agricoles.*

SITUATION VINICOLE.

Si les affaires sont toujours assez calmes, c'est que nous venons de traverser une période bien critique : des pluies froides, des giboulées, une température presque constamment basse. Il n'en fallait pas plus pour inquiéter la propriété et la rendre exigeante. Les cépages précoces ont pu souffrir et on assure que leur rendement ne sera pas partout bien satisfaisant. Mais les variétés qui débourrent plus tard profitent de l'amélioration qui s'est produite dans la température. Un beau soleil continue : voilà tout ce que nous souhaitons maintenant.

Pour le Midi, il est possible de se faire une idée à peu près exacte des dommages occasionnés par la gelée. Dans les vastes vignobles du Gard et des Bouches-du-Rhône on estime les pertes à un dixième au plus de la récolte. Dans le Vaucluse, les dégâts sont un peu plus considérables. Les effets de la gelée se sont fait sentir d'une façon si irrégulière qu'au total la prochaine récolte ne se trouve nullement compromise. Les pertes subies seront d'ailleurs largement compensées par les premiers produits des jeunes plantations. Les retiraisons de la propriété se poursuivent régulièrement. Le mauvais temps a nui jusqu'à présent aux affaires. Toutefois celles-ci ont l'air de vouloir se ranimer. Les places de Paris et de Bordeaux viennent d'entamer quelques grosses caves de 8° à 8° 1/2 que l'on pense traiter dans les prix de 17 à 18 francs. C'est un bon indice et nous faisons des vœux pour que ce mouvement se généralise.

En Languedoc, depuis les affaires signalées au début de la campagne, on n'a eu que bien peu de transactions de faible importance, et pas de gros achats.

Les rares parties de vin qui ont été vendues pendant ces derniers mois ont été tenues entre 80 et 90 francs les 228 litres nu pris au chai. Il est à présumer qu'un mouvement d'achats aura lieu quand le commerce sera mieux fixé sur les promesses de la récolte. La situation phylloxérique est rassurante et les vignes arrachées qui représentent la minorité sont rapidement reconstituées en cépages du pays greffés sur Riparia.

En Dordogne, il se fait quelques petites affaires; on annonce la vente de vins côte de Monbazillac, chais les mieux réussis de l'année, au prix de 5?0 francs le tonneau. Au début de la campagne, les similaires ont été vendus de 550 à 600 francs C'est donc une différence assez sensible qui s'explique par le calme des affaires.

Dans le Bordelais, il se conclut toujours peu d'achats, car le propriétaire est plus confiant que jamais dans des hauts prix pour les vins de 1890.

Les bonnes qualités de muscadets finissent par devenir de plus en plus rares dans le Nantais; les prix, très élevés, varient assez. Les gros plants deviennent également difficiles à trouver, les bons propres au coupage principalement, qui obtiennent facilement 80 francs des 225 litres au vignoble et en fûts usagers.

Les vignes ont une montre assez belle en Beaujolais. Quant aux affaires, elles sont toujours restreintes. On cote dans le Rhône les qualités courantes de 100 à 115 francs la pièce; les vins de choix, de 120 à 140 et les meilleurs crus de 145 à 165. A Romanèche Thorins, on cote les *vins blancs de Pouilly*, 250 francs ; de Fuissé 200, de Solutré, 150; de Chaintré, 12?, à la pièce logée de 213 litres.

Sur le marché parisien, c'est toujours le calme qui domine. Les vins fruités et nerveux sont surtout recherchés pour donner de la fraîcheur aux soutirages d'été. Les prix sont bien tenus, mais sans aucune disposition à la hausse. Les existences sont d'ailleurs suffisantes pour le moment.

Essai d'extraction du sucre cristallisé du jus de betterave.

(Réponse à M. de P. de L.)

Dès que le jus est au contact de l'air il s'altère rapidement et se colore en jaune de plus en plus foncé. Une fermentation s'établit et détermine une prompte altération du sucre cristallisable qui se transforme en sucre incristallisable, de là la nécessité de traiter le jus le plus tôt possible pour éliminer les principes qui causent son altération.

La chaux est employée dans ce but et constitue l'opération de la défécation. De la bonne exécution de cette opération dépend la réussite de l'opération.

On devra agir sur au moins trois litres de jus, mais la cristallisation sera d'autant plus facile à obtenir qu'on traitera une plus grande quantité de jus.

Selon la quantité et la nature des impuretés que renferme le jus, il faudra 2.5 à 3 p. 100 de chaux. Ce jus devra être étendu de 20 à 25 p. 100 d'eau. On ajoute peu à peu la chaux à l'état de lait dans le liquide porté à la température de 60 à 70°. On fait passer un courant d'acide carbonique en agitant continuellement ; on continue l'opération jusqu'au moment ou un échantillon de ce liquide versé dans un verre laisse déposer rapidement les matières en suspension. On laisse déposer et on filtre sur une toile.

Le liquide filtré est de nouveau traité de la même manière avec moins de chaux, 1 p. 100. On fait passer un grand excès d'acide carbonique. On porte ensuite le liquide à l'ébullition pour chasser l'excès d'acide carbonique. On laisse déposer et on filtre. On sépare ainsi les acides, les matières gommeuses, l'albumine, la caséine, les matières grasses et colorantes, tandis qu'il se dégage de l'ammoniaque.

Le liquide clair n'est pas encore suffisamment purifié, il renferme encore, en outre, de petites quantités de sels et des combinaisons organiques, la potasse et la soude à l'état libre qu'il faut *éliminer, car, non seulement* la *présence* de ces alcalis colore le liquide, mais nuit aussi à la cristallisation.

De toutes les substances proposées jusqu'à ce jour, le noir animal est le plus employé. Ce noir doit être en grain et non poudre.

La filtration sur le noir doit se faire deux fois : une première fois avec le jus déféqué et la seconde fois après avoir concentré le jus par évaporation à l'état de sirop. La filtration sur le noir est d'autant plus efficace, que la température est plus élevée.

Il ne reste plus qu'à évaporer jusqu'à cristallisation. La concentration du liquide doit se faire à une température aussi basse que possible au bain-mari, si on ne dispose pas d'appareil pour opérer la concentration dans le vide.

*
* *

Le petit goût de chaudière ne passera qu'à la longue, en laissant vieillir l'eau-de-vie dans un fût neuf en chêne.

Ce goût est dû, en partie, au long séjour que fait le vin dans la chaudière des alambics ordinaires. Il ne se produit pas lorsqu'on distille à un titre assez élevé 55 à 60° et quand le vin ne fait que passer rapidement dans l'alambic, ce qu'on peut faire avec l'alambic Estève.

Ch. Gossin.

CONCOURS RÉGIONAL DE VERSAILLES

Concours spécial de batteuses

L'exposition de la Maison Albaret, de Liancourt (Oise), très importante, comprenait une très belle collection de batteuses, locomobiles, moissonneuses, faucheuses, presse à fourrages et divers autres instruments. Un concours spécial de batteuses avait lieu pendant le concours régional.

La Maison Albaret prenait part aux essais avec quatre batteuses de types différents :

1° Une batteuse à grand travail avec double vannage, élévateur, double nettoyage, ébarbeur;

2° Une batteuse également à grand travail, avec double nettoyage, élévateur;

3° Une batteuse nouvelle, « Le Progrès », spéciale aux entrepreneurs de battages, avec double nettoyage et élévateur;

4° Une batteuse fixe à grand travail avec double nettoyage.

Ces quatre batteuses ont fait un excellent travail.

La première à grand travail a exécuté son travail battant une moyenne de 600 gerbes de blé à l'heure.

La seconde, également à grand travail, battant une moyenne 500 gerbes.

La batteuse nouvelle « Le Progrès », battant une moyenne de 350 à 400 gerbes.

La batteuse fixe battant une moyenne de 250 à 300 gerbes.

Ces quatre batteuses possédant des perfectionnements importants ont fait un excellent travail, reconnu du reste par Messieurs les Membres du jury du concours de batteuses, qui ont décerné à la Maison Albaret la médaille d'or.

La Maison du si regretté M. Albaret père n'a donc pas arrêté le cours des succès de l'établissement de Liancourt-Rantigny. Sous l'intelligente direction de l'honorable M. Emile Albaret fils, nous la verrons toujours tenir le premier rang dans l'industrie de la mécanique agricole.

Ch. G.

Nouvelles agricoles.

La température et les récoltes. — La deuxième quinzaine de mai a été, pour la plus grande partie de la France, une période de transition qui n'a pas contribué à dissiper les inquiétudes sur le sort des prochaines récoltes. L'humidité n'a pas cessé de dominer, avec des températures relativement basses ; aussi les progrès de la végétation ont été très lents. En même temps les mauvaises herbes ont pris, dans presque toutes les cultures, un développement exceptionnel, menaçant d'étouffer les céréales sous leur vigueur luxuriante. C'est, en effet, un des principaux caractères de cette année que depuis bien longtemps on n'avait vu, même dans les champs les plus soignés, une telle abondance de mauvaises herbes. Heureusement depuis quelques jours, les conditions climatériques sont devenues moins mauvaises ; il serait bien nécessaire que cette amélioration se maintînt. Elle est nécessaire, non seulement pour les céréales, mais aussi pour les plantes sarclées, pour les prairies et les herbages comme pour la vigne. Néanmoins, les effets des mauvaises conditions qui ont présidé au printemps, persisteront dans une notable proportion ; il est possible d'affirmer désormais que les régions de la France dans lesquelles la moisson des céréales donnera à peu près un rendement moyen seront des régions privilégiées ; plus nombreuses seront celles qui auront un déficit à leur passif. Il est très probable aussi que la moisson sera tardive : le retard qui se manifeste dans l'épiage exercera fatalement sa répercussion jusqu'au jour de la maturité.

Le commerce des pommes à cidre. - Fraudes. — Le syndicat agricole Calvados s'est ému des fraudes nombreuses imaginées, l'année dernière, par certains négociants en pommes à cidre qui vendent comme pommes de Normandie des pommes provenant de pays moins renommés.

Voici la lettre que vient d'adresser, à ce sujet, à la Compagnie des Chemins de fer de l'Ouest le secrétaire du Syndicat agricole du Calvados.

Monsieur le chef de l'exploitation,

Je suis chargé par le Syndicat agricole du Calvados d'appeler vo re bienveillante attention sur une fraude qui se commet dans certaines gares du département sur la vente des pommes ; fraude qui augmente chaque année, et qui, si elle n'est arrêtée, aura pour conséquence la ruine de notre exportation de pommes.

Il est généralement reconnu que les pommes du Calvados, notamment celles du pays d'Auge et du Bessin, font un cidre très supérieur à celui fait avec les pommes des départements voisins et surtout de la Bretagne, et que nos pommes atteignent dans le commerce un prix supérieur de 30 à 40 fr. par 1.000 kilos au prix des pommes des autres contrées.

Cette augmentation de prix a donné naissance à une fraude que nous pouvons nommer la *fraude d'origine des pommes*.

Voici comment elle se produit.

Des marchands peu consciencieux achètent en Bretagne des pommes qu'ils font expédier dans les gares du Calvados, et qui, de là, sont expédiées par eux comme pommes du Calvados.

Ce genre de fraude s'est fait, paraît il, depuis un certain nombre d'années, mais sur une plus grande échelle en 1888 et en 1890.

Des plaintes nombreuses furent faites en 1888 par le Syndicat agricole du Calvados qui signala aux parquets de Lisieux et de Caen les faits à sa connaissance. Des enquêtes furent ouvertes, mais elles n'ont abouti à aucun résultat.

Cette année, de nouvelles démarches ont été faites, et en ce moment les parquets sont saisis de plaintes sérieuses portant sur des ventes de pommes annoncées comme pommes du Pays-d'Auge et achetées en Bretagne. Ces pommes, achetées 70 fr. les 1.000 kilos, ont été revendues jusqu'à 120 et 130 fr.

A la suite des expéditions frauduleuses faites en 1888, certains acheteurs trompés (notamment dans les Charentes) ont abandonné les pommes du Calvados et ont porté ailleurs leurs achats.

En 1889, la fraude ne fut pas possible, car la récolte de pommes fut nulle dans les pays de petite provenance, et ne fut sérieuse que dans le Pays-d'Auge. Cette année la récolte du Pays-d'Auge ayant été presque totalement compromise, la fraude s'est faite en grand dans les gares de Mézidon, Mesnil-Mauger, Lisieux et Lison.

Le Syndicat du Calvados a ouvert dans ses bulletins une enquête pour arriver à trouver les moyens d'arrêter cette fraude. Beaucoup lui ont été indiqués, mais un seul lui paraît sérieux et pratique. C'est celui que nous avons l'honneur de vous exposer.

Nous demandons à la Compagnie de l'Ouest de faire les réexpiditions de pommes sur la première feuille d'expédition. Ainsi, par exemple, un wagon de pommes venant de Bretagne à destination de Mézidon, et réexpédié à Paris, devra sur la feuille d'expédition porter la gare de départ en Bretagne, celle de Mézidon et celle d'arrivée à Paris.

L'acheteur, à l'arrivée à Paris, pourra se rendre compte que les pommes achetées par lui sont parties de Mézidon, mais qu'auparavant elles arrivaient de Bretagne. Il se rendra compte par ce moyen de la fraude dont il est victime et pourra refuser de prendre livraison et même faire poursuivre le vendeur de mauvaise foi.

Nous vous prions, Monsieur le Chef d'exploitation, de vouloir bien prendre nos justes plaintes en considération, et de les appuyer auprès de Messieurs les Administrateurs de la Compagnie de l'Ouest, afin de nous accorder le seul moyen possible de combattre une fraude qui ruinera l'expédition des pommes du Calvados.

Veuillez agréer, etc..

Vente des laines. — L'époque de la vente des laines est arrivée et les producteurs se voient d'avance exploités par des acheteurs qui font l'office d'intermédiaires et qui commencent déjà à circuler dans nos campagnes. Nous leur signalons l'établissement d'un marché à Reims où les laines sont vendues aux enchères publiques. La première vente a eu lieu le 30 mai et a réussi au delà de ce qu'en devait raisonnablement espérer.

130,000 kilos de laine ont été exposés en 82 lots, dont 60 ont été vendus à des prix dépassant de cinq à dix pour cent les prix payés en ferme jusqu'à ce jour. Les enchères ont eu beaucoup d'animation.

Voici les prix de vente par arrondissement : Laon, à dos 3.17. suints 1.50 ; Château-Thierry, suints 1.45 à 1.85 ; Senlis, dito 1.50 à 1.70 ; Châtillon-sur-Seine, dito, 1.90 à 2.15 ; Soissons, dito, 1.575 à 2.05 ; Saint-Quentin, dito, 1.45 à 1.725 ; Meaux, dito, 1.55 à 1.75 ; Rethel, dito, 1.175 à 1.625 ; Epernay, dito, 1,525 ; Sedan, 1.775 ; Ste-Menehould, dito, 1.775 à 2.125 ; Reims, lavées à dos 3 à 3.15 ; Vervins, dito, 2.725 ; Châteaudun, suints, 1.675 ; Compiègne, dito, 1.525 ; Rambouillet, dito, 1.60.

Un éleveur bien connu du Châtillonnais avait reçu, quelques temps avant la vente, la visite d'un marchand qui lui offrait le prix de 1 fr. 50. Comme l'éleveur faisait remarquer que ces laines se vendraient à un taux plus élevé aux enchères de Reims, le marchand augmenta son chiffre de 10 centimes, mais ne voulut pas aller au delà de 1 f. 60. Or, les laines en question ont été adjugées à 2 fr. 10, soit 30 0/0 plus cher que le prix offert sur place par le commissionnaire.

La destruction des limaces. — Nous recevons du Laboratoire régional d'entomologie agricole, route de Neufchâtel, 41, à Rouen, la note suivante, à laquelle nous nous empressons de donner l'hospitalité :

Monsieur le directeur,

Tous les ans, à pareille époque, les journaux publient des procédés nouveaux pour la destruction des limaces, et toujours ces procédés sont impuissants à conjurer les dégâts terribles causés par ce mollusque.

Nous croyons donc être utile aux horticulteurs et aux agriculteurs en leur indiquant un procédé des plus simples et qui a toujours parfaitement réussi. Ce procédé consiste à placer dans les cultures quelques crapauds ou même des grenouilles ; en quelques jours ces animaux devorent toutes les limaces.

Nous savions que les Anglais employaient de plus en plus ce système ; qu'il y a deux ans ils achetaient des crapauds 5 fr. le cent pour cet usage et qu'aujourd'hui ils les paient jusqu'à 3 fr. la douzaine.

Nous avons donc voulu tenter la même expérience, et nous avons pleinement réussi.

Depuis trois ans, le jardin loué pour le laboratoire était abandonné, rempli de ronces et de lierres, et absolument rempli de limaces.

Nous y avons mis en liberté 100 crapauds et 90 grenouilles, et en moins d'un mois toutes les limaces étaient détruites.

Nous avons semé des choux, des épinards, des laitues, des chicorées, des mâches, des fleurs de toutes sortes, et pas une feuille n'est actuellement attaquée.

Les cultivateurs viennent se rendre compte eux-mêmes des résultats obtenus. Alors que toutes ces plantes recherchés des limaces sont détruites dans les jardins voisins, dans le jardin du laboratoire elles y sont en pleine végétation.

Veuillez, je vous prie, monsieur le directeur, agréer l'assurance de mes sentiments les plus distingués.

Le directeur du laboratoire,
Paul Noel,

Syndicat des agriculteurs nivernais. — L'adjudication de la fourniture des engrais chimiques à faire pendant le deuxième semestre 1891 au Syndicat formé entre les membres de la Société départementale d'agriculture de la Nièvre aura lieu le samedi 20 juin prochain, à une heure du soir, à Nevers, dans une des salles de ladite Société.

Pour avoir connaissance des conditions de l'adjudication, s'adresser à M. Saglio, vice président du Syndicat, à Fourchambault (Nièvre), ou à M. G. Vallière, secrétaire de la Société d'agriculture de la Nièvre, à Nevers.

CONSEILS A LA FERMIÈRE

LES BONNES PONDEUSES.

Pour peupler convenablement une basse-cour de ferme, il faut choisir des poules robustes et actives, habituées à chercher leur nourriture au milieu des immondices, capables, en un mot, de mettre à profit tout ce qui se perd sur un fumier. Il convient pour cela de les prendre dans les races les plus rustiques.

La poule ne pond abondamment que pendant les premières années de son existence; née au printemps, elle donnera quelques œufs dès son premier automne, si elle appartient à une race précoce ; sa seconde et sa troisième années seront les plus fécondes; sa quatrième sera encore bonne; mais à partir de la cinquième, elle baissera très sensiblement, et bientôt ses produits en œufs ne vaudront plus la nourriture qu'elle consommera.

La décadence d'une pondeuse arrive plus ou moins vite, selon le régime auquel elle a été soumise pendant ses premières années.

Le nombre d'œufs qu'une poule doit pondre durant toute sa vie est limité d'avance au nombre d'ovules qui existent tout formés dans son ventre, n'attendant que certaines circonstances pour se détacher de la grappe ovarienne, subir diverses transformations, et, enfin, être chassés du corps de l'oiseau sous la forme que tout le monde connait.

L'ovaire d'une poule contient environ 600 de ces petits globules ou œufs en germe qui, chez une poule de race commune, née au commencement du printemps et soumise à un bon régime ordinaire, sont pondus à peu près de la manière suivante : 20 la première annee; 120 la deuxième; 130 la troisième; 110 la quatrième; 80 la cinquième; 60 la sixième; 40 la septième; 20 la huitième, et 10 la neuvième.

Mais à l'aide du régime, arme puissante avec laquelle l'homme exerce une si grande influence sur la nature et sur le tempérament des animaux domestiques, on peut singulièrement modifier cet ordre naturel. Une nourriture variée, stimulante, une demeure saine, propre et chaude et d'autres soins encore, peuvent accélérer la ponte, à un tel point qu'une poule de quatre ans n'ait presque plus rien à donner.

Dans une basse-cour de ferme où la volaille vit de ce qui tombe par terre, sans frais pour le cultivateur, il n'y aurait pas toujours avantage à précipiter ainsi la ponte au moyen d'un supplément de nourriture, dont la valeur ne serait pas toujours compensée par celle des œufs obtenus au-delà du nombre normal.

Mais le spéculateur ou l'amateur, qui doivent faire entrer en ligne de compte le prix coûtant de toute la nourriture qu'ils donnent à leurs poules, auront toujours intérêt à employer cette pratique; pour eux, il sera plus lucratif d'obtenir 150 œufs d'une poule convenablement nourrie, que d'en avoir 175 d'une pondeuse médiocrement entretenue.

Il y a toutefois un écueil à éviter. Ce ne serait pas en lui donnant à manger sans discernement et sans mesure qu'une bonne pondeuse produirait son maximum. On a remarqué, au contraire, qu'une poule trop bien nourrie s'engraisse, qu'elle cesse de pondre, ou du moins ne fait plus que des œufs *hardés* ou sans coquille.

UNE MÉNAGÈRE.

(A suivre.)

CONSEILS DU VÉTÉRINAIRE

BOITERIES DE JEUNE CHEVAL

Les jeunes chevaux, pendant le dressage, et dans leur première année de service, sont sujets à de nombreuses boiteries.

C'est que, d'abord, les os, tendons, ligaments, n'ont pas la densité et la force de résistance voulue, qualités qui ne s'acquièrent que par l'avoine et un travail sagement progressif.

C'est que, de plus, le dressage et la mise en service s'accompagnent ordinairement de défense, de luttes, de sauts de gaîté, de glissades et de chutes sur le pavé.

Il résulte de ces deux causes réunies, que les os, tendons, ligaments, sont souvent contus, tiraillés, forcés.

Et lorsque ces lésions existent dans l'intérieur du pied, dans les articulations supérieures, d'une exploration difficile, le siège de la boiterie échappe parfois.

On se trouve alors, en face d'une boiterie à *siège inconnu, dite boiterie de jeune cheval*.

Contre ces boiteries, beaucoup de propriétaires de chevaux et de marchands, mettent un séton, laissent le cheval au repos et s'arment de patience.

Les Italiens, quand ces boiteries se déclarent au printemps, disent : *mettez là-dessus de l'onguent d'octobre*.

Mais l'*onguent d'octobre* coûte fort cher. Nourrir un cheval cinq à six mois à rien faire, c'est dur.

A notre avis, il faut agir énergiquement dès le neuvième jour de l'existence de la boiterie, si celle-ci est aussi forte que le premier jour, ou si elle a augmenté et, dans ce cas, *attaquer le membre du haut en bas*, sur toutes les *articulations*, avec un bon feu ou vésicatoire.

Ne vous servez pas d'*onguent rouge* (biodure de mercure) vous pourriez empoisonner le cheval.

Dans le cas où la boiterie a sensiblement diminué le neuvième jour, ne faites rien, elle disparaîtra rapidement, sans autre traitement que le repos en boxe. UN VIEUX VÉTÉRINAIRE.

JURISPRUDENCE RURALE.

ENFANTS. — FRAIS DE NOURRITURE.

— Je crois bien que je suis refaite ; on ne devrait jamais écouter son bon cœur, dans ce temps où il y a tant de coquins !

— C'est encore de ton petit nourrisson, dont tu veux me parler ?

— Tout juste ; croyez-vous que cela ne vous fend pas l'âme, sans compter l'argent que je perd, et vous savez on n'est pas riche ; comment, voilà un enfant que j'élève comme le mien, depuis plus d'un an, et après m'avoir promis tous les jours de me payer mon dû, gagné honnêtement, car voyez-vous, sans nous vanter, le lait d'une brave bourguignonne n'est pas de l'eau claire, on veut me prendre l'enfant et me donner, au lieu de monnaie, des billets que pour sûr, on ne me paiera jamais.

— Je conçois ta colère ; ce n'est pas la première fois que reçois des plaintes semblables ; il y a, dans ce Paris, bien des gens, qu'avec une belle mine, sont habiles à tromper le pauvre monde.

— Ah mais, je ne me laisserai pas refaire ; je ne rendrai pas l'enfant ; d'abord je l'aime, ce petit ! je vaux bien sa mère, puisque je l'ai nourri ; je ne le remettrai pas à des sales parents qui ne savent même pas donner un sou pour lui ; non, foi de Claudine, je le garde, et je leur dis : payez-moi ou pas d'enfants !

— Et si on te force à le rendre ?

— C'est ce que le maire m'a dit ; savez-vous ce que je lui ai répondu ?

— Je sais que tu n'as pas froid aux yeux.

— Je lui ai dit : qu'on se frotte un peu, j'ai des biceps, et quand même M. Carnot lui-même viendrait dans notre commune faire une petite promenade, puisqu'il aime beaucoup se trimbaler, tout exprès pour m'ordonner de rendre l'enfant, je lui dirais : ça, c'est mes affaires et non les vôtres, retournez auprès de votre dame.

— Je comprends qu'avec ton bon sens tu parle ainsi, mais il faut s'incliner devant la loi ; les enfants appartiennent avant tout à leurs parents ; une nourrice ne peut les garder en gage pour être payée de ce qui lui est dû ; la Cour de cassation vient encore de le juger ; il faut donc te résigner à rendre le petit, sans quoi les gendarmes eux-mêmes viendraient le chercher ; sèche tes larmes et une autre fois prends la précaution de te faire payer les mois d'avance. UN VIEUX JUGE DE PAIX.

PETITE POSTE.

M. O..., à St-R... (Oise). — *Syndicat agricole*. — Nous vous envoyons les statuts du Syndicat agricole de Beauvais, auquel nous vous présenterons, si vous le désirez. Vous aurez grand avantage à vous servir de l'intermédiaire *gratuit* du Syndicat pour vos achats. La cotisation à payer est de 5 fr pour la première année, 2 fr. pour les autres.

M. D... (Corrèze). — *Vente à Paris de fruits et de champignons*. — Adressez-vous à l'*agence du Renseignement universel*, 28, rue Bonaparte, Paris. Cette excellente agence est à même de vous donner à cet égard des indications très précises.

M. T... (Allier.) — *Cendres de charbon de terre*. — Voici quelle est leur composition moyenne : Chaux, 8,5 ; magnésie, 1,9 ; acide sulfurique, 6,1 ; potasse, 0,5 ; oxyde de fer et d'aluminium, 19,8.

Ces cendres constituent donc un engrais agissant à la fois par la chaux et par l'acide sulfurique, tantôt à la manière de la marne, tantôt à la manière du plâtre. Les cendres d'anthracite contiennent 16,1 de chaux et 10,4 d'acide sulfurique.

Elles ont un bon effet mécanique sur les terres argileuses et tenaces qu'elles divisent et ameublissent, et un effet physique sur les terres blanches qu'elles réchauffent en fonçant leur couleur. Leur emploi n'est pas recommandable sur les terres très légères, dont elles ne peuvent qu'exagérer les défauts. En revanche, elles produisent toujours bon effet sur les prairies naturelles et artificielles ; mais l'effet n'en est pas aussi favorable que celle du plâtre. Avant leur emploi, les cendres doivent être soigneusement passées à la claie.

Ces cendres n'ont pas de valeur vénale ; généralement elles sont données aux cultivateurs qui en débarrassent les usines. Les cendres de tourbes, beaucoup plus riches et plus actives, se vendent dans la Somme 0 fr. 50 l'hectolitre, qui pèse environ 50 à 60 kilog.

M. D. S... (Indre-et-Loir). — *Gibier*. — *Dommages aux champs*. — La clause que vous vous proposez d'introduire dans les baux est légale. Elle nous semble pratique et avoir un effet suffisamment défensif. Vous mettez ainsi le cas de force majeure à la charge du bailleur.

M. Th. P... (Vosges). — *Usufruit*. — *Assurances*. — L'assurance est à la charge du nu-propriétaire. Mais l'usufruitier doit à celui-ci l'intérêt des primes payées.

M. P... (Aube). — *Parcours et vaine pâture*. — Vos lettres sont envoyées au *vieux juge de paix*.

M. de M... (Indre). — *Embrocateur Méré*. — Nous cherchons à nous procurer le renseignement demandé.

M. de P... (Landes). — *Sucre*. — Voyez la réponse dans le corps du journal.

VINS DU BORDELAIS

Que de fois nous avons entendu dire :

« Quel service on nous rendrait, si on nous trouvait, dans les pays vignobles, un vendeur consciencieux ; si on nous débarrassait de la concurrence à outrance ; si on nous garantissait sérieusement la qualité, la pureté et la conservation des vins ! »

Pour le Bordelais, nous recommandons M. Vincent Ardura, viticulteur, propriétaire d'un des meilleurs crus de la Gironde, favorable aux tempéraments délicats (le domaine de la Chapelle-Frédignac, par Blaye-Bordeaux), qui vend ses récoltes : 1889 à 130 fr., 1888 à 140 fr., 1887 à 150 fr., 1886 à 160 fr., 1885 à 175 fr., 1884 à 200 fr., 1882 à 220 fr., 1881 à 250 fr. et 1878 à 300 fr. la barrique de 225 litres *franco* de port et de fût en gare d'arrivée. Paiement par le facteur à 30 jours 2 % ou 90 jours.

Certain que son vin plaira aux personnes qui ne le connaissent pas et qui désirent se bien approvisionner, sachant, en outre, qu'il est difficile de se rendre sérieusement compte de la qualité par la dégustation sommaire d'une petite fiole, M. Vincent Ardura n'hésite pas à adresser *gratuitement* une bouteille entière pour échantillon de la récolte désignée.

OFFRES & DEMANDES.

Pour répondre au désir qui nous est exprimé, nous offrons à nos abonnés, sous cette rubrique, deux annonces gratuites pour les offres et demandes d'emplois, produits ou animaux à vendre ou à acheter, etc.

Les annonces qui suivront jouiront d'une réduction de 50 pour 100 sur les tarifs ordinaires.

Les demandes d'insertions devront être envoyées à l'administration, qui se chargera de les rédiger.

Ne pas négliger d'envoyer tous les renseignements nécessaires (joindre 2 timbres de 0 fr. 15).

Un ancien élève d'une école d'agriculture, dans la force de l'âge, marié, bien au courant de la culture moderne en même temps qu'excellent praticien, demande un emploi de régisseur. — Très bonnes références. — N° 907.

S'adresser à M. GUESDON (J.-M.), à Belhôte, par Corps-Nuds (Ille-et-Vilaine).

Jeune homme sérieux, sortant des bureaux de l'intendance militaire, connaissant la comptabilité commerciale et administrative et ayant de grandes connaissances dans la culture, la vigne et les coupes de bois, désire se placer comme garde, régisseur, chef de culture ou dans des bureaux. — Très bonnes références.

S'adresser à M. Antoine MENIER, à La Grille, près Chinon. — N° 934-3.

Un cultivateur honorable, non marié, 31 ans, ayant dirigé, avec ses parents, une ferme importante, sachant semer à la main et conduire les machines, demande place de régisseur ou de chef de culture. Bonnes références. — S'adresser à M. STIÉVENARD fils, Breteuil (Oise). — N° 935-2.

A vendre, 50 francs, deux petits chiens de chasse, de bonne race, mâle et femelle, âgés de deux mois et sevrés. Race épagneule. — S'adresser à M. CHANUT, jardinier à Soisy-sous-Etiolles (Seine-et-Oise). — N° 936-2.

REVUE FINANCIÈRE.

La semaine a débuté par un retour du marché à une certaine incertitude qui ramenait les cours de nos rentes un peu au-dessous de ceux faits précédemment. L'approche de la liquidation de quinzaine devait déterminer le parti de la hausse à réagir, en sa faveur, contre cette mauvaise disposition. Il ne paraît pas que la tentative ait grand succès.

Est-ce mal ? évidemment non. D'abord, si l'on veut bien réfléchir que le 3 0/0 ancien, le « régulateur du marché », il y a deux ans à pareille époque n'était qu'à 87 50, que l'année dernière il cotait 91, et qu'en ce moment on le maintient entre 95 et 95 50, on conviendra que ce prix est fort beau et donne une haute idée du crédit de l'Etat.

Du même coup, on doit songer qu'en face de cours si élevés, tout emballement inconsidéré ne pourrait qu'amener tôt ou tard une réaction équivalente, qui ne profiterait à personne qu'aux spéculateurs à la baisse. Tout ce qui favorise l'établissement d'un juste milieu ne peut être que profitable à la partie réellement intéressante du marché, à l'épargne. Le reste est de pure façade.

Comme la situation n'est nullement changée, si ce n'est dans de très minimes détails, tels que la diminution des embarras monétaires de Londres, ou encore l'absence presque absolue de nouvelles à sensation, on s'explique fort bien que la spéculation se montre prudente et que les transactions soient des plus restreintes.

Du moment où notre papier d'Etat est calme, le reste de la cote doit un peu forcément l'être de même. Aussi n'avons-nous pas grand chose à en dire.

Les actions de crédit cessent de reculer, ce qui permet à certaine presse financière d'affirmer qu'elles se remettent de l'ataxie qui les étreint depuis six mois. De fait, elles conservent tout simplement l'attitude modeste qui leur est imposée par les circonstances. En laissant même de côté les attaques dirigées contre lui, et dont toutes traces n'ont pas disparu, on avouera que le cours de 1260 est maigre pour le Crédit Foncier; les autres sont proportionnellement dans le même cas.

Nos Chemins ont tranquillement repris leurs vieilles habitudes, fermeté avec marche en avant, lente, progressive, partant sûre. Les Chemins étrangers se bonifient.

Le marché des obligations, cette pierre de touche des dispositions du comptant, traverse toujours des alternatives de hausse et de baisse, dues à ce que l'épargne s'empresse de mettre en poche ses petits bénéfices dès qu'ils sont assurés.

Les fonds d'Etats étrangers sont sans grands changements depuis huit jours. L'Italien ne parvient pas à franchir 93 50.

Un mot au sujet du Panama. Un groupe de porteurs de titres a décidé d'offrir à M. Christophle de se mettre à la tête de l'affaire pour la reconstituer. Nous reconnaissons l'habileté, la compétence de l'honorable gouverneur du Crédit Foncier, nous le croyons parfaitement capable de « sauver » le Panama. Seulement nous aimerions bien que le Gouvernement prît ses mesures pour qu'en aucun cas l'intervention de M. Christophle n'ait comme conséquence de compromettre dans l'affaire notre second établissement de crédit. TIMON.

BANQUE D'ESCOMPTE DE PARIS.

Assemblée générale annuelle du 30 mai 1891.

Les actionnaires de *la Banque d'Escompte de Paris* se sont réunis, le 30 mai 1891, en assemblée générale ordinaire, dans l'une des salles de l'hôtel Ventadour.

Le rapport du Conseil d'administration constate que, grâce aux conditions normales dans lesquelles s'est écoulée la plus grande partie de l'exercice 1890, les résultats obtenus ont donné la faculté de pratiquer de larges amortissements et de faire ressortir, en bénéfices nets, une somme de 2,834,821 fr. 31 c. qui aurait permis la distribution d'un dividende supérieur à celui de l'exercice précédent.

La *Banque d'Escompte* s'est attachée particulièrement à prendre part aux emprunts d'Etat de premier ordre, soit par le crédit de l'emprunteur soit par les garanties offertes, telles que les emprunts de conversion du gouvernement Ottoman et du gouvernement Egyptien. En seconde ligne, son choix s'est porté soit sur les grandes industries françaises de travaux publics telles que la Compagnie Nationale des Chemins de fer à voie étroite, la Compagnie générale française des Tramways, la Société française des Télégraphes sous-marins, soit sur des sociétés anciennes et prospères, telles que la Société des houillères de Dombrowa et la Société métallurgique de Briansk.

La Banque d'Escompte a procédé à l'émission d'actions ou d'obligations pour ces diverses sociétés. Le rapport constate en outre la bonne situation et les progrès de diverses affaires auxquelles la Banque d'Escompte s'est particulièrement intéressée; les trois Compagnies d'assurances *Foncières*, la Société des Immeubles de France, la Société des houillières de Dombrowa, la Société des phosphates de Beauval, la Société française de pavage en bois.

Ainsi que nous l'avons dit plus haut, le compte de profits et pertes se solde par un bénéfice net de 2,834,821 fr. 31 c., sur lequel il a été déduit 5 0/0 pour la réserve légale.

L'assemblée, à l'unanimité, a approuvé dans toutes leurs parties le rapport et les comptes de 1890, tels qu'ils étaient présentés par le Conseil d'administration, fixé à 15 fr. par action libérée de 250 francs et à 27 fr. 50 c. par action entièrement libérée le dividende pour l'exercice 1890, sur lequel il a déjà été distribué, le 1er janvier 1891, 10 francs par action de 250 francs et 18 fr. 25 c. par action entièrement libérée, et reporté à l'exercice courant, le solde s'élevant à 721,009 fr. 17 c.

L'assemblée a procédé ensuite à la réélection de deux administrateurs sortants et à la nomination des commissaires pour l'exercice 1891.

Au cours de la séance, plusieurs actionnaires rappelant les attaques dont la Société a été l'objet, ont posé différentes questions, notamment sur le projet de réduction du capital par voie d'échange de deux actions libérées de moitié contre une action entièrement libérée, dont il a été question dans la presse.

D'autres actionnaires ont demandé si la Société ne pourrait être autorisée à racheter, au-dessous du pair, une partie de ses actions.

Le Président a répondu que ces questions ont déjà attiré l'attention du Conseil d'administration, qui, toutefois, n'a pas cru devoir prendre l'initiative de proposer une solution.

Sur l'insistance de plusieurs membres de l'assemblée, M. le Président a ajouté que si l'assemblée exprimait le vœu qu'une assemblée extraordinaire fût convoquée pour statuer sur les questions ci-dessus mentionnées, le Conseil d'administration serait disposé à faire droit à ce désir des actionnaires.

Un vœu dans ce sens a été proposé par un groupe d'actionnaires et voté par l'assemblée à l'unanimité.

Il a été déclaré que, dans le cas où la réduction du capital par voie d'échange de deux actions contre une serait votée par la future assemblée extraordinaire, il serait demandé à la même assemblée de réduire également, dans les statuts, le chiffre d'actions requis pour prendre part aux assemblées générales, afin que les droits des petits porteurs ne soient pas atteints.

Conformément au vœu exprimé à l'unanimité par l'*assemblée générale ordinaire du 30 mai dernier*, MM. les actionnaires de la *Banque d'Escompte de Paris* sont convoqués en *assemblée générale extraordinaire*, pour le *samedi 27 juin 1891*, à 3 heures du soir, à Paris, au siège social, place Ventadour, à l'effet de :

1° Entendre le rapport du Conseil d'administration sur un projet de réduction du capital social et de modifications aux statuts ;

2° Statuer sur les conclusions de ce rapport et autoriser, s'il y a lieu, la réduction du capital social, et ce, tant au moyen du rachat en Bourse, au-dessous du pair et de l'annulation d'un certain nombre d'actions de la Société, que de l'échange des actions actuelles, à raison de deux titres libérés de 250 francs, contre une action nouvelle entièrement libérée;

Le tout dans les formes et les conditions qui seront fixées par l'assemblée;

3° Comme conséquences de ces résolutions, si elles sont adoptées, de donner au Conseil tous pouvoirs nécessaires pour apporter aux statuts les modifications qui seront la conséquence des résolutions prises dans l'assemblée.

Aux termes des statuts, font partie de l'assemblée, MM. les actionnaires propriétaires de dix actions au moins, qui auront déposé dans les caisses de la Société leurs titres dix jours au plus tard avant le jour fixé pour la réunion.

SOCIÉTÉ DU GAZ GÉNÉRAL DE PARIS
HUGON et Cie.

Gaz portatif et gaz courant.

MM. les actionnaires de la Société du Gaz Général de Paris (Hugon et Cie) sont convoqués en assemblée générale ordinaire au siège de l'administration, 5, rue d'Hauteville, le 20 juin 1891, à une heure de l'après-midi.

Pour être admis à l'assemblée générale, il faut être propriétaire de dix actions au moins.

Les actions doivent être déposées au moins cinq jours à l'avance au secrétariat de la Société, 5, rue d'Hauteville, où il sera donné récépissé qui vaudra lettre d'admission.

CHEMIN DE FER D'ORLÉANS.
Juin-Septembre 1891.

EXCURSIONS
en Auvergne et dans le Limousin

PERMETTANT DE VISITER

Le Mont-Dore, La Bourboule, Royat, Clermont-Ferrand, Néris et Evaux,

avec arrêt facultatif à toutes les gares du parcours.

La Compagnie d'Orléans délivre du *15 Juin* au *30 Septembre* des billets **D'EXCURSION EN AUVERGNE** et dans le **LIMOUSIN** valables pendant *30 jours*, au départ de **Paris, Orléans, Blois, Tours, Le Mans, Angers** et **Nantes**, ainsi qu'aux gares et stations intermédiaires, aux prix réduits ci-après :

	1re classe.	2e classe.
PARIS	108 fr.	81 fr.
NANTES	125	96
ANGERS	116	87
LE MANS	114	85
TOURS	100	75
BLOIS	95	71
ORLÉANS	95	71

ITINÉRAIRE

1° Le parcours entre le point de départ et VIERZON, et *vice versa* ;

2° VIERZON, BOURGES, MONTLUÇON, CHAMBLET-NÉRIS (Bains de Néris), EVAUX (Bains d'Evaux), EYGURANDE, LAQUEUILLE (Bains du Mont-Dore et de La Bourboule), ROYAT (Bains de Royat), CLERMONT-FERRAND, LARGNAC, USSEL, LIMOGES (par TULLE, BRIVE et SAINT-YRIEIX, ou par EYMOUTIERS), VIERZON.

La durée de validité de ces Billets (*30 jours*) peut être prolongée d'une, deux ou trois périodes successives de 10 jours, moyennant le paiement, pour chaque période, d'un supplément égal à 10 % du prix du Billet.

Il est délivré à toute station du réseau d'Orléans, pour une autre station du réseau située sur l'itinéraire des Billets de voyages circulaires ci-dessus, ou inversement, des Billets d'aller et retour de 1re et 2e classes, avec réduction de 25 % sur le prix ordinaire des places.

Ces Billets sont délivrés, soit au commencement du voyage pour aller rejoindre l'itinéraire du Billet d'excursion dont ils forment le complément, et dont la demande doit être faite en même temps, soit au cours du voyage pour atteindre des points du réseau situés en dehors de l'itinéraire du Billet d'excursion.

On délivre des Billets à toutes les gares du réseau d'Orléans, pourvu que la demande en soit faite au moins trois jours à l'avance.

Avis essentiel. — Les prix ci-dessus ne comprennent pas le parcours de terre dans les services de correspondance de *Chamblet-Néris* à *Néris* ; — de la gare à la localité d'*Evaux* et de *Laqueuille* au *Mont-Dore* et à *La Bourboule*.

Les voyageurs obtiennent, sur leur demande, soit à la gare de départ, soit au bureau du Correspondant de la Compagnie, à *Laqueuille*, des Billets d'aller et retour réduits de 25 % pour le *Mont-Dore* et la *Bourboule*.

HALLES ET MARCHÉS

SITUATION GÉNÉRALE.

Quoique la pluie soit trop abondante, le temps chaud est devenu meilleur pour les récoltes. Mais on évalue toujours à une quantité considérable le déficit de celle du blé. Les prix des céréales varient peu. Les alcools ont eu une tenue meilleure; les sucres et les huiles de colza restent faibles; les verdures et fruits de primeur sont abondants et leurs prix deviennent abordables dans les villes.

GRAINS.

Blés. — Les transactions sont toujours très calmes, en l'absence d'offres et d'apports sur les marchés. Les nouvelles peu favorables de la récolte ont amené de la fermeté sur quelques points; mais en général les cours restent stationnaires. Au marché commercial de Paris, les prix sont plutôt faiblement tenus ; on a coté samedi en clôture, le blé disponible, 30 fr. les 100 kilog. ; le livrable en juillet 29 50 à 29 75; en août, 29; les autres époques, 28 75 à 29 75. Sur les marchés des départements, voici les cours relevés à la fin de la semaine : Cambrai, 30; Arras, blé blanc, 28 50 à 30; roux, 27 à 29; Douai, 28 à 31; Amiens, 29 90; Beauvais, 27 15 à 29 90; Châlons-sur-Marne, 30; Montereau, 25 85 à 31 18; Rouen, 29 27; le Mans, 29 à 30; Laval, 29 à 29 50; Étampes, 26 70 à 29 75; Nevers, 29 à 30; Dijon, 28 à 29 50; Mâcon, 29 à 30; Nantes, 28 50 à 29 25; Lyon, 28 à 28 75. Les blés étrangers disponibles sont en légère baisse ; on les cote par 100 kilog. disponibles en entrepôt au Havre ou à Rouen : Californie, 25 50; Saint-Louis, 25 50; Danube, 24 à 25 50; en livrable, dans les mêmes ports et à Dunkerque : Australie, 25 50; Californie, 26 75; Saint-Louis, 25; Bombay, 23 75 à 24.

Seigles. — Les cours sont bien tenus sur le seigle, la hausse que nous avons signalée persiste; on offre toujours au prix de 19 50 à 20 les 100 kil. en gare de Paris, et l'on demande 19 25 dans les gares d'expéditions des lignes du Nord et de l'Est. Au marché commercial à Paris, on cote le disponible et le livrable jusqu'en juillet, 19 25 à 19 50; les époques éloignées, 18 75 à 19.

Orges. — Rien de nouveau pour les orges et les escourgeons, qui sont cotés nominalement. On dit que les orges d'Algérie seront abondantes cette année, et l'on a déjà entamé des pourparlers pour des achats à livrer, mais les prix ne sont pas encore établis.

Malts. — Prix bien tenus de 31 à 35 les 100 kil. en gare à Paris pour les malts d'orge ou d'escourgeons indigènes et de 26 à 27 dans les malteries du Nord pour les malts d'orges algériennes.

Avoines. — Les offres sont un peu plus importantes, et les cours restent assez faibles. On cote à Paris les avoines noires de choix, 20 à 20 50 les 100 kilog. en gare; les noires de la Beauce et du Centre, 19 50; les grises des mêmes provenances, 19 25. Les avoines étrangères sont sans affaires.

Farines de consommation. — Demande toujours calme, sans changement de prix; la marque de Corbeil est à 66 les 157 kilog nets.

Farines de commerce. — Les douze-marques sont calmes; on les cotait à la fin du marché du 6 juin, comme suit : disponible et courant du mois, 63 25 à 63 50; livrables à toutes époques, 61 à 61 2 .

Farines petites premières et bises. — On cote à Paris, par 100 kilog. : petites premières, 33 à 35; deuxièmes, 31 à 33; troisièmes, 26 à 28, quatrièmes, 23 à 25; premier broyage, 20 à 22.

Farines de seigle. — Cours soutenus comme suit : fleur extra, 27 50 à 28 les 100 kilog.; première, 26 50 à 27 ordinaire, 25.

Fourrages. — Au marché de la Chapelle, les prix étaient en baisse sur ceux du samedi précédent; on a coté : foin : 46 à 53 les 100 bottes de 5 kilog. au domicile de l'acheteur ; luzerne, 50 à 58 ; paille de blé, 32 à 30; de seigle, 35 à 42; d'avoine, 21 à 24. — Sur nos marchés de l'intérieur on cote : *aux 520 kilog.* : Nancy, foin, 30 à 35; luzerne et trèfle, 28 à 32; regain, 29 à 31; paille, 28 à 30; Versailles, foin, 40 à 46; sainfoin, 34 à 37; paille, 17 à 18; Compiègne, foin, 45; trèfle et paille, 40; Montereau, foin, 30 à 40; luzerne, 28 à 39; paille, 37 à 38; Dijon, foin, 35 à 40; paille, 22 à 26; Autun, foin, 35 à 40; paille, 18 à 20; Vierzon, foin, 30 à 32 50; paille, 22 50 à 25.

Huiles de graines. — Les cours sont faibles à Paris pour l'huile de colza, qui se cote 73 à 73 25 les 100 kilog., disponibles et livrables juin; les autres époques vont en progressant de 73 50 à 77. L'huile de lin est calme aux cours de 53 à 53 50 en disponible et de 53 25 à 55 75 en livrable. — Sur les marchés des départements, le calme domine; on cote à Lille : colza, 70; lin, 51 à 56, colza épurée, 76 l'hectolitre; à Arras, colza, 70; cameline, 65 ; pavot à bouche, 77 les 100 kilog. ; à Rouen, colza, 72 75, les 100 kilog.; lin, 51 50; à Caen, colza, 70.

Huiles d'olive. — Prix fermes à Nice de 128 32 à 154 les 100 kilog. Les huiles de la Montagne se payent de 154 à 166 84; les intermédiaires et les fines, de 115 48 à 141 16; celles de la rivière de Gênes 135 à 140 en entrepôt de douanes. — A Marseille, les cours restent stationnaires.

Graines oléagineuses. — A Cambrai, les graines d'œillettes sont fermes au prix de 25 l'hectolitre; celle de colza valent 21. — A Arras, on cote : œillette, 24 25 à 25 50; colza, 21 50. — A Paris, le cours de la graine de colza reste nominal à 36; celle de lin vaut de 25 à 30.

Tourteaux. — Cours de Marseille : tourteaux pour nourriture : lin pur, 17 25 les 100 kilog.; arachide décortiqué, 14 25; sésame blanc du Levant, 13 50; œillette exotique, 12 25; coprah pour vaches laitières, 14 à 14 75; coton d'Egypte, 10 25 à 11; palmiste en poudre, 0 25; farine de cocotier, 14; pour engrais : sésame brun de l'Inde, 3; colza exotique, 11 25; ricin pour la vigne, 9; mowra ou illepés sulfurés, 7. — A Caen, les tourteaux de colza se vendent 1.0 les 100 kilog. — A Lille, on cote : colza indigène, 15 50 à 16 les 100 kilog.; étranger, 13 à 15; œillette, 16 à 17; lin indigène, 24 à 27 50; chanvre, 20 à 21. à Lille : œillette, 14 50; colza, 15; lin, 22; cameline, 14.

Suifs. — Le suif frais fondu de la boucherie de Paris et celui de province sont en baisse de 1 50 par 100 kilog. et cotés 62 50.

Beurres. — La vente est active à Paris, et les prix en hausse comme suit : *beurres en mottes* fermiers de Gournay : extra, 3 50 à 4 42 le kilog. : choix, 3 à 3 40; bons, 2 70 à 2 90; ordinaires, 2 50 à 2 60; d'Isigny, extra, 5 à 6 54; choix, 4 à 4 60; bons, 3 à 3 40; ordinaires, 2 70 à 2 80; marchands du Gâtinais, 2 10 à 2 30; de Bretagne, 1 90 à 2 10; de Vire, 2 à 2 30; de Bresse, 1 80 à 1 90; laitiers des Charentes, 2 20 à 2 70; des Alpes, 2 20 à 2 90; divers producteurs, 2 30 à 2 60; — *beurres en livres* : fermiers 2 10 à 3; Touraine, 2 à 2 40; Gâtinais, 2 à 2 40; Vendôme et Beaugency, 1 90 à 2 30; Bourgogne, 1 80 à 2, le Mans, 1 80 à 2 10. — *Petit beurre* : suivant provenance, 1 50 à 2 30 le kilog.

Œufs. — Tenue assez bonne pour les petit œufs; on cote : Normandie, 78 à 95 le mille. Picardie extra, 80 à 106; ordinaire, 65 à 78; Bri extra, 75 à 86; Touraine extra, 76 à 84; ordinaire, 68 à 74; Beauce, 72 à 78; Orne, 64 à 74; Bourgogne, 68 à 72; Champagne, 70 à 74; Nivernais, 63 à 67; Bourbonnais, 63 à 67; Bretagne, 58 à 65; Vendée, 60 à 66; Auvergne, 60 à 62; midi, 60 à 61.

Fromages. — On cote à la halle de Paris, *par dizaine* : Brie, fermiers haute marque, 45 à 50; grand moule, 40 à 45; moule moyen, 30 à 35; petit moule, 25 à 28; laitiers, moyens moules, 25 à 30 ; — *par 100 kilog.* : Gruyère, 151 à 185 (hors l'octroi); Roquefort, 200 à 300; Hollande, 160 à 180; plats de Gouda, 170 à 180; Gérardmer, 70 à 75; Limbourg, 70 à 80; Munster, 100 à 110; Romatour, 90 à 100; Cantal, 125 à 135; façon Port-Salut, 100 à 180 ; — par cent : Bourgogne: 65 à 70; Saint-Nectaire, 9 à 10; Camembert, 30 à 55 ; Livarot, 70 à 108; Gournay, 8 à 22; Mont-Dore, 30 à 3 ; façon Coulommiers, 30 à 53.

BESTIAUX.

LA VILLETTE, 11 juin. — Bestiaux. — Vente plus difficile sur les bestiaux, mauvaise sur les veaux, bonne sur les moutons et active sur les porcs.

COURS officiels.	Amenés.	Vendus.	1re qualité.	2e qualité.	3e qualité.	Prix extrêmes.
Bœufs....	1.952	1.880	1 72	1 54	1 40	1 28 à 1 80
Vaches ...	592	59	1 66	1 48	1 28	1 20 1 72
Taureaux.	328	3 2	1 42	1 30	1 30	1 24 1 50
Veaux....	1.501	1.358	1 94	1 76	1 58	1 30 2 12
Moutons..	9 691	8.011	2 10	1 91	1 70	1 44 2 18
Porcs.....	4.563	4 534	1 48	1 42	1 36	1 30 1 52

Marché du lundi 8 juin.

	Amenés	Vendus	PRIX AU POIDS NET 1re qual.	2e qual.	3e qual.
Bœufs	2.023	1.980	1 74	1 56	1 42
Vaches.....	516	400	1 68	1 50	1 30
Taureaux ..	212	206	1 46	1 43	1 34
Veaux......	1.425	1.373	1 92	1 74	1 56
Moutons....	13.255	12.358	2 08	1 92	1 68
Porcs	2.695	2 636	1 38	1 34	1 28

	PRIX AU POIDS VIF 1re qual.	2e qual.	3e qual.	Prix extrêmes.
Bœufs..........	1 01	» 90	» 75	» 66 à 1 10
Vaches.........	1 »	» 81	» 67	» 60 1 04
Taureaux.......	» 92	» 83	» 71	» 64 » 97
Veaux..........	1 16	1 02	» 80	» 65 1 28
Moutons........	1 09	1 01	» 86	» 67 1 15
Porcs..........	» 96	» 92	» 85	» 80 1 »
Peaux de moutons en laine..........				4 15 6 25
Id. id. demi-laine........				1 85 2 90

Viandes abattues. — Criée du 11 Juin.

		1re qualité.	2e qualité	3e qualité.
Bœufs	le kil.	1 60 à 3 20	1 40 à 3 »	1 2 à 2 10
Veaux....	—	1 66 1 86	1 46 1 60	1 20 1 40
Moutons..	—	90 2 »	1 36 1 86	» 80 1 50
Porc entier	—	1 30 1 40	1 14 1 26	» 90 1 10

ALAMBIC A. ESTÈVE

distille sans recharge, sans eau, donne à jet continu l'eau-de-vie au titre voulu.

Spécial pour marcs, fruits, vin, cidre, lie, etc.

Alambic de famille avec fourneau à pétrole, 45, 90, 145 litres, 65 fr., 100 fr., 200 fr.	Alambic industriel avec fourneau à bois, 225, 500, 1,000 litres en 12 h., 190, 350, 800 fr.

Prospectus *franco*. A. ESTÈVE, à La Réole (Gironde).

Exposition universelle de 1889. — Médaille d'or.

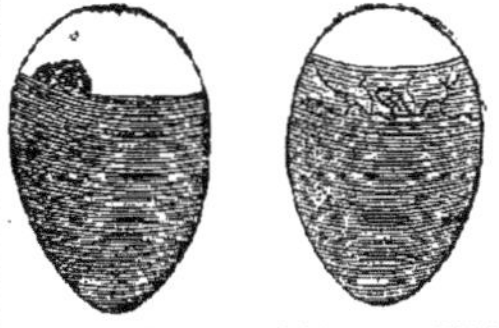

COUVEUSES

ARTIFICIELLES Brev. S. G. D. G. Nouv. Perfectionnements

Volailles de toutes races pour la reproduction.

ŒUFS A COUVER

Poussins, race de Houdan, 1 fr. franco. Emb. compris.

Poulaillers, Faisanderies, Volières.

Envoi franco du Catalogue illustré.

ECOLE PRATIQUE D'AVICULTURE

ROULLIER ✻ ✻ et ARNOULT

à Gambais (S.-et-O.), et 7, galerie Vivienne PARIS.

Ecrire à Gambais.

POUDRE BERNICAL *pour faire retenir les vaches*, inoffensive, succès croissant. « *Avec elle, pas de vaches stériles, envoyez* « *2 paquets.* » DUBOS, Biscarosse (Landes). « *J'ai bien réussi, envoyez 1 paquet.* » TAPOT, Xaintrailles (Lot-et-Garonne). 1f 50 *franco*, timbres ou mandat, instruction. BERNICAL, pharm. 1re classe, Chaise-Dieu (Haute-Loire); Paris, pharm. KLÉBER, avenue Kléber, 70.

M. RECOURAT, pharmacien à Beauvais.

Gale des moutons guérie radicalement par *une seule application* de l'ANTIPSORIQUE.

La bouteille, 3 fr.; la demi-bouteille, 1 fr. 75.

Guérison du PIÉTIN par *un seul pansement* avec le CONTRE-PIÉTIN-RECOURAT.

Le pot d'essai, 1 fr. 50; le pot, 2 fr. 50.

Joindre 0,60 c. pour recevoir *franco* et indiquer gare.

Pulvérisateur « l'Éclair »

contre le mildiou et la maladie des pommes de terre.

V. VERMOREL

constructeur breveté (s. g. d. g.).

à Villefranche (Rhône).

330 premiers Prix, Médailles, etc.

« ÉCLAIR » n° 1, prix .... 40 fr.
« ÉCLAIR » n° 2, prix .... 30 fr.

PULVÉRISATEUR A TRACTION, pour la vigne et les pommes de terre.

PULVÉRISATEURS SPECIAUX pour les arbres.

NOUVELLE SOUFREUSE à grand travail « *la Torpille* », pour l'emploi des poudres et du soufre.

MATÉRIEL VITICOLE complet.

ENVOI FRANCO DU CATALOGUE.

FOURNEAUX DE CUISINE

de toutes espèces

Maisons particulières, Hôtels, Châteaux et Fermes, Hospices, Hôpitaux, Collèges, Pensions, etc.

ENVOI FRANCO DE CATALOGUES.

Maison DELAROCHE aîné

22, rue Bertrand, PARIS.

GRILLAGES

GARIEL 2 ter, quai de la Mégisserie PARIS

CLOTURES de CHASSES

1 mètre de haut : Le mètre 0 f. 30

Châssis de Couche depuis..... **7** francs
Ronce Artificielle les 100 mètres **5f 50**
Porte-Bouteilles 200 Places. **7** francs

ENVOI FRANCO DE L'ALBUM SUR DEMANDE

AUX ÉLEVEURS ET ENGRAISSEURS DE BESTIAUX.

Voulez-vous élever et engraisser vivement vos animaux?

EMPLOYEZ LE

GLUTEN DE MAÏS AMÉLIORÉ

Pour les Vaches laitières, lait riche et abondant.

Pour les Porcs, viande de toute première qualité.

Produit à base de **farine** de **maïs**, remplaçant avec avantage les **tourteaux**, les **moutures** et les **remoulages**; c'est la nourriture reconnue la plus économique et la meilleure pour l'**élevage** et l'**engraissement rapide** des **porcs**, des **veaux** et de tous les **bestiaux** de la ferme, ainsi que des **volailles**. *Envoi du prix-courant sur demande adressée à*

M. BOUDOUX, négociant à NESLE (Somme).

COUVEUSES ARTIFICIELLES

à régulateur automatique de chaleur.

Plus d'eau à réchauffer matin et soir. — Nouveau perfectionnement. — Succès assuré.

ŒUFS A COUVER

De poules de Houdan, **5** fr. la douz.; — de poules de La Flèche, **6** fr. la douz.; — de poules Campines dorées ou argentées, **6** fr. la douz. — Races pures, *franco* de port. — Les clairs seront remplacés.

PETITS POUSSINS

Race Houdan, **15** fr. la douz., **28** fr. les 25, *franco* toutes gares et bonne arrivée garantie. *Envoi franco* du catalogue général.

J. PHILIPPE fils, éleveur à HOUDAN (Seine-et-Oise). — Maison à PARIS, 16, quai du Louvre. — *Ecrire à Houdan.*

USINE HYDRAULIQUE DU PETIT-MOULIN
A NANTEUIL-LE-HAUDOUIN (OISE).

HENRY BERTHIER
ingénieur-agronome diplômé de l'Institut national agronomique.

MACHINES AGRICOLES
Vente et échange. - Location. - Réparations en tous genres.

BICYCLES, BICYCLETTES & TRICYCLES
Accessoires et réparations.

Spécialité de Graines fourragères épurées.
CÉRÉALES DE SEMENCE.
GRAINES POTAGÈRES, DE FLEURS ET D'ARBRES.
ARBRES FRUITIERS ET FORESTIERS.

Graines de Betteraves à grand rendement et à grande richesse saccharine.

ENGRAIS SIMPLES ET COMPOSÉS.

Envoi franco de renseignements à toute demande affranchie.

MÉDECINE VÉTÉRINAIRE.

Dépôt général pour la France et l'Etranger: MM. MICHELAT et LESUEUR, 9, rue des Guillemites, Paris.

L'ENGRAIS AMIÉNOIS

FUMURE NORMALE et COMPLÈTE

A BASE DE MATIÈRES ORGANIQUES

Compositions spéciales pour les cultures de printemps et d'automne. — S'adresser à M. Elisée LEFEBVRE, route de Rouen, 121, à **Amiens** (Somme).

Diplôme d'honneur. Diplôme d'honneur.

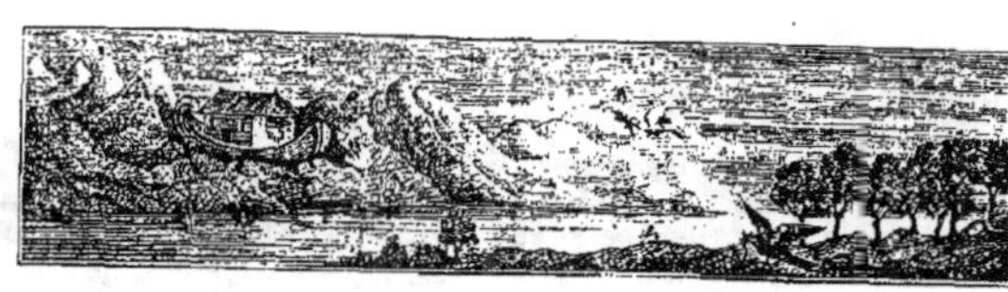

NICE. NICE.

PAS DE BONNE SALADE

sans Huile d'Olive de NICE.

de **B. LAPALU**, propriétaire-récoltant, président de Syndicat agricole, à NICE (Alpes-Maritimes). — *Prix spéciaux pour Syndicats.*

CHARRUES DOMBASLE

de toutes forces et pour tous usages.
Labours ordinaires. Labours profonds. Défoncements.

Herses — Scarificateurs — Houes à cheval
Déchaumeuse — Rouleaux — Semoirs
Rayonneurs — Tonneaux à purin — Faucheuses
Faneuses — Rateaux — Moissonneuses — Tarares
Trieurs — Hache-paille — Coupe-racines.

CH. DE MEIXMORON DE DOMBASLE

NANCY (Meurthe-et-Moselle).
Envoi franco du catalogue sur demande.

ENGRAIS de la VOIRIE MUNICIPALE de BONDY

Matières brutes séchées 2 fr. 70 °/₀ k. en vrac sans garantie de dosage.

Tourteaux organiques moulus
4 francs les 100 kilos en vrac ou 5 francs en sac
dosage 1 50 à 2 0/0 d'azote et 4 à 5 0/0 d'acide phosphorique

PHOSPHO - GUANO DE BONDY
10 francs, 0/0 kilos en sacs
dosage 2 à 3 0/0 d'azote et 8 à 10 d'acide phosphorique
PRIS PAR WAGONS COMPLETS EN GARE DE NOISY-LE-SEC
Les expéditions par quantités moindres sont augmentées de 2 francs par 100 kilos

S'adresser au : COMPTOIR AGRICOLE ET COMMERCIAL
9, RUE NOUVELLE, A PARIS
Ou à la Voirie de Bondy, ou à ses Représentants en Province

VINS DE BORDEAUX.

Baron D. DE CLÉRANT, propriétaire, à Barsac (Gironde).

PRIX-COURANT :

Vins rouges. Années :	1889	1888	1887	1885	1884	1883	1881
Première côte...... (la barrique).	150fr	160fr	180fr	200fr	230fr	250fr	280fr
Deuxième côte..... — .	130	140	150	170	200	220	240

La barrique de 225 litres, rouge ou blanc, franco de port et de fût, en gare d'arrivée.
5 francs de différence de logement par demi ou par quart de barrique.

Paiement : 45 jours, 2 pour 100 escompte, ou 120 jours net.

IL EST ADRESSÉ, SUR DEMANDE, UNE BOUTEILLE ÉCHANTILLON, FRANCO.

Ecrire à M. J. RENSON, château Saint-Léon, à Barsac (Gironde), chargé de la vente.

Avis aux Eleveurs et Nourrisseurs.

Les cosses et brisures de fèves de la maison Ph. Breuil, de Dijon, d'une pureté absolue et très riches en principes nutritifs, se recommandent pour l'engrais du bétail et la nourriture des chevaux.

BINEUSE VIET

nouveau modèle **en acier**, plus léger et plus solide, *pour betteraves, carottes, oignons, œillette et maïs, et généralement toute espèce de plantes en lignes.*

1891. — NEUVIÈME ANNÉE.

L. VIET

ancien sous-officier du génie, propriétaire-cultivateur, prix cultural au concours régional de Melun en 1887 (Médaille d'or)

à **ROUGEVILLE**, par Saacy (Seine-et-Marne).

Ouvrier travaillant sur les lignes dans un champ de betteraves.

Travail à l'heure : 6 à 12 ares.

On peut approcher les lignes autant que l'on veut, et, si rapprochées qu'elles soient, les plantes sortent intactes de l'opération.

Prix : 45 francs

MALADIES DU BÉTAIL
ET DE LA VOLAILLE

Leur traitement préventif et curatif

PAR L'ACIDE SALICYLIQUE

L'acide salicylique, employé dans la nourriture à la dose de 1/2 à 1 gramme par jour et par tête de bétail, est le meilleur préservatif des maladies qui procèdent par contagion : Sang de rate, Cocotte, Maladie aphtheuse, Erysipèle, Typhus, Morve, Variole et le Rouget des porcs, etc.

DES ATTESTATIONS NOMBREUSES DE GUÉRISONS obtenues pour la Cocotte et le Rouget des porcs ont été reproduites dans le *Journal l'Agriculture*.

La désinfection des étables, des écuries se fait instantanément au moyen d'un arrosage d'eau salicylée à 2 grammes par litre.

S'adresser à M. CERCKEL, administrateur de la *Compagnie de produits antiseptiques*, 26, rue Bergère, Paris.

Envoi sur demande de Prospectus et Brochures.

PRIX DU KIL. 25 fr. — BOITE DE MÉNAGE, 2 fr.

La plus ancienne fabrique de Semoirs français.
Maison **JACQUET-ROBILLARD**, *fondée en 1856.*

J. MARÉCHAL *

constructeur, 4, rue de Turenne, à ARRAS.

Fabrique spéciale de SEMOIRS à socs rigides et à socs articulés.

Médaille d'argent à l'Exposition universelle 1889.

Semoirs à betteraves, à engrais et Distributeurs d'engrais.

ENVOI FRANCO DU CATALOGUE.

Près de 400 médailles. — Plus de 6,000 Semoirs livrés.

20 premiers prix en 1889, en 1890.

PHARMACIE SAVARY

AMIENS, 33, Place Saint-Denis, 33, AMIENS

(EN FACE LE SQUARE).

PROVENDE AUX PHOSPHATES ASSIMILABLES

du Docteur DESCHAMPS.

Prix : 3 fr. le kilog.; 27 50 les 10 kilog. (Remises proportionnelles.)

Accroissement rapide des bestiaux, surtout chez les jeunes animaux, force nerveuse, fécondité, engraissement ; prévient surtout la diarrhée chez les jeunes veaux. Qualité exceptionnelle du lait.

M. Lefebvre, cultivateur à Marcelcave, a élevé un veau en lui administrant de la Provende phosphatée pendant 60 jours : tué à 70 jours, ce veau pesait 193 kilog., chiffre officiel constaté à l'abattoir. La viande était très blanche, ainsi qu'est prêt à l'attester M. Oheix, boucher à Amiens.

Les attestations émanant des sommités françaises et anglaises les plus accrédités ont été données à M. SAVARY.

30 PRIX D'HONNEUR ET GRANDS PRIX, 250 MÉDAILLES OR, VERMEIL, ETC.

GRANDES CULTURES DE GRAINES POTAGÈRES, FOURRAGÈRES ET DE FLEURS

E. FORGEOT (* ✠) & Cie

Fournisseurs du ministère de l'Agriculture, des Ecoles nationales d'agriculture, des Syndicats agricoles, etc.

PARIS, quai de la Mégisserie, 6 et 8

Appareils spéciaux pour épurer et nettoyer les graines

SPÉCIALITÉ DE GRAINES DE GRANDE CULTURE

luzernes et trèfles garantis sans cuscute minette vesces, sainfoins trèfles incarnats betteraves carottes, navets, choux-navets, pommes de terre

Blés a grand rendement, Avoines, Orges, Seigles. Graines d'arbres pour reboisement

Graines de graminées pour prairies

Notre Maison ne vend que des graines de provenances sûres, assurant les meilleurs résultats ; elle accepte le contrôle de la Station d'Essais des Semences, établie à l'Institut agronomique par le Ministère de l'Agriculture, contrôle auquel nous sommes soumis dès sa création. En conséquence, nos graines sont garanties de levée et d'une pureté irréprochable ; nos trèfles et nos luzernes sont garantis sans un seul grain de cuscute.

Grande et importante **Spécialité de Créations de Prairies.** Nous nous chargeons d'établir des compositions convenant à la nature de chaque sol, et d'avance nous en assurons la réussite.

Sur demande, nous adressons *franco* nos catalogues illustrés de graines potagères, fleurs, arbres, fourrages, ognons fleurs, plantes, etc.

CRÉDIT AGRICOLE
UNION DES SYNDICATS AGRICOLES DE FRANCE

9, rue Marsollier, PARIS

Agence à LYON, 234, cours Lafayette, S. PLISSONNIER, Directeur ✠ M. A.

MACHINES AGRICOLES DE TOUS SYSTÈMES

TOURTEAUX et FARINES pour la nourriture du bétail.

ENGRAIS CHIMIQUES et ORGANIQUES, MATIÈRES PREMIÈRES

SEMENCES DE PREMIER CHOIX.

RAISINS SECS A BOISSONS

PREMIÈRE MAISON DE FRANCE (10 croix ou méd., fondée en 1870), **J.-F. Audibert,** créateur des vins de raisins secs et importateur direct. Auteur de : *L'Art de faire les Vins de raisins secs* (fco 3 90); *les Vins d'imitation*, sirops, liqueurs, etc. (fco 5 25). Inventeur de l'appareil (B. S. G. D. G.). **LE SEUL ADOPTE PAR L'ARMEE** pour la fabrication mathématique des vins de raisins secs, en 10 jours, pour faire depuis 1 litre jusqu'à 20,000 litres par jour **AVEC UN HOMME. Renseignements gratuits pour tripler les vendanges, vins de seconde cuvée,** etc., 53, r. des Minimes, Marseille.

L'Administrateur-Gérant : Albert Renot.

Beauvais. — Imp. D. Pere. — A. Cartier, Gérant.

12e Année. — 2e Série. — N° 595. Dimanche 21 Juin 1891.

GAZETTE  AGRICOLE

JOURNAL HEBDOMADAIRE, PARAISSANT LE DIMANCHE

Rédacteur en Chef : M. Ch. GOSSIN, Professeur d'Agriculture à l'Institut agricole de Beauvais.

PRIX DE L'ABONNEMENT

UN AN, 5 fr. — SIX MOIS, 3 fr. — TROIS MOIS, 1 fr. 75

Pour l'étranger les abonnements ne sont reçus que pour un an, au prix de 6 francs, et ne partent que du 1er janvier ou du 1er juillet de chaque année.

Le numéro : 10 centimes.

Il est indispensable de joindre à toute demande de changement d'adresse la dernière bande d'adresse du journal et 50 centimes pour frais de nouvelles bandes.

Adresser les *Abonnements et Annonces* au secrétaire de la rédaction, 13, quai Voltaire, Paris, ou à M. GOSSIN, rédacteur en chef et administrateur, à BEAUVAIS.

BUREAUX

13, quai Voltaire, Paris, et à Beauvais.

Les abonnements partent du 1er de chaque mois et sont payables d'avance. Toute demande d'abonnement doit donc être accompagnée du prix de l'abonnement. (Le mode de payement le plus simple est l'envoi d'un mandat-poste.)

Donner *très lisiblement*, en s'abonnant, son nom et son adresse exacte, *avec l'indication du bureau de poste*; et, s'il s'agit d'une continuation d'abonnement, joindre au renouvellement la dernière bande d'adresse du journal.

La GAZETTE AGRICOLE insère gratuitement les Communications des Syndicats agricoles

SOMMAIRE :

PARIS, 19 JUIN

Le Bonhomme Deschamps se permettra aujourd'hui de poser à ses amis un certain nombre de questions. S'il ne leur demande pas d'y répondre, c'est qu'il est à peu près sûr qu'en y répondant lui-même il rendra leur propre pensée.

***

N'êtes-vous pas d'avis qu'une ferme entre les mains de son propriétaire, sera mieux exploitée que par un fermier, à supposer que les deux aient pour cette exploitation les mêmes ressources et la même expérience? Et pourquoi cela? Tout simplement parce que le propriétaire est sûr de recueillir, soit directement, soit indirectement, en le laissant à ses enfants, tout le fruit de son travail, tous les bénéfices de ses améliorations et tous les effets de ses inventions. Le fermier, au contraire, si honnête qu'il soit, ne peut ignorer qu'il est locataire, que son bail peut ne pas être renouvelé et que par conséquent il peut aussi avoir un successeur. Or, si désintéressé que l'on soit, a moins d'être un Saint, on ne se donne pas la même peine pour un inconnu quelconque, que pour soi-même ou pour ses enfants. Notez de plus que le propriétaire a, de ce chef même, pour sa ferme, un amour particulier. Cette inégalité entre le fermier et le propriétaire se retrouve aussi de fermier à fermier, suivant que le bail est plus ou moins long. Il est d'expérience journalière et de notoriété publique qu'un fermier qui a un bail de quinze à vingt ans est plus disposé à donner à la terre qu'un locataire de trois, six, neuf.

***

Mieux encore, il est d'observation fréquente qu'un fermier, même excellent et très dévoué aux intérêts de son propriétaire, n'apporte pas à son travail la même ténacité, ni à sa culture le même soin, à la fin qu'au commencement de son bail. C'est qu'en effet l'intérêt personnel est le grand mobile de la conduite des hommes. Mais, direz-vous, où le Bonhomme Deschamps en veut-il venir par ce débit de lieux communs et de vérités incontestables? Patience! De même que tout chemin mène à Rome, toute analogie, toute comparaison peuvent aussi conduire le Bonhomme Deschamps à fixer les conditions d'un bon gouvernement en France. Si donc un propriétaire à intelligence et à ressources égales administre mieux son bien qu'un fermier, et si un fermier avec un bail très court est à cet égard inférieur à un fermier assuré d'une longue location, il s'ensuit qu'une bonne administration d'une terre exige chez le titulaire qu'il ait intérêt personnel à la chose et qu'il soit assuré de recueillir en tout ou en grande partie, par lui ou par les siens, le bénéfice de ses avances et le fruit de ses soins.

***

Eh bien! Si nous comparons le gouvernement de la France à l'exploitation d'une très grande ferme, et si nous voulons que ce gouvernement soit bon, devons-nous le soumettre à des conditions de changement incessant et le faire passer à chaque instant des mains de celui ci dans les mains de celui-là? Evidemment non. Or, que se passe-t-il sous notre République telle qu'elle fonctionne? Y a-t-il quelque part un point fixe? Peut-on dire où sont les responsabilités? Les détenteurs du pouvoir ont-ils un intérêt direct et personnel à ce que les choses aillent bien? Nous ne disons pas pour le mieux! Pour qu'ils aient cet intérêt, il faudrait au moins qu'ils eussent, comme pour notre propriétaire et notre fermier, une existence assez longue ou une possession du pouvoir assez durable, pour avoir l'espoir raisonnable de recueillir le bénéfice de leurs peines et de leur dévouement. En est-il ainsi? Avec le système électif en tout et partout; avec des mandats à brève échéance et révocables, et étant donné surtout la moyenneté des sentiments humains, a-t-on chance de trouver pour gouverner le pays des hommes disposés à de grands sacrifices?

***

Chacun de vous peut répondre à toutes ces questions, pour peu qu'il suive le train train des affaires publiques. Les députés n'ont qu'une préoccupation, les ministres n'ont qu'un souci, les fonctionnaires qu'une étude; en un mot, tout ce monde n'est attentif qu'à conserver sa place. Allez donc demander à un ministre de se mettre à la traverse d'un mauvais projet de loi? Il le fera volontiers si la majorité le lui demande. Mais s'il la sent simplement hésitante ou incertaine, il se gardera bien, pour défendre un intérêt d'Etat, de s'exposer à perdre son portefeuille, c'est-à-dire son emploi. Croyez-vous que les députés se préoccupent davantage de l'intérêt général? Ne pas déplaire à leur clocher, voilà leur affaire. Tant mieux si la France y trouve aussi son compte, mais tant pis aussi si elle en souffre. Il n'est pas jusqu'au président de la République lui-même, qui, n'ayant qu'un mandat temporaire, est plus préocupé de plaire à ceux qui l'ont élu que de bien servir la nation. Dans notre régime républicain il n'y a, à proprement parler, personne qui soit dans des conditions à regarder au-delà du lendemain, sinon du jour, parce que personne n'y jouit d'un pouvoir assez long pour être porté à étendre ses vues et ses soucis au-delà de l'heure présente. Aussi chacun de vous, dans son milieu restreint, peut constater comment vont les affaires de notre pays.

***

Le Bonhomme Deschamps vous entend. Eh bien oui! il a de plus en plus la conviction qu'un grand et vieux pays comme la France ne peut être soumis, sans grand péril pour sa prospérité et sa sécurité, à un régime purement électif. Il est de plus en plus convaincu qu'il faut un chef héréditaire, — tranchons le mot, un roi — pour que les choses et les hommes soient vraiment à leur place. Ce chef héréditaire, ce roi, semble très bien qu'ils nuisent à eux ou à leurs héritiers, s'ils consentent aux mauvaises mesures, s'ils ne barrent pas le chemin aux folies, puisqu'ils dureront assez ou dans leur personne, ou dans celle de leurs enfants pour pâtir des maux qu'ils auront laissé faire. Peut-on vraiment exiger cette préoccupation d'un député, d'un ministre, d'un Président de la République, qui sont là aujourd'hui, mais qui peuvent ne pas y être demain, et qui, s'ils ne l'avouent pas, pensent du moins que tout ça durera aussi longtemps qu'eux! Quand donc le Bonhomme Deschamps défend ou recommande la Monarchie, il ne fait proprement que défendre et recommander l'intérêt de tous: la meilleure gestion possible de cette grande ferme à laquelle il a comparé la France.

LE BONHOMME DESCHAMPS.

NOUVELLES DE LA SEMAINE.

La loi scolaire est un véritable nid à procès. Elle est tellement injuste, tellement contraire à tous les principes du droit, que les tribunaux les moins indépendants sont forcés de lui donner à chaque instant une entorse. C'est ainsi que toutes les donations aux établissements religieux ont été déclarées nulles par la loi. Or, devant le tribunal de Brioude, la question vient de se poser l'autre jour, à la requête des ayants-droit d'un donateur dont on avait méconnu les volontés. Le tribunal a débouté la commune de Brioude que la loi scolaire déclarait héritière et l'a déboutée parce que le donateur ne lui avait légué une certaine somme qu'à la condition d'établir une école congréganiste. C'est absolument logique. Et toutes les communes qui se trouvent dans le cas de celle de Brioude seront pareillement dépossédées de leur propriété illégitime. Elles sont nombreuses, ces communes. Pour beaucoup, ce sera la ruine, mais à qui la faute, sinon à la loi scolaire, à cette loi dont la scélératesse s'étale chaque jour davantage.

Le crime de Courbevoie. — Un hideux procès qui vient de se dérouler devant la cour d'assises de la Seine et qui met en scène trois jeunes gredins et la mère de l'un d'eux, fait une certaine impression dans l'esprit des républicains. Il s'agit d'une bande de gamins de 16 à 19 ans qui, sous la conduite d'une ignoble mégère de 50 ans, ont pillé et assassiné. La mégère, la Berland, comme on dit, et deux de ces gamins ont été condamnés à mort.

Sans oser l'avouer, les républicains sentent que ce procès touche de fort près aux questions sociales et ils sont, en dépit même d'un scepticisme affecté, quelque peu effrayés de la précocité cynique dont ont fait étalage à l'audience ces accusés qui sont presque des enfants.

— On a bien fait de m'arrêter, a dit l'un d'eux, car sans cela le curé du Bourget y passait aussi.

Le curé du Bourget avait été précisément le bienfaiteur du jeune assassin Doré: il l'avait, à l'âge de treize ans, recueilli et fait placer dans un orphelinat. Pour s'acquitter, Doré n'avait qu'une pensée, tuer son bienfaiteur. Les débats ont révélé avec quel cynisme véritablement sauvage ces jeunes gredins ont accompli leur crime et avec quelle atroce placidité ils en ont envisagé les conséquences. Après avoir godaillé toute la journée, ils sont allés passer la soirée dans un théâtre, où ils se sont fort divertis.

Or, le crime de Courbevoie, ne doit pas être considéré seulement comme un fait isolé. C'est surtout un fait social; il est la résultante d'un état pathologique social; c'est de la criminalité fin de siècle perpétrée dans les bas-fonds sociaux de Paris.

Ce qui caractérise ces bandits de seize et de dix huit ans, c'est qu'ils ont tué pour se procurer des plaisirs grossiers, pour boire, pour manger, pour faire ripaille. Ils ont assassiné leur victime avec des raffinements de brutes affolées, sans remords, sans repentirs, en se délectant dans leur orgie sanguinaire.

Or, les moralistes républicains aperçoivent dans les horribles circonstances qui ont précédé et suivi cette abomination comme une prédisposition fatale au crime, comme si l'on naissait criminel et comme si le crime n'était chez certains individus que l'accomplissement d'une fonction. Nous connaissons cette thèse, et M. Emile Zola, il n'y a pas longtemps, s'en inspirait dans un roman, la *Bête humaine*, faisait de l'un de ses héros un assassin prédestiné, agissant sous l'influence d'une implacable hérédité. mais ce crime a une autre cause qu'on ne veut pas avouer. C'est un crime matérialiste qui porte l'empreinte de la laïcisation à outrance. Il faut que les républicains en prennent leur parti, mais ce crime est leur œuvre, et ils en verront bien d'autres.

En Chine. — Les nouvelles qui arrivent de Chine deviennent de plus en plus mauvaises. Ainsi une dépêche privée annonce un soulèvement contre les Européens, à Hang-Yang. Un missionnaire et un agent des douanes, tous deux sujets anglais, ont péri lapidés. La maison des missions a été incendiée.

D'autre part, on télégraphie que des propriétés appartenant à des communeautés catholiques et protestantes ont été brûlées à Wuchen (lac Poyang). Des désordres ont eu lieu à Tathutang. Et les troupes qui avaient été envoyées pour rétablir l'ordre se seraient jointes aux émeutiers. A tel point, que les bâtiments français qui se trouvent dans les mers de l'Extrême Orient, ont reçu l'ordre de se rendre à l'embouchure du Yang-Tse. L'Espagne, elle-même, a envoyé un bâtiment. Et un journal anglais dit: « qu'il est nécessaire de rendre la sécurité aux étrangers et que si le gouvernement chinois n'en est pas capable, il faut qu'il réclame l'aide des autres puissances. »

C'est qu'en effet la situation en Chine est très tendue, et nous revenons rapidement à ces périodes aiguës, où l'intervention européenne devient nécessaire pour empêcher ou réprimer les attentats. Il s'opère là-bas comme une recrudescence de haine contre « les barbares »; c'est ainsi que les Chinois appellent les Européens.

LA QUESTION OUVRIÈRE

> La question qui s'agite est d'une nature telle qu'à moins de faire appel à la religion et à l'Eglise, il est impossible de lui trouver jamais une solution efficace.
>
> (*Encyclique de S. S. Léon XIII, 1891.*)

Oui, sans la religion, pas de solution efficace, c'est incontestable.

Mais pour que la religion exerce son ministère de paix et de conciliation, pour qu'elle exerce d'une façon efficace son influence moralisatrice et amène la solution, il faut qu'elle puisse arriver aux populations ouvrières, il faut qu'elle puisse leur parler; or, entre la religion et les populations ouvrières s'élève, comme une muraille, le gouvernement de la franc-maçonnerie athée.

Depuis douze ans nos gouvernants font une guerre acharnée à la religion, et, si, malgré tous leurs efforts, ils n'ont pu la faire disparaître dans certaines classes de la société et dans la population des campagnes, en revanche, ils ont réussi à éloigner d'elle les populations ouvrières. A la sœur qui l'engageait, au nom de Jésus-Christ, à se confesser, l'ouvrier de Fourmies a répondu: « *Jésus-Christ, je ne le connais pas* ». Beaucoup d'ouvriers de 20 à 30 ans en sont là, grâce à la laïcisation et aux manuels de Paul Bert et de Compayré.

Il faut donc rendre la religion à l'ouvrier; il faut qu'elle puisse l'approcher, lui parler et l'instruire; il faut qu'à la haine elle puisse substituer la charité chrétienne; il faut qu'à l'amour du cabaret elle puisse substituer l'amour de Dieu, du foyer domestique et de l'atelier.

Les prétendues revendications ouvrières et notamment la journée de huit heures, ne sont qu'une invention de meneurs que le sort des ouvriers n'intéresse que très médiocrement et qui vivent les uns à la solde de l'étranger, les autres aux dépens de ces mêmes ouvriers qu'ils corrompent et qu'ils entraînent en faisant appel à leurs plus grossiers appétits.

Il faut que la religion, par la voix de ses ministres, puisse démontrer aux ouvriers que leurs prétendus amis les trompent, qu'en dehors des préceptes divins tout est mensonge et qu'en s'exposant aux balles pour sauver la vie de leurs frères de Fourmies, le curé Margerin et ses vicaires ont montré de quel côté se trouvaient les véritables amis de l'ouvrier.

Il faut enfin et surtout rendre Dieu à l'école et le réintégrer dans la famille.

L'ouvrier qui ne va plus à l'église déserte aussi le foyer domestique et va au cabaret. Là tout est frelaté, les idées comme les consommations; les dernières ruinent le corps, les autres altèrent la raison. L'ouvrier y oublie tout, Dieu, la famille et le travail; en revanche, il y puise la haine du prochain, la soif de cet or qui lui permettra de satisfaire ses passions brutales et, quand vient le jour des revendications, sa raison déséquilibrée confond les justes et les injustes et ne s'arrête qu'à celles-ci.

En effet, que demande d'ordinaire l'ouvrier? Il demande un salaire disproportionné à ses besoins réels et une durée de travail journalier disproportionné à la tache qu'en échange du salaire qu'on lui donne on est en droit d'exiger de lui.

Depuis qu'on lui a fait perdre de vue Dieu et ses préceptes; depuis que le cabaret est devenu son temple et que la bouteille est l'emblème de son culte, l'ouvrier a des besoins que le patron n'est pas obligé de satisfaire. Il lui faut l'eau-de-vie, l'absinthe, la bière, le café, et cela plusieurs fois par jour; il lui faut les réunions tumultueuses et les discours incendiaires de ses meneurs; il lui faut les grèves, les grèves pendant lesquelles on boit et on ne travaille pas, les grèves qui ruinent le pays, qui ruinent les patrons et qui ruinent même ceux qui les font, en enrichissant les Basly qui les provoquent.

D'un autre côté, les patrons, aussi peu religieux que leurs ouvriers, ont également besoin d'entendre la parole de Dieu. Uniquement occuper de gagner de l'or, ils ne voient généralement dans leurs ouvriers que des instruments à bénéfices. Ils ne s'occupent pas plus d'améliorer leur situation physique que leur situation morale. Ils semblent ne pas se douter que si, au lieu de ramener la religion dans l'atelier et d'y faire entrer avec elle le respect de la propriété d'autrui, ils se bornent à afficher un grand luxe devant leurs ouvriers; ils excitent des convoitises qui se traduiront un jour par des faits dont eux, patrons, seront les premières victimes.

Quant à nos gouvernants, si nous les croyons capables de nous entendre, nous leur dirions : Vous avez chassé Dieu, tâchez de le rappeler, surtout dans les écoles et dans les ateliers. Vous savez aujourd'hui ce qu'un gouvernement a à craindre des ouvriers que ne retient pas la crainte de Dieu. Les déploiements de troupes faits par Constans, le 1er mai, dans les grands centres, surtout à Paris, et les massacres de Fourmies en sont la preuve indéniable.

Faisons donc rentrer Dieu dans l'atelier et par suite dans le cœur de l'ouvrier, et si le gouvernement s'y oppose faisons le sans lui et malgré lui. Usons de tous les moyens qui sont en notre pouvoir.

Ecoutons, par exemple, ce que M. le comte d'Haussonville dit à la jeunesse catholique et royaliste : « Fondez des associations dans toutes « les villes où il y a des loges maçonniques, et « que ces associations, ouvertes à tous, grou- « pent aussi bien les fils d'ouvriers que les fils « de patrons.

« Mêlez-vous à la génération dont vous êtes « et ne vivez pas en coterie. Allez jusqu'au « peuple : inquiétez-vous de ce qu'il est, de « ce qu'il pense, de ce qu'il souffre : enquerrez- « vous des conditions de sa vie matérielle et de « sa vie morale.

« Témoignez au peuple, à l'ouvrier de votre « respect, en lui disant toujours la vérité. Ne « le flattez pas : flater n'est pas la manière de « bien servir ni prince, ni peuple. » C. G.

L'ENSILAGE DES FOURRAGES VERTS

L'ensilage, toujours l'ensilage! On ne parle plus que de cela, surtout depuis que la pluie presque générale du jour de la Saint-Médard fait craindre la réalisation du proverbe et par suite de grandes difficultés de fenaison.

Un de nos abonnés nous écrit :

« Puis-je ensiler des vesces de printemps ? Je suis désireux de faire l'essai du procédé ; mais, craignant un échec, je ne veux ni construire une fosse, ni lui consacrer mes bâtiments, granges ou bergeries.

« D'un autre côté, je ne puis songer à faire une fosse souterraine, car l'eau se trouve à peine à 50 cent. Que faire ? »

C'est bien simple. Nous répondrons d'abord à notre correspondant que nous approuvons fort sa prudence.

Non, il ne faut jamais se lancer dans les innovations, quelque vantées qu'elles soient. Les conseilleurs ne sont pas les payeurs. Ce n'est pas qu'il faille rejeter tout, comme maître Routinet. Non, mais il faut essayer en petit en faisant le moins de dépenses possible. Donc, notre correspondant à raison d'être prudent.

Cela dit, nous ajoutons :

1° Les vesces de printemps, comme toute espèce de matières vertes, peuvent parfaitement être ensilées. Par les temps pluvieux, ce fourrage est très difficile à sécher ; par conséquent l'ensilage lui convient tout particulièrement.

2° Les meilleurs silos sont ceux que l'on creuse soit dans des bâtiments, soit dans des hangars. Mais cet abri, si utile qu'il soit au point de vue de la préservation contre les eaux pluviales, n'est nullement indispensable.

L'ensilage peut se faire sur place, en plein air, c'est le plus économique, celui qui se prête le mieux aux essais en petit par les saint Thomas de l'agriculture. Si le terrain est trop humide, s'il redoute les infiltrations d'eau en hiver, il faut préférer les silos sans fouilles ou presque sans fouilles, ceux qui ne s'enfoncent pas du tout ou presque pas en terre.

M. Lecouteux a établi ces sortes de silos dans son exploitation de Cerçay, en Sologne, dès 1874. Il leur donne les dimensions suivantes :

Largeur à la base : 3 mètres. Hauteur entre la base (niveau du sol) et le dessous de la couverture de terre (sommet ou pointe) au moment de l'ensilage : 2 mètres. Longueur à volonté depuis 25 mètres jusqu'à 100 mètres. Epaisseur de la couche de terre de revêtement : 45 à 55 centimètres. Forme prismatique triangulaire. Fond légèrement bombé en dos d'âne.

Bien entendu, pour les sols où le plan des eaux souterraines s'éloigne de la surface, la profondeur de la fouille se règle sur la profondeur de ce plan.

La terre de revêtement est prise dans les fossés latéraux dont le fond doit être réglé de manière à faciliter l'écoulement des eaux.

Nous complétons ces renseignements par les détails donnés sur cet ensilage par un habile agriculteur du centre, M. Tarneaud.

Voici une prairie : dans la matinée, un demi-hectare vient d'être abattu.

Vous choisissez à portée, dit M. Tarneaud, une surface plane, 3m50 sont mesurés. C'est la base d'un rectangle dont les deux côtés s'étendent suivant les besoins. Deux tombereaux sont en marche, remplis d'herbe. Ils viennent successivement le décharger dans ledit rectangle. Des ouvriers la reçoivent, la tassent et l'élèvent progressivement en d'os d'âne jusqu'à une hauteur de 3m10 à 3m20. A cette altitude, le sommet n'a que 0m20 à 0m30 de large, tandis que la base a 3m50 ce qui reproduit l'aspect d'un prisme. Ceci fait, on ouvre sur les côtés du silo un fossé dont on rejette les terres sur la masse herbacée, de manière à l'envelopper entièrement sous une épaisseur de 0m50.

Quelques jours après, un tassement plus ou moins irrégulier se produit, et, après qu'il a été corrigé, le silo se trouve établi dans de bonnes conditions. La consommation peut être commencée deux ou trois mois après et se prolonger pendant plus d'une année.

Comme c'est aux quatre angles du rectangle que la pression est la moins forte, c'est là aussi que la conservation laisse souvent à désirer. Il y a souvent sur ces points quelques centimètres d'épaisseur de fourrage avarié.

Pour remédier à ces inconvénients, il faut, autant que possible, arrondir les angles.

On voit que ce procédé est bien simple. Qui ne peut l'essayer ! Si les prédictions pessimistes et pluvieuses se réalisent qu'importe ! Avec les silos, nous trouverons bien le moyen de ne pas perdre un brin de fourrage. Ch. Gossin.

Du mélange des phosphates naturels
avec les matières organiques et les substances acides (1).

(Suite.)

Mélange avec des matières acides. — Comme nous l'avons vu, les phosphates naturels sont attaqués par les acides et rendus plus assimilables. Donc, le mélange de cet engrais avec un milieu acide, ou qui le devient par la fermentation, ne peut produire que des résultats avantageux, C'est, en effet, ce qui a lieu lorsqu'on incorpore les phosphorites aux marcs de pommes, de poires, de raisins, etc.

Les marcs de raisins, au bout d'un certain temps de fermentation, renferment 0.3 pour 100 d'acides libres et particulièrement d'acide acétique. Ceux de pommes et de poires peuvent en contenir jusqu'à 0.5 pour 100, et dès lors il est facile de comprendre que ces acides, agissant à la façon de l'acide sulfurique, quoique moins énergiquement, solubilisent en partie les phosphates.

Avec les sciures de bois qui donnent également une fermentation acide, le résultat est le même et le compost formé a le double avantage d'avoir rendu le phosphate plus assimilable et d'avoir saturé les acides nuisibles que renfermait la matière employée.

L'introduction des phosphates naturels dans la tourbe acide est aussi très utile. MM. Fleischer et Rissling ayant mis 2 kil. de phosphorique renfermant 0k.600 d'acide phosphorique avec des quantités variables de tourbe humide, ont dosé les chiffres suivants d'acide phosphorique solubilisé pour 100, au bout de dix-huit semaines.

Avec 116 kil.	de tourbe	7.8 à 9.20 °/°	
— 87	—	4.43 à 5.23	—
— 58	—	2.60 à 3.68	—
— 29	—	0.58 à 0.68	—

La proportion d'acide solubilisé est donc en raison directe de la quantité de tourbe employée dans le mélange.

De tout cela il faut conclure que les agriculteurs ont tout avantage à faire passer l'acide phosphorique qu'ils veulent mettre sur leurs terres, par le fumier ou d'autres détritus organiques ou acides. Les phosphates naturels deviennent ainsi plus assimilables et sont mieux répartis lorsqu'on les incorpore au sol. Cette dernière raison suffirait à elle seule pour justifier l'emploi de ces mélanges.

(1) *Moniteur des Syndicats agricoles.*

ril por régi pl... ût aux superphosphates et aux phosphates ...cipités, naturellement solubles, ils n'en retireraient aucun avantage.

Julien PÉRETTE,
Ingénieur-agronome,
Professeur à l'Ecole d'agriculture de Beauchêne (Mayenne).

A l'appui des observations présentées par M. J. Perette, nous rappellerons les intéressantes études de MM. Grandeau et Thiry sur l'amélioration de certains sols pauvres à l'aide d'une addition de tourbe. Il est aujourd'hui reconnu que les plantes se nourrissent non pas avec la substance organique, l'humus, mais avec les matières minérales que les détritus organiques livrent par leur décomposition.

Dans une communication récente adressée à la Société nationale d'encouragement à l'agriculture, M. Grandeau rappelait ainsi les résultats qu'on peut considérer comme acquis :

« Les matières organiques de la tourbe, stériles par elles-mêmes, comme celles du fumier, s'associent dans le sol aux substances minérales, notamment aux phosphates, et deviennent alors un élément de dissémination dans la terre des composés inorganiques sous une forme particulièrement favorable à leur assimilation par la plante.

« M. Thiry pourrait vous rappeler les faits curieux observés pendant de longues années dans des sols tourbeux de la ferme de son beau-père, M. Brice, à Champigneulles. Lorsque, dans la tourbière qu'il avait asséchée, on n'introduisait pas d'engrais minéral, la récolte était nulle, tandis que l'addition de phosphates et de sels de potasse permettait d'y récolter jusqu'à 50,000 à 60,000 kilogr. de betteraves à l'hectare. C'est la démonstration la plus nette de la nécessité des matières minérales pour l'alimentation des plantes, puisque le sol naturel de Champigneulles, extrêmement riche en matières organiques, demeure stérile tant qu'on n'y introduit pas d'engrais minéraux.

« L'addition de tourbe modifie d'une manière des plus remarquables les propriétés physiques et les qualités chimiques du sol crayeux de Champagne, des argiles fortes, des sables pauvres, etc. J'ai introduit dans la couche superficielle de ces différents sols environ 5 0/0 de tourbe; la terre crayeuse est devenue très maniable : elle peut se labourer à la bêche, tandis que la côte voisine, sans tourbe, ne peut être entamée que difficilement à la pioche.

« L'addition de la tourbe a pour but d'apporter au sol la matière organique qui manque parfois complètement dans certains sols, et d'y constituer une matière noire, analogue à celle qui *donne aux terres noires de Russie (Tchernoziom)* leur fertilité proverbiale. Mais, pour atteindre ce but, il faut en même temps apporter à la terre le phosphate de chaux que la substance organique *digère,* en quelque sorte, comme je l'ai démontré.

« C'est en vue de produire cette matière noire, qui se combine avec les matières minérales, que j'ai eu l'idée d'employer la tourbe afin de produire artificiellement des terres analogues aux terres noires de Russie.

« Mes premières expériences sur l'addition de tourbe à un sol pauvre en matières organiques remontent à quinze ans environ. J'avais introduit de la tourbe stérile de Champigneulles dans deux sols : argileux et argilo-calcaire, et je suis arrivé à accroître la fertilité de ces terres dans la proportion de soixante pour cent environ, par comparaison avec les sols non tourbés.

« J'ai analysé la terre quinze ans après l'addition de tourbe et j'ai constaté que nos sols étaient devenus de la terre noire très analogue, par sa constitution, aux terres noires de Russie.

« Voilà pourquoi je conseille l'emploi de la tourbe dans certains sols crayeux de Champagne, dans les sols fortement argileux, les sables plus ou moins cohérents. La matière organique ameublit les terres fortes et donne du corps aux terres légères.

« La tourbe, employée conjointement avec les sels minéraux, joue le rôle du fumier de ferme qui produit les mêmes effets. Si la matière organique n'est nullement indispensable, en tant qu'aliment des plantes, elle exerce dans le sol l'action la plus favorable en rendant très assimilables certaines substances minérales, telles que le phosphate de chaux. »

Ces expériences, dont on trouve le détail dans la troisième série des *Etudes agronomiques* de M. Grandeau, démontrent que, partout où existent des tourbières dans le voisinage de terres pauvres, il est possible de fertiliser celles-ci par un apport de tourbe, à la condition d'y adjoindre l'élément phosphaté indispensable à toute végétation.

La tourbe ordinaire contient de 1 1/2 à 2 0/0 d'azote; en la distillant, il serait possible d'en tirer du sulfate d'ammoniaque. Dans certaines exploitations agricoles, on stratifie la tourbe et le fumier par lits alternatifs : on arrose avec du purin et on obtient ainsi un excellent fumier.

M. ALBARET

Sa vie et ses travaux.

(*Eloge présenté à la Société des Agriculteurs de France, par M. le comte de Salis*).

L'agriculture française a perdu un de ses auxiliaires les plus dévoués, les plus honorables, les plus habiles, dans la personne de Auguste-Bernard Albaret. Il appartient à la société des Agriculteurs de France et en particulier à la Section du génie rural dont notre regretté collègue était membre assidu, de rendre justice à sa mémoire.

Les commencements de la vie n'ont pas été faciles pour cet homme que l'on voyait naguère occuper partout les premiers rangs dans la Société! Originaire de Dax (Landes) où il est né en juillet 1824, et muni d'une simple instruction primaire, il recevait d'abord l'enseignement scientifique et pratique de l'école des Arts et Métiers d'Angers (où il entra en 1840), ne prévoyant guère que sa carrière se terminerait quelque cinquante ans plus tard auprès de Liancourt, le berceau de ces utiles établissements dus à l'initiative généreuse du duc de Larochefoucauld.

Il sortit de l'école en 1843, le troisième avec le premier prix d'ajustage et fut embarqué comme aide mécanicien sur la *Chimène* et le *Cerbère*, navires de la flotte de l'Etat, qu'il quitta en 1844 pour être tour à tour ouvrier ajusteur, monteur et dessinateur dans plusieurs ateliers importants, entre autres dans ceux de la Compagnie du chemin de fer du Nord.

En 1848, il conduisit, en qualité de mécanicien, les locomotives de la section de Dijon à Châlon, sous les ordres de M. l'inspecteur général Parandier, alors ingénieur de la construction de ce tronçon du chemin de Paris à Lyon. Il aimait à rappeler cette période dure de son existence où il joignait à un travail physique des plus pénibles, des veillées où il complétait son bagage scientifique.

En 1853, la Compagnie de Lyon l'attacha à ses ateliers de Paris pour y surveiller la construction des locomotives. De là il passa dans la maison Cavé où il dirigea la fabrication des machines de la Compagnie d'Orléans.

Après un stage à Manchester, où il put se rendre un compte précis de la mécanique anglaise, il fut enfin attaché à la Compagnie espagnole de Madrid à Saragosse et à Alicante comme ingénieur des ateliers, et ses connaissances étendues de l'outillage y rendirent de grands services.

En 1859, la Compagnie royale des chemins de fer portugais le nomma ingénieur en chef du matériel et de la traction.

En 1861, Duvoir mourut, laissant sans direction les ateliers déjà importants de construction de machines à battre et de machines à vapeur agricoles qu'il avait fondés à Rantigny ; un ancien négociant dévoué aux choses de l'agriculture, M. Houette, lié à Albaret par des liens de parenté assez proches, désigna le jeune ingénieur à M. Emile Dumont, cultivateur de premier ordre et associé de Duvoir, comme l'homme le plus apte à donner la prospérité à l'industrie nouvelle.

Ce qu'il a fait, la France agricole l'a vu ; la section de génie rural l'a étudié en visitant l'établissement de Rantigny. Les ateliers créés par son prédécesseur ont été transformés, agrandis, munis d'un outillage considérable ; les moyens de production décuplés. En même temps, Albaret sentait qu'il fallait profiter de l'avantage incomparable que présente pour le perfectionnement des machines agricoles une situation au milieu des champs dans un pays où les agriculteurs intelligents et instruits sont nombreux ; il se créait de vives sympathies par son caractère loyal, généreux et son ardeur au travail. Tout le monde se prêtait volontiers aux essais qu'il tentait ; aussi on peut dire que les instruments sortis de ses ateliers sont véritablement les serviteurs du cultivateur et qu'ils répondent aux nécessités multiples de la vie rurale.

Les instruments les plus variés sont l'objet d'une fabrication courante dans l'établissement ainsi développé et métamorphosé ; on y construit des chaudières et des machines à vapeur, fixes et locomobiles, des manèges, des machines à battre appropriées aux différentes régions et aux grains de toutes sortes, des élévateurs de paille, des concasseurs, des hache-paille, des hache maïs, des coupe-racines, des laveurs de betteraves, des semoirs, des moulins agricoles, des faucheuses, moissonneuses, des moissonneuses-lieuses, des lieuses indépendantes, des presses à fourrages, des rouleaux à vapeur pour les chaussées empierrées, des locomotives routières, et pour utiliser l'outillage et donner du travail aux ouvriers pendant les moments où la demande des machines agricoles est ralentie, des wagons de chemin de fer.

L'établissement de Rantigny qu'Albaret a dirigé pendant près de trente ans a occupé jusqu'à 400 ouvriers ; il a des ateliers séparés de fonderie de fer, de fonte malléable, de cuivre, — de forge, avec marteaux-pilons, — de menuiserie, de chaudronnerie, d'ajustage, de tours et de montage; cinq machines à vapeur donnent la force motrice.

Albaret était constamment tourmenté par le désir du progrès ; il cherchait toujours à améliorer les engins qu'il fabriquait, s'inquiétant peu de savoir s'il ne diminuait pas ainsi les bénéfices très légitimes que lui donnait son intelligente industrie à laquelle il doit une véritable fortune.

Dans ces conditions les succès les plus flatteurs l'ont accablé, pour ainsi dire ; d'innombrables médailles lui ont été décernées dans les concours ; l'*Exposition* de 1867 en avait fait un chevalier de la Légion d'honneur, celle de 1878 lui donna la rosette d'officier ; au moment de la *création du mérite agricole*, il accepta d'être chevalier et il appartint à la première promotion des officiers de cet ordre. Des prix, peut-être plus flatteurs pour un ingénieur, lui ont été décernés par nos grandes Sociétés savantes pour ses travaux mécaniques et notamment pour l'invention des trains d'engrenages différentiels appliqués aux hache-paille et aux hache-maïs.

Alors qu'ayant obtenu toutes les médailles dans les Expositions, il jugeait les autres mécaniciens comme membre du Jury ; il reçut dans une classe bien différente de l'Exposition de 1889, celle d'économie sociale, des récompenses pour les mesures prises dans son établissement en faveur de ses ouvriers.

C'est que cet homme excellent, au cœur généreux, considérait ses ouvriers comme une véritable famille ; tous ceux qui ont séjourné dans ses ateliers connaissent son cri familier quand il fallait demander un effort : *allons les enfants!* Entre lui et le personnel qu'il employait il y avait cette familiarité pleine de respect et d'affection qui fait à la fois l'éloge du patron et de l'ouvrier.

De nos jours, où l'on cherche à séparer le patron de l'ouvrier, il est impossible de ne pas parler de la façon touchante et consolante dont se passait la fête de Saint-Eloi, le patron des mécaniciens et des agriculteurs. A l'usine de Rantigny, après une messe suivie par tout le monde au grand complet et où la partie musicale était due à l'usine, la grande famille ouvrière se réunissait en un banquet fraternel ; là tous les esprits étaient unis dans une même pensée de travail en commun, d'amitié véritable, de celle qui repose sur la solidarité des intérêts et une estime réciproque. Nulle part on ne peut rencontrer autant d'anciens ouvriers et de vieux contre-maîtres attachés depuis un temps aussi considérable à l'usine, qu'ils considèrent comme la maison paternelle.

C'est que M. Albaret était vraiment chrétien ; il l'était avec fermeté, sans ostentation ; il ne cachait pas ses convictions sans chercher à les imposer autrement que par le bon exemple et la douce autorité d'une nature aimable et enjouée.

Dieu, nous l'espérons fermement, bénit en ce moment l'homme au cœur généreux qui a travaillé toute sa vie, et qui, dans la grande position qu'il avait su conquérir de haute lutte n'oubliait aucun de ses collaborateurs, de ses compagnons de labeur quotidien.

Nouvelles agricoles.

Société nationale d'Agriculture. — Dans sa séance du 3 juin dernier, la Société nationale d'Agriculture a élu M. le comte de Salis membre correspondant dans la section de mécanique agricole et des irrigations.

Nos *félicitations sincères à notre savant* collaborateur et ami.

Les falsifications du sulfate de cuivre. — Au moment où vont commencer les sulfatages, rappelons que le sulfate de cuivre est souvent *falsifié par un mélange avec des* sulfates divers, celui de fer principalement, qui ont une valeur commerciale et anticryptogamique bien moindre. Voici un moyen de déceler la fraude.

On prend une pincée de l'échantillon à examiner et on le fait fondre dans un verre de cristal avec de l'eau bien claire. La solution terminée, on verse quelques gouttes d'alcali volatil et on ajoute un peu d'eau.

Si le sel est pur, on obtient une liqueur d'un bleu magnifique très limpide, comme celle que les pharmaciens mettent dans les grands globes de verre de leur étalage.

Si le sel n'est pas pur, la teinte est sale, foncée, puis elle s'éclaircit, devient limpide, mais il se dépose au fond du verre une matière floconneuse d'une couleur sensiblement d'un bleu noir.

Les bouilleurs de cru. — Dans sa dernière réunion, le Société de viticulture de Lyon a, sur la proposition d'une commission chargée d'étudier le projet de réglementation du privilège des bouilleurs de cru, adopté les conclusions suivantes :

« Si l'autorité veut, en maintenant l'état actuel, prendre des dispositions plus efficaces et plus sévères pour empêcher la fraude et punir les fraudeurs, la Société ne peut qu'approuver.

« Mais s'il est question de supprimer plus ou moins directement le droit du vigneron de distiller librement chez lui ses vins, ses marcs et fruits, sans être exercé, surveillé et taxé d'avance par la régie pour l'eau-de-vie qu'il en retire, elle proteste énergiquement.

« Elle proteste au nom du droit, de l'hygiène, de la paix publique, et dans l'intérêt de la reconstitution rapide du vignoble français. »

Le déficit de la récolte. — Il résulte d'une étude faite sur la situation agricole, et dont les données ont été prises à bonne source, que la récolte en blé sera médiocre dans son ensemble ; elle atteindra au plus 55 à 65 millions d'hectolitres, alors que la moyenne décennale est de 109 millions.

Les départements dont le rendement pourra être bon sont : le Finistère, le Morbihan, la Vendée, la Vienne, la Gironde, les Basses-Pyrénées, Lot-et-Garonne, Tarn-et-Garonne et la Drôme ; il sera assez bon dans le Nord, le Pas-de-Calais, les Côtes-du-Nord, la Loire-Inférieure, Maine-et-Loire, Indre-et-Loire, le Rhône, l'Aude, les Bouches-du-Rhône ; le reste sera médiocre ou mauvais.

Il faut signaler que dans nos départements côtiers de la Manche et de l'Atlantique, il semblerait que le voisinage de la mer a été favorable, car dans tous ces départements l'apparence est assez satisfaisante et que, plus on s'en éloigne pour s'approcher du Centre ou de l'Est, plus le résultat paraît mauvais.

Un déficit de 40 à 45 millions d'hectolitres dans la récolte du blé en 1891, c'est plus qu'inquiétant.

Champs d'expériences de Vincennes. — Les conférences agricoles au Champ d'Expériences de Vincennes, commenceront cette année le 21 juin, à 2 heures précises.

Elles seront consacrées à l'exposition de la doctrine des engrais chimiques étendue aux cultures arbustives (vignes et arbres fruitiers), à la sidération et au rationnement du bétail reglé par la nature des engrais donnés à la prairie.

Elles auront lieu, à 2 h., aux époques suivantes :

1er Dimanche, 21 Juin.
2e — 28 —
3e — 5 juillet.
4e — 12 —
5e — 19 —
6e — 26 —

Destruction du chardon. — On sait que *la loi du 24 décembre 1888 a conféré aux* préfets le pouvoir de prendre dans leurs départements les mesures propres à provoquer la destruction des végétaux et des animaux nuisibles. Dans un certain nombre de départements, des mesures de ce genre ont été prises dans ces dernières années. Parmi les arrêtés les plus récents, nous citerons celui publié à la date du 2 mai, par M. Vatin, préfet du Calvados, pour la destruction des chardons. Cet arrêté enjoint à tous les propriétaires, fermiers ou locataires, de détruire les chardons sur les terres qui leur appartiennent ou qu'ils exploitent. On sait que, pour éviter la propagation de cette plante adventice, le mieux, si l'on ne peut l'arracher partout où elle se trouve, est de la couper entre deux terres ou de l'écimer à plusieurs reprises, de manière à empêcher la floraison et, par suite, la dissémination des graines. — Les arrêtés analogues sont excellents, mais à la condition que les prescriptions en soient ponctuellement suivies.

L'exportation des chevaux français. — Au moment où la question de l'élevage est à l'ordre du jour, il est intéressant de signaler un débouché très important qui vient de se créer pour les éleveurs français, dans le Nouveau-Monde.

Déjà, notre commerce de chevaux avec les Etats-Unis a pris une importance considérable. Chaque année, maintenant, les Américains achètent 2,000 ou 3,000 étalons percherons choisis parmi les plus grosses espèces.

C'est maintenant le Canada qui a recours à nos races nationales. Une Société française, la Société hippique d'Exportation et d'Elevage, s'est associée à une Société canadienne et a fondé en 1889, à Montréal, un établissement connu sous le nom de « Haras National ».

Grâce à ces deux Sociétés, les éleveurs canadiens ont pu apprécier les résultats du croisement des bas percherons avec les juments du pays. Aussi, dès la fin de l'année dernière, sur la proposition du premier ministre du Canada, M. Mercier, la Chambre de la province de Québec a-t-elle voté à l'unanimité une subvention annuelle de six mille dollars — 30,000 francs — au Haras National pour favoriser l'importation du cheval français dans la province.

Cette subvention a été doublée depuis, ce qui est la preuve de l'importance que l'on attache à cette utile création et l'appréciation que l'on fait des services qu'elle a rendus dès les premiers mois de son fonctionnement.

Le pain étranger. — La commission des douanes de la Chambre des députés avait reconnu, d'accord avec le gouvernement, la nécessité d'établir un droit de 6 francs par 100 kil. sur le pain de provenance étrangère, comme corollaire naturel du droit établi sur le blé et sur la farine. La Chambre, par 246 voix contre 216, avait, hier, repoussé cette taxe de 6 francs.

Aujourd'hui, par 291 voix contre 211, elle a a voté un droit de 5 francs.

A quel mobile avait bien pu obéir la Chambre pour consacrer une telle injustice et sacrifier ainsi à un préjugé les intérêts de toute une honorable corporation ?

Cette question n'intéresse, dit-on, que les populations de la frontière et non celles de l'intérieur, où le pain étranger ne pénètre pas; *mais il n'aurait pas tardé à y pénétrer;* ; elle est, ajoute-t-on, d'un intérêt très réel pour les départements de la zone frontière, et particulièrement pour le département du Nord, où la population ouvrière réclame l'entrée du pain en franchise, aussi énergiquement que les boulangers la repoussent, et il semblait tout naturel que ces derniers payassent les frais du débat.

C'était autoriser, c'était légaliser la fraude. Si *la question du pain*, surtout du mot : PAIN, effrayait nos députés au point de les obliger à consacrer une iniquité, que ne supprimait-on ce produit de la nomenclature du tarif des douanes, pour le comprendre avec la farine, sous la dénomination de : FARINE ET SES DÉRIVÉS?

Cette question, qui intéresse à un si haut point, non seulement la boulangerie, mais aussi la meunerie et le commerce, se trouve maintenant résolue.

Une cause aussi juste devait finir par triompher, et nous considérions déjà comme un succès relatif de voir que 216 députés s'étaient prononcés en sa faveur.

Voilà maintenant l'industrie étrangère dans l'impossibilité d'étendre sa concurrence, car la farine ne payant pas de droits de douane en Belgique, coûte 8 francs de moins qu'en France par 100 kil. Avec un tel bénéfice en perspective, et forte du refus, par la Chambre, de voter le droit *sur le pain, elle aurait fait* une concurrence encore plus forte à la boulangerie de nos villes frontières, et n'aurait pas tardé à envoyer ses produits jusqu'à Paris.

Espérons que ce droit sera adopté par le Sénat.

CONSEILS A LA FERMIÈRE

LES POULES PONDEUSES (*Suite*).

A quels signes les reconnait-on ?

Toutes les poules ne sont point susceptibles de pondre abondamment sous l'influence d'un régime convenable ; il en est qui, malgré tous les soins que vous en pouvez prendre, ne vous donneront jamais plus de soixante ou quatre-vingts œufs ; il en est d'autres, au contraire, dont le produit annuel sera facilement de 150 œufs. Il faudra donc que la ménagère examine attentivement ses poules, afin de réformer les mauvaises pondeuses. Le moyen le plus sûr serait d'observer chaque oiseau en particulier, et de s'assurer, en le prenant sur le fait, de la quantité exacte d'œufs qu'il donne. Ce procédé est infaillible, mais il demande beaucoup de patience et de temps ; on doit le considérer comme impraticable dans une basse-cour nombreuse. En pareil cas, on se borne ordinairement dans la pratique à réformer les vieilles poules, ce qui est facile, surtout si on a pris soin de les marquer d'un signe quelconque ; quant aux jeunes, on nourrit pêle-mêle les mauvaises comme les bonnes pondeuses. Cependant, les poules qui ne pondent pas mangent autant que les autres, et ce qu'elles consomment doit être considéré comme perdu. Frappés de l'avantage qu'il y aurait à ne nourrir que de bonnes pondeuses, de savants observateurs ont proposé une méthode qui, si elle est aussi infaillible qu'on le prétend, mérite d'être qualifiée de l'épithète de *précieuse*.

D'après les auteurs de cette découverte, la ponte des poules serait indiquée d'une manière certaine par des signes extérieurs, dont l'intensité varierait suivant la fécondité de l'oiseau ; de telle sorte qu'il serait facile, à l'aide d'un œil tant soit peu exercé, de distinguer à première vue les bonnes des mauvaises pondeuses. Cercle d'un blanc mat autour des oreilles, crête rouge et gonflée, coloration plus vive des caroncules du menton, disposition particulière des plumes du derrière qui sont étalées en forme d'artichaut, telles sont les marques signalées à l'attention des ménagères. Mais, ces caractères extérieurs étant l'indice de ce qui se passe à l'intérieur dans les organes qui président à la formation des œufs, il faut choisir, pour faire efficacement la revue d'une basse-cour, une saison où la ponte y soit en pleine activité. Un bon observateur pourra alors, dit-on, déterminer le nombre d'œufs produits par chaque poule, presque aussi exactement que s'il les comptait. Pour contrôler les renseignements fournis par l'inspection de ces marques, on pourra du reste se livrer à un examen qui demandera plus de temps, mais qui offrira aux novices l'avantage d'être moins sujet à erreur. On procèdera par la comparaison de la fiente des oiseaux dont la teinte est ordinairement blanchâtre ; si on y remarque une teinte beaucoup moins blanche, il sera permis de supposer que les matières crétacées sont employées à l'intérieur pour la formation de la coquille des œufs, et conséquemment que la poule est bonne pondeuse. UNE MÉNAGÈRE.

CONSEILS DU VÉTÉRINAIRE

CAPELET DU CHEVAL

Le *capelet* est une tumeur kysteuse ayant son siège à la pointe du jarret ; c'est souvent, au début surtout, une cause de boiterie.

Les chevaux qui ruent à la voiture, qui se couchent lourdement ou se relèvent en cochon, ceux qui, en se roulant se heurtent contre le mur voisin ou contre leur stale, en sont fréquemment affectés. Il est aussi des chevaux dont la conformation naturelle des jarrets est une cause prédisposante des capelets.

On a conseillé le feu soit en raies, soit en pointes à leur périphérie pour guérir ces tumeurs.

Les vésicants, les fondants en onction ont aussi leurs preneurs. Mais, de tous les moyens, le plus sûr, le plus prompt, celui qui ne laisse ni trace de mal, ni vestige de remède, c'est la ponction de la tumeur avec un trocart, puis une bonne injection de teinture d'iode plus ou moins étendue, suivant la nature du mal et l'irritabilité du sujet. Six ou huit semaines après une injection bien faite par un habile vétérinaire, la tumeur a complètement disparu.

UN VIEUX VÉTÉRINAIRE.

CONSEILS DU JARDINIER

PINÇAGE DES POIS, DES FÈVES, ETC.

Le pinçage est une opération toute pratique, qui consiste à supprimer l'extrémité supérieure des rameaux à fleurs, afin d'en arrêter l'élongation, de manière à concentrer la sève, qui alors se porte sur les parties inférieures conservées et dont elle hâte la maturation.

Le pinçage ne se pratique pas indifféremment sur toutes les variétés de pois, mais seulement sur des sortes très vigoureuses, et dont la végétation, ainsi que la floraison, se prolongent pendant assez longtemps ; en un mot, il faut, pour qu'il produise de bons résultats, que les plantes soient vigoureuses, afin qu'une fois pincées, les parties qui, par suite de cette opération, sont devenues terminales, puissent fleurir et fructifier, parfois même plusieurs fois si possible.

Il n'est pas indifférent non plus de pincer à des hauteurs diverses : ainsi, pincer très haut donnerait des cosses plus nombreuses, mais beaucoup, moins longues, moins grosses et qui mûriraient aussi beaucoup plus tardivement, ce qui, en général, est le contraire de ce que l'on recherche.

De ces quelques observations, il résulte, comme applications, que les pincements doivent être pratiqués sur des variétés vigoureuses, hâtives et aussi plus ou moins hautes ; par exemple, que le pinçage soit pratiqué au-dessus de la deuxième fleur ou au plus de la troisième, de manière à assurer deux cosses résultant de cette première opération. Si les plantes étaient très vigoureuses, placées dans un terrain humeux, consistant et humide, on aurait des chances pour obtenir des fruits d'un deuxième pincement et même d'un troisième.

Si, au lieu de variétés hâtives, on pratiquait sur des sortes tardives, on s'appuierait sur les mêmes principes, que l'on pourrait même modifier plus ou moins en se basant sur la vigueur, la végétation et sur la hâtivité à montrer leurs fleurs, ainsi que sur la manière dont sont disposées les fleurs sur les tiges, suivant leur rapprochement ou leur éloignement sur les rameaux, etc.

Usage des parties pincées. — Dans le pinçage de pois, toute la partie supprimée se trouve être l'extrémité supérieure, c'est-à-dire celle qui, placée tout à fait au sommet, est à l'état tout à fait herbacé, et qui, par conséquent, peut recevoir une foule d'emplois culinaires. Ainsi, on peut mettre ces parties retranchées dans le pot-au-feu, les faire frire après les avoir enrobées de pâte, ainsi qu'on le ferait s'il s'agissait de beignets, etc.; on peut aussi les faire confire comme des hors-d'œuvre, ou bien en faire des sortes de condiments qui, suivant leur état, peuvent être diversement consommés.

HORTUS.

POUR RIRE.

— Papa, donne-moi un louis de 20 francs.

— Pourquoi faire ?

— Pour m'acheter un parapluie.

— Encore ! Faites comme moi, monsieur. Servez-vous du même pendant quinze ans ! Celui que j'ai en ce moment me sert depuis 1871 !

— Oh papa ! tu l'as fait réparer !

— C'est bien la peine d'en parler ! A peine trois fois la soie !... deux fois les baleines !... et quatre fois le manche ! *(Avec émotion)* Ah ! on n'en fait plus des parapluies qui durent comme ça !

***

Un terme juridique :

Notre confrère D... pose à un jeune avocat de nos amis la question suivante :

— Comment qualifie-t-on le fait de celui qui tue un homme ?

— Homicide, parbleu !

— Et son père ?

— Parricide, tiens !
— Et son frère ?
— Fratricide !
— Et son beau-frère ?
— Ah ! dame... ???
— Eh bien, je vais vous le dire : c'est *insecticide.*
— Comprends pas.
— C'est bien simple, puisqu'il tue l'époux de sa sœur !!!
Tête du jeune avocat !

BIBLIOGRAPHIE.

L'éditeur Maurice Dreyfous, 20, rue de Tournon, Paris, met en vente un nouveau volume de sa collection d'ouvrages de droit usuel et pratique. **L'Avocat de tout le monde**, de M. CUNISSET-CARNOT, avocat général, est un livre qui s'adresse à la grande masse du public et, à ce titre, nous ne saurions trop le recommander à nos lecteurs. Le prix de l'ouvrage est de 4 francs.

L'Avocat de tout le monde renferme une foule de renseignements, clairs, précis et des plus pratiques. C'est un des meilleurs ouvrages de droit usuel que nous connaissions.

PETITE POSTE.

M. V. R... (Finistère). — *La pousse des chevaux.* — Oui, par la *poudre Suisse*, de la pharmacie Jules Suisse, à Varsy (Nièvre).

M. V. à B... (Ardennes). — *Fumier.* — *Chemin communal.* — Votre lettre est envoyée au vieux juge de paix. Nous vous transmettrons les renseignement que vous désirez.

M. B... (Tarn). — Mille remerciements pour votre très intéressant article.

M. le docteur V... (Gard). — *Lapins.* — L'ouvrage de M. Eug. Guyot est le traité le plus complet qui ait été écrit sur la matière. Nous ne connaissons pas d'ouvrage spécial sur la maladie des lapins. Vous pouvez nous soumettre le fait pathologique qui vous intéresse.

M. S..., à M... (Oise). — *Ouvrages d'horticulture.* — *Cours pratique d'arboriculture fruitière.* — *Cours pratique d'horticulture*, par A. Delaville, professeur d'horticulture à l'Institut agricole de Beauvais ; chez l'auteur, rue Sainte-Marguerite, à Beauvais ; prix : 6 fr. le volume. *Ouvrage très pratique.*

— *Ouvrage d'art vétérinaire.* — *Le cultivateur vétérinaire*, par C. Coutier, chez Martelet, éditeur à Troyes. Le prix en est de 3 à 4 fr. — Compliments bien affectueux.

M. Ch..., à Saint-G... (Haute-Vienne). — L'article du bail ne nous semble laisser aucun doute sur l'obligation qui incombe au fermier de laisser, à sa sortie, soixante-cinq hectolitres de seigle, sans aucune déduction, puisqu'il les a reçus à son entrée en jouissance.

M. L. B... (Finistère). — Nous ne connaissons pas de moyens de s'opposer aux ravages des petits oiseaux dans les récoltes. Ces ravages sont tels que quelquefois on est forcé, à l'époque de la maturité, de faire garder les champs par des enfants chargés de circuler et de faire du bruit dans le champ même pour mettre en fuite les bandes de pillards ailés.

M. N. P... — *Moyen de faire fermenter les betteraves.* — 1° Le jus doit être acidulé avec 2 p. 1000 d'acide sulfurique. On ajoute de la levure de bière préalablement délayée dans une petite quantité de jus et on maintient le liquide à une température d'environ 25°. La fermentation terminée, on soutire et on procède à la distillation comme pour le vin.

Ce procédé donne une eau-de-vie impure qui doit être rectifiée avec soin.

2° Le jus acidulé à 2 p. 1000 avec de l'acide sulfurique est versé sur des raisins frais ou secs, ou bien sur le marc ; la fermentation se fait très bien. On peut remplacer l'acide sulfurique par l'aside tartrique dans la proportion de 1 p. 1000.

Ce procédé donne une eau-de-vie très pure se rapprochant beaucoup de celle du vin.

3° Les betteraves peuvent être coupées par tranches très minces et mélangées au raisin frais ou sec, ou bien au marc, sur le mélange on verse de l'eau chaude acidulée par l'acide sulfurique 2 p. 1000 ou par de l'acide tartrique à 1 p. 1000. On laisse fermenter et on soutire. Le liquide distillé donne une excellente eau-de-vie.

VINS DU BORDELAIS

Que de fois nous avons entendu dire :

« Quel service on nous rendrait, si on nous trouvait, dans les pays vignobles, un vendeur consciencieux ; si on nous débarrassait de la concurrence à outrance ; si on nous garantissait sérieusement la qualité, la pureté et la conservation des vins ! »

Pour le Bordelais, nous recommandons M. Vincent Ardura, viticulteur, propriétaire d'un des meilleurs crus de la Gironde, favorable aux tempéraments délicats (le domaine de la Chapelle-Frédignac, par Blaye-Bordeaux), qui vend ses récoltes : 1889 à 130 fr., 1888 à 140 fr., 1887 à 150 fr., 1886 à 160 fr., 1885 à 175 fr., 1884 à 200 fr., 1882 à 220 fr., 1881 à 250 fr. et 1878 à 300 fr. la barrique de 225 litres *franco* de port et de fût en gare d'arrivée. Paiement par le facteur à 30 jours 2 % ou 90 jours.

Certain que son vin plaira aux personnes qui ne le connaissent pas et qui désirent se bien approvisionner, sachant, en outre, qu'il est difficile de se rendre sérieusement compte de la qualité par la dégustation sommaire d'une petite fiole, M. Vincent Ardura n'hésite pas à adresser *gratuitement* une bouteille entière pour échantillon de la récolte désignée.

OFFRES & DEMANDES.

Pour répondre au désir qui nous est exprimé, nous offrons à nos abonnés, sous cette rubrique, deux annonces gratuites pour les offres et demandes d'emplois, produits ou animaux à vendre ou à acheter, etc.

Les annonces qui suivront jouiront d'une réduction de 50 pour 100 sur les tarifs ordinaires.

Les demandes d'insertions devront être envoyées à l'administration, qui se chargera de les rédiger.

Ne pas négliger d'envoyer tous les renseignements nécessaires (joindre 2 timbres de 0 fr. 15).

Un ancien élève d'une école d'agriculture, dans la force de l'âge, marié, bien au courant de la culture moderne en même temps qu'excellent praticien, demande un emploi de régisseur. — Très bonnes références. — N° 907.

S'adresser à M. GUESDON (J.-M.), à Belhôte, par Corps-Nuds (Ille-et-Vilaine).

Un cultivateur honorable, non marié, 31 ans, ayant dirigé, avec ses parents, une ferme importante, sachant semer à la main et conduire les machines, demande place de régisseur ou de chef de culture. Bonnes références. — S'adresser à M. STIÉVENARD fils, Breteuil (Oise). — N° 935-3.

A vendre, 50 francs, deux petits chiens de chasse, de bonne race, mâle et femelle, âgés de deux mois et sevrés. Race épagneule. — S'adresser à M. CHANUT, jardinier à Soisy-sous-Etiolles (Seine-et-Oise). — N° 936-3.

A vendre 850 stères de bois rondin chêne de 18 ans d'âge, 160 stères bouleau du même âge et de 11,000 fagots chêne à deux liens.

S'adresser à M. CHARMES, à Saint-Yrieix (Haute-Vienne). — N° 937-1.

REVUE FINANCIÈRE.

La physionomie de la cote, pendant la semaine qui vient de s'écouler, n'a guère changé. On sent que l'on est encore au lendemain de la liquidation de quinzaine.

Les rentes sont relativement solides sur les cours améliorés récemment ; mais, à part le Trois ancien, auquel le détachement du coupon a rendu forcément une certaine élasticité, on peut augurer que pendant quelques jours, elles ne présenteront que des alternatives de hausse et de baisse qui ne modifieront pas considérablement les cours.

On sent bien que les institutions de Crédit ne demanderaient pas mieux que d'améliorer leur cote ; par deux fois elles ont fait mine de marcher à la remorque des rentes, mais ç'a été un feu de paille. On le voit à celui de nos établissements que nous avons adopté comme étalon : le Crédit Foncier a toutes les peines du monde à se maintenir autour de 1275.

Nos Chemins sont, comme par le passé, fermes, comme le méritent les plus-values persistantes de recettes, mais pour l'instant, la montée ne se produit que fort lentement. Les Chemins étrangers, ont pu un moment s'améliorer ; ils sont loin encore d'avoir revu les beaux jours.

Le marché des obligations n'est certes pas abandonné par l'épargne ; mais on ne peut nier qu'il ne présente plus cet aspect radieux et florissant que l'on a connu.

Les fonds d'Etats étrangers, sauf dans des cas particuliers faciles à expliquer, comme en ce qui regarde les emprunts Portugais, se bornent à suivre de loin notre papier d'Etat.

Cette persistance de la réserve qui domine chez la spéculation comme chez le Comptant s'explique d'abondance par cette unique raison que la situation n'est nullement modifiée, dans un sens pas plus que dans l'autre, d'ailleurs. On en est toujours à voir venir, depuis près de six mois.

La Banque de France a atteint le cours colossal de 4600. C'est légitime peut-être pour un établissement si solide, si correctement administré. On nous permettra cependant de regretter que la spéculation s'amuse à tant pousser ce fonds des « remplois », ce « bien de mineurs ». Il y a là un danger.

On s'est beaucoup occupé de Panama, ces temps derniers. Des poursuites, assure-t-on, vont être commencées contre les administrateurs. Et là-dessus la spéculation de faire monter l'action. Et pourtant, les exemples ne manquent pas pour indiquer aux porteurs que l'on peut poursuivre longtemps avant de « faire rendre gorge ».

Il est vrai qu'en même temps, on assurait que M. Christophle, sur les instances de certains porteurs, acceptait de renflouer le navire échoué. Une note officieuse a jeté un peu d'eau froide sur l'enthousiasme des espérances. Elle dit :

« Les porteurs ont, à la vérité, sollicité l'appui du *Gouvernement et celui du gouverneur du Crédit* Foncier; mais aucune décision ne sera prise tant que le Parlement, saisi de la question par les pétitions des intéressés, n'aura pas lui-même fait connaître son opinion. Si le Gouvernement considère qu'il est opportun, dans l'intérêt des porteurs, de faire appel aux sociétés de crédit et s'il donne l'injonction à l'honorable gouverneur de présider à la constitution de la Société du Panama, M. Christophle examinerait alors quelle est exactement la situation vraie de l'affaire et prendrait telle décision que de raison. »

Nous n'ajouterons qu'un mot : nous espérons bien que le Parlement sera assez sage pour en aucun cas, ne compromettre dans un aléa de cette envergure, le Crédit Foncier qui n'est pas encore sorti sain et sauf des soupçons semés naguère contre lui.

TIMON.

HALLES ET MARCHÉS

Les affaires n'ont pas grande activité en ce moment. Les céréales conservent leurs cours, mais avec une tendance plus faible. Les alcools et les sucres ont un peu fléchi; les huiles de colza ont eu une baisse plus prononcée. Les prix des fruits et légumes se maintiennent, avec des envois relativement restreints.

Blés. — La loi relative à la réduction des droits sur le blé a été renvoyée par le Sénat à la Chambre, les deux pouvoirs n'étant pas d'accord pour la date de l'application. C'est donc encore l'incertitude qui pèse sur le commerce à ce sujet. En attendant, les affaires sont aussi peu animées sur nos marchés, où les offres sont assez modérées; mais la tendance générale des cours est moins ferme, et l'on a signalé de la baisse sur certains points. Voici les derniers cours relevés samedi : Cambrai, blé blanc, 29 50 les 100 kilog.; roux, 29; Arras, blé blanc, 28 à 30; roux, 27 à 29 25; Douai, 28 à 30; Beauvais, 27 15 à 29 90; Rouen, 29 05; Laval, 28 50 à 29; Chartres, 28 50 à 29 50; Châlons-sur-Marne, 29 50; Montereau, 25 75 à 29 75; Amiens, 29 25; Dijon, 28 à 29; Lyon, 28 50 à 28 75; Nevers, 29 50; Nantes, 28 50 à 29; Bordeaux, 28 60. — Au marché commercial de Paris, les transactions sont calmes et la tendance faible; le 13 juin, on a coté le disponible et le courant du mois, 30 les 100 kil.; livrable juillet, 29 50 à 29 75; autres époques, 28 25 à 28 75. — Dans nos ports, c'est la même situation calme qui s'accentue; les prix ont fléchi de 25 centimes au Havre pour les blés étrangers; on cote : disponible et en entrepôt : Californie, 25 25; Danube, 24 à 25; Saint-Louis, 25 25 à Rouen; en livrable, on demande, 25 pour les Australie; 25 25 pour les Californie; on offre des roux d'hiver à 24 50; des Saint-Louis, 25 25 à 25 75; les Pologne sont tenus de 23 75 à 24; le tout au Havre ou à Dunkerque.

Les importations ont été de 161,000 quintaux à Marseille pendant la semaine dernière; de 9,000 quintaux à Bordeaux, et de 181,000 au Havre. — A l'étranger, la situation générale des blés en terre est un peu moins mauvaise, mais on réclame partout de la chaleur, comme chez nous. Les marchés sont aux cours suivants : Vienne, 23 83 les 100 kilog ; Budapest, 22 95 ; Berlin, 19 25 ; à Anvers, les cours sont pour ainsi dire nominaux. Le marché de New-York, après plusieurs jours de faiblesse s'est un peu relevé samedi ; les achats pour l'étranger étaient nombreux et importants; le froment disponible a été coté 20 88. — Les expéditions sur l'Europe, de blés de la Russie, de l'Amérique et des Indes se sont élevées, la semaine dernière, à 2,376,000 hectolitres, soit un million d'hectolitres de plus qu'en 1890 à pareille époque.

Seigles. — Peu d'activité dans les transactions; les prix restent fixes de 19 à 19 50 les 100 kilog. à Paris, et de 19 à 19 25 dans les régions d'approvisionnement — En commerce, le disponible et le livrable jusqu'en août sont cotés 19 25; les époques reculées de 18 75 à 19

Orges. — Les orges de brasserie sont cotées en baisse 19 à 21 les 100 kil. en gare de Paris; mais il ne se fait pas d'affaires; celles de mouture valent 17 à 18; prises dans les gares d'expédition. — Les escourgeons de Beauce, très rares, valent 21 à 21 50 en gare de Paris.

Malts. — L'abaissement de température du commencement de la semaine dernière a arrêté les affaires sur les malts; cependant les prix se tiennent assez bien de 32 à 35 les 100 kil. en gare de Paris pour tous les malts indigènes.

Avoines. — A Paris, on signale un peu plus de fermeté; les acheteurs sont plus nombreux, les belles avoines noires valent de 20 à 20 25 les 100 kil.; les noires de la Beauce et du Centre, 19 50; les grises, 19 à 19 25; les blanches, 18 50 à 18 75. Les avoines étrangères à livrer sont chères; on tient les noires de Suède à 17 les 100 kil. à Rouen; celles de Libau, 16; les blanches, 15 50 à 16.

Maïs. — Peu d'offres; les Danube sont tenus à 18 acquittés au Havre; les blancs d'Amérique à 21.

Farines de consommation. — Prix sans changement, avec affaires calmes en boulangerie.

Farines de commerce. — La tendance était calme samedi dernier pour les *douze-marques*; on a coté en clôture : disponible et courant du mois, 63 75 à 64 les 157 kilog. nets; juillet-août, 64 75 à 65; autres époques, 63 75 à 64.

Issues. — Demande calme et prix sans variations notables.

Fourrages. — Les luzernes et les foins sont moins bien tenus au marché de la Chapelle; on cote : foin, 48 à 53 les 100 bottes de 5 kilog. au domicile de l'acheteur, luzerne, 50 à 56; paille de blé, 31 à 31; de seigle, 37 à 42; d'avoine, 21 à 25. A la vente aux gares des chemins de fer, les prix sont fermement maintenus comme suit : foin, première qualité, 44 à 46 les 520 kil.; deuxième qualité, 39 à 43; luzerne, 40 à 48; paille de blé, 29 à 34; de seigle, 26 à 32; d'avoine, 20 à 23. — En province, on vend *aux* 520 *kilog.* : Nancy, foin, 30 à 35; regain, 29 à 31; luzerne et trèfle, 28 à 32; paille de blé, 28 à 30; Compiègne, foin, 45; paille et trèfle, 40; Montereau, foin et luzerne, 38 à 40; paille, 37 à 38; Versailles, foin, 36 à 47; sainfoin, 40 à 47; luzerne, 41 à 42; paille d'avoine, 20; Montargis, foin, 25 à 35; paille, 17 50 à 42 50; Dijon, foin, 34 à 38; paille, 20 à 25.

Engrais. — Les affaires sont calmes sur le nitrate de soude, qui vaut en disponible, 20 à 20 25 les 100 kil. à Dunkerque; on commence à s'occuper du prix qui sera fait au commencement de 1892; on parle de 21 à 21 50. — Les cours de sulfate d'ammoniaque à livrer sur l'automne sont assez fermes de 29 à 29 25 les 100 kilog. à Paris; et de 28 50 à 28 75 à Dunkerque; le sulfate anglais est tenu à 28 50. — Les prix restent stationnaires pour les phosphates. On cote dans la Somme par unité de phosphate et par 1,000 kilog. : 70 à 75 0/0, 1 12 à 1 15; 65 à 70 0/0, 0 90 à 0 92; 60 à 65 0/0, 0 70 à 0 72. — Les superphosphates solubles dans l'eau, valent par unité d'acide phosphorique, 0 53 à 0 55 à Paris et 0 49 à 0 50 dans le Nord; solubles dans le citrate, 5 centimes de moins. — Les autres engrais se vendent : nitrate de potasse, 44 50 les 100 kil.; dans le Nord, 45 50 à Bordeaux; 45 à Marseille; chlorure de potassium, 20 55 à Dunkerque; sulfate de potasse, 22 50 dans le Nord; Kaïnit, 5 70, au Havre; 6 50 à la Rochelle; sulfate de cuivre, 44 à 45 à Paris; sulfate de fer, 5 à 5 50; viande desséchée, 1 70 l'unité d'azote par 100 kil.; corne torréfiée, 1 45; cuir torréfié moulu, 1 75.

Suifs. — Les cours se sont relevés à Paris; le suif frais fondu de la boucherie parisienne vaut 64 50 les 100 kilog.; et celui de province, 64

Beurres. — La vente est assez active à Paris, et les prix bien tenus comme suit : *beurres en mottes*; fermiers de Gournay : extra, 3 90 le kilog. : choix, 3 40 à 3 60; bons, 3 10 à 3 20; ordinaires, 2 60 à 2 80; d'Isigny, extra, 5 80 à 6 56; choix, 4 60 à 5; bons, 3 80 à 4 20; ordinaires, 3 à 3 40; marchands du Gâtinais, 2 20 à 2 50; de Bretagne, 2 20 à 2 40; de Vire, 2 20 à 2 70; de Bresse, 1 80 à 2; laitiers des Charentes, 2 70 à 3; des Alpes, 2 80 à 3 20; divers producteurs, 2 60 à 2 90; — *beurres en livres :* fermiers, 2 20 à 2 90; Touraine, 2 20 à 2 50; Gâtinais, 2 30 à 2 70; Vendôme et Beaugency, 2 à 2 60; Bourgogne, 2 10 à 2 30; le Mans, 2 10 à 2 30; — *Petits beurres :* suivant provenance, 1 70 à 2 50 le kilog.

Œufs. — La vente est assez lente à la halle; on cote : Normandie, 85 à 102 le mille; Picardie extra, 85 à 110; ordinaire, 70 à 80; Brie extra, 78 à 88; Touraine extra, 78 à 88; ordinaire, 70 à 80; Beauce, 76 à 84; Orne, 68 à 78; Bourgogne, 72 à 78; Champagne, 76 à 78; Nivernais, 70 à 72; Bourbonnais, 68 à 72; Bretagne, 60 à 63; Vendée, 61 à 76; Auvergne, 60 à 64; midi, 63 à 68.

BESTIAUX.

La Villette, 18 juin. — Bestiaux. — Vente mauvaise sur les bestiaux et porcs, très mauvaise sur les veaux et plus calme sur les moutons.

COURS officiels.	Amenés.	Vendus.	1re qualité.	2e qualité.	3e qualité.	Prix extrêmes.
Bœufs....	1.740	1.519	1 68	1 48	1 34	1 22 à 1 76
Vaches...	538	[illegible]	1 65	1 44	1 22	1 16 1 68
Taureaux.	198	155	1 38	1 34	1 22	1 18 1 42
Veaux....	1.456	1.073	1 84	1 66	1 48	1 20 2 04
Moutons..	9.435	8.429	2 10	1 96	1 70	1 40 2 20
Porcs....	5.295	5.189	1 40	1 34	1 28	1 22 1 46

Marché du lundi 15 juin

	Amenés	Vendus	PRIX AU POIDS NET 1re qual.	2e qual.	3e qual.
Bœufs.....	2.452	2.297	1 72	1 52	1 38
Vaches.....	[illegible]	628	1 66	1 48	1 26
Taureaux..	277	229	1 40	1 36	1 26
Veaux.....	1.471	1.321	1 90	1 72	1 54
Moutons....	12.058	11.245	2 10	1 96	1 72
Porcs......	3.302	[illegible]	1 46	1 40	1 34

	PRIX AU POIDS VIF 1re qual.	2e qual.	3e qual.	Prix extrêmes.
Bœufs........	1 02	» 88	» 73	» 62 à 1 08
Vaches........	» 99	» 80	» 64	» 58 1 02
Taureaux.......	» 88	» 79	» 67	» 64 » 91
Veaux..........	1 15	1 01	» 80	» 64 1 28
Moutons........	1 11	1 03	» 89	» 68 1 19
Porcs..........	1 02	» 96	» 90	» 86 1 03
Peaux de moutons en laine..........				3 90 5 35
Id. id. demi-laine........				1 85 2 75

Viandes abattues. — Criée du 18 Juin.

		1re qualité.	2e qualité	3e qualité.
Bœufs	le kil.	1 40 à 3 »	1 20 à 2 80	1 10 à 2 »
Veaux....	—	1 56 1 76	1 30 1 50	1 14 1 26
Moutons..	—	86 1 96	1 30 1 80	» 80 1 28
Porc entier	—	1 30 1 40	1 14 1 26	» 90 1 10

Avis aux Eleveurs et Nourrisseurs.

Les cosses et brisures de fèves de la maison Ph. Breuil, de Dijon, d'une pureté absolue et très riches en principes nutritifs, se recommandent pour l'engrais du bétail et la nourriture des chevaux.

BINEUSE VIET

nouveau modèle en acier, plus léger et plus solide, *pour betteraves, carottes, oignons, œillette et maïs, et généralement toute espèce de plantes en lignes.*

1891. — NEUVIÈME ANNÉE.

L. VIET

ancien sous-officier du génie, propriétaire-cultivateur, prix cultural au concours régional de Melun en 1887 (Médaille d'or)

à ROUGEVILLE, par Saacy (Seine-et-Marne).

Ouvrier travaillant sur les lignes dans un champ de betteraves.

Travail à l'heure : 6 à 12 ares.

On peut approcher les lignes autant que l'on veut, et, si rapprochées qu'elles soient, les plantes sortent intactes de l'opération.

Prix : 45 francs

MALADIES DU BÉTAIL
ET DE LA VOLAILLE

Leur traitement préventif et curatif

PAR L'ACIDE SALICYLIQUE

L'acide salicylique, employé dans la nourriture à la dose de 1/2 à 1 gramme par jour et par tête de bétail, est le meilleur préservatif des maladies qui procèdent par contagion : Sang de rate, Cocotte, Maladie aphtheuse, Erysipèle, Typhus, Morve, Variole et le Rouget des porcs, etc.

DES ATTESTATIONS NOMBREUSES DE GUÉRISONS obtenues pour la Cocotte et le Rouget des porcs ont été reproduites dans le *Journal l'Agriculture.*

La désinfection des étables, des écuries se fait instantanément au moyen d'un arrosage d'eau salicylée à 2 grammes par litre.

S'adresser à M. CERCKEL, administrateur de la *Compagnie de produits antiseptiques*, 26, rue Bergère, Paris.

Envoi sur demande de Prospectus et Brochures.

PRIX DU KIL. 25 fr. — BOITE DE MÉNAGE, 2 fr.

La plus ancienne fabrique de Semoirs français.
Maison **JACQUET-ROBILLARD**, *fondée en 1836.*

J. MARÉCHAL ✻

constructeur, 4, rue de Turenne, à ARRAS.

Fabrique spéciale de SEMOIRS à socs rigides et à socs articulés.

Médaille d'argent à l'Exposition universelle 1889.

Semoirs à betteraves et engrais et Distributeurs d'engrais.

ENVOI FRANCO DU CATALOGUE.

Près de 400 médailles. — Plus de 6,000 Semoirs livrés.

20 premiers prix en 1889, en 1890.

PHARMACIE SAVARY

AMIENS, 33, Place Saint-Denis, 33, AMIENS
(EN FACE LE SQUARE).

PROVENDE AUX PHOSPHATES ASSIMILABLES
du Docteur DESCHAMPS.

Prix : 3 fr. le kilog.; 27 50 les 10 kilog. (Remises proportionnelles.)

Accroissement rapide des bestiaux, surtout chez les jeunes animaux, force nerveuse, fécondité, engraissement; prévient surtout la diarrhée chez les jeunes veaux. Qualité exceptionnelle du lait.

M. Lefebvre, cultivateur à Marcelcave, a élevé un veau en lui administrant de la Provende phosphatée pendant 60 jours : tué à 70 jours, ce veau pesait 193 kilog., chiffre officiel constaté à l'abattoir. La viande était très blanche, ainsi qu'est prêt à l'attester M. Oheix, boucher à Amiens.

Les attestations émanant des sommités françaises et anglaises les plus accrédités ont été données à M. SAVARY.

30 PRIX D'HONNEUR ET GRANDS PRIX, 250 MÉDAILLES OR, VERMEIL, ETC.

GRANDES CULTURES DE GRAINES POTAGÈRES, FOURRAGÈRES ET DE FLEURS

E. FORGEOT (✻✻) & Cie

Fournisseurs du ministère de l'Agriculture, des Ecoles nationales d'agriculture, des Syndicats agricoles, etc.

PARIS, quai de la Mégisserie, 6 et 8

Appareils spéciaux pour épurer et nettoyer les graines

SPÉCIALITÉ DE GRAINES DE GRANDE CULTURE

luzernes et trèfles garantis sans cuscute, minette, vesces, sainfoins trèfles incarnats betteraves, carottes, navets, choux-navets, pommes de terre

Blés à grand rendement, Avoines, Orges, Seigles. Graines d'arbres pour reboisement

Graines de graminées pour prairies

Notre Maison ne vend que des graines de provenances sûres, assurant les meilleurs résultats; elle accepte le contrôle de la Station d'Essais des Semences, établie à l'Institut agronomique par le Ministère de l'Agriculture, contrôle auquel nous sommes soumis dès sa création. En conséquence, nos graines sont garanties de levée et d'une pureté *irréprochable*; nos trèfles et nos luzernes sont garantis sans un seul grain de cuscute.

Grande et importante **Spécialité de Créations de Prairies.** Nous nous chargeons d'établir des compositions convenant à la nature de chaque sol, et d'avance nous en assurons la réussite.

Sur demande, nous adressons *franco* nos catalogues illustrés de graines potagères, fleurs, arbres, fourrages, ognons fleurs, plantes, etc.

CRÉDIT AGRICOLE
UNION DES SYNDICATS AGRICOLES DE FRANCE

9, rue Marsollier, PARIS

Agence à LYON, 234, cours Lafayette, S. PLISSONNIER, Directeur ✻ M. A.

MACHINES AGRICOLES DE TOUS SYSTÈMES

TOURTEAUX et FARINES pour la nourriture du bétail.

ENGRAIS CHIMIQUES et ORGANIQUES, MATIÈRES PREMIÈRES

SEMENCES DE PREMIER CHOIX.

RAISINS SECS A BOISSONS

PREMIÈRE MAISON DE FRANCE (10 croix ou méd., fondée en 1876), **J.-F. Audibert**, créateur des vins de raisins secs et importateur direct. Auteur de : *L'Art de faire les Vins de raisins secs* (fco 3 90); *les Vins d'imitation*, sirops, liqueurs, etc. (fco 5 25). Inventeur de l'appareil (B. S. G. D. G.). **LE SEUL ADOPTE PAR L'ARMEE** pour la fabrication mathématique des vins de raisins secs, en 10 jours, pour faire depuis 1 litre jusqu'à 20,000 litres par jour **AVEC UN HOMME. Renseignements gratuits pour tripler les vendanges, vins de seconde cuvée,** etc., 53, r. des Minimes, Marseille.

Médaille d'Or. * Exposition Universelle 1889. * Médaille d'Argent.

VACHERIE à céder, Paris, bon quartier, 10 vaches 1re qualité. 140 litres lait vendus 40 et 50 c. Bonne installation. Loyer avantageux. On garantira, par acte, 4,000 fr. de bénéfices nets. A l'essai pendant 8 jours. On traitera avec 6,000 fr. argent ou sans argent avec garanties sérieuses. S'adresser à MM. LAPORTE et LEFRANC, 93, boulevard Sébastopol, Paris. — *Sont vendues les vacheries annoncées précédemment.*

Semoir et Distributeur d'Engrais

Système MAGNIER.

Envoi franco du catalogue illustré.

Expériences du 23 septembre 1890. 1er prix - 20 avril 1890, Poitiers, 1er prix.

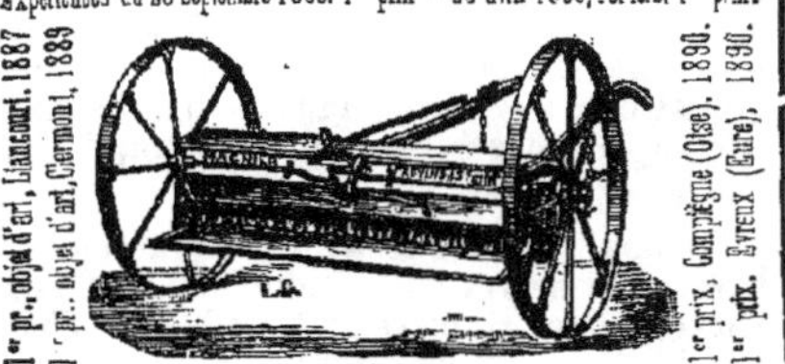

1er prix, Beauvais, 1890.

MAGNIER, constructeur breveté, Provins (S.-et-M.).

GUÉRISON RADICALE DE LA DIARRHÉE DES VEAUX PAR LA POUDRE CHOQUELIN.

1 franc la boîte

franco par la poste.

Dép. g., Phie HAUVESPRE, Courville (Eure-et-Loir).

L'Onguent de HEVID, *adopté par le Ministère de la guerre*, est le meilleur préservatif des maladies du pied des espèces chevaline et bovine. Il pénètre admirablement le tube corné, le nourrit, et remet en bon état, en quelques semaines, le sabot le plus sec et le plus cassant.

En vente chez les vétérinaires, pharmaciens, selliers et maréchaux-ferrants.

L'Administrateur-Gérant : ALBERT RENOT.

Beauvais. — Imp. D. PERE. - A. CARTIER, Gérant.

ENGRAIS CHIMIQUES

DES MANUFACTURES DE SAINT-GOBAIN

Usines à PARIS-AUBERVILLIERS, CHAUNY (Aisne), MONTLUÇON (Allier), MARENNES (Charente-Inférieure), LE PONTET (Vaucluse), SAINT-FONS, près Lyon (Rhône).

DOSAGE GARANTI. — EMBALLAGES : MARQUÉS ET PLOMBÉS.

Tout acheteur d'engrais qui n'exige pas, au sujet des dosages en éléments assimilables la garantie formelle, et qui ne la fait pas contrôler par l'analyse, ne nuit pas seulement à ses propres intérêts, il encourage la fraude et, la laissant impunie, compromet les intérêts généraux de l'agriculture.

ENGRAIS COMPLET DE SAINT-GOBAIN

Efficacité éprouvée dans tous les Sols et dans toutes les Cultures. — Superphosphates de chaux. — Sulfate de cuivre. — Sulfate d'ammoniaque Sulfate de potasse. Sulfate de fer.

Engrais composés suivant les convenances des acheteurs

ADRESSER LES ORDRES ET DEMANDES DE RENSEIGNEMENTS

à la Direction commerciale

des Produits chimiques de Saint-Gobain

PARIS | 9, rue Sainte-Cécile, 9 | PARIS

ou aux dépositaires de la Compagnie de SAINT-GOBAIN dans les principales villes du Centre et du Midi.

PHOSPHATE FOSSILE DE QUIÉVY (NORD)

le plus assimilable de tous les phosphates connus; garanti pur de mélange avec tout autre phosphate ce qui, du reste, ne pourrait que diminuer son assimilabilité.

Grand diplôme d'honneur et médaille de vermeil aux concours agricoles de Bergues (octobre 1887 et 1888).
Médaille d'argent à l'Exposition universelle (Paris, 1889).
Médaille de vermeil (grand module), société d'agriculture et d'horticulture de Pontoise (1890).

C. DELATTRE-BRABANT

Bureaux : à Lille, 126, rue Jacquemars-Grélée. — Usines : à Quiévy (Nord) et Le Cateau (Nord).

Ne pas confondre avec Quévy (Belgique.)

COMPOSITION MOYENNE.	
Acide phosphorique	12.00 à 15.00 %.
Potasse	0.45 à 2.77 %.
Chaux	19.05 à 31.00 %.
Magnésie	0.58 à 3.80 %.
Matières organiques azotées.	1 80 à 3 45 %.

ASSIMILABILITÉ RELATIVE (méthode Joulie, solubilité dans l'oxalate d'ammoniaque).	
Phosphate de *Quiévy*	**82.29 %.**
— de la Meuse	51.95 %.
— des Ardennes	46.43 %.
— de la Somme (moyenne)	44.53 %.
— de Ciply	34.57 %.

Titre en acide phosphorique garanti : 12 à 15 %.

LIVRAISON : En poudre impalpable, en sacs plombés et marqués au « **Bélier** » sur wagon Quiévy ou Le Cateau, sacs perdus. — 30 jours 2 % ou 90 jours net

AVIS IMPORTANT.

Les acheteurs qui désirent mon **Phosphate de Quiévy PUR** doivent exiger que les *sacs* et les *plombs* portent la marque au « Bélier » et la firme « C. Delattre-Brabant ».

Etablissements de LIANCOURT (Oise).

N'ACHETEZ PAS DE CHARRUES

sans avoir consulté le CATALOGUE illustré de

Ingénieur-Constructeur, Breveté S. G. D. G.

SEUL GRAND PRIX à l'Exposition de 1889 pour les Machines agricoles françaises

Médailles or, argent et bronze pour collaborateurs.

BRABANTS DOUBLES. — Herses scarificateurs à dents inusables. — DÉCHAUMEUSES — ROULEAUX, ETC.

NOUVEAU MATÉRIEL pour la culture de la betterave. — Charrues défonceuses simples et doubles *à vapeur et à manège.*

La plus grande et la plus importante USINE de FRANCE pour la Construction des Instruments aratoires

PLUS DE 5.000 CLIENTS ; 300.000 INSTRUMENTS LIVRÉS A L'AGRICULTURE

12e Année. — 2e Série. — N° 596. Dimanche 28 Juin 1891.

GAZETTE  AGRICOLE

JOURNAL HEBDOMADAIRE, PARAISSANT LE DIMANCHE

Rédacteur en Chef : M. Ch. GOSSIN, Professeur d'Agriculture à l'Institut agricole de Beauvais.

PRIX DE L'ABONNEMENT

UN AN, **5** fr. — SIX MOIS, **3** fr. — TROIS MOIS, **2** fr. **25**

Pour l'étranger les abonnements ne sont reçus que pou un an, au prix de **6** *francs, et ne partent que du 1er janvier ou du 1er juillet de chaque année.*

Le numéro : 10 centimes.

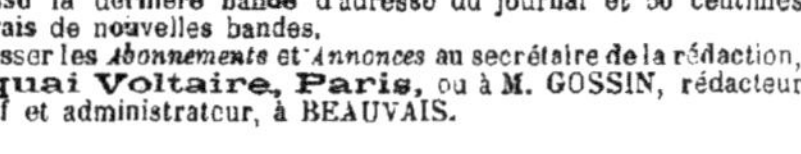

Il est indispensable de joindre à toute demande de changement d'adresse la dernière bande d'adresse du journal et 50 centimes pour frais de nouvelles bandes.

Adresser les *Abonnements* et *Annonces* au secrétaire de la rédaction, **13, quai Voltaire, Paris,** ou à M. GOSSIN, rédacteur en chef et administrateur, à BEAUVAIS.

BUREAUX

13, quai Voltaire, Paris, et à Beauvais.

Les abonnements partent du 1er de chaque mois et sont payables d'avance. Toute demande d'abonnement doit donc être accompagnée du prix de l'abonnement. (Le mode de payement le plus simple est l'envoi d'un mandat-poste.)

Donner *très lisiblement*, en s'abonnant, son nom et son adresse exacte, *avec l'indication du bureau de poste* ; et, s'il s'agit d'une continuation d'abonnement, joindre au renouvellement la dernière bande d'adresse du journal.

La GAZETTE AGRICOLE insère gratuitement les Communications des Syndicats agricoles

SOMMAIRE :

PARIS, 26 JUIN

Il n'était pas possible que l'affaire Turpin-Triponé, où les intérêts de la défense nationale étaient engagés, fut l'objet d'un enterrement pur et simple. Le ministre de la guerre l'aurait bien voulu et pas mal de députés républicains en auraient aussi pris leur partie. Mais, outre que nous ne sommes pas encore devenus, — et fort heureusement, — tout à fait insensibles à ce qui regarde notre sécurité, la condamnation à huis-clos de MM. Turpin et Triponé par le tribunal, au maximum de la peine, ne pouvait manquer de donner à penser. M. de Freycinet avait bien déclaré au Palais-Bourbon que les révélations faites par Turpin étaient sans conséquence et que les accusations de trahison contre Triponé, représentant d'une maison anglaise, officier de l'armée territoriale, candidat officiel à la députation, étaient à peu près insignifiantes. Mais comment concilier ces déclarations faites sur un ton dégagé par M. de Freycinet avec la condamnation du tribunal? Qui des juges ou du ministre de la guerre avait raison ? Cette contradiction appelait une demande d'éclaircissements.

* * *

Les journaux de toute opinion, car il ne peut y avoir de dissentiment en matière de défense nationale, n'avaient pas manqué de souligner cette contradiction dont parle plus haut le Bonhomme Deschamps. Bien que certains d'entre eux, et appartenant tous à la gauche, aient, à la fin, pris quelque peur de leur intervention, et qu'ils eussent voulu battre en retraite et étouffer l'affaire, une interpellation fut déposée. M. de Freycinet, qui avait tout à coup éprouvé le besoin d'aller prendre les eaux et du repos, sentit qu'il lui fallait revenir à Paris. Le débat a eu lieu lundi dernier. Il a été écrasant pour le ministre de la guerre, lequel, du reste, a à peine essayé de nier les faits relevés à la charge de Triponé. Il a été établi que ces faits, signalés depuis longtemps et de divers côtés, à l'attention du ministre, étaient exacts et qu'on était sans excuses de ne pas avoir poursuivi plus tôt le coupable ! Il semble, n'est-il pas vrai, qu'après cela, un ministre convaincu d'une pareille légèreté ou négligence aurait dû ou prendre son congé, ou le recevoir de la majorité républicaine. Car enfin on ne devrait pas biaiser sur un pareil chapitre, et c'est bien le moins qu'un pays qui donne sans compter son argent et ses enfants pour assurer sa défense, ait à la tête du département de la guerre un homme qui ne laisse pas emporter et vendre les secrets de notre armement.

* * *

Eh bien, il s'est néanmoins rencontré 326 députés pour amnistier un ministre qui a manqué à ce point à ses devoirs de vigilance, de justice et de prévoyance. C'est là, si le Bonhomme Deschamps ne s'abuse sur le sens des choses, un encouragement à la légèreté et à la faiblesse. On ne peut en effet trouver à M. de Freycinet aucune excuse de sa conduite, puisqu'il connaissait Triponé et ses manœuvres bien avant le jour même où il avait déclaré en séance publique que tout cela était pures peccadilles. En conservant ce même Triponé dans les rangs de notre armée, alors qu'il le savait au moins suspect, il n'avait de sa faiblesse aucune circonstance atténuante. Eh bien ! malgré tout cela, qui était connu de la Chambre entière, M. de Freycinet est sorti indemne. Quand le Bonhomme Deschamps dit « indemne », il entend devant le Parlement. Devant l'opinion publique, c'est une autre affaire. Si les députés sont maîtres de leurs votes, ils ne le sont heureusement pas de l'opinion publique, et celle-ci est loin d'approuver la décision de ses mandataires. Par ce vote d'amnistie, les députés républicains se sont faits bénévolement les complices du ministre de la guerre ; dans de pareils cas la complaisance équivalant à la complicité.

* * *

Le Bonhomme Deschamps a cherché à trouver le secret et les explications de ce vote étonnant. Il n'est pas possible, en effet, que les électeurs ne se rappellent pas cette séance du lundi 22 juin et n'en demandent pas compte à leurs députés. Si indifférents que nous soyons, nous ne sommes pas encore insensibles à ce point que nous n'ayons aucun souci de ce qui se passe au ministère de la guerre. Il paraîtrait, du moins le Bonhomme Deschamps l'a lu dans quelques journaux républicains, que les 326 députés ont émis leur vote, lundi dernier, dans l'intérêt de l'armée, de la République et de la France ! On lit tous les jours tant de choses dans les journaux, que l'on finit par n'être plus guère surpris de rien. Le Bonhomme Deschamps avouera cependant qu'il a été bien étonné de voir figurer dans ce vote, « le triple intérêt de l'armée, de la République et de la France ! » Evidemment ici, l'intérêt des trois était confondu. Mais c'était le trahir et non le servir que d'amnistier ainsi M. de Freycinet. N'est-il pas de la dernière évidence que l'armée, la République et la France sont directement intéressées à ce que les secrets de notre armement soient rigoureusement et vigoureusement défendus contre l'espionnage, l'indiscrétion et la trahison ? A ce point de vue, la journée de lundi est une aussi mauvaise journée pour la France, pour la République, que pour l'armée !

* * *

C'était une opinion assez répandue même parmi les personnes qui suivent avec quelque attention le train train de nos affaires publiques, que le désordre dont nul ne conteste les mauvais effets dans les administrations de l'Etat, ne s'étendait pas au ministère de la guerre. Le pays fait tant de sacrifices pour son armée, il a un tel besoin, vu son isolement, de se savoir bien protégé; qu'il lui répugne d'admettre la moindre fissure dans le ministère de la guerre. Ne croit-on pas aisément ce que l'on souhaite et plus encore ce dont on a un impérieux besoin? Le Bonhomme Deschamps subit aussi l'influence de ce sentiment. Pourtant il a toujours eu quelque peine à croire que le mal pouvait sévir ouvertement dans tous les ministères à l'exception du département de la guerre. On fait difficilement la part au désordre. Il y a dans la contagion du mal une force secrète qui ou plus tôt ou plus tard, et dans une mesure ou plus petite ou plus large, doit atteindre tous les membres de l'Etat. En tout cas, après l'affaire Turpin-Triponé, la condamnation du tribunal et les débats de lundi dernier, le désordre règne au ministère de la guerre. Jusqu'où s'est-il étendu? On l'ignore, mais ce qui n'est pas moins certain c'est que l'absolution donnée à M. de Freycinet dans les conditions où elle a eu lieu n'est pas de nature à l'arrêter.

LE BONHOMME DESCHAMPS.

NOUVELLES DE LA SEMAINE.

Les « marquis de pain cher ! » — La légende contre « les marquis de pain cher » ou autrement dit les conservateurs protecteurs du travail et du sol national, légende si longtemps exploitée par le parti républicain, vient de recevoir un coup dont, au grand désespoir des bons républicains qui ne vont plus savoir que dire, elle ne se relèvera pas. La Chambre des députés, après avoir rejeté le droit sur le pain étranger entrant en France, a fini par adopter ce droit. La suite dans les idées est une belle chose ! Députés et jouraux radicaux sont furieux ; ils avaient cru que le premier vote contre le droit de 6 francs avait clos la question ; ils se retrouvent en face d'un droit à peu près équivalent de 5 francs. Mais ce qui les irrite surtout, c'est l'intervention du député ouvrier M. Basly. Ils se voyaient déjà en possession d'un thême oratoire facile : on impose le pain du peuple ! Or, M. Basly est venu déclarer qu'ouvrier lui-même, il s'acquittait d'un engagement pris envers les ouvriers qui l'ont élu en protégeant la boulangerie française de la frontière du Nord contre la concurrence du pain belge. Il faut donc que les radicaux renoncent aux effets qu'ils comptaient tirer de leur formule. Il est amusant de constater la déconvenue des sectaires du libre échange.

La retraite des instituteurs ! La caisse est vide ! — On parle beaucoup depuis quelque temps d'une circulaire du ministre de l'instruction publique chargeant les préfets de porter à la connaissance du personnel enseignant primaire que l'absence de ressources empêche pour le moment et empêchera longtemps encore l'administration supérieure de donner suite aux demandes d'admission à la retraite. En vain les instituteurs font-ils valoir qu'ils remplissent les conditions requises de durée de service; en vain exposent-ils que la maladie ou des infirmités les mettent dans l'impossibilité d'exercer leurs fonctions ; en vain invoquent-ils la loi et leurs droits; ils se heurtent à une fin de non-recevoir sans réplique : on n'a pas d'argent ! On en gaspille tant tous les jours qu'il n'y en a plus !

Remarquez, s'il vous plait, que c'est leur propre argent qu'ils réclament. Pendant vingt ans, vingt-ciq ans, trente ans, ils ont versé des retenues sur leurs traitements. L'Etat avait pris l'engagement de leur rembourser un jour ces retenues, sous la forme de pensions, quand ils auraient atteint un certain âge. En ce qui les concernait, ils ont rempli les clauses du contrat : ils en ont supporté les charges ; maintenant ils demandent à en recueillir les bénéfices, et on leur répond : La caisse est vide !

La loi Bovier-Lapierre. — Ah! c'est une fameuse loi que le projet de loi Bovier-Lapierre. De toutes les mesures improvisées par la majorité de la Chambre sous l'inspiration du socialisme révolutionnaire, les dispositions législatives auxquelles M. Bovier-Lapierre a attaché son nom peuvent être considérées comme les plus fausses dans leur principe et les plus dangereuses dans leur application.

Aux termes de ce projet, les chefs d'industrie reconnus coupables d'avoir refusé d'embaucher ou d'avoir congédié des ouvriers faisant partie de syndicats professionnels, à raison de leur qualité de syndiqués, seraient condamnés à l'amende et à la prison. Plusieurs sénateurs républicains n'ont pas eu de peine à montrer ce qu'elle a d'excessif et à prouver qu'elle porterait atteinte aux principes sur lesquels repose notre droit public.

Il est, en effet, impossible d'admettre que le refus par un patron d'embaucher un ouvrier soit considéré comme un délit. De même que le patron ne peut faire travailler de force un ouvrier dans son usine, l'ouvrier qui se présente ne saurait s'imposer au chef d'industrie. A quel titre de tribunaux interviendraient-ils entre ces deux hommes lorsque aucun contrat n'est formé et qu'aucun lien de droit n'existe? Si la loi Bovier-Lapierre est appliquée, il suffira à un ouvrier de s'enrôler dans un syndicat pour acquérir le droit au travail dans l'établissement qu'il lui plaira de choisir. Les ouvriers syndiqués auront ainsi plus de droits, relativement aux conditions du travail et à la formation du contrat de louage, que le reste des citoyens. Ils deviendront des privilégiés, et le privilège dont on les investira sera la négation du principe de la liberté du travail et de l'industrie.

Une partie de raquettes. — C'est en effet une vraie partie de raquettes que ce qui se passe en ce moment entre la Chambre des députés et le Sénat. Elle commence à devenir très amusante, — voire même un peu scandaleuse. Nous la suivons avec un vif intérêt et nous marquons les coups, sans impatience....

Voici de quoi il s'agit. La Chambre et le Sénat sont ou du moins paraissent d'accord pour réduire à 3 fr., par mesure transitoire, le droit de 5 fr. sur le blé en grains jusqu'au 1er juin 1892. Mais à partir de quel moment? Là est la difficulté ! A dater du 1er août, a voté d'abord la Chambre. — Tout de suite, a répliqué le Sénat. — Non, a repris la Chambre, je maintiens mon premier vote. — Et moi aussi, a rétorqué le Sénat, en se prononçant l'autre jour pour la réduction immédiate.

Ainsi le projet de loi va, pour la quatrième fois, faire le voyage du Luxembourg au Palais-Bourbon, et cette question, capitale pour le commerce, essentielle pour l'alimentation publique, reste encore sans solution, depuis deux mois qu'elle est posée.

Encore un peu de courage, encore quelques coups de navette parlementaire, et l'on atteindra tout doucement la date du 1er août : de la sorte, tout le monde sera d'accord, et la spéculation aura beau jeu. Il est vrai que le public pourrait en souffrir. Dans l'incertitude où elle se trouve, l'importation s'est ralentie : de 1,300,000 quintaux de froment en avril, elle est tombée, dans la première quinzaine de mai, à 300,000 quintaux. S'il continue à attendre une détaxe qu'il ne vient jamais, le commerce d'importation finira par s'arrêter tout à fait, et le prix du pain montera encore. Nous savons nos députés et nos sénateurs trop patriotes pour que cette crainte ne les touche pas.

LE PRIX DU BLÉ ET DU PAIN (1)

Le Parlement va réduire de 5 à 3 francs les droits que les blés etrangers devront verser à notre douane à leur entrée en France. Nos législateurs se sont évidemment inspirés d'un bon sentiment vis à vis de la classe ouvrière et des petites bourses, mais en nous inspirant de ce même sentiment, et bien que notre dire puisse paraître paradoxal, nous allons essayer de démontrer :

Qu'il faut que le pain soit à son prix de valeur réelle, c'est-à-dire à 80 centimes le pain de 4 livres, pour que les ouvriers des villes et des campagnes aient leur bien être relatif par leur travail assuré.

En France 25 millions de Français vivent directement de l'agriculture. Quand les produits se vendent bien, et le blé est le principal produit, non seulement les affaires de ces 25 millions de Français sont prospères, mais aussi celles du commerce et de l'industrie toute entière. L'agriculteur qui fait ses affaires achète des outils, des vêtements, des denrées de toute sorte. Ce bien-être se répand donc sur tous les centres manufacturiers, sur tous les commerces, du plus petit au plus grand.

Mais tout au contraire quand le blé qui revient au producteur de 24 à 25 francs le quintal se vend 18 à 22 francs, comme il s'est vendu les sept dernières années, la misère ne tarde pas à frapper l'agriculteur, le petit cultivateur, et cette misère se répand partout, paralyse toutes les affaires industrielles : le fermier ne peut plus payer son fermage et au lieu d'occuper 2, 6, 10, 20 ouvriers, et c'est là le point essentiel sur lequel nous appelons l'attention, il n'en garde qu'un nombre insignifiant ; il restreint par force toutes ses dépenses, il ne peut plus payer même ses domestiques.

Alors qu'arrive-t-il?

Ces domestiques qui ne trouvent plus de place dans les fermes, les fils, les gendres des petits cultivateurs que ne peut plus nourrir la terre paternelle, s'en vont dans les grands centres, à Lyon, Saint-Etienne, Paris, etc., et s'aidant d'un parent, d'un pays, se font embaucher n'importe à quoi faire, n'importe à quel prix, ou, s'ils ont quelque instruction, ils assiègent

(1) *Journal de l'Agriculture.*

de leurs demandes d'emploi les administrations, les compagnies, etc.

Avec leur tenacité et leurs prétentions modestes, ils arrivent à se placer: mais alors ils ont pris la place des ouvriers des villes, de ceux qui gagnent 5 ou 6 francs par jour, de ceux pour lesquels nos députés à réclame crient à la famine lorsque le pain augmente d'un sou ou de deux sous le pain de 4 livres. Comme si aujourd'hui le prix du pain était quelque chose dans le budget d'un ouvrier qui a son travail assuré.

Avec le blé à vil prix, c'est-à-dire à 20 ou 22 fr. les 100 kilog., alors qu'il revient au cultivateur à 25 francs, ainsi que nous le disions plus haut, nous ne pouvons continuer à en produire. La France comme elle l'a fait ces dernières années, achètera 20 ou 30 millions de quintaux de blé à l'étranger ; c'est-à-dire enverra aux Américains ou aux Anglais, dans les Indes ou dans l'Australie, 400 ou 500 millions de francs chaque année et ces 400 ou 500 millions de notre fortune nationale s'en iront grossir la fortune des Anglais et des Américains.

Si le blé se vend 28 ou 30 francs le quintal, notre agriculture, sur le sol de notre France, produira les 115 millions d'hectolitres nécessaires à notre consommation annuell. L'agriculture emploiera tous les bras disponibles, l'industrie sera en pleine prospérité, l'ouvrier des villes aura son travail assuré et nous garderons chez nous les 400 ou 500 millions que nous envoyions ces années dernières aux Américains et aux Anglais.

Si cependant ceux-ci tenaient à nous envoyer quelques parties de leur blé, ils continueraient à verser à notre douane les 5 francs de droits et nous attribuerions exclusivement ces sommes *versées par l'étranger* à donner en nature du pain aux nécessiteux de nos villes et de nos villages.

Jules Lecœur.

LA CULTURE DES POIS DES CHAMPS

Depuis qu'il est scientifiquement établi que la culture des pois est une culture améliorante au premier chef ; que, loin d'exiger de riches fumures azotées, elle apporte de l'azote au sol, le prix de revient de la récolte se calcule sur une base tout autre, et cette culture doit être considérée comme très avantageuse. Voici des renseignements sommaires sur cette culture.

Sol et climat. — Les sols argilo silicieux et sablo-argileux perméables, ayant une teneur suffisante en chaux sont les plus convenables ; cependant cette culture réussit aussi dans d'autres sols bien cultivés. Les sols les moins convenables sont ceux de nature extrême, l'argile compacte, le sable et les terres trop riches en azote, où les pailles se développent trop aux dépens des fruits et où la verse et les maladies diminuent les chances de réussite.

Les meilleures conditions climatériques sont celles qui représentent la moyenne ; l'excès d'humidité ou de sécheresse est également nuisible.

Assolement. — Auparavant on assignait aux pois les terres les plus riches dans l'assolement, comme par exemple après trèfle! Il y avait dans cette façon de procéder une erreur profonde. Aujourd'hui on doit considérer les pois comme plantes réussissant après céréales en deuxième ou troisième année de fumure et surtout comme plantes par excellence pour précéder les céréales, pour lesquelles elles préparent admirablement le sol sous tous les rapports.

Variétés. — La plus productive et la plus résistante de toutes les variétés est le pois Victoria, à gros fruit jaune blond. D'autres bonnes variétés sont les pois verts anglais et hollandais. Il est de la plus grande importance de ne pas tirer la semence d'une contrée où s'est propagé le « scarabée des pois » (*Bruchus pisi*, L.) La larve de cette insecte hiverne dans les pois sous forme de nymphe. Au printemps, après les semailles, de nouvelles générations éclosent et l'homme est si impuissant contre ce ravageur des pois qu'on a dû en abandonner la culture en maintes contrées.

Labours et fumures. — Les pois réussissent le mieux sur labours avant l'hiver. Une fumure au fumier de ferme ou aux engrais azotés est irrationnelle, s'il s'agit d'un bon sol, suffisamment riche pour alimenter d'azote les jeunes plantes pendant la première végétation. Par la suite, les pois assimilent l'azote de l'atmosphère. En terrain pauvre, on pourra appliquer 100 k. de nitrate de soude par hectare, pour soutenir les jeunes plantes jusqu'au moment où elles seront capables de puiser à la source intarissable de l'azote atmosphérique.

La fumure la plus profitable sera celle aux engrais phosphatés et potassiques. On appliquera, soit avant, soit pendant l'hiver ou au printemps, comme dose moyenne par hectare, 600 kil. phosphate Thomas et 400 kil. de kaïnite. Sur les terrains pauvres en calcaire, il faudrait aussi répandre 2,000 kil. de chaux.

Semailles et soins. — On sème les pois du commencement d'avril jusqu'à la mi-mai. La semence est généralement enterrée à une profondeur variable, dont le maximum est de 15 centimètres (en terrains secs) soit à la charrue, soit à l'extirpateur. Les semis trop superficiels sont souvent ravagés par les oiseaux. La meilleure façon de planter les pois est de les semer en lignes distantes de 30 à 40 centimètres.

La quantité de semence à employer par hectare est de 200 kil. pour semailles à la volée et de 150 kil. pour semailles en lignes ; souvent on sème en mélange, de 20 à 25 0/0 de féveroles destinées à servir de tuteurs aux pois.

Les pois germent en deux jours de temps et se développent rapidement. Dès que les jeunes plantes lèvent, on peut donner un coup de herse sur les semis à la volée ; pour les semis en lignes il est indispensable de biner pour détruire les mauvaises herbes dans les intervalles des lignes. Dès qu'on est exposé à blesser les tiges, on ne doit plus biner à la machine.

Récolte et utilisation. — La récolte des pois a lieu aussitôt que les premières gousses mûrissent ; une récolte tardive occasionne une forte perte de graines. On fauche ou on arrache les plantes à la main pour les laisser quelque jours en javelles, puis on les réunit en petits tas ou bottes pour les laisser sur les champs jusqu'à ce que la paille soit suffisamment fanée pour permettre la rentrée en grange. Les opérations de la mise en petits tas, du liage et du chargement, doivent avoir lieu de grand matin, quand la récolte est encore humectée par la rosée, afin que la perte de graines soit réduite au minimum.

Les pois constituent un aliment précieux pour les hommes et sont d'un placement facile et rémunérateur dans le commerce. Ils constituent aussi une excellente nourriture concentrée (en farine) pour les animaux. Ils renferment 22 0/0 de matières albuminoïdes, 14 0/0 de matières grasses et 4.95 0/0 de matières non azotées digestibles.

La paille des pois est un très bon fourrage pour les chevaux et les ruminants ; elle renferme 2.9 0/0 de matières albuminoïdes, 0.5 0/0 de matières grasses et 15.1 0/0 de matières non azotées digestibles.

La paille de pois est donc quatre fois plus riche en matières albuminoïdes que la paille de froment, qui n'en renferme que 8 0/0.

LA GUERRE A L'ANTHONOME

Le 5 juin 1889, je disais dans le journal de la Société d'Agriculture d'Ille-et-Vilaine :

« L'anthonome se tient exclusivement sur les pommiers où les boutons commencent à se montrer, moment favorable à la pompe. On ne le rencontre pas sur les pommiers en fleurs où dont les boutons sont développés ; on ne le rencontre pas sur les pommiers dont la végétation n'est pas encore commencée.

De plus, en secouant les branches, il tombe facilement à terre.

Conclusion. — Porter des bâches sous les pommiers où l'on prévoit devoir se trouver réunis les insectes en grande quantité, secouer les branches, puis, par quelques secousses données à la toile, les réunir au centre où il est facile de les écraser ou de les asphyxier avec un peu de benzine, d'essence de térébentine, ou d'autres insecticides.

Ce dernier mode de défense me paraît le plus efficace, et c'est surtout sur lui que j'appelle l'attention des cultivateurs de pommiers. Il a l'avantage d'être peu coûteux et de donner des résultats immédiats. »

Plus tard, je disais à peu près la même chose dans le mémoire que je lus au Congrès pomologique tenu à Paris pendant l'exposition universelle, et auquel fut attribué une médaille de vermeil grand module, et dans celui que j'adressai en août 1889 au Conseil général d'Ille-et-Vilaine.

Ce mode de destruction mis en pratique donne de tels résultats en ce moment qu'il me semble urgent d'appeler sur lui l'attention ; il pourrait encore, malgré l'époque avancée, rendre de grands services. M. Henneguy, professeur au Collège de France, à l'Ecole de Grignon, à l'Ecole d'horticulture de Versailles, avait été chargé par M. le Ministre de l'agriculture de faire des études et des essais en vue de la destruction de l'anthonome. Il me fit l'honneur de me demander mon concours et il fut de suite convenu qu'outre des essais de divers genres, la méthode que j'avais indiquée précédemment serait employée.

Lundi dernier 4 mai, dans l'après-midi, une bâche faite spécialement pour cet usage fut en sa présence placée sous un pommier dont les branches furent secouées. Les anthonomes tombèrent en grand nombre. On recommença sous plusieurs arbres, le résultat fut le même.

Les mardi et mercredi, une équipe composée de quatre hommes et de deux élèves a continué ce travail, qu'elle a repris vendredi matin, laissé vendredi l'après-midi, et ce matin samedi, par suite d'un temps peu favorable, pour reprendre cette après-midi, à une heure, elle a terminé à deux heures.

Donc, en moins de trois journées, un verger de 3 hectares 50 ares, contenant 347 pommiers de tout âge, a été traité.

Négligeant ceux qui étaient trop jeunes, le nombre des arbres secoués effectivement par jour a été de 100 à 110.

J'ai voulu me rendre compte du nombre d'insectes abattus sous chaque pommier :

Sous un 1er arbre il a été de 118
— 2e — 167
— 3e — 107
— 4e — 86
— 5e — 65

Enfin sous un 6e, en présence de M. Limon, conseiller général des Côtes du-Nord, 360.

Sur un arbre où ils étaient en quantité extraordinaire, on en a trouvé de 900 à 1.000.

Laissant de côté ce dernier, dont le chiffre est exceptionnel, si nous établissons une moyenne, nous observons qu'elle est de 150 insectes par arbre, soit par jour et pour 110 arbres, 16 500 insectes dont la destruction a coûté :

4 jours d'ouvriers à 2 francs.... 8 fr. } 9 fr.
2 jours d'élèves à 0 fr. 50 (?) .. 1 » }

Admettant que la moitié de ces insectes soient des femelles et auraient pondu seulement 10 œufs, ce serait 82.500 boutons de préservés pour 9 fr. !!

Que l'on fasse à ce chiffre la réduction que l'on voudra, le résultat n'en sera pas moins fort au-dessus de la dépense.

J'ajouterai que l'arbre où l'on avait trouvé à 11 heures un millier d'anthonomes en a laissé tomber encore 385 le soir, 5 heures plus tard, et 1 jour 1/2 après, 145.

Un autre avait donné d'abord : 167 insectes, le lendemain il en donne encore 50, le surlendemain 10 ou 11.

Quand, cet après-midi, on a fini le verger ou se faisait cette récolte, on a repris les premiers arbres. On en trouvait que très peu. Malheusement la pluie nous a arrêtés, mais l'opération sera reprise ultérieurement.

En résumé, je constate que :

Pour une somme de 24 fr. 55 on a traité un verger de 3 hectares 50 ares, contenant 347 pommiers ; que l'on a détruit au moins 450.000 anthonomes dont la ponte aurait anéanti très probablement la production de plus de deux millions de boutons.

Ce moyen est donc réellement pratique et peut en toute sécurité être recommandé aux agriculteurs.

L'opération se fait de la manière suivante : une bâche de 10 mèt. de côté est décousue jusqu'au centre, où est percé un trou circulaire de 0m50 de diamètre; au bord de ce trou est cousu un sac sans fond de 0m60 de longueur et fendu sur le côté. La bache est posée sous le pommier par la fente qui va de la circonférence au centre. Elle est fixée au pied du pommier par le sac, qui établit une jonction intime avec le tronc; puis un homme monte dans l'arbre et secoue les branches, secondé par un ou deux aides armés de longues gaules dont l'extrémité est munie d'un crochet. Pendant ce temps, le reste de l'équipe, avec des brosses ou des balais en chiendent, balaye la toile en suivant les opérateurs et est bientôt aidé par ceux-ci, car le secouage n'est pas long. Les insectes, avec les débris tombés, sont réunis en tas, jetés avec une pèle a main dans un sac, puis on passe à l'arbre suivant.

La bâche que nous avons employée a été faite spécialement pour cet usage, elle est plus compliquée. Mais à l'usage, nous avons reconnu qu'une bâche ordinaire, disposée comme je l'ai dit est suffisante.

On pourrait louer une bâche semblable pour 1 fr. ou 1 fr. 50 par jour.

Nota. — D'après les résultats obtenus cette année, je serais moins affirmatif sur la localisation des insectes sur les arbres au moment favorable de la ponte. Il me paraît nécessaire de secouer tous les arbres. E. Hérissant.

DESTRUCTION DES CHENILLES

Voici un nouveau procédé pour opérer la destruction de ces terribles ravageuses :

Faites fondre du souffre : quand il est en fusion plongez-y du vieux linge que vous laissez ensuite sécher. De ces vieux linges imbibés de souffre, faites des tampons gros comme les deux poings, prenez une fourche, fixez les tampons aux pointes de la fourche et mettez-y le feu.

Si l'arbre est trop élevé, allongez le manche de la fourche en y fixant une perche. Les tampons brûleront lentement en dégageant une fumée épaisse. Promenez alors votre fourche sous l'arbre à écheniller et quand la fumée aura pénétré dans toutes les branches vous pouvez être sûr qu'il n'y restera plus une seule chenille.

Toutes sont tombées à terre ; mais comme elle ne sont qu'à demi mortes ou simplement engourdies, il faut avoir soin d'étendre préalablement sous l'arbre de grandes toiles ou de vieux draps pour les recueillir. On les donne ensuite aux poules qui en font leur régal.

En ce qui concerne les chenilles qui dévorent les feuilles des plantes potagères et surtout les choux, il y a un moyen de destruction fort simple. Pour protéger une planche de choux, par exemple, semez tout autour une bordure de chanvre.

Aussitôt que le chanvre aura grandi et commencera à exhaler une odeur particulière, vous verrez les chenilles mourir en quelques jours sans oser franchir la barrière qui entoure la planche de légumes.

Ce moyen est infaillible.

Il est pratiqué avec un succès constant.

LA CAVE ET LE VIN
au mois de juin.

Voici l'époque où je puis, enfin, m'échapper, parcourir la campagne et faire de la viticulture pratique. Rien n'est agréable, pour l'écrivain, comme de « vivre » son sujet.

On a beau faire, beau dire, les meilleurs tableaux sont encore ceux dont les motifs ont été croqués sur nature et pris sur le vif.

J'allais donc, hier, sitôt arrivé dans ma petite terre, rendre visite au gérant fermier de la propriété d'un de mes meilleurs voisins.

Inutile de vous dire que c'est la vigne qui règne là en maîtresse ; on a planté partout où on a pu. Jamais enfant chéri n'a été aussi bien soigné et choyé comme l'est ce vignoble. Son propriétaire, très riche, ne lésine jamais pour rien de ce qui peut être utile à ses « chères » vignes. Les souches en sont à leur septième feuille. Il y a donc du vin en cave ; du jeune et du vieux. Je ne vous étonnerai pas en vous déclarant que le jeune vin est bien supérieur au vieux ; le vin vieux a le défaut, bien involontaire, d'émaner de souches trop jeunes, tandis que le vin des dernières récoltes, de 1890, par exemple, promet d'être une année remarquable.

A peine arrivé, nous allions au cellier. Cette visite, je ne vous le cacherai pas, nous était aussi agréable à l'un qu'à l'autre. Mon caviste, pour avoir mon opinion sur sa manière de tenir sa cave ; moi, pour faire une étude pour mes amis lecteurs et les faire profiter des observations que j'allais faire. C'est surtout au mois de juin qu'on s'aperçoit des avantages et des inconvénients d'un cellier suivant qu'il est plus ou moins bien disposé.

Dès que j'entrais dans le local, je fus saisi par l'extrême sécheresse qui y régnait.

— Mais, mon cher ami, lui dis-je, votre cave est par trop sèche.

— Vous trouvez, me dit-il. Pourtant ne recommandez-vous pas tout particulièrement d'éviter l'humidité si préjudiciable aux vins qu'on se propose de garder ?

— Certainement, l'excès de l'humidité est un grave défaut ; mais l'excès de sécheresse a également de gros inconvénients. Vous n'ignorez pas qu'il se produit, par ce fait, une déperdition assez considérable de vin. Or, cette déperdition, quand on a beaucoup de vin atteint un chiffre très important et qui peut occasionner une perte réelle au propriétaire, à la fin de l'année.

En voici un exemple : Dans une bonne cave, une pièce de 230 litres, n'absorbe pour l'ouillage, c'est à-dire au remplissage, qu'un ou deux verres par mois, tandis que dans une cave sèche on perd, souvent, plus d'un litre et demi de vin.

L'opération de l'ouillage étant absolument nécessaire et obligatoire, comme vous le savez, pour éviter toute altération de votre vin, c'est donc une perte sèche de 6 0/0 environ que l'on fait de ce chef au lieu de 1 0/0.

Mon homme restait ravi ! il n'avait pas songé à ça. Je continuai :

— Mais, rassurez-vous, c'est un petit malheur. Je préfère, encore, vous avoir vu pécher par excès de sécheresse, dans votre cave, que par excès d'humidité. Celle-ci, surtout en ce moment-ci, en engendrant ces maudits mycodermes et faisant naître cette multitude de champignons de la moisissure, empoisonne nos celliers, nos futailles et nos vins, rouillant les cercles des tonneaux et tout le matériel servant au vin.

Il est facile de faire disparaître la sécheresse et d'amener une sage humidité. Parmi les moyens qu'on propose, il en est un qu'un de mes confrères rapporte, qui est le plus simple, le plus facile, que nous connaissons tous et auquel nous ne songeons pas. C'est de boucher les fenêtres et les soupiraux, et de laisser rentrer la lumière le moins possible. Aérez au moyen d'un appel d'air. Si vous le pouvez, amassez contre le mur exposé au soleil, de la terre et du gazon sur une certaine hauteur et d'un demi-mètre d'épaisseur au moins.

Faites cela et bientôt vous reconnaîtrez que vos futailles « boivent » moins.

Les avis que je donnais ainsi étaient d'autant

plus faciles à mettre en pratique, que cette cave a été faite il y a quelques années à peine, orientée parfaitement et facile à mettre dans l'état de fraicheur dont je par'ais.

La conversation, naturellement, tomba sur les vins. J'avais affaire avec un garçon très intelligent, connaissant son métier à fond, mais plutôt théoriquement que pratiquement.

Il me fit déguster quelques vins.

— Rappelez-vous, lui dis-je, que le mois de juin est encore plus meurtrier pour les vins que le mois d'avril et de mai. Les chaleurs, vous ne l'ignorez pas, amènent les fermentations secondaires dont les meilleurs vins, quelques soins qu'on leur apporte, sont susceptibles d'être atteints.

Voilà pourquoi, je le répète, je vous conseille d'obtenir un rabaissement de température dans votre cave, en bouchant hermétiquement toutes vos ouvertures pendant le jour et en établissant des courants d'air pendant la nuit. Arrosez la toiture au besoin. Je ne vous parlerai de l'ouillage, que vous pratiquez avec attention, que pour vous dire qu'il suffit, à cette époque, d'un seul oubli pour faire piquer le meilleur de vos vins. Ne vous le dissimulez pas : ce ne sont pas les mauvais vins qui se piquent, comme on le croit généralement, ce sont toujours les meilleurs. La prompte acidité d'un vin est, je dirai même plus, la sûre garantie de son excellente et naturelle fabrication. Si le fait se produisait, n'attendez pas, soutirez-le immédiatement avec un tuyau, à l'abri de l'air, dans une futaille bien méchée et rien n'y paraîtra plus.

Surveillez vos bondes attentivement ; changez les linges souvent : ce sont des foyers d'infection si on n'y prend garde.

Je lui serrai la main, non sans qu'il m'ait fait promettre de revenir, et nous nous séparâmes enchantés tous deux : lui, des petits conseils que je venais de lui donner, moi, de ma petite étude que je vous transmets sans aucune retouche. J.-F. AUDIBERT.

Nouvelles agricoles.

L'industrie chevaline en France. — Dans le dernier rapport de M. l'inspecteur général des haras nous relevons les renseignements suivants qui intéresseront tous les éleveurs :

Les chevaux français sont toujours très appréciés par les étrangers qui viennent faire dans notre pays des acquisitions importantes de reproducteurs et de chevaux de service.

L'Amérique continue à nous enlever par les ports du nord-ouest de la France, celui du Havre principalement, un bon nombre d'étalons et de juments de trait de race percheronne et de provenance boulonnaise. Les exportations de reproducteurs de pur sang et de demi-sang normands se sont notablement accrues en 1889, pour les Etats-Unis, le Canada, la République Argentine, l'Uruguay et le Brésil. La frontière des Pyrénées donne passage à des animaux de luxe et de demi luxe, ainsi qu'à des chevaux propres au service de la cavalerie. L'Italie nous achète également un certain nombre de chevaux de luxe, à l'armée, aux travaux agricoles et aux service de transports. La Suisse entretient avec nous un commerce suivi.

Nos exportations par les frontières du nord-est et du nord sont toujours considérables. Elles consistent surtout en chevaux hongres et juments de trait léger et de demi-sang, provenant en grande partie de la région normande et destinés à la Belgique et à l'Allemagne. Ces deux pays figurent, comme les années précédentes, en tête de ceux pour lesquels nos exportations sont les plus importantes ; le premier, avec 14,577 têtes, le second avec 8,999. L'Espagne tient, cette année encore, le troisième rang avec 3,254 têtes; la Suisse vient ensuite avec 3,037, tandis que nos exportations en Italie se sont abaissées à 1,866 têtes. Les Etats-Unis d'Amérique nous ont acheté, en 1889, 1,504 animaux au lieu de 1,027 en 1888.

Le tableau ci-après fait ressortir la comparaison entre les importations et les exportations de chevaux pendant la dernière période décennale :

Années	Importations.	Exportations.
—	—	—
1880...........	25.714	9 628
1881...........	22.152	10.844
1882...........	20.406	13.183
1883...........	19.127	17.185
1884...........	14.704	18.033
1885...........	12.021	25.502
1886...........	11.691	28.337
1887...........	10.212	34.518
1888...........	18.115	37 933
1889...........	12.157	35.862

Ces chiffres indiquent clairement les accroissements de nos exportations depuis 1884, et des renseignements pris à bonne source permettent d'affirmer que la légère diminution constatée en 1889 dans les exportations provient surtout de la grande consommation de chevaux faite en France à l'occasion de l'exposition universelle.

D'après les évaluations fournies par l'administration des douanes, la valeur totale des animaux de l'espèce chevaline exportés en 1889, serait de 36,214,300 fr., tandis que celle des animaux importés ne représente que 18,040,200 francs.

Les importations et les exportations des ânes et ânesses sont peu importantes. Elles se chiffrent ainsi qu'il suit pour l'année qui vient de finir :

Importations : 1,631 têtes. — Valeur : 242,150 francs.

Exportations : 762 têtes. — Valeur : 139,160 francs.

Les exportations de mulets et de mules ont été considérables en 1889, comme les années précédentes ; elles se sont élevées à 20,815 têtes, d'une valeur estimative de 14,570,500 francs. Les importations de mules et de mulets sont insignifiantes ; elles ne comprennent que 261 têtes, soit en argent 130,500 francs.

En résumé, la valeur des animaux des espèces chevaline, asine et mulassière exportés, représente une somme de 50,921,960 francs.

Ces renseignements font ressortir toute l'importance qu'a prise la production nationale depuis quelques années et les ressources que le pays peut en tirer pour la remonte de son armée, l'agriculture et le commerce.

Pour permettre à nos lecteurs de se rendre compte de l'importance de la production chevaline, nous donnons ci-dessous le chiffre des reproductions obtenues en 1888 dans les principaux centres agricoles.

Le sulfure de carbone contre les insectes. — On sait que le sulfure de carbone est un des meilleurs insecticides qui soient. Mais son action dépend souvent de la façon dont il est préparé.

Un chimiste bien connu, M. Quantin, directeur du laboratoire agronomique du Loiret, propose une préparation qu'il estime supérieure à celles qu'on connaît pour la destruction des insectes de la vigne et des autres plantes.

Voici cette préparation :

On fait dissoudre 100 grammes de carbonate de soude dans un hectolitre d'eau de pluie. On mélange ensuite un volume égal de sulfure de carbone et d'huile quelconque (de colza, par exemple). — On obtient un oléo-sulfure de carbone qu'on verse dans la solution de carbonate de soude à raison de 10 litres par hectolitre. On a ainsi une émulsion de 60 grammes de sulfure de carbone à l'état liquide qu'on répand au moyen d'un pulvérisateur.

M. Quantin affirme avoir délivré la vigne de cochylis avec ce liquide.

Expériences sur des machines. — La Société d'Agriculture de l'arrondissement de Meaux a décidé que dans le courant du mois d'août prochain, à une date qui sera ultérieurement fixée, des expériences sur des machines d'extérieur de ferme présentant un caractère de nouveauté, auront lieu à proximité de la gare de Changis (ligne de l'Est). Les constructeurs-mécaniciens qui ont l'intention de participer à ces expériences, sont priés d'adresser, avant le 8 juillet, à M Gatellier, président de la Société, à Condetz, par la Ferté-sous-Jouarre, la désignation des instruments qu'ils désirent faire expérimenter, ainsi que l'indication des caractères de nouveauté vraiment utiles qui les recommandent au choix des cultivateurs. Une commission, nommée parmi les membres de la Société, sera chargée de faire sur les machines essayées un rapport auquel sera donnée la plus large publicité possible.

CONSEILS A LA FERMIÈRE

LE CANARD

De tous les oiseaux de basse-cour, le canard est le seul dont l'élevage soit plus facile et en même temps le plus productif?

Que vous demande le jeune caneton ? simplement un peu de soins les quinze premiers jours, pendant lesquels vous avez à le défendre contre deux choses : l'eau et une nourriture trop épaisse ou trop abondante.

L'eau est son plus mortel ennemi. L'impression de froid produite par cet élément ne peut pas être balancée suffisamment par le peu de chaleur vitale que le pauvre petit possède par lui-même et d'ailleurs le duvet qui le couvre ne le protège que bien faiblement.

Un baquet dans lequel il puisse boire à discrétion, voilà ce qu'il lui faut. Vous éviterez ainsi une grande mortalité parmi vos jeunes élèves et vous aurez des canards à la chaire succulente et fine au goût.

Prenez garde aussi que la nourriture que vous lui donnez n'étouffe le jeune caneton, car sa voracité est extrême. Au lieu de pâtée de farine pure que son faible estomac ne pourrait digérer, donnez-lui des escargots ou des limaces hachés menu mélangés avec de la salade, le tout saupoudré d'un peu de farine seulement. Vous pouvez encore vous servir de vermicelle cuit ; c'est un aliment dont la dépense est très minime et qui réussit toujours.

Une fois le premier âge passé, vous n'avez plus à vous en occuper, il prospère de lui-même;

il n'y a rien qu'il n'utilise à son profit : vers de terre, insectes, viandes cuites ou crues, tout peut-être impunément englouti dans son puissant estomac.

Maintenant si l'on veut arriver à un résultat vraiment remarquable, en ce qui concerne la production des canes, il suffit de ne jamais les laisser couver elles-mêmes. Mettez les œufs sous les poules. Vous pourrez obtenir de cette manière un rendement considérable.

Suivez ces conseils et vous ne tarderez pas à reconnaître l'immense avantage que l'on peut retirer de l'élevage du canard.

Un mot encore en terminant. Si vous voulez vous offrir un mets exquis et savoureux, retenez bien ceci : Le canard doit toujours être étouffé et non saigné et lorsqu'il est jeune c'est pêcher que de le manger autrement que rôti.

UNE MÉNAGÈRE.

CONSEILS DU VÉTÉRINAIRE

LA MALADIE DES CHIENS

Connaissez-vous un bon remède préservatif de la maladie des chiens ? Telle est la question qui, chaque jour, nous est adressée.

Méfiez-vous surtout des spécialités, véritables médicaments incendiaires qui provoquent l'explosion de la maladie.

Renoncez également à administrer la poignée de sel qui fait souffrir vos animaux sans aucun résultat. Quant au bâton de soufre que vous placez dans la boisson, il est complètement inutile.

Le seul remède efficace, croyez-le bien, est le *café à l'eau*.

Aux jeunes chiens d'appartement, on peut donner chaque jour une demi-tasse de café bien sucré. On utilise le marc du café, en le mélangeant avec la soupe destinée aux chiens de garde.

UN VIEUX VÉTÉRINAIRE.

JURISPRUDENCE RURALE.

VENTE D'ANIMAUX. — TUBERCULOSE.

— Je croyais que quand le vendeur et l'acheteur s'étaient mis de bonne foi d'accord l'un avec l'autre, il n'y avait plus à revenir là-dessus, et que c'était tant pis pour l'acquéreur s'il n'avait pas bien examiné la marchandise.

— Tu as donc une difficulté ?

— Pardieu oui ! me voilà menacé d'un procès ; ce que je n'aime pas ; ça coûte trop gros ; figurez-vous, je vends un bœuf, pas trop cher ; il était un peu maigre ; mais, foi de Baptiste, je le croyais aussi bien portant que vous et moi ; nous faisons le marché, on l'arrose d'une bonne bouteille, je mets l'argent dans ma poche, et je m'en vais tranquille.

— Jusque là tout va bien, ce me semble ?

— Attendez la fin ; un mois après mon acheteur revient et me dit : il n'y a plus de vente, je te ramène ton bœuf.

— Comment il n'y a plus de vente, tu n'es donc pas un homme de parole.

— Autant que toi, me répond-il, mais je n'achète pas les bêtes malades ; ton bœuf a la tuberculose ; et c'était vrai, hélas, je ne m'en étais pas aperçu.

— Et on te demande la résiliation de la vente ?

— Parfaitement, mais je n'entends pas de cette oreille là ; j'ai été de bonne foi, la vente est bonne.

— Tu te trompes ; ta bonne foi pourrait te servir d'excuse si on voulait te poursuivre en police correctionnelle pour avoir frauduleusement mis en vente des animaux insalubres ; mais en matière civile que tu aies été de bonne ou de mauvaise foi, peu importe ; l'art. 13 de la loi du 21 juillet 1881, complète par le décret du 28 juillet 1881, interdit absolument la vente des animaux atteints de maladies contagieuses ; la vente faite dans ces conditions est nulle, d'une nullité radicale et absolue, comme portant sur une marchandise mise dans un intérêt supérieur de salubrité publique, hors du commerce.

UN VIEUX JUGE DE PAIX.

CONSEILS DU MÉDECIN

PIQURES DE MOUCHES CHARBONNEUSES

Sans doute, la piqûre d'une *mauvaise* mouche charbonneuse est toujours très grave, mais contrairement à ce que l'on croit généralement elle n'est pas nécessairement mortelle. Bien plus, la guérison est certaine, quand le mal est traité à temps.

Voyons d'abord comment débute le mal. Il commence par une petite tache, peu colorée, rarement plus grosse qu'une tête d'épingle. On la confondrait avec une piqûre de puce. Peu à peu apparaissent un petit bouton, puis une vésicule qui le recouvre et s'agrandit. Cette vésicule, d'abord grise, devient noire, démange vivement : si on la perce, il en sort une goutte d'eau jaune capable de transmettre la maladie à une autre personne. Bientôt la maladie se caractérise tout à fait, la gangrène se manifeste par un point noir. La peau forme une grosseur enflammée, l'enflure s'étend et, au bout de deux jours, la partie ainsi affectée devient gonflée et dure dans toute son étendue. Mais comme l'engourdissement n'entraîne pas une grande souffrance, le malade se rassure. Hélas ! trente-six heures après, les vomissements surviennent, puis une fièvre froide qui se termine par la mort.

Il est prouvé que les hommes peuvent guérir d'une manière presque certaine de cette maladie, pourvu que le traitement soit appliqué sans retard, car dans une affaire aussi rapide, les heures sont précieuses. Donc, dès qu'on se croit piqué par une mouche suspecte et qu'on aperçoit le bouton noirâtre d'un mauvais aspect, il faut aussitôt, avec ou sans l'aide du médecin, cautériser profondément le mal, en se servant d'un fer pointu rougi au feu. Il vaut mieux brûler un peu trop que pas assez, car une brûlure insuffisante ne produirait qu'un résultat incertain.

On recouvre alors toute la partie cautérisée avec des feuilles vertes de betterave ou de salade, et on attend le médecin qui jugera de l'efficacité de la brûlure et ordonnera des médicaments internes.

Voilà des prescriptions dont il faut savoir tenir compte dans les campagnes surtout, où le médecin n'est pas toujours à la portée des blessés et où d'ailleurs les gens s'endorment trop souvent dans une trompeuse sécurité qui leur ménage de si terribles surprises au réveil.

UN VIEUX MÉDECIN.

AFFAIRES MILITAIRES.

Les réservistes et les manœuvres

En raison de l'importance des manœuvres de cette année, le ministre de la guerre a prescrit aux commandants des corps d'armée de notifier à l'avance les catégories de réservistes qui accompliront leur période d'instruction le 25 août. Sont convoqués pour cette date les réservistes des classes 1883 et 1884, les ajournés des classes 1879, 1880, 1881 et 1882 affectés aux trois premiers bataillons des régiments d'infanterie de ligne, aux bataillons d'artillerie de forteresse, aux régiments de zouaves, de tirailleurs, de sapeurs-pompiers et du génie. Afin d'avoir des effectifs de manœuvres aussi élevés que possible, les demandes de sursis de périodes d'instruction seront épluchées avec le plus grands soin.

Les dispensés de la classe 1890

Les jeunes conscrits de la classe 1890, qui ont obtenu la dispense comme ayant un frère sous les drapeaux servant comme appelé, pourront, conformément aux dispositions de la loi du 6 novembre 1890, s'ils en font la demande, n'être incorporés qu'après l'expiration du temps obligatoire de leur frère.

En conséquence, ceux d'entre eux qui désireraient bénéficier des dispositions de ladite loi, doivent adresser, dans le plus bref délai, une demande à M. le commandant du bureau de recrutement de Péronne, en spécifiant que leur frère est sous les drapeaux comme jeune soldat appelé des classes précédentes et non comme engagé volontaire, rengagé, commissionné ou officier. Ils devront en outre indiquer leur numéro de tirage et le canton dont il font partie, et faire connaître également la classe, le numéro de tirage, le canton de leur aîné, ainsi que le régiment auquel il appartient.

BIBLIOGRAPHIE.

VIENT DE PARAITRE (1) :

DROIT USUEL.

L'AVOCAT DU PÊCHEUR

Texte et commentaire des lois et décrets sur la pêche fluviale,

par G. LECOUFFE, avocat à Saint-Omer.

Un volume in-16. — Prix, 0 fr. 75.

DU MÊME AUTEUR :

L'AVOCAT DU CHASSEUR

PETIT TRAITÉ PRATIQUE DU DROIT DE CHASSE.

Un volume in-16. — Prix, 0 fr. 75.

D'un format très pratique, permettant de les placer dans un portefeuille avec le permis, ces petits traités sont à la portée de tous ; ils résument les avis des jurisconsultes et les décisions des tribunaux dans quelques cas difficiles.

L'auteur n'a eu qu'un but en les écrivant : celui d'éviter les ennuis, les procès coûteux, en éclairant les chasseurs et les amateurs de pêche sur l'étendue de leurs droits et de leurs devoirs.

POUR RIRE.

Entre employés de la poste :

— Nous sommes de vrais esclaves.

— Oui, reprend un autre, et le métier est d'affranchir.

***

ANNONCES FIN-DE-SIÈCLE.

Voici deux bonnes anecdoctes cueillies, la première dans un journal américain :

On demande une personne pour laver le linge dans une petite famille, une fois par semaine. En échange, on lui donnerait des leçons de violon ou de piano, à son choix.

Et la seconde dans un journal du département du Nord :

Dettes. — Le nommé Jules Delretin, menuisier en voitures, demeurant à Lezennes, a l'honneur de prévenir le public qu'il ne reconnaîtra plus, à partir de ce jour, les dettes qu'il pourrait contracter étant en état d'ivresse.

PETITE POSTE.

M. P... (Aube) — *Vaine pâture.* — Le règlement municipal concernant la vaine pâture est obligatoire ; le maire doit donc faire dresser procès-verbal et traduire en simple police ceux qui y contreviennent, par exemple en envoyant un plus grand nombre de têtes de bétail.

Aux termes de l'art. 7 de la loi du 9 juillet 1889, l'usage du troupeau ou commun n'est pas obligatoire. Tout ayant-droit peut renoncer à cette communauté et faire garder par troupeau séparé le nombre d'animaux qui lui est attribué par la répartition générale.

Le règlement ne saurait donc légalement imposer un berger communal : mais en droit rien n'empêche plusieurs propriétaires de prendre le même berger ; ce n'est pas là se syndiquer — à la condition que chacun d'eux le paie pour sa fraction et qu'il ne puisse être considéré comme le représentant d'un groupe collectif.

(1) Aux Messageries du *Petit Journal*, 61, rue Lafayette, Paris.

En résumé, pas de berger commun obligatoire ; faculté pour chacun de faire garder séparément, à ses frais, même par le berger du voisin.

Parcours. — Le texte de la convention que vous nous avez soumis semble indiquer que les anciens co-partageants ont voulu établir le parcours pour eux personnellement ; il est certain que ce droit doit tout au moins disparaître pour celui qui achèterait l'une des propriétés ; on pourrait aller plus loin et soutenir, à notre avis, malgré ces termes « *pour le présent et pour l'avenir* », que le droit de parcours s'est éteint avec ceux qui l'avaient constitué, et n'est même passé à leurs héritiers.

Mais la loi du 9 juillet 1889 fournit encore un autre argument en faveur de l'extinction de ce droit ; en effet, l'article 1 a formellement aboli le droit de parcours, même acquis à titre onéreux ; seulement, dans ce cas, il y a lieu à indemnité. Elle est réglée par le conseil de préfecture, sauf renvoi aux tribunaux en cas de contestation sur le titre.

Enfin un propriétaire a toujours le droit de se clore d'une façon quelconque, et il peut ainsi mettre obstacle à l'exercice du droit de parcours (art. 6 de la loi du 9 juillet 1889).

C'est donc à tort qu'on a demandé la suppression des plantations ; ceux qui veulent reprendre la liberté de leur héritage n'ont donc qu'à se clore soit par une haie, soit par un fossé de 1 m. 20 et de 50 c. de profondeur, soit par des fils métalliques distants entre eux de 33 c. et s'élevant à un mètre.

VINS DU BORDELAIS

Que de fois nous avons entendu dire :

« Quel service on nous rendrait, si on nous trouvait, dans les pays vignobles, un vendeur consciencieux ; si on nous débarrassait de la concurrence à outrance ; si on nous garantissait sérieusement la qualité, la pureté et la conservation des vins ! »

Pour le Bordelais, nous recommandons M. Vincent Ardura, viticulteur, propriétaire d'un des meilleurs crus de la Gironde, favorable aux tempéraments délicats (le domaine de la Chapelle-Frédignac, par Blaye-Bordeaux), qui vend ses récoltes : 1889 à 130 fr., 1888 à 140 fr., 1887 à 150 fr., 1886 à 160 fr., 1885 à 175 fr., 1884 à 200 fr., 1882 à 220 fr., 1881 à 250 fr. et 1878 à 300 fr. la barrique de 225 litres *franco* de port et de fût en gare d'arrivée. Paiement par le facteur à 30 jours 2 % ou 90 jours.

Certain que son vin plaira aux personnes qui ne le connaissent pas et qui désirent se bien approvisionner, sachant, en outre, qu'il est difficile de se rendre sérieusement compte de la qualité par la dégustation sommaire d'une petite fiole, M. Vincent Ardura n'hésite pas à adresser *gratuitement* une bouteille entière pour échantillon de la récolte désignée.

OFFRES & DEMANDES

Pour répondre au désir qui nous est exprimé, nous offrons à nos abonnés, sous cette rubrique, deux annonces gratuites pour les offres et demandes d'emplois, produits ou animaux à vendre ou à acheter, etc.

Les annonces qui suivront jouiront d'une réduction de 50 pour 100 sur les tarifs ordinaires.

Les demandes d'insertions devront être envoyées à l'administration, qui se chargera de les rédiger.

Ne pas négliger d'envoyer tous les renseignements nécessaires (joindre 2 timbres de 0 fr. 15).

Un ancien élève d'une école d'agriculture, dans la force de l'âge, marié, bien au courant de la culture moderne en même temps qu'excellent praticien, demande un emploi de régisseur. — Très bonnes références. — N° 907.

S'adresser à M. GUESDON (J.-M.), à Belhôte, par Corps-Nuds (Ille-et-Vilaine).

A vendre 850 stères de bois rondin chêne de 18 ans d'âge, 160 stères bouleau du même âge et de 11,000 fagots chêne à deux liens.

S'adresser à M. CHARMES, à Saint-Yrieix (Haute-Vienne). — N° 937-2.

Un jeune homme, 23 ans, de famille honorable, muni d'excellents certificats, connaissant bien le jardinage et l'exploitation des bois, demande une place de jardinier ou de garde forestier.

S'adresser à M. Pierre DUFAURE, jardinier au Poujet-du-Condut, par Uzerche (Corrèze). — N° 938-1.

REVUE FINANCIÈRE.

Nous n'avons pas besoin, vraiment, de nous étendre longuement sur la physionomie de la cote, tant la situation du marché reste la même. Ce sont plus que jamais des alternatives de hausse et de baisse provoquées sans motifs spéciaux, basées uniquement sur les nécessités des joueurs, acharnés, d'un côté comme de l'autre, à maintenir leurs positions et à restreindre les pertes au risque de n'aboutir qu'à de petits bénéfices.

Notre papier d'État se maintient à un niveau satisfaisant. Le Trois ancien, coupon détaché, est aux environs de 95 20. Les institutions de crédit restent modestes : le Crédit Foncier est ballotté comme un volant entre 1270 et 1285, éprouvant des difficultés extrêmes à rattraper parfois 1276. Nos Chemins de fer persistent à être fermes, mais ne connaissent plus les brillantes allures d'autrefois. Les étrangers sont flous. Jusqu'au marché des obligations qui traverse des journées de lassitude et de découragement. Quant aux valeurs industrielles, elles montrent par ci par là quelques velléités de reprise, mais purement éphémères. Les fonds étrangers, plus que jamais calquent leur attitude sur celle de nos fonds d'État.

Un mot cependant des fonds d'État Portugais. Le 3 0/0 et le 4 1/2 ont brillamment repris un moment, ont fléchi de nouveau, puis se mettent à reprendre, maintenant que l'on sait que la Commission parlementaire conclut à l'adoption des projets financiers de M. Carvalho. Tous ces mouvements paraissent logiques ; mais nous conseillerons la plus grande réserve aux porteurs français. Il se peut que les finances portugaises se relèvent, il se peut que les projets ministériels aident à ce relèvement ; ne pas s'emballer toutefois, et ne pas vendre la peau de l'ours avant d'avoir vu l'animal mort.

On s'occupe beaucoup en Bourse, et ailleurs, de la reconstitution de la Société de Dépôts et Comptes Courants et de la remise à flot du Panama, ainsi que l'intervention du Crédit Foncier dans les deux affaires.

En ce qui concerne les Dépôts et Comptes Courants, c'est le Foncier lui-même qui a mis des bâtons dans les roues. Il avait groupé autour de lui un syndicat ; au moment de lancer les prospectus, il émet la prétention que son nom n'y figure pas. Ce scrupule se comprend à la rigueur ; les soupçons conçus contre lui ne sont pas tellement effacés qu'il ne redoute lui-même de les voir renaître. Mais, avec ou sans son nom sur les prospectus, il n'en resterait pas moins qu'il est le pivot de l'affaire et que ce sont deux de ses administrateurs qui seraient à la tête.

Quant au Panama, on a vu avec plaisir la Commission parlementaire répondre par l'ordre du jour pur et simple aux pétitions des porteurs demandant que le sauvetage fût confié au Crédit Foncier, par cette raison excellente que le Gouvernement n'a pas à intervenir de cette manière. On espère que la Chambre sera du même avis.

TIMON.

CHEMIN DE FER DU NORD.

Transports en petite vitesse.

Tarif spécial P. V., n° 23.

La Compagnie du chemin de fer du Nord vient de soumettre à l'homologation de l'Administration supérieure la proposition de remplacer son Tarif spécial P. V., n° 23 (foins, fourrages, paille, etc.), par le Tarif reproduit ci-dessous :

TARIF SPÉCIAL P. V., N° 23

Arbres et Arbustes vivants, Foins, Fourrages, Paille, etc.

Désignation des Marchandises avec indication :

1° Des barêmes qui leur sont applicables sur tout le réseau ;

2° Des prix exceptionnels applicables dans des conditions ou sur des parcours déterminés.

MARCHANDISES.	BARÊMES APPLICABLES aux expéditions par wagons complets d'au moins 4,000 k.	5,000 k.	par plate-forme.	DÉSIGNATION des prix exceptionnels.
Arbres vivants...	I	»	»	1
Arbustes vivants.	I	»	»	1
Bruyères.........	I	»	»	»
Chanvre en tiges.	III	»	»	»
Chardons	I	»	»	»
Envelop^es de paille pour bouteilles.	III	»	»	»
Foin, fourrages secs............	»	»	Barême spéc^al ci-dessous	»
Fourrages verts, sans garantie contre le réchauffement....	»	II	»	»
Joncs	I	»	»	»
Lin en tiges (1)..	III	»	»	»
Paille de céréales, de maïs........	»	»	Barême spéc^al ci-dessous.	»
Plantes vivantes.	I	»	»	»
Roseaux.........	I	»	»	»
Sorgho (tiges de).	»	III	»	»
Varech..........	»	III	»	»
Zostère	»	III	»	»

(1) Pour cette marchandise, le poids du wagon complet est abaissé à 3,000 kilog.

BARÊME SPÉCIAL

applicable aux Foins, Fourrages secs, Pailles de céréales et Pailles de maïs :

Jusqu'à 25 kilom., 0f 35 par plate-forme et par kilom.
De 26 à 100 — 0 20 — et par kilom. en sus.
De 101 à 200 — 0 1125 — —
Au-dessus de 200 — 0 10 — —

Plus 2 fr. par plate-forme pour frais de gare.

Le poids excédant 5,000 kilog. par plate-forme est taxé aux prix du Barème IV, augmentés de 0 fr. 40 pour frais de gare

PRIX EXCEPTIONNELS N° 1.

DÉSIGNATION des marchandises.	Provenances.	Destinations.	PRIX par 1,000 kilog.
Arbres et arbustes vivants, emballés pouvant être couchés et superposés dans le wagon sans condition de tonnage.	Tous les points du réseau.	Tous les points du réseau.	1re série du Tarif général sans la majoration de 50 % prévue dans les conditions d'application dudit Tarif.

Conditions d'application particulières.

I. — Le chargement et le déchargement des marchandises désignées dans le présent Tarif spécial et transportées par wagon complet doivent être opérés par les soins et aux frais, risques et périls des expéditeurs et des destinataires.

II. — Le bâchage et le débâchage devront être effectués par les soins et aux frais, risques et périls des expéditeurs et des destinataires, au moyen des bâches que la Compagnie mettra gratuitement à leur disposition.

NOTA. — *Afin de permettre aux expéditeurs* de comprimer les pailles et fourrages qu'ils peuvent avoir à expédier par chemin de fer, la Compagnie tient à leur disposition des presses mécaniques, moyennant la location de 1 fr. 50 par presse et par jour pour frais de location.

La demande de ces presses devra être faite à l'avance par les expéditeurs à la gare de départ, et la Compagnie y satisfera dans l'ordre des inscriptions.

HALLES ET MARCHÉS.

Le beau temps qui règne enfin est favorable aux récoltes, et les avis qui nous parviennent sont plus satisfaisants. Les céréales ont une tendance à la baisse. Les fourrages, les fruits, les légumes, les œufs, etc., se vendent également moins cher.

Blés. — Les affaires restent calmes en attendant que la date de la mise à exécution de la loi réduisant le droit de douane soit fixée. L'indécision qui règne à cet égard, les nouvelles meilleures des blés en terre influent sur les cours qui sont en baisse depuis huit jours. Au marché commercial de samedi, on a clôturé comme suit : disponible et courant du mois, 28 75 à 29 les 100 kilog.; livrables, juillet et août, 28 à 28 50; autres époques, 27 75 à 28 25. — Sur les principaux marchés les départements, on a coté : Amiens 30; Cambrai, blé blanc, 30; roux, 29; Douai, 28 à 29; Beauvais 26 8) à 29 60; Châlons-sur-Marne, 29 50; Rouen, 28 85; Versailles, 29 15 à 29 75; le Mans 28 à 28 50; Dieppe, 29 85; Montereau, 27 75 à 30 75; Dijon, 27 25 à 28 50; Lyon, 27 75 à 28 25; Bordeaux, 20 45. — Les transactions sont également calmes dans nos ports. Au Havre, les importations de la semaine écoulées ont été de 102,000 hectolitres de blé de Bombay, 122 000 de San-Francisco; 5,000 de la Plata et 2.000 de New-York; Bordeaux a reçu 23,000 quintaux, et Marseille 277,439 quintaux, contre 161,110 la semaine précedente. La quantité de blé de Californie en mer à destination de la France a été moins considérable; et a été relevée à 2,300,600 hectolitres; on compte également 87,870 hectolitres de blé d'Australie, et 17,400 des ports de l'Atlantique des Etats Unis. — A l'étranger, les prix sur les principaux marchés, ont été faibles et en baisse; voici ceux de samedi dernier : Berlin, 29 12 les 100 kilog.; Vienne, 3 17; Budapest, 22 83; Amsterdam, 22 40; New York, 21.

Seigles. — En commerce les cours sont un peu moins bien tenus pour le livrable; on cotait le 20 juin, disponible et courant du mois, 19 les 100 kilog.; livrable, 18 50.

Orges. — Cours toujours nominal de 18 à 20 les 100 kilog. en gare d'arrivée à Paris. On vend à Dunkerque des orges d'Algérie et de Tunisie, 16 50 les 100 kilog. sur wagon; on en offre de la nouvelle récolte à 14 et 14 5 à bord à Oran, Philippeville et Constantine.

Avoines. — La vente est assez difficile, aux cours de culture que nous avons donnés mercredi dernier; on a vendu des avoines noires de l'Eure de la prochaine récolte livrables sur les quatre derniers mois, à 17 les 100 kilog. à Paris. En commerce, les avoines se cotent : disponibles et livrables jusqu'en juillet, 18 50 à 18 75; août, 18; époques éloignées, 17 à 17 50.

Maïs. — Prix soutenu de 18 à 28 50 les 100 kil. dans nos ports.

Farines de consommation. — La situation ne change pas; la marque de Corbeil est à 65 les 157 kilog. nets.

Farines de commerce. — Le marché de Paris est calme; les cours ont été établis en baisse comme suit samedi dernier pour les *douze-marques*: disponible 63 les 157 kilog.; juillet et août, 63 à 63 25; autres époques, 63 25 à 64.

Fourrages. — Les prix des fourrages sont plus faibles à Paris; ceux des pailles ne changent pas. On a coté au dernier marché de La Chapelle : foin, 47 à 52 les 100 bottes de 5 kilog. au domicile de l'acheteur; luzerne, 47 à 53; paille de blé, 30 à 36; de seigle, 37 à 43; d'avoine, 21 à 21. — Les fourrages se vendent, dans les départements; *aux* 520 *kilog.* : Cambrai, foin, 50 à 75; luzerne, 60 à 70; trèfle, 50 à 60; paille, 32 à 35; Nancy, foin, 28 à 35; luzerne et trèfle, 28 à 31; paille de blé, 25 à 30; d'avoine, 18 à 21; Versailles, foin, 36 à 44; luzerne, 36 à 40; regain, 30 à 36; paille, 28 à 33; Montereau, foin, 39 à 40; paille, 35 à 36; Chartres, foin, 30 à 35; paille, 17 50 à 22 50; La Fère, foin, 30; luzerne, 35; paille, 25; Dijon, foin, 35 à 38; paille, 25 à 27; Autun, foins, 3 à 40; paille, 18 à 20; — *au quintal* : Beauvais, foin, 6 50; paille, 5 Reims, foin, 7 50 à 8; paille, 6 50 à 7; Orléans, foin, 10 à 12; paille, 1 0 à 5; Blois, foin, 6 25 à 8 50; paille, 3 80 à 4 5; Nevers, foin, 8; paille, 4; Lyon, foin, 7 25 à 7 50; luzerne nouvelle, 5 50 à 6; vieille, 7 à 7 50; paille, 3 50 à 4 25.

Alcools. — A Paris, la situation reste assez calme; les cours des trois six fin Nord ont légèrement fléchi à la fin de la semaine dernière, où l'on cotait : disponibles, 41 l'hectolitre; livrables juillet-août, 40 75 à 41; quatre derniers mois et quatre premiers de 1892, 38. — A Lille, le trois-six de betteraves disponible vaut de 41 à 41 25, en baisse de 75 centimes par hectolitre sur les prix de semaine précédente.

Sucres. — L'aspect des betteraves s'est sensiblement amélioré la semaine dernière; néanmoins le retard du développement est encore considérable. Les cours des sucres ont un peu baissé à Paris; on cotait à la Bourse de samedi dernier : sucres roux 88 degrés, 34 50 les 100 kilog.; blancs n° 3 disponibles et livrables en juillet, 34 75 à 35; juillet-août, 35 à 35 25; quatre mois d'octobre, 34 25. — A Lille, les sucres roux disponibles valent 34; les blancs n° 3, 35; livrables sur les quatre mois d'octobre, 33 12.

Huiles de graines. — L'huile de colza est en hausse à Paris depuis quelques jours. On cote : disponible et courant du mois 73 à 73 50; juillet, 73 50 à 74; autres époques, 73 75 à 77 50. Pour l'huile de lin, les affaires sont nulles; le prix reste à 52 50. — Sur les marchés des départements, les cours ont fléchi pendant la semaine dernière, pour les huiles de colza; à Rouen, on vend : colza, 71 à 71 50; lin, 54 à 54 50 les 100 kilog.; à Arras, colza, 77; pavot à bouche, 76; cameline, 65 pavot, 71; à Lille, colza, 68 l'hectolitre; lin, 54 à 56; colza épurée, 73; à Caen, colza, 67 50 à 68.

Huiles d'olive. — Les cours sont toujours invariables à Marseille. A Nice, le marché est un peu plus calme on a payé 160 à 163 6 les 100 kilog. Les huiles surfines de la rivière de Gênes valent 135 à 140; celles de Bari, 125; celles de Calabre, 125 à 150.

Graines oléagineuses. — La graine de colza vaut 21 à 21 50 l'hectolitre à Caen; — à Cambrai. on tient : œillette, 25; colza, 20 50; — à Arras, œillette, 25 à 26; — à Paris, colza, 35 à 36 les 100 kilog; lin, 25 à 32; chènevis, 30 à 33.

Tourteaux. — Cours de Marseille : tourteaux pour nourriture, lin pur, 16 75 à 17 les 100 kilog.; arachide décortiquée, 14 à 14 25; sésame blanc du Levant, 13 25; coprah pour vaches laitières 13 75 à 14 50; coton d'Egypte, 14; — pour engrais, sésame brun de l'Inde, 12 75; blanc, 3 50; colza exotique, 11 25; arachide en coque, 9 75; ravison, 7; — de Cambrai : colza, 11 50 à 4; œillette, 14; lin, 18 25 à 19 25; cameline, 14; — d'Arras : œillette, 14; colza, 15; lin 20 à 22; cameline, 14.

Beurres. — La vente est assez active à Paris, et les prix assez bien tenus pour les beurres en livres fermes et bien soignés; on cote : *beurres en mottes* fermiers de Gournay: extra, 3 50 le kil.; choix, 3 à 3 40; bons, 2 60 à 3 90; ordinaires, 2 40 à 2 50; d'Isigny, extra, 5 à 6 52; choix, 3 80 à 4; bons, 3 10 à 4 20; ordinaires, 2 60 à 3 70; marchands du Gâtinais, 2 10 à 2 30; de Bretagne, 1 90 à 2; de Vire, 2 à 2 20; de Bresse, 1 70 à 1 90; laitiers des Charentes, 2 10 à 2 0, des Alpes, 2 20 à 2 70; divers producteurs, 2 à 2 50; — *beurres en livres* : fermiers, 2 50 à 2 60; Touraine, 2 10 à 2 40; Gâtinais, 2 20 à 2 60; Vendôme et Beaugency, 2 à 2 50; Bourgogne, 1 90 à 2 20; le Mans, 2 à 2 2.

Œufs. — Les arrivages sont d'un jour à l'autre; la vente est devenue très difficile, et les prix ont été cotés en baisse comme suit : Normandie, 80 à 102 le mille Picardie extra, 82 à 108; ordinaire, 64 à 78; Brie extra, 80 à 88; Touraine extra, 78 à 88; ordinaire, 68 à 71; Beauce, 78 à 86; Orne, 60 à 70; Bourgogne, 68 à 74; Champagne, 74 à 76; Nivernais, 62 à 68; Bourbonnais, 58 à 64; Bretagne, 54 à 58; Vendée, 58 à 61; Auvergne, 56 à 58; midi, 58 à 63.

Fromages. — On cote à la halle de Paris, *par dizaine* : Brie, fermiers haute marque, 40 à 45; grand moule, 30 à 35; moule moyen, 20 à 25 petit moule, 12 à 16; laitiers, moyens moules, 25 à 35; — *par 100 kilog.* : Gruyère, 120 à 140 (hors l'octroi); Roquefort, 180 à 250; Hollande, 160 à 170; plats de Gouda, 170 à 180; Gérardmer, 70 à 75; Limbourg, 50 à 60; Munster, 95 à 105; Romatour, 80 à 90; Cantal, 90 à 110; façon Port-Salut, 100 à 180; — par cent : Bourgogne, 65 à 75; Saint-Nectaire, 8 à 90; Camembert, 30 à 55; Livarot, 70 à 108.

BESTIAUX.

LA VILLETTE, 25 juin. — Bestiaux. — Vente calme sur les bestiaux très mauvaise sur les veaux. plus difficile sur les moutons, bonne sur les porcs.

COURS officiels.	Amenés	Vendus.	1re qualité.	2e qualité.	3e qualité.	Prix extrêmes.
Bœufs....	1.469	1.436	1 74	1 56	1 42	1 26 à 1 82
Vaches...	402	399	1 70	1 48	1 29	1 20 1 72
Taureaux.	157	153	1 46	1 38	1 28	1 22 1 51
Veaux....	1.566	1.217	1 80	1 66	1 48	1 24 2 08
Moutons..	9 040	8.957	2 10	1 98	1 70	40 2 20
Porcs.....	4.688	4.685	1 48	1 43	1 38	1 32 1 52

Marché du lundi 22 juin

	Amenés	Vendus	PRIX AU POIDS NET 1re qual.	2e qual.	3e qual.
Bœufs	2.405	2.317	1 70	1 52	1 38
Vaches.....	602	575	1 66	1 46	1 24
Taureaux..	268	232	1 42	1 36	1 26
Veaux.	1.370	1.296	1 86	1 70	1 52
Moutons....	12.507	10.793	2 10	1 98	1 72
Porcs	3.053	2.999	1 41	1 38	1 32

	PRIX AU POIDS VIF 1re qual.	2e qual.	3e qual.	Prix extrêmes.
Bœufs	1 »	» 87	» 73	» 62 à 1 08
Vaches	» 98	» 78	» 63	» 56 1 01
Taureaux.......	» 88	» 80	» 68	» 62 » 91
Veaux...........	1 12	» 99	» 80	» 61 1 28
Moutons........	1 13	1 01	» 89	» 68 1 20
Porcs............	» 98	» 94	» 88	» 80 1 02
Peaux de moutons en laine..........				3 85 5 50
Id. id. demi-laine........				1 85 2 75

Viandes abattues. — Criée du 25 Juin.

		1re qualité.	2e qualité	3e qualité.
Bœufs	le kil.	30 à 3 »	1 10 à 2 80	1 10 à 1 90
Veaux....	—	1 60 1 76	1 40 1 56	1 20 1 36
Moutons ..	—	80 1 90	1 36 1 76	» 90 1 30
Porc entier	—	1 30 1 40	1 14 1 26	» 90 1 10

COUVEUSES ARTIFICIELLES

à régulateur automatique de chaleur.

Plus d'eau à réchauffer matin et soir. — Nouveau perfectionnement. — Succès assuré.

ŒUFS A COUVER

De poules de Houdan, **5** fr. la douz.; — de poules de La Flèche, **6** fr. la douz.; — de poules Campines dorées ou argentées, **6** fr. la douz. — Races pures, *franco* de port. — Les clairs seront remplacés.

PETITS POUSSINS

Race Houdan, **15** fr. la douz., **28** fr. les 25, *franco* toutes gares et bonne arrivée garantie. Envoi *franco* du catalogue général.

J. PHILIPPE fils, éleveur à HOUDAN (Seine-et-Oise). — Maison à PARIS, 16, quai du Louvre. — *Ecrire à Houdan.*

USINE HYDRAULIQUE DU PETIT-MOULIN
A NANTEUIL-LE-HAUDOCIN (OISE).

HENRY BERTHIER
ingénieur-agronome diplômé de l'Institut national agronomique.

MACHINES AGRICOLES

Vente et échange. - Location. - Réparations en tous genres.

BICYCLES, BICYCLETTES & TRICYCLES
Accessoires et réparations.

Spécialité de Graines fourragères épurées.
CÉRÉALES DE SEMENCE.
GRAINES POTAGÈRES, DE FLEURS ET D'ARBRES.
ARBRES FRUITIERS ET FORESTIERS.

Graines de Betteraves à grand rendement et à grande richesse saccharine.

ENGRAIS SIMPLES ET COMPOSÉS.

Envoi franco de renseignements à toute demande affranchie.

MÉDECINE VÉTÉRINAIRE.

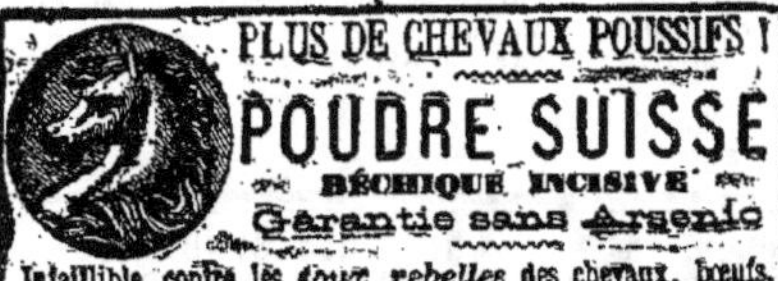

Dépôt général pour la France et l'Etranger: MM. MICHELAT et LESUEUR, 9, rue des Guillemites, Paris.

L'ENGRAIS AMIÉNOIS

FUMURE NORMALE et COMPLÈTE
A BASE DE MATIÈRES ORGANIQUES

Compositions spéciales pour les cultures de printemps et d'automne. — S'adresser à M. Elisée LEFEBVRE, route de Rouen, 121, à **Amiens** (Somme).

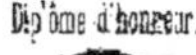

Diplôme d'honneur. Diplôme d'honneur.
NICE. NICE.

PAS DE BONNE SALADE

sans Huile d'Olive de NICE.

de **B. LAPALU**, propriétaire-récoltant, président du Syndicat agricole, à NICE (Alpes-Maritimes). — *Prix spéciaux pour Syndicats.*

CHARRUES DOMBASLE

de toutes forces et pour tous usages.
Labours ordinaires. Labours profonds. Défoncements.

Herses — Scarificateurs — Houes à cheval
Déchaumeuse* — *Rouleaux* — *Semoirs
Rayonneurs — Tonneaux à purin — Faucheuses
Faneuses — Rateaux — Moissonneuses — Tarares
Trieurs — Hache-paille — Coupe-racines.

CH. DE MEIXMORON DE DOMBASLE
NANCY (Meurthe-et-Moselle).
Envoi franco du catalogue sur demande.

ENGRAIS de la VOIRIE MUNICIPALE de BONDY

Matières brutes séchées 2 fr. 70 % k. en vrac sans garantie de dosage.

Tourteaux organiques moulus
4 francs les 100 kilos en vrac ou 5 francs en sac
dosage 1 50 à 2 0/0 d'azote et 4 à 5 0/0 d'acide phosphorique

PHOSPHO - GUANO DE BONDY
10 francs, 0/0 kilos en sacs
dosage 2 à 3 0/0 d'azote et 8 à 10 d'acide phosphorique

PRIS PAR WAGONS COMPLETS EN GARE DE NOISY-LE-SEC
Les expéditions par quantités moindres sont augmentées de 2 francs par 100 kilos

S'adresser au : COMPTOIR AGRICOLE ET COMMERCIAL
9, RUE NOUVELLE, A PARIS.
Ou à la Voirie de Bondy, ou à ses Représentants en Province

VINS DE BORDEAUX.

Baron D. DE CLÉRANT, propriétaire, à Barsac (Gironde).

PRIX-COURANT :

Vins rouges.	Années :	1889	1888	1887	1885	1884	1883	1881
Première côte......	(la barrique).	150fr	160fr	180fr	200fr	230fr	250fr	280fr
Deuxième côte.....	—	130	140	150	170	200	220	240

La barrique de 225 litres, rouge ou blanc, franco de port et de fût, en gare d'arrivée. 5 francs de différence de logement par demi ou par quart de barrique.

Paiement : 45 jours, 2 pour 100 escompte, ou 120 jours net.

IL EST ADRESSÉ, SUR DEMANDE, UNE BOUTEILLE ÉCHANTILLON, FRANCO.

Ecrire à M. J. RENSON, château Saint-Léon, à Barsac (Gironde), chargé de la vente.

L'Administrateur-Gérant : Albert Renot.

Beauvais. — Imp. D. Père. - A. Cartier, Gérant.

12e Année. — 2e Série. — N° 597.

Dimanche 5 Juillet 1891.

GAZETTE AGRICOLE

JOURNAL HEBDOMADAIRE, PARAISSANT LE DIMANCHE

Rédacteur en Chef : M. CH. GOSSIN, Professeur d'Agriculture à l'Institut agricole de Beauvais.

PRIX DE L'ABONNEMENT

UN AN, 5 fr. — SIX MOIS, 3 fr. — TROIS MOIS, 2 fr. 25

Pour l'étranger les abonnements ne sont reçus que pour un an, au prix de 6 francs, et ne partent que du 1er janvier ou du 1er juillet de chaque année.

Le numéro : 10 centimes.

Il est indispensable de joindre à toute demande de changement d'adresse la dernière bande d'adresse du journal et 50 centimes pour frais de nouvelles bandes.

Adresser les *Abonnements* et *Annonces* au secrétaire de la rédaction, 13, quai Voltaire, Paris, ou à M. GOSSIN, rédacteur en chef et administrateur, à BEAUVAIS.

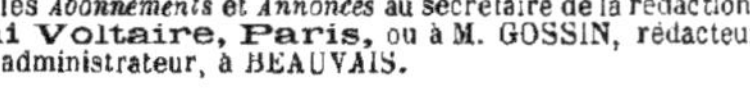

BUREAUX

13, quai Voltaire, Paris, et à Beauvais.

Les abonnements partent du 1er de chaque mois et sont payables d'avance. Toute demande d'abonnement doit donc être accompagnée du prix de l'abonnement. (Le mode de payement le plus simple est l'envoi d'un mandat-poste.)

Donner *très lisiblement*, en s'abonnant, son nom et son adresse exacte, *avec l'indication du bureau de poste* ; et, s'il s'agit d'une continuation d'abonnement, joindre au renouvellement la dernière bande d'adresse du journal.

La GAZETTE AGRICOLE insère gratuitement les Communications des Syndicats agricoles

SOMMAIRE :

PARIS, 3 JUILLET

C'est une opinion assez généralement répandue que les Français ont plus le goût de l'égalité que de la liberté. Il y aurait beaucoup à dire sur le premier point puisque, si nous avons tous plus ou moins le goût de n'avoir pas de supérieur, nous prenons facilement notre parti d'avoir des inférieurs. Le Bonhomme Deschamps croit même sans compter notre passion pour les distinctions honorifiques, dont les variétés se sont assez multipliées sous la République actuelle, que d'ordinaire nous préférons arracher les basques des habits pour en faire des vestes, que d'ajouter des basques aux vestes pour en faire des habits. Un publiciste de mérite qui, sur ses derniers jours, s'était fait républicain, a dit non sans raison, du peuple français, qu'il est un peuple de révolutionnaires et de décorés. Mais ce n'est pas de cela qu'il s'agit aujourd'hui, le petit sermon hebdomadaire du Bonhomme Deschamps devant porter sur l'autre point.

***

Avons-nous réellement le goût de la liberté ? Au sens étendu et complet du mot, nous ne le pensons pas. Si nous avions sincèrement ce goût, nous souffririons davantage des atteintes que subit chez autrui la liberté individuelle, le droit de propriété, l'indépendance du domicile et la liberté de conscience. Il semble, en effet, que le goût de la liberté chez un citoyen, doit le rendre très sensible aux violations de cette liberté chez ses concitoyens quels qu'ils soient, et quel que soit leur habit. Or, il faut bien le reconnaître, puisque l'expérience de ces dix dernières années le confirme hautement, pourvu qu'on nous laisse tranquilles dans notre manière d'agir, nous ne nous inquiétons guère que le voisin soit modeste. Tant que le feu n'est pas à notre maison, l'incendie est plutôt un objet de curiosité qu'un objet d'inquiétude et de compassion. Autrement, le Bonhomme Deschamps vous le répète, toute atteinte portée à la liberté sur un point quelconque du corps social serait ressentie par chacun de nous, comme une blessure personnelle. Aussi, dans le pays où règne un goût éclairé et prévoyant de la liberté, les citoyens savent s'unir, se concerter, crier et courir au secours du point menacé.

***

Mais si notre nation de la liberté est incomplète, l'exercice que nous en faisons n'est guère plus intelligent et plus prudent. On peut évidemment donner de cela des explications plus au moins plausibles, mais le fait n'est malheureusement pas contestable. Faisons-nous, par exemple, de la liberté de la presse, l'usage qu'on en doit faire ? Employons-nous le droit d'écrire sur les affaires publiques avec la mesure du sérieux, de suite que comportent les grands intérêts d'un pays ? Les écrivains ont-ils pour les bonnes mœurs, pour la morale, pour le respect dû aux personnes les égards voulus ? L'abandon des intérêts publics n'est-il pas trop souvent fréquent dans nos journaux ? Les personnalités, les calomnies n'y abondent-elles pas trop souvent ? N'avons nous pas pour le scandale un penchant trop prononcé ? Bref, cette liberté de la presse, sans grossir les mots, ne dégénère-t-elle pas vite en licence, et n'excuse-t-elle pas, par l'emploi qu'on en fait, les restrictions dont elle a été si souvent l'objet ? Le droit d'écrire ne peut être le droit d'insulter impunément, ou de troubler les gens tranquilles dans leur vie privée. Le malheur est que l'écrivain qui ne trouve pas en lui-même les raisons de contenir sa plume, ne rencontre malheureusement pas non plus dans les mœurs publiques un frein nécessaire.

***

Mais il y a mieux. Il est rare qu'une liberté accordée à un groupe quelconque de citoyens, ne soit pas aussitôt employée par ses bénéficiaires contre autrui. On dirait vraiment que nous ne croyons être en possession d'un droit et d'une liberté, qu'autant que nous pouvons violer ce droit et cette liberté chez autrui. Il est même des moments où l'on serait porté à croire que nous tenons à la liberté, moins pour défendre nos intérêts, nos avantages, que pour léser les autres dans leurs intérêts et dans leurs droits. Et pourtant, on n'est digne d'une liberté qu'à la condition de reconnaître qu'elle est limitée par la liberté d'autrui, et que notre droit n'est respectable qu'autant que nous respectons le droit de notre voisin. Voici, par exemple, les syndicats ouvriers, à peine sont-ils constitués qu'ils usent de la loi pour contraindre ceux qui ne pensent pas comme eux et faire la guerre aux patrons. Les bureaux de placement leur déplaisent, ils en demandent la suppression par la violence, comme si vraiment ces bureaux n'avaient pas les mêmes droits qu'eux et leur imposaient une contrainte. Que les ouvriers organisent une grève, ils en ont parfaitement le droit, mais qu'ils veuillent contraindre les récalcitrants à y prendre part ce *n'est plus de la liberté*, mais de la tyrannie au premier chef. Faut-il s'étonner, après cela, si dans les temps de crise, la réaction, comme on dit, va trop loin. Elle a assurément tort, mais il ne serait pas moins injuste de nier que par l'usage fait des libertés accordées, on lui fournit au moins, pour ne rien dire de plus, les circonstances atténuantes.

***

Aussi, au train dont vont les choses, on ne peut se défendre d'une certaine tristesse. Notre éducation politique fait très peu de progrès. Il nous semble quand nous sommes victorieux, que notre victoire n'est complète que si nous tenons notre adversaire le genou sur la gorge et que si nous le dépouillons totalement. Il peut en être ainsi dans la guerre; mais en politique, ce n'est ni juste, ni adroit, de vouloir réduire ses adversaires à merci. Si le vainqueur usait de son droit sans en sortir, et laissait à son adversaire la liberté à laquelle il a droit comme enfant du même sol et membre de la même famile, il ne le réduirait pas au désespoir. De plus, le jour où la roue de la fortune, qui est changeante, tournerait en faveur du vaincu, celui-ci ne pourrait manquer de traiter son rival, comme il l'aurait été lui-même jadis. C'est par ce respect réciproque des droits de chacun que l'on rend la liberté chère à tous et qu'on la garantit contre la surprise des événements et les mauvais desseins des agitateurs. Mais pour pratiquer ce respect, il faudrait un esprit de mesure, de prévoyance et une conscience du droit d'autrui que le peuple français n'a montré qu'à de rares intervalles de son histoire, et que la République actuelle, par ses procédés tyranniques et ses abus de la force, tue un peu tous les jours. Ici encore, il y a recul.

LE BONHOMME DESCHAMPS.

LA QUESTION OUVRIÈRE

Mêlez-vous à la génération dont vous êtes et ne vivez pas en coterie. Allez jusqu'au peuple ; inquiétez-vous de ce qu'il sent, de ce qu'il pense, de ce qu'il souffre; enquérez-vous des conditions de sa vie matérielle et surtout de sa vie morale.

(D'Haussonville, à la jeunesse. Banquet de la presse.)

Après l'admirable encyclique de S.S. Léon XIII, le remarquable discours de M. le comte d'Haussonville; après la voix de la religion, la voix du patriotisme et de la raison, c'est dans l'ordre.

Le nouvel exposé de principes du représentant de la monarchie légitime, le discours du banquet de la presse est à la hauteur du discours de Nîmes. Nous n'avons la prétention ni de l'analyser, ni de le commenter, d'autres l'ont fait avant nous et avec une bien plus grande compétence. Nous nous bornerons à dire que, dans le discours de Paris, M. d'Haussonville entre plus dans le vif, et que ce n'est qu'en suivant ses conseils si sages et si explicites, que nous pouvons espérer de sortir du gouffre dans lequel nous plonge de plus en plus, depuis douze ans, la République des Gambetta, des Constans et des Freycinet.

Qu'il y ait antagonisme entre les classes de la société, *c'est indéniable*; que cet *antagonisme* ait été en augmentant depuis que nos gouvernants ont inscrit partout : Liberté, Egalité, Fraternité, c'est non moins sûr. Ce n'est plus, il est vrai, comme jadis, la haine du peuple contre la noblesse ; mais c'est la haine de l'ouvrier contre le patron, et, comme toujours, la haine de celui qui n'a pas, contre celui qui possède.

Or, comment guérir le mal? comment ramener l'entente cordiale entre les divers éléments dont se compose la société. Sa Sainteté nous dit par la religion, M. d'Haussonville nous dit par l'union, nous disons nous par tous les deux, la seconde devant être l'auxiliaire de la première.

Que le religieux se mêle à l'anti-religieux pour lui enseigner la charité chrétienne, l'amour de Dieu et du prochain;

Que le riche se mêle au pauvre pour l'aider et s'en faire aimer;

Que le savant se mêle à l'ignorant pour l'instruire ;

Enfin que la presse à bon marché moralise le peuple au lieu de le démoraliser.

Voilà bien ce que nous devons faire et voilà ce qui sauvera la France, si nous savons le faire.

Mais pour arriver au résultat desiré ; il faut que la jeunesse catholique et monarchiste, bien pénétrée des enseignements de l'encyclique et des conseils de M. d'Haussonville, prenne son courage à deux mains, et entre, elle-même, franchement dans la bonne voie, afin de joindre l'exemple au principe.

Que dirait l'ouvrier, s'il voyait passer de longues heures au café, celui qui, la veille, lui démontrait les dangers du cabaret ?

Que dirait l'ouvrier s'il voyait celui qui l'engage à revenir à Dieu, préférer à l'église, les spectacles et les casinos?

Que dirait l'ouvrier s'il voyait celui qui lui vante les douceurs du foyer domestique, oublier *lui-même* sa *famille et* se livrer à l'inconduite ?

Il faut prêcher d'exemple si on veut être écouté ; il faut que chacun remplisse convenablement les devoirs de son état, si on veut rendre l'équilibre à notre pauvre société si fort désiquilibrée.

Le luxe lui-même doit changer d'allures : il faut qu'il devienne raisonnable, il faut qu'il se moralise ; il faut que l'or que lui consacrent les privilégiés de la fortune se répande plus également dans la classe ouvrière ; il faut qu'il se décentralise.

Ah ! Si tous les grands propriétaires fonciers avaient le courage de passer tous les ans quelques mois dans leurs terres, de se mêler quelquefois aux cultivateurs, de leur prouver qu'ils sont hommes et chrétiens comme eux, de caresser leurs enfants, d'exercer enfin envers eux la véritable charité chrétienne, alors l'antagonisme des classes cesserait. Mais, non ! Six mois à Paris ou dans les grandes villes et six mois dans les stations balnéaires à la mode et où on s'amuse, tel est le programme du riche ; les propriétés sont abandonnées à des régisseurs rapaces qui rendent les propriétaires d'autant plus odieux qu'ils pressurent davantage le paysan, voulant prélever sur lui deux parts, la leur et celle du maitre. De là cette conséquence fatale et qui achèvera sous peu la ruine de l'agriculture, que les campagnards ne cessent d'émigrer dans les grandes villes où les attirent un mirage doré, encore plus trompeur que celui qui, dans le désert, attire le voyageur.

A l'œuvre donc! à l'œuvre! nous connaissons le mal, nous connaissons le remède; de nous dépend la guérison. C. C.

NOUVELLES DE LA SEMAINE.

La fameuse « loi Bovier Lapierre » est à vau l'eau. Le Sénat l'a enterrée en rejetant l'article 1er à la majorité de 184 voix contre 39. C'est ce qu'il avait de mieux à faire. Le gouvernement toutefois l'avait, par l'organe de M. Fallières, adjuré d'adopter sinon toutes les dispositions, au moins le principe de la loi votée l'an passé au Palais-Bourbon. Les efforts de M. le garde des sceaux ont été inutiles ; ils ont simplement fait sourire ceux des sénateurs qui se rappelaient avec quelle conviction le même M. Fallières, à la tribune de la Chambre, quinze jours avant de prendre parti pour ce projet, l'avait critiqué et combattu. Les radicaux sont furieux : « C'est un scandale, une provocation et un péril pour l'avenir, écrit le journal de M. Clémenceau. Il fait de belle besogne, le Sénat ! »

Le scandale et la provocation consistent en ce que le Sénat n'a pas voulu que la loi des syndicats, qui doit être une loi de liberté pour les ouvriers devînt une loi d'oppression contre les patrons.

Les traitements des prêtres. — Le rapport de M. le député César Duval sur le budget des cultes a été distribué ; il propose à la Chambre une réduction de 150,000 francs sur les crédits demandés par le gouvernement. M. Piou était donc dans le vrai quand il disait récemment qu'après avoir fouillé tous les recoins du budget, les seules économies qu'il avait pu constater étaient celles qu'on pratique au détriment des pauvres prêtres déjà réduits à une portion moins que congrue. Les réductions, en effet, portent principalement sur le chapitre des secours et pensions ecclésiastiques. Quant aux suspensions de traitements, le rapport nous apprend qu'elles atteignent, à l'heure actuelle, le chiffre de 136. L'an passé, ce chiffre était plus considérable. Mais ce n'est là qu'un point relativement secondaire. Il n'y aurait plus que dix prêtres privés de leurs traitements, il n'y en aurait qu'un seul, ce serait encore l'indice que le gouvernement n'entend pas renoncer à se servir du pouvoir arbitraire que les lois ne lui reconnaissent pas, mais qu'il s'arroge. C'est contre cette prétention inique et illégale que nous ne nous lasserons pas de protester.

Encore l'épuration. — Les purs épurent toujours, c'est-à-dire qu'il leur faut toujours du fonctionnaire à révoquer ou du prêtre à manger. Voici un nouveau fait d'épuration qui ne manque pas de charmes ou de canaillerie, comme on voudra.

Le bureau de la Chambre des députés vient de révoquer l'un de ses sténographes. Ce sténographe était-il peu régulier dans son service ? Ne reproduisait-il pas avec fidélité les débats ? On n'a relevé contre lui rien de semblable. Mais dans le département de Seine-et-Oise, qu'il habite, il a, paraît-il, signé une protestation contre les lois scolaires. C'est pour ce crime qu'il est frappé. Un journal radical en est charmé et il consacre à cet acte énergique du bureau de la Chambre un article qu'il intitule « un commencement », et dans lequel il engage les questeurs à faire une enquête sur les opinions des employés du Palais-Bourbon. « Un peu d'épuration, dit-il, serait d'un bon « exemple. » La feuille radicale est difficile à satisfaire. Il y a quelque temps, les questeurs ont révoqué un huissier, coupable d'avoir gardé dans sa chambre une vieille boîte de bonbons, décorée du portrait de l'impératrice. Il semble qu'on ne peut les accuser de manquer de vigilance et de ne pas procéder avec assez de fermeté à l'épuration du personnel.

Nos F.·. maçons viennent d'intenter à un journal de l'Yonne un procès pour *quali-*

fication injurieuse. Cette qualification, c'est celle de franc-maçon.

Dernièrement, quand M. le président de la République recevait officiellement à Orléans les délégués des Loges et les remerciait non moins officiellement « des services qu'ils rendent à la République », les francs-maçons ne rougissaient pas de leur titre. Ils ne se cachaient pas davantage à Toulouse, quinze jours après, quand ils allaient trouver le même M. Carnot et recueillaient de sa bouche des paroles dont la cordialite contrastait avec la sécheresse voulue des réponses aux évêques.

Voici cependant qu'un tribunal, celui d'Auxerre, vient de condamner à deux cents francs de dommages-intérêts un journal conservateur, la *Bourgogne*, pour avoir publié la liste des francs-maçons de la ville.

A première vue, on est tenté d'admirer le courage, pour ne pas dire l'audace, de ces magistrats se dressant en face de l'association qui gouverne le gouvernement et jugeant, dans leur indépendance, qu'on outrage un citoyen français lorsqu'on le traite de franc-maçon. Attendez toutefois : la suite du compte rendu de l'affaire nous apprend que c'est à la demande des francs-maçons eux-mêmes et conformément à leurs conclusions que le jugement a été rendu.

Nous ne comprenons plus, ou plutôt nous comprenons trop bien.

FOURRAGES D'ÉTÉ

Quelles sont, nous demande-t-on, les plantes qui, semées maintenant, peuvent donner encore, dans le courant de l'année, un produit satisfaisant ?

La plupart des plantes, que nous allons indiquer, ne pourront être fanées et fournir du fourrage sec. Mais une production abondante de fourrage vert, si on peut l'obtenir, aura au moins ce grand avantage qu'elle permettra de réserver pour l'hiver une partie du foin des prairies naturelles et artificielles.

En première ligne, parmi les plantes dont le produit en fourrage est le plus considérable et le plus assuré, citons les Maïs de grande taille, le Maïs dent de cheval et le Maïs géant Caragua, par exemple, qui peuvent se semer utilement en juin ; le Maïs jaune gros, le Maïs blanc gros, le Maïs blanc des Landes, et les variétés plus hâtives, telles que le Maïs d'Auxonne et le Maïs quarantain, semées jusqu'à la fin de juillet, donneront un bon produit.

Les Millets blanc et roux, le Panis d'Italie, l'Alpiste et surtout le Moha de Hongrie arriveront même à mûrir leur grain si on les sème sans retard. Dans tous les cas, ils pourront être fauchés en vert, et si on les fane avec soin, ils donneront un foin un peu gros, mais de bonne qualité. On peut les semer jusqu'au 15 juillet.

Le Sorgho commun à balais ou grand Millet à balais, étant semé en juin dans des conditions de terrains favorables, peut encore arriver à former des panicules; dans tous les cas, il produira toujours un fourrage vert, abondant et d'assez bonne qualité.

Les Vesces et les Poids gris de printemps fourniront encore un bon produit, surtout si on a soin de leur associer quelques plantes à tiges roides, telles que les Féveroles, Maïs, Millets, qui leur prêteront leur appui, comme font le Seigle et l'Avoine dans les mélanges de ce genre semés à l'automne et au premier printemps.

Les Choux fourragers, tels que le Chou cavalier, le Chou caulet de Flandre, le Chou branchu du Poitou, les Choux moelliers, les Choux frisés d'hiver, se sèment toujours vers cette époque de l'année, et commencent à produire à l'automne, permettant ainsi de ménager quelques semaines de plus la provision de fourrage sec.

Le Colza de printemps et la Navette d'été, la Moutarde blanche, les Spergules ordinaire et géante peuvent aussi se semer pendant tout le mois de juin et même plus tard, soit seuls, soit mélangés entre eux ou avec les plantes citées précédemment.

Nous donnerons, pour servir d'exemple, quelques formules de mélanges de ce genre proposées par M. Dezeimeris ou calquées sur les siennes et consacrées par la pratique; il est évident que le choix des plantes et les proportions de chacune n'ont rien d'absolu et qu'il appartient à chaque cultivateur de les modifier selon la nature de ses terres et selon le but qu'il se propose d'atteindre.

EXEMPLES DE MÉLANGES DE FOURRAGES A COUPER EN VERT, POUVANT SE SEMER EN JUIN ET MÊME EN JUILLET, CALCULÉS POUR UN HECTARE.

I.

35	kilogrammes	Sarrasin.
25	—	Maïs jaune gros *ou* blanc gros
25	—	Pois gris de printemps.
7	—	Alpistes.
7	—	Moha de Hongrie, *ou* Millets, *ou* Panis.

II.

25	kilogrammes	Sarrasin.
25	—	Vesce de printemps.
15	—	Maïs jaune gros *ou* blanc gros
10	—	Moutarde blanche.
7	—	Moha de Hongrie, *ou* Millets, *ou* Panis.

III.

25	kilogrammes	Pois gris de printemps
25	—	Vesce de printemps.
10	—	Moutarde blanche.
5	—	Millets *ou* Panis d'Italie.
5		Spergule.

IV.

25	kilogrammes	Poids de printemps.
25	—	Vesce de printemps.
10	—	Moha de Hongrie.
5	—	Millets *ou* Panis d'Italie.
5	—	Alpiste.

Il est probable que ce dernier mélange, semé au commencement de juin, pourra se faucher et faner au mois d'août.

Il est encore temps de semer des Betteraves ou de regarnir les semis qui ont mal levé. Si les racines faites aussi tardivement n'atteignent pas tout leur développement, elles produiront cependant plus qu'une demi récolte, principalement les races rustiques et hâtives comme la Betterave jaune globe et la jaune grosse. Les autres races de Betteraves fourragères, telles que la Disette rose d'Allemagne, la Disette blanche, la rouge ovoïde, la jaune d'Allemagne, peuvent aussi être essayées avec chance de succès.

C'est maintenant la véritable époque pour semer les Rutabagas, les Choux-navets et les Choux-raves, excellentes plantes fourragères, très nutritives, qui sont trop peu cultivées dans notre pays et qui devraient cependant y réussir très bien, surtout dans les terres un peu fortes et riches.

Les grosses races de Navets de Norfolk, la Rave du Limousin, le Navet rose du Palatinat, le gros long d'Alsace, les Navets jaunes d'Aberdeen, etc., qui sont aussi les plus productives, devront se semer en juin ou juillet ; pour les variétés précoces de Navets, telles que le Navet Turnep, la Rave d'Auvergne, le Navet blanc plat hâtif, le Navet rouge plat hâtif, le Navet jaune Boule d'or, qui peuvent se semer sur les chaumes et en récolte dérobée ; il sera temps jusqu'en août.

Bien que la saison des semis de Carottes soit presque passée, on peut encore obtenir une bonne récolte des variétés hâtives comme les Carottes rouge courte et rouge demi-longue, et sûr, une demi-récolte de la Carotte rouge à collet vert, de la Carotte jaune longue et de la Carotte rouge longue, les plus productives de toutes les races fourragères.

On pourrait encore essayer comme fourrage le Raifort champêtre de l'Ardèche, plante remarquable par la rapidité de son développement et convenant très bien aux semis tardifs.

Les Panais pourront également se semer avec succès pendant tout le mois de juin et jusqu'en juillet.

C'est aussi bientôt le moment de semer les Trèfles incarnats qui, il est vrai, ne produiront plus rien cette année, mais qui, par leur précocité, seront, au premier printemps, des ressources d'autant plus précieuses qu'il ne restera plus guère alors de provision de fourrage sec ; on fera donc bien de semer cette année une proportion plus considérable que d'habitude des Trèfles incarnat ordinaire, incarnat tardif, et incarnat extra tardif, ainsi que de Trèfle jaune des sables qui succède, comme on sait, au Trèfle incarnat extra tardif.

Enfin, en semant en ce moment du Ray-grass d'Italie, en terrain propice, on aurait chance d'obtenir un produit passable dans le cours de l'année ; il fournirait, dans tous les cas, au printemps prochain, une coupe abondante. DOCTEUR AGRICOLA.

DES CENDRES DE CHARBON DE TERRE

En raison de l'énorme consommation du charbon de terre, il importe de se demander dans quelles circonstances on peut utiliser ses cendres comme engrais. La composition des cendres de houille est très variable, suivant la plus ou moins forte proportion de carbone contenu dans le charbon. Elles contiennent en moyenne 55 p. cent d'acide silicique et de sable, 10 p. cent d'acide sulfurique, 16 p. cent de chaux, 10 p. cent d'oxyde de fer et d'alumine, 2 p. cent de magnésie, 0.6 p. cent d'acide phosporique, 0.7 p. cent de potasse et 4 p. cent de soude. Comme engrais, elles n'ont donc qu'une faible valeur basée sur la quantité, assez faible, de carbonate et de sulfate de chaux qu'elles contiennent. Par contre, elles peuvent être avantageusement employées à l'ameublissement des sols compacts et au dessèchement des sols humides.

Les sols compacts, riches en humus, pauvres en chaux, peuvent être fortement améliorés par l'application de ces cendres. Sous ce rapport, elles ont une grande supériorité sur le sable. La dose à employer est de 100 à 200 hectolitres à l'hectare. On aura soin de tamiser les cendres, avant l'épandage, sur un tamis assez serré, afin d'éliminer les scories plus grossières, qui nuiraient au travail de la terre et à la levée des plantes. A Ascherleben, on emploie avantageusement les cendres de houille comme engrais dans la culture du blé : on éteint les cendres dans des fosses avec de l'eau. Elles sont alors grasses au toucher, probablement à cause de la décomposition des silicates. Hohmann explique l'action favorable de l'extinction avec de l'eau par la décomposition du sulfure de calcium présent dans ces cendres et facile à décomposer. Incorporée au sol, une pareille cendre non éteinte agirait défavorablement sur la végétation en privant d'eau les racines. Mais, en l'éteignant sous l'eau, le sulfure de calcium se trouve décomposé, de sorte qu'il n'y a plus à craindre d'effet nuisible de sa part. Schulze fait remarquer la forte proportion de *plâtre* (sulfate de chaux), 10 à 20 %, contenue dans ces cendres; *c'est ce qui explique leurs bons* effets dans la culture du trèfle et des légumineuses où elles peuvent remplacer le plâtre. Cependant c'est surtout pour l'ameublissement des terres compactes qu'on doit les employer.

Dans les pépinières, les cendres de houille favorisent le développement des jeunes arbres. Hampi a constaté qu'avec cette fumure, les branches et les racines devenaient très puissantes et se développaient beaucoup plus rapidement que dans un sol privé de ces amendements.

DÉTRUISEZ L'ÉPINE-VINETTE

De temps immémorial, il a été démontré que l'épine-vinette était un fléau pour l'agriculture, et cependant nombre de cultivateurs ne veulent pas se rendre à l'évidence.

Pendant la campagne 1890 j'ai eu l'occasion de suivre, pour ainsi dire pas à pas, les effets destructeurs de trois pieds d'épine-vinette placés à peu près en triangle, distants les uns des autres de 3 à 400 mètres et au centre des blés du hameau de Layer.

Au mois de juin, lorsque les blés commencèrent à épier, le vent brûlant du sud qui a soufflé pendant deux jours a détaché le micélium de l'épine-vinette et l'a transporté à de très grandes distances comme une poussière impalpable se fixant sur les tiges de blé.

Les blés placés tout près des pieds d'épine-vinette étaient tous rouillés et n'ont pas pu fleurir en raison de la quantité considérable de champignons qui y étaient accumulés.

En très peu de temps, de jaunes qu'ils étaient, ces blés sont devenus noirs et sont morts sans produire de grain. Le vent de l'ouest qui vint à souffler quelques temps après fut presque aussi désastreux que celui du sud, mais l'effet destructeur fut plus lent : les blés ont pu fleurir mais ont donné une récolte bien au-dessous de la moyenne, environ 15 à 20 doubles décalitres par journal, tandis qu'aux endroits non contaminés la récolte moyenne était de 35 à 40 doubles décalitres.

On pouvait voir près des pieds d'épine-vinette deux taches noires caractéristiques, l'une placée du sud au nord, l'autre de l'ouest à l'est, en forme de cône dont le sommet était le pied d'épine-vinette lui-même.

La superficie totale endommagée a été de 37 hectares, c'est-à-dire une perte sèche de 144 hectolitres représentant la somme de 7,608 fr.

La paille n'est bonne qu'à faire de la litière, ce qui diminue encore d'autant la valeur de la récolte ? Par ces quelques chiffres on peut voir qu'il est de toute utilité de détruire l'épine-vinette, non pas en la coupant ras le sol comme beaucoup le font, mais en l'arrachant complètement.

En 1889, un champ d'un demi-journal (17 ares 14 centiares) sur une luzerne défrichée, au même endroit, a produit deux doubles décalitres de blé ou plutôt de mauvaises criblures.

P. Grapin.

DE LA PROPRIÉTÉ BOISÉE EN FRANCE

Nous venons de lire avec le plus grand intérêt une nouvelle brochure de M. H. Boucard, ancien inspecteur général des forêts, sur les causes, les conséquences, les remèdes de la décadence de la propriété boisée en France.

Il expose d'abord l'importance de nos forêts françaises, dont la création, dont la conservation touchent au plus haut degré aux intérêts généraux du pays et qui couvrent encore aujourd'hui 9,185,300 hectares de notre territoire national.

Après avoir constaté, démontré la mauvaise situation de cette propriété forestière dans l'Est, dans la Nièvre, dans le Centre, dans les Pyrénées, il montre les conséquences de cette situation pour les communes, pour les propriétaires, pour le Trésor public et énumère les causes multiples de la baisse du prix de nos bois.

Les bois étrangers arrivent, par une trop grande facilité d'importation, à se substituer aux nôtres et font chaque jour délaisser notre production d'une manière progressive et exagérée.

C'est la cause principale de leur dépréciation.

En 1850, ces bois étrangers entraient dans la consommation pour une valeur d'environ 50,000.000 fr.

A partir de 1876, ils atteignent 200 millions de francs.

En 1880, époque de nos grands travaux, 278,000,000 fr.

Et malgré la cessation de ces travaux les entrées ne tombent plus au-dessous de 160,000,000 fr.

De sorte que c'est au moment où les besoins de la France se restreignent par suite de l'emploi du fer, de la houille, du gaz, etc., que l'importation ne cesse de croître et de sévir contre nos essences similaires, qui ont cessé de se vendre et ne trouvent plus acquéreurs qu'à des prix avilis.

Le remède pour relever notre domaine forestier et lui permettre de soutenir la lutte contre la concurrence étrangère. M. Boucard le trouve d'abord dans des efforts nouveaux, dans une tâche nouvelle imposée aux propriétaires et aux exploiteurs de bois, dans un traitement général des bois mieux appropriés au sol, dans des soins culturaux plus sévères, dans une exploitation plus intelligente, plus économique, dans les ressources nouvelles des Syndicats et dans l'extension des industries utilisant les bois.

Le remède enfin, il le demande à des mesures préservatrices à prendre par l'Etat, à la protection de l'Etat, à l'établissement d'un droit de douane sur les bois importés, qui arrivent sur nos marchés exempts des impôts et des charges pesant sur les nôtres, à l'abaissement des prix de transport par chemin de fer, à une juste revision des tarifs exceptionnels dits de *pénétration*.

Les conclusions de M. Boucard sont là : Assurer la consommation, l'écoulement de nos bois français, qui valent autant et mieux que ceux de l'étranger, en établissant au moins des droits de douane compensateurs.

ESSAIS COMPARATIFS D'ENGRAIS
pour la vigne.

Il s'est fait tant de bruit autour de la dernière formule d'engrais pour la vigne de G. Ville, et surtout celle-ci a donné lieu à des appréciations si opposées, que j'ai tenu à l'expérimenter et à essayer parallèlement d'autres engrais.

Mes expériences ont été commencées à la fin de l'hiver 1890, et bien qu'elles ne doivent être terminées qu'aux vendanges de 1892, je crois être utile aux viticulteurs en publiant les résultats que j'ai déjà obtenus.

Le champ d'expérience que j'ai choisi est situé à Cuiseaux (étroite pointe du département de Saône-et-Loire enclavée dans la Franche-Comté). J'ai opéré sur un are de terrain, comptant cent ceps de vieille vigne (Chardonnay blanc), normalement fumés chaque année et ayant résisté aux multiples affections de la vigne, alors que le Foirard de Poligny et autres gros plants disparaissent tous. Dix parcelles ont été faites, aussi égales que possible, neuf destinées à recevoir les divers engrais, et la dixième à servir de témoin, par conséquent à rester sans engrais.

Le sol en question contient de grandes proportions de sable et de cailloux siliceux. Sa composition chimique est la suivante :

1.	Azote organique....	0.77	pour mille
	Azote ammonical...	0.0ɔ735	—
	Azote nitrique......	0.0083	—
2.	Acide phophorique.	1.2964	—
3.	Chaux...............	13.7	—
4.	Potasse..............	1.737	—
5.	Magnésic...........	0.2	—

Il ne lui manque donc qu'un quart d'azote et de potasse pour se trouver dans les meilleures conditions de fertilité.

Dans notre pays, les ceps étant au nombre de 10.000 à 15.000 par hectare, j'ai cru devoir augmenter les doses habituelles d'engrais. En outre, pour diminuer la main-d'œuvre, j'ai, dès la première année, épandu, soit le fumier, soit l'engrais chimique, pour trois ans.

Taille, ébourgeonnement, pesées du raisin, pesées des engrais, épandage, etc., ont été faits par moi et le tableau suivant en est l'exposé rigoureux. Quelques lecteurs seront peut-être surpris de certains chiffres et se demanderont pourquoi mes formules ne renferment pas les mêmes poids de sels de potasse. C'est que chacun d'eux a une teneur spéciale en potasse. Mon point de départ étant la formule G. Ville (carbonate de potasse), c'est-à-dire un sel renfermant 59.39 0/0 de potasse assimilable, j'ai calculé les doses de nitrate, de sulfate et de chlorure, de telle sorte que chaque parcelle reçoive la même quantité de potasse assimilable.

Il est impossible dès aujourd'hui de rien conclure *définitivement*, cependant il est remarquable de voir les excellents résultats obtenus par le fumier *seul* et associé au *carbonate de potasse*. Non seulement ce sont les deux parcelles ainsi traitées qui ont produit les plus forts rendements, mais ce sont elles aussi qui ont présenté, et *de beaucoup*, la végétation la plus luxuriante. Les sarments étaient plus longs et plus forts, les feuilles plus larges et beaucoup plus vertes. Il est vrai que je prétends faire un fumier exceptionnel. Il est produit par cinq chevaux et deux vaches qui sont nourris avec du fourrage de première qualité, de l'avoine, des racines... Mes prés sont démoussés, chaque année, par le hersage et l'épandage de 300 kil. de sulfate de fer, par hectare. Enfin le purin de mes écuries est recueilli soigneusement et additionné, pour le désinfecter, de sulfate de fer.

Le fumier associé au phosphate a donné un petit rendement, inférieur même au superphosphate *seul*.

J'aurais voulu essayer également le nitrate, le chlorure et le sulfate de potasse associés au fumier, mais je ne l'ai pu, n'ayant dans mon champ d'expérimentation que dix parcelles à dix ceps. Jusqu'à présent, il reste acquis que le carbonate de potasse, joint au fumier, donne des résultats exceptionnels (5.345 kil.), tandis que, mêlé au superphosphate (formule G. Ville), il n'atteint que 3.855 kil. et épandu *seul* il ne dépasse pas 2,710 kil.

Plus tard, je reprendrai des essais d'engrais comparatifs avec le fumier associé aux différents sels de potasse.

En revanche, j'ai pu expérimenter chacun de ces sels de potasse avec le superphosphate, et il résulte de mes expériences que le carbonate (formule G. Ville) arrive en première ligne avec 3,855, puis en deuxième ligne le nitrate de potasse avec 3,195. Enfin, viennent, bien loin derrière ceux-ci, le sulfate de potasse avec 1,985 et le chlorure avec 1,545 ! par conséquent donnant seulement 185 kil. de plus à l'hectare que la parcelle témoin !

	NATURE DES DIVERS ENGRAIS.	DOSES A L'HECTARE comptant 10,000 ceps.	PRIX à l'hectare.		Nombre de kil. de raisins récoltés à l'hectare.	Rendement calculé en francs.	Différence entre le prix de l'engrais et le rendement.
1°	Superphosphate de chaux..... Carbonate de potasse......... Plâtre..........................	1.600 800 1.600	240 480	720 fr.	3.855	1 927	+ 207
2°	Carbonate de potasse......... Plâtre..........................	800 1.600		480	3.710	1.355	+ 875
3°	Superphosphate.............. Plâtre..........................	1.600 1.600		240	3.880	1.940	+1.700
4°	Superphosphate.............. Chlorure de potassium........ Plâtre..........................	1.600 920 1.600	240 276	516	1.545	772	+ 256
5°	Superphosphate.............. Nitrate de potasse............. Plâtre..........................	1.600 1.050 1.600	240 630	870	3.195	1.597	+ 727
6°	Superphosphate.............. Sulfate de potasse............. Plâtre..........................	1.600 980 1.600	240 243	583	1.985	992	+ 409
7°	Fumier seul.....................	120.000 (Dose pour 3 ans)		1.680	1.550	2.275	+ 595
8°	Fumier.......................... Carbonate de potasse.........	40.000 (Dose pour 3 ans) 800	860 480	1.040	5.345	2.672	+1.632
9°	Fumier.......................... Superphosphate..............	40.000 (Dose pour 3 ans) 1.600	560 480	800	2.800	1.440	+ 640
10°	Témoins sans aucun engrais..	»	Il n'a pas été tenu compte du prix du plâtre.		1.310	680	»

Étant donné que la viticulture ne doit pas travailler *pour l'amour* de l'art ou pour la gloire, il ne suffit pas de savoir qu'elle est la formule qui a donné le chiffre le plus élevé de kilogrammes de raisins, mais le meilleur rendement, défalcation faite du prix de l'engrais. Aussi ai-je fait tous les calculs nécessaires pour connaître le résultat que voici :

La formule	3° (superphos. seul) a donné	1.700 fr.
—	8° (carbonate et fumier)...	1.632 »
—	1° (G. Ville).............	1.207 »
—	2° (Carbonate de pot[se] seul.)	875 »
—	5° (Superph. et nitr. de pot.)	727 »
—	10° (Parcelle témoin).......	680 »
—	9° (fumier avec superphos.)	640 »
—	(fumier seul)..........	595 »
—	6° (superph. et sulf. de pot.)	409 »
—	4° (superp. et chlor. de pot)	256 »

La parcelle sans engrais arrive donc 6° ; quant au carbonate de potasse, associé au fumier il est 2°, au superphosphate (formule G. Ville) il est 3°, seul il est 4°.

Malgré tous les reproches qu'on lui a faits (prix élevé, obstacle à la solubilité du superphosphate) il est incontestablement de tous les sels de potasse celui qui donne le plus de bénéfice.

Les sulfate et chlorure de potasse nous réservent-ils des surprises pour 1891 et 1892 ? En tout cas, ils ont bien du terrain à gagner pour rattraper le carbonate !

En terminant, je tiens à prévenir le lecteur que ce qu'il gagnera en quantité il le perdra en qualité (dans une certaine mesure). Voici, à l'appui de cette allégation, les résultats de quelques essais glucométriques que j'ai pratiqués sur les raisins de mon champ d'expérimentation :

Parcelle n° 8 —	Rendement :	5.545 ;	alcool : 11 2/4
— n° 7 —	—	4.550 ;	— : 12
— n° 1 —	—	3.855 ;	— : 12 1/4

Dr J. ALBERT.

Nouvelles agricoles.

La température et les récoltes. — La deuxième quinzaine de juin a produit, dans la plus grande partie de la France, d'heureux résultats sur la plupart des cultures. Grâce au soleil, à une série de jours lumineux, la végétation a repris enfin une vigueur qui a véritablement transformé l'aspect des champs. Et quand nous parlons des champs, c'est surtout des cultures de blé que nous nous préoccupons, car celles de céréales de printemps se montrent sous les meilleurs auspices. Dans les régions où une partie plus ou moins grande des blés d'automne avait résisté à l'hiver, les prévisions de la récolte restent encore assez faibles, mais elles deviennent moins mauvaises ; certaines variétés d'automne, semées en janvier et en février, promettent beaucoup ; pour les blés de printemps, faits avec des semences de bonne qualité, leur aspect est très beau. Quant aux régions plus épargnées par l'hiver, comme la Bretagne dont nous parlions dans notre dernière chronique, elles promettent d'avoir une excellente récolte. Sans doute il est encore nécessaire que des circonstances néfastes ne surviennent pas avant la moisson, qui sera tardive ; mais il est désormais probable que la perte sera moins grande qu'on était en droit de le craindre. Quant aux cultures sarclées, betteraves, pommes de terre, etc., elles ont repris beaucoup de vigueur. Enfin, la floraison de la vigne s'est effectuée dans de bonnes conditions.

La production du blé en Angleterre. — Dans un discours récemment prononcé à Caen, M. le comte de Saint-Quentin, président de la Société d'Agriculture, a fait un tableau frappant de la décadence de la culture du blé en Angleterre, causée par le régime du libre-échange :

« S'il est un pays au monde, dit-il, qui soit entré dans la voie du perfectionnement agricole, c'est à coup sûr l'Angleterre. On peut même dire qu'elle en a atteint les dernières limites. Tandis que la moyenne de nos rendements en blé s'élève péniblement à 16 hectolitres à l'hectare, la sienne dépasse 26. Dans de telles conditions, il semblerait, à première vue, que la culture du blé eût dû s'étendre.

C'est précisément le contraire qui est arrivé. En dépit de leurs magnifiques rendements, les agriculteurs anglais n'ont pu lutter contre les blés des Etats-Unis et de l'Inde. Le dernier rapport du major Craigie, chef du service de statistique au ministère de l'agriculture en Angleterre, ne laisse aucun doute à cet égard.

De 1852 à 1860, l'Angleterre avait produit chaque année, en moyenne, 41,501,250 hectolitres de blé, et avait acheté à l'étranger 13,493,074 hectolitres.

De 1861 à 1868, sa production est descendue à 38,596,816 hectolitres, et ses achats se sont élevés à 23,483,507 hectolitres.

De 1869 à 1876, sa production a été de 36,785.379 hectolitres, et ses achats de 40,495,089 hectolitres.

De 1877 à 1884, sa production a été de 27,944,379 hectolitres, et ses achats de 45,766,300 hectolitres.

Enfin, de 1885 à 1890, sa production est tombée à 27 millions d'hectolitres, et ses achats se sont élevés à 51.818,157 hectolitres.

C'est-à-dire que, dans l'espace de trente années, la production du blé a baissé en Angleterre de 35 pour 100, et que l'agriculteur anglais, qui, en 1860, fournissait à son pays les 73 centièmes de son pain, ne lui en fournit plus que les 32 centièmes en 1890.

Je ne pense pas qu'il existe une preuve plus convaincante que celle-là des conséquences que le libre-échange doit forcément avoir pour l'agriculture de nos vieux pays d'Europe.

Il est possible que l'Angleterre, qui est maîtresse des mers et dont la population est pour plus des trois quarts industrielle, s'en arrange, cela est son affaire. Mais je doute qu'un homme d'Etat français digne de ce nom, consente jamais à ce que semblable évolution s'accomplisse dans son pays. »

La situation du bétail en France. — Lorsque l'on procède à l'inventaire du bétail, on voit que, malgré la révolution apportée dans le mode des transports par les chemins de fer, le nombre de chevaux n'a pas diminué. Seul, celui des ânes et des mulets a baissé dans une notable proportion — ce qui est une preuve du perfectionnement des voies de communication.

Dans l'espèce bovine, le nombre des bœufs est un peu inférieur à ce qu'il était il y a quelques années, mais par contre celui des vaches a considérablement augmenté, à cause du développement de l'industrie laitière.

Quant à l'espèce ovine, elle a reculé comme partout en Europe, d'ailleurs, devant la culture intensive. Elle ne compte plus, aujourd'hui, que 23 millions de têtes, au lieu de 31 millions. Il ne faut pas trop s'en plaindre. C'est le sort nécessaire de l'industrie pastorale dans tous les pays riches. Et la France, malgré la détresse de son agriculture, est un pays riche.

La production du porc a aussi notablement diminué. Ce qui tient à l'introduction chez nous, depuis quelques années, des salaisons américaines et allemandes.

Ajoutons que sous l'influence de meilleurs modes de culture, notre bétail a beaucoup gagné en poids net — circonstance dont il faut se louer au point de vue de l'hygiène, puisqu'elle a permis d'élever la consommation de la viande de 27 à 37 kilogrammes par personne.

Ce que peut donner un grain de blé. — A une des dernières séances de l'Assemblée générale de la Société nationale d'encouragement à l'agriculture, M. Grandeau a exposé la photographie d'un spécimen curieux du développement possible d'un plan de blé issu d'un seul grain, quand se trouvent réunies *toutes les conditions favorables à la croissance* de cette céréale.

Le pied de blé, dont M. Grandeau a communiqué la photographie à la réunion du 29 janvier, mesurait 1 m. 56 du collet de la racine au sommet de la plante. Son chevelu de racines principales pénétrait d'envirou 40 centimètres dans le sol; les racines déliées, qu'on enlève difficilement en arrachant un plan de blé, avaient une longueur bien supérieure à celle-là.

Le tallage de ce pied est extraordinaire; il porte en effet 82 tiges fertiles. Ces 82 épis renferment, au minimum, chacun 40 grains à maturité; le grain de blé a donc fourni 3,280 grains, soit 3,280 fois la semence!

Transport du bétail américain. — La Compagnie *White star line* vient d'ajouter à sa flotte deux navires de transport pour le bétail, jaugeant 5,750 tonneaux, dont les dimensions principales sont : longueur 150 mètres, largeur 16 mètres.

Chacun de ces transports est installé pour pouvoir embarquer 1.216 têtes de bétail. Les ponts sont très espacés et les animaux se trouvent dans une atmosphère constamment renouvelée par des ventilateurs à vapeur.

Les machines motrices, au nombre de trois, développent 600 chevaux-vapeur nominaux et commandent deux hélices jumelles.

Le navire comporte de plus des chambres réfrigérantes dans lesquelles on peut emmagasiner 2,390 quartiers de bœufs.

Et dire que tous ces préparatifs sont faits dans le but d'inonder nos marchés de viande américaine.

Le régime des sucres. — Dans sa séance du 23 juin, le Sénat a adopté, à l'unanimité, le projet de loi sur le régime des sucres, tel qu'il avait été voté par la Chambre des députés. Dans le rapport qu'il a présenté sur ce sujet, M. Trarieux a exposé qu'il était impossible de repousser la disposition spéciale relative à l'exercice 1890-91, et le Sénat s'est rendu à ces motifs. La législation nouvelle est donc définitive.

CONSEILS DU JARDINIER

LA CLOQUE DU PÊCHER

Sur les pêchers on distingue actuellement des feuilles boursouflées, frisées, épaissies.

Cette déformation est causée par la *cloque*, maladie qui s'étend du sommet des feuilles jusqu'à proximité de leur base, mais sans atteindre ordinairement leur pétiole. Cependant elle gagne parfois celui-ci, et même la jeune pousse qui porte les feuilles contaminées. Alors le pétiole et la jeune pousse sont hypertrophiées comme les parties morbides des feuilles.

La cloque est produite par un champignon, l'*exoascus deformans*. Son mycélium provoque l'hypertrophie des tissus qu'il occupe au moment de leur développement. Il fructifie entre la cuticule et l'épiderme de la face supérieure de la feuille. Les spores, lors de leur dissémination, arrivent d'abord à la surface des feuilles atteintes et les recouvrent d'une efflorescence blanchâtre. Vues au microscope, elles sont sphériques. Elles naissent dans des espèces de gousses renflées au sommet, longues de quatre centièmes de millimètres, visibles seulement au microscope, et contenant chacune six à huit spores. Celles-ci tombant sur les bourgeons naissants y déposent les germes qui, l'année suivante, y reproduiront une nouvelle génération du parasite. L'humidité de ce printemps a été très favorable à l'*exoascus deformans* qui alors fructifie abondamment.

Pour lutter contre cette dangereuse maladie, il faut sur les feuilles, pétioles et jeunes pousses, retrancher les portions habitées par le champignon parasite, les recueillir, *puis les brûler*.

Ce travail devra être fait avant la fructification de l'*exoascus deformans*, et ainsi aussitôt que possible. L'humidité favorisant la germination, le développement et la fructification de ce champignon, il convient de défendre contre les eaux pluviales, les pêchers, en surmontant de chaperons les murs contre lesquels ils sont cultivés en espalier.

HORTUS.

CONSEILS À LA FERMIÈRE

DINDONNEAUX ET PINTADEAUX.

En ce moment l'éclosion des pintadeaux est en pleine activité, et les dindonneaux, déjà forts, subissent la crise si redoutée du rouge.

Nous nous sommes demandé, dit l'*Aviculteur*, pourquoi cette transition dans la vie du dindonneau était si dangereuse.

Nous croyons que les femmes de campagne se répètent cela de génération en génération et qu'elles ont fini par admettre, comme article de foi, que les dindonneaux étaient en danger de mort à ce moment là, quand il n'y a qu'une phase toute naturelle de leur existence qui passe absolument inaperçue quand les animaux ont été bien soignés dès leur naissance.

Il est certain qu'un dindonneau chétif, anémique, nourri de pâté de son mouillé est destiné à périr misérablement à la suite des mauvais soins qu'il a reçus depuis sa naissance, succombera plutôt au moment de la formation des caroncules qu'à une autre époque de sa vie; c'est son terme qu'une hygiène défectueuse a fixé, mais ce n'est pas la transition elle-même qui exerce une influence particulièrement néfaste.

Donnez aux dindonneaux qui, à l'état sauvage, vivraient en forêt de baies de toute nature d'insectes, de graines, une nourriture équivalente et surtout tonique, et ils ne connaîtront pas la crise du rouge. Pâtée de mie de pain rassis, d'œuf dur et de salade hachée, au début; plus tard orties hachées, chènevis pilé, puis oignons hachés avec addition de sang cuit conservé, mélangé à la pâtée de maïs, avec cela libre parcours aux champs, et les dindonneaux, forts et vigoureux, arriveront sans crise à l'âge adulte.

De même les pintadeaux, avec un régime analogue, pousseront comme par enchantement.

Rien n'est plus rustique que la pintade à élever, mais toujours, pour ces oiseaux demi-sauvages, le régime tonique remplaçant les aliments qu'ils trouveraient en liberté, doit être la base de l'alimentation.

UNE MÉNAGÈRE.

CONSEILS DU MÉDECIN

L'ART DE MANGER

Manger et assimiler font deux. Beaucoup de personnes mangent beaucoup qui assimilent fort mal, parce qu'elles ne se sont pas donné la peine de faire subir aux aliments dans la bouche la première digestion. Pour bien assimiler, il faut commencer par bien mastiquer, et bien mastiquer est le cadet des soucis des gens pressés. L'importance de la digestion buccale est beaucoup plus grande qu'on ne le suppose et celle de la trituration préalable des aliments tout à fait essentielle. Ceux qui ne mastiquent pas finissent par ne plus digérer; de là des affections de l'estomac, des intestins, etc. Nous relevons une expérience intéressante faite sur les chevaux et qui montre bien que manger et assimiler ne sont nullement synonymes. On peut manger moins quand on triture bien et engraisser davantage. La Compagnie des omnibus de Londres, qui possède 6.000 chevaux, en a fourni récemment une preuve démonstrative. Elle a divisé ses chevaux en deux catégories; ceux de la première recevait comme ration journalière 8 kilog. d'avoine broyée et 3 kilog. 750 de foin haché, plus 1 kilog. 125 de paille. Ceux de la seconde recevaient 9 kilog. 500 d'avoine intact et 6 kilog. 500 de foin non haché. Soit 13 kilog. de nourriture pour les premiers chevaux et 16 kilog. pour les seconds. Dans le premier cas, on avait aidé à la mastication en hachant d'avance le fourrage, dans le second on avait omis cette précaution. Or, les chevaux de la première catégorie ont fait un aussi bon service que ceux de la seconde et ne leur ont été inférieurs ni en vigueur ni en embonpoint. Et l'emploi en quantité réduite de l'avoine broyée et du foin haché a produit une économie de 1,500 fr. par jour et de 581,000 fr. par an. L'expérience confirme donc ce que nous savions: les aliments bien divisés s'assimilent bien mieux que les aliments intacts. On pourra remarquer de même que l'homme qui mange lentement, broie tous ses aliments, consomme beaucoup moins que celui qui avale vite, et cependant se porte mieux et est susceptible d'effectuer le même travail physique. Le rendement de l'aliment est meilleur. En appliquant le principe d'une bonne mastication, on peut réaliser sur son alimentation des économies très appréciables, sans compter celles que l'on fera sur le médecin et sur le pharmacien. Malheureusement, c'est si simple que personne ne se donnera la peine de songer à ce moyen de faire des économies en se bien portant. N'importe, c'est dit et le reste ne nous regarde pas.

UN VIEUX MÉDECIN.

POUR RIRE.

— Alors vous donnez à votre fille, ma fiancée, 100,000 francs ; c'est peu.

— Oui, mais elle aura tout notre bien, à notre mort.

Le fiancé, distraitement :

— A peu près vers quelle époque ?

***

Un jeune avocat, qui cherche des causes, vient de defendre devant la cour d'assises un immonde gredin, qu'il est parvenu à faire acquitter.

Plusieurs personnes honorables le complimentent à ce propos.

L'avocat flatté exibe une douzaine de ses cartes et, avec son plus gracieux sourire :

— Si vous voulez me recommander à vos amis ?...

***

Chez la concierge :

— Alors, vot' propriétaire est devenu fou, madame Pipelet?

— Oui, madame Chaputard; nous l'avons conduit à Charenton.

— C'est-y croyable! Comment vous êtes-vous aperçue de sa folie ?

— Oh ! il n'y avait pas de doute possible, il a diminué le loyer à tous les locataires.

***

Deux mauvais plaisants rencontrent un villageois et lui disent en lui prenant chacun un bras :

— Eh l'ami ! es-tu un âne ou un imbécile?

— Ma foi, répond l'autre, je crois être entre les deux.

***

Un curé, se promenant dans la campagne, rencontre un gamin qui le regarde sans ôter sa casquette.

— Pourquoi ne me salues-tu pas?

— Ma foi, monsieur le curé, vous avez toujours dit : « Hors de l'église, point de salut ! »

PETITE POSTE.

M. P. M... — *Machine à battre les faux.* — S'adresser à M. Louis Kapferer, 19, rue Jean-Jacques-Rousseau, Paris.

M. C. B... — *Destruction des taupes.* — M. Laporte, agriculteur à Saint-Angel, par Montluçon (Allier), a, paraît-il, découvert un moyen de destruction infaillible et pratique. Demandez-lui son prospectus qu'il vous enverra gratis.

M. de M... — Vous avez dû recevoir de M. Méré le renseignement demandé.

M. F. S... (Seine). — *Enregistrement.* — La question que vous nous posez est délicate ; il vous y sera répondu dans quelques jours.

OFFRES & DEMANDES.

Pour répondre au désir qui nous est exprimé, nous offrons à nos abonnés, sous cette rubrique, deux annonces gratuites pour les offres et demandes d'emplois, produits ou animaux à vendre ou à acheter, etc.

Les annonces qui suivront jouiront d'une réduction de 50 pour 100 sur les tarifs ordinaires.

Les demandes d'insertions devront être envoyées à l'administration, qui se chargera de les rédiger.

Ne pas négliger d'envoyer tous les renseignements nécessaires (joindre 2 timbres de 0 fr. 15).

Un ancien élève d'une école d'agriculture, dans la force de l'âge, marié, bien au courant de la culture moderne en même temps qu'excellent praticien, demande un emploi de régisseur. — Très bonnes références. — N° 907.

S'adresser à M. GUESDON (J.-M.), à Belhôte, par Corps-Nuds (Ille-et-Vilaine).

A vendre 850 stères de bois rondin chêne de 18 ans d'âge, 160 stères bouleau du même âge et de 11,000 fagots chêne à deux liens.

S'adresser à M. CHARMES, à Saint-Yrieix (Haute-Vienne). — N° 937-2.

Un jeune homme, 23 ans, de famille honorable, muni d'excellents certificats, connaissant bien le jardinage et l'exploitation des bois, demande une place de jardinier ou de garde forestier.

S'adresser à M. Pierre DUFAURE, jardinier au Poujet-du-Condut, par Uzerche (Corrèze). — N° 938-1.

REVUE FINANCIÈRE.

Pour changer, c'est toujours exactement la même chose. La liquidation de fin de mois a redonné une vitalité factice au marché, qui ne s'est traduite d'ailleurs que par des variations de cours insignifiantes. Les affaires restent nulles comme il arrive d'ailleurs généralement à cette époque de l'année. Mais il faut convenir que cette fois c'est presque absolument la nullité complète ; s'il n'y avait pas le Comptant, ou encore les opérations des Caisses publiques et des remplois, et les échanges nés des circonstances courantes de la vie, besoins imprévus, règlements de successions, etc., les gens au « carnet » n'auraient rien de mieux à faire que d'aller aux eaux, ce dont nombre d'entre eux ne se font pas faute.

On ne nous en voudra donc pas de négliger aujourd'hui les détails de la physionomie du marché, pour donner notre attention à deux ou trois points du marché qui présentent seuls un intérêt spécial.

La Banque de France, qui vient de fixer son dividende semestriel à 85 fr. net, soit 8 fr. de plus que l'année dernière, est à 4,465, soit en tenant compte du coupon à 4,570. Nous regrettons, pour notre part, qu'on tienne si haut ce « bien de mineurs », attendu que, malgré l'incontestable supériorité de valeur de ce titre, il est autant, si ce n'est plus que d'autres, exposé aux brusques reculs.

Le Crédit Foncier ne parvient guère à dépasser 1,270, lui qui était habitué à mieux. C'est qu'aussi beaucoup de personnes voient d'un œil méfiant toutes ces tentatives pour intéresser notre second établissement de crédit à des affaires qui, franchement, ne sont pas de son ressort, par exemple Panama et les Dépôts et Comptes Courants. Nombreux sont également ceux qui insinuent que le Foncier se fait faire les offres en question parce qu'il a besoin de faire des affaires autres que celles pour lesquelles il est créé. Il n'est pas jusqu'à la conversion de quelques-unes de ses obligations dont on parle comme d'une chose prochaine, qui ne fassent faire de singulières réflexions à ses détracteurs. On doit regretter que le Foncier n'ait pas une attitude plus franche qui réduisent définitivement à néant ces rumeurs et ces soupçons qui n'ont jamais cessé depuis l'incident Lévêque.

L'empereur d'Allemagne, à Hambourg, a dit nettement ce qu'avait énoncé plus diplomatiquement à la tribune italienne M. di Rudini : la triple alliance est renouvelée pour six ans ; l'Angleterre, sans traité, il est vrai, reste l'alliée de la Triplice dans toutes les circonstances où sa prépondérance dans la Méditerranée sera en jeu. L'Italien baisse de nouveau. C'est logique. D'une part, le syndicat allemand qui le soutenait à bras tendus, à grand renfort de sacrifices, entend se reposer un peu et se refaire. D'autre part, nos capitaux finissent par comprendre que notre dignité comme nos intérêts nous défend de payer les étrivières qui un jour pourraient être employées sur notre dos.

TIMON.

Chemin de fer de Paris à Orleans.

TRANSPORT A DEMI-TARIF

DES

OUVRIERS AGRICOLES

ALLANT FAIRE LA MOISSON

en Beauce, dans l'Orléanais, le Berry, la Touraine, etc.

A partir du 1er juillet 1891, une réduction de 50 pour 100 sur les prix des places de 3e classe au Tarif général sera accordée aux OUVRIERS AGRICOLES se rendant, pour les travaux de la moisson, d'une gare quelconque de son réseau à une gare quelconque des sections ci-après :

Juvisy à Orléans.	**Orléans à Montargis.**
Brétigny à Tours.	**Orléans à Gien.**
Orléans à Tours.	**Tours à Vierzon.**
Orléans à Châteauroux.	**Tours à Châteauroux.**
Orléans à Malesherbes.	**Vierzon à Saincaize.**

Cette réduction est subordonnée à la condition que les Ouvriers agricoles effectueront sur le réseau de la Compagnie un parcours de 150 kilomètres au minimum (soit 300 kilomètres aller et retour compris), ou paieront pour cette distance. Elle sera appliquée, pour l'aller, du 1er juillet au 1er septembre; le retour devra s'effectuer dans un délai minimum de quinze jours et maximum de deux mois.

HALLES ET MARCHÉS.

La température chaude a provoqué une baisse générale sur les denrées végétales Les céréales, les fruits, les légumes, les huiles de colza, ont diminué de prix. Les sucres et les alcools au contraire sont en légère hausse. Le bétail se vend moins bien.

Blés. — En présence de l'amélioration qui se continue dans l'état des blés en terre, la baisse s'est accentuée sur tous nos marchés, et l'on commence à se demander si la réduction du droit de douane ne deviendra pas une mesure inutile, car il est probable que la baisse va faire encore de nouveaux progrès. Quoi qu'il en soit, voici les cours relevés samedi sur les principales places : Douai, 27 à 29 25; Châlons-sur-Marne, 28; Montereau, 25 65 à 29 50; Etampes, 25 à 28 75; Rouen, 28 10; le Mans, 27 à 27 50; à Versailles, 28 75 à 30; Dijon, 27 à 28 50; Lyon 27 50 à 28 75; Bordeaux, 28 75. A Paris, les blés de commerce ont été cotés en clôture le 27 juin, disponibles, 28 50 à 28 75; livrables juillet-août, 27 25 à 27 50; époques éloignées, 27 à 27 50. — Les blés étrangers fléchissent également; il faut compter 25 à 50 centimes de baisse sur les prix que nous avons donnés dans notre dernière revue. — Dans nos ports, les arrivages sont suivis : Marseille a importé 282,167 quintaux de blé la semaine dernière; le Havre a reçu 272,000 hectolitres, dont 205,000 d'Amérique, 52,000 de Bombay et 15,000 de La Plata. Les quantités de blé en mer, à destination de la France, expédiées de Californie, des ports de l'Atlantique et de l'Australie, s'élevaient, en dernière date, à 2,422,370 hectolitres, et le total pour le continent européen, à 6,898,200 hectolitres. — En Europe, les nouvelles des récoltes sont meilleures, excepté pour la Russie; dans ce dernier pays, la production du blé sera très réduite, et celle du blé de printemps atteindrait à peine la moyenne. Les cours sont en baisse sur les principaux marchés; on cote à Berlin, 28 75 les 100 kil.; à Vienne, 23 12; à Budapest, 22 36; à Amsterdam, 21 50; à Anvers : roux d'hiver, 22 à 22 75; Bombay blanc, 22; roux dur, 18; Danube, 19 75 à 22 50; Plata, 21 à 22 75; Saint-Pétersbourg, 20 70. Aux Etats-Unis, la moisson est commencée, et l'on a toujours l'espoir d'une récolte exceptionnelle; aussi le marché de New-York est en baisse, le blé disponible y vaut 20 28 les 100 kilog.; à Chicago on cote 17 77.

Seigles. — La tendance est toujours faible. A Paris, au marché commercial, on a coté samedi : disponible, 18 77 à 19 les 100 kilog.; juillet, 18 à 18 25 ; autres époques, 17 50 à 17 75.

Orges. — Les orges et les escourgeons en terre se présentent sous un aspect assez favorables. Les affaires, comme nous l'avons dit sont à peu près nulles sur ces deux grains, et les prix nominaux, sauf pour les escourgeons de Tunisie et d'Algérie, qui sont abondamment offert à 16 les 100 kilog. à Dunkerque.

Avoines. — Les avoines promettent un bon rendement, et les cours sont en baisse devant la réserve des acheteurs ; on cote les noires de choix, 19 à 19 75 les 100 kilog. en gare de Paris; les noires de Beauce et du Centre, 18 75; les grises, 18 25 à 18 50; les blanches, 18.

Maïs. — Cours soutenus de 18 à 20 50 les 100 kil. dans nos ports A New-York, le maïs est en baisse à 12 80.

Farines de consommation. — La meunerie a baissé ses prix de 1 fr. par sac vendredi soir. La marque de Corbeil est à 65 les 157 kilog. nets ou 41 40 les 100 kilog. Les autres valent : marques de choix, 65 à 67; premières marques, 63 à 65; bonnes marques, 62 à 63 ; ordinaires, 61 à 62.

Farines de commerce. — Les farines de commerce suivent le mouvement de baisse. On cote les *douze-marques* : 62 à 62 25 les 157 kilog. nets disponibles et livrables à toutes époques.

Fourrages. — Au marché de la Chapelle, les luzernes nouvelles se vendent 40 à 47 les 100 bottes de 5 kilog. au domicile de l'acheteur. Les fourrages vieux et les pailles valent : foin, 47 à 52; les blés, 29 à 34; de seigle, 37 à 44 ; d'avoine, 20 à 21. — Les fourrages vendus en gare sur wagon se payent, par 520 kilog. : beaux foins de Brie, 42 à 46 ; deuxieme qualité, 37 à 41 ; luzerne, 38 à 47; paille de blé, 27 à 34; de seigle, 26 à 30 ; d'avoine, 20 à 22.

Huiles de graines. — L'huile de colza a baissé de 2 fr. à Paris pendant la semaine dernière. On cotait samedi, 71 à 71 25 les 100 kilog. disponibles; 71 à 71 50 livrables juillet-août; 73 à 74 75 autres époques. L'huile de lin reste au prix de 52 à 52 50. — Sur les marchés des départements, les affaires sont calmes avec prix soutenus comme suit : Caen, colza, 68 ; Lille, colza, 68; lin indigène, 56 ; étranger, 51 50 l'hectolitre ; — Rouen, colza, 71 50 à 72 les 100 kilog. ; lin, 54 50 à 55 ; Arras, œillette surfine, 110; pavot à bouche, 76; colza, 77; cameline, 65 ; pavot, 71.

Huiles d'olive. — Affaires calmes à Nice ; dans les environs la récolte est terminée. On fait des ventes d'huiles de calabre à 125 et 130 les 100 kil. en entrepôt Les huiles surfines du pays et celles de Provence sont tenues de 150 75 à 154 ; du Var, 105 ; de la rivière de Gènes, 140 à 145.

Laines. — Dans l'Yonne, à Brisson-l'Archevêque, on offre 3 fr. par kilog. pour les bonnes laines lavées ; à Châteaubriand (Loire Inférieure), on paye 2 à 2 20.

Cocons. — Voici les prix des cocons jaunes première qualité sur les marchés français : Vaucluse, 2 75 à 2 10 le kilog ; Gard, 3 à 3 25 ; Drôme, 2 70 à 3 10; Ardèche, 2 75 à 4 10; Hérault, 3 25 ; Var, 2 80 à 2 90. Dans l'Isère les cours ne sont pas encore établis.

Ecorces. — Dans le Calvados, les écorces de bonne qualités se sont payées 120 à 130 les 1,040 k. rendues chez le tanneur.

Engrais. — Les affaires sont toujours à peu près nulles sur le nitrate de soude. Cependant la semaine dernière on a fait quelques marchés importants dans le Nord au prix de 19 85 à 20 10 les 100 kilog. disponibles, à Dunkerque ; le nitrate de soude à livrer sur les quatre premiers mois de 1891, est coté de 21 à 21 25. En Belgique, le disponible vaut 20 30. Le sulfate d'ammoniaque est mieux tenu, aux prix de 28 75 à 29 les 100 kilog. disponibles à Paris ; le livrable sur l'automne est à 29 50 à 29 75; à Bordeaux, on vend 29 le sulfate d'ammoniaque anglais; 27 75 à 28 sur wagon à Dunkerque; et 28 à 28 25 à Rouen. — Les phosphates sont au grand calme; on cote dans la Somme et dans l'Oise par 1,000 kilog. et par unité de phosphate : 70 à 75 pour cent, 1 10 à 1 15 ; 65 à 70 pour cent, 0 90; 60 à 65 pour cent, 0 70 à 0 72.

CHEMINS DE FER DE L'OUEST.

BAINS DE MER

1° Billets d'Aller et Retour à Prix réduits valables du Vendredi au Lundi.

De Paris aux gares suivantes.	1re classe	2e classe
Dieppe (Criel, Puys, Pourville, Berneval)	30f »	22f »
Le Tréport (Mers)	33 20	23 60
Cany (Veulettes, les Petites-Dalles). **St-Valery-en-Caux** (Veules). **Le Havre** (Ste-Adresse, Bruneval). **Fécamp. Les Ifs** (Yport, Etretat). **Trouville-Deauville, Villers-sur-Mer Honfleur, Caen**	33 »	24 »
Cabourg (Le Home-Varaville). **Dives, Beuzeval Houlgate**. **Luc, Lion-sur-Mer, Langrune** (Prix pour le parcours total)	37 »	27 »
Saint-Aubin, Bernières. Courseulles (Ver-sur-Mer) (Prix pour le parcours total)	38 »	28 »
Bayeux (Arromanches, Asnelles). etc	40 »	30 »
Isigny (Grandcamp, Sainte-Marie-du-Mont)	44 »	33 »

De Paris aux gares suivantes.	1re classe	2e classe
Montebourg et Valognes (St-Vaast-de-la Hougue, Quinéville)	50 »	38 »
Cherbourg	55 »	42 »
Coutances (Agon, Coutainville, Régneville)	57 »	44 »
Granville (Saint-Pair, Donville)	50 »	38 »
St-Malo-St-Servan (Paramé). **Dinard** (St-Enogat, St-Lunaire, St-Briac). **Lamballe** (Erquy, Le Val-André, La Garde-de-Saint-Cast, Pléneuf, Saint-Jacut-de-la-Mer)	66 »	50 »
St-Brieuc (Portrieux, St-Quay)	68 »	51 »
Lannion (Perros-Guirec)	79 »	59 »
Morlaix (Saint-Jean-du-Doigt)	81 »	61 »
St-Pol-de-Léon et Roscoff (Ile Batz)	85 »	64 »
Brest	90 »	67 50
Saint-Nazaire	66 »	50 »
EAUX THERMALES.		
Bagnoles de l'Orne, par Briouze	45 »	34 »
Forges-les-Eaux (Seine Inférre)	21 45	16 05

Départ du Vendredi au Dimanche. — Toutefois, ces Billets sont valables le JEUDI, par les trains partant de Paris dès 6 h. 30 du soir. — *Retour les Dimanches et Lundis* seulement. — Les billets pour **St-Malo, Dinard, Lamballe, St-Brieuc, Lannion, Morlaix, St-Pol-de-Léon Roscoff, Brest et St-Nazaire** sont valables, au retour, jusqu'au MARDI inclus. — Les deux coupons d'un billet d'aller et retour ne sont valables qu'à la condition d'être utilisés par la *même personne;* en conséquence, la *vente* et *l'achat* des coupons de retour sont interdits.

2° Billets collectifs dits « Billets de Famille » comportant 40 % de réduction.

(Minima de perception par place : 61 fr. 60 en 1re classe ou 46 fr. 20 en 2e classe, aller et retour.)

Ces billets sont délivrés aux familles comprenant quatre personnes au moins pour les Stations balnéaires distantes de plus de 250 kilomètres du point de départ. — Ils sont valables pendant 33 jours et peuvent être prolongés une ou deux fois de 30 jours, moyennant le paiement, pour chacune de ces périodes, d'un supplément égal à 10 0/0 du prix du billet.

— Les superphosphates solubles dans le citrate se cotent à l'unité d'acide phosphorique : région Nord, 0 43; Paris, 0 48 à 0 50; Est franco 0 52 à 0 55; Bordeaux, 0 54 à 0 57; La Rochelle 0 54 à 0 58; Marseille, 0 56 à 0 60. Les superphosphates solubles dans l'eau valent de 4 à 5 centimes par unité. — On vend les sels de potasse : chlorure de potassium, 20 50 les 100 kilog. ; sulfate de potasse, 22; carbonate de potasse, 43; Kaïnit, 5 à 5 50 à Dunkerque et au Havre. — Les autres engrais valent : viande desséchée, 1 70 l'unité d'azote à Paris et à Lyon ; superphosphate d'os, 0 68 à 0 75; corne torréfiée moulue, 1 45 ; cuir torréfié, 1 15 à 1 20 à Paris ; chlorure de potassium à Stassfurt, 17 50 les 100 kilog. ; Kaïnit, 2 95.

Tourteaux. — Cours de Lille : colza indigène, 15 50 à 16 les 100 kil. ; étranger, 13 à 15 ; œillette, 16 à 17 ; lin, 21 à 25 50 ; cameline, 11 ; chanvre, 20 à 2 ; — d'Arras, œillette, 13 50 ; colza, 15 ; lin, 22 ; cameline, 11 ; — de Caen, colza, 15.

Beurres. — La vente est active pour les beurres en mottes à la halle de Paris, et les prix soutenus pour toutes les sortes de beurres. On cote : *beurres en mottes* fermiers de Gournay : extra, 3 50 à 3 60 le kil. ; choix, 3 10 à 3 20 ; bons, 2 90 à 3 ; ordinaires, 2 60 à 2 70 ; d'Isigny, extra, 1 80 à 6 ; choix, 3 80 à 4 ; bons, 3 10 à 4 20 ; ordinaires, 2 60 à 3 70 ; marchands du Gâtinais, 2 20 à 2 40 ; de Bretagne, 1 90 à 2 10 ; de Vire, 2 10 à 2 40 ; de Bresse, 1 80 à 2 ; laitiers des Charentes, 2 50 à 2 90 ; des Alpes, 2 20 à 2 70 ; divers producteurs, 2 à 2 50 ; — *beurres en livres* : fermiers 2 40 à 2 90 ; Touraine, 2 20 à 2 50 ; Gâtinais, 2 à 2 50 ; Vendôme et Beaugency, 1 90 à 2 50 ; Bourgogne, 1 80 à 2 10 ; le Mans, 2 à 2 20 ; — *Petits beurres* : 1 70 à 2 40, suivant provenance.

Œufs. — Les envois sont moins nombreux ; les prix subissent peu de variations. On cote : Normandie, 80 à 105 le mille. Picardie extra, 84 à 108 ; ordinaire, 65 à 78 ; Brie extra, 78 à 86 ; Touraine extra, 78 à 89 ; ordinaire, 68 à 74 ; Beauce, 80 à 85 ; Orne, 61 à 74 ; Bourgogne, 66 à 72 ; Champagne, 73 à 76 ; Nivernais, 60 à 65 ; Bourbonnais, 58 à 61 ; Bretagne, 54 à 58 ; Vendée, 51 à 60 ; Auvergne, 53 à 55 ; midi, 55 à 62.

Fromages. — En baisse ; on cote à la halle de Paris, *par dizaine* : Brie, fermiers haute marque, 35 à 40 ; grand moule, 20 à 25 ; moule moyen, 15 à 20 ; petit moule, 7 à 12 ; laitiers, moyens moules, 5 à 10 ; — *par 100 kilog.* : Gruyère, 130 à 180 (hors l'octroi) ; Roquefort, 180 à 250 ; Hollande, 150 à 170 ; plats de Gouda, 170 à 180 ; Gérardmer, 70 à 75 ; Limbourg, 50 à 61 ; Munster, 80 à 100 ; Romatour, 70 à 80 ; Cantal, 90 à 110 ; façon Port-Salut, 110 à 180 ; — par cent : Bourgogne, 50 à 85 ; Saint-Nectaire, 81 à 90 ; Camembert, 15 à 30 ; Livarot, 50 à 85 ; Gournay, 5 à 18 ; Mont Dore, 20 à 25.

BESTIAUX.

LA VILLETTE, 2 juillet. — Bestiaux. — Vente difficile sur les bestiaux, très mauvaise sur les veaux, sans changement sur les moutons, et meilleure sur les porcs.

COURS officiels.	Amenés.	Vendus.	1re qualité.	2e qualité.	3e qualité.	Prix extrêmes.
Bœufs....	1.674	1.536	1 72	1 54	1 40	1 22 à 1 78
Vaches....	402	379	1 67	1 45	1 26	1 16 1 70
Taureaux.	186	136	1 40	1 34	1 22	1 16 1 46
Veaux....	1.533	1.303	1 78	1 62	1 41	1 22 2 »
Moutons..	8.826	7.274	2 06	1 94	1 66	1 40 2 16
Porcs.....	4.112	1.329	1 50	1 46	1 40	1 36 1 51

Marché du lundi 29 juin

	Amenés	Vendus	PRIX AU POIDS NET 1re qual.	2e qual.	3e qual.
Bœufs	2.593	2.278	1 72	1 54	1 40
Vaches.....	705	635	1 68	1 46	1 26
Taureaux..	247	227	1 44	1 36	1 24
Veaux......	1.463	1.369	1 82	1 66	1 48
Moutons....	13 678	11.993	2 10	1 96	1 68
Porcs	2.973	2.780	1 48	1 44	1 40

	PRIX AU POIDS VIF 1re qual.	2e qual.	3e qual.	Prix extrêmes.
Bœufs	1 01	» 88	» 74	» 62 à 1 08
Vaches	» 99	» 78	» 65	» 54 1 02
Taureaux........	» 88	» 80	» 69	» 60 » 91
Veaux..........	1 10	» 97	» 79	» 62 1 24
Moutons........	1 12	1 02	» 86	» 66 1 19
Porcs..........	1 02	» 97	» 92	» 86 1 06
Peaux de moutons en laine.........				4 10 5 50
Id. id. demi-laine........				1 60 2 75

Viandes abattues. — Criée du 2 Juillet.

		1re qualité.	2e qualité	3e qualité.
Bœufs	le kil.	1 40 à 3 16	1 20 à 2 90	1 10 à 1 90
Veaux....	—	1 60 1 76	1 46 1 56	1 29 1 1[illegible]
Moutons..	—	» 80 1 9[illegible]	1 36 1 76	» 90 1 30
Porc entier	—	1 23 1 26	1 10 1 24	» 80 1 10

USINE HYDRAULIQUE DU PETIT-MOULIN
A NANTEUIL-LE-HAUDOUIN (OISE).

HENRY BERTHIER
ingénieur-agronome diplômé de l'Institut national agronomique.

MACHINES AGRICOLES
Vente et échange. - Location. - Réparations en tous genres.

BICYCLES, BICYCLETTES & TRICYCLES
Accessoires et réparations.

Spécialité de Graines fourragères épurées.
CÉRÉALES DE SEMENCE.
GRAINES POTAGÈRES, DE FLEURS ET D'ARBRES.
ARBRES FRUITIERS ET FORESTIERS.

Graines de Betteraves à grand rendement et à grande richesse saccharine.

ENGRAIS SIMPLES ET COMPOSÉS.

Envoi franco de renseignements à toute demande affranchie.

Diplôme d'honneur.

Diplôme d'honneur.

NICE. NICE.

PAS DE BONNE SALADE
sans Huile d'Olive de NICE.
de **B. LAPALU**, propriétaire-récoltant, président de Syndicat agricole, à NICE (Alpes-Maritimes). — *Prix spéciaux pour Syndicats.*

COUVEUSES ARTIFICIELLES
à régulateur automatique de chaleur.

Plus d'eau à réchauffer matin et soir. — Nouveau perfectionnement. — Succès assuré.

ŒUFS A COUVER

De poules de Houdan, **5** fr. la douz.; — de poules de La Flèche, **6** fr. la douz.; — de poules Campines dorées ou argentées, **6** fr. la douz. — Races pures, *franco* de port. — Les clairs seront remplacés.

PETITS POUSSINS

Race Houdan, **15** fr. la douz., **28** fr. les 25, *franco* toutes gares et bonne arrivée garantie. Envoi *franco* du catalogue général.

J. PHILIPPE fils, éleveur à HOUDAN (Seine-et-Oise). — Maison à PARIS, 16, quai du Louvre. — *Ecrire à Houdan.*

Librairie A. FOURAUT, 47, rue Saint-André-des-Arts, Paris
OUVRAGES RECOMMANDÉS
(Envoi franco contre timbres ou mandat)

Manuel d'agriculture, d'arboriculture et de jardinage, par LOUIS GOSSIN; 15ᵉ édition; 178 figures. 1 vol. in-12, cart. . . . . . 1 fr. 30

Leçons normales de géométrie élémentaire, théorique et appliquée, par D. PUILLE (D'AMIENS); nombreux problèmes avec leurs solutions raisonnées; 417 figures; 20ᵉ édition, augmentée d'un *Précis de trigonométrie rectiligne*. 1 vol. in-12, broché, 2 fr. 60; — cart., 2 fr. 80.

Cours complet d'arpentage élémentaire, théorique et appliqué, par D. PUILLE (D'AMIENS); nombreux problèmes avec leurs solutions raisonnées; 250 figures et 2 planches topographiques; 18ᵉ édition. 1 vol. in-12, broché, 3 fr. 15; — cart., 3 fr. 40.
— Avec 4 planches, dont deux entièrement lavées. 1 vol. in-12, broché. 4 fr. 15

Traité spécial de la division des champs dans tous les cas, géodésie usuelle, par D. PUILLE (D'AMIENS). 1 vol. de texte, in-12, broché, renfermant 96 figures, et 1 atlas de 16 planches. . . . . 3 fr. 75

Conférences sur l'hygiène, suivies de *Notions de médecine usuelle*; observations particulières sur l'hygiène des campagnes, considérations sur l'abus des liqueurs alcooliques, etc.; par F. OMOUTON; 30 figures; 4ᵉ édition. 1 vol. in-18 jésus, cart., 1 fr. 30; — relié en toile, 1 fr. 50.

ONGUENT ROUGE MÉRÉ
SEUL AGENT REMPLAÇANT VRAIMENT LE FEU
Guérison rapide et sûre des *Boiteries, Ecarts, Efforts, Vessigons, Molettes, Engorgements, Courbes, Suros, Eparvins.*
Effet gradué à volonté.— Pas de traces.
LA BOITE, AVEC BROCHURE, FRANCO : 3 FR. 50

LE PHYSIC BALL MÉRÉ
Est le meilleur purgatif pour tous genres de Chevaux

EMBROCATION MÉRÉ
Dite ***Trésor du Sportsman.***
Liniment révulsif sans rival pour fortifier les jambes des chevaux.
La bouteille : 5 fr.— Franco gare, 5 fr. 60.

DÉPOTS *Chantilly.— Pharmacie MÉRÉ*
Paris.— ACARD, 213, rue St-Honoré

Pulvérisateur « l'Éclair »
contre le mildiou et la maladie des pommes de terre.

V. VERMOREL
constructeur breveté (s. g. d. g.).
à **Villefranche (Rhône).**

330 premiers Prix, Médailles, etc.

« ÉCLAIR » n° 1, prix . . . . 40 fr.
« ÉCLAIR » n° 2, prix . . . . 30 fr.
PULVÉRISATEUR A TRACTION, pour la vigne et les pommes de terre.
PULVÉRISATEURS SPÉCIAUX pour les arbres.
NOUVELLE SOUFREUSE à grand travail « *la Torpille* », pour l'emploi des poudres et du soufre.
MATÉRIEL VITICOLE complet.

ENVOI FRANCO DU CATALOGUE.

Médaille d'Or. ✻ Exposition Universelle 1889. ✻ Médaille d'Argent.

VACHERIE à céder, Paris, bon quartier, 10 vaches 1re qualité. 140 litres lait vendus 40 et 50 c. Bonne installation. Loyer avantageux. On garantira, par acte, 4,000 fr. de bénéfices nets. A l'essai pendant 8 jours. On traitera avec 6.000 fr. argent ou sans argent avec garanties sérieuses. S'adresser à MM. LAPORTE et LEFRANC, 93, boulevard Sébastopol, Paris. — *Sont vendues les vacheries annoncées précédemment.*

Semoir et Distributeur d'Engrais

Système MAGNIER.

Envoi franco du catalogue illustré.

Expériences du 23 septembre 1890. 1er prix - 20 avril 1890, Poitiers, 1er prix.

1er prix, objet d'art, Liancourt, 1887. 1er prix, objet d'art, Clermont, 1889.

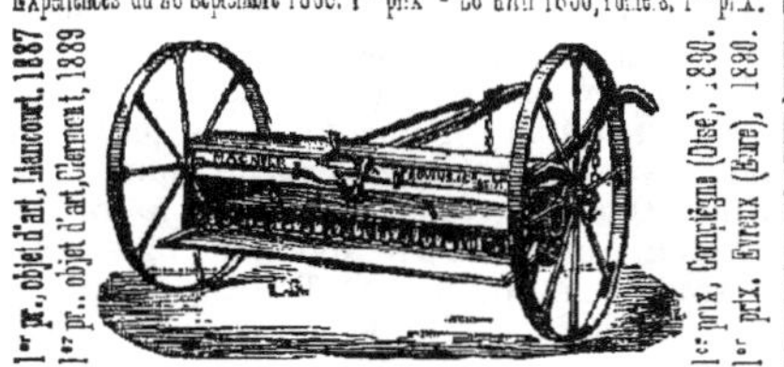

1er prix, Compiègne (Oise), 1890. 1er prix, Evreux (Eure), 1890.

1er prix, Beauvais, 1890.

MAGNIER, constructeur breveté, Provins (S.-et-M.).

GUÉRISON RADICALE DE LA DIARRHÉE DES VEAUX PAR LA POUDRE CHOQUELIN. **1 franc la boîte** *franco par la poste.* Dép. g., Phie HAUVESPRE, Courville (Eure-et-Loir).

L'**Onguent de HEVID**, *adopté par le Ministère de la guerre*, est le meilleur préservatif des maladies du pied des espèces chevaline et bovine. Il pénètre admirablement le tube corné, le nourrit, et remet en bon état, en quelques semaines, le sabot le plus sec et le plus cassant. En vente chez les vétérinaires, pharmaciens, selliers et maréchaux-ferrants.

ENGRAIS CHIMIQUES

DES MANUFACTURES DE SAINT-GOBAIN

Usines à PARIS-AUBERVILLIERS, CHAUNY (Aisne), MONTLUÇON (Allier), MARENNES (Charente-Inférieure), LE PONTET (Vaucluse), SAINT-FONS, près Lyon (Rhône). DOSAGE GARANTI. — EMBALLAGES : MARQUÉS ET PLOMBÉS.

Tout acheteur d'engrais qui n'exige pas, au sujet des dosages en éléments assimilables la garantie formelle, et qui ne la fait pas contrôler par l'analyse, ne nuit pas seulement à ses propres intérêts, il encourage la fraude et, la laissant impunie, compromet les intérêts généraux de l'agriculture.

ENGRAIS COMPLET DE SAINT-GOBAIN

Efficacité éprouvée dans tous les Sols et dans toutes les Cultures. — Superphosphates de chaux. — Sulfate de cuivre. — Sulfate d'ammoniaque Sulfate de potasse. Sulfate de fer.

Engrais composés suivant les convenances des acheteurs ADRESSER LES ORDRES ET DEMANDES DE RENSEIGNEMENTS à la Direction commerciale

des Produits chimiques de Saint-Gobain

PARIS | 9, rue Sainte-Cécile, 9 | PARIS

ou aux dépositaires de la Compagnie de SAINT-GOBAIN dans les principales villes du Centre et du Midi.

PHOSPHATE FOSSILE DE QUIÉVY (NORD)

le plus assimilable de tous les phosphates connus; garanti pur de mélange avec tout autre phosphate ce qui, du reste, ne pourrait que diminuer son assimilabilité.

Grand diplôme d'honneur et médaille de vermeil aux concours agricoles de Bergues (octobre 1887 et 1888). Médaille d'argent à l'Exposition universelle (Paris, 1889). Médaille de vermeil (grand module), société d'agriculture et d'horticulture de Pontoise (1890).

C. DELATTRE-BRABANT

Bureaux : à Lille, 126, rue Jacquemars-Grélée. — Usines : à Quiévy (Nord) et Le Cateau (Nord). *Ne pas confondre avec Quévy (Belgique.)*

COMPOSITION MOYENNE.		ASSIMILABILITÉ RELATIVE (méthode Joulie, solubilité dans l'oxalate d'ammoniaque).	
Acide phosphorique	12.00 à 15.00 %	Phosphate de *Quiévy*	82.29 %
Potasse	0.45 à 2.77 %	— de la Meuse	51.95 %
Chaux	19.05 à 31.00 %	— des Ardennes	46.43 %
Magnésie	0.58 à 3.80 %	— de la Somme (moyenne)	44.53 %
Matières organiques azotées	1 80 à 3 45 %	— de Ciply	34.57 %

Titre en acide phosphorique garanti : 12 à 15 %.

LIVRAISON : En poudre impalpable, en sacs plombés et marqués au « Bélier » sur wagon Quiévy ou Le Cateau, sacs perdus. — 30 jours 2 %, 90 jours net.

AVIS IMPORTANT.

Les acheteurs qui désirent mon **Phosphate de Quiévy PUR** doivent exiger que les *sacs* et les *plombs* portent la marque au « Bélier » et la firme « C. Delattre-Brabant ».

Etablissements de LIANCOURT (Oise).

N'ACHETEZ PAS DE CHARRUES

sans avoir consulté le CATALOGUE illustré de

Ingénieur-Constructeur, Breveté S. G. D. G.

SEUL GRAND PRIX à l'Exposition de 1889 pour les Machines agricoles françaises

Médailles or, argent et bronze pour collaborateurs.

BRABANTS DOUBLES. — Herses scarificateurs à dents inusables. — DÉCHAUMEUSES ROULEAUX, ETC.

NOUVEAU MATÉRIEL pour la culture de la betterave. — Charrues défonceuses simples et doubles *à vapeur et à manège.*

La plus grande et la plus importante USINE de FRANCE pour la Construction des Instruments aratoires

PLUS DE 5.000 CLIENTS ; 300.000 INSTRUMENTS LIVRÉS A L'AGRICULTURE

L'Administrateur-Gérant : ALBERT RENOT.

Beauvais. — Imp. D. PERE. — A. CARTIER, Gérant.

12e Année. — 2e Série. — N° 598. Dimanche 12 Juillet 1891.

GAZETTE  AGRICOLE

JOURNAL HEBDOMADAIRE, PARAISSANT LE DIMANCHE

Rédacteur en Chef : M. CH. GOSSIN, Professeur d'Agriculture à l'Institut agricole de Beauvais.

PRIX DE L'ABONNEMENT

UN AN, 5 fr. — SIX MOIS, 3 fr. — TROIS MOIS, 2 fr. 25

Pour l'étranger les abonnements ne sont reçus que pour un an, au prix de 6 francs, et ne partent que du 1er janvier ou du 1er juillet de chaque année.

Le numéro : 10 centimes.

Il est indispensable de joindre à toute demande de changement d'adresse la dernière bande d'adresse du journal et 50 centimes pour frais de nouvelles bandes.

Adresser les *Abonnements* et *Annonces* au secrétaire de la rédaction, 13, quai Voltaire, Paris, ou à M. GOSSIN, rédacteur en chef et administrateur, à BEAUVAIS.

BUREAUX

13, quai Voltaire, Paris, et à Beauvais.

Les abonnements partent du 1er de chaque mois et sont payables d'avance. Toute demande d'abonnement doit donc être accompagnée du prix de l'abonnement. (Le mode de payement le plus simple est l'envoi d'un mandat-poste.)

Donner *très lisiblement*, en s'abonnant, son nom et son adresse exacte, *avec l'indication du bureau de poste* ; et, s'il s'agit d'une continuation d'abonnement, joindre au renouvellement la dernière bande d'adresse du journal.

La GAZETTE AGRICOLE insère gratuitement les Communications des Syndicats agricoles

SOMMAIRE :

PARIS, 10 JUILLET

Il est depuis quelque temps question, dans le monde républicain et révolutionnaire, — ce qui est tout un — de donner à une rue de Paris le nom de Danton et d'élever une statue de bronze au grand coupeur de têtes de la première République. Et cette nouvelle ne semble émouvoir personne. La faculté de s'indigner s'émousse comme toutes les autres par l'usage excessif. Or, depuis nombre d'années, le parti actuellement au pouvoir nous a fourni tant de sujet d'indignation que nous en sommes arrivés à une sorte de résignation se traduisant tout au plus par un haussement d'épaules. Nous faudrait-il donc faire un certain effort d'esprit pour comprendre tout ce qu'il y a d'odieux dans la glorification des hommes qui ont laissé la trace de leurs mains sanglantes sur les pages les plus tristes de notre histoire?

***

Les peuples doivent, comme les particuliers, tenir à leur bon renom, et quand un acte venant de l'initiative du gouvernement, ou autorisé par lui, implique une véritable oblitération du sens moral, nous sentons que l'étranger ne s'arrête pas à établir minutieusement les responsabilités et les fait peser sur le pays, qui semble s'y résigner. A la vérité, le régime actuel a tellement donné dans la statuomanie, que l'érection d'une statue d'un personnage quelconque sur une place publique est une distinction trop prodiguée pour être restée seulement intéressante. Il n'y a pas de petit avocat de province, poussé à la députation par un de ces hasards qui sont la règle des démocraties, décédé au cours de son mandat législatif, qui n'ait sa statue sur la place publique de sa ville natale, énigme lapidaire posée à la postérité. Ceux qui dispensent ces honneurs de la statuaire sont guidés dans leurs choix uniquement par les services qu'à rendus leur héros à la cause révolutionnaire ou par les mérites qu'ils lui supposent gratuitement dans cet ordre d'idées. Or, quels services a rendus le farouche Danton à la cause du peuple?

***

Le Bonhomme Deschamps n'a pas l'intention de faire ici un procès en règle à sa mémoire. Il y a dans la carrière de Danton deux faits incontestés : il se fit payer par la cour; il fut l'instigateur des massacres de Septembre, qu'il eut l'audace de justifier. Vénalité et cruauté, voilà en vérité de beaux titres pour être présenté à l'admiration de la postérité ! Après cela, les républicains l'ont belle de nous dire : « Danton a sauvé la patrie ! » Ceux qui ont sauvé la patrie, ce ne sont pas assurément les rhéteurs amphatiques, les philosophes chimériques qui se disputaient le pouvoir dans la Convention et s'entretuaient pour la consolation de la postérité, ce sont les braves qui, à la frontière, sans pain et sans souliers, repoussaient victorieusement les efforts de l'envahisseur. Si vous élevez une statue à Danton, ayez au moins le courage de la dresser sur l'emplacement de cette abbaye où les massacreurs de Septembre firent leur plus sanglante moisson. Surtout n'oubliez pas de graver sur le piédestal les paroles abominables prononcées à la Convention par Danton, à qui on reprochait sa participation à ces massacres : « *Après tout, le sang qui a coulé était-il donc si pur !* »

***

Voilà le vrai Danton, et, point d'hypocrisie ! c'est bien celui-là que vous entendez glorifier, et non pas le prétendu sauveur de la patrie. Nous sommes en présence d'une véritable campagne entreprise dans le but d'orner Paris des statues des célébrités révolutionnaires, depuis Marat, dont les amis dernièrement se sont un peu trop pressés, jusqu'à Danton, sans oublier Robespierre. L'excuse de ce défi à la conscience publique ce sera le comique du résultat. Ne sera-ce pas, en effet, un spectacle burlesque et stupéfiant que celui de la Convention en statues qu'on nous prépare? D'un carrefour à un autre on ira de Danton, guillotiné par Robespierre, à Robespierre guillotiné par Tallien, sans oublier Hébert guillotiné par Saint-Just. L'étranger, qui ne comprendra pas cette réciprocité dans la décapitation de personnages voués aux mêmes honneurs posthumes, sera amené à se poser ce dilemme : Si Robespierre a fait périr Danton à bon droit, pourquoi glorifie-t-on celui ci? Mais, au contraire, si on élève une statue à Robespierre, n'est-ce pas le justifier d'avoir tué Danton? On nous dira qu'il n'est pas question en ce moment d'élever une statue à Robespierre; mais Marat ayant eu la sienne et Danton étant sur le point de jouir de cet honneur, il n'y a aucune raison pour nous priver d'un Robespierre en bronze ou en marbre.

***

Il y a quelques mois, on trouvait encore au Sénat et à la Chambre quelques rares sénateurs ou députés pour dire du haut de la tribune: « Nous voulons bien de 1789, mais nous repoussons de toutes nos forces les hommes de 1793. » A cette parole, le député Clémenceau répondait que la Révolution était un *bloc* qu'on ne pouvait diviser et que les hommes au sentiment généreux qui firent la révolution de 1789 devaient être confondus avec les assassins de 1793. En effet, pour le jacobin orthodoxe, 89 et 93 forment un bloc indissoluble, cimenté par le sang de milliers de Français; c'est la base du régime actuel. Soit, mais dans le bloc même il y a de certains morceaux que les fervents préfèrent à d'autres, et ce ne sont pas ceux qui portent la marque de 89. Sur les piédestaux qu'on prépare, ce sont, soyez-en certains, les sinistres héros de 93 que nous verrons se dresser.

LE BONHOMME DESCHAMPS.

NOUVELLES DE LA SEMAINE.

Où nous en sommes. — Jusqu'à quel point les pouvoirs publics sont-ils acquis à la prochaine révolution sociale? On ne saurait le dire d'une façon précise.

Nos gouvernants ont pour les révolutionnaires beaucoup de ménagements; ils leur montrent de l'intérêt, voire de la sympathie, mais la sincérité de ces sentiments tendres laisse des doutes dans beaucoup d'esprits. Les révolutionnaires sont naturellement si défiants! Loin d'en témoigner de la reconnaissance, ils ne manquent pas une occasion de prodiguer aux représentants du gouvernement les injures et les menaces.

Le conseil municipal de Saint-Ouen, grosse commune de 35,000 habitants, voisine de Paris, parlant au nom de la classe ouvrière qu'il prétend représenter, vient de donner une nouvelle preuve de son peu de respect pour le gouvernement actuel. Celui-ci s'étant permis, en la personne du préfet de la Seine, d'annuler une délibération dans laquelle le conseil municipal de Saint-Ouen traitait les ministres d'*assassins*, à l'occasion des fusillades du 1er mai à Fourmies et ailleurs, la réplique suivante a été votée sur-le-champ.

Considérant qu'en annulant la délibération du conseil municipal en date du 12 mai dernier le préfet de la Seine a montré le plus profond mépris envers les représentants de la classe ouvrière;

Considérant qu'en prenant cette délibération le conseil remplissait strictement son devoir en qualifiant d'assassins le ministre qui a ordonné de faire feu sur le peuple, à Fourmies, et les misérables qui ont exécuté cet ordre abominable;

Le conseil délibère :

L'annulation par le préfet de la Seine de la délibération prise en séance officielle à la date du 12 mai 1891, est déclarée nulle et non avenue;

Ordonne que la mention de l'arrêté d'annulation ne sera pas portée en marge des registres des délibérations;

Maintient énergiquement sa précédente délibération et déclare que les pouvoirs publics de la commune sont acquis à la prochaine révolution sociale.

Ainsi, la prochaine révolution sociale, si elle n'est qu'à moitié sûre du concours des pouvoirs publics gouvernementaux, peut compter sur l'appui énergique d'un certain nombre de pouvoirs publics municipaux, en tête desquels on doit placer celui de Saint-Ouen. On le déclare nettement aux « ministres assassins » et aux « misérables » qui accomplissent leurs ordres; et la mention, inscrite sur les registres de la commune, où ne figurent pas les résolutions prises par le préfet, est signée par le maire, les adjoints et la grande majorité des conseillers. Le gouvernement républicain accepte cela passivement. A quel sentiment faut-il attribuer cette conduite?

Les pensions civiles. — On vient de distribuer à la Chambre des députés le projet de loi de M. Rouvier, ministre des finances, portant réforme complète du régime des pensions civiles et abrogation, pour l'avenir, de la loi du 9 juin 1853.

En voici les grandes lignes : tout fonctionnaire ou employé subit, suivant l'importance de son traitement, des retenues graduées de 5 à 7 0/0. L'Etat lui alloue de son côté une subvention calculée en proportion inverse du chiffre de ce même traitement. Les sommes provenant des retenues deviennent la propriété irrévocable du titulaire qui a accompli dix ans de service; mais les subventions ne lui sont définitivement acquises que s'il arrive à la retraite. A son décès, le capital réservé de ces subventions est consacré à constituer la pension de sa veuve ou, à défaut de veuve, fait retour à un *fonds commun*.

Comme on ne peut disposer que pour l'avenir, la plupart des employés en fonction resteront forcément soumis à la législation actuelle. Toutefois, on a fait disparaître, par une disposition transitoire, ce que la loi de 1853 avait de trop brutal à leur égard. Ainsi, il est attribué une pension proportionnelle aux veuves des fonctionnaires décédés après avoir accompli vingt ans de service seulement. Enfin, on reconnaît aux agents un droit absolu à la retraite, à 65 ou 60 ans d'âge, selon qu'ils appartiennent au service sédentaire ou actif. — Ce n'est pas excessif.

La taxe militaire. — On sait que la loi de 1889, relative au recrutement, a créé une taxe militaire que devront payer ceux qui, pour un motif quelconque, bénéficient de l'exonération du service dans l'armée active. Cette disposition légale est d'une application fort difficile. Dans un règlement d'administration publique en date du 30 décembre 1890, on a cherché à en déterminer l'exécution; mais on ne paraît pas avoir encore réussi d'une façon satisfaisante. M. Godefroy Cavaignac, député, dans son rapport sur les contributions directes et les taxes assimilées, confesse qu'il ne sait pas si on viendra à bout de la faire fonctionner. Nous ne voulons pas dire par là que les difficultés soient insurmontables; mais pour les surmonter il aurait fallu les prévoir et s'en préoccuper. On ne l'a pas fait; une fois de plus, la Chambre a négligé d'éclairer sa lanterne, de sorte que le rapporteur du budget ne trouve qu'obscurité devant lui. Cette façon de faire les lois n'est ni glorieuse pour la Chambre, ni rassurante pour le pays.

La protection de l'agriculture... de l'Amérique

La Chambre et le Sénat ont fini par s'entendre. Ils ont fait de la bien mauvaise besogne en décidant de ne plus protéger, comme par le passé, le producteur de blé. C'est, en effet, au moment où s'annonce assez mal une récolte qui a exigé des sacrifices considérables que le gouvernement abandonne à leur malheureux sort les cultivateurs.

Mais, dit notre confrère du *Fermier*, si le prix du blé a baissé de 2 francs par quintal par suite de cette proposition, s'il est relativement bon marché dans une année où il devrait être très cher, il ne faudrait pas en conclure que tout est pour le mieux dans la meilleure des républiques possibles.

Ce que le consommateur gagnera à cette réduction des droits, les syndics de la boulangerie parisienne l'ont déclaré avec une franchise qui les honore et qui a fait d'eux, un moment, les meilleurs défenseurs de l'agriculture nationale.

Ils ont dit, en effet, à la commission du Sénat qui avait cru bon de les entendre : « Ces deux francs représentent à peine un centime par livre de pain et l'écart est trop faible pour que le consommateur puisse en profiter. »

Je le répète, l'agriculture doit savoir gré à la boulangerie de cet acte de franchise. Mais si le consommateur ne gagne rien à la réduction des droits, l'étranger y verra une marque tangible et palpable d'encouragement, et le producteur français s'apercevra plus que jamais de l'état précaire auquel il est inévitablement condamné.

N'est-ce donc point, matériellement, encourager l'agriculture américaine que de réduire les droits d'entrée quand elle a une récolte surabondante, et n'est-ce point décourager l'agriculture française que de réduire ces mêmes droits quand les prix de revient se sont accrus considérablement chez nous par suite d'intempéries extraordinaires?

L'agriculture française va subir cette année des pertes colossales : 800 millions de francs pour manque de récoltes et 200 millions de francs pour réensemencements : total un milliard.

L'étranger est là, va-t-on me dire; il comblera le déficit et nous mangerons encore, grâce à lui, en cette année calamiteuse, le pain à bon marché.

Le pain à bon marché, c'est possible, mais ce bon marché ne sera qu'apparent.

Le travail industriel, l'ouvrier des villes, doit s'attendre à subir, l'an prochain, une crise formidable.

Ce milliard que les cultivateurs, petits ou grands, vont perdre cette année, comment feraient-ils pour le dépenser l'an prochain?

Ce milliard perdu par le producteur de blé, c'est aussi un milliard perdu pour le commerce et le travail national.

Le charron, le forgeron, le bourrelier, le charpentier, le menuisier, le mécanicien, le quincaillier, tous les corps de métiers qui vivent au village éprouveront le contre-coup de la détresse agricole. Le fabricant de machines, le fabricant de toile et de drap, le marchand de confections et de nouveautés, l'agent de change lui-même se ressentira du milliard agricole qui ne se dépensera pas.

« Que voulez-vous, me disait hier un fermier, nous ferons durer une année de plus les vieilles culottes! »

On se conduit autrement de l'autre côté du Rhin :

On sait, en effet, que la Chambre des députés de Berlin a repoussé dernièrement l'abaissement des droits sur les blés étrangers.

Or, pour bien démontrer au pays que la suspension des droits est inutile et que le pain n'est cher que parce que la spéculation cosmopolite a fait hausser les cours, le gouvernement a résolu d'établir, dans les principaux centres, de grands magasins de blé et des boulangeries populaires.

Un premier magasin de blé et huit boulangeries annexes vont être incessamment établis dans la partie nord de Berlin, où se trouvent les fabriques et les usines. Un grand nombre de propriétaires et de fermiers se sont engagés à fournir à l'Etat leurs blés à des prix raisonnables, de sorte que, bientôt, nous verrons le pain, en Allemagne, 5 centimes moins cher par kil. qu'en France, malgré des droits de douane supérieurs de 3 fr. par quintal.

JEAN RAGE.

LES DROITS SUR LES VINS

La commission des douanes a remporté une éclatante victoire ; et, par contre, le gouvernement a subi un piteux échec.

La protection de la viticulture, industrie éminemment française, intéressait presque tous les départements. C'est ce qui explique la nombreuse affluence, malgré l'heure matinale, de nos honorables législateurs.

Depuis l'invasion du phylloxéra, les vignerons avaient dû faire de nombreuses dépenses pour sauvegarder leurs vignes ou les reconstituer.

Loin de leur venir en aide, le gouvernement, sous prétexte d'assurer la consommation du vin, n'avait frappé que d'un simple droit de 2 francs par hectolitre les vins étrangers à leur entrée en France.

Les Italiens d'abord, et les Espagnols ensuite, profitèrent de cette quasi-franchise.

Ils ne furent malheureusement pas les seuls, et cette réduction permit aux Allemands de frauder nos droits sur l'alcool et de les faire entrer en franchise.

Passant en transit en France, leurs alcools, en effet, étaient envoyées en Espagne, d'où ils revenaient mélangés aux vins qui titraient ainsi jusqu'à 17 degrés.

Il était alors facile aux commerçants français de se livrer à toutes sortes de coupages et d'augmenter d'une façon factice la quantité de vin disponible, au détriment de la production nationale.

En fixant à dix degrés au maximum le nombre de degrés tolérés pour les vins étrangers à leur entrée en France, nos viticulteurs pourront lutter avantageusement, et la fraude sur les alcools sera rendue impossible.

Nous ne comprenons donc pas l'intérêt que pouvait avoir le gouvernement et le ministre de l'agriculture, M. Develle, pour s'opposer avec tant d'insistance au vote des droits proposés par la commission des douanes.

Nous croyons donc utile de redire aux populations viticoles du midi que le gouvernement, loin de les protéger, a tenté l'impossible pour faire repousser les droits protecteurs que les députés de la droite ont toujours soutenus.

Aux viticulteurs de juger et de voir de quel côté se trouvent leurs véritables amis. C. G.

LE CHEVAL DU LABOUREUR EN FRANCE

L'agriculture est un travail qui dépense beaucoup de force. On la trouve dans les hommes, les animaux, la vapeur et l'électricité. Les hommes, on les prend tels que l'économie sociale les a faits ; les animaux, l'agriculteur lui-même les fait naître et les élève ; l'usage de la vapeur n'est appliqué qu'aux propriétés très étendues, qui sont en France l'exception ; l'électricité n'est guère encore qu'en perspective.

Les animaux travailleurs de la ferme se trouvent dans l'espèce bovine et dans les espèces équines, qui comprennent les chevaux, les ânes et leurs dérivés, les mulets. Je ne m'occuperai ici que du cheval.

Dans certaines contrées riches, et notamment dans le Soissonnais, le cultivateur achète des chevaux adultes et les emploie à ses travaux jusqu'à leur extrême usure. Quand un cheval, acheté 900 francs, est arrivé à son terme, il vaut 150 francs. On a perdu 750 francs.

On préfère souvent, comme dans le pays Percheron, employer des juments qui produisent tout à la fois du travail et des élèves. Ceux-ci sont vendus à l'âge de 6 mois au prix de 400 à 600 francs. On estime que le travail de la jument paie sa nourriture et que la vente du poulain est l'un des bénéfices de la ferme.

D'autres, comme en Beauce, achètent des jeunes âgés de 18 mois à 2 ans, leur font faire les labours jusqu'à l'âge de 4 ans et les vendent alors pour les services divers. On estime, là encore, que le travail a payé la nourriture et que la différence entre le prix d'achat et le prix de vente est l'un des bénéfices du cultivateur.

J'ai essayé d'abord l'usage des poulinières, et la première que j'ai achetée, munie de sa carte de saillie par un très bel étalon carrossier du gouvernement, ayant fait sa délivrance le 7 juillet 1874, j'ai voulu, selon l'usage, la présenter à l'étalon 9 jours après le part.

La station du gouvernement la plus voisine de ma propriété se trouvait située à 28 kilomètres.

J'ai trouvé plus d'un inconvénient à ce transport éloigné : 1° Comment faire faire une course si longue à une jument suitée d'un poulain de 9 jours ? 2° Comment la lui faire faire deux fois si la première saillie devait être renouvelée ?

Pour éviter ce double voyage et les embarras du jeune, il fallait atteler la mère à un camion suspendu, y placer le poulain couché et garotté pendant une journée, laisser la mère, le fils et le camion à la station pendant huit jours. — Comptons : un jour de conducteur pour aller à la station, un jour pour revenir, soit 2 jours. Même voyage au bout de huit jours pour aller chercher cet intéressant bétail, en tout 4 jours à 3 fr. l'un, 12 fr. ; séjour de la jument pendant 8 jours à 2 fr. 50 l'un, 20 fr. ; prix de la saillie 5 fr. ; total 37 fr.

Ce prix étant trop élevé pour le motif que j'indiquerai plus loin, je me suis enquis s'il existait dans mon voisinage une station d'étalons privés. Il n'en pouvait pas exister, me dit-on, parce que là où la population poulinière était suffisante pour entretenir une station d'étalons, le gouvernement venait s'y installer et faisait avec son prix de saillie de 5 fr., une concurrence qu'un industriel ne pouvait pas soutenir, car il lui faut au moins 10 fr. Je me vis par conséquent contraint de sacrifier une année de parturition, et cette année m'apporta un nouvel enseignement.

Sept mois s'écoulèrent : le poulain né chez moi fut sevré et vendu au prix de 137 fr., je me récriai contre une rémunération peu élevée et je sus alors que le prix de 100 à 120 fr. était ici la valeur des poulains de cet âge.

Comptons encore : 37 fr. de frais de monte, onze mois et demi de gestation, sept mois d'allaitement, pour arriver à un produit brut de 137 fr. et un net de 100 fr. Une pareille spéculation culturale est évidemment inadmissible.

Aujourd'hui, le poulain que j'ai vendu à cinq ans : il est petit de taille comme sa mère, avec la grande tête de carrossier de son père ; il est étroit, ses jambes sont grêles, il a l'aspect qu'on appelle vulgairement ficelle. Il m'avait donc été payé assez cher.

J'appris par des renseignements venus de sources diverses, et notamment par le journal de M. Vianne, que les autres départements, sauf les exceptions, étaient assez mal pourvus ; que la race chevaline y dégénérait ; que l'armée n'avait pas pu se remonter à l'époque des guerres de 1859 et de 1870 ; que la disposition prise par le gouvernement de peupler tous ses dépôts d'étalons de la race à peu près unique des carrossiers anglo-normands produisait le plus souvent de mauvais résultats et, à dater de ce moment, je cessai de viser dans mon agriculture à faire naître le cheval de service ou le cheval de guerre, et, ne pouvant me détacher encore de ma préférence pour l'emploi du cheval, j'essayai de faire de l'élevage, en achetant des poulains adultes.

Après les avoir affermis ensemble au travail du pas, je me mis en devoir de les atteler au trot, ce qui se fait d'ordinaire au moyen d'une voiture suspendue, appelée Break ou Camion. L'administration financière s'interposa et voulut taxer mes élèves comme des chevaux de luxe. C'est en vain que je fis remarquer qu'ils n'étaient pas attelés pour le transport des personnes, mais uniquement pour le dressage ; on ne comprit point ce détail et on voulut maintenir la taxe. C'était le coup de grâce, et j'étais, en fait, traqué partout. Cependant, je revins à la pensée d'avoir des poulinières en prenant un étalon à mon compte dans ma ferme ; et il tomba dans mes mains, à cet instant même, un journal qui annonçait un concours de poulinières et de pouliches, où il était expressément stipulé que toute ingérence d'un étalon autre que ceux autorisés par le gouvernement excluait les mères et leurs produits des bénéfices des concours. Il fallait donc, après avoir acheté un étalon le conduire aux approbateurs. Où ? Quand ? Comment ?... et le temps perdu ! les occupations incessantes ! on ne s'en inquiète pas. Si mon étalon n'avait pas été du goût des agents examinateurs, ce qui est assez probable, puisque je ne partage pas leur manière de voir sur plusieurs points, il aurait frappé de disgrâce toutes les cavales qu'il aurait touchées, ainsi que leurs produits, quelle que fût leur distinction, quel que fût le cas d'atavisme qui aurait fait naître un sujet exceptionnellement beau. Aucun producteur n'aurait voulu avoir recours à mon écurie, qui eût été complètement dépourvue de clientèle.

J'ai donc renoncé, à mon grand regret, à l'élève du cheval, et je fais mes cultures avec des génisses qui, pour prix de leur nourriture, ouvrent laborieusement mes pénibles sillons et me versent, en outre, leur lait d'argent ou me façonnent leurs veaux d'or pour l'alimentation de la ville voisine. Tout en bénéficiant pour mon compte personnel de cette disposition, contraire à mes habitudes antérieures et à mes goûts, je me promis de rechercher comment il advient que, chez un peuple intelligent, où le cheval est utile pour la défense du pays, pour l'industrie et le luxe, il se fait que le cultivateur qui préfère l'élève du cheval à celui de la race bovine, quoiqu'il y trouve moins son compte personnel, en soit empêché par les dispositions du gouvernement même, qui a le plus grand intérêt à la production des chevaux.

BOUNICEAU.

LES ÉCRÉMEUSES CENTRIFUGES

L'emploi de la turbine pour la séparation des liquides de densités différentes et non miscibles, ou des solides en suspension dans les liquides, est d'*idée française*. M. de Mastaing, professeur à l'École centrale, avait imaginé une turbine portant à la partie supérieure une série de compartiments concentriques déterminant des espaces situés à des distances différentes de l'axe. — En faisant arriver d'une manière continue un mélange de deux liquides d'inégales densités, on séparait avec facilité ces liquides, et l'on pouvait recueillir le plus léger dans le compartiment le plus rapproché de l'axe, et dans l'autre le liquide le plus dense. Il est très probable que l'ingénieur Lefeldt n'a jamais eu connaissance de ces essais, interrompus par la mort prématurée de M. de Mastaing, et c'est bien au constructeur de Schœningen que revient l'honneur d'avoir appliqué la force centrifuge à la séparation de la crème et du lait (*Journal de l'industrie laitière*. Lézé).

C'est en 1876 que la première écrémeuse, construite par M. Lefeldt, a fonctionné industriellement.

Depuis cette époque, de sérieuses transformations ont été apportées à ce genre d'appareil, et parmi les modèles existants, deux surtout sont répandus en France et à l'étranger, car ils donnent d'excellents résultats. Ce sont :

1° Le centrifuge ou écrémeuse Laval, de Stockolm ;

2° Le centrifuge danois.

L'écrémeuse Laval a été importée en France par M. Pilter, en 1880, lors du concours général de Paris.

En principe, l'écrémeuse se compose d'une turbine circulaire ou bol, animé d'un mouvement de rotation très rapide.

Le liquide étant amené au centre du bol, il présente bientôt, sous l'action de la force centrifuge, une surface concave ; la vitesse de rotation augmentant encore, le liquide prend alors l'aspect d'un cylindre creux s'élevant le long des parois du bol et tendant toujours à s'éloigner de l'axe de l'appareil.

C'est alors que le lait se partage en deux couches distinctes : les globules butyreux, ou matières grasses, étant moins denses, forment une couche qui se tient plus rapprochée de l'axe. Au contraire, le lait maigre, plus lourd, se presse contre les parois du vase.

Deux orifices latéraux, disposés à une hauteur différente, permettent la sortie des deux liquides séparés.

Le lait écrémé s'écoule par l'orifice le plus bas ; la crème, étant plus légère, s'élève jusqu'au sommet et sort par l'orifice du haut ; deux petits tuyaux facilitent l'écoulement à l'extérieur.

Les centrifuges grand modèle peuvent traiter de 400 à 1,200 litres de lait à l'heure ; ils exigent un moteur mécanique : manège à cheval, moteur à vapeur ou hydraulique, d'ailleurs préférable, étant donnée la régularité de sa marche.

Dans les moyennes et petites exploitations, les écrémeuses à bras rendent également d'importants services. Il existe des modèles à manivelle ne demandant que très peu de force pour être mis en marche ; un jeune homme suffit pour manœuvrer ceux qui, comme l'appareil *le bijou*, écrèment 50 litres de lait à l'heure. Les écrémeuses traitant 100 litres à l'heure exigent la force d'un homme.

Quoi qu'il en soit, pour obtenir un travail toujours bien réglé du centrifuge à bras, deux personnes sont nécessaires ; l'alimentation du réservoir à lait, le remplacement des vases recueillant la crème et le lait devant se faire sans arrêter la marche de l'appareil. Il faut donc compter sur la présence d'un homme assisté d'un gamin.

Trois choses sont surtout importantes dans le travail des centrifuges : 1° la température du lait ; 3° la vitesse du bol, l'alimentation du réservoir à lait.

C'est surtout à la température de 25° c. que l'on obtient un rendement favorable. Il est donc nécessaire de réchauffer le lait en hiver, ce qui se fait à l'aide d'un bain-marie. La crème sortant de l'écrémeuse doit être aussitôt refroidie ; en agissant ainsi on assure sa parfaite conservation, jusqu'au moment du barattage.

La vitesse de rotation réglementaire pour la turbine des grands centrifuges est d'environ 6,500 tours à la minute. On conçoit que cette vitesse ne doit être acquise que progressivement, et au bout de cinq à six minutes ; c'est seulement à ce moment que l'on procède à l'introduction du lait dans l'appareil, en ouvrant le robinet du réservoir à lait. Un compteur disposé sur l'arbre de l'appareil permet de se rendre compte du nombre de tours effectués par minute.

Pour les écrémeuses à bras, la vitesse à imprimer au bol varie suivant les systèmes : généralement elle doit être moins considérable que pour les écrémeuses à moteur mécanique. Ainsi, l'écrémeuse danoise à bras et à bol vertical n'exige que 400 tours par minute. Chaque tour de manivelle correspondant à dix rotations du bol, il est facile de régler la manœuvre pour obtenir la vitesse réglementaire.

L'alimentation de la turbine doit être régulière et réglée de manière à obtenir la crème à l'épaisseur que réclame la fabrication, soit du beurre, soit du fromage, etc., tout en atteignant le débit pour lequel l'écrémeuse est fournie.

En général, une alimentation insuffisante, un lait froid ou une augmentation de vitesse, font sortir la crème par morceaux et la font quelquefois rester à l'intérieur du bol presque sous forme de beurre.

On recueille environ 12 litres de crème pour 100 litres d'un lait *ordinaire*. Certains laits très riches pouvant donner jusqu'à 18 et 20 p. 100 de crème.

On admet qu'une laiterie qui travaille 400 à 500 litres de lait par jour a avantage à monter un centrifuge à moteur mécanique, parce que avec l'écrémeuse la séparation de la crème et du lait est faite aussitôt après la traite ; on obtient alors le maximum de rendement et un produit qui, n'ayant subi aucune fermentation au contact du lait, est parfait pour la fabrication des beurres et des fromages de choix.

Tous les appareils de laiterie perfectionnés rendent également de grands services, mais ils ne sont pas indispensables au fonctionnement des écrémeuses à grand débit, à moins que la quantité de lait à travailler n'atteigne au minimum 1,000 litres par jour.

Dans ce cas, l'importance de la fabrication permet l'emploi au moteur mécanique de tous les appareils danois : la baratte, la délaiteuse, le malaxeur et les nombreux accessoires. E. S.

LA CHLOROSE DE LA VIGNE

Causes et remèdes

Les cas divers qui peuvent provoquer cette affection et les moyens de la prévenir ou de la combattre sont :

CAUSES

1° Un sol défavorable ;

2° Un terrain d'une épaisseur insuffisante et assis sur un sous-sol imperméable ;

3° Un sol ou trop sec ou trop humide ;

4° Un terrain calcaire à l'excès ;

5° Une température anormale trop prolongée ;

6° Une place mal insolée ;

7° La plantation trop profonde ;

8° Un excès de fertilité ;

9° Un greffon antipathique au sujet ;

10° Une greffe mal soudée ;

11° Une éducation irrationnelle imposée à l'arbuste ;

12° Des parasites aériens et souterrains : antrachnoses cariée, pointuée et déformante ; le cottis, le peronospora viticola (mildew), le Ræsleria hypogea (pourridié) et autres champignons radiculaires ;

13° Les ravages de certains insectes : phylloxéra, vastatrix, altise, hanneton, etc. ;

14° Des coups ou blessures sur la tête ou sur les racines ;

15° Les racines d'affranchissement.

REMÈDES

1° Il est reconnu que le terrain classique pour les vignes américaines est celui de nature franche et coloré de rouge par l'oxyde de fer. Toutefois, pour le Jacquez, le sol doit avoir une fraîcheur constante ; le Riparia sauvage préfère un sol léger, profond et frais ; le Solonis aime les terrains un peu forts, presque humides et salés ; le Rupestris s'accommode des sols caillouteux et secs, etc. ;

2° Le Rupestris seul peut réussir dans les mauvais terrains ; mais le mieux encore est de n'y pas créer de vignoble ;

3° On rafraichit le sol avec des irrigations, et à défaut on y opère de nombreux labours ou de fréquents binages ou bien encore on a recours aux engrais verts, et pour s'opposer à l'excès d'humidité on plante les ceps sur buttes ou on pratique le drainage ;

4° A l'école de Valabre, les Aramons-Rupestris de Ganzin numéros 1 et 2 et le Rupestris Paul Giraud paraissent acclimatés à un terrain qui renferme plus de 60 0/0 de chaux ;

5° Quand la température est défavorable on stimule la végétation avec du sulfate de fer employé, soit à l'état naturel, sur les racines de la vigne, à la dose de 250 grammes par cep, soit en solution, sur les feuilles, dans les proportions de 3 grammes par litre d'eau et que l'on répand à l'aide d'un pulvérisateur ;

6° On sait que les feuilles d'un végétal qui pousse à l'ombre ou seulement sont mal éclairées ne font plus de chlorophylle, de là la nécessité d'aérer la tête de la vigne ;

7° Lorsque les racines sont trop enterrées elles puisent une sève acide, froide et qui alors s'élabore mal. Pour changer cette disposition du fluide séveux, on provoque la formation d'un appareil radicalaire, en déchaussant chaque tige et en opérant, au point convenable, une décortication pour faire sortir des racines adventices ;

8° A la suite d'une fructification surabondante, on rétablit la santé de l'arbuste avec le secours de fortes fumures et surtout azotées et potassiques;

9° Si le sujet est réfractaire au greffon on le regreffe avec un cépage qui s'y accorde mieux;

10° On agit de même que pour le précédent;

11° La vigne est un arbre véritable, ainsi que le prouve les dimensions considérables de certains ceps et leur fructification extraordinaire; on nuit par conséquent à cet arbre si on s'oppose trop au développement de ses allures;

12° On détruit les antrachnoses en badigeonnant, en hiver, les corps avec une dissolution de sulfate de fer ou de sulfate de cuivre, la première s'emploie dans la proportion d'un kilo, par deux litres d'eau; et l'autre à la dose de un kilo par cinq litres d'eau.

En tête on donne des aspersions ou des pulvérisations au sulfate de fer, à la dose de cinq à dix grammes par litre d'eau, ou mieux encore une eau ferreuse ammoniacale, d'après la formule suivante:

Sulfate de fer.............. 1 kilo.
Eau chaude.................. 3 litres.
Ammoniaque à 22 degrès..... 1 litre 1/2 par 200 litres d'eau.

On répète ces pulvérisations à trois reprises différentes.

Le saupoudrage à la chaux vive produit aussi de bons effets; on le pratique aux mêmes époques que le souffrage contre l'oïdium.

Il en est de même de la bouillie bordelaise et des solutions ferrifères.

Contre le mildew, on se sert soit des liquides, soit des poudres à base de sulfate de cuivre.

On constitue le vignoble de préférence avec les cépages rebelles à cette cryptogame: Herbemont, Castet, Conèse, Aubun, Petit Bouschet, Ugurblanc, Aramon, etc.

Contre le cottis, on fait usage également des solutions ou des lavages au sulfate de fer ou au sulfate de cuivre.

Quant aux parasites des racines, on s'en rend maître d'habitude avec un drainage, s'ils sont provoqués par un excès d'humidité, et s'ils se déclarent par contagion, on les traite au sulfocarbonate de potassium, à raison de 50 à 60 gr. de cet agent chimique par 20 à 25 litres d'eau, par cep et on le fait absorber aux racines.

On se trouve bien encore du saupoudrage des racines avec un mélange composé, par portions égales, de chaux vive et de soufre sublimé ou trituré.

13° Contre le phylloxera, on opère la submersion, le sulfocarbonate de potassium, la plantation dans le sable avec sous-sols aqueux, ou on adopte les cépages américains les mieux appropriés aux conditions climatologiques et terrestres.

On se débarrasse de l'altise en la recevant dans une sorte d'entonnoire que l'on place sous la tête des ceps; ensuite on l'ecrase ou on la noie. A l'état de larve, on la saupoudre à la chaux vive que l'on répand après une pluie ou par une matinée humide.

On agit de même contre le hanneton, et contre sa larve (ver blanc), on opère des injections de sulfure de carbone ou des labours réitérés. On se trouve bien aussi des fumures en tourteaux de ricin.

14° Afin de faciliter la cicatrisation des plaies, on les active avec un instrument bien tranchant et on les recouvre à l'aide d'un englument.

15° Quand le greffon émet des racines, il est indispensable de les enlever de bonne heure et aussi nettement que possible, afin de l'obliger à tirer toute sa sève du sujet, car celui-ci seul peut le substanter avantageusement.

On le voit, les causes de la maladie de la chlorose sont très complexes et les remèdes à y opposer ne le sont pas moins; tout dépend donc d'une observation attentive et d'un choix judicieux dans l'application des remèdes, de la part du vigneron.

C'est dans l'espoir de les lui faciliter et d'être ainsi utile à la viticulture que nous avons cru utile de publier ce modeste travail.

M. FAUDRIN.

Nouvelles agricoles.

Les conditions climatériques ont été encore excellentes durant cette semaine. Sous l'influence de la chaleur et du soleil, les plantes ont poussé vigoureusement, et le plus grand nombre des champs montrent une excellente apparence dans la plupart des régions. Sans doute, ce ne sont pas les conditions nouvelles, quelque bonnes qu'elles soient, qui pourront ressusciter les blés disparus, qui donner ont des tiges là où il n'y en a pas; mais on peut espérer désormais que ce qui existe donnera de bons résultats. Cette transformation heureuse atténuera, dans des proportions notables, le déficit que l'on craignait et qui sera certainement moindre qu'on pouvait le présumer. Les conditions actuelles sont également très favorables pour la récolte des prairies et pour la fenaison, qui s'opère sous un ciel assez propice, malgré les orages intermitteuts qui se produisent. La végétation des plantes sarclées est très vigoureuse; sans doute, le retard subi par la végétation est encore visible et quelques semaines seront encore nécessaires pour le faire disparaître complètement; mais si le temps actuel se maintient, on peut escompter le moment où ce résultat sera acquis. L'aspect des vignes est presque partout prospère, et la préparation est excellente, sauf, bien entendu, dans les localités où la grêle les a atteintes. En Normandie et en Bretagne, les plantations de pommiers se présentent bien, et l'on compte sur une assez bonne récolte de pommes.

Destruction du chardon. — On sait que la loi du 24 décembre 1888 a conféré aux préfets le pouvoir de prendre dans leurs départements, les mesures propres à provoquer la destruction des végétaux et des animaux nuisibles. Dans un certain nombre de départements, des mesures de ce genre ont été prises dans ces dernières années. Parmi les arrêtés les plus récents, nous citerons celui publié à la date du 2 mai, par M. Vatin, préfet du Calvados, pour la destruction des chardons. Cet arrêté enjoint à tous les propriétaires, fermiers ou locataires, de détruire les chardons sur les terres qui leur appartiennent ou qu'ils exploitent. On sait que, pour éviter la propagation de cette plante adventice, le mieux, si l'on ne peut l'arracher partout où elle se trouve, est de la couper entre deux terres ou de l'écimer à plusieurs reprises, de manière à empêcher la floraison et, par suite, la dissémination des graines. — Les arrêtés analogues sont excellents, mais à la condition que les prescriptions en soient ponctuellement suivies.

Ventes publiques de laines à Reims. — La troisième vacation des ventes publiques de laines organisées à Reims par MM. Loilier, Bouché et Bonjean, a eu lieu le 27 juin. Les quantités offertes ont été de 36,000 toisons, dont 30,030 ont été vendus, et de 8,000 kilog. d'agneaux, dont 7,000 ont été vendus. Nous recevons sur ce sujet la note suivante:

« Sur 184 lots, provenant des départements ci-dessous désignés, 147 lots ont été adjugés aux enchères et 7 aussitôt après la vente; au total: 154 lots.

« Les acheteurs étaient encore très nombreux; les enchères se sont faites avec plus d'animation qu'à la vente précédente.

« Le cours des laines à dos est resté sans changement, toute proportion de qualité gardée. Quant aux suints, ils ont obtenu parfois des prix plus élevés.

« Voici les prix des laines par département:

Lavées à dos

	Qualité supérieure	Qualité courante	Qualité inférieure
	—	—	—
Aisne.....	Néant	2 85 à 3 10	Néant
Ardennes.	—	3 00 à 3 175	2 90
Aube.....	—	2 95 à 3 05	Néant
Marne....	—	3 025 à 3 15	—
Côte-d'Or.	—	3 25 à 3 40	3 075 à 3 20

Agneaux à dos: 2 85 à 2 925

Suints

Qualité supérieure	Qualité courante	Qualité inférieure
—	—	—
Néant	1 50 à 1 675	1 375 à 1 475
—	1 525 à 1 65	Néant
—	Néant	—
1 75 à 1 85	1 675 à 1 725	—
Néant	1 60 à 1 80	—

Agneaux suints: 1 85 à 2 20

La quatrième vente publique aura lieu le samedi 18 juillet. Les laines devront être rendues aux magasins généraux le 11 juillet, dernier délai. Les cultivateurs sont priés, en faisant leur expédition, d'indiquer exactement le détail de leurs lots.

Syndicat de Dourdan. — Un Syndicat agricole vient d'être constitué, sous la présidence de M. Boutroue, entre les agriculteurs des deux cantons de Dourdan et communes limitrophes.

L'adjudication des fournitures d'engrais ou matières premières à faire aux membres du nouveau syndicat pendant la saison d'automne 1891 et les nitrates de soude pour le printemps 1892 aura lieu à Dourdan (Seine-et-Oise), dans une des salles de l'Hôtel de Ville, le samedi 25 juillet, à deux heures du soir.

Pour tous les renseignements, les négociants et fabricants pourront s'adresser soit à M. Boutroue, conseiller d'arrondissement, président du Syndicat, soit à M. Montgobert, professeur d'agriculture, secrétaire.

CONSEILS A LA FERMIÈRE

LE SUCRAGE DES CONFITURES

Il y a des personnes qui croient faire une grande économie en mettant peu de sucre dans les confitures; elles sont dans l'erreur la plus complète. La plus grande économie que l'on puisse faire en ce genre peut à peine s'élever à 10 centimes par livre de confiture, et elle est plus que compensée par la mauvaise qualité que l'on obtient. D'ailleurs, établissons un exemple comparé :

Quinze à 17 livres de groseilles donnant 12 à 13 livres de jus clair, mettons 12 livres de jus. Si à ces 12 livres de jus, vous joignez 12 livres de sucre, après une légère cuisson et un léger écumage vous obtiendrez toujours, une fois la confiture faite, 21 livres au moins de belle et transparente confiture pouvant se conserver indéfiniment et conservant dans toute sa pureté le goût du fruit.

Dix-sept livres de groseilles, en pleine saison peuvent coûter 25 cent. la livre, ce qui nous donne pour 17 livres un total de... 4 fr. 25

Maintenant 12 livres de sucre coûtant 60 cent. la livre, ce qui nous donnera pour total du sucre...... 7 fr. 20

Total..... 11 fr. 20

Vingt et une livres de confiture ou mieux dire gelée, vous reviendra à 11 fr. 45, ce qui fait pour une livre de belle gelée, un prix bien modeste de 56 cent. 5.

Si avec la même quantité de jus, vous ne mettez que 6 livres de sucre, vous obtiendrez à force de cuisson environ 14 livres de gelée qui ne sera plus transparente, qui aura perdu tout son parfum, très acide, disposée à candir et d'une consistance peu agréable. Et vous aurez obtenu le résultat suivant :

Groseilles mêmes proportions par conséquent même prix...................... 4 fr. 25

Sucre 6 livres à 0,60........... 3 fr. 60

Total...... 7 fr. 85

Ces 7 fr. 85 sont le prix de 14 livres de mauvaise gelée qui vous donneront un total par livre de 0 fr. 56.

Par conséquent les mauvaises vous auront données deux résultats ; le mauvais et le même prix que les bonnes. Il y a des sucs de fruits qui n'ont presque pas de matières solides et se réduiraient par la cuisson à un dixième de leur volume si on les cuisait seuls ou avec peu de sucre. Le sucre produit deux effets ; il masque la saveur trop acide de ces sucs et il retient en combinaison une partie du liquide qu'ils contiennent ; d'où il résulte que, pour assurer leur conservation on n'a pas besoin de les amener par une évaporation prolongée à une consistance aussi solide.

Ne ménager jamais le sucre, car, vous ne faites point l'économie que vous aviez rêvée.

UNE MÉNAGÈRE.

CONSEILS DU VIGNERON

LE MILDIOU.

On annonce de toutes parts l'apparition du mildiou. Depuis une dizaine de jours, nous assurent nos correspondants, le mal a envahi les vignobles du Midi. Dans l'Hérault surtout les points d'attaque sont nombreux ; dans le Gard, la maladie est beaucoup plus rare. Mais avec le « temps à mildiou » que nous avons : pluie le matin, chaleur humide dans la journée, on peut prévoir une rapide extension du fléau. Et on sait combien le champignon qui cause le mildiou se développe rapidement et combien graves sont les dégâts commis en vingt-quatre ou quarante-huit heures. Il faut donc lutter sans retard.

Aux viticulteurs qui n'ont pas encore commencé leurs traitements — et nous espérons qu'ils sont peu nombreux — nous recommandons un sulfatage immédiat de leurs vignes; à ceux mieux avisés — et ils sont le nombre — qui ont déjà pratiqué 1 ou 2 traitements, nous recommandons aussi un nouveau sulfatage, car les pluies d'orage qui sont tombées dans ces derniers temps ont plus ou moins complètement enlevé le cuivre qui adhérait aux feuilles.

LE PÈRE LAVIGNE.

CONSEILS DU VÉTÉRINAIRE

RÉGIME DU VERT.

Nous voici à l'époque où les chevaux, fatigués par un excès de travail et par l'usage exclusif des fourrages secs, ont besoin de s'ébattre à travers les prés, de retourner momentanément pour ainsi dire à l'état de nature.

On peut comparer ce régime à celui des eaux que le médecin prescrit aux gens fatigués, dans le but de les forcer à prendre de l'exercice et à changer leur genre de vie. De même, le vétérinaire conseille le vert pour les chevaux qui, durant l'hiver, ont été soumis à un travail pénible ; pour ceux qui, déjà vieux, se nourrissent mal ; pour ceux encore qui sont atteints d'inflammation des organes digestifs, d'affections rebelles de la peau, de maladies de pieds ou des membres.

L'époque du vert est variable; elle est subordonnée, en effet, à l'état de la végétation. Tandis que, dans certains pays, on peut mettre le cheval au pré les derniers jours de mai, il faut attendre, pour cela, dans d'autres, les mois de juin, de juillet et même août. Le moment où le fourrage est en pleine fleur, est celui qui convient le mieux pour le laisser brouter par les animaux. Il est alors plus succulent, plus nutritif.

Donner le vert aux animaux en les laissant en liberté dans un pré, après avoir pris le soin de les débarrasser de leurs fers, est, sans contredit, le mode d'opérer qui produit, au point de vue hygiènique, les meilleurs effets : il active la digestion, rend la respiration plus libre, la circulation plus régulière et augmente la vigueur. Le pré sur lequel séjournent les animaux doit être sain, c'est-à-dire exempt de plantes nuisibles et convenablement disposé pour rendre la surveillance plus facile.

Quel que soit le soin avec lequel se fait le choix des espèces dont on forme une prairie, la nature, au bout de quelques années, modifie ce choix, soit en ajoutant, soit en éliminant. Si l'on ne se maintient pas en lutte ouverte avec elle, elle a vite fait de substituer aux bonnes espèces les espèces nuisibles ou tout au moins inutiles.

Au nombre des plantes les plus nuisibles il faut citer les joncs, les laiches, les herbes coupantes, les renoncules, les différentes espèces d'oseille, les glaïeuls, les roseaux, les menthes, etc.

La présence de l'eau naturelle sur le pré assurera les effets réparateurs du régime du vert.

Malheureusement, il n'est pas donné à tout le monde d'envoyer ainsi paître son cheval. Dans ce cas, on donne le vert à l'écurie. Il doit être alors distribué aussi frais que possible et avant qu'il ait commencé à fermenter, si l'on veut éviter des indigestions, parfois assez graves pour déterminer la mort. La fermentation, en effet, enlève au fourrage vert son parfum de haut goût, résultant des huiles essentielles que renferme sa fleur, et le remplace par un goût âcre et souvent par une odeur de moisi due à la présence d'une multitude de spores de *mucédinées*, champignons microscopiques qui altèrent sa qualité.

On ne saurait trop recommander de ne couper que de petites quantités de fourrage à la fois. On fauche le matin l'herbe destinée au repas du soir, et le soir celle qui sera consommée le lendemain matin. On peut, sans inconvénient, faire faucher le fourrage mouillé de pluie ou de rosée ; mais il faut éviter de le faucher quand le soleil l'a chauffé. Entassé encore brûlant dans la voiture qui doit le charrier jusqu'à l'habitation, il ne tarderait pas à subir un commencement de fermentation.

Un moyen de parer aux inconvénients de la fermentation, c'est de mélanger au fourrage une très legère quantité de sel dénaturé.

Le sel empêche la formation de toute végétation cryptogamique et conserve au fourrage son arôme et ses qualités nutritives. Aussi bien, le sel mêlé aux aliments, stimule l'activité des organes digestifs, et, en maintenant ces organes en bon état, dispose mieux les animaux à prendre de la vigueur. Le mode d'emploi est facile et la dépense minime. Oyez donc : il suffit de le répandre à la volée, à raison d'un kilog. pour 100 kilog. de foin.

La luzerne, le trèfle, l'herbe des prés, l'escourgeon sont les plantes qui entrent le plus communément dans l'alimentation donnée en vert.

Et, maintenant, qu'elle est la quantité de fourrage à distribuer ainsi chaque jour ?

On ne le saurait le dire d'une façon mathématique. Cela varie suivant la nature du fourrage, la taille, la force et le travail de l'animal. On peut, toutefois, prendre comme moyenne le poids de 35 kilog., qui est celui adopté pour les chevaux de l'armée.

Pendant les premiers jours, et pour que les animaux qui se jettent gloutonnement sur le vert ne soient pas atteints d'indigestion, on mélange le fourrage vert avec le fourrage sec, d'abord par moitié : puis on diminue peu à peu la proportion de celui-ci pour arriver à le supprimer tout à fait.

Dernier détail : ce mélange doit être fait quelques heures à l'avance, afin que le fourrage sec ait le temps de s'approprier une partie de l'humidité du fourrage vert. Sans cela, moins hésitants que l'âne de Buridan entre ses deux picotins, les animaux sauraient bien trier l'herbe pour laisser tout le foin.

UN VIEUX VÉTÉRINAIRE.

JURISPRUDENCE RURALE.

TRANSPORT DES VOYAGEURS.

— Je ne suis pas un de ces personnages grincheux, qui prennent la mouche à tout propos, se fâchent pour le moindre prétexte, et ne savent pas, quand il le faut, se plier aux circonstances.

— Tout le monde sait que tu as un très bon caractère.

— Grand merci ; mais je n'aime pas qu'on se moque de moi, et vous allez me dire si l'autre jour la compagnie du chemin de fer était dans son droit en me faisant ce qu'elle m'a fait ?

— J'écoute ton récit.

— C'était un beau dimanche, j'avais été avec toute ma famille voir des amis dans les environs ; on se quitte le plus tard possible, et nous arrivons à la gare pour le dernier train ; nous prenons au bureau des billets de 3e classe, que nous payons, comme de juste, en bon argent; mais ne voilà-t-il pas qu'au moment de monter en voiture, le chef de gare nous dit, il n'y a plus de places; elle est forte, que je lui réponds ; vous êtes payés pour nous ramener chez nous ; voyez-vous que nous allons coucher dans votre gare ; on se fâche un peu, et alors, pour ne pas nous laisser en panne, on nous entasse dans un fourgon servant au transport des bestiaux, sans même une planche pour nous asseoir.

— C'est en prendre bien à son aise vis-à-vis du public.

— Ne puis-je pas demander une indemnité, qui consistera au moins dans le remboursement des prix de la place.

— Parfaitement ; on vient de juger qu'une Compagnie de chemins de fer est tenue d'assurer le transport des voyageurs et de leur fournir une place dans l'une des classes destinées au transport des personnes.

— Bien jugé, ma foi !

UN VIEUX JUGE DE PAIX.

PETITE POSTE.

M. R. (Indre-et-Loire). — *Créance hypothécaire.* — Vous ne viendrez à bout de faire terminer cette affaire qu'en écrivant au président du tribunal; il y a dans ces retards une mauvaise volonté évidente.

Impôt personnel et mobilier. — Votre demande en décharge ayant été repoussée par le conseil de préfecture, il ne vous reste qu'un moyen, c'est d'adresser une demande de *remise* totale ou partielle au préfet. Mais si vous n'êtes pas coté comme républicain bon teint, vous n'avez guère de chances de réussir.

M. L. B. (territoire de Belfort). — *Tourteaux.* — Tourteaux de lin, 16 fr. 50 les 100 k.; tourteaux de coprah (en pains), 14 fr. 75. — Prix par 5.000 k. — Au Crédit agricole, 1, rue Marsollier, Paris.

M. de D. (Creuse) — *Ecurie.* — *Pavage.* — Notre préférence est acquise au pavage en bois, pratiqué avec des morceaux de sapin du Nord taillés en brique. Cette qualité de bois ne s'use que lentement, forme une couche presque élastique sous le pied. Ces briques de bois, posées sur champ peuvent être taillées à nouveau ou retournées quand elles sont usées à l'une de leurs extrémités; si on leur a donné assez de longueur, soit de 0m30 à 0m40, par exemple. Elles ne doivent pas avoir plus d'épaisseur que les briques ordinaires en terre. Ce mode de pavage emprunte d'ailleurs beaucoup de solidité à la manière de la pose; c'est dire qu'il faut aussi donner quelque attention au sous-sol.

OFFRES & DEMANDES.

Pour répondre au désir qui nous est exprimé, nous offrons à nos abonnés, sous cette rubrique, deux annonces gratuites pour les offres et demandes d'emplois, produits ou animaux à vendre ou à acheter, etc.

Les annonces qui suivront jouiront d'une réduction de 50 pour 100 sur les tarifs ordinaires.

Les demandes d'insertions devront être envoyées à l'administration, qui se chargera de les rédiger.

Ne pas négliger d'envoyer tous les renseignements nécessaires (joindre 2 timbres de 0 fr. 15).

Un ancien élève d'une école d'agriculture, dans la force de l'âge, marié, bien au courant de la culture moderne en même temps qu'excellent praticien, demande un emploi de régisseur. — Très bonnes références. — N° 907.

S'adresser à M. Guesdon (J.-M.), à Belhôte, par Corps-Nuds (Ille-et-Vilaine).

A vendre 850 stères de bois rondin chêne de 18 ans d'âge, 160 stères bouleau du même âge et de 11,000 fagots chêne à deux liens.

S'adresser à M. Charmes, à Saint-Yrieix (Haute-Vienne). — N° 937-3.

Un jeune homme, 23 ans, de famille honorable, muni d'excellents certificats, connaissant bien le jardinage et l'exploitation des bois, demande une place de jardinier ou de garde forestier.

S'adresser à M. Pierre Dufaure, jardinier au Poujet-du-Condut, par Uzerche (Corrèze). — N° 938-2.

REVUE FINANCIÈRE.

Moins que jamais nous n'avons besoin de nous étendre longuement sur les variations de la cote, par l'excellente raison qu'elles sont plus nulles que jamais. Le mois de juillet est, en temps ordinaire, un mois de morte-saison. Les gros spéculateurs, outre qu'ils sont pour la plupart absents, n'ont pas grand frais d'imagination à faire pour entretenir un courant de transactions suffisant pour maintenir vaille que vaille les cours. Le mois actuel est, encore plus que janvier, le mois des coupons, des dividendes, qui font rentrer dans les bourses des porteurs de titres, bon nombre de millions. Mettons que tous ces millions ne retournent pas à la Bourse, il y en rentre cependant une forte part, qui suffit, sans grand effort, à alimenter le courant des demandes, et qui permet aux banquiers détenteurs de titres de livrer ces titres sans les faire baisser.

En fait, cette semaine, à part quelques cas très particuliers, toutes les modifications de la cote proviennent de ces remplois et en même temps des tentatives faites, avec succès jusqu'ici, pour rattraper les coupons détachés.

Les rentes françaises se tiennent bien à quelques centimes au-dessus du dernier cours de compensation, et c'est tout. Les institutions de crédit sont calmes, sages; témoin le Foncier, qui, ex-coupon de 33 francs, est aux environs de 1,240. Nos Chemins sont toujours vaillants et les étrangers faibles. Les obligations sont très calmes. Les fonds d'Etats étrangers font comme les nôtres, ils se maintiennent autour de leur taux de compensation. Voilà pour la généralité.

Dans le détail, fort peu de chose à signaler. La Compagnie royale des Chemins de fer portugais traverse une passe difficile et l'action a beaucoup baissé. On parle de l'impossibilité où elle est de payer le coupon aux actionnaires, et aussi de la prochaine main-mise de l'Etat sur le réseau.

L'Italien fléchit et se rapproche de 93. Inutile de dire à nouveau pourquoi cette baisse nous paraît logique.

On donne comme prochaine la conversion de certaines obligations du Crédit Foncier, savoir les Foncières 1853 et 1863 et les Communales 1860 et 1875. Les conversions sont rarement du goût des porteurs; dans le cas présent, il semble bien que les intéressés font grise mine à l'affaire. On peut croire que l'opération se traduira en une réduction de charges pour le Foncier, nul ne songe à contester à notre second établissement de crédit le droit de faire des économies. Mais que voulez-vous, il y a des gens soupçonneux pour trouver étranges ces besoins d'argent, ces embarras, qu'on ne peut s'empêcher de rapprocher de certaines révélations faites il y a à peine un an.

Ces mêmes gens soupçonneux regrettent à ce point de vue que l'accord soit fait pour la reconstitution des Dépôts et Comptes Courants, qui deviendront la « Banque de Dépôts et Comptes Courants », au capital de 20 millions. Sans doute le Crédit Foncier a exigé des statuts d'un rigorisme complet. La nouvelle Société aura pour devoir strict de limiter ses opérations à celles qui ne comportent aucun aléa; elle devra avoir autant de disponibilités réelles que d'exigibilités. C'est très bien si tous et chacun tiennent la main à ce que le programme soit ponctuellement suivi. Au regard du Foncier, on préférerait qu'il ne se fût pas embarqué dans une affaire un peu trop étrangère à son objet.

Timon.

Chemins de fer de Paris à Lyon et à la Méditerranée.

Fête Nationale du 14 Juillet.

A l'occasion de la Fête Nationale du 14 Juillet, la Compagnie de Paris-Lyon-Méditerranée organisera pour Paris des trains de plaisir à prix très réduits, composés de voitures de deuxième et troisième classes, permettant de passer plusieurs jours à Paris.

Ces trains, qui desserviront toutes les gares du réseau, partiront et reviendront aux dates ci-après : Valence, départ le 8 juillet, retour le 18; — Genève, départ le 8 juillet, retour le 17; — Dijon, départ le 9 juillet, retour le 16; — Cette, départ le 9 juillet, retour le 19; — Clermont-Ferrand, départ le 9 juillet, retour le 18; — Marseille, départ le 10 juillet, retour le 20; — Besançon, départ le 10 juillet, retour le 18; — Saint Étienne départ le 10 juillet, retour le 19; — Lyon, départ le 11 juillet, retour le 20; — Nevers, départ le 11 juillet, retour le 17.

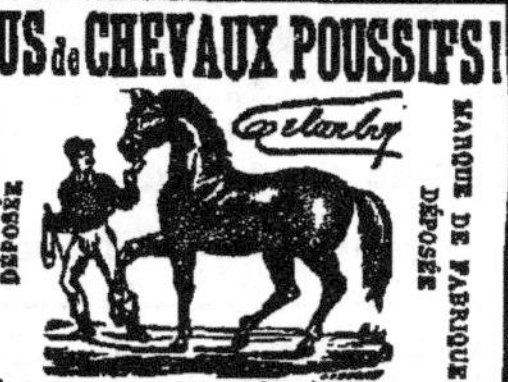

HALLES ET MARCHÉS.

La continuation du beau temps a encore produit de la baisse sur le blé et l'avoine. Les fourrages nouveaux se vendent assez bien. Les huiles, les sucres et les alcools ont une bonne tendance, sans grandes variations dans les prix. La viande s'est mieux vendue que la semaine précédente

Blés. — La baisse continue sur nos marchés aussi bien que sur ceux de l'étranger. Le beau temps est très favorable à la plante en terre dont la floraison s'effectue dans de bonnes conditions. On demande seulement la fin des orages, à cause de la verse; quelques champs en ont déjà été atteints. Voici les derniers cours relevés samedi : Arras, blé blanc, 27 à 29 les 100 kilog.; roux, 24 à 28 85; Cambrai, blanc, 28; roux, 27; Douai, 27 à 29 50; Beauvais, 26 50 à 29 50; Amiens, 27 75; Montereau, 24 70 à 28 40; Versailles, 27 50 à 28 35; Rouen, 25 45; Le Mans, 26 50 à 27; Chartres, 29 10 à 29 90; Laval, 26 à 26 50; Dijon, 27 à 28 50; Mâcon, 28 à 29; Lyon, 27 25 à 27 50; Moulins, 28 50 à 29; Nantes, 26 50 à 27; Bordeaux, 27 20. — Les blés étrangers restent aux mêmes prix en attendant le 10 juillet, jour de l'application de la loi qui réduit le droit d'entrée à 3 fr. Nos ports reçoivent toujours des arrivages en entrepôt. A Marseille, le stock à la fin de la semaine était de 378,720 quintaux contre 333,400 la semaine précédente Les quantités de blé en mer à destination de la France se montaient en dernière date à 2,449,050 hectolitres, dont 2,354,200 venant de Californie, 77,430 d'Australie et 17,400 des ports de l'Atlantique américain. Le total général du blé en mer pour le continent européen était de 7 millions d'hectolitres, contre 1,653,000 à la date correspondante de 1890. — Sauf en Russie, où la sécheresse inspire de vives inquiétudes, les nouvelles des récoltes en Europe sont bonnes en général et l'on estime que le déficit sera moins considérable qu'on ne le craignait il y a un mois.

Seigles. — Peu d'offres et peu d'acheteurs; on tient les prix de 18 25 à 18 50 les 100 kilog. en gare d'arrivée à Paris. Au marché commercial la cote est nominale à 17 75 le disponible et 17 50 à 18 50 le livrable.

Orges. — Affaires nulles par continuation, sans variations dans les cours. — Pour les escourgeons, les sortes d'Algérie et de Tunisie sont toujours offertes à 14 75 et 15 les 100 kilog. sur wagon à Dunkerque.

Avoines. — Les avoines ont très bel aspect dans l'ensemble et donneront sans doute un rendement au-dessus de la moyenne. Les prix sur nos marchés sont en baisse et vont de 16 à 19 les 100 kilog. En commerce à Paris, on cote le courant du mois, 17 50 à 17 75 les 100 kilog.; le livrable en août, 17 25 à 17 50; les autres époques, 16 75 à 17.

Farines de consommation. — La meunerie a encore baissé ses prix de 1 fr. par sac la semaine dernière. On cote donc : marque de Corbeil, 64 les 157 kilog. nets, ou 40 76 les 100 kilog. marques de choix, 64 à 66; premières marques, 62 à 64; bonnes marques, 61 à 62; ordinaires, 60 à 61.

Farines de commerce. — La baisse a continué; samedi dernier on cotait en clôture : *douze-marques* disponibles, 60 50 à 60 75; livrables août, 61 25 à 61 50; septembre-octobre, 61 75; époques éloignées, 61 75 à 62 les 157 kilog. nets.

Issues. — Les sons ont baissé de 50 centimes par 100 kilog., on cote à Paris : gros son écailles, 14 25 à 14 75; gros son supérieur, 14 à 14 25; deux cases, 13 25 à 13 50; trois cases, 12 75 à 13 25; sons fins 12 25 à 12 50; recoupettes, 13 25 à 13 75; remoulages, 15 à 19.

Fourrages. — Au marché de La Chapelle, les affaires sont calmes, avec prix assez bien tenus; les fourrages nouveaux se vendent : foin, 43 à 48 les 100 bottes de 5 kilog. au domicile de l'acheteur; luzerne, 41 à 46; les vieux : foin, 48 à 54; luzerne, 48 à 55; paille de blé, 29 à 36; de seigle, 37 à 44; d'avoine, 20 à 24. — Dans les départements, on vend, *aux 520 kilog.* : Melun, foin, 38 à 41; luzerne, 36 à 38; paille, 36 à 38; Compiègne, foin, 40; paille et trèfle, 35; Versailles, foin, 35 à 42; sainfoin, 40 à 41; paille de blé, 30 à 35; d'avoine, 16 à 20; Rambouillet, foin, 30 à 35; luzerne, 27 à 28; paille, 23 à 26; Chartres, *foin, 42*; luzerne, 41; Montargis, foin, 25 à 35; paille, 12 50 à 17 50; Vierzon, foin, 27 50 à 30; paille, 20 à 22 50; Besançon, foin, 26 50 à 29 50; paille, 13 à 16; — *au quintal* : Douai, foin 9 à 9 75; trèfle et luzerne, 9 à 9 50; paille, 6 à 6 50; Beauvais, foin, 6 50; paille, 5; Reims, foin, 7 50 à 8; paille, 6 à 6 50; Neufchâteau, foin, 5 à 6; paille, 4 à 5; Orléans, foin, 8 à 10; paille, 5 à 6; Blois, foin, 6 25 à 8; paille, 3 60 à 4 40; Nevers, foin, 8 60; paille, 4 50; Lyon, foin nouveau, 6 50; vieux, 7 25 à 8; luzerne nouvelle, 6 à 6 25; vieille, 7 à 7 50; paille de blé, 3 50 à 4; de seigle, 4 à 4 25; Toulouse, foin, 6 50 à 7 50; paille, 3 à 3 50.

Huiles de graines. — Les huiles de colza sont mieux tenues depuis huit jours à la Bourse de Paris; on cotait samedi le disponible et le courant du mois, 72 25 les 100 kilog.; le livrable, 72 75 à 76. — *Les huiles de lin sont calmes avec prix faiblement tenus* à 52 en disponible et rapproché, et 51 50 en livrable éloigné. — Sur les marchés des départements, les prix ont peu changé : à Lille, on a coté : colza, 68 l'hectolitre; lin indigène, 56; étranger, 51 50; colza épuré, 74; — à Arras, œillette surfine, 98 les 91 kilog.; pavot à bouche, 78 les 100 kilog.; colza indigène, 77; cameline, 65; pavot, 71; — à Rouen, colza, 71 à 71 50; lin, 51 à 54 50 les 100 kilog.; — à Caen, colza, 70 l'hectolitre.

Huiles d'olive. — Les transactions sont calmes à Nice, avec prix soutenus sur les bonnes qualités; celles de choix se vendent 166 75 à 170 75 les 100 kilog.

Tourteaux. — Voici les cours établis à Marseille jusqu'au 15 juillet : *tourteaux pour nourriture* : lin pur, 16 70 les 100 kilog.; arachide décortiquée, 14; sésame blanc du Levant, 13 40; de l'Inde, 14 25; coprah pour vaches laitières, 13 25 à 14 75; œillette exotique, 12 25; palmiste, 10; farine de cocotier, 14 25; — *pour engrais* : sésame brun de l'Inde, 12 60; colza exotique, 11 25; mowra ou illipé, 7; ricin pour la vigne, 9 50. On prévoit de la hausse pour les mois prochains. — A Arras, on vend : tourteaux d'œillette, 13 50 les 100 kilog.; de colza, 15; de cameline, 14. — à Lille : colza indigène, 15 50 à 16; étranger, 13 à 15; œillette, 16 à 17; lin, 24 à 25 50; cameline, 14; chanvre, 20 à 21; — à Caen, colza, 15.

Beurres. — Hausse sur tous les beurres de bonne qualité. A la fin de la semaine on cotait : *beurres en mottes*, fermiers de Gournay : extra, 3 30 à 4 10 le kil.; choix, 2 90 à 3 20; bons, 2 60 à 2 80; ordinaires, 2 40 à 2 50; d'Isigny, extra, 4 à 6 25; choix, 3 40 à 3 80; bons, 3 10 à 3 20; ordinaires, 2 60 à 2 70; marchands du Gâtinais, 2 30 à 2 50; de Bretagne, 2 10 à 2 20; de Vire, 2 30 à 2 50; de Bresse, 1 80 à 2; laitiers des Charentes, 2 50 à 2 90; des Alpes, 2 10 à 3 10; divers producteurs, 2 20 à 2 80; — *beurres en livres* : fermiers, 2 50 à 3 10; Touraine, 2 50 à 2 80; Gâtinais, 2 30 à 2 80; Vendôme et Beaugency, 2 10 à 2 80; Bourgogne, 2 à 2 40; le Mans, 2 à 2 20; — *Petits beurres* : 1 70 à 2 60, suivant provenance.

Œufs. — Les envois sont faibles; la vente est lente avec prix bien tenus : On cote : Normandie, 85 à 102 le mille. Picardie extra, 88 à 108; ordinaire, 66 à 78; Brie extra, 82 à 91; Touraine extra, 80 à 94; ordinaire, 70 à 74; Beauce, 81 à 91; Orne, 66 à 78; Bourgogne, 74 à 78; Champagne, 76 à 80; Nivernais, 65 à 72; Bourbonnais, 62 à 68; Bretagne, 54 à 62; Vendée, 58 à 65; Auvergne, 57 à 60; midi, 62 à 65.

BESTIAUX.

LA VILLETTE, 9 juillet. — Bestiaux. — Vente difficile sur les bestiaux, très mauvaise sur les veaux, bonne sur les moutons et les porcs.

COURS officiels.	Amenés.	Vendus.	1re qualité.	2e qualité.	3e qualité.	Prix extrêmes.
Bœufs....	2.052	1.931	1 76	1 58	1 42	1 28 à 1 84
Vaches...	639	622	1 72	1 48	1 30	1 16 1 74
Taureaux.	181	181	1 44	1 38	1 28	1 20 1 50
Veaux....	1.655	1.433	1 82	1 61	1 46	1 26 2 04
Moutons..	7.514	6.930	2 16	2 »	1 76	1 54 2 26
Porcs.....	4.844	4.844	1 54	1 48	1 42	1 36 1 58

Marché du lundi 6 juillet.

	Amenés	Vendus	PRIX AU POIDS NET 1re qual.	2e qual.	3e qual.
Bœufs	2.472	2.394	1 76	1 58	1 41
Vaches.....	759	738	1 72	1 48	1 30
Taureaux ..	816	2-6	1 44	1 38	1 26
Veaux......	1.451	1.368	1 88	1 70	1 52
Moutons....	8.122	7.487	2 11	1 98	1 72
Porcs	2.877	2.877	1 52	1 48	1 42

	PRIX AU POIDS VIF 1re qual.	2e qual.	3e qual.	Prix extrêmes.
Bœufs..........	1 03	» 89	» 76	» 66 à 1 10
Vaches..........	1 »	» 79	» 68	» 56 1 04
Taureaux.......	» 88	» 80	» 69	» 62 » 91
Veaux..........	1 11	» 99	» 81	» 64 1 26
Moutons........	1 14	1 05	» 89	» 71 1 30
Porcs..........	1 06	1 02	» 96	» 88 1 10
Peaux de moutons en laine..........				3 90 5 50
Id. id. demi-laine........				1 70 2 65

Viandes abattues. — Criée du 9 Juillet.

		1re qualité.	2e qualité	3e qualité.
Bœufs	le kil.	1 60 à 3 30	1 40 à 3 10	1 20 à 2 06
Veaux....	—	1 64 1 80	1 41 1 60	1 30 1 40
Moutons .	—	1 90 2 »	1 40 1 8.	1 » 1 36
Porc entier	—	1 31 1 46	1 16 1 30	» 90 1 10

Médaille d'Or. ✻ Exposition Universelle 1889. ✻ Médaille d'Argent.

VACHERIE à céder, après fortune, portes de Paris, 32 vaches 1er choix, 440 litres lait vendus 40, 50 et 60 c. Installation confortable. Loyer peu élevé. Bénéfices annuels, 15,000 fr. garantis. On traitera avec 20,000 fr. argent ou sans argent avec garanties sérieuses. — S'adresser à MM. Laporte et Lefranc, 93, boulevard Sébastopol, Paris. — *Sont vendues les vacheries annoncées précédemment.*

Semoir et Distributeur d'Engrais

Système MAGNIER.

Envoi franco du catalogue illustré.

Expériences du 23 septembre 1890, 1er prix - 20 avril 1890, Poitiers, 1er prix.

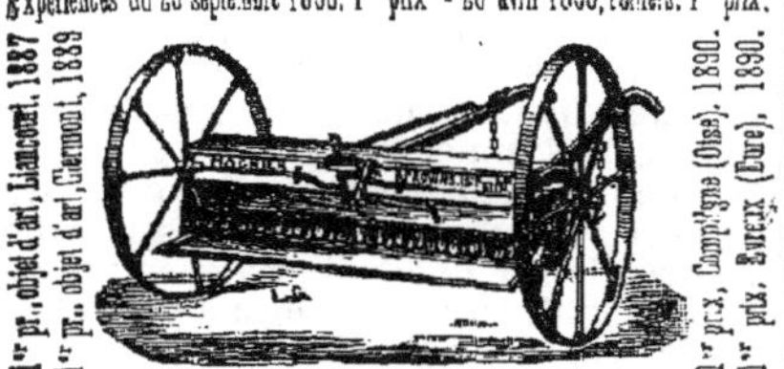

1er prix, Beauvais, 1890.

MAGNIER, constructeur breveté, Provins (S.-et-M.).

GUÉRISON RADICALE DE LA **DIARRHÉE DES VEAUX** PAR LA POUDRE CHOQUELIN.

1 franc la boîte *franco par la poste.*

Dép. g., Ph[ie] HAUVESPRE, Courville (Eure-et-Loir).

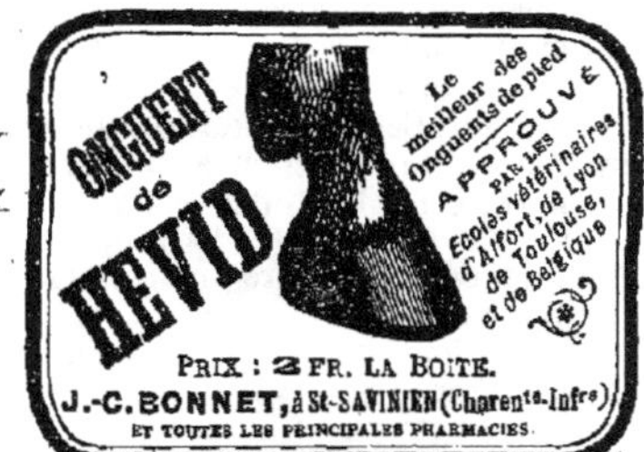

L'Onguent de HEVID, *adopté par le Ministère de la guerre*, est le meilleur préservatif des maladies du pied des espèces chevaline et bovine. Il pénètre admirablement le tube corné, le nourrit, et remet en bon état, en quelques semaines, le sabot le plus sec et le plus cassant.

En vente chez les vétérinaires, pharmaciens, selliers et maréchaux-ferrants.

L'Administrateur-Gérant : Albert RENOT.

Beauvais. — Imp. D. Pere. - A. Cartier, Gérant.

Faucheuses. Faneuses. Râteaux à cheval. **Presses** à fourrages. **Brise-Tourteaux. Appareils à cuire. Égrenoires** de maïs. **Rouleaux. Semoirs. Transmissions** par arbres et par câbles. **Matériel** de brasserie et de féculerie.

ALBARET (O. ✻ et O. ✻)

MACHINES AGRICOLES.

Ateliers de Construction et Administration à **LIANCOURT-RANTIGNY** (Oise).

Magasin et bureau, à PARIS, boul. de Strasbourg, 63 (entrée par le passage du Désir).

Succursales : **Saint-Quentin**, boulevard Victor-Hugo, n° 52 ; **Chartres**, rue du Grand-Faubourg, n° 76 ; **Abbeville** (Somme), rue Ringois, n° 44 ; **Cambrai**, M. Mesnil, rue des Bouchers, n° 13.

Récompenses obtenues aux Expositions universelles et Concours internationaux.

Machines à vapeur fixes, horizontales et verticales.

Générateurs.

Machines à vapeur locomobiles.

Manèges fixes, mobiles et semi-fixes.

Batteuses fixes et portatives, conservant ou brisant la paille.

Engreneurs mécaniques.

Semoirs à engrais, à graines et à haricots.

Hache-maïs et **Coupe-racines** à force centrifuge transportables.

206 Médailles d'or.

Exposition	Récompense
1862. Exposition de Londres.	1er prix : grande médaille ; 2e prix : mention honorable.
1864. Exposition internationale de Bayonne.	Médaille d'or, donnée par le Gouvernement ; médaille d'or, donnée par la Commission de l'Exposition.
1865. Exposition universelle de Porto.	Grande médaille d'argent.
1867. Exposition universelle de Paris.	Grande médaille d'or, la plus haute récompense pour locomotive routière et machines agricoles.
1869. Expos[on] d'Amsterdam.	Diplôme d'excellence.
1869. Exposition de Beauvais. 1872. Exposition de Lyon.	Deux diplômes d'honneur, comme exposant et membre du jury.
1873. Exposit[on] univ. de Vienne (Autriche).	Grand diplôme d'honneur, la plus haute récompense.
1878. Exposit[on] univ. de Paris.	Trois médailles d'or ; un objet d'art pour mérite exceptionnel sur le terrain ; une médaille de bronze ; quatre médailles argent et bronze pour collaborateurs.
1882. Conc. spéc. intern. de hache-maïs de Ste-Menehould.	1er prix : médaille d'or, donnée par la Société des Agriculteurs de France.
1883. Expos[on] d'Amsterdam.	Diplôme d'honneur : la plus haute récompense.
1884. Grand concours international d'Amsterdam.	Prix unique : grande médaille d'or pour locomobile ; 1er prix : grande médaille d'or pour presse à fourrage ; 1er prix : grande médaille d'or pour machines à battre ; 1er prix : médaille d'argent pour hache-paille et dépulpeur.
1885. Exposition internation. d'Anvers.	Diplôme de médaille d'or, la plus haute récompense pour machines agricoles.
1889. Exp. d'économ. sociale, section XIV.	Médaille d'or ; médaille d'argent pour collaborateurs.
1889. Exposition universelle. - Membre du jury. Hors concours.	
1876. Société nation. d'agric. de France.	Grande médaille d'or ; prix de mécanique.
1886. Société nation. d'agric. de France.	Rappel de grande médaille d'or pour l'ensemble des travaux de mécan. agric.
1888. Aniche (Nord).	Moissonneuse-lieuse à la ficelle, diplôme d'honneur avec félicitations du jury, pour la machine qui fonctionne à toute satisfaction.
1889. Comice agric. de Montdidier, Ailly-sur-Noye.	Diplôme d'honneur et médaille de vermeil pour batteuse et instruments ; médaille de vermeil grand module pour faucheuse et moissonneuse.
1890. Concours de Clermont	Diplôme d'honneur avec félicitations du jury, pour le bon fonctionnement de la moissonneuse-lieuse.

Plusieurs médailles or, argent et bronze à MM. les Collaborateurs de la Maison.

Concasseurs.

Moulins-bluteries.

Hache-paille.

Hache-maïs.

Hache-fourrage.

Coupe-racines.

Laveurs de racines.

Moissonneuses simples.

Moissonneuses combinées.

Moissonneuses lieuses.

162 Médailles d'argent.

Envoi gratis sur demande des Catalogues illustrés.

16 Diplômes d'honneur et d'excellence.

Monte-Paille.

Moteur domestique à vapeur à pression inférieure à celle atmosphérique.

Rouleaux à vapeur et à traction de chevaux pour le cylindrage des chaussées d'empierrement.

Poteaux indicateurs pour routes.

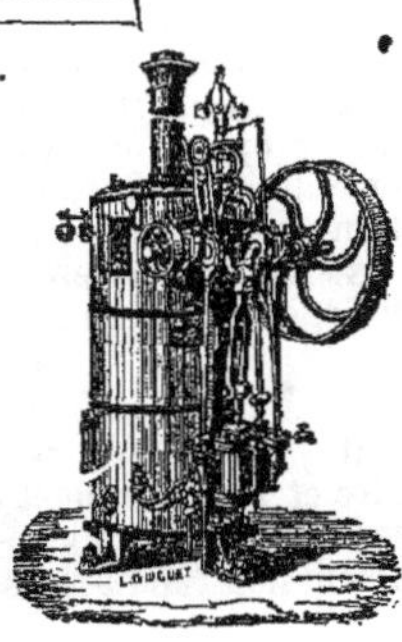

12e Année. — 2e Série. — No 599. Dimanche 19 Juillet 1891.

GAZETTE AGRICOLE

JOURNAL HEBDOMADAIRE, PARAISSANT LE DIMANCHE

Rédacteur en Chef : M. Ch. GOSSIN, Professeur d'Agriculture à l'Institut agricole de Beauvais.

PRIX DE L'ABONNEMENT

UN AN, 5 fr. — SIX MOIS, 3 fr. — TROIS MOIS, 2 fr. 25

Pour l'étranger les abonnements ne sont reçus que pour un an, au prix de 6 francs, et ne partent que du 1er janvier ou du 1er juillet de chaque année.

Le numéro : 10 centimes.

Il est indispensable de joindre à toute demande de changement d'adresse la dernière bande d'adresse du journal et 50 centimes pour frais de nouvelles bandes.

Adresser les *Abonnements et Annonces* au secrétaire de la rédaction, 13, quai Voltaire, Paris, ou à M. GOSSIN, rédacteur en chef et administrateur, à BEAUVAIS.

BUREAUX

13, quai Voltaire, Paris, et à Beauvais.

Les abonnements partent du 1er de chaque mois et sont payables d'avance. Toute demande d'abonnement doit donc être accompagnée du prix de l'abonnement. (Le mode de payement le plus simple est l'envoi d'un mandat-poste.)

Donner *très lisiblement*, en s'abonnant, son nom et son adresse exacte, *avec l'indication du bureau de poste*; et, s'il s'agit d'une continuation d'abonnement, joindre au renouvellement la dernière bande d'adresse du journal.

La GAZETTE AGRICOLE insère gratuitement les Communications des Syndicats agricoles

SOMMAIRE :

PARIS, 17 JUILLET

Le Bonhomme Deschamps ne dira pas que la Chambre des députés s'amuse ; mais elle varie ses plaisirs. Des douanes elle passe aux impôts ; du tarif aux contributions directes, et sur ces terrains si divers elle se montre pareillement expéditive. Avec une égale prestesse elle escamote numéros du tarif ou millions du budget. Peu lui importe que ce soit l'un ou l'autre : elle touche aux vacances, elle y est déjà, et dans les deux cas ce n'est, après tout, que le contribuable qui paiera. Dans une seule séance, il a été gratifié — à rebours — de 434 millions de contributions directes en principal pour compte de l'Etat, plus 372 millions de centimes additionnels départementaux ou communaux. En tout 806 millions de francs. Ce n'est, d'ailleurs, comme on sait, qu'une simple entrée de jeu, un acompte sur le budget. La chose se fit entre deux heures et demie et cinq heures. Moins de trois heures ont suffi à cette légère opération. Aucun amendement n'a été adopté, ni même sérieusement discuté. Il n'y avait personne dans la salle, et les assistants n'avaient qu'une pensée : en finir, de peur de retarder les vacances.

***

Il y aurait eu, cependant, beaucoup à dire et sur le budget en lui-même, et sur son lien intime avec le tarif douanier en discussion ; mais personne, à gauche, ne semblait même le soupçonner. Cependant, il s'est rencontré à droite quelques députés pour réclamer en faveur des contribuables. M. Brincard a demandé l'abolition de l'impôt personnel, qui ressemble fort à un impôt de capitation, et proposé de le reporter sur la contribution mobilière, qui se calcule d'après le loyer et pèse, dès lors, beaucoup moins lourdement sur le pauvre que sur le riche ; mais cette solution démocratique n'a pas eu le don de plaire aux grands amis du peuple qui composent la majorité républicaine. Un autre amendement, présenté par M. Thellier de Poncheville, avait une portée tout aussi générale. Il visait l'impôt foncier sur la propriété bâtie. On sait dans quelles conditions d'arbitraire il a été procédé, depuis quelques années, à une évaluation nouvelle des immeubles de cette catégorie. Les contribuables ont été l'objet d'une véritable surprise. Sous prétexte de statistique, les agents du fisc ont effectué, par toute la France, cette estimation, sans s'astreindre à aucune des règles tutélaires établies par la loi. Le plus souvent on ne réclamait pas, il ne s'agissait que d'une innocente statistique !

***

Mais un beau jour, ces évaluations inoffensives ont, de par le vote des Chambres, acquis force de loi, et il en est résulté, pour nombre de contribuables, une surcharge énorme. On n'a pu cependant fermer aux victimes tout recours légal. Il a fallu leur laisser des délais pour réclamer : six mois à partir de l'émission des rôles cette année, et trois mois l'année prochaine. Faute de quoi, leur impôt deviendra irréductible pendant dix ans. Or, sait-on combien, au 15 juin, il y avait déjà de contribuables ayant réclamé ? On en comptait 45,000, répartis dans plus de 9,000 communes, c'est-à-dire sur le quart du territoire français. Le rapporteur, M. Cavaignac, trouve que c'est fort peu, comparativement au nombre des contribuables. Il est vraiment bien facile à contenter ! On est encore bien loin de l'expiration des délais de réclamation ; on pourra protester encore l'année prochaine ; le mouvement ne fait que commencer, et, pour peu qu'il s'accélère, on ne sait trop comment les conseils de préfecture pourront statuer sur une telle masse de litiges.

***

Il ne manque pas, d'ailleurs, d'exemples d'évaluations erronées portant sur une commune tout entière. On se rappelle l'histoire d'un agent envoyé à Sarlat pour procéder aux évaluations et qui ne trouva rien de mieux que d'estimer les loyers de cette petite ville sur le même pied que ceux de Périgueux. Il fallut une émeute pour obtenir le redressement de cette erreur vraiment phénoménale. Combien d'autres fautes, moins lourdes, ont dû être commises et ont passé inaperçues ! Pour les réparer, il devrait être présenté autant de réclamations qu'il y a d'habitants dans la localité. Mais on ne l'obtiendra jamais, et, l'obtint-on, le jugement de ces réclamations deviendrait tout-à-fait impossible. C'est bien sur cela que compte l'administration pour sauver son œuvre. Le seul moyen d'arriver à un résultat pratique serait d'autoriser une nouvelle évaluation contradictoire des immeubles bâtis de toute commune dont le conseil municipal le réclamerait, dans les délais légaux et avec l'avis favorable du conseil général. Cette solution équitable et rationnelle avait été réclamée par les conseils généraux de huit départements, et M. Thellier de Poncheville l'a proposée à l'acceptation de la Chambre ; mais la majorité républicaine l'a repoussée : elle l'a trouvée sans doute trop respectueuse des droits du suffrage universel.

***

Cette même majorité n'a pas fait meilleur accueil aux observations de M. Lanjuinais, à propos du dégrèvement de l'impôt foncier sur la propriété bâtie. Le principal de cet impôt a été, on le voit, réduit de 15 millions l'année dernière. Mais cette diminution de quinze millions sur 118, n'est nullement ce qu'avait réclamé la droite. Elle avait demandé la suppression totale du principal de l'impôt ; elle l'a demande encore dans l'intérêt supérieur des campagnes, de plus en plus délaissées pour les villes. Rien n'est plus naturellement indiqué qu'une telle réforme en ce moment. Les surtaxes que la Chambre vient de voter, et que le Sénat votera également, produiront un surcroît de recettes douanières que l'on peut évaluer différemment, mais qui dépasseront de beaucoup le chiffre du principal de l'impôt foncier. Ce serait une injustice criarde de ne pas faire usage de cette ressource exceptionnelle pour accorder aux contribuables une légitime satisfaction en supprimant quelques-uns des impôts qui les chargent le plus, par exemple l'impôt foncier, l'impôt personnel et l'impôt des portes et fenêtres. C'est ce que la droite réclame depuis longtemps ; ces dégrèvements doivent, à ses yeux, être le complément nécessaire et l'une des conséquences les plus utiles de la réforme douanière. Mais ce n'est pas ainsi que l'entend la gauche, et elle semble disposée à ne se servir des nouvelles ressources provenant de la douane que pour satisfaire de nouvelles fantaisies et commettre de nouvelles prodigalités.

LE BONHOMME DESCHAMPS.

LA QUESTION OUVRIÈRE

Le cabaret.

Le cabaret voilà l'ennemi ! C'est au cabaret que l'ouvrier va porter le salaire qui devrait faire vivre lui et sa famille ; c'est au cabaret que l'ouvrier va ruiner son corps, en le gorgeant de boissons malsaines : c'est au cabaret que l'ouvrier va perdre cette raison que Dieu lui avait donnée pour le distinguer de la brute ; c'est au cabaret que l'ouvrier apprend la haine contre Dieu, contre la société, contre le travail ; c'est au cabaret que naissent les grèves ; c'est au cabaret que naîtront ces révolutions sanglantes qui finiront par anéantir notre beau pays de France.

De tous côtés on fait de belles phrases sur la question ouvrière ; on propose de belles solutions, mais personne ne songe à attaquer le mal dans sa source, personne ne parle de supprimer les cabarets.

Bien plus, on favorise les cabarets et tous les jours les républicains, ces prétendus amis du peuple, autorisent l'ouverture de nombreux cabarets, conviant ainsi le peuple à aller s'empoisonner physiquement et moralement.

A quoi tient cet état de choses ? A ce que les cabarets sont devenus une puissance électorale pour ceux qui ne rougissent pas de s'en servir.

Est-ce que l'ouvrier honnête, l'ouvrier travailleur, l'ouvrier bon époux et bon père de famille, l'ouvrier craignant Dieu et pratiquant ses commandements écouterait tous les organisateurs de grèves, tous les prédicateurs d'utopies sociales, le matin, alors qu'il quitte le foyer de la famille pour se rendre à l'usine ? Ce serait une erreur de le croire. L'ouvrier n'a d'oreilles pour ses meneurs, que lorsqu'il a laissé sa raison dans les verres d'absinthe et de cognac ; l'ouvrier ne va porter dans l'urne, les billets aux noms de Basly et autres que lorsque ses jambes ne peuvent presque plus le porter lui-même.

Pourquoi l'ouvrier réclame-t-il une durée moins longue de la journée, un salaire hors de proportion avec le travail qu'il fait, c'est pour avoir plus de temps à passer au cabaret et plus d'argent pour pouvoir payer ce qu'il y consomme. Le souci du bien être des siens n'entre pour rien dans ses revendications.

Un jour viendra, c'est triste à dire, où en écrivant l'histoire de notre malheureux pays, on désignera l'époque actuelle, la deuxième période républicaine, sous le nom de période des cabarets.

L'illustre Constans, le vainqueur de Fourmies, devrait bien nous dire quel est, d'après le dernier recensement, le nombre des cabarets existant en France et le nombre d'hommes employés au service de ces cabarets. Cette statistique serait pleine d'enseignements et nous apprendrait, en d'autres choses, combien de bras sont employés à verser le poison à leurs semblables, alors que, sur presque tous les points de la France, les bras manquent à l'agriculture.

Guerre donc aux cabarets ; guerre sans relache ; il y va du salut de la France. Propriétaires, agriculteurs, industriels, commerçants, tachez d'inspirer à tous ceux que vous employez, à tous ceux sur lesquels vous exercez de l'influence, l'horreur du cabaret et vous rendrez au pays, à vous mêmes et surtout aux ouvriers, un immense service.

C. C.

NOUVELLES DE LA SEMAINE.

Les caissiers qui filent. — Des « accidents » nombreux et graves sont survenus coup sur coup dans le personnel administratif, financier et même judiciaire. Il serait difficile de les énumérer tous. Un journal de Bordeaux essayait de le faire il y a quelques jours, sans y réussir. Il en oubliait, et non point des moindres. L'affaire Herbette, par exemple. Nous avons appris successivement que les bureaux de la guerre et de la marine, si soigneusement fermés en apparence, n'avaient point de secrets pour les aventuriers suspects, tels que Turpin et Triponé; que les commissaires de police faisaient des « emprunts » aux financiers véreux pour payer leurs différences de jeu ou satisfaire à d'autres besoins aussi peu moraux ; que les trésoriers généraux, ignorant leur métier, laissaient voler les caisses publiques par des fondés de pourvoir pris dans le personnel épuré ; que le maire radical de Bessèges, d'accord avec le percepteur de l'endroit et plusieurs autres républicains notables, tripatouillait dans les fonds des loteries ; que le receveur municipal de Tournus venait d'entrer à la prison de Mâcon, celui de Cahors avait été arrêté à son domicile, le percepteur de la Motte-Beuvron s'était suicidé; de même celui de Dieppe, M. Delamarre dans la caisse duquel un déficit de 120,000 fr. a été constaté. Les rares organes indépendants de la presse républicaine avouent que cela paraît « révéler un état de choses assez « inquiétant pour la bonne gestion des affaires « publiques ». Nous sommes entièrement de leur avis. On a jugé à propos de subordonner toutes les nominations de percepteurs à la politique, de ne plus tenir aucun compte des aptitudes professionnelles et de la moralité des candidats. On n'a plus songé qu'à répondre aux exigences parlementaires et électorales. Les scandales qui se sont produits ne sont que la moindre partie de ceux qui éclateront dans la suite. Il y a, en ce moment, dans les services publics, des symptômes de démoralisation et de corruption qui ne tarderont pas à s'aggraver.

Les grèves subventionnées — Nous voici entrés définitivement dans la saison des grèves. C'est la mode. Cette semaine on ne parlait de rien moins que de la grève de tous les ouvriers d'une compagnie de chemin de fer. Et cela s'explique. Chaque fois qu'une grève se produit, le conseil municipal de Paris vote des secours aux grévistes. Que son intention soit de subventionner la caisse du syndicat, la chose ne saurait être l'objet d'un doute.

Il était difficile au gouvernement d'autoriser ouvertement des délibérations ayant un tel caractère et de permettre aux corps administratifs de faire aux industriels — qui sont des contribuables — la guerre avec leur argent.

Le ministre de l'intérieur s'en est tiré par un expédient fort ingénieux. Si le conseil municipal subventionne une grève on annule sa délibération ; mais s'il vote des secours aux ouvriers que la grève laisse sans ouvrage, le ministre approuve et le préfet donne au receveur municipal l'ordre de payer. Cette jurisprudence, adoptée pour tromper le public et lui faire croire à l'énergie du ministre de l'intérieur ne gêne pas beaucoup les organisateurs des grèves.

Il y a trois mois, un certain nombre d'ouvriers fondeurs en cuivre, tourneurs et robinetiers, étant en désaccord avec la maison qui les employait, celle-ci refusa de subir leurs conditions et les remplaça. Aussitôt le conseil municipal vota une somme de deux mille francs a répartir entre les ouvriers renvoyés.

Le préfet a fait remettre cette somme au maire chargé de distribuer « ce secours accordé à des familles nécessiteuses. »

Qu'on s'étonne donc après de pareils scandales que des maisons sérieuses ferment leurs portes après avoir déposé leur bilan !

La statue de Danton. — Comme il fallait s'y attendre, le gouvernement a capitulé devant les radicaux. La statue de Danton va donc être érigée en plein Paris ! Il restera à expliquer aux amateurs de logique comment et pourquoi le même gouvernement interdit les représentations de *Thermidor* sur la scène de la Comédie-Française et procède avec pompe à l'inauguration de la statue de Danton sur la place de l'Ecole-de-Médecine. Mais il y a longtemps qu'on nous a fait comprendre que la politique et la logique sont choses d'essences absolument différentes. Il y aurait bien une autre façon d'être logique : Danton et Robespierre ayant été deux scélérats, il n'y aurait qu'à les abandonner « en bloc » aux justes sévérités de l'histoire. Mais il paraît que pour les républicains le dernier mot du courage consiste, quand on a devant soi deux criminels, à n'en glorifier qu'un seul.

Une simple question encore : comment veut-on que le public s'y reconnaisse quand il voit dans la même quinzaine, arrêter et condamner à la réclusion un Culine ou un Lafargue et glorifier un Danton ? Entre les révolutionnaires d'autrefois et ceux d'aujourd'hui la différence est dans le degré d'audace. Le sang coule moins de nos jours. Comment expliquer qu'on soit mis en prison si l'on se borne à des excitations oratoires et sur un piedestal si l'on égorge ?

Touchante générosité du gouvernement à l'égard des cultivateurs.

M. Emmanuel Arène, député républicain, nous raconte une fort jolie histoire qui prouve combien le gouvernement se montre généreux envers les agriculteurs.

Un cultivateur de San-Lorenzo (Corse), a été complètement ruiné par les orages et par le rude hiver que nous venons de traverser. Comme le Parlement a voté des secours pour ce genre de désastres, il s'est adressé au ministère de l'agriculture par l'intermédiaire de son député, M. Emmanuel Arène, et voici l'adorable épître que celui-ci a reçue en réponse à sa demande en faveur de son protégé.

MINISTÈRE DE L'AGRICULTURE — REPUBLIQUE FRANCAISE

Service central

Secrétariat

Secours pour pertes matérielles et événements malheureux — Paris, le 11 juin 1891

Exercice 1891

Monsieur le député et cher collègue,

Vous avez bien voulu me recommander une demande de secours formée par M. Antoine Négroni, demeurant à San-Lorenzo, pour orage.

J'ai l'honneur de vous faire connaître qu'après avoir fait procéder aux constatations réglementaires, j'ai, par décision de ce jour, alloué à M. Négroni une somme de 7 fr. 50, représentant le maximum de secours que les réglements en vigueur permettent d'accorder.

Veuillez agréer, etc., etc.

Le ministre de l'agriculture,
Jules DEVELLE.

Et M. Arène de s'écrier spirituellement :

Sûrement, Négroni va croire que j'ai mal expliqué son affaire ; ces 7 fr. 50 qu'on donne après l'orage, c'est évidemment pour qu'on s'achète un parapluie ou pour qu'on change de chaussettes... Mais après ? Voilà ce que va me demander Négroni, et ce que je vous demande à vous, mon cher ministre. J'entends qu'en ce moment surtout, on parle beaucoup à la Chambre de l'agriculture. Tout le monde veut l'encourager. A quoi, avec 7 fr. 50 ? A ne plus avoir d'orages, peut-être !

Jean RAGE.

LA MALADIE DES POMMES DE TERRE

Le printemps froid et pluvieux que nous venons de traverser fait prévoir le développement de la maladie des pommes de terre. A cette occasion, le directeur de la station agronomique de la Seine-Inférieure rappelle aux cultivateurs qui veulent soigner leurs récoltes, que le moment est opportun pour opérer le cuivrage de leurs pommes de terre à l'aide de la bouillie bordelaise.

Préparation de la bouillie bordelaise :

Plonger pendant dix minutes dans six à huit litres d'eau, 2 kilog. de bonne chaux vive (1). Retirer l'eau et laisser la chaux se déliter, c'est-à-dire se réduire en poudre. Après refroidissement, la passer à travers un tamis à mailles de 5 millimètres. La poudre ainsi obtenue est délayée dans environ dix litres d'eau et la bouillie (ou lait de chaux) qui en résulte est versée à son tour sur un tamis semblable à celui qui sert à passer le lait, et qui la conduit dans un baquet ou une feuillette où l'on a mis 80 litres d'eau. Agiter avec un bâton.

D'autre part, on dissout dans environ six litres d'eau chaude 3 kilog. de sulfate de cuivre en cristaux (couperose bleue), et la dissolution est versée dans un baquet ou la feuillette contenant le lait de chaux. Agiter pour bien mélanger la chaux et le sel de cuivre. On complète avec de l'eau pour faire un volume total de 100 litres.

La bouillie bordelaise est préparée (2). On la distribue en pluie fine sur les fanes de pommes de terre, au moyen d'un pulvérisateur ou d'une seringue en cuivre, dite de jardinier. (Les seringues en zinc seraient vite altérées). L'emploi de la bouillie bordelaise doit être fait préventivement, c'est-à-dire avant l'apparition de la maladie.

A cette effet, on opère un premier épandage à l'époque où les tiges des pommes de terre ont admis un développement d'environ 30 centimètres.

Le second épandage de bouillie bordelaise a lieu trois semaines après.

Choisir pour l'épandage un temps sec.

La bouillie non utilisée est conservée dans des tonneaux fermés. On l'agite à nouveau avant de l'employer.

Quantité employée par hectare à chaque épandage : 15 à 18 hectolitres.

Prix de revient par hectare et par chaque épandage (à raison de 15 hectolitres) :

4 journées d'hommes, à 3 fr....	12 fr.	
30 kil. de chaux vive, à 0 fr. 02 le kil........................	0	60
46 kil. sulfate de cuivre, a 50 fr. les 100 kil........................	22	50
Total.........	35 fr.	10

soit une dépense de 70 fr. pour deux épandages qui peuvent sauver une récolte de 800 fr. à 1,200 fr. (25,000 kil. de pommes de terre à 4 fr. les 100 kil. 1,000 fr.

De nouvelles expériences ont établi également l'efficacité d'une bouillie bordelaise dans laquelle la chaux a été remplacée par les cristaux de soude qu'on trouve chez tous les épiciers.

La préparation en est plus simple :

On dissout 3 kilog. de sulfate de cuivre dans six litres d'eau très chaude, et lorsque la dissolution est complète, on y ajoute 3 kilog. de cristaux de soude, autant que possible en poudre grossière, et l'on agite le tout avec un bâton. Eviter l'emploi des vases en fer ou en fonte. On complète ensuite le volume de la dissolution à 100 litres, et on agite encore, afin de rendre la bouillie homogène. On la distribue sur les fanes de pommes de terre, comme il est indiqué ci-dessus.

Rappelons que l'on traite aussi la maladie de la pomme de terre d'une façon très simple et très efficace par la poudre phosphocuivrique préparée à cet effet par M. Bichon, négociant à Montpellier.

(1) Il y a différentes qualités dans la chaux. Les chaux mal cuites ne se délitent pas ou se délitent trop lentement. Il faut prendre de la chaux bien cuite qu'on reconnaît à la rapidité avec laquelle elle s'éteint ou foisonne.

(2) La bouillie bordelaise bien préparée est alcaline, c'est-à-dire bleuit un papier rouge de tournesol. Si elle était acide, ce serait l'indice qu'on n'aurait pas mis assez de chaux. On augmenterait alors la proportion de cette chaux. Une bouillie acide pourrait altérer les feuilles.

JEUNES VIGNES ET VERS BLANCS

Un coup d'œil jeté dans notre région, sur les vignes soit américaines, soit françaises, récemment plantées, permet de constater sur beaucoup de points et par zone circonscrite, un fléchissement marqué, simulant les attaques du phylloxéra.

La vigne s'arrête de pousser, les feuilles jaunissent. Un coup de bêche au pied du jeune plant révèle un, deux, et quelquefois trois vers blancs attaquant la racine et l'écorce de la tige. La région beaujolaise et mâconnaise est aujourd'hui sérieusement endommagée par ce parasite monstre qui atteint cette année la demi-longueur du doigt.

Fin juillet, il doit se transformer en nymphe — mais que de dévastations d'ici là! — L'année prochaine, au mois d'avril, l'insecte parfait, le hanneton, dévorera comme il y a deux ans, nos haies et nos forêts, pour recommencer son évolution triennale accompagnée de désastres incalculables.

L'année dernière, un pépiniériste de Villefranche (Rhône), n'a pu sauver du naufrage que 30 ou 40,000 greffes sur 500,000 plantés. Je ne parle pas des prairies absolument ravagées sur les bords de la Saône, et les pommes de terre toutes plus ou moins entamées et invendables.

On a évalué, en se basant sur des observations précises, au chiffre de 250 à 300 millions les pertes qu'en une seule année causent à l'agriculture les hannetons et leurs larves. On peut ajouter que depuis quelque temps le Rhône et la Saône-et-Loire paient un tribut énorme au fléau.

Pour les plantations américaines, déjà très coûteuses, le verre blanc cause en particulier des ravages désespérants et profondément décourageants.

Quel remède appliquer ?

Le *hannetonnage* est sans contredit une opération excellente, et je suis convaincu qu'à cet egard une campagne sérieuse sera entreprise pour détruire l'insecte ailé. Les conseils généraux, les communes doivent voter des subventions ; les propriétaires eux-mêmes doivent concourir de leurs propres deniers à cette destruction.

Mais, en attendant le mois d'avril 1892, qui est l'époque, pour notre région du moins, de la grande éclosion de ces coléoptères, les larves feront des dégâts jusqu'à fin juillet dans les jeunes vignes et les pépinières d'Américains. Fin juillet, ce ver blanc s'enfonce en terre, se transforme en nymphe ou chrysalide et devient innocent.

Jusqu'à cette époque, faut-il se croiser les bras ? Je crois que les sulfurages peuvent être très efficaces, pratiqués avec soin.

Dans les pépinières, il faut employer de petites doses et opérer à 30 centimètres des tiges. On suit une ligne intercalaire entre les rangées plantées, on injecte 5 grammes de sulfure par trou fait à 25 centimètres les uns des autres sur la ligne. Cette méthode m'a parfaitement réussi.

Le sulfurage avant la plantation est excellent. On procède de la façon suivante : dix jours avant la plantation dans le terrain fumé, et d'ailleurs bien préparé, on injecte tous les 25 centim., sur une ligne tirée au cordeau, 10 grammes de sulfure de carbone. On sulfure à plein pal, comme on dit. Cette première ligne sulfurée, on porte le cordeau à 25 centimètres plus loin, et on sulfure sur cette nouvelle ligne dans les mêmes conditions, en ayant soin, comme toujours, de bien boucher les trous. Dix jours après, on plante sa jeune vigne.

Pour cette opération, il est nécessaire de répandre dans le sol des vapeurs toxiques, avec toute l'attention possible pour tuer un parasite très résistant. J'ai observé que le sulfure de carbone pur réussissait mieux que le sulfure de carbone mélangé de vaseline.

Bien entendu, si des prairies ou des champs de pommes de terre sont dévastés par les vers blancs, je ne conseillerais pas la dépense des sulfurages. Et à vrai dire, j'ignore comment le sulfure se comporte avec tel autre végétal que la vigne. Mais quand on plante des Américains on fait de telles avances d'argent, que l'emploi du sulfure pour assainir un terrain à pépinière avant la plantation, est une dépense bien comprise.

En résumé, le hannetonnage, quand le temps sera venu, les sulfurages appliqués à propos peuvent protéger nos jeunes vignes.

Je crois peu à l'application de la découverte de M. Le Moult dont l'*Agriculture nouvelle* a donné le compte-rendu. On sait que M. Le Moult, en fouillant une prairie de Céaucé (Orne), a rencontré des larves d'hannetons mortes et couvertes d'une sorte de moisissure blanche. Cette moisissure est un parasite du ver blanc que M. Bresadola a trouvé sur le hanneton parfait dans le territoire de Trente (Autriche). Cette moisissure ou champignon microscopique, qui a reçu le nom de *Botrytis tenella*, a été étudiée par MM. Prillcux et Delacroix, au point de sa morphologie et de son évolution.

On peut infecter des vers blancs en semant les spores de la moisissure sur la terre, à l'aide d'un liquide de culture, et cela sans que les plantes soient incommodées.

Faut-il de là conclure à la possibilité de cultiver en grand cette moisissure pour la répandre dans le commerce?

A la rigueur, cette culture industrielle est admissible. Mais en revanche, croit-on raisonnablement à la destruction possible des vers blancs dans des conditions pratiques, à l'aide de cet ennemi microscopique? Pour ma part, je suis très incrédule. Aussi bien la découverte d'un parasite du même genre de M. Brongniart fils sur le criquet d'Algérie offre un grand intérêt scientifique. Mais je ne vois pas encore le moyen de détruire pratiquement les acridiens dévastateurs de l'Algérie avec des spores de moisissures.

Qu'une épidémie de *muscardine* ou de *flacherie* détruise les vers à soie dans une magnanerie, cela se conçoit. Le parasite microscocopique se propage dans ce milieu mal aéré, où l'encombrement et la souillure par les matières fécales sont autant de conditions favorables, avec une rapidité facile à concevoir. Les épidémies humaines atteignent ainsi toute leur intensité dans les casernes, les lycées et toutes habitations où les contacts sont multiples et fréquents. Mais certes, les criquets et les vers blancs ne sont pas élevés en chambre comme les vers à soie, et pour qu'une maladie parasitaire se propage de ver à ver sur de nombreux hectares, il faut des conditions spécialement favorables, comme dans la prairie étudiée par M. Le Moult, pour que la maladie devienne un instrument de destruction contre le ver blanc.

Nous sommes encore bien loin de la solution pratique découlant de cette intéressante étude de MM. Prillieux et Delacroix.

Mais je n'ai pas l'habitude de douter de l'avenir de la science. Les faits constatés par ces observateurs sont pour le moment très précieux à enregistrer.

Dr C. CAZENEUVE,

Professeur à la Faculté de médecine de Lyon.

LA BOTTELEUSE

Notre ami, M. Zentz d'Alnois, le grand manufacturier bien connu à Beauvais, s'occupe d'agriculture dans ses moments de loisir, à Boury (Oise).

Peiné de voir la fatigue qu'éprouvent les ouvriers occupés à mettre en gerbes les récoltes à l'époque de la moisson, il chercha le moyen d'alléger ce travail si pénible et, après quelques tâtonnements, imagina la machine ci dessous, qui facilite considérablement et sans efforts, le liage de toutes les pailles, produisant, avec le lien habituel en paille de seigle, des gerbes de la grosseur desirée et de la compression voulue. En effet, à l'aide du levier, l'homme le moins fort, les femmes et même les enfants peuvent faire des gerbes. Avec cet instrument très simple qui peut se transporter dans les champs aussi facilement qu'une brouette ordinaire, le petit cultivateur peut faire sa récolte lui-même, sans avoir besoin d'employer des ouvriers lieurs étrangers, si exigeants à cette époque de l'année.

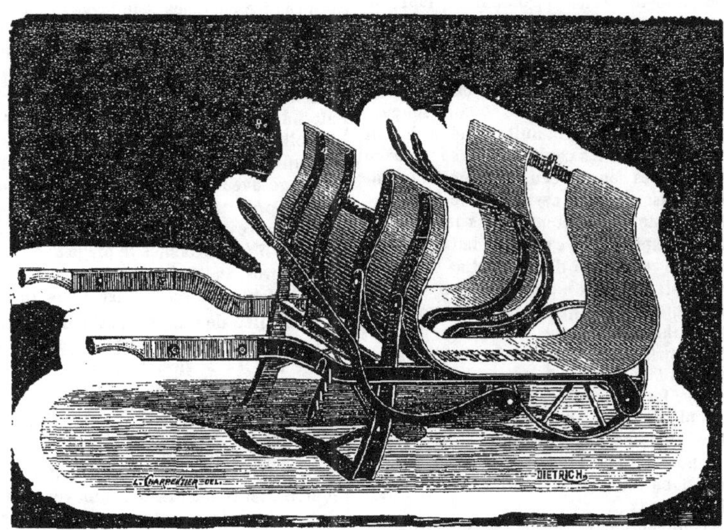

La *botteleuse* n'est pas encore dans le commerce.

Nous espérons, dans l'intérêt de la culture, qu'un constructeur entreprendra la fabrication et la propagation de cet instrument pratique et peu coûteux, unique jusqu'à ce jour. En attendant, il fonctionnera dans les champs à Boury, à la prochaine moisson, à la vue de tous ceux qui voudront juger du résultat. Ajoutons que cette lieuse, disposée sous la claie d'une batterie, la paille qui s'en écoule pourrait être recueillie dans la brouette-lieuse, mise en gerbes à mesure du travail; des chevilles articulées arrêtant momentanément la chûte de la paille, pendant que la ligature, qui se fait à la main avec les liens en paille de seigle comme d'habitude.

Le réempoissonnement et la loutre.

On parle de repeupler les cours d'eau : mais il faudrait auparavant détruire les loutres qui les dépeuplent.

La question a son importance.

Le gouvernement dépense chaque année des sommes assez considérables pour entretenir des établissements de pisciculture destinés à produire des alevins pour le repeuplement des rivières.

Le seul établissement de Bouzey, dans les Vosges, coûte quarante mille francs par an ; je ne parle point de celui de Thonon, dans la Haute-Savoie, ni de l'aquarium du Trocadéro, dans lequel on vient de prendre cinquante mille alevins de salmonidés pour repeupler la Seine.

Le gouvernement belge, frappé des déprédations causées par les loutres, a mis leur tête à prix ; par arrêté du 9 juillet 1889, ce moyen a parfaitement réussi. Les loutres ont presque complètement disparu, en sorte qu'en 1890 il n'a été payé que 4,400 fr. de primes pour 440 loutres soit dix par tête (1).

Je m'estimerais heureux si ce que j'ai à dire des loutres pouvait déterminer le gouvernement français à imiter le gouvernement belge.

Tout le monde connait la loutre de nom, mais très peu de personnes la connaissent pour l'avoir vue; j'ai l'avantage ou plutôt le désavantage d'être du nombre de ces dernières, car je reçois fréquemment sa visite, beaucoup trop fréquemment pour la conservation de mes poissons. J'ai pu l'étudier tout à mon aise.

La loutre a un peu l'aspect du renard, la tête est très petite et moins grosse que le cou, la gueule est largement fendue, armée de dents pointues comme des aiguilles. Sa fourrure est soyeuse et très estimée.

Elle atteint le poids de neuf à onze kilos environ.

Elle fait une portée de deux ou trois petits. Elle met bas, vers le mois de juillet, dans des fourrés impénétrables; pendant le jour, les jeunes loutres poussent de petits cris qui les font découvrir.

On peut très facilement apprivoiser la loutre; lorsqu'elle est prise sous la mère, on la nourrit comme un chaton avec du lait et de la soupe.

La loutre ne sort que la nuit; pendant le jour, elle se cache dans les cavités qui se trouvent sur le bord des cours d'eau, ou bien dans une truisse creuse, souvent assez loin de l'eau.

Elle ne reste pas longtemps dans le même endroit, elle exploite un carré de deux ou trois lieues; elle va et vient d'un point à un autre, pour y rester plus ou moins longtemps et n'y revenir quelquefois que deux ou trois mois après; mais on s'aperçoit vite de sa présence par les débris de poisson qui jonchent le sol.

Ses mets favoris sont la carpe, le barbillon, l'anguille, les salmonidés, toujours les plus grosses pièces; elle s'amuse quelquefois à pêcher d'autres poissons, mais elle les laisse sur le terrain pour les pêcheurs malheureux, qui les mettent dans leur sac et rentrent tout triomphants chez eux.

Elle commence par attaquer les entrailles.

Elle aime la chair fraiche, jamais elle ne revient pour finir les restes de son festin; il ne faut donc pas essayer de la capturer avec une vieille proie ou avec un poisson qu'elle n'a pas pêcher el e-même.

Lorsqu'elle veut chasser, elle s'y prend très adroitement. Elle fait dans l'eau des bonds qui font le même bruit que fait un plongeur, en se jetant dans l'eau d'une hauteur de deux ou trois mètres. (J'ai vu de mes propres yeux et entendu de mes oreilles). Ce bruit inaccoutumé effraie le poisson qui va se cacher dans les cavités des rives, alors la loutre fait son choix: tout le monde sait que le poisson effrayé se laisse facilement prendre même à la main, dans sa cachette.

On prétend que les chiens prennent la piste de la loutre de très grand matin, je ne puis pas le certifier, je n'ai jamais fait cet essai.

Lorsque les herbes sont hautes dans les prés on peut suivre facilement la piste de la loutre; elle se roule ordinairement en sortant de l'eau, on voit très bien l'emplacement.

Elle plonge avec une extrême facilité, mais elle ne reste pas longtemps sous l'eau; elle met le nez à l'air pour respirer, le plus souvent dans les excavations qui se trouvent le long des rives dans les roseaux, sous une feuille de nénuphar, en sorte qu'on ne peut presque jamais la voir, et qu'il est excessivement difficile de la suivre dans l'eau.

Le moyen de destruction le plus sûr est le piège; lorsque la loutre a élu domicile dans un endroit pour quelques jours, on peut, en examinant les rives, trouver facilement ses passages; elle s'en écarte rarement. Elle fait, dans les roseaux ou dans les hautes herbes, des coulisses comme le lapin; on est assuré de la prendre en plaçant le piège dans les passages et en ayant soin de le cacher: on le met quelquefois à une profondeur d'environ 10 cent. dans l'eau; tout cela dépend de la disposition des lieux. Il ne faut jamais employer le collet, attendu que le cou étant plus gros que la tête, le collet passe par-dessus. J'ai vu une loutre manquée quatre fois de suite dans le même passage avec un collet, mais prise immédiatement après un piège: ce qui semblerait indiquer que ces animeaux ne sont pas très défiants. Il faut attacher le piège avec une chaine à une grosse pierre ou à un morceau de bois que la loutre puisse trainer, mais difficilement.

Si au lieu de cela on l'attache à un piquet, on court le risque de n'avoir que le bas de la patte ou les ongles, attendu qu'elle se débat jusqu'à ce qu'elle soit délivrée.

La loutre, une fois prise et trainant son piège ne cherche pas à se cacher dans l'eau, on la retrouve à peu de distance.

Je crois avoir suffisamment fait connaître les loutres, leurs mœurs et les moyens de les capturer; je vais maintenant essayer de faire le compte des millions qu'elles nous coûtent.

Chaque loutre détruit environ 3 kil. de poisson par vingt-quatre heures; en chiffres ronds, environ 1,000 kil. par an, à 1 franc le kil., 1,000 francs.

Elle en détruit beaucoup plus qu'elle n'en mange; elle a les yeux plus grands que le ventre; elle détruit pour le plaisir de détruire.

Le nombre des loutres est beaucoup plus considérable qu'on ne pense: ce qui l'indique, ce sont les débris de poisson qu'on trouve à chaque instant sur le bord de l'eau.

Je crois ne pas exagérer en portant à deux cents par département le nombre des loutres, ce qui fait environ dix-sept mille qui détruisent pour dix-sept millions de poissons chaque année.

Pour nous exonérer de cet énorme tribut, le gouvernement français devrait, à l'instar du gouvernement belge, donner de fortes primes pour la destruction des loutres, comme il en donne depuis longtemps pour la destruction des loups.

Cette mesure, éminemment conservatrice de notre poisson, ne rencontrerait pas de contradicteurs, j'en suis persuadé; bien au contraire, elle pourrait nous ménager l'agréable surprise que voici:

« Messieurs les braconniers, attirés par l'ap-
« pât de primes assez rondelettes, laisseraient
« peut-être quelque temps notre pauvre gibier
« en repos, pour se mettre à traquer les lou-
« tres. La dernière aurait bientôt disparu. »

Cette heureuse diversion produirait immédiatement deux résultats merveilleux:

Dont l'un serait le repeuplement de nos bois et de nos plaines, puisqu'il n'y aurait plus de braconniers.

Et l'autre, le repeuplement de nos eaux, puisqu'il n'y aurait plus de loutres.

Il ne faut pas trop y compter. C. Sarcé.

(1) L'arrêté belge est précédé de considérants au milieu desquels on lit textuellement: « La multiplication des loutres, on l'a constaté, marche de pair avec le repeuplement des eaux, les repeuplements des cours d'eau et des canaux entrepris par le gouvernement ont jusqu'à présent très bien réussi et il importe de veiller à ce que la propagation des loutres ne vienne amoindrir considérablement, sinon détruire, les résultats obtenus. »

Nouvelles agricoles.

La culture du maïs à grain. — La section d'agriculture de la Société des Agriculteurs de France ouvre une enquête sur la culture intensive du maïs à grain qu'il serait utile de propager dans la région où la plante peut venir à maturité: elle recommande de pratiquer dans cette culture des expériences d'engrais chimiques à haute dose et recommande pour les terres de moyenne fertilité les formules suivantes:

	Terrain siliceux	Terrain argilo-calcaire
Superphosphate..........	500 kil.	500 kil.
Nitrate de soude.........	150	200
Chlorure de potassium....	300	100
Sulfate de fer............	»	100

Ces formules doivent être naturellement modifiées, selon les cas, d'après la composition du sol.

Concours d'arracheurs de betteraves. — Le Syndicat des fabricants de sucre de France avait organisé, l'an dernier, un concours d'arracheurs de betteraves.

Ce concours n'ayant pas donné les résultats qu'on en attendait, il a été convenu qu'il serait recommencé cette année.

Une somme de six mille francs sera répartie, d'après le rapport fait par les membres du jury d'examen, entre les constructeurs des trois instruments les plus perfectionnés, comme il suit:

Une somme de quatre mille francs, comme premier prix, au constructeur de la machine ayant rempli, pendant une année au moins, et dans les différents champs d'essai, les conditions imposées par le concours;

Une somme de douze cents francs au constructeur de la machine arrivant en seconde ligne;

Et une somme de huit cents francs à la machine arrivant en troisième ligne.

Les dates et lieux de concours seront ultérieurement indiqués.

Le délai d'inscription pour les constructeurs est fixé au 1er septembre 1891.

Les onze plus gros marchands de blé en France. — Onze maisons monopolisent en France le commerce des blés. Ce sont: Ephrussi (Russie); Talmann frères et Cie (Prussiens); Dreyfus et Cie (Français); Negroppolos (Valaque); Leduc et Cie (Français); Waeller frères (Prussiens); Demberg et Cie (Allemands); Collet (Français); Herkelbourg (Belge); grands moulins de Corbeil, où M. Erlanger, consul autrichien, était hier tout puissant.

Un journal fait remarquer avec raison que cette courte statistique est très instructive et peu rassurante. Sur onze maisons qui concentrent tous les blés, dans un pays agricole comme le nôtre, il y en a juste deux qui sont franchement françaises, lés maisons Leduc et Collet. Les autres sont étrangères ou à peu près.

Ça va bien: avec la *Graineterie française* d'un côté, et cette collection d'étrangers de l'autre, notre commerce national est en bonnes mains.

Concours agricole de l'association bretonne. — Cette année, l'association bretonne tiendra son congrès à Saint-Servan, du 7 au 12 septembre.

Elle organisera un conceurs hippique, un concours de bestiaux, de volailles, de produits agricoles et maraîchers, etc.

Le programme sera envoyé aux membres du Syndicat qui en feront la demande à M. le Secrétaire général, 3, rue de Bordeaux, Rennes.

Concours de chrysanthèmes. — Ce concours aura lieu le 16 novembre 1891, Palais des Etats, salle Philharmonique, à Dijon. Les demandes de prendre part au concours devront être adressées avant le 3 novembre à M. Ch. Rabutot, secrétaire de la Société, rue Piron, 1, à Dijon.

Association professionnelle de Saint-Fiacre. — Cette association, qui est un syndicat d'horticulteurs et jardininiers ayant son siège 126, boulevard Montparnasse, à Paris, vient de créer un bureau de placement gratuit pour ses membres.

Tous ceux qui font partie de l'Association peuvent donc s'adresser à son directeur pour obtenir des places en maisons bourgeoises ou chez des horticulteurs, suivant leurs aptitudes ou leurs désirs. — Les propriétaires, les horticulteurs et les entrepreneurs de jardins peuvent de même lui demander des jardiniers-chefs, des garçons-maîtres des ouvriers ou apprentis.

Les demandes doivent être adressées à M. Debureau, jardinier, trésorier de l'Association, 133, rue de Sèvres, Paris. (Envoyer un timbre pour la réponse).

L'Association professionnelle de Saint-Fiacre se compose de propriétaires ou patrons horticulteurs fondateurs, de patrons horticulteurs associés, d'ouvriers jardiniers et enfin d'apprentis.

LE JARDIN

Le cerfeuil bulbeux

C'est une plante bisannuelle, de la famille des ombellifères, originaire de l'Europe méridionale et encore peu connue.

Dans nos jardins, la tige du cerfeuil bulbeux atteint 1 m. 50 à 2 mètres; elle est rameuse et velue à la base; ses feuilles, très divisées, ressemblent un peu aux feuilles du cerfeuil ordinaire. Les fleurs petites, blanchâtres, réunies en ombelles sont portées sur quinze ou vingt rayons inégaux. Les graines oblongues, brunes, portent un sillon blanchâtre sur l'une de leurs faces. La racine fusiforme varie beaucoup de grosseur; son plus fort volume est celui d'une carotte courte de Hollande moyenne.

Il n'y a pas plus de 50 ans que le cerfeuil bulbeux est introduit dans les potagers français. Les Anglais, les Allemands le cultivent depuis beaucoup plus longtemps. Les maraîchers l'ont abandonné, parce que sa culture est peu lucrative. Ce légume est rustique, sa racine, seule partie comestible, est charnue, brune extérieurement, à chaire blanche, cassante, d'un goût exquis.

Lors de la récolte, cette racine, encore très aqueuse, possède peu de saveur, elle gagne beaucoup à vieillir et acquiert alors le goût de la châtaigne avec un arôme particulier.

Les véritables gourmets prétendent que chercher à avoir de grosses racines n'est pas un avantage : elles sont moins délicates que les petites.

Quoique d'origine méridionale, le cerfeuil bulbeux prospère sous des climats beaucoup plus froids. Les terrains légers, profonds et frais, sont ceux qui conviennent le mieux à ce genre de légume, mais avec des soins, on peut encore le cultiver avantageusement dans des conditions moins bonnes.

On multiplie la plante par le semis.

La terre destinée au cerfeuil bulbeux, après avoir reçu une forte fumure d'engrais bien décomposé, est bêchée, c'est-à-dire ameublie. Il faut que cette terre n'ait produit ni cérfeuil bulbeux, ni carotte, ni une autre *ombellifère* depuis au moins un an, sans quoi, le rendement de la récolte sera compromis. On évitera enfin d'employer comme engrais du fumier pailleux qui prédisposerait la racine du cerfeuil à se ramifier.

Le semis se fait peu après la récolte des graines, de septembre à octobre, en lignes espacées de 0^m15 à 0^m20, 300 grammes de graines par are est la quantité généralement employée.

Il est bon de recouvrir les graines d'un demi centimètre de terreau qu'on appuie légèrement pour assurer son contact avec la graine. La germination s'effectue surtout en février. Vers la deuxième quinzaine de ce mois, quand le temps s'y prête, les plantules sortent déjà leurs jeunes tiges de terre. A partir de cette époque, le jardinier doit veiller attentivement à ce que le sol soit toujours imprégné d'une douce moiteur; il donne des bassinages — toujours le matin — par les temps secs et chauds. Ces bassinages sont importants; si on ne les donne pas dans les terrains secs surtout, les jeunes plants disparaissent, ils *fondent* comme disent les maraîchers.

Pour éviter la fonte, on peut encore semer des graines stratifiées.

La stratification s'est faite dans un vase peu profond, au mois de septembre ou octobre. Quand les graines sont germées, vers février, on sème à la volée sur un terrain hersé d'avance, puis on terreaute immédiatement sans herser de nouveau, de crainte de briser les radicules et, par la suite, de faire fourcher les racines du cerfeuil.

Si, après la levée, les plantes étaient trop serrées, on éclaircirait de façon à laisser les sujets qui restent à environ 0^m05 en tous sens.

Les soins d'entretien consistent en sarclages et arrosages fréquents, mais peu abondants.

On récolte vers le mois de juillet, quand les feuilles commencent à se faner. Si le sol est sableux, il est facile d'en extraire les racines, à la main, en tirant sur les tiges. Quand la terre est compacte, on fait usage de la houlette. S'il fait beau, les racines arrachées sont laissées sur le sol pendant deux ou trois jours; elles perdent ainsi une partie de leur eau de végétation. Au bout de ce temps on les rentre dans un endroit sain — un grenier à l'abri de la gelée, un cellier non humide, — elles sont répandues sur le sol ou le plancher de manière à ne former qu'un lit unique. Dans ces conditions, le cerfeuil bulbeux peut se conserver jusqu'au mois de mai, époque à laquelle il pousse trop pour être bon.

Le rendement est modeste, mais la qualité du légume dispense d'en tenir compte, en culture potagère du moins; il atteint 200 kilog. par are.

Ce n'est pas aussitôt après la récolte qu'il faut consommer le cerfeuil bulbeux; si on veut apprécier son arôme exquis, sa fine délicatesse, on ne doit le faire passer à la cuisine que depuis l'hiver jusqu'au mois d'avril. Alors seulement, *il a acquis toutes les qualités qui en font* un excellent légume.

Quand on veut récolter sa graine et non l'acheter, il faut choisir pour reproducteurs les individus à racines lisses, grosses, ni fourchues, ni mal faites; on les conserve à part, comme les autres. Au mois de mars, ces racines sont mises en terre à des distances qui varient entre 0^m70 et 1 mètre en tous sens.

La cueillette des graines se fait en juillet, surtout sur les premières ombelles dont les graines sont mieux constituées et meilleures.

Ces graines ne gardent leur vitalité que pendant un an; il faut bien en tenir compte.

HORTUS.

CONSEILS A LA FERMIÈRE

Confitures de cerises. — Pour faire un civet on doit prendre un lièvre, assure-t-on. C'est juste; mais on pourrait dire aussi qu'on se trouve bien de prendre avec le lièvre autre chose encore. Et de même pour faire de bonnes confitures de cerises, on ne se trouve pas mal d'y mettre autre chose aussi que des cerises et du sucre. Vous prendrez donc, par exemple, 3 kilog. des cerises, parfaitement mûres, s'entend; vous en ôterez les queues et les noyaux qui pourront vous servir à l'occasion, les premières sur l'ordonnance du médecin, les seconds pour faire une liqueur de ménage, mais ce n'est point de cela qu'il s'agit pour le moment. Nous avons nos cerises sous la main dans l'état où il convient de les avoir; ce n'est point assez; il nous faut avec cela 500 grammes de jus de groseilles rouges à grappes et 500 grammes de jus de framboises. C'est facile; on écrase et on tord dans un linge framboises et groseilles pour en extraire le jus. Après cela, on met dans une bassine les cerises et le jus de groseilles et de framboises, et l'on chauffe vivement. A mesure que la liqueur bout on enlève l'écume qui se forme, et quand l'ébullition a duré à peu près une demi-heure, on jette dans la bassine 750 grammes de sucre, si vous voulez, 375 grammes par demi kilog. de jus employé. On continue de laisser bouillir le tout pendant une demi-heure encore, et il ne reste plus ensuite qu'à mettre la confiture dans les pots. On le voit, le procédé est des plus simples.

Sirop de cerises. — On choisit de belles cerises qui ne soient pas trop mûres, on en enlève les queues et on écrase chair et noyau à l'aide d'un pilon, d'un marteau ou même d'une pierre. On laisse cette espèce de marmelade en repos durant 24 heures environ, puis en presse pour en extraire le jus. On filtre ce jus sur un tamis et on le verse dans une bassine avec du sucre blanc, à raison de 1 kilog. de sucre pour 500 grammes de jus. On donne un bouillon, pas davantage; on écume, on retire du feu et et le sirop est fait. Aussitôt refroidi, on le met en bouteilles, ou mieux en demi-bouteilles, parce qu'une bouteille entamée dure longtemps et que le sirop en vidange fermente et perd par conséquent ses bonnes qualités.

Cerises à l'eau-de-vie. — Puisque nous tenons

les cerises, profitons-en pour en mettre une certaines quantité dans l'eau-de-vie. A cet effet, nous n'attendrons pas qu'elles soient complètement mûres pour les cueillir et nous leur couperons la moitié de la queue. Nos dispositions ainsi prises, nous pèserons autant de fois 250 grammes de sucre que nous aurons de kilogr. de cerises ; nous les ferons cuire et nous en ferons ainsi un sirop, puis nous verserons notre eau-de-vie dans le sirop en question et nous laisserons refroidir ce mélange. Aussitôt que le refroidissement de la liqueur sera complet, nous la mettrons dans un bocal avec nos cerises ; nous y ajouterons, si bon nous semble, quelques morceaux de canelle et deux ou trois clous de girofle qui ne gâteront point la sauce, et nous boucherons le bocal comme nous l'entendrons.

UNE MÉNAGÈRE.

CONSEILS DU MÉDECIN

LA ROUGEOLE.

C'est la rougeole qui, dans ses dernier temps. paraît prédominer.

La rougeole, aujourd'hui la plus répandue et la plus commune des fièvres éruptives, paraît être venue d'Orient et n'avoir fait son apparition en Europe qu'avec les arabes vers le septième ou le huitième siècle de notre ère.

La seule source actuellement connue de la rougeole est la contagion. Aucun âge, aucune saison, aucune maladie ne met à l'abri de la rougeole, sinon la rougeole elle-même ; aussi est-elle considérée comme une de ces maladies nécessaires, à laquelle peu d'individus échappent.

Dans la rougeole, on doit se borner à prévenir et à combattre les complications.

Le traitement de la rougeole vulgaire non compliquée doit consister avant tout dans une *hygiène* bien entendue. On pourvoira à une aération convenable en plaçant le malade dans la pièce la plus spacieuse, on évitera l'encombrement en reléguant, si faire se peut, dans une aure pièce les autres enfants, on ne craindra pas d'ouvrir les fenêtres plusieurs fois par jour, même par un froid rigoureux, en évitant néanmoins tous les courants d'air. L'hygiène de la peau ne devra pas être oubliée : des lavages fréquents, un linge de corps propre, sont toujours bienfaisants même pendant la période fébrile qui précède l'éruption. Les yeux en particulier doivent être lavés à l'eau tiède pour les débarrasser des sécrétions glandulaires et pour diminuer la congestion de la conjontive. Chez les petits enfants et chez tous les sujets affaiblis il est important de combattre l'hypostase pulmonaire par le décubitars latéral et le changement fréquent de l'attitude au lit.

On continue aussi l'alimentation en l'adaptant au pouvoir digestif du malade.

Quant au traitement médical proprement dit je me borne à prescrire des boissons chaudes qui poussent à la sueur, quelquefois additionnées d'un peu de cognac quand l'éruption tarde à se faire, et à ordonner des inhalations de vapeur contre la laryngite, quand elle est très prononcée ; une cravate mouillée entourée de flanelle autour du cou rend également quelques services.

La bronchite simple ne réclame une intervention spéciale que chez les petits enfants, parce qu'elle peut facilement déterminer de l'atélectasie du poumon, accident qui favorise singulièrement le développement de la broncho-pneumonie. Je me borne à prescrire alors de l'ipéca à dose vomitive et des badigeonnades de teinture d'iode sur la partie postérieure du thorax.

La fièvre ne réclame une médication active que lorsqu'elle dépasse les limites normales ou détermine des accidents du côté du système nerveux, du délire, des convulsions ou de la stupeur. La sulfate de quinine et les bains tièdes doivent ici avoir le pas sur tout autre antifébrile. Si le malade tombait dans le coma, il ne faudrait pas hésiter à ordonner des effusions froides.

UN VIEUX MÉDECIN

BIBLIOGRAPHIE.

Les engrais, par MM. MUNTZ et A. CH. GIRARD. — Tome III. Un volume de 628 pages. Librairie de Firmin-Didot, 56, rue Jacob, à Paris. — Prix : 6 fr.

MM. Muntz et Girard ont publié récemment le troisième volume de leur important ouvrage sur les engrais. Ce volume, qui complète cet ouvrage, est consacré aux engrais potassiques, aux engrais calcaires, aux engrais composés, et il se termine par les notions sur l'emploi des engrais et sur l'expérimentation. En présentant les deux premiers volumes aux agriculteurs, nous avons indiqué la méthode qui a présidé à l'élaboration de ce travail, et nous en avons signalé l'importance. Nous ne pourrions que répéter ce que nous avons déjà exprimé ; mais nous devons ajouter que le troisième volume a été fait avec la même méthode que les précédents, et qu'il complète heureusement l'ouvrage. Des indications précieuses y sont, en outre, données sur la méthode à suivre dans les expériences sur les engrais ; elles profiteront aux cultivateurs qui se livrent à ces expériences, et qui doivent savoir combien il est important d'éliminer toutes les causes d'erreurs.

PETITE POSTE.

M. G..., à La C... (Loire). — *Enregistrement. — Dissimulation.* — Si l'administration peut prouver que l'acte de vente portait 18.000 fr. au lieu de 30.000 fr., vous devez l'amende et les doubles droits ; le mieux est de chercher à transiger et de vous exécuter. Mais si vous payez les droits sur 30.000 fr., les héritiers de votre vendeur ne peuvent prétendre qu'ils ont été lésés, et ils ne sauraient exercer contre vous une action en résolution de la vente pour vilité de prix ; d'ailleurs cela n'est possible que s'il y a lésion de plus des sept douzièmes.

Nous ne comprenons pas bien la question que vous posez pour la succession de votre sœur ; l'enregistrement ne peut vous forcer à faire un partage ; tout ce qu'il peut exiger, c'est que vous fassiez la déclaration des valeurs de la succession et que vous acquittiez les droits.

M. R..., à H. (Vendée). — *Arbres verts.* — Souvent les arbres verts transplantés souffrent, ils *brodent* pendant plusieurs années, puis, tout à coup, ils partent avec vigueur. Rien à faire que des arrosages et de la culture au pied.

M. X... — En temps de paix des engagements volontaires ne sont pas reçus dans l'armée territoriale. Mais il est certain qu'en temps de guerre ceux-ci seraient admis.

M. A..., à C... (Oise). — *Moutardon.* — Il peut être donné sans inconvénient aux moutons. Cependant, comme il constitue un aliment peu nutritif, il ne doit pas composer leur nourriture exclusive ; si on le donne à la bergerie, il doit être mélangé avec des fourrages secs.

M. C.-R... (Meurthe-et-Moselle). — Nous ferons la substition demandée. Au cas où vous habiteriez l'étranger, vous n'auriez à payer qu'un supplement de 1 fr. pour affranchissement.

OFFRES & DEMANDES.

Pour répondre au désir qui nous est exprimé, nous offrons à nos abonnés, sous cette rubrique, deux annonces gratuites pour les offres et demandes d'emplois, produits ou animaux à vendre ou à acheter, etc.

Les annonces qui suivront jouiront d'une réduction de 50 pour 100 sur les tarifs ordinaires.

Les demandes d'insertions devront être envoyées à l'administration, qui se chargera de les rédiger.

Ne pas négliger d'envoyer tous les renseignements nécessaires (joindre 2 timbres de 0 fr. 15).

Un ancien élève d'une école d'agriculture, dans la force de l'âge, marié, bien au courant de la culture moderne en même temps qu'excellent praticien, demande un emploi de régisseur. — Très bonnes références. — N° 907.

S'adresser à M. GUESDON (J.-M.), à Belhôte, par Corps-Nuds (Ille-et-Vilaine).

Un jeune homme, 23 ans, de famille honorable, muni d'excellents certificats, connaissant bien le jardinage et l'exploitation des bois, demande une place de jardinier ou de garde forestier.

S'adresser à M. Pierre DUFAURE, jardinier au Poujet-du-Condut, par Uzerche (Corrèze). — N° 938-3.

A louer, dans l'Avranchin, une ferme de 19 hectares, la moitié en prairies ; bien complantée de pommiers.

S'adresser au bureau du Journal. — N° 939-1.

REVUE FINANCIÈRE.

Semaine de fêtes, semaine de liquidation, autant de raisons majeures pour que les cours ne subissent que des variations sans portée, sans aucune signification, absolument indifférentes. La liquidation, d'ailleurs, est aussi nulle que les affaires le sont ; elle s'opère sans douleurs comme sans résultat autre que de laisser les valeurs sensiblement au taux où elles étaient à la fin du dernier mois.

Le 3 0/0 ancien, celui qui règle le marché, le seul sur lequel se portent encore quelques efforts, le seul sur lequel il y ait de véritables mouvements, en raison des achats des caisses publiques, oscille entre 95 et 95 50. C'est un beau chiffre, mais il n'y a là rien de véritablement extraordinaire. On pourrait caractériser par là l'ensemble du marché : c'est de la fermeté, en ce sens que il n'y a pas recul, mais il n'y a pas, par contre, de réelle avance.

Les institutions de crédit sont faiblardes, craintives : exemple, le Foncier qui, après maintes tentatives, n'arrive que par moments à 1,255 et ne conserve pas longtemps ce cours. Il est vrai qu'on commente pas mal le rejet au mois d'octobre ou de novembre, des opérations de conversion qu'on avait dit devoir être faites immédiatement. On prétend que le Crédit Foncier s'est bien rendu compte de l'impopularité de l'affaire ; qu'il a redouté un échec ; qu'il a voulu se donner le temps de peser sur l'opinion. Tout cela est assez vraisemblable, et nous avons déjà dit, pour notre part, que le mieux qu'aurait à faire le Crédit Foncier pour retrouver la confiance d'antan, ce serait de renoncer carrément à toutes autres affaires que celles prévues à son statut et surtout de faire parler de lui le moins possible.

Sans subir de dépressions réelles, les actions de nos Chemins sont immobiles sur les hauts cours acquis. Le public ne croit guère à la réussite des tentatives d'agitation faites auprès du personnel, tentatives qui se sont traduites par les grèves d'Orléans ; malgré tout il croit sage d'attendre et de voir venir. D'ailleurs, les obligations sont aussi solides et aussi courues que par le passé.

Le reste du marché ne mérite aucune réflexion particulière. C'est partout la même physionomie, reflétée par notre papier d'Etat. A peine est-il utile de signaler la baisse de l'Italien, que voilà ramené à un chiffre inférieur à celui qu'il faisait il y a deux ans. Nous en avons dit assez pour expliquer ce recul, justifié amplement, en dehors des conditions financières et politiques dans lesquelles se trouve placée l'Italie, par les conséquences mêmes de cet état, c'est-à dire par les nouvelles faillites de grandes maisons qui viennent de se produire.

Juillet, très certainement, en dépit des disponibilités issues des coupons, se terminera dans les mêmes conditions ; et rien jusqu'ici n'autorise à penser que le mois d'août soit de beaucoup différent.

TIMON.

Chemins de fer de Paris à Lyon et à la Méditerranée.

VACANCES DE 1891

Trains de plaisir

PARIS-CLERMONT.

PREMIER TRAIN.

ALLER.

Départ de Paris...... 8 août à 11 h. 55 soir.
Arrivée à Clermont... 9 — à 11 h. 15 matin.

RETOUR.

Départ de Clermont... 16 août à 11 h. 10 soir.
Arrivée à Paris....... 17 — à 10 h. 10 matin.

DEUXIÈME TRAIN.

ALLER.

Départ de Paris ..... 5 sept. à 11 h. 55 soir.
Arrivée à Clermont... 6 — à 11 h. 15 matin.

RETOUR.

Départ de Clermont... 13 sept. à 11 h. 10 soir.
Arrivée à Paris...... 14 — à 10 h. 10 matin.

PRIX (ALLER ET RETOUR).

2ᵉ classe : 30 fr. — 3ᵉ classe : 21 fr.

PARIS-GRENOBLE.

ALLER.

Départ de Paris...... 19 août à 2 h. 20 soir.
Arrivée à Grenoble... 20 — à 7 h. » matin.

RETOUR.

Départ de Grenoble... 27 août à 9 h. 15 soir.
Arrivée à Paris...... 28 — à 3 h. 45 soir.

PRIX (ALLER ET RETOUR).

2ᵉ classe : 49 fr. — 3ᵉ classe : 34 fr

PARIS-GENÈVE.

PREMIER TRAIN.

ALLER.

Départ de Paris...... 8 août à 2 h. 20 soir.
Arrivée à Genève...... 9 — à 6 h. 46 matin.

RETOUR.

Départ de Genève.... 16 août à 10 h. 45 soir.
Arrivée à Paris...... 17 — à 3 h. 45 soir.

DEUXIÈME TRAIN.

ALLER.

Départ de Paris...... 29 août à 2 h. 20 soir.
Arrivée à Genève...... 30 — à 6 h. 46 matin.

RETOUR.

Départ de Genève..... 6 sept. à 10 h. 45 soir.
Arrivée à Paris...... 7 — à 3 h. 45 soir.

PRIX (ALLER ET RETOUR).

2ᵉ classe : 50 fr. — 3ᵉ classe : 35 fr.

PARIS-AIX-CHAMBÉRY.

ALLER.

Départ de Paris...... 8 sept. à 2 h. 20 soir.
Arrivée à Aix-les-Bains 9 — à 4 h. 33 matin.
Arrivée à Chambéry.. 9 — à 5 h. » matin.

RETOUR.

Départ de Chambéry.. 16 sept. à 10 h. 10 soir.
Départ d'Aix-les-Bains 16 — à 10 h. 45 soir.
Arrivée à Paris....... 17 — à 3 h. 45 soir.

PRIX (ALLER ET RETOUR).

2ᵉ classe : 44 fr. — 3ᵉ classe : 32 fr.

PARIS-INTERLAKEN.

viâ Pontarlier.

Un avis ultérieur fera connaître les dates et prix de ce train d'excursion.

CHEMIN DE FER D'ORLÉANS

Billets d'aller et retour de famille

POUR LES STATIONS THERMALES DE

Chamblet Néris (NÉRIS), ÉVAUX, Moulins (BOURBON-L'ARCHAMBAULT), Laqueuille (La BOURBOULE et Le MONT-DORE), ROYAT.

RÉDUCTION DE 50 p. 100

pour chaque membre de la famille en plus du troisième.

Il est délivré, du *15 mai* au *15 septembre*, dans toutes les gares du réseau d'Orléans sous condition d'effectuer un parcours minimum de 300 kilomètres (aller et retour compris), aux familles d'au moins quatre personnes payant place entière et voyageant ensemble, des *billets d'aller et retour collectifs* de 1ʳᵉ, 2ᵉ et 3ᵉ classe pour les stations ci-dessus indiquées.

Les billets sont établis par l'itinéraire à la convenance du public; l'itinéraire peut n'être pas le même à l'aller et au retour.

Le prix s'obtient en ajoutant au prix de six billets simples ordinaires le prix d'un de ces billets pour chaque membre de la famille en plus de trois.

La durée de validité des billets, à compter du jour du départ, *ce jour non compris*, est de *30 jours*. Cette durée peut être prorogée une ou plusieurs fois d'une période de quinze jours. Chaque période de prolongation part de l'expiration de la période précédente et donne lieu à la perception d'un supplément de *10 0/0* du prix total du billet.

La prolongation ne peut être demandée que pour les billets non périmés.

AVIS. — Les voyageurs obtiennent, sur leur demande, soit à la gare de départ, soit au bureau du correspondant de la Compagnie, à *Laqueuille*, des *billets d'aller et retour réduits de 25 0/0* pour le *Mont-Dore* et *La Bourboule*.

Les demandes de billets doivent être faites, *quatre jours* au moins avant celui de départ, à la gare où le voyage doit être commencé.

HALLES ET MARCHÉS.

La baisse continue sur les blés; les prix des autres céréales ne varient pas; les affaires d'ailleurs sont inactives. Les alcools et les sucres ont plus de fermeté et un peu de hausse. Les prix des autres denrées ne changent guère.

Blés. — La situation des blés en terre est satisfaisante en général; dans quelques régions cependant, les dernières pluies ont entravé l'épiage ou la floraison des blés de mars. Quant aux transactions commerciales, elles restent toujours très calmes; les offres n'ont que peu d'importance, et les cours sont encore en baisse d'au moins 50 centimes par 100 kilog. Voici les derniers relevés sur quelques marchés : Arras, blé blanc, 23 75 à 28 15; roux, 22 50 à 28 15; Rouen, 25 2›; Montivilliers, 27 87; le Mans, 25 25 à 26; Couloumiers, 26 65 à 28 75; Lille, blés blancs, 28; roux, 27 à 27 25; Senlis, 28 50; Bar sur-Aube, 27 à 27 50; Nantes, 25 25 à 25 75; Bordeaux, 26 90; Toulouse, 23 45 à 26 25. A Paris, au marché commercial du 10 juillet, les prix ont fléchi de 50 centimes à 1 fr.; on a coté le disponible et le courant du mois 27 à 27 25 les 100 kilog.; le livrable jusqu'en octobre, 26 75 à 27; les époques éloignées, 27 à 27 25. — Dans nos ports, les blés étrangers restent aux mêmes cours. Les importations sont toujours actives. A Marseille, pendant la huitaine du 3 au 10 juillet, il est entré 219,370 quintaux, contre 186,167 la huitaine précédente. Au Havre, les importations de la semaine se sont élevées à 271,000 hectolitres. — A l'étranger, la tendance des prix est soutenue. On cote à Berlin, 29 12 les 100 kilog.; à Amsterdam, 21 87; à Vienne, 23 61; à Budapest, 22 80. A Londres, les blés anglais sont calmes, mais à prix soutenus au marché de Mark-Lane; les étrangers sont également mieux tenus. A Anvers, il en est de même; on cote : Plata, 20 50 à 22; Walla, 22. Bombay blanc, 21 25; roux d'hiver d'Amérique, 22 à 22 75 : Californie, 23 50 à 23 75; Danube, 19 50 à 22; Azimes, 19 25 à 20 25. Le marché de New-York du 9 juillet était en légère baisse à 19 98 les 100 kilog. et celui de Chicago à 17 35.

Seigles. — La tendance est calme au marché de Paris, avec des transactions presque nulles. On cote le disponible 17 75 les 100 kilog.; le livrable, 17 50 à 18 50.

Avoines. — Les cours varient peu; mais on constate de la lourdeur. En commerce, le disponible et le livrable courant du mois valent 17 75 à 18; le livrable en août, 17 25 à 17 50; les autres époques, 16 50 à 16 75.

Farines de consommation. — Transactions calmes et cours sans changements. La marque de Corbeil est à 64 les 157 kilog. nets.

Farines de commerce. — Les prix sont plus faibles que la semaine dernière; au marché du 10 juillet, les *douze-marques* ont été cotées : disponibles et courant du mois, 59 à 59 75 les 157 kilog.; livrables, 60 50 à 61 :0.

Farines petites premières et bises. — On cote : petites premières, 32 à 34 les 100 kilog.; deuxièmes, 30 à 32; troisièmes, 26 à 29; quatrièmes, 22 à 24; premier broyage, 18 à 20.

Farines de seigle. — La demande est suivi; les cours sont faiblement tenus comme suit : fleur extra, 27 50 à 28 les 100 kilog.; premières, 26 50 à 27; ordinaire, 25 50 à 26.

Issues. — Prix soutenus; on cote : gros son écailles, 14 25 à 14 75; supérieur, 14 à 14 25; sons gros deux cases, 13 25 à 13 75; trois cases, 12 75 à 13 25; sons fin, 12 25 à 12 50; recoupettes, 12 50 à 13; remoulages blancs, 17 50 à 19; bis, 17 à 17 50; bâtards, 16 à 17.

Huiles de graines. — Les transactions sont calmes et les cours ont peu de variation. A Paris, on cote : colza disponible, 73 à 73 50 les 100 kilog.; livrable, 73 50 à 76 50; lin disponible, 51 75 à 52 25; livrable, 52 à 54 50. — Sur nos marchés des départements les prix se tiennent comme suit : Rouen, colza, 72 à 72 50; lin, 54 50; Caen, colza, 70; disponible, 72 50, livrable sur les quatre derniers mois; Arras, pavot à bouche, 77; colza étranger, 75; lin, 55; cameline, 65; pavot indigène, 70; Lille, colza, 68 l'hectolitre; lin, 54 à 56; colza épurée, 71.

Tourteaux. — Cours d'Arras : œillette, 13; colza, 15 25; lin, 22 cameline, 14 50.

Engrais. — Le nitrate de soude est calme. Au dernier marché de Lille, on a encore traité quelques affaires en disponible à 19 90 les 100 kilog.; mais c'est bien la fin de la campagne. A livrer sur les quatre premiers mois de 1892, il y a vendeurs au prix de 20 75 à 21. — Le sulfate d'ammoniaque est ferme à Paris aux prix de 29 25; livrable en juillet, 29 50 en août et septembre; on offre le sulfate anglais à 28 disponible sur wagon à Paris. — Les prix des phosphates de haut dosage se maintiennent; les fabricants résistent à la baisse — Les affaires sont très-difficiles pour les superphosphates : on cote à Paris : les superphosphates solubles dans le citrate, 0 38 l'unité d'acide phosphorique; solubles dans l'eau, 0 53 à 0 54; dans le Nord, les prix sont de 0 43 et 0 48. — Le nitrate de potasse vaut 43 les 100 kilog dans le Nord; 45 à Bordeaux et à Marseille; le sulfate de potasse, 22 dans le Nord, 20 85 à Stassfurt; le chlorure de potassium, 19 80 à Dunkerque; le Kainit, 5 à Dunkerque 5 50 au Havre — On cote le sang desséché, 1 72 l'unité d'azote à Paris : 1 80 à Nancy et à Dunkerque; la viande desséchée, 1 70 à Paris et à Lyon; le cuir torréfié moulu 1 15 à 1 20; le superphosphate d'os pur, 0 70 l'unité à Paris et dans le Nord; 0 68 à Nancy; 0 67 à Marseille; 0 72 à Lyon et à Nevers.

Beurres. — La vente est moins active que la semaine dernière, avec cours plus faibles. On cote : *beurres en mottes* fermiers de Gournay : extra, 2 10 à 3 50 le kil.; choix, 2 90 à 3; bons, 2 60 à 2 80; ordinaires, 2 40 à 2 50; d'Isigny, extra, 4 à 5 61; choix, 3 50 à 3 80; bons, 3 20 à 3 80; ordinaires, 2 80 à 3; marchands du Gâtinais, 2 20 à 2 40; de Bretagne, 2 à 2 20; de Vire, 2 10 à 2 30; de Bresse, 1 80 à 1 90; laitiers des Charentes, 2 40 à 2 70; des Alpes, 2 40 à 2 90; divers producteurs, 2 20 à 2 50; — *beurres en livres* : fermiers, 2 40 à 3 10; Touraine, 2 20 à 2 50; Gâtinais, 2 20 à 2 70; Vendôme et Beaugency, 2 10 à 2 60; Bourgogne, 2 à 2 30; le Mans, 2 10 à 2 20; — *Petits beurres* : 1 70 à 2 30, suivant provenance.

Œufs. — Les envois sont plus abondants à la halle; les prix ont légèrement fléchi. On cote : Normandie, 88 à 110 le mille; Picardie extra, 88 à 112; ordinaire, 68 à 82; Brie extra, 85 à 95; Touraine extra, 80 à 95; ordinaire, 63 à 76; Beauce, 8 à 95; Orne, 64 à 76; Bourgogne, 72 à 78; Champagne, 76 à 80; Nivernais 66 à 70; Bourbonnais, 62 à 66; Bretagne, 54 à 62; Vendée, 58 à 65; Auvergne, 54 à 57; midi, 56 à 61.

Fromages. — Prix soutenus; on cote à la halle de Paris, *par dizaine* : Brie, fermiers haute marque, 35 à 40; grand moule, 20 à 30; moule moyen, 15 à 20; petit moule, 10 à 15; laitiers, moyens moules, 3 à 8; — *par 100 kilog.* : Gruyère, 130 à 180 (hors l'octroi; Roquefort, 180 à 250, Hollande, 150 à 170; plats de Gouda, 170 à 180; Gérardmer, 70 à 75; Limbourg, 50 à 60; Munster, 80 à 100; Romatour, 70 à 80; Cantal, 90 à 110; façon Port-Salut, 110 à 180; — par cent : Bourgogne, 50 à 85; Saint-Nectaire, 90 à 100; Camembert, 10 à 20; Livarot, 50 à 85; Gournay, 5 à 18; Mont Dore, 20 à 25; façon Coulommiers 20 à 35.

BESTIAUX.

LA VILLETTE, 16 juillet. — Bestiaux. — Vente très difficile sur les bestiaux, meilleure sur les veaux, mauvaise sur les moutons et moyenne sur les porcs.

COURS officiels.	Amenés.	Vendus.	1re qualité.	2e qualité.	3e qualité.	Prix extrêmes.
Bœufs....	2.064	1.649	1 70	1 52	1 40	1 24 à 1 76
Vaches ...	524	439	1 66	1 44	1 26	1 14 1 70
Taureaux.	168	153	1 38	1 32	1 22	1 12 1 42
Veaux....	1.257	1.189	1 82	1 66	1 48	1 30 2 04
Moutons..	10.853	8.172	2 06	1 92	1 68	1 38 2 14
Porcs.....	4.818	4.781	1 56	1 51	1 46	1 40 1 60

Marché du lundi 13 juillet

	Amenés	Vendus	PRIX AU POIDS NET 1re qual.	2e qual.	3e qual.
Bœufs	2.904	2.260	1 72	1 54	1 40
Vaches.....	801	655	1 68	1 45	1 27
Taureaux..	246	206	1 42	1 36	1 26
Veaux......	1.590	1.058	1 72	1 58	1 40
Moutons....	13.315	11.358	2 12	1 96	1 72
Porcs	2.602	2.539	1 58	1 53	1 48

	PRIX AU POIDS VIF 1re qual.	2e qual.	3e qual.	Prix extrêmes.
Bœufs..........	1 97	» 86	» 76	» 64 à 1 08
Vaches..........	» 97	» 77	» 65	» 56 1 01
Taureaux.......	» 87	» 78	» 68	» 60 » 90
Veaux..........	1 04	» 93	» 7·	» 62 1 16
Moutons........	1 12	1 02	» 87	» 72 1 27
Porcs...........	1 12	1 06	» 98	» 90 1 16
Peaux de moutons en laine..........				4 10 5 50
Id. id. demi-laine........				1 85 2 75

Viandes abattues. — Criée du 16 Juillet.

		1re qualité.	2e qualité	3e qualité.
Bœufs	le kil.	1 50 à 3 »	1 30 à 2 80	1 » à 1 80
Veaux....	—	1 60 1 76	1 40 1 56	1 26 1 36
Moutons ..	—	1 90 2 »	1 40 1 86	1 » 1 36
Porc entier	—	1 31 1 46	1 16 1 30	» 90 1 10

USINE HYDRAULIQUE DU PETIT-MOULIN
A NANTEUIL-LE-HAUDOUIN (OISE).

HENRY BERTHIER
ingénieur-agronome diplômé de l'Institut national agronomique.

MACHINES AGRICOLES
Vente et échange. - Location. - Réparations en tous genres.

BICYCLES, BICYCLETTES & TRICYCLES
Accessoires et réparations.

Spécialité de Graines fourragères épurées.
CÉRÉALES DE SEMENCE.
GRAINES POTAGÈRES, DE FLEURS ET D'ARBRES.
ARBRES FRUITIERS ET FORESTIERS.

Graines de Betteraves à grand rendement et à grande richesse saccharine.

ENGRAIS SIMPLES ET COMPOSÉS.

Envoi franco de renseignements à toute demande affranchie.

PONDOIR
DÉPOSÉ
Prix.......6 fr. 50
R. GARIEL
2 ter, quai de la Mégisserie, PARIS
Abreuvoirs pour Poules et Faisans
RATELIERS A LAPINS
Envoi franco de l'Album sur demande

ABREUVOIRS
POUR
Pigeons, Poules et Faisans

N° 4	5	6	7
3f	4f	5f	5f50

Gariel, 2ter, quai de la Mégisserie
PARIS
Envoi de l'Album sur demande.

ONGUENT ROUGE MÉRÉ
SEUL AGENT REMPLAÇANT VRAIMENT LE FEU
Guérison rapide et sûre des *Boiteries, Ecarts, Efforts, Vessigons, Molettes, Engorgements, Courbes, Suros, Eparvins.*
Effet gradué à volonté. — Pas de traces.
LA BOITE, AVEC BROCHURE, FRANCO : 3 FR. 50

LE PHYSIC BALL MÉRÉ
Est le meilleur purgatif pour tous genres de Chevaux

EMBROCATION MÉRÉ
Dite *Trésor du Sportsman.*
Liniment révulsif sans rival pour fortifier les jambes des chevaux.
La bouteille : 5 fr. — Franco gare, 5 fr. 60.

DÉPOTS Chantilly. — Pharmacie MÉRÉ
Paris. — ACARD, 213, rue St Honoré

Diplôme d'honneur. Diplôme d'honneur.
NICE. NICE.

PAS DE BONNE SALADE
sans Huile d'Olive de NICE.
de B. LAPALU, propriétaire-récoltant, président de Syndicat agricole, à NICE (Alpes-Maritimes). — *Prix spéciaux pour Syndicats.*

Librairie A. FOURAUT, 47, rue Saint-André-des-Arts, Paris
OUVRAGES RECOMMANDÉS
(Envoi franco contre timbres ou mandat)

Manuel d'agriculture, d'arboriculture et de jardinage, par Louis Gossin; 15e édition; 178 figures. 1 vol. in-12, cart. . . . . . 1 fr. 30

Leçons normales de géométrie élémentaire, théorique et appliquée, par D. Puille (d'Amiens); nombreux problèmes avec leurs solutions raisonnées; 417 figures; 20e édition, augmentée d'un *Précis de trigonométrie rectiligne.* 1 vol. in-12, broché, 2 fr. 60; — cart., 2 fr. 80.

Cours complet d'arpentage élémentaire, théorique et appliqué, par D. Puille (d'Amiens); nombreux problèmes avec leurs solutions raisonnées; 250 figures et 2 planches topographiques; 18e édition. 1 vol. in-12, broché, 3 fr. 15; — cart., 3 fr. 40.
— Avec 4 planches, dont deux entièrement lavées. 1 vol. in-12, broché. 4 fr. 15

Traité spécial de la division des champs dans tous les cas, géodésie usuelle, par D. Puille (d'Amiens). 1 vol. de texte, in-12, broché, renfermant 96 figures, et 1 atlas de 16 planches. . . . . 3 fr. 75

Conférences sur l'hygiène, suivies de *Notions de médecine usuelle*; observations particulières sur l'hygiène des campagnes, considérations sur l'abus des liqueurs alcooliques, etc.; par F. Omouton; 30 figures; 4e édition. 1 vol. in-18 jésus, cart., 1 fr. 30; — relié en toile, 1 fr. 50.

Pulvérisateur « l'Éclair »
contre le mildiou
et la maladie des pommes de terre.

V. VERMOREL
constructeur breveté (s. g. d. g.).
à Villefranche (Rhône).

330 premiers Prix, Médailles, etc.

« ÉCLAIR » n° 1, prix................ 40 fr.
« ÉCLAIR » n° 2, prix................ 30 fr.
PULVÉRISATEUR A TRACTION, pour la vigne et les pommes de terre.
PULVÉRISATEURS SPÉCIAUX pour les arbres.
NOUVELLE SOUFREUSE à grand travail « *la Torpille* », pour l'emploi des poudres et du soufre.
MATÉRIEL VITICOLE complet.

ENVOI FRANCO DU CATALOGUE.

Médaille d'Or. * Exposition Universelle 1889. * Médaille d'Argent.

VACHERIE **à céder**, Paris, bon quartier, 10 vaches 1re qualité. 140 litres lait vendus 40 et 50 c. Bonne installation. Loyer avantageux. On garantira, par acte, 4,000 fr. de bénéfices nets. A l'essai pendant 8 jours. On traitera avec 6,000 fr. argent ou sans argent avec garanties sérieuses. S'adresser à MM. LAPORTE et LEFRANC, 93, boulevard Sébastopol, Paris. - *Sont vendues les vacheries annoncées précédemment.*

Semoir et Distributeur d'Engrais

Système MAGNIER.

Envoi franco du catalogue illustré.

Expériences du 28 septembre 1890. 1er prix - 20 avril 1890, Poitiers. 1er prix.

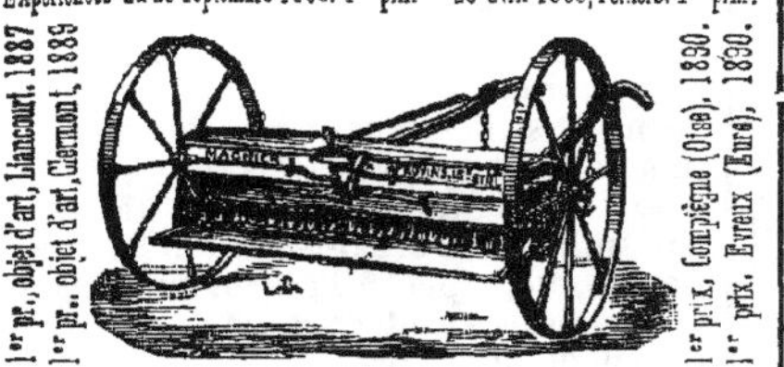

1er prix, Beauvais, 1890.

MAGNIER, constructeur breveté, Provins (S.-et-M.).

GUÉRISON RADICALE DE LA **DIARRHÉE DES VEAUX** PAR LA POUDRE CHOQUELIN.

1 franc la boîte
franco par la poste.

Dép. g., Phie HAUVESPRE, Courville (Eure-et-Loir).

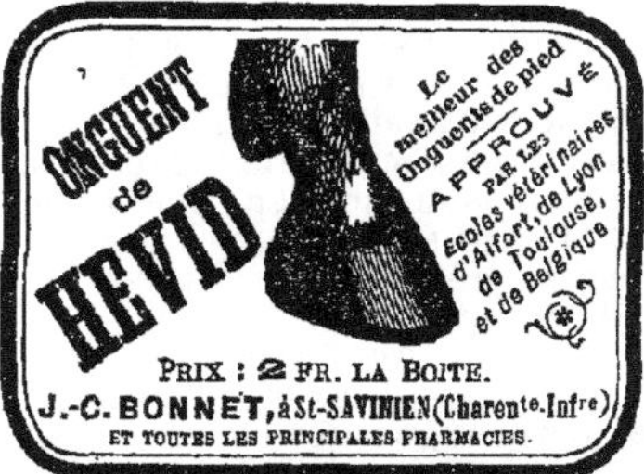

L'**Onguent de HEVID**, *adopté par le Ministère de la guerre*, est le meilleur préservatif des maladies du pied des espèces chevaline et bovine. Il pénètre admirablement le tube corné, le nourrit, et remet en bon état, en quelques semaines, le sabot le plus sec et le plus cassant.

En vente chez les vétérinaires, pharmaciens, selliers et maréchaux-ferrants.

L'Administrateur-Gérant : ALBERT RENOT.

Beauvais. — Imp. D. PERE. - A. CARTIER, Gérant.

ENGRAIS CHIMIQUES

DES MANUFACTURES DE SAINT-GOBAIN

Usines à PARIS-AUBERVILLIERS, CHAUNY (Aisne), MONTLUÇON (Allier), MARENNES (Charente-Inférieure), LE PONTET (Vaucluse), SAINT-FONS, près Lyon (Rhône).
DOSAGE GARANTI. — EMBALLAGES : MARQUÉS ET PLOMBÉS.

Tout acheteur d'engrais qui n'exige pas, au sujet des dosages en éléments assimilables la garantie formelle, et qui ne la fait pas contrôler par l'analyse, ne nuit pas seulement à ses propres intérêts, il encourage la fraude et, la laissant impunie, compromet les intérêts généraux de l'agriculture.

ENGRAIS COMPLET DE SAINT-GOBAIN

Efficacité éprouvée dans tous les Sols et dans toutes les Cultures. — Superphosphates de chaux. — Sulfate de cuivre. — Sulfate d'ammoniaque Sulfate de potasse. Sulfate de fer.

Engrais composés suivant les convenances des acheteurs
ADRESSER LES ORDRES ET DEMANDES DE RENSEIGNEMENTS
à la Direction commerciale

des Produits chimiques de Saint-Gobain

PARIS, 9, rue Sainte-Cécile, 9, PARIS

ou aux dépositaires de la Compagnie de SAINT-GOBAIN dans les principales villes du Centre et du Midi.

PHOSPHATE FOSSILE DE QUIÉVY (NORD)

le plus assimilable de tous les phosphates connus; garanti pur de mélange avec tout autre phosphate ce qui, du reste, ne pourrait que diminuer son assimilabilité.
Grand diplôme d'honneur et médaille de vermeil aux concours agricoles de Bergues (octobre 1887 et 1888).
Médaille d'argent à l'Exposition universelle (Paris, 1889).
Médaille de vermeil (grand module), société d'agriculture et d'horticulture de Pontoise (1890).

C. DELATTRE-BRABANT

Bureaux : à Lille, 126, rue Jacquemars-Grélée. — Usines : à Quiévy (Nord) et Le Cateau (Nord).
Ne pas confondre avec Quévy (Belgique.)

COMPOSITION MOYENNE.	
Acide phosphorique	12.00 à 15.00 %.
Potasse	0.45 à 2.77 %.
Chaux	19.05 à 31.00 %.
Magnésie	0.53 à 3.80 %.
Matières organiques azotées	1 80 à 3 45 %.

ASSIMILABILITÉ RELATIVE (méthode Joulie, solubilité dans l'oxalate d'ammoniaque).	
Phosphate de Quiévy	**82.29 %.**
— de la Meuse	51.95 %.
— des Ardennes	46.43 %.
— de la Somme (moyenne)	44.53 %.
— de Ciply	54.57 %.

Titre en acide phosphorique garanti : 12 à 15 %.

LIVRAISON : En poudre impalpable, en sacs plombés et marqués au « Bélier » sur wagon Quiévy ou Le Cateau, sacs perdus. — 30 jours 2 % ou 90 jours net.

AVIS IMPORTANT.

Les acheteurs qui désirent mon **Phosphate de Quiévy PUR** doivent exiger que les *sacs* et les *plombs* portent la marque au « **Bélier** » et la firme « **C. Delattre-Brabant** ».

Etablissements de **LIANCOURT** (Oise).

N'ACHETEZ PAS DE CHARRUES

sans avoir consulté le CATALOGUE illustré de

Ingénieur-Constructeur, Breveté S. G. D. G.

SEUL GRAND PRIX à l'Exposition de 1889 pour les Machines agricoles françaises

Médailles or, argent et bronze pour collaborateurs.

BRABANTS DOUBLES.
—
Herses scarificateurs à dents inusables.
—
DÉCHAUMEUSES
ROULEAUX, ETC.

NOUVEAU MATÉRIEL pour la culture de la betterave.
—
Charrues défonceuses simples et doubles *à vapeur et à manège.*

La plus grande et la plus importante USINE de FRANCE pour la Construction des Instruments aratoires

PLUS DE 5.000 CLIENTS ; 300.000 INSTRUMENTS LIVRÉS A L'AGRICULTURE

12e Année. — 2e Série. — N° 600. Dimanche 26 Juillet 1891.

GAZETTE AGRICOLE

JOURNAL HEBDOMADAIRE, PARAISSANT LE DIMANCHE

Rédacteur en Chef : M. CH. GOSSIN, Professeur d'Agriculture à l'Institut agricole de Beauvais.

PRIX DE L'ABONNEMENT

UN AN, 5 fr. — SIX MOIS, 3 fr. — TROIS MOIS, 2 fr. 25

Pour l'étranger les abonnements ne sont reçus que pou un an, au prix de 6 francs, et ne partent que du 1er janvier ou du 1er juillet de chaque année.

Le numéro : 10 centimes.

Il est indispensable de joindre à toute demande de changement d'adresse la dernière bande d'adresse du journal et 50 centimes pour frais de nouvelles bandes.

Adresser les *Abonnements* et *Annonces* au secrétaire de la rédaction, 13, quai Voltaire, Paris, ou à M. GOSSIN, rédacteur en chef et administrateur, à BEAUVAIS.

BUREAUX

13, quai Voltaire, Paris, et à Beauvais.

Les abonnements partent du 1er de chaque mois et sont payables d'avance. Toute demande d'abonnement doit donc être accompagnée du prix de l'abonnement. (Le mode de payement le plus simple est l'envoi d'un mandat-poste.)

Donner *très lisiblement*, en s'abonnant, son nom et son adresse exacte, *avec l'indication du bureau de poste* ; et, s'il s'agit d'une continuation d'abonnement, joindre au renouvellement la dernière bande d'adresse du journal.

La GAZETTE AGRICOLE insère gratuitement les Communications des Syndicats agricoles

SOMMAIRE :

PARIS, 24 JUILLET.

L'excès du mal est souvent un bien.

Nous en voyons la preuve dans la grève des chemins de fer, qui vient, fort heureusement, de prendre fin.

La presse républicaine admoneste les ouvriers et les employés des chemins de fer, les conjurant de se montrer raisonnables, au lieu de les encourager et de les exciter.

C'est un progrès sensible, que nous constatons avec plaisir, mais non pas sans une pointe de gaîté malicieuse.

En effet, quand la première grève sérieuse a éclaté, la grève des omnibus, toute la presse républicaine est partie en guerre pour déclarer que les grèves étaient la régénération, la libération de l'ouvrier, la légitime revanche des travailleurs contre la féodalité des patrons.

Aussi, les travailleurs prirent-ils l'appui de la presse républicaine pour de l'argent comptant.

Ils se dirent que c'était le moment de peser sur les patrons et de leur imposer et la volonté et la puissance du nombre.

Et les ouvriers de la boulangerie, immédiatement, levèrent l'étendard de la grève.

Aussi, quelle ne fut pas leur surprise, quand ils constatèrent avec stupéfaction que non seulement la presse républicaine ne les suivait pas, mais encore leur tombait dessus à bras raccourcis.

Les pauvres diables n'avaient pas compris que le parti républicain n'aime le désordre que lorsque ce désordre ne le DÉRANGE pas outre mesure dans ses habitudes, dans ses goûts, dans ses besoins.

Ainsi la grève des omnibus avait amusé, c'était une distraction.

***

Mais la pensée de ne plus avoir de pain frais pour le café au lait du matin avait suffi pour aliéner la presse républicaine et la détourner des ouvriers boulangers.

De même pour les bouchers.

Et l'opinion de la presse républicaine fut alors très pratique également, se formulant en ce mot : « Périsse le principe de la grève, plutôt que de manquer de viande ! »

La côtelette avant tout !

Le même phénomène se produit à l'occasion des ouvriers de chemins de fer.

La presse républicaine ne leur est pas favorable.

Non pas qu'il y ait des améliorations légitimes à introduire dans les administrations des chemins de fer au profit des ouvriers et employés, mais tout bonnement parce qu'une grève des chemins de fer, ce serait gênant, DÉRANGEANT.

Aussi, désormais, les corporations qui voudront se mettre en grève devront se demander tout d'abord si la cessation de leur travail est agréable ou désagréable à la presse qui, elle-même, dispose de l'opinion publique.

La question des droits et des revendications des travailleurs n'est que secondaire et passe après.

Voilà pourquoi nous avons à nous féliciter de toutes ces tentatives de grève.

Elles ont tourné tout de suite et rapidement à l'abus.

Et l'abus a indisposé l'opinion publique, et par suite le gouvernement lui-même.

***

D'autant que la grève des ouvriers et employés de chemins de fer ne soulève des problèmes dont il n'est pas inutile de s'occuper un peu.

Ainsi, par exemple, on se demande avec raison si les lois qui autorisent les syndicats professionnels sont suffisantes pour parer aux dangers publics résultant d'une grève des employés de chemins de fer ?

Ce n'est pas tout.

La loi sur les syndicats autorise-t-elle l'ASSOCIATION des ouvriers de DIVERS corps de métiers appartenant à un même établissement industriel ?

Et enfin, doit-on tolérer des grèves, qui, par suite de l'organisation de l'Internationale, font appel à l'argent de l'étranger ?

A toutes ces interrogations, auxquelles, bêtement, ni la presse républicaine, ni le gouvernement n'avait d'abord songé, dans leur premier et fol enthousiasme socialiste, s'ajoute la question bien plus grave d'une mobilisation générale des employés de chemin de fer qui devait avoir lieu dans la région du gouvernement militaire de Paris et dans celle du gouvernement de Lyon.

Or, cette mobilisation, qui est prochaine et qui tombe en pleine tentative de grève, a posé brutalement le problème de la défense du territoire et de la sécurité nationale.

Nous voyez-vous avec des grèves de ce genre, à la veille d'une guerre ?

Tout cela a fait réfléchir.

Tout cela a refroidi le zèle socialiste de la presse républicaine et du gouvernement.

Et la partie est sur le point de se gâcher pour les grévistes.

Il en était temps.

Il a fallu d'aussi redoutables éventualités pour ouvrir les yeux au gouvernement et à ses journaux, sur les dangers que ce système monstrueux de grèves continuelles et successives devait forcément faire courir, non seulement aux besoins quotidiens du pays, mais à l'existence même de la Patrie.

LE BONHOMME DESCHAMPS.

NOUVELLES DE LA SEMAINE.

L'action monarchique — M. le comte d'Haussonville, se rendant aux eaux, s'est arrêté à Toulouse, où, dans une réunion nombreuse d'amis, il a prononcé un discours fort applaudi, dont voici la péroraison :

Le parti monarchique est une armée.

Son général en chef est malheureusement séparé d'elle, mais il demeure la tête, le cœur de l'armée, c'est de lui qu'émanent les ordres qui sont transmis par un chef d'état-major.

Sa plate-forme qui lui assure le droit à l'existence légale et qui en fait non un groupe de conspirateurs, mais un parti-combattant au grand jour, c'est la revision de la constitution.

Ses armes : l'organisation, la presse, la parole ; quant au moment où cette armée livrera sa bataille c'est le général en chef qui en décidera, et peut-être ne se croira-t-il pas obligé de choisir le jour et le terrain préparé par ses adversaires.

Jusqu'à ce jour, l'armée monarchique contractera toutes les alliances honorables et nécessaires, et aucune ne sera plus conforme à ses traditions et à ses instincts que l'alliance avec l'armée catholique qui lui emprunte aujourd'hui un grand nombre de ses soldats, mais avant comme pendant la bataille, elle doit demeurer dans la main de son chef, disciplinée, croyante et fidèle.

Après avoir prononcé ce discours, dont le succès a été grand, le comte d'Haussonville a fait adopter par l'assistance, qui comprenait un grand nombre de notabilités monarchiques de la région, les bases d'un projet de réorganisation des comités conservateurs locaux.

Craquement ministériel. — Un craquement s'est produit, samedi, dans la maison ministérielle : M. de Freycinet a menacé de donner sa démission ; seulement menacé. M. le ministre de la guerre est de ceux qui ne jettent pas aisément le portefeuille ; il s'est bien vite amadoué et continuera à se sacrifier pour la patrie.

La cause de la brouille — du moins la cause apparente — est d'ailleurs assez futile. Elle tient dans le rejet d'un crédit de 600,000 francs réclamés par le Gouvernement, d'accord avec la commission du budget, pour l'agrandissement des bâtiments de l'Ecole Polytechnique.

La demande de crédit a été repoussée, sans que la question de confiance ait été posée au préalable, à la suite d'un simple vote par assis et levé.

La résolution de démission manifestée par M. de Freycinet a surpris ceux qui connaissent son humeur peu susceptible. On s'est dit que le vote ne pouvait être qu'un prétexte, et que vraisemblablement la sortie du ministre était une fausse sortie.

Un instant plus tard, on annonçait que tout était arrangé. M. le ministre de la guerre renonce, pour le moment du moins, à son crédit de 600,000 francs, et la Chambre est entrée en vacances après avoir voté l'ensemble du tarif des douanes par 387 voix contre 110.

En voilà pour trois mois et il était grand temps ; le ministère, en effet, a perdu beaucoup de son autorité, et la crise, pour être remise à la rentrée se produira fatalement.

Les financiers de la République. — Voici, depuis le mois d'avril, la recapitulation générale des sommes détournées par les diverses catégories de fonctionnaires auxquels la République confie la gestion de nos finances :

Salban, receveur municipal de Cahors. Arrêté. Déficit : 45.000 francs.

Bretin, receveur municipal de Tournus, caissier de la Caisse d'épargne. Révoqué. Détournements : 40 000 francs.

Roux, receveur municipal d'Aurillac. Arrêté. Détournements : 226.425 francs.

Malméjac, secrétaire de la mairie d'Aurillac. Arrêté. Malversations : 20.000 francs.

Souchard, receveur municipal de Montauban. Arrêté. Trou : 250.000 francs.

Lussaguet, caissier de la caisse d'épargne de Nay (Basses-Pyrénées), agent électoral opportuniste. Déficit : 45.000 francs.

Receveur des finances de Béziers : Détournements de titres : 385.000 francs.

Receveur des hospices d'Aire-sur-Lys (Pas-de-Calais) ; protégé des francs-maçons ; disparu. Trou : 17,000 francs.

Encontre, percepteur de Saint-Hippolyte-du-Fort (Gard) En fuite. Déficit : 36.000 francs.

Labussière, percepteur à Arras. Arrêté. Détournements : 50.000 francs.

Kien, caissier de la recette générale de la Haute-Saône. Suicidé. Avait pris 5.000 francs dans la caisse.

Couderc, receveur municipal de Libourne. s'est brûlé la cervelle. Détournements, 40.000 fr.

Octave Baret, fondé de pouvoirs de M. Labuze, trésorier-payeur général de Marseille. Arrêté. Détournements évalués à 300,000 fr.

Manifacier, maire républicain de Bessèges. Arrêté. Détournements.

Blayn, percepteur de Bessèges. Arrêté. Complice du précédent.

Barbou, caissier de la recette des finances de Montluçon. Détournements et faux. Arrêté.

Celler, percepteur à Lamotte-Beuvron. Suicidé. Déficit assez considérable.

Receveur de l'enregistrement de Castelmoron (Lot-et-Garonne). Disparu à la suite d'une visite de son inspecteur.

Delamarre, receveur municipal de Dieppe — S'est brûlé la cervelle. — Trou évalué à 120.000 francs.

Et peut-être cette liste déjà longue n'est-elle pas complète.

La grève des chemins de fer. — La tentative de grève générale des chemins de fer n'a heureusement pas abouti. Après une huitaine de jours de troubles et de dislocations partielles de service, tout est rentré dans l'ordre.

Voici la note par laquelle la Chambre syndicale des ouvriers et employés des chemins de fer fait connaître la cessation de la grève :

Dans la lettre dont les termes nous ont été transmis par les députés de la Seine, le ministre des travaux publics a fait cette déclaration :

« Les travaux repris, le ministre ne demandera pas mieux que de poursuivre les efforts qu'il a déjà faits pour l'amélioration du travail dans les compagnies de chemins de fer. »

Nous prenons acte de cette déclaration par laquelle le gouvernement affirme aussi formellement que, la grève cessant, il interviendra auprès des compagnies pour présenter nos revendications ; *c'est ce qui nous décide à faire cesser la grève.*

Confiants dans la parole du gouvernement, nous rentrons dans nos ateliers et services, ne doutant pas que, présentées par lui aux compagnies, nos justes revendications ne soient acceptées et qu'une amélioration de notre sort n'en résulte promptement.

Nous pensons que la parole donnée ne sera pas violée.

La commission exécutive.

Contribuables, réclamez !

Oui, contribuables, reclamez !

Ne vous endormez pas, ne vous laissez pas étrangler purement et simplement par une administration qui n'a qu'un souci : remplir ces coffres toujours trop vite épuisés.

Il s'est passé quelque chose à la Chambre, dans la séance du 10 juillet, qui devrait vous faire sortir de votre résignation habituelle.

Un député, M. Thellier de Poncheville, proposait, au cours de la discussion rapide des quatre contributions directes, de permettre aux conseils municipaux, autorisés par le conseil général, de demander la révision de l'évaluation de la propriété bâtie pour l'ensemble de la commune, à charge de supporter les frais de l'opération.

« De nombreuses réclamations se sont déjà produites, ajouta M. Th. de Poncheville ; il serait juste d'en tenir compte. »

« Laissez-nous donc tranquilles ! s'écria le rapporteur de la loi des quatre contributions.

« D'abord il n'y a que 45.000 réclamants ; et puis, autoriser les communes à réclamer, ce serait les pousser à le faire. »

Naturellement, le ministre des finances a été de l'avis de M. le rapporteur... Il ne faut pas encourager les réclamations, et il y a des chances pour qu'il ne s'en produise presque pas.

C'est qu'en effet nous sommes habitués, en France, à nous laisser tyranniser pas l'administration, surtout par le fisc.

Rien qu'à l'idée de résister aux agents qui leur envoient ces papiers blancs, verts ou roses, qui sont de brutales invitations à payer ce qu'ils doivent et même souvent ce qu'ils ne doivent pas, les propriétaires petits et grands tremblent dans toute leur peau.

Depuis si longtemps ils sont habitués au respect de cette puissance mystérieuse : le fisc !

Se plaindre ? Envoyer une réclamation par écrit ?

Il y en a qui s'imaginent peut être qu'une pareille audace leur vaudrait la prison... D'autres, qu'elle les compromettrait... Sans compter ceux qui sont persuadés que toute réclamation contre le fisc est inutile et entraîne des frais incalculables.

Etant données d'aussi peureuses traditions, nous estimons que c'est déjà un bon signe qu'il se soit trouvé, depuis la nouvelle loi, quarante-cinq mille personnes pour protester contre son application.

Car cette loi a été appliquée de la façon la plus étonnamment fantaisiste.

Parmi les protestations, il y en a une actuellement soumise à la 16e commission parlementaire des pétitions, qui émane d'un groupe de citoyens de la ville de Dax (Landes). Ces citoyens, qui n'ont eu peur ni de la prison, ni de se compromettre, ni de perdre leur temps et leur encre, exposent :

1° Qu'une loi pareille aurait dû entraîner une appréciation exacte de la valeur des immeubles et de leur revenu ;

2° Que cette appréciation a été au contraire faite en dehors de tout contrôle équitable, que les intéressés n'ont été appelés à fournir aucun renseignement ni à se défendre, et que l'administration a commis de nombreuses erreurs plus ou moins voulues.

En conséquence, ils demandent que le travail d'évaluation soit refait en présence des intéressés et d'un délégué de l'administration municipale, et que le résultat soit soumis au conseil municipal, conformément à la loi de frimaire an VII.

Eh bien, nous engageons nos lecteurs et amis à faire comme ceux de Dax.

Que dans toutes les villes, dans toutes les communes, un groupe de citoyens prenne courageusement l'initiative d'une pétition.

Et qu'on se hâte, qu'on ne laisse pas refroidir le mouvement.

Réclamez, contribuables, réclamez ferme!

Vous n'avez pas besoin d'autorisation ; c'est votre droit.

Il ne s'agit que de prendre l'habitude d'en user.

Usez-en donc au plus vite.

Si vous le voulez, la Chambre peut voter la réforme de l'évaluation actuelle avant le 31 décembre.

Quant au rapporteur qui ne voulait pas l'autre jour qu'on vous suggérât une audace que vous n'aviez pas, vous verrez qu'il sera le plus ardent défenseur de cette réforme qu'il a combattue avec une désinvolture inqualifiable.

LES MOYETTES

Il ne suffit pas de bien labourer la terre, de bien l'ensemencer, de bien l'engraisser, il faut encore bien récolter ses produits. La négligence sur ce point peut compromettre le résultat de toute une année de travail.

A la veille de la moisson et par le temps pluvieux que nous subissons depuis six semaines, cette raison est particulièrement intéressante. De tous côtés on nous écrit pour nous demander la manière de sauver la récolte de blé en dépit de la pluie. L'an dernier et il y a deux ans, à pareille époque, nous avons conseillé à nos collègues du Syndicat de faire des moyettes, les assurant que c'était là le meilleur moyen de bien récolter les céréales; nous reproduisons aujourd'hui ces conseils :

Dans notre plaine, on a coutume de mettre en javelles les céréales et de les laisser, ainsi disposées, compléter leur maturité; puis de former avec les javelles des gerbes, et avec ces gerbes des tas appelés dizeaux ou terzeaux, en attendant que dizeaux et terzeaux soient euxmêmes emmulonnés ou engrangés.

Lorsque le temps est beau, le système est bon parce qu'il est simple; vienne la pluie, il faudra tourner les javelles pour empêcher l'épi, qui est contre terre, de germer; quelquefois même, si l'intempérie persiste, les dizeaux devront être déliés. Il en résulte, indépendamment de la perte de temps, une dépréciation considérable de la valeur de la paille et du grain.

Pour remédier à ces inconvénients, on fabrique des moyettes.

La moyette est une petite meule, composée de plusieurs javelles, posées debout, les unes contre les autres, reliées par les épis à l'aide d'un lien de paille et recouvertes d'une gerbe renversée formant chapeau. Quatre javelles réunies forment d'ordinaire le centre de la meule. Autour d'elles, on intercale d'autres javelles en nombre variable, 4, 6, 8, 10, suivant la force de la récolte.

Au point de vue de la conservation du grain et de la paille, le procédé est excellent. La maturité s'opère plus régulièrement qu'en javelle. Ni le hâle du soleil, ni l'humidité du sol ne sont à craindre : et cette double considération permet d'avancer de plusieurs jours le fauchage.

Le surcroît de main-d'œuvre est le seul inconvénient; la confection des moyettes exigeant un travail supplémentaire, après lequel le liage des gerbes est moins aisé. Bref, il en résulte une augmentation de dépense qui varie entre 5 et 8 francs par hectare, suivant les années.

Il est un autre système qui réunit les avantages du précédent sans en avoir les inconvénients et que nous recommandons aux cultivateurs : Il consiste à lier les céréales, blés et seigles (nous ferons des réserves pour les avoines et les orges), au fur et à mesure de leur fauchaison, derrière la faux, selon l'expression du pays, et à former des moyettes avec les gerbes, de la même façon qu'on les eût formées avec les javelles. La paille sèche et le grain mûrit aussi bien.

L'accroissement de dépense n'excède pas 1 à 2 francs par hectare.

Trois ou quatre gerbes, mises debout, sont réunies par les épies et liées avec un lien. Afin de les rendre plus solides, il est utile de leur donner du pied, c'est-à-dire de les écarter à la base, les unes des autres. Dans les insterstices, trois ou quatre gerbes sont intercalées. Une gerbe renversée recouvre le tout. L'air circule entre les gerbes. S'il tombe de l'eau, elle ne peut pénétrer, et lorsque la moyette est soigneusement faite, quelque temps qu'il fasse, quelqu'herbe que contienne le pied de la gerbe, la dessication de la paille et la maturité du grain s'opèrent à souhait.

Nous connaissons des agriculteurs qui, chaque année, récoltent de la sorte de 30,000 à 40,000 gerbes de blé : en une semaine leur moisson est faite. Pour l'emmulonner ou l'engranger, ils prennent leur temps.

S'il pleut, ils sont tranquilles, pendant que leurs voisins moins prévoyants se lamentent.

La seule précaution à prendre — précaution indispensable mais fort simple — est d'éviter de lier et de mettre en moyettes des javelles mouillées par la pluie. Et cela est tout naturel. L'eau extérieure détermine une fermentation immédiate, tandis que la sève de la plante, si abondante qu'elle soit, se résout d'elle-même.

A cause du peu de longueur et de la nature de leur paille, l'avoine et l'orge se prêtent moins facilement à la mise en moyettes.

Nous engageons vivement les cultivateurs à user du dernier procédé, c'est-à-dire à faire lier leurs blés derrière la faux et à mettre des gerbes en moyettes. A tous points de vue, ils y trouveront leur avantage. Le blé ainsi récolté est supérieur comme paille et comme grain au blé mis en javelles, même par beau temps. La paille conserve sa couleur; le grain, abrité du soleil aussi bien que de la pluie, mûrit plus régulièrement et mieux. Il a plus de poids, meilleure couleur, plus d'apparence et de qualité.

Autre avantage : l'emploi des moyettes permet de couper le blé avant complète maturité, et voici comment. Le blé mûrit du pied avant de mûrir de la tête, c'est-à-dire que le pied mûrit avant l'épi : le pied une fois sec, le blé n'emprunte plus au sol aucun suc nutritif ; on pourait lui donner à ce moment engrais sur engrais, il n'en profiterait pas. Il s'opère alors de la tige dans le grain un transport de la sève et c'est ainsi que la maturité s'achève ; mais puisque, le pied étant sec, toute communication a cessé entre le blé et la terre, le transport de sève de la tige dans l'épi s'opérera tout aussi régulièrement, le blé étant coupé que si le blé était debout. On peut donc couper le blé dès que le grain ayant acquis une certaine consistance, on aura constaté, en tordant quelques tiges, que le pied ne contient plus de sève.

Dans tous les cas, il est alors préférable de le mettre en moyettes. Quand il pleut, cela va de soi, inutile d'insister. Quand le soleil est ardent, la précaution n'est pas moins utile. Et voici pourquoi : Avec la javelle, l'épi repose à terre, exposé aux rayons du soleil. Il peut alors arriver que le grain, peu mûr, ne soit desséché avant d'avoir atteint son complet développement, ou bien encore que la sève de la tige ne s'évapore au lieu de monter dans l'épi, et qu'on ait par suite des grains maigres. Avec la moyette, pareille mésaventure n'est pas à craindre. Les épis sont à l'abri ; le transport de la sève s'opère lentement mais sûrement, la maturation se fait régulièrement.

Encore une fois, nous recommandons à nos lecteurs de faire des moyettes de blé.

Pour l'avoine, dont la dessication est plus lente, nous croyons qu'il vaut mieux faire les moyettes avec des javelles qu'avec des gerbes.

Pour l'orge, dont la paille courte se prête mal à la confection des moyettes, nous ne pouvons donner aucun renseignement.

Il serait intéressant que les cultivateurs soigneux, fissent, sur une petite échelle, des essais de moyettes avec de l'avoine et de l'orge, et voulussent bien nous en faire connaître les résultats.

Syndicat agricole du Calvados.

LES LUPINS ET LES VESCES

comme engrais verts.

C'est généralement en juin et commencement de juillet que les vesces et les lupins destinés à servir d'engrais verts peuvent être semés ; disons donc quelques mots de ces deux plantes et des avantages que procure leur enfouissement.

Les lupins jaunes ou blancs sont des végétaux peu exigeants ; ils peuvent vivre sur des sols très siliceux, dans des sables presque stériles, et c'est justement là qu'ils peuvent rendre de grands services. Ils réussissent aussi bien dans le Nord que dans le Midi de la France et depuis longtemps déjà on les emploie à fumer la vigne ou l'olivier.

On sème le lupin à la volée, sur des terres bien labourées, à sous-sol perméable, un hersage léger recouvre la graine qui doit être peu enterrée. On répand en général 140 litres par hectare.

Le lupin blanc se développe plus vite que le lupin jaune, il gagne environ un mois sur ce dernier qui pourra être enfoui vers la fin de septembre s'il est semé maintenant.

Les vesces de printemps ont l'avantage de réussir mieux que les lupins dans les terrains calcaires ou argilo-calcaires.

La semence ne sera confiée à la terre dans le mois de juin, que lorsque le sol contient encore une certaine dose d'humidité ; on répandra à la volée environ 250 litres de graines à l'hectare, sur un labour ordinaire, et comme elles demandent à être enterrées assez profondément on fera bien de couvrir les semences par un scarifiage léger.

En ensemencement les vesces à la fin du mois juin, ou pourra enfouir la récolte vers la fin de septembre.

Les deux plantes dont nous venons de parler ont, comme toutes les légumineuses, la propriété d'absorber l'azote de l'atmosphère ; elles sont donc très précieuses dans les contrées qui manquent de fumier, puisqu'elles fournissent à très bon compte la substance fertilisante qui coûte le plus cher quand on se la procure sous forme d'engrais chimiques.

La quantité considérable de matières organiques qu'elles donnent aux sols pauvres enrichit ceux-ci, puisqu'elles permettent l'assimilation des autres substances nutritives et l'emploi des phosphates fossiles ou des scories de déphosphoration, qui, comme on le sait, demandent un sol riche en humus. La décomposition de la masse végétale enfouie, se fait assez rapidement, surtout si on a le soin d'enterrer la plante au moment de sa floraison et quand la température est assez élevée. Un mois au plus après l'enfouissement, si les conditions sont favorables, on retrouve facilement trace des parties les plus résistantes. Cela permet par conséquent de cultiver une céréale immédiatement après une fumure verte de vesces ou de lupins.

Les lupins et les vesces n'occupant le sol que très peu de temps et présentant les avantages que nous venons d'indiquer sont d'excellents engrais ; quelques chiffres donneront encore mieux idée de leur valeur.

Une récolte moyenne de lupins (3.000 kilogs à l'hectare) contient environ 160 kilogs d'azote, 25 kilogs d'acide phosphorique, 30 kilogs de potasse, 6 kilogs de chaux.

Dans les terres pauvres, il ne faut guère compter obtenir plus de 5.000 kilogs de vesces, cela correspond à peu près à 200 kilogs d'azote, 40 kilogs d'acide phosphorique, 30 kilogs de potasse, 3 kilogs de chaux.

Comme nous savons que la somme principale de l'azote des légumineuses est l'atmosphère, nous pouvons admettre que la richesse en azote des diverses récoltes de lupins et de vesces varie peu suivant les terrains.

D'après les chiffres que nous venons de donner, il est donc facile de voir que l'enfouissement des récoltes moyennes fournit au sol une quantité d'azote égale à celles que donneraient 40.000 kilogs de fumier normal. — En ajoutant au terrain déjà amélioré par l'apport considérable de matières organiques et de substances azotées, les engrais chimiques nécessaires et peu coûteux, comme la chaux, les phosphates de chaux et le chlorure de potassium, on peut espérer obtenir une bonne récolte de céréales dans un sol qui serait resté stérile sans cette application rationnelle de la sidération.

G. G. M.

L'INCISION ANNULAIRE DE LA VIGNE (1)

Quoique la découverte de l'*incision annulaire* de la vigne soit très ancienne, puisqu'elle est déjà mentionnée par Théophraste, son emploi, comme pratique courante, s'est malheureusement fort peu généralisé. Ça et là on découvre bien quelques horticulteurs ou quelques vignerons qui utilisent le *baguage*, mais nulle part on ne rencontre l'application en grand de cet excellent procédé. C'est pourquoi nous avons cru utile de rappeler les avantages qu'il procure à tous ceux qui ont le désir d'obtenir du *très beau* et *très bon* raisin, soit pour la table, soit pour la cuve.

L'incision annulaire a pour but :

1° *D'accroître le volume des grains de raisin d'un tiers environ* ;

2° *De hâter la maturité du raisin d'une douzaine de jours* (2) ;

3° *De parer à la coulure, quand elle est exécutée quelques jours avant l'épanouissement des fleurs.*

C'est pour cette dernière raison que Lambry, pépiniériste à Mandres (canton de Boissy-Saint-Léger, Seine-et-Oise), avait en quelque sorte réinventé l'incision annulaire en 1776 et la pratiquait couramment et toujours avec succès sur ses vignes pendant les dernières années du siècle précédent et pendant les premières de celui-ci, qui, paraît-il, furent très pluvieuses.

D'après les comptes rendus des commissions des diverses Sociétés savantes qui se transportèrent sur son vignoble pour juger de l'efficité de l'incision annulaire, il résulte que, seul, cet habile viticulteur récoltait du raisin tandis que ses voisins qui n'appliquaient pas l'opération dont il s'agit, voyaient tous les ans les fleurs de leurs vignes *couler* plus ou moins complètement. L'excès d'eau, au moment de la floraison, nuisait considérablement à la fécondation.

C'est plus généralement *pendant* la floraison ou seulement quelques jours après que celle-ci est terminée, qu'on l'exécute on n'a alors en vue que l'accroissement du volume des fruits et une plus grande précocité dans leur maturité.

Si c'est un bourgeon de l'année que l'on opère, c'est à *deux* ou *trois centimètres au dessous* du point d'insertion de la grappe inférieure qu'il faut faire l'incision ; *jamais au dessus* comme le croient encore quelques personnes. Pratiquée au-dessus de la grappe, le résultat serait d'ailleurs contraire à celui que l'on attend.

Si c'est sur un sarment de l'année précédente que l'on a l'intention de faire une incision annulaire « sur un *long-bois,* notamment », et en grande culture, c'est ainsi qu'il faut procéder : il suffit de la pratiquer à l'endroit que l'on juge le plus convenable, c'est-à-dire à la base même du sarment, car tous les bourgeons qui se trouvent *au dessus* d'elle se ressentiront de son heureuse influence, et cela à un tel point que les fruits deviendront plus gros et que leur maturité en sera notablement avancée.

L'action de l'incision annulaire « sur les fruits » s'exerce donc directement ou indirectement, suivant qu'on l'exécute sur les bourgeons, et alors immédiatement *au-dessous* des grappes sur lesquelles on veut agir, ou suivant qu'on la pratique à la base d'un sarment (*long-bois*) qui porte lui-même plusieurs bourgeons fructifères.

Dans ce dernier cas, il y a en quelque sorte une transmission d'influence à distance qui s'exerce sur plusieurs bourgeons à la fois, et qui d'ailleurs se manifeste même sur un cep entier, si l'on vient à faire l'incision annulaire à sa base. Ce qui n'est naturellement pas à recommander.

J'ajoute que, quand on pratique l'incision annulaire sur une branche coursonne, entre les deux bourgeons qu'elle supporte, le bourgeon supérieur seul subit les bons effets de l'incision, tandis que le bourgeon inférieur n'en est nullement influencé.

Il en est de même si l'on exécute l'incision entre les deux grappes *d'un même bourgeon* ; la grappe supérieure seule acquiert tous les caractères de précocité et de volume que nous avons déjà signalés.

Par conséquent, qu'il nous soit permis de dire ici, sans cependant y insister outre mesure, que l'on n'a absolument rien à redouter relativement à la vigueur du bourgeon inférieur sur lequel on doit assoir la taille suivante quand l'incision est faite entre les deux bourgeons d'une même coursonne.

L'incision annulaire, qu'on devrait plutôt appeler *décortication annulaire*, peut à la rigueur se faire avec un greffoire ordinaire, mais elle s'exécute facilement et d'une manière très expéditive avec un instrument spécial qu'on rencontre aujourd'hui chez tous les couteliers et qu'on nomme suivant les localités : *inciseur*, *bagueur*, *coupe-sève*.

Cet instrument est analogue à une pince plate dont les deux mâchoires, légèrement arquées, sont remplacées par des lames doubles, parallèles, tranchantes, ayant entre elles cinq millimètres d'écartement.

L'anneau d'écorce *enlevé* ne doit pas en effet avoir plus de cinq à six millimètres de l'argeur (1).

Pour faire usage de cet instrument, on saisit le bourgeon ou le rameau entre ses deux mâchoires, on serre légèrement et on décrit un arc de cercle à gauche, un arc de cercle à droite, et l'opération est terminée.

En tout, deux secondes pour l'effectuer convenablement.

Les détracteurs de l'incision annulaire ont dit, *sans preuves*, qu'elle abaissait la qualité du raisin et que celui-ci était moins riche en sucre lorsqu'il était récolté sur des sarments incisés que quand il était cueilli sur des sarments n'ayant point été opérés.

Les expériences que nous avons entreprises il y a déjà plusieurs années, et que nous poursuivons encore aujourd'hui au laboratoire agronomique départemental de Seine-et-Oise, nous ont démontré l'inexactitude de cette assertion qui n'est d'ailleurs basée sur aucun fait précis.

(1) *Journal de l'Agriculture.*

(2) On a reproché aux longs-bois ou vinaises et aux piques de mûrir plus difficilement leurs fruits que les broches quand elles sont trop chargées de raisin ; l'incision annulaire est donc une opération toute indiquée dans la circonstance.

(1) Quelques viticulteurs, au lieu d'*enlever* une bague d'écorce se contentent de n'effectuer qu'une simple incision circulaire ; nous n'osons recommander cette manière de faire, parce que les résultats qu'on en obtient ne sont jamais aussi réguliers que ceux qui résultent de la décortication annulaire.

En matière scientifique, la dégustation est un procédé par trop primitif.

Voici quelques-unes de ces expériences qui sont de nature, croyons-nous, à éclairer complètement la question :

Incision annulaire exécutée à la base des longs-bois de deux ceps différents, de même variété (1).

NATURE DE LA VARIÉTÉ.	Richesse en sucre par litre de jus — Long-bois incisé	Long-bois non incisé.	Différence en faveur du long-bois incisé.
— —	GR.	GR.	GR.
Chasselas..............	179 10	135 22	45 88
Meunier noir..........	189 25	161 50	27 75
Meslier blanc..........	184 00	156 00	28 00

D'après ce tableau, il est facile de se convaincre que l'incision annulaire a hâté la maturité du raisin de plusieurs jours et qu'au lieu d'agir défavorablement, elle a provoqué tout au contraire une amélioration de la qualité du raisin, puisqu'elle a accru notablement la proportion du sucre dans le jus du raisin provenant des grappes soumises à son influence.

En ce qui concerne le *chasselas*, la quantité de sucre par litre s'est élevée de 135 gr. 22 à 179 gr. 10, soit une différence de 44 grammes de sucre par litre, par suite de l'exécution de cette simple opération à la base du long-bois.

Les deux variétés de vignes à vin, le *Meunier noir* et le *Meslier blanc*, ont fourni des résultats analogues. Elles se sont également bien trouvées de l'opération qui nous occupe.

En effet, de 161 gr. 50, la proportion de sucre est passée à 180 gr. 25 par litre dans le jus du raisin de *Meunier*, et de 156 grammes elle s'est élevée à 184 grammes dans le jus du raisin de *Meslier blanc*.

Soit par litre de moût une différence de 27 gr. 75 de sucre en faveur de la première variété, et de 28 grammes en faveur de la seconde, provoquée exclusivement par l'incision annulaire.

En ce qui concerne plus particulièrement les deux variétés de raisin à vin, il est hors de doute que le vin fabriqué avec du raisin analogue à celui récolté sur les longs-bois incisés aurait été plus alcoolique de un degré et demi que du vin fabriqué avec du raisin semblable à celui obtenu par les procédés ordinaires.

Cette méthode ne peut évidemment s'appliquer qu'aux vignes à vin conduites à *longs-bois*, parce qu'il serait impossible d'inciser économiquement tous les bourgeons d'un cep ou simplement les bourgeons supérieurs des coursonnes des vignes cultivées suivant le procédé dit à *broches*.

Quoi qu'il en soit, les avantages du principe de l'incision annulaire n'en demeurent pas moins bien établis. Il suffit alors de planter en lignes et de tailler à longs-bois suivant Guyot, pour qu'il soit possible de la pratiquer. Cette taille que je considère comme étant préférable à toutes celles suivies, consiste chaque année à abaisser *horizontalement* un seul sarment (c'est la branche à fruit), et à tailler à deux yeux francs le courson de retour qui peut être envisagé dans une certaine mesure comme la *branche à bois*. On ne possède donc, sur chaque cep, qu'un *un seul long-bois* et qu'*une seule broche* (1).

Sans vouloir insister aujourd'hui sur ce mode de taille, j'ajouterai cependant qu'il peut parfaitement s'appliquer, quoi qu'on en ait dit, à *tous les cépages* indistinctement, à la condition toutefois de savoir limiter la longueur à donner au long-bois.

Les cépages et les ceps vigoureux porteront un long-bois plus long que les cépages et les ceps d'une faible vigueur. A l'ébourgeonnement on fera encore le nécessaire afin de supprimer les bourgeons jugés en excès.

(*A suivre.*) Gustave RIVIÈRE.

(1) Les ceps de même variété étaient naturellement plantés dans le même rang et la récolte du raisin a été faite en même temps.

(1) Il est préférable de laisser un long-bois palissé horizontalement et d'abandonner les *piques* qui n'ont que des inconvénients.

CHEVAL QUI REFUSE DE TIRER

Il faut avoir, pour arriver au but, un cheval bien dressé, calme et franc du collier. On garnit de leurs harnais le cheval à dresser et celui qui doit faire son éducation, et on les conduit tous les deux sur un terrain bien uni. Là, on les place croupe contre croupe et on ajoute une paire de traits à ceux qu'ils ont déjà, d'une longueur suffisante pour que ces traits étant tendus, les deux chevaux soient écartés l'un de l'autre, de 3 mètres environ.

Deux hommes sont nécessaires. Le dresseur se place devant le cheval à dresser, un aide se place devant le cheval dressé, l'aide étant toujours prêt à exécuter les ordres du dresseur au moindre signe.

Ces préparatifs terminés, le dresseur secoue les rênes et fait reculer son cheval et en même temps l'aide fait avancer et tirer lentement le cheval qu'il tient en mains. Ce manège dure jusqu'à ce que le cheval à dresser soit fatigué de reculer, résiste et se cramponne au sol. Ce que voyant, le dresseur fait signe à son aide de céder et il amène le jeune cheval à faire quelques pas en avant, en le caressant et lui adressant quelques bonnes paroles.

Après un temps de repos, l'épreuve est recommencée et on la renouvelle jusqu'à ce que le jeune cheval résiste au reculement, donne du collier et se montre disposé à faire usage de sa force. Chaque fois, on lui laisse faire quelques pas en avant et dès qu'il donne des traits, on l'excite en lui faisant entendre le mot dont on se servira plus tard pour le faire partir : *Hue ! Marche ! Allez !*

Tous ces essais doivent se faire avec calme, avec douceur, et on aura soin d'éloigner les curieux. Ce n'est que quand on sera arrivé à un résultat qu'on pourra faire sentir le fouet.

Une seule leçon suffit parfois : avec certains chevaux il faut la répéter deux et trois fois, rarement plus, chaque leçon durant de une demi-heure à une heure.

Après cela, on attelle les deux chevaux ensemble, et si l'élève se refuse encore à tirer, on dételle aussitôt et on recommence la leçon, de manière que l'élève reste près du timon, le cheval dresseur l'en éloignant à reculons, afin de faire sentir au jeune cheval qu'il est plus facile de tirer la voiture que de se laisser traîner en arrière. Après plusieurs épreuves, on attelle de nouveau les deux chevaux ensemble. Bientôt enfin, on arrive au résultat cherché.

Si le cheval se couchait pendant la leçon, on le ferait relever à coups de fouet et un aide placé près de lui avec un fouet serait toujours prêt à l'empêcher de se coucher de nouveau.

A. L.

Alcoolisation des groseilles et des framboises.

On ne peut imaginer rien de plus parfait, de plus fin, de plus parfumé que l'eau-de-vie obtenue avec des framboises ou des fraises. Si l'on voulait se servir de cet alcool pour faire des liqueurs de table, on aurait des produits qui laisseraient bien loin derrière eux tout ce que l'on offre aujourd'hui, comme perfection dans le genre. Souvent, nous nous sommes demandé ce que serait la chartreuse, si ceux qui la fabriquent se servaient d'alcool de framboises ou de fraises. C'est bien alors que cette liqueur acquerrait une réputation au-dessus de tous éloges.

Mais, on le comprend, vu les revenus en argent que procure sur le marché des villes la vente des fraises et des framboises, on ne saurait distiller ces fruits dans le but de faire du commerce. Il n'y a que les gens riches, les vrais amateurs, les gourmets orgueilleux qui peuvent étaler un tel luxe d'eau-de-vie sur la table autour de laquelle ils ont réuni des convives d'élite.

Pour se procurer une eau-de-vie qu'Horace eût déclaré digne des dieux, s'il l'avait goûtée, l'amateur devra se servir d'un petit appareil qui lui permette d'opérer sur une faible quantité.

Après avoir fait la provision des fraises ou des framboises qui doivent fournir de l'alcool, il faudra les écraser, en faire une sorte de vin qui sera soumis à la fermentation, après les avoir arrosées de leur poids d'eau chaude provenant de la pluie autant que possible. On distillera ensuite, et l'on obtiendra une eau-de-vie ayant les qualités dont nous avons parlé plus haut.

C'est encore, certes, un luxe qu'il est bien facile de se procurer, quand on possède dans son jardin de larges plates-bandes, quand on cultive le framboisier en grand, et quand, loin des villes, on n'a pas la facilité d'écouler ces riches produits tant réclamés par les confiseurs et les liquoristes.

Avec quelques soins, le framboisier peut produire jusqu'aux gelées, et nous ne doutons pas que celui qui voudrait le cultiver, non en amateur, mais en producteur, ne gagne beaucoup d'argent par la distillation, car son eau-de-vie trouverait facilement un débouché facile dans toutes les familles riches. Si un litre de kirch de Fougerolles est vendu, après quelques années de vieillesse, de 5 à 6 francs, le litre d'eau-de-vie de framboises ou de fraises sera acheté bien plus cher s'il a un peu vieilli.

Encore une fois, ce serait pour les campagnes un principe de bien-être, et c'est alors qu'il serait permis de dire que le métier le plus lucratif est celui d'horticulteur-distillateur.

Nous avons opéré sur 14 kilos de framboises et obtenu 1 litre 10 centilitres d'eau-de-vie à 51° centigrades. Or, un petit buisson de framboises dites de *tous les mois* nous a fourni, depuis le mois de mai jusqu'au mois de novembre un peu plus de 5 kilos. On peut juger par là de ce que peu produire en fruits et en alcool un hectare de terre planté de framboisiers. L'abbé CH.-S. VIGNERON.

Nouvelles agricoles.

Les viandes de porcs américaines. — Le ministre de l'agriculture, au dernier conseil des ministres, a appelé l'attention de ses collègues sur la question des viandes de porcs américaines. On sait que la Chambre, parmi les articles du tarif général des douanes qu'elle a déjà votés, a compris un droit sur ces viandes. Il s'agit de savoir si l'interdiction absolue de ces viandes, prononcée en 1881 dans l'intérêt de la santé publique, doit être maintenue chez nous. Les Etats-Unis sollicitent la levée de cette interdiction, en faisant observer que le gouvernement américain a pris toutes les mesures que commande l'hygiène, et organise, notamment, un service d'inspection du départ des viandes pour l'Europe. Le ministre de l'agriculture a donc prié son collègue de l'intérieur de prendre l'avis du comité consultatif d'hygiène de Franée, sur la question de savoir si la prohibition des viandes américaines de porc doit être maintenue.

Le commerce du bétail. — Les arrivages de bétail vivant étranger au marché de La Villette ont été très restreints pendant le mois de juin. Ils n'ont été que de 171 bœufs et 1.802 moutons, savoir : 162 bœufs et taureaux, et 1,586 moutons amenés d'Amérique ; 10 bœufs de Sardaigne, 216 moutons d'Italie. Par contre, les envois d'Afrique (Algérie et Tunisie) ont repris de l'importance; ils se sont élevés à 139 bœufs et 35.396 moutons. Les arrivages de moutons abattus étrangers, déjà ralentis pendant le mois de mai, sont devenus plus restreints, par suite des conditions de la saison.

Les dépôts de chevaux de guerre. — Nous recommandons aux propriétaires de prairies une circulaire du ministre de la guerre qui annonce la prochaine création de dépôts dits *de transition*, où les chevaux achetés à trois ans et demi séjourneront jusqu'à l'âge de cinq ans, époque où l'armée commence à les utiliser.

Le ministre annonce que l'administration de la guerre confiera ses chevaux aux propriétaires moyennant les conditions suivantes :

1° Bâtiments et installations convenables, pouvant contenir de 150 à 200 chevaux et leur laisser un certain parcours ;

2° Payement de la ration de chaque cheval d'après les mercuriales du pays;

3° Prime d'indemnité au propriétaire pour frais d'établissement et d'entretien.

Les conventions avec les propriétaires de dépôts commenceront le 1er octobre prochain.

Les intéressés pourront prendre connaissance de la circulaire ministérielle dans le *Bulletin des Communes*.

La viticulture française. — Dans une lettre qu'il vient d'adresser à MM. Méline et Viette, présidents des deux groupes agricoles, et à M. Cazauvieilh, président du groupe viticole, M. Déandréis, député de l'Héraul, expose que, dans le cours de la discussion des tarifs de douane, divers orateurs ont émis la crainte que la viticulture française ne se trouvât hors d'état de suffire, pendant longtemps, à la consommation nationale ; d'autres ont avancé que les vins destinés à l'alimentation populaire demeureraient, par suite de leur prix élevé, inaccessibles aux consommateurs peu aisés.

M. Déandréis dit que cette double affirmation est erronée et que la preuve certaine du contraire est établie par les faits : d'une part, la reconstitution viticole est aujourd'hui assurée et la production des vignes renouvelées, va chaque année en augmentant avec une constante progression ; d'autre part, les prix de vente à la propriété sont en ce moment extrêmement bas et il existe, dans les caves, une grande partie de la récolte de 1890 invendue.

Afin de fixer l'opinion de ses collègues sur ce point, M. Déandréis les invite à se rendre dans l'Hérault au moment des vendanges pour y juger de la situation.

« On se souvient, dit-il, que des « caravanes » parlementaires ont parcouru l'Algérie et la Corse et que ces voyages ont eu les plus heureux résultats pour l'intérêt général ; la région méridionale n'est-elle pas digne d'être « découverte » aussi ?

« Le département de l'Hérault a récolté, en 1890, 6,045,743 hectolitres de vin, avec une augmentation de 2,529,048 sur la moyenne des dix dernières années et de 160,000 sur la dernière récolte. L'Aude en a produit 2,856,380, en gagnant 500,000 sur 1889. Le Gard arrive avec 1,626,462, en avance de 950,000 sur la moyenne décennale. Les Pyrénées-Orientales donnent 1,261,600 contre 781,000 pour la récotte précédente. Les Bouches-du-Rhône enregistrent 990,972, en excédent sur 1889 de près de 700,000.

« Ne sont-ce pas là des résultats saisissants?

« Nos visiteurs pourront les contrôler sur place ; ils y acquerront, de plus, la certitude que le problème de la reconstitution des vignes françaises est résolu ; ils y puiseront l'encouragement pour la lutte contre le phylloxera et la foi dans le succès. »

Association pomologique de l'Ouest. — L'Association pomologique de l'Ouest vient de publier son huitième bulletin, consacré au concours et au congrès de Caen en 1890. Ce bulletin renferme, en outre, des études très intéressantes de M. Kayser sur la fermentation du cidre, et de M. Truelle sur un système rationnel de classement des variétés de fruits à cidre et à poiré, ainsi que de très nombreuses analyses de pommes effectuées par M. Pawe, M. Truelle, MM. Lenormant et Bourdin. On sait que l'Association pomologique a constitué, depuis plusieurs années, une commission d'étude des fruits à cidre ; le bulletin renferme les premiers résultats des travaux de cette commission. La note suivante renferme ces résultats :

« La commission spéciale chargée de dresser la liste des fruits à cidres recommandables bien acclimatés dans chaque département fournit comme début de son travail les renseignements suivants :

« *Doux-Joseph* (1re saison), *Doux-Coursier-Chérubine* (2e saison), *Reine-des-Pommes ou Doux-Geslin* (3e saison). Toutes ces variétés sont fort estimées en Ille-et-Vilaine et spécialement dans l'arrondissement de La Guerche.

« *Petit-Jaune, Gros-Jaunet, Bedan, Marin-Onfroy, Doux-Auvêque*. Variétés communes à la Loire-Inférieure et à l'Ille-et-Vilaine.

« Le *Petit-Jaune* fait son cidre à lui seul comme *l'Amère de la Vieux-Ville*.

« Le *Doux-Normandie, Frequin-Tardif* et la *Rousse* ou *de Rousse* se brassent ensemble dans la Sarthe et font un cidre excellent. On y estime aussi beaucoup le *Petit-Ameret* comme fruit de première saison.

« La Normandie a inscrit sur la même liste les *Blanc-Mollet* (1re saison) *Bramtôt* et *Médaille-d'Or* avec taille, *Amère de Berthecourt, Petit-Muscadet, Petite-Amère* (2e saison), *Binet-Rouge, Frequin-Audièvre, Bedan, Joly-Rouge, Argile, Amer-Doux* (3e saison) ».

Nous rappelons que le concours et le congrès de l'Association pomologique en 1891 se tiendront à Avranches (Manche) du 20 au 25 octobre

LES SOLDATS AUX MOISSONS

Voici les formalités à remplir pour obtenir des soldats durant la fauchaison ou la moisson.

Le père ou le tuteur du soldat doit sur une feuille de papier timbré de 60 centimes :

1° Adresser au maire de sa commune une demande où il expose qu'en raison soit de ses charges, soit de ses infirmités, soit de son indigence, il lui est impossible de procéder seul à ses moissons ou à ses fauchaisons; qu'en conséquence il sollicite qu'il soit accordé à son fils un congé aussi long que possible ;

2° Indiquer avec soin, dans la demande, les noms, prénoms, classe de recrutement, numéro de la compagnie, du bataillon et du régiment du militaire objet de la pétition.

Le maire, après avoir certifié exact le contenu de la demande, la transmet, suivant le cas, au préfet ou au sous-préfet. Ce fonctionnaire, après avoir, à son tour, examiné la pétition à lui communiquée, la transmet au colonel du régiment où se trouve le militaire intéressé.

Le chef du régiment fait droit, autant que cela lui est possible, aux requêtes qui lui parviennent, après avoir suivi la filière sus-indiquée.

D'ordinaire, le colonel met à la disposition des pères de famille agriculteurs cinq hommes par compagnie, et il leur accorde environ vingt jours pour les moissons. Mais quand cette première série de militaires rentre, une nouvelle série de cinq est autorisée à partir aux champs ; quand cette deuxième série rentre, à son tour une troisième série jouit de la même faveur ; et ainsi successivement, jusqu'à l'époque des grandes manœuvres, c'est-à-dire jusqu'à la fin d'août. Donc, jusqu'à cette date, les agriculteurs qui en ont besoin peuvent solliciter un congé pour leur fils et se faire aider à faucher où à moissonner.

CONSEILS DU JARDINIER

LES CAROTTES NOUVELLES POUR L'HIVER

Pour jouir de cet excellent légume frais tout l'hiver, il n'est pas besoin d'avoir des couches à sa disposition. On peut semer tout simplement en pleine terre, dans un sol sain, bien préparé par un labour profond, auquel on aura eu soin d'ajouter des engrais bien consommés, si le carré dans lequel on a fait son semis n'est pas suffisamment riche. On l'ameublera par les moyens ordinaires, qui sont bien connus et qu'il est inutile d'indiquer.

Les personnes qui tiendront à récolter des carottes de bonne grosseur, feront leur semis du 10 au 15 juillet ; celles, au contraire, qui désireront ne les avoir que petites, ne sèmeront qu'au 1er août.

En entremettant bien ces semis, les arrosant copieusement dans les temps de sécheresse, on évitera de voir les carottes attaquées par les vers, ce qu'il faut surtout empêcher ; car une fois les vers entrés dans les cultures de carottes, c'est un fléau qui cause de bien grandes pertes aux cultivateurs de ce bon légume. Cette culture n'est pas nouvelle, mais elle n'est pas répandue en proportion des services qu'elle rend en hiver, puisqu'elle nous procure l'avantage de posséder des carottes fraîches, tendres jusqu'aux nouvelles carottes de couches. Les moyens de les obtenir sont si simples, qu'ils sont à la portée de tous ceux qui possèdent un jardin, si petit qu'il soit. Ceux qui ne prennent pas la précaution de faire des semis de carottes à l'époque que nous indiquons, se privent d'un excellent légume aussi sain qu'avantageux.

A l'approche des fortes gelées, il faut couvrir les carrés avec des litières, feuilles, grand fumier, etc.

Les personnes qui n'auraient pas de litière à leur disposition, pourraient employer la terre des sentiers des carrés. Il est bien entendu qu'au moment de couvrir les carottes, on coupe les fanes qui, si elles n'étaient pas ôtées, seraient sujettes à faire pourrir les racines. HORTUS.

CONSEILS A LA FERMIÈRE

Sirop de groseilles. — On prend les groseilles rouges à grappes avant qu'elles soient complètement mûres, on égrène les baies ou grains pour les séparer de la râfle, on écrase ces baies et on les laisse fermenter dans un vase de terre pendant vingt-quatre heures. Après cela on exprime le jus sur un tamis qui le filtre et l'on a soin de presser fortement le marc. On rince ensuite le tamis, on le recouvre d'une serviette, on y verse de nouveau le jus et l'on opère ainsi un second filtrage. Le liquide, naturellement, est devenu d'une limpidité appétissante. Alors on le pèse, et par chaque kilogramme de jus on ajoute 2 kilog. de sucre blanc. On chauffe le jus sucré dans une bassine, on laisse faire quatre bouillons et le sirop est fait. On l'enlève du feu, on l'écume et on le verse dans une terrine pour l'y laisser refroidir. Après le refroidissement, on le met en demi-bouteilles, on bouche rigoureusement et on les place dans la partie la plus fraîche de la cave.

Sirop de vinaigre framboisé. — Délicieux sirop que celui-ci! sans préjudice aucun à la réputation des autres; aussi le recommandons-nous en toute confiance à ceux qui ne le connaissent pas. On prend un bocal, on y verse des framboises jusqu'au col, sans les fouler, et sur les framboises on verse de bon vinaigre de vin, jusqu'à ce qu'elles en soient recouvertes. Au bout d'une semaine de macération, on jette tout le contenu du bocal sur un tamis et on presse modérément les framboises pour en chasser le jus. On pèse le jus que l'on obtient, et, pour chaque kilogramme de ce jus, on réserve 2 kil. de sucre concassé que l'on met dans un vase en faïence ou en porcelaine. On verse dessus le vinaigre framboisé; on couvre bien le vase avec un linge, on le fait chauffer au bain-marie, et peu à peu on laisse le feu baisser et s'éteindre. Quand le sirop sera complètement refroidi, on le versera dans des bouteilles que l'on conservera à la cave. UNE MÉNAGÈRE.

CONSEILS DU VÉTÉRINAIRE

LE SON DANS L'ALIMENTATION DU CHEVAL.

Le *gros son* est un excellent aliment pour le cheval; par son mucillage, il est adoucissant et rafraîchissant, pour les muqueuses comme pour la peau.

Mais le son qui rentre dans la ration ne produit de bons effets qu'à la condition d'être donné sec et mêlé à l'avoine.

C'est une pratique excellente de mêler aux avoines de matin et de midi deux bonnes jointées de son sec (1 litre), et à celle du soir, 3 litres environ.

Le cheval est forcé de bien mâcher et bien ensaliver son avoine et de manger lentement.

C'est surtout indiqué pour les chevaux goulus.

Malheureusement on a la mauvaise habitude de friser le son mêlé à l'avoine; la ration est alors rapidement avalée, sans être mâchée, le son mouillé, non insalivé est indigeste, il fermente, s'aigrit dans l'estomac, et produit des indigestions et des coliques.

Ces maladies se remarquent surtout, lorsqu'à l'avoine et au son mouillé sont ajoutés de la paille barbée et de la julienne.

CONSEILS DU MÉDECIN

ŒILS DE-PERDRIX.

Si le correspondant dont je viens de lire la lettre n'était pas un facteur, je le ferais attendre, car j'ai à répondre à bien des questions; mais ne serait-il pas cruel, je vous le demande, de faire attendre un facteur qui a des *œils-de-perdrix*?

L'œil-de-perdrix, vous le savez sans doute, n'est autre chose qu'un durillon survenu entre les doigts de pied. On a préconisé sur ce bobo, parfois si douloureux, d'une feuille de muguet des bois, macérée dans du vinaigre. Quoi qu'il en soit, le traitement suivant me semble préférable à tout autre: — Chaque soir, on applique un peu de suif de chandelle sur la surface de l'œil-de-perdrix, et on enveloppe d'un linge le doigt qui en est le siège. Tous les matins, on enlève le suif à l'aide d'un peu d'eau chaude, on détache avec l'ongle les parties ramollies, puis en entoure le doigt malade de ouate que l'on maintient avec un petit linge. — Là-dessus, trottez, ami facteur. UN VIEUX MÉDECIN.

POUR RIRE.

A l'hôpital:

— Monsieur! monsieur! crie un vieux pensionnaire en s'adressant à l'infirmier de service, je ne peux plus vivre à côté du numéro 7.

— Qu'est-ce qu'il vous a fait?

— Il me chipe toute mon huile de foie de morue!...

* * *

Une noce vient de se mettre à table chez un traiteur à forfait.

Le garçon, qui sert le potage, répand les trois quarts du contenu de la soupière sur la robe de la mariée.

Tumulte, pleurs, grincements de dents.

— Oh! fait le *famulus* tranquillement, ne vous désolez pas comme ça: il reste encore du bouillon à la cuisine.

* * *

Toto voit pour la première fois jouer de l'harmonium.

Le jeu des pieds de l'exécutant l'intrigue beaucoup.

— Maman! crie-t-il tout à coup, vois donc!.. Un monsieur qui joue du vélocipède avec un piano!

PETITE POSTE.

M. le docteur L... (Meuse). — *Guide pratique pour l'achat des engrais commerciaux*, par Gaillot. — Nous n'avons plus ce petit opuscule. Il est en vente aux bureaux du *Progrès agricole*, à Amiens, 23, rue des Trois-Cailloux. Prix, 0 fr. 30.

M. C... (Ille-et-Vilaine). — 1° *Liens pour la moisson*. — Chez Jacob, 19, rue de Turbigo, Paris. Envoi franco d'échantillons sur demandes;

2° *Chemins*. — Le passage sur ce chemin, qui vous appartient, n'est dû qu'en cas d'enclave absolue. C'est à celui qui réclame le passage à prouver qu'il y a droit.

M. G... (Maine-et-Loire). — 1° La laitue enfouie est certainement un bon engrais vert. Le chou enfoui procure, par sa décomposition, de l'acide sulfureux qui éloigne les vers blancs. Les jardiniers utilisent parfois cette propriété.

2° *Arbres*. — Vous avez parfaitement le droit de faire couper les branches qui avancent sur vous. C'est au propriétaire qu'il faut vous adresser.

OFFRES & DEMANDES.

Pour répondre au désir qui nous est exprimé, nous offrons à nos abonnés, sous cette rubrique, deux annonces gratuites pour les offres et demandes d'emplois, produits ou animaux à vendre ou à acheter, etc.

Les annonces qui suivront jouiront d'une réduction de 50 pour 100 sur les tarifs ordinaires.

Les demandes d'insertions devront être envoyées à l'administration, qui se chargera de les rédiger.

Ne pas négliger d'envoyer tous les renseignements nécessaires (joindre 2 timbres de 0 fr. 15).

Un ancien élève d'une école d'agriculture, dans la force de l'âge, marié, bien au courant de la culture moderne en même temps qu'excellent praticien, demande un emploi de régisseur. — Très bonnes références. — N° 907.

S'adresser à M. GUESDON (J.-M.), à Belhôte, par Corps-Nuds (Ille-et-Vilaine).

Un jeune homme, 23 ans, de famille honorable, muni d'excellents certificats, connaissant bien le jardinage et l'exploitation des bois, demande une place de jardinier ou de garde forestier.

S'adresser à M. Pierre DUFAURE, jardinier au Poujet-du-Condut, par Uzerche (Corrèze). — N° 938-4.

A louer, dans l'Avranchin, une ferme de 19 hectares, la moitié en prairies; bien complantée de pommiers.

S'adresser au bureau du Journal. — N° 939-2.

REVUE FINANCIÈRE.

Les dernières séances de la semaine dernière avaient été marquées par une légère reculade, dont on connaît les causes: d'une part, les deux échecs relatifs du cabinet, de l'autre, l'agitation dans le personnel des chemins de fer. Lundi dernier, le marché se ressentait encore de ce malaise, quoique l'une des causes ait déjà disparu; la seconde n'existant plus, la Bourse s'est rassérénée, bien que des désastres financiers nouveaux soient signalés à Londres, et nous voici revenus à des cours meilleurs.

Mais il ne faut pas oublier que les affaires sont et restent nulles, et que les cours faits en ce moment ne comportent aucune indication, au moins en ce qui concerne la tendance du marché. On peut sans doute affirmer que la fermeté subsiste; mais c'est tout.

Aussi croyons-nous plus utile, au lieu d'un examen stérile de la cote, de jeter un coup d'œil en arrière et de nous rendre compte, par un examen comparatif avec les deux années précédentes, de l'influence exercée sur les cours par l'ataxie qui règne depuis près de huit mois. Voici, pour commencer, cette comparaison en ce qui concerne nos rentes.

RENTES FRANÇAISES	1889	1890	1891
Rente 3 0/0 ancien....	83 40	91 10	95 20
Amortissable..........	86 ..	93 40	95 70
4 1/2	104 55	106 80	105 85

La plus value est considérable, à part pour le 4 1/2, toujours sous la menace d'une conversion.

SOCIÉTÉS DE CRÉDIT	1889	1890	1891
Banque de France.......	3.815	4.150	4 412
— de Paris.........	721	810	780
— d'Escompte......	504	514	469
Comp. nation. d'escompte.	»	625	577
Crédit foncier...........	1.272	1.236	1.249
— lyonnais..........	679	752	807
Société générale..........	451	480	484
Crédit ind. et commercial.	580	650	590
Crédit mobilier...........	405	425	361

Parmi les quelques établissements de crédit dont le cours en 1891 est inférieur à celui de 1889, c'est le Crédit Foncier qui est relativement le plus éprouvé. Mais aussi pourquoi notre second établissement de crédit, après avoir été incriminé comme il l'a été naguère, n'a-t-il pas trouvé mieux pour faire taire les mauvaises langues, que de s'engager à fond dans des affaires comme les Dépôts et Comptes Courants, ou les Immeubles soi-disant « ouvriers » des Buttes-Chaumont, et qui plus est de se faire faire de la réclame à ce propos, sans parler du Panama.

CHEMINS DE FER FRANÇAIS	1889	1890	1891
	—	—	—
Est act	795	856	897
— oblig	398	432	438
Lyon act	1.295	1.418	1.480
— oblig	408	433	443
Midi act	1.152	1.260	1.290
— oblig	416	438	444
Nord act	1.677	1.802	1.840
— oblig	414	445	444
Orléans act	1.327	1.445	1.515
— obblig	416	437	443
Ouest act	940	1.000	1.055
— oblig	414	439	443

Ici, nous ne voyons matière à aucune observation spéciale, tant, comme pour nos rentes, l'amélioration par rapport à 1889 reste considérable.

Une seule nouvelle financière de quelque intérêt. C'est vers le 15 août prochain qu'aura lieu le dépôt pour l'échange des titres de la rente italienne 3 0/0. Cet échange aura lieu sans conformité de numéros. L'administration italienne percevra 60 centimes de frais par titre.

TIMON.

CHEMIN DE FER DU NORD.

Saison des Bains de Mer

du 15 Mai au 15 Octobre.

Prix au départ de Paris :

1° *Billets d'aller et retour valables du vendredi au mardi.*

	1re cl.	2e cl.	3e cl.
Le Tréport-Mers	27.85	20.80	14.80
Saint-Valery	29.05	21 80	15.85
Cayeux	31.70	23.80	17.20
Le Crotoy	30.15	22.60	16.30
Berck	33.60	25.25	18.40
Etaples (Le Touquet-Paris-Plage)	33.50	25.15	18.50
Boulogne	37.50	28.15	20.65
Wimille-Wimereux	38.40	28.80	21.15
Ambleteuse, Andresselles, Wissant (Marquise)	39 90	29.95	21.95
Calais	43.60	32.70	23.95
Gravelines	45.05	33.80	24.80
Dunkerque	45.05	33.80	24.80

2° *Billets d'aller et retour des dimanches et fêtes, valables pendant une journée.*

	2e cl.	3e cl.
Le Tréport-Mers	10 25	6.25
Saint-Valery	10.80	6.60
Cayeux	12.80	7.95
Le Crotoy	11.80	7.40
Berck	13.50	8.35
Etaples (Le Touquet-Paris-Plage)	12.70	7.80
Boulogne	13.85	8.45
Wimille-Wimereux	13.85	8.45
Ambleteuse, Andresselles, Wissant (Marquise)	13.85	8.45
Calais	13.85	8.45
Gravelines	13.85	8.15
Dunkerque	13.85	8.45

Billets de famille comportant sur les billets individuels des dimanches et jours de fêtes une réduction de 5 à 25 0/0 pour les familles de 2 à 5 personnes et au-delà.

Indépendamment des billets ci-dessus, il est délivré des *billets de saison*, à prix réduit, de famille (1re, 2e et 3e cl.) *valables pendant 33 jours*, avec réduction de 50 % pour chaque membre de la famille en plus du troisième. (Voir les affiches).

HALLES ET MARCHÉS.

La température actuelle est des plus favorables à toutes les céréales; dans le nord la floraison des blés se termine. La rentrée des fourrages a lieu dans de bonnes conditions. Les transactions sont calmes sur presque toutes les denrées agricoles.

Blés. — Les blés sont dans la période de grenaison et présentent un aspect satisfaisant. On ne peut encore rien dire de précis à propos de la récolte; mais l'espoir d'un rendement meilleur que celui que l'on prévoyait s'accentue de jour en jour. Quant aux transactions, elles ont toujours aussi peu d'activité; les apports sur nos marchés sont presque nuls, et les cours ont encore subi une baisse de 50 centimes à 1 fr. Voici les derniers relevés à la fin de la semaine : Arras, blé blanc, 26 à 28 les 100 kilog.; roux, 21 à 26 50; Cambrai, blé blanc, 26 à 27; roux, 25 à 26; Beauvais, 21 à 26 90; Amiens, 28; Chartres, 24 15 à 26 25; Etampes, 22 50 à 25; Montereau, 23 10 à 26 50; Epinal, 28 à 30 Le Mans, 25 à 25 75; Versailles, 27 50 à 28 35; Rouen, 25 45; Moulins, 26 50 à 27; Nevers, 27; Mâcon, 26 à 27. — A Paris, au marché commercial de samedi, on a coté le blé disponible 26 fr. en baisse de 25 à 50 centimes, et le livrable, 25 75 à 26 75. — A l'étranger, le beau temps a exercé comme chez nous une influence favorable sur les recoltes en Belgique, en Hollande et en Allemagne. En Autriche, on annonce un déficit de 28 pour 100 environ sur la récolte de l'année dernière. En Russie, les nouvelles sont toujours mauvaises; mais il y a une légère amélioration dans le Sud. Sur les principaux marchés européens, la tendance est faible en général. A Berlin, le blé est à 29 75 les 100 kilog.; Vienne, 23 25; à Budapest, 22 58. — Dans nos ports, les affaires en blés étrangers restent peu actives. Les prix n'ont pas changé à Marseille; au Havre, ils ont fléchi de 25 à 50 centimes. Les importations de la semaine dernière se sont élevées à 104,826 quintaux par Marseille; au Havre, il est entré 118,000 hectolitres; Bordeaux n'a rien reçu. On demande au Havre 23 les 100 kilog. en entrepôt pour les Californie disponibles, 22 50 pour des roux d'hiver; 23 pour des Saint-Louis. A Dunkerque, on offre des blés de Pologne à 21 50. — Aux Etats-Unis, le beau temps a également favorisé la moisson; le blé disponible a baissé à New-York de 1 30 par 100 kilog. et restait coté 18 50 le 17 juillet; à Chicago, les cours sont également en baisse à 16 31 pour le blé disponible et 15 86 à 15 93 pour le livrable.

Seigles. — Les prix sont soutenus au marché de Paris, malgré le calme des affaires. On cote le disponible 17 75 les 100 kilog.; le livrable en août, 17 à 17 25; les autres époques, 17 50 à 18 25.

Orges. — La récolte se présente bien; il ne se fait rien d'ailleurs en affaires, et les prix son difficiles à déterminer. Pour les escourgeons, on attend les nouveaux échantillons.

Avoines. — Les cours sont un peu mieux tenus depuis quelques jours; les belles avoines noires valent de 18 50 à 18 75 les 100 kilog. en gare d'arrivée à Paris; les noires de Beauce et du centre, 17 75; les grises, 17 50 à 17 75; et les blanches, 17 à 17 25. Les avoines étrangères sont sans affaires à des prix trop élevés.

Maïs. — Les maïs du Danube sont cotés 17 50 les 100 kilog. droits acquittés, sur wagon au Havre ou à Dunkerque; les Plata, 17; on offre des bigarrés d'Amérique à 18 50.

Farines de consommation. — La meunerie a encore baissé ses prix de 1 fr. par sac vendredi. La marque de Corbeil est cotée 62 les 157 kilog. nets, ou 39 49 les 100 kilog.; les marques de choix valent 62 à 64; les premières marques, 60 à 62; les bonnes, 59 à 60; les ordinaires, 58 à 59 Malgré cette baisse, la boulangerie fait peu d'achats.

Farines de commerce. — Les prix ont baissé de 2 fr. pendant la semaine dernière sur le marché de Paris; samedi on a coté en clôture les *douze-marques* disponibles, 57 25 les 157 kilog. nets, les livrables en août, 58 à 58 25; les autres époques, 59 à 59 50.

Issues. — Calmes avec cours tendant à la baisse; on cote gros sons, 13 à 15 les 100 kilog.; sons trois cases, 13; sons fins et recoupettes, 12 50; remoulage, 14 à 17 suivant nuance.

Pommes de terre. — Hollande vieille, 12 à 16 les 100 kilog.; longues nouvelles, 9 à 10; rondes, 7; rouges saucisses, 12 à 13; rondes rouges et blanches, vieilles, 10.

Huiles de graines. — Les huiles de colza ont baissé à la fin de la semaine dernière; on cotait à Paris le disponible 71 à 71 50; le livrable, 72 à 74 25; les huiles de lin sont également en baisse aux prix de 51 25 à 51 75 disponibles et courant du mois; 52 à 53 autres époques. Le tout aux 100 kilog. — Sur les marchés des départements, les cours ont une tendance faible; on vend à Rouen, colza, 72 à 72 50; lin, 54 à 54 50; à Caen, colza disponible, 69; livrable, 71; à Arras, œillette surfine, 98 les 91 kilog.; pavot à bouche, 77 les 100 kil.; colza étranger, 76; cameline, 65; à Lille : colza, 68 l'hectolitre; lin indigène, 56; étranger, 54; colza épuréo, 74.

Huiles d'olive. — Marché calme à Nice; on tient les qualités extra vierges; 179 67 à 186 09; extra surfines, 154 à 166 84; surfines, 144 37 à 147 58, le tout aux 100 kilog.

Sucres. — Les cours sont en hausse sur ceux du commencement de la semaine dernière; cependant, samedi, un mouvement de baisse a commencé; on a coté : sucres roux 88 degrés, 35 50 les 100 kilog.; blancs numéro 3 disponibles, 36 à 36 25; quatre mois d'octobre et quatre premiers de 1892, 34 à 34 50. — A Lille, on tenait au marché du 17 juillet : roux 88 degrés disponibles, 35; livrables. 34 75; blancs numéro 3 disponibles, 36 25; livrables, 33 37. — Pour les sucres raffinés, les affaires ont été assez actives, et les prix ont haussé de 1 fr. par suite d'une meilleure demande pour l'exportation; on tient les sucres en pains pour la consommation, 105 50 à 106 les 100 kilog.

Laines. — Les dernières foires de l'Indre qui ont eu lieu à Tournon, Valençay et à Ardentes ont donné les cours de 1 à 1 30 le kilog. pour laines en suint. A Châteauneuf (Nièvre), il s'est vendu peu de laines à 0 40 — A Eu (Seine-Inférieure), on a coté, 2 40 à 2 60 les laines lavées. — Les suints métis de Bauce se paient 1 40 à 1 70; les picards, 1 20 à 1 35.

Chanvres. — Les transactions sont rares à Saumur au prix de 30 à 35 les 50 kilog.

Tourteaux. — On cote à Arras les tourteaux d'œillette, 13 les 100 kilog, en baisse de 25 centimes; ceux de colza, 15 25; de lin 22; de cameline 14; à Cambrai, œillette, 14; colza, 14 à 15 50; à Caen, colza, 15.

Engrais. — Les transactions sont sans activité. Pour le nitrate de soude, les livraisons sur les quatre premiers mois de 1892 sont offertes à 20 50, 20 75 et 21 les 100 kilog. à Paris. Il fait presque plus rien en disponible à Lille, on a traité quelques petits lots à 19 50 en disponible sur wagon à Dunkerque; on offrait 20 50 des 100 kilog. pour le livrable sur les quatre premiers mois de 1892. — Les cours des autres engrais sont sans variations, avec maintien de la baisse sur les superphosphates.

Beurres. — La vente est active pour les beurres en mottes, avec hausse sur les sortes de choix. On cote à la halle : *beurres en mottes*; fermiers de Gournay : extra, 3 20 à 3 60 le kil.; choix, 2 80 à 3; bons, 2 50 à 2 60; ordinaires, 2 20 à 2 30; d'Isigny, extra, 4 à 5 20; choix, 3 60 à 3 90; bons, 3 à 3 40; ordinaires, 2 40 à 2 80; marchands du Gâtinais, 1 90 à 2 10; de Bretagne, 1 80 à 2; de Vire, 1 80 à 2 10; de Bresse, 1 60 à 1 80; laitiers des Charentes, 2 à 2 30; des Alpes, 2 30 à 2 60; divers producteurs, 1 90 à 2 30; — *beurres en livres* : fermiers, 2 20 à 3; Touraine, 1 80 à 2 40; Gâtinais, 1 80 à 2 50; Vendôme et Beaugency, 1 60 à 2 50; Bourgogne, 1 60 à 2 90; le Mans, 1 60 à 1 80; — *Petits beurres* : 1 50 à 2, suivant provenance.

Œufs. — La vente n'a pas été très active à la halle; mais les cours se soutiennent bien. On cote : Normandie, 90 à 112 le mille; Picardie extra, 90 à 118; ordinaire, 70 à 84; Brie extra, 88 à 96; Touraine extra, 82 à 96; ordinaire, 70 à 78; Beauce, 85 à 95; Orne, 68 à 80; Bourgogne, 74 à 82; Champagne, 80 à 84; Nivernais, 68 à 74; Bourbonnais, 66 à 72; Bretagne, 60 à 70; Vendée, 66 à 76; Auvergne, 62 à 65; midi, 64 à 70.

BESTIAUX.

LA VILLETTE, 23 juillet. — Bestiaux. — Vente plus facile sur les bestiaux, très mauvaise sur les veaux, calme sur les moutons et mauvaise sur les porcs.

COURS officiels.	Amenés.	Vendus.	1re qualité.	2e qualité.	3e qualité.	Prix extrêmes.
Bœufs....	1.688	1.590	1 72	1 54	1 40	1 28 à 1 76
Vaches...	661	579	1 68	1 46	1 26	1 16 1 72
Taureaux.	185	173	1 40	1 31	1 24	1 18 1 46
Veaux....	1.553	[illegible].240	1 82	1 66	1 52	1 36 2 »
Moutons..	8.794	[illegible].222	2 12	1 98	1 74	1 50 2 24
Porcs.....	4.996	[illegible].793	1 50	1 44	1 38	1 32 1 54

Marché du lundi 20 juillet.

	Amenés	Vendus	PRIX AU POIDS NET 1re qual.	2e qual.	3e qual.
Bœufs.....	2.90[illegible]	2.158	1 68	1 50	1 38
Vaches.....	9[illegible]3	736	1 64	1 42	1 21
Taureaux..	2[illegible]4	211	1 36	1 30	1 20
Veaux......	1.[illegible]4	1.229	1 88	1 72	1 58
Moutons....	13.[illegible]3	12.188	2 10	1 96	1 72
Porcs......	3.[illegible]4	3.011	1 54	1 48	1 42

	PRIX AU POIDS VIF 1re qual.	2e qual.	3e qual.	Prix extrêmes.
Bœufs........	» 99	» 83	» 73	» 64 à 1 04
Vaches........	» 95	» 74	» 62	» 54 » 98
Taureaux.....	» 83	» 75	» 65	» 56 » 86
Veaux.........	1 13	1 »	» 83	» 74 1 28
Moutons......	1 09	1 »	» 86	» 70 1 20
Porcs.........	1 08	1 03	» 95	» 86 1 12
Peaux de moutons en laine..........				3 65 5 25
Id. id. demi-laine........				1 65 2 75

Viandes abattues. — Criée du 23 Juillet.

		1re qualité.	2e qualité	3e qualité.
Bœufs....	1 kil.	1 40 à 3 20	1 30 à 3 10	1 » à 2 »
Veaux....	—	1 60 1 76	1 46 1 56	1 30 1 40
Moutons..	—	» 90 2 »	1 36 1 85	» 80 1 30
Porc entier	—	1 31 1 50	1 16 1 30	» 90 1 10

MÉDECINE VÉTÉRINAIRE.

Infaillible contre les *toux rebelles* des chevaux, bœufs, mulets, etc. Le meilleur préservatif de la *pousse*

BOITE DE 20 DOSES : 3 FR. — FRANCO-MANDAT : 3 FR. 65

Pharmacie JULES SUISSE, à VARZY (Nièvre)

ET DANS TOUTES LES PHARMACIES

Dépôt général pour la France et l'Etranger: MM. MICHELAT et LESUEUR, 9, rue des Guillemites, Paris.

USINE HYDRAULIQUE DU PETIT-MOULIN
A NANTEUIL-LE-HAUDOUIN (OISE).

HENRY BERTHIER
ingénieur-agronome diplômé de l'Institut national agronomique.

MACHINES AGRICOLES
Vente et échange. - Location. - Réparations en tous genres.

BICYCLES, BICYCLETTES & TRICYCLES
Accessoires et réparations.

Spécialité de Graines fourragères épurées.
CÉRÉALES DE SEMENCE.
GRAINES POTAGÈRES, DE FLEURS ET D'ARBRES.
ARBRES FRUITIERS ET FORESTIERS.

Graines de Betteraves à grand rendement et à grande richesse saccharine.

ENGRAIS SIMPLES ET COMPOSÉS.

Envoi franco de renseignements à toute demande affranchie.

L'ENGRAIS AMIÉNOIS

FUMURE NORMALE et COMPLÈTE
A BASE DE MATIÈRES ORGANIQUES

Compositions spéciales pour les cultures de printemps et d'automne. — S'adresser à M. Elisée LEFEBVRE, route de Rouen, 121, à **Amiens** (Somme).

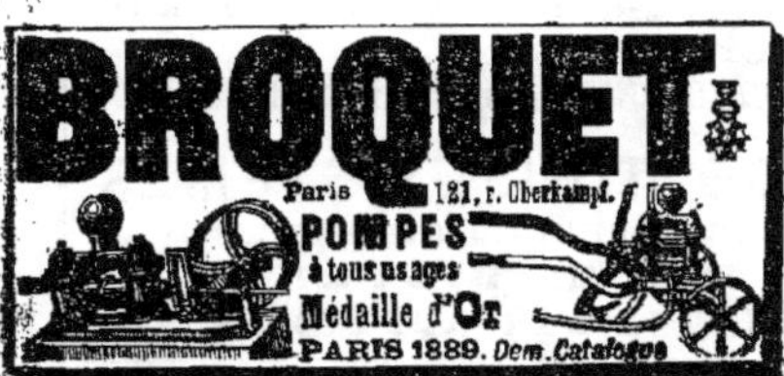

POUDRE BERNICAL *pour faire retenir les vaches*, inoffensive, succès croissant. « *Avec elle, pas de vaches stériles, envoyez 2 paquets.* » DUBOS, Biscarosse (Landes). « *J'ai bien réussi, envoyez 1 paquet.* » TAPOT, Xaintrailles (Lot-et-Garonne). 1f 50 *franco*, timbres ou mandat, instruction. BERNICAL, pharm. 1re classe, Chaise-Dieu (Haute-Loire); Paris, pharm. KLÉBER, avenue Kléber, 70

Diplôme d'honneur. Diplôme d'honneur.

NICE. NICE.

PAS DE BONNE SALADE

sans Huile d'Olive de NICE.

de **B. LAPALU**, propriétaire-récoltant, président de Syndicat agricole, à NICE (Alpes-Maritimes). -- *Prix spéciaux pour Syndicats.*

CHARRUES DOMBASLE

de toutes forces et pour tous usages.
Labours ordinaires. Labours profonds. Défoncements.

Herses -- Scarificateurs -- Houes à cheval
Déchaumeuse — Rouleaux — Semoirs
Rayonneurs — Tonneaux à purin — Faucheuses
Faneuses — Rateaux — Moissonneuses — Tarares
Trieurs — Hache-paille — Coupe-racines.

CH. DE MEIXMORON DE DOMBASLE

NANCY (Meurthe-et-Moselle).
Envoi franco du catalogue sur demande.

ENGRAIS de la VOIRIE MUNICIPALE de BONDY

Matières brutes séchées 2 fr. 70 % k. en vrac sans garantie de dosage.

Tourteaux organiques moulus
4 francs les 100 kilos en vrac ou 5 francs en sac
dosage 1 50 à 2 0/0 d'azote et 4 à 5 0/0 d'acide phosphorique

PHOSPHO - GUANO DE BONDY
10 francs, 0/0 kilos en sacs
dosage 2 à 3 0/0 d'azote et 8 à 10 d'acide phosphorique

PRIS PAR WAGONS COMPLETS EN GARE DE NOISY-LE-SEC

Les expéditions par quantités moindres sont augmentées de 2 francs par 100 kilos

S'adresser au : COMPTOIR AGRICOLE ET COMMERCIAL
9, RUE NOUVELLE, A PARIS
Ou à la Voirie de Bondy, ou à ses Représentants en Province

VINS DE BORDEAUX.

Baron D. DE CLÉRANT, propriétaire, à Barsac (Gironde).

PRIX-COURANT :

Vins rouges. Années :	1889	1888	1887	1885	1884	1883	1881
Première côte...... (la barrique).	150fr	160fr	180fr	200fr	230fr	250fr	280fr
Deuxième côte.... — .	130	140	150	170	200	220	210

La barrique de 225 litres, rouge ou blanc, franco de port et de fût, en gare d'arrivée.
5 francs de différence de logement par demi ou par quart de barrique.

Paiement : 45 jours, 2 pour 100 escompte, ou 120 jours net.

IL EST ADRESSÉ, SUR DEMANDE, UNE BOUTEILLE ÉCHANTILLON, FRANCO.

Ecrire à M. J. RENSON, château Saint-Léon, à Barsac (Gironde), chargé de la vente.

Médaille d'Or. * Exposition Universelle 1889. * Médaille d'Argent.

VACHERIE à céder, après fortune, portes de Paris, 32 vaches 1er choix, 440 litres lait vendus 40, 50 et 60 c. Installation confortable. Loyer peu élevé. Bénéfices annuels, 15,000 fr. garantis. On traitera avec 20,000 fr. argent ou sans argent avec garanties sérieuses. — S'adresser à MM. Laporte et Lefranc, 93, boulevard Sébastopol, Paris. — *Sont vendues les vacheries annoncées précédemment.*

Semoir et Distributeur d'Engrais

Système MAGNIER.

. **Envoi franco du catalogue illustré.**

Expériences du 23 septembre 1890. 1er prix - 20 avril 1890, Poitiers. 1er prix.

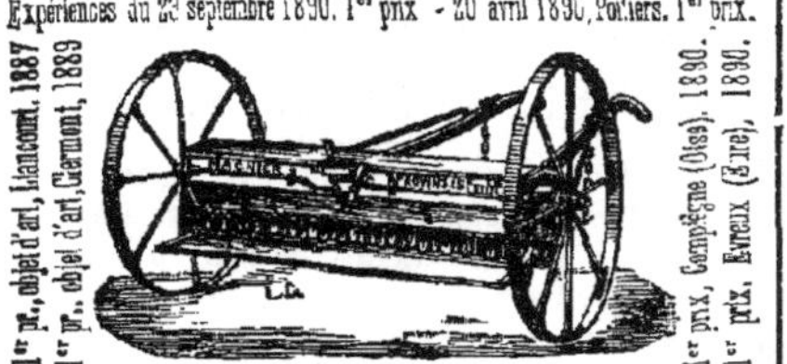

1er prix, Beauvais, 1890.

MAGNIER, constructeur breveté, Provins (S.-et-M.).

GUÉRISON RADICALE DE LA DIARRHÉE DES VEAUX PAR LA POUDRE CHOQUELIN.

1 franc la boîte *franco par la poste.*

Dép. g., Phie HAUVESPRE, Courville (Eure-et-Loir).

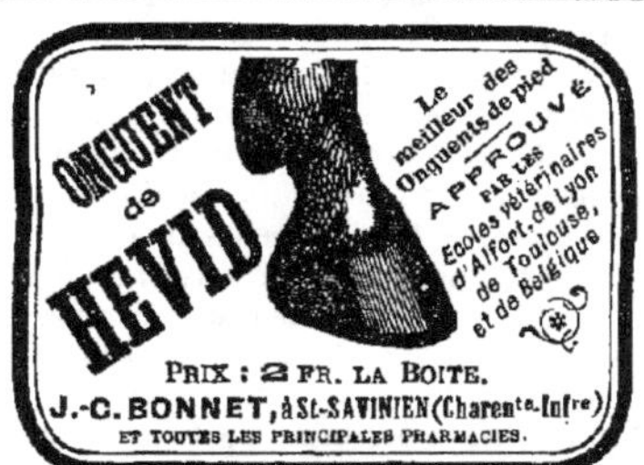

L'**Onguent de HEVID**, *adopté par le Ministère de la guerre*, est le meilleur préservatif des maladies du pied des espèces chevaline et bovine. Il pénètre admirablement le tube corné, le nourrit, et remet en bon état, en quelques semaines, le sabot le plus sec et le plus cassant.

En vente chez les vétérinaires, pharmaciens, selliers et maréchaux-ferrants.

L'Administrateur-Gérant : Albert RENOT.

Beauvais. — Imp. D. Pere. - A. Cartier, Gérant.

Faucheuses.
Faneuses.
Râteaux à cheval.
Presses à fourrages.
Brise-Tourteaux.
Appareils à cuire
Égrenoirs de maïs
Rouleaux.
Semoirs.
Transmissions par arbres et par câbles.
Matériel de brasserie et de féculerie.

ALBARET (O. * et O. *)

MACHINES AGRICOLES.

Ateliers de Construction et Administration à **LIANCOURT-RANTIGNY** (Oise).

Magasin et bureau, à PARIS, boul. de Strasbourg, 63 (entrée par le passage du Désir).

Succursales : Saint Quentin, boulevard Victor-Hugo, n° 52; **Chartres**, rue du Grand-Faubourg, n° 76; **Abbeville** (Somme), rue Ringois, n° 44; **Cambrai**, M. Mesnil, rue des Bouchers, n° 13.

Récompenses obtenues aux Expositions universelles et Concours internationaux.

Machines à vapeur fixes, horizontales et verticales.

Générateurs.

Machines à vapeur locomobiles.

Manèges fixes, mobiles et semi-fixes.

Batteuses fixes et portatives, conservant ou brisant la paille.

Engreneurs mécaniques.

Semoirs à engrais, à graines et à haricots.

Hache-maïs et **Coupe-racines** à force centrifuge transportables.

206 Médailles d'or.

Exposition	Récompense
1862. Exposition de Londres.	1er prix : grande médaille; 2e prix : mention honorable.
1864. Exposition internationale de Bayonne.	Médaille d'or, donnée par le Gouvernement; médaille d'or, donnée par la Commission de l'Exposition.
1865. Exposition universelle de Porto.	Grande médaille d'argent.
1867. Exposition universelle de Paris.	Grande médaille d'or, la plus haute récompense pour locomotive routière et machines agricoles.
1869. Exposon d'Amsterdam.	Diplôme d'excellence.
1869. Exposition de Beauvais. 1872. Exposition de Lyon.	Deux diplômes d'honneur, comme exposant et membre du jury.
1873. Expositon univ. de Vienne (Autriche).	Grand diplôme d'honneur, la plus haute récompense.
1878. Expositon univ. de Paris.	Trois médailles d'or; un objet d'art pour mérite exceptionnel sur le terrain; une médaille de bronze; quatre médailles argent et bronze pour collaborateurs.
1882. Conc. spéc. intern. de hache-maïs de Ste-Menehould.	1er prix : médaille d'or, donnée par la Société des Agriculteurs de France.
1883. Exposon d'Amsterdam.	Diplôme d'honneur : la plus haute récompense.
1884. Grand concours international d'Amsterdam.	Prix unique : grande médaille d'or pour locomobile; 1er prix : grande médaille d'or pour presse à fourrage; 1er prix : grande médaille d'or pour machines à battre; 1er prix : médaille d'argent pour hache-paille et cépulpeur.
1885. Exposition internation. d'Anvers.	Diplôme de médaille d'or, la plus haute récompense pour machines agricoles.
1889. Exp. d'économ. sociale, section XIV.	Médaille d'or; médaille d'argent pour collaborateurs.
1889. Exposition universelle. - Membre du jury. Hors concours.	
1876. Société nation. d'agric. de France.	Grande médaille d'or; prix de mécanique.
1886. Société nation. d'agric. de France.	Rappel de grande médaille d'or pour l'ensemble des travaux de mécan. agric.
1888. Aniche (Nord).	Moissonneuse-lieuse à la ficelle, diplôme d'honneur avec félicitations du jury, pour la machine qui fonctionne à toute satisfaction.
1889. Comice agric. de Montdidier, Ailly-sur-Noye.	Diplôme d'honneur et médaille de vermeil pour batteuse et instruments; médaille de vermeil grand module pour faucheuse et moissonneuse.
1890. Concours de Clermont	Diplôme d'honneur avec félicitations du jury, pour le bon fonctionnement de la moissonneuse-lieuse.
Plusieurs médailles or, argent et bronze à MM. les Collaborateurs de la Maison	

Concasseurs.

Moulins-bluteries.

Hache-paille.

Hache-maïs.

Hache-fourrage.

Couperacines

Laveurs de racines.

Moissonneuses simples.

Moissonneuses combinées.

Moissonneuses lieuses.

168 Médailles d'argent.

Envoi gratis sur demande des Catalogues illustrés.

16 Diplômes d'honneur et d'excellence.

Monte-Paille.
Moteur domestique à vapeur à pression inférieure à celle atmosphérique.
Rouleaux à vapeur et à traction de chevaux pour le cylindrage des chaussées d'empierrement.
Poteaux indicateurs pour routes.

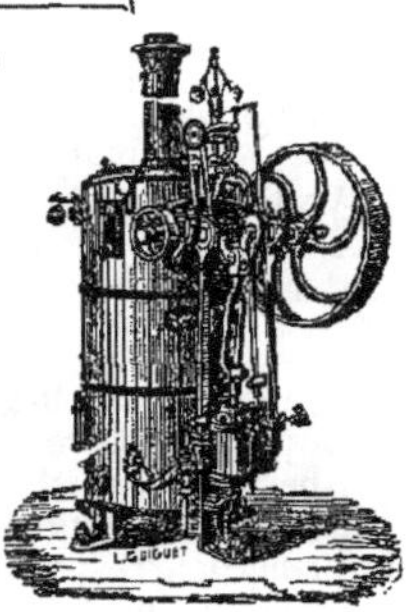

12e Année. — 2e Série. — N° 601. Dimanche 2 Août 1891.

GAZETTE AGRICOLE

JOURNAL HEBDOMADAIRE, PARAISSANT LE DIMANCHE

Rédacteur en Chef : M. Ch. GOSSIN, Professeur d'Agriculture à l'Institut agricole de Beauvais.

PRIX DE L'ABONNEMENT

UN AN, 5 fr. — SIX MOIS, 3 fr. — TROIS MOIS, 2 fr. 25

Pour l'étranger les abonnements ne sont reçus que pour un an, au prix de 6 francs, et ne partent que du 1er janvier ou du 1er juillet de chaque année.

Le numéro : 10 centimes.

Il est indispensable de joindre à toute demande de changement d'adresse la dernière bande d'adresse du journal et 50 centimes pour frais de nouvelles bandes.

Adresser les *Abonnements* et *Annonces* au secrétaire de la rédaction, 13, quai Voltaire, Paris, ou à M. GOSSIN, rédacteur en chef et administrateur, à BEAUVAIS.

BUREAUX

13, quai Voltaire, Paris, et à Beauvais.

Les abonnements partent du 1er de chaque mois et sont payables d'avance. Toute demande d'abonnement doit donc être accompagnée du prix de l'abonnement. (Le mode de payement le plus simple est l'envoi d'un mandat-poste.)

Donner *très lisiblement*, en s'abonnant, son nom et son adresse exacte, *avec l'indication du bureau de poste*; et, s'il s'agit d'une continuation d'abonnement, joindre au renouvellement la dernière bande d'adresse du journal.

Les Annonces sont reçues chez MM. DUSSERIS et MATHELLON, 97, rue de Rennes, Paris.

La GAZETTE AGRICOLE insère gratuitement les Communications des Syndicats agricoles

SOMMAIRE :

PARIS, 31 JUILLET.

A quelles conditions est-on un bon et véritable républicain ?

La question a souvent été posée et cent réponses y ont été faites sans qu'elles aient jamais bien pu concorder entre elles. En voici une cent unième.

C'est le *Temps* qui la donne.

Elle n'est point tout à fait conforme aux règles de la logique, étant négative. Elle est curieuse tout de même.

La voici telle qu'elle est formulée par ce journal républicain :

Si donc vous autorisez le gréviste à barrer la porte de l'usine au compagnon refusant de faire grève, si vous le laissez impunément saccager la propriété du patron, vous n'aimez pas la liberté et vous n'êtes pas un véritable républicain.

Si vous défendez à votre concitoyen d'aller à l'église, si vous lui faites un crime de ses croyances, vous n'aimez pas la liberté et vous n'êtes pas non plus un véritable républicain.

Voilà une définition qui n'est vraiment pas aimable pour les gens en place et spécialement pour les ministres.

***

Il nous semble bien, en effet, que si des attentats ont été récemment commis contre la liberté du travail, sans qu'une répression intervînt, c'est sur l'autorité que retombe la principale responsabilité.

Or l'autorité était alors en ces matières, comme elle l'est encore aujourd'hui, entre les mains de M. Constans.

D'autre part si des fonctionnaires de tout ordre sont mis en suspicion ou même révoqués, parce qu'ils ont ou qu'on leur soupçonne des tendances religieuses, ce n'est assurément pas à l'insu des ministres.

Or cette persécution existe. Cela est indéniable. Même, le *Temps* le signale avec quelque émotion :

Tantôt c'est à un maire ou à un adjoint républicain que l'on reproche de vivre « dans les meilleurs termes » avec les réactionnaires de l'endroit ; tantôt c'est un employé de l'Etat qui a le tort de faire élever sa fille ou sa nièce dans un pensionnat catholique. Souvent le grief est d'une absurdité manifeste.

Nous sommes de l'avis du *Temps*. Seulement, le *Temps* oublie que si le gouvernement ne peut empêcher les dénonciations, il lui serait très facile de n'en tenir aucun compte.

Or le gouvernement fait juste le contraire.

***

D'où nous devons conclure qu'il n'est pas républicain, si toutefois la définition négative du *Temps* est réputée exacte.

Mais alors pas républicains MM. de Freycinet, Constans qui expulsèrent les congrégations ;

Pas républicain M. Goblet qui s'illustra à Châteauvillain ;

Pas républicain M. Fallières qui supprime les traitements des curés qui ne tombent point en admiration devant le régime ;

Pas républicaines, les majorités qui approuvent de telles pratiques.

Qui donc alors est républicain.

Et si de tous ceux que nous avons vu se succéder au pouvoir, aucun n'a réalisé cet idéal de vrai républicain, serait-ce donc que la France serait condamnée à ne jamais connaître la vraie République.

Et alors comment défendre un régime fantôme ?

Il est vrai que certains soutiennent au contraire que les républicains en France ont toujours été et doivent fatalement être toujours ce que le *Temps* leur défend d'être.

Ceux-là s'appuient sur l'expérience. Nous ne voyons guère comment on leur prouverait qu'ils ont tort.

LE BONHOMME DESCHAMPS.

NOUVELLES DE LA SEMAINE.

La flotte française en Russie. — L'escadre française est arrivée à Cronstadt.

Tous les édifices de la ville sont pavoisés et présentent l'aspect le plus pittoresque.

L'animation était des plus grandes sur les quais de la Néva. Une foule considérable se pressait aux endroits désignés pour l'embarquement sur les bateaux qui allaient se diriger au-devant de l'escadre française. Bientôt, tout ce côté de la ville prit un air de fête. Les couleurs françaises et russes flottaient de tous côtés sur le fleuve.

L'escadre française apparut à l'horizon vers onze heures ; elle fut aussitôt entourée de toute une flotille de vapeurs surchargés de monde. L'accueil fut enthousiaste avec des hurrahs et des cris de : « Vive la France ! » La musique entonna la *Marseillaise*. Les marins français ont été visiblement touchés de cet accueil cordial.

L'escadre, escortée des vapeurs, s'est dirigée lentement vers Cronstadt, la *Lance* en tête, puis le *Marengo*, le *Requin* le *Marceau*, le *Furieux* ; entre les bâtiments marchaient les torpilleurs ; un peu à droite suivait le *Surcouf*.

A 11 heures et demie, le drapeau russe a été hissé sur le *Surcouff* ; aussitôt se sont fait entendre les saluts à la nation, puis au doyen de la rade, en la personne de l'amiral Kasnakow.

Les équipages des bâtiments montés sur les vergues, ont acclamés leurs hôtes français par des hurrahs enthousiastes.

Quand approcha l'escadre française, majestueusement groupée, les spectateurs étaient en admiration devant les dimensions colossales, la force imposante, le parfait agencement des navires français et le bon ordre de leur nombreux équipage ; grandiose fut surtout le moment où les escadres française et russe échangèrent des salves de coups de canons en saluant réciproquement la Russie et la France.

Pendant que les musiques militaires se faisaient entendre aux alentours, des groupes de Russes, parmi lesquels le chœur de Slavianski montèrent sur le *Marengo* offrir aux Français le pain et le sel, selon la coutume russe, en même temps qu'une députation de la presse russe venait féliciter les marins français.

Un orage étant survenu bientôt après, fut promptement dissipé et le retour s'accomplit très bien à travers les forts de Cronstadt dont les quais sont couverts d'une foule immense.

Vers une heure de l'après-midi, les bâtiments de l'escadre française se sont rangés vis-à-vis des bâtiments russes et ont jeté l'ancre.

Pendant toute la semaine, il y a eu une série non interrompue de réceptions et de fêtes en l'honneur de nos marins.

Dimanche a eu lieu l'épisode le plus important du séjour de l'escadre française, c'est-à-dire la visite de l'empereur et de l'impératrice à l'escadre.

Les souverains sont arrivés de Péterhof vers dix heures et demie, sur le yacht *Alexandrie* dans la rade de Cronstadt où stationnent les navires français el les vaisseaux russes de l'escadre pratique. Le temps était superbe, les navires français, tous pavoisés, chaque marin se tenant à son poste et prêt à exécuter les manœuvres.

La réception a été très solennelle.

Nos ennemis les Allemands et nos amis les Anglais font un nez!!

La catastrophe de Saint-Mandé. — Un des plus effroyables accidents qu'on ait eu à déplorer depuis longtemps en France s'est produit dimanche soir sur la ligne de Vincennes (près Paris).

Voici des détails précis. Un convoi supplémentaire est tombé sur la queue du train en gare de Saint-Mandé, broyant en miettes trois wagons, tandis que les voyageurs qu'ils contenaient gisaient, hurlant de douleur, sous des monceaux de fer et de bois et les morsures d'un incendie que la locomotive, en se renversant sur le flanc, avait, ainsi que les réservoirs de gaz d'éclairage des wagons, communiqué aux débris amoncelés. On ne connaît pas exactement le nombre des victimes. *Officiellement* on avoue 49 morts et 60 blessés. Le chiffre est certainement plus considérable.

Double exécution capitale. — Berland et Doré, les assassins de Courbevoie, ont été exécutés lundi matin, au petit jour, devant une foule immense et turbulente. La place de la Roquette a dû être dégagée à différentes reprises par des charges de cavalerie.

Les deux jeunes misérables (19 et 20 ans!) sont morts sans trop de lâcheté.

La femme Berland, qu'on aurait bien fait entre parenthèse de guillotiner comme les autres, a été graciée par le président de la République.

Achats de chevaux à l'étranger pour la remonte.

Le monde de l'élevage est en émoi depuis le retour d'une mission d'achats de 40 chevaux de carrière pour l'école de cavalerie de Saumur.

Ces acquisitions ont été faites en Angleterre par M. le général de brigade Delorme, inspecteur-adjoint des remontes. M. le chef d'escadron Carbonnel de Canisy, écuyer en chef de l'école, et un capitaine acheteur.

Sur l'ensemble des crédits annuels de la remonte militaire, 150,000 fr. avaient été mis à la disposition de la commission d'achat par M. le général de Kermartin, directeur de la cavalerie au ministère de la guerre.

Les renseignements sont contradictoires sur le prix du cheval anglais vendu à Saumur : un journal parle de 2,400 fr., un de nos confrères affirme que la dépense s'élève à 2,850 fr.

Si ce dernier chiffre est tenu pour exact, l'Etat aura payé ces quarante chevaux de carrière, environ mille francs de plus que les prescriptions réglementaires n'autorisent pour l'acquisition des animaux destinés aux écoles militaires.

Les éleveurs sont d'autant moins contents que nos chevaux de selle sont très en progrès. Les marchands et les amateurs étrangers affluent en Normandie, en Vendée, dans les Charentes, dans le Nivernais, le Languedoc et la plaine de Tarbes. Il serait fort surprenant que lorsque l'Allemagne, l'Angleterre et l'Amérique envoient chez nous leurs courtiers pour acheter annuellement 3,000 jeunes chevaux de valeur, nous soyons dans l'obligation de faire partir pour Londres un général et deux officiers chargés d'acheter 40 chevaux sur le marché anglais.

Ce qui est fâcheux, ce n'est pas seulement que l'argent français soit allé à l'étranger; ce qui est déplorable dans cette affaire, c'est l'influence qu'elle peut exercer sur les débouchés ouverts à notre production chevaline. L'étranger ne se dira-t-il pas qu'il a tort de se pourvoir en France, puisque les officiers français proclament l'insuffisance des ressources de leur pays?

Cette considération aurait dû interdire à M. le général de Kermartin de prendre l'initiative de la mesure qu'il a fait exécuter par M. le général Delorme. Eussions manqué de chevaux de carrière, ce qui n'est pas, puisque l'Ecole de Saumur va compter, cette année, une promotion de moins. il aurait été préférable de faire appel aux producteurs et aux marchands français. Quelques-uns auraient pu importer des chevaux anglais : mais ce ne serait pas l'Etat qui aurait pris cette détermination et l'aurait réalisée à ses risques et périls.

LA CULTURE DU BLÉ A MAINPINCIEN (1)

La ferme de Mainpincien, commune d'Andresel (Seine-et-Marne), cultivée par M. Emile Rémond depuis 1868, a acquis une très grande célébrité auprès de tous ceux qui se préoccupent des résultats qu'on peut atteindre par l'emploi approprié des engrais à la culture des céréales. Elle reçoit chaque année de nombreuses visites, et tous ceux qui en ont parcouru les champs, qui ont recueilli les observations de l'habile fermier, reviennent émerveillés par les faits qu'ils ont pu y constater. C'est ce qui m'est arrivé dans la nouvelle visite que j'ai faite récemment à Mainpincien.

En 1888, après une première excursion à la ferme de M. Rémond, je concluais ainsi : « En résumé, avec une dépense de 80 francs d'engrais commerciaux par hectare, M. Rémond a pu assurer à ses terres une production soutenue, qui lui a permis de traverser les années malheureuses que l'agriculture a subies. Il donne ainsi un exemple qui doit faire réfléchir beaucoup de cultivateurs. Il a eu le mérite de comprendre que l'agriculture ne pouvait plus se passer du secours de la science, et il a trouvé en M. Joulie un guide sûr et compétent qui lui a donné des indications précises sur la marche à suivre. » Je n'ai rien à changer aujourd'hui à cette appréciation; je ne puis que constater le succès continu de la méthode de la culture raisonnée par les engrais commerciaux. Ce succès est même beaucoup plus saillant cette année, à raison des circonstances difficiles que la rigueur des saisons (hiver et printemps) a imposées aux cultivateurs.

En 1888, la ferme de Mainpincien comptait, sur une étendue totale de 300 hectares environ, 198 hectares en céréales; c'était la proportion des deux tiers de la surface totale. En 1891, on y compte 244 hectares de céréales; c'est la proportion des quatre cinquièmes. C'est la continuation du renversement de toutes les anciennes lois admises pour les assolements. Sur ces 244 hectares de céréales, on en compte 184 en blé et 60 en avoine. La part faite aux betteraves et aux cultures fourragères est réduite à 50 et quelques hectares.

Sur les 184 hectares en blé, il n'y a pas un hectare qui subsiste des semailles d'automne, tout ce qui avait été semé en octobre et novembre a été détruit par l'hiver. L'ensemble de ces cultures se répartit en deux catégories : les blés d'automne qui peuvent encore se semer en février (blé de Bordeaux et blé bleu), et les blés de printemps proprements dits (blé Chiddam de mars). Ceux de la première catégorie étaient semés avant le 4 mars ; les semailles de blé de printemps étaient achevées vers le 20 mars. Pour atteindre ce résultat, M. Rémond a dû déployer une grande énergie et ne pas perdre une minute. Mais il était habitué de longue date à cultiver des blés de printemps, car il en fait chaque année depuis quinze ans au moins; il n'a donc pas été pris au dépourvu, comme un grand nombre de cultivateurs.

Nous avons parcouru, en groupe, toutes les récoltes. De l'avis unanime des cultivateurs présents, il aurait été impossible de trouver nulle part ailleurs un ensemble plus complet et plus soutenu. C'était le 9 juillet. Dans cette immense mer de céréales poursuivant leur maturation avec une régularité parfaite, il n'y avait pas une tache, pas un vide. De ci de là, les tiges couchées sur quelques mètres superficiels, le plus souvent sur une ancienne place de meule, ou sous le couvert de quelques arbres ; mais aucune trace de la verse qui atteignait des proportions notables, sur des terres voisines, même considérées à juste titre comme bien cultivées d'après les anciennes méthodes.

C'est que l'emploi des engrais, repose chez M. Rémond, sur une comptabilité rigoureuse de la richesse du sol ; chaque champ possède son compte spécial qui en établit la richesse, en même temps que les besoins de la récolte qu'il doit porter; on lui donne la quantité d'engrais qui correspond rigoureusement à ces besoins. On n'a pas à craindre que l'un des éléments prédomine au détriment d'un autre, et l'on obtient des rendements absolument réguliers, en supprimant, autant qu'il est possible de le faire, les accidents de végétation. Les faits ont donné raison à la théorie. Cette année, les rendements seront de 35 à 40 hectolitres pour

(1) *Journal de l'agriculture.*

les blés bleu et de Bordeaux, et de 30 à 32 pour ceux de printemps; quant au rendement de l'avoine, il sera fabuleux.

La règle suivie ordinairement par M. Rémond est de faire porter à un champ trois récoltes successives de céréales: un blé d'hiver, un blé de mars (blé *dérobé*, suivant l'expression pittoresque d'un cultivateur de la Brie) et une avoine. Cette année, la proportion de blé est plus élevée, comme on l'a vu plus haut; un certain nombre de champs portent un troisième ou un quatrième blé, qui sont tout aussi réguliers que les autres. Nous avons même traversé un grand champ portant un *onzième* blé, dont la récolte est une des plus belles de l'année.

La mise en pratique par M. Rémond, depuis dix-huit ans, de son système de culture a démontré que la culture continue des céréales n'est pas une culture épuisante, quand on sait la soutenir par l'emploi raisonné des engrais. Ce système repose, comme on sait, sur l'analyse du sol combinée avec celle des plantes, afin de déterminer ce qui manque à celle-ci pour donner le maximum de produit. On affirme parfois que celui qui fait usage des engrais minéraux, sans recourir au fumier, mange son fonds et court à la ruine de sa terre. Cela peut être exact quand on agit inconsidérément, qu'on force les doses et qu'on ne tient pas compte à la fois des besoins du sol et de ceux des plantes. Mais l'exemple de Mainpincien démontre qu'il en est autrement quand on marche avec la prudence nécessaire. La terre n'est pas épuisée, mais elle s'enrichit; les matières organiques ne lui font pas défaut, mais n'y sont pas en excès. L'équilibre est maintenu, et le cultivateur réalise des bénéfices, sans courir après les rendements fabuleux qu'on fait miroiter parfois devant ses yeux. Sans doute, on n'obtiendra pas partout les mêmes résultats, on ne pourra pas non plus soumettre toutes les terres à la même règle, puisqu'elles sont de nature différente. Mais, dans toutes les terres, on pourra réaliser des résultats équivalents, quand on le voudra, sans dépenses excessives et avec la certitude du résultat.

HENRY SAGNIER.

DE L'AVORTEMENT ÉPIZOOTIQUE

L'avortement épizootique est une maladie infectieuse si facilement transmissible des femelles ayant avorté à celles qui sont pleines, qu'elle fait le désespoir des éleveurs.

C'est une maladie singulière qui provoque le rejet des fœtus sans déterminer d'indisposition ou de troubles graves chez la mère; aussi la cause en a paru difficilement explicable. Frappé de sa persistance dans les mêmes localités, de son extension rapide dans les fermes, dans un village, dans un canton, le vulgaire a cru à la contagion et a tout fait pour l'éviter.

Au commencement de ce siècle, on faisait sortir au plus vite par une fenêtre ou même par une brèche pratiquée au mur opposé à la porte, l'avorton soigneusement enveloppé afin de mettre et l'étable et les animaux à l'abri de toute infection.

L'observation récente et l'expérimentation ont pleinement confirmé les données recueillies ou devinées par le bon sens populaire. L'observation a démontré que l'avortement s'introduit dans une étable avec une bête récemment achetée, et la vache étrangère est la tête de file de la longue série d'avortements qui se produit dans la suite; l'expérimentation a démontré que si l'on vient à déposer dans la vulve d'une vache pleine, du mucus d'une autre vache ayant avorté, l'avortement se produit. Accidentellement on a vu l'avortement succéder à des explorations vaginales pratiquées par des personnes qui avaient, le même jour, touché des avortons ou des délivrés.

Le vagin semble être la seule voie d'introduction du germe spécifique qui provoque ce détachement prématuré du placenta, et cette opinion est confirmée par une observation de Johne qui a vu l'avortement se propager de proche en proche comme si le purin, en séjournant dans les rigoles, salissait les organes des femelles pleines et y déposait l'agent infectueux.

Mais cette voie d'introduction n'est peut être pas exclusive; il n'est pas démontré que les voies digestives et les voies respiratoires ne puissent assurer à ce microbe pathogène sa pénétration dans l'organisme, son ensemencement et sa fécondation dans la matrice. De fait, un grand nombre de microbes, qui produisent des maladies de nature bien différente, déterminent aussi l'avortement: la péripneumonie, la fièvre aphteuse, la rage, la morve, etc., sont de ce nombre. Cette incertitude sur les modes d'introduction du germe provocateur de l'avortement ne peut pourtant faire douter de son existence.

M. Nocard, qui a examiné, semé, cultivé les tissus de fœtus, a constamment trouvé dans tous les organes — habituellement purs — des microbes isolés, germinés, ou associés en courtes chaînettes de trois, quatre, cinq articles accompagnés de bacilles. Je n'insiste pas sur ces infiniments petits dont le monde pullule; j'ai hâte de vous indiquer les meilleurs moyens pour préserver votre bétail des atteintes de ce microbe redoutable qui s'acharne à détruire les produits de vos étables avec une ténacité désespérante.

Tenez vos étables propres, nettoyez-les à fond chaque semaine ou tout au moins arrosez le sol après l'enlèvement du fumier, avec une solution de vitriol bleu (sulfate de cuivre) à 40 grammes par litre; lavez soigneusement tous les matins l'anus, le périnée et la face inférieure de la queue avec une solution antiseptique, l'eau phéniquée par exemple ou simplement avec de l'eau tiède qui est plus à votre portée. Si le germe de l'avortement déjoue toutes vos précautions, faites délivrer rapidement à la main la vache qui vient d'avorter.

Détruisez immédiatement par le feu ou par l'eau bouillante le fœtus et le délivre, recourez sans délai au vétérinaire pour désinfecter le vagin et l'utérus de la vache qui vien d'avorter, et qui n'est qu'un foyer d'infection pour ses voisines; placez la bête malade dans un autre local sans communication avec les bêtes saines, faites lui donner des soins par une personne spéciale qui n'entrera jamais dans l'étable des vaches en bonne santé.

Nettoyez à grande eau la place qui avait été occupée par celle qui vient d'avorter et empressez-vous d'y répandre de l'eau de chaux et de l'eau chargée de chlorure de chaux; emportez la litière, le fumier et le purin pour l'enfouir ou le brûler; lavez et blanchissez les murs et les plafonds, et enfin, si cela est possible, laissez l'étable vide pendant un mois à six semaines avant d'y remettre de nouvelles bêtes.

Mais comme souvent la maladie semble se jouer de toutes les mesures prises pour en empêcher le retour, je crois bon aussi de conseiller un moyen préventif, quelque peu empirique sans doute, préconisé par un observateur consciencieux, M. Bouchet. Ce praticien a conseillé l'introduction du bouc dans l'étable infectée; dans deux circonstances, sa présence a paru suffire pour faire disparaître la maladie.

Dernièrement, un éleveur de la Haute-Loire, M. de Vaux, m'affirmait que ce moyen était tellement vanté par les propriétaires de sa contrée, qu'il était décidé à l'expérimenter à son tour. Je n'expliquerai pas comment la compagnie d'un bouc peut préserver les vaches de l'avortement infectieux, — les émanations, si repoussantes qu'elles soient, ne me paraissent pas suffisantes pour avoir raison des microbes qui n'ont pas de nez —; mais le moyen est si facile et si peu coûteux qu'il mérite d'être essayé; au surplus, je remercierai les lecteurs qui voudront me faire part des résultats obtenus.

C. CADÉAC.

DE LA VENTE DES PORCS LADRES

On sait que la ladrerie est une maladie assez fréquente dans l'espèce porcine et qu'elle entraîne la résiliation de la vente.

Cette affection est caractérisée par la présence, au sein de divers muscles, de grains vésicules elliptiques, pleines d'un liquide limpide ou légèrement trouble, appelés cysticerques et recélant un petit corps blanc opaque, qui n'est autre que le scolex ou rudiment du ver solitaire.

La chair des porcs ladres est insalubre. Consommée crue ou peu cuite, le grain ladrique évolue et donne le ver solitaire.

Nos anciens us et coutumes mentionnaient la ladrerie comme vice rédhibitoire.

La loi du 2 août a bien fait d'insérer cette maladie dans la nomenclature.

Est-ce facile de reconnaître la ladrerie?

1er. — *Sur l'animal vivant*, on fait le langueyage.

On couche le porc, avec un bâton on écarte les mâchoires, on essuie la langue et on voit les grains ladriques, s'il y en a. En passant la main, on peut sentir de petites élevures.

Malheureusement, dans tous les cas de ladrerie, il n'existe pas toujours de grains ladriques sur les faces de la langue, Sur 40 cas, 10 fois aucun grain n'a été constaté sur la langue.

Parfois, des vendeurs malhonnêtes font l'épinglage, font de petites incisions et enlèvent les grains ladriques. On peut bien constater à la suite de cette opération de petites cicatrices, mais souvent aussi des coups de dent en laissent de pareilles.

2e *Quand le porc a été abattu*, la ladrerie est facilement constatée. On voit des grains ladriques sur les muscles du dos, du cou, des cuisses, de l'épaule. Ces muscles en sont criblés; on en trouve même autour du cœur.

Cette chair de porc ladre est pâle, décolorée, molle.

En enlevant ces grains ladriques on voit une cavité kystique et, en comprimant, on voit le germe ou tœnia apparaître avec ces caractères.

Parfois, on observe ce que l'on appelle la ladrerie sèche. En ce cas les grains sont très rares, le liquide kystique s'est résorbé et le germe est mort.

Quand on fait l'acquisition d'un porc ladre, que faut-il faire?

Plusieurs cas se présentent :

1. — *Le porc est reconnu ladre de son vivant, et dans les 9 jours de garantie donnés par la loi.*

On peut le rendre au vendeur, en vertu de la loi du 2 août.

2. — *Le porc est reconnu ladre, une fois abattu et dans les 9 jours.*

On peut le rendre au vendeur, en vertu de la loi du 2 août, bien que l'animal ici ne soit pas mort de cette maladie, mais ait été abattu.

Ordinairement, un porc est attaché pour être abattu. Dans ces deux cas, en invoquant la loi du 2 août, il faut que la valeur de l'animal dépasse 100 francs, puisque le législateur a signifié dans son article 4 que l'action rédhibitoire ne pourra avoir lieu que si l'animal faisant l'objet du litige a été vendu plus de 100 francs.

3. — *Le porc a été vendu moins de 100 francs, et est reconnu ladre dans les 9 jours.* En ce cas, on peut obliger le vendeur à reprendre l'animal et à restituer le prix, en se basant sur l'article 1641 du code civil.

Art. 1641 du code civil. — Le vendeur est tenu de la garantie, à raison des défauts cachés de la chose vendue qui la rendent impropre à l'usage auquel on la destine, ou qui diminuent tellement cet usage, que l'acheteur ne l'aurait pas acquise, ou n'en aurait donné qu'un moindre prix s'il les avait connus.

4° — *Le porc a été vendu moins de 100 francs ou plus de 100 francs, mais n'a été abattu et reconnu ladre que 15 ou 20 jours après la livraison.*

En ce dernier cas, on peut encore invoquer l'article 1641 du code civil, faire prouver par une expertise que la ladrerie est antérieure à la vente.

A l'objection du vendeur que l'animal a pu être infecté chez l'acheteur, on peut répondre que des expériences de Baillet, directeur de l'école vétérinaire de Toulouse, démontrent qu'après ingestion de viande infectée de cysticerques, on ne voit la ladrerie apparaître qu'au bout d'un mois.

Ainsi donc, pendant 15 ou 20 jours de séjour chez l'acheteur, la ladrerie n'a pu apparaître et, si elle est constatée, c'est qu'elle est antérieure à la vente et le vendeur doit en supporter les conséquences, il doit reprendre l'animal.

Evaluation de la production agricole de la France.

Voici le tableau de la production agricole de la France, tel qu'il vient d'être dressé par M. Le Trésor de la Rocque :

PRODUCTION VEGETALE.	
1 Froment	2.060 000.000f
2 Seigle	284.000.000
3 Méteil	79.000.000
4 Maïs	110 000.000
5 Orge	206 000.000
6 Sarrasin	113.000.000
7 Avoine	801.000.000
8 Millet	5.000 000
9 Pommes de terre	695.000 000
10 Produits des jardins maraîchers	1.348.000.000
11 Paille	2 186.000.000
12 Fourrages	2.836.000.000
13 Fruits de table frais	194.000.000
14 Fruits oléagineux	32.000.000
15 Fruits à distiller	4.000.000
16 Fleurs	10.000.000
17 Betteraves sucrières	187.000.000
18 Graines oléagineuses	41.000.000
19 Graines à ensemencer	598.000.000
20 Plants d'arbres	35.000.000
21 Bois à brûler et à construire	350.000.000
22 Joncs et roseaux bruts	10.000.000
23 Gommes et résines	20.000 000
24 Lin et chanvre	52.000.000
25 Houblon, chicorée, safran et autres cultures industrielles	28.000.000
26 Tabac (récolte en France)	20.000 000
27 Vin	2.385.000.000
28 Cidre et poiré	315.000.000
A reporter	15.004.000.000f
PRODUCTION ANIMALE.	
Report	15.004.000.000
29 Chevaux, ânes et mulets (Travail)	1.906.000.000
30 Taureaux, bœufs, vaches et génisses (Travail)	1.191.000.000
31 Chiens	3 000.000
32 Viande fraîche de boucherie	2.153.000.000
33 Viande salée, lard et saindoux	460.000.000
34 Fumier	1.060 000.000
35 Œufs	428.000.000
36 Lait	1.696.000.000
37 Fromage	197.000.009
38 Beurre	233.000.000
39 Miel et cire	24.000.000
40 Peaux et dégras de peaux	383.000.000
41 Crins bruts, poils, plumes	104.000.000
42 Laine	118.000.000
43 Soie	30.000.000
44 Volailles, lapins et gibier	394.000.000
Total	25.386.000.000

A déduire :	
Semences (valeur originaire des céréales)	440.000.000
Paille employée en fumier	800.000.000
Lait employé en beurre et fromage	380.000.000
Nourriture des animaux des exploitations (paille, fourrages, etc.)	4.285.000.000
Pommes et poires à cidre	50.000.000
Viande de porc employée dans les salaisons et la charcuterie	100.000.000
Total	6.055.000.000f
Premier total	25.386.000.000f
Total à déduire	6.055.000.000
Reste	19.331.000.000

Les remises d'impôts à l'agriculture

Dans la séance du 23 juin, le Sénat a repoussé le crédit demandé pour venir en aide aux cultivateurs victimes de l'hiver rigoureux que nous venons de subir.

M. Boulanger, rapporteur, a dit à ce sujet :

« *Les cultivateurs atteints par les rigueurs de l'hiver ne restent pas sans dédommagements,* « *il y a la loi générale du 15 septembre 1807 qui* « *leur demeure ouverte.* »

Cette loi, généralement assez peu connue est conçu en ces termes :

« Art. 37. — Les propriétaires compris dans le rôle cadastral des propriétés non bâties, qui par des grêles, gelées, inondations ou autres intempéries, perdraient la totalité ou une partie du revenu, pourront se pourvoir en remise totale ou en modération partielle de leur cote de l'année dans laquelle ils auront éprouvé cette perte. »

Si M. Boulanger connaît la loi du 15 septembre 1807, il paraît oublier les prescriptions de la circulaire du 10 mai 1849, article 15, ainsi libellée.

Les demandes ayant pour objet des pertes résultant d'évènements extraordinaires doivent être présentées dans les quinze jours qui suivent l'événement. »

Si donc aujourd'hui, après le rejet des crédits qui auraient pu dans une bien faible mesure les dédommager, les agriculteurs demandaient la remise de l'impôt foncier pour perte résultant des gelées, l'administration s'empresserait de leur opposer la décheance.

La loi du 15 septembre 1807 ne leur est donc plus ouverte, puisqu'il y a plus de quinze jours que les gelées ont eu lieu.

Mais si pareille calamité vient encore détruire les récoltes, les agriculteurs sont avertis.

Ajoutons, pour être complet, que, lorsque des pertes résultant d'évènements extraordinaires ont frappé tout le territoire ou une partie notable du territoire d'une commune, la demande peut-être collective et formée par le maire au nom des contribuables.

D'autre part, des circulaires ministérielles des 1er mars 1830 et 21 janvier 1836 reconnaissent qu'il y a encore lieu à remise ou modération, en cas de perte de bestiaux, lorsqu'elle provient d'une épizootie générale qui a affecté le produit des pâturages consommés sur le sol.

Moyen d'arrêter les essaims en fuite.

J'ai souvent vu expérimenter par des apiculteurs entendus, les moyens répétés infaillibles d'arrêter les essaims d'humeur vagabonde ; j'ai vu taper à tour de bras sur des casseroles et des chaudrons, jeter du sable aux abeilles, tirer des coups de fusil, envoyer de l'eau avec une seringue — et les abeilles continuent leur course. Eh bien! je puis indiquer un moyen presque infaillible de les arrêter, moyen que j'ai trouvé par hasard : *c'est de se servir d'un fragment de miroir!*

Un essaim semble-t-il hésiter à s'accrocher fait-il mine de s'enfuir, ou même commence-t-il à filer ; vite on se place de façon à avoir devant soi le soleil et l'essaim, et au moyen d'un fragment de miroir ou d'une petite glace de poche, on envoie des rayons de lumière à travers les voyageuses, de ci, de là, comme s'il y avait des éclairs. Les abeilles sont elles éblouies ou croient-elles à l'approche d'un orage? Je n'en sais rien; mais elles se ramassent de suite et ne tardent pas à s'accrocher, et généralement ras de terre.

Mon rucher se trouve au milieu d'une forêt, et il passe souvent au-dessus de lui des essaims échappés qui vont se réfugier au milieu des bois dans les creux des arbres, découverts par les abeilles en quête d'une nouvelle demeure. J'ai réussi *chaque fois* à arrêter ces essaims vagabonds au moyen de ma petite glace: il est même arrivé qu'un essaim, arreté de cette façon, s'est logé dans une ruche vide, se trouvant par hasard dans mon rucher, et qui devait recevoir son essaim artificiel ces jours-là.

Pendant l'essaimage, cette année, il passa au-dessus de mon rucher, à sept heures et demie du matin, un gros essaim; il faisait étouffant, et probablement cet essaim avait déjà passé la nuit accroché quelque part; il était à 50 ou 60 pas devant mon rucher quand je l'entendis; je me servis de suite de ma glace, et tout aussitôt je le vis se masser, et finalement entrer dans ma ruche vide. Au moment où la plus grande partie de cet essaim était entré dans la ruche, je fus appeler à la maison, et quand je revins, après quelques minutes seulement, je vis l'essaim de nouveau en plein air. Je fis encore usage de mon miroir et le déserteur rentra à la ruche; ceci arriva encore une seconde fois, mais cette fois je fermai la ruche et je la portai à la cave aussitôt que les abeilles furent toutes rentrées (à peu près). Le lendemain, je leur rendis la liberté, et l'essaim ne se sauva plus; il est à présent une de mes plus lourdes ruches.

Que celui qui doute fasse l'expérience du miroir, ça ne coûte rien. J'ai pu recueillir, cette année, six essaims qui allaient se perdre dans la forêt sans avantage pour qui que ce soit. Je m'informais chaque fois auprès de mes voisins apiculteurs pour leur rendre éventuellement l'essaim capturé; une seule fois seulement j'ai retrouvé le propriétaire, qui a été bien joyeux de ma capture.

Je fais remarquer cependant qu'on ne doit pas, à moins de besoin absolu, faire passer des éclairs lumineux, avec la glace, juste devant les portes des ruches; les abeilles qui y volent semblent déroutées par les éclats de lumière et se joignent à l'essaim, en grande partie du moins, ce qui n'est pas trop défavorable quelquefois, puisque l'essaim n'en est que plus populeux.

Je serai heureux si la publication de ces lignes peut rendre service à mes confrères apiculteurs et leur épargner l'ennui et la perte que cause la fuite des essaims. M. BARNACK.

Nouvelles agricoles.

La température et les récoltes. — Les nouvelles des récoltes continuent à être assez bonnes. La moisson est en pleine activité dans la région méridionale, et elle commence dans les autres régions. En ce qui concerne le seigle, le rendement est considéré généralement comme moyen; dans quelques départements, il est un peu inférieur à la moyenne. Pour les orges et les avoines, le rendement est bon; la récolte sera d'autant plus abondante que, si les avoines d'hiver ont été détruites presque partout, elles ont été remplacées par des variétés de printemps, et que ces dernières variétés ont remplacé aussi beaucoup de blés d'automne détruits par l'hiver. Dans quelques régions, les avoines ont donné rarement autant de grain que cette année. Quant au blé, les prévisions pessimistes ont disparu; ce n'est pas à dire que nous aurons une forte récolte, mais celle-ci sera certainement supérieure à ce qu'on attendait. Il y a deux mois encore, on se demandait quand on pourrait moissonner; le retard s'est atténué peu à peu, et la transformation s'est opérée avec un tel éclat qu'elle a masqué pour quelques-uns le déficit qui sera cependant réel. Ce déficit sera surtout sensible dans les régions calcaires. Il sera également accru par les effets des derniers orages, qui se sont manifestés dans une grande partie de la France; les tiges qui avaient poussé rapidement et qui étaient gorgées d'eau n'ont pas présenté une vigueur suffisante pour résister à la pluie, et elles ont été couchées. Peut-être aussi, dans beaucoup de cultures, a-t-on abusé de l'emploi du nitrate de soude au printemps; rien n'était aussi nécessaire que d'en user à la suite d'un hiver aussi pénible, mais rien n'est aussi dangereux que de forcer la dose; les faits le prouvent surabondamment, mais ils ne servent pas toujours de leçon suffisante. Meilleure qu'on n'osait l'espérer, la récolte du blé sera cependant loin d'être complète, et l'on aura de grands besoins à combler. Aussi comprenons-nous difficilement la spéculation à la baisse qui s'est emparée des marchés: elle est aussi peu motivée que la spéculation à la hausse qui a jeté l'affolement dans les esprits au mois d'avril dernier.

La végétation des pommes de terre est partout régulière. La méthode de traitement préventif contre la maladie a pris, cette année, des proportions considérables; c'est un excellent résultat, provoqué surtout par la campagne active engagée par M. Aimé Girard sur ce sujet. — En ce qui concerne les betteraves à sucre, la situation varie beaucoup suivant les localités; nous avons vu des champs très vigoureux et en excellent état; d'autres sont toujours en retard; ailleurs encore, surtout dans la région septentrionale, on se plaint de l'envahissement des mauvaises herbes et des difficultés que rencontre le binage. — Quant à la vigne, les conditions continuent à être bonnes pour elle; toutefois, dans le Midi, surtout dans le Roussillon, une grave invasion de mildew est signalée.

Les droits sur les oléagineux. — La commission sénatoriale des douanes vient de rétablir, sur les arachides et les sésames, les droits d'entrée que la Chambre des députés avait rejetés. Cela ne préjuge pas le résultat définitif de la discussion en séance générale, mais cela constitue une manifestation importante et de bon augure.

En présence de ce vote, le rapporteur, M. Trarieux, sénateur de la Gironde, a donné sa démission, et M. Malézieux a été désigné pour le remplacer.

Le hannetonage. — Un nouveau syndicat pour la destruction des hannetons s'est constitué récemment dans le département d'Eure-et-Loire, à Béville-le-Comte. Ce syndicat a été créé entre les cultivateurs d'un certain nombre de communes en vue de préparer, pour le printemps de 1892, une chasse régulière aux hannetons. Il est inutile de rappeler que le meilleur moyen de faire disparaître les vers blancs est de détruire les hannetons; or, l'année 1892 sera, dans un grand nombre de régions, une année à hannetons, et il sera nécessaire de leur faire une guerre acharnée.

Les viandes salées. — Le conseil des ministres a approuvé récemment un projet de loi des ministres du commerce et de l'agriculture relatif aux viandes de porc salées.

On sait que les viandes de porc provenant des Etats-Unis sont frappées de prohibition par le décret du 13 février 1881.

Le gouvernement a étudié si, en raison des changements apportés aux méthodes d'élevage du porc aux Etats-Unis et des dispositions prises par le gouvernement de ce pays en vue d'organiser un service d'inspection sanitaire pour les viandes salées, il serait possible, sans danger pour la santé publique, de lever cette prohibition.

Cette mesure, dans la pensée du gouvernement, ne pourrait toutefois intervenir qu'à la suite d'une modification du tarif des douanes, mettant les droits sur les viandes salées en harmonie avec ceux qui sont applicables aux viandes fraiches.

La Chambre ayant voté l'établissement d'un droit de 20 fr au tarif général sur les viandes salées de porc, jambon et lard, il a paru au gouvernement qu'il conviendrait de mettre dès à présent en vigueur cette nouvelle tarification. Les ministres du commerce et de l'agriculture viennent de soumettre à la Chambre un projet dans ce sens.

Le Durham français. — Le Syndicat des éleveurs du durham français continue à faire tous ses efforts, et ne recule devant aucun sacrifice pour combler la lacune produite par la suppression de Corbon.

C'est ainsi qu'un groupe de membres du syndicat vient de faire un voyage agricole en Angleterre; dans ce voyage, des animaux du plus grand sang ont été achetés à des prix fort élevés. Nous citerons notamment un taureau de pur sang Duchess et une génisse Waterloo, acquis par M. de Clecq, et une vache Cambridge rose, achetée par M. le marquis de Chauvelin.

Un superbe taureau de cette même tribu Cambridge rose, la seconde en Angleterre par sa valeur et sa réputation, a été ramené pour la Société, qui l'a immédiatement loué aux enchères à M. de Clercq, au prix de 1.250 fr. pour sept mois.

Les plus grandes familles Shorthorns d'Angleterre aussi bien sous le rapport de l'illustration, que pour les qualités laitières sont maintenant représentées en France.

Apiculture générale. — Il y a en France environ 1,650,000 ruches qui ont produit l'année dernière un peu plus de 7 millions de kil., de miel et de 2 millions de kil. de cire.

Valeur du miel : 9,771 000 francs.

Valeur de la cire : 4,720,000 francs.

Produit total du rucher français : 14,500,000 francs.

La France importe pour 2 millions et demi de cire et pour un demi-million de miel.

Elle exporte pour 2,500,000 francs de cire et de miel.

Nous pourrions centupler notre production de cire et de miel, au grand profit de l'agriculture et de l'horticulture.

Tout le monde sait que l'abeille concourt très utilement à la fécondation des fleurs en portant le pollen de l'une à l'autre. Il y a toujours abondance de fruits au verger quand on a établi quelques ruches dans le voisinage.

Le département qui compte le plus grand nombre de ruches est l'Ille-et Vilaine : 80,000 ruches; le Finistère : 63,000; les Côtes-du-Nord : 75,000; l'Eure : 8,000 et la Seine : 140 ruches.

La statistique donne un rapport annuel de 7 fr. 50 par ruche. Avec quelques soins et un peu de pratique, on peut porter le revenu d'une ruche au moins à 30 francs. Les grands apiculteurs obtiennent des résultats bien plus élevés.

Il est à désirer que l'apiculture prenne une plus grande extension et que bien des départements imitent ceux de l'Ille-et-Vilaine et du Finistère.

CONSEILS A LA FERMIÈRE

PINTADEAUX ET DINDONNEAUX

En ce moment l'éclosion des pintadeaux est en pleine activité, et les dindonnaux déjà forts subissent la crise si redoutée du rouge. Nous nous sommes toujours demandé, dit l'*Aviculteur*, pourquoi cette transition dans la vie du dindonneau était si dangereuse. Nous croyons que les femmes de campagne se répètent cela de génération en génération et qu'elles ont fini par admettre comme article de foi, que les dindonneaux étaient en danger de mort à ce moment-là, quand il n'y a qu'une phase toute naturelle de leur existence qui passe absolument inaperçue, lorsque les animaux ont été bien soignés dès leur naissance. Il est certain qu'un dindonneau chétif anémique, nourri de pâtée de son mouillé est destiné à périr misérablement à la suite des mauvais soins qu'il a reçus depuis sa naissance, succombera plutôt au moment de la formation des caroncules, qu'à une autre époque de sa vie ; c'est son terme qu'une hygiène défectueuse a fixé, mais ce n'est pas la transition elle-même qui exerce une influence particulièrement néfaste.

« Donnez aux dindonneaux, qui, à l'état sauvages, vivraient en forêt des baies de toutes natures, d'insectes, de graines, une nourriture équivalente et surtout tonique, et ils ne connaîtront pas la crise du rouge. Pâtée de mie de pain rassis, d'œufs dur et de salade hachée, au début ; plus tard, orties hachées, chènevis pilé, puis oignons hâchés avec addition de sang cuit conservé, mélangé à la pâtée de maïs ; avec cela libre parcours aux champs ; et les dindonneaux forts et vigoureux arriveront sans crise à l'âge adulte.

« De même les pintadeaux, avec un régime analogue, pousseront comme par enchantement.

« Rien n'est plus rustique que la pintade à élever ; mais pour ses oiseaux demi-sauvages le régime tonique remplaçant les éléments qu'ils trouveraient en liberté doit toujours être la base de l'alimentation. » UNE MÉNAGÈRE.

CONSEILS DU JARDINIER

LE PINCEMENT DES ARBRES A FRUITS

Le pincement est la clef de la mise à fruit, c'est un point de la plus haute importance et d'où dépendent la conservation des arbres, leur fertilité et la beauté des fruits ; aussi il n'en est point de plus discuté et de plus débattu parmi les arboriculteurs.

Cependant, l'accord se fait et l'unité de vue tend à s'établir.

Il y a des principes et des faits d'expérience qu'il importe de bien connaître.

Il est reconnu que le pincement est un traitement épuisant, et en outre que l'arbre vit surtout par ses feuilles, sans lesquelles la formation du *cambium* ne peut avoir lieu. D'autre part, l'écartement des feuilles variant selon les espèces, il en résulte l'impossibilité de fixer pour le pincement une longueur déterminée. Enfin, il n'y a pas de fructification, là où il n'y a pas de lumière. Voilà quatre points essentiels qu'il ne faut jamais perdre de vue.

On distingue en principe deux pincements ; mais souvent un troisième et même un quatrième sont nécessaires.

Premier pincement. — Nous avons dit que l'écartement des feuilles varie, selon les espèces : ainsi, entre autres, la crassane, le bon chrétien, la bergamotte espéren, ont trois à quatre feuilles sur dix centimètres. La duchesse, au contraire, avec le doyenné d'hiver et le beurré d'Aremberg, en ont six à sept. C'est donc une faute de pincer indistinctement toutes les variétés à dix centimètres. Le bourgeon demande un examen sérieux. Dans la seconde quinzaine de mai, quand il est suffisamment ligneux à sa base, et qu'il a de quinze à vingt centimètres, vous rognez, avec l'ongle, l'extrémité herbacée à trois, quatre ou cinq feuilles, selon sa vigueur.

Il y a toujours sur l'empâtement du bourgeon une rosette qui se compose, selon les variétés, d'un nombre plus ou moins grand de feuilles pouvant aller jusqu'à six.

Quand je dis qu'il faut pincer à trois, quatre, cinq feuilles. J'entends les feuilles ayant des yeux à leur aisselle, et je ne compte pas celles dont je viens de parler, placées à l'empâtement du bourgeon, et qui, elles, n'ont pas d'yeux à leur aisselle.

2e pincement. — Grâce aux feuilles que nous avons laissées, la sève ascendante s'est élaborée et transformée en une riche nourriture pour les yeux inférieurs, qui ont commencé à grossir. Nous sommes à la fin de juillet ; la sève a perdu sa fougue ; on fait alors un pincement plus sévère à une ou deux feuilles. Si maintenant votre bourgeon pincé vous donne encore une ou deux pousses, vous les pincez encore successivement à une ou deux feuilles.

Tout jardinier qui traitera ses arbres d'après ces règles générales, obtiendra certainement des boutons à fruit. Mais, de même qu'un médecin varie son traitement selon l'âge, la force et le tempérament de ses sujets, de même le jardinier devra modifier ses opérations selon l'âge, la vigueur de ses arbres et leur mode de végétation.

D'après ce principe que le pincement est un traitement épuisant, il devra avoir des égards pour les variétés délicates, qui se mettent naturellement à fruit. Au contraire, il ne craindra pas d'affaiblir les sujets vigoureux. Pour ceux-là, il aura un premier pincement long, tardif, pour épuiser la sève, si surtout l'année est humide et si l'arbre ne porte pas de fruits, car les fruits sont de puissants auxiliaires.

Mais, quoique le premier pincement ait été fait long et tardivement, il arrive souvent, surtout dans les années humides, sur les sujets jeunes et vigoureux, que les yeux du bourgeon pincé se développent ; il arrive même que les boutons à fruit, presque formés, poussent à bois. Il n'y a plus alors ni air, ni lumière, il faut y mettre ordre et arrêter à tout prix cette vigueur excessive. Si ce sont seulement les deux yeux placés au sommet du bourgeon pincé qui donnent deux pousses qu'on appelle *bourheods anticipés*, on fait disparaître le plus élevé, plutôt en le cassant qu'en le coupant ; on pince l'autre à deux feuilles. Quelquefois même il sera bon d'attendre un peu de temps pour faire ce pincement, afin d'attirer la sève, si l'on craint qu'elle ne se jette dans les yeux inférieurs ; mais si ce sont, non pas seulement deux, mais trois et même les boutons à fruit en formation qui débouchent à bois, il n'y a pas à hésiter. On supprime, comme nous l'avons dit, le bourgeon anticipé supérieur, on pince l'autre à deux feuilles ; de plus, toutes les autres productions inférieures sont cassées avec le dos de la lame du greffoir, ou coupées, si elles sont trop fortes, sur les yeux stipulaires, en conservant une feuille. Ce traitement sévère arrête ordinairement la végétation, et la fructification se rétablit.

J'ai dit qu'il fallait pincer le bourgeon anticipé conservé : quelquefois il sera bon d'attendre, si on a à craindre la fougue de la sève. Du reste, ces pincements et ces cassements ne doivent pas se faire tous à la fois, mais successivement.

Ces opérations demandent un très grand tact et une expérience qui ne s'acquiert qu'avec le temps et une observation attentive.

Il y a une manière très énergique d'arrêter la sève.

Quelquefois au printemps, il y a des yeux qui débouchent vigoureusement, et le bourgeon prend rapidement les allures d'un gourmand. Les pincements répétés n'arriveraient à rien. Dans ce cas, n'attendez pas que le bourgeon soit à l'état ligneux, dès qu'il a de cinq à huit centimètres, pincez-le de bonne heure, fin d'avril-mai, à deux ou trois feuilles. Ce pincement bâtif et sévère arrête la végétation ; ce bourgeon, en effet, ayant moins de feuilles, n'attire plus la même quantité de sève. S'il repart, une, deux, trois fois, pincez successivement à une feuille.

Je vais compléter cette difficile question de l'éducation du bouton à fruit par ce qu'on appelle le *pincement raisonné*.

Les règles générales que nous avons exposées ne sont pas absolues, elles doivent subir des modifications selon les circonstances.

Dans la seconde quinzaine de mai, selon l'état de la végétation, nous avons pincé, à trois, quatre, cinq feuilles. Si, en juin ou juillet, après ce premier pincement, les yeux de la base n'ont pas grossi, cassez le bourgeon au-dessus du premier pincement ; cette opération énergique amènera un gonflement certain des boutons paresseux.

Au contraire, si par suite du premier pincement, les boutons de la base ont grossi et sont presque formés ; si vous pincez *court*, vous vous exposez à les faire partir à bois ; pincez alors à trois ou quatre feuilles.

Mais si vous apercevez que le bouton à fruit est formé, avec sa rosette de six à huit feuilles, alors ne faites qu'*ébouter* votre bourgeon.

Enfin, il y a dans le courant d'août une opération qui a souvent des effets décisifs. Quelquefois, pour une raison ou une autre, le deuxième pincement a été omis, les boutons à fruit ne sont pas formés. Alors, vers le 15 août, opérez un cassement complet en vert au-dessus du 3e, 4e ou 5e œil, selon leur état plus ou moins endormi. La sève, à cette époque de l'année, a perdu toute sa fougue, elle se répand alors dans les yeux de la base qui grossissent et se mettent à fruit. Ce cassement en vert est appelé par les *maîtres* la taille anticipée du printemps.

Comme conclusion de cet article, je me permets de recommander la patience à tous ceux qui s'occupent d'arboriculture. C'est par exception que les boutons à fruit apparaissent sur le rameau d'un an ; leur formation demande deux et trois ans et souvent plus. La coursonne est une *mère nourrice*, et les boutons sont des *nourrissons* : il faut donc savoir attendre et ne pas violenter la nature.

Les arbres sont des êtres vivants, parfaitement organisés, avec une enfance, une jeunesse parfois fougueuse et indépendante : laissons-lui jeter son feu, l'âge mûr viendra, et alors l'application sage et intelligente des opérations que nous avons exposées amènera certainement une abondante fructification.

E. OUVRAY,
Curé de Saint-Ouen (Loir-et-Cher).

CONSEILS DU VIGNERON

SOINS DU VIN EN JUILLET

Conserver à une température aussi fraîche que possible dans les chais et celliers. Durant ce mois chaud, s'abstenir d'expédier, surtout les vins fins. Ouiller et surveiller soigneusement tous les vins susceptibles de travailler par le fait de l'élévation de la température. Au moment où la végétation de la vigne se ralentit, s'occuper de la mise en bouteilles. Les vins en bouteilles, placés dans de mauvaises conditions surtout les vins blancs, peuvent, par suite des fortes chaleurs de cette saison, travailler, se troubler et se piquer. Si l'on s'aperçoit de ces maladies, mettre le vin dans une barrique mèchée, le coller et le soutirer dès qu'il sera éclairci, après une dizaine de jours de repos.

CONSEILS DU MÉDECIN

EAU DE GOUDRON

Goudron............... 100 grammes.
Eau distillée ou eau de pluie 3.000 grammes.

On fait macérer pendant 24 heures dans une cruche de grès, en agitant souvent avec une spatule de bois. On rejette cette première eau, on la renouvelle et on la laisse en contact pendant 8 à 10 jours, en ayant soin d'agiter souvent. On décantre et on filtre. Le produit est très odorant et légèrement acide. On devra renouveler le goudron à chaque préparation.

Rien de meilleur contre les rhumes et les bronchites. Docteur PURGON.

JURISPRUDENCE RURALE.

ENQUÊTE. — TÉMOINS REPROCHABLES.

— J'ai avec mon voisin une difficulté à propos d'un sentier, sur lequel il veut m'empêcher de passer, bien que je soutienne que j'en ai le droit ; le tribunal a ordonné une enquête, et c'est à ce sujet que je viens vous demander s'il n'y a pas certains témoins qu'on a le droit de récuser.

— Certainement ; ainsi les parents ou alliés jusqu'au degré de cousin issu de germain ; celui qui aura mangé ou bu avec la partie, et à ses frais, depuis la prononciation du jugement qui a ordonné l'enquête ; celui qui aura donné des certificats sur les faits relatifs au procès ; les serviteurs et domestiques.

— Parfait ; c'est sur cette dernière phrase que je vous arrête ; les serviteurs et domestiques, ça fait bien mon affaire ; je vais aussi supprimer à mon adversaire son principal témoin ; car celui que je redoutais le plus à raison de la connaissance du pays et des renseignements, peu favorables à ma prétention, qu'il pourrait donner, c'est le vieux garde particulier de mon voisin.

— Ne vas pas si vite ; il faudrait d'abord que le tribunal admît qu'un garde est un serviteur.

— Mais il me semble que la chose est toute prouvée, est-ce qu'un garde n'est pas au service de son maître ; est-ce qu'il n'est pas payé par lui ; est-ce qu'il ne doit pas obéir à ses ordres ?

— Cela est vrai, mais il y a aussi une autre façon d'envisager les choses ; en même temps que le garde est chargé du service d'un particulier, il est aussi revêtu d'un caractère public, et c'est ce caractère qui l'emporte ; il est un véritable fonctionnaire, agréé par l'autorité, assujetti à un serment préalable et ses procès-verbaux font foi en justice ; pour ces raisons, les tribunaux ont toujours jugé qu'ils ne devaient pas être compris au nombre des serviteurs ordinaires qui peuvent être récusés dans une enquête.

— Alors j'ai bien peur de perdre mon procès.

UN VIEUX JUGE DE PAIX.

POUR RIRE.

— Le jour d'une exécution capitale, plusieurs personnes causent du décapité à la terrasse d'un café.

— Eh bien ! dit l'une, tu l'a vu mourir ?....

— Oui !

— Comment a-t-il été ?

— Mon Dieu, ni trop lâche ni trop courageux, comme un homme qui n'est pas habitué à ces choses-là... qui y va pour la première fois.

***

Un bon viveur atteint d'une rage de dents, s'en va chez un de nos meilleurs praticiens, et s'asseyant dans le fauteuil traditionnel :

— C'est celle-là qui me fait mal. Traitez-moi comme le mauvais temps traite la betterave.

— S'il vous plaît ?

— Oui, enlevez-moi la dent citée (*densité*).

***

On juge un vagabond accusé de vol.

— Avez-vous déjà subi des condamnations ?

— Je ne me rappelle pas bien, mon président, mais je suis sûr que ça ne m'est pas arrivé depuis cinq ans.

— Comment le savez-vous ?

— J'ai été en prison tout le temps.

PETITE POSTE.

M. V.... à B... (Ardennes). — *Dépôt de fumier.* — Vous nous demandez si on peut déposer dans un chemin public un tas de fumier contre le pignon de la maison d'un tiers — non, assurément on porte ainsi atteinte à deux droits, celui de la commune, celui du propriétaire du pignon !

Le maire pourrait faire dresser procès-verbal par le garde-champêtre contre le déposant et ordonner l'enlèvement du fumier.

Si le maire tolère ou autorise, le droit du propriétaire n'en subsiste pas moins, son droit est d'exiger que le fumier ne soit pas contre son mur, qu'il peut dégrader, et qu'il soit placé à une distance suffisante pour que les odeurs ne soient pas incommodes — nous l'engageons à se plaindre d'abord au maire, et, si celui-ci ne veut pas agir, à appeler le déposant devant le juge de paix, après constatation par procès-verbal d'huissier de l'emplacement du fumier.

OFFRES & DEMANDES.

Pour répondre au désir qui nous est exprimé, nous offrons à nos abonnés, sous cette rubrique, deux annonces gratuites pour les offres et demandes d'emplois, produits ou animaux à vendre ou à acheter, etc.

Les annonces qui suivront jouiront d'une réduction de 50 pour 100 sur les tarifs ordinaires.

Les demandes d'insertions devront être envoyées à l'administration, qui se chargera de les rédiger.

Ne pas négliger d'envoyer tous les renseignements nécessaires (joindre 2 timbres de 0 fr. 15).

Un ancien élève d'une école d'agriculture, dans la force de l'âge, marié, bien au courant de la culture moderne en même temps qu'excellent praticien, demande un emploi de régisseur. — Très bonnes références. — Nº 907.

S'adresser à M. GUESDON (J.-M.), à Belhôte, par Corps-Nuds (Ille-et-Vilaine).

Un jeune homme, 23 ans, de famille honorable, muni d'excellents certificats, connaissant bien le jardinage et l'exploitation des bois, demande une place de jardinier ou de garde forestier.

S'adresser à M. Pierre DEAUBE, jardinier au Poujet-du-Condut, par Uzerche (Corrèze). — Nº 938-5.

A louer, dans l'Avranchin, une ferme de 19 hectares, la moitié en prairies, bien complantée de pommiers.

S'adresser au bureau du Journal. — Nº 939-3.

A vendre deux chiens courants, taille un demi-mètre, briquet, belle gorge, chassant très bien, lapin, lièvre, chevreuil et renard.

S'adresser à M. J. PETIT, à Richemont, par Foucarmont (Seine-Inférieure). — Nº 940-1.

REVUE FINANCIÈRE.

Les semaines de juillet se seront suivies en se ressemblant par un point : qu'elles qu'aient été en nombre et en importance les fluctuations des cours, elles n'auront eu d'autre résultat réel que de laisser ces cours sensiblement au même niveau. Voilà qui est absolument exact pour nos rentes, malgré la dépression qui a marqué les premières séances de la semaine présente. C'est également vrai pour les institutions de crédit. Ce n'est moins pour les actions des chemins de fer français, en ce sens que, maintenant que l'on est complètement sorti de la grève, elles recommencent leur mouvement de progression lent mais continu.

Du reste du marché, il n'y a rien de particulier à dire. Tout au plus peut-on signaler la baisse persistante de l'Italien, qui revient tout bonnement à 92. Il est au surplus inutile d'appuyer sur les causes de cette dépression, qui en bonne logique devrait être plus forte, et depuis longtemps.

Nous continuerons la comparaison entre les cours actuels et ceux faits pendant les deux années précédentes, en considérant aujourd'hui les actions des principales valeurs d'industrie. Voici ces chiffres.

	1889	1890	1891
Suez	2.259	2.375	2.780
Gaz	1.352	1.375	1.412
Omnibus	1.212	1.220	1.050
Voitures de Paris	730	740	707
Canal de Corinthe	95	103	54
Canal de Panama	47	45	31
Docks de Marseille	458	486	520
Entrep. et mag. gén	490	515	550
Cie gén. transatlant	570	644	534
Messageries maritimes	670	685	660
Cie gén. des eaux	1.249	1.430	1.450
Sous-compt. des entr	210	230	255

De toutes ces valeurs, une seule a l'honneur d'attirer l'attention de la spéculation, c'est le Suez ; les autres sont dédaignées par le jeu, depuis bien longtemps. Sans doute, l'état général de la place n'est pas sans avior quelque influence sur leurs cours, mais on peut dire, en presque complète assurance, que la valeur du papier de cette catégorie est correspondante à l'idée que le public se fait de la valeur même de l'affaire.

Le Suez a monté de plus de 500 fr. en deux ans ; laissons-le de côté puisque le jeu y est pour quelque chose. Elaguons Panama, et encore Corinthe, en liquidation. Sur le reste nous trouvons une hausse plus ou moins forte, mais sensible, excepté pour les Omnibus et la Compagnie générale transatlantique.

Ces deux derniers reculs s'expliquent, et même tout naturellement pour les Omnibus. La hausse, du reste, s'explique non moins facilement : on la comprend par exemple en ce qui concerne les docks de Marseille, fort habiles à tirer parti de leur monopole ; ou encore pour le Gaz, les Eaux, ces deux industries parisiennes si prospères.

On peut affirmer que le comptant, le public qui met de côté, ne manque nullement de flair quand il s'agit de choisir les affaires sûres et fructueuses. C'est ce que feront bien de méditer ceux qui invitont les capitaux disponibles à se détacher un peu des grandes valeurs de jeu pour revenir à l'industrie. L'épargne fera grise mine à toute nouveauté dans laquelle elle ne verra pas de grandes chances de rencontrer intelligence et honnêteté. TIMON.

Chemins de fer de Paris à Lyon et à la Méditerranée.

VACANCES DE 1891.

Excursion à prix réduits
Paris, Zermatt, Berne, Interlaken
(viâ Pontarlier).

Départ de Paris, le 12 Août, à 2 h. 25 soir.

PRIX DU VOYAGE *(aller et retour)*:

De Paris à Berne..... 32f 85 en 2e cl., 25f 90 en 3e cl.
De Paris à Interlaken 40 » — 30 » —
De Paris à Zermatt... 52 » — 38 » —

Emission des billets, à dater du 25 juillet : à la gare de P.-L.-M., 20, boulevard Diderot; à la gare de Paris-Nord; dans les bureaux-succursales de la Compagnie P.-L.-M. et dans les diverses agences de voyages.

(Pour plus de renseignements, voir les affiches publiées par la Compagnie.)

Chemins de fer de Paris à Lyon et à la Méditerranée.

VACANCES DE 1891

Trains de plaisir

PARIS-CLERMONT.

PREMIER TRAIN.
ALLER.
Départ de Paris...... 8 août à 11 h. 55 soir.
Arrivée à Clermont... 9 — à 11 h. 15 matin.
RETOUR.
Départ de Clermont... 16 août à 11 h. 10 soir.
Arrivée à Paris....... 17 — à 10 h. 10 matin.

DEUXIÈME TRAIN.
ALLER.
Départ de Paris ..... 5 sept. à 11 h. 55 soir.
Arrivée à Clermont... 6 — à 11 h. 15 matin.
RETOUR.
Départ de Clermont... 13 sept. à 11 h. 10 soir.
Arrivée à Paris...... 14 — à 10 h. 10 matin.

PRIX (ALLER ET RETOUR).
2e classe : 30 fr. — 3e classe : 21 fr.

PARIS-GRENOBLE.

ALLER.
Départ de Paris...... 19 août à 2 h. 20 soir.
Arrivée à Grenoble... 20 — à 7 h. » matin.
RETOUR.
Départ de Grenoble... 27 août à 9 h. 15 soir.
Arrivée à Paris...... 28 — à 3 h. 45 soir.

PRIX (ALLER ET RETOUR).
2e classe : 49 fr. — 3e classe : 34 fr

PARIS-GENÈVE.

PREMIER TRAIN.
ALLER.
Départ de Paris...... 8 août à 2 h. 20 soir.
Arrivée à Genève..... 9 — à 6 h. 46 matin.
RETOUR.
Départ de Genève.... 16 août à 10 h. 45 soir.
Arrivée à Paris..... 17 — à 3 h. 45 soir.

DEUXIÈME TRAIN.
ALLER.
Départ de Paris...... 29 août à 2 h. 20 soir.
Arrivée à Genève...... 30 — à 6 h. 46 matin.
RETOUR.
Départ de Genève..... 6 sept. à 10 h. 45 soir.
Arrivée à Paris...... 7 — à 3 h. 45 soir.

PRIX (ALLER ET RETOUR).
2e classe : 50 fr. — 3e classe : 35 fr.

PARIS-AIX-CHAMBÉRY.

ALLER.
Départ de Paris...... 8 sept. à 2 h. 20 soir.
Arrivée à Aix-les-Bains 9 — à 4 h. 33 matin.
Arrivée à Chambéry.. 9 — à 5 h. » matin.
RETOUR.
Départ de Chambéry.. 16 sept. à 10 h. 10 soir.
Départ d'Aix-les-Bains 16 — à 10 h. 45 soir.
Arrivée à Paris....... 17 — à 3 h. 45 soir.

PRIX (ALLER ET RETOUR).
2e classe : 44 fr. — 3e classe : 32 fr.

PARIS-INTERLAKEN.
viâ Pontarlier.

Un avis ultérieur fera connaître les dates et prix de ce train d'excursion.

CHEMIN DE FER D'ORLÉANS.

VOYAGE D'EXCURSION aux Plages de la Bretagne.

Du *1er mai au 31 octobre*, il est délivré des billets de voyage d'excursion aux *Plages de Bretagne*, A PRIX RÉDUITS, et comportant le parcours ci-après :

Le Croisic, Guérande, Saint-Nazaire, Savenay, Questembert, Ploërmel, Vannes, Auray, Pontivy, Quiberon, Lorient, Quimperlé, Rosporden, Concarneau, Quimper, Douarnenez, Pont-l'Abbé, Châteaulin.

DURÉE : 30 JOURS.

PRIX DES BILLETS (aller et retour) :

1re classe : 50 fr. — 2e classe : 40 fr.

AVIS. — Ces billets comportent la faculté d'arrêt à tous les points du parcours, tant à l'aller qu'au retour. Le voyage peut être commencé à l'un quelconque des points du parcours.

La durée de validité peut être prolongée d'une, deux ou trois périodes de 10 jours, moyennant paiement, avant l'expiration de la durée primitive ou prolongée, d'un supplément de 10 % du prix des billets

Les voyageurs partant d'un point situé en dehors de l'itinéraire ci-dessus ont à leur disposition, soit les billets bains de mer, réduits de 40 %, délivrés à toutes les gares du réseau, pour les plages de la Bretagne, dénommées au tarif *A*, n° 8 et situées à 250 kilomètres au moins du point de départ, soit lorsque la gare de départ est éloignée de moins de 250 kilomètres, des billets de parcours supplémentaires, réduits de 25 %, permettant d'aller rejoindre l'itinéraire du billet d'excursion.

HALLES ET MARCHÉS.

Partout on s'occupe de la moisson, et les transactions restent calmes en général. Cependant les cours des blés sont mieux tenus depuis quelques jours. Les huiles de colza et les alcools ont également plus de fermeté. Les fruits et légumes se vendent bien, à des prix en baisse. La viande se vend bien, sauf le veau.

Blés. — La demande est meilleure depuis quelques jours sur nos marchés, et les prix sont plus fermement tenus car les offres sont encore des plus restreintes. Voici les cours relevés samedi : Cambrai, blé blanc, 26 à 27 les 100 kilog.; roux, 25 à 26; Douai, 26 à 28; Amiens, 27 25; Beauvais, 24 à 26 90; Châlons-sur-Marne, 27; Versaille, 25 à 26 50; Rouen, 26; Chartres, 24 20 à 25 40; Etampes, 22 à 25; Le Mans, 25 à 25 50; Laval, 23 50 à 24 50; Montereau, 24 25 à 25 40; Dijon, 26 50 à 27; Mâcon, 27 à 28; Lyon, 25 75 à 26 25; Nevers, 27; Nantes, 24 50 à 25; Bordeaux, 26 60. — A Paris, au marché commercial, le disponible et le courant du mois étaient cotés 26 50; le livrable en août et septembre, 26 25 à 26 50; les autres époques, 26 75 à 27 25. — Dans nos ports les arrivages de blés suivent un courant régulier; Marseille a reçu, pendant la semaine dernière, 198,700 quintaux; Le Havre, 291,000 hectolitres, dont 220,000 de San-Francisco. La vente est un peu meilleure à Marseille; on a traité des Ghirkas-Nicolaïeff de 21 à 21 25 les 100 kilog. en entrepôt; des Alexandroff, de 21 à 21 20; du Danube, à 20 50; des blés durs de Tunis à 21 50. La quantité de blé de Californie en mer à destination de la France est encore très forte; on a relevé pour la huitaine, 2,466,000 hectolitres. — Les marchés européens ont eu une tenue très ferme, en raison du temps un peu moins favorable aux récoltes et de la hausse du marché américain. On cotait en dernier lieu : Berlin, 30 75 les 100 kilog.; Amsterdam, 21 25; Vienne, 23 95; Budapest, 23 15. — A New-York, les cours ont accusé pour la huitaine écoulée 70 centimes de hausse sur le disponible et le courant, et 30 à 55 centimes sur le livrable suivant époques; on tenait le 25 juillet, 19 25 les 100 kilog.; et à Chicago, 16 90.

Seigles. — Le rendement de la récolte est assez bon jusqu'à présent. Les affaires sont toujours calmes; à Paris, le seigle nouveau est tenu de 18 25 à 18 50 les 100 kilog. en gare; au marché commercial, le courant du mois et le rapproché ont des cours nominaux de 18 25 à 18 75; les quatre derniers mois sont à 18 75.

Orges. — Les détenteurs de vieilles orges les offrent aujourd'hui pour la mouture aux prix de 17 à 18 les 100 kilog.; il y a toujours vendeurs à 16 et 17 pour les orges nouvelles.

Avoines. — Les avoines en terre ont belle apparence et l'on s'attend à un rendement élevé. A Paris, on cote commercialement 16 50 à 16 75 pour le disponible et le livrable en août, 16 à 16 50 pour les autres époques.

Sarrasins. — On offre à 13 50 les 100 kilog. des sarrasins de la nouvelle récolte livrables à Paris en septembre et octobre; les vieux sarrasins se cotent 15 25.

Fèves et féverolles. — On cote 18 à 18 50 les 100 kilog. à Paris.

Millet blanc de Vendée. — Cours tenu à 32 les 100 kilog.

Farines de consommation. — Prix bien tenus sans changement, avec vente ordinaire en boulangerie.

Farines de commerce. — La hausse a repris le dessus à Paris; le 22 juillet, on cotait les *douze-marques* disponibles, 58 75 à 59 les 157 kilog. nets, le livrable rapproché valait de 59 à 60; l'éloigné, de 60 75 à 61.

Issues. — Les offres sont très ordinaires, et le disponible immédiat se vend couramment. On cote : gros son écailles, 14 25 à 14 75 les 100 kilog.; supérieur, 14 à 14 25; sons deux cases, 13 25 à 13 50; trois cases mélangées, 12 75 à 13 25; sons fins, 12 25 à 12 50; recoupettes, 12 25 à 12 50; remoulages, 15 à 19 suivant couleur et qualité.

Fourrages. — Les pluies orageuses contrarient la rentrée des fourrages et leur ôtent de la qualité; le rendement est assez bon comme quantité. On cote à Paris, au marché de La Chapelle; foin nouveau, 42 à 46 les 100 bottes de 5 kilog. au domicile de l'acheteur; vieux, 5[illegible] à 56; luzerne nouvelle, 42 à 48; vieille, 50 à 56; paille de blé, 30 à 38; de seigle, 31 à 36; d'avoine 20 à 24. — A la vente sur wagons dans les gares de Paris, les prix sont assez fermes comme suit : foin de choix, 43 à 47; qualités secondaires, 38 à 42 les 100 bottes; luzerne, 38 à 43; paille de blé, 29 à 35; de seigle, 27 à 32; d'avoine, 19 à 22. — Sur les marchés de province, on vend *aux 520 kilog.*; Reims, foin, 35; paille, 24; Nancy, foin nouveau, 24 à 26; vieux, 32 à 35; luzerne nouvelle, 23 à 25; trèfle, 22 à 25; paille de blé, 28 à 32; d'avoine, 25 à 30; Cambrai, foin, 50; paille, 32 à 35; Versailles, foin, 32 à 36; sainfoin nouveau, 30 à 38; vieux, 38 à 46; paille, 30 à 35; Compiègne, foin, 40; trèfle, 35; paille, 30; Bar-sur-Seine, foin, 30; paille, 31 à 35; Chartres, foin, 25 à 32; paille 25 à 30; Le Mans, foin, 40; paille, 20 à 25; Montereau, foin, 37 à 38; luzerne, 33 à 34; paille, 32 à 33; Montargis, foin, 25 à 35; paille, 17 50 à 22 50; Saint-Pourçain, foin, 40; paille, 20 à 22; Dijon, foin, 38 à 42; paille, 18 à 24; — *au quintal* : Douai, foin, 9 à 9 50; paille, 6 à 6 50; Beauvais, foin, 6 50; paille, 5; Quimper, foin, 6 à 7; paille, 4; Angers, foin 8 50 à 9; paille, 4 50 à 5; Nevers, foin, 8 40; paille, 4; Chalon-sur Saône, foin, 8 à 8 2 ; paille, 3 à 3 50; Lyon, foin, 7 à 7 50; luzerne, 7 à 7 75; paille, 3 50 à 4; Bourgoing, foin, 6; paille, 4; Lavaux, foin, 6 à 7; paille, 2 50 à 3; Toulouse, foin, 6 25 à 7 50; paille, 3 à 3 50.

Graines fourragères. — Le trèfle incarnat hâtif vaut 120 à 130 les 100 kilog. à Orléans.

Pommes de terre. — Nouvelles longues. 16 fr. les 100 kilog ; rondes, 8 à 9; early roses, 7 à 8.

Huiles de graines. — Bien que le marché des huiles de colza ait eu peu d'animation à Paris pendant la semaine dernière, les cours se sont bien tenus et ont même haussé. On cotait le 25 juillet, 72 50 à 72 75 les 100 kilog. disponibles; 72 75 à 73 25 livrables en août, et 74 25 à 75 50 livrables à partir de septembre. Les huiles de lin restent à 51 25 pour le disponible, et 51 75 à 53 50 pour le livrable. — Les marchés des départements se maintiennent sans changements notables.

Huiles d'olive. — Affaires calmes à Nice, les huiles se vendent 166 84 à 179 67 les 100 kilog.; les surfines, 141 16 à 147 58. Les huiles de Calabre valent 125 à 130; celles de la rivière de Gênes sont tenus de 130 à 140 en entrepôt de douane.

Graines oléagineuses. — La graine de colza est en hausse à Caen, au prix de 21 à 21 50 les 104 litres. — A Cambrai, on cote : colza, 21 les 100 kilog.; œillette, 25.

Nitrate de soude. — Les producteurs du Chili se sont entendus pour limiter la campagne à 800,000 tonnes, ce qui assure avec les existences actuelles, représente plus que la consommation probable. Les affaires sont calmes; on vend en ce moment du nitrate pour la culture des navets et de la betterave et l'on cote 19 50 à 20 les 100 kil. pour le disponible à Dunkerque; le livrable vaut 21.

Sulfate d'ammoniaque. — Cours un peu faibles de 28 25 à 29 les 100 kilog. à Paris pour le sulfate français et de 27 25 sur wagon à Dunkerque pour le sulfate anglais.

Superphosphates. — Les prix sont toujours très bas. On cote pour les superphosphates solubles dans le citrate, par unité d'acide phosphorique : Paris, 0 45 à 0 46; Nord, 0 41 à 0 42; Belgique, 0 38 à 0 40; Ouest, 0 52 à 0 56; Centre et Est, 0 50 à 0 52; Bordeaux, 0 52 à 0 55; Marseille, 0 55 à 0 58; les superphosphates solubles dans l'eau valent 4 à 5 centimes de plus par unité.

Sels de potasse. — Demande meilleure et prix bien tenus; on cote : chlorure de potassium, 19 50 à 20 les 100 kilog.; sulfate de potasse, 21; kaïnite, 5 à 6 50 dans nos ports.

Beurres. — Vente active et prix fermes en hausse. On cote à la halle : *beurres en mottes* : fermiers de Gournay : extra, 3 50 à 4 10 le kil.; choix, 3 à 3 40; bons, 2 70 à 2 90; ordinaires, 2 40 à 2 60; d'Isigny, extra, 4 à 5 20; choix, 3 80 à 4; bons, 3 à 3 40; ordinaires, 2 50 à 2 60; marchands du Gâtinais, 2 20 à 2 50; de Bretagne, 2 à 2 20; de Vire, 2 20 à 2 40; de Bresse, 1 80 à 2; laitiers des Charentes, 2 30 à 2 70; des Alpes, 2 50 à 2 90; divers producteurs, 2 20 à 2 70; — *beurres en livres* : fermiers, 2 à 2 70; Touraine, 1 90 à 2 30; Gâtinais, 1 80 à 2 50; Vendôme et Beaugency, 1 80 à 2 40; Bourgogne, 1 70 à 1 90; le Mans, 1 80 à 2 80; — *Petits beurres* : 1 60 à 2 20, suivant provenance.

Œufs. — Les envois sont restreints, mais les demandes sont faibles. On cote : Normandie, 88 à 110 le mille; Picardie extra, 92 à 116; ordinaire, 70 à 86; Brie extra, 88 à 98; Touraine extra, 86 à 97; ordinaire, 72 à 82; Beauce, 90 à 102; Orne, 66 à 80; Bourgogne, 75 à 85; Champagne, 82 à 86; Nivernais, 72 à 76; Bourbonnais, 67 à 72.

Fromages. — Prix soutenus; on cote à la halle de Paris, *par dizaine* : Brie, fermiers haute marque, 35 à 40; grand moule, 20 à 30; moule moyen, 15 à 20; petit moule, 10 à 15; laitiers, moyens moules, 3 à 8; — *par 100 kilog.* : Gruyère, 130 à 180 (hors l'octroi); Roquefort, 180 à 250; Hollande, 150 à 170; plats de Gouda, 170 à 180; Gérardmer, 70 à 75; Limbourg, 50 à 60; Munster, 80 à 100; Romatour, 70 à 80; Cantal, 90 à 110.

Raisins secs à boisson.

(Cours de la maison Audibert, 53, rue des Minimes, à Marseille).

PRIX ACTUELS (grande baisse).

Corinthe, **Roi de Grèce**, petits grains Extra 1er choix	100 kilos	59 »
Corinthe, **le Turban**, gros grains	» »	55 »
Corinthe petits grains, 1er choix	» »	57 »
Thyra 1er choix	» »	50 »

BESTIAUX.

LA VILLETTE, 30 juillet. — Bestiaux. — Vente mauvaise sur les bestiaux, sur les veaux et sur les moutons, bonne sur les porcs.

COURS officiels.	Amenés.	Vendus.	1re qualité.	2e qualité.	3e qualité.	Prix extrêmes.
Bœufs	2.157	1.844	1 68	1 50	1 36	1 24 à 1 72
Vaches	816	753	1 66	1 42	1 24	1 14 1 68
Taureaux	161	161	1 44	1 36	1 28	1 18 1 50
Veaux	1.554	1.226	1 72	1 60	1 44	1 28 1 92
Moutons	10.284	3.745	2 06	1 92	1 70	1 44 2 16
Porcs	4.433	4.433	1 53	1 48	1 40	1 32 1 58

Marché du lundi 27 juillet.

	Amenés	Vendus	PRIX AU POIDS NET 1re qual.	2e qual.	3e qual.
Bœufs	2.5[illegible]0	2.131	1 70	1 52	1 38
Vaches	1.076	913	1 67	1 44	1 25
Taureaux	251	226	1 38	1 32	1 24
Veaux	1.281	1.071	1 76	1 60	1 46
Moutons	18.529	12.251	2 10	1 95	1 74
Porcs	3.226	3.021	1 48	1 40	1 34

	PRIX AU POIDS VIF 1re qual.	2e qual.	3e qual.	Prix extrêmes.
Bœufs	1 »	» 84	» 73	» 64 à 1 04
Vaches	» 96	» 75	» 62	» 54 » 99
Taureaux	» 84	» 76	» 66	» 58 » 88
Veaux	1 06	» 93	» 77	» 56 1 16
Moutons	1 09	1 01	» 86	» 71 1 20
Porcs	1 02	» 9d	» 90	» 80 1 06
Peaux de moutons en laine				3 90 5 25
Id. id. demi-laine				1 70 2 85

Viandes abattues. — Criée du 30 Juillet.

		1re qualité.	2e qualité	3e qualité
Bœufs	le kil.	1 40 à 8 »	1 20 à 2 80	1 » à 1 90
Veaux	—	1 60 1 76	1 40 1 56	1 20 1 36
Moutons	—	1 80 1 90	1 30 1 76	» 80 1 26
Porc entier	—	1 36 1 46	1 16 1 30	» 90 1 10

Avis aux Éleveurs et Nourrisseurs.

Les cosses et brisures de fèves de la maison Ph. Breuil, de Dijon, d'une pureté absolue et très riches en principes nutritifs, se recommandent pour l'engrais du bétail et la nourriture des chevaux.

M. Recourat, pharmacien à Beauvais.

Gale des moutons guérie radicalement par *une seule application* de l'Antipsorique.

La bouteille, 3 fr.; la demi-bouteille, 1 fr. 75.

Guérison du Piétin par *un seul pansement* avec le Contre-Piétin-Recourat.

Le pot d'essai, 1 fr. 50; le pot, 2 fr. 50.

Joindre 0,60 c. pour recevoir *franco* et indiquer gare.

Sels pour l'Agriculture.

SALAISON DES FOINS
Nourriture du Bétail
et Engrais des Terres.

Sel de morue, pur (les 1.000 k.). 45fr »
Sel neuf dénaturé, au tourteau de colza (les 1.000 k.). . . . . 55 »

Expéditions de Fécamp, Saint-Servan et Bordeaux.

S'adresser à MM. A. Le Borgne et ses Fils, négociants à Fécamp.

MALADIES DU BÉTAIL
ET DE LA VOLAILLE
Leur traitement préventif et curatif
PAR L'ACIDE SALICYLIQUE

L'acide salicylique, employé dans la nourriture à la dose de 1/2 à 1 gramme par jour et par tête de bétail, est le meilleur préservatif des maladies qui procèdent par contagion : Sang de rate, Cocotte, Maladie aphtheuse, Erysipèle, Typhus, Morve, Variole et le Rouget des porcs, etc.

Des attestations nombreuses de guérisons obtenues pour la Cocotte et le Rouget des porcs ont été reproduites dans le *Journal l'Agriculture*.

La désinfection des étables, des écuries se fait instantanément au moyen d'un arrosage d'eau salicylée à 2 grammes par litre.

S'adresser à M. CERCKEL, administrateur de la *Compagnie de produits antiseptiques*, 26, rue Bergère, Paris.

Envoi sur demande de Prospectus et Brochures.

Prix du kil. 25 fr. — Boite de ménage, 2 fr.

La plus ancienne fabrique de Semoirs français.
Maison **JACQUET-ROBILLARD**, *fondée en 1836*.

J. MARÉCHAL ✻

constructeur, 4, rue de Turenne, à ARRAS.

Fabrique spéciale de SEMOIRS à socs rigides et à socs articulés.

Médaille d'argent à l'Exposition universelle 1889.

Semoirs à betteraves et engrais et Distributeurs d'engrais.

ENVOI FRANCO DU CATALOGUE.

Près de 400 médailles. — Plus de 6,000 Semoirs livrés.

20 premiers prix en 1889, en 1890.

PHARMACIE SAVARY

AMIENS, 33, Place Saint-Denis, 33, AMIENS
(EN FACE LE SQUARE).

PROVENDE AUX PHOSPHATES ASSIMILABLES
du Docteur DESCHAMPS.

Prix : 3 fr. le kilog.; 27 50 les 10 kilog. (Remises proportionnelles.)

Accroissement rapide des bestiaux, surtout chez les jeunes animaux, force nerveuse, fécondité, engraissement; prévient surtout la diarrhée chez les jeunes veaux. Qualité exceptionnelle du lait.

M. Lefebvre, cultivateur à Marcelcave, a élevé un veau en lui administrant de la Provende phosphatée pendant 60 jours : tué à 70 jours, ce veau pesait 193 kilog., chiffre officiel constaté à l'abattoir. La viande était très blanche, ainsi qu'est prêt à l'attester M. Oheix, boucher à Amiens.

Les attestations émanant des sommités françaises et anglaises les plus accrédités ont été données à M. SAVARY.

30 PRIX D'HONNEUR ET GRANDS PRIX, 250 MÉDAILLES OR, VERMEIL, ETC.
GRANDES CULTURES DE GRAINES POTAGÈRES, FOURRAGÈRES ET DE FLEURS

E. FORGEOT (✻✻) & Cie

Fournisseurs du ministère de l'Agriculture, des Ecoles nationales d'agriculture, des Syndicats agricoles, etc.

PARIS, quai de la Mégisserie, 6 et 8

Appareils spéciaux pour épurer et nettoyer les graines

SPÉCIALITÉ DE GRAINES DE GRANDE CULTURE

luzernes et trèfles garantis sans cuscute, minette, vesces, sainfoins trèfles incarnats betteraves, carottes, navets, choux-navets, pommes de terre

Blés à grand rendement, Avoines, Orges, Seigles. Graines d'arbres pour reboisement

Graines de graminées pour prairies

Notre Maison ne vend que des graines de provenances sûres, assurant les meilleurs résultats ; elle accepte le contrôle de la Station d'Essais des Semences, établie à l'Institut agronomique par le Ministère de l'Agriculture, contrôle auquel nous sommes soumis dès sa création. En conséquence, nos graines sont garanties de levée et d'une pureté irréprochable ; nos trèfles et nos luzernes sont garantis sans un seul grain de cuscute.

Grande et importante **Spécialité de Créations de Prairies.** Nous nous chargeons d'établir des compositions convenant à la nature de chaque sol, et d'avance nous en assurons la réussite.

Sur demande, nous adressons *franco* nos catalogues illustrés de graines potagères, fleurs, arbres, fourrages, ognons fleurs, plantes, etc.

CRÉDIT AGRICOLE

UNION DES SYNDICATS AGRICOLES DE FRANCE

9, rue Marsollier, PARIS

Agence à LYON, 234, cours Lafayette, S. PLISSONNIER, Directeur ✻ M. A.

MACHINES AGRICOLES DE TOUS SYSTÈMES

TOURTEAUX et FARINES pour la nourriture du bétail.

ENGRAIS CHIMIQUES et ORGANIQUES, MATIÈRES PREMIÈRES

SEMENCES DE PREMIER CHOIX.

RAISINS SECS A BOISSONS

Première Maison de France (10 croix ou méd., fondée en 1876), **J.-F. Audibert,** créateur des vins de raisins secs et importateur direct. Auteur de : *L'Art de faire les Vins de raisins secs* (fco 3 90); *les Vins d'imitation*, sirops, liqueurs, etc. (fco 5 25). Inventeur de l'appareil (B. S. G. D. G.). **LE SEUL ADOPTE PAR L'ARMEE** pour la fabrication mathématique des vins de raisins secs, en 10 jours, pour faire depuis 1 litre jusqu'à 20,000 litres par jour **AVEC UN HOMME. Renseignements gratuits pour tripler les vendanges, vins de seconde cuvée,** etc., 53, r. des Minimes, Marseille.

L'Administrateur-Gérant : Albert RENOT.

Beauvais. — Imp. D. Pere. - A. Cartier, Gérant.

12e Année. — 2e Série. — N° 602. Dimanche 9 Août 1891.

GAZETTE  AGRICOLE

JOURNAL HEBDOMADAIRE, PARAISSANT LE DIMANCHE

Rédacteur en Chef : M. Ch. GOSSIN, Professeur d'Agriculture à l'Institut agricole de Beauvais.

PRIX DE L'ABONNEMENT

UN AN, 5 fr. — SIX MOIS, 3 fr. — TROIS MOIS, 2 fr. 25

Pour l'étranger les abonnements ne sont reçus que pour un an, au prix de 6 francs, et ne partent que du 1er janvier ou du 1er juillet de chaque année.

Le numéro : 10 centimes.

Il est indispensable de joindre à toute demande de changement d'adresse la dernière bande d'adresse du journal et 50 centimes pour frais de nouvelles bandes.

Adresser les *Abonnements* et *Annonces* au secrétaire de la rédaction, 13, quai Voltaire, Paris, ou à M. GOSSIN, rédacteur en chef et administrateur, à BEAUVAIS.

BUREAUX

13, quai Voltaire, Paris, et à Beauvais.

Les abonnements partent du 1er de chaque mois et sont payables d'avance. Toute demande d'abonnement doit donc être accompagnée du prix de l'abonnement. (Le mode de payement le plus simple est l'envoi d'un mandat-poste.)

Donner *très lisiblement*, en s'abonnant, son nom et son adresse exacte, *avec l'indication du bureau de poste*; et, s'il s'agit d'une continuation d'abonnement, joindre au renouvellement la dernière bande d'adresse du journal.

Les Annonces sont reçues chez MM. DUSSERIS et MATHELLON, 97, rue de Rennes, Paris.

La GAZETTE AGRICOLE insère gratuitement les Communications des Syndicats agricoles

SOMMAIRE :

PARIS, 7 AOUT.

A quel chiffre s'élève la dette de la France ?

A trente milliards, disent ceux-ci.

A trente-quatre milliards, disent ceux-là.

A quarante milliards répondent d'autres encore.

La vérité c'est que personne n'en sait rien.

Un jour, M. Camille Pelletan, républicain bon teint, s'avisa de faire des recherches qu'il s'empressa de consigner dans un rapport, lequel orne, à cette heure, les archives du Palais-Bourbon.

Mais il ne paraît pas que le député fureteur ait réussi à mettre la main sur un chiffre complet.

Ouvrez le budget à la section intitulée : *Dette publique*, vous y verrez mentionner 750 millions d'intérêts pour la dette consolidée et 300 millions d'intérêts pour la dette remboursable; soit 1 milliard 50 millions d'intérêts annuels.

Et, en dehors, disséminées un peu partout, au ministère des travaux publics, au ministère de l'intérieur, au ministère de l'instruction publique, au ministère de l'agriculture, vous trouverez d'autres annuités qu'on s'est bien gardé d'inscrire dans la section spéciale consacrée à la Dette.

Apprenez, si vous le voulez, le turc, l'hindoustan, le chinois, l'hébreu; travaillez, si le cœur vous en dit, à traduire des inscriptions cunéiformes ou à déchiffrer des obélisques égyptiens; mais n'essayez pas de pénétrer les mystères des finances républicaines.

La Dette publique c'est l'Isis moderne dont nul mortel, pas même M. Camille Pelletan, n'a soulevé le voile.

***

Cependant, la commission du budget actuel — cette illustre commission dont le président, M. Casimir Périer, s'est vu contraint d'exciter le zèle défaillant par des menaces d'inscription au tableau de paresse — vient d'avancer une main timide vers la déesse mystérieuse.

Elle a résolu de centraliser dans une même section tous les engagements résultant d'emprunts.

Besogne difficile dont elle s'est acquittée « le moins mal possible », au dire du député et budgétaire M. Raymond Poincarré.

Le moins mal possible! c'est bien quelque chose. Mettons, si vous voulez, un coin du voile.

D'ailleurs, à chaque commission suffit sa peine.

« Les commissions prochaines, dit M. Poincarré, achèveront cette unification nécessaire; à moins qu'elles n'aient, à leur tour, de trop longs espoirs et de plus vastes pensers, et qu'avant de se consacrer à l'étude des questions financières, elles ne s'avisent, pour ne pas déroger aux précédents, de battre les buissons et de chasser les moineaux. »

Il nous souvient d'avoir lu, il y a cinq ou six ans, dans le *Journal officiel*, un tableau, dressé par le ministère des finances, où étaient consignés les engagements contractés par le Trésor, en dehors de la Dette consolidée, de la Dette flottante et des annuités dues aux Compagnies de chemins de fer.

Il y en avait pour quatorze milliards!!

***

Voilà un chiffre — probablement augmenté en ces dernières années — que les commissions futures pourront faire utilement figurer dans la section spéciale de la Dette publique.

Pour l'instant, nous saurions gré à la commission actuelle de nous apprendre le chiffre non pas exact — ce serait trop demander — mais à peu près exact de la Dette, non compris les engagements grevant l'avenir.

Il ne serait pas inutile d'être renseigné à cet égard, en présence de ce projet de loi relatif aux pensions ouvrières, dont l'application générale, d'après les calculs de M. Leroy-Beaulieu, coûterait au budget une somme annuelle de 700 à 800 millions de francs.

Puisqu'il est entendu que la République doit conduire la France à la banqueroute, nous demandons qu'on donne au moins aux malheureux contribuables la triste consolation de suivre pas à pas la marche du crédit national vers l'abîme.

L'incertitude est chose si cruelle!

Et puis, il est bon de pouvoir prendre ses précautions.

Le Bonhomme Deschamps.

NOUVELLES DE LA SEMAINE.

La flotte française en Russie. — A l'occasion de la présence de la division cuirassée du Nord dans les eaux de Cronstadt, l'empereur de Russie a adressé le télégramme suivant au président de la République :

« Péterhof, 26 juillet 1891
11 h. 13 m. matin.

« *Son excellence M. Carnot,*
« *président de la République française, Paris.*

« La présence de la brillante escadre française qui mouille en ce moment devant Cronstadt, témoigne, une fois de plus des sympathies profondes qui unissent la France à la Russie. Il me tient à cœur de vous en exprimer ma vive satisfaction et de vous remercier du vrai plaisir que j'éprouve à recevoir les braves marins français.

« Alexandre. »

M. Carnot a répondu par le télégramme suivant :

« Paris, 26 juillet 1891
« 3 h. 15 m. soir.

« *Sa Majesté l'Empereur de Russie, Péterhof.*

« Je suis vivement touché des sentiments que Votre Majesté a bien voulu m'exprimer à l'occasion de la présence de notre escadre; nos braves marins n'oublieront pas l'accueil si cordial dont ils sont l'objet. J'en remercie Votre Majesté et je suis heureux d'y voir un éclatant témoignage des sympathies profondes qui unissent la Russie et la France.

« CARNOT. »

La flotte française en Angleterre. — Pourquoi faut-il que notre gouvernement ait donné l'ordre à notre flotte de s'arrêter à Plymouth (Angleterre) en revenant de Cronstadt? Les Anglais furent toujours nos ennemis, pourquoi donc aller leur faire une visite de politesse au moment même où ils témoignent tant d'amitié à la triple alliance, qu'on a tout lieu de croire qu'ils prendraient fait et cause contre nous en cas de guerre?

En envoyant notre flotte à Plymouth, nous avons l'air de nous excuser d'avoir été trop bien reçus par les Russes : nous avons l'air de dire que nous n'avons point envoyé notre flotte chercher une alliance; nous avons l'air de craindre de mécontenter l'Angleterre qui, elle, ne craint guère de nous mécontenter de toute manière.

Il fallait faire revenir notre flotte directement dans nos ports pour laisser les deux peuples sous l'impression de Cronstadt. Les Anglais sont habiles, ils vont eux aussi fêter nos marins et s'efforceront d'éclipser les Russes par la splendeur de leur réception. Leurs baisers seront des baisers de Judas, mais il n'en est pas moins vrai que la signification du voyage de la flotte française en sera amoindrie, non seulement aux yeux de l'Europe, mais particulièrement aux yeux du peuple russe, ce qui est beaucoup plus grave.

A vouloir être agréable à tout le monde, même à ses ennemis, on réussit à être désagréable à tout le monde.

Prix d'athéisme. — Sur la proposition de la société la *Libre-Pensée*, et avec l'approbation de M. Labussière, maire de Limoges, le conseil a voté un prix à donner, dans chaque école communale, à l'élève qui se sera le plus distingué par son instruction civique et antireligieuse.

Un amendement substituant à ce dernier mot l'épithète « anti-cléricale », été a repoussé.

Voilà où nous en sommes!

Il faut s'attendre, après cela, à voir créer des prix d'athéisme et des prix de blasphème.

Et les gens du gouvernement nous répètent chaque jour que la République est un régime de tolérance et de liberté; qu'elle n'a pas parti-pris en matière de religion.

La République aura beau faire, elle ne décrassera jamais des traditions jacobines: elle sera toujours ou le gouvernement des sanguinaires ou le gouvernement des imbéciles, quand elle ne sera pas, à la fois, celui des uns et des autres.

LA DESTRUCTION DES VERS BLANCS

La destruction des vers blancs est une des œuvres à la fois les plus laborieuses et les plus importantes à poursuivre par les agriculteurs. Au milieu des innombrables procédés préconisés jusqu'ici pour arriver à cette destruction, le hannetonnage, c'est-à-dire la chasse des hannetons adultes, a produit seul des résultats complets; les autres, même ceux qui paraissaient le plus rationnels, ne se sont montrés que très imparfaitement efficaces. La découverte, par M. Le Moult, du parasite du ver blanc, a ouvert des horizons nouveaux. Les recherches de MM. Prillieux et Delacroix ont déterminé la nature de ce parasite; c'est le *Botrytis tenella*, champignon voisin de celui qui produit la muscardine des vers à soie. Dans une note présentée récemment (séance du 20 juillet) à l'Académie des sciences, ils ont démontré que la maladie que ce champignon développe sur les vers blancs est tout à fait semblable à la muscardine des vers à soie, et ils ont donné à cette maladie le nom de *muscardine du ver blanc*. Mais il ne suffit pas de connaître le nom de la maladie, il fallait trouver le moyen de la propager sur les vers blancs. Dans la même note, MM. Prilleux et Delacroix font connaître le procédé qu'ils ont imaginé, et ils le décrivent comme il suit :

« Le procédé dont nous nous sommes servis et qui nous semble pratique consiste à employer, pour y opérer l'infection, de ces grandes terrines plates, en terre cuite, dont les jardiniers se servent pour faire des semis. On les enterre dans un sol frais, à l'ombre; on met dans le fond des terrines une couche d'environ un centimètre de terre ou de sable, trop peu épaisse pour que les vers blancs puissent s'y cacher. On l'imbibe légèrement d'eau, puis on y dépose les vers que l'on saupoudre de spores de Botrytis tenella, et on recouvre les vases de planches sur lesquelles on met de la mousse mouillée. Dans ces conditions, les vers ne souffrent pas d'être hors de terre; au bout de quelques heures ils sont infectés; on peut les remettre en terre et les remplacer par d'autres dans les terrines à infection.

« Deux heures peuvent suffire pour l'infection; cependant il nous a paru plus avantageux de laisser les larves pendant quatre à six heures dans le milieu infecté, avant de les remettre en terre. Dix à quinze jours après l'infection, tous les vers sont morts. Les quatre cinquièmes environ sont muscardinés, et autour de chacun d'eux, le *Botrytis tenella* commence à émettre des filaments, qui, bientôt se répandent dans le sol, de façon à infecter une masse de terre de 8 à 10 centimètres de diamètre. Les filaments qui rayonnent autour du ver blanc muscardiné émettent des conidies dans la terre, et en quantité d'autant plus grande qu'ils sont plus près du ver.

« On pourra sans doute employer utilement cette méthode pour répandre et multiplier dans le sol la muscardine du ver blanc. »

Quoique simple, ce procédé pourra paraître exiger encore quelques soins, devant lesquels on pourra reculer. Mais s'il est prouvé qu'il suffit de se procurer des vers blancs atteints de muscardine, et de les placer dans un champ infecté de vers blancs pour voir ceux-ci disparaître, il n'y aura plus aucune difficulté à objecter. Or, c'est un fait qui ressort d'une note publiée récemment par M. Léizour, professeur d'agriculture de la Mayenne, pour signaler l'arrêt complet des ravages de ver blanc dans l'arrondissement de Mayenne. D'après cette note, il suffit d'introduire quelques vers contaminés dans les champs envahis, en ayant soin de les mettre en contact avec quelques vers sains, pour obtenir rapidement la destruction de tous ceux qui existent dans un champ. M. Leizour conseille donc aux agriculteurs de profiter des chaleurs de l'été et de l'automne pour répandre dans les champs des vers contaminés qui ne tarderont pas à accomplir leur œuvre de destruction. Nous ne doutons pas qu'en s'adressant soit à M. Le Moult, à Gorron (Mayenne), soit au laboratoire de pathologie végétale de l'Institut agronomique, on pourra se procurer quelques vers malades qui permettront d'en contaminer des masses. La disparition des vers blancs apparaît donc désormais comme une victoire facile à réaliser; ce sera un immense profit pour l'agriculture. C'est pourquoi nous ne saurions trop appeler l'attention des agriculteurs sur les faits que nous venons de signaler.

Dr AGRICOLA.

CONSERVATION DES RÉCOLTES

Question bien importante et pour laquelle on n'a jusqu'ici adopté aucun moyen pratique et général. En culture, on ne peut compter sur la valeur exacte d'une récolte, tant que le produit ne soit entré dans la caisse. Jusque là que de soins à apporter à tant de travaux divers! On s'habitue bien vite au danger et trop de confiance est souvent regrettable. L'imitation, les coutumes locales sont la base des moyens de conservation : à constater cependant une tendance à généraliser la méthode des moyettes en bottes. Ce système très pratique a l'avantage d'un travail fini, mais il perd bien vite son bon effet si le grain n'est pas immédiatement couvert par un chaperon qui le garantit de la pluie et aussi du rouissage qui toujours a lieu, même par le beau temps.

La couverture de ces moyettes consiste en une botte retournée; ce moyen est certainement un progrès, comparé au même système sans couverture, mais ce chaperon est assez difficile à placer, résiste difficilement aux grands vents et leur fixité prend beaucoup de temps. Le grain contenu dans ce chaperon perd toujours sa couleur et nuit par le mélange a la qualité du tout.

Il est cependant un moyen bien simple, pratique et peu coûteux pour éviter ces inconvénients et conserver avec plus de certitude. Qu'en temps opportun chacun fasse provision du nombre de chaperons nécessaires à sa culture; choisir de la longue paille, la peigner, lier le bout du côté de l'épi avec de la ficelle très serrée, en se servant d'un tour de corde comme on fabrique les balais et lier l'autre bout avec un lien ordinaire. Au moment de placer ce chaperon, on jette sur la moyette ce dernier lien, que l'on retrouve intact à l'enlèvement. Préparer aussi autant de cerceaux que de chaperons que vous jetez sur ces derniers pour en assurer la fixité. Ces cerceaux se font en fil galvanisé de deux millièmes au plus comme grosseur et un mètre de diamètre; on forme aux extrémités, avec une pince, deux petits anneaux pour les souder en cerceau et leur peu de raideur en rend l'application uniforme sur tout le contour du tas à couvrir : coût : 5 cent. par pièce, durée illimitée. Ces mêmes cerceaux sont aussi très utiles pour préserver, lors du cueillage des œillettes, les petits tas ronds de seize bottelettes; un cerceau jeté sur chaque, évite toute autre ligature ou terre jetée sur les racines.

Cette dépense bien minime ne se renouvelle pas autrement que par l'entretien des chaperons, assure la conservation malgré le temps, et augmente de beaucoup la qualité du grain. La simplicité du moyen sera peut-être le principal argument contre l'adoption.

LA COCHYLIS

La *cochylis* ou *ver de vendange, ver rouge, ver coquin, teigne de la vigne, teigne de la grappe*, paraît s'être montré de tout temps. Ses habitudes nocturnes font que l'insecte est souvent ignoré, alors qu'il engendre des dégâts susceptibles de se traduire par des pertes sérieuses. Soit par ignorance des causes ou des moyens, soit par insouciance, le viticulteur reste le plus souvent indifférent à ce mal qui se propage librement, jusqu'au jour où l'invasion devenue générale et les ravages considérables, il en recherche alors la cause qui, généralement, se découvre.

Mais, à ce moment, il est trop tard, le combattre est devenu une entreprise plus difficile et plus coûteuse. On ne saurait évidemment, dans cette lutte, espérer détruire la race de la cochylis, mais on peut la réduire assez pour que ses dommages restent peu sensibles.

La cochylis a deux générations. La ponte de la première a lieu à l'époque de la floraison, en mai-juin ; la seconde en juillet-août-septembre, c'est-à-dire à l'époque de la maturation. Les diverses phases de sa vie sont plus ou moins longues, suivant que la saison est plus ou moins longue et pluvieuse.

Les œufs des deux pontes sont pareils ; la chenille qui en sort subit les mêmes phases, tour à tour, chrysalide et papillon. Aux nymphes ou chrysalides de la deuxième génération appartient la conservation de l'espèce durant l'hiver. C'est leur destruction qu'on doit surtout viser dans la lutte contre la cochylis.

La chrysalide, qui passe l'hiver dans une coque blanche, est longue d'environ 7 millimètres ; celle des femelles est rouge-brun (très rarement jaune) ; celle du mâle, jaune clair. Un peu selon les pays, on les trouve cachées en des endroits divers à l'abri des oiseaux ou des autres insectes, dans les fentes et sous l'écorce des échalas, dans les osiers servant de ligatures, sous les vieilles écorces du cep, etc. Dans la Moselle, une grande partie des chrysalides s'est rencontrée dans les canaux médullaires des vieux bois morts.

Le papillon qui sort de ces chrysalides, en mai, est jaune paille, d'environ 5 millimètres, avec des ailes de 12 à 13 millimètres. Ses élytres (ou ailes supérieures) portent, en leur milieu, une grosse raie de couleur tabac, à leur extrémité cinq petites taches circulaires. Le jour, il se tient caché sous les feuilles. Il vole et s'accouple la nuit. C'est le matin, de six heures et demie à huit heures et demie, une demi-heure après le lever du soleil, qu'on le trouve le plus agile. La femelle vit de dix à quatorze jours, le mâle moins ; elle dépose sur les boutons de trente à trente-six œufs blancs transparents.

Ces œufs éclosent au bout de douze à quatorze jours.

Les chenilles qui en sortent sont très petites, d'un blanc sale, tournant au roux, avec la tête, le col et les pieds antérieurs noirs. A leur première mue, leur couleur devient rouge-foncé, à la seconde, chair. Arrivées à leur entier développement, elles mesurent encore 12 millimètres.

Ces chenilles de la première génération enveloppent de leur toile les bourgeons et les fleurs et rongent les grains ou les pédoncules des pousses qui se dessèchent. Mais ce sont surtout les fleurs qu'elles préfèrent ; elles ne s'attaquent aux grains qu'alors que cet aliment leur fait défaut. Après avoir ainsi dévoré ce qui se trouve à leur portée, elles s'attaquent à de nouveaux bourgeons, qu'elles entourent au préalable de leurs fils, et ainsi de suite, jusqu'à leur entier développement. Alors elles se suspendent à un de leurs fils et vont chercher un abri pour se transformer en chrysalide. Généralement, cet abri est recherché avec moins de soins que ne le font les chenilles de la génération suivante. Quelques-unes se contentent de rester dans leur toile, d'autres se font des agglomérations de feuilles qu'on trouve en divers endroits, même sur les vignes.

Ces chrysalides restent ainsi dix à quatorze jours.

Après ce terme, un autre petit papillon sort de leur coque et pond, comme le premier, de trente à trente-six œufs, desquels, au bout de dix à quatorze jours, naissent d'autres chenilles.

Ce sont celles de la deuxième génération qui s'attaquent aux grains du raison. Elles pénètrent dans l'intérieur des baies généralement à proximité de leur pedoncule; une petite tache foncée reste la trace visible de cette introduction. Là, elles se nourrissent de pépins encore mous et de la chair qui les entoure. D'un grain elles passent à l'autre, au fur et à mesure qu'elles l'ont utilisé. On a compté jusqu'à dix-sept chenilles sur une seule grappe, et observé qu'une chenille avait attaqué jusqu'à vingt-six grains. Ces grains ainsi ouverts fermentent rapidement, avec formation d'acide acétique, et restent susceptibles de communiquer au vin une saveur détestable. Ces mêmes chenilles rongent ainsi le pédicule des grappes qui se dessèchent, et causent ainsi d'autres dégâts.

Arrivée à son entier développement, cette chenille, comme celle de la première génération, se suspend à un fil pour former sa coque et y passer l'hiver à l'état de chrysalide. Sous cette forme elle résiste aux froids les plus vifs de nos pays.

Les dégâts de la Cochylis, considérables, nous l'avons dit, peuvent atteindre jusqu'aux trois quarts de la récolte.

Pour atteindre la chrysalide d'hiver, on ne peut que la rechercher partout où l'on doit supposer qu'elle peut être cachée : dans les canaux médullaires du vieux bois, sous les vieilles écorces de la vigne, dans les crevasses, les fentes, les trous des échalas, dans les ligatures de paille ou d'osier, etc. On doit supprimer avec soin le vieux bois mort, les bosses, les coupures, et brûler ces détritus, soigneusement ramassés et transportés avec soin avant l'éclosion des cocons (qui a lieu au milieu d'avril). Il faut aussi visiter les blessures des tailles anciennes, l'angle des rameaux et introduire dans les canaux médullaires ouverts un petit fer pointu susceptible de tuer les chrysalides qui s'y trouveraient.

L'emploi d'un mastic pour luter les orifices serait évidemment excellent.

Pour décortiquer le cep, un râcloir ou un gant métallique conviennent. Les détritus de cette opérations doivent, comme les autres, être recueillis et brûlés. Une femme, munie d'un couteau, décortique environ 140 pieds dans une journée ; mais cette décortication est imparfaite et on exigera mieux en ne demandant que 100 pieds par jour. Elle entoure le cep à sa base d'un morceau de toile sur lequel les débris enlevés et le tout est mis dans un panier de bois. Au bout du rang, le panier est vidé et l'on fait un tas auquel on met le feu. Ainsi toute la journée.

Le prix de revient de cette décortication peut être calculé comme soit : 100 pieds par jour, une *femme* payée 1 *franc*, soit 10 *francs* les 1.000 pieds ou 100 francs l'hectare de 10.000 pieds.

Les anciens liens sont aussi à détruire.

La visite des échalas demande de même beaucoup de soin. Leur aubier est très recherché par la cochylis. Sous les éclats d'un jeune échalas, on a trouvé jusqu'à onze chrysalides. Sous un seul éclat de 7 centimètres de longueur et large de 2, on en trouva cinq. On a conseillé, avec raison, de soumettre les échalas, après la récolte et après une forte attaque de la cochylis, à une température élevée, susceptible de détruire à l'état de chrysalides, ce qu'on obtiendrait facilement en introduisant ces échalas dans un four chauffé ou bien encore en les immergeant dans une solution concentrée de sulfate de cuivre.

Des enduits de substances vénéneuses appliqués aux ceps et aux échalas ne peuvent que donner de bons résultats.

Le Dr Nessler a proposé, à cet effet, la formule suivante, qui lui a donné des résultats satisfaisants : Sulfate de cuivre, 1 partie (en poids) ; soude, une partie ; ammoniaque, 1/2 ; fusoleol (sorte d'huile, résidu de la fabrication de l'alcool de pomme de terre), 4 parties ; savon ordinaire, 4 parties ; eau, 100 parties.

Les chenilles de la première génération peuvent se détruire :

Mécaniquement, en les écrasant, en coupant les parties florales infectées, *etc*.

Chimiquement, en les arrosant de certaines substances toxiques.

Parmi les mélanges qui ont donné les meilleurs résultats, indiquons celui-ci : savon, 400 grammes, délayé dans un litre d'eau ; fusoleol, 50 grammes ; esprit, 200 grammes ; essence de tabac, 60 grammes.

Une ou deux gouttes injectées avec une seringue quelconque contre la toile de l'insecte suffisent à le détruire. Ce procédé reste inoffensif pour la fleur.

Un autre liquide recommandable est celui du Dr Schmitt : sulfure de potassium en solution aqueuse à 1 0/0.

Tarchenberg a rapporté le procédé d'un nommé Heil, qui consiste à saupoudrer la vigne de cendres de bois.

Contre les chenilles de la deuxième génération qui attaquent le fruit, un procédé pratique consiste à cueillir et détruire les grains atteints dans le commencement de septembre.

Enfin, on a essayé, mais sans grands résultats pratiques, de s'attaquer au papillon, spécialement en utilisant des objets lumineux et les substances graisseuses.

Pour tous ces traitements, il faut se pénétrer qu'ils seront d'autant plus efficaces qu'ils auront été pratiqués avec ensemble, sous peine de voir des réinvasions annihiler l'effet des efforts entrepris.

On a également préconisé l'ébouillantage ou le clochage des souches, tels qu'on le pratique pour la pyrale, comme, un moyen absolument sûr, mais ces moyens n'ont donné que des résultats insuffisants pour ne pas dire nuls.

Enfin, nous avons déjà fait connaître le mélange suivant, préconisé par le savant professeur de l'Institut, M. Prillieux, et trouvé par M. Quantin, chimiste du laboratoire agricole du Loiret, et destiné à combattre les cochylis de la première génération.

Le mélange s'opère de la manière suivante: On dissout d'abord 100 grammes de carbonate de soude dans 100 litres d'eau de pluie ou de citerne, puis on mélange à volume égal du sulfure de carbone et de l'huile fluide de dernière qualité, et on obtient un corps (oléosulfure de carbone) qui, versé dans la solution de carbonate de soude à raison de 10 litres par hectolitre, produit une émulsion contenant 60 grammes au moins de sulfure de carbone.

Cette émulsion peut être répandue aussi facilement que de l'eau pure, à l'aide d'un pulvérisateur ordinaire.

M. Quantin dit avoir fait usage avec le plus complet succès de cette émulsion au sulfure de carbone pour combattre la cochylis.

LE PARCOURS DES ABEILLES

Le parcours des abeilles ne s'étend pas ordinairement au delà de deux à trois kilomètres. L'expérience nous le démontre tous les jours. J'ai un grand nombre de ruchers placés en rase campagne. J'ai pour habitude de les mettre de 3 à 4 kilomètres l'un de l'autre, de sorte que les butineuses se rapprochent et se mêlent dans la bonne saison. Eh bien! malgré ce rapprochement, je trouve tous les ans des ruchers qui valent mieux que leurs voisins. Ce qui prouve encore que la masse des butineuses ne s'étend guère au-delà de cette distance: ce sont les orages. Qu'une grêle meurtrière vienne à ravager une contrée et à détruire toutes les fleurs qui sont à proximité d'un rucher, ce rucher ne fera plus rien, quand même il se trouverait d'excellents pâturages à 4 et 5 kilomètres de lui. J'ai dit que le parcours ordinaire des abeilles était de deux à trois kilomètres. Car il est incontestable que si les fleurs manquent complètement dans leur contrée, de nombreuses ouvrières se porteront vers une contrée meilleure, mais cela sans profit et toujours pour leur ruine. Ce fait est facile à établir. Aujourd'hui nos ruches regorgent d'abeilles, toutes ont une tendance à faire barbe. Eh bien! que l'été soit sec, que les fleurs soient rôties par les rayons du soleil, vers la fin d'août nos fortes populations auront diminué de moitié. D'où viendra cette perte? d'une cause. L'abeille est naturellement laborieuse; elle a au suprême degré l'instinct d'économie; ne trouvant rien autour d'elle, elle s'élance dans les airs, interroge l'atmosphère, et, si une brise embaumée vient lui dire qu'il y a au loin une contrée plus favorisée que la sienne, elle part, elle cherche, et si elle a découvert ce paradis terrestre, elle retourne, retourne encore, et presque toujours elle est victime de son courage ou des nombreux ennemis qu'elle rencontre sur sa route. Il est donc constaté que l'abeille ne s'écarte guère au delà de deux à trois kilomètres. Mais si elle se tient dans cette distance, il est donc du devoir de l'apiculteur sérieux d'étudier avec soin la contrée où elle fonctionne, afin de n'y mettre que la quantité de ruches voulues. Tous les pays ne sont pas également mellifères, et telle contrée qui engraissera 150 ruches, pourra, si on lui en donne 300 les laisser mourir de faim. La nature n'est pas inépuisable, les fleurs ne donnent que ce qu'il est donné. Un apiculteur en chambre écrivait que tout le monde devrait avoir des mouches. Pourquoi s'écrie-t il ne pas conseiller à tous ces jeunes gens qui quittent nos villages pour aller battre le pavé des villes, de se donner à l'industrie agricole; ils y trouveraient un moyen sûr de gagner leur pain et augmenter leur petit avoir. Ce cher apiculteur est plein de bons sentiments pour ses concitoyens, mais qu'il n'oublie pas que: là où il y a trop d'abeilles, bientôt il n'y aura plus d'abeilles. Si vous ne voulez pas vous conformer aux lois de la nature, et si vous vous acharnez à lui demander ce qu'elle ne peut vous donner, elle vous donnera une leçon dont vous pourrez longtemps vous rappeler.

L'abbé BOYER.

Le trèfle incarnat très hâtif de Suède.

Presque partout, cette année, le trèfle incarnat a été détruit par les fortes gelées de l'hiver, seul le trèfle incarnat très hâtif de Suède a résisté et a donné dans beaucoup de localités une récolte abondante de fourrage vert très hâtif qui est venu bien à point après un hiver aussi long et aussi rude que nous avons traversé.

Cultivé avec succès depuis plusieurs années en Belgique, en France, en Allemagne, voire même en Suisse et en Espagne, le trèfle incarnat très hâtif de Suède s'est montré partout plus précoce, plus productif et plus résistant à la gelée, ce n'est pas à dire qu'il ait partout résisté aux froids exceptionnels du dernier hiver; dans plusieurs champs il a subi le même sort que les autres variétés de trèfle incarnat, soit qu'il ait été semé trop tard, soit qu'il ait été dans un sol mal préparé, trop humide et trop consistant.

Le trèfle incarnat très hâtif de Suède, quoique végétant dans tous les sols, préfère surtout les terres légères superficiellement ameublies et bien assainies.

Il faut éviter de le semer dans les terres humides ou exposées à le devenir en hiver.

Le semis doit avoir lieu dès l'enlèvement de la récolte de céréales à laquelle il doit succéder sur les chaumes non retournés à raison de 25 kilog. de graines à l'hectare, enterrée à l'aide de la herse qu'on fait suivre d'un pesant rouleau pour bien raffermir la terre.

Le rendement du trèfle incarnat très hâtif de Suède est en moyenne de 25,000 kilos fourrage vert à l'hectare, fumé à l'automne avec du phosphate basique et de la kaïnite, et au printemps avec du plâtre, il a donné à plusieurs de nos meilleurs fermiers des rendements de 30 à 35,000 kilos fourrage vert à l'hectare, tout en laissant de bonne heure au printemps le champ libre pour y faire d'autres cultures.

Léon LACROIX.

LES ENGRAIS CHIMIQUES
et les ouvrages de Georges Ville.

Il n'est point excessif de dire aujourd'hui, après tant d'expériences décisives et en présence des importants résultats obtenus, que la doctrine dite des engrais chimiques, à laquelle M. Georges Ville a eu l'heureuse fortune d'attacher son nom, est appelée à déterminer dans l'agriculture une révolution aussi considérable et aussi féconde que la révolution provoquée dans l'industrie par l'avènement de la machine à vapeur.

Conçue de toutes pièces, il y a quarante ans, avec une précision et une netteté telles qu'il n'a été besoin d'y changer rien, pour ainsi dire, depuis, si ce n'est sur de secondaires points de détail, la doctrine des engrais chimiques, après avoir eu à lutter furieusement pour l'existence contre l'ignorance, la routine et l'envie, s'est enfin imposée aux plus sceptiques comme aux plus hostiles. Désormais on ne la discute plus, et, désarmées par l'éloquence des faits, les théories adverses ont dû partout baisser pavillon devant elle.

Il s'en faut encore, cependant, qu'elle ait pris dans la pratique générale la place à laquelle elle a droit.

Cela tient sans doute à ce qu'elle n'est pas encore suffisamment connue des foules intéressées.

Les nombreux ouvrages, en effet, dans lesquels M. Georges Ville en a formulé les principes et la méthode, étaient depuis longtemps épuisés. Traduits dans toutes les langues de l'Europe, ils n'existaient plus guère en librairie que sous la forme d'exemplaires rarissimes qu'on ne pouvait se procurer qu'à prix d'or.

Cette fâcheuse lacune va enfin être comblée, au grand profit de l'agriculture nationale, dont il ne s'agit de rien moins que de doubler ou de tripler le rendement.

M. Georges Ville met, en effet, en ce moment même, la dernière main à une nouvelle édition de son œuvre, qui ne comprendra pas moins de dix volumes : *Recherches expérimentales sur la végétation*, 1 vol.; *La Production végétale*, 1 vol.; *Les Engrais chimiques*, 3 vol. (I Les Principes. II Les cultures spéciales. III Le fumier et le bétail;) Les *Conférences de Bruxelles*, 1 vol.; Le *Propriétaire devant sa ferme délaissée*, 1 vol.; *Conférences diverses*, 1 vol.; *Mémoires et mélanges*, 1 vol.; *Enquête sur l'emploi des engrais chimiques*, 1 vol.

Un onzième et dernier volume, l'*Ecole des Engrais chimiques* sera une sorte de catéchisme élémentaire de la doctrine.

Six volumes sont déjà en vente; la Production végétale (prix 8 fr.); les Engrais chimiques (prix 3 fr. 50 le vol.). Les Conférences de Bruxelles (prix 2 fr.) et le Propriétaire devant sa ferme délaissée (prix 2 fr.), à la librairie Georges Masson, 120, boulevard Saint-Germain,

Paris, à la librairie de la maison Rustique, 26, rue Jacob, à la librairie Baschet, 12, rue de l'Abbaye, et chez tous les principaux libraires de Paris et des départements.

Dépôt central : Engel, 91, rue du Cherche-Midi, Paris.

La loi sur les fraudes dans les ventes de vins

Art. 1er. — L'article 2 de la loi du 14 août 1889 est ainsi modifié :

« Le produit de la fermentation des marcs de raisins frais avec de l'eau, qu'il y ait ou non addition de sucre, le mélange de ce produit avec le vin, dans quelque proportion que ce soit, ne pourra être expédié, vendu ou mis en vente que sous le nom de vin de marcou vin de sucre. »

Art. 2. — Constitue la falsification de denrées alimentaires prévue et réprimée par la loi du 27 mars 1851, toute addition au vin, au vin de sucre ou de marc, au vin de raisins secs :

1° De matières colorantes quelconques ;

2° De produits tels que les acides sulfurique, nitrique, chlorydrique, salicylique, borique ou autres analogues ;

3° De chlorure de sodium au-dessus de un gramme par litre.

Art. 3. — Il est défendu de mettre en vente, de vendre ou de livrer des vins plâtrés contenant plus de deux grammes de sulfate de potasse ou de soude par litre.

Les délinquants seront punis d'une amende de 16 à 500 francs, et d'un emprisonnement de six jours à trois mois, ou de l'une de ces deux peines, suivant les circonstances.

Ces dispositions ne seront applicables aux vins de liqueurs que deux ans après la promulgation de la présente loi.

Les fûts ou récipients contenant des vins plâtrés devront en porter l'indication en gros caractères. Les livres, factures, lettres de voitures, connaissements, devront contenir la même indication.

Art. 4. — Les vins, les vins de marc ou de sucre, les vins de raisins secs, seront suivis, chez les marchands en gros ou en détail et chez les entrepositaires, au moyen de comptes particuliers et distincts. Ils seront tenus séparément dans les magasins.

Art. 5. — Lee registres de prise en charge et de décharge des acquits-à-caution et les bulletins 6 E formés pour les laissez-passer, énonçant des envois supérieurs à 200 kilogr. de raisins secs seront conservés pendant trois ans dans les bureaux de directions et de sous-directions. Ils seront communiqués sur place à tout requérant, moyennant un droit de recherche de 50 centimes.

Les demandes de sucrage à taxe réduite faites en vue de la fabrication des vins de sucre définis par l'article 2 de la loi du 14 août 1889 sont conservées pendant trois ans à la direction ou à la sous-direction des contributions indirectes ainsi que les portatifs et registres de décharge des acquits-à-caution après dénaturation des sucres. Elles sont communiquées à tout requérant moyennant un droit de recherche de cinquante centimes par article.

Art. 6. — La présente loi et la loi du 14 août 1889 sont applicables à l'Algérie et aux colonies.

DÉSINFECTION DES LAITERIES

Dans les laiteries peuvent s'installer des colonies de moisissures et de bactéries qui altèrent le lait et le beurre, provoquent des troubles dans l'acidification de la crème et la maturation des fromages.

Il importe alors de prendre des mesures efficaces pour obtenir une désinfection radicale et détruire complètement ces parasites envahissants qui, sans être toujours visibles à l'œil nu, ne s'en établissent pas moins souvent partout, sur les murs comme sur les vêtements du personnel.

Parfois, il suffit de passer sur les murs un enduit à la chaux, pratique qu'il convient de renouveler de temps en temps. S'il y a lieu de recourir à des moyens plus énergiques, on emploiera le chlore gazeux ou simplement l'acide sulfureux, gaz que l'on produit de la façon la plus commode en brûlant du soufre.

Il se répand dans tout le local, pénètre dans tous les trous, fentes, crevasses, fissures.

Les expériences faites dans ces dernières années ont montré que, pour arriver avec certitude à la destruction des organismes cryptogamiques, il fallait, en outre, que l'air renferme, en même temps, un certain degré d'humidité. Les spores criptogamiques possèdent une résistance beaucoup plus grande que les organes végétatifs du champignon.

Mais pour tuer ces spores, il n'est néanmoins pas nécessaire de les faire préalablement germer afin d'occire ensuite plus facilement le parasite. Il suffit de laisser arriver un jet de vapeur dans le local ou même de produire de la vapeur en versant de l'eau sur une pierre chauffée, ou en refroidissant dans des seaux d'eau des barres de fer rougies au feu.

Ces fumigations à la vapeur d'eau se feront avant de saturer l'atmosphère du local de gaz désinfectant, chlore ou acide sulfureux.

On se sert parfois aussi, pour la désinfection, d'une solution de bisulfite de calcium, mais elle ne détruit que les criptogames avec lesquels elle arrive directement en contact. Aussi, ce moyen est-il moins efficace que l'emploi immédiat de l'acide sulfureux seul.

Nouvelles agricoles.

La protection des oiseaux. — Une délégation de la Société d'Agriculture de la Gironde a été reçue par M. le Préfet, qui a pris en considération les vœux des agriculteurs concernant la protection à accorder aux petits oiseaux.

Espérons que, l'an prochain, on prohibera partout ces chasses aux pantes et au lacet qui détruisent par milliers les auxiliaires de l'agriculture.

Concours du comice de Nancy. — Le concours annuel du comice de Nancy se tiendra à Vézelise le dimanche 6 septembre. Il sera ouvert entre les cultivateurs de l'arrondissement, et pour les fabricants d'instruments agricoles, entre ceux de tout le département de Meurthe-et-Moselle.

Les primes de culture et d'amélioration sont réservées aux cantons de Vézelise et de Haroué.

L'exposition vigneronne et forestière de Troyes. — La Société horticole, vigneronne et forestière de l'Aube tiendra sa seizième exposition générale à Troyes, du 10 au 18 octobre. Cette exposition comprendra les produits de l'horticulture, de la viticulture et de la sylviculture.

Il y sera joint un concours de greffage de la vigne.

Les exposants du département de l'Aube concourront ensemble, ceux des autres départements concourront séparément.

Les déclarations des exposants seront reçues par le secrétaire général de la Société, jusqu'au 15 septembre.

Enseignement agricole. — La Société des Agriculteurs de France ouvre un concours dans le but de récompenser la meilleure série d'ouvrages nouveaux destinés à l'enseignement agricole dans les écoles primaires.

Le concours comprendra :

1° Un cours élémentaire, pour les enfants de sept à neuf ans, de quatre feuilles environ (144 pages in-18 jésus), avec images ;

2° Un cours moyen, pour les enfants de neuf à onze ans, de six feuilles, avec images ;

3° Un cours supérieur, pour les enfants de onze à treize ans, avec images, comprenant quatre volumes différents de neuf à dix feuilles chacun et répondant aux quatre grandes régions agricoles.

Le concours sera clos le 1er février 1892.

Demander le programme des concours, au siège de la Société, 21, avenue de l'Opéra, à Paris.

Le commerce extérieur de la France. — Le *Journal officiel* vient de publier la statistique du commerce extérieur de la France pendant les six premiers mois de l'année 1891.

Les importations se sont élevées, du 1er janvier au 30 juin 1891, à 2.399.453 000 francs, et les exportations à 1.735.594.000 francs.

Ces chiffres se décomposent comme suit :

Importations.	1891.	1890.
Objets d'alimentation	677.740.000	682.899.000
Matières nécessaires à l'industrie......	1.346.748.000	1.204.034.000
Objets fabriqués.. .	311 260.000	302.371.000
Autres marchandises	63 705.000	61.072.000
Totaux...	2.399.453.000	2.250.376.000

Exportations.	1891.	1890.
Objets d'alimentation	357.767.000	404.415.000
Matières nécessaires à l'industrie......	367.919.000	380.226.000
Objets fabriqués.. .	894.092.000	947.163.000
Autres marchandises	115.786 000	100.583.000
Totaux...	1.735.794.000	1.832.387.000

La reconstitution du vignoble en Touraine. — Le Comice de l'arrondissement de Tours (Indre-et-Loire), présidé par M. Thiphaine, continue ses efforts pour la reconstitution des vignes.

En effet, presque partout des essais sont tentés sur le degré d'adaptation au sol et au climat de la Touraine de producteurs directs à grand rendement, ou de porte-greffes destinés à conserver aux vins les qualités qui les font rechercher du commerce.

Afin de hâter ce mouvement, le Comice organise à Montbazon, près Tours, pour les 19 et 20 septembre, une grande exposition de cépages américains à laquelle tous les viticulteurs français sont conviés de prendre part.

En outre, désirant constater les résultats obtenus dans la voie de reconstitution et récompenser les plus méritants, il fera visiter par un jury spécial les propriétés des viticulteurs de l'arrondissement de Tours ayant entrepris des expériences sérieuses.

Les déclarations des concurrents doivent parvenir sans retard à M. Testu, secrétaire du Comice, à Tours.

CONSEILS DU VÉTÉRINAIRE

LA GRAINE DE LIN DANS L'ALIMENTATION DU CHEVAL

Je crois utile d'appeler l'attention sur les avantages que j'ai trouvés à employer la graine de lin comme supplément de nourriture pour l'alimentation des chevaux.

La graine de lin est aussi le médicament le meilleur marché et le plus sain pour les chevaux fatigués qui ne mangent pas bien l'avoine ou qui la digèrent mal. Elle leur refait l'estomac et leur rafraîchit le sang. Pour les chevaux qui toussent ou gourment, la graine de lin cuite jetée bouillante sur la ration d'avoine, et couverte alors pour en empêcher l'évaporation en mettant une couche de son sur le tout, constitue pour les chevaux une nourriture excellente qui est bien préférable aux barbotages de son qui refroidissent l'estomac de l'animal et n'aident guère à sa guérison.

UN VIEUX VÉTÉRINAIRE.

CONSEILS DU MÉDECIN

LE DANGER DU CHARBON.

Les ouvriers qui travaillent dans les boucheries, tanneries, mégisseries, ceux qui manipulent les laines, les peaux fraîches ou les peaux sèches venant des pays étrangers, les cornes, les poils... sont exposés à prendre le charbon lorsque les viandes, les peaux proviennent d'animaux atteints de cette affection.

La maladie se manifeste aux mains, au cou, au visage, aux paupières par une enflure avec ou sans point apparent d'inoculation au centre de l'enflure. Celle-ci augmente peu à peu de volume. Tant que l'enflure est à son début, le développement du mal peut être conjuré.

Ordinairement, la personne contaminée ne donne aucune attention à l'enflure et croit être à l'abri de tout danger. C'est une fausse sécurité pour tous ceux qui sont dans les conditions de travail que nous avons rappelées en commençant. Chaque année, Paris compte plusieurs morts de suites de la terrible maladie, morts qui auraient pu être prévenues facilement.

Les cas de mort sont dus généralement à l'ignorance du danger. Les personnes intéressées négligent de recourir tout de suite aux conseils d'un homme de l'art. Elles ne se décident à se rendre à l'hôpital ou chez un médecin à leur portée qu'après une aggravation du mal et alors que toute médication ou opération est devenue inutile.

En conséquence, nous invitons tous les ouvriers des catégories précitées à donner la plus grande attention aux moindres enflures, démangeaisons persistantes et œdèmes, et les engageons expressément à se rendre sans retard, dès qu'ils en constatent la présence, chez un médecin qu'ils informeront de la nature de leur profession et de leur crainte d'un danger possible, parce que les matières qu'ils manipulent peuvent être souillées du parasite charbonneux ou de ses germes. Le médecin sera juge de ce qu'il y aura à faire.

UN VIEUX MÉDECIN.

CONSEILS A LA FERMIÈRE

LE BEURRE TOUJOURS FRAIS

Des méthodes de conservation du beurre, la suivante donne les meilleurs résultats :

Après avoir bien lavé et soigneusement essuyé le beurre avec du linge, on en remplit des pots de grès en ayant soin de n'y laisser aucun vide. Ces pots sont ensuite placés dans une chaudière a moitié pleine d eau que l'on chauffe ensuite jusqu'à ébullition.

Quand l'eau est refroidie, on retire les pots. Voilà tout. C'est la méthode du bain-marie.

Eh bien ! le beurre ainsi préparé est tout aussi frais au bout de six mois qu'il l'était immédiatement après son barattage.

En se fondant dans l'eau chaude, il laisse déposer au fond des pots tout le caséum, et on obtient ainsi un beurre tout à fait pur et propre à tous les usages ordinaires.

Son goût est même plus fin que celui du beurre frais battu.

LES COSSES DE POIS

Pour donner du goût et de la couleur au bouillon du pot-au feu, on emploie des pastilles de plusieurs sortes : elles ont généralement pour base l'oignon brûlé et donnent un plus ou moins bon résultat suivant le soin apporté à leur fabrication. Pour mon compte j'emploie depuis longtemps les cosses de pois séchées ; elles donnent un excellent goût à la soupe et ont l'avantage de ne rien coûter du tout, qu'un peu de soin. Tant que dure la saison des pois, et vous savez si l'on en consomme dans nos ménages, on range les cosses vides sur des clayons que l'on met au four aussitôt le pain retiré. Le lendemain on met en sac les cosses qui, bien desséchées, ont pris une belle couleur brune ; rangées dans un lieu sec, elles peuvent être gardées plusieurs années.

Les personnes qui ne font pas leur pain elles-mêmes peuvent sécher les cosses dans un four de cuisinière ; un peu d'habitude leur montrera le degré de chaleur nécessaire.

Vous voyez que ce n'est pas difficile, essayez, vous y trouverez une petite économie et, par le temps qui court, il n'en faut négliger aucune.

LAITUES FARCIES.

Les laitues bien pommées, en ôter les plus grosses feuilles, blanchir et mettre à l'eau fraîche. Egoutter et presser légèrement avec la main. Au centre de chaque laitue, introduisez une cuillerée de bonne farce de porc frais avec une addition de chair de veau dans d'égales proportions ; bon assaisonnement. Foncez ensuite un sautoir (sautoir, en terme culinaire, signifie casserole basse; on dit aussi sauteuse et plat à sauter), avec bardes de lard : carottes et oignons, feuilles de laurier, racines de persil ; déposez sur ce fond les laitues. Couvrez vos laitues d'un bon jus non dégraissé et faites-les mijoter deux bonnes heures.

Au moment de les servir, égouttez tout le jus : laissez-le reposer quelques minutes pour le dégraisser ; dressez vos laitues en couronne et les intercalant avec un croûton frit au beurre. Ces laitues peuvent être servies comme légumes et comme garniture de grosse pièce.

UNE MÉNAGÈRE.

CONSEILS DU JARDINIER

RÉCOLTE ET CONSERVATION DES POMMES DE TERRE HATIVES.

Voici le moment de les récolter si l'épiderme ne se détache plus sous la pression de l'ongle. Retarder la récolte serait une grande faute, le développement du germe serait en activité. L'arrachage se fait au bident, après midi ou par un temps sombre, car l'action trop vive du soleil de juillet et d'août blesse le tubercule. Le plan est d'abord choisi parmi les pommes de terre les plus franches de forme (il est surtout question de la marjolin hâtive, la Victor, et autres kidney ou précoces), mis à l'ombre, au frais, pour le faire verdir. Placer le germe en haut, en mettant debout les tubercules : cela des boîtes à claire-voie, que l'on rangera dans une pièce aérée à l'abri des gelées.

La dimension des boîtes, en *feuillets de bois blanc*, sera d'une longueur de 55 c. sur une largeur de 32 c.; la profondeur de notre boîte sera de 8 c ; le fond sera formé par des lattes clouées et distantes de 2 c ; quatre petits pieds de 2 c. carré placés aux angles intérieurs de la boîte auront 14 c. de longueur. C'est sur eux que sera clouée l'assemblage des quatre planches de ce petit appareil indispensable, pouvant se superposer comme les tablettes d'une fruiterie, grâce aux pieds qui ont 6 c. au-dessous de chaque boîte.

Les pommes de terre destinées à la consommation seront mises en couches peu épaisses sous un hangar, etc., et à l'abri de l'action de la lumière par une couverture de : paille, litière, etc., jusqu'en octobre, puis dans une pièce saine, même un grenier, *mais jamais en cave !* Dans un grenier, sur une couche de litière épaisse de 20 c. ou menue paille, et les tubercules recouverts de 30 à 40 c. de même substance, elles perdent leur eau et alors ne gèlent pas, même par les plus grands froids, et fournissent un délicieux produit, qui n'est comparable qu'à la châtaigne, puisque l'eau du tubercule est évaporée, contrairement à ce qui arrive à la cave, dont la chaleur humide active le développement intempestif des germes reproducteurs aux dépens de la qualité de cet excellent légume.

Dans la crainte de couverture insuffisante, au grenier il faut les y laisser jusqu'à l'approche des grandes gelées, et pourront, à l'entrée de l'hiver seulement, être descendues en cellier ou cave sans grand inconvénient, mais déposées par couche mince sur un double plancher, la substance aqueuse étant évaporée. HORTUS.

AFFAIRES MILITAIRES.

NOS FORCES NATIONALES

Une armée mobilisable de plus de 5.000.000 de soldats.

Peu de jours avant de se séparer, les Chambres ont reçu du ministre de la guerre le compte rendu des opérations du recrutement effectué en 1890.

Ce document, qui est communiqué chaque année au Parlement, contient un grand nombre de détails pleins d'intérêt.

Mais le dernier fascicule annuel a une importance exceptionnelle, puisqu il permet d'apprécier pour la première fois les résultats de la loi du 15 juillet et d'évaluer approximativement le total de défenseurs que la mobilisation appellerait sous les drapeaux.

Pour trouver ce nombre, nous avons admis les calculs très minutieux des pertes proportionnelles qu'a établis, quand il était secrétaire adjoint du conseil supérieur de la guerre, M. le colonel Rau, aujourd'hui chef d'état-major du 1er corps d'armée, dans son livre sur les *Armées européennes en 1890*.

Voici ce que nous avons trouvé :

Les trois contingents de l'armée active donnent 663 000 hommes, mais il convient d'y ajouter 100.000 hommes de la partie permanente de l'armée, officiers, gendarmes, rengagés, étrangers, Algériens et Tunisiens, et de tenir compte de ce que le ministre de la guerre a le droit d'appeler par anticipation le premier contingent à prendre, soit 229.000 recrues, ce qui fait un total de 1.002.000 hommes pour l'armée active.

La réserve de l'armée active contient 7 contingents, soit, 1.379.000 réservistes.

L'armée territoriale dispose de 6 contingents, soit 1 033.000 territoriaux.

La réserve de l'armée territoriale renferme 9 contingents, soit 1.335.000 réservistes territoriaux ; mais le ministre de la guerre peut ne pas libérer, au cours des opérations, la classe qui a terminé ses 25 ans de service, en sorte que l'on doit ajouter le 26e contingent, soit 136.000 hommes ; on obtient ainsi le chiffre de 1.471.000 réservistes territoriaux.

Le total de ces quatre parties organiques de nos forces nationales atteint le chiffre formidable de 4.885.000 hommes instruits, dont 2.379.000 âgés de 20 à 30 ans, 1.000.000 de 30 à 35 ans et 1.500.000 de 35 à 45 ans.

Il faudrait déduire de ce total tous les hommes mobilisables qui se trouvent dans la catégorie des indisponibles en temps de guerre.

Mais on devrait y ajouter, pour les bureaux, les ateliers, les magasins et les hôpitaux, 25 contingents de soldats auxiliaires, non armés, contingents qui, étant chaque année de 38.700 hommes au début, donnent ensemble un appoint de 744.000 hommes affectés aux services établis de l'armée.

Enfin, il y a lieu d'observer que nous avons laissé de côté les contingents de l'inscription maritime, les contingents français coloniaux qui n'ont pas encore été levés, mais qui sont prévus par la loi du 15 juillet 1889, et les troupes indigènes coloniales, telles que les tirailleurs annamites, tonkinois, sénégalais, haoussas et les cipayes de l'Inde.

Il n'y a donc aucune exagération à dire qu'avec la loi nouvelle, la France peut mettre en ligne, tant sur terre que sur mer, tant sur le sol métropolitain que dans ses colonies, au moins 5 millions de défenseurs armés, équipés, absolument pourvus de tout ce qui leur est nécessaire, possédant même des engins de combat supérieurs à ceux des soldats qu'ils auraient à combattre.

Jamais si grand effort n'a été fait, en temps de paix, dans notre pays.

Jamais non plus notre pays n'a été aussi pacifique que la République actuelle, malgré sa force incontestable.

POUR RIRE.

Quelqu'un disait, l'autre jour, en parlant d'un des pontifes de la démagogie :

— Oh ! celui-là c'est un scélérat, sans doute ; mais un scélérat... austère.

— Eh bien ! moi, s'écria un fantaisiste, je ne comprends pas les scélérats.. « au stère... » Je ne les comprends qu'« à la corde ! »

* *

Au village :

— Oui, monsieur le maire ; mais si je place mon argent à la caisse d'épargne, quand est-ce que je pourrai le retirer ?

— Mais quand vous voudrez ! Ainsi, si vous versez votre argent aujourd'hui, vous pourrez le retirer demain en prévenant quinze jours à l'avance !

***

Sous la Restauration, Désaugiers, grenadier dans la garde nationale, étant de faction aux Tuileries, barre la route à un passant en lui disant :

— On n'entre pas ici avec des chiens.

— Oh ! n'ayez pas peur, lui dit le passant, mon chien n'a pas de fusil !

— N'ayez pas peur non plus, répond Désaugiers... mon fusil n'a pas de chien !

PETITE POSTE.

M. le baron de F... (Pas-de-Calais). — *Avortement des vaches.* — Merci pour votre indication. Nous nous adresserons à cette source.

M. Q.. (Ardennes). — 1° *Caisse d'épargne.* — Le reçu étant délivré, il n'y a pas lieu de craindre. 2° *Acte de vente.* — Si ce prix ne comprend pas les droits d'enregistrement, il est trop élevé. Dans ce cas, il faudrait faire une réclamation à la chambre des notaires de Rethel.

M. G... (Indre-et-Loire). — *Destruction des animaux nuisibles.* — Votre lettre est envoyée à qui de droit. Vous aurez prochainement satisfaction.

M. Ch. B... (Hérault) — *Avoine d'hiver.* — Une des meilleures et des plus rustiques est l'avoine *noire de Belgique*. Vous la trouverez chez M. Forgeot 5, quai de la Mégisserie, Paris. Je vous fais envoyer le catalogue.

M. de V... (Yonne). — *Moulin.* — Il nous semble que le meunier ne peut, à sa sortie, rien enlever ni du mécanisme, ni de ce qui fait partie intégrante du moulin et qui est devenu immeuble. Il n'a qu'un droit, c'est celui de se faire payer, à dire d'experts, une indemnité de plus-value.

M. R..., à Br... (Aisne). — *Blé.* — Nous allons publier une série d'articles sur la culture du blé. En attendant, voici une formule d'engrais chimiques qui a donné de bons résultats. Après betteraves bien fumées (50,000 kilog de fumier à l'hectare), 300 kilog. de superphosphate, 300 kilog. de chlorure de potassium, à l'automne. Au printemps, 60 kilog. de nitrate de soude.

OFFRES & DEMANDES

Pour répondre au désir qui nous est exprimé, nous offrons à nos abonnés, sous cette rubrique, deux annonces gratuites pour les offres et demandes d'emplois, produits ou animaux à vendre ou à acheter, etc.

Les annonces qui suivront jouiront d'une réduction de 50 pour 100 sur les tarifs ordinaires.

Les demandes d'insertions devront être envoyées à l'administration, qui se chargera de les rédiger.

Ne pas négliger d'envoyer tous les renseignements nécessaires (joindre 2 timbres de 0 fr. 15).

Un ancien élève d'une école d'agriculture, dans la force de l'âge, marié, bien au courant de la culture moderne en même temps qu'excellent praticien, demande un emploi de régisseur. — Très bonnes références. — N° 907.

S'adresser à M. Guesdon (J.-M.), à Belhôte, par Corps-Nuds (Ille-et-Vilaine).

Un jeune homme, 23 ans, de famille honorable, muni d'excellents certificats, connaissant bien le jardinage et l'exploitation des bois, demande une place de jardinier ou de garde forestier.

S'adresser à M. Pierre Dufaure, jardinier au Poujet-du-Condut, par Uzerche (Corrèze). — N° 938-6.

A louer, dans l'Avranchin, une ferme de 19 hectares, la moitié en prairies ; bien complantée de pommiers.

S'adresser au bureau du Journal. — N° 939-4.

A vendre deux chiens courants, taille un demi-mètre, briquet, belle gorge, chassant très bien, lapin, lièvre, chevreuil et renard.

S'adresser à M. J. Petit, à Richemont, par Foucarmont (Seine-Inférieure). — N° 940-2.

REVUE FINANCIÈRE.

Nous voici à quelques jours de distance de la dernière liquidation. Celle-ci s'est passée fort tranquillement, comme les précédentes, avec cette différence que l'argent a montré des exigences de plus en plus modestes. Les baissiers ont remporté une toute petite victoire, et les cours de compensation ont été à leur faveur. Mais leur règne n'a pas été long.

A la faiblesse qui avait précédé le règlement mensuel, a succédé une réaction du côté de la hausse, et tout doucement les cours ont repris leur taux d'il y a quinze jours. Nous parlons des rentes françaises. Mais le phénomène s'est étendu à presque toutes les catégories de la cote, si l'on excepte les actions de crédit, qui restent moins favorisées.

On ne nous en voudra pas de suspendre encore aujourd'hui tout examen détaillé des fluctuations des cours qui, d'après ce que nous venons de constater, n'ont vraiment aucune signification, et de reprendre notre examen comparatif des trois années 1889, 1890 et 1891. Nous étudierons aujourd'hui les fonds internationaux.

Mettons à part, d'abord, les fonds russes auxquels l'animosité que leur témoigne le marché de Berlin, sous l'influence du dépit causé à l'Allemagne par la réception du Cronstadt, font une situation spéciale. On va voir qu'ils sont à un taux inférieur à celui de l'année dernière, mais bien supérieur à celui d'il y a deux ans. C'est que le crédit de la Russie n'est nullement diminué ; la spéculation est seule cause du léger recul d'aujourd'hui.

	1889	1890	1891
Russe 4 0/0 1867-69...	91 »	98 »	93 20
— 4 0/0 1880......	90 »	99 25	96 15
— 6 0/0 or 1883....	111 90	109 »	104 »
— 4 0/0 or 1889....	91 80	98 10	96 55
— Consol. 4 0/0...	87 50	97 40	95 90

La liste des fonds d'Etats étrangers qui en 1891 enregistrent une plus-value, pour quelques-uns très importante, et qui échappent par conséquent à la dépression générale du marché, comprend notamment les valeurs suivantes :

	1889	1890	1891
Autr. or 1876..........	92 60	97 »	96 90
Hongrie 4 0/0 or......	84 50	91 50	90 »
Romain 5 0/0 1875.....	97 50	103 50	100 »
Obligat. serbes.......	414 50	413 70	450 »
Turc.................	16 10	18 20	18 40
Daïrah sunieh.........	424 »	427 50	486 25
Egyp. dette unifiée....	450 »	488 75	487 »

Voici l'énumération de ceux qui sont restés sensiblement au même taux, qui sont en tout cas peu affectés par la faiblesse des autres valeurs de la cote :

	1889	1890	1891
Consol. anglais.......	99 »	96 95	97 »
Extér. espagnole.....	72 50	75 50	71 45
Suisse 3 1/2..........	»	100 70	100 70
Doman Egypt........	517 »	513 »	517 50
Priorit. ottom.........	418 »	450 »	417 50
Et.-Unis (consol.).....	109 »	105 90	104 10

Un dernier tableau nous renseignera sur la situation des valeurs étrangères sur lesquelles les récents évènements devaient forcément avoir une influence néfaste.

	1889	1890	1891
Italien 5 0/0.	93 10	93 90	89 45
Portugal 3 0/0..........	65 »	61 35	39 »
— 4 1/2 0/0....	491 75	479 »	280 »
Argentin (empr.).....	486 »	410 »	264 »
Brésil 4 1/2 1888.......	101 »	87 50	75 25
— 4 0/0 1889.......	» »	79 90	69 50
Hellén. 5 0/0 1881.....	464 »	476 »	397 50
— 4 0/0 1887.....	391 »	394 »	297 50

Timon.

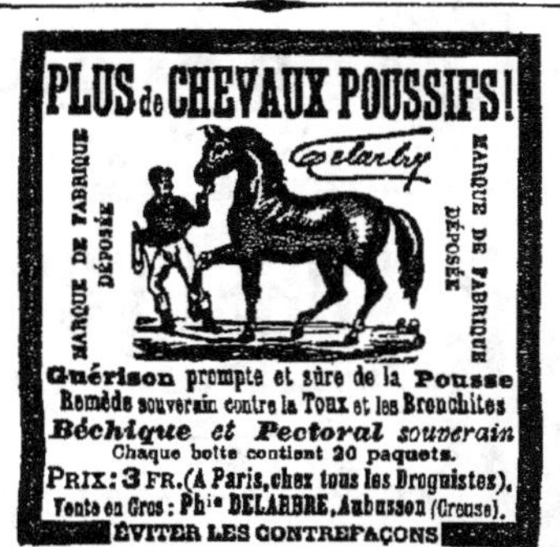

CHEMIN DE FER DU NORD.

Saison des Bains de Mer

du 15 Mai au 15 Octobre.

Prix au départ de Paris :

1° *Billets d'aller et retour valables du vendredi au mardi.*

	1re cl.	2e cl.	3e cl.
Le Tréport-Mers	27.85	20.80	14.80
Saint-Valery	29.05	21 80	15.85
Cayeux	31.70	23.80	17.20
Le Crotoy	30.15	22.60	16.30
Berck	33.60	25.25	18.40
Etaples (Le Touquet-Paris-Plage)	33.50	25.15	18.50
Boulogne	37.50	28.15	20.65
Wimille-Wimereux	38.40	28.80	21.15
Ambleteuse, Andresselles, Wissant (Marquise)	39.90	29.95	21.95
Calais	43.60	32.70	23.95
Gravelines	45.05	33.80	24.80
Dunkerque	45.05	33.80	24.80

2° *Billets d'aller et retour des dimanches et fêtes, valables pendant une journée.*

	2e cl.	3e cl.
Le Tréport-Mers	10 25	6.25
Saint-Valery	10.80	6.60
Cayeux	12.80	7.95
Le Crotoy	11.80	7.40
Berck	13.50	8.35
Etaples (Le Touquet-Paris-Plage)	12.70	7.80
Boulogne	13.85	8.45
Wimille-Wimereux	13.85	8.45
Ambleteuse, Andresselles, Wissant (Marquise)	13.85	8.45
Calais	13.85	8.45
Gravelines	13.85	8.45
Dunkerque	13.85	8.45

Billets de famille comportant sur les billets individuels des dimanches et jours de fêtes une réduction de 5 à 25 0/0 pour les familles de 2 à 5 personnes et au-delà.

Indépendamment des billets ci-dessus, il est délivré des *billets de saison,* à prix réduit, de famille (1re, 2e et 3e cl.) *valables pendant 33 jours,* avec réduction de 50 °/o pour chaque membre de la famille en plus du troisième. (Voir les affiches).

Chemins de fer de Paris à Lyon et à la Méditerranée.

FÊTE DE L'ASSOMPTION

Billets d'aller et retour à prix réduits

La Compagnie voulant faciliter les voyages sur son réseau, à l'occasion de la fête de l'Assomption, a décidé que les billets d'aller et retour comportant une réduction de 25 0/0 sur les prix ordinaires, qui seront délivrés les 14 et 15 août 1891, seront tous *indistinctement* valables jusqu'aux derniers trains de la journée du 18 août.

La durée de validité fixée ci-dessus pourra être prolongée à deux reprises et de moitié (les fractions de jour comptant pour un jour), moyennant le paiement d'un supplément égal à 10 0/0 du prix des billets.

Les billets d'aller et retour de ou pour Paris, Lyon et Marseille conserveront bien entendu leur durée normale de validité, lorsqu'elle sera supérieure à celle fixée ci-dessus.

Chemin de fer de Paris à Orleans.

TRANSPORT A DEMI-TARIF
DES
OUVRIERS AGRICOLES
ALLANT FAIRE LA MOISSON

en Beauce, dans l'Orléanais, le Berry, la Touraine, etc.

A partir du 1er juillet 1891, une réduction de 50 pour 100 sur les prix des places de 3e classe au Tarif général sera accordée aux OUVRIERS AGRICOLES se rendant, pour les travaux de la moisson, d'une gare quelconque de son réseau à une gare quelconque des sections ci-après :

Juvisy à Orléans.	**Orléans à Montargis.**
Brétigny à Tours.	**Orléans à Gien.**
Orléans à Tours.	**Tours à Vierzon.**
Orléans à Châteauroux.	**Tours à Châteauroux.**
Orléans à Malesherbes.	**Vierzon à Saincaize.**

Cette réduction est subordonnée à la condition que les Ouvriers agricoles effectueront sur le réseau de la Compagnie un parcours de 150 kilomètres au minimum (soit 300 kilomètres aller et retour compris), ou paieront pour cette distance. Elle sera appliquée, pour l'aller, du 1er juillet au 1er septembre; le retour devra s'effectuer dans un délai minimum de quinze jours et maximum de deux mois.

CHEMIN DE FER D'ORLÉANS

Billets d'aller et retour de famille

POUR LES STATIONS THERMALES DE

Chamblet Néris (NÉRIS), ÉVAUX, Moulins (BOURBON L'ARCHAMBAULT), Laqueuille (La BOURBOULE et Le MONT-DORE), ROYAT.

RÉDUCTION DE 50 p. 100

pour chaque membre de la famille en plus du troisième.

Il est délivré, du *15 mai* au *15 septembre,* dans toutes les gares du réseau d'Orléans sous condition d'effectuer un parcours minimum de 300 kilomètres (aller et retour compris), aux familles d'au moins quatre personnes payant place entière et voyageant ensemble, des *billets d'aller et retour collectifs* de 1re, 2e et 3e classe pour les stations ci-dessus indiquées.

Les billets sont établis par l'itinéraire à la convenance du public; l'itinéraire peut n'être pas le même à l'aller et au retour.

Le prix s'obtient en ajoutant au prix de six billets simples ordinaires le prix d'un de ces billets pour chaque membre de la famille en plus de trois.

La durée de validité des billets, à compter du jour du départ, *ce jour non compris,* est de *30 jours.*

Cette durée peut être prorogée une ou plusieurs fois d'une période de quinze jours. Chaque période de prolongation part de l'expiration de la période précédente et donne lieu à la perception d'un supplément de *10 0/0* du prix total du billet.

La prolongation ne peut être demandée que pour les billets non périmés.

AVIS. — Les voyageurs obtiennent, sur leur demande, soit à la gare de départ, soit au bureau du correspondant de la Compagnie, à *Laqueuille,* des *billets d'aller et retour réduits de 25 0/0* pour le *Mont-Dore* et *La Bourboule.*

Les demandes de billets doivent être faites, *quatre jours* au moins avant celui de départ, à la gare où le voyage doit être commencé.

HALLES ET MARCHÉS.

L'abaissement de la température et les pluies de la semaine dernière ont été défavorables à la moisson et à toutes les récoltes en terre. Les prix des blés sont plus fermes; les alcools ont baissé; les sucres conservent à peu près leur tenue; les huiles de colza sont en hausse. La viande de veau est toujours en baisse; les autres maintiennent leurs prix.

Blés. — La température actuelle est peu favorable à la maturation des blés qui sont encore sur pied dans toute la partie nord de la France. Dans le centre et le Midi, les rendements déjà connus sont au-dessous de la moyenne; sans pouvoir évaluer encore le déficit de la récolte, on peut le considérer comme important. Les offres en blés sont toujours faibles sur nos marchés, où la tendance des cours est plus ferme depuis quelques jours. Voici les derniers relevés à la fin de la semaine : Cambrai, blé blanc, 27; roux, 26 les 100 kilog.; Douai, 26 à 28; Amiens, 27 30; Châlons-sur-Marne, 27 50; Montereau, 22 85 à 26 50; Beauvais, 24 à 26 90; Dieppe, 28; Rouen, 25 95; Versailles, 25 à 26 65; Le Mans, 25 25 à 28 25; Chartres, 24 15 à 25 85; Etampes, 22 50 à 25; Orléans, 24 20 à 25 80; Laval, 24 50 à 25; Nevers, 26 à 27; Dijon, 26 à 27; Mâcon, blé nouveau, 25; vieux 27; Lyon, 26 à 26 50; Nantes, 25 à 25 25. — A Paris, le marché commercial est calme; on cotait samedi dernier : disponible et courant du mois, 26 25 à 26 50; septembre-octobre, 26 50 à 26 75; autres époques, 26 75 à 27 50. — Dans la plupart des pays d'Europe, la récolte sera, comme chez nous déficitaire; la hausse se produit sur les principaux marchés. On cote à Berlin, 27 25 les 100 kilog.; à Vienne, 23 59; à Budapest, 22 55. — A New York, le blé disponible reste à peu près sans variation; mais le livrable à toutes époques est en hausse de 10 à 30 centimes par 100 kilog. — Dans nos ports les arrivages de blés étrangers conservent un courant régulier. Marseille a reçu, pendant la dernière semaine, 158 000 quintaux; le Havre, 127,000; Rouen, Dunkerque et Saint-Nazaire ont importé quelques chargements; les prix restent fermement tenus comme nous les avons donnés dans notre précédente revue.

Seigles. — Les transactions ne sont pas actives sur les seigles nouveaux, dont les vendeurs tiennent le prix de 18 50 les 100 kilog. comme nous l'avons dit. A Paris, au marché commercial, on cote le disponible, 18 50; le livrable courant du mois, 18 25; septembre-octobre, 18 25 à 18 50; autres époques, 18 75.

Orges. — Les prix des orges nouvelles ne sont pas encore établis; il ne se fait plus rien en vieilles sortes. Les escourgeons nouveaux restent cotés aux prix de mercredi dernier, soit 18 à 18 50 les 100 kilog. dans les gares d'arrivée.

Avoines. — Les avoines sont offrtes et les cours faiblement tenus. A Paris, au marché commercial, on cote : disponible, 16 25; courant du mois, 16 25 à 16 50; autres époques, 15 75 à 16 25. Les avoines étrangères sont sans affaires.

Féverolles. — En hausse au cours de 18 50 à 19 50 les 100 kilog. à Paris.

Farines de consommation. — La vente est toujours suivie, sans changement de prix. La marque de Corbeil est à 62 les 157 kilog. nets, ou 39 49 les 100 kilog.

Farines de commerce. — Après un mouvement de hausse dans les derniers jours de la semaine, les prix des farines *douze-marques* sont redevenus plus faibles; on a coté samedi dernier : disponible et courant du mois, 59 25 à 59 50 les 157 kilog. livrable en septembre et octobre, 60 à 60 50; autres époques, 60 75 à 61 50.

Issues. — Les sons disponibles se vendent bien; voici les cours : gros son écailles, 14 25 à 14 75 les 100 kilog.; supérieur, 14 à 14 25; sons deux cases, 13 25 à 13 50; trois cases, 12 75 à 13 25; sons fins, 12 25 à 12 50; recoupettes, 12 25 à 12 75; remoulages, 15 à 19 suivant couleur et qualité.

Huiles de graines. — Les cours de l'huile de colza ont haussé d'environ 1 50 par 100 kilog pendant la semaine dernière; on cotait samedi à Paris : disponible et courant du mois, 74; livrables jusqu'en avril prochain, 74 50 à 77 25. — L'huile de lin a également une tendance plus soutenue : 52 75 à 53 50 pour le disponible et le rapproché, 54 à 55 50 pour les époques éloignées. — Sur les marchés des départements, les huiles de colza sont également en hausse. On cote à Rouen, colza, 73 à 73 50 les 100 kilog.; lin, 54 à 54 50; — à Caen, 71 à 73 50; à Arras, colza étranger, 75; cameline, 65; pavot à bouche, 77 les 100 kilog.; œillette surfine, 97 les 91 kilog; — à Lille, colza, 68 l'hectolitre; lin indigène, 51; étranger, 48; colza épurée, 71.

Huiles d'olive. — Le marché est calme à Nice; avec cours assez fermes pour les qualités supérieures, qui sont tenues de 166 88 à 179 78 les 100 kilog., les extra valent 141 16 à 154. Les huiles de la Montagne se cotent 147 58 à 160 42; les qualités inférieures, 121 90 à 128 32.

Graines oléagineuses. — A Paris, la graine de colza est cotée 35 à 36 les 100 kilog ; celles de lin, 25 à 31. A Caen, la graine de colza vaut 21 à 21 50 les 100 kilog.

Nitrate de soude. — Les affaires sont toujours très réduites. On cote le disponible 20; le livrable, 21 25 les 100 kilog. à Dunkerque.

Sulfate d'ammoniaque. — Le prix du sulfate français est de 24 les 100 kilog à Paris; le sulfate anglais est mieux tenu de 27 25 sur wagon à Dunkerque et à Anvers, et de 27 75 à 28 à Rouen.

Superphosphates. — Toujours en baisse; la débacle des cours continue. A Paris, on vend les superphosphates solubles dans l'eau, 0 48 à 0 51 l'unité d'acide phosphorique, solubles dans les citrates, 0 41 à 0 46; dans le Nord : solubles eau, 0 44 à 0 49; citrate, 0 40 à 0 42.

Phosphates. — Le marché est lourd avec tendance à la baisse. On cote dans la Somme pour les phosphates de 70 à 80 pour 100, 1 05 à 1 15 l'unité de phosphate par 100 kilog.; 65 à 70 p. 100, 0 89 à 0 95; dosages inférieurs, 0 53 à 0 67.

Matières organiques. — Sang desséché non moulu, 1 60 l'unité d'azote; moulu, 1 65 à 1 70; viande moulue, 1 50 à 1 60; corne torréfiée, 1 40; cuir torréfié, 1 10 à 1 15.

Beurres. — La vente est assez active avec prix soutenus. On cote à la halle : *beurre en mottes* : fermiers de Gournay : extra, 3 20 à 3 50 le kil.; choix, 2 70 à 3; bons, 2 30 à 2 60; ordinaires, 2 10 à 2 30; d'Isigny, extra, 4 à 5 40; choix, 3 10 à 3 50; bons, 2 80 à 3; ordinaires, 2 60 à 2 70; marchands du Gâtinais, 2 20 à 2 40; de Bretagne, 2 à 2 20; de Vire, 2 10 à 2 30; de Bresse, 1 60 à 1 80; laitiers des Charentes, 2 20 à 2 70; des Alpes, 2 30 à 2 80; divers producteurs, 2 30 à 2 70; — *beurres en livres* : fermiers, 2 à 2 80; Touraine, 1 90 à 2 40; Gâtinais, 2 à 2 50; Vendôme et Beaugency, 1 90 à 2 40; Bourgogne, 1 80 à 2 10; le Mans, 1 80 à 2 10; — *Petits beurres* : 1 70 à 2 20, suivant provenance.

Œufs. — La vente est également un peu plus active aux prix suivants : Normandie, 90 à 110 le mille; Picardie extra, 92 à 106; ordinaire, 70 à 84; Brie extra, 86 à 96; Touraine extra, 81 à 98; ordinaire, 72 à 80; Beauce, 86 à 98; Orne, 68 à 82; Bourgogne, 76 à 84; Champagne, 81 à 85; Nivernais, 70 à 75; Bourbonnais, 68 à 74; Bretagne, 62 à 72; Vendée, 65 à 75; Auvergne, 63 à 67; midi, 66 à 72.

Fromages. — Prix en hausse; on cote à la halle de Paris, *par dizaine* : Brie, fermiers haute marque, 40 à 50; grand moule, 25 à 30; moule moyen, 18 à 20; petit moule, 14 à 16; laitiers moyens moules, 8 à 14; — *par 100 kilog.* : Gruyère, 140 à 185 (hors l'octroi; Roquefort, 140 à 250, Hollande, 150 à 170; Gérardmer, 70 à 80; Limbourg, 50 à 60; Munster, 80 à 100; Romatour, 70 à 80; Cantal, 90 à 110; façon Port-Salut, 120 à 180; — par cent : Bourgogne, 60 à 70; Saint-Nectaire 90 à 100; Livarot, 40 à 90; Camembert, 25 à 45; Gournay, 10 à 25; Mont Dore, 5 à 30; façon Coulommiers, 20 à 50.

BESTIAUX.

LA VILLETTE, 6 août. — **Bestiaux.** — Vente difficile sur les bestiaux, très mauvaise sur les veaux, plus facile sur les moutons, et active sur les porcs.

COURS officiels.	Amenés.	Vendus.	1re qualité.	2e qualité.	3e qualité.	Prix extrêmes.
Bœufs....	2.081	1.789	1 68	1 50	1 34	1 22 à 1 72
Vaches ...	611	553	1 66	1 47	1 24	1 14 1 70
Taureaux.	282	258	1 40	1 31	1 24	1 16 1 48
Veaux....	1.292	1.082	1 72	1 60	1 46	1 28 1 92
Moutons..	7.396	7.014	2 14	1 98	1 78	1 54 2 24
Porcs.....	4.259	4.259	1 55	1 52	1 46	1 40 1 62

Marché du lundi 3 août.

	Amenés	Vendus	PRIX AU POIDS NET 1re qual.	2e qual.	3e qual.
Bœufs	2.487	2.320	1 70	1 52	1 38
Vaches.....	881	789	1 66	1 44	1 26
Taureaux ..	251	229	1 42	1 38	1 28
Veaux......	1.385	1.163	1 72	1 60	1 46
Moutons....	11.866	10.518	2 10	1 95	1 74
Porcs	3.014	3.014	1 50	1 47	1 38

	PRIX AU POIDS VIF 1re qual.	2e qual.	3e qual.	Prix extrêmes.
Bœufs	1 01	» 81	» 73	» 64 à 1 04
Vaches	» 98	» 75	» 63	» 57 1 02
Taureaux.......	» 88	» 70	» 68	» 61 » 91
Veaux..........	1 01	» 93	» 77	» 62 1 16
Moutons........	1 10	» 99	» 86	» 71 1 22
Porcs...........	1 01	1 »	» 94	» 82 1 18
Peaux de moutons en laine..........				3 65 5 25
Id. id. demi-laine........				1 80 2 75

Viandes abattues. — Criée du 6 Août.

		1re qualité.	2e qualité	3e qualité.
Bœufs	le kil.	1 30 à 2 80	1 » à 2 60	1 » à 1 80
Veaux....	—	1 50 1 66	1 40 1 50	1 20 1 36
Moutons..	—	1 86 2 »	1 40 1 80	1 » 1 36
Porc entier	—	1 36 1 46	1 16 1 30	» 90 1 10

MÉDECINE VÉTÉRINAIRE.

PLUS DE CHEVAUX POUSSIFS !

POUDRE SUISSE

BÉCHIQUE INCISIVE

Garantie sans Arsenic

Infaillible contre les *toux rebelles* des chevaux, bœufs, mulets, etc. Le meilleur préservatif de la *pousse*

Boîte de 20 Doses : 3 fr. — Franco-mandat : 3 fr. 65

Pharmacie JULES SUISSE, à VARZY (Nièvre)

ET DANS TOUTES LES PHARMACIES

Dépôt général pour la France et l'Etranger : MM. MICHELAT et LESUEUR, 9, rue des Guillemites, Paris.

USINE HYDRAULIQUE DU PETIT-MOULIN
A NANTEUIL-LE-HAUDOUIN (OISE).

HENRY BERTHIER

ingénieur-agronome diplômé de l'Institut national agronomique.

MACHINES AGRICOLES

Vente et échange. - Location. - Réparations en tous genres.

BICYCLES, BICYCLETTES & TRICYCLES

Accessoires et réparations.

Spécialité de Graines fourragères épurées.

CÉRÉALES DE SEMENCE.
GRAINES POTAGÈRES, DE FLEURS ET D'ARBRES.
ARBRES FRUITIERS ET FORESTIERS.

Graines de Betteraves à grand rendement et à grande richesse saccharine.

ENGRAIS SIMPLES ET COMPOSÉS.

Envoi franco de renseignements à toute demande affranchie.

L'ENGRAIS AMIÉNOIS

FUMURE NORMALE et COMPLÈTE

A BASE DE MATIÈRES ORGANIQUES

Compositions spéciales pour les cultures de printemps et d'automne. — S'adresser à M. Elisée LEFEBVRE, route de Rouen, 121, à **Amiens** (Somme).

BROQUET

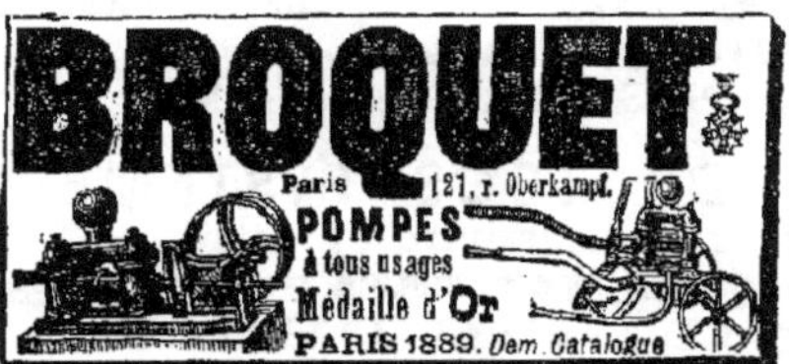

POUDRE BERNICAL *pour faire retenir les vaches*, inoffensive, succès croissant. « *Avec elle, pas de vaches stériles, envoyez 2 paquets.* » DUBOS, Biscarosse (Landes). « *J'ai bien réussi, envoyez 1 paquet.* » TAPOT, Xaintrailles (Lot-et-Garonne). 1f 50 *franco*, timbres ou mandat, instruction. BERNICAL, pharm. 1re classe, Chaise-Dieu (Haute-Loire); Paris, pharm. KLÉBER, avenue Kléber, 70

Diplôme d'honneur. Diplôme d'honneur.

NICE. NICE.

PAS DE BONNE SALADE

sans Huile d'Olive de NICE.

de **B. LAPALU**, propriétaire-récoltant, président de Syndicat agricole, à NICE (Alpes-Maritimes). — *Prix spéciaux pour Syndicats.*

CHARRUES DOMBASLE

de toutes forces et pour tous usages.

Labours ordinaires. Labours profonds. Défoncements.

Herses -- Scarificateurs -- Houes à cheval

Déchaumeuse — Rouleaux — Semoirs

Rayonneurs — Tonneaux à purin — Faucheuses

Faneuses — Rateaux — Moissonneuses — Tarares

Trieurs — Hache-paille — Coupe-racines.

CH. DE MEIXMORON DE DOMBASLE

NANCY (Meurthe-et-Moselle).

Envoi franco du catalogue sur demande.

FOURNEAUX DE CUISINE

de toutes espèces

Maisons particulières, Hôtels, Châteaux et Fermes, Hospices, Hôpitaux, Collèges, Pensions, etc.

ENVOI FRANCO DE CATALOGUES.

Maison DELAROCHE aîné

22, rue Bertrand, PARIS.

AUX ÉLEVEURS ET ENGRAISSEURS DE BESTIAUX.

Voulez-vous élever et engraisser vivement vos animaux?

EMPLOYEZ LE

GLUTEN DE MAÏS AMÉLIORÉ

Pour les Vaches laitières, lait riche et abondant.

Pour les Porcs, viande de toute première qualité.

Produit à base de **farine de maïs**, remplaçant avec avantage les **tourteaux**, les **moutures** et les **remoulages**; c'est la nourriture reconnue la plus économique et la meilleure pour l'**élevage** et l'**engraissement rapide** des **porcs**, des **veaux** et de tous les **bestiaux** de la ferme, ainsi que des **volailles**. *Envoi du prix-courant sur demande adressée à*

M. BOUDOUX, négociant à NESLE (Somme).

L'Administrateur-Gérant : ALBERT RENOT.

Beauvais. — Imp. D. PERE. - A. CARTIER, Gérant.

12e Année. — 2e Série. — No 603. Dimanche 16 Août 1891.

GAZETTE  AGRICOLE

JOURNAL HEBDOMADAIRE, PARAISSANT LE DIMANCHE

Rédacteur en Chef : M. Ch. GOSSIN, Professeur d'Agriculture à l'Institut agricole de Beauvais.

PRIX DE L'ABONNEMENT

UN AN, 5 fr. — SIX MOIS, 3 fr. — TROIS MOIS, 2 fr. 25

Pour l'étranger les abonnements ne sont reçus que pou un an, au prix de 6 francs, et ne partent que du 1er janvier ou du 1er juillet de chaque année.

Le numéro : 10 centimes.

Il est indispensable de joindre à toute demande de changement d'adresse la dernière bande d'adresse du journal et 50 centimes pour frais de nouvelles bandes.

Adresser les *Abonnements* et *Annonces* au secrétaire de la rédaction, **13, quai Voltaire, Paris,** ou à M. GOSSIN, rédacteur en chef et administrateur, à BEAUVAIS.

BUREAUX

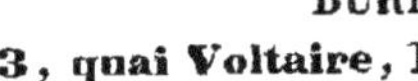

13, quai Voltaire, Paris, et à Beauvais.

Les abonnements partent du 1er de chaque mois et sont payables d'avance. Toute demande d'abonnement doit donc être accompagnée du prix de l'abonnement. (Le mode de payement le plus simple est l'envoi d'un mandat-poste.)

Donner *très lisiblement*, en s'abonnant, son nom et son adresse exacte, *avec l'indication du bureau de poste ;* et, s'il s'agit d'une continuation d'abonnement, joindre au renouvellement la dernière bande d'adresse du journal.

Les Annonces sont reçues chez MM. DUSSERIS et MATHELLON, 97, rue de Rennes, Paris.

La GAZETTE AGRICOLE insère gratuitement les Communications des Syndicats agricoles

SOMMAIRE :

PARIS, 14 AOUT.

Le Bonhomme Deschamps et ses amis ont le cœur trop français pour ne pas se réjouir en tout temps des marques de sympathie dont la France peut être l'objet. Dussent même ces témoignages profiter à la République qu'ils n'aiment pas beaucoup, ils les enregistrent avec une sincère satisfaction. Ils y sont surtout sensibles dans un temps où ils ont été fort rares et où, par suite de l'isolement de la France en Europe, ils sont plus précieux. Donc nous nous réjouissons tous de l'accueil fait à notre flotte à Cronstadt et à nos marins par l'empereur de Russie. Il y a là des signes d'un intérêt qui, pour n'être peut-être pas encore fixé en bonne et due forme dans un traité d'alliance, n'en sont pas moins de nature rassurante, et très rassurante même, à la condition de n'en pas forcer la portée.

***

On sait que notre flotte qui vient d'être si bien accueillie à Cronstadt par les Russes et leur gouvernement, a été également invitée à se rendre à Plymouth, en Angleterre. Comme on n'invite pas d'ordinaire les gens pour leur faire une impolitesse, il va de soi que nos marins seront également bien reçus par les Anglais. Cette visite de notre flotte en Angleterre, après celle qu'elle aura faite en Russie, n'est pas du goût de tout le monde. Elle a été très vivement critiquée et, de ce chef, le ministère a été fort attaqué sous prétexte que nous perdrions par là le bénéfice de notre accueil en Russie. Le Bonhomme Deschamps qui n'a aucune raison de défendre le régime actuel, n'est pas de cet avis. Outre qu'on a toujours trop d'ennemis dans le monde, il aurait été très impolitique et très mal appris de répondre, par un refus sans motif sérieux, à des avances polies et aimables. Si de plus l'Angleterre n'est pas encore définitivement engagée dans la triple alliance, c'eût été lui donner une occasion de le faire. Or, le Bonhomme Deschamps le répète, nous ne sommes pas malgré les sympathies russes, dans une situation à faire fi de l'Angleterre et à la traiter comme si elle n'existait pas, sans compter qu'un échange de politesses entre deux nations n'engage en rien la liberté de l'une ni de l'autre.

***

Si donc nous étions des gens raisonnables et sensés, nous nous estimerions très heureux, non seulement de ce qui s'est passé à Cronstadt, mais de ce qui se passera à Plymouth. Ceci dit, il ne faudrait cependant pas forcer les choses et emboucher la trompette guerrière. Qu'on se réjouisse sincèrement, sérieusement, des témoignages hautement sympathiques que le tzar a donné à nos marins, et par là à notre pays, rien de mieux. Qu'on le lui fasse sentir, pourvu que ce soit avec tact et mesure, rien de mieux encore. Mais vraiment, nous sommes en train, à cet égard, de dépasser la mesure et d'oublier presque ce que notre dignité et la prudence nous commandent. Il y a dans les journaux, dans les réunions, à propos de tout, et souvent hors de tout propos, des démonstrations en faveur des Russes et de la Russie, qui gagneraient beaucoup à être plus restreintes et plus réfléchies. De ce train-là, on pourrait s'exposer, en voulant aller trop vite ou trop loin, à des déceptions. L'empereur de Russie et son gouvernement, si bonnes que soient leurs intentions à notre égard, pourraient bien ne pas vouloir se laisser engager plus que de raison et ramener les incidents de Cronstadt et de Saint-Pétersbourg à leurs véritables proportions.

***

Ce qui serait plus grave encore ce serait que les politiciens dont le Bonhomme Deschamps ne cherche pas à démêler les intentions ou les calculs, profitassent des bonnes dispositions de la Russie, de l'espoir d'être soutenus par elle en cas de crise européenne, pour échauffer l'opinion publique contre l'Allemagne. Des provocations de plume pouvant en amener d'autres, ne seraient pas sans grand danger. Il y a là une question de mesure que l'on ne saurait trop recommander si l'on veut maintenir les bons sentiments de la Russie à notre égard et l'encourager à nous les continuer. Dans l'état actuel de nos rapports avec l'Allemagne, il faut bien se garder de se donner des torts et de faire une fausse démarche. On peut être très jaloux de sa dignité sans cesser pour cela d'apporter dans son langage et dans sa conduite, une prudence nécessaire. Si le Bonhomme Deschamps se permet ces avis, c'est qu'il connaît son monde et qu'il sait avec quelle facilité l'imagination française se donne parfois libre carrière. Or, en matière de politique extérieure l'emballement n'est jamais permis parce que les conséquences peuvent en être irrémédiables.

***

Donc, réjouissons-nous sans réserve de la meilleure situation que semblent faire à notre pays les réceptions de Cronstadt et les invitations de l'Angleterre. Puisons-y plus de confiance en nous-même et dans le présent et aussi dans l'avenir. Mais n'allons pas perdre la tête, croire que tout est changé, et que nous n'avons plus de ménagements à garder pour personne, parce que nous n'avons plus de périls à courir. Ce serait là, s'il en fut jamais, un véritable égarement. Justifions plutôt par notre sang-froid par le sérieux de notre langage et de notre attitude, que la France est à tous égards digne des sympathies qui lui ont été témoignées et des avances qui lui sont faites.

LE BONHOMME DESCHAMPS.

NOUVELLES DE LA SEMAINE.

La liberté de l'enseignement. — Le *Bulletin administratif du ministère de l'instruction pubblique* vient de publier le texte des décisions rendues au contentieux par le conseil supérieur pendant sa session du mois dernier. Parmi les affaires soumises à l'examen du conseil se trouvaient cinq décisions de conseils départementaux pour opposition à des ouvertures d'écoles libres. Elles ont été annulées toutes les cinq. Mais, bien que justice soit faite, il n'en importe pas moins de faire observer que les sentences des conseils départementaux, si visiblement illégales qu'elles soient, n'en sont pas moins exécutoires, nonobstant appel.

Il en résulte, le conseil supérieur ne se réunissant que deux fois l'an, que l'on réussit ainsi à tenir fermées des écoles, dont l'ouverture était de droit, pendant de longs mois, parfois pendant toute une année scolaire, comme par exemple celle de Montmaur, dans l'Aude. Ce qu'il y a de plus grave encore et de plus préjudiciable à la liberté de l'enseignement, c'est le droit d'appel suspensif que la loi de 1886 a conféré aux maires, et qui ne peut s'expliquer par aucune bonne raison.

Autres libertés républicaines. — Un décret refuse l'autorisation à la ville de Douai d'accepter un legs à elle fait par la demoiselle Marie-Joséphine Marmet et consistant dans le tiers, évalué à 31.039 fr. 63, du surplus de sa succession, à la charge d'entretenir des écoles congréganistes de filles. Le budget est écrasé pour multiplier et soutenir les écoles sans Dieu, sous prétexte que l'instruction doit être mise à la portée de tous; et, lorsqu'une libéralité est faite par un particulier pour fondation ou entretien d'écoles, on la repousse, par la raison que la religion serait enseignée dans ces écoles. Voici à quel régime de tyrannie et de déraison nous sommes assujettis!

Manifestations en faveur de la Russie. — Nos marins ont quitté les eaux russes, et la dernière parole qui, en leur nom, a été dite par l'amiral Gervais, l'a été pour constater qu'ils avaient été reçus « non en amis, mais en frères ». Cette parole, qui fait ressortir le caractère de cordialité enthousiaste dont les manifestations russo-françaises ont été marquées, restera comme le résumé non banal d'un événement qui aura son contre-coup dans la politique; c'est pourquoi il convient de signaler le danger de l'intempérance que beaucoup de Français montrent dans l'expression de leurs sympathies pour la Russie :

A Avignon, les cercles ont été illuminés, la musique militaire a été applaudie; de même à Lille, pendant un concert uniquement composé de morceaux russes.

A Angoulême, c'est à une fête de quartier que l'enthousiasme populaire s'est manifesté.

A Toulouse, plusieurs fanfares, qui venaient de prendre part à un concours musical, ont joué en différents points de la ville l'hymne russe, partout acclamé.

A Fécamp, au théâtre du casino, l'assistance, qui comprenait quinze cents personnes parmi lesquelles les officiers et matelots des torpilleurs *60* et *114*, a entendu debout l'hymne national russe et l'hymne national français, exécutés par l'orchestre, et les a accueillis par les cris de : « Vive le tsar! vive la Russie! vive la France! »

A Nancy, la musique du 79e de ligne a joué l'hymne russe, que la foule a fait bisser, et, dans la soirée, une fanfare a joué successivement, aux applaudissements du public, l'hymne russe, la *Marseillaise* et le *Père la Victoire*.

A Alger, la musique du 1er zouaves; à Oran, celle du 2e régiment ont joué l'hymne russe et ont été frénétiquement acclamées. Plus de dix mille personnes se sont trouvées réunies à la promenade de l'Etang et ses abords, en apprenant que l'hymne russe figurait au programme de la musique du 2e zouaves. Le morceau a été bissé aux applaudissements de la population et aux cris enthousiastes de : « Vive la Russie! »

Dans certaines localités, l'exagération d'un sentiment très louable a été poussée jusqu'au ridicule. C'est ainsi qu'on nous télégraphie de Maringues (Puy-de-Dôme) que des tapisseries du seizième siècle ont été adjugées hier, à Maringues, pour huit mille francs, au consul de Russie à Vichy, aux cris répétés de : « Vive la Russie! » Puisque les habitants de Maringues étaient si bruyamment heureux de voir le consul de Russie acquérir leurs tapisseries, on se demande quelle eût été leur joie s'ils avaient songé à se cotiser pour les lui offrir.

Le sort de l'ouvrier. — Régénérer l'ouvrier et améliorer son sort est une grande et belle œuvre qui doit tenter toute âme généreuse et chrétienne.

C'est de plus la vieille rengaine de nos gouvernants, mais c'est la chose du monde dont ils parlent le plus et dont ils s'occupent le moins.

Or, dans le triste ordre de choses actuelles, sous l'influence des doctrines athées que l'on enseigne dans toutes les écoles officielles, sous l'empire des lois jacobines qui nous régissent, rien de bon ne se fera. Les idées comme les lois sont à réformer, c'est certain.

Il faut enseigner au peuple que le travail est une obligation impérieuse à laquelle nul ne peut se soustraire et qui a été imposée à l'homme par le Dieu créateur. Mais, d'autre part, il faut ennoblir le travail et ne point assimiler les travailleurs à une bête de somme condamnée à fournir le plus de travail possible, à une machine dont on se sert et que l'on jette de côté quand elle est hors d'usage. Autrement dit, travailleurs et patrons, ouvriers et capitalistes, doivent s'imprégner de cet admirable enseignement chrétien qui établit la véritable égalité entre les hommes en imposant aux uns et aux autres des devoirs communs, devoirs d'obéissance et de soumission, devoirs de justice et de charité.

C'est seulement par l'acceptation et l'observation de la loi divine, le plus parfait des codes *sociaux*, que sera *tranché le grand problème* qui préoccupe notre génération. Sans elle on n'aboutira jamais qu'à des solutions factices et temporaires, nées d'une révolution violente et qu'une révolution nouvelle enfouira sous les ruines et dans le sang.

Et ce n'est pas la caisse de retraite imaginée par M. Constans et alimentée par le contribuable, c'est-à-dire par l'ouvrier lui-même, qui portera atteinte à cette vérité.

Le pillage en permanence. — La série des scandales financiers n'est point close, chaque jour voit la liste s'allonger. Il paraît notamment qu'on vient de découvrir de nouveaux tripotages à la colonie pénitentiaire de la Motte-Beuvron; on parle de déficit, des personnages en fuite, etc. D'autre part, le *Matin* sous le titre de : *Une grave affaire*, assure que le parquet de la Seine fait procéder actuellement à une instruction au sujet d'actes de la plus haute gravité, qu'on reprocherait à un fonctionnaire du ministère du commerce. Il s'agit de la dilapidation des fonds alloués, à titre de bourses de voyages, aux élèves des écoles supérieures de commerce. Avant de poursuivre plus avant son enquête, le magistrat instructeur tient à entendre M. Jules Roche, ministre du commerce, en ce moment en villégiature. A tous les degrés de l'administration républicaine, c'est le pillage en permanence.

LES BLÉS ET L'HIVER DE 1890-1891.

A la dernière séance de la Société nationale d'agriculture, M. H. de Vilmorin a fait une très intéressante communication sur la façon dont les différentes variétés de froment se sont comportées pendant le dernier hiver :

L'hiver passé, a dit l'ingénieur agronome, avec l'intensité et la durée de ses froids, a rappelé un peu rudement aux cultivateurs de l'ouest de l'Europe que la culture du blé n'est pas de celles qui, sous notre climat, n'ont rien à craindre des intempéries ni des caprices des saisons.

Bien des enseignements utiles découleront de l'observation des faits constatés cette année, au point de vue des conditions techniques de la culture, de l'époque la plus favorable pour les semailles, des procédés les plus recommandables de préparation lointaine et immédiate des terres et des meilleurs systèmes de distribution de la semence dans le sol.

Me plaçant à un point de vue différent, j'ai pensé qu'il serait très intéressant de réunir des documents certains sur le compte des diverses variétés usuelles de froment cultivées en 1890-1891, sur la façon dont elles se sont comportées sous l'influence des gelées prolongées du commencement de l'hiver et des alternatives de gel et de dégel qui en ont caractérisé la fin, sur le degré de résistance qu'elles ont présenté et accessoirement sur les caractères de végétation et sur les promesses de récolte que donnent les diverses races de blé semées en février, mars ou avril, soit comme récolte de printemps, soit en vue de remplacer ou de regarnir les semailles d'automne compromises ou détruites.

Un questionnaire adressé à un grand nombre d'autorités agricoles m'a valu des réponses déjà nombreuses et auxquelles viennent s'ajouter tous les jours de nouveaux renseignements. Je ne dirai pas que l'abondance des documents dépasse mon espérance, car en s'adressant à des hommes aussi compétents et aussi bien placés pour observer les faits que le sont les présidents ou secrétaires des associations agricoles, les professeurs départementaux d'agriculture et les chefs des grandes exploitations privées, l'on doit s'attendre à réunir des documents aussi intéressants que dignes de confiance. Cependant, cette continuité dans l'envoi des réponses déconcerte un peu mes plans en ce qu'elle me met dans l'impossibilité de dégager avant la moisson des conclusions tant soit peu précises sur l'ensemble des résultats que promet, cette année, une variété de froment donnée.

J'ajournerai donc forcément jusqu'après la récolte, et probablement en ce qui concerne la possibilité d'une communication à faire à la Société, jusqu'après les vacances, l'appréciation complète de la valeur des diverses races de froment considérées au point de vue de leur manière de se comporter en 1891, mais je pense qu'il peut ne pas être sans intérêt de signaler dès aujourd'hui certaines variétés, qui dans mes propres cultures, aux environs mêmes de Paris, se sont montrées d'une résistance au froid et aux diverses intempéries tout à fait exceptionnelle.

Cette qualité de résister victorieusement aux froids les plus intenses est une de celles que nos pères appréciaient le plus, aussi les anciennes races locales sont-elles souvent caractérisées par un tempérament des plus robustes sous ce rapport. Ce qu'on appelle souvent à tort la routine, c'est-à-dire le respect des usages anciens, a fait conserver dans beaucoup de localités des races moins productives que les blés anglais améliorés ou leurs similaires, et cette année, bien des milliers d'hectolitres de la récolte prochaine seront dus à cette fidélité à semer la vieille race éprouvée du pays. Assurément les terres mieux drainées, mieux préparées, peuvent porter souvent des blés un peu moins rustiques, et en même temps plus productifs que les vieilles races locales, et il ne faut pas attacher une importance exagérée à un mérite qui ne se trouve mis en relief que deux ou trois fois par siècle ; il est utile toutefois de bien connaître les diverses races sous ce rapport comme sous les autres, ne fût-ce qu'à raison de l'usage qu'on en peut faire dans l'obtention de races nouvelles combinant ensemble les aptitudes de plusieurs variétés.

Depuis de longues années, mes devanciers et moi-même, nous avons tous les ans cultivé à Verrières plusieurs centaines de lots de blés des provenances les plus variées. Jamais, d'après toutes les notes qu'il m'a été donné de consulter, les effets d'aucun hiver n'ont été si désastreux que cette année, car en 1891 les neuf dixièmes environ des blés semés ont péri entièrement, soit que tous les individus sans exception aient succombé, soit que 2 ou 3 pour 100 seulement aient résisté dans les variétés peu rustiques. Mais en regard de ces résultats lamentables, il y a lieu de signaler un certain nombre de froments, 25 ou 30 environ sur 400, qui ont supporté les froids et les dégels sans perdre la moitié de leurs plants. Quels sont ces froments, quelle en est l'origine, quels sont ceux d'entre eux qui réunissent à une rusticité exceptionnelle un ensemble de qualités agricoles et industrielles qui les rendent recommandables, c'est ce que je me propose d'examiner brièvement ici.

Un fait frappe immédiatement celui qui parcourt la liste des blés reconnus en 1891, comme les plus rustiques. Tous sont originaires de contrées où les hivers sont habituellement rigoureux et souvent dépourvus de neige.

Sur 15 blés qui ont résisté d'une façon tout à fait remarquable aux intempéries de l'hiver de 1891, 5 sont hongrois, 4 américains, 3 russes, 2 allemands et 1 seul français, 1 blé rouge barbu cultivé sur les hauts-plateaux de la Lozère.

Sur les douze suivants, qui ont souffert dans la proportion de 2 ou 5 dixièmes (20 à 50 pour 100), 5 sont américains, 4 français, 2 russes et 1 japonais.

Voilà donc 27 races de froments qu'on peut qualifier de remarquablement rustiques. Mais il s'en faut de beaucoup qu'on puisse toutes les proposer au même titre à l'attention des agriculteurs. Façonnés par l'action prolongée de de certaines influences climatériques à réagir contre les fâcheux effets de ces influences, ces mêmes blés restent sans défense contre les dangers dont ils n'ont pas à souffrir dans leur pays d'origine. C'est ainsi que presque tous les froments de l'Europe orientale, Russie et Hongrie, sont très peu sensibles au froid, mais par contre sans résistance contre les maladies favorisées par les étés humides. Les uns et les autres sont attaqués et endommagés par la rouille dans une proportion qui doit en déconseiller l'emploi dans les cultures françaises.

C'est du coup, sur les 27 variétés, 19 (9 américaines, 5 russes, 5 hongroises) qui sont disqualifiées comme blés d'avenir, à cause de leur défaut de résistance à la rouille.

Le blé japonais, grêle, versant facilement, peu productif et de qualité médiocre, est peu intéressant.

Restent 7 variétés, 5 françaises et 2 allemandes, qui méritent de fixer sérieusement l'attention.

Les deux blés allemands, le rouge d'automne barbu et le rouge des bords du Rhin sont tellement voisins l'un de l'autre qu'on peut au point de vue cultural les regarder comme identiques. Ils partagent avec le blé de la Lozère l'inconvénient d'avoir l'épi barbu, ce qui dans bien des contrées et dans les environs de Paris en particulier, les fait regarder par les cultivateurs avec une prévention hostile à coup sûr exagérée. J'ai eu trop souvent l'occasion de signaler l'utilité des barbes comme défense contre l'effet des grands vents ou contre les ravages des oiseaux pour m'y étendre en ce moment. Qu'il me suffise donc de dire que le blé d'automne rouge barbu est un de ceux qui méritent le mieux d'être expérimentés dans les pays à climat dur et où l'agriculture n'est pas encore très avancée.

Les autres variétés françaises dont il me reste à parler ne sont pas barbues. Ce sont des blés à épi rouge effilé, dont le nom ne sera pas absolument nouveau pour les membres de la Société nationale d'agriculture, car depuis plusieurs années ils ont un partisan déclaré et convaincu dans la personne de M. Paul Genay, de Lunéville, un des plus savants et des plus judicieux de nos membres correspondants. Je veux parler des blés rouges de Lorraine, de la Seille, d'Aulnois et d'Altkirch. A part le dernier nommé, qui est un peu plus court de paille et plus roide que les autres, les blés en question peuvent être considérés comme appartenant à une variété unique caractérisée par la forme effilée de son épi rouge, son grain mince et riche en gluten, son aptitude à taller dans les bonnes terres et surtout sa résistance remarquable aux rigueurs de la mauvaise saison.

Voilà donc chez nous-mêmes, deux races très voisines l'une de l'autre, qui possèdent unies à une rusticité tout à fait remarquable, des qualités agricoles tout à fait suffisantes pour toutes les cultures où l'on ne vise pas aux rendements supérieurs à 30 hectolitres par hectare.

L'ensemble des documents fournis par mes correspondants mettra sans nul doute en relief bien d'autres blés que ceux là, mais il est utile et intéressant, me semble-t-il, de savoir dès aujourd'hui que dans le blé rouge d'automne barbu, et dans les blés rouges de Lorraine et d'Altkirch, sans barbes, nous possédons trois races de froment très bien douées sous le rapport du rendement et de la qualité, et en même temps assez rustiques pour pouvoir défier les intempéries habituelles et même exceptionnelles de notre capricieux climat.

A la suite de cette communication, une discussion s'engage sur la situation générale des blés.

M. Heuzé demande à M. de Vilmorin si les blés d'automne semés en février ou mars pourront être employés comme semences à l'automne 1891.

M. de Vilmorin est d'avis que ces blés seront aussi bons comme semence que les mêmes blés semés avant l'hiver. Il vaudront en 1891 ce qu'ils valent les autres années. Les conditions de végétation du blé ont été remarquablement favorables au printemps et au commencement de l'été, et pourvu que la maturation se produise dans de bonnes conditions, on récoltera d'excellents blés de semence sur les champs semés tardivement, étant bien entendu qu'il s'agit de blés qui sont habituellement cultivés d'hiver dans les localités au sujet desquels la question est posée.

INSTITUT AGRICOLE DE BEAUVAIS.

RAPPORT de Monsieur le comte de Luçay, secrétaire de la Société des Agriculteurs de France, sur la teneur des examens de fin d'année.

« Messieurs,

« Les résultats des examens de troisième année à l'Institut agricole ont été, pour 1891, particulièrement satisfaisants ; ils marquent des progrès soutenus, une amélioration sensible sur les résultats déjà si bons des années précédentes.

« C'est ce qu'a été heureux de constater, que se plaît à proclamer aujourd'hui devant vous le vieil ami de la maison de la rue Nully-d'Hécourt, que ses collègues de la délégation ont bien voulu cette fois encore appeler à l'honneur de vous rendre compte des décisions qu'ils ont prises.

« Nommé par le conseil de la Société des Agriculteurs de France, dans sa séance du 11 juin dernier, la délégation se composait de MM. Jacquemart, vice-président, Teissonnière, secrétaire général, le comte de Luçay, secrétaire, le baron de Corberon, H. de Vilmorin, de Felcourt, Ponsard, membres du conseil, le vicomte Arthur de Chezelles, Fautrat, le comte d'Héricourt, J. Le Conte, Ulysse Roussel, Vimont et Wallet.

« Cette liste, par les noms qui y sont inscrits, témoigne quelle importance la Société des Agriculteurs attache aux examens de l'Institut de Beauvais, au développement, à la prospérité de la grande Ecole qui, issue comme elle de l'initiative privée, sait à l'aide de ses propres ressources, depuis bientôt un demi-siècle, marcher de pair avec les établissements les plus renommés de l'Etat que subventionne largement — et je les en félicite — l'argent des contribuables.

« La délégation avait à présider à une double série d'épreuves : celle du brevet de capacité agricole ; celle du diplôme supérieur.

« Les premières ont occupé deux journées ; elles ne réunissaient pas moins, en effet, de onze candidats. Chacun des candidats, interrogé sur chacune des dix-sept matières inscrites au programme, a prouvé par ses réponses qu'il avait su profiter des leçons de ses maîtres. Onze ont été jugés dignes du brevet. Voici leur classement par ordre de mérite : Lemaire, de Lorgeril, de Kervénoël, Lahaye, Henry, Brunet, Harmel, Boursier et Chauvassaignes *ex-æquo*, Globensky, Frapet.

« Huit des nouveaux brevetés ont concouru pour le diplôme supérieur.

« Le concours comporte à la fois une leçon orale et la soutenance d'une thèse. Je voudrais qu'il vous eût été donné, Messieurs, comme à nous, de prendre connaissance des sujets aussi intéressants que variés abordés dans ces thèses dont quelques-unes sont de véritables livres, et qui traitent tour à tour des procédés de culture intensive mis en œuvre dans l'Oise et dans l'Aisne, des exploitations herbagères de la Limagne et de la Nièvre, du métayage pratiqué aussi bien en Saône-et-Loire qu'en Ille-et-Vilaine, des spéculations laitières à tenter dans le Morbihan, voire même au Mixed Farming du Manitoba, en ce pays de la nouvelle France, demeuré si intimement unie par le cœur à l'ancienne.

« Vous auriez pu juger tout ce qu'ont appris et savent les élèves de l'Institut en matière d'assolement, d'engrais, de zootechnie et d'élevage, de génie rural, de botanique, d'horticulture, d'agriculture, d'économie rurale et de comptabilité.

« Vous auriez apprécié avec nous de quel précieux bagage, théorique et pratique, les a soumis la prévoyante sollicitude des chers Frères en vue de cette grande lutte pour l'existence, à laquelle ils vont désormais prendre part.

« Dans cette lutte, dont les justes revendications du monde agricole, bien tard, mais enfin écoutées du législateur, rendront sans doute demain les conditions moins inégales pour le cultivateur français, mais qui n'en continuera pas moins à exiger de lui un constant labeur, une indomptable énergie, vous saurez, mes jeunes amis, j'en suis certain, tenir toujours haut et ferme le drapeau de notre cher Institut, le déployer au premier rang. Au milieu des difficultés dont votre route, hélas! ne se trouvera que trop souvent semée, vous marcherez toujours droit au but, vous souvenant de ces paroles, que vous connaissez bien, d'un illustre guerrier de notre siècle qui fut aussi laboureur, comme vous allez le devenir : « Améliorer « l'agriculture est une gloire qui vaut toutes « les autres. »

« Les candidats, ayant satisfait aux conditions imposées par le règlement, ont obtenu le diplôme supérieur, dans l'ordre suivant :

« N° 1, *ex-æquo* : Lemaire, leçon orale : le fumier de ferme; thèse : ferme de Remigny (Aisne), et Boursier, leçon orale : la betterave ; thèse : ferme de Chevrières (Oise).

« N° 2. De Lorgeril, leçon orale : les phosphates ; thèse : domaine de la Roche-Colombière (Ille-et-Vilaine).

« N° 3. Chauvassaignes, leçon orale : les prairies artificielles ; thèse : Lavort de Boulogne, domaine en Limagne.

« N° 4. Globensky, leçon orale : la vache laitière; thèse : le Mixed-Farming au Manitoba.

« N° 5. De Kervénoël, leçon orale : classification des terres ; thèse : une propriété dans le Morbihan.

« N° 6. Brunet, leçon orale : Engraissement du bœuf ; thèse : Puits de Meaux (Nièvre).

« N° 7. Frapet, leçon orale : la charrue ; thèse : Montjeu (Saône-et-Loire), un domaine soumis au métayage.

« Le conseil de la Société des Agriculteurs de France veut bien, chaque année, mettre à la disposition de ses délégués un certain nombre de médailles pour récompenser, parmi les candidats admis, ceux qui se sont plus particulièrement distingués. Usant de cette faculté, nous avons décerné :

« Une médaille d'argent à MM. Lemaire, de Lorgeril, de Kervénoël et Boursier.

« Une médaille de bronze à MM. Chauvassaignes, Globensky, Lahaye, Henry, Brunet et Harmel.

« Ainsi que je le disais en commençant, Messieurs, et que j'ai plaisir à répéter, les examens de 1891 sont particulièrement satisfaisants. Le mérite et l'honneur en reviennent, ai-je besoin de le rappeler, à l'éminent Directeur de l'Institut, au très cher Frère Eugène-Marie, dont le nom est depuis si longtemps synonyme de science, d'abnégation et de dévouement, en même temps qu'au corps de maîtres d'élite qu'il a groupés autour de lui. Parmi ceux-ci, il en est un qui, ouvrier de la première heure, professe depuis tantôt trente-six ans, avec une compétence incontestée, le cours de zootechnie : c'est M. Ernest Dubos.

« La délégation croit répondre au sentiment unanime de ses collaborateurs comme de ses élèves, en lui décernant, au nom de la Société des Agriculteurs de France, un diplôme d'honneur. »

RÉSULTATS DE L'ANNÉE 1890-1891.

Ont obtenu le *Brevet de capacité agricole*, dans l'ordre de mérite suivant :

MM. Raoul Lemaire, de Remigny (Aisne). — Robert de Lorgeril, de Saint-Méloir-des-Ondes (Ille-et-Vilaine). — Charles de Kervenoël, de Thalonet (Ille-et-Vilaine). — Henri Lahaye, de Quincy (Seine-et-Oise). — Georges Henry, de Paris. — René Brunet, de Parize (Nièvre). — Emile Globensky, de Montréal (Canada). — Alphonse Harmel, du Val-des-Bois (Marne). — Daniel Chauvassaignes, des Martres (Puy-de-Dôme). — Lucien Boursier de Chevrières (Oise). — Henry Frapet, d'Issy-l'Evêque (Saône-et-Loire).

Ont obtenu le *Diplôme supérieur d'Agriculture*, dans l'ordre de mérite suivant :

MM. Raoul Lemaire, Lucien Boursier, Robert de Lorgeril, Daniel Chauvassaignes, Emile Globensky, Charles de Kervenoë, René Brunet, Henry Frapet.

Le parasite du ver blanc et sa culture (1)

La destruction des hannetons et des vers blancs, qui causent à nos récoltes un préjudice incalculable, est à l'ordre du jour. Tous les efforts de la science, toutes les activités de l'association concourent à enrayer le fléau. La campagne a sérieusement débuté par la formation des syndicats de hannetonnage qui, dans les années où l'insecte est parvenu à la période aérienne de son existence, ont pris à tâche de le poursuivre endormi sur les arbres, les haies, les arbustes, etc., pour en faire de formidables hécatombes. Les conseils généraux, les communes et les associations ont voté des fonds pour l'organisation du hannetonnage, qui a même été rendu obligatoire, par arrêté préfectoral dans un département, celui de la Côte-d'Or.

Mais si l'insecte parfait offre une certaine prise à la destruction, qu'il est bien difficile, d'ailleurs, d'organiser d'une façon générale, il est presque impossible de l'atteindre efficacement dans la première phase de sa vie qu'il passe enfoncée dans le sol à l'état de larve ou ver blanc, se nourrissant des racines des plantes et leur causant ainsi les plus graves dommages. Il était donc du plus haut intérêt de trouver un procédé de destruction du ver blanc autre que les labours de déchaumage et l'injection de substances toxiques dans le sol, qui ne sont applicables que dans certains cas particuliers. Cette découverte semble en voie d'être réalisée, et l'honneur en revient tout entier à l'homme qui a, le premier, organisé sérieusement la défense contre le hanneton.

M. Le Moult, conducteur des ponts et chaussées, fonda à Gorron (Mayenne) un syndicat de hannetonnage qui a été le type de tous les autres créés depuis lors. Il reçut, à cette occasion, du ministre de l'agriculture une mission à l'effet d'organiser le hannetonnage en France. Il reconnut bientôt qu'il était nécessaire, pour atteindre sûrement le hanneton, de poursuivre l'extermination du ver blanc, car il est impossible de prévoir que le hannetonnage puisse jamais s'opérer d'une manière assez complète pour empêcher la multiplication de l'insecte dont la femelle pond des œufs en quantités énormes.

Déjà nous avons eu l'occasion de signaler l'observation si importante que fit un jour M. Le Moult et l'idée hardie qu'elle lui suggéra. En pratiquant des fouilles dans une prairie de Céaucé (Orne), infestée de vers blancs, il trouva des larves mortes et complètement couvertes d'une sorte de moisissure blanche qui envahissait toute la masse et se développait en tous sens à travers la terre. M. Le Moult en conclut que ce champignon devait avoir causé la mort des vers blancs, en s'inspirant des découvertes de M. Pasteur et des expériences récentes de deux savants russes, il conçut la possibilité de tuer le ver blanc dans ses retraites souterraines, en provoquant la multiplication artificielle de son parasite, assez analogue à la muscardine blanche qui est l'ennemi du ver à soie.

L'idée était, certes, ingénieuse, et le témoignage des savants qui en ont fait le sujet de leurs études semble aujourd'hui démontrer qu'elle était juste et pratique. M. Le Moult commença par mettre des vers momifiés en contact avec des vers sains et s'assura que ce contact leur faisait contracter la maladie, le champignon les envahissant assez rapidement. De plus, l'herbe repoussait dans la partie de la prairie où le ver blanc avait été ainsi attaqué par son parasite.

Ces faits si curieux avaient fait l'objet d'une première communication adressée, en novembre dernier, par M. Le Moult à l'Académie des sciences. Au mois de mai 1891, il signala à l'Académie ses nouvelles observations relatives à la dissémination du parasite du ver blanc.

« Comme nous assistions, dit-il, aux labours faits par le fermier de la Pierre, dans un champ distant de 140 mètres de la prairie où nous avions découvert la maladie, qu'elle n'a pas été notre surprise de voir la charrue ramener à la surface un nombre considérable de vers momifiés, à tel point que la terre paraissait avoir été récemment chaulée! Or, ce champ ne contenait au mois de novembre que des vers absolument sains.

« Les fouilles que nous avons faites dans la prairie ont seules pu occasionner une aussi rapide propagation de la maladie, ces travaux ayant eu pour effet de découvrir les spores que

(1) *Moniteur des Syndicats agricoles.*

le vent a certainement emportés en nombre très considérable et à des distances probablement très grandes. Plus tard, en effet, nous avons constaté l'infestation plus ou moins avancée de champs reconnus autrefois comme ne renfermant que des vers sains.

« Aujourd'hui le parasite existe sur presque tout le territoire de Céaucé. Nous ne voulons pas dire pour cela que tous les vers blancs soient détruits, et il y en a même encore beaucoup; mais la nature continuant son œuvre, il est certain qu'une grande partie de ces larves malfaisantes trouveront encore la mort et que le parasite attaquera ensuite les nymphes et les insectes parfaits. »

Il semble donc, par là, démontré que, lorsqu'un foyer de la maladie est reconnu, la contamination se produit d'une manière rapide et assez régulière, ne laissant pas certaines zones pour envahir des zones plus éloignées.

Voici en quel termes M. Le Moult terminait sa seconde communication :

« En résumé, pendant que nous faisions en petit nos essais d'infestation, la nature opérait de son côté, mais bien plus rapidement et bien plus efficacement que nous ne pouvions le faire, le vent se chargeant de transporter les spores dans toutes les directions.

« Toutefois, l'action de la nature, si rapide qu'elle soit, ne l'est pas assez pour débarrasser à bref délai l'agriculture française de ce terrible fléau, et nous devons l'aider dans son action : non pas seulement en transportant d'un terrain dans un autre des vers parasités, mais surtout en produisant artificiellement en grandes quantités les spores du champignon destructeur, de façon à pouvoir les expédier par toute la France.

« La chose est d'ailleurs possible, les savants ayant réussi dans leurs essais de culture artificielle. »

Les faits se trouvant ainsi bien constatés, il s'agissait d'étudier à fond la maladie cryptogamique de la larve du hanneton : c'est ce que firent MM. Prillieux, directeur du laboratoire de pathologie végétale à l'Institut agronomique et Delacroix, son collaborateur. Ces savants ont reconnu que le champignon qui envahit de ses fructifications la larve du hanneton est un *Botrytis*, le *Botrytis tenella* très voisin du *Botrytis Bassiana*, qui produit la muscadine du ver à soie. M. Bresadola a d'ailleurs trouvé ce parasite sur le hanneton, à l'état parfait, sur le territoire de Trente (Autriche). C'est à lui qu'on doit attribuer la maladie et la mort des larves de hanneton.

Voici maintenant comment s'y prirent MM. Prillieux et Delacroix pour cultiver le parasite et le propager à volonté, de façon à se servir de lui pour la destruction du ver blanc.

Si l'on place un ver blanc récemment tué par le parasite dans la terre humide, ce parasite continue à se nourrir et à se développer aux dépens du corps de l'insecte ; à mesure que ce milieu nutritif est consommé, on voit le champignon produire des spores (organes reproducteurs) en quantités de plus en plus considérables. Au bout d'un certain temps, quand le corps de la larve est transformé en un véritable stroma de mycelium, les fructifications apparaissent à la surface du sol, sous l'apparence de petites masses hémisphériques, d'un blanc pur, qui produisent des quantités innombrables de spores.

« Avec des spores recueillies sur des larves tuées, disent MM. Prillieux et Delacroix, nous avons ensemencé divers milieux stérilisés et obtenu des cultures absolument pures de *Botrytis tenella*.

« Dans les milieux pauvres en matières azotée, tels que la pomme de terre et les jus sucrés, les spores apparaissent promptement et en très grand nombre; le champignon se développe peu en mycélium. Sur les milieux les plus riches en matière azotée, comme la gélatine pure ou additionnée de jus sucrés, de peptone, etc., la végétation filamenteuse prend un developpement considérable; mais les spores font défaut ou ne se produisent que tard et en petit nombre lorsque le milieu nutritif s'épuise.

« Une faible quantité de glycérine ajoutée au milieu nutritif, nous a paru hâter l'apparition des spores et en augmenter la production.

« En délayant dans l'eau le produit de notre culture du *Botrytis* sur la pomme de terre, nous avons obtenu un liquide très chargé de spores que nous avons répandu sur la terre de grands pots, dans laquelle vivaient des larves de hannetons récoltées et enterrées soigneusement à l'abri de la contagion. Deux semaines plus tard, toutes les larves étaient tuées, et bientôt elles se sont couvertes de la moisissure caractéristique. Les plantes continuaient à végéter très bien, comme on devait le prévoir, sur la terre envahie par le mycélium du *Botrytis*.

« Il est établi par ces recherches : 1° que c'est le *Botrytis tenella* qui est vraiment le parasite qui attaque dans le sol les larves du hanneton et les tue ; 2° que ce parasite peut être aisément cultivé à l'état de pureté dans certains milieux nutritifs; 3° enfin que les spores provenant de ces cultures et répandues sur le sol causent la mort des larves de hanneton qui y sont contenues, sans nuire à la végétation qui la couvre. »

La portée de cette découverte est énorme pour l'agriculture, puisqu'elle tend à représenter comme devenue relativement facile la destruction complète du ver blanc dont les ravages sur nos récoltes se chiffrent par centaines de millions de francs chaque année. De telles études et de tels résultats montrent de quelle importance est dans la nature le rôle des organismes inférieurs et combien il importe de les bien connaître pour nous en servir au besoin dans la lutte que nous avons à soutenir contre les ennemis de nos récoltes. Ceux-ci ont, de par les lois de la vie animale ou végétale, leurs propres ennemis spéciaux dont il faut savoir nous faire des auxiliaires.

Ce que le vin prend à la terre.

Les vignobles reconstitués sont l'objet de soins assidus, et la principale préoccupation est actuellement de formuler les fumures qu'il convient de leur appliquer, car la vigne ne trouve pas indéfiniment dans le sol les éléments nutritifs qui lui sont nécessaires; et si l'on veut obtenir chaque année des rendements rémunérateurs et maintenir un sol en bon état de fertilité, il faut lui apporter non seulement les principes fertilisants que cette culture lui enlève chaque année, mais ceux qui lui font défaut ou y sont en faible proportion. On y arrive au moyen des engrais : l'engrais est la matière utile à la plante, qui manque au sol.

La vigne, comme tout végétal, exige pour se développer différents éléments, qu'elle emprunte à l'air, à l'eau et au sol. Il n'est établi que depuis peu, d'après des expériences concordantes, que les légumineuses fixent l'azote libre de l'atmosphère, grâce à l'existence sur les racines de nodosités de nature microbienne.

On sait, d'autre part, que les terres reçoivent de l'atmosphère des apports d'azote nitrique et ammoniacal par les eaux de rosée et de pluie, mais il ne faudrait pas trop en tenir compte, à cause de la disparition de ces réserves par les pluies d'automne. Par conséquent nous pouvons dire que la vigne tire surtout l'azote qui est nécessaire à sa végétation des matières azotées contenues dans le sol, ces matières se nitrifiant sous l'influence du ferment nitrificateur qui transforme les sels ammoniacaux et les matières organiques azotées en azote nitrique. C'est sous cette dernière forme que la vigne semble surtout absorber l'azote.

Les autres éléments qu'elle emprunte au sol sont au nombre de dix : savoir : le potassium, le phosphore, le calcium, le magnésium, le sodium, le souffre, le chlore, le silicium, le fer et le magnèse. La plupart s'y trouvent dans des proportions plus ou moins considérables et on n'a guère besoin de s'en occuper, mais il n'en est pas de même des quatre éléments : azote, potasse, acide phosphorique et chaux, que nous appelons *éléments essentiels*, et que tout sol devra contenir dans des proportions assez élevées pour que la vigne puisse s'y développer et fructifier normalement.

On a calculé les quantités de ces derniers enlevés au sol par les récoltes de différents cépages, et nous donnons ci-après, d'après notre excellent confrère la *Revue Vinicole*, diverses appréciations.

La consommation annuelle en azote, potasse et acide phosphorique, serait, d'après les résultats obtenus par M. Boussingault, pour une vigne du Bas-Rhin :

	Azote.	Pot.	Ac. ph.
Vin 33 hect. par hect. contenant.	0.66	7.10	2.05
Marc séché à l'air, 220 kil. par h.	2.67	2.73	1.33
Sarment....................	1.66	6.78	3.91
Totaux......	4.99	16.61	7.29

D'après M. Audoynaud, une récolte de 100 hectolitres de vin enlève au sol :

Azote........................	24 kil.
Potasse........................	32 kil.
Acide phosphorique...........	20 kil.

D'après M. Marès, une récolte d'Aramon, dans l'Hérault, enlèverait au sol :

	Azote. Kil.	Potasse. Kil.	Ac. ph. Kil.
120 hectolitres de vin.........	2 40	12 »	5 »
1.680 kilos de marcs de raisins.	15.42	6.76	2 »
3.160 kilos de sarments verts..	3.41	3.95	2 »
Totaux.....	21.23	23.71	9 »

Dans les résultats donnés par ces différents auteurs, les matières fertilisantes des feuilles n'y sont pas comprises, ce qui fait qu'ils ne représentent pas d'une manière suffisante les exigences de la vigne.

Voici, en effet, la quantité d'éléments enlevés par 1,303 kilos de feuilles produites par hectare, donnée par M. Foëx :

Azote.....................	24 kil. 261
Potasse.....................	4 kil. 032
Acide phosphorique.......	4 kil. 815

Comme on le voit, ces quantités ne sont pas négligeables et doivent entrer en ligne de compte dans l'évaluation des éléments enlevés au sol.

D'après M. Péneau, une récolte de 20 hectolitres de vin obtenue dans le Cher exigerait en éléments fertilisants :

Azote	54 kil.
Potasse	25 kil. 9
Acide phosphorique	6 kil. 8

D'après M. Gayon, les sarments, pris sur 100 pieds de Cabernet, enlèveraient au sol :

	A un an. gr.	A deux ans gr.
Acide phosphorique	1.17	4.94
Potasse	2.72	12.34
Azoté	5.85	20.97

D'après M. Joulie, qui a soumis à l'analyse toute la pousse de l'année, pampres et feuilles.

	Dans 1.000 kil. de matière desséchée à 10°			
	Azote.	Ac. ph.	Chaux.	Pot.
Alicantes-Bouchet greffé sur Riparia (6 ans de greffe).	26.32	4.84	32.60	9.19
Petit Bouchet greffé sur Riparia (4 ans de greffe).	27.22	4.37	37.47	7.28
Jacquez	30 »	5.45	28.54	19.85

D'après MM. Müntz et Girard, une production de 50 hectolitres de vin exigerait en principes fertilisants la quantité exprimée par les chiffres ci-dessous :

	Azot.	Ac. ph.	Pot.	Chaux.	Magn.
50 hect. de vin	1 »	1.50	5 »	1 »	1 »
750 kil. de marc	7.50	2.25	3.75	3 95	0 75
3.000 kil. de feuilles.	24 »	4.80	8.40	72 »	8.40
3.000 kil. de sarments.	6 »	1.20	9 »	15.50	2.40
Totaux	38.50	9.75	26.15	92.25	12.55

Pour calculer combien il faut apporter d'engrais sur un sol dont on connait l'analyse, on peut, par exemple, suivre la marche indiquée dans les ouvrages sur les engrais. Bien que les résultats obtenus ne soient qu'approximatifs, ils peuvent, dans une certaine mesure, aider à l'emploi des éléments fertilisants. Mais d'après les résultats trouvés par les divers auteurs que nous venons de citer au sujet des principes enlevés chaque année par la vigne, on peut voir qu'ils varient dans des proportions assez notables ; par conséquent, on est bien embarrassé lorsqu'on veut calculer les formules à appliquer à chaque terrain, la proportion de ces principes pouvant varier suivant l'âge de la souche, sa nature, le sol où elle se trouve, le climat et les années.

Nouvelles agricoles.

Le frigorifique de la Villette. — Un concours est actuellement organisé pour la fourniture et l'installation des machines et appareils pour la production et la distribution du froid, dans l'usine frigorifique projetée aux abattoirs de la Villette.

D'après le programme dressé, la puissance frigorifique devra être telle, que :

1° Chaque jour, il puisse être congelé, par vingt-quatre heures, à une température de — 10°, deux cents quintaux de viande de bœufs débités en quartiers; la durée de séjour de chaque masse de viande devra être au minimum de soixante-douze heures entre l'entrée dans l'usine et la sortie des chambres de congélation. A l'entrée dans l'usine, la viande sera supposée être abattue depuis douze heures ;

2° Il puisse être entretenu, d'une manière constante à — 4° au moins, des locaux d'une capacité de 2,000 mètres cubes utiles, destinés à recevoir, soit des viandes fraîches, soit des viandes congelées. On supposera que, dans ces locaux, les entrées journalières de viandes fraîches sont de 200 quintaux, jusqu'à ce que les chambres soient complètement remplies.

Les viandes seront supposées logées aux taux de 100 kil. par mètre cube utile, si elles sont fraîches, et de 500 kil. par mètre cube utile, si elles sont congelées. La hauteur *utile* des chambres est supposée de 2 m. 50.

Les chambres ne seront pas ouvertes plus de quatre heures par jour.

L'exportation des chevaux français. — Au moment où la question de l'élevage est à l'ordre du jour, il est intéressant de signaler un débouché très important qui vient de se créer pour les éleveurs français dans le Nouveau Monde.

Déjà, notre commerce de chevaux avec les Etats-Unis a pris une importance considérable. Chaque année, maintenant, les Américains achètent 2,000 ou 3,000 étalons percherons choisis parmi les plus grosses espèces.

C'est maintenant le Canada qui a recours à nos races nationales. Une Société française, la Société hippique d'exportation et d'élevage s'est associée à une Société canadienne et a fondé en 1889, à Montréal, un établissement connu sous le nom de « Haras national ».

Grâce à ces deux Sociétés, les éleveurs canadiens ont pu apprécier les résultats du croisement des bas percherons avec les juments du pays. Aussi, dès la fin de l'année dernière, sur la proposition du premier ministre du Canada, M. Mercier, la Chambre de la province de Québec a-t-elle voté à l'unanimité une subvention annuelle de six mille dollards — 30,000 francs — au haras national pour favoriser l'importation du cheval français dans la province.

Cette subvention a été doublée depuis, ce qui est la preuve de l'importance que l'on attache à cette utile création et l'appréciation que l'on fait des services qu'elle a rendus dès les premiers mois de son fonctionnement.

Le phylloxera en Champagne. — Le phylloxera vient d'être constaté dans le département de la Marne, à Vincelles, commune limitrophe de celle de Tréloup (Aisne), où la présence du terrible insecte avait été déjà reconnue l'an dernier. Des mesures énergiques vont être prises. Le traitement d'extinction de la tache constatée va être prescrit, puis l'arrachage de la vigne contaminée sera fait, suivant le règlement qui semble devoir être adopté par le syndicat des vignerons de la Marne organisé depuis quelques jours.

CONSEILS DU JARDINIER

LE JARDIN POTAGER EN AOUT.

Le potager est en plein rapport; ses produits récompensent le jardinier de ses soins et de ses labeurs. L'année horticole commence : les semis à faire maintenant sont faits dans le but d'en récolter le produit à l'arrière-saison ou dans le courant de l'année suivante.

Continuer les plantations de chicorées, scaroles, choux-fleurs.

Semer dans un sol un peu ferme les épinards, en employant environ 300 grammes à l'are. On sème de préférence en rayons espacés de 0m 20 à 0m 25, et on bassine au besoin pour que la levée s'effectue en huit à dix jours. Les soins consistent en éclaircissages, sarclages, binages. En septembre, on récolte les grandes feuilles pour que l'épinard ne blanchisse pas du pied. La récolte, qui se continue jusqu'au printemps, peut être évaluée entre 250 et 300 kilos de feuilles à l'are. Les meilleures variétés pour l'hiver sont : l'*épinard de Hollande* et l'*épinard de Viroflay*.

Semer à la volée, soit en planches, soit dans des légumes plantés à grande distance, les mâches *à feuilles rondes* et *à grosse graine*. Semées sans aucun soin et à travers le jardin, les mâches deviennent souvent beaucoup plus belles que celles cultivées en planches. On emploiera environ 100 gr. de graines à l'are.

C'est entre le 15 août et le 15 septembre que le jardinier doit confier au sol les graines de *choux d'York gros, C. cœur de bœuf choux Bacalan*. Le semis se fera en terre fraîche labourée profondément, en employant de 100 à 120 gr. au plus à l'are.

On sèmera aussi *l'oignon blanc gros, l'oignon blanc très hâtif de la Reine, l'oignon blanc hâtif de Paris*.

Pour avoir de belles récoltes d'oignons le terrain doit être fumé un an à l'avance. L'oignon *blanc* se sème : 1° en place, en employant 200 grammes à l'are; 2° en pépinière avec 5 à 600 grammes. Le sol doit être hersé et bien plombé, puis on recouvre de 0m 02 de terreau fin et un peu usé. La levée s'effectue assez rapidement, huit à dix jours après le semis; on sarcle ensuite et c'est vers le milieu d'octobre qu'il est bon à repiquer à 8, 10 ou 15 centimètres sur tous les sens, suivant la grosseur que l'on désire obtenir et suivant la qualité du terrain.

On récoltera les oignons semés au printemps, on les laisse se ressuyer sur le sol, et quand la tunique est sèche, on rentre dans un endroit aéré ou bien on peut les réunir en bottes que l'on suspend. Les oignons ne craignent pas le froid ; s'ils sont gelés il ne faut pas s'en inquiéter, seulement il faut avoir soin de ne pas les toucher en pareil cas. Ce qu'ils redoutent le plus, c'est la chaleur et l'humidité.

Un mode de culture appliqué dans le Midi rendrait de grands services lorsque l'oignon blanc est détruit par les gelées hivernales. Il consiste à planter vers la fin d'août, premiers jours de septembre, de gros oignons blancs qui auront été récoltés en juillet et laissés en plein soleil pendant sept à huit jours, puis mis ensuite à l'ombre jusqu'au moment de les planter. Alors on détache les feuilles et tuniques et on plante à 0 15 de profondeur. Les oignons poussent vivement et donnent plusieurs tiges à la base desquelles se trouvent les bulbes que l'on peut vendre pour du petit oignon blanc nouveau. La récolte a lieu en mai et peut durer trois semaines à un mois.

L'époque la plus convenable pour la conservation des navets d'hiver est la première quinzaine de ce mois. On sème à la volée, en employant 30 grammes à l'are. Si on ne peut pas arroser les semis, on profitera d'un temps humide pour semer. On fera une ou deux éclaircies à huit ou dix jours d'intervalle : après les céréales on en fait souvent une culture dérobée; un bon hersage et on sème dru.

Il est encore temps de semer de la carotte pour l'hiver; la variété *grelot* rendra en cette saison de grands services, lorsqu'elle sera couverte avec une bonne couche de feuilles.

On pourra encore semer de la *chicorée sauvage*, du *cerfeuil, persil frisé* et *commun*, et des *radis*. En raison de la rapidité de leur croissance, on peut mélanger les radis à la plupart des autres semis sans qu'ils leur nuisent.

Les meilleures variétés de laitues d'hiver sont: la *laitue Marine* et la *laitue de Passion brune* et *blonde*; cette dernière est la plus estimée. On sème clair, car on ne met pas en pépinière; ce n'est qu'en septembre-octobre, quand le plant a trois ou quatre feuilles bien développées, qu'on le met en place en côtière ou en plate-bande abritée.

Semer aussi de la romaine verte d'hiver; plantée en côtière, elle passe assez bien l'hiver.

HORTUS.

CONSEILS A LA FERMIÈRE

CONSERVES DE PRUNES

Pour une livre de fruits, ayez un verre d'eau et 1/8 de livre de sucre (62 gr. 50). On prend une bassine en cuivre non étamée, on y verse l'eau et le sucre, on laisse bouillir environ cinq minutes, puis on met les fruits les uns à côté des autres; ils sont retournés de temps en temps On retire les prunes quand leur peau commence à se rider. On a renversé d'avance les flacons sous chacun desquels il a été enflammé gros comme un haricot de *soufre en canon*.

Les fruits sont à point, le soufre est consumé, les flacons sont prêts; à partir de ce moment, il faut absolument être deux personnes; la première retourne le flacon, la seconde y verse rapidement les fruits et le jus. Cela fait, on recouvre vivement avec du parchemin qu'on a préalablement trempé dans un peu d'eau, pour qu'il adhère, et on lie solidement.

UNE MÉNAGÈRE.

CONSEILS DU VÉTÉRINAIRE

FOURRAGES AVARIÉS ET SANTÉ DES ANIMAUX.

M. Galtier, professeur à l'école vétérinaire de Lyon, a recueilli un grand nombre de faits d'observations et d'expériences démontrant nettement le rôle pathogène des fourrages avariés, des foins récoltés dans des prairies marécageuses ou inondées au moment de la fenaison, des fourrages qui ont reçu la pluie après avoir été coupés, des avoines qui ont été exposées à la pluie, etc. Une note nouvelle sur ce sujet, présentée par M. Galtier à la Société centrale de médecine vétérinaire de France, se termine par quelques considérations d'hygiène générale, dont il nous semble utile de reproduire les principaux passages.

Les affections provoquées par les fourrages avariés sont plus ou moins graves et offrent une évolution plus ou moins rapide suivant, le degré de résistance des animaux, suivant les conditions hygiéniques qui les entourent, suivant la quantité de germes introduits, suivant le degré d'avarie des fourrages, et suivant la durée du régime infectant.

Il faut donc donner des soins spéciaux aux fourrages au moment de la récolte, les secouer énergiquement ou les passer à un fort ventilateur quand ils ont été vasés, mouillés, etc.; il faut passer les avoines au tarare après une bonne dessiccation. En tout temps, il faut manutentionner convenablement les fourrages avariés avant de les distribuer, les secouer au grand air, les arroser au moment de la distribution avec une eau légèrement acidulée ou salée, afin de prévenir l'émission de poussières pendant le repas; il faut les utiliser de préférence quand les animaux sont moins exposés aux influences débilitantes, telles que la fatigue, les intempéries, etc.

Il convient d'autre part de rafraîchir de temps en temps les animaux en leur donnant du vert, du sulfate de soude, etc., et de les tonifier en leur donnant un sel de fer, par exemple, le sulfate de fer.

Etant donné que les fourrages avariés peuvent engendrer des maladies graves, il n'est pas inutile de rappeler quelques-uns des caractères qui permettent de reconnaître ou de soupçonner leur degré d'altération. Outre les données tirées de la couleur (teinte lavée, teinte foncée, etc.), de l'odeur (odeur forte, désagréable, odeur de vase, odeur de moisi, etc.), de l'état poussiéreux, de l'aspect tacheté et de la difficulté avec laquelle ils glissent dans la main, les fourrages avariés peuvent surtout être reconnus par le lavage ou la macération dans l'eau, et par l'inoculation de l'eau de lavage. La macération peut fournir des données précieuses, sinon toujours certaines. On pourra donc faire macérer, pendant un quart d'heure, 500 grammes ou 1 kilogr. de fourrage (foin ou avoine) à vérifier, dans de l'eau tiède en quantité suffisante; on exprima ensuite, et on vérifiera l'état de l'eau ainsi que celui du fourrage. Ordinairement le fourrage avarié communique à l'eau de macération une teinte plus foncée, une odeur fade, une odeur de vase, une odeur de fumier, etc., en même temps qu'il l'exhale lui-même d'une façon plus accusée; tandis que le fourrage non avarié donne à l'eau une teinte moins foncée, et lui communique une odeur aromatique, agréable qu'il exhale lui-même d'une manière bien nette.

D'autre part, quand on filtre l'eau de macération sur un linge, ou quand on la laisse au repos, on constate que les avoines et les foins avariés fournissent un dépôt terreux ou vaseux beaucoup plus abondant que les denrées de bonne qualité.

UN VIEUX VÉTÉRINAIRE.

JURISPRUDENCE RURALE.

DIVAGATION DES VOLAILLES.

— Je voudrais bien savoir si le fait de laisser ses volailles à l'abandon sur les propriétés d'autrui en culture est une contravention punie par le code pénal, comme je l'avais toujours entendu dire et comme je l'avais même appris à mes dépens, quand j'étais jeune, ayant un jour été condamné par notre juge de paix à une amende de la valeur de trois journées de travail pour avoir laissé deux oies et quatre oisons se promener dans une pièce ensemencée.

— C'était fort bien jugé, ne t'en déplaise!

— Je ne dis pas non, et aujourd'hui je me propose de faire aux autres ce qu'on m'a fait justement à moi-même, mais on me dit que la loi est changée, et que le nouveau code rural du 4 avril 1889 remplace et abroge la loi sur l'ancien code rural des 28 septembre et 6 octobre 1791; c'est-il vrai?

— Je te comprends et je vais te répondre; la loi du 4 avril 1889 se borne à rappeler et à expliquer que celui dont les volailles passent sur la propriété voisine et y causent des dommages est tenu de les réparer; que celui qui les a souffert peut même tuer les volailles, mais seulement sur le lieu, au moment du dégât, et sans pouvoir se les approprier; en un mot la loi nouvelle a pour but d'assurer la réparation civile des dommages et de consacrer le droit de légitime défense des propriétaires des récoltes, mais elle n'a pas entendu abroger la loi pénale qui voit dans ces faits une contravention passible d'une amende ou même de la prison en cas de récidive.

— Je suis bien aise de vous entendre parler ainsi; je vois que sur ce point la loi a été sage en ne faisant pas la part trop belle, comme il arrive si souvent aujourd'hui, à ceux qui aiment bien à vivre aux dépens du voisin.

UN VIEUX JUGE DE PAIX.

AFFAIRES MILITAIRES.

Les grandes manœuvres et les indemnités en cas de dommage.

A l'approche des grandes manœuvres d'automne, il est utile de résumer brièvement les responsabilités des troupes et les droits des habitants dont les propriétés auraient été dévastées pendant les exercices exécutés par les corps de troupes.

Les troupes sont responsables des dégâts et dommages occasionnés par elles dans leurs logements ou cantonnements. Les habitants qui auraient à se plaindre à cet égard doivent adresser leurs réclamations, par l'intermédiaire de la troupe.

Ces réclamations doivent être adressées et les dégâts constatés, à peine de déchéance, *trois heures au plus tard* après le départ de la troupe. Un officier est laissé à cet effet, par le commandant de la troupe.

Dans les trois jours de la proposition de la commission, les décisions de l'autorité militaire sont adressées au maire et notifiées par lui à chacun des intéressés dans les vingt-quatre heures de la réception.

Dans un délai de quinze jours ceux-ci doivent faire connaître au maire s'ils acceptent ou refusent l'allocation qui leur est faite. Passé ce délai, les allocations sont considérées comme définitives. Le refus sera motivé et indiquera la somme réclamée.

En cas de non conciliation, l'affaire est portée soit devant le juge de paix du canton, soit devant le tribunal de première instance, suivant l'importance de la somme.

Le maire de la commune dont le territoire peut être occupé ou traversé pendant les grandes manœuvres, en est informé trois semaines au moins à l'avance. Il invite aussitôt les propriétaires de vignes ou de terrains ensemencés ou non récoltés, à les indiquer par un signe très apparent.

Ces dispositions s'appliquent non seulement aux règlements d'indemnités dues pour les dégâts occasionnés pendant les grandes manœuvres d'automne, mais aussi à tous ceux résultant du passage d'une troupe, *quelle que soit l'époque de l'année*.

Nous ne saurions trop engager nos lecteurs à bien se pénétrer des renseignements qui précèdent. Ils s'éviteront ainsi de nombreux ennuis qui se renouvellent chaque année pour les propriétaires. Qu'ils ne négligent pas surtout d'indiquer d'une façon très apparente les terrains susceptibles d'être endommagés par le passage des troupes, car ces terrains sont respectés alors dans la limite du possible.

Quant aux troupes, elles doivent toujours remettre en état les terres non ensemencées sur lesquelles elles ont exécuté des travaux de campagne ou des installations de bivouac.

PETITE POSTE.

M. L. M..., à P... (Côtes-du-Nord). — *Folle avoine.* — Vous ne pourrez vous débarrasser de cette peste que par une ou plusieurs jachères *bien faites*, avec cultures d'été répétées; après charrue, l'extirpateur, la herse! Pas de blé ni de céréales avant trois ou quatre ans. La pomme de terre, à cause des cultures qu'elle réclame, vous rendrait service.

Chardons. — Par la culture du trèfle, vous détruirez le chardon.

OFFRES & DEMANDES.

Pour répondre au désir qui nous est exprimé, nous offrons à nos abonnés, sous cette rubrique, deux annonces gratuites pour les offres et demandes d'emplois, produits ou animaux à vendre ou à acheter, etc.

Les annonces qui suivront jouiront d'une réduction de 50 pour 100 sur les tarifs ordinaires.

Les demandes d'insertions devront être envoyées à l'administration, qui se chargera de les rédiger.

Ne pas négliger d'envoyer tous les renseignements nécessaires (joindre 2 timbres de 0 fr. 15).

REVUE FINANCIÈRE.

Il est de moins en moins facile et de moins en moins utile de s'attacher à détailler les mouvements de la cote. Ce qu'il y a de plus clair pour l'instant, c'est que, par suite même de l'absence des affaires, et, redisons-le, de l'extrême circonspection que la situation financière des marchés du monde en général impose à notre place, la lutte se poursuit entre haussiers et baissiers, profitant par instant à ces derniers, mais sans nuire beaucoup aux premiers. Le vrai, c'est que tout ce qui n'est pas pacotille subit des alternatives de hausse ou de baisse, sans grand motif, pour parler net, sous l'influence des besoins de la spéculation, au gré des « positions de place » ; mais que toutes les bonnes valeurs reviennent au bout d'un temps à un certain niveau sensiblement le même. C'est ce que l'on peut appeler de la fermeté négative; notre marché est doué, pour plus ou moins longtemps, d'une véritable force d'inertie.

Parmi les valeurs qui subissent des fluctuations plus importantes et en dehors de proportion avec l'anémie du marché, nous n'avons à citer que la Compagnie royale des chemins de fer Portugais, dont les actions sont tombées aux environs de 120 francs. Quant aux rentes portugaises, elles présentent des écarts importants dans un sens ou dans l'autre, selon que les nouvelles sont rassurantes ou pessimistes. Enfin, la rente italienne a été ramenée à 90 francs. On prétend que le roi Humbert, fort ému de la difficulté que rencontre son papier d'Etat à remonter le courant, a réclamé différents appuis et qu'un syndicat, autre que l'ancien syndicat allemand, va se mettre en campagne à cet effet. Nous croyons pour notre part que la réussite du projet est bien aléatoire. Le crédit ne se décrète pas plus que la confiance. Encore faudrait-il, pour ramener la confiance, que l'on entrevit quelque espoir de voir prendre fin les *embarras financiers et économiques* dont l'Italie paye la gloriole de passer pour une grande nation. Tous les plaidoyers des journaux du ministère italien, voire même de la partie de la presse française qui prend fait et cause pour M. di Rudini, ne peuvent empêcher que l'on ne voie clairement combien on est loin d'avoir trouver un moyen topique de parer à ces embarras.

Nous continuerons notre examen des cours pratiqués pendant les trois dernières années en jetant un coup d'œil sur la situation des obligations de la Ville de Paris et de celles du Crédit Foncier. Voici d'abord les chiffres en ce qui concerne la Ville :

ÉMISSIONS.		1889	1890	1891
1855-60	3 0/0	527 50	549 »	550 »
1865	4 0/0	526 »	542 »	523 »
1869	3 0/0	409 50	420 »	412 »
1871	3 0/0	394 »	406 50	408 50
1875	4 0/0	518 »	537 »	528 75
1876	4 0/0	519 »	540 »	529 »
1886	3 0/0	377 50	408 »	400 »

On sent, aux cours de 1891, que cette catégorie n'a pas échappé à la morosité de la place; cependant ces cours sont supérieurs à ceux de 1889, année qui était déjà elle-même exceptionnelle. Voici maintenant les cours des obligations du Crédit Foncier :

ÉMISSIONS.	1889	1890	1891
Communales 500fr 3 0/0..	481 50	498 »	502 »
— 1875 4 0/0..	507 »	516 »	515 »
Foncières 1877 3 0/0......	366 »	381 50	395 »
Communales 1879 3 0/0...	458 »	472 50	479 »
Foncières 1879 3 0/0......	458 »	471 »	482 »
Communales 1880 3 0/0...	453 »	464 75	473 »
Foncières 1883 3 0/0......	375 »	4.9 »	421 50
— 1885 3 0/0.	452 »	464 »	474 »

En ce qui regarde notre second établissement de crédit, la plus-value a persisté sur toute la ligne en 1891, mais moins forte qu'en 1890. Il ne faut pas oublier, par contre, que l'action a bien du mal à se maintenir entre 1210 et 1215, ce qui est loin du cours de 1270, taux moyen en 1889.

TIMON.

HALLES ET MARCHÉS.

Les plaintes deviennent de plus en plus vives relativement à la moisson, par suite de la continuation de la température froide et pluvieuse. Les prix des céréales restent assez bien tenus; les farines ont eu de la baisse, ainsi que les alcools. Les huiles de colza et les sucres sont mieux tenus après quelques fluctuations.

Blés. — Les offres en blés nouveaux n'ont encore que peu d'importance; la culture, retenue chez elle par les travaux de la moisson, ne vient guère sur les marchés. Cependant la demande se produit plus régulièrement et les cours dénotent de la fermeté. Voici les derniers relevés : Arras, blé blanc, 27 à 28 50 les 100 kilog ; roux, 26 à 28; Cambrai, blé blanc, 27; roux, 25 à 26; Beauvais, 24 à 26 90; Douai, 26 à 8; Montereau, 23 à 26; Châlons-sur Marne, 27 50; Etampes, 23 35 à 26 70; Dieppe, 28 10; Rouen, 25 92; Le Mans, 26 à 26 50; Versailles, 25 à 26 70; Moulins, 26 à 26 50; Dijon, 26 à 27 50; Lyon, 26 25 à 26 75; Nantes, 24 75 à 25 50; Bordeaux, 26 75 A Paris, au marché commercial, les prix sont soutenus sans changement comme suit : disponible, 26 50 à 26 75 les 100 kilog.; livrable septembre, 26 à 27; octobre à février prochain, 27 à 27 50. — Sur les principaux marchés européens, la tendance est également soutenue. A Londres, la demande pour le continent est plus suivie tant en blés blancs qu'en blés roux d'hiver; les importateurs français payent ces derniers livrables en octobre-novembre, 22 50 à 23 50 le quintal, et les blés de Californie, 23 50. A Anvers, les acheteurs sont plus réservés; mais le blé disponible est toujours soutenu. On paye : roux d'hiver, 22 75 à 23; Californie, 23 25; Walla, 23; Plata, 22 75 à 23; Danube, 21 25 à 23; Dedeagh, 22; Salonique, 21 50; Saïd blanc, 17 75; Amérique livrable, 22 75 à 23 75. — A Berlin, on cote le blé 27 12; à Vienne, 24 62; à Budapest, 23 66. Le blé roux d'hiver à New-York est tenu en hausse à 19 08 les 100 kilog. disponibles et 18 78 à 20 12 livrable; à Chicago on cote 16 88. Dans nos ports les arrivages de blés sont toujours réguliers. Pendant la semaine dernière, Marseille a reçu 302,000 quintaux, contre 158,000 la semaine précédente; le Havre, 78.000 hectolitres; Bordeaux, 8,000 quintaux. Dunkerque et Saint-Nazaire ont également reçu plusieurs chargements. La quantité de blé de Californie en mer à destination de la France, s'est élevée pendant la semaine à 2,60? 750 hectolitres en augmentation de 165,300 hectolitres. Le total général du blé en mer pour le continent européen était de 6,767,700 hectolitres.

Seigles. — La moisson est presque terminée; on estime le rendement total de 21 à 23 millions d'hectolitres. A Paris, les vieux seigles sont au cours de 18 75 à 19 les 100 kilog. disponibles, et 19 à 19 25 livrables; les nouveaux sont cotés 18 50 à 18 75 parité Paris.

Orges. — Les cours de début que nous avons donnés samedi sont dépassés; on parle aujourd'hui de 17 à 19 les 100 kilog pour les orges nouvelles; les vieilles sont aussi cotées 17 à 19, mais sans affaires. — Les escourgeons nouveaux se tiennent toujours de 19 25 à 19 75, parité Paris.

Avoines. — Les prix ne varient pas en culture. On cote de 16 25 à 18 50 les 100 kilog., suivant provenance, couleur et qualité, pour les avoines indigènes. Au marché commercial de Paris, la tendance est soutenue; le disponible et le courant du mois valent 16 35 à 16 40; le livrable septembre et octobre, 16.

Millet de Vendée. — Les nouveaux sont offerts à 24 les 100 kilog. dans les gares de départ.

Féveroles. — On cote 18 50 à 19 50 les 100 kil. en gare à Paris.

Farines de consommation. — Peu d'offres de la part de la meunerie par suite de l'incertitude sur la récolte, et vente courante en boulangerie. Prix soutenus sans variation.

Farines de commerce. — Il y a eu une dépression dans les cours vers la fin de la semaine dernière, mais la fermeté reprenait le dessus samedi; on a coté : *douze-marques* disponibles, 59 à 59 25 les 157 kilog. nets ; livrables septembre et octobre, 60 à 60 75; autres époques, 61 à 61 75.

Issues. — Les sons disponibles se vendent bien. Voici les cours : gros son écailles, 14 25 à 14 75 les 100 kilog.; supérieur, 14 à 14 25; sons deux cases, 13 25 à 13 50; trois cases, 12 75 à 13 25; sons fins et recoupettes, 12 25 à 12 75; remoulages, 15 à 19 suivant couleur et qualité.

Fourrages. — Au marché de La Chapelle, la paille de blé reste bien tenue de 28 à 35 les 100 bottes de 5 kilog.; la paille de seigle nouvelle vaut 30. On cote le foin nouveau, 39 à 45; la luzerne nouvelle, 41 à 46; le sainfoin, 39 à 45. Les vieux fourrages se vendent : foin, 50 à 55; luzerne, 49 à 55. — Sur les marchés de province, on vend *aux* 520 *kilog.*; Nancy, foin nouveau, 23 à 28; vieux, 28 à 34; luzerne nouvelle, 23 à 25; trèfle, 22 à 25; regain, 25 à 30; paille de blé, 28 à 32; d'avoine, 23 à 25; Reims, foin, 35; paille, 25; Compiègne, foin, 40; trèfle, 35; paille, 30; La Fère, foin, 30; luzerne, 32; paille, 23; Bar-sur-Seine, foin, 25 à 30; paille, 28 à 3 ; Melun, foin, 30 à 33; luzerne, 29 à 31; paille, 25 à 27; Versailles, foin, 26 à 35; sainfoin nouveau, 28 à 34; vieux, 40 à 48; paille de blé, 25 à 33; d'avoine, 19; Dijon, foin, 38 à 43; paille, 22 à 26; *au quintal* : Douai, foin, 9 à 9 50; paille, 4 à 5 50; Beauvais, foin, 6 50; paille, 5; Colmar, foin, 5 50 à 6; paille, 4 à 5 65; Orléans, foin, 6 à 8; paille, 3 à 4; Blois, foin, 7 50 à 8 50; trèfle ou sainfoin, 7 50; paille, 3 80 à 4 30; Nevers, foin, 8; paille, 4; Angers, foin, 5 à 6; paille, 3 80; Lyon, foin, 6 75 à 7 50; luzerne, 6 50 à 7 50; paille, 3 50 à 4; Béziers, luzerne, 10 50; paille, 7; Toulouse, foin, 6 50 à 8; paille, 3 25 à 3 50.

Graines fourragères. — Voici les cours du trèfle incarnat nouveau : Laon, 90 à 150 les 100 kilog.; Chartres, 130 à 135; Orléans, 130 à 136; Pont de Beauvoisin (Isère) 80. On cote à Carpentras : luzerne, 100; trèfle violet 90; sainfoin, 18; à Agen : trèfle, 120; luzerne, 110; à Cavaillon, luzerne, 112; à Langres, sainfoin, 25; à Béziers, vesce noire, 17 50 à 18 70. — A la foire des ray-grass de Coullons (Loiret) du 1er août, on a vendu : ray-grass d'Italie, 14 à 16 les 52 kilog. nets; ray-grass anglais, 16 à 17; à Fresnay (Sarthe), on cote 18 à 20 les 50 kilog. — A Paris, les affaires sont assez actives. On vend les trèfles incarnats nouveaux 135 à 140 les 100 kilog.; avec tendance très ferme. La minette nouvelle est belle de nuance, mais le grain est petit.

Pommes de terre. — Hollande et nouvelles longues, 6 à 8 le quintal; rondes, 5 à 6; early rose, 5 à 6.

Alcools. — Les trois-six Nord fins sont assez bien tenus à la Bourse de Paris, comme suit : disponible et courant du mois, 41 75 à 42 l'hectolitre; septembre, 40 25 à 45 50; époques éloignées, 38 75 à 39. — A Lille, l'alcool de mélasse disponible vaut 42; le courant du mois, 41 à 42; septembre, 38 à 38 50; autres époques, 36 à 36 75. — A Cognac, les eaux-de-vie de 59 à 60 degrés se vendent au comptant : derniers bois, 500 à 520 l'hectolitre; bons bois ordinaires, 550 à 570; très bons bois, 580 à 600; fins bois, 600 à 620; petite Champagne, 720 à 750; grande ou fine Champagne, 8.0 à 850.

Sucres. — Cours fermes en légère reprise à Paris; on a coté : sucres roux 88 degrés 35 75 à 36 les 100 kilog.; blancs n° 3 disponibles et livrables jusqu'en septembre, 36 à 36 25; autres époques, 35 à 35 50. Les transactions sont toujours actives sur les raffinés, à 107 et 107 50 les 100 kilog. pour la consommation, et 42 à 42 50 pour l'exportation.

Nitrate de soude. — Les affaires sont toujours très lentes; mais les prix du livrable sont plus fermes. Au marché de Lille, le disponible est tenu de 20 25 à 20 50 les 100 kilog. sur wagon à Dunkerque; le livrable sur septembre, 20 85; les quatre premiers mois, 21 25 à 21 50.

A Paris, les cours des engrais ne varient pas; les transactions sont calmes. Les superphosphates se vendent : solubles dans l'eau, 0 60 l'unité d'acide phosphorique; dans le citrate, 0 54.

Beurres. — La vente est mauvaise à Paris; toutes les sortes sont en baisse. On cote : *beurre en mottes* : fermiers de Gournay : extra, 3 30 à 3 40 le kil.; choix, 2 80 à 3 20; bons, 2 50 à 2 70; ordinaires, 2 20 à 2 40; d'Isigny, extra, 4 à 5 70; choix, 3 60 à 3 8"; bons, 3 40 à 3; ordinaires, 2 50 à 2 90; marchands du Gâtinais, 2 à 2 20; de Bretagne, 2 à 2 10; de Vire, 2 à 2 10; de Bresse, 1 60 à 1 80; laitiers des Charentes, 2 à 2 40; des Alpes, 2 20 à 2 60; divers producteurs, 2 à 2 40; — *beurres en livres* : fermiers, 2 à 2 70; Touraine, 1 80 à 2 40; Gâtinais, 2 à 2 50; Vendôme et Beaugency, 1 80 à 2 40; Bourgogne, 1 80 à 2; le Mans, 1 80 à 2; — *Petits beurres* : 1 60 à 2 10, suivant provenance.

Œufs. — La vente est active pour les petits œufs seulement. On cote : Normandie, 85 à 110 le mille; Picardie extra, 85 à 112; ordinaire, 68 à 82; Brie extra, 80 à 94; Touraine extra, 80 à 95; ordinaire, 70 à 78; Beauce, 81 à 95; Orne, 70 à 8.; Bourgogne, 74 à 80; Champagne, 78 à 82; Nivernais, 70 à 75; Bourbonnais 69 à 72; Bretagne, 65 à 72; Vendée, 66 à 76; Auvergne, 65 à 68; Midi, 66 à 72.

BESTIAUX.

LA VILLETTE, 13 août.— Bestiaux. — Vente difficile sur les bestiaux, très mauvaise sur les veaux, plus difficile sur les moutons, mauvaise sur les porcs

COURS officiels.	Amenés.	Vendus.	1re qualité.	2e qualité.	3e qualité.	Prix extrêmes.
Bœufs....	1.742	1.483	1 66	1 48	1 32	1 20 à 1 70
Vaches ...	656	612	1 64	1 40	1 22	1 12 1 66
Taureaux.	216	183	1 38	1 30	1 22	1 14 1 44
Veaux....	1.401	1.227	1 70	1 58	1 46	1 20 1 86
Moutons..	9.463	7.731	2 12	1 94	1 72	1 50 2 24
Porcs.....	5.391	5.148	1 54	1 50	1 46	1 40 1 56

Marché du lundi 10 août.

	Amenés	Vendus	PRIX AU POIDS NET 1re qual.	2e qual.	3e qual.
Bœufs	2.41J	2.195	1 68	1 50	1 34
Vaches.....	842	787	1 66	1 42	1 24
Taureaux..	266	221	1 36	1 30	1 22
Veaux......	1.341	1.045	1 70	1 58	1 46
Moutons....	11.986	10.796	2 14	1 95	1 76
Porcs	2 974	2.974	1 60	1 54	1 48

	PRIX AU POIDS VIF 1re qual.	2e qual.	3e qual.	Prix extrêmes.
Bœufs	» 99	» 83	» 72	» 61 à 1 02
Vaches	» 96	» 76	» 63	» 56 » 99
Taureaux.......	» 84	» 75	» 64	» 58 » 89
Veaux	1 04	» 90	» 75	» 60 1 12
Moutons.........	1 13	» 99	» 87	» 72 1 24
Porcs...........	1 12	1 06	1 »	» 92 1 16
Peaux de moutons en laine..........				3 85 5 25
Id. id. demi-laine........				1 60 2 75

Viandes abattues. — Criée du 13 Août.

		1re qualité.	2e qualité	3e qualité.
Bœufs	le kil.	1 20 à 2 60	1 » à 2 40	» 70 à 1 30
Veaux....	—	1 60 1 66	1 40 1 50	1 20 1 36
Moutons..	—	1 86 2 »	1 40 1 80	1 » 1 36
Porc entier	—	1 36 1 50	1 16 1 30	» 90 1 10

L'Administrateur-Gérant : ALBERT RENOT.

Beauvais. — Imp. D. PERE. - A. CARTIER, Gérant.

12e Année. — 2e Série. — N° 605. Dimanche 30 Août 1891.

GAZETTE AGRICOLE

JOURNAL HEBDOMADAIRE, PARAISSANT LE DIMANCHE

Rédacteur en Chef : M. CH. GOSSIN, Professeur d'Agriculture à l'Institut agricole de Beauvais.

PRIX DE L'ABONNEMENT

UN AN, 5 fr. — SIX MOIS, 3 fr. — TROIS MOIS, 1 fr. 25

Pour l'étranger les abonnements ne sont reçus que pour un an, au prix de 6 francs, et ne partent que du 1er janvier ou du 1er juillet de chaque année.

Le numéro : 10 centimes.

Il est indispensable de joindre à toute demande de changement d'adresse la dernière bande d'adresse du journal et 50 centimes pour frais de nouvelles bandes.

Adresser les *Abonnements* et *Annonces* au secrétaire de la rédaction, 13, quai Voltaire, Paris, ou à M. GOSSIN, rédacteur en chef et administrateur, à BEAUVAIS.

BUREAUX

13, quai Voltaire, Paris, et à Beauvais.

Les abonnements partent du 1er de chaque mois et sont payables d'avance. Toute demande d'abonnement doit donc être accompagnée du prix de l'abonnement. (Le mode de payement le plus simple est l'envoi d'un mandat-poste.)

Donner *très lisiblement*, en s'abonnant, son nom et son adresse exacte, *avec l'indication du bureau de poste ;* et, s'il s'agit d'une continuation d'abonnement, joindre au renouvellement la dernière bande d'adresse du journal.

Les Annonces sont reçues chez MM. DUSSERIS et MATHELLON, 97, rue de Rennes, Paris.

La GAZETTE AGRICOLE insère gratuitement les Communications des Syndicats agricoles

SOMMAIRE :

PARIS, 28 AOUT.

Le Bonhomme Deschamps se propose aujourd'hui de dégager sans parti pris, comme toujours, les conséquences du double événement de Cronstadt et de Portsmouth. De l'accueil fait à nos marins en Russie par l'empereur et le peuple russe, nous nous sommes réjouis sans réserve, demandant seulement qu'on gardât dans l'expression d'une joie légitime, la dignité et la mesure. A cet égard, il est regrettable qu'on se laisse encore aller sur divers points du territoire à des démonstrations russophiles inutiles pour la Russie et pas toujours très dignes pour nous-mêmes. Nous risquons par là de donner à entendre à nos ennemis que notre faiblesse était plus grande qu'elle ne l'était réellement.

***

Si le voyage de l'empereur Guillaume en Angleterre n'a pas été tout à fait étranger, du moins dans l'opinion des hommes compétents, à la forme que l'empereur de Russie a donnée à ses sympathies pour notre pays, ce même voyage parait avoir déterminé plus encore l'Angleterre à réclamer la présence de nos cuirassés à Spithead. Evidemment le marquis de Salisbury était allé, dans ses rapports avec la triple alliance, plus loin que ne le voulaient la reine d'Angleterre et son peuple, et Guillaume II, par sa visite à Londres, voulait engager l'Angleterre dans la triple alliance plus que celle-ci ne le désirait. C'est donc en grande partie pour couper court aux commentaires excessifs et dangereux que cette visite de l'empereur d'Allemagne pouvait accréditer, qu'il faut attribuer l'intervention de la reine, sa présence au milieu de notre flotte, et l'accueil particulièrement sympathique que l'Angleterre a fait à l'amiral Gervais et à nos marins.

***

De tout cela que conclure ? Plusieurs faits également intéressants pour nous. Si, d'une part, il y a d'un côté une triple alliance, il y a de l'autre côté deux puissances, la France et la Russie, qui n'en sont pas, et si une troisième, l'Angleterre, n'est pas avec nous et avec la Russie, elle s'est au moins dégagée de la triple alliance et a repris sa liberté que le marquis de Salisbury et l'empereur Guillaume étaient en train d'aliéner. De plus, si l'Alsace et la Lorraine demeurent toujours incorporées à l'Allemagne et s'il n'est pas question de croiser le fer à cet égard, la paix du moins peut paraître plus solide. Il y a moins de peine pour nous à accepter cette paix qu'à la subir, et c'était à peu près notre cas jusqu'aux démonstrations de Cronstadt. L'Allemagne, qu'il faut bien se garder de provoquer, sera moins tentée de nous tracasser, aujourd'hui qu'elle connait les sympathies avérées de la Russie pour notre pays. Nous respirerons plus à l'aise. Ce sont là, semble-t-il au Bonhomme-Deschamps, les avantages réels que nous retirons des derniers événements et dont nous avons tout lieu d'être satisfaits.

***

Mais ces heureux résultats qu'il faut bien se garder de compromettre en faisant blanc de son épée dans les journaux, et en se laissant aller à des manifestations peu sérieuses, à qui les devons-nous? A entendre le parti républicain, qui naturellement prêche pour son saint, ce serait aux mérites propres, exclusifs de la République et de ses gouvernants. C'est là, le Bonhomme Deschamps le répète, une explication de parti. La vérité est heureusement plus large et plus consolante. C'est au patriotisme de tous ses enfants que la France est redevable de la situation actuelle. Il nous sera bien permis de rappeler que les conservateurs n'ont jamais marchandé au gouvernement, depuis vingt ans, les moyens de soutenir l'honneur et de relever l'influence de la Patrie; que le duc Decazes, en particulier, à des heures difficiles, et sans rencontrer l'appui des républicains, sut, à l'aide de la Russie, prévenir de nouveaux désastres et qu'enfin l'événement dont nous nous réjouissons aujourd'hui a été, à l'exception peut-être de M. Jules Ferry, recherché et poursuivi sans distinction de parti, depuis 1871, par les divers hommes qui ont gouverné notre pays. Dans ces conditions s'il serait injuste de chicaner sur les réels avantages que la République et ses gouvernants actuels peuvent retirer de la visite de Cronstadt et de Portsmouth, il serait tout aussi injuste de ne pas étendre à tous les Français le mérite de ce double événement.

***

Le Bonhomme Deschamps ne saurait mieux terminer cette causerie qu'en empruntant à un article récemment publié par l'organe officiel du comte de Paris, la *Correspondance nationale*, sur le même sujet, les lignes suivantes : « Ce n'est pas le moment, dit excellemment cet article, pour les monarchistes, de rechercher ce que la monarchie aurait pu faire de la France pendant les vingt années de recueillement qu'elle vient de traverser. Mais ce n'est pas non plus le moment pour les républicains de profiter d'un succès de politique nationale où tous les Français ont leur part, pour le transformer en un triomphe de parti. »

LE BONHOMME DESCHAMPS.

NOUVELLES DE LA SEMAINE.

Les réformes financières adoptées si légèrement l'année dernière, pour ce qui concerne l'impôt foncier, n'ont pas donné satisfaction à tous les intérêts. Le conseil général des Vosges, qui, par une singulière coïncidence, réunit dans son sein des hommes qui paraissent devoir exercer de l'influence dans les régions ministérielles, — MM. Jules Ferry et Méline entre autres, — s'est prononcé, à l'unanimité, contre la transformation de l'impôt de répartition sur les propriétés bâties en impôt de quotité, et surtout contre les évaluations faites sinon à vue de nez, du moins sans les formalités légales, par le service des contributions directes, pour asseoir les nouvelles matrices. C'est une question qui ne peut manquer de revenir à l'ordre du jour lors de la discussion du budget, mais il n'y a pas lieu de penser que la majorité se déjuge dès cette première année. On verra plus tard l'inconvénient qu'il y a à conserver des centimes additionnels qui n'ont plus de base certaine et à faire coexister un impôt de répartition sur les propriétés non bâties avec un autre de quotité sur les propriétés bâties.

L'apaisement. — Dimanche dernier avait lieu, à Bonnétable (Sarthe), l'inauguration d'un monument élevé par souscription aux soldats de l'Orne et de la Charente, morts dans cette ville en 1870.

Voici ce qui s'est passé, d'après le compte rendu de l'*Agence Havas*, qu'on ne saurait accuser d'hostilité à l'égard du gouvernement, ni de travestir les actes de ses agents, puisqu'elle reçoit du Gouvernement lui-même ses renseignements et ses inspirations :

Le préfet et le représentant de l'autorité militaire avec diverses délégations ont été reçus à la gare de Bonnétable par M. de La Rochefoucauld-Doudeauville, maire de Bonnétable. Ils se sont rendus au cimetière avec la musique jouant la *Marseillaise* et l'hymne national russe.

A l'entrée du cimetière, le préfet, voyant le clergé au pied du monument, s'est retiré.

Le curé a dit qu'il avait reçu mandat des familles de plusieurs morts de bénir leur dernière demeure et qu'ils avaient le droit de dormir à l'ombre de la croix. Il a béni le monument et a quitté le cimetière.

Le préfet, avec le cortège, revint ensuite.

Voilà donc une nouvelle preuve — fournie par un fonctionnaire républicain — que la République ne peut pas plus vivre avec la religion que l'*eau avec le feu*.

Ce préfet de M. Constans met en pratique — sans reculer devant un scandale et sans craindre d'offenser la mémoire des soldats morts à Bonnétable en 1870 — la vraie doctine de nos républicains.

Heureux département. — Les détracteurs de la province feront bien de se rendre dans le département de la Lozère pour s'y convaincre que le présent vaut encore mieux que le bon vieux temps.

Voici, en effet, un pays qui fut jadis le théâtre des ébats et des méfaits de la bête du Gévaudan, revenu à l'âge d'or.

La prochaine session des assises n'aura pas lieu faute du moindre crime à soumettre au jury et voilà cinq trimestres qu'il en est ainsi. La Lozère n'a que 145,000 habitants et c'est à regretter, car on voit que ce sont d'honnêtes gens. Il y a eu, l'année dernière, 4,202 naissances pour 2,809 décès, ce qui représente presque un accroissement annuel de 1 0/0. Le pays est pauvre et peu lettré; l'industrie y est absolument locale. Les opinions politiques y sont modérées; car si, parmi les trois députés, il y en a un qui se réclame de M. Floquet dans ses manifestes, les autres, MM Grousset et de Colombet, sont franchement conservateurs.

Notre marine à Portsmouth. — Voici en quels termes un journal républicain, la *Liberté*, parle de la revue de la flotte française passée par la reine d'Angleterre :

Si le chef d'un Etat doit posséder au plus haut degré les qualités distinctives de son peuple, la reine Victoria a bien montré qu'elle était digne d'être la souveraine de la nation la plus maritime du monde.

C'est, en effet, avec un vent plus que frais, une lame menaçante et une mer démontée, que cette princesse, malgré son âge, a passé, sans retrancher un iota du cérémonial arrêté d'avance, la revue de la flotte française à Portsmouth. Voilà certes une de ces journées où le métier de roi a ses exigences. Beaucoup de ceux qui s'étaient promis de suivre sur les flots le sillage de l'embarcation royale, ont reculé et se sont contentés d'envoyer du rivage, hérissé de parapluies, des hurrahs retentissants.

Dans cette longue campagne de plaisirs, jamais nos marins n'avaient eu une pareille occasion de donner une preuve éclatante de leur instruction, car c'est au milieu d'une vraie tempête qu'ils ont paradé avec la même précision que sur un lac.

C'est donc sur une sorte de cinquième acte dans lequel officiers et matelots ont eu à déployer toutes les qualités nautiques du commandement et de l'obéissance que la nuit est tombée, faisant office de toile dans une apothéose féerique.

Les moissons et l'appel des réservistes

Au lieu de mettre des soldats à la disposition des cultivateurs, pendant la moisson, cette année, dans des conditions particulièrement critiques, les moissonneurs quitteront les champs pour la caserne! Singulière logique.

Un des arguments du ministre de la guerre qui a refusé de retarder la convocation des réservistes, est qu'il « serait nécessaire de remanier sensiblement les dispositions relatives « aux manœuvres de 1891, qui sont déjà prises « et notifiées aux corps d'armée intéressés ! » Soit; quand ces dispositions ont été prises, ignorait-on donc le retard considérable que la moisson subirait cette année, et combien, par suite, elle serait plus laborieuse et difficile?

Les empêchements éprouvés au cours des manœuvres récemment exécutées dans les départements, ne devaient-elles pas renseigner suffisamment le ministre. Ces empêchements se reproduiront lors des grandes manœuvres, en raison même du retard de la récolte et de la lenteur résultant du manque de bras. C'est dans ces conditions qu'on veut enlever les réservistes aux travaux de la moisson!

Foin du cultivateur! S'il perd sa récolte, la spéculation y gagnera; les amis des spéculateurs aussi. Lui, comptera ses pertes, labourera péniblement ses champs durcis et paiera le percepteur.

JEAN RAGE.

LA CULTURE DU BLÉ (1)

Aucune culture n'a pour notre pays l'importance de celle du blé dont on fait le pain.

Par goût, par tempérament, par habitude, nous sommes un peuple mangeur de pain. La pensée du pain quotidien est unie aux plus intimes et aux plus religieuses préoccupations de chacun de nous. Il y a donc pour le pays un intérêt capital de s'assurer le pain de chaque jour et surtout de le produire.

Or, malgré tous les progrès de notre industrie et de notre agriculture, la France n'est pas encore arrivée à produire tous les blés nécessaires à notre alimentation.

— « Qu'importe ! N'avons nous pas à notre « disposition les richesses de l'Amérique et « des Indes ! » diront les libres-échangistes, sans songer qu'il suffit d'une guerre pour fermer nos ports et affamer le pays.

Même, en dehors de cette question si importante aujourd'hui plus que jamais, de l'approvisionnement en cas de guerre, il n'est pas sage de laisser un des intérêts les plus vitaux du pays à la merci du commerce, et à quelque point de vue qu'on se place il est indispensable que l'agriculture française se mette en mesure de faire face au besoin du pays.

Est-ce difficile ? Nullement. Les besoins de la consommation annuelle sont de 110 à 115 millions d'hectolitres, la production actuelle est en moyenne de 100 à 105 millions. Il y a, on le voit, un écart relativement petit ; un léger effort suffira t pour le combler.

L'objectif de l'agriculture française doit être de produire annuellement 10 millions d'hectolitres de plus ; elle n'aurait pas d'avantage à produire pour l'exportation.

Où exporterait-elle ? En Angleterre qui ne récolte que les cinq douxièmes de sa consommation ? Mais d'autres contrées peuvent produire et produisent à bien meilleures conditions que nous. Ce sont les contrées exportatrices par excellence ; c'est l'Amérique, notamment, dont la concurrence est actuellement si redoutable. Il est vrai que cette concurrence est aujourd'hui à son maximum d'intensité, car l'accroissement des besoins locaux y marche plus vite que l'accroissement de la production. Les Etats de l'Est et ceux de l'Ouest ne se suffisent pas et sont forcés de s'approvisionner aux Etats du Centre les plus fertiles ; là, la population augmente dans des proportions considérables, d'où une augmentation de consommation qui restreindra nécessairement l'exportation.

Mais à côté de l'Amérique, il y a les immenses territoires du Sud, dont les terres, naturellement fertiles, le deviennent davantage par suite des travaux publics d'irrigation ; il y a l'Australie, qui, sous le rapport de la culture des céréales, est encore susceptible de grands progrès.

Voilà les véritables pays d'exportation ; ne cherchons pas à lutter avec eux, et si nous voulons augmenter notre production de blé, que ce soit seulement dans le but de nous suffire à nous même.

Avantages de l'emploi des semoirs.

Par quels moyens pouvons-nous arriver à augmenter la production du blé en France, assez, pour que celle-ci se suffise elle-même ?

(1) Résumé d'une conférence faite au Syndicat agricole de Beauvais par M. H. de Vilmorin.

Il importe d'abord de se rendre compte de toutes les causes de perte dans la production. Elles ne manquent pas, et il est facile d'y remédier.

C'est d'abord une consommation beaucoup trop forte de grains pour la semence, et la consommation est, en France, de 15 à 18 millions d'hectolitres, c'est-à-dire un hectolitre de semence pour récolter 7 hectolitres de grain.

Si l'on en réduisait la quantité de moitié, l'équilibre serait à peu près établi entre la production et la consommation — la production étant de 100 à 105 millions d'hectolitres, la consommation de 110.

Avec les semoirs dont on dispose actuellement, il est aisé de répandre 100 kilogr. de semence à l'hectare, assez également pour obtenir un semis plus que suffisant, en rangs peu espacés et à distances assez grandes sur le rang.

Il faut environ 400 chaumes au mètre carré, on les a facilement par le tallage en semant 100 grains ou même 50 seulement au mètre; mais comptons 200 grains pour la part de toutes les causes de destructions. Or, à 20 grains en moyenne au gramme. 100 kilog. de blé donneront 200 grains au mètre carré.

Les semis clairs n'ont pas seulement l'avantage de permettre de réaliser une économie de semence, ils assurent une meilleure production au double point de vue de la quantité et de la qualité.

Pour les semis à la volée, on ne peut guère répandre moins de 150 kil. ou 2 hectolitres par hectare, parce que, si bonne que soit la préparation du terrain, il faut toujours compter que 50 0[0 des grains répandus sont perdus : les uns laissés à la surface ne germent pas ou sont mangés par les oiseaux; les autres sont trop enterrés et pourrissent.

Avec un bon semoir bien conduit, ces irrégularités ne se produisent pas, il n'y a pas de perte de semence, cette quantité de 150 kil. serait beaucoup trop forte. On aurait intérêt à la réduire d'un tiers, de moitié même dans bien des cas.

M. de Vilmorin cite les expériences auxquelles il s'est livré; avec le semoir, il est arrivé à ne semer que 40 kil. à l'hectare. Ce sont les parcelles ainsi ensemencées qui ont donné le plus de grains, le plus de paille et le grain le plus lourd.

Dans les cultures si avancées du nord, ces ensemencements clairs sont entrés dans la pratique. Un agriculteur distingué, M. Desprez, ne sème dans ses meilleures terres que 60 kil. à l'hectare et il récolte 3,600 kil. de grains, 60 fois la semence!

Assurément, ces semis ne sont possibles que dans d'excellentes conditions de climat, de terrains, et, pour le plus ou moins d'épaisseur des semis, il faut encore tenir compte de la qualité des grains, de leur grosseur, de la propreté du sol, des dégâts possibles, de l'époque de l'ensemencement.

Pour les semis tardifs et pour les variétés peu disposées à taller, il faudra, évidemment, plus de semences que s'il s'agit de semis hâtifs et faits dans des conditions qui favorisent le tallage.

Les semis en lignes, au semoir, ont encore l'avantage de permettre le sarclage au moyen de la houe à cheval. Rien n'est plus utile que ce travail qui est toujours très largement payé par l'augmentation de la récolte.

Le blé, dont le système aérien est faible, se défend mal contre les plantes parasites, et les semis à la volée ne permettent pas de combattre économiquement, par un nettoyage direct, l'action parasitaire.

Dans les terres surchargées de mauvaises herbes, le nettoyage du sol par une plante sarclée précédant le blé ne suffit pas pour préserver le blé pendant sa végétation.

Il faut donc sarcler le blé lui-même; à cet effet, on sème en lignes espacées de 30 *centimètres;* cet espace est nécessaire par faire passer un cheval traînant une houe qui sarcle *trois* lignes à la fois, soit $0^{m}90$ de large.

L'économie de moitié de la semence ordinaire paie les frais de ce sarclage répété deux fois, une fois avant l'hiver, une autre fois au printemps avant que le blé ait atteint 30 centimètres de hauteur. Le sarclage d'avant l'hiver permet de semer de très bonne heure en septembre, sans crainte de voir les blés envahis par les mauvaises herbes qui d'ailleurs diminuent beaucoup après quelques années de ce système de nettoyage.

Ce système de culture combiné, bien entendu, avec l'emploi judicieux d'engrais azotés et phosphoriques, a pour résultats certains d'augmenter les rendements dans des proportions considérables; un agriculteur de l'Isère, bien connu, M. Perret, le met en pratique depuis sept années; les rendements de ses cultures qui étaient autrefois de 17 hectolitres à l'hectare sont portés maintenant à 34 hectolitres.

Conclusions : *Economie de semences. — Emploi de bons semoirs. — Binages du blé.*

Ne pas perdre de vue la vérité de ces vieux dictons :

« Semez clair, vous récolterez épais. »
« Qui sème dru, récolte creux. »
« Beau gazon, mauvais blé. »

(A suivre.) Ch. Gossin.

PRÉPARATION DU SOL
pour les semailles d'automne.

Les causes de la verse des céréales ne sont pas encore complètement connues; mais il est acquis que la disproportion des éléments azotés assimilables et des phosphates du sol en est une des plus certaines. Nous avons pu, avec beaucoup de cultivateurs, constater bien des fois, et notamment l'année dernière, l'absence de verse dans des parcelles de terrain qui avaient reçu, à l'automne, une forte dose de phosphates, tandis que les parcelles voisines auxquelles cet engrais n'avait pas été donné étaient, parfois, presque entièrement couchées. Les sels minéraux, et notamment les phosphates, communiquent à la tige des céréales une rigidité et une vigueur qui leur permet de résister aux coups de vent et aux intempéries, causes occasionnelles de la verse.

Il arrive que l'épandage du nitrate de soude en couverture, au printemps, sur les blés semés dans un sol insuffisamment pourvu en phosphates, amène la verse : on attribue alors, fort à tort, à l'emploi du nitrate, un accident essentiellement dû à l'absence des phosphates qu'il eût été par conséquent facile d'éviter.

La réussite d'une récolte dépend d'un ensemble de facteurs dont aucun ne saurait être négligé sans compromettre le succès. La mise en état du sol par les opérations mécaniques et par les fumures appropriées figure au premier rang de ces facteurs. C'est immédiatement après le récolte qu'il convient de commencer la préparation des terres en vue des semailles d'automne. La première condition d'une abondante récolte est la propreté du sol, c'est-à-dire la destruction des plantes inutiles ou nuisibles qui, à partir de la semaille, viendraient partager avec les végétaux cultivés, à leur grand détriment, les matériaux nutritifs qu'on a confiés au sol. Donc je rappelle les meilleurs procédés connus pour approprier la terre, dès l'enlèvement des moissons.

Le *déchaumage*, très répandus dans les départements où l'agriculture est avancée, mais que trop de cultivateurs encore ne pratiquent pas dans d'autres régions de la France mérite une mention spéciale, au premier rang des opérations qui assurent une bonne préparation du sol en vue des semailles d'automne. Comme son nom l'indique, le déchaumage consiste essentiellement à arracher la partie des tiges et les racines des plantes, céréales ou autres, qui restent dans le sol après la moisson : il présente, en outre, des avantages multiples que nous indiquerons, chemin faisant, en rappelant les principales manières dont on pratique cette opération, dans la petite, la moyenne et la grande culture.

Le déchaumage se fait à bras chez le petit cultivateur ; à l'aide d'une houe ou d'une bêche coudée, on écrête les sol suffisamment pour arracher les chaumes et les mauvaises herbes qu'on rassemble ensuite au râteau à main, en petits tas auxquels on met le feu.

Dans une culture plus étendue, on substitue au bras de l'homme divers instruments tels que la charrue et le bisoc, d'un emploi particulièrement avantageux en ce que, plus solidement assis sur le sol, il permet un travail plus superficiel, plus rapide et, partant, moins coûteux. Le déchaumage n'est point un labour et ne doit jamais être profond.

Dans les grandes exploitations rurales, des instruments spéciaux : scarificateurs, extirpateurs, remplacent avantageusement la charrue et le bisoc, à la condition d'être bien réglés. Un coup de herse vient ensuite ramener le chaume et les mauvaises herbes déracinées à la surface du sol. Si les champs qu'on déchaume sont infestés de chiendent, d'avoine à chapelet, ou d'autres plantes à racines traçantes et vivaces, il faut compléter le nettoyage du sol en rassemblant ces herbes à l'aide du râteau à cheval et en y mettant le feu. Il faut se garder de croire que le chiendent, le liseron la petite oseille, l'agrostis, en un mot, les plantes vivaces à racines traçantes, disparaissent d'un champ par le seul fait qu'on les a déracinées et exposées à l'ardeur des rayons du soleil. Mortes en apparences, ces racines n'attendent qu'une pluie pour recommencer à croître et à s'implanter de nouveau dans le sol. Ni l'arrachage, ni les labours répétés ne viennent à bout du chiendent; il semble même que la division des tiges souterraines de cet ennemi de nos cultures, favorisent leur développement. C'est uniquement au feu qu'on peut avoir recours pour détruire cette maudite plante, et le déchaumage convenablement pratiqué nous en donne le moyen. Encore n'est-ce pas du premier coup qu'on réussit à s'en débarrasser radicalement.

J'ai dit précédemment que le déchaumage

n'est point un labour, et qu'une des conditions indispensables à remplir, c'est d'opérer superficiellement ; en effet, les mauvaises herbes qui, dans les années humides surtout, envahissent les champs de blé semés à la volée qu'on n'a pu maintenir propres, mûrissent, pour la plupart, à la même époque que le blé. Si donc, après la moisson, on déracine ces mauvaises herbes en les laissant exposées à la surface du champ, leurs graines tombant sur sol germeront promptement, et, dans quelques semaines, un labour ordinaire enfouira dans la terre les plantes qui en seront nées, avant qu'elles puissent donner à nouveau des fleurs et des semences. Le cultivateur s'en trouvera ainsi débarrassé, et sa terre nettoyée sera prête à recevoir la semaille d'automne. Si, procédant différemment, on effectue le déchaumage à la charrue, en enfouissant trop profondément dans la terre les mauvaises herbes pourvues de leurs graines, celle-ci ne germeront pas immédiatement, mais ramenées plus tard, par un autre labour, dans la couche superficielle où elles rencontreront l'humidité, l'air et la chaleur nécessaires, elles ne tarderont pas à envahir le champ, et le bénéfice de l'arrachage sera perdu pour le cultivateur.

En général, l'épaisseur de la couche de terre retournée par la charrue, lorsqu'on emploie cet instrument pour effectuer le déchaumage, ne doit pas excéder six à sept centimètres.

Le déchaumage pratiqué convenablement, immédiatement après la moisson, permet donc : 1° de déraciner les chaumes et ameublir la surface des champs ; 2° de débarrasser la terre des mauvaises herbes et, si cela est nécessaire, d'enlever le chiendent et les plantes vivaces à racines traçantes qu'on détruira par le feu ; 3° de faciliter la germination des semences des plantes nuisibles qu'un labour ultérieur enfouira en vert. Ces avantages suffisent à justifier la pratique du déchaumage adoptée par tous les cultivateurs expérimentés. Finalement, ils se traduisent d'un mot : le nettoyage du sol qui devra recevoir la prochaine semaille.

Nous venons de dire que les plantes nuisibles à racines traçantes doivent être brûlées et non enfouies dans le sol après leur exposition à l'air. Lorsque les terres qu'on déchaume ne sont pas infestées de chiendent et autres végétaux analogues, l'enfouissage des chaumes par la charrue, après la levée des mauvaises herbes, constitue une excellente opération qui enrichit le sol en humus et lui restitue les matériaux élaborés par la récolte. Il ne sera peut-être pas sans intérêt, pour quelques-uns de nos lecteurs, d'avoir sous les yeux, au sujet de cette restitution, quelques données numériques assez peu connues. La moisson des diverses plantes n'enlève, comme on le sait, qu'une partie des végétaux qui couvrent un champ. Le chaume et les racines forment une part importante du prélèvement fait au sol et à l'atmosphère par les plantes que nous cultivons. Ces résidus, faisant retour au sol, contribuent dans une proportion plus grande qu'on ne serait tenté de le supposer à l'entretien de sa fertilité. Tous les agriculteurs connaissent l'importance des engrais verts, à ce point de vue, mais on sait généralement moins exactement ce que les racines et les chaumes des céréales ou des légumineuses représentent, par rapport au poids de la récolte enlevée, et laissent dans la terre de principes fertilisants. Les nombres suivants correspondent à une récolte moyenne et n'ont, par conséquent, rien d'absolu.

La première colonne A indique, en kilogrammes, le poids des restes de la récolte et racines (à l'état sec) par hectare ; la deuxième, colonne B, le poids d'azote contenu dans les résidus ; la colonne C, celui des matières minérales ; la quatrième colonne D, les poids d'acide phosphorique rapportés à l'hectare.

	A	B	C	D
Luzerne.......	10.800 k	153 k	1.340 k	44 k
Trèfle rouge...	9.980	215	2.150	84
Sainfoin.......	6.630	138	1.145	33
Froment......	3.900	26	1.218	13
Seigle........	5.900	73	1.840	28
Avoine.......	3.725	30	1.615	33
Orge..........	2.237	26	425	13

On voit, à l'inspection de ce tableau, quelles profondes différences existent entre les légumineuses et les céréales, au point de vue de la teneur en azote et en acide phosphorique des parties de la plante non récoltées et le rôle important qui est dévolu à cette famille végétale dans l'assolement de nos terres et dans l'entretien de leur fertilité. Aujourd'hui que les travaux d'Hellriege et de Wilfarth ont mis hors de doute la fixation de l'azote atmosphérique libre par les organes souterrains des légumineuses, le parti économique que l'agriculture tire de l'introduction des plantes de cette famille dans l'assolement est scientifiquement démontré. Le gain en azote, assimilable pour les autres récoltes, réalisé par les légumineuses, est absolu, puisqu'elles nous fournissent gratuitement l'élément nutritif de nos céréales le plus cher, lorsque nous devons nous le procurer par l'achat de fumier ou d'engrais commerciaux. Il importe donc de combiner nos cultures de manière à y introduire sur la plus large échelle, suivant les conditions locales de nos exploitations, la luzerne, le trèfle et les autres légumineuses papillionacées. D'une part, nous donnerons ainsi à nos sols de l'azote qui ne nous coûtera rien ; de l'autre nous amènerons dans la couche arable des quantités considérables de matières minérales et notamment d'acide phosphorique, puisées par les longues racines des légumineuses dans le sous-sol que n'atteignent pas les autres récoltes.

Bien que beaucoup moins considérables, les quantités de matières organiques, d'azote, de substances minérales, d'acide phosphorique, entre autres, contenues dans les chaumes et les racines des céréales, sont loin d'être négligeables ; la pratique du déchaumage, qui permet la désagrégation de ces résidus beaucoup plus rapidement que si on les abandonnait à elles-mêmes sans les déraciner, a pour résultat d'enrichir le sol dans une mesure notable.

A tous les points de vue, on peut donc recommander le déchaumage comme un procédé cultural excellent, à mettre en œuvre immédiatement après la moisson, pour assurer la destruction des mauvaises herbes, ameublir la surface du sol, l'enrichir en principes nutritifs et en semences, et la préparer à recevoir les semences de la récolte suivante.

L. Grandeau.

LA FABRICATION DU VIN

(Suite).

Une fermentation, donc, doit être rapidement conduite pour faire du bon vin de conserve et lui éviter une foule d'accidents secondaires par la suite.

Pour cela, il faut *obligatoirement*, je souligne ce mot à dessein, une température chaude de 18° au moins à 26° de chaleur.

Je vous ai expliqué que les ferments qui changent le sucre des moûts en alcool et en acide carbonique ont besoin absolument de cette température pour accomplir leur besogne.

Il résulte de ce fait, par conséquent, que vous ne devez pas faire de fermentation en aveugle, c'est-à-dire en jetant purement et simplement vos raisins pressés dans une cuve et à la garde de Dieu !

Il faut placer un thermomètre dans votre cellier, pour en connaître la température et un thermomètre coudé au mercure à votre cuve pour connaître à tout instant son degré de chaleur intérieure. Ces instruments coûtent, du reste, si bon marché aujourd'hui qu'on n'a plus aucune excuse à s'en dispenser. Qu'est ce, en somme, une dépense de cent sous, pour toujours, à côté des conséquences de la perte d'une cuvée ?

C'est donc bien entendu, il vous faut connaître le degré de chaleur de votre moût pendant la fermentation — si la température baisse — ce qui arrive le plus souvent dans les caves de la plupart des vignobles de France à la suite d'un mauvais temps. Il faut la faire remonter dans la cuve ou dans le cellier.

On chauffe avec des poêles ou calorifères l'air ambiant, au besoin on ajoute un peu d'eau bien chaude, ou on chauffe une partie du moût. Ce dernier moyen est dangereux, car il risque de donner le goût du cuit à la cuvée.

Je ne rentrerai pas dans des explications de physique et même de chimie de ces divers faits, je manquerai le but que je me suis proposé, mais je vous dirai, afin que vous compreniez bien pourquoi il faut faire cela, qu'il y a deux levures en présence dans le moût : la bonne et la mauvaise. La bonne a besoin de la température que j'indique pour devenir forte, vigoureuse et absorber la mauvaise. La mauvaise, au contraire est dans son élément quand la température est au-dessous de 18°. Elle empêche la bonne levure d'agir et finit même, dans bien des cas, par l'absorber.

C'est l'explication des mauvais vins produits certaines années, sans explications possibles de la part des viticulteurs, qui avaient pourtant fait d'excellentes vendanges. Faites-en votre profit. Enfin, le dernier point : Voulez-vous produire de bons vins toujours ? évitez le contact de l'air sur le *chapeau*. Ah ! ce chapeau, que de désastres il occasionne chaque année ! J'admets que vous ne pouvez faire aucune installation pour l'empêcher de se former ; que vous n'ayez ni cuve fermée, ni foudre pour faire fermenter, vous n'avez qu'à arroser, trois fois par jour, le matin, à midi et le soir, le haut de vos cuves avec le dixième du moût qu'elle contient, en le prenant par le bas.

Vous éviterez toute acétification et vous donnerez de l'air à votre moût qui n'en fermentera que mieux. Bien plus, je vous garantis pour vos vins rouges un manteau encore bien plus foncé et plus vif en pratiquant ainsi. Donc, avantages de tous côtés. J'espère que vous n'hésiterez plus à faire cela et que vous abandonnerez votre abominable usage du respect du chapeau que vous laisserez se former sur vos cuves.

A grands traits, voilà la ligne principale d'une bonne fabrication. En temps opportun, je reviendrai avec des détails, comme je le fais chaque année pour que vous obteniez toujours les meilleurs vins du pays où vous habitez.

J.-F. Audibert,
directeur de l'*Echo universel*.

LA LOI SUR LES SUCRES

Voici le texte de la nouvelle loi concernant le régime des sucres.

Art. 1er. — A partir du 1er septembre 1821 prochain, et pour les campagnes suivantes, le rendement légal par 100 kilogr. de betteraves mises en œuvre dans les fabriques de sucres indigènes reste fixée à 7 kilogr. 750 grammes

Lorsque le rendement effectif de chaque fabrique ne dépasse pas 10 kilogr. 500 grammes de sucre raffiné par 100 kilogr. de betteraves, l'excédent est en totalité admis au bénéfice du droit réduit édicté par le premier paragraphe de l'article 1er de la loi du 5 août 1890.

La moitié de l'excédent obtenu en sus de 10 kilogr. 500 grammes de sucre par 100 kilogr. de betteraves n'est également passible que de ce même droit réduit; l'autre moitié est ajoutée aux charges imposables, au droit plein de 60 fr. par 100 kilogrammes.

Aux fabricants qui, avant le 1er novembre de chaque année, déclarent au bureau de la régie qu'ils renoncent au bénéfice de la prime sur les excédents de rendement, il est alloué un déchet de 15 p. 100 sur le montant total de leur fabricatien.

Les sucres correspondant à ce déchet sont passibles d'un droit égal à celui qui est applicabie aux sucres représentant des excédents.

Sous l'un ou l'autre des deux régimes définis ci-dessus, la prise en charge fixée par le premier paragraphe du présent article est définitive, quels que soient les excédents et les manquants qui peuvent se produire.

Art. 2. — Le déchet de fabrication alloué aux fabricants distillateurs par l'article 6 de la loi du 5 août 1890 est abaissé à 15 p. 100, à partir de la campagne 1891-92.

Art. 3. — Les mélasses expédiées d'une fabrique sur une autre fabrique ou sur une sucraterie exercée sont portées en décharge au compte de fabrication, à raison de 30 kilogr. de sucre raffiné par 100 kilogr. de mélasses. Elles sont prises en charge chez le destinataire pour une quantité de sucre raffiné égale à celle dont le compte de l'expéditeur a été déchargé.

Ne peuvent être expédiées dans ces conditions que les mélasses épuisées n'ayant pas plus de 50 p. 100 de richesse saccharine absolue.

Art. 4. — Toute modification relative à la fixation de la prise en charge ou du déchet qui ferait l'objet d'une nouvelle disposition législative, ne serait applicable qu'un an après la promulgation de la nouvelle loi.

Disposition transitoire.

Art. 5. — Pour la campagne 1890-91, il sera alloué un déchet de 15 p. 100 sur le montant total de leur fabtication aux fabricants de sucre qui, par une déclaration faite au bureau de la régie cinq jours au plus tard après la promulgation de la présente loi, renonceront au bénéfice de la prime sur les sucres obtenus en sus de la prise en charge légale.

L'avant-dernier paragraphe de l'article 1er ci-dessus est applicable aux sucres représentant ce déchet.

ÉTAT DES VIGNOBLES

Les vignes sont belles, aussi belles que les blés, qui sont beaux partout, dans le Nord, dans le Centre, dans le Midi.

Il y a des quartiers où l'on se défend avec peine de l'anthracnose et des insectes dévastateurs. Il en est de cela comme de la grêle, qui ravage quelques communes, ruine quelques particuliers, mais ne modifie pas sensiblement l'ensemble des résultats généraux.

Le phylloxera sévit, comme l'année dernière, avec ni plus ni moins d'intensité. Ceux qui l'ont combattu avec succès précédemment continuent à le combattre. Il continue à en prendre à son aise là où l'on continue à ne pas le contrarier.

Du mildiou on s'habitue à avoir raison, comme de l'oïdium.

Voilà pour les vieilles vignes. Quand aux jeunes plantations sur porte-greffes exotiques, elles sont exubérantes de végétation, et celles qui sont en âge de donner du fruit s'annoncent chargées de raisins.

L'an passé, on a eu relativement une bonne récolte. Jusqu'ici, la prochaine promet d'être meilleure, si les trois mois où nous entrons sont normalement favorables. Mais il faut qu'ils le soient. Le soleil est le seul dispensateur des biens de la terre. S'il est fidèle à son poste, tout va bien; s'il nous fait défection, tout peut mal tourner.

C'est là le résumé des impressions que nous laissent de nombreuses lettres qui nous ont été écrites par plusieurs de nos lecteurs des différentes régions de la vigne.

Nous n'avons pas de nouvelles directes du Midi méditerranéen. Mais les vignerons de ce bienheureux pays n'ont plus à craindre que l'excessive abondance des vins étrangers et des autres vins français.

Dans toute la vallée de la Saône et du Rhône, on a partie gagnée. Personne n'y parle plus des grands froids de l'hiver passé qui avaient tout détruit, criait-on. Comparées à ce qu'elles étaient depuis une dizaine d'années, les vignes sont vraiment plantureuses. Mais nulle part peut-être elles ne sont mieux soignées.

Dans la basse Garonne, on est satisfait. Dans le Quercy et dans le Gers, les trois quarts de l'ancien vignoble sont détruits et n'ont pas été remplacés. Ce n'est que depuis trois ou quatre ans que les propriétaires encore capables de faire un effort ont commencé à replanter. Ce n'est malheureusement que l'exception. Il faudra un quart de siècle pour remettre les choses en état parmi ces pauvres populations que deux mille ans de vie douce et facile ont rendues indolentes.

L'an passé, je disais à de bons paysans, sur les lieux : mais pourquoi donc ne plantez-vous pas des américains ?

Ils me répondaient qu'ils ne plantaient pas parce qu'ils n'avaient pas d'argent pour acheter des plants, que s'ils en avaient ils ne l'y risqueraient pas, parce qu'on ne savait pas si la vigne étrangère réussirait dans le pays, ce qui était douteux, des essais ayant été faits qui avaient échoué ; que d'ailleurs tout passait en ce monde, les bonnes et les mauvaises choses, et que le phylloxera passerait comme le reste.

Ils en sont là encore. Quand on leur montre une vigne bien soignée et prospère, ils vous disent : ça ne tiendra pas, ou ça ne donnera pas du raisin.

S'ils voient que ça tient et qu'il y a du raisin, le vin ne vaudra rien, disent-ils.

Ils en boivent, le trouvent bon et restent bouche bée. On les dirait uniquement préoccupés de se créer des prétextes, de ne rien faire. C'est le grand mal, je le répète, de ces contrées. Ce sont les vignerons qui ont le phylloxera, plus que la vigne elle-même.

Il faudrait pouvoir en déplacer quelques centaines par canton et les déporter, pour une semaine, dans une grande plantation bien conduite. Ils reviendraient corrigés de leur ignorance et de leur routine, et ils se mettraient à l'œuvre, peut être.

Gui. Z. R. X.

Nouvelles agricoles.

Exposition viticole à Sancerre. — Les membres du comice, réunis en assemblée générale le 19 mars 1891, ont décidé qu'une exposition viticole aurait lieu, à Sancerre, du 24 au 27 septembre. Le but de cette exposition est de faire connaître aux viticulteurs du Sancerrois les meilleurs procédés de culture, de taille, de traitement, de greffage et de reconstitution des vignes.

Sancerre est le centre d'une région viticole importante, comprenant, d'après les statistiques officielles 2.419 hectares, d'un rendement de 51.000 hectolitres. Ses vins jouissent d'une réputation méritée.

Voici le programme détaillé et les conditions d'admission :

1re SECTION

Plants américains porte-greffes, plants franco-américains greffés, soudés et racinés ; hybrides.

2e SECTION

Personnel, outils et procédés de greffage.

1° Greffeurs résidant dans la circonscription du comice;

2° Greffeurs étrangers à la circonscription.

3e SECTION

1° Procédés de culture, de taille, de traitement de la vigne, engrais spéciaux et appareils divers.

2° Etudes, bibliographie, cours, instructions.

On décernera les récompenses suivantes :

2 médailles d'or, dont une grand module.
3 médailles de vermeil grand module.
8 médailles d'argent, dont trois grand module.
12 médailles de bronze.

Les déclarations détaillées des exposants devront être adressées à M. le secrétaire de l'exposition viticole, à Sancerre, rue Macdonal, 5, le 10 septembre 1891, au plus tard.

Les grandes Compagnies de chemin de fer transporteront tous les produits adressés à l'exposition, avec une réduction de 50 0/0, en ce sens qu'on devra payer le plein tarif à l'aller, et que le retour sera *gratuit*.

L'impôt sur les propriétés bâties. — Nous rappelons que l'article 7 de la loi du 8 août 1890 accorde, pour 1891, un délai de six mois, à partir de la publication du rôle, à tout propriétaire de propriété bâtie, pour réclamer contre la valeur locative attribuée à son immeuble par l'évaluation à laquelle l'administration des contributions directes a procédé, en vertu de la loi du 8 août 1885. La date de la publication du rôle, qui varie par commune est indiquée en marge, à gauche de chaque avertissement. *Le délai est sur le point d'expirer*, et nous ne saurions trop engager les contribuables à déposer sans retard leurs réclamations. La requête peut être écrite sur papier libre pour les cotes inférieures à 30 francs; elle doit être sur timbre de 60 centimes, si la cote est de 30 francs et au dessus. Elle peut être déposée, soit à la préfecture, soit à la sous-préfecture; il doit en être délivré récépissé.

Dans la session d'avril dernier, le conseil général de l'Eure avait émis le vœu « qu'en raison de l'aggravation considérable et de l'inégalité des impôts sur la propriété bâtie, depuis le 1er janvier 1891, aggravation et inégalité qui résultent uniquement d'appréciations individuelles sans examen contradictoire, il soit procédé à une revision générale et contradictoire de l'évaluation de la propriété bâtie, indépendamment du droit qui appartient aux contribuables de réclamer personnellement. »

L'agriculture et les sociétés coopératives. — Nous appelons tout particulièrement l'attention sur la circulaire suivante adressée par M. Le Trésor de la Rocque, président de l'Union des Syndicats des Agriculteurs de France, aux présidents des syndicats agricoles :

« Monsieur le Président,

« J'ai pris la liberté de vous faire adresser récemment des tableaux résumant la production agricole et industrielle de la France. Le but de ce travail était de mesurer l'importance de notre marché intérieur, notre grand marché national, et de le comparer au marché des produits français à l'extérieur.

« J'ai supposé, dans mes calculs, pour arriver plus rapidement au résultat, que les consommateurs étaient grevés seulement des prix que recevaient les producteurs. Ce n'est là, vous le savez, qu'une pure hypothèse. La vérité, c'est qu'entre le producteur et le consommateur se place une série d'intermédiaires qui vivent à nos dépens. L'œuf vendu par le producteur au prix de 7 centimes est payé 15 centimes par le consommateur. La différence, soit 8 centimes, ne profite pas à l'un plus qu'à l'autre. En cherchant bien, vous trouveriez des écarts du même genre à peu près sur tous les produits qui ne sont pas consommés par celui qui les a récoltés. Des milliards prélevés annuellement par un commerce parasite, tant sur les producteurs que sur les consommateurs, sont arrachés ainsi à l'épargne nationale. Tout le monde aujourd'hui parle de réformes sociales. La réforme qui devrait primer toutes les autres serait de réduire le total de ce tribut, dont chacun de nous paye sa part, et d'arriver à diminuer le nombre des intermédiaires commerciaux qui, de 1.717.000 en 1886, s'est élevé à 3.170.000 en 1881, à 4.700.000 en 1886, et qui dépasse aujourd'hui 5.000.000 !

« Les Syndicats agricoles nous affranchissent en partie de ce joug des intermédiaires; des sociétés coopératives, crées à côté des Syndicats agricoles, nous en affranchissent mieux encore.

« Un des premiers parmi nous, M. Rostand, a su mettre à profit les dispositions libérales de la loi de 1884; il a créé dans la Charente-Inférieure un puissant Syndicat agricole Grâce à son impulsion, l'association s'est développée avec une rapidité prodigieuse. Malgré cet éclatant succès, le fondateur sut bientôt reconnaître que les Syndicats agricoles rendaient à leurs adhérents une partie seulement des services que les vrais amis des agriculteurs devaient chercher à leur procurer.

« Pourquoi ne pas réaliser sur les objets destinés à la nourriture et à l'entretien des personnes les mêmes économies que le Syndicat obtenait sur l'achat des engrais, des machines et des autres objets destinés à la culture ? — C'est ce que se dit M. Rostand, et il conçut le plan d'une Société coopérative devant fonctionner à côté du Syndicat, afin de compléter et de perfectionner son œuvre.

« Voilà ce qui a motivé la création depuis deux années, de la Société coopérative de production et de consommation de la Charente-Inférieure qui réalisera en 1891 plus de trois millions d'affaires.

« Cette Société livre à ses adhérents, à des prix inespérés, des fournitures de bonne qualité, ce qui ne l'empêche pas d'obtenir de sérieux bénéfices dont elle consacre une partie à des œuvres d'assistance agricole.

« Grâce à la Société coopérative, les agriculteurs de la Charente-Inférieure consomment plus, dépensent moins, et, tout en réalisant des économies importantes, n'oublient pas de soulager leurs frères moins heureux.

« A peu près à l'époque où M. Rostand fondait la Société coopérative de la Charent-Inférieure, un de nos plus dévoués présidents de Syndicat, M. Emile Duport, de quelques amis et de quelques-uns de ses collègues de la région, créait à Lyon une Société coopérative exploitant trois boucheries qui livrent aux consommateurs les bestiaux des producteurs sans majorations abusives. Cette création a pleinement réussi.

« Ces Sociétés sont restées quelque temps isolées, mais dans ces dernières semaines, l'idée de coopération a germé dans nombre d'esprits et plusieurs Syndicats m'annoncent qu'ils se décident à provoquer, à côté d'eux, la création de Sociétés coopératives.

« L'Union des Syndicats ne peut demeurer étrangère au mouvement qui se manifeste. Nous engageons tous nos amis des Syndicats à étudier sérieusement la question des Sociétés coopératives ; nous les invitons à en constituer partout où ce genre de Société aura la chance d'être accueilli favorablement et pourra fonctionner avec succès ; nous les assisterons, s'ils le désirent, de nos conseils et de notre expérience.

« Il va sans dire que le Syndicat devra être maintenu à côté de la Société nouvelle ; il devra naturellement en conserver la direction et l'imprégner de son esprit. Mais les deux institutions ne font pas double emploi, et ce n'est pas trop de leurs efforts combinés pour améliorer la situation des agriculteurs.

« Veuillez agréer etc. « *Signé :*

« LE TRÉSOR DE LA ROCQUE. »

CONSEILS DU JARDINIER

LES RAISINS ET LES GUÊPES

Un jardinier des Vosges a expérimenté un moyen bien simple de protéger ses raisins de treille contre la voracité des guêpes.

« Il y a bien quatre ans, dit-il, j'avais lu quelque part que les tomates plantées au pied des treilles, faisaient fuir les guêpes, qui ne peuvent en supporter l'odeur forte. J'ai essayé le moyen et il a parfaitement réussi. Depuis ce temps, je n'ai plus à me plaindre des dommages que me causaient autrefois les guêpes. Elles viennent bien voltiger autour de la treille; mais, presque aussitôt, elles déguerpissent comme si on les chassait. Le moyen en question réussirait-il partout, à toutes les expositions ? Je ne sais; je ne fais que signaler ce qui se passe ici, sur ma vigne, qui a 3 mètres de hauteur et regarde le Levant. »

Ce jardinier cultive la tomate rouge et grosse hâtive. Si on ne tenait pas à récolter les fruits, on pourrait, pense-t il semer de préférence une variété tardive et très vigoureuse A son avis, il est bon de laisser quelques rameaux de la plante monter dans la vigne, sans cependant cacher les feuilles ou les raisins. L'odeur étant alors rapprochée devient plus pénétrante.

HORTUS.

CONSEILS A LA FERMIÈRE

CONSERVATION DE LA VIANDE DE PORC
BIÈRE DE MÉNAGE

Voulez-vous un moyen économique de conserver la viande de porc? — Prenez par chaque kilogramme de viande un demi-litre d'eau et 250 grammes de sel, faites bouillir avec des plantes à assaisonner telles que : thym, laurier, sarriette, lavande, etc., puis faites cuire simplement votre viande dans cette eau salée. La viande de porc conservée par ce procédé a plus de goût, est plus fraîche que celle que l'on garde dans la graisse fondue ; autres avantages : la graisse est conservée tout entière, l'eau salée remplace parfaitement le beurre et la graisse dans la soupe et les plats où il entre de la viande de porc ; enfin ce procédé donne une économie de graisse d'au moins 25 0/0.

Grand merci, me direz-vous peut être, mais ça doit être pas mal salé, ça donnera soif et il y a tant d'hommes qui n'ont pas besoin d'avoir soif pour boire plus que leur soul. — Hé bien, la maman, voici la recette d'une bière de ménage vite faite et pas chère, dont on pourra boire tant qu'on voudra sans se griser et sans se ruiner : faites bouillir pendant une demi-heure dans la quantité d'eau convenable 25 litres de son de froment, ajoutez pendant l'ébullition une pincée de fleurs de sureau desséchées et une bonne poignée de houblon. Quand le liquide sera à peu près refroidi, passez-le et entonnez-le dans une barrique où vous verserez par la bonde un verre de levure délayée avec de l'eau. Au bout de huit jours votre bière sera bonne à boire ; elle sera excellente si vous avez soin d'y jeter pendant la fermentation quelques poignées de raisins secs.

UNE MÉNAGÈRE.

CONSEILS DU VÉTÉRINAIRE

LA PROPRETÉ DES PORCS.

Aucun animal n'est aussi propre et aussi délicat que le porc, et cependant son nom sert à qualifier le contraire.

Encore un préjugé qu'il faut combattre, car sa persistance provoque le développement de ces maladies graves si connues sous le nom de charbonneuses.

Ne vous êtes-vous jamais demandé pourquoi le porc se vautrait dans la boue avec tant de délices ? Non ! c'est parce que l'eau est indispensable à sa santé.

Au lieu d'entretenir dans vos fermes, ces mares d'eau infectes, pernicieuses, qui compromettent la santé de l'homme et des animaux, creusez un grand bassin où l'eau pourra circuler à volonté. Les porcs pourront s'y baigner tout à leur aise ; ce sont d'excellents nageurs. Leur état de santé y gagnera, la peau rendue plus souple permettra un embonpoint très rapide, de telle sorte que l'élévation du produit de la vente couvrira et au-delà les frais nécessités par la construction et l'entretien de ce bassin.

UN VIEUX VÉTÉRINAIRE.

Conseils aux 28 *jours !*

Les réservistes qui doivent prendre part aux grandes manœuvres rejoindront dans quelques jours les régiments auxquels ils sont affectés. Nous croyons leur être utile en leur donnant quelques conseils dont ils pourront tirer profit :

Habillement et équipement. — Emporter tous

les effets militaires que l'on possède. C'est, tout d'abord, obligatoire ; puis il ne faut pas oublier que les vestes, pantalons, képis, etc., que l'on distribue aux réservistes ont déjà été portés pendant longtemps par les hommes de l'armée active et ont parfois été réintégrés en magasin après un lavage très sommaire.

Deux chemises de flanelle suffiront pour la période d'instruction. Pendant les marches surtout, la flanelle est de beaucoup préférable à la toile et au coton. Se munir également de quelques paires de chaussettes ; celles de laine sont, en l'occasion, meilleures que celles de fil et de coton. Le gouvernement ne donne ni chemises de flanelle ni chaussettes aux réservistes.

La chaussure de nos troupiers est excellente ; mais la plupart des réservistes ne portent, pendant les manœuvres, que des souliers, bottes ou bottines leur appartenant. Nous préconisons le brodequin lacé, à semelle épaisse et à talon large et plat ; il faut avoir soin de le *briser* avant la période des marches et de le graisser tous les jours.

Une demi-douzaine de mouchoirs, un ou deux caleçons, quelques objets de toilette et un casque à mèche (ne riez pas de cette coiffure, qui rend les plus grands services en campagnes !) compléteront pour le réserviste un bagage qui ne doit point comporter de superflu. « Petite charge pèse de loin, » dit le proverbe.

Hygiène. — Le matin, avant le départ pendant les marches, se graisser soigneusement les pieds avec du suif, du saindoux ou une pommade au sulfate de zinc et au tanin ; le soir les laver avec un peu d'eau froide (et jamais dans l'eau froide) mêlée, si possible, avec un peu d'esprit de vin. Ne pas se mettre en route à jeun ; avoir dans le bidon de l'eau mélangée avec du café ou du vinaigre ; ouvrir les vêtements et desserrer les cravates dès que l'autorisation en est donnée par le commandant de la colonne : par la chaleur, mettre le mouchoir entre la coiffures et la tête. — Aux haltes, ne boire qu'après quelques minutes de repos ; se rappeler toutefois que l'homme qui doit continuer à marcher peut boire, pourvu que l'eau ne soit pas glacée ; se laver la figure et les yeux à la fin de la marche.

Se défier des courants d'air à l'arrivée au cantonnement ; prendre les plus grandes mesures de propreté personnelle, se couvrir, au cantonnement et au bivouac, la tête avec le bonnet de coton en l'enfonçant jusque sur les yeux, si l'air est humide se coucher tôt pour reposer le nombre d'heures nécessaire ; enfin et surtout, éviter les excès de toute nature, et conserver toujours gaité et bonne humeur !

UN VIEUX PANTALON ROUGE.

JURISPRUDENCE RURALE.

VENTE DE BILLETS DE RETOUR

— Train de plaisir dans toutes les directions ! Voyages à prix réduits ! Billets d'aller et retour ! On ne voit que cela sur tous les murs ; c'est ça qui vous donne des démangeaisons dans les jambes, qui vous dit dans l'oreille : « Si tu allais faire un petit tour au pays, si tu « arrivais tout d'un coup surprendre les amis « et embrasser les parents » ; j'en serais quitte à bon compte, et puis, si je ne peux pas revenir dans les délais, pas si bête, je ne perdrais pas mon retour, je trouverais bien là-bas quelqu'un qui me l'achètera.

— Attention, mon bon ; ne t'avise pas de cela ; c'est défendu et au moment des trains de plaisir, les Compagnies, qui se méfient de la chose, ont l'œil ouvert et tu te ferais pincer.

— Comment donc ; je ne vois rien d'immoral là-dedans.

— Non, assurément, mais c'est contraire aux tarifs qui, étant homologués par l'Etat, ont force de loi.

— Vous en êtes sûr ?

— Absolument ; cela vient encore d'être jugé par la Cour d'appel ; le billet d'aller et retour est personnel ; d'où la conséquence que celui qui se sert pour voyager d'un coupon de retour détaché d'un billet délivré à une autre personne, n'a qu'un billet insuffisant et doit être considéré comme voyageant sans billet, ce qui est un délit et celui qui donne ou vend à cet effet son billet se rend complice dudit délit.

— Grand merci de me prévenir, car j'aurais fauté sans m'en douter.

UN VIEUX JUGE DE PAIX.

POUR RIRE.

Taupin est au café :

Sa consommation payée, il remet la monnaie dans sa poche.

Le garçon, obséquieux :

— Monsieur voudra bien ne pas m'oublier ?

Taupin, souriant avec bonté :

— Non, mon ami... Je vous écrirai !

***

Bébé à un visiteur :

— Alors, Monsieur, c'est toi le coiffeur ?

— Mais non, mon ami.

— Ah ! je croyais !...

— Pourquoi cela ?

— Parce que papa a dit : « Encore un qui vient me raser ! »

PETITE POSTE.

M. de V..., à Coulommiers. — *Prairie.* — Le semis de printemps doit, sous votre climat, être préféré au semis d'automne. Pour gagner une année, il faudrait semer dans les jours de septembre au plus tard, afin que les jeunes plantes aient le temps de s'enraciner avant l'hiver. Dans ce cas, le semis doit être isolé, c'est-à-dire qu'il ne doit pas être fait dans une céréale, à moins que celle-ci ne soit *très claire*. Ne semez pas du sainfoin à cette époque. Dans les parties mouillées, un peu plus de semence sera nécessaire.

G..., à P... — *Animaux nuisibles. — Destruction.* — 1° Le propriétaire, incapable par lui-même de se défendre contre les animaux nuisibles, ne peut exercer ce droit que par ses serviteurs, gardes, membres de sa famille habitant avec lui ; s'il en chargeait des étrangers, cela deviendrait de la chasse en battue, et il serait bon dans ce cas de se munir d'une autorisation préfectorale.

2° Le fermier a le même droit que le propriétaire et peut agir par lui-même ou par les personnes de la maison.

3° Le droit de défense peut s'exercer à toute heure. (Art. 8 de la loi du 3 mai 1824.)

M. S... (Oise) — *Berger.* — Ce berger s'étant mis, par son fait, par le manquement à ses engagements, dans la nécessité d'être renvoyé, ne peut prétendre à aucune indemnité. Ce serait vraiment trop commode. Il est responsable de la disparition des cinq brebis dont il ne vous a pas rapporté les peaux. Maintenez vos prétentions. Elles sont absolument légitimes. *Pas de paille en deux.* Ce n'est pas de la justice.

M. P... — *Corsets orthopédiques.* — Maison G. Huclin, 43, rue du Roi-de-Sicile, Paris, ou Raynal frères, 23, rue Blondel, Paris.

M. M...-J... (Indre). — *Glanage.* — Votre lettre est envoyée au *vieux juge de paix.*

M. A. R... (Oise). — *Trèfle hybride.* — Le trèfle hybride ne peut, dans votre contrée, être semé qu'au printemps.

M. H. R... (Jura). — Nous avons reçu votre questionnaire. Il devra être soumis à un sérieux examen.

OFFRES & DEMANDES.

Pour répondre au désir qui nous est exprimé nous offrons à nos abonnés, sous cette rubrique, deux annonces gratuites pour les offres et demandes d'emplois, produits ou animaux à vendre ou à acheter, etc.

Les annonces qui suivront jouiront d'une réduction de 50 pour 100 sur les tarifs ordinaires.

Les demandes d'insertions devront être envoyées à l'administration, qui se chargera de les rédiger.

Ne pas négliger d'envoyer tous les renseignements nécessaires (joindre 2 timbres de 0 fr. 15).

A vendre ou *à louer* dans l'Avranchin une ferme de 19 hectares, moitié en prairies. Beaux et nombreux pommiers.

S'adresser à M. Ch. DESROZIERS, 109, rue des Tisons, Alençon (Orne).

Bonne occasion. — A vendre couveuse complète *Gombault*, 300 œufs, n'ayant servi que quelques semaines ; idem *Roullier*, 130 œufs, trois éleveuses, une sécheuse, presque ou tout neuf, suivant articles. — S'adresser à M. L. LASSOURD, à Bouin (Vendée).

REVUE FINANCIÈRE.

Au moment où paraîtront ces lignes, les opérations de la liquidation de fin de mois commenceront. Le dernier jour de la semaine passée avait vu s'inaugurer un tout petit mouvement de reprise d'affaires, qui s'est à peine prolongé lundi et mardi, et auquel a succédé un retour au calme.

On douterait de l'influence de la situation des places étrangères sur la nôtre, qu'on en aurait la preuve dans ces deux faits. L'absence de toute nouvelle particulièrement inquiétante, et par conséquent l'impossibilité pour les baissiers de poursuivre fructueusement leurs avantages, qui n'ont jamais été bien fructueux, expliquaient la reprise. Le recul s'explique non moins par la légère inquiétude que fait naître la liquidation commencée à Londres. On craint qu'elle ne soit pas aussi facile que les dernières, que les capitaux fassent aux reporteurs des conditions moins douces ; on redoute la nécessité de l'élévation du taux de l'escompte, motivée par les embarras monétaires et les envois d'or.

D'ailleurs le recul n'a même pas l'amplitude qu'a eue la reprise, et tout fait croire que ceux qui prédisent une liquidation, chez nous, à des cours très approchants des derniers cours de compensation, verront sans doute leur prédiction accomplie. Nos rentes, inutile, de le dire, se montrent particulièrement fermes.

Quant à nos institutions de crédit, quels que soient les mouvements des autres valeurs, elles sont habituées depuis longtemps à n'y participer que dans une faible mesure. Aussi ont-elles peu bougé, et ne voyons nous aucune nécessité d'en parler plus longuement.

C'est le marché des fonds internationaux qui a été le plus mouvementé. Sur les fonds Russes, qui ont cessé momentanément leur marche brillante, il suffit de rappeler que ce sera de même tant que les Allemands feront porter sur le rouble la mauvaise humeur que leur a causée l'entente franco-russe.

L'Italien, un instant relevé recommence à être discuté. Il se confirme qu'un syndicat italien doit prendre la succession du syndicat allemand qui s'était chargé de maintenir les fonds italiens, les rentes surtout. On avait même affirmé qu'il allait entrer en fonctions. Franchement, notre épargne aura-t-elle la naïveté de se laisser prendre à des manœuvres, non pas déloyales assurément, mais qui montrent si nettement combien le crédit italien est loin d'avoir retrouvé des bases solides.

Les préoccupations boursières se portent en outre sur le Portugal : rentes ou chemins de fer. En ce qui concerne la Compagnie royale la baisse s'accentue, à travers quelques relèvements. C'est qu'aussi on a bien pu publier le projet de traité avec le Nord de l'Espagne, qui aiderait cette Compagnie à sortir d'embarras ; mais il s'en faut qu'on en soit à la signature.

Le 3 0/0 Portugais et le 4 1/2 de même qui s'étaient un peu bonifiés, ont fléchi de nouveau, sur une nouvelle inexacte relative à la rupture de négociations avec un établissement français. Quoi qu'il en soit il n'est pas douteux, pour quiconque réfléchit, qu'il se passera du temps avant que les efforts du ministre des finances aient produit leurs effets salutaires.

Le reste du marché a repris ses allures de morte-saison. TIMON.

CHEMIN DE FER D'ORLÉANS.

Juin-Septembre 1891.

EXCURSIONS en Auvergne et dans le Limousin

PERMETTANT DE VISITER

Le Mont-Dore, La Bourboule, Royat, Clermont-Ferrand, Néris et Evaux,

avec arrêt facultatif à toutes les gares du parcours.

La Compagnie d'Orléans délivre du *15 Juin* au *30 Septembre* des billets **D'EXCURSION EN AUVERGNE** et dans le **LIMOUSIN** valables pendant *30 jours*, au départ de **Paris, Orléans, Blois, Tours, Le Mans, Angers** et **Nantes**, ainsi qu'aux gares et stations intermédiaires, aux prix réduits ci-après :

	1re classe.	2e classe.
PARIS	108 fr.	81 fr.
NANTES	125	96
ANGERS	116	87
LE MANS	114	85
TOURS	100	75
BLOIS	95	71
ORLÉANS	95	71

ITINÉRAIRE

1° Le parcours entre le point de départ et VIERZON, et *vice versa* ;

2° VIERZON, BOURGES, MONTLUÇON, CHAMBLET-NÉRIS (Bains de Néris), EVAUX (Bains d'Evaux), EYGURANDE, LAQUEUILLE (Bains du Mont-Dore et de La Bourboule), ROYAT (Bains de Royat), CLERMONT-FERRAND, LARGNAC, USSEL, LIMOGES (par TULLE, BRIVE et SAINT-YRIEIX, ou par EYMOUTIERS), VIERZON.

La durée de validité de ces Billets (*30 jours*) peut être prolongée d'une, deux ou trois périodes successives de 10 jours, moyennant le paiement, pour chaque période, d'un supplément égal à 10 % du prix du Billet.

Il est délivré à toute station du réseau d'Orléans, pour une autre station du réseau située sur l'itinéraire des Billets de voyages circulaires ci-dessus, ou inversement, des Billets d'aller et retour de 1re et 2e classes, avec réduction de 25 % sur le prix ordinaire des places.

Ces Billets sont délivrés, soit au commencement du voyage pour aller rejoindre l'itinéraire du Billet d'excursion dont ils forment le complément, et dont la demande doit être faite en même temps, soit au cours du voyage pour atteindre des points du réseau situés en dehors de l'itinéraire du Billet d'excursion.

On délivre des Billets à toutes les gares du réseau d'Orléans, pourvu que la demande en soit faite au moins trois jours à l'avance.

Avis essentiel. — Les prix ci-dessus ne comprennent pas le parcours de terre dans les services de correspondance de *Chamblet-Néris* à *Néris* ; — de la gare à la localité d'*Evaux* et de *Laqueuille* au *Mont-Dore* et à *La Bourboule*.

Les voyageurs obtiennent, sur leur demande, soit à la gare de départ, soit au bureau du Correspondant de la Compagnie, à *Laqueuille*, des Billets d'aller et retour réduits de 25 % pour le *Mont-Dore* et la *Bourboule*.

Chemins de fer de Paris à Lyon et à la Méditerranée.

Billets d'aller et retour de Bains de mer.

Sur le réseau P.-L.-M., il est délivré dans toutes les gares, du 1er juin au 15 septembre de chaque année, des billets d'aller et retour de bains de mer individuels et de famille à prix réduits pour les stations balnéaires suivantes : Aigues-Mortes, Antibes, Bandol, Beaulieu, Cannes, Hyères, La Ciotat, La Seyne-Tamaris-sur-Mer, Menton, Monaco, Monte-Carlo, Montpellier, Nice, Saint-Raphaël, Toulon et Villefranche-sur-Mer. Ces billets, valables 33 jours, doivent comporter un parcours minimum de 300 kilomètres aller et retour. Réduction de 20 à 37 0/0 pour les billets individuels et jusqu'à 50 0/0 pour les billets de famille. Arrêts facultatifs. Faculté de prolongation d'une ou plusieurs périodes de 15 jours, moyennant 10 0/0 de supplément pour chaque prolongation.

Billets d'aller et retour de Villes d'eaux collectifs.

Il est délivré dans toutes les gares du réseau P.-L.-M., du 15 mai au 15 septembre, sous condition d'effectuer un parcours minimum de 300 kilomètres, aller et retour, aux familles d'au moins quatre personnes payant place entière et voyageant ensemble, des billets d'aller et retour collectifs, pour les stations suivantes : Aix, Aix-les-Bains, Alais, Albertville, Bourbon-Lancy, Carpentras, Cette, Chambéry, Charbonnières, Clermond-Ferrand, Cluses, Coudes, Digne, Euzet-les-Bains, Evian-les-Bains, Genève, Gières-Uriage, Goncelin-Allevard, Groisy-le-Plot-la-Caille, La Bastide-Saint-Laurent-les-Bains, Lépin Lac-d'Aiguebelette, Le Vigan, Manosque, Montélimar, Montpellier, Montroud, Moulins, Pougues, Riom, Ris-Chateldon, Roanne, Sail-sous-Couzan, Saint-Georges-de-Commiers, Saint-Martin-d'Estréaux, Salins, Thonon-les-Bains, Vals-les-Bains-la-Bégude, Vaudenesse-Saint-Honoré-les-Bains, Vichy, Villefort. Le prix s'obtient en ajoutant aux prix de six billets simples ordinaires, le prix d'un de ces billets pour chaque membre de la famille en plus de trois. Les trois premières personnes payent donc le plein tarif et la quatrième personne et les suivantes le demi-tarif. Validité : 30 jours, avec faculté de prolongation d'une ou plusieurs périodes de prolongation de 15 jours, moyennant 10 0/0 pour chaque prolongation.

HALLES ET MARCHÉS.

Le mauvais temps persiste et entrave de plus en plus la moisson des céréales, en diminuant en outre la qualité des grains. Les prix des blés et des seigles ont encore haussé, ainsi que ceux des farines, des huiles de colza et des sucres. Les alcools ont eu un mouvement de baisse

Blés. — Les offres en blés sont encore peu importantes sur les marchés français ; les prix restent tenus très fermes et en hausse sur beaucoup de points. A Paris, quelques blés de Vendée ont été offerts à 27 50 et 28 les 100 kilog. ; mais leur état d'humidité empêche la vente ; on a vu aussi quelques échantillons du Centre, dont les prix ne sont pas encore établis. Voici les cours pratiqués samedi dernier sur les principales places : Douai, 26 à 29 50 ; Amiens, 29 91 ; Cambrai, blé blanc, 29 ; roux, 27 50 ; Beauvais, 25 50 à 28 25 ; Châlons-sur-Marne, 30 ; Montereau, 26 50 à 28 25 ; Etampes, 26 60 à 29 90 ; Versailles, 25 85 à 28 50 ; Rouen, 26 50 ; Le Mans 27 à 28 ; Laval, 27 à 28 ; Nevers, 30 ; Chartres 25 90 à 27 90 ; Dijon, 27 à 28 50 ; Lyon, blé vieux, 28 à 28 75 ; nouveau, 26 50 à 27 50 ; Nantes, 26 à 26 75 ; Bordeaux, 26 90. — Le marché commercial de Paris est en hausse continue ; la situation des marchés européens pousse la spéculation qui enlève les cours avec ardeur ; samedi dernier on a coté en clôture le blé disponible, 28 75 les 100 kilog. ; le livrable en septembre et octobre, 29 à 29 25 ; les quatre derniers, 29 25 à 29 50 et les quatre mois de novembre, 29 75 à 30.

En Europe, les affaires ont été animées sur les principales places. L'Allemagne, privée des seigles russes fait partout d'importants achats. A Londres, on a traité pour ce pays environ 145.000 hectolitres en chargements à la cote ; sur onze chargements vendus, l'Allemagne en a pris six. Le cours du blé était à Berlin, le 22 août, de 30 87 les 100 kilog. ; à Vienne, on cotait 23 80 ; à Budapest, 23 15 ; à Amsterdam, 24 76.

Les importations de blés étrangers restent élevés en France. Marseille a reçu 1 9,613 quintaux la semaine dernière, et le Havre 28.000 hectolitres. Rouen a reçu huit chargements ; il en est arrivé plusieurs également à Dunkerque et Saint Nazaire. Les quantités de blés en mer à destination de la France s'élevaient à 2.53.180 hectolitres, dont 2,189,650 venant de Californie et 45,000 du Chili. Pour tout le continent européen, le total général du blé en mer était de 7,374,700 hectolitres, contre 1,672,700 à la date correspondante de l'année dernière. — Les prix sont en hausse comme suit : roux d'hiver disponibles, 24 50 ; livrables, 24 50 à 25 50 ; Saint-Louis, 25 ; Californie à livrer, 25 75 à 26 ; Australie, 25 75, le tout aux 100 kilog. à Rouen, le Havre ou Dunkerque. — A New-York, le blé roux d'hiver disponible est vendu 21 55 les 100 kil. ; à Chicago, 19 82.

Seigles. — La situation reste la même. Il se confirme que la récolte est gravement compromise en Allemagne ; en outre la maladie des pommes de terre fait des progrès. Le dernier cours du seigle à Berlin était en hausse à 32 7. les 100 kil. — A Paris, le seigle est très demandé ; le vieux seigle est épuisé et l'on vendrait le bon seigle nouveau 22 25 à 22 50 les 100 ki'og. En commerce, on cote le courant du mois, 22 50 à 22 75 ; le livrable septembre et octobre, 23 25 à 23 50 ; les quatre derniers mois, 23 75 à 24 ; les quatre de novembre, 24 25 à 24 50.

Orges. — Le mauvais temps nuit à la qualité

des orges nouvelles; la culture demande 15 à 16 les 100 kilog. dans les centres de production; mais les acheteurs attendent. A Paris, on pourrait payer pour les qualités supérieures bien sèches, 16 à 16 50, en gare. — Les escourgeons d'Algérie sont tenus sans acheteurs 16 à 16 25 les 100 kilog. sur wagon à Dunkerque.

Avoines. — La récolte est assurée et au-delà pour la quantité; mais la pluie continue entrave la moisson. Les vieilles avoines s'épuisent. Les nouvelles de Beauce se cotent 16 75 les 100 kilog. Au marché commercial de Paris, la tendance est soutenue comme suit : disponible et courant du mois, 16 50 à 16 75; livrables, 16 75 à 17.

Farines de consommation. — La meunerie a relevé ses prix de 2 fr. par sac depuis lundi dernier; on cote : marque de Corbeil, 67 les 157 kilog. nets ou 42 67 les 100 kilog.; marques de choix, 67 à 69; premières marques, 65 à 67; bonnes marques, 64 à 65; ordinaires, 63 à 64.

Farines de commerce. — Les prix ont suivi le courant de hausse des blés. Samedi dernier on cotait les *douze-marques* disponibles 63 75; courant du mois, 63 50 les 157 kilog. nets; livrables septembre, 64 50; septembre-octobre, 64 75 à 65; autres époques, 65 25 à 66 25.

Farines de seigle. — La hausse du grain entraîne celle des farines; on tient aux 100 kilog. à Paris : fleur extra, 30 à 31; première, 28 à 29; ordinaire, 27 à 28.

Fourrages. — Les pailles sont fermes et se vendent bien. Voici les derniers prix du marché de la Chapelle : foin nouveau, 42 à 48 les 100 bottes de 5 kilog. au domicile de l'acheteur; vieux, 47 à 51; luzerne nouvelle, 42 à 48; vieille, 49 à 55; paille de blé, 29 à 35; de seigle, 28 à 33; d'avoine, 20 à 24.

Alcools. — Sur le marché de Paris, le trois-six fin disponible a baissé pendant la semaine dernière; mais le livrable a haussé par suite des achats faits pour l'Allemagne. Samedi 22 août, on cotait, disponible, 39 75 l'hectolitre; livrable septembre, quatre derniers mois, 39 50; quatre premiers de 1892, 39 75 à 40. — A Berlin, on tient les prix de 66 50 pour le disponible, et à Hambourg, 48 12. — A Lille, le trois-six de mélasse vaut 41 à 41 50 en baisse de 75 centimes.

Sucres. — Les cours après avoir un peu fléchi, se sont relevés à la fin de la semaine. Voici ceux de samedi à la Bourse de Paris : sucres roux 88 degrés, 36 50 les 100 kilog.; blancs n° 3 disponibles, 36 75; courant du mois et septembre, 36 75 à 37; autres époques, 35 75 à 36 25. Les raffinés sont toujours soutenus à 107 et 107 0 pour la consommation, et 42 à 42 50 pour l'exportation.

Engrais. — Il se fait très peu d'affaires sur le nitrate de soude; les cours sont tenus à 21 75 les 100 kilog. disponibles à Dunkerque, et 20 25 à 21 livrables. — Le sulfate d'ammoniaque français conserve le cours de 29 sur wagon à Paris, 29 50 dans l'est et le centre; le sulfate anglais se vend, par 100 kilog. sur wagon à Dunkerque et à Anvers, 27 50 à 27 75; à Rouen, 28 50; à Bordeaux, 29 50. — Les prix des superphosphates ne changent guère; on constate seulement une légère tendance à la reprise. On cote à l'unité d'acide phosphorique soluble dans l'eau : Paris, 0 50 à 0 51; Nord, 0 45 à 0 46; Belgique, 0 42 à 0 44 soluble dans le citrate : Paris, 0 46 à 0 47; Nord 0 41 à 0 42; Belgique 0 38 à 0 40. — Les phosphates sont beaucoup plus fermes depuis une dizaine de jours. Dans la Somme les phosphates de 70 à 75 pour 100 se cotent 1 à 1 05 l'unité de phosphate par 1 000 kil. sur wagon à Doullens; les 65/70 de 0 83 à 0 88; les 60/65, 0 64 a 0 68; — Les autres engrais se vendent : chlorure de potassium, 80 degrés, 19 50 les 100 kilog. dans le Nord; sulfate de potasse, 20 50 à 21; kaïnite, 5, à Dunkerque; 5 0 au Havre; 6 50 à la Rochelle; carbonate de potasse, 43 dans le Nord; superphosphate d'os, 0 70 l'unité d'acide phosphorique; phosphate précipité, 0 52 à 0 53; sang desséché moulu, 1 70 l'unité d'azote; viande desséchée, 1 60; corne torréfiée, 1 50; cuir torréfié, 1 20; sulfate de cuivre, 44 à 45 les 100 kil.; 45 à 46 dans les ports du sud-est; sulfate de fer, 4 50 à 5 dans l'Est; 5 à 5 50 dans le Nord; 6 25 à La Rochelle; scories de déphosphoration, 3 15 à 4 10 suivant richesse en acide phosphorique.

Beurres. — La vente est active à la halle de Paris. On cote : *beurres en mottes* : fermiers de Gournay : extra, 3 50 à 3 90 le kilog.; choix, 2 20 à 3 40; bons, 3 à 3 10; ordinaires, 2 60 à 2 80; d'Isigny, extra, 4 à 5 60; choix, 3 40 à 3 80; bons, 3 à 3 10; ordinaires, 2 40 à 2 80; marchands du Gâtinais, 2 20 à 2 50; de Bretagne, 2 10 à 2 30; de Vire, 2 30 à 2 50; de Bresse, 1 80 à 2; laitiers des Charentes, 2 40 à 2 60; des Alpes, 2 60 à 3 10; divers producteurs, 2 40 à 2 90; — *beurres en livres* : fermiers, 2 40 à 3; Touraine, 2 30 à 2 50; Gâtinais, 2 20 à 2 60; Vendôme et Beaugency, 2 10 à 2 50; Bourgogne, 2 à 2 30; le Mans, 2 10 à 2 30; *Petits beurres* : 1 80 à 2 50, suivant provenance.

Œufs. — Vente également active en hausse, comme suit : Normandie, 95 à 110 le mille; Picardie extra, 95 à 1 8; ordinaire, 80 à 92; Brie extra, 90 à 100; Touraine extra, 90 à 98; ordinaire, 80 à 88; Beauce, 88 à 90; Orne, 78 à 88; Bourgogne, 81 à 90; Champagne, 85 à 91; Nivernais, 80 à 84; Bourbonnais, 80 à 81; Bretagne, 78 à 86; Vendée, 78 à 88; Auvergne, 76 à 80; Midi, 78 à 85.

BESTIAUX.

La Villette, 27 août. — Bestiaux. — Vente mauvaise sur les bestiaux et sur les veaux, un peu plus facile sur les moutons et très mauvaise sur les porcs.

COURS officiels.	Amenés.	Vendus.	1re qualité.	2e qualité.	3e qualité.	Prix extrêmes.
Bœufs....	2.037	1.810	1 66	1 50	1 34	1 22 à 1 70
Vaches ...	556	503	1 64	1 40	1 22	1 12 1 68
Taureaux.	168	156	1 42	1 36	1 28	1 18 1 46
Veaux....	1.328	988	1 70	1 58	1 48	1 24 1 82
Moutons..	9.226	8.711	2 12	1 92	1 68	1 56 2 22
Porcs.....	5.872	5.591	1 51	1 47	1 42	1 36 1 54

Marché du lundi 24 août.

	Amenés	Vendus	Prix au poids net 1re qual.	2e qual.	3e qual.
Bœufs	2.745	2.461	1 70	1 52	1 36
Vaches.....	868	830	1 68	1 44	1 26
Taureaux ..	206	190	1 42	1 36	1 28
Veaux......	1.391	1.129	1 74	1 60	1 52
Moutons....	13.017	12.036	2 08	1 90	1 66
Porcs	2.976	2.963	1 55	1 50	1 44

	Prix au poids vif 1re qual.	2e qual.	3e qual.	Prix extrêmes.
Bœufs..........	1 01	» 84	» 73	» 62 à 1 04
Vaches	» 99	» 77	» 64	» 58 1 01
Taureaux.......	» 88	» 76	» 66	» 60 » 93
Veaux..........	1 07	» 92	» 78	» 62 1 16
Moutons........	1 06	» 93	» 82	» 72 1 17
Porcs..........	1 08	1 02	» 93	» 90 1 10
Peaux de moutons en laine.........				3 25 4 75
Id. id. demi-laine.........				1 85 2 80

Viandes abattues. — Criée du 27 Août.

		1re qualité.	2e qualité	3e qualité.
Bœufs	le kil.	1 40 à 2 50	1 30 à 2 30	» 60 à 1 30
Veaux....	—	1 40 1 50	1 30 1 36	1 16 1 26
Moutons..	—	1 84 1 96	1 46 1 80	1 10 1 40
Porc entier	—	1 36 1 50	1 16 1 30	» 90 1 10

USINE HYDRAULIQUE DU PETIT-MOULIN
A NANTEUIL-LE-HAUDOUIN (OISE).

HENRY BERTHIER
ingénieur-agronome diplômé de l'Institut national agronomique.

MACHINES AGRICOLES
Vente et échange. - Location. - Réparations en tous genres.

BICYCLES, BICYCLETTES & TRICYCLES
Accessoires et réparations.

Spécialité de Graines fourragères épurées.
CÉRÉALES DE SEMENCE.
GRAINES POTAGÈRES, DE FLEURS ET D'ARBRES.
ARBRES FRUITIERS ET FORESTIERS.

Graines de Betteraves à grand rendement et à grande richesse saccharine.

ENGRAIS SIMPLES ET COMPOSÉS.

Envoi franco de renseignements à toute demande affranchie.

Barrière d'entrée pour Herbages

Brevetée S. G. D. G. — **8 fr. 50.**

Médaille de bronze à l'Exposition universelle de Paris 1889.

A. FÉREZ, à Coingt, par Plomion (Aisne).

Diplôme d'honneur.

NICE.

Diplôme d'honneur.

NICE.

PAS DE BONNE SALADE

sans Huile d'Olive de NICE.

de **B. LAPALU**, propriétaire-récoltant, président de Syndicat agricole, à NICE (Alpes-Maritimes). — *Prix spéciaux pour Syndicats.*

Librairie A. FOURAUT, 47, rue Saint-André-des-Arts, Paris

OUVRAGES RECOMMANDÉS

(Envoi franco contre timbres ou mandat)

Manuel d'agriculture, d'arboriculture et de jardinage, par LOUIS GOSSIN; 15e édition; 178 figures. 1 vol. in-12, cart. . . . . . 1 fr. 30

Leçons normales de géométrie élémentaire, théorique et appliquée, par D. PUILLE (D'AMIENS); nombreux problèmes avec leurs solutions raisonnées; 417 figures; 20e édition, augmentée d'un *Précis de trigonométrie rectiligne.* 1 vol. in-12, broché, 2 fr. 60; — cart., 2 fr. 80.

Cours complet d'arpentage élémentaire, théorique et appliqué, par D. PUILLE (D'AMIENS); nombreux problèmes avec leurs solutions raisonnées; 250 figures et 2 planches topographiques; 18e édition. 1 vol. in-12, broché, 3 fr. 15; — cart., 3 fr. 40.
— Avec 4 planches, dont deux entièrement lavées. 1 vol. in-12, broché. 4 fr. 15

Traité spécial de la division des champs dans tous les cas, géodésie usuelle, par D. PUILLE (D'AMIENS). 1 vol. de texte, in-12, broché, renfermant 96 figures, et 1 atlas de 16 planches. . . . . 3 fr. 75

Conférences sur l'hygiène, suivies de *Notions de médecine usuelle*; observations particulières sur l'hygiène des campagnes, considérations sur l'abus des liqueurs alcooliques, etc.; par F. OMOUTON: 30 figures; 4e édition. 1 vol. in-18 jésus, cart., 1 fr. 30; — relié en toile, 1 fr. 50.

Pulvérisateur « l'Éclair »

contre le mildiou
et la maladie des pommes de terre.

V. VERMOREL

constructeur breveté (s. g. d. g.).

à Villefranche (Rhône).

330 premiers Prix, Médailles, etc.

« ÉCLAIR » n° 1, prix . . . . 40 fr
« ÉCLAIR » n° 2, prix . . . . 30 fr.

PULVÉRISATEUR A TRACTION, pour la vigne et les pommes de terre.

PULVÉRISATEURS SPÉCIAUX pour les arbres.

NOUVELLE SOUFREUSE à grand travail « *la Torpille* », pour l'emploi des poudres et du soufre.

MATÉRIEL VITICOLE complet.

ENVOI FRANCO DU CATALOGUE.

Avis aux Éleveurs et Nourrisseurs.

Les cosses et brisures de fèves de la maison Ph. Breuil, de Dijon, d'une pureté absolue et très riches en principes nutritifs, se recommandent pour l'engrais du bétail et la nourriture des chevaux.

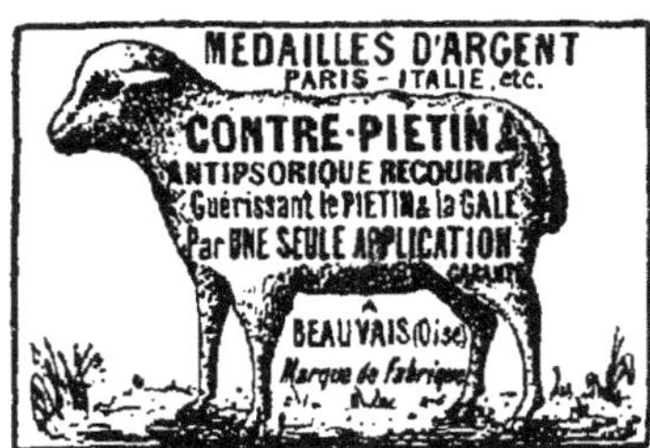

M. Recourat, pharmacien à Beauvais.

Gale des moutons guérie radicalement par *une seule application* de l'Antipsorique.

La bouteille, 3 fr.; la demi-bouteille, 1 fr. 75.

Guérison du Piétin par *un seul pansement* avec le Contre-Piétin-Recourat.

Le pot d'essai, 1 fr. 50; le pot, 2 fr. 50.

Joindre 0,60 c. pour recevoir *franco* et indiquer gare.

Sels pour l'Agriculture.

SALAISON DES FOINS

Nourriture du Bétail

et Engrais des Terres.

Sel de morue, pur (les 1.000 k.). 45fr »
Sel neuf dénaturé, au tourteau de colza (les 1.000 k.). . . . . 55 »

Expéditions de Fécamp, Saint-Servan et Bordeaux.

S'adresser à MM. A. Le Borgne et ses Fils, négociants à Fécamp.

MALADIES DU BÉTAIL

ET DE LA VOLAILLE

Leur traitement préventif et curatif

PAR L'ACIDE SALICYLIQUE

L'acide salicylique, employé dans la nourriture à la dose de 1/2 à 1 gramme par jour et par tête de bétail, est le meilleur préservatif des maladies qui procèdent par contagion : Sang de rate, Cocotte, Maladie aphtheuse, Erysipèle, Typhus, Morve, Variole et le Rouget des porcs, etc.

Des attestations nombreuses de guérisons obtenues pour la Cocotte et le Rouget des porcs ont été reproduites dans le *Journal l'Agriculture*.

La désinfection des étables, des écuries se fait instantanément au moyen d'un arrosage d'eau salicylée à 2 grammes par litre.

S'adresser à M. CERCKEL, administrateur de la *Compagnie de produits antiseptiques*, 26, rue Bergère, Paris.

Envoi sur demande de Prospectus et Brochures.

Prix du kil. 25 fr. — Boite de ménage, 2 fr.

La plus ancienne fabrique de Semoirs français.
Maison **JACQUET-ROBILLARD**, *fondée en 1836.*

J. MARÉCHAL *

constructeur, 4, rue de Turenne, à ARRAS.

Fabrique spéciale de SEMOIRS à socs rigides et à socs articulés.

Médaille d'argent à l'Exposition universelle 1889.

Semoirs à betteraves et engrais et Distributeurs d'engrais.

ENVOI FRANCO DU CATALOGUE.

Près de 400 médailles. — Plus de 6,000 Semoirs livrés.

20 premiers prix en 1889, en 1890.

PHARMACIE SAVARY

AMIENS, 33, Place Saint-Denis, 33, AMIENS

(EN FACE LE SQUARE).

PROVENDE AUX PHOSPHATES ASSIMILABLES

du Docteur DESCHAMPS.

Prix : 3 fr. le kilog.; 27 50 les 10 kilog. (Remises proportionnelles.)

Accroissement rapide des bestiaux, surtout chez les jeunes animaux, force nerveuse, fécondité, engraissement; prévient surtout la diarrhée chez les jeunes veaux. Qualité exceptionnelle du lait.

M. Lefebvre, cultivateur à Marcelcave, a élevé un veau en lui administrant de la Provende phosphatée pendant 60 jours : tué à 70 jours, ce veau pesait 193 kilog., chiffre officiel constaté à l'abattoir. La viande était très blanche, ainsi qu'est prêt à l'attester M. Oheix, boucher à Amiens.

Les attestations émanant des sommités françaises et anglaises les plus accrédités ont été données à M. SAVARY.

30 PRIX D'HONNEUR ET GRANDS PRIX, 250 MÉDAILLES OR, VERMEIL, ETC.
GRANDES CULTURES DE GRAINES POTAGÈRES, FOURRAGÈRES ET DE FLEURS

E. FORGEOT (**) & Cie

Fournisseurs du ministère de l'Agriculture, des Ecoles nationales d'agriculture, des Syndicats agricoles, etc.

PARIS, quai de la Mégisserie, 6 et 8

Appareils spéciaux pour épurer et nettoyer les graines

SPÉCIALITÉ DE GRAINES DE GRANDE CULTURE

luzernes et trèfles garantis sans cuscute, minette, vesces, sainfoins trèfles incarnats betteraves carottes, navets, choux-navets, pommes de terre

Blés à grand rendement, Avoines, Orges, Seigles. Graines d'arbres pour reboisement

Graines de graminées pour prairies

Notre Maison ne vend que des graines de provenances sûres, assurant les meilleurs résultats; elle accepte le contrôle de la Station d'Essais des Semences, établie à l'Institut agronomique par le Ministère de l'Agriculture, contrôle auquel nous sommes soumis dès sa création. En conséquence, nos graines sont garanties de levée et d'une pureté irréprochable; nos trèfles et nos luzernes sont garantis sans un seul grain de cuscute.

Grande et importante **Spécialité de Créations de Prairies.** Nous nous chargeons d'établir des compositions convenant à la nature de chaque sol, et d'avance nous en assurons la réussite.

Sur demande, nous adressons *franco* nos catalogues illustrés de graines potagères, fleurs, arbres, fourrages, ognons fleurs, plantes, etc.

CRÉDIT AGRICOLE

UNION DES SYNDICATS AGRICOLES DE FRANCE

9, rue Marsollier, PARIS

Agence à LYON, 234, cours Lafayette, S. PLISSONNIER, Directeur * M. A.

MACHINES AGRICOLES DE TOUS SYSTÈMES

TOURTEAUX et FARINES pour la nourriture du bétail.

ENGRAIS CHIMIQUES et ORGANIQUES, MATIÈRES PREMIÈRES

SEMENCES DE PREMIER CHOIX.

RAISINS SECS A BOISSONS

Première Maison de France (10 croix ou méd., fondée en 1876), **J.-F. Audibert**, créateur des vins de raisins secs et importateur direct. Auteur de : *L'Art de faire les Vins de raisins secs* (fco 3 90); *les Vins d'imitation*, sirops, liqueurs, etc. (fco 5 25). Inventeur de l'appareil (B. S. G. D. G.). **LE SEUL ADOPTÉ PAR L'ARMÉE** pour la fabrication mathématique des vins de raisins secs, en 10 jours, pour faire depuis 1 litre jusqu'à 20,000 litres par jour **AVEC UN HOMME. Renseignements gratuits pour tripler les vendanges, vins de seconde cuvée**, etc., 53, r. des Minimes, Marseille.

Médaille d'Or. * Exposition Universelle 1889. * Médaille d'Argent.

VACHERIE à céder, centre de Paris, cause de santé, 18 vaches, 1re qualité, 240 litres lait vendus 40 et 50 c. Belle installation, pas de communauté. Bénéfices annuels, 10,000 fr. On traitera avec 15,000 fr. argent ou contre garanties sérieuses.

S'adresser à MM. LAPORTE et LEFRANC, 93, levard Sébastopol, Paris.

Semoir et Distributeur d'Engrais
système MAGNIER.
Envoi franco du catalogue illustré.

Expériences du 23 septembre 1890. 1er prix – 20 avril 1890, Foliers. 1er prix.

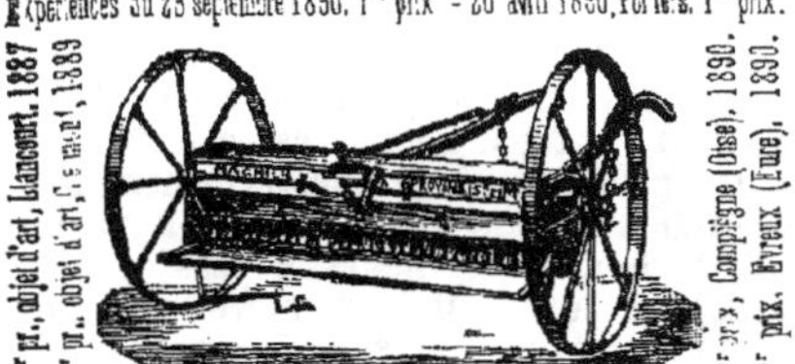

1er prix, Beauvais, 1890.

MAGNIER, constructeur breveté, Provins (S.-et-M.).

GUÉRISON RADICALE DE LA DIARRHÉE DES VEAUX PAR LA POUDRE CHOQUELIN.
1 franc la boîte franco par la poste.
Dép. g., Phie HAUVESPRE Courville (Eure-et-Loir)

L'**Onguent de HEVID**, *adopté par le Ministère de la guerre*, est le meilleur préservatif des maladies du pied des espèces chevaline et bovine. Il pénètre admirablement le tube corné, le nourrit, et remet en bon état, en quelques semaines, le sabot le plus sec et le plus cassant. En vente chez les vétérinaires, pharmaciens, selliers et maréchaux-ferrants.

ENGRAIS CHIMIQUES
DES MANUFACTURES DE SAINT-GOBAIN

Usines à PARIS-AUBERVILLIERS, CHAUNY (Aisne), MONTLUÇON (Allier), MARENNES (Charente-Inférieure), LE PONTET (Vaucluse), SAINT-FONS, près Lyon (Rhône).
DOSAGE GARANTI. — EMBALLAGES : MARQUÉS ET PLOMBÉS.

Tout acheteur d'engrais qui n'exige pas, au sujet des dosages en éléments assimilables la garantie formelle, et qui ne la fait pas contrôler par l'analyse, ne nuit pas seulement à ses propres intérêts, il encourage la fraude et, la laissant impunie, compromet les intérêts généraux de l'agriculture.

ENGRAIS COMPLET DE SAINT-GOBAIN

Efficacité éprouvée dans tous les Sols et dans toutes les Cultures. — Superphosphates de chaux. — Sulfate de cuivre. — Sulfate d'ammoniaque Sulfate de potasse. Sulfate de fer.

Engrais composés suivant les convenances des acheteurs
ADRESSER LES ORDRES ET DEMANDES DE RENSEIGNEMENTS
à la Direction commerciale
des Produits chimiques de Saint-Gobain
PARIS | 9, rue Sainte-Cécile, 9 PARIS
ou aux dépositaires de la Compagnie de SAINT-GOBAIN dans les principales villes du Centre et du Midi.

PHOSPHATE FOSSILE DE QUIÉVY (NORD)

le plus assimilable de tous les phosphates connus; garanti pur de mélange avec tout autre phosphate ce qui, du reste ne pourrait que diminuer son assimilabilité.

Grand diplôme d'honneur et médaille de vermeil aux concours agricoles de Bergues (octobre 1887 et 1888).
Médaille d'argent à l'Exposition universelle (Paris, 1889).
Médaille de vermeil (grand module), société d'agriculture et d'horticulture de Pontoise (1890).

C. DELATTRE-BRABANT

Bureaux : à Lille, 126, rue Jacquemars-Grélée. — Usines : à Quiévy (Nord) et Le Cateau (Nord).
Ne pas confondre avec Quéry (Belgique.)

COMPOSITION MOYENNE.	
Acide phosphorique	12.00 à 15.00 %
Potasse	0.45 à 2.77 %.
Chaux	19.05 à 31.00 %.
Magnésie	0.53 à 3.80 %.
Matières organiques azotées.	1 80 à 3 45 %.

ASSIMILABILITÉ RELATIVE (méthode Joulie, solubilité dans l'oxalate d'ammoniaque).	
Phosphate de Quiévy	82.29 %.
— de la Meuse	51.95 %.
— des Ardennes	46.43 %.
— de la Somme (moyenne).	44.53 %.
— de Cipy	54.57 %.

Titre en acide phosphorique garanti : 12 à 15 %.

LIVRAISON : En poudre impalpable, en sacs plombés et marqués au « Bélier » sur wagon Quiévy ou Le Cateau, sacs perdus. — 30 jours 2 % ou 90 jours net

AVIS IMPORTANT.

Les acheteurs qui désirent mon **Phosphate de Quiévy PUR** doivent exiger que les *sacs* et les *plombs* portent la marque au « **Bélier** » et la firme « **C. Delattre-Brabant** ».

Etablissements de LIANCOURT (Oise).
N'ACHETEZ PAS DE CHARRUES
sans avoir consulté le CATALOGUE illustré de

Ingénieur-Constructeur, Breveté S. G. D. G.

SEUL GRAND PRIX à l'Exposition de 1889 pour les Machines agricoles françaises
Médailles or, argent et bronze pour collaborateurs.

BRABANTS DOUBLES. — Herses scarificateurs à dents inusables. — DÉCHAUMEUSES — ROULEAUX, ETC.

NOUVEAU MATÉRIEL pour la culture de la betterave. — Charrues défonceuses simples et doubles *à vapeur et à manège.*

La plus grande et la plus importante USINE de FRANCE pour la Construction des Instruments aratoires

PLUS DE 5.000 CLIENTS ; 300.000 INSTRUMENTS LIVRÉS A L'AGRICULTURE

L'Administrateur-Gérant : ALBERT RENOT.

Beauvais. — Imp. D. PERE. - A. CARTIER, Gérant.

12e Année. — 2e Série. — N° 607. Dimanche 13 Septembre 1891.

GAZETTE AGRICOLE

JOURNAL HEBDOMADAIRE, PARAISSANT LE DIMANCHE

Rédacteur en Chef : M. Ch. GOSSIN, Professeur d'Agriculture à l'Institut agricole de Beauvais.

PRIX DE L'ABONNEMENT

UN AN, 5 fr. — SIX MOIS, 3 fr. — TROIS MOIS, 2 fr. 25

Pour l'étranger les abonnements ne sont reçus que pour un an, au prix de 6 *francs, et ne partent que du* 1er *janvier ou du* 1er *juillet de chaque année.*

Le numéro : 10 centimes.

Il est indispensable de joindre à toute demande de changement d'adresse la dernière bande d'adresse du journal et 50 centimes pour frais de nouvelles bandes.

Adresser les *Abonnements* et *Annonces* au secrétaire de la rédaction, **13, quai Voltaire, Paris,** ou à M. GOSSIN, rédacteur en chef et administrateur, à BEAUVAIS.

BUREAUX

13, quai Voltaire, Paris, et à Beauvais.

Les abonnements partent du 1er de chaque mois et sont payables d'avance. Toute demande d'abonnement doit donc être accompagnée du prix de l'abonnement. (Le mode de payement le plus simple est l'envoi d'un mandat-poste.)

Donner *très lisiblement*, en s'abonnant, son nom et son adresse exacte, *avec l'indication du bureau de poste*; et, s'il s'agit d'une continuation d'abonnement, joindre au renouvellement la dernière bande d'adresse du journal.

Les Annonces sont reçues chez MM. DUSSERIS et MATHELLON, 97, rue de Rennes, Paris.

La GAZETTE AGRICOLE insère gratuitement les Communications des Syndicats agricoles

SOMMAIRE :

PARIS, 11 SEPTEMBRE.

Le 4 septembre qui est chaque année depuis vingt et un ans l'anniversaire d'un coup de force est cette année l'anniversaire de la majorité de la République. Plusieurs journaux de gauche développent à l'envi ce thème que la République, ayant atteint depuis vendredi l'âge de vingt et un ans, c'est-à-dire de la majorité, a dépassé la durée de tous les autres gouvernements que la France a connus depuis un siècle. Le Bonhomme Deschamps pourrait contester le calcul. Qui ne se rappelle l'attitude et le langage des républicains pendant les premières années de cette période? Ils affirmaient que la France n'avait de la République que l'apparence, non la réalité. Notez que ce fut l'époque pendant laquelle un gouvernement, une Assemblée, une administration aussi avisés que patriotes, à force de dévouement éclairé et de courage, refirent l'armée de la France, rétablirent ses finances, restaurèrent son crédit matériel et moral dans le monde, semèrent, en un mot, des germes de relèvement que les fautes subséquentes n'ont pas pu empêcher de lever, au moins partiellement.

***

Malgré tout cela, peut être à cause de tout cela, nos adversaires s'écriaient alors qu'on n'avait pas la « vraie République. » Les voilà cependant qui s'emparent aujourd'hui de ces années pour les besoins de leur arithmétique. Soit; la République est majeure. Le Bonhomme Deschamps concède même très volontiers qu'elle n'avait pas attendu, pour son émancipation, l'âge fixé par le code civil. Emancipée depuis douze ans, c'est-à-dire depuis le jour où la retraite du maréchal de Mac-Mahon permit aux républicains de prendre toutes leurs aises, majeure depuis hier, la République serait désormais, d'après ses journaux, assurée de l'immortalité. Les arguments des radicaux à l'appui de cette thèse se résument en ceci: chacun des régimes monarchiques du siècle paraissait plus solide que la République; aucun d'eux cependant n'a duré vingt et un an. Ainsi, écrit M. Camille Pelletan, qui pouvait se douter, lors des fêtes de l'avènement de Louis XVI, que la monarchie sombrerait dix-huit ans après? En 1808 ou 1810, quel prophète de malheur se fût permit d'annoncer la chute prochaine de Napoléon? Et la Restauration ne semblait-elle pas assise pour un temps indéfini? Et de même la monarchie de Juillet? Le second Empire ne possédait-il pas de sérieux éléments de force? Tous ces gouvernements, cependant, ont été renversés.

***

En y réfléchissant, on se demandera si l'écrivain radical, tout en voulant prôner son saint, ne prêche pas contre lui. Sa façon d'inspirer à son parti confiance dans l'avenir est tout au moins bizarre. Il conclut que la République vivra de ce que les autres régimes, qui paraissaient avoir bien plus de vitalité, ont péri. Non seulement la République, au début, n'a pas été portée par un de ces immenses mouvements d'opinion qui avaient acclamé d'autres gouvernements; non seulement elle ne se fondait pas sur ce que M. Pelletan appelle lui-même « la force de la tradition ou le souvenir des « victoires les plus éclatantes », mais pendant tout le temps de son existence, et, aujourd'hui comme hier, elle a rencontré et elle rencontre devant elle une opposition infiniment plus forte que celles dont les Monarchies et les Empires avaient eu à se défendre. Comparez les chiffres de voix qu'obtiennent nos candidats avec le chiffre de la minorité au plébiscite de mai 1870!

***

Cette opposition, la République la rencontre surtout parce qu'elle la suscite. Les autres partis, dès qu'ils parvenaient au pouvoir, s'attachaient à cesser d'être des partis pour devenir des gouvernements. Ils se disaient, même ceux qui ne prenaient pas toujours les meilleurs moyens, que la paix intérieure était leur intérêt et serait leur sauvegarde. Vieux préjugés et politique surannée : La République a changé tout cela : elle est restée et elle met encore son honneur à rester un parti; elle a fait de l'oppression des minorités son programme fondamental, son occupation de tous les jours, que disons-nous? sa raison d'être. La France était une; les républicains se sont appliqués à la couper en deux, l'une des deux fractions combattant l'autre et visant à la détruire. Imaginez deux médecins et un hôpital. Le premier médecin fai[t] tout ce qu'il faut pour sauver ses malad[…]es, et le second tout ce qu'il faut pour les t[…]uer. Cependant, quelques malades me[…]urent dans le premier service : sera-ce une raison pour que les malades du second se[…]rvice se sentent rassurés? Décidément, si nous étions républicains, les article[…]s sur le « vingt et unième anniversaire » nous cau-seraient plus d'alarmes que de sécurité, et nous prierions qu'on s'y pr[…]it autrement pour établir les chances de du[…]rée du régime actuel.

Le Bonhomm[…]e Deschamps.

NOUVELLES DE LA SEMAINE.

Mort de M. Jul[…]es Grévy. — L'ancien Président de la R[…]épublique, le prédécesseur de M. Carnot, M. Jules Grévy, le beau-père de M. Wilson, est mort mercredi dernier, dans sa propriété d[…]e Mont-sous-Vaudrey (Jura), à l'âge de 78 ans. Il a été emporté en quatre jours par une fl[…]uxion de poitrine. M. Grévy avait débuté d[…]ans la vie politique comme député en 1848. On sait quel fut son rôle à l'Assemblée cons[…]tituante. Au moment de la discussion des lois constitutionnelles, il proposa, dans un amendement resté célèbre sous le nom d' « amendement Grévy », d'éliminer le président de la République, fonctionnaire aussi dangereux pour la liberté qu'inutile à la direction des affaires. Voici les articles qu'il proposait d'inscrire dans la constitution, à la place de ceux qui consacraient l'institution de la présidence :

L'Assemblée nationale délègue le pouvoir exécutif à un citoyen, qui reçoit le titre de président du conseil des ministres.

Le président du conseil des ministres est nommé par l'Assemblée nationale au scrutin secret et à la majorité absolue des suffrages.

Le président du conseil est élu pour un temps illimité ; il est toujours révocable.

On sait que cet amendement fut rejeté et que, peu après, Louis-Bonaparte était élu président de la République.

M. Grévy est mort, paix à ses cendres ! Il a été président de la République après avoir soutenu que le rôle de Président était inutile et dangereux.

La France sait aujourd'hui à quoi s'en tenir. Elle sait aussi ce qu'il faut penser de ces républicains qui trouvent tout mauvais lorsqu'ils ne sont pas en situation d'exploiter le pays et qui trouvent tout bon quand ils tripotent tout à leur aise.

N'insistons pas !

L'apaisement. — La loi Brisson continue de faire des siennes. L'autre jour, c'était à Nevers, aujourd'hui c'est dans la Seine-Inférieure. La congrégation d'Ernemont a eu des procès devant les cinq tribunaux du département. Elle en a gagné un et perdu quatre. Pour ces quatre, elle est en instance devant la Cour de Cassation. Le plus élémentaire respect de la justice devrait donc commander au gouvernement de surseoir à l'exécution des condamnations. Mais le gouvernement se soucie bien de la justice. Il a fait intenter des poursuites, et ne s'est pas contenté de violer ainsi une première fois la légalité. Il les a fait intenter dans des conditions particulièrement iniques. Ainsi, au lieu de faire conduire les quatre saisies-arrêts à la requête d'un seul receveur, il a fait faire quatre procédures distinctes, alors qu'il s'agit de la même congrégation. Dans le but, naturellement, d'augmenter les frais.

La « Maison du Peuple ». — Il paraît que les chefs du parti socialiste ont l'intention de créer à Paris une *Maison du Peuple* analogue à celle qui existe à Bruxelles. L'emplacement, disait-on, est déjà choisi, et une propagande active serait faite dans les centres ouvriers pour rassembler les fonds nécessaires à l'exécution de ce projet. La *Maison du Peuple* serait à la fois un centre de réunion, un lieu de rendez-vous et un établissement de consommation. C'est là que les ouvriers syndiqués tiendraient leurs assises et traiteraient les questions intéressant leurs corporations : celles des grèves, notamment. C'est là qu'on recevrait les socialistes étrangers de passage à Paris. On y ferait des conférences, et une bibliothèque serait mise à la disposition des adhérents. Après le pain de l'esprit, celui du corps. La *Maison du Peuple* servirait à la fois de cercle, de restaurant et de café. Dans le cas où l'expérience réussirait, chaque arrondissement et même chaque quartier serait doté d'une institution semblable.

Nous ne voyons aucun inconvénient à ce que les farouches adversaires de la propriété aspirent à se mettre dans leurs meubles et à fonder des cercles comme de vulgaires bourgeois. Mais nous doutons fort que le peuple, le *pov peupe*, comme disent nos anarchistes, tire un grand profit de cette maison.

Les petits tribunaux. — Lors du vote de la loi de finances pour l'exercice en cours, la Chambre, quand est venue en discussion le budget du ministère de la justice, et spécialement le chapitre concernant les tribunaux de première instance, a diminué le crédit de 1,000 francs. Elle a voulu ainsi indiquer au garde des sceaux son intention de voir mettre à l'étude la question de la suppression des tribunaux de première instance jugeant annuellement un très petit nombre d'affaires. A la suite de ce vote, le ministre a adressé aux chefs des cours et à ceux des parquets une circulaire les invitants à fornir leur avis sur la suppression de ces tribunaux ; dans le cas de l'affirmative, comment il pourrait être pourvu au fonctionnement de la justice dans les arrondissements dont il s'agit. Les réponses à ces diverses questions sont presque entièrement parvenues à la chancellerie. Le dépouillement va commencer et alors seulement il sera permis d'aviser sur le meilleur mode à proposer aux Chambres.

La santé de l'empereur d'Allemagne. — En dépit des dépêches optimistes sur l'état de santé de l'empereur Guillaume, les nouvelles communiquées *de visu* ne concordent pas avec celles que l'on répand. L'empereur a causé quelques surprises aux personnes admises à le voir de près, et ces surprises confirment tout à fait les informations déjà données.

Ainsi, pour monter à cheval, l'empereur Guillaume s'est servi d'un petit escabeau de bois recouvert de velours rouge, à l'aide duquel il se hisse sur son cheval.

On a remarqué qu'il ne restait à cheval que très peu de temps et que sa voiture suivait toujours son escorte.

Troubles en Chine. — On télégraphie de Sanghaï que de graves désordres ont éclaté à Yi-Tchang, ville de la province de Hou-Pé, sur le Yan-tse-Kiang. Les missions et les établissements étrangers ont été incendiés. Des missionnaires et des sœurs ont été blessés. Un agent anglais de la douane chinoise a été maltraité dans les rues de Pékin.

LE VRAI SOCIALISME

Patrons et ouvriers chrétiens.

Une fête ouvrière, sans précédents, vient de réunir dans la cathédrale de Reims deux mille cinq cents ouvriers, à l'occasion de la solennité de saint Remi.

Nous lui devons une mention particulière, parce qu'elle démontre clairement que les vraies solutions des questions sociales ne sont pas plus dans le socialisme d'Etat, qu'au contraire elles résident exclusivement dans le progrès des mœurs et dans une application persévérante des principes chrétiens.

Au lendemain du congrès de Bruxelles où, à travers la confusion et le désordre, nous n'avons recueilli que des paroles de haine et de colère, la manifestation de Reims est un exemple éloquent et une protestation puissante que nous aimons à retenir.

Ce n'est pas en vain que le cardinal Langénieux a fait appel aux ouvriers, et les a conviés dans la vieille basilique de Saint-Remi. Ils se groupent dans leurs cercles ; puis ils se mettent en marche, bannière en tête, défilant quatre par quatre, le long des rues, pour aller recevoir la bénédiction du prélat. Jamais on n'a vu pareille affluence et la ville de Reims est tout émue.

Mais le banquet populaire qui va suivre nous réserve une véritable surprise et c'est là que nous allons entendre la véritable voix des travailleurs : douze cents convives ont pris place autour du cardinal archevêque et des principaux patrons de la ville de Reims : et c'est là quelque chose d'assez nouveau.

A la fin du repas, M. l'abbé Garnier se lève, et avec une chaleur communicative, il porte un toast à l'union des classes, des vivats nombreux accueillent ses paroles ; mais voici que M. G. Dauphinot, prenant la parole à son tour, répond en ces termes : vous venez crier : vivent nos patrons ! moi, je vous dis : vivent nos ouvriers ! Et tous les travailleurs de se lever avec enthousiasme, d'acclamer l'orateur, chacun cherche son patron pour lui serrer la main. Des larmes de joie sont dans tous les yeux ; les cœurs débordent de vraie fraternité et l'on peut dire, sans crainte de se tromper, que le syndicat mixte de Reims est fondé.

Que tous les hommes de bien méditent cet exemple : qu'ils le comprennent : qu'ils l'imitent et la question sociale sera entrée dans la voie des solutions qu'elle comporte.

Ch. Gossin.

STATISTIQUE ÉDIFIANTE

Le garde des sceaux présente tous les ans, au chef de l'Etat, un compte général annuel de l'administration de la justice criminelle en France.

Le compte général de l'année 1887 nous démontre officiellement, en remontant en 1871, comment la misère et la criminalité augmentent chez un peuple à mesure que le régime républicain suit ses diverses phases, conservatrices ou autres.

Voici ces documents officiels.

Années 1871-1875 :

Moyenne annuelle des affaires correctionnelles, 155,545.

Années 1876-1880 :

Moyenne annuelle des affaires correctionnelles, 167,229.

Cette marche ascendante, inaugurée sous la république conservatrice, est devenue plus vertigineuse encore sous la vraie république.

Années 1881-1885 : moyenne annuelle des affaires correctionnelles, 180,806.

Le compte général de 1887 ne pouvant plus procéder, à partir de 1885, par période quinquennale, nous donne deux statistiques annuelles stupéfiantes.

Les tribunaux correctionnels ont eu à juger en 1886, 187,720 affaires.

En 1887, 191,108 affaires.

Le garde des sceaux de 1888 n'a pas fait de travail rétrospectif. Il s'est borné à un compte de l'année, mais ce compte-là est tout un poème.

Tous les délits qui caractérisent plus particulièrement l'état de prospérité et de moralité d'un peuple ont augmenté de nombre.

En 1888, les tribunaux correctionnels ont eu à juger 17,787 vagabonds, 12,675 mendiants, 37,5.5 voleurs, 21,812 prévenus de coups et blessures.

Autre statistique, plus *actuelle* et pour le moins aussi instructive :

Il a été arrêté à Paris, de 1881 à 1891, 40,040 mineurs au-dessous de seize ans, pour faits de mendicité, et 13,732 mineures pour faits de prostitution !

LA CULTURE DU BLÉ (1)

(SUITE).

Maladies. — Rouille. — Charbon. — Carie. — Insectes. — Excès de maturité.

Outre les accidents résultant des intempéries, il y a encore des maladies qui attaquent les blés et compromettent plus ou moins les moissons. On peut aussi y remédier dans une certaine mesure par le choix des variétés, puisque les diverses races de blé y sont inégalement exposées.

La *rouille* est une des plus graves. Si l'attaque est violente elle peut, dans les quatre ou cinq semaines qui précèdent la maturation du grain, réduire presque à néant une récolte donnant les plus belles espérances.

Il est heureusement rare que la maladie présente une gravité pareille ; mais elle est très fréquente et occasionne tous les ans des pertes considérables. Entretenue par diverses graminées vivaces, revivifiées par le passage de ses spores sur l'épine-vinette, la rouille est un des véritables fléaux de la culture du blé. Si la campagne que la Société nationale d'Agriculture paraît disposée à mener contre les épinesvinetes peut avoir pour résultat leur destruction ou au moins la réduction de leur nombre, il y aura sans doute un véritable service rendu à l'agriculture.

Ce que l'on sait parfaitement c'est que les différentes variétés de blé sont très inégalement attaquées par la rouille.

Celles qui souffrent le plus sont celles qui, d'un climat chaud et sec, sont transportées dans un milieu plus humide. En France, les blés d'Egypte, ceux de l'Asie centrale, de l'Amérique du nord, de l'Australie, certains blés d'Espagne sont les plus sujets à prendre la rouille.

Le charbon, qui détruit et transforme en poussière noire les épis de blé encore enfermés dans la tige, est encore un champignon microscopique. On ne connaît pas de moyen certain de le prévenir ni de le guérir. Les blés y sont heureusement peu exposés, sauf le blé de Noé, chez lequel cette maladie est assez fréquente.

La carie ou noir, qui est la conséquence de l'invasion du blé par un autre champignon, ne détruit pas l'épi comme le charbon, mais déforme les grains, qu'elle rend presque ronds, légers et cassants et qui sont pleins, au lieu de farine, d'une poudre noire ressemblant à de la suie et d'une odeur fétide. Les blés paraissent être tous, sans exception, sujets à souffrir de la carie, mais par contre c'est la maladie la plus aisée à prévenir de celles qui attaquent le blé. Les spores ou semences du champignon de la carie s'attachent au grain avant qu'il soit semé et elles sont sûrement détruites par le sulfatage ou vitriolage du blé de semence, pourvu que cette opération soit bien faite. (3 kilogrammes de sulfate de cuivre par hectolitre d'eau.)

Il est essentiel de ne pas ressemer de blé sur un champ qui a donné du blé noir. Il faut laisser passer plusieurs années.

Contre les ravages des insectes, il n'y a qu'un moyen, c'est le déchaumage après la récolte et le brulis des chaumes qui détruit quantité d'œufs et de larves.

Quant aux ravages des oiseaux, rien à faire. On a remarqué cependant que les blés barbus se défendent mieux que les autres.

Une autre cause de perte est l'excès de maturité au moment de la récolte. On attend généralement trop tard pour commencer la moisson. Alors, on est exposé à perdre un grand nombre de grains par l'égrenage.

Il importe donc de moissonner prématurément les froments ; l'expérience a démontré que, récoltés avant leur complète maturité, ils contiennent toujours plus d'amidon et plus de matières azotées que les blés récoltés, soit lorsqu'ils sont encore un peu laiteux, soit lorsqu'ils ont acquis leur dureté maximum.

En outre, on a reconnu sur les marchés que le froment récolté prématurément a toujours *plus de main* et est *plus coulant* que le blé récolté tardivement, quoique l'un et l'autre renferment la même quantité d'eau normale. Du reste, en moissonnant un peu avant la maturité complète, on est toujours moins exposé à perdre du grain par l'égrenage, que lorsqu'on attend la parfaite maturité des épis pour commencer la moisson.

Lorsqu'on cultive de grandes étendues de blé, il est prudent de semer plusieurs variétés différentes par l'époque de leur maturité ; on commence à couper les plus hâtives, de la sorte tout peut-être moissonné un peu *sur le vert* et dans de bonnes conditions. Mais quand faut-il commencer à récolter et quand la couleur du grain peut se reconnaître. Quant à la vue d'un grain, on peut dire : « Voilà du blé rouge, » ou « ce sera du blé blanc. »

Alors, la maturité sera assez avancée pour que la céréale puisse être coupée ; la maturité s'achèvera en moyettes.

Cela ne s'applique, bien entendu, qu'aux blés destinés à la mouture. Ceux destinés à la semence doivent achever leur maturité sur pied.

(*A suivre.*) Ch. GOSSIN.

(1) Résumé d'une conférence faite au Syndicat agricole de Beauvais par M. H. de Vilmorin.

LES SCORIES PHOSPHOREUSES

L'emploi des scories phosphoreuses comme succédané des phosphates est sans doute à recommander dans une multitude de cas, notamment dans les sols acides ou humides où la chaux de ces scories est un auxiliaire précieux de l'acide phosphorique.

Cependant, il importe de remarquer que si toutes les scories se composent des mêmes éléments, ces éléments s'y trouvent dans des proportions très variées, et que c'est là un point important à observer dans le choix et l'achat de ces engrais.

M. Aubin, directeur du laboratoire de la Société des Agriculteurs de France, a fait une étude intéressante à ce sujet ; il a analysé 13 échantillons de scories provenant d'autant de maisons différentes, au point de vue de leur composition et de leur degré de dissolubilité et de diffusion dans la terre.

Leur composition a présenté les variations suivantes : acide phosphorique de 11,75 à 18,60 % ; sesquioxyde de fer, de 1,41 à 17,93 ; protoxyde de fer, de 0,55 à 16,34 ; chaux, de 33,01 à 44,35 ; magnésie, de 6,90 à 13.

On le voit, les plus fortes différences portent sur les matières ferreuses : sur les deux plus importantes, acide phosphorique et chaux les écarts sont moindres, néanmoins ils sont assez forts pour motiver des différences sérieuses de prix de vente.

Au point de vue de la dissolubilité et de la diffusibilité, M. Aubin constate que les scories sont supérieures aux phosphates minéraux ; leur décomposition s'opère rapidement par le contact avec les matières organiques et l'acide carbonique qui ne sont pas neutralisés par un excès de calcaire. C'est donc dans les terres calcaires que les scories se diffusent lentement.

En résumé, on doit payer les scories d'après leur teneur en acide phosphorique et les préférer aux autres phosphates dans les sols pauvres en calcaire et munis suffisamment de matières organiques, c'est-à-dire de fumier ou de plantes enfouies en vert.

On a écrit dans des journaux étrangers que les bestiaux avaient été incommodés par des fourrages provenant des prairies engraissées avec des scories.

M. de Monicaut, qui en fait un grand usage, dans ses prairies, où il élève un nombreux bétail, a déclaré à la Société nationale d'agriculture qu'aucun cas de ce genre ne s'est produit chez lui.

Il répand les scories en automne, et naturellement leur dissolution est complète lorsque les plantes commencent à pousser au printemps. Les accidents qu'on a signalé n'ont pu être produits que par des scories répandues sur les herbes en cours de végétation. On n'a pas à les craindre en répandant les scories avant la fin de l'hiver.

LES ENGRAIS CHIMIQUES

Quels sont les éléments indispensables à la végétation. Ce sont : l'azote, l'acide phosphorique, la potasse et la chaux.

Ce sont les éléments fondamentaux sans lesquels la plante ne pourrait croître et arriver à son complet et normal développement. Théoriquement ils sont *également* nécessaires, car il suffit que l'un d'eux vienne à manquer pour que la végétation de la plante soit arrêtée. C'est pour ce motif qu'une terre, qu'un engrais sont appelés incomplets, quand ils ne contiennent pas à la fois de l'azote, de l'acide phosphorique, de la potasse et de la chaux.

Mais dans la pratique nous devons faire une différence entre ces quatre corps et placer en première ligne l'acide phosphorique. Il résulte en effet des nombreuses analyses faites par nos chimistes, que le plus souvent c'est cet élément qui manque dans nos terres arables : ici, il est en quantité très insuffisante ; là, c'est à peine si nous pouvons en signaler une trace. Cela est non seulement exact pour la France, mais pour tous les pays : en Algérie, par exemple, presque partout l'azote abonde, le sol est assez riche en potasse, mais l'acide phosphorique est très fréquemment absent.

La réserve d'acide phosphorique contenu dans le sol à l'origine s'est donc épuisée plus rapidement que celles de l'azote, de la potasse ou de la chaux. Cela tient surtout à la nature, à la composition des engrais employés pendant de longs siècles. Il y a une trentaine d'années, on ne connaissait guère que le fumier, et le fumier ne contient pas assez d'acide phosphorique pour restituer intégralement à la terre celui que nous enlevons. Nous connaissons cependant des hommes de valeur qui considèrent encore le fumier de ferme comme l'engrais complet par excellence. Je crois qu'il serait temps de s'entendre. Le fumier est pour l'agriculteur une précieuse matière fertilisante, un engrais à bon marché, quand il est, bien entendu, obtenu à la ferme, mais il arrive rarement qu'un fermier puisse faire assez de fumier pour rendre au sol les principes fertilisants que nous lui avons pris sous forme de récoltes, sous forme de produits.

Dans une récente étude sur l'importance du phosphate de chaux pour l'agriculture française, M. Grandeau faisait lumineusement ressortir que nous n'accomplissons pas cette restitution en nous bornant à employer du fumier : « Une tonne de céréales renferme, suivant les « espèces, en grande moyenne, de 6 à 9 kilos « d'acide phosphorique. Mille kilogrammes de « graines et légumineuses, pois, fèves, etc., « etc., en contiennent de 10 à 15 kilos ; les « fourrages, de 2 à 10 kilog., suivant leur na-« ture. D'autre part, 1.000 kilos de poids vif de « bétail en renferment 13 à 20 kilos. La récolte « annuelle de nos vingt-cinq millions d'hecta-« res, sous culture, enlève à la terre *trois cent* « *mille tonnes* d'acide phosphorique, corres-« pondant à plus de *six cent cinquante mille* « *tonnes* métriques de phosphate de chaux. »

Comment remédier à cet enlèvement, à cette exportation ? Par le fumier de ferme, nous ne pouvons faire retourner au sol qu'au maximum la moitié de ces trois cent mille tonnes ; d'où l'obligation d'avoir recours à d'autres sources d'acide phosphorique, d'en demander ailleurs qu'à nos écuries, qu'à nos étables, qu'à notre poulailler.

Heureusement, nous avons à notre disposition des matières minérales, des engrais chimiques qui peuvent nous fournir, à bon compte, l'*acide phosphorique* et nous permettre ainsi de compléter nos fumures.

A l'heure actuelle, l'agriculture peut se procurer l'acide phosphorique à 60 ou 65 centimes dans les superphosphates minéraux, à peu près au même prix dans les phosphates précipités. Les phosphates naturels, réduits en poudre, offrent le kilogramme d'acide à un prix plus faible encore, à 30 ou 35 centimes. On donnera la préférence aux phosphates naturels, mais à la condition de suivre à la lettre les recommandations faites par les hommes expérimentés. On n'oubliera pas que pour rendre l'acide phosphorique des phosphates naturels *rapidement assimilable*, on devra mélanger ces phosphates aux litières, aux fumiers, sous les pieds des animaux.

J'insiste sur ces mots, rapidement assimilable, car il ne suffit pas qu'un engrais contienne les éléments fertilisants dont on a besoin : il faut que ces éléments s'y trouvent sous un état convenable, qu'ils puissent se désagréger se décomposer, abandonner leurs principes utiles et actifs et mettre ces principes à la disposition de la plante. Il en est des matières fertilisantes comme des sols. Certains sols contiendront de l'acide phosphorique en quantité suffisante pour permettre une luxuriante végétation : l'analyse du chimiste accusera dans ces sols un bon taux de cette substance, et cependant vous n'obtiendrez qu'une piètre récolte. Il vous arrivera aussi souvent de donner à votre culture des doses considérables d'engrais et de n'avoir même que de faibles rendements. Devrez-vous pour cela condamner les engrais, nier l'opinion du chimiste ? Nullement. Vous ne devrez vous en prendre qu'à vous-mêmes, qu'à votre ignorance ou à votre légèreté. Ces faits prouvent en effet, simplement et seulement, que votre terre et votre fumure ne renfermaient pas les principes fertilisants, l'acide phosphorique principalement, sous une forme *assimilable*, à l'état facilement soluble sous l'action de l'eau ou des acides.

Malheureusement, les engrais répandus dans le commerce ne présentent pas toujours cette condition, cette garantie nécessaire. Il appartient à l'agriculteur de se méfier, de demander au fabricant d'engrais non seulement de lui garantir le dosage de sa marchandise, mais encore de lui assurer que les éléments qui la composent sont assimilables, comme il doit demander au chimiste de lui dire sous quelle forme se rencontrent dans sa terre les corps utiles qui la constituent. De cette manière, le cultivateur sera exactement fixé ; il agira d'après des certitudes et non des apparences. Il saura ce qu'il a dans sa terre, ce qui lui manque, et, par suite, ce qu'il faut lui donner, comme il saura aussi ce qu'il lui donne.

JEAN-PIERRE.

PRÉPARATION DU CIDRE
Avec les pommes tombées.

Les ouragans de la dernière semaine ont vigoureusement secoué les arbres fruitiers. En beaucoup de localités, on se trouve en présence d'une quantité considérable de pommes tombées, qu'on considère comme impropres à la fabrication du cidre, et un abonné de l'Aisne nous demande le moyen d'utiliser ces fruits pour en faire une boisson quelconque.

Nous conseillons à notre abonné et à tous ceux qui se trouvent dans le même cas :

1° De faire ramasser de suite tous les fruits tombés, de les soustraire à l'action nuisible des pluies, l'eau entrant en effet dans la pulpe en enlèverait le peu de sucre et le parfum qu'elle contient. On rentrera ces pommes sous un hangar, dans une grange, une écurie où les fruits se ressuieront et achèveront de mûrir tant bien que mal.

2° Le moment convenable pour en faire du cidre sera indiqué par leur état, dès qu'ils auront pris une belle couleur jaune et exhaleront leur odeur caractéristique agréable.

3° A ce moment, on pourra brasser les pommes comme à l'ordinaire. Mais au jus obtenu, on ajoutera du sucre cristallisé à raison de 3 à 4 kilogr. par hectolitre de moût. Ce sucre devra, avant d'être mis dans le tonneau, être dissous dans du cidre nouveau qu'on fera chauffer. On ajoutera encore, toujours par hectolitre, 5 grammes de tannin dissous préalablement dans de l'alcool.

4° Laisser fermenter comme à l'ordinaire, puis soutirer.

Grâce à ces simples précautions, on peut espérer faire, avec les pommes tombées, un cidre passable et utiliser de la sorte les quantités de pommes et de poires tombées à la suite de grands vents.

A. LESNE.

LE SUCRAGE DES VENDANGES

Une lettre récente de M. Catusse, directeur des contributions indirectes, détermine définitivement les règles à suivre par la Régie pour la délivrance et la dénaturation des sucres à taxe réduite employés au sucrage des vendanges. Nous en extrayons ce qu'il importe de connaître pour les viticulteurs :

Voici comment il convient de procéder dorénavant, relativement aux demandes de sucrage.

Ainsi que l'a expliqué la circulaire n° 433 du 30 juillet 1885, les demandes peuvent être individuelles ou collectives. Elles sont individuelles lorsque les pétitionnaires désirent opérer isolément, soit à leur domicile, soit au dépôt autorisé. Elles sont collectives lorsque plusieurs vignerons de la même commune projettent de se réunir chez l'un d'eux pour procéder le même jour à une opération commune.

Quatre cas peuvent se présenter :

1° Demande de dénaturation à domicile par un seul pétitionnaire (demande individuelle) ;

2° Demande de dénaturation par plusieurs vignerons qui projettent de se réunir chez l'un d'entre eux pour procéder le même jour à une opération commune (demande collective) ;

3° Demande tendant à dénaturer au dépôt une quantité de sucre de 500 kilogr. et au-dessus (demande individuelle) ;

4° Dénaturation au dépôt par les viticulteurs et vignerons d'une quantité de sucre inférieure à 500 kilog. (demande verbale).

Dans les trois premiers cas, les récoltants ou acheteurs de vendanges doivent, au plus tard 15 jours avant la récolte, adresser sur papier timbré de dimension, une demande écrite au directeur ou au sous-directeur de leur circonscription, lequel est chargé de la suite à donner.

Dans le dernier cas, par application des dispositions du décret du 22 juillet 1885, il n'y a pas lieu d'exiger de demande spéciale. La demande verbale des viticulteurs et vignerons est reçue et consignée par le dépositaire sur un bordereau ne comportant ni autorisation préalable du directeur ou du sous-directeur ni observation de délai, mais devant contenir les mêmes indications que les demandes individuelles. En pareille occurrence, c'est au chef local de service que revient le soin d'autoriser les opérations, sauf à en référer à ses chefs s'il juge que cette autorisation doit être refusée.

Il est bien entendu que cette dernière faculté n'est pas concédée aux acheteurs de vendanges, lesquels sont toujours tenus, quelle que soit la quantité de sucre à dénaturer, à produire une demande spéciale.

La latitude qui est ainsi laissée aux petits producteurs impose naturellement aux employés qui assistaient à la dénaturation aux dépôts, l'obligation de veiller avec le plus grand soin à la régularité des énonciations portées par le dépositaire sur le bordereau collectif, ainsi qu'à celle des certificats de récolte produits à l'appui.

On voit que la Régie a abandonné une partie de ses anciennes exigences relativement au sucrage. La facilité donnée aux vignerons de se réunir pour l'opération de la dénaturation des sucres contribuera à l'extension de la préparation des vins de marcs.

LES ASSURANCES SUR LA VIE

Ainsi l'ordre et la règle lui tiennent lieu d'épargne, et il s'enrichit de ce qu'il a dépensé. (J-J. Rouss.)

« Travailler avec la certitude d'arriver un jour à l'aisance ; avoir instantanément le droit de se dire qu'on a assuré l'avenir de sa femme et de ses enfants », qui donc serait assez insensé pour repousser de gaieté de cœur une pareille proposition ! La chose vaut au moins qu'on l'examine : et quelques instants d'attention suffiront pour se convaincre que le moyen est à la portée de tous.

Et que faut-il pour atteindre ce résultat ? Tout simplement placer ses économies dans une caisse d'épargne spéciale. Mais quel est donc, direz-vous, cette caisse d'épargne merveilleuse ? Celle des assurances sur la vie.

L'assurance sur la vie ! Ce mot seul provoque une foule d'objections.

A quoi bon, s'écrie l'un, votre caisse d'épargne spéciale ? Celle de l'Etat ne suffit-elle pas ? Et ne puis-je d'ailleurs économiser tout aussi bien moi-même ?

Ne me parlez pas, dit une dame, de vos combinaisons où il n'est question que de mort. Elles portent malheur et surtout sont immorales.

Je reconnais que vous avez raison, avoue un troisième, mais les primes à payer sont trop élevées. Et d'un autre côté s'il m'arrive de ne pouvoir les acquitter toutes, je ne veux pas être exposé à perdre celles que j'aurais déjà versées.

Je suis dans le commerce dit un autre et j'ai besoin de mes fonds ; comment voulez-vous dans ces conditions que je songe à m'assurer sur la vie ?

Je suis riche, objecte enfin un dernier, et après moi ma famille sera dans l'aisance. Votre moyen, si bon qu'il soit, n'en est pas moins sans utilité pour moi. Tout au plus pourrais-je m'en servir comme placement. Mais encore faudrait-il que je sache quelles sont les garanties de votre Compagnie.

Voilà bien des objections, et si l'assurance sur la vie n'avait pas les avantages que nous lui connaissons, elle ne résisterait pas à pareil assaut.

Mais qu'on se rassure : elle est sinon parfaite (rien ne l'est sur la terre) du moins assez perfectionnée pour qu'il nous soit facile de répondre à chacun d'une manière satisfaisante.

Et d'abord la caisse d'épargne de l'assurance diffère essentiellement de celle de l'Etat. Celle de l'Etat ne restitue que ce qu'on lui a versé augmenté de l'intérêt à 3 fr. 50 0/0. La caisse de l'assurance au contraire non seulement paie chaque année à l'assuré une somme représentant, dans une certaine mesure, les intérêts de ce qu'il lui a versé ; mais encore et surtout, *qu'elle que soit* l'époque du remboursement, elle le lui paie la somme qu'il a lui-même indiquée 5, 10, 15 ou 20,000 francs ou même davantage s'il le désire.

Quelle que soit l'époque du remboursement. Il se peut en effet qu'un an, deux ans, cinq ans après s'être assuré, le malheur veuille que l'on soit enlevé à l'affection des siens. La Compagnie, en ce cas, fut-ce même le lendemain de la signature du contrat, *et n'eut-on versé qu'une seule prime*, paie sans la moindre difficulté le montant de l'assurance.

Et ce résultat merveilleux est dû à des calculs aussi simples que surs. Mais ne puis-je donc les faire moi même ces calculs, direz-vous ? Ou mieux, ne suis-je pas assez sage pour économiser comme le fait votre Compagnie ? Non, pour plusieurs raisons.

D'abord les calculs dont nous parlons ne sont vrais qu'autant qu'ils s'exercent sur un grand nombre de personnes. Vos économies fussent-elles, en effet, placées chaque année à intérêt composé, ne vous rapporteraient jamais autant que le capital garanti par une assurance. Une Compagnie seule ensuite réalise des bénéfices suffisants pour payer des différences aussi grandes que celles indiquées ci-dessus. Savez-vous d'autre part si vous vivrez assez longtemps pour faire des économies ? N'est-il pas enfin de votre intérêt même que votre épargne soit forcée. Combien de fois sans cela ne manqueriez-vous pas à mettre de côté la somme nécessaire chaque année pour constituer le capital que doit vous verser la Compagnie.

Qui ne sait, en effet, par expérience, que l'on évite bien des dépenses inutiles quand on doit songer à une échéance ?

Et qu'on ne dise pas que c'est là se constituer à soi-même un état de gêne. L'assurance faite selon ses moyens ne gêne jamais celui qui l'a contractée, et ne le prive momentanément de certaines superfluités que pour les lui permettre plus tard, à l'expiration de son contrat. Quelle que soit d'ailleurs sa situation, chacun n'a-t-il pas le devoir de se priver un peu pour assurer l'avenir de sa famille ?

Notre combinaison envisage surtout, il est vrai, le cas de mort. Et c'est là le reproche que lui font volontiers les dames.

Mais voulez vous me permettre, mesdames, une simple réflexion. Vous trouvez tout naturel qu'on vous parle assurance contre l'incendie et vous ne voyez rien d'extraordinaire à ce que l'assureur prévoie le cas où votre mobilier ou votre maison serait brûlé.

Il ne vous vient pas à la pensée que l'assurance à cet égard aura pour effet de provoquer chez vous un incendie.

Mais s'il en est ainsi de l'assurance contre l'incendie, pourquoi voulez-vous qu'il soit autrement de l'assurance sur la vie ? Les incendies, eux, ne sont que probables ; et, Dieu merci, deviennent de plus en plus rares. La mort, au contraire, ne se lasse pas. Et, en dépit des progrès de la science, chacun de nous doit s'attendre chaque jour, hélas ! à sa visite. Pourquoi donc serions-nous plus imprévoyants à son égard qu'à l'égard du feu ?

Et puis, voyons l'assurance sur la vie fait-elle mourir ? Mais non !

Quelles sont les conditions essentielles de la santé ? La fortune et la tranquillité d'esprit, n'est-ce pas.

La fortune ? Par le fait même que vous avez contracté une assurance sur la vie, elle vous est acquise. Vous savez, à n'en pas douter, que vous toucherez, au moment de prendre votre retraite, *à une date que vous fixez vous-même*, une somme vous permettant de vivre sans souci du lendemain.

Car c'est là, précisément, l'un des plus beaux côtés de cette combinaison. L'assurance sur la vie constitue bien la création d'une retraite, et d'une retraite supérieure à celles que donnent l'Etat ou les grandes Compagnies à leurs employés. Ses retraités, en effet, n'ont pas seulement une rente : ils ont à la fois la rente et le capital. Et s'ils en est parmi eux qui préfèrent une rente viagère au capital que leur offre la Compagnie, celle-ci reprend sans difficulté ses fonds et leur paie, chaque année, une somme supérieure au taux de l'intérêt de leur argent. Vous voyez donc bien que l'assurance sur la vie donne immédiatement à l'assuré la première condition de la santé.

(*A suivre*). Jean Delacampagne.

Nouvelles agricoles.

La réunion des conseils généraux s'est terminée dans les conditions les plus calmes et les plus propices à la bonne gestion des affaires des départements. Les vœux sur le régime commercial, qui avaient passionné les assemblées départementales pendant les dernières années, sont devenus beaucoup plus rares, le travail du Parlement ayant donné satisfaction aux vœux émis jusqu'ici. C'est ce que l'on comprend de plus en plus partout ; quelques conseils généraux, comme celui des Pyrénées-Orientales, ont émis le vœu que le Sénat sanctionnât le travail de la Chambre des députés. Toutefois, quelques réclamations se sont fait entendre ; ainsi le conseil général du Pas-de-Calais a été saisi d'un vœu tendant à la revision des tarifs sur les graines oléagineuses ; celui de la Somme a émis le vœux que toutes les denrées considérées comme matières premières fussent soumises à des droits de douane. D'autres conseils généraux se sont préoccupés de l'emploi des ressources provenant du nouveau tarif douanier : ils ont généralement demandé que ces ressources fussent employées à des dégrèvements ; celui de la Drôme, par exemple, a demandé que le dégrèvement s'appliquât surtout à l'impôt foncier ; celui du Jura a demandé la suppression de cet impôt. Quelques conseils généraux se sont occupés dans divers sens, de l'impôt foncier sur la propriété bâtie ; celui des Vosges a demandé qu'on revînt, pour cet impôt, au régime de la répartition, et que le gouvernement procédât à une nouvelle évaluation, en s'entourant de toutes les garanties nécessaires pour prévenir les inégalités et les erreurs, comme pour protéger les intérêts de tous les contribuables.

Un certain nombre de conseils généraux se sont préoccupés du projet relatif au retrait de la prohibition des viandes salées de porc d'Amérique. Parmi les assemblées qui ont demandé le maintien de la prohibition, nous citerons celles d'Indre-et-Loire, du Jura, de la Haute-Loire, du Haut-Rhin et de la Somme.

Le conseil général de la Seine-Inférieure a adopté un vœu proposé par M. Lesouef et tendant à étendre aux élèves des écoles pratiques d'agriculture les immunités accordées par la nouvelle loi du recrutement aux élèves des autres écoles. Aujourd'hui que le besoin des écoles d'agriculture est de plus en plus senti partout, et que le nombre de ces établissements augmente rapidement, la mesure proposée devra s'imposer ; en effet, elle permettra d'assurer le recrutement de ces écoles, au grand bénéfice du progrès, sans que personne ait à en souffrir ou qu'on puisse trouver à s'en plaindre.

Concours d'arracheurs de betteraves. — Un concours international, organisé par le *Syndicat des Fabricants de sucre de France*, est ouvert, comme l'an dernier, pour la construction d'appareils propres à l'arrachage des betteraves. Une somme de six mille francs est affectée à ce concours : 1er prix, 4,000 fr., 2e prix, 1,200 fr., 3e prix, 800 fr.

Conditions du Concours.

1° Les appareils pourront être à un ou plusieurs rangs; mais à fonctionnement égal, la préférence sera accordée aux arracheurs à rangs multiples.

2° Les appareils devront fonctionner pour des semis variant de 35 à 44 centimètres d'écartement.

3° La profondeur à atteindre devra pouvoir varier suivant la longueur des betteraves.

4° Les arracheurs devront, sans retourner le sol, soulever assez la betterave pour qu'elle puisse être enlevée facilement à la main par des femmes ou des enfants.

5° Les appareils seront construits de manière à éviter le plus possible les mouvements de terre qui pourraient nuire à l'enlèvement des betteraves.

6° Les arracheurs ne devront ni mutiler ni blesser les betteraves; ces conditions sont essentielles et absolues.

7° Les appareils doivent pouvoir fonctionner en tout temps : par la sécheresse, l'humidité ou la gelée.

8° L'abondance des feuilles ne devra pas être un obstacle à la bonne marche des appareils.

9° Les arracheurs ne doivent exiger pour leur marche et leur bon fonctionnement qu'une force de traction aussi légère que possible.

10° Le maniement des appareils doit être simple et facile.

11° Leur construction sera telle qu'ils puissent fonctionner dans tous les terrains.

12° Les instruments présentés seront soumis aux essais chaque fois que la commission le jugera utile pendant toute la durée des arrachages, et ce à partir du 15 septembre au plus tard.

13° Chaque constructeur devra fournir trois machines de chaque système, savoir :

Une chez M. Bouchon, à Nassandres (Eure).

Une chez MM. Oger et Cie, à Bertancourt-Epourdon, près La Fère (Aisne).

Une chez M. X. (le nom sera ultérieurement désigné).

14° Le jury désigné par la chambre syndicale sera seul juge pour apprécier le mérite et la valeur des instruments.

Il décidera si toutes les conditions du programme sont suffisamment remplies pour permettre l'attribution des prix.

Pour renseignements, s'adresser à M. l'administrateur du Syndicat, 42, rue du Louvre.

Concours de Fougères. — Le concours départemental agricole organisé par la Société d'agriculture d'Ille-et-Vilaine aura lieu à Fougères, le jeudi 24 septembre.

Les prix seront divisés en prix départementaux, pour lesquels les cultivateurs du département seront admis à concourir, et en prix d'arrondissement réservés aux cultivateurs de l'arrondissement de Fougères.

Les prix départementaux seront décernés, pour les animaux reproducteurs, les instruments agricoles perfectionnés, les beurres, les cidres et poirés, et autres produits agricoles du département.

Les prix d'arrondissement seront réservés pour les familles agricoles, les serviteurs ruraux, les pépinières de pommiers et la bonne tenue des exploitations agricoles.

L'industrie sucrière. — Le *Journal des Fabricants de sucre* constate que la température de la dernière huitaine n'a pas été très favorable. La betttrave dont les feuilles ont toujours une apparence luxuriante, sauf dans certaines régions où on remarque un jaunissement prématuré, continue d'être moins développée que les deux années précédentes. Nous parlons bien entendu de la récolte prise en son ensemble, car les premières semées sont généralement belles. Pour activer la croissance de la racine, il faudrait une température tiède et modérément humide. Or, il fait froid et l'humidité est en excès ; d'autre part, les nuits sont trop fraîches pour la saison, toutes conditions qui sont plus propres à faire mûrir la plante qu'à favoriser la croissance. Si donc la température de septembre et d'octobre n'est pas exceptionnellement propice, nous aurons sûrement un gros déficit quantitatif.

Le Bulletin de la station agricole de Cappelle, du 19 août, donne pour le poids moyen de la racine 179 grammes, contre 222 gr. en 1890 et 390 gr. en 1889. Quant à la richesse saccharine du jus, elle est de 13.70 0/0, contre 14.50 0/0 en 1890, et 13.42 0/0 en 1889.

La betterave est donc plus riche à cette heure, qu'elle ne l'était en 1889. Mais ce facteur peut varier dans de grandes limites jusqu'à l'arrachage et il serait dès lors prématuré de baser des calculs sur la supériorité actuelle du faux pour cent de sucre.

CONSEILS DU JARDINIER

LES PELOUSES.

Les pelouses qui jouent un rôle si important dans l'arrangement des jardins, doivent être l'objet des soins intelligents du jardinier et de l'amateur.

L'harmonie du coup d'œil, ce but toujours visé, est inévitablement rompu dès que les pelouses laissent à désirer.

Les Anglais sont passés maîtres dans la culture des gazons, et si le climat d'Albion est une des principales causes de la beauté de leurs pelouses, il faut aussi attribuer cette beauté à leur parfait entretien au point de vue de l'engrais, du roulage et du fauchage.

Rappelons quelles conditions doivent être remplies pour avoir et conserver les pelouses en bon état.

Commencer par défoncer et nettoyer le sol, l'engraisser, si besoin est, le piétiner alors qu'il renferme encore un peu d'humidité. Semer, recouvrir les graines d'un centimètre de terreau. Quand le gazon est bien levé, faucher à la machine aussitôt que faire se pourra, une ou deux fois par semaine pendant l'été, et durcir ce gazon autant que possible. Arroser le soir s'il ne pleut pas à temps, « puriner » de temps à autre par les temps pluvieux, fumer chaque hiver avec des engrais consommés.

Ce n'est qu'au prix de ces soins que l'on obtiendra de belles pelouses.

Si l'on ne fauche pas, si l'on ne roule pas et surtout si l'on n'arrose pas suffisamment durant l'été, pas de belles pelouses, mais trop souvent un affreux paillasson roux. HORTUS.

CONSEILS A LA FERMIÈRE

Excellent et pas cher ! — *Recette d'une confiture économique* : Prenez des fruits à noyaux, tels que mirabelles, reine Claude, abricots, pêches. Retirez-en la queue et le noyau ; coupez-les en menus morceaux et rangez les par couches dans une terrine vernie, en saupoudrant chaque couche avec du sucre pilé. Pour chaque kilogramme de fruits, mettez une livre de sucre. Deux heures après, versez le tout dans une bassine, placez celle-ci sur feu et cuisez en remuant avec une écumoire jusqu'à ce que la confiture tombe en *nappe* de l'écumoire. Retirez-la et remplissez les pots ; couvrez ceux-ci deux heures après. UNE MÉNAGÈRE.

CONSEILS DU VÉTÉRINAIRE

ALIMENTATION DU CHEVAL.

L'aliment est destiné à rendre à l'économie ce qu'elle perd par le travail fonctionnel.

L'alimentation peut être abondante ou insuffisante. La première suffit largement à l'entretien; la seconde ne comble pas les déperditions.

Les aliments abondants et de mauvaise qualité surchargent, fatiguent l'intestin, et sont souvent une cause de maladie de celui-ci. Les chevaux ainsi nourris sont sans énergie, ont un ventre énorme, vulgairement ventre de vache, et se fatiguent vite.

Les aliments abondants et de bonne qualité déterminent la pléthore, l'engraissement, font un sang riche et prédisposent aux congestions.

Une alimentation insuffisante et de mauvaise qualité amène promptement la maigreur, la diminution des forces, le marasme et la mort.

Une alimentation insuffisante et de bonne qualité provoque l'amaigrissement sans diminuer aussi vite la force et l'énergie ; mais longtemps prolongée, elle détermine une usure prématurée.

Il faut donc au cheval une nourriture suffisante, ni trop, ni trop peu abondante, et de bonne qualité.

Il est bon de ne pas laisser manger, et surtout boire les chevaux en sueur ou venant de fournir une longue course. Il faut les laisser souffler et, malgré leur impatience, les forcer à un repos d'un quart d'heure ou même d'une demi-heure.

Autant que possible, les repas se feront toujours à la même heure.

Ces repas sont ordinairement composés d'aliments de différentes natures ; foin, paille, avoine, etc... Il est nécessaire de donner d'abord ceux que les animaux estiment le moins, et de terminer par ceux qu'ils préfèrent ; agir autrement équivaudrait à commencer nos repas par le dessert et les terminer par le potage.

Un repas doit donc être ainsi composé : d'abord foin et paille ; une bonne pratique même est de mélanger intimement ces fourrages ; ensuite faire boire et donner de l'avoine aussitôt. Si vous voulez donner un barbotage, autant que possible faites-le à midi ; il sera composé de trois ou quatre litres de son mouillé de six à huit litres d'eau ; vous le donnerez en même temps que le foin sera placé dans le ratelier.

Certains cultivateurs ont l'habitude de donner l'avoine avant de faire boire. Ils ont tort : c'est de l'avoine perdue. Ce grain doit être digéré dans les premières portions de l'intestin, et, par conséquent y séjourner un certain temps. L'eau donnée aussitôt son ingestion, l'entraîne vers le cœcum situé tout à fait en arrière, et l'enlève ainsi au travail digestif.

On estime qu'un cheval de culture pour être bien entretenu, demande par jour, 7 à 8 kilog. de foin, 10 kilog. de paille, et 10 à 15 litres d'avoine. Seule la ration de grain peut être diminuée dans la saison de repos, mais ne doit être entièrement supprimée.

Pour un cheval de trait léger, la ration pourra être de 4 kilog. de foin, de 6 à 10 kilog. de paille et de 12 à 18 litres d'avoine suivant le travail qu'on lui demande.

Les chevaux de selle de forte taille auront à peu près la même ration. Pour ceux de taille moyenne, la ration de foin pourra être diminuée de moitié, et la ration d'avoine réduite à 10 litres.

Les chevaux de gendarmes, chevaux de grosse cavalerie pour la plupart, n'ont cependant que 3 kilog. de foin, 4 kilog de paille, et 10 litres et demi d'avoine environ. Mais ces chevaux se trouvent dans de meilleures conditions hygiéniques que les nôtres, et ne fournissent en somme, qu'un travail peu pénible.

Le poids de l'avoine variant avec sa qualité, il est bon de peser les rations au lieu de les mesurer.

CONSEILS AUX CHASSEURS

Chaussures de chasse imperméables. — Pour les petits-neveux de Nemrod, voici la veillée des armes : déjà, ils poussent, de ci de là, des reconnaissances secrètes et n'ont d'autre songe que les résultats d'une première journée de chasse. Nous nous permettrons de leur donner dès maintenant, quelques conseils de circonstance, qu'ils seront heureux de mettre à profit.

Il s'agit d'abord d'imperméabiliser, en conservant leur assouplissement, souliers et brodequins de chasse.

Mélangez donc et faites bouillir dans un pot de terre, 125 grammes de cire jaune, même quantité de suif de mouton, 5 grammes de résine et un demi-litre d'huile d'œillette ou autre.

Pendant que ce mélange est encore tiède, étendez-en, au moyen d'une brosse ou d'un pinceau, une couche assez épaisse sur les chaussures qui doivent être parfaitement sèches au moment de l'opération. Il ne faut pas oublier que l'imperméabilisation complète peut avoir des inconvénients : aussi est-il prudent de s'en tenir uniquement à l'imbibition des semelles et des bas-côtés des chaussures, ces parties étant le plus directement exposées à l'humidité.

Autre procédé. — Faites fondre et mélanger ensemble 250 grammes de suif en branche — de bœuf autant que possible — 60 grammes de graisse de porc et 30 grammes de chacune des substances suivantes : huile de térébenthine, cire jaune, huile d'olives. Le mélange encore chaud est étendu sur les chaussures un instant exposées, mais de loin, à un feu clair : on frictionne assez fortement le cuir, pour que le point de jonction des semelles et les parties contiguës s'en trouvent parfaitement pénétrées.

Conservée dans un pot de grès ou de faïence, cette composition ne s'altère jamais : elle durcit : pour l'usage, il suffit de la faire fondre.

La supériorité de ce procédé consiste à ce que les cuirs ne se durcissent jamais.

Désinfection de la sueur des pieds. — Il arrive, durant les grandes chaleurs, ou bien à la suite de longues marches, que des personnes sont incommodées d'une affection qui est à la fois un objet de répulsion pour leur entourage et de gêne pour elles-mêmes. La sueur des pieds dégage parfois chez certains sujets une odeur absolument insupportable qui infecte longtemps les appartements. Une série de lavages avec une solution de chloral au centième permettra de supprimer l'odeur en quelques jours : la personne aura soin également de s'envelopper les pieds dans une serviette qui sera imbibée de cette préparation dont voici la formule réglementaire :

Acide salicylique........	3 grammes.
Amidon....................	10 —
Talc......................	87 —

CONSEILS DU MÉDECIN

MIXTURE CONTRE LES DOULEURS D'OREILLES.

Introduire dans l'oreille un tampon d'ouate imbibé de la mixture suivante :

Chloral camphré......	5 grammes.
Glycérine............	30 —
Huile d'amande douce.	10 —

On frictionne aussi avec cette mixture les pourtours de l'oreille. La douleur est soulagée aussitôt, et s'il y a inflammation, elle est souvent enrayée. UN VIEUX MÉDECIN.

BIBLIOGRAPHIE.

MATHÉMATIQUES et COMPTABILITÉS AGRICOLES *à l'usage de l'enseignement et de l'agriculture* (1), par WAGNER.

L'année dernière nous annoncions la publication de cet important ouvrage à qui nous prédisions le succès. Nos prévisions se sont réalisées :

La 1re édition a été vite épuisée et la 2e édition qui vient de paraitre avec d'utiles et de nombreuses adjonctions sera, elle aussi, accueillie avec la plus grande faveur par le public agricole.

Nous ne connaissons pas en effet un ouvrage plus utile, plus complet et mieux fait dans son genre. A côté des notions claires et précises de l'arithmétique, de la comptabilité, de la géométrie et de la mécanique, nous trouvons dans l'ouvrage de M. Wagner *une foule de renseignements agricoles des plus pratiques* qui servent de base aux problèmes agricoles qui y sont présentés. C'est une sorte d'encyclopédie *très pratique* de connaissances se rapportant à l'agriculture.

Nous insistons sur le mot *pratique*, car voilà le caractère très précieux selon nous, du traité que nous signalons à l'attention des agriculteurs.

On jugera du reste facilement de la nature et de l'utilité de l'ouvrage par l'énoncé de quelques chapitres.

Voici ceux qui suivent immédiatement la première partie « *Arithmétique élémentaire appliquée à l'agriculture et à la vie usuelle* » :

Chapitre I. — *Culture du sol.*

§ 1. Amendements et améliorations du sol. — § 2. Les labours; emploi des instruments aratoires perfectionnés.

Chapitre II. — *Les engrais.*

§ 1. Calcul de la production du fumier de ferme. — § 2. Épuisement du sol par les végétaux. Loi de la restitution, calcul des doses d'engrais. — § 3. Calcul de la valeur agricole et commerciale des engrais chimiques. — § 4. Prix des principes nutritifs dans les principales matières fertilisantes; calcul de la valeur des engrais en général. — § 5. Fumier consommé par les récoltes. Aliquotes d'absorption des plantes. Répartition de la valeur des engrais en terre. — § 6. Prix de revient du fumier de ferme.

Chapitre III. — *Semailles et plantations.*

§ 1. Importance, valeur culturale, prix moyen des semences. — § 2. Quantités et époques des semis, durée de la faculté germinative et de la végétation, rendement et poids moyen des principales plantes cultivées et forestières. Estimation des récoltes sur pied. — Sulfatage des grains. — Durée de la faculté germinative des blés immergés dans l'eau. — § 3. Épaisseur des semailles. Semis à la volée. — § 4. Plantations en figures régulières.

Chapitre IV. — *Alimentation et élevage du bétail.*

§ 1. Calcul de la valeur alimentaire des fourrages. — § 2. Calcul de la relation nutritive des fourrages. — § 3. Composition et calcul des rations convenant aux diverses espèces d'animaux. Litière, — § 4. Taille, poids, produits, logement du bétail.

Chapitre V. — *Economie rurale.*

§ 1. Définitions. — § 2. Problèmes divers. — § 3. Le capital. — § 4. Comptabilité laitière et laiteries coopératives. — § 5. Calcul du rendement net.

La troisième partie est consacrée à l'étude de la *comptabilité agricole appliquée à la moyenne et à la petite culture.*

On déplore avec raison l'absence de toute comptabilité dans les fermes. « Nous ne savons pas, et puis nous n'avons pas le temps ! » disent les cultivateurs. Ceux qui liront le traité de M. Wagner ne tiendront plus ce langage ; séduits par la simplicité de la méthode si clairement exposée, ils voudront, à l'exemple du plus petit commerçant, se rendre compte du résultat de leurs opérations au moyen d'une comptabilité bien facile. Ce sera un grand profit pour tous !

Dans la quatrième partie, nous trouvons les éléments de géométrie *pratique* (toujours *pratique*) appliquée au calcul des surfaces, à l'arpentage, au levé de plans, à la division des champs, au cubage, au jaugeage, à la mensuration des animaux ou au nivellement.

Viennent enfin dans la cinquième partie les éléments de mécanique agricole et les derniers chapitres, *très-complets*, consacrés aux irrigations et au drainage.

Cet ouvrage est le fruit d'études approfondies et de longues recherches ; nous n'hésitons pas à le recommander très vivement non seulement aux écoles, mais encore aux cultivateurs pour lesquels il sera, nous le répétons, la source d'enseignements et de renseignements aussi variés qu'utiles. Ch. GOSSIN.

(1) Paris, Librairie agricole, 26, rue Jacob. Prix : 5 fr.

POUR RIRE.

Un Anglais, étant une fois dans un restaurant en compagnie d'un jeune Français, remarqua que les couteaux coupaient très bien.

— Ils coupent comme un rasoir, dit le Français.

— Qué ce que cela volait dire ? demanda l'Anglais ?

— Cela veut dire qu'ils coupent très fort, répondit le Français et le déjeuner se continua.

Notre gentleman se trouvant quelques jours après au bois de Boulogne avec un de ses amis Français, un orage survient. La grêle tombe.

Il pleut comme un rasoir, s'écrie l'Anglais avec aplomb.

* * *

Un parvenu voulant avoir un écusson sur une splendide voiture qu'il s'était achetée et ne trouvant rien qu'il put mettre, un plaisant qui se trouvait là lui dit : Mettez-y un coq sans queue. Pourquoi? demande l'ex-négociant. Parce qu'en vous voyant dans votre voiture on dira : Voilà un coq imparfait (coquin parfait).

* * *

Lu dans un journal cette singulière annonce : « A louer une place de pauvre dans un endroit charitable ; bénéfices assurés.

« On louerait également un bon chien d'aveugle. S'adresser au bureau du journal. »

PETITE POSTE.

M. L... (Cantal). — *Petit genêt à nis vert.* — Il vous sera répondu dans le prochain numéro.

M. G. P... (Oise). — *Lin.* — Il est inutile de faire une demande qui ne serait pas accueillie.

M. B... (Jura). — *Pratrie.* — Pour faire disparaitre le *tussilage*, vous avez pris le meilleur moyen : défrichement, cultures sarclées et surtout drainage.

Si vous voulez réensemencer la prairie dans une céréale, en automne, il ne faut pas tarder. Généralement même ces semis d'automne se font sur terre nue. Semez donc la céréale *très claire*. Pour cette saison, nous vous conseillons le blé blanc de Flandre, et comme graines fourragères, le mélange suivant. Pour 50 ares :

Ray grass anglais.	10 kil.
Vulpin des prés........	2
Pâturin commun........	3
Flouve odorante........	2
Timothy................	2
Dactyle................	5
Fétuque des prés........	3
Fromental..............	5
Total.......	32 kil.

Le moment actuel étant favorable au transport des vins, nous rappelons à nos lecteurs que tous ceux d'entre eux qui, sur nos conseils, consomment les vins de M. Vincent-Ardura, viticulteur, domaine de la Chapelle-Frédignac, par Blaye-Bordeaux, n'ont qu'à se louer de la qualité et de la conservation de ce Bordeaux absolument naturel, expédié sans intermédiaire.

Pour dégustation sérieuse, envoi gratuit est fait d'une bouteille de la récolte désignée.

L'encaissement est fait par le facteur à 30 jours, escompte 2 0/0 ou 90 jours.

Vendanges : 1889, à 130 fr., 1888, à 140 fr., 1887, à 150 fr., 1885, à 175 fr., 1884, à 200 fr., 1882, à 220 fr., 1881, à 250 fr., 1878, à 300 fr. les 225 litres, collés, soutirés, franco de port et de fût en gare d'arrivée.

OFFRES & DEMANDES.

Pour répondre au désir qui nous est exprimé nous offrons à nos abonnés, sous cette rubrique, deux annonces gratuites pour les offres et demandes d'emplois, produits ou animaux à vendre ou à acheter, etc.

Les annonces qui suivront jouiront d'une réduction de 50 pour 100 sur les tarifs ordinaires.

Les demandes d'insertions devront être envoyées à l'administration, qui se chargera de les rédiger.

Ne pas négliger d'envoyer tous les renseignements nécessaires (joindre 2 timbres de 0 fr. 15).

Bonne occasion. — A vendre couveuse complète *Gombault*, 500 œufs, n'ayant servi que quelques semaines; idem *Roullier*, 130 œufs, trois éleveuses, une sécheuse, presque ou tout neuf, suivant articles. — S'adresser à M. L. Lassourd, à Bouin (Vendée).

REVUE FINANCIÈRE.

Semaine excellente pour le parti de la hausse. Mais il ne faut pas s'y tromper, c'est notre rente seule qui bénéficie de l'amélioration, du moins qui en profite dans une large portion. Sur le surplus du marché, les bonnes valeurs ne sont pas oubliées, mais leur bonification, le plus souvent, ne tient qu'à des causes particulières, qui auraient le même effet en toute autre circonstance. Nous ne nous occuperons donc aujourd'hui précisément que des mouvements propres à ces cas particuliers.

En tête, la Banque de France, portée à 4,600. On escompte évidemment les bénéfices que la saison prochaine vaudra à notre premier établissement de crédit. C'est fort bien ; mais nous aimerions mieux que l'on soit moins ardent pour le bien des « pupilles de la loi ».

La date de l'émission du Crédit Foncier est fixée, paraît-il, au 6 octobre. Le Foncier est monté au delà de 1290. C'est naturel. Attendons en tout cas que le Gouvernement, qui a voix au chapitre, ait donné son approbation.

La Banque de Paris remonte ; les Nord de l'Espagne aussi ; les Chemins Portugais restent stationnaires. On dit que les pourparlers vont bien. Une fois de plus, nous dirons : Attendons, pour savoir ce qui sortira de tout cela.

L'Italien baisse de nouveau, malgré les efforts du Syndicat et la campagne de presse menée en faveur des projets et promesses du cabinet Rudini. Dame, les gens pratiques préfèrent les actes aux paroles et aux promesses. Timon.

CHEMIN DE FER DU NORD.

Saison des Bains de Mer

du 15 Mai au 15 Octobre.

Prix au départ de Paris :

1° *Billets d'aller et retour valables du vendredi au mardi.*

	1re cl.	2e cl.	3e cl.
Le Tréport-Mers.........	27.85	20.80	14.80
Saint-Valery...........	29.05	21 80	15.85
Cayeux.................	31.70	23.80	17.20
Le Crotoy..............	30.15	22.60	16.30
Berck..................	33.60	25.25	18.40
Etaples (Le Touquet-Paris-Plage)............	33.50	25.15	18.50
Boulogne...............	37.50	28.15	20.65
Wimille-Wimereux.......	38.40	28.80	21.15
Ambleteuse, Andresselles, Wissant (Marquise)....	39.90	29 95	21.95
Calais.................	43.60	32.70	23.95
Gravelines.............	45.05	33.80	24.80
Dunkerque..............	45.05	33.80	24.80

2° *Billets d'aller et retour des dimanches et fêtes, valables pendant une journée.*

	2e cl.	3e cl.
Le Tréport-Mers...........	10 25	6.25
Saint-Valery..............	10.80	6.60
Cayeux....................	12.80	7.95
Le Crotoy.................	11.80	7.40
Berck.....................	13.50	8.35
Etaples (Le Touquet-Paris-Plage)........	12.70	7.80
Boulogne..................	13.85	8.45
Wimille-Wimereux.	13.85	8.45
Ambleteuse, Andresselles, Wissant (Marquise).......	13.85	8.45
Calais....................	13.85	8.45
Gravelines................	13.85	8.45
Dunkerque.................	13.85	8.45

Billets de famille comportant sur les billets individuels des dimanches et jours de fêtes une réduction de 5 à 25 0/0 pour les familles de 2 à 5 personnes et au-dela.

Indépendamment des billets ci-dessus, il est délivré des *billets de saison*, à prix réduit, de famille (1re, 2e et 3e cl.) *valables pendant 33 jours*, avec réduction de 50 % pour chaque membre de la famille en plus du troisième. (Voir les affiches).

Chemins de fer de Paris à Lyon et à la Méditerranée.

Excursions à Chamonix
(Mont-Blanc).

Il est délivré à Paris, pendant toute l'année; à des prix réduits, des billets d'aller et retour pour Chamonix (viâ Cluses), donnant aux voyageurs la faculté de s'arrêter à toutes les gares situées sur le parcours : 1re classe, 138 f. 25; 2e classe, 107 f. 20, 3e classe, 82 fr. 25. Validité : quinze jours.

Il est délivré, en outre, pendant la saison d'été, aux gares de Genève, Evian-les-Bains, Annecy, Chambéry, Albertville, des billets de voyages circulaires, à prix réduits, permettant de se rendre à Chamonix, et de visiter en même temps une partie plus ou moins grande de la région alpestre.

Excursions en Italie.

Billets d'aller et retour de Paris à Turin et Milan viâ Mont-Cenis, ou réciproquement, valables trente jours : 1re classe, 160 fr.; 2e classe, 115 fr., de Paris à Turin. 1re classe, 174 fr.; 2e classe, 127 fr., de Paris à Milan. Franchise de 30 kilog. de bagages sur le parcours P. L. M. Arrêts facultatifs sur tout le parcours. La durée de validité des billets d'aller et retour Paris-Turin est portée gratuitement à soixante jours, lorsque le voyageur justifie avoir pris à Turin un billet de voyage circulaire intérieur italien ; ces mêmes billets peuvent encore être prolongés d'une période unique de quinze jours, moyennant le paiement de 16 fr. en 1re classe et de 11 fr. 50 en 2e classe.

HALLES ET MARCHÉS.

La situation est moins tendue depuis quelques jours. Les cours des céréales ont peu changé; les farines sont plus faibles ; les huiles, les sucres et les alcools, ont eu un mouvement de baisse à la fin de la semaine. Les fourrages et les graines fourragères sont bien tenus en hausse.

Blés. — Depuis quelques jours le temps est revenu beau, et la moisson peut enfin s'achever dans des conditions normales; on aura bientôt des données certaines sur l'ensemble de la récolte. Les offres sur nos marchés ne sont toujours pas abondantes; quoique plus régulières. Voici les cours relevés samedi dernier sur les principaux : Douai, 27 à 28 50 les 100 kilog.; Arras, 26 50 à 28 50; Beauvais, 25 50 à 28 25; Cambrai, blé blanc nouveau, 27 à 27 50; vieux, 28; roux, 25 à 26; Amiens, 29 90; Châlons-sur-Marne, 30; Montereau, 23 90 à 28; Etampes, 26 70 à 29 15; Le Mans, 27 à 28; Dieppe, 30; Laval, 25 50 à 27; Dijon, 27 à 28 50; Nevers, 29 à 30; Nantes, 25 75 à 26 25; Bordeaux, 28 75. — Le marché commercial de Paris est plus calme; on cote : disponible et courant du mois,, 27 à 27 25; livrable octobre, 27 25 à 27 50; novembre-décembre, 27 75 à 28; quatre mois de décembre, 28 25 à 28 50; quatre premiers de 1892, 28 75 à 29. — Dans nos ports les arrivages sont toujours importants. Marseille a reçu la semaine dernière 161.000 quintaux: le Havre, 221.000 hectolitres de blé des Etats-Unis et 45,000 de l'Australie, Rouen, Saint-Nazaire et Dunkerque ont reçu aussi plusieurs chargements Dans les ports de Rouen et du Havre, les wagons deviennent difficiles à obtenir pour l'expédition des blés à l'intérieur; les grandes compagnies de chemins de fer vont être obligées, dit-on, d'envoyer du matériel de leurs réseaux respectifs dans ces deux ports pour faire face aux besoins des expéditeurs La quantité de blé de Californie en mer à destination de la France était, en dernière date, de 2,410,190 hectolitres; on comptait aussi 45,530 hectolitres venant du Chili, et 6,880 des Indes.

A l'Etranger, on se préoccupe comme chez nous, du rendement définitif de la moisson; les appréciations sont nombreuses et diverses; mais la hausse des prix s'est arrêtée. Les exportations considérables des Etats-Unis, l'affluence des envois de la culture sur la place de New-York et la baisse qui en est déjà résultée ont amené un mouvement de réaction sur les principales places d'Europe. A Berlin, le dernier cours était de 29 12 les 100 kilog.; à Vienne, 23 17; à Budapest, 22 74; Saint-Pétersbourg, 25 30.

La grande réunion commerciale de Moulins s'est tenu le 5 septembre. L'assistance était assez nombreuse, malgré le mauvais temps et le commerce local y était bien représenté. Les prix ont été en général fermement tenus; les blés nouveaux, très rares, ont été cotés 29 à 30 les 100 kilog. dans les gares de départ; les vieux se plaçaient facilement de 30 à 30 50; le seigle s'est vendu 19 à 20; l'orge, 15 à 16; l'avoine, 14 50 à 15.

Seigles. — Il se fait peu d'affaires, et les cours ont perdu leur fermeté; ils varient de 20 75 à 21 50 les 100 kilog. en gare d'arrivée à Paris. Au marché commercial, on cote le courant du mois, 20 50 à 20 75; le livrable d'octobre à décembre, 21 à 21 50; les autres époques, 22 à 22 50. Berlin reste au cours élevé de 29 75.

Orges. — Les transactions prennent un peu plus d'importance; les orges de la Beauce et des environs sont cotées de 16 à 17 les 100 kilog. en gare de Paris; malheureusement les belles qualités sont rares, et cette pénurie rend les affaires difficiles.

Avoines. — Les prix des vieilles avoines restent bien tenus de 16 75 à 18 les 100 kilog à Paris; les avoines nouvelles sont plus offertes qu'achetées au cours de 16 pour les noires. et 15 75 pour les grises.

Farines de consommation. — La meunerie a baissé ses prix de 1 fr. par sac la semaine dernière. La marque de Corbeil est à 66 les 157 kilog. nets, ou 42 03 les 100 kilog.; les marques de choix, 66 à 68; les premières marques, 64 à 66; les bonnes, 63 à 64; les ordinaires, 62 à 63.

Farines de commerce. — Le marché de Paris est assez calme; samedi on a coté en clôture : *douze-marques* disponibles et courant du mois, 62 25; livrables, 62 75 à 64 25 les 157 kilog.

Farines de seigle. — Toujours très fermes avec transactions régulières comme suit : fleur extra, 31 50 à 32 les 100 kilog.; premières, 28 50 à 29; ordinaires, 27 50 à 28.

Fourrages. — Les cours sont fermes et en hausse au marché de la Chapelle. On cote : foin nouveau, 44 à 52 les 100 bottes de 5 kilog. au domicile de l'acheteur; vieux, 46 à 54; luzerne nouvelle 43 à 50; vieille, 49 à 55; paille de blé, 33 à 40; de seigle, 27 à 35; d'avoine, 19 à 26.

Graines fourragères. — Les graines de trèfle sont bien demandées à Paris, ainsi que les vesces d'hiver. On cote : trèfle incarnat hâtif nouveau, 125 à 140 les 100 kilog.; vieux, 70 à 90; tardif rouge nouveau, 170 à 200; vieux, 130 à 150; blanc, 130 à 180; vesce d'hiver, 28 à 29; on demande 45 à 50 pour les minettes en gare de départ; les prix des ray-grass d'Italie paraissent devoir être de 30 à 40 sur les lieux de production. — A Laon, on vend : trèfle violet 130 à 140; trèfle incarnat nouveau, 100 à 110 les 100 kilog.; vieux, 90; à Bar-sur-Seine, sainfoin, 21 à 22; à Orléans, trèfle incarnat hâtif, 110 à 130; tardif, 160 à 170. Les minettes se vendent en hausse, 55 à Amiens.

Alcools. — Cours faiblement tenus avec peu d'affaires. Le 5 septembre on cotait les trois-six nord à Paris : disponibles, 38 75 l'hectolitre; livrables octobre à décembre, 38 25 à 38 75; quatre premiers mois 39 50. — Sur les marchés des départements les prix restent sans variations.

Engrais. — La situation est indécise pour le nitrate de soude; on parle d'une élévation des droits de sortie au Chili qui influerait sur les cours; en attendant on cote 21 les 100 kilog. disponibles et 22 livrable à Dunkerque. — Le sulfate d'ammoniaque est aux prix fermes de 29 les 100 kilog. à Paris pour le sulfate français; 27 50 à 27 75 sur wagon à Mons pour le sulfate belge, et 28 à 28 25 à Dunkerque, pour le sulfate anglais. — Les cours des superphosphates sont plus fermes, même en Belgique. On cote pour les superphosphates solubles dans le citrate, par unité d'acide phosphorique, à Paris, 0 46; dans le Nord, 0 41 à 0 42; en Belgique, 0 38 à 0 40. dans l'Est, 0 50; à Dijon et à Lyon 0 55. Les superphosphates solubles dans l'eau valent 4 à 5 centimes de plus par unité. — Les phosphates de la Somme sont en légère augmentation. On cote par 1,000 kilog. et par unité de phosphate : 70 à 80 pour cent. 1 05 à 1 17; 65 à 70 pour cent, 0 85 à 0 90; 60 à 65 pour cent 0 65 à 0 70; 55 à 60 pour cent, 0 58 à 0 60. — Les engrais potassiques sont absolument sans affaires.

Beurres. — La vente est très active en hausse à Paris pour les beurres. On cote : *beurres en mottes* : fermiers de Gournay : extra, 3 30 à 3 50 le kilog.; choix, 3 10 à 3 20; bons, 2 80 à 3; ordinaires, 2 50 à 2 70; d'Isigny, extra, 4 à 5 95; choix, 3 60 à 3 80; bons, 3 20 à 3 30; ordinaires, 2 80 à 2 90; marchands du Gâtinais, 2 30 à 2 50; de Bretagne, 2 60 à 2 80; de Vire, 2 20 à 2 50; de Bresse, 1 80 à 2; laitiers des Charentes, 2 40 à 2 90; des Alpes, 2 60 à 3 10; divers producteurs, 2 40 à 2 90; — *beurres en livres* : fermiers, 2 50 à 3 10; Touraine, 2 60 à 2 70; Gâtinais, 2 30 à 2 80; Vendôme et Beaugency, 2 à 2 50; Bourgogne, 2 10 à 2 30; le Mans, 2 20 à 2 40; *Petits beurres* : 1 80 à 2 50, suivant provenance.

BESTIAUX.

LA VILLETTE, 10 septembre.— Bestiaux.— Vente plus difficile sur les bestiaux et sur les moutons, mauvaise sur les veaux et les porcs.

COURS officiels.	Amenés.	Vendus.	1re qualité.	2e qualité.	3e qualité.	Prix extrêmes.
Bœufs....	1.910	1.795	1 62	1 48	1 30	1 20 à 1 66
Vaches ...	463	444	1 58	1 36	1 22	1 10 1 60
Taureaux.	186	131	1 38	1 32	1 22	1 08 1 44
Veaux....	1.451	1.135	1 72	1 60	1 54	1 28 1 86
Moutons..	3.398	7.533	2 14	1 94	1 72	1 62 2 24
Porcs.....	5.024	4.971	1 50	1 46	1 38	1 32 1 54

Marché du lundi 31 août.

	Amenés	Vendus	PRIX AU POIDS NET 1re qual.	2e qual.	3e qual.
Bœufs	2.398	2.206	1 62	1 50	1 30
Vaches.....	921	864	1 60	1 38	1 22
Taureaux..	265	213	1 40	1 34	1 24
Veaux	1.133	987	1 80	1 66	1 58
Moutons....	10.714	10.276	2 18	1 98	1 76
Porcs	2.723	2.260	1 58	1 51	1 42

	PRIX AU POIDS VIF 1re qual.	2e qual.	3e qual.	Prix extrêmes.
Bœufs	» 97	» 83	» 70	» 59 à 1 »
Vaches.........	» 95	» 74	» 60	» 55 » 96
Taureaux.......	» 88	» 76	» 64	» 58 » 92
Veaux..........	1 09	» 95	» 79	» 66 1 20
Moutons........	1 14	» 99	» 87	» 78 1 30
Porcs..........	1 10	1 06	» 98	» 90 1 12
Peaux de moutons en laine.........				3 60 5 15
Id. id. demi-laine........				1 70 2 85

Viandes abattues. — Criée du 10 Septemb.

		1r qualité.	2e qualité	3e qualité.
Bœufs	le kil.	1 30 à 2 50	1 10 à 2 40	1 » à 1 70
Veaux	—	1 60 1 70	1 44 1 56	1 30 1 40
Moutons ..	—	1 80 1 90	1 40 1 76	1 10 1 36
Porc entier	—	1 30 1 40	1 10 1 26	» 90 1 10

Barrière d'entrée pour Herbages

Brevetée S. G. D. G. — **8 fr. 50.**

Médaille de bronze à l'Exposition universelle de Paris 1889.

A. FÉREZ, à Coingt, par Plomion (Aisne).

2bis, Quai de la Mégisserie, PARIS

GRILLAGES POUR CHASSES, de 1 mètre, à... 0f35

Avis aux Eleveurs et Nourrisseurs.

Les cosses et brisures de fèves de la maison Ph. Breuil, de Dijon, d'une pureté absolue et très riches en principes nutritifs, se recommandent pour l'engrais du bétail et la nourriture des chevaux.

La Maison **R. GARIEL**, *2, Quai de la Mégisserie, à Paris, a obtenu à l'Exposition Universelle de 1889.*

Une Médaille d'Argent, Classe 76
et **Une Médaille de Bronze**, Classe 78.

GRILLAGES, SUPPORTS EN FER

Ruches et Articles d'Apiculture, etc.

Diplôme d'honneur. Paris Arg. Lyon. NICE. — Diplôme d'honneur. Paris Arg. Lyon. NICE.

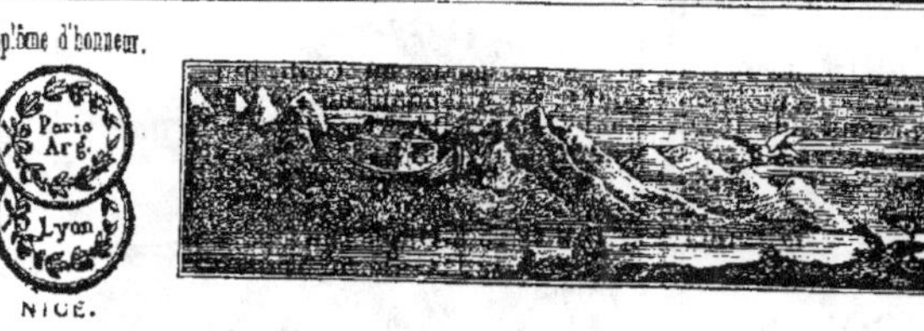

PAS DE BONNE SALADE

sans Huile d'Olive de NICE.

de **B. LAPALU**, propriétaire-récoltant, président de Syndicat agricole, à NICE (Alpes-Maritimes). — *Prix spéciaux pour Syndicats.*

Librairie A. FOURAUT, 47, rue Saint-André-des-Arts, Paris

OUVRAGES RECOMMANDÉS

(Envoi franco contre timbres ou mandat)

Manuel d'agriculture, d'arboriculture et de jardinage, par Louis Gossin; 15e édition; 178 figures. 1 vol. in-12, cart. . . . . . 1 fr. 30

Leçons normales de géométrie élémentaire, théorique et appliquée, par D. Puille (d'Amiens); nombreux problèmes avec leurs solutions raisonnées; 417 figures; 20e édition, augmentée d'un *Précis de trigonométrie rectiligne.* 1 vol. in-12, broché, 2 fr. 60; — cart., 2 fr. 80.

Cours complet d'arpentage élémentaire, théorique et appliqué, par D. Puille (d'Amiens); nombreux problèmes avec leurs solutions raisonnées; 250 figures et 2 planches topographiques; 18e édition. 1 vol. in-12, broché, 3 fr. 15; — cart., 3 fr. 40.
— Avec 4 planches, dont deux entièrement lavées. 1 vol. in-12, broché. 4 fr. 15

Traité spécial de la division des champs dans tous les cas, géodésie usuelle, par D. Puille (d'Amiens). 1 vol. de texte, in-12, broché, renfermant 96 figures, et 1 atlas de 16 planches. . . . . 3 fr. 75

Conférences sur l'hygiène, suivies de *Notions de médecine usuelle*; observations particulières sur l'hygiène des campagnes, considérations sur l'abus des liqueurs alcooliques, etc.; par F. Omouton; 30 figures; 4e édition. 1 vol. in-18 jésus. cart., 1 fr. 30; — relié en toile, 1 fr. 50.

Pulvérisateur « l'Éclair »

contre le mildiou
et la maladie des pommes de terre.

V. VERMOREL

constructeur breveté (s. g. d. g.).

à Villefranche (Rhône).

330 premiers Prix, Médailles, etc.

« ÉCLAIR » n° 1, prix.................. 40 fr
« ÉCLAIR » n° 2, prix.......... 30 fr.

PULVÉRISATEUR A TRACTION, pour la vigne et les pommes de terre.

PULVÉRISATEURS SPÉCIAUX pour les arbres.

NOUVELLE SOUFREUSE à grand travail « *la-Torpille* », pour l'emploi des poudres et du soufre.

MATÉRIEL VITICOLE complet.

ENVOI FRANCO DU CATALOGUE.

USINE HYDRAULIQUE DU PETIT-MOULIN
A NANTEUIL-LE-HAUDOUIN (OISE).

HENRY BERTHIER
ingénieur-agronome diplômé de l'Institut national agronomique.

MACHINES AGRICOLES
Vente et échange. - Location. - Réparations en tous genres.

BICYCLES, BICYCLETTES & TRICYCLES
Accessoires et réparations.

Spécialité de Graines fourragères épurées.
CÉRÉALES DE SEMENCE.
GRAINES POTAGÈRES, DE FLEURS ET D'ARBRES.
ARBRES FRUITIERS ET FORESTIERS.

Graines de Betteraves à grand rendement et à grande richesse saccharine.

ENGRAIS SIMPLES ET COMPOSÉS.

Envoi franco de renseignements à toute demande affranchie.

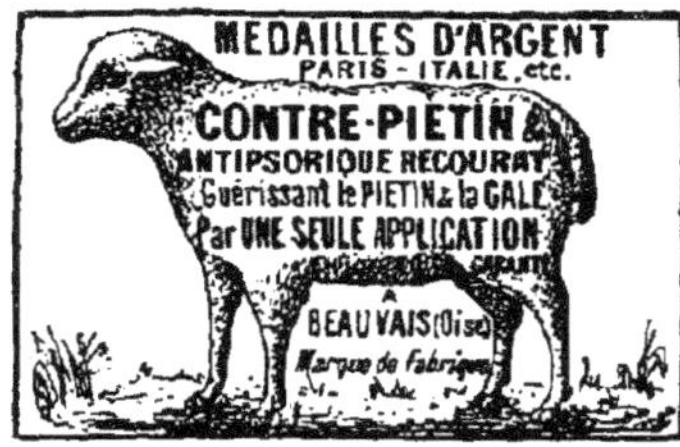

M. RECOURAT, pharmacien à Beauvais.

Gale des moutons guérie radicalement par *une seule application* de l'ANTIPSORIQUE.

La bouteille, 3 fr.; la demi-bouteille, 1 fr. 75.

Guérison du PIÉTIN par *un seul pansement* avec le CONTRE-PIÉTIN-RECOURAT.

Le pot d'essai, 1 fr. 50; le pot, 2 fr. 50.

Joindre 0,60 c. pour recevoir *franco* et indiquer gare.

MALADIES DU BÉTAIL
ET DE LA VOLAILLE
Leur traitement préventif et curatif
PAR L'ACIDE SALICYLIQUE

L'acide salicylique, employé dans la nourriture à la dose de 1/2 à 1 gramme par jour et par tête de bétail, est le meilleur préservatif des maladies qui procèdent par contagion : Sang de rate, Cocotte, Maladie aphtheuse, Erysipèle, Typhus, Morve, Variole et le Rouget des porcs, etc.

DES ATTESTATIONS NOMBREUSES DE GUÉRISONS obtenues pour la Cocotte et le Rouget des porcs ont été reproduites dans le *Journal l'Agriculture*.

La désinfection des étables, des écuries se fait instantanément au moyen d'un arrosage d'eau salicylée à 2 grammes par litre.

S'adresser à M. CERCKEL, administrateur de la *Compagnie de produits antiseptiques*, 26, rue Bergère, Paris.

Envoi sur demande de Prospectus et Brochures.

PRIX DU KIL. 25 fr. — BOITE DE MÉNAGE, 2 fr.

La plus ancienne fabrique de Semoirs français.
Maison **JACQUET-ROBILLARD**, *fondée en 1836.*

J. MARÉCHAL ✻
constructeur, 4, rue de Turenne, à ARRAS.
Fabrique spéciale de **SEMOIRS** à socs rigides et à socs articulés.
Médaille d'argent à l'Exposition universelle 1889.
Semoirs à betteraves et engrais et Distributeurs d'engrais.
ENVOI FRANCO DU CATALOGUE.
Près de 400 médailles. — Plus de 6,000 Semoirs livrés.
20 premiers prix en 1889, en 1890.

PHARMACIE SAVARY
AMIENS, 33, Place Saint-Denis, 33, AMIENS
(EN FACE LE SQUARE).

PROVENDE AUX PHOSPHATES ASSIMILABLES
du Docteur DESCHAMPS.
Prix : 3 fr. le kilog.; 27 50 les 10 kilog. (Remises proportionnelles.)

Accroissement rapide des bestiaux, surtout chez les jeunes animaux, force nerveuse, fécondité, engraissement; prévient surtout la diarrhée chez les jeunes veaux. Qualité exceptionnelle du lait.

M. Lefebvre, cultivateur à Marcelcave, a élevé un veau en lui administrant de la Provende phosphatée pendant 60 jours : tué à 70 jours, ce veau pesait 193 kilog., chiffre officiel constaté à l'abattoir. La viande était très blanche, ainsi qu'est prêt à l'attester M. Ohcix, boucher à Amiens.

Les attestations émanant des sommités françaises et anglaises les plus accrédités ont été données à M. SAVARY.

30 PRIX D'HONNEUR ET GRANDS PRIX, 250 MÉDAILLES OR, VERMEIL, ETC.
GRANDES CULTURES DE GRAINES POTAGÈRES, FOURRAGÈRES ET DE FLEURS

E. FORGEOT (✻✠) & Cie
Fournisseurs du ministère de l'Agriculture, des Ecoles nationales d'agriculture, des Syndicats agricoles, etc.
PARIS, quai de la Mégisserie, 6 et 8

Appareils spéciaux pour épurer et nettoyer les graines
SPÉCIALITÉ DE GRAINES DE GRANDE CULTURE
luzernes et trèfles garantis sans cuscute, minette, vesces, sainfoins trèfles incarnats betteraves, carottes, navets, choux-navets, pommes de terre
Blés à grand rendement, Avoines, Orges, Seigles. Graines d'arbres pour reboisement
Graines de graminées pour prairies

Notre Maison ne vend que des graines de provenances sûres, assurant les meilleurs résultats; elle accepte le contrôle de la Station d'Essais des Semences, établie à l'Institut agronomique par le Ministère de l'Agriculture, contrôle auquel nous sommes soumis dès sa création. En conséquence, nos graines sont garanties de levée et d'une pureté irréprochable; nos trèfles et nos luzernes sont garantis sans un seul grain de cuscute.

Grande et importante **Spécialité de Créations de Prairies.** Nous nous chargeons d'établir des compositions convenant à la nature de chaque sol, et d'avance nous en assurons la réussite.

Sur demande, nous adressons *franco* nos catalogues illustrés de graines potagères, fleurs, arbres, fourrages, ognons fleurs, plantes, etc.

CRÉDIT AGRICOLE UNION DES SYNDICATS AGRICOLES DE FRANCE
9, rue Marsollier, PARIS
Agence à LYON, 234, cours Lafayette, S. PLISSONNIER, Directeur ✻ M. A.

MACHINES AGRICOLES DE TOUS SYSTÈMES
TOURTEAUX et FARINES pour la nourriture du bétail.
ENGRAIS CHIMIQUES et ORGANIQUES. MATIÈRES PREMIÈRES
SEMENCES DE PREMIER CHOIX.

RAISINS SECS A BOISSONS

PREMIÈRE MAISON DE FRANCE (10 croix ou méd., fondée en 1876), **J.-F. Audibert,** créateur des vins de raisins secs et importateur direct. Auteur de : *L'Art de faire les Vins de raisins secs* (fco 3 90); *les Vins d'imitation*, sirops, liqueurs, etc. (fco 5 25). Inventeur de l'appareil (B. S. G. D. G.). **LE SEUL ADOPTE PAR L'ARMEE** pour la fabrication mathématique des vins de raisins secs, en 10 jours, pour faire depuis 1 litre jusqu'à 20,000 litres par jour **AVEC UN HOMME. Renseignements gratuits pour tripler les vendanges, vins de seconde cuvée,** etc., 53, r. des Minimes, Marseille.

L'Administrateur-Gérant : ALBERT RENOT.

Beauvais. — Imp. D. PERE. - A. CARTIER, Gérant.

12e Année. — 2e Série. — N° 608. Dimanche 20 Septembre 1891.

GAZETTE  AGRICOLE

JOURNAL HEBDOMADAIRE, PARAISSANT LE DIMANCHE

Rédacteur en Chef : M. CH. GOSSIN, Professeur d'Agriculture à l'Institut agricole de Beauvais.

PRIX DE L'ABONNEMENT

UN AN, 5 fr. — SIX MOIS, 3 fr. — TROIS MOIS, 2 fr. 25

Pour l'étranger les abonnements ne sont reçus que pou un an, au prix de 6 francs, et ne partent que du 1er janvier ou du 1er juillet de chaque année.

Le numéro : 10 centimes.

Il est indispensable de joindre à toute demande de changement d'adresse la dernière bande d'adresse du journal et 50 centimes pour frais de nouvelles bandes.

Adresser les *Abonnements* et *Annonces* au secrétaire de la rédaction, 13, quai Voltaire, Paris, ou à M. GOSSIN, rédacteur en chef et administrateur, à BEAUVAIS.

BUREAUX

13, quai Voltaire, Paris, et à Beauvais.

Les abonnements partent du 1er de chaque mois et sont payables d'avance. Toute demande d'abonnement doit donc être accompagnée du prix de l'abonnement. (Le mode de payement le plus simple est l'envoi d'un mandat-poste.)

Donner *très lisiblement*, en s'abonnant, son nom et son adresse exacte, *avec l'indication du bureau de poste*; et, s'il s'agit d'une continuation d'abonnement, joindre au renouvellement la dernière bande d'adresse du journal.

Les Annonces sont reçues chez MM. DUSSERIS et MATHELLON, 97, rue de Rennes, Paris.

La GAZETTE AGRICOLE insère gratuitement les Communications des Syndicats agricoles

SOMMAIRE :

PARIS, 18 SEPTEMBRE.

Il faut rendre cette justice au ministre de l'intérieur, M. Constans, qui, dans les élections de 1889, a introduit les procédés à l'espagnole. Que depuis quelques mois il se fait dans son langage assez bon apôtre. Très récemment à Carpentras, à l'occasion de l'inauguration d'une mairie, il envoyait à tous les Français des paroles de conciliation et des appels à l'union. Ceux qui ne s'en tiennent qu'aux déclarations ministérielles ont raison d'être satisfaits. Le Bonhomme Deschamps lui-même aime encore mieux les bonnes paroles que rien du tout, puisqu'elles laissent au moins l'espoir qu'un jour ou l'autre le gouvernement diminuera l'écart entre ce qu'il dit et ce qu'il fait. Mais jusque là il demande la permission de réserver son approbation, ne désirant pas être du nombre, trop grand en France, de ceux qui se paient de bonnes paroles.

***

Si M. Constans était un simple député, on devrait lui savoir gré sans réserve de son langage conciliant, à la condition, bien entendu, que dans le Parlement il n'en détruisit pas l'effet par ses votes. On ne saurait, en tous cas, sans injustice, lui demander de mettre la conduite du Gouvernement d'accord avec son langage. Mais M. Constans est plus que député. Il est ministre, et ministre très influent. Il a une majorité à lui, puisque par les moyens que l'on sait il l'a fait élire. On dit même qu'elle lui est très attachée. Pourquoi alors, s'il est sincère dans ses déclarations, est-il si peu logique dans ses actes? Nous ne voyons pas que son administration proprement dite ait cessé d'être intolérante et inique. Il n'est pas de jour où on n'ait la preuve que les populations conservatrices ne soient traitées, par les préfets et sous-préfets, en vaincus auxquels on ne doit aucune justice. Ces populations, dans chaque commune, sont privées, nous ne disons pas des faveurs administratives, mais du bénéfice du droit commun et de l'égalité. Un maire est-il conservateur? il est l'objet de toutes les vexations, dénoncé à ses administrés comme l'obstacle insurmontable, tant qu'il sera maire, nous ne disons pas à la bienveillance, mais à la justice de la sous-préfecture. Une élection législative a-t-elle lieu, il n'est pas de moyens de corruption et de violence auxquels on ait recours pour assurer le succès du candidat officiel et pour châtier les électeurs dissidents.

***

Si du ministère de l'intérieur on passe aux autres départements, c'est toujours la même politique de parti et de secte. Partout ce gouvernement voit deux Frances, la républicaine et celle qui ne l'est pas, accordant tout à la première et refusant tout à l'autre. La politique — et quelle politique — est partout. Elle pèse plus ou moins à tous les degrés de l'échelle judiciaire sur les décisions de la magistrature. Elle a d'incroyables complaisances pour les fraudeurs du fisc quand ceux-ci sont les agents électoraux du député républicain, et des rigueurs extrêmes pour le gros des contribuables conservateurs. Elle est entrée dans l'armée elle-même à telles enseignes que les sursis d'appel sont accordés à celui-ci ou refusés à celui-là, selon qu'on le juge bien ou mal pensant. Les travaux d'utilité publique dépendent aussi, dans leur exécution, de l'intérêt électoral. Quand on veut gagner les électeurs, les récompenser ou les punir, on fait des chemins de fer ou on ne les fait pas, sans se soucier des ressources du pays et de l'utilité de ces travaux. Dans le choix comme pour l'avancement de tout le personnel administratif, scolaire, judiciaire et financier, ce n'est pas plus aujourd'hui qu'hier à l'esprit d'équité et de conciliation que l'on obéit. C'est l'esprit de parti, de camaraderie, de coterie et de secte que l'on suit. A Paris, où le scepticisme est en vogue parce que l'administration a moins de prise, on peut se laisser prendre, — et on n'y manque peut-être pas — aux belles paroles des ministres. Il n'en saurait être de même en province où l'on voit les choses de plus près et où l'on en souffre à chaque heure du jour.

***

Encore une fois, le Bonhomme Deschamps le répète, mieux vaut encore que les ministres donnent de bonnes paroles, bien que l'hypocrisie ne soit pas d'un très bon exemple. Mais qui ne voit que tout cela est viande creuse, lorsque les faits sont en désaccord permanent et criant avec le langage? Le jour où le justiciable, le contribuable, bref, le citoyen français, saura qu'il est sûr de trouver auprès des administrations de l'Etat, la justice qui lui est due comme enfant du sol, M. Constans et ses collègues n'auront pas besoin de parler apaisement et conciliation. Les faits parleront au lieu d'eux plus fort qu'eux et mieux qu'eux. Ce jour là, le Bonhomme Deschamps n'aura qu'à se taire, attendu que s'il cherchait alors à ergoter et à chicaner, il perdrait tout son crédit. On le prendrait, et avec raison, pour une mauvaise tête, pour un caractère indécrottable, bref, pour un homme qui n'en veut jamais pour le même prix que les autres. Mais il ne craint pas ce reproche, puisque le gouvernement qui a aujourd'hui l'honneur d'être à la tête du pays est un parti, un parti étroit, plein de rancunes et d'appréhensions, tenant sous le genou presque la moitié de la France, et ne paraissant pas encore d'humeur, malgré les phrases pacifiques qu'il jette de temps en temps à la crédulité publique, à lâcher prise.

LE BONHOMME DESCHAMPS.

NOUVELLES DE LA SEMAINE.

Les dernières laïcisations. — Le délai de cinq années, imposé au gouvernement pour achever la laïcisation des écoles primaires publiques de garçons, expire le 1er octobre prochain. L'article 67 de la loi du 30 octobre 1886 prévoit toutefois les cas où un sursis pourrait être accordé.

En dehors de 30 ou 40 écoles qui paraissent devoir être l'objet d'un sursis, toutes les autres, au nombre de 500 environ, seront laïcisées d'ici à la fin de septembre, conformément à la loi.

Il ne restait plus en effet à laïciser que 520 écoles réparties entre 479 communes sur 24,895 écoles publiques de garçons qui existent en France.

La loi de 1886 n'a pas assigné de délai pour la laïcisation des écoles publiques de filles, ni pour les écoles publiques mixtes, c'est-à-dire celles où sont uniformément admis les garçons et les filles. Elle a toutefois stipulé qu'aucune nomination nouvelle d'institutrice congréganiste ne pourrait être faite dans les départements où fonctionnerait depuis quatre ans une école normale d'institutrices.

Les écoles publiques de filles sont au nombre de 23,322 dont 16,771 laïques et 6,551 congréganistes.

Les écoles publiques mixtes sont au nombre de 19,142, dont 18,522 laïques et 620 congréganistes.

Il résulte de ce qui précède que d'ici au 1er octobre prochain cinq cents écoles congréganistes de garçons environ vont être laïcisées. On voit que l'exécution du plan se poursuit. Que se passerait-il si nous n'étions pas dans une aire d'apaisement ?

Un tyranneau de village. — Il paraît que cette liberté, bien modeste cependant, commence à déplaire à quelques-uns des tyranneaux de village, dont le journal de M. Carnot, le *Siècle*, lui-même reconnaît par la plume du sénateur de la Berge l'intolérable outrecuidance.

Un exemple assez curieux nous en arrive du Dauphiné. C'est, dans l'Isère, un maire, celui de la commune de la Mure, qui vient de chercher à immortaliser son nom patronymique de Chéon-Ducollet par un arrêté tout à fait inattendu suivi d'une poursuite judiciaire plus étrange encore.

Le 15 avril dernier, M. Chéon-Ducollet a interdit sur le territoire de sa commune le port des robes blanches, des couronnes et des rubans. Cela peut sembler bizarre, mais c'est un fait acquis et constaté par une procédure.

Il n'y avait pas de procession à la Mure, mais il y en avait une dans un village voisin. Plusieurs jeunes filles s'y étaient rendues. Elles avaient des robes blanches, des fleurs sur la tête, des ceintures enrubannées. A leur rentrée, on leur dressa procès-verbal pour contravention à l'arrêté municipal.

Elles ont comparu devant le tribunal de simple police. L'adjoint a fait fonction de ministère public et a requis une condamnation.

A la place du juge de paix, qu'auriez-vous fait? Celui-ci s'est montré prudent, il est amovible, il a renvoyé le prononcé du jugement à huitaine ; d'ici là, il demandera des instructions et des ordres.

Quelques rares journaux républicains indépendants s'indignent et font appel à la répression gouvernementale :

« Le maire, disent-ils, qui a pris cet arrêté ridicule et s'est rendu coupable de cet abus de pouvoir, est soumis à la censure du gouvernement, et l'adjoint qui a exercé la poursuite est, en temps qu'officier du ministère public, sous l'autorité et sous l'action disciplinaire du procureur général. S'ils l'ont oublié, il nous semble que M. le ministre de l'intérieur et M. le garde des seaux pourraient les en faire souvenir. »

Pour nous, nous offrons de prouver que ce maire et cet adjoint sont des agents électoraux de première force et qu'ils n'ont rien à craindre ni du ministre de l'intérieur, ni du garde des sceaux. Tout au plus les mettra-t-on sur la prochaine liste d'officiers d'académie, car cela ne vaut pas plus que le ruban violet, par le temps qui court, le rouge étant réservé pour les crochetages de portes et les fusillades de femmes.

Les obsèques de M. Jules Grévy. — Beaucoup de larmes oratoires ont été versées sur la tombe de feu l'ex-président Grévy. A aucune époque, Mont sous-Vaudrey et le département du Jura n'avaient vu pareille affluence ni si belle cérémonie. Il y avait là des ministres, des députés, des sénateurs, des conseillers généraux, tous classés à leur rang d'après les dispositions du fameux décret de messidor. Tout ce monde, amené par des trains spéciaux, venait pleurer officiellement un homme que les plus qualifiés parmi les assistants avaient, en décembre 1887, frappé de déchéance morale et matérielle pour des motifs que le respect dû à un cadavre, quel qu'il soit, nous empêche, seul, de qualifier aujourd'hui.

Le plus clair de la vie de M. Jules Grévy, ce sont ses « économies » faites sur les frais de représentation qu'il a touchés pendant sa présidence, et qu'un journal républicain, le *Radical*, évalue comme suit :

M. Grévy possédait en immeubles à Mont-sous-Vaudrey : l'habitation où il est mort, avec le moulin, d'une valeur de 70,000 francs ; la propriété de la Frangerie, où il est né, et qui vaut 40,000 francs environ ; une tuilerie valant 15,000 francs, et différents lots de terre formant un total de 25,000 francs ; à Paris, l'hôtel de l'avenue d'Iena, estimé 1,500,000 francs, et une maison de rapport boulevard Malesherbes, valant 500,000 francs environ.

Il possédait en outre une certaine quantité de valeurs, actions et obligations, qui représentaient une somme de cinq millions.

En résumé, M. Jules Grévy possédait un revenu d'environ 350,000 francs, à peu près 1,000 francs par jour.

Tel est l'héritage qui reviendra à ceux qui sont désignés dans le testament qui sera ouvert prochainement à Paris.

LA CULTURE DU BLÉ (1)
(SUITE).

Aliments nécessaires au blé. Moyens de prévenir la verse.

Voilà des règles de culture bien simples à observer, dont l'exécution ne demande aucun surcroît de dépenses. Si elles sont suivies, que d'augmentation de recettes !

(1) Résumé d'une conférence faite au Syndicat agricole de Beauvais par M. H. de Vilmorin.

Mais le cultivateur ami du progrès ne se contente pas d'éviter les pertes, il veut arriver à des récoltes maxima et n'hésite pas à faire les sacrifices nécessaires. Que de progrès à réaliser encore dans la préparation du sol et dans le perfectionnement des variétés, dans l'emploi judicieux et raisonné des engrais !

Pour produire une récolte de 40 hectolitres, ou environ 32 quintaux de grain par hectare, il faut que la terre livre à la plante :

Azote...........	92 kil.
Acide phosphorique......	37 —
Chaux..................	25 —
Magnésie..	12 —
Potasse................	116 —

Cela ne veut pas dire que ces quantités d'éléments utiles se trouvent dans le blé au moment de la récolte ; mais ils faut qu'ils aient passé par la plante pour qu'au moment de la récolte on puisse obtenir 40 hectolitres par hectare.

Ce sont là des quantités importantes, et une terre doit être mise dans un bon état de fertilité pour les fournir sûrement, et surtout dans les conditions d'équilibre entre les diverses substances qui sont nécessaires à une bonne végétation. Mais, grâce aux lumières que l'analyse chimique jette aujourd'hui sur ces opérations, un cultivateur réfléchi et intelligent peut doser l'alimentation de ses récoltes, comme il fait celle de ses bestiaux, et s'assurer, à l'aide d'une dépense relativement m dique, des récoltes d'une grande régularité en quantité et en qualité.

Dans une exploitation désormais célèbre, celle de Minpincien (Seine-et-Marne), les récoltes de blé étaient presque nulles avant que la chimie fut venue indiquer les moyens de les élever à une moyenne de 33 à 40 hectolitres à l'hectare, et cela avec une dépense en engrais chimique de 60 francs seulement par hectare et par an. Qui ne voudrait, à ce prix, s'assurer des récoltes de la même richesse ? Assurément ce n'est pas possible partout ni toujours, mais c'est possible certainement plus souvent qu'on ne le croit.

Il faut se rendre compte d'abord de ce que possède la terre et de ce qui lui manque. Il se peut que l'insuffisance d'un seul élément soit la cause du peu de produit des cultures, mais si ce défaut d'un élément indispensable a été reconnu à temps, un apport d'une valeur parfois très modique va rétablir l'équilibre rompu et permettra d'obtenir à très peu de frais deux tiers de récolte en plus.

C'est ce qui s'est passé à Minpincien. L'azote y surabonde, la chaux et la magnésie ne manquent pas, mais la potasse est en quantité insuffisante et l'acide phosphorique fait presque entièrement défaut. En fournissant ce dernier élément et en complétant la dose nécessaire de potasse, on est arrivé presque du premier coup à des récoltes normales, telles qu'on doit les entendre aujourd'hui, c'est-à dire de 30 hectolitres et plus.

Combien de terres en France qui ont des réserves d'azote plus que suffisantes pour de grosses récoltes d'excellent blé et qui n'attendent pas autre chose pour les livrer qu'un apport bien mesuré d'engrais minéraux.

D'engrais minéraux, disons nous, car la verse, à bon droit redoutée des cultivateurs, est très souvent la conséquence d'un excès d'azote assimilable dans le terrain. On la prévient par la prédominance des éléments minéraux, par les semis en ligne, par l'espacement suffisant des plants, au besoin par un roulage énergique ou tout autre moyen analogue pour empêcher les feuilles de former un couvert impénétrable sous lequel les jeunes tiges s'étiolent et s'alanguissent sans air et sans lumière. En un mot, il faudrait arriver à prévenir ou à détruire le gazonnement excessif du sol par le blé. J'insiste à dessein sur les précautions à prendre contre la verse, parce que certaines excellentes races, comme notre vieux blé de Crépi, comme les anciens blés fins des environs de Paris, sont délaissés à cause de leur tendance à verser. Or, si l'on parvenait à les amener à donner sans verser des récoltes approchant de 30 hectolitres, la supériorité de leur qualité donnerait vraisemblablement une compensation suffisante à la légère infériorité de leur production en regard des blés anglais à grand rendement.

(*A suivre.*) Charles Gossin.

LES LABOURS DE DÉCHAUMAGE

M. Arthur Brandin, président de la Société d'Agriculture de Melun, a présenté à la Société des Agriculteurs de France, dans sa dernière session, un intéressant rapport sur le nettoyage des terres dont nous extrayons quelques conseils relatifs aux déchaumages. M. Brandin commence par relever la confusion qu'on fait assez souvent entre le scarificateur et l'extirpateur.

« Le *scarificateur*, dit-il, plus connu autrefois dans la culture des environs de Paris sous le nom de herse Bataille, est une sorte de grosse herse dont les dents très fortes, légèrement recourbées à l'extrémité et assez écartées, sont destinées à fendre la terre perpendiculairement à sa surface. L'*extirpateur*, au contraire, porte, au bout de tiges d'une courbure très accentuée, des socs plats, larges et tranchants sur les bords, qui ont pour but de couper les racines en passant horizontalement dans le sol à une faible profondeur. Lorsqu'il est armé de socs plus bombés, il brise et remue plus énergiquement la surface du sol et est alors désigné sous le nom de *cultivateur*. »

Quand déchaume-t-on et comment faut-il déchaumer?

« A l'époque où l'on faisait peu de fourrages et encore moins de plantes sarclées et où l'on entretenait cependant pour le parcage des jachères beaucoup de moutons, la nécessité de les nourrir à l'automne s'opposait aux déchaumages, et jusqu'à l'hiver chez les plus soigneux, jusqu'au printemps chez les autres, les éteules ne recevaient aucune façon. De là vient certainement cette source de mauvaises graines que les soins les plus persévérants n'ont pu encore tarir dans d'excellentes fermes.

« Ainsi donc en déchaumant, dès la moisson terminée, et même s'il est possible, car cette opération n'est jamais trop tôt exécutée, pendant la moisson, à mesure que les terres seront libres, on détruira les mauvaises herbes en cours de végétation et l'on provoquera en même temps la levée de celles dont les graines ont mûri avec les céréales.

« En général, la terre garde encore assez de fraîcheur après l'enlèvement des récoltes pour qu'il soit possible d'employer aux déchaumages soit les charrues polysocs, soit les scarificateurs, soit les extirpateurs, et cette facilité peut durer d'autant plus que des pluies bien espacées viennent entretenir cette fraîcheur. Mais souvent aussi, sous l'influence du hâle, la surface du sol ne tarde pas à durcir, les polysocs et les scarificateurs ne peuvent plus l'entamer et le travail de l'extirpateur reste seul possible.

« L'extirpateur, en effet, pénètre plus profondément que les deux autres instruments, et peut se frayer un passage dans une couche de terre encore fraîche tout en brisant la croûte de la superficie qu'il soulève sans la retourner. Il est rare qu'il ne puisse pas attaquer le sol le plus durci, car on peut alors en remplacer les socs par de simples pointes dont la traction exige moins d'efforts des animaux.

« Il travaille aussi avec beaucoup plus de facilité que les polysocs dans les terres caillouteuses et les défrichements récents où l'on rencontre encore des racines. Le scarificateur est également, dans ces deux cas, et peut-être à un plus haut degré encore, préférable aux polysocs.

« Si au lieu d'une grande sécheresse venait, au contraire, une humidité excessive, le scarificateur serait, des trois instruments, celui qui fonctionnerait le mieux et avec le plus de rapidité. Dans une terre très douce, en effet, ses dents, quoique écartées, ébranlent toute la surface du champ, tandis que sur un sol durci elles ne laissent que des égratignures étroites et peu profondes.

« Doit-on préférer la déchaumeuse polysoc au scarificateur ou à l'extirpateur lorsque l'état du sol permet à ces outils de fonctionner également bien?

« Le premier découpe une bande de terre et la couche sens dessus dessous avec d'autant plus de perfection que cette bande a moins d'épaisseur. Les deux autres déchirent la terre, en soulèvent la croûte et la laissent plus ou moins exactement retomber dans la même position. Après eux, des hersages sont toujours nécessaires pour achever la destruction des herbes. Cette destruction est alors complète si le temps est beau, mais, s'il reste longtemps pluvieux, les hersages ne peuvent s'exécuter et les herbes reprennent vie. C'est dans ce cas que le polysoc paraît plus avantageux, car ayant enfoui la partie aérienne des herbes sous une couche de terre, peu épaisse à la vérité, mais suffisante cependant pour les étouffer, les hersages ne deviennent pas indispensables. Quant aux graines déjà répandues sur le sol, elles lèvent mieux sans doute, surtout si elles sont très fines, derrière le scarificateur et l'extirpateur que derrière le polysoc qui les enterre à une profondeur généralement trop grande.

« Mais il n'y a pas dans les céréales que les petites plantes annuelles que nous venons de citer. Quelquefois aussi, on y rencontre des plantes à racines vivaces comme les chiendents et l'agrotis traînasse dont la destruction ne peut s'obtenir que par des façons plus énergiques et répétées. Il faut alors laisser le polysoc de côté pour prendre l'extirpateur. Cet instrument devra déchirer en long et en large toute la surface du champ afin de couper les racines entre deux terres et de soulever les touffes. Ces touffes ainsi ébranlées seront ensuite extraites, avec les racines adhérentes, par un scarificateur qui passera également dans les deux sens. Enfin, des hersages fréquents, exécutés avec de fortes herses et toujours dans une direction opposée au hersage précédent, achèveront, si l'on est favorisé par un temps sec, de faire périr touffes et racines éparses. On se trouvera bien aussi, entre les hersages, d'employer le rouleau pour faire tomber la terre qui adhère quelquefois abondamment aux racines et en retarde la dessication. Comme la herse fait à un certain point l'office du râteau, il sera bon de la débarrasser sur une même ligne des débris de racines et de tiges qu'elle entraîne afin d'en former des chaînes et des tas qu'il est utile de brûler. En effet, l'incinération du plus grand nombre possible des débris végétaux qui restent sur les champs cultivés est fort importante non seulement au point de vue de la destruction des graines, mais encore sous le rapport de la destruction des germes cryptogamiques comme l'ont montré MM. Prillieux et Shcribaux. »

LA DESTRUCTION DU VER BLANC

Le conseil général de Maine-et-Loire, pénétré de l'importance de la destruction des vers blancs ou Turcs, dont la présence cause des ravages si considérables à l'agriculture, a voté un crédit de 1,000 fr., pour l'achat de tubes renfermant le champignon destructeur de ces insectes, signalé par M. Le Moult.

Voici le moyen pratique de multiplier avec ces tubes les foyers d'infection pour la destruction de la larve du hanneton.

On prend une large terrine plate de 30 à 40 centimètres de diamètre, comme celles dont se servent les jardiniers pour leurs semis. Au fond de cette terrine, on dispose une couche « humide » de terre ou de sable, « n'ayant pas plus d'un centimètre d'épaisseur. » On place sur cette couche de terre ou de sable une centaine de vers sains, bien vivants.

On verse dans un verre d'eau le contenu du tube, on agite le mélange, puis on arrose les vers et le sable de la terrine avec cette eau, en ayant soin que le liquide tombe exactement sur eux.

On couvre ensuite la terrine de planches et par dessus on met une couche de mousse humide. Il faut éviter que les planches touchent les vers.

On met la terrine ainsi préparée dans la terre un peu humide, ou bien on la pose à l'ombre et au frais.

Au bout de 5 à 6 heures, tous les vers sains placés sur la couche de sable ont pris le germe de la maladie. On opère alors de la façon suivante :

Laisser la terrine préparée en lieu frais *pendant vingt-quatre heures* ; la contamination est alors suffisamment avancée pour qu'au bout de ce temps on puisse retirer les vers infectés de dessus la couche et les enfouir dans le sol. Avoir soin de recouvrir et de ne pas laisser exposer à l'air les vers infectés qu'on a mis en terre. La moisissure se développe dans la terre, et chaque ver produit un foyer de contamination.

Afin de créer des foyers d'infection aussi nombreux et d'une action aussi rapide que possible, on devra de préférence enterrer les vers infectés près les colonies de vers sains, faciles à trouver en creusant le sol plus ou moins profondément, surtout au pied des cultures, choux, pommes de terre, betteraves, que l'on veut protéger, ou dans les prairies, en enlevant légèrement le gazon, et le replaçant sans le tasser avec un faible arrosage.

On peut, d'ailleurs renouveler l'opération, deux et jusqu'à trois fois dans la même terrine et avec la même terre, sans avoir besoin d'un nouveau tube et se procurer ainsi deux cents ou trois cents vers infectés.

On ne doit pas perdre de vue, en effet, que la destruction sera d'autant plus rapide et générale qu'on aura formé des foyers d'infection plus nombreux et plus rapprochés.

Conformément à la décision du conseil général de Maine-et-Loire, des tubes seront mis « gratuitement » à la disposition des maires et des présidents de comices agricoles de ce département. Les demandes seront adressées, soit par l'intermédiaire de la préfecture, soit directement à M. Guittet, vétérinaire départemental, boulevard des Pommiers, à Angers.

Quant à ceux de nos lecteurs qui n'ont pas la bonne fortune d'appartenir au département de Maine-et-Loire, ou ne se soucient pas d'attendre la destruction du terrible ver blanc de la lenteur administrative, nous les prévenons qu'ils pourront se procurer le champignon destructeur auprès de M. Le Moult, à Domfront (Orne), au prix de 1 fr. 50 le tube (franco). Nous les engageons à se presser, la production de culture dans le laboratoire de l'inventeur étant fort restreinte en raison des modestes ressources dont il dispose et que ce prix n'est pas destiné à accroître.

LES VIGNES GREFFÉES DU MIDI

Je viens de traverser le midi pour me rendre dans les Pyrénées, et, comme bien vous pensez, j'ai fait halte à Montpellier et à Béziers pour pouvoir parcourir ce beau vignoble entièrement reconstitué dont vous avez si souvent entendu parler. Il y avait juste quatre ans que je ne l'avais point revu. Sans doute, je m'attendais à le trouver magnifique, mais la vérité est que les résultats obtenus dépassent toutes les espérances. Dans la région de Montpellier comme dans celle de Béziers, vous ne trouveriez presque plus aujourd'hui une seule parcelle de terrain qui ne soit recouverte de vignes *en rapport*; on a planté des sols qui n'en avaient jamais eues; on arrache des champs d'oliviers plusieurs fois séculaires pour en mettre. Partout la végétation la plus luxuriante et une récolte tellement abondante qu'il est difficile de l'évaluer. — J'ai interrogé plusieurs fois grands et moyens propriétaires. L'avis général est que la production des vignes greffées est supérieure d'un quart à l'ancienne. Etonnez-vous donc après cela si, de tous côtés, dans les villes comme dans les villages du midi, vous ne voyez que fabriquer des foudres. Certes il en faudra pour loger une semblable récolte. Je veux citer un exemple : il y a huit ans, M. le comte d'Espous, un riche propriétaire de Montpellier, achetait à 8 kilomètres de cette ville, à Pérols, sur les bords de la mer, une propriété de 250 hectares. Abandonnée depuis l'invasion du phylloxéra, elle était entièrement recouverte de chiendents. On se mit activement à l'œuvre pour la reconstituer. Il y a quatre ans, M. d'Espous commençait récolter quelques milliers d'hectolitres de vin ; l'année dernière sa récolte fut de 16,000 hectolitres, cette année son régisseur l'évalue à 25,000 et dans trois ans, quand la propriété sera en plein rapport, il espère qu'elle atteindra le chiffre énorme de 40,000. Ces chiffres se passent de commentaires.

Eh bien, dans la plaine de Béziers, une des plus fertiles que je connaisse, j'ai vu des propriétaires qui ont été jusqu'à m'estimer à 300 hectolitres le rendement à l'hectare sur souches âgées de 6 ans au moins. Si vous me demandez comment se comportent les plus anciennes greffes, vous devinez ma réponse ! j'en ai revues qui sont âgées aujourd'hui de 20 ans. Elles sont toujours extrêmement vigoureuses et chargées de récolte. Aussi je vous certifie que vous n'entendez point là-bas exhaler des plaintes contre les anciens porte-greffes, le Riparia et le Jacquez qui ont été presque exclusivement employés ; à part quelques petits échecs *en terrain calcaire*, ils ont donné et continuent à donner des résultats magnifiques.

Voulez-vous savoir maintenant ce que la propriété a repris de valeur? C'est considérable. Après l'invasion elle était tombée à des prix ridicules. Aujourd'hui non seulement elle est revenue aux prix d'autrefois, mais elle les a *largement dépassés*. C'est ce qui m'a été affirmé maintes fois avec exemples à l'appui.

Tel est en résumé ce que j'ai vu.

Il y a 11 ans que j'avais vu les régions dont je vous ai parlé commencer leur reconstitution. Il y a 4 ans que je les avais trouvées en train de l'achever. Aujourd'hui tous les champs sont replantés de vignes et en plein rapport. A notre tour.

Joseph CHATILLON.

LES ASSURANCES SUR LA VIE

(Suite.)

Lui donne-t-elle la seconde? la tranquillité d'esprit? Evidemment oui. Quelle plus grande tranquillité, en effet, peut-il y avoir, que lorsqu'on est certain d'avoir toujours de quoi vivre et de laisser après soi la fortune ou tout au moins le nécessaire à ceux que l'on aime et dont on a charge ? Aucune, n'est-ce pas ; et vous reconnaîtrez maintenant sans difficulté que cette combinaison qui vous effrayait, loin d'être une cause de mort, est au contraire un moyen de vivre longtemps et en bonne santé.

Il faut d'ailleurs qu'il en soit ainsi; autrement les Compagnies d'assurances ne feraient tous les jours que des marchés de dupes, étant obligées continuellement de payer les sommes prévues aux contrats, sans avoir touché les primes sur lesquelles elles comptaient. Et loin de prospérer comme elles font toutes, même les plus petites, elles ne tarderaient pas à sombrer et à perdre la confiance que leur donne si largement et à juste titre, depuis leur création, le monde des affaires.

Mais nous n'avons répondu, n'est-ce pas, qu'à une partie de votre objection, et il nous reste à envisager le côté moral. Seule l'idée qu'il vous fallait spéculer sur la mort de votre mari a pu vous blesser, Madame. Vous venez de voir que cette mort était moins à craindre après qu'avant l'assurance. Remarquez maintenant, tout d'abord, que l'assurance sur la vie n'envisage pas seulement le cas de mort ; elle prévoit également le cas de survie de l'assuré. Et c'est même celui-là qui se produit le plus souvent.

Notez ensuite quelle haute moralité se dégage de cette obligation de mettre de côté chaque année une partie de ses ressources pour se constituer, à un moment donné, un capital permettant le repos.

Ajoutez enfin que cette même obligation, entraînant celle de faire des économies, impose à l'assuré une vie régulière, et dites-nous si l'on peut trouver rien de plus moral que l'assurance sur la vie.

Les primes à payer maintenant sont-elles aussi élevées que beaucoup le craignent ? Non, certes. Qu'avons-nous dit au début ! « Qu'il « suffisait, pour atteindre le résultat que nous « indiquions, de placer ses économies dans « notre caisse d'épargne spéciale. » Ne pouvez-vous donc faire chaque année que deux, trois ou quatre cents francs d'économies. Placez-les sans hésitation selon notre conseil, et vous vous assurerez en même temps qu'à votre femme et à vos enfants, cinq, sept, dix, douze ou quinze mille francs.

Notre combinaison, en effet, n'est pas faite seulement pour les riches. Elle est faite au contraire et surtout pour les humbles, pour ceux que la fortune n'a pas favorisés en naissant. Ce sera peut-être même là, — qu'on nous pardonne cette illusion, — le moyen de résoudre la question sociale. Oui, peut-être, grâce à notre combinaison, arrivera-t-on un jour à assurer à tous, à l'humble ouvrier comme à l'employé le plus haut placé, une retraite honorable à laquelle tous, n'est-il pas vrai, du plus petit au plus grand, nous avons droit après un certain nombre d'années de labeur.

Malheureusement nous n'en sommes pas encore là ; et il nous faut pour le moment nous contenter de ce que peut être notre combinaison. Mais ici une nouvelle objection ne va pas manquer de surgir. Les économies que nous faisons chaque année, dira-t-on, ne sont pas égales. Les primes, au contraire, qu'on nous demande de payer sont invariables. D'accord ; et c'est agir avec prudence que d'envisager cette éventualité. Aussi, conseillerons-nous de ne s'engager par un contrat d'assurance qu'à concurrence de ce que l'on est certain d'économiser chaque année. Le surplus sera placé dans la caisse d'épargne de l'Etat et l'on aura ainsi deux capitaux en formation : l'un dont on connaîtra dès le premier jour l'importance et qui sera absolument certain ; l'autre variable et qui sera plus ou moins élevé suivant le nombre et le chiffre des versements qu'on fera. Sans compter que l'un assurera la formation de l'autre. S'il arrive en effet une année où l'on ne puisse économiser assez pour payer sa prime, l'argent versé à la caisse d'épargne de l'Etat permettra de payer sans qu'on ait besoin de recourir à qui que ce soit.

C'est là, croyons-nous, une réponse suffisante à l'objection fort légitime, tirée de ce que les primes paraissent trop élevées.

Il reste à prévoir le cas où il serait absolument impossible de les payer.

Les primes versées ne seraient pas perdues. On aurait alors à choisir entre deux solutions : ou racheter sa police et recevoir immédiatement une partie du capital versé ; ou laisser cet argent aux mains de la Compagnie qui, tout en continuant à tenir compte chaque année de la part proportionnelle de bénéfices, paierait à l'expiration du contrat un capital en rapport avec les primes versées.

Il est évident qu'en ce cas l'intérêt de l'assuré serait de prendre le second parti. Mais les événements peuvent l'obliger à suivre le premier. Pourquoi alors, dira-t-on, les Compagnies ne restituent-elles qu'une partie de ce qu'on leur a versé? La raison en est bien simple. C'est que chacune des primes versées aura concouru pour sa part au règlement des sinistres survenus pendant le temps où ces primes seront restées aux mains des Compagnies. Qu'on se rappelle d'ailleurs ce qui a été dit plus haut : *A savoir que le décès de l'assuré arrivât-il même le lendemain de la signature du contrat, les Compagnies d'assurances paieraient sans difficulté le montant.* **Total** *de l'assurance* **fut-ce même cent mille francs**. Il est donc tout naturel qu'à raison du risque qu'elles auront couru pendant le temps où ce versement pouvait devenir exigible, les Compagnies conservent une partie des primes reçues.

Cette éventualité se produira du reste bien rarement chez ceux qui se rendent compte chaque jour de leur situation. Et précisément l'assurance sur la vie oblige ceux qui l'ont contractée à se tenir au courant de leurs affaires pour arriver toujours à faire face, à l'aide de leurs économies, au paiement de leurs primes. Au surplus, qu'on ne perde pas de vue la double précaution que nous avons indiquée plus haut d'avoir deux capitaux en formation, l'un par l'assurance et l'autre par la caisse d'épargne; et à moins d'événements tout à fait extraordinaires on ne redemandera d'argent à la Compagnie qu'au moment de prendre sa retraite et de toucher la somme portée au contrat.

(*A suivre.*) DELACAMPAGNE.

Nouvelles agricoles.

Enquête sur la culture du blé. — La Société des Agriculteurs de France a ouvert une enquête sur les circonstances traversées depuis le 1er octobre 1890 par la culture du blé. Elle a rédigé, sur ce sujet, un questionnaire auquel les cultivateurs sont invités à répondre. Voici le texte de ce questionnaire :

I. — Quelles variétés de blés d'hiver avez-vous semées ?

Avez-vous semé en ligne ou à la volée ?

Quelle quantité de semence avez-vous mis à l'hectare ?

Quelles ont été les diverses époques d'ensemencement !

Quelles récoltes ont précédé vos blés ?

Quelle est la constitution physique et quelle est la composition chimique de vos diverses terres ensemencées en blé ?

Quelles sortes et quelle quantité d'engrais chimiques ou autres avez-vous employées ?

Quels ont été les effets de la gelée sur vos divers blés?

Avez-vous remarqué que certaines variétés aient mieux résisté à l'action du froid et des intempéries ?

Avez-vous constaté des différences résultant de l'époque de la semaille ?

Avez-vous observé des différences tenant à la nature du sol ?

Avez-vous eu des blés à refaire ou à regarnir ?

A quelle époque avez-vous ressemé et par quelles opérations culturales ?

Quelles variétés de blé avez-vous employées?

Quelle quantité avez-vous mise à l'hectare?

Quels engrais avez-vous répandus au printemps sur vos divers blés ?

II. Comment se sont comportées vos récoltes jusqu'à l'épiage?

Quelles ont été les époques d'épiage de vos divers blés ?

Avez-vous eu des blés malades et quelles ont été les maladies observées ?

Vos blés ont-ils été rouillés et quelles ont été les variétés atteintes ?

La rouille est-elle habituelle dans la contrée où vous cultivez ?

Avez-vous des blés versés ?

Quel rendement en grain avez-vous obtenu à l'hectare dans vos divers champs de blé ?

On devra adresser les réponses à ce questionnaire au siège de la Société des Agriculteurs de France (21, avenue de l'Opéra, à Paris), avant le 15 novembre prochain.

Une fabrique de jambons en Amérique. - Rien ne doit plus nous étonner des audacieux Américains.

En effet, M. L. Tinseau nous parle aujourd'hui de la transformation presque subite du cochon en jambon.

Ne riez pas, c'est très sérieux, notre collègue est un voyageur qui n'a rien de commun avec les Gascons.

Nous sommes à Chicago. Un train de porcs arrive de l'ouest ; tous les voyageurs descendent de voiture et sont invités à s'engager dans un couloir à plan incliné qui serpente pour arriver au premier étage d'un bâtiment de vilaine apparence. Ils s'avancent au petit galop de chasse — leur allure familière — dans ce corridor, ravis de se déraidir les jambes après un long voyage. Cette joie — hélas! — n'est que de courte durée, car, au bout du corridor, les voyageurs sont reçus dans un vaste appartement composé de plusieurs pièces qui se commandent et qu'ils remplissent bientôt. Dans la dernière de celle-ci, un homme manœuvre un crochet de fer suspendu au plafond par une chaîne. Au hasard, il passe le crochet à la patte de derrière de l'une des victimes. Le crochet monte et l'animal se démène la tête en bas avec des cris affreux. Le cochon roule de suite sur une poulie le long d'une tringle en fer qui l'entraîne dans une pièce adjacente, où un autre homme armé d'un petit couteau l'attend pour l'égorger d'un petit geste merveilleux et doux qui se renouvelle six ou huit fois par minute.

Toujours pendu à sa chaîne, et roulant sur sa poulie, l'animal défunt traverse une piscine d'eau bouillante. Un jeu de brosses le fait sortir rasé et tondu.

Il subit ensuite les dernières épreuves et, enfin, sept minutes après sa mort, il attend le saloir en se refroidissant dans une immense glacière où il arrive débarrassé de sa tête, de ses pieds et même fendu en deux dans sa longueur.

Déjà, dans une pièce voisine, on lui tresse une couronne funèbre de ses propres saucisses! Pauvre cochon !

Je ne vous surprendrai pas davantage en vous disant que — l'outillage de cette hécatombe est si compliqué! — on tue ainsi chaque jour plus de 5,000 cochons !

Les bouilleurs de cru. — Par une récente décision, le ministre des finances, sur la proposition de l'Administration, a autorisé, pour la campagne de 1891-1892, le maintien du régime transitoire exceptionnellement admis en faveur des bouilleurs de cru de nos départements, relativement à l'application du deuxième paragraphe de l'article 90 de la loi du 28 avril 1816. Voici l'économie de ce régime exceptionnel :

« Les propriétaires récoltants qui, ne possédant pas d'alambic, feront distiller hors de chez eux le produit de leur récolte, auront la faculté de transporter à leur domicile, en franchise de l'impôt, jusqu'à concurrence de dix litres d'alcool pur, les eaux-de-vie ainsi obtenues. »

Cette concession ne s'applique qu'aux transports effectués au moment de la distillation, du local où a lieu cette opération au domicile des bouilleurs. Elle ne peut, dans aucun autre cas, être étendue aux transports d'alcool que les propriétaires récoltants font ensuite d'un de leurs domiciles à un autre. Il est également entendu que les eaux-de-vie provenant de la distillation des vendanges fraîches et de marcs d'achat n'ont droit, à aucun titre, au bénéfice de l'immunité de l'impôt, et que les vendanges dont il s'agit ne peuvent être distillées sans déclaration.

Expériences sur les engrais chimiques dans les cultures maraîchères. — M. le Dr H. Jolicœur relate dans le compte-rendu d'une des dernières séances de la Société de Viticulture d'Horticulture et de Sylviculture de l'arrondissement de Reims, les résultats obtenus par M. Dubarle au jardin-école de Reims.

L'intelligent praticien a étudié l'action des produits chimiques dans un grand nombre de cultures diverses. Les expériences ont porté particulièrement sur des plantations de pois. Deux parcelles égales ont été soumises, l'une à l'action du sulfate de fer, l'autre au mode de culture ordinaire. Le développement de la végétation est entièrement à l'avantage des plantes prises dans la partie qui a reçu l'engrais chimique.

Dans la culture de la laitue romaine, l'emploi du nitrate de soude a donné des résultats surprenants.

Etat sanitaire du bétail dans la Nièvre. — Des bruits exagérés sur l'état sanitaire du bétail dans la Nièvre, ayant été mis en circulation, avaient semé des inquiétudes parmi les éleveurs de ce département. M. le vicomte de Saint-Sauveur, président du Comice agricole de l'arrondissement de Nevers, nous adresse la délibération suivante du bureau, qui dissipera les craintes qui s'étaient manifestées.

« Les membres du Comice agricole de l'arrondissement de Nevers, réunis aujourd'hui 5 septembre au lieu ordinaire de leurs séances, complètement rassurés par les excellents renseignements sanitaires communiqués par M. le préfet de la Nièvre, ont décidé à l'unanimité que le Comice agricole de l'arrondissement de Nevers aurait lieu à Magny-Cours le 20 septembre courant, date primitivement fixée. »

CONSEILS DU JARDINIER

LE POTAGER EN SEPTEMBRE.

L'automne arrive et amène avec lui les nuits fraîches ; aussi les arrosages seront-ils faits le matin ou dans la journée.

Déjà, le mois écoulé, différents semis ont été faits en prévision de l'hiver, mais c'est dans la première quinzaine de ce mois, que le jardinier devra s'en occuper sérieusement : tous les semis et toutes les plantations de cette époque sont destinés pour l'année suivante.

Se hâter de terminer les semis de chou d'York, chou pain de sucre, chou Bacalan et les laitues d'hiver.

Semer la laitue crèpe sur un bout de planche bien dressé et recouvert de trois centimètres de terreau plombé avec le dos de la pelle sous cloche, assez dru, en recouvrant d'un demi-centimètre de terreau que l'on bat avec le dos de la main. Ombrer en cas de trop grand soleil, et, en privant d'air, la levée s'effectuera en quatre à cinq jours. Quand le plant aura deux feuilles, on le repiquera en ados incliné et regardant le midi. On mettra trois rangs de cloches par ados et de vingt-quatre à trente plants sous chaque cloche. En octobre, ce plant sera bon à être repiqué en place sous cloche ou sous châssis.

Pour ne récolter que l'année suivante, semer des scorsonères ; les racines seront plus grosses, mais plus fermes et moins filandreuses.

C'est de la fin de septembre aux premiers jours de novembre, dans un sol sec et sain qu'il faut semer les graines de cerfeuil tubéreux. Plus tard la levée n'aurait lieu qu'au deuxième printemps d'après. On sème à la volée ou en rayons espacés de 15 centimètres. Il faut semer clair, car il est difficile d'éclaircir ; en effet, quand on veut arracher la jeune plante, la tige se casse et la racine reste dans le sol. Il faut cependant semer assez dru, car en hiver le semis peut se perdre ; on répand 300 grammes à l'are, on herse, on recouvre de quatre centimètres de terreau et on foule. La levée aura lieu en février.

Il est bon, pour les grandes variétés de choux de Bruxelles, quand la tige est arrivée à une certaine hauteur, de supprimer le bourgeon terminal, au profit du développement des petites pommes. Si la végétation est trop forte on peut aussi casser les feuilles à partir du pied jusqu'à une certaine hauteur.

On pratique cette opération en laissant le pétiole attaché au trognon. La récolte se fait depuis octobre jusqu'à la fin de mars : le rendement est excessivement variable ; de 320 à 350 litres à l'are est un fort rendement.

Dans la deuxième quinzaine de ce mois, on fera un deuxième semis d'épinard de Hollande, épinard de Viroflay qui donnera les produits en hiver. Semer de la mâche verte à cœur plein, mâche verte d'Etampes pour en récolter les produits en hiver ; et à la fin du mois, la mâche d'Italie tardive à monter ; cette variété donnera ses produits au printemps.

C'est dans un terrain profondément labouré et bien fumé qu'on fera à cette époque la plantation des fraisiers. Une plantation faite dans de bonnes conditions doit être exécutée de la fin d'août aux premiers jours d'octobre. La distance de plantation varie suivant les variétés et la qualité du terrain. Pour les variétés à gros fruits, dans des planches de 1m 33, quatre rangs suffiront en distançant de 40 à 60 centimètres suivant la vigueur des variétés.

Un semis important à faire à cette époque est celui du poireau. On sème clair, car le plant ne sera pas repiqué, de façon à ce qu'il puisse obtenir une grosseur moyenne ; il est bon à consommer à une époque où tous les autres sont montés.

On prépare du fumier pour la confection des meules de champignons ; on pourra aussi commencer à faire blanchir le céleri et les cardons.

Le choufleur de printemps se sème du 5 au 20 septembre. Le plant sera hiverné sous châssis et sous cloche et sera planté dans la deuxième quinzaine de février. Le semis se fait à raison de 8 grammes l'are. HORTUS.

CONSEILS A LA FERMIÈRE

UNE BONNE BIÈRE DE MÉNAGE.

Pour une pièce de 225 litres, faire bouillir ensemble :

Houblon........ ...	»	500 grammes.
Coriadre..........	»	120 —
Chicorée..........	»	260 —
Sucre.............	8 k.	» —
Levure de bière....	»	300 —

On fait bouillir deux fois consécutives et pendant dix minutes chaque fois les trois premières plantes ; on se servira des infusions chaudes, après les avoir passées, pour fondre le sucre, pendant que dans une terrine à part on délaiera avec de l'eau froide la levure de bière ; on versera le tout dans une barrique et on complètera avec de l'eau froide ; avoir soin tous les jours de retirer l'écume qui se formera par dessus la bonde en complétant le vide qui se formera avec de l'eau. Ainsi de suite jusqu'au moment où l'on croira nécessaire de boucher complètement. Environ une dizaine de jours après la confection on peut bonder, mettre en bouteilles ou boire.

Une demi-pièce (110 litres) revient à environ 11 fr. 50.

Cette boisson ressemble, à s'y méprendre, par son goût, à de la bière de ménage ; étant bien faite, ce qui est facile du reste, elle sera saine, nourrissante, digestive (plus que la bière de grains), rafraîchissante et tonique ; tonique par l'alcool qu'elle contient après sa fermentation. UNE MÉNAGÈRE.

CONSEILS DU VÉTÉRINAIRE

LES MALADIES DU CHEVAL.

L'une des affections les plus ordinaires chez le cheval, à cette époque de l'année, est la colique ; elle est violente et trop souvent mortelle.

Dans la plupart des cas, les coliques proviennent de l'inobservation des règles élémentaires de l'hygiène.

Une ration régulière comme quantité d'aliments, des repas à l'heure fixe, sont les meilleurs préservatifs de ce mal.

Mais, pour mon compte, j'ai remarqué que, nonobstant ces règles de l'hygiène observées aussi bien que possible, il y a des époques dans l'année où les chevaux sont plus susceptibles d'avoir des coliques ; ce sont le printemps et la fin de l'automne, parce qu'à ces différentes époques la température et la nourriture changent, et cette transition ne s'opère pas impunément. Il est de bonne pratique, au printemps, de mélanger le vert avec le sec pendant plusieurs jours, afin d'arriver progressivement au régime du vert. A l'automne craindre les refroidissements subits, l'eau froide en grande quantité.

Les causes les plus ordinaires de ce mal proviennent d'une indigestion, d'une rétention d'urine ou encore d'une inflammation d'intestins.

Le cheval auquel on présente une trop grande quantité de fourrage qu'il aime beaucoup, tel que luzerne, trèfle, en ingère quelquefois plus que son estomac ne peut en digérer ; des gaz se forment, alors la météorisation survient et des coliques en sont la conséquence.

D'autres fois, les coliques atteignent le cheval, qui, faisant un long trajet, n'a pu uriner, soit que son conducteur ne l'ait pas laissé satisfaire ce besoin, soit que, par habitude, il n'exécute cette action qu'étant entré à l'écurie.

L'inflammation d'intestins se montre sur les sujets qui, soumis à des travaux pénibles, reçoivent une nourriture très existante. Quelle que soit la cause du mal, le cheval devient triste, l'œil injecte, il porte la tête basse, gratte le sol, piétine et cherche à se mettre sur le dos.

Le mal étant déclaré, voici les traitements qui réussissent presque toujours.

Promenade au pas sans permettre à l'animal de se coucher, frictions d'essence de térébenthine sur les quatre membres et sur les reins. Dans le cas où ce médicament n'existerait pas à la ferme, le remplacer par du vinaigre chaud, lavements d'eau savonneuse ou de décoction de graine de demi-heure en demi-heure.

J'ai pratiqué avec succès des frictions sèches sur toutes les parties du corps.

Voici comment j'opère : deux hommes se placent de chaque côté de l'animal, munis chacun d'un bouchon de paille, et le frottent le plus rapidement et le plus vigoureusement possible pendant vingt minutes.

Au bout de ce temps si le mal persiste, il est urgent de faire prendre au malade la potion suivante :

Ether sulfurique, 30 grammes ; assa-fœtida, 30 grammes ; huile d'olive ou de ricin, une bouteille ; agiter pour que le mélange soint intime.

Ce médicament absorbé, il faut continuer la promenade ou les frictions.

Si après une demi-heure d'attente, le mal résiste à toute médication, il faut appliquer son oreille sur les parois du ventre ; un bruit de gargouillement se fait-il entendre, tout est pour le mieux, la convalescence commence ; si nul bruit nest perceptible, le danger est sérieux, la congestion sanguine se fixe sur l'intestin ; on doit alors extraire six à dix litres de sang, selon la force du cheval, de préférence à l'éperon.

Dans le cas où personne ne saurait faire cette opération, il faut couper un nœud de la queue et laisser saigner pendant une demi-heure.

Une ligature avec une ficelle à l'extrémité du moignon permet d'arrêter l'hémorrhagie quand le besoin s'en fait sentir ; règle générale, laisser saigner tant que le mal ne se calme.

Les dérivatifs les plus energiques sont recommandés dans un tel cas. La moutarde, à la dose de 500 à 1,000 grammes délayée dans une quantité suffisante d'eau peut être appliquée sur le ventre ; si ce médicament manque à la ferme, on y supplée en prenant dix litres environ d'eau bouillante que l'on verse dans un vase percé de trous et on asperge l'animal avec ce liquide, si le sujet perçoit la douleur d'un remède aussi violent, tout espoir n'est pas perdu, mais s'il reste insensible à l'un ou à l'autre, la gangrène a gagné l'intestin et la mort est certaine.

Après tous ces essais, il est toujours bon de conduire le cheval dans une étable à moutons, pour favoriser l'évacuation de l'urine.

L'huile éthérée avec addition d'assa-fœtida était considérée comme le médicament le plus important du traitement, j'engage les cultivateurs à s'en procurer quelques bouteilles pour parer aux accidents qui arrivent trop souvent dans les écuries, à la campagne où l'on est trop souvent éloigné du vétérinaire ou d'un praticien habile.

Cependant, il est toujours bon d'avoir recours à leurs lumières autant qu'il est possible ; mais le temps d'aller les chercher, le hasard de les trouver absents ou empêcher, vous font courir bien des chances que votre animal ne meure si vous n'avez pas sous la main de quoi le soulager immédiatement, car dans la colique, la météorisation, l'apoplexie, il faut des remèdes prompts et énergiques, sous peine de malheur.

Pour le premier cas, je viens d'en parler : pour le second, la météorisation, on emploie l'ammoniaque, 32 à 64 grammes, selon la force de l'animal, dans un litre d'eau froide, mais je préfère 40 à 50 centilitres d'eau-de-vie mélangés dans un litre d'huile d'olive ou de ricin.

Si cela ne suffit pas et que vous voyez la bête prête à tomber étouffée par la suffocation, ouvrez le flanc gauche au moyen d'un trocart ; si vous n'avez pas cet instrument, faites l'ouverture au moyen d'un couteau, et passez immédiatement une canule pour évacuer le gaz.

Pour l'apoplexie ou coup de sang, c'est une large saignée que l'on pratique.

Chaque cultivateur doit savoir saigner un animal et apprendre à ses enfants à le faire. A la campagne, les vétérinaires et les bons praticiens sont rares ; aussi combien périt-il d'animaux faute d'être secourus en temps opportun.

UN VIEUX VÉTÉRINAIRE.

CONSEILS DE L'APICULTEUR.

LE SOIN DES ABEILLES EN SEPTEMBRE ET EN OCTOBRE

I. — *Le bon hivernage est le couronnement de l'art apicole.* — L'hivernage sera bon à trois conditions : 1° S'il y a chaleur dans le groupe des abeilles ; 2° Aération par dessous ; 3° Evaporation de l'humidité par dessus. — *Le froid est moins nuisible que le défaut d'air et que l'humidité.*

Conditions d'hivernage. — Reine valide. — Population forte, surtout de jeunes abeilles. — Rayons complets (ils ne le sont pas toujours dans les essaims). — Provisions d'hiver suffisantes et saines. — Pollen (les essaims tardifs peuvent en manquer). — Habitation chaude.

En général, ne pas garder de population faible pour l'hiver ; une colonie double ne consomme guère plus, quelquefois moins.

II. — *Visite de toutes les colonies*, le matin ou le soir, pour éviter le pillage.

III. — Supprimer les *reines vieilles ou défectueuses*, les remplacer ou réunir leurs colonies. — Ne pas garder au delà de 3 ans, même une reine bonne pondeuse.

Guerre à outrance à l'étouffage ! Quand il n'y a plus de couvain, chasser, par fumée et tapotement, les abeilles des ruches à supprimer, pour les réunir aux colonies faibles.

IV. — Ne pas laisser de hausses sur les ruches. — Enlever les rayons inoccupés par les abeilles, et resserrer le nid d'hiver. — M. de Layens laisse 10 à 12 cadres, pour l'aération ; c'est beaucoup ! — Supprimer les rayons de bourdons, les rayons mal bâtis ou incomplets. — Dans les ruches fixes, s'il y a du vide, on le remplit de mousse. — Passer au soufre les rayons de surplus, soit dans une armoire, soit dans une chambre destinée à cette réserve.

Pour favoriser le groupement des abeilles, M. Cowan écarte les cadres à 40 millimètres de centre à centre ; en été il les met à 32.

Le dessus des ruches doit être d'une matière, qui retienne la chaleur et laisse passer l'humidité, par exemple un coussin de balle d'avoine. — Il est bon d'ôter les planchettes ou la toile cirée qui recouvrent les cadres. — La paille attire les souris, la mousse les éloigne.

Il doit exister *un passage* par dessus les cadres, ou au moins des trous dans le haut des rayons, pour que les abeilles puissent au besoin communiquer de l'un à l'autre.

Dans les ruches à constructions chaudes, les deux premiers rayons en avant doivent surtout être bien garnis de miel.

V. — Si les plateaux ne sont pas taillés en plan incliné vers l'avant, ils seront soulevés sur des cales par derrière, pour faciliter l'écoulement de l'eau. — Donner pour tout l'hiver, jusqu'en mars, 7 à 8 centimètres de largeur aux entrées, pour *l'échappement de l'air vicié et le renouvellement de l'air*, mais pas plus de 8 centimètres de hauteur, à cause des souris.

VI. — Pour les provisions, se rappeler qu'il faut *au moins 15 kilos du 1er octobre au 1er mai*, et que 3 décimètres carrés de rayons sur les deux faces, contiennent environ un kilo de miel. — Compléter les vivres, s'il y a lieu, soit (et c'est le meilleur) en rayons de miel ou de sirop operculé, soit en miel liquide ou en sirop. — Les rayons entièrement remplis de miel doivent être séparés par d'autres qui en ont moins.

VII. — Les *provisions doivent être complétées au plus tard en septembre*, surtout si l'on donne une nourriture liquide, afin que les abeilles aient le temps et la chaleur suffisante pour operculer les rayons. — Donner en bloc et le plus vite possible, pour éviter une ponte tardive d'abeilles, qui ne pourraient plus sortir avant l'hiver.

UN AMI DES ABEILLES.

JURISPRUDENCE RURALE.

LES CHIENS ERRANTS.

Le préfet de mon département, sollicité par un grand nombre de propriétaires, vient de prendre un arrêté ainsi conçu :

« Pour prévenir la destruction du gibier, des « œufs ou couvées de faisans, de perdrix ou de « cailles, il est défendu aux propriétaires de « chiens de les laisser errer soit dans les bois, « soit dans la plaine. »

— Cet arrêté est très sage ; c'est la plaie des champs que ces chiens, que leurs maîtres ne prennent pas le soin d'attacher et qui, de jour comme de nuit, s'en vont courir la plaine suivant leur fantaisie ; même lorsqu'ils ne chassent pas pour leur compte, ils dérangent le gibier et empêchent sa reproduction.

— Mais, quelle sera la sanction de l'arrêté? Les personnes qui continueront à laisser courir leurs chiens, seront-elles exposées à se voir dresser procès-verbal ; cela me semble assez nécessaire, car ce ne sera pas pour les beaux yeux du préfet, qui est peut-être borgne, qu'on attachera son chien.

— Assurément il y aura procès-verbal ; les arrêtés pris par les préfets dans la limite de leur droit ont force de loi.

— Et puis, après?

— On sera traduit devant le tribunal.

— Lequel?

— C'est ici qu'il y a diverses opinions ; les uns disent : le tribunal correctionnel ; les autres : le tribunal de simple police, suivant qu'on voit dans l'infraction un délit ou une simple contravention.

— Comment cela?

— Ceux qui sont pour le délit prétendent qu'en pareille matière l'arrêté préfectoral est fondé sur la loi du 3 mai 1844 sur la chasse, qui donne au préfet le droit de prévenir la destruction des oiseaux utiles à l'agriculture et de favoriser leur repeuplement ; — ceux, au contraire, qui sont pour la contravention, soutiennent que le gibier ne pouvant être considéré comme utile à l'agriculture, les arrêtés de ce genre ne se basent que sur le droit de police appartenant d'une façon générale à l'administration, en vue d'assurer la conservation du gibier.

— Et votre avis?

— C'est que c'est une contravention de la compétence du juge de paix ; mais, qu'importe au fond ! Dans les deux cas, on s'expose à l'amende.

— Alors, je vais acheter une bonne chaîne pour Médor, çà me coûtera moins cher !

UN VIEUX JUGE DE PAIX.

POUR RIRE.

En wagon.

Un Anglais demande du feu à un voyageur ; celui-ci tend son cigare, à moitié consumé ; le fils d'Albion le jette par la portière après avoir allumé le sien.

Le voyageur ne dit rien, mais tire aussitôt un nouveau cigare de sa poche et demande à son tour du feu au gentleman ; après s'en être servi, il jette également sur la voie le cigare presque entier de ce dernier.

L'insulaire saisit la leçon et ne souffle mot.

* * *

— Savez-vous à quel moment on peut dire qu'un bruit a *transpiré* ?

— C'est lorsqu'il a beaucoup *couru*.

* * *

Un comble par hasard :

Quel est le comble du goût musical pour un caissier ?

Enlever la caisse, jouer des flûtes et se faire fourrer au violon, sans tambour ni trompette.

PETITE POSTE.

M. H. B... (Gers). — 1° *Poudre pour faire retenir les vaches.* — Nous envoyons votre commande à l'inventeur, M. Voxeur, à la ferme de la Butte, par Bréval (Seine-et-Oise).

2° *Poignées en fonte.* — Vous devrez trouver cela chez M. Gariel, 2 ter, quai de la Mégisserie, Paris.

M. L... (Seine). — *Huile d'olive.* — Nous ne saurions trop vous recommander les produits excellents de M. Lapalu, à Nice.

M. L... (Cantal). — *Petit genêt.* — Vous ne vous débarrasserez de cette plante qu'en l'arrachant à la pioche. C'est sans doute l'absence de calcaire qui en favorise la multiplication ; donc, composts calcaires sur la prairie avant l'hiver.

Anis vert. — Les terrains légers et calcaires sont ceux qui lui conviennent le mieux, à la condition d'être riches en vieux fumier. La préparation du terrain doit être minutieuse, car l'anis est une plante délicate. Labours ou bêchages pendant l'hiver, afin que la terre soit bien douce à ameublir au moment du semis. Semer au commencement d'avril 100 grammes à l'are. Sarcler souvent.

P..., à C... — *Femme.* — *Hypothèque légale.* — N'ayant pas le jugement dont vous voulez faire appel, et ne sachant pas si des circonstances de fait n'ont pas déterminé l'opinion des juges, nous ne saurions vous donner un conseil suffisamment motivé — toutefois l'appel nous semble pouvoir être soutenu — quelle que puisse être la valeur légale de la renonciation de la femme à son hypothèque, qui a un caractère d'intérêt public, elle ne saurait, en tout cas, se présumer et résulter de sa participation à l'acte de vente ; la vente d'ailleurs n'éteint pas l'hypothèque qui s'exerce sur le prix dû par l'acheteur.

L'hypothèque de la femme comme celle du mineur a en outre un caractère de généralité, et la mesure conservatoire prise par le parquet n'a pu que consolider, au regard des créanciers surtout n'ayant pas de précédente inscription, des droits qui n'étaient pas éteints par suite d'une vente faite par le mari et non suivie des formalités de la purge légale.

M. L... (Vienne). — *Vétérinaire.* — Il est certain qu'en *équité stricte*, le vétérinaire qui, par *ignorance* ou *négligence*, est la cause de la mort des animaux confiés à ses soins, devrait indemniser le propriétaire des animaux. Mais combien il serait difficile, impossible même, dans bien des cas, et notamment dans l'espèce que vous nous soumettez, de prouver la faute lourde du vétérinaire, qui aura toujours quelque excuse à présenter, « ou *même dit cela...* », ou « *s'il ne s'était pas produit telle complication qu'il était impossible de prévoir, l'accident ne serait pas arrivé...* », etc., etc. Cependant, on a vu des condamnations après des opérations imprudentes.

M. N..., à B... (Saône-et-Loire). — *Blé.* — *Engrais.* — Par hectare, 800 kil. de phosphate-guano de Bondy (10 fr. les 100 kilog., au Comptoir agricole et commercial, 9, rue Nouvelle, Paris.) Blé rouge inversable de Bordeaux.

OFFRES & DEMANDES

Pour répondre au désir qui nous est exprimé nous offrons à nos abonnés, sous cette rubrique, deux annonces gratuites pour les offres et demandes d'emplois, produits ou animaux à vendre ou à acheter, etc.

Les annonces qui suivront jouiront d'une réduction de 50 pour 100 sur les tarifs ordinaires.

Les demandes d'insertions devront être envoyées à l'administration, qui se chargera de les rédiger.

Ne pas négliger d'envoyer tous les renseignements nécessaires (joindre 2 timbres de 0 fr. 15).

Bonne occasion. — A vendre couveuse complète *Gombault*, 500 œufs, n'ayant servi que quelques semaines; idem *Roullier*, 130 œufs, trois éleveuses, une sécheuse, presque ou tout neuf, suivant articles. — S'adresser à M. L. Lassourd, à Bouin (Vendée).

REVUE FINANCIÈRE.

On a vu, au commencement de la semaine, que la hausse persistante était encore loin d'être assurée. Il a suffi d'une dépêche annonçant la prise de possession par les Anglais de l'île Sigri pour que la panique se répandit sur les différents marchés européens. Tant que la nouvelle n'a pas été démentie — elle était cependant assez peu vraisemblable — les cours des différentes valeurs ont fait preuve, presque tous, d'une extrême faiblesse. Le 3 0/0 ancien qui est le régulateur du marché, avait perdu en deux séances jusqu'à 0 40 centimes; le 3 0/0 nouveau avait été aussi fort éprouvé, sans compter bien entendu les valeurs étrangères discutées comme l'Italien, et les titres d'établissements financiers trop poussés, comme le Foncier. Le Suez, lui aussi, avait fait assez mauvaise figure.

Dès mercredi, tout s'est rasséréné, mais il n'y en a pas moins eu une petite leçon, dont personne d'ailleurs ne semble disposé à tenir le moindre compte. On doit lancer en octobre un certain nombre d'affaires, et les établissements intéressés voudraient que la hausse fût tres accusée, pour que les émissions fussent faites à de meilleures conditions. Le calcul risque d'être mauvais.

Quoi qu'il en soit, tout le terrain perdu pendant les séances de lundi et de mardi se trouve regagné.

Le 3 0/0 ancien se relève à 95 65, le nouveau à 94 57, le 4 1/2 est moins brillant à 105 85.

Parmi les fonds étrangers, à signaler le redressement de l'Italien à 90 45. Il y a tout de même progrès. L'épargne est devenue justement défiante. Auparavant, grâce aux efforts de ses souteneurs, l'Italien ne mollissait pas un seul instant; maintenant il s'affale dès que la tournure générale du marché est mauvaise. Il est vrai qu'on parvient le plus souvent à le relever, mais il y a tout lieu de croire que l'épargne n'y est pour rien.

Les établissements de crédit ont des cours assez bons. Cela tient évidemment à l'annonce des prochaines émissions. Le Crédit Foncier est à 1288; il ne saurait décemment exiger mieux, le Lyonnais est à 821.

Bonne tenue des Chemins de fer français sans grandes transactions d'ailleurs.

Les Chemins étrangers ne sont pas très brillants, particulièrement les Chemins Portugais, malgré l'appui de la Banque de Paris et des Pays-Bas. Rien ne paraît encore réglé. Le Nord de l'Espagne n'est pas non plus très vaillant.

Le Suez, un moment attaqué, s'est relevé à 2857.

Le Panama continue à faiblir. Il est vrai qu'on n'a mis en avant jusqu'ici que des projets singulièrement chimériques.

HALLES ET MARCHÉS.

Le beau temps a continué heureusement pour la fin de la moisson et pour la maturation des raisins. Les cours des céréales ont encore une tendance à la baisse. Les huiles de colza sont en hausse. Les sucres et les alcools ont fléchi. Les beaux fourrages se vendent cher

Blés. — La moisson peut être considérée comme terminée. Il reste encore au moins la moitié de la récolte à rentrer dans le Nord; il faut espérer que le beau temps va continuer pour permettre de mener à bonne fin ce travail. Les offres sont toujours très ordinaires sur nos marchés de production; néanmoins les cours suivent lentement leur mouvement de décroissance; la baisse est de 25 à 50 centimes par quintal. Voici les prix relevés samedi dernier : Cambrai, blé blanc, 26 les 100 kilog.; roux, 25; Douai, 25 à 27; Amiens, 27 30; Châlons-sur-Marne, 29; Beauvais, 24 50 à 27 25; Versailles, 25 80 à 27 50; Villers-Cotterets, 26 50 à 28; Rouen, 25 50 à 27 50; Le Mans, 25 à 26 50; Chartres, 26 à 27 20; Montereau, 23 25 à 27 50; Laval, blé vieux, 27; nouveau, 25 à 26; Dijon, 27 à 29; Nevers, 28 à 30; Lyon, blé vieux, 28 à 28 50; nouveau, 27 à 27 25; Mâcon, 28 à 29 Nantes, 24 25 à 24 75; Bordeaux, 26 25. — Au marché commercial de Paris, les affaires sont calmes avec prix bien tenus; on cote : disponible et courant du mois, 27; octobre, 27 25 à 27 50; novembre-décembre, 27 75 à 28; autres époques, 28 à 28 75. — Les importations sont toujours suivies dans nos ports; Marseille a reçu la semaine dernière, 254,000 quintaux de blé; Bordeaux, 64,000 quintaux; le Havre, 319,000 hectolitres venant presque entièrement des Etats-Unis. Les prix des blés étrangers se maintiennent comme suit : à Marseille Azime Berdianska, 24 les 100 kilog. en entrepôt, Azime Azof, 23; Ghirka Mariaaopoli, 22 75; Salonique rouge, 21; — à Nantes, Saint-Louis, 26 75 les 100 kilog. acquittés; redwinter, 26 50; — à Bordeaux, Amérique, 26 25, Saint-Louis, 26 90. — La quantité de blé de Californie en mer à destination de la France est toujours considérable; elle s'élevait la semaine dernière à 2,499,800 hectolitres; on comptait également 45,530 hectolitres venant du Chili et 6,500 des Indes.

Sur les principaux marchés étrangers, les cours se sont aussi soutenus difficilement. A Londres, le beau temps, et la réduction des demandes pour le continent ont amené une baisse d'environ 1 fr. par 100 kilog.; à New-York, les arrivages considérables de la culture ont aussi fait fléchir les prix. On cotait samedi dernier : Berlin, 29 les 100 kilog.: Vienne, 22 78; Budapest, 22 02; Amsterdam, 22 43; New-York, 19 63; Chicago, 18 04.

Seigles. — Cours sans changements. A Paris les prix de la culture sont de 18 50 à 19 50 les 100 kilog. Au marché commercial, le livrable est sans affaires; le disponible et le courant du mois valent 17 50 à 19 75.

Orges. — Les belles sortes sont toujours bien tenues de 16 à 16 50 les 100 kilog. — Pour les escourgeons, on cote de 19 25 à 19 75.

Avoines. — Les offres sont assez suivies sur nos marchés, avec cours en baisse d'environ 50 centimes, de 15 à 16 0 les 100 kilog. Au marché commercial de Paris, le courant du mois et le livrable octobre, sont bien tenus de 15 75 à 16; novembre à avril, 16 à 16 75.

Farines de consommation. — La meunerie a baissé ses prix de 1 fr. par sac jeudi dernier. La marque de Corbeil est à 64 les 157 kilog. nets, ou 40 75 les 100 kilog ; les marques de choix valent 64 à 66; les premières marques, 62 à 64; les bonnes, 61 à 62; les ordinaires, 60 à 61.

Farines de commerce. — Les prix ont baissé vers la fin de la semaine dernière; mais depuis ils ont repris un peu de fermeté. Samedi, on cotait les *douze-marques* disponibles, 60 25 à 60 50; les livrables courant du mois 60 50 à 60 75; octobre, 61 25 à 61 50; autres époques, 62 25 à 64.

Fourrages. — Les fourrages nouveaux se vendent un peu moins chers; mais les prix restent fermes pour la belle marchandise. On cote par 100 bottes de 5 kilog. au domicile de l'acheteur : foin nouveau, 42 à 53; vieux 46 à 51; luzerne nouvelle, 43 à 50; vieille, 49 à 55 ; paille de blé, 29 à 37; de seigle, 28 à 35; d'avoine 18 à 25.

Sur les marchés des departements, on cote *aux 520 kilog.* : Saint Quentin, foin, 40; luzerne, 40 à 45; paille, 24 à 25; Melun, foin, 33 à 35; luzerne, 30 à 33; paille, 20 à 25; Compiègne, foin, 40; trèfle, 35; paille, 30; Bar-sur-Seine, foin, 28 à 35; paille, 30; Versailles, foin, 30 à 40; sainfoin, 35 à 42; paille de blé, 32 à 38; d'avoine, 30; Chartres, foin, 30; luzerne, 32; paille, 35; Fontenay-le-Comte, foin, 35 à 40; paille, 20; Dijon foin, 35 à 40; paille, 23 à 27; Besançon, foin, 24 à 25 50; paille, 16 à 17; — *au quintal* : Douai, foin, 8 à 9; trèfle et luzerne, 8 à 8 50; paille, 5 à 6; Beauvais, foin, 6; paille, 4 50; Orléans, foin, 6 à 7; paille, 3 à 4; Bourges, foin, 7 à 8; paille, 4 à 5; Bourgoin, foin, 7 à 8; paille, 3 à 4; Rodez, foin, 6 à 7; paille, 4 à 5; Toulouse, foin, 7 50 à 8 50; paille, 3 25 à 3 75; Lyon, foin, 8 75 à 9 25; luzerne, 9 à 9 75; paille, 4 50 a 5 50.

Graines fourragères. — Les prix sont toujours bien tenus. On cote à Paris : trèfle incarnat hâtif nouveau, 125 à 140 les 100 kilog ; vieux, 70 à 90; tardif rouge nouveau, 170 à 200; vieux, 130 à 150; trèfle blanc, 130 à 180; minette écossée, 55 à 60; non écossée, 38 à 44; ray-grass d'Italie, 37 à 44; vesce d'hiver, 18 à 29; — à Bar-sur-Seine, 22 à 24; — à La Fère, trèfle incarnat, 150 à 175; — à Orléans, trèfle incarnat hâtif, 110 à 125; tardif, 150 à 175; — à Lyon, trèfle, 110 à 125; luzerne de Provence, 112 à 110, sainfoin, 25 à 27; pois lupins, 12 à 13.

Sucres. — A Paris, la tendance est lourde et les affaires presque nulles ; on cote : sucres roux 88 degrés, 35 75 les 100 kilog.; blancs n° 3 disponibles, 36; livrables, 34 25 à 34 75. Les sucres raffinés ont également une tendance lourde à 107 les 100 kilog pour la consommation, et 42 à 42 50 pour l'exportation. — Les fabriques commencent à travailler en Allemagne et en Autriche; la richesse moyenne des betteraves est évaluée à 14 44 pour 100.

Engrais. — Le nitrate de soude donne lieu à des affaires importantes pour la spéculation et le grand négoce, mais celles pour la consommation restent calmes ; on cote le disponible et le courant du mois, 21 à 21 15, le livrable sur les quatre premiers mois de 1892, 22 à 22 25 les 100 kilog. à Dunkerque. — Les cours du sulfate d'ammoniaque livrable en automne restent à peu près stationnaires. Le sulfate français est coté 29 les 100 kilog. ; le belge, 27 75 à 28 35; à Anvers, et l'anglais, 27 50 à 27 75 à Dunkerque. — La baisse des superphosphates est enrayée; on s'attend à une reprise; on cote par unité d'acide phosphorique soluble dans le citrate : Paris, 0 48; Nord, 0 41; Belgique, 0 38 à 0 40; La Rochelle et Bordeaux 0 50 à 0 55; le soluble dans l'eau vaut 4 centimes en plus par unité — Les prix des phosphates sont assez variables en ce moment; on tient dans la Somme, par unité de phosphate et par 100 kilog., 1 05 à 1 15 pour les hauts dosages de 70 à 80 pour cent, et 0 70 à 0 89 pour les autres. — Les engrais potassiques sont toujours délaissés. — Les prix des engrais organiques sont fermes. On cote, par unité d'azote : sang desséché moulu, Paris, 1 72; Nancy, Bordeaux et Marseille, 1 75; viande desséchée, Paris, 1 65; Lyon, 1 60; corne torréfiée moulue, 1 50; cuir torréfié, 1 20 par 100 kilog. ; guanos de poissons, 21 25 ; poudre d'os dégélatinés, 13 25; verts, 12.

Beurres. — La hausse se maintient avec vente active. On cote : *beurres en mottes* : fermiers de Gournay : extra, 3 20 à 3 80 le kilog.; choix, 2 90 à 3; bons, 2 70 à 2 80; ordinaires, 2 50 à 2 60; d'Isigny, extra, 5 à 5 86; choix, 4 à 4 8 ; bons, 3 50 à 3 80; ordinaires, 3 à 3 20; marchands du Gâtinais, 2 30 à 2 40; de Bretagne, 2 20 à 2 30; de Vire, 2 20 à 2 40; de Bresse, 1 80 à 2; laitiers des Charentes, 2 50 à 2 90; des Alpes, 2 50 à 3 10; divers producteurs, 2 40 à 2 90; — *beurres en livres* : fermiers, 2 60 à 2 90; Touraine, 2 40 à 2 60; Gâtinais, 2 50 à 2 70; Vendôme et Beaugency, 2 20 à 2 50; Bourgogne, 2 10 à 2 30; le Mans, 2 20 à 2 40; — *Petits beurres* : 1 80 à 2 60 suivant provenance.

BESTIAUX.

La Villette, 17 septembre. — Bestiaux. — Vente difficile sur les bestiaux, plus facile sur les veaux, difficile sur les moutons, et très mauvaise sur les porcs.

COURS officiels.	Amenés.	Vendus.	1re qualité.	2e qualité.	3e qualité.	Prix extrêmes.
Bœufs....	2.264	2.132	1 62	1 50	1 32	1 20 à 1 70
Vaches ...	528	454	1 58	1 36	1 22	1 10 1 60
Taureaux.	239	21[illegible]	1 38	1 .0	1 20	1 04 1 44
Veaux....	1.250	1 186	1 76	1 64	1 56	1 32 1 98
Moutons..	11.575	9.651	2 08	1 90	1 72	1 60 2 20
Porcs.....	5.909	5.797	1 41	1 38	1 32	1 21 1 48

Marché du lundi 14 septembre.

	Amenés	Vendus	PRIX AU POIDS NET 1re qual.	2e qual.	3e qual.
Bœufs	2.515	2.280	1 62	1 48	1 30
Vaches.....	835	747	1 58	1 36	1 22
Taureaux ..	252	192	1 58	1 32	1 20
Veaux.	1.056	980	1 78	1 64	1 56
Moutons....	13.670	12.385	2 12	1 92	1 70
Porcs	3.162	3.0[illegible]	1 46	1 42	1 36

	PRIX AU POIDS VIF 1re qual.	2e qual.	3e qual.	Prix extrêmes.
Bœufs	» 97	» 82	» 68	» 58 à 1 01
Vaches	» 94	» 72	» 60	» 52 » 96
Taureaux.......	» 86	» 71	» 62	» 51 » 90
Veaux..........	1 06	» 95	» 79	» 65 1 14
Moutons........	1 12	» 96	» 84	» 75 1 24
Porcs..........	1 »	» 96	» 92	» 84 1 04
Peaux de moutons en laine..........				3 5» 6 10
Id. id. demi-laine........				1 75 2 85

Viandes abattues. — Criée du 17 Septemb.

		1re qualité.	2e qualité	3e qualité.
Bœufs	le kil.	1 30 à 2 50	1 10 à 2 40	1 » à 1 70
Veaux....	—	1 60 1 70	1 46 1 56	1 30 1 40
Moutons..	—	80 1 90	1 36 1 76	1 » 1 30
Porc entier	—	1 30 1 40	1 10 1 26	» 90 1 10

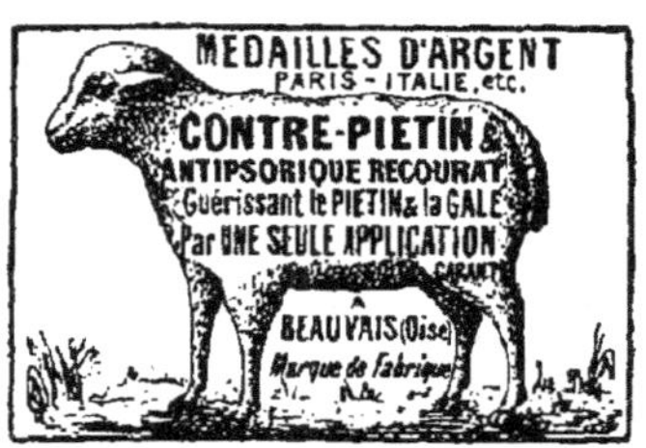
MÉDAILLES D'ARGENT
PARIS - ITALIE, etc.
CONTRE-PIETIN &
ANTIPSORIQUE RECOURAT
Guérissant le PIETIN & la GALE
Par UNE SEULE APPLICATION
BEAUVAIS (Oise)
Marque de fabrique

L'Administrateur-Gérant : ALBERT RENOT.

Beauvais. — Imp. D. PERE. - A. CARTIER, Gérant.

12e Année. — 2e Série. — N° 609. Dimanche 27 Septembre 1891.

GAZETTE AGRICOLE

JOURNAL HEBDOMADAIRE, PARAISSANT LE DIMANCHE

Rédacteur en Chef : M. Ch. GOSSIN, Professeur d'Agriculture à l'Institut agricole de Beauvais.

PRIX DE L'ABONNEMENT

UN AN, 5 fr. — SIX MOIS, 3 fr. — TROIS MOIS, 1 fr. 75

Pour l'étranger les abonnements ne sont reçus que pou un an, au prix de 6 francs, et ne partent que du 1er janvier ou du 1er juillet de chaque année.

Le numéro : 10 centimes.

Il est indispensable de joindre à toute demande de changement d'adresse la dernière bande d'adresse du journal et 50 centimes pour frais de nouvelles bandes.

Adresser les *Abonnements* et *Annonces* au secrétaire de la rédaction, 13, quai Voltaire, Paris, ou à M. GOSSIN, rédacteur en chef et administrateur, à BEAUVAIS.

BUREAUX

13, quai Voltaire, Paris, et à Beauvais.

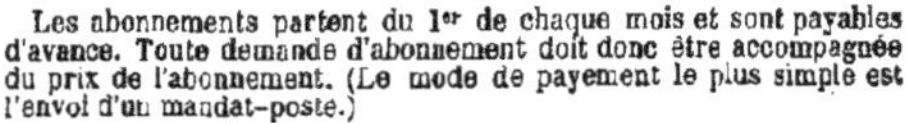

Les abonnements partent du 1er de chaque mois et sont payables d'avance. Toute demande d'abonnement doit donc être accompagnée du prix de l'abonnement. (Le mode de payement le plus simple est l'envoi d'un mandat-poste.)

Donner *très lisiblement*, en s'abonnant, son nom et son adresse exacte, *avec l'indication du bureau de poste*; et, s'il s'agit d'une continuation d'abonnement, joindre au renouvellement la dernière bande d'adresse du journal.

Les Annonces sont reçues chez MM. DUSSERIS et MATHELLON, 97, rue de Rennes, Paris.

La GAZETTE AGRICOLE insère gratuitement les Communications des Syndicats agricoles

SOMMAIRE :

PARIS, 25 SEPTEMBRE.

« Les vœux de la population se traduisent par deux mots : apaisement et confiance. » Telle est la déclaration faite par M. le président de la République en réponse au discours que lui a adressé le maire de Reims lors de son voyage des grandes manœuvres dans l'Est. La formule est à la fois bonne et juste. Le Bonhomme Deschamps ne peut que féliciter M. Carnot de se rendre un compte si exact des aspirations de la population ; il ne peut aussi se défendre d'un sentiment de commisération à son égard. S'il est convaincu de ce qu'il dit — et il ne lui fait pas l'injure d'en douter — il ne peut que regretter l'impuissance ou la tradition républicaine, plus forte même que la Constitution, le met de faire en faveur de l'apaisement et de la confiance autre chose que des vœux purement platoniques. Apaisement et confiance : soit ! Nous attendons.

***

Ce n'est pas assurément, en effet, de la part des conservateurs qu'on peut attendre quelque chose d'efficace dans ce sens. Ils n'ont la majorité ni dans le Sénat, ni dans la Chambre, ni dans les conseils du gouvernement, ni dans les conseils généraux. Ce n'est pas eux qui inspirent ni qui votent les lois républicaines, ils ne sont en situation de donner des ordres ni aux préfets, ni même aux maires. Ils sont obligés de subir la loi de la majorité et, depuis bien des années, leurs protestations sont vaines. Ce n'est point d'eux que viennent les mesures de persécution et de haine, ce n'est point eux qui tyrannisent les communes et ce n'est point un de leurs chefs qui a marqué son avènement de cette parole : « la Droite, voilà l'ennemi ! »

***

Dans cette politique d'apaisement, ils n'ont donc aucun rôle à jouer, et si elle venait à triompher, les conservateurs ne pourraient qu'en recueillir le bénéfice. Quant à la confiance, on ne saurait sans doute l'exiger d'eux, tant qu'on ne leur aura pas donné de légitimes motifs de l'éprouver. Nous attendons. Nous allons voir si désormais il sera mieux tenu compte que par le passé des aspirations et des droits de la minorité. Nous allons voir si les sentiments religieux de chaque citoyen cesseront d'être une cause de suspicion et de mise à l'écart. Nous allons voir si les tyranneaux de village seront rappelés à l'équité ; si on cessera de faire violence aux sentiments de la population ; si un démenti éclatant sera donné à cette parole d'un député républicain : En politique, il n'y a pas de justice ! Si ce spectacle nous est donné — et en réalité nous ne l'espérons guère — nous pourrons avoir quelque confiance dans le gouvernement républicain. Mais, encore une fois, les conservateurs ne peuvent rien pour cela. Ce n'est pas aux vaincus qu'il appartient d'accorder la paix ; c'est à ceux auxquels la victoire a donné la suprématie.

***

L'apaisement : la République n'a jusqu'ici rien fait pour l'amener. Elle a, au contraire, accentué de plus en plus le caractère haineux et sectaire de sa politique. La confiance : depuis vingt et un ans qu'elle dure, la République n'a pas réussi à l'inspirer aux populations. Bien plus ; qu'on compare les résultats des élections de 1881, de 1885 et de 1889, et on constatera que le nombre de ses partisans a diminué, c'est-à-dire que la confiance, médiocre lorsque les conservateurs étaient au pouvoir, n'a fait que décroître depuis qu'ils ont été remplacés par les républicains. Aujourd'hui même, qu'avons nous pour garantis ? Une parole vague d'un président de République, c'est-à-dire d'un simple fonctionnaire dont un journal républicain disait l'autre jour que le rôle devait être de se borner à des conseils, avec le dessein bien arrêté de s'incliner lorsque ces conseils n'étaient point écoutés.

***

Apaisement et confiance : ce n'est point aux conservateurs que M. Carnot doit adresser ses paroles, c'est à la majorité de la Chambre et du Sénat, c'est à ses ministres, c'est aux agents de ceux-ci, c'est à tous les républicains qui abusent de leur pouvoir et d'une passagère suprématie. Obtiendra-t-il qu'ils se conforment à ce programme nouveau ? Certes l'entreprise est haute et digne d'une âme fière. Le Bonhomme Deschamps connaît un régime dont l'établissement ne serait pas la revanche d'un parti vainqueur sur un parti vaincu, le triomphe d'une classe sur une autre classe. En élevant au-dessus de toute compétition le dépositaire du pouvoir exécutif, il ferait de lui le gardien suprême de la loi devant laquelle tous seront égaux. Mais ce régime n'est point celui qui n'a réussi, après plus de vingt années, qu'à prononcer les mots d'apaisement et de confiance et en est encore à nous prouver qu'il songe sérieusement à pratiquer l'une et à inspirer l'autre.

Le Bonhomme Deschamps.

NOUVELLES DE LA SEMAINE.

Les ralliés à la République. — Les républicains radicaux et les républicains modérés se sont récemment querellés entre eux sur la question de savoir quel accueil il convenait de faire aux conservateurs qui manifesteraient l'intention de se rallier au régime actuel. En lisant leurs polémiques, on aurait pu les croire profondément divisés sur le fond même de la question. Mais leurs dissentiments étaient plus apparents que réels. Les radicaux étaient plus sincères, les modérés plus hypocrites. Au fond, les radicaux et les modérés ont toujours été et sont encore du même avis. Les uns et les autres ne seraient pas fâchés assurément de voir les effectifs de leurs troupes s'augmenter de nouvelles recrues, mais à la condition que les nouveaux venus voudraient bien se résigner à se tenir tranquilles dans les rangs et de ne pas manifester surtout la plus petite ambition. Les journaux radicaux avaient déjà fait connaître ces conditions aux conservateurs qui feraient mine de vouloir se rallier à la République. Aujourd'hui, un avocat consultant en pareille matière, leur fait connaître à son tour les conditions des modérés : « Il y aurait, écrit-il, maladresse à repousser les républicains de la dernière heure qui viennent à nous, surtout si l'autorité des anciens chefs de la démocratie locale ne doit pas en souffrir. » Est-ce assez clair? Ce que les républicains de la veille demandent, ce qu'ils sont disposés à accueillir, ce sont des électeurs, mais des électeurs seulement et non pas des candidats.

Apaisement et confiance. — La formule est connue. M. le président de la République la répétait encore, à la fin de la semaine dernière, dans son allocution au maire de Reims. Les paroles sont des femelles, dit un proverbe arabe ; les actes sont des mâles. Nous attendions par conséquent les actes ; nous les attendions, à vrai dire, en nous méfiant un peu, et même beaucoup.

L'attente n'a pas été longue.

Dès maintenant, les journaux nous apportent de nouvelles preuves de la persécution la plus odieuse et la plus violente.

A Paris, une abominable spoliation. Dans l'un des faubourgs les plus pauvres de la capitale, le quartier Mouffetard, un dispensaire avait été fondé en 1803 par les Sœurs de Saint-Vincent de Paul. C'est cet établissement charitable qui a été illustré par le dévouement de la célèbre sœur Rosalie. Il y a quelques années, la sœur Rosalie se trouvait à bout de ressources. Un journal très répandu ouvrit une souscription qui produisit une somme considérable : grâce à cette fortune inattendue, on put élever des constructions, relever le dispensaire en ruines, bâtir un asile, des écoles.

Ces écoles, cet asile, ce dispensaire, bâtis avec l'argent des catholiques, le conseil municipal vient de se les approprier : le directeur de l'assistance publique a même signé le décret d'expulsion des religieuses qui devront être parties à la date du 1er novembre.

Et ce vol est commis au grand jour, comme la chose la plus naturelle du monde !!

Les passeports en Alsace-Lorraine. — Une dépêche de Strasbourg annonce que l'obligation du passeport sera supprimée à partir du 1er octobre, sauf pour les militaires de l'armée active, pour les anciens officiers de l'armée active, les élèves des écoles militaires et pour les personnes qui, par l'émigration, se sont soustraites au service militaire allemand et n'ont pas dépassé l'âge de quarante cinq ans.

Le toast d'Erfurt. — Il y a quelques jours l'empereur Guillaume portait un toast dans lequel la plupart des journaux français et anglais voyaient des menaces de guerre à brève échéance. Depuis huit jours les « rectifications » se succèdent au sujet de ce toast. D'après la dernière version, l'empereur n'aurait pas dit en parlant de Napoléon Ier le « parvenu », mais le conquérant Corse. Il n'aurait pas affirmé que « c'est d'Erfurt » que « partit l'éclair de la revanche » mais simplement que c'est à Erfurt que « germa dans le cœur de son aïeul le sentiment de la revanche. »

Nous croyons devoir mentionner ces rectifications successives qui ont évidemment pour effet d'atténuer beaucoup le sens littéral des paroles prononcées par l'empereur allemand.

LA CULTURE DU BLÉ (1)

(SUITE).

Perfectionnement des variétés. Appropriation des variétés aux terrains

C'est surtout par le perfectionnement des variétés que nous arriverons à augmenter la production en blé.

Les variations spontanées du blé ne sont pas la seule ressource de races nouvelles.

Depuis longtemps des chercheurs ont provoqué l'apparition de formes supérieures par des croisements raisonnés entre diverses races de blé, et ces efforts n'ont pas été sans succès. Patrick Shireff, en Ecosse, a obtenu de la sorte diverses races qui subsistent encore. En France, M. de Vilmorin a produit lui-même, par ce procédé, des variétés très estimées, le *Dattel*, entr'autres.

Le croisement ouvre la porte aux variations du blé, les force presque à manifester dans une direction précise, si les parents ont été habilement choisis. Mais le croisement ne donne pas d'emblée une race fixe et uniforme. Pour l'amener au point où elle mérite vraiment d'être appelée une race nouvelle, la variation obtenue doit être soumise à une sélection rigoureuse et méthodique, et cela souvent pendant cinq et six ans, ou même davantage.

Mais, tout en admettant la possibilité de voir sortir des semis qui se font maintenant de divers côtés, des blés excellents de tous points, nous devons penser avant tout à tirer parti des ressources actuellement existantes. Nous avons vu qu'elles sont variées et nombreuses, et c'est à les utiliser le mieux possible que nous devons surtout nous appliquer dans les efforts que nous sommes décidés à faire chacun suivant nos forces et nos moyens d'action, en vue d'améliorer notre production en blé.

Ici, la plus grande prudence est nécessaire et, qu'elle que soit la valeur des données que nous possédons sur le mérite relatif des diverses races de blé, il ne faudrait pas qu'une seule fut complètement abandonnée sans que l'on fût certain de la pouvoir remplacer par une autre de mérite équivalent.

Les causes qui font qu'un blé est préféré à tout autre dans un endroit donné sont très variées, quelquefois très spéciales.

La première opération, avant de donner des conseils sur la propagation de certaines espèces et sur l'abandon de certaines autres, ce serait d'établir une sorte de statistique des blés cultivés et de l'importance de leur production. Cela existe pour les races de bétail, pourquoi ne le ferait-on pas pour les races de blé ?

En ce qui concerne les soins de culture propres à accroître la production du blé et à améliorer la qualité du produit, les indications générales qu'on peut donner, sauf à les faire contrôler dans chaque cas par l'expérimentation locale, sont les suivantes :

Ménager la semence, et, par là économiser une partie des 15 millions d'hectolitres employés chaque année à la reproduction. Si l'on en réduisait la quantité de moitié, l'équilibre serait à peu près établi entre la production et la consommation — la production étant de 100 à 105 millions d'hectolitres, la consommation de 110. Avec les semoirs dont on dispose actuellement, il est aisé de répandre 100 kilogrammes de semence à l'hectare assez également pour obtenir un semis plus que suffisant, en rangs peu espacés, et à distance assez grande sur le rang. Il faut environ 400 chaumes au mètre carré ; on les a facilement par le tallage en semant 100 grains et même 50 seulement au mètre, mais je compte 200 pour faire la part de toutes les causes de destruction. Or, à 20 grains en moyenne au gramme, 100 kilogrammes de blé donnent 200 grains au mètre carré.

Préparer soigneusement les semences en vue de les soustraire aux ravages de la carie.

Faire autant que possible disparaître les causes d'attaques par la rouille.

Combattre les dangers de verse en retardant au besoin la montaison du blé, en ménageant les engrais azotés, en faisant pénétrer le plus longtemps possible le jour et la lumière jusqu'au sol occupé par la récolte.

Faire profiter le blé seul des ressources nutritives de la terre en la binant partout où cela est possible. Il est rare que cette opération ne paie pas ses frais par l'accroissement de la récolte.

Eviter les pertes sur la moisson en échelonnant les travaux par la culture de blés à maturité successive, la coupe un peu sur le vert et la mise en moyettes des premiers blés coupés.

Employer les mélanges de blés qui, bien combinés et formés de races qui demandent à être semées à la même époque, donnent presque toujours plus en quantité et en qualité que les blés semés purs.

Mettre les blés à grand produit, parmi lesquels doivent êtres préférées les races à grain de haute qualité, Blanc de Flandre, Roseau, Saumur, Dattel, Lamed, dans les terres riches, surtout dans les vallées et plaines d'alluvion, où la nature a préparé un mélange des divers éléments minéraux appropriés à la production des blés d'élite.

Conserver pour les terres moins riches et les climats plus âpres les races à grain long, sans barbes ou barbues comme le blé de Crépi, le Hunter, le blé seigle, le blé de Champagne ordinaire, le Hérisson, qui sont capables d'y donner, avec quelques soins, ces produits abondants et dont la qualité est certaine.

Réserver aux terres du Midi, où l'hiver n'est jamais rigoureux, les blés de Talavera, Richelle de Naples, Odessa sans barbe, Touzelle rouge de Provence, qui sont aussi des blés de qualité supérieure.

Consacrer aux poulards les terres encore froides, trop argileuses ou mal drainées ; aux

(1) Résumé d'une conférence faite au Syndicat agricole de Beauvais par M. H. de Vilmorin.

blés durs celles des pays tout à fait méridionaux.

A égalité de produit, donner toujours la préférence aux races de qualité supérieure, donnant moins de son et plus de gluten.

Et, d'une façon générale, toujours proportionner la race à l'état de fertilité naturelle ou artificielle de la terre.

C'est une faute presque aussi grave de mettre un blé à petit rendement dans une très bonne terre que de mettre un blé amélioré et exigeant dans une terre pauvre : dans un cas comme dans l'autre, la récolte ne paie pas les frais de culture.

Enfin, et par dessus tout, n'avancer qu'avec circonspection et s'éclairer de toutes les lumières de la science et de l'expérience. Ne substituer une race nouvelle à celle qui donne des résultats passables qu'après s'être renseigné sérieusement et avoir fait l'essai comparatif des deux variétés. En agriculture surtout le succès ne s'improvise pas ; il se prépare de longue main, et c'est le caractère des progrès durables que de se faire lentement et pas à pas. Que chacun de nous par ses conseils, par son influence ou par ses exemples, fasse faire à la production du blé un de ces pas en avant, et il aura bien mérité de l'agriculture et du pays tout entier.

Charles Gossin.

LA NUTRITION VÉGÉTALE

Les engrais chimiques *(suite)*.

Si la plante qui a besoin pour vivre de ces quatre éléments, l'acide phosphorique, l'azote, la potasse et la chaux trouve rarement dans le sol ces corps en assez grande quantité, c'est surtout l'acide phosphorique et l'azote qui font le plus souvent défaut. La potasse manque cependant quelquefois devant l'exigence de certaines cultures.

Comment pouvons-nous nous renseigner sur la teneur de la terre en potasse. Différents moyens sont à notre disposition.

L'étude géologique du sol peut fournir de précieuses données, mais il est certain que ces données sont insuffisantes. Les terres que nous cultivons s'éloignent en effet de plus en plus du type primitif : elles sont aujourd'hui presque toujours constituées d'éléments divers, mélangés ensemble et, sous l'action du temps et des cultures, les proportions de chacun des principes qui nous intéressent se sont considérablement modifiées, et l'examen géologique ne doit être pour nous qu'une indication générale.

Le cultivateur doit donc avoir recours, s'il veut déterminer les besoins de son sol en potasse, comme en tout autre matière fertilisante, du reste, à des moyens plus certains. Il peut procéder de trois façons différentes : faire analyser sa terre, s'en rapporter à l'aspect des récoltes ou se livrer à des essais de culture.

En ce qui concerne la potasse, l'aspect des récoltes n'apprend pas grand'chose, sauf quand il s'agit de prairies naturelles : l'abondance des légumineuses indique alors que la potasse est dans le sol à un taux satisfaisant.

L'analyse chimique est toujours une méthode exacte, si naturellement elle est sérieusement faite et si l'agriculteur est assez instruit pour en interpréter convenablement les résultats.

Mais le meilleur moyen de se fixer consiste à s'adresser à l'expérience directe, à entreprendre soi-même sur de petites étendues de son domaine des essais de culture et d'engrais. Cette méthode permet de contrôler pratiquement pour ainsi dire les conclusions de l'analyse, qui offrent quelquefois des incertitudes. C'est par l'expérience directe que M. Lechartier a pu constater dans des terres, dosant cependant 3 à 4 pour 1,000 de potasse, des augmentations de rendement très notables par l'emploi du chlorure de potassium que M Thomas, au Lezardeau, a obtenu dans des sols granitiques renfermant 27 pour 1,000 de potasse, des récoltes supérieures par l'application de fumures complètes, contenant par suite de l'alcali, tandis qu'au contraire dans des sols pauvres, d'autres expérimentateurs, comme MM. Petermann et Garola, le premier en Belgique, le second dans la Beauce, ont observé la nullité des effets des apports potassiques sur la végétation.

L'essai cultural confirme donc ou contredit, dans une certaine mesure, les résultats de l'analyse, permet de distinguer les différentes formes qu'affecte l'alcali dans le sol et de discerner la partie réellement assimilable de celle qui le devient seulement à la longue, et de reconnaître les meilleures fumures. Ces considérations expliquent la création dans les départements des champs d'expériences et de démonstration organisés par les soins des agents dévoués du ministère de l'agriculture et nous invitent à consacrer nous-mêmes quelques parcelles de notre sol à de semblables entreprises, vraiment utiles et réellement avantageuses et économiques si nous considérons qu'elles sont de nature, en étant bien conduites, à nous éviter ensuite, en grande culture, toutes les causes d'erreur dans le choix de nos engrais, et à nous permettre d'agir en complète connaissance de cause.

La disparition de la potasse du sol n'est pas aussi rapide que celle de l'acide phosphorique ou de l'azote, car la potasse retourne presque intégralement au sol par le fumier. Mais si dans certains pays, comme la Lorraine, la Beauce, le pays de Caux, le Vexin normand, le Perche, quelques parties de la Touraine, de la Brie, de l'Artois et de la Picardie, dans les terres du Morvan, du Plateau central, de la Sarthe, du Maine, de la Mayenne, etc., etc., l'emploi des sels de potasse est rarement utile, dans d'autres régions, comme dans les Vosges, la Champagne, les landes de Gascogne, la Sologne, par exemple, les rendements peuvent augmenter à l'aide des fumures potassiques. MM. Muntz et Ch. Girard disent avec raison à ce sujet — d'une façon très générale toutefois — que si dans les terrains extrêmes, craies, sables ou tourbe, la potasse est indispensable, dans un plus grand nombre de cas, représentés par les terres cultivées de longue date, recevant du fumier d'une façon régulière et constituées par un mélange de sables, de calcaires et d'argiles, son avantage est très problématique et son emploi ne peut être conseillé qu'à la suite d'expériences démonstratives dans lesquelles on tiendra compte non seulement du surcroît de récolte, mais aussi du bénéfice net.

Toutes les plantes ne sont pas aussi exigeantes et toutes les cultures ne demandent pas autant de potasse. Prenons le blé ; à la récolte nous exporterons par l'enlèvement des produits, 20 kilog. de potasse par hectare, si le rendement est de 15 hectolitres, et 33,5, si le rendement est de 40 hectolitres ; pour l'avoine, les chiffres sont peu différents, mais ils deviennent, en moyenne, 33,8 pour l'orge, 36,7 pour le seigle, 31,3 pour le sarrasin et 40,3 pour le maïs. Les légumineuses ont des exigences variables : la féverole enlève par hectare 73 kil. de potasse, alors que le pois se contenterait de 52, et le haricot de 30. Parmi les plantes industrielles, le tabac demanderait à la terre 98 kilog. de potasse par hectare, le pavot œillette 68, le chanvre 65, le colza 58, le lin 40, et le houblon 24. Certaines racines sont très exigeantes : les betteraves à sucre reclament, pour une bonne récolte, 258 kilog. de cet élément, les betteraves fourragères 252, le topinambour 241 et les moins difficiles, le navet et la pomme de terre, 110 et 113. Les plantes fourragères ont aussi des besoins dissemblables : le chou absorbe par hectare, 215 kilog. de potasse alors que le sainfoin ou la gesce donnent, à l'analyse, seulement 80 kilog. d'alcali pour la récolte moyenne d'un hectare.

D'une façon générale, la potasse est toujours absorbée par les plantes en plus forte proportion que l'acide phosphorique, mais comme d'une part l'appauvrissement en potasse est moins à redouter et que, d'autre part, le sol est plus riche en potasse généralement qu'en acide phosphorique, il n'y a pas lieu de se préoccuper autant de l'épuisement de la terre en potasse. D'ailleurs, la potasse n'est pas au même degré indispensable à la végétation : il n'est pas toujours certain, en effet, que toute la potasse absorbée ait été utile et nécessaire au développement végétal. En un mot, une plante peut être capable d'absorber ici des quantités considérables de potasse, si la terre peut les lui fournir, des doses beaucoup plus faibles, sans que la végétation paraisse et soit moins vigoureuse dans le second cas que dans le premier.

Je ne veux pas quitter cette question sans dire quelques mots d'une opinion fort répandue dans le monde viticole, et d'après laquelle la potasse serait toujours regardée comme l'élément primordial, comme la dominante certaine de la vigne. On voit figurer la potasse dans toutes les formules d'engrais pour la vigne, alors que bien souvent il faudrait surtout de l'azote et de l'acide phosphorique. Il faut réagir contre une habitude qui repose sur une théorie erronée ou trop absolue. Rien de plus juste. Pour la vigne, comme pour toutes les cultures, il faut en premier lieu connaître la composition du sol et ne répandre des fumures en rapport avec les besoins de la plante qu'après s'être rendu compte des éléments et des proportions de ces éléments déjà contenus dans la terre.

Jean-Pierre.

La situation de l'Agriculture française

En dépit de certaines assertions officielles et optimistes, cette situation est loin d'être brillante. L'agriculture, on la comble de promesses, on l'accable de flatteries, mais voilà tout. Quant à la protection sérieuse et légitime à laquelle elle a droit, elle l'attend toujours en vain ; et malgré ses efforts, malgré ses labeurs incessants, elle voit s'aggraver la terrible crise !

C'est ce qu'a eu le courage de dire bien nettement, en présence du monde officiel, l'honorable M. Ch. Meixmoron de Dombale, président du Comice agricole de Nancy, dans un éloquent discours prononcé à la distribution des récompenses du concours de Vézelise :

« Il y a sept ans, dit M. de Dombasle, nous nous trouvions réunis à cette même place. Nous entretenant des intérêts de notre chère agriculture, nous recherchions ensemble les causes du malaise dont elle souffrait déjà, et nous indiquions les moyens de lui venir en aide.

« Que s'est-il passé dans cet intervalle, quelle est la situation actuelle? C'est ce que je voudrais examiner aujourd'hui avec vous.

« La crise agricole, qui commençait dès lors à se dessiner, a dépassé en durée et en intensité tout ce que l'on pouvait prévoir. Beaucoup de fermes ont été abandonnées et ne trouvent plus de preneurs ; des exploitants ruinés, qui depuis longtemps ne paient plus de fermages, sont conservés néanmoins, faute de pouvoir être remplacés; la propriété rurale est dépréciée du tiers de sa valeur ; les capitaux et les bras se retirent de plus en plus d'une industrie qui a cessé d'être rémunératrice. Suivant une expression caractéristique dans son *tour pittoresque*, la culture ne nourrit plus son homme.

« Le dernier recensement, dont les résultats viennent d'être publiés, est sur ce point d'une éloquence navrante. Il établit qu'en cinq ans, *un million* d'habitants ont déserté les campagnes, attirés vers les villes et les centres industriels. 49 départements sont en perte de 10, 12 et jusqu'à 16,000 habitants, et il faut remarquer que ce sont les plus agricoles, tandis que 38 autres voient leur population augmenter de 10, 20 et 30,000 habitants: ce sont ceux qui renferment de grandes villes. Paris, à lui seul, gagne 167,0.0 habitants. On peut calculer dès à présent, avec cette progression déjà accusée par les dénombrements précédents, l'époque peu éloignée où la moitié au moins du domaine rural de la France devra rester en friche, faute de bras pour la cultiver.

« Et, cependant, Messieurs, notre courageuse et laborieuse population des campagnes n'a reculé ni devant les travaux, ni devant les sacrifices : toutes les améliorations qu'on lui a signalées, tous les progrès qu'on lui a fait entrevoir, ont été réalisés avec une ardeur et un ensemble surprenants. Nous l'avons plusieurs fois constaté dans ces dernières années, et nous en voyons autour de nous une preuve nouvelle et saisissante. Les magnifiques cantons de Vézelise et de Haroué ont voulu se surpasser aujourd'hui, les produits qu'ils ont amenés permettent de classer ce concours parmi les plus beaux de la région. Nous savons d'un autre côté, par les rapports de vos Commissions, que les améliorations foncières et les tenues d'ensemble ne sont pas négligées : emploi général des engrais chimiques, meilleur choix des semences, assolements mieux compris, large création de prairies artificielles, races de bétails améliorées, chevaux plus résistants, instruments perfectionnés, rien n'est laissé à l'imprévu pour augmenter vos rendements.

« Pourquoi faut-il que tant d'efforts soient demeurés stériles et que la crise déjà si intense menace de s'aggraver encore ? C'est que parmi les causes multiples qui l'ont amenée, s'il en est quelques-unes de modifiables à notre gré, il en est d'autres qui échappent à notre action tout au moins directe. Telle, par exemple, la situation économique.

« C'est là une question toute d'actualité, sur laquelle je tiens à m'arrêter un instant.

« Nous n'avons rien à dire des conditions atmosphériques qui viennent plus d'une fois compromettre nos récoltes. Le froid, la sécheresse, les excès de chaleur ou de pluie, la grêle, les ouragans, sont autant de fléaux que dirige à son gré la volonté supérieure qui régit le monde. Ce sont les risques inhérents à notre profession, nous devons les accepter comme le navigateur la tempête.

« Après les promesses les plus formelles, après les plus solennels engagements, venant répondre aux réclamations unanimes des Sociétés et des Syndicats agricoles, nous étions en droit de compter que l'agriculture, sacrifiée depuis trente ans aux utopies d'une école funeste, serait enfin traitée dans nos tarifs douaniers sur le pied d'égalité avec les autres industries françaises. Les traités de commerce expirant en 1892 offraient une occasion toute naturelle de réaliser nos vœux, et nous pensions qu'au moins en ce qui nous concerne, ils ne seraient pas renouvelés. De courageux défenseurs avaient démontré jusqu'à l'évidence de quelle injustice nous étions victimes ; leurs arguments semblaient avoir raison des sophismes de leurs adversaires. Nous avions bon espoir.

« La longue discussion des tarifs a permis aux doctrinaires d'étaler au grand jour toute leur mauvaise foi. Pendant que leur âpreté féroce marchandait aux produits agricoles de simples droits fiscaux, à peine équivalents aux charges que nous subissons; pendant qu'ils nous livraient presque sans défense à la concurrence du marché universel, ils obtenaient pour eux-mêmes et pour leurs amis des droits véritablement protecteurs, allant jusqu'à 50 pour cent, et quelquefois prohibitifs.

« Où donc est l'égalité promise?

« Cependant, puisqu'il est bien prouvé que l'agriculture ne fait pas ses frais, qui donc pourrait l'obliger à produire à perte les céréales, les laines, le chanvre, le lin, la soie, les graines oléagineuses, etc., désormais admis en franchise ou peut s'en faut ? Qu'importe, répondent ces tristes patriotes, l'étranger y pourvoira. Oui, sans doute, tant que nous aurons de l'or à lui donner en échange, il ne nous laissera manquer de rien. Mais lorsque vous aurez tari cette immense source du travail agricole, pensez-vous que notre richesse nationale ne fléchira pas. Croyez-vous sérieusement, comme on le dit quelquefois par jactance, que cette richesse soit inépuisable? Quel intérêt aurons-nous à voir ces produits amenés dans nos ports, si nous n'avons plus d'argent pour les payer, même à vil prix?

« Faut-il croire, d'ailleurs, comme nos adversaires affectent de le crier bien haut, que tout droit de douane majore un produit d'autant? Ce serait une grosse erreur. Combien de fois l'observation des faits n'a-t-elle pas démontré le contraire? Depuis que l'importation des porcs américains est interdite en France, pour cause de salubrité, jamais cette viande n'a été plus abondante et ne s'est maintenue à un taux plus régulier et plus bas. N'oubliez pas ce fait, Messieurs, il prouve que lorsqu'une production est répandue sur tout notre sol, les rapports conservent leur état normal; la spéculation ne peut les troubler. Avec la libre importation, la situation est tout autre : des fluctuations que rien ne justifie se produisent incessamment.

« Nous venons d'en avoir un exemple. Il y a quelques mois, lorsque le haut commerce, gêné par le droit de 5 francs sur les blés, a voulu le faire réduire, on a vu tout à coup les cours s'élever de 23 à 32 francs; et quand la réduction a été obtenue, ils sont revenus à peu près à ce qu'ils étaient avant. Or, si la pénurie de notre prochaine récolte au lieu d'être un prétexte, avait été la cause véritable de cette élévation, elle se serait maintenue. Il n'en est rien. Quelques maisons puissantes ont vu là matière à spéculation; elles ont tenté l'aventure, le tour a réussi, et c'est tout... jusqu'à la prochaine fois.

« La libre importation est chère aux agioteurs et eux seuls la réclament. Elle permet d'écraser un marché par l'abondance des arrivages ou de l'affamer par leur rareté. C'est dans ces jeux de bascule que les agioteurs mettent toute leur science : ils spéculent tantôt à la hausse, tantôt à la baisse, et ils savent profiter habilement du trouble apporté dans les relations.

« Voilà ceux qui réclament sans cesse la libre introduction des produits étrangers. Ce serait déjà une raison suffisante pour s'en méfier et la proscrire, mais ce n'est pas la seule.

« A ceux qui seraient tentés de croire que les droits de douane sont sans importance et même qu'ils sont nuisibles à la prospérité d'une nation comme nos adversaires ne cessent de le répéter, je dirai simplement : réfléchissez ; lorsque nos ennemis nous ont imposé la clause de la nation la plus favorisée, croyez-vous, sincèrement, que ce fut dans notre intérêt et pour notre plus grand bien? Non, n'est-ce pas? C'est une arme contre nous qu'ils entendaient se réserver et une arme terrible. Alors toutes les concessions, tous les *exempts*, dont les tarifs sont hérissés, sont autant de points vulnérables laissés imprudemment sans défense, autant d'obstacles à notre prospérité. Les mots eux-mêmes le disent expressément et n'admettent point d'équivoque la nation *favorisée* est celle qui vend, l'autre est la nation... exploitée! Est-ce assez clair? Aussi tous les peuples cherchent-ils à nous vendre, en nous achetant le moins possible. Pourquoi prêter les mains à toutes ces convoitises?

« Un moment nous avions espéré que des vérités aussi palpables frapperaient les yeux de nos législateurs. Ils ont paru tout d'abord se rendre à l'évidence; mais, aux derniers jours, l'affreuse politique aidant, les marchandages diplomatiques ont repris le dessus. Les tarifs nouveaux, péniblement élaborés pendant plusieurs mois, sont devenus lettre morte. Au lieu de la sécurité promise, nous retombons dans le chaos, et nous voici, comme avant, livrés à l'arbitraire, aux intrigues et aux spéculateurs.

« Déjà de nouveaux traités s'élaborent sans le concours des plus intéressés; les journaux étrangers nous l'annoncent et s'en félicitent. Pendant que toutes les nations du monde relèvent leurs barrières douanières avec un succès qui les encourage, elles vont s'efforcer d'ouvrir dans les nôtres, déjà si faibles, la brèche la plus large et la plus profonde pour s'élancer à la curée de notre marché intérieur. Le régime économique sous lequel l'agriculture succombe va se prolonger encore pour une nouvelle période. Faveur pour les étrangers, rigueur pour les nationaux, incertitude et insécurité du lendemain, voilà notre avenir. Attendons-nous à toutes les surprises.

« Nos vœux ont été repoussés, nos aspirations méconnues. Et cependant nous sommes vingt-cinq millions! Sur la question agricole, rien ne nous divise, nous sommes tous d'accord; nous n'avons qu'à vouloir pour nous faire écouter. Cultivateurs français, lorsque des mandataires viendront de nouveau demander vos suffrages, sachez leur imposer avant tout l'engagement formel de faire aboutir vos justes revendications.

« Vous m'excuserez, Messieurs, de troubler ce jour de fête par l'exposé de ce sombre tableau. Mais je me croirais coupable en vous déguisant la vérité Je connais votre courage et votre patience : vous ne vous laisserez pas abattre. Au-dessus de vos intérêts compromis, il y a la grandeur et la force de la patrie : c'est pour elle que vous combattrez en même temps que pour vous-mêmes. Vous continuerez sans faiblesse cette lutte inégale, confiants dans le bon droit, et, Dieu aidant, vous verrez enfin la justice triomphante vous ramener des jours meilleurs! »

Ce discours accueilli par les applaudissements des cultivateurs n'a pas été, comme on le pense, du goût du monde politique et officiel, qui n'aime pas à entendre la vérité.

Au banquet, un député s'est plaint de l'injustice des reproches de M. de Meixmoron de Dombasle, et les journaux radicaux du cru signifient à l'honorable président du Comice de Nancy d'avoir à se démettre.

N'en déplaise aux radicaux, M. de Meixmoron de Dombasle ne désertera pas le poste d'honneur où l'a placé la confiance des *cultivateurs* de la région. Fidèle aux nobles traditions de sa famille, il portera toujours haut et ferme le drapeau de l'agriculture, à laquelle il a consacré toute son activité et son dévouement.

Charles Gossin.

DE LA FERMENTATION DANS LA CUVE

Dans un mois, les vendanges battront leur plein. Bien que les vignerons beaujolais apportent au cuvage des soins spéciaux et presqu'exempts de reproches, il ne sera peut-être pas inutile de résumer en quelques mots les principes qui président à une bonne fermentation.

Aussitôt après la vendange, le raisin est porté dans les cuves où doit s'opérer la fermentation. Pour que cette fermentation soit uniforme et régulière, il convient que la cuve soit entièrement remplie dans l'espace d'une journée. Le plus souvent on se contente de jeter tout simplement les raisins dans la cuve et de les abandonner à eux mêmes sans leur faire subir aucune préparation, quelquefois, on les écrase soit en les foulant aux pieds à mesure qu'on les jette dans la cuve, soit en les faisant passer entre deux cylindres cannelés; ce foulage a pour but d'ouvrir complètement toutes les graines et de faire sortir le jus qu'elles renferment; dans quelques localités même, on porte la vendange au pressoir et on mélange ensuite dans la cuve le marc avec le jus exprimé. Quand le foulage a mélangé intimement les divers éléments solides et liquides qui constituent le moût, la fermentation s'établit; il se produit des mouvements dans la masse, et la plupart des parties solides se soulèvent pour former à la surface une masse poreuse qu'on désigne sous le nom de chapeau. Ce chapeau s'affaisse avec la fermentation tumultueuse et en même temps tout mouvement s'arrête.

Toutes les fois que la fermentation sera rapide, on pourra laisser le chapeau se former librement. Seulement, pour empêcher le contact de l'air, on fermera la cuve, soit avec un couvercle reposant sur les bords, soit avec un linge retenu par une traverse en bois. Le chapeau ne devra pas, dans la plus grande hauteur à laquelle il parviendra, venir toucher le couvercle; on s'arrangera pour qu'il reste au sommet de la cuve un vide de 0m 20 au moins, afin que l'acide carbonique isole suffisamment la vendange. Lorsque, après la fermentation, on voudra procéder au foulage qui précède le décuvage, on fera bien de s'assurer dans quel état se trouve la partie supérieure du chapeau et d'enlever avec soin toute celle qui offrirait des traces d'acidité ou d'altération, sans cette précaution, la qualité du vin pourrait être compromise.

Un autre système, qui n'offre pas les inconvénients du cuvage à air libre, consiste à maintenir le chapeau à la surface du moût au moyen d'un couvercle perforé, de manière qu'il soit toujours mouillé par le liquide sans que celui-ci vienne se déverser au-dessus du couvercle. Un second couvercle placé sur les bords supérieurs de la cuve la met à l'abri du contact de l'air, et on a soin qu'il y ait toujours entre les deux couvercles un espace suffisant pour qu'une couche d'acide carbonique puisse y séjourner, pour cela, il est nécessaire que le couvercle intérieur soit retenu à une hauteur convenable avec des poids, ou mieux avec une vis de pression fixée, soit au plafond de la cuverie, soit au couvercle supérieur, si celui-ci est lui-même solidement établi sur la cuve.

Quant à la fermeture hermétique de la cuve adoptée dans certaines localités, elle n'est pas à recommander, parce qu'il vaut mieux décuver après la fermentation tumultueuse. En général, il vaut mieux que le décuvage soit plutôt prématuré que tardif. Il convient d'y procéder dès que la saveur du sucre a fait place à celle du vin et que l'activité de la fermentation tend à décroître.

Le vin obtenu par la pression doit être mélangé avec celui qui a été tiré de la cuve. Comme le pressurage donne environ le quart de la quantité totale du vin obtenu il suffit, au moment du décuvage de remplir chacun des tonneaux au trois quarts seulement puis on achève le remplissage avec le liquide fourni par le pressoir. Le vin acquiert ainsi une verdeur et une faculté de conservation remarquable. Toutefois, quand on veut préparer un vin irréprochable, on évitera d'employer dans ce mélange le liquide provenant de la dernière presse, à cause de la saveur acerbe qu'il pourrait communiquer au vin.

Maitre.

TUBES LE MOULT
pour la destruction du ver blanc.

Ainsi qu'il fallait s'y attendre, la spéculation s'est emparée de la découverte de M. Le Moult; non content de contester au savant modeste et travailleur la priorité de son invention, certains industriels cherchent la fortune dans l'exploitation du *Botrytis Tenella*, en vendant très cher, 5 et 6 francs, des préparations plus ou moins bien faites de ce parasite du hanneton; nous croyons devoir mettre les cultivateurs en garde contre ces agissements peu honnêtes.

Pour mettre nos abonnés à même de faire, dans d'excellentes conditions, l'essai du procédé Le Moult, nous nous sommes entendus avec M. Raquet, notre distingué confrère du *Progrès agricole de la Somme*, qui veut bien mettre à notre disposition, à prix réduit, des tubes Le Moult, d'*origine sûre* et de préparation très soignée.

Ces tubes seront livrés à nos abonnés, au prix de 1 fr. 25 franco.

Nos abonnés devront adresser directement leurs demandes à M. Raquet, 1, rue Lemaître, Amiens (Somme).

Voici de nouveau des instructions pour le mode d'emploi :

MODE D'EMPLOI DE LA CULTURE ARTIFICIELLE DE BOTRYTIS TENELLA

1° Par contamination préalable dans des vases.

Ce procédé peut être appliqué là où il est possible de recueillir un certain nombre de vers vivants.

Dans une large terrine plate ou tout autre vase possédant une grande surface, on dispose une couche de terre ou de sable humide, ayant 1 ou 2 centimètres d'épaisseur au plus. Sur cette terre, on place une centaine de larves vivantes, fraîchement recueillies.

Dans un verre d'eau, on lave, on émiette même le contenu d'un tube de culture et, avec ce liquide, on arrose les vers et le sable.

Le vase ayant été recouvert de planches, puis de mousse humide, sera laissé dans un lieu frais pendant 6 ou 7 heures.

Au bout de ce temps, et sans que rien ne paraisse, toutes les larves auront le germe de la maladie et pourront être replacées dans le sol, constituant ainsi autant de foyers d'infection. Les larves meurent généralement en moins de quinze jours; le champignon effectue sa sortie, se développe dans la terre dans toutes les directions et produit ses spores qui, bientôt, se trouvant en contact avec d'autres larves, les infecteront à leur tour.

Il sera bon d'enfouir avec chaque ver une partie du sable que renferme le vase, car ce sable est lui-même très chargé de spores.

2° Par enfouissement direct dans le sol.

Il n'est pas toujours possible de se procurer des vers vivants, et, dans ce cas, il faut procéder autrement.

La matière contenue dans un tube peut être divisée en 10, 15 et même 20 parties, qui seront alors enfouies dans les points que l'on croit les plus infectés; mais alors, il faut un plus grand nombre de tubes de culture pour obtenir le même résultat.

Dans les jardins, on pourra aussi délayer la culture dans l'eau servant à l'arrosage.

En résumé, quel que soit le moyen employé, l'important est d'introduire dans le sol la semence du parasite et la nature se chargera du reste. La contamination sera plus ou moins rapide, selon la saison, l'abondance des larves et le nombre des foyers d'infection que l'on aura créés.

Il ne faut pas attendre le printemps pour agir et, en introduisant le parasite dès l'automne, on aura plus de chance de constater ses effets au moment où les larves, remontant à la surface, se disposeront à recommencer leurs ravages.

Nouvelles agricoles.

L'industrie du lait condensé. — Cette industrie a pris une grande extension en Suisse, bien que ce pays soit obligé de tirer de l étranger la plupart des matières dont l'industrie du lait condensé a besoin : le charbon, le fer-blanc et le sucre.

Les condenseries suisses ont exporté, en 1889, du lait condensé pour une valeur de 5,200,000 francs environ; cette valeur s'est élevée au delà de 6,580,000 francs en 1890, et il est à prévoir que, grâce à la protection des pouvoirs publics, cette industrie continuera à se développer encore. Il y a peu de temps, le conseil fédéral a, en effet, accordé aux usines suisses un drawback de 5 francs par 100 kilogrammes de sucre servant à la fabrication du lait condensé.

Le gouvernement belge vient d'accorder également le drawback au sucre contenu dans le lait condensé déclaré à l'exportation, et une circulaire du ministre de l'agriculture aux gouverneurs de province conseille vivement la création de condenseries dans les endroits propices, notamment dans ceux éloigné des grands centres de population.

C'est encore là une industrie agricole qu'il y aurait peut-être lieu de chercher à développer en France. Le lait condensé est produit pour l'exportation vers les pays dont le climat ne permet pas la production du lait, pour la consommation des grandes villes et pour l'approvisionnement de la marine. Son emploi est destiné à prendre beaucoup d'extension à mesure de l'abaissement du coût des transports. L'industrie du lait condensé est très répandue en Norwège.

La production du lait condensé en Suisse est surtout exportée vers l'Angleterre ou par l'Angleterre. L'Australie, qui constituait précédemment un débouché particulièrement rémunérateur, importe actuellement beaucoup moins, par suite sans doute de l'élévation des droits d'entrée qui ont été établis. Les Indes et le cap de Bonne-Espérance ne tirent presque pas de lait condensé de la Suisse, tandis que Penang et Singapour n'importent que du lait suisse. De même, l'exportation de lait suisse est toujours grande pour la Chine et le Japon, ainsi que pour les Antilles, tandis qu'anciennement le monopole de la fourniture pour ces contrées appartenait aux Etats-Unis.

Fraude sur les phosphates. — Cultivateurs, attention ! Encore une fraude sur les engrais, et une fraude grave ! C'est alors que de nouveau vous reconnaitrez la haute portée de vos syndicats.

M. Andouard, directeur de la station agronomique de Nantes, vient de signaler les fraudes incessantes dont les phosphatts sont l'objet.

Depuis plusieurs années on a imaginé de décolorer les produits phosphates qui sont pauvres et ceux que leur nuance déprécie, de manière à leur donner l'apparence des phosphates estimés de la Meuse et des Ardennes.

Cette fraude renaît avec une intensité considérable.

Depuis dix-huit mois, des chantiers sont exclusivement affectés à la fabrication des phosphastes dits gris verts, au moyen des phosphates de la Somme artificiellement teintés. La falsification a lieu au moyen des dérivés d'aniline colorant des phosphates ou des argiles. Les matières ainsi verdies, broyées sous des meules en même temps que des phosphates de la Somme, sortent des appareils avec une teinte grise ou verdâtre qui simule, à s'y méprendre, les produits de l'étage albien. Ces phosphates verdis contiennent à peine 8 à 10 p. 100 d'acide phosphorique et sont livrés pour des produits devant titrer 18 à 20 p. 100.

Il importe que les agriculteurs prennent garde à ces fraudes, et qu'ils exigent les factures conformément à la loi de 1888 sur la répression de la fraude.

Les distilleries agricoles de pommes de terre. — M. Charles Michon, distillateur à Crépy (Oise), a recherché quel est le prix de revient comparatif de l'alcool produit par le cultivateur dans une distillerie agricole avec la pomme de terre à 20 0/0 de fécule et avec la betterave à 6 degrés de densité, ou, en d'autres termes, quel est le bénéfice à retirer d'un hectare de pommes de terre comparé à celui qu'on peut retirer d'un hectare de betteraves, et cela pour des terres de même valeur.

En mettant en ligne, pour chaque cas, les frais de culture, les dépenses de distillation et les recettes en alcool et sous-produits, M. Michon conclut qu'un hectare de pommes de laisse un bénéfice net de 321 francs, tandis qu'un hectare de betteraves, ne fait ressortir qu'un bénéfice de 6 francs.

M. Michon cultive la pomme de terre Richter's Imperator dans de mauvaises terres, extrêmement légères, où il ne met pas de fumier, mais seulement de l'engrais chimique ainsi qu'il suit :

Engrais potassique organique contenant 3 0/0 d'azote, 2 1/2 0/0 d'acide phosphorique, et 8 à 10 0/0 de potasse. 500 kil.
Scories de déphosphoration....... 300
Superphosphate minéral à 15 0/0 d'acide phosphorique............... 300

semés au moment de la plantation, et, lorsque la pomme de terre est bien levée, il ajoute en couverture 250 kilog. de nitrate de soude mélangés à 200 kilog. de sulfate de chaux.

Il obtient ainsi un rendement qui s'est élevé jusqu'à 35,000 kilos à l'hectare l'an dernier, mais qu'on peut, en moyenne, évaluer à 20,000 kilos.

CONSEILS DU JARDINIER

DESTRUCTION DES FOURMIS

Pour les faire disparaître des pelouses qu'elles détruisent, il faut arroser les terrains de pétrole : c'est un moyen très efficace.

Un sériculteur espagnol a employé un moyen très simple et très économique pour éloigner les fourmis ; il consiste à répandre sur les fourmilières et sur les endroits que les fourmis fréquentent le plus, de la sciure de bois qu'on arrose avec de l'eau putréfiée après qu'elle a servi au lavage du poisson. Les fourmis disparaissent comme par enchantement.

Quelques gouttes d'acide phénique versées sur le passage de ces envahissants ennemis les refoulent promptement. Pour les empêcher de grimper aux arbres fruitiers, on a vu employer avec succès un fil de laine roulé en bague autour des arbres et légèrement huilé.

L'acide phénique, répandant une odeur insupportable pour certaines personnes, peut être remplacé par du sel de cuisine ; on répand sur le sol une traînée de sel, les fourmis, non seulement ne franchissent pas ce petit rempart, mais elles quittent leurs nids si on jette du sel dans le voisinage de ceux-ci.

Pour les arbres fruitiers, entourer le tronc à 10 centimètres du sol d'une espèce de corde de laine de la grosseur du pouce ; verser doucement de l'eau de tabac sur la laine jusqu'à ce qu'elle en soit bien imbibée. Les fourmis meurent toutes sur le bourrelet de laine, et celles qui sont au pied de l'arbre s'éloignent.

Dans les appartements, outre l'emploi de l'acide phénique on conseille également d'envelopper un morceau de camphe dans un linge ou du papier, de le mouiller et de le placer dans un endroit dont on veut éloigner les fourmis. HORTUS.

CONSEILS A LA FERMIÈRE

LA GALETTE DE SARRASIN.

Oh! la galette de sarrasin, c'est un de mes bons souvenirs d'enfance:

C'était en Normandie près de Caen, dans un pays riche alors, riche encore aujourd'hui, ce qui est rare: le pain n'y était pas inconnu, mais, soit par goût, soit par économie, bien des familles le remplaçaient souvent par des *galettes de sarrasin.*

Voici la recette de ces délicieuses galettes qui sont restées dans mon souvenir comme une des meilleures choses que l'on puisse manger: je la dédie aux gourmets.

Dans chaque maison, on avait alors une sorte de moulin en bois, assez grossièrement bâti, ressemblant un peu à nos moulins à café, mais plus grand et moins bien fait. Tout ménage faisait sa farine au fur et à mesure de ses besoins, parce que fraîche, elle est meilleure.

Ces moulins ne faisaient pas de la farine bien fine assurément, mais il ne faut pas qu'elle le soit, pour que la galette soit bonne: on la passait dans un tamis et le son était mis de côté pour les bestiaux.

Cette farine une fois faite, on la démêlait avec du lait caillé. Le lait caillé passait et passe encore, je ne vois pas trop pourquoi je parle au passé, car la galette de sarrasin se fabrique encore de la même manière, pour mieux convenir que le lait frais ; avec celui-ci la pâte est plus lourde, on n'obtient pas comme avec le lait caillé une galette trouée de petits tuyaux comme les alvéoles d'un rayon de miel, elle est au contraire compacte, moins délicate, et ne développe pas le petit goût un peu acide recherché des *gâs normands.*

Le *nec plus ultrà* du genre, la *galette du grand monde*, c'est celle qui est faite avec du lait caillé, battu avec un peu de crème. On s'en lèche les doigts encore huit jours après l'avoir mangée: mais celle-là on ne la fait que les jours de fêtes carillonnées.

Revenons à notre affaire, notre pâte est bien préparée, assez liquide pour s'étendre comme il faut dans la poêle spéciale destinée à la faire cuire. Cette poêle est plate, en fonte, avec un petit rebord de un centimètre et demi environ et munie d'une petite queue. Pardonnez-moi cette description à la Balzac, le sujet en vaut la peine.

On la pose sur un feu vif, un feu de fagots : dedans on met un morceau de beurre, de ce bon beurre normand qui sent la noisette, puis on y verse un *pochon,* comme nous disons ici, de pâte, quand le beurre est fondu ; on tourne et retourne la poêle de manière à bien étendre le liquide, enfin lorsqu'il en garnit bien toute la surface, on laisse cuire : quand la galette est assez cuite d'un côté, on la retourne au moyen d'une palette en bois, je dis en bois, car en fer cela donnerait un mauvais goût (et on est gourmet en Normandie), on laisse achever la cuisson en ajoutant encore un morceau de beurre qu'on étend avec la susdite palette sur la galette bien chaude.

Quand l'œuvre est parachevée, c'est-à-dire lorsque la galette est bien rissolée, elle est prête à être servie, car on la mange toute chaude, sortant de la poêle; froide elle perd 50 0|0 de sa valeur.

Avec un bon pichet de cidre, c'est, croyez-moi, un véritable régal qu'une bonne galette de sarrasin, faite dans toutes les règles de l'art, par une de ces bonnes commères normandes, bien dodue, bien plantée, fraîche et veloutée, à faire honte à une belle pêche d'automne, aussi appétissante que la galette dorée qu'elle vous apporte avec un bon et large sourire, sur l'espèce de gril en bois spécialement destiné à cet usage.

Je vous assure qu'on peut avec cela se passer de pain : les pommes de terre des Anglais, les *catrouilles* de nos voisins les Bressans, les *castagnes* des Auvergnats, voire même la *polenta* des Italiens, le *sterz* des Autrichiens, le *mamaliga* des Roumains ne sont que de la Saint-Jean auprès d'un pareil régal.

UNE MÉNAGÈRE.

CONSEILS DE L'APICULTEUR.

COMPOSITION DU SIROP A DONNER EN NOURRITURE AUX ABEILLES.

Dans la proportion de 7 kilos de sucre, pour 4 litres d'eau, une petite poignée de sel, pour le couvain, deux à trois cuillerées à soupe de vinaigre mises après ébullition, pour empêcher la cristallisation, 4 grammes d'acide salycilique (1 gramme par litre d'eau) si l'on craint la loque.

Renverser une ou plusieurs bouteilles, soit dans l'auget du plateau, soit dans un plateau en fer blanc, placé par dessous ou par dessus les abeilles. — Les procédés varient selon le genre de ruches ou de nourrisseurs.

CONSEILS AUX CHASSEURS

CONSEILS POUR LE DRESSAGE D'UN JEUNE CHIEN D'ARRÊT.

A cette époque de la chasse, il n'est pas sans intérêt de donner les conseils suivants :

Lui apprendre :

1. Son nom aussitôt après le sevrage.
2. A ne jamais mettre les pattes sur les personnes.
3. A ne jamais courir après les animaux : poules, chats, etc.
4. A s'asseoir en lui disant « *assis* » et ne lui permettre de partir qu'au commandement.
5. A s'écraser complètement (se coucher la tête dans les pattes de devant, le dessous de la mâchoire contre terre) en lui disant, en levant le bras, « *terre* », et ne lui permettre de se relever qu'au commandement; de cette façon, au bout de quelque temps il s'écrasera au simple lever du bras et à n'importe quelle distance.
6. A aller derrière en lui disant « *derrière* » et en lui montrant de la main où il doit se placer, pour lui apprendre à venir derrière au seul signe de la main.
7. A aller en avant en lui disant « *allez.* »
8. A aller à droite en lui montrant la droite du bras.
9. A aller à gauche en lui montrant la gauche du bras.
10. A venir au maître immédiatement en faisant suivre son nom du mot « *ici* ».
11. A s'écraser complètement au départ du gibier, poil ou plume, et ne lui permettre de se relever qu'à l'ordre.
12. A s'écraser complètement au coup de fusil et ne lui permettre de se relever qu'à l'ordre.
13. A rapporter à terre et à l'eau au commandement, et après qu'il en aura reçu l'ordre, en lui disant « *cherche-apporte* », tous gibiers, poil et plume, qu'il doit présenter assis, à son maître, et ne lâcher qu'au mot « *donne* ».
14. A arrêter à patron. C'est-à-dire lorsqu'on chasse avec deux chiens, il faut, quand le premier tombe en arrêt, que le second se mette en arrêt sur le premier.

NEMROD.

CONSEILS DU MÉDECIN.

UN REMÈDE CONTRE LES NÉVRALGIES.

M. Leslie affirme que le sel pulvérisé (en prises ou en insufflation dans le nez) est un remède infaillible contre les névralgies et les céphalgies de toute nature. Son action se manifesterait, dans la plupart des cas, presque instantanément. On sait d'ailleurs que le sel de cuisine, pris à l'intérieur, est un remède souverain contre la migraine.

POUR RIRE.

Cri du cœur :

O docteur, je vous dois la vie et je m'en souviendrai toujours !

— Vous exagérez mon ami : vous me devez cent vingt francs de visites et j'espère que vous ne l'oublierez pas !

*
* *

Dans un salon.

C'est le jour de madame, et l'on parle, bien entendu, de tout en général et des absentes en particulier.

Or, on commente fort l'absence d'une amie de la maison, qui n'est ni jeune ni belle et qui passe pour dissimuler son âge avec le plus grand soin.

— Ah ! çà, serait-elle morte, demande quelqu'un.

— Morte ?... et de quoi ?

— De vieillesse.

— Ah ! ma chère, riposte une des visiteuse, si l'on devait mourir de vieillesse, il y a bien des années qu'elle en serait morte !

*
* *

En wagon.

— Et vous avez voyagé dans tous les pays d'Europe ?

— Oui.

— Est-ce que vous savez les langues étrangères ?

— Aucune, mais avec un seul mot vous allez partout.

— Lequel ?

— Argent !

PETITE POSTE.

M. le marquis d'A... — 1° *Engrais.* — *Blé.* — Sans fumier et sans guérets francs, nous vous conseillons les engrais suivants : A l'automne : sulfate d'ammoniaque, 125 kil., superphosphate de chaux, 325 kil ; — au printemps : nitrate de soude, 55 kil., superphosphate de chaux, 55 kil. Soit au total pour une somme de 90 à 100 fr. par hectare ; ou demi-fumure de fumier de ferme à l'automne (20,000 kil.) et les engrais ci-dessus en quantité moitié moindre

Pour les avoines, après chaume de blé : Nitrate de soude, 100 kil., superphosphate de chaux, 300 kil.

Pour la pomme de terre et le topinambour : Superphosphate de chaux, 400 kil., chlorure de potassium, 400 kil.

Pour les luzernes : Plâtre, 400 kil.

Pour les prairies, avec les cendres de bois : Scories phosphoreuses, 800 kil.

2° *Valeurs de Bourse.* — Les valeurs dont vous nous parlez sont bonnes.

M. le baron de S... (Vienne). — *Engrais chimiques pour blé et avoine.* — Voir la réponse ci-dessus.

M. P... (Aisne). — *Mathématiques agricoles par Wagner.* — Le prix de l'ouvrage est de 5 fr. à Paris, rue Jacob, 26, à la librairie agricole.

M. L... (Oise). — La chasse sur le terrain d'autrui étant un délit, il nous semble que le garde-champêtre peut et doit verbaliser. Malheureusement, cela ne se fait pas dans la pratique; c'est au propriétaire à faire constater le délit par son garde particulier. Par la même anomalie inexplicable, le parquet se refuse toujours à poursuivre d'office le délit de chasse sur le terrain d'autrui, dont les tribunaux se sont saisis que sur la requête des parties.

Un garde-champêtre ne peut se refuser à constater le passage dans des récoltes, en tant que contravention à la police rurale.

Votre bande de journal sera corrigée lorsque la feuille des bandes à votre adresse étant épuisée elle sera réimprimée.

M. P. P... — *Semences.* — Nous n'hésitons pas à vous conseiller de préférer la bonne semence de deux ans à la semence d'un an de médiocre qualité.

OFFRES & DEMANDES.

Pour répondre au désir qui nous est exprimé nous offrons à nos abonnés, sous cette rubrique, deux annonces gratuites pour les offres et demandes d'emplois, produits ou animaux à vendre ou à acheter, etc.

Les annonces qui suivront jouiront d'une réduction de 50 pour 100 sur les tarifs ordinaires.

Les demandes d'insertions devront être envoyées à l'administration, qui se chargera de les rédiger.

Ne pas négliger d'envoyer tous les renseignements nécessaires (joindre 2 timbres de 0 fr. 15).

Bonne occasion. — A vendre couveuse complète *Gombault*, 500 œufs, n'ayant servi que quelques semaines; idem *Roullier*, 130 œufs, trois éleveuses, une sécheuse, presque ou tout neuf, suivant articles. — S'adresser à M. L. LASSOURD, à Bouin (Vendée).

REVUE FINANCIÈRE.

Lorsque nous écrivions notre dernière revue, le marché était encore sous le coup des deux fausses nouvelles qui avaient coupé net la reprise des cours en même temps que le semblant de reprise des cours qui s'étaient manifestés les semaines précédentes.

Il faut croire que l'état de la place n'est pas si mauvais que le prétendent les pessimistes, puisque en quelques jours, les cours ont repris leur niveau. Mais il faut constater en même temps qu'il n'est pas tout à fait aussi bon que le prétendent de leur côté les optimistes, car le niveau ancien atteint n'est nullement dépassé et ne semble guère devoir l'être de si tôt, et de plus les affaires se sont arrêtées net.

Sans doute il y a à ces faits des explications plausibles. Le comptant s'est effaré aussi vite que la spéculation, mais, comme il arrive en pareil cas, il met plus de temps à se remettre; or, nous l'avons déjà fait remarquer, la spéculation s'est donné pour règle, et elle fait bien, de ne marcher de l'avant que lorsqu'elle est appuyée par l'épargne.

D'autre part, les bourses de Londres et de Berlin, sans être redevenues plus particulièrement mauvaises, sont hésitantes, maussades. On a pu prédire que la Bourse de Paris cesserait bientôt d'aller à la remorque de celles de Londres et de Berlin et redeviendrait ce qu'elle a été, le phare des places européennes; mais ce moment n'est pas arrivé, nous persistons à regarder au delà de la Manche et du Rhin avant de risquer un mouvement.

Toujours est-il que la caractéristique du moment, à part quelques exceptions, comme l'excellente tenue du 3 0/0 perpétuel (lequel n'a pas d'ailleurs ces montées brusques que l'on a pu voir il y a quelques semaines), c'est une hésitation visible, un parti-pris d'éviter tout emballement dangereux.

Dans ces conditions on ne nous en voudra pas de ne rien ajouter à ces considérations générales et de nous abstenir de tout détail, qui serait inutile, puisque les mouvements actuels sont dépourvus de signification. L'attention du marché est d'ailleurs tout à l'émission du Crédit Foncier et aux nouvelles relatives à l'emprunt Russe.

TIMON.

CHEMIN DE FER D'ORLÉANS.

VOYAGE D'EXCURSION AUX

PLAGES DE LA BRETAGNE

Du 1er mai au 31 octobre, il est délivré des billets de voyage d'excursion aux *plages de Bretagne*, à prix réduits, et comportant le parcours ci-après :

Le Croisic — Guérande — Saint-Nazaire — Savenay — Questembert — Ploërmel — Vannes — Auray — Pontivy — Quiberon — Lorient — Quimperlé — Rosporden — Concarneau — Quimper — Douarnenez — Pont-l'Abbé — Châteaulin.

DURÉE : 30 JOURS.

PRIX DES BILLETS (aller et retour) :

1re classe, **50** fr. — 2e classe, **40** fr.

AVIS. — Ces billets comportent la faculté d'arrêt à tous les points du parcours, tant à l'aller qu'au retour. Le voyage peut-être commencé à l'un quelconque des points du parcours.

La durée de validité peut-être prolongée d'une, deux ou trois périodes de dix jours, moyennant paiement, avant l'expiration de la durée primitive ou prolongée, d'un supplément de 10 %, du prix des billets.

Les voyageurs partant d'un point situé en dehors de l'itinéraire ci-dessus ont à leur disposition, soit les billets de bains de mer, réduits de 40 %, délivrés à toutes les gares du réseau, pour les plages de la Bretagne, dénommées au tarif A n° 8 et situées à 250 kilomètres au moins du point de départ, soit, lorsque la gare de départ est éloignée de moins de 250 kilomètres, des billets de parcours supplémentaires, réduits de 50 %, permettant d'aller rejoindre l'itinéraire du billet d'excursion.

CHEMIN DE FER DU NORD.

SERVICES DIRECTS ENTRE

Paris, l'Allemagne et la Russie.

Cinq express sur Cologne, trajet en 10 heures :

Départs de Paris à 8 h. 15 du matin, midi 40, 6 h. 2., 9 h. 25 et 11 heures du soir.

Départs de Cologne à 8 h. 30 du matin, 1 h 15 et 10 h. 54 du soir.

Quatre express sur Berlin, trajet en 19 heures :

Départs de Paris à 8 h. 15 du matin, midi 40, 9 h. 25 et 11 heures du soir.

Départs de Berlin à 1 heure, 9 h. 38 et 11 h. 50 du soir.

Trois express sur Francfort-sur-Mein, trajet en 14 heures :

Départs de Paris à midi 40, 9 h. 25 et 11 heures du soir.

Départs de Francfort à 8 heures du matin, 5 h. 14 et 10 h. 43 du soir.

Deux express sur Saint-Pétersbourg, trajet en 56 heures :

Départs de Paris à 8 h. 15 du matin et 11 heures du soir.

Départs de Saint-Pétersbourg à 10 heures du matin et 6 h. 25 du soir.

Deux express sur Moscou, trajet en 80 heures.

Départs de Paris à 8 h. 15 du matin et 11 heures du soir.

Départs de Moscou à midi 30 et 6 h. 30 du soir.

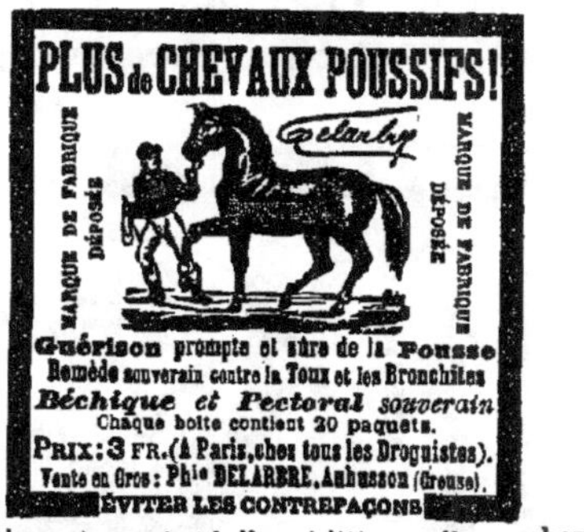

HALLES ET MARCHÉS.

La température se maintient favorable aux travaux et aux récoltes de la saison. Les céréales conservent assez bien leurs cours, ainsi que les farines. Les sucres et spiritueux sont en légère hausse; les huiles de colza ont un peu baissé. Les fruits et légumes se vendent assez bien.

Blés. — Au fur et à mesure que les battages s'avancent, on constate un déficit important dans le rendement, qui parait ne devoir s'élever en moyenne; qu'à 13 hectolitres environ pour toute la France; mais comme on n'est pas encore fixé sur l'étendue de la surface ensemencée, il est encore impossible d'évaluer le rendement général. Quoi qu'il en soit, les offres deviennent meilleures sur nos marchés de production, et les prix dénotent encore de la faiblesse. Voici les derniers relevés samedi : Douai, 26 à 27 50 les 100 kilog. ; Cambrai, blé blanc, 25; roux, 23 à 24; Arras, blé blanc, 26 à 28 50; roux, 25 50 à 26; Beauvais, 24 50 à 24 75; Amiens, 29; Montereau, 23 10 à 26 50; Rouen, 25 à 27 50; Etampes, 23 40 à 27 50 Versailles, 25 85 à 27 50; Le Mans, 21 à 2. 75; Laval, 21 50 à 25; Moulins, 28 à 29; Dijon, 26 à 28; Nevers, 27 à 30; Lyon, blé nouveau, 27 à 27 50; vieux, 28 à 28 50; Nantes, 24 75 à 25. — Au marché commercial de Paris, les transactions étaient calmes; mais les cours étaient bien tenus sur le livrable, on cotait : disponible et courant du mois, 26 75 à 27 les 100 kilog ; octobre, 27 à 27 25; novembre, 27 50 à 27 75; autres époques, 28 à 28 75. — Les importations sont toujours suivies dans nos ports; Marseille a reçu la semaine dernière, 234,000 quintaux de blé et le Havre 54,000 hectolitres venant des Etats-Unis; Rouen, Saint-Nazaire et Dunkerque ont reçu aussi quelques chargements. La quantité de blés étrangers en mer à destination de la France est toujours considérable; elle s'élevait la semaine dernière à 2,585,350 hectolitres venant de Californie, 45,530 du Chili, et 6,380 des Indes.

Les affaires ont été assez suivies sur les principaux marchés européens, avec cours plus fermes. Samedi on cotait le blé à Berlin, 29 37 les 100 kilog. ; à Amsterdam, 21 96; à Vienne, 22 34; à Budapest, 21 11 A Londres, on a acheté pour le Continent des blés de Californie à 24 70; et du blé roux d'hiver, à 22 50. A Anvers, le blé roux d'hiver se cote 22 50; le Californie blanc, 23 50. A New York, le blé roux d'hiver était samedi au cours de 20 07 en hausse de 7 centimes, à Chicago, on cotait 18 19.

Seigles. — Les cours se soutiennent sur le marché de Paris, de 19 75 à 20 les 100 kilog. disponibles; 20 25 à 20 50 pour le livrable octobre, et 21 à 22 pour les autres époques Le prix reste élevé à l'étranger; on cote à Berlin, 30 25 en hausse de 25 centimes; à Amsterdam, 3 50, en hausse également.

Orges. — Les offres sont abondantes la culture livre à 15 fr. les 100 kilog. les bonnes qualités courantes. A Paris, on cote de 15 50 à 16 en gare. — Les escourgeons d'Afrique sont tenus à 16 50 les 100 kilog. délivrés à Dunkerque; mais la brasserie préfère à ce prix, les orges indigènes.

Avoines. — Prix un peu mieux tenus. Au marché commercial de Paris, on cote : disponible et livrable octobre, 16 à 16 25; novembre-décembre, 16 25 à 18 50; novembre à avril, 16 50 à 17 les 100 kilog.

Fèves et féveroles. — Cotées de 19 à 20 les 100 kil. à Paris.

Millet blanc de Vendée. — 31 à 32 les 100 kilog.

Farines de consommation. — Affaires peu actives et cours sans variations.

Farines de commerce. — Les prix sont faiblement tenus comme suit pour les *douze-marques* : disponible et courant du mois, 60 75 à 61 les 157 kilog. nets; livrables octobre, 61 25 à 61 50; novembre à février, 62 75 à 63; quatre premiers mois, 63 75 à 64.

Graines fourragères. — La demande est en général assez bonne à Paris. Les cours sont bien tenus comme suit : trèfle incarnat, 190 à 200 les 100 kilog.; luzerne de Provence, 120 à 130; de pays, 95 à 100; trèfle violet nouveau, 100 à 105; vieux, 80 à 100; minette franche, 55 à 60; vesce d'hiver, 29 à 30, ray-grass de l'ouest, 50 à 51; jarras et pois d'hiver, 27 à 30. On cote à Orange : graine de trèfle, 1.0 à 115 les 100 kilog.; de luzerne, 125 à 135; — à Lyon, luzerne de Piémont, 1.8 à 130; de sainfoin, 19 à 20; — à Orléans, trèfle incarnat hâtif, 120 à 130; tardif, 150 à 170; — à Montereau, sainfoin, 7 65 à 8; — à Nancy, trèfle, 100 à 105; minette, 50; sainfoin, 22.

Fruits frais. — Poires Duchesse, 30 à 45 les 100 kilog.; Beurré gris, 40; William, 40 à 50; d'Epargne, 30 à 45; Louise-Bonne, 28 à 35; beurré d'Amanlis, 25 à 30; Boussac 30 à 40; belle de Bruxelles, 30; blanquette, 18 à 20, raisin de Montpellier, 70 à 100 de Montauban, 80 à 100; prunes de Mirabelles, 24 à 28; Sainte-Catherine, 20 à 25; quetsches, 30 à 35; reines Claude, 15 à 35; autres, 15 à 30; pommes de Rambourg, 30 à 40; pêches du Midi, 50 à 90; brugnons, 50 à 100; noisettes, 50 à 70; amandes vertes, 60 à 80; noix en brou, 25 à 30; écallées 50 à 70.

Légumes frais. — La vente est assez active à la halle de Paris, surtout pour les pois et les haricots verts. On cote : haricots verts, 1 à 35 les 100 kilog ; haricots blancs en cosses, 8 à 10 ; gris, 25 à 30 ; beurre, 3 ; flageolets, 30 à 35 ; petits pois, 10 à 20 ; carottes, 7 à 8 ; oignons 12 à 3 ; laitues, 55 à 60 ; oseille, 1 à 20 ; épinards, 18 ; tomates, 15 à 20 ; cèpes, 50 à 60 ; girolles, 2 ; — artichauts 10 à 25 le cent ; choux, 6 à 13 ; choux-fleurs, 12 à 26 ; romaines, 2 à 10 ; aubergines, 8 à 10 ; melons de Cavaillon, 8 à 12 ; melons de Paris, 0 40 à 1 50 la pièce ; champignons, 0 85 à 1 40 le kilog.

Pommes de terre. — Les nouvelles de la récolte sont peu favorables, et l'on voit déjà à l'arrachage de nombreux vides causés par la maladie. Il faut donc s'attendre à des cours élevés pour la campagne, d'autant plus que l'Allemagne n'importera pas chez nous cette année. A Paris, la belle hollande de Bourgogne s'est vendue 75 à 90 les 1.000 kilog. ; celle de Beaugency 85 ; l'anglaise des environs de Paris, 95 ; la saucisse rouge de Seine-et-Marne, 70 à 72 ; la ronde hâtive, 68 à 70 ; et l'early rose, 50 à 55. — Sur les marchés des départements, on cote *au quintal* : Dunkerque, 8 50 à 10 ; Melun, 7 à 9 ; Montereau, 8 à 9 ; Quimper, 4 à 6 ; Orléans, 6 à 7 ; Saint-Pourçain, 5.

Alcools. — La hausse se maintient à Paris, pour les trois-six Nord cotés comme suit : disponible et courant du mois 39 l'hectolitre ; livrable octobre à décembre, 38 75 à 39 ; quatre premiers mois de 1892, 40 25. — A Lille, l'alcool de mélasse disponible vaut 38 à 38 50 ; le courant du mois, 37 25 ; autres époques 36 50 à 40. Le stock de l'entrepôt de Paris a diminué de 900 pipes la semaine dernière ; il était de 9.100 pipes. — A Berlin, le cours est en baisse à 75 l'hectolitre.

Engrais. — Sur le nitrate de soude, les affaires d'importation et de spéculation ont amené le cours à 21 50 et 22 50 les 100 kilog. à Dunkerque. — Le sulfate d'ammoniaque reste calme à 29 les 100 kil. pour le sulfate français ; le sulfate anglais est coté 27 50 à 28 à Dunkerque ; 28 25 à 28 50 à Rouen ; 27 25 à 27 50 à Anvers ; 28 25 à Nantes. — Les phosphates de la Somme restent calmes, avec prix assez fermement tenus ; les exploitants cherchent à obtenir une amélioration des cours, mais les affaires sont lourdes. — Pour les superphosphates, les ventes sur la campagne d'automne se font facilement ; les prix sont toujours peu élevés ; on compte sur une bonne consommation ; on cote à l'unité d'acide phosphorique soluble dans le citrate : Paris, 0 46 ; Nord, 0 40 à 0 45 ; Belgique, 0 38 à 0 40 ; Est, 0 50 à 0 55 ; Ouest et Midi, 0 50 à 0 54 dans les ports ; le soluble dans l'eau vaut 4 à 5 centimes de plus par unité. — Les engrais organiques ont des prix bien tenus sans changements. — Les engrais potassiques sont cotés : chlorure de potassium, 19 50 ; sulfate de potasse, 21 les 100 kilog. à Paris, et dans le Nord ; kaïnite, 5 à 5 50 au Havre et à Dunkerque. — Le sulfate de cuivre vaut 43 à 44 à Paris ; le sulfate de fer, 5 à 5 50 ; les scories de déphosphoration, 4 10 dans le Nord, et 3 15 à la frontière Est.

Tourteaux. — Cours de Marseille : pour nourriture : lin pur, 16 50 les 100 kilog. ; arachide décortiquée 15 50 ; sésame blanc 14 25 à 14 50 ; coprah pour vaches laitière, 12 90 à 14 25 ; palmiste, 11 25 ; farine de cocotier, 14 25 ; pour engrais : sésame brun de l'Inde, 13 75 ; ricin pour la vigne, 9 50 ; colza exotique, 11 50 ; moura ou illipé, 7 ; Niger, 10 50.

Beurres. — Les cours sont en hausse à Paris, et la tenue du marché très bonne. On cote : *beurres en mottes* : fermiers de Gournay : extra, 3 70 à 3 82 le kilog. ; choix, 3 50 à 3 60 ; bons, 3 20 à 3 40 ; ordinaires, 2 80 à 3 ; d'Isigny, extra, 5 à 6 80 ; choix, 4 20 à 4 6 ; bons, 3 50 à 3 80 ; ordinaires, 3 à 3 20 ; marchands du Gâtinais, 2 40 à 2 60 ; de Bretagne, 2 20 à 2 40 ; de Vire, 2 30 à 2 60 ; de Bresse, 2 à 2 20 ; laitiers des Charentes, 2 70 à 3 10 ; des Alpes, 2 90 à 3 30 ; divers producteurs, 2 60 à 3 10 : — *beurres en livres* : fermiers 2 60 à 3 30 ; Touraine, 2 50 à 2 90 ; Gâtinais, 2 50 à 2 90 ; Vendôme et Beaugency, 2 30 à 2 80 ; Bourgogne, 2 30 à 2 60 ; le Mans, 2 40 à 2 70 ; — *Petits beurres* : 1 90 à 2 60 suivant provenance.

Œufs. — La vente est difficile, avec de trop nombreux envois, on cote : Normandie, 105 à 126 le mille. Picardie extra, 105 à 128 ; ordinaire, 85 à 98 ; Brie extra, 96 à 100 ; Touraine extra, 98 à 116 ; ordinaire, 85 à 95. Beauce, 98 à 100 ; Orne, 8 à 98 ; Bourgogne, 83 à 96 ; Champagne, 92 à 96 ; Nivernais, 81 à 88 ; Bourbonnais, 82 à 88 ; Bretagne, 80 à 86 ; Vendée, 80 à 90 ; Auvergne, 78 à 82 ; Midi, 80 à 86.

Gibier. — Les envois sont nombreux ; mais la fraîcheur laisse à désirer. On vend à la halle : faisans, coqs, 4 à 9 fr. la pièce ; poules, 4 à 8 ; lièvre de pays, 4 à 10 ; étrangers, 3 à 6 50 ; lapins de garenne, 1 50 à 3 ; perdraux de pays, 1 50 à 4 ; d'Allemagne, 1 50 à 4 ; perdrix 1 25 à 1 75 ; cailles de vigne, 0 75 à 1 25 ; chevreuils, 30 à 50 biches, 40 à 85.

BESTIAUX.

LA VILLETTE, 24 septembre. — Bestiaux. — Vente mauvaise sur les bestiaux et sur les veaux, difficile sur les moutons et bonne sur les porcs.

COURS officiels.	Amenés.	Vendus.	1re qualité.	2e qualité.	3e qualité.	Prix extrêmes.
Bœufs	2.465	2.242	1 58	1 41	1 30	1 16 à 1 64
Vaches	664	582	1 54	1 32	1 16	1 06 1 56
Taureaux	174	154	1 36	1 28	1 18	1 06 1 42
Veaux	1.365	1.146	1 74	1 64	1 56	1 32 1 96
Moutons	9.101	8.213	2 06	1 84	1 70	1 56 2 18
Porcs	4.451	4.451	1 50	1 46	1 40	1 32 1 54

Marché du lundi 21 septembre.

	Amenés	Vendus	PRIX AU POIDS NET 1re qual.	2e qual.	3e qual.
Bœufs	2.818	2.408	1 60	1 48	1 30
Vaches	1.038	828	1 56	1 34	1 18
Taureaux	187	157	1 36	1 28	1 18
Veaux	1.185	910	1 78	1 66	1 58
Moutons	12.011	10.686	2 0	1 90	1 70
Porcs	2.948	2.916	1 46	1 42	1 36

	PRIX AU POIDS VIF 1re qual.	2e qual.	3e qual.	Prix extrêmes.
Bœufs	» 96	» 82	» 68	» 58 à 1 »
Vaches	» 93	» 72	» 58	» 52 » 95
Taureaux	» 85	» 71	» 61	» 54 » 90
Veaux	1 06	» 95	» 79	» 68 1 16
Moutons	1 10	» 95	» 81	» 74 1 20
Porcs	» 98	» 91	» 90	» 82 1 02
Peaux de moutons en laine				3 85 6 25
Id. id. demi-laine				1 65 2 80

Viandes abattues. — Criée du 24 Septemb.

		1re qualité.	2e qualité	3e qualité.
Bœufs	le kil.	1 40 à 2 60	1 90 à 2 50	1 » à 1 70
Veaux	—	1 64 1 76	1 50 1 60	1 30 1 40
Moutons ..	—	1 80 1 90	1 30 1 70	» 80 1 26
Porc entier	—	1 30 1 40	1 10 1 26	» 90 1 10

Avis aux Eleveurs et Nourrisseurs.

Les cosses et brisures de fèves de la maison Ph. Breuil, de Dijon, d'une pureté absolue et très riches en principes nutritifs, se recommandent pour l'engrais du bétail et la nourriture des chevaux.

Barrière d'entrée pour Herbages

Brevetée S. G. D. G. — **8 fr. 50.**

Médaille de bronze à l'Exposition universelle de Paris 1889.

A. FÉREZ, à Coingt, par Plomion (Aisne).

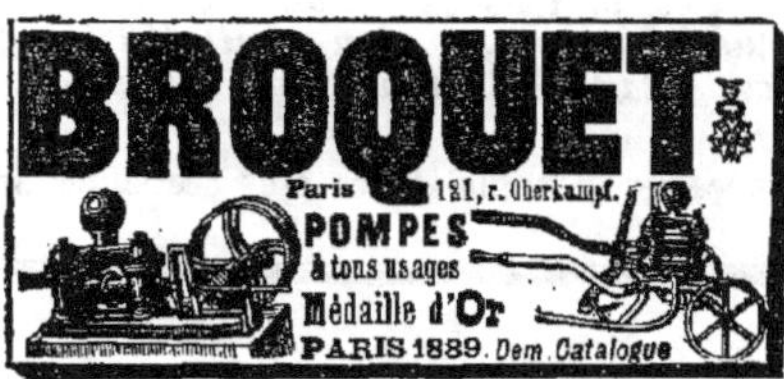

GRILLAGES

GARIEL 2 ter, quai de la Mégisserie PARIS

CLOTURES de CHASSES · 1 mètre de haut : Le mètre **0 f. 30**

Châssis de Couche depuis..... **7** francs

Ronce Artificielle les 100 mètres **5f 50**

Porte - Bouteilles 200 Places. **7** francs

ENVOI FRANCO DE L'ALBUM SUR DEMANDE

ONGUENT ROUGE MÉRÉ

SEUL AGENT REMPLAÇANT VRAIMENT **LE FEU**

Guérison rapide et sûre des *Boiteries, Ecarts, Efforts, Vessigons, Molettes, Engorgements, Courbes, Suros, Eparvins.*

Effet gradué à volonté.— Pas de traces.

LA BOITE, AVEC BROCHURE, FRANCO : 3 FR 50

LE PHYSIC BALL MÉRÉ

Est le meilleur purgatif pour tous genres de Chevaux

EMBROCATION MÉRÉ

Dite ***Trésor du Sportsman,***

Liniment réussit sans rival pour fortifier les jambes des chevaux.

La bouteille : 5 fr. — Franco gare, 5 fr. 60.

DEPOTS *Chantilly.— Pharmacie MÉRÉ* *Paris.— ACARD, 212, rue St-Honoré*

Diplôme d'honneur.

Diplôme d'honneur.

NICE. NICE.

PAS DE BONNE SALADE

sans Huile d'Olive de NICE.

de **B. LAPALU**, propriétaire-récoltant, président de Syndicat agricole, à NICE (Alpes-Maritimes). — *Prix spéciaux pour Syndicats.*

Librairie A. FOURAUT, 47, rue Saint-André-des-Arts, Paris

OUVRAGES RECOMMANDÉS

(Envoi franco contre timbres ou mandat)

Manuel d'agriculture, d'arboriculture et de jardinage, par Louis Gossin; 15e édition; 178 figures. 1 vol. in-12, cart. . . . . . 1 fr. 30

Leçons normales de géométrie élémentaire, théorique et appliquée, par D. Puille (d'Amiens); nombreux problèmes avec leurs solutions raisonnées; 417 figures; 20e édition, augmentée d'un *Précis de trigonométrie rectiligne.* 1 vol. in-12, broché, 2 fr. 60; — cart., 2 fr. 80.

Cours complet d'arpentage élémentaire, théorique et appliqué, par D. Puille (d'Amiens); nombreux problèmes avec leurs solutions raisonnées; 250 figures et 2 planches topographiques; 18e édition. 1 vol. in-12, broché, 3 fr. 15; — cart., 3 fr. 40.

— Avec 4 planches, dont deux entièrement lavées. 1 vol. in-12, broché. 4 fr. 15

Traité spécial de la division des champs dans tous les cas, géodésie usuelle, par D. Puille (d'Amiens). 1 vol. de texte, in-12, broché, renfermant 96 figures, et 1 atlas de 16 planches. . . . . 3 fr. 75

Conférences sur l'hygiène, suivies de *Notions de médecine usuelle ;* observations particulières sur l'hygiène des campagnes, considérations sur l'abus des liqueurs alcooliques, etc.; par F. Omouton; 30 figures; 4e édition. 1 vol. in-18 jésus, cart., 1 fr. 30; — relié en toile, 1 fr. 50.

Pulvérisateur « l'Éclair »

contre le mildiou et la maladie des pommes de terre.

V. VERMOREL

constructeur breveté (s. g. d. g.).

à Villefranche (Rhône).

330 premiers Prix, Médailles, etc.

« ÉCLAIR » n° 1, prix................ 40 fr.

« ÉCLAIR » n° 2, prix............... 30 fr.

PULVÉRISATEUR A TRACTION, pour la vigne et les pommes de terre.

PULVÉRISATEURS SPÉCIAUX pour les arbres.

NOUVELLE SOUFREUSE à grand travail « *la Torpille* », pour l'emploi des poudres et du soufre.

MATÉRIEL VITICOLE complet.

ENVOI FRANCO DU CATALOGUE.

VACHERIE **à céder**, centre de Paris, cause de santé, 18 vaches, 1re qualité, 240 litres lait vendus 40 et 50 c. Belle installation, pas de communauté. Bénéfices annuels, 10,000 fr. On traitera avec 15,000 fr. argent ou contre garanties sérieuses.

S'adresser à MM. Laporte et Lefranc, 93, levard Sébastopol, Paris.

Semoir et Distributeur d'Engrais

système MAGNIER.

Envoi franco du catalogue illustré.

Expériences du 23 septembre 1890. 1er prix - 20 avril 1890, Poitiers. 1er prix.

1er prix, Beauvais, 1890.

MAGNIER, constructeur breveté, Provins (S.-et-M.).

GUÉRISON RADICALE DE LA **DIARRHÉE DES VEAUX** PAR LA POUDRE CHOQUELIN.

1 franc la boîte *franco par la poste.*

Dép. g., Phie HAUVESPRE, Courville (Eure-et-Loir).

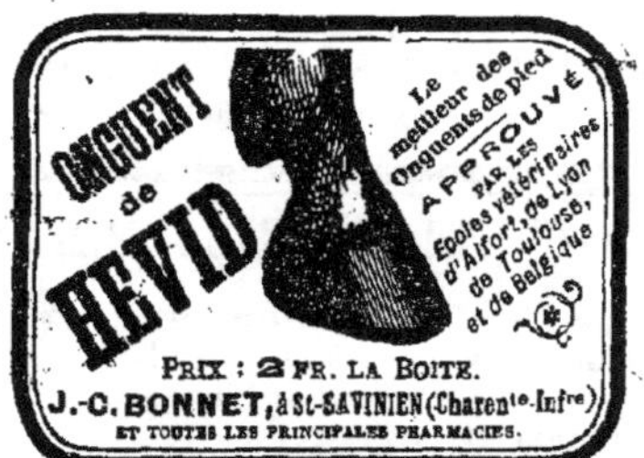

L'Onguent de HEVID, *adopté par le Ministère de la guerre*, est le meilleur préservatif des maladies du pied des espèces chevaline et bovine. Il pénètre admirablement le tube corné, le nourrit, et remet en bon état, en quelques semaines, le sabot le plus sec et le plus cassant.

En vente chez les vétérinaires, pharmaciens, selliers et maréchaux-ferrants.

L'Administrateur-Gérant : Albert RENOT.

Beauvais. — Imp. D. Père. - A. Cartier, Gérant.

ENGRAIS CHIMIQUES

DES MANUFACTURES DE SAINT-GOBAIN

Usines à PARIS-AUBERVILLIERS. CHAUNY (Aisne). MONTLUÇON (Allier), MARENNES (Charente-Inférieure), LE PONTET (Vaucluse), SAINT-FONS, près Lyon (Rhône).
DOSAGE GARANTI. — EMBALLAGES : MARQUÉS ET PLOMBÉS.

Tout acheteur d'engrais qui n'exige pas, au sujet des dosages en éléments assimilables la garantie formelle, et qui ne la fait pas contrôler par l'analyse, ne nuit pas seulement à ses propres intérêts, il encourage la fraude et, la laissant impunie, compromet les intérêts généraux de l'agriculture.

ENGRAIS COMPLET DE SAINT-GOBAIN

Efficacité éprouvée dans tous les Sols et dans toutes les Cultures. — Superphosphates de chaux. — Sulfate de cuivre. — Sulfate d'ammoniaque Sulfate de potasse. Sulfate de fer.

Engrais composés suivant les convenances des acheteurs

ADRESSER LES ORDRES ET DEMANDES DE RENSEIGNEMENTS

à la Direction commerciale

des Produits chimiques de Saint-Gobain

PARIS | 9, rue Sainte-Cécile, 9 | PARIS

ou aux dépositaires de la Compagnie de SAINT-GOBAIN dans les principales villes du Centre et du Midi.

PHOSPHATE FOSSILE DE QUIÉVY (Nord)

le plus assimilable de tous les phosphates connus; garanti pur de mélange avec tout autre phosphate ce qui, du reste, ne pourrait que diminuer son assimilabilité.

Grand diplôme d'honneur et médaille de vermeil aux concours agricoles de Bergues (octobre 1887 et 1888).
Médaille d'argent à l'Exposition universelle (Paris. 1889).
Médaille de vermeil (grand module), société d'agriculture et d'horticulture de Pontoise (1890).

C. DELATTRE-BRABANT

Bureaux : à Lille, 126, rue Jacquemars-Grélée. — Usines : à Quiévy (Nord) et Le Cateau (Nord).
Ne pas confondre avec Quévy (Belgique.)

COMPOSITION MOYENNE.		ASSIMILABILITÉ RELATIVE (méthode Joulie, solubilité dans l'oxalate d'ammoniaque).	
Acide phosphorique	12.00 à 15.00 %	Phosphate de Quiévy	**82.29 %**
Potasse	0.45 à 2.77 %	— de la Meuse	51.95 %
Chaux	19.05 à 31.00 %	— des Ardennes	46.43 %
Magnésie	0.58 à 3.80 %	— de la Somme (moyenne)	44 58 %
Matières organiques azotées	1 80 à 3 45 %	— de Ciply	54.57 %

Titre en acide phosphorique garanti : 12 à 15 %.

Livraison : En poudre impalpable, en sacs plombés et marqués au « Bélier » sur wagon Quiévy ou Le Cateau, sacs perdus. — 30 jours 2 % ou 90 jours net

Les acheteurs qui désirent mon **Phosphate de Quiévy PUR** doivent exiger que les *sacs* et les *plombs* portent la marque au « **Bélier** » et la firme « **C. Delattre-Brabant** ».

Etablissements de LIANCOURT (Oise).

N'ACHETEZ PAS DE CHARRUES

sans avoir consulté le CATALOGUE illustré de

A. BAJAC **

Ingénieur-Constructeur, Breveté S. G. D. G.

SEUL GRAND PRIX à l'Exposition de 1889 pour les Machines agricoles françaises

Médailles or, argent et bronze pour collaborateurs.

BRABANTS DOUBLES.

Herses scarificateurs à dents incassables.

DÉCHAUMEUSES

ROULEAUX, ETC.

NOUVEAU MATÉRIEL pour la culture de la betterave.

Charrues défonceuses simples et doubles *à vapeur et à manège.*

La plus grande et la plus importante USINE de FRANCE pour la Construction des Instruments aratoires

PLUS DE 5.000 CLIENTS ; 300.000 INSTRUMENTS LIVRÉS A L'AGRICULTURE

12e Année. — 2e Série. — N° 610. Dimanche 4 Octobre 1891.

GAZETTE AGRICOLE

JOURNAL HEBDOMADAIRE, PARAISSANT LE DIMANCHE

Rédacteur en Chef : M. Ch. GOSSIN, Professeur d'Agriculture à l'Institut agricole de Beauvais.

PRIX DE L'ABONNEMENT

UN AN, 5 fr. — SIX MOIS, 3 fr. — TROIS MOIS, 2 fr. 25

Pour l'étranger les abonnements ne sont reçus que pour un an, au prix de 6 francs, et ne partent que du 1er janvier ou du 1er juillet de chaque année.

Le numéro : 10 centimes.

Il est indispensable de joindre à toute demande de changement d'adresse la dernière bande d'adresse du journal et 50 centimes pour frais de nouvelles bandes.

Adresser les *Abonnements* et *Annonces* au secrétaire de la rédaction, 13, quai Voltaire, Paris, ou à M. GOSSIN, rédacteur en chef et administrateur, à BEAUVAIS.

BUREAUX

13, quai Voltaire, Paris, et à Beauvais.

Les abonnements partent du 1er de chaque mois et sont payables d'avance. Toute demande d'abonnement doit donc être accompagnée du prix de l'abonnement. (Le mode de payement le plus simple est l'envoi d'un mandat-poste.)

Donner *très lisiblement*, en s'abonnant, son nom et son adresse exacte, *avec l'indication du bureau de poste*; et, s'il s'agit d'une continuation d'abonnement, joindre au renouvellement la dernière bande d'adresse du journal.

Les Annonces sont reçues chez MM. DUSSERIS et MATHELLON, 97, rue de Rennes, Paris.

La GAZETTE AGRICOLE insère gratuitement les Communications des Syndicats agricoles

SOMMAIRE :

PARIS, 2 OCTOBRE.

Ainsi, c'est entendu, M. Carnot, président de la République; M. de Freycinet, président du Conseil; M. Constans, ministre de l'intérieur, le répètent à l'envie : l'heure est venue de l'apaisement. Soyons tous unis; faisons preuve de conciliation; plus de haines; plus de persécution. Il ne saurait y avoir pour la France de plus sûre garantie de prospérité. Eh bien, le Bonhomme Deschamps ne craint pas de le dire : Il est tout-à-fait de l'avis de MM. Carnot, de Freycinet et Constans. Même il en était avant qu'ils l'exprimassent aussi haut. Il a toujours estimé que la première chose à faire était de rétablir la paix entre les citoyens. Il a dit d'autant plus haut que les élections générales de 1885 et de 1889 avaient montré que le pays souhaitait ardemment la pacification. Aujourd'hui, MM. Carnot, de Freycinet et Constans disent comme lui. Il n'aura pas l'inconséquence de changer d'avis parce qu'ils sont arrivés à partager le sien.

⁂

Seulement, les conservateurs n'ont rien à faire pour cela. C'est aux républicains, non seulement à travailler à cette pacification, mais eux seuls sont en situation de le faire. Nos impôts ont fort augmenté depuis quelques années, et comme les budgets et surtout les déficits en font autant, il est probable que cet accroissement des impôts n'est pas prêt de s'arrêter. Ce n'est peut être pas un excellent moyen de contenter les contribuables. Si donc on veut les contenter, c'est sans doute que les républicains vont changer leur politique financière. Cela ne peut dépendre que d'eux. S'ils ne le font pas, vous vous direz que leurs promesses d'apaisement ne sont que de mauvaises plaisanteries. Quant aux conservateurs, ils n'y peuvent rien, puisque leur seul rôle dans tout cela, est de payer les impôts.

⁂

Ce n'est pas eux sans doute non plus qui ordonnent les laïcisations, malgré les vœux des conseils municipaux. Voilà cependant une mesure qui ne peut qu'augmenter la désunion et les haines. Que les préfets cessent d'imposer aux communes les laïcisations avec toutes les dépenses qui en résultent. Alors ils auront donné la preuve de leur désir de conciliation. Cela nous ne l'avons pas vu encore. Attendons, cela viendra peut-être. Si vous avez un maire républicain, vous savez par expérience quel esprit de conciliation il apporte dans l'administration de la commune; vous savez si les conservateurs et les républicains jouissent, de la part de l'administration, des mêmes tolérances. Est-ce que cela va changer? Si oui, tant mieux certes; mais là encore les conservateurs ne peuvent qu'attendre l'effet des bonnes paroles ministérielles. Nous avons quelque idée qu'ils l'attendront longtemps, mais enfin, on verra.

⁂

Lorsque deux hommes se battent, ce n'est assurément pas celui qui est dessous son adversaire et qui en reçoit les coups qui peut mettre fin à la querelle. Il est bien obligé d'attendre qu'il convienne au plus fort de cesser de le gourmer. C'est à celui-ci qu'il appartient de laisser sa victime tranquille et de lui proposer de vivre désormais, sinon en amis, du moins sans se battre. Or c'est là la situation des républicains et des conservateurs. Ces derniers ont été mis en minorité; ils sont quotidiennement molestés, offensés, persécutés de toutes les façons par leurs adversaires. Ils cherchent à se défendre le mieux qu'ils peuvent, mais ce n'est certes pas eux qui demandent à être persécutés, offensés ou molestés. Si on veut bien cesser de les traiter en victimes, il est sûr qu'ils ne s'en plaindront pas. Mais encore une fois c'est aux républicains à prouver que ce sont eux qui veulent la paix, attendu que ce sont eux et eux seuls qui la troublent.

⁂

De sorte qu'en définitive on va voir ceci. Ou bien les républicains sont sincères dans leurs protestations amicales et alors nous allons voir les finances gérées avec économie, la religion ne plus être persécutée, les droits des pères de famille et des conseils municipaux respectés, les maires ne pas s'inquiéter des opinions de leurs administrés et la justice être également distribuée à tous. Dans ce cas, il n'y aura pour les conservateurs qu'à se féliciter, parce qu'ils cesseront de recevoir les coups. Ou bien, nous ne verrons rien de tout cela et alors, une fois de plus, le Bonhomme Deschamps sera obligé de constater que les républicains ne sont que des farceurs.

LE BONHOMME DESCHAMPS.

NOUVELLES DE LA SEMAINE.

Le général Boulanger. — Le général Boulanger vient de célébrer de la façon la plus dramatique le second anniversaire de la mort du boulangisme.

C'est en effet les 22 septembre et 6 octobre 1889 que les élections législatives ont consommé la ruine du parti déjà si ébranlé par la fuite du chef qui le personnifiait tout entier. Depuis, les tronçons du serpent ont vainement cherché à se rejoindre. Les récriminations stériles, les divisions survenues entre les plus actifs partisans du général, les griefs contre lui-même, ont affaibli encore les dernières forces de cet état-major abandonné par ses troupes.

La passion scandaleuse à laquelle Boulanger semblait décidé de plus en plus à tout sacrifier, a découragé les amis les plus dévoués.

L'isolement s'est fait progressivement ; puis vinrent les difficultés d'argent, la maladie et la mort de cette compagne tant aimée ; puis l'abattement, la solitude, mauvaise conseillère, puis... le coup de revolver du cimetière d'Ixelles.

Triste et trop digne fin d'un héros, doué, certes, de qualité brillantes, mais sans principes politiques comme sans foi religieuse.

Quelque complète que soit la ruine du boulangisme, le gouvernement, dont M. Constans est la cheville ouvrière, doit ressentir une certaine satisfaction ; il aurait tort de triompher trop bruyamment. Il s'est défendu, c'était son droit ; mais il l'a fait par des moyens illégaux, répugnants, et, disons le mot, parfois infâmes.

De cette équipée, terminée dans la honte et le sang, naît d'ailleurs une autre réflexion et se dégage une leçon de morale politique.

C'est qu'aucun parti, eût-il pour lui toutes les faveurs de la fortune et de la popularité, n'est stable que s'il repose sur un principe vrai, comme la Monarchie.

La République a eu pour elle la chance que ce soient des monarchistes qui l'aient faite ; mais elle s'apercevra de cette vérité tôt ou tard.

Les avances aux conservateurs. — Les républicains nous donnent un spectacle amusant. Las d'une lutte au cours de laquelle ils n'ont pas été sans recevoir des blessures cruelles et même inquiétantes, ils voudraient bien y mettre fin. Dans ce but, ils convient les conservateurs à un désarmement. Afin de rendre cet appel plus éloquent, ils vont jusqu'à charger le président de la République de lui prêter sa voix sympathique et ses manières avenantes ; « Rapprochez-vous, messieurs ; pourvu que ce ne soit pas de la table, nous vous ferons bon accueil. » Quelques conservateurs ont-ils l'air de prendre l'invitation au sérieux ? aussitôt les républicains inquiets grognent ; si l'on insiste, ils montrent les dents ; un pas de plus, ils vous dévoreraient. La lice de la fable ne défendait pas mieux sa niche d'emprunt. Le nouveau venu s'éloigne-t-il ? alors on le rappelle ; on prétend même le garder malgré lui. Et la comédie est quotidienne.

Politesse officielle. — Un incident assez singulier s'est produit au banquet organisé à Reims en l'honneur du Président de la République. M. Carnot devait venir à sept heures. Il est arrivé une demi-heure après. C'était peu poli de sa part. Mais d'un autre côté, les convives n'avaient pas cru devoir attendre. Ils s'étaient mis à table. Le potage et les hors-d'œuvres étaient mangés lorsque M. Carnot a fait son apparition. C'était également fort peu poli. On n'a décidément, dans le monde républicain, que des idées fort vagues sur ce que commande la bonne éducation.

Encore M. Chéon-Ducollet. — M. Chéon-Ducollet, maire de la Mure, est décidément un homme de grand avenir. Il s'était déjà illustré par son arrêté contre les robes blanches et les couronnes de fleurs. Les journaux de l'Isère nous signalent un nouvel exploit de cet étonnant personnage. Un citoyen du nom de Sauvaire Jourdan, mort à la station de la Mure, fut transporté du wagon où il avait été frappé d'une embolie, dans la salle d'attente, où il rendit le dernier soupir. M. le curé, mandé aussitôt, voulut bien recevoir le corps chez lui et le garder trois jours, en attendant son transfert à Marseille. Or, M. le maire Chéon-Ducollet a jugé à propos, pour ce fait, de dresser procès-verbal contre le curé... parce que le corps aurait dû être transporté à l'hospice ! Les ministres feront bien de surveiller de près M. Chéon-Ducollet. Ce maire est en train de conquérir tous les titres possibles à les remplacer.

Une réminiscence. — M. Paul de Cassagnac écrit dans l'*Autorité* :

Il est exact que, né à la vie politique sous l'Empire, j'avais en horreur tous les adversaires du régime impérial, notamment les légitimistes et les royalistes.

Et je leur ai fait, naturellement, la guerre la plus acharnée, celle qu'ils nous faisaient, eux-mêmes.

Il serait facile, par conséquent, de remplir plusieurs volumes, avec les choses désagréables que nous avons pu dire à nos adversaires d'alors et avec les choses, non moins désagréables, qu'ils ont répondues.

Depuis, les événements ont marché.

Si je suis demeuré, quant aux opinions, ce que j'étais, ce que je serai toujours, c'est-à-dire le partisan convaincu du régime plébiscitaire, j'ai eu l'occasion, sous l'influence du danger commun, de me rapprocher de mes adversaires d'autrefois, des légitimistes et des orléanistes.

Sans rien emprunter à leurs idées, j'ai du moins pu apprécier leur caractère.

En leur rendant justice, comme ils le méritaient, j'ai dû leur accorder mon estime d'abord et ensuite mon amitié.

Tel est le changement qui s'est opéré en moi et depuis longtemps.

J'ai reconnu que les royalistes étaient de braves gens, d'honnêtes gens, que leurs princes, pour n'être pas mes princes, sont néanmoins de nobles et vaillants cœurs.

La suppression des passeports en Alsace-Lorraine. — On s'était trop hâté, paraît il, de se réjouir de l'abolition du régime des passeports imposé, il y a trois ans, aux relations de la France et de l'Alsace-Lorraine. Evidemment le rescrit de l'empereur Guillaume produit en Europe une bonne impression. Avec une formalité inutilement vexatoire, ne donnant aucune sécurité de plus à l'Allemagne et portant une atteinte très pénible aux intérêts et aux sentiments des Alsaciens-Lorrains, disparaît une cause permanente d'irritation et de conflits. Mais peut-on déjà considérer ce rescrit comme une abolition définitive ou seulement une suppression temporaire ? Quelle mesure apporteront les autorités locales dans l'application du nouveau régime qui, contrairement à ce que l'on pourrait croire, ne remet pas entièrement l'Alsace-Lorraine sous le droit commun ? Verrons-nous une tolérance, aussi large que possible, succéder aux vexations peu humaines dont tant de nos compatriotes ont été les victimes ? Nous avons beaucoup de raisons d'en douter.

LES SEMAILLES.

La moisson est à peine terminée que déjà il est temps de songer aux semailles, surtout si l'on veut essayer quelques-unes de ces améliorations qu'un succès constant a fait entrer dans la pratique agricole. En effet, l'on peut avoir quelques achats à faire, et, dans ce cas, il est indispensable de donner des ordres un peu d'avance pour être sûr d'être servi en temps utile.

Causons donc, si vous le voulez, de nos prochaines semailles.

Je suppose que tous nous sommes des cultivateurs soigneux, et que celles de nos terres que nous voulons ensemencer sont en bon état. Déjà elles ont reçu un ou plusieurs labours préparatoires, soit une récolte sarclée pour bien les nettoyer. Ce n'est pas tout, pour mettre de notre côté toutes les chances d'une bonne récolte, il faut encore nous assurer des semences de choix et nous procurer l'engrais le plus convenable.

Comme semences, le point capital est évidemment de n'employer que du blé, non seulement très propre, mais aussi très régulier, c'est-à-dire non seulement du blé exempt de toutes graines étrangères, ou mauvaises, mais du blé qui, passé au trieur, ne contient plus de grains avortés, ou trop secs, ou trop petits. En résumé, vos grains de semence sont des reproducteurs, il faut donc les choisir vigoureux et bien constitués ; vous pourrez alors semer plus clair, ce sera double profit.

En dehors de cette question indiscutable, reste le choix à faire. Sèmerez-vous des blés de pays ? Sèmerez-vous des blés étrangers ? Les avis sont partagés, car, suivant les années, les résultats sont différents ; ainsi, pendant les grands froids du dernier hiver, certains blés étrangers mal acclimatés, ont souffert dans les régions du Centre et du Nord, plus que les blés dits de pays, mais ce que l'on peut dire sans crainte de se tromper, c'est qu'il est avantageux de renouveler de temps à autre ses semences, c'est aussi que le mélange de trois ou quatre espèces assurent le plus souvent une production plus élevée. Si le sol ou le temps qu'il a fait n'ont pas convenu aux uns, les autres en profitent d'autant et bouchent les trous en tâlant d'avantage ; pour ma part, je m'en suis toujours bien trouvé, je ne saurais donc trop recommander cette prudente pratique. Mélangez par quantités égales, par exemple, du blé de pays, du Dattel et du blé de Bordeaux ou toutes autres variétés, et l'an prochain vous me remercierez du conseil. Quant au choix de l'engrais, si j'apprécie fort le fumier de ferme, je dois reconnaître que dans bien des localités il fait défaut, dans d'autres, la difficultés des charrois en rend l'emploi fort coûteux ; au reste, selon les sols, il est souvent insuffisant comme composition, je pense donc que l'on doit tirer des engrais chimiques tout le parti possible, surtout dans la culture des céréales, pour laquelle ils sont très à recommander. Je crois même que leur emploi, qui s'étend cependant chaque jour, serait encore plus général, si, le plus souvent, les cultivateurs n'étaient embarassés pour choisir entre les innombrables formules qui leur sont recommandées avec des indications tout aussi innombrables sur les variétés des sols pour lesquelles elles conviennent.

Certes, l'emploi judicieux des engrais chimiques est à conseiller, mais pas n'est besoin, pourtant, de varier les formules avec chaque champ, et il me paraît pratique de chercher à simplifier les conseils par des formules peu compliquées et peu nombreuses, s'appliquant au plus grand nombre de cas et n'exigeant pas l'analyse complète du sol. Je vais l'essayer.

Dans les terrains granitiques, pour les céréales, mettez à l'hectare :

1° A l'automne, 1.500 kilog. de scories de déphosphorations du Creusot valant 3 fr. 40, gare de départ, les 100 kil., soit rendus au lieu d'emploi environ 3 fr. 75, ce sera	56 25
2° Au printemps, 150 kil. de nitrate de soude mélangé à 300 kil. de plâtre, valant ensemble environ	40 »
En tout.....	96 25

Dans les terrains calcaires :

1° A l'automne, 200 kil. de phosphates précipités	45 »
100 kil. de chlorure de potassium...	22 »
2° Au printemps, 150 kil. de nitrate de soude mélangés à 300 kil. de plâtre, valant ensemble	40 »
En tout.....	107 »

Enfin, dans le cas des terres granitiques comme dans celui des terres calcaires, si le sol est très pauvre, ajoutez, à l'automne, 100 kil. de sulfate d'ammoniaque, valant 30 fr.

Les engrais d'automne doivent se mettre au moment des semailles, les engrais de printemps se doivent jeter à la volée au moment où les blés vont piquer, soit, suivant les régions, de fin février à fin mars ; cet épandage se fait en deux fois, lorsque le sol est très léger, afin d'éviter que les pluies n'entraînent tout le nitrate de soude avant que les racines aient pu se l'assimiler.

J'aurai terminé cette courte causerie par un bon conseil, si je vous rappelle que les Syndicats agricoles sont faits précisément pour vous procurer des semences de choix et des engrais régulièrement dosés ; n'hésitez donc pas à vous adresser à celui dont vous faites heureusement partie, vous trouverez à cela économie et sécurité, deux choses qui ne ne sont pas à dédaigner.

Toutes vos précautions étant ainsi prises, confiez au sol bien préparé le grain et l'engrais, et, avec l'aide de Dieu, l'été prochain, vous aurez de superbes moissons. Emile Duport.

PRÉCAUTIONS A PRENDRE dans l'achat des engrais chimiques.

Obligations des vendeurs.

La loi du 4 février 1888 exige du vendeur d'indiquer, soit sur le contrat de vente, soit dans le double de la commission délivré à l'acheteur au moment de la vente, soit enfin dans la facture, le nom, la provenance, la nature, la composition et la teneur en principes utiles de l'engrais ou amendement. Que signifient ces mots ? La loi ne nous fixant pas sur ce point, il nous paraît utile de bien définir ces différentes expressions dont nous aurons souvent du reste l'occasion de nous servir.

Par le nom d'un engrais il faut entendre la désignation qui le caractérise dans le commerce, celle sous laquelle il est généralement connu et vendu. Quelques exemples feront bien comprendre ce que nous voulons dire. On vend quelquefois sous le nom de guano des engrais qui ont peut-être la composition du guano, mais qui n'en sont pas, car au lieu d'être, comme les guanos véritables, produits par la réunion d'excréments d'oiseaux se nourrissant exclusivement de poissons, au lieu de provenir par suite des côtes du Pérou ou des îles de l'Afrique australe, ces engrais sont formés de fientes de pigeons, de corbeaux, d'hirondelles, de chauves-souris ou de nos animaux de basse-cour, savamment associées à d'autres matières organiques dans l'usine de quelque chevalier d'industrie. Appeler guano du Pérou ou du Chili une substance de cette nature, qui n'est qu'un guano des Batignolles ou d'ailleurs, cela s'appelle tromper à la fois sur le nom et sur la *provenance* de la marchandise. On apprécie beaucoup dans le Nord un engrais, dit colombine, qui résulte, comme l'indique son *nom*, du fumier formé dans les colombiers ou pigeonniers : cette matière a une très grande puissance fertilisatrice ; elle contient de 7 à 9 0/0 d'azote, à l'état normal et l'on croit, d'après les analyses de Boussingault et de Payen que 1,440 kilogrammes seulement correspondraient à environ 30,000 de fumier ordinaire. Tout cela n'empêche pas que si on vous faisait passer de la colombine pour du guano, vous y perdriez, car ce dernier engrais a sur l'autre la supériorité de contenir en dehors de l'azote une grande abondance de phosphates, de sels alcalins, agents dont les plantes exigent la présence pour prospérer.

Puisque nous parlons de guano, laissez-moi vous dire, en passant, que pour cette matière, plus que pour tout autre peut-être, vous devez être circonspect. Il y a si longtemps, depuis 1845 ou 1850, je crois, que nous exploitons les dépôts formés par les oiseaux exotiques des océans du Sud, que je me demande souvent comment il peut y avoir encore assez de guano au Chili, au Pérou, en Patagonie et autres contrées de l'Amérique du Sud, pour satisfaire les nombreuses demandes de nos cultivateurs.

Voilà donc une substance dont nous pouvons nous méfier pour plusieurs motifs. Son nom est une sorte de paravent que l'on craint d'autant moins d'employer que les guanos eux-mêmes n'ont pas la même composition. Cela dépend, comme nous venons de le voir, de la *provenance*. D'après Girardin, un échantillon blanc de Bolivie contenait environ 15 d'azote, 28 de phosphates et 4 de potasse, tandis qu'un autre de Patagonie renfermait seulement 1,63 d'azote, 27 de phosphate et 0,61 de potasse. Vous voyez que, sans sortir d'Amérique, nous trouvons dans la teneur des écarts considérables. Cela vous explique assez la signification et l'importance de la *provenance*.

Je passe donc au mot nature. La nature d'un engrais est constituée par l'ensemble de ses caractères propres, de ces propriétés spéciales. Ce mot fait en somme quelque peu double emploi avec le nom. Si vous demandez du sang desséché, engrais azoté de premier ordre, contenant d'ordinaire 18 0/0 d'azote, et que l'on vous livre du cuir torréfié; si vous désirez des phosphates, et que l'on vous vende des schistes en poudre, c'est absolument comme autrefois, lorsque, pour de la garance, je me suis laissé dire que quelques négociants de sous-sol lançaient dans le commerce des briques pulvérisées! Tromper sur le nom de la chose vendue ou tromper sur la nature, l'un de ces deux mensonges est plus que la conséquence forcée de l'autre, et la loi n'avait pas besoin, à mon avis, de faire une distinction.

Au point de vue de la composition, il faut distinguer entre la composition qualitative et la composition quantitative : la première est l'énumération des composants essentiels de la substance, nous dit le chimiste; la seconde porte sur la proportion de chacun de ces composants. La composition doit être exprimée par les poids des éléments fertilisants dans 100 kilogrammes de la marchandise *facturée* : azote, en distinguant l'état sous lequel cet azote s'y trouve; acide phosphorique, en disant qu'il est soluble dans l'eau, dans les acides, dans le citrate d'ammoniaque ou insoluble; potasse, en faisant remarquer si elle est en combinaison soluble dans l'eau.

Telles sont, dans leurs grandes lignes, les obligations du vendeur. Toutefois, il peut ne pas être tenu de s'y conformer, s'il accepte de n'être réglé que d'après une analyse à faire sur échantillon prélevé au moment de la livraison. Mais, dans ce cas, n'oubliez pas qu'il doit stipuler d'avance à quels prix il vous cède le kilogramme d'azote, d'acide phosphorique et de potasse, et l'état de combinaison dans lequel se trouvent renfermés ces principes.

Dans tous les cas, que ce soit à la suite d'une entente commune, comme dans le cas qui précède, ou parce qu'il y a doute ou contestation sur l'exactitude des promesses écrites, il peut être procédé, soit d'office, soit à la demande des parties intéressées, à la prise d'échantillon et à l'expertise de l'engrais ou amendement vendu.

C'est au départ ou à l'arrivée, quelquefois dans les magasins ou entrepôts, que se fait cette prise d'échantillons en trois exemplaires, dans certaines conditions qu'il serait trop long de noter ici. L'analyse est faite par un chimiste choisi par l'acheteur et le marchand d'un commun accord, ou par la justice. Suivant les résultats, l'acheteur en sera pour ses frais ou le marchand sera condamné. Jean-Pierre.

UNE TÊTE DE GROS BÉTAIL par hectare

L'ancienne école disait qu'il fallait une tête de gros bétail par hectare pour produire le maximum de récoltes. Aujourd'hui encore, dit M. Bovel dans l'*Industrie laitière*, nous voyons relevé avec soin, dans les rapports des jurys des concours de bonne tenue de ferme, le nombre de têtes de bétail entretenues sur chaque ferme. Les jurés ont raison d'attacher une grande importance à cela, car généralement plus il y a de bétail sur une propriété, mieux elle est entretenue. Cependant, la formule d'entretien d'une tête de gros bétail par hectare pour avoir de bonnes récoltes n'est plus aussi absolue aujourd'hui, qu'on se procure si facilement des engrais artificiels.

Il est facile de dire qu'il faut une tête de gros bétail par hectare, mais pour cela il faut avoir d'abord une sole fourragère très étendue et d'un fort rendement. Pour avoir cette proportion de bétail, il faut admettre la moitié presque d'une propriété en fourrages. Si on suppose que le poids moyen du bétail soit de 509 kilos et qu'il faille 15 kilos de fourrage par jour pour nourrir une tête de bétail, cela suppose une consommation annuelle de 5,400 kilos de fourrage. La moitié du domaine seulement étant en fourrage, chaque hectare doit produire 10,800 kilos de foin pour avoir la proportion de une tête de bétail par hectare, or, nous sommes loin de cette production en général.

L'entretien d'un nombreux bétail n'offre pas non plus partout le même avantage. Ainsi, dans certaines régions on a souvent des étés très secs, on peut voir la récolte des regains très compromise et être dans l'obligation d'acheter du fourrage pour entretenir son bétail, c'est alors une chose onéreuse, car si le fourrage est rare, il est naturellement cher.

Par exemple, un propriétaire ou un fermier entretenant trente têtes de gros bétail, compte sur une récolte de 1,620 quintaux métriques de fourrage dans une année de récolte moyenne, pourvu que l'été ne soit pas trop sec. Vienne un été très sec, comme cela arrive souvent, la production peut tomber à 1,200 quintaux. On est alors forcé d'acheter chèrement du fourrage ou de vendre une partie de son bétail en baisse. Quand on cultive dans une contrée élevée où les nuits son fraîches, les rosées abondantes, la récolte fourragère est plus assurée et on peut plus facilement entretenir régulièrement le maximum des têtes de bétail. La formule d'une tête de bétail par hectare prise d'une manière trop absolue n'est donc pas toujours facile à réaliser.

L'arrivée des engrais chimiques dans la pratique a été un heureux événement pour beaucoup de fermes, car avec ce complément de fumier on a pu élever aussi bien la récolte fourragère que les autres récoltes. Il n'est plus besoin, dans certaines situations données, d'entretenir absolument une tête de gros bétail par hectare. Nous ne voulons certes pas dire par là que le bétail est inutile, ni qu'on peut avantageusement le remplacer par des engrais chimiques pourvu qu'on obtienne toujours la même somme de principes utiles qui se trouvent dans le fumier. Loin de nous cette pensée, le fumier est nécessaire, car les engrais chimiques ne le remplacent ni sous le rapport de l'humus, ni sous le rapport de ses qualités physiques qu'on ne prend généralement pas assez en considération.

De plus, le bétail est une source de bénéfices lorsqu'on en entretien le nombre de tête qu'on peut entretenir, même dans une mauvaise année fourragère. Ce que nous croyons, c'est qu'il ne faut pas se charger de trop de bétail et s'exposer à être obligé d'en vendre certaines années ou d'acheter du fourrage. En un mot, il faut baser le nombre des têtes de bétail à entretenir sur une ferme en calculant la quantité de fourrage qu'on peut obtenir au minimum.

Si, dans ce cas là, on se trouve avoir une production de fumier au-dessous de la quantité nécessaire pour bien fumer ses champs, c'est alors le cas d'augmenter la sole fourragère et son rendement, si on n'est pas encore arrivé à un maximum sous ce rapport. Ne cherchons donc pas autant à avoir une tête de gros bétail par hectare, que d'avoir le nombre de pièces de bétail que nous pouvons entretenir et complétons les fumures par des engrais chimiques.

LA RAMIE

Dans ces dernières années, tout le monde a plus ou moins entendu parler de la ramie et des tissus fabriqués avec ses fibres, mais beaucoup de personnes ignorent ce qu'est cette plante, cultivée de temps immémorial en Chine, dont elle est originaire, et depuis peu introduite en France.

La ramie est une ortie gigantesque qui atteint de 2 à 4 mètres de hauteur. C'est une plante vivace qui fournit plusieurs récoltes annuelles dont le nombre varie de deux à quatre, suivant les climats. Ses racines peuvent persister pendant de longues années sur le même terrain, ce qui est un précieux avantage pour la culture.

Elle donne une quantité de matière première plus abondante que celle fournie par chacun des autres textiles végétaux qui n'ont qu'une récolte annuelle.

En outre, sa fibre est plus longue, plus soyeuse plus souple, plus résistante à la traction que celle ducoton, du lin ou du chanvre. Enfin, elle résiste mieux que toute autre à l'action dissolvante de l'eau : elle est presque incorruptible ; aussi, la ramie commune serait précieuse pour la corderie et la fabrication des filets.

D'après les statistiques officielles, la France importe en moyenne, *cent millions de francs, par mois*, de matières textiles pour alimenter ses usines, soit par an *un milliard deux cents millions* payés à l'étranger.

On voit par là l'avantage énorme qu'il y aurait pour nous à cultiver la ramie qui pourrait nous affranchir, au moins en grande partie, des importations dont il s'agit.

Mais toute innovation demande des études et des recherches, et si les expériences ne sont pas conduites avec prudence sur une petite échelle, elles peuvent amener des déceptions.

Les premiers essais d'acclimatation de la ramie furent faits sur la ramie verte (*Bohemeria utilisis* et la *B. tenacissima*) qui ne peut végéter dans de bonnes conditions que dans les pays très chauds : elle ne résiste pas en France aux froids de l'hiver.

La ramie blanche, au contraire, (*B. nivea*) peut prospérer en France, et, avec quelques précautions, résiste aux hivers les plus rigoureux : la plantation de Gennevillers, près Paris, qui n'a pas souffert de l'hiver 1890-1891, en donne la preuve.

Elle fournit deux récoltes par an sous le climat de Paris ; elle peut en donner trois dans le midi de la France et quatre et plus dans les pays tropicaux si le terrain est convenablement irrigué.

Plusieurs novateurs se sont occupés de développer la culture de la ramie, mais ils ont été arrêtés dans leur entreprise par la difficulté de sa décortication. Cette ortie, en effet, ne se prête pas à l'opération du rouissage que l'on applique au chanvre et au lin. Les Chinois décortiquent les tiges à la main, mais en Europe, où la main d'œuvre est beaucoup plus chère, ce procédé ne serait pas pratique, et il a fallu recourir à l'opération mécanique.

Le gouvernement anglais, comprenant le parti à tirer de ce textile, avait ouvert des concours de machines à Saharampur et à Calcutta, mais, malgré la prime énorme de 125,000 francs offerte à la meilleure décortiqueuse, trois concours successifs n'ont donné aucun résultat.

Deux concours ont été organisés par le Gouvernement français, en 1888 et en 1889 à l'Exposition universelle et ils n'ont pas eu un meilleur sort. Aujourd'hui, la Société des Agriculteurs de France recherche à son tour la solution de cette importante question. Elle a organisé dans ce but un concours international entre tous les constructeurs de machines et les inventeurs. Une douzaine de machines vont fonctionner du 25 au 30 septembre, à Gennevilliers, près de Paris, sur une plantation retenue à cet effet. Quelques-unes de ces machines sont dues à des inventions récentes, d'autres qui ont déjà paru à plusieurs concours ont été perfectionnées depuis peu. Si la solution du problème est trouvée, comme chacun des concurrents l'affirme, il faut espérer que la culture et l'exploitation de l'ortie de Chine vont créer à la France une nouvelle source de revenus.

CONSERVATION DES FRUITS ET LÉGUMES
par la chaux.

M. Monclar a exposé au Comice agricole d'Albi comment, au mois d'août 1888, voyant ses pommes de terre fortement attaquées par la maladie, il les arracha précipitamment et en stratifia une partie dans un bassin d'environ deux mètres cubes avec de la chaux en poudre. A son grand étonnement, la peau de ces pommes de terre ne fut à aucun degré impressionnée par le contact prolongé de la chaux. Il les laissa pendant quatorze mois dans ce bassin, et au bout de ce temps il les en retira dans un parfait état de conservation. Comme goût, elles ressemblaient à des pommes de terre arrachées depuis quelques mois seulement.

Cette réussite inespérée lui donna l'idée d'appliquer le même procédé aux racines, oignons et fruits. Il a présenté au Comice des betteraves et des carottes mises dans la chaux au mois de septembre et qui semblent aussi fraîches que si elles avaient été arrachées hier ; des oignons qui commencent à peine à entrer en végétation. alors que ceux laissés à l'air libre ont émis des pousses d'une bien plus grande longueur.

Pour les fruits, M. Monclar a obtenu les mêmes résultats, et il fait passer sous les yeux des membres du Comice des raisins œillades et chasselas qui ont séjourné sept mois et demi dans la chaux et qui sont dans un état de fraîcheur étonnante pour la saison ; cinq qualités de pommes dont la conservation ne laisse rien à désirer ; des poires d'hiver et des coings qu'il avait jusqu'ici conservés au plus deux ou trois mois, pourrissant toujours avant d'être mûrs, et qu'il a pu, grâce à la chaux, faire arriver à un état de maturité complète. M. Monclar a obtenu tous ces résultats avec de la chaux destinée au chaulage des terres et qu'il a achetée à la gare d'Albi au prix de 7 fr. 60 le mètre cube. Remisée sous un hangar, elle s'est délitée d'elle-même, et c'est à l'état de poussière qu'il l'a employée. Mais on peut s'en servir quelque soit son degré de déshydratation. Il nous a montré des pommes de terre et des oignons qui sont restés plusieurs mois dans de la chaux, moulue dès sa sortie du four, et qui ne paraissaient avoir éprouvé aucun mauvais effet de son contact.

Envisageant la question de la conservation des fruits et des racines à un point de vue général, M. Monclar fait observer que la chaux ne possède aucune propriété particulière pour retarder le terme de l'évolution intérieure du fruit, c'est-à-dire sa pourriture. Ainsi il n'a pas pu conserver plus d'un mois et demi dans la chaux des poires *duchesses*, tandis qu'il a actuellement encore des poires d'hiver dans un excellent état. Il en est de même pour tous les fruits, les qualités tardives se conservent seules longtemps.

Mais où est le grand avantage de la chaux, c'est qu'elle défend les fruits contre toute cause externe d'altération. Avec elle, la vapeur d'eau (l'humidité) ainsi que les microbes qu'elle dépose sur la peau des fruits et qui engendrent tant de moisissures ne sont plus à craindre. Il en est de même des attaques des rats et des insectes.

Jusqu'ici on n'a pu conserver longtemps les fruits que dans des fruitiers établis dans des conditions spéciales. Maintenant, à l'aide de la chaux, on pourra les conserver partout où l'on voudra. Il faudra cependant toujours faire entrer en ligne de compte la température, et, à ce point de vue, la cave aura sa supériorité sur le grenier.

En terminant, M. Monclar fait remarquer l'économie de son procédé. Il n'exige qu'une main-d'œuvre peu importante, et la chaux, après avoir servi à la conservation des fruits, sert, sans avoir perdu aucune de ses qualités, à la fabrication des composts ou au chaulage direct des terres.

SITUATION VINICOLE

La température a été, cette huitaine, des plus favorables à la vigne. Nous jouissons enfin d'une bonne chaleur, égale et constante. La récolte en tire un large profit. Nous ne demandons qu'une chose, c'est que le ciel demeure dans le même état.

Les vendanges du Midi se poursuivent dans les meilleures conditions. Les achats de raisins sont à peu près terminés. On va maintenant s'occuper des vins dont les cours ne sont pas encore établis. On parle de 20 à 22 francs l'hectolitre pour les Petits-Bouchests et de 15 à 16 francs pour les Aramons.

En Roussillon, on a encore traités des raisins de 11 à 20 francs les 100 kilog., selon la qualité du vin qu'ils fourniront.

La cueillette commencera bientôt en Languedoc et en Gascogne. On espère une quantité un peu supérieure à celle de l'an passé. Aussi les cours des vins vieux sont-ils plus faiblement tenus.

On trouve aujourd'hui en Gascogne des vins rouges de 120 à 130 francs et des blancs piquepoul ou pacherin de 125 à 135 francs la barrique de 300 litres.

En Dordogne la maturité fait chaque jour des progrès. Trop peu, il est vrai, au gré de beaucoup de propriétaires qui se plaignent du retard qui existe encore et qu'il paraît difficile de regagner. D'ailleurs, l'inégalité dans la maturation se manifeste plus d'après les cépages que d'après les grappes de même variété; or, l'essentiel est que, sur le même cep, il n'y ait pas des raisins déjà mûrs et d'autres à peine vairés. Les affaires sont toujours nulles et les chais invendus attendent les acheteurs.

Un temps à souhait a donné, durant cette semaine, un vigoureux élan à la maturation dans le Bordelais. Il était temps qu'un grand nombre de raisins encore verts pussent commencer à virer au noir. On signale un petit mouvement en vins des précédentes récoltes, notamment de 1890.

Dans les Charentes, on est très satisfait de la température et on compte sur des vendanges satisfaisantes.

Les vignes sont belles en Touraine, la récolte promet d'être bonne. La véraison s'achève dans d'excellentes conditions, et si septembre continue dans la même voie, on aura qualité et quantité. Très peu ou pas de maladies cryptogamiques. Les tâches phylloxériques ne se sont guère étendues et permettent de supposer que la marche de l'insecte sera plus lente. Les vins de la dernière récolte s'apprécient de mieux en mieux. Il n'y a presque plus rien à vendre.

Dans les vignes du Loir-et-Cher et des régions avoisinantes, la quantité est assurée; on espère aussi la qualité, car la véraison fait de grands progrès, et l'époque des vendanges pourra s'en trouver avancée, si le soleil persiste avec un peu d'eau d'ici une quinzaine. On compte toujours vendanger les premiers jours d'octobre. Les affaires sont dans la même situation que précédemment.

La Basse-Bourgogne, favorisée par un ciel à souhait, compte sur un rendement exceptionnel dans ses vignes blanches. Le vignoble rouge est moins heureux. On signale déjà quelques pourparlers pour des vins blancs fins.

En Bourgogne, la maturation s'effectue bien, quoiqu'on ait manqué de pluie jusqu'à présent. Avec une bonne journée d'averses et de la chaleur ensuite, tout irait très bien. On s'attend à vendanger vers le 5 octobre. A cette époque on peut encore récolter d'excellents vins. La quantité sera moyenne et la qualité dépend de la température. Les affaires sont nulles à la propriété et les cours nominaux.

Dans le département de Vaucluse et en Provence, les raisins se tiennent à des prix assez élevés.

En Algérie, les colons du littoral ont leur vendange en cuve. On reconnait beaucoup de couleur aux produits de cette année. On ne peut avoir des échantillons sérieux que maintenant. D'ailleurs l'intérieur commence à peine ses vendanges et, suivant l'attitude et l'orientation des localités, la cueillette durera encore au commencement d'octobre. On ne traite pas d'affaires. Cependant quelques vins ordinaires, excédents de récolte, se vendent de 12 à 13 francs l'hectolitre pris à la propriété. La température n'est pas trop chaude et permet une fermentation normale.

En Allemagne et en Suisse, le rendement sera médiocre dans l'ensemble, tant comme quantité que comme qualité, en raison des intempéries.

En Hongrie, les perspectives de la vendange sont tristes. Comme quantité, on n'aura pas fait de récolte aussi médiocre depuis quarante ans. La qualité ne promet pas beaucoup à cause du mildew. Aussi les cours des vins sont-ils en hausse de quelques florins. On cote les vins blancs ordinaires de 35 à 40 francs et les rouges de 60 à 82 l'hectolitre.

En Italie, on est assez satisfait, mais le stock pèse lourdement sur les marchés et la campagne s'engage très lentement.

En Espagne, la fermeté des cours est extrême. On a traité encore de nombreuses parties cette huitaine. On se plaint toujours de la sécheresse.

Le phylloxéra, le mildew, l'oïdium réduisent la récolte du Portugal à une petite moyenne pour la quantité.

CONSTRUCTIONS NOUVELLES

Déclaration à faire à la mairie.

Les constructions nouvelles, les reconstructions et les additions de constructions continuent à n'être imposées à la contribution foncière que la *troisième année après leur achèvement*.

Mais les articles 9 et 10 de la loi des finances du 8 août 1890 subordonnent cette exemption temporaire d'impôt à l'accomplissement d'une formalité qui n'était pas exigée antérieurement au 1er janvier 1891.

Pour jouir de l'exemption temporaire d'impôt « le propriétaire devra faire à la mairie de la commune où sera élevé le bâtiment passible de la contribution, *et dans les quatre mois à partir de l'ouverture des travaux*, une déclaration indiquant la nature du bâtiment, sa destination et la désignation, d'après les documents cadastraux, du terrain sur lequel il doit être construit.

« Sont considérés comme constructions nouvelles la conversion d'un bâtiment rural en maison ou en usine et l'affectation de terrains à des usages commerciaux ou industriels dans les conditions indiquées à l'article premier de la loi du 29 décembre 1884. »

Faute de déclaration, ou en cas de *déclaration tardive*, le propriétaire perdra le bénéfice de l'exemption temporaire et les « constructions nouvelles, les reconstructions et les additions de constructions... seront soumises à la contribution foncière à partir du 1er janvier de l'année qui suivra celle de leur achèvement. »

Si les constructions nouvelles ne sont pas découvertes immédiatement, le propriétaire sera assujetti rétroactivement à l'impôt.

La sanction du défaut de déclaration est, en effet, d'une part, dans l'imposition par rôle particulier, à partir du 1er janvier de l'année qui suivra celle de l'achèvement des constructions ; d'autre part, dans la multiplication des cotisations y afférentes par le nombre d'années écoulées entre celle où les constructions nouvelles, reconstructions et additions auront été achevées et celle où elles auront été découvertes, y compris cette dernière année, sans toutefois pouvoir être plus que quintuplées.

Nouvelles agricoles.

La récolte des pommes. — D'après *Le Cidre*, les nouvelles des pommiers à cidre sont assez contradictoires. La récolte sera très médiocre cette année en Normandie, mais très bonne, dit-on, en Bretagne.

Dans le Calvados, où la qualité des pommes est très estimée, on pense que le rendement atteindra à peine le sixième ou le septième d'une bonne année.

Il y a cinq ans qu'il n'y a pas eu une bonne

récolte en Normandie ; tantôt ce sont les gelées, tantôt la sécheresse, mais surtout les insectes de toute nature : chenilles, anthonomes, etc., qui dévorent les bourgeons et les fleurs ; comme la guerre faite aux petits oiseaux insectivores ne cesse pas dans les campagnes, nous ne sommes pas prêts non plus de voir cesser ces fléaux.

Si les pommes manquent en Normandie, elles ne manqueront pas à l'étranger ; les cultivateurs du Canada s'apprêtent à mettre de fortes parties de pommes à la disposition des brasseurs de cidre français. La récolte, dans les régions canadiennes, se présente assez bien, et il y aura des quantités raisonnables destinées à l'exportation. Cette exportation est en augmentation constante depuis quelques années.

Il arrive même que ces pommes étrangères venant du Canada, ou même d'Allemagne, par Hambourg, sont vendues comme pommes normandes. Avec la facilité actuelle des transports, il suffit d'envoyer les pommes dans une gare normande et de les expédier de cette gare au consommateur pour les transformer en pommes d'un cru excellent.

C'est ce qu'un député de Vire a expliqué à la Chambre lors de la récente discussion du tarif des douanes.

Voici, a-t-il dit, ce qui se passe :

D'honorables négociants achètent à l'étranger des pommes qu'ils font venir en Normandie ; ils leur donne ainsi une nouvelle marque d'origine qui est généralement prise au centre des meilleurs crus; puis après les avoir baptisées « pommes de Normandie » ils les expédient au consommateur.

Cette pratique entraine cependant un double préjudice : préjudice pour le consommateur, qui est trompé sur la qualité de la marchandise, et préjudice pour les agriculteurs de Normandie, dont on déprécie les produits en donnant leur marque à des pommes de qualité inférieure.

Il n'y aurait qu'un moyen de diminuer cette importation d'un nouveau genre, ce serait de faire des marchés par écrit et de bien stipuler l'origine des pommes que l'on achète.

Malgré l'abondance de la récolte canadienne, les pommes atteindront probablement cette année des prix élevés, car le Canada aura à pourvoir non seulement au déficit de la récolte en France, mais encore aux Etats-Unis, où la récolte de pommes est à peu près complètement manquée.

L'élevage du mouton en France. — On a beaucoup médit en France du mouton et on a prétendu que l'état arriéré de l'agriculture se mesurait au nombre de moutons élevés.

Or, récemment on a constaté les progrès merveilleux réalisés, en une vingtaine d'années, par le canton jadis le plus pauvre, le plus *pouilleux* de la Champagne *pouilleuse*. Le sol crayeux était à ce point stérile, que l'hectare ne se vendait pas plus de 160 francs il y a 30 ans; une partie des terres restait à l'état de friche où poussait une herbe courte et dure dont les moutons seuls tiraient parti. D'autres étaient cultivées, une année sur trois, en avoine ; le seigle même n'était cultivé que près des villages. Or, aujourd'hui, ces mêmes terres fournissent des récoltes de 25 à 30 hectolitres de blé à l'hectare; on trouve des fermes où la culture intensive rivalise avec celles des contrées à sols fertiles et plantureux, et le comice agricole de Reims a observé que nulle part ailleurs, on ne fait un usage aussi général des instruments de culture perfectionnés. Dans l'examen des divers domaines qui ont pris part au concours, il a été constaté que le mouton avait été très fréquemment un des agents les plus actifs de ces remarquables améliorations : il a transformé une bonne partie de ces sols crayeux en sols fertiles. L'élevage du mouton, dont on fait si souvent bon marché aujourd'hui, a donc droit à toute la sollicitude des agriculteurs qui, dominés par ce préjugé injustifié, semblent avoir souvent méconnu les services précieux qu'il rend dans certaines régions.

Association pomologique de l'Ouest. — Nous rappelons que l'Association pomologique de l'Ouest tiendra son concours et son congrès à Avranches (Manche) du 20 au 25 octobre. Les Compagnies des chemins de fer de l'Ouest, d'Orléans, du Nord et de l'Est ont accordé la réduction de moitié sur les prix des places aux membres de l'Association. Pour en profiter, on devra indiquer à M. Alexandre, secrétaire général, à Beauvais (Oise), le nom de la gare de départ avant le 1er octobre.

CONSEILS DU JARDINIER

LES POIRES TACHÉES.

Puisque c'est le moment où les poires mûrissent, faisons connaître le moyen pour ceux qui auraient, cette année, des poires tachées, de les avoir vierges de toute tavelure l'année prochaine.

Cette tavelure provient d'un petit champignon qui porte, en botanique, le nom aimable de *Fusisporium pyrimum* ; il se propage, surtout dans les années humides. Il est donc à craindre qu'il ne se répande beaucoup en cette saison. Dans ce cas, on pourrait essayer d'arroser immédiatement les arbres atteints — feuilles, branches et fruits — avec une solution composée de 3 kil. de sulfate de cuivre, et 3 kilog. de carbonate de soude pour 100 litres d'eau, peut-être arrêterait-on le développement du cryptogame.

Mais la chose serait assurée si on faisait ce traitement en juin, alors que le champignon n'a pas encore apparu, car il n'aime guère les gelées fraîches et il lui faut le soleil de juillet pour se montrer.

On pourrait encore essayer d'une solution de sulfate de fer, dont l'action cryptogamique est connue.

Mais nous engageons surtout les propriétaires à badigeonner, au mois de mars, les branches et le tronc de leurs poiriers avec une solution composée de 5 à 6 kil. de sulfate de cuivre, et 8 à 9 kil. de carbonate de soude pour 100 litres d'eau. Avec un pinceau on badigeonne toutes les branches de l'arbre avec soin et l'on tue ainsi, en même temps, tous les parasites qui écloront au printemps si on les laisse faire.

HORTUS.

CONSEILS A LA FERMIÈRE

L'ANGÉLIQUE.

Il est une plante que nous voudrions voir cultiver dans tous les jardins, à la campagne surtout, à cause de ses utiles et nombreuses propriétés, trop peu connues, alors que l'on adopte avec enthousiasme tant de remèdes exotiques — coûteux et douteux. Je veux parler de l'angélique, constituée par une tige ronde, grosse, striée, creuse intérieurement, d'un vert rougeâtre, aux feuilles grandes et dentelées, aux fleurs blanchâtres en forme de parasol ; à la saveur amère, à l'odeur forte, musquée et suave. Elle se multiplie par semence recouverte d'un peu de terreau, à l'ombre dans une terre bien amendée, et demande à être fréquemment arrosée.

La récolte de l'angélique a lieu en juin et en juillet pour les tiges, et en septembre pour les racines. On les fend par morceaux pour les faire sécher.

L'angélique est stimulante, stomachique, sudorifique. Sa racine et ses semences ont des propriétés médicinales très énergiques ; l'usage en est recommandé aux goutteux qui digèrent péniblement et aux convalescents dont les forces sont épuisées. La racine d'angélique est employée dans toutes les maladies aiguës et chroniques qui exigent des cordiaux et des fortifiants : telles sont les fièvres intermittentes, la paralysie. On l'emploie aussi dans l'atonie générale, dans celle des organes digestifs, dans les vomissements nerveux, l'hystérie, la névrose, les coliques venteuses. On emploie l'angélique en infusion, racines ou jeunes tiges : 10 à 20 grammes par litre d'eau ; en poudre : 2 à 6 grammes dans une cuillerée de vin.

Le *vin d'angélique* se prépare de la manière suivante : racines d'angélique par morceaux, 2 onces; cannelle fine, 2 gros; vin rouge, 2 litres; on fait infuser à froid, pendant 4 jours, dans un vase bien fermé, puis on filtre la liqueur. On prend 2 à 3 cuillerées à bouche le matin, à midi et le soir en se couchant. Ce vin ranime le système organique, surtout les forces digestives.

Le *ratafia d'angélique* se prépare ainsi : semence d'angélique, 3 gros ; semence de fenouil et d'anis, de chacune 3 gros ; eau-de-vie 2 pintes ; eau filtrée 6 onces. Après une infusion à froid de 10 jours, on ajoute 1 livre de bon sucre ; on laisse reposer la liqueur et l'on filtre ensuite.

Pour la *confiture d'angélique*, coupez des tiges d'angélique bien tendres, de 10 à 12 ou 15 centim. de long ; jetez-les à mesure dans de l'eau froide ; retirez-les et mettez-les dans de l'eau très chaude, mais non bouillante, laissez refroidir le tout ensemble pendant une heure. Débarrassez alors l'angélique de toute filandre et de la peau de dessous ; mettez-la dans une bassine avec assez d'eau pour qu'elle y baigne ; faites bouillir jusqu'à ce qu'elle fléchisse sous la pression du doigt, retirez la bassine de dessus le feu, salez avec une poignée de sel, pour faire reverdir les tiges. Au bout d'une heure, retirez-les de l'eau, égouttez-les. Faites un sirop avec un poids de sucre égal au poids des tiges, et à partir de ce moment, agissez comme s'il s'agissait de confire des abricots.

On compose la *crème d'angélique* de la façon suivante : coupez en petits morceaux 250 grammes de tiges d'angélique fraîchement cueillies et débarrassées des feuilles qui leur servent d'enveloppes ; mettez ces morceaux à infuser pendant six semaines dans 3 litres d'eau-de-vie, avec 12 gr. de muscade, 4 gr. de cannelle, 6 clous de girofle et 2 livres de sucre fondu dans un litre d'eau filtrée.

Enfin, l'angélique entre encore dans la composition d'un remède excellent contre la cholérine. Prenez racines d'angélique, de calamus, de grande aulnée, de gentiane, chacune 5 gr.; faites infuser à froid pendant 3 jours dans un litre de bonne eau-de-vie, puis tirez à clair. La dose est d'un verre à liqueur pour les adultes.

UNE MÉNAGÈRE.

CONSEILS DU VIGNERON

VINAIGRES.

Certains propriétaires utilisent une certaine quantité de leurs marcs pour faire du vinaigre. Ils mettent des marcs dans de petites cuves et ont le soin de les bien presser afin qu'ils puissent ainsi s'échauffer et fermenter; ils les mouillent ensuite et recouvrent la cuve, en ayant soin que la température du local où ils opèrent ne soit pas à 25° c. Quelques jours après, lorsque le marc commence à s'échauffer, on verse dessus du vin, et ce vin, au bout de vingt-quatre heures, est converti en vinaigre, surtout si l'on a eu la précaution de le chauffer on retire alors le vinaigre et, s'il n'est pas assez fort, on répète l'opération.

Si l'on veut faire d'autre vinaigre, on laisse sécher les marcs pendant une dizaine de jours, après quoi l'on opère comme précédemment. Il ne faut pas mettre trop de liquide dans les cuves, on aura aussi bien soin de ne pas laisser refroidir le marc; sans cela, la fermentation acétique pourrait s'arrêter et être remplacée par la fermentation putride.

CONSEILS DU CHASSEUR

CONSERVATION DU GIBIER.

Des chasseurs ou des ménagères peuvent vouloir garder du gibier pendant un certain temps. Qu'ils essayent du moyen suivant :

Chaque pièce est ouverte et vidée, l'intérieur des oiseaux est enlevé jusqu'au jabot.

On laisse aux animaux leur plume ou leur poil. On les remplit de froment, on les enveloppe dans des linges propres, on les enfouit dans un tas soit de blé, soit de paille, soit de plantes communes préalablement desséchées. Leur conservation est assurée.

Le moment venu, on les retire, on les nettoie et on les soumet aux préparations ordinaires.

CONSEILS DU VÉTERINAIRE

LA CLAVELÉE.

Cette maladie est ainsi appelée, parce qu'on a comparé la pustule qui la caractérise à la tête.

C'est une affection générale, éruptive et contagieuse.

On la connait encore sous le nom de *ricotte*.

La clavelée est une maladie spéciale, propre aux animaux de l'espèce ovine, et assez semblable à la variole de l'homme, à laquelle certains auteurs ont essayé de l'assimiler.

On nomme *claveau* son virus, qui se trouve dans le produit de l'éruption postulaire.

Quant à sa nature, on ne la connait point encore; certains auteurs, pourtant, croient ce virus de nature végétale, et ce qui tiendrait à faire admettre cette opinion c'est — outre la facilité avec laquelle il repullule — la force de résistance qu'il oppose à toutes les causes de destruction, c'est-à-dire son extrême vitalité.

La maladie peut se transmettre non seulement par le contact d'un animal malade avec un animal sain, mais encore à distance, lorsque les germes de la maladie sont rejetés dans le monde extérieur et introduits ensuite dans d'autres organismes par l'air, les boissons, les aliments, etc.

Traitement. — La clavelée est, en général, peu grave. Souvent le traitement hygiénique suffit à la combattre ; pourtant il est bon de ne pas négliger le traitement thérapeutique qui peut avoir raison du mal en beaucoup moins de temps.

Nous conseillons donc d'administrer, chaque jour, deux ou trois fois, à chaque malade, environ 0 gr. 3 d'acide salicylique dissous dans un demi litre d'eau et mélangé à la nourriture. Après trois ou cinq jours, au plus, de ce traitement la guérison commence.

Mais, autant que possible, il faut prendre la maladie à son début ; l'acide salycilique donne toujours, dans ce cas, de très bons résultats.

Dr LUSCOT.

AFFAIRES MILITAIRES.

Engagements volontaires.

Un jeune homme désirant s'engager prochainement demande quelles sont les pièces à produire pour contracter son engagement.

1° Un extrait de l'acte de naissance;

2° Un extrait du casier judiciaire;

3° Un certificat de bonne vie et mœurs, conforme au modèle inséré au recueil administratif de 1880, p. 416. (art. 59 de la loi du 15 juillet 1889);

4° Le consentement des parents par écrit et légalisé par le maire (si le candidat a moins de vingt ans).

Pour la cavalerie. — Un certificat du maire constatant que l'intéressé sait soigner et monter les chevaux.

Le tout sur papier libre.

PETITE POSTE.

M. P. R... (Charente). — *Germinateur Quarante*. — Vous nous demandez des renseignements sur le chaulage des blés d'automne, et tout spécialement par le germinateur du Dr Quarante.

Nous déférons avec d'autant plus d'empressement à votre désir que nous avons une rectification à faire.

On nous avait signalé comme tout particulièrement recommandable le procédé de chaulage employé à l'Ecole d'Agriculture de La Brosse, et d'après une communication que nous avait adressée le chef de culture de cette école, nous avons dit que le sulfate de cuivre était l'agent qui avait donné les meilleurs résultats.

Nous avons été, parait-il, induits en erreur, puisque d'un rapport adressé au ministre de l'agriculture par M. Emile Thierry, directeur de l'Ecole d'Agriculture de La Brosse, il résulte que c'est au contraire le germinateur du docteur Quarante qui a été employé avec le plus de succès pour la préparation des semences.

Voici, du reste, la partie du rapport de M. Thierry, relative aux expériences de chaulage qui ont été faites à La Brosse :

« L'expérience a été faite sur une pièce de quatre hectares divisée en trois parcelles.

La première parcelle a été ensemencée avec du blé chaulé avec du vitriol, de la chaux et de la colle forte ajoutée pour favoriser l'adhérence du sel de cuivre.

« La deuxième partie a été ensemencée avec du blé soumis au germinateur du docteur Quarante.

« Le blé ensemencé dans la troisième partie a été soumis à l'action de la poudre Choquelin.

« Le blé de la deuxième partie (germinateur) a levé huit jours plus tôt que celui des deux autres.

« La végétation a été beaucoup plus active.

« Le chef de pratique a fait remarquer cette différence à ses élèves »

Mme H... (Puy-de-Dôme). — *Fontaine*. — Oui, la commune a le droit de disposer, comme elle l'entend, du trop-plein d'une fontaine qui lui appartient.

M. J. C... (Tarn-et-Garonne.) — 1° *Engrais pour le blé*. — Pour vos terres argilo-siliceuses, nous vous conseillons, par hectare, 500 kil superphosphate de chaux et 100 kil. de nitrate de soude employés à l'automne; au printemps, nouvelle application de 50 kil. de nitrate de soude en couverture.

Les engrais potassiques ne sont pas nécessaires dans votre terrain.

2° *Blé rouge de Bordeaux*. — Il a l'épi rouge, brun, allongé et un peu aplati. Le grain est aussi rouge; il est gros et lourd. C'est une variété très productive et très rustique, convenant surtout aux terres fraiches et un peu légères.

M. S... (Oise). — L'heureuse issue de votre procès prouve que vous avez eu à faire à un magistrat intelligent et juste.

Carrières. — L'entrepreneur n'a pas le droit d'extraire des matériaux sous le terrain que vous détenez comme fermier. Ces matériaux appartiennent au propriétaire du terrain, en outre de ce principe que la propriété du sol emporte celle du dessous et du dessus. Si par le fait de cette extraction la qualité de votre terrain a été diminuée, il vous est dû indemnité. Mais nous pensons que c'est au propriétaire et non au fermier qu'il appartient de réclamer une indemnité pour les matériaux extraits. Le terrain a été loué pour être cultivé et non pour servir de carrière.

Manèges. Nous annonçons vos manèges d'occasion. Vous voudrez bien nous dire quand il faudra suspendre l'annonce. Les deux premières insertions sont gratuites.

Compliments affectueux.

OFFRES & DEMANDES.

Pour répondre au désir qui nous est exprimé nous offrons à nos abonnés, sous cette rubrique, deux annonces gratuites pour les offres et demandes d'emplois, produits ou animaux à vendre ou à acheter, etc.

Les annonces qui suivront jouiront d'une réduction de 50 pour 100 sur les tarifs ordinaires.

Les demandes d'insertions devront être envoyées à l'administration, qui se chargera de les rédiger.

Ne pas négliger d'envoyer tous les renseignements nécessaires (joindre 2 timbres de 0 fr. 15).

A vendre d'occasion deux bons manèges, système Albaret et système Pesant, de Maubeuge, à 80 fr. chaque.

S'adresser à M. SÉZILLE, ferme de May, à Morienval (Oise).

REVUE FINANCIÈRE.

Il n'y a pas à nier, cette fois, que le marché de Paris n'est pas encore désenguignonné, ni complètement rasséréné. Si, pendant un jour, à la fin de la semaine dernière, on a semblé décidé à partir de l'avant franchement, la tentative n'a pas eu de lendemain et, une fois de plus, il a suffi de nouvelles plus ou moins fraiches, plus ou moins exagérées, pour que la baisse reprit avec vigueur.

Dans ces conditions, nous n'avons pas plus aujourd'hui qu'il y a huit jours à entrer dans de grands détails sur les cours.

Nos rentes restent bien tenues; à cela rien d'étonnant, puisque notre papier d'Etat est encore de tous, pour les gros placements, celui qui offre le plus de sécurité.

Sont encore bien tenues, quoique fort calmes pour l'instant, les actions de nos Chemins de fer, et, pour les bourses moins garnies, les obligations des mêmes ou celles de la Ville de Paris, ou celles du Foncier.

Le surplus de la cote est plutôt faible. Les actions de nos établissements de Crédit, à part celles de la Banque de France, toujours à 4 600, sont ramenées à la faiblesse qui a marqué les vacances. Même celles qui, comme le Foncier, ou la Banque de Paris et le Crédit Lyonnais, avaient bénéficié de l'émission en cours ou de celle fort proche, assure-t-on, de l'emprunt russe, ont perdu partie de leur avance.

Quant aux fonds d'Etats étrangers, ils se modèlent plus que jamais sur notre papier d'Etat. Il est même curieux sous ce rapport de constater que les plus discutés d'entre eux, ceux qui donnent des inquiétudes, tels que l'Italien et le Portugais, pour ne citer qu'eux, sont encore ceux qui enregistrent les variations les moins larges.

Il faut en prendre son deuil : il y a toute apparence que ce n'est pas encore demain que deviendra stable la prétendue reprise qu'ont motivée tout autant l'impatience naturelle de la spéculation à voir revenir les jours fructueux et l'animation factice causée par les deux affaires en cours.

Nos lecteurs trouveront ailleurs le prospectus de l'émission des nouvelles obligations communales du Crédit Foncier. Il nous suffira de rappeler que cette émission est destinée à la conversion de l'emprunt de 1875 et que les porteurs d'anciens titres ont un droit de préférence, c'est-à-dire peuvent échanger leurs titres qui seront repris pour 505 francs.

La souscription publique commence et se clôture le 6 octobre. On peut souscrire par correspondance. TIMON.

HALLES ET MARCHÉS.

Le temps se maintient favorable aux travaux d'extérieur; l'arrachage des betteraves et des pommes de terre s'effectue dans de bonnes condition, ainsi que les travaux préparatoires des semailles d'automne. La situation commerciale est calme en général. La plupart des denrées agricoles ont plutôt tendance à la faiblesse.

Blés. — Les offres prennent plus d'importance sur nos marchés; mais elles ne sont pas encore abondantes comme d'habitude à cette époque de l'année. Les prix continuent à avoir une tendance à la faiblesse; ils ont perdu environ 25 centimes par 100 kilog. la semaine dernière. Voici les derniers relevés sur les marchés de samedi : Cambrai. blé blanc, 25 à 26; roux, 23 à 25; Douai, 25 à 27; Amiens. 29; Beauvais, 25 à 27; Châlons-sur-Marne, 27 50; Etampes, 24 15 à 27 50; Chartres, 25 à 26 6 ; Laval, 24 à 25, Dijon, 26 à 27 50; Montereau, 25 à 2 i 70; Lyon, 2 50 à 28; Nantes. 24 7 à 25 25; Bordeaux. 26 90. — A Paris, au marché commercial, les transactions ont peu d'animation; cependant. en clôture la tendance était soutenue samedi dernier; on a coté, 26 75 à 27 les 100 kil. pour le disponible et le livrable en octobre; 27 25 à 28 50, de novembre à avril prochain. — Les entrées de blés exotiques restent toujours élevées dans nos ports; *Marseille a reçu 355,700 quintaux*; Bordeaux, 1 i 3,000 quintaux; Le Havre, 218,000 hectolitres. Les quantités de blés en mer à destination de la France augmentent encore; on relevait en dernière date, venant de Californie, 2,60 ,250 hectolitres; du Chili, 4 ,560; des Indes, 6,380; soit au total 2,671,190 hectolitres, contre 2,585,350 la semaine précédente; malgré les importations suivies, les cours des blés étrangers restent soutenus sans changements.

Sur les marchés étrangers, on a plutôt constaté de la faiblesse. A Londres, après une demande assez suivie qui avait amené 50 centimes de hausse, les acheteurs ont obtenu des concessions, les roux d'hiver et les blés des Indes ont fléchi; les blés de Russie sont offerts couramment. A Berlin on cotait samedi 28 62 les 100 kilog ; à Vienne, 22 38; à Budapest, 22 07. A Anvers, le blé roux d'hiver vaut 22 75; le Californie blanc, 23 50; le Chili dur, 22 50 et le blé du Danube 20 50 à 22 50. Le marché de New-York, est toujours agité; les fluctuations sont journalières; vendredi dernier, on cotait : le roux d'hiver, 19 87 les 100 kilog. en baisse de 12 centimes.

Seigles. — Les affaires sont à peu près nulles sur ce grain, le marché commercial de Paris était samedi dernier à 20 fr. les 100 kilog. pour le disponible; 20 à 20 25 pour le livrable octobre; 20 75 à 22 pour les autres époques. A Berlin, on cotait 29 37.

Orges. — Les offres sont devenues très nombreuse, avec tendance nouvelle de cours à la baisse; on cote toujours 14 à 14 50 les 100 kilog. dans les centres de production, et 15 à 16 en gare d'arrivée à Paris.

Avoines. - Prix soutenus sans changement, avec offres moins abondantes de la part de la culture Au marché commercial. à Paris, on cote : 16 à 16 25 les 100 kilog. disponibles et livrables en octobre; 16 25 à 17 pour toutes les autres époques.

Farines de consommation — La situation ne change pas. La marque de Corbeil vaut toujours 64 les 157 kilog. nets.

Farines de commerce. — Les cours ont baissé de 50 centimes environ pendant la seconde moitié de la semaine dernière; on cotait samedi les *douze-marques* disponibles 60 à 60 25 les 157 kilog. nets; livrables octobre, 60 25 à 60 50; autres termes, 61 25 à 63.

Farines de seigle. — Prix bien tenus de 27 à 30 50 les 100 kilog.

Pommes de terre. — Les demandes sont nombreuses pour la vente en gros à Paris; les prix ont plus de fermeté; on cote : Hollande, 85 à 90 les 1 000 kil.; rouges saucisses, 80 à 85, rondes hâtives, 75 à 80.

Fécules. — Prix très fermement tenus comme suit : fécule première graine, Paris 34 à 34 50 les 100 kilog ; Oise, 33; Vosges, 33 50 à 34; Loire et Auvergne, 33 à 34.

Huiles de graines. — Après la fermeté que nous avons signalée sur les huiles de colza, les cours ont de nouveau baissé vers la fin de la semaine. Samedi on cotait à la Bourse de Paris : huile de colza disponible, 70 50 à 70 75 les 100 kilog.; octobre, 70 75 à 71; autres époques, 71 25 à 72 75; huile de lin disponible, 51 75 à 52 25; livrable-octobre, 51 75 à 52; novembre à avril, 52 à 53 50. — Sur les marchés des départements, les huiles de colza sont également en baisse. On cote à Rouen : colza, 70 50 à 71; lin 51 50 à 51; Caen, colza, 68 à 68 50; à Arras, œillette surfine, 100; pavot à bouche, 76; colza. 76 à 77; cameline, 66; pavot. 70; à Lille, colza, 70 l'hectolitre; lin, 49 à 54.

Graines oléagineuses. — On cote à Paris, les graines de colza. 33 à 35 les 100 kilog.; celles de lin, 25 à 30; le chènevis de Bretagne, 32 à 33; de Russie, 30; — à Caen graine de colza. 18 à 19 les 104 litres. — A Arras, œillette nouvelle, 22 50 à 21 50 l'hectolitre.

Tourteaux. — Les prix sont en hausse à Marseille; les approvisionnements sont restreints et l'on compte sur une forte demande. On cote : tourteaux pour nourriture : lin pur, 16 0 les 100 kil.; arachide décortiquée, 15 50; sésame blanc du Levant, 14 50; de l'Inde, 15 50; coprah pour vaches laitières, 12 90 à 11 25; palmiste naturel, 11 25; farine de cocotier, 14 25; — pour engrais : sésame brun de l'Inde, 13 75; ricin sulfuré, 10 50; moura ou illipé, 7; ricin pour la vigne, 9 50; colza exotique, 11 50; Niger, 10 0. — A Arras on vend : œillette, 13 50 les 100 kilog.; colza, 15 75; lin, 22; cameline, 14; — à Lille, colza indigène, 15 50 à 16; étranger. 13 à 15; œillette. 16 à 17; lin, 23 50 à 24 75; cameline, 11; chanvre, 19 à 20.

Engrais. — Le marché est plus calme pour le nitrate de soude Malgré la réduction des envois du Chili, les cours ne changent guère On cote 21 25 à 21 40 les 100 kilog. à Dunkerque pour le disponible et 22 25 à 22 50 pour les livraisons sur les quatre premiers mois de 1892. — Les cours du sulfate d'ammoniaque sont également à peu près stationnaires; — le sulfate français se vend 29 à Paris; le sulfate anglais, 27 25 à Dunkerque; 27 25 à 27 50 dans les ports de Belgique; 27 75 à 28 à Rouen; 28 25 à 28 50 à Nantes. — Le sulfate belge est offert sur wagon à 27 et 27 50. — Les superphosphates conservent leurs prix fermes sans changements; les livraisons se font avec activité. — Pour les phosphates, tous les fabricants résistent à la baisse et tiennent leurs prix le plus ferme possible. Dans la Somme, on cote à l'unité de phosphate par 1,000 kilog. sur wagon; 70 à 75 pour 100. 1 05; 65 à 70 pour 100 ordinaire, 0 82 à 0 84; lavé avec trois et demi de fer et alumine, 0 87; 60 à 65 pour 100 lavé, 0 70 à 0 72; 60 à 65 pour 100, 0 62 à 0 64. — Le calme continue pour les sels de potasse, avec cours sans variations. — Les matières organiques se cotent : sang desséché moulu, 1 72 l'unité d'azote par 100 kilog. à Paris; 1 60 à Anvers; 1 75 à Nancy : viande desséchée, 1 65 à Paris; 1 60 à Lyon; corne torréfiée moulue, 1 50; cuir torréfié, 1 20 à Paris.

Beurres. — La vente s'est ralentie samedi à la halle, et les prix ont un peu baissé. On cote : *beurres en mottes* : fermiers de Gournay : extra, 3 70 à 3 96 le kilog.; choix, 3 40 à 3 60; bons, 3 à 3 20; ordinaires, 2 70 à 2 80; d'Isigny, extra, 5 à 6 72; choix, 4 à 4 70; bons, 3 80 à 3 90; ordinaires, 3 10 à 3 20; marchands du Gâtinais, 2 40 à 2 60; de Bretagne, 2 30 à 2 40; de Vire, 2 30 à 2 50; de Bresse, 2 à 2 10; laitiers des Charentes, 2 70 à 3 10; des Alpes, 2 80 à 3 20; divers producteurs, 2 60 à 3 10; — *beurres en livres* : fermiers, 2 50 à 3 20; Touraine, 2 40 à 2 60; Gâtinais, 2 40 à 2 70; Vendôme et Beaugency, 2 30 à 2 60; Bourgogne, 2 30 à 2 50; le

Mans, 2 30 à 2 50; — *Petits beurres* : 1 90 à 2 60, suivant provenance.

Œufs. — La vente est difficile, avec cours en légère baisse, on cote : Normandie, 100 à 125 le mille. Picardie extra, 104 à 130; ordinaire, 80 à 95; Brie extra, 96 à 105; Touraine extra, 96 à 119; ordinaire, 81 à 91; Beauce, 98 à 106; Orne, 80 à 92; Bourgogne, 82 à 88; Champagne, 86 à 90; Nivernais, 78 à 81; Bourbonnais, 76 à 80; Bretagne, 70 à 78; Vendée, 74 à 82; Auvergne, 75 à 78; Midi, 75 à 80; Autriche et Allemagne, 60 à 70.

Fromages. — La vente est devenue plus active aux prix suivants, *par dizaine* : Brie, haute marque, 55 à 60; grand moule, 40 à 45; moule moyen, 24 à 29; petit moule, 12 à 18; laitiers, moyens moules, 3 à 13; — *par 100 kilog.* : Roquefort, 160 à 230, Gruyère, 100 à 165; Hollande, 150 à 160; Cantal, 100 à 115; Gérardmer, 60 à 70; Limbourg, 70 à 8 ; Munster, 100 à 110; Romatour, 90 à 100; façon Port-Salut, 90 à 160; — par cent : Bourgogne, 55 à 60; Saint-Nectaire, 90 à 100; Camembert, 20 à 40; Livarot, 45 à 85; façon Coulommiers, 20 à 40; Mont Dore, 20 à 25; Gournay, 8 à 20.

Raisins secs à boisson.

(Cours de la maison Audibert, 53, rue des Minimes, à Marseille).

PRIX ACTUELS (grande baisse).

Corinthe, **Roi de Grèce**, petits grains Extra 1er choix	100 kilos	59 »
Corinthe, le **Turban**, gros grains	» »	55 »
Corinthe petits grains, 1er choix	» »	57 »
Thyra, 1er choix	» »	50 »

BESTIAUX.

LA VILLETTE, 1er octobre. — Bestiaux. — Vente mauvaise sur les bestiaux et sur les veaux, en forte baisse sur les moutons, lente et difficile sur les porcs.

COURS officiels.	Amenés.	Vendus.	1re qualité.	2e qualité.	3e qualité.	Prix extrêmes.
Bœufs	2.134	1.967	1 56	1 41	1 26	1 12 à 1 60
Vaches	592	52«	1 54	1 33	1 14	1 04 1 56
Taureaux	182	161	1 36	1 28	1 15	1 06 1 40
Veaux	1.362	1 023	1 80	1 69	1 58	1 34 1 98
Moutons	9.455	7.840	2 02	1 84	1 66	1 54 2 14
Porcs	5.290	5.207	1 44	1 40	1 35	1 24 1 48

Marché du lundi 28 septembre.

	Amenés	Vendus	PRIX AU POIDS NET 1re qual.	2e qual.	3e qual.
Bœufs	2.748	2.299	1 56	1 42	1 28
Vaches	1.253	1.150	1 52	1 32	1 14
Taureaux	297	179	1 36	1 28	1 16
Veaux	1.094	9 9	1 88	1 68	1 58
Moutons	11.843	10.415	2 04	1 86	1 68
Porcs	3.289	3.2,6	1 45	1 42	1 36

	PRIX AU POIDS VIF 1re qual.	2e qual.	3e qual.	Prix extrêmes.
Bœufs	» 93	» 80	» 66	» 56 à » 94
Vaches	» 90	» 69	» 56	» 50 » 93
Taureaux	» 85	» 71	» 61	» 53 » 89
Veaux	1 08	» 96	» 79	» 68 1 20
Moutons	1 06	» 92	» 81	» 72 1 15
Porcs	» 98	» 91	» 90	» 82 1 »
Peaux de moutons en laine				3 ,0 6 25
Id. id. demi-laine				1 80 2 95

Viandes abattues. — Criée du 1er Octobre.

		1re qualité.	2e qualité	3e qualité.
Bœufs	le kil.	1 80 à 2 40	1 10 à 2 20	1 » à 1 70
Veaux	—	1 60 1 70	1 46 1 56	1 30 1 40
Moutons	—	70 1 80	1 30 1 66	» 90 1 26
Porc entier	—	1 30 1 40	1 10 1 26	» 90 1 10

Médaille d'Or. * Exposition Universelle 1889. * Médaille d'Argent.

VACHERIE à céder, après fortune, près Paris, riche clientèle. 40 vaches 1er choix, 500 litres lait vendus 40 et 50 c. Maison ancienne avec petite culture. Installation confortable. Bail à volonté. Vendeur propriétaire. Bénéfices nets à placer, 20,000 fr. justifiés. On traitera avec 25,000 fr. argent ou contre garanties sérieuses.
S'adresser à MM. LAPORTE et LEFRANC, 93, boulevard Sébastopol, Paris.

Semoir et Distributeur d'Engrais

Système MAGNIER.

Envoi franco du catalogue illustré.

Expériences du 23 septembre 1880, 1er prix — 20 avril 1890, Poitiers, 1er prix.

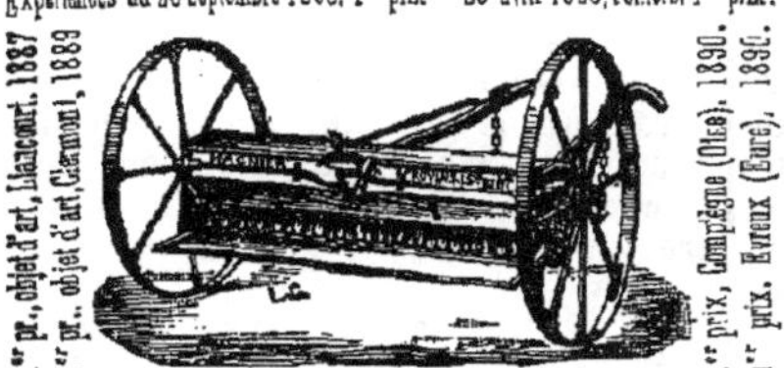

1er prix, Beauvais, 1890.

MAGNIER, constructeur breveté, Provins (S.-et-M.).

GUÉRISON RADICALE DE LA DIARRHÉE DES VEAUX PAR LA POUDRE CHOQUELIN.
1 franc la boîte *franco par la poste.*
Dép. g., Phle HAUVESPRE. Courville (Eure-et-Loir).

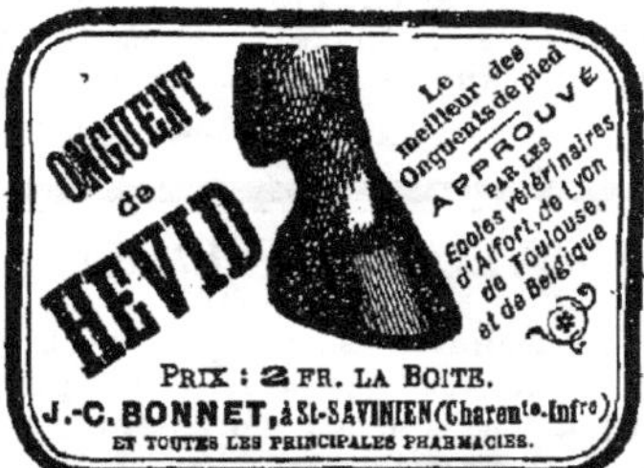

L'Onguent de HEVID, *adopté par le Ministère de la guerre*, est le meilleur préservatif des maladies du pied des espèces chevaline et bovine. Il pénètre admirablement le tube corné, le nourrit, et remet en bon état, en quelques semaines, le sabot le plus sec et le plus cassant.
En vente chez les vétérinaires, pharmaciens, selliers et maréchaux-ferrants.

L'Administrateur-Gérant : ALBERT RENOT.

Beauvais. — Imp. D. PERE. - A. CARTIER, Gérant.

Faucheuses. Faneuses. Râteaux à cheval. **Presses** à fourrages. **Brise-Tourteaux. Appareils à cuire. Égrenoirs** de maïs. **Rouleaux. Semoirs. Transmissions** par arbres et par câbles. **Matériel** de brasserie et de féculerie.

ALBARET (O. * et O. *)

MACHINES AGRICOLES.

Ateliers de Construction et Administration à **LIANCOURT-RANTIGNY** (Oise).

Magasin et bureau, à PARIS, boul. de Strasbourg, 63 (entrée par le passage du Désir).

Succursales : Saint Quentin, boulevard Victor-Hugo, n° 52; **Chartres**, rue du Grand-Faubourg, n° 76; **Abbeville** (Somme), rue Ringois, n° 41; **Cambrai**, M. MESNIL rue des Bouchers, n° 13.

Récompenses obtenues aux Expositions universelles et Concours internationaux.

Machines à vapeur fixes, horizontales et verticales.

Générateurs.

Machines à vapeur locomobiles.

Manèges fixes, mobiles et semi-fixes.

Batteuses fixes et portatives, conservant ou brisant la paille.

Engreneurs mécaniques.

Semoirs à engrais à graines et à haricots.

Hache - maïs et **Coupe-racines** à force centrifuge transportables.

206 Médailles d'or.

1862. Exposition de Londres.	1er prix : grande médaille; 2e prix : mention honorable.
1861. Exposition internationale de Bayonne.	Médaille d'or, donnée par le Gouvernement; médaille d'or, donnée par la Commission de l'Exposition.
1865. Exposition universelle de Porto.	Grande médaille d'argent.
1867. Exposition universelle de Paris.	Grande médaille d'or, la plus haute récompense pour locomotive routière et machines agricoles.
1869. Expos^on d'Amsterdam.	Diplôme d'excellence.
1869. Exposition de Beauvais. 1872. Exposition de Lyon.	Deux diplômes d'honneur comme exposant et membre du jury.
1873. Exposition univ. de Vienne (Autriche).	Grand diplôme d'honneur, la plus haute récompense.
1878. Exposition univ. de Paris.	Trois médailles d'or; un objet d'art pour mérite exceptionnel sur le terrain; une médaille de bronze; quatre médailles argent et bronze pour collaborateurs.
1882. Conc. spéc. intern. de hache-maïs de Ste-Menehould.	1er prix : médaille d'or, donnée par la Société des Agriculteurs de France.
1883. Expos^on d'Amsterdam.	Diplôme d'honneur : la plus haute récompense.
1884. Grand concours international d'Amsterdam.	Prix unique : grande médaille d'or pour locomobile; 1er prix : grande médaille d'or pour presse à fourrage; 1er prix : grande médaille d'or pour machines à battre; 1er prix : médaille d'argent pour hache-paille et dépulpeur.
1885. Exposition internation. d'Anvers.	Diplôme de médaille d'or, la plus haute récompense pour machines agricoles.
1889. Exp. d'économ. sociale, section XIV.	Médaille d'or; médaille d'argent pour collaborateurs.
1889. Exposition universelle. - Membre du jury. Hors concours.	
1876. Société nation. d'agric. de France.	Grande médaille d'or; prix de mécanique.
1886. Société nation. d'agric. de France.	Rappel de grande médaille d'or pour l'ensemble des travaux de mécan. agric.
1888. Aniche (Nord).	Moissonneuse-lieuse à la ficelle, diplôme d'honneur avec félicitations du jury, pour la machine qui fonctionne à toute satisfaction.
1889. Comice agric. de Montdidier, Ailly-sur-Noye.	Diplôme d'honneur et médaille de vermeil pour batteuse et instruments; médaille de vermeil grand module pour faucheuse et moissonneuse.
1890. Concours de Clermont	Diplôme d'honneur avec félicitations du jury, pour le bon fonctionnement de la moissonneuse-lieuse.
Plusieurs médailles or, argent et bronze à MM. les Collaborateurs de la Maison.	

Concasseurs.

Moulins-bluteries.

Hache-paille.

Hache-maïs.

Hache-fourrage.

Coupe-racines

Laveurs de racines.

Moissonneuses simples.

Moissonneuses combinées.

Moissonneuses lieuses.

162 Médailles d'argent.

Envoi gratis sur demande des Catalogues illustrés.

16 Diplômes d'honneur et d'excellence.

Monte-Paille. Moteur domestique à vapeur à pression inférieure à celle atmosphérique. **Rouleaux** à vapeur et à traction de chevaux pour le cylindrage des chaussées d'empierrement. **Poteaux** indicateurs pour routes.

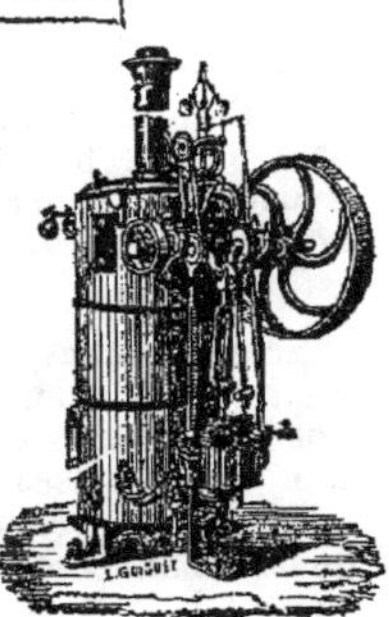

12e Année. — 2e Série. — N° 610.

Dimanche 4 Octobre 1891.

GAZETTE AGRICOLE

JOURNAL HEBDOMADAIRE, PARAISSANT LE DIMANCHE

Rédacteur en Chef : M. Ch. GOSSIN, Professeur d'Agriculture à l'Institut agricole de Beauvais.

PRIX DE L'ABONNEMENT

UN AN, 5 fr. — SIX MOIS, 3 fr. — TROIS MOIS, 2 fr. 25

Pour l'étranger les abonnements ne sont reçus que pour un an, au prix de 6 francs, et ne partent que du 1er janvier ou du 1er juillet de chaque année.

Le numéro : 10 centimes.

Il est indispensable de joindre à toute demande de changement d'adresse la dernière bande d'adresse du journal et 50 centimes pour frais de nouvelles bandes.

Adresser les *Abonnements* et *Annonces* au secrétaire de la rédaction, **13, quai Voltaire, Paris**, ou à M. GOSSIN, rédacteur en chef et administrateur, à BEAUVAIS.

BUREAUX

13, quai Voltaire, Paris, et à Beauvais.

Les abonnements partent du 1er de chaque mois et sont payables d'avance. Toute demande d'abonnement doit donc être accompagnée du prix de l'abonnement. (Le mode de payement le plus simple est l'envoi d'un mandat-poste.)

Donner *très lisiblement*, en s'abonnant, son nom et son adresse exacte, *avec l'indication du bureau de poste*, et, s'il s'agit d'une continuation d'abonnement, joindre au renouvellement la dernière bande d'adresse du journal.

Les Annonces sont reçues chez MM. DUSSERIS et MATHELLON, 97, rue de Rennes, Paris.

La GAZETTE AGRICOLE insère gratuitement les Communications des Syndicats agricoles

SOMMAIRE :

PARIS, 2 OCTOBRE.

Ainsi, c'est entendu, M. Carnot, président de la République; M. de Freycinet, président du Conseil; M. Constans, ministre de l'intérieur, le répètent à l'envie : l'heure est venue de l'apaisement. Soyons tous unis ; faisons preuve de conciliation ; plus de haines ; plus de persécution. Il ne saurait y avoir pour la France de plus sûre garantie de prospérité. Eh bien, le Bonhomme Deschamps ne craint pas de le dire : Il est tout-à-fait de l'avis de MM. Carnot, de Freycinet et Constans. Même il en était avant qu'ils l'exprimassent aussi haut. Il a toujours estimé que la première chose à faire était de rétablir la paix entre les citoyens. Il a dit d'autant plus haut que les élections générales de 1885 et de 1889 avaient montré que le pays souhaitait ardemment la pacification. Aujourd'hui, MM. Carnot, de Freycinet et Constans disent comme lui. Il n'aura pas l'inconséquence de changer d'avis parce qu'ils sont arrivés à partager le sien.

***

Seulement, les conservateurs n'ont rien à faire pour cela. C'est aux républicains, non seulement à travailler à cette pacification, mais eux seuls sont en situation de le faire. Nos impôts ont fort augmenté depuis quelques années, et comme les budgets et surtout les déficits en font autant, il est probable que cet accroissement des impôts n'est pas prêt de s'arrêter. Ce n'est peut être pas un excellent moyen de contenter les contribuables. Si donc on veut les contenter, c'est sans doute que les républicains vont changer leur politique financière. Cela ne peut dépendre que d'eux. S'ils ne le font pas, vous vous direz que leurs promesses d'apaisement ne sont que de mauvaises plaisanteries. Quant aux conservateurs, ils n'y peuvent rien, puisque leur seul rôle dans tout cela, est de payer les impôts.

***

Ce n'est pas eux sans doute non plus qui ordonnent les laïcisations, malgré les vœux des conseils municipaux. Voilà cependant une mesure qui ne peut qu'augmenter la désunion et les haines. Que les préfets cessent d'imposer aux communes les laïcisations avec toutes les dépenses qui en résultent. Alors ils auront donné la preuve de leur désir de conciliation. Cela nous ne l'avons pas vu encore. Attendons, cela viendra peut-être. Si vous avez un maire républicain, vous savez par expérience quel esprit de conciliation il apporte dans l'administration de la commune ; vous savez si les conservateurs et les républicains jouissent, de la part de l'administration, des mêmes tolérances. Est-ce que cela va changer? Si oui, tant mieux certes; mais là encore les conservateurs ne peuvent qu'attendre l'effet des bonnes paroles ministérielles. Nous avons quelque idée qu'ils l'attendront longtemps, mais enfin, on verra.

***

Lorsque deux hommes se battent, ce n'est assurément pas celui qui est dessous son adversaire et qui en reçoit les coups qui peut mettre fin à la querelle. Il est bien obligé d'attendre qu'il convienne au plus fort de cesser de le gourmer. C'est à celui-ci qu'il appartient de laisser sa victime tranquille et de lui proposer de vivre désormais, sinon en amis, du moins sans se battre. Or c'est là la situation des républicains et des conservateurs. Ces derniers ont été mis en minorité ; ils sont quotidiennement molestés, offensés, persécutés de toutes les façons par leurs adversaires. Ils cherchent à se défendre le mieux qu'ils peuvent, mais ce n'est certes pas eux qui demandent à être persécutés, offensés ou molestés. Si on veut bien cesser de les traiter en victimes, il est sûr qu'ils ne s'en plaindront pas. Mais encore une fois c'est aux républicains à prouver que ce sont eux qui veulent la paix, attendu que ce sont eux et eux seuls qui la troublent.

***

De sorte qu'en définitive on va voir ceci. Ou bien les républicains sont sincères dans leurs protestations amicales et alors nous allons voir les finances gérées avec économie, la religion ne plus être persécutée, les droits des pères de famille et des conseils municipaux respectés, les maires ne pas s'inquiéter des opinions de leurs administrés et la justice être également distribuée à tous. Dans ce cas, il n'y aura pour les conservateurs qu'à se féliciter, parce qu'ils cesseront de recevoir les coups. Ou bien, nous ne verrons rien de tout cela et alors, une fois de plus, le Bonhomme Deschamps sera obligé de constater que les républicains ne sont que des farceurs.

LE BONHOMME DESCHAMPS.

NOUVELLES DE LA SEMAINE.

Le général Boulanger. — Le général Boulanger vient de célébrer de la façon la plus dramatique le second anniversaire de la mort du boulangisme.

C'est en effet les 22 septembre et 6 octobre 1889 que les élections législatives ont consommé la ruine du parti déjà si ébranlé par la fuite du chef qui le personnifiait tout entier. Depuis, les tronçons du serpent ont vainement cherché à se rejoindre. Les récriminations stériles, les divisions survenues entre les plus actifs partisans du général, les griefs contre lui-même, ont affaibli encore les dernières forces de cet état-major abandonné par ses troupes.

La passion scandaleuse à laquelle Boulanger semblait décidé de plus en plus à tout sacrifier, a découragé les amis les plus dévoués.

L'isolement s'est fait progressivement; puis vinrent les difficultés d'argent, la maladie et la mort de cette compagne tant aimée; puis l'abattement, la solitude, mauvaise conseillère, puis... le coup de revolver du cimetière d'Ixelles.

Triste et trop digne fin d'un héros, doué, certes, de qualité brillantes, mais sans principes politiques comme sans foi religieuse.

Quelque complète que soit la ruine du boulangisme, le gouvernement, dont M. Constans est la cheville ouvriere, doit ressentir une certaine satisfaction; il aurait tort de triompher trop bruyamment. Il s'est défendu, c'était son droit; mais il l'a fait par des moyens illégaux, répugnants, et, disons le mot, parfois infâmes.

De cette équipée, terminée dans la honte et le sang, naît d'ailleurs une autre réflexion et se dégage une leçon de morale politique.

C'est qu'aucun parti, eût-il pour lui toutes les faveurs de la fortune et de la popularité, n'est stable que s'il repose sur un principe vrai, comme la Monarchie.

La République a eu pour elle la chance que ce soient des monarchistes qui l'aient faite; mais elle s'apercevra de cette vérité tôt ou tard.

Les avances aux conservateurs. — Les républicains nous donnent un spectacle amusant. Las d'une lutte au cours de laquelle ils n'ont pas été sans recevoir des blessures cruelles et même inquiétantes, ils voudraient bien y mettre fin. Dans ce but, ils convient les conservateurs à un désarnement. Afin de rendre cet appel plus éloquent, ils vont jusqu'à charger le président de la République de lui prêter sa voix sympathique et ses manières avenantes; « Rapprochez-vous, messieurs; pourvu que ce ne soit pas de la table, nous vous ferons bon accueil. » Quelques conservateurs ont-ils l'air de prendre l'invitation au sérieux? aussitôt les républicains inquiets grognent; si l'on insiste, ils montrent les dents; un pas de plus, ils vous dévoreraient. La lice de la fable ne défendait pas mieux sa niche d'emprunt. Le nouveau venu s'éloigne-t-il? alors on le rappelle; on prétend même le garder malgré lui. Et la comédie est quotidienne.

Politesse officielle. — Un incident assez singulier s'est produit au banquet organisé à Reims en l'honneur du Président de la République. M. Carnot devait venir à sept heures. Il est arrivé une demi-heure après. C'était peu poli de sa part. Mais d'un autre côté, les convives n'avaient pas cru devoir attendre. Ils s'étaient mis à table. Le potage et les hors-d'œuvres étaient mangés lorsque M. Carnot a fait son apparition. C'était également fort peu poli. On n'a décidément, dans le monde républicain, que des idées fort vagues sur ce que commande la bonne éducation.

Encore M. Chéon-Ducollet. — M. Chéon-Ducollet, maire de la Mure, est décidément un homme de grand avenir. Il s'était déjà illustré par son arrêté contre les robes blanches et les couronnes de fleurs. Les journaux de l'Isère nous signalent un nouvel exploit de cet étonnant personnage. Un citoyen du nom de Sauvaire-Jourdan, mort à la station de la Mure, fut transporté du wagon où il avait été frappé d'une embolie, dans la salle d'attente, où il rendit le dernier soupir. M. le curé, mandé aussitôt, voulut bien recevoir le corps chez lui et le garder trois jours, en attendant son transfert à Marseille. Or, M. le maire Chéon-Ducollet a jugé à propos, pour ce fait, de dresser procès-verbal contre le curé... parce que le corps aurait dû être transporté à l'hospice! Les ministres feront bien de surveiller de près M. Chéon-Ducollet. Ce maire est en train de conquérir tous les titres possibles à les remplacer.

Une réminiscence. — M. Paul de Cassagnac écrit dans l'*Autorité*:

Il est exact que, né à la vie politique sous l'Empire, j'avais en horreur tous les adversaires du régime impérial, notamment les légitimistes et les royalistes.

Et je leur ai fait, naturellement, la guerre la plus acharnée, celle qu'ils nous faisaient, eux-mêmes.

Il serait facile, par conséquent, de remplir plusieurs volumes, avec les choses désagréables que nous avons pu dire à nos adversaires d'alors et avec les choses, non moins désagréables, qu'ils ont répondues.

Depuis, les événements ont marché.

Si je suis demeuré, quant aux opinions, ce que j'étais, ce que je serai toujours, c'est-à-dire le partisan convaincu du régime plébiscitaire, j'ai eu l'occasion, sous l'influence du danger commun, de me rapprocher de mes adversaires d'autrefois, des légitimistes et des orléanistes.

Sans rien emprunter à leurs idées, j'ai du moins pu apprécier leur caractère.

En leur rendant justice, comme ils le méritaient, j'ai dû leur accorder mon estime d'abord et ensuite mon amitié.

Tel est le changement qui s'est opéré en moi et depuis longtemps.

J'ai reconnu que les royalistes étaient de braves gens, d'honnêtes gens, que leurs princes, pour n'être pas mes princes, sont néanmoins de nobles et vaillants cœurs.

La suppression des passeports en Alsace-Lorraine. — On s'était trop hâté, paraît il, de se rejouir de l'abolition du régime des passeports imposé, il y a trois ans, aux relations de la France et de l'Alsace-Lorraine. Evidemment le rescrit de l'empereur Guillaume produit en Europe une bonne impression. Avec une formalité inutilement vexatoire, ne donnant aucune sécurité de plus à l'Allemagne et portant une atteinte très pénible aux intérêts et aux sentiments des Alsaciens-Lorrains, disparaît une cause permanente d'irritation et de conflits. Mais peut-on déjà considérer ce rescrit comme une abolition définitive ou seulement une suppression temporaire? Quelle mesure apporteront les autorités locales dans l'application du nouveau régime qui, contrairement à ce que l'on pourrait croire, ne remet pas entièrement l'Alsace-Lorraine sous le droit commun? Verrons-nous une tolérance, aussi large que possible, succéder aux vexations peu humaines dont tant de nos compatriotes ont été les victimes? Nous avons beaucoup de raisons d'en douter.

LES SEMAILLES.

La moisson est à peine terminée que déjà il est temps de songer aux semailles, surtout si l'on veut essayer quelques-unes de ces améliorations qu'un succès constant a fait entrer dans la pratique agricole. En effet, l'on peut avoir quelques achats à faire, et, dans ce cas, il est indispensable de donner des ordres un peu d'avance pour être sûr d'être servi en temps utile.

Causons donc, si vous le voulez, de nos prochaines semailles.

Je suppose que tous nous sommes des cultivateurs soigneux, et que celles de nos terres que nous voulons ensemencer sont en bon état. Déjà elles ont reçu un ou plusieurs labours préparatoires, soit une récolte sarclée pour bien les nettoyer. Ce n'est pas tout, pour mettre de notre côté toutes les chances d'une bonne récolte, il faut encore nous assurer des semences de choix et nous procurer l'engrais le plus convenable.

Comme semences, le point capital est évidemment de n'employer que du blé, non seulement très propre, mais aussi très régulier, c'est-à-dire non seulement du blé exempt de toutes graines étrangères, ou mauvaises, mais du blé qui, passé au trieur, ne contient plus de grains avortés, ou trop secs, ou trop petits En résumé, vos grains de semence sont des reproducteurs, il faut donc les choisir vigoureux et bien constitués; vous pourrez alors semer plus clair, ce sera double profit.

En dehors de cette question indiscutable, reste le choix à faire. Sèmerez-vous des blés de pays? Sèmerez-vous des blés étrangers? Les avis sont partagés, car, suivant les années, les résultats sont différents; ainsi, pendant les grands froids du dernier hiver, certains blés étrangers mal acclimatés, ont souffert dans les régions du Centre et du Nord, plus que les blés dits de pays, mais ce que l'on peut dire sans crainte de se tromper, c'est qu'il est avantageux de renouveler de temps à autre ses semences, c'est aussi que le mélange de trois ou quatre espèces assurent le plus souvent une production plus élevée. Si le sol ou le temps qu'il a fait n'ont pas convenu aux uns, les autres en profitent d'autant et bouchent les trous en tâlant d'avantage: pour ma part, je m'en suis toujours bien trouvé, je ne saurais donc trop recommander cette prudente pratique. Mélangez par quantités égales, par exemple, du blé de pays, du Dattel et du blé de Bordeaux ou toutes autres variétés, et l'an prochain vous me remercierez du conseil Quant au choix de l'engrais, si j'apprécie fort le fumier de ferme, je dois reconnaître que dans bien des localités il fait défaut, dans d'autres, la difficultés des charrois en rend l'emploi fort coûteux; au reste, selon les sols, il est souvent insuffisant comme composition, je pense donc que l'on doit tirer des engrais chimiques tout le parti possible, surtout dans la culture des céréales, pour laquelle ils sont très à recommander. Je crois même que leur emploi, qui s'étend cependant chaque jour, serait encore plus général, si, le plus souvent, les cultivateurs n'étaient embarassés pour choisir entre les innombrables formules qui leur sont recommandées avec des indications tout aussi innombrables sur les variétés des sols pour lesquelles elles conviennent.

Certes, l'emploi judicieux des engrais chimiques est à conseiller, mais pas n'est besoin, pourtant, de varier les formules avec chaque champ, et il me paraît pratique de chercher à simplifier les conseils par des formules peu compliquées et peu nombreuses, s'appliquant au plus grand nombre de cas et n'exigeant pas l'analyse complète du sol. Je vais l'essayer.

Dans les terrains granitiques, pour les céréales, mettez à l'hectare :

1° A l'automne, 1.500 kilog. de scories de déphosphorations du Creusot valant 3 fr. 40, gare de départ, les 100 kil., soit rendus au lieu d'emploi environ 3 fr. 75, ce sera	56 25
2° Au printemps, 150 kil. de nitrate de soude mélangé à 300 kil. de plâtre, valant ensemble environ	40 »
En tout	96 25

Dans les terrains calcaires :

1° A l'automne, 200 kil. de phosphates précipités	45 »
100 kil. de chlorure de potassium	22 »
2° Au printemps, 150 kil. de nitrate de soude mélangés à 300 kil. de plâtre, valant ensemble	40 »
En tout	107 »

Enfin, dans le cas des terres granitiques comme dans celui des terres calcaires, si le sol est très pauvre, ajoutez, à l'automne, 100 kil. de sulfate d'ammoniaque, valant 30 fr.

Les engrais d'automne doivent se mettre au moment des semailles, les engrais de printemps se doivent jeter à la volée au moment où les blés vont piquer, soit, suivant les régions, de fin février à fin mars ; cet épandage se fait en deux fois, lorsque le sol est très léger, afin d'éviter que les pluies n'entrainent tout le nitrate de soude avant que les racines aient pu se l'assimiler.

J'aurai terminé cette courte causerie par un bon conseil, si je vous rappelle que les Syndicats agricoles sont faits précisément pour vous procurer des semences de choix et des engrais régulièrement dosés ; n'hésitez donc pas à vous adresser à celui dont vous faites heureusement partie, vous trouverez à cela économie et sécurité, deux choses qui ne ne sont pas à dédaigner.

Toutes vos précautions étant ainsi prises, confiez au sol bien préparé le grain et l'engrais, et, avec l'aide de Dieu, l'été prochain, vous aurez de superbes moissons. Emile DUPORT.

PRÉCAUTIONS A PRENDRE
dans l'achat des engrais chimiques.
Obligations des vendeurs.

La loi du 4 février 1888 exige du vendeur d'indiquer, soit sur le contrat de vente, soit dans le double de la commission délivré à l'acheteur au moment de la vente, soit enfin dans la facture, le nom, la provenance, la nature, la composition et la teneur en principes utiles de l'engrais ou amendement. Que signifient ces mots ? La loi ne nous fixant pas sur ce point, il nous paraît utile de bien définir ces différentes expressions dont nous aurons souvent du reste l'occasion de nous servir.

Par le nom d'un engrais il faut entendre la désignation qui le caractérise dans le commerce, celle sous laquelle il est généralement connu et vendu. Quelques exemples feront bien comprendre ce que nous voulons dire. On vend quelquefois sous le nom de guano des engrais qui ont peut-être la composition du guano, mais qui n'en sont pas, car au lieu d'être, comme les guanos véritables, produits par la réunion d'excréments d'oiseaux se nourrissant exclusivement de poissons, au lieu de provenir par suite des côtes du Pérou ou des îles de l'Afrique australe, ces engrais sont formés de fientes de pigeons, de corbeaux, d'hirondelles, de chauves-souris ou de nos animaux de basse-cour, savamment associées à d'autres matières organiques dans l'usine de quelque chevalier d'industrie. Appeler guano du Pérou ou du Chili une substance de cette nature, qui n'est qu'un guano des Batignolles ou d'ailleurs, cela s'appelle tromper à la fois sur le nom et sur la *provenance* de la marchandise. On apprécie beaucoup dans le Nord un engrais, dit colombine, qui résulte, comme l'indique son *nom*, du fumier formé dans les colombiers ou pigeonniers : cette matière a une très grande puissance fertilisatrice ; elle contient de 7 à 9 0/0 d'azote, à l'état normal et l'on croit, d'après les analyses de Boussingault et de Payen que 1,449 kilogrammes seulement correspondraient à environ 30,000 de fumier ordinaire. Tout cela n'empêche pas que si on vous faisait passer de la colombine pour du guano, vous y perdriez, car ce dernier engrais a sur l'autre la supériorité de contenir en dehors de l'azote une grande abondance de phosphates, de sels alcalins, agents dont les plantes exigent la présence pour prospérer.

Puisque nous parlons de guano, laissez-moi vous dire, en passant, que pour cette matière, plus que pour tout autre peut-être, vous devez être circonspect. Il y a si longtemps, depuis 1845 ou 1850, je crois, que nous exploitons les dépôts formés par les oiseaux exotiques des océans du Sud, que je me demande souvent comment il peut y avoir encore assez de guano au Chili, au Pérou, en Patagonie et autres contrées de l'Amérique du Sud, pour satisfaire les nombreuses demandes de nos cultivateurs.

Voilà donc une substance dont nous pouvons nous méfier pour plusieurs motifs. Son nom est une sorte de paravent que l'on craint d'autant moins d'employer que les guanos eux-mêmes n'ont pas la même composition. Cele dépend, comme nous venons de le voir, de la *provenance*. D'après Girardin, un échantillon blanc de Bolivie contenait environ 15 d'azote, 28 de phosphates et 4 de potasse, tandis qu'un autre de Patagonie renfermait seulement 1,63 d'azote, 27 de phosphate et 0,61 de potasse. Vous voyez que, sans sortir d'Amérique, nous trouvons dans la teneur des écarts considérables. Cela vous explique assez la signification et l'importance de la *provenance*.

Je passe donc au mot nature. La nature d'un engrais est constituée par l'ensemble de ses caractères propres, de ces propriétés spéciales. Ce mot fait en somme quelque peu double emploi avec le nom. Si vous demandez du sang desséché, engrais azoté de premier ordre, contenant d'ordinaire 18 0/0 d'azote, et que l'on vous livre du cuir torréfié; si vous désirez des phosphates, et que l'on vous vende des schistes en poudre, c'est absolument comme autrefois, lorsque, pour de la garance, je me suis laissé dire que quelques négociants de sous-sol lançaient dans le commerce des briques pulvérisées! Tromper sur le nom de la chose vendue ou tromper sur la nature, l'un de ces deux mensonges est plus que la conséquence forcée de l'autre, et la loi n'avait pas besoin, à mon avis, de faire une distinction.

Au point de vue de la composition, il faut distinguer entre la composition qualitative et la composition quantitative : la première est l'énumération des composants essentiels de la substance, nous dit le chimiste; la seconde porte sur la proportion de chacun de ces composants. La composition doit être exprimée par les poids des éléments fertilisants dans 100 kilogrammes de la marchandise *facturée* : azote, en distinguant l'état sous lequel cet azote s'y trouve; acide phosphorique, en disant qu'il est soluble dans l'eau, dans les acides, dans le citrate d'ammoniaque ou insoluble; potasse, en faisant remarquer si elle est en combinaison soluble dans l'eau.

Telles sont, dans leurs grandes lignes, les obligations du vendeur. Toutefois, il peut ne pas être tenu de s'y conformer, s'il accepte de n'être réglé que d'après une analyse à faire sur échantillon prélevé au moment de la livraison. Mais, dans ce cas, n'oubliez pas qu'il doit stipuler d'avance à quels prix il vous cède le kilogramme d'azote, d'acide phosphorique et de potasse, et l'état de combinaison dans lequel se trouvent renfermés ces principes.

Dans tous les cas, que ce soit à la suite d'une entente commune, comme dans le cas qui précède, ou parce qu'il y a doute ou contestation sur l'exactitude des promesses écrites, il peut être procédé, soit d'office, soit à la demande des parties intéressées, à la prise d'échantillon et à l'expertise de l'engrais ou amendement vendu.

C'est au départ ou à l'arrivée, quelquefois dans les magasins ou entrepôts, que se fait cette prise d'échantillons en trois exemplaires, dans certaines conditions qu'il serait trop long de noter ici. L'analyse est faite par un chimiste choisi par l'acheteur et le marchand d'un commun accord, ou par la justice. Suivant les résultats, l'acheteur en sera pour ses frais ou le marchand sera condamné. JEAN-PIERRE.

UNE TÊTE DE GROS BÉTAIL
par hectare

L'ancienne école disait qu'il fallait une tête de gros bétail par hectare pour produire le maximum de récoltes. Aujourd'hui encore, dit M. Bovel dans l'*Industrie laitière*, nous voyons relevé avec soin, dans les rapports des jurys des concours de bonne tenue de ferme, le nombre de têtes de bétail entretenues sur chaque ferme. Les jurés ont raison d'attacher une grande importance à cela, car généralement plus il y a de bétail sur une propriété, mieux elle est entretenue. Cependant, la formule d'entretien d'une tête de gros bétail par hectare pour avoir de bonnes récoltes n'est plus aussi absolue aujourd'hui, qu'on se procure si facilement des engrais artificiels.

Il est facile de dire qu'il faut une tête de gros bétail par hectare, mais pour cela il faut avoir d'abord une sole fourragère très étendue et d'un fort rendement. Pour avoir cette proportion de bétail, il faut admettre la moitié presque d'une propriété en fourrages. Si on suppose que le poids moyen du bétail soit de 509 kilos et qu'il faille 15 kilos de fourrage par jour pour nourrir une tête de bétail, cela suppose une consommation annuelle de 5,400 kilos de fourrage. La moitié du domaine seulement étant en fourrage, chaque hectare doit produire 10,800 kilos de foin pour avoir la proportion de une tête de bétail par hectare, or, nous sommes loin de cette production en général.

L'entretien d'un nombreux *bétail n'offre pas* non plus partout le même avantage. Ainsi, dans certaines régions on a souvent des étés très secs, on peut voir la récolte des regains très compromise et être dans l'obligation d'acheter du fourrage pour entretenir son bétail, c'est alors une chose onereuse, car si le fourrage est rare, il est naturellement cher.

Par exemple, un propriétaire ou un fermier entretenant trente têtes de gros bétail, compte sur une récolte de 1,620 quintaux métriques de fourrage dans une année de récolte moyenne, pourvu que l'été ne soit pas trop sec. Vienne un été très sec, comme cela arrive souvent, la production peut tomber à 1,200 quintaux. On est alors forcé d'acheter chèrement du fourrage ou de vendre une partie de son bétail en baisse. Quand on cultive dans une contrée élevée où les nuits son fraîches, les rosées abondantes, la récolte fourragère est plus assurée et on peut plus facilement entretenir régulièrement le maximum des têtes de bétail. La formule d'une tête de bétail par hectare prise d'une manière trop absolue n'est donc pas toujours facile à réaliser.

L'arrivée des engrais chimiques dans la pratique a été un heureux événement pour beaucoup de fermes, car avec ce complément de fumier on a pu élever aussi bien la récolte fourragère que les autres récoltes. Il n'est plus besoin, dans certaines situations données, d'entretenir absolument une tête de gros bétail par hectare. Nous ne voulons certes pas dire par là que le bétail est inutile, ni qu'on peut avantageusement le remplacer par des engrais chimiques-pourvu qu'on obtienne *toujours* la même somme de principes utiles qui se trouvent dans le fumier. Loin de nous cette pensée, le fumier est nécessaire, car les engrais chimiques ne le remplacent ni sous le rapport de l'humus, ni sous le rapport de ses qualités physiques qu'on ne prend généralement pas assez en considération.

De plus, le bétail est une source de bénéfices lorsqu'on en entretien le nombre de tête qu'on peut entretenir, même dans une mauvaise année fourragère. Ce que nous croyons, c'est qu'il ne faut pas se charger de trop de bétail et s'exposer à être obligé d'en vendre certaines années ou d'acheter du fourrage. En un mot, il faut baser le nombre des têtes de bétail à entretenir sur une *ferme* en calculant la quantité de fourrage qu'on peut obtenir au minimum.

Si, dans ce cas là, on se trouve avoir une production de fumier au-dessous de la quantité necessaire pour bien fumer ses champs, c'est alors le cas d'augmenter la sole fourragère et son rendement, si on n'est pas encore arrivé à un maximum sous ce rapport. Ne cherchons donc pas autant à avoir une tête de gros bétail par hectare, que d'avoir le nombre de pièces de bétail que nous pouvons entretenir et complétons les fumures par des engrais chimiques.

LA RAMIE

Dans ces dernières années, tout le monde a plus ou moins entendu parler de la *ramie* et des tissus fabriqués avec ses fibres, mais beaucoup de personnes ignorent ce qu'est cette plante, cultivée de temps immémorial en Chine, dont elle est originaire, et depuis peu introduite en France.

La ramie est une ortie gigantesque qui atteint de 2 à 4 mètres de hauteur. C'est une plante vivace qui fournit plusieurs récoltes annuelles dont le nombre varie de deux à quatre, suivant les climats. Ses racines peuvent persister pendant de longues années sur le même terrain, ce qui est un précieux avantage pour la culture.

Elle donne une quantité de matière première plus abondante que celle fournie par chacun des autres textiles végétaux qui n'ont qu'une récolte annuelle.

En outre, sa fibre est plus longue, plus soyeuse plus souple, plus résistante à la traction que celle ducoton, du lin ou du chanvre. Enfin, elle résiste mieux que toute autre à l'action dissolvante de l'eau : elle est presque incorruptible ; aussi, la ramie commune serait précieuse pour la corderie et la fabrication des filets.

D'après les statistiques officielles, la France importe en moyenne, *cent millions de francs, par mois*, de matières textiles pour alimenter ses usines, soit par an *un milliard deux cents millions* payés à l'étranger.

On voit par là l'avantage énorme qu'il y aurait pour nous à cultiver la ramie qui pourrait nous affranchir, au moins en grande partie, des importations dont il s'agit.

Mais *toute innovation demande* des études et des recherches, et si les expériences ne sont pas conduites avec prudence sur une petite échelle, elles peuvent amener des déceptions.

Les premiers essais d'acclimatation de la ramie furent faits sur la ramie verte (*Bohemeria utilisis* et la *B. tenacissima*) qui ne peut végéter dans de bonnes conditions que dans les pays très chauds : elle ne résiste pas en France aux froids de l'hiver.

La ramie blanche, au contraire, (*B. nivea*) peut prospérer en France, et, avec quelques précautions, résiste aux hivers les plus rigoureux : la plantation de Gennevillers, près Paris, qui n'a pas souffert de l'hiver 1890-1891, en donne la preuve.

Elle fournit deux récoltes par an sous le climat de Paris ; elle peut en donner trois dans le midi de la France et quatre et plus dans les pays tropicaux si le terrain est convenablement irrigué.

Plusieurs novateurs se sont occupés de développer la culture de la ramie, mais ils ont été arrêtés dans leur entreprise par la difficulté de sa *décortication*. Cette ortie, en effet, ne se prête pas à l'opération du rouissage que l'on applique au chanvre et au lin. Les Chinois décortiquent les tiges à la main, mais en Europe, où la main d'œuvre est beaucoup plus chère, ce procédé ne serait pas pratique, et il a fallu recourir à l'opération mécanique.

Le gouvernement anglais, comprenant le parti à tirer de ce textile, avait ouvert des concours de machines à Saharampur et à Calcutta, mais, malgré la prime énorme de 125,000 francs offerte à la meilleure décortiqueuse, trois concours successifs n'ont donné aucun résultat.

Deux concours ont été organisés par le Gouvernement français, en 1888 et en 1889 à l'Exposition universelle et ils n'ont pas eu un meilleur sort. Aujourd'hui, la Société des Agriculteurs de France recherche à son tour la solution de cette importante question. Elle a organisé dans ce but un *concours international* entre tous les constructeurs de machines et les inventeurs. Une douzaine de machines vont fonctionner du 25 au 30 septembre, à Gennevilliers, près de Paris, sur une plantation retenue à cet effet. Quelques-unes de ces machines sont dues à des inventions récentes, d'autres qui ont déjà paru à plusieurs concours ont été perfectionnées depuis peu. Si la solution du problème est trouvée, comme chacun des concurrents l'affirme, il faut espérer que la culture et l'exploitation de l'ortie de Chine vont créer à la France une nouvelle source de revenus.

CONSERVATION DES FRUITS ET LÉGUMES
par la chaux.

M. Monclar a exposé au Comice agricole d'Albi comment, au mois d'août 1888, voyant ses pommes de terre fortement attaquées par la maladie, il les arracha précipitamment et en stratifia une partie dans un bassin d'environ deux mètres cubes avec de la chaux en poudre. A son grand étonnement, la peau de ces pommes de terre ne fut à aucun degré impressionnée par le contact prolongé de la chaux. Il les laissa pendant quatorze mois dans ce bassin, et au bout de ce temps il les en retira dans un parfait état de conservation. Comme goût, elles ressemblaient à des pommes de terre arrachées depuis quelques mois seulement.

Cette réussite inespérée lui donna l'idée d'appliquer le même procédé aux racines, oignons et fruits. Il a présenté au Comice des betteraves et des carottes mises dans la chaux au mois de septembre *et qui semblent aussi fraîches* que si elles avaient été arrachées hier ; des oignons qui commencent à peine à entrer en végétation, alors que ceux laissés à l'air libre ont émis des pousses d'une bien plus grande longueur.

Pour les fruits, M. Monclar a obtenu les mêmes résultats, et il fait passer sous les yeux des membres du Comice des raisins œillades et chasselas qui ont séjourné sept mois et demi dans la chaux et qui sont dans un état de fraîcheur étonnante pour la saison ; cinq qualités de pommes dont la conservation ne laisse rien à désirer ; des poires d'hiver et des coings qu'il avait jusqu'ici conservés au plus deux ou trois mois, pourrissant toujours avant d'être mûrs, et qu'il a pu, grâce à la chaux, faire arriver à un état de maturité complète. M. Monclar a obtenu tous ces résultats avec de la chaux destinée au chaulage des terres et qu'il a achetée à la gare d'Albi au prix de 7 fr. 60 le mètre cube. Remisée sous un hangar, elle s'est délitée d'elle-même, et c'est à l'état de poussière qu'il l'a employée. Mais on peut s'en servir quelque soit son degré de déshydratation. Il nous a montré des pommes de terre et des oignons qui sont restés plusieurs mois dans de la chaux, moulue dès sa sortie du four, et qui ne paraissaient avoir éprouvé aucun mauvais effet de son contact.

Envisageant la question de la conservation des fruits et des racines à un point de vue général, M. Monclar fait observer que la chaux ne possède aucune propriété particulière pour retarder le terme de l'évolution intérieure du fruit, c'est-à-dire sa pourriture. Ainsi il n'a pas pu conserver plus d'un mois et demi dans la chaux des poires *duchesses*, tandis qu'il a actuellement encore des poires d'hiver dans un excellent état. Il en est de même pour tous les fruits, les qualités tardives se conservent seules longtemps.

Mais où est le grand avantage de la chaux, c'est qu'elle défend les fruits contre toute cause externe d'altération. Avec elle, la vapeur d'eau (l'humidité) ainsi que les microbes qu'elle dépose sur la peau des fruits et qui engendrent tant de moisissures ne sont plus à craindre. Il en est de même des attaques des rats et des insectes.

Jusqu'ici on n'a pu conserver longtemps les fruits que dans des fruitiers établis dans des conditions spéciales. Maintenant, à l'aide de la chaux, on pourra les conserver partout où l'on voudra. Il faudra cependant toujours faire entrer en ligne de compte la température, et, à ce point de vue, la cave aura sa supériorité sur le grenier.

En terminant, M. Monclar fait remarquer l'économie de son procédé. Il n'exige qu'une main-d'œuvre peu importante, et la chaux, après avoir servi à la conservation des fruits, sert, sans avoir perdu aucune de ses qualités, à la fabrication des composts ou au chaulage direct des terres.

SITUATION VINICOLE

La température a été, cette huitaine, des plus favorables à la vigne. Nous jouissons enfin d'une bonne chaleur, égale et constante. La récolte en tire un large profit. Nous ne demandons qu'une chose, c'est que le ciel demeure dans le même état.

Les vendanges du Midi se poursuivent dans les meilleures conditions. Les achats de raisins sont à peu près terminés. On va maintenant s'occuper des vins dont les cours ne sont pas encore établis. On parle de 20 à 22 francs l'hectolitre pour les Petits-Bouchests et de 15 à 16 francs pour les Aramons.

En Roussillon, on a encore traités des raisins de 11 à 20 francs les 100 kilog., selon la qualité du vin qu'ils fourniront.

La cueillette commencera bientôt en Languedoc et en Gascogne. On espère une quantité un peu supérieure à celle de l'an passé. Aussi les cours des vins vieux sont-ils plus faiblement tenus.

On trouve aujourd'hui en Gascogne des vins rouges de 120 à 130 francs et des blancs piquepoul ou pacherin de 125 à 135 francs la barrique de 300 litres.

En Dordogne la maturité fait chaque jour des rogrès. Trop peu, il est vrai, au gré de beaucoup de propriétaires qui se plaignent du retard qui existe encore et qu'il paraît difficile de regagner. D'ailleurs, l'inégalité dans la maturation se manifeste plus d'après les cépages que d'après les grappes de même variété; or, l'essentiel est que, sur le même cep, il n'y ait pas des raisins déjà mûrs et d'autres à peine vairés. Les affaires sont toujours nulles et les chais invendus attendent les acheteurs.

Un temps à souhait a donné, durant cette semaine, un vigoureux élan à la maturation dans le Bordelais. Il était temps qu'un grand nombre de raisins encore verts pussent commencer à virer au noir. On signale un petit mouvement en vins des précédentes récoltes, notamment de 1890.

Dans les Charentes, on est très satisfait de la température et on compte sur des vendanges satisfaisantes.

Les vignes sont belles en Touraine, la récolte promet d'être bonne. La véraison s'achève dans d'excellentes conditions, et si septembre continue dans la même voie, on aura qualité et quantité. Très peu ou pas de maladies cryptogamiques. Les tâches phylloxériques ne se sont guère étendues et permettent de supposer que la marche de l'insecte sera plus lente. Les vins de la dernière récolte s'apprécient de mieux en mieux. Il n'y a presque plus rien à vendre.

Dans les vignes du Loir-et-Cher et des régions avoisinantes, la quantité est assurée; on espère aussi la qualité, car la véraison fait de grands progrès, et l'époque des vendanges pourra s'en trouver avancée, si le soleil persiste avec un peu d'eau d'ici une quinzaine. On compte toujours vendanger les premiers jours d'octobre. Les affaires sont dans la même situation que précédemment.

La Basse Bourgogne, favorisée par un ciel à souhait, compte sur un rendement exceptionnel dans ses vignes blanches. Le vignoble rouge est moins heureux. On signale déjà quelques pourparlers pour des vins blancs fins.

En Bourgogne, la maturation s'effectue bien, quoiqu'on ait manqué de pluie jusqu'à présent. Avec une bonne journée d'averses et de la chaleur ensuite, tout irait très bien. On s'attend à vendanger vers le 5 octobre. A cette époque on peut encore récolter d'excellents vins. La quantité sera moyenne et la qualité dépend de la température. Les affaires sont nulles à la propriété et les cours nominaux.

Dans le département de Vaucluse et en Provence, les raisins se tiennent à des prix assez élevés.

En Algérie, les colons du littoral ont leur vendange en cuve. On reconnait beaucoup de couleur aux produits de cette année. On ne peut avoir des échantillons sérieux que maintenant. D'ailleurs l'intérieur commence à peine ses vendanges et, suivant l'attitude et l'orientation des localités, la cueillette durera encore au commencement d'octobre. On ne traite pas d'affaires. Cependant quelques vins ordinaires, excédents de récolte, se vendent de 12 à 13 francs l'hectolitre pris à la propriété. La température n'est pas trop chaude et permet une fermentation normale.

En Allemagne et en Suisse, le rendement sera médiocre dans l'ensemble, tant comme quantité que comme qualité, en raison des intempéries.

En Hongrie, les perspectives de la vendange sont tristes. Comme quantité, on n'aura pas fait de récolte aussi médiocre depuis quarante ans. La qualité ne promet pas beaucoup à cause du mildew. Aussi les cours des vins sont-ils en hausse de quelques florins. On cote les vins blancs ordinaires de 35 à 40 francs et les rouges de 60 à 82 l'hectolitre.

En Italie, on est assez satisfait, mais le stock pèse lourdement sur les marchés et la campagne s'engage très lentement.

En Espagne, la fermeté des cours est extrême. On a traité encore de nombreuses parties cette huitaine. On se plaint toujours de la sécheresse.

Le phylloxéra, le mildew, l'oïdium réduisent la récolte du Portugal à une petite moyenne pour la quantité.

CONSTRUCTIONS NOUVELLES

Déclaration à faire à la mairie.

Les constructions nouvelles, les reconstructions et les additions de constructions continuent à n'être imposées à la contribution foncière que la *troisième année après leur achèvement.*

Mais les articles 9 et 10 de la loi des finances du 8 août 1890 subordonnent cette exemption temporaire d'impôt à l'accomplissement d'une formalité qui n'était pas exigée antérieurement au 1er janvier 1891.

Pour jouir de l'exemption temporaire d'impôt « le propriétaire devra faire à la mairie de la commune où sera élevé le bâtiment passible de la contribution, *et dans les quatre mois à partir de l'ouverture des travaux*, une déclaration indiquant la nature du bâtiment, sa destination et la désignation, d'après les documents cadastraux, du terrain sur lequel il doit être construit.

« Sont considérés comme constructions nouvelles la conversion d'un bâtiment rural en maison ou en usine et l'affectation de terrains à des usages commerciaux ou industriels dans les conditions indiquées à l'article premier de la loi du 29 décembre 1884. »

Faute de déclaration, ou en cas de *déclaration tardive*, le propriétaire perdra le bénéfice de l'exemption temporaire et les « constructions nouvelles, les reconstructions et les additions de constructions... seront soumises à la contribution foncière à partir du 1er janvier de l'année qui suivra celle de leur achèvement. »

Si les constructions nouvelles ne sont pas découvertes immédiatement, le propriétaire sera assujetti rétroactivement à l'impôt.

La sanction du défaut de déclaration est, en effet, d'une part, dans l'imposition par rôle particulier, à partir du 1er janvier de l'année qui suivra celle de l'achèvement des constructions ; d'autre part, dans la multiplication des cotisations y afférentes par le nombre d'années écoulées entre celle où les constructions nouvelles, reconstructions et additions auront été achevées et celle où elles auront été découvertes, y compris cette dernière année, sans toutefois pouvoir être plus que quintuplées.

Nouvelles agricoles.

La récolte des pommes. — D'après *Le Cidre*, les nouvelles des pommiers à cidre sont assez contradictoires. La récolte sera très médiocre cette année en Normandie, mais très bonne, dit-on, en Bretagne.

Dans le Calvados, où la qualité des pommes est très estimée, on pense que le rendement atteindra à peine le sixième ou le septième d'une bonne année.

Il y a cinq ans qu'il n'y a pas eu une bonne

récolte en Normandie ; tantôt ce sont les gelées, tantôt la sécheresse, mais surtout les insectes de toute nature : chenilles, anthonomes, etc., qui dévorent les bourgeons et les fleurs ; comme la guerre faite aux petits oiseaux insectivores ne cesse pas dans les campagnes, nous ne sommes pas prêts non plus de voir cesser ces fléaux.

Si les pommes manquent en Normandie, elles ne manqueront pas à l'étranger ; les cultivateurs du Canada s'apprêtent à mettre de fortes parties de pommes à la disposition des brasseurs de cidre français. La récolte, dans les régions canadiennes, se présente assez bien, et il y aura des quantités raisonnables destinées à l'exportation. Cette exportation est en augmentation constante depuis quelques années.

Il arrive même que ces pommes étrangères venant du Canada, ou même d'Allemagne, par Hambourg, sont vendues comme pommes normandes. Avec la facilité actuelle des transports, il suffit d'envoyer les pommes dans une gare normande et de les expédier de cette gare au consommateur pour les transformer en pommes d'un cru excellent.

C'est ce qu'un député de Vire a expliqué à la Chambre lors de la récente discussion du tarif des douanes.

Voici, a-t-il dit, ce qui se passe :

D'honorables négociants achètent à l'étranger des pommes qu'ils font venir en Normandie ; ils leur donne ainsi une nouvelle marque d'origine qui est généralement prise au centre des meilleurs crus; puis après les avoir baptisées « pommes de Normandie » ils les expédient au consommateur.

Cette pratique entraîne cependant un double préjudice : préjudice pour le consommateur, qui est trompé sur la qualité de la marchandise, et préjudice pour les agriculteurs de Normandie, dont on déprécie les produits en donnant leur marque à des pommes de qualité inférieure.

Il n'y aurait qu'un moyen de diminuer cette importation d'un nouveau genre, ce serait de faire des marchés par écrit et de bien stipuler l'origine des pommes que l'on achète.

Malgré l'abondance de la récolte canadienne, les pommes atteindront probablement cette année des prix élevés, car le Canada aura à pourvoir non seulement au déficit de la récolte en France, mais encore aux Etats-Unis, où la récolte de pommes est à peu près complètement manquée.

L'élevage du mouton en France. — On a beaucoup médit en France du mouton et on a prétendu que l'état arriéré de l'agriculture se mesurait au nombre de moutons élevés.

Or, récemment on a constaté les progrès merveilleux réalisés, en une vingtaine d'années, par le canton jadis le plus pauvre, le plus *pouilleux* de la Champagne *pouilleuse*. Le sol crayeux était à ce point stérile, que l'hectare ne se vendait pas plus de 160 francs il y a 30 ans ; une partie des terres restait à l'état de friche où poussait une herbe courte et dure, dont les moutons seuls tiraient parti. D'autres étaient cultivées, une année sur trois, en avoine ; le seigle même n'était cultivé que près des villages. Or, aujourd'hui, ces mêmes terres fournissent des récoltes de 25 à 30 hectolitres de blé à l'hectare ; on trouve des fermes où la culture intensive rivalise avec celles des contrées à sols fertiles et plantureux, et le comice agricole de Reims a observé que nulle part ailleurs, on ne fait un usage aussi général des instruments de culture perfectionnés. Dans l'examen des divers domaines qui ont pris part au concours, il a été constaté que le mouton avait été très fréquemment un des agents les plus actifs de ces remarquables améliorations : il a transformé une bonne partie de ces sols crayeux en sols fertiles. L'élevage du mouton, dont on fait si souvent bon marché aujourd'hui, a donc droit à toute la sollicitude des agriculteurs qui, dominés par ce préjugé injustifié, semblent avoir souvent méconnu les services précieux qu'il rend dans certaines régions.

Association pomologique de l'Ouest. — Nous rappelons que l'Association pomologique de l'Ouest tiendra son concours et son congrès à Avranches (Manche) du 20 au 25 octobre. Les Compagnies des chemins de fer de l'Ouest, d'Orléans, du Nord et de l'Est ont accordé la réduction de moitié sur les prix des places aux membres de l'Association. Pour en profiter, on devra indiquer à M. Alexandre, secrétaire général, à Beauvais (Oise), le nom de la gare de départ avant le 1er octobre.

CONSEILS DU JARDINIER

LES POIRES TACHÉES.

Puisque c'est le moment où les poires mûrissent, faisons connaître le moyen pour ceux qui auraient, cette année, des poires tachées, de les avoir vierges de toute tavelure l'année prochaine.

Cette tavelure provient d'un petit champignon qui porte, en botanique, le nom aimable de *Fusisporium pyrimum* ; il se propage, surtout dans les années humides. Il est donc à craindre qu'il ne se répande beaucoup en cette saison. Dans ce cas, on pourrait essayer d'arroser immédiatement les arbres atteints — feuilles, branches et fruits — avec une solution composée de 3 kil. de sulfate de cuivre, et 3 kilog. de carbonate de soude pour 100 litres d'eau, peut-être arrêterait-on le développement du cryptogame.

Mais la chose serait assurée si on faisait ce traitement en juin, alors que le champignon n'a pas encore apparu, car il n'aime guère les gelées fraîches et il lui faut le soleil de juillet pour se montrer.

On pourrait encore essayer d'une solution de sulfate de fer, dont l'action cryptogamique est connue.

Mais nous engageons surtout les propriétaires à badigeonner, au mois de mars, les branches et le tronc de leurs poiriers avec une solution composée de 5 à 6 kil. de sulfate de cuivre, et 8 à 9 kil. de carbonate de soude pour 100 litres d'eau. Avec un pinceau on badigeonne toutes les branches de l'arbre avec soin et l'on tue ainsi, en même temps, tous les parasites qui écloront au printemps si on les laisse faire.

HORTUS.

CONSEILS A LA FERMIÈRE

L'ANGÉLIQUE.

Il est une plante que nous voudrions voir cultiver dans tous les jardins, à la campagne surtout, à cause de ses utiles et nombreuses propriétés, trop peu connues, alors que l'on adopte avec enthousiasme tant de remèdes exotiques — coûteux et douteux. Je veux parler de l'angélique, constituée par une tige ronde, grosse, striée, creuse intérieurement, d'un vert rougeâtre, aux feuilles grandes et dentelées, aux fleurs blanchâtres en forme de parasol ; à la saveur amère, à l'odeur forte, musquée et suave. Elle se multiplie par semence recouverte d'un peu de terreau, à l'ombre dans une terre bien amendée, et demande à être fréquemment arrosée.

La récolte de l'angélique a lieu en juin et en juillet pour les tiges, et en septembre pour les racines. On les fend par morceaux pour les faire sécher.

L'angélique est stimulante, stomachique, sudorifique. Sa racine et ses semences ont des propriétés médicinales très énergiques ; l'usage en est recommandé aux goutteux qui digèrent péniblement et aux convalescents dont les forces sont épuisées. La racine d'angélique est employée dans toutes les maladies aiguës et chroniques qui exigent des cordiaux et des fortifiants : telles sont les fièvres intermittentes, la paralysie. On l'emploie aussi dans l'atonie générale, dans celle des organes digestifs, dans les vomissements nerveux, l'hystérie, la névrose, les coliques venteuses. On emploie l'angélique en infusion, racines ou jeunes tiges : 10 à 20 grammes par litre d'eau ; en poudre : 2 à 6 grammes dans une cuillerée de vin.

Le *vin d'angélique* se prépare de la manière suivante : racines d'angélique par morceaux, 2 onces ; cannelle fine, 2 gros ; vin rouge, 2 litres ; on fait infuser à froid, pendant 4 jours, dans un vase bien fermé, puis on filtre la liqueur. On prend 2 à 3 cuillerées à bouche le matin, à midi et le soir en se couchant. Ce vin ranime le système organique, surtout les forces digestives.

Le *ratafia d'angélique* se prépare ainsi : semence d'angélique, 3 gros ; semence de fenouil et d'anis, de chacune 3 gros ; eau-de-vie 2 pintes ; eau filtrée 6 onces. Après une infusion à froid de 10 jours, on ajoute 1 livre de bon sucre ; on laisse reposer la liqueur et l'on filtre ensuite.

Pour la *confiture d'angélique*, coupez des tiges d'angélique bien tendres, de 10 à 12 ou 15 centim. de long ; jetez-les à mesure dans de l'eau froide ; retirez-les et mettez-les dans de l'eau très chaude, mais non bouillante, laissez refroidir le tout ensemble pendant une heure. Débarrassez alors l'angélique de toute filandre et de la peau de dessous ; mettez-la dans une bassine avec assez d'eau pour qu'elle y baigne ; faites bouillir jusqu'à ce qu'elle fléchisse sous la pression du doigt, retirez la bassine de dessus le feu, salez avec une poignée de sel, pour faire reverdir les tiges. Au bout d'une heure, retirez-les de l'eau, égouttez-les. Faites un sirop avec un poids de sucre égal au poids des tiges, et à partir de ce moment, agissez comme s'il s'agissait de confire des abricots.

On compose la *crème d'angélique* de la façon suivante : coupez en petits morceaux 250 grammes de tiges d'angélique fraîchement cueillies et débarrassées des feuilles qui leur servent d'enveloppes ; mettez ces morceaux à infuser pendant six semaines dans 3 litres d'eau-de-vie, avec 12 gr. de muscade, 4 gr. de cannelle, 6 clous de girofle et 2 livres de sucre fondu dans un litre d'eau filtrée.

Enfin, l'angélique entre encore dans la composition d'un remède excellent contre la cholérine. Prenez racines d'angélique, de calamus, de grande aulnée, de gentiane, chacune 5 gr. ; faites infuser à froid pendant 3 jours dans un litre de bonne eau-de-vie, puis tirez à clair. La dose est d'un verre à liqueur pour les adultes.

UNE MÉNAGÈRE.

CONSEILS DU VIGNERON

VINAIGRES.

Certains propriétaires utilisent une certaine quantité de leurs marcs pour faire du vinaigre. Ils mettent des marcs dans de petites cuves et ont le soin de les bien presser afin qu'ils puissent ainsi s'échauffer et fermenter ; ils les mouillent ensuite et recouvrent la cuve, en ayant soin que la température du local où ils opèrent ne soit pas à 25° c. Quelques jours après, lorsque le marc commence à s'échauffer, on verse dessus du vin, et ce vin, au bout de vingt-quatre heures, est converti en vinaigre, surtout si l'on a eu la précaution de le chauffer on retire alors le vinaigre et, s'il n'est pas assez fort, on répète l'opération.

Si l'on veut faire d'autre vinaigre, on laisse sécher les marcs pendant une dizaine de jours, après quoi l'on opère comme précédemment. Il ne faut pas mettre trop de liquide dans les cuves, on aura aussi bien soin de ne pas laisser refroidir le marc; sans cela, la fermentation acétique pourrait s'arrêter et être remplacée par la fermentation putride.

CONSEILS DU CHASSEUR

CONSERVATION DU GIBIER.

Des chasseurs ou des ménagères peuvent vouloir garder du gibier pendant un certain temps. Qu'ils essayent du moyen suivant :

Chaque pièce est ouverte et vidée, l'intérieur des oiseaux est enlevé jusqu'au jabot.

On laisse aux animaux leur plume ou leur poil. On les remplit de froment, on les enveloppe dans des linges propres, on les enfouit dans un tas soit de blé, soit de paille, soit de plantes communes préalablement desséchées. Leur conservation est assurée.

Le moment venu, on les retire, on les nettoie et on les soumet aux préparations ordinaires.

CONSEILS DU VÉTÉRINAIRE

LA CLAVELÉE.

Cette maladie est ainsi appelée, parce qu'on a comparé la pustule qui la caractérise à la tête.

C'est une affection générale, éruptive et contagieuse.

On la connait encore sous le nom de *ricotte*.

La clavelée est une maladie spéciale, propre aux animaux de l'espèce ovine, et assez semblable à la variole de l'homme, à laquelle certains auteurs ont essayé de l'assimiler.

On nomme *claveau* son virus, qui se trouve dans le produit de l'éruption postulaire.

Quant à sa nature, on ne la connait point encore; certains auteurs, pourtant, croient ce virus de nature végétale, et ce qui tiendrait à faire admettre cette opinion c'est — outre la facilité avec laquelle il repullule — la force de résistance qu'il oppose à toutes les causes de destruction, c'est-à-dire son extrême vitalité.

La maladie peut se transmettre non seulement par le contact d'un animal malade avec un animal sain, mais encore à distance, lorsque les germes de la maladie sont rejetés dans le monde extérieur et introduits ensuite dans d'autres organismes par l'air, les boissons, les aliments, etc.

Traitement. — La clavelée est, en général, peu grave. Souvent le traitement hygiénique suffit à la combattre; pourtant il est bon de ne pas négliger le traitement thérapeutique qui peut avoir raison du mal en beaucoup moins de temps.

Nous conseillons donc d'administrer, chaque jour, deux ou trois fois, à chaque malade, environ 0 gr. 3 d'acide salycilique dissous dans un demi litre d'eau et mélangé à la nourriture. Après trois ou cinq jours, au plus, de ce traitement, la guérison commence.

Mais, autant que possible, il faut prendre la maladie à son début; l'acide salycilique donne toujours, dans ce cas, de très bons résultats.

Dr LUSCOT.

AFFAIRES MILITAIRES.

Engagements volontaires.

Un jeune homme désirant s'engager prochainement demande quelles sont les pièces à produire pour contracter son engagement.

1° Un extrait de l'acte de naissance;

2° Un extrait du casier judiciaire;

3° Un certificat de bonne vie et mœurs, conforme au modèle inséré au recueil administratif de 1880, p. 416. (art. 59 de la loi du 15 juillet 1889;

4° Le consentement des parents par écrit et légalisé par le maire (si le candidat a moins de vingt ans).

Pour la cavalerie. — Un certificat du maire constatant que l'intéressé sait soigner et monter les chevaux.

Le tout sur papier libre.

PETITE POSTE.

M. P. R... (Charente). — *Germinateur Quarante.* — Vous nous demandez des renseignements sur le chaulage des blés d'automne, et tout spécialement par le germinateur du Dr Quarante.

Nous déférons avec d'autant plus d'empressement à votre désir que nous avons une rectification à faire.

On nous avait signalé comme tout particulièrement recommandable le procédé de chaulage employé à l'Ecole d'Agriculture de La Brosse, et d'après une communication que nous avait adressée le chef de culture de cette école, nous avons dit que le sulfate de cuivre était l'agent qui avait donné les meilleurs résultats.

Nous avons été, paraît-il, induits en erreur, puisque d'un rapport adressé au ministre de l'agriculture par M. Emile Thierry, directeur de l'Ecole d'Agriculture de La Brosse, il résulte que c'est au contraire le germinateur du docteur Quarante qui a été employé avec le plus de succès pour la préparation des semences.

Voici, du reste, la partie du rapport de M. Thierry, relative aux expériences de chaulage qui ont été faites à La Brosse :

« L'expérience a été faite sur une pièce de quatre hectares divisée en trois parcelles.

La première parcelle a été ensemencée avec du blé chaulé avec du vitriol, de la chaux et de la colle forte ajoutée pour favoriser l'adhérence du sel de cuivre.

« La deuxième partie a été ensemencée avec du blé soumis au germinateur du docteur Quarante.

« Le blé ensemencé dans la troisième partie a été soumis à l'action de la poudre Choquelin.

« Le blé de la deuxième partie (germinateur) a levé huit jours plus tôt que celui des deux autres.

« La végétation a été beaucoup plus active.

« Le chef de pratique a fait remarquer cette différence à ses élèves. »

Mme H... (Puy-de-Dôme). — *Fontaine.* — Oui, la commune a le droit de disposer, comme elle l'entend, du trop-plein d'une fontaine qui lui appartient.

M. J. C... (Tarn-et-Garonne.) — 1° *Engrais pour le blé.* — Pour vos terres argilo-siliceuses, nous vous conseillons, par hectare, 500 kil superphosphate de chaux et 100 kil. de nitrate de soude employés à l'automne; au printemps, nouvelle application de 50 kil. de nitrate de soude en couverture.

Les engrais potassiques ne sont pas nécessaires dans votre terrain.

2° *Blé rouge de Bordeaux.* — Il a l'épi rouge, brun, allongé et un peu aplati. Le grain est aussi rouge; il est gros et lourd. C'est une variété très productive et très rustique, convenant surtout aux terres fraîches et un peu légères.

M. S... (Oise). — L'heureuse issue de votre procès prouve que vous avez eu à faire à un magistrat intelligent et juste.

Carrières. — L'entrepreneur n'a pas le droit d'extraire des matériaux sous le terrain que vous détenez comme fermier. Ces matériaux appartiennent au propriétaire du terrain, en outre de ce principe que la propriété du sol emporte celle du dessous et du dessus. Si par le fait de cette extraction la qualité de votre terrain a été diminuée, il vous est dû indemnité. Mais nous pensons que c'est au propriétaire et non au fermier qu'il appartient de réclamer une indemnité pour les matériaux extraits. Le terrain a été loué pour être cultivé et non pour servir de carrière.

Manèges. Nous annonçons vos manèges d'occasion. Vous voudrez bien nous dire quand il faudra suspendre l'annonce. Les deux premières insertions sont gratuites.

Compliments affectueux.

Le moment actuel étant favorable au transport des vins, nous rappelons à nos lecteurs que tous ceux d'entre eux qui, sur nos conseils, consomment les vins de M. VINCENT-ARDURA, viticulteur, domaine de la Chapelle-Frédignac, par Blaye-Bordeaux, n'ont qu'à se louer de la qualité et de la conservation de ce Bordeaux absolument naturel, expédié sans intermédiaire.

Pour dégustation sérieuse, envoi gratuit est fait d'une bouteille de la récolte désignée.

L'encaissement est fait par le facteur à 30 jours, escompte 2 0/0 ou 90 jours.

Vendanges : 1889, à 130 fr., 1888, à 140 fr., 1887, à 150 fr., 1885, à 175 fr., 1884, à 200 fr., 1882, à 220 fr., 1881, à 250 fr., 1878, à 300 fr. les 225 litres, collés, soutirés, franco de port et de fût en gare d'arrivée.

OFFRES & DEMANDES.

Pour répondre au désir qui nous est exprimé nous offrons à nos abonnés, sous cette rubrique, deux annonces gratuites pour les offres et demandes d'emplois, produits ou animaux à vendre ou à acheter, etc.

Les annonces qui suivront jouiront d'une réduction de 50 pour 100 sur les tarifs ordinaires.

Les demandes d'insertions devront être envoyées à l'administration, qui se chargera de les rédiger.

Ne pas négliger d'envoyer tous les renseignements nécessaires (joindre 2 timbres de 0 fr. 15).

A vendre d'occasion deux bons manèges, système Albaret et système Pesant, de Maubeuge, à 80 fr. chaque.

S'adresser à M. SÉZILLE, ferme de May, à Morienval (Oise).

REVUE FINANCIÈRE.

Il n'y a pas à nier, cette fois, que le marché de Paris n'est pas encore désenguignonné, ni complètement rasséréné. Si, pendant un jour, à la fin de la semaine dernière, on a semblé décidé à partir de l'avant franchement, la tentative n'a pas eu de lendemain, et, une fois de plus, il a suffi de nouvelles plus ou moins fraîches, plus ou moins exagérées, pour que la baisse reprît avec vigueur.

Dans ces conditions, nous n'avons pas plus aujourd'hui qu'il y a huit jours à entrer dans de grands détails sur les cours.

Nos rentes restent bien tenues; à cela rien d'étonnant, puisque notre papier d'Etat est, encore de tous, pour les gros placements, celui qui offre le plus de sécurité.

Sont encore bien tenues, quoique fort calmes pour l'instant, les actions de nos Chemins de fer, et, pour les bourses moins garnies, les obligations des mêmes ou celles de la Ville de Paris, ou celles du Foncier.

Le surplus de la cote est plutôt faible. Les actions de nos établissements de Crédit, à part celles de la Banque de France, toujours à 4 600, sont ramenées à la faiblesse qui a marqué les vacances. Même celles qui, comme le Foncier, ou la Banque de Paris et le Crédit Lyonnais, avaient bénéficié de l'émission en cours ou de celle fort proche, assure-t-on, de l'emprunt russe, ont perdu partie de leur avance.

Quant aux fonds d'Etats étrangers, ils se modèlent plus que jamais sur notre papier d'Etat. Il est même curieux sous ce rapport de constater que les plus discutés d'entre eux, ceux qui donnent des inquiétudes, tels que l'Italien et le Portugais, pour ne citer qu'eux, sont encore ceux qui enregistrent les variations les moins larges.

Il faut en prendre son deuil : il y a toute apparence que ce n'est pas encore demain que deviendra stable la prétendue reprise qu'ont motivée tout autant l'impatience naturelle de la spéculation à voir revenir les jours fructueux et l'animation factice causée par les deux affaires en cours.

Nos lecteurs trouveront ailleurs le prospectus de l'émission des nouvelles obligations communales du Crédit Foncier. Il nous suffira de rappeler que cette émission est destinée à la conversion de l'emprunt de 1875 et que les porteurs d'anciens titres ont un droit de préférence, c'est-à-dire peuvent échanger leurs titres qui seront repris pour 505 francs.

La souscription publique commence et se clôture le 6 octobre. On peut souscrire par correspondance.

TIMON.

HALLES ET MARCHÉS.

Le temps se maintient favorable aux travaux d'extérieur; l'arrachage des betteraves et des pommes de terre s'effectue dans de bonnes condition, ainsi que les travaux préparatoires des semailles d'automne. La situation commerciale est calme en général. La plupart des denrées agricoles ont plutôt tendance à la faiblesse.

Blés. — Les offres prennent plus d'importance sur nos marchés; mais elles ne sont pas encore abondantes comme d'habitude à cette époque de l'année. Les prix continuent à avoir une tendance à la faiblesse; ils ont perdu environ 25 centimes par 100 kilog. la semaine dernière. Voici les derniers relevés sur les marchés de samedi : Cambrai, blé blanc, 25 à 26; roux, 23 à 25. Douai, 25 à 27; Amiens, 29; Beauvais, 25 à 27; Châlons-sur-Marne, 27 50; Etampes, 24 15 à 27 50; Chartres, 25 à 26 60; Laval, 24 à 25, Dijon, 26 à 27 50; Montereau, 25 à 2[illegible] 70; Lyon, 27 50 à 28; Nantes, 24 7[illegible] à 25 25; Bordeaux, 26 90. — A Paris, au marché commercial, les transactions ont peu d'animation; cependant, en clôture la tendance était soutenue samedi dernier; on a coté, 26 75 à 27 les 100 kil. pour le disponible et le livrable en octobre; 27 25 à 28 50, de novembre à avril prochain. — Les entrées de blés exotiques restent toujours élevées dans nos ports; Marseille a reçu 355,700 quintaux; Bordeaux, 103,000 quintaux; Le Havre, 218,000 hectolitres. Les quantités de blés en mer à destination de la France augmentent encore; on relevait en dernière date, venant de Californie, 2,60[illegible],250 hectolitres; du Chili, 4[illegible],560; des Indes, 6,380; soit au total 2,671,190 hectolitres, contre 2,585,850 la semaine précédente; malgré les importations suivies, les cours des blés étrangers restent soutenus sans changements.

Sur les marchés étrangers, on a plutôt constaté de la faiblesse. A Londres, après une demande assez suivie qui avait amené 50 centimes de hausse, les acheteurs ont obtenu des concessions, les roux d'hiver et les blés des Indes ont fléchi; les blés de Russie sont offerts couramment. A Berlin on cotait samedi 28 62 les 100 kilog.; à Vienne, 22 38; à Budapest, 22 07. A Anvers, le blé roux d'hiver vaut 22 75; le Californie blanc, 23 50; le Chili dur, 22 50 et le blé du Danube 20 50 à 22 50. Le marché de New-York, est toujours agité; les fluctuations sont journalières; vendredi dernier, on cotait : le roux d'hiver, 19 87 les 100 kilog. en baisse de 12 centimes.

Seigles. — Les affaires sont à peu près nulles sur ce grain, le marché commercial de Paris était samedi dernier à 20 fr. les 100 kilog. pour le disponible; 20 à 20 25 pour le livrable octobre; 20 75 à 22 pour les autres époques. A Berlin, on cotait 29 37.

Orges. — Les offres sont devenues très nombreuse, avec tendance nouvelle de cours à la baisse; on cote toujours 14 à 14 50 les 100 kilog. dans les centres de production, et 15 à 16 en gare d'arrivée à Paris.

Avoines. - Prix soutenus sans changement, avec offres moins abondantes de la part de la culture. Au marché commercial à Paris, on cote : 16 à 16 25 les 100 kilog. disponibles et livrables en octobre; 16 25 à 17 pour toutes les autres époques.

Farines de consommation. — La situation ne change pas. La marque de Corbeil vaut toujours 64 les 157 kilog. nets.

Farines de commerce. — Les cours ont baissé de 50 centimes environ pendant la seconde moitié de la semaine dernière; on cotait samedi les *douze-marques* disponibles 60 à 60 25 les 157 kilog. nets; livrables octobre, 60 25 à 60 50; autres termes, 61 25 à 63.

Farines de seigle. — Prix bien tenus de 27 à 30 50 les 100 kilog.

Pommes de terre. — Les demandes sont nombreuses pour la vente en gros à Paris; les prix ont plus de fermeté, on cote : Hollande, 85 à 90 les 1 000 kil.; rouges saucisses, 80 à 85, rondes hâtives, 75 à 80.

Fécules. — Prix très fermement tenus comme suit : fécule première graine, Paris, 34 à 34 50 les 100 kilog.; Oise, 33; Vosges, 33 50 à 34; Loire et Auvergne, 33 à 34.

Huiles de graines. — Après la fermeté que nous avons signalée sur les huiles de colza, les cours ont de nouveau baissé vers la fin de la semaine. Samedi on cotait à la Bourse de Paris : huile de colza disponible, 70 50 à 70 75 les 100 kilog.; octobre, 70 75 à 71; autres époques, 71 25 à 72 75; huile de lin disponible, 51 75 à 52 25; livrable-octobre, 51 75 à 52; novembre à avril, 52 à 53 50. — Sur les marchés des départements, les huiles de colza sont également en baisse. On cote à Rouen : colza, 70 50 à 71; lin 53 50 à 54; Caen, colza, 68 à 68 50; à Arras, œillette surfine, 100; pavot à bouche, 76; colza, 73 à 77; cameline, 66; pavot, 70; à Lille, colza, 70 l'hectolitre; lin, 49 à 51.

Graines oléagineuses. — On cote à Paris, les graines de colza, 33 à 35 les 100 kilog.; celles de lin, 25 à 30; le chènevis de Bretagne, 32 à 33; de Russie, 30; — à Caen graine de colza, 18 à 19 les 104 litres. — A Arras, œillette nouvelle, 22 50 à 24 50 l'hectolitre.

Tourteaux. — Les prix sont en hausse à Marseille; les approvisionnements sont restreints et l'on compte sur une forte demande. On cote : tourteaux pour nourriture : lin pur, 16 [illegible]0 les 100 kil.; arachide décortiquée, 15 50; sésame blanc du Levant, 14 50; de l'Inde, 15 50; coprah pour vaches laitières, 12 90 à 14 25; palmiste naturel, 11 25; *farine de cocotier*, 12 25; — pour engrais : sésame brun de l'Inde, 13 75; ricin sulfuré, 10 50; moura ou illipé, 7; ricin pour la vigne, 9 50; colza exotique, 11 50; Niger, 10 [illegible]0. — A Arras on vend : œillette, 13 50 les 100 kilog.; colza, 15 75; lin, 22; cameline, 14; — à Lille, colza indigène, 15 50 à 16; étranger, 13 à 15; œillette, 16 à 17; lin, 23 50 à 24 75; cameline, 14; chanvre, 19 à 20.

Engrais. — Le marché est plus calme pour le nitrate de soude. Malgré la réduction des envois du Chili, les cours ne changent guère. On cote 21 25 à 21 40 les 100 kilog. à Dunkerque pour le disponible et 22 25 à 22 50 pour les livraisons sur les quatre premiers mois de 1892. — Les cours du sulfate d'ammoniaque sont également à peu près stationnaires; — le sulfate français se vend 29 à Paris; le sulfate anglais, 27 25 à Dunkerque; 27 25 à 27 50 dans les ports de Belgique; 27 75 à 28 à Rouen; 28 25 à 28 50 à Nantes. — Le sulfate belge est offert sur wagon à 27 et 27 50. — Les superphosphates conservent leurs prix fermes sans changements; les livraisons se font avec activité. — Pour les phosphates, tous les fabricants résistent à la baisse et tiennent leurs prix le plus ferme possible. Dans la Somme, on cote à l'unité de phosphate par 1,000 kilog. sur wagon; 70 à 75 pour 100, 1 05; 65 à 70 pour 100 ordinaire, 0 82 à 0 84; lavé avec trois et demi de fer et alumine, 0 87; 60 à 65 pour 100 lavé, 0 70 à 0 72; 60 à 65 pour 100, 0 62 à 0 64. — Le calme continue pour les sels de potasse, avec cours sans variations. — Les matières organiques se cotent : sang desséché moulu, 1 72 l'unité d'azote par 100 kilog. à Paris; 1 60 à Anvers; 1 75 à Nancy; viande desséchée, 1 65 à Paris; 1 60 à Lyon; corne torréfiée moulue, 1 50; cuir torréfié, 1 20 à Paris.

Beurres. — La vente s'est ralentie samedi à la halle, et les prix ont un peu baissé. On cote : *beurres en mottes* : fermiers de Gournay : extra, 3 70 à 3 96 le kilog.; choix, 3 40 à 3 60; bons, 3 à 3 20; ordinaires, 2 70 à 2 80; d'Isigny, extra, 5 à 6 72; choix, 4 à 4 70; bons, 3 80 à 3 90; ordinaires, 3 10 à 3 20; marchands du Gâtinais, 2 40 à 2 60; de Bretagne, 2 30 à 2 40; de Vire, 2 30 à 2 50; de Bresse, 2 à 2 10; laitiers des Charentes, 2 70 à 3 10; des Alpes, 2 80 à 3 20; divers producteurs, 2 60 à 3 10; — *beurres en livres* : fermiers, 2 50 à 3 20; Touraine, 2 40 à 2 60; Gâtinais, 2 40 à 2 70; Vendôme et Beaugency, 2 30 à 2 60. Bourgogne, 2 30 à 2 50; le

Mans, 2 30 à 2 50; — *Petits beurres* : 1 90 à 2 60, suivant provenance.

Œufs. — La vente est difficile, avec cours en légère baisse. on cote : Normandie, 110 à 125 le mille. Picardie extra, 104 à 130; ordinaire, 80 à 95; Brie extra. 96 à 105; Touraine extra, 96 à 119; ordinaire, 83 à 91; Beauce, 68 à 106; Orne, 80 à 92; Bourgogne, 82 à 88; Champagne. 86 à 90; Nivernais, 78 à 81; Bourbonnais, 76 à 80; Bretagne, 70 à 78; Vendée, 74 à 82; Auvergne, 75 à 78; Midi, 75 à 80; Autriche et Allemagne, 60 à 70.

Fromages. — La vente est devenue plus active aux prix suivants, *par dizaine* : Brie, haute marque, 55 à 60; grand moule, 40 à 45; moule moyen, 21 à 29; petit moule, 12 à 18; laitiers, moyens moules, 3 à 13; — *par 100 kilog.* : Roquefort, 160 à 230, Gruyère, 100 à 165; Hollande, 150 à 160; Cantal, 100 à 115; Gérardmer, 60 à 70; Limbourg, 70 à 8 ; Munster, 100 à 110; Romatour, 90 à 100; façon Port-Salut, 90 à 100; — par cent : Bourgogne, 55 à 60; Saint-Nectaire, 90 à 100; Camembert, 21 à 40; Livarot, 45 à 85; façon Coulommiers, 20 à 40; Mont Dore, 20 à 25; Gournay, 8 à 20.

Raisins secs à boisson.

(Cours de la maison Audibert, 53, rue des Minimes, à Marseille).

Prix actuels (grande baisse).

Corinthe, **Roi de Grèce**, petits grains Extra 1er choix......	100 kilos	59	»
Corinthe, **le Turban**, gros grains..............................	»	55	»
Corinthe petits grains, 1er choix.	»	57	»
Thyra. 1er choix..............	»	50	»

BESTIAUX.

La Villette, 1er octobre. — Bestiaux. — Vente mauvaise sur les bestiaux et sur les veaux, en forte baisse sur les moutons, lente et difficile sur les porcs.

COURS officiels.	Amenés.	Vendus.	1re qualité.	2e qualité.	3e qualité.	Prix extrêmes.
Bœufs....	2.134	1.967	1 56	1 41	1 26	1 12 à 1 60
Vaches...	592	528	1 54	1 33	1 14	1 04 1 56
Taureaux.	182	161	1 36	1 28	1 15	1 06 1 40
Veaux....	1.362	1 073	1 80	1 69	1 58	1 34 1 98
Moutons..	9.455	7.840	2 02	1 81	1 66	1 54 2 14
Porcs.....	5.290	5.207	1 44	1 40	1 35	1 21 1 48

Marché du lundi 28 septembre.

	Amenés	Vendus	PRIX AU POIDS NET 1re qual.	2e qual.	3e qual.
Bœufs	2.748	2.293	1 56	1 42	1 28
Vaches.....	1.953	1.150	1 52	1 37	1 14
Taureaux ..	207	179	1 36	1 28	1 16
Veaux......	1.092	9 9	1 88	1 68	1 58
Moutons....	11.843	10.415	2 04	1 86	1 68
Porcs......	3.289	3.216	1 45	1 42	1 36

	PRIX AU POIDS VIF 1re qual.	2e qual.	3e qual.	Prix extrêmes.
Bœufs..........	» 93	» 80	» 66	» 56 à » 94
Vaches..........	» 90	» 69	» 56	» 50 » 93
Taureaux.......	» 85	» 71	» 61	» 53 » 89
Veaux..........	1 08	» 96	» 79	» 68 1 20
Moutons........	1 06	» 92	» 81	» 72 1 15
Porcs..........	» 98	» 91	» 90	» 82 1 »
Peaux de moutons en laine..........				3 50 6 25
Id. id. demi-laine........				1 80 2 05

Viandes abattues. — Criée du 1er Octobre.

		1re qualité.	2e qualité	3e qualité.
Bœufs	le kil.	1 30 à 2 40	1 10 à 2 20	1 » à 1 70
Veaux....	—	1 60 1 70	1 46 1 56	1 30 1 40
Moutons..	—	70 1 80	1 30 1 66	» 90 1 26
Porc entier	—	1 30 1 40	1 10 1 26	» 90 1 10

MÉDECINE VÉTÉRINAIRE.

Dépôt général pour la France et l'Etranger : MM. MICHELAT et LESUEUR, 9, rue des Guillemites, Paris.

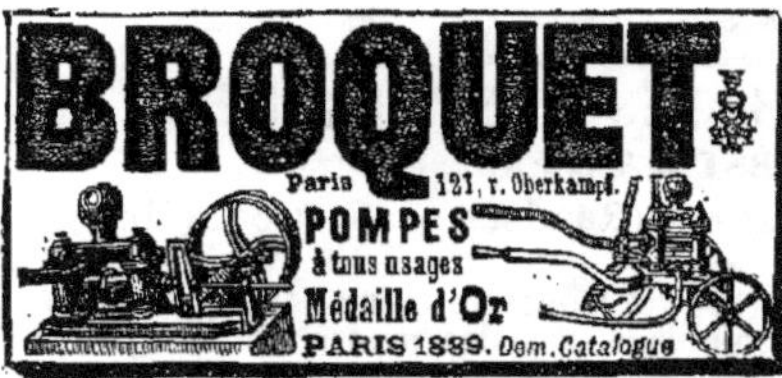

RUCHE
à Cadres mobiles
Prix : **20f**
Gariel
2ter, Quai de la Mégisserie, PARIS
GRILLAGES POUR CHASSES, de 1 mètre, à... 0f35

Avis aux Eleveurs et Nourrisseurs.

Les cosses et brisures de fèves de la maison Ph. Breuil, de Dijon, d'une pureté absolue et très riches en principes nutritifs, se recommandent pour l'engrais du bétail et la nourriture des chevaux.

La Maison **R. GARIEL,** *2, Quai de la Mégisserie, à Paris, a obtenu à l'Exposition Universelle de 1889.*

Une Médaille d'Argent, Classe 76
et **Une Médaille de Bronze,** Classe 78.

GRILLAGES, SUPPORTS EN FER
Ruches et Articles d'Apiculture, etc.

POUDRE BERNICAL *pour faire retenir les vaches*, inoffensive, succès croissant. « *Avec elle, pas de vaches stériles, envoyez* « *2 paquets.* » Dubos, Biscarosse (Landes). « *J'ai bien réussi, envoyez 4 paquet.* » Tapot, Xaintrailles (Lot-et-Garonne). 1f 50 *franco*, timbres ou mandat, instruction. BERNICAL, pharm. 1re classe, Chaise-Dieu (Haute-Loire); Paris, pharm. KLÉBER, avenue Kléber, 70.

L'ENGRAIS AMIÉNOIS
FUMURE NORMALE et COMPLÈTE
A BASE DE MATIÈRES ORGANIQUES

Compositions spéciales pour les cultures de printemps et d'automne. — S'adresser à M. Elisée LEFEBVRE, route de Rouen, 121, à **Amiens** (Somme).

Diplôme d'honneur. Diplôme d'honneur.

PAS DE BONNE SALADE
sans Huile d'Olive de NICE.
de **B. LAPALU**, propriétaire-récoltant, président de Syndicat agricole, à NICE (Alpes-Maritimes). — *Prix spéciaux pour Syndicats.*

CHARRUES DOMBASLE

de toutes forces et pour tous usages.
Labours ordinaires. Labours profonds. Défoncements.

Herses — Scarificateurs — Houes à cheval
Déchaumeuse — Rouleaux — Semoirs
Rayonneurs — Tonneaux à purin — Faucheuses
Faneuses — Rateaux — Moissonneuses — Tarares
Trieurs — Hache-paille — Coupe-racines.

CH. DE MEIXMORON DE DOMBASLE
NANCY (Meurthe-et-Moselle).
Envoi franco du catalogue sur demande.

FOURNEAUX DE CUISINE
de toutes espèces
Maisons particulières, Hôtels, Châteaux et Fermes, Hospices, Hôpitaux, Collèges, Pensions, etc.
ENVOI FRANCO DE CATALOGUES.
Maison DELAROCHE aîné
22, rue Bertrand, PARIS.

AUX ÉLEVEURS ET ENGRAISSEURS DE BESTIAUX.
Voulez-vous élever et engraisser vivement vos animaux?
EMPLOYEZ LE
GLUTEN DE MAÏS AMÉLIORÉ

Pour les Vaches laitières, lait riche et abondant.

Je suis très friand de **Gluten** *qui rassasie toujours mon vorace appétit; aussi, mon repas fini je dors comme un loir et vivement je deviens gros et gras!*

Pour les Porcs, viande de toute première qualité.

Produit à base de **farine** de **maïs**, remplaçant avec avantage les **tourteaux**, les **montures** et les **remoulages**; c'est la nourriture reconnue la plus économique et la meilleure pour l'**élevage** et l'**engraissement rapide** des **porcs**, des **veaux** et de tous les **bestiaux** de la ferme, ainsi que des **volailles**. *Envoi du prix-courant sur demande adressée à*
M. BOUDOUX, négociant à NESLE (Somme).

USINE HYDRAULIQUE DU PETIT-MOULIN
A NANTEUIL-LE-HAUDOUIN (OISE).

HENRY BERTHIER
ingénieur-agronome diplômé de l'Institut national agronomique.

MACHINES AGRICOLES
Vente et échange. - Location. - Réparations en tous genres.

BICYCLES, BICYCLETTES & TRICYCLES
Accessoires et réparations.

Spécialité de Graines fourragères épurées.
CÉRÉALES DE SEMENCE.
GRAINES POTAGÈRES, DE FLEURS ET D'ARBRES.
ARBRES FRUITIERS ET FORESTIERS.

Graines de Betteraves à grand rendement et à grande richesse saccharine.

ENGRAIS SIMPLES ET COMPOSÉS.

Envoi franco de renseignements à toute demande affranchie.

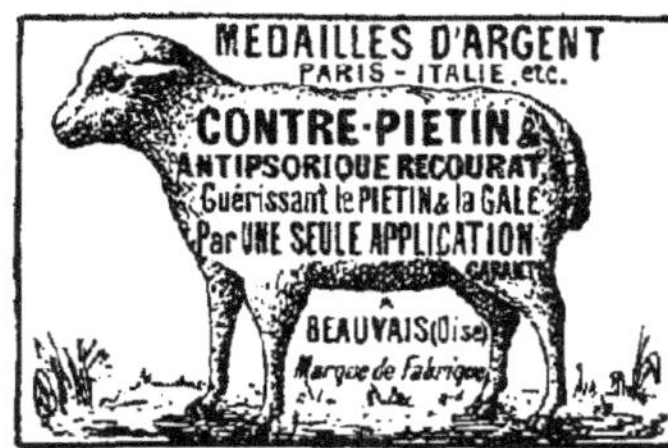

M. RECOURAT, pharmacien à Beauvais.

Gale des moutons guérie radicalement par *une seule application* de l'ANTIPSORIQUE.

La bouteille, 3 fr.; la demi-bouteille, 1 fr. 75.

Guérison du PIÉTIN par *un seul pansement* avec le CONTRE-PIÉTIN-RECOURAT.

Le pot d'essai, 1 fr. 50; le pot, 2 fr. 50.

Joindre 0,60 c. pour recevoir *franco* et indiquer gare.

MALADIES DU BÉTAIL
ET DE LA VOLAILLE
Leur traitement préventif et curatif
PAR L'ACIDE SALICYLIQUE

L'acide salicylique, employé dans la nourriture à la dose de 1/2 à 1 gramme par jour et par tête de bétail, est le meilleur préservatif des maladies qui procèdent par contagion : Sang de rate, Cocotte, Maladie aphtheuse, Erysipèle, Typhus, Morve, Variole et le Rouget des porcs, etc.

DES ATTESTATIONS NOMBREUSES DE GUÉRISONS obtenues pour la Cocotte et le Rouget des porcs ont été reproduites dans le *Journal l'Agriculture*.

La désinfection des étables, des écuries se fait instantanément au moyen d'un arrosage d'eau salicylée à 2 grammes par litre.

S'adresser à M. CERCKEL, administrateur de la *Compagnie de produits antiseptiques*, 26, rue Bergère, Paris.

Envoi sur demande de Prospectus et Brochures.

PRIX DU KIL. 25 fr. — BOITE DE MÉNAGE, 2 fr.

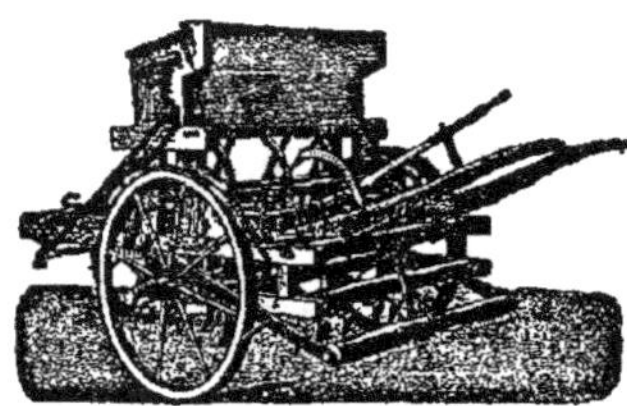

La plus ancienne fabrique de Semoirs français.
Maison **JACQUET-ROBILLARD**, *fondée en 1836.*

J. MARÉCHAL ✻
constructeur, 4, rue de Turenne, à ARRAS.
Fabrique spéciale de SEMOIRS à socs rigides et à socs articulés.
Médaille d'argent à l'Exposition universelle 1889.
Semoirs à betteraves et engrais et Distributeurs d'engrais.
ENVOI FRANCO DU CATALOGUE.
Près de 400 médailles. — Plus de 6,000 Semoirs livrés.
20 premiers prix en 1889, en 1890.

PHARMACIE SAVARY
AMIENS, 33, Place Saint-Denis, 33, AMIENS
(EN FACE LE SQUARE).

PROVENDE AUX PHOSPHATES ASSIMILABLES
du Docteur DESCHAMPS.
Prix : 3 fr. le kilog.; 27 50 les 10 kilog. (Remises proportionnelles.)

Accroissement rapide des bestiaux, surtout chez les jeunes animaux, force nerveuse, fécondité, engraissement; prévient surtout la diarrhée chez les jeunes veaux. Qualité exceptionnelle du lait.

M. Lefebvre, cultivateur à Marcelcave, a élevé un veau en lui administrant de la Provende phosphatée pendant 60 jours : tué à 70 jours, ce veau pesait 193 kilog., chiffre officiel constaté à l'abattoir. La viande était très blanche, ainsi qu'est prêt à l'attester M. Oheix, boucher à Amiens.

Les attestations émanant des sommités françaises et anglaises les plus accrédités ont été données à M. SAVARY.

30 PRIX D'HONNEUR ET GRANDS PRIX, 250 MÉDAILLES OR, VERMEIL, ETC.
GRANDES CULTURES DE GRAINES POTAGÈRES, FOURRAGÈRES ET DE FLEURS

E. FORGEOT (✻✠) & Cie

Fournisseurs du ministère de l'Agriculture, des Ecoles nationales d'agriculture, des Syndicats agricoles, etc.
PARIS, quai de la Mégisserie, 6 et 8

Appareils spéciaux pour épurer et nettoyer les graines
SPÉCIALITÉ DE GRAINES DE GRANDE CULTURE
luzernes et trèfles garantis sans cuscute, minette, vesces, sainfoins, trèfles incarnats, betteraves, carottes, navets, choux-navets, pommes de terre
Blés à grand rendement, Avoines, Orges, Seigles. Graines d'arbres pour reboisement
Graines de graminées pour prairies

Notre Maison ne vend que des graines de provenances sûres, assurant les meilleurs résultats ; elle accepte le contrôle de la Station d'Essais des Semences, établie à l'Institut agronomique par le Ministère de l'Agriculture, contrôle auquel nous sommes soumis dès sa création. En conséquence, nos graines sont garanties de levée et d'une pureté irréprochable ; nos trèfles et nos luzernes sont garantis sans un seul grain de cuscute.

Grande et importante **Spécialité de Créations de Prairies**. Nous nous chargeons d'établir des compositions convenant à la nature de chaque sol, et d'avance nous en assurons la réussite.

Sur demande, nous adressons *franco* nos catalogues illustrés de graines potagères, fleurs, arbres, fourrages, ognons fleurs, plantes, etc.

CRÉDIT AGRICOLE UNION DES SYNDICATS AGRICOLES DE FRANCE
9, rue Marsollier, PARIS
Agence à LYON, 234, cours Lafayette, S. PLISSONNIER, Directeur ✻ M. A.

MACHINES AGRICOLES DE TOUS SYSTÈMES
TOURTEAUX et FARINES pour la nourriture du bétail.
ENGRAIS CHIMIQUES et ORGANIQUES, MATIÈRES PREMIÈRES
SEMENCES DE PREMIER CHOIX.

RAISINS SECS A BOISSONS

PREMIÈRE MAISON DE FRANCE (10 croix ou med., fondée en 1876), **J.-F. Audibert,** créateur des vins de raisins secs et importateur direct. Auteur de : *L'Art de faire les Vins de raisins secs* (fco 3 90); *les Vins d'imitation*, sirops, liqueurs, etc. (fco 5 25). Inventeur de l'appareil (B. S. G. D. G.). **LE SEUL ADOPTÉ PAR L'ARMÉE** pour la fabrication mathématique des vins de raisins secs, en 10 jours, pour faire depuis 1 litre jusqu'à 20,000 litres par jour **AVEC UN HOMME. Renseignements gratuits pour tripler les vendanges, vins de seconde cuvée,** etc., 53, r. des Minimes, Marseille.

L'Administrateur-Gérant : ALBERT RENOT.

Beauvais. — Imp. D. PERE. - A. CARTIER, Gérant.

12e Année. — 2e Série. — No 611. Dimanche 11 Octobre 1891.

GAZETTE AGRICOLE

JOURNAL HEBDOMADAIRE, PARAISSANT LE DIMANCHE

Rédacteur en Chef : M. Ch. GOSSIN, Professeur d'Agriculture à l'Institut agricole de Beauvais.

PRIX DE L'ABONNEMENT

UN AN, 5 fr. — SIX MOIS, 3 fr. — TROIS MOIS, 1 fr. 75

Pour l'étranger les abonnements ne sont reçus que pour un an, au prix de 6 francs, et ne partent que du 1er janvier ou du 1er juillet de chaque année.

Le numéro : 10 centimes.

Il est indispensable de joindre à toute demande de changement d'adresse la dernière bande d'adresse du journal et 50 centimes pour frais de nouvelles bandes.

Adresser les *Abonnements* et *Annonces* au secrétaire de la rédaction, **13, quai Voltaire, Paris,** ou à M. GOSSIN, rédacteur en chef et administrateur, à BEAUVAIS.

BUREAUX

13, quai Voltaire, Paris, et à Beauvais.

Les abonnements partent du 1er de chaque mois et sont payables d'avance. Toute demande d'abonnement doit donc être accompagnée du prix de l'abonnement. (Le mode de payement le plus simple est l'envoi d'un mandat-poste.)

Donner *très lisiblement*, en s'abonnant, son nom et son adresse exacte, *avec l'indication du bureau de poste ;* et, s'il s'agit d'une continuation d'abonnement, joindre au renouvellement la dernière bande d'adresse du journal.

Les Annonces sont reçues chez MM. DUSSERIS et MATHELLON, 97, rue de Rennes, Paris.

La GAZETTE AGRICOLE insère gratuitement les Communications des Syndicats agricoles

SOMMAIRE :

PARIS, 9 OCTOBRE.

Le décret de convocation du Sénat et de la Chambre des députés en session extraordinaire a été inséré au *Journal officiel*. La session s'ouvrira le 15 octobre. On sait déjà que son ordre du jour est fort chargé, puisqu'indépendamment de divers projets de lois d'intérêt plus ou moins grand, elle devra suffire à voter le budget et le tarif général des douanes. Il y aurait là une tâche amplement suffisante et peut-être plus que suffisante pour occuper l'activité des membres de l'une et l'autre Chambre. Mais on sait aussi déjà qu'une partie du temps si court laissé aux représentants du pays sera détourné au profit de questions sinon toutes secondaires, du moins étrangères et au budget et au tarif général des douanes. Bon nombre d'interpellations sont annoncées; de quelques autres, il est question dans les réunions que tiennent les députés rentrés à Paris. Enfin du langage tenu soit par ces députés, soit par les journaux qui prétendent refléter leur pensée, on est en droit d'inférer que nous sommes à la veille sinon d'une crise ministérielle, du moins d'une vigoureuse attaque contre le cabinet ou quelques-uns de ses membres.

***

Encore qu'on voit très clairement se manifester des dispositions à l'hostilité, il serait bien délicat d'essayer de soulever le voile qui nous cache encore l'avenir parlementaire. Que les radicaux, ou plus exactement peut-être un certain nombre de députés radicaux nourrissent contre le cabinet de M. de Freycinet des sentiments malveillants, c'est, on peut dire, le secret de la comédie; mais ces hostiles seront-ils soutenus dans la lutte, et ces intransigeants sont-ils aussi irréconciliables qu'ils voudraient le faire croire? On n'a que de trop sérieuses raisons d'en douter. Depuis qu'il est aux affaires, le cabinet de Freycinet a donné au radicalisme plus que des gages, et le président du Conseil n'a point la réputation d'être de ces hommes auxquels coûtent trop des promesses et même des concessions nouvelles. Le personnage mythologique qui sut calmer la férocité de Cerbère en lui jetant quelques gâteaux a créé une tradition qu'ont pieusement recueillie les ministres républicains.

***

Il ne faut pas toutefois perdre de vue que, dans la conjoncture, il y a en jeu autre chose que des questions de personnes ministérielles. Entre opportunistes et radicaux les querelles sont anciennes. Sous le coup d'un péril commun, elles se sont parfois momentanément assoupies, mais non sans que subsistât le vieux levain, ferment des divisions anciennes. Il est d'usage d'ailleurs que, lorsque se conclut quelque trêve, le prix en soit payé par les opportunistes, habiles à couvrir du langage de la modération les actes révolutionnaires. Allons-nous une fois de plus assister à ce spectacle? S'il en doit être ainsi, le pays y perdrait plus peut-être qu'au succès des radicaux, puisqu'on lui infligerait sous une étiquette de modération conciliante une politique qui, plus franchement affichée, provoquerait chez lui l'éveil d'un sentiment plus net des dangers courus.

***

Ce qui complique la question, c'est que l'ensemble de la situation s'est, depuis quelques mois, singulièrement modifié. L'argument de la nécessité de la concentration contre le boulangisme ne saurait plus être invoqué. Le général Boulanger a disparu et encore que les débris de son parti proclament leur intention de poursuivre le triomphe de leurs idées, on ne saurait être beaucoup effrayé d'un dessein fort difficile à réaliser, le groupe boulangiste fût-il conduit par des illustrations comme MM. Michelin, de Ménorval et Castelin. D'autre part, certains faits récents dont on a quelque peu exagéré l'importance, mais dont il est impossible de ne tenir aucun compte, rendent également assez difficile l'évocation du « spectre clérical ». Ainsi sont tombées ou du moins sont affaiblies quelques-unes des lignes de défense des opportunistes contre les attaques radicales.

***

Ajoutons enfin qu'on n'a point le sentiment qu'il existe, entre tous les membres du cabinet, cette unité de vues et cette homogénéité de sentiments qui suffisent souvent pour avoir raison des attaques de ses adversaires. Un ministère sans homogénéité en face d'une majorité divisée contre elle-même, des questions difficiles et délicates à trancher, un vent de bataille soufflant dans le monde parlementaire, voilà dans quelles conditions va s'ouvrir la session extraordinaire de 1891.

LE BONHOMME DESCHAMPS.

LE CLERGÉ ET LA POLITIQUE.

Le mandement de l'Evêque de Bayeux.

Mgr Hugonin, évêque de Bayeux et Lisieux, vient d'adresser au clergé de son diocèse une lettre pastorale qui fait un certain bruit dans la presse. Ce document s'adresse spécialement aux ecclésiastiques, ainsi que le prélat a pris soin de l'indiquer dès le commencement de son travail.

Nous n'avons pas mission, écrit-il, d'indiquer aux laïques la politique qu'ils doivent suivre. Nous ne leur demandons que d'agir selon leur conscience et de former leur conscience sur les lois de l'Evangile.

Ces sages paroles contrastent avec les sommations que certains publicistes adressaient naguère aux conservateurs de toutes nuances. Elles suffisent à montrer que, malgré la spécialité de sa destination, ce document peut être consulté utilement par les fidèles.

L'attitude du clergé, nous dit Mgr Hugonin, est de demeurer au-dessus et en dehors de tous les partis politiques, et à cette règle fondée sur les traditions de l'Eglise et sur l'enseignement constant de ses pontifes et en particulier de Léon XIII. Mgr Hugonin ajoute cette double considération que nos populations verraient avec peine et avec défiance l'ingérence du prêtre dans les choses politiques.

Ici, nous citons textuellement :

Vous avez pu le constater comme nous, messieurs, nos populations chrétiennes voient avec peine que le prêtre se mêle aux luttes politiques. Un prêtre qui s'ingère dans la politique leur inspire je ne sais quelle secrète défiance. On le soupçonne d'agir ordinairement par des motifs trop humains, de se détourner de son ministère, d'être moins prêtre, moins pasteur, moins exclusivement à tout son troupeau, moins digne de la confiance et du respect de tous.

A ce premier sentiment du public s'est joint un autre sentiment moins délicat, mais plus énergique, c'est la peur; nous dirions presque l'horreur de la domination du prêtre en dehors des fonctions de son ministère. Sans doute, c'est un préjugé grossier que nos adversaires ont soin d'entretenir. Cette domination qu'on feint de redouter est un fantôme qu'on évoque pour effrayer les simples et les pusillanimes et éloigner le peuple du prêtre.

Est-ce, en effet, le clergé qui dirige nos assemblées politiques, qui préside nos tribunaux, qui administre nos provinces, qui perçoit les impôts ou commande nos armées? Jamais il n'a été moins jaloux de revendiquer quelques portions du pouvoir public; il ne demande à l'Etat que la justice, le respect et la protection à laquelle il a droit comme tout citoyen français.

Mais ce préjugé, quelque absurde qu'il soit, est un fait incontestable, qu'on moins dans le diocèse de Bayeux. Tous ne craignent pas d'une crainte égale l'ingérence du clergé dans la politique, mais tous la repoussent. Ne faudrait-il pas reconnaître dans cette disposition des esprits une indication de la Providence ? Sans doute, il faut chercher à dissiper ce préjugé, mais il serait imprudent de n'en pas tenir compte.

NOUVELLES DE LA SEMAINE.

Les laïcisations. — La *Semaine catholique* de Saint-Flour donne des détails intéressants sur les effets de la laïcisation dans le Cantal : « Sur les cinq dernières laïcisations d'écoles de garçons dans notre département, quatre communes gardent leurs instituteurs chrétiens, par la fondation d'écoles libres. Ces communes sont : Oradour, Drugeac, Peyrusse, avec les frères de Saint-Viateur, et Thiézac, avec les frères du Sacré-Cœur, seule la commune d'Auriac ne peut garder son instituteur religieux. Il a été fondé depuis dix ans plus de quatre-vingts écoles libres dans le département. »

Ce qui se passe dans le Cantal, ajoute la feuille religieuse, se passe dans toute la France. Cette réflexion est si juste que nous trouvons, le même jour, dans la presse conservatrice Angevine, cette consolante nouvelle que la laïcisation des écoles municipales à Angers a eu pour conséquence non seulement d'augmenter le nombre des écoles congréganistes, mais aussi le nombre de leurs élèves. Dès maintenant, on peut porter à près de 150 l'accroissement du nombre des enfants chez les frères. L'oppression des catholiques par la loi obligatoire de l'enseignement athée n'en reste pas moins chose abominable.

Un candidat prisonnier. — A la suite des événements ou des fusillades de Fourmies, le docteur Lafargue, qui s'est fait un certain renom dans le monde socialiste, fut traduit devant la Cour d'assises de Douai et condamné par elle à subir quelques mois de prison. Cette condamnation semble devoir servir à la fortune politique de M. Lafargue. Ce sont là les beaux côtés de la République radicale. On annonce en effet, qu'une candidature législative vient de lui être offerte par le parti ouvrier qui voudrait le voir remplacer M. Werquin, récemment décédé. Le docteur Lafargue n'est pas légalement inéligible; mais comme il se trouve actuellement en prison, il reste à savoir si le gouvernement l'autorisera à faire la déclaration prescrite par la loi sur les candidatures multiples, déclaration sans laquelle aucune candidature ne peut se produire efficacement. Il y a là évidemment une difficulté qui résulte que le législateur n'a pas songé que les républicains pourraient dans certains cas, aller recruter leurs candidats dans les prisons.

Les incidents de Rome. — Des faits regrettables se sont passés à Rome à l'occasion du séjour des pèlerins français, en ce moment au nombre de plus de 20,000. Il est impossible d'en connaître encore les détails au milieu de dépêches contradictoires; il paraît prouvé, pour le moment, qu'un ou deux membres d'un pèlerinage ont déposé, sur le registre du Panthéon, église où est enterré le roi Victor Emmanuel, une ou plusieurs inscriptions injurieuses, ou simplement illégales, on ne sait pas au juste. Il en est résulté des troubles et des manifestations hostiles aux pèlerins, que la police a dû protéger.

Les feuilles anti-religieuses ne manquent pas « de faire retomber sur tous ce qui n'est que la faute d'un seul ». Nous reconnaissons là leurs procédés ordinaires et leur injustice habituelle. En ce qui nous concerne, nous espérons qu'un acte isolé, et encore mal connu, si blâmable qu'il soit, n'aura aucune conséquence grave, malgré les efforts intéressés de ceux qui voudraient le grossir démesurément. A Rome comme à Paris, les honnêtes gens refuseront de « rendre tous les pèlerins responsables d'une exception. »

L'ENSILAGE DES FOURRAGES VERTS

Silos superficiels.

Nous avons à plusieurs reprises insisté sur les avantages de l'ensilage des fourrages verts, et nous avons indiqué surtout le procédé de la mise en fosse cimentée. C'est le système suivi par nous et qui nous réussit toujours parfaitement.

Il n'a qu'un inconvénient, c'est celui de la dépense nécessitée par les frais de première installation.

Au point de vue, fort important du reste, de l'économie, le système des silos superficiels, mais avec revêtement de terre, est préféré dans certaines exploitations, surtout dans celles où, à cause de l'humidité des terrains, les infiltrations souterraines sont à craindre

C'est le cas qui se présente souvent dans les terrains de la Sologne. Le plan des eaux souterraines arrive en hiver, dans les terres les plus saines, à 50 ou 60 centimètres de la surface du sol.

Au moment de l'ensilage, il est bon de donner au tas une hauteur d'environ deux mètres.

Afin que les fossés à ciel ouvert qu'on ménage sur toute la longueur du silo contribuent à l'assainissement de l'intérieur, il est essentiel de placer le fond de ces fossés en contrebas du plafond de ces silos.

Dans ces silos, comme dans les silos profonds, la terre des fouilles sert à couvrir et à presser la fourragère.

M. Théophile Petit, qui a publié une étude des plus intéressante sur l'*ensilage des fourrages verts*, rappelle que les silos superficiels adoptés tout d'abord sur les terrains humides, à cause de la crainte des infiltrations souterraines, se sont beaucoup répandus, et que dès 1881 on en a fait même sur les terrains les plus sains. On les trouve plus commode pour les manœuvres. On leur prépare une sole élevée au-dessus du sol pour les mettre à l'abri des eaux, mais on a encore bien soin de recouvrir la masse sur toutes ses faces d'une forte couche de terre.

Dans le même ordre d'idée, on commençait, chez certains, par établir au-dessus du sol une sorte de réservoir rectangulaire, de 1 mètre de hauteur, avec des murs en gazon, c'est dans cette capacité qu'on tassait les fourrages verts en leur faisant dépasser de 1 mètre cette sorte de ceinture établie à la base de la meule, puis on enveloppait le tout d'une couche épaisse de terre.

En 1884, au domaine Garcelles, commune de Secqueville (Calvados), nous voyons M. de Saint-Quentin creuser une fosse à parois verticales de 8 mètres de longueur sur 1 mètre de profondeur : au niveau du sol elle est entourée par un mur en gazon de 1 mètre de hauteur et dont les joints intérieurs sont bouchés par du mortier de terre. En réalité, on avait une fosse de 2 mètres de profondeur, en tout 80 mètres. La masse de fourrage fut relevée de 4 pieds environ au-dessus du niveau du mur, puis recouverte d'une couche de terre de 60 à 80 centimètres d'épaisseur. Cinq mois après son établissement, la masse primitive du fourrage était réduite des deux tiers et ne présentait plus qu'un tout compact et dense, épais d'un mètre. En fin de compte, il restait 40 mètres cubes de fourrage, représentant un poids de 25 kilogr. environ.

Silos dans les granges.

Les premiers ensileurs qui pensèrent à utiliser les abris offerts par des granges ou des hangars, n'en continuèrent pas moins à recourir à l'emploi des silos profonds et à les recouvrir de terre. Par le tassement, on arrivait à se mettre au niveau du sol, en sorte qu'aucun embarras n'était en saillie sur l'aire de la grange ou du hangar.

Plus tard, on fit sous les abris des ensilages sans fosses. Les fourrages étaient entassés entre les quatre murs formant le rez-de-chaussée de la grange et avec des matériaux, moellons, briques, pierres, etc., on exerçait une pression constante sur la masse sur laquelle on établissait préalablement une couche de paille et puis un plancher recevant les poids.

Depuis longtemps, M. E. Lecouteux, à sa terre de Cercay (600 hectares), en Sologne, pratique ainsi une grande partie de son ensilage. Il fait battre les gerbes par une puissante machine à vapeur, de manière à rendre libres ses granges le plus tôt possible. Il peut ainsi y ensiler du maïs, fourrage qui se trouve consommé quand on a besoin des granges pour la nouvelle récolte des céréales.

Il est bon de dire à ce sujet que dans le Midi, l'usage des granges est inconnu pour abriter des gerbes et les battre. De simples gerbiers établis en plein air suffisent. Le dépiquage est exécuté aussitôt la moisson faite. Ce n'est donc pas dans ces contrées qu'il y a lieu d'appliquer les granges à l'ensilage, comme on peut le faire en s'approchant de plus en plus des départements du Centre.

On voit que les procédés d'ensilage ne manquent pas. Ils sont tous bons; à chacun de choisir selon les circonstances.

Encore une fois, rien n'est plus simple que l'ensilage, et celui-là est inexcusable qui, sous le prétexte de mauvais temps ou de trop grande abondance, laisse perdre une partie de ses regains à l'arrière saison.

C'est surtout pour la récolte et la conservation des regains à cette saison des pluies et des travaux pressants nécessités par l'approche des semailles d'automne, que la pratique de l'ensilage rend d'immenses services. Ne le négligeons donc pas!

Charles Gossin.

LA SPÉCULATION SUR LES BLÉS

Réduction du droit de 5 francs. L'agriculture exploitée.

Lorsqu'il a été question de réduire de 2 francs le droit de douane sur les blés à l'étranger, nous avons protesté énergiquement contre cette mesure si favorable à la spéculation, disons-nous, mais désastreuse pour les cultivateurs français.

Nos prévisions étaient fondées et les amis de l'agriculture qui sont tombés dans le panneau de très bonne foi en côtant la réduction du droit, doivent joliment regretter leur aveuglement.

Voici ce qu'écrit, à cet égard, dans la *Bourgogne agricole*, notre excellent confrère, M. Delimoges, sous ce titre :

FORÊT DE BONDY

« Nous avons une certaine habitude d'être roulés, nous autres, cultivateurs, et comme on dit, non sans raison, que l'habitude est une seconde nature, nous finirons, je crois, par trouver cela tout-à-fait naturel.

De temps en temps, quand la dose est trop forte, nous esquissons une sorte de protestation, puis... un point, c'est tout, nous rentrons dans notre somnolence habituelle.

Tenez, en ce moment, que se passe-t-il au sujet des blés ? Ne sommes nous pas absolument, abominablement pillés, volés! Qui songe à s'en plaindre ? On se contente de dire : C'est étonnant, le blé était à 30, 31, 32 fr. même, alors que la récolte n'était pas faite et qu'on pouvait la supposer meilleure qu'elle ne l'est en réalité, et maintenant qu'on la sait mauvaise, le blé baisse ; c'est à n'y rien comprendre.

Ce n'est pourtant pas bien difficile, et nous allons essayer de l'expliquer.

D'abord il faut se mettre en tête que le grand commerce du blé en France est entre les mains de neuf à dix marchands, dont deux, trois peut-être sont Français ; quant aux sept autres point n'est besoin de lire deux fois leurs noms pour deviner leur origine ; ces braves gens s'associent au besoin avec les gros banquiers dont les noms riment parfaitement avec les leurs, et on organise, quand le moment semble propice, comme cette année, par exemple, « une betite affaire ». Seulement la *betite affaire* roule sur des millions et c'est nous qui en faisons les frais, nous les cultivateurs et souvent aussi le petit commerce local et même la meunerie, qui, déroutée par des à-coups commerciaux que rien ne justifie, prend peur et opère mal.

Se souvient-on de ce qui s'est passé quand, il y a quelques mois, ces « marquis du pain volé » ont voulu obtenir la réduction de 2 francs sur le droit de 5 francs qui les gênait ? Oh alors ! la famine était imminente, nous allions être réduits à manger du pain de son, on allait revoir le pain du siège ; à en croire certains journaux le blé allait monter à des prix fabuleux avant la tour Eiffel, etc., etc. En faisant exploiter habilement cette crainte, en achetant de ci de là quelques lots à des prix élevés, en sacrifiant quelques centaines de mille francs, quelques millions si on veut à cette petite opération, ils ont réussi à faire monter en quelques jours le blé de 24 à 32 fr.

Il s'est trouvé malheureusement à la Chambre une majorité assez impressionnable pour croire... que c'était arrivé... et l'abaissement de 2 fr. a été voté, malgré les observations d'hommes clairvoyants, malgré les protestations de la presse agricole presque toute entière. La *Bourgogne agricole* n'a pas été une des dernières à protester contre cet injustifiable empressement.

Le tour était joué, et on était désormais sûr d'écouler à grand profit les grosses quantités de blés achetées à l'avance à l'étranger; les spectateurs ébahis ont vu presque aussitôt les cours fléchir et le blé revenir à 27 et 28 fr., alors que la récolte étant faite on acquérait la preuve qu'elle serait moins bonne même qu'on ne l'avait espéré.

Et j'ai bien peur que les cours ne se relèvent pas tant que le blé sera aux mains des cultivateurs; par exemple lorsque la plus grosse quantité sera passée entre celles de ces agioteurs, lorsque le stock en culture ne sera plus assez gros pour être une menace pour eux, lorsque rien ne pourra plus les gêner, en un mot, oh! alors, dans quatre ou cinq mois probablement, peut-être avant, nous verrons une nouvelle hausse se produire, et celle-là durera sans que rien ne puisse la combattre, parce que ce sera le moment voulu, le moment choisi pour la réalisation.

Ces messieurs feront alors *leurs foins*, et en mettront pas mal dans leurs bottes. Il n'en sera pas de même de nous: nous aurons vendu bon marché notre marchandise dans une année où les frais auront été plus considérables que jamais, à cause de la nécessité de remplacer les semailles d'hiver et où le rendement a été des plus mauvais. Il aurait été naturel que le prix de vente dédommageât un peu le cultivateur, ces messieurs de la haute finance en ont décidé autrement.

De cette façon, nous aurons vendu bon marché et l'ouvrier paiera son pain cher, le bénéfice sera pour les agioteurs cosmopolites qui empêcheront notre argent, nos économies en se moquant de nous.

C'est d'ailleurs exactement ce qui s'est produit de 1877 à 1881 avec les Américains, au sujet des viandes de porc; seulement l'opération a été plus longue.

Les Américains ont commencé par tuer l'élevage français, en jetant sur le marché à un bas prix insensé une masse de produits, puis, lorsque leur but atteint, ils en sont devenus les maîtres incontestés, ils nous ont fait payer fort cher leurs salaisons de qualité plus que douteuse.

Heureusement que la loi de 1881, prohibant l'entrée des lards américains, loi tutélaire qu'on aurait mille fois tort de rapporter, est venue mettre un terme à leur exploitation.

C'est une spéculation du même ordre que l'on a tentée sur les blés, et nous avons le très grand regret de voir qu'elle a réussi; c'est parce que nous la prévoyions que nous disions au gouvernement: « Vous avez bien le temps d'ôter 2 francs sur le blé, ne vous pressez pas ; vous ne voyez donc pas que vous favorisez une vaste spéculation dont nous, ouvriers et cultivateurs, ferons tous les frais ; après la récolte et si le blé augmente plus que de raison, il sera toujours temps de diminuer le droit et si besoin est de le supprimer tout entier, car si nous désirons vendre notre marchandise le prix qu'elle vaut, nous ne voulons pas le pain trop cher, attendez, c'est prudent. » On n'a pas voulu attendre, on a diminué le droit de 2 francs; aujourd'ui il est impossible de ne pas voir qu'on s'est trompé et qu'on a simplement, bien involontairement, j'aime à le croire, fait à notre détriment le jeu d'une bande d'exploiteurs.

Les blés anglais vendus en 1891 en France comme blés de printemps.

Dans l'arrondissement de Meaux, au printemps de 1891, une certaine quantité de blé d'origine anglaise a été vendue comme blé de mars.

Dès le mois de juin, des plaintes ont été adressées au Président par des membres de notre Syndicat agricole, prétendant que ces blés s'étendaient sur le sol par un tallage à la façon de blés d'automne semés au printemps, au lieu de monter comme les vrais blés de mars et qu'on leur avait vendu des blés d'automne pour des blés de mars.

Cette accusation était d'autant plus grave que le prix des blés d'automne était de 28 à 30 fr. les 100 kilos, tandis que la valeur des blés de semence de mars a varié de 38 à 60 fr. les 100 kilos. Dans la séance de la Société d'Agriculture du 1er août 1891, les mêmes plaintes se sont renouvelées avec cette différence que les blés incriminés, qu'on ne croyait pas susceptibles d'épiage, avaient fourni des épis ; seulement on supposait que ces blés avaient un tel retard dans leur végétation que le grain n'arriverait pas à bonne maturité.

C'est effectivement ce qui s'est produit généralement. Certains champs de ces blés d'origine anglaise présentent des épis hétérogènes, de formes et de couleur diverses, indiquant bien qu'il y a mélange de diverses espèces de blé et par conséquent qu'il y a eu fraude dans la vente. D'autres champs présentent des épis homogènes de l'espèce anglaise dite Nursery, à épis blancs allongés. Pour ce second cas, nous nous sommes adressés à M. Clarke, secrétaire de la Société royale d'Angleterre et nous lui avons posé cette question : « Existe-t-il en Angleterre du blé de mars dit Nursery qu'on sème habituellement au printemps dans votre pays ? »

Voici la réponse de M. Clarke :

« Cher Monsieur,

« A mon grand regret, il ne m'a pas été possible de répondre plus tôt à votre lettre du 11 août, au sujet du mauvais résultat d'un blé anglais (Nursery) semé au printemps dans l'arrondissement de Meaux, pour remplacer les blés détruits par les gelées du dernier hiver.

« En réponse à votre question, je dois vous dire avant tout qu'on ne sème du mars en Angleterre que dans des circonstances exceptionnelles, par exemple, pour ne pas interrompre la rotation ordinaire lorsque le mauvais temps en automne a empêché les ensemencements.

« La variété de blé, connue sous le nom de Nursery, est souvent, en Angleterre, semée en novembre et décembre et donne aussi des résultats satisfaisants lorsqu'elle est semée en février ou mars, particulièrement dans le comté de Hampshire, dans le sud de l'Angleterre.

« Ce blé a eu les mêmes inconvénients en France en 1871, ainsi que le constate le rapport de M. Jenkins, mon prédécesseur, sur les résultats des semences fournies par le Comité aux cultivateurs français.

« Je pense qu'il faudrait faire une enquête sur les termes exacts du contrat de vente entre les acheteurs et les vendeurs de blé en question, et si vous voulez bien m'envoyer une copie de ce contrat, je le soumettrai à l'examen du Comité des semences et du Conseil de la Société qui doivent se réunir en novembre prochain.

« Agréez, etc. Ernest CLARKE. »

Voici les extraits du rapport de M. Jenkins :

« *Comité de fournitures de semences aux cultivateurs français.*

« Londres, 1872.

« *Insuccès du blé Nursery.* — Tandis que toutes les semences que nous avons fournies ont bien réussi en France, on a constaté dans la plupart des cas l'insuccès du blé Nursery... Dans la Somme, dans l'Oise, les blés barbus ont bien réussi et le blé Nursery n'a donné que de la paille. Dans la commune de Nonville (Seine-et-Marne) on a semé le 10 avril 10 hectolitres de blé *barbu d'avril* et 20 hectolitres de blé *Nursery*. Le blé barbu d'avril a produit de 15 à 22 hectolitres l'hectare, et le blé Nursery n'a pas épié et a conservé toutes les apparences du blé d'hiver. A Corbie (Somme) le blé resta longtemps sans pousser, il avait toute l'apparence d'un gazon de ray-grass. Il commença à monter à la fin de juin et épia parfaitement, mais à la moisson les épis étaient tout à fait vides.

« D'après M. Patrick Shériff, qui fait autorité dans la matière, il y a deux variétés distinctes de blé Nursery, l'une d'hiver et l'autre de printemps. Il est probable que la semence que nous avons envoyée en France est du blé de Nursery semé depuis quelques années à l'automne. M. Mounier a démontré qu'il n'y avait pas, comme l'avait prétendu Linné, deux espèces de blé, mais que la variété n'était que temporaire. Il a semé du blé d'hiver au printemps et sur 100 pieds, 4 seulement sont venus à maturité ; il a semé cette récolte pendant trois ans et a fixé la variété ; il conclut en disant qu'une variété d'été peut être convertie en blé d'hiver.

« Darwin est d'avis qu'une variété de blé, pouvant se semer indifféremment en hiver et en été en Angleterre, se comporte comme un blé d'hiver sous le climat plus chaud de Paris.

« En somme, je suis convaincu que l'insuccès du blé de Nursery en France ne dépend pas de l'époque tardive de l'ensemencement ou d'une saison anormale, mais de la condition toute particulière de la nature de cette variété.

« JENKINS. »

COMMENT ON DOUBLE

et on triple sa vendange.

La cueillette.

Avant de parler de doubler et de tripler la vendange il faut que je vous instruise d'abord de la meilleure façon de vendanger et du moment opportun où on doit le faire.

Vous n'ignorez pas que tous les raisins d'une vigne sont loin de mûrir en même temps. On ne doit donc pas, si on veut faire du bon vin, vendanger le même jour en entier, un plantier. Il faut faire au moins deux vendanges. Je sais qu'on va me répondre : « Mais c'est une vérité de M. de la Palisse, mon cher M. Audibert, que ce que vous nous dites là. Est-ce que jamais nous vendangeons les grapillons ? »

A ceux-là je me contenterai de leur répondre : « Vous ne vendangez pas les grapillons minuscules, c'est vrai, mais vous vendangez joliment des grappes qui ne demanderaient pas mieux que de rester encore 8 et même 15 jours encore attachées à la souche ! »

D'autres prétexteront que leur vignoble est trop petit ; qu'ils ne pourraient vendanger en deux fois ; qu'ils comprennent qu'ils font mal, mais qu'ils sont obligés d'agir ainsi pour faire une mauvaise cuvée, plutôt que de n'en pas faire du tout.

A tous je répondrai, vous avez tort. Vous n'obtenez pas de très bons vins, parce que vous ne savez pas vous arranger.

Je vais vous rappeler les principes fondamentaux d'une bonne vendange : Vendanger quand les raisins sont mûrs d'une façon générale, sans attendre que la récolte entière soit complètement mûre ; ce qui serait un grand tort. N'oubliez pas qu'il vaut mieux vendanger plutôt trop vert, que trop mûr. C'est pourquoi deux vendanges sont nécessaires pour cueillir avant la maturité générale les raisins mûrs à point et laisser aux autres le soin de le devenir.

Un vin vert, fermente mieux, se clarifie mieux, se fait mieux, avec la garantie d'une excellente conservation. Un vin de raisins mûrs est plat et d'une conservation très difficile.

— Mais la couleur, me direz-vous ?

La couleur, vous la trouverez dans les raisins, mûrs à point, autant, et sinon d'avantage, que dans ceux que vous laisserez se dessécher sur plante avec la douce confiance qu'ils acquerront une plus grande richesse de teinture rouge. Peu de gens connaissent le phénomène de la dessiccation sur souche. Voici ce qui se passe : les raisins rouges, à la dernière période de la maturité, s'enrichissent chaque jour d'avantage d'œnocyanine — cette partie colorante rouge qui se trouve dans les cellules de la pellicule du raisin. — Mais cette augmentation n'est pas indéfinie ; elle prend fin le jour où le grain est complètement mûr. A partir de ce moment, si vous ne le cueillez pas, la partie colorante disparait graduellement de la même façon qu'elle est venue. Exemple : les raisins secs. Ils étaient rouges eux aussi — mais le vin qu'ils font est blanc.

Vendangez donc en temps opportun et en ne cueillant que ce qui peut et doit être cueilli.

Vous n'avez pas assez de raisins pour faire votre cuvée, si vous ne cueillez pas tout, me dites-vous. Qui vous empêche de faire deux cuvées excellentes en complétant chacune d'elles avec des raisins secs, par exemple, plutôt que d'avoir une cuvée mauvaise : je reviendrai sur ce point.

Voici les signes caractéristiques auxquels on reconnaît que les raisins sont bons à vendanger : au goût d'abord ; ils sont sucrés, ils n'ont presque plus d'acidité ; la pellicule, la peau du raisin s'amincit considérablement, prend de la transparence ; la coloration de la peau est aussi un puissant indice avec celle du pépin qui passe du vert au brun ; enfin le dernier indice, qui est le signe le plus saisissant, est le changement du pédoncule — *lou pecou*, comme on dit en provençal — de la grappe qui, de vert tendre et herbacé, passe à la couleur de bois et devient ligneux. La cueillette, si bien faite, ne donnerait pas encore de bons résultats, si les viticulteurs, soucieux de leurs intérêts, ne faisaient pas subir à ces raisins l'opération du triage avant de les écraser.

Ce triage est absolument nécessaire ; il a pour but de séparer scrupuleusement les raisins sains des raisins gâtés, pourris ou avariés.

Que de déboires on évite en suivant ce conseil. Et surtout que de belles pièces de cent sous on se prépare à recueillir qu'on ne verrait jamais sans cela, sous prétexte que cette main-d'œuvre a coûté quelques centimes par hectolitre ; c'est une des plus importantes.

Quelques raisins pourris peuvent vous donner le goût à toute une cuvée.

Vous comprenez trop l'importance de cette opération pour que je m'y arrête davantage.

A ce propos, et puisque j'y songe, je vais vous en dire un mot ici, de peur de l'oublier.

Il y a une erreur fort accréditée parmi les vignerons, c'est que la fermentation enlève tous les mauvais goûts de fût. Cela est vrai jusqu'à un certain point. En effet, quelques fûts moisis légèrement perdent ce mauvais goût quand on y fait fermenter de la vendange ; mais le VIN CONTRACTE CE GOUT plus ou moins, et souvent il est tellement altéré par ce fait, que si le fût est guéri, le vin est gâté. Le remède est pire que le mal.

Faites en votre profit pour l'avenir.

Le foulage.

On foule les raisins, comme vous le savez, pour écraser les grains et mettre le jus en contact avec l'air pour obtenir la fermentation alcoolique. Je vous conseille, si vous le pouvez, d'employer les fouloirs (1) pour vendanges. Ce travail est fait plus proprement, plus économiquement et surtout d'une façon plus uniforme.

(1) Dépôt : Entrepôts Généraux Agricoles et Vinicoles, 53, rue des Minimes, Marseille. 100 francs au lieu de 200 francs.

Manière d'augmenter seulement le degré alcoolique des vins de raisins frais dans la cuve.

Quand les raisins ont été vendangés verts par suite d'un arrêt dans leur maturité, soit à cause de froids précoces, de l'atteinte du mildew ou de toute autre raison, on leur rend la partie sucrée qui leur manque au moyen des raisins secs et non avec du sucre, comme on l'a conseillé à tort.

L'emploi des raisins secs, dans ces conditions et dans ce but, ne fait en rien perdre au vin sa qualité de *vin de raisins frais*. M. Griffe, l'auteur de la loi contre les vins de sucre et de raisins secs, l'a formellement reconnu. Cette opération est donc absolument licite et peut être pratiquée sans la moindre crainte ni appréhension.

Voici le moyen excellent qu'on emploie : Chaque 100 kilog. de bons raisins secs de Corinthe, de la marque du *Roi de Grèce*, par exemple, donnent 32 à 35 litres environ d'alcool pur à 100 degrés. Pour chaque degré d'alcool supplémentaire qu'on voudra donner à son vin, il suffira d'ajouter autant de fois 3 kios environ de raisins secs par degré et par hectolitre de vendanges et un peu d'*Extrait vinicole*.

Les raisins secs doivent être mis à tremper deux ou trois jours à l'avance, soit dans du moût, soit dans du vin de l'année précédente; on les foule ensuite avec la vendange. Quand on le peut, on doit les faire passer au fouloir. Des viticulteurs se servent de leur moulin à pommes, faute de fouloir.

Enfin, le résultat de l'opération du *sucrage*, au moyen de raisins secs, est tel que l'année 1891 lui devra, en France, plus de *12 millions d'hectolitres de vins de raisins frais*, excellents, alors qu'on ne comptait plus sur eux, après les gelées précoces qui frappèrent les vignobles des deux tiers de la France.

(A suivre.) J.-F. AUDIBERT.

Nouvelles agricoles.

L'exposition d'horticulture. — La Société nationale d'horticulture de France a ouvert les portes de son exposition d'automne, installée dans son hôtel de la rue de Grenelle.

La première des expositions de cette Société a été tenue au commencement du règne de Louis-Philippe, en 1831, à l'orangerie du Louvre. En 1835, le roi accorda à la Compagnie des horticulteurs le titre de Société royale d'horticulture de France. En 1841, la nouvelle galerie du Luxembourg fut mise à la disposition de la Société, puis l'orangerie du Petit-Luxembourg et enfin un terrain dans l'ancien clos des Chartreux, joint au palais du Luxembourg. D'autres expositions de la Société ont eu lieu à l'orangerie des Tuileries, aux Champs-Elysées et au Palais de l'Industrie.

Depuis quelques années, elles sont installées, au printemps, au pavillon de la Ville de Paris, et, en automne, à l'hôtel même de la Société.

C'est là que nous avons pu admirer les produits de l'exposition actuelle.

De chaque côté de la longue allée vitrée qui conduit à l'hôtel, sont exposées sur des étagères de nombreuses collections de glaïeuls, de bégonias tubéreux et de dahlias, qui, avec les fruits frais de table, sont seuls admis à la présente exposition. Ces fleurs, nous les retrouvons dans la grande salle de l'hôtel, en plantes ou coupées.

Rien de plus varié comme couleur et comme forme que ces dahlias à grandes fleurs, à fleurs de cactus, à fleurs simples ou lilliputs, dont certaines espèces n'ont pas encore été livrées au commerce; que ces bégonias aux fleurs veloutées, simples ou doubles; que ces glaïeuls dont certaines variétés sont nouvelles; enfin, que ces belles garnitures de table, corbeilles, bouquets et ornementations en fleurs.

Si nous passons aux fruits, nous trouvons rangées dans des assiettes, ou entourées de mousse et formant, dans des corbeilles, d'appétissantes garnitures de table, les plus belles et les plus savoureuses poires qu'on puisse rêver depuis le beurré, la bergamotte et la duchesse, jusqu'au bon-chrétien, au doyenné et à la Louise-bonne; puis les meilleures pommes qui aient été admirées au congrès pomologique de France, pomme d'api de Calville, de reinette et autres; des raisins de table cultivés en plein air; de beaux apports de chasselas doré; de magnifiques lots de pêches veloutées; de belles collections de noix, noisettes, amandes, châtaignes et autres fruits secs; de beaux spécimens de fruits cultivés dans le Midi de la France et de l'Algérie.

Dès neuf heures du matin les membres du jury ont commencé leurs travaux.

Voici quelles ont été leurs décisions en ce qui concerne les fleurs :

Médailles d'or : MM. Vallerand, Vilmorin, Andrieux et Cie et Forgeot et Cie.

Médailles de grand vermeil : MM. Charles Verdier et Paillet.

Médailles de vermeil : MM. Dallé, Torcy-Vannier, Vautier, Férard, Baudriller et Lehmann.

Médailles d'argent : MM. Gagné, Dubois et Hoïlian.

Médailles de bronze : MM. Falaise et Baptiste Frère.

A trois heures, le ministre des travaux publics a visité l'exposition. Il était accompagné de Mme Yves Guyot et de ses deux filles.

Le ministre a été reçu par MM. Villard et de Vilmorin, présidents de la commission d'organisation de l'exposition, et par les autres membres de cette commission.

Les récompenses aux exposants des fruits ont été décernées à quatre heures. En voici la liste :

Prix d'honneur : M. Boucher.

Médailles d'or : MM. Salomon, Monvoisin, Bruneau, Joste, Leconte.

Médailles de vermeil : MM. Crapotte, Rousseau, Chevalier, Lepère, Charmeux, Baptiste, Courtois, Gravier, Gillet et à l'orphelinat de Fleury-Meudon.

Médailles d'argent : MM. Jourdain, Pathuot, Gorion, Abraham, Martin, Leconte, Guillaume, Berger, et à l'école de Villepreux.

Médailles de bronze : MM. Quantin, Briolay, Goiffon.

Le commerce du bétail. — Le mouvement d'exportation du bétail français se continue cette année. C'est le bon effet du régime économique, inauguré il y a quatre ans pour nos bestiaux, qui se confirme. D'après les documents publiés par l'administration des douanes sur le commerce de la France pendant les sept premiers mois de l'année 1891, les excédents d'exportations sur les importations se sont élevés : pour les animaux des races chevalines à 5,820 têtes, pour ceux des races bovines à 8,434 têtes, pour ceux des races porcines à 25,033 têtes. Pour les moutons seulement, les importations sont plus considérables que les exportations. Il est vrai que les importations de viandes abattues, qui consistent surtout en carcasses de moutons, ont continué à progresser, mais il est permis de penser que dans quelques mois cet état de choses sera modifié par notre nouveau régime douanier.

Betteraves et sucreries. — Les nouvelles de la récolte des betteraves signalent toujours un déficit dans le rendement cultural. On écrit du Pas-de-Calais que la densité du jus a augmenté sensiblement, mais qu'il faut décidément s'attendre à un rendement quantitatif inférieur de 20 à 25 0/0 à celui de l'année dernière. Dans la Somme un de nos correspondants constate une grande différence entre les premières semées, qui pèsent de 400 à 600 gr. avec 6° 8 de densité et les dernières semées qui ne pèsent que 160 à 260 gr. avec la même densité du jus.

On ne compte pas sur plus de 23 à 25,000 kil. à l'hectare. La moisson a occasionné un retard de trois semaines dans la mise en route et celle-ci n'aura lieu que vers le 10 octobre. De l'Aisne on nous écrit que le rendement à l'hectare est de 24,000 kil., contre 26,000 kil. l'an dernier à pareille époque. Des environs d'Arras, on nous informe que, d'après les essais faits au 19 courant sur un rayon étendu, le rendement ne sera pas plus de 22 à 24,000 kil. à l'hectare. On commencera la fabrication vers le 10 octobre; la moitié de la moisson reste à rentrer.

Si nous en jugeons d'après nos informations, qui portent sur un assez grand nombre de points de la région sucrière, nous résumerons la situation actuelle en disant que la récolte est, en moyenne, inférieure à celle de l'année dernière comme rendement cultural, mais meilleure comme qualité; les densités sont élevées dans les petites terres calcaires ou sableuses, mais moins bonnes dans les terres fortes argileuses, où la betterave est encore en pleine végétation; la betterave est en générale courte et racineuse; enfin la fabrication se trouve retardée dans nombre d'endroits par la rentrée de la moisson.

Nous voyons avec plaisir que nous étions dans le vrai quand nous les recommandions, puisqu'après les témoignagnes de satisfaction donnés par ceux qui en ont fait emploi, voici maintenant le Syndicat central des Agriculteurs de France, si prudent et si réservé dans ses avis, qui engage à son tour ses adhérents à en faire usage.

Nous rappelons aux cultivateurs que le Comptoir agricole et commercial, 9, rue Nouvelle, à Paris, est le seul consignataire des engrais de Bondy, et que c'est à lui qu'il faut s'adresser pour avoir toutes les garanties désirables de dosage et d'origine.

CONSEILS DU JARDINIER

LES CHENILLES DANS LES JARDINS.

En ce moment, d'innombrables chenilles dévorent les légumes de nos jardins, principalement les choux. Elles ne vont rien laisser; il paraît que dans la plaine elles s'attaquent aux feuilles de betteraves.

Cela fait un très grand tort, car elles détruisent les légumes de l'hiver.

J'ai essayé, pour les détruire, du vitriol, de la chaux, du souffre et du savon noir : rien n'y a fait.

Je pense que nous devons ce fléau à l'hiver long et rigoureux qui a détruit beaucoup d'oiseaux.

Nous conseillons le moyen suivant :

Répandre sur les plants infestés une légère couche de sciure de bois imprégnée de goudron de houille.

Pour 100 kilos de sciure, employer 2 kilos de goudron.

Mélanger aussi intimement que possible.

HORTUS.

CONSEILS A LA FERMIÈRE

SAUCISSON DE BOURGOGNE.

Ma cousine de Bourgogne, qui me dit toujours que l'on ne fait de la bonne charcuterie que dans son pays, m'envoie, sur ma demande, la recette de son fameux saucisson bourguignon. La voici, soyez juges, lectrices. — On hache, par exemple, 10 kilogr. de viande de porc à laquelle on ajoute un demi-kilogr. de sel gris, 64 grammes de poivre, des épices, un verre de bonne eau-de-vie ou de kirsch. Mélangez le mieux possible et bourrez-en fortement des boyaux de vaches ou de bœufs nettoyés d'avance. On lie ensuite ces saucissons qu'on pique de coups d'épingle sur toute leur surface, et on les pend en lieu sec. Au bout de six semaines, ils sont bons à manger. On en fait cuire des rondelles sur le gril ou bien dans la poêle et, après les avoir retirés, on verse dans cette poêle deux ou trois cuillerées de crème et une de vinaigre, dont on fait une sauce qu'on verse sur le saucisson.

UNE MÉNAGÈRE.

CONSEILS DU VÉTÉRINAIRE

L'EAU D'ABREUVAGE DANS LES FERMES.

On ne saurait apporter trop de soin à s'assurer de la qualité des eaux données en boisson aux animaux.

C'est un fait bien connu que nos animaux domestiques préfèrent à l'eau de source, de l'eau douce, courante ou même stagnante, et qu'ils peuvent souvent en boire, sans conséquence fâcheuse, fût-elle trouble et boueuse.

Mais on sait aussi, d'autre part, que l'absorption de certaines eaux, non seulement occasionne des maladies, mais détermine quelquefois des cas de mort foudroyante. On cite notamment le fait d'une eau de boisson dans laquelle furent lavés des sacs ayant renfermé du salpêtre du Chili; 4 vaches qui en périrent subitement; on connaît le danger des eaux des routoirs et des eaux de saumure, etc. En négligeant ces exemples exceptionnels, il arrive souvent que l'eau exerce une action nuisible, sans que l'on s'en explique la cause. Dans une grande ferme, l'élevage des veaux rencontrait des difficultés extraordinaires : malgré les soins les plus attentifs, les veaux étaient toujours atteints des diarrhées, et beaucoup en mouraient. Des changements dans l'alimentation, des modifications apportées aux étables, des traitements médicaux, tout fut essayé sans succès. Cette situation désastreuse envahit, pour comble de malheur, les produits de la laiterie. Le beurre, préparé avec le plus grand soin, ne laissait, à l'état frais, rien à désirer sous le rapport de la qualité; mais au bout de deux ou trois jours, il devenait amer et puant. Le fermier se décida à envoyer du beurre et du lait à une station agricole, où l'on s'avisa qu'un examen de l'eau était peut-être nécessaire.

Cet examen eut lieu, et le directeur de la station trouva dans l'eau des quantités telles d'acide nitrique et nitreux, qu'elle ne pouvait être utilisée ni pour l'homme ni pour les animaux. Il fallut naturellement se mettre à la recherche d'une nouvelle source. On constata alors que les deux sources existant à la ferme se trouvaient l'une dans l'étable, l'autre entre l'habitation et le tas de fumier. Le sol étant perméable, les éléments du fumier, c'est-à-dire des substances organiques en décomposition devaient nécessairement arriver jusqu'aux sources : des affections diverses devaient trouver leur origine dans la consommation d'une eau renfermant les produits ultimes et intermédiaires de la décomposition des matières organiques, ammoniaque, acide nitrique, etc. Les cultivateurs qui se trouveraient dans des conditions semblables, sol perméable, sources à l'étable ou près des tas de fumier, puiseront peut-être dans les lignes précédentes l'explication des manifestations étranges constatées chez eux, ainsi que le remède aux inconvénients et dangers qu'elles présentent.

UN VIEUX VÉTÉRINAIRE.

JURISPRUDENCE RURALE.

CHEMINS DE FER. — TRANSPORTS DE BESTIAUX.

— J'ai un gros procès avec le chemin de fer, qui ne veut pas me payer une indemnité pour la valeur de trois bœufs morts au cours de divers transports effectués pour mon compte.

— C'est une grosse perte; examinons un peu ton affaire. Quel motif le chemin de fer te donne-t-il pour ne pas te payer, comme à première vue la justice semble l'exiger.

— On me dit d'abord qu'ayant choisi pour expédition le tarif meilleur marché, aux termes duquel il est loisible à la Compagnie de charger un nombre illimité d'animaux dans un wagon, sans qu'il y ait responsabilité pour elle des risques résultant d'un excédant de chargement au-dessus de cinq bœufs par wagon, je dois supporter la perte.

— Tu vas répondre ceci à la Compagnie : Il faudrait prouver que la mort des animaux est due à un excédent de chargement, ce que je conteste, prétendant au contraire que, comme il arrive le plus souvent, l'accident est survenu par suite de la défectuosité du matériel, qui permet aux animaux de s'étrangler en passant la tête à l'extérieur du wagon.

— Et vous pensez que dans ce cas le chemin de fer serait responsable?

— Cela n'est pas douteux, et, tout récemment encore, le tribunal de commerce de la Seine, se conformant à une jurisprudence bien établie, vient de juger que, malgré l'acceptation par l'expéditeur du tarif de non responsabilité pour excès de chargement, la Compagnie reste entièrement responsable pour les accidents provenant d'une autre cause.

— Voilà qui me satisfait; mais ce n'est pas fini : on me dit en outre que je n'ai pas fait mes réserves à temps et dans les formes légales.

— Quel moyen as-tu employé?

— J'ai envoyé de suite un télégramme, et la Compagnie reconnaît l'avoir reçu.

— C'est fort bien.

— Il paraît que non; on me dit qu'aux termes de l'article 105 du Code de commerce et de la loi du 11 avril 1888, le destinataire doit faire ses réserves par acte extra-judiciaire ou lettre recommandée.

— Cela est vrai; mais on se garde bien d'ajouter qu'il est admis par les tribunaux que cette prescription n'est pas limitative, que tous les moyens peuvent être employés, et qu'il suffit que le voiturier reconnaisse, comme dans ton cas, qu'il a reçu la réclamation du destinataire dans les trois jours de la réception des marchandises.

— Alors mon procès est bon?

— Il est excellent, et la Compagnie a bien tort de vouloir plaider.

UN VIEUX JUGE DE PAIX.

UNE GRANDE ŒUVRE TERMINÉE

Une excellente raison d'y participer

L'une des œuvres les plus importantes, les plus excellentes et les plus dignes d'éloges de notre siècle, entreprise et dirigée en ces dernières années par Mgr Paul Guérin, vient d'être menée à bonne fin. Il s'agit du *Dictionnaire des Dictionnaires*, qui, pour nous, catholiques, comblera une lacune jusqu'ici regrettable. Avec cet ouvrage, dont l'utilité est incontestable pour toute personne qui veut s'instruire chaque jour et en toute occasion, nous aurons à notre disposition le recueil le plus complet, le plus orthodoxe, le seul réellement chrétien et catholique, appelé à rendre à la société les plus grands services.

Grâce au *Dictionnaire des Dictionnaires*, nous ne serons donc plus les tributaires des encyclopédies anti-religieuses, qu'il nous répugnait tant de consulter et qu'il est si dangereux de laisser aux mains de la jeunesse.

Nous avons attendu que la publication fût complète pour en parler à nos lecteurs. La voici aujourd'hui *entièrement achevée*. Nous sommes heureux de l'annoncer. Le sixième et dernier volume vient, en effet, de paraître, et, depuis trois semaines, il est expédié à tous les souscripteurs, en suivant l'ordre d'inscription.

Aussi ne saurions-nous engager trop vivement nos lecteurs qui n'ont pas encore cet ouvrage à souscrire *immédiatement*.

Par une ingénieuse et non moins généreuse combinaison, l'auteur a trouvé le moyen de faciliter extraordinairement l'acquisition de cet ouvrage indispensable, que, *seuls*, les *souscripteurs privilégiés* posséderont, en définitive, *pour rien*, ce qui ne s'est encore jamais vu.

En présence du succès qui, de toutes parts, a rapidement accueilli sa proposition inattendue, Mgr Guérin veut bien augmenter le nombre de ceux qu'il avait tout d'abord admis à profiter de ces avantages. Il y a donc là une occasion *exceptionnelle* à saisir *sans retard*. — En outre, le payement du montant de la souscription est facilité, pour les budgets modestes, au moyen de *quatre versements échelonnés*. A la dernière page de ce numéro, on trouvera de plus amples détails sur ces divers points, avec le bulletin de souscription : nos lecteurs n'auront qu'à le remplir et l'adresser à Mgr Paul Guérin, à Châteauroux.

T.

POUR RIRE.

« Ecoute bien, ma petite Yvonne, la prochaine fois qu'il y aura du monde à table et que tu auras besoin de t'éloigner, tu ne le diras plus tout haut, mais tu me demanderas simplement : « Maman, puis-je aller cueillir une rose au jardin? »

Deux jours après, grande réunion. A la fin du dîner, Yvonne se lève :

— Maman, je voudrais aller cueillir une rose.

— Bien, mon enfant, je te le permets.
— Mais, maman... c'est que je n'ai pas de papier !

*
* *

Le matin, chez la laitière :
— Et votre petit, madame Pitanchard, comment va-t-il ?
— Oh ! m'em parlez-pas ! à la suite d'un *coulant* d'air, il a attrapé un *œuf d'ami* et le médecin lui a ordonné de se bassiner les yeux avec de la *surface* de zinc.

*
* *

En sortant d'une assemblée générale d'actionnaires.
— Pourquoi appellent-ils donc cela un compte rendu ?
— Probablement parce que nous n'avons pas pu le digérer.

*
* *

On parle de condamnations à mort et d'exécutions capitales devant Mme Kalinaux.
Un des interlocuteurs, qui a beaucoup voyagé, dit négligeamment :
— On se fait un monstre de toutes choses-là, et on a vraiment tort. Tel que vous me voyez, moi, j'ai été condamné à mort en Amérique.
— Ah ! interrompt Mme Kalinaux, vivement intéressée, et... avez-vous été exécuté ?

*
* *

Au tribunal :
— Quel est votre âge, madame ?
— Je m'en remets à cet égard à la sagesse du tribunal.

Le moment actuel étant favorable au transport des vins, nous rappelons à nos lecteurs que tous ceux d'entre eux qui, sur nos conseils, consomment les vins de M. VINCENT-ARDURA, viticulteur, domaine de la Chapelle-Frédignac, par Blaye-Bordeaux, n'ont qu'à se louer de la qualité et de la conservation de ce Bordeaux absolument naturel, expédié sans intermédiaire.
Pour dégustation sérieuse, envoi gratuit est fait d'une bouteille de la récolte désignée.
L'encaissement est fait par le facteur à 30 jours, escompte 2 0/0 ou 90 jours.
Vendanges : 1889, à 130 fr., 1888, à 140 fr., 1887, à 150 fr., 1885, à 175 fr., 1884, à 200 fr., 1882, à 220 fr., 1881, à 250 fr., 1878, à 300 fr. les 225 litres, collés, soutirés, franco de port et de fût en gare d'arrivée.

OFFRES & DEMANDES.

Pour répondre au désir qui nous est exprimé nous offrons à nos abonnés, sous cette rubrique, deux annonces gratuites pour les offres et demandes d'emplois, produits ou animaux à vendre ou à acheter, etc.

Les annonces qui suivront jouiront d'une réduction de 50 pour 100 sur les tarifs ordinaires.

Les demandes d'insertions devront être envoyées à l'administration, qui se chargera de les rédiger.

Ne pas négliger d'envoyer tous les renseignements nécessaires (joindre 2 timbres de 0 fr. 15).

A vendre d'occasion deux bons manèges, système Albaret et système Pesant, de Maubeuge, à 80 fr. chaque.
S'adresser à M. SÉZILLE, ferme de May, à Morienval (Oise).

Maison très sérieuse offre opération agricole fructueuse aux régisseurs et gérants de cultures. S'adresser au bureau du Journal, aux initiales A. D. B.

REVUE FINANCIÈRE.

Le rôle du bulletinier financier qui ne veut pas s'astreindre à n'être qu'un simple enregistreur de chiffres, est vraiment difficile en ce moment. Pour donner des indications utiles ou des pronostics, il faudrait ou parler pour ne rien dire ou être doué d'un pouvoir de divination tout particulier.

Les semaines se suivent et se ressemblent. S'il y a du changement, c'est uniquement dans les nouvelles, vraies ou fausses, exactes ou inexactes, dont les baissiers profitent pour faire durer le plus longtemps possible ce marasme que les haussiers ont provoqué jadis par l'exagération même de leurs triomphes, par leurs imprudences.

Et les haussiers savent si bien que le moment n'est pas encore propice à un retour aux allures d'antan, que toutes les fois qu'ils se hasardent à une tentative de reprise, ils s'arrêtent bien vite devant le moindre obstacle. Il y avait eu un moment de franc relèvement, motivé, financièrement parlant, par la nécessité de préparer les émissions du Foncier et de la Russie. On avait timidement pronostiqué que c'était le commencement du retour des affaires. L'une des émissions est faite, avec succès d'ailleurs, au moment où nous écrivons. L'autre est proche. La hausse n'a pu se maintenir. Nous nous retrouvons en face de journées fort bonnes, à mouvements hâtifs, auxquelles les réalisations, le besoin de mettre bien vite en sûreté les bénéfices de chaque jour, donnent pour lendemains des reculs presque égaux aux avances des jours de bonne humeur.

Nous nous voyons au regret de n'avoir rien autre à dire que la semaine dernière. Pas plus sur nos rentes, sur les chemins de fer, sur les bonnes valeurs en général, que sur les fonds discutés, les internationaux en particulier, il n'y a nulle remarque topique, nul changement d'importance qui mérite d'être mis hors de pair.

Cela nous permettra de nous étendre quelque peu sur la seule question d'actualité qui vaille la peine d'être signalée : le sauvetage du Panama.

Nous n'avons pas à voir à quel mobile exact a obéi le *Petit Journal* en inaugurant le vaste pétitionnement que l'on connaît. Il est hors de doute que les malheureuses victimes de cette incroyable « folie » sont d'autant plus intéressantes qu'elles sont prises parmi la petite épargne, parmi les petites bourses, et le *Petit Journal* peut toujours assurer que cet intérêt seul le guide.

Seulement à quoi conduira la pétition ? On demande à l'Etat d'intervenir ; cette intervention ne se traduirait, si l'on prend la pétition dans son sens apparent, que par une pression officieuse sur la haute finance pour amener celle-ci à trouver une combinaison de sauvetage.

Mais quelle combinaison ? Bonaparte-Wyse, Sautereau, ou M. Christophle, gouverneur du Foncier, à la tête du sauvetage ? Nous voilà déjà dans le vague.

L'Etat sera-t-il garant de la sécurité de la combinaison à intervenir ? Evidemment oui au cas où il autoriserait M. Christophle à accepter la mission. Crédit Foncier ou Etat pour bien des gens, c'est tout un.

Les pouvoirs publics accepteront-ils de patronner une combinaison et d'en assumer la garantie ? Ne suivront-ils pas l'opinion de ceux qui, comme nous, n'admettent pas que l'Etat doive réparer aux frais des contribuables, aux dépens de tous, les sottises et la crédulité de quelques-uns ? On peut en douter.

On fait valoir que l'Etat est intervenu pour le Comptoir d'Escompte, pour les Dépôts et Comptes Courants. Il est intervenu d'abord pour faire respecter le droit des tiers, celui des déposants, des créanciers directs ; il est intervenu ensuite parce que, grâce à notre organisation financière, le désastre local menaçait de se changer en un cataclysme général, de ruiner le marché public.

Cette mission d'ordre général terminée, il a laissé les choses suivre leur cours normal, la justice poursuivre les responsabilités, l'initiative privée reconstituer de nouvelles affaires avec les débris des anciennes pour empêcher la destruction totale de ces débris. Pourquoi doit-il faire mieux et plus pour le Panama ?

Parce que c'est une entreprise nationale ? Nationale, oui, si l'on considère qu'elle a englouti en pure perte un milliard et demi de notre épargne. Mais à qui profitera-t-elle le jour où elle sera achevée, si ce n'est surtout aux Anglais et Américains ? Et alors pourquoi s'entêter à risquer de tout perdre en se cantonant dans une combinaison qui exigerait l'appui exclusif de l'argent français ?

En tout état de cause nous dirons à nos lecteurs : Signez la pétition, si vous croyez que si peu que ce soit, le résultat puisse être utile à vos intérêts, mais n'oubliez pas ceci : les actionnaires doivent ne compter sur rien, s'ils ne veulent pas être amèrement déçus ; les obligataires doivent compter sur peu, et s'attendre à ne voir arriver ce peu que dans pas mal d'années.

TIMON.

HALLES ET MARCHÉS.

La température se maintient toujours favorable et les premières semailles de blé se font dans des terres bien préparées. Les prix des céréales ne varient que peu ; les farines ont des cours très fermes. Les alcools et les sucres ont des prix soutenus en hausse. Les huiles de colza ont baissé.

Blés. — Les grands battages ne s'entreprennent pas encore la culture étant entièrement occupée aux travaux de semailles. Les offres sont toujours très ordinaires sur nos marchés. La tendance générale des cours continue à être faible; on a observé peu de variations sur le plus grand nombre des places. Voici les derniers prix relevés samedi dernier : Douai, 25 à 27 les 100 kil. Cambrai blé blanc, 25; roux, 24; Amiens, 29; Beauvais, 24 75 à 26 75; Montereau, 25 à 26 65; Étampes, 23 35 à 27 50; Laval, 23 50 à 24; Arras, 24 à 27 50; Nevers, 26 à 29; Chartres, 25 à 24 ,65; Nantes. 24 50 à 25; Lyon, 27 25 à 27 50; Bordeaux, 26 25 — Au marché commercial à Paris, les prix étaient calmes, sans grands changements; on a coté : disponible et courant du mois, 26 75 à 27 les 100 kil.; livrable novembre, 27 à 27 25; novembre-décembre, 27 25 à 27 50; autres époques, 27 50 à 28 50. — Les importations de blés restent toujours très élevées dans nos ports; pendant la semaine dernière, Marseille a reçu 391,000 quintaux, contre 356,000 la semaine précédente. Le Havre a importé 148,000 hectolitres de San-Francisco; 31,000 de l'Australie, 101,000 de l'Orégon, et 66,000 des Etats-Unis, en tout 356,000 hectolitres. Il est arrivé à Bordeaux 23,000 quintaux de blé et à Rouen, sept chargements de diverses provenances. La quantité de blé en mer à destination de la France ne présente plus d'augmentation; on comptait la semaine dernière 2,446,400 hectolitres, contre 2,671,190 la semaine précédente; sur ce total les blés de Californie entraient pour 2,381,480 hectolitres. Pour tout le continent européen, le total général était de 7,276,100 hectolitres, en diminution de 452,400 hectolitres sur la semaine précédente; l'année dernière à pareille époque, les expéditions pour toute l'Europe ne s'élevaient qu'à 2,233,000 hectolitres.

Les marchés étrangers ont des cours plus faibles en général. Samedi on cotait à Berlin, 29 les 100 kilog. A Londres, les blés des Indes ont donné lieu à de nombreuses transactions pour livraison l'année prochaine; les prix ont été de 22 25 à 22 90 les 100 kilog. pour les blés de Calcutta n° 2; 21 80 pour les Calcutta roux tendres, et 23 20 pour les Delhi blanc. Les blés roux d'hiver valent 22 60 et les Californie 23 95. — A Anvers, on cote : roux d'hiver, 22 à 24. — Les cours ont toujours les mêmes fluctuations journalières à New-York; en somme ils ont eu une légère hausse pour la semaine; on a coté vendredi dernier, 20 17 les 100 kil.

Seigles. — Les prix tendent à se raffermir; on paierait 19 à 19 50 les 100 kilog. en gare à Paris; au marché commercial, les prix sont bien tenus comme suit, disponible et courant du mois, 20; novembre, 20 50 à 20 75; autres époques, 21 à 21 75. A Berlin, le seigle vaut 29 87.

Orges. — Cours sans variations avec offres toujours abondantes. — Les escourgeons restent au prix nominal de 20 les 100 kilog. en gare d'arrivée à Paris.

Avoines. — Les offres sont un peu plus nombreuses et la tendance moins ferme que la semaine dernière; on cote les noires de choix, 16 25 les 100 kilog. à Paris; les noires de la Beauce et du Centre, 15 75 à 16; les grises de même provenance 15 75 et les noires de Bretagne, 16. En commerce, les cours, qui varient peu, sont de 15 75 à 16 pour le disponible et le courant du mois, 16 à 16 25 pour le livrable novembre-décembre; 16 25 à 16 75 pour l'éloigné.

Farines de consommation. — Les transactions sont plus faciles en boulangerie et la tendance des cours est meilleure, quoique sans changements. La marque de Corbeil est toujours à 63 les 157 kil.

Farines de commerce. — Les prix sont en légère hausse avec affaires régulières. On cote les *douze-marques* disponibles et courant du mois, 60 25 à 60 50 les 157 kilog. nets; livrables novembre, 61 à 61 25; décembre, 61 50; autres termes, 61 75 à 63.

Fourrages. — Les prix sont toujours soutenus

Graines fourragères. — Les affaires commencent à prendre de l'importance. Voici les cours pratiqués à Paris par 100 kilog. : trèfle incarnat, 190 à 200; trèfle violet, 110 à 115; luzerne de Provence, 150 à 175; minette écossée, 50 à 60; en cosse, 30 à 35; vesce d'hiver, 30 à 32; ray-grass, 45 à 55; jarras et pois d'hiver, 30 à 32. — Sur les marchés des départements, on cote : Laon, trèfle incarnat, 130; jarras, 30 à 32; dravières, 35 à 40; Orléans, trèfle incarnat hâtif, 120; tardif, 140 à 160; sainfoin, 23 à 24; Toulouse, trèfle, 105 à 110; Lavaur, trèfle, 104 à 110; luzerne, 100 à 105; vesce noire, 16 25; Nimes, trèfle, 106 à 115; luzerne, 120; sainfoin, 30; Nancy, trèfle, 100 à 105; minette, 50; sainfoin, 22 à 23; Orange, trèfle, 100 à 105; luzerne, 100 à 120.

Fruits frais. Les prix se soutennent; il y ai comme suit pour les bonnes marchandises au marché de la Chapelle : foin, 47 à 51 les 100 bottes de 5 k. au domicile de l'acheteur luzerne, 49 à 55; paille de blé, 28 à 37; de seigle, 33 à 44; d'avoine, 19 à 26. de la hausse sur quelques sortes de fruits. On cote à la halle : Poires Duchesse, 30 à 50 les 100 kilog.; Beurré gris, 40; Wilmis, 40 à 50; d'Epargne, 35 à 45; Louise-Bonne, 35 à 50; beurré d'Amanlis, 25 à 30; Boussac, 30 à 40; belle de Bruxelles, 30; raisin de toutes provenances, 60 à 100; prunes de Mirabelles à 35; Sainte-Catherine, 20 à 25; quetsches, 25 à 30; reine Claude 15 à 35; autres, 15 à 30; pommes de Rambourg, 30 à 40; pêches du Midi, 30 à 80; brugnons, 50 à 100; noisettes, 50 à 70; amandes vertes, 60 à 80; noix en brou, 20 à 25; écallées, 50 à 65, raisin d'Algérie, 5 à 6 la caisse; figues, 1 50 à 2 25; prunes de Perpignan, 0 92 à 2.

Engrais. — Les prix sont toujours fermement tenus pour le nitrate de soude; mais la consommation achète peu; le livrable est offert à 22 15 les 100 kilog. sur le marché de Lille; le disponible est tenu de 21 30 à 21 50 à Dunkerque. — Le sulfate d'ammoniaque a des cours plus faibles; le sulfate français, 28 75 les 100 kilog. à Paris; 29 50 dans l'Est et 30 dans le Centre; le sulfate anglais, 27 50 à Dunkerque; 27 25 à Anvers; 27 75 à Rouen; 29 à Bordeaux, et 30 à La Rochelle; le sulfatage belge, 27 15 à 27 25 sur wagon à Mons. — Les superphosphates sont rares à Paris surtout; on cote à l'unité d'acide phosphorique soluble dans le citrate : Nord, 0 41 à 0 42; Paris, 0 49 à 0 50; Bordeaux, La Rochelle et Nantes, 0 50 à 0 53; Marseille, 0 55; Est, 0 50 à 0 52; Dijon et Lyon, 0 55; pour le soluble dans l'eau, il faut ajouter 4 à 5 centimes en plus. — Les affaires ont repris sur les engrais potassiques; le chlorure de potassium est coté 20 les 100 kilog. et le sulfate de potasse, 21 dans le Nord; le carbonate de potasse, 37 50; le kaïnit, 5 à Dunkerque et 5 50 au Havre. — Les phosphates pour l'agriculture se cotent par 100 kilog., suivant dosage en acide phosphorique : Somme, 2 50 à 3 60 sur wagon; 4 15 à 4 75 dans les ports de l'Ouest; Oise, 2 à 2 90; Ardennes et Meuse, 3 75 à 3 85; Pernes, 3 50 à 6; Cambrésis, 3 75, Lot, 3 à 4 50; Rhône, 1 15 à 1 45 par 1,000 kilog. et par unité d'acide phosphorique.

Beurres. — La vente est active à Paris et la hausse générale. On cote : *beurres en mottes* : fermiers de Gournay : extra, 3 40 à 3 54 le kilog.; choix, 3 20 à 3 30; bons, 2 90 à 3; ordinaires, 2 60 à 2 80; d'Isigny, extra, 5 à 6 14; choix, 4 à 4 80; bons, 3 50 à 3 60; ordinaires, 3 10 à 3 20; marchands du Gâtinais, 2 60 à 2 80; de Bretagne, 2 30 à 2 50; de Vire, 2 40 à 2 70; de Bresse, 2 à 2 10; laitiers des Charentes, 2 60 à 3; des Alpes, 2 70 à 3 20; divers producteurs, 2 60 à 3; — *beurres en livres* : fermiers, 2 60 à 3 30; Touraine, 2 50 à 2 80; Gâtinais, 2 60 à 2 90; Vendôme et Beaugency, 2 30 à 2 80; Bourgogne, 2 40 à 2 60; le Mans, 2 40 à 2 60; — *Petits beurres* : 1 90 à 2 60, suivant provenance.

Œufs. — Vente assez active pour les bonnes marques. Voici les cours : Normandie, 100 à 130 le mille; Picardie extra, 100 à 135; ordinaire, 84 à 98; Brie extra, 96 à 106; Touraine extra, 98 à 120; ordinaire, 86 à 96; Beauce, 100 à 116; Orne, 84 à 96; Bourgogne, 88 à 94; Champagne, 90 à 95; Nivernais, 84 à 88; Bourbonnais, 83 à 87; Bretagne, 80 à 88; Vendée, 80 à 90; Auvergne, 80 à 83; Midi, 82 à 88; Autriche et Allemagne, 60 à 70.

Fromages. — Prix bien tenus en hausse comme suit, *par dizaine* : Brie, haute marque, 50 à 55; grand moule, 45 à 48; moule moyen, 25 à 30; petit moule, 15 à 22; laitiers, moyens moules, 10 à 12; — *par 100 kilog.* : Roquefort, 180 à 240; Gruyère, 110 à 170; Hollande, 150 à 160; Cantal, 120 à 130; Gérardmer, 60 à 70

BESTIAUX.

LA VILLETTE, 8 octobre. — Bestiaux. — Vente très calme sur les bestiaux, assez facile sur les veaux, calme sur les moutons, et mauvaise sur les porcs.

COURS officiels.	Amenés.	Vendus.	1re qualité.	2e qualité.	3e qualité.	Prix extrêmes.
Bœufs....	2.070	1.875	1 58	1 42	1 26	1 16 à 1 62
Vaches ...	684	599	1 56	1 34	1 18	1 06 1 58
Taureaux.	188	166	1 38	1 26	1 18	1 10 1 42
Veaux....	1.256	1 216	1 94	1 80	1 68	1 44 2 16
Moutons..	6.802	5.570	2 08	1 81	1 70	1 58 2 16
Porcs.....	5.747	5.703	1 44	1 40	1 34	1 20 1 48

Marché du lundi 5 octobre.

	Amenés	Vendus	PRIX AU POIDS NET 1re qual.	2e qual.	3e qual.
Bœufs	2.852	2.588	1 60	1 44	1 28
Vaches	937	825	1 58	1 35	1 18
Taureaux	231	204	1 38	1 26	1 18
Veaux	1.131	1.097	1 80	1 74	1 64
Moutons	13.829	11.613	2 02	1 82	1 66
Porcs	2.872	2.872	1 48	1 42	1 36

	PRIX AU POIDS VIF 1re qual.	2e qual.	3e qual.	Prix extrêmes.
Bœufs	» 95	» 80	» 67	» 58 à » 96
Vaches	» 92	» 69	» 58	» 52 » 95
Taureaux	» 86	» 71	» 63	» 55 » 90
Veaux	1 11	» 98	» 81	» 70 1 22
Moutons	1 03	» 89	» 79	» 69 1 11
Porcs	1 »	» 96	» 90	» 78 1 02
Peaux de moutons en laine				3 50 6 85
Id. id. demi-laine				1 85 2 95

Viandes abattues. — Criée du 8 Octobre.

		1re qualité.	2e qualité	3e qualité.
Bœufs	le kil.	1 40 à 2 60	1 20 à 2 40	1 » à 1 76
Veaux	—	1 66 1 76	1 50 1 60	1 36 1 46
Moutons	—	70 1 80	1 26 1 66	» 80 1 20
Porc entier	—	1 30 1 40	1 10 1 26	» 90 1 10

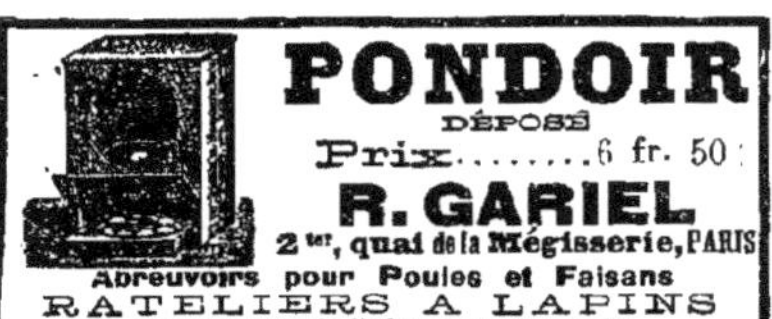

J. & A. J. DECONINCK, à Arras et à Dunkerque, ont à vendre **48 variétés de**

BLÉS DE SEMENCE anglais et français.

Achats faits directement sur les lieux de production

NITRATE DE SOUDE (importation directe) et *tous* **autres** *engrais* chimiques. — **TOURTEAUX** *(tarifs sur demande)*.

Avis aux Eleveurs et Nourrisseurs.

Les cosses et brisures de fèves de la maison Ph. Breuil, de Dijon, d'une pureté absolue et très riches en principes nutritifs, se recommandent pour l'engrais du bétail et la nourriture des chevaux.

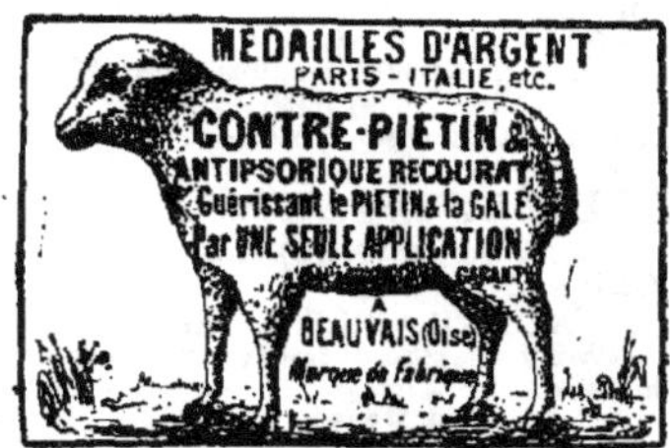

M. Recourat, pharmacien à Beauvais.

Gale des moutons guérie radicalement par *une seule application* de l'Antipsorique.

La bouteille, 3 fr.; la demi-bouteille, 1 fr. 75.

Guérison du Piétin par *un seul pansement* avec le Contre-Piétin-Recourat.

Le pot d'essai, 1 fr. 50; le pot, 2 fr. 50.

Joindre 0,60 c. pour recevoir *franco* et indiquer gare.

MALADIES DU BÉTAIL

ET DE LA VOLAILLE

Leur traitement préventif et curatif

PAR L'ACIDE SALICYLIQUE

L'acide salicylique, employé dans la nourriture à la dose de 1/2 à 1 gramme par jour et par tête de bétail, est le meilleur préservatif des maladies qui procèdent par contagion : Sang de rate, Cocotte, Maladie aphtheuse, Erysipèle, Typhus, Morve, Variole et le Rouget des porcs, etc.

Des attestations nombreuses de guérisons obtenues pour la Cocotte et le Rouget des porcs ont été reproduites dans le *Journal d'Agriculture*.

La désinfection des étables, des écuries se fait instantanément au moyen d'un arrosage d'eau salicylée à 2 grammes par litre.

S'adresser à M. CERCKEL, administrateur de la *Compagnie de produits antiseptiques*, 26, rue Bergère, Paris.

Envoi sur demande de Prospectus et Brochures.

Prix du kil. 25 fr. — Boite de ménage, 2 fr.

La plus ancienne fabrique de Semoirs français.
Maison **JACQUET-ROBILLARD**, *fondée en 1836.*

J. MARÉCHAL *

constructeur, 4, rue de Turenne, à ARRAS.

Fabrique spéciale de SEMOIRS à socs rigides et à socs articulés.

Médaille d'argent à l'Exposition universelle 1889.

Semoirs à betteraves et engrais et Distributeurs d'engrais.

ENVOI FRANCO DU CATALOGUE.

Près de 400 médailles. — Plus de 6,000 Semoirs livrés.

20 premiers prix en 1889, en 1890.

PHARMACIE SAVARY

AMIENS, 33, Place Saint-Denis, 33, AMIENS

(EN FACE LE SQUARE).

PROVENDE AUX PHOSPHATES ASSIMILABLES

du Docteur DESCHAMPS.

Prix : 3 fr. le kilog.; 27 50 les 10 kilog. (Remises proportionnelles.)

Accroissement rapide des bestiaux, surtout chez les jeunes animaux, force nerveuse, fécondité, engraissement; prévient surtout la diarrhée chez les jeunes veaux. Qualité exceptionnelle du lait.

M. Lefebvre, cultivateur à Marcelcave, a élevé un veau en lui administrant de la Provende phosphatée pendant 60 jours : tué à 70 jours, ce veau pesait 193 kilog., chiffre officiel constaté à l'abattoir. La viande était très blanche, ainsi qu'est prêt à l'attester M. Oheix, boucher à Amiens.

Les attestations émanant des sommités françaises et anglaises les plus accrédités ont été données à M. SAVARY.

---

30 PRIX D'HONNEUR ET GRANDS PRIX, 250 MÉDAILLES OR, VERMEIL, ETC.

GRANDES CULTURES DE GRAINES POTAGÈRES, FOURRAGÈRES ET DE FLEURS

E. FORGEOT (* ✠) & Cie

Fournisseurs du ministère de l'Agriculture, des Ecoles nationales d'agriculture, des Syndicats agricoles, etc.

PARIS, quai de la Mégisserie, 6 et 8

Appareils spéciaux pour épurer et nettoyer les graines

SPÉCIALITÉ DE GRAINES DE GRANDE CULTURE

luzernes et trèfles garantis sans cuscute, minette, vesces, sainfoins trèfles incarnats, betteraves, carottes, navets, choux-navets, pommes de terre

Blés à grand rendement, Avoines, Orges, Seigles. Graines d'arbres pour reboisement

Graines de graminées pour prairies

Notre Maison ne vend que des graines de provenances sûres, assurant les meilleurs résultats ; elle accepte le contrôle de la Station d'Essais des Semences, établie à l'Institut agronomique par le Ministère de l'Agriculture, contrôle auquel nous sommes soumis dès sa création. En conséquence, *nos graines sont garanties de levée et d'une pureté irréprochable ; nos* trèfles et nos luzernes sont garantis sans un seul grain de cuscute.

Grande et importante **Spécialité de Créations de Prairies.** Nous nous chargeons d'établir des compositions convenant à la nature de chaque sol, et d'avance nous en assurons la réussite.

Sur demande, nous adressons *franco* nos catalogues illustrés de graines potagères, fleurs, arbres, fourrages, ognons fleurs, plantes, etc.

CRÉDIT AGRICOLE

UNION DES SYNDICATS AGRICOLES DE FRANCE

9, rue Marsollier, PARIS

Agence à LYON, 234, cours Lafayette, S. PLISSONNIER, Directeur * M. A.

MACHINES AGRICOLES DE TOUS SYSTÈMES

TOURTEAUX et FARINES pour la nourriture du bétail.

ENGRAIS CHIMIQUES et ORGANIQUES, MATIÈRES PREMIÈRES

SEMENCES DE PREMIER CHOIX.

RAISINS SECS A BOISSONS

Première Maison de France (10 croix ou méd., fondée en 1876), **J.-F. Audibert,** créateur des vins de raisins secs et importateur direct. Auteur de : *L'Art de faire les Vins de raisins secs* (fco 3 90); *les Vins d'imitation*, sirops, liqueurs, etc. (fco 5 25). Inventeur de l'appareil (B. S. G. D. G.). **LE SEUL ADOPTÉ PAR L'ARMÉE** pour la fabrication mathématique des vins de raisins secs, en 10 jours, pour faire depuis 1 litre jusqu'à 20,000 litres par jour **AVEC UN HOMME. Renseignements gratuits pour tripler les vendanges, vins de seconde cuvée, etc.**, 53, r. des Minimes, Marseille.

L'Administrateur-Gérant : ALBERT RENOT.

Beauvais. — Imp. D. PERE. - A. CARTIER, Gérant.

12e Année. — 2e Série. — N° 612. Dimanche 18 Octobre 1891.

GAZETTE  AGRICOLE

JOURNAL HEBDOMADAIRE, PARAISSANT LE DIMANCHE

Rédacteur en Chef : M. Ch. GOSSIN, Professeur d'Agriculture à l'Institut agricole de Beauvais.

PRIX DE L'ABONNEMENT

UN AN, 5 fr. — SIX MOIS, 3 fr. — TROIS MOIS, 1 fr. 25

Pour l'étranger les abonnements ne sont reçus que pour un an, au prix de 6 francs, et ne partent que du 1er janvier ou du 1er juillet de chaque année.

Le numéro : 10 centimes.

Il est indispensable de joindre à toute demande de changement d'adresse la dernière bande d'adresse du journal et 50 centimes pour frais de nouvelles bandes.

Adresser les *Abonnements* et *Annonces* au secrétaire de la rédaction, **13, quai Voltaire, Paris**, ou à M. GOSSIN, rédacteur en chef et administrateur, à BEAUVAIS.

BUREAUX

13, quai Voltaire, Paris, et à Beauvais.

Les abonnements partent du 1er de chaque mois et sont payables d'avance. Toute demande d'abonnement doit donc être accompagnée du prix de l'abonnement. (Le mode de payement le plus simple est l'envoi d'un mandat-poste.)

Donner *très lisiblement*, en s'abonnant, son nom et son adresse exacte, *avec l'indication du bureau de poste*; et, s'il s'agit d'une continuation d'abonnement, joindre au renouvellement la dernière bande d'adresse du journal.

Les Annonces sont reçues chez MM. DUSSERIS et MATHELLON, 97, rue de Rennes, Paris.

La GAZETTE AGRICOLE insère gratuitement les Communications des Syndicats agricoles

SOMMAIRE :

PARIS, 16 OCTOBRE.

Avec une bonne foi dont aucun de ses amis ne doute, le Bonhomme Deschamps a noté, au fur et à mesure qu'ils se produisaient, les déclarations d'apaisement que les ministres ont semées un peu partout sur les chemins, pendant les vacances parlementaires. Avec la même bonne foi aussi, encore bien qu'il voudrait voir tous les Français unis, il a montré que les actes des ministres faisaient singulièrement repoussoir avec leurs paroles de conciliation. Si, en effet, on descend dans le détail et si l'on examine ce qui se passe dans les 36,000 communes de France, on y voit que les conservateurs rencontrent à chaque instant devant eux une administration de combat. La politique républicaine avec ses passions, ses dénis de justice, ses perfidies hypocrites ou ouvertes, on la retrouve partout. On n'a pas laïcisé une école de moins, on n'a fait grâce à aucune communauté religieuse, ni accepté aucun legs charitable, s'il partait d'une pensée religieuse et tendait à une institution catholique. C'est à se demander vraiment si jamais on s'est plus moqué de la confiance d'un pays, puisque chaque phrase des discours ministériels trouvait son démenti dans la conduite journalière des ministres.

***

Si même il est parmi les collègues de M. de Freycinet, un homme qui se soit montré particulièrement mielleux dans ses discours, c'est bien M. Constans. A l'entendre, il y a quelques mois, on aurait dû croire qu'il avait fait peau neuve. Ses bras étaient tout grands ouverts et le lait coulait de ses lèvres. Il est même allé jusqu'à dire que les républicains comme lui avaient remplacé les gens comme il faut de sa jeunesse; que naguère ces gens comme il faut étaient des conservateurs, et que maintenant c'étaient des républicains. Pour un peu on nous eût présenté le ministre de l'intérieur comme décidé à se mettre à la tête d'un parti tory de la République. Pendant ce temps bien entendu, ses préfets et ses sous-préfets continuaient à administrer le pays comme s'ils n'avaient pas à leur tête un homme qui venait de se déclarer « comme il faut ». Mais enfin étant donnée la générosité naturelle de notre race, et quelque peu aussi son besoin d'être trompée, le public était assez disposé à faire crédit à M. Constans, et à donner au temps le temps de faire passer les promesses des ministres dans les actes de leurs collaborateurs.

***

Le Bonhomme Deschamps a qui l'expérience a enseigné d'être un peu défiant, n'était pas sans se demander combien de temps les ministres joueraient devant le public cette comédie de l'apaisement. Aujourd'hui il est fixé. M. de Freycinet a parlé à Marseille dans des termes qui ont réjoui tous les radicaux. On voudra bien reconnaître, soit dit sans offenser personne, qu'une politique qui obtient l'approbation de l'extrême-gauche, ne doit avoir aucun lien, même infiniment lointain, de parenté avec la politique d'apaisement. Mieux encore, M. Constans lui-même avec une soudaineté et une vivacité qui ne sont pas d'ordinaire dans sa manière, vient de jeter aux orties son froc d'apaisement et de reprendre le vieil homme, c'est-à-dire le jacobin. N'a-t-il pas déclaré ces jours derniers dans le département du Gard, que c'était une honte pour les électeurs de Nîmes d'avoir envoyé à la Chambre des Députés un représentant de l'ancienne aristocratie? Est-ce là le langage d'un homme comme il faut, d'un ministre qui veut l'apaisement? N'est-ce pas plutôt un cri de guerre, un accès d'envie frénétique contre toute une catégorie de citoyens français? Il faudrait remonter aux temps les plus troublés et les plus violents de notre histoire, pour retrouver dans la bouche d'un ministre un précédent à pareil langage.

***

Le Bonhommes Deschamps sait bien que lorque M. Constans a poussé ce cri de guerre, qui est aussi un cri d'homme mal élevé, il avait été hué et sifflé à Marseille, et témoin des avances faites par son chef M. de Freycinet, au parti radical. En bon démagogue et en ambitieux qu'il est, il n'a pas voulu se laisser distancer. Dame, se sera-t-il dit, le vent ne paraît pas être à la modération et à l'apaisement. S'il faut être violent, je le serai, et l'on verra bien qu'un Gascon de mon espèce sait retourner sa langue et son habit. Mais quelle que soit l'explication que l'on puisse donner de cette conversion subite et de ce retour à la violence, il n'en est pas moins clair que si M. Constans avait été il y a quelques mois un partisan sincère de l'apaisement, il n'aurait pas dénoncé M. le comte de Bernis comme un suspect, aux habitants du Gard et de la France entière. Les fortes convictions ont plus de durée et de tenacité. La vérité est que lorsque le ministre de l'intérieur parlait d'apaisement, il s'amusait de nous. Il jouait un air de circonstance, bien décidé à continuer la politique jacobine à laquelle il doit tout ce qu'il est. Puisse cet exemple nous mettre à l'abri d'une crédulité dont on ne peut être que dupe et victime.

***

Il n'y a pour les conservateurs et pour tous ceux que le régime actuel opprime, qu'un seul moyen d'obtenir l'apaisement, c'est de l'imposer. Ils n'ont pas à compter sur la bonne éducation ni sur la générosité des ministres, fissent-ils même les trois quarts de la route. Il faut qu'ils se tiennent unis, à leur place, et très décidés à faire respecter leurs droits. Les gens qui nous gouvernent ne croient qu'à la force et ne tiennent compte que de la force. Toute conduite qui n'aboutit pas à obliger le parti républicain de compter avec ses adversaires, est frappée d'impuissance et de stérilité. Cette perspective peut être désagréable aux braves gens qui voudraient avoir la paix sans la mériter par leur efforts et par leur résistance, mais encore bien que le Bonhomme Deschamps n'ait aucun goût pour être déplaisant, il ne saurait acheter le plaisir de plaire au préjudice de la vérité. Donc soyons unis, disciplinés et obstinément résistants à des concessions dont nos maîtres ne profiteraient que pour nous rendre leur joug plus pesant.

LE BONHOMME DESCHAMPS.

NOUVELLES DE LA SEMAINE.

L'opposition conservatrice à la Chambre des députés a été entamée il y a quelque temps par la défection de deux ou trois députés impatients ou ambitieux. Voici comment un journal républicain modéré apprécie *cette évolution incompréhensible*.

« Ce qu'il y a de curieux dans l'évolution qui se produit à droite en ce moment, c'est que le gouvernement n'a, tout au moins dans sa politique intérieure, rien ou presque rien fait pour la provoquer. Il n'a pas changé son personnel administratif. Il n'a ni amendé, ni même proposé d'amender les lois qui ont soulevé à droite les plus vives colères. Il ne semble pas avoir arrêté, même provisoirement, la guerre fiscale engagée contre les congrégations. Les informations qui nous arrivent de province tendent à faire croire que les comités radicaux exercent sur la gestion des affaires locales et sur les nominations de fonctionnaires à peu près la même influence que par le passé. »

Le journal républicain a parfaitement raison. Il n'y a rien de changé dans la politique intérieure du parti républicain. C'est pour cela qu'une « évolution » ne se comprendrait pas et pour cela aussi que les tentatives faites pour en provoquer une ne sauraient aboutir qu'à un échec misérable et d'ailleurs mérité.

Le gouvernement et les évêques. — Les membres de l'épiscopat français protestent contre la circulaire du ministre des cultes, à propos de l'interdiction momentanée de prendre part aux pèlerinages à l'étranger. D'un autre côté, nous apprenons que le gouvernement est absolument décidé à frapper par une suspension de traitement ceux des membres du haut clergé qui ne tiendraient pas compte de la recommandation qui leur a été faite!

Voilà la première récompense que le gouvernement accorde aux évêques qui se sont bruyamment ralliés à lui ce temps dernier.

Ce n'est pas très encourageant.

Le budget et l'impôt sur la grande vitesse. — Après avoir approuvé à l'unanimité le projet de dégrèvement sur la grande vitesse, la commission du budget a décidé de conférer avec le ministre des travaux publics afin de savoir s'il ne pourrait pas engager avec les Compagnies de nouvelles négociations en vue d'obtenir d'autres avantages.

Au point de vue budgétaire, le dégrèvement de la grande vitesse se traduit par une perte de 55 millions pour l'Etat et un abandon de 42 millions pour les Compagnies. Soit un dégrèvement total de 97 millions pour le contribuable.

La perte incombant aux Compagnies représente environ 10 0/0 de la recette totale des chemins de fer. Grâce à l'abaissement des tarifs, le trafic se développera davantage, de sorte que, dans un an ou deux, la perte de 42 millions pourra être compensée.

La garantie d'intérêts ne serait donc pas sérieusement influencée par la réforme.

Nos ministres à Marseille. — Les habitants de Marseille étaient dans la joie de voir enfin le commencement des travaux d'assainissement de la ville, et pour ce fait ils avaient pavoisé leurs maisons et leurs rues, mais ils n'entendaient point pousser des acclamations en l'honneur de ministres qu'ils détestent. Aussi les membres du gouvernement qui ont cru devoir se rendre en grand apparat dans la vieille cité phocéenne n'oublieront-ils pas de longtemps la réception qui leur a été faite.

Ils n'ont pas reçu de horions, car ils étaient gardés par de nombreux régiments, mais en revanche leurs oreilles ont pu entendre le bruit strident des coups de sifflets.

Toutes les troupes de la garnison étaient sur pied. Après la réception des ministres à la gare par le préfet et par le monde officiel, le cortège s'est dirigé par les boulevards du Nord et Dugommier vers la préfecture. Tous les trottoirs étaient couverts de monde.

Dès que les voitures ministérielles ont paru, une immense clameur s'est élevée :

— A bas les ministres!

— A bas Constans!

— A bas Freycinet!

Les membres du gouvernement pâlissent, mais ils se remettent facilement en se voyant entourés de trois brigades de gendarmerie et de deux escadrons de hussards.

Et les sifflets bien nourris les ont accueillis partout de la même façon jusqu'à la gare où ils ont repris le train de Paris.

Les nécessités de la culture moderne.

On lit dans le *Bulletin* des Comice et Syndicat agricoles de l'arrondissement de Saumur les conseils bien pratiques que nous nous faisons un plaisir de reproduire ci-dessous. Le *Bulletin* invite tous les cultivateurs à venir visiter l'exposition et le concours agricole que le Comice a organisés pour fêter sa reconstitution.

« Ils y verront, dit-il, des essais de machines dont ils pourront tirer profit; un choix de cépages américains qui leur montrera que l'on peut tout espérer de la reconstitution de notre vignoble, des fleurs, des fruits et des légumes qui prouveront le bénéfice que l'on retire en Anjou du jardinage bien conduit, des blés et des pommes de terre à grands rendements encore peu connus dans ce pays et très avantageux.

« La culture a besoin, pour lutter contre la concurrence étrangère, de se perfectionner comme tout le reste, à mesure que le progrès marche autour de nous. On entend encore quelquefois des cultivateurs se moquer ou douter des machines agricoles, des engrais chimiques, des semences inconnues autrefois et dire, pour resumer leur défiance : « Nos pères ne connaissaient point tout cela et cependant ils cultivaient bien. » Autant vaudrait nier l'importance des chemins de fer et du télégraphe dont on était bien obligé de se passer il y a cent ans, puisqu'ils n'existaient pas.

« La vie du cultivateur n'est plus aujourd'hui ce qu'elle était au commencement du siècle. Tout a changé. La terre est affermée plus cher : les domestiques et les journaliers coûtent davantage, la concurrence étrangère fait baisser le prix des récoltes.

« Il faut donc obtenir de meilleures récoltes au moyen des engrais chimiques ajoutés au fumier et, économiser les frais de main-d'œuvre par les machines. Les charrues nouvelles qui défoncent mieux la terre, les semoirs, les moissonneuses, les faneuses, qui font en quelques heures l'ouvrage de vingt hommes doivent être examinées de plus près par les cultivateurs soucieux de leurs intérêts. On objecte le prix de ces instruments ; mais il va sans cesse en diminuant à mesure que la vente augmente ; et, du reste, pourquoi ne pas faire comme dans certains pays où plusieurs voisins se réunissent pour acheter en commun des machines qui servent à chacun? L'association est ici, comme toujours, facile et profitable. »

COMMENT ON DOUBLE
et on triple sa vendange
(*Suite*).

Rappelons que c'est la partie aqueuse du raisin qui occupe la plus grande place, puis la partie liquoreuse ou sucrée, puis enfin, en quantités relativement infimes, les matières qui constitueront à proprement parler le vin.

Nous ne nous occuperons aujourd'hui que de la partie la plus importante, à mon avis, le sucre. C'est la plus importante, en quelque sorte, puisque c'est par la transformation du sucre que se forme l'alcool qui joue un des premiers rôles, sinon le principal, dans la constitution du vin.

Tout le monde sait aujourd'hui que le raisin contient de quoi faire deux, trois et quatre fois même, la quantité de vin qu'il donne normalement par la fermentation alcoolique, si on a soin de renouveler, après chaque opération, l'eau et la partie liquoreuse qui se sont changés en vin et en alcool.

La connaissance de ce fait est tellement répandue de nos jours, qu'on passerait pour un véritable rabâcheur si on s'étendait sur ce sujet. Aussi n'est-ce point mon intention, et le but que je me propose est de vous éclairer simplement sur la nature du sucre que vous devez employer.

— Allons ! — il me semble entendre dire à quelques-uns d'entre vous, — le voilà qu'il va prêcher pour sa paroisse et qu'il va de nouveau nous glorifier les raisins secs!

Non, mes chers amis, je n'ai pas la prétention de venir vous imposer mes idées, loin de là. Je sais assez que parmi nos lecteurs je compte trop d'adversaires convaincus de ces fruits secs, pour venir, ici, leur faire endurer ma prose et me faire envoyer à tous les diables, ensuite ; non, encore une fois non.

Mon but est de venir, à vous tous, adversaires et partisans, vous démontrer, sans parti pris, les avantages et les désavantages du sucre de canne ou de betterave employé dans les vendanges, mis en parallèle du sucre de raisin véritable, tiré du raisin sec ; puisqu'on ne peut pas le tirer du raisin frais, ce qui serait bien préférable ; je suis le premier à le proclamer.

Je répète que je n'impose mes idées à personne. Je laisse, aux esprits intelligents et soucieux des intérêts de leur bourse, le soin de conclure. Je comprends qu'on hésite, mais je ne comprends pas qu'on ne fasse pas un petit essai pour être fixé sur les résultats qu'on obtient. Il est évident que, si avec les mêmes raisins frais, traités avec du sucre de canne d'une part et des raisins secs d'autre part, on obtient deux résultats différents, les viticulteurs n'hésiteront pas, l'année prochaine, à pratiquer plus grandement l'opération qui leur aura le mieux réussi.

Or, sur ce terrain, mon opinion est faite : tous ceux qui emploient une fois des raisins secs à la place du sucre, délaissent complètement ce dernier les années suivantes. C'est l'explication de l'immense popularité qu'ont acquis les raisins secs et qui va chaque année en croissant.

En quelques mots, voici les causes de l'avantage de l'emploi des raisins secs au lieu du sucre ordinaire : celui-ci ne produit QU'EN PARTIE de l'alcool ; car comme il n'est pas de la même nature végétale que le raisin, il ne s'intervertit pas, c'est-à dire, il ne se change pas tout en alcool ; une partie demeure intacte, se perd par conséquent, et devient par la suite, la cause de toutes les fermentations secondaires qui se déclarent dans le vin. Ce sucre, ensuite, ne produit que de l'alcool. Or, le vin, pour qu'il soit bon, ne doit pas contenir seulement cette matière, mais bien toutes les autres dont je vous parlais et qui constituent la base du liquide qui porte ce nom.

S'il n'en était pas ainsi, vous comprenez comme moi que pour faire du vin il suffirait d'ajouter de l'alcool, le premier venu, à du moût, au lieu du sucre. Mais vous savez qu'on est loin d'obtenir du vin.

Avec le sucre de raisins secs, au contraire, que ces fruits contiennent à la dose de 65, 70 et 75 pour cent, on obtient l'acool de vin, mais encore toutes les matières qui constituent le vin proprement dit et qui font absolument défaut, naturellement au sucre des autres végétaux, que ce soit la canne, la betterave, la pomme de terre, le maïs, etc.

Comme vous le voyez, ce que je dis n'est empreint d'aucune note personnelle. Je voudrais simplement apprendre à quelques-uns ce qu'ils ignorent ou ce qu'ils n'avaient jamais voulu connaître jusqu'à aujourd'hui.

Si, maintenant, je m'adresse aux populations de l'Est, du Centre, du Nord-Est, où les raisins, malheureusement, ne mûriront peut être pas cette année, croyez-vous que ce n'est pas leur rendre un service véritable que de venir leur dire :

— Mes bons amis, votre vendange étant perdue par suite de l'état de verdeur de vos raisins, soyez pleinement rassurés.

Vos moûts sont complètement dépourvus de partie liquoreuse, l'acidité est telle que c'est un verjus sans emploi ; rassurez-vous, tous ces défauts vont devenir d'excellentes qualités en employant des raisins secs. Votre acidité se changera en bouquet et rendra vos vins excellents et de conserve. Votre moût, riche en sucre de raisins va produire un vin délicieux, et au degré alcoolique inespéré que vous voudrez.

Allons, sympathiques lecteurs, croyez-vous toujours que c'est uniquement pour ma chapelle que je prêche? Ne me faites-vous pas l'honneur et l'amitié de penser que le mobile qui me fait écrire est un peu l'amour de mon pays et de mes concitoyens? Que voulez-vous, le rôle d'apôtre est écrasant ; je le sais. Mais j'ai la foi et j'ai surtout celle de vous convertir.

Sans cette croyance, solidement implantée dans mon esprit et dans mon cœur, de seul que j'étais à employer les raisins secs, nous ne serions pas aujourd'hui des légions dont le chiffre, d'après le dire de nos plus irascibles adversaires, est innombrable.

Voici la manière la plus économique, et surtout la plus pratique d'opérer pour augmenter sa vendange et obtenir plus du double de vin de son vignoble, sans la moindre crainte d'un changement de goût ni de bouquet, et, si les raisins frais ont beaucoup de couleur, sans changement sensible dans la couleur de la totalité du vin obtenu ; souvent, c'est le seul moyen de rendre exquis des vins imbuvables et invendables à cause de leur goût de terroir ou provenant de raisins avortés, saisis par le froid, n'ayant pas pu mûrir.

Je demeure, du reste, entièrement à votre disposition, je le répète, pour tous les renseignements dont vous pourriez avoir besoin à cette occasion pour l'emploi des raisins secs, dans le cas où les explications suivantes laisseraient quelques points douteux dans votre esprit.

La veille des vendanges, pour 1,000 kil. de raisins frais devant donner six à sept cents litres de vin environ, mais dont on veut obtenir **mille sept cents litres**, on prépare 300 kil. de raisins secs de Corinthe de la marque du *Roi de Grèce*, par exemple, qu'on met à macérer dans 900 litres d'eau. Au moment où on foule les raisins frais, on jette avec eux les raisins secs et leur eau dans la cuve. De cette façon, le mélange est fait intimement. On peut augmenter ou diminuer indifféremment ces proportions. Le point de repère est celui-ci ; on ne doit généralement *n'augmenter sa vendange que du double*, pour la couleur, mais on peut sans crainte la tripler.

Dans le Nord-Est et dans certains pays où la pluie et le froid empêchent les raisins de mûrir complètement, on ne doit pas hésiter à mettre 600 kil. de raisins secs de Corinthe avec 18 ou 20 hectolitres d'eau pour 1,000 kil. de raisins frais. On obtient, de cette manière, **deux mille cent litres** de vin environ, au lieu de **6 à 700** comme on en aurait obtenu normalement.

La fermentation s'établira encore plus rapidement qu'avec des raisins frais seuls.

La direction et les soins de l'opération, je le répète et je l'affirme, sont les mêmes. Quant aux résultats, ils sont merveilleux.

Certains propriétaires, au contraire, veulent légèrement *allonger* leurs vendanges. Leurs crus sont renommés, le bouquet de ces vins particuliers ; le but, dans ce cas, est de retirer la quintescence de la récolte en obtenant 5 ou 6 0/0 de vin de plus. Au lieu d'ajouter 300 kil. de raisins secs de Corinthe et 900 litres d'eau par 1,000 kil. de raisins frais, on supprime 4 ou 500 litres d'eau. Le vin gagne beaucoup en degré alcoolique et tend à voir se développer, sous l'influence du raisin sec, son bouquet particulier, un an plus tôt.

Un dernier avis pour finir. Autant les résultats seront brillants et certains, si vous employez des raisins secs de Corinthe de première qualité, irréprochables, autant ces résultats seront désastreux si ce sont des raisins mauvais. Or méfiez-vous des qualités que certains offrent à des prix inférieurs. Il n'est pas d'articles où les fraudes soient si nombreuses et si faciles.

J.-F. AUDIBERT,
rue des Minimes, Marseille.

LES ASSURANCES SUR LA VIE

(Suite.)

Mais vous êtes, dites-vous, dans le commerce et vous avez besoin de tous vos fonds. Et vous arrêtant à ce raisonnement tout spécieux, vous affirmez bien haut que vous ne pouvez songer à l'assurance sur la vie. Que diriez-vous, par exemple, d'un homme qui n'ayant qu'un billet de mille le jouerait tout entier à la loterie? Que c'est d'une imprévoyance rare, n'est-ce pas. C'est cependant ce que vous faites vous même. Le commerce en effet est une loterie, — entourée il est vrai de certaines garanties — mais enfin c'est une loterie à laquelle perdent bien des gens. Et cependant vous lui confiez non pas seulement un billet de mille, mais tout votre avoir et, ce qui est plus grave, l'avoir de votre femme.

Et vous êtes à ce point imprévoyant de ne pas envisager la possibilité de la non réussite ! Vous encourez ce me semble, à la légère, une bien lourde responsabilité.

Le commerce exige, aujourd'hui surtout, direz-vous, le plus de capitaux possibles, et c'est une chance de réussite que d'y mettre tous ceux dont on peut disposer. Soit, mais est-ce à dire que vous ne deviez prendre aucune précaution contre l'adversité? Réussirez-vous moins, si sur vos bénéfices vous prélevez chaque année une somme minime pour constituer un fonds de prévoyance?

C'est là ce que font toutes les Compagnies sérieuses, voire même pour rester dans le monde du commerce, les grandes banques. Vous est-il impossible de les imiter? Non certes et la preuve en est facile. Jugez-en plutôt.

Vous êtes jeune et vous venez de vous marier. Votre femme vous a apporté ce qu'on est convenu d'appeler une jolie dot. Supposez qu'au lieu de considérer votre femme comme une associée (ce qu'elle est fière d'être et ce qui doit être une raison de plus pour vous de la garantir contre toute éventualité fâcheuse) elle ne soit qu'un simple commanditaire. Tout en conservant ses capitaux, vous auriez à lui payer chaque année des intérêts. Et malgré ce paiement vous n'en continueriez pas moins votre commerce. Agissez donc puisque vous tenez à lui prouver que vous êtes un mari prévoyant, comme si vous n'aviez à côté de vous qu'un commanditaire. Placez chaque année, non pas même tous les intérêts, mais une partie des intérêts de sa dot. Et si le malheur veut que vous ne réussissiez pas vous aurez au moins la satisfaction de vous dire que vous n'avez pas touché à la dot de votre femme, puisqu'elle se sera reconstituée petit à petit d'elle-même au moyen de votre assurance.

Car les sommes ainsi placées devront vous être sacrées.

Elles ne vous appartiendront plus et seront la

sauve garde, si le malheur vous frappe, de votre femme et de vos enfants. Vos créanciers *eux-mêmes*, si vous avez pris soin de mentionner sur vos livres la provenance des fonds ayant servi à payer les primes, n'auront aucun droit au montant de votre assurance, et ne pourront s'en plaindre n'ayant jamais dû la considérer comme faisant partie de leur gage.

Là encore, d'un autre côté, se font sentir les bienfaits de l'assurance sur la vie. L'obligation de payer chaque année une prime est décidément chose salutaire.

Elle vous fera prendre l'habitude, en ce qui vous concerne, vous, commerçant, de ne pas faire de trop longs crédits. Et comme le disent volontiers les gens sensés qui ont fait leur fortune dans le commerce : « un client qu'on fait payer est un client qui vous revient ». Cette habitude sera donc pour vous une chance de plus de réussir.

Aussi votre commerce sera-t-il prospère. Rien ne vous sera plus facile par suite que de payer vos primes. Faut-il en conclure que vous aurez à vous repentir d'avoir suivi notre conseil? Non, car vous aurez ainsi constitué, sans presque vous en apercevoir, la dot de vos enfants, et vous pourrez les établir sans vous gêner en rien dans vos affaires.

Songez enfin de quel immense secours serait pour votre femme la somme assurée si la mort venait à vous surprendre après quelques années de ménage! Et aurez-vous encore, après cela, la pensée de rejeter bien loin notre combinaison, parce que vous êtes dans le commerce!

Etes-vous riche, au contraire, et vous croyez-vous sûr de laisser après vous l'aisance à votre famille? Ne rejetez pas pour cela de parti pris l'assurance sur la vie. Elle peut vous être très utile.

Votre fortune est considérable et vous met aujourd'hui, vous et les vôtres, à l'abri du besoin. Mais qui peut répondre de l'avenir?

Il suffit d'une spéculation hasardeuse ou d'un mauvais placement pour ruiner la fortune la mieux assise. Et par le temps qui court, combien ne voit-on pas de banquiers et de notaires infidèles?

N'y a-t-il pas d'ailleurs d'autres événements à prévoir? Ne peut-il arriver que vos enfants, cédant aux entraînements si nombreux aujourd'hui, ne dissipent à l'avance leur avoir? Et ne seront-ils pas heureux, en ce cas, de trouver plus tard, — comme une poire pour la soif, ainsi que disent les braves gens, — le capital amassé par la prudence paternelle? Et pour vous, qui êtes riche, qu'est-ce donc que de prélever, chaque année, sur vos revenus, quelques billets de mille francs?

L'assurance sur la vie ne peut-elle être au reste pour vous un placement? Vous pourriez, il est vrai, prêter votre argent à un taux plus élevé. Mais ne trouverez vous pas une compensation dans la sécurité du placement et dans la constitution immédiate, en cas de décès, d'un capital assuré. Car ce que l'on cherche surtout dans votre situation, c'est moins, n'est-ce pas, des prêts à gros intérêts que la certitude de laisser à ses enfants un bien-être égal ou même supérieur à celui qu'on possède.

L'assurance sur la vie vous est donc tout aussi utile qu'aux gens peu aisés.

Mais elle n'aura d'efficacité qu'à la condition de vous adresser à des Compagnies sérieuses. Et seules les Compagnies françaises présentent des garanties suffisantes. Placées sous la surveillance directe de l'Etat, obligées de publier chaque année un compte-rendu de leurs opérations, elles sont d'une solidité à toute épreuve et il faudrait vraiment un bouleversement général pour qu'elles fussent entraînées dans la ruine.

A la différence, notamment, des Compagnies étrangères, elles ne peuvent placer leurs fonds à leur fantaisie et se lancer dans des opérations hasardeuses. Il leur faut, de par leurs statuts et par l'obligation que leur en fait l'Etat, employer l'argent dont elles disposent en rentes françaises, en obligations de chemins de fer, ou en achats d'immeubles. Aussi n'entendez-vous jamais parler de krach pour elles.

A quelque point de vue donc que l'on se place : épargne, pertes possibles, enfants prodigues ou placement ; l'assurance sur la vie est utile.

Nous croyons avoir suffisamment démontré les avantages de cette institution trop peu connue encore et qui est appelée cependant à rendre d'immenses services. Notre but était simplement de rendre service à ceux qui ont bien voulu nous lire. Heureux si nous avons pu réussir à en convaincre quelques-uns et à les amener à profiter des bienfaits de cette combinaison.

JEAN DELACAMPAGNE.

Nouvelles agricoles.

L'élevage de la race Durham en France. — Le bulletin du ministère de l'agriculture renferme une note très intéressante sur le mouvement de l'élevage de la race pure de Durham, en France, depuis la création du herd-book en 1853. D'après cette note, le premier volume du herd-book, publié en 1855, *renfermait l'inscription de 1,289 animaux*, dont 437 mâles et 822 femelles. Le deuxième volume, paru en 1858, indiquait 758 naissances pour les années 1855, 1856 et 1857. Le troisième volume, publié en 1862, contenait les naissances qui se sont produites pendant les années 1858, 1859, 1860 et 1861 et donnait un chiffre de 1,069 naissances, soit une moyenne de 267 par année. Le nombre de naissances inscrites annuellement s'élève ensuite rapidement jusqu'au chiffre de 750, moyenne obtenue pendant les années 1869, 1870 et 1871. Voici les chiffres des années suivantes jusqu'en 1890 :

	Naissances.
1872	853
1873	1.140
1874	852
1875	941
1876	944
1877	993
1878	866
1879	9.0
1880	722
1881	644
1882	868
1883	751
1884	805
1885	772
1886	844
1887 (16? éleveurs)	824
1888 (161 éleveurs)	791
1889 (161 éleveurs)	788
1890 (181 éleveurs)	806

Ainsi pendant les quatre dernières années, 285 éleveurs ont fait inscrire 3,209 animaux. Ces naissances sont réparties entre 38 départements, mais d'une manière très inégale entre ces départements. Ceux qui en comptent le plus sont les suivants : Mayenne, 783 pour 71 éleveurs ; Maine-et-Loire, 296 pour 20 éleveurs ; Cher, 29? pour 7 éleveurs ; Finistère, 225 pour 41 éleveurs ; Charente-Inférieure, 220 pour 22 éleveurs ; Seine, 216 pour 18 éleveurs ; Nièvre, 215 pour 6 éleveurs ; Ile-et-Vilaine, 156 pour 22 éleveurs ; Allier, 84 pour 14 éleveurs, etc.

Le traitement du Mildiou obligatoire. — Le mildiou est un cryptogame. Il a le sort de toutes les plantes qui se reproduisent sans floraison apparente tous les ans à l'époque précise de leur développement, comme les champignons, les fougères.

Lorsque le traitement aux sels de cuivre a guéri la feuille de la vigne ou plutôt l'a neutralisée, il peut lui rester encore quelques embryons ou spores, qui, l'année suivante, après qu'ils ont pourri en terre, peuvent aller *infecter* les feuilles de la pousse nouvelle.

On peut parer à cet inconvénient en détruisant les feuilles, c'est-à-dire en les récoltant après la vendange, avant toute pourriture et en les incinérant.

Mais il est une cause bien plus puissante de *l'infection des vignes par le mildiou* : ce sont les vignes non traitées, où les spores du champignon non neutralisées sont toujours très abondantes. Qu'on en juge! Une de ces feuilles peut donner (on les voit au microscope) plus de quarante mille spores de mildiou!!!

Emportées par le vent, elles deviennent, là où elles tombent, un nouveau foyer d'infection en répandant autour d'elles les germes qu'elles contiennent.

Il y a donc le plus grand intérêt à faire les traitements du mildiou par les sels de cuivre et à ne pas laisser les vignes sans être traitées.

C'est ce qu'ont parfaitement compris les habitants du canton de Vaud (Suisse). Par un arrêté, le Conseil d'Etat de ce canton a rendu le traitement des vignes obligatoire.

Les loups en France. — On signale une recrudescence de loups dans certaines contrées de l'Est. La ferme de la Hardonnerie, près Varennes-en-Argonne (Meuse), en sait quelque chose. Trois veaux et trente moutons viennent d'y être la proie de ces carnassiers.

Voilà pour la louveterie une belle occasion d'exercer son zèle.

LES ABORNEMENTS
et les réductions de parcelles.

Le morcellement du sol est une des plaies vives de l'agriculture française, et dont le moindre inconvénient est de rendre la culture impossible et de susciter des procès incessants entre possesseurs de terres contiguës.

Le Comice de Lunéville continue de provoquer avec un succès digne d'attention les Syndicats, pour mettre fin à cette calamité, en créant entre les possesseurs de parcelles d'un même finage une association, en vertu de laquelle ils opèrent des remaniements de pièces parcellaires, ayant pour résultat de donner à chaque cointéressé un lot unique égal aux parcelles qu'il possédait, avec un chemin de desserte, grâce auquel chacun cultive sans difficulté sa part exempte de droit de servitude.

Le Comice a décerné sa première prime de réunions de parcelles aux créateurs d'un Syndicat formé entre 56 propriétaires d'une prairie de 18 hectares 35 ares divisée en 103 parcelles. Tous ont aujourd'hui un lot unique équivalent à leurs parcelles et desservi par un chemin d'exploitation direct.

La seconde prime a été pour une œuvre semblable opérée sur une prairie de 13 hectares divisée en 82 parcelles appartenant à 52 propriétaires. Outre les répartitions de terrains et la création d'un chemin commun de service, on a creusé un fossé d'assainissement de 200 mètres qui recueille toutes les eaux stagnantes, et accroît considérablement les revenus des terrains. Les opérations de ce genre, faites depuis deux ans sur la seule commune de Raville, ont supprimé 141 enclaves, au moyen de 1,719 mètres de chemins. Le tout n'a coûté à chaque intéressé que 15 francs par hectare.

M. Pinard, géomètre, qui a dirigé ces travaux, a reçu une prime bien gagnée. Ces opérations étaient jadis presque impossibles, en raison des résistances égoïstes, envieuses et intelligentes d'une partie des intéressés. Grâce aux bons résultats des réunions opérées depuis quelques années, les propriétaires montrent de meilleures dispositions.

A ce propos, il est utile de rappeler le texte de la nouvelle loi sur les échanges de parcelles :

Art. 1er. — A partir de la promulgation de la présente loi, il ne sera perçu sur les échanges d'immeubles ruraux que 20 centimes par 100 francs pour tout droit proportionnel d'enregistrement et de transcription, lorsque des immeubles échangés seront situés dans la même commune ou dans des communes limitrophes.

En dehors de ces limites, le tarif ainsi fixé ne sera applicable que si l'un des immeubles échangé est contigu aux propriétés de celui des échangistes qui le recevra, et dans les cas seulement où ces immeubles auront été acquis par les contractants, par acte enregistré depuis plus de deux ans ou recueillis à titre héréditaire.

Art. 2. — Dans tous les cas, le contrat d'échange renfermera l'indication de la contenance, du numéro, de la section, du lieudit, de la classe, de la nature et du revenu du cadastre de chacun des immeubles échangés, et un extrait de la matrice cadastrale desdits biens, qui sera délivré gratuitement, soit par le maire, soit par le directeur des contributions directes, sera déposé au bureau de l'enregistrement.

Art. 3. — Le droit réglé par l'article 52 de la loi du 28 avril 1816 sera payé sur le montant de la soulte ou de la plus-value.

Art. 4. — Les dispositions des lois du 27 juillet 1870 et 21 juin 1875 sont abrogées en ce qu'elles ont de contraire à la présente loi.

On le voit, la taxe fixé de 1 franc est remplacée par un droit de 20 centimes par 100 francs et le droit de 2 0/0 sera payé sur les sommes payées à titre de soulte.

Espérons que cette loi aura pour effet de nombreux remaniements des parcelles dans les contrées où le morcellement du sol est devenu une calamité et une source de conflits ruineux.

La culture intensive à peu de frais

Le résultat des récoltes n'a pas été bon, et cependant nul découragement n'est venu amollir les rudes bras de nos ouvriers des champs. C'est qu'ils ont compris, ces soldats-laboureurs, qu'une année qui voyait l'aurore du relèvement de la France, n'était pas une année perdue. Et ils se sont mis courageusement à préparer leurs terres, car ils savent que l'agriculture est la base de la fortune d'un pays et que la situation de la France ne ferait que grandir à l'extérieur quand on saurait qu'elle ne s'appuie pas seulement sur la plus vaillante des armées, mais aussi sur la richesse : ce nerf de la guerre.

Malheureusement pour obtenir de forts rendements il faut user d'engrais chimiques, et beaucoup de cultivateurs dont les récoltes éprouvées par les rigueurs de l'hiver ont trahi les espérances, vont se voir dans l'impossibilité de faire face aux frais d'achat, de transport et d'épandement qu'ils nécessitent.

Parmi les nombreux produits chimiques que la science et l'industrie livrent à l'agriculture, il en est un qui semble répondre d'une manière toute particulière aux exigences de la situation actuelle : c'est l'*Engrais liquide Boutin*. Je n'ai pas à faire ici l'éloge d'un engrais qui rend depuis plus de trente ans les plus grands services à l'agriculture et qui est maintenant universellement connu et apprécié. Je veux seulement rappeler à mes confrères, que si l'*Engrais Boutin* leur permet, grâce à sa grande puissance germinative, de fumer un hectare avec vingt litres de liquide, et supprime la main-d'œuvre par son mode d'emploi, il leur assure des récoltes abondantes, les mettant à même de faire de la culture intensive à peu de frais.

FOUCAULD.

CONSEILS DU JARDINIER

LE JARDIN EN OCTOBRE.

En octobre, les brouillards, les longues nuits fraîches et les gelées blanches. Aussi le jardinier a-t-il souci de préserver ou de rentrer les produits du potager avant que des gelées plus sérieuses ne viennent occasionner des pertes considérables ; témoins, les froids de l'année dernière.

Dès que les premières gelées blanches ont atteint les feuilles des patates, on arrache les tubercules avec précaution, évitant de les blesser, ce qui amènerait la pourriture. Aussitôt après être ressuyés sous châssis, il convient de les placer dans un endroit sec où la température ne descend pas au-dessous de 5 degrés sans excéder + 10°. Un autre procédé consiste à les conserver dans du sable, de la cendre ou de la sciure ; ces matières étant préalablement tamisées et bien séchées. Quoi qu'il en soit, la conservation des patates est toujours difficile et le mieux est de les consommer promptement ; ne conservant que juste ce dont on a besoin pour planter.

On arrache les premiers salsifis, pour les mettre en bottes que l'on confectionne, à l'aide d'un moule semblable à celui qui sert à botteler les asperges ; les bottes seront mises en jauge, non loin de l'habitation ; il est utile d'arracher les salsifis ainsi d'avance, car lorsque la terre est gelée cela devient impossible.

Commencer aussi la récolte des choux de Bruxelles ; il convient de les pincer pour hâter leur croissance.

Les jeunes plantations d'artichauts offrent encore quelques capitules bons à récolter. Pour obtenir au printemps des capitules dépassant 40 centimètres de diamètre, il y a plusieurs procédés. Au potager de Versailles, on choisit en octobre des pieds bien sains, et on les déchausse, puis on supprime les œilletons pour n'en garder qu'un seul, le plus beau, puis on butte et on préserve de la gelée et de la pourriture. Au printemps, on découvre, puis après un labour, on arrose chaque pied en versant un arrosoir d'eau à laquelle on a mélangé la valeur d'un godet de 8 centimètres d'engrais de Saint-Gobain. On renouvelle ces mouillures toutes les trois semaines. Lorsque le fruit apparaît, il faut le couvrir entièrement avec un morceau de drap noir et graissé de façon à le rendre imperméable. Le morceau de drap est enlevé tous les soirs et remis tous les matins. Il faut aussi supprimer les grandes feuilles de la base et les ailerons.

Avant de supprimer les tiges d'asperges en les coupant près de terre, on s'assure des plus beaux pieds de quatre à six ans, donnant de belles asperges et en assez grand nombre. C'est à la partie médiane des plus belles tiges de ces pieds de choix, qu'il convient de détacher à la main des baies lorsqu'elles sont absolument mûres, ce qui se reconnaît à leur coloration rouge foncé. Par macération dans l'eau et écrasement avec les doigts, on enlève la pulpe des fruits, il reste alors les graines noires, luisantes. Mises au sec, ces graines gardent leur faculté germinatives pendant 4 à 5 ans.

En ce qui concerne les pieds, on procède au débuttage à la fumure, puis au labour des ados.

Sur planche fumée et bien préparée, planter à demeure les jeunes fraisiers mis en pépinière en juillet.

Les fraisiers destinés au forçage ont pris de la force en septembre, les voilà bons à être empotés dans des pots de 16 centimètres, qui seront bien drainés. Il faut employer un compost autant que possible préparé longtemps à l'avance, et composé de 2/3 de bonne terre de potager, 1/3 de terreau, 1/10 de sable siliceux. On enlève les plants à la boulette, on supprime les feuilles jaunes, et on place la plante au milieu, le collet à 2 centimètres au-dessous du bord en tassant la terre avec les pouces. On place les pots dans des coffres en plein carré et on donne des bassinages légers, mais répétés pour faciliter la reprise. S'il survient des pluies ou des trop grands froids, ou couvre de châssis. Si on ne possédait pas assez de châssis, dans le cas où il surviendrait de grandes pluies, on coucherait les pots et on les préserverait des trop grands froids au moyen de fumier long. Ce n'est que le 15 décembre que l'on commence le forçage au thermosiphon.

On continue le blanchiment des céleri, cardon, chicorée, scarole. Puis la plantation des poireaux, ail, échalote, oignons blancs et, suivant le besoin, on sème : asperge, cerfeuil, cresson alénois, persil, rhubarbe, etc. J. ESSE.

CONSEILS A LA FERMIÈRE

CONSERVATION DES ŒUFS.

Si l'on soustrait les œufs à l'influence de l'air, ils peuvent demeurer frais pendant un temps assez long. Plusieurs naturalistes ont pu rapporter d'Amérique et des Indes des œufs d'oiseaux qui avaient été enduits d'une légère couche de cire, et les soumettre avec succès à l'incubation. Il y a quelques années, des ouvriers, occupés à démolir un mur très ancien, découvrirent trois œufs de poule, qui reposaient sur un lit de pierre, ils étaient encaissés dans du mortier. On les ouvrit, ils étaient encore frais. On n'avait pas travaillé à ce bâtiment depuis trois cents ans environ !

Un procédé très connu de nos fermières consiste à placer les œufs par couches dans un tonneau sur un lit de cendres, de sable fin, de son, de sciure de bois, de plâtre ou de charbon pulvérisé ; on a soin que les œufs ne se touchent pas ; ils sont recouverts d'une couche de ces matières pulvérulentes, et on les stratifie ainsi jusqu'à ce que le récipient soit rempli. Ce procédé de conservation est assez efficace, mais il se produit un peu de vide dans les œufs. On a de bons résultats en enveloppant les œufs de papier et en les recouvrant avec de la menue paille d'avoine ou avec du sable bien sec.

On a indiqué nombre de recettes pour conserver les œufs.

Les ménagères, les marchands et les pâtissiers se contentent de tenir les œufs plongés dans de l'eau, à laquelle on a ajouté un dixième de chaux éteinte ; on se sert pour cela de grands pots à beurre.

Il importe que les œufs soient constamment

recouverts d'une couche de liquide. Je me hâte de dire que les œufs ainsi conservés acquièrent un goût peu agréable, ce qui fait qu'on ne les emploie convenablement que pour les omelettes ou autres préparations de ce genre; plongés dans l'eau bouillante ils se fendillent facilement.

On obtient d'excellents résultats en recouvrant les œufs d'un vernis qui s'oppose à l'évaporation de l'eau intérieure et à l'introduction de l'air. Les corps gras sont, pour cet effet, d'une très grande utilité.

Un œuf enduit avec le doigt d'une très légère couche d'huile de lin, qui se sèche après quelques jours, n'a perdu au bout de six mois que 3 0/0 de son poids primitif; il s'est conservé parfaitement sain. Au contraire, un œuf ordinaire n'ayant reçu aucune préparation perd, dans le même espace de temps, 18 0/0 de son poids primitif; en outre, il est à moitié vide et exhale une odeur infecte.

C'est en se basant sur ces indications que des commerçants livrent au public des œufs recouverts d'un vernis peu coûteux, facilement applicable et parfaitement efficace. Au bout d'une année ces œufs sont encore excellents. On les dispose par caisses de cinq cents œufs emballés dans de la sciure de bois; ils sont debout, afin que les parties intérieures conservent toujours leurs positions respectives. Après trois mois de garde, ils peuvent être maintenus sous la poule pendant vingt-deux jours sans tourner.

Il n'est pas sans intérêt de faire connaître une méthode qui est avantageuse dans certains cas. On expose à l'étuve, sur des plaques de faïence, de porcelaine ou de verre, une couche d'œufs, jaunes et blancs, de deux millimètres d'épaisseur. Au bout de vingt-quatre heures on obtient une masse que l'on pulvérise et que l'on conserve à l'abri de l'air. C'est de la poudre d'œufs. Avec un kilogramme de cette poudre que l'on dissout dans deux kilogrammes d'eau froide, on a, par le battage, une matière qui représente la valeur de cent œufs; elle donne des omelettes et peut servir pour tout autre usage de la cuisine ou de la pâtisserie. Une barrique de 100 kilogrammes de cette poudre représente 10,000 œufs de poule. UNE MÉNAGÈRE.

CONSEILS DU VÉTÉRINAIRE

LA DIARRHÉE DES VEAUX.

La diarrhée qui atteint les tout jeunes veaux aussi bien que les petits enfants, est une véritable inflammation du tube digestif. L'anus qui donne passage à un liquide séreux, mêlé de caséum en grumeaux, devient tout rouge. L'animal maigrit rapidement et meurt en assez peu de jours.

Dès qu'on soupçonne l'approche de cette inflammation, en voyant le dessous de la queue sali par des matières jaunes qui exhalent une odeur fétide, il faut, au moyen d'un gros morceau de sucre, brûler, jusqu'à complète extinction, une certaine quantité de forte eau-de-vie. On obtient ainsi un sirop épais et onctueux, dont on en entonne un bon demi-verre dans la gorge de l'animal, et qu'on lui fait avaler. Prise ainsi, dès le début, cette diarrhée ne résiste pas à deux ou trois gorgées de cette liqueur, d'ailleurs absolument inoffensive. On les administre de 12 heures en 12 heures. Ce remède très simple se trouve toujours sous la main pour être employé en temps utile. Si l'on commet la négligence d'attendre plusieurs jours, le mal peut devenir absolument incurable. C'est une véritable congestion.

Quant à l'autre sorte de diarrhée, elle procède plutôt d'une débilitation de l'estomac que d'une cause inflammatoire. Le sirop ci-dessus ne lui est pas contraire, mais il ne la fait pas cesser de suite. Généralement elle présente peu de danger et se passe petit à petit, pourvu que l'animal ne boive pas de lait écrémé, et qu'on ne lui présente que d'excellents aliments, de l'avoine et de très bon foin. La nourriture au vert qui commence la détermine aussi.

UN VIEUX VÉTÉRINAIRE.

AFFAIRES MILITAIRES.

La charge du soldat d'infanterie.

Sait-on quel poids portent nos soldats d'infanterie? Au minimum 28 kil., plus souvent 30.

Croit-on qu'il sera possible à des troupes jeunes ou appelées au moment même d'une campagne, comme celles que nous aurons désormais, de supporter facilement cette charge, de marcher et surtout de manœuvrer, combattre et donner l'assaut avec un pareil poids? Nous en doutons, car il faudra beaucoup de vigueur et de vivacité pour échapper au feu terrible des armes nouvelles dans l'attaque d'une position.

Il y a donc lieu de songer dès maintenant à diminuer cette charge en supprimant les objets inutiles ou encombrants, les outils, par exemple, qu'il faudra faire porter par des voitures à la suite des bataillons; les lourds souliers, dits de repos, en les remplaçant par des chaussures légères et imperméables. Il y aura encore d'autres améliorations à apporter. Pour y arriver il suffit de s'adresser aux officiers qui ont toute compétence pour cela. Nous voulons dire les capitaines d'infanterie; à eux d'étudier, de proposer; au comité de cette arme de décider.

Nos soldats d'infanterie ont, dit-on, montré des qualités d'endurance extraordinaires pendant les grandes manœuvres.

Nous n'en doutons pas; mais le jour où ils seront allégés ils feront mieux, et c'est à cela que doivent tendre tous nos efforts si nous voulons être supérieurs à nos adversaires le moment venu.

UN TITRE JUSTIFIÉ.

Comme son titre, heureusement choisi, l'indique le **Dictionnaire des dictionnaires** offre la substance de tous les *dictionnaires spéciaux*; il tient lieu d'une bibliothèque: il fournit à la minute, sur la *langue*, l'*histoire*, la *biographie*, la *géographie*, la *théologie*, la *philosophie*, le *droit*, l'*histoire naturelle*, la *médecine*, la *physique*, la *chimie*, en un mot, *sur toutes les sciences*, le renseignement désiré, avec les détails nécessaires, sans tomber dans le fatras des compilations, qui rendent les recherches si difficiles. Mais considération plus importante encore, la doctrine est sûre dans ce recueil lexicographique et encyclopédique: il garantit contre les erreurs religieuses, tandis que les autres recueils y exposent. Rappelons aussi que, par une excellente et généreuse application à cette œuvre du principe de participation, l'acquisition en est singulièrement facilitée, puisqu'elle peut devenir gratuite par les dividendes successifs, dont le premier vient d'être annoncé aux intéressés. Il est utile de souscrire sans retard pour profiter de cette situation avantageuse On trouvera plus loin d'amples renseignements avec le bulletin de souscription.

L.

PETITE POSTE.

M. de R.... château de M... (Loiret). — Cette graminée est une variété de brôme qui n'a de valeur que comme plante fourragère mélangée avec d'autres graminées ou légumineuses.

M. M... (Mayenne). — *Ensilage* — Vous pouvez, sans inconvénient, associer un tiers de moutarde blanche en fleur avec du maïs haché. Ce mélange est même avantageux. Pour l'administrer aux animaux, je vous conseillerais d'y associer de la paille ou du foin hâchés.

M. T..., à St-S.. (Charente-Inférieure). — *Vaine pâture*. — Votre première lettre ne nous est point parvenue.

Oui, le propriétaire a, malgré l'usage dont vous parlez, le droit de faire parquer ses moutons dans ses prés, quand bon lui semble. Mais il perd le droit à la vaine pâture en proportion des terrains qu'il y soustrait.

Rouleaux — Adressez-vous à MM. Amiot et Bariat, à Bresles (Oise).

Faucheuses. — Maison Albaret, à Liancourt (Oise).

M. R .. (Jura). — Nous vous renvoyons votre questionnaire auquel nous ne pouvons répondre faute de renseignements suffisants.

M. A. M... (Oise). — *Fromages maigres*. — Il vous sera donné satisfaction par un article spécial.

M. R. de V... (Yonne). — Cet ouvrage n'existe pas.

M. L... (Ardennes). — *Phosphates*. — Votre découverte peut être très intéressante et devenir la source de sérieux bénéfices. Envoyez un échantillon de ce phosphate au directeur du laboratoire de la Société des Agriculteurs de France, 336, rue Saint-Honoré, Paris. Nous ne nous chargeons pas de ces sortes d'analyses.

M. de R.... château de R... (Oise). — 1° *Bornages*. — Votre bornage étant amiable n'a d'autre effet qu'entre les personnes qui y ont pris part et qui ont signé le procès-verbal. Mais un bornage judiciaire, à la requête d'un voisin récalcitrant, peut amener des remaniements.

2° *Scories*. — Non, il n'y a aucun inconvénient à semer des scories dans une terre fumée pour blé. Au contraire.

3° *Analyses*. — Vous pouvez faire trancher le différend par la Station agronomique de l'Oise. Merci de votre affectueux souvenir.

OFFRES & DEMANDES.

Pour répondre au désir qui nous est exprimé, nous offrons à nos abonnés, sous cette rubrique, deux annonces gratuites pour les offres et demandes d'emplois, produits ou animaux à vendre ou à acheter, etc.

Les annonces qui suivront jouiront d'une réduction de 50 pour 100 sur les tarifs ordinaires.

Les demandes d'insertions devront être envoyées à l'administration, qui se chargera de les rédiger.

Ne pas négliger d'envoyer tous les renseignements nécessaires (joindre 2 timbres de 0 fr. 15).

A vendre d'occasion deux bons manèges, système Albaret et système Pesant, de Maubeuge, à 80 fr. chaque.

S'adresser à M. SÉZILLE, ferme de May, à Morienval (Oise). — N° 942-5-2.

Maison très sérieuse offre opération agricole fructueuse aux régisseurs et gérants de cultures.

S'adresser au bureau du Journal, aux initiales A. D. B. — N° 943-12-2.

On demande un ménage de cultivateurs pour être **contre-maître et servante** dans une grande ferme.

S'adresser au Syndicat Agricole, rue de l'Ecu, 45, Beauvais. — N° 944-1.

REVUE FINANCIÈRE.

Les deux émissions en cours sont terminées. Celle du Crédit Foncier, bien qu'on n'ait pas encore de chiffres exacts, a réussi entièrement. Celle de la Russie, l'emprunt 3 0/0 or, a eu le succès qu'elle méritait. On était certain que notre épargne, en dehors de toute question de sentiment, ne ménagerait pas sa bienveillance à l'appel de la Russie.

Nous serons toujours les premiers à déconseiller à nos lecteurs de risquer leurs économies dans des affaires étrangères. Elles ont le tort d'être peu faciles à suivre, d'exposer à des mécomptes, dont le krack sud-américain, avec ses conséquences, sera un exemple qu'on n'oubliera pas de longtemps.

Mais nous admettons très bien que certaines personnes estiment prudent de ne pas mettre tous leurs œufs dans le même panier. Il n'y a nul risque à courir quand on s'adresse à une nation comme la Russie jeune, pleine de ressources, d'avenir assuré, qui emprunte précisément pour développer son outillage national et profiter plus vite de ses ressources colossales, un pays qui n'a failli à ses engagements.

Les émissions terminées, et même avant que la dernière fût en souscription publique, la Bourse a baissé, et même sérieusement. Est-ce simplement parce que la nécessité n'existait plus de maintenir les cours en vue de ces deux grosses affaires? Faut-il voir dans cette rapide descente qui a marqué la fin de la semaine dernière et le commencement de celle-ci, une manœuvre de certains banquiers désireux de faire rater l'emprunt russe? Serait-ce, comme on l'a prétendu, à la Banque juive qu'il faudrait attribuer cette manœuvre, ou ne serait-il pas plus logique de la mettre au compte de la Banque allemande qui n'a nullement caché son hostilité, on le sait?

Peu importe, au surplus. Ce qui est clair, c'est que les cours, soufflés un instant, reprennent leur niveau normal. Et si notre crédit personnel permettrait que ce niveau fût élevé, la situation financière des places du monde entier n'est pas assez rassurante pour que notre crédit personnel constitue le seul facteur du problème.

On le voit à la tenue lourde, disons le mot, faible des valeurs internationales, surtout de celles qui, comme l'Italien, l'Extérieure espagnole, la rente portugaise, les valeurs brésiliennes ou argentines, sont au nombre des points noirs.

Deux cours nous suffiront à caractériser la physionomie du marché. Notre 3 0/0 perpétuel est impuissant à rester au-dessus du cours de 96. Le Crédit Foncier, monté un moment au-delà de 1290, se traine péniblement autour de 1250.

Tout pronostic est, pour l'instant, impossible à établir.

TIMON.

CHEMIN DE FER DU NORD.

SERVICES DIRECTS

ENTRE

Paris, l'Allemagne et la Russie.

Cinq express sur Cologne, trajet en 10 heures :

Départs de Paris à 8 h. 15 du matin, midi 40, 6 h. 20, 9 h. 25 et 11 heures du soir.

Départs de Cologne à 8 h. 30 du matin, 1 h. 15 et 10 h. 54 du soir.

Quatre express sur Berlin, trajet en 19 heures :

Départs de Paris à 8 h. 15 du matin, midi 40, 9 h. 25 et 11 heures du soir.

Départs de Berlin à 1 heure, 9 h. 38 et 11 h. 50 du soir.

Trois express sur Francfort-sur-Mein, trajet en 14 heures :

Départs de Paris à midi 40, 9 h. 25 et 11 heures du soir.

Départs de Francfort à 8 heures du matin, 5 h. 14 et 10 h. 43 du soir.

Deux express sur Saint-Pétersbourg, trajet en 56 heures :

Départs de Paris à 8 h. 15 du matin et 11 heures du soir.

Départs de Saint-Pétersbourg à 10 heures du matin et 6 h. 25 du soir.

Deux express sur Moscou, trajet en 80 heures.

Départs de Paris à 8 h. 15 du matin et 11 heures du soir.

Départs de Moscou à midi 30 et 6 h. 30 du soir.

CHEMIN DE FER DU NORD.

Transports en petite vitesse.

BETTERAVES.

La Compagnie du chemin de fer du Nord vient de soumettre à l'homologation de l'Administration supérieure la proposition de remplacer les prix exceptionnels temporaires n° 2 de son tarif spécial P. V. n° 5, pour le transport des betteraves, par les prix indiqués ci-après :

Annexe au tarif spécial P. V. n° 5.

Tarif exceptionnel temporaire applicable au transport des betteraves.

Bases des prix de transport par wagon :

Jusqu'à 25 kil.	: 0f 1675	par wagon et par kilometre.	
De 26 à 50 —	: 0 425	par wagon et par kilom. en sus.	
De 51 à 100 —	: 0 34	—	—
De 101 à 200 —	: 0 255	—	—
Au delà de 200 —	: 0 14875	—	—

Plus 3 fr. 10 par wagon pour frais de gare.

Conditions d'application particulière aux transports de betteraves effectués aux prix du barême qui précède :

I. — Lorsque les wagons seront chargés par les expéditeurs et déchargés et rendus vides par les destinataires dans les délais accordés dans chaque gare aux propriétaires d'embranchements et aux locataires de chantiers, les bases du barème qui précède seront réduites aux chiffres ci-après :

Jusqu'à 25 kilom. 0 fr. 15075 par wagon et par kilom., soit une réduction de 10 0/0.

De 26 à 50 kilom., 0 fr. 34 par wagon et par kilom. en sus, soit une réduction de 20 0/0.

De 51 à 100 kilom, 0 fr. 204 par wagon et par kilom. en sus, soit une réduction de 40 0/0.

De 101 à 200 kilom, 0 fr. 153 par wagon et par kilom. en sus, soit une réduction de 40 0/0.

Au-delà de 200 kilom., 0 fr. 08925 par wagon et par kilom. en sus, soit une réduction de 40 0/0.

II. — Le délai de déchargement court à partir de la réception dûment constatée de l'avis de mise à disposition au destinataire ou à son représentant. Dans le cas où l'avis ne parviendrait pas six heures au moins avant la fermeture de la gare, ledit délai serait compté à partir de l'ouverture de la gare, le lendemain matin.

III. — Les propriétaires d'embranchements et les locataires de chantiers profiteront des mêmes réductions ci-dessus à la condition de rendre vide le matériel en retour.

IV. — A défaut, par les expéditeurs et les destinataires, de satisfaire aux obligations qui précèdent, la taxe du barème ci-dessus sera maintenue.

V. — Les transports de betteraves effectués aux prix inscrits dans la présente annexe auront lieu dans des wagons ayant les dimensions suivantes :

1° Longueur, 4m 44 ; — largeur, 2m 25 ; — hauteur, 1m 20 (wagons à houille et à faîtage) ;

2° Longueur, 4m 36 ; — largeur, 2m 186 ; — hauteur, 1m 24 (wagons à pierres à haussettes).

VI. — Dans le cas où il serait exceptionnellement fait usage de wagons à sable dont les dimensions sont : longueur, 5m 42 ; — largeur, 0m 40, la taxe serait calculée aux prix indiqués au barême ci-dessus ou à l'article 1er des conditions, réduits de 67 0/0 et avec addition de 1 fr. 45 par wagon pour frais de gare.

Si le transport avait lieu dans des wagons à laines, dont les dimensions sont : longueur, 8m 72 ; — largeur, 2m 71 ; — hauteur, 0m 75, la taxe serait également calculée aux prix prévus au barême ci-dessus ou à l'article 1er des conditions, augmentés de 48 0/0 et de 5 fr. 05 c. par wagon pour frais de gare.

VII. — La partie la plus haute du chargement ne pourra, en aucun cas, dépasser de plus de 20 centimètres le niveau des rebords des côtés de la caisse des wagons mis à la disposition des expéditeurs.

VIII. — Les prix inscrits dans la présente annexe ne sont établis qu'à titre temporaire et d'essai. La durée de leur application est limitée à une période d'un an, à moins d'une prorogation annoncée par affiche.

Ils annulent et remplacent les prix exceptionnels temporaires numéro 2, homologués le 20 mars 1890.

CHEMINS DE FER DE L'OUEST

Abonnements sur tout le Réseau

La Compagnie des chemins de fer de l'Ouest fait délivrer, sur tout son réseau, des cartes d'abonnement nominatives et personnelles (en 1re, 2e et 3e classes), pour trois mois, six mois ou un an.

Ces cartes donnent droit à l'abonné de s'arrêter à toutes les stations comprises dans le parcours indiqué sur sa carte et de prendre tous les trains comportant des voitures de la classe pour laquelle l'abonnement a été souscrit.

Les prix sont calculés d'après la distance kilométrique parcourue.

Il est facultatif de régler le prix de l'abonnement de six mois ou d'un an, soit immédiatement, soit par paiements échelonnés.

Ces abonnements partent du 1er et du 15 de chaque mois.

HALLES ET MARCHÉS.

Les travaux des semailles sont en retard et poussés avec grande activité pour profiter de la saison encore favorable. Les cours des blés ont un peu plus de fermeté : les farines subissent la concurrence des envois américains les huiles de colza et les alcools sont faibles; les sucres en hausse. Les graines fourragères se vendent bien.

Blés. — Les cours sont un peu plus fermes sur nos marchés depuis quelques jours. Les offres en blés étrangers deviennent moins actives; leurs arrivages vont diminuer avec la fin de la belle saison et l'on pense que la baisse ne fera plus de progrès sensibles. Voici les prix relevés samedi sur quelques-unes de nos principales places : Arras, blé blanc, 26 à 28 les 100 kilog. ; roux, 24 à 27 ; Cambrai, blé blanc, 25 ; roux, 24 ; Beauvais, 24 75 à 26 75 ; Amiens, 27 30 ; Châlons-sur-Marne, 27 ; Montereau, 23 à 27 75 ; Laval, 24 à 25 ; Chartres, 25 à 26 75 ; Le Mans, 24 25 à 25 75 ; Rouen, 25 65 ; Versailles, 25 80 à 27 50 ; Nevers, 26 à 28 ; Dijon, 26 à 27 ; Lyon, 27 à 27 75 ; Nantes, 25 ; Bordeaux, 26 25. — Au marché commercial à Paris, la tendance est plus ferme ; voici les cours de clôture de samedi dernier : disponible et courant du mois, 26 75 à 27 ; novembre-décembre, 27 25 à 27 50 ; quatre mois de novembre, 27 75 à 28 ; quatre premiers, 28 50 à 28 75. — Pendant la semaine écoulée, les arrivages dans nos ports en blés étrangers ont encore été assez élevés ; Marseille a reçu 386,000 quintaux ; le Havre, 196,000 hectolitres ; Rouen, Dunkerque et Boulogne, quelques chargements. La quantité de blé de Californie en mer à destination de la France est un peu moins forte, mais elle atteint presque encore le chiffre de la semaine précédente ; on a noté 2,357,700 hectolitres, contre, 2,331,480 fr. Le total général du blé en mer pour le continent européen était également en diminution légère ; il s'élevait à 7,191,900 hectolitres.

Seigles. — Prix toujours calmes. Au marché commercial de Paris, on cote le disponible et courant du mois, 20 à 20 25 les 100 kilog. ; novembre-décembre, 20 50 à 20 75 ; époques éloignées, 21 25 à 21 75.

Orges. — Les transactions restent actives pour les bonnes orges sèches aux cours que nous avons donnés précédemment. Les escourgeons au contraire, sont sans affaires ; la brasserie du Nord leur préfère les orges de Beauce et de Champagne.

Avoines. — On vend encore de vieilles avoines aux prix de 17 à 17 50 les 100 kilog. Pour les nouvelles les offres deviennent meilleures et les cours ont bien de la peine à se soutenir. A Paris, au marché commercial, on cote : disponible et livrable jusqu'en novembre, 15 75 à 16 les 100 kilog. ; novembre-décembre, 16 à 16 25 ; autres époques, 16 25 à 16 75.

Farines de consommation. — Ventes toujours calmes à la boulangerie, et cours sans changements.

Farines de commerce. — Prix mieux tenus, avec tendance à la hausse : on cote les *douze-marques* disponibles et livrables octobre, 60 75 à 61 les 157 kilog. nets ; novembre, 61 50 à 61 75 ; novembre-décembre, 62 à 62 50 ; quatre premiers, 63 50 à 63 75.

Farines de seigle. — Le disponible est tenu aux cours suivants : fleur extra, 30 à 30 50 les 100 kilog. à Paris ; première, 28 à 28 50 ; ordinaire, 27 à 27 50.

Issues. — On cote à Paris, pour les issues du blé : gros son, 14 50 à 15 les 100 kilog. ; sons deux cases, 14 25 à 14 50 ; trois cases, 13 25 à 14 ; sons fins, 12 75 à 13 ; recoupettes, 12 50 à 13 50 ; remoulages blancs, 18 à 22 ; bis, 17 à 18 ; bâtards, 15 à 16. — Les issues de seigle sont demandées par l'Allemagne aux cours suivants : son gros, 12 50 à 12 75 ; mélangé, 12 à 12 25 ; fin, 11 50 à 12 ; remoulages 14 à 19.

Graines fourragères. — La récolte de la graine de luzerne promet d'être bonne en Poitou et en Vendée ; on a payé de belles qualités 130 les 100 kilog. Le trèfle violet dans nos régions du Centre ne donnera au contraire qu'un faible rendement, à la dernière foire de Niort, les cours étaient de 120 à 130. On cote en gare de Paris : trèfle violet nouveau, 110 à 130 les 100 kilog. ; suranné 85 à 110 ; luzerne de Provence, 145 à 165 ; d'Italie, 120 à 125 ; minette écossée, 50 à 60 ray-grass d'Italie, 50 ; anglais, 45 à 50 ; vesce d'hiver et pois jarras, 27 à 29 ; alpiste, 24 à 28 ; pois gris, 22 ; vesce de Bretagne, 24 ; de Kœnigsberg, 20 à 21.

Pommes de terre. — A Paris, la vente en gros prend de l'activité, avec hausse de 3 à 5 pour certaines qualités ; on a payé les belles hollande, 82 à 85 ; les Loiret, de 70 à 90. Pour le Nord, on a vendu : saucisses rouges, 69 à 71 ; rondes hâtives, 65 à 67 ; magnum bonum, 64 à 65 ; early roses 50 à 55 ; chardonnes, 46 à 52 ; le tout aux 1,000 kilog. sur wagon en gare à Paris. Le mois de septembre a été favorable aux tubercules ; le rendement sera meilleur qu'on ne l'espérait excepté dans les vallées.

Huiles de graines. — Les cours ont fléchi assez sérieusement à la fin de la semaine dernière à Paris. On a coté samedi : huile de colza disponible et courant du mois, 70 50 les 100 kilog. ; livrable novembre-décembre, 71 50 à 72 ; quatre premiers mois, 73 50. huile de lin disponible et livrable jusqu'en novembre, 51 ; novembre-décembre, 51 ; quatre premiers, 52. — Sur les marchés des départements les prix sont restés maintenus pour les huiles de colza et en légère baisse pour les huiles de lin. On a coté : Caen, colza, 67 75 à 68 l'hectolitre ; Lille, colza, 70 ; lin indigène, 49 ; étranger, 48 50 ; colza épurée, 76 ; Rouen, colza, 71 50 les 100 kilog. ; lin, 52 75 ; Arras, œillette surfine, 99 ; pavot à bouche, 73 ; colza, 75 à 76 ; cameline, 65 ; pavot, 69.

Huiles d'olive. — A Nice, les qualités extra vierges restent bien tenues de 179 67 à 186 09 les 100 kilog. ; celles de la montagne sont offertes de 141 16 à 154 ; des huiles de Fusano ont été payées 103 à 104 en entrepôt de douane, et de la rivière de Gênes, 125 à 130. — Les cours de Marseille ne varient pas.

Graines oléagineuses. — La graine de colza vaut toujours 32 à 34 les 100 kilog. à Paris ; celle de lin, 25 à 30 ; celle de chènevis de Bretagne, 32 à 33. — A Caen, la graine de colza se paie 18 à 19 les 104 litres.

Alcools. — Les prix du trois-six Nord se sont bien tenus à Paris pendant la semaine dernière, sauf un léger fléchissement samedi, où l'on a clôturé à 39 et 39 25 l'hectolitre pour le disponible et le livrable jusqu'en décembre ; 40 à 40 25 pour les quatre premiers mois, et 41 75 pour les quatre mois de mai. — A Lille, le trois-six de betterave disponible était à 38 en hausse de 1 fr. sur la semaine dernière. — Les marchés allemands restent calmes aux cours de 62 37 l'hectolitre pour Berlin et 48 75 pour Hambourg.

Sucres. — Les transactions sont régulières avec une activité moyenne. A la Bourse de Paris, on a coté le 12 octobre : sucre roux 88 degrés, 31 75 les 100 kilog. ; blancs n° 3 disponibles, 36 à 36 25 ; octobre-novembre, 35 75 à 36 ; autres époques, 36 à 37 25.

Tourteaux. — On cote à Arras : œillette, 13 75 les 100 kilog ; colza, 15 50 ; lin, 22 ; cameline, 14 ; — à Lille, colza indigène, 15 à 16 ; étranger, 13 à 15 ; œillette, 16 à 17 ; lin, 23 à 24 50 ; cameline, 14 ; chanvre, 19 à 20 ; à Caen, tourteau de colza, 155 les 1,000 kilog.

Engrais. — La situation ne change pas pour

le nitrate de soude qui se vend en disponible, 21 25 les 100 kilog. à Dunkerque — Le sulfate d'ammoniaque est faible sauf pour le disponible immédiat sur certaines places. A Paris, on cote : 28 75 les 100 kilog. pour le sulfate français. Le sulfate anglais, se vend 27 25 a 27 50 à Dunkerque ; 27 75 à Rouen ; 28 à 28 50 à Nantes ; 29 à Bordeaux ; 30 à La Rochelle. — Les prix des superphosphates restent bien tenus sans changements. — Pour les phosphates, la situation ne s'améliore pas, les cours continuent à baisser à l'étranger, et nos extracteurs ont toutes les peines à soutenir la concurrence ; on ne voit de remède que dans l'arrêt des extractions pendant les mois d'hiver, pour que les prix reprennent au printemps. — La demande est bonne pour les engrais organiques, qui sont cotés à Paris : cuir torréfié, 1 20 l'unité d'azote par 100 kilog. ; corne torréfiée, 1 60 à 1 65 ; sang moulu, 1 70 ; noir moulu, 1 60. — Les sels potassiques sont aussi l'objet de nombreuses demandes, tant pour l'industrie que pour l'agriculture, aux prix de 21 à 21 25 les 100 kilog. pour les sulfates de potasse, et 20 pour le chlorure de potassium.

BESTIAUX.

La Villette, 15 octobre. — Bestiaux. — Vente calme sur les bestiaux, très mauvaise sur les veaux, plus facile sur les moutons et mauvaise sur les porcs.

COURS officiels.	Amenés.	Vendus.	1re qualité.	2e qualité.	3e qualité.	Prix extrêmes.
Bœufs....	2.160	2.072	1 56	1 42	1 24	1 14 à 1 60
Vaches ...	618	594	1 51	1 32	1 16	1 02 1 58
Taureaux.	189	179	1 36	1 24	1 14	1 » 1 38
Veaux....	1.366	1 166	1 88	1 72	1 58	1 30 2 »
Moutons..	10.846	9.624	2 02	1 78	1 64	1 52 2 08
Porcs.....	5.110	5.110	1 40	1 35	1 30	1 18 1 41

Marché du lundi 12 octobre.

	Amenés	Vendus	PRIX AU POIDS NET 1re qual.	2e qual.	3e qual.
Bœufs.....	3.185	2.535	1 54	1 40	1 22
Vaches.....	1.221	907	1 52	1 30	1 16
Taureaux..	231	162	1 34	1 22	1 16
Veaux.....	1.305	1.084	1 80	1 68	1 60
Moutons....	10.957	10.072	2 06	1 82	1 70
Porcs......	3.383	2.298	1 40	1 36	1 30

	PRIX AU POIDS VIF 1re qual.	2e qual.	3e qual.	Prix extrêmes.
Bœufs..........	» 92	» 79	» 64	» 56 à » 96
Vaches..........	» 89	» 66	» 55	» 48 » 93
Taureaux.......	» 84	» 69	» 60	» 53 » 88
Veaux..........	1 09	» 95	» 82	» 68 1 22
Moutons........	1 15	» 89	» 80	» 71 1 13
Porcs...........	» 92	» 88	» 82	» 75 » 96
Peaux de moutons en laine..........				3 65 5 75
Id. id. demi-laine........				1 80 2 95

Viandes abattues. — Criée du 15 Octobre.

		1re qualité.	2e qualité	3e qualité.
Bœufs....	le kil.	1 40 à 2 40	1 20 à 2 20	1 » à 1 60
Veaux....	—	1 70 1 86	1 50 1 66	1 30 1 46
Moutons..	—	» 70 1 80	1 26 1 66	» 80 1 40
Porc entier	—	1 30 1 40	1 10 1 26	» 90 1 10

MÉDECINE VÉTÉRINAIRE.

L'Administrateur-Gérant : Albert Renot.

Beauvais. — Imp. D. Pere. — A. Cartier, Gérant.

12e Année. — 2e Série. — No 613. Dimanche 25 Octobre 1891.

GAZETTE AGRICOLE

JOURNAL HEBDOMADAIRE, PARAISSANT LE DIMANCHE

Rédacteur en Chef : M. Ch. GOSSIN, Professeur d'Agriculture à l'Institut agricole de Beauvais.

PRIX DE L'ABONNEMENT

UN AN, 5 fr. — SIX MOIS, 3 fr. — TROIS MOIS, 2 fr. 25

Pour l'étranger les abonnements ne sont reçus que pour un an, au prix de 6 francs, et ne partent que du 1er janvier ou du 1er juillet de chaque année.

Le numéro : 10 centimes.

Il est indispensable de joindre à toute demande de changement d'adresse la dernière bande d'adresse du journal et 50 centimes pour frais de nouvelles bandes.

Adresser les *Abonnements* et *Annonces* au secrétaire de la rédaction, **13, quai Voltaire, Paris,** ou à M. GOSSIN, rédacteur en chef et administrateur, à BEAUVAIS.

BUREAUX

13, quai Voltaire, Paris, et à Beauvais.

Les abonnements partent du 1er de chaque mois et sont payables d'avance. Toute demande d'abonnement doit donc être accompagnée du prix de l'abonnement. (Le mode de payement le plus simple est l'envoi d'un mandat-poste.)

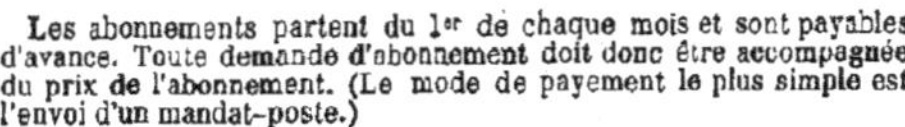

Donner *très lisiblement*, en s'abonnant, son nom et son adresse exacte, *avec l'indication du bureau de poste*; et, s'il s'agit d'une continuation d'abonnement, joindre au renouvellement la dernière bande d'adresse du journal.

Les Annonces sont reçues chez MM. DUSSERIS et MATHELLON, 97, rue de Rennes, Paris.

La GAZETTE AGRICOLE insère gratuitement les Communications des Syndicats agricoles

SOMMAIRE :

PARIS, 23 OCTOBRE.

La Chambre des députés a commencé la discussion du budget. Ce n'était pas trop tôt, et pour être plus exact c'est un peu tard; s'il s'agissait de discuter un crédit de quelques centaines de millions, passe encore qu'on remette la chose à la fin de l'année. Mais c'est d'un budget de quatre milliards à peu près qu'il est question. Et cette discussion doit être reprise au Sénat et renvoyée au Palais-Bourbon en cas de dissentiment entre les deux Chambres, et close le 31 décembre. Pour qu'un temps aussi restreint soit donné à une besogne aussi importante, le Gouvernement a évidemment ses raisons que l'on peut, sans loupe, voir bien clairement. Il ne tient pas à ce qu'on mette le nez de trop près dans sa cuisine financière, qu'on épluche de trop près aussi ses comptes, parce qu'il sait bien qu'on y trouverait fort à blâmer et que le pays, beaucoup trop indifférent à ses intérêts moraux, a plus de sensibilité pour ses intérêts matériels. Il faut donc brusquer les choses et de là vient que tous les ministères républicains ajournent autant qu'ils le peuvent la discussion de la loi de finances.

***

Ça été longtemps dans le parti républicain une prétention que la République était un gouvernement à bon marché, ou du moins à meilleur marché que la monarchie. A l'appui de cette prétention, on citait éternellement ce fait qu'un président de République coûtait infiniment moins qu'un roi. En gobe-mouche que nous sommes, la plupart d'entre nous s'en tenaient à cette démonstration, et beaucoup allaient répétant qu'un gouvernement républicain est plus économique qu'un gouvernement monarchique. C'était là un trompe-l'œil, pour ne pas dire une sottise. Le Bonhomme Deschamps vous demande un peu ce que pèse dans un budget d'une grande nation comme la France la liste civile d'un roi? Quelques millions de plus ou de moins pour l'entretien du chef de l'Etat, qu'est-ce que cela par rapport aux dépenses improductives qu'une Assemblée dépensière ou imprévoyante peut inscrire dans un budget? Mieux vaudrait, dans l'intérêt du contribuable, donner dix millions par an à M. Carnot, si en échange de cette dotation magnifique on ne multipliait pas les sinécures de toutes sortes, on ne créait pas des chemins de fer électoraux, des canaux de complaisance, et des maisons d'école aussi coûteuses qu'indigentes d'élèves. Il faut espérer que s'il y a encore des républicains assez audacieux pour accoler au mot de République ceux de « gouvernement bon marché » ils trouveront dans le pays des auditeurs ou des lecteurs de moins en moins disposés à les croire. Si notre République, avec son budget annuel de près de 4 milliards, est un gouvernement bon marché, le Bonhomme Deschamps demande qu'on lui dise ce qu'on entend par un gouvernement cher.

***

En gens qui connaissaient leur monde, les républicains promettaient aussi, avant qu'ils n'aient été mis au pied du mur, d'opérer de grandes réformes dans l'assiette de l'impôt et de diminuer les charges du contribuable. Ce n'était plus une poule au pot que le paysan mettrait le dimanche sur sa table, mais presque des dindes truffées. Eh bien! ils sont maîtres incontestables du pouvoir depuis onze ans. Qu'ont-ils fait de ce pouvoir absolu au point de vue financier? Ils ont ajouté des emprunts aux emprunts, si bien que leur administration financière a coûté à la France le prix de l'invasion de 1870-1871. Ils ont eu plusieurs fois le pouvoir à l'aide d'excédents de recettes venant soit de conversion de rentes, soit de surtaxes douanières, le moyen de diminuer les charges du contribuable. Ces heritages, au lieu de les employer à diminuer leur dette ou à alléger d'autant les charges du contribuable, il les ont dissipés follement, trop heureux encore qu'en recevant d'une main, ils n'empruntaient pas de l'autre. Mais que voulez-vous? Il faut bien donner des places à ses meneurs électoraux, créer des chemins de fer pour faire élire ou réélire des amis et embêter les populations en laïcisant les écoles. Que leur importe après tout si le contribuable ne peut joindre les deux bouts et s'ils brûlent la chandelle par les deux bouts? Le Bonhomme Deschamps ne jurerait même pas qu'ils n'aient l'idée machiavélique de se rendre la possession du pouvoir éternelle en enlevant à leurs successeurs éventuels toute envie de prendre une sitnation désespérée.

C'est encore un thème favori aux républicains que la République a cet avantage sur la monarchie, de ne pas enchaîner les générations futures. Si vraiment ils sont sincères comment expliquent-ils ce grossissement incessant de la dette consolidée? Une dette de 30 milliards comme la nôtre, est de taille, ce nous semble, à restreindre singulièrement la liberté des générations futures! Si au lieu d'être les charlatans qu'ils sont, les républicains se piquaient de la moindre conséquence, ils n'auraient de repos qu'ils n'aient diminué chaque année, dans la mesure du possible, la dette nationale. C'est bien de cela qu'ils se préoccupent? La liberté des générations futures est un mot dont on se sert pour piper la masse qui n'y regarde pas de près et qu'elle gobe comme tant d'autres canards. Mais même sans invoquer cette liberté de l'avenir, est-ce qu'un régime qui aurait le sentiment de la situation de la France en Europe, des périls qu'elle peut courir, des charges auxquelles elle peut être appelée à faire face, ne se préoccuperait pas de diminuer sa dette? Survient-il à un particulier un sinistre quelconque qui l'oblige à recourir à l'argent d'autrui, il est bien évident que s'il a un gros passif, il trouvera à emprunter moins aisément et à un taux plus élevé que s'il n'avait pas de dettes. Le Bonhomme Deschamps souhaite ardemment la paix, mais malgré ses vœux la guerre peut éclater. Il laisse donc à penser sans y insister autrement, si la France, avec son budget annuel de près de 4 milliards et une dette consolidée de 30 milliards, se trouverait dans de bonnes conditions financières.

***

Tout cela, on le dit et redit depuis dix ans, et il ne faut pas se lasser de le répéter. Ce n'est pas que tous ces discours et articles de journaux aient eu ou doivent avoir la moindre influence sur la conduite du Gouvernement. N'a-t-il pas, comme il le réplique souvent, la majorité du pays avec lui? Le Bonhomme Deschamps n'ignore pas qu'un gouvernement avisé et prévoyant ne se paierait pas de cette monnaie là. Il ferait cette réflexion que d'autres gouvernements aussi qui sont tombés ont eu l'appui de majorités autrement fortes et autrement solides. Il remarquerait encore que si la France se donne à certains moments tout entière et avec un aveuglement peu réfléchi, elle se retire et se reprend aussi de même. Mais cette considération d'ordre pratique n'est pas faite pour arrêter un parti dont toute la politique peut se résumer dans ces mots : Après moi le déluge!

LE BONHOMME DESCHAMPS.

LE PÈLERINAGE DE ROME.

Le mémoire préparé, à la demande de S. S. Léon XIII, par les directeurs du pèlerinage ouvrier, sur les incidents qui ont eu lieu à Rome les 2, 3 et 4 octobre, vient de paraître en brochure.

Il expose d'une façon claire et irréfutable l'ignoble guet-apens dont les pèlerins ont été victimes sans que *rien, absolument rien* dans leurs agissements, dans leur conduite, ait donné lieu au moindre reproche. Tout démontre que cette manifestation *anticatholique* et *antifrançaise* était savamment combinée et préparée.

Voici les conclusions du rapport :

Et maintenant, résumant les impressions qui se dégagent de ces journées, nous formulerons ainsi l'opinion que tout esprit sincère et impartial, Romain, Français et étranger, a ressentie au spectacle de ces attristants mais instructifs événements.

Le pèlerinage ouvrier français avait établi à Rome un courant d'idées et de sympathies, dont la Papauté et la France devaient seules bénéficier, il fallait *rompre* le charme, on cherchait une raison, on fit surgir un prétexte.

La manifestation préparée et attendue, le gouvernement italien pouvait l'éviter; il l'a laissée éclater pour effacer une impression qu'il jugeait favorable à la Papauté et à la France.

Commencée avec sa complicité, la *manifestation* se poursuit sans qu'il puisse la contenir et la diriger. Elle est absorbée par les sectes antireligieuses et les factions antifrançaises, et elle se transforme en un mouvement qui vise à la fois l'Eglise et la France. Pendant trois jours, c'est aux cris de : *A bas la France! A bas le Pape! Vive Sedan!* que les scènes les plus odieuses se renouvellent, sans que l'autorité italienne puisse ou veuille réprimer, sans que le représentant de la France sache ou daigne intervenir.

Une situation nouvelle est créée en Italie, au point de vue religieux, par la lutte qui va s'engager sur le terrain de la suppression de la loi des garanties où vient de se placer le parti révolutionnaire. Au point de vue français, cette manifestation révèle un état d'esprit que nos gouvernants, aussi aveugles qu'ils puissent être, auraient tort de ne pas surveiller avec toute l'attention que comporte le sentiment de l'intérêt et de l'honneur de la France.

L'Italie est obsédée, comme la parente pauvre, par la haine et l'envie que lui inspirent la puissance et la fortune de la France. Ce n'est ni avec des complaisances, ni avec des flatteries qu'on la séduira, mais en se montrant, vis à vis d'elle, très ferme, très digne, bien résolu à ne lui sacrifier aucun de nos intérêts nationaux.

Quant à l'enseignement général se dégageant pour tous les catholiques des événements qui ont nécessité la suppression de la série des pèlerinages, c'est que Rome, si elle n'est pas au Pape est à la révolution. C'est avant peu : ou le Pape chassé du Vatican, ou Rome interdite aux catholiques ; aucune conciliation n'est possible entre les deux souverainetés co-existantes. *L'une au Vatican, représentant la vérité et la liberté religieuses;* l'autre au Quirinal, agent résigné ou complice volontaire des loges maçonniques et des sectes athées.

Le Pape, à la fois prisonnier et otage, est livré à l'arbitraire ; il reste à la merci d'un coup de force du pouvoir légal ou d'un coup de main du pouvoir révolutionnaire. La loi des Garanties ne peut le protéger, puisque le régime italien lui-même est, en face d'un simple tumulte dans la rue, incapable de la défendre et de la maintenir. Les récents événemente achèvent de prouver ce que le Pape a proclamé une situation indigne et intolérable, et, peut-être, par les desseins de Dieu, auront-ils pour résultat de précipter la solution et d'assurer le triomphe de l'Eglise.

NOUVELLES DE LA SEMAINE.

La rentrée des Chambres. — La première séance de la session a été d'une insignifiance parfaite, et de peur sans doute que quelque querelle éclatât, on s'est empressé de s'ajourner. Les gazettes républicaines modérées conçoivent du fait une satisfaction profonde.

L'une d'elles, dans un accès de lyrisme, s'écrie : « On chercherait vainement un mécontent! » Nous pensons qu'il ne serait pas si difficile que cela d'en découvrir après des vacances marquées par l'aplatissement du gouvernement devant l'Italie, par l'accentuation de la guerre religieuse, par la continuation de la *politique précédemment pratiquée.* Mais les journaux républicains entendent par là que le cabinet n'est pas en péril immédiat. De cela même nous ne sommes pas convaincus, mais quand cela serait? Est-ce que les motifs de satisfaction de l'opinion publique sont en raison directe de la solidité de tel ou tel ministère?

Ne troublons pas les républicains dans leur beat optimisme. Nous voudrions d'ailleurs comme eux que toutes les séances ressemblassent à celles d'hier. Du moins, on n'y a point fait de mal.

L'apaisement. — Pour récompenser les évêques de l'adhésion de quelques-uns d'entre eux à la République, le Gouvernement vient de décider de traduire en police correctionnelle Mgr l'archevêque d'Aix.

On sait qu'à la suite des désordres de Rome dont les pèlerins français ont surtout pâti, le Gouvernement avait interdit aux évêques de se rendre à Rome sans sa permission. Mgr l'archevêque d'Aix, a répondu au ministre des cultes :

Vous avez mieux à faire que de vous presser de nous écrire une lettre qui devient un triste et odieux contre sens.

... La paix est quelquefois sur vos lèvres, la haine et la persécution percent toujours dans vos actes.

C'est pour avoir écrit ces lignes au ministre des cultes, que l'archevêque d'Aix est traduit en police correctionnelle comme un malfaiteur. Des journaux radicaux demandent déjà pour lui 10 à 15 jours de prison.

Excusez du peu.

L'école laïque fait des hommes comme il faut! — Il vient de se jouer à Meillac, commune du canton de Combourg (Ille-et-Vilaine), une petite comédie qui n'est pas seulement amusante, mais qui est aussi fort instructive.

L'enseignement du catéchisme est de par la loi scolaire interdit à l'école communale de Meillac comme dans toutes les écoles laïques.

Le résultat a été, comme ailleurs, le vide à peu près absolu dans ce local officiel. Tandis que l'école libre dirigée par les Frères regorge d'élèves, les instituteurs laïques professent devant les banquettes.

Jusqu'ici rien que de très ordinaire, mais voici où l'aventure devient plaisante.

Le maire de Meillac, M. Franchin-Rouxin, est républicain ; désolé de voir absolument déserte l'école laïque, il a réfléchi longuement et, pour amener des élèves, n'a rien trouvé de mieux que de faire publier l'avis suivant par la voie du crieur public :

AVIS. — *M. Franchin-Rouxin, maire et conseiller d'arrondissement, prévient les habitants que les instituteurs de l'école communale enseigneront le catéchisme et l'instruction religieuse, comme les Frères, et qu'ils se proposent de faire des élèves* DES HOMMES COMME IL FAUT.

Il est impossible d'avouer d'une manière plus nette que les chefs de famille veulent que leurs enfants apprennent le catéchisme, et que, si l'on veut avoir quelques élèves à l'école laïque, il faut enseigner « comme chez les Frères ».

« Comme chez les Frères » ; n'y a-t-il pas tout un monde d'aveux dans ces quatre petits mots? Et ces instituteurs « qui se proposent de faire de leurs élèves des hommes comme il faut. »

Le doute était donc permis à cet égard? Il y a donc des laïques dont le but n'est pas de faire de leurs élèves des hommes comme il faut?

Voilà un avis que les Frères n'ont pas besoin de faire crier sur la voie publique!

C'est un joli pavé que lance M. Rouxin à la tête des instituteurs officiels.

Les séminaristes soldats. — Le *Moniteur du Puy-de-Dôme* apprend que les dix-sept séminaristes du diocèse de Clermont, entrés l'an dernier à la caserne pour obéir à la nouvelle loi militaire, sont tous rentrés au grand séminaire pour y reprendre leurs études.

Sur le désir témoigné par Mgr l'évêque de Clermont d'être mis au courant des notes obtenues par ces jeunes gens durant leur séjour à la caserne, il a été répondu que tous avaient mérité les éloges les plus complets de leurs chefs.

Un officier supérieur aurait même ajouté qu'il ne demanderait qu'une chose: c'est que tous ses soldats fussent semblables à ces séminaristes.

Si la fidélité de ces jeunes clercs à leur vocation n'excuse pas l'odieux de la loi militaire, elle pourra contribuer, avec les autres exemples, à en montrer l'inutilité à ceux qui attendaient de son application de nombreuses défections.

Au Tonkin. — Dans la dernière dépêche qu'il a envoyée en Europe, M. de Lanessan déclare que « la situation du Tonkin n'a jamais été aussi bonne. »

Dans les journaux du Tonkin arrivés par le dernier courrier, on lit :

» Près de Bas-Ho, une bande de 500 pirates parcourt le pays. A Bac-Lê, on signale une bande de 30 pirates. À Meo Cay, les pirates seraient au nombre de 400. Près de Vinh-Trong, les bandes sont fortes de 700 hommes bien armés. A Lunky, on en compte 600. A Quan-Haib, 150. A Dong-Trieu, 500. A Troï-King, 150. Près de Nin-Binh un petit groupe de dix hommes armés de fusils à tir rapide terrorise le pays, etc. »

Si on fait l'addition, on constate que l'effectif des « pirates » pour une seule province dépasse trois mille hommes.

L'ENSILAGE DES FOURRAGES VERTS

Mélanges dans le silo.

Le maïs, prototype des plantes ensilées, n'est pas un fourrage complet puisque sa relation nutritive est : 1 matière azotée, 8 et 9 matières non azotées, alors que le foin, fourrage type par excellence, présente, par les mêmes groupes de substances, le rapport :: 1 : 5.

On s'est donc demandé s'il ne serait pas possible et avantageux, par l'addition de matières azotées, tourteaux, farineux, balles de froment, de rapprocher la valeur alimentaire du maïs de celle du foin. Et, mieux que cela, on s'est demandé s'il n'y aurait pas intérêt à faire des maïs ensilés plus riches que le foin, ou bien encore, si les silos ne devraient pas être considérés comme des laboratoires où s'élaboreraient sous l'influence d'une fermentation en commun, des rations toutes faites, des rations complètes et spéciales pour les vaches laitières, les bœufs et chevaux de travail, les animaux d'engrais.

On a cru aussi, dès les débuts de l'ensilage, qu'il serait profitable de tempérer la teneur humide du maïs en opposant à ses 85 p. 100 d'eau de végétation, une matière sèche, absorbante, azotée, comme les balles de froment, qui faciliterait une meilleure fermentation et contribuerait à constituer un mélange de plus haute qualité. On voulait, par là, enrichir le maïs et se garantir contre la surabondance de l'eau qui en abaisse le taux alimentaire. L'expérience ayant prouvé que l'eau de végétation du maïs n'est pas à redouter dans une fermentation réglé par un fort tassement, on a préféré ensiler le maïs sans mélange de matière sèche, cette matière augmentât-elle le contingent d'azote du silo. On continue, il est vrai, à apporter dans les silos des balles d'avoine ou de froment, et même de seigle ou de sarrasin, mais c'est à titre de chapeau, de couverture surmontant la masse ensilée, et, par conséquent, s'imprégnant des émanations qui s'en dégagent. Ces couches de faible valeur remplissent le rôle de couches sacrifiées ; elles s'altèrent plus ou moins, elles servent d'assises aux madriers, pierres, bourrées, pailles qui exercent, par leur poids, une pression automatique sur le silo.

Quant aux siliques de colza, aux pailles et foins hachés, qu'on ajoute parfois aux silos de maïs, ce n'est pas à l'effet d'améliorer le maïs lui-même, c'est plutôt à l'effet de les améliorer par leur contact avec une matière végétale qui en active la fermentation jusqu'au degré nécessaire pour rendre leur ligneux, leur cellulose, leur moelle plus alibiles.

A l'époque où se récolte le maïs, en septembre ou en octobre, il y a souvent des regains de luzerne et autres très difficiles à faner en l'absence du soleil remplacé par les brouillards et les pluies. Ramassez ces fourrages aussitôt que coupés, c'est-à-dire à l'état vert, tendre, très aqueux, les mélanger dans les silos à maïs, c'est composer une masse alimentaire très estimée du bétail. Il ne faut pas s'effrayer de la chaleur que les regains provoquent dans les tas de maïs. L'essentiel, c'est de les stratifier par petites couches, et jamais de ne les abandonner en tas pendant une nuit. On évite aussi de les placer au long des parois des silos en maçonnerie. Ils sont mieux placés à une distance d'un mètre, du pourtour de la masse générale. On les démêle à la fourche pour les laisser à plat et non en bouchons. Bref, on les traite comme des litières qu'on apporte sur les tas de fumier bien conduits.

On peut dire que ces sortes de mélanges sont une très heureuse application de l'ensilage à l'utilisation des fourrages verts d'arrière saison. Ils suppriment la fenaison à coup de main-d'œuvre, ou de machines dans un moment où trop fréquemment il y a mieux à faire que de lutter contre le mauvais temps.

Les mélanges de tourteaux et de farineux. — Ils sont à recommander pour être effectués, non dans le silo, mais à la sortie du silo. Inutile de faire des avances à long terme en introduisant dans les ensilages des matières coûteuses qui, d'ailleurs, courraient le risque de s'altérer par un insuccès de fermentation. Il est plus rationnel, à la veille même d'une distribution au bétail, d'extraire le maïs et de le mêler avec les matières qui les doivent enrichir. On forme alors un tas de matières et de matières améliorantes. On le recouvre de paille qui prévient les effets d'échauffement. La fermentation fait son œuvre pendant la nuit, et le matin, après le tour du cadran, on donne le tout au bétail.

Ce qui vient d'être dit sur les mélanges de fourrages concentrés de haut titrage s'applique aussi aux hachis de paille et de foins. Quand il n'y a pas de raisons majeures de les incorporer dans les silos à maïs, il est toujours temps de les traiter comme on traite en ce cas les tourteaux.

Mélanges de pulpes. — Plusieurs cultivateurs des pays de sucreries et de distilleries ont employé, avec succès, les pulpes mises en silos avec le maïs-fourrage. Ils ont stratifié par couches alternatives toutes les matières de leur ensilage.

Salaison des conserves. — Il est incontestable que les sels dénaturés ajoutés dans les ensilages de maïs sont des agents d'amélioration de ces ensilages, surtout quand la quantité du maïs et des autres fourrages laisse à désirer. Mais ce n'est pas à dire que le sel soit une nécessité des conserves ensilées. On peut s'en passer au point de vue de la fermentation. Le sel à employer pour les conserves de fourrages verts est livré, selon la formule fiscale, à raison de 100 kilog. sel, 15 kilos tourteaux d'arachide et 5 kilos peroxyde de fer total du mélange de ce sel dénaturé, 120 kilog. Certaines maisons le livrent tout préparé pour les besoins de l'agriculture, qui n'a plus, dès lors, à s'inquiéter de toutes ces manipulations. On répand 2 kilogr. de ce sel dénature par 1.000 kilog. de maïs (1 à 2 mètres cubes), au moment de l'emplissage du silo. La dose maxima est pour les fourrages très humides et quelque peu avariés, ce qui s'évite facilement. La dose minima est pour les fourrages qui ont reçu un commencement de fanage et pour des maïs gelés sur champ, mais bons encore pour l'ensilage. On ne doit pas oublier que c'est pour tirer parti d'une grande récolte de maïs gelé, que M. Reihlen a eu, le premier, l'idée de les ensiler. M. le comte Rœderer, lui-même, a été amené, par le même désastre, à la même idée. En 1880, j'ai dû, à Cercay, rentrer des maïs tout jaunis par les gelées de septembre. La fermentation a été bonne et le poids de la récolte à transporter a été réduit de moitié. Loin de moi, cependant, la pensée de recommander la gelée des maïs, c'est un de ces risques qu'il est dangereux de courir.

Un dernier mot.—Nul doute que le maïs, plante sucrée, ne soit un excellent agent de fermentation alcoolique, et que, par cette qualité, il ne puisse, très souvent, servir à l'amélioration de siliques de colza, paille et foin hachés, balles de céréales, déchets de battages et de greniers, toutes matières dont les propriétés alibiles s'augmentent par une bonne fermentation. Nul doute que ces matières coupées menues ou mélangées dans leur état naturel se logent facilement dans les moindres cavités d'un tas de maïs, et ne contribuent ainsi à la fermentation d'une masse où s'opèrent entre les constituants, des mélanges très avantageux. Mais sans perdre de vue que ces effets pourront s'obtenir avec moins de risques, par le mélange opéré douze à quinze heures avant la consommation du bétail, il ne faut pas non plus oublier que pour les matières riches qui sont destinées à perfectionner et compléter les maïs, c'est encore par le mélange, en dehors du silo, qu'on arrive au meilleur mode d'utilisation. A vrai dire, il n'y a à l'abri de toute discussion que le mélange des fourrages verts d'arrière-saison, non susceptibles de conservation dans les fanages difficiles, qui puisse être opéré dans le silo même. On peut aisément, et par d'autres moyens que l'ensilage, conserver les matières sèches. Il faut absolument, quand on veut s'affranchir des complications et des dépenses du fanage, en certaines saisons, se servir des silos de maïs pour conserver et améliorer les matières vertes les unes par les autres. CHARLES GOSSIN.

Syndicat central des Agriculteurs de France

Nous avons déjà eu l'occasion de parler de cette institution si utile pour l'agriculture; nous y revenons aujourd'hui pour signaler un sérieux avantage offert à tous ceux qui peuvent avoir besoin immédiatement des services du Syndicat central.

Toute personne qui adhérera au Syndicat central pendant les mois de novembre et décembre 1891 sera exonérée du paiement de toute cotisation pour 1891, bien qu'étant autorisée à user des services du Syndicat central du jour de son admission.

Les adhésions sont reçues au siège du Syndicat central, 19, rue Louis-le-Grand, à Paris. Il suffit d'écrire à M. le Directeur du service administratif du Syndicat central, 19, rue Louis-le-Grand, à Paris.

LES DROITS SUR LES BLÉS

L'*Autorité* a reçu la lettre suivante :

Monsieur le Directeur,

Le gouvernement a fait voter par les Chambres la réduction des droits sur le blé à 3 francs au lieu de 5, dans la crainte d'une année de disette. On s'aperçoit maintenant qu'on a fait fausse route et, loin de manquer de blé, nous recevons de l'étranger des quantités tellement importantes que la baisse est continue et que la culture sera obligée de céder son blé à vil prix, malgré la petite récolte qu'elle a faite. Ne pensez-vous pas qu'il serait du devoir de nos gouvernants de réappliquer immédiatement sans retard les droits de 5 francs, le Trésor en profiterait et la culture vendrait son blé 2 francs plus cher.

Permettez-moi de vous faire remarquer que le bon marché n'est pas la prospérité d'un peuple. De 1854 à 1870 le blé se vendait de 23 à 28 francs l'hectolitre et pendant cette longue période, l'ouvrier des villes comme celui de la campagne avait sa besogne, nul ne chômait, tout était prospère ; mais depuis l'avilissement de nos produits agricoles, on ne voit que misère et ruine, la fameuse phrase, tant de fois répétée : « la vie à bon marché » n'est qu'un leurre, c'est la vie à la portée de tout le monde qu'il faudrait.

Veuillez agréer, etc.

Un paysan du Nord.

Si le gouvernement avait quelque suite dans les idées, il se hâterait de rapporter une mesure devenue manifestement inutile et qui n'a profité qu'à l'étranger et à quelques agioteurs bien en cour.

Le blé baisse partout sur nos marchés : le cultivateur, si malheureux par suite de l'hiver, obligé de réensemencer, le cultivateur, qui ne va pas trouver dans ses betteraves de compensation à ses pertes, puisque la betterave n'a pas de poids et que la qualité est insuffisante, le cultivateur sera obligé encore de perdre sur ses blés en les vendant à vil prix.

C'est là une situation qui devrait attirer l'attention des pouvoirs publics.

Mais la spéculation ne sera-t-elle pas encore la plus forte ?

A quelle époque faut-il appliquer les engrais?

Les cultivateurs éprouvent quelquefois des doutes sur la saison la plus favorable pour l'emploi des engrais.

Quand il s'agit de phosphate, de superphosphate, il n'y a point d'époque plus favorable l'une que l'autre, si on enterre les engrais. Car il est aujourd'hui certain que ces engrais sont absorbés par le sol, au point de ne pas suivre les eaux qui traversent les couches arables.

Ainsi, faisons une expérience : empruntons à la ménagère le petit entonnoir de fer blanc qui lui sert à la cuisine.

Emplissons-le de terre végétale. Ajoutons à cette terre du phosphate et du superphosphate. Mélangeons bien ces engrais avec la terre, puis versons de l'eau goutte à goutte sur la terre qui est dans l'entonnoir.

Bientôt cette eau passant au travers de cette terre, tombera goutte à goutte par le tuyau de l'entonnoir. Recueillons-la dans une petite bouteille et portons-la chez un chimiste pour la faire analyser.

Ce chimiste n'y trouvera que de l'eau claire et filtrée. Il n'y constatera pas la présence d'aucune portion d'acide phosphatique.

En conséquence, pourvu que nous les enterrions par un labour ou un fort coup de herse nous n'avons à craindre aucune perte dans nos phosphates et superphosphates. Et ce que nos plantes ne consommeront pas restera pour les récoltes suivantes, malgré les pluies.

Ne craignons donc pas d'enterrer dans nos labours d'automne une bonne provision de nourriture pour nos blés, c'est-à-dire une bonne provision de phosphate ou de superphosphate.

Si le blé ne consomme pas tout, le reste servira aux récoltes suivantes; car la terre est un garde-manger pour les plantes.

Il en est des principes minéraux comme des éléments organiques en ce qui concerne l'action retentive que les terres exercent sur eux. Des expériences ont été faites qui ont démontré qu'une couche retient dans les pores les sels et les matières diverses contenus dans le purin et que celui-ci se trouve épuré par le fait du filtrage du liquide à travers cette sorte de crible terreux.

L'action absorbante des sols est considérable, surtout s'ils renferment de l'argile et de l'humus. Il ne faut donc pas craindre de fumer *énergiquement;* quant aux nitrates qu'on prétend très diffusibles vers le sous-sol, conséquence de leur solubilité excessive, il suffira de les mélanger assez à l'avance avec du terreau ou des terres argileuses rendues pulvérulentes par une dessiccation et un cribiage préalables.

Le commerce des raisins frais de vendange.

Le commerce des raisins frais pour vendange a pris, depuis quelques années, une assez grande extension, mais il nous semble qu'il devrait en prendre une plus considérable encore, par l'intermédiaire des syndicats, et dans les portions de notre territoire qui ne font pas de vin ou n'en font qu'insuffisamment. Le plus souvent, en effet, dans de telles régions, les cultivateurs, ou bien ne boivent pas de vin du tout, ou bien se procurent dans le commerce des vins vendus comme étant du Midi ou d'Algérie et laissant fréquemment, et pour toutes sortes de raisons, beaucoup à désirer.

Il est évident que, si les cultivateurs en question s'entendaient, comme l'ont fait les agriculteurs du Loiret, pour traiter de syndicat à syndicat et faire venir des raisins frais de ces mêmes régions dont ils sont censés boire les vins, non seulement le vin qu'ils fabriqueraient eux-même leur reviendrait à meilleur marché, mais encore, ayant fermenté dans des contrées plus tempérées, il serait meilleur et enfin d'une loyauté que l'on aime trouver dans tous les objets de consommation en général et dans le vin en particulier. Or, le plus souvent, cette garantie de loyauté se paie, elle se paie même parfois fort cher. Qui par exemple n'a vu vendre, dans les pays où les vignobles sont l'exception, des vins provenant de ceux-ci, à raison de 100, 120 et jusqu'à 150 fr. la pièce, alors que, transportés en Beaujolais ou en Mâconnais, on aurait eu du mal peut-être à s'en débarrasser pour 60 fr. ? C'est que ces vins, malgré leur verdeur, malgré leur âpreté, leur faiblesse, étaient du cru, qu'on les avait pour ainsi dire vu faire et qu'on payait leur authenticité.

En vinifiant convenablement des raisins provenant du Midi, les cultivateurs pourraient donc, dans d'excellentes conditions de prix, faire leur provision. Dans le vin obtenu ils trouveraient cette authenticité qu'ils recherchent ; avec un peu d'habitude et par certains mélanges de raisins, ils pourraient l'avoir à leur goût, toutes choses qui vaudraient mieux que de boire de l'eau ou de payer très cher des breuvages dont je ne veux rien dire, par la raison qu'il est souvent impossible de savoir qu'en penser.

Les syndicats devront se mettre toutefois en garde contre un truc méridional employé pour donner aux raisins voyageant en paniers, l'apparence d'être fraîchement cueillis et diminuer le déchet de route pour le vendeur. A cet effet, on saupoudre les raisins d'une mixture soufrée (sulfate de chaux) qui communique au vin un affreux goût de soufre difficile à faire disparaître malgré des soutirages répétés.

Lavigne.

L'ARRACHAGE DES BETTERAVES

La période de pluies que nous subissons depuis quelques jours gêne considérablement les travaux des champs.

C'est surtout dans les contrées où la betterave à sucre occupe de vastes étendues que cet arrêt dans les travaux des champs est préjudiciable. Combien, en effet, il importe de terminer au plus vite l'arrachage des betteraves à sucre, tant dans l'intérêt du cultivateur que dans celui du fabricant de sucre. Plus en effet la saison s'avance, plus la richesse des racines diminue, plus la bonne préparation des terres pour les ensemencements de blé devient difficile. Du reste, rien n'est plus mauvais que de retarder trop longtemps ces ensemencements, et bien des mécomptes sont dus à des semailles tardives, même sur des terres parfaitement préparées.

Voilà des motifs qui, sans parler du danger des gelées, doivent déterminer le cultivateur à hâter et à presser le plus possible l'arrachage des betteraves, et avoir recours à l'arrachage mécanique pour suppléer à l'insuffisance presque générale, hélas! de la main-d'œuvre.

Aujourd'hui les bons instruments ne manquent pas. Parmi ceux-ci nous citerons notamment les excellents arracheurs de MM. Amiot et Bariat, constructeurs à Bresles (Oise). Nous les avons vus à l'œuvre et c'est pour cela que nous n'hésitons pas à les signaler aux cultivateurs. Encore une fois l'arrachage mécanique de la betterave devient une nécessité qui s'impose.

Ch. GOSSIN.

Nouvelles agricoles.

Le Concours général agricole de Paris. — Le Concours général agricole de Paris aura lieu en 1892, au Palais de l'Industrie, du lundi 13 au mercredi 24 février.

Il comprendra les animaux de boucherie en espèces bovine, ovine et porcine, des animaux reproducteurs mâles des mêmes espèces, des vaches laitières, des volailles vivantes et mortes, des produits agricoles et horticoles, et une exposition d'instruments, de machines et d'appareils agricoles.

Les viandes gâtées à Paris. — On sait que malgré la surveillance exercée dans les abattoirs, halles, marchés, etc., des viandes de mauvaise qualité sont journellement livrées à la consommation. Un statisticien vient à ce propos de publier un ouvrage qui explique comment ces viandes parviennent à échapper au contrôle de l'administration.

Qu'une bête meure de phtisie, de cachexie aqueuse, de la clavelée, de ladrerie, de la rage, du farcin, de la morve, de la fièvre charbonneuse ou typhoïde, que cette bête s'appelle bœuf, veau, cheval, mouton ou porc, qu'elle soit volaille ou gibier, les industriels parisiens savent toujours en débarrasser à temps le propriétaire.

Le menu fretin se débite aisément, et nombreux sont les marchands de comestibles ou de volailles ayant toujours à la disposition des bourses légères, ou d'un naïf, une belle pièce avariée, mais agréablement *préparée*... pour quelques heures. La méthode est simple : à cet effet, l'acide sulfureux, les phénols, l'acide salicylique, le borax ou le salpêtre, le tout au choix et ingénieusement employé, agrémente la marchandise de la meilleure façon. Le client satisfait paie et s'en va manger un produit où la composition chimique fait une sérieuse concurrence à la décomposition animale.

Pour la viande dite *de boucherie*, l'initiative privée a fait place à l'entreprise. Il s'est formé des sociétés, sans commandite, qui exploitent sur une vaste échelle l'animal mort de maladie, l'introduisent tout débité dans Paris, en payant scrupuleusement les droits d'octroi au paterne gabelou et le debitent aux restaurants à 90 centimes et même au-dessus.

Les *animaux malades* sont tirés hors de Paris, réunis en un lieu choisi où on les abat pour les y débiter ensuite. Leur viande est immédiatement *rafraîchie* par l'un des procédés indiqués plus haut.

Voilà ce qui explique comment on peut trouver d'aussi jolies portions dans certains restaurants à bas prix.

Moutons d'Amérique. — Lundi matin, à sept heures, livraison a été prise à la gare d'Arras d'un wagon de moutons venant d'Amérique. Cette viande se vend à Dunberque à raison de 1 fr. 25 le kilogramme.

Pareils arrivages se font chaque jour à Arras et le mouton se vend toujours à raison de 2 fr. 50 c. le kilogramme.

Aujourd'hui encore, dit le *Courrier*, il est entré en ville des quantités considérables de moutons d'Amérique.

Toutes les viandes provenant de bêtes abattues au dehors portent un cachet spécial avec cette mention : *viandes foraines*. Par conséquent le public peut facilement savoir à quoi s'en tenir.

Il resterait à compléter ce contrôle (très vigilant et tres sévère, pouvons-nous ajouter) en donnant au cachet *viandes foraines* une couleur autre que celle du cachet ordinaire de l'abattoir. De cette façon la différence sauterait aux yeux et le public n'achèterait plus qu'à bon escient.

Ce ne sont pas seulement les blés américains qui arrivent en France, mais aussi on le voit, les viandes américaines qui font à nos éleveurs une concurrence inquiétante.

Dans les rayons de Paris, les farines américaines commencent à se vendre sur le marché; cette invasion ne tardera pas à s'étendre à tous les grands centres de consommation.

Le transport des vendanges. — La Compagnie Paris-Lyon-Méditerranée vient d'effectuer une excellente réforme dans ses tarifs. Elle a admis le transport des raisins de vendanges aux conditions du barème A, pour les expéditions inférieures à 5,000 kilos et aux conditions du barème 5, pour les expéditions par wagon complet de 5,000 kilos ou payant pour ce poids.

Les avantages qui en résultent pour le public sont considérables.

Voici, en effet, les tarifs comparés par tonne de 1,000 kilos :

	Ancien tarif le plus réduit	Nouveaux tarifs — Sans condition de tonnage	Nouveaux tarifs — par wagon complet
jusqu'à 100 kilos	12 »	9 »	8 »
— 200 kilos	23 »	17 »	12 50
— 400 kilos	44 »	30 »	23 50
— 600 kilos	63 »	40 »	31 50
— 800 kilos	78 »	49 »	39 50

Ainsi la réduction est de 50 pour 100 pour les expéditions par wagon complet et 37 pour 100 pour toutes les autres.

Sur la levure du vin. — M. Rommier a, naguère, signalé à l'Académie des Sciences, la possibilité de communiquer le bouquet d'un vin de qualité à un vin commun, en changeant la levure qui le fait fermenter.

Cette opération, restée jusque-là du domaine du laboratoire, vient d'entrer, par un simple hasard, dans la pratique vinicole.

M. H. de Meynot, qui possède un domaine à Saint-Emilion, dans le Bordelais, en a créé un autre dans la Dordogne avec des cépages du Médoc, greffés sur vignes américaines. Les vins récoltés dans ce dernier vignoble donnent des vins sans caractère différents des vins du pays.

Lorsqu'il emporte ses raisins, sans les écraser, à Saint-Emilion, et qu'il les introduit dans une cuve de ce dernier grand cru, nouvellement tirée, ou bien encore lorsqu'il amorce ses cuvées de la Dordogne avec du moût de Saint-Emilion, dans la proportion d'un quarantième, il obtient un vin ayant absolument le bouquet de Saint-Emilion, et un ensemble de qualités extraordinaires.

Les vignes, transplantées dans d'autres régions, ont souvent montré que les raisins ne se chargent pas, pendant leur maturation, des levures de leur pays d'origine, mais bien de celles indigènes dans leur nouvel habitat. M. Rommier croit qu'il y a lieu, dans ce cas, d'aider la nature. Pour s'assurer que la chose est possible, il a demandé à M. de Meynot de répandre, vers la fin de ses vendanges, çà et là, aux pieds des souches de ses vignes, de la lie fraîche de Saint-Emilion, dans l'espoir que les levures de vin contenues dans cette lie, émettront des spores avant l'hiver, et qu'elles réapparaîtront l'an prochain lors de la maturation des raisins.

CONSEILS DU JARDINIER

LE BLANC DES RACINES ET LA PLANTATION DES ARBRES FRUITIERS.

Le sujet n'est pas nouveau, mais quoiqu'il ait été traité maintes et maintes fois, la question n'en est guère plus avancée.

Si tous les cultivateurs prétendent connaître leur métier, tout possesseur du plus petit coin de terre se croit passé maître dans l'art de planter. C'est surtout lorsqu'il s'agit de placer des arbres dans un terrain qui en a déjà porté qu'il y a des précautions à prendre.

Le *blanc* des racines, qui fait tant de ravages dans les jardins fruitiers, est propagé très souvent et fait de nombreuses victimes parmi les jeunes plantations, grâce au peu de soin que prennent les personnes qui se figurent qu'il suffit, pour qu'un arbre arraché reprenne sa vigueur, de faire un trou dans la terre et de le mettre dedans. Le blanc des racines est un cryptogame souterrain du genre *Byssus*, et auquel les savants ont donné le nom de *Rhizophila*. Ce parasite s'attache aux racines des arbres fruitiers, les enveloppe, les enlace. Bientôt elles se dessèchent et l'arbre ne tarde pas à périr.

Le blanc prend généralement naissance sur les débris des racines ou sur des fragments de bois en décomposition. Si l'on plante dans le milieu infesté un jeune arbre, toute sa partie souterraine est bientôt recouverte par les longs filaments du parasite.

Presque tous les possesseurs de jardins ont à se plaindre des mauvais tours que leur joue le *Rhizophila*. Les pêchers, les cerisiers, les premiers surtout, après avoir végété, tant bien que mal pendant quelques mois, perdent leurs feuilles et meurent. Les rosiers, nouvellement plantés et sur la floraison desquels on comptait, ne montrent pas le moindre bourgeon, et on accuse le vendeur, ou même quelquefois l'ami, le premier, de vouloir vendre deux fois, le second d'être jaloux qu'un autre possède les variétés qu'il a.

Jusqu'ici les moyens curatifs n'ont donné aucun résultat. La bouillie de bouse de vache, tant vantée, ne donne pas plus de résultats qu'un cautère n'en donnerait sur une jambe de bois; mais, si les moyens curatifs manquent, il est très facile de prévenir le mal. Voici les moyens préventifs recommandés :

Lorsque l'on ouvre, soit la tranchée ou les trous destinés à recevoir la nouvelle plantation, on aura soin de mettre de côté la terre arable, c'est-à-dire la partie supérieure et qui est toujours plus légère, mieux fumée et aérée; c'est celle qui devra être utilisée pour recouvrir directement les racines; la couche de terre située au-dessus est mise d'un autre côté et, suivant sa nature, elle sera au moment de la plantation, mélangée avec la première pour garnir le fond des trous ou de la tranchée. Jusqu'ici c'est à peu de chose près la pratique habituelle, et c'est sur l'opération suivante que nous appelons l'attention. Cette opération très importante consiste à enlever de la première terre et naturellement de la seconde, si elle en contient, tous les fragments des racines des anciens arbres ainsi que les autres fragments de bois qui pourraient s'y rencontrer, car c'est surtout sur ces débris en décomposition que paraît prendre naissance le blanc des racines. Enfin, dans le cas où le sol en contiendrait en trop grande quantité, il serait préférable de changer entièrement la terre et non pas d'en mélanger une partie avec la nouvelle, comme cela se pratique parfois. Car, dans ce cas, le peu de l'ancienne qui reste et qui contiendrait des détritus de racines en voie de décomposition, suffirait pour, en peu de temps, infester la nouvelle.

Trop souvent dans la pratique on pose les racines à plat au fond du trou, puis on jette de la terre par dessus; ensuite l'on secoue plus ou moins le sujet, enfin l'on piétine autour ou, ce qui est aussi mauvais sinon plus, on pilonne à l'aide d'un gros morceau de bois; ces diverses opérations ont pour but d'éviter les cavités autour des racines et de bien faire adhérer la terre sur ces dernières; l'idée est bonne, mais c'est le mode d'opérer qui est vicieux. Voici pourquoi : si une ou plusieurs racines ne reposent pas sur un fond suffisamment résistant, il arrive qu'en piétinant dessus, et à plus forte raison en foulant à l'aide d'un morceau de bois, on brise les racines et non seulement cette perte de racines est funeste à l'arbre, mais encore c'est introduire au pied même de cet arbre la cause du blanc des racines, car celles-ci, étant ou détachées ou meurtries, entreront rapidement en décomposition.

Voici comment on doit procéder afin d'éviter les effets ci-dessus : à l'emplacement de chaque arbre, on dispose la terre en un petit monticule; au sommet on place le sujet et, à la main, on étale bien toutes les racines à la circonférence, les appuyant au besoin en remettant de la terre dessus; de cette manière on est certain qu'aucune cavité n'existe; toutefois, si le sujet a beaucoup de racines superposées, après les avoir placées convenablement et avoir rempli toutes les cavités avec de la terre fine, on imprime à l'arbre une ou deux légères secousses de bas en haut; puis le trou en partie comblé, on appuie graduellement, et non brusquement, la terre avec un pied et non les deux à la fois.

Comme engrais, il faut les mettre à la surface du sol, sous forme de paillis et non au pied même, c'est-à-dire au-dessous des racines : dans le premier cas, l'eau entraîne l'engrais vers les racines; dans le second, il est entraîné au-dessous et devient par conséquent inutile.

HORTUS.

CONSEILS A LA FERMIÈRE

THÉ DE FOIN POUR LES VEAUX.

Cadet Roussel avait, dit-on, trois vaches, mais il y a beaucoup de gens qui n'en ont qu'une, et il peut arriver que cette vache unique n'ait pas assez de lait pour nourrir son veau. Je conseille d'avoir recours en ce cas au *thé de foin*, qu'on obtient en faisant infuser pendant une heure, dans un baquet recouvert, du bon foin, dans de l'eau bouillante. On commence par remplacer un quart de lait destiné à l'animal par un quart de ce thé; puis, peu à peu, on diminue la quantité de lait et on augmente la quantité d'infusion, à laquelle on peut ajouter des jaunes d'œuf pour l'enrichir. Un veau d'un mois à cinq semaines, soumis graduellement à ce régime, s'élève très bien, je vous assure.

UNE MÉNAGÈRE.

CONSEILS DU VÉTÉRINAIRE

LA TEMPÉRATURE DES LOGEMENTS DU BÉTAIL.

Avant la venue des grands froids, il convient de signaler la nécessité de loger toutes espèces d'animaux, de façon à les préserver dans la mesure du possible des rigueurs de la saison.

Une basse température a pour conséquence une grande consommation de principes nutritifs et de la graisse employés à procurer de la chaleur au lieu de chair, de graisse ou de lait, outre que le froid cause des maladies dangereuses. L'excès de chaleur doit aussi être épargné aux animaux.

Une transpiration excessive a lieu aux dépens de la chair et de la graisse. Un courant d'air froid peut causer de graves maladies, surtout aux chevaux.

Quand un cheval rentre en sueur à l'écurie à la suite d'un rude travail, il faut lui jeter une couverture sur le dos ou attendre un quart d'heure avant d'enlever son harnais; attendre aussi un peu avant de lui donner de l'eau froide à boire.

La température normale d'une écurie doit être de 17° centigrades, en moyenne 15°.

La température normale d'une étable est de 10 à 14° pour les bœufs, 15 pour les vaches laitières et les veaux.

Pour les bêtes à laines la température normale est de 6 à 8° lorsque la toison est longue, de 10 à 12 après la tonte.

Pour les porcs, 10 à 12°, et un peu plus pour les truies suitées qui allaitent. Les races anglaises ayant la peau fine, réclament un ou deux degrés de plus.

Nous recommandons vivement ces indications pratiques qui ont une sérieuse influence sur les produits de l'élevage.

UN VIEUX VÉTÉRINAIRE.

CONSEILS DU MÉDECIN

MOYEN DE PRÉVENIR L'ASPHYXIE DANS LES CUVES.

Tous les ans, à pareille époque, les journaux ont à enregistrer la mort de pauvres gens asphyxiés en descendant dans des cuves.

On sait que le raisin par sa fermentation produit de l'acide carbonique, gaz mortel à respirer et dans lequel toute lumière plongée est éteinte. L'acide carbonique étant plus lourd que l'air, reste dans la cuve en plus ou moins grande quantité, suivant qu'elle est plus ou moins pleine de raisin. C'est donc quand elle n'est qu'à moitié ou au quart pleine qu'il s'en rencontrera le plus.

L'excès du gaz s'échappe en coulant en nappe par dessus le bord, à la manière d'un liquide, avec une odeur piquante qui vous prend au nez si vous vous en approchez; puis il se répand dans la cave et s'accumule sur le sol.

Avant de descendre dans une cuve, assurez-vous donc qu'elle ne contient pas d'acide carbonique. Pour cela, abaissez jusque sur le raisin une lumière suspendue par une corde ou mieux par un fil de fer.

Si la lumière ne s'éteint pas, nul danger.

Si elle s'éteint, il y a péril de mort à descendre.

C'est le cas d'employer le moyen suivant:

Faites le tour de la cuve, en vous servant d'une échelle et battez énergiquement, pendant deux ou trois minutes, l'air de l'intérieur, avec une poche, un tablier ou une pièce de gros linge.

Le gaz se trouvant de la sorte chassé, la lumière peut être impunément descendue jusque sur le raisin et ne s'éteint plus. Preuve que tout danger a disparu.

Si vous avez à porter secours dans une cuve à un asphyxié, commencez d'abord par l'opération sus-indiquée; sinon, au lieu d'une victime, vous en compterez successivement plusieurs.

Si le gaz s'est accumulé dans une cave située en contre-bas du sol extérieur, balayez-le vigoureusement par le même procédé, en ayant soin de descendre progressivement et en évitant de vous baisser.

Puissions-nous, par ce moyen pratique et à la portée de tous, contribuer à sauver l'existence des tireurs de cuves.

Dr Georges BOURGOUGNON.

JURISPRUDENCE RURALE.

FAILLITE. — CULTIVATEUR. — NON COMMERÇANT.

— Je fournis des graines et du fumier à un individu qui cultive les champignons et les vend sur nos marchés; or, soit qu'il ne soit pas honnête, soit qu'il fasse de mauvaises affaires, il laisse mes factures s'accumuler sans me payer un sou et sans même se donner la peine de répondre à mes réclamations.

— Assigne-le devant le tribunal et prends jugement contre lui.

— J'aurais mieux aimé le faire mettre en faillite, il ne l'aurait pas volé.

— Cela ne se peut pas.

— Comment cela, est-ce qu'un individu qui exerce une industrie agricole et qui vend les produits de sa terre, ne fait pas acte de commerce, ne devient pas dès lors justiciable du tribunal de commerce et ne doit pas être mis en faillite, s'il manque à ses engagements?

— Non, il n'en est pas ainsi; la jurisprudence a bien des fois décidé que le vigneron, l'horticulteur, le jardinier, le pépiniériste, le champignonniste, qui vendent des denrées qui ne sont pas fabriquées par la main de l'homme, mais qui proviennent de la simple culture de leur terre, ne sont pas des commerçants.

— Mais est-ce que dans certains cas ils ne peuvent pas le devenir?

— Oui, parfaitement; par exemple s'ils ajoutent à leurs récoltes personnelles d'autre récoltes achetées à des tiers; ainsi, si ton champignonniste, pour étendre son industrie et satisfaire aux besoins de sa clientèle, achetait habituellement au dehors une partie des champignons par lui vendus, il cesserait d'être un agriculteur vivant parti de son propre fond et se livrerait à de véritables actes de commerce pouvant donner à ses créanciers le droit de le faire mettre en faillite.

UN VIEUX JUGE DE PAIX.

AFFAIRES MILITAIRES.

Les régiments mixtes.

Pour la première fois on vient de convoquer les régiments mixtes, dont la création doit doubler notre armée de première ligne au moment de la mobilisation générale.

Donc, depuis la semaine dernière, 100,000 hommes de l'armée territoriale ont rejoint leurs garnisons respectives, sur tous les points du territoire, pour recevoir une instruction militaire plus « poussée », plus vigoureuse que leurs camarades, afin de les mettre en état d'être encadrés dans les régiments nouveaux d'infanterie, aptes à faire campagne dès la première heure.

Avec cet appel, est enterrée la populaire appellation des « treize jours », car les hommes feront deux semaines de service, c'est-à-dire *quatorze jours de présence*. Leurs officiers en font seize ou vingt, selon le grade et la fonction.

En temps de paix, ces régiments mixtes sont constitués pour un tiers par l'armée active (4e bataillon du régiment actif de la région); et pour deux tiers par l'armée territoriale (1er et 2e bataillons du régiment territorial subdivisionnaire). Mais vienne la guerre, ce qualificatif disparaît, ils sont régiments d'infanterie comme les autres, avec un numéro spécial qui permet de ne jamais les confondre avec les anciens.

Les hommes ne restent que deux semaines sous les drapeaux parce que ces bataillons sont spécialement recrutés parmi les soldats ayant déjà servi; aussi la besogne va-t-elle vite.

Soldats, caporaux et sous-officiers, tous arrivent ensemble le matin; les officiers auront plus de travail d'abord, mais par là on se rapprochera le plus possible de ce qui se passerait dans la réalité, avec la mobilisation.

En trois jours, manœuvrant sur deux rangs et en armes immédiatement, on aura repassé l'école du soldat et l'école de compagnie, étudié l'instruction des tireurs, exécuté un tir réduit et le premier tir à la cible, avec le fusil Lebel, bien entendu.

Deux jours sont ensuite consacrés à l'école de bataillon, à la visite des magasins de mobilisation, aux exercices d'embarquement en chemin de fer, de jour et de nuit, aux théories sur le service en campagne, qui va être mis en pratique presque aussitôt après.

Pendant trois journées entières, les bataillons accompliront, hors de leur garnison et sans y rentrer, une manœuvre de guerre avec marches, déploiements, cantonnements, bivouacs, grand'gardes, surprises de nuit, etc., etc.

Après le repos du dimanche, trois jours restent pour recevoir l'école de bataillon, se perfectionner dans le combat de tirailleurs et exécuter deux autres tirs à la cible, 20 balles en tout, à diverses distances, puis désarmement, déshabillement et déséquipement de la troupe.

Voilà deux semaines bien remplies. Sans le dévouement de tous, officiers et soldats, de tels programmes seraient inexécutables en si peu de temps ; mais nous avons conscience que ces périodes surchargées de travail sont utiles au pays, à sa sécurité ; nous voyons, au-dessus du devoir aride et pénible du troupier, planer l'idée sainte du patriotisme ; et c'est pourquoi, du premier jusqu'au dernier, cultivateurs, ouvriers, négociants, lettrés, artistes, etc., tous nous acceptons ces dures épreuves sans broncher, sans récriminer, joyeux plutôt de nous retremper dans cette école d'honneur et de droiture qu'on appelle le régiment.

UN AVIS URGENT A NOS LECTEURS

Nous apprenons qu'il reste encore environ douze cents places à prendre dans la 3e catégorie des souscriptions privilégiées du dictionnaire des dictionnaires, lesquelles jouissent des mêmes faveurs que les souscriptions des deux premières catégories : c'est une occasion unique de s'associer à une œuvre qui intéresse, au plus haut point les catholiques, les conservateurs, et d'acquérir un ouvrage indispensable, d'une utilité continuelle, dans des conditions exceptionnelles, c'est-à-dire en définitive, avec le temps pour rien, comme on le verra par les explications que nous reproduisons plus loin avec le bulletin de souscription.

PETITE POSTE.

M. A. de G... (Charente). — *Piétin des moutons.* — En dehors de la transmission par contagion, le piétin peut se développer primitivement, sans cependant qu'on connaisse d'une manière suffisante les conditions externes qui en seraient la cause et parmi lesquelles on cite le manque de soins apportés aux maladies des ongles les manches trop longues, l'*humidité du sol*, la délicatesse de la race.

Comme moyen préventif et fort simple, on conseille le traitement par l'eau de chaux. Je dispose à la porte des bergeries des caisses de bois de la profondeur de 0m 10, contenant du lait de chaux. Les bêtes se traitent elles-mêmes en baignant leurs pieds (au passage, soit qu'elles rentrent à la bergerie, soit qu'elles en sortent.

Ce moyen est efficace avant que le mal ait acquis de la gravité, mais il est tout à fait insuffisant lorsque les désordres sont sérieux. Il est plutôt préservatif que curatif et, dans tous les cas, n'a de valeur réelle qu'autant qu'on évite de conduire le troupeau sur des terres humides et qu'on entretient soigneusement la litière à la bergerie.

Comme traitement curatif, nous vous conseillons l'excellent *contre-piétin Recourat* (chez Recourat, pharmacien à Beauvais). — Prix, 2 fr. 50 le pot.

M. Roger de V... (Yonne). — *Ouvrage de législation.* — Nous vous avons répondu dans notre dernière correspondance que cet ouvrage spécial n'existe pas. Mais vous trouverez d'utiles renseignements dans « l'*Avocat de tout le monde* », édité par Maurice Dreyfous, 20, rue de Tournon, à Paris. — Prix, 4 fr.

Il renferme toutes les formules et modèles d'actes usités dans la pratique.

M. de la H..., à Q... — (Finistère). — *Engrais Georges Ville pour la vigne.* — Nous ne savons pas le prix actuel de cet engrais n° 6 kil. Il doit varier suivant les cours des matières premières. Adressez-vous directement à M. Georges Ville, 57 rue Cuvier, Paris.

Nous vous envoyons le numéro demandé.

M. G... (Seine). *Grillages pour clôtures.* — Chez Gabiel, quai de la Mégisserie, Paris.

M. T. La P... (Allier). — *Fougères.* — Faites arracher la fougère trois ou quatre ans de suite, ou bien encore servez-vous de la charrue fouilleuse pour remuer profondément le sous-sol derrière la charrue ordinaire. De cette façon vous tourmenterez et mutilerez les racines de fougères, au point d'en triompher. On conseille aussi de casser au printemps, avec un rouleau, les tiges de fougères qui sortent de terre. En renouvelant l'opération une fois par semaine, pendant l'époque de la végétation, on lasse, on épuise les racines et on finit par se débarrasser de cette plante si tenace.

Terrains tourbeux. — Nous n'avons aucun renseignement sur le procédé dit de *Rimpan*. Pour nous, le meilleur moyen d'améliorer les terrains tourbeux, c'est l'assainissement, le chaulage et l'emploi à haute dose des phosphates de chaux.

M. D... (Seine-et-Oise). — *Blés de semence.* — Nous préférerions l'emploi du vieux bon blé blanc de Flandre. Seul à son mélange avec du Dattel, semi au printemps et à grains maigres.

Jonc. — *Arrachage des touffes.* — Plusieurs poignées de sel marin sur la place des touffes Emploi des phosphates.

Le moment actuel étant favorable au transport des vins, nous rappelons à nos lecteurs que tous ceux d'entre eux qui, sur nos conseils, consomment les vins de M. Vincent-Ardura, viticulteur, domaine de la Chapelle-Frédignac, par Blaye-Bordeaux, n'ont qu'à se louer de la qualité et de la conservation de ce Bordeaux absolument naturel, expédié sans intermédiaire.

Pour dégustation sérieuse, envoi gratuit est fait d'une bouteille de la récolte désignée.

L'encaissement est fait par le facteur à 30 jours, escompte 2 0/0 ou 90 jours.

Vendanges : 1889, à 130 fr., 1888, à 140 fr., 1887, à 150 fr., 1885, à 175 fr., 1884, à 200 fr., 1882, à 220 fr., 1881, à 250 fr., 1878, à 300 fr. les 225 litres, collés, soutirés, franco de port et de fût en gare d'arrivée.

OFFRES & DEMANDES.

Pour répondre au désir qui nous est exprimé, nous offrons à nos abonnés, sous cette rubrique, deux annonces gratuites pour les offres et demandes d'emplois, produits ou animaux à vendre ou à acheter, etc.

Les annonces qui suivront jouiront d'une réduction de 50 pour 100 sur les tarifs ordinaires.

Les demandes d'insertions devront être envoyées à l'administration, qui se chargera de les rédiger.

Ne pas négliger d'envoyer tous les renseignements nécessaires (joindre 2 timbres de 0 fr. 15).

A vendre d'occasion deux bons manèges, système Albaret et système Pesant, de Maubeuge, à 80 fr. chaque.

S'adresser à M. Szille, ferme de May, à Morienval (Oise). — N° 942-5-3.

Maison très sérieuse offre opération agricole fructueuse aux régisseurs et gérants de cultures.

S'adresser au bureau du Journal, aux initiales A. D. B. — N° 943-12-3.

On demande un ménage de cultivateurs pour être **contre-maître et servante** dans une grande ferme.

S'adresser au Syndicat Agricole, rue de l'Ecu, 45, Beauvais. — N° 944-2.

Une famille, composée de cinq garçons et de deux filles, tous célibataires âgés de 26 à 51 ans, demande une régie intéressée ou un domaine en métayage.

Les membres de cette famille ont des aptitudes de premier ordre, tant pour la culture proprement dite que pour tout ce qui concerne le bétail, la direction, la basse-cour et le mécanisme agricole. — Références excellentes.

S'adresser à M. Bd Anthonus, à Saint-Florent-sur-Cher (Cher). — N° 745-7-1.

On demande un homme honnête fort, ayant des sentiments religieux et surtout pas ivrogne, de 40 à 45 ans, sachant traire les vaches et disposé à faire toute espèce d'ouvrage.

Trente francs par mois, nourri.

Couché dans l'écurie. Voyage payé au bout d'un an.

Ecrire à M. Alexandre Benoist, à Plailly (Oise). — N° 916-1.

37 fr. 50, plus 4 fr. par billet. pour droits de port, à Dieppe et à Newhaven.

Ces billets donnent le droit de s'arrêter à Rouen, Dieppe, Newhaven et Brighton.

CHEMIN DE FER DU NORD

SERVICES DIRECTS
ENTRE
PARIS & BRUXELLES
Trajet en 5 heures.

Départs de Paris à 8 h. 15 du matin, midi 40, 3 h. 50, 6 h. 20 et 11 h. du soir.

Départs de Bruxelles à 7 h. 30 du matin, 1 h. 15, 6 h. 20 du soir et minuit.

Wagon-salon et wagon-restaurant aux trains partant de Paris à 6 h. 20 du soir, et de Bruxelles à 7 h. 30 du matin.

Wagon-restaurant aux trains partant de Paris à 8 h. 15 du matin, et de Bruxelles à 6 h. 20 du soir.

SERVICES DIRECTS
ENTRE
PARIS ET LA HOLLANDE
Trajet en 10 h. 1/2.

Départs de Paris à 8 h. 15 du matin, midi 40 et 11 h. du soir.

Départs d'Amsterdam à 7 h. 30 du matin, midi 55 et 5 h. 55 du soir.

Départs d'Utrecht à 8 h. 16 du matin, 1 h. 37 et 6 h. 37 du soir.

HALLES ET MARCHÉS

La température se maintient bonne malgré les pluies; la levée des blés et des seigles s'effectue régulièrement. Les marchés agricoles sont calmes en général. Les huiles de colza seules ont baissé sensiblement. Le bétail se vend assez bien.

Blés. — Les marchés sont toujours au calme; les offres ont peu d'importance, et les lots offerts à la vente sont en général de qualités assez diverses. La culture d'ailleurs est toujours occupée aux travaux de semailles, et ne s'occupe pas encore activement des battages. Voici les derniers cours relevés samedi : Cambrai, blé blanc, 26 fr. les 100 kilog.; roux, 24; Douai, 25 à 27; Beauvais, 24 75 à 26 75; Châlons-sur-Marne, 27; Montereau, 27 30; Etampes, 23 35 à 27 50; Versailles, 25 50 à 27 50; Le Mans, 24 75 à 26; Rouen, 25 18; Laval, 21 à 25; Dijon, 26 à 27; Nantes, 25 à 26 25 Lyon, 27 à 27 50; Moulins, 28 à 28 50; Bordeaux, 26 25. — A Paris, le marché commercial est en légère baisse; on a coté samedi : blé disponible et livrable courant du mois, 26 50 à 26 75; novembre et décembre, 26 75 à 27 25; quatre mois de novembre, 27 25 à 27 50; quatre premiers mois de 1892, 28. — Les blés étrangers arrivent toujours en grande quantité dans nos ports; pendant la semaine écoulée, le Havre a reçu 94,000 hectolitres et Marseille, 278,000 quintaux. Le total du blé en mer à destination de la France s'élevait à 2,482,000 hectolitres, dont 2,417,440 venant de Californie; 45,680 du Chili. et 6 380 des Indes; pour tout le continent européen, il s'élevait à 6,556,900 hectolitres, dont plus de 4 millions et demi pour l'Angleterre.

Seigles. — Les prix ne varient pas; les transactions sont peu actives au marché commercial de Paris, où l'on cote : disponible et courant du mois, 19 75 à 20 les 100 kilog.; novembre, 20 25 à 20 50. décembre à avril, 20 50 à 21 25.

Orges. — Les affaires sont toujours actives aux cours que nous avons donné dimanche dernier. — Pour les escourgeons le prix reste nominal de 19 à 19 50 les 100 kilog. à Paris.

Avoines. — Les offres sont nombreuses et suffisent largement aux besoins de la consommation; les cours ont plutôt une tendance à la faiblesse. L'avoine du marché de Paris est cotée : disponible et courant du mois, 15 75 les 100 kilog.; livrable novembre et décembre, 15 75 à 16; autres époques, 16 à 16 75.

Farines de consommation. — Les cours sont assez bien tenus, avec demandes très ordinaires de la boulangerie. La marque de Corbeil est à 63 les 157 kilog. nets, ou 40 12 les 100 kilog.

Farines de commerce. — Les transactions sont calmes au marché de Paris; les prix sont en baisse. On cote les *douze-marques* disponibles 59 75 à 60 les 157 kilog. nets; novembre-décembre, 60 50 à 60 75; époques éloignées, 61 25 à 62.

Issues. — Cours plus faiblement tenus, en raison de la diminution des demandes. On paye à Paris : gros sons, 14 à 14 50 les 100 kilog.; sons trois cases, 13 50; sons fins et recoupettes, 12 à 12 50; remoulages, 14 à 18 suivant nuance.

Fourrages. — La vente est bonne au marché de la Chapelle; les cours sont soutenus comme suit : foin, 47 à 51 les 100 bottes de 5 kilog. au domicile de l'acheteur; luzerne, 48 à 56; paille de blé, 29 à 36; de seigle, 33 à 43; d'avoine, 21 à 28.

Graines fourragères. — On attend la foire de Poitiers pour se rendre un compte exact des récoltes de trèfle et de luzerne du centre. A Paris, on cote : trèfle violet nouveau, 110 à 130 les 100 kil.; suranné, 85 à 110; luzerne de Provence, 145 à 165; d'Italie, 120 à 125; de Poitou, 115 à 120; minette, 50 à 60; ray-grass d'Italie, 50; anglais, 45 à 50; vesce d'hiver et pois jarras, 27 à 29; vesce de Bretagne, 22 50; alpiste, 21 à 28.

Huiles de graines. — Les cours ont baissé à Paris dans une assez forte proportion pendant la semaine dernière. L'huile de colza disponible est descendue de 70 50 à 67 50 les 100 kilog.; le livrable sur novembre est coté 67 à 67 50; novembre à avril, 68 50 à 69 50. Pour l'huile de lin les prix sont faiblement tenus à 50 fr. pour le disponible et 50 50 à 52 50 pour le livrable. — Les marchés des départements ont suivi celui de Paris; les huiles de colza sont en baisse de 2 à 3 fr. et les huiles de lin de 1 fr. On cote : à Rouen, colza, 69 50; lin, 51 75 les 100 kilog.; — à Caen, colza indigène, 65 50; colza des Indes, 65 l'hectolitre; — à Lille, colza, 67; lin, 48 à 49 l'hectolitre; — à Arras, œillette surfine, 97 les 100 kilog.; pavot à bouche, 73; colza, 75 à 76; cameline, 85; pavot, 68.

Graines oléagineuses. — La graine de colza est faiblement tenue de 33 50 à 34 les 100 kilog., en gare de Paris; celle de lin, 25 à 3[illegible]. — A Caen la graine de colza est en baisse au prix de 17 50 à 18 50 les 104 litres.

Engrais. — Les affaires sont à peu près nulles sur le nitrate de soude, mais les cours restent fermes; on cote le disponible, 21 50 les 100 kilog. à Dunkerque; 2[illegible] 30 à 21 35 en Belgique; 23 75 à Bordeaux et La Rochelle; 25 à Marseille. — Le sulfate d'ammoniaque est calme pour le disponible et fermement tenu pour le livrable. Le sulfate français se vend 28 50 à 28 75 à Paris et 29 dans le Nord; le sulfate anglais vaut 27 25 à 27 60 à Dunkerque et Rouen; 28 25 à Nantes. — Le marché est un peu meilleur pour les phosphates; les prix pour l'emploi direct en agriculture sont de 2 50 à 3 60 les 100 kilog. dans la Somme; de 2 à 2 90 dans l'Oise; 3 25 à 3 85 dans les Ardennes et la Meuse; 3 50 à 3 75 dans le Cambrésis; 4 50 à Boulogne et Marquise; 3 à 4 50 dans le Lot; 3 50 à 6 à Pernes et Violaines. — La campagne d'automne a été bonne pour les superphosphates et le disponible est rare surtout à Paris; on cote à l'unité d'acide phosphorique soluble dans le citrate : Nord, 0 4[illegible]; Paris 0 47 à 0 49; ports de l'ouest et du sud-ouest, 0 49 à 0 53; Marseille, 0 55; Belgique, 0 38 a 0 40. Les superphosphates solubles dans l'eau valent 4 à 5 centimes de plus. — Les sels potassiques sont demandés aux prix de 20 50 les 100 kilog. pour le sulfate de potasse et de 19 50 pour le chlorure de potassium; les vendeurs tiennent 50 centimes de plus.

Tourteaux. — Le marché de Marseille est en forte hausse pour toutes les sortes; le stock est très réduit, on cote : tourteaux pour nourriture, lin pur, 17 les 100 kilog.; arachide décortiquée, 15 50; sésame blanc du Levant, 15; de l'Inde, 14 75; coprah pour vaches laitières, 13 à 14 25; palmiste, 11 25; coton d'Egypte, 11; farine de cocotier, 14 25; pour angrais : sésame brun de l'Inde, 14 25; ricin sulfuré, 10, ricin pour la vigne, 10 50; colza russe, 11 25; niger, 10 50; mourra ou illipé 6 50. — Sur les marchés du Nord, on vend : Arras, œillette, 14; colza, 15 50; lin, 22; cameline, 14 les 100 kilog.; Lille, colza indigène, 15 à 16; étranger, 13 à 15; œillette, 16 à 17; lin, 23 à 24 50; cameline, 14; chanvre, 10 à 20.

Beurres. — La vente est moyenne à la halle de Paris pour toutes les sortes. On cote : *beurres en mottes* : fermiers de Gournay : extra, 3 60 à 4 28 le kilog.; choix, 3 20 à 3 40; bons, 3 à 3 10; ordinaires, 2 70 à 2 90; d'Isigny, extra, 5 à 5 94; choix, 4 40 à 4 80; bons, 3 80 à 3 90; ordinaires, 3 20 à 3 30; marchands du Gâtinais, 2 60 à 2 80; de Bretagne, 2 40 à 2 60; de Vire, 2 50 à 2 70; de Bresse, 2 à 2 20; laitiers des Charentes, 2 90 à 3 30; des Alpes, 3 à 3 40; divers producteurs, 2 60 à 3 20; — *beurres en livres* : fermiers, 2 60 à 3 20; Touraine, 2 50 à 2 70; Gâtinais, 2 50 à 2 80; Vendôme et Beaugency, 2 30 à 2 80; Bourgogne, 2 30 à 2 60; le Mans, 2 30 à 2 60; — *Petits beurres* : 1 90 à 2 60, suivant provenance.

Œufs. — Peu de demandes et prix faibles. Voici les cours : Normandie, 115 à 135 le mille. Picardie, extra, 115 à 138; ordinaire, 85 à 105; Brie extra, 1 0 à 12 ; Touraine extra, 106 à 128; ordinaire, 90 à 100; Beauce, 108 à 120; Orne, 88 à 108; Bourgogne, 92 à 98; Champagne, 98 à 102; Nivernais, 88 à 94; Bourbonnais, 80 à 90; Bretagne, 78 à 90; Vendée, 84 à 92; Auvergne, 80 à 82; Midi, 84 à 92; Autriche et Allemagne, 56 à 70.

BESTIAUX.

La Villette, 22 octobre. — Bestiaux. — Vente plus difficile sur les bestiaux, mauvaise sur les veaux, meilleure sur les moutons et les porcs.

COURS officiels.	Amenés.	Vendus.	1re qualité.	2e qualité.	3e qualité.	Prix extrêmes.
Bœufs....	2.591	2.221	1 58	1 44	1 26	1 18 à 1 62
Vaches ...	609	520	1 51	1 34	1 18	1 04 1 60
Taureaux.	181	171	1 38	1 28	1 20	1 06 1 42
Veaux....	1.391	1.161	1 90	1 78	1 58	1 32 2 12
Moutons..	7.470	6.514	2 06	1 82	1 68	1 56 2 12
Porcs.....	4.630	4.512	1 44	1 38	1 32	1 20 1 50

Marché du lundi 19 octobre.

	Amenés	Vendus	PRIX AU POIDS NET 1re qual.	2e qual.	3e qual.
Bœufs.....	2.823	2.603	1 60	1 46	1 28
Vaches.....	718	641	1 58	1 36	1 20
Taureaux..	153	143	1 42	1 30	1 20
Veaux.....	1.341	1.287	1 92	1 78	1 60
Moutons....	13.114	11.310	2 04	1 82	1 68
Porcs......	3.605	3.605	1 40	1 31	1 28

	PRIX AU POIDS VIF 1re qual.	2e qual.	3e qual.	Prix extrêmes.
Bœufs..........	» 95	» 82	» 67	» 60 à » 98
Vaches.........	» 94	» 79	» 49	» 51 » 95
Taureaux.......	» 88	» 73	» 63	» 51 » 91
Veaux..........	1 16	1 »	» 83	» 68 1 28
Moutons........	1 04	» 89	» 80	» 71 1 11
Porcs..........	» 92	» 88	» 82	» 72 » 98
Peaux de moutons en laine..........				3 60 5 75
Id. id. demi-laine.......				1 75 2 80

Viandes abattues. — Criée du 22 Octobre.

	1re qualité.	2e qualité	3e qualité.
Bœufs .... le kil.	1 40 à 2 40	1 20 à 2 20	1 » à 1 60
Veaux.... —	1 70 1 86	1 56 1 66	1 36 1 46
Moutons.. —	70 1 80	1 26 1 66	» 80 1 20
Porc entier —	1 26 1 36	1 10 1 26	» 90 1 10

J. & A. J. DECONINCK, à **Arras** et à Dunkerque, ont à vendre **48 variétés de**

BLÉS DE SEMENCE anglais et **français.**

Achats faits directement sur les lieux de production

NITRATE DE SOUDE (importation directe) et tous **autres engrais chimiques.** — **TOURTEAUX** *(tarifs sur demande).*

Avis aux Eleveurs et Nourrisseurs.

Les cosses et brisures de fèves de la maison Ph. Breuil, de Dijon, d'une pureté absolue et très riches en principes nutritifs, se recommandent pour l'engrais du bétail et la nourriture des chevaux.

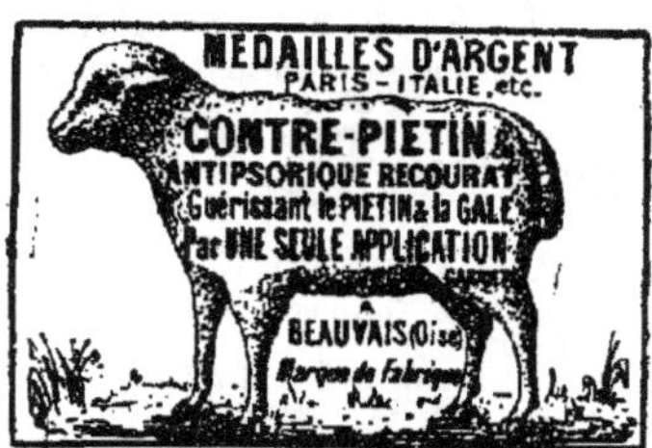

M. Recourat, pharmacien à Beauvais.

Gale des moutons guérie radicalement par *une seule application* de l'Antipsorique.

La bouteille, 3 fr.; la demi-bouteille, 1 fr. 75.

Guérison du Piétin par *un seul pansement* avec le Contre-Piétin-Recourat.

Le pot d'essai, 1 fr. 50; le pot, 2 fr. 50.

Joindre 0,60 c. pour recevoir *franco* et indiquer gare.

MALADIES DU BÉTAIL

ET DE LA VOLAILLE

Leur traitement préventif et curatif

PAR L'ACIDE SALICYLIQUE

L'acide salicylique, employé dans la nourriture à la dose de 1/2 à 1 gramme par jour et par tête de bétail, est le meilleur préservatif des maladies qui procèdent par contagion : Sang de rate, Cocotte, Maladie aphtheuse, Erysipèle, Typhus, Morve, Variole et le Rouget des porcs, etc.

Des attestations nombreuses de guérisons obtenues pour la Cocotte et le Rouget des porcs ont été reproduites dans le *Journal d'Agriculture.*

La désinfection des étables, des écuries se fait instantanément au moyen d'un arrosage d'eau salicylée à 2 grammes par litre.

S'adresser à M. CERCKEL, administrateur de la *Compagnie de produits antiseptiques,* 26, rue Bergère, Paris.

Envoi sur demande de Prospectus et Brochures.

Prix du kil. 25 fr. — Boite de ménage, 2 fr.

La plus ancienne fabrique de Semoirs français.

Maison **JACQUET-ROBILLARD,** *fondée en 1836.*

J. MARÉCHAL *

constructeur, 4, rue de Turenne, à ARRAS.

Fabrique spéciale de SEMOIRS à socs rigides et à socs articulés.

Médaille d'argent à l'Exposition universelle 1889.

Semoirs à betteraves et engrais et Distributeurs d'engrais.

ENVOI FRANCO DU CATALOGUE.

Près de 400 médailles. — Plus de 6,000 Semoirs livrés.

20 premiers prix en 1889, en 1890.

PHARMACIE SAVARY

AMIENS, 33, Place Saint-Denis, 33, AMIENS

(EN FACE LE SQUARE).

PROVENDE AUX PHOSPHATES ASSIMILABLES

du Docteur DESCHAMPS.

Prix : 3 fr. le kilog.; 27 50 les 10 kilog. (Remises proportionnelles.)

Accroissement rapide des bestiaux, surtout chez les jeunes animaux, force nerveuse, fécondité, engraissement; prévient surtout la diarrhée chez les jeunes veaux. Qualité exceptionnelle du lait.

M. Lefebvre, cultivateur à Marcelcave, a élevé un veau en lui administrant de la Provende phosphatée pendant 60 jours : tué à 70 jours, ce veau pesait 193 kilog., chiffre officiel constaté à l'abattoir. La viande était très blanche, ainsi qu'est prêt à l'attester M. Oheix, boucher à Amiens.

Les attestations émanant des sommités françaises et anglaises les plus accrédités ont été données à M. SAVARY.

---

30 PRIX D'HONNEUR ET GRANDS PRIX, 250 MÉDAILLES OR, VERMEIL, ETC.

GRANDES CULTURES DE GRAINES POTAGÈRES, FOURRAGÈRES ET DE FLEURS

E. FORGEOT (* ✠) & Cie

Fournisseurs du ministère de l'Agriculture, des Ecoles nationales d'agriculture, des Syndicats agricoles, etc.

PARIS, quai de la Mégisserie, 6 et 8

Appareils spéciaux pour épurer et nettoyer les graines

SPÉCIALITÉ DE GRAINES DE GRANDE CULTURE

luzernes et trèfles garantis sans cuscute, minette, vesces, sainfoins, trèfles incarnats, betteraves, carottes, navets, choux-navets, pommes de terre

Blés à grand rendement, Avoines, Orges, Seigles. Graines d'arbres pour reboisement

Graines de graminées pour prairies

Notre Maison ne vend que des graines de provenances sûres, assurant les meilleurs résultats ; elle accepte le contrôle de la Station d'Essais des Semences, établie à l'Institut agronomique par le Ministère de l'Agriculture, contrôle auquel nous sommes soumis dès sa création. En conséquence, nos graines **sont garanties de levée et d'une pureté irréprochable ; nos** trèfles et nos luzernes sont garantis sans un seul grain de cuscute.

Grande et importante Spécialité de Créations de Prairies. Nous nous chargeons d'établir des compositions convenant à la nature de chaque sol, et d'avance nous en assurons la réussite.

Sur demande, nous adressons *franco* nos catalogues illustrés de graines potagères, fleurs, arbres, fourrages, ognons fleurs, plantes, etc.

CRÉDIT AGRICOLE UNION DES SYNDICATS AGRICOLES DE FRANCE

9, rue Marsollier, PARIS

Agence à LYON, 234, cours Lafayette, S. PLISSONNIER, Directeur * M. A.

MACHINES AGRICOLES DE TOUS SYSTÈMES

TOURTEAUX et FARINES pour la nourriture du bétail.

ENGRAIS CHIMIQUES et ORGANIQUES. MATIÈRES PREMIÈRES

SEMENCES DE PREMIER CHOIX.

RAISINS SECS A BOISSONS

Première Maison de France (10 croix ou méd., fondée en 1876), **J.-F. Audibert,** créateur des vins de raisins secs et importateur direct. Auteur de : *L'Art de faire les Vins de raisins secs* (fco 3 90); *les Vins d'imitation,* sirops, liqueurs, etc. (fco 5 25). Inventeur de l'appareil (B. S. G. D. G.). **LE SEUL ADOPTÉ PAR L'ARMÉE** pour la fabrication mathématique des vins de raisins secs, en 10 jours, pour faire depuis 1 litre jusqu'à 20,000 litres par jour **AVEC UN HOMME. Renseignements gratuits pour tripler les vendanges, vins de seconde cuvée,** etc., 53, r. des [illegible]

Médaille d'Or. ✻ Exposition Universelle 1889. ✻ Médaille d'Argent.

VACHERIE **à céder**, centre de Paris, cause de santé, 18 vaches, 1re qualité, 240 litres lait vendus 40 et 50 c. Belle installation, pas de communauté. Bénéfices annuels, 10,000 fr. On traitera avec 15,000 fr. argent ou contre garanties sérieuses.

S'adresser à MM. LAPORTE et LEFRANC, 93, levard Sébastopol, Paris.

Semoir et Distributeur d'Engrais

système MAGNIER.

Envoi franco du catalogue illustré.

Expériences du 23 septembre 1890, 1er prix — 20 avril 1890, Yerres, 1er prix.

1er pr., objet d'art, Liancourt, 1887 — 1er pr., objet d'art, Clermont, 1889

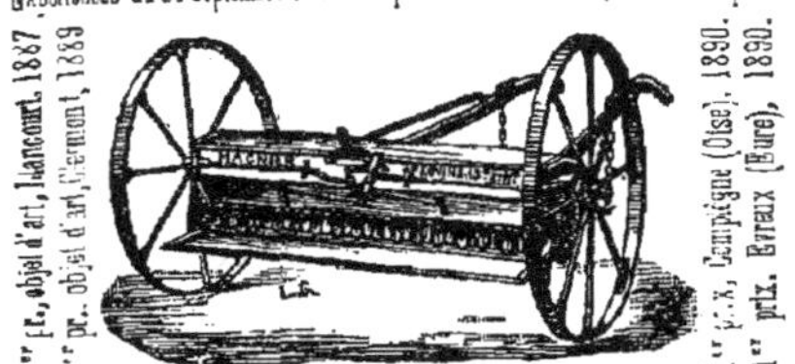

1er p.x, Compiègne (Oise), 1890. — 1er prix, Breteuil (Eure), 1890.

1er prix, Beauvais, 1890.

MAGNIER, constructeur breveté, Provins (S.-et-M.).

GUÉRISON RADICALE DE LA DIARRHÉE DES VEAUX PAR LA POUDRE CHOQUELIN.

1 franc la boîte franco par la poste.

Dép. g., Phie HAUVESPRE Courville (Eure-et-Loir).

L'**Onguent de HEVID**, *adopté par le Ministère de la guerre*, est le meilleur préservatif des maladies du pied des espèces chevaline et bovine. Il pénètre admirablement le tube corné, le nourrit, et remet en bon état, en quelques semaines, le sabot le plus sec et le plus cassant.

En vente chez les vétérinaires, pharmaciens, selliers et maréchaux-ferrants.

L'Administrateur-Gérant : ALBERT RENOT.

Beauvais. — Imp. D. PÈRE. - A. CARTIER, Gérant.

ENGRAIS CHIMIQUES

DES MANUFACTURES DE SAINT-GOBAIN

Usines à PARIS-AUBERVILLIERS, CHAUNY (Aisne), MONTLUÇON (Allier), MARENNES (Charente-Inferieure), LE PONTET (Vaucluse), SAINT-FONS, près Lyon (Rhône).
DOSAGE GARANTI. — EMBALLAGES : MARQUÉS ET PLOMBÉS.

Tout acheteur d'engrais qui n'exige pas, au sujet des dosages en éléments assimilables la garantie formelle, et qui ne la fait pas contrôler par l'analyse, ne nuit pas seulement à ses propres intérêts, il encourage la fraude et, la laissant impunie, compromet les intérêts généraux de l'agriculture.

ENGRAIS COMPLET DE SAINT-GOBAIN

Efficacité éprouvée dans tous les Sols et dans toutes les Cultures. — Superphosphates de chaux. — Sulfate de cuivre. — Sulfate d'ammoniaque Sulfate de potasse. Sulfate de fer.

Engrais composés suivant les convenances des acheteurs
ADRESSER LES ORDRES ET DEMANDES DE RENSEIGNEMENTS
à la Direction commerciale

des Produits chimiques de Saint-Gobain

PARIS | 9, rue Sainte-Cécile, 9 | PARIS

ou aux dépositaires de la Compagnie de SAINT-GOBAIN dans les principales villes du Centre et du Midi.

PHOSPHATE FOSSILE DE QUIÉVY (NORD)

le plus assimilable de tous les phosphates connus; garanti pur de mélange avec tout autre phosphate ce qui, du reste, ne pourrait que diminuer son assimilabilité.

Grand diplôme d'honneur et médaille de vermeil aux concours agricoles de Bergues (octobre 1887 et 1888).
Médaille d'argent à l'Exposition universelle (Paris, 1889).
Médaille de vermeil (grand module), société d'agriculture et d'horticulture de Pontoise (1890).

C. DELATTRE-BRABANT

Bureaux : à Lille, 120, rue Jacquemars-Grélée. — Usines : à Quiévy (Nord) et Le Cateau (Nord).
Ne pas confondre avec Quévy (Belgique.)

COMPOSITION MOYENNE.		ASSIMILABILITÉ RELATIVE (méthode Joulie, solubilité dans l'oxalate d'ammoniaque).	
Acide phosphorique	12.00 à 15.00 %	Phosphate de *Quiévy*	82.29 %.
Potasse	0.45 à 2.77 %	— de la Meuse	51.95 %.
Chaux	19.05 à 31.00 %	— des Ardennes	46.43 %.
Magnésie	0.58 à 3.80 %.	— de la Somme (moyenne)	44.53 %.
Matières organiques azotées	1 80 à 3 45 %.	— de Ciply	34.57 %.

Titre en acide phosphorique garanti : 12 à 15 %.

LIVRAISON : En poudre impalpable, en sacs plombés et marqués au « **Bélier** » sur wagon Quiévy ou Le Cateau, sacs perdus. — 30 jours 2 % ou 90 jours net

Les acheteurs qui désirent mon **Phosphate de Quiévy PUR** doivent exiger que les *sacs* et les *plombs* portent la marque au « Bélier » et la firme « **C. Delattre-Brabant** ».

Etablissements de LIANCOURT (Oise).

N'ACHETEZ PAS DE CHARRUES

sans avoir consulté le CATALOGUE illustré de

A. BAJAC ✻✻

Ingénieur-Constructeur, Breveté S. G. D. G.

SEUL GRAND PRIX à l'Exposition de 1889 pour les Machines agricoles françaises

Médailles or, argent et bronze pour collaborateurs.

BRABANTS DOUBLES. — Herses scarificateurs à dents inusables. — DÉCHAUMEUSES ROULEAUX, ETC.

NOUVEAU MATÉRIEL pour la culture de la betterave. — Charrues défonceuses simples et doubles *à vapeur et à manège.*

La plus grande et la plus importante USINE de FRANCE pour la Construction des Instruments aratoires

PLUS DE 5.000 CLIENTS ; 300.000 INSTRUMENTS LIVRÉS A L'AGRICULTURE

RUCHE
à cadres mobiles
Prix : 20f
Gariel
2ter, Quai de la Mégisserie, PARIS
GRILLAGES POUR CHASSES, de 1 mètre, à... 0f35

Je suis très friand de Gluten qui rassasie toujours mon vorace appétit; aussi, mon repas fini je dors comme un loir et vivement je deviens gros et gras!

12e Année. — 2e Série. — No 614. Dimanche 1er Novembre 1891.

GAZETTE AGRICOLE

JOURNAL HEBDOMADAIRE, PARAISSANT LE DIMANCHE

Rédacteur en Chef : M. Ch. GOSSIN, Professeur d'Agriculture à l'Institut agricole de Beauvais.

PRIX DE L'ABONNEMENT

UN AN, 5 fr. — SIX MOIS, 3 fr. — TROIS MOIS, 2 fr. 25

Pour l'étranger les abonnements ne sont reçus que pour un an, au prix de 6 francs, et ne partent que du 1er janvier ou du 1er juillet de chaque année.

Le numéro : 10 centimes.

Il est indispensable de joindre à toute demande de changement d'adresse la dernière bande d'adresse du journal et 50 centimes pour frais de nouvelles bandes.

Adresser les *Abonnements et Annonces* au secrétaire de la rédaction, **13, quai Voltaire, Paris**, ou à M. GOSSIN, rédacteur en chef et administrateur, à BEAUVAIS.

BUREAUX

13, quai Voltaire, Paris, et à Beauvais.

Les abonnements partent du 1er de chaque mois et sont payables d'avance. Toute demande d'abonnement doit donc être accompagnée du prix de l'abonnement. (Le mode de payement le plus simple est l'envoi d'un mandat-poste.)

Donner *très lisiblement*, en s'abonnant, son nom et son adresse exacte, *avec l'indication du bureau de poste* ; et, s'il s'agit d'une continuation d'abonnement, joindre au renouvellement la dernière bande d'adresse du journal.

Les Annonces sont reçues chez MM. DUSSERIS et MATHELLON, 97, rue de Rennes, Paris.

La GAZETTE AGRICOLE insère gratuitement les Communications des Syndicats agricoles

SOMMAIRE :

PARIS, 30 OCTOBRE.

C'est un fait que nous sommes divisés entre nous, sur la forme du gouvernement, les uns estimant que la monarchie moderne peut seule faire le bonheur du pays, et les autres, que ce bonheur n'est réalisable et durable qu'à l'aide des institutions républicaines. Il y a là pour notre peuple une incontestable faiblesse. Mais comme elle est le résultat de notre histoire, de notre situation géographique et d'une conception différente de ce que doit être un gouvernement, elle n'est pas à la veille de disparaître. Force est donc de vivre avec son mal, avec cette constante pensée de ne pas l'aggraver par des divisions sur des points où tous les Français devraient avoir la même pensée et la même susceptibilité. Aussi semble-t-il au Bonhomme Deschamps que toutes les fois où notre dignité nationale est en cause, il ne devrait plus y avoir ni monarchistes, ni républicains, mais purement et simplement des Français.

***

C'est donc avec regret que le Bonhomme Deschamps a lu les débats d'une des dernières séances du Palais Bourbon. A l'occasion de la discussion du budget du ministère des affaires étrangères, on est revenu sur les incidents douloureux qui ont marqué la récente présence des pèlerins français à Rome. C'est un fait reconnu par des journaux républicains eux-mêmes peu suspects de cléricalisme, de tendresse pour le Pape, et d'hostilité à l'Italie, que les troubles de Rome ont été préparés au su du gouvernement italien, et que l'inscription de *Vive le Pape !* faite par un pèlerin français sur un registre public, a été le prétexte futile et attendu pour organiser une démonstration contre la France. Il est de notoriété publique que le gouvernement italien a laissé insulter des heures durant notre pays et courir à nos pèlerins les plus gros risques. Il a entendu, sans en être ému, une foule furieuse crier dans les rues de Rome : *Vive Sedan ! et à bas la France !* Il n'est pas moins reconnu que notre ambassadeur n'a rien fait pour protéger nos nationaux et que le gouvernement français, non content d'être allé à Nice faire des avances aussi plates que mal accueillies à l'Italie, a plutôt félicité que blâmé notre ambassadeur à Rome pour son attitude passive et indifférente. Mieux encore, comme si nos maîtres n'avaient pas encore cru avoir fait assez pour plaire à l'Italie, l'un d'eux a cru opportun de rappeler aux évêques qu'ils ne pouvaient pas sortir de France sans sa permission. Il semble au Bonhomme Deschamps qu'un tel ensemble de faits aurait dû soulever dans le Parlement français une légitime indignation.

***

Eh bien, si vous parcourez le compte rendu de la séance à laquelle nous faisons allusion, vous verrez que la majorité républicaine a encore renchéri sur les ministres. Elle a eu une attitude et un langage tout-à-fait de nature à faire douter ceux qui en ont été les témoins et les auditeurs, s'ils assistaient réellement à la séance d'un Parlement français. Ce n'est pas que le Bonhomme Deschamps aurait voulu que l'on jetât de l'huile sur le feu, que l'on eut aigri de parti pris une querelle déjà trop aigre, et qu'on se laissât aller dans le langage à des représailles inconsidérées. Mais vraiment entre la provocation et la platitude, il y avait une place pour la dignité, et malheureusement on n'a pas paru s'en douter. On n'est respecté comme nation, qu'autant qu'on se respecte soi-même, et le Bonhomme Deschamps n'imagine pas que ces dispositions à tendre le dos ne soient pas pour les Italiens un encouragement à récidiver les coups. Il est bon d'être bon, mais il ne faut pas être bête, et c'est une sottise de croire que l'on désarmera l'Italie par une extrême humilité. Notre faiblesse l'encouragera et il est fort douteux qu'elle ne donne pas non plus à d'autres peuples la tentation d'en prendre trop à l'aise avec nous. Si les pèlerins, au lieu d'être Français, avaient été Anglais, vous auriez vu en quels termes l'Angleterre aurait parlé ! C'est que de l'autre côté de la Manche on a pour principe de ne pas abandonner ses nationaux. On les soutient presque autant que nous lâchons les nôtres, et il faut qu'un Anglais ait bien tort pour que son gouvernement ne lui donne pas raison.

***

Le Bonhomme Deschamps vous entend. Vous lui dites que si nos pèlerins, au lieu d'être des catholiques, avaient été des républicains et des francs-maçons, les choses se seraient passées d'une toute autre façon. Notre ambassadeur à Rome eût mieux fait son métier et notre gouvernement eût montré les dents. Le Bonhomme Deschamps ne va pas à l'encontre de cette explication. Mais de quel jour n'éclaire-t-elle pas la politique républicaine ? Nous savions déjà que pour notre Gouvernement, il y a en France deux nations : la Républicaine à laquelle on accorde tout, et la Conservatrice à laquelle on refuse tout. Mais on pouvait supposer que cette distinction s'arrêtait à nos frontières, et qu'une fois à l'étranger il n'y avait plus que des Français. Il faut donc, après les incidents de Rome, que les naïfs en découvent. Les catholiques français, par cela seul qu'ils sont catholiques, n'ont pas droit, nous ne disons pas aux mêmes égards, mais à la même justice que le reste de leurs concitoyens. On peut les insulter, les bafouer, les frapper, cela ne tire pas à conséquence : la République ne les connaît pas. S'ils se plaignent, on leur rit au nez, et si quelqu'un dans le Parlement expose sincèrement les faits dont ils ont été victimes, on répond par des avances, mieux que cela, presque par des félicitations à leurs insulteurs.

⁂

Pourquoi cette insensibilité du patriotisme dans le parti républicain en une pareille affaire ? Pourquoi cet oubli du nom français et des obligations qu'il impose? La raison en est bien simple. A peu d'exceptions près, le sentiment dominant dans le cœur d'un républicain, c'est la haine de l'Eglise et de la religion. Ils en sont tous ou à peu près au mot de Gambetta : *le cléricalisme, c'est l'ennemi*, et l'on sait ce qu'il faut entendre par ce mot de cléricalisme. Lorsqu'il s'agit de faire pièce au Pape, à l'Eglise, aux catholiques, on oublie tout: intérêt français, dignité française. Il semble même que nos maîtres éprouvent un certain plaisir à faire fi de toutes ces belles et grandes choses, si par là ils satisfont à leur passion antireligieuse. C'est pourtant avec une pareille politique que la France a payé de l'*argent* et du *sang* de ses enfants cette unité italienne, mère de l'unité allemande, et s'est mis sur les épaules ce fardeau écrasant et peut-être mortel de cette double unité italienne et allemande! Après cela on est plus affligé qu'étonné de l'attitude de notre gouvernement dans les incidents de Rome et du langage de la majorité républicaine au Palais-Bourbon.

LE BONHOMME DESCHAMPS.

DÉPOPULATION

Nous y sommes.

Non seulement la population de la France a cessé de croître dans la proportion des autres nations, mais pour accélérer le submergement de population dont l'Allemage répète que cela suffira à nous vaincre, *nous baissons* maintenant, d'une manière absolue et sans comparaison avec les autres.

D'une statistique officielle il résulte que l'année dernière il y a eu en France :

269,332 mariages.
5,457 divorces.
838,059 naissances.
876,505 décès.

Par conséquent 38,446 décès en plus.

Ces chiffres sont effrayants. Chez tous les peuples voisins la population augmente rapidement; chez nous elle diminue, en pleine paix !

Il y a dix ans il y avait en France 24 naissances par 1,000 habitants, il n'y en a plus que 21 Dans les départements catholiques les naissances sont plus nombreuses; ainsi, dans le Finistère, il y en a 32 par 1,000 habitants; dans le Midi, au contraire, il n'y en a que 14 par 1,000 habitants.

Cette statistique nous apprend que la commune de Nort est parmi les communes importantes de France une de celles où l'on meurt le moins.

Les naissances ne sont supérieures aux décès que dans 17 départements, parmi lesquels sont les départements de la Bretagne et de la Vendée, ceux du Nord et du Pas-de Calais, c'est-à-dire les départements catholiques.

Cette inquiétante diminution de la population est le résultat des lois républicaines, qui apprennent à se passer de Dieu et favorisent le vice.

Les républicains ont imaginé le divorce sous prétexte d'augmenter la moralité et d'accroître les *familles, mais ils arrivent à un résultat* tout opposé. La loi du divorce est de 1884. Au début, les anciennes séparations de corps devaient nécessairement amener un grand nombre de divorces. Il y a eu en

1884 (4 derniers mois)...	1.657 divorces.
1885	4.277
1886	2.950
1887	3.636
1888	4.708
1889	4.786
1890	5.457

Ainsi le divorce augmente et la population diminue. Cela prouve qu'un peuple a grand tort d'introduire dans son Code des lois contraires à la loi de Dieu.

Nous savons par d'autres statistiques que le nombre des crimes s'accroît d'une manière effrayante, surtout chez les jeunes gens, c'est le résultat des lois sur les écoles sans Dieu.

Le remède?

Il est bien simple. Le respect de Dieu et de sa loi.

Hors de là, pas de salut, mais la dégringolade et la ruine.

NOUVELLES DE LA SEMAINE.

Un archevêque en police correctionnelle. — La poursuite correctionnelle intentée à Mgr Gouthe-Soulard, archevêque d'Aix, devant la première chambre de la cour de Paris, n'est pas sans précédent. Il en existe un qu'il convient de rappeler. En 1880, lors de l'exécution des décrets, M. Fallières, sous-secrétaire d'Etat aux cultes, avait demandé à Mgr Cotton, évêque de Valence, la liste des Jésuites enseignant dans son diocèse. Le prélat répondit par un refus très fier. Il en développa les motifs dans une lettre des plus dignes et des plus vives.

Je me demande, écrivait-il à M. Fallières, quel est le texte de loi qui vous autorise à me poser une pareille question ! Jusqu'à preuve du contraire, il me paraît certain que vous sortez complètement de vos attributions pour entrer dans le domaine de la conscience où vous *n'avez* absolument rien à voir. Vous n'êtes ni mon confesseur, ni mon confident. J'ajouterai, si vous le voulez, que vous n'avez pas ma confiance. Si j'allais vous dire, fussé-je le ministre des cultes d'un gouvernement quelconque : « Déclarez-moi par écrit que vous n'êtes ni franc-maçon, ni internationaliste, ni athée », vous ne manqueriez pas de me répondre que cela ne me regarde pas, et vous auriez cent fois raison. Traiter la liberté individuelle et la liberté des cultes comme vous le faites, *n'est-ce pas le comble du cynisme?* Vous me menacez de me supprimer la subvention au séminaire. Cette menace, j'ai le droit de la considérer comme une insulte. On ne nous achète pas, et vous nous offririez toutes les économies réalisées par le président de la République (M. Grévy), que vous ne nous feriez pas commettre une lâcheté. La haine de Dieu et l'amour de l'argent sont les traits caractéristiques des hommes qui nous gouvernent. Eh bien ! ne vous en faites pas faute. Gardez notre argent. Mettez-le dans vos poches. Gorgez-en vos créatures. Vous pouvez nous réduire à la misère, vous ne pouvez nous enlever ni le droit de protester contre une injustice, ni l'honneur, ni la liberté.

M. Fallières fit traduire Mgr Cotton devant la première chambre de la cour de Paris, comme il va y envoyer Mgr Gouthe-Soulard. La cour acquitta l'évêque. Nous espérons, pour l'honneur de la magistrature, qu'il en sera de même pour l'archevêque.

Comment s'entendent nos gouvernants. — Les amis de M Constans expliquent à qui veut les entendre que le ministre de l'intérieur n'est pour rien dans les poursuites dirigées contre l'archevêque d'Aix. « M. Constans a trop d'esprit, disent-ils, pour approuver cette sottise? » et si leur interlocuteur appartient à la droite, ils lui disent confidentiellement, à l'oreille, que les catholiques n'ont aucune modération à attendre d'un président du conseil (M. de Freycinet) qui est protestant. L'insinuation est tout à fait curieuse venant du personnage qui était ministre de l'intérieur au moment de l'exécution des décrets. Par contre, les amis de M. Bourgeois disent que celui-ci est indigné de voir dans les départements les meilleurs républicains sacrifiés à des réactionnaires et que, s'il revenait place Beauvau, il donnerait à l'administration une direction plus ferme et plus « républicaine ». C'est ainsi que s'affirme dans les couloirs de la Chambre l'homogénéité du ministère.

Une idée saugrenue vient d'éclore dans le conseil municipal de Dôle : il s'agit d'ériger un monument au président Grévy. Que les démocrates du Jura souscrivent entre eux pour ce monument, passe! Mais il serait exorbitant qu'on fit payer aux contribuables les frais de cette commémoration locale.

Ce que l'on peut faire de mieux pour l'ombre de M Grévy, c'est de la laisser tranquille. Que les amis qui regrettent l'homme privé — et il paraît qu'il avait toutes les qualités bourgeoises requises pour être un bon mari, un bon père et un avocat suffisant — aillent pleurer sur la modeste tombe de Mont-sous-Vaudrey, rien de mieux. De là à un hommage public solennel, officiel, il y a un monde.

On peut admettre que M. Grévy n'ait pas eu conscience de la singularité du métier que faisait son gendre; admettons même, si vous voulez, qu'on ait exagéré les méfaits du gendre; il n'en reste pas moins établi que pendant plusieurs années la première magistrature du pays a servi de pavillon à un cabinet d'affaires. Aucun texte de loi ne punissait ce genre d'opération, puisque l'on a acquitté M. Wilson; elle n'en constitue pas moins une anomalie qu'on n'a rencontrée ni avant ni après M. Grévy et contre laquelle l'opinion s'est élevée avec une telle violence, qu'il a dû abandonner la place et ses profits.

Ni par la parole, ni par les actes, M. Grévy n'a été de ceux qui méritent bien d'une nation : c'est donc uniquement comme Président de la République qu'on peut songer à l'éterniser en marbre ou en bronze: or sa démission n'a pas été assez volontaire pour qu'il soit besoin d'immortaliser la mémoire de son principat. Ne dites pas qu'il a fondé la République, elle était fondée avant lui par des hommes qui ne l'avaient pas fait exprès, j'en conviens; celle que M. Grévy a installée a été la République de l'intolérance, et — chose amusante de la part de ce paysan économe — de la dépense.

..... Si, à la grande rigueur, on tenait absolument à un monument, c'est un Dieu Terme qu'il faudrait élever en mémoire de ce subtil et heureux propriétaire.

Les républicains et la caisse. — Nous ne signalons plus les fuites de percepteurs, les disparitions de caissiers, les trous à la caisse faits par des employés des finances qui, neuf fois sur dix, n'appartiennent pas à la carrière administrative, mais sont des agents républicains bombardés fonctionnaires en récompense des services électoraux.

Nous ne les signalons plus; ils sont trop!

Les choses en sont arrivées à ce point que M. Rouvier, ministre des finances, vient d'être obligé d'adresser aux trésoriers généraux une circulaire spéciale.

Le ministre y regrette « le nombre et l'importance des déficits de cette année ». Il signale la « confiance excessive » témoignée aux comptables républicains, et la « surveillance insuffisante » des trésoriers-généraux. M. Rouvier ne s'irrite pas d'ailleurs outre mesure. La part du feu, soit, mais que les agents électoraux y mettent du moins un peu plus de discrétion! Il est à craindre que la circulaire douceâtre de M. Rouvier ne soit insuffisante pour enrayer l'épidémie fugitive de comptables improvisés: car, ainsi que l'explique M. le ministre, « la responsabilité pécuniaire » reste aux contribuables. Ce sont eux qui continueront à boucher les trous.

Quant au gouvernement, qui a commis la lourde faute de mettre tant de républicains avides en contact avec des caisses tentatrices, sa responsabilité n'est que « morale »: ce qui revient à dire, sous le régime actuel, qu'il n'est pas responsable du tout.

LE CHEVAL.

Histoire. — Age. — Taille. — Robe. Signalement.

Partager nos périls et nos gloires, telle a donc été la première destinée du cheval! Les patriarches, aux mœurs pacifiques, ne s'en servaient pas, et Moïse, afin de prévenir chez les Israélites tout désir de conquêtes lointaines, leur prescrivit de suivre sur ce point les traditions de leurs aïeux. C'est ce qu'ils firent jusqu'au règne de Salomon, qui, le premier, organisa des haras dans la Judée.

Les fables de la Grèce nous présentent cette noble créature sortant de terre sous le trident du dieu des tempêtes. Mars l'adopte; Bellérophon lui passe un mors. Achille et les autres héros des temps fabuleux combattent du haut de chariots traînés par de rapides coursiers. Puis, pendant une longue série de siècles, les chevaux grecs se disputent sur les arènes de l'Elide les palmes les plus glorieuses que jamais animal ait recueillies.

Dès l'antiquité, le cheval apparait comme le compagnon des gloires, des périls et des plaisirs de l'homme. Puis, s'associant à ses labeurs, il traîne la charrue et de pesantes voitures. A ce travail, comme au champ d'honneur, sa force, son courage, son intelligence sont dignes d'admiration. Voyez ce vigoureux limonier attelé entre les brancards d'une charrette énorme; il la maintient au milieu des cahots, la fait tourner au moindre signe de son conducteur, la pousse même à reculons, s'il est nécessaire. Un obstacle se présente; il déploie, pour le franchir, une incroyable énergie. Son pas n'a pas besoin d'être soutenu comme celui du bœuf et, si on l'accélère après avoir forcé la ration d'avoine; on obtient un travail double ou triple de la tâche ordinaire. Mais dans les montagnes, son tirage n'est pas aussi sûr, aussi persévérant que celui du bœuf. De plus, sous l'influence d'une température élevée, le cheval devient mince de corps et il prend un tempérament nerveux, favorable sans doute au service de la selle, mais médiocre pour le tirage de fardeaux pesants. En effet, la force de trait qui résulte d'excitation nerveuse, ne peut se soutenir longtemps si au poids de l'objet à tirer, l'animal n'oppose la puissance de sa propre masse. Sous un climat moins brûlant, le cheval prend plus de volume et, par suite, cet aptitude au trait qui le rend précieux à l'agriculteur du Nord.

Entre le cheval de selle et celui de gros trait, se trouvent les chevaux de trait léger qu'une conformation intermédiaire rend propres soit à servir de monture, soit à tirer d'un pas dégagé, sur de beaux chemins, des charges de pesanteur moyenne. Le grand cheval de selle est lui-même attelé, comme carrossier, aux voitures de luxe.

Le cheval appartient à la classe des mammifères et à l'ordre des solipèdes. Comme le nom l'indique, il a un seul onglon à chaque pied; il ne rumine ni ne vomit, ne respire que par le nez; est nubile à l'âge de deux à trois ans; adulte à cinq; il vit jusqu'à vingt-cinq et trente. La femelle, qui porte onze mois environ, ne produit généralement à la fois qu'un seul petit.

Les dents sont au nombre de quarante, savoir: douze *incisives*, dont six à chaque mâchoire: vingt-quatre *molaires* et quatre *canines*. Ces dernières, que l'on nomme *crochets*, manquent chez la plupart des femelles.

On reconnait l'âge de cet animal à l'examen des incisives qui se nomment: les deux du milieu, *pinces*; celles qui touchent aux pinces, *mitoyennes*; les deux dernières, *coins*.

A l'âge de huit mois, ces douze dents ont toutes paru; petites et de couleur brunâtre; elles sont, jusqu'à l'âge de trois ans, à l'état de simples *dents de lait*. Un peu avant trois ans, les pinces tombent et sont remplacées par des *dents d'adultes*, plus fortes et plus blanches; à quatre ans, même remplacement pour les mitoyennes; à cinq ans, pour les coins. Un émail très dur recouvre chaque dent et forme en outre deux cornets inférieurs: l'un s'ouvre à la surface ou table de la dent; l'autre plus, resserré et renversé, se trouve dans la partie inférieure. La pointe de ce second cornet finit environ aux deux tiers de la hauteur de la dent, un peu au-dessus de la pointe inférieure du premier.

Les dents poussent et s'usent tout à la fois Par suite, les incisives de la mâchoire inférieure diffèrent d'aspect suivant l'âge de l'animal. L'année même de leur apparition, on voit dans le pourtour de leur *table* ou surface supérieure, une raie d'émail et au milieu, un creux prononcé de couleur foncée La seconde année, on remarque une seconde raie d'émail, qui appartient au cornet dentaire supérieur et qui divise à peu près en deux parties égales le creux de la table. La troisième année, cette raie devient circulaire et forme au milieu de la table une figure ovale. A la quatrième année, cet ovale diminue d'étendue, et le creux de couleur foncée disparait. On dit alors que la dent a *rasé*. La sixième année, l'ovale se rétrécit encore. La septième année, entre l'ovale et le bord antérieur, apparait une ligne d'émail qui appartient au cornet dentaire inférieur; la surface de la dent commence elle-même à devenir triangulaire, ensuite, cette forme devient tous les ans de plus en plus prononcée. La huitième année, l'émail du cancer inférieur forme un demi-ovale. Quant à l'ovale du cornet supérieur, il se rétrécit toujours. La neuvième année, il touche le bord de la dent vers l'angle qui regarde le fond de la bouche. La dixième année, toute trace du cornet supérieur disparait et on ne voit plus que l'ovale du cornet inférieur, lequel se trouve alors au centre de la dent.

Les pinces, les mitoyennes et les coins s'étant formés les uns après les autres, ces changements d'aspect se montrent successivement sur ces diverses pièces de la machoire. Ainsi, les pinces de la mâchoire inférieure rasent lorsque le cheval a six ans; les mitoyennes, lorsqu'il en a six à sept; les coins, lorsqu'il en a sept à huit. La trace du cornet supérieur disparaît à l'âge de douze ans, dans les pinces; à treize ans, dans les mitoyennes, à quatorze ans, dans les coins.

Les incisives de la mâchoire supérieure s'usent moins vite que celles de la mâchoire inférieure. Ains, les pinces de cette partie de la bouche rasent entre huit et neuf ans; les mitoyennes, entre neuf et dix; les coins, entre dix et onze.

Par exception, les dents de quelques chevaux, qu'on appelle *bégus*, s'usent plus lentement que suivant l'ordre ordinaire et, d'un autre côté, les maquignons cherchent quelquefois à rajeunir les vieux chevaux en ciselant leurs dents; mais ils ne peuvent faire disparaître la forme triangulaire qui commence à se manifester sur les pinces dès l'âge de neuf ans et qui ensuite augmente toujours.

La taille du cheval, prise du sol au sommet de l'épaule, varie depuis 1 mètre jusqu'à 1m 80. Au-dessous de 1m 45 on dit qu'elle est *petite*; de 1m 45 à 1m 55, on dit qu'elle est *moyenne*; au-dessus de 1m 55, qu'elle est *grande*.

Les couleurs de robe sont variées On distingue: — le *noir*; — le *blanc*; — l'*alezan*, c'est-à-dire, le rouge avec queue, crinière et bas des jambes de même couleur; — le *bai*, c'est-à-dire, le rouge avec crinière et extrémités noires (le bai et l'alezan se disent: *clair*, *foncé*, *doré*, *cerise*, *marron*, *châtain*, *brun*, suivant les nuances); — le *café au lait*, couleur qu'on nomme *Isabelle*, quand les extrémités et les crins sont noirs; — le *fouvet*, c'est-à-dire le fauve avec poils de teinte foncée à la racine et claire à la partie supérieure, crinière et extrémités noires; — le *gris*, qui peut être *clair*, *foncé* ou *gris de fer*, *ardoisé*, *pommelé*; — le *gris étourneau*, qui présente des poils blancs par petits bouquets sur un noir foncé; — l'*aubère* ou *fleur de pêcher*, qui se compose de poils blancs et rouges; — le *rouan*, mélange de poils rouges, de poils noirs et de poils blancs, avec extrémités, queue et crinière presque toujours noires; — le *pie*, mélange de blanc avec rouge ou noir par taches irrégulières et bien tranchées.

Les signes particuliers de la robe des chevaux sont désignés par des termes dont le cultivateur doit connaitre les principaux, savoir:

Zain, absence complète de poils blancs.

Miroité, présentant des reflets arrondis par l'effet de nuances plus ou moins foncées.

Rubican à telle ou telle partie, c'est-à-dire poils blancs semés çà et là sur ces parties.

Zèbré, lignes noirâtres aux jambes, comme celles du zèbre.

Raie de mulet, ligne noire sur l'épine dorsale.

Balsane de tel ou tel pied, c'est-à-dire telle ou telle extrémité blanche.

Pelote ou *étoile* en tête, tache blanche de forme arrondie au milieu du front.

Lisse ou *liste en tête*, tache semblable, mais allongée.

Belle-face, tache blanche couvrant tout le nez ou *chanfrein*.

Cap de maure, tête noire avec le reste du corps d'autre couleur.

Marqué de feu, nuance d'un jaune rougeâtre au nez (*nez de renard*), autour des yeux et au flanc.

Ladre, taches blanchâtres sur les portions de peau sans poils qui sont autour de la bouche, des yeux, de l'anus, etc.

Tête busquée, chanfrein formant une ligne courbe et bombée depuis le front jusqu'aux naseaux.

Tête camuse, cette même ligne courbe, mais en sens inverse.

Tête plate, front et chanfrein plats.

Dos ensellé, creux prononcé au milieu du dos.

Croupe avalée, coxaux très abaissés à leur partie postérieure.

Epis, marques circulaires ou allongées résultant d'une direction particulière, tantôt convergente, tantôt divergente, que prennent les poils sur certaines parties du corps.

Yeux vairons, yeux dont le globe, au lieu d'être foncé en couleur, est blanc ou taché de blanc.

Le cheval est fait pour travailler au profit de l'homme bien plutôt que pour lui servir d'aliment. Cependant, sa chair peut et doit être utilisée.

La chair de cheval est foncée en couleur, très riche en parties solubles. Par conséquent, elle donne d'excellent bouillon. Mais dépouillée de sa gélatine par l'ébullition, elle devient tant soit peu coriace. A cet état, elle est moins facile à digérer que le bouilli de bœuf. Les morceaux de choix, surtout le filet, sont très bons rôtis. Hachée, mêlée de graisse et assaisonnée, cette viande procure d'excellents saucissons. La graisse est jaune, huileuse, et cependant de bon goût. Comme on ne tue généralement que de vieux chevaux maigres et usés, le prix moyen des quatre quartiers ou de la chair nette ne dépasse pas ordinairement 0 fr. 35, le kil. A l'abatage, on obtient en moyenne, 45 pour 100 du poids de l'animal en vie. Un cheval de 500 kil. donne donc environ 225 kil. de viande, qui valent au total environ 80 francs.

Charles GOSSIN.

Le pain mixte de pommes de terre

Parmentier avec le chevalier Mustel ont indiqué, il y a plus d'un siècle, un moyen d'introduire les pommes de terre dans la préparation du pain, et ce procédé a été depuis lors essayé bien souvent dans tous les pays.

Mais ce genre de pain a été partout abandonné, parce qu'il manque de saveur et parce qu'il ne vaut pas la peine qu'il donne.

Il y a cependant là une très féconde conception économique, qu'il faut de nouveau s'efforcer de réaliser en modifiant le procédé de Parmentier qui était défectueux.

Il est facile de démontrer, en effet, le profit qui peut en résulter pour la France seule, en rappelant que nous exportons annuellement plus de 120 millions de kilogs de pommes de terre, valant près de 10 millions de francs, tandis que nous sommes obligés d'importer des céréales frappées d'un droit d'entrée.

Cette exportation tend à augmenter de plus en plus, maintenant que M. Aimé Girard, le célèbre professeur de chimie au Conservatoire des arts et métiers, a propagé une variété qui, au domaine de Crépy-en-Valois, produit de 25.000 à 30.000 kilogs de ce tubercule à l'hectare.

Comme le transport des pommes de terre est onéreux, relativement à leur valeur alimentaire, à cause de la grande quantité d'eau qu'elles contiennent, il y aurait avantage à les consommer dans le pays, en diminuant l'importation du blé, car c'est la difficulté de trouver la vente de cette masse de tubercules qui empêche de donner à leur culture toute l'extension possible.

Pendant une année de disette, comme celle qui s'annonce, cette économie peut avoir une importance sérieuse.

Or, je crois avoir trouvé le vrai moyen d'utiliser les pommes de terre sous la forme d'un pain appétissant, et ce qui le fera adopter, j'espère, c'est sa simplicité même jointe aux considérations scientifiques dont je crois devoir faire l'exposé.

« Rendre soluble dans l'estomac la plus » grande partie de substances farineuses insolubles dans l'eau, dit M. Léon Heudoux, tel » est le but principal de la panification. »

Mais les procédés usuels de la boulangerie, si anciens et si généralement usités qu'ils soient, ne permettent pas d'atteindre complètement ce résultat, malgré tous les perfectionnements apportés.

En effet, d'après le traité de l'alimentation du docteur Jules Cyr, la ration de pain du marin français, comme celle du soldat, est théoriquement supérieure à ce qu'elle doit être pour ceux qui introduisent de la viande dans leur régime, et les auteurs plus récents confirment le fait même pour les ouvriers des villes.

Voici les raisons de cet excès de dépense.

L'amidon de la mie du pain ordinaire n'ayant pas été transformé en dextrine par la torréfaction, comme dans la croûte, n'est pas assimilé complètement, parce qu'il n'est converti en glucose que sous l'action de la salive, et que la mastification est toujours insuffisante.

Or la mastication est insuffisante que le pain blanc soit sec ou frais.

Dans le premier cas, il durcit trop vite, surtout pour les personnes dont les dents ne sont pas en bon état ; dans le second cas, la croûte est si cassante qu'on recherche de préférence les pains peu cuits, quoique la mie en soit indigeste.

Il en résulte que le pain blanc, la base de notre alimentation, n'est presque entièrement tendre que s'il est, simultanément, frais et peu cuit, de sorte que la ration doit être plus grande que ne le comporterait sa composition chimique.

Dans le double but de rendre le pain plus sain, plus nutritif, et d'en diminuer le prix de revient, j'ai donc combiné un nouveau procédé qui est fondé sur ce principe :

Que la cuisson, pour être suffisante, régulière et plus économique, doit être effectuée avant le pétrissage.

Mon procédé est aussi basé sur ce fait, d'une constatation facile en observant les diverses couches de la croûte du pain :

Que la formation de la dextrine est graduelle à mesure que la température s'élève, et qu'il n'est pas nécessaire que la torréfaction soit complète, sous l'influence d'une chaleur de 200° pour que l'amidon commence à devenir un peu soluble.

Par suite, je prends les farines blutées du commerce et je les soumets, suivant les cas, à l'action d'une chaleur de 140° à 160°, dans des fours chauffés par des tuyaux de vapeur à 4 ou 6 atmosphères ou par circulation d'eau chaude, en ayant soin de les retirer avant que la transformation de l'amidon en dextrine soit complète, au moment où le goût de croûte est devenu agréable.

J'obtiens ainsi une nouvelle sorte de farine composée de dextrine légèrement torréfiée, et de gluten cuit, qui peut se conserver longtemps, tous les microphytes ayant été détruits.

Une seconde cause de conservation provient de ce que les matières grasses, ayant été fluidifiées, sont absorbées par la farine et ne peuvent plus fermenter, ainsi que le démontre l'exemple du pain bien cuit.

Lorsque je veux préparer du pain de pommes de terre, qui est une variété des *Pains Rationnels* pour lesquels j'ai pris divers brevets d'invention, je fais donc bouillir ces dernières et après les avoir épluchées, je les pile dans un grand mortier, en les salant.

A cette purée, j'ajoute une quantité variable de farine torréfiée à 150° ou 160°, un peu de farine ordinaire, du levain, et je pétris cette pâte suivant les pratiques usuelles.

Enfin, je confectionne des pains de la dimension voulue, que je laisse lever pendant un certain temps, et que je soumets à une légère cuisson dans des fours de boulangerie.

J'obtiens ainsi un pain aussi nutritif que savoureux, qui a une grande analogie de goût avec le pain de ménage préparé dans les maisons de campagne, d'une bonne conservation, et qui trempe mieux que le pain de seigle.

Dans les grandes villes, la préparation industrielle permettra de vendre le pain de pommes de terre à très bon marché, en employant, pour l'épluchage, les appareils à vapeur dont on se sert chez les amidonniers.

Plus ou moins cuit au four, suivant le goût des consommateurs, ce genre de pain sera apprécié par tous ceux dont l'estomac fonctionne mal, car il est d'une digestion plus facile que la mie du pain blanc et il conviendra même aux diabétiques.

D'une manière générale, le pain de pommes de terre sera recommandé à tous les dyspeptiques, parce que les cinq sixièmes de l'amidon qu'il contient ont été torréfiés, ce qui en facilite l'assimilation.

Enfin, pour les mêmes raisons, le pain mixte de pommes de terre, complètement desséché, se conservera mieux que le biscuit de mer, n'ayant pas les mêmes causes d'altération, et constituera, pour les places fortes, le plus sûr ainsi que le plus économique des approvisionnements.

Toutes ces qualités assurent donc à ce nouveau produit une consommation aussi durable que générale, car il servira pour l'alimentation de l'ouvrier, du soldat et du malade.

L.-Eug. MOULINE.
A Vals-les-Bains (Ardèche).

Nouvelles agricoles.

La Société nationale d'Aviculture de France donnera sa première exposition au Palais des Beaux-Arts (Champ-de-Mars), les 11, 12, 13, 14 et 15 novembre.

Les adhésions seront reçues au siège de la Société, 7, rue des Grands-Augustins, Paris, jusqu'au 7 novembre.

Les tarifs douaniers. — La Société d'Agriculture de Clermont a, dans sa dernière séance, adopté les vœux suivants, conclusions d'un très remarquable rapport de M. le comte de Luçay :

1° Que la France, conservant la libre disposition de ses tarifs, ne se lie plus désormais avec les nations étrangères par des traités de commerce ;

2° Que, si des conventions de cette nature devaient cependant continuer à être conclues, aucun des produits agricoles ne soit inscrit au tarif minimum ;

3° Que, par application du principe de l'égalité de traitement, ceux de nos produits agricoles indigènes, improprement dénommés *matières premières*, soient défendus par des droits modérés contre l'importation des similaires étrangers ;

4° Que la prohibition, édictée en 1881 contre les viandes de porc salées d'Amérique, soit maintenue ;

5° Et qu'en exécution d'engagements officiellement pris, les plus values à provenir des douanes soient affectées au dégrèvement des contribuables agricoles.

Situation viticole en Tunisie. — Les vendanges sont achevées dans toutes les circonscriptions de la régence. L'importante opération de la vinification a pu se faire cette année dans de très bonnes conditions. La température s'est montrée favorable pendant la période de la cueillette, à l'exception de quelques jours de siroco.

La vendange des *Petits Bouschets* a été commencée vers le 5 août, c'est le plus précoce des cépages cultivés jusqu'à ce jour en Tunisie. Les vendanges des autres cépages précoces ont été commencées aux dates suivantes :

Le Pinot, vers le 6 août. — *Le Cabernet*, vers le 8 août. — *La Sirah*, vers le 12 août. — *Le Cot* ou *Malbek*, vers le 12 août. — *Le Cinsaut*, vers le 15 août. — *L'Aramon*, vers le 17 août.

Enfin, dans certaines parties en coteaux *les Mourastels* ont été récoltés du 15 au 20 aout.

Mais c'est du 20 au 25 août qu'ont commencé les vendanges proprement dites, c'est-à-dire celles qui concernent *les Mourvèdres, les Mourastels* et *les Carignans*, cépages de beaucoup les plus répandus en Tunisie.

La récolte s'est terminée vers le 15 septembre. Quelques rares vignobles restés en retard ont seuls été vendangés après cette date. Il faut excepter toutefois les raisins blancs qu'en plusieurs endroits on laisse surmurir jusqu'à ce que le moût pèse 14° et au delà.

Les moûts des *Petits Bouschets* ont donné généralement 10 degrés au densimètre Salleron. Pour les autres cépages récoltés plus tard le poids moyen des moûts a été de 11 à 12 degrés.

Dans les foudres de grandes dimensions, la durée moyenne de la fermentation a été de 10 jours. Alors que dans les caves la température variait entre 24 et 28° la température moyenne dans les foudres oscillait entre 30 et 35 degrés. Ce n'est qu'exceptionnellement qu'elle a atteint les maxima de 38 et 39°.

La fermentation s'est opérée beaucoup mieux dans les vaisseaux de moindres dimensions. Dans les foudres de 50 hectolitres elle n'a pas dépassé 34°, alors que le même jour, dans la même cave, la température dans les foudres de 200 hect. dépassait 38°. La durée de la fermentation y est plus courte aussi et varie entre 6 et 8 jours.

Enfin, dans certaines caves, on est parvenu par l'emploi de la glace à maintenir la fermentation à 30°.

Partout le vin nouveau s'est montré bon : il est riche en couleur et d'un goût agréable. Il ne laissera pour la qualité rien à désirer. Quant à la quantité produite elle ne sera exactement établie que dans quelques jours ; mais on peut dire dès maintenant que les rendements ont été bons et dépassent en général les prévisions.

Ligue pour le vinage. — Il vient enfin de se former une ligue pour le vinage des vins à prix réduit.

Voilà plus de dix ans que toute notre viticulture et tout notre commerce des alcools réclament cette réforme.

La ligue a pour but de saisir l'opinion publique de cette question et d'organiser une très grande propagande.

Il s'agit de démontrer au pays la nécessité du vinage, en lui prouvant qu'on ne demande pas un privilège, mais simplement une liberté dont jouissent les étrangers et dont ils bénéficient aux dépens des Français.

C'est pour cela que des hommes dévoués ont créé la ligue du vinage.

Le vinage est une opération simple et utile dont l'usage a été répandu de tout temps. L'alcool est le corps qui maintient en bon état de conservation les divers éléments dont se compose le vin.

Quand il est en trop faible proportion, dans les mauvaises années, à la suite d'une insuffisante maturité des raisins ou des nombreuses altérations auxquelles ces fruits sont exposés par les maladies dont souffrent nos vignobles, son emploi devient en quelque sorte indispensable pour conserver à la consommation une foule de vins qui n'ont d'autre emploi que la chaudière.

On reste effrayé des pertes énormes qu'a subies la France depuis quelques années, sous l'action de ce mauvais régime.

Ainsi, le résultat le plus clair des traités de 1882 a été d'autoriser en franchise le vinage des vins étrangers, tandis qu'on refusait le même traitement aux vins français.

On a mis, par cette mesure, nos vins nationaux, en flagrante infériorité sur nos propres marchés, et on a fermé aux alcools français le débouché qu'ils réclament inutilement, depuis vingt ans, par le droit de vinage à prix réduit ; tandis qu'on a libéralement ouvert aux alcools étrangers, c'est-à-dire, pour la majeure partie, aux alcools allemands.

Il n'est pas étonnant que des résultats aussi ruineux pour nos industries nationales aient excité les plus vives réclamations.

Les nouveaux tarifs de douane même laisseront subsister la concurrence de deux degrés de vinage que l'administration accuse ne pouvoir découvrir.

Viticulteurs et producteurs d'alcools demandent qu'on ne refuse pas à nos produits nationaux les avantages dont les produits concurrents jouissent à l'étranger.

Mettre fin à ces abus que la raison et l'intérêt condamnent, faire appel aux sentiments de justice de nos législateurs, tel est le but de la ligue.

Au nom du patriotisme, tous les intéressés voudront en faire partie (1).

Les statuts de la ligue sont très courts ; les voici :

Considérant que le vinage est une opération qui s'impose à la viticulture française, car elle est en face de la concurrence étrangère ; qu'en fait le vinage est en vigueur, autorisé législativement, mais pour les étrangers seulement ; que les grands intérêts français de la viticulture et de la production des alcools sont sacrifiés et resteront sacrifiés, malgré les nouveaux tarifs de douane, si le vinage français n'est pas autorisé ; que le vinage à l'étranger n'est que l'abus du vinage, qu'il est contraire à l'intérêt des producteurs, des consommateurs et du Trésor ; qu'il est difficile d'imaginer une situation plus désastreuse pour notre pays et plus ruineuse pour ses intérêts, la ligue s'engage à poursuivre la réalisation de cette réforme et d'organiser de ce but un grand mouvement d'opinion.

En conséquence, les statuts suivants ont été adoptés :

Article premier. — La ligue se compose de tous les viticulteurs, fabricants d'alcools, négociants, syndicats, associations, comités, groupes, etc., etc., ayant fait adhésion au programme ci-dessus.

Art. 2. — La ligue recueillera des souscriptions pour organiser toute propagande et prendre toutes mesures propres à favoriser le vote du vinage.

Art. 3. — L'assemblée générale, composée des sociétaires individuels et des groupes adhérents, aura lieu dans la deuxième quinzaine de janvier.

CONSEILS DU JARDINIER

CONSERVATION DES RAISINS.

Conservation à râfle sèche.

Dans une chambre bien saine et où la gelée ne peut pénétrer, on dispose des tables ou des rayonnages garnis de paille de seigle ou de fougère sèche. On dispose dessus les grappes côte à côte et non l'une sur l'autre. On laisse cette chambre-fruitier ouverte au grand air pendant 8 à 10 jours pour que les grappes perdent bien toute leur humidité naturelle. Ensuite, on ferme tout, portes et volets, de façon à obtenir une obscurité aussi complète que possible. On pénètre le moins que l'on peut dans le fruitier,

(1) Adresser les adhésions et souscriptions à M. Albert Savalle *trésorier*, 1, place Pereire, Paris.

seulement quand il le faut pour prendre des raisins.

De temps en temps, on enlève avec des ciseaux les grains qui peuvent pourrir. La rafle et les grains se rident et dessèchent en partie, mais on peut néanmoins les conserver jusqu'en mars et même avril.

Quelquefois, on préfère susprendre les grappes en les attachant à des cordes ou sur des cerceaux accrochés aux solives du plafond. Les raisins suspendus se conservent peut-être mieux mais ils dessèchent beaucoup plus que ceux qui sont simplement posés sur des tablettes garnies de paille.

Conservation à râfle verte.

Pous employer ce procédé, il faut couper les sarments portant des raisins, à 3 bourres au-dessous des grappes et à 2 au-dessus. Ces morceaux de sarments chargés de raisins sont placés la base dans une petite fiole d'une capacité de 10 à 12 centilitres, contenant de l'eau additionnée d'une cuillerée de poussière de charbon de bois qui l'empêchera de se corrompre.

Les fioles sont placées sur un râtelier ou accrochées au mur, fixées dans une position inclinée, pour que les grappes soient pendantes et ne touchent à rien.

On peut avoir deux grappes sur le même sarment, mais on peut généralement mettre qu'un sarment par fiole.

Il est complètement inutile de boucher les fioles, comme de cacheter à la cire les sections du sarment, ainsi qu'on l'a parfois recommandé.

Si le raisin a été récolté sur des treilles assez âgées, croissant dans un sol plutôt sec qu'humide où il mûrit très bien, on pourra par ce procédé le conserver jusqu'en avril très facilement. Le raisin ainsi conservé garde un excellent goût et toute sa fraicheur. D. Layé.

CONSEILS A LA FERMIÈRE

LA CHOUCROUTE DANS LES FERMES.

Toute futaille propre, solidement cerclée en fer, défoncée pas un bout peut servir pour la choucroute. On enlève d'abord les feuilles vertes, puis le trognon de la pomme que l'on arrache avec un couteau ordinaire. Avec ce couteau de six à sept centimètres, ressemblant à un rabot à plusieurs lames, on découpe le chou en lanières fines qu'on laisse tomber dans un panier, puis on les verse dans une futaille, sur une épaisseur de 15 à 16 centimètres. Un homme ayant aux pieds une paire de sabots neufs piétine sur la couche de choux jusqu'à ce qu'elle ne cède plus; on répand ensuite dessus un peu de sel, quelques grains de poivre, quelques baies de genièvre si on veut, et on recommence un nouveau lit de choucroute jusqu'à ce que le vase soit presque plein, alors on place sur la choucroute un linge blanc, puis en dessus un couvercle en bois muni d'une poignée, et on charge ce couvercle de pierres pesant 25 à 30 kilogrammes. L'eau de végétation recouvre bientôt le couvercle.

Le tonneau plein doit être placé à la cave et à l'exposition la plus fraiche, surtout dans les pays chauds. Au bout de quinze jours, on visite la choucroute. Avec une casserole et une éponge on enlève l'eau qui la recouvre, car elle finirait par se corrompre et ferait gâter les choux. Lorsqu'il ne reste plus d'eau, on ôte les pierres, le couvercle et le linge. On peut déjà prendre de la choucroute pour la cuisine, en ayant soin de bien la laver avant de la faire cuire. On rétablit le niveau à la main, on place par dessus un nouveau linge blanc que l'on surcharge du couvercle et des pierres qu'on a soin de rincer avec de l'eau fraiche, et on verse de l'eau sur le couvercle afin que l'air ne puisse pénétrer dans l'intérieur.

Tous les quinze jours en hiver et tous les huit jours en été, que l'on ait ou que l'on n'ait pas besoin de choucroute, il faut procéder à l'opération que nous venons d'indiquer. Dans le Nord, à cause de la température plus froide on visite seulement la choucroute tous les mois, et même tous les deux mois. Parfois même on se dispense de saler la choucroute afin de l'avoir plus tendre. Un excès de sel durcit beaucoup cet aliment; il faut en employer très peu, et il n'y aurait même pas d'inconvénient à le supprimer, pourvu que la conserve soit énergiquement foulée.

Il serait à désirer que les tonneaux employés à cet usage n'eussent pas de ventre comme les futailles destinées au vin, car, au fur et à mesure que le couvercle se rapproche du ventre, son diamètre n'est plus suffisant pour recouvrir la choucroute, et l'air s'introduit alors trop facilement dans l'intérieur. Il faut alors tamponner la partie vide avec des linges, mais il serait préférable d'avoir un tonneau cylindrique pour la choucroute, comme on a un vase pour le porc salé. UNE MÉNAGÈRE.

CONSEILS DU VÉTÉRINAIRE

ICTÈRE OU *jaunisse* DES ANIMAUX.

Vulgairement appelée *jaunisse*, cette affection est due à la présence de la bile dans le sang.

Elle se traduit par la coloration jaune des muqueuses de la peau, des excréments et des urines. Mais la coloration de la peau, il faut le dire, n'est guère visible que dans les parties où celle-ci est fine et dépourvue de poils.

Généralement bénigne chez les herbivores, la jaunisse est fort grave chez le chien. Elle reconnait pour cause, chez cet animal — du traitement duquel nous allons seulement nous occuper — la colère et la frayeur.

Traitement. — Administrer, par petites quantités, du lait coupé avec de l'eau de Vals, donner des bains alcalins tièdes et des lavements froids avec une infusion de camomille.

En même temps, administrer une cuillerée à soupe, toutes les deux heures, de la potion suivante:

Extrait de centaurée........ ...	10 gramm.
Extrait de gentiane.............	8 —
Tartrate de potasse............	6 —
Eau distillée.....................	200 —

On peut faire prendre cette potion mélangée à du suc d'herbes.

UN VIEUX VÉTÉRINAIRE.

CONSEILS DU MEDECIN

L'EAU-DE-VIE A JEUN.

Il n'y a pas d'habitude plus mauvaise que celle de boire de l'eau-de-vie à jeun.

Ce liquide, qui, dans ce cas, serait bien mieux dénommé *eau de mort*, se trouvant directement en contact avec la muqueuse de l'estomac, la brûle et ne tarde pas à la rendre gravement malade.

Il est facile de comprendre ce qui se passe dans ce viscère. Si l'on prend une gorgée d'eau-de-vie et qu'on se gargarise un tant soit peu, on ne tarde pas à rejeter cette eau-de-vie, car elle vous brûle fortement la langue et la bouche.

Or, il n'y a pas la moindre différence entre la muqueuse qui tapisse l'estomac, et si l'eau-de-vie brûle fortement la première, elle brûle aussi fortement la seconde, quand la force du liquide n'est pas amoindrie par la présence d'aliments se trouvant dans l'estomac.

Prenez donc de l'eau-de-vie lorsque l'estomac est rempli d'aliments; mais n'en buvez jamais à jeun, car si vous ressentez, pendant quelques heures, une excitation et une vigueur nouvelle, ce ne sera qu'aux dépens de votre santé, qui ne tardera pas à décliner et qui abrégera votre vie après vous avoir procuré de vives douleurs.

UN VIEUX MÉDECIN.

JURISPRUDENCE RURALE.

RACINES ET BRANCHES AVANÇANT SUR UNE PROPRIÉTÉ PARTICULIÈRE.

— Je suis propriétaire d'un champ, dont le sol est de première qualité et devrait être d'un excellent produit, mais, malgré tous mes soins, rien n'y vient à maturité.

— Voilà qui est bien singulier.

— C'est bien simple pourtant; cela tient, vous pouvez le voir par vos propres yeux, à ce que le long de ma terre se trouve une promenade publique, propriété de la commune sur laquelle sont plantés des tilleuls dont les racines et les branches s'avancent au-dessous et au-dessus, mangeant ainsi la terre et cachant le soleil; ces ombrages épais sous lesquels les joueurs de boule de notre village viennent faire leur partie, peuvent, j'en conviens, leur procurer beaucoup d'agrement mais ils ne sont pas du goût de mes asperges et de mes fraisiers.

— Si on ne te donne pas satisfaction, tu devrais assigner la commune devant le tribunal civil, pour la contraindre à couper les racines et les branches qui avancent sur toi, et déjà, sans la permission de personne, tu peux couper les racines; ce droit, j'ai eu plusieurs fois l'occasion de te le dire, résulte de la loi elle-même.

— Mais on dit que ces arbres, étant sur un chemin communal, et ayant une destination d'utilité générale, ne sauraient être coupés comme ceux d'un simple particulier.

— Celui qui t'a dit cela ne s'y connait guère; la loi est la même pour tous, au moins en principe, car dans l'application nous voyons trop souvent certains nouveaux magistrats qu'on nous a donnés ne pas tenir d'une main très impartiale les balances de la justice, mais en droit, il n'y a pas de différence entre une commune et un simple citoyen; l'un et l'autre sont tenus de ne pas nuire aux voisins.

— On m'a dit aussi que les arbres étant plantés depuis plus de trente ans, il y a prescription, et que je n'ai plus qu'à me tenir tranquille.

— Erreur encore! la loi dit formellement que le droit du propriétaire à faire couper les branches et racines est imprescriptible et que le non-exercice de son droit pendant de longues années ne peut être considéré que comme une simple tolérance.

— Grand merci; je vais de ce pas dire au maire que je ne tolère plus, et nous verrons bien...! UN VIEUX JUGE DE PAIX.

AFFAIRES MILITAIRES.

L'appel de la classe.

Le ministre de la guerre a arrêté comme nous l'avons déjà dit les dates auxquelles seront appelés les jeunes gens de la classe 1890, c'est-à-dire qui ont tiré au sort cette année ainsi que les ajournés des deux classes précédentes (1888 et 1889).

Le 10 novembre les hommes affectés à l'armée de mer, et les hommes de l'armée de terre qui n'ont qu'une année de service à accomplir.

Les 12 et 14 novembre, ceux qui ont deux ou trois ans à faire : le 12, les jeunes soldats des subdivisions paire dans chaque région de corps d'armée; le 14, ceux des subdivisions des numéros impairs. Toutefois, dans les Basses-Alpes, la mise en route aura lieu pour tout le monde le 14; il en sera de même pour le contingent du Rhône.

Quant aux hommes affectés aux corps d'Afrique, ils seront dirigés sur Marseille (provinces d'Alger et de Constantine, et Tunisie) ou sur Port-Vendres (provinces d'Oran, de façon à ce qu'ils puissent s'embarquer par les courriers échelonnés du 11 au 20 novembre, selon leur provenance et leur destination.

Enfin, ceux qui sont destinés aux bataillons d'infanterie légère d'Afrique (jeunes gens ayant déjà subi des condamnations), ne seront embarqués qu'après les autres, du 21 au 26 novembre.

Le contingent fourni à l'armée de terre par la classe 1890 et les ajournés des deux classes précédentes s'élève à 185,000 hommes dont 138,122, pour deux ans et trois ans, et 52,715 pour un an. Mais on compte pour décès, réformes et insoumission un déchet de 6,337 hommes, de telle sorte que le nombre prévu des hommes à incorporer n'est que de 170,500, ainsi répartis :

Infanterie. — Soldats de 2 et 3 ans 77,556; soldats de 1 an, 43,100.

Cavalerie. — Soldats de 3 ans, 17,596.

Artillerie — Soldats de 2 à 3 ans, 19,995; soldats de 1 an, 6,950.

Génie. — Soldats de 2 à 3 ans, 3,400; soldats de 1 an, 400.

Train des équipages. - Soldats de 2 à 3 ans, 2,680; soldats de 1 an, 1,250.

Troupes d'administration. — Soldats de 3 ans, 6,565.

UNE GRACIEUSETÉ

Dans notre numéro du 13 août, nous avons annoncé à nos lecteurs qu'en dehors des avantages stipulés pour les souscriptions privilégiées au *Dictionnaire des Dictionnaires* il serait fait une *gracieuseté* très appréciable aux personnes qui enverraient leurs souscriptions avant *fin août*. D'un côté, un grand nombre de nos lecteurs, qui viennent de recevoir cette gracieuseté, s'en montrent fort enchantés; de l'autre, on nous demande s'il n'est pas encore temps d'en profiter. En conséquence, nous sommes heureux d'informer les lecteurs que la *gracieuseté* est maintenue jusqu'à fin septembre. On trouvera plus loin le Bulletin de souscription avec la circulaire explicative.

PETITE POSTE.

M. X.. (Seine-et-Oise). — *Carrés d'expériences.* — La question a déjà été traitée. Nous y reviendrons néanmoins très prochainement.

Corbeaux. — Dans le but d'empoisonner les corbeaux, quelques cultivateurs traitent leurs semences par l'acide arsénieux. Mais, outre que l'efficacité de ce procédé n'est pas certain, il est trop dangereux pour pouvoir être conseillé. Un des meilleurs moyens d'éloigner les corbeaux des champs ensemencés est de mettre dans le champ beaucoup de petits piquets (branchages) reliés entre eux par des fils blancs ou rouges. Les corbeaux croient à un piège et s'éloignent.

Sulfatage. — Par le *sulfate de soude :* Pour un hectolitre de blé, on fait fondre 625 grammes de sulfate de soude dans 8 litres d'eau; mélanger cette liqueur salée avec le grain qu'on saupoudre ensuite de 2 kil. de poussière de chaux.

Nous vous engageons à essayer le *protecteur des semailles* de M. Hauvespre, pharmacien à Courville (Eure-et-Loire). — Boîte pour 20 hectolitres de semence, 1 fr. 50.

Le seigle doit être préparé comme le blé. Il est sujet à une maladie cryptogamique connue sous le nom d'*ergot*.

M. M... (Isère) — 1° Les *superphosphates de Saint-Gobain* sont excellents sur les vieilles prairies. Il est préférable de les employer en automne.

2° *Vins de seconde cuvée.* - Nous vous conseillons, de préférence à l'acide tartrique, d'ajouter à vos vins de seconde cuvée 30 à 100 grammes par hectolitre d'*Extrait vinicole* (chez Audibert, rue des Minimes, 53, Marseille).

M. L. (Côtes-du-Nord). — *Vignes malades.* — Veuillez-nous dire de quelle maladie il s'agit. Si c'est l'oïdium, il faut les traiter par des soufrages répétés pendant la végétation. Il ne faut pas arracher vos jeunes vignes. L'oïdium se guérit très bien.

M. L... (Lot-et-Garonne). — *Epine vinette.* — Nous vous enverrons le renseignement demandé.

M. H... (Vendée). — *Féculerie.* — Veuillez vous adresser de notre part à M. Hongre, président de la Société d'Agriculture de Compiègne, un des plus grands féculiers de l'Oise. Il vous enverra très volontiers tous les renseignements que vous lui demanderez.

M. L... (Cher). — Le traité de M. Crevat est un des meilleurs qui aient été écrits sur l'engraissage du bétail.

Médecine vétérinaire. — *Le cultivateur vétérinaire* par Coutier, chez Martelet, à Troyes.

OFFRES & DEMANDES

Pour répondre au désir qui nous est exprimé, nous offrons à nos abonnés, sous cette rubrique, deux annonces gratuites pour les offres et demandes d'emplois, produits ou animaux à vendre ou à acheter, etc.

Les annonces qui suivront jouiront d'une réduction de 50 pour 100 sur les tarifs ordinaires.

Les demandes d'insertions devront être envoyées à l'administration, qui se chargera de les rédiger.

Ne pas négliger d'envoyer tous les renseignements nécessaires (joindre 2 timbres de 0 fr. 15).

A vendre d'occasion deux bons manèges, système Albaret et système Pesant, de Maubeuge, à 80 fr. chaque.

S'adresser à M. Sézille, ferme de May, à Morienval (Oise). — N° 942-5-4.

Maison très sérieuse offre opération agricole fructueuse aux régisseurs et gérants de cultures.

S'adresser au bureau du Journal, aux initiales A. D. B. — N° 943-12-4.

Une famille, composée de cinq garçons et de deux filles, tous célibataires âgés de 26 à 51 ans, demande une régie intéressée ou un domaine en métayage.

Les membres de cette famille ont des aptitudes de premier ordre, tant pour la culture proprement dite que pour tout ce qui concerne le bétail, la direction, la basse-cour et le mécanisme agricole. - Références excellentes.

S'adresser à M. Bd Anthonus, à Saint-Florent-sur-Cher (Cher). — N° 745-7-2.

On demande un homme honnête, fort, ayant des sentiments religieux et surtout pas ivrogne, de 40 à 45 ans, sachant traire les vaches et disposé à faire toute espèce d'ouvrage.

Trente francs par mois, nourri.

Couché dans l'écurie. Voyage payé au bout d'un an.

Ecrire à M. Alexandre Benoist, à Plailly (Oise). — N° 946-2.

REVUE FINANCIÈRE.

Notre marché traverse une crise dont il est difficile de prévoir l'issue. Le parti de la baisse est victorieux sur toute la ligne. Seulement, faut-il voir dans ce recul, ramenant encore plus bas les cours qu'une année tout entière de malaise avait déjà un peu réduits, un simple épisode de la lutte acharnée entre ce parti de la baisse et leurs adversaires si longtemps victorieux?

Est-ce, au contraire, comme on ne craint pas de le dire tout haut en certains milieux, le commencement de la liquidation de ces folies de spéculation qui précisément avaient fait la fortune des haussiers quand même, liquidation rendue inévitable par ses conséquences? L'on sait que ces conséquences sont précisément les embarras dans lesquels s'est empêtré notre marché en s'embarquant inconsidérément dans des affaires étrangères dont beaucoup, ne seraient-ce que celles de la Sud-Amérique, ont mal tourné.

Toujours est-il que, pour ne citer que quelques exemples, le 3 0/0 français oscille de 95 à 96, la rente italienne de 88 à 90, alors qu'il y a moins d'un an, les optimistes entrevoyaient le pair sous peu de temps. Le Crédit Foncier, il y a deux ans, cotait au-delà de 1400; il se maintient péniblement entre 1240 et 1215. Le Suez, il y a quelques mois, avait été poussé tout proche de 3000; le voilà à 2780.

Les actions de nos grands réseaux français, n'ont pu elles-mêmes échapper à la contagion. Disons qu'elles ont été moins affectées que les autres, et cela pour deux raisons. D'abord parce que la garantie de l'Etat leur assure une fixité relative, ensuite parce que le public se trouve là en face d'industries gérées avec une rare prudence et une rare habileté. Précisément nous avons tenu à donner cet exemple, pour montrer que le malaise actuel tient à des causes autres que les oscillations de la valeur du gage du papier.

Le malaise est évident; l'anxiété accusée par certains organes financiers, même des plus prudents et des plus sérieux, est pleinement justifiée. On se sent à la veille d'un événement, sans pouvoir deviner de quelle nature il sera.

Nos lecteurs voudraient peut-être un conseil. Nous ne leur en donnerons pas, parce que les conseilleurs ne sont pas les payeurs. Nous leur dirons simplement : Si votre portefeuille ne contient que de bonnes valeurs françaises, des valeurs de tout repos, si vous n'avez prêté la main à aucune manœuvre de spéculation, restez calmes et sans trop d'inquiétude. N'oubliez pas en tout cas que la panique ferait le jeu des baissiers.

TIMON.

CHEMIN DE FER D'ORLÉANS.

Aux termes de son tarif spécial D 3, § 14, la Compagnie du Chemin de fer d'Orléans transporte, aux conditions suivantes, de toute gare de son réseau à Paris (Ivry), sous réserve d'un parcours de 500 kilomètres, ou payant pour 500 kilomètres, les *artichauts, choux fleurs fraises en paniers, haricots verts, navets, oignons, petits pois, pommes de terre, salades, tomates, choux, poireaux et carottes*, par expédition de 50 kilogrammes, ou payant pour ce poids.

Le prix de transport est fixé à 0 fr. 16 c. par tonne et par kilomètre, plus 1 fr. 50 c. pour frais de manutention.

Le transport des marchandises a lieu par des trains spécialement désignés à cet effet, sans que le délai de transport puisse excéder *deux jours*, non compris les délais afférents aux opérations des gares de départ et d'arrivée.

La remise doit avoir lieu aux gares trois heures au moins avant le départ de ces trains.

A l'arrivée, les marchandises dont il s'agit sont mises à la disposition des destinataires dans les trois heures qui suivent l'arrivée des trains.

Les expéditions adressées aux halles ou à domicile aux conditions de ce tarif seront livrées par le service du factage dans les mêmes conditions de prix et de délais que les marchandises expédiées en grande vitesse.

Pour les points principaux ci-après, les prix par 1,000 kilogrammes sont les suivants, frais de manutention compris :

LIEUX DE PROVENANCE.	DISTANCES kilométriques.	PRIX par 1,000 kilog. (frais accessres compris).
—	—	
Bordeaux-Bastide...	577	93f80
Libourne...........	542	88 20
Marmande..........	637	103 40
Agen............	650	105 50
Villeneuve-sur-Lot..	632	102 60
Montauban.........	720	116 70
Toulouse...........	750	121 50
Saint-Sulpice (Tarn)	719	116 55
Brive.............	501	81 65
Gaillac............	698	113 20

Chemins de fer de Paris à Lyon et à la Méditerranée.

Nouveaux services rapides de Paris à Nice.

Hiver 1891-1892.

La Compagnie P.-L.-M. vient d'améliorer encore les services qu'elle avait organisés l'hiver dernier pour faciliter l'accès du littoral de la Méditerranée.

Le train de luxe, composé de lits-salons P.-L.-M. et de wagons-lits, qui partait chaque jour à 7 h. du soir de la gare de PARIS-LYON pour arriver à Nice le lendemain à 1 h. 58 soir, partira dorénavant (à dater du 3 novembre) à 7 h. 40 du soir de la gare de PARIS-NORD et arrivera à Nice le lendemain à 2 h. 28 du soir.

Le train rapide, composé de voitures de 1re classe seulement, qui partait de la gare de PARIS-LYON à 7 h. 15 du soir et arrivait à Nice le lendemain à 4 h. 44 du soir, partira, au prochain service d'hiver, de la gare de PARIS-LYON à 8 h. 25 du soir et arrivera à Nice à 4 h. 53 du soir, gagnant ainsi près d'une heure et demie sur le service précédent.

HALLES ET MARCHÉS.

Les orages violents et les pluies ont entravé les derniers travaux des champs ; néanmoins les nouvelles récoltes en terre lèvent bien. Les marchés agricoles ont une meilleure tenue. Les blés ne changent pas de prix; mais les cours des autres céréales sont plus fermes, ainsi que ceux des huiles, sucres, alcools, pommes de terre.

Blés. — Les prix ont été un peu mieux tenus sur nos marchés depuis quelques jours; cependant le calme continue dans les transactions et le blé indigène ne se montre encore qu'en bien petite quantité, la meunerie étant toujours approvisionnée de blés étrangers. On pense qu'après les semailles et à l'époque de la Saint Martin, les offres deviendront plus abondantes. Voici les derniers cours relevés samedi : Cambrai blé blanc, 25 fr. les 100 kilog.; roux, 24; Douai, 25 à 27; Amiens, 26; Beauvais, 24 75 à 26 75; Châlons-sur-Marne, 27; Etampes, 23 35 à 27 50; Versailles, 25 80 à 27 50; Rouen, 25; Le Mans, 25 à 26, Montereau, 23 10 à 27 30; Dijon, 26 à 27; Mâcon, 26 à 29; Lyon, 27 à 27 50; Nantes, 25 à 25 25; Bordeaux, 26 50. — A Paris, les cours sont plus fermes en commerce; samedi on a coté en clôture : disponible et courant du mois, 26 à 27; novembre, 27; novembre à février, 27 à 27 75; quatre premiers, 28 à 28 25. — Les importations sont toujours élevées dans nos ports; le Havre a reçu 127,000 hectolitres de blé; Bordeaux, 46,000 quintaux; Marseille, 32,200 quintaux; les autres ports plusieurs chargements. La quantité de blé en mer à destination de l'Europe diminue; elle était, en dernière date, de 6.124,800 hectolitres, contre 6,556.900 la semaine précédente; sur ce total, on comptait 2,300,600 hectolitres de blé de Californie venant en France; 17,000 hectolitres venant du Chili, et 6,300 venant des Indes.

Les marchés européens restent à peu près dans la même situation; les importations d'Amérique arrêtent la tendance à la hausse. A Berlin, on cote 28 02 les 100 kilog.; à Vienne, 28 44; à Budapest, 22 83; à Amsterdam, 21 87. Le marché de New-York reste en baisse de 30 centimes pour la semaine dernière au cours de 19 96 les 100 kilog ; et Chicago, 17 96.

Seigles. — La tendance est calme sur le marché de Paris; le courant du mois est demandé à 20 10 les 100 kilog., offert à 20 25; novembre, 20 50; les époques éloignées, 21 à 21 50.

Orges. Prix un peu plus ferme par suite de la diminution des offres de la culture; les orges d'Auvergne valent 18 à 20 les 100 kilog.; celles de Champagne, 16 à 17 50; celles de Beauce, 15 à 16; celles de l'ouest, 13 50 à 14 50. — Les escourgeons restent à 19 et 19 50 les 100 kilog. en gare de Paris.

Avoines. — La Russie, dit-on, se propose de prohiber l'exportation de tous ses grains, et ce bruit a suffi pour donner plus de fermeté à nos cours; les noires de choix sont tenues de 16 50 à 16 75 les 100 kilog. celles de Beauce et du Centre, 16 à 16 25; les grises de même provenance, 15 75 à 16 et les noires de Bretagne, 16 25 à 16 50.

Farines de consommation. — Cours sans changements.

Farines de commerce.—Les bruits de prohibition d'exportation des céréales russes ont également influé sur notre marché des farines *douze-marques*, qui se sont relevés depuis mercredi dernier. A la clôture de samedi le disponible et le courant du mois valaient 60 25 à 60 50 les 157 kilog. nets; livrable novembre-décembre, 60 50 à 61; novembre à avril, 61 25 à 61 25.

Issues. — Les sons accusent un peu de lourdeur: on cote : gros sons, 14 à 14 50 les 100 kilog. en gare à Paris; sons trois cases, 13 à 13 50; sons fins, 12 à 12 50; recoupettes, 12 à 12 25; remoulages 14 à 18.

Légumes secs. — L'approvisionnement en légumes secs sera bon cette année. A Paris, les affaires sont actives; la tendance est ferme sur les haricots chevriers. Voici les cours : haricots flageolets chevriers, 70 à 71 l'hectolitre et demi; suisses blancs, 45; Chartres, 40 à 42; Liancourt, 45; Soissons, 68 à 70; — plats du Midi, 29 à 35 les 100 kilog.; suisses rouges, 27 à 28; cocos roses, 29 à 30; nains, 22 à 26, lentilles, 50 à 70; pois ronds, 37 à 40 — A Noyon, les achats sont actifs avec prix en baisse; les haricots lingots nouveaux valent 29 à 30 l'hectolitre; les flageolets, 30.

Pommes de terre. — Cours fermes et en hausse nouvelle à Paris; par suite des achats pour la Belgique et l'Allemagne; on cote aux 1,000 kilog. par wagon complet en gare; hollande, 85 à 90; Loiret, 75 à 80; saucisse rouge, 75 à 78; ronde hâtive, 68 à 70; early rose, 60 à 65; chardonne, 53 à 57. — A Lyon, les cours sont également bien tenus comme suit : Auvergne jaune, 5 50 à 5 75 les 100 kilog.; early, 5 à 5 50; Bourgogne jaune, 5 50 à 5 75. — Sur les autres marchés, on vend, aux 100 kilog. : Dunkerque, 8 à 8 50. Compiègne, 5; Montereau, 6 à 7; Melun, 7 à 10; Orléans, 6 à 7; Saint-Pourçain, 4; Mâcon 4 à 5, Montbrison 5; — à l'hectolitre : Beauvais, 6 à 7; Neufchâtel, 7 à 8; Dijon, 3 60; Bourges, 2 50 à 4 50.

Huiles de graines. — Les cours des huiles de colza se sont relevés à Paris de 1 à 1 75 par 100 kilog. vers le milieu de la semaine dernière; samedi ils étaient un peu plus faibles et ont été fixés comme suit : disponible et courant du mois, 68 50; novembre-décembre, 68 75 à 69 25; quatre premiers mois, 70 75. L'huile de lin a aussi des prix bien tenus de 51 50 pour le rapproché et 51 :5 à 53 25 pour l'éloigné. — Les marchés des départements ont eu peu de transactions à prix fermes et en hausse. A Rouen, on cote : colza, 70 à 70 50; lin, 52 75 les 100 kilog. ; à Arras, œillette surfine, 96; pavot à bouche, 78; colza, 72 à 73; cameline, 64; pavot, 68; — à Caen, colza, 65 50 à 65 75 l'hectolitre; — à Lille, colza, 67; lin, 48 à 49.

Huiles d'olive. — Les affaires sont plus suivies; on a vendu des qualités de primeur, 115 48 à 121 90 les 100 kilog.; des intermédiaires, 130 à 135; les qualités extra sont offertes de 170 05 à 178 25. Les huiles de la rivière de Gênes sont tenues de 125 à 135 les 100 kilog. en entrepôt de douane; celles de Grasse valent 111 37 à 117 68.

Graines oléagineuses. — La graine de colza est coté nominalement 33 à 34 les 100 kilog. à Paris; celle de lin vaut 25 à 30. — A Cambrai, la graine d'œillette est recherchée à 23; celle de colza de 21 à 22. — A Caen, on cote la graine de colza, 17 50 à 18 50 les 104 litres.

Beurres. — Les prix ont faibli depuis huit jours à la halle de Paris. On cote : *beurres en mottes* : fermiers de Gournay : extra, 3 70 à 4 10 le kilog.; choix, 3 40 à 3 60 ; bons, 3 20 à 3 30; ordinaires, 2 90 à 3 10; d'Isigny, extra, 5 à 5 72; choix, 4 à 4 80; bons, 3 40 à 3 90 ; ordinaires, 3 à 3 30; marchands du Gâtinais, 2 50 à 2 70; de Bretagne, 2 40 à 2 50; de Vire, 2 40 à 2 60; de Bresse, 2 à 2 20; laitiers des Charentes, 2 90 à 3 20 ; des Alpes, 2 80 à 3 30; divers producteurs, 2 90 à 3 20 ; — *beurres en livres* : fermiers. 2 60 à 3 30; Touraine, 2 60 à 2 80 ; Gâtinais, 2 70 à 2 90 ; Vendôme et Beaugency, 2 30 à 2 80; Bourgogne, 2 40 à 2 60 ; le Mans, 2 40 à 2 60; — *Petits beurres* : 1 90 à 2 80, suivant provenance.

Œufs. — Peu de demandes et vente faible. Voici les cours : Normandie, 115 à 136 le mille Picardie, extra, 118 à 140; ordinaire, 84 à 110; Brie extra, 108 à 118; Touraine extra, 108 à 126 ; ordinaire, 95 à 104; Beauce, 110 à 120; Orne, 88 à 98; Bourgogne, 95 à 100; Champagne, 98 à 102 ; Nivernais, 90 à 96 ; Bourbonnais, 88 à 94 ; Bretagne, 84 à 92; Vendée, 86 à 92 ; Auvergne, 82 à 86; Midi, 86 à 94; Autriche et Allemagne, 60 à 68.

Fromages. — On cote à la halle, *par dizaine* : Brie, fermiers haute marque, 50 à 71 ; grand moule, 40 à 45 ; moule moyen, 28 à 32; petit moule, 18 à 22; laitiers, moyen moule, 15 à 20 ; petit moule, 18 à 22 ; — *par 100 kilog.* : Gruyère, 100 à 175 hors l'octroi ; Roquefort, 180 à 250 ; Gérardmer, 70 à 80; Limbourg, 100 à 110 ; Hollande, 150 à 160 ; Cantal, 120 à 130; façon Port-Salut, 90 à 150; — par cent : Bourgogne, 70 à 85; Saint Nectaire 90 à 100; Livarot, 40 à 78; Camembert, 30 à 50; façon Coulommiers 35 à 45; Gournay, 8 à 18; Mont-d'Ore, 35 à 40.

Volaille. — On vend à la pièce : poulets de Touraine, 2 à 4 50; du Gâtinais, gros, 6; moyens, 3 50 à 6; petits, 2 50 à 3; de Houdan, 4 50 à 6; du Midi, 2 50 à 4; de Chartres, 2 50 à 4 50; de Nantes, 2 50; de Bresse, 1 50 à 4 50; — Canards de Nantes, 3 50 à 5; de Rouen, 4 à 5; de ferme, 1 75 à 4 50; — Oies du Gatinais, 4 à 7 50; oies maigres, 3 à 5; coqs d'Inde de Houdan, 13 à 17 ; poules, 10 à 4 50; coqs d'Inde ordinaires, 8 à 12 ; poules, 4 à 6 50; dindonneaux, 5 à 10.

BESTIAUX.

LA VILLETTE, 29 octobre. — **Bestiaux.** — Vente plus facile **sur** les bestiaux et sur les veaux, sans changement sur les moutons et mauvaise sur les porcs.

COURS officiels.	Amenés.	Vendus.	1re qualité.	2e qualité.	3e qualité.	Prix extrêmes.
Bœufs....	3.178	2.674	1 52	1 40	1 22	1 14 à 1 58
Vaches ...	1.031	903	1 50	1 30	1 14	1 » 1 54
Taureaux.	198	170	1 34	1 24	1 16	1 04 1 38
Veaux....	1.284	1 120	1 82	1 70	1 54	1 26 2 04
Moutons..	12.178	10910	2 04	1 82	1 66	1 54 2 10
Porcs.....	3.347	3.224	1 40	1 34	1 28	1 16 1 48

Marché du lundi 26 octobre.

	Amenés	Vendus	PRIX AU POIDS NET 1re qual.	2e qual.	3e qual.
Bœufs	3.198	2.681	1 52	1 40	1 22
Vaches.....	1.091	903	1 50	1 30	1 14
Taureaux..	198	170	1 34	1 24	1 16
Veaux......	1.284	1.120	1 82	1 70	1 54
Moutons....	12.178	10.910	2 04	1 82	1 66
Porcs	3.317	3.221	1 40	1 31	1 28

	PRIX AU POIDS VIF 1re qual.	2e qual.	3e qual.	Prix extrêmes.
Bœufs	» 91	» 79	» 64	» 51 à » 96
Vaches	» 89	» 67	» 56	» 48 » 92
Taureaux.........	» 81	» 70	» 60	» 51 » 88
Veaux	1 10	» 95	» 80	» 64 1 24
Moutons..........	1 15	» 89	» 81	» 72 1 11
Porcs.............	» 92	» 88	» 82	» 76 » 96
Peaux de moutons en laine..........				3 85 5 85
Id. id. demi-laine........				2 05 2 90

Viandes abattues. — Criée du 29 Octobre.

		1re qualité.	2e qualité	3e qualité.
Bœufs	le kil.	1 20 à 2 40	1 » à 2 20	1 » à 1 60
Veaux	—	1 80 1 96	1 64 1 76	1 44 1 60
Moutons..	—	» 70 1 80	1 30 1 66	» 80 1 26
Porc entier	—	1 26 1 36	1 10 1 26	» 90 1 10

Médaille d'Or. * Exposition Universelle 1889. * Médaille d'Argent.

VACHERIE à céder, portes de Paris, cause double emploi. 22 vaches 1re qualité, 300 litres lait vendus 40 et 50 c. Bonne installation, peu de frais généraux. 1 cheval, 1 voiture. Bénéfices nets an. 12,000 fr. On traitera avec 12,000 fr. argent ou garanties sérieuses.

S'adresser à MM. LAPORTE et LEFRANC, 93, boulevard Sébastopol, Paris.

Semoir et Distributeur d'Engrais

système MAGNIER.

Envoi franco du catalogue illustré.

Expériences du 23 septembre 1890. 1er prix - 20 avril 1890, Poitiers. 1er prix.

1er prix, objet d'art, Liancourt. 1887 — 1er prix, objet d'art, Clermont, 1888 — 1er prix, Compiègne (Oise), 1890. — 1er prix, Evreux (Eure), 1890.

1er prix, Beauvais, 1890.

MAGNIER, constructeur breveté, Provins (S.-et-M.).

GUÉRISON RADICALE DE LA DIARRHÉE DES VEAUX PAR LA POUDRE CHOQUELIN.

1 franc la boîte *franco par la poste.*

Dép. g., Phie HAUVESPRE Courville (Eure-et-Loir).

L'Onguent de HEVID, *adopté par le Ministère de la guerre*, est le meilleur préservatif des maladies du pied des espèces chevaline et bovine. Il pénètre admirablement le tube corné, le nourrit, et remet en bon état, en quelques semaines, le sabot le plus sec et le plus cassant.

En vente chez les vétérinaires, pharmaciens, selliers et maréchaux-ferrants.

Rouleaux. Semoirs. Transmissions par arbres et poulies. Matériel de brasserie et de féculerie.

ALBARET (O. * I. ü. *)

MACHINES AGRICOLES.

Ateliers de Construction et Administration à **LIANCOURT-RANTIGNY** (Oise).

Magasin et bureau, à PARIS, boul. de Strasbourg, 63 (entrée par le passage du Désir).

Succursales : Saint Quentin boulevard Victor Hugo, n° 52; **Chartres**, rue du Grand-Faubourg, n° 76; **Abbeville** (Somme), rue Rigolis, n° 41; **Cambrai**, M. MESNIL, rue des Bouchers, n° 13.

Récompenses obtenues aux Expositions universelles et Concours internationaux.

Machines à vapeur fixes, horizontales et verticales.

Générateurs.

Machines à vapeur locomobiles.

Manèges fixes, mobiles et semi-fixes.

Batteuses fixes et portatives, conservant ou brisant la paille.

Engreneurs mécaniques.

Semoirs à engrais, à graines et à haricots.

Hache-maïs et Coupe-racines à force centrifuge transportables.

206 Médailles d'or.

1862. Exposition de Londres.	1er prix : grande médaille; 2e prix : mention honorable.
1864. Exposition internationale de Bayonne.	Médaille d'or, donnée par le Gouvernement; médaille d'or, donnée par la Commission de l'Exposition.
1865 Exposition universelle de Porto	Grande médaille d'argent.
1867. Exposition universelle de Paris.	Grande médaille d'or, la plus haute récompense, pour locomotive routière et machines agricoles.
1869. Exposon d'Amsterdam.	Diplôme d'excellence.
1869. Exposition de Beauvais. 1872 Exposition de Lyon.	Deux diplômes d'honneur, comme exposant et membre du jury.
1873 Expositon univ. de Vienne Autriche).	Grand diplôme d'honneur, la plus haute récompense.
1878. Expositon univ. de Paris.	Trois médailles d'or; un objet d'art pour mérite exceptionnel sur le terrain; une médaille de bronze; quatre médailles argent et bronze pour collaborateurs.
1882. Conc. spéc. intern. de hache-mais de Ste-Menehould.	1er prix : médaille d'or, donnée par la Société des Agriculteurs de France.
1883. Expon d'Amsterdam	Diplôme d'honneur : la plus haute récompense.
1884. Grand concours international d'Amsterdam.	Prix unique : grande médaille d'or pour locomobile; 1er prix : grande médaille d'or pour presse à fourrage; 1er prix : grande médaille d'or pour machines à battre; 1er prix : médaille d'argent pour hache-paille et dépulpeur.
1885. Exposition internation. d'Anvers.	Diplôme de médaille d'or, la plus haute récompense pour machines agricoles.
1889. Exp. d'économ. sociale, section XIV.	Médaille d'or; médaille d'argent pour collaborateurs
1889. Exposition universelle. - Membre du jury. Hors concours.	
1876. Société nation. d'agric. de France.	Grande médaille d'or; prix de mécanique
1886. Société nation. d'agric. de France.	Rappel de grande médaille d'or pour l'ensemble des travaux de mécan. agric.
1888. Aniche (Nord).	Moissonneuse-lieuse à la ficelle, diplôme d'honneur avec félicitations du jury, pour la machine qui fonctionne à toute satisfaction.
1889. Comice agric. de Montdidier. Ailly-sur-Noye.	Diplôme d'honneur et médaille de vermeil pour batteuse et instruments; médaille de vermeil grand module pour faucheuse et moissonneuse
1890. Concours de Clermont	Diplôme d'honneur avec félicitations du jury, pour le bon fonctionnement de la moissonneuse-lieuse.

Plusieurs médailles or, argent et bronze à MM. les Collaborateurs de la Maison

Concasseurs.

Moulins-bluteries.

Hache-paille.

Hache-maïs.

Hache-fourrage.

Coupe-racines

Laveurs de racines.

Moissonneuses simples.

Moissonneuses combinées.

Moissonneuses lieuses.

162 Médailles d'argent.

Envoi gratis sur demande des Catalogues illustrés.

15 Diplômes d'honneur et d'excellence.

Monte-Paille.

Moteur domestique à vapeur à pression inférieure à celle atmosphérique.

Rouleaux à vapeur et à traction de chevaux pour le cylindrage des chaussées d'empierrement.

Poteaux indicateurs pour routes.

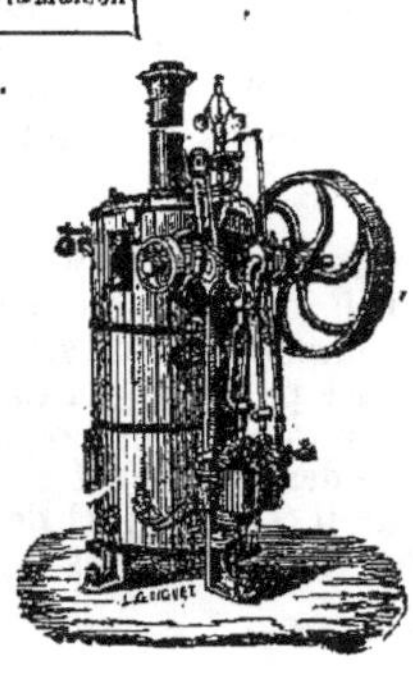

L'Administrateur-Gérant : ALBERT RENOT.

Beauvais. — Imp. D. PERE. — A. CARTIER, Gérant.

12e Année. — 2e Série. — N° 615. Dimanche 8 Novembre 1891.

GAZETTE AGRICOLE

JOURNAL HEBDOMADAIRE, PARAISSANT LE DIMANCHE

Rédacteur en Chef : M. Ch. GOSSIN, Professeur d'Agriculture à l'Institut agricole de Beauvais.

PRIX DE L'ABONNEMENT

UN AN, **5** fr. — SIX MOIS, **3** fr. — TROIS MOIS, **2 fr. 25**

Pour l'étranger les abonnements ne sont reçus que pou un an, au prix de 6 francs, et ne partent que du 1er janvier ou du 1er juillet de chaque année.

Le numéro : 10 centimes.

Il est indispensable de joindre à toute demande de changement d'adresse la dernière bande d'adresse du journal et 50 centimes pour frais de nouvelles bandes.

Adresser les *Abonnements* et *Annonces* au secrétaire de la rédaction, **13, quai Voltaire, Paris**, ou à M. GOSSIN, rédacteur en chef et administrateur, à BEAUVAIS.

BUREAUX

13, quai Voltaire, Paris, et à Beauvais.

Les abonnements partent du 1er de chaque mois et sont payables d'avance. Toute demande d'abonnement doit donc être accompagnée du prix de l'abonnement. (Le mode de payement le plus simple est l'envoi d'un mandat-poste.)

Donner *très lisiblement*, en s'abonnant, son nom et son adresse exacte, *avec l'indication du bureau de poste*; et, s'il s'agit d'une continuation d'abonnement, joindre au renouvellement la dernière bande d'adresse du journal.

Les Annonces sont reçues chez MM. DUSSERIS et MATHELLON, 97, rue de Rennes, Paris.

La GAZETTE AGRICOLE insère gratuitement les Communications des Syndicats agricoles

SOMMAIRE :

PARIS, 6 NOVEMBRE.

Sur le premier moment, la création d'*une caisse nationale de retraites pour les ouvriers*, a pu paraître une idée grandiose, superbe, digne de l'admiration des siècles futurs. Donner six cents francs de rentes à un ouvrier devenu impotent, c'était comprendre et réaliser le vœu du roi Henri et constituer la *poule au pot* officielle. Et les esprits forts se sont tout de suite émerveillés d'une telle conception, digne en tous points de la République. Malheureusement pour le projet de M. Constans, la réflexion et la méditation lui sont médiocrement favorables. Et après un attentif examen, le Bonhomme Deschamps s'aperçoit qu'on a tout simplement affaire à une colossale fumisterie. Le peuple est un enfant, soit! on l'a dit souvent, et lui l'a prouvé plus souvent encore. C'est peut-être pour cela qu'on lui promet la lune, en faisant miroiter à ses yeux la combinaison la plus absurde et la moins réalisable qui soit au monde.

⁂

La création d'une *Caisse nationale de retraites pour les ouvriers* est le plus effronté boniment, qu'on ait jamais débité sur une place publique, au son de la grosse caisse, pour vendre des crayons ou bien arracher des dents. Et c'est un boniment criminel, car il est criminel de mentir au peuple et de lui offrir, sans qu'il vous ait rien demandé, ce que l'on est absolument hors d'état de lui donner. C'est exciter ses désirs, allumer ses convoitises, lui reconnaître un droit formel. Et quand il est bien démontré, plus tard, que les promesses ne sont pas tenues, que les engagements légèrement et imprudemment contractés ne sont pas remplis, qu'on a menti et menti audacieusement, alors le peuple se fâche, se soulève et tente de prendre, par la violence et la force brutale, ce qu'il a le devoir de considérer comme son bien propre. Ce que l'on fait aujourd'hui n'est autre chose qu'une semence de révolution, jetée dans une terre trop féconde c'est-à-dire dans la terre de France. Pour une popularité malsaine, pour une popularité pipée de quelques mois, le gouvernement de la République expose sûrement les générations futures à une effroyable liquidation.

⁂

La création d'une *Caisse nationale de retraites pour les ouvriers* est en effet d'une exécution malaisée, pour ne pas dire impossible. Et d'abord, M. Constans a cru devoir ajouter « LES EMPLOYÉS » aux ouvriers, ce qu'il avait tout à fait oublié, dès le début. Théoriquement, il a raison. Il n'y avait pas de motifs pour séparer l'employé de l'ouvrier, et assurer la vieillesse de l'autre. Ils sont tous également intéressants. Et dans sa sympathie sociale, humanitaire, chrétienne, le Bonhomme Deschamps ne veut pas séparer l'ouvrier des champs de l'ouvrier des villes, et ces deux catégories il les associe de tout cœur à une troisième catégorie de travailleurs, les employés du commerce et de l'industrie; mais, si théoriquement il faut reconnaître les mêmes droits à tous les travailleurs, cela rend la mise en pratique d'autant plus difficile, qu'il y a plus de monde à pourvoir. M. Constans avait tout d'abord tablé sur 4 MILLIONS de travailleurs, gagnant moins de *3,000 fr.* par an. On arrivait à CENT MILLIONS DE FRANCS, d'après le calcul fantaisiste de M. Constans; or, il s'est trompé de moitié. Car il a dû comprendre « les employés » dans son projet, qui, tout d'abord, les laissait inhumainement de côté. Les CENT MILLIONS sont au moins doublés du coup. Et puis il y a autre chose.

⁂

La création de la *Caisse nationale des retraites pour les ouvriers et les employés* repose sur la double combinaison de l'application de la table de mortalité de la caisse de la vieillesse et du jeu de l'intérêt composé à 4 0|0. Si le taux de l'intérêt continue à baisser, comme cela est probable, il sera à trois et à deux pour cent dans un temps assez rapproché. Que deviennent alors les calculs de M. Constans? Il recevra à deux et devra rendre à quatre. C'est la banqueroute assurée pour la France. D'ailleurs, un homme qui n'est pas le premier venu en matière de finances, M. Leroy-Beaulieu, affirme, qu'un MILLIARD ne suffira pas pour satisfaire à toutes les pensions, et qu'il faudra probablement un MILLIARD ET DEMI annuellement. C'est un beau denier et nous devons sincèrement remercier la République d'avoir ajouté ce nouveau contingent de dépenses dont le besoin se faisait sentir, aux autres dépenses de notre budget si tristement prospère.

⁂

Mais déjà on peut constater à quel point M. Constans et le Gouvernement qu'il représente se moquent du peuple et du sens commun. Ils font entrevoir, au vaillant et peu fortuné monde des travailleurs, des espérances qui ne se réaliseront jamais. Et s'ils ouvrent jamais la *Caisse nationale des retraites pour les ouvriers et les employés*, ce sera pour prendre leur argent. A cela, ils sont toujours prêts. Quant à pouvoir le leur restituer sous forme de retraites, jamais! Donc, et de deux choses l'une : ou ils se trompent grossièrement en promettant ce qu'ils ne peuvent tenir, ou ils préparent une gigantesque duperie. Dans les deux cas, ils déchaîneront sur la France les terribles représailles de huit millions de travailleurs abusés et trompés.

LE BONHOMME DESCHAMPS.

Inégalité d'Impôts

Le conseil d'arrondissement de Lesparre a voté l'affichage dans toutes les communes de son ressort d'une protestation contre « la mesure inique » de répartition des impôts.

On se souvient qu'au Palais-Bourbon, peu de jours avant la clôture de la session dernière, un député de la droite avait déposé une proposition tendant à autoriser les conseils municipaux, après avis du conseil général, à faire opérer aux frais des communes une nouvelle enquête pour la répartition de l'impôt sur les propriétés bâties et non bâties, partout où des erreurs manifestes rendaient cette évaluation nécessaire pour l'égalité des impôts.

Le Gouvernement, malgré les faits révoltants qui furent portés à la tribune par M. Thellier de Poncheville, combattit cette proposition si équitable, qui fut naturellement repoussée par la majorité républicaine.

On ne voulut pas admettre que l'évaluation des propriétés bâties et non bâties avait été faite, *en certaines communes*, par les agents du ministère des finances, avec autant de légèreté que d'arbitraire.

On refusa de tenir compte des protestations de plusieurs conseils municipaux, sous le prétexte étrange qu'ils constituaient une infime minorité!

Combien de victimes n'avaient point eu le courage de réclamer contre le déni de justice dont elles souffraient!

Certes la proposition de l'honorable député du Nord était inspirée autant par le bon sens que par un sentiment de justice absolue.

Le ministère des finances se souciait bien des déclarations légitimes dont certains conseils municipaux se faisaient l'organe!

Périsse le respect dû aux représentants du suffrage universel plutôt que de voir diminuer les recettes du trésor!

La protestation du conseil d'arrondissement de Lesparre justifie la nécessité de la proposition déposée par M. Thellier de Poncheville.

On y voit que l'évaluation des revenus, faite en 1879, se trouve faussée dans son application pour le Médoc dans des conditions telles que la proportionnalité, base de tous les impôts, adoptée pour l'arrondissement de Lesparre, se trouve en raison inverse de l'équité comparativement à celle appliquée dans les autres arrondissements de la Gironde.

« Nous succombons sous toutes les charges dont on nous écrase » déclarent les conseillers de cette région.

Combien d'autres populations, aussi éprouvées, n'ont point encore élevé la voix.

C'est un tort.

Les particuliers qui souffrent de l'inégalité des impôts doivent protester auprès de leurs représentants dans nos assemblées communales et départementales.

L'unique moyen de triompher du mauvais vouloir des pouvoirs publics et de détruire les conséquences d'une répartition basée sur l'arbitraire, c'est de soulever des protestations collectives partout où les populations souffrent de l'application inique de la récente loi.

Jean RAGE.

NOUVELLES DE LA SEMAINE.

Le budget des cultes. — Encore qu'on ait fort écouté à la Chambre la discussion du budget des cultes, les républicains n'ont pas voulu se refuser le vote traditionnel sur la suppression de ce budget. Le budget a été maintenu par 330 voix contre 146 soit 184 voix de majorité. Si on défalque de ce scrutin les voix des conservateurs, on voit que la majorité républicaine qui veut le maintien du budget des cultes est d'environ 45 voix. C'est-à-dire que si la droite s'abstenait sur la question, il suffirait du déplacement de 23 voix républicaines pour que le budget des cultes fut supprimé. On voudra bien remarquer que dans les rangs de la majorité il y a eu 42 abstentions et qu'environ 25 membres de cette majorité n'assistaient pas à la séance.

A ce sujet un député radical qui a parfois quelque souci du bon sens et des droits de la liberté, M. Henri Maret, consacre une étude à la question de la séparation de l'Eglise et de l'Etat. Il aboutit, tout en raisonnant en républicain, à la conclusion suivante :

« Si la République poursuivait la séparation qui est la logique même, il y a gros à parier qu'elle courrait un grand risque. »

Menaces des opportunistes. — On a dit à la tribune du Palais-Bourbon, au nez et à la barbe de MM. de Freycinet et Constans que l'élection d'un député socialiste à Lille, aujourd'hui dimanche, serait faite malgré le gouvernement et contre le gouvernement.

Celui-ci, blessé dans son amour-propre et par les attaques violentes contre sa politique et par la levée de boucliers des radicaux, et par son insuccès moral, aurait-il relevé le gant?

Il est à croire que tous les expédients électoraux, toutes les manœuvres administratives, que le ministère Freycinet-Constans n'hésite point à employer pour diriger à son gré le suffrage universel, sont actuellement mis en mouvement en faveur du candidat investi de la confiance et de l'appui ministériels et contre le candidat socialiste Lafargue, détenu en prison.

Cela ne surprendra personne. Mais quand, dans leur irritation, les ministériels s'en prennent aux conservateurs, de l'échec redouté de leur candidat, certes, cela paraît singulièrement étrange.

Eh bien! M. Reinach, un opportuniste de marque, va plus loin. A la réponse unanime qui lui est faite par les principaux organes de la presse conservatrice que les conservateurs ne peuvent que s'abstenir entre un candidat socialiste et le candidat opportuniste, il réplique par des menaces.

« Quand les conservateurs qui se seront amusés à nommer M. Lafargue, comme ils nommaient naguère encore M. Boulanger, se trouveront ensuite aux prises avec les passions révolutionnaires qu'ils auront ainsi excitées et enfiévrées, les républicains les regarderont faire et ces messieurs n'auront qu'à se débrouiller tout seuls. »

Que veut dire M. Reinach? Si le docteur Lafargue, candidat socialiste, l'emporte sur son concurrent opportuniste, les passions révolutionnaires seront donc déchaînées? Et le gouvernement se reconnaîtrait impuissant à assurer, en ce cas, l'ordre et la paix publique?

Tripotages. — Lorsqu'une inondation ou une autre calamité fait éprouver de grosses pertes aux habitants d'une région de la France, le gouvernement s'empresse de demander d'urgence aux Chambres les crédits nécessaires pour secourir les populations éprouvées par le fléau, et les Chambres n'hésitent jamais à les accorder sur ces questions, les partis sont toujours d'accord et personne ne marchande.

Mais il ne suffit pas de voter des millions pour secourir les victimes des inondations. Il faudrait que l'argent allât à sa destination, c'est-à-dire qu'il fût versé entre les mains de ceux que le fléau a atteints.

Or, en réalité, il n'en est pas ainsi : on vote les millions. Le Trésor les fournit sur ordonnancement parfaitement régulier. On sait d'où vient l'argent. Mais on ne sait pas où il va.

On ne sait pas où il va, parce qu'on n'a pas pris les mesures nécessaires pour contrôler et surveiller la distribution de secours. Cette distribution se fait sans méthode ; aucune règle précise n'est suivie, aucune base fixe n'est appliquée à la répartition entre les intéressés des sommes allouées par les Chambres. Enfin, aucun contrôle efficace n'est exercé et les réclamations, au cours des opérations, contre les erreurs ou omissions ne peuvent être utilement et opportunément présentées. C'est ainsi que la répartition du secours de 3 millions de francs voté en 1890 pour les inondés du Gard, de l'Ardèche et de la Lozère a donné lieu aux plus vives réclamations. A tort ou à raison, on a prétendu que l'argent avait été remis, non pas à ceux qui avaient subi des pertes par suite des inondations, mais à ceux qui étaient en faveur auprès du gouvernement et des autorités locales. C'est ce qui arrivera toujours tant qu'on n'aura pas adopté des règles uniformes et une base fixe pour la répartition des secours.

Une institutrice « fin de siècle ». — Le jury vient d'acquitter, à Moulins, Mlle Héloïse Foussat, 21 ans, institutrice-adjointe laïque de Saint-Palais, qui avouait avoir jeté le corps de son nouveau-né aux latrines, l'avait ensuite repêché en ce lieu immonde pour le faire cuire en un chaudron et donné à manger aux chiens et aux porcs.

Voilà une charmante personne qui ne demandera pas mieux que de prendre part aux joyeux esbaudissements des Loges maçonniques — si elle n'y a déjà fait preuve de zèle et de talent?

Et quelle délicieuse éducatrice de la jeunesse!... Point embarrassée pour les « leçons de choses » !!!

INSTITUT AGRICOLE DE BEAUVAIS

A la suite des examens de fin d'année et d'entrée, l'Institut agricole de Beauvais est composé des élèves dont les noms suivent :

3e Année.

MM. Albéric de Marc (Paris). — Léon Barbarin (Cher). — André Blain (Somme). — André Duguet (Seine-et-Marne). — Henry Bleynie (Haute-Vienne). — Agénor de Pontac (Gironde). — Francisco Sglésias (Costa Rica). — Pierre Rendu (Yonne). — Godefroy du Temple de Rougemont (Eure-et-Loire).

2e Année.

MM. Henri de Marc (Paris). — Victor Corbay (Seine-et-Oise). — Pierre Bellocq (Hautes-Pyrénées). — Léon Poiyré (Aisne). — Ladislas Koziétolsky (Pologne). — Emile Pinquet (Pas-de-Calais). — Ladislas Marshwky (Pologne). — Arthur Bourgeat (Isère). — Joseph de Varax. (Saône-et-Loire). — Bertrand Dunoyer de Segonzac (Corrèze). — Paul Jacquin (Paris). — Henri du Fresne (Haute-Vienne). — Stanislas Miectkowsky (Pologne). — Paul Proyart (Somme). — Gaston Beauvais (Somme). — Frank Le Gonidec de Pedlan (Eure). — René du Soulier (Pas-de-Calais). — Louis Tassel (Ille-et-Vilaine). — Georges Patin (Seine-Inférieure). — Louis Jacquin (Paris). — Amédée Duroussy Loire Inférieure). — Pierre Perrier (Paris). — Georges Lacroix (Saône-et-Loire). — Georges Dupuy (Oise). — Joseph Duchaine (Maine-et-Loire). — R. de Rosny (Pas-de-Calais). — J. Juston (Maine-et-Loire). — J. Chauvet (Isère). — V. Ledru (Pas-de-Calais).

1re Année.

MM. Louis Renon (Somme). — Joseph Cousture (Oise). — Hector Le Coultre (Ile Maurice). — Fernand Legros (Marne). — Emile Marteau (Seine-et-Marne). — Nouvion (Aisne). — Hubert Reboulleau (Nièvre). — Tassart (Oise. — Félix Bernachez (Allier). — Joseph de Jenlis (Pas-de-Calais). — Louis Serpette (Somme). — Francisque de Sallmard (Isère). — Cormaille (Mayenne). — Canet (Nord). — Bailly (Paris). — Charles Penot (Yonne). — Louis de Septenville (Somme). — Blondeln (Pas de-Calais). — Victor de Benoist (Meuse). — De la Roche St-André (Vendée). — Salvador Sanchez (Guatemala. — Achillopulo (Athènes). — Jean Ecorcheville (Eure). — Raymond Lecointre (Vienne). — R. d'Arces (Valence). — Félix Olivier (Ardennes). — Pierre de Crozé (Sarthe). — Joseph Larade (Charente-Inférieure). — d'Anserville (Oise).

Les engrais chimiques et les engrais du commerce. — Loi de la restitution.

La situation critique de notre agriculture impose aux cultivateurs deux obligations capitales.

Nous les avons déjà indiquées, nous les rappelons encore ; il est des vérités qu'on ne saurait trop dire et redire :

1° Forcer le gouvernement, par *tous les moyens possibles* et notamment par la nomination de représentants sérieux et sincèrement dévoués aux intérêts agricoles, de protéger l'agriculture nationale tant par la diminution des impôts qui l'écrasent, que par des droits protecteurs perçus à l'entrée des produits agricoles de l'étranger ;

2° Diminuer le prix de revient de nos produits par l'augmentation de production.

Se souvenir que les petites récoltes, les récoltes de 12 à 15 hectolitres de blé à l'hectare, par exemple ; de 20,000 kil. de betteraves fourragères à l'hectare, etc., constitueront toujours le cultivateur en perte.

Que les grosses récoltes *seules* peuvent donner un certain bénéfice.

Voilà qui est facile à dire : grosses récoltes ! Plus facile à dire qu'à obtenir, n'est-ce pas ?

Nous savons cela comme tout le monde, d'autant plus que la situation actuelle nous ayant mis dans la nécessité de prendre la direction d'un faire-valoir, les difficultés de la pratique ne peuvent nous échapper.

Il n'en est pas moins vrai que, si difficile qu'il soit d'arriver au résultat que nous venons d'indiquer, tous nos efforts doivent tendre au perfectionnement de nos cultures à l'augmentation de nos récoltes. Sinon, pas de culture lucrative possible.

Qui veut la fin, veut les moyens, dit, avec raison, le proverbe.

Pour nous, les principaux moyens mis en jeu pour atteindre le but désiré, nous les trouverons dans les fumiers, dans les amendements, dans les engrais de toutes espèces destinés à l'alimentation des récoltes.

Les plantes, comme tous les êtres organisés, ne naissent et ne se développent qu'autant qu'elles sont nourries, et leur développement est en raison directe de la qualité et de la quantité des aliments qu'elles reçoivent. Voilà qui est connu de tout le monde ; mais ce que beaucoup de cultivateurs ignorent c'est la manière dont les plants se nourrissent et c'est la nature des aliments qui leur soit indispensables.

Pensez-vous qu'un homme, complètement étranger aux règles de l'hygiène et de l'alimentation du bétail soit apte à diriger des écuries et des étables ? Non, n'est-ce pas. Il fera bien des écoles, bien des fautes, et les animaux confiés à ses soins souffriront de son ignorance.

De même, les règles qui président aux phénomènes de la nutrition végétale doivent-elles être connues du cultivateur. Les notions, qui concernent cette matière sont, du reste, fort simples. Les voici en quelques mots :

Les plantes sont en rapport avec *l'air* par leurs *feuilles*, et avec le *sol* par leurs *racines* ; c'est donc à ces deux sources seulement qu'elles doivent emprunter les matières qui doivent les alimenter.

Par leurs feuilles, qui sont leurs organes respiratoires, elles absorbent les gaz atmosphériques et s'emparent à leur profit des éléments utiles qu'ils contiennent. C'est par cette voie, dit M. Joulie, dans son remarquable traité de l'*Emploi des engrais chimiques*, que le végétal se procure la plus grande partie de sa substance.

Une autre partie, moins abondante, mais tout aussi indispensable, est puisée dans le *sol* par les *racines*.

C'est uniquement de celle-ci dont nous avons à nous occuper, car tous les efforts de l'industrie humaine ne sauraient parvenir à modifier la composition de l'atmosphère. Le créateur a, d'ailleurs, pourvu pour des temps illimités aux besoins de la végétation sous ce rapport.

Il n'en est malheureusement pas ainsi de la composition du sol. S'il est vrai que certaines terres paraissent jouir d'une fécondité presque indéfinie, d'autres, beaucoup plus nombreuses, s'épuisent, par la culture, avec une telle rapidité, que la plus incessante préoccupation de l'industrie agricole avancée est de rapporter au sol, sous forme d'engrais, les éléments enlevés par les récoltes.

Le fumier de ferme, voilà l'engrais par excellence pour opérer cette restitution. Aussi, les cultivateurs intelligents donnent-ils tous leurs soins à la préparation, à la conservation et à l'emploi de ce précieux engrais.

Mais, quelque importante que soit la restitution opérée à l'aide du fumier *produit dans la ferme*, elle est toujours insuffisante ; car il ne peut rendre à la terre que ce qu'il contient, c'est-à-dire une partie seulement des éléments utiles enlevés par les récoltes.

Avec l'emploi exclusif du fumier de la ferme, la terre est forcément en perte, chaque année, de la totalité des éléments qu'elle a fournis à la portion des récoltes qui a été vendue hors du domaine.

Elle ne récupère même qu'incomplètement ce qu'elle a donné à la partie qui y est consommée, car, dans la transformation en fumier par l'intermédiaire du bétail, il y a des déperditions inévitables. Oui, la vente des récoltes et du bétail a pour conséquence obligée, dans toute culture progressive, l'achat d'engrais supplémentaires du fumier.

Recherchons donc à quelles sources l'agriculture doit puiser et dans qu'elles conditions elle pourra le faire économiquement.

L'agriculture peut-elle acheter du fumier ?

Cet engrais étant indispensable à tous les domaines qui le produisent, il ne peut nulle part être mis sérieusement en vente. C'est seulement aux alentours des grandes villes, près des centres de garnison de cavalerie, qu'il est possible de s'en procurer à des conditions acceptables, pourvu encore que les frais de transport n'en soient pas considérables.

Il n'y a, en définitive, que l'industrie qui puisse fournir l'appoint indispensable à la culture pour engendrer la fertilité sur les terres pauvres, maintenir les rendements sur les terres riches et relever ceux des terres de moyenne fertilité au niveau des exigences de la situation.

Il est donc nécessaire de préciser les principes qui doivent guider le cultivateur dans l'achat des engrais que le commerce met à sa disposition.

C'est ce que nous ferons dans les causeries qui suivront.

Charles Gossin.

LA FARINE DE CYLINDRES
et la farine de meules

Généralement, on croit que la farine de blé la plus blanche est la plus riche et la meilleure ; or, c'est le contraire qui a lieu, mais il est difficile de convaincre de cette vérité les consommateurs vulgaires. Le travailleur ne s'attache qu'au pain très blanc, persuadé que la blancheur fait à elle seule la qualité, et que si elle ne le faisait pas, les bourgeois ne feraient pas si grand cas de pain de gruau.

Il ne remarque pas assez que le pain très blanc ne convient réellement qu'à ceux qui peuvent racheter sa pauvreté alimentaire par de la viande très substantielle. Mais on aura beau le lui dire et redire, il aura de la peine à le croire.

Nous trouvons dans le *Bulletin de la Société d'Agriculture* de Saint-Florentin Yonne), quelques lignes intéressantes de son secrétaire, M. Lemaître, sur la différence considérable qui existe, comme valeur nutritive, entre la farine de meules qui fait le pain bis et la farine de cylindres qui donne le pain blanc.

Avec la première, dit-il, on est nourri, parce qu'elle contient le gluten du blé, substance alimentaire qui renferme 40 0/0 d'azote alors que la viande n'en donne que 20 0/0. Avec la seconde, on meurt de faim, précisément parce que le gluten qui fait le pain bis en est éliminé.

D'un autre côté, continue M. Lemaitre, on sait que les diabétiques, et beaucoup le sont sans le savoir, doivent exclure de leur alimentation tout élément sucré ou susceptible de se transformer en sucre dans l'économie, comme l'amidon, par exemple. Le pain de gluten, qui est azoté, leur est recommandé surtout. Or, la farine de cylindres comprend, pour la plus grande partie, l'amidon du blé, tandis que la farine de meules garde le gluten.

D'où la conclusion de rechercher la farine de meules, exclusivement, pour la fabrication du pain et l'alimentation des jeunes enfants.

Un membre de la Société, M. Dubois, appuie cette conclusion par une anecdote intéressante. Il raconte que tout récemment dans une visite à un de ses amis, meunier dans le département, il assista aux différentes opérations de la mouture par les cylindres. M. Dubois remarqua qu'on mettait de côté la masse de petits grains jaunâtres que détachaient les premiers cylindres ; il demanda ce que c'était et ce qu'on en faisait.

C'est lui répondit son ami, ce qu'on appelle le gluten, que nous mélangeons pour faire des farines secondes ou troisièmes, suivant la quantité de gluten qu'on y met. Cela fait le pain bis.

Et bien entendu, fit M. Dubois, vous usez pour vous de la farine blanche ?

Nous nous en gardons bien, répartit le meunier ; elle ne nourrit pas, nous mangeons du pain bis.

L'AVOINE NOUVELLE

L'avoine nouvelle mérite-t-elle l'ostracisme dont on la frappe ?

Assurément non. Les observations que j'ai faites depuis plus de vingt ans m'ont amené à être intimement convaincu que non seulement elle n'est pas nuisible, mais qu'elle est supérieure à la vieille avoine dans l'alimentation du cheval.

Il est certain que nos ancêtres ne pensaient pas ainsi, et qu'ils nous ont légué cette idée bien arrêtée que l'avoine devait être récoltée depuis quelques mois pour être donnée impunément aux chevaux. Dès longtemps, je m'étais demandé comment il pouvait se faire qu'une graine alimentaire pût être nuisible étant bien mûre, bien récoltée. Depuis, après avoir bien observé, j'ai acquis la certitude absolue que l'avoine nouvelle ne faisait aucun mal aux animaux.

Cependant, lecteur, je dois vous avouer que j'ai bien hésité avant de donner de la publicité à cette question, tellement je me sentais isolé. Dame ! se trouver seul de son opinion et s'adresser à un nombreux public, dont on va heurter les idées arrêtées, cela me paraissait bien osé. Aussi ai je fait de nombreuses recherches dans le but de savoir si un auteur vétérinaire avait déjà traité ce sujet. Je dois vous dire que toutes mes recherches ont été infructueuses, et qu'après mille informations prises, je n'ai trouvé nulle part aucun indice d'une campagne en faveur de l'avoine nouvelle. Cela ne m'empêchera pas d'entrer courageusement dans l'arène pour y défendre mes convictions qui, soit dit en passant, ne reposent que sur mes seules observations. Au risque d'être accusé de présomption, il me semble que cela doit me suffire pour combattre un usage que rien ne justifie.

Cela dit, j'entre en matière :

« L'avoine nouvelle peut être donnée sans inconvénient et même de préférence à celle qui a été récoltée l'année précédente :

« 1° Lorsqu'elle est coupée bien mûre ;

« 2° Lorsqu'elle a été javelée pendant un certain temps, qui variera suivant les circonstances atmosphériques ;

« 3° Lorsqu'elle aura été liée et rentrée sèche. »

Dans ces conditions, la fermentation ne pourra se produire, et l'avoine sera de bonne qualité. Cependant je dois ajouter quelques observations que j'ai faites rigoureusement, et qui seront comprises, je l'espère.

Parfois, dans certaines années, les avoines sont très maigres et ont par conséquent moins de noyaux. Supposons, par exemple, que dans une année semblable, un cultivateur donne cinq litres d'avoine à chaque repas. Pendant un an, ses chevaux mangeront une avoine peu nourrissante et « très dure à la mastication ». L'année suivante, au contraire, la maturité de l'avoine s'est faite dans des conditions exceptionnelles, et le grain est plus volumineux, plus pesant, plus nutritif. Je ne crois pas exagérer en disant que les chevaux mangeront alors, quotidiennement, cinq à six litres de grain en plus que l'année précédente. En outre, ces animaux étant plus friands d'avoine nouvelle, la mastication en étant beaucoup plus facile à cause de son enveloppe moins résistante, il y aura là tout un ensemble de causes réunies pour constituer un « écart de régime ». Il sera donc sage, dans ces années, de diminuer un peu, en commençant, la ration d'avoine nouvelle, et surtout de « l'étendre en couche mince dans l'auge ». Cette dernière recommandation a bien son importance, car le cheval gourmand d'avoine nouvelle, pourra moins facilement s'en remplir la bouche outre mesure.

En ne prenant pas ces simples précautions qu'indique le bon sens, il se produirait forcément des troubles digestifs que l'on ne manquerait pas de mettre sur le compte de l'avoine nouvelle, et, à l'appui de ce que j'avance, je puis citer de nombreux exemples.

Autre chose encore : il arrive quelquefois, très souvent même, que les cultivateurs, pour des raisons que je n'ai pas à apprécier ici, n'ont pas assez de vieille avoine pour attendre la nouvelle ; ils rationnent leurs chevaux et quelquefois même leur suppriment complètement l'avoine.

Aussitôt l'avoine nouvelle rentrée, ils en donnent d'amples rations. Les animaux, privés depuis longtemps de leur aliment de prédilection, la mangent avec avidité, et les coliques d'indigestion se produisent.

Mais ici encore, il y a écart de régime, et l'avoine nouvelle ne peut être mise en cause.

J'ai vu très souvent ces faits se produire, et les imputer bien à tort à l'avoine nouvelle. J'ai des preuves irrécusables de ce que j'avance.

Cet article ne serait pas complet si je n'établissais un parallèle entre la manière d'opérer des anciens et celle des contemporains, pour la récolte de l'avoine.

Autrefois, on ne liait l'avoine que lorsqu'elle était restée en javelle un certain temps ; on attendait même qu'elle ait reçu une averse. Il est bien certain que l'avoine javelée, lorsqu'elle a été mouillée, renfle davantage et acquiert une couleur noire que n'a jamais l'avoine liée et rentrée aussitôt qu'elle est coupée. Si les anciens opéraient ainsi c'était surtout à cause de la vente plus facile de leur produit, car ils vendaient à la mesure, et leur avoine ainsi traitée renflait et mesurait beaucoup plus, outre que la couleur était plus belle. Dans ce temps, les cultivateurs n'auraient pas voulu rentrer leur avoine sans qu'elle eût reçu l'eau du ciel. Il est vrai que les mécomptes se produisaient souvent avec cette coutume, car si les pluies duraient longtemps, on était exposé à rentrer de la marchandise avariée. Mais si les anciens procédaient avec trop de lenteur, les cultivateurs de nos jours ne tomberaient-ils pas dans l'excès contraire ? Je le crois ; ici, comme partout, il faut rester dans le juste milieu. Lorsque l'avoine est coupée avant sa complète maturité et immédiatement liée, elle contient encore beaucoup d'eau de végétation et fermente forcément, sans compter qu'elle n'acquiert jamais cette belle coloration noire que lui donne le javelage.

Ouf ! c'est fini ! Suis-je arrivé, lecteurs, à vous convaincre ? Je le désire et je l'espère. Pourtant, quand je pense aux difficultés qu'on rencontre lorsqu'on entreprend de déraciner les vieux usages invétérés, il m'est bien permis de croire qu'il faudra encore longtemps pour faire justice de celui qui consiste à proscrire l'avoine nouvelle,

L. Vuibert, vétérinaire.

Le bon hivernage est le couronnement de l'art apicole.

Une ruche hiverne généralement bien quand elle se trouve dans les cinq conditions suivantes, savoir, quand elle possède :

1° Une mère valide. — Une colonie ne sera prospère et ne fournira de bons rendements durant la campagne prochaine, que quand elle possède une mère valide et féconde. Les mères défectueuses sont donc à supprimer et à remplacer à la revision d'automne, quand on a négligé de le faire plutôt. Si, à la suite de réunions, on dispose de plusieurs mères, il faut donner la préférence à celles qui sont les plus jeunes, les plus sveltes et les plus grandes. Quand on ne connait pas leur âge, on choisit les plus velues et les plus alertes. Une mère, ayant pondu pendant trois campagnes successives, risque de devenir bourdonneuse, ou même de mourir d'épuisement, quand elle recommence en hiver la ponte. Les jeunes mères valides reprennent avec ardeur leurs fonctions et stimulent par là l'activité de la colonie entière.

2° Une forte population, surtout de jeunes abeilles. — Pendant les récoltes de l'arrière-saison, il ne faut pas restreindre la ponte de la mère, ce qui a lieu quand, à l'aide de la tôle perforée, on réduit le nid de couvain pour ne laisser à la disposition de la mère que 2 à 3 rayons, ou même quand on l'emprisonne dans une cage pendant 10 à 15 jours. Bien au contraire il lui faut laisser libre cours sur 11 à 12 rayons, l'équivalent de 63,000 alvéoles. Plus la ruche possède d'abeilles écloses en août et en septembre, mieux cela vaut.

Les fortes populations résistent facilement aux rigueurs de l'hiver et produisent de bonne heure beaucoup de couvain; les faibles au contraire ne possèdent pas suffisamment de chaleur ; elles se voient obligées de se mettre souvent en bruissement pour produire de la chaleur artificielle; mais plus elles sont en mouvement, plus la consommation devient forte et accumule des ordures dans leurs intestins, ce qui leur donne facilement la dyssenterie. On estime qu'une ruche est assez populeuse pour la mise en hivernage, quand ces abeilles garnissent bien 6 rayons; si elles en occupent davantage, cela vaut encore mieux. Les colonies faibles doivent être réunies. Quand on veut disposer au printemps prochain d'une ou plusieurs mères de réserve, on conserve une ou deux ruches faibles, provenant d'essaims secondaires, qu'on hiverne dans un local tempéré, obscur, sec et tranquille, ou dans le compartiment supérieur d'une ruche, ayant servi de magasin à miel.

3° DES BATISSES CHAUDES ET TOUT ACHEVÉES. — Des essaims tardifs n'arrivent pas toujours à achever complètement leurs rayons. A la revision d'automne, il faut compléter les bâtisses non achevées, soit en y ajoutant des morceaux de rayons, soit en faisant de deux rayons non achevés un rayon complet. S'il y a des espaces vides en dessous du groupe ailé, le froid s'y loge et nuit beaucoup aux abeilles. Des rayons blancs sont plus froids et plus humides que ceux qui sont d'un brun foncé. Les rayons à grands alvéoles qu'on trouve dans les nids de couvain sont suspendus derrière les vitres pour être enlevés plus tard, quand les abeilles en ont transporté le miel dans le siège d'hiver. Ce siège doit se composer tout au plus d'autant de rayons que les abeilles peuvent en couvrir. Il va sans dire qu'une population exubérante demande plus de place qu'une moyenne. Les magasins mobiles sont enlevés, autrement la chaleur de la ruche y monterait en hiver, ce qui refroidirait le siège d'hiver. Les magasins fixes sont dégarnis de leurs rayons et bourrés de paille, de regain ou de mousse.

(A suivre.) Ch. ZWILLING.

LA ROUILLE DES BLÉS

et l'épine-vinette.

Il y a quelque temps nous publiions sur la rouille du blé, un article dans lequel nous nous sommes efforcés de montrer les causes et le mode de développement de cette terrible maladie qui a si fortement endommagé, cette année, les céréales et particulièrement le blé. Notre but était de décider les cultivateurs à purger leurs haies des l'épines-vinettes qui sont — le fait est établi — le milieu indispensable au développement du champignon, le *puccinia graminis*, qui cause la rouille du blé.

Nous sommes heureux de pouvoir rapprocher de notre modeste article un arrêté pris récemment par M. le préfet d'Eure-et-Loir et approuvé par M. le ministre de l'agriculture.

Nous reproduisons fidèlement cet arrêté et nous souhaitons que l'exemple donné par M. le préfet d'Eure-et-Loir soit suivi dans les autres départements :

Nous, préfet d'Eure-et Loir, chevalier de la Légion d'honneur,

Vu la loi du 24 décembre 1888 concernant la destruction des insectes, des cryptogames et autres végétaux nuisibles à l'agriculture;

Vu les avis émis par le conseil général dans les séances des 7 et 8 avril 1891.

Considérant :

1° Qu'il est établi que le voisinage de l'épine-vinette est un véritable fléau pour les céréales sur lesquelles elle favorise le développement de la rouille noire;

2° Que la multiplication du gui cause des dommages considérables aux arbres fruitiers,

Arrêtons :

Art. 1er. — Les propriétaires, les fermiers, les colons ou métayers, ainsi que les usufruitiers et les usagers, soit tenus de détruire par tous les moyens possibles l'épine-vinette et le gui des arbres fruitiers sur les immeubles qu'ils possèdent et cultivent, ou dont ils ont la jouissance et l'usage dans l'étendue du département d'Eure-et-Loir; toutefois, dans les bois et forêts, cette mesure n'est applicable qu'à une lisière de trente mètres.

Ils devront ouvrir leurs terrains pour permettre la vérification ou la destruction à la réquisition des agents.

Art. 2. — L'Etat, les communes et les établissements publics et privés sont astreints aux mêmes obligations sur les propriétés leur appartenant.

Art. 3. — La destruction de l'épine-vinette se fera avant le 10 juillet et celle du gui avant le 1er décembre 1891.

Art. 4. — En cas d'inexécution dans les délais fixés par l'article précédent, des procès-verbaux seront dressés et les contrevenants seront traduits devant les tribunaux compétents.

Art. 5. — MM. les maires, adjoints, officiers de gendarmerie, commissaires de police, gardes champêtres et gardes forestiers sont chargés d'assurer, chacun en ce qui le concerne, l'exécution du présent arrêté, qui sera inséré au Recueil des actes administratifs publié et affiché à la diligence des maires dans toutes les communes du département.

LA DESTRUCTION DES CHARANÇONS

On nous demande un moyen efficace et rapide pour détruire les charançons. Celui que nous allons décrire peut-être appliqué en toute sécurité, mais à la condition que les greniers qui renferment le blé ne communiquent pas avec des appartements habités. Si non; il faudrait, avant tout, se préoccuper de boucher avec le plus grand soin toutes les ouvertures qui pourraient livrer aux vapeurs toxiques l'accès de ces locaux.

Le grenier étant ainsi isolé, on étale le grain sur le plancher en une couche de 50 à 60 centimètres d'épaisseur ou moins si on le peut. Sur cette couche on place des flacons à large goulot bien bouchés et contenant chacun 250 grammes environ de sulfure de carbone. On espace les flacons de un mètre et demi l'un de l'autre et on les enfonce aux trois quarts, de manière à ce que le liquide ne puisse être reaversé accidentellement.

On débouche alors les flacons très rapidement, on recouvre le tout d'une ou plusieurs bâches et l'on se retire en fermant soigneusement les portes. Quelques jours après, les charançons sont détruits; on pénètre dans le grenier et on l'aère le plus largement possible.

Nous insistons sur la rapidité avec laquelle on doit mener l'opération à partir du moment où l'on débouche les flacons de sulfure de carbone, car les vapeurs de cette substance sont dangereuses à respirer au delà d'un certain temps.

Il faut bien se garder aussi de fumer dans le grenier ou d'y pénétrer avec une lampe, une lanterne ou tout autre feu ou lumière : il pourrait s'ensuivre une explosion. Mais ce danger peut être facilement évité, et comme le procédé est très efficace et ne détermine aucune altération sensible du grain, il ne faut pas hésiter à l'appliquer si l'on veut sauver sa récolte.

Nouvelles agricoles.

Association pomologique de l'Ouest. — L'Association pomologique de l'Ouest a tenu la semaine dernière un important congrès en même temps qu'un intéressant concours. L'exposition, superbement aménagée, présentait de fort belles collections de fruits, pommes et cidres, des échantillons de cidres, d'eaux-de-vie de cidre et les différents types d'instruments servant à la culture du pommier et à la fabrication du cidre.

Les principaux lauréats ont été, pour la Bretagne MM. Hérissaut, directeur de l'école pratique d'agriculture des Trois-Croix (Ile-et-Vilaine), et Hertel, de Quimperlé (Finistère) ; pour la Normandie, MM. Marie frères, de Quibon (Manche), et Latour, à Surville (Calvados). Citons encore, M. Longuépée, de Beauvais (Oise), et parmi les amateurs, MM. le Dr Hantraye, d'Avranches; Launay, professeur d'agriculture de la Sarthe; Laurence et Renard, instituteurs.

Pour les cidres, nous avons remarqué ceux de MM. Latour fils et Guerin, de Quibon ; de M. Charles, de Laigle (Orne); de MM. Jouvin, de Lolif, Poidvin, d'Avranches ; de M. Lebreton, de Taden (Côtes-du-Nord) ; de M. Pol Fondeur, de Viry (Aisne), etc., etc. Parmi les constructeurs qui exposaient, nous devons signaler M. Egrot, mécanicien à Paris, et MM. Simon, de Cherbourg, et Buzelin, des Lilas (Seine).

MM. Lohise et Pihier ont eu une médaille de vermeil pour leurs recherches sur l'extraction des moûts et la fabrication du cidre ; M. Hérissaut, une médaille d'or pour ses travaux sur l'anthonome; enfin le prix d'honneur a été accordé à M. Truelle, de Trouville (Calvados), pour ses études pomologiques.

Concours d'arracheurs de betteraves. — Le Syndicat des fabricants de sucre de France, informé que de nouveaux appareils permettant l'arrachage des betteraves viennent de faire leur apparition, a décidé de reprendre les expériences publiques interrompues après le concours de Lens.

Un nouveau concours aura donc lieu le mardi 10 novembre prochain, à Gonesse (Seine-et-Oise), dans une pièce de betteraves mise à la disposition du jury par M. Tétard, fabricant de sucre.

Le départ de Paris aura lieu à 11 h. 55, gare du Nord, et des omnibus seront à l'arrivée du train à Gonesse pour conduire directement les visiteurs au champ du concours.

La population chevaline en France. — On constate avec une vive appréhension, dans l'armée, l'envahissement croissant de l'élevage du cheval de trait favorisé par les haras nationaux.

En 1874, il y avait dans les écuries de l'administration 1,098 étalons, dont 23 de trait;

il y a 2,500 étalons, dont 321 de trait, depuis 1882, et la population chevaline est cependant moindre. En 1886, le nombre des bêtes chevalines dépassait 3,300,000 ; en 1870, il atteignait près de 3,500,000, et, en 1891, avec 1,413 étalons nationaux de plus, il n'y a que 2,881,000 animaux de l'espèce chevaline. Que sont devenus et à quoi ont servi tous les millions gaspillés ?

L'importation des bêtes ovines. — Le ministre de l'agriculture, dans le but de prévenir l'invasion de la peste ovine en Faance, vient de décider qu'à l'avenir les animaux vivants de l'espèce ovine provenant de la Russie et amenés par voie de mer peuvent être admis à l'importation et à la libre circulation en France :

1° S'ils sont importés par navires français, ayant à bord un vétérinaire diplomé des écoles nationales vétérinaires de France, et agréé par le gouvernement français pour surveiller l'état sanitaire des animaux pendant la traversée, qui atteste qu'il ne s'est produit pendant ladite traversée aucun cas de maladie contagieuse dans le chargement ;

2° S'ils ont été introduits par Marseille ou par Saint-Louis-du-Rhône, et que les importateurs, justifiant qu'ils disposent d'emplacements convenables, aient obtenu l'autorisation d'y déposer lesdits animaux pour une quarantaine d'au moins dix jours.

Cette autorisation sera accordée par le ministre de l'agriculture sur une demande accompagnée d'un plan de l'emplacement proposé et des aménagements qu'il comporte.

Cette admission des animaux vivants de l'espèce ovine provenant de Russie reste subordonnée à la production des certificats mentionnés à l'article 2 de l'arrêté du 17 décembre 1888.

Elle ne pourra en outre être prononcée qu'à la condition que l'expédition aura été faite sans transbordement et sans escale dans les pays dont les animaux des espèces bovine et ovine, ainsi que leurs débris frais, sont frappés de prohibition à l'entrée en France.

Dès l'entrée du navire dans le port, le vétérinaire inspecteur se transportera à bord pour procéder à un premier examen des animaux et vérifier les certificats et papiers de bord concernant leur état sanitaire.

Si ce vétérinaire a des motifs légitimes de craindre qu'une maladie contagieuse ne se soit manifestée à bord pendant la traversée, le navire sera mis en observation pendant trois jours, à l'expiration desquels la cargaison sera repoussée, si la suspicion est confirmée.

Les porcs américains. — A propos des salaisons américaines, dont l'entrée en France est interdite, le décret de prohibition qui les frappe sera abrogé aussitôt que la loi des douanes sur les viandes salées de porc sera adoptée par le Sénat.

Aux Etats-Unis, le maïs est la base de la nourriture du porc et le prix de revient des salaisons descend à un taux excessivement bas.

Voici comment procèdent les fermiers américains pour établir ce prix de revient : ils estiment que 10 bushels de maïs (3 hectolitres et demi environ), produisent 100 livres de viande (la livre équivaut à 453 grammes 5926), soit environ 45 kilos et demi.

Voici d'ailleurs à quels chiffres le *Cincinnati Price Current* fixait, pour l'année 1890, le prix de revient des salaisons : côtes, 0.50 ; épaules, 0.37 ; jambons, 0.80 ; lard, 0.62 le kilo. Seulement, il est bon de remarquer qu'en 1890 on n'avait guère récolté pus de 500 millions d'hectolitres de maïs, tandis que cette année la récolte dépassera 700 millions d'hectolitres. Il en résultera une baisse sensible dans le cours des salaisons.

Ajoutons encore qu'à Chicago, — le grand centre d'exportation des salaisons américaines, — la cote moyenne annuelle du maïs a été de 39 cents le bushel et en 1889 de 33 7/8, ce qui, d'après la manière de compter des fermiers américains, donnerait comme prix de revient de la viande 0.43 le kilo pour 1890 et 0.37 1/2 pour 1889.

Or, à la Villette, au marché d'approvisionnement de Paris, la viande de porc se vend actuellement entre 1.20 et 1.50 le kilo.

Comme on le voit, il y a de la marge entre les prix des Américains et les prix de vente sur notre marché. Les importateurs pourront encore faire de beaux bénéfices, malgré les droits de douanes, tout en vendant meilleur marché que nos producteurs.

CONSEILS A LA FERMIÈRE

CONSERVATION DES CHOUX PENDANT L'HIVER.

Il y a bien des manières de conserver les choux pendant l'hiver. Chacun fait du mieux qu'il peut, selon le local dont il dispose.

Longtemps j'ai remisé les miens à la cave ; ils y pourrissaient rapidement. On recommande les silos ; j'en ai essayé : les choux s'y conservent bien, mais nous avons souvent des rats dans notre voisinage ; pour eux, un silo de choux est une fameuse aubaine. Ils trouvent toujours moyen de s'y introduire, dévorent les cœurs et lorsqu'on veut entamer sa provision, il ne reste que les mauvaises feuilles de l'enveloppe et les racines.

Depuis quelques années, je m'y suis prise autrement. A la fin d'octobre ou commencement de novembre, s'il y a quelques belles journées et que les têtes de choux soient bien sèches, on les arrache et on les dépose, la racine en l'air, dans l'endroit le plus sec du jardin. On les y laisse tant qu'il fait beau, afin qu'ils se dessèchent en tous sens. Aussitôt que le temps paraît devoir se mettre à la pluie, on charge les choux sur des voitures et on les met à l'abri, soit sous un hangar, soit sous une remise, autant que possible dans un courant d'air. Plus tard, lorsqu'ils sont un peu fanés, on les dépose sur le plancher du grenier, la racine en l'air ; ayant perdu la plus grande partie de leur humidité, ils sont peu sensibles à la gelée et, si elle les atteint, ils ne se décomposent pas. J'en ai conservé de cette façon jusqu'au 15 mai, ayant soin de les éplucher et faire tremper un peu à l'avance afin qu'ils reprennent de la fraîcheur avant de les mettre dans la marmite.

UNE MÉNAGÈRE.

CONSEILS DU VÉTÉRINAIRE

FOURRAGES AVARIÉS ET SANTÉ DES ANIMAUX.

M. Galtier, professeur à l'école vétérinaire de Lyon, a recueilli un grand nombre de faits, d'observations et d'expériences démontrant nettement le rôle pathogène des fourrages avariés, des foins récoltés dans des prairies marécageuses ou inondées au moment de la fenaison, des fourrages qui ont reçu la pluie après avoir été coupés, des avoines qui ont été exposées à la pluie, etc. Une note nouvelle sur ce sujet, présentée par M. Galtier, à la Société centrale de médecine vétérinaire de France, se termine par quelques considérations d'hygiène générale, dont il nous semble utile de reproduire les principaux passages.

Les affections provoquées par les fourrages avariés sont plus ou moins graves et offrent une évolution plus ou moins rapide suivant le degré de résistance des animaux, suivant les conditions hygiéniques qui les entourent, suivant la quantité de germes introduits, et suivant la durée du régime infectant.

Il faut donc donner des soins spéciaux aux fourrages au moment de la récolte, les secouer énergiquement ou les passer à un fort ventilateur quand il ont eté vasés, mouillés, etc. ; il faut passer les avoines au tarare après une bonne dessication. En tout temps, il faut manutentionner convenablement les fourrages avariés avant de les distribuer, les secouer au grand air, les arroser au moment de la distribution avec une eau légèrement acidulée ou salée, afin de prévenir l'émission de poussières pendant le repas ; il faut les utiliser de préférence quand les animaux sont moins exposés aux influences débilitantes telles que la fatigue, les intempéries, etc.

Il convient d'autre part de rafraîchir de temps en temps les animaux en leur donnant du vert, du sulfate de soude, etc., et de les tonifier en leur donnant un sel de fer, par exemple, le sulfate de fer.

Etant donné que les fourrages avariés peuvent engendrer des maladies graves, il n'est pas inutile de rappeler quelques-uns des caractères qui permettent de reconnaître ou de soupçonner leur degré d'altération. Outre les données tirées de la couleur (teinte lavée, teinte foncée, etc.), de l'odeur (odeur forte, désagréable, odeur de vase, odeur de moisi, etc.), de l'état poussiéreux, de l'aspect tacheté et de la difficulté avec laquelle ils glissent dans la main, les fourrages avariés peuvent surtout être reconnus par le lavage ou la macération dans l'eau, et par l'inoculation de l'eau de lavage. La macération peut fournir des données précieuses, sinon toujours certaines. On pourra donc faire macérer, pendant un quart d'heure, 500 grammes à 1 kilog. de fourrage (foin ou avoine) à vérifier, dans de l'eau tiède en quantité suffisante ; on exprimera ensuite, et on vérifiera l'état de l'eau ainsi que celui du fourrage. Ordinairement le fourrage avarié communique à l'eau de macération une teinte plus foncée, une odeur fade, une odeur de vase, une odeur de fumier, etc., en même temps qu'il l'exhale lui-même d'une façon plus accusée ; tandis que le fourrage non avarié donne à l'eau une teinte moins foncée, et lui communique une odeur aromatique agréable qu'il exhale lui-même d'une manière bien nette.

D'autre part, quand on filtre l'eau de macération sur un linge, ou quand on la laisse au repos, on constate que les avoines et les foins avariés fournissent un dépôt terreux ou vaseux beaucoup plus abondant que les denrées de bonne qualité.

UN VIEUX VÉTÉRINAIRE.

CONSEILS DU VIGNERON

RAJEUNISSEMENT DES VINS VIEUX PAR LES MARCS.

Lorsqu'on verse du vin vieux sur des marcs frais, pour le rajeunir, on ne peut s'attendre à voir s'établir une fermentation nouvelle complète ; le vin ne renferme pas les éléments nécessaires à la nutrition des ferments et à leur développement.

Pour obtenir un véritable mouvement fermentatif, il faudrait ajouter du sucre.

Mais il n'est pas nécessaire que les choses se passent ainsi. On arrive à un résultat satisfaisant en opérant comme suit :

Aussitôt le décovage terminé, ou au plus tard huit à dix heures après, on verse le vin à rajeunir sur le marc non pressé ; le vin vieux, très avide des substances retenues dans les résidus de la vendange, s'en empare assez rapidement, et vingt-quatre à trente heures de contact suffisent pour que l'opération soit terminée. On soutire à l'abri de l'air dans des fûts convenablement assainis, mais non soufrés. LAVIGNE.

CONSEILS DU MÉDECIN

L'ANGÉLIQUE.

Il est une plante que nous voudrions voir cultiver dans tous les jardins, à la campagne surtout, à cause de ses utiles et nombreuses propriétés, trop peu connues, alors que l'on adopte avec enthousiasme tant de remèdes exotiques — coûteux et douteux. Je veux parler de l'angélique, constituée par une tige ronde, grosse, striée, creuse intérieurement, d'un vert rougeâtre, aux feuilles grandes et dentelées, aux fleurs blanchâtres en forme de parasol ; à la saveur amère, à l'odeur forte, musquée et suave. Elle se multiplie par semence recouverte d'un peu de terreau, à l'ombre dans une terre bien amendée, et demande à être fréquemment arrosée.

La récolte de l'angélique a lieu en juin et en juillet pour les tiges, et en septembre pour les racines. On les fend par morceaux pour les faire sécher.

L'angélique est stimulante, stomachique, sudorifique. Sa racine et ses semences ont des propriétés médicinales très énergiques ; l'usage en est recommandé aux goutteux qui digèrent péniblement et aux convalescents dont les forces sont épuisées. La racine d'angélique est employée dans toutes les maladies aiguës et chroniques qui exigent des cordiaux et des fortifiants ; telles sont les fièvres intermittentes, la paralysie. On l'emploie aussi dans l'atonie générale, dans celle des organes digestifs, dans les vomissements nerveux, l'hystérie, la névrose, les coliques venteuses. On emploie l'angélique en infusion, racines ou jeunes tiges : 10 à 20 grammes par litre d'eau ; en poudre : 2 à 6 grammes dans une cuillerée de vin. UN VIEUX MÉDECIN.

BIBLIOGRAPHIE.

« **L'Homme de Cheval** », *par M. le vicomte de Chézelles. — 1 vol. in-12, prix, 3 fr. 50; Pairault et Cie, Paris.*

C'est avec un véritable plaisir que nous avons lu le volume de M. de Chézelles, un Homme de Cheval consommé, connaisseur émérite et cavalier de premier ordre. Son livre, dénué de toute prétention littéraire, divisé en une série de conversations, comme l'auteur intitule lui-même ses chapitres, est le guide le plus sûr et le plus pratique qu'on puisse mettre entre les mains d'un jeune homme appelé à servir son pays dans la cavalerie et à chasser à courre. Voilà un manuel comme j'en voudrois voir se répandre beaucoup dans la jeunesse, non seulement sur des matières de sport, mais encore sur tant d'autres sujets. Pour discourir ainsi, il faut connaître à fond la chose dont on parle et ce n'est pas toujours le cas chez ceux qui ont la prétention d'instruire leurs contemporains.

Le vicomte de Chézelles, en sa qualité d'ancien officier de cavalerie et comme chasseur à courre, était plus en situation que personne de donner des conseils à ceux qui dirigent nos régiments aussi bien qu'à ceux qui entretiennent une écurie de chasse.

Ses premières conversations sur le cheval de guerre et sur les hommes qui le pratiquent du haut en bas de l'échelle des grades sont assurément les mieux pensées, les plus intéressantes, les plus utiles de son livre.

La conversation sur la *condition* du cheval de chasse est marquée au coin des meilleures pratiques.

Tout ce que dit M. de Chézelles sur l'entretien des chevaux de chasse dénote un homme d'expérience, et je partage entièrement son avis sur tous les points traités par lui si parfaitement, qu'aucun détail n'est omis. Un jeune homme sortant du collège, et pratiquant tout ce qu'il indique, pourra se vanter d'avoir, tout de suite, une écurie de premier ordre et la mieux tenue qui se puisse voir. Jamais encore on n'avait écrit un pareil manuel de l'Homme de Cheval. C'est une nouveauté que je suis heureux de louer sans la moindre réticence.

UNE GRACIEUSETÉ

Dans notre numéro du 13 août, nous avons annoncé à nos lecteurs qu'en dehors des avantages stipulés pour les souscriptions privilégiées au *Dictionnaire des Dictionnaires* il serait fait une *gracieuseté* très appréciable aux personnes qui enverraient leurs souscriptions avant *fin août*. D'un côté, un grand nombre de nos lecteurs, qui viennent de recevoir cette gracieuseté, s'en montrent fort enchantés ; de l'autre, on nous demande s'il n'est pas encore temps d'en profiter. En conséquence, nous sommes heureux d'informer les lecteurs que la *gracieuseté* est maintenue jusqu'à fin septembre. On trouvera plus loin le Bulletin de souscription avec la circulaire explicative.

PETITE POSTE.

M. de L... (Meurthe-et-Moselle). — *Pépinières. Engrais chimiques.* — Mélange suivant : Nitrate de soude, 2 kil ; superphosphate de chaux, 5 kil. ; chlorure de potassium, 1 kil ; plâtre, 2 kil. ; sulfate de fer, 2 kil. — 4 kil. de ce mélange par are ; pour 25 ares, 100 kilog. Répandre en ce moment et bécher. — Vous pouvez faire composer cet engrais au *Crédit agricole*, 9, rue Marsollier, Paris.

M. S... (Oise). — *Insertion.* — Les quatre insertions seront faites. Vous devez 6 fr. pour les précédentes. Merci de votre affectueux souvenir. Santé s'améliore.

M. L..., à M.-S.-F. — *Oignons.* — A la halle de Paris le cours des oignons est de 12 à 14 fr. les 100 kil. P... a été enchanté de votre bon accueil. Il est parti hier pour l'Algérie. Amitiés.

M. L... (Vienne). — *Choux fourragers.* — Ils constituent une bonne nourriture pour les bœufs à l'engrais, pourvu qu'ils soient donnés en mélange avec des aliments d'une autre nature, tels que : grains, tourteaux et fourrages secs. Enrichissez votre terrain en acide phosphorique par l'emploi, dans une large mesure, d'engrais phosphorés et l'inconvénient que vous signalez n'existera plus. De plus, pour avoir un effet immédiat, nous vous conseillons l'emploi, dans la ration journalière de vos bœufs, de la *provende Sacary*. (Demandez la notice à M. Savary, pharmacien à Amiens.)

L'exploit original a dû vous être envoyé avec les pièces du dossier ; nous nous sommes assuré qu'il n'est pas resté ici.

OFFRES & DEMANDES.

Pour répondre au désir qui nous est exprimé, nous offrons à nos abonnés, sous cette rubrique, deux annonces gratuites pour les offres et demandes d'emplois, produits ou animaux à vendre ou à acheter, etc.

Les annonces qui suivront jouiront d'une réduction de 50 pour 100 sur les tarifs ordinaires.

Les demandes d'insertions devront être envoyées à l'administration, qui se chargera de les rédiger.

Ne pas négliger d'envoyer tous les renseignements nécessaires (joindre 2 timbres de 0 fr. 15).

Maison très sérieuse offre opération agricole fructueuse aux régisseurs et gérants de cultures.

S'adresser au bureau du Journal, aux initiales A. D. B. — N° 943-5.

Une famille, composée de cinq garçons et de deux filles, tous célibataires âgés de 26 à 51 ans, demande une régie intéressée ou un domaine en métayage.

Les membres de cette famille ont des aptitudes de premier ordre, tant pour la culture proprement dite que pour tout ce qui concerne le bétail, la direction, la basse-cour et le mécanisme agricole. — Références excellentes.

S'adresser à M. Bd ANTHONUS, à Saint-Florent-sur-Cher (Cher). — N° 945-3.

A vendre d'occasion un cribleur Josse, un cylindre Pernollet, un pressoir Mabille, le tout en excellent état.

A vendre 30,000 kilog. paille de blé de bonne qualité, 25,000 kilog. de pommes de terre *Early rose*, saines et bien récoltées.

S'adresser à M. SÉZILLE, ferme de May, à Morienval (Oise). — N° 947-1.

Un cultivateur demande un ménage sans enfant, l'homme pour s'occuper des travaux de l'intérieur de la ferme et des champs ; la femme pour s'occuper de cuisine et des soins du ménage.

S'adresser au bureau du journal le *Progrès de l'Oise*, à Compiègne. — N° 5,061.

Guide pratique pour la culture du pommier et la fabrication du cidre. — 5 médailles. — 8e édition. — Prix, 2 fr. 50.

Chez l'auteur, M. BROSSART, à Fléchin (Pas-de-Calais). — N° 948-1.

REVUE FINANCIÈRE.

La crise que nous signalions il y a huit jours, se perpétue et s'aggrave. Le 3 0/0 ancien que l'on nomme le régulateur du marché n'en est plus à osciller entre 95 et 96. Il a plus d'une fois, cette semaine perdu même le cours de 95 et n'y revient qu'à grand peine.

La Banque de France, un instant voisine de 4700, est autour de 4600. Nous avons eu l'occasion de dire que, pour notre part, nous ne trouvions nullement nécessaire de porter si haut l'action de notre établissement de crédit principal, de la clef de voûte de notre crédit comme on l'appelle. Mais l'indication contenue dans ce recul est d'autant plus frappante que précisément la Banque n'a à entrevoir, de par la situation embarrassée de la place, que des bénéfices sans nuls risques.

Ici se place même une réflexion que nous nous reprocherions d'omettre. Ces bénéfices dont la Banque est assurée, proviennent en grande partie des embarras des autres établissements de crédit, empêtrés dans les conséquences de leurs propres imprudences, notamment de la furie inconsidérée avec laquelle ils sont entrés, en entraînant l'épargne, dans des affaires étrangères qui ont mal tourné. Ils sont obligés de recourir au puissant concours de la maison de la rue de la Vrillière, concours assuré d'ailleurs à tout notre commerce français.

Mais, peut-on affirmer que le mal ne s'aggravera pas? Peut-on traiter de simples prophètes de malheur ceux qui entrevoient à bref délai une « liquidation forcée » dans le genre de celle de 1882, plus étendue peut être? Ce jour-là, à qui aura-t-on recours, si ce n'est, forcément au seul de nos établissements de crédit que son statut et son passé mettent à l'abri des conséquences du jeu.

Comment se fait-il, dans ces conditions, que les pouvoirs publics laissent dormir dans les oubliettes des commissions le projet de renouvellement du privilège? Comment veut-on que notre crédit ne reçoive pas, le cas échéant, un choc mortel, si la clef de voûte elle-même n'est pas assurée de la stabilité, si le seul pilier solide de l'édifice n'est pas appuyé sur la base de l'avenir?

Le Crédit Foncier, celui qu'on appelle notre second établissement de crédit, voit ses actions notablement dépréciées; elles ont fléchi un moment jusqu'à 1200. Le Comptoir national d'Escompte n'est guère qu'à 530, ce qui constitue 100 fr. de baisse depuis un an. Ces deux exemples suffisent à montrer combien la situation est tendue, combien ceux-là ont raison qui ne prévoient pas pour si tôt une reprise des cours.

C'est qu'aussi bien, les cours ne devraient plus reprendre. Il faut voir les choses comme elles sont : la hausse prodigieuse comme chiffre et comme durée, qui se manifestait depuis quelques années, était factice au premier chef. Elle ne servait d'ailleurs que les appétits de certains financiers, hommes de Bourse et autres, de la spéculation en un mot; elle présentait ce danger considérable de tromper l'épargne publique sur la réelle valeur de notre crédit.

La spéculation à la hausse a abusé de ses succès; elle en porte la peine aujourd'hui. C'est tant pis pour elle, c'est tant mieux pour la véritable épargne, si celle-ci a su se garer du jeu.

Les valeurs étrangères sont faibles. L'Italien est au-dessous de 88, l'Extérieure espagnole au-dessous de 66, le Portugais 3 0/0 tombe à 32. Le danger ici c'est que le relèvement des finances de ces trois pays n'a guère chance de pouvoir s'effectuer sans le secours de la finance française. L'épargne fera bien de s'abstenir.

HALLES ET MARCHÉS.

Malgré l'arrivée du froid, les semailles d'automne se poursuivent, et les levées se présentent sous un bon aspect; les orages et les inondations ont encore désolé les départements de l'extrême midi. Les marchés agricoles conservent leur tenue en général, sans grande variations dans les cours.

Blés. — La situation reste toujours la même. Les prix des blés sont un peu mieux tenus sur les marchés français et les apports ainsi que les offres en nature ne sont qu'ordinaires et même restreints pour cette époque de l'année; mais l'affluence des blés étrangers pèse toujours sur le commerce des blés indigènes. Voici les cours relevés samedi sur les principales places : Cambrai, blé blanc, 24 à 25 50 les 100 kilog.; roux, 23 à 24; Douai, 20 à 27; Amiens, 26; Beauvais, 24 75 à 26 25; Châlons-sur-Marne, 27; Chartres, 25 à 26 75; Rouen, 25 51; Versailles, 25 80 à 27 50; Le Mans, 25 à 26; Laval, 24 à 25; Montereau, 25 à 26 60; Dijon 26 50 à 27 50; Nevers, 26 à 28; Nantes, 24 50 à 25 50; Lyon, 27 à 27 50; Bordeaux, 26 25. — Au marché commercial de Paris, la tendance est assez ferme, mais sans hausse; on cotait samedi : disponible, 26 75 à 27 les 100 kilog ; livrable novembre et décembre, 27 à 27 25; autres époques, 27 50 à 28 25. — Les entrées de blés exotiques dans nos ports restent élevées; on compte pour la semaine dernière 530,000 quintaux à Marseille, 119,000 hectolitres au Havre et plusieurs chargements à Rouen, Boulogne et Saint-Nazaire. — Les quantités de blé flottantes à destination de la France sont plus fortes que la semaine précédente; on compte au total 2,524,000 hectolitres, dont 2,487,330 venant de Californie, 17,400 venant du Chili, et 6,380 des Indes. Pour tout le continent européen, les quantités flottantes sont également en augmentation de 168,200 hectolitres, avec un total de 6,293,000 hectolitres.

Sur les divers marchés européens, la fermeté a dominé pendant la semaine écoulée. A Londres, le bruit de la prohibition possible de l'exportation du blé de Russie a troublé le marché; les blés blancs à expédier ont eu une hausse de 25 à 50 centimes; les blés de Californie ont été faits à 24 65 les 100 kilog.; les Walla, à 21 20; les roux d'hiver, à 22 60. — A Anvers, les prix sont très fermes, avec bonne demande; on cote le roux d'hiver, 23 75 à 24; le Californie blanc, 24 25; le Bombay, 23; le blé du Danube, 21 50 à 23 50. — Samedi dernier, les cours étaient à Berlin, de 28 70 les 100 kilog.; à Vienne de 23 40; à Budapest, de 23 80. — Les fluctuations sont toujours importantes à New-York; les apports considérables de la culture ont produit de la baisse en dernier lieu, et l'on cotait samedi le roux d'hiver, 19 45 les 100 kilog.; à Chicago, le roux d'hiver vaut 17 80.

Seigles. — Le prix du seigle a haussé sur le marché commercial à Paris; on tient le disponible à 21 75 les 100 kilog.; le livrable novembre-décembre, à 22; les époques éloignées, 22 25 à 22 75.

Orges. — Les cours sont soutenus en hausse depuis la semaine dernière; les expéditions sont toujours courantes; à Paris, on vend 15 50 à 17 les 100 kilog.; en gare suivant qualité et provenance. — Le prix des escourgeons reste fixé avec très peu d'affaires, de 19 à 19 50 les 100 kilog. en gare à Paris.

Avoines. — La hausse obtenue reste acquise aux cours que nous avons donnés pour les ventes de la culture. Au marché commercial de Paris, on cote, aux 100 kilog. disponibles, 16 25 à 16 50; livrables novembre et décembre, 16 50 à 16 75; quatre premiers mois, 17 50 à 17 75.

Farines de consommation. — La marque de Corbeil reste à 63 les 157 kilog, nets; les affaires sont toujours aussi calmes en boulangerie.

Farines de commerce. — Les cours se sont élevés; au marché de samedi dernier, les *douze-marques*, étaient cotées : disponibles et livrables novembre, 60 25 à 60 50 les 157 kilog. nets; novembre-décembre, 60 75; quatre mois de novembre, 61 25; quatre premiers mois, 61 50 à 61 75.

Farines de seigles. — Les prix s'établissent en gros de 26 à 29 les 100 kilog., au détail, de 28 à 30; la farine fleur marque de Corbeil, vaut 29.

Issues. — Prix tenus comme suit : gros sons, 14 à 14 50 les 100 kilog.; sons trois cases 13 à 13 50; sons fins, 12 à 12 50; recoupettes, 12 à 12 25; remoulages, 14 à 18.

Graines fourragères. — Les trèfles nouveaux se vendent mal, à cause de leur qualité médiocre. On cote à Paris : trèfle violet nouveau, 110 à 130 les 100 kilog.; suranné, 85 à 110; luzerne de Provence, 145 à 165; d'Italie, 120 à 125; de Poitou, 115 à 120; minette, 50 à 60; ray-grass d'Italie, 50; anglais, 45 à 50; vesce d'hiver et pois jarras, 27 à 2?; alpeste, 24 à 28; vesce de Bretagne, 23 à 24. — Voici les derniers prix sur les marchés de province : Orléans, trèfle violet, 90 à 100 les 100 kil.; luzerne, 90 à 100; sainfoin, 22 à 24; Villefranche de Rouergue. trèfle violet, 102 à 108; Toulouse, trèfle, 95 à 100; luzerne, 95 à 110; sainfoin, 23 à 33; Nîmes, trèfle, 110; luzerne, 120; sainfoin, 30; Puylaurens (Tarn), trèfle, 100; luzerne, 98.

Fourrages. — Le marché de la Chapelle, est peu approvisionné; les pailles de blé sont en hausse; on cote : foin, 47 à 54 les 100 bottes de 5 kilog. au domicile de l'acheteur; luzerne, 49 à 55; paille de blé, 33 à 36; de seigle, 39 à 45 d'avoine, 20 à 27.

— Sur les marchés des départements on cote *aux 520 kilog.* : Saint-Quentin, foin et luzerne, 40 à 45; paille, 21 à 25; Compiègne, foin, 35 à 40; trèfle, 35; paille, 25 à 30; Melun, foin, 33 à 35; luzerne, 30 à 33; paille 20 à 25; Versailles, foin, 37 à 42; luzerne, 35 à 42; trèfle, 30; sainfoin 40 à 44; regain, 33 à 40; paille, de blé, 27 à 34; d'avoine, 18 à 19; Dijon, foin, 36 à 42; paille, 23 à 26; — *au quintal* : Douai, foin, 8 à 8 50, paille, 4 50 à 5; Beauvais, foin, 6 50; paille, 5; Orléans, foin, 7 à 8; paille, 4 à 5; Blois, foin, 9 20 à 10; paille, 4 60 à 5; Nevers, foin, 9 60; paille, 5; Chalon-sur-Saône, foin, 8 à 8 25; paille, 3 à 3 50; Toulouse, foin, 9 à 10 50; paille, 3 25 à 3 75.

Fruits frais. — Poires Duchesse, 30 à 40 les 100 kilog.; d'Angleterre, 40 à 45; Louise-Bonne, 45 à 60; beurré magnifique, 40 à 50; poires communes, 12 à 18; coings, 18 à 20. — Pommes Rosa, 20 à 22; Canada de Perpignan, 20 à 50; communes, 15 à 18; raisin de Montauban de Port-Sainte-Marie et de Gaillac, 80 à 110; de Thomery, 40 à 50; de Pouilly et Sancerre, blanc, 50 à 70; noir, 65 à 70; — noix de Grenoble, 60 à 65; de Brantôme, 35; de l'Indre et de la Sarthe, 30 à 35; Marbot du Périgord, 45 à 50; corne de mouton, 40 à 45; — châtaignes et marrons du Périgord, 20 à 22, de Lyon, 25 à 35; d'Italie, 25 à 40.

Légumes frais. — Haricots verts fins, 60 à 80 les 100 kilog : demi-fins, 50; gros, 40 à 45; tomates, 25 à 30; échalotte et ail, 25 à 35; choux, 7 à 12 le cent. choux-fleurs, 25 à 35; champignons, 0 85 à 1 35 le kilog.

Légumes secs. — La vente est active à Paris les prix des haricots sont en forte hausse. On cote : haricots flageolets chevriers, 78 à 80 l'hectolitre et demi; suisses blanc, 45 à 46; Chartres, 40 à 42; Liancourt, 46 à 48; Soissons, 68 à 70; — plats du Midi, 29 à 36 les 100 kilog.; suisses rouges, 28 à 29; cocos roses, 30 à 31; nains, 23 à 26; lentilles, 50 à 70; pois ronds, 36 à 38. — A Noyon, hausse sensible également; les haricots lingots se paient 30 à 31 50 l'hectolitre; les flageolets, 31 50 à 32.

Huiles de graines. — Les prix bien tenus à Paris au commencement de la semaine dernière ont fléchi, puis se sont relevés; on cotait samedi : huile de colza disponible, 69 à 69 50 les 100 kilog.; livrable novembre, 69 50; novembre-décembre, 69 75; huile de lin disponible, 50 à 50 50. — Les marchés des départements ont été calmes, sans variations notables dans les prix.

Huiles d'olive. — A Nice, les huiles de primeur de la contrée sont assez recherchées aux prix de 115 48 à 1 8 69 les 100 kilog.; les huiles extra se vendent 166 84. — Les huiles de Calabre sont offertes de 118 à 121 en entrepôt de douane; celles de la rivière de Gênes de 120 à 130.

Graines oléagineuses. — La graine de colza vaut de 32 50 à 31 50 les 100 kilog. à Paris, celle de lin, 25 à 30, celle de chènevis de Bretagne, 32 à 33. — A Caen la graine de colza se vend 17 50 à 18 50 les 100 litres.

Tourteaux. — On cote à Arras : œillette, 13 50; colza, 15 50; lin, 22 50; cameline, 14 les 100 kil.; — à Lille : colza indigène, 15 à 16; étranger, 13 à 15; œillette, 16 à 17; lin, 23 à 24 50; cameline, 14; chanvre, 19 à 20; — à Caen, colza, 155 les 1,000 kil.

Engrais. — La situation reste la même pour le nitrate de soude, on cote 21 50 les 100 kilog. disponibles à Dunkerque, et 22 40 à 22 50 livrables sur les quatre premiers mois de 1892. — Prix calmes pour le sulfate d'ammoniaque; le sulfate français est offert en disponible à 27 à Dunkerque; 27 75 à Rouen; 29 à Bordeaux et à Paris; 30 50 à La Rochelle; 29 50 à 30 dans l'est et le centre; le sulfate anglais disponible sur wagon à Dunkerque, vaut 27 50 à 27 75. — Les superphosphates sont demandés à la fin de cette saison d'automne; à Paris, on cote par unité d'acide phosphorique soluble dans le citrate, 0 47 à 0 48; dans le Nord, 0 41 et 0 42; la Belgique fait des offres à 0 37 et 0 39; à Bordeaux, La Rochelle et Nantes, on vend 0 50 à 0 52 l'unité et 0 55 à Marseille; le soluble dans l'eau vaut 4 à 5 centimes de plus par unité. — Les cours des phosphates ne font que se maintenir comme suit : Somme, les 100 kilog. sur wagon, 2 50 à 3 50; Oise, 2 à 2 90, Ardennes et Meuse, 3 25 à 3 85; Cambresis, 3 50 à 3 75; Boulonnais fine mouture, 4 50; Pernes, 3 50 à 6. — Les sels de potasse sont activement recherchés aux prix suivants : chlorure de potassium, 20 80 les 100 kilog.; sulfate de potasse, 21 50.

Beurres. — Vente active à la halle de Paris et prix en hausse. On cote : *beurres en mottes* : fermiers de Gournay : extra, 4 à 4 45 le kilog.; choix, 3 60 à 3 80; bons, 3 20 à 3 40; ordinaires, 2 90 à 3 10; d'Isigny, extra, 6 à 7 40; choix, 4 à 5; bons, 3 80 à 3 90; ordinaires, 3 40 à 3 50; marchands du Gâtinais, 2 60 à 2 80; de Bretagne, 2 10 à 2 50; de Vire, 2 50 à 2 70; de Bresse, 2 à 2 20; laitiers des Charentes, 3 à 3 30; des Alpes, 3 40 à 3 80; divers producteurs, 2 90 à 3 20; — *beurres en livres* : fermiers, 2 80 à 3 40; Touraine, 2 60 à 2 80; Gâtinais, 2 60 à 2 90; Vendôme et Beaugency, 2 40 à 2 90; Bourgogne, 2 40 à 2 70; le Mans, 2 40 à 2 60; — *Petits beurres* : 2 à 2 90, suivant provenance.

Œufs. — Vente active. Voici les cours : Normandie, 118 à 138 le mille Picardie extra, 120 à 140; ordinaire, 80 à 112; Brie extra, 108 à 115; Touraine extra, 110 à 127; ordinaire, 94 à 104; Beauce, 110 à 124; Orne, 92 à 106; Bourgogne, 95 à 100; Champagne, 100 à 104; Nivernais, 90 à 98; Bourbonnais, 90 à 95; Bretagne, 88 à 94; Vendée, 90 à 98; Auvergne, 86 à 88; Midi, 90 à 98; Autriche et Allemagne, 66 à 70.

BESTIAUX.

La Villette, 5 novembre. — Bestiaux. — Vente très mauvaise sur les bestiaux, plus difficile sur sur les veaux, calme sur les moutons et mauvaise sur les porcs.

COURS officiels.	Amenés.	Vendus.	1re qualité.	2e qualité.	3e qualité.	Prix extrêmes.
Bœufs....	2.728	2.401	1 52	1 42	1 20	1 12 à 1 56
Vaches...	605	4 30	1 48	1 28	1 12	1 » 1 52
Taureaux.	221	191	1 32	1 26	1 14	1 02 1 38
Veaux....	1.357	1 131	1 90	1 78	1 69	1 32 2 08
Moutons..	8.021	7.273	2 01	1 83	1 64	1 56 2 06
Porcs.....	5.231	5.141	1 42	1 38	1 30	1 18 1 45

Marché du lundi 2 novembre.

	Amenés	Vendus	PRIX AU POIDS NET 1re qual.	2e qual.	3e qual.
Bœufs.....	3.367	2.792	1 51	1 42	1 22
Vaches.....	1.022	827	1 50	1 30	1 14
Taureaux..	185	150	1 32	1 26	1 14
Veaux......	1.087	858	1 81	1 72	1 54
Moutons....	11.450	10.655	2 06	1 84	1 68
Porcs......	2.829	2.788	1 41	1 36	1 30

	PRIX AU POIDS VIF 1re qual.	2e qual.	3e qual.	Prix extrêmes.
Bœufs..........	» 92	» 80	» 65	» 56 à » 96
Vaches..........	» 89	» 67	» 56	» 48 » 92
Taureaux.......	» 83	» 69	» 58	» 52 » 87
Veaux...........	1 11	» 95	» 80	» 66 1 24
Moutons........	1 04	» 90	» 83	» 72 1 10
Porcs............	» 94	» 90	» 84	» 78 » 98
Peaux de moutons en laine.........				4 25 5 75
Id. id. demi-laine.........				2 15 3 90

Viandes abattues. — Criée du 5 Novemb.

		1re qualité.	2e qualité	3e qualité.
Bœufs....	le kil.	1 40 à 2 60	1 20 à 2 40	1 » à 1 70
Veaux....	—	1 74 1 90	1 60 1 70	1 44 1 56
Moutons..	—	» 70 1 80	1 30 1 66	» 80 1 26
Porc entier	—	1 26 1 36	1 10 1 26	» 90 1 10

J.& A. J. DECONINCK, à **Arras** et à Dunkerque, ont à vendre **48 variétés de**

BLÉS DE SEMENCE anglais et français.

Achats faits directement sur les lieux de production

NITRATE DE SOUDE (importation directe) et tous autres engrais chimiques. — **TOURTEAUX** *(tarifs sur demande)*.

ONGUENT ROUGE MÉRÉ

SEUL AGENT REMPLAÇANT VRAIMENT **LE FEU**

Guérison rapide et sûre des *Boiteries, Ecarts, Efforts, Vessigons, Molettes, Engorgements, Courbes, Suros, Eparvins.*

Effet gradué à volonté.— Pas de traces.

LA BOITE, AVEC BROCHURE, FRANCO : 3 FR. 50

LE PHYSIC BALL MÉRÉ

Est le meilleur purgatif pour tous genres de Chevaux

EMBROCATION MÉRÉ

Dite ***Trésor des Sportsman.***

Liniment révulsif sans rival pour fortifier les jambes des chevaux.

La bouteille : 5 fr.— Franco gare, 5 fr. 60.

DÉPOTS *Chantilly.— Pharmacie MÉRÉ*
Paris.— ACARD, 218, rue St-Honoré

GRILLAGES

GARIEL 2ter, quai de la Mégisserie PARIS

CLOTURES de CHASSES

1 mètre de haut : Le mètre **0 f. 30**

Châssis de Couche depuis..... **7** francs

Ronce Artificielle les 100 mètres **5f 50**

Porte - Bouteilles 200 Places- **7** francs

ENVOI FRANCO DE L'ALBUM SUR DEMANDE

MALADIES DU BÉTAIL

ET DE LA VOLAILLE

Leur traitement préventif et curatif

PAR L'ACIDE SALICYLIQUE

L'acide salicylique, employé dans la nourriture à la dose de 1/2 à 1 gramme par jour et par tête de bétail, est le meilleur préservatif des maladies qui procèdent par contagion : Sang de rate, Cocotte, Maladie aphtheuse, Erysipèle, Typhus, Morve, Variole et le Rouget des porcs, etc.

DES ATTESTATIONS NOMBREUSES DE GUÉRISONS obtenues pour la Cocotte et le Rouget des porcs ont été reproduites dans le *Journal l'Agriculture.*

La désinfection des étables, des écuries se fait instantanément au moyen d'un arrosage d'eau salicylée à 2 grammes par litre.

S'adresser à M. CERCKEL, administrateur de la *Compagnie de produits antiseptiques*, 26, rue Bergère, Paris.

Envoi sur demande de Prospectus et Brochures.

PRIX DU KIL. 25 fr. — BOITE DE MÉNAGE, 2 fr.

La plus ancienne fabrique de Semoirs français.
Maison **JACQUET-ROBILLARD**, *fondée en 1836.*

J. MARÉCHAL ✻

constructeur, 4, rue de Tarenne, à ARRAS.

Fabrique spéciale de SEMOIRS à socs rigides et à socs articulés.

Médaille d'argent à l'Exposition universelle 1889.

Semoirs à betteraves, à engrais et Distributeurs d'engrais.

ENVOI FRANCO DU CATALOGUE.

Près de 400 médailles. — Plus de 6,000 Semoirs livrés.

20 premiers prix en 1889, en 1890.

PHARMACIE SAVARY

AMIENS, 33, Place Saint-Denis, 33, AMIENS

(EN FACE LE SQUARE).

PROVENDE AUX PHOSPHATES ASSIMILABLES

du Docteur DESCHAMPS.

Prix : 3 fr. le kilog.; 27 50 les 10 kilog. (Remises proportionnelles.)

Accroissement rapide des bestiaux, surtout chez les jeunes animaux, force nerveuse, fécondité, engraissement; prévient surtout la diarrhée chez les jeunes veaux. Qualité exceptionnelle du lait.

M. Lefebvre, cultivateur à Marcelcave, a élevé un veau en lui administrant de la Provende phosphatée pendant 60 jours : tué à 70 jours, ce veau pesait 193 kilog., chiffre officiel constaté à l'abattoir. La viande était très blanche, ainsi qu'est prêt à l'attester M. Oheix, boucher à Amiens.

Les attestations émanant des sommités françaises et anglaises les plus accrédités ont été données à M. SAVARY.

35 Prix d'honneur et grands Prix, 250 Médailles or, vermeil, etc. — 4 Médailles d'or à l'Exposition universelle de 1889.

GRANDES CULTURES de GRAINES POTAGÈRES, FOURRAGÈRES et de FLEURS.

E. FORGEOT ✻ ✠ **& Cie**

Fournisseurs du Ministère de l'Agriculture, des Ecoles nationales, d'Agriculture, des Syndicats agricoles, etc.

PARIS, 6 & 8, quai de la Mégisserie, PARIS.

Trèfle violet de Bretagne.

Blés à grand rendement. — Grande et importante spécialité de Compositions pour Prairies naturelles à base de Graminées et appropriées à la nature de chaque sol. — Graines fourragères diverses et particulièrement Trèfles et Luzernes absolument sans cuscute, Minettes, Vesces, etc.

Notre Maison ne vend que des Graines de provenances sûres; elle accepte le contrôle de la station d'essais de semences (contrôle auquel nous sommes soumis dès sa création).

APPAREILS TRÈS PERFECTIONNÉS POUR ÉPURER ET NETTOYER LES GRAINES.

Sur demande, nous adressons franco nos Catalogues illustrés de Graines potagères, Fleurs, Arbres, Fourrages, Oignons à fleurs, Plantes, etc.

CRÉDIT AGRICOLE UNION DES SYNDICATS AGRICOLES DE FRANCE

9, rue Marsollier, PARIS

Agence à LYON, 234, cours Lafayette, S. PLISSONNIER, Directeur ✻ M. A.

MACHINES AGRICOLES DE TOUS SYSTÈMES

TOURTEAUX et FARINES pour la nourriture du bétail.

ENGRAIS CHIMIQUES et ORGANIQUES, MATIÈRES PREMIÈRES

SEMENCES DE PREMIER CHOIX.

RAISINS SECS A BOISSONS

PREMIÈRE MAISON DE FRANCE (10 croix ou méd., fondée en 1876), **J.-F. Audibert,** créateur des vins de raisins secs et importateur direct. Auteur de : *L'Art de faire les Vins de raisins secs* (fco 3 90); *les Vins d'imitation, sirops, liqueurs, etc.* (fco 5 25). Inventeur de l'appareil (B. S. G. D. G.). **LE SEUL ADOPTÉ PAR L'ARMÉE** pour la fabrication mathématique des vins de raisins secs, en 10 jours, pour faire depuis 1 litre jusqu'à 20,000 litres par jour **AVEC UN HOMME. Renseignements gratuits pour tripler les vendanges, vins de seconde cuvée,** etc., 53, r. des Ensimes, Marseille.

Médaille d'Or. * Exposition Universelle 1889. * Médaille d'Argent.

VACHERIE à céder, Paris, centre, 23 vaches 1er choix, 260 litres lait vendus 50 c. totalité. Installation modèle. Vendeur se retire après 30 ans et grande fortune. Ni cheval ni voiture. Vente boutique. Bénéfices an, 15.000 fr. A traiter avec 25,000 fr. argent ou garanties sérieuses.

S'adresser à MM. LAPORTE et LEFRANC, 93, boulevard Sébastopol, Paris.

Avis aux Eleveurs et Nourrisseurs.

Les cosses et brisures de fèves de la maison Ph. Breuil, de Dijon, d'une pureté absolue et très riches en principes nutritifs, se recommandent pour l'engrais du bétail et la nourriture des chevaux.

GUÉRISON RADICALE DE LA DIARRHÉE DES VEAUX PAR LA POUDRE CHOQUELIN.

1 franc la boîte

franco par la poste.

Dép. g., Phie HAUVESPRE Courville (Eure-et-Loir).

L'**Onguent de HEVID**, *adopté par le Ministère de la guerre*, est le meilleur préservatif des maladies du pied des espèces chevaline et bovine. Il pénètre admirablement le tube corné, le nourrit, et remet en bon état, en quelques semaines, le sabot le plus sec et le plus cassant.

En vente chez les vétérinaires, pharmaciens, selliers et maréchaux-ferrants.

L'Administrateur-Gérant : ALBERT RENOT.

Beauvais. — Imp. D. PERE. - A. CARTIER, Gérant.

ENGRAIS CHIMIQUES

DES MANUFACTURES DE SAINT-GOBAIN

Usines à PARIS-AUBERVILLIERS, CHAUNY (Aisne), MONTLUÇON (Allier), MARENNES (Charente-Inférieure), LE PONTET (Vaucluse), SAINT-FONS, près Lyon (Rhône).

DOSAGE GARANTI. — EMBALLAGES : MARQUÉS ET PLOMBÉS.

Tout acheteur d'engrais qui n'exige pas, au sujet des dosages en éléments assimilables la garantie formelle, et qui ne la fait pas contrôler par l'analyse, ne nuit pas seulement à ses propres intérêts, il encourage la fraude et, la laissant impunie, compromet les intérêts généraux de l'agriculture.

ENGRAIS COMPLET DE SAINT-GOBAIN

Efficacité éprouvée dans tous les Sols et dans toutes les Cultures. — Superphosphates de chaux. — Sulfate de cuivre. — Sulfate d'ammoniaque Sulfate de potasse. Sulfate de fer.

Engrais composés suivant les convenances des acheteurs

ADRESSER LES ORDRES ET DEMANDES DE RENSEIGNEMENTS

à la Direction commerciale

des Produits chimiques de Saint-Gobain

PARIS | 9, rue Sainte-Cécile, 9 | PARIS

ou aux dépositaires de la Compagnie de SAINT-GOBAIN dans les principales villes du Centre et du Midi.

PHOSPHATE FOSSILE DE QUIÉVY (NORD)

le plus assimilable de tous les phosphates connus; garanti pur de mélange avec tout autre phosphate ce qui, du reste, ne pourrait que diminuer son assimilabilité.

Grand diplôme d'honneur et médaille de vermeil aux concours agricoles de Bergues (octobre 1887 et 1888).

Médaille d'argent à l'Exposition universelle (Paris, 1889).

Médaille de vermeil (grand module), société d'agriculture et d'horticulture de Pontoise (1890).

C. DELATTRE-BRABANT

Bureaux : à Lille, 126, rue Jacquemars-Grélée. — Usines : à Quiévy (Nord) et Le Cateau (Nord).

Ne pas confondre avec Quévy (Belgique.)

COMPOSITION MOYENNE.		ASSIMILABILITÉ RELATIVE (méthode Joulie, solubilité dans l'oxalate d'ammoniaque).	
Acide phosphorique	12.00 à 15.00 %.	Phosphate de *Quiévy*	82.29 %.
Potasse	0.45 à 2.77 %.	— de la Meuse	51.95 %.
Chaux	19.05 à 31.00 %.	— des Ardennes	46.43 %.
Magnésie	0.58 à 3.80 %.	— de la Somme (moyenne)	44.53 %.
Matières organiques azotées	1 80 à 3 45 %.	— de Ciply	34.57 %.

Titre en acide phosphorique garanti : 12 à 15 %.

LIVRAISON : En poudre impalpable, en sacs plombés et marqués au « **Bélier** » sur wagon Quiévy ou Le Cateau, sacs perdus. — 30 jours 2 % ou 90 jours net

AVIS IMPORTANT.

Les acheteurs qui désirent mon **Phosphate de Quiévy PUR** doivent exiger que les *sacs* et les *plombs* portent la marque au « **Bélier** » et la firme « **C. Delattre-Brabant** ».

Etablissements de LIANCOURT (Oise).

N'ACHETEZ PAS DE CHARRUES

sans avoir consulté le CATALOGUE illustré de

Ingénieur-Constructeur, Breveté S. G. D. G.

SEUL GRAND PRIX à l'Exposition de 1889 pour les Machines agricoles françaises

Médailles or, argent et bronze pour collaborateurs.

BRABANTS DOUBLES. — Herses scarificateurs à dents inusables. — DÉCHAUMEUSES ROULEAUX, ETC.

NOUVEAU MATÉRIEL pour la culture de la betterave. — Charrues défonceuses simples et doubles *à vapeur et à manège.*

La plus grande et la plus importante USINE de FRANCE pour la Construction des Instruments aratoires

PLUS DE 5.000 CLIENTS ; 300.000 INSTRUMENTS LIVRÉS A L'AGRICULTURE

Barrière d'entrée pour Herbages

Brevetée S. G. D. G. — **8 fr. 50.**

Médaille de bronze à l'Exposition universelle de Paris 1889.

A. FÉREZ, à Coingt, par Plomion (Aisne).

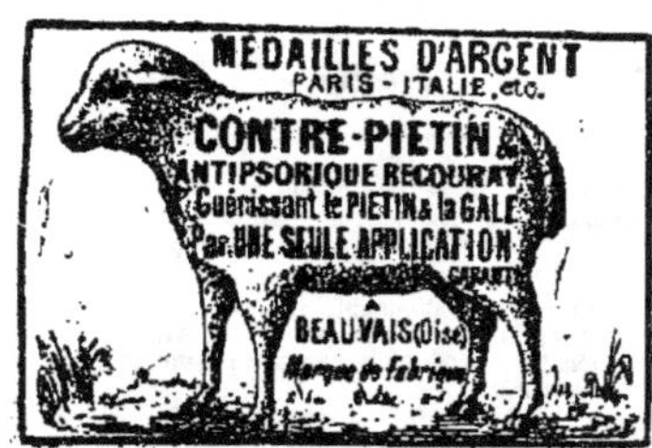

M. Recourat, pharmacien à Beauvais.

Gale des moutons guérie radicalement par *une seule application* de l'Antipsorique.

La bouteille, 3 fr.; la demi-bouteille, 1 fr. 75.

Guérison du Piétin par *un seul pansement* avec le Contre-Piétin-Recourat.

Le pot d'essai, 1 fr. 50; le pot, 2 fr. 50.

Joindre 0,60 c. pour recevoir *franco* et indiquer gare.

POÊLES LUXEMBOURGEOIS

Chauffage hygiénique.

Envoi franco du Catalogue.

DELAROCHE aîné, 22, rue Bertrand, PARIS (Téléphone).

NOUVEAU SEMOIR A RAYONS

A TOUTES GRAINES (système RICHER)

A caisse mobile par action automatique pour terrains accidentés, en côtes ou montagneux, même en sillons.

Deux chevaux et un seul homme dirigeant l'avant-train, par un gouvernail à l'arrière, suffisent à la manœuvre.

IL EST SIMPLE, LÉGER, SOLIDE ET VENDU A BAS PRIX

CATALOGUE ENVOYÉ FRANCO

H.-T. MOT & Cie, BOULEVARD DE LA VILLETTE, 168 PARIS

DICTIONNAIRE DES DICTIONNAIRES

RECUEIL LEXICOGRAPHIQUE ET ENCYCLOPÉDIQUE

Le plus complet, le plus exact, le seul chrétien

(6 VOLUMES GRAND IN-4°, A 3 COLONNES, DE 1200 A 1300 PAGES)

Réception de tout l'ouvrage avant les versements. — Versements échelonnés — Reconstitution complète du capital souscrit

Monsieur,

J'ai l'honneur de vous faire, lorsqu'il est encore temps d'en profiter, une proposition que vous trouverez, je l'espère, très avantageuse. Voici enfin réalisé le vœu souvent émis dans les **congrès catholiques.** Un journal catholique l'annonce en ces termes : « Vient de paraître le dernier volume du **DICTIONNAIRE des DICTIONNAIRES, encyclopédie universelle des lettres, des sciences et des arts**, sous la direction de Mgr Paul Guérin, camérier de Sa Sainteté. L'ouvrage comprend six volumes de 1200 à 1300 pages. Cette œuvre capitale, hautement approuvée, va enfin permettre aux catholiques de puiser leurs renseignements à d'autres sources que celles que leur fournit la libre-pensée… »

Le succès a été immédiat et s'accentue chaque jour. Tout porte à croire que nous arriverons rapidement à un écoulement de plus de **CINQUANTE MILLE EXEMPLAIRES.**

Mes droits d'auteur étant de 16 fr. par exemplaire, et mes éditeurs m'ayant accordé d'autres avantages à partir de quatre mille exemplaires, il me reviendra donc d'abord, dans un avenir prochain, de ce chef, des sommes très considérables. D'après ces données, j'ai établi la combinaison suivante, que je viens vous proposer. Veuillez souscrire ci-dessous le bulletin de **180** francs (le prix du dictionnaire).

Vous aurez droit : 1° à la possession de tous les volumes du **Dictionnaire,** et vous les recevrez immédiatement; 2° à la reconstitution du capital que vous avez souscrit, **180** francs, au moyen de mes droits d'auteur ou d'avantages analogues que je vous abandonne, pour chaque moitié être répartie par semestre, entre deux mille souscripteurs. Vous aurez, de la sorte, en définitive, **pour rien** le **DICTIONNAIRE des DICTIONNAIRES**, ouvrage d'une utilité quotidienne, et moi, je verrai s'augmenter le nombre des personnes d'élite associées à ma croisade, l'armée des propagateurs d'une œuvre destinée à faire un bien immense.

N. B. — Ci-joint un bulletin de souscription, payable par versements trimestriels. — On peut aussi payer en **deux fois : 90** francs fin décembre 1891 et **90** francs fin avril 1892. — Celui qui **paie comptant,** c'est-à-dire **30 jours** après la réception de l'ouvrage, bénéficie d'un escompte de **10** francs et ne verse que **170** francs au lieu de **180. — Des avantages d'un autre genre sont accordés aux SOUSCRIPTIONS ORDINAIRES NON PRIVILÉGIÉES dont le nombre est considérable.**

Veuillez agréer, M , l'expression de mes sentiments distingués.

Paul GUÉRIN,

CAMÉRIER DE SA SAINTETÉ LÉON XIII,

Directeur du *Dictionnaire des Dictionnaires.*

BULLETIN DE SOUSCRIPTION

Je, soussigné ____________________

demeurant ____________________

déclaree souscrire ____________________ *part* de **180 francs** *pour la publication intitulée* LE DICTIONNAIRE DES DICTIONNAIRES, *me donnant droit à un exemplaire de l'ouvrage entier et à la reconstitution de mon capital souscrit, au moyen de la moitié des droits d'auteur de* Mgr Paul Guérin, *ou d'autres avantages analogues, par dividendes qui seront établis, chaque semestre, et payés dans le cours du suivant; et je m'engage à effectuer ce versement, à l'ordre de* Mgr Paul Guérin, *après avoir reçu l'ouvrage complet, comme suit :* **45** *fr. au 15 janvier;* **45** *fr. au 15 avril;* **45** *fr. au 15 juillet;* **45** *fr. au 15 octobre 1892.*

Fait à ____________________ **Signature :**

le ____________________

Prière d'indiquer en toutes lettres le nombre de parts ou d'exemplaires de l'ouvrage, ce qui, en l'espèce, signifie la même chose, — et renvoyer le présent bulletin à Mgr Paul Guérin, *avenue de Déols*, 56, à Chateauroux (Indre).

Indiquer aussi bien exactement : le chef-lieu de canton, le département et la gare qui dessert la localité.

12e Année. — 2e Série. — N° 616. Dimanche 15 Novembre 1891.

GAZETTE  AGRICOLE

JOURNAL HEBDOMADAIRE, PARAISSANT LE DIMANCHE

Rédacteur en Chef : M. Ch. GOSSIN, Professeur d'Agriculture à l'Institut agricole de Beauvais.

PRIX DE L'ABONNEMENT

UN AN, 5 fr. — SIX MOIS, 3 fr. — TROIS MOIS, 2 fr. 25

Pour l'étranger les abonnements ne sont reçus que pour un an, au prix de 6 francs, et ne partent que du 1er janvier ou du 1er juillet de chaque année.

Le numéro : 10 centimes.

Il est indispensable de joindre à toute demande de changement d'adresse la dernière bande d'adresse du journal et 50 centimes pour frais de nouvelles bandes.

Adresser les *Abonnements* et *Annonces* au secrétaire de la rédaction, 13, quai Voltaire, Paris, ou à M. GOSSIN, rédacteur en chef et administrateur, à BEAUVAIS.

BUREAUX

13, quai Voltaire, Paris, et à Beauvais.

Les abonnements partent du 1er de chaque mois et sont payables d'avance. Toute demande d'abonnement doit donc être accompagnée du prix de l'abonnement. (Le mode de payement le plus simple est l'envoi d'un mandat-poste.)

Donner *très lisiblement*, en s'abonnant, son nom et son adresse exacte, *avec l'indication du bureau de poste*; et, s'il s'agit d'une continuation d'abonnement, joindre au renouvellement la dernière bande d'adresse du journal.

Les Annonces sont reçues chez MM. DUSSERIS et MATHELLON, 97, rue de Rennes, Paris.

La GAZETTE AGRICOLE insère gratuitement les Communications des Syndicats agricoles

SOMMAIRE :

PARIS, 13 NOVEMBRE.

Le gouvernement et en général tous nos gouvernants républicains sont aux abois, le citoyen Paul Lafargue, candidat révolutionnaire socialiste, naguère détenu pour excitation publique à des délits de droit commun et outrage à l'armée, vient d'être élu député de Lille par 6,469 voix contre 5,175 suffrages accordés au candidat opportuniste M. Depasse. Du premier au second tour de scrutin, M. Lafargue a gagné 1,464 voix; M. Depasse, 2,817. Le total des voix républicaines dans la circonscription atteint donc 11,644. En 1889, lors de l'élection de M. Werquin, radical, il avait été de 11,357. On voit donc que le parti républicain, si on se place à un point de vue général, n'a pas fait depuis lors, à Lille, de sérieux progrès. Seulement, le courant ne suit plus la même direction.

***

Le Bonhomme Deschamps ne veut se laisser entraîner à aucune exagération, mais il est bien certain qu'entre M. Werquin et M. Lafargue il y a une notable différence et que celui-ci représente des idées infiniment plus révolutionnaires que celles qui semblaient incarnées par son prédécesseur. Les incidents de la lutte électorale, les causes mêmes qui ont provoqué la candidature de M. Lafargue ont accentué ce caractère. La candidature de M. Lafargue était en outre présentée par ses partisans comme une protestation contre la politique ministérielle et contre la politique de la municipalité d'une grande ville comme Lille.

***

Le succès du candidat révolutionnaire dans le Nord est donc, au premier chef, un échec grave pour le Gouvernement. Si l'on pouvait conserver à cet égard le doute le plus léger, il suffirait de constater dans quel émoi il jette les journaux républicains. « Est-ce là, s'écrie l'un, la *plat-form* des élections prochaines? Si oui, le péril est réel et *il importe d'aviser.* » Dans l'ancien journal de M. Gambetta, M. Joseph Reinach insiste sur le devoir qui s'impose au Gouvernement, de « défendre avec fermeté la cause de l'ordre public », et il ajoute : « Que ceux qui se disent « révolutionnaires » sous la République, avec toutes les libertés et sous le régime du suffrage universel, se tiennent donc pour avertis... Les représentants du pays républicain, sans distinction de nuance, ne supporteraient pas une minute un Gouvernement qui permettrait aux partisans des monarchies déchues d'accréditer la calomnie que la République n'est point, de toutes les formes de Gouvernement, celle qui sait assurer avec le plus de résolution et de force l'ordre sans lequel le progrès manque de base et sans lequel la liberté ne serait qu'un vain mot. »

***

Le Bonhomme Deschamps rapproche naturellement ce langage de la nouvelle donnée par tous les journaux républicains que MM. de Freycinet et Constans ont passé ensemble la journée de dimanche et ont conféré sur la situation. Ce n'est un mystère pour personne que le président du conseil et le ministre de l'intérieur ne passaient pas depuis quelque temps pour être en aussi intime communication de sentiments. Ce rapprochement au moins apparent, si bruyamment annoncé, et certaine déclaration d'un député opportuniste qu'on n'amadoue pas certains partis avec de bonnes paroles, suffiraient au besoin à montrer dans quel émoi l'élection de Lille a jeté le monde officiel républicain. On ne parle en ce moment que de dissolution anticipée de la Chambre.

***

Quelles seront les conséquences pratiques de cette émotion? Il serait délicat de formuler des hypothèses à ce sujet. Jusqu'ici les opportunistes ont toujours fini par céder à la pression des violents, et nous n'avons guère de raisons sérieuses de supposer qu'ils aient changé de caractère. Ils sont, il est vrai, très directement menacés par le progrès des idées dont M. Lafargue est le représentant, et ils se sont trouvés dans l'obligation, qui leur est toujours pénible, de prendre une position nette en acceptant la mise en liberté de M. Lafargue. D'autre part, on annonce une interpellation sur la politique générale du Gouvernement. Voilà donc les « événements de Cronstadt » déjà passés aux oubliettes.

***

La situation est d'autant plus grave pour le cabinet que les deux scrutins qui ont eu lieu dans l'Yonne et dans les Landes le jour même où M. Lafargue était élu à Lille sont pour lui tout le contraire d'un succès. Dans l'Yonne, la république modérée est battue par le radicalisme; dans les Landes, le candidat de l'administration a moins de voix que n'en ont réuni ses concurrents, et le fait que les trois scrutins ont eu lieu dans trois régions de tempérament politique différent ne fait qu'accentuer la portée de l'enseignement qui s'en dégage. Tout concourt donc à donner à la situation politique un caractère grave. Le gouvernement saura-t-il sortir, à son honneur, des périls qui en résultent pour lui-même et pour le pays? C'est ce que nous ne tarderons sans doute pas à savoir.

LE BONHOMME DESCHAMPS.

NOUVELLES DE LA SEMAINE.

Les séminaristes soldats. — Nous garderons notre sentiment sur la loi qui astreint les séminaristes à passer par la caserne, alors surtout qu'ils ne doivent ensuite être employés que dans les ambulances. Mais, cette réserve faite, il n'est pas médiocrement piquant de constater à quel point les calculs des républicains ont été déjoués par la première épreuve faite. On possède aujourd'hui, à ce sujet, une statistique complète. On s'était proposé d'entraver le recrutement du clergé. On a obtenu les résultats suivants :

Les séminaristes-soldats d'*Aire* sont tous retournés au milieu de leurs condisciples.

Sur les 17 élèves-ecclésiastiques d'*Angers* qui étaient partis pour le régiment, 16 sont de retour parmi leurs confrères; le 17e est encore sous les drapeaux : comme il se destinait à La Trappe, il n'a pu bénéficier de la dispense accordée aux étudiants et ne sera libre de suivre sa vocation que dans deux ans.

On compte actuellement au grand séminaire d'*Angers* 45 élèves de philosophie, nombre supérieur aux moyennes antérieures.

Même fidélité dans les diocèses de Carcassonne, Grenoble et Nice.

A *Dijon*, sur les 9 clers qui avaient été incorporés dans l'armée, 8 ont repris la soutane; un seul manquait à l'appel : c'est l'abbé Ponier, mort des fatigues contractées au régiment.

Les 4 séminaristes de *Fréjus* appelés l'an nier sous les drapeaux ont réintégré tous les quatre l'établissement.

Le diocèse du *Mans* avait fourni 16 recrues à la caserne ; 14 d'entre eux sont revenus à Saint-Vincent ; le 15e s'est rendu comme novice chez les Capucins; enfin le 16e est allé aux Missions-Etrangères.

La rentrée au grand séminaire de Quimper s'est effectuée dans les plus consolantes conditions : il y a 47 nouveaux élèves.

A *Rennes*, les 23 jeunes gens qui avaient endossé l'uniforme se sont tous représentés.

A *Tarbes*, des 10 séminaristes envoyés à la caserne, 9 sont revenus; le 10e a succombé à une affection de poitrine contractée pendant l'année de son service.

A *Tours*, les élèves dont la loi avait interrompu les études thélogiques les continuent aujourd'hui sans aucun vide dans leurs rangs.

A *Valence*, les 4 élèves qui avaient été appelés à la caserne sont retournés au milieu de leurs condisciples.

L'apaisement. — Les journaux radicaux annoncent que des instructions ministérielles auraient été envoyées à tous les préfets pour les inviter *à signaler d'urgence* l'absence de leur diocèse de tous les évêques qui, à partir du 1er novembre, jusqu'à nouvel ordre, quitteraient *l'étendue* de leur diocèse.

Ces journaux, qui se prétendent libéraux, applaudissent à cette mesure gouvernementale dont ils regrettent seulement de ne pouvoir affirmer l'authenticité.

Si la nouvelle est exacte, on pourrait demander au gouvernemen d'appliquer aussi les dispositions légales qui interdisent aux préfets de « quitter l'étendue de leur département » sans y être autorisés.

Au Brésil. — Bien que le Brésil soit en République depuis dix huit mois, le président vient de faire un véritable coup d'Etat en prononçant la dissolution de la Chambre des députés et décrétant l'état de siège.

Il est assez difficile de se rendre un compte exact de la véritable situation, puisqu'on ne reçoit en Europe que les dépêches envoyées par le nouveau gouvernement. C'est de cette source que nous parvient une analyse du manifeste de M. da Fonseca. Dans ce document, le président dictateur promet de garantir toutes les lois constitutionnelles, la liberté des élections, tous les engagements financiers et les contrats légaux. Il n'abrogera aucune loi, *sauf celles qui sont contraires au bien-être général et à la sécurité du gouvernement.* Cette dernière réserve semblera, à bon droit, fort « suggestive. »

A Londres, on affirme avoir reçu de source privée et très sûre des renseignements suivant lesquels « la satisfaction résultant de l'action du président a été très générale. » On remarquera toutefois la rédaction un peu équivoque de la dépêche, dans laquelle il est dit : « Les provinces restent favorables à M. Deodoro da Fonseca ; l'armée et la marine *sont certainement* avec lui. Il n'y a rien à craindre *pour le moment.* »

LES ENGRAIS CHIMIQUES

(*2e article*).

Composition des végétaux.

Les plantes se composent de quinze éléments, savoir :

1° *Oxigène*, gaz qui entre dans la composition de l'eau et qui, d'un autre côté, se trouve dans l'air, ce qui rend l'air vital pour les animaux et propre à déterminer la combustion des corps inflammables;

2° *Hydrogène*, gaz léger et inflammable, qui, uni à l'oxygène, constitue l'eau;

3° *Carbone ou charbon*, corps solide et inflammable, qui se trouve en forte proportion dans le terreau ou *humus* du sol végétal, et qui, d'autre part, combiné avec l'oxygène, forme un gaz, l'*acide carbonique*, par le bienfait duquel l'air est vital pour les plantes, comme l'oxygène le rend respiratoire et vital pour les animaux;

4° *Azote*, gaz qui se trouve en grande quantité dans l'air, d'où certaines plantes le tirent au profit de la végétation, tandis que d'autres plantes réclament impérieusement une certaine quantité d'azote fournie par le sol et par les engrais;

5° *Phosphore*, corps très inflammable, substance principale du phosphate de chaux qui fait la partie pierreuse et solide des os des animaux;

6° *Soufre*, substance jaune et inflammable, qui entre dans la composition du plâtre, des cendres sulfureuses, et de diverses autres matières appréciées comme engrais;

7° *Chlore*, gaz qui compose en partie le sel de mer;

8° et 9° *Potassium et sodium*, éléments de la *potasse* et de la *soude*, substances alcalines que diverses roches et beaucoup de terres contiennent plus ou moins, et qui entrent dans la composition de divers sels, tels que : *salpêtre*, *nitrate de soude*, *chlorure de potassium*, sel de mer ou *chlorure de sodium*, *sulfate de potasse;*

10° *Calcium*, élément de la chaux, substance caustique qui, combinée avec l'acide carbonique, constitue le *carbonate de chaux* ou calcaire, si commun dans la composition du sol;

11° *Magnesium*, élément d'un corps blanc, la *magnésie* qui accompagne la chaux dans plusieurs combinaisons et dans la composition de beaucoup de terrains;

12° *Silicium*, élément de la silice, qui est elle-même la substance de la plupart des sables et que nous découvrons dans toutes les terres;

13° *Fer*, élément de divers oxydes ferrugineux;

14° *Manganèse*, autre métal, dont l'oxyde colore en noir beaucoup de terrains;

15° *Aluminium*, métal léger, élément de l'*argile*, qu'on trouve en plus ou moins forte proportion dans presque toutes les terres.

Voilà une nomenclature qui paraîtra ennuyeuse à certains lecteurs. Qu'ils se rassurent. nous simplifierons le plus possible nos explications scientifiques et nous arriverons bientôt à la pratique.

Mais il nous semble que la théorie de l'alimentation végétale doit être connue de tous ceux qui désirent faire un emploi raisonné et intelligent des engrais chimiques. C'est pourquoi nous croyons devoir ajouter encore quelques explications à ce sujet.

Le cultivateur doit-il chercher à enrichir le sol de ces quinze éléments, au moyen d'engrais commerciaux ou chimiques?

Non, fort heureusement. Dans la plupart des cas, ce dont il doit se préoccuper seulement dans l'achat de ces engrais, c'est de leur teneur en quatre des éléments ci-dessous nommés :

L'azote.
Le phosphore.
La potasse.
La chaux.

En voici la raison :

Parmi les quinze éléments de la nutrition des plantes, ceux dont l'eau se compose, c'est-à-dire l'*oxygène* et l'*hydrogène*, ne doivent préoccuper le cultivateur que dans des condition de sécheresse exceptionnelle, si ce n'est sous le climat brûlant des contrées méridionales, ou bien pour des cultures spéciales telles que celles des prairies et des légumes. L'eau d'arrosage devient alors le premier engrais.

Non-seulement l'eau fournit aux plantes l'oxygène et l'hydrogène, mais elle est encore le véhicule nécessaire des autres aliments végétatifs.

Tout ce que les racines tirent du sol doit être complètement dissous dans l'eau.

Retenons donc ce grand principe, sur lequel nous aurons plusieurs fois l'occasion d'attirer l'attention de nos lecteurs :

Aucun engrais n'est efficace, si ce dont il se compose n'est pas soluble dans l'eau, ou ne peut le devenir.

Le troisième élément végétatif, le *carbone*, vulgairement charbon, combiné avec l'*oxygène*, se trouve dans l'air sous forme de gaz. Ce gaz connu sous le nom d'*acide carbonique*, les plantes l'absorbent par le feuillage, sous l'influence de la lumière; elles s'approprient le carbone et elles rejettent l'oxygène.

Il y a d'ailleurs une notable proportion de carbone dans l'humus ou terreau, cette substance brune et poreuse qui caractérise le sol végétal.

L'humus est un élément essentiel de fécondité : d'une part, il se dissout lentement au profit des plantes, et, d'un autre côté, il produit, dans l'intérieur même du sol, de l'acide carbonique qui rend l'eau terrestre beaucoup plus dissolvante que ne l'est l'eau pure, et, par conséquent, plus apte à accomplir son rôle de véhicule des éléments végétatifs. On entretient l'humus du sol par l'apport de toute espèce de débris organisés, et particulièrement par le fumier de ferme.

Aussi, malgré certaines théories qui ont essayé de se faire jour et dont le bon sens des laboureurs a fait aisément justice, pas de culture possible sans fumier. Le fumier a été, il est et restera toujours l'engrais par excellence; mais, nous le répétons, il ne suffit pas pour rendre à la terre tout ce que les récoltes lui enlèvent.

(A suivre.) Charles GOSSIN.

Les pommes à cidre en Bretagne.

L'appréciation de la richesse du fruit par la prise de sa densité.

Au dernier congrès pomologique de l'Ouest qui vient de se tenir à Avranche, on a constaté les immenses progrès faits par la Bretagne, relativement à la quantité et à la qualité de la production des pommes à cidre, progrès tels que, sous ce rapport, la Bretagne l'emporte maintenant sur la Normandie.

La Bretagne, en effet, qui a importé de Normandie de nombreuses variétés de pommes, principalement par l'intermédiaire du savant pomologue, M. Hauchecorne, produit aujourd'hui 4,584,059 hectolitres de cidre, et la Normandie, 3,307,072. Les autres départements qui produisent du cidre ne compte que pour 2,719,871 hectolitres.

Or, si l'on s'en rapporte à la densité, c'est-à-dire au dosage du sucre contenu dans le moût des pommes, au moyen du densimètre, instrument qui présente une exactitude suffisante pour les besoins des producteurs de cidre, des propriétaires ou des négociants, ainsi qu'aux moyennes des analyses de 1890 mentionnées au bulletin de l'Association pomologique, on constate que la valeur des pommes de Bretagne est égale et plus a la valeur des pommes normandes.

En effet, 88 variétés de Normandie présentaient une densité de 1,064,8 avec 141 grammes de sucre, tandis que 170 variétés de Bretagne présentaient 1,068, 4 et 144,4 grammes de sucre.

C'est que, comme l'a soutenu M. Hauchecorne, l'espèce domine le cru. Les pommes, dit-il, qui de notoriété populaire, produisent le meilleur cidre, ne sont point redevables de cette supériorité à l'existence d'un élément particulier dont seraient dépourvus les mauvais fruits.

Celles qui méritent à bon droit d'occuper le premier rang sont les variétés parfumées, légèrement amères et acides, joignant à une quantité notable de tannin et de mucilage une très forte proportion de sucre.

C'est le sucre qui fournit, par la fermentation, l'alcool qui, en se fixant dans le cidre, lui donne sa force, sa valeur, sa conservation et permet, comme pour le vin, son exportation. Le sucre fournit aussi l'acide carbonique qui rend le cidre mousseux, pétillant, lorsqu'on le met en bouteilles dans des conditions convenables.

Après le *sucre*, ce qu'il faut exiger d'un fruit à cidre, c'est le tannin, substance végétale douée d'une saveur âcre et astringente.

A Avranches, pour se prononcer sur la valeur des fruits exposés, on s'en est rapporté au densimètre de M. Dujardin, successeur de M. Salteron, et les épreuves étaient faites par de simples écoliers.

Pour se servir de ce petit instrument, on écrase trois ou quatre pommes mûres de l'espèce qu'on veut étudier et le jus en est exprimé à travers un linge de toile fine.

On verse ce jus dans une éprouvette à pied, on y plonge l'instrument et la densité est indiquée au niveau de son affleurement avec le liquide.

Plus la densité est élevée, meilleur est le fruit.

L'emploi de ce petit instrument a donné des résultats étonnants dans la culture de la betterave employée pour la fabrication du sucre. Pourquoi n'en serait-il pas ainsi pour les fruits à cidre?

Et n'y aurait-il pas à cela un avantage considérable? car enfin, en coûte-t-il plus de traiter des pommes à 10 0/0 de sucre que des fruits à 5 0/0.

N'y a-t-il pas lieu de supposer que sous peu la vente ou l'achat des fruits de pressoir se fera d'après leur densité et leur fertilité?

L'acheteur aurait du moins de la marchandise pour son argent, et le cultivateur soucieux de ses intérêts s'attacherait aux variétés de haute densité.

Le moyen est des plus simples et des plus faciles et sans recourir à un livre spécial des variétés renommées les meilleures, que plusieurs pensent devoir être établi en le dotant d'un nom anglais *aple book*, le cultivateur choisira sur son exploitation les pommiers les plus vigoureux et les plus fertiles, et à l'époque de la maturité il n'aura qu'à rechercher la densité des pommes pour procéder ensuite par élimination s'il y a lieu.

HIVERNAGE DES ABEILLES

(SUITE).

4° DES PROVISIONS D'HIVER SUFFISANTES ET SAINES. — La consommation des abeilles est très minime à l'entrée de l'hiver, surtout quand on a soin d'abriter les ruches contre les rayons du soleil, contre les vents glacials et contre tout ce qui peut les troubler dans leur repos. Néanmoins il faut leur laisser des provisions suffisantes qu'on estime à 12 et même 15 kil., par ruche, selon la force de la colonie. Ces provisions doivent se trouver au siège d'hiver. Les abeilles ont soin de les mettre à la partie supérieure des rayons, où se concentre la chaleur de la ruche. Si ces provisions sont granulées et desséchées, les abeilles ne peuvent guère les consommer en hiver, et fort souvent on trouve des colonies mortes de faim et de soif avec une pareille nourriture. Aussi on fait mieux de désoperculer; à l'aide d'une fourchette ou d'une herse, des rayons de miel granulé, pour les plonger ensuite dans de l'eau bien tiède et les suspendre, le soir, derrière la vitre de la ruche. Durant la nuit les abeilles transportent alors le miel au siège d'hiver. Le lendemain on plonge de nouveau les rayons qui contiennent encore du miel granulé dans de l'eau chaude pour les redonner aux abeilles à la nuit tombante. Le miel de la plaine, provenant des fleurs des arbres, des prés, des champs et des forêts, est la nourriture la plus saine pour l'hivernage, surtout si les sorties sont rares en hiver.

Les miellées de sapin, de pin, de bruyère, de chêne et d'érable fournissent des provisions d'hiver qui donnent facilement la diarrhée, si les abeilles ne peuvent pas sortir de temps en temps pour se vider. C'est pour cette raison que beaucoup d'apiculteurs extraient ces miels et les remplacent par des sirops de sucre blanc ou de sucre candi qui conviennent mieux aux abeilles pendant la mauvaise saison.

Le meilleur sucre blanc, devant servir au nourrissage des abeilles, est celui qui est le moins chargé des compositions qui ont été employées pour sa fabrication. Il y a du sucre en pains qui contient une quantité de bleu. Ce sucre ne vaut rien pour le nourrissage des abeilles. Que l'apiculteur recherche un sucre blanc, sec et brillant, présentant des grains étincelants, ou bien qu'il se procure du sucre brute cristallisé. Ce sucre n'a pas subi de préparation chimique, et convient, pour cette raison, très bien aux abeilles. Les cassonades jaunes, brunes, blanchâtres ou même blanches, renferment une foule de matières étrangères et sont les rebus des fabriques. C'est assez dire qu'il faut éviter d'en faire usage pour nourrir les abeilles. Il en est de même de la glucose et de la lévulose tirées d'une multitude de corps par toutes sortes de procédés chimiques qu'il faut redouter pour les abeilles.

On prépare les sirops d'automne de la manière suivante : On verse dans une basine cinq litres d'eau avec 7 kiolg. de sucre cassé ou en grain (soit : eau 1000, sucre 1500); on chauffe sur un feu modéré jusqu'à ébullition, on écume bien et, au bout d'une demi-heure, le sirop est fait. Il est bon d'ajouter à ces sirops un peu d'acide salicylique comme préservatif contre la loque. (Une pincée par litre qu'on dissout dans un verre d'eau tiède pour l'ajouter au sirop.) Les glucoses des pommes de terre et des blés, contenant de l'acide sulfurique, sont nuisibles aux abeilles.

Le nourrissement d'automne, ou pour mieux dire l'approvisionnement d'hiver doit se faire avant l'arrivée des froids et dans le plus court espace possible. On donne des portions de un, deux et même trois litres à la fois, chaque soir, et cela sans discontinuer jusqu'à ce que les ruches soient approvisionnées suffisamment. Le nourrissement à petites doses provoque une nouvelle couvée qui consomme la nourriture au fur et à mesure qu'elle est donnée. Compléter en automne les provisions d'une population faible est une dépense inutile de temps et d'argent : le plus souvent elle succombe avant l'arrivée du printemps. Pour le nourrissage d'automne nous recommandons les nourrisseurs à cheminée, qui se posent sur l'ouverture du haut de la ruche de manière que la cheminée établisse une communication entre la ruche et le nourrisseur.

Quand il s'agit de nourrir beaucoup de ruches, ce qui demande beaucoup de peine et de temps, on fait mieux de nourrir, sur dix ruches, par exemple, les deux ou trois plus populeuses, d'enlever à celles-ci les rayons au fur et à mesure qu'ils sont remplis et operculés pour les donner aux autres ruches nécessiteuses. Il va sans dire que les rayons operculés, ainsi enlevés, sont toujours remplacés par des vides, jusqu'à ce que le nourrissage soit terminé. Le nourrissement partiel des ruches évite une surexcitation générale au rucher, ce qui parfois amène le pillage. De plus, les populations plus ou moins faibles n'operculent plus le sirop. Celui-ci tourne alors à l'aigre durant l'hiver et provoque la dyssenterie.

Pollen. — Comme les abeilles ont à nourrir du couvain dès janvier déjà, il faut veiller à ce que le pollen ne leur fasse pas défaut. Les abeilles amassent avidement cette matière azotée qui, du reste, leur est indispensable. On en trouve presque toujours dans les rayons garnis de miel. Cependant les essaims en sont souvent privés, et on fait bien de leur donner des rayons garnis de pollen, qu'on place au siège d'hiver et non devant la vitre, où le pollen moisit facilement.

Rayons de sirop. — On prend des rayons vides qu'on remplit de sirop, d'abord d'un côté, pour les couvrir ensuite d'un papier-buvard qu'on colle aux alvéoles à l'aide d'un fer à repasser, légèrement chauffé. On fait de même de l'autre côté. On obtient de la sorte des rayons remplis et operculés qu'on suspend au siège d'hiver et qui y rendent un excellent service.

Nourrisseurs qui ne coûtent rien à l'apiculteur. — On peut aussi se servir de rayons vides comme nourrisseurs. A cet effet on prend un plat un peu profond, on y met un rayon vide, en lui donnant une position un peu inclinée, on fait couler le sirop de haut en bas, jusqu'à ce que les alvéoles en soit remplis. On tourne ensuite le rayon, on lui donne la même position inclinée, et on remplit ce côté comme précédemment. Vers le soir on suspend ce rayon derrière la vitre d'une ruche; le lendemain matin il sera complètement vidé par les abeilles, et le sirop transporté au siège d'hiver.

5° Une bonne habitation. — L'habitation doit être construite de manière qu'elle abrite les abeilles contre les rigueurs de l'hiver et qu'elle ne s'évente pas au moment où la chaleur doit rester concentrée au siège des abeilles. Les ruches à parois épaisses ne s'éventent pas facilement et garantissent nécessairement mieux contre le froid que celles qui sont minces et légères. Il y a des apiculteurs qui sortent, durant l'hiver, les fenêtres et les remplacent par des coussinets, espèce de petits matelas bourrés de mousse ou de déchets de coton. Ces coussinets abritent le nid des abeilles contre l'humidité et le froid.

Guêpes et frelons. — A l'arrière-saison se présentent souvent deux ennemis qui causent certaines déprédations aux abeilles. Ce sont les guêpes et les frelons. Ils profitent surtout de la fraîcheur des matinées, quand les sentinelles se sont retirées dans l'intérieur, pour s'introduire dans les ruches. Ils ne se contentent pas toujours d'emporter du miel, ils enlèvent aussi, après les avoir tuées, les abeilles qu'ils peuvent saisir, pour manger ce qu'elles ont dans l'estomac. On cherche à s'en débarrasser en étouffant leurs nids avec du soufre; ou bien on les attrape dans des bouteilles et des flacons à goulots étroits qu'on remplit au quart de vin rouge coupé d'eau, ou de vinaigre coupé d'eau sucrée et qu'on suspend à proximité du rucher. Pour les empêcher d'emporter le miel qui se trouve sur le premier rayon, ordinairement dégarni d'abeilles, on remplace celui-ci par un rayon vide. Ch. Zwilling.

Moyen d'éloigner les corbeaux et les vers des champs ensemencés.

Les cultivateurs ont souvent à se plaindre, à l'époque des semailles des céréales, de dégâts occasionnés par les corbeaux qui enlèvent les grains germés, ou par les vers qui coupent les germes et les feuilles naissantes, surtout dans les gazons défrichés depuis plusieurs années.

Ces dégâts peuvent être évités par un moyen dont on nous affirme l'efficacité.

Un cultivateur avait fait imprégner d'huile de caméline sa semence de blé, destinée à une prairie de 6 hectares, défrichée depuis deux ans, présumant que l'odeur forte de cette huile éloignerait corbeaux, vers, etc. Le résultat a surpassé ses espérances. Tout le blé imprégné de cette huile a été épargné par les corbeaux et les vers qui, au contraire, ont envahi les parties voisines de la même prairie, louées à d'autres cultivateurs qui ont semé du blé à la même époque sans l'emploi de l'huile de caméline.

75 centilitres de cette huile suffiraient pour un hectolitre de semence. On verse l'huile sur la semence qu'on retourne à la pelle en tous sens.

Comme on le voit, le moyen n'est ni coûteux ni d'une application difficile.

Cela ne coûte rien d'essayer.

Falsification des farines et des poudres d'os

M. Léon Bussard, a publié dans le numéro du 22 octobre du *Journal d'agriculture pratique* une intéressante étude sur un nouveau procédé de falsification des farines et des poudres d'os par l'addition de corozo pulvérisé, d'après les travaux du savant allemand, le Dr Bretschneider. Le corozo ou ivoire végétal provient d'un arbre de la famille des palmiers qui croît en Amérique du Sud : l'industrie en fabrique une foule d'objets et les déchets, vendus à bas prix, sont utilisés par des fraudeurs. En Saxe, à la suite d'une enquête, on a constaté au mois de mars dernier que l'on introduisait, dans la région, des wagons entiers de corozo finement pulvérisé pour en falsifier des farines, des semoules et aussi des poudres d'os. Le corozo ayant une composition fort éloignée de celle de la farine de froment ou de la poudre d'os, étant au point de vue de l'alimentation presque sans valeur et comme engrais très médiocre, il en résulte que les farines et les poudres d'os formées en partie de cette matière, sont d'une valeur considérablement rabaissée. Nous ne savons pas si ce genre de fraude se pratique en France, mais que deviennent les déchets du corozo employé par notre industrie? C'est la question que pose M. Bussard et à laquelle il serait intéressant de répondre.

L'ASSURANCE DU BÉTAIL

Les Compagnie d'assurances du bétail n'ont pas eu l'ère de prospérité de la plupart des autres Compagnies.

Les causes de leur insuccès sont nombreuses.

Les principales sont :

Un état-major ruineux;

Un personnel d'agents souvent inexpérimenté et la plupart du temps tout à fait étranger à ses fonctions;

Et ensuite le recrutement des assurés sans aucun examen.

Il arrive que les cultivateurs chez lesquels il y a une fréquente mortalité s'assurent presque toujours, tandis que ceux chez qui la mortalité est ordinairement faible, y regardent à deux fois avant de s'astreindre à payer des primes toujours fort élevées.

En conséquence, les Compagnies ont beaucoup plus de mauvaises affaires que de bonnes.

Voilà les trois principales causes de leur insuccès.

Il s'agirait donc de supprimer ces trois causes. Je crois que c'est chose possible.

Je vais consigner ici les observations que l'expérience et un examen attentif m'ont suggérées depuis longtemps au sujet des assurances du bétail.

L'assurance ne doit comprendre qu'un nombre assez restreint d'assurés; elle doit être régionale, c'est-à-dire embrasser une certaine quantité de communes limitrophes. Le canton est tout trouvé pour former, dans bien des cas, cette agglomération.

Elle doit, autant que possible, ne comprendre que des contrées qui sont dans les mêmes conditions de salubrité; s'il en était autrement, les assurés des contrées salubres, où la mortalité est habituellement peu élevée, seraient sacrifiés au profit des assurés des contrées insalubres, où la mortalité est toujours beaucoup plus forte.

Tout le monde sait qu'il existe en France beaucoup de terrains où les bêtes bovines deviennent anémiques au bout d'un séjour plus ou moins prolongé.

Il faut que les membres d'une même agglomération se connaissent et se surveillent les uns les autres : c'est une association que chacun a intérêt à faire prospérer et dans laquelle il ne doit pas y avoir de membres qui soient une charge pour la masse des associés.

Voilà les considérations générales qui doivent présider à la formation de toute Société d'assurances du bétail.

Parlons maintenant du fonctionnement de la Société.

D'abord toutes les fonctions seraient électives et gratuites.

Il serait nommé, dans chaque commune, trois membres ou plus pour faire partie de l'assemblée générale et remplir le rôle d'estimateur.

Tous les membres élus dans chaque commune se réuniraient en assemblée générale dans un lieu destiné à l'avance, pour faire leur règlement intérieur, élaborer les statuts de la Société, nommer un comité directeur de cinq ou sept membres ou plus.

La Société aurait la personnalité civile, c'est-à-dire qu'elle pourrait recevoir, acheter ou vendre, etc.

Le service du récolement des animaux serait

fait à la mairie de chaque commune par le secrétaire de la mairie, moyennant une juste rémunération, au moyen de déclarations faites et signées par l'assuré ou par sa femme, ses enfants, s'il ne sait pas signer, ou bien par deux voisins. Le registre employé pour le récolement des chevaux servirait de modèle. Les déclarations contiendraient l'estimation donnée par l'assurée à ses bestiaux; mais cette estimation ne pourrait préjuger en rien sur celle qui serait à fixer en cas de mort, c'est l'état dans lequel se trouverait l'animal à ce moment-là qui servirait de base à l'estimation.

Les déclarations des assures seraient contrôlées par des commissaires nommés par l'assemblée générale.

L'estimation des animaux morts serait faite par trois membres étrangers à la commune du sinistré, afin d'éviter, soit les camaraderies, soit les récriminations. Le sinistré aurait le droit de choisir ses estimateurs, mais à la condition de les prendre tous les trois dans la même commune.

Dans le cas où le sinistré ne voudrait pas accepter la décision des trois estimateurs choisis par lui, il aurait toujours le droit d'en appeler au comité directeur, qui déléguerait trois de ses membres pour procéder à une nouvelle estimation qui serait sans appel. Si cette nouvelle estimation était au-dessous de la première, le sinistré paierait les frais du déplacement des trois estimateurs, par exemple : cinquante centimes par kilomètre retour compris. Si, au contraire, elle lui était favorable, les frais de déplacement seraient supportés par la Société.

Le sinistré, dans le cas de faute de sa part dans la perte de son animal, pourrait être privé d'une partie de l'indemnité et même de la totalité.

Cette menace toujours suspendue sur la tête de l'assuré et la surveillance continuelle et intéressée de la part des autres assurés, ses voisins, amènerait forcément une amélioration dans les soins donnés au bétail.

J'arrive au service médical, qui laisse beaucoup à désirer. La formation de Sociétés d'assurances régionales amènerait aussi, il faut l'espérer, une amélioration dans l'état de choses actuel ; on verrait en peu de temps des hommes instruits et d'une moralité incontestable prendre la place d'empiriques, qui, souvent, terrorisent les campagnes en se faisant passer pour sorciers. On pourrait faire l'essai d'un système qui se pratique en Chine.

Le voici :

Dans quelques parties de ce singulier pays, les médecins sont des fonctionnaires publics chargés de soigner un nombre fixe d'habitants.

Leur traitement est variable.

Il augmente lorsqu'ils ont peu de malades, et il diminue lorsqu'ils en ont beaucoup. Toute leur habileté doit donc s'appliquer à prévenir les maladies.

Ce système, quelque bizarre qu'il paraisse au premier abord, pourrait dans certains cas produire de bons résultats.

Voici un exemple :

Cette année, les mauvaises herbes, en particulier l'oseille sauvage, se sont développées au détriment des bonnes. Les bêtes bovines qui ont mangé une trop grande quantité d'oseille ont été prises de violentes diarrhées et quelques-unes sont mortes. (J'ai vu des cas).

Si les agriculteurs avaient été prévenus par leur honqreur, les accidents ne seraient pas arrivés.

Mais aujourd'hui, chez nous, l'intérêt de tous les guérisseurs est d'avoir le plus possible de malades.

On regarderait donc comme un insensé celui qui, à l'encontre de ses intérêts, emploierait tous ses talents à prévenir les maladies, afin de n'avoir pas de malades.

Cette digression m'entraine un peu loin de mon sujet.

J'y reviens et j'arrive à la comptabilité :

Le percepteur cantonnal percevrait les primes d'assurances comme il perçoit les fonds des communes; il paierait les dettes de la Société, il aurait pour émoluments les remises habituelles que les communes donnent.

Les fonds des Sociétés seraient tout à fait indépendants des deniers de l'Etat et resteraient la propriété des Sociétés qui en disposeraient à leur guise.

Comme on le voit : l'état-major est supprimé, ainsi que le personnel et les mauvaises affaires.

Il y a donc tout lieu de croire que des Sociétés d'assurances créés dans les conditions que j'indique, auraient toutes chances de réussite.

L'Etat pour activer la formation des Sociétés d'assurances régionales, pourrait les rendre obligatoires sous certaines pénalités pécuniaires.

Les Syndicats agricoles, en faisant connaître les avantages de l'association, ont préparé la voix aux assurances régionales ; ces dernières donneront des cadres tout prêts pour le Crédit agricole, qui, pour être viable, doit également être régional. L'arrondissement de Poligny (Jura) en fournit un exemple. C. SARCÉ.

La composition des scories de déphosphoration.

M. Aubin a fait d'intéressantes recherches, communiquées à la Société nationale d'Agriculture de France, sur la véritable composition des scories de déphosphoration, dont on se contente généralement de doser l'acide phosphorique total, quand on procède à leur analyse dans les laboratoires. Il a réuni douze échantillons de scories d'origines diverses dont il a fait l'analyse complète et dont il a mis en évidence, au moyen des réactifs les plus connus, la facilité de décomposition et de diffusion dans les terres.

Voici la composition qu'il a trouvée, en négligeant toutefois le dosage de l'acide carbonique et du soufre :

1° La silice varie de 5,44 à 12,80 p. 100.
2° L'acide phosphorique varie de 11,77 à 18,62 p. 100.
3° L'alumine varie de 1,17 à 6,19 p. 100.
4° Le sesquioxyde de fer varie de 1,14 à 17,93 p. 100.
5° Le protoxyde de fer varie de 0,55 à 16,34 p. 100.
6° La chaux varie de 33,04 à 44,35 p. 100.
7° La magnésie varie de 6,90 à 13 p. 100.
8° Le protoxyde de manganèse varie de 4,93 à 9,88 p. 100.

Les scories se sont montrées facilement décomposables par des réactifs peu énergiques, selon leur degré de finesse et la facilité plus ou moins grande qu'elles ont à s'agglomérer.

Ces résultats, conclut M. Aubin, expliquent aisément la rapidité d'action des scories comme engrais, en cela certainement bien supérieure à celles des phosphates fossiles et minéraux. Cette décomposition aura toujours lieu dans les sols, chaque fois que la matière organique et l'acide carbonique produits ne se trouveront pas neutralisés par le calcaire préexistant.

En résumé, ces scories sont des silicates basiques facilement diffusibles dans le sol en présence de l'humidité et de l'acide carbonique. Elles ne présentent pas de différences suffisantes pour autoriser un classement par ordre d'assimilabilité, et elles doivent être appréciées uniquement selon leur richesse en acide phosphorique.

Nouvelles agricoles.

L'hiver 1891-92. — L'hiver a fait brusquement une apparition assez menaçante. Il a débuté à peu près comme le dernier, dont nous avons souffert. Celui qui vient sera-t-il aussi rigoureux que son prédécesseur ? Telle est la question que chacun se pose.

Voici, d'après le bureau météorologique, les prévisions du temps pendant l'hiver 1891-92.

L'observation des courants des vents fait conclure que l'hiver sera exceptionnellement sec, et que, par conséquent, il tombera peu de neige.

Les vent du sud et de l'ouest, ont, en effet, soufflé sans discontinuer pendant l'été et une grande partie de l'automne.

Les vents du nord ayant repris depuis quelques jours d'une façon très décidée, il est à présumer que cette période continuera pendant plusieurs mois.

La température va rester assez basse et le temps demeurera beau dans son ensemble. Cependant, les eaux de la Méditerranée et de l'Atlantique sont agitées, tandis que celles de la Manche et de la mer du Nord sont très calmes.

Ce qui fait espérer que la température ne descendra pas très bas, et que, par suite, l'hiver ne sera pas très rigoureux, c'est que le soleil n'a commencé à apparaitre avec persistance qu'au commencement de l'automne. Les observations météorologiques faites dans des conditions semblables ont toujours, jusqu'à présent, indiqué qu'en pareil cas le soleil était décidé à prolonger ses visites.

Espérons que ces prévisions se réaliseront et que nous ne verrons pas des misères analogues à celles qui fit naitre le dernier hiver.

La production de la laine et sa valeur. — D'après un article de *The Economist*, la moins-value sensible que la laine coloniale a subie depuis quelques années doit être attribuée en grande partie à l'augmentation toujours croissante de la production.

Ainsi l'Australie avait :

En 1870, 40 millions de moutons; en 1880, 60 millions; en 1885, 90 millions.

Aujourd'hui elle en compte 120 millions et exporte 250 millions de kilos de laine par an.

Le cap de Bonne-Espérance augmente dans les mêmes proportions et n'est pas près de s'arrêter.

La production des Indes (laines communes) suit le même mouvement.

La Plata, où la mortalité avait fait une forte brèche en 1889-90, a fourni en 1890-91 une augmentation de 50,000 balles (environ 20 millions de kilos en suint), et promet pour 1890-91 une augmentation plus forte encore.

La conséquence naturelle des bas cours pratiqués aujourd'hui sera de faire pénétrer l'article de plus en plus dans la consommation, qui suivra alors plus facilement les progrès de la production et fera rentrer l'industrie lainière dans une situation plus normale.

L'industrie fromagère dans la Haute-Marne. — L'industrie fromagère a pris récemment une extension notable dans l'arrondissement de Langres.

On peut dire que c'est dans le canton de Fayl-Billot qu'elle a pris naissance. L'initiative en revient à la Société de Genevrières, qui a été fondée le 19 février 1888 et qui a pour président M. Gaullot. Cette industrie a eu pour vulgarisateurs des hommes actifs et industrieux, les frères Piquoy, propriétaires à la Louvière, près de Broncourt.

Il n'existe assurément pas d'exemples en agriculture où on ait su tirer meilleur profit de la loi de 1884 sur les syndicats professionnels.

L'entente a été parfaite entre tous les cultivateurs, lorsqu'il s'est agi de l'intérêt général combiné avec l'intérêt particulier.

Les haines personnelles, les divisions politiques se sont effacées. On a vu, dans des communes très divisées, tous les cultivateurs se syndiquer pour la création d'une fruitière!

Aujourd'hui il existe dans l'arrondissement de Langres plus de 36 fruitières, dont 10 pour le canton de Fayl-Billot.

Les débuts de cette industrie en Haute-Marne ont été difficiles. Les premières années, le fromage ne se vendait pas. A peine arrivait-on au prix de 80 et 90 fr. le quintal. Dans ces conditions, le lait n'était payé qu'a peine 7,5 à 8 centimes le litre. Mais les cours se sont vite rétablis, et le prix du fromage ayant atteint 130 et 140 fr., les cultivateurs ont trouvé dans la création des fruitières un débouché avantageux pour leur lait.

Nos importations de blé. — Les importations de blés étrangers ont atteint en deux mois, août et septembre, le chiffre sans exemple de 5,800,000 quintaux, — et les importations continuent.

C'était bien la peine, on le voit, de réduire le droit sur les blés de 2 fr.

C'est le commerce, exclusivement, qui profite de cette réduction.

Que des encouragements soient dûs au commerce, nous en convenons, car il rend de grands services, surtout pendant les années difficiles; mais encore ne faut-il pas lui sacrifier les cultivateurs.

Décortiquage de la ramie. — Le concours de machine à décortiquer la ramie, organisé par la Société des Agriculteurs de France, a eu lieu du 25 septembre au 1er octobre, dans la plaine de Gennevilliers, par les soins d'un jury qui a élu président M. Muret; rapporteurs MM. Tresca et Urbain. Les machines, au nombre de sept, ont décortiqué la récolte d'un hectare et demi de ramie en présence de nombreux visiteurs intéressés comme industriels et comme agriculteurs. Les machines ont été examinées au dynamomètre au point de vue de la force que réclame leur emploi. Le rapport sera publié à la fin de l'année seulement. Les machines qui ont paru réussir sont celles de M. Faure, de Limoges, et de la compagnie de Fives-Lille. — Il faut attendre le rapport du jury pour éclairer ceux qu'intéresse la question.

Association professionnelle de St-Fiacre. — Le président de ce Syndicat professionnel d'horticulteurs et de jardiniers nous prie d'informer qu'à partir du 1er octobre le bureau de placement de l'association a été transféré, 47, boulevard Montparnasse, à Paris. On sait que les services qu'il rend sont absolument gratuits. Les propriétaires et patrons peuvent adresser leurs demandes de jardiniers-chefs, garçons-maîtres, ouvriers et apprentis, à M. Debureau, directeur du bureau de placement, tous les jours, de dix heures du matin à deux heures du soir, ou par correspondance.

CONSEILS DU JARDINIER

CONSERVATION DES ÉCUSSONS PENDANT L'HIVER.

Il ne suffit pas d'avoir réussi une greffe à œil dormant; il faut encore qu'elle arrive pleine de vie au printemps, qu'elle résiste à toutes les intempéries, à la pluie, au brouillard, au givre, à la neige, à la gelée. L'hiver dernier a été désastreux, beaucoup de sujets ont eu leurs greffes perdues.

La plupart des hybrides résistent généralement aux frimas; mais les variétés à bois tendres, les thés, les noisettes, demandent plus de soins, et leur conservation a préoccupé les disciples de la rose.

Le *Jardinier suisse* conseille de prendre de l'étoupe, du coton imprégné de mastic à greffer, d'en enlacer la tige de l'églantier et son écusson.

Un moyen, qui n'est pas à recommander, consiste à recouvrir les bourgeons de la greffe avec des torchis de paille que traverse l'humidité, la pluie. — Je passerai sous silence celui de cet amateur qui enduisait ses écussons de pâte de farine, et l'emploi des verres de lampe, par M. Renaud Guepet, dans lesquels il introduit la branche de l'églantier et son écusson, en recouvrant la partie supérieure de mousse.

Plus pratiques sont les deux procédés de M. Forgeot-Tardy, de Troyes.

Sachant que les rosiers peuvent, par un temps sec, supporter une température de — 10 à 12°, tandis qu'ils gèlent par une température moins basse quand le froid est humide, il a cherché un préservatif contre le froid et contre l'humidité.

Il enduit l'écusson d'une couche de collodion, lequel, desséché, laisse sur place une pellicule imperméable, qu'il recouvre de mousse sèche et de papier goudronné; au printemps, la simple pression de l'ongle suffit pour détacher cette pellicule.

Son second procédé, et celui le plus à la portée de tous, consiste à mettre sur l'écusson un peu de laine ou de beurre, et, après avoir supprimé les épines qui l'environnent, de recouvrir le tout d'une feuille de papier d'étain un peu forte, ou celle qui recouvre le papier à chocolat, mais doublée, après avoir enduit ses bords de vernis gras à l'essence, faisant fonction de colle. La flexibilité de l'étain lui permet de prendre la forme voulue par la simple pression des doigts, et donne un étui hermétiquement fermé, imperméable, et mettant dès lors l'écusson à l'abri de l'humidité et du froid.

La seule recommandation à faire est de n'agir que par un temps sec, l'humidité empêchant l'adhérence du vernis sur le sujet. Au printemps, il suffit de déchirer la feuille de papier d'étain pour mettre l'écusson à découvert.

Ce procédé est simple et facile : il supprime les gros emballages, le couchage des greffes en terre, et mérite d'être recommandé aussi bien dans les roseraies que dans les jardins d'amateurs. HORTUS.

CONSEILS A LA FERMIÈRE

LA FEMME DE BASSE-COUR.

Il ne se passe pas une semaine, écrit M. Voitellier dans l'*Aviculteur*, sans que nous recevions une lettre à peu près ainsi conçue :

« Pourriez-vous nous procurer une bonne femme de basse cour, connaissant parfaitement les soins de l'incubation, de l'élevage et de l'engraissement. Elle devra aussi s'occuper des vaches, de ceci, de cela, et de plusieurs autres choses encore. Je tiens avant tout à une probité et à une conduite irréprochables. Les gages sont de 25 francs par mois, sans compter les étrennes et les petits profits. »

Notre réponse est toujours la même :

« Vous nous demandez un oiseau rare que nous ne possédons pas dans notre collection. Les quelques spécimens qui existent produisent peu et sont soigneusement conservés par leurs heureux propriétaires. »

Il y a là, en effet, une race à régénérer ou plutôt à créer, car les éléments qui doivent la composer sont à peu près nuls.

Nous nous répandons en plaintes amères sur les défauts des femmes de basse-cour. A qui la faute?

A nous tous.

La basse-cour, telle que nous la comprenons aujourd'hui, exige des connaissances multiples qui constituent une véritable profession. Il faut, pour cultiver avec succès, s'y consacrer entièrement, en prendre le goût et ne pas avoir d'autre travail ni d'autre soucis.

Loin de là, dans toutes les maisons, même les plus riches, la femme de basse-cour est la dernière domestique, et soigne ses volailles pour ainsi dire à temps perdu en dehors d'autres occupations. Rien ne l'attache à son emploi, ni l'appât des gages importants, ni la perspective d'une position d'avenir. Elle est là parce qu'elle ne saurait faire autre chose, et c'est bien ainsi que l'entendent ses maîtres.

Etonnez-vous donc, avec ce système, de ne pas tirer de votre élevage tout le revenu et toute la satisfaction que vous étiez en droit d'attendre.

Pour diriger, vous avez un jardinier chef, homme intelligent, presque instruit, ayant subi un long apprentissage, suivi des cours, étudié les auteurs; vous payez amplement ses services : il a chez vous une situation.

Pourquoi ne pas appliquer les mêmes principes à la basse-cour. Elle peut produire tout autant que le potager, mais il faut la même direction.

Que la femme chargée de ce soin puisse s'y consacrer exclusivement, qu'elle trouve dans l'élevage des volailles un véritable métier où elle soit certaine d'être largement rétribuée suivant sa capacité et les services qu'elle aura rendus, et vous verrez bien des jeunes filles de campagne embrasser cette profession, plus attrayante qu'on ne suppose, au lieu de courir à la ville à la recherche de l'inconnu... qu'elles y rencontrent trop souvent. UNE MÉNAGÈRE.

CONSEILS DU VÉTÉRINAIRE

FAUT-IL TONDRE LES CHEVAUX PENDANT L'HIVER OU VAUT-IL MIEUX NE PAS LES TONDRE?

Cette question a été agitée à la *Société nationale de médecine vétérinaire.*

M. Lavalard, dont la compétence est bien connue, dit qu'après avoir été partisan convaincu de cette pratique, il en est arrivé aujourd'hui, après plusieurs années d'expérience, à des conclusions absolument contraires. Les faits sont là irréfutables. Dans le courant de cette année, aucun des chevaux du nombreux effectif de la Compagnie des omnibus n'a été tondu, et les résultats généraux en ont été excellents, tant au point de vue de la santé qu'au point de vue économique pour l'alimentation.

Quelques membres font observer, à ce propos, que M. Lavalard a peut-être été favorisé dans ses expériences par un hiver exceptionnel, mais que les résultats qu'il a obtenus ne peuvent infirmer ceux déjà acceptés.

M. Aureggio estime qu'une mesure ordonnant le tondage obligatoire pour les chevaux d'armes serait absolument désastreuse quant aux résultats. D'après les observations qu'il a pu faire depuis une dizaine d'années sur les chevaux de son régiment, le tondage entraîne à sa suite un amaigrissement tellement manifeste dans certain cas, que les animaux se trouvent dans l'impossibilité d'accomplir le service qui leur est demandé.

M. Laquerrière, vétérinaire de l'armée, a poursuivi pendant dix ans des expériences faites avec le plus grand soin. Il arrive aux conclusions suivantes :

Le tondage des chevaux de guerre donne d'excellents effets pour les localités du centre et du midi de la France; les animaux conservent plus de vigueur, et parfois même gagnent en poids. Mais pour que ces résultats soient obtenus, il faut que le tondage des chevaux soit pratiqué avant l'apparition des premiers froids, vers la fin d'octobre, par exemple, afin que les poils puissent repousser suffisamment et protéger la peau pendant l'hiver. Sans cette précaution, le tondage des chevaux peut donner de mauvais résultats

M. Lavallard dit qu'il a été autrefois un chaud partisan du tondage ; mais aujourd'hui quoiqu'on exige plus de travail des chevaux, comme tous les soins d'hygiène, de propreté sont mieux entendus, il estime qu'il n'y a pas lieu de tondre les chevaux.

MM. Leblanc et Ménard pensent que si les animaux sont bien nourris, soumis aux règles de l'hygiène, on peut obtenir de bons résultats du tondage.

Chaque cultivateur peut expérimenter l'un et l'autre système et apporter le poids de son expérience dans la question.

UN VIEUX VÉTÉRINAIRE.

CONSEILS DU NOTAIRE

L'ENREGISTREMENT DES BAUX.

En ce moment de l'année où se renouvellent une grande partie des locations d'immeubles entre particuliers, nous croyons utile de rappeler à nos lecteurs les dispositions de la loi relative à l'enregistrement des baux.

Les baux faits verbalement, sous quelques conditions que ce soit, doivent être déclarés au bureau d'enregistrement.

Toutefois, lorsqu'un loyer est supérieur à 100 francs de location annuelle, la déclaration est obligatoire pour le propriétaire. Si le loyer est inférieur à 100 francs, on est dispensé d'en faire la déclaration. Mais si le propriétaire a plusieurs locataires et que la totalité des loyers réunis dépasse 100 francs, la déclaration devient alors obligatoire.

La déclaration ci-dessus doit être faite dans un délai de trois mois à dater de l'entrée en jouissance et comporte un droit de 0 fr. 25 c. par 100 fr. ou fraction de 100 francs de loyer.

Cet impôt est bien minime, nous dira-t-on ; mais aussi l'amende est bien élevée pour celui qui est pris en défaut, car elle monte à 62 fr. 50 par chaque contravention, sans préjudice des droits à payer pour la nouvelle déclaration à faire. Il y va donc de tout intérêt de bien se mettre en règle.

Ce que nous disons plus haut ne s'applique seulement qu'aux locations verbales, c'est-à-dire aux baux sur parole et sans écrit.

Quant aux baux sous seings privés, ils doivent tous, sans exception, être enregistrés dans les trois mois de leur date, et cela quels que soient leurs conditions ou le montant du loyer. En cas de contravention, le propriétaire et le locataire peuvent être condamnés chacun séparément et solidairement en une amende de 62 fr. 50, sans éviter les droits ordinaires à payer.

Nous ne nous occuperons pas des baux faits par devant notaire. Ces actes, qui sont revêtus de la signature de cet officier ministériel et rédigés sous sa responsabilité, sont toujours, par ses soins, présentés à la formalité de l'enregistrement. CHICANONS.

PETITE POSTE.

M. P... (Seine). — *Destruction des puces.* — Mettre dans les interstices des parquets de l'insecticide Vicat.

M. B... (Oise). — *Concasseur.* — Nous préférons le concasseur à cylindre. Vous pouvez vous adresser en toute confiance au *Crédit agricole*, 9, rue Marsolier, Paris.

M. Ch... (Mayenne). — *Moutons à vendre.* — Ayant déjà été trompé par des courtiers, nous n'osons vous recommander personne pour la vente de vos moutons à Paris.

Vous pouvez cependant vous adresser au Syndicat central des Agriculteurs de France, 19, rue Louis-le-Grand, Paris. Il est en mesure de vous donner d'utiles renseignements

Mme la marquise de C... (Loiret). — *Production laitière.* — Une vache donne *en moyenne*, par jour, après son vélage :

Pendant les 60 premiers jours, 10 litres de lait.
— 90 suivants...... 8 —
— 60 — ...... 6 —
— 30 — ...... 4 —
— 40 — ...... 3 —
Soit, pendant 280 jours, 1,920 litres.

On a constaté qu'une vache donnait ordinairement 1 litre 400 de lait pour 100 kil. de son poids vif, et 40 litres de lait par chaque 100 kil. de foin de prairie naturelle de bonne qualité ou son équivalent qu'elle consomme pendant sa lactation.

OFFRES & DEMANDES.

Pour répondre au désir qui nous est exprimé, nous offrons à nos abonnés, sous cette rubrique, deux annonces gratuites pour les offres et demandes d'emplois, produits ou animaux à vendre ou à acheter, etc.

Les annonces qui suivront jouiront d'une réduction de 50 pour 100 sur les tarifs ordinaires.

Les demandes d'insertions devront être envoyées à l'administration, qui se chargera de les rédiger.

Ne pas négliger d'envoyer tous les renseignements nécessaires (joindre 2 timbres de 0 fr. 15).

REVUE FINANCIÈRE.

La baisse persiste, voilà le plus clair de la situation. Les quelques journées qui viennent, par ci par là, remonter les cours, ne réparent que très partiellement le dommage causé par les journées mauvaises. Comme résultat, c'est une descente sérieuse de presque toute la cote. Quelques chiffres suffiront à le montrer.

C'est maintenant entre 94 et 95 qu'oscille notre 3 0/0, dit le Régulateur du marché. La Banque de France ne revoit plus qu'accidentellement le cours de 4600 ; on peut à tout prendre ne pas le regretter, mais comme ici on se trouve en face d'une valeur de toute solidité, de profits constants et considérables, c'est une preuve indéniable que le marché est atteint. D'autre part, le Crédit Foncier ne se maintient que très difficilement à 1200 ; il y a bien une raison à sa faiblesse, beaucoup voient de mauvais œil notre second établissement de crédit patronner depuis quelques années une foule d'affaires qui ne sont guère de son ressort et qui pourraient bien ne pas être fructueuses.

Suez, qu'on a un instant mené tambour battant vers des cours énormes, fait triste mine à 2600. Tout cela est clair comme de l'eau de roche, le marché est désorganisé.

Quant aux fonds internationaux, c'est la même chose, avec aggravation pour l'Italie, malgré les promesses creuses de M. di Rudini, pour le Portugal, toujours dans l'attente de la mise en œuvre des remèdes énergiques, et pour l'Espagne acculée à une crise finencière aiguë.

Le seul changement réel qui se soit produit cette semaine, c'est l'amélioration des actions de nos chemins de fer, un instant atteintes gravement comme les camarades, et au sujet desquelles on est revenu à une meilleure appréciation des choses.

En somme si l'on examine la cote, on trouve que la baisse n'épargne qu'une seule catégorie de placements : les grandes obligations, notamment celles de nos chemins de fer. Cette remarque a suggéré à un de nos confrères des réflexions que nous trouvions trop judicieuses pour ne pas en faire part à nos lecteurs. Nous copions tout bonnement et ce sera notre mot de la fin :

« Comment se fait-il, dit notre auteur, que les valeurs les moins atteintes soient surtout les obligations de chemins de fer? Mettons que la garantie y soit pour quelque chose; n'y aurait-il pas une autre raison?

« Ces titres, négociés de la main à la main, presque sans le concours des intermédiaires financiers, entrent de suite dans les portefeuilles de l'épargne et n'en sortent le plus généralement que pour des cas de force majeure. Ils sont « classés », comme on dit.

« En est-il de même de tout le reste des valeurs de la cote, même de nos rentes, dont partie est plus ou moins immobilisée dans certaines de nos caisses publiques? Oserait-on affirmer que toutes les émissions faites depuis cinq ans, par exemple, sont dans les mains des capitalistes? N'en existe-t-il pas une bonne partie, moitié peut-être dans le portefeuille des établissements ou syndicats émetteurs? N'est-ce pas sur ce papier flottant, non classé, que s'exerce la spéculation et ne faut-il pas voir là une des causes principales du malaise actuel?

« Il nous semble que poser la question c'est la résoudre. »

TIMON.

HALLES ET MARCHÉS.

La fin de la semaine dernière a été marquée par une hausse assez notable sur les prix des principales denrées agricoles : céréales, farines, huiles, alcools et sucres. La vente est bonne aussi pour les beurres et les œufs. Le bétail se vend plus difficilement, sauf les veaux.

Blés. — Les cours sont devenus plus fermes et en hausse sur tous les marchés, aussi bien en France qu'à l'étranger. Les offres en blés indigènes sont toujours très restreintes; la culture se livre à ses travaux de semailles par un temps froid, mais encore favorable. Voici les prix relevés samedi sur quelques-unes de nos principales places : Cambrai, blé blanc, 26 les 100 kilog.; roux, 21 à 25; Douai, 25 à 27; Beauvais, 25 75 à 26 75; Châlons-sur-Marne, 27; Montereau, 25 80 à 27 50; Versailles, 25 à 27 50; Rouen, 25 35. Le Mans, 25 à 26; Laval, 25 à 26. Nevers, 26 à 28; Dijon, 26 50 à 27 50; Lyon, 27 à 27 50; Nantes, 25 50 à 25 75; Bordeaux, 26 25. — Au marché commercial de Paris, on constatait samedi une hausse de 0 25 à 0 50 cent., avec un bon courant d'affaires, aux prix suivants : disponible et courant du mois, 27 75; livrable décembre, 28 à 28 25; autres époques, 28 50 à 29 25. — Les blés étrangers sont en nouvelle hausse par suite de nouvelles annonçant que de fortes maisons d'exportation de Californie, ayant vendu beaucoup de blés à livrer, viennent de cesser leurs envois : voici les derniers prix tenus : Californie, 25 à 25 50; Saint-Louis, 24 75 à 25 50; roux d'hiver, 21 50 à 2[illegible]; Walla, 24 50; Pologne, 23, le tout aux 100 kilog. à Rouen, le Havre ou Dunkerque.

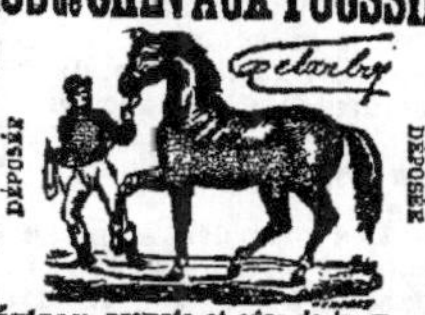

Les entrées dans nos ports ont été, pour la semaine qui vient de finir, de 260,600 quintaux à Marseille et de 35.000 hectolitres au Havre; Rouen, Boulogne, Dunkerque et Saint-Nazaire, ont aussi reçu plusieurs chargements. Les quantités de blé en mer à destination de la France, s'élevaient à 2,551,420 hectolitres, dont 2,514,590 venant de Californie, 17,400 du Chili, et 6,380 des Indes; pour tout le continent européen, le total général était de 5,715,900 hectolitres.

Seigles. — Les cours ont progressé comme ceux du blé. Au marché commercial à Paris, on tient le disponible et le courant du mois de 21 75 à 22 les 100 kilog.; le livrable en décembre, 22 à 22 25; janvier à juin, 23 à 23 75. En culture on cote 20 à 21.

Orges. — La fermeté continue aux cours de 16 50 à 20 les 100 kilog.

Avoines. — Même fermeté que sur les autres articles, quoique les affaires soient devenues plus calmes. On cote les avoines noires de choix, 17 25 à 17 50 les 100 kilog. en gare de Paris; les noires de Beauce et du Centre, 16 75 à 17; les grises de même provenance, 16 50 à 16 75; les blanches de 15 50 à 16.

Maïs. — Le maïs disponible devient très rare. Les bigarrés d'Amérique à livrer à partir de janvier prochain, sont tenus de 18 25 à 18 50 les 100 kil. sur wagon au Havre; les Plata sont offerts à 18 50.

Farines de consommation. — Les prix ne sont pas changés; mais la tendance est très ferme et l'on s'attend à une hausse prochaine.

Farines de commerce. — Les affaires sont animées au marché des farines *douze-marques*; les cours ont gagné 75 centimes à 1 fr. pendant les derniers jours de la semaine; on cotait samedi : disponible et courant du mois, 61 25 à 61 50; livrables décembre, 61 75 à 62; janvier à juin, 62 75 à 64.

Farines de seigles. — On cote à Paris, 28 à 30 les 100 kilog.

Issues. — Les prix des sons se maintiennent mieux; on cote : gros sons, 14 25 à 14 75 les 100 kil.; sons deux cases, 14 à 14 25; trois cases, 13 25 à 13 50; sons fins, 12 75 à 13 50; remoulages, 16 à 25.

Huiles de graines. — Les prix sont en hausse sur le marché de Paris; on cote : huile de colza disponible, 70 50 les 100 kilog.; livrable décembre, 71; autres époques, 72 75 à 73 10; l'huile de lin disponible et courant du mois, 51 à 51 25; décembre, 51 50 à 51 75; autres époques, 51 50 à 53. — Sur les marchés des départements les affaires sont calmes avec cours fermes comme suit : Rouen, huile de colza, 71 à 71 50 les 100 kilog.; lin, 52 à 52 50; — Arras, œillette surfine, 96; colza 73 à 74; pavot à bouche, 74; cameline, 61; pavot, 68; — Caen, colza indigène, 66 à 66 25 l'hectolitre; étranger, 66 à 66 50.

Huiles d'olive. — A Nice, les offres sont nombreuses en huile de qualité intermédiaire. Les surfines de Nice se sont vendues de 141 à 144 10 les 100 kilog.; les extra, 166 à 180; celles de la rivière de Gênes sont offertes de 120 à 130; les huiles de Bari se payent de 102 à 105; de Calabre, 115 à 1?2.

Graines oléagineuses. — La graine de colza vaut 32 50 à 34 50 les 100 kilog. à Paris; celle de lin, 25 à 30; — à Caen, la graine de colza se paye 17 50 à 18 50 les 104 litres.

Alcools. — Les cours sont en hausse continue à Paris, à la Bourse de samedi dernier, on cotait : trois-six fin nord disponible et livrable jusqu'en décembre, 41 50 l'hectolitre; quatre premiers mois, 42 50; quatre mois de mai, 43 75; — à Lille, l'alcool de betterave disponible vaut 39 50 l'hectolitre le courant du mois, 40; décembre-janvier, 39 75 à 40 25.

Sucres. — Le marché a été moins animé samedi que les deux jours précédents On tenait en clôture : sucre roux 88 degrés, 35 les 100 kilog.; blancs n° 3 disponibles et livrables courant du mois, 37 50 à 37 75; décembre, 37 75; année prochaine 38 25 à 38 75. — Les raffinés ont augmentés de 50 centimes au cours de 107 50 les 100 kilog. pour la consommation. — A Lille on cote les sucres indigènes : roux, 34 75; blancs, 36 50 à 36 60.

Tourteaux. — Cours d'Arras : œillette, 14 25 les 100 kilog.; colza, 15 50; cameline, 14; — de Lille : colza indigène, 15 50 à 16; étranger, 13 à 15; œillette, 16 à 17; lin, 24 à 25; cameline, 14; chanvre, 20 à 21; — de Caen, colza, 1?5 les 1,000 k.

Engrais. — Les prix sont fermes pour le nitrate de soude; le disponible vaut 21 75 les 100 kilog.; le livrable l'année prochaine, 22 à 22 60 à Dunkerque. — Les prix du sulfate d'ammoniaque sont calmes à 29 et 29 50 les 100 kilog. pour le sulfate français à Paris et à Lille; le sulfate anglais vaut 27 à 28 05 suivant époque de livraison à Rouen et à Dunkerque. — Les livraisons d'automne en superphosphates touchent à leur fin; on cote à livrer au printemps, pour le soluble dans le citrate : Paris, 0 46 à 0 47 l'unité; Nord, 0 41; Belgique, 0 38 à 0 39; le soluble dans l'eau vaut 4 à ? centimes de plus par unité. — Pour les phosphates, les prix sont les mêmes que la semaine dernière, avec un peu plus de fermeté. — Les engrais potassiques sont très recherchés aux prix suivants : chlorure de potassium, 20 50 les 100 kil.; sulfate de potasse, 21 25.

Beurres. — Vente active et prix fermes. On cote : *beurres en mottes* : fermiers de Gournay extra, 3 60 le kilog.; choix, 3 50 à 3 70; bons, 3 20 à 3 40; ordinaires, 3 à 3 10; d'Isigny, extra, 6 à 7 22; choix, ? 80 à 5 10; bons, 4 à 4 ?0; ordinaires, 3 70 à 3 9?; marchands du Gâtinais, 2 80 à 2 90; de Bretagne ? 70 à 2 80; de Vire, 2 60 à 2 80; de Bresse, 2 à ? 20; laitiers des Charentes, 2 90 à 3 3?; des Alpes, ? 10 à 3 40; divers producteurs, 2 80 à 3 ?0; — *beurres en livres* : fermiers, 3 à 3 50; Touraine, ? 80 à 3 10; Gâtinais, 2 80 à 3 10; Vendôme et Beaugency, 2 70 à 3 20; Bourgogne, 2 70 à 2 90; le Mans, 2 80 à 3; — *Petits beurres* : 2 à 2 90, suivant provenance.

Fromages. — On cote à la halle, *par dizaine* : Brie, fermiers haute marque, ?0 à 8?; grand moule, ?0 à 60; moule moyen, 30 à 35; petit moule, ?0 à 26; laitiers, moyen moule, 15 à 20; petit moule, ? à 10; — *par 100 kilog.* : Gruyère, 110 à 175 hors l'octroi; Roquefort, 160 à 240; Gérardmer, ?0 à 90; Limbourg, 110 à 12?; Hollande, 150 à 160; Cantal, 120 à 130; façon Port-Salut, 100 à 160; — par cent : Bourgogne, 75 à 85; Saint-Nectaire, 100 à 110; Livarot, 50 à 88; Camembert, 35 à 55; façon Coulommiers, 40 à 54; Gournay, 8 à 18; Mont-d'Or, 35 à 40.

Volailles. — Vente active et cours fermes comme suit : poulets de Touraine, 2 à 4 50 la pièce; du Gâtinais, gros, 4 50 à 5 50; moyens, 2 50 à 3 50; petits, 1 75 à 2 25; de Houdan, 4 50 à 6; de Chartres, 2 50 à 4 50; de Nantes, 2 25 à 5; de Bresse, 3 à 4 50; du Midi, 2 50 à 4; poules de Bretagne, 1 50 à 2 75; — Canards de Nantes, 3 50 à 5; du Gâtinais, 2 50 à 4; de Rouen, 4 à 5; de ferme, 1 75 à 4 50; pilets de France, 1 50 à 2; oies 4 50 à 7 50; coqs d'Inde, 8 à 16 50; poules, 4 à 7; coqs d'Inde de Houdan, 13 à 14 50; poules, 10 à 15; dindonneaux, 5 à 10.

BESTIAUX.

La Villette, 12 novembre. — Bestiaux. — Vente mauvaise sur toutes les viandes.

COURS officiels.	Amenés	Vendus.	1re qualité.	2e qualité.	3e qualité.	Prix extrêmes.
Bœufs....	1.853	1.729	1 54	1 40	1 22	1 12 à 1 60
Vaches ...	686	612	1 48	1 30	1 12	» 96 1 52
Taureaux.	121	116	1 34	1 28	1 14	1 04 1 40
Veaux....	1.221	988	1 92	1 80	1 62	1 24 2 10
Moutons..	9.620	8 835	1 98	1 81	1 58	1 50 2 02
Porcs.....	3.758	3.650	1 42	1 38	1 32	1 18 1 46

Marché du lundi 9 novembre.

	Amenés	Vendus	PRIX AU POIDS NET 1re qual.	2e qual.	3e qual.
Bœufs	3.127	2.626	1 50	1 42	1 20
Vaches.....	1.208	987	1 46	1 27	1 10
Taureaux..	203	188	1 32	1 25	1 12
Veaux......	1.238	991	1 92	1 78	1 62
Moutons....	14.004	11.504	2 02	1 82	1 62
Porcs	3.468	3.385	1 38	1 34	1 28

	PRIX AU POIDS VIF 1re qual.	2e qual.	3e qual.	Prix extrêmes.
Bœufs	» 90	» 79	» 62	» 51 à » 92
Vaches	» 87	» 66	» 54	» 48 » 90
Taureaux.......	» 83	» 68	» 58	» 53 » 87
Veaux	1 15	» 99	» 84	» 66 1 26
Moutons........	1 03	» 92	» 83	» 72 1 06
Porcs............	» 90	» 86	» 82	» 74 » 94
Peaux de moutons en laine..........				3 90 5 80
Id. id. demi-laine.......				1 65 2 25

Viandes abattues. — Criée du 12 Novemb.

		1re qualité.	2e qualité	3e qualité.
Bœufs	le kil.	1 40 à 2 60	1 20 à 2 40	1 » à 1 70
Veaux	—	1 76 1 96	1 56 1 76	1 36 1 50
Moutons ..	—	1 70 1 80	1 30 1 66	» 80 1 26
Porc entier	—	1 26 1 36	1 10 1 26	» 90 1 10

MÉDECINE VÉTÉRINAIRE.

J & A. J. DECONINCK, **à Arras** et à Dunkerque, ont à vendre **48 variétés de**

BLÉS DE SEMENCE anglais et français.

Achats faits directement sur les lieux de production

NITRATE DE SOUDE (importation directe) et tous autres engrais chimiques. — **TOURTEAUX** (*tarifs sur demande*).

RUCHE

à Cadres mobiles

Prix : **20f**

Gariel

2ter, Quai de la Mégisserie, PARIS

GRILLAGES POUR CHASSES. de 1 mètre, à... 0f35

La Maison **R. GARIEL**, *2, Quai de la Mégisserie, à Paris, a obtenu à l'Exposition Universelle de 1889.*

Une Médaille d'Argent, Classe 76

et **Une Médaille de Bronze,** Classe 78.

GRILLAGES, SUPPORTS EN FER

Ruches et Articles d'Apiculture, etc.

MALADIES DU BÉTAIL

ET DE LA VOLAILLE

Leur traitement préventif et curatif

PAR L'ACIDE SALICYLIQUE

L'acide salicylique, employé dans la nourriture à la dose de 1/2 à 1 gramme par jour et par tête de bétail, est le meilleur préservatif des maladies qui procèdent par contagion : Sang de rate, Cocotte, Maladie aphtheuse, Erysipèle, Typhus, Morve, Variole et le Rouget des porcs, etc.

DES ATTESTATIONS NOMBREUSES DE GUÉRISONS obtenues pour la Cocotte et le Rouget des porcs ont été reproduites dans le *Journal l'Agriculture*.

La désinfection des étables, des écuries se fait instantanément au moyen d'un arrosage d'eau salicylée à 2 grammes par litre.

S'adresser à M. CERCKEL, administrateur de la *Compagnie de produits antiseptiques*, 26, rue Bergère, Paris.

Envoi sur demande de Prospectus et Brochures.

PRIX DU KIL. 25 fr. — BOITE DE MÉNAGE, 2 fr.

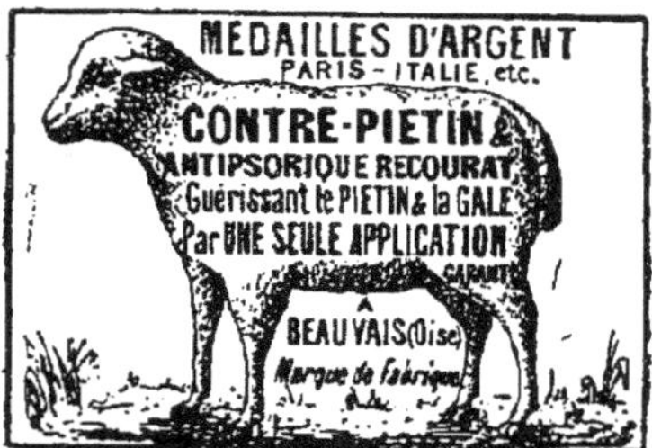

M. RECOURAT, pharmacien à Beauvais.

Gale des moutons guérie radicalement par *une seule application* de l'ANTIPSORIQUE.

La bouteille, 3 fr.; la demi-bouteille, 1 fr. 75.

Guérison du PIÉTIN par *un seul pansement* avec le CONTRE-PIÉTIN-RECOURAT.

Le pot d'essai, 1 fr. 50; le pot, 2 fr. 50.

Joindre 0,60 c. pour recevoir *franco* et indiquer gare.

La plus ancienne fabrique de Semoirs français.

Maison **JACQUET-ROBILLARD**, *fondée en 1836.*

J. MARÉCHAL ✻

constructeur, 4, rue de Turenne, à ARRAS.

Fabrique spéciale de SEMOIRS à socs rigides et à socs articulés.

Médaille d'argent à l'Exposition universelle 1889.

Semoirs à betteraves et engrais et Distributeurs d'engrais.

ENVOI FRANCO DU CATALOGUE.

Près de 400 médailles. — Plus de 6,000 Semoirs livrés.

20 premiers prix en 1889, en 1890.

PHARMACIE SAVARY

AMIENS, 33, Place Saint-Denis, 33, AMIENS

(EN FACE LE SQUARE).

PROVENDE AUX PHOSPHATES ASSIMILABLES

du Docteur DESCHAMPS.

Prix : 3 fr. le kilog.; 27 50 les 10 kilog. (Remises proportionnelles.)

Accroissement rapide des bestiaux, surtout chez les jeunes animaux, force nerveuse, fécondité, engraissement; prévient surtout la diarrhée chez les jeunes veaux. Qualité exceptionnelle du lait.

M. Lefebvre, cultivateur à Marcelcave, a élevé un veau en lui administrant de la Provende phosphatée pendant 60 jours : tué à 70 jours, ce veau pesait 193 kilog., chiffre officiel constaté à l'abattoir. La viande était très blanche, ainsi qu'est prêt à l'attester M. Oheix, boucher à Amiens.

Les attestations émanant des sommités françaises et anglaises les plus accrédités ont été données à M. SAVARY.

---

35 Prix d'honneur et grands Prix, 260 Médailles or, vermeil, etc. — 4 Médailles d'or à l'Exposition universelle de 1889.

GRANDES CULTURES de GRAINES POTAGÈRES, FOURRAGÈRES et de FLEURS.

Trèfle violet de Bretagne.

E. FORGEOT ✻ ✠ & Cie

Fournisseurs du Ministère de l'Agriculture, des Ecoles nationales, d'Agriculture, des Syndicats agricoles, etc.

PARIS, 6 & 8, quai de la Mégisserie, PARIS.

Blés à grand rendement. — Grande et importante spécialité de Compositions pour Prairies naturelles à base de Graminées et appropriées à la nature de chaque sol. — Graines fourragères diverses et particulièrement Trèfles et Luzernes absolument sans cuscute, Minettes, Vesces, etc.

Notre Maison ne vend que des Graines de provenances sûres; elle accepte le contrôle de la station d'essais de semences (contrôle auquel nous sommes soumis dès sa création).

APPAREILS TRÈS PERFECTIONNÉS POUR ÉPURER ET NETTOYER LES GRAINES.

Sur demande, nous adressons franco nos Catalogues illustrés de Graines potagères, Fleurs, Arbres, Fourrages, Oignons à fleurs, Plantes, etc.

CRÉDIT AGRICOLE

UNION DES SYNDICATS AGRICOLES DE FRANCE

9, rue Marsollier, PARIS

Agence à LYON, 234, cours Lafayette, S. PLISSONNIER, Directeur ✻ M. A.

MACHINES AGRICOLES DE TOUS SYSTÈMES

TOURTEAUX et FARINES pour la nourriture du bétail.

ENGRAIS CHIMIQUES et ORGANIQUES, MATIÈRES PREMIÈRES

SEMENCES DE PREMIER CHOIX.

RAISINS SECS A BOISSONS

PREMIÈRE MAISON DE FRANCE (10 croix ou méd., fondée en 1876), **J.-F. Audibert,** créateur des vins de raisins secs et importateur direct. Auteur de : *L'Art de faire les Vins de raisins secs* (fco 3 90) *les Vins d'imitation*, sirops, liqueurs, etc. (fco 5 25). Inventeur de l'appareil (B. S. G. D. G.). **LE SEUL ADOPTÉ PAR L'ARMÉE** pour la fabrication mathématique des vins de raisins secs, en 10 jours pour faire depuis 1 litre jusqu'à 20,000 litres par jour **AVEC UN HOMME. Renseignements gratuits pour tripler les vendanges, vins de seconde cuvée,** etc., 53, r. des Minimes, Marseille.

Médaille d'Or. ✻ Exposition Universelle 1889. ✻ Médaille d'Argent.

VACHERIE à céder, portes de Paris, cause double emploi, 22 vaches 1re qualité, 300 litres lait vendus 40 et 50 c. Bonne installation, peu de frais généraux. 1 cheval, 1 voiture. Bénéfices nets an, 12,000 fr. On traitera avec 12,000 fr. argent ou garanties sérieuses.
S'adresser à MM. Laporte et Lefranc, 93, levard Sébastopol, Paris.

Avis aux Eleveurs et Nourrisseurs.

Les cosses et brisures de fèves de la maison Ph. Breuil, de Dijon, d'une pureté absolue et très riches en principes nutritifs, se recommandent pour l'engrais du bétail et la nourriture des chevaux.

GUÉRISON RADICALE DE LA DIARRHÉE DES VEAUX PAR LA POUDRE CHOQUELIN.
1 franc la boîte *franco par la poste.*
Dép. g., Phie HAUVESPRE, Courville (Eure-et-Loir)

L'Onguent de HEVID, *adopté par le Ministère de la guerre*, est le meilleur préservatif des maladies du pied des espèces chevaline et bovine. Il pénètre admirablement le tube corné, le nourrit, et remet en bon état, en quelques semaines, le sabot le plus sec et le plus cassant.
En vente chez les vétérinaires, pharmaciens, selliers et maréchaux-ferrants.

L'Administrateur-Gérant : Albert RENOT.

Beauvais. — Imp. D. Pere. — A. Cartier, Gérant.

Faucheuses. Faneuses. Râteaux à cheval. **Presse**-à fourrages. **Brise-Tourteaux. Appareils à cuire. Egrenoirs** de maïs. **Rouleaux. Semoirs. Transmissions** par arbres et par câbles. **Matériel** de brasserie et de féculerie.

ALBARET (O. ✻ et O. ✻)

MACHINES AGRICOLES.

Ateliers de Construction et Administration à **LIANCOURT-RANTIGNY** (Oise).
Magasin et bureau, à PARIS, boul. de Strasbourg, 63 (entrée par le passage du Désir).
Succursales : Saint Quentin, boulevard Victor Hugo, no 52 ; **Chartres**, rue du G and-Faubourg, no 78; **Abbeville** (Somme), rue Ringois, no 41; **Cambrai**, M. Mesnil, rue des Bouchers, no 13.

Récompenses obtenues aux Expositions universelles et Concours internationaux.

Machines à vapeur fixes, horizontales et verticales.
Générateurs.
Machines à vapeur locomobiles.
Manèges fixes, mobiles et semi-fixes.
Batteuses fixes et portatives, conservant ou brisant la paille.
Engreneurs mécaniques.
Semoirs à engrais à graines et à haricots.
Hache - maïs et **Coupe-racines** à force centrifuge transportables.

206 Médailles d'or.

Exposition	Récompense
1862. Exposition de Londres.	1er prix : grande médaille ; 2e prix : mention honorable.
1864. Exposition internationale de Bayonne.	Médaille d'or, donnée par le Gouvernement ; médaille d'or, donnée par la Commission de l'Exposition.
1865. Exposition universelle de Porto.	Grande médaille d'argent.
1867. Exposition universelle de Paris.	Grande médaille d'or, la plus haute récompense pour locomotive routière et machines agricoles.
1869. Exposon d'Amsterdam.	Diplôme d'excellence.
1869. Exposition de Beauvais. 1872. Exposition de Lyon.	Deux diplômes d'honneur, comme exposant et membre du jury.
1873. Expositon univ. de Vienne (Autriche).	Grand diplôme d'honneur, la plus haute récompense.
1878. Expositon univ. de Paris.	Trois médailles d'or ; un objet d'art pour mérite exceptionnel sur le terrain ; une médaille de bronze ; quatre médailles argent et bronze pour collaborateurs.
1882. Conc. spéc. intern. de hache-maïs de Ste-Menehould.	1er prix : médaille d'or, donnée par la Société des Agriculteurs de France.
1883. Exposon d'Amsterdam.	Diplôme d'honneur : la plus haute récompense.
1884. Grand concours international d'Amsterdam.	Prix unique : grande médaille d'or pour locomobile ; 1er prix : grande médaille d'or pour presse à fourrage ; 1er prix : grande médaille d'or pour machines à batre ; 1er prix : médaille d'argent pour hache-paille et dépulpeur.
1885. Exposition internation. d'Anvers.	Diplôme de médaille d'or, la plus haute récompense pour machines agricoles.
1889. Exp. d'économ. sociale, section XIV.	Médaille d'or ; médaille d'argent pour collaborateurs.
1889. Exposition universelle. - Membre du jury. Hors concours.	
1876. Société nation. d'agric. de France.	Grande médaille d'or ; prix de mécanique.
1886. Société nation. d'agric. de France.	Rappel de grande médaille d'or pour l'ensemble des travaux de mécan. agric.
1888. Aniche (Nord).	Moissonneuse-lieuse à la ficelle, diplôme d'honneur avec félicitations du jury, pour la machine qui fonctionne à toute satisfaction.
1889. Comice agric. de Montdidier, Ailly-sur-Noye.	Diplôme d'honneur et médaille de vermeil pour batteuse et instruments ; médaille de vermeil grand module pour faucheuse et moissonneuse.
1890. Concours de Clermont.	Diplôme d'honneur avec félicitations du jury, pour le bon fonctionnement de la moissonneuse-lieuse.

Plusieurs médailles or, argent et bronze à MM. les Collaborateurs de la Maison

Concasseurs.
Moulins-bluteries.
Hache-paille.
Hache-maïs.
Hache-fourrage.
Coupe racines.
Laveurs de racines.
Moissonneuses simples.
Moissonneuses combinées.
Moissonneuses lieuses.

163 Médailles d'argent.

Envoi gratis sur demande des Catalogues illustrés.

16 Diplômes d'honneur et d'excellence.

Monte-Paille.
Moteur domestique à vapeur à pression inférieure à celle atmosphérique.
Rouleaux à vapeur et à traction de chevaux pour le cylindrage des chaussées d'empierrement.
Poteaux indicateurs pour routes.

12e Année. — 2e Série. — N° 617. Dimanche 22 Novembre 1891.

GAZETTE AGRICOLE

JOURNAL HEBDOMADAIRE, PARAISSANT LE DIMANCHE

Rédacteur en Chef : M. Ch. GOSSIN, Professeur d'Agriculture à l'Institut agricole de Beauvais.

PRIX DE L'ABONNEMENT

UN AN, 5 fr. — SIX MOIS, 3 fr. — TROIS MOIS, 2 fr. 25

Pour l'étranger les abonnements ne sont reçus que pour un an, au prix de 6 francs, et ne partent que du 1er janvier ou du 1er juillet de chaque année.

Le numéro : 10 centimes.

Il est indispensable de joindre à toute demande de changement d'adresse la dernière bande d'adresse du journal et 50 centimes pour frais de nouvelles bandes.

Adresser les *Abonnements* et *Annonces* au secrétaire de la rédaction, **13, quai Voltaire, Paris,** ou à M. GOSSIN, rédacteur en chef et administrateur, à BEAUVAIS.

BUREAUX

13, quai Voltaire, Paris, et à Beauvais.

Les abonnements partent du 1er de chaque mois et sont payables d'avance. Toute demande d'abonnement doit donc être accompagnée du prix de l'abonnement. (Le mode de payement le plus simple est l'envoi d'un mandat-poste.)

Donner *très lisiblement*, en s'abonnant, son nom et son adresse exacte, *avec l'indication du bureau de poste;* et, s'il s'agit d'une continuation d'abonnement, joindre au renouvellement la dernière bande d'adresse du journal.

Les Annonces sont reçues chez MM. DUSSERIS et MATHELLON, 97, rue de Rennes, Paris.

La GAZETTE AGRICOLE insère gratuitement les Communications des Syndicats agricoles

SOMMAIRE :

PARIS, 20 NOVEMBRE.

La discussion du budget n'a pas, cette année, ressemblé aux discussions antérieures. Le budget des cultes a passé, au Palais-Bourbon, comme une lettre à la poste, sans soulever des tempêtes comme les années précédentes, et l'ambassade auprès du Pape a été maintenue sans que les radicaux aient poussé de rugissements. Mais la discussion du budget a été tellement confuse que les choses les plus opposées ont été traitées en même temps. C'est ainsi que l'agriculture et la danse, deux questions qui n'ont que bien peu de rapport entre elles, deux arts si différents, ont été pour ainsi dire jointes dans la discussion. On a parlé presque en même temps des danseuses de l'Opéra, des forêts, des haras, du phylloxera, des reboisements et des irrigations et autres services analogues qui relèvent du ministère de l'agriculture. Il faut rendre au gouvernement et à la commission du budget cette justice, qu'ils se sont montrés, pour ce ministère, d'une rare parcimonie. La République a bien été surnommée la « République des paysans », mais elle l'est à la manière d'Harpagon, — jusqu'à la bourse exclusivement. Dans son énorme et colossal budget, elle ne trouve que des bribes, de véritables miettes pour l'industrie maîtresse du pays, pour celle qui fait vivre les trois cinquièmes de la population.

***

Sur 4 milliards de crédits, sur 3 milliards 200 millions inscrits au budget des dépenses ordinaires, on consacrerait, l'année prochaine, suivant les propositions de la commission, 41 millions 975,485 francs à l'agriculture. Encore ne faut-il pas faire entrer en ligne de compte 4 millions et demi de primes à la sériciculture et 2,800,000 francs de primes à la culture du lin et du chanvre, car ces primes sont simplement la compensation fort insuffisante des droits de douane refusés à ces textiles, alors que le tarif en discussion accorde une protection douanière à tous les autres produits. Si l'on déduit ces deux crédits nouveaux, il reste 34,675,485 fr., au lieu de 36,048,050 francs votés l'an dernier et demandés cette année par le gouvernement. 1,373,000 fr. en moins sur l'ensemble du budget le plus intéressant pour les cultivateurs du sol : voilà le témoignage d'intérêt que la commission du budget offre aux électeurs ruraux, qui ne sont pas tous, il est vrai, des électeurs républicains.

***

C'est M. Joseph Reinach qui a été chargé, comme rapporteur du budget de l'agriculture, d'opérer de nombreuses amputations. Peut-être, ce journaliste opportuniste, n'avait-il pas une compétence spéciale pour aborder un tel sujet, mais cette considération ne l'a pas arrêté. Il s'est résigné à quitter un instant Cicéron pour Columelle; il a mis un chapeau de berger, et, bravement, il a émondé le budget de l'agriculture comme il aurait ébranché un arbre. Il l'a fait, d'ailleurs, prestement et sans phrases. Autant son dernier discours sur les programmes universitaires était sensé, autant son églogue budgétaire est insignifiante. Il ne s'est même pas donné la peine de justifier les réductions demandées. Il affirme que tout va bien, ou que les services sont suffisamment dotés, ou que les relèvements proposés par le ministre ne paraissent pas motivés. Et c'est tout! Des gens irrévérencieux seraient capables d'en conclure que la commission elle-même n'a pas bien su ce qu'elle faisait, ni pourquoi elle le faisait.

***

Voici, par exemple, le chapitre des encouragements à l'agriculture. La commission ampute de 60,400 francs le crédit du chapitre, en visant spécialement les dépenses des concours régionaux. « La fréquence de ces concours, dit le rapporteur, est exagérée, et l'on pourrait, sans aucun inconvénient, en réduire le nombre. On ne tiendrait ainsi annuellement que six concours régionaux au lieu de huit. » Le malheur est que les sièges des concours régionaux sont déjà fixés, non seulement pour 1892, mais jusqu'en 1894, et que, pour ceux de 1892, les dépenses sont dès à présent engagées par les visites des commissions de primes d'honneur. Mais le rapporteur ne paraît pas s'en douter; la commission pas davantage. Le reste du budget de l'agriculture est sabré de la même façon : 200,000 francs de moins pour la lutte contre le philloxera, 672,000 francs de moins pour la restauration et la conservation des terrains en montagne : voilà quelques chiffres attestant la sollicitude de la commission pour l'agriculture. Elle est traitée comme les frontières de l'Est et du Sud-Est, auxquelles la commission s'est ingéniée à donner le moins possible.

***

Et pourtant il s'agit là, dans un cas comme dans l'autre, du premier des intérêts nationaux. La population agricole fournit à l'armée ses plus nombreuses et ses plus solides recrues. C'est l'agriculture qui nourrit le pays, c'est elle qui le défend, et si, dans la situation nouvelle que nous fait l'alliance russe, nous voulons garder ou reprendre notre place en Europe, il faut, avant tout, que nous ayons beaucoup de paysans pour avoir beaucoup de soldats. Nous devons donc, par tous les moyens, chercher à retenir nos populations aux champs et tâcher d'enrayer leur exode vers les villes. C'est un devoir patriotique absolu. Que voyons-nous, cependant ? C'est la population rurale qui paye le plus gros des impôts ; c'est la propriété foncière qui est la plus grevée. Le spéculateur à la Bourse ne paye, pour ainsi dire, aucune taxe; le cultivateur verse à l'Etat 24 0/0 de son revenu. On marchande à l'agriculture des dégrèvements promis depuis longtemps ; on lui marchande la protection douanière prodiguée aux industries manufacturières ; et, pour comble, il faut que la commission lui marchande et lui rogne les faibles subventions inscrites en sa faveur au budget. Et voilà comment nous sommes en pleine « République des paysans » !

LE BONHOMME DESCHAMPS.

NOUVELLES DE LA SEMAINE.

La loterie de Bessèges. — Tout est caractéristique dans cette affaire de la loterie de Bessèges, qui vient d'avoir son dénouement devant la Cour d'assises du Gard. Elle présente l'exact résumé des mœurs financières de la démocratie républicaine.

Le procès de Nimes n'est pas seulement le cas particulier d'un magistrat municipal qui pille une caisse confiée à sa garde, et d'un percepteur qui a gardé d'antécédents fâcheux l'habitude de la prévarication. A ce point de vue, il est presque banal, et n'offre qu'un spectacle devenu assez ordinaire.

La loterie de Bessèges n'est pas la première où l'on voit tripoter des Blayn et des Manifacier. Les « frais généraux » de ces sortes d'opérations sont toujours énormes, et disproportionnés avec les dépenses légitimes qu'elles entraînent.

Prenez les chiffres officiels. Une catastrophe industrielle ruine une population des plus intéressantes. Les ouvriers, dont les économies et les versements ont disparu dans le gouffre, n'ont plus de travail. Les femmes et les enfants n'ont plus de pain. Il faut, pour les secourir, de l'argent, beaucoup d'argent. On organise une loterie, que le gouvernement autorise. Jamais autorisation ne fut plus légitime.

Cinq millions de billets produisent cinq millions de francs. Mettons pour les frais et les lots la somme ronde d'un million. Il en devait rester quatre. Il en reste tout juste un seul. Des..... *intermédiaires aux doigts crochus* prélèvent *trois millions*. N'est-ce pas fantastique ?

Personne n'est surpris. On trouve la disparition des *trois cinquièmes* du produit de la charité publique si naturelle qu'on ne cherche même pas dans quelles poches ils ont pu s'engouffrer. Peut-être, après tout, la curiosité serait-elle *indiscrète*. C'est sur le million restant que se sont abattus les Blayn et les Manifacier qui ont commis, si l'on peut établir des degrés dans le vol, celui qui est le plus honteux de tous : ils ont volé l'argent des pauvres.

La Cour d'assises les a reconnus coupables des faux qui leur ont permis de voler. Elle les a condamnés à un an de prison, mais le tribunal a décidé qu'ils bénéficieraient de la loi Bérenger, c'est-à-dire qu'ils ne subiraient pas leur peine.

C'est complet !

Les grèves de mineurs viennent de recommencer dans le Nord et le Pas-de-Calais. Une réunion a été tenue à Lens par les délégués du syndicat houiller du Pas-de-Calais, sous la présidence de M. Basly, le faux ouvrier député. A une majorité faible, il est vrai, la grève générale a été décidée. Nous n'avons pas à entrer ici dans l'examen des motifs allégués par les partisans de la grève. Nous nous contenterons de faire remarquer la gravité d'une telle décision au lendemain du jour où l'élection de M. Lafargue à Lille a montré la puissance du socialisme dans la région du Nord. Il y a là une complication dans une situation qui depuis longtemps et surtout en raison de la faiblesse de l'administration laisse fort à désirer. La fermeté et la décision sont ici d'autant plus nécessaires qu'il est assez fréquent que les grèves dans le Pas-de-Calais soient accompagnées de grèves dans le Nord et que la vie industrielle du pays se trouve en ce cas aussi intéressée que l'ordre social.

LES GRAINES OLÉAGINEUSES.

Le Gouvernement avait pris la décision de soutenir l'entrée en franchise de droits de douane des graines oléagineuses n'ayant pas leurs similaires en France, telles que le sésame, le coton, l'arachide, etc. Ces graines font cependant une concurrence active aux graines indigènes, le sésame se mêle maintenant presque toujours à l'œillette et le coton remplace trop souvent en tout ou en partie l'huile d'olive, pour ne parler que des huiles comestibles et sans compter les usages commerciaux. Aussi les départements qui cultivent les graines oléagineuses se sont-ils émus; les Sociétés d'Agriculture, les Syndicats, les comités des fabricants d'huiles du Nord, du Pas-de-Calais, de la Somme, de l'Oise, du Calvados, de l'Orne, de l'Eure, etc., ont nommé des délégués qui se sont rendus en députation auprès des ministres de l'agriculture et du commerce, et aux raisons qui leur étaient données ceux-ci n'ont pu opposer qu'une décision prise antérieurement.

En effet, il résulte des études faites à nouveau qu'en réalité la fabrication intérieure est double de celle des ports et qu'elle représente des intérêts bien supérieurs, puisqu'à ceux de la fabrication se joignent ceux de l'agriculture qui fournit à l'industrie les graines de colza, d'œillette et de lin. Celles-ci, payant soit des impôts, soit des droits de douane, ne pourraient résister à l'envahissement des autres graines exotiques entrant en franchise et seraient remplacées par elles ; les huileries de l'intérieur disparaîtraient ou se transformeraient, et d'une manière ou d'une autre la culture en France serait supprimée. Or la suppression de cette culture présenterait de graves inconvénients ; pour les départements de la Normandie cette culture se lie à l'élevage et au dressage du cheval de demi-sang qui est absolument indispensable à la remonte de notre cavalerie ; il faut à ces jeunes chevaux des travaux légers et la culture du colza ne peut être remplacée par d'autres, par la betterave par exemple qui exige des efforts considérables pour les labours et les transports.

Pour les départements du Nord, la culture de la betterave est en pleine crise; elle a été poursuivie, persécutée, on pourrait dire, par M. le ministre des finances, qui a porté l'impôt à des chiffres hors de toute proportion ; le prix de la tonne de betteraves a baissé de 6 francs, c'est-à-dire de plus de 20 0/0; de plus cette culture exclusive a amené dans la main-d'œuvre agricole des chômages en été et une surcharge excessive en automne ; il en est résulté des retards et des pertes en même temps qu'une élévation de salaires que les prix pratiqués ne peuvent supporter.

A défaut de la culture de la betterave qui ne peut que diminuer, si les cultures des graines oléagineuses et des textiles manquent, c'est la jachère qui s'impose au cultivateurs, jachère dont les frais pèseront sur la culture du blé ; le prix de revient dépassera 30 francs.

Or, c'est un prix dont on ne veut pas puisqu'il a suffi de le pratiquer deux ou trois semaines pour que le gouvernement ait jugé à propos d'abaisser les droits. Toutes ces conséquences sont claires, logiques pour quiconque a quelques notions sur les assolements et sur la culture intensive qui a permis dans ces dernières années de produire le blé au-dessous de 25 fr. le quintal.

A cette situation que le gouvernement n'avait pas bien approfondie, qu'opposent les Marseillais : aucune réponse bien nette. Ils ont comme les autres fabricants d'huiles français la protection sur le marché intérieur ; au moyen de l'admission temporaire ils auront les mêmes avantages sur le marché étranger. C'est une gêne qu'ils ne peuvent supporter, disent-ils; ce qui est plus vrai c'est que l'admission temporaire exige la prise en compte par la douane des graines fabriquées et la connaissance des rendements en huile, et par suite des notions trop précises sur les bénéfices de ces grandes manufactures.

Ce sont là de pauvres raisons quand il faut mettre en balance la ruine d'un grand nombre d'usines et de cultures du Nord et de la Normandie ; mais la présomption des Marseillais n'a pas d'égale ; pour ces messieurs, la patience et la balourdise des paysans n'a pas de limites et ils prétendent qu'il suffit de faire poursuivre un ministre d'invectives par quelques portefaix bien payés pour en obtenir ce qu'on veut.

Voilà sur quoi se fondent les espérances de la grande fabrique de Marseille ; le Parlement décidera. Léon MARTIN.

LES ENGRAIS CHIMIQUES

(2e *article*.)

Le quatrième élément végétatif, l'*azote*, doit, ainsi que le *carbone*, attirer fortement l'attention du cultivateur.

Quoique très abondant, l'azote qui se trouve dans l'air ne suffit pas à la plupart des végétaux.

Les céréales, le colza, la betterave, le chanvre, ne peuvent se passer d'une notable dose d'azote fournie par la terre et par les engrais. Cet azote est moins nécessaire aux plantes légumineuses, telles que pois, fèves, lentilles, etc. Pour entretenir à cet égard la fécondité du sol, on a trois sources d'azote très importantes, savoir :

1° Le fumier en contient toujours sous forme de sels ammoniacaux.

2° Il s'en trouve aussi dans le guano, le sulfate d'ammoniaque, le nitrate de soude et autres engrais commerciaux.

3° Enfin, comme la luzerne, le sainfoin, les trèfles tirent directement de l'atmosphère beaucoup d'azote, on peut, en cultivant ces plantes sur une grande échelle, enrichir l'exploitation d'une forte proportion de ladite substance. Après la consommation des fourrages par les animaux, cet azote tiré de l'air par les plantes se trouve dans les fumiers qui résultent de la consommation de ces plantes à la ferme.

Les autres éléments végétatifs, éléments que l'on qualifie souvent du nom de *minéraux*, sont puisés directement dans le sol par les plantes.

Parmi ces onze éléments, les uns, tels que la *silice*, l'*aluminium*, le *fer*, se trouvent dans la plupart des terres en quantité suffisante. D'autres, tels que le *chlore*, le *soufre*, la *soude*, la *magnésie*, abondent eux-mêmes assez fréquemment. De plus, divers engrais qui ont pour objet l'apport de substances plus précieuses, restituent simultanément celles-là. Quant au *phosphore*, à la *potasse*, à la *chaux*, il a été constaté que souvent le sol ne les possède pas en dose assez forte.

D'ailleurs, les produits vendus au dehors, grains, viande, laines, lait, etc., en contiennent toujours une certaine quantité qui sort de la ferme, sans que les fumiers de l'exploitation puissent le rendre; d'où il suit que, à force de donner des récoltes, beaucoup de terres finissent par se trouver appauvries de ces trois substances.

Il y a donc là nécessité de restitution au moyen de matières venues de dehors.

Tel est le résumé des principes théoriques que l'on doit connaître. Il nous reste à les développer au point de vue de l'application.

De quelque manière que l'on accomplisse la restitution de ce que les récoltes prennent à la terre, deux conditions de succès et d'économie sont nécessaires, savoir :

1° Il faut se rendre compte de l'état du sol. Ainsi, on doit connaître quels sont les éléments nutritifs qui s'y trouvent en abondance et quels sont ceux qui font défaut.

2° Il faut savoir exactement ce que chaque récolte tire de la terre.

L'étude du sol se fait très bien au moyen des plantes elles-mêmes par la méthode du savant Georges Will.

Rien de plus simple que cette étude. Voici comment il faut procéder :

Vous faites, dans le champ que vous voulez étudier, plusieurs carrés d'étude d'un are chacun. Dans l'un, vous mettez un engrais chimique *complet*, c'est-à-dire contenant en quantité suffisante, l'azote, le phosphore, la potasse et la chaux; dans chacun des quatre carrés suivants, un engrais *incomplet*; incomplet, parce qu'il manque au premier l'azote, au second le phosphore, au troisième la potasse, au quatrième la chaux.

Ces carrés sont cultivés avec le même soin et ensemencés de même. A la récolte, le produit de chaque carré est pesé, et la comparaison qui se fait alors permet d'apercevoir clairement ce qui manque au sol, et, par suite, ce qu'il faut lui donner de préférence pour l'enrichir.

Supposez, par exemple, que le produit du carré sans azote soit très inférieur à celui du carré qui a reçu un engrais complet, tandis que le produit des carrés sans phosphore, sans potasse, sans chaux, égale le produit du carré à engrais complet, nous conclurons que le sol est particulièrement pauvre en azote assimilable, mais qu'il contient en quantité notable et suffisante le phosphore, la potasse et la chaux.

Pour cet essai si simple, on emploie les substances suivantes, et après les avoir finement pulvérisées, on les enterre soit par un léger labour, soit par un fort hersage avant la semaille.

CARRÉ N° 1. — *Engrais complet* composé de :	CARRÉ N° 2. — *Engrais sans azote* —	CARRÉ N° 3. — *Engrais sans phosphore* —	CARRÉ N° 4. — *Engrais sans potasse* —	CARRÉ N. 5. — *Engrais sans chaux* —
KIL.	KIL.	KIL.	KIL.	KIL.
Superphosph. de chaux........ 4	Superphosph. de chaux......... 4	Carbonate de potasse.......... 2	Nitrate de soude. 3	Nitrate de soude 3
Carb de potasse. 2	Carb de potasse. 2	Nitrate de soude. 3	Sulfate de chaux. 3	Carb. de potasse. 2
Nitrate de soude. 3	Sulfate de chaux. 3	Sulfate de chaux 3	Superphosph. de chaux......... 4	Superphosph. de chaux......... 4
Sulfate de chaux. 3				

Il n'est pas un cultivateur qui, dans l'état actuel de la science, ne doive recourir à cette étude. Afin de la faciliter, d'honorables négociants vendent ces engrais analyseurs tout préparés.

(A suivre.) Charles Gossin.

LES PETITES FROMAGERIES

A la dernière séance de la Société d'Agriculture de Montreuil, M. le député Boudenoot a parlé des avantages que nous pourrions trouver dans l'établissement de fromageries collectives.

Nous sommes complètement de son avis, et chacun sait qu'ailleurs et particulièrement dans le Jura on en tire de sérieux profits. Mais la mise en pratique d'une installation collective exciterait plus d'une méfiance chez nos ménagères. Les populations agricoles de notre pays n'accepteraient pas plus volontiers cette collectivité de la fabrication et de la vente qu'elles ne recherchent la culture en cheptel, ou toute autre association de travail.

Quoi que l'on fasse, il se passera pas mal de temps avant que l'on ait triomphé de cet esprit particulariste.

Mais faut-il pour cela renoncer à faire du fromage ? — Pas le moins du monde. On peut traiter avantageusement de petites quantités de lait, par exemple vingt litres et même moins.

C'est ainsi qu'à l'insu peut-être de M. Boudenoot et de pas mal de ses collègues, on opère à la porte même de Montreuil, chez les R. P. Chartreux de N. D. des Prés. Tout dernièrement, nous avons vu travailler à l'établissement que la Société des Agriculteurs de Valloires possède dans la commune d'Argoules (Somme).

Il n'est pas de modeste fermière ayant trois ou quatre vaches à lait qui ne puisse en faire autant. Elle trouverait, soit à la ville, soit même chez les épiciers du village le placement très facile du surplus de sa fabrication.

Cette fabrication est des plus simples; grâce à la bienveillance de M. le directeur de la Société des Agriculteurs de Valloires, nous avons pu en suivre toutes les phases dont voici le détail.

Il y a deux sortes de fromages : le fromage gras, fait avec le lait frais et le fromage maigre fait avec le lait écrémé, *par conséquent sans diminuer la production du beurre*. Naturellement moins onctueux que le premier, le second est encore fort bon et très apprécié pour la nourriture journalière des gens de la maison.

Pour fabriquer le fromage maigre on prend vingt litres de lait écrémé qu'on met sur le feu et qu'on chauffe, en le mêlant, jusqu'à 40 centigrades. Le lait retiré du feu on y met quelques gouttes de la présure, liquide vendu chez tous les droguistes (1). (Pour cent litres, une cuiller à bouche de présure diluée dans quatre fois son volume d'eau). Cette opération faite, il faut couvrir la bassine d'un linge, et après quatre ou cinq minutes, le caillement du lait doit être complet.

On doit alors le triturer soigneusement puis le laisser reposer quelque peu.

Le petit lait surnage; on en enlève tout ce qu'il est possible et le caillé est placé dans les moules.

Ces moules sont des cylindres ou des cubes en fer battu de la largeur que l'on veut donner au fromage et d'une hauteur d'environ vingt-cinq centimètres. Ils sont posés sur des pieds peu élevés afin de permettre l'écoulement du serum par les petits trous qui percent le fond et les côtés jusqu'à environ le tiers de la hauteur.

Tous les moules remplis, retournez les fromages dans les moules même, opération à renouveler de quart d'heure en quart d'heure jusqu'à parfait égouttage. On retire les fromages puis on les place sur une litière de paille pendant une demi-journée, en prenant soin de les retourner cinq ou six fois.

Enfin ces fromages sont posés sur une tablette de bois et on procède à la salaison en les frottant légèrement deux fois sur chaque face avec du sel blanc pulvérisé. Au bout de quelques jours il se produit une sorte de moisissure qu'il faut enlever avec une flanelle trempée dans du petit lait un peu salé.

Pour empêcher le fromage de sécher, il est nécessaire de l'humecter encore des deux côtés au moins tous les deux jours à l'aide de ce petit-lait salé.

Les fromages sont bons à consommer au bout d'environ trois semaines, et ils peuvent se conserver plusieurs mois.

Pour le fromage gras, fait avec le lait frais, on procède de même, sauf le chauffage à 40° qui n'est pas nécessaire. Ce lait n'ayant pas été écrémé, on peut, après avoir retiré le caillé, laisser reposer le reste et y trouver encore passablement de crême au bout d'un jour ou deux.

La cave doit être fraîche sans trop d'humidité. Il faut éviter les courants d'air vifs et le soleil qui durcirait rapidement la pâte.

Voilà, ce nous semble, un travail qui n'a rien de décourageant, et nous pouvons affirmer, après avoir vu et goûté, qu'avec un peu de

(1) Celle que l'on emploie à Valloires est préparée par M. Louis Boll, rue de Rivoli, 196, Paris.

pratique on arrive vite à un résultat très satisfaisant.

Il en coûte d'ailleurs bien peu pour essayer, quatre ou cinq moules en fer battu, une fiole de présure, un chaudron, quelques planches, une botte de paille sont tout le matériel.

Les R. P. Chartreux et la Société de Valloires ont pris une initiative qui peut être suivie avec profit autour d'eux. Nous croyons savoir qu'ils ne s'arrêteront pas à ces débuts et que bientôt ils fabriqueront des fromages en gros pains, d'une longue conservation.

Rien n'empêcherait ceux qui disposent d'une certaine quantité de lait de les suivre dans ce nouveau progrès.

Grâce à tous ces exemples, l'opinion se préparerait à l'organisation de fromageries plus importantes en collectives, telles que les entend M. Boudenoot.

L'expérience serait, en tous cas, sans déception possible. Sans méconnaître l'utilité de la théorie, nous pensons que la pratique est la meilleure des démonstrations et nous trouverons à Valloires comme à Notre Dame des Prés une utile *leçon de choses*.

Bon Réné de FRANCE.

Procédé pour la conservation des pommes de terre.

La Société d'encouragement pour l'Industrie nationale, frappée de l'importance des pertes que produisent les altérations subies au printemps par les pommes de terre, a proposé un prix de 1,000 francs pour la solution de cette question, qui est d'un intérêt public.

Tout le monde sait que lorsque les pommes de terre nouvelles apparaissent sur les marchés, elles sont vendues à des prix élevés, inabordables pour un grand nombre de consommateurs; tandis que les pommes de terre récoltées l'année précédente et conservées ont déjà commencé de germer et de s'altérer et ne sont plus mangeables.

Un procédé simple et pratique permettant de conserver les pommes de terre saines et avec les qualités qu'elles ont au printemps, jusqu'à la récolte en grande culture rendrait à l'alimentation publique, à celle des classes pauvres en particulier, un très grand service.

Le prix de 1,000 francs a été décerné à M. Schribaux, professeur à l'Institut agronomique, qui a trouvé une méthode de conservation simple, efficace, et facile à appliquer.

Les procédés de conservation employés jusqu'à présent étaient fondés sur l'emploi de matières isolantes, qui maintenaient les tubercules à une température sensiblement constante et empêchaient l'accès de l'air — Dans ces conditions, la germination était seulement retardée, mais non empêchée.

Le procédé de M. Schribaux est tout différent: au lieu de chercher à entraver le développement des bourgeons, il les tue sans altérer les tubercules. Il emploie, pour cela, de l'eau acidulée par de l'acide sulfurique, qui détruit les bourgeons de la pomme de terre sans corroder les tubercules qui, grâce à ce traitement, ne germent pas et conservent, pendant plus d'une année, leur valeur alimentaire.

On opère de la façon suivante :

Dans un cuvier en bois on verse 100 litres d'eau, puis 2 kilogrammes d'acide sulfurique du commerce, à 66°, soit environ 1 litre. On agite avec un morceau de bois et de verre les pommes de terre. Avec 100 litres d'eau on peut traiter à la fois 4 sacs de pommes de terre. On laisse les pommes de terre séjourner 8 à 10 heures dans la solution acidulée en agitant de temps en temps. Puis on les retire, on les laisse sécher en les étalant à l'air, et on les rentre dans un endroit sec, à l'abri de la gelée.

La solution acide à 2 0/0 peut être maniée sans aucune précaution; elle est si faiblement acide qu'une goutte mise sur la langue ne produit aucun effet désagréable. Elle ne peut entamer la peau du tubercule et pénètre seulement à travers l'épiderme des bourgeons; elle les désorganise, puis pénètre peu à peu en ces points dans le tubercule. L'expérience a montré qu'après une immersion de dix heures, la désorganisation du tissu a gagné environ jusqu'à 2 millimètres sous chaque bourgeon. De petites dépressions correspondent aux yeux qui ont été ainsi complètement détruits. La peau est lisse et saine.

Les tubercules traités se conservent sans altération pendant plus d'une année. Nous en avons vu qui, au bout de 18 mois, étaient encore fermes et paraissaient très sains.

L'analyse faite au mois de septembre de tubercules de l'année précédente, traités par le procédé de M. Schribaux, a montré qu'ils avaient la même composition qu'au mois de mai précédent, à cela près qu'ils avaient perdu une très petite quantité d'eau; leur valeur alimentaire est donc demeurée la même.

La même solution acide peut servir indéfiniment au traitement des pommes de terre. La concentration du liquide reste constante, quelque soit le nombre des immersions successives de tubercules auxquelles il a servi. Un hectolitre de solution suffit au traitement de 100 hectolitres de pommes de terre.

A la campagne on peut s'en servir, pour le traitement de tonneaux ou de cuviers, sans crainte d'en altérer le bois. Une planchette de chêne, plongée pendant 5 mois dans une solution à 2 0/0 d'acide sulfurique, n'a présenté aucune trace d'altération.

Le procédé de M. Schribaux a été appliqué, dès cette année, par un grand nombre de personnes.

Il suffit de laver à grandes eau, les pommes de terre avant leur emploi pour l'alimentation.

Le sucre dénaturé pour la fabrication du cidre de ménage.

Le décret du 13 mai 1891 contient un premier paragraphe ainsi conçu : « La dénaturation du sucre s'opère dans les dépôts autorisés conformément à l'article 4, *par l'addition en mélange intime au sucre d'un poids égal ou supérieur de fruits frais à cidre ou à poiré réduits en pâte par l'écrasement.* »

Ce décret va faire faire un pas considérable à la brassaison particulière du cidre, cette boisson si salubre, si économique, et si agréable, aussi bien pour l'ouvrier, le père de famille, le propriétaire que le cultivateur. La brassaison du cidre par lixiviation a été à juste titre préconisée par les congrès; chacun peut faire aujourd'hui en 58 heures sa provision de cidre depuis un hectolitre jusqu'à plusieurs centaines, puisque tout repose sur le nombre de cuves à macération, dites marqueuses, que l'on emploie. L'ouvrier laborieux peut, le soir ou le dimanche, en s'amusant et aidé des siens, faire sa boisson économique et délicieuse de toute l'année.

Dans un article suivant, nous décrirons l'emploi du sucre dénaturé dans les moûts. Aujourd'hui, nous nous contentons de faire connaître la valeur et l'économie du sucrage.

La récolte des pommes à cidre, en 1891, étant généralement sinon mauvaise, du moins inférieure à la moyenne, nous nous hâtons de dire que l'époque est propice, pour démontrer *la valeur et l'économie du sucrage*, et profiter du nouveau décret.

Chacun sait que l'addition de sucre au cidre fournit l'alcool et le gaz carbonique; sans sucre, ce pétillant si aimé et si digestif, donne au contraire un cidre exposé à toutes les maladies 1 kilo 800 de sucre fournit autant d'alcool qu'une rasière de pommes (la rasière mesure 1/2 hectolitre et pèse 25 kilos pour les bons fruits). Le prix des pommes, cette année, d'après les données générales, variera entre 3 et 4 francs la rasière ou 1/2 hectolitre; 1 kilo de sucre dénaturé, d'après le cours de la deuxième quinzaine d'octobre devant valoir environ 62 francs les 100 kilos, sucre cristallisé 99°, on a déjà compris que 1 kilo 800 ou mieux 2 kilos coûtant 1 fr. 20 il y aura loin du prix de la rasière de pommes. Chacun comprendra encore facilement, qu'avec le sucrage, on n'aura pas à redouter la maladie d'un mauvais cidre fait avec de mauvais fruits réputés bons, baptisés d'un bon crû par le marchand, bien que le plus souvent le fruit n'a du crû que le nom d'une station normande en réputation.

Le sucrage amènera d'ici peu l'acquisition des fruits à *la densité des jus*, et la brassaison par sucrage à la densité des moûts par densimètre, enfin la bonne boisson fabriquée par soi-même.

Une famille d'ouvriers boit environ par jour 3 litres de cidre de ménage; l'ouvrier obtiendra aujourd'hui une pièce de 228 litres de cidre par lixiviation embrassant 4 rasières de pommes (quantité variable selon la quantité des fruits) et en ajoutant 4 kilos de sucre, dépensant en tout 17 à 18 francs, ce qui mettra sa boisson quotidienne à 8 centimes le litre au plus. Si ce petit cidre, titrant 2 à 2 1/2 d'alcool, constitue une boisson insuffisante, on peut obtenir davantage, 4 à 5 degrés d'alcool en ajoutant *pommes et sucre:* mais l'économie sera toujours en faveur de l'emploi du sucre dénaturé, économie d'acquisition de fruits, économie de main-d'œuvre et qualité supérieure du cidre.

En attendant que tous possèdent le pèse-moût (Vivien) pour le sucrage du cidre, nous nous tenons à la disposition du public avec l'instrument au jardin de la Société, le samedi, de 2 heures à 5 heures, pourvu que l'on nous apporte une fiole de moût sortant des cuves à macération.

En attendant le moment de la brassaison, fin novembre, on devra retenir le *nombre de kilos de sucre* désiré chez le dépositaire du chef-lieu de canton ou de la commune, afin de lui permettre l'acquisition en gros. Aux dates désignées par le dépositaire ou par l'agent des contributions directes, l'ayant-droit devra apporter avec lui autant de *pommes broyées que le poids de sucre* dont il aura besoin, cette pulpe devant être malaxée sous les yeux du receveur des contributions indirectes ou du receveur buraliste autorisé. Par ce fait l'acquéreur conservera ce mélange intime chez lui pour en faire l'emploi dans le moût aussitôt sa fabrication terminée, ce qui sera expliqué dans notre deuxième article.

A. DELAVILLE,
Professeur d'horticulture à l'Institut agricole de Beauvais.

LES MEILLEURS FRUITS A CIDRE

A l'occasion du congrès pomologique d'Avranches, dont nous avons parlé dans un précédent numéro, on avait organisé à Avranches une splendide exposition de fruits, dans laquelle les fruits à cidre tenaient le premier rang.

Notre savant collègue, M. Raquet, les passe en revue dans l'article suivant que nous recommandons à l'attention des intéressés.

I. — LES BONS FRUITS.

Près de trois mille lots de fruits exposés : il y a eu choix, penserez-vous. Précisément là est l'écueil.

Mais voyez le progrès réalisé : Pendant longtemps, on a exposé des lots sans aucune classification. L'exposition d'Avranches marque un progrès important : fruits par région et dans chaque région, les douze fruits les plus cultivés c'est-à-dire, en général composés des variétés les plus fertiles et les plus vigoureuses, sinon les plus riches en sucre.

Voyons, pour ne citer que M. Latour, de Furville (Calvados), qui a eu le premier prix, la grande médaille d'or.

Il présente 150 variétés de pommes et une douzaine de poires pour boissons : des grosses, des petites, des rouges, des vertes, des grises et des rousses.

Comment sy reconnaître ? rien de plus facile, car les bonnes sont les grises et les rousses, les rouges ternes, petites et lourdes. Les mauvaises sont les très grosses et les jolies à peau vermillon, très lisse. Un de ces jours, nous en causerons. Mais en attendant examinons les lots et les fruits de M. Latour, en mettant à profit les utiles renseignements qu'il nous donne.

Toutes portent une étiquette, contenant, avec le nom du fruit exposé, l'indication des qualités du fruit et les qualités de l'arbre.

C'est ainsi que je dois attirer votre bienveillante attention sur la Pomme Joly et le Longuet du Calvados, car les arbres en sont vigoureux et fertiles et les fruits parfumés et relativement riches en sucre.

Et dans le lot de M. le docteur Autray, jetons un regard sur la Belle Sorte, la Diar et le Douze air Gobet.

Plus de quinze cents échantillon présentent ainsi aux visiteurs désireux d'apprendre, une petite pancarte qui donne le nom, les qualités et les défauts du fruit. Que pour les défauts, le présentateur se montre un peu indulgent, rien de plus naturel, et nous l'excuserons.

Quant aux arbres, M. Power, de St-Ouen-Thouberville, l'auteur du meilleur livre sur les fruits à cidre, a employé des moyens analogues afin de renseigner utilement le visiteur : exposition d'arbres, greffés en tête et greffés de pied d'un an, de deux, de quatre et de six ans.

Et, pour les arbres faits, de splendides héliogravures qui montrent, pour ainsi dire, l'arbre vivant, avec son port, son tronc et les multiples détails de ses nombreuses ramifications.

Voici, de plus, de la Bretagne, — du Syndicat de la Guerche, et de ses nombreux adhérents, — plus d'un millier de lots avec des renseignements précieux sur la densité du jus des fruits, la fertilité et la vigueur de l'arbre.

Pas de fruits à densité faible, au dessous de 1063, et beaucoup au-dessus de 10 0/0.

A cet effet, on a analysé un grand nombre de fruits, et la sélection, grâce au densimètre, s'est faite sûrement. De mauvaises variétés ont été éliminées, et des variétés d'élite découvertes.

C'est ainsi que dans ces derniers temps ont été trouvées et appréciées trois variétés d'une richesse incomparable, rivalisant avec, sinon la dépassant, une variété d'un mérite hors ligne, la fameuse Médaille d'or.

La Pomme Gelin ou Reine des pommes, 1107 ; la Rousse Latour, 1085, et une autre qui a été cette année mise au commerce par M. Croux, la Passe Reine des pommes, 1112, au n° 2.

Ou s'arrêtera-t-on ? de 10 0/0 de sucre, nous voici à 20 et 25 0/0.

A qui est dû ce progrès ? sans doute à MM. Hauchecorne et de Bouteville d'abord au Congrès Pomologique ensuite, mais n'oublions pas an modeste instrument, le densimètre, qui nous rend aujourd'hui d'immenses services.

En somme, la Pomologie cidricole marche à pas de géant ; et, avant peu, les progrès réalisés l'auront complètement transformée.

Merci donc aux hommes dévoués comme le savant président du Congrès, M. Lechartier, à M. Audouard et à M. Power, qui, avec un rare talent de parole, nous initient aux secrets de la science et aux procédés utiles.

Mais c'est le moment des plantations et nous croyons être utile à nos lecteurs en leur donnant une liste des meilleures variétés à cultiver.

Nous n'avons pris que les meilleures parmi les bonnes.

II. — LISTE DES MEILLEURES VARIÉTÉS DE FRUITS A CIDRE.

1° FRUITS DE 1re SAISON, COURANT D'OCTOBRE.

Blanc Mollet, très vigoureux et très fertile ; densité 1075, fruit doux.

Reine des hâtives, arbre très vigoureux, très fertile, à greffer de pied, fruit sucré, densité de 1090.

2° FRUITS DE 2e SAISON, COURANT DE NOVEMBRE.

Amère de Berthecourt, arbre très vigoureux et fertile, fruit cotlelé, amer, densité 1075.

Bisquet ou Bisquette, très vigoureux et excessivement fertile, fruit long, rouge et jaune, bon (1070), et riche en mucilage (12 0/0).

Omont ou faux Caillouel, arbre excessivement vigoureux et fertile, fruit très bon (1070).

Médaille d'or, arbre vigoureux à végétation tardive, excessivement et régulièrement fertile, fruit gris-jaune, très riche (1102).

Bramtôt ou Martin fessart, arbre très vigoureux et fruit très riche (1090).

3° FRUITS DE 3e SAISON, DÉCEMBRE.

Argile grise, arbre vigoureux et fertile, fruit rouge, jaune-roux, très bon (1080).

Bedan, arbre très vigoureux et fertile, fruit aplati, vert, puis jaune terne, riche (1080).

Fréquin Audièvre, arbre vigoureux et assez fertile, très bon fruit (1078).

Binet rouge, arbre vigoureux et très fertile, fruit riche (1072).

Rossignol, arbre très vigoureux et très fertile fruit roux, très bon (1070).

A citer encore : la Grise Dieppois, la Reine des pommes, la Passe Reine, d'une richesse et d'une fertilité exceptionnelles ; la Maréchal, le Binet Violet, Antoinette ou Petit Muscadet rouge, le Fréquin Lajoie, la Rousse de la Garthe, la Belle de Crollon, la Joly, la Douze au Gobet, la Rouge bruyère de Rouen et la Rousse Latour.

RAQUET,
Professeur départemental d'agriculture de la Somme, membre du Congrès pomologique.

Le sel dans l'ensilage des fourrages.

Il est incontestable que les sels dénaturés ajoutés dans les ensilages de maïs sont des agents d'amélioration de ces ensilages, surtout lorsque la quantité du maïs et des autres fourrages laisse à désirer. Mais ce n'est pas à dire que le sel soit une nécessité des conserves ensilées. On peut s'en passer au point de vue de la fermentation.

Le sel à employer pour les conserves de fourrages verts est livré, selon la formule fiscale, à raison de 100 kil. sel, 15 kil. tourteaux d'arachide et 5 kil. peroxyde de fer. Total du mélange de ce sel dénaturé : 120 kil.

Certaines maisons le livrent tout préparé pour les besoins de l'agriculture, qui n'a plus, dès lors, à s'inquiéter de toutes ces manipulations. On répand 2 kil. de ce sel dénaturé par 1,000 kil. de maïs (1 à 2 m. cubes), au moment de l'emplissage du silo.

La dose maxima est pour les fourrages très humides et quelque peu avariés, ce qui s'évite facilement. La dose minima est pour les fourrages qui ont reçu un commencement de fanage et pour des maïs gelés sur champ, mais bons encore pour l'ensilage. On ne doit pas oublier que c'est pour tirer parti d'une grande récolte de maïs gelé, que M. Reihlen a eu le premier l'idée de les ensiler.

M. le comte Rœderer, lui-même, a été amené, par le même désastre, à la même idée. En 1880, j'ai dû, à Coroay, rentrer des maïs tout jaunis par les gelées de septembre. La fermentation a été bonne et le poids de la récolte à transporter a été réduite de moitié.

Nouvelles agricoles.

Le produit des droits de douane et le dégrèvement de l'impôt foncier sur les propriétés non bâties. — A la dernière séance de la Société d'Agriculture de Senlis, l'assemblée a voté à l'unanimité le vœu suivant présenté et développé par l'honorable M. Léon Martin, ancien député.

Au budget des recettes de l'année 1892 le produit des droits de douane sera inscrit pour le chiffre total calculé sur les importations des trois dernières années.

Il sera fait remises aux communes du montant en principal de l'impôt foncier sur les propriétés non bâties inscrit au budget de 1892 par la loi du 10 juillet 1891, et dans les proportions du répartement effectué par les Conseils généraux et les Conseils d'arrondissement pour chaque commune.

A leur première session, les Conseils municipaux en imputeront la recette à leurs dépenses obligatoires et les centimes additionnels restés par suite en excédent seront appliqués aux travaux les plus urgents.

Un marché aux vins à Dijon. — On nous annonce que, sous les auspices du Syndicat viticole de la Côte Dijonnaise, un marché aux vins se tiendra à Dijon, rue Vauban, n° 3, chaque samedi, de midi à cinq heures.

Y seront admis les échantillons de vins récoltés dans le département de la Côte-d'Or et présentés par les producteurs faisant partie du Syndicat.

Tout notre sympathie est acquise à de semblables institutions, qui mettent en rapports directs le consommateur et le producteur, facilitent les achats au gros et au petit commerce, fournissent les éléments nécessaires à l'établissement de mercuriales pour les prix des vins, en un mot, rendent service à tous.

Le marché aux vins de Dijon sera inauguré le samedi 21 novembre, par une exposition générale des vins fins et ordinaires, vieux et nouveaux, présentés par les syndiqués.

Le Bulletin des Syndicats agricoles de l'arrondissement de Bourg raconte le fait suivant qui démontre bien comment l'association développe chez les cultivateur l'*esprit de solidarité et d'assistance mutuelle* :

A l'automne 1890, un pauvre cultivateur, membre d'un Syndicat agricole, tomba malade. C'était à l'époque des semailles. Marié et père de quatre petits enfants, dont lui seul était le soutien, le brave homme lutta longtemps contre le mal et rien ne pouvait le décider à interrompre son labeur. Mais ses forces le trahirent ; il fut obligé de renoncer au travail et bientôt de garder le lit. Le malheureux n'avait pas eu le temps de semer son blé, et tout cela, joint aux dépenses de la maladie, réduisait la famille dans le désespoir. Les Syndicataires voisins, touchés de compassion, vinrent labourer, fumer et semer sur le champ du pauvre homme. A la fin de juillet dernier, à la moisson, il se trouva que le blé du malade aujourd'hui bien guéri, était le plus beau de la commune. Oh ! les brages gens ! Qu'on est heureux de vivre avec eux !

Le phylloxera dans le Loiret. — M. Duplessis, professeur d'agriculture, a fait connaître, dans son dernier rapport au Conseil général du Loiret, les progrès réalisés par l'invasion du phylloxera dans ce département.

Dans les arrondissements de Pithiviers et d'Orléans, le mal s'est accru notablement, alors que dans les autres arrondissements il demeure presque stationnaire. Un tiers du vignoble est détruit ou atteint.

Il faut espérer que les viticulteurs traiteront énergiquement, ou, s'il ne peuvent tout au moins retarder la disparition de leurs vignobles, se hâteront de replanter en cépages américains. Le Loiret compte 52 écoles de greffage et une pépinière départementale qui, d'après M. Duplessis, pourra fournir, au printemps prochain, environ 100.000 boutures et plans greffés.

La fraude sur les beurres. — La commission parlementaire, qui recherche les moyens de réprimer la fraude sur les beurres, renonce à rendre obligatoire la coloration de la margarine ou à interdire la fabrication de ce produit.

Elle s'est définitivement arrêtée à la réglementation suivante :

Il est interdit d'exposer, de mettre en vente, de vendre, d'importer ou d'exporter comme beurre tout produit *qui n'est pas exclusivement* fait avec du lait ou avec de la crème ou avec l'un et l'autre, avec ou sans sel, avec ou sans addition de matières colorantes usitées telles que jus de carotte.

Il est interdit d'introduire dans l'oléo ou oléo margarine, dans la margarine, et, en général, dans tout corps gras ayant pour but de remplacer le beurre aucune matière colorante destinée à lui donner l'apparence du beurre.

Il est interdit de mélanger le lait, la crème ou le beurre avec des corps gras de provenance quelconque en dehors des fabriques soumises à l'exercice.

Le projet impose ensuite aux fabricants ou débitants de margarine ou autres produits analogues l'obligation d'une déclaration préalable.

Les fabriques de margarine et produits analogues seront soumises à l'exercice ; leurs produits seront frappés d'un droit d'exercice de 2 francs par 100 kilos et ne pourront circuler en France que munis d'un certificat d'origine et de destination.

En outre l'obligation est imposée aux fabricants et débitants d'employer les uns des enseignes, les autres des étiquettes très visibles portant en gros caractères la mention : Margarine.

Les infractions seront punies d'un emprisonnement de six mois à deux ans pour les cas de fraude, et de quinze jours à trois mois pour le cas d'omission d'emploi d'étiquette.

Prohibition des céréales russes à l'exportation. — Nous avons annoncé dans le numéro du 1er septembre (page 917) qu'en raison de l'insuffisance de la récolte en Russie, le gouvernement russe avait interdit l'exportation du seigle, de la farine de seigle et du son. Un nouvel ukase étend la même interdiction aux autres céréales (à l'exception du froment), aux pommes de terre, ainsi qu'à divers produits tirés de ces céréales et des pommes de terre, tels que farine, gruau, malt. Cette décision est entrée en vigueur immédiatement, c'est-à-dire à partir du 17 novembre.

Premiers résultats de la campagne sucrière de 1891-1892. — Au 15 octobre 1891, il y avait en France 335 fabriques en activité, au lieu de 355 l'année dernière. — Elles avaient mis en œuvre 771 millions de kilogrammes de betteraves au lieu de 868 millions, et leurs prises en charge totales s'élevaient à 59,789,461 millions de kilog. de sucre au lieu de 67,517,894 millions en 1890. Il y avait, — on le voit — décroissance sur toute la ligne.

CONSEILS A LA FERMIÈRE

PROCÉDÉ POUR OBTENIR DES ŒUFS EN HIVER.

Vous n'avez pour cela qu'à établir dans votre étable un poulailler séparé par un grillage et dans lequel vous logerez de jeunes poules.

Ce moyen de chauffage absolument économique est toujours employé quand la disposition des bâtiments le permet. Mais il n'est pas nécessaire de tenir les poules constamment enfermées ; laissez-les sortir aux meilleures heures de la journée, elles ont besoin d'un peu de parcours ; elles retrouveront toujours, quand elles le désireront, leur abri contre les intempéries.

Quant à la nourriture, variez-là le plus possible. Deux repas par jour, l'un composé de pâtée de farine d'orge, de sarrazin, de maïs, mélangé de son ou de pommes de terre ; l'autre de graines : avoine, sarrazin, maïs. Ajoutez à cela de la verdure : salade mélangée aux pâtées, choux entiers, qu'on pique dans un bâton et qu'on fixe en terre. Les poules les picorent à loisir.

Evitez l'excès de nourriture, qui amènerait à un prompt engraissement et nuiratt à la ponte.

Avec 90 à 100 grammes par tête et par jour, grains ou farines pesés à l'état sec, vous resterez dans une bonne moyenne.

UNE MÉNAGÈRE.

CONSEILS DU VÉTÉRINAIRE

HYGIÈNE DU CHEVAL.

On ne saurait trop déplorer les habitudes vicieuses presque générales dans nos campagnes, qui ont pour résultat de détériorer de toutes les façons le plus précieux auxiliaire des travaux agricoles, le cheval.

Ce noble animal, que l'homme devrait soigner comme ses enfants mêmes, à raison de ses inappréciables services, est souvent traité comme un paria, et souvent aussi par ignorance de son maître il contracte des infirmités précoces qui lui enlèvent toute sa valeur et abrège son temps de service.

Les soins réclamés par le cheval en été sont surtout utiles à connaître, à l'époque où vont avoir lieu les grands travaux de cette saison.

D'abord on devrait éviter de faire les gros transports aux heures des grandes chaleurs du jour, de midi à trois heures. Les autres heures, de trois heures du matin à huit heures du soir, donnent la latitude nécessaire pour pourvoir à tous les services.

Quand les chevaux sont en sueur on devrait, à leur entrée à l'écurie, les épousseter, les bouchonner, laver à grande eau les naseaux, l'anus, toutes les parties molles et muqueuses du corps les jambes et les boulets, etc., pour enlever la poussière collée à ces parties par la sueur. Du suc d'une plante âcre telle que l'absinthe ajouté à l'eau appliquée sur les parties molles on en éloigne les mouches, ce qui est un grand soulagement pour le cheval. On doit souvent visiter le dessous des pieds des chevaux, surtout à la suite d'un transport sur les chemins empierrés. Une bonne méthode consiste à obstruer la fourchette avec un mastic fait d'argile et de cambouis. Il faut laver de temps en temps les mors, pour enlever l'écume qui y croupit et y développe de la vermine par la fermentation.

Les chevaux doivent être abreuvés avec des précautions trop peu connues et observées. Il faut éviter de leur donner de l'eau trop fraîche lorsqu'ils sont échauffés et en sueur. L'eau de puits qu'on leur destine doit être puisée plusieurs heures d'avance et élevée à une température de 10 à 12 degrés au moins. Un breuvage très frais pris par un cheval très échauffé, est le principe des fluxions de poitrine qui, tous les ans, font périr les chevaux les plus robustes, par la faute de ceux qui les soignent sans le discernement et l'intelligence nécessaires.

UN VIEUX VÉTÉRINAIRE.

CONSEILS DU MÉDECIN

CONTRE L'INSOMNIE.

Le moyen suivant est souvent employé contre l'insomnie : Mouillez la moitié d'un essuie-main et appliquez-la sur le derrière du cou en pressant en haut vers la base du cerveau et en plaçant vite sur l'autre moitié la moitié sèche de l'essuie-main afin d'empêcher une évaporation trop rapide.

L'effet produit est immédiat et la sensation délicieuse, le cerveau est rafraîchi et on obtient un sommeil plus doux et plus calme qu'avec un narcotique. On peut faire usage d'eau chaude, mais beaucoup de gens la préfèrent froide. Ce remède est efficace surtout pour ceux qui souffrent de surexcitation du cerveau, résultat d'un travail cérébral ou d'une anxiété poignante.

Docteur PURGON.

NOTRE OPINION

On nous a souvent demandé notre opinion sur le **Dictionnaire des Dictionnaires**, de Mgr Guérin, que nous avons annoncé. Nous ne pouvons l'exprimer mieux qu'en disant que nous recourons sans cesse à cet ouvrage. Personne aujourd'hui ne peut se passer d'un dictionnaire ; or, celui-ci est le plus récent, le plus utile à consulter pour la *langue*, l'*histoire*, la *géographie*, la *médecine*, le *droit*, en un mot pour *toutes les sciences*. Et, point capital pour nous, la doctrine en est sûre : il garantit contre les erreurs théologiques, tandis que les autres recueils du même genre y exposent. Disons plus : c'est un arsenal où nous trouvons les armes les plus récentes pour combattre les ennemis de notre foi.

Rappelons aussi que, par une excellente et généreuse application à cette œuvre du principe de participation, l'acquisition en est singulièrement facilitée, puisqu'elle peut devenir gratuite par les dividendes successifs, dont les premiers viennent d'être annoncés aux intéressés. Enfin, la gracieuseté promise sera maintenue pour nos lecteurs jusqu'à *fin novembre*. Nous les engageons donc à envoyer leurs adhésions sans retard.

On trouvera plus loin le bulletin de souscription avec la circulaire explicative.

BIBLIOGRAPHIE.

Le Cheval comme il faut, par M. Paul Basserie, ancien colonel de cavalerie et des remontes, ancien membre du conseil supérieur des haras, commandeur de la Légion d'honneur, 1 vol. in-12 Baudoin, éditeur à Paris, 30, rue et passage Dauphine. Prix broché 4 francs, relié, 5 francs.

Dans un précédent ouvrage (*Manuel hippique sommaire de l'éleveur-cultivateur*, Goin, éditeur à Paris), M. le colonel Basserie a tracé les règles à suivre pour obtenir de bons chevaux ; le nouvel ouvrage qu'il présente au public a pour but de compléter son manuel hippique.

Pendant un grand nombre d'années, M. le colonel Basserie a été chargé du service des remontes ; il a séjourné dans les principaux centres d'élevage ; il a été en rapport avec de nombreux éleveurs, ce qui lui a donné l'occasion d'observer et de comparer leurs pratiques. C'est le fruit de ses études et de ses innombrables observations qu'il offre aujourd'hui au public.

Dans une première partie, il s'occupe de l'alimentation du poulain, des moyens de conserver le cheval en bonne santé et d'en obtenir de longs services, enfin de l'achat du cheval. La seconde partie est spécialement consacrée au cheval de guerre : l'auteur passe en revue les moyens insuffisants employés depuis 50 ans pour encourager la production et étudie ceux qu'il conviendrait d'employer aujourd'hui pour atteindre ce but.

Le livre est écrit dans un style clair et agréable, et orné de plusieurs gravures. Les agriculteurs, les propriétaires de chevaux ainsi que les officiers de cavalerie et d'artillerie le liront avec beaucoup d'intérêt.

A. DE VILLIERS DE L'ISLE-ADAM.

PETITE POSTE.

M. de St-M... (Dordogne). — *Chemin rural*. — Votre lettre est envoyée à notre bon juge de paix.

M. B... (Dordogne). — *Basse-cour*. — Demandez, pour les volailles, l'excellent ouvrage de MM. Roullier et Arnoult, à Gambais (Seine-et-Oise) ; adressez-vous directement à ces Messieurs. Nous ne connaissons pas le prix de l'ouvrage ; il doit être de 2 à 3 fr. Pour les lapins, nous vous faisons cadeau d'un petit traité, très pratique, d'Epanets, qui ne se trouve plus dans le commerce. Nous espérons qu'en retour vous ferez de la propagande en faveur de la *Gazette agricole* et que vous lui procurerez des amis et des abonnés.

M. le marquis de Ch... (Orne). — *Encaustique pour parquets*. — On fait fondre à chaud, dans 5 litres d'eau, 125 grammes de savon ; on y ajoute 500 grammes de cire jaune coupée en petits morceaux ; on fait chauffer. On ajoute à ce mélange 60 grammes de potasse blanche, en agitant sans interruption. Tandis que cette préparation refroidit, on la remue encore, par intervalles, pour bien diviser la cire et former une espèce de lait.

On étend cette composition sur le plancher, préalablement mis en couleur. La quantité ci-dessus indiquée peut suffire pour 50 m. carrés. On laisse sécher, puis on frotte.

M. le comte de la B... (Loir-et-Cher). — *Taureaux*. — Vous pouvez vous adresser en toute confiance pour un Charollais-Durham et pour des bêtes Nivernaises à M. Charles de Valence, au château de Vendenesse, par Gueugnon (Saône-et-Loire). M. de Valence est un ancien élève de l'Institut agricole de Beauvais, très habile éleveur autant que complaisant.

Un brabant double d'occasion coûte de 100 à 150 fr.

Pour la création des prés permanents, il est préférable d'employer les mélanges spéciaux, plutôt que des trèfles et lupulines.

Nous sommes toujours à votre disposition.

M. S. D... (Seine-et-Marne). — *Engrais de Bondy*. — Oui, nous avons recommandé et nous recommandons encore les engrais de Bondy. Dans vos terres pauvres en humus, l'emploi de ces excellents engrais organiques est de beaucoup préférable à celui des engrais chimiques. Ils sont riches en sels actifs ; l'effet s'en fait sentir subitement et il est durable.

Nous invitons nos lecteurs à faire voyager leur vin avant les grandes gelées et leur rappelons que tous ceux d'entre eux qui, sur nos conseils, ont bu le vin de M. VINCENT-ARDURA, viticulteur, domaine de la Chapelle-Frédignac, par Blaye-Bordeaux, y sont revenus. C'est le meilleur éloge qu'on puisse faire de ce vin naturel.

Envoi est fait gratuitement d'une bouteille de la récolte désignée pour dégustation sérieuse.

Vendanges : 1889, à 130 fr., 1888, à 140 fr., 1887, à 150 fr., 1885, à 175 fr., 1884, à 200 fr., 1881, à 250 fr., 1878, à 300 fr. — Graves blancs vieux à 160 fr., 170 fr. et 200 fr. les 225 litres, franco toutes gares. — Encaissement par le facteur.

OFFRES & DEMANDES.

Pour répondre au désir qui nous est exprimé, nous offrons à nos abonnés, sous cette rubrique, deux annonces gratuites pour les offres et demandes d'emplois, produits ou animaux à vendre ou à acheter, etc.

Les annonces qui suivront jouiront d'une réduction de 50 pour 100 sur les tarifs ordinaires.

Les demandes d'insertions devront être envoyées à l'administration, qui se chargera de les rédiger.

Ne pas négliger d'envoyer tous les renseignements nécessaires (joindre 2 timbres de 0 fr. 15).

Maison très sérieuse offre opération agricole fructueuse aux régisseurs et gérants de cultures.

S'adresser au bureau du Journal, aux initiales A. D. B. — N° 943-7.

Un cultivateur demande un ménage sans enfant, l'homme pour s'occuper des travaux de l'intérieur de la ferme et des champs ; la femme pour s'occuper de cuisine et des soins du ménage.

S'adresser au bureau du journal le *Progrès de l'Oise*, à Compiègne. — N° 5,061-3.

Guide pratique pour la culture du pommier et la fabrication du cidre. — 5 médailles. — 8e édition. — Prix, 2 fr. 50.

Chez l'auteur, M. BRASSART, à Fléchin (Pas-de-Calais). — N° 948-2.

Un jeune Luxembourgeois, 18 ans, ancien élève de l'Ecole d'Agriculture d'Ettelbrücken, famille honorable, désirerait passer quelque temps en France pour se perfectionner dans la langue française. Il désirerait être reçu comme pensionnaire dans une famille honorable ou chez un curé. En échange de l'hospitalité reçue, il rendrait les services qu'on lui demanderait. Il sait conduire les chevaux.

Excellentes références.

S'adresser à M. WAGNER, professeur à l'Ecole d'Agriculture d'Ettelbrücken (grand-duché de Luxembourg). — N° 949-2.

On demande à acheter dans un rayon rapproché de Romorantin (Loir-et-Cher) : 1° Un taureau de 15 à 20 mois, ou *Normand* ou *Charolais-Durham*, bon reproducteur ; 2° une paire de bouvillons de 18 à 25 mois, race *Nivernaise* ; 3° d'occasion : un rouleau Croskill du poids de 750 kil. environ, un brabant double à deux chevaux, une charrue ordinaire, une herse en fer à trois pliants pour deux chevaux, un coupe-racines à bras. — N° 950-1.

S'adresser à M. le comte de la Bourdonnaye, à la Clarinerie, par Romorantin (Loir-et-Cher).

A vendre d'occasion un cribleur Josse ayant servi un an, 70 fr., un pressoir Mabille presque neuf, 100 fr.

S'adresser à M. SÉZILLE, ferme de May, à Morienval (Oise). — N° 951-1.

Un ménage de cultivateurs, 38 ans, venant de terminer un bail, demande place de régisseur ou de contre-maître dans une ferme ou château.

La femme est bonne cuisinière.

Le ménage fournira de bonnes références.

S'adresser à M. FAUPEL (Pierre), à Chantoiseau, commune de Beaumont les-Nonains, par Auneuil (Oise). — N° 952-1.

REVUE FINANCIÈRE.

La présente semaine a commencé avec les opérations de la liquidation de quinzaine. Ce règlement, pour le dire de suite, s'est opéré tout en faveur des baissiers, à des prix beaucoup plus bas que ceux de fin octobre.

Cela même indique que la baisse est toujours à l'ordre du jour. C'est à peine, contrairement à ce qui se passe ordinairement, si les efforts du parti de la hausse pour que la déconvenue leur soit moins préjudiciable, ont été couronnés de succès. Ils sont parvenus, un jour par-ci, un jour par-là, à empêcher que la cote ne dégringole trop vite, ils n'ont pu empêcher la descente de s'opérer, par sauts plus ou moins brusques mais avec une continuité presque sans arrêt.

Un coup d'œil rapide sur les cours de quelques grandes valeurs en donnera la preuve.

C'est maintenant entre 93 et 91 qu'oscille le 3 0/0 ancien. La Banque de France est à 4150; le Foncier à 1170; Suez à 2620. Quant aux fonds étrangers, nous citerons le 3 0/0 Portugais tombé à 31, l'Extérieure Espagnole à 62 et l'Italien au-dessous de 87.

Les longs commentaires sont vains et peut-être inutiles. Nous emprunterons néanmoins à un journal dont l'autorité et la sagesse sont connues, un point de vue consolant par quelque côté. Voici ce que dit le *Journal du Lundi* :

« Les origines des embarras dans lesquels se débattent les marchés du monde est l'abus de la circulation fiduciaire. La France, sous ce rapport, est dans une position exceptionnelle. Grâce au statut de la Banque de France, grâce à la correction avec laquelle ce statut est exécuté et à l'habileté qui préside aux décisions de notre premier établissement de crédit, notre situation monétaire est à l'abri de ce reproche comme de tous autres; nous n'avons rien à craindre, notre crédit public est resté intact.

« De fait, notre marché a beau être ramené, de cours réellement soufflés à des taux plus bas, on peut dire que notre bon papier soutient vaillamment la lutte. Nos rentes, par exemple, sont loin d'être dépréciées comme les valeurs internationales qui ont abusé de la circulation fiduciaire; les actions et obligations de nos chemins de fer, encore que la spéculation ait profité de certains arguments, conséquences du dégrèvement et accidents par exemple, pour peser sur leurs cours, n'ont pas rétrogradé d'une façon dangereuse.

« Cette vaillance, cette fermeté relative, sinon de notre marché entier, du moins des vraies bonnes valeurs, est la vraie philosophie de la mauvaise passe que nous traversons. Elle est un encouragement à l'épargne en même temps qu'une leçon pour la spéculation. »

TIMON.

HALLES ET MARCHÉS.

La température douce et pluvieuse de ces derniers jours est favorable à la levée des semailles d'automne, dont l'état est généralement satisfaisant. Les marchés aux céréales restent à la hausse aussi bien en France qu'à l'étranger. Les sucres et les alcools ont haussé également à la fin de la semaine. Les prix des huiles de colza sont en baisse.

Blés. — Les prix restent bien tenus sur nos marchés de l'intérieur, avec tendance à la hausse. Samedi on cotait sur les principales places : Cambrai, blé blanc, 26 les 100 kilog. ; roux 21 25; Douai, 25 à 27 50; Beauvais, 25 50 à 27; Montereau, 24 75 à 28 20; Amiens, 28; Châlons-sur-Marne, 28; Etampes, 25 à 28 35; Le Mans, 25 50 à 26 50; Rouen, 25 20; Versailles, 25 à 27 50; Laval, 25 50 à 26; Dijon, 25 à 27; Chartres, 25 à 27 10; Nevers, 27 à 28; Lyon, 27 25 à 27 75; Mâcon, 27 50 à 28 50; Nantes, 25 50 à 26; Bordeaux, 26 90. — Au marché commercial de Paris, le blé est assez ferme aux cours suivants : disponible et livrable courant du mois, 27 50 à 27 75; décembre, 27 50 à 28; janvier à juin 1892, 28 50 à 29 25. — Dans nos ports, les arrivages de blés étrangers suivent leur courant. Marseille a reçu 200,000 quintaux; Le Havre, 174,000 hectolitres, dont 6,000 venant des Indes et le reste d'Amérique. A Nantes et à Bordeaux, les importations ont été nulles. La quantité de blés étrangers en mer à destination de la France reste toujours élevée; pour la semaine dernière, on a compté 2,568,530 hectolitres, dont 2,544,750 venant de Californie, 17,400 du Chili et 6,380 des Indes. Le total pour tout le continent européen, s'élevait à 5,649,200 hectolitres.

Seigles. — Affaires calmes et prix bien tenus sans changement. A Paris, on cote en commerce, 22 50 les 100 kilog. pour le disponible et le livrable jusqu'à fin décembre, et 23 25 à 24 pour le livrable de janvier à juin 1892.

Orges. — Les demandes sont actives pour l'exportation en Angleterre et en Alsace-Lorraine; les prix se maintiennent comme nous les avons donnés samedi dernier. — Les escourgeons ne donnent lieu qu'à de rares transactions par suite du manque d'offres; on paye les sortes secondaires 19 50 les 100 kilog. en gare d'arrivée à Paris; les ordinaires, 19 75; les bonnes, 20 à 20 25; les provenances d'Algérie sont tenues de 18 25 à 18 50 les 100 kilog. sur wagon à Dunkerque.

Avoines. — Transactions calmes et prix bien tenus comme suit, au marché de Paris : disponible et courant du mois, 17 50 à 17 75 les 100 kil.; livrable décembre, 17 75 à 18; janvier à juin 1892, 18 à 19 25.

Farines de consommation. — La meunerie a relevé ses prix de 1 fr par sac lundi dernier. On cote la marque de Corbeil, 61 les 157 kilog. nets, ou 40 76 les 100 kilog. ; les autres marques valent 60 à 66 les 157 kilog. ou 38 21 à 42 04 le quintal.

Farines de commerce. — Les *douze-marques* ont un peu fléchi. Au marché du 14 novembre on cotait : disponible et courant du mois, 60 75 à 61 les 157 kilog ; livrables décembre, 61 25 à 61 50; janvier à juin, 62 50 à 64 25.

Issues. — Les prix des sons se maintiennent fermes comme suit : gros sons 14 25 à 15 les 100 k. à Paris; sons deux cases, 14 25 à 14 50; sons sons trois cases, 13 50 à 14 25; sons fins, 13 à 13 25; recoupettes, 12 75 à 13 50; remoulages, 16 à 22 suivant couleur et marchandise.

Farines de seigle. — Les prix sont établis de 29 à 31 les 100 kilog., suivant couleur et qualité.

Farines petites premières et bises. — On cote pour 100 kilog nets : petites premières choix, 35 à 36; ordinaires, 32 à 34; deuxièmes, 31 à 32; troisièmes, 27 à 28; quatrièmes, 23 à 26 premier passage, 20 à 22.

Graines fourragères. — Les cours sont plus fermes que la semaine dernière. On cote à Paris : trèfle violet nouveau, 110 à 130 les 100 kilog ; surannée, 85 à 110; luzerne de Provence, 145 à 165; de Poitou, 115 à 120; d'Italie, 115 à 120; minette,

50 à 60; ray-grass d'Italie, 50 à 55; anglais, 45 à 50. — Voici les cours sur les marchés des départements: Nancy, trèfle, 105 à 110 les 100 kilog.; minette, 50; sainfoin, 22 à 23; Toul, trèfle, 100 à 120; luzerne, 130 à 135; Orléans, trèfle, 110 à 115; luzerne, 100 à 120; Niort, luzerne, 110; sainfoin, 91; Saint-Amand, trèfle, 100 à 110; luzerne, 115 à 120; sainfoin, 27 à 28; Agen, trèfle, 105; luzerne, 110; Lavaur, trèfle, 100 à 106; luzerne, 95 à 105; Toulouse, trèfle, 95 à 105; luzerne, 90 à 100; sainfoin, 28 à 33; Nimes, sainfoin, 30.

Fourrages. — Les prix sont fermes comme suit au marché de La Chapelle, à Paris: foin, 48 à 55 les 100 bottes de 5 kilog. au domicile de l'acheteur; luzerne, 50 à 56; paille de blé, 33 à 4 ; de seigle, 39 à 45; d'avoine, 22 à 28. — En province, on cote, aux 520 kilog.: Nancy, foin, 35 à 41; luzerne et trèfle, 28 à 30; paille de blé, 27 à 31; d'avoine, 18 à 20; Saint-Quentin, foin et luzerne, 44 à 45; paille, 24 à 26; Compiègne, foin, 35 à 40; trèfle, 35; paille, 25 à 30; Melun, foin, 32 à 35; luzerne, 30 à 33; paille, 20 à 25; Versailles, foin, 37 à 43; luzerne, 38 à 43; sainfoin, 40 à 46; paille de blé, 28 à 35; d'avoine, 18 à 20; — *au quintal*: Douai, foin, 8 à 8 50; paille, 4 50 à 5; Reims, foin, 7 50 à 8; paille, 6 à 6 50, Orléans, foin, 7 50 à 8 50; paille, 3 75 à 4; Blois, foin, 10 à 11; luzerne, 8; trèfle et sainfoin, 9; paille, 4 50 à 5 50; Lyon, foin, 8 50 à 10; luzerne, 9 50 à 10 25.

Huiles de graines. — Les prix sont en baisse à Paris; on cote: huile de colza disponible et courant du mois, 60 25 les 100 kilog.; livrable décembre, 61 75; quatre premiers mois, 71 50 à 71 75; quatre mois de mars, 72 à 72 50; huile de lin disponible et courant, 50 50; livrable, 51 à 53 50. — Les cours ont été mieux tenus sur les marchés des départements, avec affaires calmes; on vend: Rouen, huile de colza, 70 25 à 70 75; huile de lin, 52 à 52 75; — Arras, œillette surfine, 98; pavot à bouche, 75; colza, 71 à 75; cameline, 61; pavot, 68; — Lille, colza, 67 l'hectolitre; lin indigène, 54; étranger, 49 50; — Caen, colza indigène, 66 50; colza des Indes, 66 25.

Huiles d'olive. — La fabrication des huiles d'olive va bientôt commencer dans la région de Nice les affaires n'ont donc que peu d'entrain; on cote les huiles extra du pays, 166 les 100 kilog., et les intermédiaires, 128 à 131. On a tenu les huiles de Calabre, de 116 à 122 en entrepôt, et celles de la rivière de Gênes, 125 à 130. Les huiles du Var valent 97.

Graines oléagineuses. — On cote à Paris: graine de colza, 32 50 à 34 50 les 100 kilog.; graine de lin, 25 à 31; — à Caen, graine de colza, 17 50 à 18 50 les 104 litres.

Tourteaux. — Cours d'Arras: œillette, 14 25 les 100 kilog.; colza, 15 75; lin, 23 25; cameline, 14; — de Lille: colza indigène, 15 50 à 16; étranger, 13 à 15; œillette, 16 à 17; lin indigène, 24 à 25 50; cameline, 14; chanvre, 20 à 21.

Œufs. — Vente active. Voici les cours: Normandie, 125 à 145 le mille; Picardie extra, 128 à 150; ordinaire, 94 à 118; Brie extra, 105 à 115; Touraine extra, 110 à 121; ordinaire, 95 à 105; Beauce, 120 à 130; Orne, 96 à 105; Bourgogne, 96 à 104; Champagne, 98 à 101; Nivernais, 94 à 98; Bourbonnais, 92 à 96; Bretagne, 92 à 96; Vendée, 90 à 101; Auvergne, 85 à 88; Midi, 92 à 98; Autriche et Allemagne, 76 à 82.

Fromages. — On cote à la halle, *par dizaine*: Brie, fermiers haute marque, 80 à 8 ; grand moule, 55 à 65; moule moyen, 30 à 37; petit moule, 20 à 28; laitiers, moyen moule, 20 à 28; petit moule, 15 à 23; — *par 100 kilog.*: Gruyère, 110 à 175 hors l'octroi; Roquefort, 180 à 210; Gérardmer, 80 à 90; Limbourg, 110 à 120; Hollande, 150 à 160; Cantal, 125 à 135; façon Port-Salut, 100 à 170; — par cent: Bourgogne, 75 à 85; Saint-Nectaire, 100 à 110; Livarot, 60 à 90; Camembert, 35 à 60; façon Coulommiers 40 à 58; Gournay, 6 à 16; Mont-d'Or, 35 à 40.

Volailles. — Envois nombreux et vente meilleure; on cote: poulets de Touraine, 2 à 4 50 la pièce; du Gâtinais, gros, 4 50 à 5 50; moyens, 2 50 à 3 50; petits, 1 75 à 2 25; de Houdan, 4 50 à 6; de Chartres, 2 50 à 4; de Nantes, 2 25 à 5; de Bresse, 3 à 4 50; du Midi, 2 50 à 4; poules de Bretagne 1 50 à 2 75; — Canards de Nantes, 3 50 à 5; du Gâtinais, 2 50 à 4; de Rouen, 4 à 5; de ferme, 1 75 à 4 50; pilets de France, 1 50 à 2; oies, 5 à 7 50; coqs d'Inde, 6 à 12; poules, 5 à 8; coqs d'Inde de Houdan, 6; poules, 10 à 15; dindonneaux, 5 à 10.

BESTIAUX.

LA VILLETTE, 19 novembre. — Bestiaux. — Vente très mauvaise sur toutes les viandes.

COURS officiels.	Amenés.	Vendus.	1re qualité.	2e qualité.	3e qualité.	Prix extrêmes.
Bœufs....	2.011	1.811	1 56	1 44	1 22	1 14 à 1 62
Vaches...	588	473	1 50	1 32	1 12	» 98 1 54
Taureaux.	103	98	1 38	1 30	1 16	1 08 1 42
Veaux....	1.305	1.118	1 96	1 80	1 63	1 30 2 12
Moutons..	7.840	6.866	1 92	1 78	1 54	1 46 2 »
Porcs.....	5.681	5.361	1 36	1 30	1 24	1 16 1 40

Marché du lundi 16 novembre.

	Amenés	Vendus	PRIX AU POIDS NET 1re qual.	2e qual.	3e qual.
Bœufs.....	3 026	2.693	1 54	1 44	1 22
Vaches.....	855	737	1 48	1 30	1 10
Taureaux..	149	139	1 56	1 29	1 14
Veaux......	1.018	972	1 96	1 82	1 66
Moutons....	11.014	10.027	1 96	1 80	1 56
Porcs......	2.838	2.761	1 41	1 39	1 34

	PRIX AU POIDS VIF 1re qual.	2e qual.	3e qual.	Prix extrêmes.
Bœufs..........	» 92	» 81	» 63	» 54 à » 96
Vaches..........	» 88	» 67	» 56	» 48 » 92
Taureaux.......	» 85	» 70	» 59	» 54 » 89
Veaux..........	1 18	1 02	» 87	» 68 1 30
Moutons........	1 »	» 91	» 79	» 70 1 04
Porcs...........	» 94	» 90	» 81	» 76 » 96
Peaux de moutons en laine..........				4 35 6 25
Id. id. demi-laine........				1 95 3 10

Viandes abattues. — Criée du 19 Novemb.

		1re qualité.	2e qualité	3e qualité.
Bœufs....	le kil.	1 20 à 2 30	» 80 à 2 10	1 » à 1 60
Veaux....	—	1 80 1 96	1 66 1 76	1 50 1 60
Moutons..	—	1 56 1 70	1 20 1 50	» 60 1 16
Porc entier	—	1 20 1 30	1 04 1 16	» 90 1 »

Médaille d'Or. * Exposition Universelle 1889. * Médaille d'Argent.

VACHERIE à céder, Paris, centre. 23 vaches 1er choix, 260 litres lait vendus 50 c. totalité. Installation modèle. Vendeur se retire après 30 ans et grande fortune. Ni cheval ni voiture. Vente boutique. Bénéfices an, 15,000 fr. A traiter avec 25,000 fr. argent ou garanties sérieuses.
S'adresser à MM. Laporte et Lefranc, 93, boulevard Sébastopol, Paris.

Avis aux Eleveurs et Nourrisseurs.

Les cosses et brisures de fèves de la maison Ph. Breuil, de Dijon, d'une pureté absolue et très riches en principes nutritifs, se recommandent pour l'engrais du bétail et la nourriture des chevaux.

GUÉRISON RADICALE DE LA DIARRHÉE DES VEAUX PAR LA POUDRE CHOQUELIN, 1 franc la boîte *franco par la poste.*
Dép. g., Phie HAUVESPRE Courville (Eure-et-Loir).

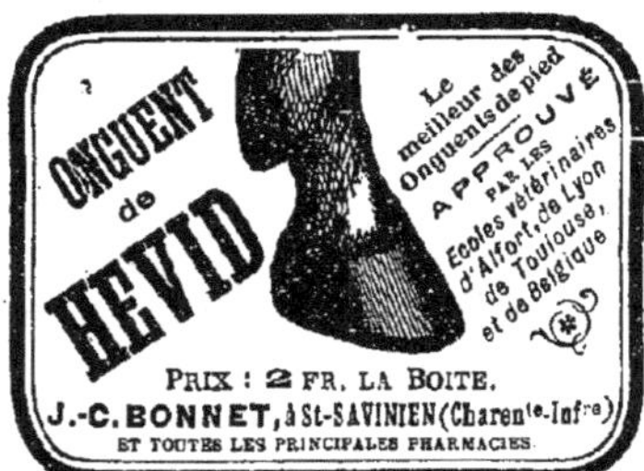

L'Onguent de HEVID, *adopté par le Ministère de la guerre*, est le meilleur préservatif des maladies du pied des espèces chevaline et bovine. Il pénètre admirablement le tube corné, le nourrit, et remet en bon état, en quelques semaines, le sabot le plus sec et le plus cassant.
En vente chez les vétérinaires, pharmaciens, selliers et maréchaux-ferrants.

L'Administrateur-Gérant : Albert RENOT.

Beauvais. — Imp. D. Pere. - A. Cartier, Gérant.

ENGRAIS CHIMIQUES
DES MANUFACTURES DE SAINT-GOBAIN

Usines à PARIS-AUBERVILLIERS, CHAUNY (Aisne), MONTLUÇON (Allier), MARENNES (Charente-Inférieure), LE PONTET (Vaucluse), SAINT-FONS, près Lyon (Rhône).
DOSAGE GARANTI. — EMBALLAGES : marqués et plombés.

Tout acheteur d'engrais qui n'exige pas, au sujet des dosages en éléments assimilables la garantie formelle, et qui ne la fait pas contrôler par l'analyse, ne nuit pas seulement à ses propres intérêts, il encourage la fraude et, la laissant impunie, compromet les intérêts généraux de l'agriculture.

ENGRAIS COMPLET DE SAINT-GOBAIN

Efficacité éprouvée dans tous les Sols et dans toutes les Cultures. — Superphosphates de chaux. — Sulfate de cuivre. — Sulfate d'ammoniaque Sulfate de potasse. Sulfate de fer.

Engrais composés suivant les convenances des acheteurs
ADRESSER LES ORDRES ET DEMANDES DE RENSEIGNEMENTS
à la Direction commerciale

des Produits chimiques de Saint-Gobain

PARIS | 9, rue Sainte-Cécile, 9 | PARIS

ou aux dépositaires de la Compagnie de SAINT-GOBAIN dans les principales villes du Centre et du Midi.

PHOSPHATE FOSSILE DE QUIÉVY (NORD)

le plus assimilable de tous les phosphates connus; garanti pur de mélange avec tout autre phosphate ce qui, du reste, ne pourrait que diminuer son assimilabilité.
Grand diplôme d'honneur et médaille de vermeil aux concours agricoles de Bergues (octobre 1887 et 1888).
Médaille d'argent à l'Exposition universelle (Paris, 1889).
Médaille de vermeil (grand module), société d'agriculture et d'horticulture de Pontoise (1890).

C. DELATTRE-BRABANT

Bureaux : à Lille, 126, rue Jacquemars-Grélée. — Usines : à Quiévy (Nord) et Le Cateau (Nord).
Ne pas confondre avec Quévy (Belgique.)

COMPOSITION MOYENNE.		ASSIMILABILITÉ RELATIVE (méthode Joulie, solubilité dans l'oxalate d'ammoniaque).	
Acide phosphorique	12.00 à 15.00 °/o.	Phosphate de *Quiévy*	82.29 °/o.
Potasse	0.45 à 2.77 °/o.	— de la Meuse	51.95 °/o.
Chaux	19.05 à 31.00 °/o.	— des Ardennes	46.43 °/o.
Magnésie	0.58 à 3.80 °/o.	— de la Somme (moyenne)	44.53 °/o.
Matières organiques azotées	1 80 à 3 45 °/o.	— de Ciply	34.57 °/o.

Titre en acide phosphorique garanti : 12 à 15 °/o.
Livraison : En poudre impalpable, en sacs plombés et marqués au « Bélier » sur wagon Quiévy ou Le Cateau, sacs perdus. — 30 jours 2 °/o ou 90 jours net.

AVIS IMPORTANT.

Les acheteurs qui désirent mon **Phosphate de Quiévy PUR** doivent exiger que les *sacs* et les *plombs* portent la marque au « **Bélier** » et la firme « **C. Delattre-Brabant** ».

Etablissements de LIANCOURT (Oise).

N'ACHETEZ PAS DE CHARRUES

sans avoir consulté le CATALOGUE illustré de

Ingénieur-Constructeur, Breveté S. G. D. G.

SEUL GRAND PRIX à l'Exposition de 1889 pour les Machines agricoles françaises

Médailles or, argent et bronze pour collaborateurs.

BRABANTS DOUBLES. — Herses scarificateurs à dents inusables. — DÉCHAUMEUSES — ROULEAUX, ETC.

NOUVEAU MATÉRIEL pour la culture de la betterave. — Charrues défonceuses simples et doubles *à vapeur et à manège.*

La plus grande et la plus importante USINE de FRANCE pour la Construction des Instruments aratoires

PLUS DE 5.000 CLIENTS ; 300.000 INSTRUMENTS LIVRÉS A L'AGRICULTURE

12e Année. — 2e Série. — No 618. Dimanche 29 Novembre 1891.

GAZETTE AGRICOLE

JOURNAL HEBDOMADAIRE, PARAISSANT LE DIMANCHE

Rédacteur en Chef : M. Ch. GOSSIN, Professeur d'Agriculture à l'Institut agricole de Beauvais.

PRIX DE L'ABONNEMENT

UN AN, 5 fr. — SIX MOIS, 3 fr. — TROIS MOIS, 1 fr. 75

Pour l'étranger les abonnements ne sont reçus que pour un an, au prix de 6 francs, et ne partent que du 1er janvier ou du 1er juillet de chaque année.

Le numéro : 10 centimes.

Il est indispensable de joindre à toute demande de changement d'adresse la dernière bande d'adresse du journal et 50 centimes pour frais de nouvelles bandes.

Adresser les *Abonnements* et *Annonces* au secrétaire de la rédaction, 13, quai Voltaire, Paris, ou à M. GOSSIN, rédacteur en chef et administrateur, à BEAUVAIS.

BUREAUX

13, quai Voltaire, Paris, et à Beauvais.

Les abonnements partent du 1er de chaque mois et sont payables d'avance. Toute demande d'abonnement doit donc être accompagnée du prix de l'abonnement. (Le mode de payement le plus simple est l'envoi d'un mandat-poste.)

Donner *très lisiblement*, en s'abonnant, son nom et son adresse exacte, *avec l'indication du bureau de poste*; et, s'il s'agit d'une continuation d'abonnement, joindre au renouvellement la dernière bande d'adresse du journal.

Les Annonces sont reçues chez MM. DUSSERIS et MATHELLON, 97, rue de Rennes, Paris.

La GAZETTE AGRICOLE insère gratuitement les Communications des Syndicats agricoles

SOMMAIRE :

PARIS, 27 NOVEMBRE.

Le Bonhomme Deschamps — a-t-il vraiment besoin de le faire remarquer — est un partisan décidé de l'égalité de tous les Français devant la loi. Il a été et sera toujours d'avis que les citoyens, quelles que soient leur naissance, leur fortune, leur condition sociale ou leur dignité, doivent se soumettre aux lois et sont responsables, quand ils y manquent, devant la justice du pays. Les privilèges l'ont toujours choqué, et l'un de ses principaux griefs contre le régime actuel, c'est d'y faire fléchir les lois dans l'intérêt électoral et politique des maîtres du jour ou de leurs créatures. C'est un fait d'expérience malheureusement quotidienne, que trop souvent, sous la République actuelle, la magistrature est borgne et sourde de l'œil droit et de l'oreille droite, qu'elle ne voit et n'entend jamais à gauche ou très mal, tandis que lorsqu'il s'agit de punir les conservateurs, elle a une vue et une ouïe des plus perçantes. Mais ce n'est pas une raison, tout au contraire, parce que la justice n'est pas égale à tous, pour que le Bonhomme Deschamps cesse de défendre le principe de l'égalité de tous devant la loi.

***

Ce petit préambule nous amène directement au procès qui a eu lieu mardi dernier devant la première chambre de la cour de Paris et devant laquelle comparaissait l'archevêque d'Aix, Mgr Gouthe-Soulard. D'après les principes émis plus haut, le Bonhomme Deschamps n'est pas pour qu'un évêque ait le droit de violer impunément la loi. Mais on voudra bien reconnaître cependant que pour citer devant la justice du pays un prélat de cet ordre, un fonctionnaire doit être, à moins qu'il ne soit imbécile ou sectaire, cent fois sûr de son droit. De pareilles résolutions, quand elles ne sont pas vingt fois motivées, jettent dans le monde moral et religieux un trouble et un désordre dont un gouvernement est tôt ou tard le premier à pâtir. Eh bien! en toute sincérité, il n'y avait pas, dans le cas de Mgr Gouthe-Soulard, de quoi fouetter un chat, comme on dit vulgairement. Un ministère qui aurait eu pour deux sous de bon sens aurait évité une pareille sottise et un pareil scandale. En deux mots voici l'affaire que le Bonhomme Deschamps se permettra de vous rappeler, encore bien que les incidents à l'occasion desquels a eu lieu la poursuite contre l'archevêque d'Aix aient été mentionnés ici et soient sans doute aussi présents à votre esprit.

***

Il vous souvient que lors des pèlerinages ouvriers à Rome on écrivit sur un registre ouvert à tous et contenant des inscriptions autrement blessantes pour le feu roi Victor Emmanuel, les mots de : *Vive le Pape!* A supposer que ce cri de *Vive le Pape!* ne fût pas très constitutionnel, il n'y avait pas là de quoi émouvoir. Mais sans chercher à savoir qui avait écrit ces mots, la canaille romaine, instruite aussitôt du fait et avec la complicité du gouvernement italien, se mit à courir les rues de Rome, à insulter, à menacer et à frapper les pèlerins français aux cris de : *A bas le Pape!* et *Vive Sedan!* De Rome jusqu'aux frontières de France, et à chaque station, les pèlerins furent l'objet des mêmes insultes et des mêmes mauvais traitements. Bien que nous entretenions à nos frais un ambassadeur auprès du roi d'Italie et dont le premier devoir est de protéger ses nationaux, M. Billot assista impassible à ce déchaînement de la canaille romaine. Il fit mieux, il adressa même des remerciements au gouvernement italien! On se demande ce qu'il aurait pu faire si nos nationaux avaient été respectés dans leurs personnes. Logiquement il aurait dû adresser des plaintes au gouvernement italien. Renchérissant encore, nos ministres français firent rédiger par le garde des sceaux, M. Fallières, une circulaire enjoignant aux évêques de France de ne pas quitter leur diocèse sans en avoir obtenu la permission. Tout cela est assurément honteux, mais tout cela est aussi rigoureusement exact.

***

Au reçu de la lettre du garde des sceaux, l'archevêque d'Aix, Mgr Gouthe-Soulard, prit sa plume pour en accuser réception. Ayant été témoin des scènes lamentables dont Rome avait été le théâtre, il le fit en termes vifs, mais corrects. Dire au gouvernement qu'il avait des paroles d'apaisement sur les lèvres et des sentiments de haine dans le cœur, c'était énoncer une vérité établie par les faits de chaque jour. Tout d'abord M. le garde des sceaux ne vit pas un outrage à sa délicatesse et à son honneur dans cette réponse de Mgr Gouthe-Soulard, nommé à l'archevêché d'Aix par M. Goblet et qui passait pour un prélat plutôt favorable au régime républicain. Mais la Franc-Maçonnerie rapporte un journal de gauche, veillait. Elle envoya une députation pour faire sentir à M. Fallières que Mgr Gouthe Soulard l'avait atteint dans sa délicatesse et dans son honneur. De là, les poursuites qui ont eu lieu cette semaine au palais de justice et qui ont eu pour conclusion la condamnation de l'archevêque d'Aix à une amende de 3,000 francs. C'est, paraît-il, le tarif auquel la Cour cote la délicatesse et l'honneur de M. le garde des sceaux.

***

Si les poursuites ont été à la fois une iniquité et une sottise, il ne semble pas que les débats du procès soient plus profitables devant l'opinion publique au gouvernement. Le vénérable archevêque d'Aix, dans une déclaration pleine de mesure et de fermeté, n'a pas eu de peine à établir qu'il n'avait outragé ni la délicatesse, ni l'honneur de M. le garde des sceaux, et qu'il avait été poursuivi pour avoir confessé sa foi et son patriotisme. Son éloquent défenseur, Me Boissard, a été à la hauteur de la noble cause qu'il défendait. Bien qu'il n'ait énoncé en termes élevés et incisifs que des vérités, il a fait passer un mauvais quart d'heure au gouvernement. Il n'apparait pas davantage que la magistrature française se soit fort grandie par ce procès dans l'opinion publique, et si Me Boissard, en parlant de son vénérable client, a pu dire au tribunal que s'il ne pouvait grandir Mgr Gouthe-Soulard il ne pouvait pas le diminuer, il ne viendra à la pensée de personne de porter après les débats le même jugement sur M. Quesnay de Beaurepaire et ses collègues.

LE BONHOMME DESCHAMPS.

NOUVELLES DE LA SEMAINE.

L'impunité. — Après avoir été l'exception (une exception, il est vrai, de plus en plus fréquente), l'impunité devient la règle pour les comptables républicains qui prennent d'excessives libertés avec les caisses confiées à leur garde.

Voilà Blayn et Manifacier, les voleurs de la loterie de Bessèges, condamnés au minimum d'un an de prison, qu'ils ne feront pas en vertu de la loi Bérenger, et de cent francs d'amende, qu'ils payeront peut-être : leurs moyens le leur permettent.

Voilà un certain Magnuski, lequel avait surtout retenu de l'arithmétique des connaissances spéciales en matière de « soustractions » : on lui donne une chaire dans la plus importante des écoles supérieures de Paris.

Tel est le bilan de la semaine : en multipliant par cinquante-deux, total des semaines de l'année, on obtient un résultat de nature à encourager le vice et à décourager la vertu, qui n'a son insuffisante revanche qu'une fois par an sous la coupole du Palais-Mazarin, à la distribution de prix de vertu.

En dépit de leurs opinions républicaines, des journaux estiment qu'il y a là un état de choses intolérable. Voici ce que dit l'un d'eux :

« Cette impunité, dont les contribuables, il ne faut pas l'oublier, payent les frais, est loin d'être exceptionnelle ; elle est au contraire systématique.

« Il y a trois ou quatre ans, par exemple, un conseiller municipal *porta à la tribune* un ensemble de faits desquels il résultait que, depuis un temps fort long et par suite de marchés léonins passés par un fonctionnaire de la préfecture de la Seine, la ville payait tous les meubles de ses innombrables bureaux *à des prix surélevés de 50 0/0*. La seconde commission du conseil fut chargée de procéder à une enquête. Elle confirma pleinement l'accusation. Le conseil demandait purement et simplement la révocation du prévaricateur. Il était déjà déplacé : on lui demanda sa démission ; il la donna..... et huit jours après il était nommé par le département de l'intérieur, au poste de directeur d'un asile d'aliénés, en province.

« Etonnez vous que les scandales soient fréquents ! »

Il y a beau jour qu'on ne s'étonne plus : on constate..... simplement.

Nos fonctionnaires. — Samedi soir, le bruit se répandait à Paris de l'arrestation d'un haut fonctionnaire sous l'inculpation de détournements. Non seulement cette nouvelle était accueillie sans la moindre surprise, mais immédiatement le public n'hésitait pas à penser qu'il s'agissait de M. Herbette, ancien directeur des prisons, révoqué par M. Constans, nommé depuis conseiller d'Etat par M. Fallières. Il ne se rencontrait personne pour dire que certaines personnalités devraient être au-dessus du soupçon ; personne pour être étonné qu'un fonctionnaire républicain pût avoir commis des malversations. Tout cela paraissait naturel. Certains journaux allèrent même plus loin annonçant la démission de l'ambassadeur de France à Berlin. On se disait que la dignité de l'ambassadeur ne lui permettait pas de faire autrement que de se retirer.

Rien de tout cela n'était exact, paraît-il. C'est du moins ce qu'affirme une note officieuse. On n'a point démenti les renseignements que des journaux républicains ont publié naguère sur le compte du directeur des prisons, mais on affirme qu'il n'est pas question, pour le moment du moins, d'arrêter M. Herbette. Soit ! le public trouvait l'arrestation toute naturelle et sans doute il trouvera naturel aussi que ce fonctionnaire n'ait pas été justifié des accusations dont il a été l'objet. Tout cela est très républicain. Nous n'avons rien de plus à dire.

L'encouragement à faire des dettes. — On annonce qu'un certain nombre de députés vont déposer un projet de loi ayant pour objet la création d'une caisse alimentée avec les fonds de l'État et faisant des prêts aux départements et aux communes. On se souvient que, dans une des dernières discussions à propos du budget, M. Pelletan a reproché au gouvernement d'emprunter par l'intermédiaire des communes et des départements dont le crédit ne vaut pas le sien et qui, par conséquent, payent l'argent plus cher qu'il ne le payerait s'il empruntait lui-même. La proposition dont nous parlons renverserait la situation, et l'Etat, au lieu d'emprunter par l'entremise des communes, deviendrait leur prêteur. Les auteurs du projet ont trouvé pour réaliser leur idée un moyen fort ingénieux La caisse qu'ils veulent créer serait administrée par la Caisse des dépôts et consignations, qui pour l'alimenter prendrait les fonds des caisses d'épargne qu'elle a en dépôt. Le résultat serait de pousser les communes et les départements à emprunter, par l'appât du crédit à bon marché et sans limite que l'Etat leur ouvrirait. Croit on qu'il soit nécessaire de les encourager ainsi à s'endetter? Trouve-t on qu'ils ne sont pas assez engagés dans cette voie ?

LES ENGRAIS CHIMIQUES

(4e article.)

Composition des plantes.

Pour faire une application intelligente et raisonnée des engrais, il ne suffit pas de connaître la composition de son sol, il faut en outre se rendre un compte exact de la composition des plantes. Cette étude a été habilement faite par divers chimistes. En voici un extrait pour quelques-unes des récoltes les plus communes :

1,000 parties contiennent :

		Azote.	Acide phosphorique.	Potasse.
Avoine	Grain	19	7	4
	Paille	3	2 25	14
Blé....	Grain	21	11	6
	Paille	3	4	10
Orge...	Grain	21	10	6
	Paille	3	1 25	12
Betteraves à sucre (racines)......		2 50	1 75	4
Pommes de terre (tubercules)...		3 60	1 20	5
Colza (graine)...		33	8 50	11
Trèfle (sec)......		16	6 50	22
Luzerne (sèche)..		19	5	11
Fèves (graine)...		50	10 50	13
Pois id. ...		38	9 50	11
Haricots id. ...		39	11	19
Fumier de ferme.		4	4	6

De semblables données étant acquises, il faut faire le compte de chaque genre de terre, de chaque genre de récolte, puis baser là-dessus la quantité de substances à appliquer au sol en vue des restitutions convenables.

RESTITUTION DE L'AZOTE.

Par rapport à l'azote, une restitution complète par les engrais n'est pas toujours nécessaire.

En effet, il a été démontré par la chimie que l'argile, l'humus, l'oxyde de fer, ces trois éléments du sol arable, réunis, sur la propriété de former dans la terre, sous l'influence de l'humidité et des agents atmosphériques, une certaine quantité de substance azotée ammoniacale.

On a également reconnu que les terres qui contiennent de la potasse, de la soude, de la chaux possèdent souvent la faculté de formes des nitrates (ou sels azotés), de soude, de chaux et de potasse, au moyen d'une absorption d'azote atmosphérique. Ajoutons que les pluies ramènent constamment sur le sol un peu de substance azotée ammoniacale. Les orages y portent, en outre, de l'acide nitrique ou azotique dont la formation est due aux décharges électriques des temps orageux.

Aussi, voyez comme après une pluie d'orage, quand l'air a été longtemps chargé d'électricité, comme la végétation devient active tout à coup. C'est que les plantes profitent alors d'un supplément de nourriture azotée. Il se fait aussi, très probablement, absorption directe d'azote atmosphérique par diverses plantes, notamment par les végétaux de la classe des légumineuses, tels que : luzernes, trèfles, fèves, etc.

Pour toutes ces causes réunies, il n'est généralement pas nécessaire de donner aux céréales graminées, telles que blé, avoine, orge, non plus qu'au colza et au chanvre, plus des 4/5 de l'azote qu'on découvre dans leur composition.

Aux betteraves, aux carottes, ou bien aux pommes de terre, aux navets, on peut généralement ne pas en donner plus de moitié. Enfin, il ne faut compter aucune restitution d'azote en faveur des légumes secs tels que fèves, pois, haricots, lentilles ; ni en faveur des plantes fourragères de la famille des légumineuses : luzerne, sainfoin, trèfles, lupuline, vesce, gesse.

Cependant, si la terre est très pauvre en substance azotée, il convient d'en apporter une certaine dose, lors de la semaille des plantes légumineuses ci-dessus nommées. Leur première végétation devient plus vigoureuse. L'azote que l'on donne ainsi à ce genre de végétaux se retrouve plus tard dans le sol au profit des récoltes subséquentes.

Il y a plus, si les végétaux légumineux occupent le sol plusieurs années, leurs débris enrichissent la terre de matière azotée. Voilà encore une source d'azote dont il faut tenir compte.

Au sujet de l'azote, voici une dernière considération fort importante :

Un excès de cette substance relativement aux autres éléments tend à développer chez les végétaux une exubérance de feuillage, sans que la santé, la force et la production finale soient en rapport avec cette apparence de vigueur. Les blés versent, les lins sont rouillés, les pommes de terre, les betteraves, la vigne sont atteintes de maladie ; les navets abondent en feuilles, mais leurs racines ne grossissent pas.

Les terrains défrichés depuis peu de temps présentent souvent cette particularité remarquable, à laquelle, dans ce cas, contribue aussi, sans doute, la surabondance d'humus ou de matière carbonée.

L'emploi excessif des engrais très azotés, tels que : fumier de mouton, guano, matière fécale, détermine ce genre de mal connu en Angleterre sous le nom de *maladie du guano*, parce que l'abus du guano y a souvent donné lieu.

Ceci conduit à poser en règle que la restitution de l'azote doit se faire avec prudence, et qu'ici, comme en tant d'autres choses, le mieux est l'ennemi du bien.

A bientôt la nomenclature des engrais azotés.

Charles GOSSIN.

Culture du blé en lignes intermittentes.

On a souvent dit : quand on tient une vérité on ne saurait jamais trop y revenir. Nous trouvant en présence de faits qui parlent d'eux-mêmes, nous prions donc nos lecteurs de nous pardonner certaines redites, que nous croyons devoir reproduire pour les personnes qui n'ont pas pris connaissance de nos dernières communications.

Le but que nous nous proposons est le suivant :

Produire des récoltes plus abondantes et de meilleure qualité, tout en dépensant moins, soit par l'emploi de formules fertilisantes économiques et convenablement proportionnées, soit par l'application de tous autres procédés culturaux.

Ce qui suit doit être considéré comme le compte-rendu de nos expériences comparatives sur blé en 1891.

ENGRAIS COMPARÉS.

Les dispositions des carrés d'expériences, dont nous avons fait l'exposé dans nos notices publiées récemment, ont été pour nos blés Dattel et de Mars, les mêmes que celles prises pour les prairies et pommes de terre.

Le n° 1 avec une dépense de 120 francs à l'hectare, pour engrais complémentaire composé de kaïnit, plâtre, phosphate, sulfate de fer, cendre pyriteuse.

Le n° 2 est le témoin, il n'a reçu que la même dose de fumier de ferme que les autres carrés ; dépense : 0.

Le n° 3 avec 120 fr. engrais complémentaire et 140 fr. engrais chimique classique (potasse, azote, acide phosphorique). Total : 260 fr.

Le n° 4 avec engrais chimique classique pour 140 francs.

Nos pesées comparées, très nombreuses, mais trop longues à exposer en détail et par chiffres nous ont fourni des renseignements précieux, que nous croyons utile de résumer et de compléter par des déductions auxquelles nous avons été amenés par l'enchaînement des faits observés.

L'emploi de tout engrais chimique ou formule composée produit des accroissements de récolte, mais peut, comme nous l'avons déjà constaté, laisser un déficit en argent.

Le n° 1 est en boni à peu près partout.

Le n° 4 est plus souvent en déficit que le n° 3, lequel, tout en donnant un produit supérieur en poids au n° 1, laisse un boni qui est cependant inférieur à celui-ci, le tout défalcation faite des dépenses supplémentaires appliquées aux trois numéros 1, 3, 4.

Les résultats, il faut le reconnaître, sont moins nets que ceux accusés par les prairies et pommes de terre ; ils sont cependant assez significatifs pour être considérés, pour en être la confirmation.

Evidemment, la mobilisation de la potassse et probablement aussi de l'azote contenus dans le sol, par l'action des sels de fer et d'alumine savamment constatée par les expériences analytiques du directeur de la station agronomique de l'Aisne, en est la principale cause.

Nous n'avons pas à insister sur ce point spécial qui a été traité et précisé ailleurs aussi bien au laboratoire que dans la pratique agricole par nos expériences de ces quatre dernières années, toutes donnant des résultats conformes. Nous dirons seulement que les essais de Montreuil sur blés, tout récemment terminés, accusent, par hectare, en chiffre rond, un boni de 40 francs pour le sulfate de fer aussi bien que pour la cendre pyriteuse.

Pour cette première opération, concernant la culture du blé, il est donc notoire qu'une amélioration importante peut être réalisée en employant comme complément des engrais classiques ordinaires, certains agents fertilisants, économiques, passés de mode ou trop négligés jusqu'ici tels que chaux, soude, magnésie, oxydes de fer, alumine... sous formes de sulfates, chlorures et même de carbonates.

Ici il est utile de faire observer que, dans les mélanges fertilisants, pour tirer de la cendre pyriteuse les excellents effets observés à Montreuil, il est absolument indispensable qu'elle ait été convenablement effleurie, extraite à l'avance, souvent retournée pour en opérer l'oxydation et conservée dans des conditions qui, le plus souvent, ne sont pas assez observées dans les cendrières.

SEMIS A LA VOLÉE, EN LIGNES. — ÉCONOMIE DE SEMENCE. — ESPACEMENTS.

La vieille pratique des semis à la volée que l'on délaisse de plus en plus en vue d'économiser sur la semence et d'obtenir de plus gros rendements, exigeait par hectare l'emploi de 150 à 200 kil. de grains pour en tirer 6 à 8 fois la semence.

En lignes continues, variant entre 0m17 et 0m22 de distance, il n'en faut plus que 80 à 100 kil. produisant un rendement supérieure représentant 20 à 40 fois la semence.

Il y avait là un réel progrès demandant à être complété par un autre plus important encore.

Nous avons tous entendu affirmer par les princes de la science agronomique qu'il est possible de réduire de plus de moitié cette quantité déjà très réduite.

M. de Vilmorin a employé 40 kilogrammes par hectare en écartant les lignes et en a obtenu d'excellents résultats, soit environ 100 fois la semence. M. Grandeau a démontré ce qu'il était possible de tirer d'un seul grain de blé isolé, soit plus de 3,000 fois la semence.

En nous appuyant sur ces données et en poursuivant, dans nos carrés comparatifs, nos recherches sur les formules fertilisantes les plus économiques et les plus efficaces, nous avons opéré des semis suivant des espacements divers nous permettant de présenter des observations que nous croyons utile de faire connaître aux intéressés.

Nous considérons que les lignes non interrompues, espacées de 0m25, nous auraient donné de très bons rendements, si elles n'avaient pas été culbutées par la grêle et les ouragans de l'été.

Nous n'avons pas observé des distances intermédiaires entre 0m25 et 0m50, mais ce qui est certain, c'est que ces dernières, également sans intermittences, n'ont pas mieux résisté que les premières.

Nous avons obtenu une force de résistance vraiment remarquable et une rigidité de tiges semblant défier toutes les intempéries, en opérant, sur ces lignes écartées de 0m50, des intersections de 0m25, 0m35 et 0m50, de manière à ne laisser végéter que 1 ou 2 pieds, c'est-à-dire les produits de 1 ou 2 grains, soit 4 à 6 touffes par mètre superficiel.

(*A suivre.*) E. FISCHER.

LE LAVAGE DES MARCS

Le marc de raisin, pressé ou non, contient encore du vin en proportion plus ou moins grande. On a essayé d'utiliser ce vin de diverses manières, notamment en fabriquant des eaux-de-vie ou des piquettes ; nous ne nous occuperons que de ces dernières.

Ordinairement, on mélange le marc avec de l'eau, on laisse macérer et l'on presse, d'autres versent l'eau avec une pomme d'arrosoir à la partie supérieure du tonneau plein de marc, qui subit ainsi un lavage particulier. Bien que cette méthode paraisse supérieure à la première, elle ne permet pas d'épuiser le marc et ne fournit jamais, dans les conditions les plus favorables, que des vins fortement mouillés, d'une conservation très problématique.

Le procédé suivant donnera des résultats de beaucoup supérieurs, sans qu'il soit nécessaire d'employer d'autre matériel que les vases vinaires courants.

Le marc pressé ou non sera modérément tassé dans des tonneaux, transports ou foudres défoncés, suivant les quantités à traiter. Ces récipients recevront un double fond percé de trous et placé à une distance variant de 5 à 20 centimètres du fond que l'on a conservé au tonneau.

Un entonnoir à long col descendra au-dessus du double fond de chaque tonneau et un robinet de décharge placé de 5 à 20 centimètres du bord supérieur, permettra l'écoulement des liquides.

On aura soin en chargeant les tonneaux, d'arrêter la couche de marc au-dessous de la décharge par les robinets.

Plusieurs tonneaux ainsi remplis seront disposés en échelons sur un bâti spécial ou simplement sur la terre entaillée, et de telle sorte que les robinets soient au-dessus des entonnoirs. Le tonneau du haut étant plein d'eau froide, on ouvrira modérément le premier robinet ; le liquide en s'écoulant se rendra à la partie inférieure du second tonneau et viendra mouiller le marc de bas en haut. Le vin contenu dans ce marc, spécifiquement plus léger que l'eau, sera refoulé à la partie supérieure et finira par s'écouler et ainsi de suite.

Dans la pratique, il y aura bien un peu de vin mélangé à l'eau, mais le vin mouillé rencontrant du marc nouveau sur son passage s'enrichira de plus en plus. Le liquide, déjà très vineux, coulera et, passant de bas en haut successivement dans les tonneaux, coulera *finalement, à l'état de vin presque complètement* pur, dans le réservoir destiné à recueillir les produits.

Quand le liquide, qui passe, n'offre plus de couleur sensible ou de sapidité, on enlève le second tonneau, on avance le premier jusqu'au-dessus de la seconde ouverture, et le second tonneau étant de nouveau rempli de marc neuf, vient prendre la place du broc. On peut, de la sorte, suivant que l'on dispose d'un emplacement propice et d'une grande quantité de marc, continuer assez longtemps ce roulement sans interrompre l'opération et avec un nombre de récipients très limité.

Quand on n'aura plus de nouveau marc, le liquide *vineux s'affaiblira et devra passer* à la chaudière ; on obtiendra ainsi une eau-de-vie bien supérieure à l'eau-de-vie de marc, tant au point de vue hygiénique que par la finesse de son arome.

L'opération sera conduite sans interruption, afin d'éviter l'acétification si rapide en Algérie et dans le Midi.

Les tuyaux plongeurs des entonnoirs peuvent, ainsi que les robinets, être remplacés par de simples roseaux et les doubles-fonds par des cailloux roulés ou de la paille longue.

Le nombre des fûts peut évidemment être augmenté, si l'on veut épuiser plus complètement le marc, mais alors il faut conduire plus rapidement l'opération.

L'INVASION DES FARINES AMÉRICAINES

Depuis le mois de juillet dernier, l'importation des farines américaines a pris une extension considérable.

Tandis que cette importation a varié annuellement dans la période de 1877 à 1890, dans des limites peu étendues dont le maximum est de 29,990 quintaux en 1884, elle s'est élevée :

Pour le mois de juillet 1891 à 20,878 quintaux
Pour le mois d'août à..... 34,577 —

L'importation mensuelle dépasse le maximum de l'importation annuelle d'autrefois.

Quels sont les motifs de ce fait ?

1° En raison de la récolte exceptionnellement bonne des Etats-Unis et de la récolte exceptionnellement mauvaise de la France par suite des rigueurs de l'hiver dernier dans notre pays, le blé américain se vend chez nous, avec le droit de douane réduit à 3 fr. les 100 kilog., le même prix que le blé français, généralement de moindre qualité.

2° La farine américaine introduite en France est un produit de luxe avec extraction maxima de 50 0/0 de telle sorte qu'un quintal de farine correspond au moins à deux quintaux de blé.

Par ces deux motifs, les Américains ont intérêt à nous envoyer de la farine plutôt que du blé, avec les droits de douane que nous avons établis sur la base du rendement de 70 0/0 en farine.

En effet, les frais de transport du blé et de la farine, du moulin américain au port d'embarquement, sont en moyenne de..... 1 fr.
Du port d'embarquement au port français .... 3 fr.
Total........... 4 fr.

Il paraît que les Compagnies de chemins de fer américains, dans le but de tirer un meilleur parti des terrains qui leur sont concédés le long de leurs lignes, amènent franco le blé au moulin lorsqu'on leur assure la réexpédition des farines pour l'exportation.

Deux quintaux de blé ont donc à supporter comme transport du pays de production en France........................ 8 fr.
Plus les droits de douane à raison de 3 fr. le quintal..................... 6 fr.
Total............... 14 fr.

Un quintal de farine correspondant à ces deux quintaux de blé aura à payer pour transport................................ 4 fr.
Pour droits de douane............. 6 fr.
Total............ 10 fr.

Soit une prime de 4 fr. pour expédier de la farine plutôt que le blé correspondant.

Si le droit de douane était de 5 fr. sur le blé et de 8 fr. sur la farine, suivant les prévisions établies à partir du 1er juin prochain, les frais de transport et de douane pour deux quintaux de blé seraient de..................... 18 fr.
Les mêmes frais pour un quintal de farine correspondant seraient de...... 12 fr.
La prime pour expédier de la farine au lieu du blé serait de.............. 6 fr.
encore plus forte que dans le cas précédent.

Cette situation peut causer un grand préjudice à la meunerie française, l'une des plus importantes industries de notre pays, qui traite annuellement des matières premières d'une valeur d'environ 2 milliards de francs, et qui depuis les expériences de mouture de 1884 a dépensé des sommes considérables pour la transformation de ses moulins. Elle est également préjudiciable à notre agriculture, dont les intérêts sont solidaires avec ceux de la meunerie parce que : 1° la ruine de la meunerie entraînera la mévente de son blé ; 2° avec le développement de l'importation des farines, les sons nécessaires à la nourriture de ses animaux deviendront plus rares et seront plus chers.

Enfin, elle est préjudiciable à notre indépendance nationale, qui exige que nous conservions nos moulins pour traiter le blé que nous pouvons produire en temps normal en quantité suffisante pour notre consommation.

Il y a urgence d'y remédier en augmentant le droit de douane sur la farine, qui a été établi sur une base fausse, 1° en ne donnant pas à l'industrie meunière la même protection qu'aux autres industries ; 2° en supposant que les farines importées représentent une extraction de 70 0/0 du blé, tandis qu'en réalité le maximum d'extraction est de 50 0/0.

En consultant le tableau des douanes sur l'importation de la farine, on peut voir que plus de la moitié des farines importées consistent en farines de luxe de Hongrie, auxquelles viennent s'ajouter cette année des farines américaines de même sorte.

L'arrêt à l'importation de ces farines de luxe ne peut porter aucune atteinte à l'alimentation des classes ouvrières.

Nous demandons donc que le droit de douane soit ainsi modifié :

1° Mettre un droit fixe de 5 fr. par quintal qui sera nécessaire si, par hasard, par suite de l'amendement de M. Bernard Lavergne, le droit sur le blé était supprimé, pour que dans ce cas on n'ait pas intérêt à nous envoyer des pays étrangers de la *farine plutôt que du blé*, ainsi que cela se pratique pour les envois d'Amérique en Angleterre dans des *proportions de plus en plus considérables*. Ce droit de 5 fr. représente 15 0/0 de la valeur du produit et n'est pas exagéré par rapport à la protection accordée aux autres industries ;

2° Additionner à ce droit fixe de 5 fr. le double du droit établi sur le blé, parce que les farines importées sont généralement des farines de luxe extraites au maximum à 50 0/0.

Nous demandons à la Chambre des députés de modifier au plus tôt d'après ces bases le droit sur la farine, c'est-à-dire, avec le droit sur le blé réduit à 3 fr., d'inscrire pour la farine un droit de 11 fr.

Nous demandons au Sénat de modifier d'après les mêmes bases le tarif général soumis à ses discussions, c'est-à-dire d'établir, avec le droit de 5 fr. sur le blé, le droit de 15 francs sur la farine.

E. GATELLIER,
Président du Comice de Meaux,
Membre de la Société nationale d'Agriculture.

LES VIANDES AVARIÉES A PARIS

On sait que malgré la surveillance exercée dans les abattoirs, halles, marchés, etc., des viandes de mauvaise qualité sont journellement livrées à la consommation. Un statisticien vient à ce propos de publier un ouvrage qui explique comment ces viandes parviennent à échapper au contrôle de l'administration.

Qu'une bête meure de phtisie, de cachexie aqueuse, de la clavelée, de ladrerie, de la rage, du farcin, de la morve, de la fièvre charbonneuse ou typhoïde, que cette bête s'appelle bœuf, veau, cheval, mouton ou porc, qu'elle soit volaille ou gibier, les industriels parisiens savent toujours en débarrasser à temps le propriétaire.

Le menu fretin se débite aisément, et nombreux sont les marchands de comestibles ou de volailles ayant toujours à la disposition des bourses légères, ou d'un naïf, une belle pièce avariée, mais agréablement *préparée*... pour quelques heures. La méthode est simple : à cet effet, l'acide sulfureux, les phénols, l'acide salicylique, le borax ou le salpêtre, le tout au choix et ingénieusement employé, agrémente la marchandise de la meilleure façon. Le client satisfait paie et s'en va manger un produit où la composition chimique fait une sérieuse concurrence à la décomposition animale.

Pour la viande dite de boucherie, l'initiative privée a fait place à l'entreprise. Il s'est formé des sociétés, sans commandite, qui exploitent sur une vaste échelle l'animal mort de maladie, l'introduisent tout débité dans Paris, en payant scrupuleusement les droits d'octroi au paterne gabelou et le débitent aux restaurants à 90 centimes et même au dessus.

Les animaux malades sont tirés hors de Paris, réunis en un lieu choisi où on les abat pour les y débiter ensuite. Leur viande est immédiatement rafraîchie par l'un des procédés indiqués plus haut.

Voilà ce qui explique comment on peut trouver d'aussi jolies portions dans certains restaurants à bas prix.

Inondations, reboisement, tarifs douaniers

L'une des principales causes des inondations, qui viennent si souvent semer l'épouvante et la ruine au milieu des populations, est assurément le déboisement.

Il est certaines remarques que tout le monde peut faire et qui viennent confirmer mon assertion.

Ainsi, lorsque l'eau tombe sur un arbre, elle est arrêtée par les feuilles qui en absorbent la plus grande partie, puisque très souvent la terre est complètement sèche sous l'arbre et mouillée en dehors.

Si elle n'est pas absorbée en totalité, le surplus, dont le choc a été amorti par les feuilles ou par les branches, si il est dénudé, tombe doucement par goutelettes ou par suintement le long du tronc et s'infiltre dans le sol qui, par sa composition de détritus de toutes sortes est presque toujours spongieux sous les arbres.

Si, au contraire, rien ne se trouve pour amortir le choc de l'eau, il arrive que, par la force de projection, elle fait en tombant jaillir la terre, la délaye et peu à peu finit par déraciner le gazon, de petites fissures se forment et s'élargissent pour livrer passage à l'eau qui va former le torrent.

Autre remarque : lorsqu'on reçoit une averse en rase campagne, on semble recevoir une grêle de plombs sur les épauves et on voit l'eau battre la terre avec un bruit de crépitement, et courir immédiatement sans avoir pu s'infiltrer dans le sol battu et durci.

Si, au contraire, pour éviter l'averse, on se met à l'abri sous un arbre, on en sort souvent sans avoir reçu une goutte d'eau ; les feuilles ont donc tout absorbé.

J'ai dans mon jardin de gros opiccas sous lesquels la pluie ne tombe presque jamais.

Il est donc clairement démontré que les arbres absorbent les eaux et amortissent le choc de celles qu'ils n'absorbent pas de manière à les rendre presque inoffensives par l'infiltration dans les terres.

De tout cela on peut conclure que si les terrains où se forment les torrents étaient couverts de bois, les torrents ne se formeraient pas et conséquemment les inondations ne se produiraient pas avec autant de violence.

Le reboisement est donc le seul remède contre ce fléau.

Mais avant de se mettre à l'œuvre, on doit étudier avec soin la nature des terrains si on veut éviter les mécomptes et les pertes d'argent.

Il faut donner à chaque essence les terrains qui lui conviennent.

Les essences forestières sont nombreuses, mais je ne parlerai que des quatre que je cultive avec succès : le chêne, le pin maritime, le pin sylvestre et le peuplier suisse blanc dit eucalyptus.

Le chêne prospère dans les terres saines, argileuses, à sol profond.

Le pin maritime dans les terres arides et sablonneuses.

Le pin sylvestre dans les terres mouillantes à sous-sol imperméable.

Et le peuplier suisse blanc dans les ravins, sur les remblais, sur le bord des torrents pour en défendre les rives, sur les terres remuées ou amoncelées par les eaux et dans les terres marécageuses ou tourbeuses.

Il ne faut jamais planter ni chêne, ni pin maritime dans les terrains bas.

Le chêne devient gélif neuf fois sur dix, et lorsqu'il est gélif il n'est bon qu'à brûler et souvent à l'âge de cent ans, il n'a pas la valeur d'une peuplier suisse blanc de trente ans.

Et le pin maritime s'arrête et meurt aussitôt qu'il trouve le niveau de l'eau.

J'ai donné, dans de précédents articles, des indications sur les modes de culture de ces quatre essences.

Il est une autre raison qui doit pousser au reboisement, c'est l'augmentation considérable qui vient de se produire, en prévision des tarifs douaniers, sur les prix des bois des forêts de l'Etat. Cette augmentation, qui ne peut manquer de se répercuter sur les bois des particuliers, s'est produite *du nord au sud, de l'est à l'ouest*. Elle s'est élevée dans quelques départements jusqu'à 20 et 25 pour cent.

Elle s'accentuera davantage si les tarifs douaniers sont assez élevés pour arrêter l'importation des bois étrangers. Il ne faut pas perdre de vue que chaque année, depuis longtemps, il a été tiré de nos poches environ 250 millions pour acheter à l'étranger des bois que nous produisons chez nous en quantité suffisante pour les besoins de notre marché.

Cette déplorable manière de procéder a eu pour résultat :

En premier lieu : d'avilir les prix de nos bois qui ont baissé de 30 0/0 au moins.

En second lieu d'entraver l'œuvre du reboisement (il n'y a pas encore longtemps on disait : à quoi bon repoiser puisqu'on ne trouve pas à qui vendre les bois).

Et en résumé de nous appauvrir pour enrichir nos voisins.

Mais, pour ne pas être condamnés dans l'avenir à recourir à l'importation étrangère, on doit se mettre en mesure de pouvoir alimenter le marché français des bois qui lui sont nécessaires.

Pour cela, il faut donc reboiser.

Et toujours reboiser.

C. Sarcé,

Ancien notaire, Membre de la Société des Agriculteurs de France.

Pontvallain (Sarthe), 12 novembre 1891.

FABRICATION DU CIDRE

Sucrage des moûts.

L'année a été pluvieuse et beaucoup de pommes ne peuvent arriver à maturité complète ; il y a lieu, en cette circonstance, de recourir au sucrage.

En effet, lorsque les cidres contiennent moins de 5 à 6 0/0 d'alcool, ils ne peuvent se conserver et sacétifient rapidement. Or, cela a lieu toutes les fois que les fruits sont insuffisamment mûrs, ou lorsqu'on emploie seules des variétés de pommes pauvres en sucre.

Le jus de pommes, pour donner un cidre capable d'une bonne conservation, doit marquer de 9 à 10° à l'aréomètre Baumé. Ce cidre, sa fermentation achevée, contiendra de 5 à 6 0/0 d'alcool. Il arrive, dans les cas que nous avons prévus, que les jus de pommes pèsent 5 à 6° Baumé seulement, et quelquefois moins. Le cidre provenant de ces jus contiendra de 4 à 4 1/2 0/0 d'alcool, et ne saurait se conserver, à moins qu'on n'élève sa teneur en alcool par le sucrage.

En ajoutant 17 à 18 grammes de sucre par litre on augmentera la richesse alcoolique de 1 0/0 environ. C'est-à-dire que si l'on veut augmenter la richesse en alcool de 1, 2 ou 3°, il faudra ajouter 1 fois, 2 fois, 3 fois 18 grammes de sucre.

Lorsque le moût s'échappe du pressoir, il faut donc prendre sa densité. Pour cela on filtre une petite quantité de ce moût au travers d'un linge fin, puis, après avoir versé dans une éprouvette la liqueur filtrée, on y plonge l'aréomètre, et on lit la densité au point de l'affleurement du liquide sans tenir compte du ménisque, c'est à dire de la petite surélévation du liquide au contact de l'aréomètre.

Si le moût pèse seulement 6° Baumé, il faudra ajouter au moins 34 grammes de sucre par litre.

Cette adjonction doit se faire avant la fermentation, c'est-à-dire pendant qu'on remplit le fût où doit fermenter le moût. On fait dissoudre la quantité de sucre à ajouter et on verse dans le fût.

On ne doit employer que des sucres purs de canne ou de betterave ; la glucose coûte meilleur marché, mais peut communiquer au cidre un mauvais goût ; elle a du reste l'inconvénient de noircir le cidre à cause de la petite quantité d'acide sulfurique qu'elle contient souvent. Il faut employer du sucre non raffiné qui coûte meilleur marché ; le sucre n° 3 type de Paris est le plus favorable.

Le sucre destiné au sucrage des moûts est dégrevé en partie ; la régie ne perçoit qu'une taxe de 25 fr. par 100 kilog.

Pour obtenir cette réduction de droits, nous rappelons qu'il faut fournir d'abord la demande d'autorisation pour dénaturer à domicile les sucres à taxe réduite, adressée au directeur ou sous-directeur des contributions indirectes, quinze jours au moins avant la récolte, et établie sur papier timbré.

Ensuite le certificat du maire faisant connaître l'importance approximative de la récolte.

Il est accordé, au maximum, 19 kilogs de sucre pour 5 hectos de pommes ou 2 hectos de cidre.

L'opération de dénaturation ne doit s'effectuer

qu'après fixation du jour avec les employés de la régie. Toute dénaturation à domicile doit comporter l'emploi au minimum de 100 kilogs de sucre.

Les récoltants qui ne doivent mettre en œuvre qu'une quantité de sucre inférieure à 500 kilogs et qui veulent dénaturer au dépôt peuvent se borner à faire consigner leur demande sur un bordereau collectif.

Nouvelles agricoles.

Un meeting de viticulteurs à Perpignan. — Un meeting d'environ 3,000 viticulteurs roussillonnais, comprenant des délégués de toutes les communes du département, s'est réuni à l'Hôtel de Ville de Perpignan. L'assemblée a adopté à l'unanimité l'ordre du jour suivant :

« La réunion, considérant que les droits votés par la Chambre des députés sont inférieurs à ceux perçus par les autres nations, et que dès lors ces droits ne peuvent être considérés, ni par l'*Espagne, ni par aucune puissance*, comme un acte d'hostilité, puisque ces nations auront plus d'avantages à expédier leurs vins en France avec les nouveaux tarifs qu'à les importer dans d'autres pays ; considérant que des droits sont indispensables pour éviter la dépréciation de la propriété, de permettre au commerce de faire face à ses engagements et pour assurer le salaire des ouvriers, prient le Sénat de donner son approbation aux nouveaux droits de douane sur les vins étrangers votés par la Chambre et invitent les députés et les sénateurs du département à retirer leur confiance au ministère s'il demandait un abaissement de ces droits. »

La réunion *adopte en outre un nouvel ordre* du jour invitant M. Emmanuel Arago, sénateur, ambassadeur à Berne, à venir soutenir les vœux du département au Sénat, sous peine de *forfaire* à son mandat et être considéré comme démissionnaire par ses électeurs.

Encouragement à l'industrie laitière. — La Société française d'encouragement à l'industrie laitière a décidé de mettre au concours une série de monographies traitant du *lait*, de la fabrication du *beurre* et de la fabrication de chaque nature de *fromage*.

Ces monographies feront chaque année l'objet de concours distincts et successifs. Le premier de ces concours est dès aujourd'hui ouvert et comprend une *monographie sur le lait*.

Un prix de 500 fr. et un diplôme d'honneur seront attribués au mémoire reconnu supérieur par le jury.

Les manuscrits devront être adressés au secrétaire de la Société, 33, rue Jean-Jacques Rousseau, avant le 15 décembre prochain.

Le gibier d'eau arrive. — De tous les marais, nos amis nous annoncent les passages de bécassines, peu abondants malheureusement.

Les canards et les sarcelles commencent à peine leur migration.

Les râles sont en plein passage.

Société d'Agriculture de la Nièvre. — *Syndicat des agriculteurs nivernais.* — — L'adjudication de la fourniture des engrais chimiques pour la saison de printemps 1892 à faire au Syndicat des agriculteurs nivernais aura lieu le samedi 19 décembre prochain, à une heure du soir, à Nevers, dans une des salles de la Société d'Agriculture, place de la Halle.

Pour avoir connaissance des conditions de l'adjudication, on est prié de s'adresser à M. Saglio, vice-président du Syndicat agricole, à Fourchambault (Nièvre), ou à M. G. Vallière, secrétaire de la Société d'Agriculture de la Nièvre, à Nevers.

Les distilleries agricoles de pommes de terre. — M. Charles Michon, distillateur à Crépy (Oise), a recherché quel est le prix de revient comparatif de l'alcool produit par le cultivateur dans une distillerie agricole avec la pomme de terre à 20 0/0 de fécule et avec la betterave à 6 degrés de densité, ou, en d'autres termes, quel est le bénéfice à retirer d'un hectare de pommes de terre comparé à celui qu'on peut retirer d'un hectare de betteraves, et cela pour des terres de même valeur.

En mettant en lignes pour chaque cas, les frais de culture, les dépenses de distillation et les recettes en alcool et sous-produits, M. Michon conclut qu'un hectare de pommes de terre laisse un bénéfice net de 321 fr., tandis qu'un hectare de betteraves ne fait ressortir qu'un bénéfice de 6 fr.

M. Michon cultive la pomme de terre Richter's Imperator dans de mauvaises terres, extrêmement légères, où il ne met pas de fumier, mais seulement de l'engrais chimique ainsi qu'il suit :

Engrais potassique organique contenant 3 0/0 azote, 2 1/2 0/0 d'acide phosphorique, et 8 à 10 0/0 de potasse.	500 k.
Scories de déphosphoration........	300
Superphosphate minéral à 15 0/0 d'acide phosphorique........	300

semés au moment de la plantation, et, lorsque la pomme de terre est bien levée, il ajoute en couverture 250 kil. de nitrate de soude mélangés à 200 kil. de sulfate de chaux.

Il obtient ainsi un rendement qui s'est élevé jusqu'à 35,000 kil. à l'hectare l'an dernier, mais qu'on peut en moyenne évaluer à 20,000 kil.

CONSEILS DU JARDINIER

LA FUMURE DES ARBRES FRUITIERS.

Beaucoup de personnes ne se préoccupent guère de fumer les arbres fruitiers, les unes par indifférence, les autres à cause des difficultés à se procurer des engrais souvent très chers, et même d'autres encore se figurant que ces végétaux peuvent s'en passer. C'est une grave erreur ! les engrais bien administrés rapportent au-delà des dépenses qu'ils peuvent occasionner : on peut juger de la différence de production par les arbres se trouvant dans des parties de terrain fumées, terres à céréales, ou vergers entretenus, et ceux poussant dans des parties non soignées.

La difficulté de transporter des engrais naturels sur les parties accidentées telles que flancs de collines, ou même éloignées des habitations peut se vaincre par l'emploi des engrais artificiels ou engrais chimiques.

Voici une formule qu'on fera bien d'appliquer dès le mois de novembre : on mélangera des parties égales de chlorure de potassium à 50 0/0 avec du superphosphate à 20 0/0, et on répandra le mélange sur l'espace occupé par l'extrémité des racines, c'est-à-dire sur le rayon occupé par le bout des branches pour les arbres à tige, à raison d'un kilogramme environ pour un gros arbre, en diminuant, selon la grosseur des sujets, jusqu'à 250 grammes, et on l'enfouira avec le croc, sans préjudice des engrais naturels, si on a occasion d'en répandre.

En février, on appliquera un nouveau fertilisant, le nitrate de soude, que l'on répandra sur le sol, car, comme pour le sulfate de fer qu'on donnera aux sujets peu vigoureux ou malades, il s'introduira en terre sous l'action des eaux pluviales.

La dose à employer est de 50 à 250 grammes par arbre, suivant sa force.

Le nitrate de soude poussant à la feuille, si les arbres en produisent beaucoup, on diminuera la dose pour forcer celle du premier mélange ; si c'est le contraire, on augmentera le nitrate.

CONSEILS A LA FERMIÈRE

RECETTE DOMESTIQUE POUR LA CUISSON DES LÉGUMES.

La recette suivante, qui est peu connue, a trait à la cuisson des légumes, notamment de ceux qui rentrent dans les Papilionacées, Pois, Haricots, Lentilles, etc.

Il arrive fréquemment que ces fruits légumiers cuisent mal, restent durs et secs, surtout quand ils sont vieux et que pour les faire cuire on n'a à sa disposition que de l'eau chargée de sel calcaire. Dans ce cas l'on sait que l'on a recours au carbonate de potasse. Ce procédé, bien qu'il n'ait rien de malsain, communique aux légumes une petite saveur fadasse et astringente qui déplaît. Eh bien ! il est un autre procédé qui produit les mêmes bons résultats, sans avoir les mêmes inconvénients. Au lieu de potasse, il suffit d'employer du sucre. Dans ce cas, outre que les légumes cuisent admirablement, ils acquièrent une saveur qui, unie à celle du sel de cuisine, est très agréable.

Nous ne prétendons pas innover ni en remontrer aux ménagères ; mais si quelques-unes ignoraient cette bonne chose, nous nous féliciterions de la leur avoir fait connaître.

UNE MÉNAGÈRE.

CONSEILS DU VÉTÉRINAIRE

FRACTURE DES CORNES.

Les fractures des cornes sont occasionnées par des coups contre les portes, les arbres, les barrières, par les combats des animaux entre eux, etc.

Dans ces conditions, la corne peut être détachée à la base et la cheville osseuse qui la porte être fracturée ; d'autres fois, la corne est seulement ébranlée et le cornillon reste intact.

Aussi, pour éviter ces sortes d'accidents, faut-il ne pas presser les animaux quand ils franchissent des portes, des passages étroits ; séparer les uns des autres ceux qui ont l'instinct batailleur.

Traitement. — Si la corne n'est qu'ébranlée, appliquer à sa base des cataplasmes avec :

Suie de cheminée tamisée........	250 gr.
Terre glaise humide...........	50 gr.
Eau, quantité suffisante pour faire une pâte.	

Ensuite, scier la corne en laissant un moignon de huit à dix centimètres pour fixer le joug.

S'il y a fracture complète, régulariser la plaie et arrêter l'hémorrhagie avec un tampon d'ouate imbibé de perchlorure de fer.

UN VIEUX VÉTÉRINAIRE.

CONSEILS DU VIGNERON

MÉTHODES POUR RECONNAITRE LES VINS NATURELS.

1re *méthode.* — Remplir un verre d'eau aux deux tiers, ensuite remplir un petit flacon de vin à éprouver.

Boucher le flacon avec l'index de la main droite ; plonger le goulot du flacon dans l'eau en retournant la main, de manière que l'index entre le premier dans l'eau, puis retirer doucement le doigt, de façon que le goulot trempe toujours.

Si rien ne sort du flacon, le vin est naturel. Si un filet rouge se détache de la fiole et va au fond, c'est que le vin n'est pas naturel.

Que ce soient vins d'eau sucrée, vins colorés ou plâtrés, etc., tout ce qui n'est pas « naturel » en un mot, le flacon se videra insensiblement.

2e *méthode*. — Remplir de vin et essayer un petit flacon que l'on place dans un verre plus haut que le petit flacon. Verser dans le verre de l'eau, de façon à ce que son niveau dépasse légèrement l'ouverture du flacon intérieur.

Si le vin est naturel, il sortira entièrement du flacon intérieur pour s'élever à la surface de l'eau ; s'il est artificiel, il restera dans le flacon.

3e *méthode*. — Ajoutez au vin un cinquième de son poids de glycérine; si le vin est pur, la glycérine ne tardera pas à se précipiter au fond en restant incolore ; si le vin est falsifié, la glycérine deviendra violette et rouge ; elle deviendra jaune pâle si le vin est coloré avec du campêche.

LE PÈRE LAVIGNE.

RECETTES DE LA CUISINIÈRE.

PATÉ DE LAPIN.

Désossez un lapin, coupez-le par membre et lardez-le, mettez-le dans une casserole avec sel, poivre, ail et ciboules hachés, un demi-verre d'eau-de-vie, un verre de vin blanc et du beurre, faites cuire à petit feu, dressez le lapin dans un plat, de manière qu'il ne paraisse faire qu'un seul morceau, qu'on donne comme entremets froid.

VICTOIRE.

AFFAIRES MILITAIRES.

Les périodes d'instruction en 1892

Le ministre de la guerre a désigné les classes de recrutement qui seront appelées à accomplir des périodes d'instruction dans le courant de l'année prochaine.

Feront vingt-huit jours, les réservistes des classes 1885 et 1882.

Treize jours, une partie des territoriaux des classes 1879 et 1878 et, pour diverses régions, certaines fractions de la classe 1880.

L'appel pour les deux catégories de périodes intéresse, en Algérie, les réservistes de toutes armes appartenant à la classe 1887, et une partie des territoriaux des classes 1879 et 1878.

Par suite de la création des quatrièmes bataillons et de l'arrivée des recrues, la garnison de Toul et du camp retranché atteint l'énorme effectif de 449 officiers et de 11,000 hommes de troupes de toutes armes.

POUR RIRE.

A l'école régimentaire du soir, un sergent plus chevronné que lettré fait la leçon :

— Récitez, blanc-bec !..

Le conscrit. — Indicatif présent, je m'ennuie.

Le sergent. — Tu t'ennuies.

Le conscrit. — Vous m'ennuyez !..

Le sergent. — Pas cela, conscrit !..

Le conscrit. — Nous vous ennuyons, vous nous ennuyez !..

Stupéfaction du sergent.

* * *

Le marquis de Bourse-Plate entre dans un cabaret de la rue Truffaut, se fait apporter une bouteille d'excellent vin, la vide tranquillement, puis s'approche du patron et lui dit, d'une voix émue et mystérieuse :

— L'avez-vous déjà payé, ce vin ?

— Parbleu ! si je l'ai payé ! En beaux écus, à mon marchand de Saint-Emilion !

— Ah ! cela me rassure. Il est payé. Bon. Je craignais de devoir le payer moi-même.

Ce disant, le marquis sort et reprend la route d'Asnières avec un flegme qui change le cabaretier en statue.

* * *

Dans une des dernières pièces représentées au Gymnase, l'acteur Marais devait emporter sa femme sur ses bras, scène très émouvante et qui fait couler bien des larmes.

— Ma pauvre femme, dit un monsieur, en s'adressant à une personne très forte placée dans une loge, si c'était toi, il me faudrait faire deux voyages !

PETITE POSTE.

M. de St-M... (Dordogne). — *Chemin rural.* — Vous exposer que, pour votre commodité personnelle, vous avez déplacé un chemin rural ; il est certain que c'est par vexation que la municipalité s'oppose à ce déplacement ; mais nous avons le regret de vous dire qu'elle a le droit strict pour elle. Un chemin rural est un chemin public ; il ne peut être ni aliéné, ni affecté à un service particulier, et son déplacement par un habitant serait un acte de propriété contraire à son caractère de publicité.

Mme V... (Allier). - *Egrénoirs de maïs.* — Oui, il existe des machines à égréner le maïs ; elles coûtent une trentaine de francs. Vous pourrez vous en procurer aux meilleures conditions par l'intermédiaire du *Crédit agricole*, 1, rue Marsolier, Paris.

Nous publierons prochainement un article sur la culture du maïs appropriée à la culture du centre.

M. G F... (Côtes-du-Nord). — *Pommes à cidre.* — Vous trouverez ces variétés chez Delavier, pépiniériste à Beauvais.

Moules à fromages. — Vous en trouveriez certainement à Saint Brieuc.

M. le vicomte de L... (Allier). - *Pommes de terre.* — La variété *Institut de Beauvais* est une des meilleures au point de vue du rendement et de la rusticité. Elle est demi-hâtive et, sans être de qualité supérieure, elle est très suffisamment bonne, même pour la cuisine. Elle est incomparablement meilleure que le *Chardon* et que la *Early rose* dont vous nous parlez, et qui n'a d'autre mérite que de précocité. *Institut de Beauvais* nous a donné des rendements de 40,000 kilog. à l'hectare. La *Richter Imperator* est aussi une très bonne variété, inférieure cependant à la précédente.

Vous trouverez de l'excellente semence de l'*Institut de Beauvais* chez M. Deslandre, à la ferme de la Fonderie, par Varenne-en-Argonne (Meuse), au prix de 12 fr. les 100 kil.

Pour la plantation, le mieux est de choisir des tubercules de moyenne grosseur et de les planter entiers. S'ils sont trop gros, les couper dans le *sens de longueur* huit jours avant la plantation ; laisser les tubercules à l'air ou les saupoudrer de plâtre pour que la plaie se cicatrice.

Engrais. — Demi-fumure de fumier de ferme *bien fait et consommé*, compléter par l'engrais suivant : Superphosphate de chaux, 200 kilog.; nitrate de potasse, 100 kilog.; sulfate de chaux, 100 kilog.

M. L... (Vienne). — *Phosphates.* — Aux phosphates du Lot, nous préférerions, comme plus assimilables, les phosphates de Quiévy (chez Delattre-Braban, rue Jacquemard-Grélée, à Lille). Vous êtes dans la bonne voie; vous n'avez qu'à persévérer.

Nous invitons nos lecteurs à faire voyager leur vin avant les grandes gelées et leur rappelons que tous ceux d'entre eux qui, sur nos conseils, ont bu le vin de M. VINCENT-ARDURA, viticulteur, domaine de la Chapelle-Frédignac, par Blaye-Bordeaux, y sont revenus. C'est le meilleur éloge qu'on puisse faire de ce vin naturel.

Envoi est fait gratuitement d'une bouteille de la récolte désignée pour dégustation sérieuse.

Vendanges : 1889, à 130 fr., 1888, à 140 fr., 1887, à 150 fr., 1885, à 175 fr., 1884, à 200 fr., 1881, à 250 fr., 1878, à 300 fr. — Graves blancs vieux à 160 fr., 170 fr. et 200 fr. les 225 litres, franco toutes gares. — Encaissement par le facteur.

OFFRES & DEMANDES.

Pour répondre au désir qui nous est exprimé, nous offrons à nos abonnés, sous cette rubrique, deux annonces gratuites pour les offres et demandes d'emplois, produits ou animaux à vendre ou à acheter, etc.

Les annonces qui suivront jouiront d'une réduction de 50 pour 100 sur les tarifs ordinaires.

Les demandes d'insertions devront être envoyées à l'administration, qui se chargera de les rédiger.

Ne pas négliger d'envoyer tous les renseignements nécessaires (joindre 2 timbres de 0 fr. 15).

Maison très sérieuse offre opération agricole fructueuse aux régisseurs et gérants de cultures.

S'adresser au bureau du Journal, aux initiales A. D. B. — N° 943-8.

Un cultivateur demande un ménage sans enfant, l'homme pour s'occuper des travaux de l'intérieur de la ferme et des champs ; la femme pour s'occuper de cuisine et des soins du ménage.

S'adresser au bureau du journal le *Progrès de l'Oise*, à Compiègne. — N° 5,061-4.

Guide pratique pour la culture du pommier et la fabrication du cidre. — 5 médailles. — 8e édition. — Prix, 2 fr. 50.

Chez l'auteur, M. BRASSART, à Fléchin (Pas-de-Calais). — N° 948-3.

Un jeune Luxembourgeois, 18 ans, ancien élève de l'Ecole d'Agriculture d'Ettelbrücken, famille honorable, désirerait passer quelque temps en France pour se perfectionner dans la langue française. Il désirerait être reçu comme pensionnaire dans une famille honorable ou chez un curé. En échange de l'hospitalité reçue, il rendrait les services qu'on lui demanderait. Il sait conduire les chevaux.

Excellentes références.

S'adresser à M. WAGNER, professeur à l'Ecole d'Agriculture d'Ettelbrücken (grand-duché de Luxembourg). — N° 949 3.

On demande à acheter dans un rayon rapproché de Romorantin (Loir-et-Cher) : 1° Un taureau de 15 à 20 mois, ou *Normand* ou *Charolais-Durham*, bon reproducteur; 2° une paire de bouvillons de 18 à 25 mois, race *Nivernaise;* 3° d'occasion : un rouleau Croskill du poids de 750 kil. environ, un brabant double à deux chevaux, une charrue ordinaire, une herse en fer à trois pliants pour deux chevaux, un coupe-racines à bras. — N° 950-2.

S'adresser à M. le comte de la Bourdonnaye, à la Clarinerie, par Romorantin (Loir-et-Cher).

A vendre d'occasion un cribleur Josse ayant servi un an, 70 fr., un pressoir Mabille presque neuf, 100 fr.

S'adresser à M. SÉZILLE, ferme de May, à Morienval (Oise). — N° 951-2.

Un ménage de cultivateurs, 38 ans, venant de terminer un bail, demande place de régisseur ou de contre-maître dans une ferme ou château.

La femme est bonne cuisinière.

Le ménage fournira de bonnes références.

S'adresser à M. FAUPEL (Pierre), à Chantoiseau, commune de Beaumont-les-Nonains, par Auneuil (Oise). — N° 952-2.

A VENDRE

20,000 kilog. de Betteraves fourragères

près Beauvais.

S'adresser au bureau du Journal.

N° 953-1.

REVUE FINANCIÈRE.

Jeudi et vendredi de la semaine dernière avaient été marqués par une reprise très accentuée, trop accentuée même, et qui par son exagération appelait inévitablement les réalisations et par conséquent la réaction.

Celle-ci ne s'est pas fait attendre et a coïncidé avec samedi et lundi, les jours qui, à tort ou à raison, sont considérés comme deux mauvais jours pour la Bourse. Mais il faut reconnaitre que la perte n'a nullement égalé le gain fait la semaine dernière ; il était resté bonne partie de ce dernier.

Mardi a succédé un retour à la hausse, raisonnable cette fois, qui malheureusement ne s'est pas perpétué sans difficultés et sans que les baissiers aient fait usage de tous les moyens à leur disposition pour s'opposer au retour offensif de leurs adversaires.

La chose était toute naturelle aux approches du règlement de fin de mois. Chacun des deux partis, naturellement, va s'escrimer de son mieux, l'un pour ramener, si possible, les beaux jours d'autrefois, l'autre pour conserver aussi longtemps que possible des avantages auxquels il tient d'autant plus qu'il a eu moins le temps de s'y habituer.

Dans ces conditions, on nous dispensera de chiffrer aucun cours, puisque les cours ont trop d'instabilité pour fournir une indication exacte. Mieux vaut passer en revue les rares faits qui ont une influence sur le taux de certaines valeurs.

Le Crédit Foncier et le Comptoir national d'Escompte ont enregistré quelques beaux relèvements qui cependant sont loin de les remettre aux magnifiques cours qu'ils ont connus jadis.

Pour l'un comme pour l'autre, il y a à ce fait une raison valable. Les esprits les moins prévenus estiment que ces deux établissements de premier ordre n'ont pas toujours agi de façon d'abord à éviter, puis à dissiper entièrement les soupçons et les craintes que certaines divulgations, pour exagérées et passionnées qu'on les suppose, avaient fait légitimement concevoir. L'établissement de la rue des Capucines aurait échappé plus facilement aux critiques s'il n'était pas notoire qu'il gaspille ses efforts et ses soins pour une foule d'affaires ne rentrant que d'une façon bien éloignée dans le cadre de ses opérations. L'autre, celui de la rue Bergère, vient de publier, d'une part, une protestation contre les bruits malveillants semés contre lui ; d'autre part, un bilan plus détaillé, plus explicite qu'il n'est d'habitude aux établissements de crédit. Or le bilan est loin de démontrer le bien fondé des assertions de la protestation ; il reste malgré tout indéniable que le Comptoir a prêté la main à des opérations à l'étranger qui ont bien tourné, si l'on en croit le document livré au public sous une forme peu accessible aux non initiés, mais qui eussent pu parfaitement tourner autrement, puisqu'il s'agit du Portugal.

La spéculation a relevé l'action de Panama, tombée à 23; on est revenu aux environs de 27. Si c'est là l'effet du rapport de M. Monchicourt, ce n'est guère logique, car le rapport n'est lui, même guère encourageant. Le moment de prendre une décision est venu ; mais de l'aveu même du liquidateur, cette décision n'est pas facile à trouver.

Le dilemme est ainsi posé : Constitution d'une nouvelle société, ou liquidation définitive. La liquidarion, le liquidateur le dit expressément, sera fort compliquée, fort coûteuse; obligataires aussi bien qu'actionnaires ne doivent en rien attendre. La constitution d'une nouvelle société n'est possible qu'avec le concours, fût-ce simplement moral, de l'Etat; tout montre que celui-ci montre une répugnance extrême à l'accorder. Mais s'y décidât-il, l'affaire vint-elle à être terminée, le canal fût-il aussi fructueux qu'on l'espère, il est visible pour qui sait lire que les « anciens » intéressés verront des années s'écouler avant que les bénéfices, à partager d'abord entre les nouveaux, leur profitent à eux-mêmes.

TIMON.

HALLES ET MARCHÉS.

La température est toujours favorable à l'achèvement des semailles d'automne; l'aspect des jeunes céréales est satisfaisant. La situation commerciale est plus calme pour les grains; les cours sont moins fermes. La douceur du temps n'est pas propice à la vente du bétail et de tous les produits animaux.

Blés. — Les prix se soutiennent, mais moins fermement que la semaine dernière. Voici les derniers cours relevés sur quelques-uns de nos principaux marchés : Cambrai, blé blanc, 26 ; blé roux, 24 à 25 les 100 kilog ; Douai, 25 à 27; Arras, blé blanc, 26 à 28; roux, 25 à 27 ; Beauvais, 25 50 à 27; Châlons-sur-Marne, 29; Montereau, 25 50 à 27 50; Versailles, 25 à 27 50; Rouen, 25; le Mans, 25 50 à 26 50 ; Amiens, 28 ; Laval, 25 à 26; Dijon, 27 à 28; Nevers, 26 à 29; Lyon, 27 25 à 27 75; Nantes, 25 75 à 26 25; Bordeaux, 27. — Au marché commercial de Paris, la tendance est calme et les cours en baisse de 25 centimes depuis huit jours. On cote : disponible et courant du mois, 27 25 à 27 50; livrable décembre, 27 50 à 27 75; janvier à juin, 28 à 29. — Les importations sont toujours élevées dans nos ports. Marseille a reçu la semaine dernière 148,000 quintaux de blé; et le Havre 650,180 hectolitres; des chargements sont également arrivés à Boulogne, Dunkerque, Rouen et Saint-Nazaire. — Les blés *en mer à destination* de la France venant de Californie s'élevaient en dernière date à 2 233,750 hectolitres, contre 2,514,550 la semaine précédente ; on comptait aussi 17,000 hectolitres de blé du Chili et 6,380 de blé des Indes.

Seigles. — Le marché de Paris est calme; mais les cours se maintiennent en hausse comme suit : disponible et courant du mois, 22 25 à 22 50; livrable décembre, 22 50 à 22 75 ; autres époques, 23 à 23 75.

Orges. — Les affaires en orges restent actives aux cours de 17 75 à 18 les 100 kilog. en gare de Paris pour les sortes supérieures ; 17 50 pour les moyennes, et 17 à 17 25 pour les ordinaires.

Avoines. — Cours un peu en baisse avec transactions plus calmes ; à Paris, les belles avoines noires de choix valent de 17 25 à 17 50 les 100 kil. ; les noires de Beauce et du Centre, 17; les grises de même provenance, 16 75 à 17; les blanches, 16 à 16 25.

Farines de consommation. — Affaires calmes et cours sans changements.

Farines de commerce. — L'ukase russe interdisant l'exportation du froment a eu peu d'influence sur notre marché, les cours se sont assez bien tenus. On a coté samedi les *douze-marques* disponibles et courant du mois, 60 50 à 60 75 les 157 kilog. nets; livrables en décembre, 61 ; janvier à juin, 61 75 à 63.

Issues. — Les prix des sons restent fermement tenus. On cote à Paris : gros son, écailles, 14 75 à 15 les 100 kilog. ; supérieur, 14 25 ; son deux cases, 14 25 à 14 50 ; trois cases, 13 50 à 14 25; sons fins, 13 à 13 25.

Huiles de graines. — Les derniers jours de la semaine ont été marqués par de la baisse sur tous les marchés. Samedi on cotait à *Paris* : huile de colza disponible et livrable courant du mois 68 les 100 kilog. ; autres époques, 68 25 à 70 50; huile de lin disponible, 49 75 à 50 25; livrable, 50 25 à 53. — A Rouen, colza, 68 25 à 68 50 les 100 kilog. ; lin, 51. — A Arras, œillette surfine, 98 ; pavot à bouche, 75 ; colza, 71 à 75 ; cameline, 62; pavot, 62. — A Lille, colza 67 l'hectolitre ; lin, 48 à 49; colza épuré, 73. — A Caen, colza disponible, 65 l'hectolitre.

Graines oléagineuses. — Le prix de la graine de colza est de 32 à 34 50 les 100 kilog. à Paris; celui de la graine de lin, de 25 à 31. — La graine de colza vaut 17 50 à 18 50 les 104 litres à Caen.

Alcools. — La tendance est ferme à Paris pour les trois-six Nord, aux cours suivants : disponible, 44 50 ; livrable novembre et décembre, 44 50 à 44 75; autres époques, 45 25 à 46. — A Lille, l'alcool de betterave disponible vaut 44.

Sucres. — Le marché de Paris était faible à la clôture de samedi dernier. On cotait sucre roux 88 degrés, 38 à 38 25 les 100 kilog.; blanc n° 3 disponibles, 40 25 à 40 50; décembre, 40 50 à 40 75; autres époques, 41 25 à 41 50. — Les sucres raffinés sont très fermes et en hausse à 110 les 100 k. pour la consommation.

Engrais. — Quoique les achats de la culture soient restreints, les cours du nitrate de soude sont en hausse comme suit pour le disponible, par 100 kilog. : à Dunkerque et Anvers, 21 75; à Bordeaux et La Rochelle, 23 75; à Marseille, 25; le livrable sur les quatre premiers mois vaut de 0 75 à 0 80 de plus. — Par contre, les prix du sulfate d'ammoniaque sont plus faibles; on cote le sulfate français, 28 75 à 29 les 100 kilog. sur wagon à Paris; 29 25 à 29 50 dans la région du Nord; 29 50 à 30 dans l'Est et dans le Centre. — Les superphosphates conservent leurs cours : Paris cote 0 46 à 0 48 l'unité d'acide phosphorique soluble dans le citrate; les Nord, 0 41 à 0 42; l'Est, 0 50 à 0 52; Dijon et Lyon, 0 55; Marseille, 0 56. Les superphosphates solubles dans l'eau valent 0 04 à 0 05 de plus. Le superphosphate d'os pur se vend 0 68 l'unité à Paris; 0 66 dans le Nord; 0 68 à Nancy; 0 70 à Nevers et à Lyon. — Le marché des phosphates est calme; on cote pour l'emploi direct en agriculture : phosphates de la Somme, les 100 kilog. sur wagon au départ, 2 50 à 3 60; dans les ports de l'Ouest, 4 15 à 4 75; de l'Oise, à Breteuil, 2 à 2 90; de Pernes et Violaines, 3 50 à 6; des Ardennes et de la Meuse, 3 25 à 3 85; du Cambrésis, 3 50 à 3 75; du Lot, 3 à 4; de Tavel et Lirac, 3 50 à 4 80; du Rhône, à l'unité par tonne, 1 15 à 1 25. — Les engrais potassiques sont rares; on vend le chlorure de potassium, 20 à 20 50 les 100 kilog.; le sulfate de potasse, 21 50 dans la région du Nord; le kaïnite, 5 à 6 50.

Tourteaux. — Les cours se maintiennent comme suit à Marseille, avec demande active et marchandise rare : tourteaux pour nourriture : lin pur, 17 les 100 kilog.; arachide décortiquée, 15 25; sésame blanc du Levant, 14; de l'Inde, 13 75; coprah pour vaches laitières, 13 à 14; œillette exotique 13 75; palmiste, 11 25; coton d'Égypte, 11; farine de cocotier, 14 25; — pour engrais : sésame brun de l'Inde, 13 50; ricin pour la vigne, 10 25; colza exotique, 11 50; Niger, 10 mourra ou illipé, 6 50.

Bois. — La presque totalité des adjudications des coupes de bois de l'Etat et des communes, se sont faites cette année avec une hausse de 16 à 20 pour 100 sur les prix de l'année dernière. Les beaux chênes de grandes dimensions deviennent rares et sont vivement disputés par le commerce. — Les prix restent sans changement sur la place de Paris, pour les bois d'œuvre; les sciages ont un bon courant de vente. Quant aux bois de feu, ils se vendent à la gare des Lions : bois gris, chêne et charme, 125 à 130 le décastère; pelard, 120 à 125; gris de flot, 110 à 115; traverse de flot, 120 à 125; bois de pin, 125 à 140; de bouleau, 95 à 105; de tremble, 7) à 75. — A Villers-Cotterets les chênes de l'adjudication ont été revendus à 46 le mètre cube en gare, les hêtres, à 25; les bois de chauffage, hêtre et charme, ont été cédés à 105 le décastère; les qualités et essences mélangées, 10). — A Clamecy, les bois à charbon se sont vendus en hausse à 7 et 8 la corde de 2 stères 33. — A Pontarlier, les bois de feu ont subi une hausse considérable; la grande corde, quartier de hêtre, se cote 40; la petite corde, 26; les rondins hêtre et résineux, 16 la petite corde. — En somme la plus-value des prix d'achat des coupes fait prévoir une hausse générale pour toutes les sortes de bois.

Ecorces. — L'examen des coupes a fait reconnaitre que les fournitures de 1892 seront bien inférieures à celles de 1891. A Clamecy, on estime que les prix ne dépasseront pas 1 0 à 125 les 101 bottes de 20 kilog. pour les sortes inférieures; mais on espère que les écorces de taillis de gravier monteront à 145 et 155 les 101 bottes de 18 à 20 kilog.

Beurres. — La vente est toujours difficile et en baisse; voici les cours de la halle : *beurres en mottes* : fermiers de Gournay extra, 4 à 4 44 le kil.; choix, 3 40 à 3 80; bons, 3 10 à 3 30; ordinaires, 2 50 à 3; d'Isigny, extra, 6 80; choix, 5 50; bons, 3 60 à 4; ordinaires, 3 10 à 3 50; marchands du Gâtinais, 2 60 à 2 80; de Bretagne, 2 50 à 2 60; de Vire, 2 50 à 2 80; de Bresse, 2 à 2 20; laitiers des Charentes, 2 50 à 3 10; des Alpes, 2 80 à 3 30; divers producteurs, 2 50 à 3 10; — *beurres en livres* : fermiers, 2 30 à 3; Touraine, 2 30 à 2 50; Gâtinais, 2 20 à 2 70; Vendôme et Beaugency, 2 10 à 2 50; Bourgogne, 2 à 2 30; le Mans, 2 10 à 2 30; — *Petits beurres* : 1 90 à 2 70, suivant provenance.

Œufs. — Vente peu active au cours de : Normandie, 115 à 140 le mille, Picardie extra, 118 à 145; ordinaire, 92 à 110; Brie extra, 100 à 108; Touraine extra, 110 à 122; ordinaire, 94 à 104; Beauce, 105 à 125; Orne, 95 à 110; Bourgogne, 95 à 100; Champagne, 98 à 104; Nivernais, 90 à 95; Bourbonnais, 92 à 96; Bretagne, 88 à 98; Vendée, 90 à 98; Auvergne, 85 à 90; Midi, 90 à 108; Autriche et Allemagne, 70 à 80.

Gibier. — Le temps doux entrave la vente. Voici les cours à la halle : alouettes, 1 50 à 2 50 la douzaine; bécasses, 2 à 4 la pièce; bécassines, 0 75 à 1 25; cailles, 0 50 à 1; grives, 0 30 à 0 60; canards sauvages, 1 50 à 3 50; perdreaux, 2 à 3; perdrix, 1 25 à 2 25; sarcelles, 1 à 1 25; vanneaux, 0 50; coqs faisans, 4 à 6; poules, 3 50 à 5; lièvre de pays, 4 50 à 6 50; levraults, 3 à 5; lapins de garenne, 2 à 2 25; gros chevreuils, 30; petits, 16 à 24; biches, 40 à 85.

BESTIAUX.

LA VILLETTE, 20 novembre. — Bestiaux. — Vente meilleure sur toutes les viandes.

COURS officiels.	Amenés.	Vendus.	1re qualité.	2e qualité.	3e qualité.	Prix extrêmes.
Bœufs....	2.257	2.118	1 60	1 48	1 26	1 18 à 1 66
Vaches...	578	537	1 54	1 36	1 16	1 02 1 60
Taureaux.	120	120	1 42	1 34	1 20	1 06 1 46
Veaux....	1.071	1.062	2 04	1 86	1 78	1 36 2 24
Moutons..	6.856	6.731	2 02	1 88	1 62	1 50 2 10
Porcs.....	5.198	4.951	1 32	1 26	1 20	1 12 1 34

Marché du lundi 23 novembre.

	Amenés	Vendus	PRIX AU POIDS NET 1re qual.	2e qual.	3e qual.
Bœufs	2.789	2.515	1 56	1 46	1 24
Vaches.....	744	657	1 52	1 31	1 14
Taureaux ..	161	157	1 40	1 32	1 18
Veaux......	1.193	1.080	1 96	1 80	1 70
Moutons....	8.704	8.231	1 91	1 78	1 52
Porcs	2.904	2.871	1 38	1 31	1 28

	PRIX AU POIDS VIF 1re qual.	2e qual.	3e qual.	Prix extrêmes.
Bœufs	» 93	» 82	» 64	» 58 à » 98
Vaches	» 90	» 69	» 58	» 49 » 91
Taureaux.......	» 87	» 72	» 61	» 57 » 91
Veaux..........	1 18	1 03	» 89	» 66 1 26
Moutons........	» 99	» 84	» 76	» 68 1 03
Porcs............	» 92	» 88	» 82	» 74 » 94
Peaux de moutons en laine..........				4 65 6 25
Id. id. demi-laine.......				2 15 4 10

Viandes abattues. — Criée du 26 Novemb.

		1re qualité.	2e qualité	3e qualité.
Bœufs	le kil.	1 30 à 2 50	1 10 à 2 30	1 » à 1 70
Veaux....	—	1 84 2 »	1 70 1 80	1 50 1 66
Moutons..	—	1 70 1 80	1 36 1 66	1 10 1 30
Porc entier	—	1 20 1 30	1 04 1 16	» 90 1 »

Etudes de **Me MERCIER**, avoué à Beauvais, et de **Me ISORÉ**, notaire à Chaumont-en-Vexin.

VENTE sur conversion de saisie
le Dimanche 13 Décembre 1891
A DEUX HEURES DE RELEVÉE,
en la mairie de Hadancourt-le-Haut-Clocher, et par le ministère de Me ISORÉ, notaire à Chaumont :

1° D'UNE FERME
avec CIRCONSTANCES et DÉPENDANCES,
enclos en nature de **Pré, Jardin**, sise à **Serans**, canton de Chaumont;

2° ET DE

33 PIÈCES DE TERRE
en nature de labour, Pré et Bois, sises aux terroirs de *Serans, Delincourt, Montjaroult, Hadancourt, Boubiers et Vaudancourt.*

Lesdits immeubles vendus sur M. EDMOND GORÉ, miroitier à Paris.

POUR EXTRAIT,
Signé : MERCIER.

MÉDECINE VÉTÉRINAIRE.

Dépôt général pour la France et l'Etranger : MM. MICHELAT et LESUEUR, 9, rue des Guillemites, Paris.

L'ENGRAIS AMIÉNOIS

FUMURE NORMALE et COMPLÈTE

A BASE DE MATIÈRES ORGANIQUES

Compositions spéciales pour les cultures de printemps et d'automne. — S'adresser à M. Elisée LEFEBVRE, route de Rouen, 121, à **Amiens** (Somme).

MALADIES DU BÉTAIL

ET DE LA VOLAILLE

Leur traitement préventif et curatif

PAR L'ACIDE SALICYLIQUE

L'acide salicylique, employé dans la nourriture à la dose de 1/2 à 1 gramme par jour et par tête de bétail, est le meilleur préservatif des maladies qui procèdent par contagion : Sang de rate, Cocotte, Maladie aphtheuse, Erysipèle, Typhus, Morve, Variole et le Rouget des porcs, etc.

DES ATTESTATIONS NOMBREUSES DE GUÉRISONS obtenues pour la Cocotte et le Rouget des porcs ont été reproduites dans le *Journal l'Agriculture*.

La désinfection des étables, des écuries se fait instantanément au moyen d'un arrosage d'eau salicylée à 2 grammes par litre.

S'adresser à M. CERCKEL, administrateur de la *Compagnie de produits antiseptiques*, 26, rue Bergère, Paris.

Envoi sur demande de Prospectus et Brochures.

PRIX DU KIL. 25 fr. — BOITE DE MÉNAGE, 2 fr.

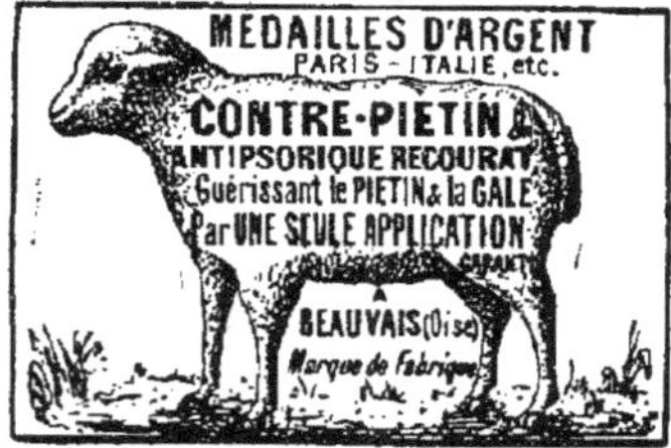

M. RECOURAT, pharmacien à Beauvais.

Gale des moutons guérie radicalement par *une seule application* de l'ANTIPSORIQUE.

La bouteille, 3 fr.; la demi-bouteille, 1 fr. 75.

Guérison du PIÉTIN par *un seul pansement* avec le CONTRE-PIÉTIN-RECOURAT.

Le pot d'essai, 1 fr. 50; le pot, 2 fr. 50.

Joindre 0,60 c. pour recevoir *franco* et indiquer gare.

Diplôme d'honneur.

NICE.

Diplôme d'honneur.

NICE.

PAS DE BONNE SALADE

sans Huile d'Olive de NICE.

de **B. LAPALU**, propriétaire-récoltant, président de Syndicat agricole, à NICE (Alpes-Maritimes). — *Prix spéciaux pour Syndicats.*

La plus ancienne fabrique de Semoirs français.

Maison **JACQUET-ROBILLARD**, *fondée en 1836.*

J. MARÉCHAL *

constructeur, 4, rue de Turenne, à ARRAS.

Fabrique spéciale de SEMOIRS à socs rigides et à socs articulés.

Médaille d'argent à l'Exposition universelle 1889.

Semoirs à betteraves et engrais et Distributeurs d'engrais.

ENVOI FRANCO DU CATALOGUE.

Près de 400 médailles. — Plus de 6,000 Semoirs livrés.

20 premiers prix en 1889, en 1890.

PHARMACIE SAVARY

AMIENS, 33, Place Saint-Denis, 33, AMIENS

(EN FACE LE SQUARE).

PROVENDE AUX PHOSPHATES ASSIMILABLES

du Docteur DESCHAMPS.

Prix : 3 fr. le kilog.; 27 50 les 10 kilog. (Remises proportionnelles.)

Accroissement rapide des bestiaux, surtout chez les jeunes animaux, force nerveuse, fécondité, engraissement ; prévient surtout la diarrhée chez les jeunes veaux. Qualité exceptionnelle du lait.

M. Lefebvre, cultivateur à Marcelcave, a élevé un veau en lui administrant de la Provende phosphatée pendant 60 jours : tué à 70 jours, ce veau pesait 193 kilog., chiffre officiel constaté à l'abattoir. La viande était très blanche, ainsi qu'est prêt à l'attester M. Oheix, boucher à Amiens.

Les attestations émanant des sommités françaises et anglaises les plus accrédités ont été données à M. SAVARY.

---

35 Prix d'honneur et grands Prix, 260 Médailles or, vermeil, etc. — 4 Médailles d'or à l'Exposition universelle de 1889.

GRANDES CULTURES de GRAINES POTAGÈRES, FOURRAGÈRES et de FLEURS.

Trèfle violet de Bretagne.

E. FORGEOT * ✠ & CIE

Fournisseurs du Ministère de l'Agriculture, des Ecoles nationales, d'Agriculture, des Syndicats agricoles, etc.

PARIS, 6 & 8, quai de la Mégisserie, PARIS.

Blés à grand rendement. — Grande et importante spécialité de Compositions pour Prairies naturelles à base de Graminées et appropriées à la nature de chaque sol. — Graines fourragères diverses et particulièrement Trèfles et Luzernes absolument sans cuscute, Minettes, Vesces, etc.

Notre Maison ne vend que des Graines de provenances sûres ; elle accepte le contrôle de la station d'essais de semences (contrôle auquel nous sommes soumis dès sa création).

APPAREILS TRÈS PERFECTIONNÉS POUR ÉPURER ET NETTOYER LES GRAINES.

Sur demande, nous adressons franco nos Catalogues illustrés de Graines potagères, Fleurs, Arbres, Fourrages, Oignons à fleurs, Plantes, etc.

Médaille d'Or. * Exposition Universelle 1889. * Médaille d'Argent.

VACHERIE **à céder**, portes de Paris, cause double emploi, 22 vaches 1re qualité, 300 litres lait vendus 40 et 50 c. Bonne installation, peu de frais généraux. 1 cheval, 1 voiture. Bénéfices nets an, 12,000 fr. On traitera avec 12,000 fr. argent ou garanties sérieuses.
S'adresser à MM. LAPORTE et LEFRANC, 93, levard Sébastopol, Paris.

Avis aux Éleveurs et Nourrisseurs.

Les cosses et brisures de fèves de la maison Ph. Breuil, de Dijon, d'une pureté absolue et très riches en principes nutritifs, se recommandent pour l'engrais du bétail et la nourriture des chevaux.

GUÉRISON RADICALE DE LA DIARRHÉE DES VEAUX PAR LA POUDRE CHOQUELIN.
1 franc la boîte
franco par la poste.
Dép. g., Phie HAUVESPRE, Courville (Eure-et-Loir).

L'**Onguent de HEVID**, *adopté par le Ministère de la guerre*, est le meilleur préservatif des maladies du pied des espèces chevaline et bovine. Il pénètre admirablement le tube corné, le nourrit, et remet en bon état, en quelques semaines, le sabot le plus sec et le plus cassant. En vente chez les vétérinaires, pharmaciens, selliers et maréchaux-ferrants.

Faucheuses. Faneuses. Râteaux à cheval. **Presses** à fourrages. **Brise-Tourteaux. Appareils à cuire. Egrenoirs** de maïs. **Rouleaux. Semoirs. Transmissions** par arbres et par câbles. **Matériel** de brasserie et de féculerie.

ALBARET (O. * et O. *)

MACHINES AGRICOLES.

Ateliers de Construction et Administration à **LIANCOURT-RANTIGNY** (Oise).
Magasin et bureau, à PARIS, boul. de Strasbourg, 63 (entrée par le passage du Désir).
Succursales : **Saint Quentin**, boulevard Victor-Hugo, n° 52; **Chartres**, rue du Grand-Faubourg, n° 76; **Abbeville** (Somme), rue Ringois, n° 44; **Cambrai**, M. MESNIL, rue des Bouchers, n° 13.

Récompenses obtenues aux Expositions universelles et Concours internationaux.

Machines à vapeur fixes, horizontales et verticales.

Générateurs.

Machines à vapeur locomobiles.

Manèges fixes, mobiles et semi-fixes.

Batteuses fixes et portatives, conservant ou brisant la paille.

Engreneurs mécaniques.

Semoirs à engrais, à graines et à haricots.

Hache-maïs et Coupe-racines à force centrifuge transportables.

206 Médailles d'or.

1862. Exposition de Londres.	1er prix : grande médaille ; 2e prix : mention honorable.
1864. Exposition internationale de Bayonne.	Médaille d'or, donnée par le Gouvernement ; médaille d'or, donnée par la Commission de l'Exposition.
1865. Exposition universelle de Porto.	Grande médaille d'argent.
1867. Exposition universelle de Paris.	Grande médaille d'or, la plus haute récompense pour locomotive routière et machines agricoles.
1869. Exposon d'Amsterdam.	Diplôme d'excellence.
1869. Exposition de Beauvais. 1872. Exposition de Lyon.	Deux diplômes d'honneur, comme exposant et membre du jury.
1873. Expositon univ. de Vienne (Autriche).	Grand diplôme d'honneur, la plus haute récompense.
1878. Expositon univ. de Paris.	Trois médailles d'or ; un objet d'art pour mérite exceptionnel sur le terrain ; une médaille de bronze ; quatre médailles argent et bronze pour collaborateurs.
1882. Conc. spéc. intern. de hache-maïs de Ste-Menehould.	1er prix : médaille d'or, donnée par la Société des Agriculteurs de France.
1883. Exposon d'Amsterdam.	Diplôme d'honneur : la plus haute récompense.
1884. Grand concours international d'Amsterdam.	Prix unique : grande médaille d'or pour locomobile ; 1er prix : grande médaille d'or pour presse à fourrage ; 1er prix : grande médaille d'or pour machines à battre ; 1er prix : médaille d'argent pour hache-paille et dépulpeur.
1885. Exposition internation. d'Anvers.	Diplôme de médaille d'or, la plus haute récompense pour machines agricoles.
1889. Exp. d'économ. sociale, section XIV.	Médaille d'or ; médaille d'argent pour collaborateurs.
1889. Exposition universelle. - Membre du jury. Hors concours.	
1876. Société nation. d'agric. de France.	Grande médaille d'or ; prix de mécanique.
1886. Société nation. d'agric. de France.	Rappel de grande médaille d'or pour l'ensemble des travaux de mécan. agric.
1888. Aniche (Nord).	Moissonneuse-lieuse à la ficelle, diplôme d'honneur avec félicitations du jury, pour la machine qui fonctionne à toute satisfaction.
1889. Comice agric. de Montdidier, Ailly-sur-Noye.	Diplôme d'honneur et médaille de vermeil pour batteuse et instruments ; médaille de vermeil grand module pour faucheuse et moissonneuse.
1890. Concours de Clermont	Diplôme d'honneur avec félicitations du jury, pour le bon fonctionnement de la moissonneuse-lieuse.
Plusieurs médailles or, argent et bronze à MM. les Collaborateurs de la Maison.	

Concasseurs.

Moulins-bluteries.

Hache-paille.

Hache-maïs.

Hache-fourrage.

Coupe-racines

Laveurs de racines.

Moissonneuses simples.

Moissonneuses combinées.

Moissonneuses lieuses.

162 Médailles d'argent.

Envoi gratis sur demande des Catalogues illustrés.

16 Diplômes d'honneur et d'excellence.

Monte-Paille.

Moteur domestique à vapeur à pression inférieure à celle atmosphérique.

Rouleaux à vapeur et à traction de chevaux pour le cylindrage des chaussées d'empierrement.

Poteaux indicateurs pour routes.

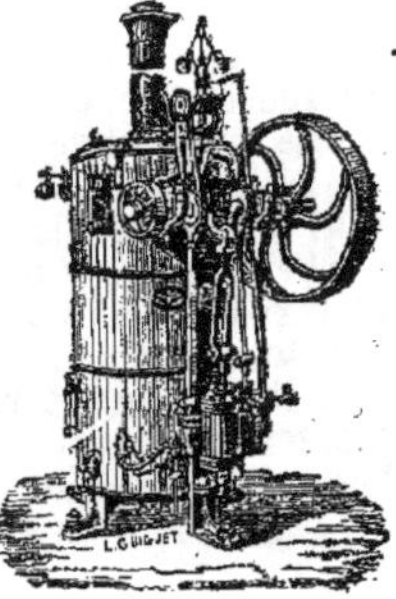

L'Administrateur-Gérant : ALBERT RENOT.

Beauvais. — Imp. D. PERE. - A. CARTIER, Gérant.

12e Année. — 2e Série. — N° 619. Dimanche 6 Décembre 1891.

GAZETTE AGRICOLE

JOURNAL HEBDOMADAIRE, PARAISSANT LE DIMANCHE

Rédacteur en Chef : M. Ch. GOSSIN, Professeur d'Agriculture à l'Institut agricole de Beauvais.

PRIX DE L'ABONNEMENT

UN AN, 5 fr. — SIX MOIS, 3 fr. — TROIS MOIS, 1 fr. 75

Pour l'étranger les abonnements ne sont reçus que pour un an, au prix de 6 francs, et ne partent que du 1er janvier ou du 1er juillet de chaque année.

Le numéro : 10 centimes.

Il est indispensable de joindre à toute demande de changement d'adresse la dernière bande d'adresse du journal et 50 centimes pour frais de nouvelles bandes.

Adresser les *Abonnements* et *Annonces* au secrétaire de la rédaction, **13, quai Voltaire, Paris**, ou à M. GOSSIN, rédacteur en chef et administrateur, à BEAUVAIS.

BUREAUX

13, quai Voltaire, Paris, et à Beauvais.

Les abonnements partent du 1er de chaque mois et sont payables d'avance. Toute demande d'abonnement doit donc être accompagnée du prix de l'abonnement. (Le mode de payement le plus simple est l'envoi d'un mandat-poste.)

Donner *très lisiblement*, en s'abonnant, son nom et son adresse exacte, *avec l'indication du bureau de poste* ; et, s'il s'agit d'une continuation d'abonnement, joindre au renouvellement la dernière bande d'adresse du journal.

Les Annonces sont reçues chez MM. DUSSERIS et MATHELLON, 97, rue de Rennes, Paris.

La GAZETTE AGRICOLE insère gratuitement les Communications des Syndicats agricoles

SOMMAIRE :

PARIS, 4 DÉCEMBRE.

On annonce que le Gouvernement, d'accord avec la commission du budget, va réformer, diminuer les frais de justice. Le Le Bonhomme Deschamps aime à signaler le bien d'où qu'il vienne. La diminution des frais de justice sera un bien, et il ne lui en coûte pas de donner aujourd'hui un bon point à nos gouvernants pour leurs bonnes intentions. Le projet Brisson consiste, dit-on, a dégrever les petits litiges de la plupart des frais de timbre et d'enregistrement qui les rendent si onéreux, et de grever davantage, en revanche, les litiges d'une certaine importance. L'idée, incontestablement, est juste: elle réalisera un progrès notable dans la distribution de la justice. Rien n'est plus choquant que de voir les procès minus-frais que ceux qui portent sur des intérêts considérables. M. Brisson pourvoyait à cette inégalité en substituant, aux nombreuses taxes qui frappent aujourd'hui tous les actes de procédure, une taxe unique d'enregistrement définitif, portant sur le montant de la condamnation proposée ou calculée, suivant certaines règles, pour les jugements qui ne se résolvent pas par l'allocation d'une somme déterminée. La taxe unique était établie de façon à ce que, tout compte fait entre les petits et les gros litiges, le fisc retrouvait à peu près exactement ce qu'il perçoit aujourd'hui. Les petits payaient beaucoup moins, mais les gros payaient beaucoup plus, et, somme toute, les recettes du Trésor ne devaient pas être sensiblement diminuées.

*
* *

Le projet du Gouvernement va plus loin et est plus généreux. L'Etat consent à un sacrifice général de trois millions environ sur le produit des droits qu'il perçoit dans le système actuel. Il supprime tous les droits de greffe. Il réduit d'un tiers les droits d'enregistrement qui surchargent la masse de significations entre parties dans les instances civiles et commerciales. Il dégrève considérablement toutes les procédures devant la justice de paix. Il exonère les plaideurs de la consignation préalable que leur imposait le projet Brisson, ce qui aurait été, pour une foule d'entre eux, une condition onéreuse, de nature à les empêcher, faute de moyens suffisants, de poursuivre devant les tribunaux une action légitime. Il est impossible de nier que ce ne soient là des mesures très favorables qui simplifieront les procès. Nous aurions mauvaise grâce à ne pas les accueillir comme un progrès très appréciable. On entre, à cet égard, dans la voie des réformes utiles. Il faut espérer qu'on ne s'arrêtera pas en chemin.

*
* *

Ce qu'on propose de faire n'est, en effet, qu'un premier pas. Il importe qu'on aille plus loin. La question fiscale paralyse évidemment les bonnes dispositions dont on est animé. Les frais de justice, droits de timbre et d'enregistrement, versent chaque année au Trésor des sommes considérables. Un ministre des finances hésitera toujours à priver le budget d'une aussi précieuse ressource. Mais il y a l'intérêt des justiciables dont il faut aussi tenir compte; il y a l'intérêt supérieur de la justice distributive que l'on n'a pas le droit de négliger. Dans le système qui nous régit, il ne suffit pas de mieux proportionner des frais énormes qui condamnent d'avance un grand nombre d'individus à renoncer à leur droit et à subir un préjudice plutôt que d'engager une instance ruineuse; il faut aussi diminuer le luxe inouï de procédures et de formalités.

*
* *

C'est donc dans notre Code de procédure qu'il faudrait hardiment porter la hache. La plupart des dispositions qu'il contient se rapportent à des conditions d'existence vieilles de près de cent années, qui ne correspondent plus à l'état de notre civilisation et de nos mœurs. Ce ne sont pas seulement les taxes fiscales qu'il faudrait reviser, ce sont surtout les formalités judiciaires qui éternisent les procès. L'organisation tout entière de nos tribunaux devrait être à son tour l'objet d'une réforme. Ne devrait-on pas élargir la compétence des juges de paix et même des tribunaux de première instance, de façon à y faire juger définitivement, et à peu de frais, un plus grand nombre de litiges? N'y aurait-il pas lieu de réorganiser, dans des conditions moins coûteuses, la représentation des parties devant les diverses juridictions? Il faudra bien aborder, tôt ou tard, ces questions essentielles. Mais cela ne doit pas cependant nous rendre injustes pour l'effort qui se fait en ce moment. C'est un bien, sans doute, et nous devons l'approuver, mais nous avons le droit de désirer et d'espérer le mieux.

*
* *

La situation financière du Tonkin, telle qu'elle résulte des déclarations faites par le Gouvernement à la commission du budget, ne laisse pas que de présenter quelque gravité. Le déficit y est persistant; il faut que, chaque année, le Trésor de la métropole vienne combler les vides, et ce que nous savons de plus clair à cette heure sur les ressources de notre colonie, c'est que rien n'indique encore quel est le moment où cesseront nos sacrifices. Il y a un an, le Parlement autorisait, au profit de nos possessions d'Indo-Chine, un prélèvement de dix-huit millions sur les excédents du budget de 1889. On espérait que cette somme servirait largement à combler les déficits des budgets de l'Annam et du Tonkin, pour les années financières 1887, 1888,

1889 et même 1890. C'était, disait-on alors, la liquidation du passé, et l'on avait affirmé que, désormais, la somme de dix millions votée annuellement pour ces colonies allait constituer un maximum qui ne serait plus dépassé. Eh bien! aujourd'hui, on nous parle d'une somme de trente millions de déficit. Voilà une occasion pour les pères de famille, comme disait M. Jules Ferry, de faire un bon placement. Ils peuvent envoyer dans cette colonie de malheur leurs fils et leur argent. Ils savent d'avance ce qui les attend.

LE BONHOMME DESCHAMPS.

NOUVELLES DE LA SEMAINE.

Une élection sénatoriale a eu lieu dimanche dernier dans la Charente-Inférieure. Un républicain peu connu à Paris, — M. Moinet, — a été élu en remplacement d'un autre qui ne l'était pas encore lorsqu'il est décédé. Ce qu'il y a de remarquable dans cette élection, c'est l'échec du candidat officieux qui, après avoir obtenu au premier tour 311 voix contre 233 à son concurrent de la même nuance, n'en a totalisé que 465 au second tour, tandis que M. Moinet en réunissait 511. Notons aussi ce fait curieux que la Charente-Inférieure nomme des sénateurs républicains, tandis que sur sept députés elle en a quatre notoirement hostiles aux institutions actuelles et essentiellement modérés, et un, le comte Lemercier, qui, comme le sage Montaigne, est disposé « à suivre le bon party jusqu'au feu, mais exclusivement. » Voilà qui prouve combien les manifestations de l'opinion ont été faussées par la loi sénatoriale. Malheureusement les Assemblées perdent en crédit ce qu'elles gagnent en unanimité.

Le départ du prince Henri d'Orléans. — Le prince Henri d'Orléans a quitté dimanche soir, Marseille, à bord du *Sydney*. Le jeune et courageux prince entreprend un nouvel et intéressant voyage. Il se propose d'explorer les régions inconnues du Laos siamois et annamite, puis de remonter par le Yunnam vers l'Asie centrale. Cette expédition scientifique est, en quelque sorte, le complément de celle que le prince Henri a faite l'année dernière, avec M. Bonvalot, sur les plateaux inexplorés du Thibet. La première, on le sait, a eu, au point de vue de la science géographique et ethnologique, de brillants résultats que l'intrépide voyageur, qui est aussi un écrivain de talent, a consignés dans des articles justement remarqués de plusieurs journaux et revues; nul doute que la seconde ne soit encore plus remarquable et plus décisive. Le prince veut étudier aussi une question vitale pour les intérêts politiques et commerciaux de la France en Indo-Chine: la méthode la plus pratique pour nouer et entretenir dans le Nord de nos possessions nouvelles des relations utiles avec les provinces centrales du Céleste-Empire.

40 p. % trop cher. — On raconte une singulière histoire appelée à un grand retentissement. Par un cahier des charges en date du 29 août 1891, le ministère de la guerre demandait à l'industrie sucrière sept millions cinq cent mille tablettes de sucre de 42 grammes chacune. Cette respectable commande a été adjugée sur le pied de 139 fr. 28 les 100 kilos, alors que le cours moyen du sucre similaire n'était que de 109 fr. 82 les 100 kilos. Entre le prix réel et le prix payé par l'administration de la guerre, il y a un écart énorme, — près de 40 %. — et les contribuables se demanderont avec nous si une semblable adjudication ne cachait pas des dessous plus ou moins avouables? La France est assez riche pour payer sa gloire, c'est entendu, mais il faut convenir que le régime républicain lui coûte de plus en plus cher.

Les juges de Château-Thierry. — Si les juges qui composent le tribunal de Château-Thierry ont voulu faire parler d'eux, la réussite doit dépasser leurs espérances. Ils viennent de rendre un jugement rédigé en termes si étranges qu'il fait, à juste titre, le tour de la presse.

Les questions relatives au droit d'accroissement passaient jusqu'ici pour très délicates, aux yeux, du moins, des jurisconsultes qui étudient avec le sérieux qu'ils comportent des litiges aussi ardus que spéciaux. Le tribunal ne s'embarrasse pas pour si peu. Il tranche les difficultés avec une brutalité qui rappelle le couperet de la guillotine. Pour lui, les congrégations sont *en rébellion* avec la loi; toute discussion serait *oiseuse*; et « *on* a évidemment persuadé aux susdites congrégations qu'*elles pouvaient encore nourrir l'espoir d'être placées au-dessus des lois!* »

Il ne fait pas bon, on le voit, à venir solliciter une interprétation légale à MM. les juges du tribunal de Château-Thierry: ils vous déclarent, du premier coup, « en rébellion avec la loi. » C'est pourtant une rébellion bizarre que celle qui consiste à demander justice à un tribunal!

Les grèves de mineurs. — Une bonne nouvelle nous arrive du Pas-de-Calais. Un « protocole » a été signé dimanche à Arras par les membres de la commission arbitrale des Compagnies houillières et de grévistes. Les stipulations portent sur cinq points vagues en l'absence de tout grief bien défini. Les entreprises promettent de répartir les tailles sans préférence entre les ouvriers, — de prendre pour base des salaires le tarif de 1889 avec les deux primes de 10 0/0 qui y ont été adjointes avant la grève, — de se soumettre à la future loi sur les caisses de retraite, — de s'en tenir au *statu quo* pour la durée des heures de travail, — et enfin de ne pas renvoyer systématiquement les grévistes, sauf ceux condamnés pour délits de droit commun. La montagne en travail a fait des ruines et causé des malheurs irréparables. Tandis que dans le Nord, l'agitation révolutionnaire enregistrait ce piteux résultat, M. Lafargue présidait à Lyon une réunion anti-sociale et lançait un défi à la Chambre: « Je suis député, a-t-il dit, et je le resterai! Le Palais-Bourbon m'avalera quand même. » M. Delescluze prenait ensuite la parole pour dire: « Lafargue est une bombe lancée dans le Palais-Bourbon par le canon du Nord. » Et puis, M. Guesde, dans une violente harangue, blâmait l'alliance franco-russe. « L'année prochaine, a-t-il ajouté, en terminant, le drapeau rouge flottera sur cent cinquante ville de France! »

LES ENGRAIS CHIMIQUES

CINQUIÈME ARTICLE.

Pour la restitution spéciale de l'azote, le cultivateur dispose de deux sels que le commerce livre en quantités considérables, savoir:

Le sulfate d'ammoniaque;

Le nitrate de soude.

Il dispose, en outre, des matières organiques azotées.

Celles ci, en se décomposant dans le sol, laissent toujours échapper un tiers environ de leur azote à l'état de corps simple, azote gazeux, qui n'a plus de valeur effective.

Il suit de là que la valeur de l'azote des matières organiques est seulement les deux tiers environ de celle qu'il a dans les nitrates et dans les sels ammoniacaux.

De plus, il faut bien tenir compte, dans leur emploi, de la rapidité plus ou moins grande avec laquelle elles se décomposent dans le sol; ainsi, les unes, comme le sang et les viandes desséchées, les vidanges, poudrettes, etc., ont une action prompte et énergique, mais peu durable; d'autres matières, au contraire, telles que les débris de laine, la corne, etc., sont très lentes à se décomposer, et leur action, si elle est peu énergique, se prolonge longtemps.

Dans la composition d'un engrais, le mieux est de rechercher un juste mélange de ces deux sortes d'azote, le promptement soluble et le lentement soluble. Ainsi, la nourriture des plantes s'élabore au fur et à mesure des besoins de la végétation.

Le fumier, le guano, la matière fécale, la colombine, et d'autres engrais de cette nature présentent naturellement cet avantage.

C'est ce qui explique la faveur dont jouissent avec raison, près des praticiens, les bons engrais organiques azotés.

Parmi les meilleurs de ceux-ci nous devons une mention spéciale aux poudrettes livrées à la culture sous le nom de *Tourteaux organiques de Bondy*, par le Comptoir agricole, 59, rue Nouvelle, Paris, au prix de 4 à 10 fr. les 100 kil., suivant dosage.

Ces excellents engrais, riches en azote et en acide phosphorique, conviennent à toutes les cultures: au blé, à la betterave et à la vigne, aux prairies, et peuvent être employés, seuls ou mélangés, avec du fumier ou avec des engrais chimiques.

Dans bien des cas, l'emploi de ces engrais organiques riches et actifs est certainement plus puissant et plus utile que celui des sels proprement dits. Ces sels, nous le rappelons, sont le sulfate d'ammoniaque et le nitrate de soude.

Le *sulfate d'ammoniaque* contient 20 à 21 parties d'azote pour 100 de son poids. L'industrie les fabrique en saturant d'acide sulfurique les vapeurs ammoniacales qui résultent de la distillation, soit des eaux vannes, soit des eaux dépuratives du gaz d'éclairage. Il se vend de 29 à 30 fr. les 100 kil. Le prix du kil. d'azote immédiatement soluble de cet engrais est donc actuellement de 1 fr. 45.

Le *nitrate de soude* constitue au Pérou des gisements considérables. Tel qu'on le livre à l'agriculture. Il contient environ 15 0/0 d'azote. Il coûte aujourd'hui de 21 à 22 fr. les 100 kil. Il donne donc son azote au prix de 1 fr. 40 le kilog.

Le nitrate de soude plaît particulièrement à la betterave à cause de la soude qui s'y trouve jointe à l'azote.

En effet, la betterave aime le sodium.

De son côté, le sulfate d'ammoniaque semble mieux convenir aux céréales, plantes à racines traçantes, parce que ce sel possède la remarquable propriété de remonter à la surface du sol au lieu de se laisser entraîner, comme beaucoup d'autres, par les eaux qui le traversent.

Cependant, on peut appliquer l'un ou l'autre de ces sels à chacun de ces deux genres de culture, avec le soin de ne pas en abuser.

Rien de plus dangereux que l'abus de ces engrais essentiellement incomplets qui, employés seuls, déterminent le rapide épuisement du sol.

Ces sels actifs et très rapidement solubles peuvent, cependant, rendre de grands services à la culture, d'abord en entrant, en juste proportion, dans la composition de mélanges, et même quand, employés seuls, ils sont appliqués avec modération à des récoltes en végétation et qui ont besoin d'un stimulant.

Voilà des blés qui, au sortir de l'hiver, sont souffreteux et languissants, vite un bon cordial.

Ce cordial, ce ne sera pas la goutte ou le verre de vin que nous ingurgitons pour nous remettre d'une fatigue, mais ce sera, par exemple, du sulfate d'ammoniaque semé à la surface du champ dans la proportion de 50 à 200 kilog. à l'hectare, suivant la gravité du mal, ou des tourteaux de Bondy, à la dose de 4 à 500 kil. En moins de huit jours, s'il vient un peu d'eau, la plante verdit. La voilà regaillardie et qui pousse avec vigueur.

Ce mode de procéder s'appelle : *appliquer les engrais en couverture*.

Ces épandages en couverture peuvent être pratiqués jusqu'au milieu d'avril dans le Nord. Ils doivent cesser un mois plus tôt dans le Midi, où la végétation est plus avancée, car il est mauvais de déterminer un tallement tardif.

Retenons ainsi que, pour le même motif, la dose à employer doit être d'autant moindre que la saison est plus chaude et plus avancée.

Charles Gossin.

Fabrication du Cidre de ménage avec sucrage par déplacement (ou Lixiviation).

I. — Choix des fruits.

Il faut des pommes de même maturité ; les les moyennes sont les meilleures (41 grammes environ) ; il les faut légères, afin que le Normand puisse dire : « Elles ont soif ! » Une pomme lourde est remplie d'eau. Les bons fruits doivent dégager un excellent parfum au palais ; en mordant dans les pommes, l'une d'elles doit être douce, sucrée ; une autre, amère, par partie égale ou à peu près : toutes doivent être parfumées.

Il faut rejeter les *fruits acides*, ces mauvais fruits ne donnant que du mauvais vinaigre. Il faut des pommes ayant été conservées et transportées dans un endroit couvert ; les fruits, à la pluie, se gorgent d'eau ; l'eau, par son poids, s'introduit dans les innombrables pores de l'épiderme et en chasse les jus moins denses.

Il faut de plus ne jamais employer de fruits verts ni de fruits pourris pour la brassaison ; en mordant dans une pomme, la pulpe d'un bon fruit doit se colorer promptement, elle fournira alors un cidre couleur d'ambre et aussi plus chargé de tanin.

Lorsqu'on saura acheter ses fruits à la densité des jus, on n'aura plus, aidé du sucrage, de *cidre noir, gras, trouble ou acide*. Sachons attendre : le premier pas est fait. Nos Congrès auront bien mérité de tous, et on répètera aux échos le savant mot de Hauchecorne : « *La pomme donne le crû !* »

II. — Choix et soins des tonneaux.

Les tonneaux à huile à manger sont certainement les meilleurs, avec cercles en fer peints au minium ; le suiffage intérieur fait avec du suif de mouton a une grande influence contre la maladie des tonneaux et du cidre.

L'entretien des tonneaux réclame impérieusement un rinçage énergique à plusieurs eaux. Aussitôt vide et ressuyé on l'assainit immédiatement, en mettant brûler au bord intérieur une mèche soufrée tout en ayant bien soin, aussitôt l'opération terminée, de bonder fortement afin d'empêcher la sortie du gaz acide sulfureux. On dépose le tonneau dans un local sec et sain. On évitera d'avoir des tonneaux malades dus le plus souvent à de mauvais soins, de mauvaises eaux, etc., en les chaulant ou en y jetant de l'eau bouillante, ou bien encore en y brûlant un peu d'alcool ; mais il est bien plus facile de les conserver bons que de les guérir.

III. — Les caves ou celliers. Leurs soins.

S'il n'est pas toujours facile, au point de vue général, de choisir une cave fraîche, saine, d'une température régulière, nous conseillons que les parois en soient blanchies à la chaux.

Nous voulons une cave briquetée avec rejointement en ciment de Portland ; nous refusons une aire horizontale, mais bien à deux pentes dans sa longueur et aboutissant chacune à une sorte de rigole établie au milieu. Les tonneaux sont disposés sur de solides chantiers peints au coltar, ou mieux encore sulfatés. Cette disposition permettra de savoir de suite s'il y a quelque part une fuite de liquide à l'arrière des tonneaux.

IV. — Cuves à macération dites marqueuses. — Leur préparation.

Nous les voulons larges, peu profondes ; elles offriront une plus grande surface à l'action colorante de l'air et à la brassaison réitérée de la pulpe qu'*on n'agitera jamais assez pendant les 58 heures de macération des marcs*. Ces cuves seront portées par des tréteaux entre lesquels on glissera les baquets nécessaires à l'épuisement du cidre ; le dépotoir sera fait sur le fond même de la cuve et non sur les planches de côté, sa largeur permettra à un tampon de bois blanc (saule mort) d'ouvrir et fermer de bas en haut. L'intérieur de la cuve sera fortement drainé, soit par un double fond à claire-voie, soit par de grosses fascines de bois de charronnage, acacia, hêtre ou chêne ; ce qui n'empêchera pas l'emploi d'une calotte d'osier renversée sur le dépotoir, permettant l'écoulement du liquide sans obstruction ni dépôt. La location des cuves est, dans les villes, facile et économique.

V. — De l'eau. — Sa température.

L'eau du ciel est la meilleure, ensuite l'eau de rivière, enfin l'eau de puits, pourvu qu'elle dissolve le savon et cuise les légumes. Dans le cas où on aurait une eau contenant quelque substance séléniteuse, on y remédiera en y additionnant un gramme et demi de cristaux de ménage par litre d'eau. Nous ne permettrons jamais l'emploi de l'eau de mare, de l'eau utride, prise là où les vaches urinent en se désaltérant. (Horreur ! !) de cette eau que *père Routine* refuse à son pot-au-feu, au lavage de son beurre destiné à la vente, mais qui, selon lui, donne à son cidre un goût raffiné et la renommée d'un bon crû ! *Si la température du* local où l'on travaille n'est pas de 12 à 15 degrés centigrades, on doit monter la température de l'eau employée à la brassaison ; il faut une eau douce; le savant Normand dit encore ici : « *Pluie douce fait pleurer fruit.* » L'eau de 15 à 25 degrés sera utile, indispensable; on ne devra jamais dépasser la chaleur du sang (37 degrés).

Nota. — L'eau glacée et l'eau de mare doivent rester l'apanage du personnage prérité.

A. Delaville,
Professeur d'horticulture
(*A suivre.*) *à l'Institut agricole de Beauvais.*

LES VIGNES ET LES ENGRAIS CHIMIQUES

A la suite des résultats surprenants obtenus sur nos vignes et arbres fruitiers par l'emploi d'engrais chimiques, nous avons été amené à conseiller aux viticulteurs d'entrer dans cette voie, non seulement comme moyen puissant de combattre le phylloxera et autre maladies de vignes, mais aussi dans le but d'améliorer la qualité des fruits. Par des engrais chimiques appropriés aux sols, on active, en effet, l'aoûtement du bois, et par suite la maturité des raisins, ce qui les rend plus sucrés et conséquemment plus parfaits.

Les incroyants nous ont dit : « C'est le soleil seul qui fait aoûter le bois, et mûrir et sucrer les raisins. » Nous leur avons répondu : « Certainement, le soleil joue un rôle important pour la maturation du bois et le sucrage des raisins, mais la composition chimique du sol joue également un rôle considérable ; la preuve, c'est que dans deux sols rapprochés, de compositions chimiques différentes, ayant la même exposition et recevant la même somme de chaleur solaire, le même cépage ne mûrit pas son bois exactement à la même époque dans les deux sols et ne donne pas des raisins ayant la même quantité de sucre. »

Cette réponse défie toute objection ; mais elle est complètement insuffisante pour faire sortir de leur apathie ceux qui n'ont foi que dans le soleil. Nous allons donc leur fournir une nouvelle preuve à l'appui de ce que nous soutenons ; elle a d'autant plus de valeur qu'elle émane d'un de leurs collègues les plus capables de la Gironde, et qu'ils feraient bien d'imiter. Nous trouvons cette preuve dans un long article du *Vigneron Champenois*, dont nous extrayons les passages suivants :

Il est incontestable que la plupart de nos vignes sont anémiques parce qu'elles manquent d'éléments nécessaires à leur développement ; aussi toutes les maladies qui les assaillent trouvent-elles prise facile.

Il nous est revenu que dans le Bordelais le propriétaire d'un important vignoble avait usé, depuis plusieurs années, d'un système fertilisant qui lui avait donné des résultats très satisfaisants. Nous avons prié un de nos correspondants de prendre des renseignements exacts, et procédant par la voie de questionnaire, il a obtenu les intéressants renseignements suivants, que nous donnons à nos lecteurs, avec l'espoir qu'ils en feront leur profit. Il est question d'un des premiers crus de Sauternes, d'une importance de 45 hectares.

D. — Depuis combien d'années avez-vous commencé à traiter vos vignes par les engrais, autrement que vous aviez l'habitude de faire?

R. — Depuis huit ans, au moyen de fumier d'étable et d'écurie mélangé avec des ajoncs verts *et par les engrais chimiques.*

D. — Indiquez par année les modifications de vigueur de la vigne que vous avez constatées et les modifications dans la taille que vous avez été amené à faire, etc ?

R. — Au bout de la deuxième, *et surtout de la troisième année*, la vigueur des vignes s'est sensiblement accusée; aussi changeant la routine de la taille du pays, j'ai augmenté progressivement celle de mes vignes en laissant à chaque cep plus de côts (trois à quatre en moyenne) et trois bourgeons sur chaque côt au lieu de un ou deux, comme on le faisait précédemment.

D. — Avez-vous quelque raison de croire que votre traitement par les engrais retardera ou empêchera l'invasion phylloxérique?

R. — Je suis convaincu que les fumures intensives que je pratique doivent la retarder et probablement même l'empêcher, en mettant mes vignes dans des conditions de santé parfaite qui feront qu'elles ne seront pas atteintes par ce fléau, *sur lequel messieurs les savants ont beaucoup écrit en prouvant peu.*

D. — Avez-vous remarqué que vos traitements vous donnent plus de fruits, plus de sucre, une maturité plus complète et plus hâtive ?

R. — Oui, mes traitements ont provoqué une plus grande quantité de raisins ; cette année, notamment, on rencontre beaucoup de ceps porteurs de quinze à vingt belles grappes : quelques-uns en ont même trente. *Les raisins sont plus sucrés, la maturité est incontestablement plus complète et sensiblement plus hâtive, ce qui m'a permis, en* 1890 *et en* 1891, *de vendanger plus tôt que mes voisins.*

Nous n'ajouterons qu'un mot à ces citations. Les résultats obtenus à Sauternes, au Château-Canada, à Cubzac-les-Ponts et dans beaucoup d'autres vignobles, par des engrais chimiques comme complément des fumiers, confirment tout ce que nous avons dit dans nos nombreuses publications. Néanmoins, les vignerons imbus de l'idée que « c'est le soleil seul qui fait le sucre » ne nous étonneront nullement en continuant de fermer les yeux à la lumière des faits. Ce qui nous surprendrait, ce serait de voir des hommes intelligents, instruits et amis du progrès, comme il y en a tant dans le département de la Gironde, s'obstiner à traiter leurs vignes exclusivement avec du fumier et refuser d'essayer de leur adjoindre des engrais chimiques qui, bien composés et donnés en suffisante quantité, produisent, au bout de deux ans, les résultats remarquables obtenus à Sauternes et ailleurs. CHAVÉE-LEROY.

Culture du blé en lignes intermittentes

(*Suite.*)

Au point de vue de la verse comme aussi de l'économie de la semence, c'était un résultat considérable des plus importants à suivre avec attention, mais qui, malheureusement, nous a fait tomber dans un excès inverse, c'est-à-dire une diminution de rendement, que nous devons considérer comme portant un enseignement, mais non comme un fait définitif et immuable. Nous estimons à cet égard que le résultat aurait été tout autre, si nous avions opéré sur des lignes distantes de 0 mètre 30, permettant, en y pratiquant des intermittences de 0 mètre 20 à 0 mètre 30, de conserver par mètre superficiel 10 à 20 pieds, chacun produit par un seul grain de semence.

Afin de poursuivre l'ordre d'idées dont le public agricole se préoccupe le plus au moment des semailles d'automne, nous croyons devoir conseiller, ne serait-ce qu'à titre d'essai, des espacements de 0 mètre 33, qui devront permettre de pratiquer des binages mécaniques et d'opérer sur ces lignes des intersections variant suivant les appréciations entre 0 mètre 20 et 0 mètre 40.

Nous dirons plus loin pourquoi il nous paraît indispensable de faire cet essai d'espacements larges et gradués sur des terres bien fumées et labourées profondément.

Si maintenant on cherche à se rendre compte de l'économie de semence pouvant résulter de l'application de ce système, il suffit de considérer que si, par mètre superficiel, 15 grains seulement restent utiles en produisant 15 pieds effectifs, il ne faudrait par hectare que 7 k. 5 de blé de semence, soit 150,000 grains ; les plus beaux blés pesant en chiffres ronds 50 grammes les 1,000 grains.

Assurément il ne faut pas compter arriver d'emblée à une pareille perfection, mais il était bon de le faire ressortir afin de donner plus de clarté aux observations qui vont suivre et de mieux préciser le

But à atteindre

Lorsqu'on récolte 33 quintaux de blé, soit par hectare	3.300 kil.
on obtient en même temps un chiffre rond en paille de	6.700
Soit pour un hectare un total de (paille et grain)	10.000 kil.
ou 1 kil. de récolte brut par mètre superficiel comprenant en grains	0.330 gr.
et en paille	0.670

Supposons maintenant que nos efforts aboutissent et nous amènent à récolter par hectare 15,000 kil., soit par mètre superficiel 0,500 gr. de grain et 1 kil. de paille, quel produit faudra-t-il faire récolter par mètre superficiel pour obtenir ce résultat ?

Comme fait absolument acquis et dont nous pouvons fournir des preuves matérielles à qui voudra bien nous faire l'honneur d'une visite, nous avons récolté plusieurs milliers de pieds de blé Dattel et de Mars, *produits chacun par un seul grain de blé* et *pesant avec les racines entre 150 et 200 grammes chaque,* soit défalcation faite de la racine entre 100 et 150 grammes.

Il est vrai que nous les avons obtenus au moyen d'espacements de 0^m50 sur un sens et de 0^m25, 0^m35 et 0^m50 sur l'autre ; mais ils existent, et nous pouvons les faire voir ; *le nombre des tiges varie entre* 20 *et* 70.

Pour nous, le problème est tout entier dans cette simple question :

Combien en pourra-t-on faire pousser de semblables sur 1 mètre superficiel ?

Quand on arrache un de ces pieds, formant un véritable faisceau, avec les racines, qui se cassent à une certaine distance du point d'origine, mais conservant une longueur de 0^m15 à 0^m20 et sont développées à raison de 10 à 15 par chaque nouvelle tige produite en couronne par le tallement, on peut faire cette remarque que les racines s'enfoncent presque verticalement et ne s'étalent que peu dans le sol environnant ; et puisque les racines semblent se développer en s'enfonçant, il ne paraît pas nécessaire de réserver entre les pieds des écartements exagérés, de 0^m50 par exemple, comme nous l'avons fait ; mais un labour profond nous semble aussi indispensable que des sarclages répétés qui, eux-mêmes, sont difficiles ou impossibles à pratiquer avec des lignes trop resserrées.

Des distances de 0^m30 à 0^m40, pourvu qu'elles permettent des sarclages, soit mécaniques, soit à la main, nous paraissent suffisantes et tout indiquées.

En réservant en tous sens des intermittences de 0^m30, on obtient dix pieds par mètre superficiel, et s'il est possible de les obtenir à raison de 150 grammes par pied récolté, comme nous les avons eus dans nos carrés comparatifs, on a la représentation du poids de 1 kil. 500 gr. par mètre superficiel, visée plus haut.

Ou bien encore si on veut réserver 15 pieds par mètre superficiel, le but à atteindre consisterait à ce que, en moyenne, chaque pied pèse 100 grammes représentant également 1 kil. 500 par mètre carré.

Dans le premier cas la quantité de semence réellement utilisée par hectare est de 5 kil , dans le deuxième 7 kil. 5.

Tout le problème se résume donc dans la proportion suivante :

Faire pousser par mètre superficiel soit
10 pieds pesant 150 gr. chaque, soit
15 id. id. 100 id.
en vue d'approcher le plus possible du rendement de 5,000 kil. de grain et 10,000 kil. de paille par hectare.

Sarclages

Dans les conditions énoncées ci-dessus et aussi clairement exposées que nous avons été capable de le faire, il y a lieu maintenant de rechercher les moyens de résoudre le problème et d'expliquer comment nous pensons y parvenir.

La première condition à remplir, condition que nous considérons comme un gage, *sine quâ non*, de réussite , consiste à opérer plusieurs binages.

Notre savant professeur d'horticulture, M. Lambin, a ainsi qu'il suit qualifié cette pratique pour en faire ressortir l'importante indispensabilité : « Le sarclage est à la fois un arrosage sans eau et une fumure sans fumier ». Il est d'autant plus utile qu'il ne peut être opéré que par le temps sec et aux époques où l'emploi des engrais est généralement terminé.

L'écartement que nous conseillons, suffisamment distant pour permettre le passage de la houe à cheval, mais aussi rapproché pour que le pourtour des pieds soit aussi bien utilisé que possible par le tallage des racines, permet d'opérer ce travail autant de fois que l'on jugera convenable de le faire.

Nous n'avons pas à insister sur cette pratique dont tout le monde maintenant sait apprécier les bons effets ; disons seulement qu'un espacement dont nous ne pouvons pas encore fixer la dimension mais assurément compris entre 0.30 et 0.40 centimètres, favorise entre les tiges la circulation de l'air et laisse pénétrer jusqu'au sol les rayons solaires dont on connait l'action bienfaisante.

(A suivre). E. FISCHER.

ESSAIS D'ENGRAIS FAITS SUR LE BLÉ.

M. Pagnoul, directeur de la Station agronomique d'Arras, a fait des expériences de culture du blé avec diverses sortes d'engrais composés et a obtenu des résultats qu'il importe de connaître et d'examiner. Il a mis dans des pots d'une quinzaine de litres du sable calciné absolument siliceux, et y a semé un poids déterminé de grains de blé après avoir introduit les engrais dans le sable. Ces engrais étaient les suivants, dans huit pots :

N° 1. Pas d'engrais. Résultat obtenu : 3 gr. 35 de grains.

N° 2. Engrais complet (sulfate d'ammoniaque, phosphate et superphosphate de chaux, potasse et chaux). Résultat : 32 gr. 16.

N° 3. Engrais complet (même composition que le précédent, mais le sulfate d'ammoniaque est remplacé par le nitrate de soude). Résultat : 35 gr. 15.

N° 4. Engrais complet (azote, potasse, phosphate, chaux, sans superphosphate). Résultat : 8 gr. 64.

N° 5. Engrais sans phosphate (azote, potasse, superphosphate et chaux). Résultat : 31 gr. 55.

N° 6. Engrais sans acide phosphorique (azote, potasse, chaux). Résultat : 11 gr. 28.

N° 7. Engrais sans azote (potasse, chaux, phosphate et superphosphate). Résultat : 7 gr. 75.

N° 8. Engrais sans potasse (azote, chaux, phosphate et superphosphate). Résultat : 11 gr. 50.

Comme on pouvait le prévoir, ce sont les engrais complets qui ont produit le plus de blé ; l'avantage est au nitrate de soude sur le sulfate d'ammoniaque. Le n° 4, où le superphosphate manque et qui n'a produit que 8 gr. 64, nous donne cet enseignement, que le phosphate insoluble ne saurait remplacer l'engrais contenant de l'acide phosphorique soluble, et cet enseignement est complété par le n° 5, qui manque de phosphate, mais dont le superphosphate fait élever la récolte à 31 gr. 55. En somme, azote, potasse, acide phosphorique soluble et chaux, constituent l'engrais complet du blé. Dès que l'un de ces éléments fait défaut, le rendement s'abaisse de 7 à 11.

Il faut surtout reconnaître le rôle prépondérant du superphosphate, dont un grand nombre de terres sont dépourvues en tout ou en partie. Le besoin d'en mettre dans les fumures est absolu.

Quant à l'azote, il arrive assez souvent que les fumiers en ont laissé des quantités notables, et que si l'on a fait, avant le blé, des cultures de légumineuse, trèfle, luzerne, vesces, celles-ci en ont enrichi le sol d'une partie de celui qu'elles ont puisé dans l'air.

D'ailleurs, si l'on a eu soin de déchaumer la terre aussitôt après la récolte, et d'y semer, comme on l'a dit récemment, des graines de ravenelles, de navets, de moutarde, en cultures dérobées, on aura fait une provision d'azote qui sera quelquefois presque suffisante pour la récolte suivante. Il faudra alors employer au printemps des engrais azotés en couverture, 150 kil. à 200 à l'hectare.

LES CHAMPS DE DÉMONSTRATION

Les champs de démonstration sont le complément nécessaire de l'enseignement agricole donné dans les écoles et par nos professeurs d'agriculture des départements et des arrondissements. La création de ces champs est le seul moyen d'apporter une sanction aux théories, une consécration aux méthodes enseignées.

Le cultivateur n'est pas seulement fortement attaché à ses habitudes, il est quelque peu méfiant en matière d'innovations et de progrès. Les plus beaux raisonnements, les démonstrations verbales les plus serrées ont peu d'action sur son esprit. Inhabile à réfuter des propositions et des faits qui lui ont été exposés dans un langage technique auquel il n'est pas toujours habitué, il ne sent pas ses convictions ébranlées. Il continue de douter jusqu'à la preuve matérielle. Il dit : Tout cela est beau sans doute et bien dit, mais il faudrait voir les effets dans la pratique. Et, prenant son entêtement pour une sage prudence, il rentre chez lui, convaincu qu'il a raison contre la science, et se remet à ses vieilles pratiques.

Les preuves matérielles que demande le cultivateur, il faut les lui donner au grand jour, chez lui, de manière qu'il les touche du doigt et qu'elles frappent ses yeux en même temps que son entendement.

Il ne suffit pas pour cela de quelques démonstrations culturales disséminées à de grandes distances les unes des autres : leur utilité s'adresse à un trop petit nombre. Le paysan se dérange difficilement de ses occupations, et, bien que le temps ne soit pas aussi précieux pour lui que pour l'ouvrier des villes, il ne l'emploie guère à aller voir et consulter des sujets d'enseignement.

Au contraire, les expériences faites à sa porte et par lui-même, ou par des hommes autorisés de son endroit, fixeront de suite son attention.

A notre avis, les champs de démonstration établis par les professeurs devraient servir de guides et de modèles pour ceux qui seraient créés dans les fermes un peu importantes. L'initiative du fermier y apporterait les modifications que comporteraient la nature du sol, le mode de culture et les conditions spéciales de la localité.

Il ne s'agit pas de faire des essais et des recherches ; c'est l'affaire des agronomes de profession, des professeurs et des directeurs de stations agronomiques. Il s'agit d'appliquer les méthodes rationnelles de culture, les procédés, les produits, les engrais nouveaux découverts et indiqués par la science.

Tout le monde peut faire cela chez soi, et à peu de frais.

On réserve et on dispose dans ce but, chaque année, un champ de moyenne étendue, un demi-hectare environ, dont la nature du sol et du sous-sol et la fertilité représentent sensiblement celles de l'ensemble de la propriété. On le divise en autant de parcelles que l'on veut faire d'expériences ; trois par exemple : une pour étudier les différents modes de préparation des terres ; une pour les essais de semences et de plants ; une troisième pour les essais d'engrais.

Avant toutes choses, on se sera assuré de la composition chimique de la terre du champ et de ses propriétés physiques, en soumettant un échantillon de 1 kilogr. environ à l'analyse et à l'examen d'un chimiste.

Cela fait, supposons que, dans la première parcelle, on veuille rechercher s'il y a avantage ou non à cultiver en billons ou à plat, à faire un labour profond ou superficiel, à semer en lignes ou à la volée. On divisera cette parcelle en deux, quatre ou six parties égales à chacune desquelles on donnera les façons différentes à comparer. Il vaut mieux, d'ailleurs, ne pas multiplier les divisions. Ainsi, dans l'espèce, nous nous contenterons de deux divisions, l'une pour les billons, l'autre pour les planches. Dans la première, nous sèmerions le blé à la volée, la quantité de blé usitée dans le pays, deux hectolitres à l'hectare, par exemple; dans la seconde, nous sèmerions au semoir et en lignes, en prenant note de l'économie faite sur la semence par cette dernière manière de semer. Cette économie est, comme on dit « le premier gagné ». Au printemps, chacune des divisions recevrait les façons nécessaires et compatibles avec la forme adoptée : hersages, roulages et engrais en couverture. On aurait ainsi tous les termes de comparaison, au moment de la récolte, en pesant le grain et la paille.

La seconde parcelle du champ serait divisée en autant de parties qu'on veut faire d'essais. Ici encore, nous conseillons de ne pas trop les multiplier. Deux essais de blés nous paraissent bien suffisants ; mais on peut avoir à essayer d'autres plantes, plus ou moins connues dans le pays ou qui méritent d'y être introduites. Citons pour exemples : des variétés de pommes de terre (Institut de Beauvais, Richter's Imperator, Chardon, etc.), de betteraves (à sucre ou fourragères, rouges ou jaunes), de choux, rutabagas, panais et d'autres plantes, telles que le houblon.

La troisième parcelle destinée à l'essai des engrais pourrait, à la rigueur, être supprimée, si l'on a fait entrer ceux-ci dans la combinaison des essais de cultures faites sur les deux autres.

Cependant, il vaut mieux faire à part l'emploi comparatif du fumier et des divers engrais fournis par le commerce. Nous supposerons, pour plus de simplicité, qu'il s'agisse d'une culture de blé, succédant à une plante sarclée qui avait été fortement fumée. La règle est alors de ne pas fumer le blé. Il y a mieux à faire pour obtenir un rendement plus élevé, c'est de mettre des engrais phosphatés à l'automne et des engrais azotés et phosphatés en couverture au printemps.

On laissera donc une partie de la parcelle sans engrais; sur l'autre on mettra du superphosphate sans azote, et sur une troisième un engrais azoté et phosphaté. Il est certain que les essais d'engrais dont nous parlons pourront porter sur d'autres éléments fertilisants comme la potasse ou la chaux. Au printemps, les trois parcelles recevront les mêmes façons, hersages et roulages, et sur les deux dernières on répandra en couverture, entre le hersage et le roulage, du nitrate de soude ou du sulfate d'ammoniaque.

On aura eu soin de tenir compte du prix des engrais employés, de les comparer au prix du fumier qu'on aurait mis sur une terre épuisée, et, à la récolte, on se rendra compte des bénéfices obtenus. Il ne faudra pas oublier que la parcelle qui n'a pas reçu d'engrais n'en contenait pas moins une partie du fumier mis sur la plante sarclée, représentée, dans un assolement de quatre ans, par près du quart de la première fumure. É.-L. CHABRIER.

Nouvelles agricoles.

Une nouvelle école libre d'agriculture. — Cette nouvelle école libre est fondée à Saint-Astier (Dordogne) par M. le *comte de Paris, sur le domaine de Bories*, qui lui a été légué récemment par M. le marquis de Saint-Astier. — Le château et ses communs seront aménagés pour loger les maîtres et les élèves, et les métairies seront cultivées en vue de leur donner un solide enseignement pratique. Il y aura autant de bourses que le comporteront les revenus du domaine. Les élèves boursiers seront admis au concours. Il va de soi que les élèves des écoles chrétiennes seront admis au même titre que les autres.

Un conseil d'administration, choisi par M. le comte de Paris, sera chargé de l'organisation et de la direction du personnel et de la surveillance de l'école.

Le hannetonnage en 1892. — Dans beaucoup de départements, on se préoccupe du hannetonnage à opérer en 1892. Dans sa dernière session, le conseil général des Ardennes a voté un crédit de 1,000 francs pour cet objet et une subvention égale a été demandée au ministre de l'agriculture. Dans une circulaire adressée aux maires, M. Delpech, préfet du département, a appelé leur attention sur la nécessité d'organiser partout la lutte contre ce fléau, et il les a invités à profiter de la session de novembre pour demander au conseil municipal le vote d'un crédit destiné à rétribuer, concurremment avec les ressources provenant des subventions indiquées ci-dessus, la destruction des hannetons.

Triple empoisonnement par le nitrate de soude. — Dans la ferme de M. Bouchez (Oise), trois vaches laitières sont tombées comme foudroyées, en l'espace de vingt minutes. A peine le vacher s'est-il aperçu que ces animaux ont paru chanceler avant de tomber morts.

L'autopsie du premier cadavre, faite deux heures après la mort, a permis de constater comme lésions évidentes : la décoloration et le ramolissement du cœur, du foie et des reins, l'incoagulation du sang et la coloration rougebrique de ce liquide. A l'ouverture des deux autres cadavres faite le lendemain, lesdites lésions se sont montrées plus accusées, et, de plus, il existait des traces d'une congestion inflammatoire plus ou moins prononcée dans le rumen; le réseau, la caillette et dans les premières parties de l'intestin grêle, dont plusieurs points présentent de remarquables plaques d'hémorrhagie.

En se livrant aux investigations nécessaires pour connaître la cause de ce sinistre, les vétérinaires apprirent que le bétail de la ferme était convenablement nourri et abreuvé. Mais au cours de son interrogatoire, le vacher leur a fait connaître que trois heures avant l'accident survenu à la première bête, en lâchant une partie de ses bêtes pour les envoyer à l'abreuvoir, quelques-unes se sont dirigées vers le fond de la cour où se trouvait un bassin dans lequel on lave des sacs ayant contenu des engrais chimiques. A la présence de pas et à la diminution du liquide dans le bac, il était certain que quelques-uns des animaux avaient bu du contenu de celui-ci, dont il manquait environ 50 à 60 litres.

L'analyse de ce liquide a décelé une grande quantité de nitrate de soude, de chlorure de sodium et de phosphate d'alumine avec prédominence du premier. Les auteurs ont estimé que chaque bête avait absorbé environ 2 k. 600 de nitrate de soude, et c'est à cette dose massive qu'a été due la mort foudroyante.

Exposition de chrysanthèmes à Paris. — L'exposition spéciale de chrysanthèmes, organisée par la Société nationale d'horticulture, a été une des plus belles et des plus variées qui ait eu lieu jusqu'ici à Paris; on ne sait plus s'il y aura des limites à la variété des formes de ces fleurs si recherchées. Les principales récompenses ont été : médailles d'or, MM. Lévêque et fils, Dupanloup, Yvon, Boutreux ; grandes médailles de vermeil, MM. Nonain, Rousseau ; médailles de vermeil, MM. Dallé, Mézard, Calta, Chantrier. Pour les cyclamens, une grande médaille d'argent a été attribuée à M. Truffaut, et une médaille d'argent à M. Duval.

Le vin de betteraves. = On vient de découvrir un procédé pour obtenir un vin de la betterave. M. F. Kubigaltz, à Einberck, connu comme distillateur expérimenté, fabrique depuis quelque temps au moyen de la betterave un vin d'un goût excellent et qui, comme force, ne reste nullement en arrière du vin de raisin — absolument sans arrière-goût et ne conservant aucune trace du goût de la betterave.

Ce nouveau genre de vin, dit la *Culture*, a la saveur recherchée des vins d'Espagne et possède un arome délicat, mais il a besoin d'un repos prolongé pour s'éclaircir complètement. Nous ne doutons nullement que cette boisson soit destinée à un grand avenir.

Un grand industriel de Paris est, paraît-il, sur le point d'établir une usine dans le Midi.

Le régime des boissons. — On sait que la Chambre des députés est saisie de plusieurs projets de loi sur le régime des boissons. Ces projets, qualifiés du nom de réforme, ont été renvoyés à une commission spéciale, au nom de laquelle M. Emile Jamais a présenté un rapport qui a été imprimé récemment. La conclusion principale est la suppression des droits de circulation, d'entrée et de détail, perçus au profit de l'Etat sur les vins, les cidres et les bières, et le remplacement de ces droits par une taxe de consommation sur l'alcool qui serait portée à 200 fr. par hectolitre, ainsi que par l'accroissement du taux des licences. Mais là-dessus se greffe aussi la fameuse question de la liberté des bouilleurs de cru, qu'on appelle improprement un privilège. Il est inutile de dire que le rapport de M. Jamais soulèvera, quand il viendra devant le Parlement, de longues discussions.

Nécrologie. — C'est avec un très vif regret que nous annonçons la mort de M. Hardy, directeur de l'École nationale d'horticulture de Versailles, décédé le 24 novembre à l'âge de 68 ans. Peu d'hommes étaient, à juste raison, aussi estimés par les horticulteurs de France et des pays étrangers ; il a exercé, comme premier vice-président de la Société nationale d'Horticulture depuis de longues années, une très grande influence sur les progrès de l'horticulture et de l'arboriculture; les conseils judicieux qu'il aimait à prodiguer étaient toujours suivis avec respect.

CONSEILS DU JARDINIER

LA TAILLE HATIVE ET LA TAILLE TARDIVE.

La taille hâtive est-elle préférable à celle tardive?...

Nous dirons, tout d'abord, que nous avons compris qu'il s'agissait particulièrement des tailles d'hiver; l'époque de celles d'été, pincements, ébourgeonnements, remplacement, étant déterminée, dans chaque saison, par l'état de végétation plus ou moins avancé, des espèces d'arbres à traiter.

Nous croyons pouvoir affirmer que, d'une façon générale, les tailles hâtives faites en automne à partir de fin septembre, octobre et novembre, c'est-à-dire avant les gros froids de l'hiver, ainsi que celles faites en février, avant le développement de la sève, sont assurément préférables aux tailles retardées jusqu'en mars et avril, alors que la sève est déjà répandue dans toutes les parties de l'arbre.

Peut-être le mois de février pour certaines tailles, telles que celle du pêcher, devrait-il être considéré comme l'époque la plus favorable, mais, fort souvent, le froid ou la neige rendent, à ce moment, cette opération impossible. Il arrive alors que les cultivateurs, chargés d'un grand nombre d'arbres à diriger, sont surpassés par les travaux toujours pressants du printemps et obligés de tailler trop tard lorsque les arbres sont déjà en pleine végétation.

Il est donc, à ce simple point de vue, avantageux de prendre l'avance, en taillant dès l'automne.

Indépendamment de l'opération du remplacement que nous pratiquons régulièrement chaque année sur nos pêchers, nous avons plusieurs fois, afin de nous rendre compte du résultat, taillé complètement des pêchers en automne. Ce résultat, comme végétation et fructification, a toujours été aussi satisfaisant que celui obtenu sur des pêchés taillés au printemps.

En résumé, nos observations et nos expériences souvent renouvelées nous ont donné la preuve que, sous notre climat, les tailles faites assez tôt, quand la sève est suffisamment ralentie, ont l'avantage de ne point affaiblir les arbres, d'éviter les pertes de sève considérables qui ont eu lieu au printemps, par suite de la suppression de rameaux déjà feuillés ou fleuris et par l'évaporation plus forte qu'à l'automne, qui se produit par les coupes qui n'ont pas le temps de se cicatriser. On a, en outre, avec les tailles faites de bonne heure, la chance de voir se développer sur le vieux bois, des yeux inattendus. Du reste, n'est-il pas reconnu que, pour conserver les arbres âgés ou peu vigoureux, il faut les tailler pendant l'inaction de la sève, parce qu'ils n'en ont point à perdre.

HORTUS.

CONSEILS A LA FERMIÈRE

LE VINAIGRE.

Le vinaigre qui se vend dans le commerce est souvent falsifié ; on en débite qui n'est fait qu'avec de l'acide très dilué. Ce produit qui s'emploie journellement, cause des troubles dans l'estomac s'il n'est pas de bonne qualité.

Nous ne saurions trop conseiller, dans l'intérêt de la santé, de faire son vinaigre soi-même. Rien n'est plus facile, surtout pour les personnes qui prennent du vin en pièces.

On doit opérer pendant l'été. Il suffit de verser dans des bouteilles — dont le nombre varie selon la qualité de vinaigre que l'on veut faire — quelques cuillerées de vin qui ne soit pas trop vieux, puis on laisse, pendant un certain temps, ces bouteilles débouchées, de manière que le vin soit exposé à l'air.

Cette petite quantité de vin sera bientôt convertie en vinaigre. On y ajoutera successsivement du vin jusqu'à ce que la bouteille soit remplie On obtiendra ainsi du bon vinaigre.

Lorsque le vinaigre est ainsi fabriqué, on doit verser le contenu des bouteilles dans un petit baril, muni d'un robinet ou — pour une petite quantité — dans un bocal ; mais d'une manière comme de l'autre, on doit toujours faire en sorte d'entretenir le baril ou le bocal, c'est-à-dire que si l'on prend un litre de vinaigre, il faut avoir soin d'ajouter un litre de vin.

Si le vinaigre contient quelques fleurs ou un restant de dépôt, il est bon de le passer au travers d'un linge très fin.

Comme il est préférable, pour la qualité du vinaigre, de ne pas remuer trop souvent le baril ou le bocal, on doit prendre à la fois une certaine quantité, environ la valeur d'une bouteille. UNE MÉNAGÈRE.

CONSEILS DU VÉTÉRINAIRE

ÉTAT DE SANTÉ DES BÊTES OVINES.

Quand on se propose d'acheter des moutons en bonne santé, voici les principaux indices auxquels on peut se fier. Il faut d'abord que l'animal ait, selon l'expression reçue, la *veine bonne*, c'est-à-dire que les veines dessinées sur l'œil soient bien marquées d'un rouge vif ; ce signe est habituellement accompagné de la même nuance de la chair apparente au coin de l'œil, dans la direction du nez.

Chez le mouton bien portant, le museau est toujours sec, tandis que les naseaux sont frais et légèrement humides ; la bouche est propre, l'haleine est exempte de mauvaise odeur ; la peau, douce au toucher, est d'une teinte rose aux places dépourvues de laine. Partout ailleurs la laine doit être épaisse et solidement adhérente à la peau. Il faut avoir aussi égard à la vigueur des reins et des jarrets, ainsi qu'à la vivacité des mouvements ; la réunion de ces signes ne peut se rencontrer que sur des bêtes ovines bien portantes. UN VIEUX VÉTÉRINAIRE.

CONSEILS DU MÉDECIN

LE MIEL COMME CALMANT ET SOPORIFIQUE.

Un médecin raconte qu'il souffrait d'un état nerveux fort désagréable et d'insomnies qu'il ne savait comment guérir sans risquer de ruiner sa santé. Il avait essayé déjà beaucoup de choses. Une nuit qu'il ne pouvait pas dormir et qu'il se promenait dans son appartement, il vit un pot de miel. Il lui prit fantaisie d'en manger quelques cuillerées avec un biscuit. Il se recoucha et s'endormit immédiatement. La nuit suivante, il usa du même moyen avec le même succès. Dès lors, il ne manqua plus, avant de se coucher, de prendre deux ou trois cuillerées de miel véritable. Les nerfs se sont calmés, et il dort maintenant très régulièrement. Voilà un remède facile à prendre et peu désagréable. Dr PURGON.

RECETTES DE LA CUISINIÈRE.

PIGEONS A L'ÉTUVÉE.

Faites revenir des pigeons dans du beurre, faites ensuite un beau roux dans lequel vous ajoutez des petits oignons, ajoutez un verre de vin blanc et de bouillon, mettez cuire les pigeons avec laurier, girofle, thym, servez en ajoutant un filet de vinaigre. VICTOIRE.

BIBLIOGRAPHIE.

La Rédaction du *Journal des Religieuses institutrices* et du journal *L'Education* vient d'entreprendre la publication d'un **Journal de la première enfance**, destiné aux mères de famille, qui commencent elles-mêmes l'instruction de leurs enfants et désirent leur donner une éducation sérieusement chrétienne, ainsi qu'aux maîtresses des salles d'asile et écoles enfantines catholiques.

Nous avons sous les yeux le 1er numéro. Il est parfaitement approprié à son but. C'est un journal d'aspect gracieux, brillamment illustré, imprimé sur papier de luxe avec une coquette couverture en trois couleurs.

Divisé en deux parties, il fournit dans la première des directions, des programmes et des exercices, des leçons de morale et de choses, des cours d'histoire sainte et d'histoire de France, de lecture, d'écriture, de dessin, etc. ; et, dans la seconde, cherche à récréer les enfants par une nouvelle très intéressante, et des jeux d'esprit : charade, énigme, rébus...

Il est bi-mensuel et coûte *5 francs par an.* — Les abonnés au *Journal des Religieuses* ou à *L'Education* (prix 6 fr.) ont le privilège de le recevoir pour 4 fr.

Bureaux, rue Cassette, 15, Paris.

POUR RIRE.

Une dame demande du bois pour sa cheminée. Deux jeunes gens se précipitent à l'office, et reviennent apportant une bûche.

— Tiens ! dit la dame, le proverbe a bien raison : « Voilà ce que c'est d'aller au bois ; on y va deux, et on en revient trois. »

***

— Tu es sans place ?

— Oui !

— Justement, je viens de passer devant un magasin où on demande des employés des deux sexes...

— Pas de veine ! je n'en ai qu'un.

***

Un ivrogne se récriait contre le montant d'une facture qu'on lui présentait.

— Vingt francs pour mettre ma chambre en couleur, ça n'a pas de nom.

— Eh ! mon Dieu, monsieur, tout dépend du travail ; pour mettre votre nez en couleur, vous avez dû dépenser plus que ça.

PETITE POSTE.

M. de B... (Indre). — *Poissons.* — L'excellente agence du *Renseignement universel* a dû vous donner des renseignements précis. Pour ce qui concerne les ventes aux Halles, vous pouvez vous adresser en *toute confiance* à MM. de Bri diers, Jouslin et Seelle, facteurs assermentés, 2, rue de Valois, Paris.

M. Ch... (Oise). — *Us fruit.* — L'usufruitier doit jouir du fonds comme en jouissait le propriétaire lui-même. Or, il est certain que le propriétaire ne ferait pas couper un taillis de 4 ans. Vous pouvez donc vous opposer à une exploitation aussi prématurée. Si les baliveaux dont vous parlez sont cassés ou endommagés, c'est l'usufruitier et non le marchand de bois qui devra vous indemniser.

Si les peupliers et les ormes ne sont pas arrivés à toute leur grosseur, l'usufruitier n'a pas le droit de les abattre.

Nous avons inscrit l'abonnement.

M. A. R... — Ste-Maure (Indre-et-Loire). — *Officier ministériel.* — *Négligence.* — Il nous semble, à moins de circonstances que nous ne connaissons pas, que la distribution du prix entre les créanciers devrait déjà être achevée depuis trois ans ; mais avant d'engager un procès contre le notaire et l'avoué, ce qui serait un moyen coûteux et inutile, demandez leur directement les motifs du retard, et si leur réponse n'est pas satisfaisante, renouvelez votre plainte en l'adressant cette fois en double exemplaire, l'un au président de la chambre des notaires et des avoués, l'autre au ministre de la justice.

OFFRES & DEMANDES.

Pour répondre au désir qui nous est exprimé, nous offrons à nos abonnés, sous cette rubrique, deux annonces gratuites pour les offres et demandes d'emplois, produits ou animaux à vendre ou à acheter, etc.

Les annonces qui suivront jouiront d'une réduction de 50 pour 100 sur les tarifs ordinaires.

Les demandes d'insertions devront être envoyées à l'administration, qui se chargera de les rédiger.

Ne pas négliger d'envoyer tous les renseignements nécessaires (joindre 2 timbres de 0 fr. 15).

Maison très sérieuse offre opération agricole fructueuse aux régisseurs et gérants de cultures. S'adresser au bureau du Journal, aux initiales A. D. B. — No 943-9.

Guide pratique pour la culture du pommier et la fabrication du cidre. — 5 médailles. — 8e édition. — Prix, 2 fr. 50. Chez l'auteur, M. BRASSART, à Fléchin (Pas-de-Calais). — No 948-4.

Un jeune Luxembourgeois, 18 ans, ancien élève de l'Ecole d'Agriculture d'Ettelbrücken, famille honorable, désirerait passer quelque temps en France pour se perfectionner dans la langue française. Il désirerait être reçu comme pensionnaire dans une famille honorable ou chez un curé. En échange de l'hospitalité reçue, il rendrait les services qu'on lui demanderait. Il sait conduire les chevaux.

Excellentes références.

S'adresser à M. Wagner, professeur à l'Ecole d'Agriculture d'Ettelbrücken (grand-duché de Luxembourg). — N° 949 4.

On demande à acheter dans un rayon rapproché de Romorantin (Loir-et-Cher) : 1° Un taureau de 15 à 20 mois, ou *Normand* ou *Charolais-Durham*, bon reproducteur; 2° une paire de bouvillons de 18 à 25 mois, race *Nivernaise;* 3° d'occasion : un rouleau Croskill du poids de 750 kil. environ, un brabant double à deux chevaux, une charrue ordinaire, une herse en fer à trois pliants pour deux chevaux, un coupe-racines à bras. — N° 950-3.
S'adresser à M. le comte de la Bourdonnaye, à la Clarinerie, par Romorantin (Loir-et Cher).

A vendre d'occasion un cribleur Josse ayant servi un an, 70 fr., un pressoir Mabille presque neuf, 100 fr.
S'adresser à M. Sézille, ferme de May, à Morienval (Oise). — N° 951-3.

Un ménage de cultivateurs, 38 ans, venant de terminer un bail, demande place de régisseur ou de contre maître dans une ferme ou château.
La femme est bonne cuisinière.
Le ménage fournira de bonnes références.
S'adresser à M. Faupel (Pierre), à Chantoiseau, commune de Beaumont les-Nonains, par Auneuil (Oise). — N° 952-3.

A VENDRE
20,000 kilog. de Betteraves fourragères
près Beauvais.
S'adresser au bureau du Journal. — N° 953-2.

Un cultivateur veuf, 51 ans, honorable, désire place de régisseur, de contre maître de culture ou de garde d'une grande propriété.
Bonnes références.
S'adresser au bureau du Journal. — N° 954-1.

On offre :
1° 25 acacias tiges pour le prix de.. 1 fr. 50
2° 25 pins noirs d'Autriche ou autres pour parcs, de 1 mètre de hauteur. 2 50
3° 25 arbres feuillus de haute tige (frênes, érables, ormes, etc.)...... 2 50
4° 5 variétés de pommes de terre en collection, de 1 kil. par espèce.... » 75
Le tout mis en gare de Saint-Hilaire-Fontaine (Nièvre).
S'adresser à M. François Coquet, ancien élève de l'Ecole nationale forestière, maire à Saint-Hilaire-Fontaine (Fièvre). — N° 955-1.

REVUE FINANCIÈRE.

Après une liquidation de fin de mois qui n'a pas procuré aux haussiers toute la marge de bénéfices qu'ils avaient espérée, mais qui, faite sur les cours moyens, n'a pas donné non plus grand profit aux baissiers, on continue à faire flèche de tous bois pour rendre meilleure encore la liquidation de quinzaine.

La baisse, conséquence même de la hausse, puisque celle-ci appelle plus ou moins tôt les réalisations, survenant après les relèvements, n'enlèvera que partie des bénéfices acquis. Et ces bénéfices ont été importants sur certaines catégories de valeurs. Il suffit d'indiquer que l'Extérieure, le Portugais, voire même l'Italien, ont vu leurs cours gagner un point au moins.

C'est dire que c'est sur les fonds d'Etats étrangers que se porte la plus forte amélioration; nos rentes occupent le second rang; viennent ensuite les institutions de crédit, bien que le Crédit Foncier n'ait récupéré que le taux de 1220. Les actions de chemins de fer français sont au calme, et celles des étrangers en peu rassérénées, sauf celles des Portugais à peine au-dessus de 80. Voilà en deux mots la situation.

On se préoccupe beaucoup dans la presse de la tentative faite auprès de la Banque de France pour l'amener à accepter le papier d'agriculture et pour greffer la constitution du Crédit agricole sur le renouvellement du privilège.

Ce n'est pas nous qui trouverons mauvais les efforts faits pour arriver à procurer à nos agriculteurs cet instrument de réussite qui s'impose à notre époque, le crédit. Mais nous sommes obligés de convenir que la réponse de la Banque de France aux ouvertures qui lui ont été faites a été des plus correctes.

La Banque se montre toute disposée à faire pour l'agriculture en général ce qu'elle fait en certains départements pour les emboucheurs, à ouvrir son portefeuille pour escompter son papier. Mais elle est dans son rôle quand elle demande que rien ne soit modifié aux conditions statutaires. les trois signatures, parmi lesquelles l'aval, au besoin, des syndicats agricoles; la limite de remboursement à trois mois, et la juridiction des tribunaux de commerce.

Notre crédit, la solidité de notre situation monétaire, reposent entièrement sur la confiance que l'on a dans le billet de banque. Il ne faut pas oublier que cette confiance repose à son tour sur la disponibilité presque immédiate, sur la prompte et facile réalisation du gage du billet de banque, autrement dit du papier escompté par la Banque. On voit bien que les conditions réclamées par notre premier établissement de crédit sont essentielles et que le papier agricole ne sera un gage sûr dans le portefeuille de la rue de la Vrillère que s'il est astreint aux mêmes sécurités exigées du papier industriel et commercial. La question du Crédit agricole, au regard de la Banque en particulier, comme du public en général, est là tout entière.

Chemins de fer de Paris à Lyon et à la Méditerranée.

Nouveaux services rapides de Paris à Nice.

Hiver 1891-1892.

La Compagnie P.-L.-M. vient d'améliorer encore les services qu'elle avait organisés l'hiver dernier pour faciliter l'accès du littoral de la Méditerranée.

Le train de luxe, composé de lits-salons P.-L.-M. et de wagons-lits, qui partait chaque jour à 7 h. du soir de la gare de Paris-Lyon pour arriver à Nice le lendemain à 1 h. 58 soir, partira dorénavant (à dater du 3 novembre) à 7 h. 40 du soir de la gare de Paris-Nord et arrivera à Nice le lendemain à 2 h. 28 du soir.

Le train rapide, composé de voitures de 1re classe seulement, qui partait de la gare de Paris-Lyon à 7 h. 15 du soir et arrivait à Nice le lendemain à 4 h. 41 du soir, partira, au prochain service d'hiver, de la gare de Paris-Lyon à 8 h. 25 du soir et arrivera à Nice à 4 h. 53 du soir, gagnant ainsi près d'une heure et demie sur le service précédent.

HALLES ET MARCHÉS.

Les céréales en terre offrent toujours un bon aspect. Les prix des denrées agricoles sont moins fermement tenus depuis quelque temps; les farines sont en baisse, ainsi que les huiles, les alcools et les sucres. Les engrais se vendent bien, ainsi que les produits de ferme.

Blés. — Les offres en froments étrangers faites à la meunerie sont toujours importantes et influent sur les cours de nos marchés, malgré le peu d'importance des apports et des offres en blés indigènes. Voici les derniers prix relevés samedi : Douai, 25 à 27 les 100 kilog.; Cambrai, blé blanc, 26; roux, 25; Beauvais, 25 50 à 27; Amiens, 27 20; Etampes, 24 15 à 27 90; Rouen, 24 75; Le Mans, 25 50 à 26 50; Lille, blé blanc de Bergues, 26 64; roux, 26 à 26 15; Montereau, 23 10 à 27 70; Dieppe, 26 90; Nevers, 26 à 29; Lyon, 27 21 à 27 50; Nantes, 25 75 à 26 25; Bordeaux, 27. — Le blé du marché de Paris ne change guère de prix; la demande est sans activité; on cote le disponible et le livrable-décembre, 27 25 à 27 50; janvier-février, 27 75 à 28; autres termes, 28 à 28 75. — Dans nos ports, les arrivages de blés exotiques sont toujours considérables. Marseille a reçu pendant la semaine dernière, 268,000 quintaux; Le Havre, 193,000 hectolitres. La quantité de blé en mer à destination de la France, accuse pour la huitaine, une diminution de 145,580 hectolitres, et s'élève à 2,161,950 hectolitres sur lesquels 2,138,170 viennent de Californie.

Seigles. — Marché calme à Paris; on cote le disponible, 21 50 à 21 75 les 100 kilog.; le livrable décembre, 21 75 à 22; janvier à juin, 22 25 à 23 75.

Orges. — Cours également plus calmes de 16 à 20 50 les 100 kilog. à Paris. Les orges d'Auvergne se vendent jusqu'à 22.

Avoines. — Prix en baisse, comme suit : disponible, 16 25 à 16 30 les 100 kilog.; livrable décembre, 16 35; janvier-février, 16 85 à 17; autres époques, 17 25 à 18 10.

Farines de consommation — Affaires calmes et cours sans changement.

Farines de commerce. — Les cours se maintiennent comme suit : *douze-marques* disponibles, 60 le sac de 157 kilog. nets; livrables décembre, 60 à 60 75; janvier à juin, 60 25 à 62 25.

Farines de seigle. — Les prix sont établis de 29 à 31 les 100 kilog.

Farines petites premières et bises. — Vente facile aux prix suivants : petites premières, choix, 36 à 37 les 100 kilog.; ordinaires, 31 à 35; deuxièmes, 33 à 34; troisièmes, 29 à 31; quatrièmes, 25 à 28; premier passage, 21 à 22.

Issues. — Demande régulière et prix bien tenus, comme suit : gros son écaille, 15 à 15 25 les 100 k.; supérieur, 14 75 à 15; son deux cases, 14 50 à 14 75; trois cases, 13 50 à 14 25; recoupettes, 12 75 à 13 50; remoulages blancs, 17 à 20; bis, 16 à 17; bâtards, 15 à 16.

Fourrages. — Les prix sont bien tenus comme suit au marché de la Chapelle à Paris : foin, 49 à 55 les 100 bottes de 5 kilog. au domicile de l'acheteur; luzerne, 50 à 56; paille de blé, 30 à 37; de seigle, 39 à 45; d'avoine, 22 à 28. — Dans les départements, on vend *aux* 520 *kilog.* : Epernay, foin, 50 à 55; paille, 40 à 45; Compiègne, foin, 35 à 40; trèfle, 35; paille, 25 à 30; Montereau, foin, 28 à 29; luzerne, 27 à 28; paille, 27 à 28; Nancy, foin, 35 à 37; luzerne et trèfle, 26 à 28; regain, 28 à 29; paille, 27 à 29 50; Versailles, foin, 35 à 40; luzerne, 33 à 38; sainfoin, 38 à 42; regain, 30 à 38; paille de blé, 24 à 32; d'avoine, 16 à 18; — *au quintal* : Beauvais, foin, 6 50; paille, 6; Orléans, foin, 4 à 8; paille, 3 à 4; Cherbourg, foin, 7 50 à 8; luzerne, 7 50 à 8 50; Angers, foin, 11 à 11 50; paille, 5 50 à 6; Blois, foin, 8 75 à 11; luzerne, 9; paille, 4 50 à 4 80. Nevers, foin, 9 40; paille, 4; Toulouse, 9 à 10 50; paille, 3 à 3 75.

Huiles de graines. — Les prix sont un peu en baisse à Paris. On cotait à la Bourse de samedi dernier : huile de colza disponible et livrable décembre, 67 75; le livrable sur les quatre premiers mois, 69 50. L'huile de lin reste à 51 50 les 100 kil. — Sur les marchés des départements, les transactions sont très lentes, avec prix en baisse de 1 50 à 2 sur les huiles de colza et 1 25 à 2 sur celles de lin. On cote : Rouen, huile de colza, 60; huile de lin, 51 75 à 52; — Caen, colza, 65 les 100 kilog.; — Lille, colza, 67 l'hectolitre; lin indigène, 49; étranger, 48; — Arras, œillette surfine, 97 les 100 kilog.; colza de pays, 75; étranger, 73; cameline, 61; pavot, 68.

Graines oléagineuses. — A Caen, la graine de colza vaut 17 50 à 18 50 les 104 litres. A Paris, on cote la graine de colza, 32 à 34 50 les 100 kilog.; celle de lin, 25 à 32.

Tourteaux. — Cours d'Arras : œillette, 15 les 100 kilog : colza, 16; lin, 23; cameline, 14. — Cours de Lille : colza, 13 à 16; lin, 21 à 25 50; cameline, 14; chanvre, 20 à 21.

Lins. — Dans le Nord, la fabrication des lins de pays est très en retard; la demande est bonne avec cours soutenus. En lins de Russie, le chiffre des transactions est moins élevé qu'au commencement du mois. — Sur les marchés belges, on cote le lin brut 3 à 4 les 3 kilog. à Alost; 4 14 à Malines; — 0 95 le kilog. à Grammont, et 95 à 150 les 100 kilog. à Wareghem.

Engrais. — La fermeté continue pour le nitrate de soude. Au marché de Lille de mercredi dernier, les détenteurs tenaient à 21 70 les 100 kilog. disponibles, et 22 60 livrables sur les quatre premiers mois de 1892. — Les prix du sulfate d'ammoniaque sont toujours faibles; le sulfate français se vend 28 50 les 100 kilog à Paris; 29 50 dans le Nord et dans l'Est; 30 dans le Centre. — Les superphosphates ne changent pas de prix — Les engrais potassiques se vendent bien pour le Midi et l'on s'attend à une hausse prochaine; on cote : nitrate de potasse, 45 les 100 kilog. dans le Nord et à Bordeaux; 43 50 en Belgique; 46 à Marseille; le chlorure de potassium vaut 20 50 à Dunkerque; le sulfate de potasse, 21 50 dans le Nord; le kaïnite, 5 25 à Dunkerque; 5 50 au Havre — On cote les engrais organiques à Paris, sang desséché : 1 68 à 1 70 l'unité d'azote par 100 kilog.; cuir torréfié, 1 15; corne torréfiée, 1 50.

Beurres. — La vente est bonne, avec prix en hausse, pour beurres en livres. On vend : *beurres en mottes* : fermiers de Gournay extra, 3 60 à 4 50 le kil.; choix, 3 50 à 3 40; bons, 2 90 à 3; ordinaires, 2 40 à 2 80; d'Isigny, extra, 6 à 7 06; choix, 5 80; bons, 4 40 à 4 50; ordinaires, 3 10 à 3 80; marchands du Gâtinais, 2 70 à 2 90; d'Isigny, 3 20 à 4; de Bretagne, 2 60 à 2 70; de Vire, 2 70 à 3 10; de Bresse, 2 20 à 2 40; laitiers des Charentes, 3 à 3 40; des Alpes, 3 10 à 3 50; divers producteurs, 3 à 3 50; — *beurres en livres* : fermiers, 2 60 à 3 30; Touraine, 2 60 à 2 80; Gâtinais, 2 50 à 2 80; Vendôme et Beaugency, 2 30 à 2 70; Bourgogne, 2 30 à 2 60; le Mans, 2 40 à 2 60; — *Petits beurres* : 2 à 2 90, suivant provenance.

Œufs. — Les prix sont en hausse sur ceux de la semaine dernière, bien que la vente soit peu active, on cote : Normandie, 125 à 145 le mille; Picardie extra, 125 à 148; ordinaire, 96 à 116; Brie extra, 108 à 110; Touraine extra, 112 à 145; ordinaire, 96 à 106; Beauce, 120 à 132; Orne, 93 à 118; Bourgogne, 98 à 105; Champagne, 100 à 104; Nivernais, 96 à 100; Bourbonnais, 95 à 98; Bretagne, 94 à 100; Vendée, 94 à 102; Auvergne, 90 à 93; Midi, 96 à 114; Autriche et Allemagne, 76 à 80.

Fromages. — On cote à la halle, *par dizaine* : Brie, fermiers haute marque, 88 à 92; grand moule, 55 à 65; moule moyen, 30 à 35; petit moule, 20 à 28; laitiers, 15 à 20; — *par 100 kilog.* : Gruyère, hors l'octroi, 100 à 170; Roquefort, 160 à 240; Hollande, 150 à 160; Gérardmer, 80 à 90; Limbourg, 100 à 120; Munster, 120 à 130; Romatour, 120 à 130; Cantal, 120 à 130, façon Port-Salut, 100 à 160; — par cent : Bourgogne, 80 à 90; Saint-Nectaire, 100 à 110; Camembert, 35 à 55; façon Coulommiers, 30 à 50; Mont-d'Or, 30 à 35; Livarot, 55 à 95; Gournay, 6 à 12; bondons, 6 à 14.

Volailles. — Bon approvisionnement et vente active aux prix suivants : poulets de Touraine, 3 à 5 la pièce; du Gâtinais, 2 25 à 6; de Houdan, 3 à 7; de Bresse, 2 à 4; de Chartres, 3 à 5 75; du Midi, 2 à 3; de Nantes, 3 à 5; Canards de Rouen, 3 à 4 50; de Nantes, 3 50 à 5; du Gâtinais, 2 50 à 4; de ferme, 2 à 3 50; pilets, 1 50 à 2; pintades, 2 25 à 5; oies, 6 à 11; coqs d'Inde du Gâtinais, 7 à 12; poules, 6 à 9; poules d'Inde de Houdan, 9 à 15; du Midi, 3 50 à 6; pigeons bizets, 0 50 à 0 75; pigeons maconnais, 0 50 à 1 50; lapins, gros, 4 à 5; petits, 2 à 3, crêtes en lots, 6 à 7 le kilog.

BESTIAUX.

La Villette, 3 décembre. — Bestiaux. — Vente lente et difficile sur le gros bétail et les veaux, calme sur les moutons et les porcs.

COURS officiels.	Amenés.	Vendus.	1re qualité.	2e qualité.	3e qualité.	Prix extrêmes.
Bœufs....	2.187	1.874	1 54	1 42	1 22	1 58 à 1 12
Vaches...	503	410	1 50	1 34	1 12	1 51 1 [illegible]
Taureaux.	134	129	1 40	1 30	1 16	1 14 1 06
Veaux....	1.090	948	2 »	1 90	1 80	2 20 1 20
Moutons..	8.004	7.540	2 »	1 82	1 62	2 06 1 50
Porcs.....	4.853	4.812	1 28	1 24	1 20	1 32 1 12

Marché du lundi 30 novembre.

	Amenés	Vendus	Prix au poids net 1re qual.	2e qual.	3e qual.
Bœufs.....	3.100	2.744	1 58	1 46	1 24
Vaches.....	902	826	1 54	1 31	1 14
Taureaux..	205	180	1 38	1 30	1 16
Veaux.....	1.162	1.017	2 08	1 92	1 80
Moutons....	10.520	9.585	2 02	1 87	1 60
Porcs......	2.667	2.626	1 32	1 28	1 20

	Prix au poids vif 1re qual.	2e qual.	3e qual.	Prix extrêmes.
Bœufs..........	» 94	» 82	» 64	» 58 à » 98
Vaches..........	» 91	» 69	» 58	» 48 » 95
Taureaux.......	» 86	» 71	» 61	» 55 » 90
Veaux..........	1 24	1 09	» 91	» 72 1 36
Moutons........	1 05	» 91	» 77	» 72 1 10
Porcs..........	» 87	» 84	» 82	» 70 » 90
Peaux de moutons en laine..........				3 85 6 25
Id. id. demi-laine.......				1 75 3 15

L'Administrateur-Gérant : Albert Renot.

Beauvais. — Imp. D. Père. — A. Cartier, Gérant.

12e Année. — 2e Série. — No 620. Dimanche 13 Décembre 1891.

GAZETTE AGRICOLE

JOURNAL HEBDOMADAIRE, PARAISSANT LE DIMANCHE

Rédacteur en Chef : M. Ch. GOSSIN, Professeur d'Agriculture à l'Institut agricole de Beauvais.

PRIX DE L'ABONNEMENT

UN AN, 5 fr. — SIX MOIS, 3 fr. — TROIS MOIS, 1 fr. 25

Pour l'étranger les abonnements ne sont reçus que pour un an, au prix de 6 francs, et ne partent que du 1er janvier ou du 1er juillet de chaque année.

Le numéro : 10 centimes.

Il est indispensable de joindre à toute demande de changement d'adresse la dernière bande d'adresse du journal et 50 centimes pour frais de nouvelles bandes.

Adresser les *Abonnements* et *Annonces* au secrétaire de la rédaction, **13, quai Voltaire, Paris,** ou à M. GOSSIN, rédacteur en chef et administrateur, à BEAUVAIS.

BUREAUX

13, quai Voltaire, Paris, et à Beauvais.

Les abonnements partent du 1er de chaque mois et sont payables d'avance. Toute demande d'abonnement doit donc être accompagnée du prix de l'abonnement. (Le mode de payement le plus simple est l'envoi d'un mandat-poste.)

Donner *très lisiblement*, en s'abonnant, son nom et son adresse exacte, *avec l'indication du bureau de poste;* et, s'il s'agit d'une continuation d'abonnement, joindre au renouvellement la dernière bande d'adresse du journal.

Les Annonces sont reçues chez MM. DUSSERIS et MATHELLON, 97, rue de Rennes, Paris.

La GAZETTE AGRICOLE insère gratuitement les Communications des Syndicats agricoles

SOMMAIRE :

PARIS, 11 DÉCEMBRE.

Vous savez sans doute que la dernière élection dans le département du Nord, où un socialiste, M. Lafargue, a battu un opportuniste, M. Depasse, a vivement ému les ministres et leur clientèle. Nos maîtres, qui combattent de toutes leurs forces les candidats de droite, ne sont guère moins favorables aux candidats républicains, quand ceux-ci n'admettent pas du commencement à la fin leur *Credo*. Aussi ont-ils cherché à faire casser l'élection en mettant en avant que M. Lafargue n'était pas Français. Il va de soi que, s'il en avait été ainsi, rien n'eût été plus juste que de fermer au nouveau deputé du Nord l'entrée du Palais-Bourbon. Il a simplement été établi que M. Lafargue, au lieu de combattre en 1870-71 dans les rangs de l'armée française, avait été, avec l'agrément du gouvernement républicain d'alors, chargé de faire de l'agitation internationale.

***

Comme il est cependant assez choquant de confier le soin de faire des lois à des hommes qui n'ont pas fait leur service militaire, il est venu heureusement à l'idée de quelques députés de la droite d'exiger, à l'avenir, de tout candidat aux fonctions législatives, la preuve qu'il a commencé par satisfaire à la loi militaire. Quoique cette proposition soit extrêmement juste, elle indique que dans le Parlement il est beaucoup de législateurs dont le passé la motive. Il est bien certain que, si jusqu'ici les députés avaient tous rempli leurs obligations militaires, personne ne se serait avisé de demander qu'avant de solliciter les suffrages des électeurs, les candidats en fissent la preuve. Mais il s'est produit, au cours de la discussion relative à la vérification de l'élection de M. Lafargue, un incident qui mérite d'être rapporté. Le Bonhomme Deschamps ne sort pas pour cela de la question. Il y est en plein, comme on va le voir, par l'émotion même qui a produit sur tous les bancs de la gauche la menace d'un député, M. Ferroul.

***

Nous avons déjà dit que la majorité républicaine aurait été heureuse d'invalider l'élection de M. Lafargue, ne pouvant le faire en s'appuyant sur ce que le nouvel élu n'était pas Français, un député de Vaucluse s'avisa de faire remarquer — et c'était vrai — que M. Lafargue n'avait pas, malgré son âge, servi en 1870-1871 dans les rangs de l'armée française. C'est alors que le susdit M. Ferroul riposta par la menace d'une demande d'enquête sur la situation militaire de tous les membres de la Chambre. M. Ferroul ajoutait que cette enquête donnerait lieu à des surprises. En cela, il ne se trompait pas. Il se trompait d'autant moins que l'émotion fut grande dans toute la majorité républicaine. Ceux-là seuls se mouchent — dit-on — qui se sentent morveux, et les morveux ne manquent pas au Palais-Bourbon ! S'il est un fait incontestable et éclatant comme la lumière du jour, c'est qu'en 1870-1871, les conservateurs, sans distinction d'opinion, coururent au drapeau. Il est un fait non moins incontestable qu'à partir du 4 septembre 1870 les républicains ne montrèrent pas le même zèle patriotique. Beaucoup d'entre eux se conservèrent pour la République et n'assistèrent que du fond d'une préfecture ou d'une sous-préfecture à la guerre. On créa même alors une foule de situations intermédiaires entre le civil et le militaire, où nos bons républicains se logèrent. Ils chantèrent bien que « mourir pour la patrie est le sort le plus beau et le plus digne d'envie », mais ils se gardaient bien d'en donner l'exemple et même d'en courir les risques !

***

Dans ces conditions, on s'explique fort bien l'émotion avec laquelle la majorité républicaine a accueilli la menace de M. Ferroul. On s'explique tout aussi bien encore que M. Ferroul ait annoncé que les résultats de l'enquête seraient féconds en surprises. Sans connaître par le menu le passé de tous les députés de la majorité républicaine, le Bonhomme Deschamps en sait cependant assez pour confirmer l'affirmation de M. Ferroul. Il y a, à gauche, sur les bancs du Palais-Bourbon, des législateurs que leur âge et leur santé obligeaient au service militaire et qui, par des appuis et des protections, s'en sont affranchis pendant l'année terrible. Voyez-vous la tête, comme on dit vulgairement, qu'auraient faite ces braves, si la proposition de M. Ferroul, ayant été acceptée, on leur avait mis publiquement le nez dans leur couardise de 1870-1871 ! Il est donc tout à fait nécessaire, ne serait-ce vraiment que pour la dignité de la Chambre, que l'on ne puisse pas être député si l'on n'a pas au moins cette égalité avec le reste des Français, d'avoir satisfait à la loi militaire. Il est vraisemblable que la discussion et l'adoption de cet article de loi ne donnera pas bien à penser aux étrangers du recrutement de notre Parlement; mais mieux vaut encore arrêter le mal en le dénonçant que d'en souffrir en le taisant et en s'abstenant d'y porter remède.

***

Exiger des candidats, à l'avenir, qu'ils justifient de leur obéissance à la loi militaire, est chose facile et bonne. Mais on peut avoir fait son service militaire et n'en être pas moins pour cela un détestable député. Quel dommage qu'on ne puisse pas obtenir aussi facilement des candidats aux fonctions législatives, un certificat d'honnêteté, de loyauté, d'intelligence et de compétence! Voilà ce qui ferait encore mieux les affaires du pays. L'exercice de toutes les professions artistiques, industrielles et autres est toujours précédé d'un apprentissage. En politique, où cependant les plus graves intérêts sont engagés, il n'en est pas ainsi. Le premier venu, pourvu qu'il ait une langue, de l'aplomb et sache en user, est candidat et très souvent élu. Le correctif devrait se trouver dans le corps électoral, mais malheureusement il se laisse trop souvent séduire ou intimider, si bien que nous avons des Parlements que personne en Europe ne nous envie. Cela dure d'ordinaire jusqu'à une catastrophe assez forte pour ouvrir les yeux de tout le monde, et ce tout le monde alors, casse aux gages avec force colère des mandataires qu'il aurait été à tous égards plus avantageux de ne pas prendre. Le Bonhomme Deschamps souhaite naturellement que le suffrage universel n'attende pas un grand malheur pour être éclairé sur la qualité de ses élus; mais que ses vœux ne soient pas déçus par l'événement, il ne le jurerait pas.

LE BONHOMME DESCHAMPS.

NOUVELLES DE LA SEMAINE.

Ce qu'on fait de notre argent. — La Chambre des députés s'est montrée tout récemment généreuse envers une association d'ouvriers mineurs à qui il a été remis pour l'exploiter, une mine abandonnée. Les cinquante mille francs votés par la Chambre et les dix mille francs du conseil municipal de Paris ne doivent pas profiter aux anciens ouvriers restés sans travail depuis que l'ancienne Compagnie a renoncé à une exploitation ruineuse pour elle, mais à une association nouvelle organisée par le syndicat général des mineurs de la Loire, dont les membres sont répandus dans tout le bassin houiller de Saint-Etienne. La nouvelle société d'exploitation ne se croit pas obligée d'embaucher intégralement l'ancien personnel de travailleurs; faisant un tri entre eux, elle a congédié impitoyablement tous ceux dont les sentiments révolutionnaires ne lui ont pas paru assez ardents; par contre, elle a ouvert ses rangs aux socialistes notoires qui, jusqu'à présent, n'avaient pas travaillé à Monthieux. C'est ainsi, avoue un journal républicain sérieux, que figure parmi les notabilités de la nouvelle association un des meurtriers de M. Watrin, l'ingénieur assassiné dans les conditions que l'on n'a pas oubliées. Le souvenir de son crime l'empêchait sans doute d'être favorablement accueilli dans les *compagnies* dites « *bourgeoises* »; les subventions prélevées sur l'argent des contribuables lui permettront de devenir patron à son tour. La prise de possession de la mine de Monthieux par le syndicat ayant pour titre « la mine aux mineurs » a été fêtée par un banquet. Pendant que les participants de la nouvelle société d'exploitation, dont le capital est formé à l'aide du budget de l'Etat et des budgets municipaux de Paris, Saint-Etienne, etc., pendant que les ouvriers-actionnaires banquetaient ainsi, les ouvriers exclus non-seulement du partage du capital, mais du travail, devaient faire de singulière réflexions sur le sort réservé par le socialisme de l'avenir aux hommes indépendants peu disposés à aliéner leur liberté entre les mains des chefs de syndicat et des meneurs révolutionnaires et dynamitards.

D'autre part, voici ce qu'on raconte à Paris: Sur la proposition de M. Patenne, président de la commission du travail, le conseil municipal de Paris a décidé la fermeture provisoire du bureau n° 13 de la Bourse du travail, créée et bâtie aux frais à grands renforts de millions. Vous pensez bien qu'une mesure de cette nature n'a pas été prise sans des motifs graves. Une phrase les résumera; l'escroquerie se pratiquait couramment au n° 13. Ce bureau servait d'asile à la chambre syndicale anarchiste des hommes de peine. Lorsqu'un ouvrier sans travail se présentait naïvement sur la foi des prospectus officiels, on commençait par tirer de ses poches, sous prétexte de droit d'entrée, de cotisation, etc., tout l'argent qu'elles pouvaient contenir, et l'ouvrier se dépouillait dans l'espoir que les camarades l'aideraient à trouver de l'ouvrage; il ne pensait pas que les anarchistes sont trop brouillés avec les patrons pour consentir à les fréquenter. Ils gardaient l'argent des camarades, les anarchistes, parce que cet argent-là n'est point de la nature de l'infâme capital; quant à mettre un ouvrier en rapports avec un capitaliste, jamais! A ceux qui insistaient pour trouver du travail, ils répondaient: « feignants. » On raconte même qu'un jour un des clients de la chambre syndicale anarchiste des hommes de peine, qui avait encore quelques sous après le payement des différents droits d'entrée, de cotisation, etc., fut entraîné sur les fortifications et complètement dépouillé.

Et voilà comment les contribuables ne sont plus, sous le régime où nous vivons, taillables et corvéables à merci, et comment les ouvriers profitent des gaspillages et des tripotages de nos bons et honnêtes gouvernants.

Encore un de casé. — Parmi les nominations que vient de publier l'*Officiel* figure celle de M. Ducher, maire de Thoissey (Ain), à la recette particulière de Saint-Jean-de-Maurienne.

Il est bon de faire remarquer que ce nouveau receveur particulier n'est autre que M. le docteur Ducher, ancien député, ancien conseiller général de l'Ain, blackboulé aux dernières élections. Le maire, qui autrefois accompagnait l'évêque Belley dans ses tournées pastorales et avait fait élever ses fils au collège ecclésiastique de Thoissey, retourna brusquement sa veste quand il vit les opportunistes arriver au pouvoir, et se fit remarquer par sa fureur anticléricale, ce qui le conduisit tout droit à la Chambre.

Au Palais-Bourbon, il ne fit rien, ne dit rien, mais il vota toujours avec les plus enragés de l'extrême-gauche quand la religion se trouva en cause. En 1889, après sa non réélection au Conseil général, il ne put se reporter dans l'Ain. Il méritait une compensation, le gouvernement vient de la lui donner. Déjà, M. Tondu, député de l'Ain, non réélu, avait été nommé directeur d'un asile d'aliénés. M. Ducher avait, paraît-il, autant de titres que son ancien collègue à une bonne place: il l'a et n'est plus tondu!

Un Français. — Un journaliste républicain, conseiller municipal de Paris, M. Ch. Laurent, annonçant le départ pour le Tonkin du prince Henri d'Orléans, écrit à ce sujet:

Une première fois, il a parcouru tous ces hauts plateaux du Thibet, d'où le froid a chassé presque tous les êtres humains; il a traversé la Tartarie, la Mandchourie, la Chine, nos possessions d'Extrême-Orient: et maintenant il reprend, sans compagnon, de nouvelles routes redoutées jusqu'alors par tous et dans lesquelles il va risquer sa vie pour conquérir quelques notions de plus au profit de l'humanité, de la civilisation et de la France. Nous ne devons pas hésiter, quelle que soit notre opinion politique, a témoigner toute notre estime pour ce vaillant jeune homme, vraiment digne d'une grande race.

Relevant cet hommage d'un publiciste républicain, le *Moniteur universel* dit:

M. Charles Laurent pourrait ajouter que ce bon Français a été privé, par un vote exprès de la Chambre, du droit de combattre sous le drapeau de la France. Au moment où cette loi républicaine a été votée, il venait de se présenter aux examens de l'école de Saint-Cyr, les épreuves étaient commencées et sa composition écrite le classait parmi les admissibles: on l'a déchirée et on lui a dit: « Vous n'avez pas le droit de servir la France. »

L'article de M. Ch. Laurent fait encore mieux ressortir ce qu'il y a d'inepte et d'odieux dans les lois de proscription.

Fabrication du Cidre de ménage avec sucrage par déplacement (ou Lixiviation).

(Suite).

VI. — **Brassaison proprement dite.**

Dans notre note précédente, nous avons montré que par déplacement on pouvait obtenir, selon besoin, depuis le petit cidre, 2 p. 0/0 d'alcool, jusqu'au cidre plus fort, 5 degrés *maximum*, pour boisson de ménage destinée aux repas de chaque jour, tant celle tirée au tonneau que celle destinée à la mise en bouteille (la mise en bouteille sera décrite ultérieurement). Le pressoir n'est utile qu'au cidre pur.

Nous avons dit que tout était basé sur la plus ou moins grande quantité de bonnes pommes et sucre employés.

La pomme, à la brassaison, fournit 1/5 de jus, c'est-à-dire que 1/2 hectolitre ou rasière donne 10 litres de jus, alors sans sucrage; et en mettant 4 hectolitres, ou 8 rasières de pommes donnant 80 litres de jus ajoutés de 145 litres d'eau, on obtient, par pressuration, une pièce de cidre titrant 5° environ.

On obtient la même chose par lixiviation, en mettant *autant d'eau que la pièce doit contenir de cidre*, puisque par le déplacement des 80 litres de jus, les pommes absorbent 80 litres d'eau (jus 80 + eau 145 = 225 litres, contenance de la pièce).

Par le sucrage, aujourd'hui, et le prix élevé des pommes, nous ne mettrons que 3 hectolitres de fruits ou 6 rasières qui ne nous donneront que 48 litres de jus (jus 48 litres + eau 177 = 225 litres). Mais compensés par *4 kilos de sucre dénaturé*, nous obtiendrons le même titre alcoolique précité. Cette boisson délicieuse, ce petit champagne normand, est le nectar supérieur de la boisson de ménage, surtout pour la mise en bouteilles.

Mais terminons par la boisson du plus grand nombre (de *fermes*, de *ménages* et du *père de famille*, la plus économique, tout étant hygiénique, désaltérante, apéritive et agréable. On emploiera 2 hectolitres de pommes ou 4 rasières *seulement*, fournissant alors 32 litres de jus

(32 jus + 193 eau = 225); on ajoutera 4 kilos de sucre dénaturé à 1 fr. 20, total 2 fr. 40 au lieu de 8 fr., prix de 2 rasières de pommes inutiles aujourd'hui.

1° Temps de la macération de la pulpe dans les cuves.

1re macération : 10 heures, sans eau, puits ;

2e macération : 24 heures en deux fois, avec le premier tiers d'eau ;

3e macération : 12 heures seulement avec le deuxième tiers d'eau ;

4e macération : 12 heures seulement avec le dernier tiers d'eau.

Total 58 heures pour une pièce comme cent autres, étant donné le nombre de cuves.

2° Entonnage des moûts dans les tonneaux.

Ces derniers sont penchés sur chantiers, de l'arrière à l'avant, à 20 centimètres de la paroi des caves. (Nota. — A cause de la bonne fermentation, on ne soufrera pas les tonneaux au moment de l'entonnage des moûts.)

Le jus de la première macération précité sera réparti par égale quantité dans les tonneaux.

La deuxième macération de 24 heures, avec le premier tiers d'eau, a été obtenue en reprenant le premier moût épuisé, après 12 heures de macération, en arrosant le marc avec ce premier épuisement. Ceci dispose la pulpe de façon qu'elle s'empare mieux de l'eau en chassant les jus, et l'on obtient un deuxième produit qui est encore réparti uniformément dans les tonneaux.

Le produit de la troisième et quatrième macération, de 12 heures chacune seulement, est encore, jusqu'à épuisement complet, réparti en remplissant les tonneaux, moins 10 centimètres sous la bonde.

Les marcs épuisés des marqueuses ne renferment plus aucun principe utile, mais, additionnés d'un peu de chaux, ils sont excellents pour nourrir les essences fruitières, principalement les jeunes pommiers et les pépinières.

VII. — Le sucrage des moûts

En commençant la brassaison, à l'aide d'un rateau de jardin, par exemple, on a enlevé la pulpe des pommes malaxées dénaturant le sucre au moment de l'acquisition; cette pulpe, dans les marqueuses, se débarrasse du sucre qui se mélange déjà au moût.

Le sucre, plus libre alors, doit être fondu en une sorte de sirop par l'action du feu, cela très facilement si dans le récipient on a ajouté deux ou trois verres d'eau par kilo de sucre. On verse ensuite dans les tonneaux la quantité prévue, on remue à l'aide d'une latte, on couvre la bonde d'une simple tuile devant rester tout le temps de la fermentation qui s'opère à l'intérieur des tonneaux, étant donné qu'ils ne doivent jamais être remplis par l'entonnage des moûts. Par l'action du densimètre (Vivien) dans le moût et à l'aide de l'éprouvette, le sucrage est des plus simples, des plus précis, puisque chaque degré alcoolique de la colonne de verre montre le nombre de kilos nécessaires par hectolitre. En attendant que cet instrument soit dans les mains de tous, nous sommes à la disposition du public, chaque samedi, de deux heures et demie à cinq heures du soir, au Jardin d'expériences; que chacun vienne nous trouver avec une fiole de moût, notre densimètre leur montrera la quantité de sucre qu'il faudra employer.

VIII. — Soutirage

Le cidre ne doit jamais reposer sur la lie; ce préjugé doit être renvoyé avec l'eau de mare et l'eau glacée du *Père Routine*. Le soutirage doit être fait en tonneau soufré, aussitôt la fermentation tumultueuse terminée, ce qui est facile à voir par les dépôts, sorte de cape ou chapeau uni sans bulles d'air.

Nota : Une excellente fermentation *alcoolique* est celle qui montre à l'œil nu les bulles disséminées et plus nombreuses sous la bonde. Une écume blanche en grand cercle laisse craindre une fermentation *acétique*, qu'il faut éviter en fouettant le cidre et le chauffant à l'aide de deux litres de cidre chaud ou un morceau de charbon incandescent, en tenant momentanément la température de la cave à 14 ou 15 degrés. Le tonneau doit être ensuite bien bondé, abrité de tout accident par l'emploi du fosset.

IX. — Tirage au tonneau.

Au premier pot de cidre, il faut verser un litre environ d'huile d'olive ou d'œillette qui empêchera l'action de l'air sur le cidre, et bouchera les pores des bois du tonneau au fur et à mesure de l'épuisement. Nous ne voulons pas le robinet au bas de la pièce pour le tirage du cidre ; chaque tirage fatigue le cidre, le trouble, le détériore. Au pecement du tonneau, le robinet doit être placé sinon au tiers, du moins *au-dessus de la traverse*, et repris après épuisement de la première masse du liquide pour être replacé à la base.

Si nous terminons cette note un peu brusquement, c'est afin de ne donner aujourd'hui aux intéressés que les avis strictement nécessaires, actuellement, à la fabrication de leur boisson de ménage *par l'emploi du sucre dénaturé*.

A. Delaville,
Professeur d'horticulture
à l'Institut agricole de Beauvais.

Culture du blé en lignes intermittentes

(Suite.)

Effanage, verse, tallement des racines et des tiges, buttage.

L'effanage n'est pas une opération nouvelle. Comme on en conteste l'utilité, nous avons tenu à l'essayer en prenant des points de comparaison.

Alors même que cette opération serait faite très tard en saison, c'est-à-dire une semaine ou deux avant l'apparition des tiges montées en épis, elle facilite la formation de nouvelles tiges, lesquelles donnent naissance à de nouvelles racines, et favorise ainsi le tallement aérien des premières et terrien des secondes.

Elle donne aux tiges, malgré leur multiplicité, une rigidité, qui, pour les pieds isolés, semble défier les intempéries. La force de résistance a été également plus grande pour les parties semées en lignes pleines, comme celles semées à la volée, qui n'ont pas été couchées par les premiers orages, tandis que les témoins ont été très maltraités. Les derniers ouragans, accompagnés de grêle, ont renversé l'une et l'autre, mais sont restés sans effets sur les pieds isolés, qui ont été légèrement penchés lorsqu'ils n'étaient pas suffisamment buttés.

Aux derniers sarclages il nous paraît donc utile de renchausser les pieds; et en effet, lorsqu'autour il se forme des couronnes successives de nouvelles tiges, on peut remarquer, un peu au dessus du sol, l'apparition de racines qui, évidemment, se développeront avec d'autant plus de facilité qu'elles se trouveront en contact plus immédiat avec la terre végétale.

Le buttage nous paraît donc devoir être recommandé.

Repiquages.

On parle beaucoup de ce procédé, que nous avons également essayé, qui semble promettre des résultats exceptionnels en quantités comme en qualités, et devoir rendre d'importants services pour la sélection et l'amélioration des différentes espèces de grains. Nos expériences trop sommaires à ce sujet ne nous permettent pas de formuler une manière de voir suffisamment nette.

Pour les céréales à végétation rapide, orge, blé de mars, cette opértion semble ne pas devoir réussir. Pour les céréales d'automne, il y aura lieu de se rendre compte par de sérieux essais, s'il est plus avantageux de les faire avant qu'à la fin de l'hiver.

Observation commune à toutes les cultures.

Pour la culture du blé, de même que pour toutes les autres, nous avons à faire observer aux cultivateurs soucieux de travailler économiquement et d'utiliser ce qu'ils ont sous la main, dans le but d'en éviter ou d'en réduire l'acquisition, que nous allons chercher à l'étranger, à des prix fort élevés, des sels fertilisants contenant potasse ou azote, et que cependant tout sol arable contient des quantités variables et souvent considérables (de 1 à plus de 100 fois) ce qui est nécessaire pour la récolte d'une année de l'un comme de l'autre de ces deux éléments.

Ces deux précieux éléments y existent à l'état inerte, inassimilable, mais peuvent être progressivement transformées par les agents atmosphériques dont l'action est favorisée par les façons données à la couche arable.

Ils peuvent également être mobilisés par certains agents chimiques d'un prix très réduit, dont nous avons constaté les bons effets et dont la réaction peut, sinon remplacer, tout au moins diminuer l'importance de l'apport.

Il y a lieu, comme nous l'avons fait nous-mêmes et comme le montre l'expérience de Montreuil sur deux de ces réactifs complémentaires, d'avoir recours (en plus des engrais classiques à bases de potasse, azote et acide phosphoriques) à des formules, empiriques peut-être, mais raisonnées, qui, sur toutes sortes de cultures, nous ont donné un accroissement de récolte comportant un boni, même après déduction de la dépense supplémentaire.

Notre formule qui évite, sinon en totalité, du moins en partie, les acquisitions de potasse et d'azote, paraîtra peut-être compliquée; mais comme tous les produits qui le composent y ont leur raison d'être, nous avons maintenant des preuves répétées qu'elle n'en est que plus efficace.

Nous croyons donc devoir insister pour qu'il soit employé, à titre d'essai tout au moins, une formule complémentaire contenant autre chose que les fertilisants classiques et dont les cultivateurs sauront, mieux que personne, déterminer la composition proportionnée suivant les besoins de leurs terres.

Conclusions

Nos expériences et observations nous amènent à nous résumer comme suit :

1° Avant et après le labour, c'est-à-dire en deux fois, emploi d'une formule complémentaire composée suivant les besoins de la terre à ensemencer ;

2° Semis en lignes distantes de 0m20 à 0m40 suivant les appréciations, pouvant faciliter l'emploi de la houe à cheval ;

3° Sarclages répétés aussi souvent que possible pour aérer la couche superficielle et détruire les mauvaises herbes, puis une sorte de buttage favorisant le développement des dernières racines ;

4° Intermittences de 0m18 à 0m30 dans les lignes, suivant le nombre de pieds que l'on voudra conserver par mètre carré, dans le but de donner de la rigidité aux tiges, d'éviter la verse, de faciliter la circulation de l'air et de faire pénétrer jusqu'au sol les rayons solaires ;

5° Effanage dans le but de favoriser le tallement, rendre les tiges rigides et diminuer les chances de verse.

On a souvent dit qu'un problème bien posé est à moitié résolu.

Si, au moyen de nos recherches et observations publiées chaque année, nous sommes parvenus à éclairer et préciser ces diverses questions encore si controversées, nous dirons, de notre côté, à MM. les agriculteurs :

La solution est entre vos mains : si le sujet vous intéresse, si vous voulez réaliser un progrès notable et un bénéfice assuré, essayez, aménagez des témoins bien compris, comparez et rendez-vous compte des résultats.

E. Fischer.

EMPLOI DU SULFURE DE CARBONE

Dans les pépinières de vignes (1).

La transformation de nos vignobles en plants greffés a fait naître une industrie nouvelle, celle des pépiniéristes-viticulteurs, qui semble destinée à se perpétuer aussi longtemps que nous aurons besoin des vignes américaines.

D'une façon générale, en effet, on a dû renoncer aux provignages qui, jadis, promettaient de remplacer les souches mortes ou malades, et songer à boucher les trous qui, sans cela, se multiplieraient rapidement à l'aide de plants greffés-soudés.

L'établissement d'une pépinière nécessite des conditions spéciales que l'on ne rencontre pas dans toutes les exploitations : un terrain meuble, de l'eau en abondance pour assurer le succès du greffage; aussi, l'avenir des pépinières commerciales nous semble-t-il assuré pour longtemps.

Chaque fois, cependant, que l'on pourra installer dans une exploitation agricole une pépinière dans des conditions satisfaisantes, on fera assurément œuvre utile ; non pas peut-être que les plants que l'on produit soi-même reviennent toujours à meilleur compte que ceux que l'on achète, mais au moins sera-t-on à peu près assuré de ne pas commettre d'erreur dans les remplacements des manquants, ce qui n'arrive pas toujours, même quand on s'adresse aux plus sérieux des pépiniéristes de profession. Il est, en effet, beaucoup plus facile de se tromper, quand on multiplie côte à côte 50 ou 100 variétés diverses, que quand on se contente d'en greffer deux ou trois.

Quoi qu'il en soit, et qu'il s'agisse de pépinières commerciales ou particulières, il se présente, dans la pratique, des difficultés de plus d'une sorte, quand on cherche à maintenir en pépinière, pendant de longues années, un terrain déterminé.

Le premier ennemi des pépinières, et peut-être le plus dangereux, parce qu'il est le plus répandu, c'est le phylloxéra.

Du phylloxéra dans les pépinières de vignes américaines ! Eh, mon Dieu! oui, il y en a, il y en a même beaucoup, et la seule chose étonnante serait qu'il n'y en eût pas. Cela n'enlève rien d'ailleurs à la valeur que présentent les plants américains pour la reconstitution de nos vignobles.

Quand, chaque année, nous réunissons sur une surface restreinte des centaines de mille de plants américains, dont quelques-uns — comme Jacquez — sont loin d'être indemnes, il n'est pas étonnant de voir se multiplier dans le sol de nombreuses colonies de phylloxéra. Ces insectes, peu nuisibles sur des plants mis en place, peuvent, au contraire, causer des insuccès sérieux dans les pépinières, où ils s'attaquent au premières radicelles émises par les greffes-boutures.

Aussi, la plupart des pépiniéristes ont-ils pris l'habitude de sulfurer — non pas les greffes-boutures qui pourraient souffrir de ce traitement — mais le terrain lui-même, dans l'intervalle de deux plantations. Ils débarassent ainsi le sol des nombreux insectes établis sur les débris de racines, et évitent une cause d'insuccès beaucoup plus fréquente qu'on ne le croit communément. Ce que font les pépiniéristes, les propriétaires peuvent utilement le faire, chaque fois qu'ils établiront une pépinière à demeure.

Les doses de sulfure employées dans les pépinières varient, à notre connaissance, entre 5 et 600 kilos, répartis le plus souvent en deux traitements à huit jours d'intervalle. Comme on opère pendant que le terrain est nu, il n'y a rien à craindre, quelle que soit la dose.

Le sulfure de carbonne, nous l'avons indiqué récemment dans ce journal, peut encore être employé utilement pour combattre le *pourridié*. Cette maladie, pour être moins répandue que le phylloxera n'en est pas moins grave, et les pertes qu'elle a causé ont été parfois considérables.

Le pourridié, malheureusement, a la vie plus dure que le phylloxéra. Et il faut aller jusqu'à 800 et 1.000 kilos de sulfure par hectare, répartis en deux traitements, pour obtenir un résultat appréciable.

Le résultat ne serait complet qu'en laissant reposer le terrain, après le sulfurage, pendant un ou deux ans ; mais cependant la pratique des pépiniéristes montre d'une manière indiscutable que le sulfurage seul suffit à arrêter, à limiter l'extension de la maladie.

Quand nous aurons ajouté que le sulfure à forte dose détruit inévitablement la plupart des insectes qui hivernent dans le sol, en particulier les vers blancs, nous aurons suffisamment justifié l'utilité de cette opération auprès de tous ceux qui ont ou se proposent de créer des pépinières.

(1) *Progrès agricole et viticole.*

LE GUI.

Il faut reconnaître que, depuis quelques années, on a cultivé les pommiers avec plus de soin qu'on ne le faisait il y a dix ans. On s'est aperçu que le pommier demandait du travail tout comme l'arbre fruitier des jardins, tout comme la vigne ; mais si quelques-uns ont déjà fait des progrès dans ce sens, beaucoup traitent leurs arbres comme s'ils étaient de simples baliveaux des bois; et encore ceux-là demandent, si on veut les avoir beaux, le travail suivi de l'homme.

Non-seulement il faut savoir tailler le pommier, supprimer les branches mortes, gourmandes ou nuisibles, mais il faut savoir le protéger contre tous les parasites qui vivent à ses dépens, et de ce nombre est le gui.

Si ce parasite se propage sur un grand nombre d'arbres, c'est surtout le pommier et le poirier qu'il préfère, et c'est surtout sur ces arbres qu'il est le plus difficile à détruire, car pour le faire complètement et avec certitude de succès, il faudrait couper la branche sur laquelle il croît, ce qui bien souvent rendrait le remède pire que le mal.

Le gui fait le plus grand tort à l'arbre, car ne vivant pas sur terre il n'en a pas moins des racines qui pénètrent dans l'écorce et dans le bois, détournant à son profit la sève qui serait nécessaire à la branche sur laquelle il s'attache.

Le gui se propage facilement ; sa graine va, sous l'empire du vent et surtout portée par les oiseaux dans leurs déjections, s'attacher sur l'écorce de l'arbre, et le plus souvent dans les fourchets; elle y lève promptement, ses racines d'un vert foncé entourent la branche et y pénètrent.

Il y a plusieurs manières de détruire le gui; la plupart des cultivateurs l'arrachent avec un croc, afin d'éviter de monter dans l'arbre. C'est un mauvais système, car ils n'enlèvent que les branches sans s'attaquer au pied principal.

Le mieux est donc de monter dans l'arbre pendant l'hiver et de couper avec une serpette le plus près possible de la branche le pied du gui. On ne le détruira pas complètement, car ses racines restent vivantes, et on ne peut gratter la branche, ce qui donnerait des chancres ; mais il repousse avec peine, et quand on a fait cette opération deux ou trois, on finit par le détruire.

Le préfet du Calvados a rendu obligatoire la destruction du gui, par l'arrêté suivant :

Art 1er. — Les propriétaires, les fermiers, les colons ou métayers, ainsi que les usufruitiers et les usagers, sont tenus de détruire « le gui » sur les pommiers et autres arbres qu'ils possèdent ou dont ils ont la jouissance et l'usage.

L'Etat, les communes et les établissements publics et privés sont astreints aux mêmes obligations sur les propriétés leur appartenant.

La destruction du gui devra être faite avant le 25 décembre de chaque année.

Cet arrêté devrait être pris et surtout exécuté partout.

Nouvelles agricoles.

Les tarifs de douane sur les vins. — Dans sa séance du 5 décembre, le Sénat a discuté le tarif douanier des boissons. Pour les vins, la commission proposait d'adopter les tarifs votés par la Chambre des députés, savoir: 1 fr. 70 par degré au tarif général et 0 fr. 70 au tarif minimum, jusqu'à 10.9 Le Gouvernement persistait à demander que la limite fût portée à 11.9 Cette dernière disposition a été défendue par M. Develle, ministre de l'agriculture; elle a été soutenue plus âprement par M. Jules Roche, ministre du commerce. Mais, grâce aux efforts faits pendant les dernières semaines par les représentants autorisés de la viticulture, la cause était jugée; M. Griffe, rapporteur, et M. Galtier ont maintenu les conclusions à la commission des douanes que le Sénat a adoptées. La viticulture française a reçu ainsi des garanties suffisantes pour lui permettre de lutter contre l'importation des vins suralcoolisés; le Trésor, qui était privé depuis trop longtemps d'une partie de ses recettes normales, y trouvera également son avantage. Car on ne saurait trop répéter que le nouveau régime, désormais définitif, n'a pas d'autre résultat que de rétablir l'égalité de situation, au point de vue du régime intérieur, entre les vins français et les vins étrangers. C'est parce que le Sénat l'a bien compris, comme l'avait compris la Chambre des députés, qu'il ne s'est pas laissé entraîner par les sophismes qu'on a exposés devant lui.

Concours général agricole. — Nous avons récemment annoncé que le Concours général agricole (animaux gras, animaux reproducteurs, produits, instruments, machines agricoles) aurait lieu l'an prochain, à Paris, du lundi 15 au mardi 24 février. Nous croyons devoir informer nos lecteurs que, pour être admis à exposer, ils doivent adresser au ministre de l'agriculture une déclaration écrite avant le 1er janvier. On peut se procurer de ces déclarations dans toutes les préfectures et sous-préfectures ainsi qu'au ministère de l'agriculture, où on peut aussi demander l'arrêté d'organisation du concours. Notre rédaction fournira d'ailleurs tous les renseignements désirables à ceux de nos lecteurs qui la consulteront.

Exposition de vins. — Une exposition spéciale des vins du Loiret aura lieu à Orléans le 20 décembre prochain.

Elle comprendra les vins produits par les cépages du pays, ceux produits par les vignes greffées sur les plants américains, et enfin les vins provenant des producteurs directs.

A cette occasion, M. Duplessis, professeur départemental d'agriculture, fera une conférence sur la vinification accompagnée de démonstrations pratiques.

Union beaujolaise des Syndicats agricoles. — L'assemblée générale de cette union formée, comme on le sait, entre les quatre syndicats agricoles du Beaujolais, a eu lieu le 26 octobre dernier, au siège social, sous la présidence de M. Emile Duport.

« Chacun de nos syndicats, dit M. Duport, a vu, pendant les douze derniers mois, le nombre de ses adhérents augmenter dans des proportions variables, mais importantes. Après avoir franchi, dans l'ensemble, le chiffre de 4,000, nous nous avançons résolument vers celui de 5,000.

« L'atteindrons-nous ?

« Il est certain que, plus nous allons, plus lente devient forcément l'augmentation numérique; mais, pour ma part, je veux croire que nous ne nous arrêterons que lorsqu'il ne restera plus un seul agriculteur à recevoir parmi nous. »

Le président rappelle ensuite que l'Union Beaujolaise a défendu vaillamment les intérêts agricoles et viticoles du pays en réclamant de nos députés la juste application de droits compensateurs à la frontière.

A l'unanimité, l'assemblée a persisté dans ses revendications précédentes en émettant le vœu unique suivant par lequel elle a voulu donner plus de force à l'expression de sa pensée:

« Que les droits votés par la Chambre des députés sur les vins étrangers soient intégralement acceptés par le Sénat comme indispensables à l'existence de notre viticulture et, par suite, que le Gouvernement ne se puisse pas croire autorisé par les représentants du pays à accorder à aucune nation l'entrée de ses vins au-dessous du tarif minimum. »

Consultée sur la pétition de la « Ligue pour le vinage des vins », elle a statué:

« Que les syndicats de l'Union beaujolaise, sans même vouloir se prononcer sur le fond de la question, pensent que le moment où vient devant le Sénat la discussion sur les nouveaux droits de douane à appliquer aux vins étrangers, la plupart vinés, est en tout cas mal choisi, désapprouvent comme dangereuse la pétition pour le vinage des vins, et refusent en conséquence de la signer. »

L'Union beaujolaise prépare pour 1892 la publication d'un almanach modèle de 180 pages, rempli de renseignements utiles, qui sera distribué aux membres des syndicats unis. Un office de renseignements à l'usage des syndicats de l'Union a été créé dans le courant de 1891.

Le bureau sortant, parvenu au terme de son mandat triennal, a été réélu par acclamation et demeure ainsi composé:

Président, M. Emile Duport; *vice-président*, M. Pontbichet; *secrétaire*, M. le docteur Clerjon; *trésorier*, M. Chatillon; *administrateur-délégué*, M. Paul Charvériat; *administrateurs*, MM. le comte de Saint-Pol, Charrat, le marquis de Chaponay, C. Silvestre.

Société d'Apiculture de la Meuse. — *Exposition générale d'horticulture et d'apiculture.* — Les Sociétés d'Horticulture et d'Apiculture de la Meuse organisent de concert une Exposition générale qui aura lieu à Verdun, en 1892, dans la deuxième quinzaine de septembre.

En outre des produits horticoles, viticoles et sylvicoles, seront admis à cette Exposition:

1° — Le matériel apicole: *Ruches, extracteurs, purificateurs, mellificateurs, enfumoirs, presses à gaufrer, cire gaufrée; livres, ouvrages et revues apicoles, etc.*

2° — Les produits de l'apiculture: *Miel coulé, miel en rayons, cires, hydromel, eaux-de-vie de miel, vins de miel, vinaigres de miel, etc.*

Seront admis à exposer les apiculteurs de la Meuse et des départements limitrophes.

Les récompenses, offertes par la Société d'Apiculture de la Meuse, consisteront en diplômes d'honneur, médailles de vermeil, d'argent, de bronze et mentions.

Adresser les demandes à M. l'abbé Maujean, secrétaire général de la Société d'Apiculture de la Meuse, à Longeville, par Bar-le-Duc.

Le chemin de fer de Jaffa à Jérusalem

Sur les plages ensoleillées de l'Orient, il est un nom, par dessus tous les autres, connu et aimé des populations catholiques: c'est le nom des Francs. Si l'Orient a pu admirer toute la valeur de nos héros chrétiens, des Godefroy de Bouillon, des Beaudouin, des Lusignan, des Tancrède, il a connu aussi le merveilleux dévouement du missionnaire français. Celui-ci, partout, en Orient, on le rencontre; auprès de l'enfant, du pauvre, du malade, partout béni et respecté.

Mais si la France sait porter noblement l'épée et la croix, elle saura, à son heure, manier la pioche qui creuse les canaux, ouvre les routes. Le canal de Suez n'est-il pas essentiellement l'œuvre d'un Français, et une œuvre toute française?

Un chemin de fer va relier Jaffa à Jérusalem, permettant de faire en trois heures un parcours de 87 kilomètres qui demande aujourd'hui douze heures de véhicule.

Cette entreprise doit être encouragée par tous, car elle est essentiellement patriotique, religieuse et commerciale.

Patriotique: Laisserons-nous les Allemands à Damas, les Anglais à Alexandrette, se montrer aux yeux des populations de la Syrie, comme les seuls pionniers de la civilisation moderne? Le permettre serait vouloir que la France, partout et en tout, apparaisse ici amoindrie et déconsidérée.

Religieuse: Relier Jaffa à Jérusalem par une voie ferrée, c'est faciliter les pèlerinages. La grande fatigue du voyage, c'est ce parcours par une route impraticable. Ceux qui l'ont fait une fois s'en souviendront toujours. Des mains charitables donnent largement pour payer le voyage de nombreux pèlerins; leur générosité trouverait noblement à s'exercer à cette occasion.

Commerciale: A ce point de vue, l'entreprise est surtout une bonne affaire. Le transit actuel des deux villes têtes de ligne est fort appréciable. Les droits de péage affirmés en 1875 pour 63,156 piastres, le sont, en 1888, pour 244,728. Qui peut dire ce que deviendra un un mouvement déjà si prononcé, quand l'industrie fonctionnera, en Sybérie, avec ses puissantes machines; quand les Trappistes auront appliqué, à cette riche terre, tous les perfectionnements de l'agriculture; quand les plaines de Saron et d'Esdrelon, la vallée du Jourdain auront trouvé des débouchés à leurs riches produits; quand les coteaux de la Judée se seront recouverts de vignes et d'oliviers; quand les 40,000 pèlerins d'aujourd'hui seront devenus 100 et 200,000; quand la ligne sera prolongée d'une part jusqu'à Damas, le grand marché de l'Asie centrale; d'autre part, jusqu'à Port-Saïd, l'entrepôt de l'Afrique et de l'Extrême-Orient, alors s'élèvera pour la Syrie une ère merveilleuse de prospérité et de richesse. Pour les souscripteurs à l'émission de Jaffa à Jérusalem, la Terre des dix tribus redeviendra la vraie Terre promise, la terre où coulaient le lait et le miel, et où l'or, à son tour, coulera bientôt.

CONSEILS A LA FERMIÈRE

L'AGE DES ŒUFS

Nous recommandons le procédé suivant connu depuis longtemps, mais tombé en oubli, pour reconnaître l'âge des œufs et distinguer ceux qui sont frais de ceux qui ne le sont plus. Cette méthode est basée sur la densité de plus en plus faible que prennent les œufs en vieillissant.

On dissout 120 grammes de sel de cuisine dans un litre d'eau. L'œuf du jour abandonné dans cette dissolution descend jusque sur le fond du vase. Celui qui a été pondu le jour précédent n'atteint pas tout à fait le fond du vase. L'œuf est-il âgé de trois jours qu'il nage dans le liquide; est-il âgé de plus de trois jours, il flotte à la surface du liquide et tend à s'en éloigner de plus en plus, d'autant plus qu'il est plus vieux.

UNE MÉNAGÈRE.

CONSEILS DU VÉTÉRINAIRE

BLEIMES

Les bleimes sont, aux pieds des chevaux, ce que les cors sont aux pieds des hommes. Les effets, les causes et la nature de ces affections ont également les plus grandes similitudes. Les bleimes comme les cors occasionnent de la douleur; les uns comme les autres sont le résultat de pressions plus ou moins dures et répétées; de part et d'autre, quand on examine au microscope et même à l'œil nu la contexture des tissus malades, on observe les phénomènes pathologiques les plus analogues. Lorsque les bleimes, ainsi que les corps, amènent inflammation et suppuration, ils peuvent avoir de graves conséquences. Il n'est pas rare de voir des hommes, aussi bien que des chevaux, demeurer estropiés à tout jamais par suite de négligence ou de soins mal entendus en cas de cors comme en cas de bleimes.

La boiterie occasionnée par une bleime se reconnaît aux mêmes signes que les autres boiteries ayant siége dans le pied : Extrémité tenue plus ou moins bouletée, sabot plus ou moins chaud, marche plus pénible sur le pavé que sur le terrain doux, grande sensibilité à chaque coup de marteau sur le pourtour de la paroi et principalement au point de sole malade, douleur excessive occasionnée par le mouvement de bascule imprimé aux tricoises pour culbuter la branche du fer qui couvre le mal. Le boutoir et la rainette ne tardent point à confirmer la justesse du diagnostic primitivement porté.

Entailler à champ une réserve dans le quartier bleimeux, amincir tout le quartier de sole, ainsi que l'arc-boutant, munir le pied d'un fer à planche, lui-même entaillé à réserve au point correspondant au mal, maintenir tout le sabot dans un bon cataplasme de vase fraîche et humide, dont on entretient l'effet bienfaisant au moyen de bains froids, c'est-à-dire en trempant de temps en temps (sans le développer), pendant quelques minutes, l'extrémité dans un seau d'eau froide, ainsi on remédie facilement et promptement aux bleimes en début, et même à celles plus avancées; mais quand elles sont suppurées, mais quand du désordre a lieu dans les tissus circonvoisins, la rainette, la feuille de sauge du vétérinaire ont à intervenir; la liqueur de villatte, des pansements méthodiques deviennent de rigueur; il est même de son intérêt que le propriétaire n'attende point l'apparition de ces phénomènes toujours fâcheux et souvent prodrômes des plus graves évènements. Les bleimes sont presque spéciales aux pieds antérieurs, la construction des sabots de derrière, la disposition différente des fers dont on les garnit, sont autant d'explications de cette particularité. En apointissant les éponges des fers de devant, ainsi qu'on fait aux fers d'ânes et de mulets, en respectant la sole et l'arc-boutant des quartiers, on conjurerait les dix-neuf vingtièmes des bleimes et des encastelures qui ruinent avant le temps et essroplent tant de bons chevaux, surtout dans les villes.

UN VIEUX VÉTÉRINAIRE.

CONSEILS DU MÉDECIN

LES ENGELURES.

L'engelure consiste dans un gonflement produit par le froid sur les pieds et sur les mains, et même quelquefois sur diverses parties de la figure (les joues, le nez, les oreilles). Le plus souvent, les engelures se déclarent au commencement de l'hiver, cessent pendant l'été, et n'atteignent que les enfants ou les personnes soit affaiblies, soit de constitution chétive.

Au début, les parties atteintes sont seulement gonflées; la peau est luisante et tendue, sans douleur dans un air froid, mais envahie par des picotements et une violente démangeaison lorsque la température s'élève et surtout si l'on approche du feu.

Plus tard, les engelures peuvent se couvrir d'ampoules, qui crèvent ensuite. Ces engelures ulcérées acquièrent une gravité qui exige l'intervention du médecin.

Pour les engelures simples et non entamées, il faut appliquer un traitement intérieur ou général et extérieur ou local.

Le traitement intérieur consistera dans l'emploi d'une bonne nourriture et d'un régime tonique et fortifiant.

Pour le traitement extérieur, on a conseillé beaucoup de remèdes, d'une efficacité très variable suivant les individus. L'un des meilleurs est le suivant :

Prenez un morceau de chaux vive de la grosseur d'une noix. Commencez par l'éteindre en y ajoutant de l'eau jusqu'à ce quelle ne la boive plus et qu'elle se prenne en pâte. Ajoutez alors de l'huile à manger en quantité à peu près égale à celle de la chaux, de façon à obtenir un mélange qui ait la consistance de la pommade ordinaire. Mettez ce liniment dans un pot à pommade ou dans un verre, qu'on recouvrira de papier. Le soir, au moment du coucher, on étend une couche de ce liniment sur les engelures, et on met par-dessus un linge en plusieurs épaisseurs pour éviter que la graisse ne traverse. Le lendemain matin, on évitera de laver l'engelure pour ne pas enlever les restes de l'enduit qui la recouvre. On continuera ainsi jusqu'à la guérison.

Dans le jour, on pourra étendre sur l'engelure une couche de graisse de rognon de veau, et par-dessus on appliquera, avec un petit tampon de ouate, une épaisse couche de fécule de pommes de terre, qu'on trouve chez tous les épiciers.

UN VIEUX MÉDECIN.

RECETTES DE LA CUISINIÈRE.

PATÉ DE VEAU ET DE JAMBON.

La préparation de la pâte à pâtés se fait avec :
1 kilogr. de belle farine.
400 grammes de beurre frais.
20 grammes sel.
200 grammes eau (tiède en hiver, froide en été).
2 œufs.

Délayer le beurre avec l'eau dans laquelle on aura fait fondre le sel en y incorporant peu à peu la farine; quand la farine est tout employée, continuer de manier la pâte, de la travailler jusqu'à ce qu'elle soit bien lisse; la laisser ensuite reposer pendant trois heures.

Il faut que cette pâte ne soit ni trop molle, ni trop ferme; aussi les proportions d'eau et de farine peuvent-elles varier selon la température et la qualité de cette farine. La pâte trop molle s'affaisserait et se déformerait à la cuisson; trop ferme, elle serait difficile à travailler et éclaterait au four. L'habitude fait bien vite connaître quelle consistance il faut lui donner.

Pour les viandes, le cuissot de veau est préférable à l'épaule; il doit être tué de deux à quatre jours, suivant la saison. On dépouille cette viande de sa graisse, de ses peaux, de ses nerfs; on la coupe par morceaux carrés et allongés et on l'assaisonne (pour 1 kilogramme) de : 20 grammes de sel, 2 grammes de poivre, 2 grammes fines épices, 1 gramme salpêtre : mêler, mettre dans une terrine et mouiller de 100 grammes vinaigre de vin, laisser macérer pendant vingt-quatre heures.

D'autre part, on hache très menu les graisses et les peaux du veau et on les incorpore avec le double de leur poids de chair à saucisses.

Avec la pâte, on fonce et on garnit un moule, on place dans le fond 1 centimètre de chair à saucisses, on place sur cette farce le veau égoutté et essuyé dans une serviette, on pose par-dessus une tranche de jambon dépouillé de sa couenne, on achève de remplir avec du veau, on couvre d'une barde de lard, puis d'un morceau de pâte qui forme couvercle.

On a soin alors de faire adhérer les bords du couvercle avec ceux du pâté; avec le pince-pâte on forme un rebord festonné, on pratique un trou dans le milieu du couvercle et on y introduit un morceau de fort papier roulé qui forme cheminée Orner à volonté le dessus et dorer avec du jaune d'œuf.

Mettre au four suffisamment chaud; la cuisson dure de deux à trois heures, suivant la grosseur du pâté. Elle exige de l'expérience. On démoule avant que le refroidissement ne soit complet.

L'eau ne vous en vient-elle pas à la bouche?

VICTOIRE.

POUR RIRE.

Quelques combles :

Le comble de la mauvaise foi, en fait de plaidoirie :

Faire appel du jugement dernier.

Quel est le comble de la sensibilité?

Le comble de la sensibilité est de pleurer sur un accident de terrain ou sur les revers d'une redingote.

Quel est le comble de l'honnêteté?

Le comble de l'honnêteté est de ne vouloir pas prendre un escalier dérobé.

***

Le maître vient d'expliquer que les racines appelées *pivotantes* s'enfoncent droit dans la terre.

— Et maintenant, dit-il en terminant, qui va me donner un exemple d'arbre à racine pivotante?

Les enfants se regardent sans mot dire. Tout à coup, un d'eux se lève, le visage illuminé :

— Je sais, monsieur.

— Dites.

— Les poteaux du télégraphe!

***

Dans un concert auquel assiste M. Yves Guyot.

— Vous aimez la musique? demande un auditeur au ministre.

— Passionnément.

— On ne vous savait pas si dilettante!

— Oh! ce n'est pas par dilettantisme... C'est parce que les portées me rappellent les fils du télégraphe.

***

Une brave paysanne monte hier matin, à Nogent, dans le train qui se dirige sur Paris.

— Ah! mon Dieu! mon Dieu! s'écrie-t-elle, pourvu qu'il ne m'arrive pas malheur jusqu'à Paris!

— Pourquoi jusqu'à Paris, ma bonne dame? interrogent les voisins.

— C'est que mon panier est rempli d'œufs!...

PETITE POSTE.

Un partisan du Bonhomme Deschamps. — *Engagement militaire.* — Les engagements militaires sont contractés pour 3, 4 ou 5 ans. En ce moment on n'accepte que les engagements au-dessus de 3 ans si ce n'est pour l'infanterie de marine.

Il faut fournir l'acte de naissance, l'extrait du casier judiciaire, un certificat de bonne vie et mœurs délivré par le maire de la commune, et le consentement écrit du père ou tuteur. L'engagement peut être contracté à n'importe quel bureau de recrutement. Il ne sera certainement pas reçu au-dessous de 18 ans.

M. G. L... (Gers). — *Bleime.* — Voyez notre conseil de vétérinaire. Faites ferrer par un très bon maréchal.

Blé. — Nous croyons à la hausse en mars ou avril.

M. B... (Indre). — *Testament.* — Il nous semble que le testateur n'a pas confondu les valeurs mobilières avec l'argent comptant.

Cet argent comptant devra, selon les termes du testament, être partagé entre les trois légataires, et les valeurs mobilières seront attribuées à celui à qui le testateur donne « *ce qui lui appartient en mobilier* ».

M. le ch. Y... (Manche). — 1° *Prairies.* — Pour la destruction des mousses, le sulfate de fer, à la dose de 500 kil. à l'hectare, est efficace. Vous obtiendriez aussi un résultat utile avec l'*Engrais Boutin*, très actif, et aussi par des arrosages avec du purin.

2° *Avoines.* — L'achat d'avoines à Paris ne serait pas avantageux, à cause du port.

M. B... (Paris). — *Hématurie ou pissement de sang.* — C'est une maladie fréquente chez les animaux de l'espèce bovine et due, la plupart du temps, à l'ingestion plus ou moins prolongée de plantes âcres, de bourgeons d'arbres ou de fourrages moisis et avariés.

Elle est caractérisée par le manque d'appétit, par des coliques sourdes et par la présence du sang dans l'urine, à laquelle il donne la couleur du café noir.

Nous vous conseillons le traitement suivant : Placer sur les reins un petit sac contenant du son bouilli. Maintenir ce sac à la température du corps en le malaxant deux ou trois fois par jour dans de l'eau tiède et recouvrir d'une couverture pour éviter le refroidissement.

Le matin, à midi et le soir donner un barbotage léger et tiède contenant une cuillerée à bouche de graine de lin et 5 grammes de carbonate de fer.

Avant chaque barbotage, faire prendre en trois fois (à l'aide d'une palette de bois) 25 grammes de créosote de hêtre battus dans des jaunes d'œufs ; le deuxième jour, la dose sera de 50 grammes et ainsi de suite les jours suivants, jusqu'à ce que l'urine ait repris sa couleur normale.

Les boissons données à discrétion seront exclusivement composées d'eau de graine de lin légère, pure ou additionnée de farineux.

M. C... (Aisne). — *Œillette.* — Si vos terres sont fertiles, la culture de l'œillette peut y être rémunératrice. Nous ferons paraître prochainement un article sur cette culture. Vous devriez aussi faire du lin.

Votre abonnement est inscrit à partir du 1er janvier.

M. H... (Oise). — *Publicité.* — *Journal de l'Agriculture du Nord*, à Cambrai (Nord).

M. R... (Bouches-du-Rhône). — *Nitrate de soude.* — Nous vous enverrons mardi, par lettre particulière, les renseignements demandés.

Merci de votre bonne propagande. Les cinq abonnements sont inscrits.

M. L... (Alsace-Lorraine). — Les provisions de l'Amérique ne sont pas épuisées, à beaucoup près; les importations de blé seront encore très importantes jusqu'au relèvement à 5 francs du droit de douanes. Malgré cela, nous croyons à la hausse au printemps. Les prix du marché de Nancy sont supérieurs à ceux de la région du Nord.

1° *Beurre.* — Le beurre est très sensible aux mauvaises odeurs. Veillez à ce que les odeurs de la vacherie ne pénètrent pas dans le local de l'écrémeuse.

Pour la vente de vos beurres à Paris, adressez-vous comme abonné de la *Gazette agricole* à l'agence du *Renseignement universel*, 28, rue Bonaparte, Paris.

Pour tout ce qui concerne l'industrie du lait, il n'est pas d'ouvrage plus complet et plus pratique que celui intitulé : « *Les industries du lait* », par R. Lezé, qui vient de paraître à la librairie Firmin Didot, 56, rue Jacob, Paris.

2° Nous prenons bonne note de votre désir concernant les semences fourragères. Quels sont vos prix ?

3° Adressez-vous pour ce renseignement à Mme veuve Derôme, à Bavay (Nord). Cette insertion la concerne.

4° *Poulains.* — Pour les fortifier, rien de meilleur que la provende Savary, place Saint-Denis, à Amiens.

M. Ch. H..., à Chevillon, doit-il être inscrit comme abonné nouveau ?

OFFRES & DEMANDES.

Pour répondre au désir qui nous est exprimé, nous offrons à nos abonnés, sous cette rubrique, deux annonces gratuites pour les offres et demandes d'emplois, produits ou animaux à vendre ou à acheter, etc.

Les annonces qui suivront jouiront d'une réduction de 50 pour 100 sur les tarifs ordinaires.

Les demandes d'insertions devront être envoyées à l'administration, qui se chargera de les rédiger.

Ne pas négliger d'envoyer tous les renseignements nécessaires (joindre 2 timbres de 0 fr. 15).

Maison très sérieuse offre opération agricole fructueuse aux régisseurs et gérants de cultures.

S'adresser au bureau du Journal, aux initiales A. D. B. — N° 943-10.

Guide pratique pour la culture du pommier et la fabrication du cidre. — 5 médailles. — 8e édition. — Prix, 2 fr. 50.

Chez l'auteur, M. Brassart, à Fléchin (Pas-de-Calais). — N° 948-5.

On demande à acheter dans un rayon rapproché de Romorantin (Loir-et-Cher) : 1° Un taureau de 15 à 20 mois, ou *Normand* ou *Charolais-Durham*, bon reproducteur; 2° une paire de bouvillons de 18 à 25 mois, race *Nivernaise*; 3° d'occasion : un rouleau Croskill du poids de 750 kil. environ, un brabant double à deux chevaux, une charrue ordinaire, une herse en fer à trois pliants pour deux chevaux, un coupe-racines à bras. — N° 950 4.

S'adresser à M. le comte de la Bourdonnaye, à la Clarinerie, par Romorantin (Loir-et-Cher).

Un ménage de cultivateurs, 38 ans, venant de terminer un bail, demande place de régisseur ou de contre-maître dans une ferme ou château.

La femme est bonne cuisinière.

Le ménage fournira de bonnes références.

S'adresser à M. Faupel (Pierre), à Chantoiseau, commune de Beaumont-les-Nonains, par Auneuil (Oise). — N° 952-4.

On offre :

1° 25 acacias tiges pour le prix de.. 1 fr. 50
2° 25 pins noirs d'Autriche ou autres pour parcs, de 1 mètre de hauteur. 2 50
3° 25 arbres feuillus de haute tige (frênes, érables, ormes, etc.)...... 2 50
4° 5 variétés de pommes de terre en collection, de 1 kil. par espèce.... » 75

Le tout mis en gare de Saint-Hilaire-Fontaine (Nièvre).

S'adresser à M. François Caquet, ancien élève de l'École nationale forestière, maire à Saint-Hilaire-Fontaine (Nièvre). — N° 955-2.

On demande, pour une grande exploitation des environs de Beauvais, un bon premier charretier. — Gages, 40 fr. par mois pendant l'hiver; 45 fr. en été.

S'adresser au bureau du Journal. — N° 956-1.

On demande, pour diriger la ferme de Monceau-le-Wast, un ménage très au courant.

S'adresser à M. Bazin jeune, à Laon.

N° 957-1.

Mathématiques et Comptabilité agricoles à l'usage de l'Enseignement et de l'Agriculture, 2e édition. — Prix, 5 fr., à la librairie agricole, 26, rue Jacob, Paris.

On désire acquérir une propriété d'agrément, distance une heure de Paris en voiture, ou demi heure chemin de fer, entre Versailles, rive gauche, et la Marne, contenance 5 hectares, 8 chambres de maîtres au moins. Prix, environ 75,000 francs. Renseignements, M. Grasset, 4, avenue de Villars, Paris.

Étude de Me **DELORME**, notaire à Beauvais.

A LOUER de suite
UN
CORPS DE FERME
sis à ALLONNE,
ET 30 HECTARES
de Terre labourable,
le tout occupé par M. Alphonse LEFÈVRE.

S'adresser, pour tous renseignements, à Me DELORME, notaire.

REVUE FINANCIÈRE.

Nous n'avons pas à nous étendre beaucoup sur la physionomie actuelle du marché. Le vent est d'une façon indéniable à la hausse. Les haussiers sont victorieux assez souvent, mais pas d'une manière stable. A la grande rigueur, on pourrait affirmer qu'à deux jours de hausse succède une journée de « tassement », de recul, provoqué par les réalisations. Mais il reste, malgré tout, quelque profit pour les haussiers.

Le phénomène est très sensible pour nos rentes. Il l'est relativement moins pour les valeurs internationales, encore que le syndicat chargé des intérêts de la rente italienne soit parvenu à la rapprocher de 91 francs, et que l'Extérieure espagnole ainsi que le 3 0/0 Portugais soient un peu *mieux traités*.

Les actions de chemins de fer français sont au calme; cela n'a rien que de très naturel, cet excellent papier étant fort bien « classé » et échappant ainsi aux atteintes directes du jeu. Quant à celles des chemins étrangers, elles participent légèrement à l'amélioration générale; cependant les Portugais sont à 81.

Le marché des obligations est comme celui des actions de nos chemins de fer, *calme*, avec variations de fort légère envergure. C'est le lien d'opérations du comptant, qui n'aime guère les aventures.

Nous avons laissé pour la fin nos établissements de crédit. C'est qu'ici la posture est toute différente. Les coups sont plus nombreux, plus variés; il s'en faut que l'amélioration soit aussi franche pour tous. Le Crédit Foncier est aux environ de 1,230; c'est mieux qu'il y a quelque temps, ce n'est plus, en tout cas, aussi beau que jadis, à beaucoup près.

Timon.

Une Souscription qui promet.

Le CRÉDIT, société financière, 18, place Vendôme, à Paris, émet à Paris, Lyon et Londres, le 15 de ce mois 18,000 obligations de 500 francs du chemin de fer de *Jaffa à Jérusalem* au prix de 450 francs donnant 25 francs d'intérêt, et, vu l'escompte de 2 francs par obligation au profit des libérations anticipées revenant à 411 francs, ce qui représente un placement à 5 11 0/0 nets d'impôts, sans comprendre la prime au remboursement.

Il ne s'agit pas là du vague projet d'une société à créer, elle existe depuis 1889. Son capital de 4 millions est intégralement versé et utilisé pour la construction de la ligne de Jaffa à Jérusalem qui sera complètement livrée à l'exploitation dès le printemps de l'année prochaine.

Cette ligne longue de 87 kilomètres traverse les célèbres jardins d'orangers de Jaffa et des vastes plantations d'oliviers très rémunératrices; elle suit la vallée fertile de la *Wady-Surar*.

Ce chemin de fer est en son entier : construction et capitaux, une œuvre française. En effet, les noms attachés à cette entreprise : *Eiffel*, *Bonnafous*, etc., sont de nature à inspirer la confiance la plus absolue. M. *Drouin*, ingénieur étranger à la Compagnie et réputé pour sa compétence spéciale en matière d'exploitation de chemin de fer, évalue la recette probable dès l'ouverture de cette ligne à 1,180,000 francs sur laquelle, déduction faite des 600,000 francs au prix desquels la Société des travaux publics et de construction se chargeait de l'exploitation, il reste 580,000 francs pour le service des intérêts et de l'amortissement des obligations à émettre, service qui n'exige que 467,000 francs.

Le trafic de la route de Jaffa à Jérusalem fait avec les moyens de transport primitif donne une recette moyenne de 2,500,000 francs par an. A la suite de la construction de la ligne ferrée et des facilités du transport qui en résulte, ce chiffre de recette ne pourra que s'accroître très considérablement malgré la diminution des frais de transport.

Le prospectus de cette émission se distingue très avantageusement des réclames bruyantes des imprimés analogues, par la sobriété de son langage et l'absence de toute exagération dans les chiffres.

HALLES ET MARCHÉS.

La situation est plus faible pour la plupart des denrées agricoles. Les farines surtout subissent le contre-coup des importations américaines. A la fin de la semaine dernière, les cours ont fléchi pour les huiles, les alcools et les sucres. La température n'est pas favorable à la vente des œufs, des fruits et des légumes.

Blés. — Les prix ont toujours une tendance faible, aussi bien en France qu'à l'étranger. Chez nous, la culture ayant terminé ses semailles, commence à s'occuper des grands battages, et les offres sur les marchés vont devenir plus importants. Voici les cours relevés samedi dernier sur quelques-unes de nos principales places : Douai, 25 à 27 les 100 kilog.; Beauvais, 25 50 à 27; Amiens, 26 60; Arras, blé blanc, 25 à 27; roux, 23 à 26; Châlons sur-Marne, 27; Montereau, 23 à 27; Versailles, 25 à 27 50; Rouen, 25 15; Le Mans, 25 50 à 26 50; Laval, 25 à 26; Nevers, 26 à 27; Dijon, 26 à 27; Lyon, 27 à 27 25; Nantes 25 50 à 26. Au marché commercial de Paris, la clôture a été faible et en baisse avec transactions calmes. On a coté disponible et courant du mois, 26 50 à 26 75; janvier février, 27 à 27 25; janvier à juin, 27 50 à 27 75. — Les importations de blé sont toujours considérables dans nos ports. Marseille a reçu la semaine dernière 262,8 0 quintaux; Bordeaux, 14 000 quintaux; Dunkerque, 66 quintaux de blé et 20,000 quintaux de farine; Le Havre, 82,370 hectolitres de blé. — La quantité de blé en mer à destination de la France est plus élevée que la semaine précédente; on compte 2,252,430 hectolitres, 2,246,050 venant de Californie, et 6 300 des Indes; le flottant de Russie diminue progressivement.

Sur les principaux marchés d'Europe, les prix sont influencés en baisse par les expéditions considérables de blés russes faites dans ces derniers temps en prévisions de l'ukase de prohibition. Voici les derniers cours Berlin, 28 12 les 100 kil.; Vienne, 24 42; Budapest, 23 91; Amsterdam, 23 67. A Anvers, les blés étrangers se vendent : roux d'hiver, 23; Kansas, 23 50; Kurrache blanc, 21 75; roux, 21 50; Danube, 21 50 à 23 75. A Londres, le blé russe était demandé pour le continent, mais les détenteurs refusaient les prix offerts; le blé de Californie était offert à 25 05 le quintal, et le roux d'hiver flottant à 24 05.

Seigles. — Les prix faiblissent; les seigles de culture valent 20 50 à 22 les 100 kilog ; au marché commercial de Paris, on cote le disponible et le courant du mois, 21 à 21 25; le livrable janvier, 21 50; les autres termes, 21 75 à 23 25.

Orges. — Les orges se paient de 16 à 20 50 les 100 kilog. à Paris; celles d'Auvergne, se cotent 22. — Les escourgeons sont cotés nominalement 18 50 à 19 50.

Avoines. — La demande pour l'étranger s'est ralentie. Au marché de Paris, la tendance est calme comme suit : disponible et courant du mois, 15 75 à 16 les 100 kilog.; janvier-février, 16 à 16 50; mars à juin, 17 à 17 75.

Millet blanc de Vendée. — 33 à 34 les 100 kil. à Paris.

Farines de consommation — Vente ordinaire en boulangerie. La marque de Corbeil est à 63 les 100 kilog. nets, et les autres marques à prix correspondants.

Farines de commerce — Les importations de farines américaines ne se ralentissent pas et pèsent sur nos cours. On cote les farines *douze-marques* disponibles, 58 50 à 58 75 les 157 kilog. nets; livrables janvier, 59 25 à 59 50; janvier-février, 59 75 à 60; quatre mois de mars, 61 à 61 25.

Fourrages. — Vente ordinaire au marché de La Chapelle, aux prix suivants : foin, 49 à 56 les 100 bottes au domicile de l'acheteur; luzerne, 49 à 57; paille de blé, 30 à 37; de seigle, 36 à 41; d'avoine, 21 à 28.

Graines fourragères. — Les prix sont bien tenus à Paris, avec transactions assez actives, comme suit : trèfle violet nouveau extra, 115 à 130 les 100 kilog.; bonne qualité, 105 à 115; suranné, 85 à 110; luzerne de Provence, 145 à 165; d'Italie, 120 à 125; de Poitou, 110 à 120; minette, 50 à 60; ray-grass d'Italie, 50 à 60; anglais, 45 à 50.

Légumes secs. — Les prix restent plus calmes à Paris; on vend : haricots flageolets chevriers, 68 à 74 l'hectolitre et demi; suisses blancs, 41 à 43; Chartres, 42 à 43 Liancourt, 46 à 48; Soissons, 60 à 62; — plats du Midi, 29 à 33 les 100 kil.; suisses rouges, 27 50 à 28; cocos roses, 29 50 à 30; nains, 24 à 26; lentilles, 52 à 72; pois ronds, 44 à 48 — Sur le marché de Noyon, la tendance est également plus calme; les haricots lingots sont tenus de 27 à 28 l'hectolitre; les flageolets, 30 à 31.

Pommes de terre. — Les pommes de terre et les gros légumes d'hiver se vendent bien à la halle de Paris; on cote aux 1,000 kilog. en gare : hollande, 90 à 100; du Loiret, 90 à 100; saucisse rouge, 80 à 85; ronde hâtive, 80; early rose, 70 à 73; chardonne, 70. — Les carottes se vendent 30 à 35 les 1,000 kilog. — Les oignons donnent lieu à des transactions actives; ceux de Verberie sont tenus à 200; ceux des alentours de Paris, à 180; les ordinaires, de 120 à 130 les 1,000 kilog. sur wagon. — Sur les marchés des départements, les pommes de terre se vendent *au quintal* : Nancy, 7 à 14; Montereau, 6 à 7; Orléans, 6 à 8; Ribemont, 7 à 8; Douai, 12 à 12 50; Rambouillet, 7; Moulins, 7 à 8; Bourgoin, 4 à 5.

Huiles de graines. — Le marché de Paris est en baisse, pour les huiles de colza, on a coté samedi dernier : disponible et courant du mois, 67 25 à 67 50 les 100 kilog.; janvier, 67 25; autres époques 69 25 à 70; pour les huiles de lin : disponible et courant, 50 75 à 51; janvier, 51 à 51 50; autres, 52 25 à 53.

Huiles d'olive. — Les transactions sont calmes à Nice, aux prix suivants : huile extra vierge, 179 67 à 183 09 les 100 kilog.; extra, 163 81 à 173 25; ordinaires, 160 40; rivière de Gênes, 115 à 120 en entrepôt de douane; Bari, 100 à 110. — A Marseille, on cote : Aix surfine, 170 à 175; fine, 140 à 150; Bari, 120 à 135; Sicile, 115 à 120; Var, 105 à 120; Bougie, 90 à 125; Tunis, 92 à 103; de toutes provenances, 82 à 90.

Graines oléagineuses. — A Paris, la graine de colza vaut 32 à 31 50; la graine de lin, 29 à 31.

Tourteaux. — Cours d'Arras : œillette, 17; colza 16; lin, 21; cameline 14 les 100 kilog; — de Lille : colza indigène, 15 50 à 16; étranger, 13 à 15; cameline, 14; chanvre, 20 à 21; — de Caen, colza, 15 50.

Alcools. — Les cours se sont relevés après la liquidation de novembre et sont restés en hausse jusqu'à vendredi dernier; mais samedi a vu un nouveau mouvement de baisse. On a coté à la Bourse de Paris, pour les trois-six Nord disponibles et courant du mois, 47 50 l'hectolitre; janvier, 47 25; autres termes, 46 75 à 47. — L'alcool de betterave vaut 47 en disponible à Lille. Les marchés allemands sont faibles; on cote à Berlin, 64 50; à Hambourg, 55 25.

Sucres. — De même que pour les alcools, les prix ont progressé jusqu'aux derniers jours de la semaine; mais la baisse s'est produite au marché de samedi, comme suit : sucres roux 88 degrés, 39 50 les 100 kilog.; blanc n° 3 disponibles et courant du mois, 41 75 à 42; quatre premiers mois de 1892, 42 50 à 42 75; autres termes, 43 à 43 50. — Les raffinés restent à 105 50 et 106 pour la consommation, et 45 à 45 50 pour l'exportation.

Sirops et amidons. — Les cours suivent la hausse de ceux des fécules, et sont fixés comme suit : sirops cristal 44 degrés, 50 à 52 les 100 kil.; 40 degrés, 46 à 48; 36 degrés liquide, 43 à 44; massé, 40 à 42; — amidons pur froment 57 à 60; mi fins, 42 à 50; fleur de riz, 60 à 62.

Lins. — La fabrication des lins français est toujours assez restreintes, et il se fait peu d'affaires. Les lins de Russie sont plus suivis, mais les cours sont irréguliers. — En Belgique, on cote à Saint-Nicolas, 3 à 3 82 les 3 kilog.; à Alost, 2 50 à 3 75; à Malines, 4 32 ; à Grammont, 0 96 le kilog.; à Waereghem, 90 à 140 les 00 kilog

Cocons. — Les cocons secs sont à prix très fermes; on tient les jaunes de l'Isère, de la Drôme et de Luberon, à 11 le kilog.; ceux des Cévennes, à 11 50; mais les acheteurs trouvent ces prix trop élevés.

Engrais. — Le marché reste ferme pour le nitrate de soude, qui se cote en disponible 21 75 les 100 kilog. à Dunkerque; 21 90 en Belgique; 24 à Bordeaux et La Rochelle; 25 à Marseille. — Le sulfate d'ammoniaque reste faible : le cours du sulfate français à livrer sur printemps est de 28 50 à 29 à Paris; le sulfate anglais disponible est offert à 26 25. — Les superphosphates restent toujours aux mêmes prix. — Pour les phosphates, la situation générale reste calme; on cote ceux de la Somme pour l'emploi direct en agriculture, 2 50 à 3 les 100 kilog. sur wagon, et 4 15 à 4 75 dans les ports de l'Ouest; ceux de l'Oise, 2 à 2 90 à Breteuil; ceux des Ardennes et de la Meuse, 3 25 à 3 85 dans les gares d'envoi; ceux de Pernes, 3 50 à 6, à Pernes et à Violaines — Les engrais potassiques se soutiennent à de bons prix; on cote le chlorure de potassium, 20; le sulfate de potasse, 21 50; le nitrate de potasse, 44 les 100 kilog.

Beurres. — La vente est active sur les beurres en mottes. On cote à la halle : *beurres en mottes* : fermiers de Gournay extra, 4 20 à 4 80 le kil.; choix, 3 80; bons, 3 50 à 3 68; ordinaires, 3 20 à 3 30; d'Isigny, extra, 6 à 7; choix, 4 à 5 50; bons, 3 60 à 3 90; ordinaires, 3 30 à 3 40; marchands du Gâtinais, 2 60 à 2 90; d'Isigny, 3 à 4 40; de Bretagne, 2 70 à 2 80; de Vire, 2 60 à 2 80; de Bresse, 2 10 à 2 30; laitiers des Charentes, 3 à 3 20; des Alpes, 3 à 3 50; divers producteurs, 2 90 à 3 50; — *beurres en livres* : fermiers, 3 10 à 3 40; Touraine, 3 à 3 20; Gâtinais, 3 à 3 10; Vendôme et Beaugency, 2 90 à 3; Bourgogne, 2 80 à 2 90; le Mans, 2 70 à 2 90; — *Petits beurres* : 2 à 2 90 suivant provenance.

Œufs. — Baisse continue par suite des apports trop importantes. On vend : Normandie, 128 à 148 le mille : Picardie extra, 130 à 156; ordinaire, 90 à 110; Brie extra, 108 à 110; Touraine extra, 110 à 112; ordinaire, 92 à 102; Beauce, 115 à 123; Orne, 90 à 110; Bourgogne, 95 à 100; Champagne, 98 à 104; Nivernais, 90 à 94; Bourbonnais, 90 à 94; Bretagne, 88 à 98; Vendée, 86 à 98; Auvergne, 84 à 88; Midi, 88 à 115; Autriche et Allemagne, 72 à 76

BESTIAUX.

La Villette, 10 décembre. — Bestiaux. — Vente facile sur le gros bétail et les veaux, calme et sans changement sur les moutons et mauvaise sur les porcs.

COURS officiels.	Amenés.	Vendus.	1re qualité.	2e qualité.	3e qualité.	Prix extrêmes.
Bœufs	1.921	1.740	1 52	1 38	1 28	1 56 à 1 10
Vaches ...	512	491	1 48	1 30	1 08	1 52 1 »
Taureaux.	129	127	1 36	1 26	1 10	1 40 1 02
Veaux	1.070	1.015	2 10	2 »	1 80	2 30 1 30
Moutons ..	7.423	6.885	1 92	1 72	1 52	2 » 1 40
Porcs	5.220	5.140	1 24	1 20	1 16	1 28 1 10

Marché du lundi 7 décembre.

	Amenés	Vendus	PRIX AU POIDS NET 1re qual.	2e qual.	3e qual.
Bœufs	3.139	2.334	1 50	1 38	1 18
Vaches.....	992	742	1 46	1 30	1 08
Taureaux ..	241	190	1 34	1 26	1 10
Veaux......	1.113	901	2 »	1 90	1 80
Moutons....	9.841	8.000	1 92	1 [illegible]2	1 52
Porcs	3.158	3 085	1 26	1 24	1 22

	PRIX AU POIDS VIF 1re qual.	2e qual.	3e qual.	Prix extrêmes.
Bœufs	» 90	» 80	» 63	» 52 à » 96
Vaches	» 86	» 66	» 52	» 48 » 88
Taureaux.......	» 85	» 70	» 56	» 50 » 87
Veaux	1 16	1 03	» 86	» 66 1 24
Moutons........	1 01	» 94	» 79	» 64 1 13
Porcs...........	» 80	» 78	» 74	» 64 » 86
Peaux de moutons en laine..........				3 50 6 50
Id. id. demi-laine........				2 10 3 50

MÉDECINE VÉTÉRINAIRE.

Dépôt général pour la France et l'Etranger : MM. MICHELAT et LESUEUR, 9, rue des Guillemites, Paris.

L'ENGRAIS AMIÉNOIS

FUMURE NORMALE et COMPLÈTE

A BASE DE MATIÈRES ORGANIQUES

Compositions spéciales pour les cultures de printemps et d'automne. — S'adresser à M. Elisée LEFEBVRE, route de Rouen, 121, à **Amiens** (Somme).

MALADIES DU BÉTAIL

ET DE LA VOLAILLE

Leur traitement préventif et curatif

PAR L'ACIDE SALICYLIQUE

L'acide salicylique, employé dans la nourriture à la dose de 1/2 à 1 gramme par jour et par tête de bétail, est le meilleur préservatif des maladies qui procèdent par contagion : Sang de rate, Cocotte, Maladie aphtheuse, Erysipèle, Typhus, Morve, Variole et le Rouget des porcs, etc.

Des attestations nombreuses de guérisons obtenues pour la Cocotte et le Rouget des porcs ont été reproduites dans le *Journal l'Agriculture*.

La désinfection des étables, des écuries se fait instantanément au moyen d'un arrosage d'eau salicylée à 2 grammes par litre.

S'adresser à M. CERCKEL, administrateur de la *Compagnie de produits antiseptiques*, 26, rue Bergère, Paris.

Envoi sur demande de Prospectus et Brochures.

Prix du kil. 25 fr. — Boite de ménage, 2 fr.

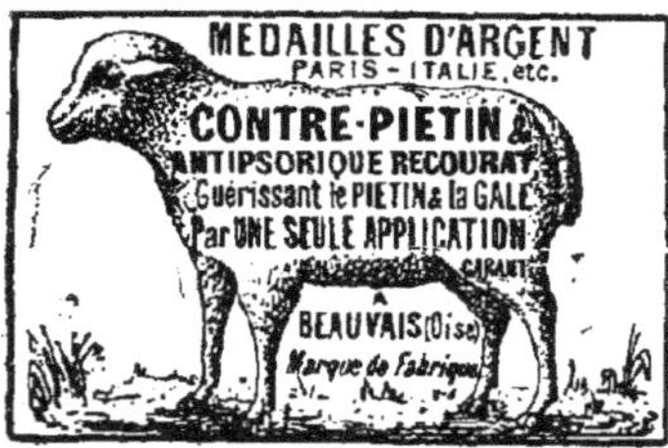

M. Recourat, pharmacien à Beauvais.

Gale des moutons guérie radicalement par *une seule application* de l'Antipsorique.

La bouteille, 3 fr.; la demi-bouteille, 1 fr. 75.

Guérison du Piétin *par un seul pansement* avec le Contre-Piétin-Recourat.

Le pot d'essai, 1 fr. 50; le pot, 2 fr. 50.

Joindre 0,60 c. pour recevoir *franco* et indiquer gare.

Diplôme d'honneur. Diplôme d'honneur.

NICE. NICE.

PAS DE BONNE SALADE

sans Huile d'Olive de NICE.

de **B. LAPALU**, propriétaire-récoltant, président de Syndicat agricole, à NICE (Alpes-Maritimes). — *Prix spéciaux pour Syndicats.*

La plus ancienne fabrique de Semoirs français.

Maison **JACQUET-ROBILLARD**, *fondée en 1836.*

J. MARÉCHAL *

constructeur, 4, rue de Turenne, à ARRAS.

Fabrique spéciale de SEMOIRS à socs rigides et à socs articulés.

Médaille d'argent à l'Exposition universelle 1889.

Semoirs à betteraves et engrais et Distributeurs d'engrais.

ENVOI FRANCO DU CATALOGUE.

Près de 400 médailles. — Plus de 6,000 Semoirs livrés.

29 premiers prix en 1889, en 1890.

PHARMACIE SAVARY

AMIENS, 33, Place Saint-Denis, 33, AMIENS

(EN FACE LE SQUARE).

PROVENDE AUX PHOSPHATES ASSIMILABLES

du Docteur DESCHAMPS.

Prix : 3 fr. le kilog.; 27 50 les 10 kilog. (Remises proportionnelles.)

Accroissement rapide des bestiaux, surtout chez les jeunes animaux, force nerveuse, fécondité, engraissement; prévient surtout la diarrhée chez les jeunes veaux. Qualité exceptionnelle du lait.

M. Lefebvre, cultivateur à Marcelcave, a élevé un veau en lui administrant de la Provende phosphatée pendant 60 jours : tué à 70 jours, ce veau pesait 193 kilog., chiffre officiel constaté à l'abattoir. La viande était très blanche, ainsi qu'est prêt à l'attester M. Oheix, boucher à Amiens.

Les attestations émanant des sommités françaises et anglaises les plus accrédités ont été données à M. SAVARY.

35 Prix d'honneur et grands Prix, 260 Médailles or, vermeil, etc. — 4 Médailles d'or à l'Exposition universelle de 1889.

GRANDES CULTURES de GRAINES POTAGÈRES, FOURRAGÈRES et de FLEURS.

E. FORGEOT * * & Cie

Fournisseurs du Ministère de l'Agriculture, des Ecoles nationales, d'Agriculture, des Syndicats agricoles, etc.

PARIS, 6 & 8, quai de la Mégisserie, PARIS.

Trèfle violet de Bretagne.

Blés à grand rendement. — Grande et importante spécialité de Compositions pour Prairies naturelles à base de Graminées et appropriées à la nature de chaque sol. — Graines fourragères diverses et particulièrement Trèfles et Luzernes absolument sans cuscute, Minettes, Vesces, etc.

Notre Maison ne vend que des Graines de provenances sûres; elle accepte le contrôle de la station d'essais de semences (contrôle auquel nous sommes soumis dès sa création).

APPAREILS TRÈS PERFECTIONNÉS POUR ÉPURER ET NETTOYER LES GRAINES.

Sur demande, nous adressons franco nos Catalogues illustrés de Graines potagères, Fleurs, Arbres, Fourrages, Oignons à fleurs, Plantes, etc.

L'Administrateur-Gérant : ALBERT RENOT.

Beauvais. — Imp. D. PÈRE. - A. CARTIER, Gérant.

12e Année. — 2e Série. — N° 621. Dimanche 20 Décembre 1891.

GAZETTE AGRICOLE

JOURNAL HEBDOMADAIRE, PARAISSANT LE DIMANCHE

Rédacteur en Chef : M. Ch. GOSSIN, Professeur d'Agriculture à l'Institut agricole de Beauvais.

PRIX DE L'ABONNEMENT

UN AN, 5 fr. — SIX MOIS, 3 fr. — TROIS MOIS, 2 fr. 25

Pour l'étranger les abonnements ne sont reçus que pour un an, au prix de 6 francs, et ne partent que du 1er janvier ou du 1er juillet de chaque année.

Le numéro : 10 centimes.

Il est indispensable de joindre à toute demande de changement d'adresse la dernière bande d'adresse du journal et 50 centimes pour frais de nouvelles bandes.

Adresser les *Abonnements* et *Annonces* au secrétaire de la rédaction, 13, quai Voltaire, Paris, ou à M. GOSSIN, rédacteur en chef et administrateur, à BEAUVAIS.

BUREAUX

13, quai Voltaire, Paris, et à Beauvais.

Les abonnements partent du 1er de chaque mois et sont payables d'avance. Toute demande d'abonnement doit donc être accompagnée du prix de l'abonnement. (Le mode de payement le plus simple est l'envoi d'un mandat-poste.)

Donner *très lisiblement*, en s'abonnant, son nom et son adresse exacte, *avec l'indication du bureau de poste*; et, s'il s'agit d'une continuation d'abonnement, joindre au renouvellement la dernière bande d'adresse du journal.

Les Annonces sont reçues chez MM. DUSSERIS et MATHELLON, 97, rue de Rennes, Paris.

La GAZETTE AGRICOLE insère gratuitement les Communications des Syndicats agricoles

SOMMAIRE :

PARIS, 18 DÉCEMBRE.

La France d'autrefois était assez riche pour payer sa gloire. Celle d'aujourd'hui, malgré la déplorable gestion des finances par nos gouvernants actuels, l'est encore assez pour payer la vanité de M. de Freycinet. Ainsi a jugé le Sénat lorsqu'il a ordonné l'affichage, sur les murs des mairies de toutes les communes de France, du discours prononcé mercredi dernier à la tribune du Sénat par M. le président du Conseil, à l'occasion de l'interpellation sur « les menées des évêques. » Ceux des citoyens français qui ne sont pas abonnés au *Journal officiel*, et qui ont un peu de temps à perdre, peuvent lire tout au long et *gratis* l'une des manifestations oratoires et anticatholiques auxquelles s'est livré, la semaine dernière, le ministre civil de la guerre quelques heures avant de faire son discours académique.

***

On n'a pas ménagé, à Paris, la réclame pour laquelle M. de Freycinet parait avoir un faible assez prononcé. Son discours, bien imprimé sur beau papier blanc, s'étale aujourd'hui partout. Il attire l'œil du passant non-seulement derrière le grillage des mairies, à sa place naturelle, mais à nombre de coins de rues et sur presque toutes les murailles disponibles. C'est de la publicité bien comprise et qui montre qu'on ne recule pas devant les frais. L'affiche se termine par le résultat du scrutin sur l'ordre du jour de MM. Demôle, Merlin et Ranc, sénateurs « anticléricaux » :

Nombre des votants	268
Majorité absolue	135
Pour l'adoption	211
Contre	57

Peut-être le Bonhomme Deschamps est-il difficile à satisfaire, mais il trouve insuffisante cette publicité qui paraît, au premier abord, quelque peu exagérée.

***

Le débat et le scrutin final de mercredi au Sénat. n'ont pas été, en effet, le seul scrutin et le seul débat consacré, au cours de la même semaine, aux rapports entre l'Eglise catholique et l'Etat républicain. Vendredi et samedi, il y a eu, ce nous semble, au Palais-Bourbon, c'est-à-dire à la Chambre des députés, deux autres séances, non moins importantes, et un autre scrutin, plus significatif que celui du mercredi précédent. L'ordre du jour était identique, mais la majorité ne fut pas précisément la même. Il nous semble aussi que M. de Freycinet a prononcé à la Chambre un discours non moins « ministre » que celui qu'il avait porté à la tribune sénatoriale. Pourquoi un ami complaisant, pour ne pas dire un compère, n'a-t-il pas demandé les honneurs de l'affichage officiel pour la seconde déclaration de M. le président du Conseil ?

***

Le premier affichage pouvait, à juste titre, se contester, du moment surtout que l'on ne mettait pas en regard du discours ministériel, ainsi que l'exigeait l'équité la plus élémentaire, la superbe défense de la cause catholique présentée par MM. Chesnelong et Buffet. Le premier affichage étant voté, le second ne pouvait faire l'ombre d'un doute. Il est permis à ceux des électeurs qui ne lisent pas le *Journal officiel* d'établir une comparaison instructive et intéressante entre les deux discours de M. de Freycinet, de se faire une idée des différentes « manières » de l'orateur, selon qu'il parle au Sénat ou à la Chambre, et surtout d'avoir sous les yeux les deux tableaux des scrutins. Il y a là une lacune fâcheuse, et qui peut tromper beaucoup de monde. Ceux qui ne voient que l'affiche blanche des mairies continueront à se dire : « Quel ministre, que M. de Freycinet! Quel homme de gouvernement ! Il lui a suffi de se présenter au Sénat pour obtenir l'écrasante majorité de 211 voix contre 57. »

***

En effet, tous les lecteurs de l'affiche blanche continueront à ignorer que, trois jours après, sur la même question — et devant l'assemblée qui, suivant la théorie républicaine, *a seule qualité pour faire et défaire les ministres* — le même M. de Freycinet obtenait, à grand'peine, après un laborieux pointage, VINGT voix de majorité. Jugez plutôt d'après le détail du scrutin de la Chambre :

Nombre des votants	466
Majorité	234
Pour l'adoption	243
Contre	223

Puisque l'on avait affiché le premier scrutin et le premier discours, il fallait afficher le second discours et le second scrutin. Ainsi l'exigeait la justice et la bonne foi, et il n'eût pas été difficile à M. le président du Conseil de l'obtenir : un ministre a toujours des amis ou des compères qui se chargent de faire pour lui les demandes qu'il ne peut porter lui-même à la tribune.

***

Pour que la vérité fût complète, on aurait pu ajouter que le ministère avait été sauvé par quelques abstentions étranges — et aussi par les votes des ministres eux-mêmes, qui font partie de la Chambre, et qui se sont sauvés en déclarant par leurs bulletins qu'ils ont toujours en leurs propres lumières la plus grande confiance. Mais ces incontestables vérités ne sont pas bonnes, paraît-il, à afficher. C'est pour cela sans doute que les électeurs doivent ne connaître officiellement que la séance du Sénat. A moins que la modestie de M. de Freycinet lui interdise des affichages trop fréquents ou qu'il ait reculé devant la dépense : il vaut mieux, peut-être, écarter ces hypothèses, et avouer que nos gouvernants sont plus malins que fiers.

Le Bonhomme Deschamps.

NOUVELLES DE LA SEMAINE.

Les traités de commerce. — Les explications données par le ministre des affaires étrangères à la Commission des douanes ont complètement dissipé un malentendu qui menaçait de rendre très difficile la tâche du gouvernement en matière de régime douanier. On sait que tous les traités de commerce prennent fin le 1er février 1892. Le gouvernement demande l'autorisation d'accorder, à partir de cette date, la jouissance du tarif minimum à toutes les nations qui nous feront en échange la concession de leurs tarifs les plus réduits. Or on s'était demandé dans quel sens il fallait entendre cette concession et si le tarif minimum, une fois accordé à une puissance, aurait le même caractère d'inflexibilité que les taxations fixées dans un traité de commerce. Dans ce cas, disait-on, on revient, sinon ouvertement du moins d'une façon indirecte, au système des traités de commerce.

Les explications fournies par M. Ribot ont coupé court à toutes les hypothèses. Le ministre des affaires étrangères a précisé que ce qui allait être offert aux puissances, ce n'était pas le bénéfice du tarif minimum actuellement existant, mais l'application des tarifs les plus réduits existant en France, ces tarifs pouvant d'ailleurs, si la nécessité venait à en être démontrée, modifiés à tout instant.

Socialistes révolutionnaires et francs-maçons. — Le nouveau député socialiste révolutionnaire, le citoyen Lafargue, dont l'élection récente a fait tant de bruit, vient de prononcer à Lille un discours dans lequel il a affecté de traiter avec dédain les questions qui passionnent la majorité de la Chambre et du Sénat. « Il est *inutile, a-t-il dit, de mêler* les questions religieuses aux questions sociales. C'est au capital et aux patrons, et non à la religion, qu'il faut faire la guerre. » Nous avons déjà eu l'occasion de signaler cette attitude nouvelle du parti socialiste révolutionnaire. Le mot d'ordre a été donné au mois de mai dernier par M. Jules Guesde, qui exerce sur ce parti une influence prépondérante et dont M. Lafargue reçoit les inspirations et reproduit les idées.

Lorsque Gambetta donnait pour devise au parti républicain : « Le cléricalisme, voilà l'ennemi, » il poursuivait un double but. Il donnait satisfaction aux passions sectaires de la franc-maçonnerie et il cherchait à ajourner la *question sociale*. Les gros commerçants, les riches manufacturiers, les gens de bourse qui composent l'état-major de l'opportunisme et qui entouraient et circonvenaient Gambetta, donnaient du prêtre à manger aux révolutionnaires pour qu'ils ne missent pas le nez dans leurs affaires. Le procédé est usé.

Les révolutionnaires, affiliés à l'Internationale, déclarent qu'ils ne veulent plus se laisser détourner de leur véritable besogne et qu'on ne les amusera plus avec des cocardes. D'ailleurs, la franc-maçonnerie est une affiliation bourgeoise qui n'a qu'une action très limitée sur les ouvriers. Telle est l'explication de la conduite de M. Lafargue. Ses déclarations à la tribune de la Chambre, renouvelées dans le nouveau discours qu'il vient de prononcer à Lille, sont intéressantes parce qu'elles indiquent l'orientation donnée au socialisme par les chefs de l'Internationale.

LES ENGRAIS CHIMIQUES.

Restitution du phosphore.

Si la restitution de l'azote par les engrais n'a pas toujours besoin d'être complète, celle du phosphore, au contraire, doit généralement être pleine et entière, car la plupart des terrains n'en contiennent que quelques centièmes de partie pour 100.

Beaucoup de terrains primitivement fertiles sont devenus pauvres par l'épuisement du phosphore. Heureusement, la chimie et la géologie nous ont fait découvrir des sources abondamment réparatrices. Ce sont :

1° Les poudres d'os à divers états.

2° Les phosphates de chaux fossiles réduits en poudre.

3° Ces mêmes poudres traitées par l'acide sulfurique, autrement dites *superphosphates*.

Les os contiennent environ 70 0/0 d'une substance pierreuse, le *phosphate de chaux*, qui se compose d'acide phosphorique (oxygène et phosphore) et de chaux (oxygène et calcium).

C'est à partir de 1802 que les cultivateurs anglais ont commencé à s'en servir, grâce aux efforts du chimiste Davy. Aujourd'hui, les Anglais font venir de toutes les parties du monde d'énormes quantités d'os, qu'ils pulvérisent par de puissantes machines.

En France, la poudre d'os est surtout employée à l'état de noir animal, c'est-à-dire après calcination dans des vases clos. Cette poudre sert à décolorer les sucres bruts.

Après s'en être servi dans les raffineries, on la laissait perdre, lorsque, vers 1822, M. Payen signala le parti qu'on pouvait en tirer. Depuis cette époque, l'agriculture de l'ouest a utilisé chaque année d'énormes quantités de noir. En 1847, Nantes seul fournissait 16 millions de kilog. de noir, fertilisant 33,000 hectares. D'après M. Joulie, le noir des raffineries de Paris contient 15 à 23 kil. d'acide phosphorique pour 100 kil., et il se vend de 11 à 14 francs l'hectolitre de 90 kil. Les analyses faites dans l'ouest indiquent 25 à 30 0/0 d'acide phosphorique dans la composition des noirs purs.

Les fabriques d'objets de tabletterie fournissent, en outre, à l'agriculture française, une certaine quantité de poudre d'os non calcinés dont l'emploi peut être fort utile, surtout dans les terrains à humus acide.

Les phosphates fossiles.

Nous possédons une source d'acide phosphorique beaucoup plus considérable dans les phosphates minéraux découverts, vers 1860, par M. Démolon.

Ces phosphates se présentent en terre sous forme de nodules pesant 15 à 1600 kil. le mètre cube.

En Lorraine, ils forment dans les sables verts, au dessous de la roche appelé *gaize*, un banc mince et très étendu.

On les exploite le plus souvent à ciel ouvert, quelquefois aussi au moyen de puits et de mines. Des milliers d'ouvriers y sont employés.

Sous de fortes meules, la substance est broyée et réduite en poudre impalpable, qui se vend généralement en composition garantie.

Les bonnes qualités, telles qu'il en sort de grandes masses des usines de MM. Desailly, à Grand-Pré (Ardennes), Dupont et Fould, à Apremont (Ardennes), Levaux, à Varennes (Meuse), etc., se vendent de 4 à 5 fr. les 100 kil., et elles contiennent environ 20 0/0 d'acide phosphorique.

Les nodules d'un banc plus rapproché de la gaize contiennent jusque 30 à 35 0/0 d'acide phosphorique. Il en est de même des nodules du département du Lot ; le commerce recherche tout particulièrement ces nodules riches, en vue de l'économie des frais de transport. En Espagne, les phosphates appelés *apatites* sont encore plus riches ; mais ils ont moins de valeur à cause de leur insolubilité très résistante. Nous préférons de beaucoup les excellents et très assimilables phosphates de Quiévy exploités par la maison Delattre-Brabant, à Lille (Nord).

Pour se rendre compte des divers degrés de solubilité du phosphate de chaux, il faut savoir que, pour une proportion d'acide phosphorique, cette substance peut contenir, soit une, soit deux, soit trois proportions de chaux.

Le seul genre de phosphate qui soit tout à fait soluble ne contient qu'une proportion de chaux.

Le phosphate pourvu de deux proportions de chaux n'est soluble que faiblement. Cependant, il finit par se dissoudre. Tel est le phosphate des os d'animaux. Quant au phosphate qui contient trois proportions de chaux, il est insoluble par l'eau pure. De cette dernière catégorie sont les phosphates minéraux. Ces phosphates résistent eux-mêmes plus ou moins à l'action dissolvante des acides. Les phosphates d'Espagne sont les plus résistants.

Les phosphates insolubles n'agissent sur la végétation que dans deux circonstances, savoir :

1° S'ils trouvent dans la terre des substances qui les rendent solubles.

2° Si, avant de les employer, on les mêle avec des substances produisant sur eux ce même effet.

Les terres qui rendent les phosphates solubles sont celles que l'on connaît sous le nom de terres *aigres* ou *acides*. Le calcaire ou carbonate de chaux leur manque, et elles reposent pour la plupart sur des sous-sols de granit, de schiste, de grès, ou de sable. Cultivées, elle produisent la petite oseille en grande abondance ; en friches, elles se couvrent de bruyère ou de petits ajoncs. Combien de terres de cette nature dans les départements de l'Ouest !

Lorsqu'on met en labour de semblables terrains, c'est alors qu'une application de phosphate, même peu soluble, présente les effets les plus remarquables.

Ainsi, le noir et la poudre d'os non calcinés à la dose de 500 kilog. par hectare, le phosphate minéral des Ardennes à celle de 800 à 1,000 kilog., permettent d'obtenir de beaux blés sur des champs de cette nature, qui paraissaient absolument impropres au froment.

Dès que ces terrains ont été chaulés ou marnés, et que, par suite, ils ont perdu leur acidité, l'effet des phosphates insolubles devient insensible. Ces phosphates paraissent également privés d'action sur les terrains naturellement pourvus de calcaire. D'ailleurs, au moyen de divers mélanges, il est facile de donner de la solubilité aux phosphates qui n'ont pas cette qualité et d'obtenir ainsi le produit appelé *superphosphate*.

On sait le rôle immense des superphosphates dans l'agriculture actuelle. Nous leur consacrerons une prochaine causerie.

Charles Gossin.

DES LABOURS D'HIVER

Nous n'avons pas l'intention de revenir aujourd'hui sur ce que nous avons déjà dit sur cette question, nous désirons simplement mettre en évidence l'opportunité des labours d'hiver, qui doivent être généralement profonds, et indiquer la marche à suivre pour les effectuer, suivant la nature du sol et celle des récoltes qui lui seront confiées au printemps suivant.

Les emblavures d'automne peuvent être considérées comme terminées; c'est le moment pour le cultivateur de penser aux labours d'hiver, qu'il importe d'exécuter sans le moindre retard sur toutes les terres qui restent disponibles et qui sont destinées à recevoir les diverses cultures de printemps : orge, avoine, betteraves, pommes de terre, etc.

C'est par les terres argileuses, fortes, que le travail doit être commencé, afin que les gelées puissent le plus longtemps possible agir sur ces labours pour provoquer un ameublissement complet du sol. Il est inutile que nous nous appesantissions sur l'effet des gelées, relativement à l'ameublissement des terres fortes en labour, il est connu de tous les cultivateurs praticiens. Ce qu'ils connaissent moins, c'est que l'ameublissement provoque l'amélioration du sol, rend efficace l'action de l'oxygène de l'air, qui contribue puissamment à la transformation des matières fertilisantes contenues dans les couches profondes que le labour a ramenées à la surface. Par cette transformation, ces matières deviennent solubles, et sont, par la suite, absorbées et assimilées par les plantes.

Profondeur qu'il convient à donner aux labours d'hiver. — Leur profondeur sera variable suivant le mode de labour, la nature du sol, la profondeur des labours antérieurs et la nature des récoltes qui seront confiées au sol au printemps.

Si le labour à la charrue est suivi d'une fouilleuse, celle-ci pourra pénétrer, dans les terres fortes et demi-fortes, à la profondeur que la force de l'attelage et la résistance de l'instrument permettront d'obtenir.

Si la terre n'est pas fouillée, le labour ne devra pas dépasser de plus de 5 ou 6 centimètres la profondeur obtenue lors des labours antérieurs, à moins de consentir à appliquer une très forte fumure, en engrais immédiatement solubles, à la prochaine culture.

Dans les terres légères, perméables, l'emploi de la fouilleuse devient inutile; on peut ramener sans inconvénient à la surface une partie du sous-sol, car celui-ci, par suite de sa perméabilité, est facilement accessible à l'air et à l'eau, et contient des éléments de fertilité solubles.

Le labour pourra atteindre 25 à 30 centimètres sans s'occuper de la profondeur donnée aux labours précédents. Il n'y a pas lieu, en aucun cas, de dépasser cette limite dans les terres de cette nature.

Fréquemment les terres légères sont envahies par des mauvaises herbes, dont les plus communes sont : le chiendent, l'avoine à Chapelet, l'herbe traînante (agrostis). Dans ce cas, il est de bonne pratique de faire des labours d'hiver en billons, de deux raies juxtaposées autant que possible. Ces labours présentent une grande surface à l'action de l'air et des gelées ; les racines des mauvaises herbes, sous cette double action, perdent de leur vitalité et leur destruction devient ainsi très facile, par des coups de scarificateur et des hersages, dès les premières journées de beau temps, en février ou mars.

Règle générale, les terres destinées à recevoir des racines fourragères, des pommes de terre, une luzernière, devront recevoir un labour aussi profond que possible, après avoir été préalablement fumées au fumier de ferme. Au printemps, lors de la dernière façon, qui sera toujours de peu de profondeur, une deuxième fumure devra être appliquée, au fumier de ferme ou aux engrais chimiques. Les engrais chimiques seraient préférables, pour les luzernières principalement, afin d'éviter l'apport de mauvaises graines incorporées toujours au fumier, dans une certaine proportion.

Les terres destinées à recevoir de l'avoine, de l'orge, du sarrasin, du maïs fourrage, pourront sans inconvénient recevoir un labour d'hiver de moyenne profondeur, avec une seule fumure appliquée au moment des semailles.

Le point important pour ces cultures, comme pour les précédentes, c'est d'obtenir par le labour d'hiver un bon nettoyage et l'ameublissement complet de la couche arable.

Dans une terre meuble, dès que la température s'élève, les graines des mauvaises herbes germent, lèvent et sont détruites par les dernières façons données au sol et précédant les semailles. L'ameublissement permet aussi de trier facilement, avec les herses, les racines de chiendent et d'agrostis qui se trouvent à la surface ou à une faible profondeur, que l'action de l'air et de la gelée n'aurait pas complètement detruites, travail presque impossible, et toujours très coûteux, lorsqu'il doit être effectué sur labour frais.

En résumé, les labours d'hiver permettent d'ameublir et de nettoyer facilement le sol pour les cultures de printemps, d'augmenter la profondeur de la couche arable, sans compromettre les rendements ultérieurs des récoltes, conditions absolument indispensables si l'on veut se livrer à une culture rationnelle et rémunératrice.

G. Peyras.

Construction économique de la ruche à cadres

Si la ruche à cadres est encore si peu répandue, cela tient évidemment à son prix de revient, car tout le monde reconnaît ses avantages immenses sur l'ancienne ruche en paille.

Il y a malheureusement beaucoup plus de bourses plates que de rondes, et l'invention d'une ruche peu coûteuse serait évidemment bien accueillie de la majorité des apiculteurs.

Je donne ci-dessous la description de celle que j'emploie : c'est loin d'être la perfection, mais son prix est abordable à tous.

Le corps de la ruche est fait d'une seule planche divisée en quatre parties, le devant et le derrière ont chacun 49 centimètres de long, 0 m. 335 de haut et 0 m. 025 d'épaisseur, les deux côtés ont 0 m. 365 de long, même hauteur que devant.

Il faut donc, pour une ruche, une planche de 1 m. 75 de long sur 0 m. 34 de large ; un coup de rabot sur les deux tranches réduit la hauteur d'un demi centimètre.

A l'aide d'un guillaume, j'enlève une épaisseur de 1 centimètre aux extrémités intérieures du devant et du derrière, sur une largeur de 0 m. 025; les deux côtés entrent dans le creux et le tout forme un assemblage impénétrable aux insectes.

Lorsque les quatre morceaux sont assemblés, j'ai donc en dehors 0 m. 49 sur 0 m. 395 et en dedans 0 m. 44 sur 0 m. 345, ce qui me permet d'y loger 12 cadres de 0 m. 33 au carré.

Un chapiteau de 0 m. 12 de haut est placé au haut de la ruche et me donne le vide nécessaire pour y loger le nourrisseur, un paillasson ou de la mousse sèche en hiver.

Pour les cadres, j'emploie de la volige ayant 8 à 9 millimètres d'épaisseur, découpée en tranches de 0 m. 25 de largeur.

Le haut du cadre est fait de deux épaisseurs en clouant à l'intérieur une deuxième bande comme le fait M. de Layens. J'ai adopté le cadre, dit national, de 0 m. 33 de dehors, en attendant qu'un congrès détermine exactement le meilleur cadre français. Comme ma ruche a 0 m. 345 de large à l'intérieur, il reste donc un vide de 7 millimètres 1/2 entre le cadre et la paroi.

Les cadres sont suspendus sur une bande de zinc de 0 m. 02 de large et longue comme l'intérieur de la ruche ; un coup de lime me donne une entaille de 1 à 2 millimètres pour la place de chaque cadre.

Pour empêcher le bas des cadres de se rapprocher, j'emploie tout simplement un petit piton à vis, planté dans le cadre même, et de chaque côté, en bas, deux autres pitons maintiennent le cadre éloigné de 7 millimètres de la paroi de la ruche; c'est simple et bientôt fait.

Si ces pitons gênent à l'extracteur, ils sont vivement enlevés et aussi vite replacés.

Le dessus des cadres ou plancher est simplement formé de six planchettes de volige de chacune 0 m. 08 de large et 0 m. 39 de long.

Le plateau est en feuillet renforcé de bonnes traverses et doublé de volige, ce qui lui donne l'épaisseur voulue ; il a exactement les dimensions de la ruche, moins 2 millimètres sur les côtés et le derrière ; sur le devant, il déborde de 5 centimètres.

Une bande de volige de 0 m. 03 clouée au bas de la ruche et débordant celle-ci de 0 m. 02 recouvre les trois côtés du plateau et ferme hermétiquement le bas à la façon des ruches Dadantt.

Je donne au trou de vol 0 m. 18 de long sur 7 millimètres de haut, une planchette en bois d'or, de 0 m. 02 d'épaisseur, permet de rétrécir ce trou de vol à volonté.

En été, on peut introduire la planchette dans le trou de vol et soulever la ruche de 10 à 12 millimètres sur le devant, ce qui donne de l'air et du passage au moment de la récolte.

Le toit incliné pour ruches en plein air est en feuillet. Le tout est couvert d'une couche de peinture.

Les avantages de cette ruche. — N'étant pas très volumineuse, comme la ruche Layens, elle est transportable à volonté : sa capacité, 50 litres, est suffisante pour un grand développement du couvain ; enfin, une hausse de demi-hauteur lui donne au moment de la récolte une capacité de 75 litres, suffisante 9 années sur 10, et en cas de récolte exceptionnelle, une deuxième hausse peut être interposée.

La planche du corps de ruche coûte... 1.40
Il faut, en outre, 1 mètre de feuillet.. 1.50
Et un mètre carré de volige.......... 0.60
Total du bois.............. 3.50

Deux bandes de zinc à 0.05 l'une, quatre douzaines de pitons à 0.10 et 0.30 de couleur, plus 0.15 de pointes, soit en tout 0.95. La ruche coûte donc en chiffres ronds 4.50 pour les matériaux ; chacun peut la faire soi-même ; un ouvrier en fait facilement deux par jour et plus, soit 2 fr. 50 de façon, ce qui donne un total de 7 fr. pour une ruche avec toit.

Avec la hausse, la ruche ne coûte pas plus de 10 francs, et si on la fait soi-même, plus de 6 francs.

Enfin, en se servant d'une planche plus longue, on peut faire une ruche Layens à 18 ou 20 cadres qui ne couterait qu'environ 2 francs de plus que la ruche simple.

Toutes les manipulations sont rendues très faciles; enfin, cette ruche m'a donné des résultats exceptionnels cette année : 12 cadres de hausse remplis d'un miel blanc et parfumé et le corps de ruche rempli également.

DUMONT, *instituteur*.

RÉFORME DES BAUX A FERME

On signale depuis longtemps la nécessité de réformer sur beaucoup de points les conditions essentielles des baux à ferme. — Tous les agronomes éclairés sont d'accord sur ce point. Mais c'est une grosse erreur que de faire intervenir la loi dans un tel contrat à la place des deux parties libres de stipuler tout ce qui leur convient dans leur intérêt réciproque.

Le principe de l'indemnité au fermier sortant est très juste; mais c'est au fermier, non à la loi, qu'il appartient de le stipuler, soit dans son bail, soit dans des conventions avec son propriétaire en cours de bail.

Plusieurs agronomes ont essayé de proposer des baux calculés sur la base d'un juste équilibre entre les intérêts du propriétaire et ceux du fermier.

Parmi ces projets nous distinguons celui que M. Forzy, agriculteur émérite, mort récemment, avait proposé au comice de Soissons. En voici les principales dispositions qui méritent l'attention des bailleurs et des preneurs et surtout des notaires chargés de rédiger leurs conventions.

Art. 1er. — Dire qu'à fin de bail le preneur sortant pourra être remboursé des améliorations opérées par lui au sol dans la mesure où elles pourraient profiter à son successeur et au propriétaire. — Réciproquement, qu'une indemnité sera due au propriétaire pour détérioration des terres — le tout constaté par experts.

Art. 2. — Qu'une estimation des terres sera faite à ce point de vue à l'entrée en jouissance, et une autre à fin de bail. En cas de contestation sur les experts, le juge de paix en nommera trois qui statueront sans appel à la majorité des voix.

Les améliorations peuvent consister en constructions, irrigations, labours profonds, drainages, plantations d'arbres, transports de terres, etc. — L'expertise à fin de bail établira la dépense de ces améliorations et la plus-value qui en ressortira pour le domaine.

Les expertises établiront les points suivants : Etat de fertilité du sol arable, assolements, état des prairies, amendements, marnages, chaulages, défrichements, état des chemins et clôtures, quantité des pailles et fumiers, plantations, bâtiments.

Art. 4. — Les améliorations foncières ne seront faites qu'avec le consentement du propriétaire, et les conditions en seront fixées par une convention spéciale.

Art. 5. — Le propriétaire paiera la somme représentant les plus-values, intérêts compris, en cinq ou six annuites finissant à la fin du bail. — En cas de détérioration, le fermier les payera en quittant la ferme.

A la Société nationale d'Agriculture on a discuté la question assez délicate de savoir quelle époque convient le mieux pour les sorties de ferme et les entrées. Dans telle contrée, c'est la Saint-Martin, à la suite des semailles d'automne : dans d'autres, c'est à la Saint-Georges en avril. Quelques agronomes proposent le mois de juin. Ces époques ont le défaut de provoquer souvent de fâcheux conflits entre le fermier sortant et le fermier rentrant.

Le meilleur moyen de prévenir ces conflits serait que le fermier sortant cédât ses récoltes au fermier entrant à des prix fixés par des experts ou au propriétaire lui-même, qui les céderait au premier entrant, à la charge pour celui-ci d'en laisser l'équivalent à sa sortie de bail. En cas de plus-value, il en bénéficierait; en cas de moins-value, il en payerait la valeur au propriétaire.

La Société des Agriculteurs du Nord réclame à tort, suivant nous, l'intervention de la loi; mais elle propose avec raison de diviser en deux catégories les améliorations pouvant donner lieu à une indemnité au fermier sortant :

1° Celles qu'il peut faire de lui-même; 2° celles qu'il ne peut faire qu'avec le consentement du propriétaire.

Les premières sont les améliorations culturales d'un effet temporaire : labours profonds augmentant l'épaisseur de la couche arable, terrages, marnages, chaulages, achats d'engrais chimiques, de fumiers, de purins, etc. — Les secondes sont les améliorations foncières permanentes : créations de prairies, de canaux d'irrigation, prises d'eau, drainages, nivellement, création de chemins, de fossés, de puits ou réservoirs; plantations d'arbres fruitiers, oseraies.

Du moment où l'intervention du propriétaire est réclamée pour ces dernières opérations, nous ne voyons aucune raison d'invoquer celle de la loi. C'est aux deux parties à s'arranger comme il leur convient.

En Angleterre, la loi de Kames a sa raison d'être, dans ce fait que les fermiers n'ont pas de bail écrit. Le propriétaire peut renvoyer, quand il lui plaît, un fermier qui a amélioré sa terre. Il était naturel que la loi l'obligeât à l'indemniser des améliorations apportées à cette terre. Mais en France, où chaque fermier est maître de sa ferme pour un temps donné, la loi n'a rien à voir dans ses rapports d'intérêt avec son propriétaire; à eux deux de se faire leur loi comme nous venons de l'indiquer.

On le voit, dans l'état actuel de nos connaissances en matière d'économie rurale, un bail établi sur ces bases est naturellement indiqué à tous les intéressés qui ont la notion la plus élémentaire du métier de propriétaire, comme de celui de cultivateur.

RECONSTITUTION DES VIGNES

Extrait d'une conférence de M. Pierre Viala, faite à Beaune

Vous savez tous que les vignes américaines présentent des particularités que n'offrent pas nos cépages français. Tandis que les vignes françaises prospèrent à peu près indifféremment dans tous les terrains, chacun des cépages américains ne réussit que dans certains sols. Ils ne conservent leur grande vigueur, certains ne sont résistants, ils ne sont pratiquement utilisables, surtout greffés, que lorsqu'ils sont *adaptés*. L'insuccès le plus absolu est certain si le choix des cépages américains pour les divers terrains n'est pas fait avec discernement. L'échec est parfois immédiat, d'autres fois il ne se produit que lorsque les vignes ont un certain âge.

Vous avez pu vous demander si l'action néfaste qu'ont certains terrains, en France et en Europe, sur les vignes américaines, s'observait aussi dans le même sens en Amérique, sur les vignes sauvages ou cultivées. Si les phénomènes de même ordre n'avaient pas lieu, vous pourriez craindre que le caractère de résistance ne fût aussi modifié tôt ou tard en France.

L'on vous a dit que le calcaire, sous un certain état, était défavorable à la végétation des vignes américaines les plus anciennement connues. Les vignes sauvages poussent en Amérique à peu près exclusivement, — une espèce surtout exceptée, — dans des terrains provenant de la décomposition des roches anciennes, à base siliceuse, presque toujours dépourvues de calcaire. Mais les phénomènes d'adaptation sont identiques en France et en Amérique.

Les Riparias, par exemple, qui croissent naturellement dans les alluvions riches et profondes du bord des grands fleuves, ou dans les terrains siliceux rouges et caillouteux des montagnes du Centre, sont chlorosés et rabougris, lorsqu'ils y existent par hasard dans les marnes jaunes et même dans certains calcaires du dévonien que l'on trouve le long des grands lacs.

Les Rupestris, qui ont une grande vigueur dans les ravins desséchés et presque infertiles du Texas, où le sol est formé de cailloux siliceux agglomérés par une argile rougeâtre, sont chlorotiques et peu développés dans les calcaires du crétacé du nord de cet Etat.

Les diverses variétés de Labrusca, que l'on cultive avec succès dans les terres silicieuses, meubles et souvent très fertiles du nord de l'Union, ne peuvent être conservées que par le greffage dans les terres argileuses riches ou dans les calcaires tendres du centre du Texas.

Le climat ne modifie donc pas les propriétés d'adaptation et il n'a, aux autres points de vue, qu'une influence insignifiante. Toutes les vignes d'Amérique supportent des extrêmes de température que nous n'avons dans aucune région en France. Les espèces les plus méridionales, comme le Rupestris, résistent à — 20 degrés de froid, et les espèces les plus septentrionales à + 42 degrés de chaleur. Toutes les vignes américaines peuvent être cultivées dans tous les vignobles français, si l'on ne tient compte que de l'influence de la température.

Vous savez, d'ailleurs, que pendant l'hiver rigoureux que nous venons de subir, les greffes sur les diverses variétés américaines n'ont pas été plus éprouvées que les vignes françaises directes, et même moins que certaines vieilles vignes, dans l'Isère, par exemple.

Le nombre des plants américains que l'on connaît aujourd'hui est considérable, mais la sélection est faite et il ne reste qu'un petit nombre de cépages utilisables pour la culture. Il serait même à désirer, — comme c'est uniquement aux porte-greffes que l'on doit avoir recours et puisque l'on ne recherche que les racines résistantes de ces vignes, — qu'un seul cépage pût réussir également dans tous les terrains ; c'est à celui-là seul qu'il faudrait avoir recours. Il n'en est malheureusement pas ainsi.

Le meilleur procédé pour déterminer le plant à choisir pour un terrain est de l'étudier sur place. L'aspect du sol et du sous-sol donne de meilleures indications sur les propriétés d'adaptation d'un terrain qu'une analyse chimique des éléments qui le composent. L'analyse physique est cependant un complément utile.

Il est nécessaire, quand on a une parcelle à planter, de faire, dans les endroits que l'on croit variables, des tranchées de 1 mètre de long sur 0 m. 50 de large et 0 m. 50 à 0 m. 80 de profondeur. On peut ainsi se rendre un compte exact de la nature non-seulement du sol, mais aussi du sous-sol, et ce dernier est très important à connaître, car il amène des modifications dans le choix d'un plant que l'on aurait fixé uniquement d'après le sol.

Terres à Rupestris. — Le Rupestris est un plant éminemment résistant au phylloxéra; il est un peu exigeant au point de vue de la fertilité des terrains ; il a une très grande vigueur et un tronc gros. Il vient dans les milieux les plus secs et nourrit des greffes très vigoureuses et à maturité précoce et sans différence de grosseur de tronc entre le sujet et le greffon. Il croît, en Amérique, dans le lit de ravins brûlés par le soleil, et dont le sol est formé, en majorité, de cailloux siliceux mélangés à du sable ou à de l'argile. Mais le Rupestris est, avec le Vialla, le porte-greffe qui redoute le plus les marnes blanches ou les calcaires crayeux tendres. Il y jaunit et y dépérit rapidement lorsqu'il est greffé. Ce n'est pas un plant des terrains crayeux ni des argiles pures compactes. Il craint aussi l'humidité.

On a reproché au Rupestris de mal reprendre de boutures ou de greffes boutures. Il est certainement un peu inférieur, à ce point de vue, au Riparia et au Vialla ; mais, lorsque l'on pratique l'écorçage et que l'on établit les pépinières avec soin, la proportion de reprises que l'on obtient avec le Rupestris est très élevée. Qu'il me suffise de vous dire que dans les grandes et belles pépinières du comité de viticulture de Cognac dirigées par M. Ravaz, en 1890 et 1891, les Rupestris ont donné 65 pour 100 de greffes parfaitement soudées et vigoureuses. Il en a été de même avec le Jacquez ; je n'y reviendrai pas.

Il existe un très grand nombre de formes de Rupestris, comme de Riparias. Il est essentiel, pour les deux espèces, de ne multiplier que celles qui sont les plus vigoureuses. D'un façon générale, les variétés à petites feuilles, ternes et minces doivent être exclues; les variétés à feuilles épaisses, luisantes, parcheminées, sont les meilleures et les plus vigoureuses. Il n'est pas indispensable de ne multiplier que les formes qui ont été classées pour être assuré de leur vigueur, car beaucoup de Rupestris et de Riparias non dénommés ont autant de valeur que ceux qui portent des noms distinctifs commerciaux (1).

(*A suivre*). PIERRE VIALA.

Nouvelles agricoles.

Les viandes d'Amérique. — Un décret du président de la République, paru au *Journal officiel*, réglemente l'entrée en France des viandes d'Amérique. Les points de la frontière de terre et de mer par lesquels ces viandes pourraient être importées seront déterminés par un décret ultérieur.

Avant tout déchargement de la marchandise, les importateurs devront produire pour chaque expédition un certificat délivré par l'inspecteur du département de l'agriculture, préposé par le gouvernement des Etats-Unis à la surveillance de l'établissement dans lequel les animaux ont été abattus et où leurs viandes ont été préparées, constatant que lesdites viandes proviennent d'animaux sains, en parfait état de santé, et sont propres à la consommation.

Les caisses contenant ces viandes devront porter le timbre de l'inspecteur officiel qui a procédé à l'examen sanitaire desdites viandes.

L'entrée sur le territoire de la République sera refusée à tout chargement qui ne remplira pas les conditions indiquées ci-dessus.

Après leur déchargement, ces viandes seront soumises à des inspecteurs sanitaires désignés par le ministre de l'agriculture et chargés de s'assurer de leur salubrité et de leur salaison complète.

Toute viande reconnue impropre à la consommation sera détruite en présence de ces inspecteurs sanitaires.

Le service des douanes n'accordera la libre entrée sur le territoire de la République des viandes d'Amérique que sur le vu du certificat des inspecteurs et constatant que ces viandes ont été reconnues saines et propres à la consommation publique.

Les dépenses du service d'inspection seront aux frais des importateurs, d'après une taxe fixée par décret rendu sur la proposition du ministre de l'agriculture, après avis du comité consultatif des épizooties. Cette taxe sera acquittée à la caisse des receveurs de douanes.

Société d'agriculture de la Nièvre. — CONCOURS AGRICOLE DE NEVERS. — Les concours d'animaux gras et d'animaux reproducteurs de Nevers auront lieu, en 1892, du 10 au 14 février, c'est-à-dire dans la semaine qui précèdera le concours de Paris, afin de permettre aux exposants de participer à ces deux exhibitions. Le nombre et la valeur des primes en argent ont été augmentés.

Des expositions de volailles vivantes, produits agricoles et sylvicoles, fromages, beurres, machines et instruments agricoles, seront annexées au concours d'animaux.

Les exposants de toute la France peuvent prendre part au concours d'animaux gras et aux expositions annexes. Quant au concours d'animaux reproducteurs, il est réservé aux exposants de la Nièvre.

Ce dernier concours, dont l'importance s'accroît chaque année, comprendra une importante exposition d'étalons de gros trait à robe noire, de taureaux des races nivernaise-charolaise et durham, de béliers southdown et dishley nés dans le département.

Pour pouvoir prendre part au concours de Nevers, il faut en faire la déclaration avant le 31 *décembre courant*. Le programme détaillé du concours et des formules de déclaration sont envoyées *franco* ; il suffit d'en faire la demande à M. G. Vallière, secrétaire de la Société d'Agriculture, place de la Halle, à Nevers.

CONSEILS A LA FERMIÈRE

MANIÈRE DE TUER LES LAPINS ET D'EN CONSERVER LES PEAUX.

1° *Manière de tuer un lapin.* — S'il n'est pas agréable de tuer un lapin, la nécessité y oblige. La manière de le tuer contribue à la beauté de sa viande, à sa conservation, ainsi qu'à celle de sa fourrure.

Le mode le plus généralement employé et qui consiste à assommer le lapin en le frappant d'un coup violent sur la nuque est le plus mauvais, parce qu'on donne lieu à une hémorragie interne, à la formation d'un caillot sanguin qui tache la peau et la viande. Celle-ci se conserve moins bien et le caillot donne à la peau une teinte rougeâtre assez difficile à faire disparaître. En été, la putréfaction s'en empare, le poil tombe, et la valeur de la fourrure est considérablement dépréciée ou nulle.

Un autre mode aussi prompt et aussi simple de donner la mort consiste à prendre l'animal, d'une main par les pieds de derrière, de l'autre par le cou, de l'appuyer sur le genou et de tirer assez fortement l'épine dorsale. Le lapin meurt très promptement, sans hémorragie.

Aussitôt mort, on doit presser sur le ventre, dans le but de vider sa vessie de l'urine épaisse et odorante qu'elle contient. L'urine qui reste dans la vessie d'un lapin tué s'absorbe très promptement et communique à la viande une odeur désagréable.

2° *Manière de dépouiller un lapin.* — Deux modes se présentent, et qu'on peut également employer. Le premier mode consiste à fendre la peau dans le but de l'obtenir étendue et le plus carrée possible. Pour l'obtenir ainsi l'animal doit être étendu sur le dos, les quatre pattes étendues droites à imiter une double croix. L'incision du derrière doit se faire derrière les jarrets et suivant une ligne droite passant directement sur l'anus pour continuer des deux côtés. L'incision du devant passe sous les genoux et va en ligne droite en traversant sur la poitrine se terminer à l'autre genou. L'incision longitudinale commence à l'anus, suit le milieu du ventre et va se terminer au milieu de la lèvre inférieure.

Une peau ainsi enlevée et mégissée a un tiers de valeur de plus. Par sa coupe, il y a peu ou point de pertes.

Le deuxième mode consiste à dépouiller le lapin en fourreau, c'est-à-dire à ne pratiquer qu'une seule incision sur le derrière et à rabattre la peau jusqu'au bout du nez. On doit lais-

(1) *Rupestris sélectionnés* : Rupestris-Ganzin, Rupestris-Martin, Rupestris du Lot, Rupestris-Mission, Rupestris à feuilles plombées, Rupestris à port de Taylor, Rupestris divers de Fort Worth, Rupertris du Kansas, Rupestris à pousses violacées, etc.

Riparias sélectionnés : Riparia gloire de Montpellier ou Portalis, Riparia Fabre ou Martin des Pallières, Riparia Scupernon, Riparia tomenteux violet, Riparia tomenteux gris, Riparia tomenteux rose, Riparia Grand-Glabre, Riparia territoire des Indiens, Riparia glabre à bois violet, Riparia n° 13 de Meissner, Riparia gloire de Touraine, Riparia Ramon, Riparia Martineau, etc.

ser les quatre pattes depuis les jarrets et les genoux, et voici pourquoi :

Les peaux communes sont vendues aux chapeliers pour la confection des chapeaux de feutre. Ils achètent à des marchands de peaux de lapins, non à la pièce, mais au poids. Si les quatre pattes restent adhérentes à la peau, les marchands les payent le double à cause de leur poids et les chapeliers y trouvent leur compte, par la grande quantité de poils qu'elles fournissent.

3° *Manière de conserver les peaux*. — Il y a plusieurs manières de conserver les peaux, suivant la nature, la valeur et le but qu'on se propose d'en faire.

A. Les peaux communes destinées aux marchands ambulants sont les seuls à qui l'on doive conserver les pattes. Aussitôt enlevées, on les remplit de paille pour hâter leur dessiccation, et si c'est en été on lave le côté de la chair avec de l'eau fortement salée.

B. Les peaux brutes destinées à être vendues aux pelletiers sont traitées différemment. On dépouille le lapin pour en obtenir une peau carrée. On l'étend autant que possible sur une planche et on la cloue par les bords dans le but d'en obtenir la dessiccation sans plis, et sans déranger la direction naturelle des poils, chose importante pour les pelletiers ; les poils d'une peau desséchée sont très difficiles à ramener dans leur direction naturelle.

Pour éviter la putréfaction ou la chute des poils, il faut faire la dissolution suivante, qui se conserve et peut servir chaque fois qu'on en a besoin.

On fait chauffer un litre d'eau et on y fait dissoudre 64 grammes de sulfate d'alumine (alun de commerce) et 30 grammes de sel ; ces sels dissous et l'eau refroidie, on la conserve dans une bouteille pour l'usage. Pour empêcher la putréfaction des peaux, il ne s'agit que de laver avec ce liquide, au moyen d'un pinceau, leur face charnue, deux fois en été et une l'hiver. Bien desséchées, on les empile poils contre poils.

UNE MÉNAGÈRE.

CONSEILS DU VÉTÉRINAIRE

MÉTRITE

On désigne sous ce nom l'inflammation de la muqueuse de la matrice.

L'avortement, une parturition laborieuse, la mort du fœtus et son séjour prolongé dans la matrice, des manœuvres mal dirigées pendant la mise-bas, l'abus du coït sont les causes ordinaires de cette affection.

Elle s'accuse par des coliques, des efforts expulsifs, comme si la bête allait mettre bas ; de la faiblesse du train de derrière, du gonflement de la vulve et un écoulement, d'abord muqueux, puis purulent.

Traitement. — Faire, matin et soir, dans la matrice, des injections chaudes avec :

Chlorate de potasse......... 30 gr.
Teinture d'opium......... 30 —
Eau de goudron............ 500 —

Faire en même temps, sur la partie postérieure du ventre, des frictions avec :

Onguent mercuriel belladoné.

En cas de métrorrhagie, c'est-à-dire d'hémorrhagie intestinale, appliquer des compresses d'eau froide sur le ventre et administrer :

Poudre de rue.............. 2 gr.
Poudre de sabine........... 2 —
Extrait de canelle............ 4 —

Incorporer dans du miel et donner, avec une spatule, en une fois.

Pour la jument et la vache.

Pour la chienne, modifier la formule en ce sens :

Extrait de rue..... 0,50 centigrammes.
Poudre de sabine... 0,50 —
Extrait de canelle.. quantité suffisante.
Pour vingt pilules, deux par jour.

UN VIEUX VÉTÉRINAIRE.

CONSEILS DU MÉDECIN

SINAPISMES POUR LES ENFANTS.

La meilleure manière de faire un sinapisme pour les enfants, c'est de mélanger la moutarde à la farine de graine de lin dans les proportions suivantes, à savoir : deux parties de farine de graine de lin et une partie de moutarde, de les mêler, d'en faire un cataplasme avec de l'eau chaude, cataplasme qu'on appliquera sur la poitrine de l'enfant en l'y laissant, suivant l'âge du baby et selon qu'il peut le supporter, de cinq à 10 minutes.

DOCTEUR X.

RECETTES DE LA CUISINIÈRE.

GATEAU AU FROMAGE.

Prenez de la farine comme pour faire un gâteau ordinaire, mettez votre farine sur le tout, faites un trou au milieu, mettez dans ce trou du beurre et assez d'eau pour faire la pâte, ajoutez du sel et pétrissez ferme, étendez avec le rouleau et mettez sur votre abaisse une couche de fromage, pliez en quatre, étendez et pliez plusieurs fois, donnez à votre gâteau la forme convenable, dorez et faites cuire.

VICTOIRE.

EN QUOI CONSISTE LA GRACIEUSETÉ.

On nous demande quelle est la *gracieuseté* promise à ceux de nos lecteurs qui souscriront au *Dictionnaire des Dictionnaires, avant le 31 décembre*, DERNIER DÉLAI. C'est la VIE DES SAINTS en quatre volumes, par Mgr Paul Guérin (prix : 16 fr.). Heureuse pensée, que celle d'offrir ensemble ces deux ouvrages, au moment où les sectes s'efforcent de *déchristianiser* la société moderne. Le *Dictionnaire des Dictionnaires*, aussi remarquable par les *qualités scientifiques* que par l'*orthodoxie*, nous garantit contre l'*erreur*, par l'*accord de la science et de la foi*. La *Vie des Saints* ravive nos *croyances* religieuses, élève nos âmes vers le *surnaturel*. Rappelons que l'un de ces ouvrages est *entièrement gratuit* : et que pour l'autre les *souscripteurs privilégiés* participeront à des dividendes et rentreront par là, progressivement, dans le montant de leurs souscriptions.

Pour profiter de ces *avantages*, il faut envoyer sa souscription *avant* le 31 DÉCEMBRE.

On trouvera plus loin les conditions, avec le *bulletin* de souscription.

BIBLIOGRAPHIE.

Les industries du lait, par *R. Lezé*, ingénieur des arts et manufactures, professeur à l'École nationale d'agriculture de Grignon (1).

L'industrie laitière a pris dans ces dernières années un développement extraordinaire. Les vieux errements suivis depuis des siècles ont été étudiés et modifiés suivant les données de la science. Il y a peu de temps encore, le producteur marchait à l'aveugle dans un monde inconnu ; aujourd'hui il est à même de se rendre compte de presque tous les phénomènes qui se passent dans la fabrication. Les ingénieurs ont, de leur côté, apporté à l'industrie du lait le contingent de leurs travaux et de leurs efforts.

C'est l'histoire de toutes ces méthodes nouvelles et de tous ces progrès que ce magnifique ouvrage de 647 pages, orné de 112 figures, fait passer sous nos yeux. La lecture de ce livre, écrit par un auteur dont la compétence en matière de laiterie est universellement appréciée, sera aussi fructueuse au petit cultivateur qu'au grand industriel.

Première partie. — LE LAIT. — I. Caractères et propriétés du lait. — II. Examen et analyse. — III. Altérations et falsifications. — IV. Commerce du lait en nature ; pasteurisation, transport, vente, installation d'une laiterie, conservation du lait. — V. Utilisations diverses du lait, kéfir, koumiss, sucre de lait, lait condensé.

Deuxième partie. — LE BEURRE. — I. Préparation au moyen du lait ou de la crème, mécanisme de l'écrémage, écrémage spontané. — II. Ecrémage centrifuge. — III. Traitement de la crème, barattage, délaitage, malaxage. Propriétés et analyses du beurre. — IV. Altérations du beurre. Utilisation des résidus. — V. Installation d'une beurrerie. Commerce du beurre. — VI. De la margarine et de sa fabrication. Mélanges, fraudes, analyses, lois répressives.

Troisième partie. — LES FROMAGES. — I. Action de la présure sur le lait. Caillé. — II. Appareils employés à la fabrication des fromages. Appareils de chauffage. Moulins à caillé et presses. — III. Fabrication spéciale, fromages mous non fermentés. — IV. Fromages mous affinés. Diagramme et installation d'une laiterie. — V. Fromages durs, fromages cuits. — VI. Roquefort et fromages similaires. — VII. Méthodes d'analyse. Enseignement de la laiterie.

(1) Chez Firmin-Didot, éditeur, 56, rue Jacob, Paris. — Prix : 6 fr.

AFFAIRES MILITAIRES.

La taxe militaire.

Les rôles de la nouvelle taxe militaire, établie par les articles 35 et suivants de la loi du 15 juillet 1889, ont été mis en recouvrement à dater du 29 novembre.

Cette taxe s'applique à tous ceux qui, par suite d'exemption, d'ajournement, de classement dans les services auxiliaires ou dans la seconde partie du contingent, de dispense ou pour tout autre motif, bénéficient de l'exonération du service dans l'armée active.

Le taux est de 6 francs, plus une somme égale au montant en principal de la cote personnelle et mobilière de l'assujetti.

A défaut de payement, la taxe est payée par les ascendants, qui doivent un supplément calculé en raison inverse du nombre de leurs enfants vivants ou représentés.

Outre sa nouveauté, cette taxe, qui est perçue pour la première fois, présente encore cette particularité que le retard dans le payement est frappé d'une pénalité consistant dans l'accroissement de la cote : ainsi, si le contribuable néglige de payer trois douzièmes consécutifs, il doit une taxe double pour les douzièmes impayés.

Les avertissements aux contribuables vont être adressés par les percepteurs dans le courant de la semaine prochaine.

Le délai pour réclamer est de trois mois, comme pour les autres contributions.

PETITE POSTE.

M. A... (Meurthe-et-Moselle). — *Ciguë*. — La grande ciguë constitue, à l'état sec, un fourrage médiocre, mais non vénéneux. A l'état vert, elle est mangée impunément par les chiens ; en trop grande quantité, elle deviendrait un poison pour les lapins ; mais mélangée avec d'autres herbes, elle peut être donnée à ces animaux sans inconvénient.

La petite ciguë des jardins est plus dangereuse.

M. M..., à M... — 1° *Bélier hydraulique*. — Ce n'est pas le même.

2° *Institut agronomique*. — Au Conservatoire des Arts-et-Métiers, à Paris.

M. L... B... (Belfort). — *Pommes de terre*. — Nous sommes étonné de votre insuccès avec cette variété qui continue de nous donner les meilleurs résultats. Nous en entendons dire beaucoup de bien partout. Oui, le livre de M. Girard est intéressant et très utile à consulter.

Le butage de la pomme de terre est toujours utile dans les terres maigres et légères et pour les variétés peu vigoureuses. Il a pour résultat d'activer le développement des parties aériennes

Dans les terres riches et pour les variétés vigoureuses il serait donc sans utilité, si ce n'est pour les variétés dont les tubercules se forment à la surface, tendent à sortir de terre et sont par conséquent exposés à verdir au contact de l'air. Nous ne conseillons cependant pas d'une façon générale de renoncer au buttage qui a tout au moins pour effet, sinon d'augmenter le rendement d'une façon directe, du moins de donner au sol une culture favorable pour l'ameublissement et la propreté.

M. A.., à V... — M. A... R... (Indre-et-Loire). — B... M... (Haute-Marne). — *Affaires litigieuses.* — Réponse sera faite à vos questions qui sont à l'étude.

M. R... de la G... (Loir-et-Cher). — *Destruction des mousses des prairies par le sulfate de fer.* — Application en mars. — Dose à employer 400 kilogr. par hectare pour les jeunes prairies (4 ou 5 ans), 600 kilogr. dans les prairies plus âgées. Si on veut l'employer à l'état liquide, on le dissout à raison de 5 kilogr. par hectolitre d'eau et on répand le liquide sur la prairie à l'aide d'un tonneau à purin.

2° *Prairie naturelle en terrain humide.* — Composition de la semence pour un hectare :

Fétuque des prés	10	kilogr.
Houlque laineuse	10	—
Ray-grass anglais	6	—
Vulpin des prés	4	—
Agrostis traganta	3	—
Lotier velu	1	—
Pâturin commun	6	—
Timothy	5	—
Trèfle blanc	3	—
Trèfle hybride	2	—

3° *Poudre d'os.* — C'est un bon engrais phosphaté qui produirait un effet utile, même à l'état naturel, sur vos terres de Sologne. Mais c'est un engrais incomplet, excellent seulement pour la restitution du phosphore. Il ne pourrait remplacer le fumier que tout à fait provisoirement.

Compliments affectueux.

OFFRES & DEMANDES.

Pour répondre au désir qui nous est exprimé, nous offrons à nos abonnés, sous cette rubrique, deux annonces gratuites pour les offres et demandes d'emplois, produits ou animaux à vendre ou à acheter, etc.

Les annonces qui suivront jouiront d'une réduction de 50 pour 100 sur les tarifs ordinaires.

Les demandes d'insertions devront être envoyées à l'administration, qui se chargera de les rédiger.

Ne pas négliger d'envoyer tous les renseignements nécessaires (joindre 2 timbres de 0 fr. 15).

Maison très sérieuse offre opération agricole fructueuse aux régisseurs et gérants de cultures.

S'adresser au bureau du Journal, aux initiales A. D. B. — N° 943-11.

Guide pratique pour la culture du pommier et la fabrication du cidre. — 5 médailles. — 8e édition. — Prix, 2 fr. 50.

Chez l'auteur, M. Brassart, à Fléchin (Pas-de-Calais). — N° 948-6.

Un ménage de cultivateurs, 38 ans, venant de terminer un bail, demande place de régisseur ou de contre-maître dans une ferme ou château.

La femme est bonne cuisinière.

Le ménage fournira de bonnes références.

S'adresser à M. Faupel (Pierre), à Chantoiseau, commune de Beaumont-les-Nonains, par Auneuil (Oise). — N° 952-5.

On offre à nos abonnés à titre de primes :

1° 25 acacias tiges pour le prix de.. 1 fr. 50

2° 25 pins noirs d'Autriche ou autres pour parcs, de 1 mètre de hauteur. 2 50

3° 25 arbres feuillus de haute tige (frênes, érables, ormes, etc.)...... 2 50

4° 5 variétés de pommes de terre en collection, de 1 kil. par espèce.... » 75

Le tout mis en gare de Saint-Hilaire-Fontaine (Nièvre).

S'adresser à M. François Caquet, ancien élève de l'Ecole nationale forestière, maire à Saint-Hilaire-Fontaine (Nièvre). — N° 955-3.

On demande, pour une grande exploitation des environs de Beauvais, un bon premier charretier. — Gages, 40 fr. par mois pendant l'hiver; 45 fr. en été.

S'adresser au bureau du Journal. — N° 956-2.

On demande, pour diriger la ferme de Monceau-le-Wast, un ménage très au courant.

S'adresser à M. Bazin jeune, à Laon.

N° 957-2.

Mathématiques et Comptabilité agricoles à l'usage de l'Enseignement et de l'Agriculture, 2e édition. — Prix, 5 fr., à la librairie agricole, 26, rue Jacob, Paris.

On désire acquérir une propriété d'agrément, distance une heure de Paris en voiture, ou demi heure chemin de fer, entre Versailles, rive gauche, et la Marne, contenance 5 hectares, 8 chambres de maîtres au moins. Prix, environ 75,000 francs. Renseignements, M. Grasset, 4, avenue de Villars, Paris.

Un ancien cultivateur, actif et sérieux, demande représentation pour une maison d'engrais.

S'adresser au bureau du *Journal de l'Oise*, à Beauvais.

REVUE FINANCIÈRE.

La semaine qui nous occupe vient de voir la liquidation de quinzaine qui précède la liquidation de fin d'année. Les opérations de ce règlement auront été encore plus simples que celles des précédents règlements, tant les « positions » sont peu compliquées, étant donné que les réalisations les règlent tous les deux ou trois jours et que les transactions sont réduites, plus que jamais, à leur plus simple expression.

Cette liquidation s'est opérée, comme la dernière en apportant un profit léger, mais appréciable, aux haussiers. Quant à la continuation de la hausse, il est évident qu'elle existe, puisque, nous venons de le dire, le règlement s'est fait sur des cours plus hauts que ceux de fin novembre. Mais, la hausse semble bien avoir atteint son summum, et il ne paraît guère probable que d'ici la fin du mois il y ait un grand écart de prix.

Il faut s'attendre, par exemple, que le 3 0/0 perpétuel, à condition qu'il rattrape vivement son coupon, qu'il vient de détacher, terminera l'année aux environs de 96, c'est-à-dire au même chiffre que l'année dernière.

Quant au reste de la cote, il en sera de même, à quelques exceptions près comme plusieurs établissements de crédit, ne seraient-ce que le Crédit Foncier ou le Comptoir national d'Escompte, les Chemins de fer étrangers, Espagnols et Portugais surtout (ces derniers n'ont guère chance de remonter au-dessus de leur taux actuel de 70 francs.)

Des valeurs internationales, rien de nouveau à dire, au point de vue où nous nous plaçons. L'Italien qui est vivement soutenu par un syndicat, arrivât il à se maintenir à 91, ce sera encore loin des 100 fr. rêvés il y a six mois et ce ne sera pas cela qui rendra meilleure en réalité la situation financière et économique de l'Italie.

En ce qui concerne l'Espagne et le Portugal, ce n'est pas en quinze jours que les choses s'arrangeront. Et pour ce qui regarde plus particulièrement le Portugal, encore faudra-t-il savoir d'abord si, comme l'affirme le gouvernement, le coupon sera payé.

Timon.

Compagnie des Chemins de fer

DE

PORTO-RICO

Tirage du 1er décembre 1891.

Liste des 189 obligations, série Mayaguez, de 1re hypothèque, sorties au tirage au sort effectué à Madrid :

8	114	381	1233	1791	2456	2919
5587	5863	6042	8968	9459	9732	9765
9787	9902	10111	10134	10146	10248	10281
11347	11474	11879	12238	12457	12495	13368
13872	14155	14179	14509	15532	15573	15816
15986	16491	16975	17016	17436	19091	19207
19852	20272	20983	21145	21279	21331	21752
22478	22909	23041	23161	23182	24568	24675
25609	25935	27073	29289	29627	30088	30304
30382	31305	31349	32446	33119	34006	34106
34359	34473	34526	36177	36688	37387	37953
38471	38630	38915	39315	39888	40276	41193
41577	41950	43008	43344	44295	45615	45663
45957	46388	46940	47534	48496	48844	48883
49540	49673	50132	50348	50566	50869	51132
53465	53706	53768	57096	57209	57504	57581
57582	58699	58714	59143	59417	59471	59476
60535	60721	61010	62425	62566	62652	63334
63370	63773	64277	64707	64714	65421	67353
67541	69081	69894	70427	70913	71119	71331
72179	72544	72948	74698	75293	77135	77567
77605	77838	79931	80321	80411	80715	80933
81229	81444	82459	82727	82898	83171	83297
83337	84492	84789	86394	86707	86751	87593
88060	88069	88397	88655	90273	91060	92218
92382	92543	92885	93590	93622	94213	95634
95693	96439	96764	97011	97234	97822	100814

Remboursement à 500 francs à partir du 1er janvier 1892.

Le secrétaire,

L. Dubost.

HALLES ET MARCHÉS.

Les céréales en terre ont toujours un aspect satisfaisant. Le commerce n'a qu'une activité ordinaire; les cours des céréales sont faibles. Les farines, les huiles de colza et les sucres ont baissé; les alcools sont mieux tenus. Les prix de la viande ont été meilleurs à Paris que la semaine précédente.

Blés. — Les blés commencent à paraître en plus grande quantité sur nos marchés de l'intérieur; la culture continue ses battages. La tendance des cours est très calme et en baisse; voici ceux qui ont été relevés samedi : Cambrai, blé blanc, 25 roux, 24 les 100 kilog.; Arras, blé blanc, 26 à 27; roux, 23 à 26; Douai, 26 à 27; Amiens, 25; Beauvais, 25 50 à 27; Rouen, 21 81; Versailles, 25 à 27 10; Le Mans, 25 50 à 26 50; Laval, 24 50 à 25; Montereau, 25 80 à 27; Chartres, 24 20 à 26 20; Mâcon, 27 à 29; Dijon, 26 50 à 27; Nantes, 25 50 à 25 75; Bordeaux 26 65. — Les importations restent toujours élevées; tant en blé qu'en farine, il est entré dans nos ports, la semaine dernière, 427,9.0 quintaux. Le Havre a reçu 125,000 quintaux de blé; Dunkerque, 43,950. Saint Nazaire, 15,170; Marseille, 212,632. — Le total du blé en mer à destination du continent européen se trouvait être, en dernière date, de 5,222,9.0 hectolitres; en 1890, à cette même époque, il n'était que de 1 92-,500. Pour la France seulement, le flottant s'élève à 2 120,480 hectolitres; dont 6,360 venant des Indes, et le reste de la Californie.

Les apparences de la récolte nouvelle à l'étranger sont favorables en Allemagne, en Belgique et en Hollande; elles s'améliorent en Autriche, en Hongrie et dans la Russie méridionale. Aux Etats-Unis, la situation est moins bonne. L'Australie du Sud a une récolte au-dessous de la moyenne dans la Nouvelle-Zélande, la moisson sera bonne et hâtive. Les prix des blés sur les principaux marchés d'Europe sont en baisse de 25 à 50 centimes par quintal, comme chez nous. A la fin de la semaine dernière, on cotait à Berlin, 28 37 ; à Vienne, 21 52 ; à Budapest 23 91. A Anvers, les affaires étaient calmes, aux cours suivants pour les blés étrangers; on cotait : roux d'hiver certifié, 23 50 à 23 62; non certifié, 22 75; Kurrache blanc 21 75; Calcutta, 22 0 à 22 75; Danube, 22 à 21. A New-York le marché de vendredi dernier a clôturé à 20 50 les 100 kilog. pour roux d'hiver.

Seigles. — Peu d'affaires ; les cours de la culture restent faibles de 20 à 21 50 les 100 kilog. à Paris; en commerce, on cote le disponible et livrable courant du mois, 21 ; janvier-février, 21 à 21 75; autres termes, 22 à 23.

Orges. — Même prix de 15 à 19 les 100 kilog. à Paris.

Avoines. — La demande est toujours calme; l'exportation sur l'Angleterre s'étant ralentie. On cote au marché commercial, disponible et courant du mois, 15 75 à 16 les 100 kilog.; livrable janvier-février, 16 à 16 50; éloigné, 16 75 à 17 75.

Farines de consommation. — La meunerie a baissé ses prix de 1 fr. par sac jeudi dernier. La marque de Corbeil est à 62 les 157 kilog. nets ou 39 49 les 100 kilog. ; les autres marques valent 58 à 64 les 157 kilog. ou 36 94 à 40 76 les 100 kilog.

Farines de commerce. — Les cours sont assez bien tenus quoique les affaires aient peu d'activité. On cote les *douze-marques* disponibles, 58 les 157 kilog. nets; livrable janvier, 58 75 à 59; janvier février, 59 à 59 25; autres termes, 59 75 à 61.

Issues. — Prix faibles comme suit : gros son, 11 à 11 75 les 100 kilog ; deux cases, 13 75 à 11; trois cases, 12 75 à 13 75 ; sons fins, 12 25 à 12 50; recoupettes, 12 25 à 12 50 ; remoulages, 15 à 19.

Graines fourragères. — Les détenteurs maintiennent les cours très élevés. Au dernier marché d'Angers, les graines de trèfle auraient donné lieu à d'assez bonnes transactions ; mais les acheteurs étaient retenus par la hausse. On cote à Paris : trèfle violet nouveau extra, 115 à 130 les 100 kilog.; bonne qualité, 105 à 115; suranné, 85 à 110; luzerne de Provence, 145 à 165; d'Italie, 120 à 125; du Poitou, 1.0 à 120; minette, 5 à 6 ; ray-grass d'Italie, 50 à 55; anglais, 45 à 5 .

Fourrages. — La vente est meilleure à Paris, avec prix bien tenus pour les pailles. On cote : foin, 49 à 56 les 100 bottes au domicile de l'acheteur; luzerne, 49 à 57; paille de blé, 29 à 36; de seigle, 16 à 44; d'avoine, 20 à 27. — Sur les marchés de province, les cours sont tenus comme suit, *aux 520 kilog.* : Nancy, foin, 35 à 40; luzerne et trèfle, 26 à 28; regain, 8 à 29; paille de blé, 28 à 30; d'avoine, 18 à 20; Compiègne, foin, 35 à 40; trèfle, 35; paille, 25 à 30; Bar-sur-Seine, foin 25 à 30; paille, 25 à 28; Montereau, foin, 27 à 28; luzerne, 25 à 26; paille, 24 à 25; Rambouillet, foin et luzerne, 32 à 37; paille, 2 à 25; Versailles, foin, 35 à 40; luzerne, 38 à 40; sainfoin, 40 à 45; regain, 36 à 37; paille de blé, 24 à 32; d'avoine, 16 à 18; Dijon, foin, 35 à 40; paille, 22 à 28; — *au quintal* : Beauvais, foin, 6 50; paille, 5; Orléans, foin, 8 à 9; paille, 4 à 5; Toul, foin, 7; paille, 6; Douai, foin, 8 à 8 50; paille, 4 à 5; Bléré, foin, 6 à 8 50; paille, 4; Châlons-sur-Saône, foin, 8 80; paille, 3 80; Albi, foin, 8; luzerne, 8 50; paille, 3 60; Toulouse, foin, 9 à 10 50; paille, 3 à 3 50.

Huiles. — Après quelques fluctuations, les cours à Paris ont un peu fléchi ; on cotait samedi dernier : huile de colza disponible et livrable décembre, 63 25 les 100 kilog.; janvier, 63 75 à 64; janvier à juin, 65 à 66 75, huile de lin disponible, 50 50; livrable décembre et janvier, 50 25 à 51; autres termes 51 à 52 50. — Sur les marchés des départements les cours ont également faibli. On cote à Rouen : colza, 63 50 à 64; lin, 51 50 à 52 les 100 kilog.; Arras, colza de pays, 74, étranger, 73; pavot à bouche 75, cameline, 60; pavot, 68; — à Lille, colza, 37 l'hectolitre; lin indigène, 49; étranger, 48; colza épuré, 73; à Caen, colza indigène, 60 50 à 61; colza des Indes, 60.

Graines oléagineuses. — La graine de colza vaut 16 à 17 les 101 litres à Caen.

Alcools. — La tendance est ferme à Paris pour les trois-six Nord disponibles à court terme; on cote : disponible, 47 75 l'hectolitre ; livrable décembre, 47 50 à 47 75; janvier, 46 50; quatre premiers mois et quatre de mai, 46 25 à 46 50. — A Lille, l'alcool de betterave vaut 41 75. — A Hambourg, on vend 59 32.

Sucres. — Prix en baisse continue. Samedi dernier on cotait, à la Bourse de Paris : sucres roux 88 degrés, 39 à 39 75 les 100 kilog.; blancs n° 3 disponibles 39 75 à 40 ; livrables janvier, 40 à 40 25 ; quatre premiers mois, 40 25 à 40 50 ; autres époques, 41 25 à 41 50. — Les sucres raffinés ont également fléchi de 50 centimes à 1 fr. sur quelques marques, on vend les sucres en pains 105 50 les 100 kilog. par wagons complets pour la consommation ; pour l'exportation, les prix restent fixés de 45 à 45 50. — A Lille, les sucres roux se vendent de 37 75 à 38 les 100 kilog. ; les blancs, de 39 37 à 39 50 ; les raffinés en pains, 111.

Beurres. — Vente difficile pour les beurres en livres et les petits beurres. On cote à la halle : *beurres en mottes* : fermiers de Gournay extra, 4 70 à 4 80 le kil.; choix, 4 à 4 40; bons, 3 40 à 3 50; ordinaires, 3 à 3 20; d'Isigny, extra, 6 à 7 16; choix, 4 80 à 5 40; bons, 3 90 à 4 ; ordinaires, 3 40 à 3 50; marchands du Gâtinais, 2 90 à 3; d'Isigny, 4 à 4 70; de Bretagne, 2 50 à 2 80; de Vire, 2 60 à 2 80; de Bresse, 2 20 à 2 4 ; laitiers des Charentes, 3 à 3 40; des Alpes, 3 10 à 3 50; divers producteurs, 3 à 3 40; — *beurres en livres* : fermiers, 2 70 à 3 30; Touraine, 2 à 2 90; Gâtinais, 2 40 à 2 80; Vendôme et Beaugency, 2 30 à 2 70; Bourgogne, 2 20 à 2 50; le Mans, 2 40 à 2 70; — *Petits beurres* : 2 10 à 2 99, suivant provenance.

Œufs. — La vente est toujours très ordinaire aux prix suivants : Normandie, 120 à 145 le mille; Picardie extra, 120 à 150; ordinaire, 90 à 115; Touraine extra, 108 à 126 ; ordinaire, 92 à 102; Beauce, 110 à 128; Orne, 88 à 108 ; Bourgogne, 90 à 96; Champagne, 95 à 100 ; Nivernais, 86 à 92 ; Bourbonnais, 86 à 90 ; Bretagne, 85 à 92; Vendée, 86 à 96; Auvergne, 82 à 85; Midi, 88 à 06; Autriche et Allemagne, 65 à 70.

Fromages. — On cote à la halle, *par dizaine* : Brie, fermiers haute marque, 60 à 65; grand moule, 40 à 45; moule moyen, 25 à 30; petit moule, 15 à 20; laitiers, 5 à 15; — *par 100 kilog.* : Gruyère, hors l'octroi, 110 à 170 ; Roquefort, 150 à 210; Hollande, 150 à 160 ; Gérardmer, 80 à 90; Limbourg, 110 à 12 ; Munster, 126 à 130; Romatour, 120 à 130; Cantal, 120 à 130, façon Port Salut, 90 à 130; — par cent : Bourgogne, 75 à 85; Saint-Nectaire, 100 à 110; Camembert, 30 à 50; façon Coulommiers, 30 à 45; Mont d'Or, 30 à 35; Livarot, 50 à 95; Gournay, 8 à 16.

BESTIAUX.

LA VILLETTE, 17 décembre. — Bestiaux. — Vente lente et difficile sur le gros bétail et les veaux, mauvaise sur les porcs, et très active sur les moutons.

COURS officiels.	Amenés.	Vendus.	1re qualité.	2e qualité.	3e qualité.	Prix extrêmes.
Bœufs....	2.341	2.080	1 78	1 44	1 22	1 64 à 1 74
Vaches....	591	519	1 54	1 36	1 14	1 58 1 04
Taureaux.	231	215	1 40	1 31	1 14	1 41 1 06
Veaux....	1.381	1.2.5	2 10	1 90	1 80	2 30 1 30
Moutons...	7.296	6.150	2 02	1 80	1 61	2 10 1 58
Porcs.....	5.283	5.790	1 28	1 24	1 20	1 32 1 14

Marché du lundi 14 décembre.

	Amenés	Vendus	PRIX AU POIDS NET 1re qual.	2e qual.	3e qual.
Bœufs.....	2 512	2.478	1 60	1 45	1 25
Vaches.....	611	612	1 54	1 36	1 14
Taureaux..	221	2 3	1 48	1 34	1 14
Veaux.....	1.0 2	1.039	2 10	2 »	1 90
Moutons....	9 431	8.900	1 96	1 84	1 69
Porcs......	2 427	2.427	1 32	1 30	1 28

	PRIX AU POIDS VIF			
	1re qual.	2e qual.	3e qual.	Prix extrêmes.
Bœufs	» 96	» 85	» 67	» 52 à 1 04
Vaches	» 92	» 71	» 50	» 53 1 »
Taureaux	» 90	» 73	» 58	» 57 » 91
Veaux	1 22	1 05	» 90	» 68 1 30
Moutons	1 01	» 94	» 80	» 69 1 08
Porcs	» 86	» 84	» 78	» 70 1 »
Peaux de moutons en laine				3 50 6 50
Id. id. demi-laine				2 10 3 50

Médaille d'Or. * Exposition Universelle 1889. * Médaille d'Argent.

VACHERIE à céder, Paris, centre. 23 vaches 1er choix, 260 litres lait vendus 50 c. totalité. Installation modèle. Vendeur se retire après 30 ans et grande fortune. Ni cheval ni voiture. Vente boutique. Bénéfices an, 15,000 fr. A traiter avec 25,000 fr. argent ou garanties sérieuses.
S'adresser à MM. LAPORTE et LEFRANC, 93, boulevard Sébastopol, Paris.

Avis aux Eleveurs et Nourrisseurs.

Les cosses et brisures de fèves de la maison Ph. Breuil, de Dijon, d'une pureté absolue et très riches en principes nutritifs, se recommandent pour l'engrais du bétail et la nourriture des chevaux.

GUÉRISON RADICALE DE LA DIARRHÉE DES VEAUX PAR LA POUDRE CHOQUELIN. **1 franc la boite** *franco par la poste.*
Dép g., Ph[ie] HAUVESPRE Courville (Eure-et-Loir)

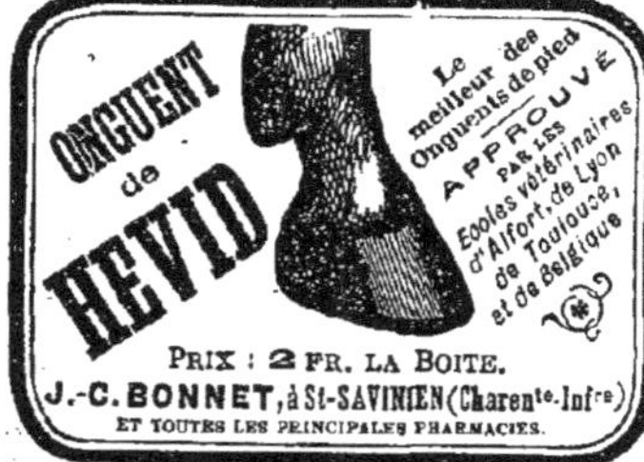

L'Onguent de HEVID, *adopté par le Ministère de la guerre*, est le meilleur préservatif des maladies du pied des espèces chevaline et bovine. Il pénètre admirablement le tube corné, le nourrit, et remet en bon état, en quelques semaines, le sabot le plus sec et le plus cassant. En vente chez les vétérinaires, pharmaciens, selliers et maréchaux-ferrants.

L'Administrateur-Gérant : ALBERT RENOT.

Beauvais. — Imp. D. PERE. - A. CARTIER, Gérant.

Diplôme d'honneur.

Diplôme d'honneur.

PAS DE BONNE SALADE

sans Huile d'Olive de NICE.

de **B. LAPALU**, propriétaire-récoltant, président de Syndicat agricole, à NICE (Alpes-Maritimes). — *Prix spéciaux pour Syndicats.*

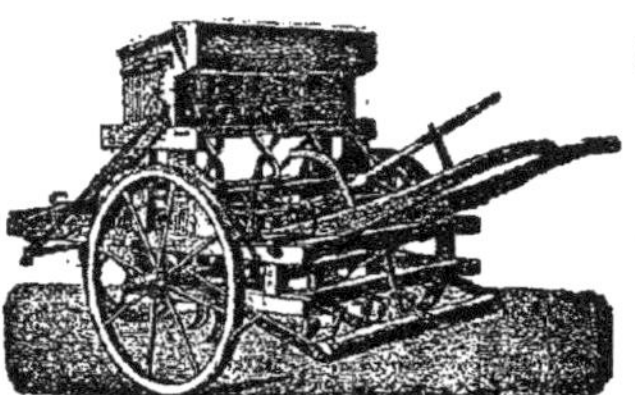

La plus ancienne fabrique de Semoirs français.
Maison **JACQUET-ROBILLARD**, *fondée en 1836.*

J. MARÉCHAL *

constructeur, 4, rue de Turenne, à ARRAS.

Fabrique spéciale de SEMOIRS à socs rigides et à socs articulés.
Médaille d'argent à l'Exposition universelle 1889.
Semoirs à betteraves, engrais et Distributeurs d'engrais.
ENVOI FRANCO DU CATALOGUE.
Près de 400 médailles. — Plus de 6,000 Semoirs livrés.
20 premiers prix en 1889, en 1890.

PHARMACIE SAVARY

AMIENS, 33, Place Saint-Denis, 33, AMIENS
(EN FACE LE SQUARE).

PROVENDE AUX PHOSPHATES ASSIMILABLES
du Docteur DESCHAMPS.

Prix : 3 fr. le kilog.; 27 50 les 10 kilog. (Remises proportionnelles.)

Accroissement rapide des bestiaux, surtout chez les jeunes animaux, force nerveuse, fécondité, engraissement; prévient surtout la diarrhée chez les jeunes veaux. Qualité exceptionnelle du lait.

M. Lefebvre, cultivateur à Marcelcave, a élevé un veau en lui administrant de la Provende phosphatée pendant 60 jours : tué à 70 jours, ce veau pesait 193 kilog., chiffre officiel constaté à l'abattoir. La viande était très blanche, ainsi qu'est prêt à l'attester M. Oheix, boucher à Amiens.

Les attestations émanant des sommités françaises et anglaises les plus accrédités ont été données à M. SAVARY.

35 Prix d'honneur et grands Prix, 260 Médailles or, vermeil, etc. — 4 Médailles d'or à l'Exposition universelle de 1889.

GRANDES CULTURES de GRAINES POTAGÈRES, FOURRAGÈRES et de FLEURS.

Trèfle violet de Bretagne.

E. FORGEOT * * & Cie

Fournisseurs du Ministère de l'Agriculture, des Ecoles nationales, d'Agriculture, des Syndicats agricoles, etc.

PARIS, 6 & 8, quai de la Mégisserie, PARIS.

Blés à grand rendement. — Grande et importante spécialité de Compositions pour Prairies naturelles à base de Graminées et appropriées à la nature de chaque sol. — Graines fourragères diverses et particulièrement Trèfles et Luzernes absolument sans cuscute, Minettes, Vesces, etc.

Notre Maison ne vend que des Graines de provenances sûres; elle accepte le contrôle de la station d'essais de semences (contrôle auquel nous sommes soumis dès sa création).

APPAREILS TRÈS PERFECTIONNÉS POUR ÉPURER ET NETTOYER LES GRAINES.

Sur demande, nous adressons franco nos Catalogues illustrés de Graines potagères, Fleurs, Arbres, Fourrages, Oignons à fleurs, Plantes, etc.

12e Année. — 2e Série. — No 622. Dimanche 27 Décembre 1891.

GAZETTE AGRICOLE

JOURNAL HEBDOMADAIRE, PARAISSANT LE DIMANCHE

Rédacteur en Chef : M. Ch. GOSSIN, Professeur d'Agriculture à l'Institut agricole de Beauvais.

PRIX DE L'ABONNEMENT

UN AN, 5 fr. — SIX MOIS, 3 fr. — TROIS MOIS, 2 fr. 25

Pour l'étranger les abonnements ne sont reçus que pou un an, au prix de 6 francs, et ne partent que du 1er janvier ou du 1er juillet de chaque année.

Le numéro : 10 centimes.

Il est indispensable de joindre à toute demande de changement d'adresse la dernière bande d'adresse du journal et 50 centimes pour frais de nouvelles bandes.

Adresser les *Abonnements* et *Annonces* au secrétaire de la rédaction, **13, quai Voltaire, Paris,** ou à M. GOSSIN, rédacteur en chef et administrateur, à BEAUVAIS.

BUREAUX

13, quai Voltaire, Paris, et à Beauvais.

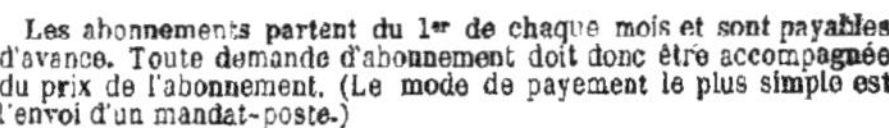

Les abonnements partent du 1er de chaque mois et sont payables d'avance. Toute demande d'abonnement doit donc être accompagnée du prix de l'abonnement. (Le mode de payement le plus simple est l'envoi d'un mandat-poste.)

Donner *très lisiblement*, en s'abonnant, son nom et son adresse exacte, *avec l'indication du bureau de poste*; et, s'il s'agit d'une continuation d'abonnement, joindre au renouvellement la dernière bande d'adresse du journal.

Les Annonces sont reçues chez MM. DUSSERIS et MATHELLON, 97, rue de Rennes, Paris.

La GAZETTE AGRICOLE insère gratuitement les Communications des Syndicats agricoles

SOMMAIRE :

PRIMES A NOS ABONNÉS.

L'ALMANACH FRANÇAIS pour 1892 vient de paraître à la Librairie nationale.

L'administration de la Gazette agricole *met* gratuitement, *comme l'année dernière, cet Almanach à la disposition de ceux de nos abonnés qui manifesteront le désir de le recevoir* et joindront à leur lettre 15 centimes *en timbres-poste pour frais de port.*

PARIS, 25 DÉCEMBRE.

Il faut, dit-on, pour bien comprendre et juger les gens, se mettre à leur place et entrer dans leurs idées. Le conseil est excellent, et pourtant il n'est pas toujours efficace. Ainsi, le Bonhomme Deschamps a beau se mettre à la place des républicains et entrer dans leur esprit pour comprendre la guerre qu'ils font à la religion, il y perd absolument son latin. Et vraiment c'est tout à fait incompréhensible.

*
* *

Voilà en effet des gaillards dont toute la journée est employée à nous ressasser qu'ils aiment le peuple. Il est possible qu'ils l'aiment, puisqu'ils le disent, mais qu'ils le montrent et qu'ils le prouvent, c'est une autre paire de manches. Quand dans une commune on remplace des maîtres et maîtresses d'écoles congréganistes par des instituteurs et des institutrices laïques, contre le gré de la population, qui gêne-t-on? Sont-ce les riches ou les pauvres? Evidemment les pères de famille qui désirent donner à leurs enfants une instruction religieuse et les faire élever comme ils l'ont été eux-mêmes, consultent leur bourse. Ceux qui l'ont bien garnie envoient leurs enfants à la ville entre les mains de maîtres à leur convenance, ceux qui n'ont pas le sou, au contraire, l'école étant obligatoire, sont priés de faire élever leurs enfants contre leurs convictions. Donc, ce sont les petits, les faibles, bref le peuple, qui pâtit d'une législation que les républicains, tout en se disant amis du peuple, ont forgée.

*
* *

De même pour les hôpitaux dont on expulse les religieuses. Qui souffre de cette rigueur? Sont-ce les riches? Pas le moins du monde. Outre que s'ils sont malades ils se font soigner chez eux, ils peuvent, avec de l'argent, faire venir à domicile une religieuse. Le pauvre le peut-il? Evidemment non. Il lui faut, bon gré, mal gré, aller à l'hôpital, où, de l'avis général, les soins des infirmières laïques sont moins attentifs et coûtent davantage. Car toutes ces laïcisations d'écoles et d'hôpitaux ne se font pas sans une charge nouvelle pour le budget de l'Etat. Or l'Etat n'a pas d'argent par lui-même. Ses ressources lui sont fournies par les impôts, et à mesure que les dépenses de l'Etat augmentent, les impôts montent aussi et la charge individuelle de chacun de nous s'accroît. Si vraiment les républicains aimaient avec intelligence le peuple, ils devraient savoir que le peuple ne roule pas sur des millions, qu'il n'a guère que ses bras pour vivre et que tout ce qu'il prélève sur lui au delà de ce qui est strictement nécessaire pour faire marcher la machine de l'Etat, est un vol caractérisé. Mieux encore, ces mêmes républicains qui sont nos maîtres ont décidé de frapper les congrégations d'un impôt dit « droit d'accroissement » lequel au fond, est une pure spoliation. De bonne foi, au temps où nous vivons, les biens des congrégations ne sont-ils pas le patrimoine du pauvre? Ruiner les unes, c'est ruiner l'autre et tarir dans sa source même la charité publique.

*
* *

En quoi, nous vous le demandons, la République serait-elle menacée, si on avait laissé dans les écoles et dans les hôpitaux là où ils étaient, des congréganistes? En quoi encore les républicains auraient-ils nui au régime qu'ils prétendent fonder en France, s'ils avaient laissé les congrégations hospitalières mettre au service des pauvres toutes les ressources qu'elles reçoivent des âmes charitables? Le Bonhomme Deschamps vous le répète, il ne trouve aucune explication naturelle, raisonnable de la conduite du parti républicain à l'égard de la religion et de l'Eglise. Il ne parvient pas à expliquer par des motifs même spéciaux, que dans un temps où la tolérance est dans les mœurs, les républicains ne la mettent pas dans les lois. Aussi est-on forcé d'expliquer cet état d'esprit monstrueux, par une sorte de maladie. Evidemment il y a dans la cervelle des républicains un point malade, leur fanatisme ne pouvant se comprendre que par une sorte de manie ou de folie. Car non-seulement ce qu'ils font contre la religion est directement contraire à toutes les notions modernes d'équité, d'égalité et de liberté de conscience, mais va encore tout droit contre la République. Depuis dix ans, une grande partie des difficultés leur sont venues de leur haine antireligieuse et les événements ne leur sont d'aucun enseignement.

*
* *

Les preuves que l' « anticléricalisme » du parti républicain est vraiment une maladie mentale, une sorte de frénésie, surabondent. Mais nous en avons eu récemment une nouvelle qui mérite d'être relevée. On discutait à la Chambre des députés la loi sur le travail des femmes et des enfants dans les ateliers et manufactures. Il s'agissait de fixer un jour de repos par semaine pour cette population si intéressante. Le dimanche paraissait le jour indiqué. M. Léon Say, qui n'est pas suspect de cléricalisme, puisqu'il est protestant, demandait qu'on mît la chose dans la loi. Comme si ce mot de dimanche avait sur les esprits de la majorité républicaine l'effet du rouge sur le taureau, les protestations s'élevèrent aussitôt et M. Léon Say dû rengaîner sa proposition. Le Bonhomme Deschamps ne vous fera pas l'injure d'insister sur les avantages multiples que présentait la proposition de M. Say. Ils sautent aux yeux. Mais faut-il s'étonner que les mêmes hommes qui sautent en l'air à l'idée qu'on fera apprendre aux enfants le catéchisme, qu'on leur donnera quelques notions de morale, aient considéré comme monstrueux de mettre dans une loi que le dimanche serait le jour où les patrons donneraient congé aux femmes et aux enfants de leurs usines ? Il y a, paraît-il, des catholiques qui croient encore à la possibilité d'humaniser la République et de la rendre chrétienne. Le Bonhomme Deschamps recommande à ces âmes un peu naïves de réfléchir au sort qu'a eu devant *la majorité républicaine* le projet de M. Léon Say. LE BONHOMME DESCHAMPS.

NOUVELLES DE LA SEMAINE.

Ce qui se passe au Tonkin. — Le sous-ministre des colonies vient de recevoir de M. Lanessan, gouverneur général de l'Indo-Chine, la dépêche suivante :

Hanoï, 18 décembre 1891.

Le général Reste me prie de vous câbler qu'une colonne, comprenant deux compagnies d'infanterie de marine, trois compagnies de tirailleurs tonkinois, une section d'artillerie, sous les ordres du lieutenant-colonel *Tourillon*, commandant le premier territoire, s'est emparée, le 18 décembre, après une vive résistance et une ascension des plus pénibles, du principal repaire fortifié des bandes du chef chinois Lung, qui régnait en maître à Dongtrieu.

Ce beau succès va avoir une importance décisive sur la pacification de cette région, la plus troublée du Tonkin ; il est dû à la vigueur des troupes et aux habiles dispositions prises.

Nous voilà loin des « opérations de gendarmerie » qui, suivant M. Ferry, restaient seules à accomplir au Tonkin. C'est une petite bataille que vient de livrer une colonne de force imposante à un chef qui « régnait en maître. » Il a fallu la « vigueur » des troupes engagées pour venir à bout d'une « vive résistance. »

Les Pères Jésuites ayant le mauvais goût de n'être pas plus nombreux aujourd'hui qu'au temps du ministère radical Floquet et de ne donner, par suite, aucune prise sur eux, le gouvernement va prendre sa revanche de ce contretemps en demandant au Sénat de voter une loi contre l'enseignement secondaire libre. Elle n'est pas neuve cette loi dont l'exhumation est annoncée. Elle avait donné lieu à de longs débats devant la Chambre en 1881. Puis elle avait été renvoyée au Sénat, où elle fit l'objet d'un rapport favorable du ministre de la justice d'alors, l'illustre M. Ferrouillat. Ce rapport déposé, on n'y pensa plus, tant les périls qu'il s'agissait de conjurer en armant l'Etat de droits nouveaux étaient graves et pressants! La circonstance que nous sommes à présent dans une période d'apaisement va nous procurer le plaisir de voir remettre la question à l'ordre du jour. Les innovations projetées sont au nombre de deux principales. D'une part, les inspecteurs de l'Etat seraient investis de pouvoirs de surveillance plus étendus sur les collèges libres. Il semblerait pourtant, rien qu'à voir les perquisitions en ce moment opérées, que la surveillance est d'ores et déjà assurée d'une façon suffisante. — D'autre part, on exigerait du personnel enseignant de ces collèges des titres et des diplômes qui ne sont pas actuellement imposés. Aurait-on par hasard constaté que les études ne sont pas assez fortes dans les établissements libres? Ce n'est pas l'avis du célèbre député radical M. Pochon; ce législateur, frappé de la supériorité des élèves de l'enseignement libre dans tous les concours, propose de leur retirer le droit de concourir. N'est-ce pas qu'on est bien venu ensuite à prétendre que les professeurs de cet enseignement ne présentent pas les garanties nécessaires d'aptitude et de savoir?

Le Brésil est en ce moment en pleine révolution. Depuis que l'empereur don Pedro, violemment expulsé de son empire, a quitté ce pays, les libertés sont confisquées. L'auteur de la première révolution, le maréchal da Fonseca, a d'ailleurs été chassé comme il le méritait.

Une révolution nouvelle a éclaté dans la province d'Espiretu-Sancto. Le vice-gouverneur a été déposé. La situation à Bahia est critique, car le gouvernement change fréquemment un officier par un autre et les fonctionnaires civils font souvent de l'opposition.

Le Congrès s'est ouvert sans incident.

L'empereur don Pedro étant mort tout récemment à Paris, on parle de son petit-fils pour la reconstitution de l'empire.

Les obsèques de M. Jules Grévy. — Au mois de septembre dernier, le gouvernement décida, en l'absence des Chambres, que les obsèques de M. Jules Grévy seraient faites par les soins de l'Etat et aux frais du Trésor public. Les services rendus à la République par *l'ancien président et son gendre* méritaient bien cette preuve de reconnaissance nationale. Aujourd'hui, le gouvernement présente la carte à payer et demande un crédit extraordinaire de 40,000 francs pour couvrir une dépense qui ne l'est pas moins. On fait bien les choses à Mont-sous-Vaudrey. Il est probable que l'état des frais des « décorations » funèbres aura été dressé par M. Wilson dont la compétence est incontestable.

C'est égal, on aurait pu faire un meilleur usage de ces 40,000 francs, alors qu'il y a en ce moment tant de pauvres gens qui souffrent du froid et de la faim !

LA RÉCOLTE PROCHAINE

Les nouvelles que l'on reçoit des récoltes en terre sont généralement bonnes. Presque partout en Europe, aussi bien qu'aux Etats-Unis, la semaille des céréales d'hiver s'est faite dans des conditions favorables. Sauf quelques exceptions que nous faisons connaître plus loin, l'ensemble des renseignements recueillis permet de prévoir que la récolte de 1892 ne nous réserve pas de mécomptes semblables à ceux de l'année qui va finir.

En France, presque toutes les nouvelles des semailles sont très satisfaisantes. La température douce et pluvieuse de la dernière semaine a favorisé la levée des dernières céréales semées. Le prix moyen du blé ressort, au 20 novembre, à 25 fr. 80 les 100 kil.; celui du seigle, à 18 fr. 99.

En Allemagne, on est généralement très satisfait des conditions de l'ensemencement et de l'aspect des récoltes. Le blé vaut à Berlin 29 fr. 12 les 100 kil. le seigle, 30 fr.

En Russie, l'ukase qui prohibe l'exportation du blé, complétant l'interdiction de sortir aucune céréale du territoire de l'empire, est entré dimanche en vigueur. Les derniers prix connus oscillent entre 18 et 20 francs l'hectolitre. Les cultivateurs russes, un instant très inquiets de l'état des ensemencements en terre dont une partie notable a pu se faire en ce moment seulement, reprennent courage depuis le relèvement de température survenu récemment. Dans le gouvernement de Bessarabie notamment, les choses se présentent bien pour la prochaine récolte.

En Roumanie, les prévisions sont très défavorables : dans un grand nombre de districts, les ensemencements d'automne ont été détruits par la sécheresse continuelle jointe au froid et à la neige.

Les ensemencements ont été considérablement entravés jusqu'ici en Angleterre par l'excessive humidité ; ils se poursuivent depuis quelques jours avec une grande activité. Les blés indigènes valent 21 fr. 75 et les blés exotiques 24 fr. 50 à 25 fr. les 100 kil.

En Belgique, le cours moyen des blés est d'environ 21 fr. les 100 kil.

La future récolte des Etats-Unis se présente sous un aspect favorable. Les pluies récentes ont été très salutaires aux ensemencements d'automne.

Le stock visible en blés s'élève, sur les côtes de l'Atlantique, à plus de 19 millions d'hectolitres contre 15 environ à pareille époque l'an dernier.

Les marchés américains, Chicago, Saint-Louis, etc., ont reçu dans la dernière semaine 2,790,000 hectolitres au lieu de 1,754,680 pendant la semaine correspondante de 1890.

En Austro-Hongrie, l'aspect des semailles est des plus défavorables, malgré une légère amélioration survenue dans ces dernières semaines. Le temps toujours pluvieux empêche la continuation des travaux des champs.

On constate, par suite, une très grande fermeté sur le marché et une diminution notable dans le chiffre des exportations comparé à celui de la période correspondante de l'an dernier, 525,000 quintaux au lieu d'un million.

Les nouvelles de l'aspect des récoltes en Australie ne sont pas bonnes. Une sécheresse extrême et persistante a agi défavorablement jusqu'ici. De plus, il y a eu une diminution très notable dans les ensemencements, et le déficit sur les années précédentes semble devoir être considérable.

En résumé, la récolte en blés de 1892 se présente généralement bien, et il est à souhaiter que les périodes de basse température dont certaines prédictions nous menacent ne viennent pas détruire les espérances des cultivateurs.

RECONSTITUTION DES VIGNES

(Suite.)

Terres à Viala. — Ce plant est le plus sensible au calcaire ; son adaptation est délicate. Vous savez cependant avec quel succès il a servi à la reconstitution des terres granitiques, à base siliceuse, du Beaujolais.

Il exige, en effet, des terres siliceuses, un peu compactes, saines, assez riches. Dans ces milieux, sa résistance est certaine et sa vigueur très grande, parfois même un peu exagérée, ce qui entraine un peu de coulure. Le tronc des Vialla, dans les milieux qui lui conviennent, est très gros, la maturité des greffes hâtive ; il reprend très bien de bouture ou de greffe-bouture et s'allie facilement au greffage avec tous les greffons français et spécialement avec le Gamay, qui est un peu difficile comme affinité.

Terres à Riparia. — Le Riparia est un porte-greffe merveilleux dans les terrains qui lui conviennent et lorsqu'on ne multiplie que des variétés parfaitement sélectionnées. Il a une grande résistance au phylloxéra, il reprend très bien de bouture et porte des greffes très vigoureuses, très fructifères et à maturité un peu plus précoce qu'à l'état normal. Mais il reste petit de tronc, et donne des résultats inférieurs aux autres porte-greffes, dans les terres pauvres et caillouteuses, siliceuses ou argileuses. Cette différence de grosseur de tronc entre le sujet et le greffon, accusée dans les terrains peu fertiles, surtout pour les variétés peu vigoureuses, est une cause d'affaiblissement à redouter.

D'une façon générale, le Riparia redoute un peu moins les terres crayeuses que le Rupestris et le Vialla, mais il exige des terres riches, meubles, saines, assez profondes. Lorsque le sous-sol est calcaire, mais surmonté d'une épaisseur de sol de 50 à 70 centimètres, il réussit très bien dans ce milieu si le sol présente les qualités de fertilité qui lui sont nécessaires. C'est aussi le porte-greffe à préférer dans les terres rouges, caillouteuses et peu calcaires, lorsque le sol, profond de 50 centimètres au moins, est assez riche, meuble et sain.

Terres à Solonis et Jacquez. — Il est beaucoup de terrains de nature calcaire où le Riparia, le Rupestris et le Vialla succombent de la chlorose, après greffage.

Dans ces milieux, il faut avoir recours au Solonis et au Jacquez. Ces deux plants sont très élastiques au point de vue de l'adaptation. Ils viennent dans des milieux calcaires où ne réussissent pas les autres porte greffes communs, et au-delà desquels la reconstitution est, actuellement du moins, impossible en grande culture. Ce sont pour ainsi dire les *plants-limites*.

Le Solonis et le Jacquez, mis dans des terres qui leur conviennent, sont, je vous l'ai dit, résistants au phylloxéra. Ils ont une grande vigueur et donnent aux greffes une abondante fructification.

Le Solinis a, au point de vue des reprises au greffage et de la précocité dans la maturité, à peu près les mêmes avantages que le Riparia.

M. Ravaz, qui a étudié plus spécialement ce porte-greffe dans les terrains calcaires des Charentes et du Blayais, vous certifierait par des exemples nombreux, qu'il réussit dans les milieux où les autres porte-greffes dépérissent ; il vous dirait aussi le rôle important qu'il joue dans ces natures de sol. Vous possédez d'ailleurs, en Côte-d'Or, beaucoup de belles plantations de Solonis dans des terres assez calcaires.

Le Novo-Mexica ou Wichita, qui a été observé par M. T.-V. Munson dans des calcaires lithographiques ou dans des calcaires crayeux assez durs du Panhandle du Texas, comprend un ensemble de formes variées, parmi lesquelles le Solonis. J'ai vu moi-même ce cépage sur les bords de la Rivière Rouge, dans des sols argilo-calcaires, reposant sur un sous-sol de Cognacs calcaires blancs ; ses racines s'engageaient entre ces roches, et les souches avaient une grosseur de tronc comparable à celle des vignes sauvages les plus vigoureuses.

Le Jacquez possède les mêmes qualités que le Solonis pour les terrains calcaires, et à un degré peut-être plus élevé. Dans les calcaires de groies de Fontenay-le-Comte, c'est le meilleur porte-greffe ; dans beaucoup de terrains de même nature des Charentes, où M. Ravaz l'a conseillé, il en est de même. Dans le midi de la France, le Jacquez se maintient vert et vigoureux, après greffage dans des marnes jaunes où les Riparias se chlorosent et meurent au bout de quatre ans de greffes. En Amérique, les seuls points où je l'ai vu cultivé et vigoureux dans le Texas étaient formés de terres calcaires, noires, mélangées à un assez grand nombre de petits nodules crayeux blancs.

Le Jacquez réussit un peu mieux que le Solonis dans les marnes calcaires compactes. Il faudra donc le mettre dans ces terrains, de préférence au Solonis que l'on choisira cependant toujours quand les terres calcaires où il peut réussir seront caillouteuses ou assez meubles.

Le Jacquez est, en outre, le meilleur porte-greffe pour toutes les argiles compactes, grises, bleuâtres, noirâtres, pauvres ou riches, comme il en existe un grand nombre dans les Arrières-Côtes.

La fructification des greffes sur Jacquez est, à cause surtout de la grande vigueur qu'elles ont dans le Nord et du peu de coulure qui en résulte, un peu inférieure à celle du Riparia ; il en est de même pour la maturité, qui est un peu retardée.

Mais ce ne sont pas là des défauts aussi accusés que ce qu'on l'a dit parfois, et le retard dans la maturité ou la faible diminution de fructification ne se constatent à peu près pas si on compare les greffes sur Jacquez aux vignes françaises directes.

(A suivre). PIERRE VIALA.

Nouvelles agricoles.

L'industrie fromagère dans le Jura. — M. A. Gobin, directeur de l'Ecole de fromagerie de Poligny, a publié, dans le *Bulletin* du Ministère de l'Agriculture, une intéressante note sur la production fromagère dans le département du Jura, où l'existence des fruitières associées remonte à plus de deux siècles et demi.

On fabrique en France, dans les fruitières ou fromageries par association, environ 15 millions de kilogrammes de fromages façon *gruyère* valant 18 millions de francs. Ce sont les départements limitrophes de la Suisse, surtout, qui ont adopté cette industrie pastorale dont l'importance économique tend à s'accroître beaucoup. Le Jura et le Doubs tiennent la tête, puis viennent l'Ain et les deux départements de la Savoie.

D'après les tableaux statistiques dressés par M. Gobin, en 1890, les fruitières du Jura ont produit 6,214,173 kil. de fromages qui, vendus au prix moyen très rémunérateur de 130 fr. 14 les 100 kil., représentent une valeur totale de 8,361,280 fr. 82 c.

A côté du gruyère, les fromages de Septmoncel, de Boites et Chevrets figurent dans ce total pour des quantités peu importantes. Le nombre des fruitières recencées en 1890 a été de 519, en diminution sur le chiffre de l'année précédente qui était de 548; le nombre de vaches en fruitières s'est élevé à 54,107.

Chaque vache en fruitière a donné, en moyenne, 114 kil. 900 gr. de fromage valant 154 fr. 09 et 13 kil. 500 gr. de beurre valant 29 fr. 70, ce qui fait ressortir un produit total de 183 fr. 79 par vache.

L'année 1890 a été très fructueuse en raison de l'abondance des fourrages et des cours élevés des fromages ; aussi l'industrie fromagère est en voie de progrès ; quelques fromageries industrielles se sont fondées et les fruitières réalisent peu à peu les améliorations d'installation qui leur ont été conseillées depuis longtemps.

La meunerie américaine. — Voici un tableau publié par le *Bulletin des Halles*, qui démontre bien la puissance d'outillage de la meunerie aux Etats-Unis, en faisant connaître le nombre de barils de farine qui peut être produit par jour dans les principaux centres de fabrication :

VILLES	Nombre de moulins	Capacité de travail, par jour	Travail du 10 au 17 octobre 91
Indianopolis..	6	3.315 barils	10.855 barils
Evansville...	8	2.115 —	7.955 —
Minneapolis..	22	40.000 —	196.600 —
Saint-Louis..	17	16.280 —	76.200 —
Milwankee...	7	9.500 —	53.700 —
Duluth......	2	3.500 —	17.371 —
Total.....	62	74.710 —	362.681 —
ETATS			
Minnesota....	11	7.350 —	31.416 —
Wisconsin....	3	2.300 —	11.097 —
Dakota......	2	8.0 —	4.609 —
Total.....	78	85.160 barils	409.983 barils

Ainsi, dans les six villes ci-dessus désignées, il existe 62 moulins qui peuvent travailler 74 710 barils ou 65,744 quintaux de farine par jour. Dans ces six villes seulement, la fabrication effective pendant la semaine du 10 au 17 octobre, s'est élevée à 362,681 barils, soit 319,160 quintaux, dont 196,200 barils, ou 172,656 quintaux, pour Minneapolis seule.

Production de l'alcool en France. — Le ministère des finances vient de faire dresser des tableaux très détaillés et très précis sur la production annuelle de l'alcool en France, les quantités fabriquées à l'aide de diverses substances mises habituellement en œuvre, les quantités importées de l'étranger ou exportées à l'étranger.

La quantité d'alcool produite en 1890, en France, s'est élevée à 2.214.527 hectolitres. Il y a 3.576 distillateurs ou bouilleurs de profession qui ont fabriqué sur la quantité indiquée ci-dessus 1.171.290 hectolitres. La production des bouilleurs de cru, c'est-à-dire la fabrication directe du cultivateur pour sa consommation personnelle est évaluée, en effet, seulement à 43.237 hectolitres. Sur les 3.576 distillateurs ou bouilleurs de profession, 515 ont mis en œuvre des substances farineuses.

45 des pommes de terre.
416 des mélasses et des betteraves.
1 des glucoses.
1.017 des vins.
280 des cidres et poirés.
1.037 des marcs et des lies.
202 des fruits.
63 des substances diverses.

Malgré le nombre considérable des distillateurs, la fabrication proprement dite se trouve concentrée dans 250 établissements environ, parmi lesquels 190 n'ont même qu'une importance restreinte. De ces 250 distilleries, 53 ont à elles seules produit, en 1890, un million et *demi d'hectolitres d'alcool.*

Un dernier détail qui n'est pas moins intéressant à connaître au point de vue hygiénique.

Voici comment se répartissent les quantités d'alcool fabriquées en 1890, par nature de substancee employées :

Alcools.	
Betteraves	800.982
Mélasses	683.573
Substances farineuses	645.255
Vins	39.799
Marcs	34.374
Cidres	4.803
Fruits	1.160
Substances diverses	6.581

On voit par ces statistiques à quel faible chiffre est restreinte la fabrication d'alcools de vins.

CONSEILS A LA FERMIÈRE

PUNCH.

Allons les ménagères, mettez-vous en dépense ! Faites un beau punch flamblant vendredi à la veillée, et lorsque le premier coup de minuit sonnera, que les verres se choquent et que l'on salue gaiement la nouvelle année ! Le punch fait de la manière que je vais vous indiquer n'est pas chose coûteuse : On met dans une casserole deux parties de rhum et une partie de bon esprit de vin, plus deux ou trois morceaux de sucre par personne (il faut avoir soin *de frotter le sucre sur la peau d'un citron.* Cela fait, on chauffe doucement le liquide et lorsqu'il est tiède, on l'enflamme. Quand il a cessé de flamber, on en verse plus ou moins dans les verres que l'on achève de remplir avec de l'eau bouillante ; enfin on met dans chaque verre un rond de citron. Sur ce, je vous souhaite une bonne année. UNE MÉNAGÈRE.

CONSEILS DU VÉTÉRINAIRE

CHANCRE DES OREILLES.

Cette maladie est particulière aux chiens ; elle affecte surtout les chiens à oreilles pendantes : braques, épagneuls, griffons, etc.

Les morsures, les piqûres des haies et des buissons en sont la cause la plus ordinaire.

Le chancre se manifeste, d'abord, par une démangeaison de la pointe de l'oreille; l'animal secoue la tête à tout instant. Bientôt, on voit apparaître une petite plaie, mais qui tend à s'élargir et ne tarde pas à se transformer en une véritable ulcération, que les animaux aggravent en se grattant l'oreille avec la patte ou en secouant la tête.

Traitement. — Immobiliser l'oreille ou les oreilles malades à l'aide d'un filet ou *béguin*, que l'on trouve facilement dans le commerce. Empêcher, autant que possible, les animaux de se gratter et appliquer, deux fois par jour, sur la partie malade, à l'aide d'un pinceau, la préparation suivante :

Bioxyde de mercure..... 1 gr.
Collodion riciné......... 30 —

UN VIEUX VÉTÉRINAIRE.

CONSEILS DU JUGE DE PAIX.

AFFICHES. — AUTORITÉ MUNICIPALE.

N'est-ce pas honteux de voir tout ce qu'on ose afficher sur nos murs ; voici que les colleurs d'affiches, avec des images que le plus souvent ne sont pas à mettre sous les yeux de la jeunesse, s'en viennent jusque dans nos campagnes, couvrir nos édifices et nos maisons de leurs papiers de toutes les couleurs ; est-ce que notre maire ne devrait pas veiller un peu à celà ?

Que veux-tu qu'il fasse ; autrefois, quand il y avait de bonnes lois, cela eût été possible ; mais aujourd'hui, même les mieux intentionnés, sont impuissants ; on s'est amusé à détruire, à livrer, à mettre en poussière tout ce qui pouvait protéger le bon ordre et la moralité publique.

Mais enfin, le maire a toujours la police, et s'il prenait un arrêté pour interdire tout affichage sur les édifices et leurs dépendances appartenant à la ville, ne serait-il pas dans son droit, et qui est-ce qui pourrait le blâmer ?

Il lui arriverait ce qui est arrivé à un excellent maire de nos amis ; la cour de cassassion acquitterait les contrevenants à l'arrêté et décréterait qu'il ne peut avoir aucune sanction pénale.

Est-ce possible?

Parfaitement, la loi sur la presse du 29 juillet 1881, qui est la cause de bien des désordres et qui favorise les écrits les plus immoraux, a abrogé le droit de réglementation de l'affichage par l'autorité municipale, et a décidé qu'aucune mesure préventive de nature à restreindre la liberté de l'affichage ne peut être prise par les maires sous forme d'arrêtés ou de règlements.

Alors, il faut tout tolérer et laisser les murs de nos mairies, de nos églises, servir à l'exhibition des annonces les plus malpropres.

Non, le maire peut encore agir ; s'il ne peut prendre des arrêtés concernant ce point, il peut comme tout particulier faire arracher les affiches et faire condamner à des dommages-intérêts ceux qui détériorent les murs ; il agit alors, non pas par règlement de police, mais au même titre qu'un propriétaire ordinaire, qui a le droit de défendre qu'on se serve de sa propriété pour un usage privé.

UN VIEUX JUGE DE PAIX.

RECETTES DE LA CUISINIÈRE.

CERVELLES FRITES.

Vos cervelles étant cuites, coupez-les en six morceaux que vous mettez dans un vase avec du sel, poivre et vinaigre; au moment de servir égouttez-les, passez-les dans la pâte à frire et mettez-les dans la friture qui ne doit pas être trop chaude, servez avec du persil frit autour.

VICTOIRE.

VARIÉTÉS.

La pêche aux harengs.

Harengs frais ! harengs frais ! v'là l's harengs frais ! qu'est-ce qu'en veut ? On n'entend que ce cri dans nos rues.

Le hareng est l'un des poissons pour lequel les pauvres gens ont incontestablement le plus de sympathie. C'est le merlan du pauvre, et beaucoup de riches ne dédaignent pas de le voir figurer sur leur table, sous les divers aspects que la cuisine moderne lui permet de prendre.

Souvent, en voyant dans les rues les vendeurs au panier et ceux qui trainent après eux des charrettes débordantes de poissons, on se demande d'où peut venir cette énorme quantité de harengs, et il n'est pas sans intérêt de parler de cette pêche qui, cette année, semble devoir être miraculeuse.

La pêche du hareng bat en ce moment son plein, sur les côtes du Nord et de la Manche et sur le littoral belge. Elle commence vers la fin d'octobre pour durer jusqu'à la fin de novembre.

Pendant quarante jours, c'est en mer un défilé continu, de l'est vers l'ouest, d'immenses multitudes de harengs, naviguant en colonnes de largeur variable et d'une profondeur de plusieurs mètres. Ils nagent si serrés les uns contre les autres que là où passe un corps d'armée de harengs, le mot prêté à « un de Marseille » est vrai : Il y a plus de poissons que d'eau.

La grande habileté des pêcheurs est de découvrir les passages et de se trouver à temps pour établir leurs filets quand la grande masse défile. Les oiseaux chasseurs de mer, les mouettes, les aigles de mer — il y a même une espèce spéciale qui s'appelle « arend haring — les cormorans, les frégates, les courlis, sont de précieux indicateurs pour les pêcheurs, parce qu'ils accompagnent les bancs et trouvent nourriture abondante en plongeant sur les harengs qui s'aventurent trop à la surface.

C'est avec le filet « dérivant » que nos pêcheurs capturent les harengs. Ce genre de filet forme une véritable barrière suspendue perpendiculairement dans la mer, s'étendant sur une longueur de deux à trois kilomètres; les harengs, dont la tête est effilée, s'engagent dans les mailles du filet dont l'ouverture est calculée d'après leurs dimensions et y restent pris.

Ce barrage artificiel est composé de plusieurs filets distincts ayant chacun une trentaine de mètres de long sur dix mètres de profondeur, noués les uns aux autres et attachés par le haut à une forte corde maintenue à la surface de l'eau par des barillets flottants.

Cette pêche diffère essentiellement de la pêche ordinaire et est des plus curieuses à observer.

Suivre en amateur la pêche au hareng est une partie de plaisir fort curieuse. Arrivés à proximité d'un banc, les pêcheurs amènent leurs voiles et procèdent à la mise de leurs immenses filets.

Ceux-ci disposés, la pêche commence. Bientôt, quelques éclairs fugitifs scintillent sur les vagues vert d'émeraude ; puis, c'est un fourmillement de poissons dont nulle description ne peut donner une idée.

Les harengs vont, viennent, virent, se croisent, livrent de véritables assauts au filet et finissent par s'engager dans les nappes traîtresses qui s'alourdissent peu à peu sous le poids des captifs. Quand les pêcheurs jugent leur prise assez abondante, ils procèdent à la très difficile et très longue opération du levage du lourd filet et du démaillage des poissons, qui sont jetés à fond de cale.

Il n'est pas rare de voir à Boulogne et à Dunkerque ou dans les ports belges d'Ostende, Nieuport et Blankenberghe rentrer, en cette saison, des chaloupes ayant à bord vingt mille harengs frais.

La pêche réussit beaucoup cette année, car les harengs sont des plus abondants. Le marché de Dunkerque en est des plus fournis, et les habitants peuvent acheter trois harengs pour deux sous!

Dans les ports belges, le prix en est moindre. Quelquefois le marché est si fourni — à Nieuport surtout — qu'on ne sait trouver le débit du poisson ; les fermiers en nourrissent alors leur bétail.

En pleine saison, le hareng frais coûte à Furnes, à Dixmude, à Ypres, deux centimes la pièce ou cinq centimes les trois. Sur ce prix, le pêcheur touche à peine un demi-centime par poisson apporté.

La quantité de harengs capturés par les pêcheurs belges s'élève au moins, par an, à dix millions de kilogrammes. L'exportation seule de Belgique vers la France est de plusieurs millions de kilogrammes.

En Hollande, la pêche se pratique également sur une grande échelle, et les ports où arrivent le plus grand nombre de harengs sont Amsterdam, Scheveningue et Ymeuden. Maison mange là bas relativement peu de harengs frais.

Il existe dans ces ports des établissements considérables où l'on prépare les harengs de toutes manières, à la daube, salés et où l'on fume le hareng pour en faire le hareng-saur dont la senteur forte « parfume » souvent la petite cuisine des modestes ménages.

PETITE POSTE.

M. H... (Ardennes). — *Ouvrage sur le houblon.* — *La culture du houblon* par E. Jourdeuil, chez Ch. Delagrave, éditeur, 78, rue des Écoles, Paris. — Prix : 2 à 3 fr.

M. L.., à M... — 1° *Tourteaux.* — Voici la composition moyenne de quelques tourteaux alimentaires :

	Azote p. 100	Acide phosphorique p. 100	Potasse p. 100
Arachides brutes.......	5.37	0.59	»
— décostiquées	7.51	1.33	1.50
Cameline............ ..	4.93	1.87	»
Chanvre	4.91	1.90	»
Colza..................	4.90	2.83	1.36
Coprah.................	3.50	1.12	2.54
Coton brut.............	3.90	1.21	1.65
— décostiqué........	6.55	3.05	1.58
Lin....................	5.04	2.15	1.29
Palmiste...............	2.40	1.20	0.55

Le tourteau de coton décostiqué est très estimé dans l'alimentation des vaches laitières. Il est d'autant plus avantageux qu'il est d'un prix peu élevé. Il est actuellement coté chez MM. P. Marchand frères, à Dunkerque (Nord), 13 fr. 50 les 100 kil. franco à toutes les gares du Nord, par wagon complet de 5,000 kil. Il ne donne pas de mauvais goût au lait.

2° Non; les grains ou les racines ne perdent à la cuisson aucun de leurs éléments; ils deviennent au contraire plus assimilables et par conséquent plus nourrissants.

M. H..., à Compiègne (Oise). — *Publicité.* — Dans la région du Nord, nous vous signalons le journal de l'*Agriculture du Nord*, à Cambrai (Nord).

M. L.. (Alsace-Lorraine). — 1° *Vignes.* — Votre question est trop complexe pour qu'on puisse y répondre en quelques lignes. Nous publierons sur ce sujet un article spécial. Nous pensons que dans votre pays le système avec échalats est préférable.

2° *Régisseur.* — Mettez vous en rapport direct avec M. Bazin jeune, à Laon. Nous ne savons rien à cet égard.

La maison D., à Bavey, est une des plus honorables. Vous feriez bien d'aller vous-même à Bavay voir par vous-même ce qu'il y a lieu de faire. Bavay se trouve dans l'arrondissement de Valenciennes, à une heure de Valenciennes en chemin de fer. Il faut y aller par Lonwy, Montmédy, Hirson, Valenciennes.

OFFRES & DEMANDES.

Pour répondre au désir qui nous est exprimé, nous offrons à nos abonnés, sous cette rubrique, deux annonces gratuites pour les offres et demandes d'emplois, produits ou animaux à vendre ou à acheter, etc.

Les annonces qui suivront jouiront d'une réduction de 50 pour 100 sur les tarifs ordinaires.

Les demandes d'insertions devront être envoyées à l'administration, qui se chargera de les rédiger.

Ne pas négliger d'envoyer tous les renseignements nécessaires (joindre 2 timbres de 0 fr. 15).

Maison très sérieuse offre opération agricole fructueuse aux régisseurs et gérants de cultures.

S'adresser au bureau du Journal, aux initiales A. D. B. — N° 943-12.

Guide pratique pour la culture du pommier et la fabrication du cidre. — 5 médailles. — 8e édition. — Prix, 2 fr. 50.

Chez l'auteur, M. Brassart, à Fléchin (Pas-de-Calais). — N° 948-7.

Un ménage de cultivateurs, 38 ans, venant de terminer un bail, demande place de régisseur ou de contre-maître dans une ferme ou château.

La femme est bonne cuisinière.

Le ménage fournira de bonnes références.

S'adresser à M. Faupel (Pierre), à Chantoiseau, commune de Beaumont-les-Nonains, par Auneuil (Oise). — N° 952-6.

On offre à nos abonnés à titre de primes :

1° 25 acacias tiges pour le prix de..	1 fr.	50
2° 25 pins noirs d'Autriche ou autres pour parcs, de 1 mètre de hauteur.	2	50
3° 25 arbres feuillus de haute tige (frênes, érables, ormes, etc.)......	2	50
4° 5 variétés de pommes de terre en collection, de 1 kil. par espèce....	»	75

Le tout mis en gare de Saint-Hilaire-Fontaine (Nièvre).

S'adresser à M. François Caquet, ancien élève de l'École nationale forestière, maire à Saint-Hilaire-Fontaine (Nièvre). — N° 955-4.

On demande, pour une grande exploitation des environs de Beauvais, un bon premier charretier. — Gages, 40 fr. par mois pendant l'hiver ; 45 fr. en été.

S'adresser au bureau du Journal. — N° 956-3.

On demande, pour diriger la ferme de Monceau-le-Wast, un ménage très au courant.

S'adresser à M. Bazin jeune, à Laon.

N° 957-3.

Mathématiques et Comptabilité agricoles à l'usage de l'Enseignement et de l'Agriculture, 2e édition. — Prix, 5 fr., à la librairie agricole, 26, rue Jacob, Paris.

On désire acquérir une propriété d'agrément, distance une heure de Paris en voiture, ou demi heure chemin de fer, entre Versailles, rive gauche, et la Marne, contenance 5 hectares, 8 chambres de maîtres au moins. Prix, environ 75,000 francs. Renseignements, M. Grasset, 4, avenue de Villars, Paris.

Un ancien cultivateur, actif et sérieux, demande représentation pour une maison d'engrais.

S'adresser au bureau du *Journal de l'Oise*, à Beauvais.

Un cultivateur veuf, 51 ans, honorable, désire place de régisseur, de contre-maître de culture ou de garde d'une grande propriété.

Bonnes références.

S'adresser au bureau du Journal. — N° 958-2-1.

Etude de **Me DELAVENNE**, notaire à Noyers-St-Martin, par Froissy (Oise).

A LOUER, à l'amiable, la belle

FERME DE GRANDMESNIL

commune de Campremy, contenant 180 hectares, marché de terre adjacent, en excellent état de culture et d'engrais, chemins de fer, fabriques de sucre, chasse giboyeuse.

S'adresser à Me Delavenne, notaire.

Banque Internationale de Paris.

Société Anonyme au capital de 25,000,000 de francs.

Le conseil d'administration de la Banque Internationale de Paris a décidé le paiement d'une somme de *francs 12 50* par action à titre d'exemple sur le dividende de l'exercice *1891*.

Ce paiement s'effectuera à partir du *2 janvier* prochain, contre remise du coupon *n° 5* et sous déduction des impôts résultant des lois de finances, soit à raison de :

Francs 11 24 net pour les actions au porteur, et de :

Francs 12 » net pour les actions nominatives :

A Paris, au siège social, rue Saint-Georges, nos 3 et 5 ; et au change du jour sur Paris ;

A Bruxelles et à *Genève*, aux succursales de la Banque de Paris et des Pays-Bas ;

A Londres, à l'Impérial Bank Limited.

ENCYCLOPÉDIE VIVANTE

Le Renseignement universel répond à toute question et produit tout travail scientifique, technique, littéraire ou juridique qui lui est demandé.

Directeur : A. RÉMOND, ancien élève de l'École Polytechnique, 28, rue Bonaparte, Paris.

MÉDAILLE D'ARGENT

Exposition du Travail (PARIS, 1891).

Vente, Achat, Echange

DE

MAISONS DE RAPPORT

sises à Paris :

Hotels, Terrains, Domaines, Châteaux, Fermes, Propriétés d'agrément.

GÉRANCE D'IMMEUBLES.

S'adr. à M. BIDAULT, 15, r. de Maubeuge, Paris.

CHEMIN DE FER DU NORD

Hiver 1891-1892.

SERVICES DIRECTS

ENTRE

PARIS & BRUXELLES

Trajet en 5 heures.

Départs de Paris à 8 h. 15 du matin, midi 40, 3 h. 50, 6 h. 20 et 11 h. du soir.

Départs de Bruxelles à 7 h. 30 et 9 h. 14 du matin, 1 h. 15, 6 h. 20 du soir et minuit.

Wagon-salon et wagon-restaurant aux trains partant de Paris à 6 h. 20 du soir, et de Bruxelles à 7 h 30 du matin.

Wagon-restaurant aux trains partant de Paris à 8 h. 15 du matin, et de Bruxelles à 6 h. 20 du soir.

SERVICES DIRECTS

ENTRE

PARIS ET LA HOLLANDE

Trajet en 10 h. 1/2.

Départs de Paris à 8 h. 15 du matin, midi 40 et 11 h. du soir.

Départs d'Amsterdam à 7 h. 43 du matin, midi 55 et 5 h. 56 du soir.

Départs d'Utrecht à 8 h. 16 du matin, 1 h. 37 et 6 h. 37 du soir.

TABLE
DES
PRINCIPALES MATIÈRES AGRICOLES
parues dans l'année 1891.

HALLES ET MARCHÉS

La température devenue rapidement froide est favorable à l'assainissement des terres; mais on redoute une gelée trop forte sans neige. Les prix des céréales restent faibles. Les farines et les huiles de colza ont eu un mouvement de hausse à la fin de la semaine, les sucres et les alcools ont baissé. La viande et la volaille se vendent bien.

Blés. — C'est toujours le calme qui domine sur nos marchés. Les offres ne sont que très ordinaires, et la demande reste limitée, d'autant plus que la qualité laisse à désirer en général. Voici les cours relevés samedi sur quelques-unes de nos principales places : Cambrai, blé blanc, 25 à 28 les 100 kilog.; roux, 24 à 25; Arras, blé blanc, 25 à 26 50; roux, 23 à 23 5 ; Amiens, 25 35; Douai, 25 à 26 50; Beauvais, 26 50 à 27; Chartres, 24 15 à 26 25; Etampes, 24 15 à 27 10; Rouen, 25 15; Versailles, 25 à 27 50; Le Mans, 26 à 26 50; Laval, 24 à 25; Dijon, 21 à 26; Montereau, 25 à 27 50; Lyon, 26 50 à 26 75; Nantes, 25 à 25 50; Bordeaux, 26 90. — Au marché commercial de Paris, la tendance est un peu plus ferme; samedi, on payait le disponible et livrable courant du mois, 26 50 à 26 75; le livrable janvier et février, 27 à 27 25; les autres époques, 27 50 à 28 25. — Les importations suivent toujours le même courant; Marseille a reçu la semaine dernière 112,000 quintaux de blés; Bordeaux, 23,000; Le Havre, 46,000 et Dunkerque, 120,000 Les prix se maintiennent fermement comme suit dans nos ports de la Manche et à Rouen : Californie disponible, 23 75; Saint-Louis, 23 50; roux d'hiver, 23 25 à 23 50; le livrable vaut : Californie, 24 25 à 24 50; Saint-Louis, 24 à 24 50; roux d'hiver, 24 25. La quantité de blé en mer à destination de la France est plus élevée que la semaine précédente; elle s'élève à 2,170,070 hectolitres venant de Californie.

Seigles. — Peu de changements dans les prix. Au marché commercial de Paris, on cote disponible et courant du mois, 21 les 100 kilog.; janvier-février, 21 25 à 21 75; autres époques, 22 à 23.

Orges. — Prix plus faibles; on paie 5 à 10 les 100 kilog. à Paris, les orges d'Auvergne se vendent jusqu'à 21.

Avoines. — La demande pour l'Angleterre n'a plus grande importance; les cours restent faibles à la halle, de 15 à 17 les 100 kilog. suivant provenance, couleur et qualité; au marché commercial, les prix sont mieux tenus; le disponible vaut 15 75 à 16 les 100 kilog.; le livrable, 16 25 à 16 75.

Farines de consommation. — Tendance faible et cours sans changements. La marque de Corbeil est à 62 les 157 kilog.

Farines de commerce. — Les farines *douze-marques* ont baissé au commencement de la semaine dernière; mais les prix sont plus fermes depuis jeudi. Au marché de samedi, on cotait en disponible et livrable décembre, 58 75 les 157 kil. nets; livrable janvier et février, 59 à 59 25; autres termes, 59 75 à 60.

Farines de seigle. — Affaires régulières aux prix suivants : fleur extra, 30 à 30 50 les 100 kil.; première, 28 à 29 50; ordinaire, 27 à 27 50; marque de Corbeil, 31.

Farines petites premières et bises. — On cote : petites premières choix, 34 à 35 les 100 kilog.; ordinaires, 32 à 33; farines deuxièmes, 30 à 32; troisièmes, 26 à 29; quatrièmes, 21 à 25; premier passage, 18 à 20.

Fourrages. — Les pailles de blé sont en hausse. On vend au marché de La Chapelle, à Paris : foin, 49 à 56 les 100 bottes de 5 kilog. au domicile de l'acheteur; luzerne, 50 à 57; paille de blé, 28 à 31; de seigle, 35 à 42; d'avoine, 19 à 26.

Graines fourragères — Voici les cours sur les marchés des départements : Nancy, trèfle, 105 à 210 les 100 kilog.; minette, 50; sainfoin, 22 à 23; Langres, sainfoin, 25; Orléans, trèfle violet, 100 à 125; luzerne, 90 à 1'3; sainfoin, 23 à 24; Poitiers, trèfle, 105 à 115; luzerne, 100 à 115; Marans, trèfle, 110; luzerne, 100; Toulouse, trèfle, 105 à 110; luzerne, 90 à 100 Voiron, trèfle, 110 à 115; luzerne, 115 à 130; sainfoin, 24 à 25; Agen, trèfle et luzerne, 110; Nîmes, trèfle et luzerne, 115; sainfoin, 30; Arles, 110 à 118.

Légumes secs. — Les achats sont très actifs à Noyon, aux prix de 23 à 27 l'hectolitre pour les haricots lingots, et de 26 à 28 pour les flageolets. — A Paris, la vente est meilleure. On cote : haricots flageolets chevriers, 70 à 75 l'hectolitre et demi; suisses blancs, 40 à 42; Chartres, 42 à 44; Liancourt, 45 à 47; Soissons, 58 à 60; plats du Midi, 30 à 35 les 100 kilog.; suisses rouges, 27 50 à 28; cocos roses, 29 50 à 30; nains, 23 50 à 26; lentilles, 52 à 72; pois ronds, 41 à 48.

Huiles de graines. — Les prix en baisse sensible se sont relevés à la fin de la samaine à Paris; voici le cours de samedi : huile de colza disponible, 63 25 les 100 kilog.; livrable, 63 75 à 66 25; huile de lin disponible, 50 à 50 50; livrable, 50 50 à 52 50. — Sur les marchés des départements, les cours ont été en baisse, avec peu d'affaires, comme suit : Rouen, colza, 63; lin, 51 les 100 kil.;

— Arras, œillette surfine, 91; pavot à bouche, 71; colza de pays, 70; étranger, 68; cameline, 58; pavot, 57; — Lille, colza, 67 l'hectolitre; lin, 48 à 49; Caen, colza, 59 60 à 61.

Graines oléagineuses. — La graine de colza vaut 32 à 31 50 les 100 kilog. à Paris; celle de lin, 29 à 31; celle de chanvre de Bretagne, 31. A Caen, on vend la graine de colza, 16 à 17 les 101 litres.

Engrais. — Le marché s'est raffermi pour le nitrate de soude, qui était en légère baisse par suite des arrivages nombreux de la première quinzaine de décembre; on vend en disponible, 21 70 les 100 kilog. à Dunkerque et à Anvers; 23 50 à Bordeaux; 24 à La Rochelle et 25 a Marseille. — Le sulfate d'ammoniaque a des cours faibles sans variations; le français vaut à Paris, 28 50 les 100 kilog; l'anglais, 26 25 à 26 50 à Dunkerque. — Les superphosphates restent également calmes aux cours moyens de 0 45 à 0 46 l'unité d'acide phosphorique soluble dans le citrate, à Paris; 0 40 à 0 41 dans le Nord; 0 52 dans nos ports du sud-ouest, le soluble dans l'eau vaut 4 à 5 centimes de plus par unité. — Les phosphates ne changent pas de prix ainsi que les matières organiques. — Les engrais potassiques se vendent : nitrate de potasse, 44 50 les 100 kilog. dans le nord; 45 à Bordeaux; 46 à Marseille; chlorure de potassium, 26 50; sulfate de potasse, 22; kaïnite, 5 25 à Dunkerque; 5 50 au Havre.

Beurres. — La vente est active à Paris, et les prix fermes comme suit à la halle : *beurres en mottes* : fermiers de Gournay extra, 5 à 5 14 le kil.; choix, 4 20 à 4 80; bons, 3 40 à 3 80; ordinaires, 2 80 à 3 20; d'Isigny, extra, 6 à 7 80; choix, 4 20 à 5; bons, 3 70 à 4 10; ordinaires, 3 40 à 3 60; marchands du Gâtinais, 2 80 à 2 90; d'Isigny, 3 20 à 4 50; de Bretagne, 2 60 à 2 80; de Vire, 2 60 à 2 90; de Bresse, 2 20 à 2 40; laitiers des Charentes, 3 à 3 50; des Alpes, 3 10 à 3 60; divers producteurs, 3 à 3 40; — *beurres en livres* : fermiers, 2 80 à 3 40; Touraine, 2 90 à 3 20; Gâtinais, 2 40 à 2 80; Vendôme et Beaugency, 2 70 à 3 10; Bourgogne, 2 70 à 3; le Mans, 2 70 à 3 90; — *Petits beurres* : 2 40 à 3 20, suivant provenance.

Œufs. — Les envois sont trop nombreux pour les besoins du marché; les prix restent donc faibles sans changements

Volailles. — La vente est très active pour la volaille et le gibier, avec prix très fermes comme suit : poulets de Bresse, 2 à 4; du Midi, 2 à 3 50; de Nantes, 2 à 5; canards de Rouen, 3 à 4 50; de Nantes, 3 50 à 5; du Gâtinais, 2 50 à 4; de ferme, 2 à 3 50; pilets, 1 50 à 2; pintades, 2 25 à 5; oies, 6 à 11; coqs d'Inde du Gâtinais, 7 à 12; poules, 6 à 9; poules d'Inde de Houdan, 9 à 15; du Midi, 3 50 à 6; pigeons bizets, 0 50 à 0 75; pigeons maconnais, 0 50 à 1 50; lapins, gros, 4 à 5; petits, 2 à 3; crêtes en lots, 6 à 7 le kilog.

BESTIAUX.

Marché du lundi 21 décembre.

	Amenés	Vendus	PRIX AU POIDS NET 1re qual.	2e qual.	3e qual.
Bœufs	292	2.6?9	1 53	1 42	1 24
Vaches	991	811	1 50	1 36	1 10
Taureaux	251	201	1 36	1 32	1 12
Veaux	1.306	987	2 10	1 90	1 70
Moutons	14.309	12.000	2 02	1 88	1 62
Porcs	4.164	4.026	1 36	1 34	1 32

	PRIX AU POIDS VIF 1re qual.	2e qual.	3e qual.	Prix extrêmes.
Bœufs	» 91	» 82	» 64	» 52 à 1 »
Vaches	» 90	» 68	» 55	» 48 » 96
Taureaux	» 86	» 73	» 58	» 54 » 92
Veaux	1 20	1 03	» 86	» 65 1 21
Moutons	1 »	» 92	» 80	» 72 1 08
Porcs	» 84	» 82	» 78	» 70 » 90
Peaux de moutons en laine				3 50 6 50
Id. id. demi-laine				2 40 6 70

Établissement Horticole
CHARLES DELAVIER
A BEAUVAIS
VASTES PÉPINIÈRES

d'Arbres à fruits, d'Arbres forestiers d'Arbres et d'Arbustes d'agrément de Fruits à cidre

Collection complète de toutes les espèces recommandée par le Congrès pomologique de France.

PRIX MODÉRÉS

Envoi du Catalogue sur demande

CHEVAUX BOITEUX
Guérison par le spécifique BORNET

Contre Capelets, Mollettes, Vessigons, Eponges, Exostoses, Suros, Eparvins et les Formes à leur début. *(Il s'applique également à toutes les tares molles et osseuses.)*

PRÉPARÉ PAR **A. BORNET,**
Pharmacien de 1re classe, ex-interne et lauréat des hôpitaux,
19, rue de Bourgogne, PARIS.

Le flacon, **5** fr., à la pharmacie; en gare, par colis postal, **6** fr. contre mandat.

LA MUE
(Sans pareille).

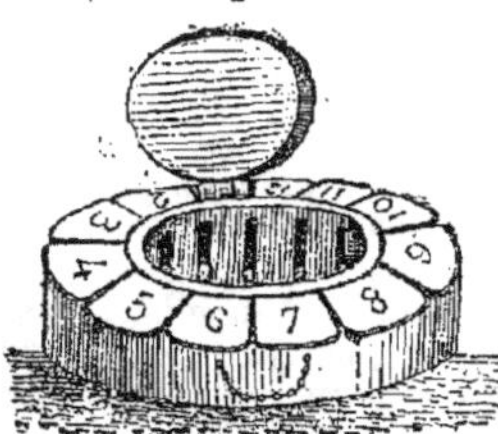

Pour douze poulets, tous réunis à la même gamelle, s'excitant l'un et l'autre à se gaver; le vrai chef-d'œuvre pour l'engraissage rapide et la propreté de la volaille.

Prix pour 12 poulets, **33** fr.; pour 9 poulets, **23** fr.; et pour 6, **18** fr.

Demandez la brochure explicative, donnant tous les détails de l'élevage et de l'engraissage des volailles, à **M. Havy**, 14, rue de la Fosse Moyenne, à Compiègne, contre **30** cent. en timbres-poste.

M. RUELLE-HALLU
PÉPINIÉRISTE
à CARLEPONT (Oise)
OFFRE A VENDRE
grandes quantités de
POMMIERS ET POIRIERS
à haute densité.

Variétés recommandées par le congrès pomologique.

Envoi franco du catalogue sur demande.

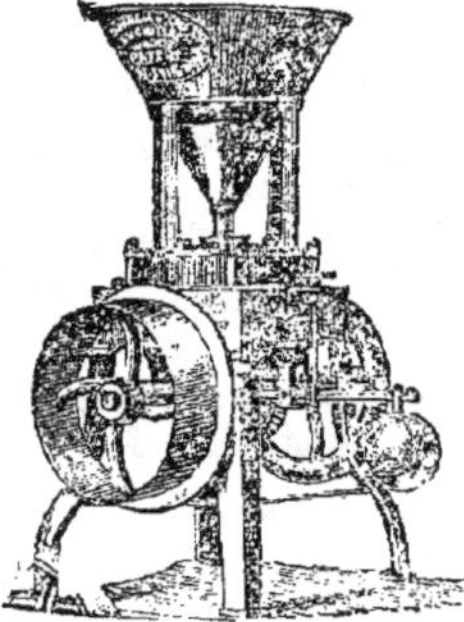

MOULIN DE L'AVENIR
produisant
EN FARINE FINE
1 1/2 — 3 — 7 hectolitres par heure.

PRIX : 150, 400, 600 francs.

H. T. MOT ET Cie
168, boulevard de la Villette, PARIS.

Exiger la marque : JEYES.

DÉSINFECTION ET ASSAINISSEMENT
DES
Ecuries, Etables, Bergeries, Chenils, Poulaillers, etc.
PAR LE
CRÉSYL JEYES

PRODUITS SANITAIRES & ANTISEPTIQUES — S F A — PARIS

CRESYL JEYES

Le meilleur, le plus énergique désinfectant contre les **Epizooties** et les **Maladies infectieuses du bétail, des moutons, chevaux et volailles.** En lavages, un dixième de litre suffit pour un seau de 10 litres d'eau.

PARIS | Rue des Petites-Ecuries, 31 | **PARIS.**

Crésyl Jeyes liquide, le litre *franco* contre **fr. 3 85** timbres-poste.
Savon Crésyl et **Pâte**, le kilog. — — **fr. 2 85** —

Se méfier des nombreuses imitations.

CRÉDIT AGRICOLE
UNION DES SYNDICATS AGRICOLES DE FRANCE

9, rue Marsollier, PARIS

Agence à LYON, 234, cours Lafayette, S. PLISSONNIER, Directeur ✻ M. A.

MACHINES AGRICOLES DE TOUS SYSTÈMES
TOURTEAUX et FARINES pour la nourriture du bétail.
ENGRAIS CHIMIQUES et ORGANIQUES. MATIÈRES PREMIÈRES
SEMENCES DE PREMIER CHOIX.

Pulvérisateur « l'Éclair »
contre le mildiou
et la maladie des pommes de terre.

V. VERMOREL
constructeur breveté (s. g. d. g.).
à Villefranche (Rhône).

330 premiers Prix, Médailles, etc.

« ÉCLAIR » n° 1, prix................ 40 fr.
« ÉCLAIR » n° 2, prix................ 30 fr.

PULVÉRISATEUR A TRACTION, pour la vigne et les pommes de terre.

PULVÉRISATEURS SPECIAUX pour les arbres.

NOUVELLE SOUFREUSE à grand travail « *la Torpille* », pour l'emploi des poudres et du soufre.

MATÉRIEL VITICOLE complet.

ENVOI FRANCO DU CATALOGUE.

Médaille d'Or. * Exposition Universelle 1889. * Médaille d'Argent.

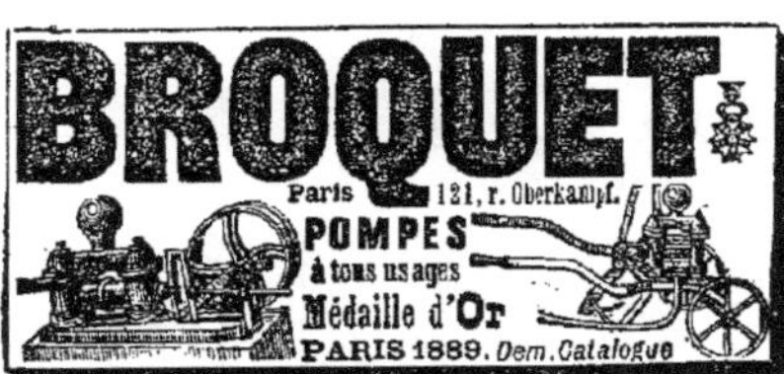

VACHERIE à céder, portes de Paris, cause double emploi, 22 vaches 1re qualité, 300 litres lait vendus 40 et 50 c. Bonne installation, peu de frais généraux. 1 cheval, 1 voiture. Bénéfices nets an, 12,000 fr. On traitera avec 12,000 fr. argent ou garanties sérieuses.

S'adresser à MM. LAPORTE et LEFRANC, 93, levard Sébastopol, Paris.

Avis aux Eleveurs et Nourrisseurs.

Les cosses et brisures de fèves de la maison Ph. Breuil, de Dijon, d'une pureté absolue et très riches en principes nutritifs, se recommandent pour l'engrais du bétail et la nourriture des chevaux.

GUÉRISON RADICALE DE LA DIARRHÉE DES VEAUX PAR LA POUDRE CHOQUELIN.

1 franc la boîte *franco par la poste.*

Dép. g., Phie HAUVESPRE, Courville (Eure-et-Loir).

L'Onguent de HEVID, *adopté par le Ministère de la guerre*, est le meilleur préservatif des maladies du pied des espèces chevaline et bovine. Il pénètre admirablement le tube corné, le nourrit, et remet en bon état, en quelques semaines, le sabot le plus sec et le plus cassant.

En vente chez les vétérinaires, pharmaciens, selliers et maréchaux-ferrants.

Faucheuses. Faneuses. Râteaux à cheval. **Presses** à fourrages. **Brise-Tourteaux. Appareils à cuire. Egrenoirs** de maïs. **Rouleaux. Semoirs. Transmissions** par arbres et par câbles. **Matériel** de brasserie et de féculerie.

ALBARET (O. * et O. *)

MACHINES AGRICOLES.

Ateliers de Construction et Administration à **LIANCOURT-RANTIGNY** (Oise).

Magasin et bureau, à PARIS, boul. de Strasbourg, 63 (entrée par le passage du Désir).

Succursales : **Saint Quentin**, boulevard Victor Hugo, n° 52 ; **Chartres**, rue du Grand-Faubourg, n° 76 ; **Abbeville** (Somme), rue Riegois, n° 44 ; **Cambrai**, M. MESNIL, rue des Bouchers, n° 13.

Récompenses obtenues aux Expositions universelles et Concours internationaux.

Machines à vapeur fixes, horizontales et verticales.

Générateurs.

Machines à vapeur locomobiles.

Manèges fixes, mobiles et semi-fixes.

Batteuses fixes et portatives, conservant ou brisant la paille.

Engreneurs mécaniques.

Semoirs à engrais, à graines et à haricots.

Hache - maïs et **Coupe-racines** à force centrifuge transportables.

206 Médailles d'or.

Exposition	Récompense
1862. Exposition de Londres.	1er prix : grande médaille ; 2e prix : mention honorable.
1864. Exposition internationale de Bayonne.	Médaille d'or, donnée par le Gouvernement ; médaille d'or, donnée par la Commission de l'Exposition.
1865. Exposition universelle de Porto.	Grande médaille d'argent.
1867. Exposition universelle de Paris.	Grande médaille d'or, la plus haute récompense pour locomotive routière et machines agricoles.
1869. Expon d'Amsterdam.	Diplôme d'excellence.
1869. Exposition de Beauvais. 1872. Exposition de Lyon.	Deux diplômes d'honneur, comme exposant et membre du jury.
1873. Expositn univ. de Vienne (Autriche).	Grand diplôme d'honneur, la plus haute récompense.
1878. Expositn univ. de Paris.	Trois médailles d'or ; un objet d'art pour mérite exceptionnel sur le terrain ; une médaille de bronze ; quatre médailles argent et bronze pour collaborateurs.
1882. Conc. spéc. intern. de hache-maïs de Ste-Menehould.	1er prix : médaille d'or, donnée par la Société des Agriculteurs de France.
1883. Expon d'Amsterdam.	Diplôme d'honneur : la plus haute récompense.
1884. Grand concours international d'Amsterdam.	Prix unique : grande médaille d'or pour locomobile ; 1er prix : grande médaille d'or pour presse à fourrage ; 1er prix : grande médaille d'or pour machines à battre ; 1er prix : médaille d'argent pour hache-paille et dépulpeur.
1885. Exposition internation. d'Anvers.	Diplôme de médaille d'or, la plus haute récompense pour machines agricoles.
1889. Exp. d'économ. sociale, section XIV.	Médaille d'or ; médaille d'argent pour collaborateurs.
1889. Exposition universelle. - Membre du jury. Hors concours.	
1876. Société nation. d'agric. de France.	Grande médaille d'or ; prix de mécanique.
1886. Société nation. d'agric. de France.	Rappel de grande médaille d'or pour l'ensemble des travaux de mécan. agric.
1888. Aniche (Nord).	Moissonneuse-lieuse à la ficelle, diplôme d'honneur avec félicitations du jury, pour la machine qui fonctionne à toute satisfaction.
1869. Comice agric. de Montdidier, Ailly-sur-Noye.	Diplôme d'honneur et médaille de vermeil pour batteuse et instruments ; médaille de vermeil grand module pour faucheuse et moissonneuse.
1890. Concours de Clermont	Diplôme d'honneur avec félicitations du jury, pour le bon fonctionnement de la moissonneuse-lieuse.
Plusieurs médailles or, argent et bronze à MM. les Collaborateurs de la Maison	

Concasseurs.

Moulins-bluteries.

Hache-paille.

Hache-maïs.

Hache-fourrage.

Coupe-racines

Laveurs de racines.

Moissonneuses simples.

Moissonneuses combinées.

Moissonneuses lieuses.

162 Médailles d'argent.

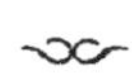

Envoi gratis sur demande des Catalogues illustrés.

16 Diplômes d'honneur et d'excellence.

Monte-Paille. Moteur domestique à vapeur à pression inférieure à celle atmosphérique. **Rouleaux** à vapeur et à traction de chevaux pour le cylindrage des chaussées d'empierrement. **Poteaux** indicateurs pour routes.

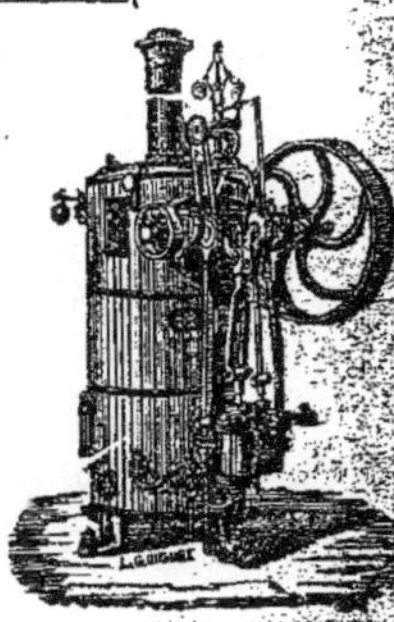

L'Administrateur-Gérant : ALBERT RENOT.

Beauvais. — Imp. D. PERE. - A. CARTIER, Gérant.

www.ingramcontent.com/pod-product-compliance
Lightning Source LLC
LaVergne TN
LVHW080954230826
846092LV00006B/1037

* 9 7 8 2 3 2 9 7 0 3 2 5 1 *